Alfred Böge (Hrsg.)

Das Techniker Handbuch

Alfred Böge (Hrsg.)

Das Techniker Handbuch

Beiträge und Mitarbeiter

Mathematik	Prof. Dr. Friedrich Kemnitz
Physik	Gert Böge
Mechanik	Alfred Böge, Gert Böge
Festigkeitslehre	Alfred Böge, Gert Böge
Werkstofftechnik	Wolfgang Weißbach
Thermodynamik	Heinz Wittig
Elektrotechnik	Karl-Heinz Röthke, Gert Böge
Spanlose Fertigung	Wolfgang Böge, Prof. Dr.-Ing. Ulrich Borutzki
Zerspantechnik	Wolfgang Böge
Werkzeugmaschinen	Walter Schlemmer, Wolfgang Böge
Betriebswirtschaftslehre	Karl-Heinz Degering
Kraft- und Arbeitsmaschinen	Wolfgang Böge, Manfred Ristau
Fördertechnik	Dr.-Ing. Johannes Sebulke
Maschinenelemente	Alfred Böge, Wolfgang Böge
Steuerungstechnik	Hans-Jürgen Küfner
CNC-Technik	Rainer Ahrberg, Jürgen Voss
Speicherprogrammierbare Steuerungen (SPS) mit Einführung und Überblick zur Norm IEC 1131	Hans-Jürgen Küfner

Alfred Böge (Hrsg.)

Das Techniker Handbuch

Grundlagen und Anwendungen der Maschinenbau-Technik

Mit 1800 Bildern, 306 Tafeln

und mehr als 3800 Stichwörtern

16., überarbeitete Auflage

vieweg

Die Deutsche Bibliothek – CIP-Einheitsaufnahme
Ein Titeldatensatz für diese Publikation ist bei
der Deutschen Bibliothek erhältlich.

Approbiert für den Unterrichtsgebrauch an Fachschulen für Maschinenbau und verwandte Richtungen, für Metallbearbeitung, für Feinwerktechnik und für Betriebstechnik in der Republik Österreich unter Aktenzeichen Z1.25.845/4–14a/80 und Höheren Technischen und Gewerblichen Lehranstalten in der Republik Österreich unter Aktenzeichen Z1.25.845/1–14a/79.

1. Auflage 1964
Nachdruck 1968
2., überarbeitete und erweiterte Auflage 1969
Nachdruck 1971, 1975
3., völlig neu überarbeitete Auflage 1977
4., überarbeitete Auflage 1979
5., überarbeitete Auflage 1981
6., durchgesehene Auflage 1982
7., überarbeitete Auflage 1983
8., überarbeitete und erweiterte Auflage 1985
9., überarbeitete Auflage 1986
10., überarbeitete und erweiterte Auflage 1987
11., überarbeitete und erweiterte Auflage 1989
12., überarbeitete und erweiterte Auflage 1990
13., überarbeitete Auflage 1992
14., überarbeitete und erweiterte Auflage 1995
15., überarbeitete und erweiterte Auflage 1999
16., überarbeitete Auflage November 2000

Der Verlag Vieweg ist ein Unternehmen der Fachverlagsgruppe BertelsmannSpringer.

http://www.vieweg.de

Konzeption und Layout des Umschlags: Ulrike Weigel, www.CorporateDesignGroup.de
Technische Redaktion: Wolfgang Nieger, Wiesbaden
Satz: Vieweg, Braunschweig/Wiesbaden; Publishing Service Rolf-Erich Schulz, Dreieich
Druck und buchbinderische Verarbeitung: Lengericher Handelsdruckerei, Lengerich/Westf.
Gedruckt auf säurefreiem Papier
Printed in Germany

ISBN 3-528-44053-8

Vorwort

Das Techniker Handbuch ist seit 1964 Unterrichts- und Nachschlagewerk für Techniker im Studium, in der Praxis und für die betriebliche Fort- und Weiterbildung. Es enthält den Stoff der Grundlagen- und Anwendungsfächer im Maschinenbau.

Seit einigen Jahren findet das Techniker Handbuch auch Interesse beim Studium des Maschinenbaus an den Fachhochschulen und den Technischen Lehranstalten in Österreich.

Anwendungsorientierte Problemstellungen führen in das Stoffgebiet ein, Berechnungs- und Dimensionierungsgleichungen werden hergeleitet und deren Anwendung an Beispielen gezeigt.

Bereits in der 15. Auflage wurde das Gebiet der speicherprogrammierbaren Steuerungen (SPS) mit einer Einführung in die neue Norm IEC 1131 ergänzt.

In der jetzt vorliegenden 16. Auflage wurden folgende Abschnitte umfangreicher überarbeitet:

- In der Festigkeitslehre wurde unter III.3.6 das Omegaverfahren durch den Tragsicherheitsnachweis mit Beispiel für einteilige Knickstäbe nach DIN 18 800 ersetzt.
- In der Werkstofftechnik wurden die Inhalte der Metallkunde vertieft und erweitert und Normänderungen in allen Abschnitten berücksichtigt, umfangreich bei Kupfer und seinen Legierungssystemen.
- In der Thermodynamik wurde durch die systembezogene Stoffdarstellung nach der thermodynamischen Theorie die Trennung der Begriffe Wärme und Innere Energie eingeführt und damit das Verständnis für die in Maschinen ablaufenden Energieumwandlungsprozesse gefördert.
- In der Elektrotechnik wurde das Kapitel Anwendungen durch die Funktionsweise der Halbleiterbauelemente für die Leistungs- und Optoelektronik erweitert.
- In der Spanlosen Formung wurde im Kapitel III Verbindende Fertigungsverfahren durch die Auswahl der Fügeverfahren mit ihrer fachwissenschaftlichen Präsentation der aktuelle Erkenntnisstand auch mit Blick auf absehbare Entwicklungen hergestellt und das derzeit gültige Regel- und Normenwerk aktualisiert.

Auch in dieser Auflage haben wir viele Anregungen und Verbesserungsvorschläge von Lehrern und Fachleuten aus der Industrie auswerten können. Autoren und Herausgeber nehmen jede Mitarbeit zur Verbesserung des Werkes dankbar an.

Die E-mail Adresse des Herausgebers lautet: aboege@t-online.de.

Braunschweig, November 2000 *Alfred Böge*

Inhaltsverzeichnis

Mathematik 1

Physik 177

Mechanik 217

Thermodynamik 597

Zerspantechnik 831

Werkzeugmaschinen 875

Betriebswirtschaftslehre 981

Kraft- und Arbeitsmaschinen 1045

Fördertechnik 1205

Maschinenelemente 1251

Mathematik

Friedrich Kemnitz

I. Tabellen

Mathematische Zeichen (nach DIN 1302)

$\sim$	proportional, ähnlich, asymptotisch gleich (sich $\to \infty$ angleichend), gleichmächtig
$\approx$	ungefähr gleich
$\cong$	kongruent
$\triangleq$	entspricht
$\neq$	ungleich
$<$	kleiner als
$\leqslant$	kleiner als oder gleich
$>$	größer als
$\geqslant$	größer als oder gleich
∞	unendlich
$\parallel$	parallel
$\nparallel$	nicht parallel
#	parallelgleich: parallel und gleich lang
$\perp$	orthogonal zu
$\rightarrow$	gegen (bei Grenzübergang), zugeordnet
$\Longrightarrow$	aus ... folgt ...
$\Longleftrightarrow$	äquivalent (gleichwertig); aus ... folgt ... und umgekehrt
$\wedge$	und, sowohl ... als auch ...
$\vee$	oder; das eine oder das andere oder beides (also nicht: entweder ... oder ...)
$\lvert x \rvert$	Betrag von x, Absolutwert
$\{x \mid ...\}$	Menge aller x, für die gilt ...
$\{a, b, c\}$	Menge aus den Elementen a, b, c; beliebige Reihenfolge der Elemente
(a, b)	Paar mit den geordneten Elementen (Komponenten) a und b; vorgeschriebene Reihenfolge
(a, b, c)	Tripel mit den geordneten Elementen (Komponenten) a, b und c; vorgeschriebene Reihenfolge
AB	Gerade AB; geht durch die Punkte A und B
$\overline{AB}$	Strecke AB
$\lvert\overline{AB}\rvert$	Betrag (Länge) der Strecke AB
(A, B)	Pfeil AB
$\overrightarrow{AB}$	Vektor AB; Menge aller zu (A, B) parallelgleichen Pfeile
$\in$	Element von
$\notin$	nicht Element von
$\mid$	teilt; $n \mid m$: natürliche Zahl n teilt natürliche Zahl m ohne Rest
$\nmid$	nicht teilt; $n \nmid m$: m ist nicht Vielfaches von n
$\mathbb{N}$	$= \{0, 1, 2, 3, ...\}$ Menge der natürlichen Zahlen mit Null
$\mathbb{N}^*$	$= \{1, 2, 3, ...\}$ Menge der natürlichen Zahlen ohne Null
$\mathbb{Z}$	$= \{..., -3, -2, -1, 0, 1, 2, 3, ...\}$ Menge der ganzen Zahlen
$\mathbb{Z}^*$	$= \{..., -3, -2, -1, 1, 2, 3, ...\}$ Menge der ganzen Zahlen ohne Null
$\mathbb{Q}$	$= \left\{\frac{n}{m} \mid n \in \mathbb{Z} \wedge m \in \mathbb{N}^*\right\}$ Menge der rationalen Zahlen (Bruchzahlen)
$\mathbb{Q}^*$	$= \left\{\frac{n}{m} \mid n \in \mathbb{Z}^* \wedge m \in \mathbb{N}^*\right\}$ Menge der rationalen Zahlen ohne Null
$\mathbb{R}$	Menge der reellen Zahlen
$\mathbb{R}^*$	Menge $\mathbb{R}$ ohne Null
$\mathbb{C}$	Menge der komplexen Zahlen
$n!$	$= 1 \cdot 2 \cdot 3 \cdot ... \cdot n$, n Fakultät
$\binom{n}{k}$	$= \frac{n(n-1)(n-2) ... (n-k+1)}{k!}$ gelesen: n über k; $k \leqslant n$; binomischer Koeffizient

$[a; b]$	$= a \ldots b$; geschlossenes Intervall von a bis b, d.h. a und b eingeschlossen: $= \{x \mid a \leqslant x \leqslant b\}$
$]a; b[$	$= \{x \mid a < x < b\}$; offenes Intervall von a bis b, d.h. ohne die Grenzen a und b
$]a; b]$	$= \{x \mid a < x \leqslant b\}$; halboffenes Intervall, a ausgeschlossen, b eingeschlossen
lim	Limes, Grenzwert
log	Logarithmus, beliebige Basis
$\log_a$	Logarithmus zur Basis a
$\lg x$	$= \log_{10} x$ Zehnerlogarithmus
$\ln x$	$= \log_e x$ natürlicher Logarithmus
Δx	Delta x, Differenz von zwei x-Werten, z.B. $x_2 - x_1$
dx	Differential von x, symbolischer Grenzwert von Δx bei $\Delta x \to 0$

$\dfrac{dy}{dx}$	dy nach dx, Differentialquotient
$y' = f'(x)$,	Abkürzungen für $\dfrac{df(x)}{dx}$,
$y'' = f''(x)$,	$\dfrac{d^2 f(x)}{dx^2} = \dfrac{d}{dx}\left(\dfrac{df(x)}{dx}\right), \ldots$
…	erste, zweite, … Ableitung; Differentialquotient erster, zweiter, … Ordnung
$\sum\limits_{\nu=1}^{n} a_\nu$	$= a_1 + a_2 + \ldots + a_n$, Summe
$\int \ldots dx$	unbestimmtes Integral, Umkehrung des Differentialquotienten
$\int\limits_a^b f(x)\,dx$	$= [F(x)]_a^b = F(b) - F(a)$ mit $F'(x) = f(x)$, bestimmtes Integral

Mathematische Konstanten (z.B. zur Rechnerkontrolle)

$\sqrt{2}$ = 1,414 213 562 373 095	$\sqrt{e}$ = 1,648 721 270 700 128	$\frac{1}{\pi^2}$ = 0,101 321 183 642 33$\underline{8}$
$\sqrt{3}$ = 1,732 050 807 568 877	$M = \lg e$ = 0,434 294 481 903 25$\underline{2}$	$\frac{1}{\sqrt{\pi}}$ = 0,564 189 583 547 756
$\sqrt{10}$ = 3,162 277 660 168 379	$\lg 2$ = 0,301 029 995 663 981	$\frac{1}{e}$ = 0,367 879 441 171 442
π = 3,141 592 653 589 793	Kehrwerte:	$\frac{1}{e^2}$ = 0,135 335 283 236 61$\underline{3}$
π^2 = 9,869 604 401 089 35$\underline{9}$	$\frac{1}{\sqrt{2}}$ = 0,707 106 781 186 54$\underline{3}$	$\frac{1}{\sqrt{e}}$ = 0,606 530 659 712 633
$\sqrt{\pi}$ = 1,772 453 850 905 516	$\frac{1}{\sqrt{3}}$ = 0,577 350 269 189 62$\underline{6}$	$\frac{1}{M} = \ln 10$ = 2,302 585 092 994 04$\underline{6}$
e = 2,718 281 828 459 045	$\frac{1}{\sqrt{10}}$ = 0,316 227 766 016 83$\underline{8}$	$\log_2 10$ = 3,321 928 094 887 362
e^2 = 7,389 056 098 930 650	$\frac{1}{\pi}$ = 0,318 309 886 183 79$\underline{1}$	$\underline{2}$ bedeutet: Ziffer 2 ist aufgerundet

Das griechische Alphabet

Alpha	Α	α	Eta	Η	η	Ny	Ν	ν	Tau	Τ	τ
Beta	Β	β	Theta	Θ	ϑ	Xi	Ξ	ξ	Ypsilon	ϒ	υ
Gamma	Γ	γ	Jota	Ι	ι	Omikron	Ο	o	Phi	Φ	φ
Delta	Δ	δ	Kappa	Κ	κ	Pi	Π	π	Chi	Χ	χ
Epsilon	Ε	ϵ	Lambda	Λ	λ	Rho	Ρ	ρ	Psi	Ψ	ψ
Zeta	Ζ	ζ	My	Μ	μ	Sigma	Σ	σ	Omega	Ω	ω

II. Arithmetik

1. Einteilung der Zahlen

komplexe Zahlen
(alle Zahlen, die in der Zahlenebene, aber nicht auf der Zahlengeraden darstellbar sind; Zahlen mit reellem und imaginärem Bestandteil)
4–3i[1)]

- **reelle Zahlen**
  (alle Zahlen, die auf der reellen Achse der Zahlenebene, der Zahlengeraden, darstellbar sind)
  - **rationale Zahlen**
    (Brüche und endliche oder periodische Dezimalzahlen)
    $3;\ -5;\ \frac{3}{4};\ -0{,}952$
    2,13636 ...
    - **ganze Zahlen**
      –3; 5; 38; –1053; 0
      - **positive ganze Zahlen** oder natürliche Zahlen 1; 2; 3; 4; ...
      - **negative ganze Zahlen** – 3; – 18; ...
      - 2)
    - **gebrochene Zahlen**
      (gemeine Brüche und endliche oder periodische Dezimalzahlen)
      $\frac{1}{3};\ -8\frac{1}{2};$ 0,25; $6{,}534\overline{34} = 6{,}5\overline{34}$
  - **irrationale Zahlen**
    (Dezimalzahlen mit unendlicher Stellenzahl ohne Periode)
    $\sqrt{2};\ 4+\sqrt[3]{5};\ \pi$
    - **algebraisch irrationale Zahlen**
      (alle Zahlen, die Lösungen einer Bestimmungsgleichung *n*-ten Grades – *n* natürliche Zahl – mit rationalen Koeffizienten sein können: also Wurzeln, sofern sie nicht zu ziehen gehen) z.B.
      $\sqrt{2};\ \sqrt{3-\sqrt{5}};$
      $\sqrt[5]{\frac{27}{4}}\ \sqrt[3]{5-\frac{2}{5}\sqrt{3}}+7;$
      außerdem nicht geschlossen darstellbare Wurzeln, z.B. x in der Gleichung
      $x^5+2x^4-x^3+x^2-x-1=0$
    - **transzendente Zahlen**
      $\pi = 3{,}14...$
      $e = 2{,}718...$
      $\sin 2 = 0{,}9093...$
      $(\approx \sin 114°35\frac{1}{2}' = \sin 65°24\frac{1}{2}')$
- **imaginäre Zahlen**
  (Vielfache der imaginären Einheit $j = i = \sqrt{-1}$; auf der imaginären Achse der Zahlenebene darstellbare Zahlen)
  $\sqrt{-4} = 2i$

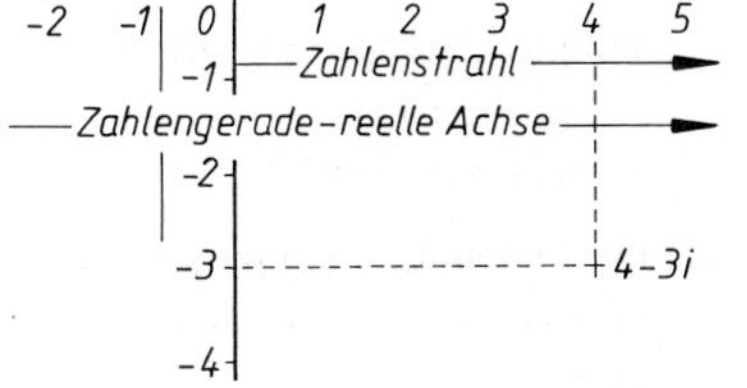

Die Zahlenebene

1) Konjugiert komplex nennt man ein komplexes Zahlenpaar mit übereinstimmendem Realteil und entgegengesetzt gleichem Imaginärteil, z.B. 4 + 3i und 4 – 3i.

2) Die meisten Gesetze schließen die 0 mit ein; z.B. die Summe ganzer Zahlen ist wieder eine ganze Zahl. Eine der Ausnahmen: man kann nicht durch 0 dividieren.

2. Die vier Grundrechenarten

	a	+	b	=	c
Addition	Summand	plus	Summand	ist gleich	Summe
	3	+	4	=	7
	c	–	a	=	b
Subtraktion	Minuend	minus	Subtrahend	ist gleich	Differenz
	11	–	5	=	6
	a	·	b	=	c
Multiplikation	Faktor	mal	Faktor	ist gleich	Produkt
	8	·	9	=	72
	c	:	a	=	b
Division	Dividend	dividiert durch	Divisor	ist gleich	Quotient
	156	:	13	=	12

3. Terme

Ein *Term* ist ein mathematischer Ausdruck, der eine Zahl ist oder nach Ersetzen aller Variablen (Buchstaben) durch Zahlen eine Zahl bedeutet.

Beispiele für Terme:

1. 15 — einfachste Schreibweise der Zahl 15
2. $7+8 \quad 18-3 \quad 3\cdot 5 \quad 60:4$ — alle Terme sind Schreibweisen der Zahl 15
3. a — Variable; Platzhalter für eine Zahl
4. $a+3b$ — offener Term; er kann jede Zahl bedeuten, z.B. 15 mit 6 für a ($a=6$) und 3 für b ($b=3$)
5. $(a+b)\cdot(c+d)$ — (offener) Term, der äquivalent (gleichwertig) umgeformt werden kann:
   $=a\cdot(c+d)\ +b\cdot(c+d)$
   $=a\cdot c+a\cdot d+b\cdot c+b\cdot d$

4. Vereinbarungen

Zur Erleichterung der Ausdrucksweise und Schreibweise von Termen gelten folgende *Vereinbarungen*:

1. Punktrechnung vor Strichrechnung
   $a+b\cdot c=a+(b\cdot c)$
   $a-b:c=a-(b:c)$
   die Rechenzeichen · und : binden stärker als + und –

2. Der Malpunkt kann weggelassen werden
   a) $a\cdot b \quad = ab$ — zwischen Buchstaben (Platzhaltern, Variablen)
   b) $3\cdot a \quad = 3a$ — zwischen einer Zahl und einem Buchstaben
   c) $3\cdot(4+a) \quad = 3(4+a)$ — zwischen einer Zahl und einer Klammer
   d) $a\cdot(b+c) \quad = a(b+c)$; $(b+c)\cdot a \quad = (b+c)a$ — zwischen einem Buchstaben und einer Klammer und umgekehrt
   e) $(a+b)\cdot(c+d) = (a+b)(c+d)$ — zwischen zwei Klammern

3. Potenzrechnung vor Punktrechnung
   $ab^2=a\cdot(b^2)$, also $ab^2\neq(ab)^2$
   $-3^2=-9$ und nicht $=(-3)^2=9$
   Potenzrechnung bindet stärker als Punktrechnung

5. Termumformungen

Grundgesetze

1. Kommutativgesetz (Vertauschungsgesetz)

$a + b = b + a$ $\quad 3 + 4 = 4 + 3$ — Summanden kann man vertauschen

$a \cdot b = b \cdot a$ $\quad ab = ba$, $3 \cdot 4 = 4 \cdot 3$ — Faktoren kann man vertauschen

2. Assoziativgesetz (Verknüpfungsgesetz)

$$\boxed{(a + b) + c = a + (b + c) = a + b + c}$$

$$(5 + 7) + 3 = 5 + (7 + 3) = 5 + 7 + 3$$

Summanden kann man beliebig verknüpfen (zusammenfassen)

$$\boxed{(ab)c = a(bc) = abc}$$

$$(3 \cdot 4) \cdot 5 = 3(4 \cdot 5) = 3 \cdot 4 \cdot 5$$

Faktoren kann man beliebig verknüpfen (zusammenfassen)

3. Distributivgesetz (Verteilungsgesetz)

$$\boxed{a(b + c) = ab + ac}$$

$$4(100 + 2) = 4 \cdot 100 + 4 \cdot 2$$

Zahl mal Summe gleich Zahl mal erster Summand plus Zahl mal zweiter Summand

Aus diesen drei Gesetzen ergeben sich alle folgenden Regeln.

5.1. Grundregeln der Klammerrechnung

Ein durch eine Klammer zusammengefaßter Ausdruck ist eine Einheit.

$$\boxed{4a + (5b - 2b) = 4a + 3b}$$

Was in einer Klammer steht, wird zuerst ausgerechnet

$$13 - (11 - 7) = 13 - 4 = 9$$

$$99a : (33a : 11a) = 99a : 3 = 33a$$

$$(99a : 33a) : 11a) = 3 : 11a = \frac{3}{11a} \quad (a \neq 0)$$

Für das Auflösen der Klammer gilt

$$\boxed{(a + b) + (c - d + e) = a + b + c - d + e}$$

Steht ein Pluszeichen vor einer Klammer, so kann die Klammer ohne weiteres weggelassen werden.

$$(17 + 5) + (18 - 12 + 3) = 17 + 5 + 18 - 12 + 3 = 31$$

$$\boxed{(a + b) - (c - d + e) = a + b - c + d - e}$$

Steht ein Minuszeichen vor einer Klammer, dann müssen beim Weglassen der Klammer die Zeichen + und − in der Klammer vertauscht werden.

$$(17 + 5) - (18 - 12 + 3) = 17 + 5 - 18 + 12 - 3 = 13$$

Beispiel 1: $(+3) - (+5) + (-4) - (-6) = 3 - 5 - 4 + 6 = 0$

Beispiel 2: $[(17u + 25v) - 19w] - [23u - (49w + 35v)]$
$= [17u + 25v - 19w] - [23u - 49w - 35v]$
$= 17u + 25v - 19w - 23u + 49w + 35v = -6u + 60v + 30w$

5.2. Multiplizieren mit Klammern

Ausmultiplizieren

$$a(b + c) = ab + ac$$
$$a(b - c) = ab - ac$$
$$(a + b)c = ac + bc$$
$$(a - b)c = ac - bc$$

Man multipliziert eine Zahl mit einer Summe (Differenz), indem man die Zahl mit jedem Glied multipliziert und die erhaltenen Produkte addiert (subtrahiert).

$3(200 + 7) = 3 \cdot 200 + 3 \cdot 7 = 621$
$5(1000 - 1) = 5000 - 5 = 4995$
$(0{,}5 + 0{,}25) \cdot 4 = 0{,}5 \cdot 4 + 0{,}25 \cdot 4 = 3$
$(1 - 0{,}9) \cdot 0{,}3 = 1 \cdot 0{,}3 - 0{,}9 \cdot 0{,}3 = 0{,}03$

Fehlerwarnung: $(a \cdot b) \cdot c \neq ac \cdot bc$, sondern $(a \cdot b) \cdot c = abc$

Beispiel 1: $6x^2(16x - 0{,}05y + 7{,}2z) = 96x^3 - 0{,}3x^2y + 43{,}2x^2z$

Beispiel 2: $\left(-\frac{p}{2}\right)\left(-\frac{p}{3} + \frac{q}{4} - \frac{r}{5}\right) = \frac{1}{6}p^2 - \frac{1}{8}pq + \frac{1}{10}pr$

Ausklammern

$$ab + ac = a(b + c)$$

$abc - acd + ace = ac(b - d + e)$

Enthalten alle Glieder einer Summe oder Differenz den gleichen Faktor, so kann man diesen ausklammern.

Summe mal Summe

$$(a + b)(c + d) = ac + ad + bc + bd$$

Man multipliziert zwei (algebraische) Summen miteinander, indem man jedes Glied der einen Summe mit jedem Glied der anderen Summe multipliziert und die erhaltenen Produkte addiert.

$97 \cdot 207 = (100 - 3) \cdot (200 + 7)$
$= 100 \cdot 200 + 100 \cdot 7 - 3 \cdot 200 - 3 \cdot 7$
$= 20\,079$

Beispiel 1: $\left(4\frac{1}{2}x - 3\frac{1}{3}y\right)\left(2\frac{2}{3}x - 5\frac{1}{2}y\right) - \left(1\frac{1}{2}x + 1\frac{2}{3}y\right)\left(1\frac{4}{5}x - 1\frac{1}{2}y\right)$

$$= \frac{9 \cdot 8}{2 \cdot 3}x^2 - \frac{9 \cdot 11}{2 \cdot 2}xy - \frac{10 \cdot 8}{3 \cdot 3}xy + \frac{10 \cdot 11}{3 \cdot 2}y^2 - \left(\frac{3 \cdot 9}{2 \cdot 5}x^2 - \frac{3 \cdot 3}{2 \cdot 2}xy + \frac{5 \cdot 9}{3 \cdot 5}xy - \frac{5 \cdot 3}{3 \cdot 2}y^2\right)$$

$$= 12x^2 - \frac{27}{10}x^2 - \frac{99}{4}xy - \frac{80}{9}xy + \frac{9}{4}xy - 3xy + \frac{55}{3}y^2 + \frac{5}{2}y^2$$

$$= \frac{93}{10}x^2 - \frac{51}{2}xy - \frac{80}{9}xy + \frac{125}{6}y^2 = \frac{93}{10}x^2 - \frac{619}{18}xy + \frac{125}{6}y^2$$

$$= 9\frac{3}{10}x^2 - 34\frac{7}{18}xy + 20\frac{5}{6}y^2$$

Beispiel 2: $(4a - 3b)(-2a + 5b)(a + 2b - c) = (-8a^2 + 26ab - 15b^2)(a + 2b - c)$
$= -8a^3 - 16a^2b + 8a^2c + 26a^2b + 52ab^2 - 26abc - 15ab^2 - 30b^3 + 15b^2c$
$= -8a^3 + 10a^2b + 8a^2c + 37ab^2 - 26abc - 30b^3 + 15b^2c$

Fehlerwarnung: $(a + b)^3 \neq a^3 + b^3$; richtig siehe binomische Gleichungen 3. Grades.

5.2.1. Binomische Formeln

Ein Binom ist ein zweigliedriger Ausdruck, z.B. $(a + b)$. Ausmultiplizieren von Potenzen von $(a + b)$ führt zu den binomischen Formeln.

Binomische Grundgleichungen (binomische Gleichungen 2. Grades)

$$(a + b)^2 = a^2 + 2ab + b^2$$
$$(a - b)^2 = a^2 - 2ab + b^2$$
$$(a + b)(a - b) = a^2 - b^2$$

$21^2 = (20 + 1)^2 = 20^2 + 2 \cdot 20 \cdot 1 + 1^2 = 441$
$19^2 = (20 - 1)^2 = 20^2 - 2 \cdot 20 \cdot 1 + 1^2 = 361$
$21 \cdot 19 = (20 + 1)(20 - 1) = 20^2 - 1^2 = 399$

Beispiele: $109^2 = (100 + 9)^2 = 10\,000 + 1800 + 81 = 11\,881$
$979^2 = (1000 - 21)^2 = 1\,000\,000 - 42\,000 + 441 = 958\,441$
$106 \cdot 94 = (100 + 6)(100 - 6) = 10\,000 - 36 = 9964$

Binomische Gleichungen 3. Grades

$$(a \pm b)^3 = a^3 \pm 3a^2b + 3ab^2 \pm b^3$$

$96^3 = (100 - 4)^3$
$= 1\,000\,000 - 120\,000 + 4800 - 64$
$= 884\,736$

Durch Multiplikation mit $(a + b)$ (bzw. mit $(a - b)$) erhält man jeweils die binomische Gleichung des nächsthöheren Grades:

$(a + b)^3(a + b) = (a + b)^4$

$(a + b)^n(a + b) = (a + b)^{n+1}$ für jedes $n \in \mathbb{N}$

Ein gesondertes Aufführen der Formeln mit $(-b)$ für b erübrigt sich, da ja b selbst negativ sein kann. Das Aufschreiben der binomischen Gleichung n-ten Grades wird durch folgende Abkürzung erleichtert:

Fakultät

$k!$ (k Fakultät)
$= 1 \cdot 2 \cdot 3 \cdot 4 \cdot \ldots \cdot k$
mit $k \in \mathbb{N}$
$0! = 1$

$6!$ (lies: 6 Fakultät)
$= 1 \cdot 2 \cdot 3 \cdot 4 \cdot 5 \cdot 6$
$= 720$

Fehlerwarnung: $6! - 4! \neq 2!$, denn $6! = 720$, $4! = 24$, $2! = 2$

Binomialkoeffizienten

$\binom{n}{k}$ (n über k)
$= \frac{n(n-1)(n-2)\ldots(n-k+1)}{1 \cdot 2 \cdot 3 \cdot \ldots \cdot k}$
mit $n, k \in \mathbb{N}$ und $k \leq n$
$\binom{n}{0} = 1$

$\binom{7}{4}$ (lies: 7 über 4)
$= \frac{7 \cdot 6 \cdot 5 \cdot 4}{1 \cdot 2 \cdot 3 \cdot 4}$
$= 35$

Eine zweite Möglichkeit zur Ermittlung der Binomialkoeffizienten bietet das Pascalsche Dreieck, in dem jedes Element gleich der Summe der beiden unmittelbar darüberstehenden Elemente ist.

Pascalsches Dreieck

								1								$\swarrow k=1$
	$n=1$	$\rightarrow$					1		1							$\swarrow k=2$
	$n=2$	$\rightarrow$				1		2		1						$\swarrow k=3$
	$n=3$	$\rightarrow$			1		3		3		1					$\swarrow k=4$
	$n=4$	$\rightarrow$		1		4		6		4		1				$\swarrow k=5$
	$n=5$	$\rightarrow$	1		5		10		10		5		1			$\swarrow k=6$
	$n=6$	$\rightarrow$ 1		6		15		20		15		6		1		$\swarrow k=7$
$n=7$	$\rightarrow$ 1	7	21		35		35		21		7		1			

$n = 7$; $k = 4$ (vgl. obiges Beispiel!)

Beziehung zwischen Binomialkoeffizienten

$$\binom{n-1}{k-1} + \binom{n-1}{k} = \binom{n}{k} \qquad\qquad \binom{6}{3} + \binom{6}{4} = \binom{7}{4}$$

$$20 + 15 = 35$$

Beweis:

$$\binom{n-1}{k-1} + \binom{n-1}{k} = \frac{(n-1)(n-2)(n-3)\ldots(n-k+1)}{(k-1)!} + \frac{(n-1)(n-2)(n-3)\ldots(n-k)}{k!}$$

Die beiden Brüche werden gleichnamig, wenn man den ersten Bruch mit k erweitert:

$$= \frac{(n-1)(n-2)(n-3)\ldots(n-k+1)\,k}{k!} + \frac{(n-1)(n-2)(n-3)\ldots(n-k+1)(n-k)}{k!}$$

Alle gemeinsamen Faktoren der beiden Summanden werden ausgeklammert:

$$= \frac{(n-1)(n-2)(n-3)\ldots(n-k+1)}{k!}\,(k + (n-k))$$

$$= \frac{(n-1)(n-2)(n-3)\ldots(n-k+1)}{k!}\cdot n$$

$$= \frac{n(n-1)(n-2)(n-3)\ldots(n-k+1)}{k!} = \binom{n}{k}$$

Binomischer Satz (binomische Gleichung n-ten Grades)

$$(a+b)^n = a^n + \binom{n}{1}a^{n-1}b + \binom{n}{2}a^{n-2}b^2 + \binom{n}{3}a^{n-3}b^3 + \ldots + \binom{n}{k}a^{n-k}b^k + \ldots +$$
$$+ \binom{n}{n-1}a^1 b^{n-1} + b^n$$

In abgekürzter Form kann der binomische Satz geschrieben werden:

$$(a+b)^n = \sum_{k=0}^{n} \binom{n}{k} a^{n-k} b^k$$

(lies: Summe k gleich 0 bis n von n über k …)

Man soll der Reihe nach für k die Zahlen 0, 1, 2, 3, ... bis n einsetzen und die so erhaltenen Glieder addieren:

$$(a+b)^n = \binom{n}{0}a^{n-0}b^0 + \binom{n}{1}a^{n-1}b^1 + \binom{n}{2}a^{n-2}b^2 + \ldots + \binom{n}{n-1}a^{n-(n-1)}b^{n-1} + \binom{n}{n}a^{n-n}b^n$$

Das ergibt unter Berücksichtigung von $\binom{n}{0} = 1$, $b^0 = 1$ (für alle $b \neq 0$), $\binom{n}{n-1} = n$, $a^{n-(n-1)} = a^1 = a$ die obige Gleichung.

Beweis des binomischen Satzes

Der binomische Satz ist richtig

für $n = 1$: $(a+b)^1 = 1 \cdot a + 1 \cdot b$

für $n = 2$: $(a+b)^2 = 1 \cdot a^2 + \binom{2}{1} ab + \binom{2}{2} b^2$

$= a^2 + 2ab + b^2$

für $n = 3$: $(a+b)^3 = \binom{3}{0} a^3 + \binom{3}{1} a^2 b + \binom{3}{2} ab^2 + \binom{3}{3} b^3$

$= a^3 + 3a^2 b + 3ab^2 + b^3$

Angenommen, das ginge so weiter bis zum Exponenten $(n-1)$, dann müßte der binomische Satz, wenn man $(n-1)$ für n setzt, eine richtige Gleichung liefern:

$$(a+b)^{n-1} = a^{n-1} + \binom{n-1}{1} a^{n-2} b + \binom{n-1}{2} a^{n-3} b^2 + \ldots$$
$$+ \binom{n-1}{k-1} a^{n-k} b^{k-1} + \binom{n-1}{k} a^{n-k-1} b^k + \ldots + b^{n-1}$$

Multipliziert man beide Seiten der Gleichung mit $(a+b)$, so ergibt sich:

$$(a+b)^n = (a^n + a^{n-1} b) + \binom{n-1}{1} (a^{n-1} b + a^{n-2} b^2) + \binom{n-1}{2} (a^{n-2} b^2 + a^{n-3} b^3) + \ldots +$$
$$+ \binom{n-1}{k-1} (a^{n-k+1} b^{k-1} + a^{n-k} b^k) + \binom{n-1}{k} (a^{n-k} b^k + a^{n-k-1} b^{k+1}) + \ldots +$$
$$+ (ab^{n-1} + b^n)$$

Unmittelbare Anwendung des Assoziativgesetzes der Addition und Ausklammern führt zu:

$$(a+b)^n = a^n + \left(1 + \binom{n-1}{1}\right) a^{n-1} b + \left(\binom{n-1}{1} + \binom{n-1}{2}\right) a^{n-2} b^2 +$$
$$+ \left(\binom{n-1}{2} + \ldots\right) a^{n-3} b^3 + \ldots +$$
$$+ \left(\ldots + \binom{n-1}{k-1}\right) a^{n-(k-1)} b^{k-1} + \left(\binom{n-1}{k-1} + \binom{n-1}{k}\right) a^{n-k} b^k +$$
$$+ \left(\binom{n-1}{k} + \ldots\right) a^{n-(k+1)} b^{k+1} + \ldots + (\ldots + 1) ab^{n-1} + b^n$$

Ersetzt man den ersten Summanden 1 in der ersten Klammer durch $\binom{n-1}{0}$ und den zweiten Summanden 1 in der letzten Klammer durch $\binom{n-1}{n-1}$, so sieht man, daß jede der aus je zwei Summanden bestehenden Klammern die Form $\left(\binom{n-1}{k-1} + \binom{n-1}{k}\right)$ hat. Das ist aber nach der oben angeführten „Beziehung zwischen Binomialkoeffizienten" gleich $\binom{n}{k}$. Daher ergibt sich:

$$(a+b)^n = a^n + \binom{n}{1} a^{n-1} b + \binom{n}{2} a^{n-2} b^2 + \ldots + \binom{n}{k} a^{n-k} b^k + \ldots + b^n$$

Das ist die als binomischer Satz formulierte binomische Gleichung.

Es war gezeigt worden, daß die binomische Gleichung n-ten Grades bis zum Exponenten 3 richtig ist. Denkt man sich für 3 den Exponenten $(n-1)$, dann wurde soeben gezeigt, daß die Gleichung auch für $n = 4$ stimmt. Stimmt sie aber für das neue $n - 1 = 4$, dann ist sie auch für $n = 5$ richtig, und so weiter, d.h. sie ist richtig für alle $n \in \mathbb{N}$. Dieses Verfahren des Schließens von $(n-1)$ auf n nennt man *vollständige Induktion.*

Beispiel: $(a-b)^7 = \binom{7}{0} a^7 b^0 - \binom{7}{1} a^6 b^1 + \binom{7}{2} a^5 b^2 - \binom{7}{3} a^4 b^3 + \binom{7}{4} a^3 b^4$

$- \binom{7}{5} a^2 b^5 + \binom{7}{6} a^1 b^6 - \binom{7}{7} a^0 b^7$

$= a^7 - 7a^6 b + 21 a^5 b^2 - 35 a^4 b^3 + 35 a^3 b^4 - 21 a^2 b^5 + 7ab^6 - b^7$

(Vergleiche die Koeffizienten mit der letzten Zeile des Pascalschen Dreiecks!)

5.3. Dividieren mit Summen, Polynomdivision

$$(a+b):c = a:c + b:c$$
$$(a-b):c = a:c - b:c$$

Man dividiert eine (algebraische) Summe durch eine Zahl, indem man jeden Summanden durch die Zahl dividiert und die Quotienten addiert.

$742 : 7 = 700 : 7 + 42 : 7 = 106$
$796 : 8 = 800 : 8 - 4 : 8 = 99\frac{1}{2}$

Beispiel:

$(3xy^2 - 3y^4 + x^3) : 2xy$ $= \frac{3}{2}y - \frac{3y^3}{2x} + \frac{x^2}{2y}$

Polynomdivision

$(ab^2 + a^2b + a^3 - 3b^3) : (-b + a)$

Man dividiert zwei (algebraische) Summen durcheinander, indem man zunächst

$(a^3 + a^2b + ab^2 - 3b^3) : (a - b)$

Dividend und Divisor in gleicher Weise nach Potenzen ordnet, dann

$a^3 : a = a^2$

I. 1. den ersten Summanden des Dividenden durch den ersten Summanden des Divisors dividiert

$(a-b) \cdot a^2$
$= a^3 - a^2b$

2. den Divisor mit dem Teilergebnis multipliziert

$(a^3 + a^2b + ab^2 - 3b^3)$
$-(a^3 - a^2b)$
$= \quad 2a^2b + ab^2 - 3b^3$

3. das Ergebnis vom Dividenden subtrahiert

$2a^2b : a = 2ab$

II. 1. wieder den ersten Summanden des Restes durch den ersten Summanden des Divisors dividiert

$(a-b) \cdot 2ab$
$= 2a^2b - 2ab^2$

2. wieder den Divisor mit dem Teilergebnis multipliziert

$(2a^2b + ab^2 - 3b^3)$
$-(2a^2b - 2ab^2)$
$= \quad 3ab^2 - 3b^3$

3. wieder das Ergebnis vom Rest des Dividenden subtrahiert

$3ab^2 : a = 3b^2$

III. 1. wieder den ersten Summanden des neuen Restes durch den ersten Summanden des Divisors dividiert

$(a-b) \cdot 3b^2$
$= 3ab^2 - 3b^3$

2. wieder den Divisor mit dem Teilergebnis multipliziert

$(3ab^2 - 3b^3)$
$-(3ab^2 - 3b^3)$
$= 0$

3. wieder das Ergebnis vom Rest des Dividenden subtrahiert

und so weiter, bis die Rechnung aufgeht oder ein Rest bleibt

Die Rechnung entspricht der bekannten Division natürlicher Zahlen:

$(20\,000 + 4000 + 300 + 30 + 4) : (300 + 60 + 5) = 60 + 6 + \frac{244}{365}$
$-(60 \cdot 300 + 60 \cdot 60 + 60 \cdot 5)$

$2000 + 400 + 30 + 4$
$-(6 \cdot 300 + 6 \cdot 60 + 6 \cdot 5)$

$200 + 40 + 4$

Ergebnis: $24\,334 : 365 = 66\,\frac{244}{365}$

Das Schriftbild beider Rechnungen sieht folgendermaßen aus:

$$\begin{array}{l} (a^3 + a^2b + ab^2 - 3b^3) : (a - b) = a^2 + 2ab + 3b^2 \\ -)\underline{\ a^3 - a^2b\ } \\ \quad 2a^2b + ab^2 \\ \quad -)\underline{\ 2a^2b - 2ab^2\ } \\ \qquad 3ab^2 - 3b^3 \\ \qquad -)\underline{\ 3ab^2 - 3b^3\ } \\ \qquad\qquad 0 \end{array}$$

$$\begin{array}{l} 24\,334 : 365 = 66\dfrac{244}{365} \\ \underline{21\,90} \\ \ \ 2\,434 \\ \ \ \underline{2\,190} \\ \quad 244 \end{array}$$

Fehlerwarnung: Auf das Vorzeichen beim Subtrahieren ($- + = -$, $- - = +$) ist besonders zu achten.

Beispiele:

$$\begin{array}{l} (a^3 + b^3) : (a + b) = a^2 - ab + b^2 \\ -)\underline{a^3 + a^2b} \\ \quad -a^2b + b^3 \\ \quad -)\underline{-a^2b - ab^2} \\ \qquad ab^2 + b^3 \\ \qquad -)\underline{ab^2 + b^3} \end{array}$$

$$\begin{array}{l} (a^2 + b^2) : (a + b) = a - b + \dfrac{2b^2}{a+b} \\ -)\underline{a^2 + ab} \\ \quad -ab + b^2 \\ \quad -)\underline{-ab - b^2} \\ \qquad 2b^2 \end{array}$$

Fehlerwarnungen:

$$\frac{a^3 + b^3}{a + b} \neq a^2 + b^2, \text{ sondern } = a^2 - ab + b^2$$

$$\frac{a^2 + b^2}{a + b} \neq a + b, \text{ sondern } = a - b + \frac{2b^2}{a+b}$$

Proben zu den Beispielen:

$$(a^2 - ab + b^2) \cdot (a + b)$$
$$= a^3 + a^2b - a^2b - ab^2 + b^2a + b^3$$
$$= a^3 + b^3$$

$$\left(a - b + \frac{2b^2}{a + b}\right) \cdot (a + b)$$
$$= a(a + b) - b(a + b) + \frac{2b^2(a + b)}{a + b}$$
$$= a^2 + ab - ba - b^2 + 2b^2$$
$$= a^2 + b^2$$

6. Bruchrechnung

6.1. Definition und Einteilung der Brüche

$\boxed{\dfrac{a}{b} = a : b}$	Zähler a Nenner b $(\neq 0)$	Ein Bruch ist ein Quotient. Der Zähler ist der Dividend. Der Nenner ist der Divisor.
$\dfrac{3}{4} = 3 : 4$	Zähler 3 Nenner 4	

6.2 Erweitern und Kürzen

$\frac{2}{3}, \frac{4}{6}, \frac{-6}{-9}$ sind verschiedene Schreibweisen ein und desselben Bruchs. Der Übergang von einer Schreibweise zur anderen erfolgt durch Erweitern oder Kürzen.

$$\boxed{\frac{a}{b} = \frac{a \cdot c}{b \cdot c} = \frac{ac}{bc}}$$

Erweitern heißt, Zähler (a) und Nenner (b) mit derselben Zahl (c) multiplizieren.

Die Zahl (c) heißt *Erweiterungsfaktor.*

Der Wert des Bruches bleibt unverändert.

$$\frac{2}{5} = \frac{2 \cdot 3}{5 \cdot 3} = \frac{6}{15}$$

Fehlerwarnung:

Erweitern mit 3 $\quad \frac{2}{5} = \frac{2 \cdot 3}{5 \cdot 3} = \frac{6}{15}$

Unterscheide:

Multiplizieren mit 3 $\quad \frac{2}{5} \cdot 3 = \frac{2 \cdot 3}{5} = \frac{6}{5}$

$$\boxed{\frac{a}{b} = \frac{a : c}{b : c} = \frac{(a : c)}{(b : c)}}$$

Kürzen heißt, Zähler (a) und Nenner (b) durch dieselbe Zahl (c) dividieren.

Die Zahl (c) heißt *Kürzungsfaktor.*

Der Wert des Bruches bleibt unverändert.

$$\frac{15}{6} = \frac{15 : 3}{6 : 3} = \frac{5}{2}$$

Fehlerwarnung:

Kürzen durch 3 $\quad \frac{6}{15} = \frac{6 : 3}{15 : 3} = \frac{2}{5}$

Unterscheide:

Dividieren durch 3 $\quad \frac{6}{15} : 3 = \frac{6 : 3}{15} = \frac{2}{15}$

Beispiele

1. $\frac{a^2bc^2}{a^3bc} = \frac{a^2bc^2 : a^2bc}{a^3bc : a^2bc} = \frac{c}{a}$ Kürzungsfaktor ist a^2bc

2. $\frac{-3}{-4} = \frac{(-3):(-1)}{(-4):(-1)} = \frac{3}{4}$ Kürzungsfaktor ist -1

oder

$\frac{-3}{-4} = \frac{(-3)\cdot(-1)}{(-4)\cdot(-1)} = \frac{3}{4}$ Erweiterungsfaktor ist -1

6.3. Addieren und Subtrahieren gleichnamiger Brüche

$$\boxed{\frac{a}{c} + \frac{b}{c} = \frac{a+b}{c} = \frac{(a+b)}{c}}$$

Gleichnamige Brüche (Brüche mit dem gleichen Nenner) werden addiert oder subtrahiert, indem man die Zähler addiert oder subtrahiert und den Nenner beibehält.

$$\frac{3}{5} + \frac{4}{5} = \frac{3+4}{5} = \frac{7}{5}$$

Beispiele:

1. $\frac{3x^2}{4yz} + \frac{x^2}{4yz} = \frac{4x^2}{4yz} = \frac{x^2}{yz}$

2. $\frac{a^2}{a^2-b^2} - \frac{b^2}{a^2-b^2} = \frac{a^2-b^2}{a^2-b^2} = 1$

6.4. Addieren und Subtrahieren ungleichnamiger Brüche

$$\frac{a}{b}+\frac{c}{d}=\frac{a\cdot d}{b\cdot d}+\frac{c\cdot b}{d\cdot b}=\frac{ad+bc}{bd}$$

$b\cdot d$ ist der Hauptnenner

$$\frac{2}{3}+\frac{4}{5}=\frac{2\cdot 5}{3\cdot 5}+\frac{4\cdot 3}{5\cdot 3}=\frac{10+12}{15}=\frac{22}{15}$$

$3\cdot 5$ ist der Hauptnenner

Ungleichnamige Brüche werden addiert oder subtrahiert, indem man sie auf den Hauptnenner bringt, d.h. durch Erweitern gleichnamig macht. Der Hauptnenner ist das kleinste gemeinschaftliche Vielfache aller Nenner.

Beispiele:

1. $\frac{1}{3}+\frac{1}{4}=\frac{1\cdot 4}{12}+\frac{1\cdot 3}{12}=\frac{7}{12}$ — $3\cdot 4=12$ ist der Hauptnenner

2. $\frac{3}{4}+\frac{5}{6}=\frac{9}{12}+\frac{10}{12}=\frac{19}{12}$ — $4=2\cdot 2 \quad 6=2\cdot 3$ Hauptnenner $2\cdot 2\cdot 3=12$

3. $\frac{3}{7}+\frac{5}{21}=\frac{9}{21}+\frac{5}{21}=\frac{14}{21}=\frac{2}{3}$ — Nenner 7 in Nenner 21 enthalten, also 21 Hauptnenner

4. $$\frac{a^2+b^2}{a^2-b^2}-\frac{(a-b)^2}{a^2+2ab+b^2}=\frac{(a^2+b^2)\cdot(a+b)}{(a+b)(a-b)\cdot(a+b)}-\frac{(a-b)^2\cdot(a-b)}{(a+b)(a+b)\cdot(a-b)}$$
$$=\frac{(a^3+a^2b+ab^2+b^3)-(a^3-3a^2b+3ab^2-b^3)}{a^3+a^2b-ab^2-b^3}$$
$$=\frac{4a^2b-2ab^2+2b^3}{a^3+a^2b-ab^2-b^3}=2b\,\frac{2a^2-ab+b^2}{(a-b)(a+b)^2}$$

Fehlerwarnungen:

1. $\frac{a}{c}+\frac{b}{c}=\frac{a+b}{c}$ darf nicht verwechselt werden mit $\frac{a}{b}+\frac{a}{c}\neq\frac{a}{b+c}$, wie man durch Einsetzen von $a=1$, $b=2$, $c=3$ sofort bestätigt. Richtig ist $\frac{a}{b}+\frac{a}{c}=\frac{a\cdot c}{b\cdot c}+\frac{a\cdot b}{c\cdot b}=\frac{ac+ab}{bc}=a\,\frac{(b+c)}{bc}$

2. $\frac{a}{b}+\frac{c}{d}\neq\frac{a+c}{b+d}$, wie man durch Einsetzen von z.B. $a=1$, $b=2$, $c=3$, $d=4$ sofort bestätigt. Die Verwechslung mit $\frac{a}{b}\cdot\frac{c}{d}=\frac{ac}{bd}$ liegt nahe.

6.5. Multiplizieren von Brüchen

$$\frac{a}{b}\cdot\frac{c}{d}=\frac{a\cdot c}{b\cdot d}=\frac{ac}{bd}$$

$$\frac{2}{3}\cdot\frac{4}{5}=\frac{2\cdot 4}{3\cdot 5}=\frac{8}{15}$$

Brüche werden miteinander multipliziert, indem man Zähler mit Zähler und Nenner und Nenner multipliziert. Vor der Ausrechnung ist zu kürzen.

Beispiele:

1. $1\frac{3}{4}\cdot 2\frac{2}{5}=\frac{7\cdot 12}{4\cdot 5}=\frac{7\cdot 3}{1\cdot 5}=\frac{21}{5}$

2. $$\frac{1-x^2}{a^2-b^2}\cdot\frac{a+b}{x-1}=\frac{(1-x^2)(a+b)}{(a^2-b^2)(x-1)}=\frac{(1+x)(1-x)(a+b)}{(a+b)(a-b)(x-1)}$$
$$=\frac{(1+x)(1-x)(a+b)}{-(1-x)(a+b)(a-b)}=-\frac{1+x}{a-b}=\frac{1+x}{b-a}$$

3. $4x^2 \cdot \frac{3y}{8x} = \frac{4x^2}{1} \cdot \frac{3y}{8x} = \frac{4 \cdot 3 \cdot x^2 \cdot y}{8 \cdot x} = \frac{3}{2}xy$

4. $\frac{3u \cdot 5v}{8w^2} \cdot 12w^3 = \frac{15uv}{8w^2} \cdot \frac{12w^3}{1} = \frac{15 \cdot 12uvw^3}{8w^2} = \frac{45}{2}uvw$

Für den in den Beispielen 3 und 4 behandelten Sonderfall gilt:

$$\boxed{\frac{a}{b} \cdot c = \frac{a \cdot c}{b} = \frac{ac}{b}}$$

Ein Bruch wird mit einer Zahl multipliziert, indem man den Zähler mit der Zahl multipliziert. Vor der Ausrechnung ist zu kürzen.

$$\frac{2}{3} \cdot 4 = \frac{2 \cdot 4}{3} = \frac{8}{3}$$

Fehlerwarnung: $1\frac{3}{4} \cdot 2\frac{2}{5} \neq 1 \cdot 2 + \frac{3}{4} \cdot \frac{2}{5}$; richtig siehe Beispiel 1!

6.6. Dividieren von Brüchen

$$\boxed{\frac{a}{b} : \frac{c}{d} = \frac{ad}{bc} \qquad a : \frac{b}{c} = \frac{ac}{b}}$$

Man dividiert durch einen Bruch, indem man mit seinem Kehrwert multipliziert.

$$\frac{2}{3} : \frac{4}{5} = \frac{2 \cdot 5}{3 \cdot 4} = \frac{5}{6}$$

$$2 : \frac{3}{4} = \frac{2 \cdot 4}{3} = \frac{8}{3}$$

Beispiele:

1. $1\frac{3}{4} : 2\frac{2}{5} = \frac{7 \cdot 5}{4 \cdot 12} = \frac{35}{48}$

2. $\frac{22ax^2y^2}{27brs^2} : \frac{66x^2y}{18r^2s} = \frac{22 \cdot 18 \cdot ax^2y^2r^2s}{27 \cdot 66 \cdot bx^2yrs^2} = \frac{1 \cdot 2 \cdot a \cdot y \cdot r}{3 \cdot 3 \cdot b \cdot s} = \frac{2ary}{9bs}$

3. $\frac{35a^2}{43b^2} : 14a = \frac{35a^2}{43b^2} : \frac{14a}{1} = \frac{35a^2 \cdot 1}{43b^2 \cdot 14a} = \frac{5a}{86b^2}$

4. $8\frac{3}{4} : 14 = \frac{35}{4 \cdot 14} = \frac{5}{8}$

Für den in den Beispielen 3 und 4 behandelten Sonderfall gilt:

$$\boxed{\frac{a}{b} : c = \frac{a}{b \cdot c} = \frac{a}{bc}}$$

Ein Bruch wird durch eine Zahl dividiert, indem man den Nenner mit der Zahl multipliziert. Vor der Ausrechnung ist zu kürzen.

$$\frac{2}{3} : 4 = \frac{2}{3 \cdot 4} = \frac{1}{3 \cdot 2} = \frac{1}{6}$$

$$\boxed{\frac{ac}{b} : c = \frac{a}{b}}$$

Ein Bruch wird durch eine Zahl dividiert, indem man den Zähler durch die Zahl dividiert.

$$\frac{21}{10} : 7 = \frac{21 : 7}{10} = \frac{3}{10}$$

7. Dezimalzahlen und Dualzahlen

7.1. Die Dezimalschreibweise

Die übliche Schreibweise unserer Zahlen ist die Dezimalschreibweise, das heißt, es gibt 10 verschiedene Ziffern, 0, 1, 2, ..., 9, und in einer Zahl hat jede Ziffer den zehnfachen Stellenwert der rechts darauf folgenden Ziffer:

$$\begin{aligned} 3201 &= 3 \cdot 10^3 + 2 \cdot 10^2 + 0 \cdot 10^1 + 1 \cdot 10^0 \\ &= 3 \cdot 1000 + 2 \cdot 100 + 0 \cdot 10 + 1 . \end{aligned}$$

Diese Schreibweise wurde möglich nach „Erfindung" der 0. Ohne diese gibt es z.B. die römische Zahlenschreibweise durch Addition oder Subtraktion der zugrundeliegenden Zahlzeichen.

Römische Zahlzeichen:

I = 1	Bis drei gleiche Zeichen dürfen addiert werden, höchstens eins der Zeichen I, X oder C darf einmal durch Davorschreiben subtrahiert werden.
V = 5	
X = 10	
L = 50	**Beispiele**:
C = 100	3201 = MMMCCI
D = 500	3744 = MMMDCCXLIV
M = 1000	1998 = MCMXCVIII

Die *Dezimalschreibweise* erlaubt auch die Wiedergabe gebrochener Zahlen.

Beispiel in Tabellenform:

10^4	10^3	10^2	10^1	10^0	10^{-1}	10^{-2}	10^{-3}
= 10000	= 1000	= 100	= 10	= 1	$=\frac{1}{10}$	$=\frac{1}{100}$	$=\frac{1}{1000}$
1	2	3	0	4	5	6	7

Die in dieser Tabelle aufgegliederte Zahl ist

$$1 \cdot 10000 + 2 \cdot 1000 + 3 \cdot 100 + 0 \cdot 10 + 4 \cdot 1 + 5 \cdot \frac{1}{10} + 6 \cdot \frac{1}{100} + 7 \cdot \frac{1}{1000} = 12\,304{,}567$$

Eine solche mit Komma geschriebene Zahl nennt man im allgemeinen kurz „Dezimalzahl". Genau müßte es heißen: „Nicht-ganze rationale Zahl in Dezimalschreibweise".

7.2. Umwandlung der Dezimalschreibweise in Bruchschreibweise

Man wendet an, daß die erste Stelle nach dem Komma Zehntel, die zweite Stelle Hundertstel, die dritte Stelle Tausendstel usw. sind. So erhält man z.B.

$$0{,}567 = \frac{5}{10} + \frac{6}{100} + \frac{7}{1000} \qquad \text{und durch Erweitern und Zusammenfassen}$$

$$= \frac{567}{1000}.$$

Man versucht, den letzten Bruch zu kürzen. Das geht nur, wenn der Zähler die Primfaktoren 2 oder 5 enthält, da der Nenner nur aus den Primfaktoren 2 und 5 zusammengesetzt ist.

Beispiele:

$0{,}5 = \frac{5}{10} = \frac{1}{2}$

$0{,}02 = \frac{2}{100} = \frac{1}{50}$

$0{,}10 = \frac{10}{100} = \frac{1}{10}$ Eine oder mehrere Nullen können am Ende weggelassen werden.

$0{,}1 = \frac{1}{10}$

$0{,}750 = \frac{75}{100} = \frac{3}{4}$

$12{,}875 = 12\frac{875}{1000} = 12\frac{7}{8}$

$11{,}111 = 11\frac{111}{1000}$

$1{,}1200 = 1\frac{12}{100} = 1\frac{3}{25}$

7.3. Umwandlung der Bruchschreibweise in Dezimalschreibweise
(Umwandlung eines Bruches in eine Dezimalzahl)

Man denkt sich für den Bruch einen Quotienten und führt die Division aus (Rechner!).

Beispiele:

$\frac{1}{2} = 1 : 2 = 0{,}5$

$\frac{2}{5} = 2 : 5 = 0{,}4$

$\frac{11}{125} = 11 : 125 = 0{,}088$

Enthält der Nenner eines Bruches noch andere Primfaktoren als 2 und 5, dann geht die Rechnung nicht auf. Sie wird abgebrochen und das Ergebnis gerundet. Auf das Zeichen ≈ (ungefähr gleich), das dann korrekterweise statt = (gleich) geschrieben werden müßte, soll hier verzichtet werden.

$\frac{1}{3} = 1 : 3 = 0{,}333\,333\,3$

$1\frac{1}{7} = 1 + 1 : 7 = 1{,}142\,857\,1$

$1\frac{1}{7} = 1 + 1 : 7 = 1{,}142\,9$

$\frac{2}{3} = 2 : 3 = 0{,}666\,666\,7$

Rundungsregel: Ist die erste weggelassene Ziffer 0, 1, 2, 3, 4, dann bleibt die letzte geschriebene Ziffer unverändert.
Ist die erste weggelassene Ziffer 5, 6, 7, 8, 9, wird die letzte geschriebene Ziffer um 1 erhöht.

Mit diesem Beispiel kann man testen, ob der gebrauchte Rechner automatisch aufrundet oder nicht.

Rundungsbeispiele:

$3{,}456 \approx 3{,}46$

$20{,}899 \approx 20{,}90$ Die 0 am Ende macht deutlich, daß auf zwei Dezimalstellen gerundet wurde,

$17{,}454\,9 \approx 17{,}455$ auf drei Dezimalstellen gerundet,

$\approx 17{,}45$ auf zwei Dezimalstellen gerundet,

$\approx 17{,}5$ auf eine Dezimalstelle gerundet,

$17{,}55$	$\approx 17{,}6$	auf eine Dezimalstelle gerundet,
$0{,}001\,295$	$\approx 0{,}001\,30$	auf fünf Dezimalstellen gerundet,
$0{,}001\,295$	$\approx 0{,}001\,3$	auf vier Dezimalstellen gerundet;
$378\,952\,086$	$\approx 3{,}790 \cdot 10^8$	auf 10 000er gerundet,
$378\,952\,086$	$\approx 3{,}79 \cdot 10^8$	auf 100 000er gerundet.

7.4. Die Dualschreibweise

Die Dezimalschreibweise der Zahlen ist willkürlich und auf den Umstand zurückzuführen, daß der Mensch zehn Finger hat. Das Zehnersystem ist auf 10 verschiedenen Ziffern, 0, 1, 2, ... , 9, aufgebaut. Jede Ziffer erhält den zehnfachen Zahlwert, wenn sie eine Stelle weiter nach links rückt. Genau so gut könnte jede andere Anzahl verschiedener Ziffern zugrundegelegt werden. Praktische Bedeutung hat das Zahlsystem aus zwei Ziffern, das Dualsystem oder Binärsystem, gewonnen. Dieses Dualsystem, das nur die Ziffern 0 und 1 (eins) kennt, ist die Basis für die inneren Rechnungen von Computern aller Art, vom einfachen Taschenrechner angefangen. Bei jedem Rechenvorgang wird erst die Eingabe ins Dualsystem übertragen, in diesem gerechnet, zum Schluß erfolgt die Anzeige wieder im Dezimalsystem.

Tabelle zum Aufbau einer Dualzahl (einer Zahl in Dualschreibweise)

... 2^8	2^7	2^6	2^5	2^4	2^3	2^2	2^1	2^0	2^{-1}	2^{-2}	2^{-3}	2^{-4} ...
1	0	1	1	0	0	0	1	1	1	0	1	1

Die in dieser Tabelle aufgegliederte Zahl ist

$101\,100\,011,101\,1$ in Dualschreibweise,

$$= 1 \cdot 2^8 + 1 \cdot 2^6 + 1 \cdot 2^5 + 1 \cdot 2 + 1 \cdot 1 + 1 \cdot \frac{1}{2} + 1 \cdot \frac{1}{8} + 1 \cdot \frac{1}{16}$$

$$= 256 + 64 + 32 + 2 + 1 + \frac{8}{16} + \frac{2}{16} + \frac{1}{16}$$

$$= 355\frac{11}{16} = 355{,}687\,5$$ in Dezimalschreibweise.

Beim Umwandeln aus der Dezimalschreibweise in die Dualschreibweise muß man die Zahl in eine Summe von Zweierpotenzen zergliedern:

$763{,}876$

$$= 512 + 128 + 64 + 32 + 16 + 8 + 2 + 1 + \frac{1}{2} + \frac{1}{4} + \frac{1}{8} + \frac{1}{1024} + \ldots$$

$$= 2^9 + 2^7 + 2^6 + 2^5 + 2^4 + 2^3 + 2^1 + 2^0 + 2^{-1} + 2^{-2} + 2^{-3} + 2^{-10} + \ldots$$

$$= 1\,011\,111\,011,111\,000\,000\,1 \ldots$$

Die Ausführung der vier Grundrechenarten mit Dualzahlen erfolgt analog den im Dezimalsystem bekannten Verfahren.

8. Potenzen, Wurzeln, Logarithmen

8.1. Die Potenz

a^x (a hoch x) heißt *Potenz*	$\pi^{\frac{3}{2}} = 5{,}568\,32\ldots$ Potenz
a heißt *Basis* (Grundzahl)	$\pi = 3{,}141\,59\ldots$ Basis
x heißt *Exponent* (Hochzahl)	$\frac{3}{2} = 1{,}5$ Exponent

Ursprüngliche Definition der Potenz

$$a^n = \underbrace{a \cdot a \cdot a \cdot \ldots \cdot a}_{n \text{ Faktoren}}$$

$$3^5 = 3 \cdot 3 \cdot 3 \cdot 3 \cdot 3 = 243$$
$$(-2)^3 = (-2) \cdot (-2) \cdot (-2) = -8$$

Negative Exponenten und Exponent 0

$$a^{-m} = \frac{1}{a^m} \qquad 3^{-5} = \frac{1}{3^5} = \frac{1}{243}$$

$$a^0 = 1 \qquad 5^0 = 1 \qquad \left(-\frac{1}{5}\right)^0 = 1$$

Anmerkung: a darf nicht 0 sein.

Gebrochene Exponenten

$$a^{\frac{p}{q}} = c \iff a^p = c^q$$

$$8^{\frac{4}{3}} = c \iff 8^4 = c^3 \iff c = 16$$
$$8^{-\frac{4}{3}} = c \iff 8^{-4} = c^3 \iff c = \frac{1}{16}$$

Reelle Exponenten

Mit Hilfe eines Grenzübergangs läßt sich entsprechend die Potenz mit reellem Exponenten definieren (q sei rationaler Näherungswert von x, insbesondere sei $q_- < x$ und $q_+ > x$):

$a^x \approx a^q \qquad x \approx q \qquad 3^\pi \approx 3^{3,14} \qquad \pi \approx 3{,}14$

$a^{q_-} < a^x < a^{q_+}$ für $q_- < q_+$ und $a > 1 \qquad 3^{3,141} < 3^\pi < 3^{3,142} \qquad 3.141 < \pi < 3{,}142$

8.1.1. Regeln der Potenzrechnung

Potenzrechnung vor Punktrechnung

$ba^n = b \cdot (a^n)$ für alle $a \neq 0 \qquad 5 \cdot 3^4 = 5 \cdot 3 \cdot 3 \cdot 3 \cdot 3 = 5 \cdot (3^4)$

Soll erst Punktrechnung erfolgen, muß das durch eine Klammer gefordert werden:

$$(5 \cdot 3)^4 = 5 \cdot 3 \cdot 5 \cdot 3 \cdot 5 \cdot 3 \cdot 5 \cdot 3 = 15^4$$

Fehlerwarnung: $ba^n \neq (ba)^n$ (siehe oben), falls $a, b \neq 0$ und $b \neq 1$; $n \neq 1$.

8.1.1.1. Addieren und Subtrahieren

$$pa^n + qa^n = (p+q)a^n$$ für alle $a \neq 0$

Potenzen kann man nur addieren oder subtrahieren, wenn sie in Basis *und* Exponent übereinstimmen.

$2 \cdot 3^4 + 5 \cdot 3^4 = 7 \cdot 3^4$

Fehlerwarnungen: $2^4 + 3^4 \neq 5^4$
$3^2 + 3^4 \neq 3^6$

richtig $2 \cdot 2 \cdot 2 \cdot 2 + 3 \cdot 3 \cdot 3 \cdot 3 = 16 + 81 = 97$
richtig $3 \cdot 3 + 3 \cdot 3 \cdot 3 \cdot 3 = 9 + 81 = 90$

8.1.1.2. Multiplizieren und Dividieren bei gleicher Basis

$$a^n \cdot a^m = a^{n+m}$$ für alle $a \neq 0$

Potenzen mit gleicher Basis werden multipliziert, indem man die Exponenten addiert (genauer: indem man die gemeinsame Basis mit der Summe der Exponenten potenziert).

$3^6 \cdot 3^4 = 3 \cdot 3 \cdot 3 \cdot 3 \cdot 3 \cdot 3 \cdot 3 \cdot 3 \cdot 3 \cdot 3 = 3^{10}$

Fehlerwarnung: $3^6 \cdot 3^4 \neq 3^{24}$!

$$\frac{a^n}{a^m} = a^{n-m}$$ für alle $a \neq 0$

Potenzen mit gleicher Basis werden dividiert, indem man die Exponenten subtrahiert (genauer: indem man die gemeinsame Basis mit der Differenz der Exponenten potenziert).

$$\frac{3^6}{3^4} = \frac{3 \cdot 3 \cdot 3 \cdot 3 \cdot 3 \cdot 3}{3 \cdot 3 \cdot 3 \cdot 3} = 3 \cdot 3 = 3^2$$

Fehlerwarnung: $3^{12} : 3^4 \neq 3^3$ sondern $3^{12} : 3^4 = 3^8$

Sonderfälle:

$$a^1 = a$$

Die erste Potenz einer Zahl ist die Zahl selbst.

$$3^5 : 3^4 = \begin{cases} 3^{5-4} = 3^1 \\ \dfrac{3 \cdot 3 \cdot 3 \cdot 3 \cdot 3}{3 \cdot 3 \cdot 3 \cdot 3} = 3 \end{cases}$$

$$a^0 = 1$$ $(a \neq 0)$

Die nullte Potenz einer Zahl (außer 0) ist immer 1.

$$3^4 : 3^4 = \begin{cases} 3^{4-4} = 3^0 \\ \dfrac{3 \cdot 3 \cdot 3 \cdot 3}{3 \cdot 3 \cdot 3 \cdot 3} = 1 \end{cases}$$

Fehlerwarnung: $a^0 = 1$ $(a \neq 0)$ nicht zu verwechseln mit $a \cdot 0 = 0$.

$$a^{-n} = \frac{1}{a^n}; \quad \left(\frac{a}{b}\right)^{-n} = \left(\frac{b}{a}\right)^n$$

$(a \neq 0, b \neq 0)$

Eine Potenz mit negativem Exponenten ist gleich ihrem Kehrwert mit positivem Exponenten (genauer: der Wert einer Potenz bleibt erhalten, wenn man gleichzeitig die Basis durch ihren Kehrwert und das Vorzeichen des Exponenten durch das entgegengesetzte ersetzt).

$$3^4 : 3^6 = \begin{cases} 3^{4-6} = 3^{-2} \\ \dfrac{3 \cdot 3 \cdot 3 \cdot 3}{3 \cdot 3 \cdot 3 \cdot 3 \cdot 3 \cdot 3} = \dfrac{1}{3^2} \end{cases}$$

Beispiele:

1. $\left(\frac{3}{2}\right)^4 : \left(\frac{3}{2}\right)^6 = \frac{3\cdot 3\cdot 3\cdot 3}{2\cdot 2\cdot 2\cdot 2} : \frac{3\cdot 3\cdot 3\cdot 3\cdot 3\cdot 3}{2\cdot 2\cdot 2\cdot 2\cdot 2\cdot 2} = \frac{3\cdot 3\cdot 3\cdot 3\cdot 2\cdot 2\cdot 2\cdot 2\cdot 2\cdot 2}{2\cdot 2\cdot 2\cdot 2\cdot 3\cdot 3\cdot 3\cdot 3\cdot 3\cdot 3} = \frac{2\cdot 2}{3\cdot 3} = \left(\frac{2}{3}\right)^2$

2. $\left(\frac{4}{5}\right)^{2x-1} = \left(\frac{5}{4}\right)^{1-2x}$

3. $\left(\frac{a}{b}\right)^{m-rl+n} = \left(\frac{b}{a}\right)^{rl-m-n}$

Fehlerwarnung: $a^{-2} \neq -a^2$, sondern $a^{-2} = \frac{1}{a^2}$ für alle $a \neq 0$

Vorzeichenregel

$$\left.\begin{matrix}(-1)^0\\(-1)^2\\(-1)^4\\(-1)^{2n}\end{matrix}\right\} = 1 \qquad \left.\begin{matrix}(-1)^1\\(-1)^3\\(-1)^5\\(-1)^{2n+1}\end{matrix}\right\} = -1$$

8.1.1.3. Multiplizieren und Dividieren bei gleichem Exponenten

$$\boxed{a^n \cdot b^n = (ab)^n} \quad \text{für alle } a, b, n \neq 0$$

Potenzen mit gleichem Exponenten werden multipliziert, indem man die Basen multipliziert (genauer: indem man das Produkt der Basen mit dem gemeinsamen Exponenten potenziert).

$$\begin{aligned}2^4 \cdot 5^4 &= 2\cdot 2\cdot 2\cdot 2\cdot 5\cdot 5\cdot 5\cdot 5\\ &= (2\cdot 5)\cdot(2\cdot 5)\cdot(2\cdot 5)\cdot(2\cdot 5)\\ &= (2\cdot 5)^4 = 10^4 = 10\,000\end{aligned}$$

Fehlerwarnung: $a^n \cdot b^n \neq (ab)^{2n}$ außer in Sonderfällen, z.B. $n = 0$.
$2^3 \cdot 5^3 \neq 10^6$

$$\boxed{\frac{a^n}{b^n} = \left(\frac{a}{b}\right)^n} \quad (b \neq 0)$$

Potenzen mit gleichem Exponenten werden dividiert, indem man die Basen dividiert (genauer: indem man den Quotienten der Basen mit dem gemeinsamen Exponten potenziert).

$$\frac{3^4}{5^4} = \left(\frac{3}{5}\right)^4 = 0{,}6^4 = 0{,}1296$$

Fehlerwarnung: $\frac{a^n}{b^n} \neq \frac{a}{b}$ (außer in Sonderfällen) im Gegensatz zu $\frac{a\cdot n}{b\cdot n} = \frac{a}{b}$

Umkehrungen:

$$\boxed{(ab)^n = a^n \cdot b^n}$$

Ein Produkt wird potenziert, indem man die einzelnen Faktoren potenziert (genauer: indem man die Potenzen der einzelnen Faktoren miteinander multipliziert).

$$\begin{aligned}30^4 &= (3\cdot 10)^4 = 3^4 \cdot 10^4 = 81 \cdot 10\,000\\ &= 810\,000 = 8{,}1 \cdot 10^5\end{aligned}$$

Fehlerwarnung: Die Berechnung von $(a+b)^n$ darf nicht verwechselt werden mit $(a\cdot b)^n = a^n \cdot b^n$.
Es ist z.B. $(a+b)^4 \neq a^4 + b^4$ (außer in Sonderfällen), sondern
$(a+b)^4 = a^4 + 4a^3b + 6a^2b^2 + 4ab^3 + b^4$ (siehe 5.2.1. Binomische Formeln)

$$\boxed{\left(\frac{a}{b}\right)^n = \frac{a^n}{b^n}} \quad (b \neq 0)$$

Ein Bruch wird potenziert, indem man Zähler und Nenner einzeln potenziert (genauer: indem man die Potenzen von Zähler und Nenner durcheinander dividiert).

$$\begin{aligned}0{,}3^4 &= \left(\frac{3}{10}\right)^4 = \frac{3^4}{10^4} = \frac{81}{10\,000} = 0{,}0081\\ &= 8{,}1 \cdot 10^{-3}\end{aligned}$$

8.1.1.4. Potenzieren einer Potenz

$$(a^n)^m = a^{nm}$$

Eine Potenz wird potenziert, indem man die Exponenten multipliziert (genauer: indem man die Basis mit dem Produkt der Exponenten potenziert).

$$(2^3)^4 = (2\cdot2\cdot2)\cdot(2\cdot2\cdot2)\cdot(2\cdot2\cdot2)\cdot(2\cdot2\cdot2) = 2^{3\cdot4} = 2^{12}$$

Fehlerwarnung: $(2^3)^4 \neq 2^7$

$$(a^n)^m = (a^m)^n$$

Bei der Potenz einer Potenz kann man die Exponenten miteinander vertauschen.

$$(3^4)^2 = \begin{cases} 81^2 = 6561 \\ (3^2)^4 = 9^4 = 6561 \end{cases}$$

8.1.2. Beispiele zur gesamten Potenzrechnung

1. $ar^p + bs^p - cr^p + ds^p = (a-c)r^p + (b+d)s^p$

2. $x^{3m-1}x^{m+1} = x^{3m-1+m+1} = x^{4m}$

3. $\dfrac{8^2\cdot5^2}{8^2+6^2} = \dfrac{(4\cdot2)^2\cdot5^2}{64+36} = \dfrac{4^2\cdot(2\cdot5)^2}{100} = 4^2 = 16$

4. $\dfrac{5a^{x+y}b^{3u+v}}{7c^2} : \dfrac{5c^4}{28a^{y-x}b^{v-2u}} = \dfrac{5\cdot28\cdot a^{x+y}a^{y-x}b^{3u+v}b^{v-2u}}{7\cdot5c^2c^4} = \dfrac{4a^{2y}b^{u+2v}}{c^6}$

5. Unterscheide $(-u^2)^3 = (-1)^3u^{2\cdot3} = -u^6$
$(-u^3)^2 = (-1)^2u^{3\cdot2} = +u^6$
$[(-u)^2]^3 = [(-1)^2u^2]^3 = [u^2]^3 = u^6$

6. $\left(\dfrac{5a^{-1}}{-2^2b^{-3}}\right)^{-4} = \begin{cases} \left(-\dfrac{5b^3}{2^2a}\right)^{-4} = \left(-\dfrac{4a}{5b^3}\right)^4 = +\dfrac{256a^4}{625b^{12}} \\[2ex] \dfrac{5^{-4}a^4}{(-1)^{-4}2^{-8}b^{12}} = \dfrac{2^8a^4}{5^4b^{12}} = +\dfrac{256a^4}{625b^{12}} \end{cases}$

7. $\left(\dfrac{2}{3}x^{-1} - 3x\right)\left(3x^{-1} - \dfrac{2}{3}x\right) = 2x^{-2} - \dfrac{4}{9} - 9 + 2x^2 = \dfrac{2}{x^2} - 9\dfrac{4}{9} + 2x^2$

8.2. Die Wurzel

$\sqrt[n]{c}$	(n-te Wurzel aus c)	heißt Wurzel
$c \geqslant 0$		heißt Radikand
n		heißt Wurzelexponent

$\sqrt[3]{\dfrac{8}{27}} = \dfrac{2}{3}$	Wurzel
$\dfrac{8}{27}$	Radikand
3	Wurzelexponent

Wurzeln sind Potenzen in besonderer Schreibweise.

Die Wurzelschreibweise ist üblich für Potenzen mit Stammbrüchen (Zähler 1) als Exponenten.

Definition der Wurzel

$$\sqrt[n]{c} = c^{\frac{1}{n}} = a \iff a^n = c \qquad \sqrt[3]{8} = 8^{\frac{1}{3}} = 2 \iff 2^3 = 8$$

n ist eine natürliche Zahl, c und a sind nichtnegative reelle Zahlen.

Der Wurzelexponent 2 braucht nicht geschrieben zu werden.

$$\sqrt[2]{c} = \sqrt{c} \qquad \sqrt[2]{4} = \sqrt{4} = 2$$

Hinweise:

1. Nach der Definition der Wurzel ist die Wurzel aus einer positiven Zahl selbst eine positive Zahl: $\sqrt{a^2} = |a|$ für jede reelle Zahl a. Es gilt daher z.B. nur $\sqrt{4} = 2$, nicht auch $\sqrt{4} = -2$. Dagegen hat die Gleichung $x^2 = 4$ die Lösungen $x_1 = +\sqrt{4} = +2$ und $x_2 = -\sqrt{4} = -2$.
2. Der Definitionsbereich der Wurzel ist erweiterungsfähig, d.h. es kann auch eine negative Zahl für c sinnvoll sein, z.B. $\sqrt[3]{-27} = -3$.
3. Für die Wurzelrechnung gelten in vollem Umfang die Regeln der Potenzrechnung.

   Wegen des häufigen Auftretens werden die übertragbaren Regeln hier in Wurzelschreibweise wiederholt.

8.2.1. Regeln der Wurzelrechnung

8.2.1.1. Addieren und Subtrahieren

$$p\sqrt[n]{c} + q\sqrt[n]{c} = (p+q)\sqrt[n]{c}$$

$$2 \cdot \sqrt[4]{3} + 5 \cdot \sqrt[4]{3} = 7 \cdot \sqrt[4]{3}$$

Wurzeln kann man nur addieren oder subtrahieren, wenn sie in Radikand *und* Wurzelexponent übereinstimmen.

Fehlerwarnungen:

1. $\sqrt[4]{2} + \sqrt[4]{3} \neq \sqrt[4]{5}$, sondern nicht zusammenfaßbar.
2. $\sqrt[3]{2} + \sqrt[4]{2} \neq \sqrt[7]{2}$, sondern nicht zusammenfaßbar.

8.2.1.2. Multiplizieren und Dividieren bei gleichem Radikanden

$$\sqrt[n]{c} \cdot \sqrt[m]{c} = \sqrt[nm]{c^{m+n}}$$

denn $c^{\frac{1}{n}} \cdot c^{\frac{1}{m}} = c^{\frac{1}{n}+\frac{1}{m}} = c^{\frac{m+n}{nm}} = \sqrt[nm]{c^{m+n}}$

Wurzeln mit gleichem Radikanden und den Wurzelexponenten n, m werden multipliziert, indem man aus dem in die $(m+n)$-te Potenz erhobenen Radikanden die nm-te Wurzel zieht.

$$\sqrt[3]{4096} \cdot \sqrt[4]{4096} = \begin{cases} 16 \cdot 8 = 128 \\ \sqrt[12]{4096^7} = 2^7 = 128 \end{cases}$$

Fehlerwarnung: $\sqrt[3]{a} \cdot \sqrt[4]{a} \neq \sqrt[12]{a}$; $\neq \sqrt[12]{a^2}$; $\neq \sqrt[7]{a}$ richtig $= \sqrt[3 \cdot 4]{a^{4+3}} = \sqrt[12]{a^7}$

$$\sqrt[n]{c} : \sqrt[m]{c} = \sqrt[nm]{c^{m-n}}$$

denn $c^{\frac{1}{n}} : c^{\frac{1}{m}} = c^{\frac{1}{n}-\frac{1}{m}} = c^{\frac{m-n}{nm}} = \sqrt[nm]{c^{m-n}}$

Wurzeln mit gleichem Radikanden und den Wurzelexponenten n und m werden dividiert, indem man aus dem in die $(m-n)$-te Potenz erhobenen Radikanden die nm-te Wurzel zieht.

$$\sqrt[3]{4096} : \sqrt[4]{4096} = \begin{cases} 16 : 8 = 2 \\ \sqrt[12]{4096^{4-3}} = 2 \end{cases}$$

8.2.1.3. Multiplizieren und Dividieren bei gleichem Wurzelexponenten

$$\sqrt[n]{c} \cdot \sqrt[n]{d} = \sqrt[n]{cd}$$

denn $c^{\frac{1}{n}} \cdot d^{\frac{1}{n}} = (cd)^{\frac{1}{n}} = \sqrt[n]{cd}$

$$\sqrt[3]{8} \cdot \sqrt[3]{27} = \begin{cases} 2 \cdot 3 = 6 \\ \sqrt[3]{216} = 6 \end{cases}$$

Wurzeln mit gleichem Wurzelexponenten werden multipliziert, indem man die Radikanden multipliziert (genauer: indem man dieselbe Wurzel aus dem Produkt der Radikanden zieht).

Fehlerwarnung: $\sqrt[n]{c} + \sqrt[n]{d} \neq \sqrt[n]{c+d}$; der gegebene Ausdruck läßt sich nicht vereinfachen.

$$\sqrt[n]{c} : \sqrt[n]{d} = \sqrt[n]{\frac{c}{d}}$$

denn $c^{\frac{1}{n}} : d^{\frac{1}{n}} = \left(\frac{c}{d}\right)^{\frac{1}{n}} = \sqrt[n]{\frac{c}{d}}$

$$\sqrt[3]{8} : \sqrt[3]{27} = \begin{cases} 2 : 3 = \frac{2}{3} \\ \sqrt[3]{\frac{8}{27}} = \frac{2}{3} \end{cases}$$

Wurzeln mit gleichem Wurzelexponenten werden dividiert, indem man die Radikanden dividiert (genauer: indem man dieselbe Wurzel aus dem Quotienten der Radikanden zieht).

Umkehrungen:

$$\sqrt[n]{cd} = \sqrt[n]{c} \cdot \sqrt[n]{d}$$

$$\sqrt{36} = \begin{cases} 6 \\ \sqrt{4} \cdot \sqrt{9} = 2 \cdot 3 = 6 \end{cases}$$

Man zieht die Wurzel aus einem Produkt, indem man die Wurzel aus den einzelnen Faktoren zieht (genauer: indem man die Wurzeln aus den einzelnen Faktoren miteinander multipliziert).

Fehlerwarnung: $\sqrt[n]{c+d} \neq \sqrt[n]{c} + \sqrt[n]{d}$; ohne Berechnung der Summe gibt es nur ein Näherungsverfahren zur Berechnung der Wurzel (vgl. binomische Reihe).

$$\sqrt[n]{\frac{c}{d}} = \sqrt[n]{c} : \sqrt[n]{d}$$

$$\sqrt[3]{\frac{8}{27}} = \sqrt[3]{8} : \sqrt[3]{27} = 2 : 3 = \frac{2}{3}$$

Man zieht die Wurzel aus einem Bruch, indem man sie aus Zähler und Nenner einzeln zieht (genauer: indem man die Wurzeln aus Zähler und Nenner durcheinander dividiert).

8.2.1.4. Radizieren und Potenzieren einer Wurzel

$$\sqrt[n]{\sqrt[m]{c}} = \sqrt[mn]{c}$$

denn $\left(c^{\frac{1}{m}}\right)^{\frac{1}{n}} = c^{\frac{1}{mn}} = \sqrt[mn]{c}$

$$\sqrt[4]{\sqrt[3]{4096}} = \begin{cases} \sqrt[4]{16} = 2 \\ \sqrt[12]{4096} = 2 \end{cases}$$

Man zieht die Wurzel aus einer Wurzel, indem man die Wurzelexponenten multipliziert (genauer: indem man aus dem Radikanden die Wurzel mit dem aus dem Produkt beider Wurzelexponenten gebildeten neuen Wurzelexponenten zieht).

Fehlerwarnung: $\sqrt[3]{\sqrt[5]{7}} \neq \sqrt[8]{7}$, sondern $= \sqrt[15]{7}$

$$\sqrt[n]{\sqrt[m]{c}} = \sqrt[m]{\sqrt[n]{c}}$$

denn $\left.\begin{aligned} \left(c^{\frac{1}{m}}\right)^{\frac{1}{n}} &= c^{\frac{1}{mn}} \\ \left(c^{\frac{1}{n}}\right)^{\frac{1}{m}} &= c^{\frac{1}{nm}} \end{aligned}\right\} = \sqrt[mn]{c}$

$$\sqrt[4]{\sqrt[3]{4096}} = \begin{cases} \sqrt[4]{16} = 2 \\ \sqrt[3]{\sqrt[4]{4096}} = \sqrt[3]{8} = 2 \end{cases}$$

Bei der Wurzel aus einer Wurzel kann man die Wurzelexponenten miteinander vertauschen.

$$\sqrt[3]{\sqrt[4]{27}} = \sqrt[4]{\sqrt[3]{27}} = \sqrt[4]{3}$$

Für das Potenzieren einer Wurzel oder das Wurzelziehen einer Potenz gilt noch zusätzlich (ohne Analogie im Unterabschnitt „Regeln der Potenzrechnung"):

$$\boxed{\left(\sqrt[n]{c}\right)^m = \sqrt[n]{c^m}}$$

denn $\left(c^{\frac{1}{n}}\right)^m = c^{\frac{m}{n}}$ und $(c^m)^{\frac{1}{n}} = c^{\frac{m}{n}}$

$$\left(\sqrt[3]{8}\right)^4 = \begin{cases} 2^4 = 16 \\ \sqrt[3]{8^4} = \sqrt[3]{4096} = 16 \end{cases}$$

$$\left(\sqrt[4]{4}\right)^2 = \sqrt[4]{4^2} = \sqrt[4]{16} = 2$$

Eine Wurzel wird potenziert, indem man den Radikanden potenziert (genauer: indem man die Wurzel aus der Potenz des Radikanden zieht).

Umkehrung:

$$\boxed{\sqrt[n]{c^m} = \left(\sqrt[n]{c}\right)^m}$$

Man zieht die Wurzel aus einer Potenz, indem man die Wurzel aus der Basis in die betreffende Potenz erhebt.

$$\sqrt{4^3} = \begin{cases} \sqrt{64} = 8 \\ (\sqrt{4})^3 = 2^3 = 8 \end{cases}$$

$$\boxed{\sqrt[np]{c^{nq}} = \left(\sqrt[np]{c}\right)^{nq} = \sqrt[p]{c^q} = \left(\sqrt[p]{c}\right)^q}$$

Exponenten und Wurzelexponenten kann man gegeneinander kürzen.

$$\sqrt[12]{2^8} = \sqrt[3]{4}$$

8.2.1.5. Rationalmachen des Nenners

$$\boxed{\frac{a}{\sqrt{b}} = \frac{a\sqrt{b}}{b}} \quad \text{(mit } \sqrt{b} \text{ erweitert)}$$

Man erweitert den Bruch so, daß die Wurzel im Nenner wegfällt.

$$\frac{a^2}{\sqrt{a}} = a\sqrt{a}$$

$$\frac{a}{\sqrt[3]{a}} = \frac{a \cdot \sqrt[3]{a^2}}{\sqrt[3]{a} \cdot \sqrt[3]{a^2}} = \frac{a \cdot \sqrt[3]{a^2}}{a} = \sqrt[3]{a^2}$$

$$\frac{x+\sqrt{y}}{x-\sqrt{y}} = \frac{(x+\sqrt{y})(x+\sqrt{y})}{(x-\sqrt{y})(x+\sqrt{y})} = \frac{(x+\sqrt{y})^2}{x^2-y} = \frac{x^2+2x\sqrt{y}+y}{x^2-y}$$

8.2.2. Beispiele zur gesamten Wurzelrechnung

1. $(\sqrt{-0{,}5})^{-2} = (-0{,}5)^{\frac{1}{2}(-2)} = (-0{,}5)^{-1} = \frac{1}{-0{,}5} = -2$ oder $= \frac{1}{\left(\sqrt{-0{,}5}\right)^2} = \frac{1}{-0{,}5} = -2$
2. $\left(-2^{\frac{3}{4}}\right)^2 = +2^{\frac{3}{2}} = \sqrt{2^3} = \sqrt{2^2 \cdot 2} = 2\sqrt{2}$
3. $(\sqrt{18}+\sqrt{2})^2 - (\sqrt{18}-\sqrt{2})^2 = (18+2\sqrt{36}+2) - (18-2\sqrt{36}+2) = 4\sqrt{36} = 24$
4. $(\sqrt{5}+\sqrt{3})^3 = 5\sqrt{5} + 15\sqrt{3} + 9\sqrt{5} + 3\sqrt{3} = 14\sqrt{5} + 18\sqrt{3}$
5. $(3\sqrt{2} - 2\sqrt[3]{3})(7\sqrt[3]{2} + 5\sqrt{3}) = 21\sqrt[6]{2^5} + 15\sqrt{6} - 14\sqrt[3]{6} - 10\sqrt[6]{3^5}$

6. $\dfrac{a}{a+\sqrt{a}} = \dfrac{a(a-\sqrt{a})}{(a+\sqrt{a})(a-\sqrt{a})} = \dfrac{a(a-\sqrt{a})}{a^2-a} = \dfrac{a(a-\sqrt{a})}{a(a-1)} = \dfrac{a-\sqrt{a}}{a-1}$

7. $\dfrac{x}{\sqrt[3]{xy^2}} = \dfrac{x\cdot\sqrt[3]{x^2y}}{\sqrt[3]{xy^2}\,\sqrt[3]{x^2y}} = \dfrac{x\cdot\sqrt[3]{x^2y}}{xy} = \dfrac{1}{y}\sqrt[3]{x^2y}$

8. $\dfrac{a-2}{\sqrt{a^2-4}} = \dfrac{(a-2)\sqrt{a^2-4}}{\sqrt{a^2-4}\sqrt{a^2-4}} = \dfrac{(a-2)\sqrt{a^2-4}}{a^2-4} = \dfrac{(a-2)\sqrt{a^2-4}}{(a-2)(a+2)} = \dfrac{\sqrt{a^2-4}}{a+2}$

9. $\sqrt[4]{\sqrt[5]{1024}} = \sqrt[20]{2^{10}} = 2^{\frac{10}{20}} = 2^{\frac{1}{2}} = \sqrt{2}$

10. $\sqrt{9\sqrt[3]{\dfrac{1}{18}}} = \sqrt[6]{\dfrac{9^3}{18}} = \sqrt[6]{\dfrac{3^6}{18}} = \dfrac{3}{\sqrt[6]{18}}$; $\dfrac{3}{\sqrt[6]{18}} = \dfrac{3\sqrt[6]{2^5\cdot 3^4}}{\sqrt[6]{2\cdot 3^2}\sqrt[6]{2^5\cdot 3^4}} = \dfrac{1}{2}\sqrt[6]{2^5\cdot 3^4}$

8.3. Der Logarithmus

$\log_a c$ (Logarithmus c zur Basis a)	heißt Logarithmus	$\log_3 9 = 2$	Logarithmus
$c > 0$	heißt Numerus	9	Numerus
$a \neq 1$ $(a > 0)$	heißt Basis	3	Basis

Definition des Logarithmus

$$\log_a c = x \iff a^x = c$$

Der Logarithmus c zur Basis a ist der Exponent x der Potenz c mit der Basis a.

$\log_2 8 = 3 \iff 2^3 = 8$

Logarithmen sind Exponenten.

$a^{\log_a c} = c$

Der Numerus ist die Potenz.

a und c sind positive Zahlen und $a \neq 1$.

Besondere Schreibweisen:

Zehnerlogarithmus (dekadischer Logarithmus, Briggsscher Logarithmus)

$\log_{10} c = \lg c$ $\qquad$ $\lg 10 = 1$ $\qquad$ $\lg 1000 = 3$ $\qquad$ $\lg\dfrac{1}{100} = -2$

Zweierlogarithmus (dualer Logarithmus)

$\log_2 c = \operatorname{ld} c$ $\qquad$ $\operatorname{ld} 2 = 1$ $\qquad$ $\operatorname{ld} 8 = 3$ $\qquad$ $\operatorname{ld}\dfrac{1}{4} = -2$

Natürlicher Logarithmus (lat.: logarithmus naturalis)

$\log_e c = \ln c$ $\qquad$ $\ln e = 1$ $\qquad$ $e = 2{,}71828\ldots$ $\qquad$ $\ln e^n = n$ [1]

$$e = \lim_{m\to\infty}\left(1+\frac{1}{m}\right)^m$$

[1]) e heißt Eulersche Zahl

Beispiele:

1.	$\log_3 9 = x \Rightarrow x = 2$	denn $3^2 = 9$
2.	$\log_5 5^7 = x \Rightarrow x = 7$	denn $5^7 = 5^7$
3.	$\log_a a^n = x \Rightarrow x = n$	denn $a^n = a^n$
4.	$\log_a a = x \Rightarrow x = 1$	denn $a^1 = a$
5.	$\log_a 1 = x \Rightarrow x = 0$	denn $a^0 = 1$
6.	$\lg 1000 = x \Rightarrow x = 3$	denn $10^3 = 1000$
7.	$\lg 0{,}001 = x \Rightarrow x = -3$	denn $10^{-3} = 0{,}001$
8.	$\log_a \frac{1}{a^m} = x \Rightarrow x = -m$	denn $a^{-m} = \frac{1}{a^m}$
9.	$\log_x 8 = 1 \Rightarrow x = 8$	denn $8^1 = 8$
10.	$\log_x 1 = 0 \Rightarrow x$ beliebig außer 0	denn $x^0 = 1$ außer 0 (unbestimmter Ausdruck)
11.	$\log_x \frac{8}{27} = 3 \Rightarrow x = \frac{2}{3}$	denn $(\frac{2}{3})^3 = \frac{8}{27}$
12.	$\log_x \frac{3}{5} = -1 \Rightarrow x = \frac{5}{3}$	denn $(\frac{5}{3})^{-1} = \frac{3}{5}$
13.	$\log_x \frac{1}{125} = -3 \Rightarrow x = 5$	denn $5^{-3} = \frac{1}{125}$
14.	$\log_4 x = 2\frac{1}{2} \Rightarrow x = 32$	denn $4^{\frac{5}{2}} = \sqrt{4^5} = 2^5 = 32$
15.	$\lg x = -1 \Rightarrow x = 0{,}1$	denn $10^{-1} = \frac{1}{10}$
16.	$\lg x = 5 \Rightarrow x = 100\,000$	denn $10^5 = 100\,000$
17.	$\log_{\frac{8}{27}} x = -\frac{1}{3} \Rightarrow x = \frac{3}{2}$	denn $(\frac{8}{27})^{-\frac{1}{3}} = (\frac{27}{8})^{\frac{1}{3}} = \sqrt[3]{\frac{27}{8}} = \frac{3}{2}$
18.	$\ln x = -2 \Rightarrow x = \frac{1}{e^2}$	denn $e^{-2} = \frac{1}{e^2}$
19.	$\mathrm{ld}\, 0{,}5 = x \Rightarrow x = -1$	denn $2^{-1} = \frac{1}{2} = 0{,}5$
20.	$\mathrm{ld}\, x = 10 \Rightarrow x = 1024$	denn $2^{10} = 1024$

8.3.1. Regeln der Logarithmenrechnung

$$\boxed{\log(xy) = \log x + \log y}$$

$\log_2 256 = \log_2 32 + \log_2 8$

Der Logarithmus eines Produktes ist gleich der Summe der Logarithmen der einzelnen Faktoren. Oder: Addiert man zum Logarithmus einer Zahl x den Logarithmus einer Zahl y, dann erhält man als Summe den Logarithmus des Produktes xy.

Beweis:

$$\log(xy) = \log x + \log y,$$
denn $a^{n+m} = a^n \cdot a^m$
und $(xy) = x \cdot y$

$a^{n+m} = (xy)$ $\qquad a^n = x$, $\quad a^m = y$

$(n+m) = \log_a(xy)$ $\qquad n = \log_a x$, $\quad m = \log_a y$

$$(n+m) = n + m$$
$$\log_a(xy) = \log_a x + \log_a y$$

$$\log_2 256 = \log_2 32 + \log_2 8,$$
denn $2^8 = 2^5 \cdot 2^3$
und $256 = 32 \cdot 8$

$2^8 = 256$ $\qquad 2^5 = 32$, $\quad 2^3 = 8$

$8 = \log_2 256$ $\qquad 5 = \log_2 32$, $\quad 3 = \log_2 8$

$$8 = 5 + 3$$
$$\log_2 256 = \log_2 32 + \log_2 8$$

$$\log\left(\frac{x}{y}\right) = \log x - \log y$$

$\log_2 4 = \log_2 32 - \log_2 8$

Der Logarithmus eines Bruches (Quotienten) ist gleich der Differenz der Logarithmen von Zähler (Dividend) und Nenner (Divisor).

Der Beweis erfolgt genau wie im vorangehenden Fall, wenn man y durch $\frac{1}{y}$, m durch $-m$ ersetzt und beachtet, daß $a^{-m} = \frac{1}{a^m}$ ist.

Oder: Subtrahiert man vom Logarithmus einer Zahl x den Logarithmus einer Zahl y, dann erhält man als Differenz den Logarithmus des Bruches (Quotienten) $\frac{x}{y}$.

$$\log x^m = m \cdot \log x$$

$\log_2 8^3 = 3 \cdot \log_2 8$

Der Logarithmus einer Potenz ist gleich dem mit dem Exponenten multiplizierten Logarithmus der Basis.

Oder: Multipliziert man den Logarithmus einer Zahl x mit einer Zahl m, dann erhält man den Logarithmus der Potenz x^m.

Beweis:

$$\log x^m = m \cdot \log x,$$
denn $\log x^m = \log(\underbrace{x \cdot x \cdot x \cdot \ldots \cdot x}_{m \text{ Faktoren}})$
$= \underbrace{\log x + \log x + \log x + \ldots + \log x}_{m \text{ Summanden}}$
$= m \cdot \log x$

$$\log_2 8^3 = 3 \cdot \log_2 8,$$
denn $8^3 = (2^3)^3 = 2^9$
$\log_2 2^9 = 9$
$\log_2 8 = 3$
$9 = 3 \cdot 3$

$$\log \sqrt[m]{x} = \frac{1}{m} \cdot \log x$$

$\log_2 \sqrt[3]{64} = \frac{1}{3} \cdot \log_2 64$

Der Logarithmus einer Wurzel ist gleich dem durch den Wurzelexponenten dividierten Logarithmus des Radikanden.

Oder: Dividiert man den Logarithmus einer Zahl x durch eine Zahl m, dann erhält man den Logarithmus der Wurzel $\sqrt[m]{x}$.

Beweis:

$$\log \sqrt[m]{x} = \frac{1}{m} \cdot \log x,$$
denn $\sqrt[m]{x} = x^{\frac{1}{m}}$
$\log x^{\frac{1}{m}} = \frac{1}{m} \cdot \log x$

$$\log_2 \sqrt[3]{64} = \frac{1}{3} \cdot \log_2 64,$$
denn $\sqrt[3]{64} = 4$ $\quad \log_2 4 = 2$
$\log_2 64 = 6$ $\quad 2 = \frac{1}{3} \cdot 6$

Sonderfälle:

1. $\log_a a = 1$, denn $a^1 = a$ $\quad$ $\lg 10 = 1$, denn $10^1 = 10$ $\quad$ $\ln e = 1$, $\quad e^1 = 1$
2. $\log 1 = 0$ bei beliebiger Basis $\neq 0$, denn $a^0 = 1$ für $a \neq 0$
3. $\log_a a^m = m$, denn $a^m = a^m$ $\quad$ $\lg 10^m = m$, denn $10^m = 10^m$ $\quad$ $\ln e^m = m$, denn $e^m = e^m$
4. $\log \frac{1}{x} = -\log x$ bei beliebiger Basis, denn $\log \frac{1}{x} = \log 1 - \log x = 0 - \log x$.

8.3.2. Zusammenhang von Logarithmen mit verschiedener Basis

$\log_a x = \log_b x \cdot \log_a b$ $\qquad \log_a x \cdot \log_b a = \log_b x$ $\qquad \log_a b = \dfrac{1}{\log_b a}$

Sonderfall: $\lg x = \ln x \cdot \lg e$ $\qquad \lg x \cdot \ln 10 = \ln x$ $\qquad \lg e = \dfrac{1}{\ln 10} = M = 0{,}4343 = \dfrac{1}{2{,}303}$

Beweise (ohne Beschränkung der Allgemeinheit kann der Beweis der bequemeren Schreibweise wegen mit dem Sonderfall durchgeführt werden):

$$x = x$$
$$= 10^{\lg x} = e^{\ln x}$$

Man bildet von dieser Gleichung 1. lg, 2. ln.

1. $\lg(10^{\lg x}) = \lg(e^{\ln x})$. Da $\lg 10^n = n \lg 10 = n$
   und da $\lg e^m = m \lg e$, folgt $\qquad \lg x = \ln x \cdot \lg e$
2. $\ln(10^{\lg x}) = \ln(e^{\ln x})$.
   Hier ergibt sich entsprechend: $\qquad \lg x \cdot \ln 10 = \ln x$

(Entsprechend verfährt man im allgemeinen Fall der obigen Regel.)

Beispiel 1:

$\lg 2 = 0{,}3010 \quad \ln 2 = \lg 2 \cdot \ln 10 = 0{,}3010 \cdot 2{,}303 = 0{,}6932$

Die Zahlen kann man mit dem Rechner bestätigen: $\lg 2 = \ln 2 : \ln 10$ mit $1 : \ln 10 = M = 0{,}43429448$

Beispiel 2:

Die Halbwertszeit von Uran beträgt $4{,}5 \cdot 10^9$ Jahre. In welcher Zeit zerfällt Uran auf $\frac{9}{10}$ der Ausgangsmenge?

Radioaktiver Zerfall erfolgt nach der Gleichung $N = N_0 \cdot e^{-\lambda t}$;
N Zahl der verbleibenden Teilchen, N_0 Ausgangszahl, λ Zerfallskonstante, t Zerfallszeit. Ist $N = \frac{1}{2} N_0$, dann ist $t = T$, T Halbwertszeit:

$$\tfrac{1}{2} N_0 = N_0 e^{-\lambda T} \quad \Rightarrow \tfrac{1}{2} = e^{-\lambda T} / \ln$$
$$\Rightarrow \ln \tfrac{1}{2} = -\lambda T \quad \Rightarrow -\ln 2 = -\lambda T$$
$$\Rightarrow \lambda = \frac{\ln 2}{T} \quad \Rightarrow \lambda = \frac{0{,}6932}{4{,}5 \cdot 10^9 \text{ Jahre}}$$
$$\Rightarrow \lambda \approx 0{,}154 \cdot 10^{-9} \text{ pro Jahr}$$

$$\tfrac{9}{10} N_0 = N_0 e^{-\lambda t} \quad \Rightarrow \tfrac{9}{10} = e^{-\lambda T} / \ln$$
$$\Rightarrow \ln \tfrac{9}{10} = -\lambda t \quad \Rightarrow \lg \tfrac{9}{10} \cdot \ln 10 = -\lambda t$$
$$\Rightarrow (0{,}9542 - 1) \cdot 2{,}303 = -\lambda t$$
$$\Rightarrow t = \frac{0{,}0458 \cdot 2{,}303}{0{,}154 \cdot 10^{-9}} \text{ Jahre}$$
$$\Rightarrow t = 0{,}685 \cdot 10^9 \text{ Jahre}$$
$$\Rightarrow t = 685 \text{ Millionen Jahre}$$

9. Die Briggsschen Logarithmen

9.1. Kennzahl und Mantisse

Die nach *Briggs*[1]) benannten dekadischen Logarithmen haben den Vorteil, daß man mit den Logarithmen der Dezimalzahlen zwischen 1 und 10 über die Logarithmen aller Zahlen verfügt. *Begründung:* Da lg 1 = 0 und lg 10 = 1, liegen die Logarithmen der Zahlen von 1 bis 10 zwischen 0 und 1. Jede andere Zahl kann man nach folgenden Beispielen in eine Zehnerpotenz und eine Zahl zwischen 1 und 10 zerlegen

[1]) Englischer Mathematiker um 1600.

Beispiel 1: $\lg 2250 = \lg(1000 \cdot 2{,}25) = \lg 1000 + \lg 2{,}25 = 3 + 0{,}3522 = 3{,}3522$

Beispiel 2: $\lg 0{,}0225 = \lg\left(2{,}25 \cdot \frac{1}{100}\right) = \lg\ 2{,}25 - \lg\ 100 = 0{,}3522 - 2$

(im allgemeinen wird nicht weiter gerechnet).

Der dekadische Logarithmus besteht somit aus zwei Teilen, einer ganzen Zahl, der Kennzahl, und einer positiven Dezimalzahl <1, der Mantisse. Die Kennzahl richtet sich nach dem Stellenwert, die Mantisse nach der Ziffernfolge des Numerus.

> Von einer vor dem Komma zwei-, drei-, vier-, ... stelligen Zahl ist die Kennzahl +1, +2, +3, ... (also immer um 1 kleiner als die Stellenzahl vor dem Komma).

> Von einer mit 0,...; 0,0...; 0,00...; ... beginnenden Zahl ist die Kennzahl –1, –2, –4, ... (also gleich der negativ gerechneten Anzahl der vor der ersten von 0 verschiedenen Ziffer stehenden Nullen, die vor dem Komma mitgerechnet wird).

$\lg 2000 = 3{,}3010$	$\lg 0{,}2 = 0{,}3010 - 1$
$\lg 200 = 2{,}3010$	$\lg 0{,}02 = 0{,}3010 - 2$
$\lg 20 = 1{,}3010$	$\lg 0{,}002 = 0{,}3010 - 3$
$\lg 2 = 0{,}3010$	$\lg 0{,}0002 = 0{,}3010 - 4$

lg [2000] = [3] , [3010]

Numerus — Kennziffer — Mantisse

10. Imaginäre Zahlen

Beim Radizieren (Wurzelziehen) treten Zahlen auf, die sich nicht auf der Zahlengeraden darstellen, also auch nicht angenähert als Dezimalzahlen ausdrücken lassen, z.B. $\sqrt{-1}$. Um trotzdem uneingeschränkt radizieren zu können, muß man neue Zahlen einführen: die imaginären Zahlen. Im Gegensatz dazu nennt man die „richtigen" Zahlen, also die Zahlen, die sich auf der Zahlengeraden darstellen lassen, reelle Zahlen. (Siehe auch II.1 Einteilung der Zahlen.)

Die imaginäre Einheit i *(oder* j*) und ihre Potenzen*

> $\mathrm{i} = \sqrt{-1}$
> $\mathrm{i}^2 = -1 \qquad \mathrm{i}^3 = -\mathrm{i} \qquad \mathrm{i}^4 = +1$

i und $-$i sind Lösungen der quadratischen Gleichung $x^2 = -1$

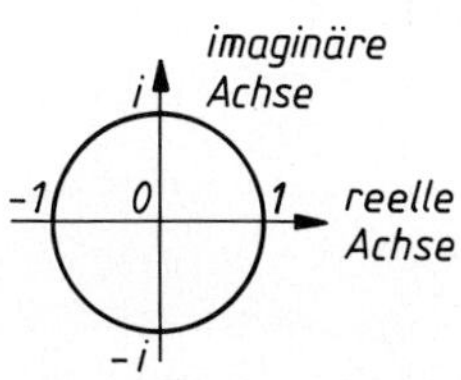

Einheitskreis in der Gaußschen Zahlenebene

$$\mathrm{i}^5 = \mathrm{i}^9 = \mathrm{i}^{4n-3} = \mathrm{i}$$
$$\mathrm{i}^6 = \mathrm{i}^{10} = \mathrm{i}^{4n-2} = -1$$
$$\mathrm{i}^7 = \mathrm{i}^{11} = \mathrm{i}^{4n-1} = -\mathrm{i}$$
$$\mathrm{i}^8 = \mathrm{i}^{12} = \mathrm{i}^{4n} = 1$$

Man unterscheidet rein imaginäre Zahlen, das sind reelle Vielfache von i, und imaginäre Zahlen im weiteren Sinn oder eigentlich komplexe Zahlen, das sind Zahlen, die aus einer reellen und einer rein imaginären Zahl zusammengesetzt sind.

10.1. Goniometrische Darstellung der komplexen Zahlen (Darstellung in Polarkoordinaten)

Jede komplexe Zahl läßt sich in Polarkoordinaten darstellen.

$z = a + b\mathrm{i}$ Darstellung in kartesischen Koordinaten

$\boxed{z = r(\cos\varphi + \mathrm{i}\sin\varphi)}$ Darstellung in Polarkoordinaten (Für φ genügt das halboffene Intervall $[0, 2\pi[$, also $0 \leqslant \varphi < 2\pi$, somit $0° \leqslant \varphi^{(°)} < 360°$)

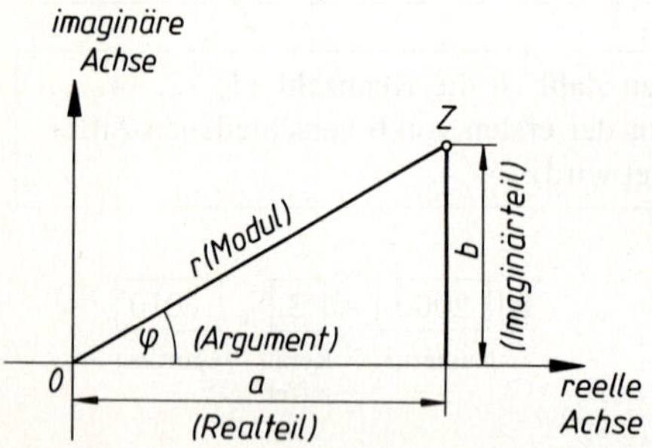

Zusammenhänge:

$r = \sqrt{a^2 + b^2}$ $\tan\varphi = \dfrac{b}{a}$

$\cos\varphi = \dfrac{a}{r}$ $\sin\varphi = \dfrac{b}{r}$

$a = r\cos\varphi$ $b = r\sin\varphi$

Beispiel:

$a = 3 \quad b = 4 \quad r = \sqrt{9 + 16} = 5$

$\cos\varphi = \dfrac{3}{5} = 0{,}6 \quad \sin\varphi = \dfrac{4}{5} = 0{,}8$

$\approx \cos 53{,}13° \quad \approx \sin 53{,}13°$

$3 + 4\mathrm{i} = 5(\cos 53{,}13° + \mathrm{i}\sin 53{,}13°)$
$= 5(\cos 53°8' + \mathrm{i}\sin 53°8')$
$= 5(0{,}6 + 0{,}8\,\mathrm{i})$

10.2. Addieren und Subtrahieren komplexer Zahlen

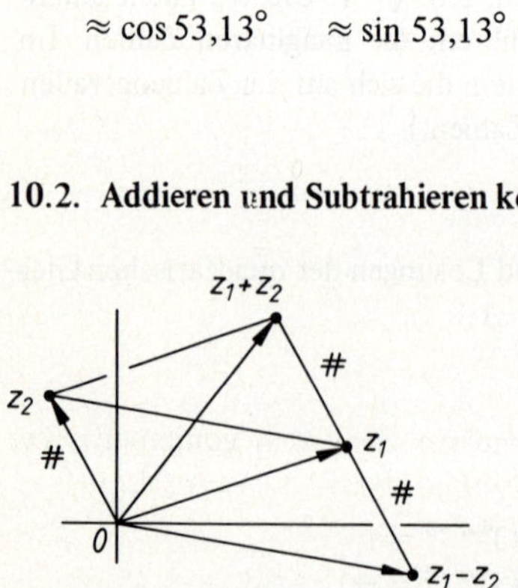

Addition und Subtraktion komplexer Zahlen ist Addition und Subtraktion von Vektoren

(Die mit # bezeichneten Strecken sind gleichlang und einander parallel.)

$$z_1 + z_2 = (a + bi) + (c + di) = (a + c) + (b + d)i$$

$(2{,}66 + 0{,}89i) + (-0{,}81 + 1{,}49i) = 1{,}85 + 2{,}38i$

$$z_1 - z_2 = (a + bi) - (c + di) = (a - c) + (b - d)i$$

$(2{,}66 + 0{,}89i) - (-0{,}81 + 1{,}49i) = 3{,}47 - 0{,}60i$

Sonderfall:

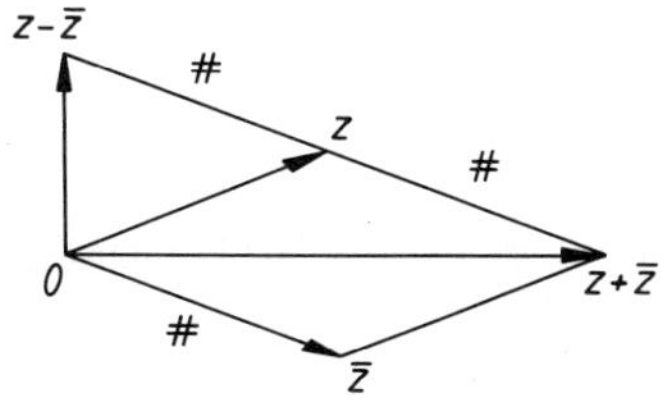

$z = a + bi$ und $\bar{z} = a - bi$ heißen konjugiert komplex.

Konjugiert komplexe Zahlen haben einen gleichen Realteil und einen entgegengesetzt gleichen Imaginärteil.

$$z + \bar{z} = (a + bi) + (a - bi) = 2a$$

$(2{,}4 + 0{,}9i) + (2{,}4 - 0{,}9i) = 4{,}8$

Die Summe konjugiert komplexer Zahlen ist reell.

$$z - \bar{z} = (a + bi) - (a - bi) = 2bi$$

$(2{,}4 + 0{,}9i) - (2{,}4 - 0{,}9i) = 1{,}8i$

Die Differenz konjugiert komplexer Zahlen ist rein imaginär.

10.3. Multiplizieren komplexer Zahlen

$$z_1 z_2 = (a + bi)(c + di) = ac + adi + bci + bdi^2 = (ac - bd) + (ad + bc)i$$

$(3 + 4i)(5 - 2i) = (15 + 8) + (20 - 6)i = 23 + 14i$

Komplexe Zahlen werden wie algebraische Summen multipliziert.

Zum Schluß wird gesetzt: $i^2 = -1$.

Sonderfall:

$z \cdot \bar{z} = (a + bi)(a - bi) = a^2 + b^2$

$(2{,}4 + 0{,}9i)(2{,}4 - 0{,}9i) = 5{,}76 + 0{,}81 = 6{,}57$

Das Produkt konjugiert komplexer Zahlen ist reell.

Goniometrische Darstellung

$$z_1 z_2 = r_1(\cos\varphi_1 + i\sin\varphi_1) \cdot r_2(\cos\varphi_2 + i\sin\varphi_2) = r_1 r_2[\cos(\varphi_1 + \varphi_2) + i\sin(\varphi_1 + \varphi_2)]$$

Komplexe Zahlen in goniometrischer Darstellung werden multipliziert, indem man

a) die Moduln (r_1 und r_2) multipliziert und
b) die Argumente (φ_1 und φ_2) addiert.

Beweis: $z_1 z_2 = r_1 r_2[(\cos\varphi_1 \cos\varphi_2 - \sin\varphi_1 \sin\varphi_2) + (\cos\varphi_1 \sin\varphi_2 + \sin\varphi_1 \cos\varphi_2)i]$,
und nach den goniometrischen Grundformeln für $\sin(\alpha + \beta)$ und $\cos(\alpha + \beta)$ erhält man das Ergebnis.

Beispiel:

$z_1 = 5(\cos 30° + i \sin 30°)$

$= \frac{5}{2}\sqrt{3} + \frac{5}{2}i$

$z_2 = 13(\cos 60° + i \sin 60°)$

$= \frac{13}{2} + \frac{13}{2}i\sqrt{3}$

$z_1 z_2 = 5(\cos 30° + i \sin 30°) \cdot 13(\cos 60° + i \sin 60°)$

$= 65(\cos 90° + i \sin 90°) = 65i$

oder:

$z_1 z_2 = \left(\frac{5}{2}\sqrt{3} + \frac{5}{2}i\right)\left(\frac{13}{2} + \frac{13}{2}i\sqrt{3}\right)$

$= \frac{65}{4}\sqrt{3} - \frac{65}{4}\sqrt{3} + 65 \cdot \frac{3}{4}i + \frac{65}{4}i = 65i$

10.4. Dividieren komplexer Zahlen

Das Dividieren komplexer Zahlen wird durch Erweitern mit der zum Divisor konjugiert komplexen Zahl ermöglicht.

$$z_1 : z_2 = (a + bi) : (c + di) = \frac{(a + bi)(c - di)}{(c + di)(c - di)}$$

$$= \frac{(ac + bd) + (bc - ad)i}{c^2 + d^2}$$

$$= \frac{ac + bd}{c^2 + d^2} + \frac{bc - ad}{c^2 + d^2}i$$

$$(3 + 4i) : (5 - 2i) = \frac{(3 + 4i)(5 + 2i)}{(5 - 2i)(5 + 2i)}$$

$$= \frac{(15 - 8) + (6 + 20)i}{25 + 4}$$

$$= \frac{7}{29} + \frac{26}{29}i$$

Anmerkung: c und d dürfen nicht gleichzeitig $= 0$ sein.

Sonderfälle:

1. $\frac{1}{i} = \frac{1 \cdot (-i)}{i \cdot (-i)} = -i$

2. $(a + bi) : (a - bi) = \frac{a^2 - b^2 + 2abi}{a^2 + b^2}$

   Der Quotient zweier konjugiert komplexer Zahlen ist im Gegensatz zu ihrer Summe und ihrem Produkt wieder eine komplexe Zahl.

3. $\frac{ac + bci}{a + bi} = c$

   Ergebnis reell.

4. $\frac{aci - bc}{a + bi} = \frac{aci + bci^2}{a + bi} = ci$

   Ergebnis rein imaginär

Goniometrische Darstellung

$$\frac{z_1}{z_2} = \frac{r_1(\cos\varphi_1 + i \sin\varphi_1)}{r_2(\cos\varphi_2 + i \sin\varphi_2)}$$

$$= \frac{r_1}{r_2}[\cos(\varphi_1 - \varphi_2) + i \sin(\varphi_1 - \varphi_2)]$$

Komplexe Zahlen in goniometrischer Darstellung werden dividiert, indem man

a) die Moduln (r_1 und r_2) dividiert und

b) die Argumente (φ_1 und φ_2) subtrahiert.

Beweis: Man erweitert mit $(\cos\varphi_2 - i \sin\varphi_2)$ und wendet goniometrische Grundformeln an.

Beispiel (Ausgangswerte für z_1 und z_2 dieselben wie im vorangehenden Beispiel):

In goniometrischer Darstellung

$$\frac{z_1}{z_2} = \frac{5(\cos 30^\circ + \mathrm{i}\sin 30^\circ)}{13(\cos 60^\circ + \mathrm{i}\sin 60^\circ)}$$

$$= \frac{5}{13}(\cos(-30^\circ) + \mathrm{i}\sin(-30^\circ))$$

$$= \frac{5}{13}(\cos 30^\circ - \mathrm{i}\sin 30^\circ)$$

$$= \frac{5}{13}\left(\frac{1}{2}\sqrt{3} - \frac{1}{2}\mathrm{i}\right)$$

$$= \frac{5}{26}\sqrt{3} - \frac{5}{26}\mathrm{i}$$

In kartesischer Darstellung

$$\frac{z_1}{z_2} = \frac{\frac{5}{2}\sqrt{3} + \frac{5}{2}\mathrm{i}}{\frac{13}{2} + \frac{13}{2}\mathrm{i}\sqrt{3}}$$

$$= \frac{\left(\frac{5}{2}\sqrt{3} + \frac{5}{2}\mathrm{i}\right)\left(\frac{13}{2} - \frac{13}{2}\mathrm{i}\sqrt{3}\right)}{\left(\frac{13}{2} + \frac{13}{2}\mathrm{i}\sqrt{3}\right)\left(\frac{13}{2} - \frac{13}{2}\mathrm{i}\sqrt{3}\right)}$$

$$= \frac{\frac{65}{4}\sqrt{3} + \frac{65}{4}\sqrt{3} - \frac{65}{4}\cdot 3\mathrm{i} + \frac{65}{4}\mathrm{i}}{169}$$

$$= \frac{5}{26}\sqrt{3} - \frac{5}{26}\mathrm{i}$$

10.5. Potenzieren bei komplexer Basis

$$z^3 = (a + b\mathrm{i})^3$$
$$= (a^3 - 3ab^2) + (3a^2b - b^3)\mathrm{i}$$
$$z^4 = (a + b\mathrm{i})^3(a + b\mathrm{i}) = \ldots$$

Eine komplexe Zahl wird mit einer natürlichen Zahl potenziert, indem man sie wiederholt mit sich selbst multipliziert.

Goniometrische Darstellung

$$z^n = [r(\cos\varphi + \mathrm{i}\cdot\sin\varphi]^n$$
$$= r^n(\cos n\varphi + \mathrm{i}\sin n\varphi)$$

(Moivrescher Satz)[1])

Eine komplexe Zahl in goniometrischer Darstellung wird mit einer beliebigen reellen Zahl potenziert, indem man

a) den Modul (r) in die betreffende Potenz erhebt und
b) das Argument (φ) mit dem Exponenten multipliziert.

Anmerkung: Für die folgenden zwei Beispiele wurde, um das Potenzieren in beiden Darstellungen vergleichen zu können, für n eine natürliche Zahl gewählt. Ist n keine natürliche Zahl, dann kann man nur in goniometrischer Darstellung potenzieren, und das Ergebnis ist nicht eindeutig.

[1]) *A. de Moivre,* französischer Mathematiker, um 1700.

Beispiele:

In kartesischer Darstellung

1. $(4+3i)^3$
$= 4^3 + 3\cdot 4^2\cdot 3i + 3\cdot 4\cdot 9i^2 + 27i^3$
$= (64-108) + (144-27)i$
$= -44 + 117i$

In goniometrischer Darstellung

$= [5(\cos 36{,}87° + i\sin 36{,}87°)]^3$
$= 125(\cos 110{,}61° + i\sin 110{,}61°)$
$= 125(-\cos 69{,}39° + i\sin 69{,}39°)$
$= 125(-0{,}3520 + 0{,}9360i)$
$= -44{,}00 + 117{,}00i$

2. $(3-2i)^6$
$= 3^6 - 6\cdot 3^5\cdot 2i + 15\cdot 3^4\cdot (2i)^2$
$\quad - 20\cdot 3^3\cdot (2i)^3 + 15\cdot 3^2\cdot (2i)^4 - 6\cdot 3\cdot (2i)^5 + (2i)^6$
$= 729 - 2916i - 4860 + 4320i + 2160 - 576i - 64$
$= -2035 + 828i$

$= \left[\sqrt{3^2+2^2}\left(\frac{3}{\sqrt{13}} - \frac{2}{\sqrt{13}}i\right)\right]^6$
$= \sqrt{13^6}\left(\cos(-33{,}69°) + i\sin(-33{,}69°)\right)^6$
$= 2197(\cos -202{,}14° + i\sin -202{,}14°)$
$= 2197(-\cos 22{,}14° + i\sin 22{,}14°)$
$= 2197(-0{,}9263 + i\cdot 0{,}3768)$
$= -2035 + 828i$

Anmerkung: In der goniometrischen Darstellung erhält man auch rationale Ergebnisse in „irrationaler Form", also praktisch mit Abrundungsungenauigkeiten behaftet.

10.6. Radizieren bei komplexem Radikanden

$$\sqrt[n]{z} = \sqrt[n]{r(\cos\varphi + i\sin\varphi)} = \sqrt[n]{r}\left(\cos\frac{\varphi}{n} + i\sin\frac{\varphi}{n}\right)$$

Die Wurzel aus einer komplexen Zahl läßt sich nur in goniometrischer Darstellung ziehen, und zwar indem man

a) die Wurzel aus dem Modul (r) zieht und
b) das Argument (φ) durch den Wurzelexponenten dividiert.

Mehrdeutigkeit für $n = 2; 3; 4; \ldots$

Da sich die komplexe Zahl $z = a + bi = r(\cos\varphi + i\sin\varphi)$ nicht ändert, wenn man φ um 360° oder ganzzahlige Vielfache von 360° vergrößert (verkleinert), ergeben sich für w in $w^n = z$ die folgenden n verschiedenen Lösungen:

$z = r(\cos\varphi + i\sin\varphi)$ $\quad w_1 = \sqrt[n]{r}\left(\cos\frac{\varphi}{n} + i\sin\frac{\varphi}{n}\right)$

$z = r[\cos(\varphi + 1\cdot 360°) + i\sin(\varphi + 1\cdot 360°)]$ $\quad w_2 = \sqrt[n]{r}\left(\cos\frac{\varphi + 360°}{n} + i\sin\frac{\varphi + 360°}{n}\right)$

$z = r[\cos(\varphi + 2\cdot 360°) + i\sin(\varphi + 2\cdot 360°)]$ $\quad w_3 = \sqrt[n]{r}\left(\cos\frac{\varphi + 2\cdot 360°}{n} + i\sin\frac{\varphi + 2\cdot 360°}{n}\right)$

$\vdots$

$z = r[\cos(\varphi + (k-1)360°) + i\sin(\varphi + (k-1)360°)]$ $\quad w_k = \sqrt[n]{r}\left(\cos\frac{\varphi + (k-1)360°}{n} + i\sin\frac{\varphi + (k-1)360°}{n}\right)$

$\vdots$

$z = r[\cos(\varphi + (n-1)360°) + i\sin(\varphi + (n-1)360°)]$ $\quad w_n = \sqrt[n]{r}\left(\cos\frac{\varphi + (n-1)360°}{n} + i\sin\frac{\varphi + (n-1)360°}{n}\right)$

In der Gaußschen Zahlenebene liegen die n Lösungen auf einem Kreise mit dem Radius $\sqrt[n]{r}$ in Abständen von je $\left(\frac{360}{n}\right)^{\circ}$.

Beispiel:

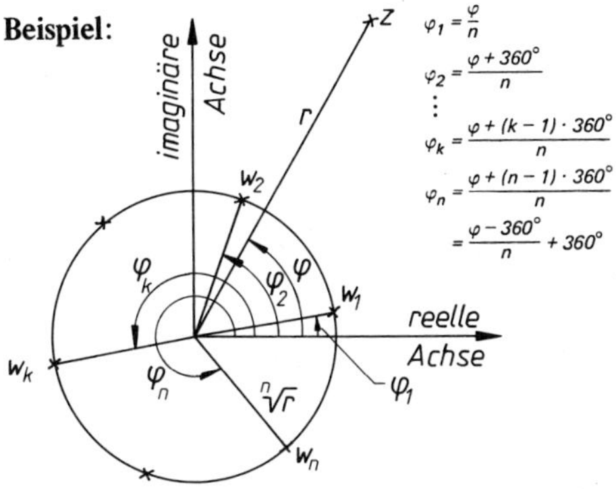

$r = 1{,}2^6 = 2{,}985\,984 \qquad \varphi = 60°$

(daraus $a = 1{,}492\,992$
$b = 1{,}492\,992\sqrt{3}$), also
$z = 2{,}985\,984\,(\cos 60° + \mathrm{i}\sin 60°)$.

$n = 6$ (außerdem eingezeichnet $k = 4$), also
$\sqrt[n]{r} = 1{,}2$ und
$w_1 = 1{,}2\,(\cos 10° + \mathrm{i}\sin 10°)$
$w_2 = 1{,}2\,(\cos 70° + \mathrm{i}\sin 70°)$
$\vdots$
$w_n = 1{,}2\,(\cos(-50°) + \mathrm{i}\sin(-50°))$

Sonderfall: Die Lösungen der Gleichung $w^n = 1$ heißen n-te Einheitswurzeln.

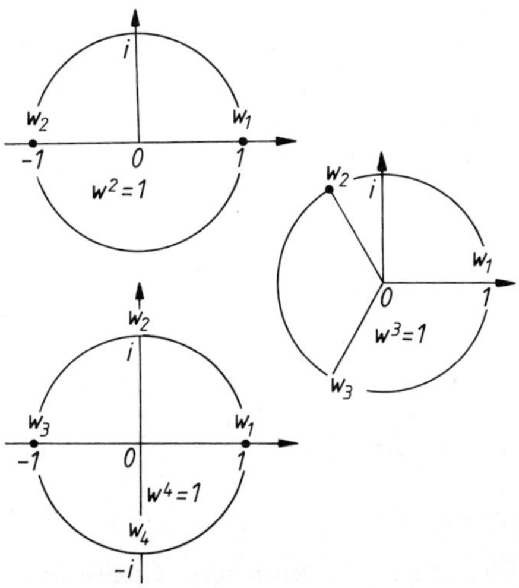

$n = 2$: $z = w^2 = 1 = 1\,(\cos 0° + \mathrm{i}\sin 0°)$
$w_1 = 1\,(\cos 0° + \mathrm{i}\sin 0°) = 1$
$w_2 = 1\,(\cos 180° + \mathrm{i}\sin 180°) = -1$

$n = 3$: $z = w^3 = 1 = 1\,(\cos 0° + \mathrm{i}\sin 0°)$
$w_1 = 1\,(\cos 0° + \mathrm{i}\sin 0°) = 1$
$w_2 = 1\,(\cos 120° + \mathrm{i}\sin 120°)$
$= 1\,(-\cos 60° + \mathrm{i}\sin 60°) = -\frac{1}{2} + \frac{\mathrm{i}}{2}\sqrt{3}$
$w_3 = 1\,(\cos 240° + \mathrm{i}\sin 240°)$
$= 1\,(-\cos 60° - \mathrm{i}\sin 60°) = -\frac{1}{2} - \frac{\mathrm{i}}{2}\sqrt{3}$

$n = 4$: $z = w^4 = 1 = 1\,(\cos 0° + \mathrm{i}\sin 0°)$
$w_1 = 1\,(\cos 0° + \mathrm{i}\sin 0°) = 1$
$w_2 = 1\,(\cos 90° + \mathrm{i}\sin 90°) = \mathrm{i}$
$w_3 = 1\,(\cos 180° + \mathrm{i}\sin 180°) = -1$
$w_4 = 1\,(\cos 270° + \mathrm{i}\sin 270°) = -\mathrm{i}$

Anmerkung: Es ist festgelegt, daß als Wurzel aus einer positiven Zahl nur die positive Lösung genommen wird. So ist beispielsweise $\sqrt{9} = 3$ und nicht auch $= -3$; -3 ist die zweite Lösung der Gleichung $w^2 = 9$: $w_1 = \sqrt{9} = 3$; $w_2 = -\sqrt{9} = -3$.

10.7. Relationen von Euler

Aus der Reihenlehre folgen die Relationen von *Euler* (Eulersche Gleichungen):

$$e^{\mathrm{i}x} = \cos x + \mathrm{i}\sin x$$
$$e^{-\mathrm{i}x} = \cos x - \mathrm{i}\sin x$$

$$e = \lim_{n\to\infty}\left(1 + \frac{1}{n}\right)^n = 2{,}718\ \ldots$$

Eulersche Zahl – Basis der natürlichen Logarithmen

Nach $\cos x$ und $\sin x$ aufgelöst, ergibt sich:

$$\cos x = \frac{e^{\mathrm{i}x} + e^{-\mathrm{i}x}}{2}$$
$$\sin x = \frac{e^{\mathrm{i}x} - e^{-\mathrm{i}x}}{2\mathrm{i}}$$

$$\cos\frac{\pi}{2} = 0 = \frac{1}{2}\left(e^{\mathrm{i}\frac{\pi}{2}} + e^{-\mathrm{i}\frac{\pi}{2}}\right)$$
$$\sin\frac{\pi}{2} = 1 = -\frac{\mathrm{i}}{2}\left(e^{\mathrm{i}\frac{\pi}{2}} - e^{-\mathrm{i}\frac{\pi}{2}}\right)$$

In den Beispielen erscheinen reelle Zahlen in imaginärer Form
Anwendungsgebiet periodische Vorgänge (Schwingungen; Elektrotechnik).

III. Gleichungslehre

1. Gleichungsarten

Gleichungen sind ein wesentlicher Bestandteil mathematischer Gesetzmäßigkeiten. Man unterscheidet je nach Fragestellung folgende Gleichungsarten:

1.1. Gleichungen zwischen äquivalenten Termen

Äquivalente Termumformungen findet man in Abschnitt II. Arithmetik.

Beispiele:

$a(b+c)$	$= ab + ac$	II. 5.2. Klammerrechnung (Distributivgesetz)
$(a+b)(c+d)$	$= ac + ad + bc + bd$	
$(a+b)^2$	$= a^2 + 2ab + b^2$	II. 5.2.1. Binomische Formeln
$\frac{a}{b} + \frac{c}{d}$	$= \frac{ad + bc}{bd}$	II. 6.4. Bruchrechnung
$a^n a^m$	$= a^{n+m}$	II. 8.1. Potenzrechnung
$\sqrt[n]{c}\,\sqrt[n]{d}$	$= \sqrt[n]{cd}$	II. 8.2. Wurzelrechnung
$\log(xy)$	$= \log x + \log y$	II. 8.3. Logarithmenrechnung
e^{ix}	$= \cos x + i \sin x$	II. 10.7. Eulersche Gleichungen

1.2. Gleichungen mit Unbekannten; Bestimmungsgleichungen

Zur Berechnung unbekannter Größen braucht man Gleichungen, in denen diese Größen vorkommen. Die Behandlung solcher Gleichungen erfolgt in diesem Abschnitt III. Gleichungslehre.

1.3. Funktionsgleichungen

Die wechselseitige Abhängigkeit von im allgemeinen zwei veränderlichen Größen findet in einer Funktionsgleichung ihren Ausdruck. Hiervon handelt Abschnitt IV. Funktionen, graphische Lösungen, analytische Geometrie.

2. Lineare Gleichungen

2.1. Lineare Gleichungen mit einer Variablen (mit einer Unbekannten)

Die dem Anfang des Alphabets entnommenen Variablen a, b, ... sind sogenannte Formvariable, das heißt Platzhalter für als fest vorgegeben zu betrachtende Zahlen (Konstante). Das ist gemeint, wenn von der „Zahl a“ die Rede ist. Die eigentlichen Variablen x, y, ... (die Unbekannten) sind Platzhalter für die gesuchten Lösungen der betreffenden Gleichung (Gleichungen).

2.1.1. Auflösungs-Grundregeln – Äquivalenz-Umformungen

$x - a = b \quad | +a$ $x = b + a$

Man kann auf beiden Seiten einer Gleichung die gleiche Zahl (hier a) addieren.

$x - a = b \Longleftrightarrow x = b + a$

Beide Gleichungen sind äquivalent (gleichwertig).

Beispiel 1:

$x - 3 = 5 \quad | +3$
$x = 5 + 3$
$x = 8$

Die Aussageform $x - 3 = 5$ wird zur wahren Aussage, wenn man für x die Zahl 8 einsetzt.
8 ist die Lösung der Gleichung.

Probe:
$8 - 3 = 5$
$5 = 5$

$x + a = b \quad | -a$ $x = b - a$

Man kann auf beiden Seiten einer Gleichung die gleiche Zahl (hier a) subtrahieren.

$x + a = b \Longleftrightarrow x = b - a$

Beide Gleichungen sind äquivalent.

Beispiel 2:

$x + 3 = 5 \quad | -3$
$x = 5 - 3$
$x = 2$

Die Aussageform $x + 3 = 5$ wird zur wahren Aussage, wenn man für x die Zahl 2 einsetzt.
2 ist die Lösung der Gleichung.

Probe:
$2 + 3 = 5$
$5 = 5$

$\frac{x}{a} = b \quad | \cdot a$ $x = b \cdot a$

Man kann beide Seiten einer Gleichung mit der gleichen Zahl (hier mit a) multiplizieren (Bedingung: $a \neq 0$).

$\frac{x}{a} = b \Longleftrightarrow x = b \cdot a \quad (a \neq 0)$

Beide Gleichungen sind äquivalent.

Beispiel 3:

$\frac{x}{3} = 5 \quad | \cdot 3$
$x = 5 \cdot 3$
$x = 15$

Die Aussageform $\frac{x}{3} = 5$ wird zur wahren Aussage, wenn man für x die Zahl 15 einsetzt.
15 ist die Lösung der Gleichung.

Probe:
$\frac{15}{3} = 5$
$5 = 5$

$ax = b \quad | :a$ $x = \frac{b}{a}$

Man kann beide Seiten einer Gleichung durch die gleiche Zahl (hier durch a) dividieren (Bedingung: $a \neq 0$).

$ax = b \Longleftrightarrow x = \frac{b}{a} \quad (a \neq 0)$

Beide Gleichungen sind äquivalent.

Beispiel 4:

$$5x = 3 \quad | :5$$
$$x = \frac{3}{5}$$
$$x = 0{,}6$$

Die Aussageform $5x = 3$ wird zur wahren Aussage, wenn man für x die Zahl 0,6 einsetzt. 0,6 ist die Lösung der Gleichung.

Probe: $5 \cdot 0{,}6 = 3 \quad 3 = 3$

2.1.2. Allgemeines Auflösungsverfahren

Man „beseitigt" zunächst alle Klammern und alle Brüche und „ordnet" dann die Glieder so, daß alle mit x (der Variablen, der Unbekannten) links vom Gleichheitszeichen, alle anderen rechts davon stehen.

Grundaufgabe:

$$ax + b = cx + d$$
$$ax - cx = d - b$$
$$x(a-c) = d - b$$
$$x = \frac{d-b}{a-c}$$

($a \neq c$ ist Bedingung, denn durch 0 darf nicht dividiert werden.)

Beispiel:

$$8x + 15 = 3x - 10$$
$$8x - 3x = -10 - 15$$
$$5x = -25$$
$$x = -5$$

Probe:

$$8 \cdot (-5) + 15 = 3 \cdot (-5) - 10$$
$$-40 + 15 = -15 - 10$$
$$-25 = -25$$

Fehlerwarnung: Bei der Probe ist jede Seite der Gleichung für sich auszurechnen; keinesfalls sind nach Einsetzen der Lösung die gleichen Umformungen wie bei der Hauptrechnung vorzunehmen, da dann leicht ein möglicher Fehler wiederholt werden kann.

Weitere Anwendungen:

Beispiel 1:

$$6(x-a) + 9{,}6a = 2{,}4x$$
$$6x - 2{,}4x = 6a - 9{,}6a$$
$$3{,}6x = -3{,}6a$$
$$x = -a$$

Setzt man $-a$ für x in die gegebene Gleichung ein, so erhält man eine Gleichung zwischen äquivalenten Termen: $6(-2a) + 9{,}6a = 2{,}4(-a)$

$$-2{,}4a = -2{,}4a$$

Beispiel 2:

$$3\tfrac{3}{4}x(5 - 8x) + 5x(6x + 7) = 107\tfrac{1}{2}$$
$$18\tfrac{3}{4}x - 30x^2 + 30x^2 + 35x = 107\tfrac{1}{2}$$
$$53\tfrac{3}{4}x = 107\tfrac{1}{2}$$
$$\frac{215}{4}x = \frac{215}{2}$$
$$x = 2$$

Probe:

$$3\tfrac{3}{4} \cdot 2(5 - 8 \cdot 2) + 5 \cdot 2(6 \cdot 2 + 7) = 107\tfrac{1}{2}$$
$$\frac{15}{2}(-11) + 10(19) = 107\tfrac{1}{2}$$
$$-\frac{165}{2} + 190 = 107\tfrac{1}{2}$$
$$\frac{215}{2} = \frac{215}{2}$$

Beispiel 3:

$$169(1-x)^2 - (19 - 12x)^2 = (2 + 5x)^2 + 98$$
$$169(1 - 2x + x^2) - (361 - 456x + 144x^2) = 4 + 20x + 25x^2 + 98$$
$$169 - 338x + 169x^2 - 361 + 456x - 144x^2 = 4 + 20x + 25x^2 + 98$$
$$-338x + 456x - 20x = 4 + 98 - 169 + 361$$
$$98x = 294$$
$$x = 3$$

Fehlerwarung: Es empfiehlt sich, einen Ausdruck der Form wie z.B. $-(19-12x)^2$ oder allgemeiner $-(ax^2-bx+c)(dx^2+ex-f)$ stets in zwei Schritten zu berechnen: erst quadrieren oder multiplizieren und in eine Klammer setzen, dann das Minuszeichen berücksichtigen, da sich sonst sehr leicht Vorzeichenfehler einstellen.

Beispiel 4:

$$\begin{aligned} 3(x+2) &= 5(x+1)-(2x-1)\\ 3x+6 &= 5x+5-2x+1\\ 3x-5x+2x &= 5+1-6\\ 0 &= 0 \end{aligned}$$

Die bei der „Grundaufgabe" festgestellte Bedingung $a \neq c$ (hier ist nach der zweiten Zeile $a = c = 3$) ist nicht erfüllt; die gegebene Gleichung ist nur eine Gleichung zwischen äquivalenten Termen und keine Bestimmungsgleichung.

Beispiel 5:

$$\begin{aligned} \frac{2}{x}-\frac{1}{x-1}-\frac{1}{x+2} &= 0\\ 2(x-1)(x+2)-x(x+2)-x(x-1) &= 0\\ 2(x^2+x-2)-x^2-2x-x^2+x &= 0\\ 2x-2x+x &= 4\\ x &= 4 \end{aligned}$$

Man multipliziert mit dem Hauptnenner $x(x-1)(x+2)$. Bedingungen: $x \neq 0; 1; -2$.

Probe: $\frac{2}{4}-\frac{1}{4-1}-\frac{1}{4+2} = 0$

$0 = 0$

Beispiel 6:

$$\begin{aligned} \frac{1}{x}+\frac{1}{a} &= \frac{1}{b}\\ ab+bx &= ax\\ bx-ax &= -ab \mid \cdot(-1)\\ ax-bx &= ab\\ x(a-b) &= ab \end{aligned} \qquad x = \frac{ab}{a-b}$$

Man multipliziert mit dem Hauptnenner abx. Bedingungen: $a \neq 0$; $b \neq 0$; $x \neq 0$ und $a \neq b$.

Setzt man $\frac{ab}{a-b}$ für x in die Ausgangsgleichung ein, so erhält man eine Gleichung zwischen äquivalenten Termen.

Fehlerwarnung: Die Gleichung $\frac{1}{x}+\frac{1}{a}=\frac{1}{b}$ (sie wird angewendet beim Linsengesetz in der Optik und bei parallelen Widerständen in der Elektrizitätslehre) ist nicht gleichbedeutend mit der Gleichung $x + a = b$. Denn nimmt man auf der rechten Seite den Kehrwert von $\frac{1}{b}$, also b, muß man auf der linken Seite auch den Kehrwert von $\frac{1}{x}+\frac{1}{a}$ nehmen; und das ist nicht $x + a$, sondern $\frac{1}{\frac{1}{x}+\frac{1}{a}} =$ (erweitert mit ax) $\frac{ax}{a+x}$. Aus $\frac{ax}{a+x} = b$ ergibt sich aber wie oben $ax = ab + bx$ usw.

Beispiel 7:

$$\begin{aligned} \frac{113}{16x^2-25}+\frac{52}{4x+5} &= \frac{15}{4x-5}\\ 113+52(4x-5) &= 15(4x+5)\\ 113+208x-260 &= 60x+75\\ 208x-60x &= 75-113+260\\ 148x &= 222\\ x &= \frac{3}{2} \end{aligned}$$

Bedingungen: $x \neq \pm\frac{5}{4}$.

Hauptnenner ist $(4x+5)(4x-5) = 16x^2-25$; mit diesem wird die Gleichung multipliziert.

Probe: $\frac{113}{16\cdot\frac{9}{4}-25}+\frac{52}{4\cdot\frac{3}{2}+5} = \frac{15}{4\cdot\frac{3}{2}-5}$

$\frac{113}{11}+\frac{52}{11} = 15$

$15 = 15$

Beispiel 8:

$$\begin{aligned} 3(x-1) &= 2(x-2)+(x-3)\\ 3x-3 &= 2x-4+x-3\\ 3x-3 &= 3x-7\\ 3x-3x &= -7+3\\ 0 &= -4 \end{aligned}$$

Auch hier ist wie in Beispiel 4 mit den Bezeichnungen der Grundaufgabe $a = c\ (=3)$, aber im Gegensatz zu Beispiel 4 ist $b \neq d$ ($b = -3, d = -7$): Die gegebene Gleichung ist falsch; sie ist von keiner Zahl für x lösbar.

2.1.3. Proportionen

Eine Sonderstellung unter den linearen Gleichungen mit einer Variablen nehmen die Proportionen wegen ihrer weitreichenden Anwendbarkeit ein.

Form der Proportion
$a : b = c : x$
(lies: *a* zu *b* wie *c* zu *x*)

Bruchschreibweise: $\frac{a}{b} = \frac{c}{x}$

Auflösung nach *x*: $x = \frac{bc}{a}$

Formen ein und derselben Proportion:

$a : b = c : x$	Grundform (Bezugsform)
$\Longleftrightarrow x : c = b : a$	von hinten gelesen
$\Longleftrightarrow a : c = b : x$	Innenglieder vertauscht
$\Longleftrightarrow x : b = c : a$	Außenglieder vertauscht
$\Longleftrightarrow b : a = x : c$	Kehrwert auf beiden Seiten
$\Longleftrightarrow a \cdot x = b \cdot c$	Produktgleichung: Produkt der Außenglieder gleich Produkt der Innenglieder.

Beispiel 1:

Welche Kraft F dehnt eine Feder um 4 cm, wenn die Kraft 3 N eine Dehnung von 2 cm bewirkt?

Antwort: Die Kraft 6 N bewirkt die Dehnung.

Hookesches Gesetz

Ansatz: $F : 4\text{ cm} = 3\text{ N} : 2\text{ cm}$

Produktgleichung: $2\text{ cm} \cdot F = 4\text{ cm} \cdot 3\text{ N}$

Auflösung nach F: $F = \frac{4 \cdot 3}{2}\text{ N}$

$F = 6\text{ N}$

Beispiel 2:

Wie weit kommt ein Flugzeug in $2\frac{1}{2}$ Stunden, wenn es 10 km in 45 s zurücklegt?

Antwort: Das Flugzeug fliegt 2000 km weit.

Bewegung mit konstanter Geschwindigkeit

Ansatz:

$x : 9000\text{ s} = 10\text{ km} : 45\text{ s}$

$$x = \frac{9000 \cdot 10}{45}\text{ km}$$

$x = 2000\text{ km}$

Mittlere Proportionale
$u : x = x : v$
$\Longleftrightarrow x^2 = u \cdot v$
$\Longleftrightarrow \quad x = \pm\sqrt{uv}$

Sind von den vier Proportionalen die zweite und die dritte gleich, nennt man diese die mittlere Porportionale.

Produktgleichung

x heißt geometrisches Mittel von *u* und *v*

Rechnet man nur mit positiven Zahlen, entfällt das Minuszeichen vor der Wurzel.

Eine Proportion mit einer mittleren Proportionale als Variable gehört nicht mehr zu den linearen, sondern zu den quadratischen Gleichungen.

Beispiel 3:

Welches geometrische Mittel haben die Zahlen 4 und 16?

Antwort: Geometrisches Mittel von 4 und 16 sind 8 und −8.

Proportion: $4 : x = x : 16$

Produktgleichung: $x^2 = 4 \cdot 16$

Aufgelöst nach x: $x = 8$

oder $x = -8$

Beispiel 4:

Wie groß ist die Seite eines Quadrats, das mit einem 90 cm langen und 10 cm breiten Rechteck flächengleich ist?

Produktgleichung: $x^2 = 90\text{ cm} \cdot 10\text{ cm}$

$$x = \pm\sqrt{900\text{ cm}^2}$$

$$x = \pm 30\text{ cm}$$

Antwort: Die Seitenlänge des Quadrats beträgt 30 cm (als Maßzahl einer Länge kommen hier nur positive Werte in Frage).

Korrespondierende Addition und Subtraktion

$$\frac{a}{b} = \frac{c}{d}$$ Grundform

$$\Longleftrightarrow \frac{a+b}{b} = \frac{c+d}{d}$$ Addieren des Nenners zum Zähler

$$\Longleftrightarrow \frac{a-b}{b} = \frac{c-d}{d}$$ Subtrahieren des Nenners vom Zähler

$$\Longleftrightarrow \frac{a}{b+a} = \frac{c}{d+c}$$ Addieren des Zählers zum Nenner

$$\Longleftrightarrow \frac{a}{b-a} = \frac{c}{d-c}$$ Subtrahieren des Zählers vom Nenner

Bedingung in allen Fällen: Nenner ungleich 0

Beispiel 5:

$$\frac{5}{4} = \frac{5+x}{x}$$ Nenner vom Zähler subtrahieren:

$$\frac{5-4}{4} = \frac{5+x-x}{x}$$ Vereinfachen:

$$\frac{1}{4} = \frac{5}{x}$$ Produktgleichung bilden:

$$x = 20$$

Lösung ist 20, wie die Probe bestätigt

Beispiel 6:

$$5x : (4-x) = 30 : 9$$ In Bruchschreibweise:

$$\frac{5x}{4-x} = \frac{30}{9}$$

In Abweichung vom üblichen Auflösungsverfahren addiert man beidseitig $\frac{1}{5}$ des Zählers zum Nenner:

$$\frac{5x}{4-x+\frac{5x}{5}} = \frac{30}{9+\frac{30}{5}}$$

$$\frac{5x}{4} = \frac{30}{15} \; (=2)$$

$$x = \frac{8}{5}$$

Probe:

$$\frac{5\cdot\frac{8}{5}}{4-\frac{8}{5}} = \frac{30}{9} \qquad \frac{8}{2\frac{2}{5}} = \frac{10}{3}$$

$$8\cdot\frac{5}{12} = \frac{10}{3} \qquad \frac{10}{3} = \frac{10}{3}$$

2.2. Lineare Gleichungssysteme mit zwei und mehr Variablen

2.2.1. Die Gleichung $ax + by = c$

a, b, c sind Formvariable (Konstante, Zahlen). x, y sind Variable (Unbekannte, Platzhalter für gesuchte Zahlen, die die Aufgabe lösen). Lösungen sind also alle Zahlenpaare (x, y), die die Gleichung $ax + by = c$ erfüllen.

Beispiel:

$3x + 4y = 3$

Die Formvariablen (Konstanten) sind $a = 3$, $b = 4$, $c = 3$. Eine Lösung ist $(1, 0)$. Denn setzt man $x = 1$ und $y = 0$ in die Gleichung ein, erhält man $3 = 3$.

Weitere ganzzahlige Lösungen sind:

$(5, -3), (9, -6), \dots, (-3, 3), (-7, 6), (-11, 9), \dots$

Weitere beliebige Lösungen sind:

$(0{,}1; 0{,}675), (0{,}2; 0{,}6), (0{,}3; 0{,}525), (0{,}4; 0{,}45), (0{,}5; 0{,}375), (0{,}6; 0{,}3), \dots$

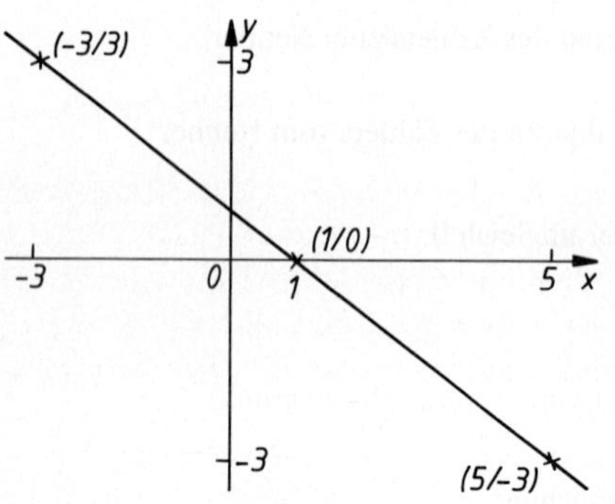

Trägt man die Lösungen als Punkte mit jedem Zahlenpaar als Koordinatenpaar in ein x-y-Koordinatensystem (kartesisches Koordinatenkreuz) ein, so stellt man fest, daß alle Punkte auf einer Geraden liegen. Jeder Punkt dieser Geraden ergibt mit seinem Koordinatenpaar $(x|y)$ eine Lösung. Man bezeichnet deshalb die Gleichung $ax + by = c$ mit beliebigen festen Werten a, b, c als (allgemeine) Geradengleichung.

2.2.2. Das Gleichungssystem $a_1x + b_1y = c_1$, $a_2x + b_2y = c_2$ (Zwei Gleichungen mit zwei Unbekannten)

$$a_1x + b_1y = c_1$$
$$a_2x + b_2y = c_2$$
ergibt aufgelöst
$$x = \frac{b_2c_1 - b_1c_2}{a_1b_2 - a_2b_1}$$
$$y = \frac{a_1c_2 - a_2c_1}{a_1b_2 - a_2b_1}$$

Einsetzungsverfahren (Substitutionsverfahren): Die Auflösung erfolgt z.B. dadurch, daß man die erste Gleichung nach y auflöst und den gewonnenen Term für y in die zweite Gleichung einsetzt; durch Umformung erhält man nebenstehenden Term für x; diesen in die y-Gleichung eingesetzt, ergibt den entsprechenden Term für y.

Fallunterscheidungen:

1. Ist der Nenner $a_1b_2 - a_2b_1 \neq 0$, so erhält man genau eine Lösung, und zwar das Zahlenpaar
$$(x_1, y_1) = \left(\frac{b_2c_1 - b_1c_2}{a_1b_2 - a_2b_1}, \frac{a_1c_2 - a_2c_1}{a_1b_2 - a_2b_1}\right).$$
(Jeder der Buchstaben ist Name – Platzhalter – für eine bestimmte Zahl; die Zahlen für a_1, a_2, b_1, b_2, c_1, c_2 sind durch die jeweilige Aufgabe gegeben.)

2. Ist der Nenner $a_1 b_2 - a_2 b_1 = 0$, aber ein Zähler ungleich 0, so gibt es keine Lösung.

3. Ist der Nenner gleich 0, und sind außerdem die Zähler gleich 0, so gibt es unendlich viele Lösungen, und zwar jedes Paar (x, y), das die erste gegebene Gleichung $a_1 x + b_1 y = c_1$ und damit zugleich die zweite gegebene Gleichung $a_2 x + b_2 y = c_2$ erfüllt.

Beispiel 1:

$$2x + 3y = 8$$
$$x + 4y = 9$$

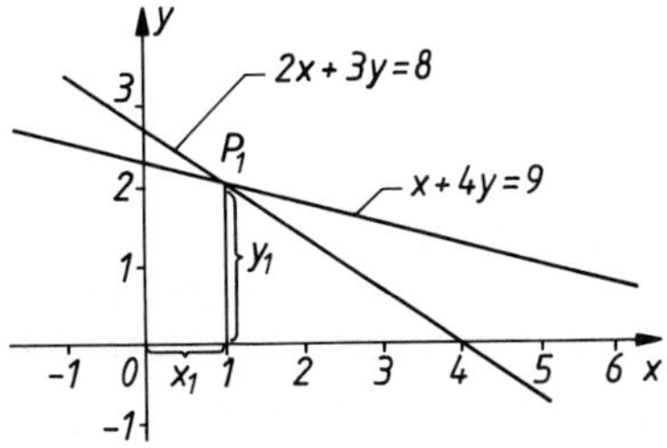

Nach der Lösungsformel

$$x_1 = \frac{b_2 c_1 - b_1 c_2}{a_1 b_2 - a_2 b_1}, \qquad y_1 = \frac{a_1 c_2 - a_2 c_1}{a_1 b_2 - a_2 b_1}$$

ergibt sich

$$x_1 = \frac{4 \cdot 8 - 3 \cdot 9}{2 \cdot 4 - 1 \cdot 3} = 1, \quad y_1 = \frac{2 \cdot 9 - 1 \cdot 8}{2 \cdot 4 - 1 \cdot 3} = 2$$

Lösung ist das Zahlenpaar (1, 2).

Das Schaubild zu jeder einzelnen gegebenen Gleichung ist eine Gerade. Das die Lösung bildende Zahlenpaar ist das Koordinatenpaar des Schnittpunkts der beiden Geraden.

Weiteres Lösungsverfahren:

$$\begin{array}{rl} 2x + 3y = 8 & / \cdot 1 \\ x + 4y = 9 & / \cdot (-2) \\ \hline 2x + 3y = 8 & \\ -2x - 8y = -18 & \} + \\ \hline -5y = -10 & \\ y = 2 & \\ x + 4 \cdot 2 = 9 & \\ x = 1 & \end{array}$$

Nach dem *Additionsverfahren* multipliziert man die beiden Gleichungen so mit je einem Faktor, daß dann beim Addieren die x-Glieder (wie hier) oder die y-Glieder wegfallen. In dem vorliegenden Fall übernimmt man die erste Gleichung unverändert und multipliziert die zweite mit -2. Der daraus sich ergebende Wert für y wird dann in die erste oder zweite (wie hier) Gleichung eingesetzt, um auch den x-Wert der Lösung zu finden. Lösung ist somit wie oben das Paar (1, 2).

Beispiel 2:

(a) $2x + 3y = 8$
(b) $4x + 6y = 13$

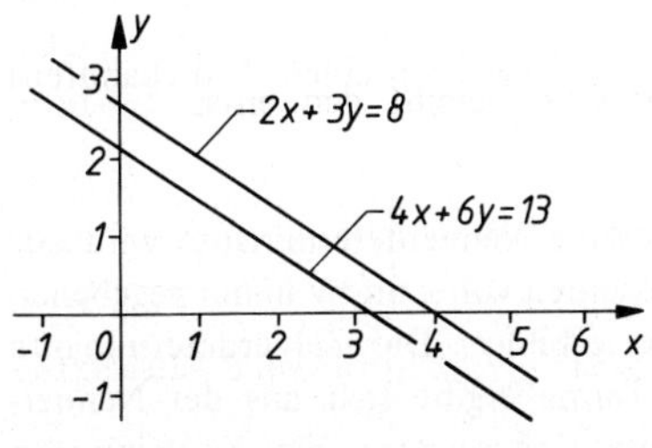

Nach der Lösungsformel ist der Nenner
$a_1 b_2 - a_2 b_1 = 2 \cdot 6 - 4 \cdot 3 = 0$;
der Zähler des x-Terms ist
$b_2 c_1 - b_1 c_2 = 6 \cdot 8 - 3 \cdot 13 = 9 \neq 0$
(der Zähler des y-Terms ist
$a_1 c_2 - a_2 c_1 = 2 \cdot 13 - 4 \cdot 8 = -6 \neq 0$),
d.h. es gibt keine Lösung. Die Graphen zu beiden gegebenen Gleichungen sind parallele Gerade; sie haben keinen Schnittpunkt.

Weiteres Lösungsverfahren:

(a) $2x + 3y = 8 \quad | \cdot 2$

(a) $4x + 6y = 16$

Dazu:

(b) $4x + 6y = 13$

Gleichsetzungsverfahren:
Man macht von (a) und (b) die linken Seiten gleich. Da es kein Paar (x, y) gibt, für das die rechten Seiten gleich sind, folgt: Es gibt keinen Schnittpunkt der Geraden; es gibt keine Lösung des Gleichungssystems, kein Zahlenpaar, das beide Gleichungen gleichzeitig erfüllt: $L = \emptyset$.

Beispiel 3:

(a) $2x + 3y = 8$

(b) $6x + 9y = 24$

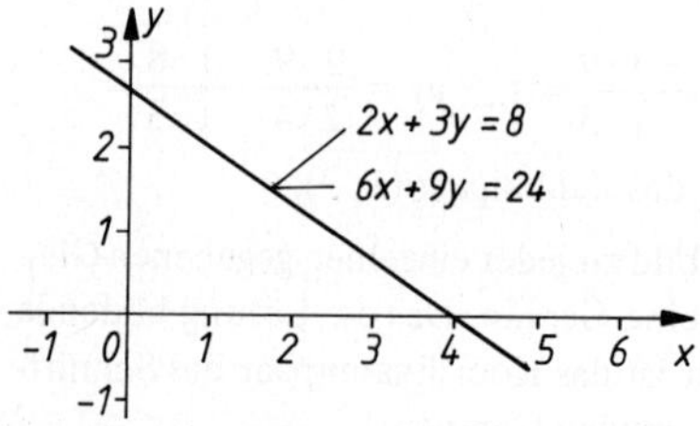

Nach der Lösungsformel ist der Nenner
$a_1 b_2 - a_2 b_1 = 2 \cdot 9 - 6 \cdot 3 = 0$;
der Zähler des x-Terms ist
$b_2 c_1 - b_1 c_2 = 9 \cdot 8 - 3 \cdot 24 = 0$,
der Zähler des y-Terms ist
$a_1 c_2 - a_2 c_1 = 2 \cdot 24 - 6 \cdot 8 = 0$,
d.h. es gibt unendlich viele Lösungen; die Graphen zu beiden gegebenen Gleichungen sind gleich; es handelt sich um ein und dieselbe Gerade.

Weiteres Lösungsverfahren:

(a) $2x + 3y = 8 \quad | \cdot 3$

(a) $6x + 9y = 24$

Dazu:

(b) $6x + 9y = 24$

Gleichsetzungsverfahren:
Durch Multiplizieren mit 3 wird die erste Gleichung gleich der zweiten Gleichung; es gibt unendlich viele Lösungen:

2.2.3. Die zweireihige Determinante

Eine Determinante ist eine besonders übersichtliche und kurze Schreibweise eines bestimmten Terms (Rechenausdrucks).
Eine zweireihige Determinante hat zwei Zeilen (waagerecht) und zwei Spalten (senkrecht), eine n-reihige Determinante hat n Zeilen und n Spalten.

Definition der zweireihigen Determinante:

$$\begin{vmatrix} a_1 & b_1 \\ a_2 & b_2 \end{vmatrix} = a_1 b_2 - a_2 b_1$$

a_1, b_2 bilden die Hauptdiagonale,
a_2, b_1 die Nebendiagonale.

Lösungsformeln eines Gleichungssystems aus zwei Gleichungen mit zwei Variablen (Unbekannten) in Determinantenschreibweise:

$$a_1 x + b_1 y = c_1$$
$$a_2 x + b_2 y = c_2$$

ergibt aufgelöst

$$x = \frac{\begin{vmatrix} c_1 & b_1 \\ c_2 & b_2 \end{vmatrix}}{\begin{vmatrix} a_1 & b_1 \\ a_2 & b_2 \end{vmatrix}} \qquad y = \frac{\begin{vmatrix} a_1 & c_1 \\ a_2 & c_2 \end{vmatrix}}{\begin{vmatrix} a_1 & b_1 \\ a_2 & b_2 \end{vmatrix}}$$

Die gemeinsame Nennerdeterminante wird aus den Koeffizienten von x und y in der gegebenen Anordnung gebildet. Die Zählerdeterminante des x-(y-)Terms ergibt sich aus der Nennerdeterminante, indem man die Koeffizienten von $x(y)$ durch die Absolutglieder ersetzt.

2.2.4. Die dreireihige Determinante

Definition der dreireihigen Determinante:

$$\begin{vmatrix} a_1 & b_1 & c_1 \\ a_2 & b_2 & c_2 \\ a_3 & b_3 & c_3 \end{vmatrix} = a_1 \begin{vmatrix} b_2 & c_2 \\ b_3 & c_3 \end{vmatrix} - a_2 \begin{vmatrix} b_1 & c_1 \\ b_3 & c_3 \end{vmatrix} + a_3 \begin{vmatrix} b_1 & c_1 \\ b_2 & c_2 \end{vmatrix}$$

Man „entwickelt" eine dreireihige Determinante z.B. nach den Elementen der ersten Spalte, indem man der Reihe nach jedes Element der ersten Spalte mit derjenigen zweireihigen Determinante multipliziert, die man erhält, wenn man in der dreireihigen Determinante die Zeile und die Spalte streicht, in der das Element vorkommt. Die so gebildeten Produkte werden mit alternierenden (wechselnden) Vorzeichen zusammengefaßt.

Ausführung der Entwicklungsvorschrift:

$$\begin{vmatrix} a_1 & b_1 & c_1 \\ a_2 & b_2 & c_2 \\ a_3 & b_3 & c_3 \end{vmatrix} = a_1 \begin{vmatrix} a_1 & b_1 & c_1 \\ a_2 & b_2 & c_2 \\ a_3 & b_3 & c_3 \end{vmatrix} - a_2 \begin{vmatrix} a_1 & b_1 & c_1 \\ a_2 & b_2 & c_2 \\ a_3 & b_3 & c_3 \end{vmatrix} + a_3 \begin{vmatrix} a_1 & b_1 & c_1 \\ a_2 & b_2 & c_2 \\ a_3 & b_3 & c_3 \end{vmatrix}$$

(nach den Elementen der ersten Spalte entwickelt)

$$= -a_2 \begin{vmatrix} a_1 & b_1 & c_1 \\ a_2 & b_2 & c_2 \\ a_3 & b_3 & c_3 \end{vmatrix} + b_2 \begin{vmatrix} a_1 & b_1 & c_1 \\ a_2 & b_2 & c_2 \\ a_3 & b_3 & c_3 \end{vmatrix} - c_2 \begin{vmatrix} a_1 & b_1 & c_1 \\ a_2 & b_2 & c_2 \\ a_3 & b_3 & c_3 \end{vmatrix}$$

(nach den Elementen der zweiten Zeile entwickelt)

Regel von Sarrus (nur auf dreireihige Determinanten anwendbar):

$$\begin{vmatrix} a_1 & b_1 & c_1 \\ a_2 & b_2 & c_2 \\ a_3 & b_3 & c_3 \end{vmatrix} = \begin{vmatrix} a_1 & b_1 & c_1 & a_1 & b_1 \\ a_2 & b_2 & c_2 & a_2 & b_2 \\ a_3 & b_3 & c_3 & a_3 & b_3 \end{vmatrix}$$

$$= a_1 b_2 c_3 + b_1 c_2 a_3 + c_1 a_2 b_3 - a_3 b_2 c_1 - b_3 c_2 a_1 - c_3 a_2 b_1$$

Man ergänzt die dreireihige Determinante, indem man die erste und die zweite Spalte wiederholt, je drei diagonal aufeinanderfolgende Elemente multipliziert und die so entstehenden sechs Produkte addiert (Hauptdiagonale) bzw. subtrahiert (Nebendiagonale).

Die Übereinstimmung mit den Ergebnissen nach Entwicklungsvorschrift ist leicht zu überprüfen.

Beispiel:

$$\begin{vmatrix} 1 & 2 & 2 \\ 3 & 4 & 1 \\ 5 & 6 & 0 \end{vmatrix} = 2 \cdot \begin{vmatrix} 3 & 4 \\ 5 & 6 \end{vmatrix} - 1 \cdot \begin{vmatrix} 1 & 2 \\ 5 & 6 \end{vmatrix} + 0 \cdot \begin{vmatrix} 1 & 2 \\ 3 & 4 \end{vmatrix} = 2 \cdot (3 \cdot 6 - 5 \cdot 4) - 1 \cdot (1 \cdot 6 - 5 \cdot 2) + 0 \cdot (1 \cdot 4 - 3 \cdot 2)$$

$$= 2 \cdot (-2) - 1 \cdot (-4) + 0$$

$$= -4 + 4 = 0$$

(nach den Elementen der dritten Spalte entwickelt)

nach Sarrus:

$$\begin{vmatrix} 1 & 2 & 2 \\ 3 & 4 & 1 \\ 5 & 6 & 0 \end{vmatrix} = \begin{vmatrix} 1 & 2 & 2 & 1 & 2 \\ 3 & 4 & 1 & 3 & 4 \\ 5 & 6 & 0 & 5 & 6 \end{vmatrix} = 1 \cdot 4 \cdot 0 + 2 \cdot 1 \cdot 5 + 2 \cdot 3 \cdot 6 - 5 \cdot 4 \cdot 2 - 6 \cdot 1 \cdot 1 - 0 \cdot 3 \cdot 2$$

$$= 0 + 10 + 36 - 40 - 6 - 0 = 0$$

2.2.5. Drei Gleichungen mit drei Unbekannten

Das Gleichungssystem

$$a_1x + b_1y + c_1z = d_1$$
$$a_2x + b_2y + c_2z = d_2$$
$$a_3x + b_3y + c_3z = d_3$$

ergibt aufgelöst

$$x = \frac{\begin{vmatrix} d_1 & b_1 & c_1 \\ d_2 & b_2 & c_2 \\ d_3 & b_3 & c_3 \end{vmatrix}}{\begin{vmatrix} a_1 & b_1 & c_1 \\ a_2 & b_2 & c_2 \\ a_3 & b_3 & c_3 \end{vmatrix}} = \frac{D_x}{D}$$

$$y = \frac{\begin{vmatrix} a_1 & d_1 & c_1 \\ a_2 & d_2 & c_2 \\ a_3 & d_3 & c_3 \end{vmatrix}}{\begin{vmatrix} a_1 & b_1 & c_1 \\ a_2 & b_2 & c_2 \\ a_3 & b_3 & c_3 \end{vmatrix}} = \frac{D_y}{D}$$

$$z = \frac{\begin{vmatrix} a_1 & b_1 & d_1 \\ a_2 & b_2 & d_2 \\ a_3 & b_3 & d_3 \end{vmatrix}}{\begin{vmatrix} a_1 & b_1 & c_1 \\ a_2 & b_2 & c_2 \\ a_3 & b_3 & c_3 \end{vmatrix}} = \frac{D_z}{D}$$

Zur Auflösung des Systems von drei linearen Gleichungen mit drei Variablen (Unbekannten) nach einer der drei Variablen x, y, z bildet man die Nennerdeterminante D aus den neun Koeffizienten von x, y, z und ersetzt in der jeweiligen Zählerdeterminante die Koeffizienten von x oder y oder z durch die Absolutglieder.

Ist die Nennerdeterminante $D \neq 0$, dann erhält man genau ein Zahlentripel (x, y, z) als Lösung.

Ist jedoch $D = 0$, dann gibt es entweder keine oder unendlich viele Lösungen des Gleichungssystems. In diesem Fall ist diese Methode nicht anwendbar.

Beispiel 1: Gesucht ist die Lösung des Gleichungssystems

$$3x + 15y + 8z = 10$$
$$-5x + 10y + 12z = -1$$
$$2x + 7y + z = 1$$

Nennerdeterminante:

$$\left|\begin{matrix} 3 & 15 & 8 \\ -5 & 10 & 12 \\ 2 & 7 & 1 \end{matrix}\right|\begin{matrix} 3 & 15 \\ -5 & 10 \\ 2 & 7 \end{matrix}$$

$$= 30 + 360 - 280 - 160 - 252 + 75$$
$$= -227$$

$$x = \frac{1}{-227}\left|\begin{matrix} 10 & 15 & 8 \\ -1 & 10 & 12 \\ 1 & 7 & 1 \end{matrix}\right|\begin{matrix} 10 & 15 \\ -1 & 10 \\ 1 & 7 \end{matrix}$$

$$= \frac{100 + 180 - 56 - 80 - 840 + 15}{-227} = 3$$

$$y = \frac{1}{-227}\left|\begin{matrix} 3 & 10 & 8 \\ -5 & -1 & 12 \\ 2 & 1 & 1 \end{matrix}\right|\begin{matrix} 3 & 10 \\ -5 & -1 \\ 2 & 1 \end{matrix} = \frac{-3 + 240 - 40 + 16 - 36 + 50}{-227} = -1$$

$$z = \frac{1}{-227}\left|\begin{matrix} 3 & 15 & 10 \\ -5 & 10 & -1 \\ 2 & 7 & 1 \end{matrix}\right|\begin{matrix} 3 & 15 \\ -5 & 10 \\ 2 & 7 \end{matrix} = \frac{30 - 30 - 350 - 200 + 21 + 75}{-227} = 2$$

Lösung ist das Zahlentripel $(3, -1, 2)$ (wie eine Probe bestätigt).

Beispiel 2: In drei Mischungen befinden sich dieselben drei Grundbestandteile, aber in verschiedenen Volumenanteilen.

In der ersten Mischung befinden sich 3 dm^3 des ersten, 2 dm^3 des zweiten und 8 dm^3 des dritten Grundbestandteils; die Gesamtmasse dieser ersten Mischung beträgt 13,0 kg.

Die zweite Mischung besteht aus 1 dm^3 des ersten, 5 dm^3 des zweiten und 7 dm^3 des dritten Grundbestandteils; Gesamtmasse gleichfalls 13,0 kg.

Die dritte Mischung schließlich hat 5 dm^3 des ersten, 4 dm^3 des zweiten und 4 dm^3 des dritten Grundbestandteils, zusammen 12,0 kg.

Wie groß sind die Dichten der drei Grundbestandteile ?

Man nennt die gesuchten drei Dichten der Reihe nach x, y und z kg/dm^3. Dann bilden die folgenden drei Gleichungen die mathematische Formulierung – den Ansatz – der gestellten Aufgabe.

$$3x + 2y + 8z = 13$$
$$x + 5y + 7z = 13$$
$$5x + 4y + 4z = 12$$

$$D = \left|\begin{array}{ccc|cc} 3 & 2 & 8 & 3 & 2 \\ 1 & 5 & 7 & 1 & 5 \\ 5 & 4 & 4 & 5 & 4 \end{array}\right| = 60 + 70 + 32 - 200 - 84 - 8 = -130$$

$$x = \frac{1}{-130}\left|\begin{array}{ccc|cc} 13 & 2 & 8 & 13 & 2 \\ 13 & 5 & 7 & 13 & 5 \\ 12 & 4 & 4 & 12 & 4 \end{array}\right| = \frac{260 + 168 + 416 - 480 - 364 - 104}{-130} = 0{,}8$$

$$y = \frac{1}{-130}\left|\begin{array}{ccc|cc} 3 & 13 & 8 & 3 & 13 \\ 1 & 13 & 7 & 1 & 13 \\ 5 & 12 & 4 & 5 & 12 \end{array}\right| = \frac{156 + 455 + 96 - 520 - 252 - 52}{-130} = 0{,}9$$

$$z = \frac{1}{-130}\left|\begin{array}{ccc|cc} 3 & 2 & 13 & 2 & 2 \\ 1 & 5 & 13 & 1 & 5 \\ 5 & 4 & 12 & 5 & 4 \end{array}\right| = \frac{180 + 130 + 52 - 325 - 156 - 24}{-130} = 1{,}1$$

Lösung ist das Zahlentripel (0,8; 0,9; 1,1); das heißt, der erste Grundbestandteil hat die Dichte 0,8 kg/dm^3, der zweite 0,9 kg/dm^3 und der dritte 1,1 kg/dm^3.

3. Quadratische Gleichungen

Eine quadratische Gleichung ist eine Aussageform; in dieser kommt die Variable (Unbekannte, meist x genannt) immer in der zweiten Potenz, gegebenenfalls zusätzlich auch in der ersten (lineares Glied) oder nullten Potenz (Absolutglied) vor.

Allgemeine quadratische Gleichung

$$ax^2 + bx + c = 0$$
$$a \neq 0$$

Der Koeffizient a von x^2 darf nicht 0 sein, der Koeffizient b von x oder das Absolutglied c können dagegen auch 0 sein.

3.1. Normalform der quadratischen Gleichung

Normalform

$$x^2 + px + q = 0$$

Aus der allgemeinen quadratischen Gleichung ergibt sich die Normalform, indem man beide Seiten durch $a \neq 0$ dividiert:

$$x^2 + \frac{b}{a}x + \frac{c}{a} = 0; \text{ man setzt } \frac{b}{a} = p,\ \frac{c}{a} = q.$$

Auflösung:

$$\Longleftrightarrow \quad x^2 + px = -q$$
$$\Longleftrightarrow x^2 + px + \left(\frac{p}{2}\right)^2 = -q + \left(\frac{p}{2}\right)^2$$
$$\Longleftrightarrow \quad \left(x + \frac{p}{2}\right)^2 = \left(\frac{p}{2}\right)^2 - q$$
$$\Longleftrightarrow \begin{cases} x + \frac{p}{2} = +\sqrt{\left(\frac{p}{2}\right)^2 - q} \\ \text{oder } x + \frac{p}{2} = -\sqrt{\left(\frac{p}{2}\right)^2 - q} \end{cases}$$

Zur Auflösung subtrahiert man zunächst q und fügt die „quadratische Ergänzung" $(\frac{p}{2})^2$ auf beiden Seiten hinzu. Damit wird die linke Seite zum „vollständigen Quadrat", und man erhält durch Wurzelziehen die beiden Lösungen x_1 und x_2.

Lösungen: $x_1 = -\frac{p}{2} + \sqrt{\left(\frac{p}{2}\right)^2 - q}$ und $x_2 = -\frac{p}{2} - \sqrt{\left(\frac{p}{2}\right)^2 - q}$

Beispiel 1 (ausführlich):

$$x^2 + 12x + 35 = 0$$
$$x^2 + 12x + 6^2 = -35 + 6^2$$
$$(x + 6)^2 = 1$$
$$x = -6 + 1$$
$$\text{oder} \quad x = -6 - 1$$

Lösungen:

$x_1 = -5$ und

$x_2 = -7$ (Zwei Proben!)

Beispiel 2 (mit Lösungsformel):

$$25x^2 + 13 = 70x$$
$$x^2 - \frac{14}{5}x + \frac{13}{25} = 0$$
$$x_1 = \frac{7}{5} + \sqrt{\left(\frac{7}{5}\right)^2 - \frac{13}{25}} = \frac{7}{5} + \frac{6}{5} = \frac{13}{5}$$
$$x_2 = \frac{7}{5} - \frac{6}{5} = \frac{1}{5}$$

(Zwei Proben!)

Beispiel 3: $x^2 + 12x + 40 = 0$

$$x_{1,2} = -6 \pm \sqrt{36 - 40}$$
$$= -6 \pm \sqrt{4 \cdot (-1)}$$

Lösungen:

$x_1 = -6 + 2\mathrm{i}$

$x_2 = -6 - 2\mathrm{i}$

Diese Gleichung hat keine reelle, sondern zwei konjugiert komplexe Lösungen.

(Näheres siehe II.10. Imaginäre Zahlen)

3.2. Sonderfälle der quadratischen Gleichung

3.2.1. Sonderfall $q = 0$

$x^2 + px = 0$

Produktform (x ausklammern):

$x(x + p) = 0$

Das allgemeine Lösungsverfahren erübrigt sich (führt aber natürlich auch zum Ziel), wenn das Absolutglied fehlt. Mit 0 für x oder mit $-p$ für x ergibt sich jeweils eine wahre Aussage.

Lösungen: $x_1 = 0$ und $x_2 = -p$ (Ein Produkt ist 0, wenn ein Faktor 0 ist.)

Fehlerwarnung: Man darf nicht durch x dividieren. Division durch 0 ist verboten. Die Lösung 0 geht dann verloren.

Beispiel: $x^2 - 5x = 0$

Lösungen: $x_1 = 0 \quad x_2 = 5$

3.2.2. Sonderfall $p = 0$

$$x^2 + q = 0$$
$$\iff x^2 = -q$$
$$\iff \begin{cases} x = +\sqrt{-q} \\ x = -\sqrt{-q} \end{cases}$$

Es liegt eine rein quadratische Gleichung vor. Mit $q < 0$ erhält man zwei entgegengesetzt gleiche reelle Lösungen, mit $q = 0$ die – doppelt zählende – Lösung 0, mit $q > 0$ zwei entgegengesetzt gleiche rein imaginäre Lösungen, und zwar $+\mathrm{i}\sqrt{q}$ und $-\mathrm{i}\sqrt{q}$.

Lösungen: $x_1 = +\sqrt{-q}$ und $x_2 = -\sqrt{-q}$

Beispiel 1: $x^2 - 9 = 0$

$x_1 = 3$

$x_2 = -3$

Beispiel 2: $x^2 + 16 = 0$

$x_1 = 4\mathrm{i}$

$x_2 = -4\mathrm{i}$

3.2.3. Sonderfall $\left(\frac{p}{2}\right)^2 = q$

$$x^2 + px + \left(\frac{p}{2}\right)^2 = 0$$
$$\iff \left(x + \frac{p}{2}\right)^2 = 0$$

Lösung: $x_{1,2} = -\frac{p}{2}$

Da sich die linke Seite als vollständiges Quadrat schreiben läßt, ergibt sich nur eine – doppelt zählende – Lösung.

Bei Verwendung des allgemeinen Lösungsverfahrens ergibt sich 0 für den Wurzelterm, der die beiden Lösungen unterscheidet.

Beispiel: $x^2 - 6x + 9 = 0 \iff (x - 3)^2 = 0$

Lösung: $x_{1,2} = 3$

3.3. Produktform; Satz von Viëta

$$(x - x_1)(x - x_2) = 0$$

$$\begin{aligned} x^2 - xx_2 - x_1x + x_1x_2 &= 0 \\ x^2 - (x_1 + x_2) \cdot x + x_1x_2 &= 0 \\ x^2 + \quad p \quad \cdot x + q &= 0 \end{aligned}$$

Diese Produktform der quadratischen Gleichung ist äquivalent der Normalform der quadratischen Gleichung, da beide genau dann zu wahren Aussagen werden, wenn man für x die Lösung x_1 oder die Lösung x_2 einsetzt.

Ausmultiplizieren und Vergleich mit der Normalform ergibt:

Der Koeffizient p von x ist gleich der negativen Summe der Lösungen, das Absolutglied q ist gleich dem Produkt der Lösungen.

Satz von Viëta:
$p = -(x_1 + x_2) \quad q = x_1x_2$

Beispiel 1: $x^2 + 3x - 10 = 0$
$\iff (x+5)(x-2) = 0$

Nach dem Satz von Viëta ist
$x_1 + x_2 = -3 \qquad x_1 \cdot x_2 = -10$
Beide Bedingungen gleichzeitig werden erfüllt von $x_1 = -5$ und $x_2 = 2$.
Ausmultiplizieren der Produktform führt auf die Normalform.

Beispiel 2: Welche quadratische Gleichung hat die Lösungen $x_1 = 2 + 3\text{i}$ und $x_2 = 2 - 3\text{i}$?
Antwort: Die Normalform der gesuchten quadratischen Gleichung ist: $x^2 - 4x + 13 = 0$

a) Produktform: $(x - 2 - 3\text{i})(x - 2 + 3\text{i}) = 0$
Ausmultipliziert: $x^2 - 4x + 13 = 0$

b) Satz von Viëta:
$p = -(2 + 3\text{i} + 2 - 3\text{i}) = -4$
$q = (2 + 3\text{i})(2 - 3\text{i}) = 4 + 9 = 13$

3.4. Anwendungsbeispiele quadratischer Gleichungen

Beispiel 1: Eine Fläche von $23{,}4\,\text{m}^2$ ist 70 cm länger als breit. Wie lang und wie breit ist sie?
Normalform: $x^2 + 0{,}7x - 23{,}4 = 0$

Ansatz: Breite x m, Länge $(x + 0{,}7)$m, Fläche also $x(x+0{,}7)\text{m}^2$ oder $23{,}4\,\text{m}^2$, also $x(x + 0{,}7) = 23{,}4$.

$x_{1,2} = -0{,}35 \pm \sqrt{0{,}1225 + 23{,}4} = -0{,}35 \pm \sqrt{23{,}5225} = -0{,}35 \pm 4{,}85$
$x_1 = 4{,}5$; $x_2 < 0$ scheidet aus.

Ergebnis: Die Fläche ist 4,5 m breit und 5,2 m lang.

Beispiel 2: Ein Schiff braucht bei einer Eigengeschwindigkeit $v_0 = 20{,}4\,\frac{\text{km}}{\text{h}}$ für ein $l = 95{,}2$ km langes Stück eines Flusses die Zeit $T = 9$ h 36 min für Hin- und Rückfahrt zusammen. Wie groß ist die Strömungsgeschwindigkeit v des Flusses?

Ansatz: Für die Fahrt mit der Strömung gilt:
a) $l = (v_0 + v)t_1$ mit t_1 als Fahrzeit.
Entsprechend ergibt sich für die Rückfahrt gegen die Strömung:
b) $l = (v_0 - v)t_2$ mit t_2 als Fahrzeit.
Die beiden Fahrzeiten haben die gegebene Summe T:
c) $t_1 + t_2 = T$.

Auflösung:
Die Unbekannten t_1 und t_2 werden eliminiert: Aus a) folgt $t_1 = \frac{l}{v_0 + v}$; aus c) folgt $t_2 = T - t_1$; aus b) ergibt sich durch Einsetzen von $t_2 = T - \frac{l}{v_0 + v}$ die Gleichung $l = (v_0 - v)\left(T - \frac{l}{v_0 + v}\right)$. Diese Gleichung wird nach der einzigen Unbekannten v aufgelöst:

$v^2 - \left(v_0^2 - \frac{2lv_0}{T}\right) = 0$. Das ist eine rein quadratische Gleichung für v.

Lösungen sind: $v_{1,2} = \pm\sqrt{v_0^2 - \frac{2lv_0}{T}}$

Zahlenrechnung:

$$v_0 = 20{,}4\,\frac{\text{km}}{\text{h}} = \frac{20\,400\text{ m}}{3\,600\text{ s}} = 5{,}666\,666\,7\,\frac{\text{m}}{\text{s}}$$

$$l = 95{,}2\text{ km} = 95\,200\text{ m}$$

$$T = 9\text{ h }36\text{ min} = (9 \cdot 3600 + 36 \cdot 60)\text{s} = 34\,560\text{ s}$$

$$v_{1,2} = \pm\sqrt{5{,}666\,666\,7^2 - \frac{2 \cdot 95\,200 \cdot 5{,}666\,666\,7}{34\,560}}\;\frac{\text{m}}{\text{s}}$$

$$= \pm\,0{,}944\,445\,3\,\frac{\text{m}}{\text{s}} = \pm\,3{,}400\,003\,\frac{\text{km}}{\text{h}}$$

Ergebnis: Die Strömungsgeschwindigkeit beträgt $0{,}944\,\frac{\text{m}}{\text{s}} = 3{,}400\,\frac{\text{km}}{\text{h}}$

(Das Minuszeichen bedeutet, daß die Strömungsrichtung der ursprünglichen Annahme entgegengesetzt ist.)

Anmerkung 1: In stehendem Wasser hätte das Schiff $2 \cdot \frac{95\,200}{5{,}666\,6667}\,\text{s} = 33\,600\,\text{s} = 9\,\text{h}\,20\,\text{min}$, also 16 min weniger als in dem mit $3{,}400\,\text{km} \cdot \text{h}^{-1}$ strömenden Wasser gebraucht. Der Gewinn beim Fahren mit der Strömung ist geringer als der Verlust beim Fahren gegen die Strömung (denn mit der Strömung fährt man kürzere, gegen die Strömung längere Zeit).

Anmerkung 2: In Beispiel 1 ist x eine Zahl, und zwar die Maßzahl der in Meter (m) gemessenen Länge. In Beispiel 2 sind s, t_1, t_2, T, v_0, v Größen; sie beinhalten Maßzahl *und* Einheit; dabei müssen die Einheiten dem gleichen Maßsystem angehören, hier SI-Einheiten.

4. Gleichungen dritten und höheren Grades

4.1. Normalformen und Produktformen

Normalform — Produktform (mit Linearfaktoren)

$$x^3 + a_2x^2 + a_1x + a_0 = 0 \iff (x - x_1)(x - x_2)(x - x_3) = 0$$

Gleichung vierten Grades:

Normalform — Produktform

$$x^4 + a_3x^3 + a_2x^2 + a_1x + a_0 = 0 \iff (x - x_1)(x - x_2)(x - x_3)(x - x_4) = 0$$

Gleichung n-ten Grades:

Normalform — Produktform

$$x^n + a_{n-1}x^{n-1} + a_{n-2}x^{n-2} + \ldots + a_2x^2 + a_1x + a_0 = 0 \iff (x - x_1)(x - x_2)(x - x_3) \ldots (x - x_{n-1})(x - x_n) = 0$$

Anmerkung: Für in Normalform vorliegende Gleichungen dritten und vierten Grades gibt es Lösungsverfahren (diese werden hier nicht gebracht). Gleichungen fünften und höheren Grades sind nicht mehr geschlossen lösbar. – Eine Gleichung n-ten Grades mit reellen Koeffizienten $a_{n-1}, a_{n-2}, \ldots, a_1, a_0$ hat n Lösungen $x_1, x_2, \ldots, x_{n-1}, x_n$; diese brauchen jedoch weder alle verschieden noch alle reell zu sein: Die Lösungen können ganz oder teilweise gleich oder paarweise komplex (konjugiert komplex) sein.

4.2. Satz von Viëta

Aus den Gegenüberstellungen von Normalform und Produktform ergibt sich durch Koeffizientenvergleich (Ausmultiplizieren der Produktform und Gleichsetzen der Koeffizienten von $x^{n-1}, x^{n-2}, \ldots, x^2, x$ und der Absolutglieder) folgende Darstellung der Koeffizienten der Normalform durch die Lösungen:

Gleichung dritten Grades:

$$a_2 = -(x_1 + x_2 + x_3)$$
$$a_1 = +(x_1x_2 + x_1x_3 + x_2x_3)$$
$$a_0 = -(x_1x_2x_3)$$

Gleichung vierten Grades:

$$a_3 = -(x_1 + x_2 + x_3 + x_4)$$
$$a_2 = +(x_1x_2 + x_1x_3 + x_1x_4 + x_2x_3 + x_2x_4 + x_3x_4)$$
$$a_1 = -(x_1x_2x_3 + x_1x_2x_4 + x_1x_3x_4 + x_2x_3x_4)$$
$$a_0 = +(x_1x_2x_3x_4)$$

Gleichung n-ten Grades:

$a_{n-1} = -(x_1 + x_2 + x_3 + \ldots + x_n)$

$a_{n-2} = +(x_1x_2 + x_1x_3 + \ldots + x_1x_n + x_2x_3 + x_2x_4 + \ldots + x_2x_n + \ldots + x_{n-1}x_n)$

$a_{n-3} = -(x_1x_2x_3 + x_1x_2x_4 + \ldots + x_1x_2x_n + x_1x_3x_4 + x_1x_3x_5 + \ldots + x_1x_3x_n + \ldots + x_2x_3x_4 + {}$
$+ x_2x_3x_5 + \ldots + x_2x_3x_n + x_2x_4x_5 + \ldots + x_{n-2}x_{n-1}x_n)$

…

$a_1 = (-1)^{n-1}(x_1x_2x_3 \ldots x_{n-1} + x_1x_2 \ldots x_{n-2}x_n + x_1x_2 \ldots x_{n-3}x_{n-1}x_n + \ldots + x_1x_3x_4 \ldots x_n + {}$
$+ x_2x_3 \ldots x_n)$

$a_0 = (-1)^n(x_1x_2x_3 \ldots x_n)$

Anmerkung: In Worten lautet das Bildungsgesetz der Koeffizienten: Mit $m \in \{1, 2, 3, \ldots, n\}$ ist der Koeffizient a_{n-m} die mit dem Vorzeichen $(-1)^m$ versehene Summe aller Kombinationen m-ter Klasse der n Lösungen.

Beispiel 1: Welche Normalform hat die Gleichung dritten Grades mit den Lösungen

$x_1 = -2,\ x_2 = -\frac{1}{2},\ x_3 = +\frac{1}{2}$?

a) Durch Ausmultiplizieren der Produktform erhält man die Normalform:

$x^3 + 2x^2 - \frac{1}{4}x - \frac{1}{2} = 0 \quad \Leftarrow \quad (x+2)\left(x+\frac{1}{2}\right)\left(x-\frac{1}{2}\right) = 0$

b) Nach dem Satz von Viëta ergibt sich:

$a_2 = 2 \quad \Leftarrow \quad a_2 = -\left(-2 - \frac{1}{2} + \frac{1}{2}\right)$

$a_1 = -\frac{1}{4} \quad \Leftarrow \quad a_1 = \left[(-2)\left(-\frac{1}{2}\right) + (-2)\left(\frac{1}{2}\right) + \left(-\frac{1}{2}\right)\left(\frac{1}{2}\right)\right]$

$a_0 = -\frac{1}{2} \quad \Leftarrow \quad a_0 = (-1)^3(-2)\left(-\frac{1}{2}\right)\left(+\frac{1}{2}\right)$

Beispiel 2: Welche Normalform hat die Gleichung sechsten Grades mit den Lösungen
$x_1 = 0, x_2 = 0, x_3 = 1, x_4 = 1, x_5 = 2 + i,$
$x_6 = 2 - i$?

a) Durch Ausmultiplizieren der Produktform erhält man die Normalform:

$x^6 - 6x^5 + 14x^4 - 14x^3 + 5x^2 = 0 \quad \Leftarrow \quad (x-0)(x-0)(x-1)(x-1)\cdot(x-2-i)(x-2+i) = 0$

b) Nach dem Satz von Viëta:

$a_5 = -6 \quad \Leftarrow \quad a_5 = -(0+0+1+1+2+i+2-i)$

$a_4 = 14 \quad \Leftarrow \quad a_4$ (die Produkte mit einem Faktor 0 bleiben gleich weg) $= +[1\cdot 1 + 1\cdot(2+i) + 1\cdot(2-i) + 1\cdot(2+i) + 1\cdot(2-i) + (2+i)(2-i)]$

$a_3 = -14 \quad \Leftarrow \quad a_3 = -[1\cdot 1\cdot(2+i) + 1\cdot 1\cdot(2-i) + 1\cdot(2+i)\cdot(2-i) + 1\cdot(2+i)(2-i)]$

$a_2 = 5 \quad \Leftarrow \quad a_2 = +[1\cdot 1\cdot(2+i)\cdot(2-i)]$

$a_1 = 0 \quad \Leftarrow \quad a_1 = 0$

$a_0 = 0 \quad \Leftarrow \quad a_0 = 0$

4.3. Reduktion einer Gleichung

Ist eine Lösung, z.B. x_1, bekannt, dann läßt sich der die linke Seite der Normalform der Gleichung n-ten Grades bildende Term durch $(x - x_1)$ ohne Rest dividieren, da er, wie die Produktform bestätigt, den Faktor $(x - x_1)$ enthält:

Gleichung n-ten Grades

$(x-x_1)(x-x_2)(x-x_3)\ldots(x-x_n)=0 \quad \Longleftrightarrow \quad x^n + a_{n-1}x^{n-1} + a_{n-2}x^{n-2} + \ldots + a_0 = 0$

Nach der Division durch $(x - x_1)$:

$(x-x_2)(x-x_3)\ldots(x-x_n)=0 \quad \Longleftrightarrow \quad x^{n-1} + \overline{a_{n-2}}x^{n-2} + \overline{a_{n-3}}x^{n-3} + \ldots + \overline{a_0} = 0$

Der Grad der neuen Gleichung mit den neuen Koeffizienten $\overline{a_{n-2}}, \ldots, \overline{a_0}$ (gelesen: überstrichen) ist um 1 niedriger; die Gleichung n-ten Grades ist auf eine Gleichung $(n-1)$-ten Grades reduziert.

Beispiel 1: Welche Lösungen hat die Gleichung $x^3 - 6x^2 - x + 6 = 0$?

Man erkennt die Lösung $x_1 = 1$ und dividiert durch $(x - 1)$:

$$
\begin{array}{l}
(x^3 - 6x^2 - x + 6) : (x-1) = x^2 - 5x - 6 \\
\underline{x^3 - x^2} \\
\quad -5x^2 - x \\
\quad \underline{-5x^2 + 5x} \\
\qquad\quad -6x + 6 \\
\qquad\quad \underline{-6x + 6}
\end{array}
$$

Reduzierte Gleichung:
$x^2 - 5x - 6 = 0$

Deren Lösungen:
$x_2 = 6,\ x_3 = -1$.

Dazu: $x_1 = 1$

Beispiel 2: Gesucht werden die Lösungen von $x^4 - 12x^3 + 61x^2 - 132x + 100 = 0$

Durch Probieren findet man die Lösung $x_1 = 2$, dividiert also das die linke Seite bildende Polynom durch $(x - 2)$:

$(x^4 - 12x^3 + 61x^2 - 132x + 100) : (x-2)$
$= x^3 - 10x^2 + 41x - 50$

Reduzierte Gleichung:
$x^3 - 10x^2 + 41x - 50 = 0$

Die reduzierte Gleichung hat nochmals die Lösung 2, also auch $x_2 = 2$.

Man dividiert das Polynom dritten Grades durch $(x - 2)$:

$(x^3 - 10x^2 + 41x - 50) : (x-2) = x^2 - 8x + 25$

Erneut reduzierte Gleichung:
$x^2 - 8x + 25 = 0$

Deren Lösungen:
$x_3 = 4 + 3\,\mathrm{i},\ x_4 = 4 - 3\,\mathrm{i}$

Man erhält also für das gegebene Polynom nacheinander die Produktformen:

$x^4 - 12x^3 + 61x^2 - 132x + 100$
$= (x-2)(x^3 - 10x^2 + 41x - 50)$
$= (x-2)^2(x^2 - 8x + 25)$
$= (x-2)^2(x - 4 - 3\,\mathrm{i})(x - 4 + 3\,\mathrm{i})$

Dazu die vorangegangenen Lösungen:
$x_1 = 2,\ x_2 = 2$

Beispiel 3 (vgl. 4.2, Beispiel 2):
Welche Lösungen hat

$x^6 - 6x^5 + 14x^4 - 14x^3 + 5x^2 = 0$?

Sofort zu erkennen: $x_1 = 0,\ x_2 = 0$

$\Longleftrightarrow x^2(x^4 - 6x^3 + 14x^2 - 14x + 5) = 0$

Dividieren durch x^2
Durch Probieren: $x_3 = 1$

$\Longleftrightarrow x^2(x-1)(x^3 - 5x^2 + 9x - 5) = 0$

Dividieren durch $(x - 1)$
Nochmaliges Probieren: $x_4 = 1$

$\Longleftrightarrow x^2(x-1)^2(x^2 - 4x + 5) = 0$

Dividieren durch $(x - 1)$
Durch Auflösen der quadratischen Gleichung $x^2 - 4x + 5 = 0$:

$\Longleftrightarrow x^2(x-1)^2(x - 2 - \mathrm{i})(x - 2 + \mathrm{i}) = 0$

$x_5 = 2 + \mathrm{i},\ x_6 = 2 - \mathrm{i}$

4.4. Biquadratische Gleichung

Eine Gleichung vierten Grades, in der die Koeffizienten von x^3 und von x gleich 0 sind, heißt biquadratische Gleichung. Sie wird nach der Substitution $x^2 = z$ (man ersetzt x^2 durch z) als quadratische Gleichung mit anschließendem Wurzelziehen gelöst.

Beispiel 1: Löse die Gleichung
$x^4 + 2x^2 - 15 = 0$!

Mit $x^2 = z$ heißt die Gleichung $z^2 + 2z - 15 = 0$ und hat die Lösungen $z_1 = 3$ und $z_2 = -5$.

Lösungen sind $x_{1,2,3,4} = \pm\sqrt{z_{1,2}}$:
$x_1 = \sqrt{3},\ x_2 = -\sqrt{3},\ x_3 = \mathrm{i}\sqrt{5},\ x_4 = -\mathrm{i}\sqrt{5}$

Beispiel 2: Löse die Gleichung
$x^4 - 4x^2 - 1 = 0$!

Mit $x^2 = z$ heißt die Gleichung $z^2 - 4z - 1 = 0$ und hat die Lösungen $z_1 = 2 + \sqrt{5}$ und $z_2 = 2 - \sqrt{5} = -(\sqrt{5} - 2)$

$x_1 = \sqrt{2+\sqrt{5}} \qquad x_2 = -\sqrt{2+\sqrt{5}}$

$x_3 = \mathrm{i}\sqrt{\sqrt{5}-2} \qquad x_4 = -\mathrm{i}\sqrt{\sqrt{5}-2}$

Beispiel 3: Löse die Gleichung
$x^4 - 6x^2 + 15 = 0$!

Mit $x^2 = z$ heißt die Gleichung $z^2 - 6z + 15 = 0$ und hat die Lösungen $z_1 = 3 + \mathrm{i}\sqrt{6}$, $z_2 = 3 - \mathrm{i}\sqrt{6}$.

Die Lösungen $x_{1,2,3,4} = \pm\sqrt{3 \pm \mathrm{i}\sqrt{6}}$ errechnet man nach II.10.1 und II.10.6

$$x_{1,2} = \pm\sqrt[4]{15}\left(\cos\frac{\varphi}{2} + \mathrm{i}\sin\frac{\varphi}{2}\right)$$

$$x_{3,4} = \pm\sqrt[4]{15}\left(\cos\frac{\varphi}{2} - \mathrm{i}\sin\frac{\varphi}{2}\right)$$

mit $\tan\varphi = \dfrac{\sqrt{6}}{3} = \sqrt{\dfrac{2}{3}}$

Mit Hilfe von Umrechnungsregeln der Winkelfunktionen erhält man die endgültige Form der vier komplexen Lösungen.

$$x_{1,2} = \pm\left[\frac{1}{2}\sqrt{2\sqrt{15}+6} + \frac{\mathrm{i}}{2}\sqrt{2\sqrt{15}-6}\right] \qquad x_{3,4} = \pm\left[\frac{1}{2}\sqrt{2\sqrt{15}+6} - \frac{\mathrm{i}}{2}\sqrt{2\sqrt{15}-6}\right]$$

4.5. Hornersches Schema und Näherungsverfahren

Ist eine Lösung der Gleichung $x^n + a_{n-1}x^{n-1} + \ldots + a_0 = 0$
weder bekannt noch zu erraten, dann kann man die 0 rechts durch y ersetzen und erhält somit eine Funktionsgleichung. Die Schnittpunkte der zu dieser Gleichung gehörigen Kurve im xy-Koordinatensystem mit der x-Achse liefern die Lösungen der obigen Gleichung. Man muß Zahlen für x einsetzen und y berechnen mit dem Ziel, schließlich zwei dem Betrag nach möglichst kleine y-Werte mit verschiedenen Vorzeichen zu erhalten. Zur leichteren Berechnung von y-Werten bietet sich das Hornersche Schema an, das hier, auf eine Gleichung 4. Grades angewendet, erläutert werden soll. Das Verfahren läßt sich sinngemäß auf Gleichungen 3., 5., 6., … Grades übertragen.
Für $x^4 + a_3x^3 + a_2x^2 + a_1x + a_0 = y$ kann man auch schreiben $x\,\{x[x(x + a_3) + a_2] + a_1\} + a_0 = y$.

a_3	a_2	a_1	a_0
$+x$	$+ ① \cdot x$	$+ ② \cdot x$	$+ ③ \cdot x$
①	②	③	④ $= y$

Man setzt einen Wert für x fest und addiert diesen und a_3,
multipliziert diese Summe ① mit x und addiert a_2,
multipliziert diese Summe ② mit x und addiert a_1,
multipliziert diese Summe ③ mit x und addiert a_0
und erhält als letzte Summe ④ das gesuchte y.

Das Verfahren wird mit verschiedenen x-Werten solange fortgesetzt, bis sich für zwei genügend nahe beieinander liegende x-Werte ein positives und ein negatives y ergibt. Für ein dazwischen liegendes x ist dann $y = 0$, das betreffende x also Lösung der ursprünglichen Gleichung 4. Grades.

Beispiel: Berechne die vier Lösungen der Gleichung $x^4 + 2{,}66x^3 - 15{,}54x^2 - 19{,}36x + 33{,}55 = 0$

Lösung: Hornerschema

	a_3	a_2	a_1	a_0
	$+x$	$+ ① \cdot x$	$+ ② \cdot x$	$+ ③ \cdot x$
$x = \ldots$	①	②	③	④ $= y$
	2,66	−15,54	−19,36	+33,55
	+1,00	+ 3,66	−11,88	−31,24
$x = 1 = x_{11}$	3,66	−11,88	−31,24	$2{,}31 = y_{11}$
	+2,00	+ 9,32	−12,44	−63,60
$x = 2$	4,66	− 6,22	−31,80	$-30{,}05 = y$
	+1,10	+ 4,14	−12,54	−35,09
$x = 1{,}1 = x_{12}$	3,76	−11,40	−31,90	$-\ 1{,}54 = y_{12}$

Mit drei Schritten hat man festgestellt, daß eine Lösung zwischen 1,0 und 1,1 liegt, da zwischen diesen beiden x-Werten y sein Vorzeichen wechselt, und zwar liegt die Wurzel offenbar näher bei 1,1, da das zu $x = 1{,}1$ gehörige $y = -1{,}54$ dem Betrag nach etwas kleiner ist als das zu $x = 1{,}0$ gehörige $y = +\,2{,}31$. Zur weiteren Berechnung empfiehlt sich die Verwendung eines der beiden folgenden Verfahren (Fortsetzung des Beispiels im nachfolgenden Abschnitt).

4.5.1. Regula falsi oder Sekantenverfahren

Alle Zahlen, die man für y erhält, wenn man in der Gleichung

$$x^n + a_{n-1}x^{n-1} + \ldots + a_0 = y \quad \text{(Funktionsgleichung)}$$

für x alle Zahlen zwischen x_{11} und x_{12} einsetzt, denkt man sich in ein xy-Koordinatensystem eingetragen, und man erhält einen Kurvenzug (Graph der obigen Funktionsgleichung), der an der Stelle x_1 (x_1 ist die gesuchte Lösung) die x-Achse schneidet. Verbindet man die Punkte $(x_{11} | y_{11})$ und $(x_{12} | y_{12})$ statt durch den Kurvenzug durch eine gerade Linie (Sekante), dann erhält man als Schnittpunkt mit der x-Achse den Punkt $(x_{13} | 0)$ in der Nähe von $(x_1 | 0)$, mit x_{13} also einen Näherungswert für x_1. x_{13} ist durch Interpolieren zu berechnen:

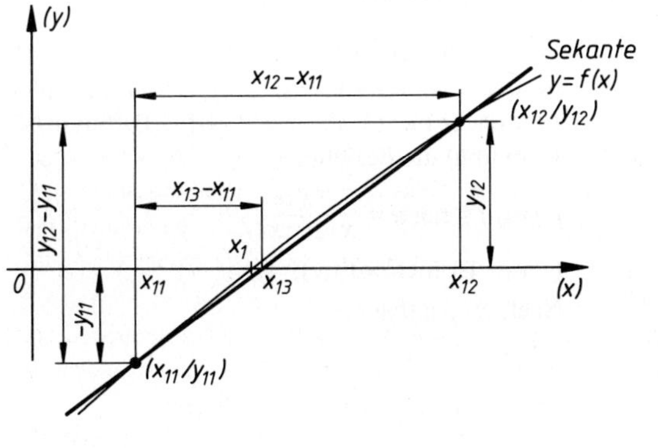

Mit $(x_{11} | y_{11})$ als Strahlenzentrum folgt nach dem zweiten Strahlensatz:

$$\frac{x_{13} - x_{11}}{x_{12} - x_{11}} = \frac{-y_{11}}{y_{12} - y_{11}}$$

(in der Figur ist y_{11} negativ, $-y_{11}$ also positiv)

$$x_{13} = x_{11} + \frac{-y_{11}}{\left(\frac{y_{12} - y_{11}}{x_{12} - x_{11}}\right)}$$

Nach x_{13} aufgelöst: *Regula falsi*

(Der in Klammern gesetzte Nenner ist die Sekantensteigung)

Beispiel (Fortsetzung): Die Gleichung $x^4 + 2{,}66x^3 - 15{,}54x^2 - 19{,}36x + 33{,}55 = 0$ ist aufzulösen.

Ausgangswerte:

$x_{11} = 1 \qquad y_{11} = 2{,}31$

$x_{12} = 1{,}1 \qquad y_{12} = -1{,}54$

(Die Kurve hat Gefälle im Gegensatz zur Zeichnung.)

$$x_{13} = 1 + \frac{-2{,}31}{\frac{-1{,}54 - 2{,}31}{1{,}1 - 1{,}0}} = 1{,}060 \approx x_1$$

Auf entsprechende Weise kann man eine zweite Lösung näherungsweise bestimmen. Man kann aber auch, was hier geschehen soll, die Gleichung zuvor reduzieren:

$(x^4 + 2{,}66x^3 - 15{,}54x^2 - 19{,}36x + 33{,}55) : (x - 1{,}060) = x^3 + 3{,}72x^2 - 11{,}60x - 31{,}65$

Reduzierte Gleichung: $x^3 + 3{,}72x^2 - 11{,}60x - 31{,}65 = 0$

$$x_{23} = x_{21} + \frac{-y_{21}}{\left(\frac{y_{22} - y_{21}}{x_{22} - x_{21}}\right)}$$

Ausgangswerte zur Berechnung von x_2 (mit neuem Hornerschema zu bestimmen):

$x_{21} = -2{,}2 \qquad y_{21} = 1{,}21$

$x_{22} = -2{,}1 \qquad y_{22} = -0{,}15$

$$x_{23} = -2{,}2 + \frac{-1{,}21}{\frac{-0{,}15 - 1{,}21}{-2{,}1 + 2{,}2}} = -2{,}111 \approx x_2$$

Erneute Reduktion der Gleichung: $(x^3 + 3{,}72x^2 - 11{,}60x - 31{,}65) : (x + 2{,}111 = x^2 + 1{,}609x - 15{,}000$

Reduzierte Gleichung: $x^2 + 1{,}609x - 15{,}000 = 0$

Auflösung: $x_{3,4} = -0{,}805 \pm \sqrt{0{,}647 + 15{,}000} = -0{,}805 \pm 3{,}955$; $x_3 = 3{,}150$; $x_4 = -4{,}760$

Ergebnis: $x_1 = 1{,}060$; $x_2 = -2{,}111$; $x_3 = 3{,}150$; $x_4 = -4{,}760$ (näherungsweise)

4.5.2. Newtonsches oder Tangentenverfahren

Kennt man von dem Kurvenzug von 4.5.1 (Zeichnung) einen in der Nähe des gesuchten Schnittpunkts $(x_1|0)$ mit der x-Achse liegenden Punkt $(x_{11}|y_{11})$ und die Steigung der Tangente in diesem Punkt, dann kann man den in der Nähe von $(x_1|0)$ liegenden Schnittpunkt $(x_{14}|0)$ der Tangente mit der x-Achse berechnen, erhält also mit x_{14} einen Näherungswert für x_1. Dabei ist aus geometrischen Gründen $x_{14} < x_1 < x_{13}$ (in den Zeichnungen) oder $x_{14} > x_1 > x_{13}$ (je nach Krümmungsvorzeichen des Kurvenzugs). Die gesuchte Zahl x_1 wird also von den Näherungswerten der beiden Verfahren, Sekantenverfahren und Tangentenverfahren, eingeschlossen.

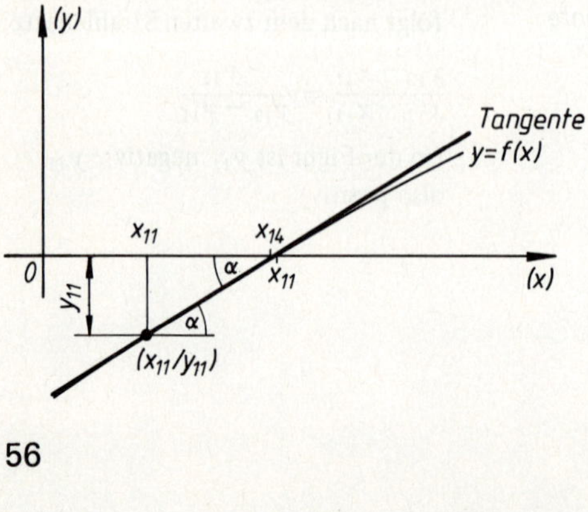

Für das Dreieck $(x_{11}|y_{11})$ $(x_{14}|0)$ $(x_{11}|0)$ gilt nach der Definition des Tangens und der Ableitung (siehe hierzu Abschnitt VIII. 3. Differentialrechnung) die Beziehung

$$f'(x_{11}) = \tan\alpha = \frac{-y_{11}}{x_{14} - x_{11}}$$

($-y_{11}$ ist hier positiv).

Nach x_{14} aufgelöst:

$$x_{14} = x_{11} + \frac{-y_{11}}{f'(x_{11})}$$

Newtonsche Formel

(Ein Vergleich mit der Formel für x_{13} (Regula falsi) zeigt, daß nur die Sekantensteigung durch die Tangentensteigung ersetzt ist.)

Beispiel (wie Beispiel zu 4.5.1):

Gegebene Gleichung:

$x^4 + 2{,}66x^3 - 15{,}54x^2 - 19{,}36x + 33{,}55 = 0$

Ausgangswerte:

$x_{11} = 1 \qquad y_{11} = 2{,}31$

Aus

$f(x) = x^4 + 2{,}66x^3 - 15{,}54x^2 - 19{,}36x + 33{,}55$

folgt

$f'(x) = 4x^3 + 3 \cdot 2{,}66x^2 - 2 \cdot 15{,}54x - 19{,}36,$

also

$f'(1) = 4 + 7{,}98 - 31{,}08 - 19{,}36 = -38{,}46$

$$x_{14} = 1{,}0 + \frac{-2{,}31}{-38{,}46}$$

$$= 1{,}060 \approx x_1$$

Im Rahmen der für die Praxis ausreichenden Genauigkeit auf drei bis vier geltende Stellen (II.7) ergibt sich für x_{13} und x_{14} derselbe Näherungswert, womit der Näherungswert für x_1 mit $x_1 = 1{,}060$ wegen $x_{13} < x_1 < x_{14}$ (in dieser Aufgabe; in den Zeichnungen umgekehrt) gesichert ist. – Die weitere Rechnung erfolgt wie im Beispiel zu 4.5.1 oder auch beim nächsten Schritt mit dem Tangentenverfahren.

Anmerkung: Die beiden Näherungsverfahren können zur Auflösung beliebiger Gleichungen herangezogen werden (siehe etwa 5.2, Beispiel 6).

5. Sonstige Gleichungen

5.1. Wurzelgleichungen

Wurzelgleichungen, also Gleichungen, in denen die Variable (Unbekannte) auch unter einer Wurzel vorkommt, lassen sich durch geeignetes Potenzieren auf rationale Form bringen.

Beispiel 1: $11 - \sqrt{x+3} = 6$

Lösung: 22

Probe!

Man isoliert die Wurzel und quadriert:

$$\sqrt{x+3} = 11 - 6$$
$$x + 3 = 25$$
$$x = 22$$

Beispiel 2: $5 + \sqrt{9x^2 - 65} = 3x$

Lösung: 3

Probe!

Man isoliert die Wurzel und quadriert:

$$\sqrt{9x^2 - 65} = 3x - 5$$
$$9x^2 - 65 = 9x^2 - 30x + 25$$
$$30x = 90$$
$$x = 3$$

Beispiel 3: $2x - \sqrt{3+x} + 5 = 0$

Man isoliert die Wurzel und quadriert:

$$\sqrt{3+x} = 2x + 5$$
$$3 + x = 4x^2 + 20x + 25$$
$$x^2 + \frac{19}{4}x + \frac{11}{2} = 0$$
$$x_{1,2} = -\frac{19}{8} \pm \sqrt{\frac{361 - 352}{64}}$$
$$x_{1,2} = -\frac{19}{8} \pm \frac{3}{8}$$

Lösungen scheinbar:

$x_1 = -2 \qquad x_2 = -\frac{11}{4}$

Proben!

Wie die Probe zeigt, ist x_1 Lösung der gegebenen Gleichung. x_2 dagegen ist Lösung der Gleichung $2x + \sqrt{3+x} + 5 = 0$. Durch das Quadrieren verschwindet das Vorzeichen der Quadratwurzel, so daß auch diese Gleichung die Form $3 + x = 4x^2 + 20x + 25$ erhält.

Folgerung: Muß man zwecks Auflösung einer Gleichung quadrieren, dann kann sich eine Scheinlösung ergeben. Die Entscheidung zwischen Lösung und Scheinlösung erfolgt durch die Probe.

Beispiel 4: $\sqrt{27x+1} = 2 - 3\sqrt{3x}$

Durch Quadrieren ergibt sich $\quad 27x + 1 = 4 - 12\sqrt{3x} + 27x$

Die Wurzel wird isoliert: $\quad 12\sqrt{3x} = 3$

durch 3 dividiert: $\quad 4\sqrt{3x} = 1$

quadriert: $\quad 48x = 1 \qquad x = \frac{1}{48}$

Lösung: $\frac{1}{48}$ $\quad$ Probe!

Beispiel 5: $\sqrt{2x+7} + \sqrt{3(x-6)} = \sqrt{7x+1}$

Quadrieren: $\quad 2x + 7 + 2\sqrt{3(2x+7)(x-6)} + 3(x-6) = 7x + 1$

Wurzel isolieren: $\quad 2\sqrt{3(2x+7)(x-6)} = 2x + 12$

Durch 2 dividieren und quadrieren:

$$3(2x+7)(x-6) = x^2 + 12x + 36$$
$$-5x^2 + 27x + 162 = 0$$
$$x^2 - \frac{27}{5}x - \frac{162}{5} = 0$$
$$x_{1,2} = +2{,}7 \pm \sqrt{7{,}29 + 32{,}4} = 2{,}7 \pm 6{,}3$$

$x_1 = 9$; $(x_2 = -3{,}6)$

Lösung: $x_1 = 9$

Nur mit dieser Lösung wird die gegebene Gleichung
$\sqrt{2x+7} + \sqrt{3(x-6} = \sqrt{7x+1}$
erfüllt

Dagegen erfüllt $x_2 = -3{,}6$ nicht die gegebene, sondern die Gleichung
$-\sqrt{2x+7} + \sqrt{3(x-6)} = \sqrt{7x+1}$
(i $\sqrt{0{,}2}$ bei der Probe ausklammern)

Beispiel 6: $\sqrt[3]{18+x^2} = \sqrt[3]{73-x^2} - 1$

Man potenziert zunächst mit 3: $\quad 18 + x^2 = (73-x^2) - 3\sqrt[3]{73-x^2}^2 + 3\sqrt[3]{73-x^2} - 1$

Weiteres Potenzieren hat keinen Zweck, da immer zwei dritte Wurzeln bleiben. Stattdessen Substitution: $z = \sqrt[3]{73-x^2}$

$$91 - (73-x^2) = (73-x^2) - 3(\sqrt[3]{73-x^2})^2 + 3\sqrt[3]{73-x^2} - 1$$
$$91 - z^3 = z^3 - 3z^2 + 3z - 1$$
$$0 = 2z^3 - 3z^2 + 3z - 92$$
$$z^3 - \frac{3}{2}z^2 + \frac{3}{2}z - 46 = 0$$

Durch Probieren ergibt sich $z_1 = 4$; damit kann man die Gleichung dritten Grades reduzieren:

$$\left(z^3 - \frac{3}{2}z^2 + \frac{3}{2}z - 46\right) : (z-4) = z^2 + \frac{5}{2}z + \frac{23}{2}$$

$$\begin{array}{l}
-)\ z^3 - 4z^2 \\
\hline
\quad + \frac{5}{2}z^2 + \frac{3}{2}z \\
-) + \frac{5}{3}z^2 - 10z \\
\hline
\qquad + \frac{23}{2}z - 46 \\
-) + \frac{23}{2}z - 46 \\
\hline
\end{array}$$

z_2 und z_3, die Lösungen der quadratischen Gleichung $z_2 + \frac{5}{2}z + \frac{23}{2} = 0$, sind komplex und führen damit zu Scheinlösungen, die durch das Potenzieren verursacht sind.

In die Substitutionsgleichung wird 4 für z eingesetzt:

$z = \sqrt[3]{73 - x^2}$

$64 = 73 - x^2 \quad x^2 = 9 \quad x_{1,2} = \pm 3$

Lösungsmenge: $L = \{3, -3\}$

Probe!

5.2. Exponential- und logarithmische Gleichungen

Steht die Variable (Unbekannte) x im Exponenten, dann liegt eine Exponentialgleichung, steht sie hinter einem Logarithmus, dann liegt eine logarithmische Gleichung vor. Zur Auflösung sind die Regeln von II.8.3 anzuwenden.

Beispiel 1: $2^x = 5$

Man bildet beidseitig den Logarithmus zur Basis 2: $x = \log_2 5$

Nach II.8.3.2 ist $\log_2 5 = \frac{\lg 5}{\lg 2} = \frac{\ln 5}{\ln 2}$

1. Mit Tafelwerten Seiten 6–7:

$x = \frac{\lg 5}{\lg 2} \approx \frac{0{,}699}{0{,}301} \approx 2{,}32$

2. Mit Rechner:

$x = \frac{\ln 5}{\ln 2} \approx 2{,}32$

Lösung: 2,32 (angenähert)

Fehlerwarnung: $\frac{\lg 5}{\lg 2} \neq \lg 5 - \lg 2$, sondern $\lg \frac{5}{2} = \lg 5 - \lg 2$!

Beispiel 2: $5 \cdot 8^{x+1} = 16^{x-1}$

$\Longleftrightarrow \quad 5 \cdot 2^{3x+3} = 2^{4x-4}$

man multipliziert mit 2^{4-3x};

$\Longleftrightarrow \quad 5 \cdot 8 \cdot 16 = 2^x$

$\Longleftrightarrow \log_2(5 \cdot 2^7) = x$

$\Longleftrightarrow \quad \log_2 640 = x$

Lösung: 9,32 (angenähert)

Mit Rechner:

$\log_2 640 = \frac{\ln 640}{\ln 2} \approx 9{,}32$

Beispiel 3: $3 \cdot 5^{x+2} = 2 \cdot 15^{x-1}$

$\Longleftrightarrow \quad 3 \cdot 25 \cdot 5^x = \frac{2}{15} \cdot 15^x$

$\Longleftrightarrow \quad 3 \cdot 25 = \frac{2}{15} \cdot 3^x$

Lösung: 5,77 (angenähert)

$x = \log_3 562{,}5$

$= \frac{\lg 562{,}5}{\lg 3} = \frac{\ln 562{,}5}{\ln 3}$

$\approx \frac{2{,}750}{0{,}477} \approx \frac{6{,}3323}{1{,}0988}$

$\approx 5{,}77 \quad \approx 5{,}76$

Beispiel 4: $4^{2x} - 5 \cdot 4^x = 3776$

Lösung: 3

Der Ausdruck (Term) 4^x wird durch z ersetzt. Diese Substitution $z = 4^x$ führt auf die quadratische Gleichung $z^2 - 5z = 3776$ mit den Lösungen $z_1 = 64$; $z_2 = -59$. Nur z_1 vermittelt eine reelle Lösung, und zwar $x_1 = 3$.

Beispiel 5: $\log_7(x^2 + 19) = 3 \quad \Longleftrightarrow \quad 7^3 = x^2 + 19$

Lösungen: $x_{1,2} = \pm 18$

Beispiel 6: $\log_3(x+4) = x \iff 3^x = x + 4$

Eine solche transzendente Gleichung ist nicht nach x auflösbar. Durch ein Näherungsverfahren (4.5.1 oder 4.5.2) kann man jedoch einen Näherungswert berechnen. Man setzt $3^x - x - 4 = y$ und findet unter Zuhilfenahme eines Rechners:

für $x_{12} = 1{,}57$ $y_{12} \approx 5{,}61 - 1{,}57 - 4 = 0{,}04$
für $x_{11} = 1{,}55$ $y_{11} \approx 5{,}49 - 1{,}55 - 4 = -0{,}06$
Lösung: 1,56 (angenähert)

Nach 4.5.1 ist $x_{13} = 1{,}55 + \dfrac{0{,}06}{\dfrac{0{,}04 + 0{,}06}{1{,}57 - 1{,}55}} = 1{,}562$

Braucht man die Lösung genauer, wiederholt man die Rechnung mit $x_{13}(= 1{,}5620)$ und einem so gewählten benachbarten $x_{14}(= 1{,}5619)$, daß $y_{13}(\approx 0{,}000\,415)$ und $y_{14}(\approx -0{,}000\,096)$ verschiedene Vorzeichnen erhalten. Interpolation wie oben bei x_{13} ergibt eine genauere Lösung x_{15}:

$$x_{15} = 1{,}5619 + \frac{0{,}000\,096 \cdot (1{,}5620 - 1{,}5619)}{0{,}000\,415 + 0{,}000\,096} \approx 1{,}561\,919$$

5.3. Goniometrische Gleichungen

Gleichungen, in denen die Variable (Unbekannte) x unter anderem als Argument einer Winkelfunktion auftritt, heißen goniometrische Gleichungen. Sie sind wie die vorangehenden Gleichungen nur teilweise geschlossen lösbar, als transzendente Gleichungen erlauben sie nur Näherungslösungen.

Beispiel 1: $\sin x = \sin 75°$

Unendlich viele Winkel x sind Lösung, z.B. $x_1 = 75°$, $x_2 = 105°$, $x_3 = 435°$, $x_4 = 465°$, ..., wie sich aus dem Verlauf der sin-Funktion ergibt. Die gleichen Lösungen lauten im Bogenmaß
$x_1 = \text{arc}\,75° = 75 \cdot \frac{\pi}{180} \approx 1{,}308\,996\,9$, $x_2 = \text{arc}\,105° = 105 \cdot \frac{\pi}{180} \approx 1{,}832\,595\,7, \ldots$.
Die gesamte unendliche Menge der Lösungen läßt sich im Bogenmaß folgendermaßen formulieren (dabei bedeutet n jede beliebige ganze Zahl):

$L = \{x \mid x = \text{arc}\,75° + 2n\pi \lor x = \text{arc}(180° - 75°) + 2n\pi\}$ $\quad L = \{x \mid x = \text{arc}(90° \pm 15°) + 2n\pi\}$

$L = \left\{x \mid x = \frac{\pi}{2} \pm \frac{\pi}{12} + 2n\pi\right\}$ $\quad L = \{x \mid x \approx 1{,}570\,796\,3 \pm 0{,}261\,799\,4 + n \cdot 6{,}283\,185\,3\}$

Beispiel 2: $\sin^2 x + 2\cos x = 1{,}5$
$1 - \cos^2 x + 2\cos x = 1{,}5$
$\cos^2 x - 2\cos x + 0{,}5 = 0$

$\cos x = 1 + \frac{1}{2}\sqrt{2}$

oder $\cos x = 1 - \frac{1}{2}\sqrt{2}$

Durch Umformung mit Hilfe der Beziehung $\sin^2 x + \cos^2 x = 1$ erhält man eine quadratische Gleichung für $\cos x$. $\cos x = 1 + \frac{1}{2}\sqrt{2}$ hat keine reelle Lösung, da $\cos x \leqslant 1$.
Aus $\cos x = 1 - \frac{1}{2}\sqrt{2}$ folgt näherungsweise $\cos x \approx 0{,}293$ mit der Lösungsmenge:

$L = \{x \mid x \approx \pm\,\text{arc}\,73{,}0° + 2n\pi\}$
$= \{x \mid x \approx \pm\,1{,}274 + 2n\pi\}$

n ist jede beliebige ganze Zahl.

Beispiel 3: $\sin x - \sin y = 0{,}6$ $\qquad x - y = \text{arc}\,40°15'$

$y = x - \text{arc}\,40°15'$ wird in die erste Gleichung eingesetzt: $\sin x - \sin(x - \text{arc}\,40°15') = 0{,}6$.
Man könnte den Subtrahenden nach dem Additionstheorem für $\sin(\alpha - \beta)$ auflösen und dann $\cos x$ durch $\sin x$ ersetzen, was schließlich eine quadratische Gleichung für $\sin x$ ergäbe. Auf diesem Wege erhielte man exakte Lösungen für $\sin x$. Da man x aber schließlich doch nur näherungsweise

angeben kann, kann man auch gleich mit Hilfe z.B. des Sekantenverfahrens nach Näherungswerten suchen. Man setzt $\sin x - \sin(x - \text{arc}\,40^\circ 15') - 0{,}6 = z$. Man findet leicht, daß man mit etwa arc 50° für x etwa 0 für z erhält:

$x_{12} = \text{arc}\ 50^\circ \quad \sin x_{12} \approx 0{,}766 \qquad \sin(50^\circ - 40^\circ 15') \approx 0{,}169 \quad z_{12} = -\,0{,}003$

$x_{11} = \text{arc}\ 49^\circ \quad \sin x_{11} \approx 0{,}755 \qquad \sin(49^\circ - 40^\circ 15') \approx 0{,}152 \quad z_{11} = +\,0{,}003$

Man erkennt ohne weiteres $x_{13} = \text{arc}\ 49{,}5^\circ$. Mit Hilfe von Tabellenwerten ergibt sich:

$x_{13} = \text{arc}\ 49{,}5^\circ \quad \sin x_{13} \approx 0{,}7604 \qquad \sin 9{,}25^\circ \approx 0{,}1608 \quad z_{13} = -\,0{,}0004$ (statt 0)

Verfeinerung des Ergebnisses durch Interpolieren:

$x_1 = \text{arc}\ 49^\circ 26' \quad y_1 = \text{arc}\ 9^\circ 11'$ ist eine Lösung (angenähert)

$$\left.\begin{aligned} x_2 &= \text{arc}(360^\circ - 9^\circ 11') = \text{arc}\ 350^\circ 49' \\ y_2 &= \text{arc}(360^\circ - 49^\circ 26') = \text{arc}\ 310^\circ 34' \end{aligned}\right\}$$ ist eine zweite Lösung (angenähert)

Lösungsmenge (alle Lösungen angenähert);

$$\begin{aligned} L &= \{(x,y) \mid (x = \text{arc}\ 49^\circ 26' + 2n\pi \wedge y = \text{arc}\ 9^\circ 11' + 2n\pi) \\ &\qquad \vee (x = \text{arc}\ 350^\circ 49' + 2n\pi \wedge y = \text{arc}\ 310^\circ 34' + 2n\pi)\} \quad n \text{ ist jede beliebige ganze Zahl} \\ &= \{(x,y) \mid (x = 0{,}8628 + 2n\pi \wedge y = 0{,}1603 + 2n\pi) \\ &\qquad \vee (x = 6{,}1229 + 2n\pi \wedge y = 5{,}4204 + 2n\pi)\} \quad n \text{ ist jede beliebige ganze Zahl} \end{aligned}$$

Beispiel 4: $\sin x + \cos x - 0{,}9x = 0$

Diese Gleichung ist transzendent und nicht geschlossen lösbar. Näherungslösung nach Sekantenverfahren (Regula falsi):

$\sin x + \cos x - 0{,}9x = y \qquad x_{12} = 77^\circ\ 0' \quad y_{12} = -\,0{,}0101$

Einzige reelle Lösung: $\qquad x_{11} = 76^\circ 30' \quad y_{11} = 0{,}0041$

$x_1 = \text{arc}\ 76^\circ 39' = 1{,}3378$ (beides angenähert)

IV. Funktionen, graphische Lösungen, analytische Geometrie

1. Begriff der Funktion

1.1. Definition der Funktion

Die eindeutige Zuordnung der Elemente einer Urbildmenge A zu den Elementen einer Bildmenge B heißt Funktion.

Die Zuordnungsvorschrift ist im Regelfall eine Gleichung, die Funktionsgleichung $y = f(x)$ (gelesen: y gleich f von x). Sie soll ermöglichen, zu jedem Element x der Urbildmenge A das zugehörige Element y der Bildmenge B zu berechnen.

1.2. Wertetabelle einer Funktion

Die zueinander gehörigen Zahlen x und y sind ein geordnetes Zahlenpaar (x, y). Eine Auswahl solcher Zahlenpaare bildet eine Wertetabelle. Alle Zahlenpaare bilden die Funktion f, so daß man formulieren kann:

$f = \{(x, y) / y = f(x)\}_{\mathbb{R}/\mathbb{R}}$

gelesen: f gleich Menge aller Zahlenpaare x, y, für die gilt: y gleich f von x, x und y aus der Menge $\mathbb{R}$ der reellen Zahlen

x heißt unabhängige Veränderliche (Variable)
y heißt abhängige Veränderliche (Variable)

1.3. Graph einer Funktion

Der Graph der Funktion ist das Schaubild, das man erhält, wenn man die Zahlenpaare (x, y) in ein Achsenkreuz einträgt. Die waagerechte Achse ist die x-Achse oder Abszissenachse, die senkrechte Achse ist die y-Achse oder Ordinatenachse, beide gemeinsam heißen Koordinatenachsen.
x ist der Rechtswert oder die Abszisse,
y der Hochwert oder die Ordinate eines Punktes (x/y) mit den Koordinaten x und y.
Die Gesamtmenge aller Punkte (x/y) ist der Graph der Funktion.

Anmerkung 1: Unterscheide die Abszisse (x-Wert eines Punktes) und die Abszissen*achse* (x-Achse eines Schaubilds); unterscheide die Ordinate (y-Wert eines Punktes = Funktionswert) und die Ordinaten*achse* (y-Achse eines Schaubilds)!

Anmerkung 2: Bei einem Paar setzt man ein Komma oder ein Semikolon zwischen die beiden Komponenten oder Partner: (x, y) oder: $(x; y)$. Bei Darstellung eines Punktes setzt man einen Schrägstrich zwischen die beiden Koordinaten: (x/y).

2. Die ganze rationale Funktion

In der Technik interessieren im wesentlichen die *analytischen* Funktionen. Das sind alle die Funktionen, in denen die Zuordnung der Elemente x der Urbildmenge A zu den Elementen y der Bildmenge B durch eine Gleichung, die *Funktionsgleichung* $y = f(x)$ erfolgt (y gleich f von x). Häufig spricht man von der *Funktion* $y = f(x)$. Den wichtigsten Teil der analytischen Funktionen bilden die ganzen rationalen Funktionen.

2.1. Die konstante Funktion

Funktionsgleichung:

$y = f(x) = b \quad (b \in \mathbb{R})$

(b kann eine beliebige reelle Zahl, also auch 0, sein)

Der Graph der konstanten Funktion ist eine Parallele zur x-Achse, und zwar im Abstand b; im Beispiel ist $b = 2$.

Sonderfall: $b = 0$:

Die Gerade ist die x-Achse selbst; Geradengleichung der x-Achse ist also $y = 0$.

Beispiel:

$y = 2$; $f(x)$ hat den gleichbleibenden Wert 2

Wertetabelle:

x	y
−1	2
0	2
1	2

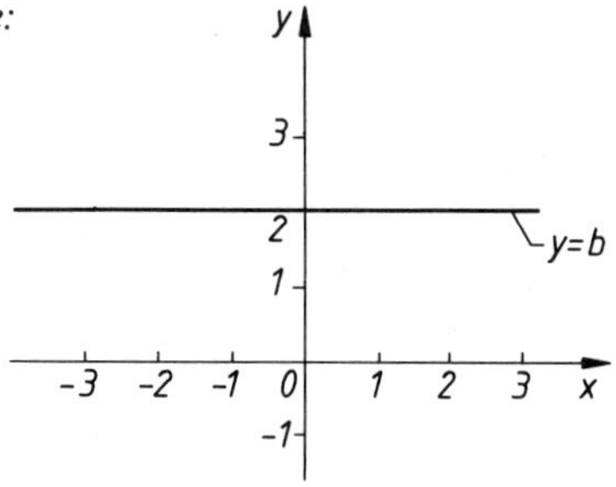

2.2. Die Proportionalfunktion

Funktionsgleichung:

$y = f(x) = mx$ mit konstantem m $(m \neq 0)$

(m kann eine beliebige reelle Zahl, also auch 0, sein)

Beispiel:

$y = \frac{1}{2}x$

Wertetabelle:

x	y
−3	$-\frac{3}{2} = -1{,}5$
−2	-1
−1	$-\frac{1}{2} = -0{,}5$
0	0
1	$\frac{1}{2} = 0{,}5$
2	1
3	$\frac{3}{2} = 1{,}5$

Der Graph der Proportionalfunktion ist eine Gerade durch den Ursprung, und zwar mit der Steigung m. Unter der Steigung einer Geraden versteht man den Höhenzuwachs bei einem Schritt um 1 nach rechts; im Beispiel ist $m = \frac{1}{2}$. „m" ist der Proportionalitätsfaktor. Man kann die Funktionsgleichung der Proportionalfunktion als Proportion schreiben: $y : x = m : 1$. Der Zuwachs von y erfolgt proportional zum Fortschreiten in x-Richtung (siehe auch Abschnitt III. 2.1.3. Proportionen).

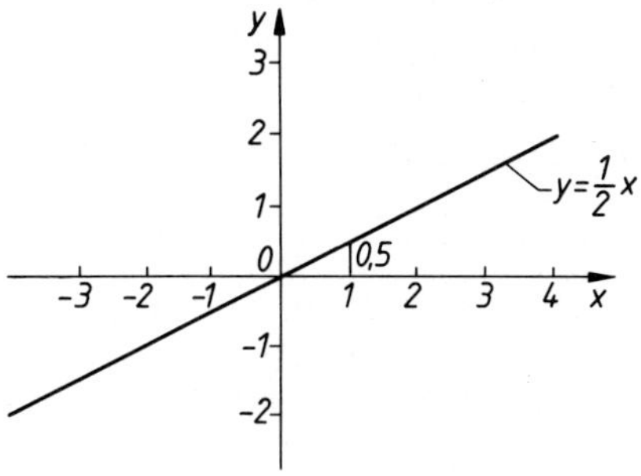

2.2.1. Das Hookesche Gesetz

Funktionsgleichung:

$F = c\,\Delta l$ statt
$y = mx$
$y = F$ ist die Federkraft
$m = c$ ist die Federkonstante*)
(der Proportionalitätsfaktor)
$x = \Delta l$ ist die Längenveränderung der Feder

Anmerkung: Es muß sichergestellt sein, daß sich die Daten im materialbedingten Gültigkeitsbereich des Hookeschen Gesetzes bewegen.

Beispiel (wie Beispiel 1 in III. 2.1.3.):

Welche Kraft dehnt eine Feder um 4 cm, wenn die Kraft 3 N (Newton) eine Dehnung von 2 cm bewirkt?

$$c = \frac{3\,\text{N}}{2\,\text{cm}} = 1{,}5\,\frac{\text{N}}{\text{cm}}$$

$$\Delta l = 4\,\text{cm}$$

Aus $F = c\,\Delta l$ folgt $F = 1{,}5\,\frac{\text{N}}{\text{cm}} \cdot 4\,\text{cm}$ $F = 6\,\text{N}$

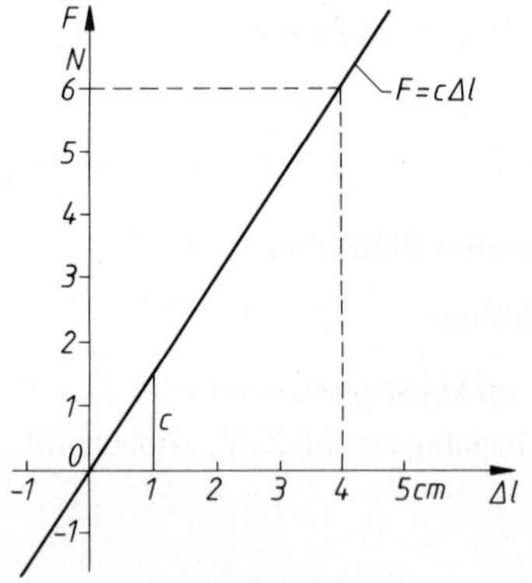

2.2.2. Geschwindigkeit im Weg-Zeit-Diagramm

Funktionsgleichung ist die *Weg-Zeit-Gleichung:*

$\Delta s = v\,\Delta t$ statt
$y = mx$
$y = \Delta s$ ist der zurückgelegte Weg
$m = v$ ist die Geschwindigkeit
(Proportionalitätsfaktor)
$x = \Delta t$ ist die abgelaufene Zeit

Beispiel (wie Beispiel 2 in III. 2.1.3.):

Wie weit kommt ein Flugzeug in 2,5 h, wenn es 10 km in 45 s zurücklegt?

$$v = \frac{10\,000\,\text{m}}{45\,\text{s}} = 222{,}222\,22\,\frac{\text{m}}{\text{s}}$$

$$\Delta t = 2{,}5\,\text{h} \cdot \frac{3600\,\text{s}}{\text{h}} = 9000\,\text{s}$$

Aus $\Delta s = v\,\Delta t$ folgt

$$\Delta s = \frac{10\,000\,\text{m}}{45\,\text{s}} \cdot 9000\,\text{s} = 2000\,\text{km}$$

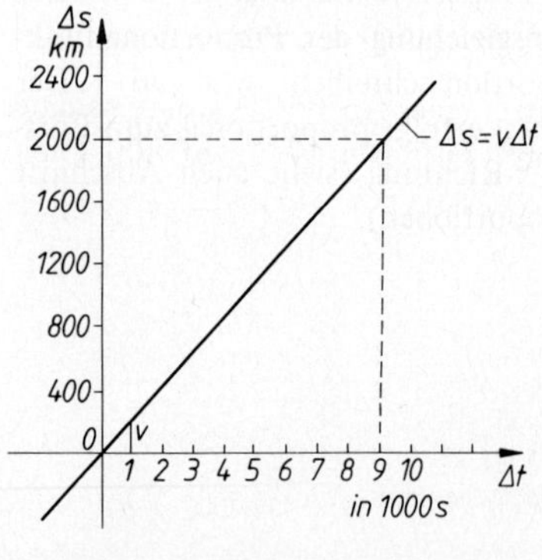

*) andere Bezeichnungen sind Federrate und Federsteifigkeit

2.3. Die lineare Funktion

Funktionsgleichung:

$y = f(x) = mx + b \quad (m, b \in \mathbb{R})$

Graph der linearen Funktion ist eine Gerade (daher „lineare" Funktion), und zwar die Gerade mit der Steigung m und dem y-Abschnitt b.

Die Proportionalfunktion (2.2) gehört als Sonderfall mit zu den linearen Funktionen:

Mit $b = 0$ ist $y = f(x) = mx$.

Beispiel:

$y = f(x) = \frac{1}{2}x + 2$, also $m = \frac{1}{2}$, $b = 2$

Wertetabelle:

x	y
−6	−1
−4	0
−2	1
0	2
1	2,5
2	3
4	4

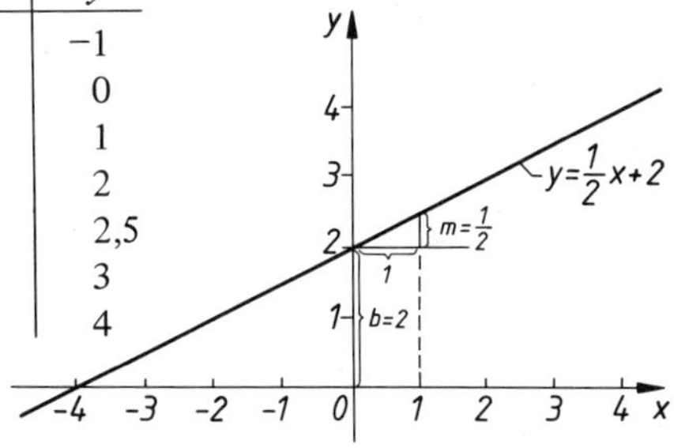

2.3.1. Das Gay-Lussacsche Gesetz

Das Gay-Lussacsche Gesetz ist eine lineare Funktion. In der geläufigsten seiner verschiedenen Formen schreibt man statt

$y = mx + b$ die Gleichung

$V = V_0(1 + \gamma\vartheta)$ oder in vergleichbarer Form

$V = V_0\gamma\vartheta + V_0$.

Dabei bedeuten:

- V das variable Gasvolumen
- V_0 Volumen derselben Gasmenge bei 0 °C
- $\gamma = \frac{1}{273}$ der konstante Volumenausdehungskoeffizient
- ϑ die Maßzahl der in °C gemessenen variablen Temperatur

Ein Vergleich mit der linearen Funktion ergibt:

$V = y \qquad V_0\gamma = \frac{V_0}{273} = m$

$\vartheta = x \qquad V_0 = b$

Die Definitionsmenge ist gegeben durch die Bedingung $-273 \leqslant \vartheta < \infty$.

Wertetabelle:

ϑ	V
−273	0
0	V_0
100	$\frac{373}{273}V_0$
200	$\frac{473}{273}V_0$
273	$2\,V_0$

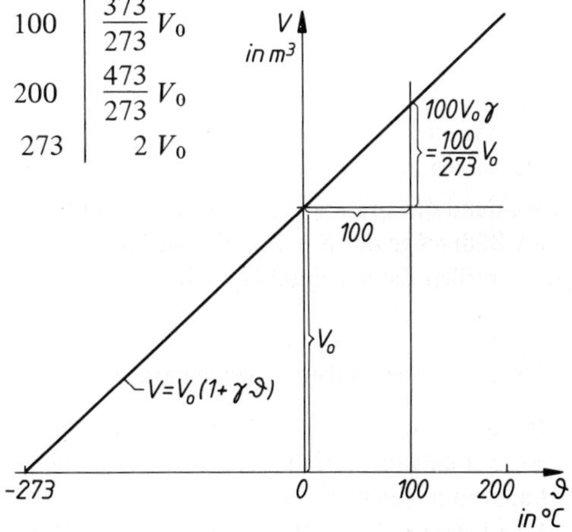

Beispiel (vgl. Beispiel in Wärmelehre I. 7.4.):

Im Winderhitzer eines Hochofens werden stündlich 42 000 m³ Luft von 17 °C auf 800 °C erwärmt. Wie groß ist das Volumen der vom Winderhitzer pro Stunde gelieferten erhitzten Luft?

Lösung: Die Gleichung $V = V_0(1 + \gamma\vartheta)$ wird zweimal angewendet. Zuerst Berechnung von V_0:

$$V_0 = V_1 \frac{1}{1 + \gamma\vartheta_1}$$

$$= 42\,000 \text{ m}^3 \frac{1}{1 + \frac{1}{273} \cdot 17} = 39\,537{,}931 \text{ m}^3$$

Es folgt die Berechnung des gesuchten V_2:

$$V_2 = V_0(1 + \gamma\vartheta_2)$$

$$= 39\,537{,}933 \text{ m}^3 \left(1 + \frac{1}{273} \cdot 800\right)$$

$$= 155\,400 \text{ m}^3$$

Die stündlich erhitzte Luftmenge hätte bei 0 °C das Volumen 39 500 m³.

Die stündlich gelieferte erhitzte Luftmenge hat bei 800 °C das Volumen 155 400 m³.

2.4. Die quadratische Funktion

Die quadratische Funktion hat die Gleichung $y = a_2x^2 + a_1x + a_0$ mit konstanten Koeffizienten a_2, a_1, a_0 und der Bedingung $a_2 \neq 0$ (mit $a_2 = 0$ erhält man die lineare Funktion): $a_2 \in \mathbb{R}^* = \mathbb{R} \setminus \{0\}$ (Menge der reellen Zahlen ohne 0), $a_1, a_0 \in \mathbb{R}$.

Der Graph jeder quadratischen Funktion ist eine Parabel.

2.4.1. Die Normalparabel

Mit den Koeffizienten $a_2 = 1,\ a_1 = 0,\ a_0 = 0$ der quadratischen Funktion $y = a_2x^2 + a_1x + a_0$ erhält man die Normalparabel $y = x^2$.

Wertetabelle:

x	y
.	.
.	.
.	.
−3	9
−2	4
−1	1
0	0
1	1
2	4
3	9
.	.
.	.
.	.

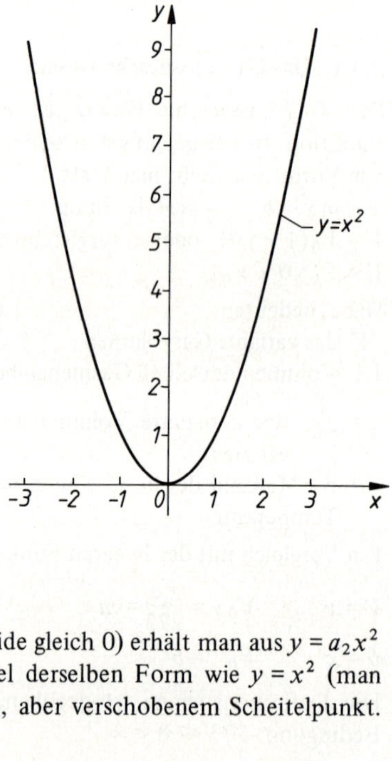

Der Punkt (0/0) ist der *Scheitelpunkt* der Normalparabel.

Während die Urbildmenge $A = \mathbb{R}$ ist, ergibt sich als Bildmenge nur $B = \mathbb{R}_0^+$, die Menge der postiven reellen Zahlen einschließlich 0.

2.4.2. Die verschobene Normalparabel

Mit $a_2 = 1$ und beliebigen Werten für a_1 und a_0 (aber nicht beide gleich 0) erhält man aus $y = a_2x^2 + a_1x + a_0$ eine verschobene Normalparabel, also eine Parabel derselben Form wie $y = x^2$ (man kann zum Zeichnen ein und dieselbe Schablone verwenden), aber verschobenem Scheitelpunkt. Von Interesse ist die Berechnung des Scheitelpunkts:

Funktionsgleichung:

$y = x^2 + a_1x + a_0$

Beispiel 1:

$y = x^2 - x - 1$ (also $a_1 = -1$ und $a_0 = -1$)

Berechnung des Scheitelpunkts S:

Man addiert beiderseits

$\left(\frac{a_1}{2}\right)^2 \qquad = \frac{1}{4}$

und erhält

$$y + \left(\frac{a_1}{2}\right)^2 = x^2 + a_1x + \left(\frac{a_1}{2}\right)^2 + a_0 \qquad y + \frac{1}{4} = x^2 - x + \left(\frac{1}{2}\right)^2 - 1.$$

Die ersten drei Summanden der rechten Gleichungsseite bilden ein vollständiges Quadrat; mit Hilfe der ersten – zweiten – binomischen Formel erhält man:

$$y + \left(\frac{a_1}{2}\right)^2 = \left(x + \frac{a_1}{2}\right)^2 + a_0 \qquad y + \frac{1}{4} = \left(x - \frac{1}{2}\right)^2 - 1$$

und nach Subtrahieren von

$$a_0 \qquad = -1$$

$$y + \left(\frac{a_1}{2}\right)^2 - a_0 = \left(x + \frac{a_1}{2}\right)^2 \qquad y + 1\frac{1}{4} = \left(x - \frac{1}{2}\right)^2 .$$

0 ist der kleinste Wert, den die rechte Gleichungsseite annehmen kann, daß heißt, an der Stelle

$$x = -\frac{a_1}{2} \qquad x = \frac{1}{2}$$

muß der Scheitelpunkt liegen. Die linke Seite der Gleichung wird 0 mit

$$y = a_0 - \left(\frac{a_1}{2}\right)^2 \qquad y = -1\frac{1}{4},$$

dem Wert der Ordinate des Scheitelpunkts. Man erhält somit

$$S(x_s/y_s) = S\left(-\frac{a_1}{2}\Big/ a_0 - \left(\frac{a_1}{2}\right)^2\right) \qquad S(x_s/y_s) = S\left(\frac{1}{2}\Big/ -1\frac{1}{4}\right)$$

als Scheitelpunkt der gegebenen Parabel.

Berechnung des Schnittpunkts S_{y0} mit der y-Achse:

Die Ordinate des Schnittpunkts mit der y-Achse, der y-Abschnitt, ergibt sich, wenn man $x = 0$ in die Funktionsgleichung einsetzt:

$$y = 0 + 0 + a_0 \qquad y = 0 - 0 - 1$$

$$S_{y0}(0/y_0) = S_{y0}(0/a_0) \qquad S_{y0}(0/y_0) = S_{y0}(0/-1)$$

ist der Schnittpunkt mit der y-Achse.

Berechnung der Schnittpunkte S_{x1} und S_{x2} mit der x-Achse:

Die Abszissen der Schnittpunkte mit der x-Achse erhält man, wenn man das y der Funktionsgleichung $= 0$ setzt, also als Lösungen der quadratischen Gleichung

$$x^2 + a_1 x + a_0 = 0 \qquad x^2 - x - 1 = 0$$

$$x_{1,2} = -\frac{a_1}{2} \pm \sqrt{\left(\frac{a_1}{2}\right)^2 - a_0} \qquad x_{1,2} = \frac{1}{2} \pm \sqrt{\frac{1}{4} + 1}$$

$$x_1 = \frac{1}{2} + \frac{1}{2}\sqrt{5} = 1{,}618\,033\,9\ldots$$

$$x_2 = \frac{1}{2} - \frac{1}{2}\sqrt{5} = -0{,}618\,033\,9\ldots$$

$$S_{x1}(x_1/0) = S_{x1}\left(-\frac{a_1}{2} + \sqrt{\left(\frac{a_1}{2}\right)^2 - a_0}\Big/0\right) \qquad S_{x1}(x_1/0) = S_{x1}(1{,}618\,033\,9\ldots/0)$$

$$S_{x2}(x_2/0) = S_{x2}\left(-\frac{a_1}{2} - \sqrt{\left(\frac{a_1}{2}\right)^2 - a_0}\Big/0\right) \qquad S_{x2}(x_2/0) = S_{x2}(-0{,}618\,033\,9\ldots/0)$$

sind die beiden Schnittpunkte mit der x-Achse.

Wertetabelle (zu Beispiel 1):

x	y	Punkt
0,5	− 1,25	S
$0{,}5 \pm 1 \begin{cases} = 1{,}5 \\ = -0{,}5 \end{cases}$	− 1,25 + 1 = − 0,25	
$0{,}5 \pm 2 \begin{cases} = 2{,}5 \\ = -1{,}5 \end{cases}$	− 1,25 + 4 = 2,75	
$0{,}5 \pm 3 \begin{cases} = 3{,}5 \\ = -2{,}5 \end{cases}$	− 1,25 + 9 = 7,75	
0	− 1	S_{y0}
0,5 + 1,118... = 1,618...	0	S_{x1}
0,5 − 1,118... = − 0,618...	0	S_{x2}

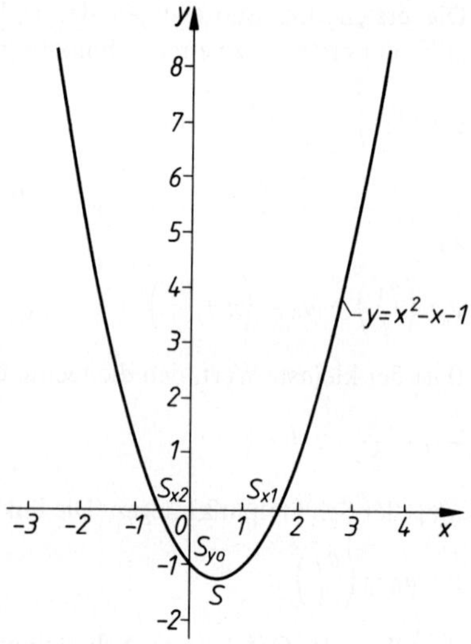

Beispiel 2:

Funktionsgleichung:

$y = x^2 + 6x + 9$

Berechnung des Scheitelpunkts:

$y = (x+3)^2$

$S(x_s/y_s) = S(-3/0)$

Berechnung des Schnittpunkts mit der y-Achse:

$S_{y0}(0/y_0) = S_{y0}(0/9)$

Berechnung der Schnittpunkte mit der x-Achse:

$(x+3)^2 = 0$

$x_{1,2} = -3$

$S_{x\,1,2}(x_{1,2}/0) = S_{x\,1,2}(-3/0)$

$= S(x_s/y_s)$

Es liegt der Sonderfall vor, daß der Scheitelpunkt S und die beiden Schnittpunkte mit der x-Achse, S_{x1} und S_{x2}, zusammenfallen.

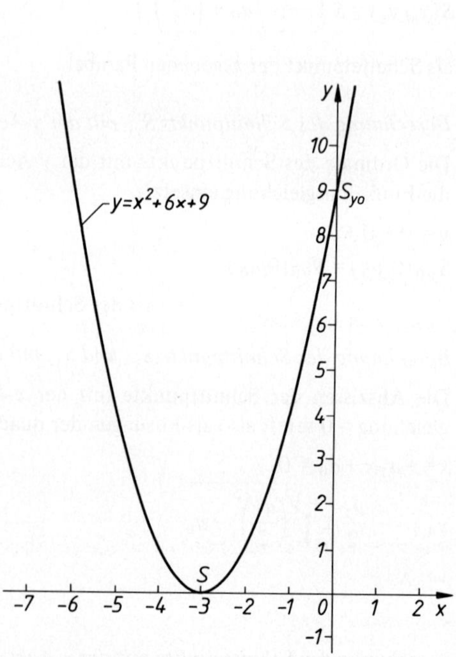

Beispiel 3:

Funktionsgleichung:

$y = x^2 - 4x$

Berechnung des Scheitelpunkts:

$y + 4 = x^2 - 4x + 4$

$y + 4 = (x - 2)^2$

$S(x_s/y_s) = S(2/-4)$

Berechnung des Schnittpunkts mit der y-Achse:

$y = 0 - 0 = 0$

$S_{y0}(0/y_0) = S_{y0}(0/0)$

Berechnung der Schnittpunkte mit der x-Achse:

$0 = x^2 - 4x = x(x - 4)$

$x_1 = 4 \quad x_2 = 0$

$S_{x1}(x_1/0) = S_{x1}(4/0)$

$S_{x2}(x_2/0) = S_{x2}(0/0)$

$= S_{y0}(0/0) = O(0/0)$

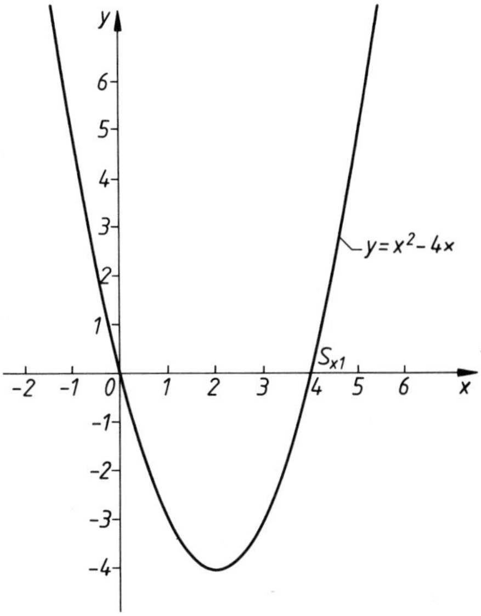

Es liegt der Sonderfall vor, daß die Parabel durch den Ursprung geht und somit der Schnittpunkt mit der y-Achse und der eine Schnittpunkt mit der x-Achse im Ursprung O des Koordinatensystems zusammenfallen.

Beispiel 4:

Funktionsgleichung:

$y = x^2 + 4x + 5$

Berechnung des Scheitelpunkts:

$y = x^2 + 4x + 4 + 1$

$y - 1 = (x + 2)^2$

$S(x_s/y_s) = S(-2/1)$

Berechnung des Schnittpunkts mit der y-Achse:

$y = 0 + 0 + 5$

$S_{y0}(0/y_0) = S_{y0}(0/5)$

Berechnung der Schnittpunkte mit der x-Achse:

$x^2 + 4x + 5 = 0$

$x_{1,2} = -2 \pm \sqrt{4 - 5} = -2 \pm \mathrm{i}$

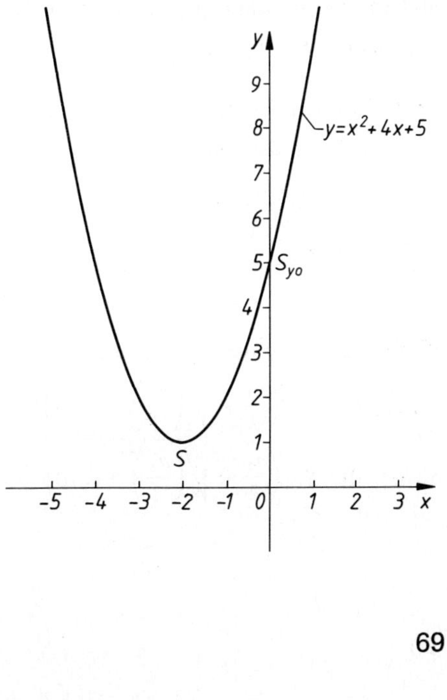

Es gibt keine Schnittpunkte mit der x-Achse. Das konnte man bereits am Scheitelpunkt S erkennen: Da seine Ordinate positiv ($y_s = 1$) und die Parabel nach oben offen ist, kann sie die x-Achse nicht schneiden.

2.4.3. Die gespiegelte verschobene Normalparabel

Ist in der Funktionsgleichung $y = a_2x^2 + a_1x + a_0$ $a_2 < 0$, dann ist die Parabel nach unten offen. Bei der gespiegelten Normalparabel ist $a_2 = -1$; sie hat somit die

Funktionsgleichung:

$$y = -x^2 + a_1x + a_0$$

Beispiel:

$$y = -x^2 - 4x + 3$$

(also $a_1 = -4$ und $a_0 = 3$)

Berechnung des Scheitelpunkts S:

Man subtrahiert beiderseits $a_0 = -4$, und auf der rechten Gleichungsseite wird $\left(\frac{a_1}{2}\right)^2 = 4$ subtrahiert – und gleich wieder addiert –, so daß ein vollständiges Quadrat entsteht, das man mit Hilfe der zweiten – ersten – binomischen Formel umformen kann:

$$y - a_0 = -\left(x^2 - a_1x + \left(\frac{a_1}{2}\right)^2\right) + \left(\frac{a_1}{2}\right)^2 \qquad y - 3 = -(x^2 + 4x + 4) + 4$$

$$y - a_0 - \left(\frac{a_1}{2}\right)^2 = -\left(x - \frac{a_1}{2}\right)^2 \qquad y - 7 = -(x + 2)^2$$

Mit den gesuchten Scheitelpunktskoordinaten

$$x = \frac{a_1}{2} \text{ und } y = a_0 + \left(\frac{a_1}{2}\right)^2 \qquad x = -2 \text{ und } y = 7$$

werden beide Seiten der Gleichung = 0. Man erhält also:

$$S(x_s/y_s) = S\left(\frac{a_1}{2} \Big/ a_0 + \frac{a_1^2}{4}\right) \qquad S(x_s/y_s) = S(-2/7)$$

Berechnung des Schnittpunkts mit der y-Achse:

Man setzt in der Funktionsgleichung $x = 0$ und erhält

$$y = y_0 = a_0 \qquad y = y_0 = 3$$

als Ordinate des Schnittpunkts mit der y-Achse (y-Abschnitt):

$$S_{y0}(0/y_0) = S_{y0}(0/a_0) \qquad S_{y0}(0/y_0) = S_{y0}(0/3)$$

Berechnung der Schnittpunkte mit der x-Achse:

Mit $y = 0$ wird die Funktionsgleichung zur quadratischen Gleichung:

$$x^2 - a_1x - a_0 = 0 \qquad x^2 + 4x - 3 = 0$$

$$x_{1,2} = \frac{a_1}{2} \pm \sqrt{\left(\frac{a_1}{2}\right)^2 + a_0} \qquad x_{1,2} = -2 \pm \sqrt{4+3} = -2 \pm \sqrt{7}$$

$$x_1 = 0{,}645\,751\,3\ldots$$

$$x_2 = -4{,}645\,751\,3\ldots$$

Schnittpunkte mit der x-Achse sind:

$$S_{x1}(x_1/0) = S_{x1}\left(\frac{a_1}{2} + \sqrt{\left(\frac{a_1}{2}\right)^2 + a_0}/0\right) \qquad S_{x1}(x_1/0) = S_{x1}(0{,}645\,751\,3\ldots/0)$$

$$S_{x2}(x_2/0) = S_{x2}\left(\frac{a_1}{2} - \sqrt{\left(\frac{a_1}{2}\right)^2 + a_0}/0\right) \qquad S_{x2}(x_2/0) = S_{x2}(-4{,}645\,751\,3\ldots/0)$$

Wertetabelle (zum Beispiel $y = -x^2 - 4x + 3$):

x	y	Punkt
−5	−2	
−4,645...	0	S_{x2}
−4	3	
−3	6	
−2	7	S
−1	6	
0	3	S_{y0}
0,645...	0	S_{x1}
1	−2	
2	−9	

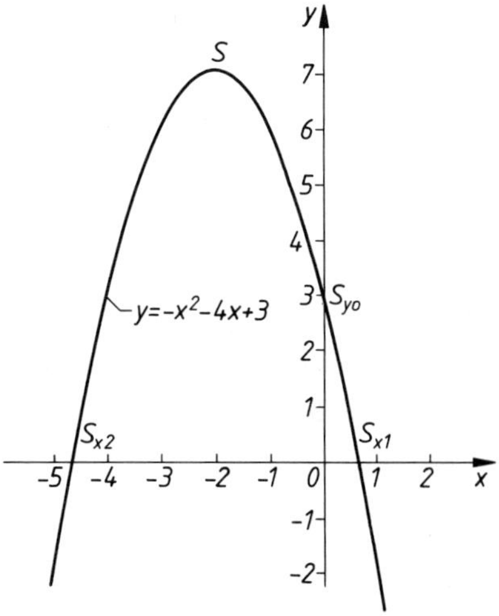

2.4.4. Der allgemeine Fall der quadratischen Funktion

Funktionsgleichung:

$y = a_2 x^2 + a_1 x + a_0$; $a_2 \neq 0$

Mit $|a_2| = 1$ erhält man eine der in 2.4.1., 2.4.2., 2.4.3. behandelten „Normalparabeln" (sie können mit ein und derselben Schablone gezeichnet werden). Sieht man davon ab, dann ergibt sich eine gestauchte oder gestreckte Parabel.

Im einzelnen gilt:

$a_2 > 0 \Rightarrow$ nach oben offen

$a_2 < 0 \Rightarrow$ nach unten offen

$|a_2| < 1 \Rightarrow$ gestaucht

$|a_2| > 1 \Rightarrow$ gestreckt

Beispiel:

$y = -3x^2 + 1{,}2x - 1{,}5$

(also $a_2 = -3$, $a_1 = 1{,}2$, $a_0 = -1{,}5$)

Der Streckungsfaktor ist $a_2 = -3$, das heißt, die Parabel ist nach unten offen und auf das dreifache gestreckt:

$a_2 = -3 < 0 \Rightarrow$ nach unten offen

$|a_2| = 3 > 1 \Rightarrow$ gestreckt

Berechnung des Scheitelpunkts S:

Man klammert $a_2 = -3$ aus und addiert und subtrahiert die quadratische Ergänzung (unterstrichen), um mit Hilfe der ersten oder zweiten binomischen Formel die x-Glieder zu einem vollständigen Quadrat umzuformen:

$$y = \underline{a_2}\left(x^2 + \frac{a_1}{a_2}x + \underline{\left(\frac{a_1}{2a_2}\right)^2}\right) + a_0 - \underline{\frac{a_1^2}{4a_2}}$$

$$y - \left(a_0 - \frac{a_1^2}{4a_2}\right) = a_2\left(x + \frac{a_1}{2a_2}\right)^2$$

$$y = -3(x^2 - 0{,}4x + 0{,}2^2) - 1{,}5 + 3 \cdot 0{,}2^2$$

$$y + 1{,}38 = -3(x - 0{,}2)^2$$

Hieraus liest man die Scheitelpunktskoordinaten ab, nämlich diejenigen Werte für x und y, mit denen beide Seiten der Gleichung = 0 werden:

$$x = x_s = -\frac{a_1}{2a_2} \qquad y = y_s = a_0 - \frac{a_1^2}{4a_2}$$

$$x = x_s = 0{,}2 \qquad y = y_s = -1{,}38$$

(Durch Einsetzen von $a_2 = -3$, $a_1 = 1{,}2$, $a_0 = -1{,}5$ bestätigt man die Richtigkeit der Rechnung.)

Der Parabelscheitelpunkt ist

$$S(x_s/y_s) = S\left(-\frac{a_1}{2a_2} \middle/ a_0 - \frac{a_1^2}{4a_2}\right)$$

$$S(x_s/y_s) = S(0{,}2/-1{,}38)$$

Berechnung des Schnittpunkts mit der y-Achse:

Setzt man in die Funktionsgleichung $x = 0$ ein, dann erhält man als y-Abschnitt

$y = y_0 = a_0$ $\qquad\qquad$ $y = y_0 = -1{,}5$

Schnittpunkt mit der y-Achse ist also

$S_{y0}(0/a_0)$ $\qquad\qquad$ $S_{y0}(0/-1{,}5)$

Berechnung der Schnittpunkte mit der x-Achse:

Die Abszissen der Schnittpunkte mit der x-Achse erhält man als Lösungen der quadratischen Gleichung, die sich ergibt, wenn man in der Funktionsgleichung $y = 0$ setzt:

$$a_2x^2 + a_1x + a_0 = 0 \qquad\qquad -3x^2 + 1{,}2x - 1{,}5 = 0$$

$$x^2 + \frac{a_1}{a_2}x + \frac{a_0}{a_2} = 0 \qquad\qquad x^2 - 0{,}4x + 0{,}5 = 0$$

$$x_{1,2} = -\frac{a_1}{2a_2} \pm \sqrt{\frac{a_1^2}{4a_2^2} - \frac{a_0}{a_2}} \qquad\qquad x_{1,2} = 0{,}2 \pm \sqrt{0{,}04 - 0{,}5}$$

$$x_{1,2} = 0{,}2 \pm \sqrt{-0{,}46} \quad \text{imaginär}$$

Mit diesen Termen für x_1 und x_2 erhält man die gesuchten Schnittpunkte
$S_{x1}(x_1/0)$ und $S_{x2}(x_2/0)$.

Da die Parabel nach unten offen ist und der Scheitelpunkt unterhalb der x-Achse liegt ($y_s = -1{,}38$), schneidet die Parabel die x-Achse nicht.

Wertetabelle (zum Beispiel $y = -3x^2 + 1{,}2x - 1{,}5$):

x	y	Punkt
−2	− 15,9	
−1	− 5,7	
−0,8	− 4,38	
−0,6	− 3,3	
−0,4	− 2,46	
− 0,2	− 1,86	
0	− 1,5	S_{y0}
0,2	− 1,38	S
0,4	− 1,5	
0,6	− 1,86	
0,8	− 2,46	
1	− 3,3	
1,2	− 4,38	
1,4	− 5,7	
2	− 11,1	

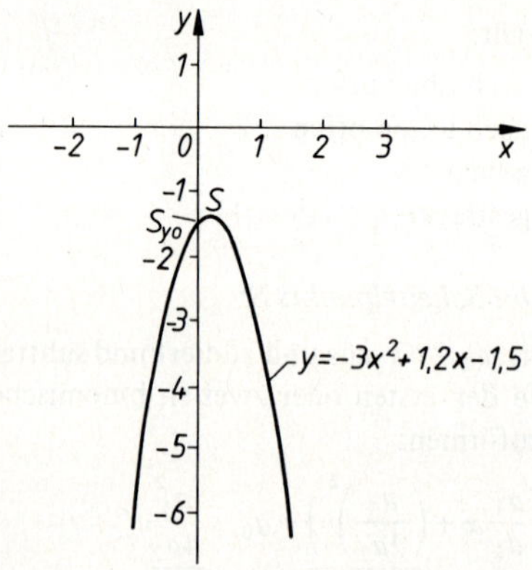

2.4.4.1. Der schiefe Wurf

Der schiefe Wurf ist ein Beispiel für den allgemeinen Fall einer quadratischen Funktion. Die Wurfbahn ist eine Parabel, sofern die Erdbeschleunigung als konstant $\left(g = 9{,}81\ \frac{\text{m}}{\text{s}^2}\right)$ angenommen und der Luftwiderstand vernachlässigt wird. Der schiefe Wurf ist eine Überlagerung des senkrechten Wurfs $y = v_{0y}t - \frac{g}{2}t^2$ und einer konstanten Horizontalbewegung $x = v_{0x}t$. v_{0y} ist die Vertikalkomponente der Anfangsgeschwindigkeit v_0, v_{0x} ist die Horizontalkomponente von v_0. Nach dem Satz des Pythagoras ist $v_0^2 = v_{0x}^2 + v_{0y}^2$. Eliminiert man aus den beiden Gleichungen für die veränderliche Steighöhe y und die zunehmende horizontale Wurfweite x die Zeit t, dann erhält man

$$y = v_{0y} \cdot \frac{x}{v_{0x}} - \frac{g}{2} \cdot \left(\frac{x}{v_{0x}}\right)^2$$

als Gleichung der Wurfbahn. Es ist eine nach unten offene Parabel durch den Ursprung (0/0). Man kann auch schreiben

$$y = -\frac{g}{2v_{0x}^2}x^2 + \frac{v_{0y}}{v_{0x}}x \quad \text{oder} \quad y = x\left(-\frac{g}{2v_{0x}^2}x + \frac{v_{0y}}{v_{0x}}\right).$$

Aus der letzten Gleichung liest man unmittelbar ab, daß $y = 0$ wird mit $x = x_1 = 0$ und mit $x = x_2 = \frac{2v_{0x}v_{0y}}{g}$, den Abszissen der Schnittpunkte der Parabel mit der x-Achse. Dabei bedeutet x_2 die endgültige horizontale Wurfweite. Aus Symmetriegründen ist die Abszisse des Scheitelpunkts halb so groß, also $x_s = \frac{v_{0x}v_{0y}}{g}$, und die Ordinate des Scheitelpunkts y_s, die maximale Steighöhe, errechnet man hiermit zu $y_s = \frac{v_{0y}^2}{2g}$.

Anmerkung: y_s ist dieselbe Fallhöhe, die man errechnet, wenn man einen Körper im freien Fall bis zum Erreichen der Geschwindigkeit v_{0y} fallen läßt:

$$y_s = \frac{g}{2}t^2, \quad v_{0y} = gt. \text{ Man eliminiert } t: \quad t = \frac{v_{0y}}{g}, \quad y_s = \frac{g}{2}\left(\frac{v_{0y}}{g}\right)^2,$$

woraus nach Kürzen von g die Behauptung folgt.

Beispiel: $v_{0y} = 20\ \frac{\text{m}}{\text{s}}$, $v_{0x} = 15\ \frac{\text{m}}{\text{s}}$, $g = 9{,}81\ \frac{\text{m}}{\text{s}^2}$.

Damit heißt die Funktionsgleichung

$$y = -\frac{9{,}81}{450}x^2 + \frac{4}{3}x \quad \text{oder} \quad y = x(-0{,}0218x + 1{,}3333\ldots).$$

Scheitelpunkt und Schnittpunkte mit den Achsen sind der Wertetabelle zu entnehmen.

Wertetabelle (auf drei Dezimalstellen gerundet):

x in m	y in m	Punkt
0	0	$S_{y0} = S_{x1}$
15	15,095	
30,581	20,387	S
45	15,855	
61,162	0	S_{x2}
75	−22,625	

Wurfparabel:

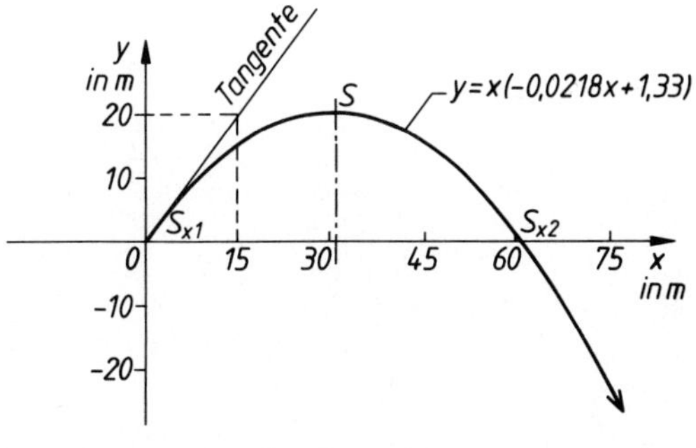

2.5. Die kubische Funktion

Die kubische Funktion oder ganze rationale Funktion dritten Grades hat die Funktionsgleichung

$y = a_3x^3 + a_2x^2 + a_1x + a_0$ mit $a_3 \neq 0$.

Der Definitionsbereich ist unbeschränkt: $-\infty < x < +\infty$.

Die Koeffizienten a_3, a_2, a_1, a_0 können beliebige reelle Zahlen sein außer 0 für a_3, da dann das x^3-Glied wegfiele.

Graph der kubischen Funktion ist die kubische Parabel, eine zentral-symmetrische Kurve mit genau einem Wendepunkt W, dem Symmetriezentrum der Kurve.

Bedeutung von a_3:

$a_3 > 0 \Rightarrow$ die Kurve kommt von links aus dem Negativ-Unendlichen und verläuft nach rechts ins Positiv-Unendliche

$a_3 < 0 \Rightarrow$ die Kurve kommt von links aus dem Positiv-Unendlichen und verläuft nach rechts ins Negativ-Unendliche.

Die Kurve hat genau einen Schnittpunkt mit der y-Achse und mindestens einen Schnittpunkt und höchstens drei Schnittpunkte mit der x-Achse.

Beispiel 1:

$y = x^3$

$O = W = S_{y0} = S_{x1,2,3}$

Beispiel 2:

$y = -\frac{1}{2}x^3$

$O = W = S_{y0} = S_{x1,2,3}$

Beispiel 3:

$y = \frac{1}{4}x^3 - x$

Diese Gleichung läßt sich umformen:

$y = \frac{1}{4}x(x^2 - 4)$

$y = \frac{1}{4}x(x + 2)(x - 2)$

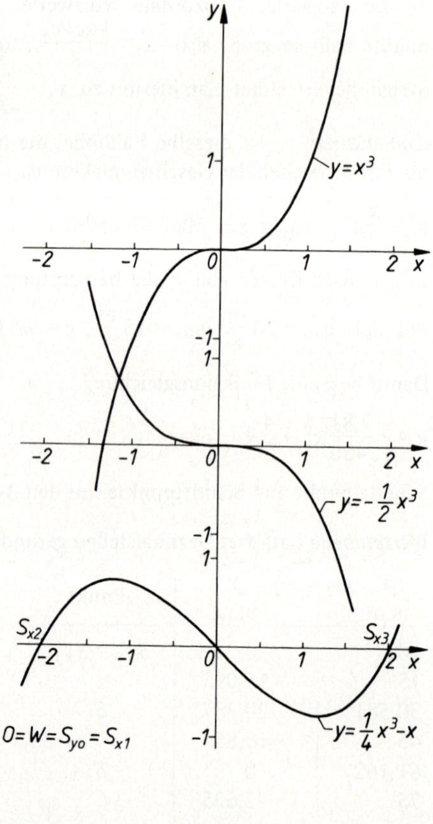

2.6. Die ganze rationale Funktion *n*-ten Grades

Funktionsgleichung:

$$y = a_n x^n + a_{n-1} x^{n-1} + a_{n-2} x^{n-2} + \ldots + a_2 x^2 + a_1 x + a_0 \quad \text{mit } a_n \neq 0$$

Die rechte Seite heißt auch Polynom *n*-ten Grades. Der Graph ist eine zusammenhängende knicklose Kurve, die von links aus dem Positiv- oder Negativ-Unendlichen kommt und nach rechts im Positiv- oder Negativ-Unendlichen verschwindet, je nachdem, ob n gerade oder ungerade und a_n positiv oder negativ ist.

Übersicht

$$n = 2, 4, 6, \ldots \begin{cases} a_n > 0 & \begin{cases} x \to -\infty \Rightarrow y \to +\infty \\ x \to +\infty \Rightarrow y \to +\infty \end{cases} \\ a_n < 0 & \begin{cases} x \to -\infty \Rightarrow y \to -\infty \\ x \to +\infty \Rightarrow y \to -\infty \end{cases} \end{cases}$$

$$n = 1, 3, 5, \ldots \begin{cases} a_n > 0 & \begin{cases} x \to -\infty \Rightarrow y \to -\infty \\ x \to +\infty \Rightarrow y \to +\infty \end{cases} \\ a_n < 0 & \begin{cases} x \to -\infty \Rightarrow y \to +\infty \\ x \to +\infty \Rightarrow y \to -\infty \end{cases} \end{cases}$$

Sonderfälle:

$n = 0$: $y = a_0$	konstante Funktion, also
auch $y = b$	Gleichung einer Parallelen zur x-Achse (2.1.)
mit $b = 0$: $y = 0$	Gleichung der x-Achse
$n = 1$: $y = a_1 x + a_0$	lineare Funktion, also
auch $y = mx + b$	Geradengleichung (2.3.)
mit $b = 0$: $y = mx$	Proportionalfunktion, also
	Gleichung einer Geraden durch den Ursprung (2.2.)
$n = 2$: $y = a_2 x^2 + a_1 x + a_0$ $(a_2 \neq 0)$	quadratische Funktion, also Parabelgleichung (2.4., 2.4.4.)
mit $a_2 = 1, a_1 = a_0 = 0$: $y = x^2$	Gleichung der Normalparabel (2.4.1.)
mit $a_2 = 1$ (a_1 und a_0 beliebig): $y = x^2 + a_1 x + a_0$	Gleichung einer verschobenen Normalparabel (2.4.2.)
mit $a_2 = -1$ (a_1 und a_0 beliebig): $y = -x^2 + a_1 x + a_0$	Gleichung einer gespiegelten Normalparabel (2.4.3.)
$n = 3$: $y = a_3 x^3 + a_2 x^2 + a_1 x + a_0$ $(a_3 \neq 0)$	kubische Funktion, also Gleichung einer kubischen Parabel (2.5.)

Einige charakteristische Merkmale ganzer rationaler Funktionen höheren als dritten Grades zeigen folgende Beispiele:

Beispiel 1:

$y = x^4$

Der Vergleich mit $y = x^2$ (2.4.1.) zeigt bei scheinbarer Übereinstimmung der beiden Graphen, daß hier bei $y = x^4$ das Minimum um den 0-Punkt „flacher" ist.

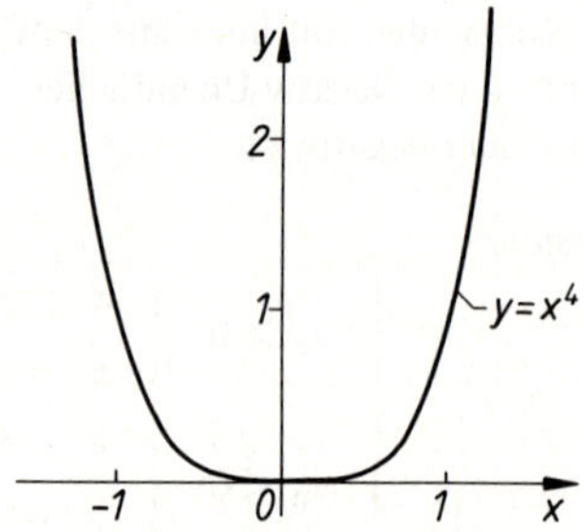

Beispiel 2:

$y = x^5$

Auch hier liegt auf den ersten Blick scheinbar Übereinstimmung mit dem Graphen von $y = x^3$ (2.5., Beispiel 1) vor. Tatsächlich schmiegt sich aber der Graph von $y = x^5$ im Bereich des Wendepunkts viel stärker an die x-Achse an.

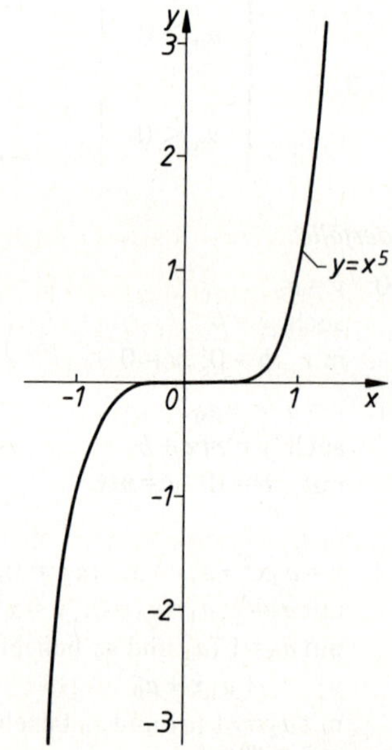

Beispiel 3:

$$y = \frac{1}{100}x^6 + \frac{1}{100}x^5 - \frac{17}{100}x^4 - \frac{1}{20}x^3 + \frac{16}{25}x^2 + \frac{1}{25}x - \frac{12}{25}$$

Diese Gleichung ist hervorgegangen aus

$$y = \frac{1}{100}(x^2 - 1)(x^2 - 4)(x^2 + x - 12).$$

Aus der Tatsache, daß $y = 0$ wird, wenn einer der drei x enthaltenden Faktoren gleich 0 ist, folgt, daß die Lösungen der drei quadratischen Gleichungen $x^2 - 1 = 0$, $x^2 - 4 = 0$ und $x^2 + x - 12 = 0$ Nullstellen der Funktion sind: $x_1 = 1$, $x_2 = -1$, $x_3 = 2$, $x_4 = -2$, $x_5 = 3$, $x_6 = -4$.

Da $a_n = \frac{1}{100} > 0$ und $n = 6$ geradzahlig ist, kommt die Kurve von links aus dem Positiv-Unendlichen und geht nach rechts ins Positiv-Unendliche. Die Kurve hat die Höchstzahl an Schnittpunkten mit der x-Achse, nämlich $n = 6$. Der y-Abschnitt (x wird gleich 0 gesetzt) ergibt sich zu $y_0 = -\frac{12}{25}$.

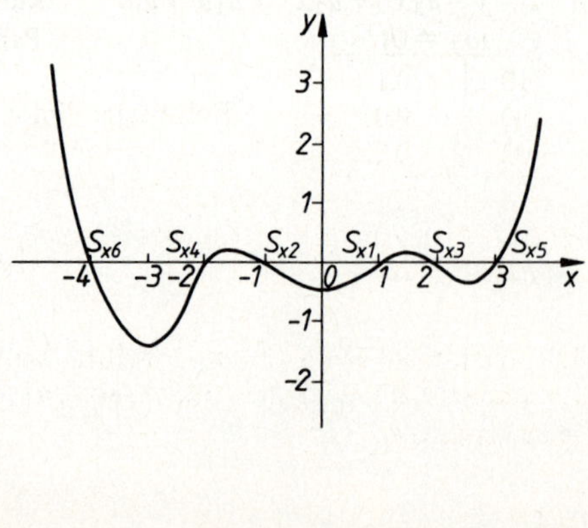

3. Sonstige elementare Funktionen

Alle Funktionen, deren Funktionsgleichung durch einen geschlossenen analytischen Ausdruck darstellbar sind, heißen elementare Funktionen.

3.1. Die gebrochen-rationalen Funktionen

Die allgemeine Form der Funktionsgleichung einer gebrochen-rationalen Funktion ist

$$y = \frac{a_n x^n + a_{n-1} x^{n-1} + \dots + a_2 x^2 + a_1 x + a_0}{b_m x^m + b_{m-1} x^{m-1} + \dots + b_2 x^2 + b_1 x + b_0}$$

Dabei sind n und m natürliche Zahlen, $a_n, a_{n-1}, \dots, b_m, b_{m-1}, \dots$ sind beliebige reelle Zahlen, nur dürfen die $b_m, b_{m-1}, \dots$ nicht alle $= 0$ sein. Ist $n < m$, dann handelt es sich um eine echt gebrochene rationale Funktion; im Fall $n \geqslant m$ ist sie unecht gebrochen.

Die Funktion ist nicht für alle x definiert. Die Nullstellen des Nenners gehören nicht zum Definitionsbereich der Funktion. Sind alle $b_m, b_{m-1}, \dots$ bis auf b_0 gleich 0, dann ist die Funktion nur scheinbar gebrochen, in Wirklichkeit ganz-rational, denn es steht kein x im Nenner.

Beispiel 1:

$$y = \frac{1}{x}$$

Zum Definitionsbereich gehören alle x außer $x = 0$.

Bei $x = 0$ hat die Funktion einen Pol.

Eine Stelle, an der eine Funktion nicht definiert ist, nennt man *Polstelle* dieser Funktion. Das Verhalten einer Funktion in der Umgebung einer Polstelle wie auch das Verhalten dieser Funktion im Unendlichen klärt man mit Hilfe einer geeigneten Wertetabelle.

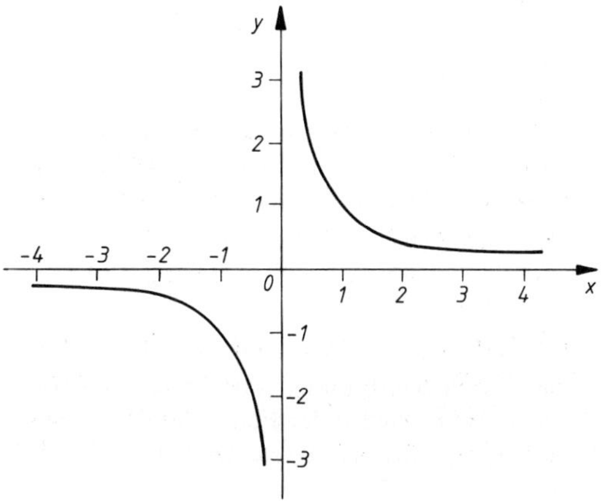

Wertetabelle:

x	$y = \frac{1}{x}$
0,1	10
0,01	100
0,001	1000
− 0,1	− 10
− 0,01	− 100
− 0,001	− 1000
10	0,1
100	0,01
1000	0,001
− 10	− 0,1
− 100	− 0,01
− 1000	− 0,001

Folgerung: $\lim\limits_{x \to +0} y = +\infty$ (gelesen: Limes y für x gegen $+0$ gleich plus unendlich)

Folgerung: $\lim\limits_{x \to -0} y = -\infty$ Die Kurve „springt", wenn $x = 0$ von links nach rechts überschritten wird, von $-\infty$ nach $+\infty$

Folgerung: $\lim\limits_{x \to +\infty} y = +0$ Die Kurve nähert sich nach rechts von oben der x-Achse.

Folgerung: $\lim\limits_{x \to -\infty} y = -0$ Die Kurve schmiegt sich nach links der x-Achse von unten an.

Für den Graphen von $y = \frac{1}{x}$ sind die y-Achse und die x-Achse *Asymptoten* (A-sym-ptote = Nicht-Zusammen-Laufende), das heißt Geraden, denen sich die Kurve unbeschränkt annähert, ohne sie je zu erreichen.

Beispiel 2:

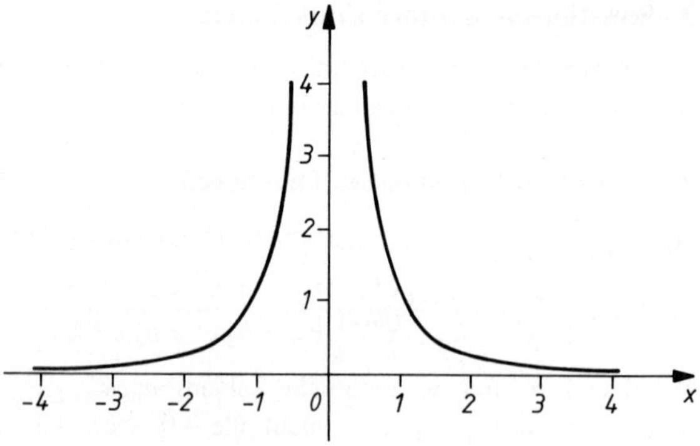

$y = \frac{1}{x^2}$

Die Funktion ist definiert für alle $x \neq 0$.

Für die Polstelle gilt

$\lim\limits_{x \to +0} y = +\infty$

$\lim\limits_{x \to -0} y = +\infty$.

Das Verhalten im Unendlichen:

$\lim\limits_{x \to +\infty} y = +0$

$\lim\limits_{x \to -\infty} y = +0$.

Beispiel 3:

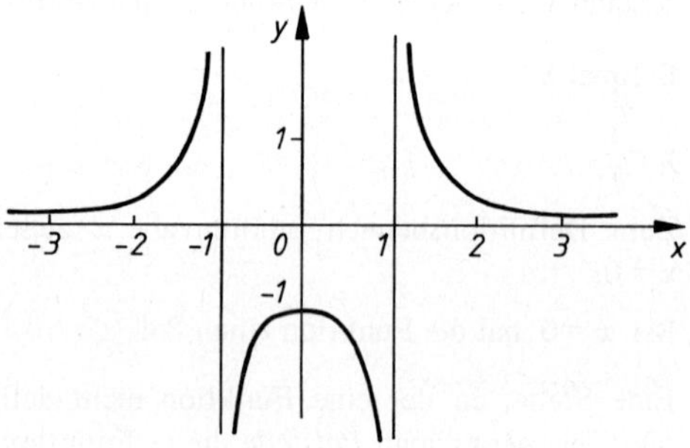

$y = \frac{1}{x^2 - 1}$

Die Funktion ist definiert für alle x, für die der Nenner $\neq 0$ ist. Nullstellen des Nenners, also Polstellen der Funktion, findet man durch Auflösen der Bestimmungsgleichung, die man durch Null-Setzen des Nenners erhält. Hier also $x^2 - 1 = 0$.

Diese quadratische Gleichung hat die Lösungen $x_1 = 1$ und $x_2 = -1$. Man liest diese Lösungen aus der Nennerform $(x - 1)(x + 1) = 0$ (dritte binomische Formel) sofort ab. $x = 1$ und $x = -1$ sind also Polstellen der Funktion. Das Verhalten der Funktion in der Umgebung dieser Polstellen erkennt man aus der Wertetabelle nach dem Muster von Beispiel 1.

Wertetabelle:

x	$y = \frac{1}{x^2 - 1}$	
∓ 1,1	$\frac{1}{0{,}21}$	= 4,762
∓ 1,01	$\frac{1}{0{,}0201}$	= 49,751
∓ 1,001	$\frac{1}{0{,}002001}$	= 499,750
∓ 0,9	$\frac{-1}{0{,}19}$	= −5,263
∓ 0,99	$\frac{-1}{0{,}0199}$	= −50,251
∓ 0,999	$\frac{-1}{0{,}001999}$	= −500,250

Folgerungen:

$\lim\limits_{x \to -1-0} y = +\infty$

$\lim\limits_{x \to -1+0} y = -\infty$

$\lim\limits_{x \to +1-0} y = -\infty$

$\lim\limits_{x \to +1+0} y = +\infty$

Verhalten im Unendlichen: $\lim\limits_{x \to \mp\infty} y = +0$

Schnittpunkte mit der x-Achse:
Es gibt keine, da der Zähler des Bruches y nie 0 ist.

Bemerkungen:

1. Funktionswerte im Intervall $-1 < y \leqslant 0$ gibt es nicht, da der Nenner nicht < -1 werden kann.
2. Die Kurve verläuft symmetrisch zur y-Achse, da x nur im Quadrat vorkommt, also für jedes $x = a$ derselbe Funktionswert wie für $x = -a$ berechnet wird.

3.2. Algebraisch-irrationale Funktionen

Funktionen, bei denen sich $f(x)$ nur aus Potenzen von x mit rationalen, aber nicht nur ganzzahligen Exponenten zusammensetzt, heißen algebraisch-irrational. Ein Beispiel wäre $y = f(x) = x^2 + x + \sqrt{x}$ mit den Zahlen 2, 1 und $\frac{1}{2}$ als Exponenten von x; zwei Gegenbeispiele wären $y = x^2 + x + \frac{1}{x}$ mit den Zahlen 2, 1 und -1 als Exponenten von x (die Funktion ist gebrochenrational) und $y = x^{\ln 2}$ mit der irrationalen Zahl $\ln 2 = 0{,}693\ldots$ als Exponent von x (die Funktion ist transzendent).

Beispiel 1:

$y = \sqrt{x}$

Definitionsbereich ist die Menge der positiv reellen Zahlen und 0: $x \geqslant 0$. Graph ist eine halbe „liegende" Normalparabel. Die zweite – untere – Hälfte hat die Funktionsgleichung $y = -\sqrt{x}$ mit dem Definitionsbereich $x > 0$.

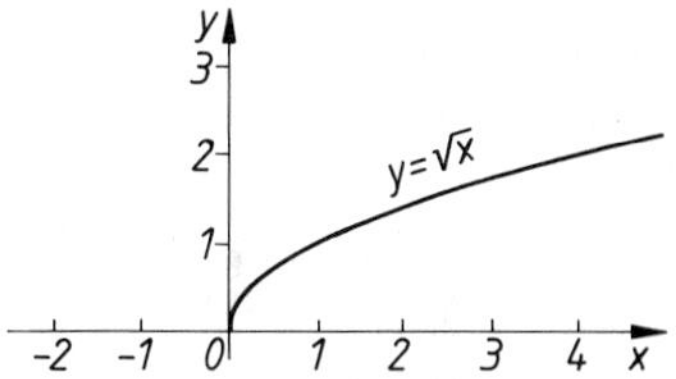

Spiegelfunktionen:

Die Normalparabel nach 2.4.1. hat die Funktionsgleichung $y = x^2$. Durch Vertauschen der Buchstaben x und y und anschließendes Auflösen nach y erhält man die beiden Funktionsgleichungen $y = \pm\sqrt{x}$. Mit der Geraden $y = x$ als Spiegelachse ist das Spiegelbild von $y = x^2$ im Intervall $x \geqslant 0$ die Kurve $y = +\sqrt{x}$ mit $x \geqslant 0$; das Spiegelbild von $y = x^2$ im Intervall $x < 0$ ist $y = -\sqrt{x}$ mit $x > 0$.

Man nennt deshalb $y = +\sqrt{x}$ mit $x \geqslant 0$ Spiegelfunktion von $y = x^2$ mit $x \geqslant 0$, und man nennt $y = -\sqrt{x}$ mit $x > 0$ Spiegelfunktion von $y = x^2$ mit $x < 0$.

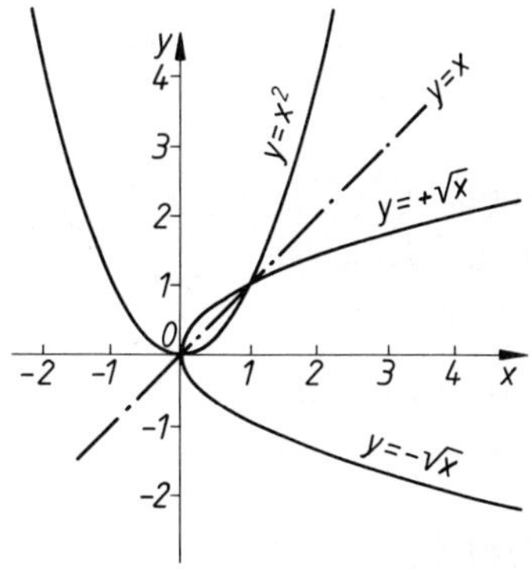

Beispiel 2:

Die Funktionsgleichungen

$y = b \pm \sqrt{r^2 - (x-a)^2}$

mit $|x - a| \leqslant r$ (der Radius r ist > 0) gehen hervor aus der allgemeinen Kreisgleichung

$(x-a)^2 + (y-b)^2 = r^2$

(Satz des Pythagoras; siehe Figur).

Der Graph von $y = b + \sqrt{r^2 - (x-a)^2}$ ist die obere Hälfte eines Kreises, der von $y = b - \sqrt{r^2 - (x-a)^2}$ die untere Hälfte dieses Kreises.

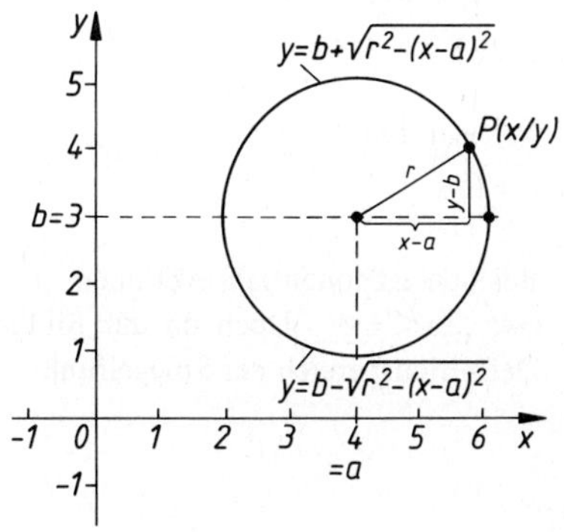

Beispiel 3:

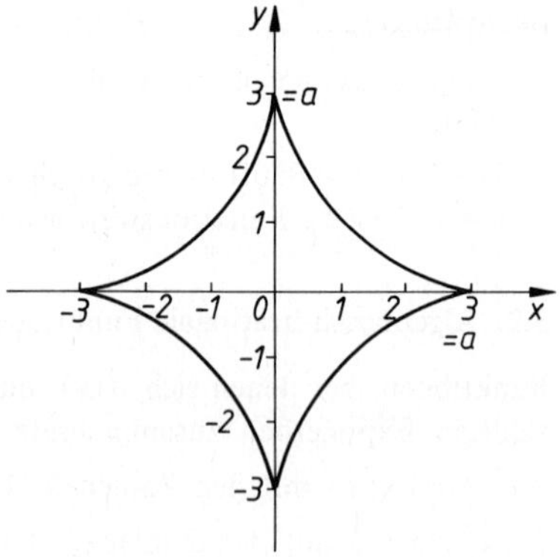

Aus der Gleichung der Astroide $x^{\frac{2}{3}} + y^{\frac{2}{3}} = a^{\frac{2}{3}}$ erhält man durch Auflösen nach y die Funktionsgleichungen

$$y = \pm \sqrt{\left(a^{\frac{2}{3}} - x^{\frac{2}{3}}\right)^3}$$

mit dem Definitionsbereich $|x| \leqslant a$ bei $a > 0$.

3.3 Transzendente Funktionen

Alle durch eine Funktionsgleichung darstellbaren Funktionen, die weder rational noch algebraisch-irrational sind, sind transzendent.

3.3.1. Trigonometrische Funktionen und Arcusfunktionen

Die trigonometrischen Funktionen oder Winkelfunktionen oder Kreisfunktionen $y = \sin x$, $y = \cos x$, $y = \tan x$, $y = \cot x$ werden zusammen mit ihren Spiegelfunktionen, den Arcusfunktionen, ausführlich in Kapitel VII behandelt.

3.3.2. Exponentialfunktionen und logarithmische Funktionen

Exponentialfunktionen haben die Variable x im Exponenten, zum Beispiel $y = a^x$; sie sind zu unterscheiden von den Potenzfunktionen mit x in der Basis, zum Beispiel $y = x^n$. Spiegelfunktionen einer Exponentialfunktion ist eine logarithmische Funktion, hier $y = \log_a x$ (Logarithmen siehe II. 8.3. und II. 9.).

Beispiel:

Funktionsgleichung:

$y = a^x$ mit $a = 2$

Spiegelfunktion hierzu:

$y = \log_2 x$

Sonderfall:

Funktionsgleichung:

$y = e^x$

Spiegelfunktion hierzu:

$y = \ln x$

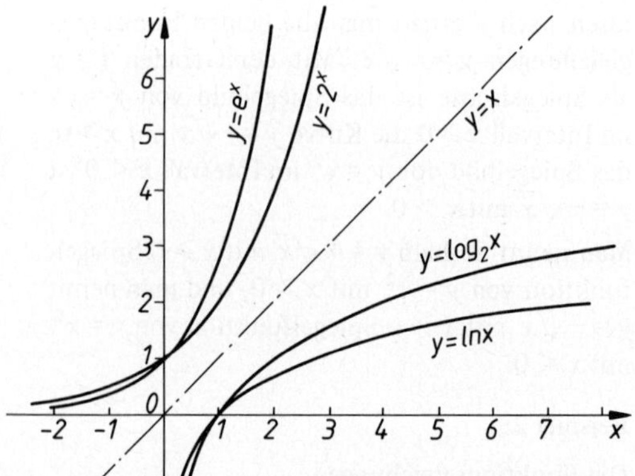

Bei den Exponentialfunktionen $y = 2^x$ und $y = e^x$ ist der Definitionsbereich unbeschränkt: $-\infty < x < +\infty$. Doch da der Bildbereich sich auf positive y beschränkt: $0 < y < \infty$, ist der Definitionsbereich der Spiegelfunktionen $y = \log_2 x$ und $y = \ln x$ beschränkt: $0 < x < \infty$.

4. Graphische Lösung von Bestimmungsgleichungen

Ersetzt man in der Funktionsgleichung $y = f(x)$ die Variable y durch eine feste Zahl, z.B. 0, dann erhält man eine Gleichung mit der einzigen Variablen x; diejenigen Zahlen, die man für x einsetzen muß, um jeweils eine wahre Aussage zu erhalten, bilden die Lösungsmenge $L = \{x_1, x_2, ...\}$. (Näheres siehe III.) Solche Gleichungen mit der Variablen x nennt man auch im Gegensatz zu den Funktionsgleichungen Bestimmungsgleichungen, da man mit ihrer Hilfe die Lösungen $x_1, x_2, ...$ bestimmen kann. Die Variable x wird dann auch die Unbekannte genannt.

Schreibt man eine Bestimmungsgleichung mit der Variablen (Unbekannten) x in der Form $f(x) = 0$ – man bringt also alle Glieder der Gleichung auf die linke Seite, so daß rechts nur 0 stehen bleibt –, und ersetzt man die Null durch y, dann ist die Auflösung der Bestimmungsgleichung $f(x) = 0$ gleichbedeutend mit der Bestimmung der Nullstellen der Funktion mit der Funktionsgleichung $f(x) = y$. Die Nullstellen der Funktion aber entsprechen den Schnittpunkten ihrer Kurve mit der x-Achse. Diese gilt es somit zu bestimmen. Gibt es keine Schnittpunkte, dann sind die Lösungen der Bestimmungsgleichung imaginär. Berührungspunkte bedeuten doppelt zählende Lösungen.

4.1. Lineare Gleichungen mit einer Variablen (Unbekannten)

Als „Kurve" der Gleichung $ax + b = y$ ergibt sich eine Gerade, deren Schnittpunkt mit der x-Achse die Lösung der Gleichung $ax + b = 0$ liefert.

Beispiel: $5x + 7 = 0$

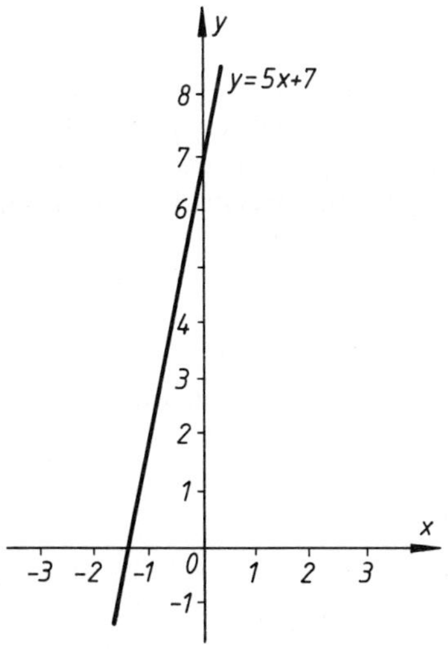

Man setzt $5x + 7 = y$, zeichnet die dadurch gegebene Gerade und liest am Schnittpunkt mit der x-Achse das Ergebnis $x_1 = -1{,}4$ oder $-\frac{7}{5}$ ab.

Lösung: $-1{,}4$

4.2. Quadratische Gleichungen mit einer Variablen (Unbekannten)

Die auf Normalform gebrachte quadratische Gleichung $x^2 + px + q = 0$ wird zur Funktionsgleichung einer ganzen rationalen Funktion zweiten Grades: $x^2 + px + q = y$.

Erstes Verfahren: Durch quadratische Ergänzung erhält man

$$x^2 + px + \left(\frac{p}{2}\right)^2 = y - q + \left(\frac{p}{2}\right)^2 \quad \text{oder} \quad \left(x + \frac{p}{2}\right)^2 = y - q + \frac{p^2}{4}$$

Das ist die Gleichung einer nach oben offenen „Normalparabel" (Parabel der Form $y = x^2$) mit dem Scheitelpunkt $\left(-\frac{p}{2}\middle/q - \frac{p^2}{4}\right)$ (2.4.2.). Man fertigt sich also eine Schablone der Parabel $y = x^2$ an, verschiebt diese parallel, bis ihr Scheitelpunkt mit dem berechneten Scheitelpunkt zusammenfällt, und erhält in den Schnittpunkten ihrer Peripherie mit der x-Achse die gesuchten Lösungen der gegebenen quadratischen Gleichung.

Beispiel: $x^2 - 5x + 3 = 0$

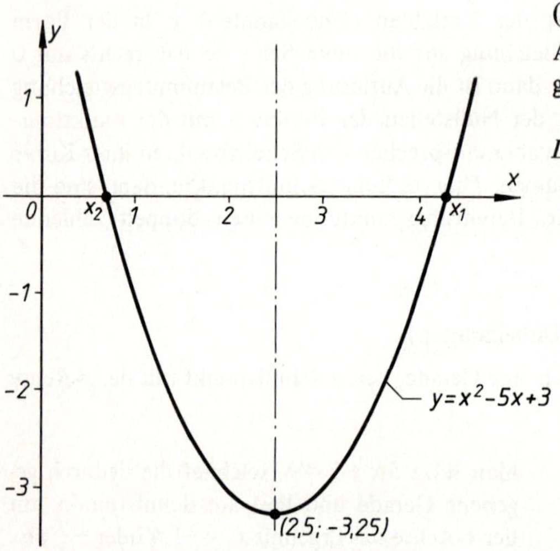

Parabel $x^2 - 5x + (\frac{5}{2})^2 = y - 3 + (\frac{5}{2})^2$ oder $(x - \frac{5}{2})^2 = y + \frac{13}{4}$. Scheitelpunkt $(\frac{5}{2}/-\frac{13}{4})$.

Aus nebenstehendem Bild liest man die Lösungen $x_1 = 4{,}3$ und $x_2 = 0{,}7$ ab.

Lösungsmenge: $\{4{,}3;\ 0{,}7\}$

Zweites Verfahren: Den Term $x^2 + px + q = y$ kann man zusammengesetzt denken aus $x^2 = y_\text{I}$ und $-px - q = y_\text{II}$; es ist dann $y = y_\text{I} - y_\text{II}$. Zeichnet man nun die „Normalparabel" $y_\text{I} = x^2$ und die Gerade $y_\text{II} = -px - q$, dann ist in den Schnittpunkten $y_\text{I} = y_\text{II}$, also $y = 0$, d.h. die Abszissen der Schnittpunkte sind die gesuchten Lösungen x_1 und x_2 der gegebenen quadratischen Gleichung $x^2 + px + q = 0$.

Beispiel: $x^2 - 2x + \frac{1}{2} = 0$

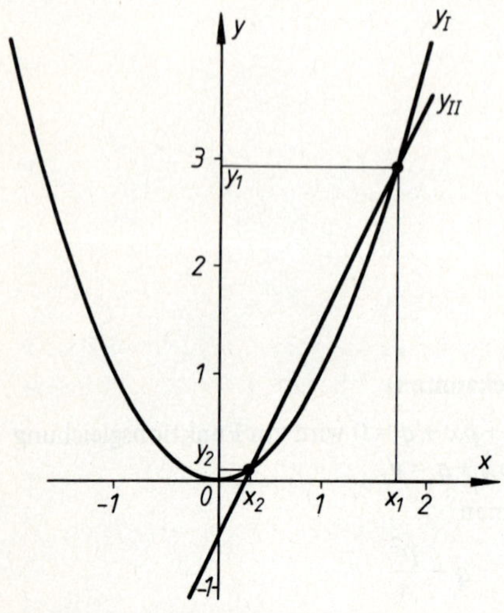

$y_\text{I} = x^2$

$y_\text{II} = 2x - \frac{1}{2}$

Im Bild schneiden sich die beiden Kurven an den Stellen $x_1 = 1{,}7$ und $x_2 = 0{,}3$

Lösungsmenge: $\{1{,}7;\ 0{,}3\}$

4.3. Gleichungen dritten Grades mit einer Variablen (Unbekannten)

Hat man eine zu lösende Gleichung dritten Grades auf die Normalform $x^3 + ax^2 + bx + c = 0$ gebracht, dann kann man mittels Wertetabelle die Kurve $y = x^3 + ax^2 + bx + c$ aufzeichnen und die Lösungen x_1, x_2, x_3, von denen mindestens eine reell sein muß, aus den Schnittpunkten (bzw. dem Schnittpunkt) mit der x-Achse ablesen. Man kann aber auch die Gleichung reduzieren, d.h. das quadratische Glied beseitigen. Das geschieht mit der Substitution $x = z - \frac{a}{3}$. Durch Einsetzen und Ordnen erhält man

$$z^3 + (a-a)z^2 + \left(b - \frac{a^2}{3}\right) z + \left(\frac{2}{27}a^3 - \frac{ab}{3} + c\right) = 0 \quad \text{oder}$$

$$z^3 + pz + q = 0 \text{ mit } p = b - \frac{a^2}{3} \text{ und } q = \frac{2}{27}a^3 - \frac{ab}{3} + c.$$

Nun bildet man die zwei Funktionsgleichungen $y_I = z^3$ und $y_{II} = -pz - q$, deren Kurven sich an den Stellen z_1, z_2, z_3 (mindestens eine reell) schneiden; aus diesen Werten kann man die gesuchten Lösungen $x_{1,2,3} = z_{1,2,3} - \frac{a}{3}$ der Gleichung dritten Grades gewinnen.

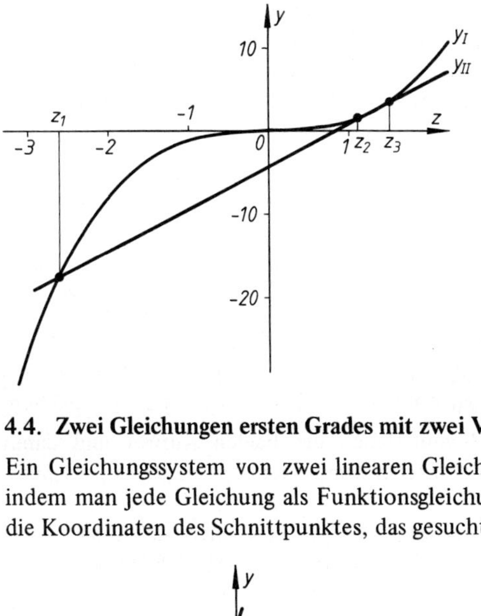

Beispiel: $x^3 + 3x^2 - 2{,}11x + 0{,}18 = 0$

Substitution: $x = z - 1$

$p = -2{,}11 - 3 = -5{,}11$

$q = 2 + 2{,}11 + 0{,}18 = 4{,}29$

Reduzierte Gleichung $z^3 - 5{,}11z + 4{,}29 = 0$

$y_I = z^3$; $y_{II} = 5{,}11z - 4{,}29$

Nach dem Bild schneiden sich die Kurven an den Stellen $z_1 = -2{,}6$; $z_2 = 1{,}1$; $z_3 = 1{,}5$;
daraus $x_1 = -3{,}6$; $x_2 = 0{,}1$; $x_3 = 0{,}5$.

Lösungsmenge: $\{-3{,}6;\ 0{,}1;\ 0{,}5\}$

4.4. Zwei Gleichungen ersten Grades mit zwei Variablen (Unbekannten)

Ein Gleichungssystem von zwei linearen Gleichungen mit zwei Unbekannten löst man graphisch, indem man jede Gleichung als Funktionsgleichung auffaßt, die zugehörigen Geraden zeichnet und die Koordinaten des Schnittpunktes, das gesuchte Zahlenpaar, als Lösung abliest.

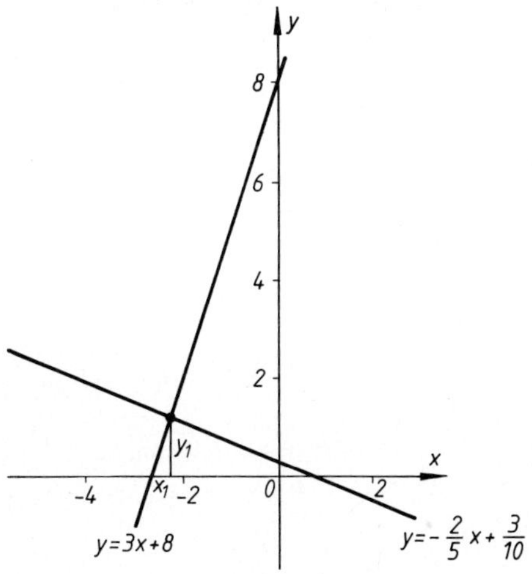

Beispiel: $\frac{y-5}{3} = x + 1$; $2y = \frac{3-4x}{5}$

Nach y aufgelöst heißen die beiden Gleichungen

$$y = 3x + 8 \quad \text{und} \quad y = -\frac{2}{5}x + \frac{3}{10}$$

Im Bild sind die durch diese Gleichungen bestimmten Geraden gezeichnet, und man liest als Schnittpunktskoordinaten die Lösung $(x_1/y_1) = (-2{,}2/1{,}2)$ ab.

Lösungsmenge: $\{(-2{,}2;\ 1{,}2)\}$

4.5. Zwei Gleichungen ersten und zweiten Grades mit zwei Variablen (Unbekannten)

Man zeichnet die zur Gleichung ersten Grades gehörende Gerade und die zur Gleichung zweiten Grades gehörende Parabel. Die Schnittpunktskoordinaten x_1; y_1 und x_2; y_2 liefern die beiden Lösungspaare.

Beispiel 1: $y = x^2$; $y = 2x - \frac{1}{2}$

Auflösung (vgl. 4.2, Beispiel zum zweiten Verfahren): $x_1 = 1{,}7$; $y_1 = 2{,}9$; $x_2 = 0{,}3$; $y_2 = 0{,}1$ *Lösungsmenge:* $\{(1{,}7;\ 2{,}9); (0{,}3; 0{,}1)\}$

Beispiel 2: $y = 3x^2 + 2x + 4; y = -2x + 7$

Auflösung: Man kann mit Wertetabellen die Parabel und die Gerade zeichnen und die Schnittpunkte bestimmen:

$x_1 = 0{,}53$; $y_1 = 5{,}92$; $x_2 = -1{,}87$; $y_2 = 10{,}75$ *Lösungsmenge:* $\{(0{,}53; 5{,}92); (-1{,}87; 10{,}75)\}$

Man kann aber auch durch Gleichsetzen der rechten Seiten und Ordnen die quadratische Gleichung $3x^2 + 4x - 3 = 0$ oder $x^2 + \frac{4}{3}x - 1 = 0$ nach 4.2, zweites Verfahren lösen, indem man die Kurven $y_I = x^2$ und $y_{II} = -\frac{4}{3}x + 1$ zum Schnitt bringt und so x_1 und x_2 bestimmt. Die zugehörigen y-Werte y_1 und y_2 liefert dann die zweite gegebene Gleichung, während die erste zur Probe benutzt werden kann.

4.6. Transzendente Gleichungen mit einer Variablen (Unbekannten)

Das Verfahren entspricht dem zweiten Verfahren von 4.2: Man zerlegt – sofern möglich – den y-Term in zwei Teile $y = y_{II} - y_I$ und sucht den Schnittpunkt der y_{II}-Kurve mit der y_I-Kurve.

Beispiel: $e^x - x = 3$

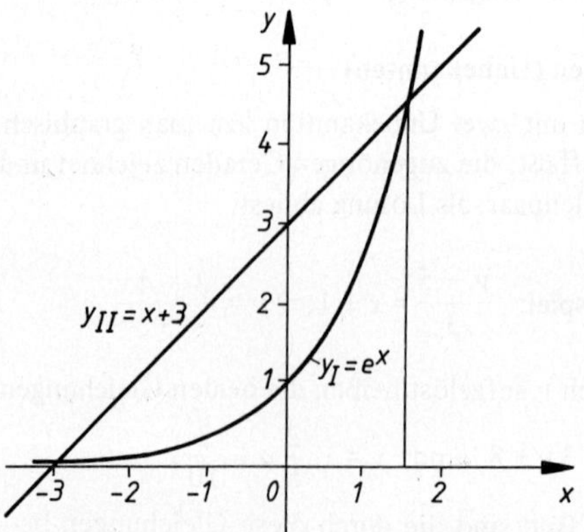

Man setzt $y = e^x - (x + 3)$

$y_I = e^x$

$y_{II} = x + 3$

Schnittstellen der beiden Kurven und damit Nullstellen von y sind: $x_1 = -2{,}95$ $x_2 = 1{,}505$

Lösungsmenge der gegebenen Gleichung (näherungsweise): $\{-2{,}95;\ 1{,}505\}$

5. Analytische Geometrie

5.1. Koordinationssysteme

Zum Festlegen eines Punktes P in der Ebene bedarf es eines Koordinatenkreuzes mit Maßstab. Dann geben zwei Zahlen, die Koordinaten, den Punkt an: $P(x/y)$ mit x als Abszisse und y als Ordinate (siehe auch 1.3.). Dieses rechtwinklige (kartesische)[1]) Koordinatenkreuz bietet aber nicht die einzige Möglichkeit, die Ebene einzuteilen: Ein weiteres Koordinatensystem liefern die Polarkoordinaten: $P(r/\varphi)$ mit r als Radiusvektor, der Länge der Verbindungsstrecke zum Nullpunkt, Ursprung oder Pol O, und φ als Polarwinkel, dem Winkel zur Polarachse (Grundrichtung, x-Achse).

Kartesisches Koordinatensystem und Polarkoordinatensystem und ihr Zusammenhang

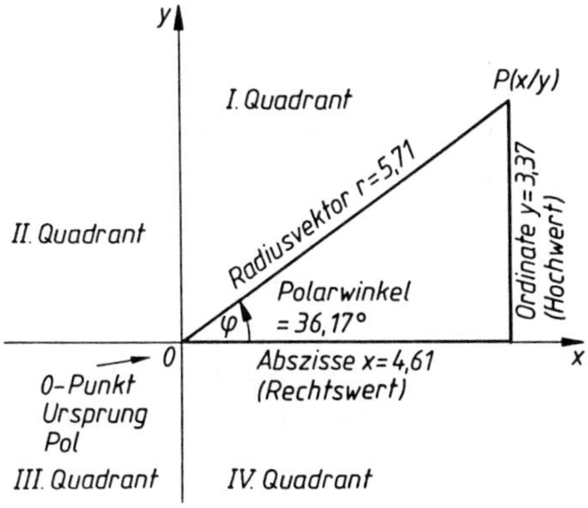

$$x = r\cos\varphi \qquad y = r\sin\varphi$$

$$x = 5{,}71 \cos 36{,}17^\circ = 4{,}61 \qquad y = 5{,}71 \sin 36{,}17^\circ = 3{,}37$$

$$r^2 = x^2 + y^2 \qquad r^2 = 4{,}61^2 + 3{,}37^2$$

$$\tan\varphi = \frac{y}{x} \qquad \tan\varphi = \frac{3{,}37}{4{,}61}$$

$$r = \sqrt{x^2 + y^2} \qquad r = \sqrt{4{,}61^2 + 3{,}37^2} = 5{,}71$$

$$\varphi = \arctan\frac{y}{x} \qquad \varphi = \arctan\frac{3{,}37}{4{,}61} = 36{,}17^\circ$$

Beispiel 1:

Eine rechteckige Metallplatte soll zwei Bohrungen erhalten. Für die Mitten der Bohrungen gilt: Die erste Bohrung ist von einer Ecke der Platte 120 mm entfernt, und die Verbindungsstrecke soll mit der längeren Seite der Platte einen Winkel von 30° bilden. Die zweite Bohrung soll dreiviertel so weit von derselben Ecke entfernt sein, und die Verbindungsstrecke soll mit der ersteren Verbindungsstrecke einen Winkel von 45° einschließen. Die Bohrungsmitten sind anzuzeichnen.

Mathematisch ausgedrückt heißt die Aufgabe: Zwei Punkte P_1 und P_2 mit den Polarkoordinaten $r_1 = 120\,\text{mm}$, $\varphi_1 = 30^\circ$ und $r_2 = 90\,\text{mm}$, $\varphi_2 = 75^\circ$ sind in kartesische Koordinaten umzurechnen. ($\varphi_2 = \varphi_1 - 45^\circ$ kommt nicht in Frage, da P_2 dann außerhalb der Platte läge.)

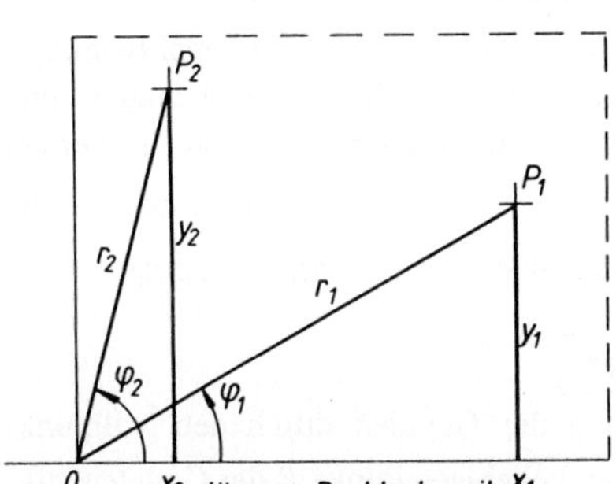

$$x_1 = r_1\cos\varphi_1 \qquad x_1 = 120\,\text{mm}\cos 30^\circ = 103{,}9\,\text{mm}$$

$$y_1 = r_1\sin\varphi_1 \qquad y_1 = 120\,\text{mm}\sin 30^\circ = 60{,}0\,\text{mm}$$

$$x_2 = r_2\cos\varphi_2 \qquad x_2 = 90\,\text{mm}\cos 75^\circ = 23{,}3\,\text{mm}$$

$$y_2 = r_2\sin\varphi_2 \qquad y_2 = 90\,\text{mm}\sin 75^\circ = 86{,}9\,\text{mm}$$

Ergebnis: $x_1 = 103{,}9\,\text{mm}$, $y_1 = 60{,}0\,\text{mm}$ und $x_2 = 23{,}3\,\text{mm}$, $y_2 = 86{,}9\,\text{mm}$.

---

[1]) benannt nach dem französischen Mathematiker Descartes, genannt Cartesius, 1596 bis 1650

Beispiel 2:

Welche Polarkoordinaten haben die Ecken A, B und C des Dreiecks $A(2{,}9/2{,}3)$ $B(-3{,}0/-0{,}7)$ $C(1{,}8/-2{,}7)$?

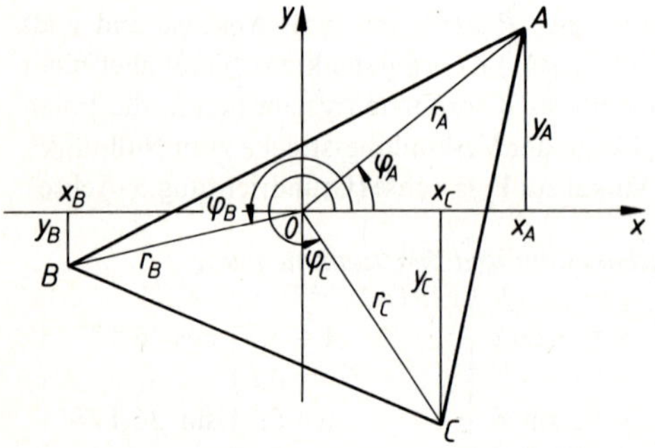

$$r_A = \sqrt{2{,}9^2 + 2{,}3^2} = 3{,}70$$

$$\varphi_A = \arctan\frac{2{,}3}{2{,}9} = 38{,}4°$$

$$r_B = \sqrt{3{,}0^2 + 0{,}7^2} = 3{,}08$$

$$\varphi_B = 180° + \arctan\frac{0{,}7}{3{,}0} = 193{,}1°$$

$$r_C = \sqrt{1{,}8^2 + 2{,}7^2} = 3{,}24$$

$$\varphi_C = 360° - \arctan\frac{2{,}7}{1{,}8} = 303{,}7°$$

Ergebnis: $A(3{,}70/38{,}4°)$, $B(3{,}08/193{,}1°)$ und $C(3{,}24/303{,}7°)$ sind die drei Punkte in Polarkoordinaten.

5.2. Die Gerade

In III. 2.2.1. wird die allgemeine Geradengleichung $\boxed{ax + by = c}$ eingeführt.

a, b, c sind Formvariable (Konstante für ein und dieselbe Gerade).

x und y sind die Koordinaten eines beliebigen Punktes einer durch a, b, c festgelegten Geraden.

Die geometrische Bedeutung der Formvariablen ergibt sich aus den folgenden verschiedenen Formen der Geradengleichung.

5.2.1. Hauptform

Dividiert man $ax + by = c$ durch b ($\neq 0$) und isoliert man y, so ergibt sich $y = -\frac{a}{b}x + \frac{c}{b}$. Setzt man $-\frac{a}{b} = m$ und $\frac{c}{b} = y_0$, erhält man mit

$\boxed{y = mx + y_0}$ die Hauptform der Geradengleichung.

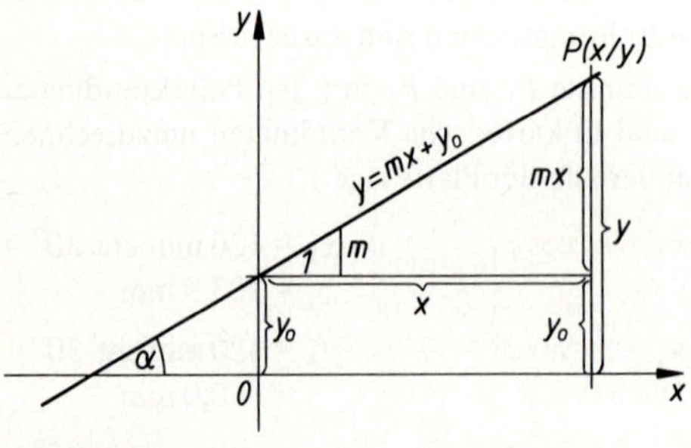

Dabei ist

m die Steigung: $m = \tan\alpha$

y_0 der y-Abschnitt: das von der Geraden abgeschnittene Stück der y-Achse.

Bestätigung: Für die ähnlichen rechtwinkligen Dreiecke mit den Katheten $y - y_0$ und x einerseits und m und 1 andererseits gilt die Verhältnisgleichung $\frac{y - y_0}{x} = \frac{m}{1}$, woraus unmittelbar die Geradengleichung $y = mx + y_0$ folgt.

Sonderfälle:

1. $y_0 = 0$

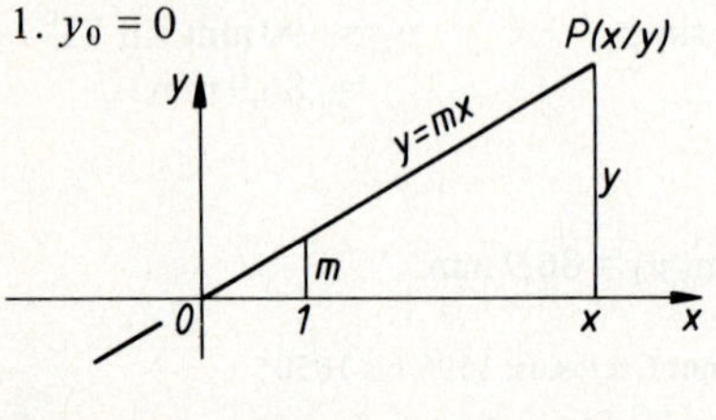

$\boxed{y = mx}$

Gleichung der Geraden durch den Nullpunkt. Für jeden beliebigen Punkt P der Geraden gilt $y : x = m : 1$ (Kathetenverhältnis ähnlicher Dreiecke), die Geradengleichung $y = mx$.

2. $m = 0$

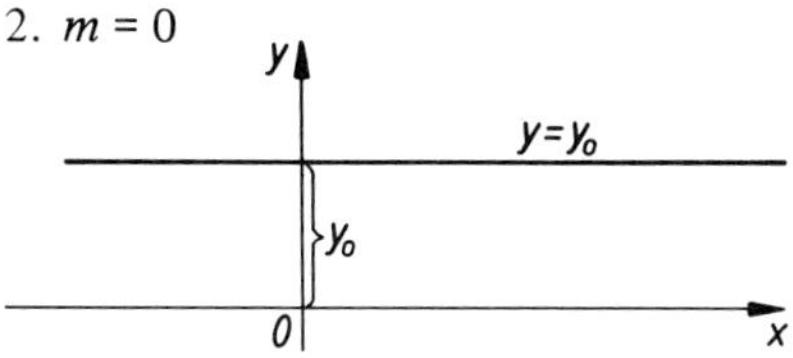

Die Geradengleichung wird zu

$$\boxed{y = y_0},$$

der Gleichung der Parallele zur x-Achse im Abstand y_0.

3. $m = \infty$

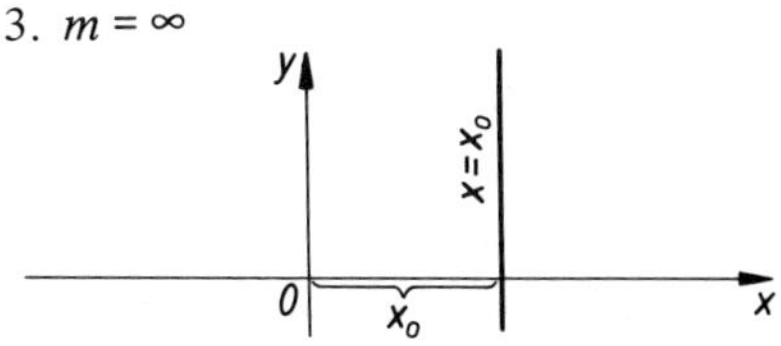

Eine entsprechende Gleichung ist

$$\boxed{x = x_0},$$

die Gleichung der Parallele zur y-Achse im Abstand x_0.

Eine Funktionsgleichung $y = \ldots$ gibt es für diese Gerade nicht, da einem x-Wert (nämlich x_0) unendlich viele y-Werte zugeordnet sind.

5.2.2. **Punkt-Steigungs-Form** (Punkt-Richtungs-Form)

Sind von einer Geraden ein Punkt $P_1(x_1/y_1)$ und die Steigung m bekannt, dann gilt wegen der Ähnlichkeit der rechtwinkligen Dreiecke mit den Katheten $y - y_1$ und $x - x_1$ und mit den Katheten m und 1 die Proportion

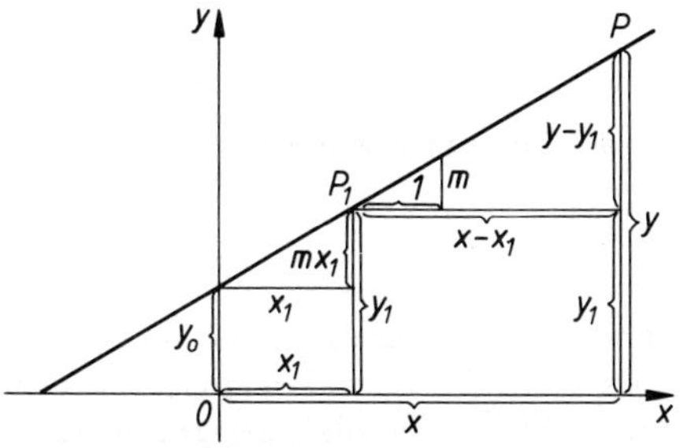

$(y - y_1) : (x - x_1) = m : 1$ oder

$$\boxed{\frac{y - y_1}{x - x_1} = m},$$

die Gleichung der Geraden in Punkt-Steigungs-Form.

Hieraus folgt nach y aufgelöst

$y = mx - mx_1 + y_1$.

$y_1 - mx_1$ ist aber der y-Abschnitt y_0, womit der Zusammenhang mit der Hauptform hergestellt ist.

5.2.3. **Zwei-Punkte-Form**

Eine durch zwei Punkte $P_1(x_1/y_1)$ und $P_2(x_2/y_2)$ gegebene Gerade hat auf Grund der Ähnlichkeit der rechtwinkligen Dreiecke mit den Hypotenusen $\overline{P_1P}$ und $\overline{P_1P_2}$ die Proportion

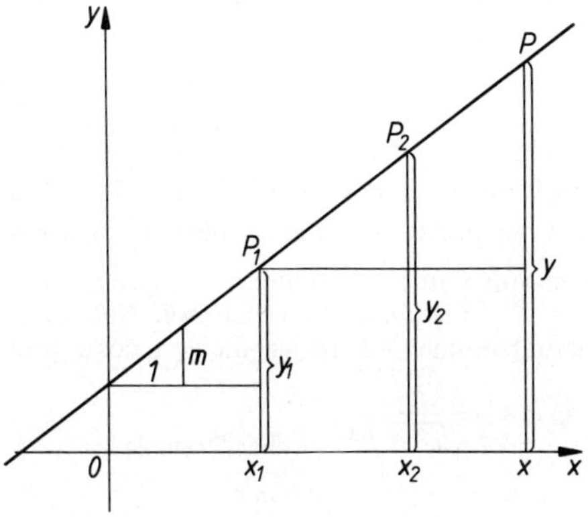

$$\boxed{\frac{y - y_1}{x - x_1} = \frac{y_2 - y_1}{x_2 - x_1}}$$

als Geradengleichung in Zwei-Punkte-Form.

Nach y aufgelöst ergibt sich

$y = \frac{y_2 - y_1}{x_2 - x_1} x - \frac{y_2 - y_1}{x_2 - x_1} x_1 + y_1$. Da gilt

$\frac{y_2 - y_1}{x_2 - x_1} = m$ und $y_1 - mx_1 = y_0$

(Steigung und y-Abschnitt),

ist der Zusammenhang mit der Hauptform ersichtlich.

5.2.4. Abschnittsform

Hat eine Gerade den x-Abschnitt x_0 und den y-Abschnitt y_0, dann gilt folgende Proportion für die Katheten ähnlicher Dreiecke:

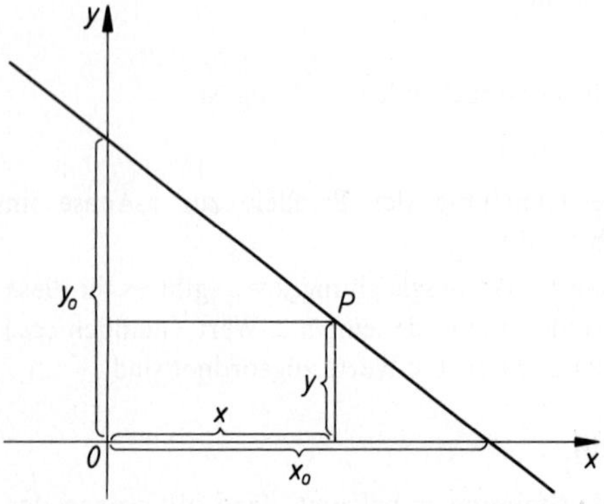

$y : y_0 = (x_0 - x) : x_0$. Daraus folgt

$$\boxed{\frac{y}{y_0} + \frac{x}{x_0} = 1}$$

als Abschnittsform der Geradengleichung.

Nach y aufgelöst, ergibt sich $y = -\frac{y_0}{x_0} x + y_0$.

Sind wie in der Zeichnung beide Achsabschnitte x_0 und y_0 positiv, dann ist die Geradensteigung negativ: $m = -\frac{y_0}{x_0}$.

Eingesetzt in die letzte Gleichung ergibt sich die Hauptform: $y = mx + y_0$.

Aus der allgemeinen Geradengleichung $ax + by = c$ ergibt sich die Abschnittsform durch Division durch $c \neq 0$.

5.2.5. Hessesche Normalform[1]

Die Hessesche Normalform oder Normalenform bezieht das Lot vom Ursprung auf die Gerade, die Normale zur Geraden, in die Geradengleichung ein:

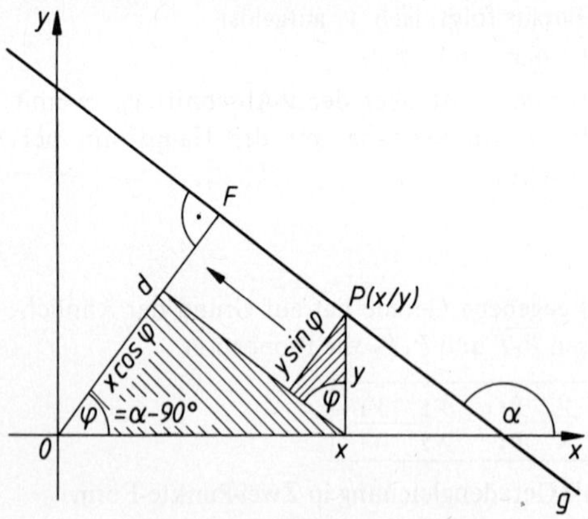

Mit $d = |\overline{OF}|$, der Länge des Lotes vom Ursprung O auf die Gerade g (Fußpunkt F), und mit φ als Winkel zwischen dem Lot $\overline{OF}$ und der x-Achse, ferner mit einem beliebigen Geradenpunkt $P(x/y)$ liest man mit Hilfe der schraffierten ähnlichen Dreiecke aus der Figur folgende Beziehung ab:

$$\boxed{x \cos\varphi + y \sin\varphi = d},$$

die Hessesche Normalform der Geradengleichung auch kurz Hesse-Form genannt.

Aus der allgemeinen Geradengleichung $ax + by = c$ gewinnt man die Hessesche Normalform, indem man durch $\pm\sqrt{a^2 + b^2}$ dividiert (das + Zeichen gilt für $c > 0$, das − Zeichen für $c < 0$, denn die rechte Seite muß positiv werden, da der Abstand d nur positiv sein kann, außer $d = 0$, dann geht die Gerade durch den Ursprung). Die Koeffizienten von x und y, nämlich $\frac{a}{\pm\sqrt{a^2 + b^2}}$ und $\frac{b}{\pm\sqrt{a^2 + b^2}}$, haben dann die Eigenschaft, daß ihre Quadratsumme $= 1$ ist wie die von $\cos\varphi$ und $\sin\varphi$ auch: $\cos^2\varphi + \sin^2\varphi = 1$; $\cos\varphi = \frac{a}{\pm\sqrt{a^2 + b^2}}$, $\sin\varphi = \frac{b}{\pm\sqrt{a^2 + b^2}}$.

[1]) Ludwig Otto Hesse, 1811–1874, deutscher Mathematiker.

5.2.6. Anwendungen

Beispiel 1:

Welche Gerade geht durch die Punkte $P_1(-5/3{,}5)$ und $P_2(2/-7)$?

Zu berechnen sind:
Steigung $m = \tan\alpha$,
Achsabschnitte x_0 und y_0,
Abstand d des Ursprungs von der Geraden.

Unter Verwendung der vom Taschenrechner angezeigten Zahlen ergibt sich:

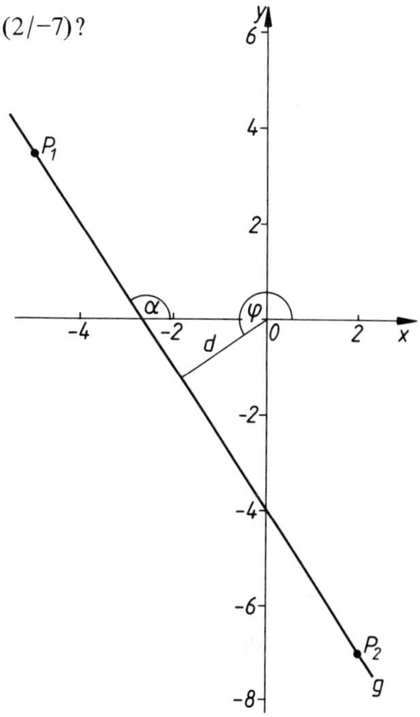

Zwei-Punkte-Form:

$$\frac{y-3{,}5}{x+5} = \frac{-7-3{,}5}{2+5}.$$

Die rechte Seite gibt die Steigung $m = \tan\alpha$ der Geraden an, also:

Punkt-Steigungs-Form:

$$\frac{y-3{,}5}{x+5} = -1{,}5\,;\quad m = -1{,}5 = \tan\alpha.$$

Aus der Punkt-Steigungs-Form erhält man durch Isolieren von y die

Hauptform:

$$y = -1{,}5x - 7{,}5 + 3{,}5 \Longrightarrow$$
$$y = -1{,}5x - 4.$$

Daraus liest man den y-Abschnitt $y_0 = -4$ ab. Setzt man in der Hauptform $y = 0$, so gewinnt man den x-Abschnitt:

$$-1{,}5x_0 - 4 = 0 \Rightarrow x_0 = \frac{-4}{1{,}5} = -\frac{8}{3} = -2{,}666\,666\,7$$

Abschnittsform:

Mit den bereits gefundenen Achsabschnitten $x_0 = -2{,}666\,666\,7$ und $y_0 = -4$ ist die Abschnittsform der gegebenen Geraden

$$\frac{x}{-2{,}666\,666\,7} + \frac{y}{-4} = 1.$$

Man findet die Abschnittsform aber auch direkt, indem man in der Hauptform durch Division durch -4 das Absolutglied zu 1 macht.

Hesse-Form:

Durch Umstellung der Hauptform der gegebenen Geraden erhält man:

$-1{,}5\,x - y = 4$. Durch Vergleich mit der allgemeinen Geradengleichung
$ax + by = c$ ergibt sich

$a = -1{,}5 \quad b = -1 \quad c = 4.$

Man erhält die Hesse-Form, indem man die Gleichung $-1{,}5\,x - y = 4$ durch

$+\sqrt{a^2+b^2} = +\sqrt{1{,}5^2+1^2} = +\sqrt{3{,}25}$ dividiert: $-\frac{1{,}5}{\sqrt{3{,}25}}x - \frac{1}{\sqrt{3{,}25}}y = \frac{4}{\sqrt{3{,}25}}.$

Ausgerechnet: $-0{,}832\,050\,29\,x - 0{,}554\,700\,2\,y = 2{,}218\,800\,8$. Der Vergleich mit
$(\cos\varphi)\,x + (\sin\varphi)\,y = d$ (siehe 5.2.5.) liefert

$$\cos\varphi = -0{,}832\,050\,29 \qquad \sin\varphi = -0{,}554\,700\,2 \qquad d = 2{,}218\,800\,8$$

Zur Berechnung von φ ist zu berücksichtigen, daß ein Winkel, dessen Kosinus und dessen Sinus beide negativ sind, zwischen 180° und 270° liegen muß: $180° < \varphi < 270°$. Somit ist zu rechnen
$\varphi = 180° + \text{arc cos}\ 0{,}832\,050\,29 = 180° + 33{,}690\,068° = 213{,}690\,068°$..

Kontrollrechnung mit dem Koeffizienten von y:
$\varphi = 180° + \text{arc sin}\ 0{,}554\,700\,2 = 180° + 33{,}690\,068° = 213{,}690\,068°$.

Eine zweite Kontrolle erfolgt mit dem Steigungswinkel α, der sich von φ um 90° unterscheidet (siehe Zeichnung):

Bei der Aufstellung der Punkt-Steigungsform hatte sich ergeben: $m = -1{,}5 = \tan\alpha$. Daraus folgt

$$\begin{aligned}\alpha &= 180° - \text{arc tan}\ 1{,}5\\ &= 180° - 56{,}309\,932°\\ &= 123{,}690\,068°\end{aligned}$$

φ ist 90° größer, also $\varphi = 213{,}690\,068°$.

Beispiel 2:

Welchen Abstand hat der Punkt $P_1(-4/2)$ von der Geraden
$g\colon\ y = 0{,}64\,x + 3{,}2$?

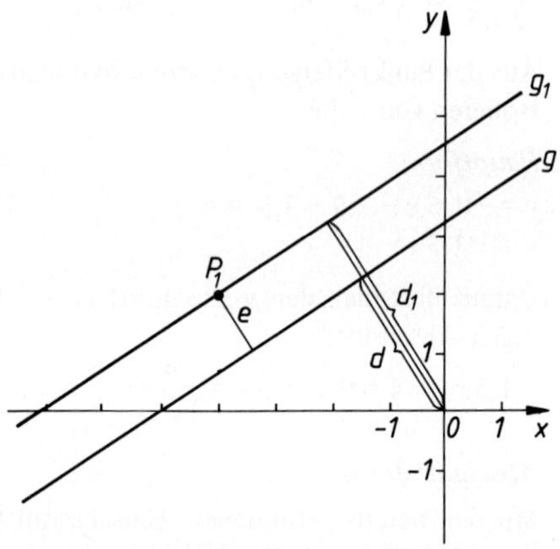

Der *Lösungsgedanke* ist folgender: Von g kann man die Hesseform $x\cos\varphi + y\sin\varphi - d = 0$ herstellen und erhält damit d, den Abstand des Ursprungs O von g.
Nun denkt man sich durch P_1 die Gerade g_1, die Parallele zu g, gezogen. Die Hesseform dieser Geraden g_1 hat dieselben Koeffizienten von x und y wie die Hesseform von g, da φ und somit $\cos\varphi$ und $\sin\varphi$ bei beiden Geraden gleich sind. Nur der Abstand d_1 des Ursprungs O von g_1 ist ein anderer, nämlich $d_1 = d + e$.
Die Hesseform von g_1 lautet:
$g_1\colon\ x\cos\varphi + y\sin\varphi - d_1 = 0$. Da P_1 auf dieser Geraden liegt, müssen seine Koordinaten diese Gleichung erfüllen. Es muß also $x_1\cos\varphi + y_1\sin\varphi - d_1 = 0$ gelten. In dieser Gleichung ist nur d_1 unbekannt, somit mit Hilfe dieser Gleichung zu berechnen. Für den gesuchten Abstand e gilt: $e = d_1 - d$. Zusammengefaßt erhält man die Abstandsformel.

Abstandsformel: $e = x_1\cos\varphi + y_1\sin\varphi - d$

Ausführung:

$g\colon\ y = 0{,}64\,x + 3{,}2$

$$\Longrightarrow\quad -0{,}64\,x + y = 3{,}2$$

$$\Longrightarrow\quad -\frac{0{,}64\,x}{\sqrt{0{,}64^2+1}} + \frac{1\,y}{\sqrt{0{,}64^2+1}} = \frac{3{,}2}{\sqrt{0{,}64^2+1}}$$

$$\Longrightarrow\quad -0{,}539\,053\,7\,x + 0{,}842\,271\,4\,y = 2{,}695\,268\,5\,.$$

Aus der obigen Abstandsformel folgt:

$$e = -0{,}539\,053\,7 \cdot (-4) + 0{,}842\,271\,4 \cdot 2 - 2{,}695\,2685$$
$$= 1{,}145\,489\,1\,.$$

Ergebnis: P_1 hat den Abstand $e = 1{,}145$ von der Geraden g.

Anmerkung: Errechnet man mit der Abstandsformel einen Abstand $e > 0$, dann liegen der Ursprung O und der Punkt P_1 auf verschiedenen Seiten der Geraden g (wie im Beispiel). Mit $e = 0$ liegt P_1 natürlich auf g. Mit $e < 0$ liegt P_1 auf derselben Seite von g wie Ursprung O.

5.3. Der Kreis

5.3.1. Formen der Kreisgleichung

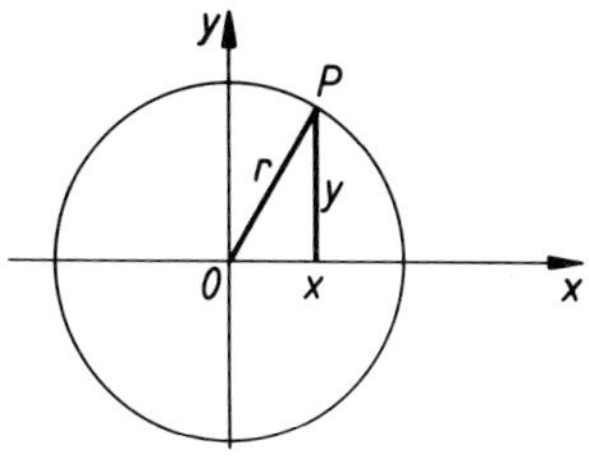

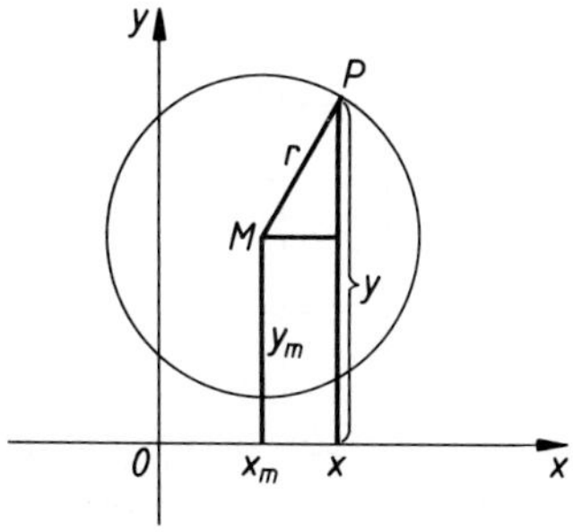

Nach dem Satz des Pythagoras gilt für jeden Punkt $P(x/y)$ des Kreises mit dem Radius r um den Ursprung O

$$\boxed{x^2 + y^2 = r^2}\,,$$

die Mittelpunktsgleichung des Kreises.

Für jeden Punkt $P(x/y)$ des Kreises mit dem Mittelpunkt $M(x_m/y_m)$ und dem Radius r gilt nach dem Satz des Pythagoras

$$\boxed{(x - x_m)^2 + (y - y_m)^2 = r^2}\,,$$

die Hauptform der Kreisgleichung.

Durch Ausmultiplizieren erhält man

$$x^2 - 2x_m x + x_m^2 + y^2 - 2y_m y + y_m^2 - r^2 = 0$$
$$\Longrightarrow \quad x^2 + y^2 - 2x_m x - 2y_m y + x_m^2 + y_m^2 - r^2 = 0$$
$$\Longrightarrow \quad \boxed{x^2 + y^2 + 2ax + 2by + c = 0}\,,$$ die allgemeine Form der Kreisgleichung.

Hierin bedeuten: $a = -x_m$, $b = -y_m$, $c = x_m^2 + y_m^2 - r^2$.

Aus der letzten Gleichung folgt

$$a^2 + b^2 - c = r^2 > 0$$

als Bedingung dafür, daß es sich bei einer Gleichung der allgemeinen Form wirklich um eine Kreisgleichung handelt.

5.3.2. Berechnung von Kreisen

Ein Kreis gilt als berechnet, wenn man die Hauptform seiner Gleichung kennt.

Beispiel 1:

Was bedeutet

$1{,}5\,x^2 + 1{,}5\,y^2 + 3\,x - 6\,y + 4{,}5 = 0$?

Man dividiert durch 1,5 und erhält

$x^2 + y^2 + 2x - 4y + 3 = 0$, eine Kreisgleichung in allgemeiner Form.

Dabei ist $a = -x_m = 1, b = -y_m = -2, c = 3$. Die Bedingung $a^2 + b^2 - c > 0$ ist erfüllt:

$1 + 4 - 3 = 2 > 0$. Für den Kreisradius gilt $r^2 = 2 \Rightarrow r = \sqrt{2}$.

Die gegebene Gleichung ist die Gleichung des Kreises mit den Mittelpunktskoordinaten

$x_m = -1,\ y_m = 2$ und dem Radius $r = \sqrt{2}$:

$(x + 1)^2 + (y - 2)^2 = 2.$

Ergänzung:

Die aus der gegebenen Gleichung gewonnene Gleichung

$x^2 + y^2 + 2x - 4y + 3 = 0$

läßt sich auch ohne Zuhilfenahme der vorangehenden Formeln mit Hilfe der quadratischen Ergänzungen auf die Hauptform der Kreisgleichung bringen:

$$(x^2 + 2x + \ldots) + (y^2 - 4y + \ldots) = \ldots + \ldots - 3$$
$$(x^2 + 2x + 1) + (y^2 - 4y + 4) = 1 + 4 - 3$$
$$\Longrightarrow (x + 1)^2 + (y - 2)^2 = 2$$

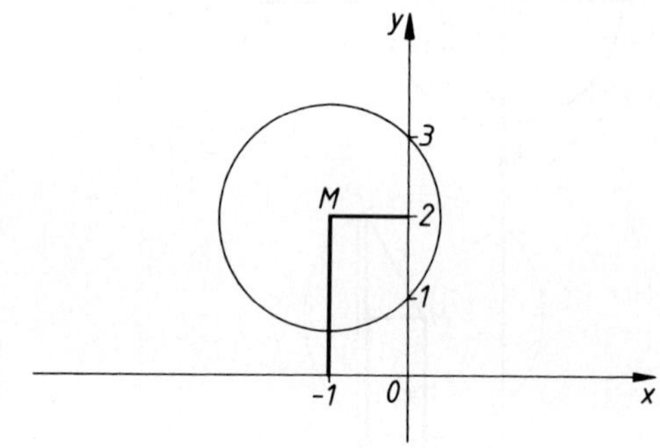

Beispiel 2:

Was bedeutet

$1{,}5x^2 + 1{,}5y^2 + 3x - 6y + 9 = 0$?

Die entsprechenden Rechnungen wie bei Beispiel 1 ergeben

$(x + 1)^2 + (y - 2)^2 = -1$.

Das ist eine unerfüllbare Gleichung, denn die Summe der Quadrate reeller Zahlen kann nicht negativ sein, da schon ein einzelnes Quadrat nicht negativ sein kann. Man bestätigt, daß die Bedingung $a^2 + b^2 - c > 0$ nicht erfüllt ist.

Beispiel 3:

Was bedeutet

$1{,}5x^2 + 1{,}5y^2 + 3x - 6y + 7{,}5 = 0$?

Man findet: $a^2 + b^2 - c = 0$ und

$(x + 1)^2 + (y - 2)^2 = 0$.

Das ist die Gleichung eines „entarteten" Kreises, eines Kreises mit dem Radius O. Die Gleichung wird nur von einem Koordinatenpaar, den Koordinaten des Mittelpunkts $M(-1/2)$, erfüllt.

Beispiel 4:

Welcher Kreis mit dem Mittelpunkt $M(-2/-1)$ geht durch den Punkt $P_1(4/3)$?

Die Hauptform der Gleichung des gesuchten Kreises ist

$(x + 2)^2 + (y + 1)^2 = r^2$.

r ist unbekannt. Da P_1 auf dem Kreis liegen soll, müssen seine Koordinaten die Kreisgleichung erfüllen. Die Koordinaten eingesetzt, führt zu der Bestimmungsgleichung

$(4 + 2)^2 + (3 + 1)^2 = r^2$. Daraus folgt $52 = r^2$.

Der gesuchte Kreis hat die Gleichung

$(x + 2)^2 + (y + 1)^2 = 52$.

Beispiel 5:

Auf welchem Kreis liegen die drei Punkte $P_1(6/7), P_2(2/9), P_3(-1/0)$?

Der gesuchte Kreis hat die Gleichung

$(x - x_m)^2 + (y - y_m)^2 = r^2$.

In dieser Gleichung sind die drei Formvariablen (Konstanten) x_m, y_m und r unbekannt. Die Koordinaten jedes Punktes müssen aber die Gleichung erfüllen, das heißt, es muß der Reihe nach gelten

$$(6 - x_m)^2 + (7 - y_m)^2 = r^2 \qquad (1)$$
$$(2 - x_m)^2 + (9 - y_m)^2 = r^2 \qquad (2)$$
$$(-1 - x_m)^2 + (0 - y_m)^2 = r^2 . \qquad (3)$$

Das sind drei Gleichungen mit drei Unbekannten (siehe auch Abschnitt III.2.). Zur Auflösung bildet man zunächst die Differenz von je zwei Gleichungen:

$$(6 - x_m)^2 - (2 - x_m)^2 + (7 - y_m)^2 - (9 - y_m)^2 = 0$$
$$(6 - x_m)^2 - (-1 - x_m)^2 + (7 - y_m)^2 - (- y_m)^2 = 0 .$$

Nach Auflösung der Klammern fallen die Quadrate weg, und man erhält

$$\left.\begin{aligned} -8x_m + 4y_m &= 0 \\ -14x_m - 14y_m &= -84 \end{aligned}\right\} \Longrightarrow \left.\begin{aligned} -2x_m + y_m &= 0 \\ +2x_m + 2y_m &= 12 \end{aligned}\right\}$$

$\Longrightarrow y_m = 4$ und $x_m = 2$. Aus Gleichung (1) folgt mit diesen Werten

$(6 - 2)^2 + (7 - 4)^2 = r^2 \Longrightarrow 4^2 + 3^2 = r^2$

$\Longrightarrow r = 5$.

Die Gleichung des gesuchten Kreises ist

$(x - 2)^2 + (y - 4)^2 = 5^2$.

Beispiel 6:

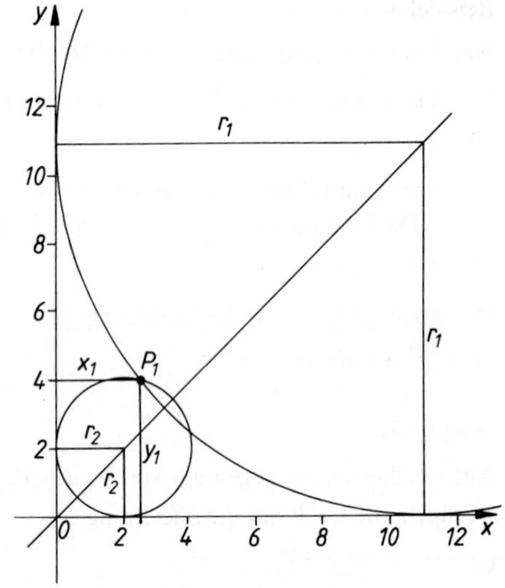

Welcher Kreis berührt die Koordinatenachsen und geht durch den Punkt $P_1(2{,}5/4)$?

Wenn der Kreis die Koordinatenachsen berührt, dann sind die Koordinaten des Mittelpunkts gleich groß und auch gleich dem Radius:

$x_m = y_m = r$.

Die Gleichung des gesuchten Kreises hat somit die Form

$(x-r)^2 + (y-r)^2 = r^2$.

Setzt man für x und y die Koordinaten des gegebenen Kreispunktes P_1 ein, dann ergibt sich eine quadratische Gleichung für r:

$$(2{,}5 - r)^2 + (4-r)^2 = r^2$$

$$\Longrightarrow \quad 6{,}25 - 5r + r^2 + 16 - 8r + r^2 = r^2$$

$$\Longrightarrow \quad r^2 - 13r + 22{,}25 = 0$$

$$\Longrightarrow \quad r_{1,2} = 6{,}5 \pm \sqrt{6{,}5^2 - 22{,}25} \quad \Longrightarrow \quad \begin{cases} r_1 = 10{,}97 \text{ (Rechner: } 10{,}972\,136) \\ r_2 = 2{,}03 \text{ (Rechner: } 2{,}027\,864) \end{cases}$$

Zwei Kreise erfüllen die gestellten Bedingungen.

5.3.3. Kreis und Gerade

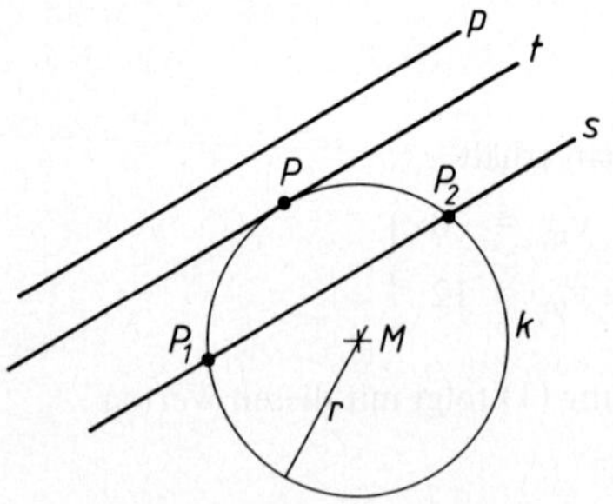

Ein Kreis und eine Gerade können drei grundsätzlich verschiedene Lagen zueinander haben:

1. Die Gerade ist *Passante* p; sie hat mit dem Kreis keinen Punkt gemeinsam.
2. Die Gerade ist *Tangente* t; sie hat mit dem Kreis genau einen Punkt, den Berührungspunkt P, gemeinsam.
3. Die Gerade ist *Sekante* s; sie hat mit dem Kreis zwei Punkte, die Schnittpunkte P_1 und P_2, gemeinsam.

Für die Gleichungen von Kreis und Gerade bedeutet das:

Das Gleichungssystem Gerade – Kreis hat

1. keine Lösung,
2. genau eine Lösung,
3. zwei verschiedene Lösungen.

Die allgemeine Rechnung mit der Mittelpunktsgleichung des Kreises $x^2 + y^2 = r^2$ und der Hauptform der Geradengleichung $y = mx + y_0$ ergibt folgendes:

Einsetzen von y der Geradengleichung in die Kreisgleichung ergibt eine quadratische Gleichung für x, die aufzulösen ist:

$$x^2 + (mx + y_0)^2 = r^2$$

$$x^2 + m^2x^2 + 2\,mxy_0 + y_0^2 = r^2$$

$$x^2(1 + m^2) + 2\,my_0x + (y_0^2 - r^2) = 0$$

$$x^2 + 2\frac{my_0x}{1+m^2} + \frac{y_0^2 - r^2}{1+m^2} = 0$$

$$x_{1,2} = -\frac{my_0}{1+m^2} \pm \sqrt{\left(\frac{my_0}{1+m^2}\right)^2 - \frac{y_0^2 - r^2}{1+m^2}}$$

$$= -\frac{my_0}{1+m^2} \pm \frac{1}{1+m^2}\sqrt{m^2y_0^2 - y_0^2 + r^2 - m^2y_0^2 + m^2r^2}$$

$$= -\frac{my_0}{1+m^2} \pm \frac{1}{1+m^2}\sqrt{-y_0^2 + (1+m^2)r^2}\,.$$

Entscheidend für die Lage von Kreis und Gerade zueinander ist der Radikand, der Ausdruck unter der Wurzel (die Diskriminante):

1. $(1+m^2)r^2 < y_0^2 \implies$ keine Lösung $\implies$ Gerade ist Passante
2. $(1+m^2)r^2 = y_0^2 \implies$ genau eine Lösung $\implies$ Gerade ist Tangente
3. $(1+m^2)r^2 > y_0^2 \implies$ zwei Lösungen $\implies$ Gerade ist Sekante.

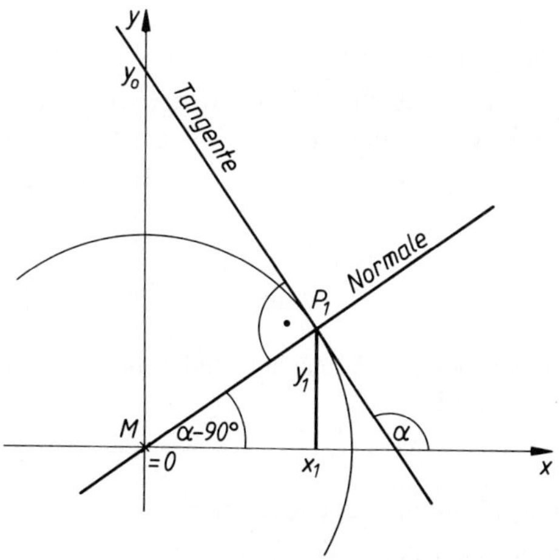

Tangenten (berührende Geraden) gibt es nicht nur beim Kreis, sondern auch bei allen anderen Kurven. Und zu jeder Tangente gehört eine Normale. Normale nennt man die in ihrem Berührungspunkt errichtete Senkrechte auf der Tangente. Beim Kreis geht die Normale durch den Kreismittelpunkt. Ist $m = \tan\alpha$ die Tangentensteigung und $m_n = \tan(\alpha \pm 90°)$ die Normalensteigung, dann ist $m \cdot m_n = -1$, da $\tan(\alpha \pm 90°) = -\frac{1}{\tan\alpha}$ ist.

Ist der Punkt $P_1(x_1/y_1)$ ein Punkt des Kreises mit der Gleichung $x^2 + y^2 = r^2$, dann ist die Geradengleichung in Punkt-Steigungs-Form

$$\frac{y - y_1}{x - x_1} = m_n = \frac{y_1}{x_1}$$ Gleichung der Normale.

Die Tangente hat wegen $m \cdot m_n = -1$ die Steigung $m = -\frac{x_1}{y_1}$ und somit in der Punkt-Steigungsform

$$\frac{y - y_1}{x - x_1} = -\frac{x_1}{y_1}$$

als Tangentengleichung.

Umformungen ergeben

$$(y - y_1)y_1 = -(x - x_1)x_1$$
$$yy_1 + xx_1 = x_1^2 + y_1^2 .$$

Die rechte Seite ist aber $= r^2$, da (x_1/y_1) ein Kreispunkt ist. So ergibt sich

$$xx_1 + yy_1 = r^2 ,$$

die Tangentengleichung.

Diese Gleichung ist besonders leicht zu merken, da man in der Kreisgleichung nur jeweils einen Faktor jedes quadratischen Gliedes durch die zugehörige Berührungspunkt-Koordinate ersetzen muß, um die Tangentengleichung zu erhalten.

Nach dem gleichen Verfahren bildet man (ohne Beweis) zu dem in der Hauptform gegebenen Kreis k die Gleichung der Tangente t im Kreispunkt $P_1(x_1/y_1)$:

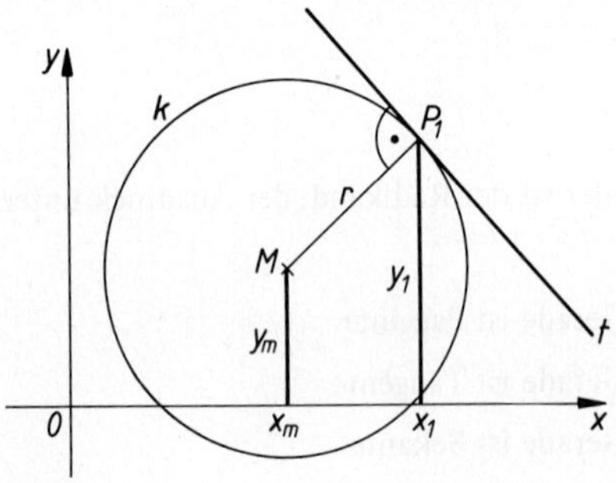

$$\boxed{(x - x_m)^2 + (y - y_m)^2 = r^2}$$

Gleichung des Kreises k

$$\boxed{(x - x_m)(x_1 - x_m) + (y - y_m)(y_1 - y_m) = r^2}$$

Gleichung der Tangente t

Beispiel 1:

Welche Schnittpunkte haben der Kreis mit der Gleichung $x^2 + y^2 = 9$ und die Gerade mit der Gleichung $y = x + 1$?

Aus dem System der beiden gegebenen Gleichungen folgt durch Einsetzen

$x^2 + (x + 1)^2 = 9 \quad \Longrightarrow \quad 2x^2 + 2x - 8 = 0 \quad \Longrightarrow$

$x^2 + x - 4 = 0 \quad \Longrightarrow \quad x_{1,2} = -\frac{1}{2} \pm \sqrt{\frac{1}{4} + 4} \quad \Longrightarrow$

$x_{1,2} = -\frac{1}{2} \pm \frac{1}{2}\sqrt{17} \quad = -0{,}5 \pm 2{,}0616 .$

Mit Hilfe der Geradengleichung werden die zugehörigen y-Werte berechnet, und man erhält als Schnittpunkte $P_1(1{,}5616/2{,}5616)$ und $P_2(-2{,}5616/-1{,}5616)$.

Beispiel 2:

Welche Geraden mit der Steigung $m = -\frac{3}{2}$ berühren den Kreis mit der Gleichung $x^2 + y^2 = 9$?

Nach der Tangentenbedingung $(1 + m^2)r^2 = y_0^2$ ergibt sich hier

$$y_0^2 = \left(1 + \frac{9}{4}\right) \cdot 9 = \frac{13}{4} \cdot 9 \qquad y_0 = \pm \frac{1}{2}\sqrt{117} = \pm 5{,}4083 .$$

Die gesuchten Tangentengleichungen sind

$$y = -\frac{3}{2}x + 5{,}4083 \quad \text{und} \quad y = -\frac{3}{2}x - 5{,}4083 .$$

(Die erste dieser beiden Tangenten ist im zweiten Bild dieses Abschnitts „Kreis und Gerade" zu finden.)

Beispiel 3:

Welche Gerade berührt den Kreis um $M(1{,}5/-3)$, der durch $P_1(-1{,}5/1)$ geht, in P_1?

Der Kreis hat die Gleichung

$(x-1{,}5)^2 + (y+3)^2 = r^2$. Setzt man für x und y die Koordinaten von P_1 ein, dann erhält man

$(-1{,}5-1{,}5)^2 + (1+3)^2 = r^2$, also $r = 5$. Nunmehr sind in der Tangengenten-gleichung

$(x-x_m)(x_1-x_m)+(y-y_m)(y_1-y_m)=r^2$ alle Konstanten bekannt:

$(x-1{,}5)(-1{,}5-1{,}5)+(y+3)(1+3)=25$ ist die Gleichung der Tangente.

In der Hauptform der Geradengleichung heißt die gesuchte Tangentengleichung

$y = 0{,}75x + 2{,}125$.

Man kann die gesuchte Tangentengleichung natürlich auch ohne Rückgriff auf die hergeleiteten Formeln bestimmen:

$\frac{y_1-y_m}{x_1-x_m} = \frac{1+3}{-1{,}5-1{,}5} = -\frac{4}{3} = m_n$ ist die Steigung der Normale.

$m = \frac{-1}{m_n} = \frac{3}{4}$ ist die Steigung der Tangente.

$\frac{y-y_1}{x-x_1} = m$, also $\frac{y-1}{x+1{,}5} = \frac{3}{4}$ ist die Punkt-Steigungs-Form der Tangente, also

$y = \frac{3}{4}x + 2\frac{1}{8}$ oder $y = 0{,}75x + 2{,}125$ die Hauptform dieser Geradengleichung.

5.4. Kegelschnitte

Ein Kegelschnitt ist die Schnittfigur einer Ebene und des Mantels eines geraden Kreiskegels. Der gerade Kreiskegel ist im Abschnitt Stereometrie erklärt. Für die Definition der Kegelschnitte betrachte man nur den Mantel, diesen aber durch Verlängerung der erzeugenden Seitenlinien über die Spitze hinaus zum Doppelkegel erweitert.

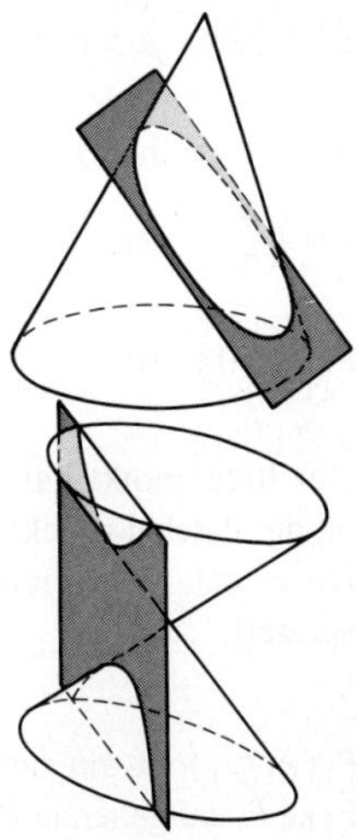

Legt man eine Ebene senkrecht zur Achse, dann erhält man als Schnittfigur einen Kreis. Der Kreis ist also bereits ein Kegelschnitt. Einen weiteren besonderen Kegelschnitt erhält man, wenn man die Ebene durch die Spitze legt, nämlich einen Punkt.

Ist die durch die Spitze gehende Ebene so weit geneigt, daß sie den Kegel berührt, ergibt sich eine Gerade, bei weiterer Neigung zur Achse hin zwei Geraden. Ist die Ebene gegen die Achse geneigt und schneidet sie alle Seitenlinien der einen Hälfte des Doppelkegels, dann erhält man eine Ellipse.

Schneidet die Ebene Seitenlinien von beiden Hälften des Doppelkegels, dann ist die Schnittfigur eine Hyperbel.

Übergangsfigur ist die Parabel, die entsteht, wenn der schneidenden Ebene genau eine Seitenlinie parallel verläuft.

Die nahe Verwandtschaft der Kegelschnitte zeigt sich auch in ihren Gleichungen: Jeder Kegelschnitt ist das Schaubild einer Gleichung zweiten Grades, das heißt einer Gleichung, in der x und y nur linear und im Quadrat vorkommen. Man kann also formulieren:

$Ax^2 + 2Bxy + Cy^2 + Dx + Ey + F = 0$ allgemeine Gleichung eines Kegelschnitts.

Diese Gleichung enthält als Sonderfälle auch Gleichungen von Geraden, von Punkten und von imaginären Kegelschnitten.

Beispiele:

1. Mit $A = -1$, $B = C = D = 0$, $E = 1$, $F = 0$ erhält man $y = x^2$, die Gleichung der Normalparabel.
2. Mit $A = B = 0$, $C = 1$, $D = -2p$, $E = F = 0$ erhält man $y^2 = 2px$, mit $p > 0$ die Scheitelgleichung der nach rechts offenen Parabel.
3. Mit $A = 1, B = 0, C = 1, D = E = 0, F = -r^2$ erhält man $x^2 + y^2 = r^2$, die Mittelpunktsgleichung des Kreises.
4. Mit $A = \frac{1}{a^2}, B = 0, C = \frac{1}{b^2}, D = E = 0, F = -1$ erhält man $\frac{x^2}{a^2} + \frac{y^2}{b^2} = 1$, die Mittelpunktsgleichung der Ellipse.
5. Mit $A = \frac{1}{a^2}, B = 0, C = -\frac{1}{b^2}, D = E = 0, F = -1$ erhält man $\frac{x^2}{a^2} - \frac{y^2}{b^2} = 1$, die Mittelpunktsgleichung der Hyperbel.

5.4.1. Die Parabel

Die Parabel als Graph der quadratischen Funktion wird in IV. 2.4. behandelt.

Dreht man die Normalparabel mit der Gleichung $y = x^2$ um den Scheitelpunkt um 90° nach rechts, so daß sie nach rechts offen ist, hat sie die Gleichung $y^2 = x$ und ist somit Graph der Funktionsgleichungen $y = +\sqrt{x}$ und $y = -\sqrt{x}$. Die gestreckte oder gestauchte nach rechts offene Parabel hat die Gleichung

$y^2 = 2px$	$p > 0$	Scheitelgleichung der Parabel
p	heißt	Parameter
$x = -\frac{p}{2}$	ist	Gleichung der Leitlinie
$F\left(\frac{p}{2}/0\right)$	ist	Brennpunkt

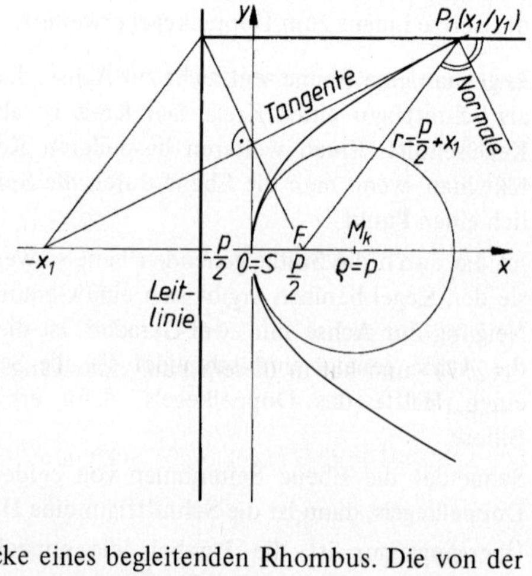

Der Brennpunkt hat die Eigenschaft, alle innen an der Parabel reflektierten achsparallelen Strahlen in sich zu vereinigen (Anwendung: Parabolspiegel).

$P_1(x_1/y_1)$ ist ein beliebiger Parabelpunkt. Er ist Ecke eines begleitenden Rhombus. Die von der Ecke P_1 ausgehende Diagonale des Rhombus ist Tangente an die Parabel:

$yy_1 = \rho(x + x_1)$ Tangentengleichung

$\rho = p$ Krümmungsradius der Parabel im Scheitelpunkt S

$M_k(\rho/0)$ zugehöriger Krümmungskreismittelpunkt

Allgemeine Scheitelgleichung der Parabel: Ist $S(x_s/y_s) \neq O$ der Scheitelpunkt, dann erhält man

$(y-y_s)^2 = 2p(x-x_s)$ mit $p>0$	Gleichung der nach rechts offenen Parabel
$x = x_s - \frac{p}{2}$	Gleichung der Leitlinie
$F\left(\frac{p}{2}+x_s/y_s\right)$	Brennpunkt
$(y-y_s)(y_1-y_s) = p(x+x_1-2x_s)$	Gleichung der Tangente in $P_1(x_1/y_1)$.

Beispiel 1:

Eine Parabel hat die x-Achse als Parabelachse, die y-Achse als Scheiteltangente und geht durch den Punkt $P_1(5/6)$. Welche Gleichung hat die Parabel? Welcher Punkt ist Brennpunkt? Welcher Punkt ist Mittelpunkt des Krümmungskreises im Scheitelpunkt? Wo berührt die Tangente mit der Steigung -1 die Parabel?

x_1 und y_1 werden in die Scheitelgleichung $y^2 = 2px$ eingesetzt:

$36 = 2p \cdot 5 \implies p = 3{,}6$ $\qquad \rho = p = 3{,}6$

Aus der Tangentengleichung $\qquad yy_2 = p(x+x_2)$ (P_2 sei gesuchter Berührpunkt)

folgt $\qquad y = \frac{p}{y_2}x + \frac{p}{y_2}x_2$

in der Hauptform der Geradengleichung. Aus der Bedingung

$m_2 = \frac{p}{y_2} = -1$ ergibt sich $\qquad y_2 = -p$, also $y_2 = -3{,}6$;

aus der Parabelgleichung folgt $\qquad x_2 = \frac{3{,}6^2}{7{,}2} = 1{,}8$.

Ergebnisse:

Parabelgleichung:	$y^2 = 7{,}2x$
Brennpunkt:	$F(1{,}8/0)$
Krümmungskreismittelpunkt:	$M_k(3{,}6/0)$
Berührungspunkt mit Steigung -1:	$P_2(1{,}8/-3{,}6)$

Verallgemeinerung dieses Ergebnisses: Die Tangenten über und unter dem Brennpunkt haben die Steigungen $+1$ und -1; die Berührungspunkte haben die Ordinaten $+p$ und $-p$.

Beispiel 2:

Eine nach rechts offene Parabel hat die Gerade $x = -2$ als Scheiteltangente, geht durch den Punkt $P_1(2/7)$ und hat in diesem Punkt die Tangentensteigung $m_1 = \frac{1}{2}$. Wie heißt die Gleichung der Parabel?

Die Tangente in P_1 hat in Punkt-Steigungs-Form die Gleichung

$\frac{y-7}{x-2} = \frac{1}{2} \implies y = \frac{1}{2}x + 6$ $\qquad$ Tangentengleichung in der Hauptform der Geradengleichung.

Die Tangente hat aber als Parabeltangente auch die Gleichung

$(y-y_s)(y_1-y_s) = p(x+x_1-2x_s) \implies (y-y_s)(7-y_s) = p(x+2-2\cdot(-2))$.

Diese Gleichung wird auf die Hauptform der Geradengleichung gebracht:

$y = \frac{p}{7-y_s}x + \frac{6p}{7-y_s} + y_s$. Vergleicht man mit der obigen Hauptform derselben Geraden:

$y = \frac{1}{2}x + 6$, so stellt man fest, daß einmal

$m_1 = \frac{p}{7-y_s} = \frac{1}{2}$, zum anderen

$y_0 = \frac{6p}{7-y_s} + y_s = 6$

ist. Nur wenn diese beiden Bedingungen erfüllt sind, stellen beide Gleichungen ein und dieselbe Gerade dar (Methode des Koeffizientenvergleichs).

Setzt man $\frac{p}{7-y_s} = \frac{1}{2}$ aus der vorletzten Gleichung in die letzte Gleichung ein, so erhält man

$6 \cdot \frac{1}{2} + y_s = 6 \Rightarrow y_s = 3$. Mit diesem Wert ist nach der m_1-Gleichung

$\frac{p}{7-3} = \frac{1}{2} \Rightarrow p = 2$. Die gesuchte Parabelgleichung ist

$(y-3)^2 = 4 \cdot (x+2)$.

Die letzte Zeichnung veranschaulicht diese Lösung, wenn man in der Zeichnung das Achsenkreuz um zwei Einheiten nach rechts und drei Einheiten nach unten verschiebe; Einheit $1 = \frac{p}{2}$.

Mit geringerem rechnerischen Aufwand läßt sich die Aufgabe lösen, wenn man den begleitenden Rhombus in die Rechnung einbezieht: Da die Tangente als Diagonale des begleitenden Rhombus die Parabelachse in einem Punkt schneidet, der genauso weit links von der Scheiteltangente (hier $x = -2$) liegt wie P_1 rechts davon $(x_1 - x_s)$,
gilt die Gleichung $y_1 - y_s = m_1 \cdot 2(x_1 - x_s)$
(siehe Parabelzeichnung mit $x_s = y_s = 0$).

Setzt man in diese Gleichung $x_1 = 2,\ y_1 = 7,\ m_1 = \frac{1}{2},\ x_s = -2$

ein, so folgt $7 - y_s = \frac{1}{2} \cdot 2(2-(-2)) \Rightarrow y_s = 3$.

Aus der Parabelgleichung folgt dann

$(y_1 - y_s)^2 = 2p(x_1 - x_s)$ $(7-3)^2 = 2p(2+2) \Rightarrow p = 2$, so daß

$(y-3)^2 = 4(x+2)$ die gesuchte Parabelgleichung ist.

Beispiel 3:

Eine nach unten offene Parabel hat die y-Achse als Parabelachse, den Ursprung O als Brennpunkt $(O = F)$ und den Punkt $S(0/2{,}5)$ als Scheitelpunkt. Welche Gleichung hat die Parabel? Wo schneidet sie die x-Achse?

Die allgemeine Scheitelgleichung der nach unten offenen Parabel ist

$(x - x_s)^2 = -2p(y - y_s)$.

In diesem Falle sind $x_s = 0$, $y_s = 2{,}5$, $\frac{p}{2} = 2{,}5$ (Entfernung $\overline{FS}$).

$x^2 = -10(y - 2{,}5)$ heißt somit die Parabelgleichung.

Für die Punkte mit $y_{1,2} = 0$ ergibt sich $x_{1,2} = \pm 5$.

5.4.2. Die Ellipse

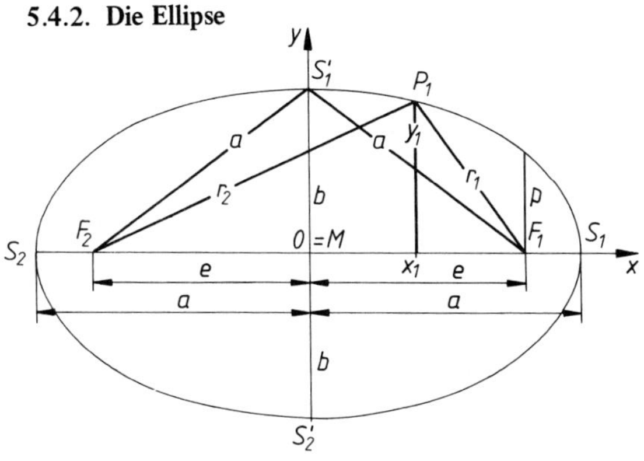

Eine Ellipse ist ein Oval, das man erzeugen kann, indem man eine endlose Schnur (einen endlosen Faden) der Länge L um zwei feste Pflöcke (Stecknadeln) F_1 und F_2 legt und mit einem Stock (Bleistift) straff spannt und diesen ringsum führt (Gärtner-Konstruktion). Das so entstehende Oval hat zwei zueinander senkrechte Symmetrieachsen (x-Achse und y-Achse). Mit P_1 als beliebigen Ellipsenpunkt setzt sich L wie folgt zusammen:

(1) $L = |\overline{F_2 M}| + |\overline{MF_1}| + |\overline{F_1 P_1}| + |\overline{P_1 F_2}|$

(2) $L = e + e + r_1 + r_2$.

Mit Scheitelpunt S_1 als Ellipsenpunkt ergibt sich

(3) $L = |\overline{F_2 M}| + |\overline{MF_1}| + |\overline{F_1 S_1}| + |\overline{S_1 F_2}|$.

Aus Symmetriegründen ist $|\overline{F_1 S_1}| = |\overline{F_2 S_2}|$; dieses in Gl. (3) eingesetzt:

(4) $L = |\overline{F_2 M}| + |\overline{MF_1}| + \underbrace{|\overline{F_2 S_2}| + |\overline{S_1 F_2}|}$

(5) $L = \underbrace{|\overline{F_2 M}| + |\overline{MF_1}|} + |\overline{S_1 S_2}|$

(6) $L = 2e + 2a$.

Aus (2) und (6) folgt (7).

(7) $r_1 + r_2 = 2a$.

Satz: Die Ellipse ist die Menge aller Punkte P, deren Abstandssumme $(r_1 + r_2)$ von zwei festen Punkten (F_1 und F_2) konstant ($= 2a$) ist.

Mit dem Nebenscheitelpunkt S_1' als Ellipsenpunkt erhält man

(8) $|\overline{S_1' F_1}| + |\overline{S_1' F_2}| = 2a$.

Da aus Symmetriegründen $|\overline{S_1' F_1}| = |\overline{S_1' F_2}|$ ist, folgt

(9) $|\overline{S_1' F_1}| = |\overline{S_1' F_2}| = a$.

Der Satz des Pythagoras liefert (siehe Figur)

(10) $b^2 + e^2 = a^2 \Longrightarrow b = \sqrt{a^2 - e^2}$.

Zusammenfassung und Ergänzung der einschlägigen Bezeichnungen und Zusammenhänge bietet die folgende

Übersicht:

$M(0/0)$	Mittelpunkt
$F_1(e/0)$ und $F_2(-e/0)$	Brennpunkte
$S_1(a/0)$ und $S_2(-a/0)$	Hauptscheitelpunkte
$S_1'(0/b)$ und $S_2'(0/-b)$	Nebenscheitelpunkte
$a,\ b > 0$	Halbachsen
$2a$ und $2b$	Haupt- und Nebenachse
$e = \sqrt{a^2 - b^2} \geqslant 0$	lineare Exzentrizität
$\epsilon = \frac{e}{a} < 1$	numerische Exzentrizität
$P_1(x_1/y_1)$	beliebiger Ellipsenpunkt
$|\overline{F_1 P_1}| + |\overline{P_1 F_2}| = r_1 + r_2 = 2a$	Ellipsenbedingung
$p = \frac{b^2}{a}$	Parameter

$\rho_a = \frac{b^2}{a} = p$ und $\rho_b = \frac{a^2}{b}$ — Krümmungsradien in $S_{1,2}$ und in $S'_{1,2}$

$A = ab\pi$ — Flächeninhalt der Ellipse

$\frac{x^2}{a^2} + \frac{y^2}{b^2} = 1$ — Ellipsengleichung (Mittelpunktsform)

$\frac{x_1 x}{a^2} + \frac{y_1 y}{b^2} = 1$ — Gleichung der Tangente in P_1 an die Ellipse

Beispiel 1:

Von einer Ellipse sind $a = 5$ und $b = 3$ gegeben. Der obere Ellipsenpunkt P_1 mit $x_1 = 4$ ist gesucht.

Nach der Ellipsengleichung $\frac{x^2}{25} + \frac{y^2}{9} = 1$

ergibt sich für $x = x_1 = 4$

die positive Ordinate $y = y_1$: $\frac{16}{25} + \frac{y_1^2}{9} = 1 \Rightarrow y_1^2 = 9\left(1 - \frac{16}{25}\right)$

$$\Rightarrow y_1^2 = \frac{81}{25} \Rightarrow y_1 = \frac{9}{5} = 1{,}8\,.$$

Der gesuchte Punkt ist $P_1(4/1{,}8)$.

Man kann die Aufgabe auch durch Konstruktion lösen und begleitend rechnen, und zwar mit Hilfe des Hauptscheitelkreises, des Kreises um M durch S_1 und S_2 und mit S_k als Schnittpunkt mit der y-Achse: Die Ellipse ist das im Verhältnis $b : a$ gestauchte Bild ihres Hauptscheitelkreises.

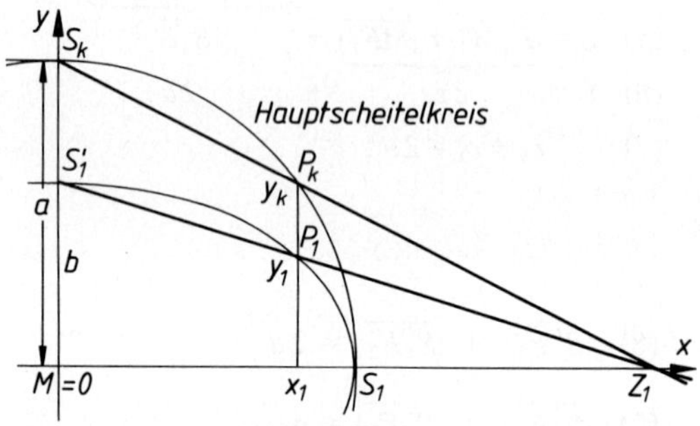

Der Kreispunkt $P_k(x_1/y_k)$ über dem gesuchten Ellipsenpunkt P_1 ist konstruierbar und hat die Ordinate $y_k = \sqrt{a^2 - x_1^2}$,

eingesetzt $y_k = \sqrt{25 - 16} \Rightarrow y_k = 3\,.$

Nach dem Strahlensatz
(Strahlenzentrum $Z_1 = S_k P_k \cap x$-Achse)
ist $y_k : y_1 = a : b\,,$

eingesetzt $3 : y_1 = 5 : 3 \Rightarrow y_1 = 1{,}8\,.$

Somit ist $P_1(4/1{,}8)$ der gesuchte Punkt.

Beispiel 2:

Im Punkt $P_1(3{,}1/2{,}7)$ einer Ellipse in Mittelpunktsform mit der Halbachse $a = 4{,}8$ ist die Tangente gesucht. Wie groß ist e?

Nach der Ellipsengleichung ist $\frac{3{,}1^2}{4{,}8^2} + \frac{2{,}7^2}{b^2} = 1 \Rightarrow b = 3{,}536$

Damit ist die Gleichung der Tangente $\frac{3{,}1x}{23{,}04} + \frac{2{,}7y}{12{,}506} = 1$

In der Hauptform der Geraden ist
die Gleichung der gesuchten Tangente $y = -0{,}6232x + 4{,}632$

Für e erhält man $e = \sqrt{23{,}04 - 12{,}506} = 3{,}246$

Die Konstruktion der Tangente und damit näherungsweise Bestätigung der rechnerischen Ergebnisse zeigt in zweifacher Weise die nebenstehende Figur.

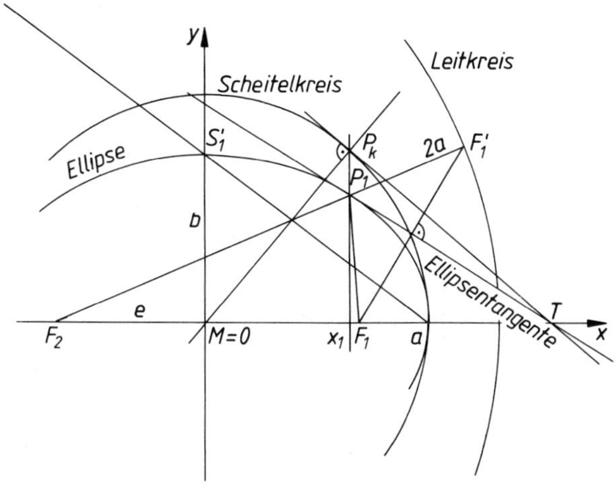

1. Der dem gegebenen Punkt P_1 zugeordnete Scheitelkreispunkt $P_k(x_1/y_k)$ ist Berührungspunkt der Scheitelkreistangente $P_kT \perp P_kM$.

Beim Stauchen des Scheitelkreises zur Ellipse wird aus der Kreistangente die Ellipsentangente P_1T. Die Nebenscheitelpunkte S_1',... (Halbachse b) und die Brennpunkte F_1, F_2 (lineare Exzentrizität e) werden bei dieser Konstruktion nicht benötigt.

2. Bei einem zweiten Konstruktionsverfahren benötigt man zunächst den Nebenscheitelpunkt S_1' (etwa nach dem Verfahren von Beispiel 1) und dann die Brennpunkte F_1 und F_2 (Schnittpunkte der x-Achse mit dem Kreis um S_1' mit dem Radius a). Nun zeichnet man den Leitkreis um F_2 mit dem Radius $2a$ und zeichnet die Strecke $\overline{F_2F_1'}$ der Länge $2a$ durch den gegebenen Punkt P_1 ein. Durch Verbinden von P_1 mit F_1 erhält man das gleichschenklige Dreieck $\Delta F_1F_1'P_1$, denn der Streckenzug $\overline{F_2P_1F_1}$ hat auch die Länge $2a$ (siehe „Übersicht": $r_1 + r_2 = 2a$). Die Mittelsenkrechte von $\overline{F_1F_1'}$ (Symmetrieachse des gleichschenkligen Dreiecks $\Delta F_1F_1'P_1$) ist die gesuchte Tangente in P_1 an die Ellipse.

Beispiel 3:

Eine Ellipse mit den Halbachsen $a = 5{,}5$ und $b = 4{,}2$ soll mit Hilfe der Krümmungskreise in den Scheitelpunkten näherungsweise konstruiert werden.

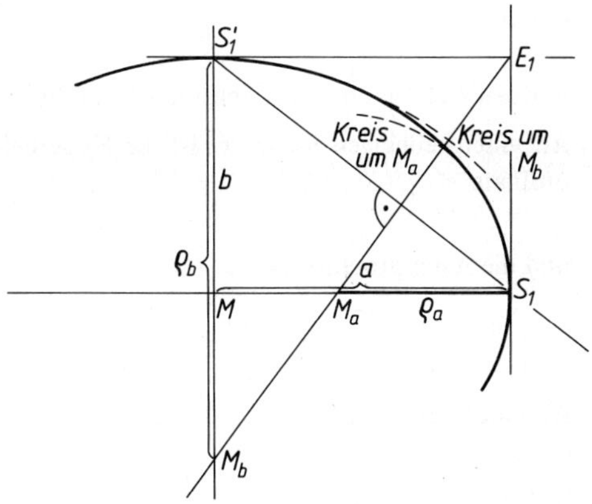

Man zeichnet die beiden Achsen $2a$ und $2b$ mit dem Ellipsenmittelpunkt M und den Scheitelpunkten S_1, S_1',... Dazu kommt das umbeschriebene Rechteck, das die Ellipse in den Scheitelpunkten berührt. Von einer Ecke E_1 des Rechtecks fällt man das Lot auf S_1S_1'. Dieses schneidet die Hauptachse in M_a, die Nebenachse in M_b, den Mittelpunkten der Krümmungskreise in den Scheitelpunkten; die Krümmungsradien sind also $\rho_a = |\overline{M_aS_1}|$ und $\rho_b = |\overline{M_bS_1'}|$.

Durch Übertrag auf die beiden anderen Scheitelpunkte kann man alle vier Ellipsenviertel näherungsweise zeichnen.

Begründung:

$$\Delta E_1M_aS_1 \sim \Delta S_1S_1'M \implies \rho_a : b = b : a \implies \rho_a = \frac{b^2}{a} = \frac{4{,}2^2}{5{,}5} = 3{,}207$$

$$\Delta M_bE_1S_1' \sim \Delta S_1S_1'M \implies \rho_b : a = a : b \implies \rho_b = \frac{a^2}{b} = \frac{5{,}5^2}{4{,}2} = 7{,}202$$

ρ_a und ρ_b stimmen mit den in der „Übersicht" angegebenen Krümmungsradien in den Scheitelpunkten überein.

5.4.3. Die Hyperbel

$|r_2 - r_1| = 2a > 0$

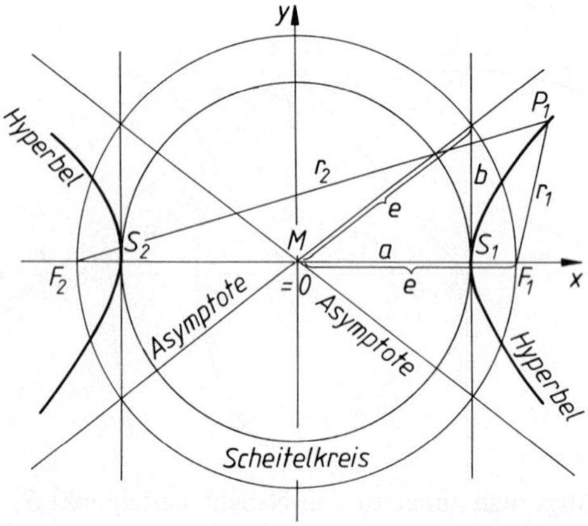

Satz: Die Hyperbel ist die Menge aller Punkte $P(x/y)$, deren Abstandsdifferenz $(r_2 - r_1)$ von zwei festen Punkten (F_1 und F_2) einen konstanten Betrag hat.

Dieser Satz entspricht dem vergleichbaren Satz für die Ellipse.

Sinnfällige Unterschiede zur Ellipse sind:

1. Die Hyperbel hat keine Nebenscheitelpunkte.
2. Die Hyperbel hat keinen endlichen Flächenhalt.
3. Die Hyperbel hat zwei Äste.
4. Die Hyperbel hat zwei Asymptoten.

Asymptoten (A-sym-ptoten = Nicht-zusammen-fallende) heißen die Geraden mit den Gleichungen

$$y = \pm \frac{b}{a} x .$$

Der Name ist dadurch begründet, daß die Hyperbeläste sich mit $x \to \pm\infty$ diesen Geraden unbeschränkt annähern, ohne sie je zu erreichen. Denn löst man die Hyperbelgleichung nach y auf, so erhält man

$$y = \pm b \sqrt{\frac{x^2}{a^2} - 1} .$$

Für den rechten oberen Halbast der Hyperbel ist $x \geqslant a > 0$ und $y \geqslant 0$.

An einer beliebigen Stelle x ist die Hyperbelordinate

$$y_h = b \sqrt{\frac{x^2}{a^2} - 1}$$

und die Asymptotenordinate

$$y_a = \frac{b}{a} x .$$

Als Quotienten erhält man

$$\frac{y_h}{y_a} = \frac{b}{b} \sqrt{\frac{\frac{x^2}{a^2} - 1}{\frac{x^2}{a^2}}} = \sqrt{1 - \frac{a^2}{x^2}} < 1 ,$$

das heißt, an jeder Stelle $x \geqslant a$ liegt ein Punkt der Hyperbel unter dem zugehörigen Punkt der Asymptote.

Nach den Grundregeln der Limesbildung im Abschnitt „Grenzwerte" (VIII.2.) ist

$$\lim_{x \to \infty} \frac{y_h}{y_a} = \lim_{x \to \infty} \sqrt{1 - \frac{a^2}{x^2}} = 1 ,$$

das bedeutet, die Annäherung der Hyperbel an die Asymptote erfolgt unbegrenzt, also kommt der rechte obere Halbast der Hyperbel der Asymptote mit wachsendem x immer näher, ohne sie je zu erreichen. Entsprechendes gilt aus Symmetriegründen für die drei anderen Halbäste der Hyperbel.

Übersicht:

$M(0/0)$	Mittelpunkt
$F_1(e/0)$ und $F_2(-e/0)$	Brennpunkte
$S_1(a/0)$ und $S_2(-a/0)$	Scheitelpunkte
$a,\ b > 0$	Halbachsen
$e = \sqrt{a^2 + b^2} > 0$	lineare Exzentrizität
$\epsilon = \frac{e}{a} > 1$	numerische Exzentrizität
$P_1(x_1/y_1)$	beliebiger Hyperbelpunkt
$\left\lvert \lvert\overline{F_2P_1}\rvert - \lvert\overline{P_1F_1}\rvert \right\rvert = \lvert r_2 - r_1 \rvert = 2a$	Hyperbelbedingung
$p = \frac{b^2}{a}$	Parameter
$\rho_a = \frac{b^2}{a} = p$	Krümmungsradius in S_1 und S_2
$\frac{x^2}{a^2} - \frac{y^2}{b^2} = 1$	Hyperbelgleichung (Mittelpunktsform)
$\frac{x_1 x}{a^2} - \frac{y_1 y}{b^2} = 1$	Gleichung der Tangente in P_1 an die Hyperbel
$y = \pm \frac{b}{a} x$	Gleichungen der Asymptoten

Beispiel 1:

Von einer Hyperbel sind a, b und x_1 gegeben. $P_1(x_1/y_1)$ ist gesucht.

a) $a = 5 \quad b = 3 \quad x_1 = 4$
b) $a = 4 \quad b = 3 \quad x_1 = 5$.

Die Hyperbel ist mit Hilfe des Krümmungskreises in S_1 (S_2) zu konstruieren.

a) In die Hyperbelgleichung eingesetzt, ergibt sich

$$\frac{4^2}{5^2} - \frac{y_1^2}{3^2} = 1 \implies y_1^2 = -\frac{81}{25} \implies y_1 = \frac{9}{5} i = 1{,}8\, i$$

Die Lösung ist imaginär; einen Hyperbelpunkt $P_1(4/y_1)$ gibt es nicht. Im Intervall $-a < x_1 < +a$ gibt es keinen Hyperbelpunkt.

b) Hier liefert die Hyperbelgleichung

$$\frac{5^2}{4^2} - \frac{y_1^2}{3^2} = 1 \implies y_1 = \frac{9}{4} \text{ und } y_1' = -\frac{9}{4}.$$

Es handelt sich bei dieser Aufgabe um den Hyperbelpunkt über bzw. unter dem Brennpunkt.

Für den Krümmungsradius in S_1, $\rho_a = \frac{b^2}{a}$, ergibt sich auch $\rho_a = \frac{9}{4}$.

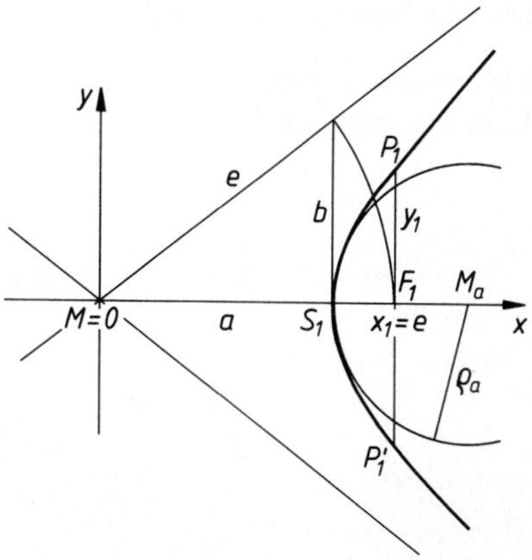

Diese Übereinstimmung von y_1 und ρ_a läßt sich nicht verallgemeinern, denn y_1 ist im allgemeinen als Quadratwurzel irrational, während ρ_a bei rationalen a und b immer rational ist.

Beispiel 2:

Die Gleichung der Tangente im Punkt $P_1(5{,}6/3{,}4)$ an die Hyperbel in Mittelpunktsform mit der Halbachse $a = 2{,}8$ ist zu berechnen. Wie groß ist e?

Zur Berechnung von b dient die Hyperbelgleichung:

$$\frac{5{,}6^2}{2{,}8^2} - \frac{3{,}4^2}{b^2} = 1 \implies b^2 = 3{,}853 \implies b = 1{,}963 .$$

Die Tangentengleichung lautet somit

$$\frac{5{,}6\,x}{7{,}84} - \frac{3{,}4\,y}{3{,}853} = 1 ;$$

auf die Hauptform der Gerdadengleichung gebracht:

$$y = 0{,}8095\,x - 1{,}133 .$$

Ferner: $e = \sqrt{7{,}84 + 3{,}853} = 3{,}420$.

Beispiel 3:

In Anlehnung an Beispiel 2 ist von einer Hyperbel der Mittelpunktsform die lineare Exzentrizität $e = 3{,}420$ und der Punkt $P_1(5{,}6/3{,}4)$ gegeben. Durch Konstruktion sind die Scheitelpunkte, die Asymptoten und die Tangente in P_1 an die Hyperbel zu finden.

Man zeichnet F_1, F_2 und P_1 und um P_1 einen Kreisbogen durch F_1. Dieser schneidet P_1F_2 in F_1'. Die Strecke $\overline{F_1'F_2}$ hat wegen der Hyperbelbedingung $|r_2 - r_1| = 2a$ die Länge $2a$. Mit der halben Länge a als Radius zeichnet man um die Mitte M von $\overline{F_1F_2}$ den Scheitelkreis. Dieser schneidet F_1F_2 in den gesuchten Scheitelpunkten S_1 und S_2. Der Kreis um M mit e schneidet die in S_1 und S_2 auf F_1F_2 errichteten Senkrechten in A_1, A_1', A_2, A_2', Punkten auf den gesuchten Asymptoten.

Schließlich ist die Winkelhalbierende von $\sphericalangle F_1P_1F_1'$ die gesuchte Tangente.

Denn jeder Punkt dieser Winkelhalbierenden, außer P_1, hat eine Entfernungsdifferenz von F_1 und F_2, die kleiner als $2a$ ist, liegt also außerhalb der Hyperbel.

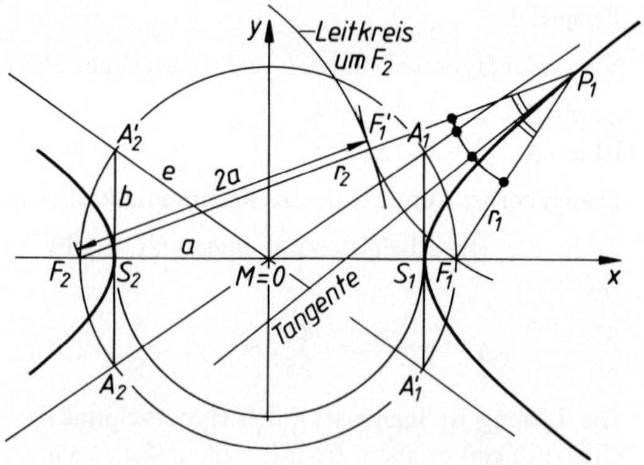

Die errechneten Ergebnisse von Beispiel 2 kann man mit der Zeichnung vergleichen.

5.4.4. Anwendungen der Kegelschnitte

Beispiel 1: Ein parabelförmiger Brückenbogen – Achse vertikal und Parabel nach unten offen – hat zwischen den in gleicher Höhe liegenden Lagern – Enden – des Bogens L und L' die Spannweite $2a = |\overline{LL'}|m = 32$ m. Die Scheitelhöhe – Höhe des Scheitelpunktes S über LL' – beträgt $b = 10$ m. Die horizontal verlaufende Straße liegt $h = 4$ m über LL' und schneidet den Brückenbogen in P_1 und P_1', den Befestigungspunkten des Straßenkörpers. Der Straßenkörper wird dann noch außer von einem Vertikalstab im Scheitelpunkt S (Länge $b - h = 6$ m) von zwei Vertikalstäben gehalten, die in der Mitte des horizontalen Abstandes von S und P_1 und von S und P_1' in den Punkten P_2 und P_2' am Brückenbogen angebracht sind.

Wie groß ist die Länge l dieser Vertikalstäbe?

Wie groß sind $|\overline{P_1P_1'}|$ und $|\overline{P_2P_2'}|$?

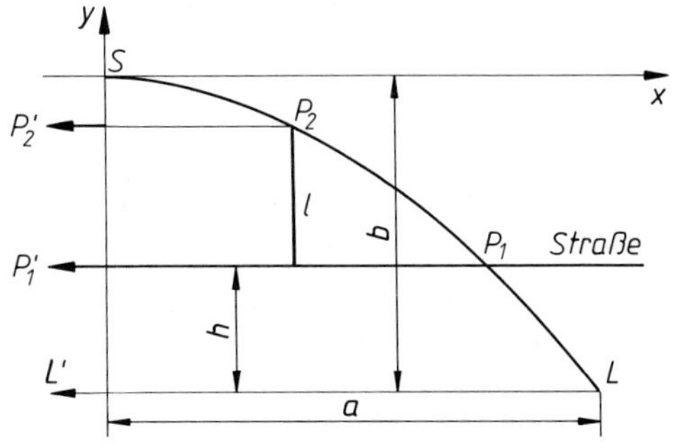

Die Skizze veranschaulicht nur die Hälfte der symmetrischen Straßenbrücke. Zur Lösung der Aufgabe denkt man sich ein Achsenkreuz gelegt, so daß die Brückenbogenparabel die Gleichung $y = -\alpha x^2$ hat. Mit den Koordinaten des Lagerpunktes L ergibt die Parabelgleichung

$-b = -\alpha a^2$, woraus folgt: $\alpha = \dfrac{b}{a^2}$.

Der Befestigungspunkt P_1 hat nach Aufgabenstellung die Ordinate $y_1 = -(b - h)$. Mit Hilfe der Parabelgleichung erhält man seine Abszisse x_1:

$y_1 = -\alpha x_1^2$. Man löst nach x_1 auf und setzt y_1 und α ein:

$$x_1 = \sqrt{\frac{y_1}{-\alpha}} = \sqrt{\frac{-(b-h)}{-\frac{b}{a^2}}} = a\sqrt{\frac{b-h}{b}}.$$

Der Befestigungspunkt P_2 soll die Abszisse

$$x_2 = \frac{1}{2}x_1 = \frac{a}{2}\sqrt{\frac{b-h}{b}}$$ haben, also ist seine Ordinate

$$y_2 = -\alpha x_2^2 = -\frac{b}{a^2}\left(\frac{a}{2}\sqrt{\frac{b-h}{b}}\right)^2 = -\frac{b-h}{4}.$$

Die gesuchte Vertikalstablänge l ist

$$l = y_2 - y_1 = \frac{3}{4}(b-h).$$

Die Strecken $\overline{P_1P_1'}$ und $\overline{P_2P_2'}$ haben die Längen

$$2x_1 = 2a\sqrt{\frac{b-h}{b}} \quad \text{und} \quad 2x_2 = a\sqrt{\frac{b-h}{b}}.$$

Mit den gegebenen Abmessungen sind die Strecken

$$l = \frac{3}{4}(10\,\text{m} - 4\,\text{m}) = 4{,}50\,\text{m}$$

$$2x_1 = 2 \cdot 16\,\text{m}\sqrt{\frac{10-4}{10}} = 24{,}787\,\text{m}$$

$$2x_2 = 16\,\text{m}\sqrt{\frac{10-4}{10}} = 12{,}394\,\text{m}.$$

Beispiel 2: Welche nach oben offene Parabel mit dem Scheitelpunkt $S(-4/-1)$ berührt die Gerade $y=x$? Welche Koordinaten hat der Berührungspunkt P_1?

Die Gleichung der nach oben offenen Parabel lautet

$(x-x_s)^2 = 2p(y-y_s)$. $\quad (x_s/y_s)=(-4/-1)$ eingesetzt:

$(x+4)^2 = 2p(y+1)$.

Die zugehörige Tangentengleichung im Berührungspunkt $P_1(x_1/y_1)$ ist

$(x+4)(x_1+4)=p(y+1)+p(y_1+1)$.

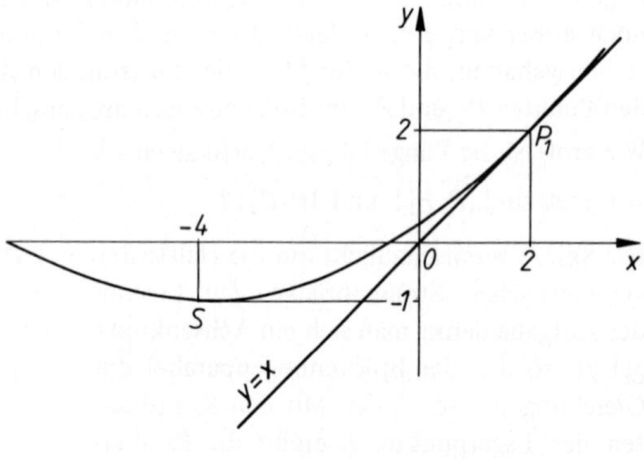

Tangentengleichung ist aber auch

$x=y$.

Beide Formen der Tangengleichung sind identisch, so daß Koeffizientenvergleich anzuwenden ist:

1. Die Koeffizienten von x und y sind 1 oder gleich und ungleich 0:

(1) $\quad x_1+4=p$.

2. Die Absolutglieder (Konstanten) sind auf beiden Seiten 0 oder gleich:

(2) $\quad 4(x_1+4)=p+py_1+p$.

(1) in (2) eingesetzt, ergibt

$4p=2p+py_1 \implies 4=2+y_1 \implies$

(3) $\quad y_1=2$. Wegen $x=y$ ist auch

(4) $\quad x_1=2$. Mit (4) ergibt sich aus (1)

(5) $\quad p=6$.

Ergebnisse: Die gesuchte Parabel hat die Gleichung

$(x+4)^2=12(y+1)$, gesuchter Berührungspunkt ist

$P_1(2/2)$.

Beispiel 3: Bestimme von der Ellipse $\frac{x^2}{36}+\frac{y^2}{18}=1$ die Ecken des größten einbeschriebenen Quadrats! Welches Verhältnis haben die Flächeninhalte dieses Quadrats und der Ellipse?

Aus Symmetriegründen liegen die Ecken des gesuchten Quadrats auf den Winkelhalbierenden der vier Quadranten des Koordinatensystems: Es sind die Geraden $y=x$ und $y=-x$. Zur Berechnung eines Eckpunkts setzt man seine Abszisse x_1 für x und für y in die Ellipsengleichung ein:

$$\frac{x_1^2}{36}+\frac{x_1^2}{18}=1 \implies x_1^2=12 \implies x_1=\pm 2\sqrt{3}.$$

Wegen $y=\pm x$ ist auch $\quad y_1=\pm 2\sqrt{3}$.

Somit sind die vier Eckpunkte des Quadrats $(\pm 2\sqrt{3}/\pm 2\sqrt{3})=(\pm 3{,}464/\pm 3{,}464)$, seine Seitenlänge ist $4\sqrt{3}=6{,}928$, seine Fläche $A_\square=48$. Die Ellipse hat den Flächeninhalt $A_{ell}=ab\pi=6\cdot 3\sqrt{2}\cdot\pi=79{,}97$.

Das Verhältnis beider Flächen ist

$$\frac{A_\square}{A_{ell}}=\frac{48}{6\cdot 3\cdot\sqrt{2}\cdot\pi}=0{,}6002.$$

Beispiel 4: Ein Stab mit den Drehlagern O und M und der Länge $|\overline{OM}| = r$ ist um O drehbar, und um M dreht sich ein zweiter Stab der Länge $|\overline{MP}| = s$. In der Ausgangsstellung liegen M und P als M_0 und rechts davon P_0 auf der Grundrichtungsachse OP_0. Während sich nun OM um den Winkel φ nach links dreht, dreht sich MP relativ zu OM um 2φ nach rechts. Auf welcher Kurve bewegt sich P bei fortgesetzter Drehung?

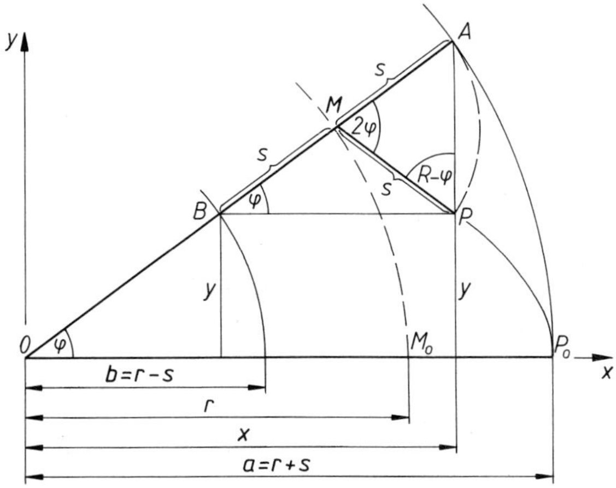

Die Lösung der Aufgabe erfolgt über die Parameterdarstellung der Ellipse:

$x = a \cos\varphi$
$y = b \sin\varphi$.

Man bestätigt:
Die Quadratsumme von

$\frac{x}{a} = \cos\varphi$ und

$\frac{y}{b} = \sin\varphi$ ergibt wegen

$\cos^2\varphi + \sin^2\varphi = 1$

die Mittelpunktsform der Ellipsengleichung:

$$\frac{x^2}{a^2} + \frac{y^2}{b^2} = 1\ .$$

In der vorliegenden Aufgabe ist $a = r + s$ (große Halbachse), $b = r - s$ (kleine Halbachse). P bildet mit A und B, den Schnittpunkten der Geraden OM mit dem Haupt- und Nebenscheitelkreis, ein rechtwinkliges Dreieck, wie man aus der Figur abliest. Darum ergibt sich

$x = (r + s) \cos\varphi$
$y = (r - s) \sin\varphi$,

die Parameterdarstellung der Ellipse, die als Bahnkurve von P gesucht ist. Ihre Mittelpunktsgleichung lautet

$$\frac{x^2}{(r+s)^2} + \frac{y^2}{(r-s)^2} = 1\ .$$

Beispiel 5: Die Schnittpunkte der Geraden $y = \frac{x}{2} + 4$ mit der Hyperbel $4y^2 - 9x^2 = 36$ sind gesucht. Gibt es zu der Geraden parallele Tangenten an die Hyperbel?

Die y-Achse ist Hauptachse der Hyperbel $\frac{y^2}{3^2} - \frac{x^2}{2^2} = 1$. Setzt man das y der Geraden ein, so erhält man

$$\frac{\frac{x^2}{4} + 4x + 16}{9} - \frac{x^2}{4} = 1 \implies -\frac{2}{9}x^2 + \frac{4}{9}x + \frac{7}{9} = 0 \implies$$
$$x^2 - 2x - \frac{7}{2} = 0\ .$$

Diese quadratische Gleichung hat die Lösungen

$$x_{1,2} = +1 \pm \sqrt{\frac{9}{2}} = 1 \pm \frac{3}{2}\sqrt{2}$$

$x_1 = 3{,}1213 \qquad x_2 = -1{,}1213$.

Aus der Geradengleichung ergeben sich die Ordinaten:

$y_{1,2} = \frac{1}{2} \pm \frac{3}{4}\sqrt{2} + 4$

$y_1 = 5{,}5607$

$y_2 = 3{,}4393$.

Schnittpunkte der Geraden mit der Hyperbel sind

$P_1(3{,}1213/5{,}5607)$,

$P_2(-1{,}1213/3{,}4393)$.

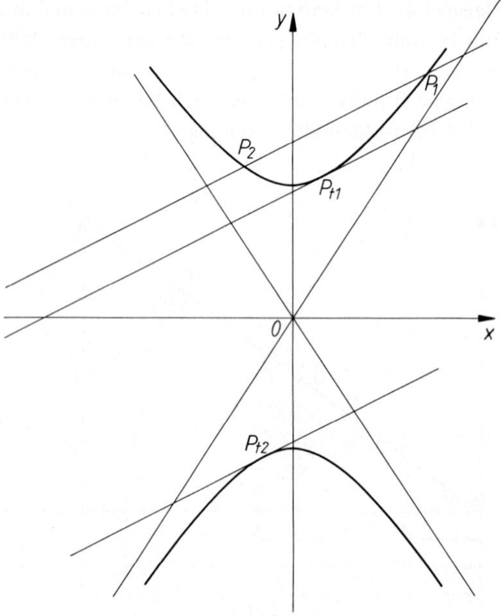

Die Tangentengleichung an die gegebene Hyperbel ist

$$\frac{yy_t}{3^2} - \frac{xx_t}{2^2} = 1$$

mit dem noch unbekannten Berührungspunkt $P_t(x_t/y_t)$. Bildet man hieraus die Hauptform der Geradengleichung, dann ergibt sich

$$y = \frac{9}{4}\frac{x_t}{y_t}x + \frac{9}{y_t} .$$

Die Tangente soll parallel zur gegebenen Geraden sein, hat also die Steigung $\frac{1}{2}$. Somit muß gelten

$$\frac{9}{4}\frac{x_t}{y_t} = \frac{1}{2} \Longrightarrow y_t = \frac{9}{2}x_t .$$

Der gesuchte Punkt ist ein Hyperbelpunkt, seine Koordinaten müssen also die Hyperbelgleichung erfüllen. Man setzt in der Hyperbelgleichung x_t für x und $\frac{9}{2}x_t$ für y und erhält

$$\frac{\left(\frac{9}{2}x_t\right)^2}{3^2} - \frac{x_t^2}{2^2} = 1 \Longrightarrow \frac{9}{4}x_t^2 - \frac{1}{4}x_t^2 = 1 \Longrightarrow x_t^2 = \frac{1}{2} \Longrightarrow$$

$$x_{t1} = \frac{1}{2}\sqrt{2} \quad \text{und} \quad x_{t2} = -\frac{1}{2}\sqrt{2}.$$

Wegen $y_t = \frac{9}{2}x_t$ sind die dazugehörigen Ordinaten $y_{t1} = \frac{9}{4}\sqrt{2}$ und $y_{t2} = -\frac{9}{4}\sqrt{2}$. Es gibt also zwei Tangenten mit den Berührungspunkten $P_{t1}(0{,}7071/3{,}1820)$ und $P_{t2}(-0{,}7071/-3{,}1820)$.

Die Tantentengleichungen sind

$$\begin{aligned} y &= \frac{1}{2}x + 2\sqrt{2} & & y = 0{,}5x + 2{,}8284 \\ & & \Longrightarrow & \\ y &= \frac{1}{2}x - 2\sqrt{2} & & y = 0{,}5x - 2{,}8284 . \end{aligned}$$

Anmerkung: Tangenten gibt es bei dieser Hyperbel nur für Steigungen $|m| < \frac{b}{a} = \frac{3}{2}$ (Asymptotensteigung). So gibt es zum Beispiel parallel zur Geraden $y = -2x$ keine Tangente. Für die übliche Hyperbel $\frac{x^2}{a^2} - \frac{y^2}{b^2} = 1$ gibt es keine Tangenten mit Steigungen $|m| \leqslant \frac{b}{a}$; es gibt zwei parallele Tangenten für jedes $|m| > \frac{b}{a}$.

V. Planimetrie (ebene Geometrie)

1. Gerade Linien

1.1. Gerade

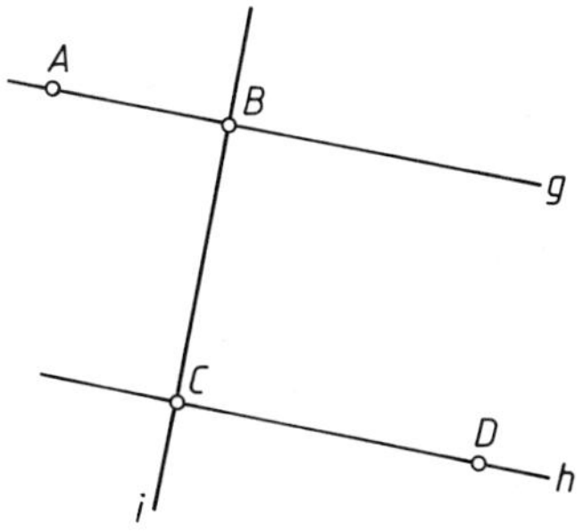

$AB = BA = g$ ist eine Gerade, das heißt eine beidseitig unbegrenzte gerade Linie.

$A \in g$ (lies: A Element g oder A aus g) heißt: A ist ein Punkt der Geraden g.

$C \notin g$ (lies: C nicht Element von g) heißt: C liegt außerhalb von g.

$AB \parallel CD$ oder $g \parallel h$ (g parallel h) heißt: AB und CD sind zwei parallele Geraden; sie haben keinen Schnittpunkt gemein.

$AB \perp CB$ oder $g \perp i$ (g senkrecht i) heißt: Die Geraden g und i bilden einen Winkel von 90° miteinander.

1.2. Halbgerade (Strahl)

$SA = s$ ist eine Halbgerade mit dem Anfangspunkt S, dem beliebigen Punkt A und ohne Endpunkt. Man sagt auch, s ist ein von S ausgehender Strahl.

1.3. Strecke

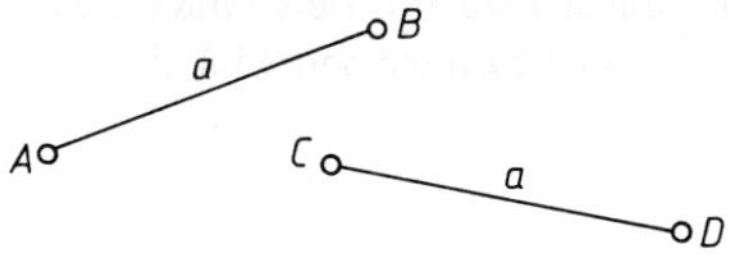

$\overline{AB}$ (lies: Strecke AB) $= \overline{BA}$ ist eine Strecke, das heißt eine beidseitig begrenzte gerade Linie.

$\overline{AB}$ und $\overline{CD}$ sind verschiedene Strecken, $\overline{AB} \neq \overline{CD}$ haben aber die gleiche Länge $|\overline{AB}| = |\overline{CD}| = a$ (lies: Betrag von Strecke AB gleich ...). a ist eine reelle Zahl, die Längeneinheit ist also 1.

2. Winkel

2.1. Winkel und Winkelbetrag, Gradmaß

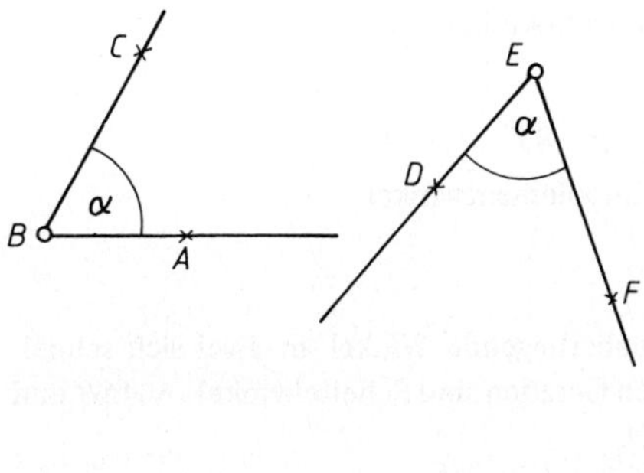

$\sphericalangle ABC$ (lies: Winkel ABC) hat den Scheitelpunkt B und als Schenkel die Halbgeraden BA und BC.

Gemessen wird der Winkel durch eine Drehung, und zwar die Drehung um B, die den Schenkel BA links herum in den Schenkel BC überführt. Das Maß der Drehung und damit der Betrag des Winkels ist $|\sphericalangle ABC| = \alpha$. $\sphericalangle DEF$ ist ein anderer Winkel von gleichem Betrag: also $\sphericalangle ABC \neq \sphericalangle DEF$, aber $|\sphericalangle ABC| = |\sphericalangle DEF| = \alpha$ (lies: Betrag Winkel ABC gleich ...).

Anmerkung: Statt „Winkel mit dem Betrag α" sagt man meist kurz „Winkel α".

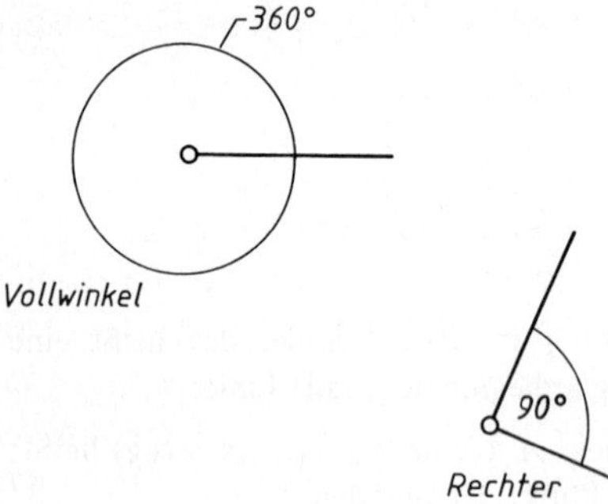

Einheiten der Winkelmessung sind:

das Grad: $1^\circ = \frac{1}{360}$ Vollwinkel

(lies: 1 Grad gleich ...)

das Neugrad (Gon): $1^g = \frac{1}{400}$ Vollwinkel

(lies: 1 Gon gleich ...)

der Rechte (ein rechter Winkel):

$1\ R = 90^\circ = \frac{1}{4}$ Vollwinkel

(lies: 1 Rechter gleich ...)

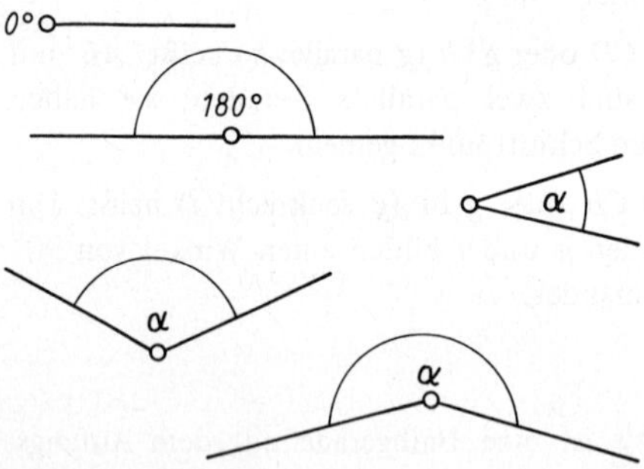

Sonstige Winkelbezeichnungen sind:

Nullwinkel $= 0^\circ$

gestreckter Winkel $= 180^\circ$

spitzer Winkel: $0^\circ < \alpha < 90^\circ$

stumpfer Winkel: $90^\circ < \alpha < 180^\circ$

überstumpfer Winkel: $\alpha > 180^\circ$

2.2. Winkelpaare

2.2.1. Komplementwinkel

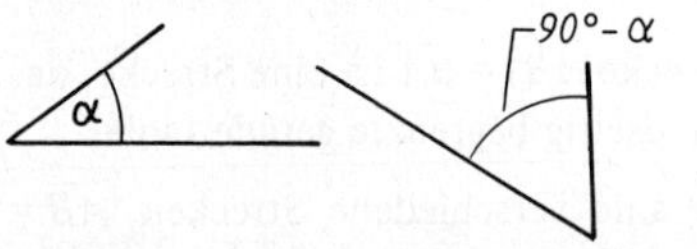

Zwei Winkel, die sich zu 90° oder einem Rechten ergänzen, heißen Komplementwinkel.

Beispiel 1: Der Komplementwinkel zu $\alpha = 25^\circ$ ist $R - \alpha = 65^\circ$.
Beispiel 2: Die beiden spitzen Winkel im rechtwinkligen Dreieck sind Komplementwinkel.

2.2.2. Supplementwinkel

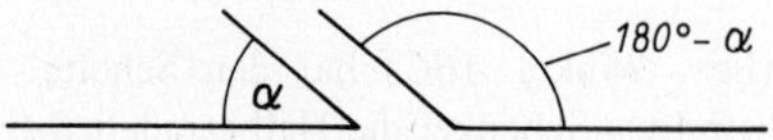

Zwei Winkel, die sich zu 180° ergänzen, heißen Supplementwinkel.

Beispiel 1: Der Supplementwinkel von $\alpha = 95^\circ$ ist $180^\circ - \alpha = 85^\circ$.
Beispiel 2: Benachbarte Winkel im Parallelogramm sind Supplementwinkel.

2.2.3. Scheitelwinkel

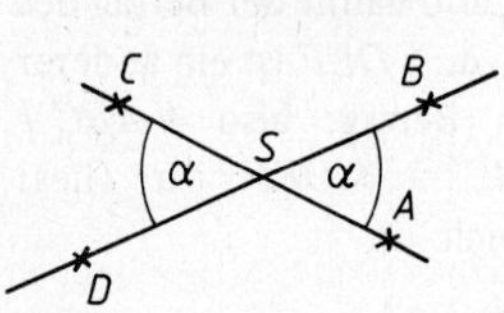

Gegenüberliegende Winkel an zwei sich schneidenden Geraden sind Scheitelwinkel: $\sphericalangle ASB$ und $\sphericalangle CSD$.

Scheitelwinkel sind gleich groß:

$|\sphericalangle ASB| = |\sphericalangle CSD| = \alpha$.

2.2.4. Nebenwinkel

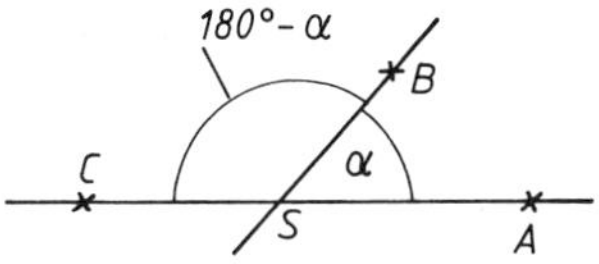

Benachbarte Winkel an zwei sich schneidenden Geraden sind Nebenwinkel: $\measuredangle ASB$ und $\measuredangle BSC$.

Nebenwinkel sind Supplementwinkel, d.h. sie ergänzen sich zu 180°:
$|\measuredangle ASB| + |\measuredangle BSC| = 180°$.

2.2.5. Stufenwinkel

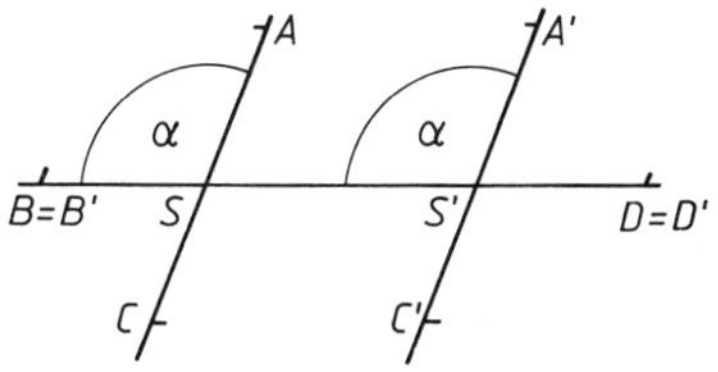

Entsprechende Winkel an geschnittenen Parallelen heißen Stufenwinkel: $\measuredangle ASB$ und $\measuredangle A'S'B'$.

Stufenwinkel sind gleich groß:
$|\measuredangle ASB| = |\measuredangle A'S'B'| = \alpha$.

2.2.6. Wechselwinkel

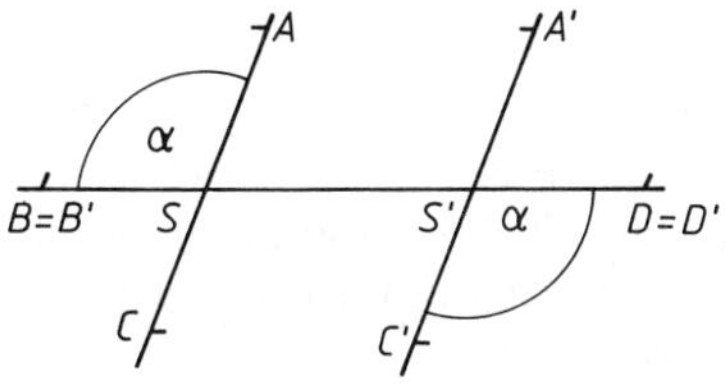

Entgegengesetzt liegende Winkel an geschnittenen Parallelen heißen Wechselwinkel: $\measuredangle ASB$ und $\measuredangle C'S'D'$.

Wechselwinkel sind gleich groß:
$|\measuredangle ASB| = |\measuredangle C'S'D'| = \alpha$.

2.2.7. Halbgleichliegende Winkel

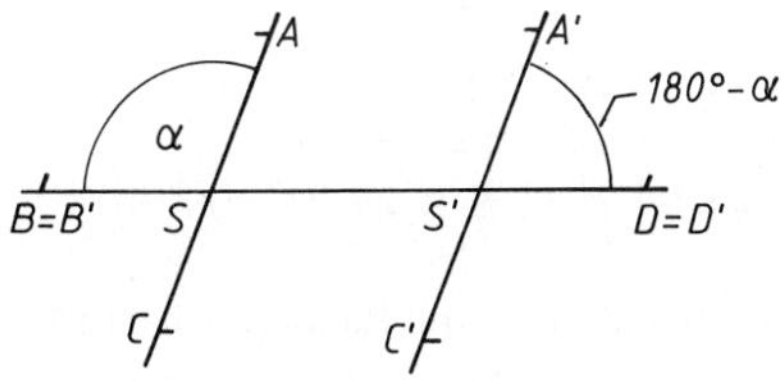

Winkelpaare an geschnittenen Parallelen, die weder Scheitelwinkel noch Nebenwinkel noch Stufenwinkel noch Wechselwinkel sind, heißen halbgleichliegende Winkel: $\measuredangle ASB$ und $\measuredangle D'S'A'$.

Halbgleichliegende Winkel sind Supplementwinkel (Summe 180°):
$|\measuredangle ASB| + |\measuredangle D'S'A'| = 180°$.

Beispiel:

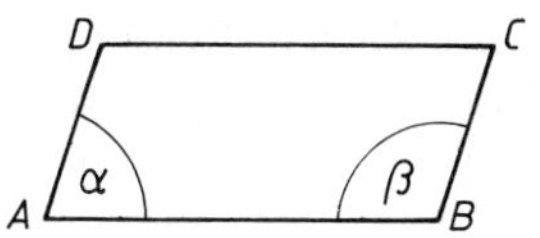

Benachbarte Winkel beim Parallelogramm sind halbgleichliegende Winkel.

$\measuredangle BAD$ und $\measuredangle CBA$ halbgleichliegende Winkel
$\alpha \quad + \quad \beta \quad = 180°$

3. Grundkonstruktionen (mit Zirkel und Lineal)

3.1. Strecke halbieren

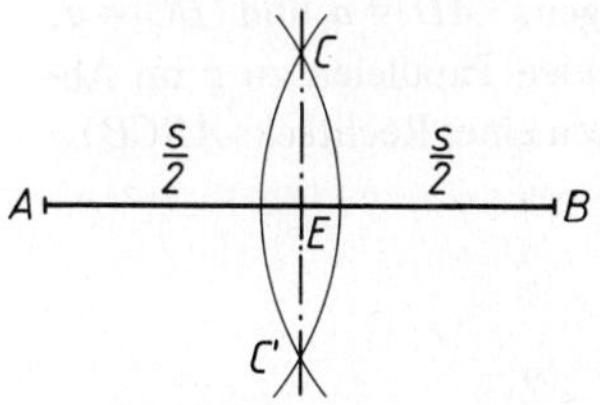

Kreisbögen mit gleichem Radius um die Endpunkte A und B. Schnittpunkte sind C und C'. CC' halbiert $\overline{AB}$ in E.

3.2. Winkel halbieren

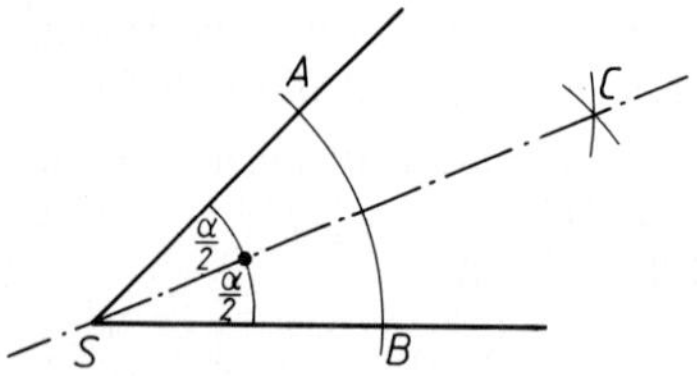

Ein Kreisbogen um Scheitelpunkt S schneidet die Schenkel in A und B. Kreisbögen mit gleichem Radius um A und B schneiden sich in C. SC halbiert $\measuredangle BSA$.

3.3. Senkrechte errichten

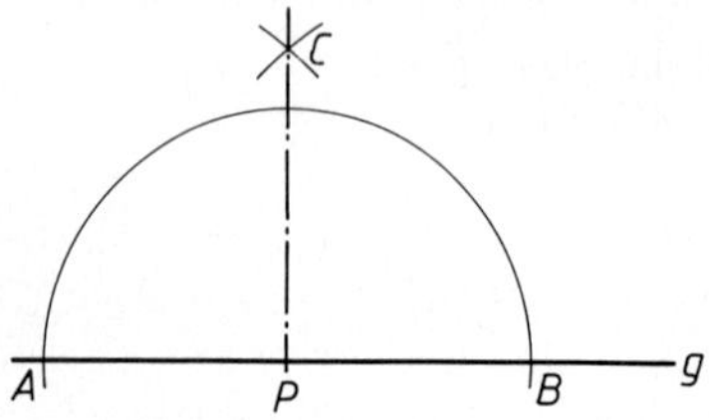

Ein Halbkreis um $P \in g$ (P liegt auf g) schneidet g in A und B. Kreisbörgen mit gleichem Radius um A und B schneiden sich in C. PC ist die Senkrechte auf g im Punkte P.

3.4. Lot fällen

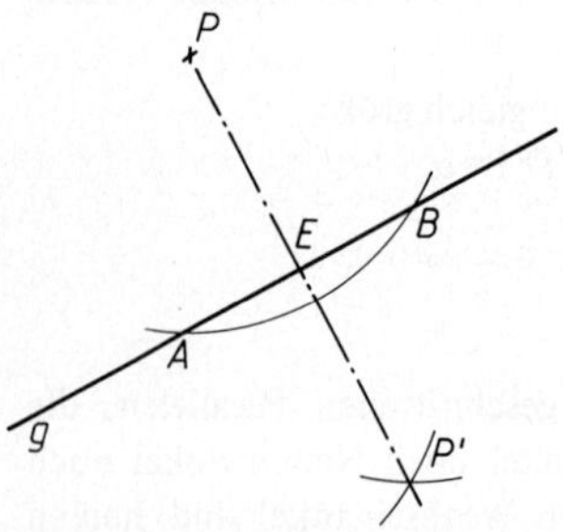

Ein Kreisbogen um $P \notin g$ (P liegt nicht auf g) schneidet g in A und B. Kreisbögen mit gleichem Radius um A und B schneiden sich in P'. PP' ist das Lot von P auf g.

3.5. Parallele durch gegebenen Punkt

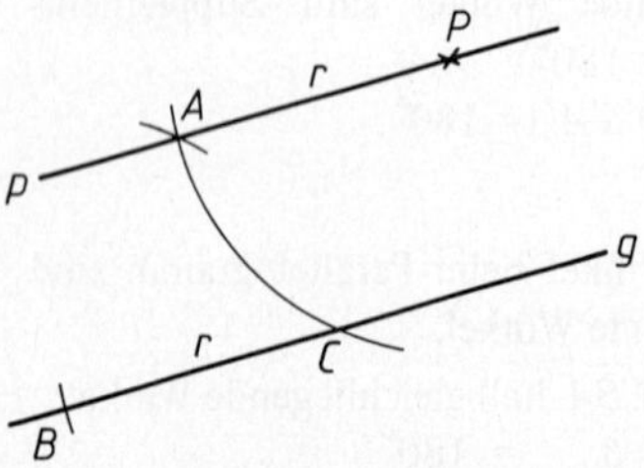

Ein Kreisbogen um $P \notin g$ mit Radius r schneidet g in C. Ein Kreisbogen um C mit dem gleichen r schneidet g in B, ein Kreisbogen um B mit r schneidet den ersten Kreisbogen um P mit r in A. PA ist die Parallele zu g durch P (Konstruktion einer Raute $PCBA$).

3.6. Parallele in gegebenem Abstand

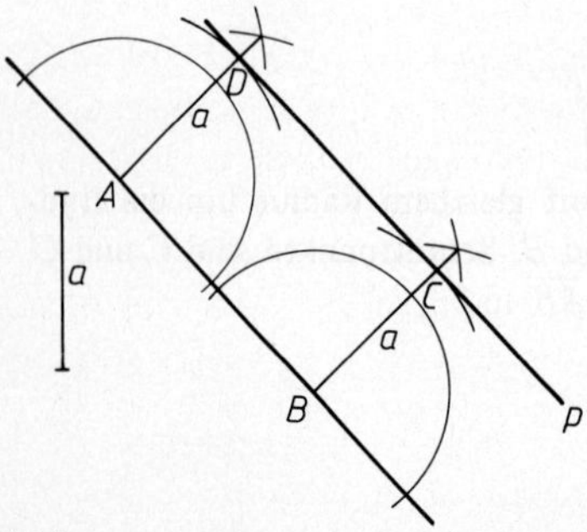

In beliebigen Punkten $A \in g$ und $B \in g$ (aber $A \neq B$) werden nach 3.3 die Senkrechten errichtet, und auf diesen wird der vorgeschriebene Abstand a abgetragen: $|\overline{AD}| = a$ und $|\overline{BC}| = a$. CD ist eine der beiden Parallelen zu g im Abstand a (Konstruktion eines Rechtecks $ABCD$).

3.7. Winkelkonstruktionen

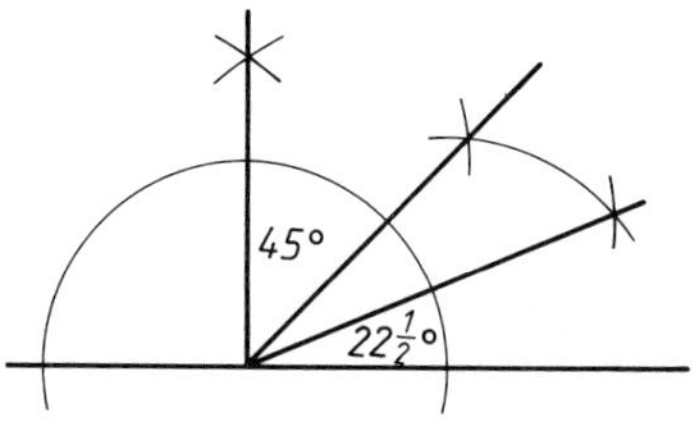

Wiederholtes Halbieren eines rechten Winkels liefert 45°, 22,5° usw.

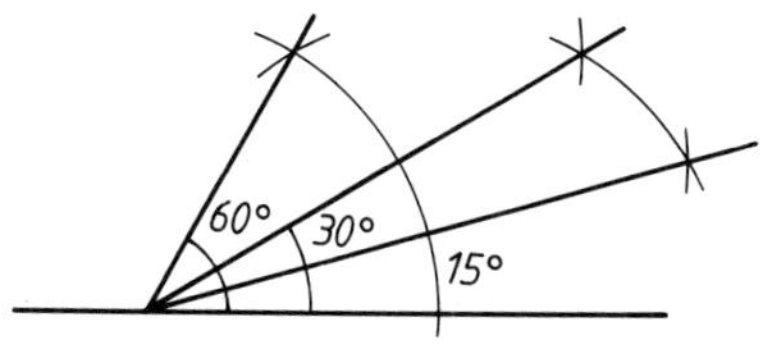

Winkel des gleichseitigen Dreiecks ist 60°. Durch wiederholtes Halbieren ergeben sich 30°, 15° usw.

4. Geometrische Örter (Ortslinien)

Eine Punktmenge, die nur Elemente mit einer bestimmten Eigenschaft enthält und alle Elemente mit dieser Eigenschaft umfaßt, heißt geometrischer Ort. In der Planimetrie sind die geometrischen Örter Linien, daher auch geometrische Ortslinien genannt. (In der Stereometrie sind die geometrischen Örter Flächen). Elementare geometrische Ortslinien sind:

4.1. Der Kreis

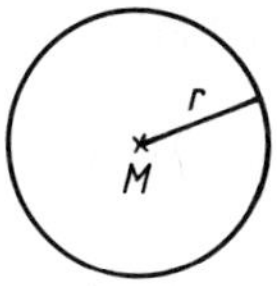

Geometrischer Ort aller Punkte, die von einem festen Punkt M die feste Entfernung r haben, ist der Kreis um M mit dem Radius r.

4.2. Die Parallele

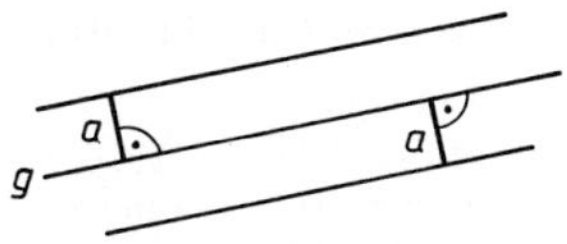

Geometrischer Ort aller Punkte, die von einer festen Geraden g den festen Abstand a haben, ist die Parallele zu g im Abstand a (genauer: sind die beiden Parallelen im Abstand a).

4.3. Die Mittelsenkrechte

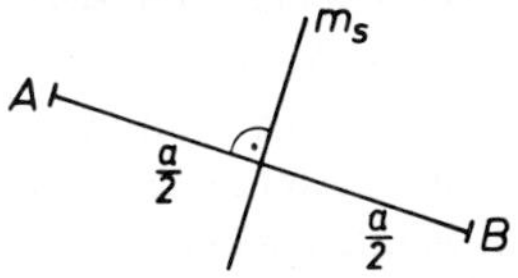

Geometrischer Ort aller Punkte, die von zwei festen Punkten A und B gleich weit entfernt sind, ist die Mittelsenkrechte auf der Strecke $\overline{AB}$.

4.4. Die Winkelhalbierende

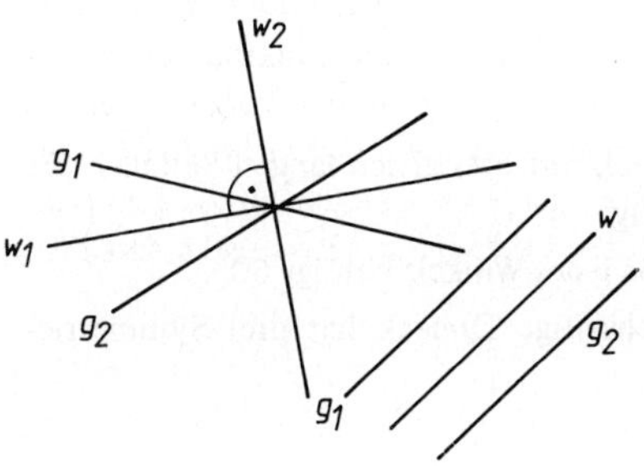

Geometrischer Ort aller Punkte, die von zwei festen Geraden g_1 und g_2 den gleichen Abstand haben, ist die Winkelhalbierende zwischen g_1 und g_2 (besser: sind die beiden – zueinander senkrechten – Winkelhalbierenden zwischen g_1 und g_2). Sind g_1 und g_2 zueinander parallel, dann ist die Mittellinie w der gesuchte geometrische Ort.

5. Das Dreieck

5.1. Seiten und Winkel

$b + c > a$
$c + a > b$
$a + b > c$

$\alpha + \beta + \gamma = 180°$

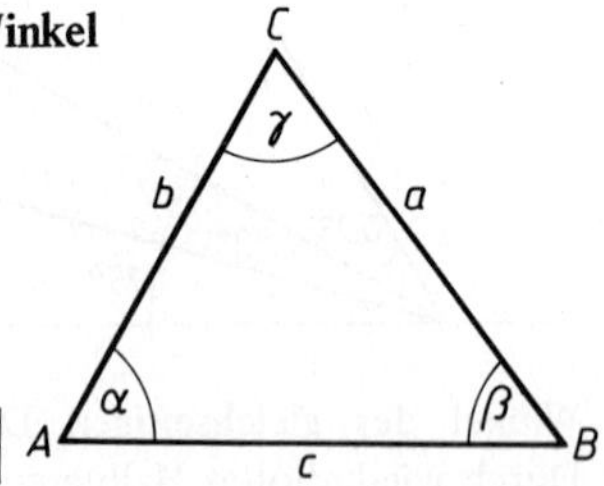

$|\overline{BC}| = a \quad |\overline{CA}| = b \quad |\overline{AB}| = c$

$|\sphericalangle BAC| = \alpha \quad |\sphericalangle CBA| = \beta \quad |\sphericalangle ACB| = \gamma$

Im Dreieck ist die Summe zweier Seitenlängen stets größer als die dritte.

In jedem Dreieck beträgt die Winkelsumme 180°.

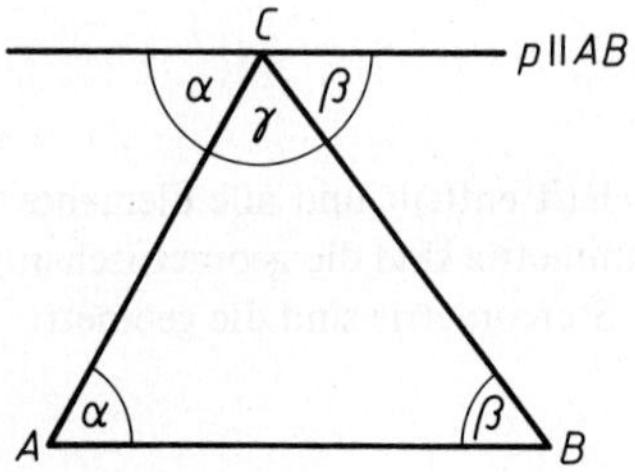

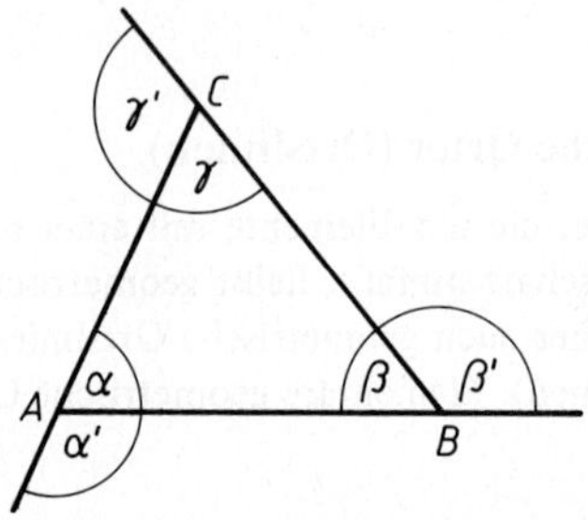

$\alpha' + \beta' + \gamma' = 360°$

Die Summe der Außenwinkel beträgt 360°.

$a > b > c \iff \alpha > \beta > \gamma$

Im Dreieck liegt der größeren Seite stets der größere Winkel gegenüber.

α und β und $\gamma < 90° \iff$ spitzwinkliges Dreieck

Im spitzwinkligen Dreieck ist jeder Winkel kleiner als 90°.

Entweder α oder β oder $\gamma > 90°$
$\iff$ stumpfwinkliges Dreieck

Im stumpfwinkligen Dreieck ist genau ein Winkel größer als 90°.

5.2. Besondere Dreiecke

5.2.1. Das gleichschenklige Dreieck

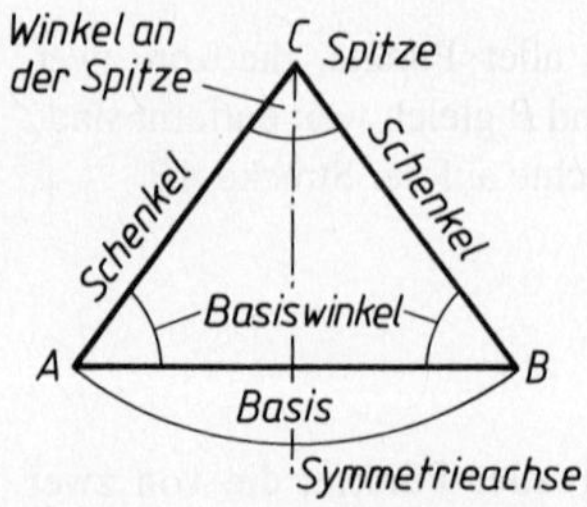

Ein Dreieck mit zwei gleich langen Seiten heißt gleichschenklig.

Es müssen nicht genau zwei Seiten sein; auch ein Dreieck mit drei gleich langen Seiten, ein gleichseitiges Dreieck, ist gleichschenklig.

Die Basiswinkel sind gleich groß.

5.2.2. Das gleichseitige Dreieck

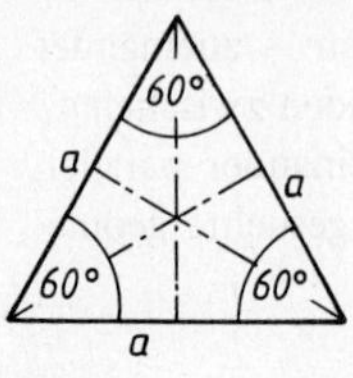

Ein Dreieck mit drei gleich langen Seiten heißt gleichseitig.

Die Größe jedes Winkels beträgt 60°.

Das gleichseitige Dreieck hat drei Symmetrieachsen.

5.2.3. Das rechtwinklige Dreieck

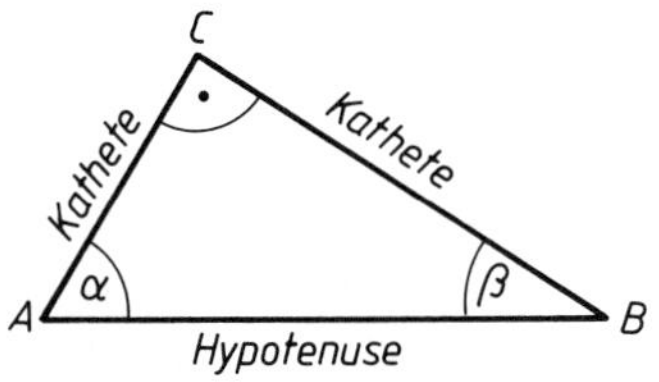

$\alpha + \beta = 90°$

Ein Dreieck mit einem rechten Winkel heißt rechtwinklig. Die Schenkel des rechten Winkels sind die Katheten; dem rechten Winkel gegenüber liegt die Hypotenuse.

Die beiden spitzen Winkel sind Komplementwinkel: $\alpha + \beta = 90°$

5.2.4. Das gleichschenklig-rechtwinklige Dreieck

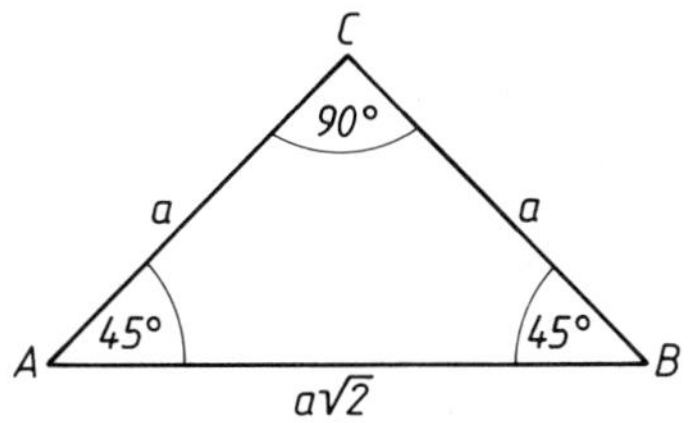

Mit a als Schenkel- oder Kathetenlänge ergibt sich nach dem Satz des Pythagoras $a\sqrt{2}$ als Basis- oder Hypotenusenlänge.

Pythagoras von Samos, griechischer Philosoph und Mathematiker, lebte um 500 v. Chr. Seine Grundthese: Zahl Urprinzip aller Dinge.

5.3. Ecklinien und Mittelsenkrechte

5.3.1. Die drei Mittelsenkrechten

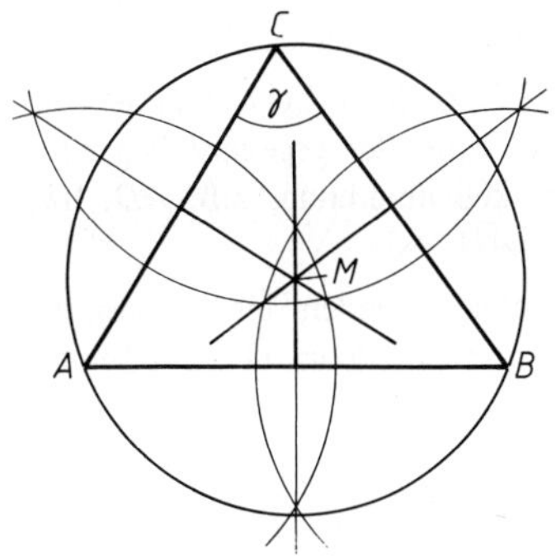

Die drei Mittelsenkrechten schneiden sich in einem Punkt M, dem Mittelpunkt des Umkreises.

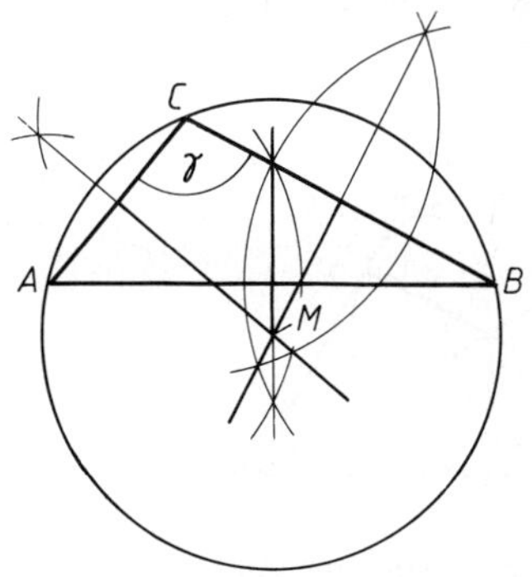

Beim stumpfwinkligen Dreieck liegt M außerhalb des Dreiecks.

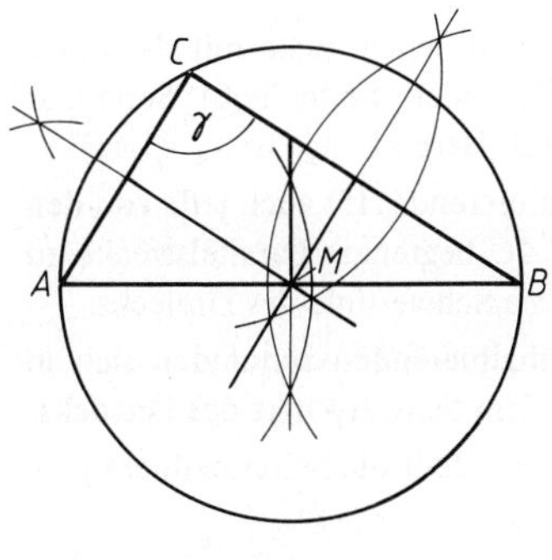

Beim rechtwinkligen Dreieck ist M die Mitte der Hypotenuse.

Der Umkreis des rechtwinkligen Dreiecks heißt Thaleskreis.

Thales von Milet, griechischer Philosoph, Astronom und Mathematiker, lebte um 600 v. Chr. Er hat den Beweis in die Geometrie eingeführt.

5.3.2. Die drei Höhen

Das Lot von einer Ecke auf die gegenüberliegende Seite heißt Höhe, z.B. $\overline{AD}$. Die Länge dieser Höhe ist $h_a = |\overline{AD}|$.

Die drei Höhen schneiden sich in einem Punkt H. Für das Dreieck $\Delta A'B'C'$, das man erhält, indem man durch jede Ecke die Parallele zur gegenüberliegenden Seite zieht, ist H der Mittelpunkt des Umkreises (Grundlage für den Beweis, daß die drei Höhen genau einen Schnittpunkt haben).

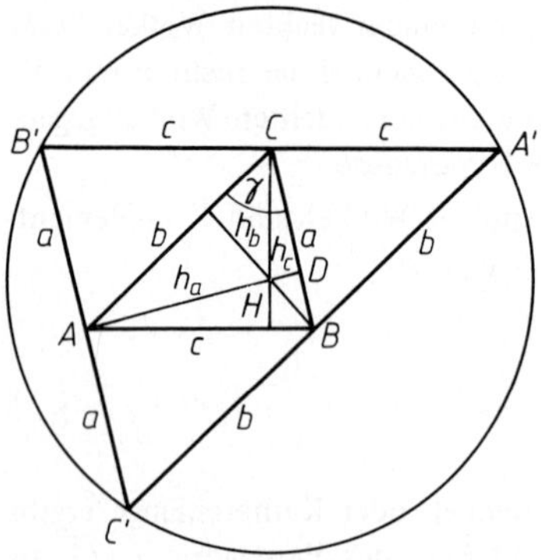

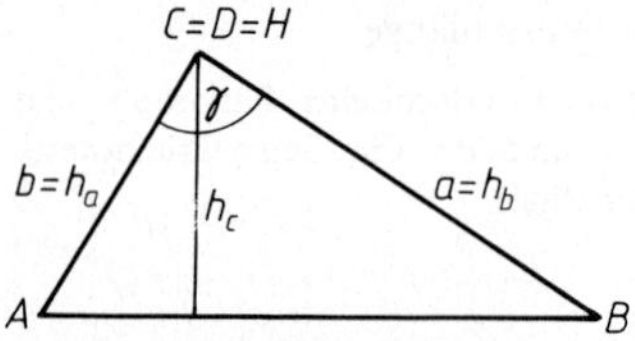

Im rechtwinkligen Dreieck fallen zwei Höhen mit den Katheten zusammen.

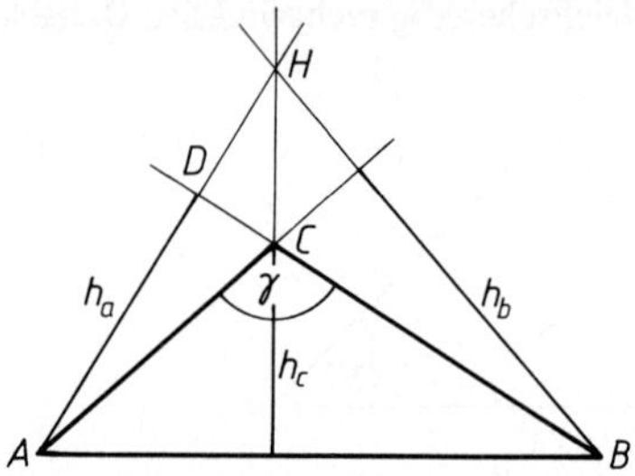

Beim stumpfwinkligen Dreieck liegen zwei Höhen außerhalb.

5.3.3. Die drei Winkelhalbierenden

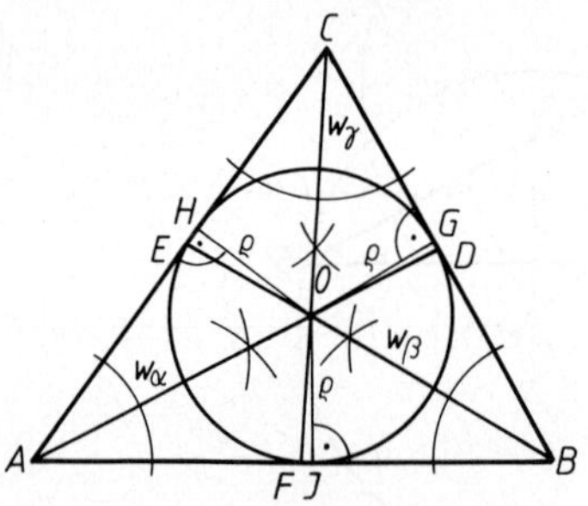

Die Halbierungslinie eines Dreieckswinkels, gerechnet von der Ecke (dem Scheitelpunkt) bis zum Schnittpunkt mit der gegenüberliegenden Seite, heißt Winkelhalbierende, z.B. $\overline{AD}$. Ihre Länge ist $w_\alpha = |\overline{AD}|$.

Die drei Winkelhalbierenden eines Dreiecks schneiden sich in einem Punkt O, dem Mittelpunkt des Inkreises.

5.3.4. Die drei Seitenhalbierenden

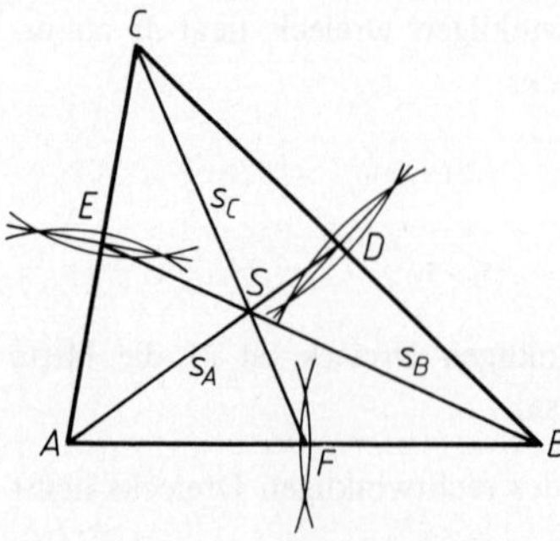

$$|\overline{AS}| : |\overline{SD}| = |\overline{BS}| : |\overline{SE}| = |\overline{CS}| : |\overline{SF}| = 2:1$$

Die Verbindungslinie einer Ecke mit der Mitte der gegenüberliegenden Seite heißt Seitenhalbierende, z.B. $\overline{AD}$. Deren Länge ist $s_A = |\overline{AD}|$.

Da die Seitenhalbierende $\overline{AD}$ auch jede von den Seiten $\overline{AB}$ und $\overline{AC}$ begrenzte Parallelstrecke zu $\overline{BC}$ halbiert, ist sie Schwerlinie des Dreiecks.

Die drei Seitenhalbierenden schneiden sich in einem Punkt S, dem Schwerpunkt des Dreiecks.

Der Schwerpunkt S teilt die Seitenhalbierenden im Verhältnis 2:1.

5.4. Die vier Kongruenzsätze

Kongruent heißt deckungsgleich. Kongruente Figuren lassen sich durch Parallelverschieben, Drehen oder Umklappen oder eine Verkettung dieser drei Bewegungen zur Deckung bringen.

5.4.1. Kongruenzsatz WSW und SWW (Winkel-Seite-Winkel und Seite-Winkel-Winkel)

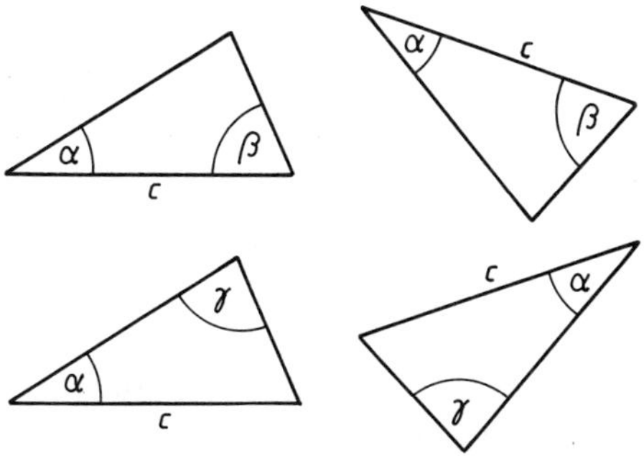

Dreiecke sind kongruent, wenn sie

a) in der Länge einer Seite (c) und der Größe der beiden anliegenden Winkel (α und β)

b) in der Länge einer Seite (c) und der Größe eines anliegenden (α) und des gegenüberliegenden Winkels (γ)

übereinstimmen.

Zusammenfassung beider Sätze:

> Dreiecke sind kongruent, wenn sie in der Länge einer Seite und der Größe zweier entsprechender Winkel übereinstimmen.

Gegenbeispiel:

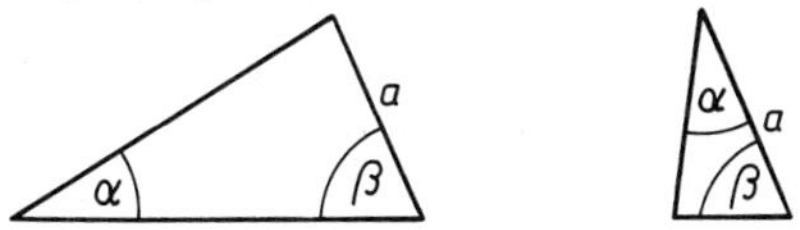

Zum Gegenbeispiel: Die gleich großen Winkel α entsprechen sich nicht.

5.4.2. Kongruenzsatz SSW (Seite-Seite-Winkel)

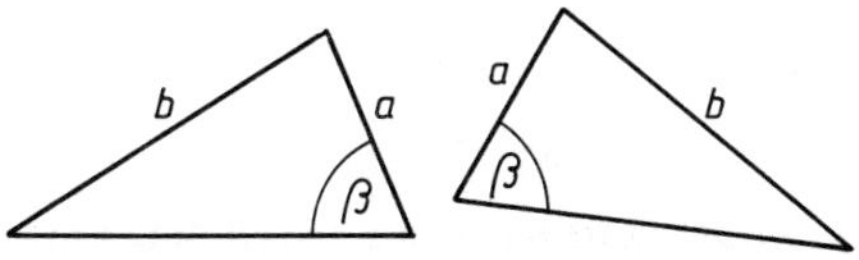

> Dreiecke sind kongruent, wenn sie in der Länge zweier Seiten und der Größe des der längeren Seiten gegenüberliegenden Winkels übereinstimmen.

Gegenbeispiel:

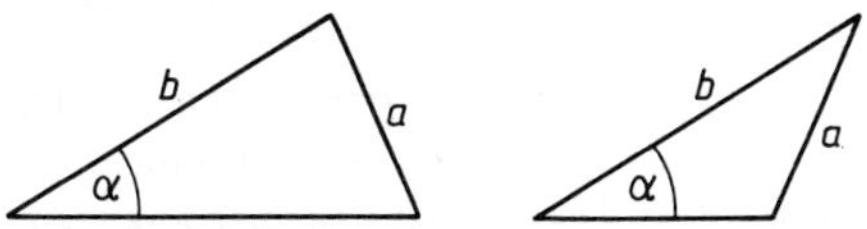

Liegt der gleiche Winkel (α) der kürzeren Seite ($a < b$) gegenüber, dann brauchen die Dreiecke nicht kongruent zu sein.

5.4.3. Kongruenzsatz SWS (Seite-Winkel-Seite)

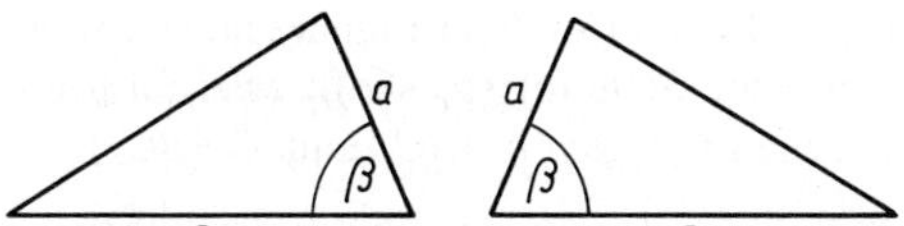

> Dreiecke sind kongruent, wenn sie in der Länge zweier Seiten und der Größe des von diesen eingeschlossenen Winkels übereinstimmen.

5.4.4. Kongruenzsatz SSS (Seite-Seite-Seite)

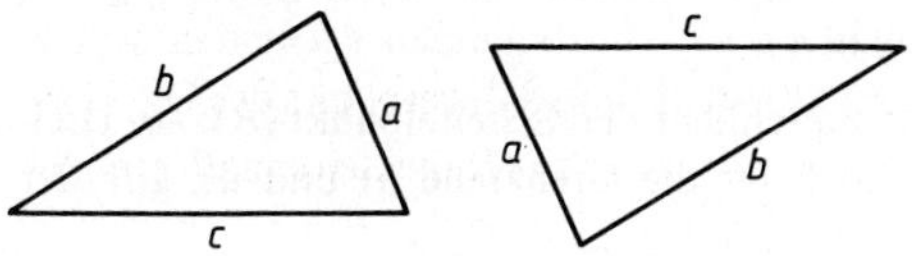

> Dreiecke sind kongruent, wenn sie in den Längen aller drei Seiten übereinstimmen.

5.5. Die vier Grundkonstruktionen des Dreiecks

Entsprechend den vier Kongruenzsätzen gibt es vier Dreiecksgrundkonstruktionen.

5.5.1. Grundkonstruktion WSW und SWW

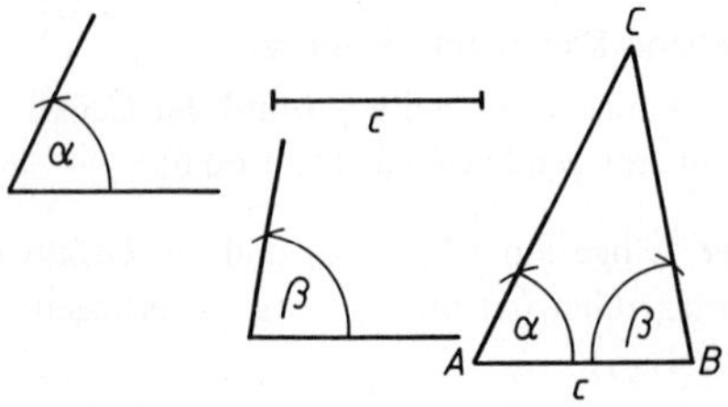

a) *Gegeben:* c, α, β

Konstruktion: Man zeichnet $c = |\overline{AB}|$ und trägt an $\overline{AB}$ in A α und in B β an. Die freien Schenkel schneiden sich in C. $\triangle ABC$ ist das verlangte.

Bedingung: $\alpha + \beta < 180°$

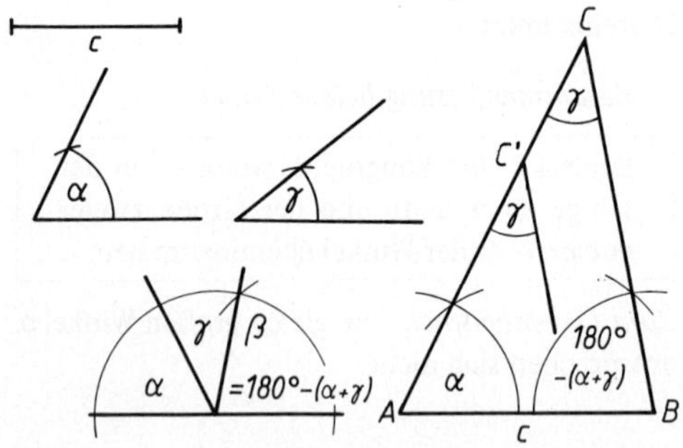

b) *Gegeben:* c, α, γ

Erste Konstruktion: Man konstruiert β als Nebenwinkel von $\alpha + \gamma$ und verfährt dann wie bei a).

Zweite Konstruktion: Man zeichnet $c = |\overline{AB}|$, trägt an $\overline{AB}$ in A α an, und in einem beliebigen Punkt C' des freien Schenkels trägt man an diesen γ an. Die Parallele zu dem freien Schenkel des letzteren Winkels durch B schneidet AC' in C. $\triangle ABC$ ist das verlangte.

Bedingung: $\alpha + \gamma < 180°$

5.5.2. Grundkonstruktion SSW

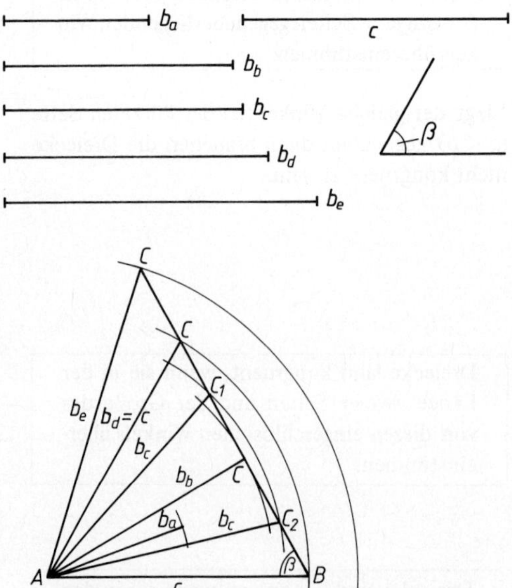

Gegeben: $b, c, \beta < 90°$

Konstruktion: Man zeichnet $c = |\overline{AB}|$ und trägt an $\overline{AB}$ in B β an. Dann zeichnet man um A einen Kreisbogen mit dem Radius b. Dabei sind fünf Fälle möglich:

a) Der Kreis schneidet den freien Schenkel des gegebenen Winkels (β) nicht: keine Lösung.

b) Der Kreis berührt den freien Schenkel: ein rechtwinkliges Dreieck als Lösung ($\gamma = 90°$).

c) Der Kreis schneidet den freien Schenkel zweimal (der Radius ($b = b_c$) ist immer noch kleiner als die erste Seite (c) ($b_c < c$)): zwei formverschiedene Lösungen ($\triangle ABC_1$ und $\triangle ABC_2$).

d) Der Kreis schneidet den freien Schenkel einmal und geht durch den Scheitelpunkt (B) des gegebenen Winkels (β) hindurch: ein gleichschenkliges Dreieck als Lösung ($b = b_d = c$; Spitze A).

e) Der Kreis schneidet den freien Schenkel einmal und umschließt den Scheitelpunkt (B): *ein* Dreieck als Lösung ($b = b_e > c$). Für diesen Fall, aber auch für die Grenzfälle b) und d), gilt der Kongruenzsatz 5.4.2 .

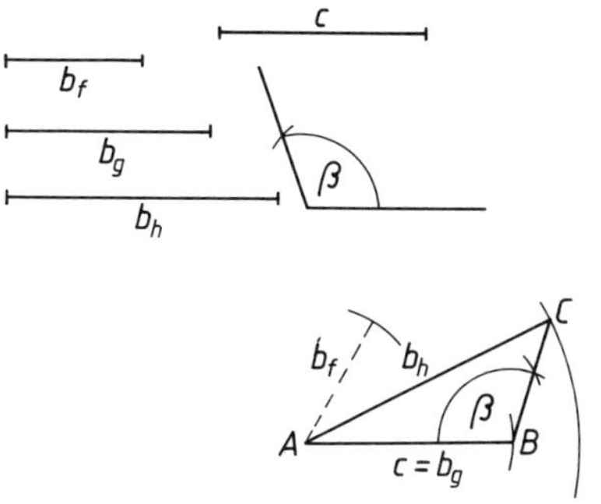

Gegeben: $b, c, \beta \geqslant 90°$

Hier sind nach der Konstruktion von $\overline{AB}$ und Antragen von β die folgenden drei Fälle möglich:

f) Der Kreis um A mit dem Radius b_f schneidet den freien Schenkel des angetragenen Winkels β nicht: keine Lösung.

g) Der Kreis um A mit dem Radius b_g geht durch den Punkt B; es ist also $b_g = c$; Lösung ist ein zur Strecke $(\overline{AB})$ entartetes „Dreieck".

h) Der Kreis um A mit dem Radius b_h schneidet den freien Schenkel des angetragenen Winkels β in C; eine Lösung entsprechend Kongruenzsatz 5.4.2.

5.5.3. Grundkonstruktion SWS

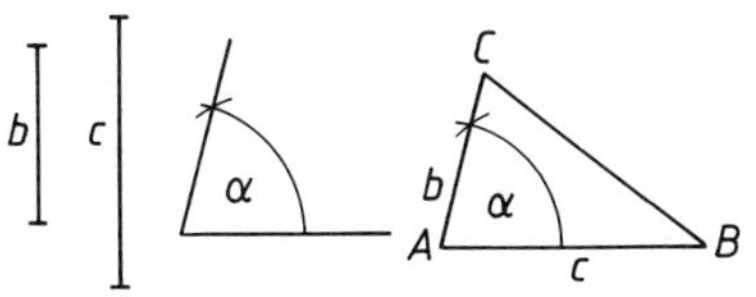

Gegeben: b, α, c

Konstruktion: Den Schenkeln eines Winkels α gibt man die Längen $b = |\overline{AC}|$ und $c = |\overline{AB}|$. Nach Verbinden von B und C ist $\triangle ABC$ das verlangte Dreieck.

Bedingung: $\alpha < 180°$

5.5.4. Grundkonstruktion SSS

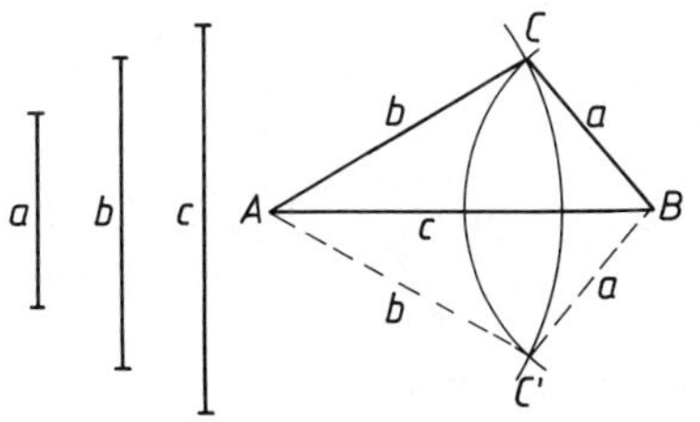

Gegeben: a, b, c

Konstruktion: Man zeichnet $c = |\overline{AB}|$, schlägt um A einen Kreisbogen mit b und um B einen Kreisbogen mit a. Der Schnittpunkt C wird mit A und B verbunden. $\triangle ABC$ ist das verlangte Dreieck.

Bedingungen: $a < b + c,\ b < c + a,\ c < a + b$

Anmerkung: Wenn sich, wie bei der letzten Konstruktion, zwei spiegelbildlich gleiche Lösungen ergeben (denn bei erfüllten „Bedingungen" schneiden sich die Kreise zweimal, in C und C'), wählt man diejenige aus, bei der die Punkte A, B, C entgegen dem Uhrzeigersinn (in mathematisch positiven Umlaufsinn) aufeinander folgen.

6. Das Viereck

Ein Viereck wird durch eine Diagonale in zwei Dreiecke zerlegt. Ein Viereck ist somit durch fünf voneinander unabhängige und miteinander verträgliche Stücke bestimmt. Denn für das eine Dreieck, das Teil des Vierecks ist, benötigt man drei Stücke, für das zweite nur noch zwei weitere, da durch die gemeinsame Seite – Diagonale – schon ein Stück festliegt. Die Winkelsumme des Vierecks ist gleich der von zwei Dreiecken zusammen, also 360°. Die üblichen Bezeichnungen der Ecken, Winkel, Seiten und Diagonalen enthält das oberste Viereck in der folgenden systematischen Zusammenstellung der besonderen Vierecke.

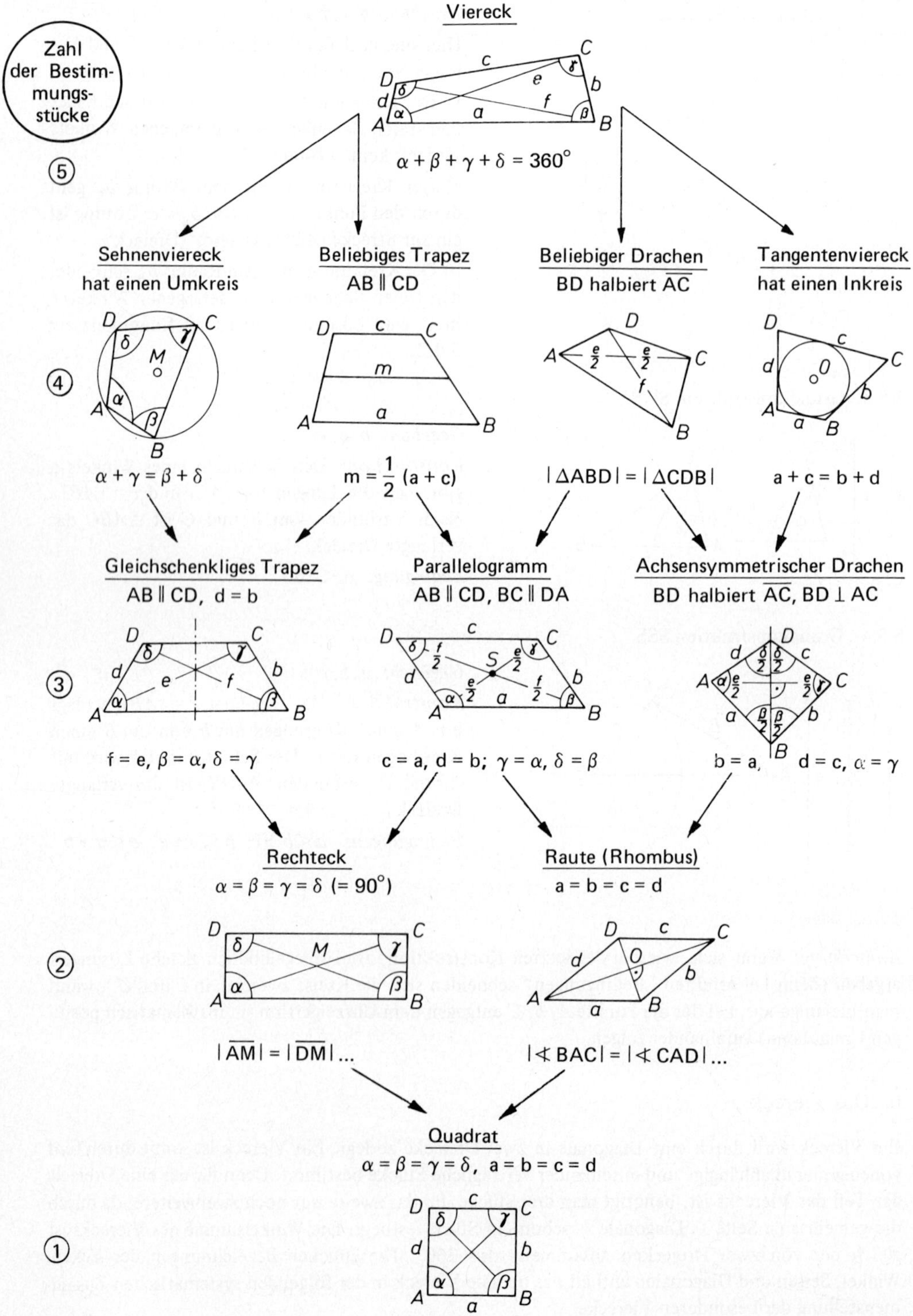
Viereck
α + β + γ + δ = 360°
Zahl der Bestimmungsstücke
5
Sehnenviereck
hat einen Umkreis
α + γ = β + δ
Beliebiges Trapez
AB ∥ CD
m = 1/2 (a + c)
Beliebiger Drachen
BD halbiert AC
|ΔABD| = |ΔCDB|
Tangentenviereck
hat einen Inkreis
a + c = b + d
4
Gleichschenkliges Trapez
AB ∥ CD, d = b
f = e, β = α, δ = γ
Parallelogramm
AB ∥ CD, BC ∥ DA
c = a, d = b; γ = α, δ = β
Achsensymmetrischer Drachen
BD halbiert AC, BD ⊥ AC
b = a, d = c, α = γ
3
Rechteck
α = β = γ = δ (= 90°)
|AM| = |DM| ...
Raute (Rhombus)
a = b = c = d
|∢ BAC| = |∢ CAD| ...
2
Quadrat
α = β = γ = δ, a = b = c = d
1

7. Der Kreis

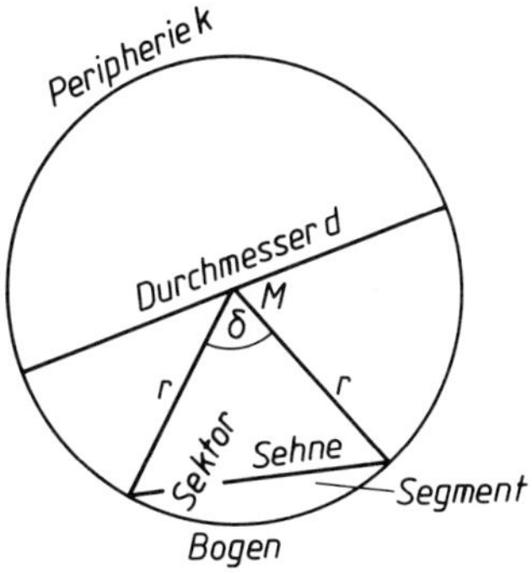

M Mittelpunkt
r Länge des Radius
d Länge des Durchmessers: $d = 2r$
k oder $k(M, r)$ Kreislinie oder Peripherie des Kreises um den Punkt *M* mit dem Radius *r* (Menge aller Punkte, die den Kreisrand bilden)
δ Zentriwinkel oder Mittelpunktswinkel

7.1. Kreis und Gerade

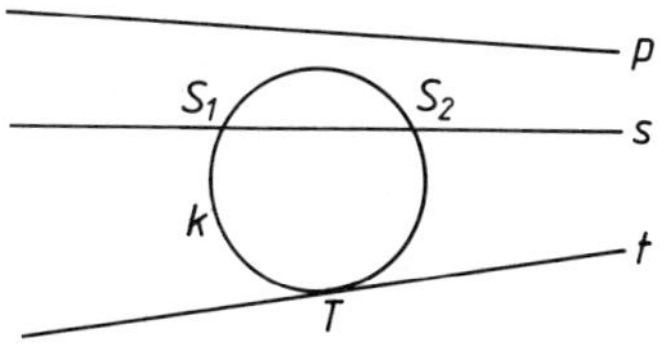

p ist Passante: Diese Gerade hat mit dem Kreis keinen Punkt gemeinsam.

s ist Sekante (Schneidende): Sie schneidet den Kreis zweimal, in S_1 und S_2.

t ist Tangente (Berührende): Als Grenzfall zwischen Passante und Sekante hat die Tangente mit dem Kreis genau einen Punkt gemeinsam, den Berührungspunkt *T*.

Eigenschaften von Sekanten und Sehnen

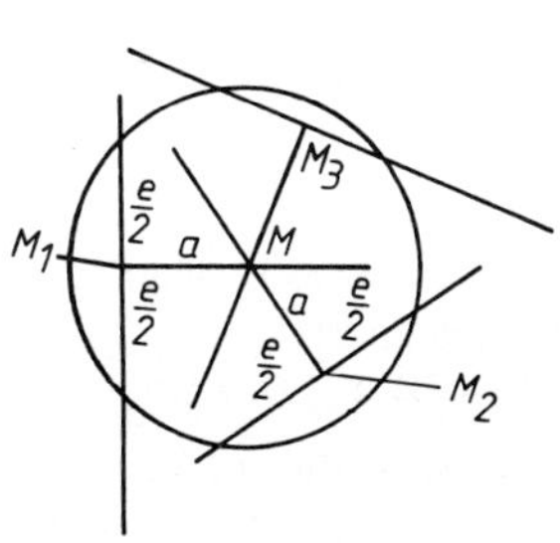

a) Haben zwei Sekanten den gleichen Abstand *a* vom Mittelpunkt *M* eines Kreises, dann ist die Länge der Sehnen, die der Kreis aus jeder Sekante ausschneidet, gleich (in der Zeichnung *e*).

b) *Umkehrung:* Gleich lange Sehnen (*e*) ein und desselben Kreises haben den gleichen Abstand vom Mittelpunkt *M*: $|\overline{M_1M}| = |\overline{M_2M}| = a$.

c) Die Mittelsenkrechten von zwei beliebigen Sehnen ein und desselben Kreises schneiden sich im Mittelpunkt.

Anwendung: Ist von einem Kreis nur die Peripherie oder auch nur ein Bogen bekannt, der Mittelpunkt dagegen unbekannt, dann findet man diesen als Schnittpunkt der Mittelsenkrechten von zwei beliebigen Sehnen.

Tangentenkonstruktionen

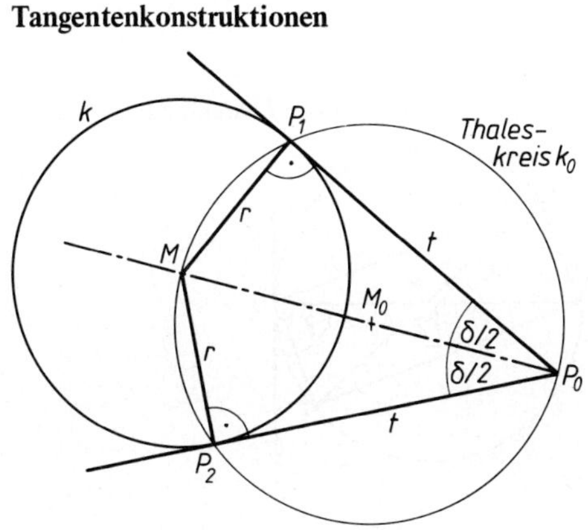

Erste Aufgabe: Tangente an den Kreis $k(M, r)$ im Kreispunkt P_1 gesucht.

Konstruktion: Auf P_1M wird in P_1 die Senkrechte *t* errichtet.

Zweite Aufgabe: Tangenten von P_0 mit $|\overline{P_0M}| > r$ an den Kreis $k(M, r)$ zu konstruieren.

Konstruktion: Über $\overline{P_0M}$ als Durchmesser wird der Thaleskreis $k_0(M_0, |\overline{M_0P_0}| = \frac{1}{2}|\overline{P_0M}|)$ gezeichnet: Er schneidet den Kreis $k(M, r)$ in P_1 und P_2. P_1P_0 und P_2P_0 sind die gesuchten Tangenten.

Gemeinsame äußere Tangenten

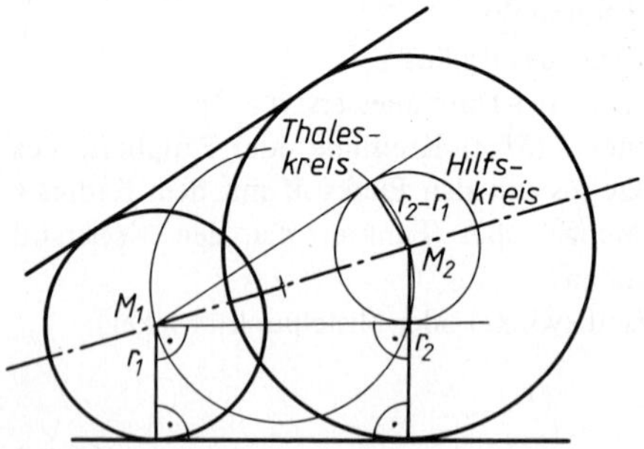

Gegeben sind zwei Kreise, von denen nicht der eine ganz in dem anderen liegt. Sind M_1 und r_1 Mittelpunkt und Radius des kleineren, M_2 und r_2 die des größeren Kreises, dann erhält man die gemeinsamen äußeren Tangenten, indem man um M_2 den Hilfskreis mit dem Radius $r_2 - r_1$ zeichnet und an diesen die von M_1 ausgehenden Tangenten konstruiert. Die äußeren Parallelen hierzu im Abstand r_1 sind die gesuchten Tangenten.

Gemeinsame innere Tangenten

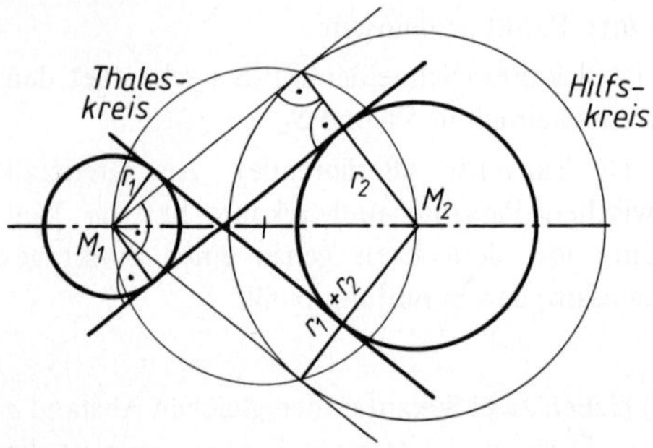

Gegeben sind zwei Kreise ohne gemeinsamen Punkt der Kreisflächen. Um den einen Mittelpunkt M_2 zeichnet man den Hilfskreis mit dem Radius $r_1 + r_2$ und konstruiert an diesen von dem anderen Mittelpunkt M_1 aus die Tangenten. Die inneren Parallelen hierzu im Abstand r_1 sind die gesuchten gemeinsamen inneren Tangenten der beiden gegebenen Kreise.

7.2. Kreis und Winkel

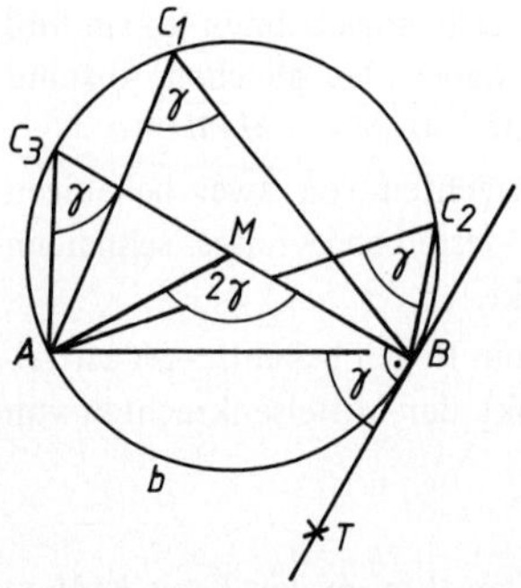

Umfangswinkel (Peripheriewinkel) über dem gleichen Bogen sind gleich groß:
$|\sphericalangle AC_1B| = |\sphericalangle AC_2B| = |\sphericalangle AC_3B| = \gamma$

Der Mittelpunktswinkel (Zentriwinkel) ist doppelt so groß wie ein Umfangswinkel:
$|\sphericalangle AMB| = 2\gamma$

Der Sehnen-Tangenten-Winkel ist genauso groß wie ein Umfangswinkel:
$|\sphericalangle ABT| = \gamma$

Stumpfer Umfangswinkel

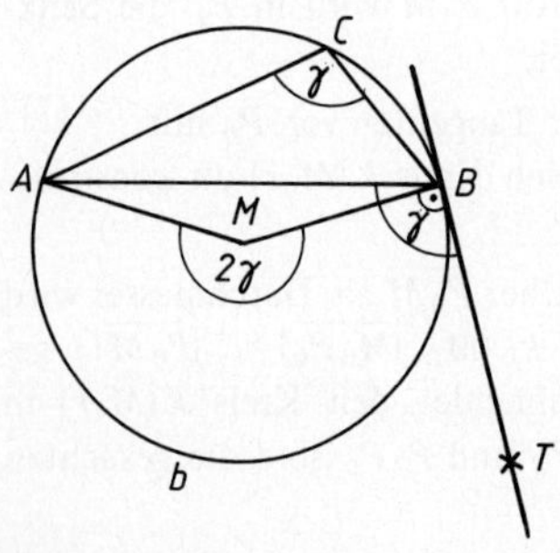

Rechter Umfangswinkel; Thaleskreis

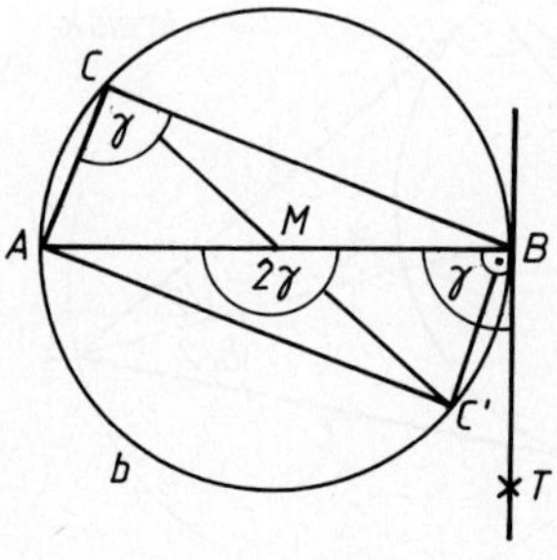

8. Flächeninhalt, Flächenverwandlung

8.1. Rechteck, Parallelogramm, Dreieck

Rechtecksfläche

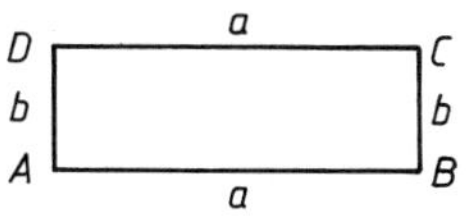

▭ $ABCD$: $A_R = a \cdot b$

Der Flächeninhalt des Rechtecks ist Länge mal Breite.

Parallelogrammfläche

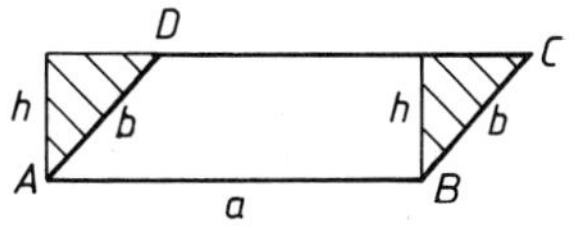

▱ $ABCD$: $A_P = a \cdot h$

Der Flächeninhalt des Parallelogramms ist Grundlinie mal Höhe.

Dreiecksfläche

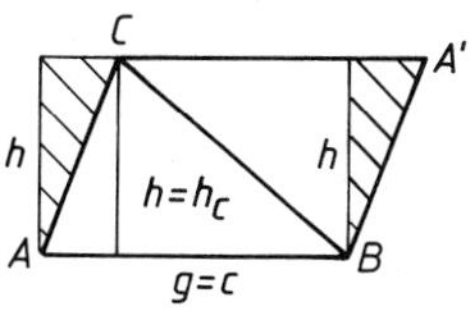

$\triangle ABC$: $A_\triangle = \frac{1}{2}\, g \cdot h$

$= \frac{1}{2}\, a \cdot h_a = \frac{1}{2}\, b \cdot h_b = \frac{1}{2}\, c \cdot h_c$

Der Flächeninhalt des Dreiecks ist ein halb Grundlinie mal Höhe.

8.2. Verwandlung eines Quadrats in ein Rechteck mit vorgeschriebener Seite

Erklärung: $|$▱ $ABC_1D_1|$ ist der Flächeninhalt von ▱ ABC_1D_1.

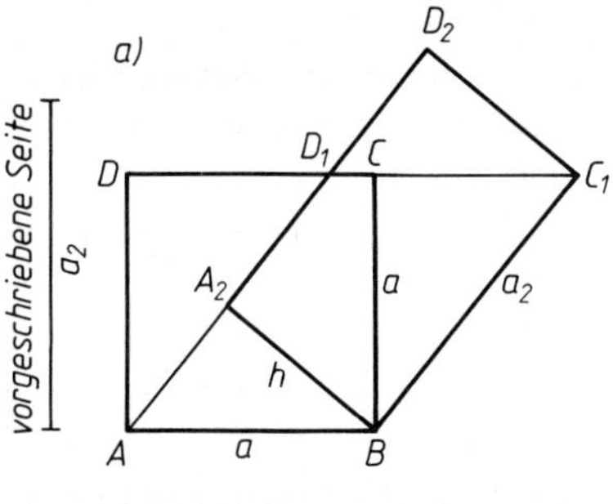

a) a_2 vorgeschrieben

Erster Schritt:

$|$□ $ABCD| = |$▱ $ABC_1D_1|$ mit $|\overline{BC_1}| = a_2$ (vorgeschrieben)

Zweiter Schritt:

$|$▱ $ABC_1D_1| = |$▭ $A_2BC_1D_2|$ mit $|\overline{A_2B}| = h$ (Parallelogrammhöhe)

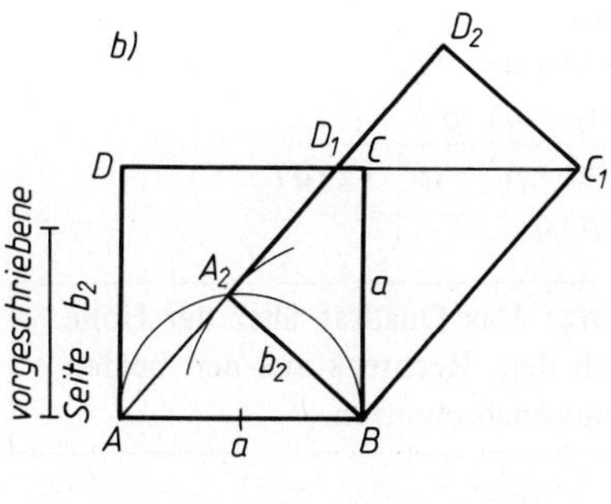

b) b_2 vorgeschrieben

Erster Schritt:

$|$□ $ABCD| = |$▱ $ABC_1D_1|$ mit $h = b_2$ (vorgeschrieben; Thaleskreis)

Zweiter Schritt:

$|$▱ $ABC_1D_1| = |$▭ $A_2BC_1D_2|$ mit $|\overline{A_2B}| = b_2$

8.3. Kathetensatz (erster Satz des Euklid)

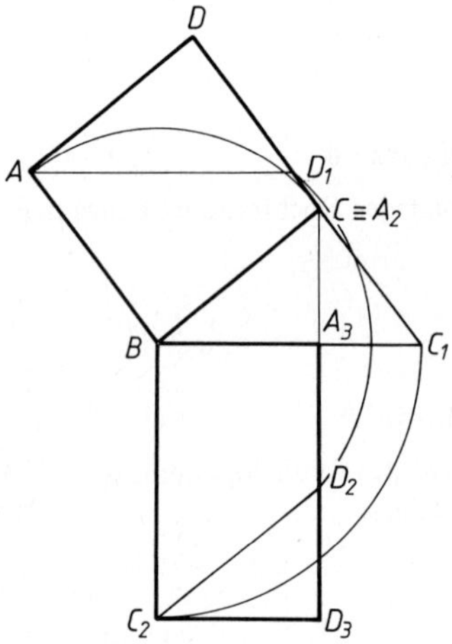

$|\square ABCD|$
$= |\square ABC_1D_1|$ ($|\overline{BC_1}|$ vorgeschrieben)
$= |\square A_2BC_2D_2|$ (Drehung um B um 90° *rechts* herum)
$= |\square A_3BC_2D_3|$

> *Kathetensatz:* Das Quadrat über einer Kathete ($\overline{BC}$) ist gleich dem Rechteck aus Hypotenuse ($|\overline{BC_1}| = |\overline{BC_2}|$) und Hypotenusenabschnitt ($\overline{BA_3}$).

8.4. Satz des Pythagoras

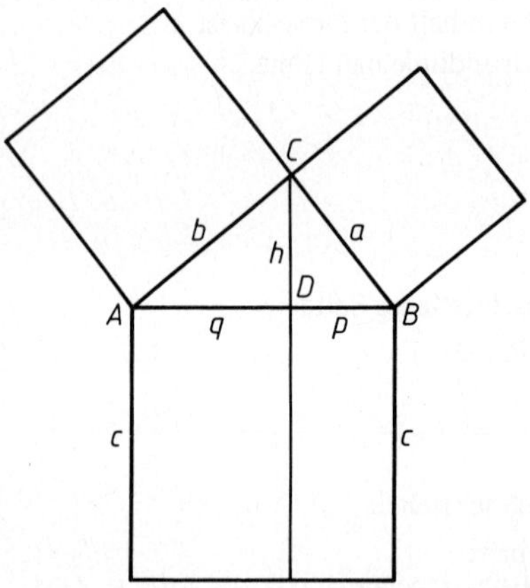

Zweimal Kathetensatz:

$$\left.\begin{aligned} b^2 &= c\cdot q \\ a^2 &= c\cdot p \end{aligned}\right\} +$$
$$a^2 + b^2 = c^2 \qquad (p+q=c)$$

> *Satz des Pythagoras:* Die Summe der Kathetenquadrate ist gleich dem Hypotenusenquadrat.

8.5. Höhensatz (zweiter Satz des Euklid)

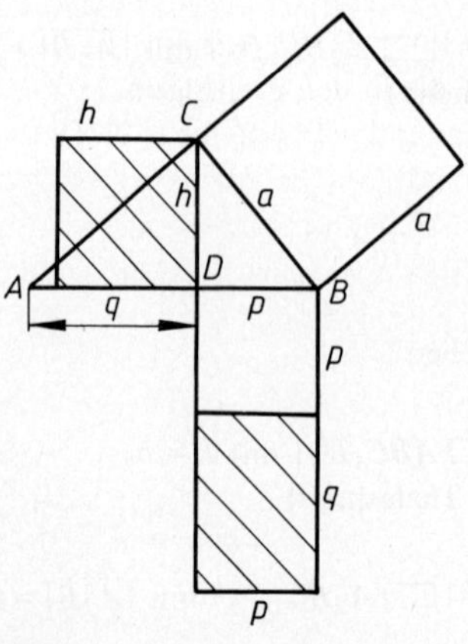

Nach a) dem Satz des Pythagoras und b) dem Kathetensatz:

$$\left.\begin{aligned} \text{a)}\quad a^2 &= h^2 + p^2 \\ \text{b)}\quad a^2 &= (p+q)\cdot p \end{aligned}\right\} -$$
$$0 = h^2 + p^2 - (p^2 + p\cdot q)$$
$$\Longleftrightarrow h^2 = p\cdot q$$

> *Höhensatz:* Das Quadrat über der Höhe ist gleich dem Rechteck aus den beiden Hypotenusenabschnitten.

8.6. Kreisumfang und Kreisfläche

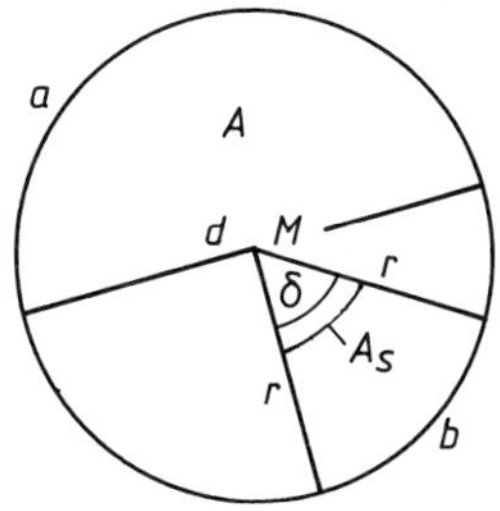

Kreisumfang: $u = \pi d = 2\pi r$

Kreisfläche: $A = \frac{\pi}{4} d^2 = \pi r^2$

Kreisbogen: $b = d \frac{\pi\delta}{360°} = r \frac{\pi\delta}{180°}$

(mit arc 360° = 2π) $= \frac{d}{2} \operatorname{arc}\delta = r \operatorname{arc}\delta$

Kreissektor: $A_s = \frac{1}{4} bd = \frac{1}{2} br$

(mit arc 360° = 2π) $= \frac{1}{8} d^2 \operatorname{arc}\delta = \frac{1}{2} r^2 \operatorname{arc}\delta$

Vergleich mit Quadrat und regelmäßigem Sechseck (einbeschriebenem und umbeschriebenem n-Eck)

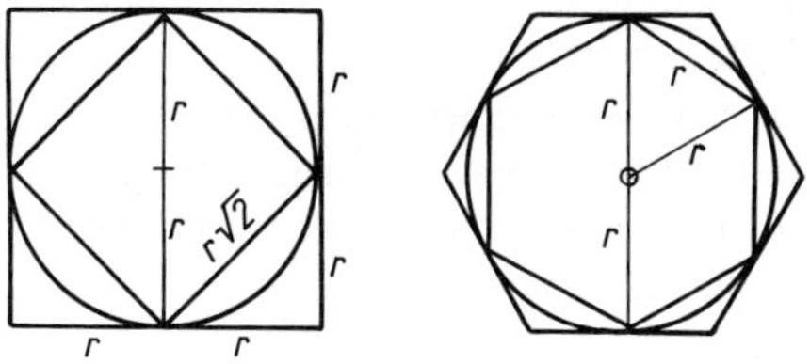

Umfang des einbeschriebenen n-Ecks: u_n
Umfang des umbeschriebenen n-Ecks: U_n
Es gilt: $u_n < 2\pi r$ $\quad U_n > 2\pi r$

$$\lim_{n\to\infty} u_n = \lim_{n\to\infty} U_n = 2\pi r$$

	Umfang	Flächeninhalt
einbeschriebenes Quadrat	$4\sqrt{2}\,r$ $\approx 5{,}657\,r$	$2\,r^2$ $= 2{,}000\,r^2$
einbeschriebenes Sechseck	$6\,r$ $= 6{,}000\,r$	$\frac{3}{2}\sqrt{3}\,r^2$ $\approx 2{,}598\,r^2$
Kreis	$2\pi\,r$ $\approx 6{,}283\,r$	$\pi\,r^2$ $\approx 3{,}142\,r^2$
umbeschriebenes Sechseck	$4\sqrt{3}\,r$ $\approx 6{,}928\,r$	$2\sqrt{3}\,r^2$ $\approx 3{,}464\,r^2$
umbeschriebenes Quadrat	$8\,r$ $= 8{,}000\,r$	$4\,r^2$ $= 4{,}000\,r^2$

9. Ähnlichkeit und Streckenverhältnisse

9.1. Strecke, Pfeil, Vektor

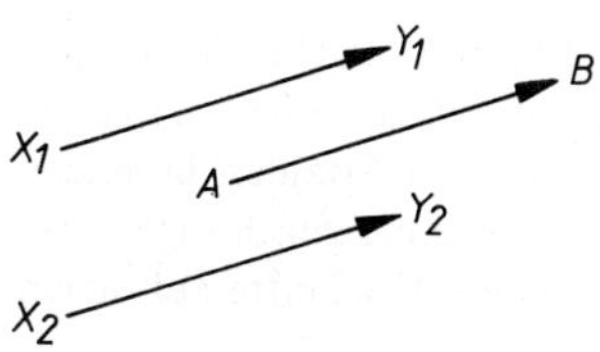

Gibt man einer Strecke $\overline{AB} = \overline{BA}$ einen Richtungssinn oder eine Orientierung, dann wird sie zum Pfeil: $(A, B) = -(B, A)$ (lies: Pfeil AB gleich ...). Pfeile, die in den drei Eigenschaften Länge, Richtung und Orientierung übereinstimmen, nennt man parallelgleich; Zeichen #. Für die Figur gilt $(A, B) \# (X_1, Y_1) \# (X_2, Y_2)$. Die Menge aller parallelgleichen Pfeile heißt Vektor. Er erhält seinen Namen nach einem seiner Pfeile und wird geschrieben: $\overrightarrow{AB}$ (lies: Vektor AB). Da zu $\overrightarrow{AB}$ auch die Pfeile (X_1, Y_1) und (X_2, Y_2) gehören, kann er auch nach diesen benannt werden:

$$\overrightarrow{AB} = \overrightarrow{X_1 Y_1} = \overrightarrow{X_2 Y_2}.$$

Multipliziert man einen Vektor mit einer reellen Zahl k, dann erhält man einen Vektor gleicher Richtung und Orientierung, wenn $k > 0$ ist; man erhält einen Vektor gleicher Richtung und entgegengesetzter Orientierung, wenn $k < 0$ ist.

9.2. Zentrische Streckung

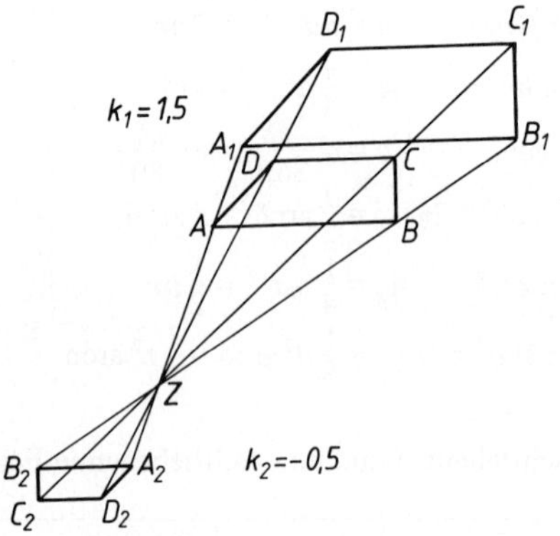

Zentrische Streckung heißt eine geometrische Abbildung, bei der das Bild entsteht, indem man jeden von dem festen Punkt Z ausgehenden Pfeil des Urbilds mit einer festen Zahl k unter Beibehaltung der Richtung und des Ausgangspunkts Z multipliziert.

Eigenschaften:

a) Bilder von Strecke, Strahl, Gerade sind wieder Strecke, Strahl, Gerade. a_1) Bild und Urbild entsprechender gerader Linien sind einander parallel.

b) Die Beträge entsprechender Winkel von Bild und Urbild sind gleich.

c) Die Längen entsprechender Strecken von Bild und Urbild haben das gleiche Verhältnis; dieses ist gleich dem Betrag des Streckungsfaktors k, also $|k|$.

9.3. Die Strahlensätze

Unmittelbare Anwendung der zentrischen Streckung sind die Strahlensätze.

Erster Strahlensatz

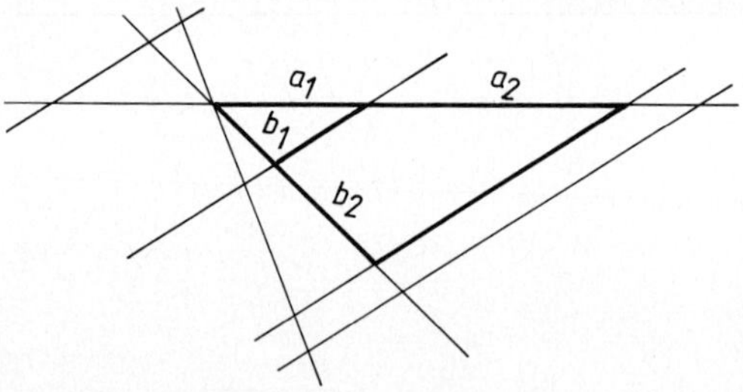

Werden von einem Zentrum ausgehende Strahlen von Parallelen geschnitten, so verhalten sich die Längen der Abschnitte eines Strahls wie die Längen entsprechender Abschnitte der anderen Strahlen:

$a_1 : a_2 = b_1 : b_2 \qquad \left(\frac{a_1}{a_2} = \frac{b_1}{b_2}\right)$

Zweiter Strahlensatz

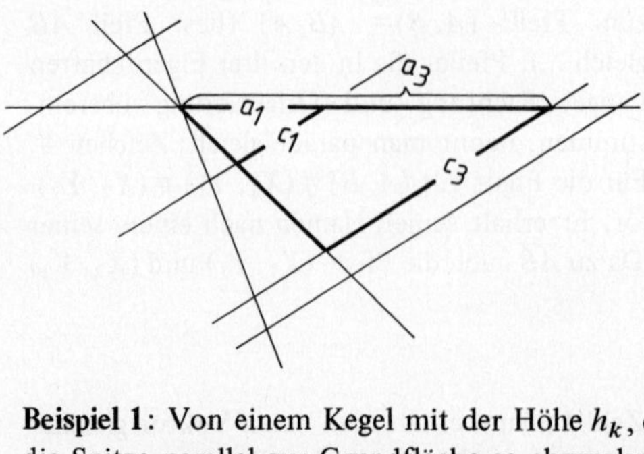

Werden von einem Zentrum ausgehende Strahlen von Parallelen geschnitten, so verhalten sich die Längen der zwischen zwei Strahlen liegenden Abschnitte wie die Längen der zugehörigen vom Zentrum ab gerechneten Abschnitte auf einem Strahl:

$c_1 : c_3 = a_1 : a_3 \qquad \left(\frac{c_1}{c_3} = \frac{a_1}{a_3}\right)$

Beispiel 1: Von einem Kegel mit der Höhe h_k, der Seitenlänge s_k und dem Grundkreisradius r_k ist die Spitze parallel zur Grundfläche so abzuschneiden, daß ein Kegelstumpf mit dem Schnittkreisradius r_0 entsteht. Wie lang sind Höhe h und Seitenlinie s des Kegelstumpfs?

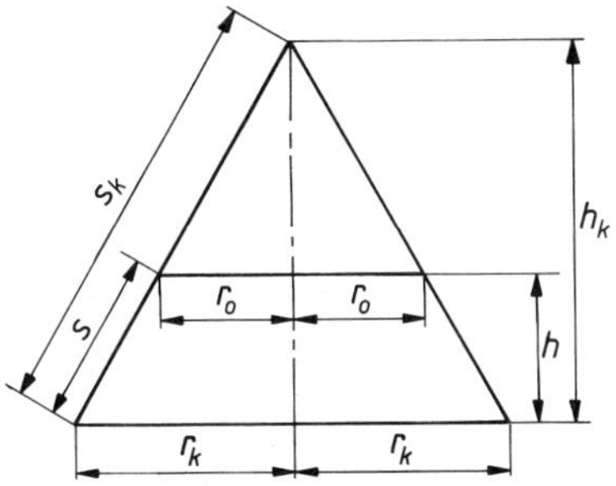

Nach dem zweiten Strahlensatz ist

$r_0 : r_k = (h_k - h) : h_k$;

aufgelöst nach h ergibt sich:

$$h = h_k \left(1 - \frac{r_0}{r_k}\right).$$

Nach dem ersten Strahlensatz ist

$s : h = s_k : h_k$;

aufgelöst nach s folgt daraus:

$$s = h \frac{s_k}{h_k},$$

und wenn man für h den obigen Term einsetzt:

$$s = s_k \left(1 - \frac{r_0}{r_k}\right).$$

Beispiel 2: Welche Länge B ergibt sich für das Bild eines Gegenstands der Länge G bei einer Bildweite b und einer Gegenstandsweite g ?

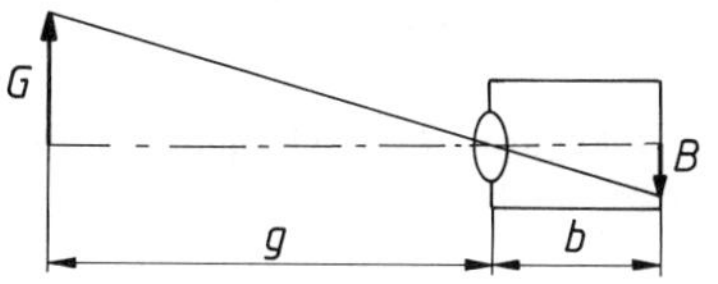

Nach dem zweiten Strahlensatz ist

$$\frac{g}{b} = \frac{G}{B}$$

$$\Longrightarrow \quad B = G \frac{b}{g}$$

Anmerkung: Ist $g \gg b$ (g sehr groß gegen b), kann man $b \approx f$ (Brennweite) setzen und damit die zu erwartende Bildgröße abschätzen.

9.4. Ähnliche Figuren

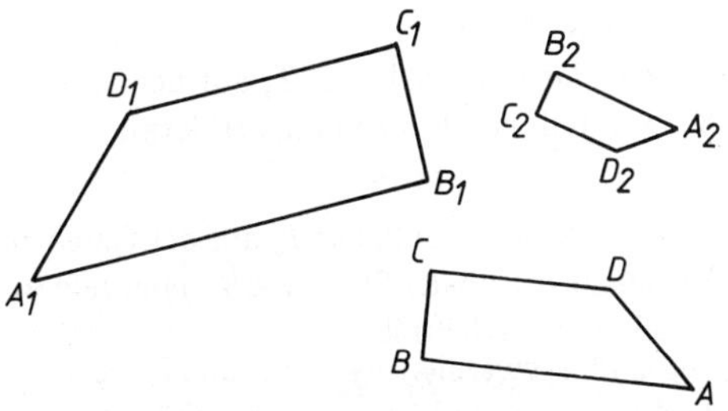

Figuren heißen ähnlich, wenn sie nach geeigneter Parallelverschiebung, Drehung, Spiegelung durch zentrische Streckung ineinander übergeführt werden können.

Eigenschaften:

a), b), c) wie bei zentrischer Streckung, nur a_1) entfällt.

9.5. Ähnliche Dreiecke

Entsprechend den vier Kongruenzsätzen (siehe 5.4) gelten die folgenden vier Sätze für ähnliche Dreiecke:

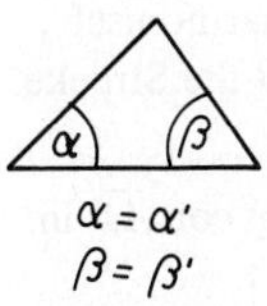

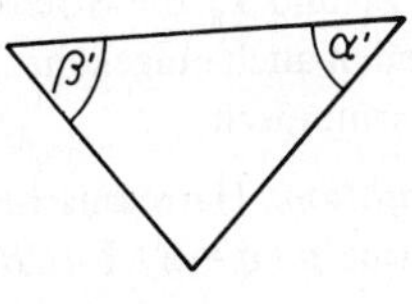

1. Dreiecke sind ähnlich, wenn sie übereinstimmen in der Größe zweier Winkel.

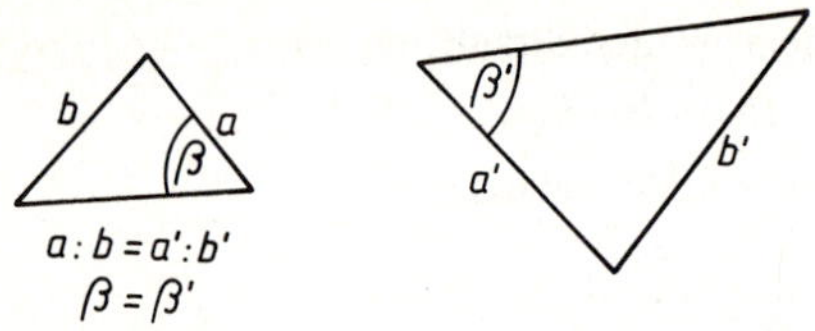

2. Dreiecke sind ähnlich, wenn sie übereinstimmen in dem Längenverhältnis eines Seitenpaars und der Größe des Gegenwinkels der längeren Seite.

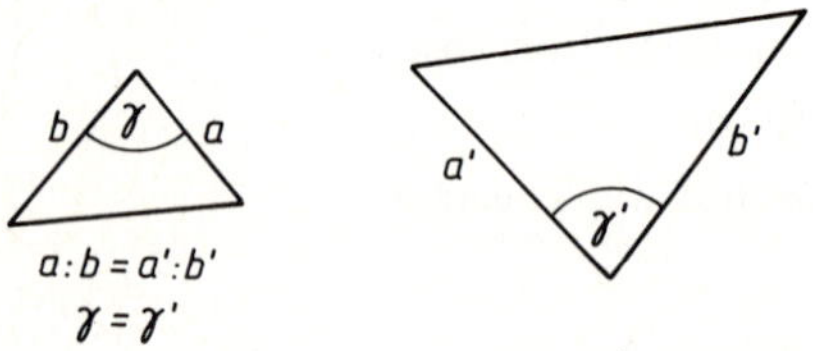

3. Dreiecke sind ähnlich, wenn sie übereinstimmen in dem Längenverhältnis eines Seitenpaars und der Größe des Zwischenwinkels.

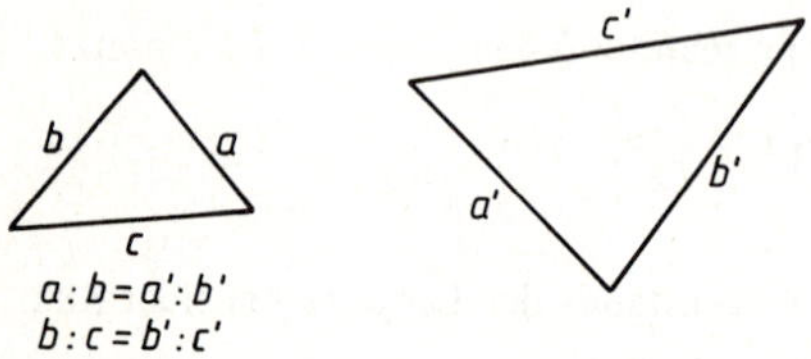

4. Dreiecke sind ähnlich, wenn sie übereinstimmen in dem Längenverhältnis zweier Seitenpaare.

Anmerkung 1: Die Strahlensätze (siehe 9.3) sind Anwendungen der Eigenschaften ähnlicher Dreiecke.

Anmerkung 2: Nur bei Dreiecken folgt aus der Gleichheit der Winkelgrößen die Ähnlichkeit. Ein Rechteck mit $a \neq b$ und ein Quadrat z.B. haben gleich große Winkel, sind aber nicht ähnlich, denn ihre Seitenlängenverhältnisse sind verschieden.

Anmerkung 3: Da ein rechtwinkliges Dreieck durch seine Höhe in zwei untereinander und dem ganzen Dreieck ähnliche Teildreiecke geteilt wird (gleiche bzw. gleich große Winkel), folgen aus der Proportionalität der Längen entsprechender Seiten Kathetensatz und Höhensatz (siehe 8.4 und 8.6).

9.6. Streckenteilung

9.6.1. Innere und äußere Teilung

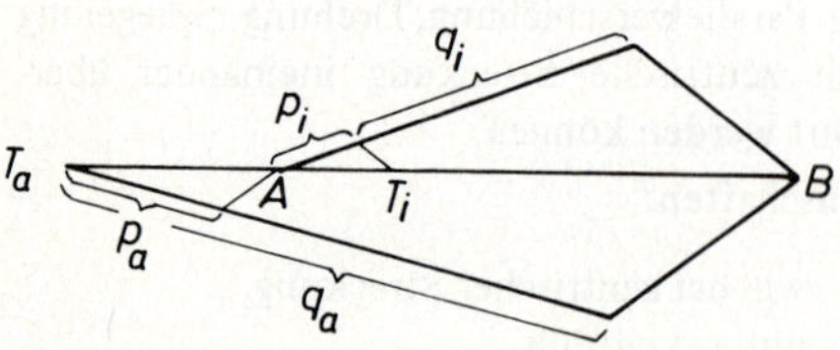

Innere Teilung: Liegt Punkt T_i auf der Strecke $\overline{AB}$, dann teilt er $\overline{AB}$ innen im Verhältnis $k_i = |\overline{AT_i}| : |\overline{T_iB}| = p_i : q_i$.

Äußere Teilung: Liegt Punkt T_a auf der Geraden AB, aber außerhalb der Strecke $\overline{AB}$, dann teilt er $\overline{AB}$ außen im Verhältnis $k_a = |\overline{AT_a}| : |\overline{T_aB}| = p_a : q_a$.

9.6.2. Harmonische Teilung

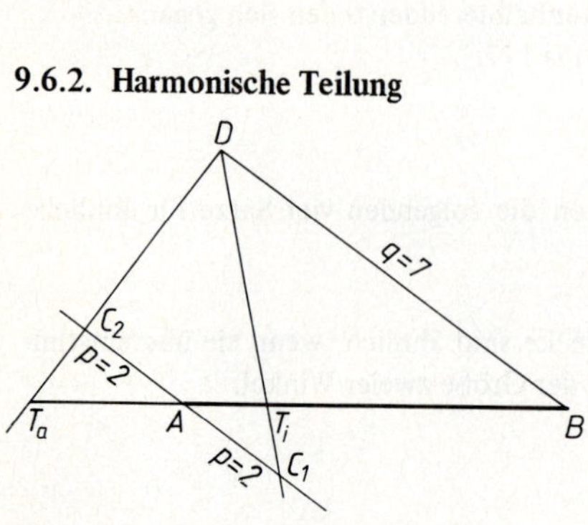

Wird eine Strecke $\overline{AB}$ durch die Punkte T_i und T_a innen und außen im gleichen Verhältnis $k = |\overline{AT_i}| : |\overline{T_iB}| = |\overline{AT_a}| : |\overline{T_aB}| = p : q$ geteilt, dann nennt man sie harmonisch geteilt.

Satz:

Teilen T_i und T_a die Strecke $\overline{AB}$ harmonisch, dann teilen auch umgekehrt A und B die Strecke $\overline{T_iT_a}$ harmonisch.

Konstruktion: Harmonische Teilung von $\overline{AB}$ im Verhältnis $p : q = 2 : 7$ $(DB \parallel C_2C_1)$.

Kreis des Apollonius

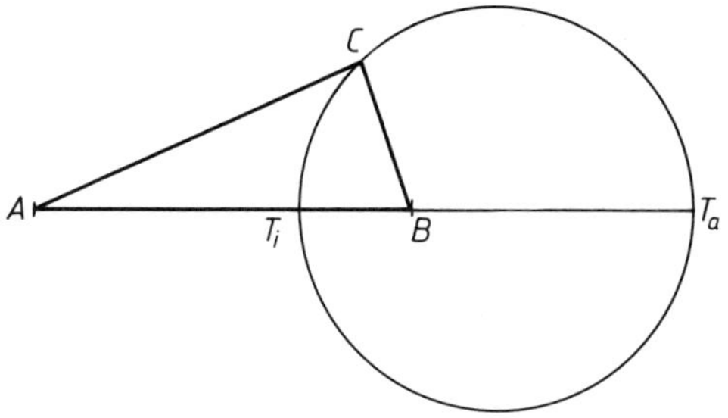

Sind T_i und T_a die Punkte, die $\overline{AB}$ im Verhältnis $p:q$ harmonisch teilen, dann ist der Kreis mit dem Durchmesser $T_i T_a$ der geometrische Ort aller Punkte (C), deren Verbindungsstrecken mit A und B das Längenverhältnis $p:q$ haben:
$|\overline{AT_i}|:|\overline{T_iB}| = |\overline{AT_a}|:|\overline{T_aB}| = p:q = |\overline{AC}|:|\overline{CB}|$

9.6.3. Stetige Teilung (Goldener Schnitt)

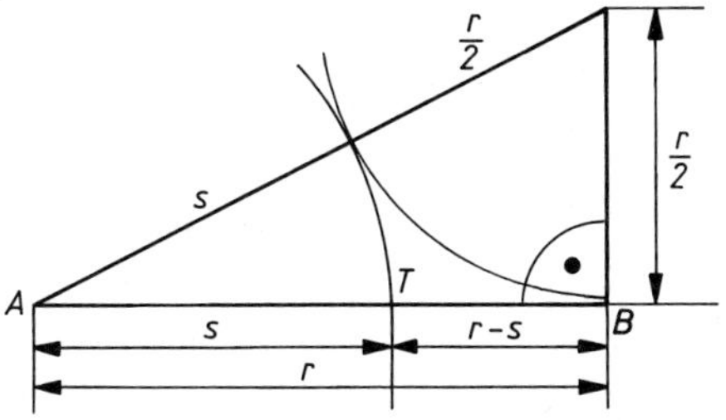

Eine Strecke heißt stetig oder nach dem Goldenen Schnitt geteilt, wenn sich ihre Länge zur Länge des größeren Teilstücks verhält wie die Länge des größeren Teilstücks zur Länge des kleineren Teilstücks.

Strecke $\overline{AB}$, Teilpunkt T:

$|\overline{AB}|:|\overline{AT}| = |\overline{AT}|:|\overline{TB}|$

$r : s = s : (r-s)$

Auflösung dieser quadratischen Gleichung für s ergibt:

$s = \frac{r}{2}(\sqrt{5}-1)$

9.6.4. Teilverhältnisse bei Dreiecks-Ecklinien

Die Winkelhalbierenden

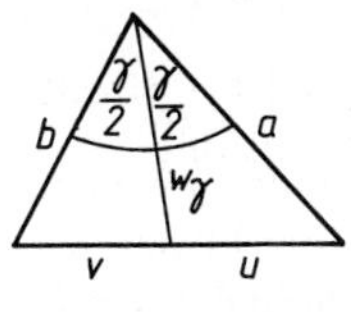

$u:v = a:b$

Eine Winkelhalbierende teilt die gegenüberliegende Seite im Verhältnis der Längen der anliegenden Seiten.

Die Seitenhalbierenden

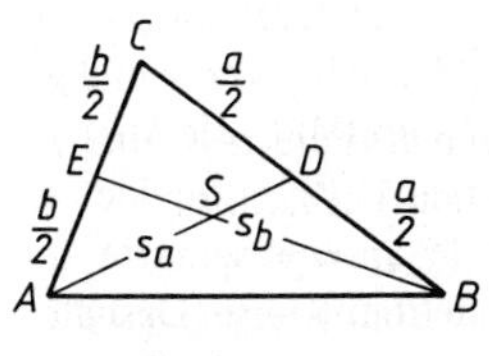

$|\overline{DS}|:|\overline{SA}| = 1:2$
$|\overline{ES}|:|\overline{SB}| = 1:2$

Die Seitenhalbierenden teilen sich gegenseitig im Verhältnis 1:2.

Die Höhen

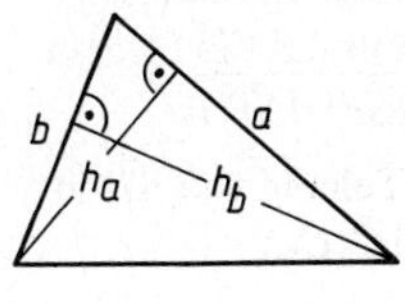

$h_a : h_b = b:a$

Die Längen der Höhen eines Dreiecks verhalten sich umgekehrt wie die Längen der zugehörigen Seiten.

9.6.5. Streckenverhältnisse am Kreis

Der Sehnensatz

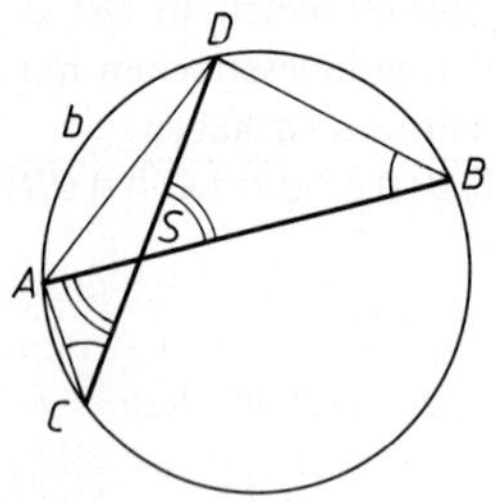

Zwei sich schneidende Sehnen eines Kreises teilen sich so, daß die Produkte der Längen der Abschnitte jeder Sehne gleich sind.

$|\overline{SA}| \cdot |\overline{SB}| = |\overline{SC}| \cdot |\overline{SD}|$

Der Sekantensatz

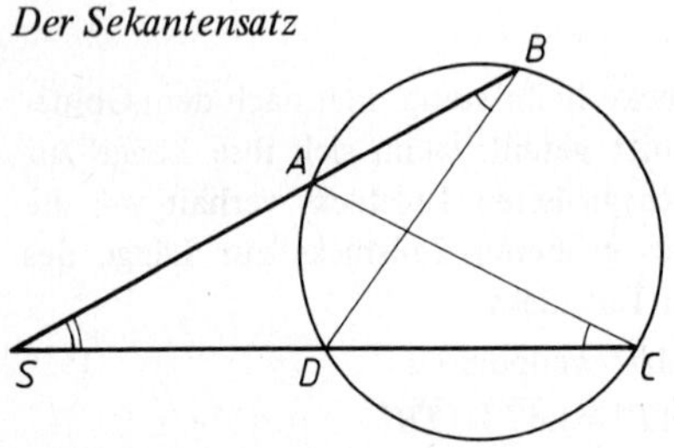

Das Produkt der Längen der Abschnitte jeder Sekante, die von einem festen Punkt außerhalb eines Kreises ausgeht, ist immer gleich.

$|\overline{SA}| \cdot |\overline{SB}| = |\overline{SC}| \cdot |\overline{SD}|$

Der Tangentensatz

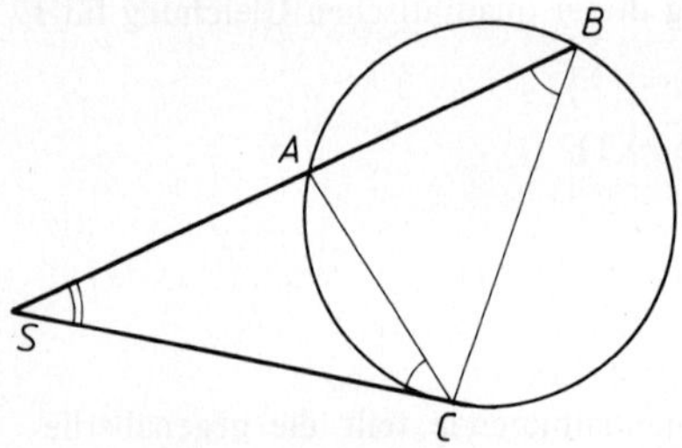

Das Produkt der Längen der Abschnitte einer von einem festen Punkt ausgehenden Sekante ist gleich dem Quadrat der Länge der von diesem Punkt ausgehenden Tangente.

$|\overline{SA}| \cdot |\overline{SB}| = |\overline{SC}|^2$

Anwendung des Tangentensatzes

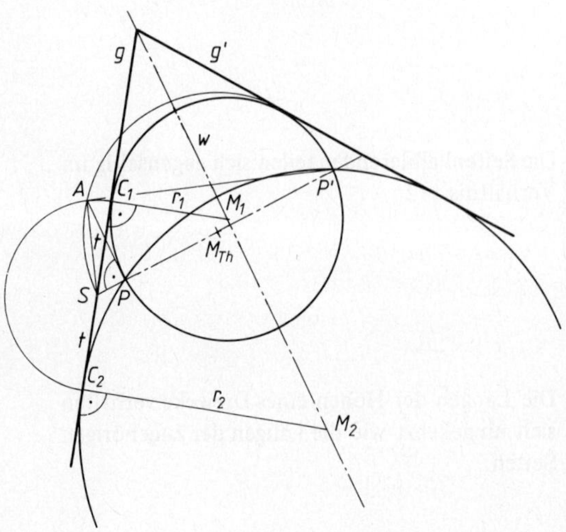

Aufgabe: Gegeben sind die Geraden g und g' und der Punkt P dazwischen. Gesucht sind die beiden Kreise, die durch P gehen und g und g' berühren.

Konstruktionshinweise: P' liegt symmetrisch zu P bezüglich der Winkelhalbierenden von g und g' (auf dieser liegen auch M_1 und M_2, die Mittelpunkte der gesuchten Kreise). PP' schneidet g in S. SP und SP' sind Sekantenabschnitte in bezug auf die beiden gesuchten Kreise. Deshalb findet man nach Tangentensatz und Kathetensatz die zugehörigen Tangenten von S an die gesuchten Kreise in

$|\overline{SA}| = |\overline{SC_1}| = |\overline{SC_2}| = t = \sqrt{|\overline{SP}| \cdot |\overline{SP'}|}$.

VI. Stereometrie (räumliche Geometrie)

1. Prismatische Körper

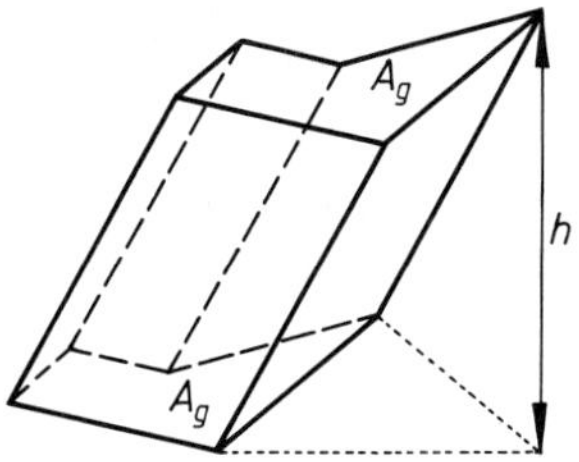

Allgemeines (schiefes) Prisma (fünfseitig)

Durch geradlinige drehungsfreie Bewegung eines ebenen Flächenstücks (Vieleck) aus seiner Ebene heraus wird ein prismatischer Körper erzeugt. Infolgedessen sind bei einem Prisma Grund-, und Deckfläche und alle hierzu parallelen Schnitte kongruent. Ist die Grundfläche ein n-Eck, dann entsteht ein n-seitiges Prisma; erfolgt die Bewegung senkrecht zur Ebene der Grundfläche, dann ist das Prisma gerade. (Ein physikalisches Prisma ist mathematisch ein gerades dreiseitiges Prisma.)

Das Volumen V eines prismatischen Körpers ist Inhalt der Grundfläche A_g mal Höhe h: $V = A_g h$.

1.1. Der Quader

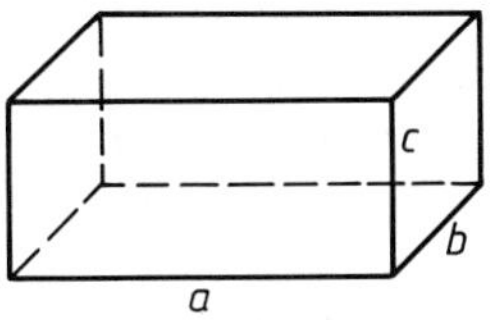

Ein vierseitiges gerades Prisma (Höhe c) mit einem Rechteck (Seitenlängen a und b) als Grundfläche heißt Quader. a, b, c sind die Längen der Kanten.

Gesamtkantenlänge $l = 4(a + b + c)$
Oberfläche $A_0 = 2(ab + ac + bc)$
Volumen $V = abc$

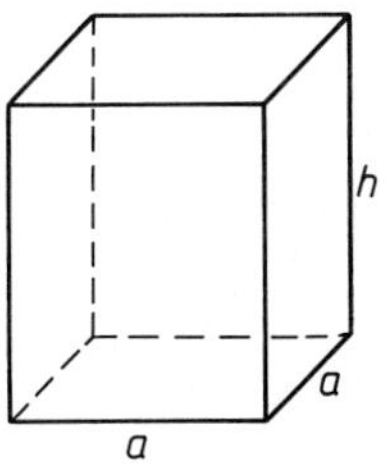

Der Sonderfall eines Quaders mit einem Quadrat als Grundfläche ($a = b$) heißt *quadratische Säule* (Höhe $c = h$):

Gesamtkantenlänge $l = 8a + 4h$
Oberfläche $A_0 = 2a^2 + 4ah$
Volumen $V = a^2 h$

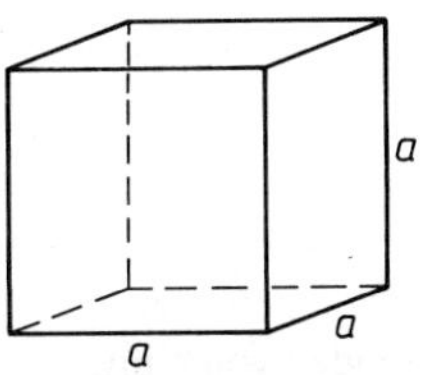

Der Sonderfall eines Quaders mit lauter gleich langen Kanten (a) heißt *Würfel*:

Gesamtkantenlänge $l = 12a$
Oberfläche $A_0 = 6a^2$
Volumen $V = a^3$

1.2. Der Zylinder

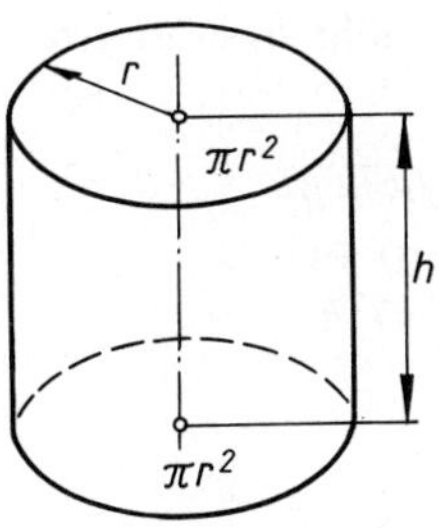

Ist die Grundfläche eines prismatischen Körpers ein Kreis, dann heißt dieser Körper *Zylinder*.

Ein Körper, der einen Kreis (Radius r) als Grundfläche und eine dazu senkrechte Achse (Länge h) hat und bei dem jeder Schnitt parallel zur Grundfläche einen kongruenten Kreis ergibt, heißt *gerader Kreiszylinder* oder *Walze*:

Gesamtkantenlänge $l = 4\pi r$
Oberfläche $A_0 = 2\pi r^2 + 2\pi r h = 2\pi r(r + h)$
Volumen $V = \pi r^2 h$

2. Pyramidenförmige Körper

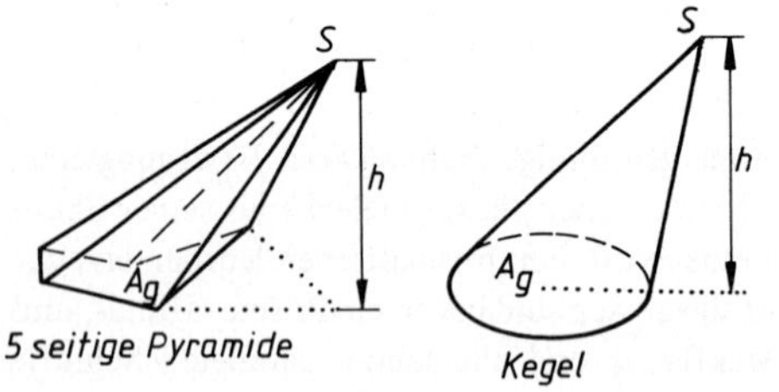

Ein Körper, der ein Vieleck als Grundfläche und eine Spitze S hat, die mit allen Punkten des Vielecks geradlinig verbunden ist, heißt *Pyramide.* Wird das Vieleck zum Kreis, dann wird der Körper zum *Kegel.*

Das Volumen V eines pyramidenförmigen Körpers ist ein Drittel des Betrags der Grundfläche A_g mal Höhe h: $V = \frac{1}{3} A_g h$

Zeichnerische Erläuterung der Volumenformel $V = \frac{1}{3} A_g h$ *an der dreiseitigen Pyramide:*

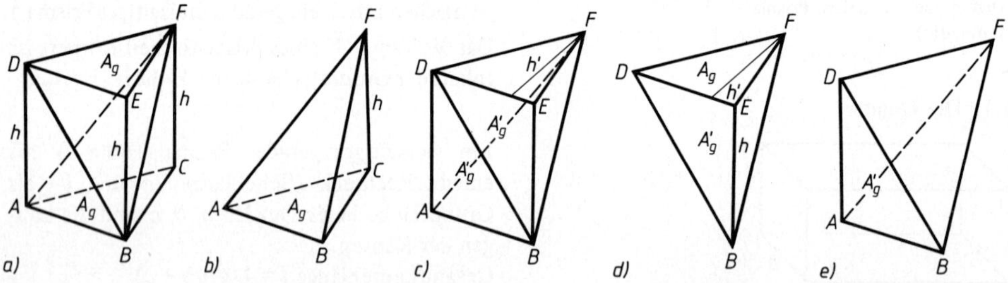

Prisma Erste Pyramide Restkörper Zweite Pyramide Dritte Pyramide

2.1. Vierflach und Tetraeder

Eine dreiseitige Pyramide heißt *Vierflach*, da sie einschließlich Grundfläche von vier Flächen (vier Dreiecken) umschlossen wird.

Unter *Tetraeder* versteht man im allgemeinen ein regelmäßiges Vierflach: Die Begrenzungsdreiecke sind gleichseitig und kongruent.

Tetraeder:

Kantenlänge	a
Gesamtkantenlänge	$6a$
Höhe	$h = \frac{a}{3}\sqrt{6}$
Oberfläche	$A_0 = a^2\sqrt{3}$
Volumen	$V = \frac{a^3}{12}\sqrt{2}$

2.2. Der Kegel

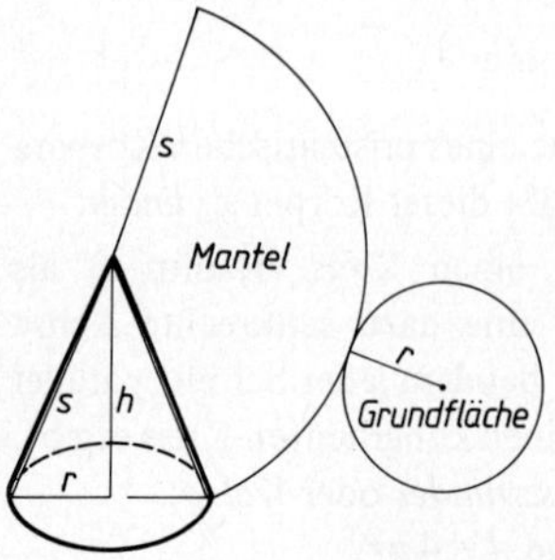

Ein pyramidenförmiger Körper mit kreisförmiger Grundfläche (Radius r) und der Spitze senkrecht über der Kreismitte (Höhe h) heißt *gerader Kreiskegel*:

Länge der Seitenlinie	$s = \sqrt{r^2 + h^2}$
Oberfläche	$A_0 = \pi r(r + s)$
Volumen	$V = \frac{1}{3}\pi r^2 h$

3. Pyramidenstumpf und Kegelstumpf

Schneidet man von einer Pyramide bzw. einem Kegel mit einem ebenen Schnitt parallel zur Grundfläche das obere Stück (das Stück mit der Spitze; eine kleine der ganzen ähnlichen Pyramide bzw. einen kleinen dem ganzen ähnlichen Kegel) ab, so ist der Restkörper ein Pyramidenstumpf bzw. ein Kegelstumpf. Der Abstand der Schnittebene von der Grundfläche ist seine Höhe h.

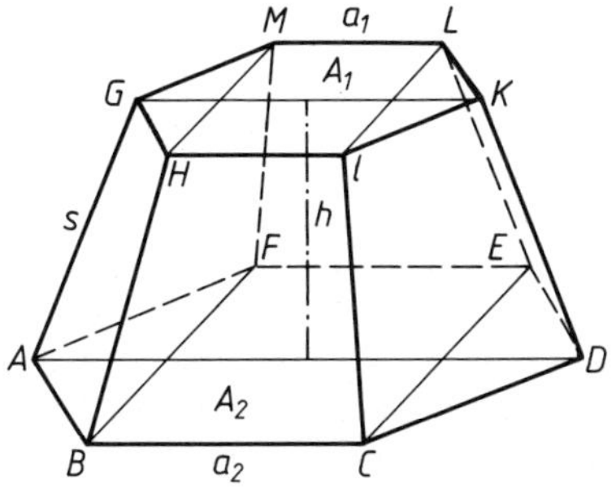

Pyramidenstumpf (regelmäßig sechsseitig)

Pyramidenstumpf (A_2, A_1 Grund- und Deckfläche):

Volumen $V = \frac{h}{3}(A_2 + \sqrt{A_2 A_1} + A_1)$

Herleitung der Volumenformel:

$$V = \frac{1}{3}(A_2 h_2 - A_1 h_1)$$

$h_2 - h_1 = h$ und

$$A_2 : A_1 = h_2^2 : h_1^2$$

$$(\sqrt{A_2} - \sqrt{A_1}) : \sqrt{A_1} = h : h_1$$

$$V = \frac{1}{3}[A_2(h + h_1) - A_1 h_1]$$

$$V = \frac{1}{3}\left[A_2\left(h + \frac{\sqrt{A_1}\,h}{\sqrt{A_2} - \sqrt{A_1}}\right) - A_1 \frac{\sqrt{A_1}\,h}{\sqrt{A_2} - \sqrt{A_1}}\right]$$

$$V = \frac{h}{3} \cdot \frac{A_2\sqrt{A_2} - A_2\sqrt{A_1} + A_2\sqrt{A_1} - A_1\sqrt{A_1}}{\sqrt{A_2} - \sqrt{A_1}}$$

$$V = \frac{h}{3}\,\frac{\sqrt{A_2}^3 - \sqrt{A_1}^3}{\sqrt{A_2} - \sqrt{A_1}} = \frac{h}{3}(A_2 + \sqrt{A_2 A_1} + A_1)$$

$$A_1 = \frac{3}{2} a_1^2 \sqrt{3} \qquad A_2 = \frac{3}{2} a_2^2 \sqrt{3}$$

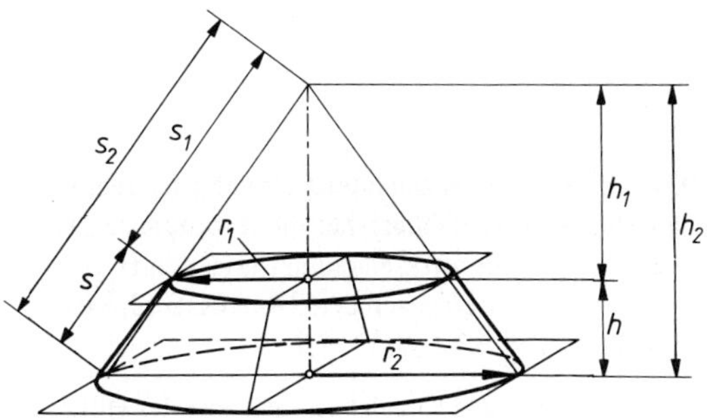

Kegelstumpf (gerader Kreiskegelstumpf)

Kegelstumpf (r_2, r_1 Radien von Grund- und Deckkreis):

Seitenlinie $s = \sqrt{(r_2 - r_1)^2 + h^2}$

Oberfläche $A_0 = A_2 + A_1 + A_m$

$A_0 = \pi r_2^2 + \pi r_1^2 + \pi s(r_2 + r_1)$

$A_0 = \pi r_2(r_2 + s) + \pi r_1(r_1 + s)$

Volumen $V = \frac{h}{3}\pi(r_2^2 + r_2 r_1 + r_1^2)$

(Siehe auch „Guldinsche Regeln" im Abschnitt Mechanik)

Herleitung der Formel für die Mantelfläche A_m:

$$\left.\begin{array}{l} A_m = \pi r_2 s_2 - \pi r_1 s_1, \quad s = s_2 - s_1 \quad \text{und} \\ s_2 : s_1 = r_2 : r_1 \quad \text{oder} \quad s : s_1 = (r_2 - r_1) : r_1 \end{array}\right\}$$

$$A_m = \pi r_2(s + s_1) - \pi r_1 s_1$$

$$= \pi r_2\left(s + \frac{r_1 s}{r_2 - r_1}\right) - \pi r_1\left(\frac{r_1 s}{r_2 - r_1}\right)$$

$$A_m = \pi\,\frac{r_2^2 s - r_2 r_1 s + r_2 r_1 s - r_1^2 s}{r_2 - r_1} = \pi s\,\frac{r_2^2 - r_1^2}{r_2 - r_1}$$

$$A_m = \pi s(r_2 + r_1)$$

Herleitung der Volumenformel:

$$V = \frac{1}{3}\pi(r_2^2 h_2 - r_1^2 h_1)$$

$$\left.\begin{array}{l} r_2 : r_1 = h_2 : h_1 \quad \text{oder} \\ (r_2 - r_1) : r_1 = h : h_1 \end{array}\right\}$$

$$V = \frac{1}{3}\pi[r_2^2(h + h_1) - r_1^2 h_1]$$

$$V = \frac{1}{3}\pi\left[r_2^2\left(h + \frac{r_1 h}{r_2 - r_1}\right) - r_1^2\,\frac{r_1 h}{r_2 - r_1}\right]$$

$$V = \frac{h}{3}\pi\,\frac{r_2^3 - r_2^2 r_1 + r_2^2 r_1 - r_1^3}{r_2 - r_1}$$

$$V = \frac{h}{3}\pi\,\frac{r_2^3 - r_1^3}{r_2 - r_1}$$

$$V = \frac{h}{3}\pi(r_2^2 + r_2 r_1 + r_1^2).$$

4. Die Kugel

4.1. Die volle Kugel

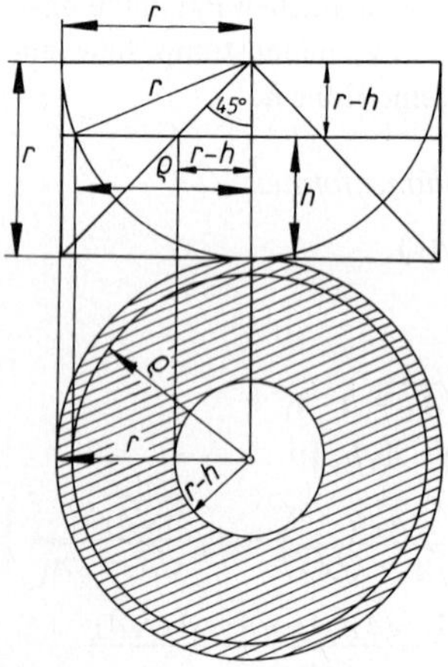

Schnittfläche in der Höhe h

Zylinder der Höhe r umhüllt Halbkugel und Kegel mit Radius r und Höhe r

Die schraffierte ringförmige Schnittfläche mit dem Restkörper, den man erhält, wenn man von dem Zylinder den Kegel abzieht, ist $\pi r^2 - \pi(r-h)^2$. Nun ist aber nach dem Satz des Pythagoras $r^2 = \rho^2 + (r-h)^2$, also $\pi\rho^2 = \pi r^2 - \pi(r-h)^2$, d.h. die Kugelschnittfläche und die Restkörperschnittfläche sind gleich groß. Da das in jeder Höhe h der Fall ist, haben nach dem Satz des Cavalieri (Körper mit gleicher Höhe und gleich großer Schnittfläche in jeder Höhe haben gleiches Volumen) die Halbkugel und der Restkörper das gleiche *Volumen:* $V_{HK} = \pi r^2 r - \frac{1}{3}\pi r^2 r = \frac{2}{3}\pi r^3$. Für die ganze Kugel ergibt sich damit $V = \frac{4}{3}\pi r^3$.

Volumen $V = \frac{4}{3}\pi r^3$

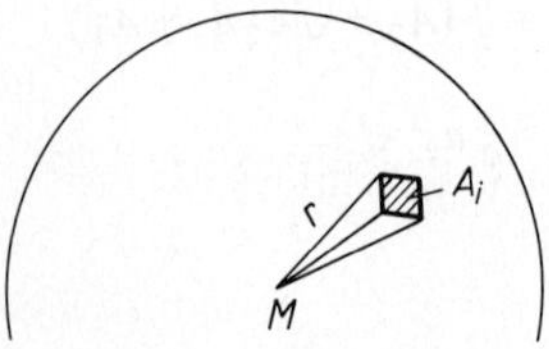

Kugelvolumen aus kleinen Pyramiden der Höhe r zusammengesetzt

$$V_n = \frac{1}{3} r (A_1 + A_2 + A_3 + \ldots + A_n) = \frac{1}{3} r \sum_{i=1}^{n} A_i$$

Die Summe der Grundflächen ist aber im Grenzfall die *Kugelfläche* A_0, außerdem ist $\lim V_n = V$:

$$V = \frac{1}{3} r \lim_{n \to \infty} \sum_{i=1}^{n} A_i = \frac{1}{3} r A_0, \text{ also } A_0 = \frac{3V}{r} = 4\pi r^2$$

Oberfläche $A_0 = 4\pi r^2$

4.2. Der Kugelabschnitt

Kugelabschnitt nennt man das durch einen ebenen Schnitt von einer Kugel abgetrennte Teilstück. Die Mantelfläche des Kugelabschnitts heißt Kugelkappe.

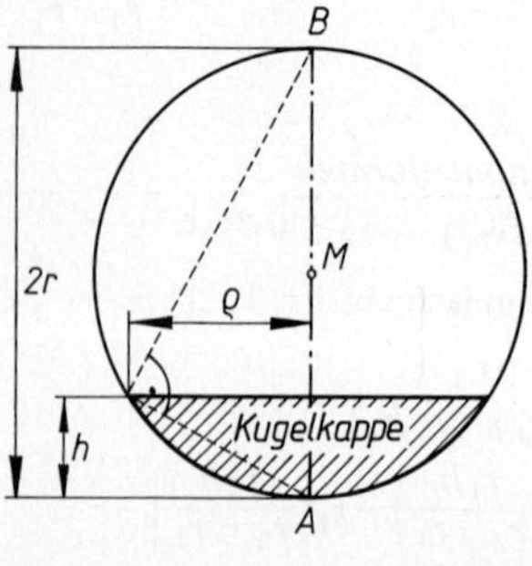

Das im Bild eingezeichnete Dreieck ist rechtwinklig (Satz des Thales), hat die Hypotenuse $2r$, die Höhe ρ (Schnittkreisradius) und den Hypotenusenabschnitt h; nach dem Höhensatz (2. Satz des Euklid) ist $\rho^2 = h(2r - h)$.

Das Volumen des Kugelabschnitts mit der Höhe h ist gleich der Volumendifferenz des Zylinders der Höhe h und des Kegelstumpfs der Höhe h (wie 4.1 Volle Kugel):

$$V = \pi r^2 h - \frac{\pi}{3} h [r^2 + r(r-h) + (r-h)^2]$$
$$V = \frac{\pi}{3} h [3r^2 - r^2 - r^2 + rh - r^2 + 2rh - h^2]$$
$$V = \frac{\pi}{3} h^2 (3r - h).$$

Aus $\rho^2 = h(2r - h)$ ergibt sich $r = \frac{\rho^2}{2h} + \frac{h}{2}$; in die Volumengleichung eingesetzt:

$$V = \frac{\pi}{3} h \left(\frac{3}{2}\rho^2 + \frac{3}{2} h^2 - h^2\right) = \frac{\pi}{6} h (3\rho^2 + h^2).$$

Schnittkreisradius $\rho = \sqrt{h(2r - h)}$

Volumen $V = \frac{1}{6}\pi h (3\rho^2 + h^2)$

$V = \pi \frac{h^2}{3}(3r - h)$

Mantelfläche $A_m = 2\pi r h$ (Kugelkappe)

Fläche der Kugelkappe siehe 4.3.

4.3. Der Kugelausschnitt

Setzt man auf den Kugelabschnitt den Kegel auf, der die Kante des Kugelabschnitts als Grundkreis hat und dessen Spitze in der Kugelmitte liegt, dann erhält man als Gesamtkörper einen Kugelausschnitt.

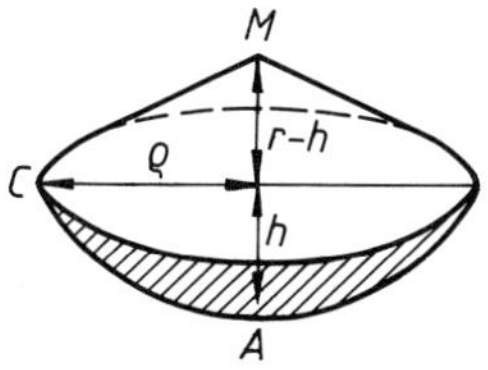

Volumen $V = \frac{2}{3}\pi r^2 h$

Mantelfläche $A_m = 2\pi r h$ (Kugelkappe)

Das *Volumen* setzt sich aus dem des Kugelabschnitts und dem des aufgesetzten Kegels zusammen:

$$V = \pi \frac{h^2}{3}(3r - h) + \frac{\pi\rho^2}{3}(r - h)$$

Nach dem Einsetzen von $\rho^2 = h(2r - h)$ (siehe 4.2) kann man zusammenfassen zu $V = \frac{2}{3}\pi r^2 h$.

Da sich das Volumen des Kugelausschnitts zum gesamten Kugelvolumen wie die Fläche der Kugelkappe zur gesamten Kugelfläche verhält, kann man nunmehr die Fläche A_m der *Kugelkappe* (schraffiert) berechnen:

$$\frac{2}{3}\pi r^2 h : \frac{4}{3}\pi r^3 = A_m : 4\pi r^2 \Rightarrow A_m = 2\pi r h.$$

4.4. Die Kugelschicht

Ein mit zwei Parallelschnitten aus einer Kugel ausgeschnittenes Stück ist eine Kugelschicht. Die Mantelfläche der Kugelschicht heißt Kugelzone.

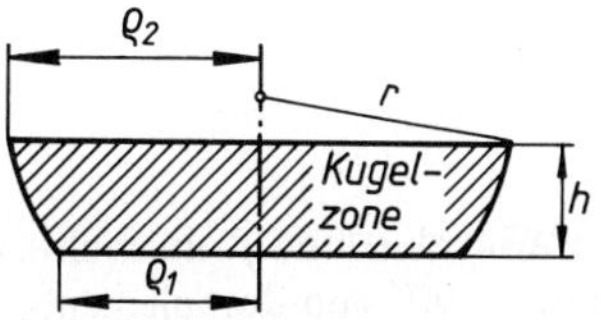

Volumen $V = \frac{1}{6}\pi h(3\rho_1^2 + 3\rho_2^2 + h^2)$

Mantelfläche $A_m = 2\pi r h$ (Kugelzone)

Die *Volumenformel* bestätigt man am besten durch Einsetzen:

$h = h_2 - h_1$, also

$$V = \frac{1}{6}\pi(h_2 - h_1)(3\rho_1^2 + 3\rho_2^2 + (h_2 - h_1)^2)$$

$$V = \frac{1}{6}\pi h_2(3\rho_2^2 + h_2^2) - \frac{1}{6}\pi h_1(3\rho_1^2 + h_1^2) + \\ + \frac{1}{6}\pi h_2(3\rho_1^2 - 2h_2h_1 + h_1^2) - \\ - \frac{1}{6}\pi h_1(3\rho_2^2 - 2h_2h_1 + h_2^2)$$

Der erste und der zweite Summand bilden die Differenz der beiden Kugelabschnitte, der dritte und der vierte Summand haben die Summe Null, wenn man $\rho_1^2 = h_1(2r - h_1)$ und $\rho_2^2 = h_2(2r - h_2)$ einsetzt.

Kugelzone. Die Kugelschicht ist die Differenz zweier Kugelabschnitte mit den Radien ρ_2 und ρ_1 und den Höhen h_2 und h_1, wobei $h_2 - h_1 = h$ ist. Die Mantelfläche der Kugelschicht heißt Kugelzone.

$$A_m = 2\pi r h_2 - 2\pi r h_1 = 2\pi r(h_2 - h_1) = 2\pi r h$$

Anmerkung: Die Volumenformel muß bezüglich ρ_1 und ρ_2 symmetrisch sein und für $\rho_1 \to 0$ oder für $\rho_2 \to 0$ in die Volumenformel des Kugelabschnitts übergehen.

VII. Ebene Trigonometrie

1. Definitionen der trigonometrischen Funktionen (Winkelfunktionen, Kreisfunktionen)

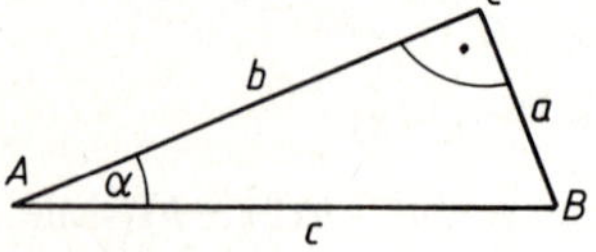

Zur ausführlichen Schreibweise als Funktion siehe 9.

In einem *rechtwinkligen* Dreieck mit dem Winkel α ist

$\sin\alpha$ (Sinus Alpha)	$= \frac{a}{c}$
$\cos\alpha$ (Kosinus Alpha)	$= \frac{b}{c}$
$\tan\alpha$ (Tangens Alpha)	$= \frac{a}{b}$
$\cot\alpha$ (Kotangens Alpha)	$= \frac{b}{a}$

$\sin\alpha$ das Verhältnis von Gegenkathete und Hypotenuse

$\cos\alpha$ das Verhältnis von Ankathete und Hypotenuse

$\tan\alpha$ das Verhältnis von Gegenkathete und Ankathete

$\cot\alpha$ das Verhältnis von Ankathete und Gegenkathete

2. Zusammenhänge der trigonometrischen Funktionen

2.1. Komplementwinkel und Kofunktion

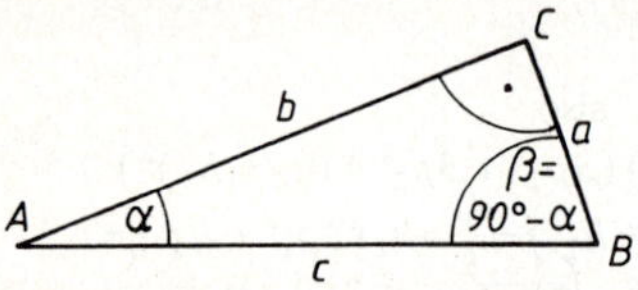

Die beiden spitzen Winkel α und β im rechtwinkligen Dreieck mit $\gamma = 90^\circ$ sind Komplementwinkel (V.2.2.1): $\beta = 90^\circ - \alpha$. Aus 1. folgt:

$\sin(90^\circ - \alpha) = \cos\alpha$	$\sin\beta = \frac{b}{c}$ und $\cos\alpha = \frac{b}{c} \Longrightarrow \sin\beta = \cos\alpha$
$\cos(90^\circ - \alpha) = \sin\alpha$	$\cos\beta = \frac{a}{c}$ und $\sin\alpha = \frac{a}{c} \Longrightarrow \cos\beta = \sin\alpha$
$\tan(90^\circ - \alpha) = \cot\alpha$	$\tan\beta = \frac{b}{a}$ und $\cot\alpha = \frac{b}{a} \Longrightarrow \tan\beta = \cot\alpha$
$\cot(90^\circ - \alpha) = \tan\alpha$	$\cot\beta = \frac{a}{b}$ und $\tan\alpha = \frac{a}{b} \Longrightarrow \cot\beta = \tan\alpha$

2.2. Zusammenhänge bei ein und demselben Winkel $0^\circ < \alpha < 90^\circ$

$$\frac{\sin\alpha}{\cos\alpha} = \tan\alpha \qquad \text{denn: } \frac{a}{c} : \frac{b}{c} = \frac{a}{b}$$

$$\cot\alpha = \frac{1}{\tan\alpha} \qquad \text{denn: } \frac{b}{a} = 1 : \frac{a}{b}$$

$$(\sin\alpha)^2 + (\cos\alpha)^2 = 1 \qquad \text{denn: } \left(\frac{a}{c}\right)^2 + \left(\frac{b}{c}\right)^2 = 1 \Longrightarrow a^2 + b^2 = c^2$$

(Satz des Pythagoras)

Anmerkung: Es wird die Schreibweise $\sin^2\alpha$ (lies: Sinus Quadrat Alpha) für $(\sin\alpha)^2$ benutzt; entsprechend $\cos^2\alpha = (\cos\alpha)^2$ usw.

$\sin\alpha$, $\cos\alpha$, $\tan\alpha$, $\cot\alpha$ für $0 < \alpha < 90°$ ausgedrückt durch	$\sin\alpha$	$\cos\alpha$	$\tan\alpha$	$\cot\alpha$
$\sin\alpha =$	$\sin\alpha$	$\sqrt{1-(\cos\alpha)^2}$	$\frac{\tan\alpha}{\sqrt{1+(\tan\alpha)^2}}$	$\frac{1}{\sqrt{1+(\cot\alpha)^2}}$
$\cos\alpha =$	$\sqrt{1-(\sin\alpha)^2}$	$\cos\alpha$	$\frac{1}{\sqrt{1+(\tan\alpha)^2}}$	$\frac{\cot\alpha}{\sqrt{1+(\cot\alpha)^2}}$
$\tan\alpha =$	$\frac{\sin\alpha}{\sqrt{1-(\sin\alpha)^2}}$	$\frac{\sqrt{1-(\cos\alpha)^2}}{\cos\alpha}$	$\tan\alpha$	$\frac{1}{\cot\alpha}$
$\cot\alpha =$	$\frac{\sqrt{1-(\sin\alpha)^2}}{\sin\alpha}$	$\frac{\cos\alpha}{\sqrt{1-(\cos\alpha)^2}}$	$\frac{1}{\tan\alpha}$	$\cot\alpha$

3. Die Kurven der Kreisfunktionen

3.1. Konstruktion von Funktionswerten

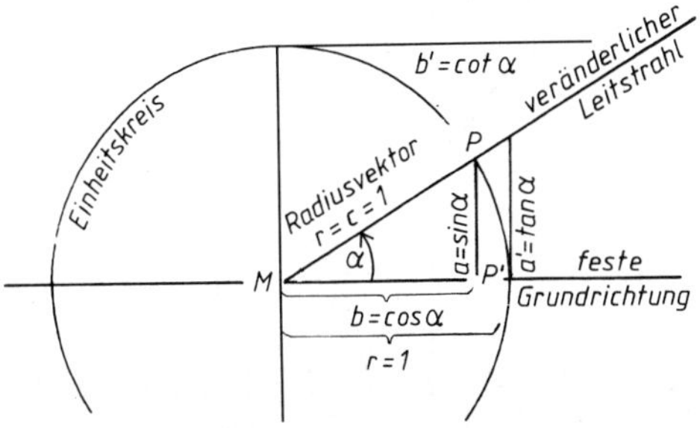

α: Veränderlicher Winkel zwischen Leitstrahl und Grundrichtung

$\overline{MP}$: Strecke des Radiusvektors; Hypotenuse in $\Delta\, PMP'$

$\overline{MP'}$: Ankathete; Projektion von $\overline{MP}$ auf die Grundrichtung

$\overline{PP'}$: Gegenkathete; Lot von P auf die Grundrichtung

$$\sin\alpha = \frac{|\overline{PP'}|}{|\overline{MP}|} = \frac{a}{1} = a \qquad \cos\alpha = \frac{|\overline{MP'}|}{|\overline{MP}|} = \frac{b}{1} = b \qquad \tan\alpha = \frac{a'}{r} = \frac{a'}{1} = a'$$

3.2. Erweiterung des Definitionsbereichs

Lot $\overline{PP'}$ und Projektion $\overline{MP'}$ existieren auch bei Winkeln außerhalb des Intervalls $0° < \alpha < 90°$. Versieht man die Streckenlängen links von M und unterhalb der Grundrichtung mit negativem Vorzeichen, dann erhält man mit den Gleichungen von 3.1 auch Funktionswerte für negative, stumpfe und überstumpfe Winkel.

3.3. Sinus- und Kosinus-, Tangens- und Kotangenskurven

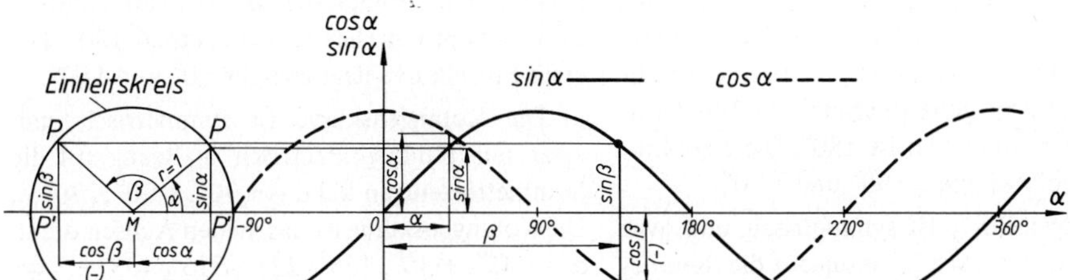

Sinuskurve

a) Im Einheitskreis ist der Sinus die Länge des Lotes $\overline{PP'}$ (Lot von P, dem Endpunkt des Radiusvektors $\overline{MP}$, auf die Grundrichtung).

b) Die Sinuskurve ist eine periodische Wellenlinie mit der Periode 360° und den Höchstwerten (Amplituden) +1 und −1. Zwischen 0° und 360° hat die Sinuskurve die Form einer einzelnen Welle.

c) Die Sinuskurve ist symmetrisch, und zwar punktsymmetrisch in Bezug auf die Symmetriezentren bei $\alpha = 0°, 180°, 360°, \ldots$, spiegelsymmetrisch in Bezug auf die Symmetrieachsen durch $\alpha = -90°, +90°, 270°, \ldots$

Kosinuskurve

a) Im Einheitskreis ist der Kosinus die Länge der Projektion $\overline{MP'}$ des Radiusvektors $\overline{MP}$ auf die Grundrichtung.

b) Die Kosinuskurve ist eine periodische Wellenlinie mit der Periode 360° und den Höchstwerten (Amplituden) + 1 und − 1. Sie ist kongruent der Sinuskurve, aber um 90° gegen diese nach links verschoben. Zwischen 0° und 360° hat die Kosinuskurve die Form einer Mulde.

c) Die Kosinuskurve ist symmetrisch, und zwar punktsymmetrisch in Bezug auf die Symmetriezentren bei $\alpha = -90°, +90°, 270°, \ldots$, klappsymmetrisch in Bezug auf die Symmetrieachsen durch $\alpha = 0°, 180°, 360°, \ldots$

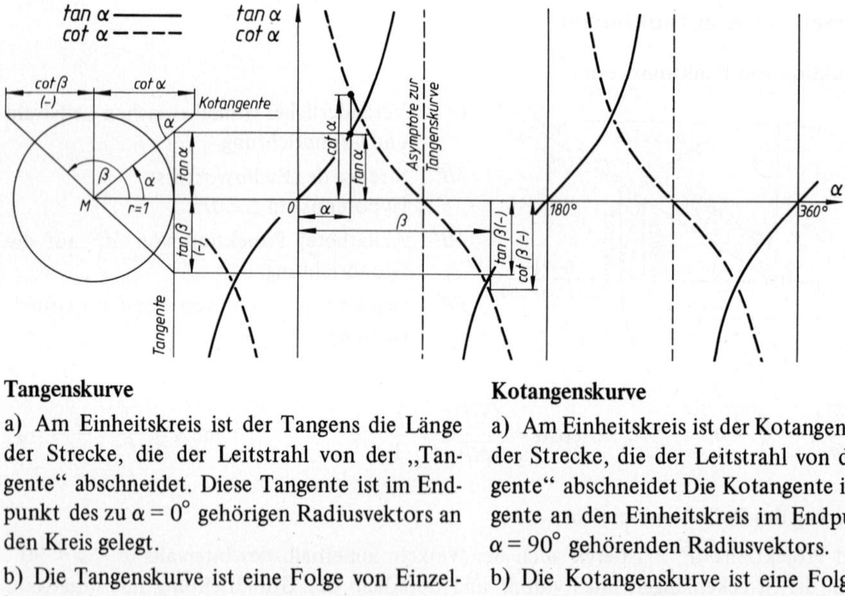

Tangenskurve

a) Am Einheitskreis ist der Tangens die Länge der Strecke, die der Leitstrahl von der „Tangente" abschneidet. Diese Tangente ist im Endpunkt des zu $\alpha = 0°$ gehörigen Radiusvektors an den Kreis gelegt.

b) Die Tangenskurve ist eine Folge von Einzelkurven, deren jede von $-\infty$ kommt und ständig steigend nach $+\infty$ verläuft. Von Einzelkurve zu Einzelkurve springt also der Tangenswert von $+\infty$ nach $-\infty$. Die Senkrechten zur Grundrichtung an den Sprungstellen $\alpha = -90°, +90°, 270°, \ldots$ heißen Asymptoten (die Kurve schmiegt sich beidseitig unbeschränkt an diese Senkrechten an, ohne sie je ganz zu erreichen). Die Periode der Tangensfunktion ist 180°. Die erste Einzelkurve liegt zwischen − 90° und + 90°.

c) Die Tangenskurve ist symmetrisch, und zwar nur punktsymmetrisch in Bezug auf die Symmetriezentren bei $\alpha = 0°, 180°, 360°, \ldots$

Kotangenskurve

a) Am Einheitskreis ist der Kotangens die Länge der Strecke, die der Leitstrahl von der „Kotangente" abschneidet Die Kotangente ist die Tangente an den Einheitskreis im Endpunkt des zu $\alpha = 90°$ gehörenden Radiusvektors.

b) Die Kotangenskurve ist eine Folge von Einzelkurven, deren jede von $+\infty$ kommt und ständig fallend nach $-\infty$ verläuft. Von Einzelkurve zu Einzelkurve springt also der Kotangenswert von $-\infty$ nach $+\infty$. Die Senkrechten zur Grundrichtung an den Sprungstellen $\alpha = 0°, 180°, 360°, \ldots$ sind Asymptoten. Die Periode beträgt 180°. Die erste Einzelkurve liegt zwischen 0° und 180°.

c) Die Kotangenskurve ist symmetrisch und zwar nur punktsymmetrisch in Bezug auf die Symmetriezentren bei $\alpha = -90°, +90°, 270°, \ldots$ Die Kotangenskurve ist das an den Achsen durch $\alpha = -45°, +45°, 135°, 225°, 315°, 405°, \ldots$ gespiegelte Bild der Tangenskurve.

4. Spezielle Funktionswerte der Kreisfunktionen

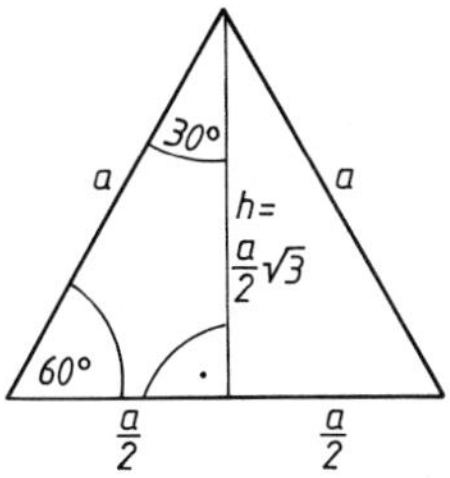

Gleichseitiges Dreieck

Satz des Pythagoras: $h^2 = a^2 - \left(\frac{a}{2}\right)^2$

$$h = \frac{a}{2}\sqrt{3}$$

$$\sin 30^\circ = \frac{\frac{a}{2}}{a} = \frac{1}{2} \qquad \sin 60^\circ = \frac{h}{a} = \frac{1}{2}\sqrt{3}$$

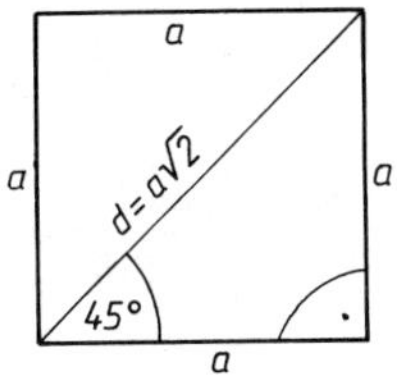

Gleichschenklig-rechtwinkliges Dreieck

Satz des Pythagoras: $d^2 = a^2 + a^2$

$$d = a\sqrt{2}$$

$$\sin 45^\circ = \frac{a}{d} = \frac{1}{\sqrt{2}} = \frac{1}{2}\sqrt{2}$$

Tafel der speziellen Kreisfunktionswerte

$\alpha =$	0°	30°	45°	60°	90°	120°	135°	180°	270°	360°
$\sin\alpha =$	0	$\frac{1}{2}$	$\frac{1}{2}\sqrt{2}$	$\frac{1}{2}\sqrt{3}$	1	$\frac{1}{2}\sqrt{3}$	$\frac{1}{2}\sqrt{2}$	0	-1	0
$\cos\alpha =$	1	$\frac{1}{2}\sqrt{3}$	$\frac{1}{2}\sqrt{2}$	$\frac{1}{2}$	0	$-\frac{1}{2}$	$-\frac{1}{2}\sqrt{2}$	-1	0	1
$\tan\alpha =$	0	$\frac{1}{3}\sqrt{3}$	1	$\sqrt{3}$	∞	$-\sqrt{3}$	-1	0	∞	0
$\cot\alpha =$	∞	$\sqrt{3}$	1	$\frac{1}{3}\sqrt{3}$	0	$-\frac{1}{3}\sqrt{3}$	-1	∞	0	∞

5. Symmetrie der Kreisfunktionen

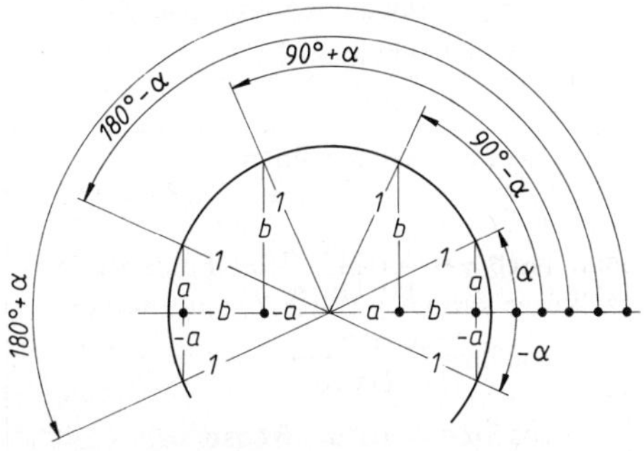

Aus den 6 kongruenten rechtwinkligen Dreiecken liest man ab:

$$\begin{aligned} \sin\alpha &= a & \cos\alpha &= b \\ \sin(-\alpha) &= -a & \cos(-\alpha) &= b \\ \sin(90^\circ-\alpha) &= b & \cos(90^\circ-\alpha) &= a \\ \sin(90^\circ+\alpha) &= b & \cos(90^\circ+\alpha) &= -a \\ \sin(180^\circ-\alpha) &= a & \cos(180^\circ-\alpha) &= -b \\ \sin(180^\circ+\alpha) &= -a & \cos(180^\circ+\alpha) &= -b \end{aligned}$$

Tafel der Kreisfunktionen von negativen, Komplement-, Supplementwinkeln

$\sin(-\alpha) = -\sin\alpha$	$\sin(90^\circ \pm \alpha) = \cos\alpha$	$\sin(180^\circ \pm \alpha) = \mp\sin\alpha$
$\cos(-\alpha) = \cos\alpha$	$\cos(90^\circ \pm \alpha) = \mp\sin\alpha$	$\cos(180^\circ \pm \alpha) = -\cos\alpha$
$\tan(-\alpha) = -\tan\alpha$	$\tan(90^\circ \pm \alpha) = \mp\cot\alpha$	$\tan(180^\circ \pm \alpha) = \pm\tan\alpha$
$\cot(-\alpha) = -\cot\alpha$	$\cot(90^\circ \pm \alpha) = \mp\tan\alpha$	$\cot(180^\circ \pm \alpha) = \pm\cot\alpha$

6. Additionstheoreme

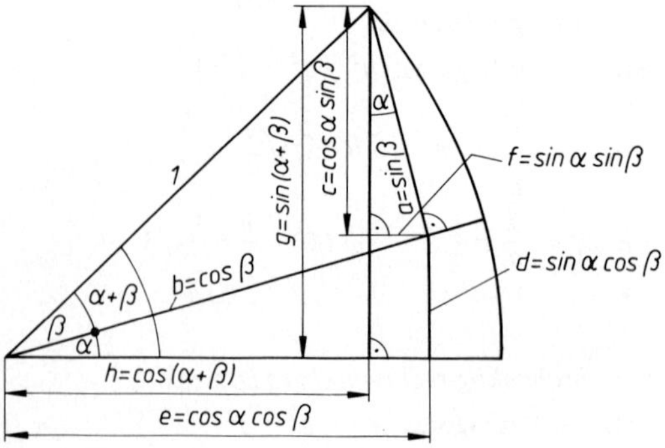

Herleitungshinweise

Aus der Zeichnung abzulesen:

$g = d + c \iff \sin(\alpha+\beta) = \sin\alpha\cos\beta + \cos\alpha\sin\beta$

$h = e - f \iff \cos(\alpha+\beta) = \cos\alpha\cos\beta - \sin\alpha\sin\beta$

Ersetzen von β durch $(-\beta)$:

$$\sin(\alpha-\beta) = \sin\alpha\cos\beta - \cos\alpha\sin\beta$$
$$\cos(\alpha-\beta) = \cos\alpha\cos\beta + \sin\alpha\sin\beta$$

Dividieren von g durch h und Kürzen durch $\cos\alpha \cdot \cos\beta$:

$$\tan(\alpha+\beta) = \frac{\tan\alpha + \tan\beta}{1 - \tan\alpha\tan\beta}$$

Ersetzen von β durch $(-\beta)$:

$$\tan(\alpha-\beta) = \frac{\tan\alpha - \tan\beta}{1 + \tan\alpha\tan\beta}$$

Substitution:

$$u = \alpha + \beta \qquad \alpha = \frac{u+v}{2}$$
$$\iff$$
$$v = \alpha - \beta \qquad \beta = \frac{u-v}{2}$$

Hiernach Ersetzen von α und β in

$\sin(\alpha+\beta) = \sin\alpha\cos\beta + \cos\alpha\sin\beta$

$\sin(\alpha-\beta) = \sin\alpha\cos\beta - \cos\alpha\sin\beta$:

$$\left.\begin{aligned}\sin u &= \sin\frac{u+v}{2}\cos\frac{u-v}{2} + \cos\frac{u+v}{2}\sin\frac{u-v}{2}\\ \sin v &= \sin\frac{u+v}{2}\cos\frac{u-v}{2} - \cos\frac{u+v}{2}\sin\frac{u-v}{2}\end{aligned}\right\} +$$

$$\sin u + \sin v = 2\sin\frac{u+v}{2}\cos\frac{u-v}{2}$$

Entsprechend drei weitere Summen (Differenzen).

Formeln für Winkelsummen und Winkeldifferenzen

$\sin(\alpha \pm \beta) = \sin\alpha\cos\beta \pm \cos\alpha\sin\beta$ $\tan(\alpha \pm \beta) = \dfrac{\tan\alpha \pm \tan\beta}{1 \mp \tan\alpha\tan\beta}$	$\cos(\alpha \pm \beta) = \cos\alpha\cos\beta \mp \sin\alpha\sin\beta$ $\cot(\alpha \pm \beta) = \dfrac{\cot\alpha\cot\beta \mp 1}{\cot\beta \pm \cot\alpha}$
$\sin 2\alpha = 2\sin\alpha\cos\alpha$	$\cos 2\alpha = \cos^2\alpha - \sin^2\alpha = 1 - 2\sin^2\alpha = 2\cos^2\alpha - 1$
$\sin 2\alpha = \dfrac{2\tan\alpha}{1+\tan^2\alpha}$	$\cos 2\alpha = \dfrac{1-\tan^2\alpha}{1+\tan^2\alpha}$
$\tan 2\alpha = \dfrac{2\tan\alpha}{1-\tan^2\alpha}$	$\cot 2\alpha = \dfrac{\cot^2\alpha - 1}{2\cot\alpha}$
$\sin 3\alpha = 3\sin\alpha - 4\sin^3\alpha$	$\cos 3\alpha = 4\cos^3\alpha - 3\cos\alpha$
$\tan 3\alpha = \dfrac{3\tan\alpha - \tan^3\alpha}{1 - 3\tan^2\alpha}$	$\cot 3\alpha = \dfrac{\cot^3\alpha - 3\cot\alpha}{3\cot^2\alpha - 1}$
$\sin u + \sin v = 2\sin\dfrac{u+v}{2}\cos\dfrac{u-v}{2}$	$\cos u + \cos v = 2\cos\dfrac{u+v}{2}\cos\dfrac{u-v}{2}$
$\sin u - \sin v = 2\cos\dfrac{u+v}{2}\sin\dfrac{u-v}{2}$	$\cos u - \cos v = -2\sin\dfrac{u+v}{2}\sin\dfrac{u-v}{2}$

7. Sinussatz und Kosinussatz

7.1. Herleitung der Sätze

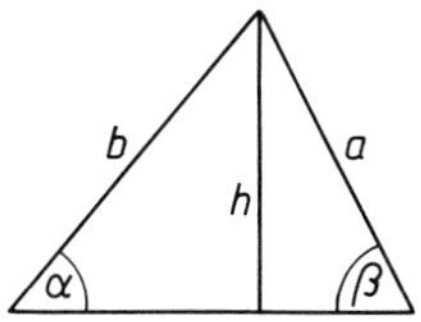

Herleitung des Sinussatzes

$$\sin\alpha = \frac{h}{b} \quad \Rightarrow h = b\sin\alpha$$

$$\sin\beta = \frac{h}{a} \quad \Rightarrow h = a\sin\beta$$

$$b\sin\alpha = a\sin\beta \Rightarrow a : b = \sin\alpha : \sin\beta$$

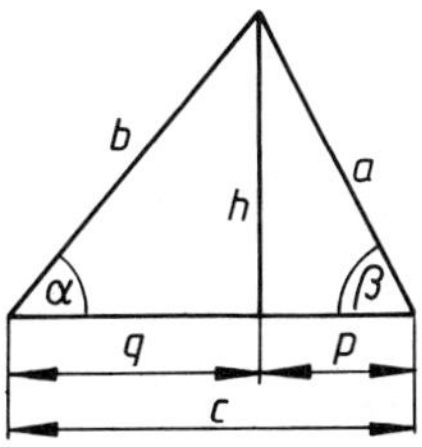

Herleitung des Kosinussatzes

$$\cos\alpha = \frac{q}{b}, \quad p^2 + h^2 = a^2,$$

$$q = c - p, \qquad h = b\sin\alpha$$

$$\Rightarrow \cos\alpha = \frac{c-p}{b}, \; p^2 + b^2\sin^2\alpha = a^2$$

$$\Rightarrow (c - b\cos\alpha)^2 + b^2\sin^2\alpha = a^2$$

$$\Rightarrow c^2 - 2bc\cos\alpha + b^2\cos^2\alpha + b^2\sin^2\alpha = a^2$$

$$\Rightarrow c^2 - 2bc\cos\alpha + b^2 = a^2$$

Sinussatz

$$a : b : c = \sin\alpha : \sin\beta : \sin\gamma$$
$$\Rightarrow a : b = \sin\alpha : \sin\beta,$$
$$a : c = \sin\alpha : \sin\gamma,$$
$$b : c = \sin\beta : \sin\gamma$$

Kosinussatz

$$a^2 = b^2 + c^2 - 2bc\cos\alpha$$
$$b^2 = a^2 + c^2 - 2ac\cos\beta$$
$$c^2 = a^2 + b^2 - 2ab\cos\gamma$$

7.2. Die vier Grundaufgaben der Dreiecksberechnung

Entsprechend den vier Grundkonstruktionen des Dreiecks (siehe V.5.5) gibt es vier Grundaufgaben der Dreiecksberechnung.

7.2.1. Grundaufgabe WSW und SWW

Gegeben α, c, β (Winkel, Seite, Winkel) oder c, β, γ (Seite, Winkel, Winkel). Fehlender Winkel: $\gamma = 180^\circ - (\alpha + \beta)$ oder $\alpha = 180^\circ - (\beta + \gamma)$. Fehlende Seiten (durch Anwendung des *Sinussatzes*):

$$a = \frac{c}{\sin\gamma}\sin\alpha \qquad b = \frac{c}{\sin\gamma}\sin\beta$$

Beispiel: Gegeben $\alpha = 55^\circ$, $c = 7{,}34$, $\beta = 48^\circ$

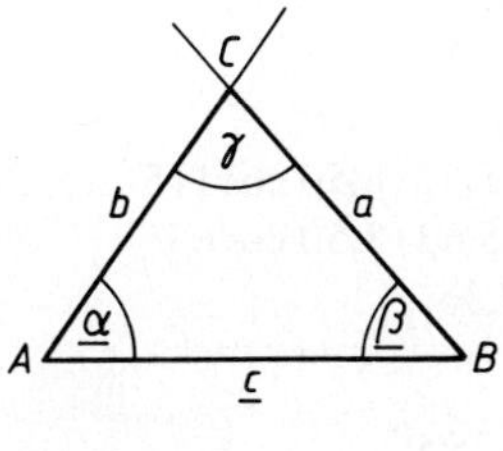

Ergebnisse:
$\gamma = 77^\circ$, $a = 6{,}17$, $b = 5{,}60$

Lösungsweg:
$\gamma = 180^\circ - (55^\circ + 48^\circ) = 77^\circ$

Nach dem Sinussatz ergibt sich die Kettengleichung:

$$\frac{\sin\gamma}{c} = \frac{\sin\alpha}{a} = \frac{\sin\beta}{b}$$

$$\frac{\sin 77^\circ}{7{,}34} = \frac{\sin 55^\circ}{a} = \frac{\sin 48^\circ}{b}$$

Auflösung nach a und b:

$$a = \frac{\sin 55^\circ}{\sin 77^\circ}\cdot 7{,}34 \qquad b = \frac{\sin 48^\circ}{\sin 77^\circ}\cdot 7{,}34$$

7.2.2. Grundaufgabe SSW

Gegeben a, b, α (Seite, Seite, Winkel).

Anwendung des *Sinussatzes:* $\sin\beta = \frac{\sin\alpha}{a}\, b$

Eindeutig für $b < a \Rightarrow \beta < \alpha$ (es kommt nur der spitze Winkel β in Frage, dessen Sinus den vorgeschriebenen Wert hat).

Nicht in allen Fällen eindeutig für $b > a$. Die Aufgabe kann zwei Lösungen, β_1 und β_2, haben mit $\sin\beta_1 = \sin\beta_2$ und $\beta_1 + \beta_2 = 180°$ (alle möglichen Fälle siehe V. 5.5.2).

Der dritte Winkel ergibt sich aus der Winkelsumme im Dreieck, die dritte Seite c oder c_1 und c_2 nach dem Sinussatz.

Beispiel 1: $a = 8{,}45$; $b = 6{,}38$; $\alpha = 68{,}5°$

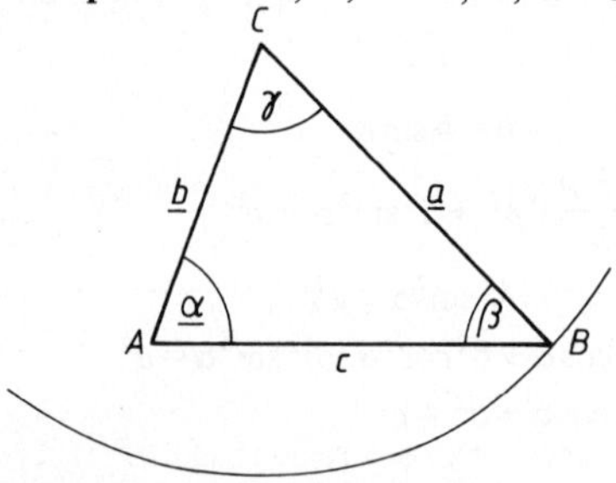

Lösungsweg:

Da α der größeren gegebenen Seite gegenüberliegt, ist die Aufgabe eindeutig. Aus

$$\frac{\sin\alpha}{a} = \frac{\sin 68{,}5°}{8{,}45} = \frac{\sin\beta}{b} = \frac{\sin\beta}{6{,}38} \text{ folgt daher nur}$$

$\beta = 44{,}6°$.

Ergebnisse:

$\beta = 44{,}6°$, $\gamma = 66{,}9°$, $c = 8{,}35$

Beispiel 2: $a = 9{,}35$; $b = 14{,}25$; $\alpha = 39{,}2°$

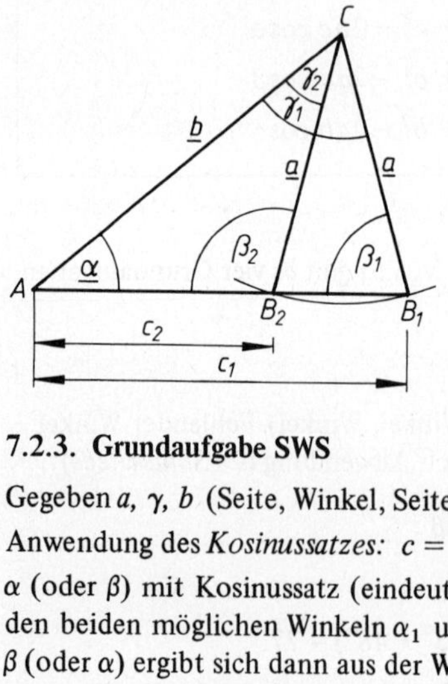

Lösungsweg:

$$\text{Aus } \frac{\sin\alpha}{a} = \frac{\sin 39{,}2°}{9{,}35} = \frac{\sin\beta}{14{,}25} \text{ folgen}$$

$\beta_1 = 74{,}4°$ und $\beta_2 = 180° - \beta_1$

$\beta_2 = 105{,}6°$.

Beide Winkel erfüllen die Bedingung

$b > a \Rightarrow \beta > \alpha$

Ergebnisse:

1. $\beta_1 = 74{,}4°$, $\gamma_1 = 66{,}4°$, $c_1 = 13.56$
2. $\beta_2 = 105{,}6°$, $\gamma_2 = 35{,}2°$, $c_2 = 8{,}53$

7.2.3. Grundaufgabe SWS

Gegeben a, γ, b (Seite, Winkel, Seite).

Anwendung des *Kosinussatzes:* $c = \sqrt{a^2 + b^2 - 2ab\cos\gamma}$

α (oder β) mit Kosinussatz (eindeutig, aber umständlicher) oder Sinussatz (Entscheidung zwischen den beiden möglichen Winkeln α_1 und α_2 mit $\alpha_1 + \alpha_2 = 180°$ über die Bedingung $a \gtrless c \Leftrightarrow \alpha \gtrless \gamma$).

β (oder α) ergibt sich dann aus der Winkelsumme im Dreieck (Kontrolle mit Sinussatz).

Beispiel: $a = 5{,}62$; $\gamma = 115°$; $b = 8{,}50$

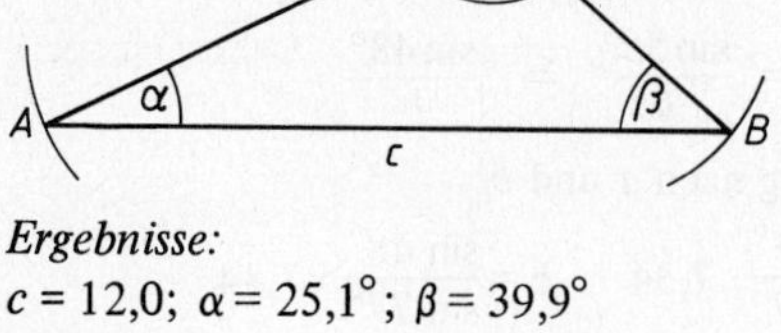

Ergebnisse:

$c = 12{,}0$; $\alpha = 25{,}1°$; $\beta = 39{,}9°$

Lösungsweg:

$$\begin{aligned} c^2 &= a^2 + b^2 - 2ab\cos\gamma \\ &= 5{,}62^2 + 8{,}50^2 - 2 \cdot 5{,}62 \cdot 8{,}50 \cos 115° \\ &= 5{,}62^2 + 8{,}50^2 + 2 \cdot 5{,}62 \cdot 8{,}50 \cos 65° \\ &= 31{,}58 + 72{,}25 + 40{,}36 \end{aligned}$$

$c^2 = 144{,}21 \Rightarrow c = 12{,}0$

$$\sin\alpha = \sin 65° \cdot \frac{5{,}62}{12{,}0} = \sin 25{,}1°$$

$\beta = 180° - (115° + 25{,}1°)$

7.2.4. Grundaufgabe SSS

Gegeben a, b, c (Seite, Seite, Seite).

Anwendung des *Kosinussatzes*: Am besten wird zuerst der der größten Seite gegenüberliegende Winkel berechnet $\cos\gamma \gtreqless 0 \Rightarrow \gamma \lesseqgtr 90°$, die beiden weiteren Winkel müssen dann spitz sein:

$$\cos\gamma = \frac{a^2 + b^2 - c^2}{2ab}$$

α und β mit *Sinussatz*: $\frac{\sin\alpha}{a} = \frac{\sin\beta}{b} = \frac{\sin\gamma}{c}$

Winkelsummenkontrolle: Die Summe der drei berechneten Winkel muß 180° betragen.

Beispiel: $a = 343$; $b = 526$; $c = 795$

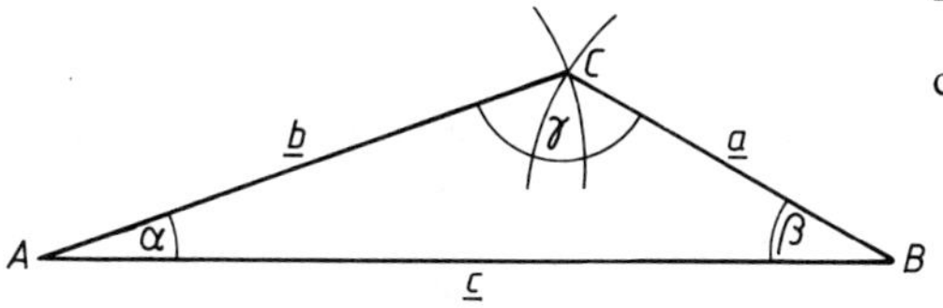

Lösungsweg:
Hier ist $c > a, b$, daher

$$\cos\gamma = \frac{a^2 + b^2 - c^2}{2ab} = \frac{343^2 + 526^2 - 795^2}{2 \cdot 343 \cdot 526} = -0{,}659 = -\cos 48{,}8° = \cos 131{,}2°$$

Ergebnisse:
$\alpha = 18{,}9°$, $\beta = 29{,}9°$, $\gamma = 131{,}2°$

8. Gradmaß und Bogenmaß

8.1. Maße des Vollwinkels

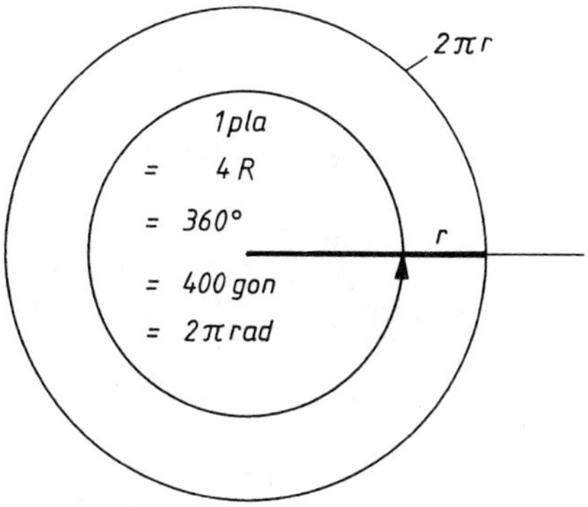

1 pla	= 1 plenus angulus
	= 1 voller Winkel
= 4 R	= 4 Rechte
= 360°	= 4 rechte Winkel
= 400 gon	= 400 Gon
(früher:	
= 400^g	= 400 Neugrad)
= arc 360°	= Arcus 360°
= 2π rad	= 2π Radiant
= 2π	= $2 \cdot 3{,}14159 \ldots$

8.2. Unterteilung des Gradmaßes

1° (1 Grad) = 60′ (60 Minuten)
1′ (1 Minute) = 60″ (60 Sekunden)
1° = 3600″

$$1' = \frac{1}{60}^{\circ} \qquad 1'' = \frac{1}{60}' \qquad 1'' = \frac{1}{3600}^{\circ}$$

Beispiele:

1. $3{,}45° = 3° + 0{,}45 \cdot 60' = 3°27'$

2. $15°11'19'' = 15° + \frac{11}{60}^{\circ} + \frac{19}{3600}^{\circ} = 15° + 0{,}18\overline{3}° + 0{,}0052\overline{7}° = 15{,}1886\overline{1}°$

Probe: $= 15° + 0{,}1886\overline{1} \cdot 60' = 15° + 11{,}31\overline{6}' = 15° + 11' + 0{,}31\overline{6} \cdot 60''$
$= 15° + 11' + 18{,}\overline{9}'' = 15°11'19''$

8.3. Das Bogenmaß

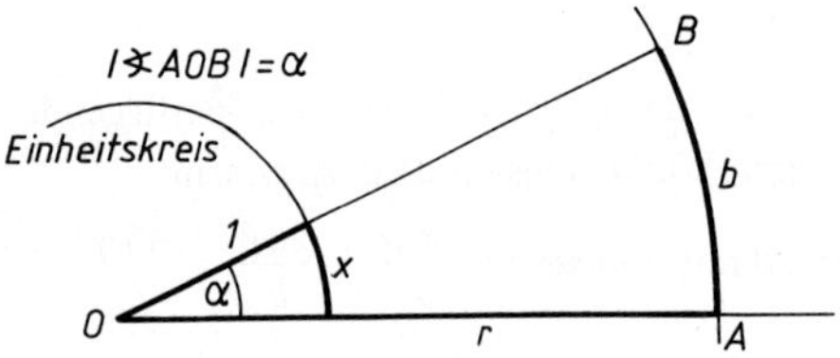

$|\sphericalangle AOB| = \frac{b}{r} = \frac{x}{1} = x = \text{arc}\,\alpha$ (Arcus α)

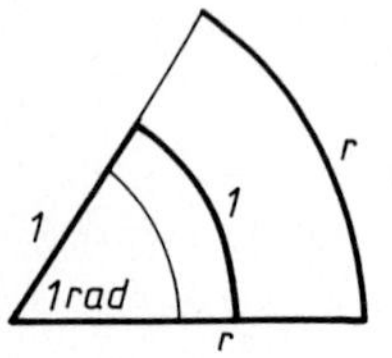

$1 \text{ rad} = \frac{r}{r} = \frac{1}{1} = 1$

Mißt man die Länge b des Bogens, den ein Zentriwinkel ($\sphericalangle AOB$) eines Kreises mit dem Radius r aus dem Kreis ausschneidet, mit r als Längeneinheit, dann ergibt sich die Größe des Winkels im Bogenmaß.

Die Bogenlänge x gibt die Winkelgröße x unmittelbar an, wenn der Radius $r = 1$ ist (Einheitskreis).

Die Einheit 1 rad (Radiant) des Bogenmaßes ergibt sich, wenn Bogen und Radius gleich lang sind.

Aus 2π rad = 360° (siehe 8.1) folgt:

$$1 \text{ rad} = \frac{360°}{2\pi} = 57{,}29...° \approx 57{,}3°$$

Umrechnungsformeln (x in Radiant, α in Grad):

Bogenmaß $x = \frac{\pi}{180°} \cdot \alpha$ Gradmaß $\alpha = \frac{180°}{\pi} \cdot x$

Umrechnungstabelle

α	1°	10°	30°	45°	57,29...°	90°
x	$\frac{\pi}{180}$ = 0,01745...	$\frac{10\pi}{180}$ = 0,1745...	$\frac{\pi}{6}$ = 0,5234...	$\frac{\pi}{4}$ = 0,7853...	1	$\frac{\pi}{2}$ = 1,5707...

Beispiele:

$1' = \frac{\pi}{180 \cdot 60} = 0{,}000\,290\,8\ldots \text{ rad}$

$17{,}34° = \frac{17{,}34\,\pi}{180} = 0{,}302\,6\ldots \text{ rad}$

$73°13' = \frac{73\,\pi}{180} + \frac{13\,\pi}{10\,800} = 1{,}274\,09\ldots + 0{,}003\,77\ldots = 1{,}277\,86\ldots \text{ (rad)}$

$92°8'23'' = \frac{\left(92 + \frac{8}{60} + \frac{23}{3600}\right)\pi}{180} = 1{,}608\,14\ldots \text{ rad}$

$0{,}5 \text{ rad} = \frac{0{,}5 \cdot 180°}{\pi} = 28{,}647\ldots° \approx 28°38'52''$

$\frac{\pi}{3} \text{ rad} = \frac{\pi}{3} \cdot \frac{180°}{\pi} = 60°$

$9{,}68 \text{ rad} = 9{,}68 \cdot \frac{180°}{\pi} \approx 554{,}62°$

$3{,}14 \text{ rad} = 3{,}14 \cdot \frac{180°}{\pi} = 179{,}908\ldots°$

$\sin\frac{\pi}{2} = \sin 90° = 1$

$\cos\pi = \cos 180° = -1$

$\tan\frac{\pi}{4} = \tan 45° = 1$

$\sin 1 = \sin 57{,}29° = 0{,}8414\ldots$

$\sin 30 = \sin\frac{30 \cdot 180°}{\pi} \approx -0{,}9980$

$\sin 30° = \sin\frac{\pi}{6} = \frac{1}{2} = 0{,}5$

9. Winkelfunktion und Arcusfunktion

9.1. Funktionsschreibweisen der Winkelfunktionen

Ersetzt man nach 8. den Winkel α durch den Bogen x, geht man also vom Gradmaß zum Bogenmaß über, dann lassen sich die in 3.3 dargestellten Winkelfunktionen folgendermaßen formulieren:

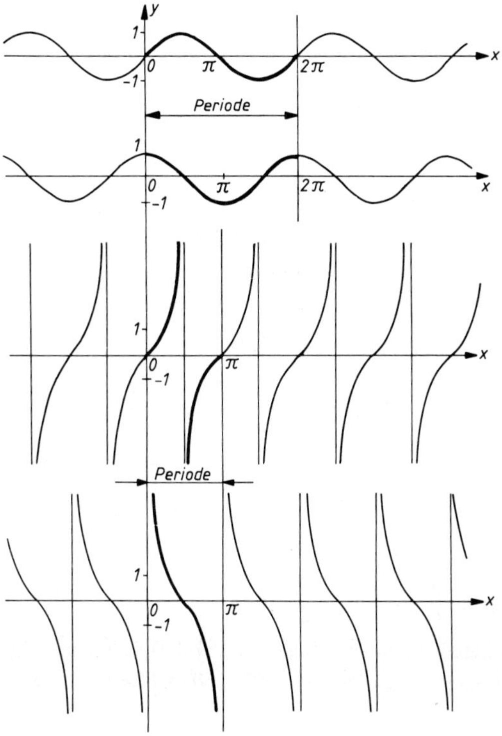

sin: $\mathbb{R} \longrightarrow \{y \mid -1 \leqslant y \leqslant 1\}$
$x \longrightarrow y = \sin x$

cos: $\mathbb{R} \longrightarrow \{y \mid -1 \leqslant y \leqslant 1\}$
$x \longrightarrow y = \cos x$

tan: $\mathbb{R} \setminus \{x_0 \mid x_0 = (2n+1)\frac{\pi}{2} \wedge n \in \mathbb{Z}\}$
$\longrightarrow \mathbb{R}$
$x \longrightarrow y = \tan x$

(An den Stellen $\pm\frac{\pi}{2}, \pm 3\frac{\pi}{2}, \pm 5\frac{\pi}{2}, \ldots$ hat die Tangensfunktion keinen Funktionswert)

cot: $\mathbb{R} \setminus \{x_0 \mid x_0 = n\pi \wedge n \in \mathbb{Z}\}$
$\longrightarrow \mathbb{R}$
$x \longrightarrow y = \cot x$

(An den Stellen $0, \pm\pi, \pm 2\pi, \pm 3\pi, \ldots$ hat die cot-Funktion keinen Funktionswert)

9.2. Umkehrbar eindeutige Winkelfunktion und Arcusfunktion

Nach IV. 2.2.2 läßt sich eine Funktion nur umkehren, wenn sie bijektiv (umkehrbar eindeutig) ist. Man erhält jede Winkelfunktion als bijektive Funktion durch Beschränkung des Definitionsbereichs, z.B. auf $[-\frac{\pi}{2}, \frac{\pi}{2}] = \{x \mid -\frac{\pi}{2} \leqslant x \leqslant \frac{\pi}{2}\}$ bei der Sinusfunktion.

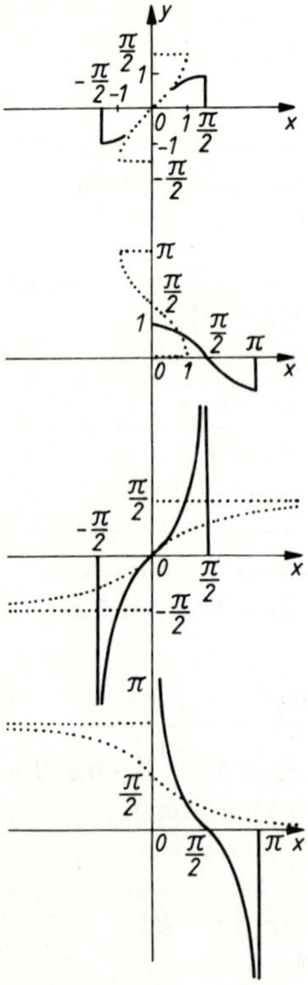

sin: $\left[-\frac{\pi}{2}, \frac{\pi}{2}\right] \to [-1, 1]$, $x \to y = \sin x$	arc sin: $[-1, 1] \to \left[-\frac{\pi}{2}, \frac{\pi}{2}\right]$, $x \to y = \arcsin x$
cos: $[0, \pi] \to [-1, 1]$, $x \to y = \cos x$	arc cos: $[-1, 1] \to [0, \pi]$, $x \to y = \arccos x$
tan: $\left]-\frac{\pi}{2}, \frac{\pi}{2}\right[\to]-\infty, \infty[$, $x \to y = \tan x$	arc tan: $]-\infty, \infty[\to \left]-\frac{\pi}{2}, \frac{\pi}{2}\right[$, $x \to y = \arctan x$

($\left]-\frac{\pi}{2}, \frac{\pi}{2}\right[= \{x \mid -\frac{\pi}{2} < x < \frac{\pi}{2}\}$, offenes Intervall)

cot: $]0, \pi[\to]-\infty, \infty[$, $x \to y = \cot x$	arc cot: $]-\infty, \infty[\to]0, \pi[$, $x \to y = \operatorname{arc\,cot} x$

($]-\infty, \infty[= \mathbb{R}$, $]0, \pi[$ = alle reellen Zahlen von 0 bis π außer 0 und π selbst)

Beispiel 1: $\arcsin\frac{1}{2} = \arcsin 0{,}5 = \frac{\pi}{6} = 30°$; denn $\sin\frac{\pi}{6} = \sin 30° = \frac{1}{2} = 0{,}5$

Die Arcussinusfunktion kann auch für einen anderen Wertebereich als $[-\frac{\pi}{2}, \frac{\pi}{2}]$ definiert sein. Alle möglichen Werte, die $\arcsin\frac{1}{2}$ somit annehmen kann, sind $(4n+1)\cdot 90° \pm 60° = (4n+1)\cdot\frac{\pi}{2} \pm \frac{\pi}{3}$ mit $n \in \mathbb{Z}$, denn

$\sin 30° = \sin 150° = \sin 390° = \sin 510° = \ldots = \sin(-210°) = \sin(-390°) = \ldots =$
$= \sin\frac{\pi}{6} = \sin\frac{5\pi}{6} = \sin\frac{13\pi}{6} = \sin\frac{17\pi}{6} = \ldots = \sin\frac{-7\pi}{6} = \sin\frac{-11\pi}{6} = \ldots = \frac{1}{2}$

(am besten an der sin-Kurve von 9.1 zu bestätigen).

Beispiel 2: arc sin 2 ist nicht reell, denn es gibt keinen Winkel, dessen Sinus gleich 2 ist.

Beispiel 3: $\arcsin 1 = \frac{\pi}{2} = 90°$, denn $\sin\frac{\pi}{2} = \sin 90° = 1$

Für andere Wertebereiche sind entsprechend Beispiel 1 die folgenden Lösungen möglich:

$\arcsin 1 = (4n+1)\cdot 90° = (4n+1)\cdot\frac{\pi}{2}$ mit ganzzahligem n

Beispiel 4: $\arctan(-1) = -\frac{\pi}{4} = -45°$. Für andere Wertebereiche:

$\arctan(-1) = n\pi - \frac{\pi}{4} = n\cdot 180° - 45°$ mit ganzzahligem n, also z.B. auch $\arctan(-1) = 135°$.

Beispiel 5: $\operatorname{arc\,cot} 0 = \frac{\pi}{2} = 90°$. Für andere Wertebereiche:

$\operatorname{arc\,cot} 0 = n\pi + \frac{\pi}{2} = n\cdot 180° + 90°$ mit ganzzahligem n, also z.B. auch $\operatorname{arccot} 0 = -90°$.

Beispiel 6: $\arccos(-0{,}6789) = 180° - 47{,}24° = 132{,}76° = \frac{132{,}76}{180}\cdot\pi = 2{,}3171$

Für andere Wertebereiche:

$\arccos(-0{,}6789) = (2n+1)\cdot 180° \pm 47{,}24° = (2n+1)\cdot\pi \pm 0{,}8245$ mit ganzzahligem n.

VIII. Analysis (Differential- und Integralrechnung)

1. Folgen und Reihen

Unter einer Folge von Zahlen (Zahlenfolge) versteht man eine Aneinanderreihung von Zahlen, die durch ein bestimmtes Bildungsgesetz miteinander zusammenhängen. Aus einer Folge wird eine Reihe, wenn man die aufeinanderfolgenden Zahlen (Elemente) durch +-Zeichen miteinander verbindet. Folgen und Reihen mit begrenzter Anzahl von Elementen nennt man endlich, bei unbegrenzter Anzahl nennt man sie unendlich.

Folge:
Die Abbildung (Funktion)
$\mathbb{N} \longrightarrow \mathbb{R}$
$n \longrightarrow a_n$
heißt unendliche reelle Folge

Schreibweise:
$\langle a_n \rangle$ (a_n in spitzen Klammern)
$= \langle a_1, a_2, a_3, \dots, a_n, \dots \rangle$
a_n heißt allgemeines Glied (Element) der Folge.

Reihe:
Ist $\langle a_n \rangle$ eine unendliche Folge, dann ist

$$a_1 + a_2 + a_3 + \dots + a_n + \dots = \sum_{n=1}^{\infty} a_n$$

eine unendliche Reihe

Partialsummen sind abgebrochene (also endliche) Reihen:

$$s_n = \sum_{\nu=1}^{n} a_\nu = a_1 + a_2 + \dots + a_\nu + \dots + a_n$$

(Σ heißt Sigma und wird hier gelesen: Summe von $\nu = 1$ bis n ...)

Anmerkung: Ist n die Nummer des letzten Gliedes einer endlichen Folge oder endlichen Reihe, dann wählt man als Index des allgemeinen Gliedes den griechischen Buchstaben ν (ny).

Beispiele (bei arithmetischen und geometrischen Folgen und Reihen werden die diesbezüglichen Sätze angewendet):

1. $\langle 1, 2, 3, \dots, 10 \rangle$
Allgemeines Glied: $a_\nu = \nu$
z.B. das Glied Nr. 7 ist 7

ist eine endliche (arithmetische) Folge.
Bildungsgesetz: Jedes Glied nach dem ersten (1) ist um 1 größer als das vorhergehende.

2. $1 + 2 + 3 + \dots + 10 = \sum_{\nu=1}^{10} \nu$

Reihensumme:
$s_{10} = (1 + 10) \cdot \frac{10}{2} = 55$

ist eine endliche Reihe, und zwar die Partialsumme (Teilsumme) $s_n = s_{10}$ der unendlichen Reihe $\sum_{\nu=1}^{\infty} \nu$; letztere ist divergent, d.h. ihre Summe nicht angebbar.

3. $\langle 1, 2, 3, \dots, n, \dots \rangle = \langle n \rangle$
Allgemeines Glied: $a_n = n$

ist eine unendliche Folge, und zwar die Folge der natürlichen Zahlen. Sie gehört zu den arithmetischen Folgen.

Anmerkung: Der Unterschied zwischen dieser Folge der natürlichen Zahlen und der Menge $\mathbb{N}$ der natürlichen Zahlen besteht darin, daß bei der Folge die Reihenfolge der Elemente (Glieder) eine Rolle spielt, während sie bei der Menge beliebig ist.

4. $2 + 4 + 8 + 16 + \ldots + 4096$

Allgemeines Glied: $a_\nu = 2^\nu$

Letztes Glied: $a_n = 2^n = a_{12} = 2^{12} = 4096$

Reihensumme: $s_n = s_{12} = 2 \cdot \frac{4096-1}{2-1} = 8190$

ist eine endliche Reihe, und zwar die Reihe der ersten Potenzen von 2.

Die Reihe gehört zu den geometrischen Reihen.

5. $\frac{1}{2} + \frac{1}{4} + \frac{1}{8} + \frac{1}{16} + \frac{1}{32} + \ldots = \sum_{\nu=1}^{\infty} \frac{1}{2^\nu}$

ist eine unendliche geometrische Reihe.

Allgemeines Glied: $a_\nu = \frac{1}{2^\nu}$

Bildungsgesetz: Jedes Glied nach dem ersten ($\frac{1}{2}$) ist die Hälfte des vorhergehenden.

n-te Partialsumme: $s_n = \sum_{\nu=1}^{n} \frac{1}{2^\nu}$

z.B. $s_{12} = \frac{1}{2} \frac{1-(\frac{1}{2})^{12}}{1-\frac{1}{2}} = \frac{4095}{4096}$

Reihensumme: $\lim_{n \to \infty} s_n = s = 1$

6. $\frac{1}{1} + \frac{1}{2} + \frac{1}{3} + \frac{1}{4} + \frac{1}{5} + \ldots = \sum_{\nu=1}^{\infty} \frac{1}{\nu}$

ist eine unendliche Reihe.

Name: Harmonische Reihe

(die Reihe ist weder eine arithmetische noch eine geometrische).

Allgemeines Glied: $a_\nu = \frac{1}{\nu}$

Reihensumme: $\lim_{n \to \infty} s_n = \infty$

(ohne Beweis)

7. $\frac{1}{1} - \frac{1}{2} + \frac{1}{3} - \frac{1}{4} + \frac{1}{5} \mp \ldots$

ist eine unendliche Reihe.

Eine Reihe mit von Glied zu Glied wechselnden Vorzeichen heißt alternierende Reihe.

Allgemeines Glied: $(-1)^{\nu-1} \frac{1}{\nu}$

Reihensumme: $\frac{1}{2} < s < 1$

Die Schranken der Reihensumme lassen sich beliebig einander annähern.

1.1. Arithmetische Folge und Reihe

Arithmetische Folge:

$a,\ a+d,\ a+2d,\ a+3d, \ldots, a+(\nu-1)d, \ldots$

Arithmetische Reihe von n Gliedern:

$$a + (a+d) + (a+2d) + (a+3d) + \ldots + (a+(n-1)d) = \sum_{\nu=1}^{n} a + (\nu-1)d = s_n$$

Reihensumme:

$$s_n = \frac{n}{2}(a_1 + a_n)$$

$$s_n = \frac{n}{2}(2a + (n-1)d)$$

Eine Folge (Reihe) heißt arithmetisch, wenn aufeinanderfolgende Elemente (Glieder) eine konstante Differenz (d) haben.

Erstes Glied (Element): $a_1 = a$

Differenz von Glied zu Glied: $a_\nu - a_{\nu-1} = d;\ \nu > 1$

ν-tes Glied: $a_\nu = a + (\nu-1)d$

$$\frac{a_1 + a_n}{2} = \frac{a_2 + a_{n-1}}{2} = \frac{a_3 + a_{n-2}}{2} = \ldots$$

ist der Mittelwert eines Gliedes der Reihe, das n-fache die Reihensumme.

Beispiel 1: Wie groß ist die Summe der natürlichen Zahlen von 1 bis 100?

$a = 1 \quad d = 1 \quad n = 100 \quad a_n = 100 \quad s_n = \frac{100}{2}(1+100) = 5050$

Arithmetisches Mittel:

$$a_n = \frac{a_{n-1} + a_{n+1}}{2} \qquad n > 1$$

Jedes Glied einer arithmetischen Folge ist das arithmetische Mittel der beiden Nachbarglieder:

$$a + (n-1)d = \frac{a + (n-2)d + a + nd}{2} = \frac{2a + (2n-2)d}{2}$$

Beispiel 2: 14 und 20 haben das arithmetische Mittel $\frac{14+20}{2} = 17$. 14, 17, 20 sind aufeinanderfolgende Glieder einer arithmetischen Folge ($d = 3$).

1.2. Geometrische Folge und Reihe

Geometrische Folge:

$a, aq, aq^2, aq^3, \ldots, aq^{n-1}, \ldots$

Geometrische Reihe von n Gliedern:

$$a + aq + aq^2 + aq^3 + \ldots + aq^{n-1} = \sum_{\nu=1}^{n} aq^{\nu-1} = s_n$$

Reihensumme:

$$s_n = a\,\frac{q^n - 1}{q - 1} \qquad (q \neq 1)$$

Eine Folge (Reihe) heißt geometrisch, wenn aufeinanderfolgende Elemente (Glieder) einen konstanten Quotienten (q) haben.

Erstes Glied (Element): $a_1 = a$

Quotient: $\frac{a_n}{a_{n-1}} = q$

n-tes Glied: $a_n = aq^{n-1}$

Durch Subtrahieren von

$s_n q = aq + aq^2 + \ldots + aq^{n-1} + aq^n$ und

$s_n = a + aq + aq^2 + \ldots + aq^{n-1}$

erhält man die Summenformel für s_n.

Probe: Durch Polynomdivision erhält man wieder die Ausgangsreihe.

Beispiel 1: $2 + 4 + 8 + 16 + 32 + \ldots + 4096$ (Beispiel 4 von 1.)

Es ist $q = 2$. Aus $a_n = aq^{n-1}$ folgt $4096 = 2 \cdot 2^{n-1} = 2^n$.

$$\lg 4096 = n \lg 2 \qquad n = \frac{\lg 4096}{\lg 2} = \frac{3{,}6124}{0{,}3010} \approx 12$$

Eine Probe bestätigt, daß das Ergebnis genau $n = 12$ ist.

$$s_n = a \cdot \frac{q^n - 1}{q - 1} = 2 \cdot \frac{4096 - 1}{2 - 1} = 8190$$

Beispiel 2: Eine Bohrung koste a DM für das erste Meter; jedes folgende Meter koste im ersten Fall $\frac{1}{10}a$ mehr als das vorhergehende Meter, im zweiten Fall $\frac{1}{10}$ mehr als das vorhergehende Meter. Wie teuer würde in beiden Fällen eine 500 m tiefe Bohrung ?

Erster Fall: arithmetische Reihe

$$s_n = \frac{n}{2}(2a + (n-1)d) = 250(2a + 499 \cdot \tfrac{1}{10}a) = 25 \cdot 519a = 12\,975a$$

Zweiter Fall: geometrische Reihe

$$s_n = a\,\frac{q^n - 1}{q - 1} = a\,\frac{1{,}1^{500} - 1}{0{,}1} = 4{,}97 \cdot 10^{21}a$$

(Unbezahlbar, selbst wenn $a = 0{,}1$ Pf beträgt)

Geometrisches Mittel:

$$a_n = \sqrt{a_{n-1}a_{n+1}}$$

Jedes Glied einer geometrischen Folge ist das geometrische Mittel der beiden benachbarten Glieder: $aq^{n-1} = \sqrt{aq^{n-2}aq^n} = \sqrt{a^2q^{2n-2}}$

Beispiel 3: 9 und 16 haben das geometrische Mittel $\sqrt{9 \cdot 16} = 12$. 9, 12, 16 sind aufeinanderfolgende Glieder einer geometrischen Folge ($q = \frac{4}{3}$).

1.2.1. Unendliche geometrische Reihe

Unendliche geometrische Reihe:

$$a + aq + aq^2 + aq^3 + \ldots + aq^{n-1} + \ldots = \sum_{n=1}^{\infty} aq^{n-1} = s \quad \text{für } |q| < 1$$

Reihensumme:

$$s = a\,\frac{1}{1-q} \quad \text{für } |q| < 1$$

Jede unendliche geometrische Reihe, bei der der Betrag des Quotienten kleiner als 1 ist ($|q| < 1$), hat eine endliche Summe (s).

Herleitung: Aus der Summenformel $s_n = a\,\frac{q^n - 1}{q - 1}$ ergibt sich nach Erweitern mit (-1) die gleichwertige Gleichung $s_n = a\,\frac{1 - q^n}{1 - q}$. Bildet man hiervon den Grenzwert für $n \to \infty$, so erhält man $\lim\limits_{n \to \infty} q^n = 0$; denn ist $|q| < 1$, dann wird mit wachsendem n der Wert des Bruches q^n immer kleiner, und es gibt keine noch so kleine feste Grenzzahl $\epsilon > 0$, die nicht durch q^n für ein hinreichend großes $n > N$ unterschritten werden kann ($q^N \leqslant \epsilon$).

Ist aber $\lim\limits_{n \to \infty} q^n = 0$, dann ist auch $\lim\limits_{n \to \infty} s_n = s = a\,\frac{1}{1-q}$.

Beispiel: $\frac{1}{2} + \frac{1}{4} + \frac{1}{8} + \frac{1}{16} + \frac{1}{32} + \ldots$ (Beispiel 5 von 1.).

Hier ist $q = \frac{1}{2}$, die Konvergenzbedingung ist also erfüllt.

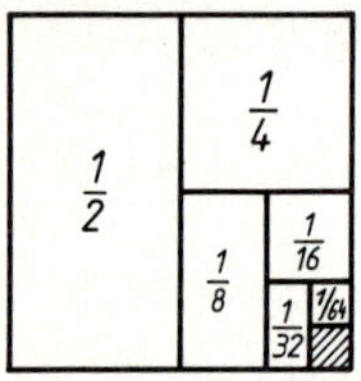

Man erhält $s = \frac{1}{2} \cdot \frac{1}{1 - \frac{1}{2}} = 1$

Im Bild ist die Fläche des ganzen Quadrats das Ergebnis, die eingezeichneten kleineren Quadrate und Rechtecke veranschaulichen die einzelnen (unendlich vielen) Glieder.

2. Grenzwerte

Ein mit endlich vielen Schritten nicht erreichbarer Wert, dem man sich aber durch eine hinreichend große Zahl von Schritten beliebig annähern kann, heißt Grenzwert oder Limes (geschrieben lim...).

Grundformeln der Limesbildung:

$$\lim_{x \to \infty} \frac{1}{x} = 0 \qquad \lim_{x \to 0} \frac{1}{x} = \infty$$

Lies: Limes $\frac{1}{x}$ für x gegen unendlich gleich 0...

Beispiel 1: Durchläuft x die Folge der natürlichen Zahlen $\langle 1, 2, 3, 4, \ldots \rangle$, dann strebt es nach Unendlich; gleichzeitig durchläuft $\frac{1}{x}$ die Folge der Stammbrüche $\langle \frac{1}{1}, \frac{1}{2}, \frac{1}{3}, \frac{1}{4}, \ldots \rangle$, die dem Grenzwert 0 zustreben. Mit einer hinreichend großen natürlichen Zahl x kann $\frac{1}{x}$ kleiner als jeder noch so kleine vorgegebene positive Wert $\epsilon > 0$ werden. Das besagt die Gleichung $\lim\limits_{x \to \infty} \frac{1}{x} = 0$.

Beispiel 2: Durchläuft x die Folge der Stammbrüche $\langle \frac{1}{1}, \frac{1}{2}, \frac{1}{3}, \frac{1}{4}, \ldots \rangle$, dann durchläuft $\frac{1}{x}$ die Folge der natürlichen Zahlen $\langle 1, 2, 3, 4, \ldots \rangle$. Mit einem hinreichend kleinen x kann $\frac{1}{x}$ größer als jede noch so große vorgegebene Zahl M werden. Das besagt $\lim\limits_{x \to 0} \frac{1}{x} = \infty$.

Fehlerwarnung: Unzulässig ist die Schreibweise $\frac{1}{0} = \infty$. Durch 0 darf nicht dividiert werden. ∞ ist keine Zahl. Allein richtig ist $\lim\limits_{x \to 0} \frac{1}{x} = \infty$, was besagt, daß $\frac{1}{x}$ mit unbeschränkt kleiner werdendem x jeden noch so großen Wert übersteigt.

Beispiel 3: Wieviel gleich große Portionen kann man aus 1 *l* Wasser herstellen, wenn die Größe der einzelnen Portion nacheinander 1 *l*, $\frac{1}{10} l$, $\frac{1}{100} l$, $\frac{1}{1000} l$, ... beträgt?

Antwort: Man kann 1, 10, 100, 1000,... Portionen herstellen. Es gibt mathematisch keine Begrenzung:

$$\lim_{n \to \infty} \frac{1}{\left(\frac{1}{10}\right)^n} = \lim_{n \to \infty} 10^n = \infty$$

(Physikalisch gibt es allerdings eine Begrenzung wegen der endlichen Größe und damit endlichen Anzahl der Moleküle.)

Grundregeln der Limesbildung:
$\lim(a \pm b) = \lim a \pm \lim b$
$\lim(a \cdot b) = \lim a \cdot \lim b$
$\lim \frac{a}{b} = \frac{\lim a}{\lim b}$ für alle $b \neq 0$ und $\lim b \neq 0$

Grenzwerte von Summen (Differenzen), Produkten (Quotienten), ... bildet man, indem man die Grenzwerte der Summanden, Faktoren, ... addiert, multipliziert, ...

Beispiel 4: $\lim\limits_{x \to \infty} \frac{1}{x^2}(1 - x) = ?$

$$\lim_{x \to \infty} \frac{1}{x^2}(1 - x) = \lim_{x \to \infty} \left(\frac{1}{x} \cdot \frac{1}{x} - \frac{1}{x}\right) = \lim_{x \to \infty} \frac{1}{x} \cdot \lim_{x \to \infty} \frac{1}{x} - \lim_{x \to \infty} \frac{1}{x} = 0 \cdot 0 - 0 = 0$$

2.1. Konvergenz und Divergenz

Konvergenz:
$\lim\limits_{n \to \infty} s_n = s$ existiert

Hat eine Reihe einen Grenzwert, dann sagt man, die Reihe konvergiert.

Divergenz:
$\lim\limits_{n \to \infty} s_n$ existiert nicht

Hat eine Reihe keinen Grenzwert, dann sagt man, sie divergiert.

Beispiele:

1. Die geometrische Reihe $\frac{1}{2} + \frac{1}{4} + \frac{1}{8} + \frac{1}{16} + \ldots$ (1.2.1 Beispiel) hat die Teilsummen $s_1 = \frac{1}{2}$; $s_2 = \frac{3}{4}$; $s_3 = \frac{7}{8}$; $s_4 = \frac{15}{16}$; ... Die Folge dieser Teilsummen nähert sich mehr und mehr dem Wert 1, also ist 1 der Grenzwert der Teilsummen $s_1, s_2, s_3, s_4, \ldots$ und damit gleich der Summe dieser unendlichen geometrischen Reihe. Die Reihe konvergiert. Man schreibt kurz $\lim s_n = 1$.

2. Die Reihe $1 + \frac{1}{2} + \frac{1}{3} + \frac{1}{4} + \frac{1}{5} + \ldots$ (harmonische Reihe) hat keinen Grenzwert, sie divergiert also. Denn ersetzt man die Glieder der Reihe teilweise durch Glieder kleineren Werts, schreibt also statt

$1 + \frac{1}{2} + \frac{1}{3} + \frac{1}{4} + \frac{1}{5} + \frac{1}{6} + \frac{1}{7} + \frac{1}{8} + \frac{1}{9} + \ldots$ die Reihe

$1 + \frac{1}{2} + \frac{1}{4} + \frac{1}{4} + \frac{1}{8} + \frac{1}{8} + \frac{1}{8} + \frac{1}{8} + \frac{1}{16} + \ldots$ und faßt man die gleichen Glieder zusammen, dann erhält man

$$1 + \frac{1}{2} \quad + \frac{1}{2} \quad + \frac{1}{2} \quad + \frac{1}{2} \quad + \ldots$$

Diese neue Reihe wächst aber über alle Grenzen, somit erst recht auch die harmonische Reihe. Man schreibt kurz $\lim s_n = \infty$.

3. Die Reihe $1 - 1 + 1 - 1 \pm \ldots$ hat auch keinen Grenzwert. Denn je nachdem, wo man sie abbricht, erhält man die Summe 0 oder die Summe 1. Also divergiert die Reihe.

2.2. Unbestimmte Ausdrücke

Unbestimmte Ausdrücke:			
$\frac{0}{0}$	$\infty - \infty$	$\frac{\infty}{\infty}$	
$0 \cdot \infty$	1^{∞}	0^0	∞^0

Ergibt sich als „Grenzwert“ einer Folge (Reihe, Funktion) einer der nebenstehenden Ausdrücke, dann ist die Frage offen, ob der Grenzwert existiert (und wie groß er ist) oder ob er nicht existiert.

Anmerkung: Schließt man einmal die Division durch 0 nicht aus und betrachtet man auch ∞ als reelle Zahl, dann führen verschiedene Regeln der Arithmetik bei obigen Ausdrücken zu verschiedenen „Ergebnissen“. Zum Beispiel:

$\frac{0}{0} = 0$, denn $\frac{0}{a} = 0$ für alle $a \neq 0$ $\qquad$ $\frac{0}{0} = 1$, denn $\frac{a}{a} = 1$ für alle $a \neq 0$

$\frac{0}{0} = \infty$, denn $\lim\limits_{x \to 0} \frac{1}{x} = \infty$ und $\lim\limits_{x \to 0} \frac{a}{x} = \infty$ für alle $a \neq 0$

Hieran wird deutlich, daß man durch 0 nicht dividieren darf und ∞ keine Zahl ist.

Berechnungsverfahren: Anstelle eines unbestimmten Ausdrucks kann man in vielen Fällen einen Grenzwert berechnen oder entscheiden, daß es keinen Grenzwert gibt.

Beispiele:

1. $\lim\limits_{x \to \infty} (x^2 - x) = ?$ — Der unbestimmte Ausdruck wäre $\infty - \infty$.

$x^2 - x = x(x-1)$ — Man formt um.

$\lim\limits_{x \to \infty} x(x-1) = \infty \cdot \infty = \infty$ — Es gibt keinen Grenzwert.

2. $\lim\limits_{x \to \infty} \frac{3x^2 - x - 1}{4x^2 + 3} = ?$ — Grenzwertberechnung des Zählers: ∞. Grenzwertberechnung des Nenners: ∞. Unbestimmter Ausdruck also: $\frac{\infty}{\infty}$.

$\lim\limits_{x \to \infty} \frac{3 - \frac{1}{x} - \frac{1}{x^2}}{4 + \frac{3}{x^2}} = \frac{3}{4}$ — Man kürzt durch x^2 $(x \neq 0)$. Der Grenzwert existiert und ist $\frac{3}{4}$.

3. $\lim\limits_{x \to \infty} \frac{x^2 - 2}{x^3} = ?$ — $\frac{\infty}{\infty}$ wird vermieden, wenn man durch x^3 kürzt $(x \neq 0)$.

$\lim\limits_{x \to \infty} \frac{\frac{1}{x} - \frac{2}{x^3}}{1} = \frac{0-0}{1} = 0$ — Der Grenzwert existiert und ist 0.

4. $\lim\limits_{x \to \infty} \frac{x^3}{x^2 - 2} = ?$ — Statt $\frac{\infty}{\infty}$ erhält man ∞ nach Kürzen durch x^2.

$\lim\limits_{x \to \infty} \frac{x}{1 - \frac{2}{x^2}} = \frac{\infty}{1 - 0} = \infty$ — Es gibt keinen Grenzwert.

2.3. Unstetigkeiten von Funktionen

An einer Stelle $x = x_p$, an der der Nenner einer gebrochenen Funktion den Wert 0 hat, gibt es keinen Funktionswert; die Funktion hat hier eine Unstetigkeit; x_p gehört nicht zum Definitionsbereich der Funktion.

Pole

Verhalten an der Polstelle:

$$\lim_{x \to x_p} y = \infty$$

Ist an einer Unstetigkeitsstelle (Nenner 0) der Zähler des Funktionsterms $\neq 0$, dann hat die Funktion hier einen Pol. Der Funktionsterm strebt bei Annäherung an die Polstelle nach (plus oder minus) Unendlich.

Ist jedoch an der Stelle x_p nicht nur der Nenner, sondern auch der Zähler des Funktionsterms gleich 0, ergibt sich also für y der unbestimmte Ausdruck $\frac{0}{0}$, dann sind weitere Rechnungen erforderlich, um das Verhalten der Funktion an der Stelle x_p zu klären (Beispiele 4. und 5.).

Beispiele:

1. $$y = \frac{x^2}{x-3}$$

$$\lim_{x \to 3 \pm 0} y = \pm\infty$$

Die durch diese Gleichung gegebene Funktion hat bei 3 einen Pol.
Bei Annäherung von rechts strebt $y \to +\infty$,
bei Annäherung von links $y \to -\infty$.

2. $$y = \frac{x}{(x-3)^2}$$

$$\lim_{x \to 3 \pm 0} y = +\infty$$

Auch die durch diese Gleichung gegebene Funktion hat bei $x = 3$ einen Pol, und zwar einen doppelt zählenden: Sowohl bei Annäherung an die Polstelle von rechts als auch von links strebt $y \to +\infty$.

3. $$y = \tan x$$

$$\lim_{x \to \frac{\pi}{2} \pm 0} y = \mp\infty$$

Da $\tan x = \frac{\sin x}{\cos x}$, sind an den Nullstellen von $\cos x$ Polstellen der tan-Funktion, denn hier ist immer $\sin x \neq 0$.

4. $$y = f_1(x) = \frac{x^2 - 8x + 15}{x - 3}$$

$$\begin{array}{l} (x^2 - 8x + 15) : (x - 3) = x - 5 \\ -)\ \underline{x^2 - 3x} \\ \quad\ -5x + 15 \\ -)\ \underline{-5x + 15} \\ \qquad\quad 0 \end{array}$$

Ergebnis: $y = f_2(x) = x - 5$

Auch diese Funktion ist bei $x = 3$ nicht definiert, denn dann ist der Nenner 0. Berechnet man für $x = 3$ den Zähler, dann erhält man auch 0, also für y den unbestimmten Ausdruck $y = \frac{0}{0}$. Das ist ein Hinweis darauf, daß man den Funktionsterm $f_1(x)$ für $x \neq 3$ kürzen kann:
Diese Funktion hat aber bei $x = 3$ keine Definitionslücke, sondern den Funktionswert $y = 3 - 5 = -2$.

Da $y = f_1(x)$ für alle $x \neq 3$ mit $y = f_2(x)$ übereinstimmt, ist es naheliegend, $y = f_1(x)$ für *alle* x, auch $x = 3$, durch $y = f_2(x)$ zu ersetzen. Damit ist die ursprüngliche Lücke bei $x = 3$ geschlossen.

5. $$y = \frac{\sin x}{\tan x} = f_1(x)$$

Für $x = 0$ ergibt sich $\frac{0}{0}$, also f_1 nicht definiert.

Zur Berechnung des Grenzwertes für $x \to 0$ wird durch $\sin x \neq 0$ gekürzt: Man erhält

$$y = f_2(x) = \cos x = f_1(x), \text{ sofern } \sin x \neq 0$$

$$y_0 = \lim_{x \to 0} f_1(x) = f_2(0) = 1$$

Als Grenzwert von f_1 an den Stellen mit $\sin x = 0$, zum Beispiel $x = 0$, ergibt sich der Funktionswert von f_2.

3. Differentialrechnung

3.1. Der Differenzenquotient

Differenzenquotient:

$$\frac{\Delta y}{\Delta x} = \frac{y_2 - y_1}{x_2 - x_1} = \frac{f(x_2) - f(x_1)}{x_2 - x_1}$$

Geometrische Bedeutung des Differenzenquotienten:

$$\frac{\Delta y}{\Delta x} = \tan \varphi_{1,2}$$

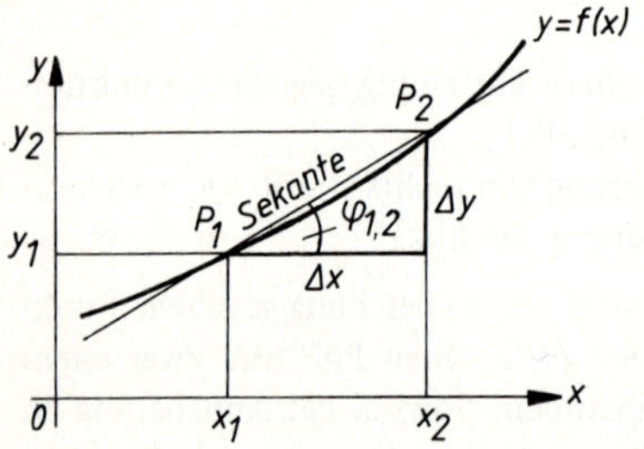

Bedingung: f im Intervall $[x_1, x_2]$ stetig und stetig veränderlich

Ist eine Funktion f im geschlossenen Intervall $x_1 \ldots x_2$ stetig und stetig veränderlich (keine Sprünge und Ecken im Kurvenbild), dann heißt das Verhältnis der Änderung des Funktionswerts $(y_2 - y_1)$ und der zugehörigen Änderung des Arguments $(x_2 - x_1)$ Differenzenquotient.

Der Differenzenquotient $\frac{\Delta y}{\Delta x}$ ist geometrisch gleich der Steigung der Sekante durch $P_1(x_1 | y_1)$ und $P_2(x_2 | y_2)$.

3.2. Der Differentialquotient

Differentialquotient:

a) allgemeine Schreibweise:

$$\frac{dy}{dx} \text{ (gelesen dy nach dx)} = \lim_{\Delta x \to 0} \frac{\Delta y}{\Delta x}$$

b) an der Stelle x_1 (örtlicher Differentialquotient):

$$f'(x_1) = \lim_{x_2 \to x_1} \frac{f(x_2) - f(x_1)}{x_2 - x_1}$$

(gelesen: f Strich von x_1)

c) als Funktion

$$f': \begin{array}{l} [x_a, x_b] \to \mathbb{R} \\ x \to f'(x) = \lim\limits_{\Delta x \to 0} \dfrac{f(x + \Delta x) - f(x)}{\Delta x} \end{array}$$

a) Der Differentialquotient ist der Grenzwert des Differenzenquotienten.

b) Sind die Voraussetzungen – stetig und stetig veränderlich – erfüllt, dann gibt es an jeder Stelle eines Intervalls einen – örtlichen – Differentialquotienten.

c) Alle örtlichen Differentialquotienten zusammen bilden die Funktion des Differentialpuotienten.

Geometrische Bedeutung des Differentialquotienten:

örtlich $f'(x_1) = \tan \varphi_1$

allgemein $f'(x) = \tan \varphi = \frac{dy}{dx}$

Der Differentialquotient an der Stelle x_1 (allgemein an der Stelle x) ist gleich der Steigung der Tangente an dieser Stelle.

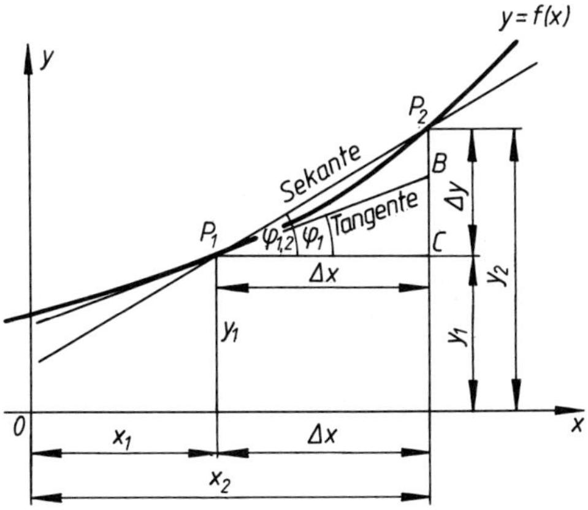

Beim Übergang vom Sonderfall zum allgemeinen Fall ersetzt man

P_1 durch P
x_1 durch x
y_1 durch $y = f(x)$
φ_1 durch φ
x_2 durch $x + \Delta x$
y_2 durch $y + \Delta y = f(x + \Delta x)$

(vergleiche dieses Bild mit dem Bild unten)

Anmerkung 1: Geht $\Delta x \to 0$, dann geht wegen der vorausgesetzten Stetigkeit auch $\Delta y \to 0$; der Punkt P_2 wandert auf den Punkt P_1 zu, es geht also $x_2 \to x_1$ und gleichzeitig $y_2 \to y_1$; die Sekante P_1P_2 dreht sich um P_1 auf die Tangente an P_1 zu. Die Tangente ist die Grenzlage der Sekante. dy und dx sind hiernach keine selbständigen Werte, sondern Symbole; nur $\frac{dy}{dx}$ ist im allgemeinen ein Wert (örtlich eine bestimmte reelle Zahl), und zwar der Wert, den auch die Steigung der Tangente hat. Man kann sich auch unter dx den endlichen Wert Δx vorstellen, dann ist dy der endliche Wert der Länge der Strecke $\overline{BC}$ ($dx = \Delta x = |\overline{P_1C}|$, $dy = |\overline{BC}|$).

Anmerkung 2: f', die Funktion des Differentialquotienten, wird auch Ableitungsfunktion genannt. Der Funktionswert der Ableitungsfunktion, $f'(x)$, wird auch Ableitung genannt und auch y' geschrieben.

Anmerkung 3: Bei $f'(x)$ bedeutet „Strich" Ableitung nach x, also $f'(x) = \frac{df(x)}{dx}$. Es gibt auch z.B. $\dot{s}(t)$ (lies: s Punkt von t) mit der Bedeutung $\dot{s}(t) = \frac{ds(t)}{dt}$ (Geschwindigkeit gleich Ableitung des Weges nach der Zeit).

Zusammenfassung

Differenzenquotient:

$$\frac{\Delta y}{\Delta x} = \frac{f(x + \Delta x) - f(x)}{\Delta x}$$

Differentialquotient oder Ableitung:

$$y' = \frac{dy}{dx} = \lim_{\Delta x \to 0} \frac{\Delta y}{\Delta x} = \frac{df(x)}{dx} = f'(x)$$

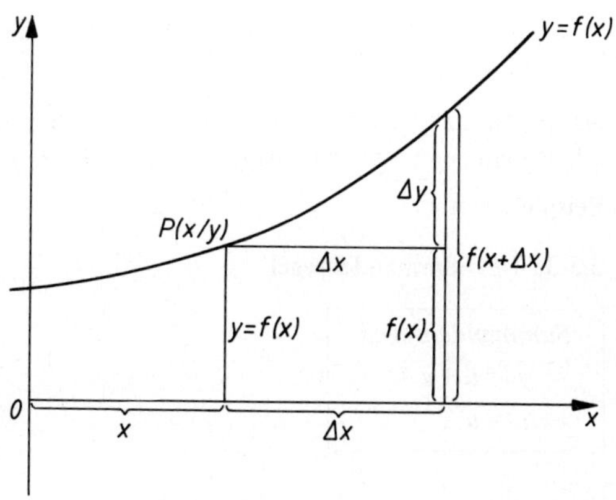

3.3. Differentiationsregeln

3.3.1. Die Potenzregel

Potenzregel:
$y = x^n \wedge n \in N$
$\Rightarrow y' = n \cdot x^{n-1}$

Aus $y = f(x) = x^n$ mit einer natürlichen Zahl n folgt $y' = f'(x) = n \cdot x^{n-1}$

Herleitung:

Aus $\dfrac{\Delta y}{\Delta x} = \dfrac{f(x + \Delta x) - f(x)}{\Delta x}$ folgt mit $f(x) = x^n$ und $f(x + \Delta x) = (x + \Delta x)^n$:

$$\frac{\Delta y}{\Delta x} = \frac{(x + \Delta x)^n - x^n}{\Delta x}$$

Anwendung der binomischen Formel beim Auflösen der Klammer:

$$\frac{\Delta y}{\Delta x} = \frac{1}{\Delta x}(x^n + nx^{n-1}\Delta x + \frac{1}{2}n(n-1)x^{n-2}(\Delta x)^2 + \ldots - x^n)$$

x^n wird von $-x^n$ aufgehoben; man kürzt durch Δx:

$$\frac{\Delta y}{\Delta x} = nx^{n-1} + \frac{1}{2}n(n-1)x^{n-2}\Delta x + \ldots$$

Beim Grenzübergang $\Delta x \to 0$ fallen alle Glieder bis auf das erste weg, und dann erhält man

$$y' = nx^{n-1}.$$

Beispiel: $y = x^3$; $y' = 3x^2$. Man bilde die Ableitung entsprechend obiger Herleitung ausführlich.

3.3.2. Die Summenregel

Summenregel:
$y = u + v$
$\Rightarrow y' = u' + v'$

Eine Summe wird gliedweise differenziert:
Mit $y = f(x)$, $u = g(x)$, $v = h(x)$
und aus $f(x) = g(x) + h(x)$
folgt $f'(x) = g'(x) + h'(x)$

Herleitung:

$$\frac{\Delta y}{\Delta x} = \frac{[g(x + \Delta x) + h(x + \Delta x)] - [g(x) + h(x)]}{\Delta x}$$

$$= \frac{[g(x + \Delta x) - g(x)] + [h(x + \Delta x) - h(x)]}{\Delta x}$$

$$= \frac{g(x + \Delta x) - g(x)}{\Delta x} + \frac{h(x + \Delta x) - h(x)}{\Delta x}$$

Da der Grenzwert einer Summe gleich der Summe der Grenzwerte der einzelnen Summanden ist, erhält man beim Grenzübergang $y' = g'(x) + h'(x)$.

Beispiel: $y = x^6 - x^4$; $y' = 6x^5 - 4x^3$

3.3.3. Die Summandenregel

Summandenregel:
$y = u + c$
$\Rightarrow y' = u'$

Ein konstanter Summand fällt beim Differenzieren fort:
Mit $y = f(x)$, $u = g(x)$, der Konstanten c und
aus $f(x) = g(x) + c$
folgt $f'(x) = g'(x)$

Herleitung: $\dfrac{\Delta y}{\Delta x} = \dfrac{[g(x+\Delta x)+c]-[g(x)+c]}{\Delta x} = \dfrac{g(x+\Delta x)-g(x)}{\Delta x} \longrightarrow g'(x)$

Beispiel: $y = x^5 + 8;\ y' = 5x^4$

3.3.4. Die Faktorenregel

Faktorenregel:
$y = a \cdot u$
$\Rightarrow y' = a \cdot u'$

Ein konstanter Faktor bleibt beim Differenzieren erhalten:
Mit $y = f(x)$, konstantem a, $u = g(x)$
und aus $f(x) = a \cdot g(x)$
folgt $f'(x) = a \cdot g'(x)$

Herleitung: $\dfrac{\Delta y}{\Delta x} = \dfrac{a \cdot g(x+\Delta x) - a \cdot g(x)}{\Delta x} = a\,\dfrac{g(x+\Delta x)-g(x)}{\Delta x} \longrightarrow a g'(x)$

Beispiel: $y = 3x^3 - 5x^2 + x - 7;\ y' = 9x^2 - 10x + 1$

3.3.5. Die Produktregel

Produktregel:
$y = u \cdot v$
$\Rightarrow y' = u' \cdot v + u \cdot v'$

Mit $y = f(x)$, $u = g(x)$, $v = h(x)$
und aus $f(x) = g(x) \cdot h(x)$
folgt $f'(x) = g'(x) \cdot h(x) + g(x) \cdot h'(x)$

Drei Faktoren:

$$y = u \cdot v \cdot w$$
$$\Rightarrow y' = u' \cdot v \cdot w + u \cdot v' \cdot w + u \cdot v \cdot w$$

Aus $f(x) = g(x) \cdot h(x) \cdot i(x)$ folgt

$$f'(x) = g'(x) \cdot h(x) \cdot i(x) + g(x) \cdot h'(x) \cdot i(x) + g(x) \cdot h(x) \cdot i'(x)$$

Herleitung für zwei Faktoren:

$$y = g(x) \cdot h(x);\ \frac{\Delta y}{\Delta x} = \frac{g(x+\Delta x) \cdot h(x+\Delta x) - g(x) \cdot h(x)}{\Delta x}$$

Ergänzung im Zähler:

$$\frac{\Delta y}{\Delta x} = \frac{g(x+\Delta x)\,h(x+\Delta x) - g(x)\,h(x+\Delta x) + g(x)\,h(x+\Delta x) - g(x)\,h(x)}{\Delta x}$$
$$= \frac{g(x+\Delta x)-g(x)}{\Delta x} \cdot h(x+\Delta x) + g(x)\,\frac{h(x+\Delta x)-h(x)}{\Delta x} \longrightarrow g'(x) \cdot h(x) + g(x)\,h'(x)$$

Herleitung für mehr als zwei Faktoren:

$$y = g(x) \cdot h(x) \cdot i(x) = [g(x) \cdot h(x)] \cdot i(x)$$
$$y' = [g(x) \cdot h(x)]' \cdot i(x) + [g(x) \cdot h(x)] \cdot i'(x)$$
$$= [g'(x) \cdot h(x) + g(x) \cdot h'(x)]\,i(x) + [g(x) \cdot h(x)] \cdot i'(x)$$
$$= g'(x) \cdot h(x) \cdot i(x) + g(x) \cdot h'(x) \cdot i(x) + g(x) \cdot h(x)\,i'(x)$$

Beispiel: $y = (x^3 + x - 2)(x^2 - 3x);\ y' = (3x^2 + 1)(x^2 - 3x) + (x^3 + x - 2)(2x - 3)$
Man mache die Probe, indem man die Klammern ausmultipliziert und bestätigt, daß gliedweise Differentation von y zum gleichen y' führt.

3.3.6. Die Quotientenregel

Quotientenregel: $y = \frac{u}{v}$ $\Rightarrow y' = \frac{vu' - uv'}{v^2}$

Mit $y = f(x)$, $u = g(x)$, $v = h(x)$

und aus $f(x) = \frac{g(x)}{h(x)}$ und $h(x) \neq 0$

folgt $f'(x) = \frac{h(x) \cdot g'(x) - g(x) \cdot h'(x)}{[h(x)]^2}$

Herleitung: $$\frac{\Delta y}{\Delta x} = \frac{1}{\Delta x}\left(\frac{g(x + \Delta x)}{h(x + \Delta x)} - \frac{g(x)}{h(x)}\right)$$

$$= \frac{1}{h(x + \Delta x) \cdot h(x)} \cdot \frac{g(x + \Delta x) \cdot h(x) - g(x) \cdot h(x + \Delta x)}{\Delta x}$$

Ergänzung im Zähler:

$$\frac{\Delta y}{\Delta x} = \frac{1}{h(x + \Delta x) \cdot h(x)} \cdot \frac{g(x + \Delta x) \cdot h(x) - g(x) \cdot h(x) + g(x) \cdot h(x) - g(x) \cdot h(x + \Delta x)}{\Delta x}$$

$$= \frac{1}{h(x + \Delta x) \cdot h(x)} \left[h(x)\,\frac{g(x + \Delta x) - g(x)}{\Delta x} - g(x)\,\frac{h(x + \Delta x) - h(x)}{\Delta x}\right]$$

Der Grenzübergang ergibt $y' = \frac{1}{[h(x)]^2}[h(x) \cdot g'(x) - g(x) \cdot h'(x)]$

Beispiel: $y = \frac{x^3}{x^3 - 6}$; $y' = \frac{(x^3 - 6) \cdot 3x^2 - x^3 \cdot 3x^2}{(x^3 - 6)^2} = -\frac{18x^2}{(x^3 - 6)^2}$

3.3.7. Erste Erweiterung der Potenzregel

Potenzregel mit $n \in \mathbb{Z}$ $y = x^n \wedge n \in \mathbb{Z}$ $\Rightarrow y' = n \cdot x^{n-1}$

Mit $y = f(x)$, ganzzahligem n
und aus $f(x) = x^n$
folgt $f'(x) = n \cdot x^{n-1}$

Herleitung: In der ursprünglichen Potenzregel 3.3.1 ist $n \in \mathbb{N}$ (n eine natürliche Zahl 1, 2, 3, ...). Die Erweiterung auf $n \in \mathbb{Z} = \{\ldots, -3, -2, -1, 0, 1, 2, 3, \ldots\}$ muß neu bewiesen werden,

Ist $n = 0$, dann ist der Beweis trivial. x^0 ist für alle $x \neq 0$ die Zahl 1, also eine Konstante. Der Differentialquotient einer Konstanten c ist aber 0 nach der Summandenregel 3.3.3.

Ist $n = -m$ und $m \in \mathbb{N}$, dann ist $y = x^n = x^{-m} = \frac{1}{x^m}$. Aus der Quotientenregel 3.3.6 folgt:

$$y' = \frac{x^m \cdot 0 - mx^{m-1} \cdot 1}{x^{2m}} = -mx^{m-1-2m} = -mx^{-m-1} = nx^{n-1}$$, formal gleich 3.3.1.

Beispiel: $y = \frac{3}{x^5} = 3 \cdot x^{-5}$; $y' = -15 \cdot x^{-6} = -\frac{15}{x^6}$

Man bestätige das Ergebnis durch Anwendung der Quotientenregel.

3.3.8. Die Kettenregel

Kettenregel: $y = f(x) = g(z)$ $\Rightarrow y' = \frac{dy}{dx} = \frac{dy}{dz} \cdot \frac{dz}{dx}$

Mit $y = f(x) = g(z)$ und $z = h(x)$,
also aus $f(x) = g(h(x))$
folgt $f'(x) = \frac{df(x)}{dx} = \frac{dg(z)}{dz} \cdot \frac{dh(x)}{dx}$

Wortlaut: Ist y eine Funktion von z und z eine Funktion von x, dann differenziert man y nach x, indem man y nach z und z nach x differenziert und beide Differentialquotienten multipliziert.

Herleitung: $\frac{\Delta y}{\Delta x} = \frac{g(z+\Delta z) - g(z)}{\Delta x}$; man erweitert mit $\Delta z = \Delta h(x) = h(x+\Delta x) - h(x)$:

$$\frac{\Delta y}{\Delta x} = \frac{g(z+\Delta z) - g(z)}{\Delta z} \cdot \frac{h(x+\Delta x) - h(x)}{\Delta x}$$

Der Grenzübergang ergibt, da man ihn Faktor für Faktor durchführen darf,

$$\frac{dy}{dx} = \frac{dg(z)}{dz} \cdot \frac{dh(x)}{dx}.$$

Beispiel: $y = (x^2 - 2)^3$. Man setzt $z = x^2 - 2$; dann ist $y = z^3$ und $\frac{dy}{dz} = 3z^2$; ferner $\frac{dz}{dx} = 2x$, also $\frac{dy}{dx} = 3z^2 \cdot 2x$ oder, z wieder eingesetzt, $\frac{dy}{dx} = 3(x^2 - 2)^2 \cdot 2x$. Man mache die Probe, indem man die Klammern auflöst.

3.3.9. Zweite Erweiterung der Potenzregel

Potenzregel mit $n \in \mathbb{Q}$
$y = x^n \wedge n \in \mathbb{Q}$
$\Rightarrow y' = n \cdot x^{n-1}$

Mit $y = f(x)$, rationalem n
und aus $f(x) = x^n$
folgt $f'(x) = n \cdot x^{n-1}$

Herleitung: Es ist $n = \frac{p}{q}$ mit $p \in \mathbb{Z}$ und $q \in \mathbb{N}$. Daraus folgt $y = x^{p/q}$ oder, mit q potenziert, $y^q = x^p$. Anwendung der Kettenregel ergibt $qy^{q-1} \cdot y' = px^{p-1}$; $y' = \frac{p}{q} \cdot \frac{x^{p-1}}{y^{q-1}}$; y eingesetzt:

$$y' = \frac{p}{q} \cdot \frac{x^{p-1}}{x^{(p/q)(q-1)}} = \frac{p}{q} x^{p-1-(p-p/q)} = \frac{p}{q} x^{(p/q)-1} = nx^{n-1}$$

Auch die erneut erweiterte Potenzregel stimmt formal mit der speziellen Potenzregel 3.3.1 überein.

Beispiel: $y = \sqrt{x^3 + x^2} = (x^3 + x^2)^{\frac{1}{2}}$; $y' = \frac{1}{2}(x^3 + x^2)^{\frac{1}{2}-1} \cdot (3x^2 + 2x)$

$$y' = \frac{3x^2 + 2x}{2\sqrt{x^3 + x^2}} = \frac{3x + 2}{2\sqrt{x + 1}}$$

Ein zweites Verfahren, bei dem man von $y = x\sqrt{x+1}$ ausgeht, führt zum gleichen Ergebnis.

3.4. Differentiation der elementaren transzendenten Funktionen

3.4.1. Die trigonometrischen Funktionen

Grenzwert von $\frac{x}{\sin x}$
$\lim\limits_{x \to 0} \frac{x}{\sin x} = 1$

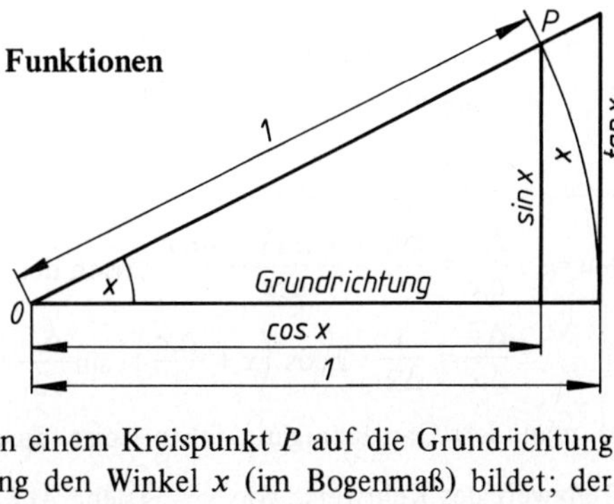

Beweis: Im Einheitskreis ist die Länge des Lotes von einem Kreispunkt P auf die Grundrichtung $\sin x$, wenn der Leitstrahl OP mit der Grundrichtung den Winkel x (im Bogenmaß) bildet; der zum Winkel x gehörige Bogen hat, da ein Einheitskreis vorliegt, die Länge x; die Projektion der Teilstrecke $\overline{OP}$ des Leitstrahls hat die Länge $\cos x$; die zur Grundrichtung senkrechte Tangente bis zum Leitstrahl ist $\tan x$ lang.

Ein Flächenvergleich liefert:

$$\frac{\sin x \cdot \cos x}{2} \quad < \quad \frac{1 \cdot x}{2} \quad < \quad \frac{1 \cdot \tan x}{2}$$

kleine Dreiecksfläche Sektorfläche große Dreiecksfläche

Man multipliziert mit $\frac{2}{\sin x}$:

$$\cos x < \frac{x}{\sin x} < \frac{1}{\cos x};$$

für $x \to 0$ streben die beiden äußeren Funktionswerte beide gegen 1, also muß der dazwischenliegende $\lim\limits_{x \to 0} \frac{x}{\sin x}$ auch 1 sein.

Beispiel: Man vergleiche $\sin 1° = 0{,}0175$ mit dem Bogenmaß von 1°, nämlich $\frac{1° \cdot \pi}{180°} = 0{,}0175$.
Die Näherungswerte stimmen bis zur dritten geltenden Stelle überein, ihr Quotient erreicht also schon näherungsweise den Grenzwert 1.

> *Produktformel von* $\sin\alpha - \sin\beta$:
>
> $$\sin\alpha - \sin\beta = 2\cos\frac{\alpha+\beta}{2}\sin\frac{\alpha-\beta}{2}$$

Herleitung (siehe VII.6: $\sin(\alpha \pm \beta) = \sin\alpha\cos\beta \pm \cos\alpha\sin\beta$):

Aus $\sin\left(\frac{u}{2} + \frac{v}{2}\right) = \sin\frac{u}{2}\cos\frac{v}{2} + \cos\frac{u}{2}\sin\frac{v}{2}$

und $\sin\left(\frac{u}{2} - \frac{v}{2}\right) = \sin\frac{u}{2}\cos\frac{v}{2} - \cos\frac{u}{2}\sin\frac{v}{2}$

folgt durch Subtraktion

$$\sin\frac{u+v}{2} - \sin\frac{u-v}{2} = 2\cos\frac{u}{2}\sin\frac{v}{2}$$

Setzt man $\frac{u+v}{2} = \alpha$ und $\frac{u-v}{2} = \beta$, dann erhält man durch Addieren und Subtrahieren $u = \alpha + \beta$ und $v = \alpha - \beta$ und durch Einsetzen die gesuchte Gleichung.

> *Differentiation von* $y = \sin x$:
>
> $y = \sin x$
>
> $\Rightarrow y' = \cos x$

Aus $f(x) = \sin x$ folgt $f'(x) = \cos x$

Beweis: $\frac{\Delta y}{\Delta x} = \frac{\sin(x + \Delta x) - \sin x}{\Delta x}$; nach der voranstehenden Formel für $\sin\alpha - \sin\beta$:

$$\frac{\Delta y}{\Delta x} = \frac{1}{\Delta x} \cdot 2\cos\left(x + \frac{\Delta x}{2}\right) \cdot \sin\frac{\Delta x}{2} = \cos\left(x + \frac{\Delta x}{2}\right)\frac{\sin \Delta x/2}{\Delta x/2}$$

Da man den Grenzübergang faktorweise durchführen darf und der Grenzwert des Bruches als Grenzwert des Kehrwerts von $\frac{x}{\sin x}$ (siehe Anfang dieses Kapitels 3.4.1) den Wert 1 hat, ergibt sich $\frac{dy}{dx} = \cos x$.

Differentiation von $y = \cos x$:

$y = \cos x$

$\Rightarrow y' = -\sin x$

Aus $f(x) = \cos x$
folgt $f'(x) = -\sin x$

Beweis: Aus $\sin(90° - \alpha) = \cos\alpha$ (VII.2.1) folgt $y = \cos x = \sin\left(\frac{\pi}{2} - x\right)$. Durch Anwendung der Kettenregel (3.3.8) mit $z = \frac{\pi}{2} - x$ folgt aus der obigen Differentiationsregel für $y = \sin x$: $y' = \cos\left(\frac{\pi}{2} - x\right) \cdot (-1)$. Wegen $\cos(90° - \alpha) = \sin\alpha$ (VII.2.1) ergibt sich die Behauptung
$y' = -\sin x$

Differentiation von $y = \tan x$:

$y = \tan x$

$\Rightarrow y' = \frac{1}{\cos^2 x}$

Aus $f(x) = \tan x$
folgt $f'(x) = \frac{1}{(\cos x)^2}$

Beweis: Es ist $\tan x = \frac{\sin x}{\cos x}$; aus der Quotientenregel (3.3.6) und den Differentiationsregeln für $\sin x$ und $\cos x$ folgt:

$$y' = \frac{\cos x \cdot \cos x - \sin x \cdot (-\sin x)}{\cos^2 x} = \frac{\cos^2 x + \sin^2 x}{\cos^2 x} = \frac{1}{\cos^2 x} \quad \text{oder} = 1 + \tan^2 x$$

Differentiation von $y = \cot x$:

$y = \cot x$

$\Rightarrow y' = -\frac{1}{\sin^2 x}$

Aus $f(x) = \tan x$
folgt $f'(x) = -\frac{1}{(\sin x)^2}$

Beweis: $y = \frac{\cos x}{\sin x}$; $y' = \frac{\sin x \cdot (-\sin x) - \cos x \cdot \cos x}{\sin^2 x} = \frac{-1}{\sin^2 x}$

Anmerkung: Man schreibt häufig $\sin^2 x$ statt $(\sin x)^2$, ... (vgl. VII.2.2 Anmerkung)

3.4.2. Die logarithmische und die Exponentialfunktion

Definition der Eulerschen Zahl e:

$$\lim_{n \to \infty} \left(1 + \frac{1}{n}\right)^n = \mathrm{e} = 2{,}71828\ldots$$

Erläuterung: Läßt man in dem Ausdruck $(1 + 1/m)^n$ erst m, dann n nach ∞ gehen, so erhält man als Grenzwert 1; bei umgekehrter Reihenfolge wächst der Ausdruck über alle Grenzen. Führt man den Grenzübergang gleichzeitig durch, bildet man also den Ausdruck $(1 + 1/n)^n$, dann erhält man für $n = 1; 2; 3; 4; \ldots$ die monoton wachsende Folge $2; 2\frac{1}{4}; 2\frac{10}{27}; 2\frac{113}{256}; \ldots$. Es läßt sich nun unschwer beweisen, daß die Folge einerseits weiterhin monoton wächst, andererseits unter 3 bleibt, so daß sie einen Grenzwert e haben muß, der sich auf beliebig viele Dezimalstellen berechnen läßt. Die Eulersche Zahl e ist eine irrationale, und zwar eine transzendente Zahl (im Gegensatz zu einer algebraisch irrationalen Zahl, wie z.B. $\sqrt{2}$).

Differentiation einer logarithmischen Funktion:

$y = \log_a x$

$\Rightarrow y' = \frac{1}{x} \log_a \mathrm{e}$

Aus $f(x) = \log_a x$ mit $a > 0$ und $a \neq 1$

folgt $f'(x) = \frac{1}{x} \log_a e$

Beweis: $\frac{\Delta y}{\Delta x} = \frac{\log_a (x + \Delta x) - \log_a x}{\Delta x}$

Nach den Regeln der Logarithmenrechnung (Quotientenregel der Logarithmenrechnung II.8.3.1) erhält man:

$$\frac{\Delta y}{\Delta x} = \frac{1}{\Delta x} \cdot \log_a \frac{x + \Delta x}{x} = \frac{1}{\Delta x} \cdot \log_a \left(1 + \frac{\Delta x}{x}\right),$$

erweitert mit x:

$$\frac{\Delta y}{\Delta x} = \frac{1}{x} \cdot \frac{x}{\Delta x} \cdot \log_a \left(1 + \frac{\Delta x}{x}\right),$$

nach der Potenzregel der Logarithmenrechnung ergibt sich

$$\frac{\Delta y}{\Delta x} = \frac{1}{x} \log_a \left(1 + \frac{\Delta x}{x}\right)^{x/\Delta x}.$$

Benutzt man den hier zwar nicht bewiesenen, aber gültigen Satz, daß der Grenzwert des Logarithmus gleich dem Logarithmus des Grenzwertes ist, dann erhält man beim Grenzübergang nach der Definition der Eulerschen Zahl:

$$\frac{dy}{dx} = \frac{1}{x} \log_a \mathrm{e}$$

Sonderfall $y = \ln x$:

$y = \ln x$

$\Rightarrow y' = \frac{1}{x}$

Hat der Logarithmus die Basis e, ist also $y = \log_e x = \ln x$, dann ergibt sich wegen $\ln \mathrm{e} = 1$:

$$\frac{d \ln x}{dx} = \frac{1}{x}$$

Differentiation einer Exponentialfunktion:

$y = a^x$

$\Rightarrow y' = a^x \frac{1}{\log_a \mathrm{e}}$

Aus $f(x) = a^x$ mit $a > 0$ und $a \neq 1$

folgt $f'(x) = a^x \frac{1}{\log_a \mathrm{e}}$

Beweis: Aus $y = a^x$ folgt $x = \log_a y$. Nach „Differentiation einer logarithmischen Funktion" ergibt sich $\frac{dx}{dy} = \frac{1}{y} \log_a \mathrm{e} = \frac{1}{a^x} \log_a \mathrm{e}$. Da $\frac{1}{dx/dy} = \frac{dy}{dx}$ ist, folgt die Behauptung.

Sonderfall $y = \mathrm{e}^x$:

$y = \mathrm{e}^x$

$\Rightarrow y' = \mathrm{e}^x$

Das Ergebnis folgt sofort aus „Differentiation einer Exponentialfunktion", wenn man $a = \mathrm{e}$ setzt.

3.5. Anwendungen der Differentialrechnung

3.5.1. Kurvenuntersuchung

Die Figur zeigt den Zusammenhang von f, f', f'', f'''. Es ist $f'' = (f')'$, $f''' = (f'')'$, $f^{(4)} = (f''')'$, ... Jeder Graph der nachfolgenden Funktion hat als Ordinatenwert an der Stelle x den Steigungswert der Tangente der vorhergehenden Funktion an dieser Stelle. Insbesondere liest man ab:

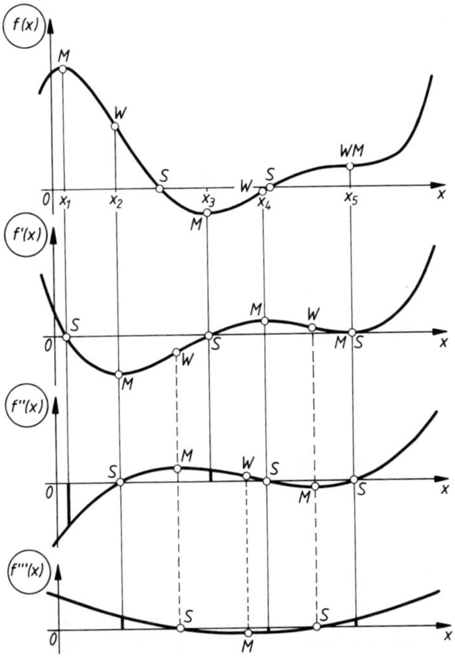

S Schnittpunkt (Punkt auf der x-Achse)
M Maximal- oder Minimalpunkt (Steigung 0)
W Wendepunkt (Krümmung 0)

$f'(x) > 0$ $\Rightarrow f$ steigt
(zutreffend für die offenen Intervalle $]\ldots, x_1[$ und $]x_3, x_5[$ und $]x_5, \ldots[$)

$f'(x) < 0$ $\Rightarrow f$ fällt
($]x_1, x_3[$)

$f'(x) = 0$ $\Rightarrow$ Tangente waagerecht
(zutreffend an den Stellen x_1, x_3, x_5)

$f''(x) > 0$ $\Rightarrow$ Linkskrümmung
($]x_2, x_4[$ und $]x_5, \ldots[$)

$f''(x) < 0$ $\Rightarrow$ Rechtskrümmung
($]\ldots, x_2[$ und $]x_4, x_5[$)

$f''(x) = 0$ $\Rightarrow$ Krümmung 0
(x_2, x_4, x_5)

$f'(x) = 0 \wedge f''(x) > 0$ $\Rightarrow$ Minimum
(x_3)

$f'(x) = 0 \wedge f''(x) < 0$ $\Rightarrow$ Maximum
(x_1)

$f''(x) = 0 \wedge f'''(x) \neq 0$ $\Rightarrow$ Wendepunkt
(x_2, x_4, x_5)

$f'(x) = 0 \wedge f''(x) = 0 \wedge f'''(x) \neq 0$
$\Rightarrow$ Wendepunkt mit waagerechter Tangente (Sattelpunkt)
(x_5)

Beispiele aus der Menge der ganzen rationalen Funktionen:

1. $y = x^3 - 4x^2 + 4x$
$= x(x-2)^2$
$y' = 3x^2 - 8x + 4$
$y'' = 6x - 8$
$y''' = 6$

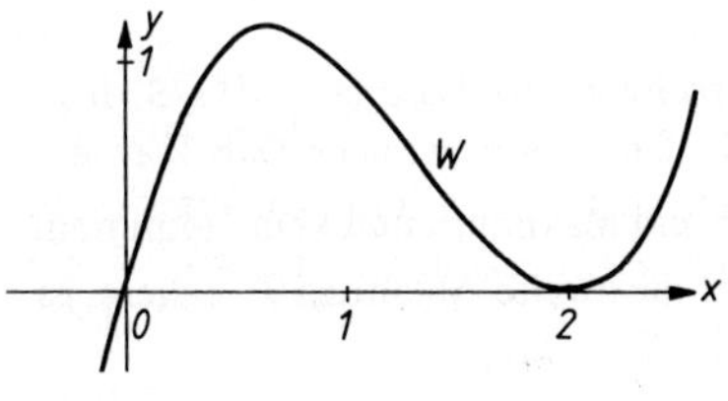

Nullstellen ($y = 0$) sind 0 und 2 (2 zählt doppelt).

Waagerechte Tangenten ($y' = 0$) bei 2 und $\frac{2}{3}$ (Extremstelle 2 folgt bereits aus der doppelt zählenden Nullstelle).

Mit $x = 2$ ist $y'' = 4$, also Minimum bei 2.

Mit $x = \frac{2}{3}$ ist $y'' = -4$, also Maximum bei $\frac{2}{3}$.

Krümmung 0 ($y'' = 0$) bei $\frac{4}{3}$.

Da $y''' \neq 0$, liegt ein Wendepunkt bei $\frac{4}{3}$.

Wendepunkt: $W(\frac{4}{3} | \frac{16}{27})$.

2. $y = x^3 - 3x^2 + 3x$

$y' = 3x^2 - 6x + 3$

$= 3(x-1)^2$

$y'' = 6x - 6$

$y''' = 6$

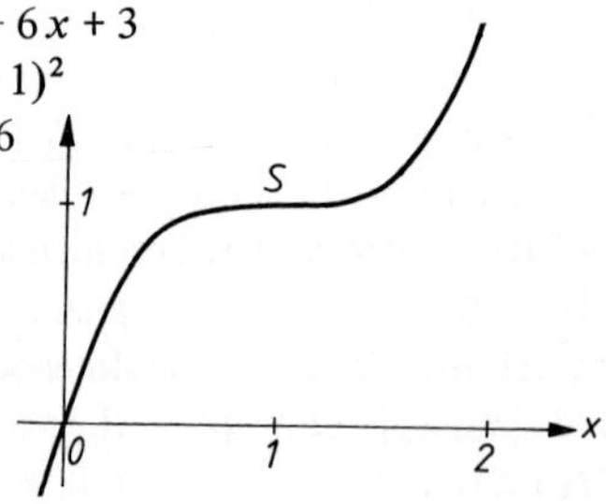

Nullstelle ($y = 0$) ist 0; die zwei fehlenden sind imaginär.

Waagerechte Tangenten ($y' = 0$) bei 1 (doppelt zählend).

Mit $x = 1$ ergibt sich $y'' = 0$, also keine Entscheidung zwischen Minimum oder Maximum.

Krümmung 0 ($y'' = 0$) ergibt sich nur bei $x = 1$.

Da $y''' \neq 0$, liegt ein Sattelpunkt bei 1.

Sattelpunkt: S(1|1).

3. $y = -\frac{1}{4}(x^4 + 1)$

$y' = -x^3$

$y'' = -3x^2$

$y''' = -6x$

$y^{IV} = -6$

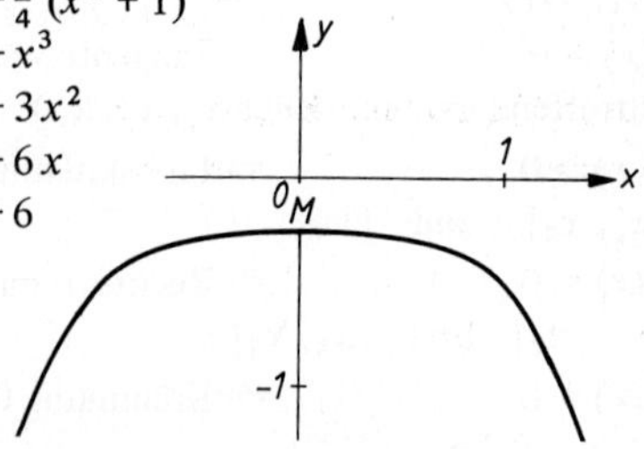

Nullstellen ($y = 0$) keine, denn $x^4 = -1$ hat keine reelle Lösung.

Waagerechte Tangente ($y' = 0$) bei 0 (dreifach zählend).

Krümmung 0 ($y'' = 0$) bei 0 (doppelt zählend).

An der Stelle 0 ist auch $y''' = 0$.

Da aber $y^{IV} < 0$, befindet sich an der Stelle 0 ein Maximum.

Maximalpunkt: $M(0|-\frac{1}{4})$.

3.5.2. Berechnung von Extremwerten

Die Differentialrechnung ermöglicht es, die günstigsten Maße eines an feste Vorbedingungen gebundenen Erzeugnisses zu berechnen.

Beispiele:

1. Büchse größten Rauminhalts

Aus einer Blechronde mit dem Durchmesser D soll durch Tiefziehen ein oben offener Zylinder gezogen werden, wobei die Oberfläche (Mantelfläche plus Bodenfläche) gleich der Rondenfläche bleiben soll. Welchen Durchmesser d und welche Höhe h muß der Zylinder bei maximalem Volumen haben?

$$V = \frac{d^2\pi}{4}h \qquad (1)$$

ist die Zylindervolumenformel (Hauptbedingung).

$$\frac{D^2\pi}{4} = \frac{d^2\pi}{4} + d\pi h \qquad (2)$$

ist die Rondenfläche und damit die Oberfläche (Grund- plus Mantelfläche) des oben offenen Zylinders (Nebenbedingung).

(2) wird nach h aufgelöst und in (1) eingesetzt:

$$h = \frac{D^2}{4d} - \frac{d}{4}$$

$$V = \frac{d^2\pi}{4}\left(\frac{D^2}{4d} - \frac{d}{4}\right)$$

$$V = \frac{\pi}{16}(dD^2 - d^3)$$

V hängt damit nur noch von d ab. Der Graph der Funktion $V = f(d)$ mit dem Definitionsbereich $[D, 0]$ hat ein Maximum, das gesucht wird. An der Stelle dieses Maximums muß V', die Ableitung von V nach d, = 0 sein.

$$V' = \frac{\pi}{16}(D^2 - 3d^2)$$

$$\frac{\pi}{16}(D^2 - 3d^2) = 0$$

$$\Rightarrow \quad D^2 - 3d^2 = 0$$

$$\Rightarrow \quad d = \frac{D}{3}\sqrt{3}$$

Die zweite rechnerische Lösung $-\frac{1}{3}D\sqrt{3}$ liegt außerhalb des Definitionsbereichs. Daß V an der Stelle $\frac{D}{3}\sqrt{3}$ ein Maximum und kein Minimum hat, bestätigt die zweite Ableitung V''; diese ist negativ: $V'' = \frac{\pi}{16}(-6d)$.

$$h = \frac{D^2}{4d} - \frac{d}{4} = \frac{D^2\sqrt{3}}{4D} - \frac{D}{12}\sqrt{3} = \frac{D}{6}\sqrt{3}$$

Die Höhe des Zylinders maximalen Volumens beträgt die Hälfte der Durchmesserlänge dieses Zylinders.

$$V = \frac{d\pi}{16}(D^2 - d^2) = \frac{\pi}{72}D^3\sqrt{3}$$

ist das maximal erreichbare Zylindervolumen.

2. Balken mit größtem Widerstandsmoment

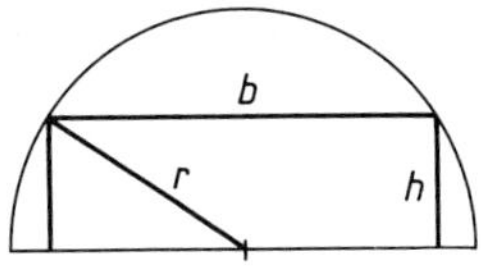

Ein halbrunder Balken soll so besäumt werden, daß ein rechtwinkliger Balken mit maximalem Widerstandsmoment W entsteht.

$$W = \frac{hb^2}{6} \quad (1)$$

ist die Gleichung für das Widerstandsmoment.

$$\left(\frac{b}{2}\right)^2 + h^2 = r^2 \quad (2)$$

ist nach dem Satz des Pythagoras die Beziehung zwischen b und h.

Entsprechend dem Verfahren von Beispiel 1 ergibt sich:

$$b^2 = 4(r^2 - h^2)$$

$$W = \frac{h}{6}\cdot 4(r^2 - h^2) = \frac{2}{3}(r^2h - h^3) \qquad W' = \frac{2}{3}(r^2 - 3h^2)$$

$$h = \frac{1}{3}r\sqrt{3} \qquad b = \frac{2}{3}r\sqrt{6}$$

sind die Abmessungen für maximales Widerstandsmoment.

$$W = \frac{2}{9}r\sqrt{3}\,(r^2 - \tfrac{1}{3}r^2) = \frac{4}{27}r^3\sqrt{3}$$

ist das größtmögliche Widerstandsmoment.

3. Zylinder aus Kegel

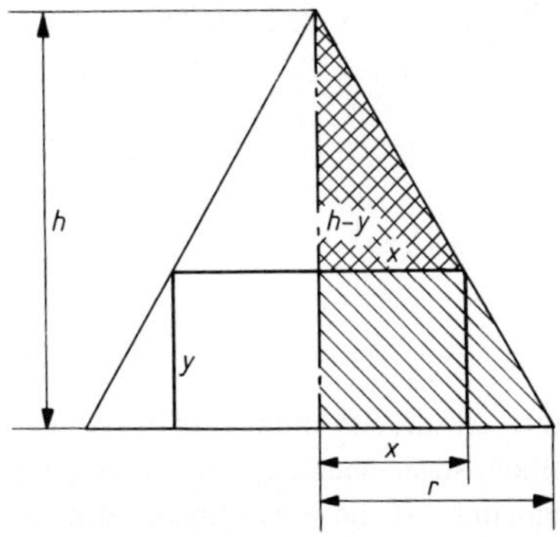

Aus einem kegelförmigen Stück Holz soll ein Zylinder größtmöglichen Rauminhalts (Gewichts) gedreht werden. Welchen Radius x und welche Höhe y hat dieser Zylinder, wenn r und h Radius und Höhe des Kegels sind?

(1) $V = \pi x^2 y$ Zylindervolumen

(2) $\dfrac{h-y}{x} = \dfrac{h}{r}$ Beziehung zwischen x und y

(wegen der Ähnlichkeit der schraffierten Dreiecke)

Weiteres Verfahren entsprechend Beispiel 1:

$$y = h\left(1 - \frac{x}{r}\right) \qquad V = \pi x^2 h\left(1 - \frac{x}{r}\right) = \pi h\left(x^2 - \frac{1}{r}x^3\right)$$

$$V' = \pi h\left(2x - \frac{3}{r}x^2\right) \qquad 0 = \pi h x\left(2 - \frac{3}{r}x\right)$$

$x = 0$ außerhalb des Definitionsbereichs $0 < x < r$

$x = \frac{2}{3}r$ gesuchte Lösung; Bestätigung: Zweite Ableitung V'' wird negativ.

$y = \frac{1}{3}h$ Zylinderhöhe der Lösung $\qquad V = \frac{4}{27}\pi r^2 h$ maximales Zylindervolumen.

4. Integralrechnung

4.1. Das unbestimmte Integral

$$G(x) = F(x) + C = \int f(x)\,dx$$

$$\Longleftrightarrow$$

$$\frac{dG(x)}{dx} = \frac{dF(x)}{dx} = f(x) \quad \text{für alle } x$$

G heißt unbestimmtes Integral von f
F heißt Stammfunktion von f
C ist die Integrationskonstante
$f(x)$ (unter $\int$) heißt Integrand

$\int f(x)\,dx$ heißt: Integral f von $x\,dx$.

Das unbestimmte Integral G ist ein beliebiges Element der Menge aller Funktionen, deren Ableitung f ist.

Die Funktionswerte $G(x)$ unterscheiden sich für gleiche x um eine Konstante (denn diese entfällt beim Differenzieren). F ist ein bestimmtes G mit vorgeschriebenem C. Es ist also $F'(x) = G'(x) = f(x)$ für alle x.

Beispiel: $f(x) = x^2 - 2x - 3 + \sin x$; $G(x) = \frac{1}{3}x^3 - x^2 - 3x - \cos x + C$

4.1.1. Integrationsregeln

Die folgenden Integrationsregeln ergeben sich aus den Differentiationsregeln gleichen Namens. Der Beweis erfolgt jeweils durch Differenzieren. Beispiel siehe 4.1.

Potenzregel:

$$\int x^n dx = \frac{1}{n+1}x^{n+1} + C$$

denn $\frac{d\left(\frac{1}{n+1}x^{n+1} + C\right)}{dx} = x^n$

Summenregel:

$$\int [g(x) + h(x)]\,dx = \int g(x)dx + \int h(x)\,dx$$

denn $\frac{d(G(x) + H(x))}{dx} = G'(x) + H'(x)$

Faktorenregel:

$$\int ag(x)\,dx = a\int g(x)\,dx$$

denn $\frac{daG(x)}{dx} = aG'(x)$

4.1.2. Integration durch Substitution

Während man aus elementaren Funktionen zusammengesetzte Ausdrücke immer differenzieren kann, ist die Integration zuweilen nur mit Kunstgriffen, vielfach sogar überhaupt nicht möglich. Ein häufig anwendbares Mittel, um eine Integration zu ermöglichen, ist die Substitution, d.h. die Einführung einer neuen Veränderlichen (vgl. 3.3.8 Kettenregel):

$$\int g[h(x)]\,dx = \int g(z)\,\frac{dx}{dz}\,dz$$

mit $z = h(x)$

Beispiel: $\int \sin(2x + 3)dx$; $z = 2x + 3$; $\frac{dz}{dx} = 2$; $\frac{dx}{dz} = \frac{1}{2}$ oder auch $dx = \frac{1}{2}dz$, also Ergebnis:
$\int (\sin z)\cdot\frac{1}{2}dz = -\frac{1}{2}\cos z + C = \frac{1}{2}\cos(2x + 3) + C$. Probe durch Differenzieren.

Erster Sonderfall:

$$\int g[h(x)]\,h'(x)\,dx = \int g(z)\,dz \quad \text{mit } z = h(x)$$

denn $h'(x) = \frac{dz}{dx}$, $\int g[h(x)]\,h'(x)\,dx = \int g(z)\frac{dz}{dx}\,dx = \int g(z)\,dz$

Beispiel: $\int (4x^2 - 6x + 5)^3(8x - 6)\,dx$; $4x^2 - 6x + 5 = z$; $\frac{dz}{dx} = 8x - 6$

Ergebnis: $\int z^3\,dz = \frac{z^4}{4} + C = \frac{1}{4}(4x^2 - 6x + 5)^4 + C$

Probe durch Differenzieren.

Zweiter Sonderfall:

$$\int \frac{g'(x)}{g(x)}\,dx = \ln g(x) + C$$

denn $\frac{d\ln g(x)}{dx} = \frac{d\ln g(x)}{dg(x)} \cdot \frac{dg(x)}{dx} = \frac{1}{g(x)} \cdot g'(x)$

Beispiel: $\int \frac{6x - 7}{3x^2 - 7x + 5}\,dx = \ln(3x^2 - 7x + 5) + C$

Probe durch Differenzieren.

4.1.3. Partielle Integration

$$\int g(x)\,h'(x)\,dx = g(x)\,h(x) - \int g'(x)\,h(x)\,dx$$

Beweis durch Differenzieren unter Anwendung der Produktregel (3.3.5):
$y = g(x)\,h(x)$; $y' = g'(x)\,h(x) + g(x)\,h'(x)$. Durch Integration und Anwendung der Summenregel (unter 4.1.1) erhält man

$$y = \int y'dx = \int g'(x)\,h(x)\,dx + \int g(x)\,h'(x)\,dx = g(x)\,h(x)$$

oder nach Subtraktion des ersten Summanden die Behauptung.

Beispiele:

1. $\int x\,e^x dx$; $g(x) = x$; $h'(x) = e^x$; $g'(x) = 1$; $h(x) = e^x$; also
   $\int x\,e^x dx = x\,e^x - \int 1 \cdot e^x dx = e^x(x - 1) + C$
   Probe durch Differenzieren.
2. $\int \sin^2 x\,dx = \int \sin x\,\sin x\,dx$; $g(x) = \sin x$; $h'(x) = \sin x$; $g'(x) = \cos x$; $h(x) = -\cos x$; also
   $\int \sin^2 x\,dx = -\sin x\,\cos x - \int -\cos^2 x\,dx$;
   nunmehr zweite partielle Integration
   $\int \cos^2 x\,dx = \int \cos x\,\cos x\,dx$; $\bar{g}(x) = \cos x$; $\bar{h}'(x) = \cos x$; $\bar{g}'(x) = -\sin x$; $\bar{h}(x) = \sin x$;
   also $\int \cos^2 x\,dx = \sin x\,\cos x - \int -\sin^2 x\,dx$; nach Einsetzen ergibt sich die Identität
   $\int \sin^2 x\,dx = -\sin x\,\cos x + \sin x\,\cos x + \int \sin^2 x\,dx$, also keine Lösung.
   Ersetzt man dagegen nach der ersten partiellen Integration $\cos^2 x$ durch $1 - \sin^2 x$, dann ergibt sich
   $\int \sin^2 x\,dx = -\sin x\,\cos x + \int (1 - \sin^2 x)dx = -\sin x\,\cos x + x - \int \sin^2 x\,dx + C$ oder
   $2\int \sin^2 x\,dx = -\sin x\,\cos x + x + C$ oder das Ergebnis $\int \sin^2 x\,dx = \frac{1}{2}(x - \sin x\,\cos x) + \frac{1}{2}C$;
   Probe!

4.1.4. Integration durch Partialbruchzerlegung

Ist eine gebrochen rationale Funktion zu integrieren, dann sind zunächst die beiden Fälle zu unterscheiden: 1. die Funktion ist echt gebrochen, d.h. die höchste Potenz der Veränderlichen ist im Zähler niedriger als im Nenner; 2. die Funktion ist unecht gebrochen, d.h. die höchste Potenz der Veränderlichen ist im Zähler genauso hoch wie im Nenner oder höher als im Nenner; im letzteren Fall kann man durch Polynomdivision eine ganze rationale Funktion (die leicht zu integrieren ist) abspalten und behält als Rest eine echt gebrochene rationale Funktion übrig. Es genügt also, die Integration echt gebrochener rationaler Funktionen zu untersuchen.

Nach der Umkehrung der Regel über die Addition von Brüchen kann man jeden beliebigen Bruch additiv zusammensetzen aus Brüchen, deren Nenner Primzahlen oder Primzahlpotenzen sind, die im Nenner des gegebenen Bruches vorkommen, z.B.

$$\frac{1}{6}=\frac{1}{2}-\frac{1}{3} \qquad \frac{5}{12}=\frac{2}{3}-\frac{1}{2^2} \qquad \frac{1}{18}=\frac{1}{3}+\frac{2}{3^2}-\frac{1}{2}$$

Das Entsprechende ist mit gebrochen rationalen Funktionen möglich: man kann sie additiv aus anderen gebrochen rationalen Funktionen zusammensetzen, deren Nenner Linearfaktoren oder Linearfaktorenpotenzen sind, die im Nenner der gegebenen Funktion auch vorkommen. Die Zähler der Summanden bestimmt man durch Koeffizientenvergleich.

Beispiel 1: $G(x)=\int \frac{12x^3-27x^2-8x+37}{3x^2-3x-6}\,dx$

Durch Polynomdivision wird aus dem Integranden

$$f(x)=4x-5+\frac{x+7}{3(x^2-x-2)}$$

Die den Nenner bildenden Linearfaktoren findet man, indem man die quadratische Gleichung $x^2-x-2=0$ löst und dann in Produktform schreibt: $(x-2)(x+1)=0$.

Nunmehr macht man den Ansatz $\frac{x+7}{3(x^2-x-2)}=\frac{A}{x-2}+\frac{B}{x+1}$

Durch Multiplikation mit dem Hauptnenner ergibt sich
$x+7=3A(x+1)+3B(x-2)=(3A+3B)\,x+(3A-6B)$

Diese Gleichung muß für alle x gelten. Das ist nur möglich, wenn die Koeffizienten gleicher Potenzen von x auf beiden Seiten der Gleichung gleich sind (Koeffizientenvergleich); also $1=3A+3B$; $7=3A-6B$. Das sind zwei Gleichungen mit zwei Unbekannten A und B; Auflösung z.B. nach dem Subtraktionsverfahren.

$A=1$; $B=-\frac{2}{3}$. Somit ist

$$G(x)=\int\left(4x-5+\frac{1}{x-2}-\frac{2}{3(x+1)}\right)dx=2x^2-5x+\ln(x-2)-\frac{2}{3}\ln(x+1)+C$$

Probe: Man bildet $G'(x)$ und muß $f(x)$ erhalten.

Beispiel 2: $G(x)=\int \frac{-30x^2+94x-46}{(2x-3)^2(3x+1)}\,dx$

Ansatz $\quad f(x)=\frac{A}{2x-3}+\frac{B}{(2x-3)^2}+\frac{C}{3x+1}$

Mit dem Hauptnenner multipliziert:

$$\begin{aligned}-30x^2+94x-46&=A(2x-3)(3x+1)+B(3x+1)+C(2x-3)^2\\&=(6A+4C)x^2+(-7A+3B-12C)x+(-3A+B+9C)\end{aligned}$$

Koeffizientenvergleich:

$-30 = 6A + 4C \qquad 94 = (-7A + 3B - 12C) \qquad -46 = -3A + B + 9C$

Auflösung dieser drei Gleichungen mit drei Unbekannten ergibt

$$A = -1 \quad B = 5 \quad C = -6 \quad G(x) = \int \left(\frac{-1}{2x-3} + \frac{5}{(2x-3)^2} + \frac{-6}{3x+1} \right) dx$$

$$= -\frac{1}{2} \ln(2x-3) - \frac{5}{2} \frac{1}{2x-3} - 2\ln(3x+1) + C$$

4.2. Die bestimmte Integralfunktion

Wählt man aus der Schar unbestimmter Integrale G ein bestimmtes, F, durch die Bedingung $F(a) = 0$ aus, dann stellt F eine bestimmte Integralfunktion dar.

> Die bestimmte Integralfunktion F ergibt sich aus der Gleichung
>
> $$F(x) = \int_a^x f(t)\,dt = G(x) - G(a)$$

Erläuterung: Man liest „Integral von a bis x f von $t\,dt$"; a heißt untere Grenze, x obere Grenze. Da der Buchstabe x als obere Grenze benötigt wird, ist es besser, als Integrationsvariable nicht auch x, sondern t zu schreiben; x-Achse und t-Achse sind dabei identisch und haben denselben 0-Punkt und denselben Maßstab. Als G nimmt man eine beliebige Funktion aus der Schar unbestimmter Integrale, die Stammfunktion. $G(a)$ ist der Funktionswert dieser Stammfunktion an der Stelle $x = a$.

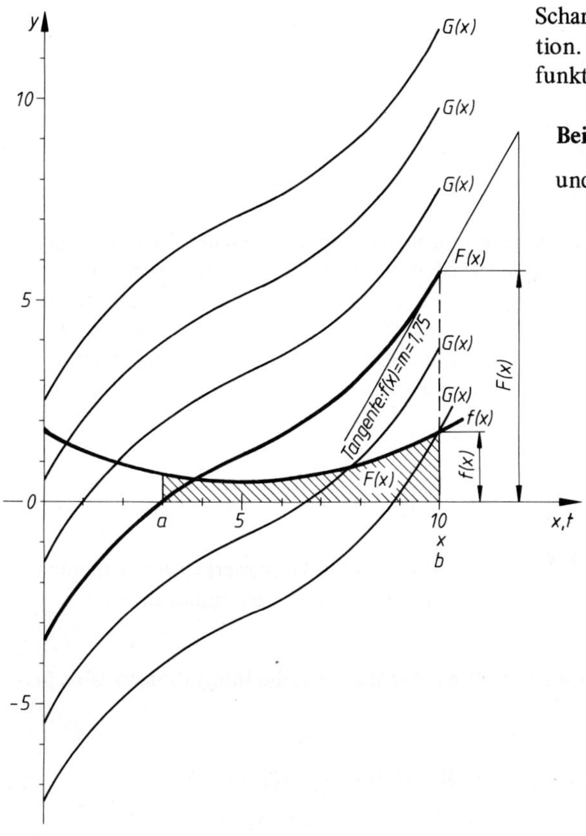

Beispiel: Es seien $y = f(x) = \frac{1}{20}x^2 - \frac{1}{2}x + \frac{7}{4}$ und $a = 3$.

Dann ist

$$F(x) = \int_3^x \left(\frac{1}{20}t^2 - \frac{1}{2}t + \frac{7}{4} \right) dt$$

$$= \left[\frac{1}{60}t^3 - \frac{1}{4}t^2 + \frac{7}{4}t \right]_3^x$$

$$= \left(\frac{1}{60}x^3 - \frac{1}{4}x^2 + \frac{7}{4}x \right) - \left(\frac{1}{60} \cdot 27 - \frac{1}{4} \cdot 9 + \frac{7}{4} \cdot 3 \right)$$

$$= \frac{1}{60}x^3 - \frac{1}{4}x^2 + \frac{7}{4}x - \frac{69}{20}$$

4.2.1. Die bestimmte Integralfunktion als Fläche

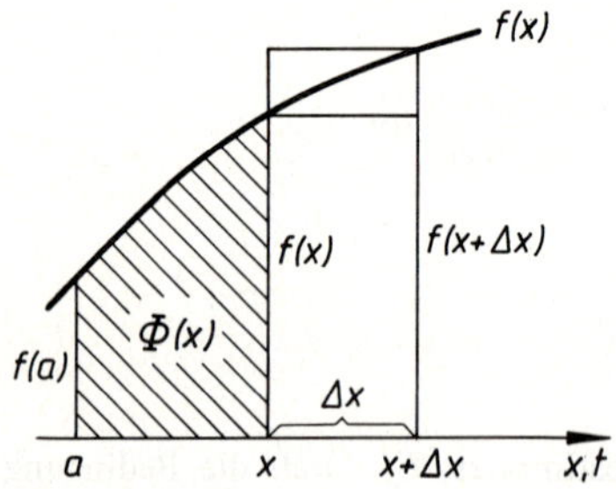

Der Funktionswert der bestimmten Integralfunktion $F(x) = \int_a^x f(t)\,dt$ ist gleich der (Maßzahl der) Fläche, die von der x- bzw. t-Achse, den Parallelen zur y-Achse $t = a$ und $t = x$ und der Kurve $y = f(x)$ eingeschlossen wird (in beiden Bildern *schraffiert*).

Beweis: Die in der Regel genannte Fläche (kurz: die von $f(x)$ zwischen a und x überstrichene Fläche) werde zunächst $\Phi(x)$ genannt. Das von $f(x)$ zwischen x und $x + \Delta y$ überstrichene Flächenstück ist dann $\Delta\Phi(x) = \Phi(x + \Delta x) - \Phi(x)$. Es liegt nach seiner Größe zwischen den Rechtecksflächen $f(x) \cdot \Delta x$ und $f(x + \Delta x) \cdot \Delta x$, und zwar im letzten Bild:
$f(x) \cdot \Delta x < \Delta\Phi(x) < f(x + \Delta x) \cdot \Delta x$.

Dividiert man die Ungleichung durch Δx, dann ergibt sich:

$$f(x) < \frac{\Delta\Phi(x)}{\Delta x} < f(x + \Delta x)$$

Beim Grenzübergang $\Delta x \longrightarrow 0$ folgt zwangsläufig $f(x) = \dfrac{d\Phi(x)}{dx}$.

Das ist aber nach 4.1 die Bedingung für ein unbestimmtes Integral $G(x)$ von $f(x)$. Da nun außerdem $\Phi(a) = 0$ ist, d.h. die überstrichene Fläche bei $x = a$ mit 0 anfängt, folgt $\Phi(x) = F(x)$ gemäß der Behauptung.

Beispiel: Im Beispiel zu 4.2 mit Bild kann man sich überzeugen, daß die Ordinaten der Kurve $y = F(x)$ immer die gleiche Maßzahl wie die unter $y = f(x)$ liegenden Flächenstücke haben, insbesondere ergibt sich bei $x = 3$ für beide 0, bei $x = 10$ hat $F(x)$ die Ordinate 343/60 = 5,72 (Längeneinheiten), die schraffierte Fläche beträgt gleichfalls 5,72 (Flächeneinheiten). Umgekehrt kann man auch aus der Figur ablesen, daß die Steigungen der Tangenten an die Kurve $y = F(x)$ gleich den Funktionswerten von $y = f(x)$ sind. So hat die Tangentensteigung bei $x = 10$ die Größe $F'(10) = f(10) = m = 1{,}75$.

4.3. Das bestimmte Integral

$$F(b) - F(a) = \int_a^b f(x)\,dx$$

Ein bestimmter Funktionswert einer bestimmten Integralfunktion heißt bestimmtes Integral.

Anmerkung: Da die obere Grenze b auch fest ist, ist es nicht mehr nötig, die Integrationsvariable in t umzubenennen.

Beispiel: Im Beispiel zu 4.2 (mit Bild) und zu 4.2.1 ist $A = F(b) = \int_{a=3}^{b=10} f(x)\,dx = 5{,}72$.

4.3.1. Das bestimmte Integral als Grenzwert

$$\lim_{\Delta x \to 0} \sum_{i=0}^{n-1} f(x_i)\,\Delta x = \lim_{\Delta x \to 0} \sum_{i=1}^{n} f(x_i)\,\Delta x = \int_a^b f(x)\,dx$$

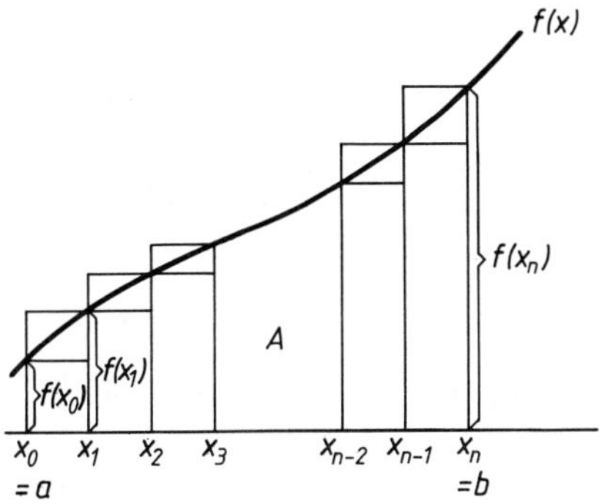

Abszissendifferenzen (der Einfachheit halber gleich groß):

$x_1 - x_0 = x_2 - x_1 = x_3 - x_2 = x_{i+1} - x_i = \Delta x$

Flächensumme der unteren Rechtecke:

$$f(x_0)\,\Delta x + f(x_1)\,\Delta x + f(x_2)\,\Delta x + \ldots + f(x_{n-2})\,\Delta x + f(x_{n-1})\,\Delta x = \sum_{i=0}^{n-1} f(x_i)\,\Delta x = A_u$$

Fläche unter der Kurve:

$$\int_a^b f(x)\,dx = A$$

Flächensumme der oberen Rechtecke:

$$f(x_1)\,\Delta x + f(x_2)\,\Delta x + f(x_3)\,\Delta x + \ldots + f(x_{n-1})\,\Delta x + f(x_n)\,\Delta x = \sum_{i=1}^{n} f(x_i)\,\Delta x = A_0$$

Vergleich: $A_u < A < A_0$

Bei Verfeinerung der Unterteilung, also mehr und schmalere Rechtecke, wird der Unterschied zwischen oberer und unterer Schranke kleiner, bei hinreichender Verfeinerung läßt sich jeder vorgegebene noch so kleine Differenzwert unterschreiten. Deshalb gilt die oben genannte Grenzwertdarstellung für das bestimmte Integral.

Anmerkung: Dieser Zusammenhang erklärt auch die Schreibweise des Integrals: $\int$ ist das S von Summe, zu summieren sind „unendlich viele" Rechtecke der veränderlichen Höhe $f(x)$ und der „unendlich kleinen" Breite dx.

4.3.2. Rechenregeln für bestimmte Integrale

Vertauschung der Integrationsgrenzen:

$$\int_a^b f(x)\,dx = -\int_b^a f(x)\,dx$$

Bei Umkehrung der Integrationsrichtung ändert das Integral sein Vorzeichen.

Die das bestimmte Integral veranschaulichenden Flächen können also auch negativ sein. Eine über der x-Achse liegende Fläche ist negativ, wenn man von rechts nach links integriert; die „Grundlinie dx" des infinitesimalen Rechtecks $f(x)\,dx$ ist negativ. Eine unter der x-Achse liegende Fläche ist bei der üblichen Integrationsrichtung von links nach rechts auch negativ: die Höhe $f(x)$ des infinitesimalen („unendlich schmalen") Rechtecks $f(x)\,dx$ ist negativ. Wechselt $f(x)$ im Laufe der Integration das Vorzeichen, dann erhält man als Integral die Differenz der Beträge der über und unter der x-Achse liegenden Flächenstücke.

Additive Zusammensetzung:

$$\int_a^b f(x)\,dx + \int_b^c f(x)\,dx = \int_a^c f(x)\,dx$$

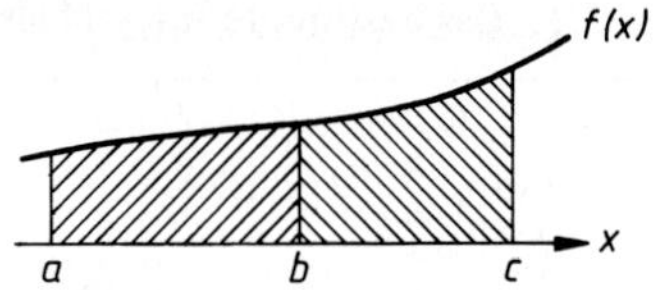

Ein bestimmtes Integral läßt sich also aus Teilintegralen zusammensetzen, wenn der gesamte Integrationsweg in beiden Fällen gleich ist. Die Richtigkeit der Regel folgt unmittelbar aus der Betrachtung der zugehörigen Flächen.

Beispiel: $\int_0^{\pi} \cos x\,dx = \int_0^{\pi/2} \cos x\,dx + \int_{\pi/2}^{\pi} \cos x\,dx$

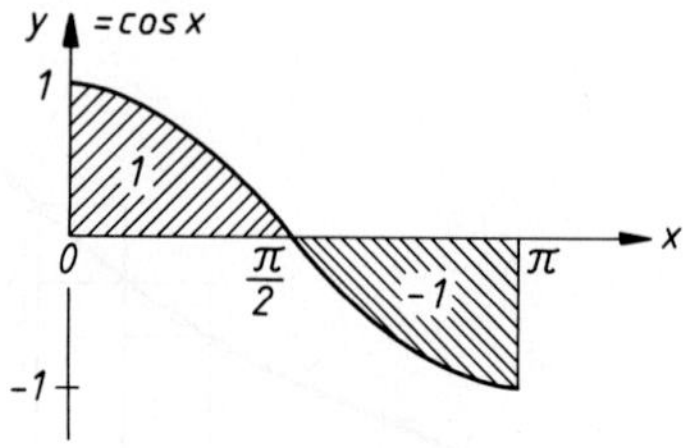

Einzelberechnung:

$$\int_0^{\pi} \cos x\,dx = [\sin x]_0^{\pi} = \sin\pi - \sin 0 = 0 - 0 = 0$$

$$\int_0^{\pi/2} \cos x\,dx = [\sin x]_0^{\pi/2} = \sin\frac{\pi}{2} - 0 = 1 - 0 = 1$$

$$\int_{\pi/2}^{\pi} \cos x\,dx = [\sin x]_{\pi/2}^{\pi} = \sin\pi - \sin\frac{\pi}{2} = 0 - 1 = -1$$

4.4. Einige Integralformeln für die Anwendung

Bogenlänge:

$$s = \int_a^b \sqrt{1 + [f'(x)]^2}\,dx$$

$$\Delta s = \sqrt{(\Delta x)^2 + (\Delta y)^2} = \sqrt{1 + \left(\frac{\Delta y}{\Delta x}\right)^2}\,\Delta x$$

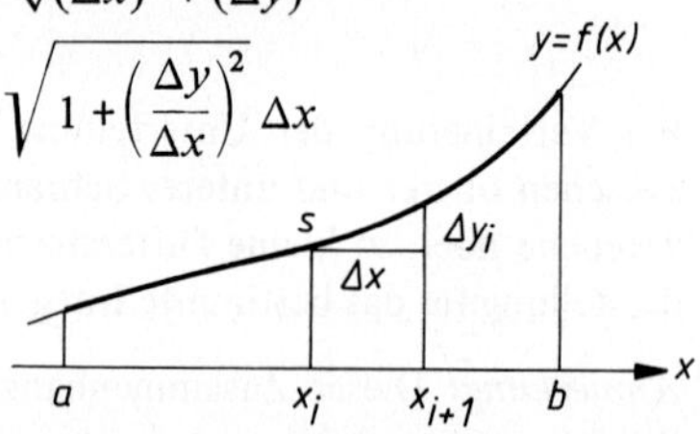

$$s \approx \sum_{i=0}^{n-1} \sqrt{(\Delta x)^2 + (\Delta y_i)^2} = \sum_{i=0}^{n-1} \sqrt{1 + \left(\frac{\Delta y_i}{\Delta x}\right)^2}\,\Delta x$$

Nach Grenzübergang $n \longrightarrow \infty$ und gleichzeitig $\Delta y_i \longrightarrow 0$ $(\Delta x \longrightarrow 0)$: $s = \int_a^b \sqrt{1 + \left(\frac{dy}{dx}\right)^2}\,dx$

Volumen eines Rotationskörpers
(Rotation um die x-Achse):

$$V = \pi \int_a^b [f(x)]^2\,dx$$

Mantelfläche des Rotationskörpers
(Rotation um die x-Achse):

$$M = 2\pi \int_a^b f(x)\sqrt{1 + [f'(x)]^2}\,dx$$

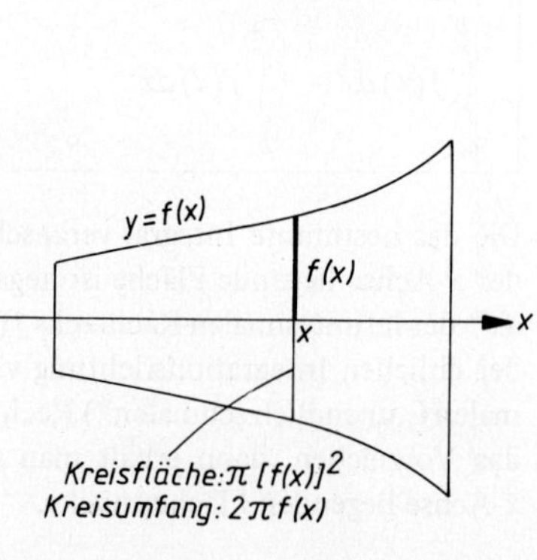

4.5. Weitere Anwendungen

Aus dem umfangreichen technischen Anwendungsbereich der Integralrechnung seien folgende kennzeichnende Beispiele genannt:

Beispiele:

1. Bremswegberechnung

Ein Körper bewege sich mit der Geschwindigkeit $v = v_0$. Im Zeitpunkt $t = 0$ beginne an der Wegstelle $s = 0$ eine linear von der Zeit t abhängige Verzögerung $a = -kt$ mit konstantem k. Wie groß sind Bremszeit $t = t_1$ und Bremsweg $s = s_1$ bis zum Stillstand des Körpers?

$v = \frac{ds}{dt}$ und $a = \frac{dv}{dt}$ sind die den Zusammenhang zwischen Zeit t, Weg s, Geschwindigkeit v und (negativer) Beschleunigung a herstellenden Gleichungen.

$a = -kt$ ist die gegebene Funktionsgleichung für die Beschleunigung.

$$v = v_0 - \int_0^t kt\,dt = v_0 - \left[\frac{k}{2}t^2\right]_0^t = v_0 - \frac{k}{2}t^2$$

ist die Funktionsgleichung der Geschwindigkeit beim Bremsvorgang (die gleiche Bezeichnung für Integrationsvariable t und obere Grenze t ist hier unbedenklich).

$$v_0 = \frac{k}{2}t_1^2 \quad \Rightarrow \quad t_1 = \sqrt{\frac{2v_0}{k}}$$

ist die Bremszeit bis $v = 0$.

$$s = \int_0^t v\,dt = \int_0^t \left(v_0 - \frac{k}{2}t^2\right) dt$$

ist die Funktionsgleichung des beim Bremsvorgang zurückgelegten Weges.

$$= \left[v_0 t - \frac{k}{6}t^3\right]_0^t = v_0 t - \frac{k}{6}t^3$$

$$s_1 = v_0 t_1 - \frac{k}{6}t_1^3$$

ist der gesamte Bremsweg.

Die Graphen der Funktionsgleichungen für a, v und s im Intervall $[0, t_1]$ $\left(\text{z.B. mit } k = \frac{1}{2}\,\frac{\text{m}}{\text{s}^3} \text{ und } v_0 = 4\,\frac{\text{m}}{\text{s}}\right)$ veranschaulichen die Zusammenhänge (geeignet für eine Kurvenuntersuchung nach 3.5.1).

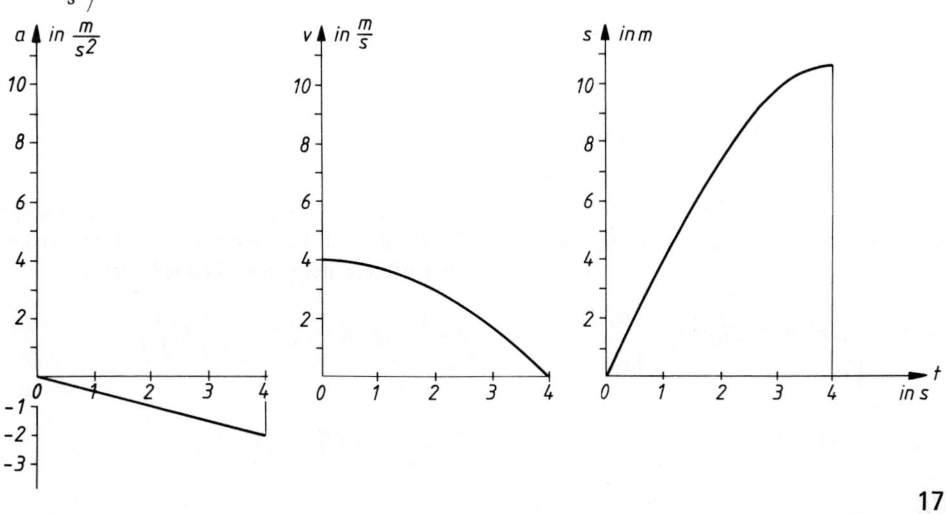

2. Trägheitsmoment J (Massenmoment 2. Grades) von Zylindern

Das Trägheitsmoment ΔJ eines Massenpunktes Δm mit dem Abstand r von der Drehachse ist $\Delta J = r^2 \Delta m$.

(Bei Trägheitsmomenten von flachen Körpern – Scheiben – ist $\Delta m = \rho_A \Delta A$, wobei die Flächendichte ρ_A gleich 1 gesetzt werden und somit das Massenelement Δm durch das Flächenelement ΔA ersetzt werden kann.)

a) *Trägheitsmoment eines Vollzylinders in bezug auf die Zylinderachse:*

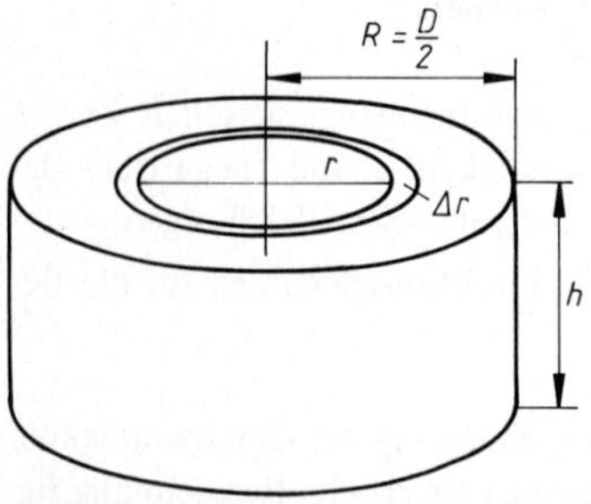

Alle Punkte des dünnen Hohlyzlinders mit dem Radius r und der kleinen Wandstärke Δr haben bis auf den kleinen Unterschied Δr denselben Abstand r von der Achse, also das Trägheitsmoment $\Delta J = r^2 \cdot 2\pi r \Delta r h \rho$ mit h als Zylinderhöhe und ρ als Dichte (etwas genauer wäre der Ansatz

$$\Delta J = r^2(\pi(r + \Delta r)^2 - \pi r^2) h\rho = r^2(2\pi r \Delta r + \pi \Delta r^2) h\rho;$$

der Unterschied entfällt beim Grenzübergang $\Delta r \to 0$).

Durch Summierung all dieser dünnwandigen Zylinder beginnend mit dem Radius 0 bis zum Vollzylinderradius R und Grenzübergang $\Delta r \to 0$ erhält man

$$J_{voll} = 2\pi h\rho \int_0^R r^3\, dr = 2\pi h\rho \frac{R^4}{4} \qquad J_{voll} = \frac{1}{2}\pi h\rho R^4$$

Die Zylindermasse ist $m = \pi h \rho R^2$.

Ein Hohlzylinder mit der gleichen Masse m und mit den gleichen Abmessungen h und R, bei dem sich aber die gesamte Masse m in der sehr dünnen Zylinderwand konzentrieren soll, so daß jedes Massenelement Δm den Abstand R von der Zylinder- und Rotationsachse hat, besitzt das Trägheitsmoment

$$J_{hohl} = R^2 m = R^2 \pi h \rho R^2 \qquad J_{hohl} = \pi h \rho R^4 \qquad J_{hohl} = 2 \cdot J_{voll}$$

Ergebnis: Der Hohlyzlinder mit gleichen Abmessungen und gleicher Masse wie der Vollzylinder hat das doppelte Trägheitsmoment wie der Vollzylinder.

b) *Trägheitsmoment eines Hohlzylinders:*

Welches Trägheitsmoment hat ein Hohlzylinder mit dem Außendurchmesser D_a, dem Innendurchmesser D_i, der Höhe h und der Dichte ρ in bezug auf die Zylinderachse?

Das Ergebnis erhält man als Differenz der Trägheitsmomente zweier Vollzylinder, indem man entweder in der Ansatzgleichung für J_{voll} die Integrationsgrenzen durch $\frac{1}{2} D_i$ und $\frac{1}{2} D_a$ ersetzt:

$$J = 2\pi h\rho \int_{\frac{1}{2}D_i}^{\frac{1}{2}D_a} r^3\, dr = 2\pi h\rho \left[\frac{r^4}{4}\right]_{\frac{1}{2}D_i}^{\frac{1}{2}D_a}$$

$$J = \frac{1}{32}\pi h \rho (D_a^4 - D_i^4)$$

oder in der Schlußgleichung für J_{voll} den Radius R einmal durch $\frac{1}{2}D_a$, dann durch $\frac{1}{2}D_i$ ersetzt und die Differenz der beiden Terme bildet:

$$J = \frac{1}{2}\pi h\rho \left(\left(\frac{1}{2}D_a\right)^4 - \left(\frac{1}{2}D_i\right)^4\right)$$

$$J = \frac{1}{32}\pi h \rho (D_a^4 - D_i^4)$$

Physik

Gert Böge

Um Überschneidungen zu vermeiden und Raum für Wesentliches zu gewinnen, wurde von der sonst üblichen Stoffauswahl abgegangen und der Abschnitt Physik auf drei Schwerpunkte ausgerichtet:

1. Durch die Behandlung des Internationalen Einheitensystems soll der Leser die Möglichkeit haben, sich über die zu verwendenden Einheiten und deren Charakter zu orientieren.
2. Die Besprechung der physikalischen Basisgrößen, der Größenarten und der Größengleichungen hat das Ziel, die häufig zu beobachtende Unsicherheit und Abneigung gegen diese physikalischen Formvorschriften abzubauen und die Voraussetzungen für ein sachgemäßes Arbeiten zu schaffen.
3. Herausragende Begriffe der Mechanik, die für größere Arbeitsbereiche bestimmend sind, werden in diesem Abschnitt eingehend erläutert, um im Abschnitt Mechanik die Stoffübersicht nicht zu stören. Sie ebnen den Weg für eine Vertiefung des Verständnisses.

Physik, vom griechischen „physis“ = Natur stammend, war ursprünglich die Bezeichnung für die gesamte Lehre von der Natur. Die Fülle neuer Entdeckungen führte zur Bildung gesonderter Naturwissenschaften wie Chemie, Biologie, Astronomie, Geologie, Anthropologie, Physiologie usw.

Heute wird unter Physik die Wissenschaft von den *Gesetzmäßigkeiten der unbelebten Natur* verstanden, mit der Einschränkung, daß dabei keine stofflichen Veränderungen auftreten (Chemie). Die Grenze zu den anderen Teilgebieten der Naturwissenschaften ist vielfach fließend.

Die Physik wird stofflich gegliedert in Mechanik, Wärmelehre, Akustik, Optik, Elektrizitätslehre, Lehre vom Magnetismus (die beiden letzten sind Teilgebiete der Elektrodynamik). Moderne Zweige der Physik sind Atom- und Kernphysik, Wellenmechanik, Festkörpertheorie, Relativitätstheorie, Geophysik, Astrophysik. Auch hier gehen viele Gebiete ineinander über.

Aufgabe der Physik ist es, die in ihren Bereich fallenden Naturvorgänge durch Beobachtung und Versuch (Messen) auf möglichst einfache, eindeutige Weise zu beschreiben, vorhandene Gesetzmäßigkeiten zu erfassen und, auf diesen aufbauend, neue Gesetze zu finden. Die naturwissenschaftlichen Gesetze werden möglichst mathematisch formuliert.

1. Physikalische Größen und Größenarten

Definition der physikalischen Größe

Eine physikalische Größe macht quantitative und qualitative Aussagen über eine meßbare Äußerung eines physikalischen Zustandes oder Vorgangs. Sie ist formal das Produkt aus einer *Maßzahl* und einer *Einheit.*

Quantitativ heißt „auf die Menge bezogen“, qualitativ „auf die Art (der Größe) bezogen“.

Unter *meßbarer Äußerung* des physikalischen Zustandes oder Vorgangs ist beispielsweise zu verstehen:

Die *Form* eines Körpers (seine *Ausdehnung*), die *Masse* eines Körpers, die *Trägheit* (das *Beharrungsvermögen*), der *Auftrieb,* der *Wärmeinhalt,* die *Geschwindigkeit* oder die *Beschleunigung* eines bewegten Körpers, die *Festigkeit,* die *elektrische Leitfähigkeit* usw. Soll z.B. die Ortsveränderung eines bewegten Körpers näher gekennzeichnet werden, so erfordert das

a) die Angabe, daß es sich um eine Ortsveränderung (zurückgelegter Weg) handelt als Kennzeichen der *Art* des physikalischen Geschehens. Das ist die qualitative Aussage der physikalischen Größe.
b) die Angabe, wie groß dieser zurückgelegte Weg ist (Wert, Betrag) als Kennzeichen des *Umfanges* des physikalischen Vorgangs. Das ist die quantitative Aussage der physikalischen Größe.

Man sagt dann kurz:

Der Körper legt einen Weg s von 5 Meter zurück und bezeichnet den „Weg s" als physikalische Größe. „s" ist darin das Formelzeichen der Größe.

Die physikalische Größe gibt also den Betrag (Wert) – z.B. 5 m – und die Eigenschaft oder Art – z.B. Länge, Weg – eines Zustandes oder Vorganges an. Der „Größenwert" der physikalischen Größe wird als Produkt aus *Zahlenwert* und *Einheit* aufgefaßt:

Größe(nwert)	=	Zahlenwert	×	Einheit
Weg s	=	5		m

Solche physikalischen Größen, die in Einheiten gleicher *Art* gemessen werden, gehören zur gleichen *Größenart,* z.B. gehören die Größen: Weg s, Kantenlänge l, Gitterabstand a, Verlängerung Δl zur Größenart **Länge**.

Der Name **Länge** – ohne spezielle Angaben, um welche Länge es sich handelt (Länge des Weges, Länge der Körperkante usw.) – kennzeichnet die Größen*art.*

Die Bezeichnung „Größenart" soll nur den *qualitativen* Wesensinhalt eines bestimmen physikalischen Begriffes erfassen, während in der Bezeichnung „Größe" noch eine quantitative Ausdehnung enthalten ist.

Zu jeder Größen*art* gehören beliebig viele Größen gleicher Art aber unterschiedlicher quantitativer Größen*ausdehnung* (Wert, Betrag). Zur Größenart **Länge** gehören z.B. die Größen: „Verlängerung eines Zugstabes", „Länge der Diagonale im Rechteck", „Gitterkonstante des Eisenkristalles", „Fallhöhe eines frei fallenden Körpers".

Größen gleicher Größenart werden in Einheiten gleicher Art gemessen, z.B. die Größen der Größenart „Länge" in *Längen*einheiten (Meter, Zentimeter, Millimeter usw.), solche der Größenart **„Zeit"** in *Zeit*einheiten (Sekunde, Minute usw.).

Die Einheiten sind demnach selbst Größen ihrer Größenart und zu jeder Größenart gehört wenigstens *eine* Einheit mit ihren Vielfachen und Teilen (siehe Tafel 4), z.B. gehört zur Größenart **„Länge"** die Längeneinheit **„Meter"** mit dem Vielfachen „Kilometer" und den Teilen „Zentimeter" oder „Millimeter".

Zulässige Rechenoperationen für Größen: Addieren und Subtrahieren von Größen *gleicher* Art; Multiplizieren und Dividieren zwischen *allen* Größen; Potenzieren und Radizieren der Größen.

2. Basisgrößen und abgeleitete Größen

Die meisten physikalischen Größen sind mit Hilfe weniger Basisgrößen definierbar. Sie heißen deshalb abgeleitete Größen.

Die Basisgrößen wurden willkürlich festgelegt mit der einzigen Einschränkung, daß keine der gewählten Basisgrößen durch die übrigen Größen definierbar sein darf. Auch die Wahl der entsprechenden Basiseinheiten ist daher willkürlich. Die Einheiten der abgeleiteten Größen dagegen sind durch deren Definition festgelegt. Sie werden als Potenzprodukt der Basiseinheiten angegeben (siehe 5. Einheiten).

Zur Definition aller in der Mechanik vorkommenden Größen genügt die Wahl von drei Basisgrößen und ihrer Basiseinheiten:

Basisgröße **Länge** l	mit der Basiseinheit **Meter**
Basisgröße **Masse** m	mit der Basiseinheit **Kilogramm**
Basisgröße **Zeit** t	mit der Basiseinheit **Sekunde**

In der Wärmelehre kommt als vierte Basisgröße die **Thermodynamische Temperatur** T hinzu mit der Basiseinheit **Kelvin**. Außerdem hat man noch festgelegt: Für die Elektrotechnik die Basisgröße **Elektrische Stromstärke** I mit der Basiseinheit **Ampere** und für die Lichttechnik die **Lichtstärke** I mit der Basiseinheit **Candela**. Für die Chemie wurde als Basisgröße die **Stoffmenge** n mit der Basiseinheit **Mol** festgelegt.

Demnach gibt es 7 Basisgrößen mit 7 Basiseinheiten.

Die wichtigsten Basisgrößen und abgeleiteten Größen sind in der Tafel 1 zusammengestellt [1)].

Die abgeleiteten Größen entstehen entweder

a) durch *willkürlich aufgestellte Definitionsgleichungen* oder
b) durch *Naturgesetze*.

Die mathematische Verknüpfung aller abgeleiteten Größen wurde durch Beobachtung, Versuch, Messung gefunden und stellt damit die Rechen- und Meßvorschrift für die jeweilige Größenart dar.

Beispiele für abgeleitete Größen durch

willkürliche Definition:	*Naturgesetz:*
Geschwindigkeit $v = \dfrac{\Delta s}{\Delta t}$	Kraft $F = m a$
Leistung $P = F v$	Fallhöhe $h = \frac{1}{2} g t^2$
Beschleunigung $a = \dfrac{\Delta v}{\Delta t}$	Spannung $\sigma = \epsilon E$
Drehmoment $M = F l$	Gaskonstante $R = \dfrac{p v}{T}$

Die durch *willkürliche Definition* abgeleiteten Größen wie Geschwindigkeit v, Drehmoment M, Leistung P usw. sind Rechengrößen, deren Zweckmäßigkeit allgemein anerkannt wurde. *Naturgesetze* erfährt man durch Versuche. Man findet z.B. die Proportion: Spannung $\sigma \sim$ Dehnung ϵ. Um daraus eine Rechenvorschrift (Formel, Gleichung) zu erhalten, wird ein *Proportionalitätsfaktor* geschaffen, hier der Elastizitätsmodul E. Damit wird $\sigma = \epsilon E$. Der Proportionalitätsfaktor (meist eine Konstante) wird dann auch eine physikalische Größe, deren Dimension (siehe 4.) sich nach der Form der aufgestellten Gleichung richtet. Andere Beispiele: Werden verschiedenartige Körper beschleunigt, so läßt sich durch Messungen Proportionalität zwischen beschleunigender Kraft F und hervorgerufener Beschleunigung a feststellen: $F \sim a$. Der Proportionalitätsfaktor ist dann die Masse m des Körpers (Konstante!) $F = ma$. Oder: Messungen zeigen Proportionalität zwischen Fallhöhe h und Zeit $t : h \sim t^2$. Proportionalitätsfaktor ist die Fallbeschleunigung g. Damit wird: $h = \frac{1}{2} g t^2$. Die Dimension von g wird durch die Rechenvorschrift festgelegt:

$$\dim g = \frac{\dim h}{(\dim t)^2} = \frac{l}{t^2} = l t^{-2}$$

---

1) Die im Abschnitt Physik genannten Tafeln 1 bis 4 sind auf den Seiten 211 bis 216 zusammengestellt.

3. Größengleichungen

Größengleichungen sind Gleichungen zwischen physikalischen Größen. Sie beschreiben formelmäßig physikalische Gesetzmäßigkeiten und enthalten außer den Formelzeichen für die Größen nur solche Zahlenfaktoren (z.B. π), die durch Differentiation oder Integration entstanden sind. Daher sind Größengleichungen von der Wahl der Einheiten unabhängig.

Physikalische Größengleichungen sind entweder willkürlich aufgestellte Definitionsgleichungen oder in zweckmäßige mathematische Form gebrachte Naturgesetze (siehe 2.).

Besondere Vorteile bringt die Größengleichung beim Rechnen, weil es völlig gleichgültig ist, in welchen Einheiten die Größen erscheinen, wenn nur die bekannten Größen nach der Regel

Größe = Zahlenwert × Einheit

eingesetzt werden.

Beispiele:

1. Ein Körper bewegt sich gleichförmig. Gemessen wird der zurückgelegte Wegabschnitt $\Delta s = 300$ m und die dazu benötigte Zeit $\Delta t = 6$ s. Die Größengleichung $v = \Delta s / \Delta t$ verbindet die physikalischen Größenarten Geschwindigkeit v, Weg s und Zeit t miteinander. Die gesuchte Geschwindigkeit v ergibt sich, indem die bekannten Größen nach obiger Regel eingesetzt werden:

$$\text{Geschwindigkeit } v = \frac{\Delta s}{\Delta t} = \frac{300\text{ m}}{6\text{ s}} = 50\,\frac{\text{m}}{\text{s}}$$

Das Ergebnis (50 m/s) hat dann ebenfalls die Form „Zahlenwert" (50) mal Einheit (m/s). Wird $\Delta s = 0{,}3$ km und $\Delta t = \frac{1}{600}$ h in die Größengleichung eingesetzt, so ergibt sich:

$$\text{Geschwindigkeit } v = \frac{\Delta s}{\Delta t} = \frac{0{,}3\text{ km}}{\frac{1}{600}\text{ h}} = 0{,}3\cdot 600\,\frac{\text{km}}{\text{h}} = \frac{180}{3{,}6}\,\frac{\text{m}}{\text{s}} = 50\,\frac{\text{m}}{\text{s}}$$

2. Für den freien Fall gilt die Größengleichung $h = \frac{1}{2}\, g\, t^2$. Sie beschreibt die Beziehung zwischen Fallhöhe h, Fallbeschleunigung g und Fallzeit t. Es soll die Fallhöhe berechnet werden für die Fallzeit von 10 s. Die Fallbeschleunigung g sei mit 10 m/s² eingesetzt:

$$\text{Fallhöhe } h = \frac{1}{2} g\, t^2 = \frac{1}{2}\cdot 10\,\frac{\text{m}}{\text{s}^2}\cdot (10\text{ s})^2 = 500\,\frac{\text{m s}^2}{\text{s}^2} = 500\text{ m}$$

Wird die Fallzeit t nicht in Sekunden sondern in Minuten eingesetzt, also $t = \frac{1}{6}$ min, so ergibt sich:

$$\text{Fallhöhe } h = \frac{1}{2} g\, t^2 = \frac{1}{2}\cdot 10\,\frac{\text{m}}{\text{s}^2}\cdot\left(\frac{1}{6}\text{ min}\right)^2 = \frac{1}{2}\cdot 10\,\frac{\text{m}}{\text{s}^2}\cdot\left(\frac{1}{6}\right)^2\text{ min}^2$$

$$h = 0{,}139\,\frac{\text{m min}^2}{\text{s}^2}$$

Auch dieses Ergebnis ist richtig, jedoch etwas ungewöhnlich mit der Einheit m min²/s² (Meter mal Quadratminute durch Quadratsekunde). Wird jedoch für min² = 60 s · 60 s = 3600 s² eingesetzt, so ergibt sich wie oben:

$$h = 0{,}139\cdot 3600\,\frac{\text{m s}^2}{\text{s}^2} = 500\text{ m}$$

4. Die Dimension einer Größe

Die Dimension einer Größe kennzeichnet ihre Beziehung zu den Basisgrößen. Sie wird aus der Definitionsgleichung gewonnen und danach als Potenzprodukt der Basisgröße geschrieben.

Im *allgemeinen Sprachgebrauch* wird unter *Dimension* die Abmessung oder Ausdehnung eines Gegenstandes verstanden. So spricht man in der Festigkeitslehre vom „dimensionieren" eines Bauteiles, d.h. vom Festlegen seiner Abmessungen.

In der *Geometrie* kennzeichnet die Dimension die Richtungsangabe eines Gebildes (Länge, Breite, Höhe). Danach ist eine Länge eindimensional (l^1), sie hat *eine* Dimension; eine Fläche ist zweidimensional (l^2), sie hat *zwei* Dimensionen; ein Raum ist dreidimensional (l^3), er hat *drei* Dimensionen. Ein Punkt ist demnach nulldimensional, er hat keine Ausdehnung, er ist *dimensionslos.*

Gegenüber den drei Dimensionen der euklidischen Geometrie behandelt die nichteuklidische Geometrie auch Ausdrücke mit vier, fünf usw., allgemein n Dimensionen. In der *Physik und Technik* wird der Begriff Dimension allgemein gedeutet. Die Dimension einer Größe wird aus ihrer Definitionsgleichung (als Größengleichung geschrieben) entwickelt, wobei man etwaige Zahlenfaktoren (z.B. π) fortläßt und auf der rechten Gleichungsseite für jede Größe deren Basisgröße einsetzt. Diese schreibt man als Potenzprodukt.

Beispiel: Die Dimension der physikalischen Größe *Geschwindigkeit* v ergibt sich aus der Definitionsgleichung $v = s/t$. Da in der Mechanik mit den Basisgrößen Masse m, Länge l und Zeit t gearbeitet wird, ergibt sich die Dimension von v aus:

Definitionsgleichung für v: Dimensionsgleichung für v:

$$v = \frac{s}{t} \longrightarrow \dim v = \frac{\dim s}{\dim t} = \frac{\text{Länge } l}{\text{Zeit } t} = l\,t^{-1}$$

Die Dimension der physikalischen Größe Geschwindigkeit ist demnach „Länge mal Zeit hoch minus Eins".

Die Dimension der Geschwindigkeit v kann aber auch aus jeder anderen Größengleichung gewonnen werden, in der v enthalten ist, z.B.:

Definitionsgleichung für v: Dimensionsgleichung für v:

$$v = \sqrt{2gh} \longrightarrow \dim v = \sqrt{\dim g \cdot \dim h}$$

$$\dim v = \sqrt{l\,t^{-2} \cdot l} = l\,t^{-1} \quad \text{(wie oben)}$$

Bereits bekannte Dimensionen werden entsprechend eingesetzt, wie hier die Dimension der Fallbeschleunigung g: $\dim g$ = Länge $l \times$ Zeit $t^{-2} = l\,t^{-2}$. Diese ergibt sich ebenfalls aus der Definitionsgleichung für g:

$$\text{Fallbeschleunigung } g = \frac{\text{Geschwindigkeitsänderung } \Delta v}{\text{zugehöriger Zeitabschnitt } \Delta t}$$

$$\dim g = \frac{l}{t} \cdot \frac{1}{t} = l\,t^{-1} \cdot l^{-1} = l\,t^{-2}$$

Einheiten sind physikalische Größen und haben daher wie alle anderen Größen ebenfalls eine Dimension. Meter, Millimeter, Zentimeter bezeichnen „Längen", sie haben also die Dimension l einer Länge. Dagegen ist es falsch, die Einheiten selbst als Dimensionen zu bezeichnen. Ein Meter ist etwas anderes als ein Kilometer, beide haben jedoch die Dimension l (Länge). Die „Dimension" der Geschwindigkeit ist also nicht „Meter durch Sekunde" (das ist *eine* Einheit), sondern $l\,t^{-1}$ (siehe oben).

Dimensionslose Größen gibt es in der Physik nicht. Kürzen sich die *Exponenten* der Basis in einer Dimensionsbetrachtung zu Null, so hat die Größe die *Dimension Eins,* wie im folgenden Beispiel gezeigt wird:

Beispiel: In der Festigkeitslehre gibt es die Größe *Dehnung* ϵ. Sie ist definiert als

$$\text{Dehnung } \epsilon = \frac{\text{Längenänderung } \Delta l}{\text{Ursprungslänge } l_0}$$

Damit ergeben sich die

Definitionsgleichung für ϵ: Dimensionsgleichung für ϵ:

$$\epsilon = \frac{\Delta l}{l_0} \longrightarrow \dim \epsilon = \frac{\dim \Delta l}{\dim l_0} = \frac{l}{l} = l^1\, l^{-1} = l^0 = 1$$

Die Dehnung besitzt also die Dimension „Eins". Größen der Dimension Eins werden zweckmäßig als *Verhältnisgrößen* bezeichnet. Auch die Einheiten solcher Verhältnisgrößen ergeben gekürzt den Wert Eins.

5. Einheiten

> Einheiten dienen der Messung physikalischer Größen. Sie sind Vergleichsgrößen von ganz bestimmtem Betrag und von der gleichen Art wie die zu messende Größe. Der Betrag der Einheit ist so festgelegt, daß er jederzeit wieder reproduziert werden kann.

Der *physikalische Zustand* eines Körpers oder ein *physikalischer Vorgang* lassen sich nur durch *Messungen* kennzeichnen oder beschreiben. So kann der physikalische Zustand des Schmieröls im Kreislauf eines Verbrennungsmotors nur angegeben werden, wenn u.a. Temperatur und Druck des Öls bekannt sind. Der physikalische Vorgang im Motor läßt sich nur dann näher beschreiben, wenn u.a. die Drehzahl der Kurbelwelle gemessen wird.

Jede Messung einer Größe – hier der physikalischen Größen *Druck, Temperatur* und *Drehzahl* – setzt aber voraus, daß *Vergleichsgrößen* vorhanden sind. Diese Vergleichsgrößen heißen *Einheiten.* Sie müssen von *gleicher Art* sein wie die zu messende Größe. Sie sind außerdem genau festgelegt (definiert) und sollen international gültig sein.

Eine Sekunde, ein Grad oder auch *ein Kilometer je Stunde* stellen also eine ganz bestimmte Zeit, Temperatur, Geschwindigkeit dar, mit deren Hilfe immer wieder eine beliebige Zeit, Temperatur, Geschwindigkeit quantitativ erfaßt werden kann.

Dazu wird die Beziehung benutzt: Größenwert der zu messenden Größe = Zahlenwert (Maßzahl) mal Einheit.

Grundsätzlich wäre es gleichgültig, von welchem *Betrag* die Einheiten festgelegt werden, ob also beispielsweise ein Meter länger oder kürzer wäre als das heute international festgelegte Meter, wenn nur die Möglichkeit gegeben ist, diesen Betrag jederzeit nachzuprüfen und ihn leicht an jedem Ort wieder darzustellen.

Zur Verständigung über die Grenzen des persönlichen Bereichs hinaus aber ist es nötig, alle in der Physik und Technik benutzten Einheiten möglichst auf internationaler Ebene gesetzlich festzulegen, und zwar möglichst so, daß ihre genaue Reproduktion an beliebigen Orten möglich ist. In Deutschland beschäftigt sich der ,,Ausschuß für Einheiten und Formelzeichen (AEF) im Deutschen

Normenausschuß" mit der Festlegung der Einheiten und ihrer Kennzeichnung. Die gesetzliche Grundlage gibt das 1970 in Kraft getretene „Gesetz über Einheiten im Meßwesen".

Als Kurzzeichen für die Einheiten sind bestimmte Buchstaben eingeführt (DIN 1301), meistens die Anfangsbuchstaben der Einheitennamen, z.B. für die Längeneinheit Meter „m", für die Zeiteinheit Sekunde „s" usw. Werden die Namen der Einheiten von Eigennamen hergeleitet, so sollen die Kurzzeichen groß geschrieben werden, z.B. für die Krafteinheit Newton „N" und für die Leistungseinheit Watt „W".

Wichtig ist die Erkenntnis, daß es *viele* Längeneinheiten, *viele* Zeiteinheiten, *viele* Masseeinheiten usw. gibt, z.B. Meter, Zentimeter, Millimeter als Längeneinheiten oder Sekunde, Minute, Stunde als Zeiteinheiten usw. Es ist deshalb nicht korrekt, von *der* Längeneinheit, *der* Zeiteinheit, *der* Masseeinheit zu sprechen, vielmehr ist zu sagen: *eine* Zeiteinheit ist die Sekunde, eine andere z.B. die Minute usw. Richtig ist dagegen die Bezeichnung *gesetzlich* festgelegte Einheit für z.B. Meter, Sekunde, Kilogramm.

Welche der Einheiten verwendet wird, ist eine Frage der Gewohnheit oder Zweckmäßigkeit. Die Entfernung zweier Städte wird man nicht in Millimeter sondern in Kilometer angeben. Die Geschwindigkeit eines Autos gibt man nicht in Zentimeter je Minute, sondern gewohnheitsmäßig in Kilometer je Stunde an. Alle Einheiten gleicher Art lassen sich exakt ineinander umrechnen, also mm in km oder cm/min in km/h usw.

Beim *Schreiben und Aussprechen* der Einheiten werden häufig grobe Fehler gemacht, besonders bei Einheiten, die aus *Quotienten* von Basiseinheiten bestehen, wie z.B. bei der Geschwindigkeitseinheit „Kilometer *je* Stunde" oder „Meter *je* Sekunde". Formal richtige Schreibweise: $\frac{\text{km}}{\text{h}}$ oder $\frac{\text{m}}{\text{s}}$, also mit *waagerechtem* Bruchstrich. Dieser wird in der Aussprache häufig unterschlagen und von „Stundenkilometer" oder „Metersekunde" gesprochen, was jedoch ein *Produkt* kennzeichnet (Kilometer *mal* Stunde oder Meter *mal* Sekunde!). *Produkte* von Grundeinheiten werden immer richtig ausgesprochen, wie z.B. „Nm" als „Newtonmeter". Die Einführung eines besonderen Namens für eine Geschwindigkeitseinheit würde die falschen Ausdrücke verschwinden lassen.

6. Basiseinheiten, abgeleitete Einheiten, kohärente Einheiten, Hilfs- oder Sondereinheiten

Basiseinheiten sind die Einheiten der *Basisgrößen.* Wie diese lassen sie sich nicht mehr durch andere Einheiten definieren, sondern werden selbst zur Festlegung von Einheiten benutzt.

Entsprechend den 7 *Basisgrößen* sind folgende *Basiseinheiten* gesetztlich und international festgesetzt (siehe Tafel 1):

Das **Meter** (m)	als Basiseinheit der Basisgröße	**Länge,**
die **Sekunde** (s)	als Basiseinheit der Basisgröße	**Zeit,**
das **Kilogramm** (kg)	als Basiseinheit der Basisgröße	**Masse,**
das **Kelvin** (K)	als Basiseinheit der Basisgröße	**Temperatur,**
das **Ampere** (A)	als Basiseinheit der Basisgröße	**Stromstärke,**
das **Candela** (cd)	als Basiseinheit der Basisgröße	**Lichtstärke,**
das **Mol** (mol)	als Basiseinheit der Basisgröße	**Stoffmenge.**

Diese Einheiten heißen auch SI-Einheiten, weil sie Einheiten des sogenannten *Internationalen Einheitensystems* sind.

Abgeleitete Einheiten sind aus Basiseinheiten zusammengesetzte Einheiten. Sie sind wie die zugehörigen Größen entweder willkürlich oder durch ein Naturgesetz definiert.

Beispiele:

Über die willkürliche Definition der Geschwindigkeit als *Quotient* aus Wegabschnitt Δs und zugehörigem Zeitabschnitt Δt ergeben sich die Einheiten der Geschwindigkeit, z.B.

$$\text{Einheit der Geschwindigkeit } (v) = \frac{\text{Einheit des Weges } (s)}{\text{Einheit der Zeit } (t)} = \frac{\text{Meter}}{\text{Sekunde}} = \frac{\text{m}}{\text{s}}$$

Die Klammer um das Formelzeichen der Größe soll darauf hinweisen, daß hier nur die Einheit dieser Größe betrachtet wird, also ohne Zahlenwert.

Über das Dynamische Grundgesetz „Kraft F = Masse m mal Beschleunigung a" ergeben sich die Einheiten der Kraft, z.B.

(F) = Einheit der Masse (m) mal Einheit Beschleunigung (a)

(F) = Kilogramm mal Meter durch (je) Quadratsekunde

$$(F) = \frac{\text{kgm}}{\text{s}^2} = \text{Newton (N)}$$

Einige solcher hergeleiteten Einheiten haben einen besonderen Namen erhalten, z.B. die oben entwickelte Krafteinheit $\frac{\text{kgm}}{\text{s}^2}$ = Newton (N). Es ist also

$$1 \text{ Newton} = 1 \text{ N} = 1 \frac{\text{kgm}}{\text{s}^2}$$

Damit wird die Kennzeichnung weiterer Einheiten vereinfacht. So ist z.B. die Einheit für die physikalische Größe *Arbeit*, das Newtonmeter (Nm), leichter als die aus Kraft- und Längeneinheit zusammengesetzte Einheit erkennbar, als das entsprechende Potenzprodukt der Basiseinheiten:

$$1 \text{ Newtonmeter} = 1 \text{ Nm} = 1 \frac{\text{kgm}}{\text{s}^2} \cdot \text{m} = 1 \text{ kg} \frac{\text{m}^2}{\text{s}^2}$$

Die hier beteiligten Basiseinheiten sind „Kilogramm (kg)", „Meter (m)" und „Sekunde (s)", wie ein Vergleich mit der obigen Aufstellung erkennen läßt.

Kohärente Einheiten sind solche Einheiten, die ohne weiteres miteinander multipliziert oder dividiert werden können, ohne daß besondere Umrechnungszahlen nötig sind. Kohärente Einheiten haben als Umrechnungszahl die Eins.

Beispiel: Es soll der zurückgelegte Weg s berechnet werden, wenn der Körper 6 min lang mit einer Geschwindigkeit von 36 km/h geradlinig gleichförmig bewegt wird:

mit *kohärenten* Einheiten	mit *nicht kohärenten* Einheiten
$s = v\,t = 10 \frac{\text{m}}{\text{s}} \cdot 360 \text{ s}$	$s = v\,t = 36 \frac{\text{km}}{\text{h}} \cdot 6 \text{ min} = 216 \frac{\text{km min}}{\text{h}}$
$s = 3600 \text{ m}$	$s = 216 \frac{\text{km min}}{60 \text{ min}} = 3{,}6 \text{ km} = 3600 \text{ m}$

Hilfs- oder Sondereinheiten sind solche Einheiten, die lediglich der Umschreibung für die Einheit **Eins** dienen. Das ist sinnvoll vor allem bei den *Verhältnisgrößen*, wie zum Beispiel beim *Bogenmaß eines Winkels*. Dieses ist definiert als das Verhältnis (der Quotient) der Bogenlänge eines Winkels zum zugehörigen Radius. Damit ergibt sich die

$$\text{Einheit des Winkels } (\alpha) = \frac{\text{Einheit des Bogens } (b)}{\text{Einheit des Radiusses } (r)} = \frac{\text{Meter}}{\text{Meter}} = \frac{\text{m}}{\text{m}} = \textbf{Eins} = \text{Radiant} = \text{rad}$$

Es ist also die Einheit

$$1 \text{ Radiant} = 1 \text{ rad} = 1 \frac{\text{m}}{\text{m}} = 1 \frac{\text{cm}}{\text{cm}} = 1 \frac{\text{mm}}{\text{mm}} \text{ usw.} \equiv 1 \text{ (identisch gleich 1)}$$

Das Gleiche gilt z.B. auch für die Einheit *Umdrehung* U. Es ist

$$1 \text{ Umdrehung} = 1 \text{ U} \equiv 1$$

so daß auch geschrieben werden kann:

$$\text{Drehzahl } n = 1000 \frac{\text{U}}{\text{min}} = 1000 \frac{1}{\text{min}} = 1000 \text{ min}^{-1}$$

Beachte: Vielfach werden die *Verhältnisgrößen* auch als „dimensionslose" Größen bezeichnet. Das ist falsch, vielmehr besitzt z.B. das Bogenmaß eines Winkels die Dimension einer Länge L durch eine Länge L, also

$$\dim(\alpha) = \frac{\dim(b)}{\dim(r)} = \frac{l}{l} = l\,l^{-1} \equiv 1$$

7. Das Meter ist die Basiseinheit der Basisgröße Länge

Definition des Meters

1 Meter m ist das 1 650 763,73fache der Wellenlänge der von Atomen des Nuklids ^{86}Kr beim Übergang vom Zustand $2p_{10}$ ausgesandten, sich im Vakuum ausbreitenden Strahlung.

1 Meter = 1 650 763,73 Lichtwellen des Krypton 86, wobei eine Lichtwelle 0,605 892 Mikrometer entspricht.

Dekadische Vielfache und Teile des Meters (siehe auch Tafel 4)

1 Dezimeter (dm)	$= 10^{-1}$ m	1 Dekameter (dam)	$= 10^{1}$ m
1 Zentimeter (cm)	$= 10^{-2}$ m	1 Hektometer (hm)	$= 10^{2}$ m
1 Millimeter (mm)	$= 10^{-3}$ m	1 Kilometer (km)	$= 10^{3}$ m
1 Mikrometer (μm)	$= 10^{-6}$ m	1 Megameter (Mm)	$= 10^{6}$ m
1 Nanometer (nm)	$= 10^{-9}$ m	1 Gigameter (Gm)	$= 10^{9}$ m
1 Pikometer (pm)	$= 10^{-12}$ m	1 Terameter (Tm)	$= 10^{12}$ m

Die hier bei der Basiseinheit Meter verwendeten Vorsätze „Dezi", „Zenti" usw. dürfen bei allen Basiseinheiten und bei den abgeleiteten Einheiten mit selbständigem Namen benutzt werden, z.B. beim Newton (N) das daN (Deka-Newton).

Das Meter – Kurzzeichen m – ist die gesetzliche deutsche und internationale Einheit zum Messen der *Basis*größe *Länge.* Das Meter ist deshalb, ebenso wie Kilogramm und Sekunde, eine sogenannte *Basis*einheit, im Gegensatz zu den *abgeleiteten* Einheiten, wie z.B. m/s oder Nm (Meter je Sekunde oder Newtonmeter).

Die ersten Einheiten für die Länge hat der Mensch dem eigenen Körper entnommen: Zoll (Breite eines Daumens), Fuß, Elle oder Schritt eines Fürsten bestimmten das Maß. Muster solcher Einheiten wurden auf öffentlichen Plätzen angebracht, z.B. in Paris die *Toise* (ca. 1,95 m = 6 Fuß) in Form einer Rachenlehre an einer Mauer des Grand Chatelet.

Die Wissenschaftler, vor allem in Frankreich, strebten vom Menschen unabhängige *natürliche* oder physikalische Einheiten an. Der erste von fränzösischen Physikern gemachte Vorschlag, für Längenmessungen die Länge eines Pendels zu wählen, dessen Ausschlag einer Sekunde entspricht, wurde wegen der Verbindung dieser *Längen*messung mit einer *Zeit*einheit fallengelassen. 1791 wurde als Längeneinheit der 40millionste Teil des durch die Pariser Sternwarte laufenden Erdmeridians gewählt und diese Längeneinheit als *Meter* bezeichnet.

Zur *Verkörperung* dieses Meters wurde ein Platinstab von 25 mm × 4 mm Querschnitt angefertigt. Da damals noch durch Abtasten der Endflächen verglichen wurde, nutzte sich das Meter schnell ab. Spätere Messungen des Erdumfanges ergaben außerdem Abweichungen vom Meter, z.B. daß der 10millionste Teil des Erdquadranten um $0{,}22883 \cdot 10^{-3}$ m kürzer war als 1 Meter. Die Schwierigkeit solcher Messungen und die Erwartung, daß sich die Gestalt der Erde ändern könnte, führte danach zu dem mit x-förmigem Querschnitt ausgebildeten Prototyp in Paris. Dieser war also *zugleich Definition und Verkörperung des Meters.*

Wegen der Gefahr, daß Rekristallisationsvorgänge im Gefüge des Prototyps zu Längenänderungen führen und wegen der für einige Gebiete der Physik und Technik zu großen Meßunsicherheit wurde immer wieder angeregt und versucht, sich von der Definition des Meters durch eine Materialverkörperung zu lösen. Nach vielen Versuchen wurde beschlossen, die *Lichtwellen zur Definition des Meters* zu benutzen. Eine zahlenmäßige Beziehung zur Wellenlänge einer vom ungestörten Atom ausgestrahlten und sich im Vakuum ausbreitenden Lichtwelle wird nach heutigen Erkenntnissen als zeitlich unveränderlich angesehen. Die Meßunsicherheit sinkt dabei außerordentlich, während sie beim Anschluß eines Gebrauchsnormals an den Prototyp ca. 0,2 Mikrometer beträgt. Zur neuen Definition ist eine Energielinie des Krypton Isotop 86 herangezogen worden. Die sich ergebende Wellenlänge beträgt ungefähr 0,0006 mm (siehe obige Definition). Damit wurde das Meter als Naturmaß neu definiert.

Die *Flächeneinheit* ist das Quadrat, dessen Seite 1 Meter (oder Teile oder Vielfache davon) lang ist. Man schreibt: 1 Quadratmeter = 1 m^2; ebenso 1 cm^2; 1 mm^2 usw. Umrechnung: $1\,m^2 = 10^2\,dm^2 = 10^4\,cm^2 = 10^6\,mm^2$.

Die *Raumeinheit* (Volumeneinheit) ist der Würfel, dessen Kante 1 Meter (oder Teile oder Vielfache davon) lang ist. Man schreibt: 1 Kubikmeter = 1 m^3; ebenso 1 cm^3; 1 mm^3 usw. Umrechnung: $1\,m^3 = 10^3\,dm^3 = 10^6\,cm^3 = 10^9\,mm^3$.

8. Das Kilogramm ist die Basiseinheit der Basisgröße Masse

Definition und Verkörperung des Kilogramms

1 Kilogramm ist die Masse des Internationalen Kilogrammprototyps.

Dekadische Vielfache und Teile des Kilogramms

1 Gramm (g)	$= 10^{-3}$ kg
1 Milligramm (mg)	$= 10^{-6}$ kg $= 10^{-3}$ g
1 Mikrogramm (μg)	$= 10^{-9}$ kg $= 10^{-6}$ g
1 Megagramm (Mg)	$= 10^{3}$ kg $= 10^{6}$ g = 1000 kg = 1 Tonne (t)

weitere Vorsätze sind nach Tafel 4 möglich.

Das Kilogramm – Kurzzeichen kg – ist die gesetzliche deutsche und internationale Einheit zum Messen der *Basis*größe *Masse.* Es ist deshalb, ebenso wie Meter und Sekunde, eine sogenannte *Basis*einheit, im Gegensatz zu den abgeleiteten Einheiten, z.B. das Kilogramm-Meter je Sekunde-Quadrat (kgm/s^2). Das Kilogramm ist ebenso wie das Meter eine Schöpfung der französischen Revolution.

Ursprünglich ging man vom *Gramm* als der Masse von 1 cm^3 reinen Wassers bei 0 °C aus. Später wurde die Masseeinheit durch einen Zylinder aus Platin-Iridium definiert; jedoch nicht durch ein Grammstück, sondern durch die 1000fache Masse, das sogenannte *Urkilogramm.* Dieser Zylinder von 39 mm Durchmesser und gleicher Höhe ist bis heute *Definition und Verkörperung* des Kilogramms zugleich.

Jeder der an der Meterkonvention von 1875 angeschlossenen Staaten besitzt eine Kopie dieses Prototyps. Für die Bundesrepublik wird sie in der Physikalisch Technischen Bundesanstalt (PTB) in Braunschweig aufbewahrt. Die Masse des Kilogrammprototyps entspricht etwa der Masse eines Kubikdezimeters Wasser ($1\ dm^3 = 10^3\ cm^3$) bei einer Temperatur von 4 °C.

Die durch einen Vorsatz nach Tafel 4 bezeichneten Vielfachen und Teile werden nicht von der Einheit Kilogramm, sondern von ihrem 1000sten Teil, dem Gramm, gebildet, also z.B.
1 ng = 1 Nanogramm = 10^{-9} g = 0,000 000 001 g.

Die bei Wägungen auf Hebelwaagen zur Bestimmung der Masse dienenden Vergleichskörper sollten nicht Gewichte sondern Wägestücke genannt werden.

9. Die Sekunde ist die Basiseinheit der Basisgröße Zeit

Definition der Sekunde

1 Sekunde ist das 9 192 631 770fache der Periodendauer der dem Übergang zwischen den beiden Hyperfeinstrukturniveaus des Grundzustandes von Atomen des Nuklids ^{133}Cs entsprechenden Strahlung.

Gebräuchliche Vielfache der Sekunde

1 Minute (min) = 60 Sekunden
1 Stunde (h) = 60 Minuten = 3600 Sekunden
1 Tag (d) = 24 Stunden = 1440 Minuten = 86 400 Sekunden

Dekadische Teile der Sekunde werden mit den Vorsatzzeichen nach Tafel 4 gebildet, z. B. die Mikrosekunde (μs) für das 10^{-6} fache (Millionstel) der Sekunde.

Die Sekunde – Kurzzeichen s – ist die gesetzliche deutsche und internationale Maßeinheit zum Messen der *Basis*größe *Zeit.* Sie ist deshalb, ebenso wie Meter und Kilogramm, eine sogenannte *Basis*einheit, im Gegensatz zu den abgeleiteten Einheiten.

10. Die Krafteinheit Newton

Definition des Newton

1 Newton – Kurzzeichen N – ist diejenige Kraft, die der Masse 1 kg die Beschleunigung $1\ m/s^2$ erteilt.

Als sogenannte Basiseinheiten sind die Einheiten der Basisgrößen festgelegt. Für das Gebiet der Mechanik, in der die Größe Kraft eine vorherrschende Rolle spielt, wurden ausgewählt: als Basiseinheit der Länge das *Meter,* als Basiseinheit der Zeit die *Sekunde* und als Basiseinheit der Masse das *Kilogramm.*

Im *Dynamischen Grundgesetz* sind diese drei Basisgrößen mit der Größe Kraft verbunden: Kraft F = Masse m mal Beschleunigung a. Damit wird die Einheit der Kraft nach dem Dynamischen Grundgesetz notwendigerweise eine *abgeleitete* Einheit. Denn es kann in der Gleichung $F = ma$ *entweder* die Masse m *oder* die Kraft F als Basisgröße festgelegt werden. *Eine* der beiden physikalischen Größen muß also eine abgeleitete Größe sein. Nach jetzt gültiger Festlegung ist die Kraft F die abgeleitete Größe.

Als *kohärente* Einheit der Kraft F wird nun diejenige Kraft festgelegt, die der Masseeinheit 1 kg die Beschleunigung 1 m/s² erteilt. Diese Kraft nennt man zu Ehren des Begründers der Dynamik *Newton* – abgekürzt N.

Kohärente Einheiten sind Einheiten eines solchen Systems, bei dem ausschließlich die Umrechnungszahl „Eins“ vorkommt (siehe unter 6.).

Zur Zahlenrechnung ist das Newton noch durch die Basiseinheiten Meter, Kilogramm, Sekunde auszudrücken. Den Zusammenhang liefert die Definitionsgleichung für die Kraft, das Dynamische Grundgesetz. Mit Masse $m = 1$ kg und Beschleunigung $a = 1$ m/s² ergibt sich:

Definitionsgleichung für Kraft F:		Einheitengleichung für Kraft F:
$F = m\,a$	⟶	$(F) = (m) \cdot (a)$
		$1\,\text{N} = 1\,\text{kg} \cdot 1\,\frac{\text{m}}{\text{s}^2} = 1\,\frac{\text{kg m}}{\text{s}^2} = 1\,\text{Newton}$

Das in Klammern gesetzte Formelzeichen einer Größe soll kennzeichnen, daß nur die Einheit der Größe betrachtet wird.

Es ist also 1 Newton gleich 1 Kilogramm mal Meter durch Sekunde-Quadrat.

Eine Federwaage könnte in der Krafteinheit Newton geeicht werden, in dem einer Masse $m = 1$ kg jeweils die Beschleunigung 1 m/s², 2 m/s² usw. vermittelt wird. Damit würden dann jeweils ein, zwei usw. Krafteinheiten aufgebracht. In bestimmten Bereichen ist die Längenänderung einer Schraubenfeder direkt proportional der einwirkenden Kraft, so daß sich eine entsprechende Teilung anbringen läßt.

11. Die Arbeits- und Energieeinheit Joule

Definition des Joule

1 Joule ist gleich der Arbeit, die verrichtet wird, wenn der Angriffspunkt der Kraft 1 N in Richtung der Kraft um 1 m verschoben wird.

Energie ist das Vermögen eines Körpers, Arbeit zu verrichten. Seit *Robert Mayer* ist die Gleichwertigkeit von Wärme und Arbeit bekannt (mechanisches Wärmeäquivalent). Energie, Arbeit und Wärmemenge sind also physikalische Größen gleicher Art, und es war daher sinnvoll, die Gleichartigkeit dieser drei Größen durch ein und dieselbe Einheit zu unterstreichen. Das Einheitengesetz schreibt die SI-Einheit *Joule* vor (Kurzzeichen: J, Aussprache dschul).

Nach der obigen Definition ist 1 Joule gleich 1 Newtonmeter, nämlich gleich dem Produkt aus der Krafteinheit 1 N und der Längeneinheit 1 m. Zugleich wurde festgelegt, daß 1 Joule gleich einer Wattsekunde ist, so daß gilt:

1 Joule = 1 Newtonmeter = 1 Wattsekunde

$$1\,\text{J} = 1\,\text{Nm} = 1\,\text{Ws} = 1\,\frac{\text{kg m}^2}{\text{s}^2} = 1\,\text{m}^2\,\text{kg}\,\text{s}^{-2}$$

Ebenso wie mit dem Newton N können auch mit dem Joule J Teile und Vielfache gebildet werden (siehe auch Vorsatzzeichen nach Tafel 4), zum Beispiel kJ (Kilojoule), Nmm (Newtonmillimeter), kWh (Kilowattstunde).

Am Schluß von Rechnungen sollte stets die Einheit Joule J stehen, wenn es sich um die Größen Arbeit, Energie oder Wärmemenge handelt.

Beispiele:

1. In der Mechanik ergibt die Berechnung der mechanischen Arbeit einer Kraft W_{mech} = 150 Nm. Als Endergebnis schreibt man W_{mech} = 150 J.
2. In der Elektrotechnik ergibt die Berechnung der elektrischen Arbeit W_{el} = 150 Ws. Als Endergebnis schreibt man W_{el} = 150 J.
3. In der Wärmelehre ergibt sich für die Wärme (Wärmemenge) Q automatisch z.B. Q = 150 J.

Sämtliche Rechnungen in der Technik und Physik lassen sich mit der Krafteinheit Newton bequem ausführen, weil alle Umrechnungen mit Einheiten des Internationalen Einheitensystems nur mit der Zahl Eins erfolgen können. So ist z.B. 1 Newtonmeter (Nm) = 1 Joule (J) = 1 Wattsekunde (Ws). Das ist das Kennzeichen der *kohärenten* Einheiten (siehe 6.).

12. Skalare und Vektoren

Definition der Skalare und Vektoren

Skalare Größen – kurz „Skalare" – sind solche physikalischen Größen, die allein durch die Angabe ihres *Betrages* vollständig bestimmt sind, wie z.B. Masse, Temperatur, Arbeit, Leistung, Dichte.

Vektorielle Größen – kurz „Vektoren" – sind solche physikalischen Größen, die neben der Angabe ihres *Betrages* noch der Festlegung einer *Richtung* bedürfen, wie z.B. Kraft, Weg, Geschwindigkeit, Beschleunigung, Drehmoment, Gewichtskraft, elektrische Feldstärke, magnetische Induktion.

Die physikalischen Größen müssen in solche mit und ohne Richtungssinn unterteilt werden.

Die Angabe, die Masse eines Körpers betrage m = 15 kg reicht zur eindeutigen Kennzeichnung der Stoffmenge und Trägheit dieses Körpers aus. Das Gleiche gilt für den Hinweis, ein Motor habe eine Leistung von 1 kW. Solche *nicht gerichteten* Größen heißen *Skalare* (von lat. scala = Leiter). Sie können auf „Leitern" oder „Skalen" abgelesen werden und sind damit vollständig bestimmt.

Im Gegensatz dazu ist die Angabe, ein Körper bewege sich mit einer Geschwindigkeit v = 10 m/s *allein* nicht ausreichend. Es ist noch nicht bekannt, in welcher Richtung sich der Körper bewegt, so daß auch noch nicht klar ist, ob die vorliegende Richtung technisch brauchbar ist. So ist es auch z.B. bei der Beschleunigung, denn es ist ein anderer Effekt zu erwarten, wenn ein parkendes Auto einmal vorwärts, das andere mal rückwärts beschleunigt wird. Solche *gerichteten* Größen heißen *Vektoren* (von lat. vehere vectus = bewegen). Soll die Vektoreneigenschaft, d.h. der Richtungssinn der physikalischen Größe hervorgehoben werden, so schreibt man ihr Formelzeichen in Frakturbuchstaben oder man bringt einen Pfeil über dem Formelzeichen an oder man benutzt Fettdruck (DIN 1303).

Für die Behandlung von Vektoren gibt es eine besondere Rechnungsart, die *Vektorrechnung,* mit deren Hilfe physikalische, technische und geometrische Probleme übersichtlich geordnet auf einfache Weise gelöst werden können. Die Grundregeln der Behandlung von Vektoren sind aus physikalischen Tatsachen gewonnen worden, z.B. die Zusammensetzung und Zerlegung von Kräften, Geschwindigkeiten und Beschleunigungen aus dem sogenannten Parallelogrammsatz.

13. Bewegung, Bewegungsarten (Translation, Rotation)

Definition der Bewegung

Bewegung ist die zeitliche Änderung der Lage eines Körpers – meistens betrachtet gegenüber der ruhend gedachten Erdoberfläche.

Bewegung bedeutet zunächst, daß sich der Körper von einem Ort zum anderen bewegt. Bei dieser Ortsveränderung ist der Körper zum Anfangszeitpunkt hier, im nächsten Zeitpunkt dort und zu einem anderen Zeitpunkt wieder an einer anderen Stelle. Der Körper durchläuft dabei eine *Bahn,* wie z.B. ein fahrendes Auto.

Dabei wird die Ortsveränderung gedanklich auf die ruhend gedachte Erdoberfläche bezogen. Genauer wird vom „Bezugssystem Erde" oder vom „System Erde – Auto" gesprochen.

Tatsächlich dreht sich das Auto mit der Erde, bewegt sich mit ihr um die Sonne und mit der Sonne innerhalb der Milchstraße durch den Weltraum. Von verschiedenen Standpunkten aus werden die Beobachter also auch verschiedene Bahnen ein- und desselben Körpers wahrnehmen.

Die Bahn des Ventils am Vorderrad des Fahrrades erscheint dem stillstehenden Beobachter als sogenannte Zykloide (griechisch Radlinie), dem nebenher fahrenden Beobachter dagegen als Kreisbahn.

Beide Beobachter beschreiben demnach die Bahn des Ventiles verschieden. Damit wird klar, daß die Bewegung eines Körpers immer nur relativ, d.h. im Vergleich zu einem anderen Körper beurteilt werden kann. Dieser Bezugskörper oder auch das Bezugssystem stellt man sich als ruhend vor, wie z.B. bei der Bewegung eines Fahrgastes in der Straßenbahn relativ zum Wagen oder bei der Bewegung eines Flugzeuges durch die Luft relativ zur (ruhend gedachten) Erde (Bewegung über Grund).

In der Bewegungslehre können die „Körper" fast immer als „punktförmige Masse" gedacht werden, besonders dann, wenn alle Einzelheiten eines Körpers an der Bewegung gleichmäßigen Anteil haben. Bei technischen Berechnungen muß jedoch fast stets die körperliche Form, d.h. die räumliche Ausdehnung des betrachteten Körpers beachtet werden. So erfordert die Gestaltung der Lager einer Schleifscheibe Betrachtungen über die Bewegung des *ganzen* Scheibenkörpers, während die Festlegung der Scheibendrehzahl außerdem noch Betrachtungen über die Bewegung eines *einzelnen Kornes* am Scheibenumfang nötig macht.

Grundsätzlich lassen sich alle Bewegungen sogenannter starrer Körper in der Technik gedanklich in zwei Elementarbewegungen zerlegen: in eine fortschreitende Bewegung (Translation = Schiebung) und in eine drehende Bewegung (Rotation = Drehung).

13.1. Translation

Definition der Translation

Bei der Translation eines Körpers bleibt die Lage einer durch den Körper gezogenen Achse stets parallel zu sich selbst. Dabei kann die Bewegung eines beliebigen Körperpunktes geradlinig oder krummlinig sein.

Das folgende Bild 1 zeigt drei verschiedene Stellungen des translatorisch bewegten Körpers. Die Lage einer willkürlich durch den Körper gelegten Achse bleibt in allen Stellungen des Körpers parallel zur Anfangsstellung. Die Achse verschiebt sich nur in eigener Richtung oder parallel zu sich selbst.

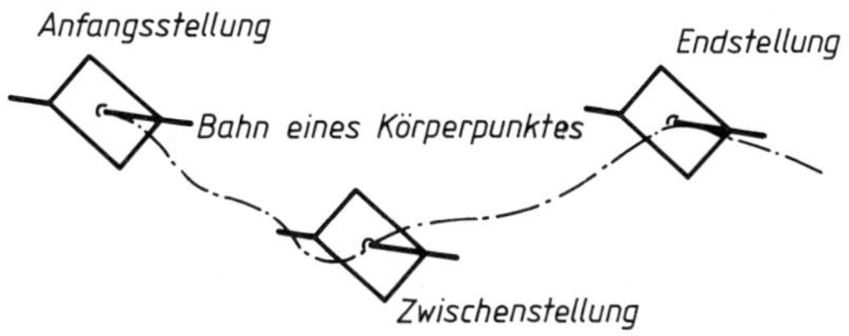

Bild 1. Translationsbewegung eines Körpers

13.2. Rotation

Definition der Rotation

Bei der Rotation ändert der Körper seine Lage zum Raum, wobei sich sämtliche Punkte des Körpers um eine raumfeste Achse drehen. Diese Achse kann innerhalb oder außerhalb des Körpers liegen.

Bild 2 zeigt drei verschiedene Stellungen des kreisend bewegten Körpers. Die raumfeste Drehachse liegt hier außerhalb des Körpers. Die willkürlich durch den Körper gelegte Achse zeigt in jeder Körperstellung eine andere Lage.

Alle Betrachtungen müssen auf den *ganzen* Körper bezogen werden, denn natürlich durchläuft auch bei der Rotation ein Teilchen des Körpers eine Bahn.

Die Rotation wird in der Technik bevorzugt, weil Antriebsmaschinen mit Drehbewegung häufiger sind (Elektromotor, Dampf- und Gasturbine). Außerdem läßt sich die Drehbewegung leicht und zuverlässig über Wellen vom Ort ihrer Entstehung dorthin leiten, wo ihre Wirkung benutzt werden soll.

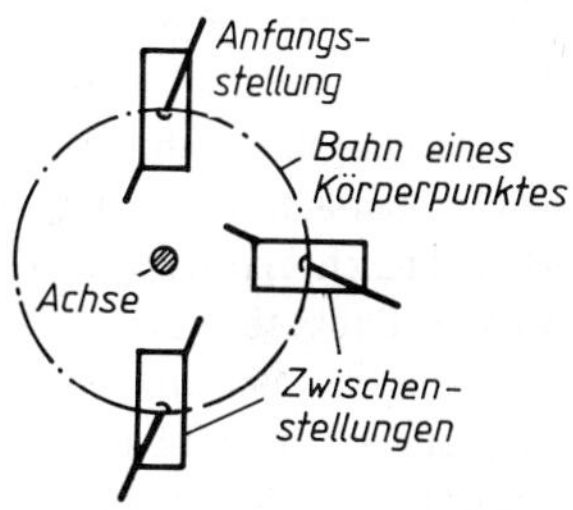

Bild 2. Rotationsbewegung eines Körpers

13.3. Die Rollbewegung

Definition der Rollbewegung

Die Rollbewegung ist eine Kombination von Translation und Rotation. Rollt ein Rad oder eine Scheibe schlupffrei auf der Unterlage, so legt ein Punkt auf dem Radumfang den gleichen Weg zurück, wie das ganze Rad auf der Unterlage. Die Umfangsgeschwindigkeit des Umfangspunktes ist gleich der Geschwindigkeit der fortschreitenden Bewegung.

Wie Bild 3 zeigt, dreht sich bei der Rollbewegung der Körper um seine Drehachse *M*, die sich gleichzeitig in Fortbewegungsrichtung parallel zu sich selbst verschiebt. Bei einer Umdrehung der Scheibe legt der Umfangspunkt den Weg $s = 2\pi r$ zurück. Das ist zugleich der Weg der Drehachse *M*. In jedem Augenblick drehen sich die einzelnen Punkte der Scheibe um den jeweiligen Berührungspunkt *D* zwischen Scheibe und Unterlage.

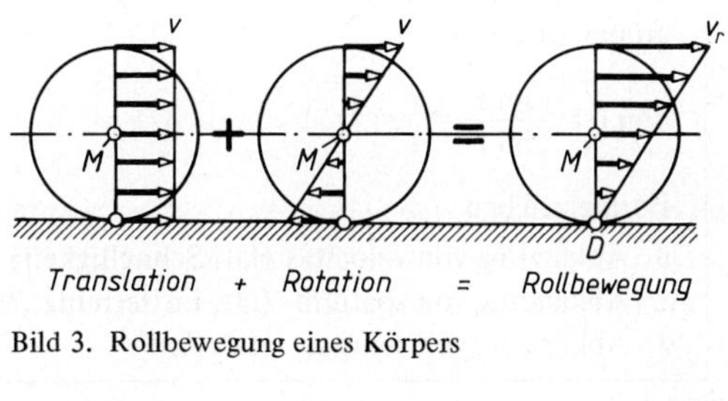

Bild 3. Rollbewegung eines Körpers

Der ganze Körper dreht sich also nicht eigentlich um seine Drehachse *M*, sondern „kippt" bzw. dreht sich um den jeweiligen Berührungspunkt (Drehpunkt) *D*. Dieser Punkt *D* – als Punkt des rollenden Körpers betrachtet – befindet sich dann immer in Ruhe. Ein farbiger Umfangspunkt zeichnet vor dem stillstehenden Betrachter eine Zykloide. Dort, wo die Zykloide jeweils die Unterlage berührt, steht der Punkt vor dem Betrachter still (wenn kein Schlupf auftritt).

Die Geschwindigkeit der einzelnen Punkte des Rades wächst von Null bis zum Höchstwert v_r (= Randgeschwindigkeit) am Rand der Scheibe proportional dem Abstand vom Drehpunkt *D*, genau so, als würde der Körper fortwährend um *D* gedreht.

Ist v die Umfangsgeschwindigkeit eines Punktes im Abstand r von der Drehachse *M*, die sich selbst mit der Geschwindigkeit v nach rechts bewegt, so ist die Randgeschwindigkeit $v_r = 2\,v$.

Die Rollbewegung der Scheibe kann also aufgefaßt werden als Summe einer Drehung mit der Winkelgeschwindigkeit $\omega = v/r$ um die Achse *M* und einer mit der Geschwindigkeit v fortschreitenden Bewegung.

Außer der fortschreitenden und der drehenden Bewegung eines Körpers gibt es noch andere Bewegungsarten.

Die *Deformationsbewegung* tritt auf bei festen, elastischen Körpern von selbständiger Form, wie z.B. bei Federn (Biegefedern, Torsionsstabfedern u.a.). Kennzeichen jeder Feder ist die elastische Formänderung und damit die Fähigkeit, mechanische Arbeit zu speichern und bei Bedarf wieder an die Umgebung abzugeben. Wird eine funktionsfähig eingebaute Feder nach der Belastung sich selbst überlassen, so führt sie *Schwingungen* aus, wie z.B. die Biegeschwingungen der Blattfeder. Ursprünglich benachbarte Teilchen des Körpers bleiben dabei auch benachbart. Ein zwischen zwei weißen Punkten gezeichneter roter Punkt bleibt stets zwischen den beiden weißen Punkten. Das ist anders bei der *Strömung* von Flüssigkeiten und Gasen. Bei dieser *Strömungsbewegung* können ursprünglich benachbarte Teilchen eine ganz andere Lage zueinander einnehmen; sie können sich sogar miteinander vermischen.

14. Geschwindigkeit

Definition der Geschwindigkeit

Die Geschwindigkeit v eines Körpers ist der Quotient aus dem Wegabschnitt Δs und dem zugehörigen Zeitabschnitt Δt. Die Geschwindigkeit ist ein Vektor.

Definitionsgleichung

$$\text{Geschwindigkeit } v = \frac{\text{Wegabschnitt } \Delta s}{\text{Zeitabschnitt } \Delta t}$$

$$v = \frac{\Delta s}{\Delta t}$$

v	Δs	Δt
$\frac{\text{m}}{\text{s}}$	m	s

Dimensionsgleichung

Die Dimension der Geschwindigkeit v ist Basisgrößenart Länge l, geteilt durch die Basisgrößenart Zeit t:

$$\dim v = \frac{\dim s}{\dim t} = \frac{l}{t} = l\,t^{-1}$$

Formelzeichen			Gebräuchliche Einheiten	
v	Abkürzung von velocitas	(lat. Schnelligkeit)	für v:	m/s, km/h, m/min, cm/s
s	Abkürzung von spatium	(lat. Entfernung, Weg)	für s:	m, km, cm
t	Abkürzung von tempus	(lat. Zeit)	für t:	s, h, min

Ist die Bewegung des Körpers *gleichförmig,* seine Geschwindigkeit v also gleichbleibend (konstant), so kann der Zeitabschnitt Δt beliebig groß gewählt werden (Minuten, Stunden, Tage).

Wenn vom Wegabschnitt Δs oder vom Zeitabschnitt Δt gesprochen wird, so soll der griechische Buchstabe Delta (Δ) die Differenz zweier Wege oder Zeiten kennzeichnen: $\Delta s = s_2 - s_1$ oder $\Delta t = t_2 - t_1$. Dabei können Δs und Δt beliebig klein werden, denn in der Technik und Physik ist mit dieser Schreibweise die Vorstellung sehr kleiner Beträge der Wege, Zeiten usw. verbunden.

Ist die Bewegung eines Körpers *ungleichförmig,* so ändert sich seine Geschwindigkeit auch während eines kleinen Zeitabschnittes Δt unter Umständen erheblich. Ein anfahrendes Auto z.B. ändert seine Geschwindigkeit fortwährend.

Nach der obigen Definitionsgleichung ist v dann die *Durchschnittsgeschwindigkeit* des Körpers (auch mittlere Geschwindigkeit genannt). Ein (gedachter) zweiter Körper würde mit dieser Durchschnittsgeschwindigkeit in der gleichen Zeit denselben Weg zurückgelegt haben wie der ungleichförmig bewegte Körper.

Zur genaueren Begriffsbestimmung der *Momentangeschwindigkeit* muß dann der Zeitabschnitt sehr klein gewählt werden. Als Kennzeichen für etwas sehr Kleines wird der Buchstabe d benutzt. Im Zeitabschnitt $\mathrm{d}t$ legt der Körper das sehr kleine Wegstück $\mathrm{d}s$ zurück, so daß sich seine Geschwindigkeit während $\mathrm{d}t$ kaum ändert. Die Geschwindigkeit kann damit in jedem Augenblick genau bestimmt werden, wenn nur der Zeitabschnitt $\mathrm{d}t$ klein genug gemacht wird.

Die *unbeschränkt gültige Definitionsgleichung* für die Geschwindigkeit v lautet demnach:

$$v = \frac{\mathrm{d}s}{\mathrm{d}t} \text{ (gilt immer).}$$

In der höheren Mathematik werden $\mathrm{d}s$ und $\mathrm{d}t$ als „Differentiale" bezeichnet und Ausdrücke der Form $\mathrm{d}s/\mathrm{d}t$ (sprich: de es nach de te) als Differentialquotient oder Ableitung. Bei $\Delta s/\Delta t$ spricht man vom Differenzenquotienten (siehe Mathematik).

15. Beschleunigung

Definition der Beschleunigung

Die Beschleunigung a eines Körpers ist der Quotient aus der Geschwindigkeits*änderung* Δv und dem zugehörigen Zeitabschnitt Δt. Die Beschleunigung ist ein Vektor.

Definitionsgleichung

$$\text{Beschleunigung } a = \frac{\text{Geschwindigkeitsänderung } \Delta v}{\text{Zeitabschnitt } \Delta t}$$

$$a = \frac{\Delta v}{\Delta t}$$

a	Δv	Δt
$\frac{\mathrm{m}}{\mathrm{s}^2}$	$\frac{\mathrm{m}}{\mathrm{s}}$	s

Dimensionsgleichung

Die Dimension der Beschleunigung a ergibt sich aus den Dimensionen von Geschwindigkeit und Zeit:

$$\dim a = \frac{\dim v}{\dim t} = \frac{l\,t^{-1}}{t} = l\,t^{-2}$$

(Dimension von a gleich Länge mal Zeit hoch minus 2)

Auf dem Tisch liegt eine Streichholzschachtel. Sie wird mit dem Finger angestoßen und in Bewegung gebracht: Der Körper wird *beschleunigt.* Jeder Wechsel vom Zustand der Ruhe in den Bewegungszustand ist ein *Beschleunigungsvorgang* und setzt als Ursache einen äußeren Zwang – eine äußere Kraftwirkung – auf den Körper voraus. Auch dann, wenn ein schon bewegter Körper immer „schneller" wird, wird er beschleunigt. Nach dem Anstoß wird die Streichholzschachtel durch die Reibung abgebremst, so daß sie wieder in den Ruhezustand zurückkehrt: der Körper wird verzögert.

Die Verzögerung ist vorstellbar als „umgekehrte" Beschleunigung. Man spricht deshalb von „negativer Beschleunigung" oder von einer „Beschleunigung mit umgekehrtem Vorzeichen ($-a$). Alles was von der Beschleunigung gilt, gilt sinngemäß (d.h. mit umgekehrtem Vorzeichen oder mit entgegengesetztem Richtungssinn) auch von der Verzögerung eines Körpers.

Alle Bewegungsvorgänge, bei denen ein Körper auf geradliniger Bahn beschleunigt oder verzögert wird, heißen *ungleichförmig.* Ist dabei die Beschleunigung konstant, so spricht man von *gleichmäßig* beschleunigter (oder verzögerter) Bewegung, sonst von ungleichmäßiger. Gemeinsames Kennzeichen der ungleichförmigen Bewegung ist die *Änderung* des im Betrachtungsaugenblick vorliegenden Bewegungszustandes; bei geradliniger Bahn also die *Änderung der Geschwindigkeit,* genauer des *Betrages* der Geschwindigkeit: Der Betrag wird in jedem Augenblick größer oder kleiner.

Bewegt sich ein Körperpunkt auf beliebiger Bahn in der Ebene, so entsteht die Beschleunigung entweder allein durch eine *Änderung des Betrages* der Geschwindigkeit (z.B. von $v_1 = 10$ m/s auf $v_2 = 18$ m/s) oder durch eine *Änderung der Richtung* der Geschwindigkeit oder auch durch beides. Die Geschwindigkeit v ist ein Vektor und durch Betrag *und* Richtung bestimmt. (Anfahren oder Bremsen des Autos und Kurvenfahrt.) Die allgemeinste Bewegung eines Körpers soll in die technisch wichtigen zwei Sonderfälle aufgeschlüsselt werden: Bewegung auf gerader Bahn und Kreisbewegung mit konstanter Umfangsgeschwindigkeit:

1. Bei *Bewegungen auf geradliniger Bahn,* z.B. beim Arbeits- oder Rückhub des Shapingstößels, ist die *Richtung* des Geschwindigkeitsvektors unverändert: Die Richtung des Vektors ist immer parallel zur Bahn. Die Beschleunigung (Verzögerung) kommt dann allein durch die Änderung des *Betrages* (der Größe) der Geschwindigkeit zustande. Der Beschleunigungsvektor ist zum Geschwindigkeitsvektor parallel oder antiparallel gerichtet.

Bei geradliniger Bahn ist die Beschleunigung a ein Maß für die zeitliche Änderung des Geschwindigkeits*betrages.*

Während einer kurzen Zeitspanne $\mathrm{d}t$ erhält die Geschwindigkeit v einen kleinen Zuwachs $\mathrm{d}v$. Damit kann die Beschleunigung unbeschränkt gültig definiert werden als Differentialquotient $\mathrm{d}v/\mathrm{d}t$ (sprich: de vau nach de te):

$$a = \frac{\mathrm{d}v}{\mathrm{d}t} \text{ (gilt immer).}$$

Ändert sich bei einem Beschleunigungsvorgang die Geschwindigkeit v *gleichmäßig,* d.h. es ist die Beschleunigung a = konstant, dann ist es gleichgültig, wie groß der Zeitabschnitt Δt gewählt wird:

$$a = \frac{\Delta v}{\Delta t} \text{ (gilt nur bei } a = \text{konstant).}$$

Ein solcher Fall liegt vor beim *freien Fall* der Körper im luftleeren Raum. Hierbei werden alle Körper mit der *Fallbeschleunigung* $g = 9{,}81 \text{ m/s}^2 \approx 10 \text{ m/s}^2$ von der Erde angezogen, und die erreichte Endgeschwindigkeit v_e eines frei fallenden Körpers wird:

$$v_e = g\,\Delta t.$$

2. Bei *gleichförmiger Bewegung* eines Körperpunktes auf der *Kreisbahn* bleibt der *Betrag* der Geschwindigkeit derselbe, im Gegensatz zur ungleichförmigen Bewegung auf geradliniger Bahn. Die Beschleunigung kommt allein durch die *Änderung der Richtung* der Geschwindigkeit zustande.

Da der Körperpunkt in jedem Moment mit der Umfangsgeschwindigkeit v in tangentialer Richtung die Kreisbahn verlassen will, muß er durch einen äußeren Zwang in jedem Augenblick zum Mittelpunkt der Kreisbahn hin beschleunigt werden (Hammerwerfer). Die Geschwindigkeit v ändert demnach bei der gleichförmigen Bewegung auf der Kreisbahn ständig ihre Richtung, genau so wie die Tangente T an die Kreisbahn (Bild 4).

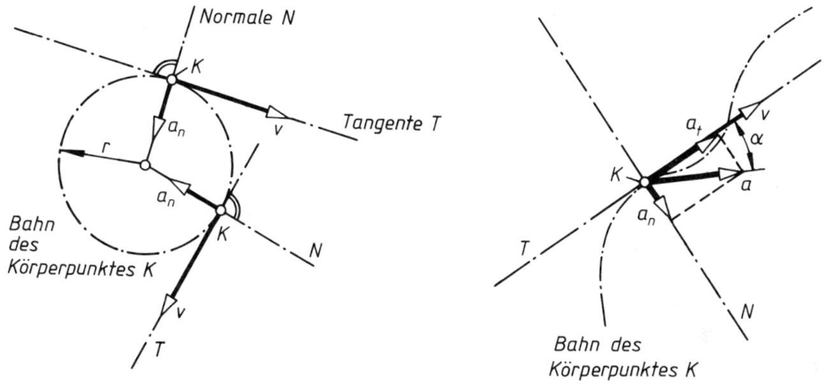

Bild 4. Beschleunigung bei gleichförmigem Umlauf auf Kreisbahn und bei beliebiger krummliniger Bewegung

Damit diese fortwährende Richtungsänderung möglich ist, muß die Beschleunigung stets senkrecht zur momentanen Bewegungsrichtung des Körpers erfolgen. Man spricht dann von einer *Normalbeschleunigung* a_n oder – weil sie zum Zentrum des Kreises hin gerichtet ist – von der *Zentripetalbeschleunigung* a_z:

Die Beschleunigung a_z ist ein Maß für die zeitliche Änderung der Geschwindigkeits*richtung*.

Der *Betrag* der Beschleunigung ergibt sich aus der Zentripetalbeschleunigung

$$a_z = r\omega^2 = \frac{v^2}{r}$$

mit ω (Omega) als Winkelgeschwindigkeit und r als Radius der Kreisbahn.

Bei beliebig ablaufender Bewegung des Körperpunktes K tritt sowohl eine Normalbeschleunigung a_n als auch eine Tangentialbeschleunigung a_t auf. Geschwindigkeit v und resultierende Beschleunigung a schließen dann den Winkel α ein (Bild 4 rechts).

Die gebräuchlichste Einheit der Beschleunigung ist „Meter je Sekunde-Quadrat" oder „Meter je Quadratsekunde". Das ergibt sich sofort aus der Definitionsgleichung für die Beschleunigung $a = \Delta v/\Delta t$, wenn die Geschwindigkeit in m/s und die Zeit in s eingesetzt werden. Die sich ergebende Einheit m/s^2 kann also auch gelesen werden als „m/s je s":

$$(a) = \frac{\frac{m}{s}}{s} = \frac{m}{s\,s} = \frac{m}{s^2}$$

16. Masse, Massenpunkt und Trägheitsmoment (Massenmoment 2. Grades)

Definition der Masse

Die *Masse m* eines Körpers ist ein Maß für die den Körper bildende *Stoffmenge* und damit zugleich ein Maß für die *Trägheit* des Körpers, d.h. für seinen Widerstand gegen eine Änderung seines natürlichen Zustandes der Ruhe oder der gleichförmig geradlinigen Bewegung. Die Masse ist ein Skalar und wird durch Vergleich mit Körpern bekannter Masse (Wägestücke) bestimmt.

Die Länge eines Körpers ist ein Maß für seine Ausdehnung, die Temperatur ist ein Maß für die innere Energie, die Zerreißkraft ist ein Maß für die Festigkeit usw. In gleicher Weise ist die Masse m eines Körpers ein Maß für die Trägheit oder das Beharrungsvermögen seiner Stoffmenge gegen die Einwirkung von Kräften.

Während jedoch alle anderen physikalischen Größenarten wie Temperatur, Festigkeit, elektrische Leitfähigkeit, Gewichtskraft usw. für ein und denselben Körper verschiedene Beträge annehmen können, bleibt die Masse m eines Körpers eine ihm eigentümliche, unveränderliche Eigenschaft. So ändert sich z.B. die Festigkeit eines Bauteiles gewiß mit der Temperatur, ebenso z.B. die elektrische Leitfähigkeit. Die Gewichtskraft ein und desselben Körpers ändert sich mit dem Ort, sie ist an den Polen und im Erdinnern größer, am Äquator und mit zunehmender Höhenlage kleiner. Die Masse m dagegen bleibt für ein und denselben Körper an allen Orten, zu allen Zeiten und auch bei allen Änderungen der Erscheinungsform des Körpers immer die gleiche, jedenfalls im Geltungsbereich der nicht relativistischen Physik.

Die Masse m wird einfach mit der Hebelwaage (Brückenwaage) gemessen, d.h. durch Vergleich mit Wägestücken, die in Masseeinheiten (Kilogramm) geeicht sind. Ergibt sich dabei z.B. eine Masse $m = 5$ kg, so kann diese Masse an beliebigen Orten (Äquator, Pol, Bergwerk, Flugzeug in großer Höhe, Mond usw.) zu beliebigen Zeiten und bei verschiedenen Temperaturen gemessen werden, stets ergibt sich wieder $m = 5$ kg.

Die Erfahrung lehrt, daß ein Körper mit größerer Masse auch eine größere Antriebskraft erfordert, um ihm die gleiche Beschleunigung zu vermitteln wie einem Körper mit kleinerer Masse. Körper mit größerer Masse besitzen demnach auch größere Trägheit oder größeres Beharrungsvermögen. Deshalb ist die Masse m ein Maß für die Trägheit, d.h. ein Maß für den Widerstand der Materie gegen die Wirkung von Kräften.

Die Erfahrung lehrt, daß bei doppelter Stoffmenge die gleiche Beschleunigung nur unter der Wirkung der doppelten Kraft zustande kommt. Dabei ist unter *Stoffmenge* eines Körpers eine bestimmte Summe abzählbarer Stoffteilchen, z.B. Moleküle, Atome oder Ionen zu verstehen. Damit wird bewiesen, daß die Masse m eines Körpers seiner Stoffmenge direkt proportional ist, daß er also bei doppelter Massezahl, d.h. doppelter Trägheit, auch die doppelte Stoffmenge enthält. Es besteht demnach auch die Berechtigung, die Masse zugleich als ein Maß für die Trägheit *und* die Stoffmenge der Körper anzusehen. Wird z.B. gemessen, daß ein Körper 3 kg Masse besitzt, dann heißt das, daß er

a) die dreifache Stoffmenge enthält wie der Kilogrammprototyp und

b) die dreifache Trägheit besitzt wie der Kilogrammprototyp, also auch das dreifache Beharrungsvermögen gegenüber einer Kraftwirkung zeigt.

Massenpunkt

Soll z.B. die Bewegung eines Reitstockes auf dem Drehbankbett beschrieben werden, so ist es ohne weiteres möglich, alle auf diese Bewegung bezüglichen Gesetze für einen einzigen Punkt des Reitstockes anzugeben. Man denkt sich dazu die Gesamtmasse des Körpers in diesem Punkt vereinigt und nennt ihn Massenpunkt (auch materieller Punkt). Dabei soll die Punktmasse die gleiche Gewichtskraft aufweisen wie der ganze Körper. Diese Idealisierung ist bei allen Translationsbewegungen (Parallelverschiebungen) ausgedehnter starrer Körper möglich, weil hier alle seine Teile kongruente Bahnen durchlaufen.

Ausgedehnte Körper können auch als Systeme vieler Massenpunkte (Punkthaufen) angesehen werden, z.B. ihrer Atome, Moleküle oder anderer Körperteilchen. Diese Vorstellung ermöglicht die Definition des „starren" oder des „elastischen" Körpers. Beim starren Körper wird sich die Stellung zweier oder mehrerer benachbarter Massenpunkte zueinander nicht ändern, gleichgültig welche Bewegungen er ausführt. Elastisch oder „verformbar" ist ein Körper, wenn diese Punkte ihre Lage zueinander ändern. Technische Körper sind stets verformbar, sie werden nur zur Idealisierung der physikalischen Vorgänge als starr angesehen.

Trägheitsmoment (Massenmoment 2. Grades)

Bei der Translationsbewegung (Verschiebung) ist die Gesamtmasse m des Körpers ein Maß für seine Trägheit. Bei der Rotationsbewegung (Drehung) des Körpers dagegen hängt es wesentlich davon ab, wie sich die Einzelmassen um die augenblickliche Drehachse verteilen. Hier ist das Trägheitsmoment $J = \Sigma \Delta m r^2$ ($J = \int dm\, r^2$) ein Maß für die Trägheit.

17. Dichte ρ

Definition der Dichte

Die Dichte ρ eines Körpers ist der Quotient aus seiner Masse m und seinem Volumen V.

Definitionsgleichung

$$\text{Dichte } \rho = \frac{\text{Masse } m}{\text{Volumen } V}$$

$$\rho = \frac{m}{V}$$

ρ	m	V
$\frac{\text{kg}}{\text{m}^3}$	kg	m^3

Zur Bestimmung der *Dichte* ρ wird der Quotient aus *Masse m* und *Volumen V* gebildet. Außer der Masseeinheit kg und der Volumeneinheit m^3 können auch alle anderen zulässigen Masse- und Volumeneinheiten eingesetzt werden, so daß sich z.B. als Einheit der Dichte g/cm^3 ergibt.

Wie die Masse m ist auch die Dichte ρ *unabhängig* von Zeit und Ort der Messung.

18. Gewichtskraft

Definition der Gewichtskraft für Physik und Technik

Die Gewichskraft G eines Körpers ist diejenige Kraft, mit der der Körper von der Erde angezogen wird. Oder:

Die Gewichtskraft G eines Körpers ist eine physikalische Größe von der Art einer Kraft. G muß also in Krafteinheiten angegeben werden.

G ist diejenige Kraft, die sich als Produkt aus der Körpermasse m und der an seinem Ort herrschenden Fallbeschleunigung g ergibt: $G = m g$.

Definitionsgleichung für die Gewichtskraft

Gewichtskraft G des Körpers = Masse m des Körpers × Fallbeschleunigung g

$$G = m g$$

G	m	g
$\frac{\text{kg m}}{\text{s}^2}$	kg	$\frac{\text{m}}{\text{s}^2}$

$$1 \frac{\text{kg m}}{\text{s}^2} = 1\,\text{N}$$

Die Gewichtskraft G ist eine der wichtigsten Größenarten in der Technik. Eine klare Vorstellung vom Wesen der Gewichskraft eines Körpers vermittelt das Dynamische Grundgesetz $F = m a$ und die Erkenntnis, daß alle Massen sich gegenseitig anziehen (siehe Gravitation). Also zieht auch die Masse der Erde jede andere Masse an. Diese Anziehungskraft (Schwerkraft) heißt „Gewichtskraft G" des Körpers. Ein frei beweglicher Körper im „Schwerefeld" der Erde wird demnach durch G beschleunigt mit der *Fallbeschleunigung g*. Da diese nicht an jedem Ort der Erde gleich groß ist, kann auch die Gewichtskraft ein und desselben Körpers nicht überall die gleiche sein. Die Abweichungen sind zwar für die meisten Fälle der Praxis bedeutungslos, für die wissenschaftlicher Erkenntnis jedoch zu beachten.

Der Betrag von g hat z.B. auf einer Breite von 45° im Meeresniveau einen Wert von 9,80629 m/s² und nimmt mit zunehmender Höhe und wegen der Abplattung der Erde von den Polen zum Äquator hin ab. Der Betrag der Gewichtskraft G eines Körpers ändert sich deshalb in gleicher Weise.

Normgewichtskraft G_n ist diejenige Gewichtskraft, die der Körper unter dem Einfluß einer ganz bestimmten Fallbeschleunigung – der sogenannten *Normfallbeschleunigung* g_n – besitzt:

Normgewichtskraft G_n des Körpers = Masse m des Körpers × Normfallbeschleunigung g_n

$$G_n = m g_n$$

Als *Normfallbeschleunigung* g_n wurde festgelegt: $g_n = 9{,}80665\ \text{m/s}^2$.

Da die Fallbeschleunigung g auf anderen Planeten größer (Planet Jupiter) oder kleiner (Mond) sein kann, als auf der Erde, ist die Gewichtskraft G eines Körpers dort auch größer oder kleiner. So beträgt die Gewichtskraft eines Körpers auf dem Mond infolge der dort viel geringeren Fallbeschleunigung (ca. 1,7 m/s²) auch nur ca. $\frac{1}{6}$ der „Erdgewichtskraft".

Hier wird der Unterschied zwischen den beiden physikalischen Größen „Masse" und „Gewichtskraft" eines Körpers besonders deutlich: Während die Masse m des Körpers unabhängig vom Ort überall die gleiche bleibt, ändert sich seine Gewichtskraft G je nach dem Ort und der dort herrschenden Fallbeschleunigung.

Die Anziehungskraft der Erde (und anderer Planeten) wirkt immer, gleichgültig ob der Körper ruht oder sich irgendwie bewegt. Also kann man die Gewichtskraft G als diejenige Kraft bezeichnen, mit der der Körper auf seine Unterlage gepreßt wird oder die er auf seine Unterlage ausübt.

Flüssigkeiten und Gase (z.B. Wasser und Luft) verringern die Gewichtskraft. Diese Kraftwirkung des umgebenden Mittels heißt *Auftrieb.* Er ist jedoch in Luft so gering (im Gegensatz zum Auftrieb in Wasser), daß er in allen praktischen Fällen vernachlässigt werden kann. Es ist nur nötig zu erkennen, daß er vernachlässigt wird.

Da die Gewichtskraft G zur Größenart *Kraft* gehört, muß es auch in definierten *Kraft*einheiten gemessen werden. Aus dem Dynamischen Grundgesetz wurde das Newton (N) = kg m/s² als Krafteinheit hergeleitet.

Beträgt z.B. die Masse m eines Körpers 12 Kilogramm (m = 12 kg), so wird seine Normgewichtskraft G_n (also mit $g_n = 9{,}80665\ \mathrm{m/s^2}$ gerechnet):

$$G_n = m g_n = 12\ \mathrm{kg} \cdot 9{,}80665\ \frac{\mathrm{m}}{\mathrm{s^2}} \approx 120 \frac{\mathrm{kg\,m}}{\mathrm{s^2}} = 120\ \mathrm{N}$$

Der Körper von der Masse m = 12 kg wird demnach an einem Ort mit der Fallbeschleunigung $g_n = 9{,}80665\ \mathrm{m/s^2}$ mit einer Kraft von rund 120 N auf seine Unterlage gepreßt, seine „Normgewichtskraft" beträgt ca. 120 N.

Massen von Körpern werden mit der Hebel- oder Brückenwaage gemessen. Die noch unbekannte Masse m_1 wird mit einer schon bekannten Masse m_2 – z.B. aus geeichten Wägestücken – *verglichen.*

Da nach dem Dynamischen Grundgesetz $m_1 = G_1/g$ und $m_2 = G_2/g$ ist, also

$$\frac{m_1}{m_2} = \frac{G_1 g}{G_2 g} = \frac{G_1}{G_2}$$

wird, kann man auch sagen:

Die Massen der Körper verhalten sich wie ihre Gewichtskräfte.

Hält die Waage das Gleichgewicht, so sind die Massen m_1 und m_2 und damit auch die Gewichtskräfte G_1 und G_2 gleich ($m_1 = m_2$ und $G_1 = G_2$).

Beachte: Aus der obigen Proportion fällt die Fallbeschleunigung g heraus, was auch sein muß, denn beide Massen, die unbekannte m_1 und die Masse der Wägestücke m_2 unterliegen (am gleichen Ort) der gleichen Fallbeschleunigung g. Mit der Hebelwaage können demnach *Massen* an beliebigen Orten stets richtig bestimmt werden, z.B. auch auf dem Mond, obwohl dort die Fallbeschleunigung viel geringer ist als auf der Erde. Mit der Federwaage würde auf dem Mond eine entsprechend der Fallbeschleunigung geringere Gewichtskraft angezeigt. Auf der Erde spielen in der Technik die örtlichen Unterschiede in der Fallbeschleunigung keine Rolle, so daß auch mit der Federwaage die Gewichtskraft genügend genau festgelegt werden kann.

19. Gravitation oder Massenanziehung

Gravitationsgesetz

Alle Massen ziehen sich gegenseitig an. Die Anziehungskraft zwischen zwei Massen ist beiden Massen proportional und dem Quadrat ihres Abstandes umgekehrt proportional.

Die instinktive Erfahrung lehrt, daß die Erde alle Körper mit einer Kraft anzieht. Sie wird *Schwerkraft* oder *Gewichtskraft* des Körpers genannt. Am frei beweglichen Körper ruft die Schwerkraft die *Fallbeschleunigung g* hervor.

Die Schwerkraft auf der Erde ist jedoch nur ein spezieller Fall der allgemeinen Gravitation zwischen materiellen Körpern. Die Gravitation ist eine allgemeine Eigenschaft aller Massen, also z.B. auch der Himmelskörper. Durch sie wird der Mond an das Gravitationsfeld der Erde gefesselt; ebenso die Erde und die anderen Planeten an das der Sonne. Die Eigengeschwindigkeit der Himmelskörper verhindert dabei ein Zusammentreffen, weil die auftretende Zentrifugalkraft genau so groß ist wie die Gravitationskraft. Im Laboratorium kann die Gravitationskraft zwischen zwei Massen nur mit Hilfe sehr empfindlicher Apparate nachgewiesen werden, z.B. mit der Drehwaage nach *Cavendish,* weil die Anziehungskraft zwischen solchen Massen nur sehr klein ist.

Der Betrag der Gravitationskraft F zwischen zwei Massen wird durch das *Newtonsche Gravitationsgesetz* bestimmt.

$$F = f\,\frac{m_1 m_2}{r^2}$$

F	f	m_1, m_2	r
N	$\frac{\text{Nm}^2}{\text{kg}^2} = \frac{\text{m}^3}{\text{kg s}^2}$	kg	m

f Gravitationskonstante; m_1, m_2 Massen der beiden Körper; r Abstand der beiden Massenschwerpunkte.

Das Gravitationsgesetz ist allgemeingültig. Es gilt ebenso für die Anziehungskraft zwischen zwei Massen an der Erdoberfläche (oder an der Oberfläche eines anderen Planeten) wie für diejenige zwischen der Erde und einer Masse an ihrer Oberfläche. Es gilt ebenso für zwei Himmelskörper untereinander innerhalb oder außerhalb unseres Sonnensystems.

Die *Gravitationskonstante* f wurde gemessen zu

$$f = 6{,}67 \cdot 10^{-11}\,\frac{\text{Nm}^2}{\text{kg}^2}$$

und ist damit die Kraft zwischen zwei Massen von 1 kg im Schwerpunktsabstand von 1 m, oder die Beschleunigung, die eine Masse von 1 kg einer anderen Masse im Abstand von 1 m erteilt.

Nach dem Dynamischen Grundgesetz kann die Gewichtskraft $G = mg$ gesetzt werden. G ist aber nichts anderes als die Anziehungskraft, welche die Erde (Masse M) auf eine andere Masse m an ihrer Oberfläche ausübt. Es gilt demnach auch:

$$G = mg = F = f\,\frac{mM}{R^2}$$

Darin ist g Fallbeschleunigung, M Erdmasse, R mittlerer Erdradius, f Gravitationskonstante. Der Radius r der Masse m ist gegenüber R vernachlässigbar klein und erscheint in der Gleichung nicht.

Die Fallbeschleunigung g ergibt sich dann aus:

$$g = \frac{fM}{R^2}$$

g	f	M	R
$\frac{\text{m}}{\text{s}^2}$	$\frac{\text{Nm}^2}{\text{kg}^2} = \frac{\text{m}^3}{\text{kg s}^2}$	kg	m

Nachdem die Gravitationskonstante f bekannt war, ließ sich die Masse M der Erde und ebenso deren Dichte ρ berechnen. Mit $g \approx 10\ \text{m/s}^2$; $R = 6378\ \text{km} = 6{,}378 \cdot 10^6\ \text{m}$ ergibt sich:

$$\text{Erdmasse}\quad M = \frac{gR^2}{f} = 10\,\frac{\text{m}}{\text{s}^2} \cdot \frac{(6{,}378 \cdot 10^6)^2\,\text{m}^2 \cdot \text{kg s}^2}{6{,}67 \cdot 10^{-11}\,\text{m}^3} \approx 6 \cdot 10^{24}\ \text{kg}$$

$$\text{Erddichte}\quad \rho = \frac{3\,g}{4\pi f R} = \frac{3 \cdot 10\,\frac{\text{m}}{\text{s}^2}}{4 \cdot \pi \cdot 6{,}67 \cdot 10^{-11}\,\frac{\text{m}^3}{\text{kg s}^2} \cdot 6{,}378 \cdot 10^6\ \text{m}} \approx 5{,}6 \cdot 10^3\,\frac{\text{kg}}{\text{m}^3}$$

Das Gravitationsgesetz setzt gleichmäßige Verteilung innerhalb der sich anziehenden Massen voraus. Das ist bei der Erde nicht der Fall, weshalb der Betrag von g ortsabhängig ist. Befinden sich „leichtere" Stoffe dicht unter der Erdkruste, wird g kleiner als gewöhnlich. Durch genaue g-Messungen lassen sich demnach Lagerstätten von Erdöl oder Salz finden.

Damit ein Körper das Gravitationsfeld der Erde verläßt, muß seine kinetische Energie $m v^2/2$ gleich der potentiellen Energie (Lagerenergie) $m g R$ sein (R mittlerer Erdradius).

Daraus ergibt sich die „Fluchtgeschwindigkeit" v des Körpers:

$$v = \sqrt{2 g R} = \sqrt{2 \cdot 9{,}81 \frac{\text{m}}{\text{s}^2} \cdot 6{,}378 \cdot 10^6 \text{ m}} \approx 11 \frac{\text{km}}{\text{s}}$$

Mit dem Gravitationsgesetz läßt sich z.B. derjenige Punkt zwischen Mond und Erde berechnen, an dem Mond- und Erdanziehungskraft für ein mit Fluchtgeschwindigkeit von der Erde fortgebrachtes Raumschiff der Masse m gleich groß sind (Bild 5). Für die Masse m_{Erde} kann das 81fache der Masse m_{Mond} gesetzt werden. Rechnet man mit dem Abstand $A = r_1 + r_2 = 3{,}84 \cdot 10^8$ m zwischen Erde und Mond, dann wird:

$$f \frac{m\, m_{\text{Mond}}}{r_1^2} = f \frac{m\, 81\, m_{\text{Mond}}}{(A - r_1)^2}$$

$$r_1^2 + \frac{2}{80} A r_1 - \frac{1}{80} A^2 = 0$$

$$r_1 = \frac{1}{10} A; \quad r_2 = \frac{9}{10} A$$

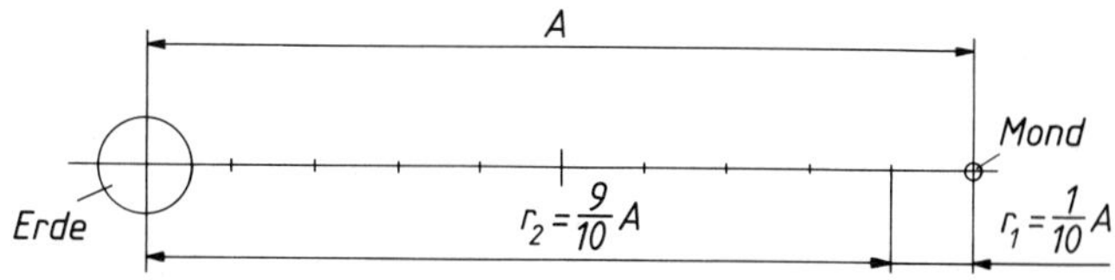

Bild 5

d.h. der Punkt gleicher Massenanziehungskraft zwischen Mond und Erde liegt im Abstand $\frac{9}{10} A$ von der Erde entfernt.

20. Trägheit und Trägheitsgesetz (Erstes Newtonsches Axiom)

Definition der Trägheit

Die Eigenschaft der Körper, ohne äußere Einflüsse im Zustand der Ruhe oder der geradlinig gleichförmigen Bewegung zu beharren, heißt *Trägheit* oder *Beharrungsvermögen.*

Trägheitsgesetz

Wirken auf einen Körper keine äußeren Einflüsse, so beharrt er im Zustand der Ruhe oder in gleichförmig geradliniger Bewegung.

Oder:

Jeder Körper beharrt im Zustand der Ruhe oder der geradlinig gleichförmigen Bewegung, wenn er nicht durch eine resultierende Kraft gezwungen wird, diesen „natürlichen Zustand" zu ändern.

Man kann zwischen „Zuständen" und „Wirkungen" unterscheiden. Unter *Zustand* wird dann diejenige Bewegungsform verstanden, die der Körper „von sich aus" besitzt, die er dauernd beibehalten will und erst dann aufgibt, wenn ein äußerer „Zwang" diesen Zustand stört.

Seit *Galilei* haben die Physiker entschieden, daß die Ruheform und die in gerader Richtung erfolgende gleichförmige Bewegung solche Zustände sind. *Wirkungen* dagegen sind solche Vorgänge, die der Körper *nicht* von sich aus ausführt, sondern zu denen er nur durch einen „äußeren Zwang", durch „äußere Einflüsse" kommt.

Wirkungen sind demnach im Gegensatz zu den Zuständen alle anderen Bewegungsformen, also solche mit veränderlicher Geschwindigkeit (beschleunigte oder verzögerte Bewegung) und auch solche gleichförmigen Bewegungen, bei denen sich die Richtung ändert.

Daß ein Körper „von sich aus“, also ohne die Einwirkung eines äußeren Zwanges nur die Ruheform oder die gleichförmig geradlinige Bewegung besitzt, läßt sich experimentell nicht nachweisen, weil auf der Erde jeder Körper zumindest dem Zwange der Erdanziehung unterliegt. Auch die geradlinig gleichförmige Bewegung aller Körper auf der Erde erfordert einen Zwang, einen Antrieb von außen, der die bewegungshemmenden Einflüsse, insbesondere die Reibung, überwindet. Eine in Bewegung gesetzte Scheibe auf glatter horizontaler Unterlage kommt dem Idealbild am nächsten. Ein völlig zwangfreier Körper ist nur denkbar in genügender Entfernung von unserem Planeten, genauer dort, wo die Massenanziehung der Erde und Sonne sich gerade aufheben.

21. Das Dynamische Grundgesetz (Zweites Newtonsches Axiom)

Eine resultierende Kraft F_r gibt einem Körper der Masse m die Beschleunigung a.

Die Vektoren F_r und a haben stets die gleiche Richtung, so daß mit ihren Beträgen gerechnet werden kann.

resultierende Kraft F_r = Masse m des Körpers × Beschleunigung a

$$F_r = m a$$

F_r	m	a
$\mathrm{N} = \frac{\mathrm{kg\,m}}{\mathrm{s}^2}$	kg	$\frac{\mathrm{m}}{\mathrm{s}^2}$

Das Dynamische Grundgesetz $F_r = m a$ wurde von *Newton* aufgestellt und regiert sämtliche Bewegungen frei beweglicher Körper unter dem Einfluß resultierender Kräfte. Es ist damit das wichtigste Gesetz der Dynamik, also jenes Teilgebietes der Mechanik, das sich mit der durch Kräfte hervorgerufenen Bewegung des Körpers befaßt.

An Hand des Dynamischen Grundgesetzes läßt sich das Wesen solcher differentiell-kausal-deterministischen Gesetze[1)] erkennen:

Ein beliebiger Körper bewegt sich nach dem Dynamischen Grundgesetz $a = F_r/m$ so, daß in jedem Augenblick seine Beschleunigung a gleich der auf ihn wirkenden resultierenden Kraft F_r geteilt durch die Körpermasse m ist. Beim beliebig bewegten Körper bestimmt das Gesetz den Bewegungsablauf nur von einem Augenblick zum nächsten, d.h. innerhalb einer Zeitdifferenz. Das Gesetz ist demnach *differentiell.*

Da jede Bewegungsänderung eine Ursache, die resultierende Kraft F_r erfordert, ist das Gesetz *kausal.*

Sind die Anfangsbedingungen der Bewegung bekannt, also die resultierende Kraft F_r und zu einem bestimmten Zeitpunkt die Lage und die Geschwindigkeit des Körpers, so läßt sich durch Summierung aller augenblicklichen Wirkungen die Bahn des Körpers *voraus* berechnen. Das Gesetz ist also auch *deterministisch.*

Das dynamische Grundgesetz gilt praktisch nur für den ausdehnungslosen Massenpunkt. Als solcher kann ein Körper *dann* aufgefaßt werden, wenn die Wirklinie der Beschleunigungskraft durch den Schwerpunkt geht. Hierbei ist allerdings bei der Untersuchung praktischer Verhältnisse zu beachten, daß andere Kräfte (z.B. Magnetkräfte, Windkräfte) oder Widerstände (Reibung) den Bewe-

1) *W. Heitler,* Der Mensch und die naturwissenschaftliche Erkenntnis, Verlag Vieweg, Braunschweig 1962.

gungszustand beeinflussen. Immer ist – zumal bei Vertikalbewegung – die Gewichtskraft G der Körper in die Betrachtung einzubeziehen. Das Gleiche gilt für die Reibung, und zwar gleichgültig, ob es sich um feste, flüssige oder gasförmige Körper handelt.

Die ursprüngliche Fassung des Dynamischen Grundgesetzes bezieht sich nur auf eine *einzelne* äußere Kraft, die am Körper der Masse m die Beschleunigung a erzielt. Einen solchen Fall gibt es nur beim freien Fall eines Körpers im luftleeren Raum. Deshalb ist es zweckmäßig, das Gesetz mit dem Begriff der *resultierenden* Kraft F_r zu koppeln.

Die Angabe, es wirke auf den Körper *eine* Kraft, bedeutet also nichts anderes, als daß am Körper eine *resultierende* Kraft wirksam ist und der Körper beschleunigt wird.

Die häufig gebrauchten Ausdrücke wie „die resultierende Kraft ist gleich Null" oder „es wirkt keine resultierende Kraft" oder „die Resultierende ist gleich Null" oder „die Kräfte stehen im Gleichgewicht" oder „es wirken keine äußeren Kräfte" oder „es wirken keine äußeren Einflüsse" sind bezüglich der Wirkung auf den Körper gleichwertig. Ein solcher Körper würde entweder in Ruhe bleiben oder in gleichförmig geradliniger Bewegung verharren. Das ist auch aus dem Dynamischen Grundgesetz zu erkennen, denn wenn $F_r = 0$ ist, kann nur die Beschleunigung selbst gleich Null werden oder sein, d.h. der Körper ruht oder bewegt sich gleichförmig.

22. **Wechselwirkungsgesetz** (Drittes Newtonsches Axiom)

> Überträgt ein Körper auf einen anderen eine Kraft F_1, so wirkt dieser mit gleichgroßer und gegensinniger Kraft F_2 auf gleicher Wirklinie zurück (actio = reactio).
> Oder:
> Jede Kraft tritt stets zusammen mit einer gleichgroßen gegensinnigen Gegenkraft auf, die auf den Gegenkörper einwirkt. Beide Kräfte haben eine gemeinsame Wirklinie.

Die Formulierung: „auf den Körper wirkt eine Kraft" soll sagen, daß ein oder mehrere andere Körper eine Wirkung auf den betrachteten Körper ausüben. Auf das Pedal des Fahrrades übt ein anderer Körper – hier der Fuß des Fahrers – eine Kraft auf das Pedal aus. Ein Stein wird deshalb beschleunigt, weil die Hand ihn fortschleudert, also eine Kraft auf ihn ausübt. Der „andere" Körper – hier also der Stein – wirkt mit gleicher Kraft auf die Hand zurück.

Immer dann, wenn eine Kraft ausgeübt wird, stehen demnach zwei Körper miteinander in Wechselwirkung. Dabei brauchen sich die beteiligten Körper nicht zu berühren. Man spricht von *Nah*kräften, wenn diese unmittelbar von Körper zu Körper übertragen werden und von *Fern*kräften, wenn die beteiligten Körper einen an der Kraftübertragung nicht beteiligten Zwischenraum besitzen, also nicht miteinander in Verbindung stehen. Solche Fernkräfte sind z.B. magnetische Kräfte und Massenanziehungskräfte, also auch die Gewichtskraft. In diesem Falle ist der „andere" Körper die Erde.

Die Körper wirken stets „wechselseitig" aufeinander, d.h. mit der gleichen Kraft, mit der ein Körper auf einen anderen einwirkt, wirkt dieser auch auf den ersten Körper zurück. So übt z.B. das auf dem Tisch liegende Buch eine Kraft auf die Tischplatte aus, nämlich die Gewichskraft G. Mit gleicher Kraft wirkt aber auch die Tischplatte auf das Buch zurück. Die beiden Kräfte sind gleich groß, gegensinnig und wirken auf einer gemeinsamen Wirklinie. Das Gleiche gilt auch für den frei fallenden Körper. Die Erde zieht jeden Körper mit einer bestimmten Kraft an (Gewichtskraft G). Mit der gleichen Kraft zieht auch der Körper die Erde an.

Die nach dem Wechselwirkungsgesetz auftretenden Gegenkräfte lassen sich an ihren Wirkungen leicht erkennen: Ein Mann, der vom ruhenden Boot aus ein anderes wegstößt, wird selbst in entgegengesetzter Richtung beschleunigt (Rückstoß). Beide Boote kommen in Bewegung und ihre Beschleunigungen sind ihren Massen umgekehrt proportional.

Es ist daher leicht einzusehen, daß jede Kraft eine Gegenkraft zur Folge hat. Wichtig ist die Erkenntnis, daß diese Gegenkraft stets am *anderen* Körper ansetzt. Ohne Kraft gibt es keine Gegenkraft und eine Gegenkraft kann nur auftreten, wenn eine Kraft wirkt; dann allerdings entsteht sie immer. Dabei ist es gleichgültig, ob der Körper ruht oder sich gleichförmig geradlinig bewegt oder ob er beschleunigt oder verzögert wird; die Gegenkraft ist immer da.

Man mache sich auch klar, daß alle mechanischen Kräfte zunächst sogenannte *innere* Kräfte eines Systems mehrerer Bauteile sind. Wie die inneren Kräfte zwischen den einzelnen Teilchen ein- und desselben Körpers treten auch sie stets paarweise auf. Die zwischen Buch und Tischplatte wirkende Kraft ist im System „Buch-Tischplatte" eine innere Kraft. Erst wenn an der Berührungsstelle ein „Schnitt" gelegt wird. d.h. wenn jeder der beiden beteiligten Körper für sich „frei gemacht" wird, erscheinen sie als äußere Wechselwirkungskräfte. So sind die innerhalb des Kurbeltriebes einer Lokomotive wirkende Kolbenkraft, Schubstangenkraft, Reibkräfte usw. für die ganze Lokomotive gesehen „innere" Kräfte. Das Gleiche gilt für die zwischen Rad und Schiene übertragenen Kräfte, die beim Freimachen als äußere Kräfte (Stützkräfte) erscheinen. Auch alle Gewichtskräfte im System „Körper-Erde" werden erst durch den Kunstgriff des Freimachens zu äußeren Kräften.

Dabei ist an jedem Körper stets nur eine der beiden Wechselwirkungskräfte anzutragen. Würden im Beispiel des fortgeschleuderten Steines, der also beschleunigt wird, die von der Hand auf den Stein ausgeübte Kraft und zugleich die vom Stein auf die Hand übertragene Gegenkraft am selben Körper angetragen, so wäre dieser im Gleichgewicht, also in Ruhe oder gleichförmig geradliniger Bewegung.

Beachte: Eine äußere Kraft tritt nur *einmal* am Körper auf, oder, anders ausgedrückt: Die Angriffspunkte von Kraft und Gegenkraft liegen immer an verschiedenen Körpern. Diese Erkenntnis wird beim „Freimachen" technischer Bauteile benutzt (siehe: Statik).

23. Die Kraft

Definition der Kraft

Kraft ist die Ursache jeder Bewegungsänderung oder Formänderung oder die Ursache beider Änderungen zugleich. Die Kraft ist ein Vektor.

Ruhelage oder gleichförmig geradlinige Bewegung eines Körpers können als „natürliche Zustände" bezeichnet werden. Eine Änderung kann (im Bereich rein physikalischer Betrachtungen) nur durch eine äußere Einwirkung auf diesen Zustand eintreten. Als Ursache einer solchen Einwirkung wird stets das Auftreten einer äußeren Kraft feststellbar sein, die als mechanische, magnetische, elektrische oder auch atomare Kraft die Ursache für die beobachtete Zustandsänderung bildet.

Eine auf den Körper wirkende Kraft kann außer der Änderung des Bewegungszustandes auch eine *Formänderung* des Körpers hervorrufen. In diesem Falle sind als „Gegenkraft" der von außen wirksamen Kraft die Summe der elastischen Molekularkräfte (also des Gefügezusammenhanges) anzusehen.

Häufig gebrauchte Benennungen der Kraft

Äußere Kraft ist die auf den betrachteten Bauteil von außen, d.h. von einem anderen Bauteil her ausgeübte Kraft. Äußere Kraft ist z.B. die von der Schiene auf das Rad einer Lokomotive ausgeübte Stützkraft. Im System Rad-Schiene ist auch diese Stützkraft zunächst noch eine innere Kraft. Sie wird erst durch das „Freimachen" des Rades zur äußeren Kraft. Die Gewichtskraft G eines Körpers ist stets eine äußere Kraft.

Innere Kräfte (genauer: innere Wechselwirkungskräfte) treten zwischen den einzelnen Teilen desselben Körpers auf. Sie werden durch einen Schnitt zu äußeren Kräften gemacht und dadurch veranschaulicht. An jeder Schnittfläche tritt dann eine der beiden Wechselwirkungskräfte als äußere Kraft auf. Während eine äußere Kraft am betrachteten Bauteil nur einmal auftritt, treten die inneren Kräfte am Körper selbst stets paarweise auf. Sie heben sich nach dem Wechselwirkungsgesetz auf, d.h. am gemeinsamen Angriffspunkt ist ihre Summe gleich Null. Die durch äußere Kräfte hervorgerufenen inneren Kräfte spielen in der Festigkeitslehre eine Rolle. Im weiteren Sinne spricht man nicht nur am selben Körper von inneren Kräften, sondern auch bei Berührung zweier Bauteile. Alle Stützkräfte sind demnach zunächst noch innere Kräfte im geschlossenen System der beiden Bauteile. Erst eine Schnittebene durch die Berührungsstelle macht diese inneren Wechselwirkungskräfte zu äußeren Kräften. Zwischen den Backen eines Schraubstockes und dem eingespannten Werkstück wirken innere Kräfte, die beim Freimachen beider Bauteile zu jeweils einer äußeren Kraft werden.

Volumenkräfte F_V sind solche, die man sich im Schwerpunkt eines jeden einzelnen noch so kleinen Volumenelements (Körperteilchens) angreifend denken muß. Dazu gehören die Massenanziehungskräfte (= Schwerkräfte = Gravitationskräfte = Gewichtskräfte), aber auch die Magnetkräfte (Bild 6).

Beiden gemeinsam ist das Vorhandensein eines „Feldes“, so daß es zweckmäßig ist, die Volumenkräfte nach ihrer Herkunft als „Feldkräfte“ zu bezeichnen. Ein Feld (Gravitationsfeld, Magnetfeld) pflanzt sich in den Raum hinein fort. Die Kräfte wirken also auch ohne gegenseitige Berührung der Körper. Feldkräfte werden daher auch als „Fernkräfte“ bezeichnet

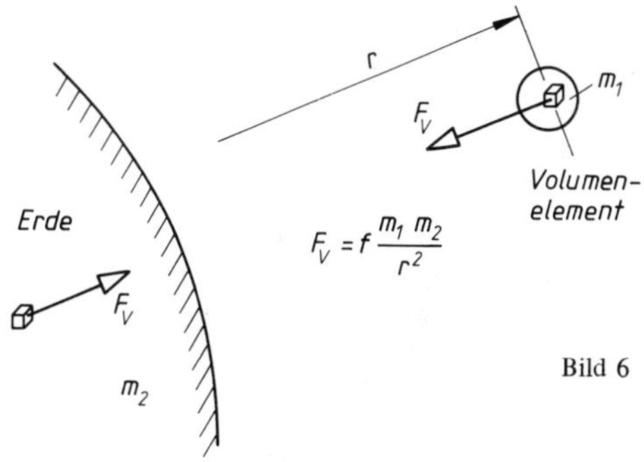

Bild 6

Oberflächenkräfte F_O (auch als Flächenkräfte bezeichnet) greifen an der Oberfläche eines Körpers an. Das setzt voraus, daß sich die beteiligten Körper berühren, wie etwa Tisch und darauf liegendes Buch oder die Haut des Schwimmers und das ihn umgebende Wasser (Bild 7).

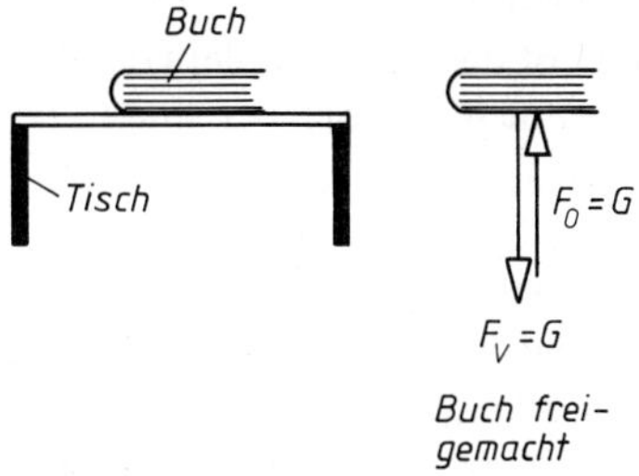

Bild 7

In der Mechanik wird vereinfacht angenommen, die Kraft wirke nur in einer Linie (der Wirklinie) und greife daher auch nur an einem Punkt des Körpers an. In Wirklichkeit verteilt sich jede äußere Kraft entweder über eine Fläche (Oberflächenkraft) oder sie verteilt sich über alle Teilchen des Körpers (Volumenkraft = Feldkraft).

Im Zusammenhang mit den Begriffen Volumenkraft und Oberflächenkraft läßt sich der Begriff der sogenannten *Schwerelosigkeit* eines Körpers leichter erläutern:

Ein Körper von der Masse m befindet sich immer dann im Zustand scheinbarer Schwerelosigkeit, wenn keine *Oberflächenkräfte* an ihm angreifen. Massenkräfte wirken immer, weil sich ein Körper stets in einem Gravitationsfeld befindet, also kann auch nur von einer *scheinbaren* Schwerelosigkeit gesprochen werden.

In einem solchen Zustand befindet sich beispielsweise jeder in den luftleeren Raum abgeschossene Körper, gleichgültig welcher Beschleunigung oder Verzögerung er im freien Flug unterliegt, also auch die Astronauten beim antriebslosen Rückflug zur Erde bis zum Wiedereintritt in die Atmosphäre.

Lasten werden in der Technik häufig solche äußeren Kräfte genannt, die den Körper nicht als Ganzes bewegen, sondern nur verformen oder um eine Ruhelage schwingen lassen.

24. Die Trägheitskraft

Nach dem Wechselwirkungsgesetz erzeugt jede Kraft am *anderen* Körper eine *Gegen*kraft. Der Finger kann nur deshalb mit z.B. $F = 2$ N auf die Tischplatte drücken, weil diese ebenfalls mit $F = 2$ N auf den Finger zurück wirkt. Dabei wird allerdings die Gegenkraft, die vom Tisch auf den Finger ausgeübt wird, von anderen Körpern durch äußere Kräfte (in bezug auf den Tisch) übertragen, z.B. also vom Fußboden auf den Tisch usw. Der Tisch überträgt demnach die Kräfte nur von einer Stelle (Fußboden) auf die andere (Finger). Das gilt für alle ruhenden oder gleichförmig geradlinig bewegten Körper. Sie erzeugen die Gegenkraft gewissermaßen nicht „von selbst"; sie sind nur indirekt daran beteiligt. Es ist auch gleichgültig, welche Stoffmenge der Körper besitzt und aus welcher Stoffart er hergestellt wurde. Beim Tisch ist es also gleichgültig, ob er aus Stahl oder Holz besteht.

Das ist anders beim „freibeweglichen" Körper, bei dem ja kein anderer Körper abstützend wirken kann. Aber auch hier entwickelt sich eine Gegenkraft. Sie ist z.B. wahrnehmbar beim Anstoßen einer Stahlkugel, die an einem langen Faden aufgehängt ist, so daß angenommen werden kann, sie sei für kurze horizontale Wege ohne Widerstand beweglich. Während der ruhende – oder auch der gleichförmig bewegte – Körper die Gegenkraft nur überträgt, ohne an deren Auftreten direkt beteiligt zu sein, entwickelt der beschleunigt bewegte Körper – hier die Stahlkugel – die Gegenkraft von selbst, offenbar aus sich heraus. Sie kommt zustande durch die bekannte Eigenschaft „Trägheit" des Körpers, also durch seine Masse. Der Körper entwickelt die Gegenkraft aus dem Bestreben heraus, seinen „natürlichen" Zustand beizubehalten, also entweder zu ruhen oder sich gleichförmig geradlinig zu bewegen.

Die „Trägheit" ist demnach erst der Grund für das Zustandekommen der beschleunigenden Kraft. Wäre der Körper nicht von sich aus „träge", so wäre zum Beschleunigen keine Kraft nötig.

Diese sich aus dem Körper selbst entwickelnde Gegenkraft heißt *Trägheitskraft T* (oder Trägheitswiderstand oder d'Alembert-Kraft). Nach dem Wechselwirkungsgesetz muß T genau so groß sein wie die beschleunigende Kraft selbst, jedoch von entgegengesetztem Richtungssinn.

Sinnlich wahrnehmbar ist die Trägheitskraft auch in folgendem Beispiel: In einem Fahrstuhl liegt ein Körper auf einer Federwaage. Sie zeigt bei Ruhestellung und bei gleichförmiger Auf- oder Abwärtsfahrt die „wahre" Gewichtskraft des Körpers an. Beim Anfahren zur Aufwärtsfahrt und beim Bremsen aus der Abwärtsfahrt dagegen zeigt die Waage eine größere Gewichtskraft an, weil in diesem Falle Gewichtskraft (Schwerkraft) *und* Trägheitskraft die gleiche Richtung haben und sich algebraisch addieren. Beim Anfahren zur Abwärtsfahrt und beim Bremsen aus der Aufwärtsfahrt verringert sich die Anzeige der Waage, weil Schwerkraft und Trägheitskraft entgegengesetzt gerichtet sind.

Von der beschleunigenden Kraft F ist seit *Newton* bekannt, daß sie der Beschleunigung a und der Körpermasse m proportional ist, nämlich $F = m\,a$ (Dynamisches Grundgesetz). Demnach ist die Trägheitskraft T ebenfalls gleich Masse mal Beschleunigung und es ist üblich, den entgegengesetzten Richtungssinn durch ein Minuszeichen zu kennzeichnen:

$$T = -m\,a$$

T	m	a
$\frac{\text{kg m}}{\text{s}^2}$	kg	$\frac{\text{m}}{\text{s}^2}$

Wichtig ist folgende Erkenntnis:

Die Trägheitskraft ist weder eine innere noch eine äußere Kraft. Denn während die äußeren Kräfte von anderen Körpern auf den betrachteten übertragen werden, und während die inneren letztlich ebenfalls durch äußere Kräfte hervorgerufen werden, entwickelt der *Körper selbst* die Trägheitskraft T von sich aus, natürlich auch nur dann, wenn ein anderer Körper eine Kraft einwirken läßt.

Wegen dieses grundsätzlichen Unterschiedes zwischen den Trägheitskräften und den inneren und äußeren Kräften werden die Trägheitskräfte meistens als „gedachte Kräfte" oder „Hilfskräfte" bezeichnet. Ihre Bedeutung liegt in der von *d'Alembert* entwickelten Methode, Aufgaben der Dynamik auf solche der Statik zurückzuführen. Das wird erst möglich durch die Einführung der Trägheitskräfte, die den am freigemachten Körper angreifenden äußeren Kräften hinzugefügt werden (siehe Dynamisches Gleichgewicht und Prinzip von d'Alembert).

25. Statisches Gleichgewicht

Satz vom statischen Gleichgewicht

Aus der Tatsache, daß sich ein ruhender oder geradlinig gleichförmig bewegter Körper im Gleichgewicht befindet, folgert man, daß die Summe seiner geometrisch addierten äußeren Kräfte und Momente den Wert Null ergibt.

Dieser Satz wird zur Bestimmung der noch unbekannten Kräfte benutzt.

Greifen an einen „starren" Körper äußere Kräfte nur in einer Ebene an, so spricht man vom „ebenen Kräftesystem", im Gegensatz zum „räumlichen Kräftesystem", bei dem die Wirklinien der Kräfte in verschiedenen Ebenen angreifen.

Sowohl beim ebenen als auch beim räumlichen Kräftesystem gibt es die Möglichkeit, daß die Kräfte einen gemeinsamen Angriffspunkt haben (zentrales Kräftesystem) oder daß mehrere Angriffspunkte zu finden sind (allgemeines Kräftesystem). Als Ergebnis der Kräftereduktion (d.h. Vereinfachung) beliebiger Kräftesysteme ergeben sich folgende Möglichkeiten:

1. Das Ergebnis der Kräftereduktion ist eine Einzelkraft F_r und ein Kräftepaar:

   $\Sigma F \neq 0$ (Summe aller Kräfte ungleich Null),
   $\Sigma M \neq 0$ (Summe aller Momente ungleich Null).

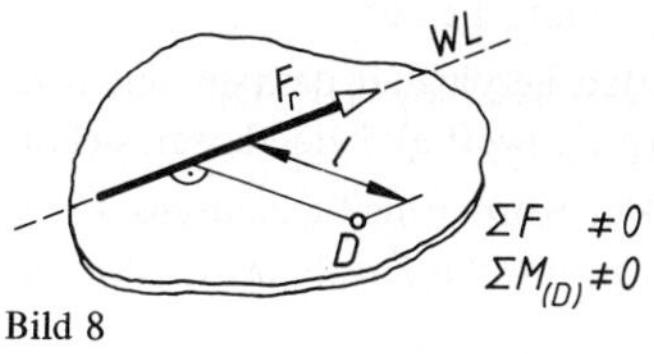

Bild 8

Ein solches Kräftesystem ist statisch gleichwertig (äquivalent) einer Einzelkraft im Wirkabstand l vom Bezugspunkt D.

Die Summe der geometrisch addierten Kräfte F_1, F_2, F_3... ist ungleich Null, d.h. es bleibt eine resultierende Einzelkraft F_r übrig, die den Körper auf der Wirklinie von F_r verschiebt oder verschieben könnte.

Außerdem ergibt die Kräftereduktion, daß noch ein resultierendes Moment M_r (Kraft $F_r \times$ Wirkabstand l) übrig bleibt, d.h. die Summe der geometrisch addierten Momente M_1, M_2, M_3 ... ist ungleich Null. Dieses statische Moment würde den Körper um eine beliebige Drehachse drehen.

Unter dem Einfluß des vorliegenden Kräftesystems würde oder könnte sich der Körper sowohl verschieben als auch drehen (Translation und Rotation).

Aus der Überlegung, daß offenbar das vorliegende Kräftesystem gleichwertig ist einer im Abstand l wirkenden Resultierenden F_r, wird der sogenannte *Momentensatz* hergeleitet:

Summe der Momente aller Kräfte in bezug auf beliebigen Drehpunkt	=	Moment der Resultierende F_r in bezug auf den gleichen Drehpunkt

$$\Sigma M = l F_r$$

Daraus läßt sich der Wirkabstand l der Resultierenden F_r berechnen:

$$l = \frac{\Sigma M}{\Sigma F} = \frac{M_1 + M_2 + M_3 \ldots M_n}{F_1 + F_2 + F_3 \ldots F_n}$$

2. Das Ergebnis der Kräftereduktion ist eine Einzelkraft F_r:

   $\Sigma F \neq 0$ (Summe aller Kräfte ungleich Null),

   $\Sigma M = 0$ (Summe aller Momente gleich Null).

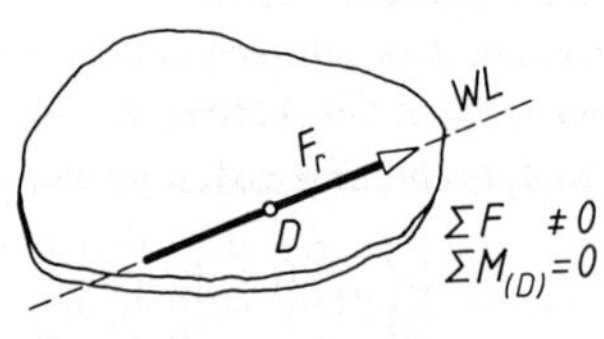

Bild 9

Ein solches Kräftesystem ist statisch gleichwertig einer durch den Drehpunkt laufenden Einzelkraft.

Die Summe der geometrisch addierten Kräfte F_1, F_2, F_3... ist also auch hier ungleich Null und es bleibt wieder eine resultierende Einzelkraft F_r übrig, die den Körper auf ihrer Wirklinie verschiebt oder verschieben könnte. Die Summe der geometrisch addierten Momente ist hier jedoch gleich Null, d.h. der Körper kann sich jetzt nicht drehen, eben weil kein Kräftepaar übrig bleibt.

Ein solches Kräftesystem kann nur existieren, wenn die Wirklinie der resultierenden Einzelkraft F_r genau durch den gewählten Drehpunkt hindurchläuft, denn nur in diesem Falle ist der Wirkabstand von F_r gleich Null und damit auch die Summe der Momente.

3. Das Ergebnis der Kräftereduktion ist ein Kräftepaar:

   $\Sigma F = 0$ (Summe aller Kräfte gleich Null),

   $\Sigma M \neq 0$ (Summe aller Momente ungleich Null).

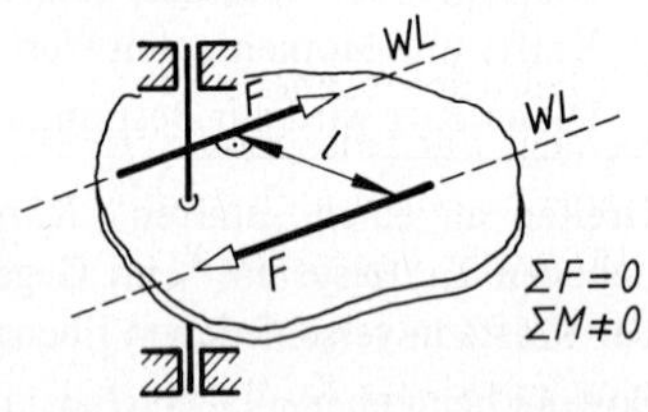

Bild 10

Ein solches Kräftesystem ist statisch äquivalent einem *Kräftepaar,* d.h. es bleibt bei der Kräftereduktion ein Kräftesystem übrig, das aus zwei gleich großen, gegensinnigen Kräften besteht, deren Wirklinien außerdem parallel liegen, so daß es sich nicht weiter vereinfachen läßt.

Man bezeichnet deshalb eine resultierende Einzelkraft F_r und ein Kräftepaar als statisch äquivalent (gleichwertig); beide lassen sich nicht weiter reduzieren.

Der Körper bleibt dann am Ort stehen und dreht sich um jede beliebige Achse mit der Drehkraftwirkung des Kräftepaares, d.h. mit seinem Moment $M = F\,l$.

4. Ergibt die Kräftereduktion endlich, daß die Summe der geometrisch addierten Kräfte *und* Momente gleich Null ist, so sagt man, die Kräfte stehen im Gleichgewicht

   $\Sigma F = 0$ (Summe aller Kräfte gleich Null),

   $\Sigma M = 0$ (Summe aller Momente gleich Null).

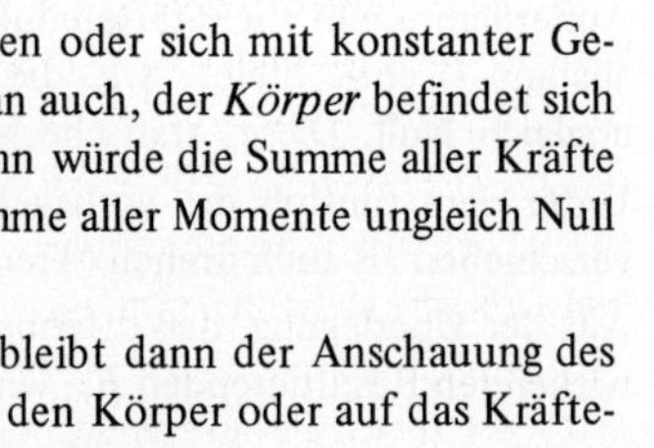

Bild 11

Ein solcher Körper muß nach dem Trägheitsgesetz entweder ruhen oder sich mit konstanter Geschwindigkeit auf geradliniger Bahn fortbewegen. Deshalb sagt man auch, der *Körper* befindet sich im Gleichgewicht, weil er sich weder beschleunigt verschiebt (dann würde die Summe aller Kräfte ungleich Null sein) noch beschleunigt dreht (dann würde die Summe aller Momente ungleich Null sein).

Manchmal sagt man auch kurz: „Es herrscht Gleichgewicht". Es bleibt dann der Anschauung des Betrachters überlassen, ob er das „Gleichgewicht" begrifflich auf den Körper oder auf das Kräftesystem bezieht. Das ist tatsächlich gleichgültig, wenn nur erkannt wurde, daß,

> wenn ein Körper ruhen oder sich geradlinig gleichförmig bewegen soll, die Summe seiner geometrisch addierten Kräfte und Momente gleich Null sein muß.

Man nennt deshalb $\Sigma F = 0$, $\Sigma M = 0$ die *Gleichgewichtsbedingungen* am starren Körper. Da sich ein freibeweglicher *Körper im Raum* in Richtung der drei Achsen (x, y, z) eines rechtwinkligen Achsenkreuzes sowohl *verschieben* als auch um diese Achsen *drehen* kann, spricht man von den *6 Freiheitsgraden* des Körpers im Raum.

Analytisch aufgespaltet gelten dann die 6 rechnerischen Gleichgewichtsbedingungen:

$$\left.\begin{array}{l}\Sigma F_x = 0\\ \Sigma F_y = 0\\ \Sigma F_z = 0\end{array}\right\}\ \text{keine beschleunigte oder verzögerte Verschiebung möglich!} \qquad \left.\begin{array}{l}\Sigma M_{(x)} = 0\\ \Sigma M_{(y)} = 0\\ \Sigma M_{(z)} = 0\end{array}\right\}\ \text{keine beschleunigte oder verzögerte Drehung möglich!}$$

Für den *Körper in der Ebene* gilt es die Möglichkeit, sich in zwei senkrecht aufeinander stehenden Richtungen in der Ebene (x, y) zu verschieben und sich um eine senkrecht zur Ebene stehende Achse zu drehen. Ein solcher Körper besitzt demnach *3 Freiheitsgrade.*

Analytisch aufgespaltet gelten dann die 3 rechnerischen Gleichgewichtsbedingungen:

$$\left.\begin{array}{l}\Sigma F_x = 0\\ \Sigma F_y = 0\end{array}\right\}\ \text{keine beschleunigte oder verzögerte Verschiebung möglich!} \qquad \Sigma M_{(z)} = 0\ \Big\}\ \text{keine beschleunigte oder verzögerte Drehung möglich!}$$

Mit Hilfe der rechnerischen Gleichgewichtsbedingungen können noch unbekannte Kräfte berechnet werden. Für jede unbekannte Größe muß dann eine Gleichung existieren, sonst ist das Kräftesystem „statisch unbestimmt“ und nach den Gesetzen der Statik allein nicht zu lösen. Es müssen dann noch Gesetze der Elastizitätslehre bekannt sein, z.B. das Hookesche Gesetz.

Da beim zentralen Kräftesystem in der Ebene eine Momentwirkung nicht auftreten kann, weil die Wirklinien aller Kräfte durch den gemeinsamen Angriffspunkt gehen, also keine Kraft einen Wirkabstand besitzt, genügen die beiden Kraft-Gleichgewichtsbedingungen: $\Sigma F_x = 0$, $\Sigma F_y = 0$. Analog gilt für das zentrale räumliche Kräftesystem: $\Sigma F_x = 0$, $\Sigma F_y = 0$, $\Sigma F_z = 0$.

Bei der zeichnerischen Behandlung solcher Kräftesysteme muß sich das Kraftеck aller Kräfte schließen, weil nur dann die Resultierende $F_r = 0$ ist.

26. Dynamisches Gleichgewicht

Satz vom dynamischen Gleichgewicht

Für jeden *ungleichförmig* bewegten Körper ist die Summe der geometrisch addierten äußeren Kräfte *einschließlich der Trägheitskräfte* gleich Null.

Dieser Satz wird zur Bestimmung unbekannter Kräfte benutzt.

Nach dem Trägheitsgesetz ist am ruhenden oder geradlinig gleichförmig bewegten Körper die Summe aller geometrisch addierten Kräfte und Momente gleich Null. Auch ohne besondere Angabe ist bekannt, daß es sich nur um „äußere“ Kräfte und Momente handeln kann, also solche, die von irgendeinem anderen Körper auf den betrachteten übertragen werden.

Bleibt bei der Kräftereduktion, also bei der Vereinfachung des vorliegenden Kräftesystems eine Kraft als „Resultierende“ übrig, so wird der Körper entweder beschleunigt oder verzögert.

Den Zusammenhang zwischen der sich einstellenden Beschleunigung a und der resultierenden Kraft F_r liefert über die Masse m des Körpers das Dynamische Grundgesetz $F_r = m\,a$.

Nach dem Wechselwirkungsgesetz ist diese resultierende Kraft F_r gleich groß gegensinnig der Trägheitskraft T, die der beschleunigte oder verzögerte Körper aus sich heraus entwickelt und die auf den beschleunigenden Körper zurückwirkt.

Mit Hilfe dieser Trägheitskraft T ist es nun möglich, die statischen Gleichgewichtsbetrachtungen auch auf solche Körper zu beziehen, die beschleunigte oder verzögerte Bewegungen ausführen, also auf Körper, für die die Kräftesumme *nicht* gleich Null ist. Auf den gleichen Körper bezogen heben sich die angreifende Beschleunigungskraft F_r und die dadurch hervorgerufene Trägheitskraft T auf: Sie stehen also im Gleichgewicht wie zwei äußere Kräfte, die gleich groß und gegensinnig sind. Damit gilt:

$$F_r - T = 0; \quad \text{und mit } T = m\,a$$

$$F_r - m\,a = 0$$

Beachte: Die Trägheitskraft T ist stets der Beschleunigung a entgegengerichtet.

Mathematisch formuliert ergibt sich der *Satz vom dynamischen Gleichgewicht:*

$$\Sigma(F + T) = \Sigma\left(F - m\,\frac{\Delta v}{\Delta t}\right) = 0$$

Ein bekanntes Beispiel für die Benutzung des Begriffes der Trägheitskraft ist die *Zentrifugalkraft* F_z.

Bewegt sich ein Körper der Masse m auf einem Kreis mit dem Radius r, so ist dazu eine nach dem Mittelpunkt des Kreises gerichtete Kraft nötig (Hammerwerfer). Diese Kraft heißt *Zentripetalkraft* F_c. Sie hält den Körper auf der Kreisbahn. Wäre sie nicht da, würde der Körper in tangentialer Richtung davonfliegen. Sie wird berechnet aus:

$$F_c = m\,\frac{v^2}{r}$$

F_c	m	v	r
$N = \frac{kg\,m}{s^2}$	kg	$\frac{m}{s}$	m

m Körpermasse, v Umfangsgeschwindigkeit, r Kreisbahnradius

Von der Schwerkraft abgesehen ist die Zentripetalkraft die einzige am Körper angreifende „äußere Kraft". Ihr muß nach dem Wechselwirkungsgesetz eine gleich große Kraft entgegenwirken. Das kann hier nur eine Trägheitskraft sein. Man nennt sie Zentrifugalkraft F_z und schreibt:

$$F_z = -m\,\frac{v^2}{r}$$

F_z ist demnach vom gleichen Betrage wie F_c, besitzt nur entgegengesetzten Richtungssinn.

Es ist zu beachten, daß Trägheitskräfte *nur dann* eingesetzt werden dürfen, wenn eine Dynamikaufgabe nach den statischen Gleichgewichtsbedingungen (also „statisch") behandelt werden soll. Wird eine solche Aufgabe nicht „statisch" gelöst, also etwa mit Hilfe des Dynamischen Grundgesetzes oder eines daraus entwickelten Satzes, dann sind die Trägheitskräfte – eben weil sie keine „äußeren" Kräfte sind – als nicht vorhanden anzusehen.

Literatur

A. Böge, Physik, Grundlagen – Versuche – Aufgaben – Lösungen, Verlag Vieweg, Braunschweig.

A. Böge, Die neuen gesetzlichen Einheiten und ihre Anwendung, Verlag Vieweg, Braunschweig.

L. Föppl, Elementare Mechanik vom höheren Standpunkt, R. Oldenbourg, München.

H. Franke, Lexikon der Physik, Francksche Verlagshandlung, Stuttgart.

W. Gerlach, Physik, Fischer Bücherei KG, Frankfurt am Main.

W. Heitler, Der Mensch und die naturwissenschaftliche Erkenntnis, Verlag Vieweg, Braunschweig.

A. Sacklowski, Physikalische Größen und Einheiten, Deva Fachverlag, Stuttgart.

U. Stille, Messen und Rechnen in der Physik, Verlag Vieweg, Braunschweig.

J. Wallot, Größengleichung, Einheiten und Dimensionen, J. A. Barth-Verlag, Leipzig.

Tafel 1. Physikalische Größen, Definitionsgleichungen, Einheiten und Dimensionen

Mechanik

Größe	Formelzeichen	Definitionsgleichung	SI-Einheit 1)	Bemerkung, Beispiel andere zulässige Einheiten
Länge	l, s, r	Basisgröße	m (Meter)	1 Seemeile (sm) = 1852 m
Fläche	A	$A = l^2$	m^2	Hektar (ha), $1\ ha = 10^4\ m^2$ Ar (a), $1\ a = 10^2\ m^2$
Volumen	V	$V = l^3$	m^3	Liter (l) $1\ l = 10^{-3}\ m^3 = 1\ dm^3$
ebener Winkel	$\alpha, \beta, \gamma \ldots$	$\alpha = \frac{\text{Kreisbogen}}{\text{Kreisradius}}$	rad ≡ 1 (Radiant)	$\alpha = 1{,}7\ \frac{m}{m} = 1{,}7\ rad$
Raumwinkel	Ω	$\Omega = \frac{\text{Kugelfläche}}{\text{Radiusquadrat}}$	sr ≡ 1 (Steradiant)	$\Omega = 0{,}4\ \frac{m^2}{m^2} = 0{,}4\ sr$
Zeit	t	Basisgröße	s (Sekunde)	1 min = 60 s; 1 h = 60 min 1 d = 24 h = 86 400 s
Frequenz	f, ν	$f = \frac{1}{T}$	$\frac{1}{s} = s^{-1} = Hz$ (Hertz)	bei *Umlauf*frequenz wird U/s statt 1/s benutzt T Periodendauer
Drehfrequenz (Drehzahl)	n	$n = 2\pi f$	$\frac{1}{s} = s^{-1}$	$\frac{U}{min} = \frac{1}{min} = min^{-1} = \frac{1}{60\ s}$
Geschwindigkeit	v	$v = \frac{ds}{dt} = \frac{\Delta s}{\Delta t}$	$\frac{m}{s}$	$1\ \frac{km}{h} = \frac{1}{3{,}6}\ \frac{m}{s}$
Beschleunigung	a	$a = \frac{dv}{dt} = \frac{\Delta v}{\Delta t}$	$\frac{m}{s^2}$	$\frac{cm}{h^2}, \frac{km}{s^2} \ldots$
Fallbeschleunigung	g		$\frac{m}{s^2}$	Normfallbeschleunigung $g_n = 9{,}80665\ m/s^2$
Winkelgeschwindigkeit	ω	$\omega = \frac{\Delta\varphi}{\Delta t} = \frac{v_u}{r}$	$\frac{1}{s} = \frac{rad}{s}$	φ Drehwinkel in rad
Umfangsgeschwindigkeit	v_u	$v_u = \pi d n = \omega r$	$\frac{m}{s}$	d Durchmesser n Drehzahl
Winkelbeschleunigung	α	$\alpha = \frac{\Delta\omega}{\Delta t} = \frac{a}{r}$	$\frac{1}{s^2} = \frac{rad}{s^2}$	ω Winkelgeschwindigkeit

1) Einheit des „Système International d'Unités" (Internationales Einheitensystem)

Größe	Formelzeichen	Definitionsgleichung	SI-Einheit	Bemerkung, Beispiel, andere zulässige Einheiten
Masse	m	Basisgröße	kg	$1\,\mathrm{g} = 10^{-3}\,\mathrm{kg}$ $1\,\mathrm{t} = 10^3\,\mathrm{kg}$
Dichte	ρ	$\rho = \frac{m}{V}$	$\frac{\mathrm{kg}}{\mathrm{m}^3}$	$\frac{\mathrm{g}}{\mathrm{cm}^3};\ \frac{\mathrm{t}}{\mathrm{m}^3}$
Kraft	F	$F = ma$	$\mathrm{N} = \frac{\mathrm{kgm}}{\mathrm{s}^2}$ (Newton)	$1\,\mathrm{dyn} = 10^{-5}\,\mathrm{N}$
Gewichtskraft	G	$G = mg$	$\mathrm{N} = \frac{\mathrm{kgm}}{\mathrm{s}^2}$	Normgewichtskraft $G_n = m g_n$
Druck	p	$p = \frac{F}{A}$	$\frac{\mathrm{N}}{\mathrm{m}^2} = \frac{\mathrm{kgm}}{\mathrm{m}^2\,\mathrm{s}^2}$	$1\,\mathrm{bar} = 10^5\,\frac{\mathrm{N}}{\mathrm{m}^2}$ $\frac{\mathrm{N}}{\mathrm{m}^2} = \mathrm{Pa}$ (Pascal)
dynamische Viskosität	η		$\frac{\mathrm{Ns}}{\mathrm{m}^2} = \frac{\mathrm{kgms}}{\mathrm{m}^2\,\mathrm{s}^2}$	$\frac{\mathrm{Ns}}{\mathrm{m}^2} = \mathrm{Pa\,s}$ $1\,\mathrm{P} = 0{,}1\,\mathrm{Pa\,s}$ (P Poise)
kinematische Viskosität	ν	$\nu = \frac{\eta}{\rho}$	$\frac{\mathrm{m}^2}{\mathrm{s}} = \frac{\mathrm{Ns/m}^2}{\mathrm{kg/m}^3}$	$1\,\mathrm{St} = 10^{-4}\,\frac{\mathrm{m}^2}{\mathrm{s}}$ (St Stokes)
Arbeit	W	$W = Fs$	$\mathrm{J} = \frac{\mathrm{kgm}^2}{\mathrm{s}^2}$	1 J = 1 Nm = 1 Ws J Joule Nm Newtonmeter Ws Wattsekunde kWh Kilowattstunde $1\,\mathrm{kWh} = 3{,}6 \cdot 10^6\,\mathrm{J} = 3{,}6\,\mathrm{MJ}$
Energie	W	$W = \frac{m}{2}\,v^2$ $W = mgh$	$\mathrm{J} = \frac{\mathrm{kgm}^2}{\mathrm{s}^2}$	
Leistung	P	$P = \frac{W}{t}$	$W = \frac{\mathrm{Nm}}{\mathrm{s}}$	$1\,\frac{\mathrm{Nm}}{\mathrm{s}} = 1\,\frac{\mathrm{J}}{\mathrm{s}} = 1\,\mathrm{W}$
Drehmoment	M	$M = Fl$	$\mathrm{Nm} = \frac{\mathrm{kgm}^2}{\mathrm{s}^2}$	Biegemoment M_b Torsionsmoment T
Trägheitsmoment	J	$J = \int \mathrm{d}m\,\rho^2$	kgm^2	Massenmoment 2. Grades (früher: Massenträgheitsmoment)
Elastizitätsmodul	E	$E = \sigma\,\frac{l_0}{\Delta l}$	$\frac{\mathrm{N}}{\mathrm{m}^2} = \frac{\mathrm{kg}}{\mathrm{s}^2\,\mathrm{m}}$	$\frac{\mathrm{N}}{\mathrm{mm}^2}$
Schubmodul	G	$G = \frac{E}{2(1+\mu)}$	$\frac{\mathrm{N}}{\mathrm{m}^2} = \frac{\mathrm{kg}}{\mathrm{s}^2\,\mathrm{m}}$	$\frac{\mathrm{N}}{\mathrm{mm}^2}$ (μ Poisson-Zahl)

Tafel 1 (Fortsetzung)

Wärmelehre

Größe	Formelzeichen	Definitionsgleichung	SI-Einheit	Bemerkung, Beispiel, andere zulässige Einheiten
Temperatur (thermodynamische Temperatur)	T, Θ	Basisgröße	K (Kelvin)	1 K = 1 °C (Grad Celsius) t, ϑ Celsius-Temperatur
spezifische innere Energie	u	$\Delta u = \Delta q + \Delta W$	$\frac{J}{kg} = \frac{kgm^2}{s^2 kg}$	$1 \frac{kgm^2}{s^2} = 1$ Nm = 1 J
Wärme (Wärmemenge)	Q	$\Delta Q = m c \Delta\vartheta$ $\Delta Q = \Delta u - \Delta W$	$J = \frac{kgm^2}{s^2}$	$1 \frac{kg\,m^2}{s^2} = 1$ Nm = 1 J
spezifische Wärme	q	$\Delta q = \Delta u - \Delta W$	$\frac{J}{kg} = \frac{kgm^2}{s^2 kg}$	
spezifische Wärmekapazität	c	$c = \frac{\Delta Q}{m \Delta\vartheta} = \frac{\Delta q}{\Delta T}$	$\frac{J}{kg\,K} = \frac{kgm^2}{s^2 kg\,K}$	
Enthalpie	H	$H = U + pV$ $h = u + pv$	$J = \frac{kgm^2}{s^2}$	$h = \frac{H}{m}$ spezifische Enthalpie
Wärmeleitfähigkeit	λ		$\frac{W}{m\,K} = \frac{kgm}{s^3 K}$	$\frac{J}{m\,h\,K}$ 1 K = 1 °C
Wärmeübergangskoeffizient	α		$\frac{W}{m^2 K} = \frac{kg}{s^3 K}$	$\frac{J}{m^2 h\,K}$ 1 K = 1 °C
Wärmedurchgangskoeffizient	k		$\frac{W}{m^2 K} = \frac{kg}{s^3 K}$	$\frac{J}{m^2 h\,K}$ 1 K = 1 °C
spezifische Gaskonstante	$R_i = \frac{R}{M_r}$	$R_i = \frac{p}{T \rho}$	$\frac{J}{kg\,K} = \frac{m^2}{s^2 K}$	M_r molare Masse
universelle Gaskonstante	R	$R = 8315 \frac{J}{kmol\,K}$	$\frac{J}{kmol\,K}$	1 kmol = 1 Kilomol
Strahlungsaustauschkonstante	C		$\frac{W}{m^2 K^4} = \frac{kg}{s^3 K^4}$	$C_s = 5{,}67 \cdot 10^{-8} \frac{W}{m^2 K^4}$ C_s allgemeine Strahlungskonstante

Tafel 1 (Fortsetzung)

Elektrotechnik

Größe	Formelzeichen	Definitionsgleichung	SI-Einheit	Bemerkung, Beispiel andere zulässige Einheiten
elektrische Stromstärke	I	Basisgröße	A (Ampere)	
elektrische Spannung	U	$U = \Sigma E \Delta s$	V (Volt)	$1\,\mathrm{V} = 1\,\frac{\mathrm{W}}{\mathrm{A}} = 1\,\frac{\mathrm{kgm^2}}{\mathrm{s^3 A}}$ W (Watt)
elektrischer Widerstand	R		Ω	$1\,\frac{\mathrm{V}}{\mathrm{A}} = 1\,\Omega = 1\,\frac{\mathrm{kgm^2}}{\mathrm{s^3 A^2}}$
elektrischer Leitwert	G		$\frac{1}{\Omega}$	$1\,\frac{\mathrm{A}}{\mathrm{V}} = 1\,\mathrm{S} = 1\,\frac{\mathrm{A^2 s^3}}{\mathrm{kgm^2}}$ S (Siemens)
elektrische Ladung (Elektrizitätsmengen)	Q		C = As (Coulomb)	1 As = 1 C 1 Ah = 3600 As
elektrische Kapazität	C	$C = \frac{Q}{U}$	$\mathrm{F} = \frac{\mathrm{As}}{\mathrm{V}}$ (Farad)	$1\,\mathrm{F} = 1\,\frac{\mathrm{C}}{\mathrm{V}} = 1\,\frac{\mathrm{As}}{\mathrm{V}} = 1\,\frac{\mathrm{A^2 s^4}}{\mathrm{kgm^2}}$
elektrische Flußdichte	D	$D = \epsilon_0\,\epsilon_r\,E$	$\frac{\mathrm{C}}{\mathrm{m^2}}$	$1\,\frac{\mathrm{C}}{\mathrm{m^2}} = 1\,\frac{\mathrm{As}}{\mathrm{m^2}}$
elektrische Feldstärke	E	$E = \frac{F}{Q}$	$\frac{\mathrm{V}}{\mathrm{m}}$	$1\,\frac{\mathrm{V}}{\mathrm{m}} = 1\,\frac{\mathrm{kgm}}{\mathrm{s^3 A}}$
Permittivität (Früher Dielektrizitätskonstante)	ϵ	$\epsilon = \epsilon_0 \epsilon_r$ ϵ_0 elektrische Feldkonstante ϵ_r Permittivitätszahl	$\frac{\mathrm{F}}{\mathrm{m}} = \frac{\mathrm{A^2 s^4}}{\mathrm{kgm^3}}$	$1\,\frac{\mathrm{s}}{\mathrm{V}} = 1\,\frac{\mathrm{s^2 C^2}}{\mathrm{kgm^3}}$
elektrische Energie	W_e	$W_e = \frac{QU}{2}$	Ws	$1\,\mathrm{Nm} = 1\,\mathrm{J} = 1\,\mathrm{Ws} = 1\,\frac{\mathrm{kgm^2}}{\mathrm{s^2}}$
magnetische Feldstärke	H	$H = \frac{I}{2\pi r}$	$\frac{\mathrm{A}}{\mathrm{m}}$	

Tafel 1 (Fortsetzung)

Größe	Formelzeichen	Definitionsgleichung	SI-Einheit	Bemerkung
magnetische Flußdichte, Induktion	B	$B = \mu H$	$T = \frac{kg}{s^2 A}$ T (Tesla)	$1 \frac{Wb}{m^2} = 1 \frac{Vs}{m^2} = 1 \frac{kg}{s^2 A}$ $1 T = 1 \frac{Vs}{m^2}$ Wb (Weber)
magnetischer Fluß	Φ	$\Phi = \Sigma B \, \Delta A$	$Wb = \frac{kgm^2}{s^2 A}$	$1 Wb = 1 Vs = 1 \frac{kgm^2}{s^2 A}$
Induktivität	L	$L = -\frac{N\Phi}{I}$	$H = \frac{kgm^2}{s^2 A^2}$ H (Henry)	$1 H = 1 \frac{Vs}{A} = 1 \frac{Wb}{A} = 1 \frac{kgm^2}{s^2 A^2}$
Permeabilität	μ	$\mu = \mu_0 \mu_r$ μ_0 magnetische Feldkonstante μ_r Permeabilitätszahl	$\frac{H}{m} = \frac{kgm}{s^2 A^2}$	$1 \frac{Vs}{Am} = 1 \frac{kgm}{s^2 A^2}$

Optik

Größe	Formelzeichen	Name der Einheit	Zeichen der Einheit	Bemerkung
Lichtstärke	I	Candela	cd	Basisgröße
Beleuchtungsstärke	E	Lux	lx	
Lichtstrom	Φ	Lumen	lm	1 lm = 1 cd sr
Lichtmenge	Q	Lumen · Sekunde	lm · s	
Lichtausbeute	η	$\frac{\text{Lumen}}{\text{Watt}}$	$\frac{lm}{W}$	
Leuchtdichte	L	$\frac{\text{Candela}}{\text{Quadratmeter}}$	$\frac{cd}{m^2}$	

Umrechnungsfaktoren von Candela in Hefnerkerzen (HK) und umgekehrt

Farbtemperatur	HK/cd	cd/HK
2043 K (Platinpunkt)	0,903	1,107
2360 K (Wolfram-Vakuum-Lampe)	0,877	1,140
2750 K (gasgefüllte Wolframlampe)	0,861	1,162

Tafel 1 (Fortsetzung)

Tafel 2. Allgemeine und atomare Konstanten[1]

Bezeichnung	Beziehung
Avogadrosche Konstante	$N_A = 6{,}025 \cdot 10^{23}$ mol^{-1}
Boltzmannsche Entropiekonstante	$k = 1{,}38041 \cdot 10^{-23}$ J/K
elektrische Elementarladung	$e = 1{,}60203 \cdot 10^{-19}$ C
elektrische Feldkonstante	$\epsilon_0 = 8{,}85416 \cdot 10^{-12}$ F/m
Faradaysche Konstante	$F = 9{,}6522 \cdot 10^{4}$ C/mol
Lichtgeschwindigkeit im Vakuum	$c_0 = 2{,}99793 \cdot 10^{8}$ m/s
magnetische Feldkonstante	$\mu_0 = 1{,}256637 \cdot 10^{-6}$ H/m
molares Normvolumen idealer Gase	$V_0 = 2{,}24208 \cdot 10^{4}$ cm^3/mol
Plancksches Wirkungsquantum	$h = 6{,}6252 \cdot 10^{-34}$ Js
Protonenmasse/Elektronenmasse	$m_p/m_e = 1836{,}12$
Stefan-Boltzmannsche Strahlungskonstante	$\sigma = 5{,}668 \cdot 10^{-8}$ W m^{-2} (K)$^{-4}$
universelle Gaskonstante	$R_0 = 8{,}315$ J (K)$^{-1}$ mol^{-1}
Gravitationskonstante	$G = 6{,}67 \cdot 10^{-11}$ m^3 kg^{-1} s^{-2}

[1]) aus *U. Stille:* Messen und Rechnen in der Physik, Verlag Vieweg, Braunschweig 1961.

Tafel 3. Umrechnungstafel für metrische Längeneinheiten

Einheit	Picometer pm	Angström[1]) Å	Nanometer nm	Mikrometer μm	Millimeter mm	Zentimeter cm	Dezimeter dm	Meter m	Kilometer km
1 pm =	1	10^{-2}	10^{-3}	10^{-6}	10^{-9}	10^{-10}	10^{-11}	10^{-12}	10^{-15}
1 Å[1]) =	10^{2}	1	10^{-1}	10^{-4}	10^{-7}	10^{-8}	10^{-9}	10^{-10}	10^{-13}
1 nm =	10^{3}	10	1	10^{-3}	10^{-6}	10^{-7}	10^{-8}	10^{-9}	10^{-12}
1 μm =	10^{6}	10^{4}	10^{3}	1	10^{-3}	10^{-4}	10^{-5}	10^{-6}	10^{-9}
1 mm =	10^{9}	10^{7}	10^{6}	10^{3}	1	10^{-1}	10^{-2}	10^{-3}	10^{-6}
1 cm =	10^{10}	10^{8}	10^{7}	10^{4}	10	1	10^{-1}	10^{-2}	10^{-5}
1 dm =	10^{11}	10^{9}	10^{8}	10^{5}	10^{2}	10	1	10^{-1}	10^{-4}
1 m =	10^{12}	10^{10}	10^{9}	10^{6}	10^{3}	10^{2}	10	1	10^{-3}
1 km =	10^{15}	10^{13}	10^{12}	10^{9}	10^{6}	10^{5}	10^{4}	10^{3}	1

[1]) Das Ångström ist nicht als Teil des Meters definiert, gehört also nicht zum metrischen System. Es ist benannt nach dem schwedischen Physiker *A. J. Angström* (1814–1874).

Beachte: Der negative Exponent gibt die Anzahl der Nullen (vor der 1) *einschließlich* der Null vor dem Komma an, z.B. $10^{-4} = 0{,}0004$; $10^{-1} = 0{,}1$; $10^{-6} = 0{,}000\,001$. Der positive Exponent gibt die Anzahl der Nullen (nach der 1) an, z.B. $10^{4} = 10\,000$; $10^{1} = 10$; $10^{6} = 1\,000\,000$.

Tafel 4. Vorsatzzeichen zur Bildung von dezimalen Vielfachen und Teilen von *Grundeinheiten* oder hergeleiteten Einheiten *mit selbständigem* Namen

Vorsatz	Kurzzeichen	Bedeutung
Tera	T	1 000 000 000 000 (= 10^{12}) Einheiten
Giga	G	1 000 000 000 (= 10^{9}) Einheiten
Mega	M	1 000 000 (= 10^{6}) Einheiten
Kilo	k	1 000 (= 10^{3}) Einheiten
Hekto	h	100 (= 10^{2}) Einheiten
Deka	da	10 (= 10^{1}) Einheiten
Dezi	d	0,1 (= 10^{-1}) Einheiten
Zenti	c	0,01 (= 10^{-2}) Einheiten
Milli	m	0,001 (= 10^{-3}) Einheiten
Mikro	μ	0,000 001 (= 10^{-6}) Einheiten
Nano	n	0,000 000 001 (= 10^{-9}) Einheiten
Pico	p	0,000 000 000 001 (= 10^{-12}) Einheiten

Mechanik

Alfred Böge,
Gert Böge

I. Statik starrer Körper in der Ebene

Formelzeichen und Einheiten

A	m^2, cm^2, mm^2	Fläche
b	m, cm, mm	Breite
d	m, cm, mm	Durchmesser
E	J = Nm	Energie
e	1	Eulersche Zahl
F	$N = \frac{kgm}{s^2}$	Kraft; wenn nötig oder zweckmäßig werden durch Zeiger unterschieden, z.B. F_r resultierende Kraft = Resultierende, F_R Reibungskraft (kurz: Reibkraft), F_N Normalkraft, F_q Querkraft (Belastung), F_A Stützkraft im Lagerpunkt A usw.
F_G, G	$N = \frac{kgm}{s^2}$	Gewichtskraft (nach DIN 1304, März 1989, ist bevorzugt F_G als Formelzeichen zu verwenden).
g	$\frac{m}{s^2}$	Fallbeschleunigung
h	m, cm, mm	Höhe
l	m, cm, mm	Länge jeder Art, Abstände
M	Nm	Drehmoment, Moment einer Kraft oder eines Kräftepaares (Kraftmoment)
m	kg, g	Masse
n	$\frac{1}{min} = min^{-1}$	Drehzahl
P	W, kW	Leistung
r	m, cm, mm	Radius
s	m, cm, mm	Weglänge
s	m, cm, mm	Wanddicke
V	m^3, cm^3, mm^3	Volumen, Rauminhalt
v	$\frac{m^3}{kg}$	spezifisches Volumen
v	$\frac{m}{s}$, $\frac{km}{h}$, $\frac{m}{min}$	Geschwindigkeit
W	J = Nm	Arbeit
x, y	m, cm, mm	Wirkabstände der Einzelkräfte (und -flächen oder -linien)
x_0, y_0, z_0	m, cm, mm	Schwerpunktsabstände
α, β, γ	°	ebener Winkel
η	1	Wirkungsgrad
μ	1	Reibungszahl (kurz: Reibzahl)
ρ	°	Reibungswinkel (kurz: Reibwinkel)

1. Grundlagen

1.1. Die Kraft

Kraft ist die Ursache einer Bewegungs- oder (und) Formänderung. Man arbeitet in der Statik mit dem Gedankenbild des „starren" Körpers, schließt also die bei jedem Körper auftretende Formänderung aus der Betrachtung aus. Jede Kraft läßt sich durch Vergleich mit der Gewichtskraft eines Wägestückes messen. Eindeutige Kennzeichnung einer Kraft F erfordert drei Bestimmungsstücke (Bild I.1):

Betrag der Kraft, z.B. $F = 18$ N; in bildlicher Darstellung festgelegt durch Länge einer Strecke in bestimmtem Kräftemaßstab (KM).

Lage der Kraft; festgelegt durch ihre Wirklinie (WL) und den Angriffspunkt im *Lageplan.*

Richtungssinn der Kraft; gekennzeichnet durch den *Richtungspfeil.*

Kräfte sind *Vektoren,* d.h. gerichtete Größen, ebenso wie z.B. Geschwindigkeiten und Beschleunigungen, im Gegensatz zu den *Skalaren,* das sind nicht gerichtete Größen, wie Zeit, Temperatur, Masse und andere. Näheres zu Vektoren und Skalaren im Abschnitt Physik.

Die *Resultierende* F_r zweier oder mehrerer Kräfte $F_1, F_2, \ldots$ ist diejenige gedachte Ersatzkraft, die dieselbe Wirkung auf den Körper ausübt wie alle Einzelkräfte $F_1, F_2 \ldots$ zusammen.

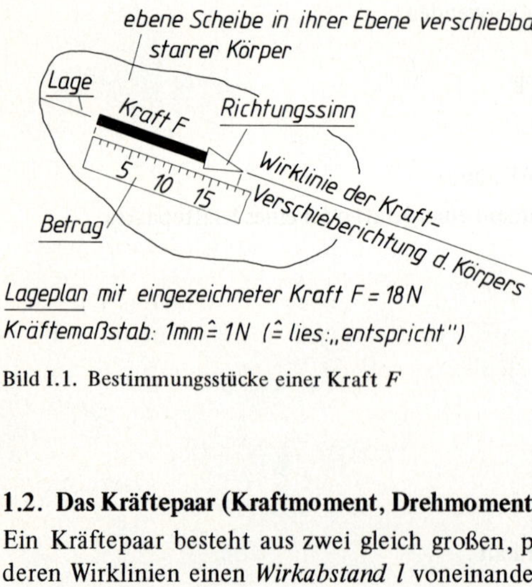

Bild I.1. Bestimmungsstücke einer Kraft F

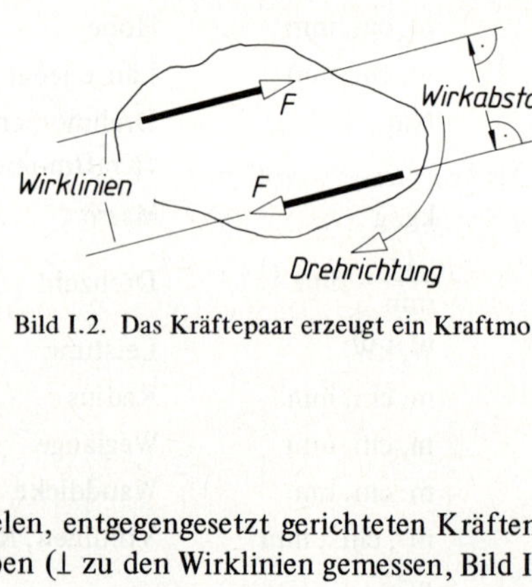

Bild I.2. Das Kräftepaar erzeugt ein Kraftmoment

1.2. Das Kräftepaar (Kraftmoment, Drehmoment)

Ein Kräftepaar besteht aus zwei gleich großen, parallelen, entgegengesetzt gerichteten Kräften F, deren Wirklinien einen *Wirkabstand* l voneinander haben (⊥ zu den Wirklinien gemessen, Bild I.2).

Es wirkt immer dann ein Kräftepaar, wenn sich ein starrer Körper dreht oder – ohne Bindungen – drehen würde (Welle, Handrad, Tretkurbel).

Die *Drehkraftwirkung* eines Kräftepaares heißt *Drehmoment* M. Der Betrag des Drehmomentes wird bestimmt durch das Produkt aus *einer* der beiden Kräfte F und deren Wirkabstand l:

Drehmoment M = Kraft $F \times$ Wirkabstand l

$$M = Fl \qquad \begin{array}{c|c|c} M & F & l \\ \hline \text{Nm} & \text{N} & \text{m} \end{array} \qquad \text{(I.1)}$$

(Wirkabstand l stets ⊥ zur Wirklinie gemessen!)

Die Drehrichtung von Drehmomenten wird durch Vorzeichen gekennzeichnet:

(−) = rechtsdrehend
(+) = linksdrehend

Eine der beiden Kräfte eines Kräftepaares ist vielfach „verborgen" wirksam, meistens als Lagerkraft; beim Freimachen des Körpers muß sie erscheinen!

Das Drehmoment eines Kräftepaares bleibt unabhängig von der Wahl des Bezugspunktes D (Drehpunkt) immer dasselbe ($M = Fl$), wie die Entwicklung im Bild I.3 zeigt. In bezug auf den Drehpunkt D übt nur die rechts liegende Kraft F ein Drehmoment aus ($M_{(D)} = Fl$), weil die Wirklinie der zweiten Kraft des Kräftepaares durch den Drehpunkt D geht, also keinen Wirkabstand besitzt. Die Entwicklung für den Drehpunkt D_1 zeigt aber, daß auch für diesen Drehpunkt $M_{(D_1)} = Fl$ wird.

Ein Kräftepaar kann demnach beliebig in der Ebene (oder in parallele Ebenen) verschoben oder durch ein anderes ersetzt werden, wenn nur beide gleiches Moment (einschließlich Drehsinn) haben.

Beispiel: Zahnräder können achsparallel auf der Welle verschoben werden.

Die Kraft und das Drehmoment sind die beiden „Grundgrößen" der Statik, mit ihnen werden alle Lehrsätze der Statik aufgebaut.

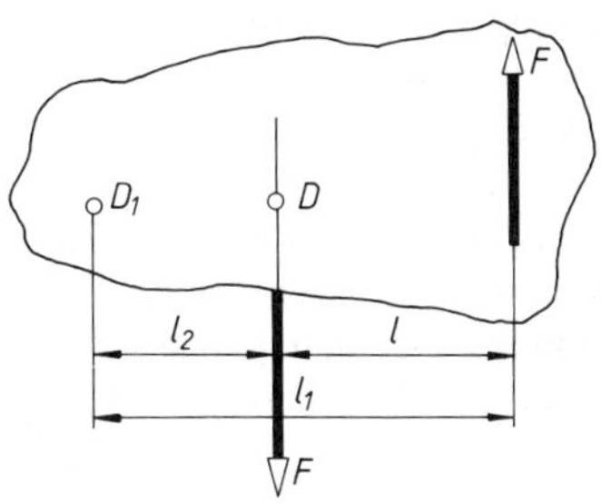

$$M_{(D)} = +F \cdot l$$
$$M_{(D1)} = +F \cdot l_1 - F \cdot l_2;\ l_2 = l_1 - l$$
$$= +F \cdot l_1 - F(l_1 - l)$$
$$= +F \cdot l_1 - F \cdot l_1 + F \cdot l$$
$$M_{(D1)} = +F \cdot l = M_{(D)}$$

Bild I.3. Das Drehmoment eines Kräftepaares ist immer $M = Fl$

1.3. Moment einer Einzelkraft (Kraftmoment)

Das Moment einer Einzelkraft F in bezug auf einen gewählten Drehpunkt D ist festgesetzt (definiert) als das Produkt aus der Kraft und deren Wirkabstand l (Lot von der Wirklinie auf den gewählten Drehpunkt D); Bild I.4. Wirkabstand l heißt auch *„Hebelarm"*.

Kraftmoment M = Kraft $F \times$ Wirkabstand l

$$M = Fl \qquad (I.2)$$

M	F	l
Nm	N	m

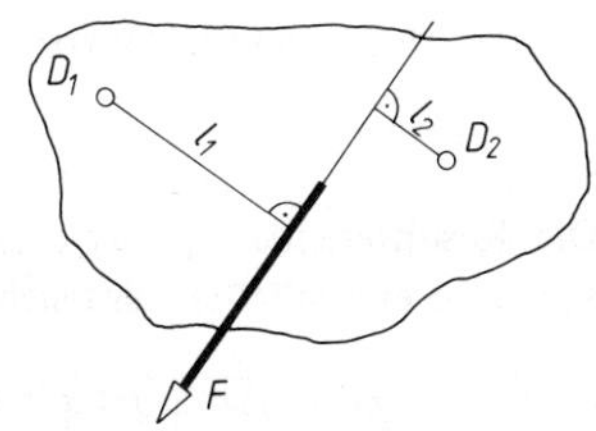

Bild I.4. Moment einer Kraft F in bezug auf Drehpunkt $D_1 : M_1 = -Fl_1$ und auf $D_2 : M_2 = +Fl_2$

Die Drehrichtung wird wie beim Drehmoment durch Vorzeichen gekennzeichnet:

(−) = rechtsdrehend
(+) = linksdrehend

Im Gegensatz zum Drehmoment des Kräftepaares, dessen Betrag und Richtungssinn unabhängig von der Wahl des Drehpunktes am Körper stets gleich groß ist, hängen Betrag und Richtung des Momentes einer Kraft F von der Wahl des Bezugspunktes D ab (Bild I.4). Siehe auch Momentensatz 2.2.2.

1.4. Das Versatzmoment

Soll geklärt werden, welche Wirkung die Kraft F_1 in Bild I.5 in I angreifend auf II ausübt, so wird mit dem Begriff des Versatzmomentes gearbeitet. Zwei gleichgroße, gegensinnige Parallelkräfte in II angebracht verändern den Zustand des starren Körpers nicht. F_1 und F_2 stellen ein Kräftepaar dar, können also sinnbildlich zum Moment $M = -F_1 l$ zusammengefaßt werden. Punkt II wird demnach belastet durch die parallelverschobene Ursprungskraft F_1 *und* das Drehmoment $M = -F_1 l$. Man spricht dann vom Versatzmoment.

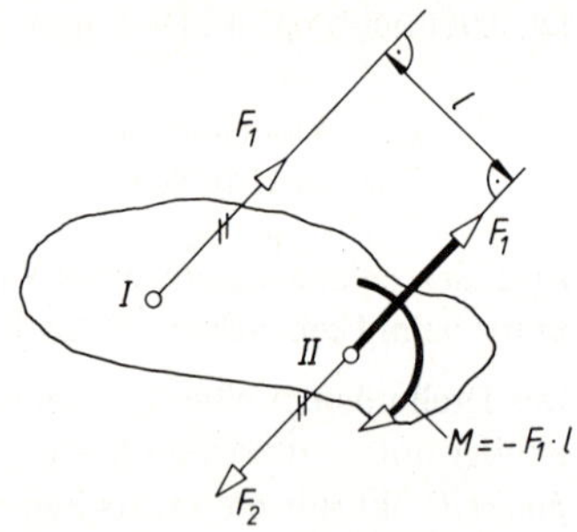

Bild I.5. Versatzmoment einer Kraft

1.5. Die drei Grundoperationen (Arbeitssätze) der Statik

Fast alle Verfahren der Statik lassen sich auf drei Grundoperationen zurückführen:

> **Parallelogrammsatz (Kräfteparallelogramm, Zusammensetzen und Zerlegen zweier Kräfte):** Die Resultierende F_r zweier Kräfte F_1 und F_2 ist die Diagonale des aus beiden Kräften gebildeten Parallelogramms (Bild I.6).

Meistens arbeitet man nur mit dem halben Parallelogramm, dem Kräftedreieck, denn man kommt zum gleichen Ergebnis, wenn man die gegebenen Kräfte in beliebiger Reihenfolge aneinanderreiht: Die Resultierende F_r ist dann die Verbindungslinie *vom* Anfangspunkt A der ersten *zum* Endpunkt E der letzten Kraft. Dieser Satz gilt für beliebig viele Kräfte.

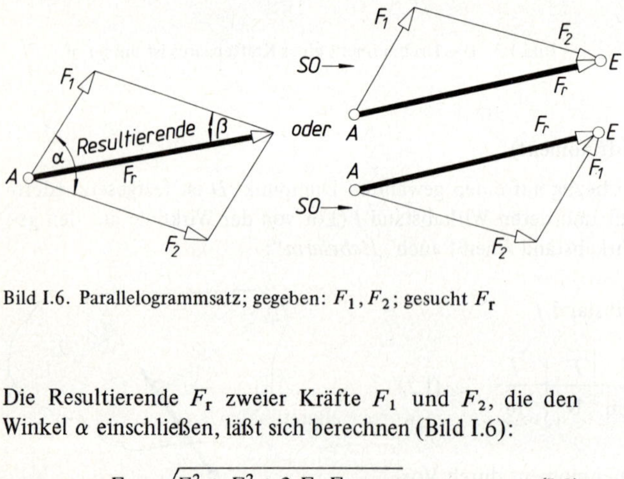

Bild I.6. Parallelogrammsatz; gegeben: F_1, F_2; gesucht F_r

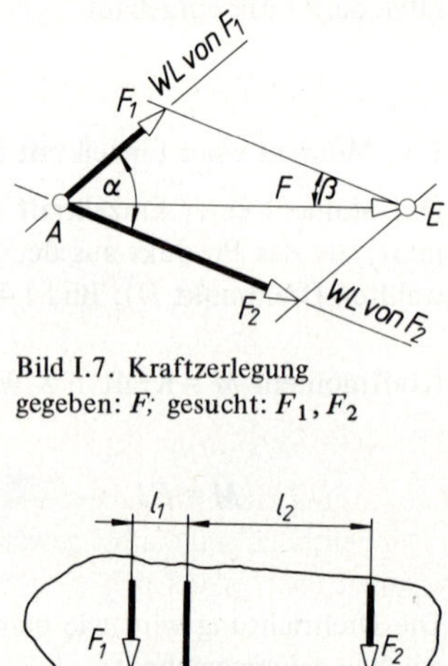

Bild I.7. Kraftzerlegung gegeben: F; gesucht: F_1, F_2

Die Resultierende F_r zweier Kräfte F_1 und F_2, die den Winkel α einschließen, läßt sich berechnen (Bild I.6):

$$F_r = \sqrt{F_1^2 + F_2^2 + 2\, F_1 F_2 \cos\alpha} \tag{I.3}$$

$$\beta = \arcsin \frac{F_1 \sin\alpha}{F_r} \tag{I.4}$$

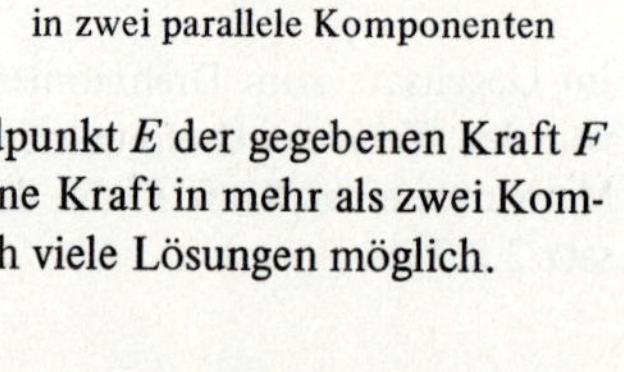

Bild I.8. Zerlegung einer Kraft F in zwei parallele Komponenten

Die Umkehrung des Parallelogrammsatzes ist der *Satz von der Zerlegung einer Kraft* in zwei Komponenten (Bild I.7):

Die gegebenen Wirklinien werden parallel zu sich selbst in den Endpunkt E der gegebenen Kraft F verschoben, dadurch entsteht das Parallelogramm. Die Aufgabe, eine Kraft in mehr als zwei Komponenten zu zerlegen, ist statisch unbestimmt, d.h. es sind unendlich viele Lösungen möglich.

Die beiden Komponenten F_1, F_2 einer gegebenen Kraft F lassen sich berechnen (Bild I.7):

$$F_1 = F \frac{\sin\beta}{\sin\alpha} \qquad (I.5) \qquad\qquad F_2 = F\cos\beta - F_1\cos\alpha \qquad (I.6)$$

Soll eine gegebene Kraft F nach Bild I.8 in zwei parallele Komponenten F_1, F_2 zerlegt werden, so gilt

$$F_1 = F \frac{l_2}{l_1 + l_2} \qquad (I.7) \qquad\qquad F_2 = F \frac{l_1}{l_1 + l_2} \qquad (I.8)$$

Erweiterungssatz:
Zwei gleich große, gegensinnige, auf gleicher Wirklinie liegende Kräfte können zu einem Kräftesystem hinzugefügt oder von ihm fortgenommen werden, ohne daß sich damit die Wirkung des Kräftesystems ändert (siehe Bild I.5).

Verschiebesatz:
Kräfte können frei auf ihrer Wirklinie verschoben werden; es sind linienflüchtige Vektoren.

■ **Beispiel:** Wie groß ist die Resultierende F_r zweier Kräfte von 5 N und 8 N, die den Winkel $\alpha = 30°$ einschließen. Welchen Winkel β schließt die Resultierende mit einer der beiden Komponenten ein?

Lösung:

$$F_r = \sqrt{F_1^2 + F_2^2 + 2F_1F_2\cos\alpha}$$

$$F_r = \sqrt{(5\text{ N})^2 + (8\text{ N})^2 + 2\cdot 5\text{ N}\cdot 8\text{ N}\cdot\cos 30°} = 12{,}6\text{ N}$$

$$\beta = \arcsin\frac{F_1\sin\alpha}{F_r} = \frac{5\text{ N}\cdot\sin 30°}{12{,}6\text{ N}} = 0{,}198;\ \beta = 11{,}4°$$

■ **Beispiel:** Eine Kraft F von 50 N ist so in zwei Komponenten zu zerlegen, daß die beiden Komponenten den Winkel $\alpha = 120°$ einschließen. Der Winkel β zwischen F und der einen Komponente beträgt 20°.

Lösung:

$$F_1 = F\frac{\sin\beta}{\sin\alpha} = 50\text{ N}\frac{\sin 20°}{\sin 120°} = 19{,}7\text{ N}$$

$$F_2 = F\cos\beta - F_1\cos\alpha = 50\text{ N}\cdot\cos 20° - 19{,}7\text{ N}\cdot\cos 120° = 56{,}8\text{ N}$$

1.6. Das Freimachen der Körper

Die Lösung jeder Aufgabe der Mechanik sollte mit dem Freimachen des zu untersuchenden Körpers beginnen, weil nur damit gewährleistet ist, daß *alle* am Körper angreifenden Kräfte richtig erfaßt wurden. Die Anzahl der unbekannten Stützkräfte am Körper ist abhängig von der Bauart der Lagerung.

Einen Körper (Hebel, Stange, Feder, Welle u.a.) „*frei machen*" heißt: in Gedanken den Körper an allen Stütz-, Verbindungs- oder sonstigen Berührungsstellen von seiner Umgebung loslösen und für jeden der weggenommenen Bauteile *diejenigen* Kräfte eintragen, die von der Umgebung auf den freizumachenden Körper übertragen werden. *Beachte:* Richtungssinn stets in *bezug auf den „freizumachenden" Körper* eintragen!

Fehler werden häufig beim Anbringen der Reibkraft gemacht!

Die Grundregel zur Lösung statischer Aufgaben heißt:

Freimachen und Gleichgewichtsbedingungen ansetzen!

Im einzelnen ist beim Freimachen zu beachten:

1.6.1. Seile, Ketten, Bänder, Riemen o.ä. (Bild I.9) übertragen nur *Zug*kräfte in Seilrichtung auf den freizumachenden Körper. Werden Seile durch Rollen o.ä. reibungsfrei umgelenkt, so wirkt an jeder Stelle des Seiles die gleiche Zugkraft in der jeweiligen Seilrichtung.

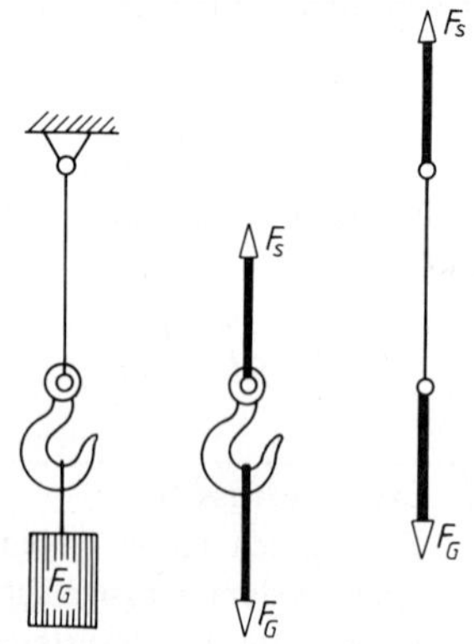

Bild I.9. Kranhaken und Seil freigemacht

1.6.2. Zweigelenkstäbe (Bild I.10) übertragen nur *Zug-* oder *Druckkräfte,* d.h. in der Verbindungsgraden der beiden Gelenke, wenn die Kräfte nur in den Gelenkpunkten in den Stab eingeleitet werden, wie z.B. bei der Schubstange des Schubkurbelgetriebes. Zweigelenkstäbe nennt man auch Pendelstützen.

1.6.3. Stützflächen (Bild I.10, 11) übertragen nur Normalkräfte F_N ($\perp$ zur Stützfläche), wenn sie sich reibungsfrei berühren; sonst in tangentialer Richtung auch Reibkräfte F_R, wie z.B. die Gleitflächen des Kreuzkopfes oder die Übertragungsflächen des Gleitschiebers in Bild I.11.

Beachte: Der Richtungssinn der Reibkraft muß stets von Anfang an am freigemachten Körper richtig eingesetzt werden; er ist stets der Bewegungsrichtung des Körpers entgegengesetzt.

1.6.4. Kugeln und Rollen (Bild I.12) übertragen reibungsfrei nur Kräfte, deren Wirklinie durch Kugel-(Rollen-)mittelpunkt *und* Berührungspunkt geht, also auch Normalkräfte.

1.6.5. Tragwerke (Stützträger) nach Bild I.13 sind statisch bestimmt gelagert, wenn die drei Gleichgewichtsbedingungen ($\Sigma F_x = 0; \Sigma F_y = 0; \Sigma M = 0$) zur Bestimmung der Stützkräfte ausreichen. Sie besitzen ein einwertiges und ein zweiwertiges Lager. Reibkräfte werden meistens nicht berücksichtigt.

Wichtig zur Lösung statischer Aufgaben ist stets das Erkennen und Festlegen der Wirklinie der einwertigen Stützkraft F_A, weil damit der erste Schritt zur Lösung getan ist. Weder bei der einwertigen noch bei der zweiwertigen Stützkraft kommt es zunächst auf die Festlegung des Richtungs*sinnes* an; das kann nach Gefühl erfolgen. Den tatsächlichen Richtungssinn liefern die zeichnerischen oder rechnerischen Lösungsverfahren selbst. Wurde der Richtungssinn bei einer unbekannten Kraft falsch angenommen, so erscheint sie im rechnerischen Ergebnis negativ.

1.6.6. Einwertige, zweiwertige und dreiwertige Lagerungen sind solche, bei denen entweder eine, zwei oder drei unbekannte Stützkräfte auftreten. Bei Berücksichtigung der Reibung kommt noch eine Unbekannte hinzu.

Einwertige Lagerungen, wie Kugeln, Rollen, Querlager und Zweigelenkstäbe (Pendelstützen) übertragen ohne Berücksichtigung der Reibung *eine* unbekannte Stützkraft. Ihre Wirklinie ist eindeutig bestimmt: Die Stützkraft wirkt senkrecht zur Stützebene, bei Zweigelenkstäben in der Verbindungsgeraden der beiden Gelenke (Bild I.10, 12, 13).

Zweiwertige Lagerungen übertragen ohne Berücksichtigung der Reibung stets zwei unbekannte Stützkräfte, eine in x-Richtung, die andere in y-Richtung (Bild I.13).

Dreiwertige Lagerungen entstehen z.B. bei eingepreßten Bolzen (Einspannungen). Sie übertragen drei unbekannte Größen: eine Kraft in x-Richtung, eine in y-Richtung und ein Drehmoment M.

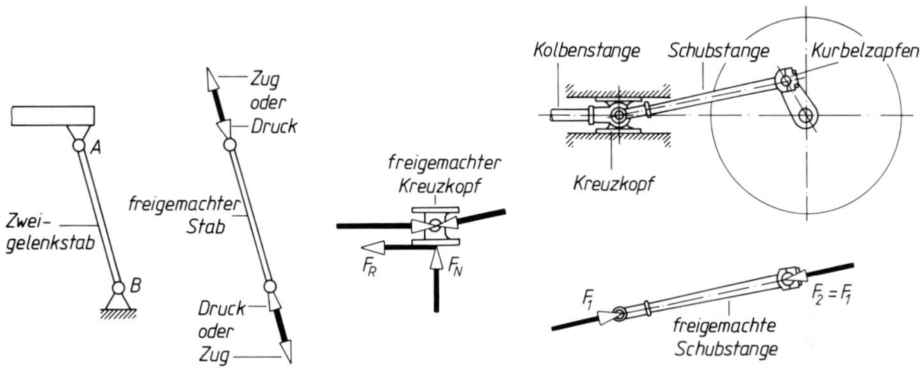

Bild I.10. Schubstange (Zweigelenkstab) und Kreuzkopf eines Schubkurbelgetriebes (Kurbeltrieb) freigemacht (ohne Massenkräfte)

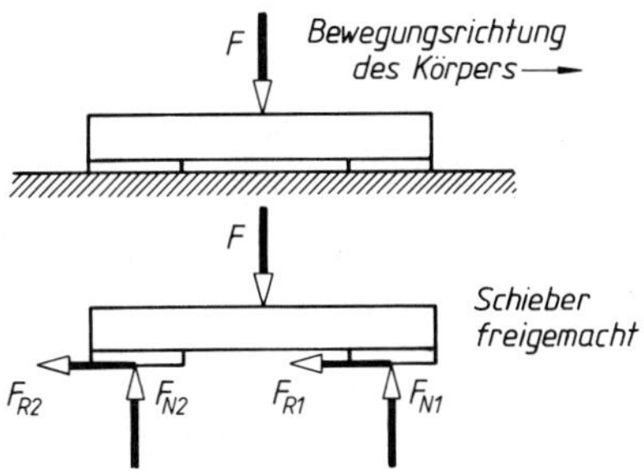

Bild I.11. Gleitschieber freigemacht

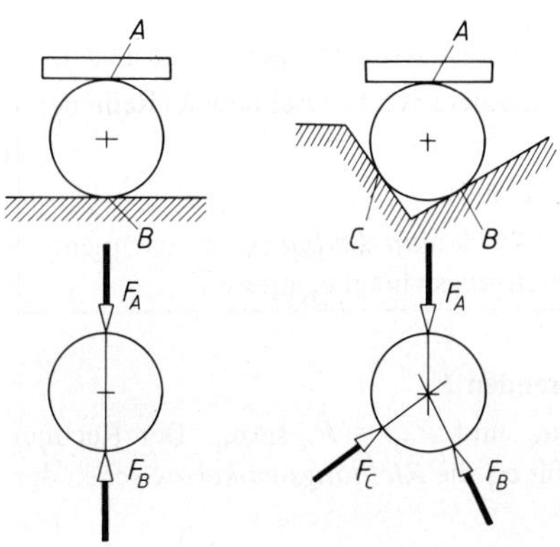

Bild I.12. Kugel (Rolle) freigemacht

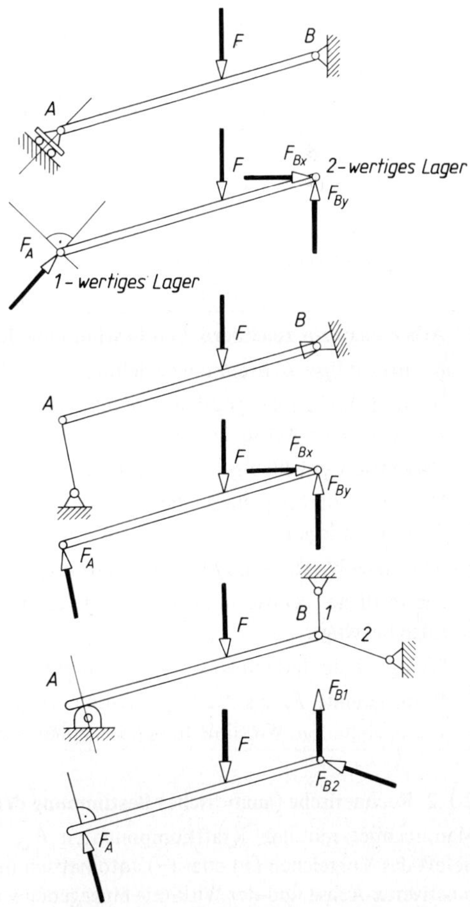

Bild I.13. Stützträger freigemacht; einwertige Lager A; zweiwertige Lager B

2. Zusammensetzen, Zerlegen und Gleichgewicht von Kräften in der Ebene

2.1. Die Kräfte greifen am gleichen Punkt der Ebene an (Zentrales Kräftesystem)

2.1.1. Zeichnerische Bestimmung der Resultierenden F_r. Die gegebenen Kräfte werden in beliebiger Reihenfolge maßstabgerecht und richtungsgemäß derart aneinander gereiht, daß sich ein fortlaufender Kräftezug ergibt (Bilder I.14 und I.15).

Die gesuchte Resultierende F_r ist stets die Verbindungslinie *vom* Anfangspunkt A der zuerst gezeichneten *zum* Endpunkt E der zuletzt gezeichneten Kraft.

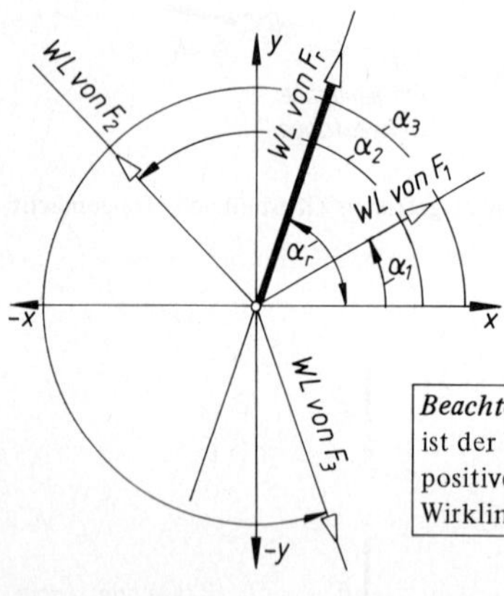

Beachte: Richtungswinkel α ist der Winkel zwischen positiver x-Achse und Wirklinie im Linksdrehsinn.

Bild I.14. Lageplan mit den Wirklinien (WL) der gegebenen Kräfte F_1, F_2, F_3 und Richtungswinkel $\alpha_1, \alpha_2, \alpha_3$; gesucht: Resultierende F_r und Winkel α_r

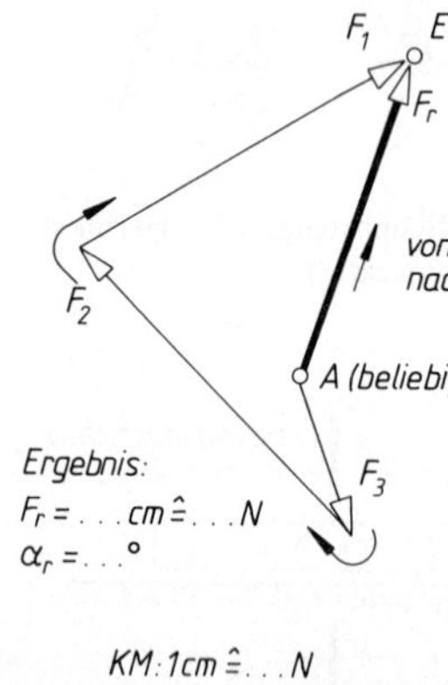

Bild I.15. Kräfteplan, durch Parallelverschiebung der Wirklinien (WL) aus dem Lageplan gewonnen

Arbeitsplan zur zeichnerischen Bestimmung der Resultierenden

Rechtwinkliges Achsenkreuz zeichnen.

Wirklinien (WL) der gegebenen Kräfte F_1, F_2, F_3 unter den Richtungswinkeln α_1, α_2, α_3 zur positiven x-Achse eintragen.

Im Kräfteplan beliebigen Anfangspunkt A festlegen.

Beliebige Wirklinie durch Parallelverschiebung aus dem Lageplan durch den gewählten Anfangspunkt legen.

Auf dieser Wirklinie die gegebene Kraft im gewählten Kräftemaßstab richtungsgemäß abtragen.

Die restlichen Kräfte in gleicher Weise an die zuerst gezeichnete Kraft anschließen (Reihenfolge beliebig).

Pfeilspitze der letzten Kraft ergibt Endpunkt E des Kräfteplanes.

Resultierende F_r als Verbindungslinie *vom Anfangspunkt A zum Endpunkt E* zeichnen; Länge abgreifen; Wirklinie in den Lageplan übertragen; Richtungswinkel α_r messen.

2.1.2 Rechnerische (analytische) Bestimmung der Resultierenden F_r

Man rechnet mit den Kraftkomponenten $F_{nx} = F_n \cos\alpha_n$ und $F_{ny} = F_n \sin\alpha_n$. Der Rechner liefert das Vorzeichen (+) oder (−) automatisch mit, wenn für α_n die *Richtungswinkel* zwischen der positiven x-Achse und der Wirklinie eingegeben werden.

Die Addition der Kraftkomponenten liefert die Komponenten F_{rx} und F_{ry} der Resultierenden.

Diese ergeben mit Hilfe des Lehrsatzes des Pythagoras die Resultierende F_r.

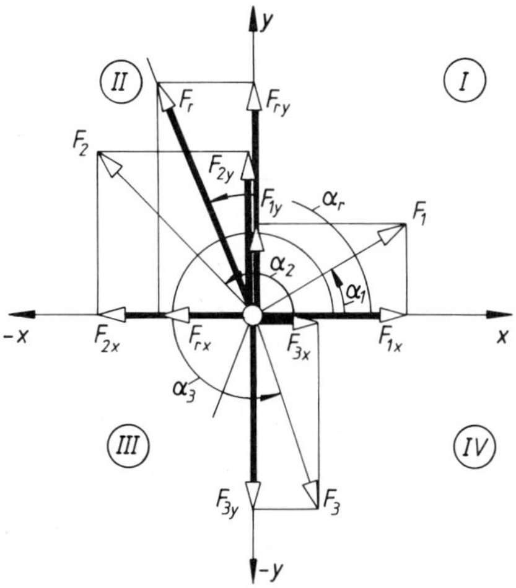

Bild I.17
Gegebene Kraft F_1 und deren Komponenten
$F_{1x} = F_1 \cos \alpha_1$
und
$F_{1y} = F_1 \sin \alpha_1$

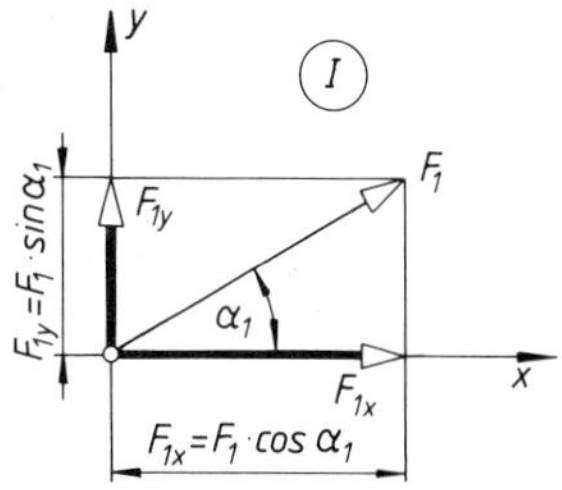

Bild I.16. Lageskizze (unmaßstäblich) mit den Komponenten $F_{1x}, F_{1y}, F_{2x}, F_{2y}$ ... der gegebenen Kräfte F_1, F_2 ... am freigemachten Körper; gesucht: Resultierende F_r und Winkel α_r

Kraftkomponenten:

x-Komponenten:

$$F_{1x} = F_1 \cos \alpha_1$$
$$F_{2x} = F_2 \cos \alpha_2 \qquad (I.9)$$
$$F_{nx} = F_n \cos \alpha_n$$

y-Komponenten:

$$F_{1y} = F_1 \sin \alpha_1$$
$$F_{2y} = F_2 \sin \alpha_2 \qquad (I.10)$$
$$F_{ny} = F_n \sin \alpha_n$$

Komponenten der Resultierenden:

$$F_{rx} = F_{1x} + F_{2x} + F_{3x} + \dots F_{nx}$$
$$F_{ry} = F_{1y} + F_{2y} + F_{3y} + \dots F_{ny} \qquad (I.11)$$

Betrag der Resultierenden:

$$F_r = \sqrt{F_{rx}^2 + F_{ry}^2} \qquad (I.12)$$

Richtungswinkel α_r der Resultierenden F_r:

$$\alpha_r = \arctan \frac{|F_{ry}|}{|F_{rx}|} \quad \text{(nur mit den Beträgen } |F_{ry}| \text{ und } |F_{rx}| \text{ rechnen)} \qquad (I.13)$$

Richtungswinkel α_r ist der Winkel, den die Wirklinie der Resultierenden F_r mit der positiven x-Achse einschließt; Bestimmung des Quadranten I, II, III, IV aus den Vorzeichen der beiden Komponenten F_{rx} und F_{ry}.

2.1.3. Zeichnerische Bestimmung unbekannter Kräfte. Die gegebenen Kräfte werden in beliebiger Folge maßstabgerecht und richtungsgemäß zu einem fortlaufenden Kräftezug aneinandergereiht. Mit den Wirklinien der noch unbekannten Kräfte muß das *Krafteck so geschlossen* werden, daß die Pfeilrichtungen „Einbahnverkehr" ermöglichen. Anfangspunkt A und Endpunkt E des Kräftezuges müssen zusammenfallen (Bilder I.18 und I.19).

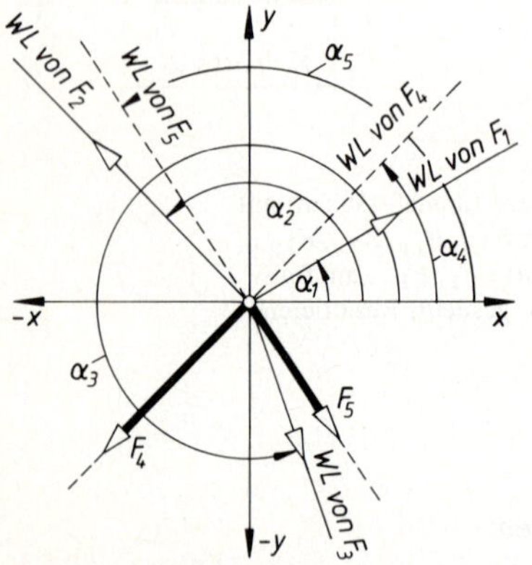

Bild I.18. Lageplan mit den Wirklinien (WL) *sämtlicher* Kräfte (F_1 ... F_5) am freigemachten Körper
gegeben: $F_1, F_2, F_3, \alpha_1, \alpha_2, \alpha_3, \alpha_4, \alpha_5$
gesucht: F_4, F_5

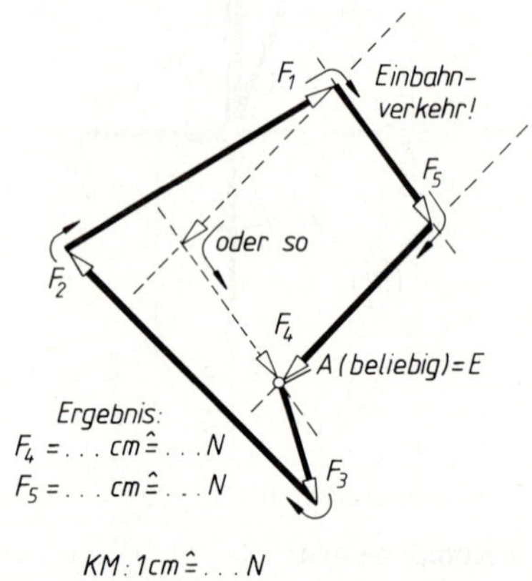

Bild I.19. Kräfteplan, durch Parallelverschiebung der Wirklinien (WL) aus dem Lageplan gewonnen

Arbeitsplan zur zeichnerischen Bestimmung unbekannter Kräfte

Rechtwinkliges Achsenkreuz zeichnen.

Wirklinien der gegebenen und der noch unbekannten Kräfte eintragen.

Im Kräfteplan die gegebenen Kräfte oder die gegebene Kraft vom beliebigen Anfangspunkt A aus maßstäblich und richtungsgemäß aneinanderreihen wie bei der zeichnerischen Bestimmung der Resultierenden (2.1.1), jedoch ohne die Resultierende zu zeichnen.

Mit den Wirklinien der gesuchten Kräfte durch Parallelverschiebung aus dem Lageplan in den Kräfteplan dort das Krafteck „schließen".

Kraftrichtungen (Pfeile) nach der Bedingung des „geschlossenen" Kräftezuges (Einbahnverkehr) an den gesuchten Kräften anbringen.
Gefundene Kräfte (Gleichgewichtskräfte, Stützkräfte) in den Lageplan übertragen.

2.1.4. Rechnerische (analytische) Bestimmung unbekannter Kräfte. Werden alle am Körper angreifenden Kräfte in ihre Komponenten nach den beiden Richtungen eines rechtwinkligen Achsenkreuzes zerlegt und ist die algebraische Summe der Komponenten in x- und y-Richtung gleich Null, so stehen die Kräfte im Gleichgewicht (Bild I.20).

Die rechnerischen Gleichgewichtsbedingungen beim zentralen Kräftesystem lauten:

$$\text{I.} \quad \Sigma F_x = 0; \quad F_{1x} + F_{2x} + F_{3x} + \ldots F_{nx} = 0$$
$$\text{II.} \quad \Sigma F_y = 0; \quad F_{1y} + F_{2y} + F_{3y} + \ldots F_{ny} = 0 \qquad (I.14)$$

$$F_{nx} = F_n \cos\alpha; \qquad F_{ny} = F_n \sin\alpha_n \qquad (I.15)$$

Winkel α ist stets der *Richtungswinkel* der Kraft. Das ist der Winkel zwischen positiver x-Achse und Wirklinie.

Arbeitsplan zur rechnerischen (analytischen) Bestimmung unbekannter Kräfte

Rechtwinkliges Achsenkreuz skizzieren.

Sämtliche Kräfte – auch die noch unbekannten – in ihre x- und y-Komponenten zerlegen und unmaßstäblich eintragen, dabei den Richtungssinn der noch unbekannten Kräfte zunächst annehmen.

Nach dieser Lageskizze die beiden rechnerischen Gleichgewichtsbedingungen ansetzen.

Bekannte Komponenten evtl. erst ausrechnen und diese Beträge in die beiden Gleichungen einsetzen.

Die Gleichungen nach dem Einsetzungsverfahren oder nach dem Gleichsetzungsverfahren lösen (siehe Mathematik).

Ergibt eine der Lösungen für eine Kraft einen negativen Wert (Minuszeichen), dann war falsche Richtung angenommen worden, die tatsächliche Richtung ist entgegengesetzt, der Zahlenwert stimmt jedoch! Bei weiteren Rechnungen muß nun die tatsächliche Richtung berücksichtigt werden (Vorzeichenumkehr!).

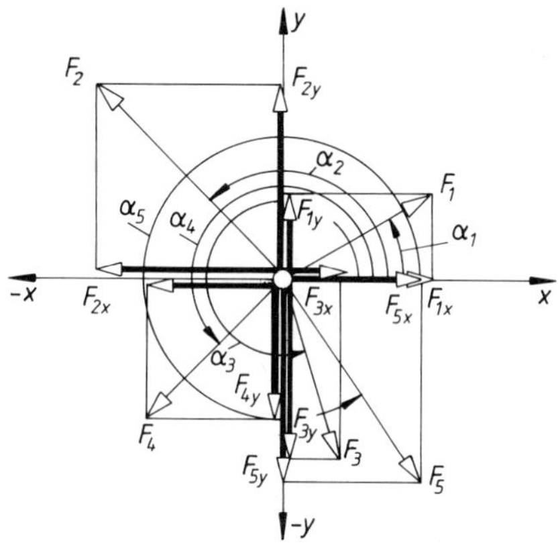

Bild I.20. Lageskizze (unmaßstäblich) mit den Komponenten *sämtlicher* Kräfte am freigemachten Körper
gegeben: $F_1, F_2, F_3, \alpha_1, \alpha_2, \alpha_3, \alpha_4, \alpha_5$
gesucht: F_4, F_5

Errechnete Komponenten können schließlich mit Hilfe des Lehrsatzes des Pythagoras zur gesuchten Kraft vereinigt werden.

Kraftrichtungen der gefundenen Kräfte in den Lageplan übertragen.

■ **Beispiel**: Ein zentrales Kräftesystem nach Bild I.20 besteht aus den gegebenen Kräften $F_1 = 55$ N; $\alpha_1 = 30°$; $F_2 = 63$ N; $\alpha_2 = 135°$; $F_3 = 22$ N; $\alpha_3 = 290°$. Die Wirklinien der gesuchten Gleichgewichtskräfte F_4, F_5 liegen unter $\alpha_4 = 225°$ und $\alpha_5 = 305°$.

Lösung: F_4 und F_5 ergeben sich aus den beiden rechnerischen Gleichgewichtsbedingungen:

$$\text{I.}\quad \Sigma F_x = 0 = +F_1 \cos\alpha_1 + F_2 \cos\alpha_2 + F_3 \cos\alpha_3 + F_4 \cos\alpha_4 + F_5 \cos\alpha_5$$
$$\text{II.}\quad \Sigma F_y = 0 = +F_1 \sin\alpha_1 + F_2 \sin\alpha_2 + F_3 \sin\alpha_3 + F_4 \sin\alpha_4 + F_5 \sin\alpha_5$$

Ausrechnung:

$$F_4 \cdot \cos 225° = -55\ \text{N} \cdot \cos 30° - 63\ \text{N} \cdot \cos 135° - 22\ \text{N} \cdot \cos 290° - F_5 \cdot \cos 305°$$
$$-0{,}707 \cdot F_4 = -10{,}608\ \text{N} - F_5 \cdot 0{,}573$$
$$F_4 \cdot \sin 225° = -55\ \text{N} \cdot \sin 30° - 63\ \text{N} \cdot \sin 135° - 22\ \text{N} \cdot \sin 290° - F_5 \cdot \sin 305°$$
$$-0{,}707 \cdot F_4 = -51{,}374\ \text{N} - F_5 \cdot (-0{,}819)$$

Daraus, z. B. mit der Gleichsetzungsmethode:

$F_5 = 29{,}286$ N und $F_4 = 38{,}781$ N

2.2. Die Kräfte greifen an verschiedenen Punkten der Ebene an (Allgemeines Kräftesystem)

2.2.1. Zeichnerische Bestimmung der Resultierenden F_r (Seileckverfahren). Das Krafteck bestimmt Betrag und Richtung der Resultierenden F_r, das Seileck deren Lage. Schnittpunkt des ersten und letzten Seilstrahles ist ein Punkt der Wirklinie der Resultierenden (Bild I.21 und I.22).

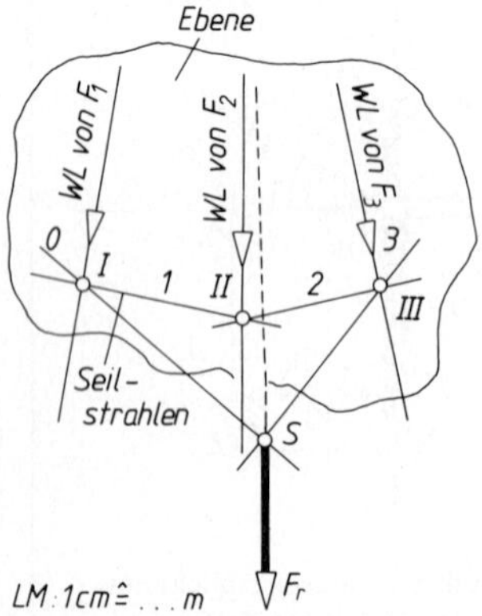

Bild I.21. Lageplan mit den Wirklinien (WL) der gegebenen Kräfte F_1, F_2, F_3 am freigemachten Körper; Seilstrahlen aus dem Kräfteplan; gesucht: *Lage* der Resultierenden F_r

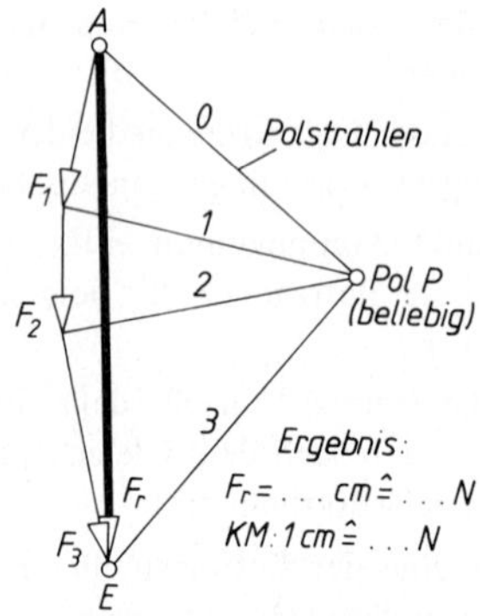

Bild I.22. Kräfteplan mit den Polstrahlen gesucht: Betrag und Richtungssinn der Resultierenden F_r

Arbeitsplan zum Seileckverfahren

Lageplan mit den Wirklinien der gegebenen Kräfte zeichnen.

Mit Hilfe der parallelverschobenen Wirklinien im Kräfteplan das Krafteck zeichnen, dazu Kräfte in beliebiger Reihenfolge maßstäblich und richtungsgetreu aneinanderreihen.

Resultierende F_r *vom Anfangspunkt A* der zuerst gezeichneten *zum Endpunkt E* der zuletzt gezeichneten Kraft eintragen.

Pol P beliebig wählen.

Polstrahlen im Kräfteplan zeichnen und fortlaufend numerieren.

Polstrahlen durch Parallelverschiebung aus dem Kräfteplan im Lageplan zu Seilstrahlen machen, dazu

Anfangspunkt I beliebig wählen und genau auf Zuordnung achten: Die zur jeweiligen Kraft im Kräfteplan gehörigen Polstrahlen als Seilstrahlen auf der Wirklinie *dieser* Kraft zum Schnitt bringen (Numerierung beachten). Anfangs- und Endseilstrahl im Lageplan zum Schnitt S bringen; sie entsprechen den beiden Polstrahlen der Resultierenden F_r.

Wirklinie der Resultierenden F_r durch gefundenen Schnittpunkt S legen, ergibt damit die *Lage* der Resultierenden.

2.2.2. Rechnerische (analytische) Bestimmung der Resultierenden F_r (Momentensatz). *Betrag* und *Richtung* der Resultierenden werden ebenso bestimmt wie beim zentralen Kräftesystem (2.1.2). Der *Momentensatz* lautet:

Wirken mehrere Kräfte (Bild I.23) drehend auf einen Körper, so ist die algebraische Summe ihrer Momente gleich dem Moment der Resultierenden in bezug auf den gleichen Drehpunkt!

Einfacher: Drehkraftwirkung der Einzelkräfte gleich Drehkraftwirkung der Resultierenden!

$$M_1 + M_2 + M_3 + \dots M_n = M_r$$
$$F_1 l_1 + F_2 l_2 + F_3 l_3 + \dots F_n l_n = F_r l_0$$

Aus diesem *Momentensatz* läßt sich der Abstand l_0 der Resultierenden F_r von einem beliebig gewählten Drehpunkt D aus berechnen, so daß deren *Lage* bestimmt ist:

$$l_0 = \frac{F_1 l_1 + F_2 l_2 + F_3 l_3 + \dots F_n l_n}{F_r} \qquad \text{(I.16)}$$

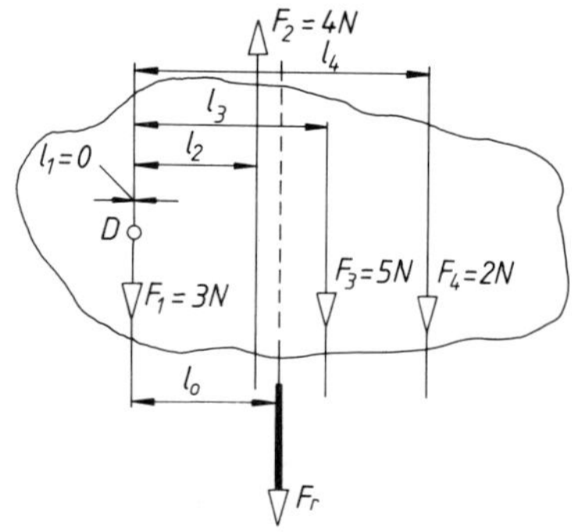

Bild I.23. Anwendung des Momentensatzes zur Lagebestimmung (l_0) der Resultierenden F_r

$F_1, F_2 \dots$ Einzelkräfte; F_r *Resultierende*
$l_1, l_2 \dots$ Wirkabstände der Einzelkräfte
l_0 Wirkabstand der Resultierenden vom gewählten Bezugs(Dreh-)punkt D

■ **Beispiel:** $F_1 = 3$ N; $F_2 = 4{,}0$ N; $F_3 = 5$ N; $F_4 = 2$ N
$l_1 = 0$ mm; $l_2 = 15$ mm; $l_3 = 20$ mm; $l_4 = 30$ mm
gesucht: Wirkabstand l_0

Lösung: $-F_r l_0 = F_1 l_1 + F_2 l_2 - F_3 l_3 - F_4 l_4$

$$l_0 = \frac{F_1 l_1 + F_2 l_2 - F_3 l_3 - F_4 l_4}{-F_r}$$

$$l_0 = \frac{(3 \cdot 0 + 4 \cdot 15 - 5 \cdot 20 - 2 \cdot 30)\ \text{Nmm}}{-6\ \text{N}} = \frac{-100\ \text{Nmm}}{-6\ \text{mm}} = 16{,}67\ \text{mm}$$

Arbeitsplan zum Momentensatz

Lageskizze (unmaßstäblich) der gegebenen Kräfte zeichnen.

Drehpunkt (Bezugspunkt) D wählen, zweckmäßig so, daß alle gleichgerichteten Kräfte gleichen Drehsinn haben und möglichst auf der Wirklinie einer Kraft; Rechnung wird einfacher.

Wirkabstände als Lot von der Wirklinie der Kraft auf den gewählten Drehpunkt festlegen (berechnen oder aus maßstäblichen Lageplan abgreifen).

Resultierende berechnen (nach 2.1.2); bei Parallelkräften einfach durch algebraische Addition; schräge Kräfte in Komponenten zerlegen und zwar derart, daß x-Komponenten kein Moment haben, also deren WL durch D laufen; dann ist die Resultierende nur der y-Komponenten zu bilden und deren Drehmoment einzubeziehen.

Momente der Einzelkräfte berechnen und unter Berücksichtigung der Vorzeichen addieren.

Wirkabstand l_0 nach Gleichung (I.16) berechhen.

2.2.3. Zeichnerische Bestimmung unbekannter Kräfte. Es wird der Lageplan mit dem freigemachten Körper gezeichnet und die gegebenen Kräfte werden zu einer Resultierenden zusammengefaßt. Jetzt ist leicht zu erkennen, welches der folgenden Verfahren angewendet werden muß, um die unbekannten (Stütz- oder Lager-)Kräfte zu bestimmen.

2.2.3.1. Zweikräfteverfahren (Gleichgewicht von zwei Kräften). Zwei Kräfte F_1 und F_2 stehen im Gleichgewicht, wenn sie gleichen Betrag und Wirklinie, jedoch entgegengesetzten Richtungssinn haben. (Krafteck muß sich schließen, Bilder I.24 und I.25.)

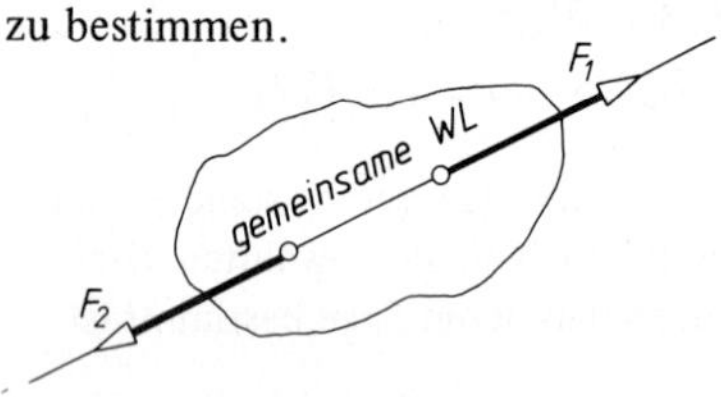

Bild I.24. Lageplan zweier Gleichgewichtskräfte

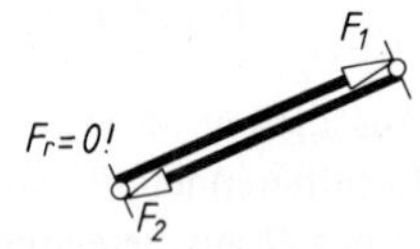

Bild I.25. Kräfteplan zweier Gleichgewichtskräfte

2.2.3.2. Dreikräfteverfahren (Gleichgewicht von drei nicht parallelen Kräften). Drei nicht parallele Kräfte stehen im Gleichgewicht, wenn die Wirklinien der Kräfte sich in einem Punkte schneiden und das Krafteck sich schließt.

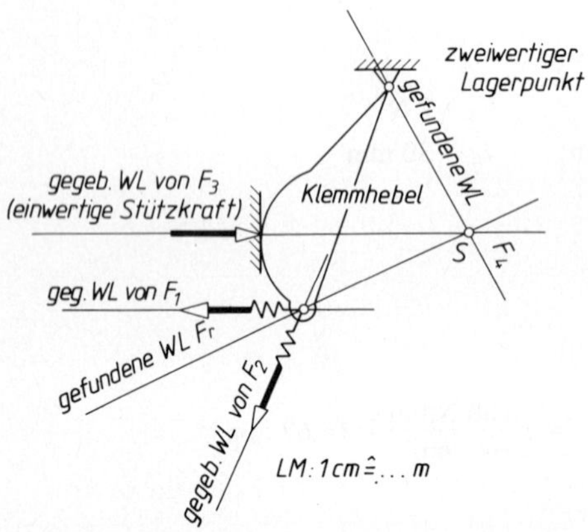

Bild I.26. Lageplan zum Dreikräfteverfahren; gegebene Kräfte F_1, F_2 müssen zuerst zur Resultierenden F_r vereinigt werden (z.B. auch durch Parallelogrammzeichnung im Lageplan) gegeben: F_1, F_2 und damit F_r; gesucht: F_3, F_4

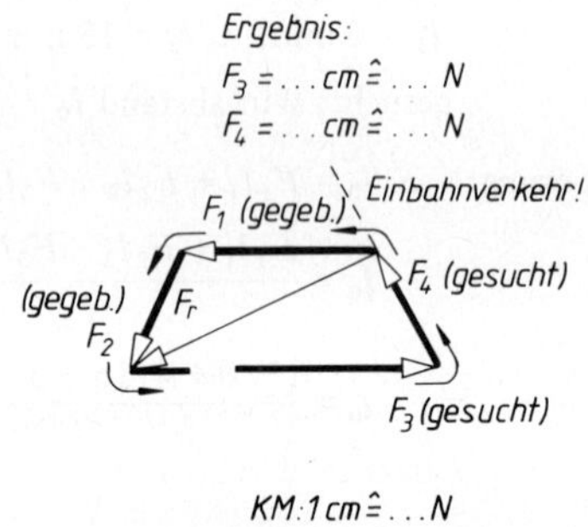

Bild I.27. Kräfteplan zum Dreikräfteverfahren

Arbeitsplan zum Dreikräfteverfahren

Lageplan des freigemachten Körpers zeichnen (maßstäblich!) und damit Wirklinien der Belastungen und der einwertigen Stützkraft (hier F_3) festlegen.

Resultierende F_r der gegebenen Kräfte (F_1 und F_2) nach 2.1.1 bestimmen und deren Wirklinie in den Lageplan übertragen.

Bekannte Wirklinien zum Schnitt S bringen.

Schnittpunkt S mit zweiwertigem Lagerpunkt verbinden, womit alle Wirklinien bekannt sein müssen.

Krafteck mit der nach Betrag und Richtung bekannten Kraft entwickeln (hier Resultierende F_r), dazu gefundene Wirklinien aus dem Lageplan verwenden. Richtungssinn der gefundenen Kräfte festlegen: Krafteck muß sich schließen!

Einbahnverkehr! Kraftrichtungen in den Lageplan übertragen.

2.2.3.3. Vierkräfteverfahren (Gleichgewicht von vier nicht parallelen Kräften). Vier nicht parallele Kräfte stehen im Gleichgewicht, wenn die Resultierenden je zweier Kräfte ein geschlossenes Krafteck bilden und eine gemeinsame Wirklinie – die Culmannsche Gerade – haben. Damit ist das Vierkräfteverfahren auf das Zweikräfteverfahren zurückgeführt (Bilder I.28 und I.29).

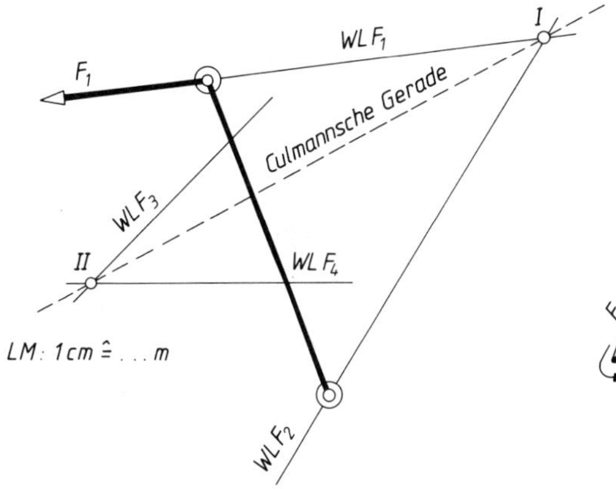

Bild I.28. Lageplan zum Vierkräfteverfahren
gegeben: F_1, WL_1, WL_2, WL_3, WL_4
gesucht: F_2, F_3, F_4

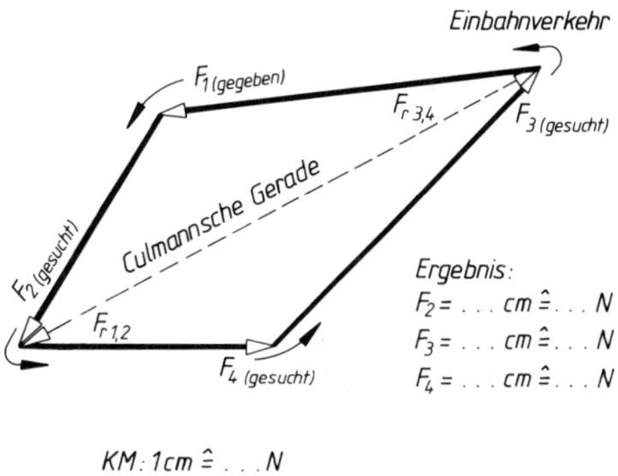

Bild I.29. Kräfteplan zum Vierkräfteverfahren

Arbeitsplan zum Vierkräfteverfahren

Lageplan mit freigemachtem Körper zeichnen (maßstäblich!) und damit Wirklinien aller Kräfte festlegen.

Wenn nötig: Resultierende von mehreren gegebenen Kräften bestimmen; Wirklinien je zweier Kräfte zum Schnitt bringen (I und II); im allgemeinsten Falle (keine Parallelkräfte vorhanden) lassen sich drei Culmannsche Gerade zeichnen; sind zwei oder vier Kräfte parallel, nur zwei Culmannsche Gerade; sind drei Kräfte parallel, läßt sich das Verfahren nicht anwenden, dann *Schlußlinienverfahren* benutzen!

Kräfteplan mit der nach Betrag und Richtung bekannten Kraft beginnen (hier F_1).

Wirklinie der zugehörigen Schnittpunktskraft (hier F_2) durch Pfeilspitze der ersten Kraft legen und erstes Dreieck mit Culmannscher Geraden abschließen.

Zweites Dreieck mit Wirklinien der beiden anderen Schnittpunktskräfte (hier F_3 und F_4) an Culmannsche Gerade ansetzen.

Richtungssinn der gefundenen Kräfte festlegen: Krafteck muß sich schließen! Einbahnverkehr!

Kraftrichtungen in den Lageplan übertragen.

Kontrolle: Die Kräfte eines Schnittpunktes im Lageplan ergeben ein Teildreieck im Kräfteplan!

Fehlerquelle: Die Kräfte werden nicht „schnittpunktsgerecht“ zusammengebracht; also im Kräfteplan nur solche Kräfte zusammenbringen, die gemeinsamen Schnittpunkt im Lageplan haben!

2.2.3.4. Schlußlinienverfahren (Gleichgewicht von parallelen Kräften oder solchen, die sich nicht auf der Zeichenebene zum Schnitt bringen lassen). Alle an einem Körper angreifenden Kräfte stehen im Gleichgewicht, wenn sich Seileck und Krafteck schließen. Dieser Satz gilt für beliebige Kräftesysteme (Bilder I.30 und I.31).

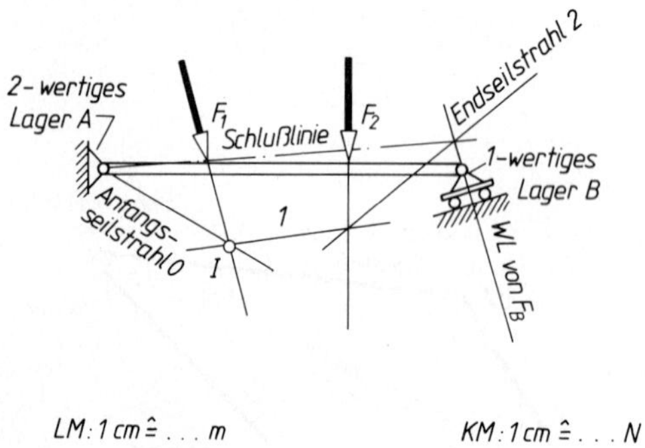

Bild I.30. Lageplan zum Schlußlinienverfahren
gegeben: F_1, F_2, WL von F_B
gesucht: Stützkräfte F_A und F_B

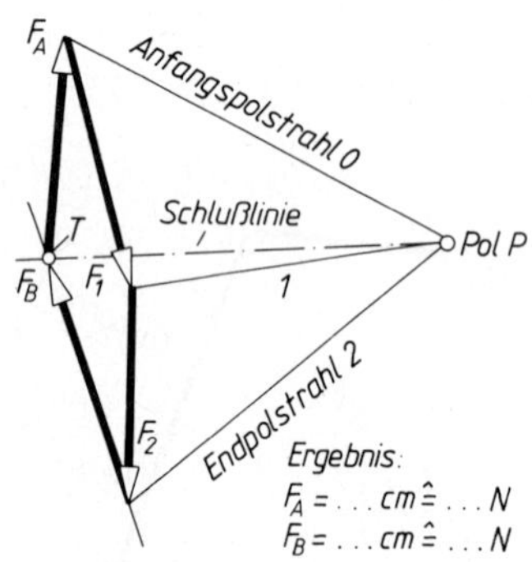

Bild I.31. Kräfteplan zum Schlußlinienverfahren

Arbeitplan zum Schlußlinienverfahren

Lageplan mit freigemachtem Körper zeichnen (maßstäblich!) und damit Wirklinien der gegebenen Kräfte und einwertigen Stützkraft (hier F_B) festlegen.

Gegebene Kräfte im Kräfteplan aneinanderreihen und Pol P wählen; Polstrahlen zeichnen und fortlaufend numerieren.

Seilstrahlen im Lageplan zeichnen; Anfangspunkt I bei parallelen Kräften beliebig, sonst Anfangsseilstrahl (0) durch Lagerpunkt (A) des zweiwertigen Lagers legen (Bild I.30).

Anfangs- und Endseilstrahl (0 und 2) mit den Wirklinien der gesuchten Stützkräfte zum Schnitt bringen; Zuordnung beliebig.

Verbindungslinie der gefundenen Schnittpunkte als „Schlußlinie" im Seileck zeichnen. Schlußlinie in den Kräfteplan übertragen.

Wirklinien der unbekannten Stützkräfte (F_A, F_B) in das Krafteck übertragen: ergibt Teilpunkt T. Krafteck durch Pfeile im „Einbahnverkehr" schließen.

2.2.4. Rechnerische (analytische) Bestimmung unbekannter Kräfte. Alle am freigemachten Körper angreifenden Kräfte werden nach den beiden Richtungen eines rechtwinkligen Achsenkreuzes zerlegt. Ist dann die algebraische Summe der Komponenten in x- und y-Richtung gleich Null und ist ebenso die algebraische Summe aller Momente dieser Kräfte gleich Null, so stehen die Kräfte im Gleichgewicht.

Die *rechnerischen Gleichgewichtsbedingungen* beim allgemeinen Kräftesystem lauten:

I. $\Sigma F_x = 0$ (Summe aller x-Kräfte gleich Null)

II. $\Sigma F_y = 0$ (Summe aller y-Kräfte gleich Null) (I.17)

III. $\Sigma M_{(D)} = 0$ (Summe aller Kraftmomente um jeden beliebigen Drehpunkt D gleich Null)

$$F_{nx} = F_n \cos \alpha_n; \quad F_{ny} = F_n \sin \alpha_n \qquad (I.18)$$

Winkel α ist stets spitzer Winkel der Wirklinie zur x-Achse!

Mit Bezug auf Bild I.32 ist

I. $+F_1 \cos\alpha_1 - F_{Ax} = 0$

II. $+F_{Ay} - F_1 \sin\alpha_1 - F_2 + F_B = 0$

III. $-F_1 \sin\alpha_1 l_1 - F_2 l_2 + F_B l = 0$

III. $F_B = \dfrac{-F_1 \sin\alpha_1 l_1 - F_2 l_2 + F_B l}{l}$

II. $F_{Ay} = F_1 \sin\alpha_1 + F_2 - F_B$

I. $F_{Ax} = F_1 \cos\alpha_1$

$$F = \sqrt{F_{Ax}^2 + F_{Ay}^2}$$

$$\alpha = \arctan \frac{|F_y|}{|F_x|}$$

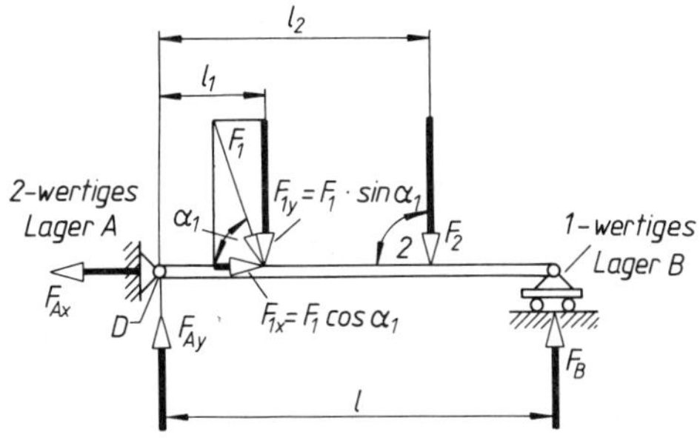

Bild I.32. Lageskizze (unmaßstäblich) mit den Komponenten sämtlicher Kräfte am freigemachten Körper

Arbeitsplan zur rechnerischen (analytischen) Bestimmung unbekannter Kräfte

Lageskizze des freigemachten Körpers zeichnen und sämtliche Kräfte unmaßstäblich eintragen.

Rechtwinkliges Achsenkreuz so legen, daß möglichst wenig Kräfte zerlegt werden müssen.

Sämtliche Kräfte – auch die noch unbekannten – in ihre x- und y-Komponenten zerlegen, dabei die Richtungen der noch unbekannten Kräfte zunächst annehmen.

Nach der so angelegten Lageskizze die drei Gleichgewichtsbedingungen ansetzen; meist enthält die Momenten-Gleichgewichtsbedingung (III) nur eine Unbekannte; damit beginnen.

Ergibt die Lösung für eine der unbekannten Kräfte einen negativen Wert (Minus-Vorzeichen), dann war Richtungsannahme für diese Kraft falsch, Zahlenwert stimmt jedoch! In weiterer Entwicklung mit tatsächlicher Richtung arbeiten!

Errechnete Komponenten mit $F = \sqrt{F_x^2 + F_y^2}$ zusammenfassen.

Kraftrichtungen der gefundenen Kräfte in den Lageplan übertragen.

Die *rechnerischen Gleichgewichtsbedingungen* nach (I.17) lassen sich noch in eine andere Form bringen. Die Momentengleichungsbedingung um Punkt I in Bild I.33 ($\Sigma M_{(I)} = 0$) ergibt noch kein Gleichgewicht, weil die Kraft F_1 nicht mit erfaßt wird: Körper verschiebt sich in Richtung F_1! Auch $\Sigma M_{(II)} = 0$ garantiert noch nicht Gleichgewicht, weil eine durch Punkte I *und* II gehende Kraft F_2 nicht erfaßt wird. Sie würde den Körper ebenfalls verschieben. Erst $\Sigma M_{(III)} = 0$ erfaßt *alle* Kräfte und garantiert Gleichgewicht, wenn die Punkte I, II, III *nicht* auf einer Geraden liegen.

Unbekannte Kräfte lassen sich demnach beim allgemeinen Kräftesystem auf zwei Arten bestimmen:

$$\left.\begin{aligned} \Sigma F_x &= 0 \\ \Sigma F_y &= 0 \\ \Sigma M_{(D)} &= 0 \end{aligned}\right\} \text{ ergibt Gleichgewicht } \left\{\begin{aligned} M_{(I)} &= 0 \\ M_{(II)} &= 0 \\ M_{(III)} &= 0 \end{aligned}\right.$$

Die zweite Möglichkeit wird beim *Ritterschen Schnitt* benutzt (7.1.3).

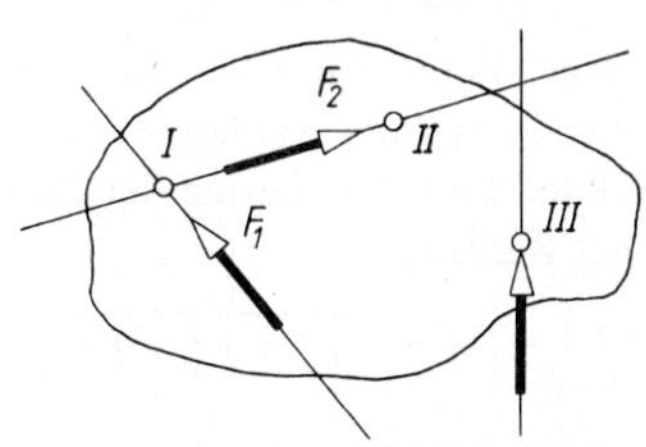

Bild I.33. $\Sigma M = 0$ um drei Punkte ergibt auch Gleichgewicht

3. Kräfte im Raum (Sonderfälle)

3.1. Bestimmung der wahren Größe eines Vektors im Raum

Ein im Raum beliebig gerichteter Vektor F (Kraft, Geschwindigkeit, Beschleunigung) ist durch seine Projektionen F_1 in der Vorderansicht, F_2 in der Draufsicht und F_3 in der Seitenansicht festgelegt. Zur eindeutigen Bestimmung der wahren Länge (des Betrages) des Vektors genügen zwei Projektionen, z.B. in Vorderansicht und Draufsicht (Bild I.34).

Ermittlung nach den Regeln der darstellenden Geometrie[1]), z.B. durch Drehen der Projektion $F_2(\overline{A_2E_2})$ um A_2 parallel zur Draufsichtebene nach A_2E_2'. Strecke A_1E in Vorderansicht ist dann die wahre Größe von F mit dem wahren Richtungswinkel α zur Draufsichtebene. Verfahren ist auch umgekehrt sowie in Vorderansicht und Seitenansicht durchführbar.

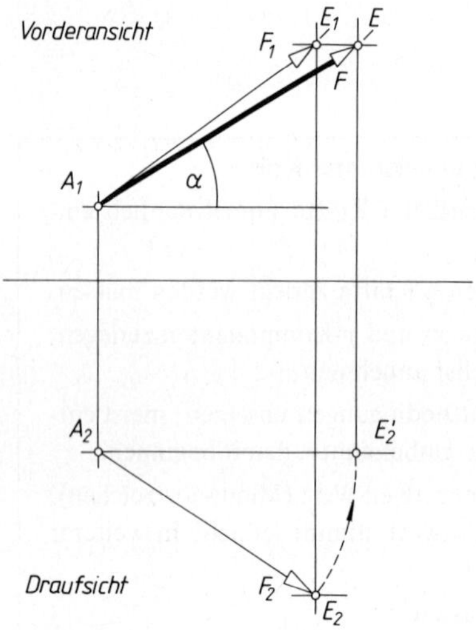

Bild I.34. Bestimmung der wahren Größe einer räumlichen Kraft

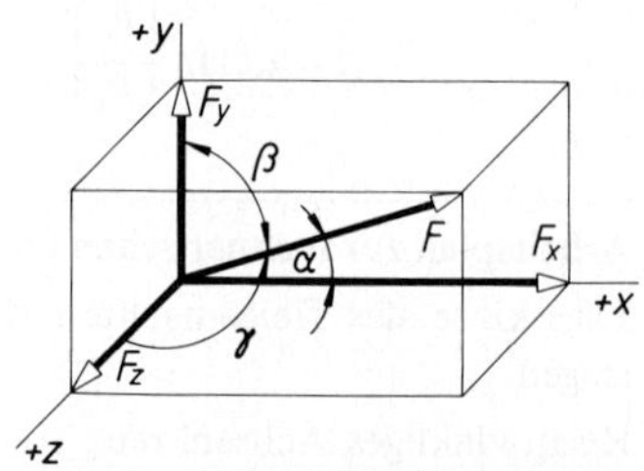

Bild I.35. Einzelkraft im Raum und ihre Komponenten in Richtung der Achsen

3.2. Zerlegung einer Kraft

Die räumliche Darstellung einer Kraft F zeigt Bild I.35. Sie läßt sich danach leicht in die drei rechtwinklig aufeinander stehenden *Komponenten* F_x, F_y, F_z zerlegen:

$$F_x = F \cos\alpha; \qquad F_y = F \cos\beta; \qquad F_z = F \cos\gamma \qquad \text{(I.19)}$$

Winkel α, β, γ sind die *Richtungs*winkel, welche die Kraft mit der x-, y-, z-Richtung des räumlichen Achsenkreuzes bilden.

3.3. Zusammensetzung dreier rechtwinkliger Kräfte (Zentrales Kräftesystem)

Nach Bild I.35 können drei rechtwinklig aufeinander stehende Kräfte F_x, F_y, F_z zur *Resultierenden F* vereinigt werden. F ist die Diagonale eines Rechtkantes, das aus den drei Komponenten gebildet wird. Der Betrag der Resultierenden kann demnach mit dem räumlichen Pythagoras berechnet werden:

$$F = \sqrt{F_x^2 + F_y^2 + F_z^2} \qquad \text{(I.20)}$$

[1]) Siehe *A. Böge:* „Abwicklung von Blechkörpern", Verlag Vieweg, Braunschweig

Die *Richtungswinkel* α, β, γ, die F mit den drei Richtungen des räumlichen Achsenkreuzes bildet, ergeben sich aus den drei Kosinuswerten:

$$\alpha = \arccos \frac{F_x}{F}; \qquad \beta = \arccos \frac{F_y}{F}; \qquad \gamma = \arccos \frac{F_z}{F} \qquad (I.21)$$

Die algebraische Weiterentwicklung von (I.20) ergibt:

$$\sqrt{F^2 \cos^2 \alpha + F^2 \cos^2 \beta + F^2 \cos^2 \gamma} = F$$
$$F \sqrt{\cos^2 \alpha + \cos^2 \beta + \cos^2 \gamma} = F \qquad (I.22)$$
$$\cos^2 \alpha + \cos^2 \beta + \cos^2 \gamma = 1$$

Durch zwei gegebene Winkel ist demnach der dritte bestimmt, von dem nur noch festgelegt werden darf, ob er spitz oder stumpf sein soll (positiver oder negativer Kosinus).

3.4. Zusammensetzung mehrerer Kräfte und Gleichgewichtsbedingungen (Zentrales Kräftesystem)

Jede Kraft eines zentralen räumlichen Kräftesystems läßt sich nach (I.19) und Bild I.35 in die drei Komponenten F_x, F_y, F_z zerlegen.

Die *Teilresultierenden* F_{rx}, F_{ry}, F_{rz} der x-, y- und z-Kräfte sowie die *Gesamtresultierende* F_r ergeben sich dann sinngemäß:

$$F_{rx} = \Sigma F_x = \Sigma F \cos \alpha$$
$$F_{ry} = \Sigma F_y = \Sigma F \cos \beta \qquad (I.23)$$
$$F_{rz} = \Sigma F_z = \Sigma F \cos \gamma$$

$$F_r = \sqrt{(\Sigma F_x)^2 + (\Sigma F_y)^2 + (\Sigma F_z)^2}$$
$$F_r = \sqrt{F_{rx}^2 + F_{ry}^2 + F_{rz}^2} \qquad (I.24)$$

Die drei Richtungswinkel α_r, β_r, γ_r, die die Gesamtresultierende F_r mit den drei Achsen x, y, z einschließt, ergeben sich wieder aus den drei *Kosinuswerten:*

$$\alpha_r = \arccos \frac{F_{rx}}{F_r}; \qquad \beta_r = \arccos \frac{F_{ry}}{F_r}; \qquad \gamma_r = \arccos \frac{F_{rz}}{F_r} \qquad (I.25)$$

Entsprechend den rechnerischen Gleichgewichtsbedingungen eines ebenen zentralen Kräftesystems (I.14) gelten für das *räumliche zentrale Kräftesystem* die drei *Gleichgewichtsbedingungen:*

$$\text{I.} \quad \Sigma F_x = 0; \qquad F_{1x} + F_{2x} + F_{3x} \ldots F_{nx} = 0$$
$$\text{II.} \quad \Sigma F_y = 0; \qquad F_{1y} + F_{2y} + F_{3y} \ldots F_{ny} = 0 \qquad (I.26)$$
$$\text{III.} \quad \Sigma F_z = 0; \qquad F_{1z} + F_{2z} + F_{3z} \ldots F_{nz} = 0$$

$$F_{nx} = F_n \cos \alpha_n; \qquad F_{ny} = F_n \cos \beta_n; \qquad F_{nz} = F_z \cos \gamma_n \qquad (I.27)$$

Gleichgewicht des *allgemeinen* räumlichen Kräftesystems erfordert außer (I.26) noch die Erfüllung der drei *Momentengleichgewichtsbedingungen* um die drei Achsen des Achsenkreuzes:

$$\text{IV.} \quad \Sigma M_{(x)} = 0; \qquad \text{V.} \quad \Sigma M_{(y)} = 0; \qquad \text{VI.} \quad \Sigma M_{(z)} = 0 \qquad (I.28)$$

3.5. Bestimmung der Stützkräfte beim dreibeinigen Bockgerüst (Bild I.36)

Ansicht und Draufsicht des dreibeinigen Bockgerüstes sind gegeben; ebenso die äußere Belastung F. Die Stützkräfte F_1, F_2, F_3 sind zeichnerisch zu bestimmen.

Lösungsgedanken: Äußere Kraft F und Stützkräfte F_1, F_2, F_3 müssen im Gleichgewicht sein. Durch je zwei der vier gegebenen Wirklinien läßt sich je eine Ebene legen, in der je zwei Kräfte zur Hilfsresultierenden zusammengefaßt werden können. Damit sind die vier Kräfte gedanklich auf zwei reduziert, die bei Gleichgewicht gleich groß und gegensinnig sind und eine gemeinsame Wirklinie haben müssen (Zwei-Kräfteverfahren). Diese gemeinsame Wirklinie heißt Culmannsche Gerade; es kann nur die Schnittlinie beider Hilfsebenen sein. Damit lassen sich die Hilfsresultierenden und auch die Kraftecke zeichnen. Diese Kraftecke stellen die Projektionen eines räumlichen Kraftecks in Vorderansicht und Draufsicht dar.

Ausführung: Durchstoßpunkt D der Wirklinie (WL) von F festlegen; Punkte A, D und B, C verbinden, ergibt die horizontalen Spuren der Hilfsebenen und Schnittpunkt E. Strecke $\overline{ME}$ in der Draufsicht ist dann die Schnittlinie der Ebenen, also die Culmannsche Gerade l, d.h. zugleich die Wirklinie beider Hilfsresultierenden. Damit kann das Krafteck in Draufsicht und Vorderansicht gezeichnet werden:

In Vorderansicht und Draufsicht von beliebigem Punkt 0 aus Kraft F maßstäblich und richtungsgemäß aufzeichnen; Wirklinie von F_1 antragen durch Parallelverschiebung aus dem Lageplan; Parallele zu $\overline{ME}$ (Culmannsche Gerade l) durch Endpunkt von F zeichnen, sie schneidet Kraft F_1 ab und ergibt außerdem die Hilfsresultierende F_r. Parallelen zu den Wirklinien von F_2 und F_3 ergeben auch diese Kräfte.

Aus den derart gefundenen Projektionen der Kräfte können nach 3.1 die wahren Größen der Kräfte bestimmt werden wie z.B. Kraft F_2 in Bild I.36.

Kontrolle: Alle zugehörigen Pfeilspitzen in den Kräfteplänen (Vorderansicht und Draufsicht) müssen senkrecht übereinander liegen!

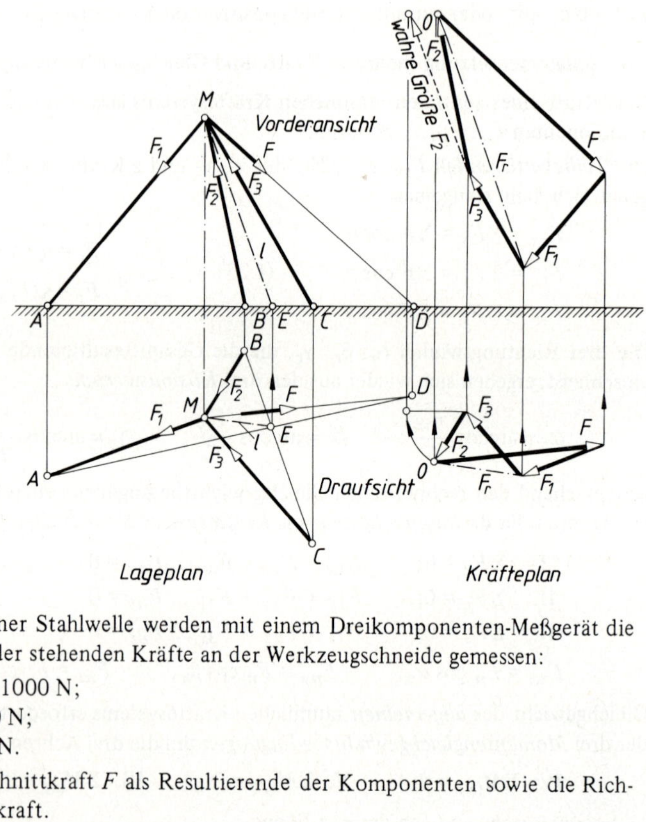

Bild I.36. Zeichnerische Bestimmung der Stützkräfte (Stabkräfte) beim dreibeinigen Bockgerüst

■ **Beispiel:** Beim Schruppdrehen einer Stahlwelle werden mit einem Dreikomponenten-Meßgerät die drei senkrecht aufeinander stehenden Kräfte an der Werkzeugschneide gemessen:

Hauptschnittkraft $F_h = 1000$ N;
Vorschubkraft $F_v = 400$ N;
Abdrängkraft $F_a = 300$ N.

Zu berechnen ist die Schnittkraft F als Resultierende der Komponenten sowie die Richtungswinkel der Schnittkraft.

Lösung: $F = \sqrt{F_x^2 + F_y^2 + F_z^2} = \sqrt{400^2\ \text{N}^2 + 1000^2\ \text{N}^2 + 300^2\ \text{N}^2} = 1118\ \text{N}$

$$\alpha = \arccos \frac{F_x}{F} = \arccos \frac{400\ \text{N}}{1118\ \text{N}} = 69{,}036°$$

$$\beta = \arccos \frac{F_y}{F} = \arccos \frac{1000\ \text{N}}{1118\ \text{N}} = 26{,}562°$$

$$\gamma = \arccos \frac{F_z}{F} = \arccos \frac{300\ \text{N}}{1118\ \text{N}} = 74{,}435°$$

$$\cos^2\alpha + \cos^2\beta + \cos^2\gamma = 1$$

4. Schwerpunkt (Massenmittelpunkt)

Derjenige Punkt, in dem man einen Körper, eine Fläche oder ein Liniengebilde abstützen oder aufhängen müßte, damit er in jeder beliebigen Lage stehen bleibt, heißt Schwerpunkt. Die Lage des Schwerpunkts wird rechnerisch mit dem *Momentensatz* (I.16) und zeichnerisch mit dem *Seileckverfahren* (2.2.1) bestimmt.

Alle durch den Schwerpunkt gehenden Linien oder Ebenen heißen *Schwerlinien* oder *Schwerebenen.*

Jede *Symmetrielinie* ist eine Schwerlinie, jede *Symmetrieebene* ist Schwerebene.

Der gemeinsame Schwerpunkt von zwei Teilen liegt auf der Verbindungslinie der Teilschwerpunkte und teilt sie im umgekehrten Verhältnis der Gewichtskräfte oder Größen beider Teile.

4.1. Rechnerische Bestimmung des Schwerpunktes

4.1.1. Schwerpunkt S eines Körpers ist derjenige ausgezeichnete, körperfeste Punkt, durch den die Resultierende aller Teil-Gewichtskräfte in jeder Lage des Körpers hindurchgeht.

Zur Lagebestimmung zerlegt man den Körper in „n" Einzelteile bekannter Schwerpunktlage (z.B. 3 in Bild I.37), bringt in deren Teilschwerpunkten die entsprechende Teilgewichtskraft F_{G1}, F_{G2} ... F_{Gn} an und berechnet mit Hilfe des *Momentensatzes* (I.16) die Lage der Resultierenden der Parallelkräfte. Damit hat man *eine* Schwerlinie. Der Schwerpunkt ist der Schnittpunkt der Schwerlinien, deren Abstand sich aus den folgenden Gleichungen ergibt:

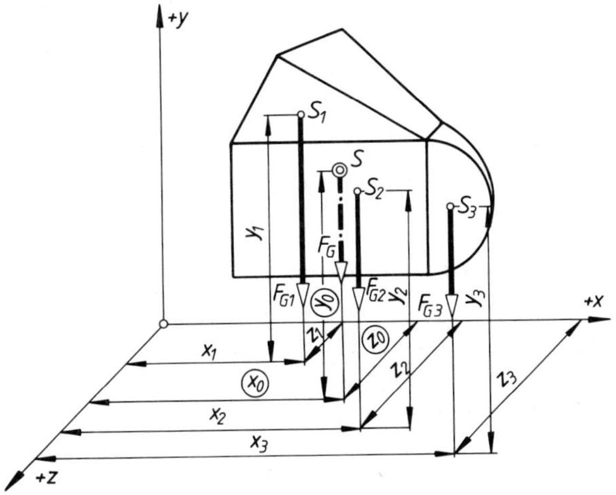

Bild I.37. Rechnerische Schwerpunktsbestimmung eines Körpers
gegeben: $x_1 \ldots x_3, y_1 \ldots y_3, z_1 \ldots z_3, G_1 \ldots G_3$
gesucht: x_0, y_0, z_0

Betrag der Resultierenden

$$F_G = F_{G1} + F_{G2} + F_{G3} + \ldots F_{Gn} = \Sigma \Delta F_G \qquad \text{(I.29)}$$

Schwerpunktabstand von der y, z-Ebene

$$x_0 = \frac{F_{G1}x_1 + F_{G2}x_2 + F_{G3}x_3 + \ldots F_{Gn}x_n}{F_G} = \frac{\Sigma \Delta F_G x}{\Sigma \Delta F_G} \qquad \text{(I.30)}$$

Schwerpunktabstand von der x, z-Ebene

$$y_0 = \frac{F_{G1}y_1 + F_{G2}y_2 + F_{G3}y_3 + \ldots F_{Gn}y_n}{F_G} = \frac{\Sigma \Delta F_G y}{\Sigma \Delta F_G} \qquad \text{(I.31)}$$

Schwerpunktabstand von der x, y-Ebene

$$z_0 = \frac{F_{G1}z_1 + F_{G2}z_2 + F_G z_3 + \ldots F_{Gn}z_n}{F_G} = \frac{\Sigma \Delta F_G z}{\Sigma \Delta F_G} \qquad \text{(I.32)}$$

Setzt man in vorstehende Gleichungen für $F_G = mg$ ein, so kürzt sich die Fallbeschleunigung g heraus. Statt mit den Gewichtskräften F_G kann man also auch mit den Massen m rechnen, daher die Bezeichnung *Massenmittelpunkt.*

Setzt man in vorstehende Gleichungen für $F_G = mg = V\rho g$ ein, so kürzen sich bei *homogenen Körpern*, das sind Körper gleichmäßiger Dichte, sowohl Dichte ρ als auch Fallbeschleunigung g heraus. Statt mit den Gewichtskräften F_G kann man hier also mit dem Volumen V rechnen, daher die Bezeichnung *geometrischer Schwerpunkt.*

4.1.2. Schwerpunkt S einer ebenen Fläche ist durch die Gleichungen (I.29 ... I.32) definiert, wenn man für die Gewichtskräfte F_G die Flächen A einsetzt. Meistens handelt es sich um *ebene* Flächen, für die alle z-Werte gleich Null sind, so daß es genügt, ein ebenes Achsenkreuz mit x- und y-Achse zu verwenden.

Zur Lagebestimmung zerlegt man die Fläche in n Einzelflächen mit bekannter Schwerpunktlage (z.B. 3 in Bild I.38), denkt sich in den Teilschwerpunkten die Teilflächen vereinigt und berechnet die Lage des Gesamtschwerpunktes S mit Hilfe des

Momentensatzes für Flächen:

Betrag der Gesamtfläche

$$A = A_1 + A_2 + A_3 + \dots A_n = \Sigma\Delta A \qquad \text{(I.33)}$$

Schwerpunktabstand von der y-Achse

$$x_0 = \frac{A_1x_1 + A_2x_2 + A_3x_3 + \dots A_nx_n}{A} = \frac{\Sigma\Delta A x}{\Sigma\Delta A} \qquad \text{(I.34)}$$

Schwerpunktabstand von der x-Achse

$$y_0 = \frac{A_1y_1 + A_2y_2 + A_3y_3 + \dots A_ny_n}{A} = \frac{\Sigma\Delta A y}{\Sigma\Delta A} \qquad \text{(I.35)}$$

Beachte: Bohrungen werden mit entgegengesetztem Drehsinn eingesetzt!

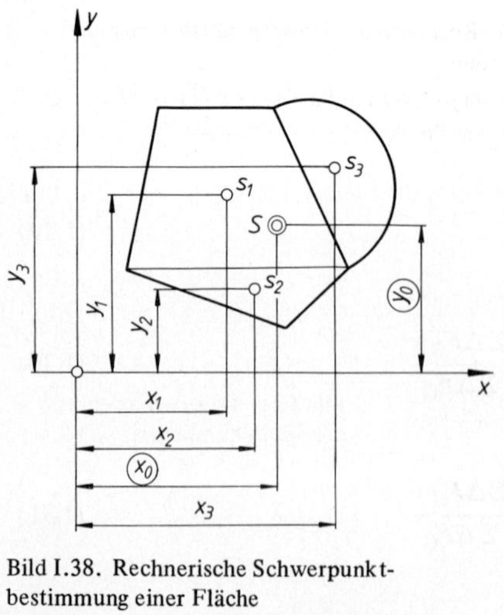

Bild I.38. Rechnerische Schwerpunktbestimmung einer Fläche
gegeben: $x_1, x_2, x_3, y_2, y_3, A_1, A_2, A_3$
gesucht: x_0, y_0

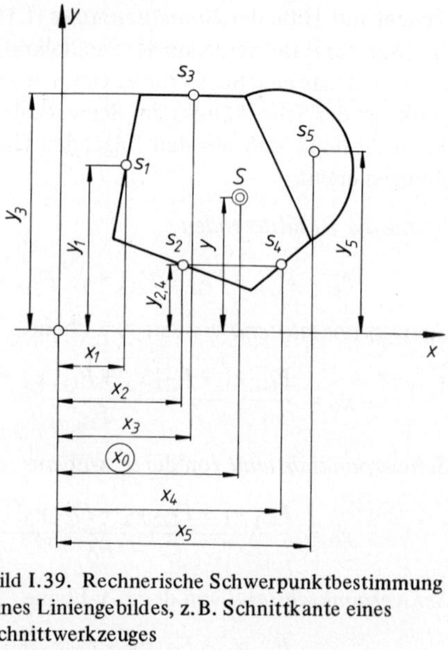

Bild I.39. Rechnerische Schwerpunktbestimmung eines Liniengebildes, z.B. Schnittkante eines Schnittwerkzeuges
gegeben: $l_1 \dots l_5$; $x_1 \dots x_5$, $y_1 \dots y_5$
gesucht: x_0, y_0

4.1.3. Schwerpunkt S eines ebenen Liniengebildes ist durch die Gleichungen (I.29 ... I.32) definiert, wenn man für die Gewichtskräfte F_G die Linienlängen l einsetzt. Zur Lagebestimmung zerlegt man das Liniengebilde in Einzellängen mit bekannter Schwerpunktlage (Bild I.39), denkt sich in den Teilschwerpunkten die Teillinien vereinigt und berechnet die Lage des Gesamtschwerpunktes mit Hilfe des

Momentensatzes für Linien:

Gesamtlänge des Liniengebildes

$$l = l_1 + l_2 + l_3 + \dots l_n = \Sigma \Delta l \tag{I.36}$$

Schwerpunktabstand von der y-Achse

$$x_0 = \frac{l_1 x_1 + l_2 x_2 + l_3 x_3 + \dots l_n x_n}{l} = \frac{\Sigma \Delta l x}{\Sigma \Delta l} \tag{I.37}$$

Schwerpunktabstand von der x-Achse

$$y_0 = \frac{l_1 y_1 + l_2 y_2 + l_3 y_3 + \dots l_n y_n}{l} = \frac{\Sigma \Delta l y}{\Sigma \Delta l} \tag{I.38}$$

Bei allen Schwerpunktberechnungen ist zu beachten: Für eine Schwerebene (Schwerlinie) ist das statische Moment der Resultierenden gleich Null ($F_G x_0 = 0$: $A x_0 = 0; l x_0 = 0$), weil der Hebelarm der Resultierenden in diesem Falle gleich Null wird ($x_0 = 0; y_0 = 0; z_0 = 0$)! Umgekehrt heißt das: Ist das statische Moment von F_G, A, l, bezogen auf eine Ebene (Gerade) gleich Null, so liegt der Schwerpunkt in dieser Ebene (Geraden).

4.2. Schwerpunkt wichtiger Linien, Flächen und Körper

4.2.1. Linienschwerpunkt. *Gerade Strecke* (Bild I.40), Schwerpunkt S ist ihr Mittelpunkt. *Dreieckumfang* (Bild I.41). Dreieckseiten halbieren und Mittelpunkte a, b, c verbinden. S ist Mittelpunkt des dem Dreieck a, b, c einbeschriebenen Kreises.

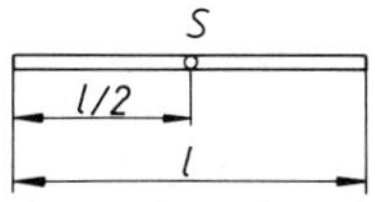

Bild I.40. Linienschwerpunkt der geraden Strecke

$$y_0 = \frac{h}{2} \cdot \frac{a+b}{a+b+c} \tag{I.39}$$

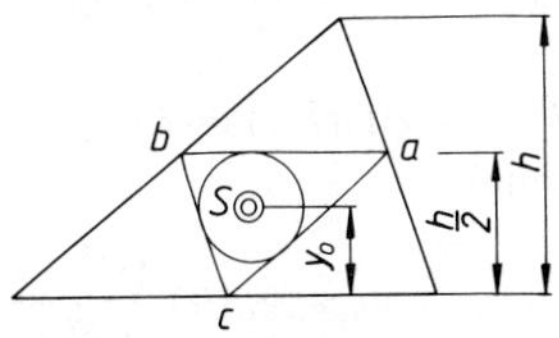

Bild I.41. Linienschwerpunkt des Dreieckumfanges

Kreisbogen (Bild I.42). S liegt auf der Winkelhalbierenden des Zentriwinkels 2α (Symmetrielinie):

$$y_0 = \frac{r\,s}{b} \qquad s = 2r \sin\alpha \qquad b = 2\pi r\,\alpha°/180° \tag{I.40}$$

$$\left.\begin{array}{ll} y_0 = \dfrac{2r}{\pi} = 0{,}6366r & \text{für Halbkreisbogen } 2\alpha = 180° \\ y_0 = \dfrac{2r}{\pi}\sqrt{2} = 0{,}9003\,r & \text{für Viertelkreisbogen } 2\alpha = 90° \\ y_0 = \dfrac{3r}{\pi} = 0{,}9549\,r & \text{für Sechstelkreisbogen } 2\alpha = 60° \\ y_{01} \approx \dfrac{2}{3}h & \text{für flache Bögen} \end{array}\right\} \tag{I.41}$$

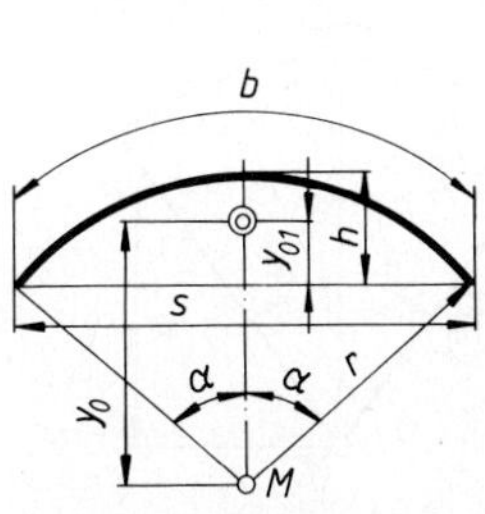

Bild I.42. Linienschwerpunkt des Kreisbogens

4.2.2. Flächenschwerpunkt. *Dreieck* (Bild I.43). S liegt im Schnittpunkt der Seitenhalbierenden.

$$y_0 = \frac{1}{3} h \qquad \text{(I.42)}$$

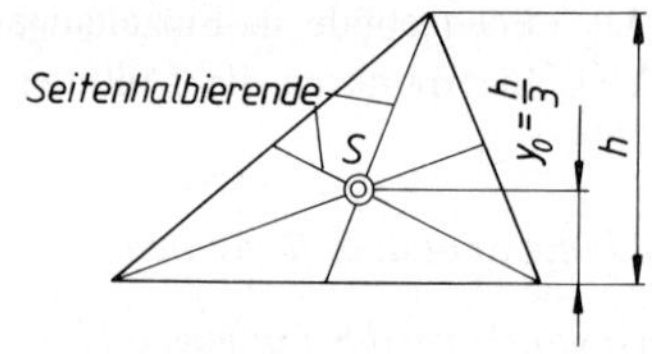

Bild I.43. Flächenschwerpunkt des Dreiecks

Liegt ein Dreieck im ebenen Achsenkreuz und sind x_1, x_2, x_3 bzw. y_1, y_2, y_3 die Koordinaten der Eckpunkte des Dreiecks, so sind die Koordinaten des Schwerpunktes:

$$x_0 = \frac{1}{3}(x_1 + x_2 + x_3); \; y_0 = \frac{1}{3}(y_1 + y_2 + y_3) \qquad \text{(I.43)}$$

Parallelogramm. S liegt im Schnittpunkt der Diagonalen als Symmetrielinien.

Trapez (Bild I.44). Grundseiten a und b wechselseitig antragen und Endpunkte dieser Strecken verbinden, ebenso Mitten der Seiten a und b verbinden. S liegt im Schnittpunkt beider Verbindungslinien.

$$y_0 = \frac{h}{3} \cdot \frac{a + 2b}{a + b} \qquad \text{(I.44)}$$

$$y_{01} = \frac{h}{3} \cdot \frac{2a + b}{a + b} \qquad \text{(I.45)}$$

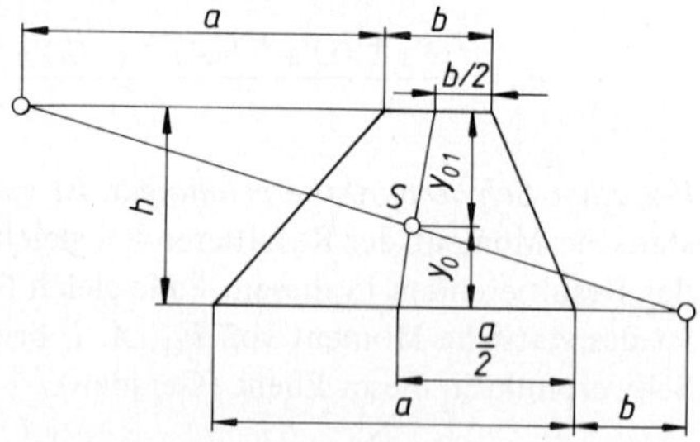

Bild I.44. Flächenschwerpunkt des Trapezes

Kreisausschnitt (Bild I.45). S liegt auf der Winkelhalbierenden des Zentriwinkels 2α (Symmetrielinie):

$$y_0 = \frac{2}{3} \cdot \frac{r s}{b} \qquad \text{(I.46)}$$

$$\left.\begin{aligned} y_0 &= \frac{4r}{3\pi} = 0{,}4244\, r && \text{für Halbkreisfläche mit } 2\alpha = 180° \\ y_0 &= \frac{4r}{3\pi}\sqrt{2} = 0{,}6002\, r && \text{für Viertelkreisfläche mit } 2\alpha = 90° \\ y_0 &= \frac{2r}{\pi} = 0{,}6366\, r && \text{für Sechstelkreisfläche mit } 2\alpha = 60° \end{aligned}\right\} \qquad \text{(I.47)}$$

Kreisringstück (Bild I.46). S liegt auf der Winkelhalbierenden des Zentriwinkels 2α (Symmetrielinie):

$$y_0 = 38{,}197 \frac{(R^3 - r^3) \sin\alpha}{(R^2 - r^2)\,\alpha°} \qquad \text{(I.48)}$$

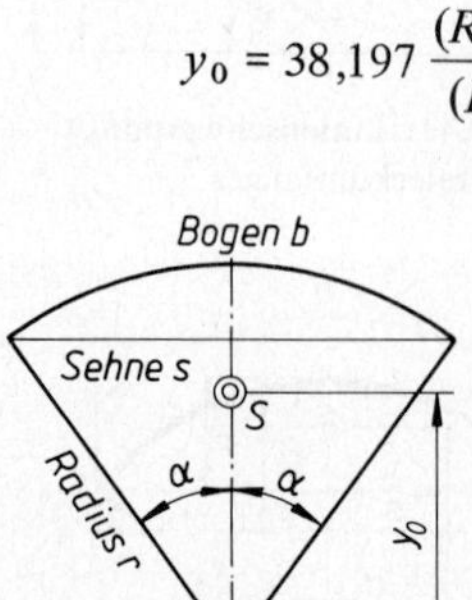

Bild I.45. Flächenschwerpunkt des Kreisausschnittes

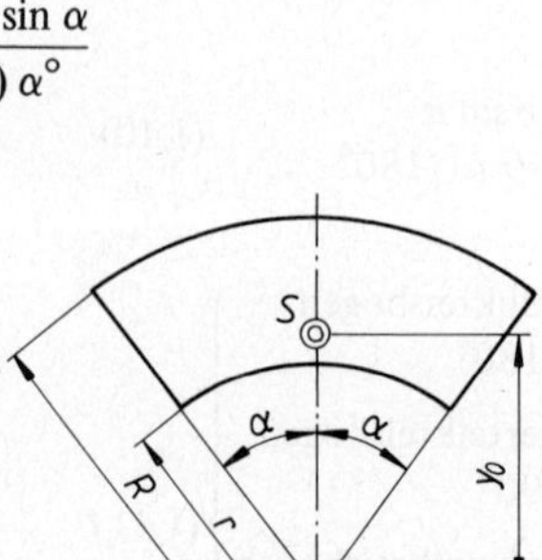

Bild I.46. Flächenschwerpunkt des Kreisringstückes

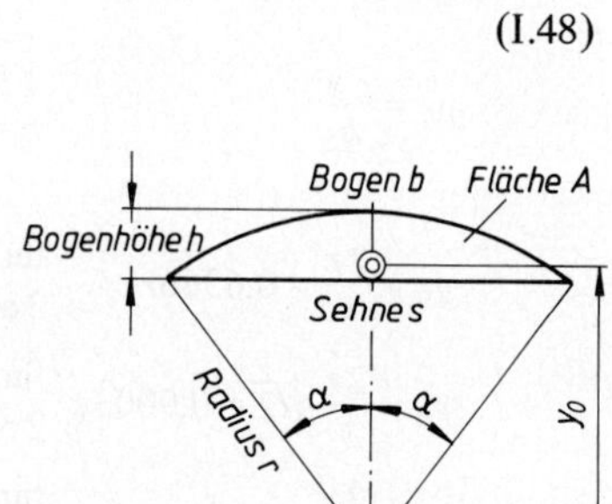

Bild I.47. Flächenschwerpunkt des Kreisabschnittes

Kreisabschnitt (Bild I.47). S liegt auf der Winkelhalbierenden des Zentriwinkels 2α (Symmetrielinie):

$$y_0 = \frac{2}{3} \cdot \frac{r \sin^3 \alpha}{(\operatorname{arc} \alpha - \sin \alpha \cos \alpha)} = \frac{s^3}{12 A} \qquad \text{(I.49)}$$

Parabelfläche (Bild I.48)

$$x_{01} = \frac{3}{8} a \qquad x_{02} = \frac{3}{4} a \qquad y_{01} = \frac{3}{5} b \qquad y_{02} = \frac{3}{10} b \qquad \text{(I.50)}$$

Kugelzone und Kugelhaube (Bild I.49):

Für die Kugelzone ist $y_0 = \frac{r}{2}(\cos \alpha_1 + \cos \alpha_2)$. Mit $\cos \alpha_1 = \frac{h + h_0}{r}$ und $\cos \alpha_2 = \frac{h_0}{r}$ wird $y_0 = \frac{r}{2} \cdot \left(\frac{h + h_0}{r} + \frac{h_0}{r}\right) = \frac{h}{2} + h_0$, d.h. der Schwerpunkt der Mantelfläche liegt in halber Zonenhöhe. Für die Mantelfläche der Kugelhaube ($\alpha_1 = 0$) gilt das gleiche.

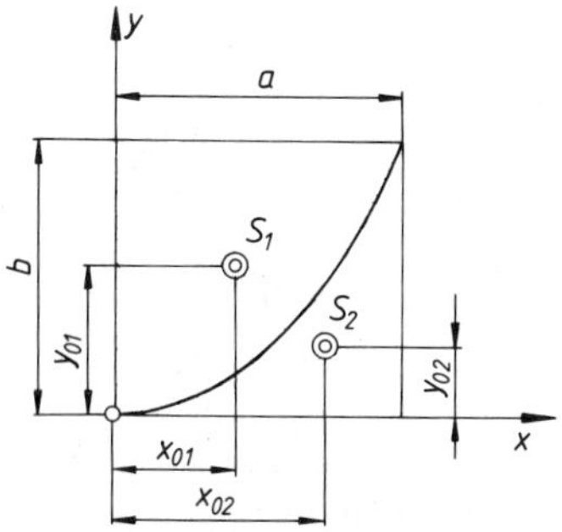

Bild I.48. Flächenschwerpunkt der Parabelfläche

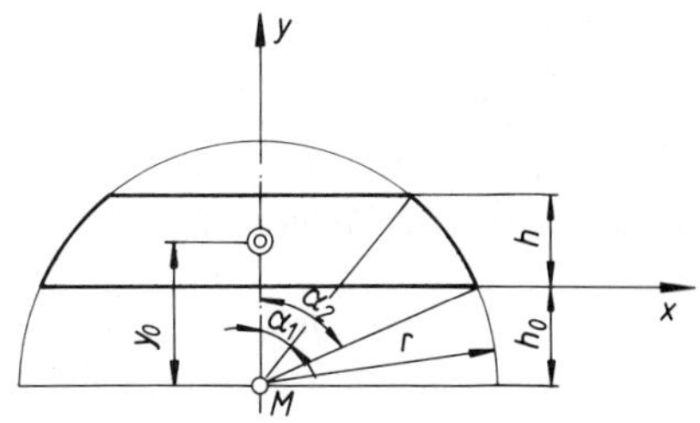

Bild I.49. Flächenschwerpunkt der Kugelzone und der Kugelhaube

Kegelmantel und Pyramidenmantel. Verbinde Kegel- bzw. Pyramidenspitze mit dem Schwerpunkt des Umfanges der Grundfläche. Auf dieser Schwerlinie liegt der Mantelschwerpunkt S im Abstand ein Drittel der Höhe von der Grundfläche entfernt: $y_0 = h/3$.

Mantel des abgestumpften Kreiskegels. Verbinde die Mitten beider Stirnflächen (Schwerlinie). Der Schwerpunktabstand von der Grundfläche beträgt:

$$y_0 = \frac{h}{3} \cdot \frac{R + 2r}{R + r} \qquad \text{(I.51)}$$

h Höhe des Kegelstumpfes
R Radius der unteren Stirnfläche
r Radius der oberen Stirnfläche

Profilstähle: Die Schwerpunktabstände sind mit e bezeichnet. Beachte beim Ablesen die dort gewählten Bezugsachsen!

4.2.3. Körperschwerpunkt. Gerades oder schiefes *Prisma (und Zylinder) mit parallelen Stirnflächen* (Bild I.50). S liegt in der Mitte der Verbindungslinie der Flächenschwerpunkte S_0, also $y_0 = h/2$.

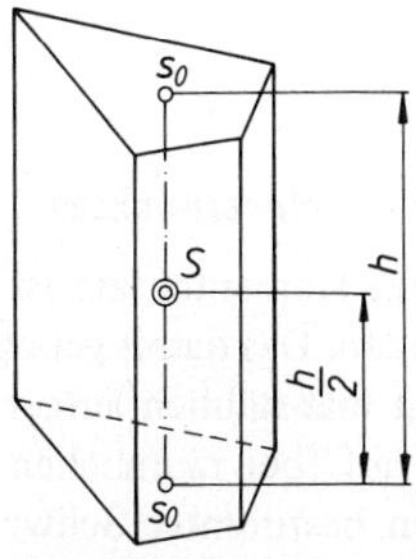

Bild I.50. Körperschwerpunkt von Prisma und Zylinder

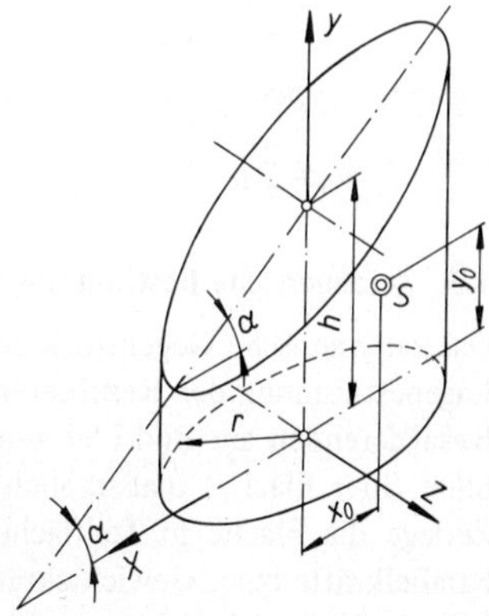

Bild I.51. Körperschwerpunkt des abgeschrägten geraden Kreiszylinders

Abgeschrägter gerader Kreiszylinder (Bild I.51). S liegt auf der x, y-Ebene als Symmetrieebene (Schwerebene) mit den Abständen:

$$x_0 = \frac{1}{4} \cdot \frac{r^2 \tan \alpha}{h} \qquad y_0 = \frac{h}{2} + \frac{1}{8} \cdot \frac{r^2 \tan^2 \alpha}{h} \tag{I.52}$$

Gerade und schiefe Pyramide und Kegel. Verbinde die Spitze mit dem Schwerpunkt der Grundfläche. S liegt auf dieser Schwerlinie im Abstand ein Viertel der Höhe von der Grundfläche.

Pyramidenstumpf mit beliebiger Grundfläche. Sind A_1 und A_2 die Stirnflächen und h die Höhe des Stumpfes, so ist der Abstand des Schwerpunktes S von A_1:

$$y_0 = \frac{h}{4} \cdot \frac{A_1 + 2\sqrt{A_1 A_2} + 3 A_2}{A_1 + \sqrt{A_1 A_2} + A_2} \tag{I.53}$$

Gerader Kegelstumpf. Der Schwerpunktabstand von der Grundfläche beträgt:

$$y_0 = \frac{h}{4} \cdot \frac{R^2 + 2 R r + 3 r^2}{R^2 + R r + r^2} \tag{I.54}$$

Keil (Bild I.52)

$$y_0 = \frac{h}{2} \cdot \frac{a + a_1}{2a + a_1} \tag{I.55}$$

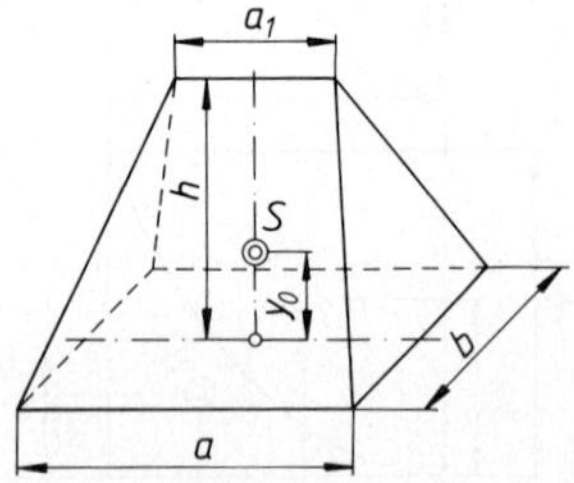

Bild I.52. Körperschwerpunkt des Keiles

Kugelabschnitt. Der Schwerpunktabstand vom Mittelpunkt beträgt:

$$y_0 = \frac{3}{4} \cdot \frac{(2R - h)^2}{3R - h} \tag{I.56}$$

R Kugelradius
h Abschnittshöhe

$$y_0 = \frac{3}{8} R \quad \text{für Halbkugel}$$

$$y_0 = \frac{3}{8} \cdot \frac{R^4 - r^4}{R^3 - r^3} \quad \text{für halbe Hohlkugel} \tag{I.57}$$

Kugelausschnitt. Bezeichnungen wie in Bild I.42.

$$y_0 = \frac{3}{8} R (1 + \cos \alpha)$$

$$y_0 = \frac{3}{8} (2R - h) \tag{I.58}$$

Umdrehungsparaboloid (Bild I.53)

$$y_0 = \frac{2}{3} b \tag{I.59}$$

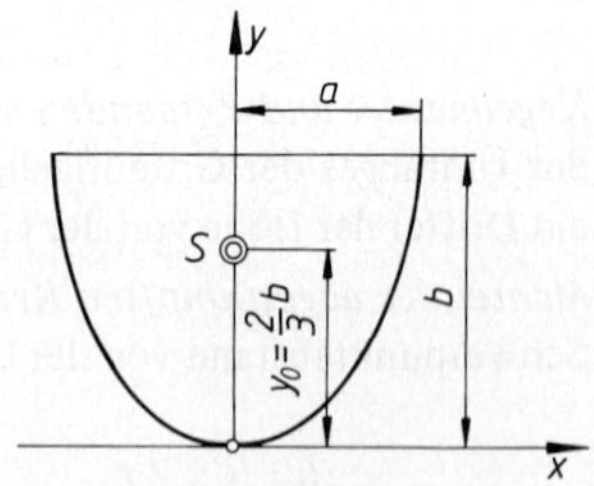

Bild I.53. Körperschwerpunkt des Umdrehungsparaboloides

4.3. Zeichnerische Bestimmung des Schwerpunktes

Das zeichnerische Gegenstück zum Momentensatz ist das *Seileckverfahren.* Wie dieser dient es zur Lagebestimmung der Resultierenden. Das damit gekoppelte *Krafteck* gibt Betrag und Richtung der Resultierenden an. Bild I.54 zeigt maßstäblich aufgezeichnetes Beispiel: Zeichne das gegebene Gebilde (hier Fläche) maßstäblich auf (bei räumlichen Gebilden in Vorderansicht und Draufsicht). Zerlege die Fläche in Teilflächen bestimmter Schwerpunktlage. Betrachte die Flächeninhalte als Parallelkräfte bzw. Gewichtskräfte, die in den Teilschwerpunkten angreifen. Zeichne Krafteck und Seileck für zwei beliebig gewählte Richtungen (meistens unter 90°) und ermittle die Wirklinien der Resultierenden nach 2.2.1. Schnittpunkt der gefundenen Wirklinien ist der gesuchte Schwerpunkt der Fläche. In gleicher Weise wird bei körperlichen oder linienförmigen Gebilden vorgegangen.

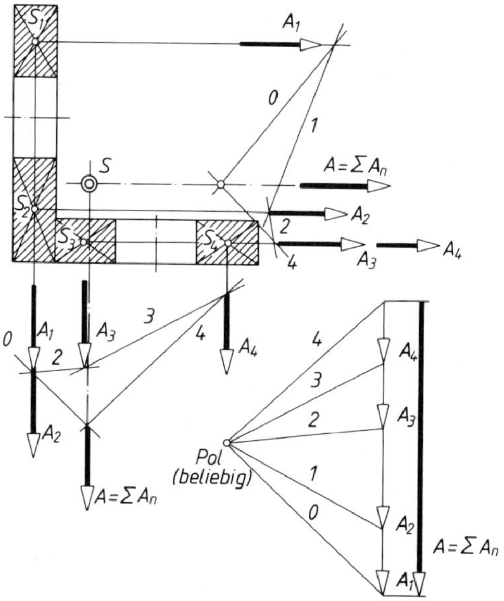

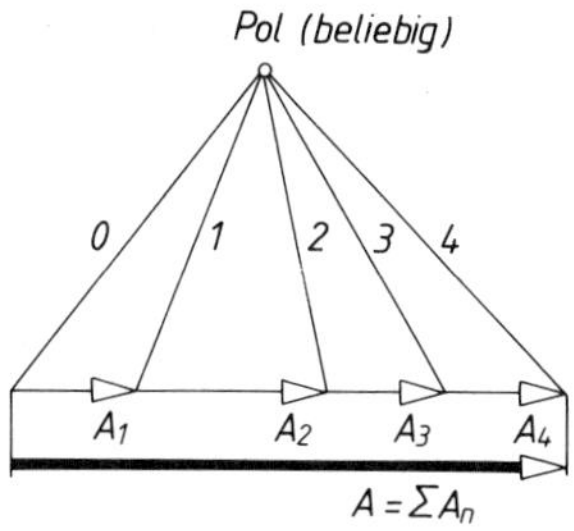

Bild I.54. Zeichnerische Bestimmung des Flächenschwerpunktes eines Winkelprofiles mit Bohrungen

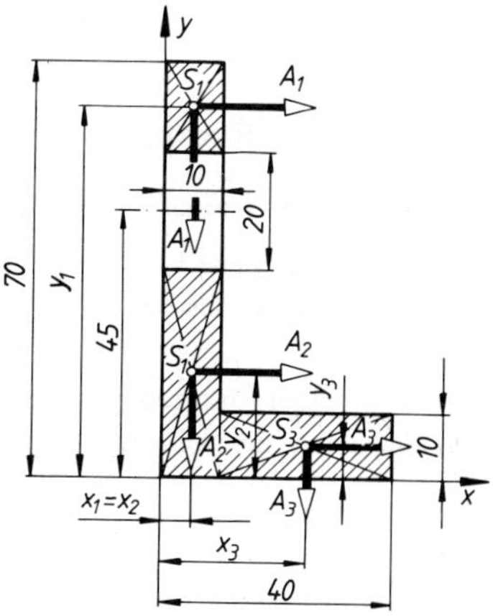

Bild I.55. Rechnerische Bestimmung des Schwerpunktes eines Winkelprofiles mit Bohrung

4.4. Rechenbeispiel zur Schwerpunktbestimmung einer Fläche (Bild I.55)

Für das skizzierte Winkelprofil sind die Schwerpunktabstände x_0, y_0 rechnerisch zu bestimmen. Zweckmäßig wird die folgende Rechentafel benutzt. Man zeichnet ein möglichst bequem liegendes Achsenkreuz in die Skizze ein, so daß genau zu ersehen ist, von wo aus die berechneten x_0-, y_0-Werte zu messen sind.

Tafel I.1. Rechentafel für Schwerpunktbestimmung

Nr.	Querschnitt mm²	Fläche ΔA cm²	Schwerpunktabstand x cm	Flächenmoment $\Delta A x$ cm³	Schwerpunktabstand y cm	Flächenmoment $\Delta A y$ cm³
1	15 × 10	1,5	0,5	0,75	6,25	9,375
2	35 × 10	3,5	0,5	1,75	1,75	6,125
3	30 × 10	3,0	2,5	7,50	0,50	1,500
	Summe:	8,0	–	10,00	–	17,000

Nach (I.34) und (I.35) ergeben sich die Schwerpunktabstände:

$$x_0 = \frac{\Sigma \Delta A x}{\Sigma \Delta A} = \frac{10\ \text{cm}^3}{8\ \text{cm}^2} = 1{,}25\ \text{cm} \qquad y_0 = \frac{\Sigma \Delta A y}{\Sigma \Delta A} = \frac{17\ \text{cm}^3}{8\ \text{cm}^2} = 2{,}13\ \text{cm}$$

■ **Beispiel:** Der Achsstand eines Kraftfahrzeuges beträgt 2,1 m. Das Fahrzeug wird zuerst mit den Vorderrädern auf eine Waage gefahren, die dabei 485 kg anzeigt. Bei den Hinterrädern zeigt die Waage 870 kg an. Welchen Wirkabstand hat die Wirklinie der resultierenden Gewichtskraft von der Fahrzeug-Vorderachse?

Lösung: Nach (I.29) ist

$$F_G = \Sigma F_{Gn} = F_{GV} + F_{GH} = g(m_V + m_H = 9{,}81 \frac{m}{s^2} \cdot 1355\ kg = 13\,293\ N$$

Mit Vorderradachse als Bezugspunkt ergibt (I.30):

$$x_0 = \frac{\Sigma F_{Gn} x_n}{\Sigma F_{Gn}} = \frac{F_{GV} x_1 + F_{GH} x_2}{F_G} = \frac{485\ kg \cdot 9{,}81 \frac{m}{s^2} \cdot 0\ m + 870\ kg \cdot 9{,}81 \frac{m}{s^2} \cdot 2{,}1\ m}{13\,293\ N} = 1{,}348\ m$$

5. Guldinsche Regeln

5.1. Oberfläche *A* eines Umdrehungskörpers

Dreht sich eine ebene Linie von der Länge l nach Bild I.56 um eine in ihrer Ebene liegende Gerade, die Drehachse, so beschreibt sie eine *Umdrehungsfläche.* Jeder Punkt der Linie beschreibt einen Kreisbogen.

Der Inhalt einer Umdrehungsfläche ist gleich der Länge l der erzeugenden Linie (Profillinie) mal dem Weg $2\pi x_0$ des Schwerpunktes *S:*

$$A = 2\pi\, l\, x_0 \qquad (I.60)$$

A	l	x_0
cm^2	cm	cm
mm^2	mm	mm

x_0 Schwerpunktsabstand von der Drehachse nach 4.2.1

Herleitung der Gleichung: Kleine Teillänge Δl erzeugt bei Drehung eine Ringfläche $\Delta A = \Delta l\, 2\pi x$. Die Summe dieser Teilflächen ist die Oberfläche $A = \Sigma\Delta A = \Sigma\Delta l\, 2\pi x = 2\pi\, \Sigma\Delta l x$. Der Summenausdruck $\Sigma\Delta l x$ ist nach (I.37) die Momentensumme aller Teillängen Δl für die Drehachse und damit gleich dem Moment der resultierenden Länge l: $\Sigma\Delta l x = l x_0$; also $A = 2\pi\, \Sigma\Delta l x = 2\pi\, l x_0$.

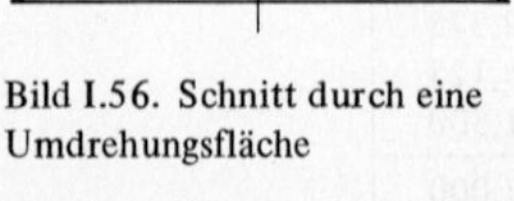

Bild I.56. Schnitt durch eine Umdrehungsfläche

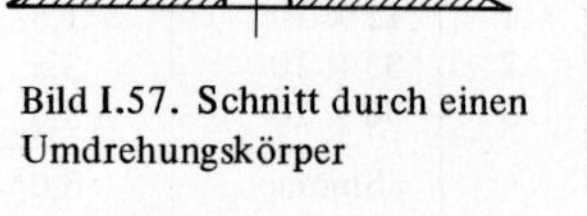

Bild I.57. Schnitt durch einen Umdrehungskörper

5.2. Rauminhalt *V* eines Umdrehungskörpers

Dreht sich eine ebene Fläche vom Inhalt A nach Bild I.57 um eine in ihrer Ebene liegende, sie nicht schneidende Gerade, die Drehachse, so beschreibt sie einen *Umdrehungskörper.* Jeder Punkt der Fläche beschreibt einen Kreisbogen.

Der Inhalt eines Umdrehungskörpers ist gleich der erzeugenden Fläche (Profilfläche) mal dem Weg $2\pi x_0$ des Schwerpunktes S:

$$V = 2\pi A x_0 \qquad \text{(I.61)}$$

V	A	x_0
cm^3	cm^2	cm
mm^3	mm^2	mm

x_0 Schwerpunktsabstand von der Drehachse nach 4.2.2

Herleitung der Gleichung: Kleine Teilfläche ΔA erzeugt bei Drehung ein Ringvolumen $\Delta V = \Delta A\, 2\pi x$. Die Summe dieser Teilvolumen ist der Rauminhalt $V = \Sigma\Delta V = \Sigma\Delta A\, 2\pi x = 2\pi\Sigma\Delta A\, x$. Der Summenausdruck $\Sigma\Delta A\, x$ ist nach (I.34) die Momentensumme aller Teilflächen ΔA für die Drehachse und damit gleich dem Moment der resultierenden Fläche A : $\Sigma\Delta A\, x = A x_0$; also $V = 2\pi\, \Sigma\Delta A\, x = 2\pi A x_0$.

Beachte: Führt die erzeugende Linie oder Fläche keinen vollen Umlauf (2π) aus, so sind die Gleichungen I.60 und I.61 mit dem Verhältnis $\alpha°/360°$ malzunehmen; bei 90°-Drehung also mit $\frac{1}{4}$. Profillinien und Profilflächen dürfen die Drehachse nicht durchsetzen. Ist der Schwerpunkt der erzeugenden Linie oder Fläche nicht bekannt, so können auch die Inhalte der Umdrehungsflächen bzw. -körper nicht berechnet werden. Man kann diese dann im Versuch messen und mit Hilfe der Guldinschen Regeln die entsprechenden Schwerpunkte berechnen.

- **Beispiel:** Bild I.58 zeigt eine Gummidichtung mit Dichte $\rho = 1{,}35$ kg/dm³.
  Berechne: a) das Volumen, b) die Masse m!

Lösung: Die erzeugende Fläche wird nach Bild I.58 in die Teilflächen A_1, A_2 zerlegt.

$A_1 = 3{,}60\ cm^2$ $\quad A_2 = 9{,}8\ cm^2$ $\quad A = A_1 + A_2 = 13{,}4\ cm^2$

$x_1 = 3{,}95$ cm $\quad x_2 = 6{,}0$ cm

Nach (I.34) wird

$$x_0 = \frac{A_1 x_1 + A_2 x_2}{A}$$

$$x_0 = \frac{3{,}6\ cm^2 \cdot 3{,}95\ cm + 9{,}8\ cm^2 \cdot 6\ cm}{13{,}4\ cm^2} = 5{,}45\ cm$$

Nach (I.61) wird

$$V = 2\pi A x_0 = 2\pi \cdot 13{,}4\ cm^2 \cdot 5{,}45\ cm = 459\ cm^3$$

$$V = 0{,}459\ dm^3$$

$$m = V\rho = 0{,}459\ dm^3 \cdot 1{,}35\ \frac{kg}{dm^3} = 0{,}62\ kg$$

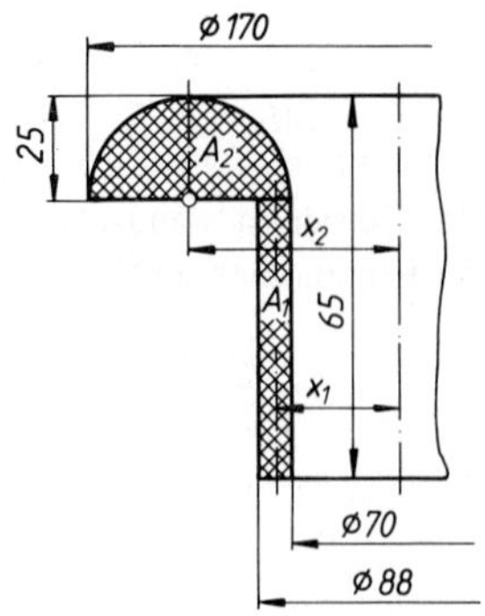

Bild I.58. Schnitt durch eine Gummidichtung

6. Standsicherheit, Gleichgewichtslagen

6.1. Arten des Gleichgewichtes

6.1.1. Stabiles Gleichgewicht (Bild I.59) liegt vor, wenn der Schwerpunkt S bei kleinster Lageänderung *gehoben* wird. Es entsteht immer ein *rückstellendes Moment* Fl (aus Kräftepaar G, F), das den Körper in die stabile Gleichgewichtslage zurückführt. Dort ist die potentielle Energie des Körpers ein Minimum, Schwerpunkt S hat seine tiefste Lage.

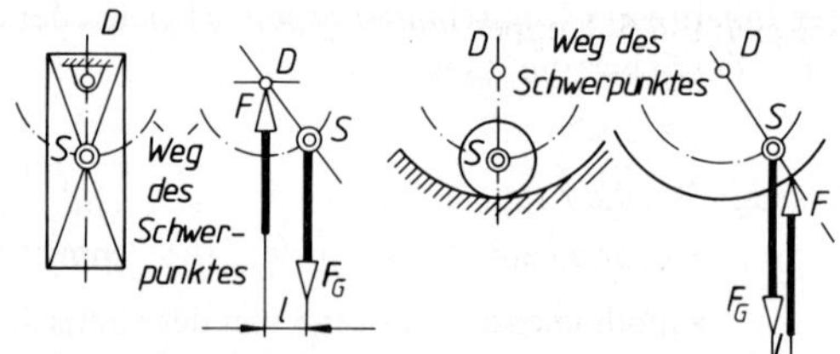

Bild I.59. Stabiles (sicheres) Gleichgewicht

6.1.2. Labiles Gleichgewicht (Bild I.60) liegt vor, wenn der Schwerpunkt S bei kleinster Lageänderung *gesenkt* wird. Es entsteht immer ein *ablenkendes Moment Fl,* das den Körper immer weiter aus der labilen Gleichgewichtslage herausführt. Dort war die potentielle Energie des Körpers ein Maximum, Schwerpunkt S hatte seine höchste Lage.

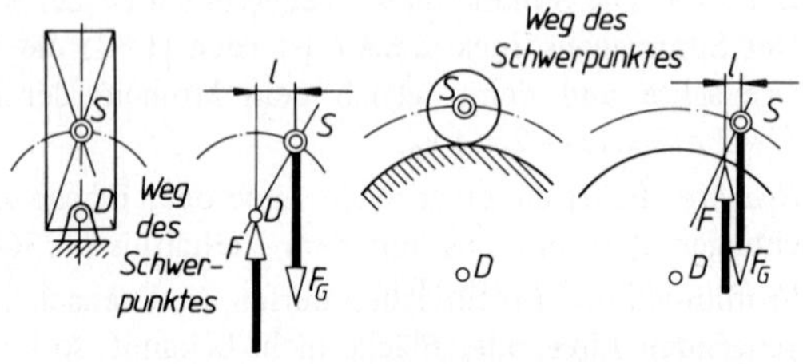

Bild I.60. Labiles (unsicheres) Gleichgewicht

6.1.3. Indifferentes Gleichgewicht (Bild I.61) liegt vor, wenn der Schwerpunkt S bei kleinster Lageänderung *weder gehoben noch gesenkt* wird. Es entstehen weder rückstellende noch ablenkende Momente: Jede neue Stellung ist wieder Gleichgewichtslage, die potentielle Energie ist stets die gleiche, der Schwerpunktsabstand von der Unterlage ist gleichbleibend.

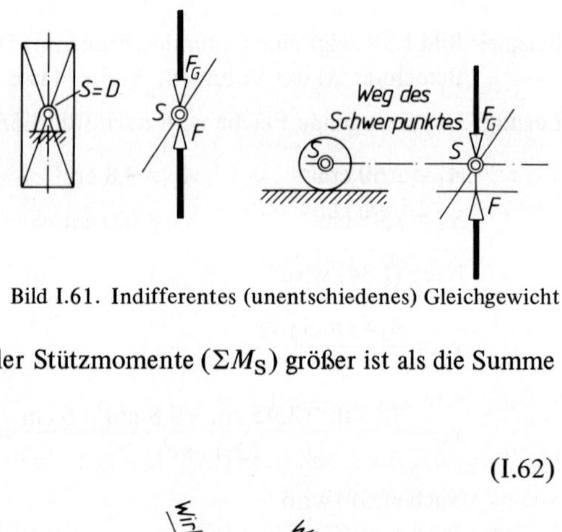

Bild I.61. Indifferentes (unentschiedenes) Gleichgewicht

6.2. Standsicherheit

Die äußeren Kräfte F_1, F_2 ... F_G bewirken in bezug auf die gewählte Kippkante K stützende Momente M_S (Standmomente) und kippende Momente M_K (Kippmomente):

$$\Sigma M_S = F_1\, l_1 + F_G\, l$$
$$\Sigma M_K = F_2\, l_2 + F_3\, l_3$$

Der Körper ist standsicher, wenn die Summe aller Stützmomente (ΣM_S) größer ist als die Summe der Kippmomente (ΣM_K): *Standsicherheit*

$$S = \frac{\Sigma M_S}{\Sigma M_K} > 1 \qquad \text{(I.62)}$$

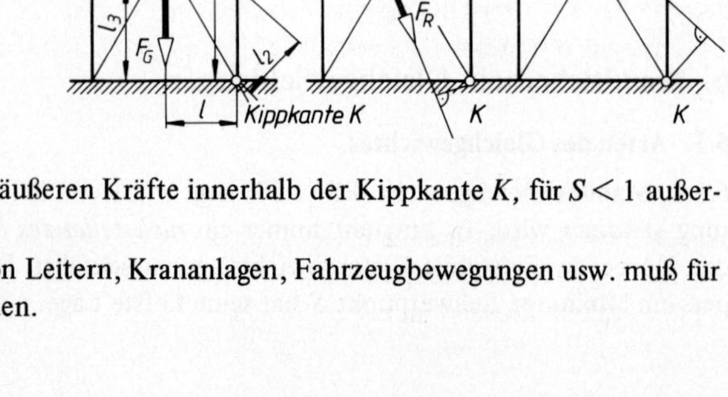

Bild I.62
Überprüfung der Standsicherheit eines Körpers

Für $S > 1$ liegt die Resultierende aller äußeren Kräfte innerhalb der Kippkante K, für $S < 1$ außerhalb (Bild I.62).

Untersuchungen von Standsicherheit von Leitern, Krananlagen, Fahrzeugbewegungen usw. muß für mehrere Kippkanten durchgeführt werden.

■ **Beispiel:** Ein Schlepper von 1400 kg Masse fährt nach Bild I.63 gleichförmig eine steile Böschung hinauf. Wie groß darf der Böschungswinkel α höchstens sein, wenn die Standsicherheit $S = 2$ sein soll?

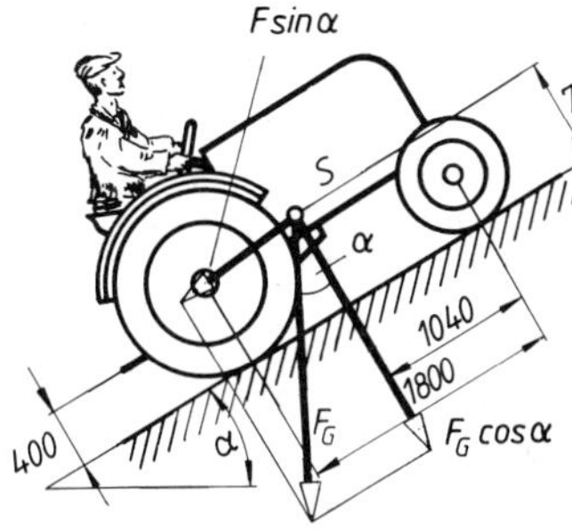

Bild I.63. Standsicherheit eines Schleppers

Lösung: Um die Kippkante K wirken:

Stützmoment $M_S = F_G \cos\alpha \cdot 760$ mm

Kippmoment $M_K = F_G \sin\alpha \cdot 710$ mm

Standsicherheit $S = \dfrac{M_S}{M_K}$

$$S = \frac{F_G \cos\alpha \cdot 760\ \text{mm}}{F_G \sin\alpha \cdot 710\ \text{mm}} = 2$$

$$\frac{\cos\alpha}{\sin\alpha} = \frac{1}{\tan\alpha} = 2 \cdot \frac{710\ \text{mm}}{760\ \text{mm}} = 1{,}868\,; \quad \alpha = \operatorname{arctan} 1{,}868 = 28{,}15°$$

Böschungswinkel $\alpha \leqslant 28{,}2°$

Wie die algebraische Entwicklung zeigt, hat die Gewichtskraft des Schleppers keinen Einfluß auf den maximalen Böschungswinkel und auf die Standsicherheit S.

7. Ebene Fachwerke

Das Fachwerk ist eine Tragkonstruktion (Dachbinder, Brücke, Krane usw.), vorwiegend aus Profilstäben zusammengesetzt. Bei der Bestimmung der in den *Stäben* auftretenden Kräfte, der *Stabkräfte,* werden folgende Annahmen gemacht:

a) Die Stäbe sind *Zweigelenkstäbe,* sollen also *nur Zug- oder Druckkräfte* aufnehmen (keine Biegemomente). Diese Forderung setzt voraus, daß die Stabverbindungen reibungsfreie Gelenke sind, daß die Wirklinien der Kräfte sich in einem Punkte schneiden und daß die äußeren Kräfte in den Gelenkpunkten (Knotenpunkten) angreifen bzw. dort eingeleitet werden.

b) Das Fachwerk soll *äußerlich und innerlich statisch bestimmt* sein.

Es ist *äußerlich* statisch bestimmt, wenn die drei Gleichgewichtsbedingungen zur Bestimmung der *Stütz*kräfte ausreichen ($\Sigma F_x = 0$; $\Sigma F_y = 0$; $\Sigma M = 0$). Das Fachwerk muß dazu ein zweiwertiges und ein einwertiges Lager haben. Das zweiwertige Lager kann dabei auch aus zwei Zweigelenkstäben, das einwertige aus einem Zweigelenkstab bestehen (siehe Bild I.13).

Das Fachwerk ist *innerlich* statisch bestimmt, wenn die statischen Gleichgewichtsbedingungen zur Bestimmung der *Stab*kräfte ausreichen. Jeder Knotenpunkt stellt ein zentrales Kräftesystem dar, für das zwei Gleichgewichtsbedingungen gelten ($\Sigma F_x = 0$; $\Sigma F_y = 0$). Mit k Anzahl der Knoten stehen also $2k - 3$ Gleichgewichtsbedingungen zur Verfügung (-3, weil drei Gleichgewichtsbedingungen schon zur Bestimmung der Stützkräfte verwendet wurden). Mit s Stabzahl muß demnach die Bedingung erfüllt sein:

$$s = 2k - 3 \qquad \text{(I.63)}$$

Ist $s > 2k - 3$, so ist das Fachwerk statisch unbestimmt, ist $s < 2k - 3$, so ist es kinematisch (geometrisch) unbestimmt, d.h. beweglich. Diesen Fall zeigt Bild I.64.

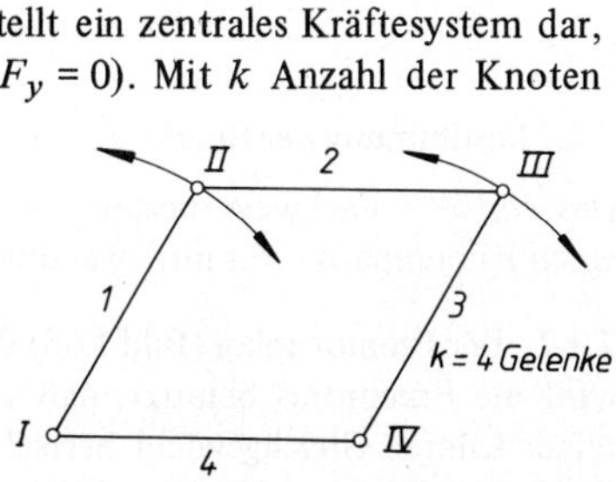

Bild I.64. Bewegliches (kinematisch oder geometrisch unbestimmtes) Fachwerk; $k = 4$, $s = 4$; $s < 2 \cdot 4 - 3$

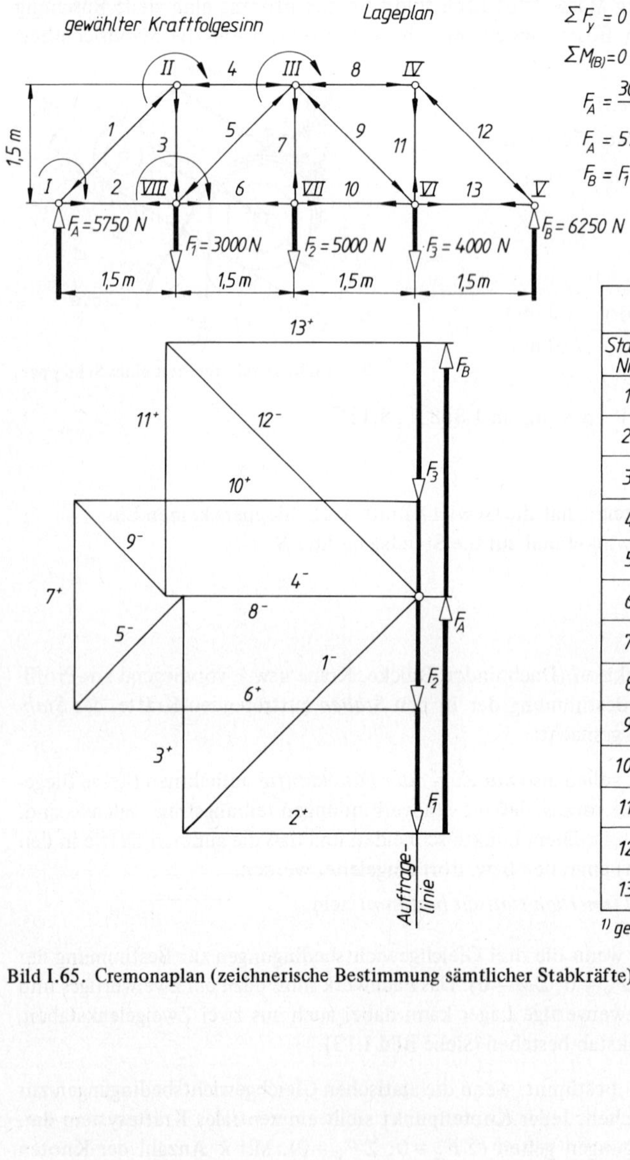

$$\Sigma F_y = 0 = +F_A + F_B - \Sigma F_{1\ldots 3}$$

$$\Sigma M_{(B)} = 0 = -F_A \cdot 6\,m + F_1 \cdot 4{,}5\,m + F_2 \cdot 3\,m + F_3 \cdot 1{,}5\,m$$

$$F_A = \frac{3000 \cdot 4{,}5\,m + 5000\,N \cdot 3\,m + 4000\,N \cdot 1{,}5\,m}{6\,m}$$

$$F_A = 5750\,N$$

$$F_B = F_1 + F_2 + F_3 - F_A = 6250\,N$$

Stabkräfte in N[1]		
Stab Nr.	Zug	Druck
1		8132
2	5750	
3	5750	
4		5750
5		3960
6	8550	
7	5000	
8		6250
9		3182
10	8550	
11	6250	
12		8839
13	6250	

[1] gerechnete Werte

Bild I.65. Cremonaplan (zeichnerische Bestimmung sämtlicher Stabkräfte)

7.1. Bestimmung der Stabkräfte bei Fachwerken mit einfachem Aufbau

Das *einfache* Fachwerk besteht aus aneinander gereihten *Dreiecksverbänden* und hat mindestens einen Knotenpunkt mit nur zwei unbekannten Stabkräften.

7.1.1. Der Cremonaplan (Bild I.65) dient zur zeichnerischen Bestimmung sämtlicher Stabkräfte. Es wird die Erkenntnis benutzt, daß sich ein Fachwerk im Gleichgewicht befindet, wenn an jedem seiner Knoten Gleichgewicht herrscht. Man reiht die für jeden Knoten gezeichneten geschlossenen Kraftecke derart aneinander, daß jede Stabkraft nur einmal erscheint. Das wird erreicht, wenn die Kraftecke für jeden Knotenpunkt im einmal gewählten *Kraftfolgesinn* aufgebaut werden, z.B. wie in Bild I.65 rechts um den Knoten herumlaufend.

Arbeitsplan zum Cremonaplan

Stützkräfte zeichnerisch oder rechnerisch bestimmen.

Lageplan des Fachwerkes zeichnen. Krafteck der äußeren Kräfte zeichnen.

Kraftecke der Stabkräfte anbauen, für jeden Knoten eines, Reihenfolge der Knoten beliebig, jedoch an jedem Knoten den einmal gewählten Kraftfolgesinn beibehalten.

Nach jeder Krafteckzeichnung sofort Richtungssinn der Stabkräfte ermitteln und durch Pfeile im Lageplan kennzeichnen (stets in bezug auf den Knoten!).

Gegenpfeile am Stab im Lageplan eintragen (keine Pfeile im Kräfteplan!).

Im Kräfteplan Stabkräfte durch Plus- oder Minuszeichen als Zug- oder Druckkräfte kennzeichnen.

Stabkräfte aus dem Kräfteplan abgreifen.

Beachte: Alle Kraftpfeile im Lageplan ergeben sich aus dem Umfahrungssinn des geschlossenen Kraftecks im Kräfteplan. Der Pfeil des Stabes 1 am Knoten I muß *zum* Knoten zeigen, weil im Kräfteplan der Umfahrungssinn beim Stab 1 von rechts oben nach links unten erfolgt. Die Pfeilrichtung ist stets in bezug auf den *Knoten* zu lesen, d.h. der Stab 1 *drückt* auf Knoten I, ist also ein *Druck*stab (Bild I.65).

Jedes Krafteck muß sich schließen. Ist das Fachwerk symmetrisch aufgebaut und symmetrisch belastet, genügt eine Hälfte des Cremonaplanes.

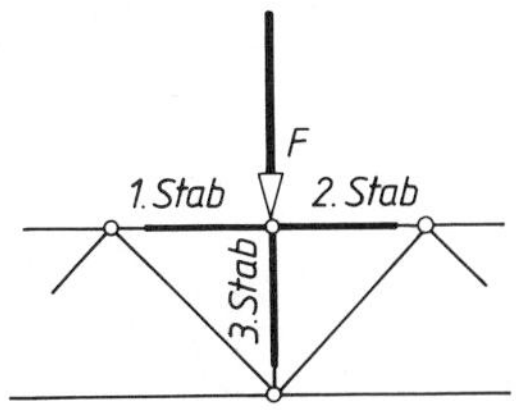

Bild I.66. Stabkraft 3 ist gleich der Belastung F

Blindstäbe (Nullstäbe) übertragen keine Kraft; sie dienen zum Aussteifen des Fachwerkes und könnten auch weggelassen werden, ohne daß die statische Bestimmtheit des Systems aufgehoben wird. Sie werden im Cremonaplan nicht berücksichtigt. Sie stehen immer dort, wo an einem *unbelasteten* Knoten zwei von drei Stäben in eine Gerade fallen. Der dritte ist ein Blindstab. Wird der Knoten, wie in Bild I.66, durch F belastet, so ist die Stabkraft gleich der in Stabrichtung angreifenden Kraft F.

7.1.2. **Das Culmannsche Schnittverfahren** dient der zeichnerischen Bestimmung einzelner Stabkräfte, ohne daß der ganze Kräfteplan gezeichnet werden muß. Das Fachwerk wird durch einen Schnitt so in zwei Teile zerlegt (etwa wie in Bild I.67), daß nicht mehr als drei Stäbe mit unbekannten Kräften getroffen werden. Die drei Stäbe dürfen nicht zum selben Knoten gehören. Durch den Schnitt sind die inneren Stäbkräfte zu äußeren Kräften gemacht worden, die nun mit Hilfe des *Vierkräfteverfahrens* mit den gegebenen äußeren Kräften ins Gleichgewicht gesetzt werden müssen. Dazu muß zunächst rechnerisch oder zeichnerisch (Seileckverfahren) die Resultierende aller am abgeschnittenen Teil angreifenden äußeren Kräfte bestimmt werden.

Arbeitsplan zum Culmannschen Schnittverfahren

Stützkräfte zeichnerisch oder rechnerisch bestimmen.

Fachwerk durch Schnitt in zwei Teile zerlegen; Schnitt darf höchstens drei Stäbe treffen. Lageplan eines der beiden Fachwerkteile zeichnen.

Resultierende (Betrag, Richtung und Wirklinie) der äußeren Kräfte einschließlich der Stützkräfte des Schnitteiles bestimmen, meistens zeichnerisch mit Seileckverfahren.

Resultierende mit einer der gesuchten Stabkräfte zum Schnitt bringen.

Verbindungslinie zwischen diesem Schnittpunkt und dem Schnittpunkt der beiden anderen Stabkräfte ist die Culmannsche Gerade.

Nach „Vierkräfteverfahren" das Krafteck zeichnen.

7.1.3. Das Rittersche Schnittverfahren (Bild I.67) dient der rechnerischen Bestimmung einzelner Stabkräfte. Das Fachwerk wird wie beim Culmannschen Schnittverfahren durch einen Schnitt $x-x$ so in zwei Teile zerlegt, daß nicht mehr als drei Stäbe mit unbekannten Kräften getroffen werden. Die inneren Stabkräfte sind damit zu äußeren Kräften gemacht worden, die nun mit Hilfe der *Momenten*gleichgewichtsbedingung mit den gegebenen äußeren Kräften ins Gleichgewicht gesetzt werden müssen. Dazu muß – bei drei unbekannten Stabkräften – die Momentenbedingung $\Sigma M = 0$ dreimal angesetzt werden (siehe auch 2.2.4). Die drei Stabkräfte werden zunächst als *Zug*kräfte angenommen. Stäbe, für die die Rechnung *negative* Beträge ergibt, sind *Druck*stäbe, in Bild I.67 also S_4 und S_5. Die Hebelarme der Kräfte in bezug auf die gewählten Drehpunkte werden berechnet oder dem Lageplan entnommen. Die gefundenen Beträge für die Stabkräfte müssen mit den Ergebnissen des Cremonaplanes übereinstimmen.

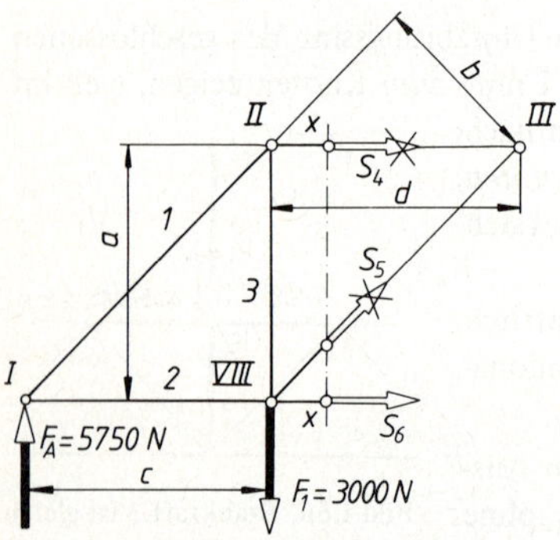

$$\Sigma M_{(VIII)} = 0 = -S_4 \cdot a - F_A \cdot c$$

$$S_4 = \frac{-F_A \cdot c}{a} = -\frac{5750\,\mathrm{N} \cdot 1{,}5\,\mathrm{m}}{1{,}5\,\mathrm{m}} = -5750\,\mathrm{N} \quad \text{(Druckstab!)}$$

$$\Sigma M_{(III)} = 0 = +S_6 \cdot a + F_1 \cdot d - F_A\,(c+d)$$

$$S_6 = \frac{F_A\,(c+d) - F_1 \cdot d}{a} = 8500\,\mathrm{N} \quad \text{(Zugstab!)}$$

$$\Sigma M_{(II)} = 0 = -F_A \cdot c + S_6 \cdot a + S_5 \cdot b$$

$$S_5 = \frac{F_A \cdot c - S_6 \cdot a}{b} = -3870\,\mathrm{N} \quad \text{(Druckstab!)}$$

Bild I.67. Ritterscher Schnitt durch die Stäbe 4, 5, 6

7.2. Bestimmung der Stabkräfte bei Fachwerken mit nicht einfachem Aufbau

Bei diesen Fachwerken ist ein Knoten, an dem nur zwei unbekannte Stabkräfte angreifen, nicht vorhanden. Bevor der Cremonaplan gezeichnet werden kann, muß daher erst wenigstens eine der Stabkräfte auf andere Weise bestimmt werden. Dazu kann das *Culmannsche* oder das *Rittersche* Schnittverfahren verwendet werden.

8. Reibung

8.1. Gleitreibung

Ein fester Körper, z.B. der Werkzeugträger einer Drehmaschine, kann auf ebener Unterlage mit konstanter Geschwindigkeit nur dann verschoben werden, wenn eine Kraft F die tangential zur Gleitfläche wirkende *Reibkraft* F_R überwindet (Bild I.68). Die Richtung der Reibkraft F_R am freigemachten Körper ist stets der (zu erwartenden) Bewegungsrichtung des Körpers entgegengesetzt. Die Reibkraft F_R ist abhängig von der senkrecht zur Unterlage wirkenden *Normalkraft* F_N und der *Gleitreibzahl* μ (kurz Reibzahl):

Gleitreibkraft F_R = Normalkraft F_N × Gleitreibzahl μ

$$F_R = F_N \mu \qquad \text{(I.64)}$$

F_R	F_N	μ
N	N	1

Tafel I.2. Gleitreibzahl μ und Haftreibzahl μ_0 (Klammerwerte sind die Gradzahlen für den Reibwinkel ρ bzw. ρ_0)

Werkstoff	Haftreibzahl μ_0 trocken	Haftreibzahl μ_0 gefettet	Gleitreibzahl μ trocken	Gleitreibzahl μ gefettet
Stahl auf Stahl	0,15 (8,5)	0,1 (5,7)	0,15 (8,5)	0,01 (0,6)
Stahl auf GG oder Bronze	0,19 (10,8)	0,1 (5,7)	0,18 (10,2)	0,01 (0,6)
GG auf GG		0,16 (9,1)		0,1 (5,7)
Holz auf Holz	0,5 (26,6)	0,16 (9,1)	0,3 (16,7)	0,08 (4,6)
Holz auf Metall	0,7 (35)	0,11 (6,3)	0,5 (26,6)	0,1 (5,7)
Lederriemen auf GG		0,3 (16,7)		
Gummiriemen auf GG			0,4 (21,8)	
Textilriemen auf GG			0,4 (21,8)	
Bremsbelag auf Stahl			0,5 (26,6)	0,4 (21,8)
Lederdichtungen auf Metall	0,6 (31)	0,2 (11,3)	0,2 (11,3)	0,12 (6,8)

Die *Gleitreibzahl* μ ist ein Erfahrungswert und abhängig von der Werkstoffpaarung, der Schmierung, der Flächenpressung und der Gleitgeschwindigkeit; letzteres hauptsächlich bei flüssiger Reibung. Ein gesetzmäßiger Zusammenhang dieser Größen läßt sich bei trockener und halbflüssiger Reibung nicht aufstellen. Man rechnet deshalb mit einer konstanten Gleitreibzahl nach Tafel I.2.

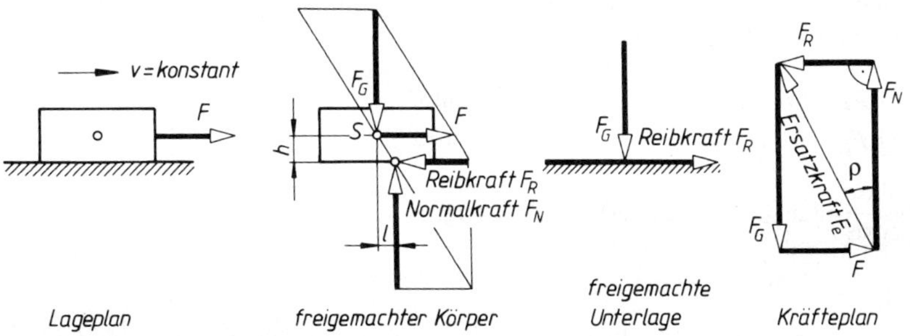

Bild I.68. Gleitreibung auf ebener Fläche

Die Gleichgewichtsbedingungen für den freigemachten Körper nach Bild I.68 lauten:

$$\Sigma F_x = 0 = +F - F_R \qquad F = F_R = F_N\,\mu = F_G\,\mu$$

$$\Sigma F_y = 0 = +F_N - F_G \qquad F_N = F_G$$

$$\Sigma M_{(S)} = 0 = -F_R h + F_N l \qquad l = \frac{F_R h}{F_N}$$

F und F_R bilden ein Kräftepaar, dem bei Gleichgewicht ein gleichgroßes Kräftepaar aus F_G und F_N entgegenwirkt. Die Wirklinie von F_N muß deshalb um l gegenüber der Wirklinie von F_G verschoben sein.

Beachte: Normalkraft F_N = Gewichtskraft F_G gilt nur bei horizontaler Unterlage und dazu paralleler Kraft F!

Bei allen zeichnerischen Lösungen ist es zweckmäßig, mit der Resultierenden aus Reibkraft F_R und Normalkraft F_N, der *Ersatzkraft* F_e, zu arbeiten (Bild I.68):

$$F_e = \sqrt{F_R^2 + F_N^2} \qquad \text{(I.65)}$$

Der Winkel zwischen Ersatzkraft F_e und Normalkraft F_N heißt *Reibwinkel* ρ (Zahlenwerte aus Tafel I.2). Aus dem Kräfteplan in Bild I.68 läßt sich in Verbindung mit (I.64) ablesen:

$$\tan\rho = \frac{F_R}{F_N} = \text{Reibzahl}\ \mu \qquad \rho = \arctan\mu \qquad \text{(I.66)}$$

8.2. Haftreibung

Befindet sich der Körper in Bild I.68 in Ruhe, so ist eine größere Kraft aufzuwenden ($F_{R0} > F$) um den Körper in Bewegung zu setzen: Die *Haftreibkraft* F_{R0} ist größer als die Gleitreibkraft F_R ($F_{R0} > F_R$). Man rechnet dann mit der etwas größeren *Haftreibzahl* μ_0 nach Tafel I.2. Während die Gleitreibkraft F_R einen festen Wert besitzt, kann die *Haftreibkraft* F_{R0} von Null ansteigend jeden beliebigen Wert annehmen, bis die verschiebende Kraft F den Grenzwert $F_{R0\,max}$ erreicht hat:

$F_{R0\,max} \leq F_N \mu_0$

$\mu_0 = \tan\rho_0$ Haftreibzahl

$F_{R0\,max}$	F_N	μ_0
N	N	1

(I.67)

8.3. Bestimmung der Reibzahlen und Selbsthemmung

Befindet sich ein Prüfkörper der Gewichtskraft F_G auf einer schiefen Ebene mit veränderlichem Neigungswinkel α nach Bild I.69 (Versuchsanordnung), so ergeben die Gleichgewichtsbedingungen für den freigemachten ruhenden Prüfkörper:

$$\Sigma F_x = 0 = +F_{R0} - F_G \sin\alpha; \qquad F_{R0} = F_G \sin\alpha$$

$$\Sigma F_y = 0 = +F_N - F_G \cos\alpha; \qquad F_N = F_G \cos\alpha$$

Daraus $\dfrac{F_{R0}}{F_N} = \dfrac{F_G \sin\alpha}{F_G \cos\alpha} = \tan\alpha$, wie auch das Krafteck zeigt.

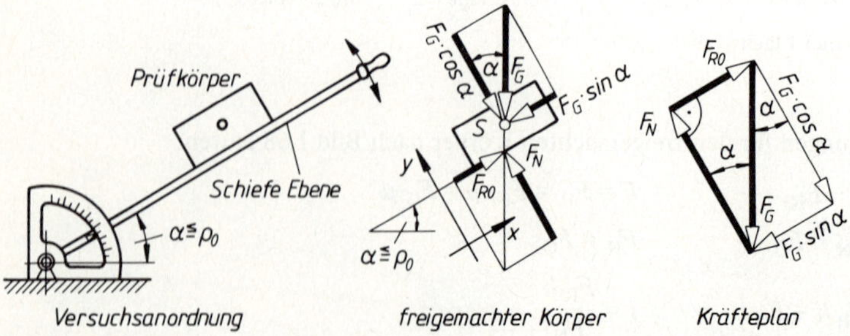

Bild I.69. Bestimmung der Reibzahl

Es kann nun derjenige Winkel α festgestellt werden, bei dem der Prüfkörper gerade gleichförmig abwärts gleitet, dann ist nach (I.66) $\tan\alpha = \tan\rho$ = Gleitreibzahl μ gefunden. Ebenso wird μ_0 ermittelt.

Der Körper bleibt auf einer schiefen Ebene solange in Ruhe, d.h. es liegt *Selbsthemmung* vor, solange der Neigungswinkel α einen Grenzwinkel ρ_0 nicht überschreitet. *Selbsthemmungsbedingung:*

$$\tan\alpha \leq \tan\rho_0; \qquad \tan\alpha \leq \mu_0 \qquad \rho_0 = \arctan\mu_0 \qquad \text{(I.68)}$$

8.4. Reibungskegel

Ist die Haftreibzahl μ_0 (oder bei Gleiten des Körpers die Gleitreibzahl μ) bekannt, so ist nach (I.66 bzw. I.67) auch der Reibwinkel $\rho_0 (\rho)$ gegeben und es kann der *Reibungskegel* nach Bild I.70 gezeichnet werden.

Dazu wird eine um den Reibwinkel ρ_0 geneigte Gerade um die Pfeilspitze von F_G gedreht. Der Körper bleibt solange in Ruhe, wie die Resultierende F_{res} der äußeren Kräfte *innerhalb* des Reibungskegels liegt. Jede Mantellinie des Reibungskegels ist eine Wirklinie der aus Reibkraft F_{R0} und Normalkraft F_N (hier $F_G = F_N$) zusammengesetzten Ersatzkraft F_e. Die Wirklinie dieser Ersatzkraft wird bei der zeichnerischen Lösung von Aufgaben mit Reibung immer gebraucht. Beispiele siehe Bild I.73.

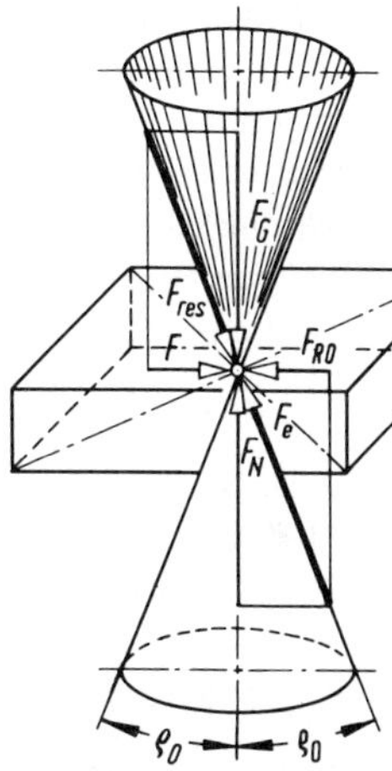

Bild I.70. Reibungskegel
F_G Gewichtskraft des Körpers,
F Verschiebekraft,
F_{res} Resultierende aus F und F_G,
F_N Normalkraft, F_{R0} Haftreibkraft,
F_e Ersatzkraft (Resultierende) aus F_N und F_{R0}

8.5. Anleitung zur zeichnerischen und rechnerischen Lösung von Aufgaben mit Reibung

Bei der *zeichnerischen* Lösung wird die Überlegung benutzt, daß mit der Reibzahl μ nach (I.66) auch der Reibwinkel ρ bekannt ist. Damit läßt sich die Wirklinie der Ersatzkraft F_e zeichnen. Zweckmäßig fertigt man eine Lösungsskizze an, in der zuerst die Reibkraft F_R und die Normalkraft F_N zur Ersatzkraft F_e vereinigt werden ($F_R \perp F_N$). Der Winkel zwischen F_N und F_e ist der Reibwinkel ρ.

Bei der *rechnerischen* Lösung wird in allen Gleichungen nach (I.64) $F_R = F_N \mu$ gesetzt. Dann ergeben sich meist Gleichungen mit einer Unbekannten.

■ **Beispiel:** Zwei glatte Holzbalken liegen in horizontaler Stellung aufeinander, der untere festgeklemmt. Die Gewichtskraft F_G des oberen Körpers beträgt 500 N. Um ihn aus der Ruhelage anzuschieben, ist eine parallel zur Auflagefläche wirkende Kraft von $F_0 = 250$ N erforderlich. Beim gleichförmigen Weiterschieben sinkt die Kraft auf $F = 150$ N. Gesucht: Haft- und Gleitreibzahl für Holz auf Holz.

Lösung: $F_0 = F_{R0\,max} = F_N \mu_0 = F_G \mu_0$; $\quad \mu_0 = \dfrac{F_0}{F_G} = \dfrac{250\text{ N}}{500\text{ N}} = 0{,}5$

$F = F_R = F_N \mu = F_G \mu$; $\quad \mu = \dfrac{F}{F_G} = \dfrac{150\text{ N}}{500\text{ N}} = 0{,}3$

■ **Beispiel:** Der Kreuzkopf einer Dampfmaschine drückt im Betrieb mit einer mittleren Normalkraft von 3500 N auf seine Gleitbahn. Die Drehzahl der Maschine beträgt 150 min^{-1}, der Kolbenhub $H = 500$ mm. Reibzahl 0,06.

Bestimme: a) die mittlere Geschwindigkeit des Kreuzkopfes, b) die Reibkraft am Kreuzkopf, c) den Leistungsverlust infolge Reibung!

Lösung: a) $v = \dfrac{s}{t} = 2\,n H = \dfrac{2 \cdot 150 \cdot 0{,}5\text{ m}}{60\text{ s}} = 2{,}5\,\dfrac{\text{m}}{\text{s}}$

b) $F_R = F_N \mu = 3500\text{ N} \cdot 0{,}06 = 210$ N

c) Reibleistung $P_R = F_R v = 210\text{ N} \cdot 2{,}5\,\dfrac{\text{m}}{\text{s}} = 525\,\dfrac{\text{Nm}}{\text{s}} = 525$ W

- **Beispiel:** Die Kurbelwelle einer Brikettpresse hat 24 000 N Gewichtskraft. Ihre Lagerzapfen haben 410 mm Durchmesser. Die Welle trägt ein Schwungrad von 102 000 N Gewichskraft; am Kurbelzapfen nimmt sie 7000 N der Schubstangengewichtskraft auf. Die Zapfenreibzahl beträgt beim Anfahren 0,08.

  a) Wie groß ist die gesamte Reibkraft am Lagerzapfenumfang beim Anfahren?

  b) Welches Drehmoment ist zur Überwindung der Reibung erforderlich?

Lösung: a) $F_R\,\mu = F_G\,\mu = (24\,000 + 102\,000 + 7000)\text{ N} \cdot 0{,}08 = 10\,640\text{ N}$

b) $M = F_R\,r = 10\,640\text{ N} \cdot 0{,}205\text{ m} = 2181\text{ Nm}$

- **Beispiel:** Auf den Kolben eines senkrecht stehenden Dieselmotors wirkt ein Druck von 10 bar = $10 \cdot 10^5\text{ N/m}^2$, wobei die Pleuelstange um $\alpha = 12°$ zur Senkrechten geneigt ist. Kolbendurchmesser 400 mm; Reibzahl zwischen Kolben und Zylinderwand 0,1.

  Bestimme: a) die Kolbenkraft F_k; b) die Normalkraft F_N zwischen Kolben und Zylinderwand; c) die Reibkraft F_R an der Zylinderwand; d) die Druckkraft F_s in der Pleuelstange!

Lösung: a) $F_k = p\,A_k = 10 \cdot 10^5\,\dfrac{\text{N}}{\text{m}^2} \cdot \dfrac{\pi}{4} \cdot (0{,}4\text{ m})^2 = 125\,700\text{ N}$

b) Aus Bild I.10 lassen sich die beiden Gleichgewichtsbedingungen ablesen:

I. $\Sigma F_x = 0 = +F_k - F_R - F_s \cos\alpha \qquad F_s = \dfrac{F_k - F_N\,\mu}{\cos\alpha}$

II. $\Sigma F_y = 0 = +F_N - F_s \sin\alpha \qquad F_s = \dfrac{F_N}{\sin\alpha}$

Gleichgesetzt:

$$F_k - F_N\,\mu = F_N\,\frac{\cos\alpha}{\sin\alpha} = F_N\,\frac{1}{\tan\alpha} \quad ; \quad F_k = F_N\left(\frac{1}{\tan\alpha} + \mu\right) = F_N\left(\frac{1 + \mu\tan\alpha}{\tan\alpha}\right)$$

$$F_N = \frac{F_k\tan\alpha}{1 + \mu\tan\alpha} = \frac{125\,700\text{ N} \cdot 0{,}2126}{1 + 0{,}1 \cdot 0{,}2126} = 26\,170\text{ N}$$

c) $F_R = F_N\,\mu = 26\,170\text{ N} \cdot 0{,}1 = 2617\text{ N}$

d) $F_s = \dfrac{F_N}{\sin\alpha} = \dfrac{26\,170\text{ N}}{0{,}2079} = 125\,900\text{ N}$

8.6. Reibung auf der schiefen Ebene (Bild I.71)

Auf der unter Winkel α geneigten schiefen Ebene findet sich ein Körper mit der Gewichtskraft F_G. *Gegeben:* Neigungswinkel $\alpha > \rho$, Gewichtskraft F_G, Reibzahl μ (Reibwinkel ρ); *gesucht:* Parallel zur Ebene wirkende bzw. waagerechte Kraft F. In allen Fällen der Ruhe oder gleichförmigen Bewegung des Körpers müssen die Kräfte F, F_G und F_e (= Ersatzkraft von Reibkraft F_R und Normalkraft F_N) ein geschlossenes Krafteckt bilden. Die Berechnungsgleichungen (I.69 ... I.72) können aus den Kraftecksskizzen direkt abgelesen werden.

Kraft F wirkt *in Richtung der Ebene* (Bild I.71a und I.71b)

Kraft F zum gleichförmigen Aufwärtsgang (+) und Abwärtsgang (−)

$$F = F_G\,\frac{\sin(\alpha \pm \rho)}{\cos\rho} = F_G\,(\sin\alpha \pm \mu\cos\alpha) \qquad \text{(I.69)}$$

Kraft F zum Halten des Körpers

$$F = F_G\,\frac{\sin(\alpha - \rho_0)}{\cos\rho_0} = F_G\,(\sin\alpha - \mu_0\cos\alpha) \qquad \text{(I.70)}$$

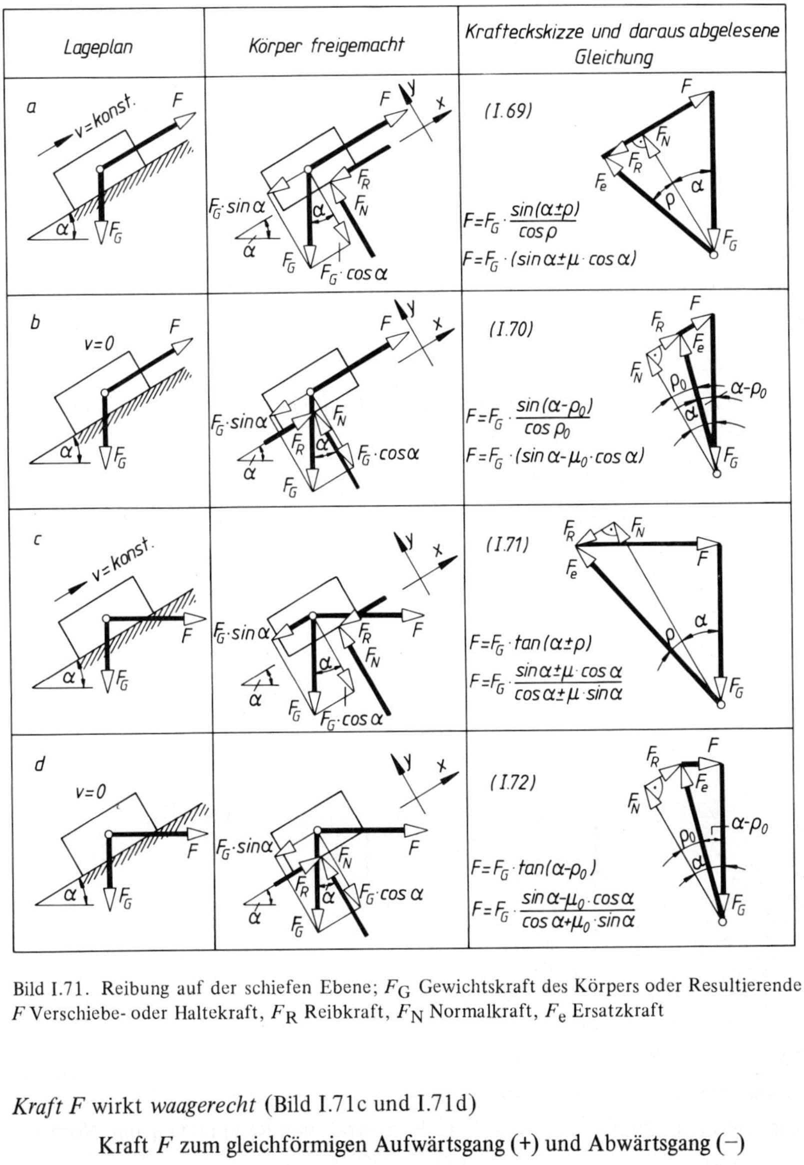

Bild I.71. Reibung auf der schiefen Ebene; F_G Gewichtskraft des Körpers oder Resultierende aller Belastungen, F Verschiebe- oder Haltekraft, F_R Reibkraft, F_N Normalkraft, F_e Ersatzkraft

Kraft F wirkt *waagerecht* (Bild I.71c und I.71d)

Kraft F zum gleichförmigen Aufwärtsgang (+) und Abwärtsgang (−)

$$F = F_G \tan(\alpha \pm \rho) = F_G \frac{\sin\alpha \pm \mu\cos\alpha}{\cos \mp \mu\sin\alpha} \tag{I.71}$$

Kraft F zum Halten des Körpers

$$F = F_G \tan(\alpha - \rho_0) = F_G \frac{\sin\alpha - \mu_0 \cos\alpha}{\cos\alpha + \mu_0 \sin\alpha} \tag{I.72}$$

Ist der Neigungswinkel α gleich oder kleiner als der Reibwinkel ρ $(\alpha \leq \rho)$ oder kleiner als ρ_0, so liegt *Selbsthemmung* vor. In den Gleichungen für die Abwärtsbewegung und das Halten des Körpers wird die Kraft F negativ (bei $\alpha \leq \rho$), d.h. zur Abwärtsbewegung muß eine abwärts gerichtete

Kraft eingesetzt werden und zum Halten ist überhaupt keine Kraft erforderlich ($\alpha \leq \rho_0$), oder F wird gleich Null ($\alpha = \rho_0$), d.h. der ruhende Körper bleibt allein gerade noch in Ruhe und der abwärtsgleitende Körper gleitet allein weiter ($\alpha = \rho$). Die Kraftecksskizzen in Bild I.71a und c sind für den Fall der gleichförmigen *Aufwärts*bewegung gezeichnet; bei der Abwärtsbewegung würde sich die Richtung der Reibkraft F_R umkehren und es könnten die entsprechenden Gleichungen mit negativem Vorzeichen (I.69 und I.71) ebenfalls direkt abgelesen werden.

Die beiden Formen in (I.69 und I.70) ergeben sich auseinander bei Verwendung von $\tan \rho = \mu$ in Verbindung mit den entsprechenden Summenformeln der Trigonometrie wie $\sin(\alpha + \beta) = \sin\alpha \cos\beta + \cos\alpha \sin\beta$ (siehe Mathematik).

Die rein rechnerische Behandlung mit Hilfe der Gleichgewichtsbedingungen $\Sigma F_x = 0; \Sigma F_y = 0$ liefert die gleichen Beziehungen, jedoch ist der mathematische Aufwand größer.

8.7. Reibung in Getrieben

8.7.1. Keilnutreibung (Bild I.72). Die Anwendung der drei Kraft-Gleichgewichtsbedingungen für den freigemachten Schlitten liefert:

$$\text{I.} \quad \Sigma F_x = 0 = F_N \cos\alpha - F_N \cos\alpha$$

$$\text{II.} \quad \Sigma F_y = 0 = 2 F_N \sin\alpha - F_1 \qquad F_N = \frac{F_1}{2 \sin\alpha}$$

$$\text{III.} \quad \Sigma F_z = 0 = F - 2 F_R = F - 2 F_N \mu$$

Wird II. in III. eingesetzt, so ergibt sich

$$F = 2 \frac{F_1}{2 \sin\alpha} \mu, \text{ also die } \textit{Verschiebekraft } F = \frac{\mu F_1}{\sin\alpha} = \mu' F_1 \qquad \text{(I.73)}$$

Darin ist die *Keilnut-Reibzahl*

$$\mu' = \frac{\mu}{\sin\alpha} \qquad \text{(I.74)}$$

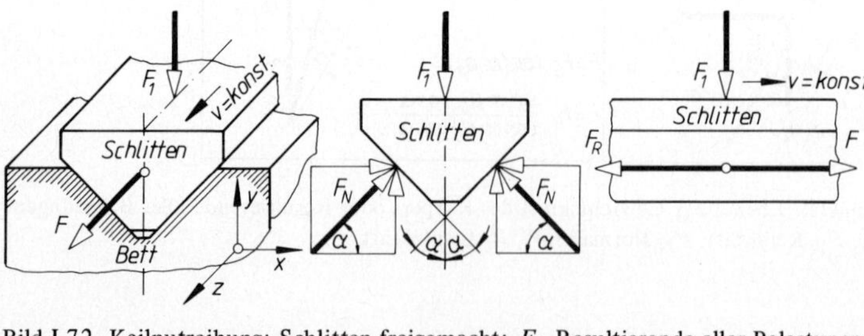

Bild I.72. Keilnutreibung; Schlitten freigemacht; F_1 Resultierende aller Belastungen

8.7.2. Zylinderführung (Bild I.73). Die Führungsbuchse klemmt sich fest, solange die Wirklinie der resultierenden Verschiebekraft F durch die Überdeckungsfläche der beiden Reibungskegel geht. Dann stehen die Stützkräfte (= Ersatzkräfte aus Reibkraft F_R und Normalkraft F_N) mit der Kraft F im Gleichgewicht; ihre Wirklinien schneiden sich in einem Punkt, der innerhalb der Überdeckungsfläche liegt.

Die drei Gleichgewichtsbedingungen ergeben:

$$\text{I.} \quad \Sigma F_x = 0 = + F_{R1} + F_{R2} - F$$

$$\text{II.} \quad \Sigma F_y = 0 = + F_{N1} - F_{N2}; \quad \text{also } F_{N1} = F_{N2} \text{ und damit auch } F_{R1} = F_{R2}$$

$$\text{III.} \quad \Sigma M_{(II)} = 0 = - F_{R1} d + F_{N1} l - F(l_a - d/2)$$

Mit $F_R = F_N \mu$ und $F = 2F_R$ aus Gleichung I wird Gleichung III weiterentwickelt:

$$\text{III.}\quad F_N \mu d - F_N l + 2F_N \mu \left(l_a - \frac{d}{2}\right) = 0$$

$$\mu d - l + 2\mu l_a - 2\mu \frac{d}{2} = 0$$

Daraus ergibt sich die *Führungslänge*

$$l = 2\mu l_a \qquad \frac{l \mid l_a \mid \mu}{\text{mm} \mid \text{mm} \mid 1} \qquad \text{(I.75)}$$

Bei $l < 2\mu l_a$ klemmt sich die Buchse fest, bei $l > 2\mu l_a$ gleitet sie. Festklemmen oder Gleiten ist unabhängig von der verschiedenden Kraft F.

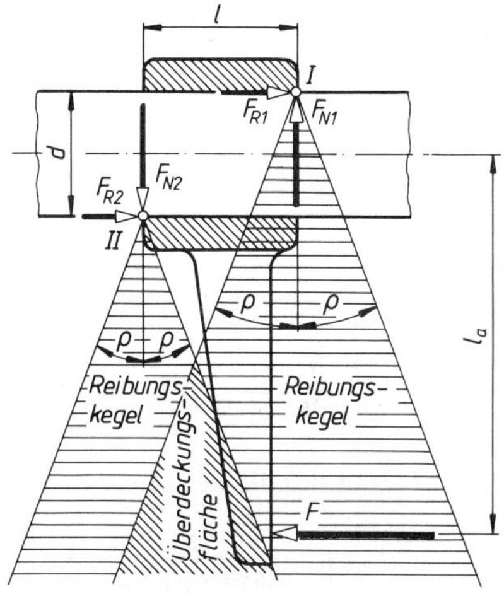

Bild I.73. Kräfte an Zylinderführung

8.7.3. Keilgetriebe (Bild I.74). Durch Verschieben des Keiles 2 in Richtung der Kraft F wird der mit F_1 belastete Stößel 1 angehoben. Zeichnerisch und rechnerisch soll die Verschiebekraft F bestimmt werden. Gegeben: F_1, Reibzahlen μ_1, μ_2, μ_3 und Winkel α.

Zeichnerische Lösung: Zuerst sind die Lagepläne der freigemachten Teile 1 und 2 zu zeichnen. Da F_1 gegeben ist, wird mit Stößel 1 begonnen. Auf ihn wirken die drei Kräfte F_1, F_{e1}, F_{e2}, letztere sind die Ersatzkräfte aus Reibkraft und Normalkraft. Aus $\mu = \tan \rho$ sind die Reibwinkel ρ_1 und ρ_2 bekannt, so daß die Wirklinien der Ersatzkräfte F_{e1}, F_{e2} festliegen. Wird im Kräfteplan die gegebene Kraft F_1 hingelegt, so kann durch Parallelverschiebung der Wirklinien der Ersatzkräfte das geschlossene Krafteck 1 gezeichnet werden. $F_{e2'} = -F_{e2}$ ist die Reaktionskraft von F_{e2}. Im *gesamten* Getriebe sind beides *innere* Kräfte, also gleichgroß, gegensinnig und auf gemeinsamer Wirklinie liegend. Mit ρ_2 und ρ_3 sind am Keil 2 die Wirklinien der dort angreifenden Ersatzkräfte $F_{e2'}$, F_{e3} bekannt, so daß durch Parallelverschiebung der Wirklinien von F_{e3} und F das Krafteck 2 and 1 angeschlossen werden kann. Die Zerlegung der Ersatzkräfte F_e in Reibkraft F_R und Normalkraft F_N vervollständigt den Kräfteplan. Die gesuchte Verschiebekraft F kann daraus abgegriffen werden.

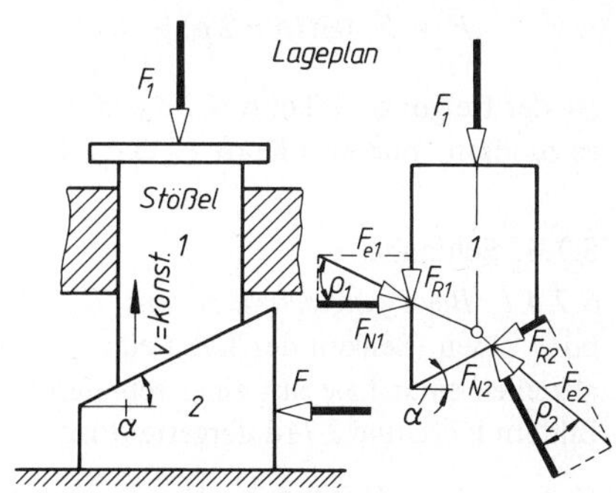

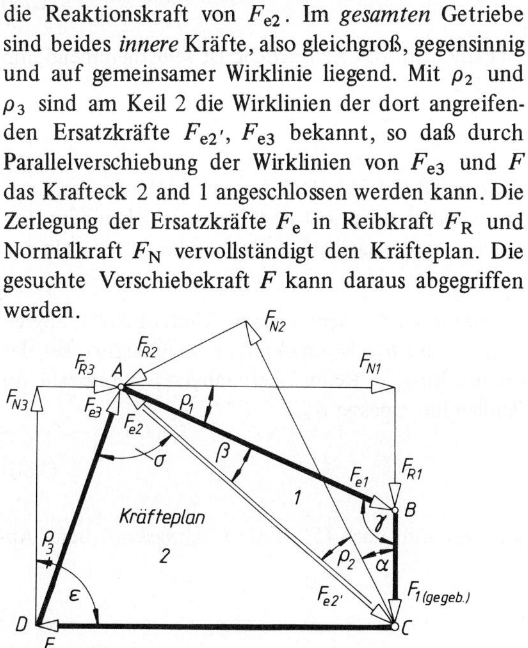

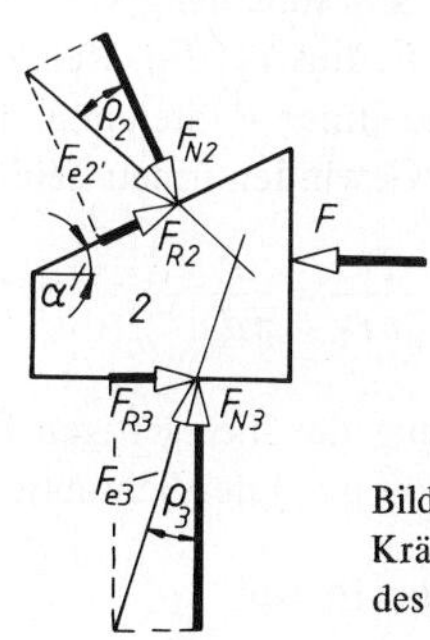

Bild I.74. Keilgetriebe; Kräfte beim Anheben des Stößels

Rechnerische Lösung: Neben der analytischen Lösung mit Hilfe der Gleichgewichtsbedingungen $\Sigma F_x = 0$; $\Sigma F_y = 0$ wird häufig von der Möglichkeit Gebrauch geamcht, das Krafteck zu skizzieren (Kraftecksskizze) und trigonometrisch auszuwerten, z.B. wie hier mit dem Sinussatz. Aus Bild I.74 liest man ab:

$$\frac{F_1}{F_{e2}} = \frac{\sin\beta}{\sin\gamma} = \frac{\sin[90^\circ - (\alpha + \rho_1 + \rho_2)]}{\sin(90^\circ + \rho_1)} = \frac{\cos(\alpha + \rho_1 + \rho_2)}{\cos\rho_1} \quad \text{und}$$

$$\frac{F}{F_{e2}} = \frac{\sin\delta}{\sin\epsilon} = \frac{\sin(\alpha + \rho_2 + \rho_3)}{\sin(90^\circ - \rho_3)} = \frac{\sin(\alpha + \rho_2 + \rho_3)}{\cos\rho_3}. \quad \text{Daraus wird}$$

$$\frac{F}{F_1} = \frac{[\sin(\alpha + \rho_2 + \rho_3)]\cos\rho_1}{(\cos\rho_3)\cos(\alpha + \rho_1 + \rho_2)}$$

Daraus ergibt sich die *Verschiebekraft*

$$F = F_1 \frac{\sin(\alpha + \rho_2 + \rho_3)\cos\rho_1}{\cos(\alpha + \rho_1 + \rho_2)\cos\rho_3} \tag{I.76}$$

Mit gleichen Reibzahlen wird $\rho_1 = \rho_2 = \rho_3$ und die *Verschiebekraft*

$$F = F_1 \frac{\sin(\alpha + 2\rho)\cos\rho}{\cos(\alpha + 2\rho)\cos\rho} = F_1 \tan(\alpha + 2\rho) \tag{I.77}$$

Ohne Reibung wäre die ideelle Verschiebekraft $F_i = F_1 \tan\alpha$. Damit ergibt sich der *Wirkungsgrad des Keilgetriebes beim Heben der Last*

$$\eta = \frac{F_i}{F} = \frac{F_1 \tan\alpha}{F_1 \tan(\alpha + 2\rho)} = \frac{\tan\alpha}{\tan(\alpha + 2\rho)} \tag{I.78}$$

Die *Haltekraft F'*, die ein Herausdrücken des Keiles verhindert, ist

$$F' = F_1 \tan(\alpha - 2\rho) \tag{I.79}$$

Ist der Neigungswinkel $\alpha < 2\rho_0$, so wird F' negativ, d.h. das Keilgetriebe ist selbsthemmend; um es zu lösen, muß eine Kraft F' den Keil herausziehen.

8.7.4. Schraube

8.7.4.1. Bewegungsschraube mit Rechteckgewinde (Bild I.75). Das Anziehen (Heben der Last) oder Lösen (Senken der Last) einer *Bewegungsschraube* entspricht dem Hinaufschieben oder Herabziehen einer Last auf einer schiefen Ebene durch eine waagerechte Umfangskraft, wie es in den Bildern I.71c und I.71d dargestellt ist.

Es bezeichnet F Schraubenlängskraft = Vorspannkraft in der Schraube; F_u Umfangskraft, angreifend am Flankenradius r_2; F_R Reibkraft im Gewinde; F_N Normalkraft; α Steigungswinkel der mittleren Gewindelinie; P Steigung der Schraubenlinie; ρ Reibwinkel; $\tan\rho = \mu$ = Reibzahl im Gewinde. In den Gewindenormen heißt der Flankendurchmesser d_2.

$$\tan\alpha = \frac{P}{2\pi r_2} = \frac{P}{\pi d_2} \tag{I.80}$$

Unter Verwendung der hier gültigen Formelzeichen wird nach (I.71) die *Umfangskraft* beim Anziehen (+) und Lösen (−) der Schraube

$$F_u = F\tan(\alpha \pm \rho) \tag{I.81}$$

Die Umfangskraft F_u wirkt am Flankenradius r_2 als Hebelarm; somit ergibt sich das erforderliche *Drehmoment* beim Anziehen (+) und Lösen (–) der Schraube

$$M = F_u r_2 = F \tan(\alpha \pm \rho) r_2 \tag{I.82}$$

Ohne Reibung ($\rho = 0$) wäre die ideelle Umfangskraft $F_i = F \tan\alpha$. Damit ergibt sich der *Wirkungsgrad* der Bewegungsschraube

$$\eta = \frac{F_i}{F_u} = \frac{F \tan\alpha}{F \tan(\alpha + \rho)}$$

$$\eta = \frac{\tan\alpha}{\tan(\alpha + \rho)} \qquad \eta = \frac{\tan(\alpha - \rho)}{\tan\alpha} \tag{I.83}$$

beim Anziehen oder Heben der Mutter durch die Schraube — beim Absinken der Mutter (absinkende Mutter dreht Schraube)

Selbsthemmend tritt auf bei $\alpha \leq \rho_0$, das Drehmoment M wird dann negativ oder null; negatives M muß dann zum Lösen (Senken) aufgebracht werden.

Im Grenzfall $\alpha = \rho_0$ ist der *Wirkungsgrad*

$$\eta = \frac{\tan\alpha}{\tan 2\alpha} \approx 0{,}5 \tag{I.84}$$

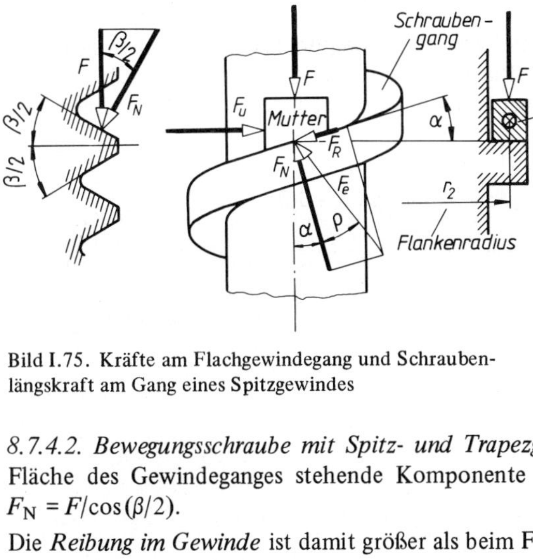

Bild I.75. Kräfte am Flachgewindegang und Schraubenlängskraft am Gang eines Spitzgewindes

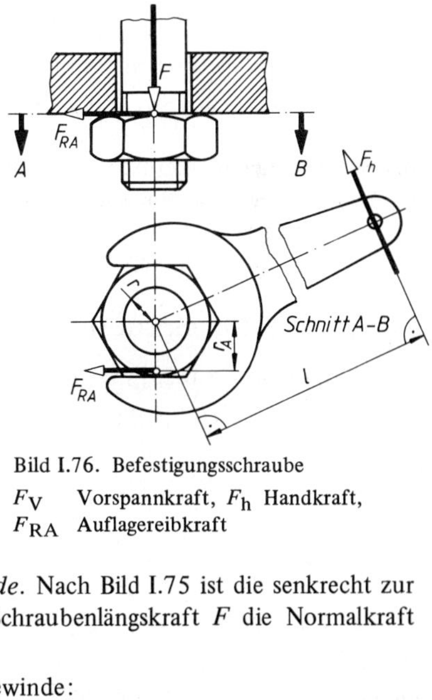

Bild I.76. Befestigungsschraube

F_V Vorspannkraft, F_h Handkraft,

F_{RA} Auflagereibkraft

8.7.4.2. Bewegungsschraube mit Spitz- und Trapezgewinde. Nach Bild I.75 ist die senkrecht zur Fläche des Gewindeganges stehende Komponente der Schraubenlängskraft F die Normalkraft $F_N = F/\cos(\beta/2)$.

Die *Reibung im Gewinde* ist damit größer als beim Flachgewinde:

$$F_N \mu = \mu \frac{F}{\cos\frac{\beta}{2}} \tag{I.85}$$

Man setzt nun

$$\frac{\mu}{\cos\frac{\beta}{2}} = \mu' = \tan\rho' \tag{I.86}$$

und kann damit die oben für das Rechteckgewinde aufgestellten Beziehungen (I.81 ... I.83) auch für Schrauben mit Spitz- oder Trapezgewinde benutzen, wenn man ρ durch ρ' bzw. μ durch μ' ersetzt.

Für *Trapezgewinde* nach DIN 103 ist $\beta = 30°$ $\mu' = 1{,}04\,\mu$

Für *Metrisches ISO-Gewinde* nach DIN 13 ist $\beta = 60°$ $\mu' = 1{,}15\,\mu$

8.7.4.3 Befestigungsschraube mit Spitzgewinde. Durch das Anziehen der Mutter (oder der Schraube) nach Bild I.76 mit dem *Anziehdrehmoment*

$$M_A = F_h\, l \qquad \text{(I.87)}$$

wird in der Schraubenverbindung die Schraubenlängs- (Vorspann-)kraft F_V erzeugt. Sie preßt die verbindenden Teile aufeinander. Dem Anziehdrehmoment M_A wirken das Gewindereibmoment M_{RG} und das Auflagereibmoment M_{RA} entgegen.

Bild I.76 zeigt die Auflagereibkraft F_{RA} mit einem angenommenen Wirkabstand $r_A = 1{,}4\, r$ für Sechskantmuttern. $r = d/2$ mit d = Gewindeaußendurchmesser.

Die Auflagereibkraft F_{RA} wird mit μ_A als Reibzahl der Mutterauflage: $F_{RA} = F_V\, \mu_A$ und damit das *Auflagereibmoment*

$$M_{RA} = F_V\, \mu_A\, r_A \qquad \text{(I.88)}$$

Wird Gleichung (I.81) für das Gewindereibmoment M_{RG} eingesetzt, so ergibt sich das Anziehdrehmoment zum Anziehen (+) und Lösen (−) einer Schraubenverbindung

$$M_A = F_V\, [r_2 \tan(\alpha \pm \rho') + \mu_A\, r_A] \qquad \text{(I.89)}$$

Für Gewinde mit metrischem Profil (Stahl auf Stahl) setze man für Überschlagsrechnungen:

$$\mu' = \tan\rho' = 0{,}25; \quad \rho' = 14^\circ \quad \text{und} \quad \mu_A = 0{,}15; \quad \text{ebenso für } r_A = 1{,}4\, r$$

- **Beispiel:** Die Zylinderkopfschrauben M 10 eines Verbrennungsmotors sollen mit einem Drehmoment von 60 Nm angezogen werden. Die Reibzahl an der Kopfauflage sei 0,15, im Gewinde beträgt sie $\mu' = 0{,}25$. Mit welcher Kraft preßt jede Schraube den Zylinderkopf auf den Zylinderblock?

Lösung: Für M 10 ist nach Gewindetafel VII.9 $r_2 \approx 4{,}5$ mm und $\alpha = 3{,}03^\circ$

$$\mu' = \tan\rho' = 0{,}25; \quad \rho' = 14^\circ$$

$$\tan(\alpha + \rho') = 0{,}306; \quad r_a = 1{,}4\, r = 7 \text{ mm}$$

$$F_V = \frac{M_A}{r_2 \tan(\alpha + \rho') + \mu_A\, r_A}$$

$$F_V = \frac{60 \cdot 10^3 \text{ Nmm}}{4{,}5 \text{ mm} \cdot 0{,}306 + 0{,}15 \cdot 7 \text{ mm}}$$

$$F_V = 24\,722 \approx 24{,}7 \text{ kN}$$

8.8. Lagerreibung

8.8.1. Tragzapfenreibung, Querlager (Bild I.77). Die *mittlere Flächenpressung* im Lager beträgt

$$p_m = \frac{F}{d\, l} \qquad \text{(I.90)}$$

p_m	F	d, l
$\frac{\text{N}}{\text{mm}^2}$	N	mm

Bei *trockener* (Anlauf) und halbflüssiger Reibung verlagert sich der Angriffspunkt von $F' = F$ um l entgegen der Drehrichtung. Es ist dann die Reibkraft $F_R = \mu F_N = F_N \tan\rho = F \sin\rho$. Setzt man $\sin\rho = \mu$ = Zapfenreibzahl, so wird das dem Wellendrehmoment entgegengerichtete *Reibmoment*

$$M_R = F\, \mu\, r \qquad \text{(I.91)}$$

M_R	F	μ	r
Nm	N	1	m

Dreht sich der Lagerzapfen mit der Umfangsgeschwindigkeit $v = \omega r = 2\pi n r$ (mit ω Winkelgeschwindigkeit, r Zapfenradius, n minutlicher Dehzahl), so beträgt die *Reibleistung*

$$P_R = M_R\,\omega = \frac{F\mu r \pi n}{30} \tag{I.92}$$

P_R	M_R	ω	F	r	n
$\frac{\text{Nm}}{\text{s}} = \text{W}$	Nm	$\frac{1}{\text{s}}$	N	m	min^{-1}

Zapfenreibzahl μ ist empirisch zu bestimmen.

Bei *flüssiger* Reibung (siehe Maschinenelemente) trennt ein Schmiermittelfilm Zapfen- und Schalenwerkstoff; es bildet sich ein Ölkeil aus, der den Zapfen aus der Mittellage in Drehrichtung verlagert (im Gegensatz zur trockenen Reibung).

In Wirklichkeit sind die Verhältnisse bei der Lagerreibung sehr kompliziert, weil sich keine Gesetzmäßigkeiten zur Druckverteilung und Zapfenreibzahl aufstellen lassen.

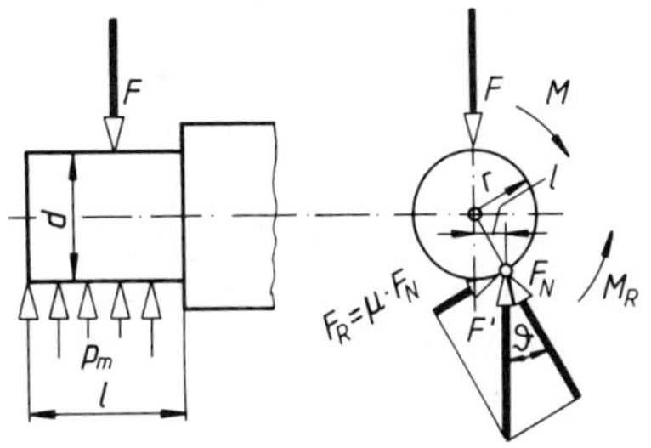

Bild I.77. Kräfte bei trockener Tragzapfenreibung
F Wellenlast, F_N Normalkraft,
F_R Lagerreibkraft, M Wellendrehmoment,
M_R Reibmoment

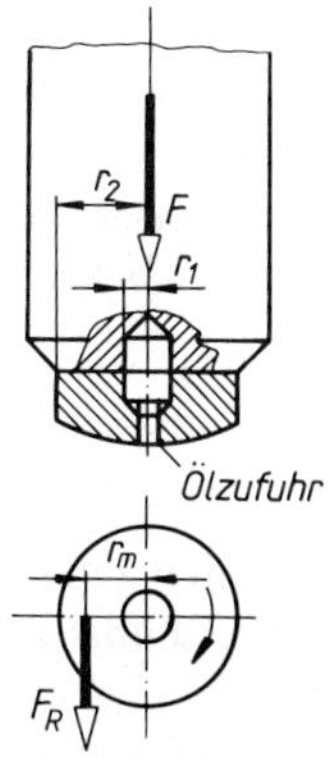

Bild I.78. Spurzapfenreibung

8.8.2. Spurzapfenreibung, Längslager (Bild I.78). Die Wirklinie der Belastung F fällt mit der Drehachse der Welle zusammen. Den Wirkabstand der Reibkraft F_R nimmt man mit $r_m = (r_1 + r_2)/2$ an. Wie bei der Tragzapfenreibung rechnet man mit Reibkraft $F_R = F\mu$, worin μ die *Spurzapfenreibzahl* ist, die ebenfalls empirisch bestimmt werden muß. Damit wird das *Reibmoment*

$$M_R = F\mu r_m \tag{I.93}$$

M_R	F	μ	r_m
Nm	N	1	m

und die *Reibleistung*

$$P_R = M_R\,\omega = \frac{F\mu r_m \pi n}{30} \tag{I.94}$$

P_R	M_R	ω	F	r_m	n
$\frac{\text{Nm}}{\text{s}} = \text{W}$	Nm	$\frac{1}{\text{s}}$	N	m	min^{-1}

Meistens wird der Zapfen nach Bild I.78 zentrisch ausgespart, um den nach der Drehachse zu wachsenden Druckanstieg zu vermeiden. Die Bohrung kann der Schmiermittelzufuhr dienen.

Für den *Vollspurzapfen* wird $r_m = (0 + r_2)/2 = r_2/2$ in die Gleichungen eingesetzt.

8.9. Rollreibung (Rollwiderstand)

Infolge der Haftreibung zwischen Rollkörper (Rad, Walze, Kugel) und ebener Fahrbahn tritt Rollen auf. Der Rollkörper drückt sich etwas in die Fahrbahn ein, so daß zur Überwindung des Rollwiderstandes F_R bei konstanter Geschwindigkeit des Körpers eine treibende Kraft F erforderlich wird. Nach Bild I.79 steht die Resultierende F_{res} aus Last F_1 und Rollkraft F im Gleichgewicht mit der Ersatzkraft F_e aus Rollwiderstand F_R (Rollreibung) und Normalkraft F_N. Die Gleichgewichtsbedingungen lassen sich ablesen:

I. $\Sigma F_x = 0 = +F - F_R$; $\quad F = F_R$

II. $\Sigma F_y = 0 = +F_N - F_1$; $\quad F_N = F_1$

III. $\Sigma M_{(D)} = 0 = -Fr + F_1 f$

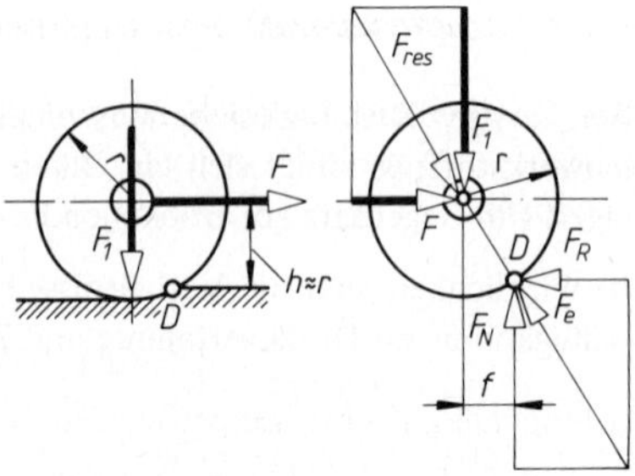

Bild I.79. Rollreibung; Rollkörper auf ebener Fahrbahn
F_1 Belastung, F treibende Kraft, F_N Normalkraft, F_R Rollwiderstand

daraus die *Rollkraft*

$$F = F_1 \frac{f}{r} \qquad (I.95)$$

F	F_1	f	r
N	N	cm	cm

Nach Bild I.79 wurde für die Höhe h der Radius r eingesetzt, was bei metallischen Wälzkörpern auf metallischer Unterlage wegen der geringen Eindringtiefe gemacht werden kann.

Der Wert „f" in cm wird als *Hebelarm der Rollreibung* bezeichnet; er ist ein reiner Erfahrungswert. Für Stahlräder auf Stahlschienen setzt man $f \approx 0{,}05$ cm, für gehärtete Stahlkugeln auf Laufringen $f = 0{,}0005 \ldots 0{,}001$ cm.

Damit kein Gleiten auftritt, muß der Rollwiderstand F_R kleiner sein als die Haftreibung zwischen Rollkörper und Fahrbahn. *Rollbedingung:*

$$F_R < \mu_0 F_N \quad \text{oder} \quad \frac{f}{r} < \mu_0 \qquad (I.96)$$

8.10. Fahrwiderstand

Wird ein Fahrzeug mit konstanter Geschwindigkeit auf *horizontaler* Fahrbahn fortbewegt, so ist, abgesehen vom *Luftwiderstand,* außer dem *Rollwiderstand* noch der durch *Lagerreibung* entstehende Widerstand zu überwinden. Man faßt beide zusammen zum *Fahrwiderstand*

$$F_f = F_n \mu_f \qquad (I.97)$$

F_f	μ_f	F_N
N	1	N

Darin sind F_N die gesamte Normalkraft (Anpreßkraft) des Fahrzeuges; bei horizontaler Bahn ist F_N die Gesamtgewichtskraft F_G des Fahrzeuges; μ_f ist die Fahrwiderstandszahl; hierfür kann nach Tafel I.3 gesetzt werden:

Tafel I.3. Fahrwiderstandszahlen μ_f

Eisenbahn	0,0025	Kraftfahrzeuge auf Asphalt	0,025
Straßenbahn mit Wälzlagern	0,005	Drahtseilbahnen	0,01
Straßenbahn mit Gleitlagern	0,018		

Damit kein Gleiten auftritt, muß der Fahrwiderstand F_f kleiner sein als die Haftreibung zwischen Rad und Fahrbahn. *Rollbedingung* bei horizontaler Bahn:

$$F_f < \mu_0 F_N$$
$$\mu_f < \mu_0 \qquad \text{(I.98)}$$

Bei *geneigter* Fahrbahn wird die Zugkraft am Fahrzeug meist stärker durch die Abtriebskomponente der Gewichtskraft beeinflußt als durch den Fahrwiderstand.

8.11. Seilreibung (Bild I.80) liegt vor, wenn um eine gegen Drehung gesicherte Scheibe ein vollkommen biegsames Zugmittel liegt. Durch die Reibkraft F_R zwischen Zugmittel und Scheibe wird die Spannkraft F_1 größer als die Gegenkraft F_2. Bei Gleichgewicht ist

$$F_1 = F_2 e^{\mu\alpha} \qquad \text{(I.99)}$$

μ Reibzahl zwischen Zugmittel und Scheibe;
$\alpha = 2\pi\alpha°/360° = \alpha°/57{,}3°$ Umschlingungswinkel im Bogenmaß.

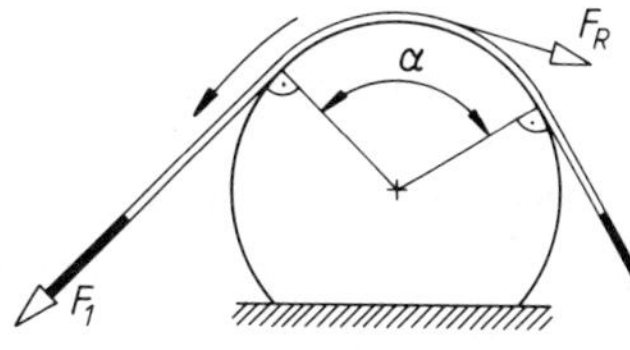

Bild I.80. Seilreibung

Am umspannten Teil der Scheibe beträgt die *Seilreibung*

$$F_R = F_1 - F_2 = F_2 (e^{\mu\alpha} - 1) = F_1 \frac{e^{\mu\alpha} - 1}{e^{\mu\alpha}} \qquad \text{(I.100)}$$

F_R, F_1, F_2	$e^{\mu\alpha}$
N	1

Die Seilreibkraft F_R ist die größte Umfangskraft, die eine Seil-, Band- oder Riemenscheibe zu übertragen vermag.

Die $e^{\mu\alpha}$-Werte können mit der *ln*-Taste oder mit der e^x-Taste ermittelt werden. Die Werte in Tafel I.4 dienen der Kontrolle und geben einen Überblick zum Funktionsverlauf für $y = e^{\mu\alpha}$.

Tafel I.4. Werte für $e^{\mu\alpha}$ in Abhängigkeit vom Umschlingungswinkel α und von der Reibzahl μ

		Reibzahlen μ									
$\alpha°$	α	0,05	0,1	0,15	0,2	0,25	0,3	0,35	0,4	0,45	0,5
36	0,2 π	1,032	1,065	1,099	1,134	1,170	1,207	1,246	1,286	1,327	1,369
72	0,4 π	1,065	1,134	1,207	1,286	1,369	1,458	1,552	1,653	1,760	1,874
108	0,6 π	1,099	1,207	1,327	1,458	1,602	1,760	1,934	2,125	2,336	2,566
144	0,8 π	1,134	1,286	1,458	1,653	1,874	2,125	2,410	2,733	3,099	3,514
180	1,0 π	1,170	1,369	1,602	1,874	2,193	2,566	3,003	3,514	4,111	4,810
216	1,2 π	1,207	1,458	1,760	2,125	2,566	3,099	3,741	4,518	5,455	6,586
252	1,4 π	1,246	1,552	1,934	2,410	3,003	3,741	4,662	5,808	7,237	9,017
288	1,6 π	1,286	1,653	2,125	2,733	3,514	4,518	5,808	7,468	9,602	12,35
324	1,8 π	1,327	1,760	2,336	3,099	4,111	5,455	7,237	9,602	12,74	16,90
360	2,0 π	1,369	1,874	2,566	3,514	4,810	6,586	9,017	12,35	16,90	23,14
540	3 π	1,602	2,566	4,111	6,586	10,55	16,90	27,08	43,38	69,49	111,3
720	4 π	1,874	3,514	6,586	12,35	23,14	43,38	81,31	152,1	285,7	535,5
900	5 π	2,193	4,810	10,55	23,14	50,75	111,3	244,2	535,5	1 174	2 576
1080	6 π	2,566	6,586	16,90	43,38	111,3	285,7	733,1	1 881	4 829	12 390
1260	7 π	3,003	9,017	27,08	81,31	244,2	733,1	2 202	6 611	19 850	59 610
1440	8 π	3,514	12,35	43,38	152,4	535,5	1 881	6 611	23 230	81 610	286 800
1620	9 π	4,111	16,90	69,49	285,7	1 174	4 829	19 850	81 610	335 500	1 379 000
1800	10 π	4,810	23,14	111,3	535,5	2 576	12 390	59 610	286 800	1 379 000	6 636 000

- **Beispiel:** Um einen horizontal feststehenden Zylinder ist ein Hanfseil viermal geschlungen. Welche Last F_G darf das eine Ende des Seiles höchstens tragen, wenn am anderen Ende eine Handkraft von 150 N die Last bei $\mu_0 = 0{,}3$ halten soll?

Lösung: $F_1 = F_G$; $F_2 = 150$ N; $F_1 = F_2\, e^{\mu_0 \alpha} = 150\ \text{N} \cdot e^{0{,}3 \cdot 8\pi} = 150\ \text{N} \cdot 1882$

$F_1 = F_G = 282\,300$ N

- **Beispiel:** Das Lastseil eines 4fach umschlungenen Spillkopfes soll eine Zugkraft von 5000 N aufbringen. Mit welcher Handkraft muß das Seil gezogen werden und welche Umfangskraft am Spillkopf hat der Antriebsmotor aufzubringen? $\mu_0 = 0{,}15$.

Lösung: Handkraft $F_2 = \dfrac{F_1}{e^{\mu_0 \alpha}} = \dfrac{5000\ \text{N}}{e^{0{,}15 \cdot 8\pi}} = \dfrac{5000\ \text{N}}{43{,}38} = 115\ \text{N}$

Umfangskraft $F_u = F_1 - F_2 = 5000\ \text{N} - 115\ \text{N} = 4885\ \text{N}$

8.12. Rollen und Flaschenzüge

8.12.1. Feste Rolle (Leit- oder Umlenkrolle). Durch die Reibung zwischen Rolle und Rollenbolzen und infolge des Biegewiderstandes des Seiles ist zum Heben der Last F_1 in Bild I.81 eine Zugkraft $F > F_1$ erforderlich. Diese Erfahrung wird im *Wirkungsgrad der festen Rolle* η_f erfaßt, der das Verhältnis vom Nutzen zum Aufwand ausdrückt. Für einen beliebigen Weg s der Last F_1 und der Zugkraft F ist damit der *Wirkungsgrad* der festen Rolle

$$\eta_f = \frac{F_1\, s}{F\, s} = \frac{F_1}{F} \qquad \text{(I.101)}$$

η_f für Ketten und Seile $\approx 0{,}96$ bei Gleitlagerung und $\approx 0{,}97 \dots 0{,}98$ bei Wälzlagerung.

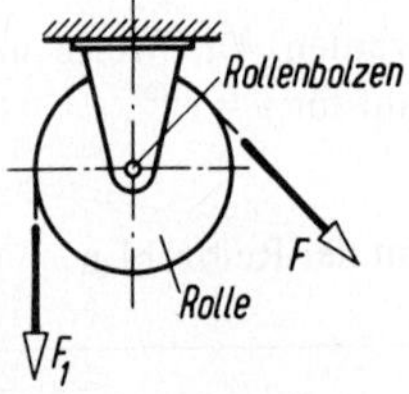

Bild I.81. Feste Rolle

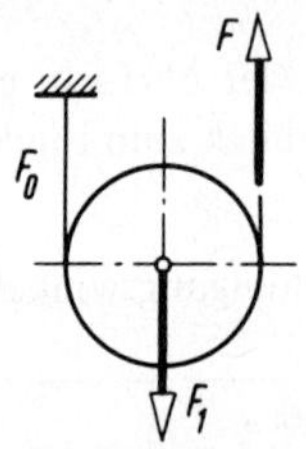

Bild I.82. Lose Rolle

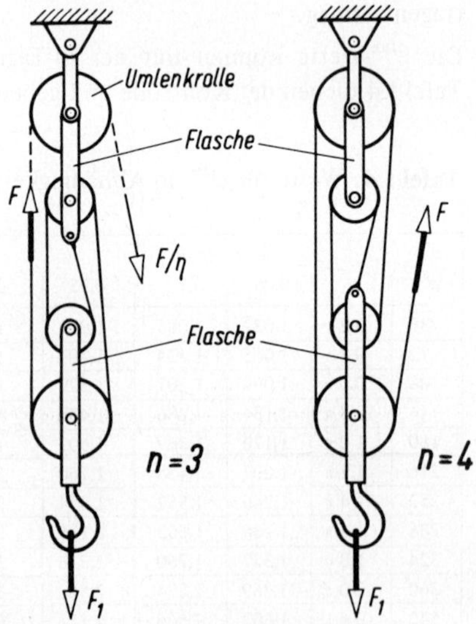

Bild I.83
Flaschenzug mit $n = 3$ und $n = 4$ Rollen

8.12.2. Lose Rolle (Bild I.82). Die am Rollbolzen hängende Last F_1 verteilt sich auf *zwei* Seilenden; es ist der Kraftweg $s_f = 2 \times$ Lastweg s_g (Übersetzung $i = 2$). Nach (I.101) ist $F = F_0/\eta_f$, außerdem $F_1 = F + F_0$ und damit der *Wirkungsgrad* η_l der losen Rolle:

$$\eta_l = \frac{F_1\, s_g}{F\, s_f} = \frac{(F + F_0)\, s_g}{F\, 2\, s_g} = \frac{F + F\, \eta_f}{2\, F} = \frac{1 + \eta_f}{2} \qquad \text{(I.102)}$$

und die *Zugkraft*

$$F = \frac{F_1}{\eta_f + 1} \qquad (I.103)$$

Mit $\eta_f = 0{,}95$ wird $\eta_l = (1 + 0{,}95)/2 = 0{,}975$; d.h. der Wirkungsgrad der losen Rolle ist günstiger als derjenige der festen Rolle. In der Praxis rechnet man jedoch für beide mit $\eta_f = \eta_l = \eta = 0{,}95$.

8.12.3. Flaschenzüge (Rollenzüge) sind Übersetzungsmittel zwischen Zugkraft F und Last F_1 (Bild I.83). Die festen und losen Rollen sind in den Flaschen gelagert und können untereinander oder nebeneinander liegen. In Bild I.83 wirkt F nach oben, das freie Seilende läuft von einer *losen* Rolle ab. Soll F nach unten gerichtet sein, so muß das Seil noch über die Umlenkrolle (linkes Bild) geführt werden. Es läuft dann von einer *festen* Rolle ab.

Bezeichnet n die *Rollenzahl* des Flaschenzuges (*ohne* Umlenkrolle), so ist die Zahl der tragenden Seilstränge stets $n + 1$. Der *Kraftweg* s_f = Länge des ablaufenden Seiles ist demnach:

$$s_f = (n + 1)\, s_g \qquad (I.104)$$

Ohne Verluste ist die Zugkraft $F_0 = F_1/(n + 1)$. Mit η_r = *Wirkungsgrad des Rollenzuges* ergibt sich die *Zugkraft*

$$F = \frac{F_1}{\eta_r\,(n + 1)} \qquad (I.105)$$

Seil läuft von loser Rolle ab

Läuft das Seil von einer *festen* Rolle (Umlenkrolle) ab, so ist noch der Wirkungsgrad der festen Rolle η_f zu berücksichtigen:

$$F = \frac{F_1}{\eta_r\,\eta_f\,(n + 1)} \qquad (I.106)$$

Seil läuft von fester Rolle (Umlenkrolle) ab

Tafel I.5. Wirkungsgrad η_r des Rollenzuges in Abhängigkeit von der Rollenzahl (ohne Umlenkrolle)

n	1	2	3	4	5	6	7	8	9	10
η_r	0,975	0,951	0,927	0,904	0,881	0,859	0,838	0,817	0,796	0,776

8.13. Bremsen

(F Bremskraft, M Bremsmoment, P Wellenleistung).

Backenbremse mit überhöhtem Drehpunkt D (Bild I.84)

$$F = F_N\,\frac{(l_1 \pm \mu l_2)}{l} \qquad (I.107)$$

(+) bei Rechtslauf, (−) bei Linkslauf

Selbsthemmung bei Linkslauf, wenn $l_1 < \mu l_2$ ist.

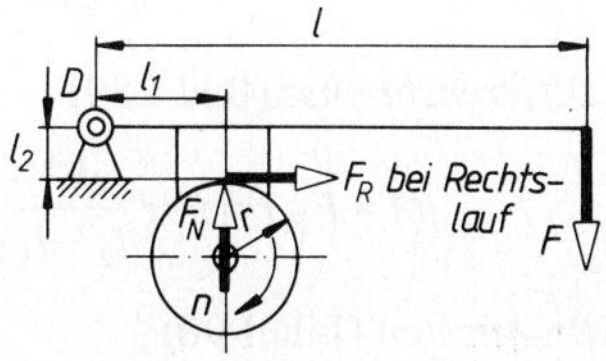

Bild I.84. Backenbremse mit überhöhtem Drehpunkt D; Kräfte auf den Hebel

Backenbremse mit unterzogenem Drehpunkt D (Bild I.85)

$$F = F_N \frac{(l_1 \mp \mu l_2)}{l} \qquad \text{(I.108)}$$

(–) bei Rechtslauf, (+) bei Linkslauf

Selbsthemmung tritt auf bei Rechtslauf, wenn $l_1 < \mu l_2$ ist.

Backenbremse mit tangentialem Drehpunkt D (Bild I.86)

$$F = F_N \frac{l_1}{l} \qquad \text{(I.109)}$$

Selbsthemmung tritt nicht auf.

Die Normalkraft F_N in (I.107 ... I.109) ist entweder aus den Gleichgewichtsbedingungen am freigemachten Hebel zu ermitteln oder aus gegebenem Bremsmoment $M = F_R r = F_N \mu r$.

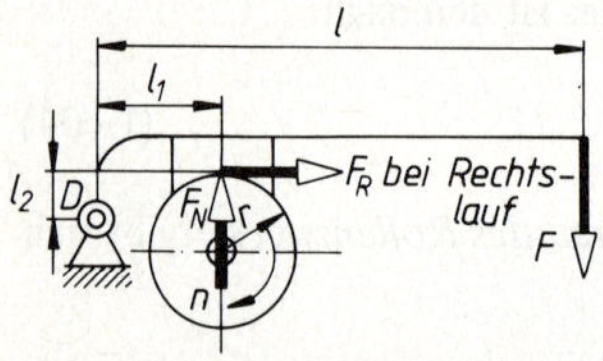

Bild I.85. Backenbremse mit unterzogenem Drehpunkt *D*; Kräfte auf den Hebel

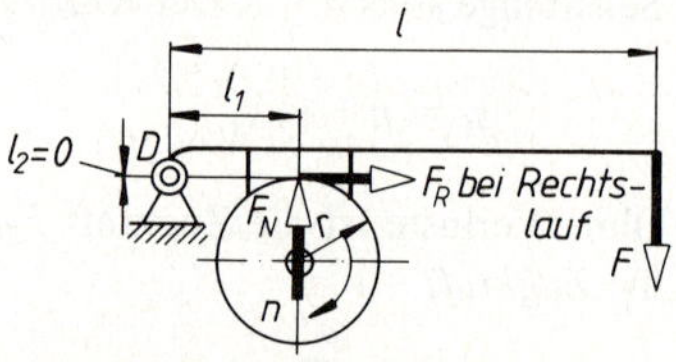

Bild I.86. Backenbremse mit tangentialem Drehpunkt *D*; Kräfte auf den Hebel

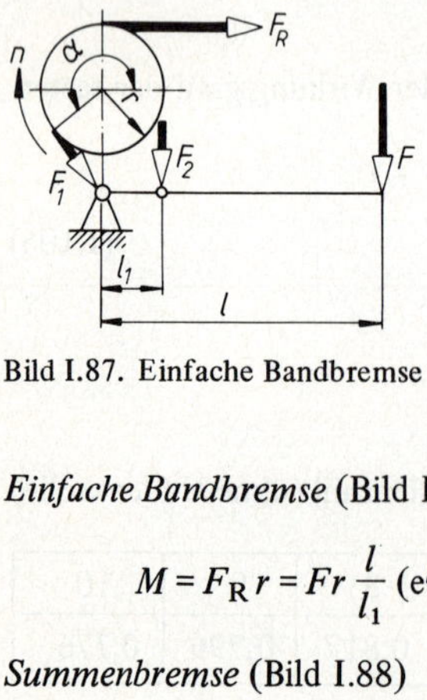

Bild I.87. Einfache Bandbremse

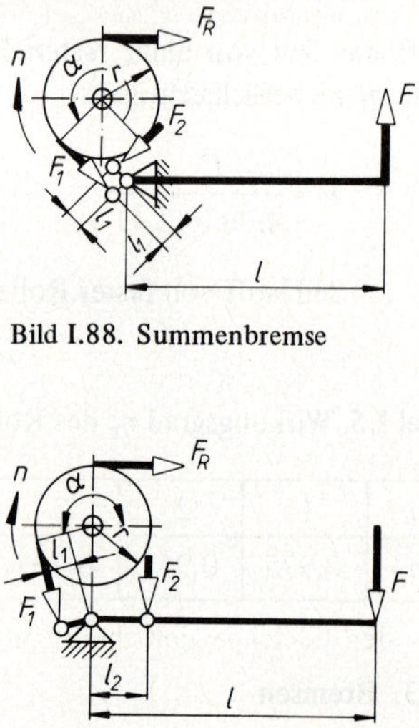

Bild I.88. Summenbremse

Einfache Bandbremse (Bild I.87)

$$M = F_R r = Fr \frac{l}{l_1} (e^{\mu\alpha} - 1) \qquad \text{(I.110)}$$

Summenbremse (Bild I.88)

$$M = F_R r = Fr \frac{l}{l_1} \frac{e^{\mu\alpha} - 1}{e^{\mu\alpha} + 1} \qquad \text{(I.111)}$$

Differenzbremse (Bild I.89)

$$M = F_R r = Flr \frac{e^{\mu\alpha} - 1}{l_2 - l_1 e^{\mu\alpha}} \qquad \text{(I.112)}$$

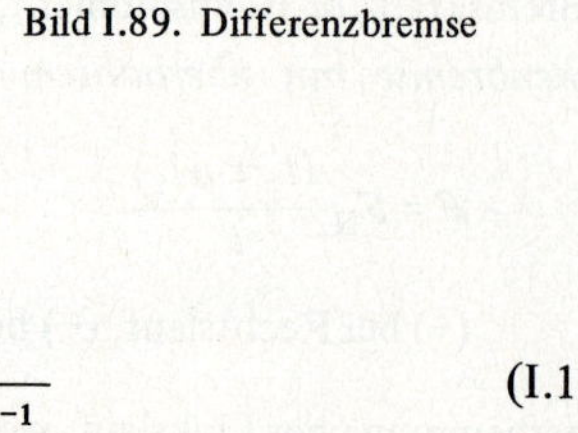

Bild I.89. Differenzbremse

Bremszaum (Bild I.90)

$$P = \frac{F_G l n}{9550} \qquad \text{(I.113)}$$

P	F_G	l	n
kW	N	m	min^{-1}

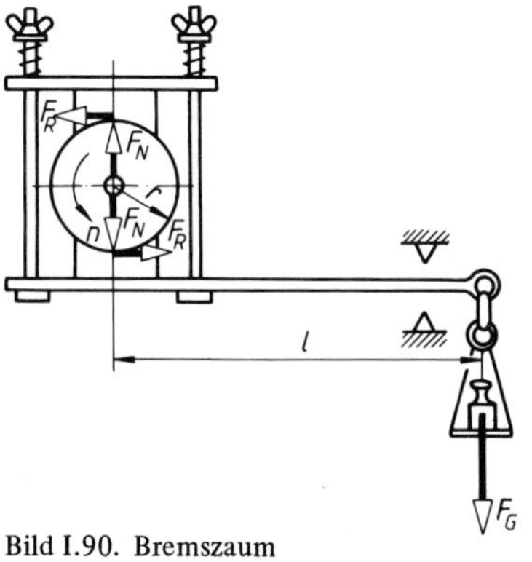

Bild I.90. Bremszaum

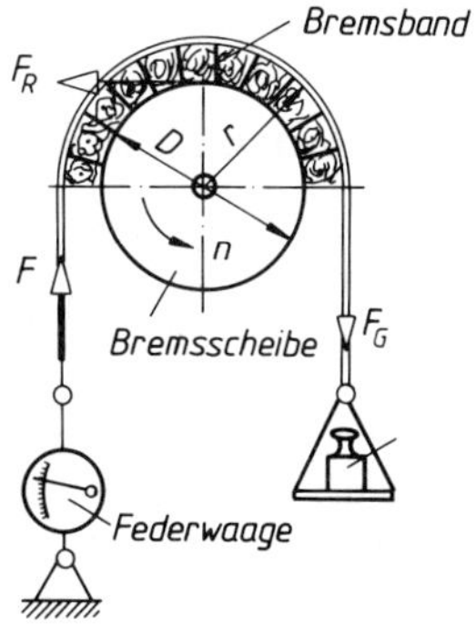

Bild I.91. Bandbremszaum

Bandbremszaum (Bild I.91). Die Bandkräfte F und F_G werden mit Federwaage und Zuggewicht gemessen. Daraus die *Wellenleistung*

$$P = \frac{(F_G - F)\, r\, n}{9550} \qquad (I.114)$$

P	F_G, F	r	n
kW	N	m	min^{-1}

■ **Beispiel:** Eine Backenbremse nach Bild I.84 besitzt folgende Maße: $l = 870$ mm; $l_1 = 120$ mm; $l_2 = 80$ mm; $r = 190$ mm. Bei Rechtslauf der Bremsscheibe mit $n = 400$ U/min soll eine Leistung von $P = 10$ kW abgebremst werden.

Bestimme: a) das erforderliche Bremsmoment, b) die Reibkraft am Scheibenumfang, c) die Normalkraft an der Bremsbacke bei $\mu = 0{,}5$, d) die erforderliche Gewichtskraft G und die Stützkraft F_D im Hebellager D!

Lösung: a) Bremsmoment $M = 9550 \dfrac{P}{n} = 9550 \cdot \dfrac{10}{400}\,\text{Nm} = 238{,}75\,\text{Nm}$

b) Reibkraft $F_R = \dfrac{M}{r} = \dfrac{238{,}75\,\text{Nm}}{0{,}19\,\text{m}} = 1257\,\text{N}$

c) Normalkraft $F_N = \dfrac{F_R}{\mu} = \dfrac{1257\,\text{N}}{0{,}5} = 2514\,\text{N}$

d) Gewichtskraft $F_G = F = F_N \dfrac{(l_1 + \mu l_2)}{l} = 2514\,\text{N} \cdot \dfrac{(120 + 0{,}5 \cdot 80)\,\text{mm}}{870\,\text{mm}}$

$F_G = 462\,\text{N}$

Aus den Gleichgewichtsbedingungen für den freigemachten Bremshebel wird die Stützkraft F_D berechnet:

I. $\Sigma F_x = 0 = +F_R - F_{Dx}$; $\quad F_{Dx} = F_R = 1257\,\text{N}$

II. $\Sigma F_y = 0 = +F_N - F - F_{Dy}$; $\quad F_{Dy} = F_N - F = 2514\,\text{N} - 462\,\text{N} = 2052\,\text{N}$

III. $\Sigma M = 0$; hier nicht mehr nötig

$F_D = \sqrt{(1257\,\text{N})^2 + (2052\,\text{N})^2} = 2406\,\text{N}$

II. Dynamik

Formelzeichen und Einheiten

A	m^2, cm^2, mm^2	Flächeninhalt, Fläche
a	$\frac{m}{s^2}$	Beschleunigung (a_t Tangentialbeschleunigung, a_n Normalbeschleunigung)
D_i	m, mm	Trägheitsdurchmesser = $2\,i$
d	m, mm	Durchmesser, allgemein
E	J = Nm	Energie
F	N	Kraft (F_T Tangentialkraft, F_N Normalkraft)
$f = \frac{1}{T}$	$\frac{1}{s}$	Frequenz, Periodenfrequenz
F_G, G	N	Gewichtskraft (F_{Gn} Normgewichtskraft)
g	$\frac{m}{s^2}$	Fallbeschleunigung (g_n Normalfallbeschleunigung)
h	m	Fallhöhe, Höhe allgemein
i	1	Übersetzungsverhältnis (Übersetzung)
i	m, mm	Trägheitsradius = $\frac{D_i}{2}$
J	kgm^2	Trägheitsmoment, Zentrifugalmoment
k	1	Stoßzahl
l	m, mm	Länge allgemein
M	Nm, Nmm	Drehmoment, Kraftmoment
m	kg	Masse
n	$\frac{U}{min} = min^{-1} = \frac{1}{min}$	Drehzahl, Umlauffrequenz, -zahl
P	W, kW	Leistung
R	$\frac{N}{m}, \frac{N}{mm}$	Federrate
r	m, mm	Radius
s	m, mm	Weglänge
T	s	Periodendauer
T	N	Trägheitskraft $T = m\,a$
α, β	°	Winkel allgemein
α	$\frac{1}{s^2} = \frac{rad}{s^2} = s^{-2}$	Winkelbeschleunigung
φ	rad, Bogenmaß	Drehwinkel
μ	1	Reibzahl
t	s, min, h	Zeit
v	$\frac{m}{s}$	Geschwindigkeit
W	J = Nm = Ws	Arbeit
z	1	Anzahl der Umdrehungen
η	1	Wirkungsgrad
ρ	$\frac{kg}{dm^3}, \frac{kg}{m^3}$	Dichte
ρ	m, mm	Krümmungsradius
ω	$\frac{1}{s} = \frac{rad}{s} = s^{-1}$	Winkelgeschwindigkeit

Beachte: Der griechische Buchstabe Delta (Δ) wird stets zur Kennzeichnung einer Differenz zweier gleichartiger Größen verwendet. Δs heißt demnach *nicht* „Delta mal es" sondern $\Delta s = s_2 - s_1$ = Wegabschnitt; ebenso: $\Delta t = t_2 - t_1$ = Zeitabschnitt; $\Delta\varphi = \varphi_2 - \varphi_1$ = Drehwinkelbereich; $\Delta v = v_2 - v_1$ = Geschwindigkeitsänderung oder Geschwindigkeitsbereich.

1. Bewegungslehre (Kinematik)

1.1. Bewegungsablauf

Zur Kennzeichnung des Bewegungsablaufes unterteilt man *zeitlich* (Bewegungs*zustand*) in Ruhe, gleichförmige und ungleichförmige Bewegung; *geometrisch* (Bewegungs*bahn*) in geradlinige und krummlinige Bewegung (z.B. auf der Kreisbahn).

Die ungleichförmige Bewegung heißt auch beschleunigte oder verzögerte Bewegung. Sie ist entweder gleichmäßig oder ungleichmäßig beschleunigt bzw. verzögert.

Bewegungen der Punkte und Körper in der Technik sind Kombinationen von Bewegungszuständen und Bewegungsbahnen, z.B.
geradlinig gleichförmige Bewegung (Vorschubbewegung an Werkzeugmaschinen),
kreislinig gleichförmige Bewegung (an Drehbank und Bohrmaschine),
geradlinig gleichmäßig beschleunigte Bewegung (freier Fall),
kreislinig gleichmäßig beschleunigte Bewegung (An- und Auslauf der Spannfutter an Werkzeugmaschinen),
geradlinig ungleichmäßig beschleunigte Bewegung (Stößel an Stoßmaschine).

1.2. Geradlinige Bewegung des Punktes

1.2.1. Gleichförmige Bewegung. Bei gleichförmiger Bewegung werden in gleichen Zeitabschnitten Δt (z.B. eine Sekunde) *gleiche* Wegabschnitte Δs zurückgelegt. Die *Geschwindigkeit* v ist zu jedem Zeitpunkt gleich groß:

$$v = \frac{\Delta s}{\Delta t} \mathrel{\hat{=}} \tan\alpha \qquad \text{(II.1)}$$

v	Δs	Δt
$\frac{\text{m}}{\text{s}}$	m	s

$$\Delta s = s_2 - s_1; \quad \Delta t = t_2 - t_1$$

(II.1) ist zugleich Gleichung für die Durchschnittsgeschwindigkeit.

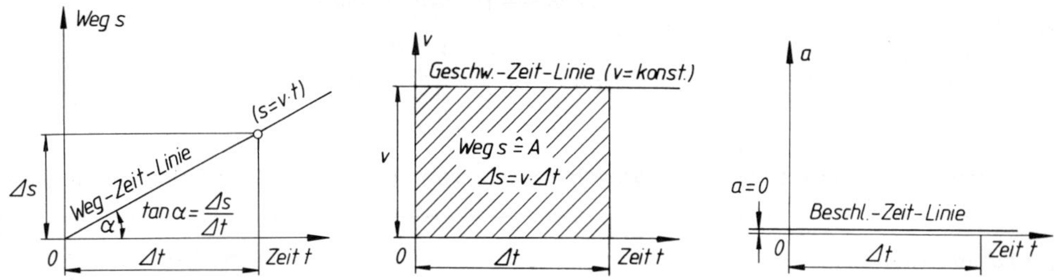

Bild II.1. s, t-, v, t- und a, t-Schaubild der gleichförmigen Bewegung

Aufgaben der Bewegungslehre lassen sich leichter lösen, wenn das v, t-Schaubild aufgezeichnet und ausgewertet wird (Skizze genügt).

Der zurückgelegte Weg wird immer durch die schraffierte Fläche unter der Geschwindigkeits-Zeit-Linie dargestellt (Bild II.1). Dadurch ist der Bewegungsablauf bildlich vorgeführt und durch geometrische Betrachtung der Rechnung leichter zugänglich, besonders bei ungleichförmiger Bewegung.

■ **Beispiel:** Kraftwagen fährt gleichförmig mit einer Geschwindigkeit von 80 km/h. Welchen Weg legt er in 10 min zurück?

Lösung: $\Delta s = v\,\Delta t = 80\,\frac{\text{km}}{\text{h}} \cdot 10\,\text{min} = 80 \cdot 10\,\frac{\text{km min}}{60\,\text{min}} = 13{,}33\,\text{km}$

1.2.2. Ungleichförmige Bewegung. Bei ungleichförmiger Bewegung werden in gleichen Zeitabschnitten Δt (z.B. in einer Sekunde) ungleiche Wegabschnitte Δs zurückgelegt. Die Geschwindigkeit v ist also zu jedem Zeitpunkt verschieden groß, im Gegensatz zur gleichförmigen Bewegung. Technisch besonders wichtig ist die

1.2.2.1. Gleichmäßig beschleunigte oder verzögerte Bewegung. Hierbei ist die Beschleunigung a konstant. Das Beschleunigungs-Zeit-Schaubild zeigt also eine zur x-Achse parallele Gerade (Bild II.2). Die Weg-Zeit-Kurve ist eine Parabel. Die Geschwindigkeit im Punkt A entspricht $\tan \alpha$ = Tangentenneigung.

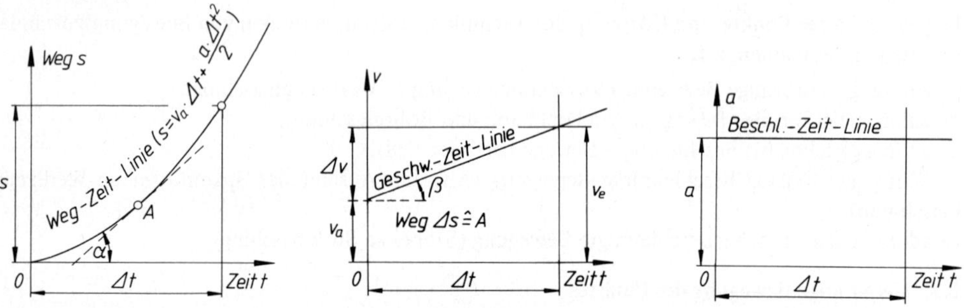

Bild II.2. *s, t*-, *v, t*- und *a, t*-Schaubild der gleichmäßig beschleunigten Bewegung (mit Anfangsgeschwindigkeit v_a)

Zur rechnerischen Behandlung sollte stets das Geschwindigkeits-Zeit-Schaubild gezeichnet werden, weil in jedem Falle die Fläche unter der Geschwindigkeits-Zeit-Linie dem zurückgelegten Weg Δs entspricht.

Mit der Grundgleichung für gleichmäßig beschleunigte Bewegungen:

$$\textit{Beschleunigung } a \textit{ (Verzögerung)} = \frac{\text{Geschwindigkeitsänderung } \Delta v}{\text{zugehöriger Zeitabschnitt } \Delta t}$$

$$a = \frac{\Delta v}{\Delta t} \mathrel{\hat{=}} \tan \beta; \quad \Delta v = v_2 - v_1; \quad \Delta t = t_2 - t_1 \qquad \text{(II.2)}$$

a	Δv	Δt
$\frac{m}{s^2}$	$\frac{m}{s}$	s

und geometrischer Auswertung des v, t-Schaubildes ergeben sich alle übrigen Berechnungsgleichungen.

Endgeschwindigkeit

$$v_e = a\,\Delta t = \sqrt{2\,a\,s} \qquad \text{(II.3)}$$

Weg s ≙ Dreiecksfläche

$$s = \frac{v_e\,\Delta t}{2} = \frac{a\,\Delta t^2}{2} = \frac{v_e^2}{2\,a} \qquad \text{(II.4)}$$

Zeit $$\Delta t = \frac{v_e}{a} = \sqrt{\frac{2\,s}{a}} \qquad \text{(II.5)}$$

Beschleunigung

$$a = \frac{\Delta v}{\Delta t} = \frac{v_e^2}{2\,s} = \frac{2\,s}{\Delta t^2} \qquad \text{(II.6)}$$

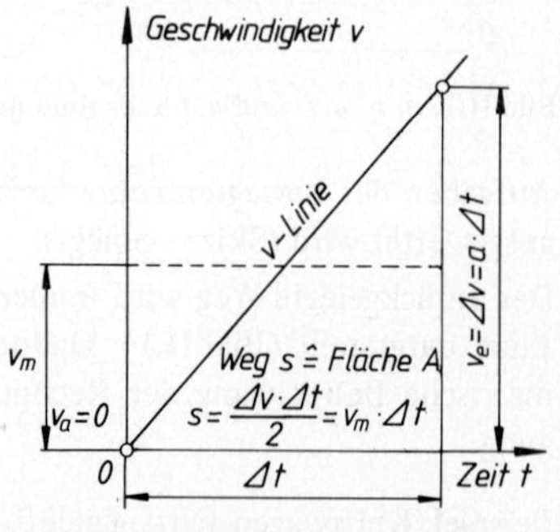

Bild II.3. *v, t*-Schaubild der gleichmäßig beschleunigten Bewegung *ohne* Anfangsgeschwindigkeit ($v_a = 0$)

Endgeschwindigkeit

$$v_e = v_a + a\,\Delta t = \sqrt{v_a^2 + 2as} \qquad \text{(II.7)}$$

Weg s ≙ Trapezfläche oder Rechteck + Dreieck

$$s = v_a\,\Delta t + \frac{a\,\Delta t^2}{2} = \frac{v_a + v_e}{2}\,\Delta t \qquad \text{(II.8)}$$

Zeit $\Delta t = \dfrac{v_e - v_a}{a}$

$$\Delta t = -\frac{v_a}{a} \pm \sqrt{\left(\frac{v_a}{a}\right)^2 + \frac{2s}{a}} \qquad \text{(II.9)}$$

Beschleunigung a

$$a = \frac{v_e - v_a}{\Delta t} = \frac{v_e^2 - v_a^2}{2s} \qquad \text{(II.10)}$$

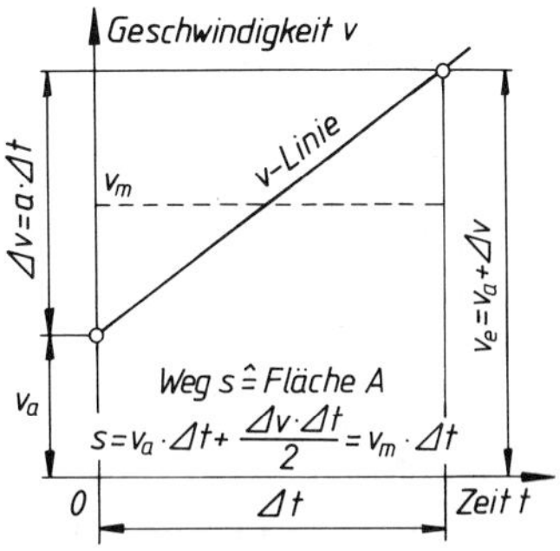

Bild II.4. v, t-Schaubild der gleichmäßig beschleunigten Bewegung *mit* Anfangsgeschwindigkeit v_a

Anfangsgeschwindigkeit

$$v_a = a\,\Delta t = \sqrt{2as} \qquad \text{(II.11)}$$

Weg s ≙ Dreiecksfläche

$$s = \frac{v_a\,\Delta t}{2} = \frac{a\,\Delta t^2}{2} = \frac{v_a^2}{2a} \qquad \text{(II.12)}$$

Zeit $\Delta t = \dfrac{v_a}{a} = \sqrt{\dfrac{2s}{a}}$ (II.13)

Verzögerung

$$a = \frac{\Delta v}{\Delta t} = \frac{v_a^2}{2s} = \frac{2s}{\Delta t^2} \qquad \text{(II.14)}$$

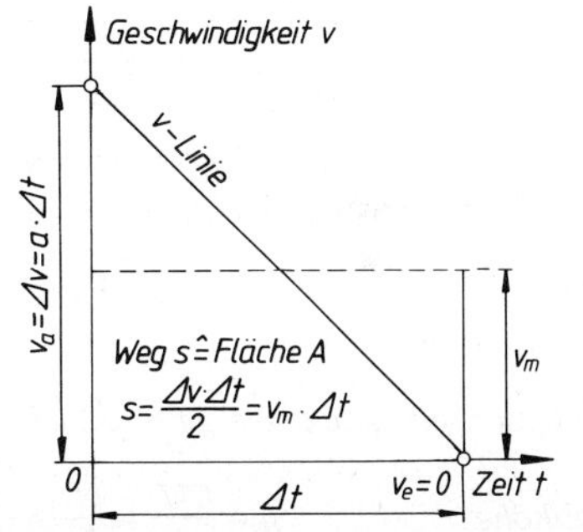

Bild II.5. v, t-Schaubild der gleichmäßig verzögerten Bewegung *ohne* Endgeschwindigkeit ($v_e = 0$)

Endgeschwindigkeit

$$v_e = v_a - a\,\Delta t = \sqrt{v_a^2 - 2as} \qquad \text{(II.15)}$$

Weg s ≙ Trapezfläche oder Rechteck + Dreieck

$$s = v_a\,\Delta t - \frac{a\,\Delta t^2}{2} = \frac{v_a + v_e}{2}\,\Delta t \qquad \text{(II.16)}$$

Zeit $\Delta t = \dfrac{v_a - v_e}{a}$

$$\Delta t = +\frac{v_a}{a} \pm \sqrt{\left(\frac{v_a}{a}\right)^2 - \frac{2s}{a}} \qquad \text{(II.17)}$$

Verzögerung

$$a = \frac{v_a - v_e}{\Delta t} = \frac{v_a^2 - v_e^2}{2s} \qquad \text{(II.18)}$$

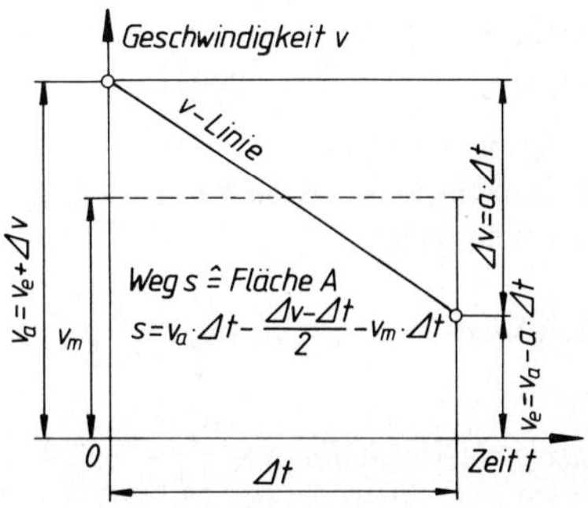

Bild II.6. v, t-Schaubild der gleichmäßig verzögerten Bewegung *mit* Endgeschwindigkeit v_e

- **Beispiel:** Ein Fahrzeug wird in 10 s gleichmäßig beschleunigt auf die Geschwindigkeit von 45 km/h, mit der es sich gleichförmig fortbewegt. Am Fahrtende wird es auf 15 m zum Stillstand gebracht. Die gesamte Fahrstrecke beträgt 500 m.

  Gesucht: Beschleunigung, Anfahrweg, Bremszeit, Verzögerung, gesamte Fahrzeit!

Lösung: Das v,t-Schaubild zeigt Bild II.7. Es kommt darauf an, jede Größe genau anzusprechen!

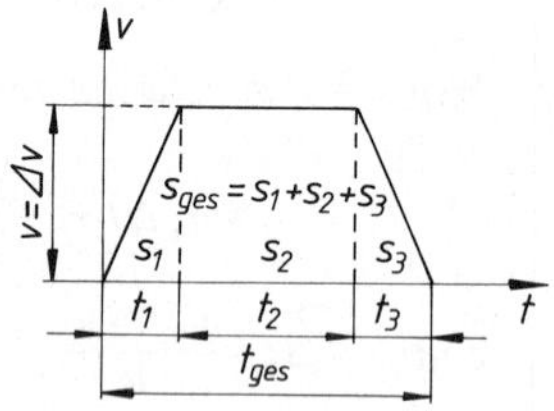

Bild II.7. v,t-Schaubild

$$a_1 = \frac{\Delta v}{\Delta t} = \frac{v}{t_1} = \frac{12{,}5\,\frac{\text{m}}{\text{s}}}{10\text{ s}} = 1{,}25\,\frac{\text{m}}{\text{s}^2}$$

$$s_1 = \frac{v\,t_1}{2} = \frac{12{,}5\,\frac{\text{m}}{\text{s}}\cdot 10\text{ s}}{2} = 62{,}5\text{ m}$$

$$a_3 = \frac{v^2}{2\,s_3} = \frac{12{,}5^2\,\frac{\text{m}^2}{\text{s}^2}}{2\cdot 15\text{ m}} = 5{,}2\,\frac{\text{m}}{\text{s}^2}$$

$$t_2 = \frac{s_2}{v} = \frac{500\text{ m} - 62{,}5\text{ m} - 15\text{ m}}{12{,}5\,\frac{\text{m}}{\text{s}}} = 33{,}8\text{ s}$$

$$t_3 = \frac{v}{a_3} = \frac{12{,}5\,\frac{\text{m}}{\text{s}}}{5{,}2\,\frac{\text{m}}{\text{s}^2}} = 2{,}4\text{ s}$$

$$t_1 = 10\text{ s}$$

$$t_{ges} = 46{,}2\text{ s}$$

1.2.2.2. Freier Fall (ohne Luftwiderstand) ist gleichmäßig beschleunigte Bewegung mit für alle Körper gleicher *Fallbeschleunigung* $g = 9{,}81\text{ m/s}^2$.

Für die meisten technischen Rechnungen kann $g = 10\text{ m/s}^2$ gesetzt werden.

Fallgeschwindigkeit $v = g\,t = \sqrt{2\,g\,h}$ (II.19)

Fallhöhe $h = \frac{g\,t^2}{2} = \frac{v^2}{2\,g} = \frac{v\,t}{2}$ (II.20)

Fallzeit $t = \frac{2\,h}{v} = \frac{v}{g} = \sqrt{\frac{2\,h}{g}}$ (II.21)

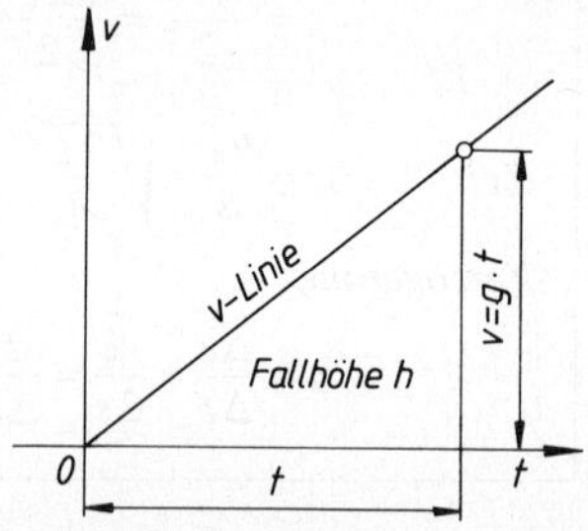

Bild II.8. v,t-Schaubild des freien Falles *ohne* Anfangsgeschwindigkeit ($v_a = 0$)

1.2.2.3. Senkrechter Wurf (ohne Luftwiderstand) ist gleichmäßig verzögerte Bewegung mit Verzögerung $g = 9{,}81\text{ m/s}^2$ (negative Fallbeschleunigung).

Steiggeschwindigkeit im Umkehrpunkt ist $v_e = 0$ zu setzen $\quad v_e = v_a - g\,t = v_a - \sqrt{2\,g\,h}$ (II.22)

Steighöhe $h = v_a\,t - \frac{g\,t^2}{2}$ (II.23)

maximale Steighöhe $h = \frac{v_a^2}{2\,g} = \frac{g\,t^2}{2} = \frac{v_a\,t}{2}$ (II.24)

Steigzeit $t = \frac{v_a - v_e}{g} = \frac{v_a - \sqrt{v_a^2 - 2\,g\,h}}{g}$ (II.25)

maximale Steigzeit $t = \frac{v_a}{g} = \frac{2\,h}{v_a} = \sqrt{\frac{2\,h}{g}}$ (II.26)

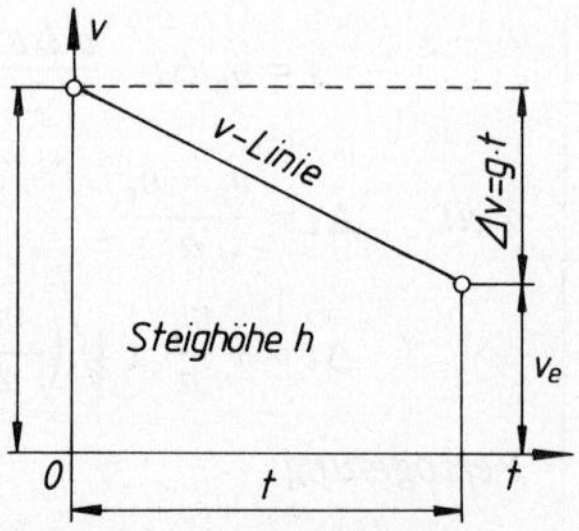

Bild II.9. v,t-Schaubild des senkrechten Wurfes *mit* verbleibender Endgeschwindigkeit v_e

1.2.2.4. Horizontaler Wurf (ohne Luftwiderstand) ist Überlagerung der waagerechten gleichförmigen Bewegung mit Anfangsgeschwindigkeit $v_x = v_a$ mit der senkrechten Fallbewegung mit $v_y = g\,t$.

Geschwindigkeit in einem Bahnpunkt $$v = \sqrt{v_x^2 + v_y^2} = \sqrt{v_a^2 + (g\,t)^2} \qquad \text{(II.27)}$$

Geschwindigkeit nach Fallhöhe h $$v = \sqrt{v_a^2 + 2\,g\,h} \qquad \text{(II.28)}$$

Fallhöhe nach Wurfweite w $$h = \frac{g\,w^2}{2\,v_a^2} \qquad \text{(II.29)}$$

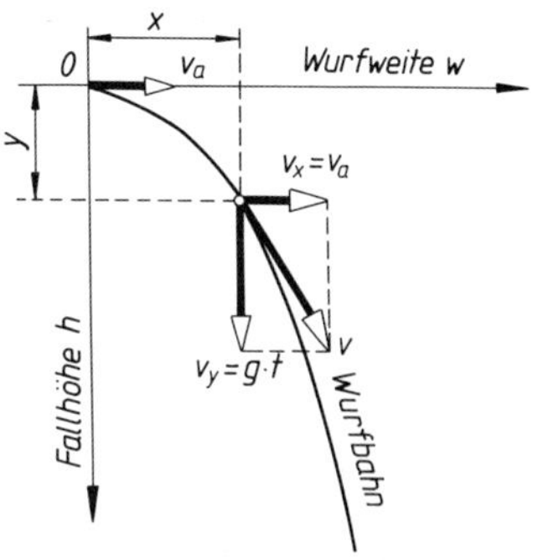

Bild II.10. Horizontaler Wurf (ohne Luftwiderstand)

1.2.2.5. Wurf schräg nach oben (ohne Luftwiderstand) ist Überlagerung von geradlinig gleichförmiger Bewegung mit freiem Fall.

Wurfweite (Größtwert bei $\alpha = 45°$) $$w = \frac{v_a^2 \sin 2\alpha}{g} \qquad \text{(II.30)}$$

Wurfdauer $$t = \frac{w}{v_a \cos\alpha} \qquad t = \frac{2\,v_a \sin\alpha}{g} \qquad \text{(II.31)}$$

Wurfhöhe $$h = \frac{v_a^2 \sin^2\alpha}{2\,g} \qquad \text{(II.32)}$$

Wurfarbeit $$W = m g h = F_G\,h \qquad \text{(II.33)}$$

Geschwindigkeit in x-Richtung $$v_x = v_a \cos\alpha \qquad \text{(II.34)}$$

Geschwindigkeit in y-Richtung $$v_y = v_a \sin\alpha - g\,t \qquad \text{(II.35)}$$

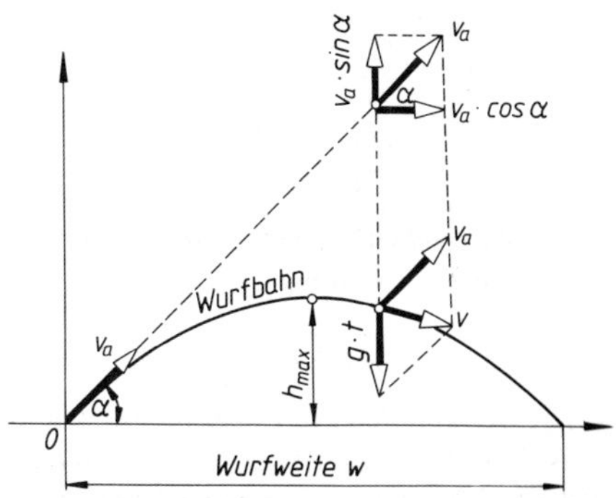

Bild II.11. Schräger Wurf (ohne Luftwiderstand)

- **Beispiel:** Ein Stein wird senkrecht nach oben geworfen und schlägt nach 4 s wieder auf. Wie groß waren Steighöhe h und Anfangsgeschwindigkeit v_a.

Lösung: Wie v, t-Schaubild zeigt, wird die Steighöhe h während 4 s zweimal zurückgelegt, also

$$h = \frac{g\left(\frac{t}{2}\right)^2}{2} = \frac{10\,\frac{\text{m}}{\text{s}^2} \cdot (2\text{ s})^2}{2} = 20\text{ m}$$

$$v_a = \frac{g\,t}{2} = \frac{10\,\frac{\text{m}}{\text{s}^2} \cdot 4\text{ s}}{2} = 20\,\frac{\text{m}}{\text{s}}$$

oder mit $h = 20$ m gerechnet

$$v_a = \sqrt{2\,g\,h} = \sqrt{2 \cdot 10\,\frac{\text{m}}{\text{s}^2} \cdot 20\text{ m}} = 20\,\frac{\text{m}}{\text{s}}$$

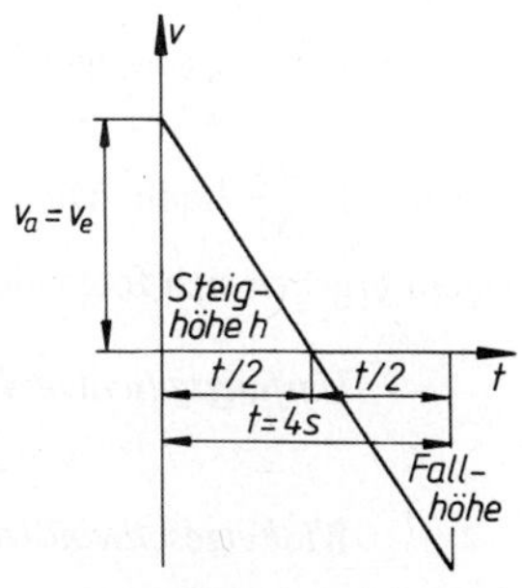

Bild II.12. v, t-Schaubild zum Beispiel senkrechter Wurf und freier Fall

■ **Beispiel:** Ein Stein wird in waagerechter Richtung mit einer Geschwindigkeit von 15 m/s abgeworfen. Welche Geschwindigkeit besitzt er nach 2,5 s?

Lösung: $v = \sqrt{v_a^2 + (g\,t)^2} = \sqrt{\left(15\,\frac{\text{m}}{\text{s}}\right)^2 + \left(10\,\frac{\text{m}}{\text{s}^2}\cdot 2{,}5\,\text{s}\right)^2} = 29{,}2\,\frac{\text{m}}{\text{s}}$

■ **Beispiel:** Ein Stein wird unter einem Winkel von 30° zur Horizontalen mit einer Geschwindigkeit von 15 m/s abgeworfen. Es sind die fehlenden Größen zu berechnen!

Lösung: *Wurfweite* $\quad w = \dfrac{v_a^2 \sin 2\alpha}{g} = \dfrac{(15\,\frac{\text{m}}{\text{s}})^2 \cdot \sin 60°}{10\,\frac{\text{m}}{\text{s}^2}} = 19{,}5\ \text{m}$

Wurfdauer $\quad t = \dfrac{2\,v_a \sin\alpha}{g} = \dfrac{2\cdot 15\,\frac{\text{m}}{\text{s}}\cdot \sin 30°}{10\,\frac{\text{m}}{\text{s}^2}} = 1{,}5\ \text{s}$

Wurfhöhe $\quad h = \dfrac{v_a^2 \sin^2\alpha}{2\,g} = \dfrac{(15\,\frac{\text{m}}{\text{s}})^2 \cdot \sin^2 30°}{2\cdot 10\,\frac{\text{m}}{\text{s}^2}} = 2{,}82\ \text{m}$

Wurfarbeit bei $m = 0{,}5$ kg $\quad W = m\,g\,h = 0{,}5\ \text{kg}\cdot 10\,\frac{\text{m}}{\text{s}^2}\cdot 2{,}82\ \text{m} = 14{,}1\,\frac{\text{kgm}^2}{\text{s}^2} = 14{,}1\ \text{Nm} = 14{,}1\ \text{J}$

Geschwindigkeit in x-Richtung $\quad v_x = v_a \cos\alpha = 15\,\frac{\text{m}}{\text{s}}\cdot \cos 30° = 13\,\frac{\text{m}}{\text{s}}$

Geschwindigkeit in y-Richtung $\quad v_y = v_a \sin\alpha - g\,t = 15\,\frac{\text{m}}{\text{s}}\cdot \sin 30° - 10\,\frac{\text{m}}{\text{s}^2}\cdot 1{,}5\ \text{s} = -7{,}5\,\frac{\text{m}}{\text{s}}$

1.3. Bewegung des Punktes auf der Kreisbahn

1.3.1. Bei der gleichförmigen Bewegung auf der Kreisbahn werden in gleichen Zeitabschnitten Δt (z.B. in einer Sekunde) gleiche *Drehwinkel* $\Delta\varphi$ vom Radius r überstrichen. Die Umfangsgeschwindigkeit v_u ist zu jedem Zeitpunkt gleich groß und stets tangential gerichtet (Bild II.13). Der von P nach P_1 zurückgelegte *Weg* Δs kann aus dem *Drehwinkel* $\Delta\varphi$ und dem Radius r berechnet werden:

$$\Delta s = \Delta\varphi r \qquad \text{(II.36)}$$

$$\Delta\varphi = \frac{\Delta s}{r} \qquad \text{(II.37)}$$

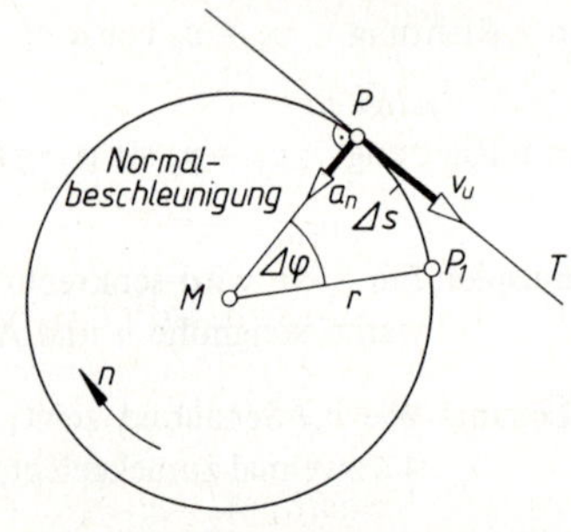

Bild II.13. Bewegung des Punktes P auf der Kreisbahn

Definitionsgemäß ist Geschwindigkeit allgemein Wegabschnitt durch zugehörigen Zeitabschnitt, also auch die

Umfangsgeschwindigkeit $\quad v_u = \dfrac{\Delta s}{\Delta t} = \dfrac{\Delta\varphi r}{\Delta t}$

Der Bruch $\dfrac{\Delta\varphi}{\Delta t}$ heißt *Winkelgeschwindigkeit* ω.

Damit ergeben sich folgende Gleichungen:

Umfangsgeschwindigkeit $\quad v_u = \dfrac{\Delta\varphi}{\Delta t}\,r = \omega\,r = \pi\,d\,n \qquad$ (II.38)

Winkelgeschwindigkeit $\quad \omega = \dfrac{\Delta\varphi}{\Delta t} = \dfrac{v_u}{r} \qquad$ (II.39)

v_u	ω	Δt	r	$\Delta\varphi$	n
$\frac{\text{m}}{\text{s}}$	$\frac{1}{\text{s}}$	s	m	rad	$\frac{1}{\text{s}}$

Drehwinkel $\quad \Delta\varphi = \omega\,\Delta t \qquad$ (II.40)

$\Delta\varphi = \varphi_2 - \varphi_1;\quad \Delta t = t_2 - t_1 \qquad$ (II.41)

In der Technik sind die folgenden Zahlenwertgleichungen gebräuchlich:

$$v_u = \frac{\pi d n}{1000}$$

v	d	n
$\frac{m}{min}$	mm	$\frac{1}{min} = min^{-1}$

(II.42)

$$v_u = \frac{\pi d n}{60\,000}$$

v	d	n
$\frac{m}{s}$	mm	$\frac{1}{min} = min^{-1}$

(II.43)

$$\omega = \frac{\pi n}{30}$$

ω	n
$\frac{1}{s}$	$\frac{1}{min} = min^{-1}$

(II.44)

$$\omega \approx 0{,}1\, n = \frac{n}{10} \qquad \text{(II.45)}$$

Während bei gleichförmigem Umlauf einer Scheibe jeder Punkt mit anderem Radius r auch andere Umfangsgeschwindigkeit v_u besitzt ($v_1 = \pi d_1 n$; $v_2 = \pi d_2 n$!), ist für alle Punkte die Winkelgeschwindigkeit ω gleich groß! Mit Hilfe *eines* Zahlenwertes für ω ist demnach der Bewegungszustand sämtlicher Punkte festgelegt.

1.3.2. Bei der gleichmäßig beschleunigten oder verzögerten Bewegung auf der Kreisbahn werden in gleichen Zeitabschnitten Δt ungleich große Drehwinkel $\Delta\varphi$ vom Radius überstrichen, d.h. die Winkelgeschwindigkeit ω ändert ihren Betrag fortlaufend. Bei der *gleichmäßig* beschleunigten oder verzögerten Bewegung bleibt die *Winkelbeschleunigung α konstant.* Definitionsgemäß ist Beschleunigung allgemein Geschwindigkeitsänderung durch zugehörigen Zeitabschnitt, also auch die

Tangentialbeschleunigung $a_T = \frac{\Delta v}{\Delta t}$

Für die Geschwindigkeitsänderung Δv kann gesetzt werden: $\Delta v = \Delta\omega\, r$. Damit wird die

Tangentialbeschleunigung

$$a_T = \frac{\Delta v}{\Delta t} = \frac{\Delta\omega\, r}{\Delta t} = \frac{\Delta\omega}{\Delta t} r$$

Der Bruch $\Delta\omega/\Delta t$ heißt *Winkelbeschleunigung* α.

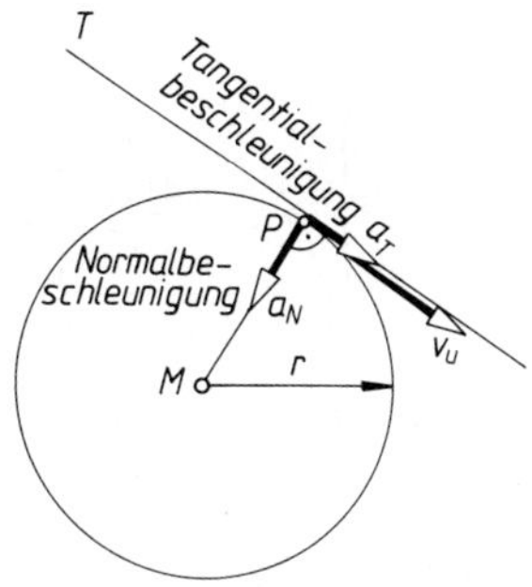

Bild II.14. Gleichmäßig beschleunigte Bewegung des Punktes *P* auf der Kreisbahn

Damit ergeben sich folgende Gleichungen:

Umfangsgeschwindigkeit $\quad v_u = a_T \Delta t = \alpha r \Delta t$ (II.46)

Winkelbeschleunigung $\quad \alpha = \frac{\Delta\omega}{\Delta t} = \frac{a_T}{r}$ (II.47)

Drehwinkel $\quad \Delta\varphi = \frac{\alpha \Delta t^2}{2}$

v	a_T	Δt	r	$\Delta\omega$	α	$\Delta\varphi$
$\frac{m}{s}$	$\frac{m}{s^2}$	s	m	$\frac{1}{s}$	$\frac{1}{s^2}$	rad

(II.48)

Winkelgeschwindigkeitsänderung $\quad \Delta\omega = \alpha \Delta t$ (II.49)

$\Delta\omega = \omega_2 - \omega_1$; $\quad \Delta t = t_2 - t_1$; $\quad \Delta\varphi = \varphi_2 - \varphi_1$ (II.50)

In der Technik gebräuchliche Zahlenwertgleichung für die *Winkelbeschleunigung:*

$$\alpha = \frac{\pi}{30} \cdot \frac{n_2 - n_1}{t_2 - t_1} \qquad (II.51)$$

α	n_2, n_1	t_2, t_1
$\frac{1}{s^2}$	$\frac{1}{min}$	s

Zweckmäßig wird bei der rechnerischen Behandlung solcher Bewegungsvorgänge das ω, t-Schaubild gezeichnet. Es entspricht dem v, t-Schaubild der geradlinigen Bewegung (Bild II.2). Die dort aufgeführten Hinweise und Regeln lassen sich auch auf das ω, t-Schaubild übertragen. Vor allem: Die Fläche unter der ω, t-Linie entspricht dem überstrichenen Drehwinkel $\Delta\varphi$! Die folgende Gegenüberstellung zeigt die einander entsprechenden Größen (siehe auch Tafeln II.1 und II.2):

Allgemeine Größe mit Definitionsgleichung	Einheit	Kreisgröße mit Definitionsgleichung	Einheit
Zeitabschnitt Δt	s	Zeitabschnitt Δt	s
Wegabschnitt Δs	m	Drehwinkel $\Delta\varphi$	rad = 1
Geschwindigkeit $v = \frac{\Delta s}{\Delta t}$ (v = konstant)	$\frac{m}{s}$	Winkelgeschwindigkeit $\omega = \frac{\Delta\varphi}{\Delta t}$ (ω = konstant)	$\frac{rad}{s} = \frac{1}{s}$
Geschwindigkeitsänderung $\Delta v = a\,\Delta t$	$\frac{m}{s}$	Winkelgeschwindigkeitsänderung $\Delta\omega = \alpha\,\Delta t$	$\frac{rad}{s} = \frac{1}{s}$
Beschleunigung $a = \frac{\Delta v}{\Delta t}$ (Grundgleichung)	$\frac{m}{s^2}$	Winkelbeschleunigung $\alpha = \frac{\Delta\omega}{\Delta t}$ (Grundgleichung)	$\frac{rad}{s^2} = \frac{1}{s^2}$

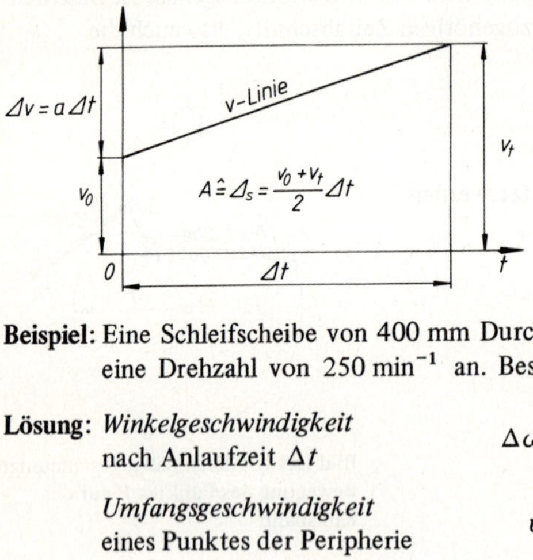

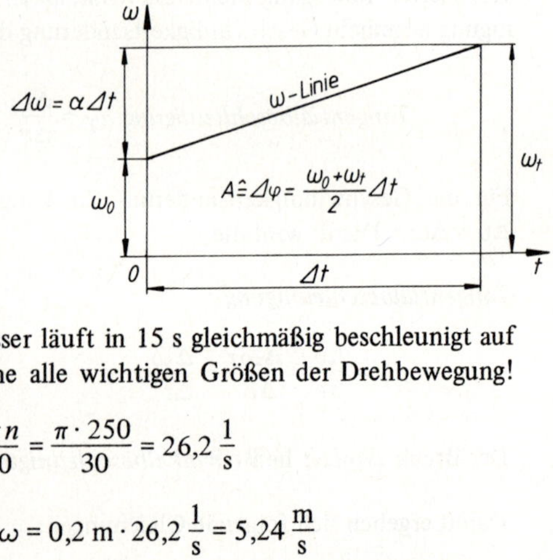

■ **Beispiel:** Eine Schleifscheibe von 400 mm Durchmesser läuft in 15 s gleichmäßig beschleunigt auf eine Drehzahl von 250 min^{-1} an. Bestimme alle wichtigen Größen der Drehbewegung!

Lösung: *Winkelgeschwindigkeit* nach Anlaufzeit Δt

$$\Delta\omega = \frac{\pi n}{30} = \frac{\pi \cdot 250}{30} = 26{,}2\,\frac{1}{s}$$

Umfangsgeschwindigkeit eines Punktes der Peripherie

$$v = r\,\omega = 0{,}2\ m \cdot 26{,}2\,\frac{1}{s} = 5{,}24\,\frac{m}{s}$$

Winkelbeschleunigung

$$\alpha = \frac{\Delta\omega}{\Delta t} = \frac{26{,}2\,\frac{1}{s}}{15\ s} = 1{,}75\,\frac{1}{s^2}$$

Tangentialbeschleunigung eines Punktes

$$a_T = \alpha r = 1{,}75\,\frac{1}{s^2} \cdot 0{,}2\ m = 0{,}25\,\frac{m}{s^2}$$

Drehwinkel

$$\Delta\varphi = \frac{\alpha\,\Delta t^2}{2} = \frac{1{,}75\,\frac{1}{s^2} \cdot (15\ s)^2}{2} = 197\ rad$$

Umlaufzahl

$$z = \frac{\Delta\varphi}{2\pi} = \frac{197}{2\pi} = 31{,}4$$

Tafel II.1. Gleichmäßig beschleunigte Kreisbewegung

Die Gleichungen dieser Tafel gelten in Verbindung mit den Bezeichnungen der nebenstehenden ω, t-Diagramme

Einheiten

$\Delta\varphi$	Δt	ω_0, ω_t	α	r	v_u	a_T
rad	s	$\frac{\text{rad}}{\text{s}}$	$\frac{\text{rad}}{\text{s}^2}$	m	$\frac{\text{m}}{\text{s}}$	$\frac{\text{m}}{\text{s}^2}$

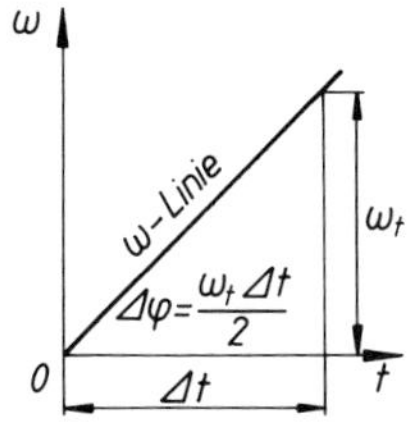

Beschleunigte Kreisbewegung ohne Anfangsgeschwindigkeit ($\omega_0 = 0$)

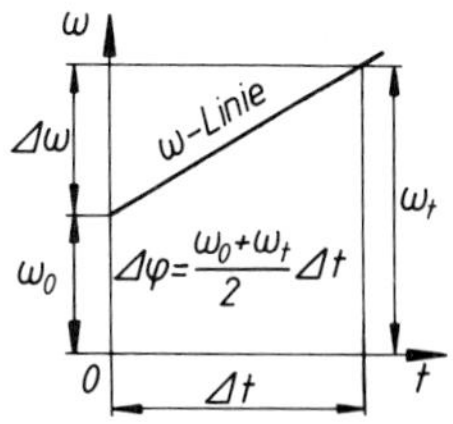

Beschleunigte Kreisbewegung mit Anfangsgeschwindigkeit ($\omega_0 \neq 0$)

Winkelbeschleunigung α (Definition)	$\alpha = \dfrac{\text{Winkelgeschwindigkeitszunahme } \Delta\omega}{\text{Zeitabschnitt } \Delta t}$ in $\dfrac{\text{rad}}{\text{s}^2}$
Winkelbeschleunigung α (bei $\omega_0 = 0$)	$\alpha = \dfrac{\omega_t}{\Delta t} = \dfrac{\omega_t^2}{2\,\Delta\varphi} = \dfrac{2\,\Delta\varphi}{(\Delta t)^2}$
Winkelbeschleunigung α (bei $\omega_0 \neq 0$)	$\alpha = \dfrac{\omega_t - \omega_0}{\Delta t} = \dfrac{\omega_t^2 - \omega_0^2}{2\,\Delta\varphi}$
Tangentialbeschleunigung a_T	$a_T = \alpha r = \dfrac{\Delta\omega}{\Delta t} r = \dfrac{\Delta v_u}{\Delta t}$ 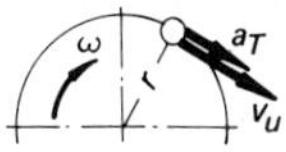
Endwinkelgeschwindigkeit ω_t (bei $\omega_0 = 0$)	$\omega_t = \alpha\,\Delta t = \sqrt{2\,\alpha\,\Delta\varphi}$
Endwinkelgeschwindigkeit ω_t (bei $\omega_0 \neq 0$)	$\omega_t = \omega_0 + \Delta\omega = \omega_0 + \alpha\,\Delta t$ $\omega_t = \sqrt{\omega_0^2 + 2\,\alpha\,\Delta\varphi}$
Drehwinkel $\Delta\varphi$ (bei $\omega_0 = 0$)	$\Delta\varphi = \dfrac{\omega_t\,\Delta t}{2} = \dfrac{\alpha\,(\Delta t)^2}{2} = \dfrac{\omega_t^2}{2\,\alpha}$
Drehwinkel $\Delta\varphi$ (bei $\omega_0 \neq 0$)	$\Delta\varphi = \dfrac{\omega_0 + \omega_t}{2}\,\Delta t = \omega_0\,\Delta t + \dfrac{\alpha\,(\Delta t)^2}{2}$ $\Delta\varphi = \dfrac{\omega_t^2 - \omega_0^2}{2\alpha}$
Zeitabschnitt Δt (bei $\omega_0 = 0$)	$\Delta t = \dfrac{\omega_t}{\alpha} = \sqrt{\dfrac{2\,\Delta\varphi}{\alpha}}$
Zeitabschnitt Δt (bei $\omega_0 \neq 0$)	$\Delta t = \dfrac{\omega_t - \omega_0}{\alpha} = -\dfrac{\omega_0}{\alpha} \pm \sqrt{\left(\dfrac{\omega_0}{\alpha}\right)^2 + \dfrac{2\,\Delta\varphi}{\alpha}}$

Tafel II.2. Gleichmäßig verzögerte Kreisbewegung

Die Gleichungen dieser Tafel gelten in Verbindung mit den Bezeichnungen der nebenstehenden ω, t-Diagramme

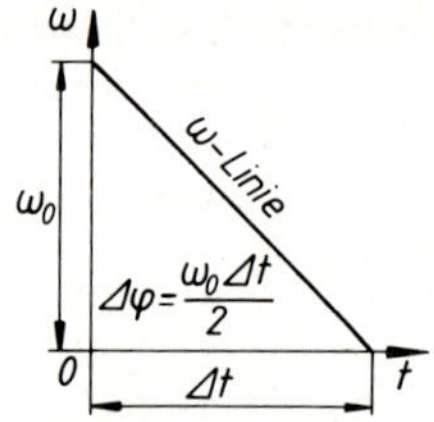

Verzögerte Kreisbewegung ohne Endgeschwindigkeit ($\omega_t = 0$)

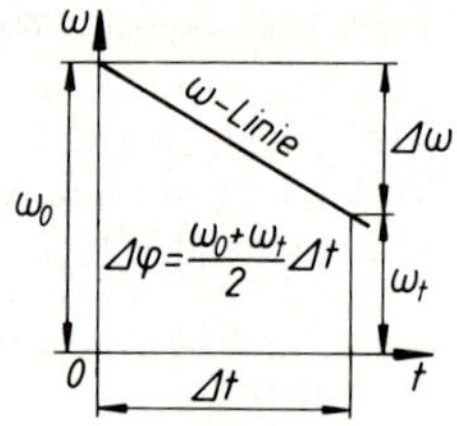

Verzögerte Kreisbewegung mit Endgeschwindigkeit ($\omega_t \neq 0$)

Einheiten

$\Delta\varphi$	Δt	ω_0, ω_t	α	r	v_u	a_T
rad	s	$\frac{\text{rad}}{\text{s}}$	$\frac{\text{rad}}{\text{s}^2}$	m	$\frac{\text{m}}{\text{s}}$	$\frac{\text{m}}{\text{s}^2}$

Winkelverzögerung α (Definition)	$\alpha = \frac{\text{Winkelgeschwindigkeitsabnahme } \Delta\omega}{\text{Zeitabschnitt } \Delta t}$ in $\frac{\text{rad}}{\text{s}^2}$
Winkelverzögerung α (bei $\omega_t = 0$)	$\alpha = \frac{\omega_0}{\Delta t} = \frac{\omega_0^2}{2\,\Delta\varphi} = \frac{2\,\Delta\varphi}{(\Delta t)^2}$
Winkelverzögerung α (bei $\omega_t \neq 0$)	$\alpha = \frac{\omega_0 - \omega_t}{\Delta t} = \frac{\omega_0^2 - \omega_t^2}{2\,\Delta\varphi}$
Tangentialverzögerung a_T	$a_T = \alpha r = \frac{\Delta\omega}{\Delta t} r = \frac{\Delta v_u}{\Delta t}$ 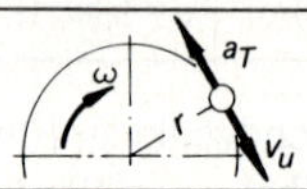
Anfangswinkelgeschwindigkeit ω_0 (bei $\omega_t = 0$)	$\omega_0 = \alpha\,\Delta t = \sqrt{2\,\alpha\,\Delta\varphi}$
Endwinkelgeschwindigkeit ω_t	$\omega_t = \omega_0 - \Delta\omega = \omega_0 - \alpha\,\Delta t$ $\omega_t = \sqrt{\omega_0^2 - 2\,\alpha\,\Delta\varphi}$
Drehwinkel $\Delta\varphi$ (bei $\omega_t = 0$)	$\Delta\varphi = \frac{\omega_0\,\Delta t}{2} = \frac{\alpha(\Delta t)^2}{2} = \frac{\omega_0^2}{2\,\alpha}$
Drehwinkel $\Delta\varphi$ (bei $\omega_t \neq 0$)	$\Delta\varphi = \frac{\omega_0 + \omega_t}{2}\,\Delta t = \omega_0\,\Delta t - \frac{\alpha(\Delta t)^2}{2}$ $\Delta\varphi = \frac{\omega_0^2 - \omega_t^2}{2\,\alpha}$
Zeitabschnitt Δt (bei $\omega_t = 0$)	$\Delta t = \frac{\omega_0}{\alpha} = \sqrt{\frac{2\,\Delta\varphi}{\alpha}}$
Zeitabschnitt Δt (bei $\omega_t \neq 0$)	$\Delta t = \frac{\omega_0 - \omega_t}{\alpha} = \frac{\omega_0}{\alpha} \pm \sqrt{\left(\frac{\omega_0}{\alpha}\right)^2 - \frac{2\,\Delta\varphi}{\alpha}}$

1.3.3. Harmonische Bewegung (Kreuzschleife) liegt vor, wenn die Weg-Zeit-Linie durch eine Sinus- oder Kosinusfunktion dargestellt wird, wie Bild II.16 zeigt.

Das ist der Fall z.B. bei der in Bild II.17 schematisch gezeichneten *Kreuzschleife.*

1.3.3.1. Rechnerische Bestimmung der Wege, Geschwindigkeiten und Beschleunigungen. Ist v_u die *Umfangsgeschwindigkeit* des Kurbelpunktes P und $\omega = \pi n/30$ die konstante *Winkelgeschwindigkeit* der Kurbel *MP,* so wird

$$v_u = r\,\omega; \quad \omega = \frac{\pi n}{30} \qquad \text{(II.52)}$$

v_u	r	ω	n
$\frac{m}{s}$	m	$\frac{1}{s}$	$\text{min}^{-1} = \frac{1}{\text{min}}$

In der Zeit t überstreicht die Kurbel den *Kurbeldrehwinkel*

$$\varphi = \omega t \qquad \text{(II.53)}$$

φ	ω	t
rad	$\frac{1}{s}$	s

Die *Auslenkung* (Weg s) eines Punktes auf dem Schieber beträgt nach Bild II.17:

$$s = r \sin\varphi$$
$$s = r \sin\omega t \qquad \text{(II.54)}$$

s	r	ω	t	φ
m	m	$\frac{1}{s}$	s	°

Die größte Auslenkung tritt auf beim Kurbeldrehwinkel $\varphi = 90°$, weil dann $\sin\varphi = 1$ und damit $s = r$ ist. Sie heißt *Amplitude* (Schwingungsweite).

Mit *Periode T* in Sekunden wird die Zeit für einen Hin- und Rückgang bezeichnet: $T = 2\pi/\omega$. Die Zahl der Schwingungen in einer Sekunde heißt

Frequenz (oder Schwingungszahl) $\quad f = \dfrac{1}{T} = \dfrac{\omega}{2\omega}$ $\qquad$ (II.55)

Kreisfrequenz $\omega = 2\pi/T$

f	T	ω
$\frac{1}{s}$	s	$\frac{1}{s}$

Ein Punkt auf dem Schieber erhält die

Geschwindigkeit $\quad v = r\omega \cos\omega t$ $\qquad$ (II.56)

maximale Geschwindigkeit (in Mittelstellung) $\quad v_{max} = v_u = r\omega$

v	r	ω	t	a
$\frac{m}{s}$	m	$\frac{1}{s}$	s	$\frac{m}{s^2}$

Beschleunigung $\quad a = \omega^2 s$, $\quad a_{max} = r\omega^2 \sin\omega t$ $\qquad$ (II.57)

maximale Beschleunigung in den Totlagen $\quad a = r\omega^2$

■ **Beispiel:** An einer Schraubenfeder hängt ein Körper und schwingt in der Sekunde einmal auf und ab. Die Entfernung zwischen den äußersten Totpunktlagen des Körpers beträgt 0,5 m. Wie groß ist die maximale Beschleunigung a_{max}?

Lösung: $f = \dfrac{1}{T} = \dfrac{\omega}{2\pi}$; $\omega = \dfrac{2\pi}{T} = \dfrac{2\pi}{1\,s}$; $a_{max} = r\omega^2$; $r = 0{,}25$ m

$$a_{max} = r\omega^2 = r\left(2\pi \cdot 1\,\frac{1}{s}\right)^2 = 9{,}87\,\frac{m}{s^2}$$

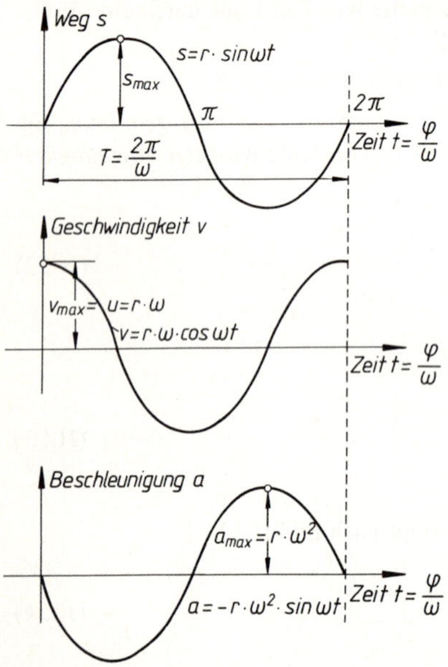

Bild II.16. Weg-Zeit-, Geschwindigkeits-Zeit- und Beschleunigungs-Zeit-Schaubild der Harmonischen Bewegung

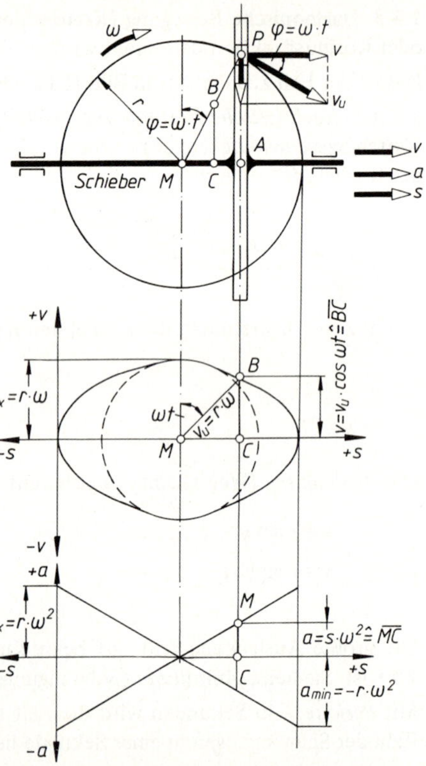

Bild II.17. Lageplan der Kreuzschleife mit Geschwindigkeits-Weg und Beschleunigungs-Weg-Schaubild

1.3.3.2. Zeichnerische Bestimmung der Wege, Geschwindigkeiten und Beschleunigungen (Bild II.17). Die in jedem beliebigen Zeitpunkt auftretenden Momentangeschwindigkeiten v und Beschleunigungen a können zeichnerisch bestimmt werden: Im Lageplan wird die Umfangsgeschwindigkeit v_u im bestimmten Maßstab auf der Kurbel MP abgetragen, z.B. $MB = v_u$. Dann ist im Dreieck MCB die Kathete $BC = MB \cos \omega t = v_u \cos \omega t$ = Geschwindigkeit v eines Schieberpunktes. Mit den gefundenen Strecken läßt sich das v, s-Schaubild aufzeichnen.

In gleicher Weise wird die Momentanbeschleunigung a bestimmt: Im Lageplan die maximale Beschleunigung (Zentripetalbeschleunigung) $a_{max} = r\omega^2$ im bestimmten Maßstab auf Kurbel MP auftragen, z.B. wiederum $MB = r\omega^2$. Dann ist im Dreieck MCB die Kathete MC die Beschleunigung a eines Schieberpunktes. Mit den gefundenen Strecken MC wird das a, s-Schaubild entwickelt.

Erkenntnis: Zu gleichen Drehwinkeln gehören Maximalgeschwindigkeit und Beschleunigung Null bzw. Maximalbeschleunigung und Geschwindigkeit Null.

1.3.4. Schubkurbelgetriebe (Bild II.18)

1.3.4.1. Rechnerische Bestimmung der Wege, Geschwindigkeiten und Beschleunigungen. Ist v_u die *Umfangsgeschwindigkeit* des Kurbelpunktes P, ω die konstante Winkel*geschwindigkeit* der Kurbel MP und h der Hub des Kolbens bzw. Kreuzkopfes, so wird

$$v_u = r\omega = \frac{\pi h n}{60} \qquad \omega = \frac{\pi n}{30} \qquad \text{(II.58)}$$

v_u	r	ω	h	n
$\frac{m}{s}$	m	$\frac{1}{s}$	m	$\frac{1}{min}$

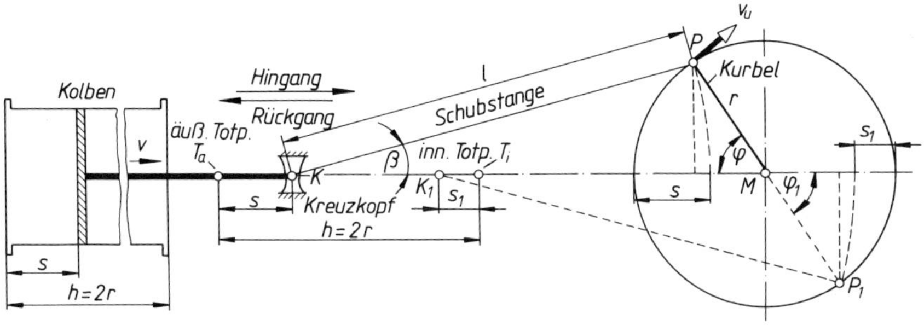

Bild II.18. Lageplan des Schubkurbelgetriebes zur Bestimmung des Kreuzkopf- bzw. Kolbenweges s

Aus den geometrischen Bedingungen des Bildes II.18 läßt sich ablesen:

$$s = r(1 - \cos\varphi) \pm l\,(1 - \cos\beta)$$

+ für Kolbenhingang (zur Kurbelwelle)

– für Kolbenrückgang (von der Kurbelwelle) mit s_1 und φ_1

Der Weg s_1 (Auslenkung) beim Rückgang wird vom inneren Totpunkt T_i der Kurbelseite aus gemessen. Mit *Schubstangenverhältnis*

$$\lambda = \frac{\text{Kurbelradius } r}{\text{Länge der Schubstange } l} \qquad \text{(II.59)}$$

und $r \sin\varphi = l \sin\beta$ (Bild II.18), $\sin\beta = \lambda \sin\varphi$, $\cos\beta = \sqrt{1 - \sin^2\beta} = \sqrt{1 - (\lambda \sin\varphi)^2}$ wird der Weg

$$s = r(1 - \cos\varphi) \pm l\,[1 - \sqrt{1 - (\lambda \sin\varphi)^2}\,] \qquad \text{(II.60)}$$

Der Ausdruck $\sqrt{1 - (\lambda \sin\varphi)^2}$ läßt sich als Reihe entwickeln:

$$\sqrt{1 - (\lambda \sin\varphi)^2} = 1 - \frac{1}{2}(\lambda \sin\varphi)^2 - \frac{1}{8}(\lambda \sin\varphi)^4 - \ldots$$

Die Reihe konvergiert sehr schnell und man kann daher mit ausreichender Genauigkeit den *Weg s* (Auslenkung) mit der Näherungsformel berechnen:

$$s = r(1 - \cos\varphi \pm \frac{1}{2}\lambda \sin^2\varphi) \qquad \text{(II.61)}$$

Mathematische Entwicklungen führen zu den Gleichungen für die

Geschwindigkeit

$$v = v_u\,(\sin\varphi \pm \frac{1}{2}\lambda \sin 2\varphi)$$

$$v = r\omega\,(\sin\omega t \pm \frac{1}{2}\lambda \sin 2\,\omega t) \qquad \text{(II.62)}$$

maximale Geschwindigkeit

$$v_{max} = v_u\,(1 + \frac{1}{2}\lambda^2) = r\omega\,(1 + \frac{1}{2}\lambda^2) \qquad \text{(II.63)}$$

für $\lambda = \frac{1}{5} = 0{,}2$ wird $v_{max} = 1{,}02\,v_u = 1{,}02\,r\omega$ bei $\varphi = 79°\,16'$ (Hingang)
bei $\varphi_1 = 100°\,44'$ (Rückgang)

mittlere Geschwindigkeit $v_m = \dfrac{h\,n}{30}$ (II.64)

Beschleunigung	$a = \frac{v_u^2}{r}(\cos\varphi \pm \lambda \cos 2\varphi)$	(II.65)
	$a = r\omega^2(\cos\omega t \pm \lambda \cos 2\omega t)$	
maximale Beschleunigung (in den Totlagen)	$a_{max} = r\omega^2(1 \pm \lambda)$	(II.66)

Wird das Schubstangenverhältnis $\lambda = 0$ gesetzt, also die Länge der Schubstange $l = \infty$, so ergeben sich aus den obigen Gleichungen die Formeln der harmonischen Bewegung.

1.3.4.2. Zeichnerische Bestimmung der Wege, Geschwindigkeiten und Beschleunigungen.

Der Weg s (bzw. s_1) und damit der Lagepunkt K (bzw. K_1) in Abhängigkeit vom Drehwinkel φ wird festgelegt im Lageplan (Bild II.18) durch Kreisbogen um Kurbelpunkt P (bzw. P_1) mit der Schubstangenlänge l.

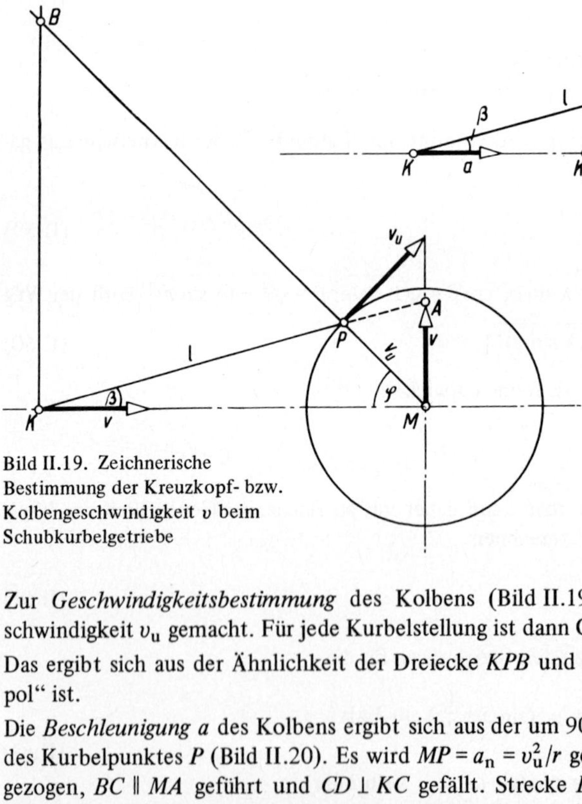

Bild II.19. Zeichnerische Bestimmung der Kreuzkopf- bzw. Kolbengeschwindigkeit v beim Schubkurbelgetriebe

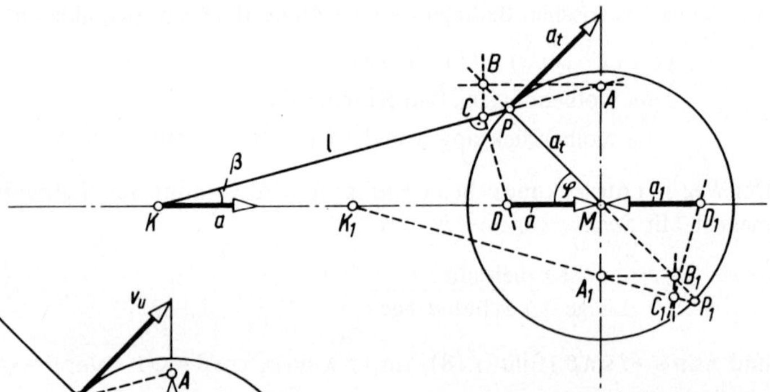

Bild II.20. Zeichnerische Bestimmung der Kreuzkopf- bzw. Kolbenbeschleunigung a beim Schubkurbelgetriebe ($\omega = 1$ gesetzt; sonst Maßstabsumrechnung erforderlich)

Zur *Geschwindigkeitsbestimmung* des Kolbens (Bild II.19) wird Radius MP = der Umfangsgeschwindigkeit v_u gemacht. Für jede Kurbelstellung ist dann Geschwindigkeit v = Strecke MA.

Das ergibt sich aus der Ähnlichkeit der Dreiecke KPB und MAP, worin Punkt B der „Momentanpol" ist.

Die *Beschleunigung a* des Kolbens ergibt sich aus der um 90° gedrehten Normalbeschleunigung a_n des Kurbelpunktes P (Bild II.20). Es wird $MP = a_n = v_u^2/r$ gemacht, KP bis A verlängert, $AB \parallel KM$ gezogen, $BC \parallel MA$ geführt und $CD \perp KC$ gefällt. Strecke DM stellt dann für jede Kurbelstellung den Betrag (Größe) der Beschleunigung a des Kolbens oder Kreuzkopfes dar, jedoch nur dann, wenn die Umfangsgeschwindigkeit v_u konstant ist.

In Bild II.21 ist der Geschwindigkeits- und der Beschleunigungsverlauf über dem Hub $h = 2r$ aufgetragen (v, s- und a, s-Schaubild). Maximale Geschwindigkeit und Beschleunigung Null treten in der gestrichelt gezeichneten Schubstangenstellung auf (Tangentenstellung!). Je länger die Schubstange im Verhältnis zum Kurbelradius wird, d.h. λ sehr klein, um so mehr nähert sich die Geschwindigkeitslinie einer Ellipse und die Beschleunigungslinie wird eine Gerade, wie bei harmonischer Bewegung.

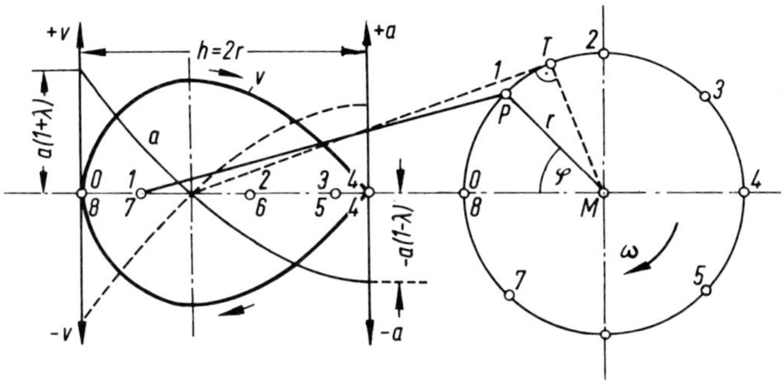

Bild II.21. Geschwindigkeit v und Beschleunigung a in Abhängigkeit vom Hub h beim Schubkurbelgetriebe

2. Mechanische Arbeit W und Leistung P; Wirkungsgrad η; Übersetzung i

2.1. Mechanische Arbeit W

Die *mechanische Arbeit* W einer den Körper bewegenden Kraft ist das Produkt aus den Wegabschnitten Δs und der jeweiligen Kraftkomponente F in Wegrichtung:

$$W = \Sigma \Delta W = \Sigma F \Delta s = F_1 \Delta s_1 + F_2 \Delta s_2 + \ldots F_n \Delta s_n \qquad \text{(II.67)}$$

Ist Kraft F konstant, so wird mit $s = \Sigma \Delta s$ die Arbeit $W = Fs$ (Bild II.22). Die Arbeit ist eine skalare Größe. Häufig lassen sich die Verhältnisse durch Aufzeichnung des *Kraft-Weg-Schaubildes* besser übersehen (Bilder II.23; II.24; II.26; II.28).

Merke: Die von der Kraft F oder dem Drehmoment M verrichtete Arbeit W entspricht immer der Fläche unter der Kraftlinie oder Momentenlinie.

Meistens läßt sich die Berechnungsgleichung für die Arbeit W aus der Flächenform des Kraft-Weg-Schaubildes entwickeln (z.B. Trapez in Bild II.26); sonst kann die Fläche auch ausgezählt oder durch graphische Integration oder mittels Planimeter bestimmt werden (Maßstab berücksichtigen!).

Wirken mehrere Kräfte auf den Körper ein, so ist die Gesamtarbeit gleich der Summe der Einzelarbeiten oder gleich der Arbeit der resultierenden Kraft.

Die *Einheit der Arbeit* ergibt sich, wenn die Kraft F in N und der Weg s in m eingesetzt wird (gesetzliche und internationale Einheiten):

(W)[1] $= (F)$ mal (s)

$(W) = \text{N mal m} = \text{Newtonmeter Nm}$

$$1\,\text{Nm} = \frac{1\,\text{kgm}}{\text{s}^2} = 1\,\frac{\text{kgm}^2}{\text{s}^2} \qquad \text{(II.68)}$$

Beachte: Die gesetzliche und SI-Einheit für die Arbeit W und für die Energie E ist das Joule J (sprich dschul). Es gilt:

$$1\,\text{J} = 1\,\text{Nm} = 1\,\text{Ws} = 1\,\frac{\text{kgm}^2}{\text{s}^2} \qquad \text{(II.69)}$$

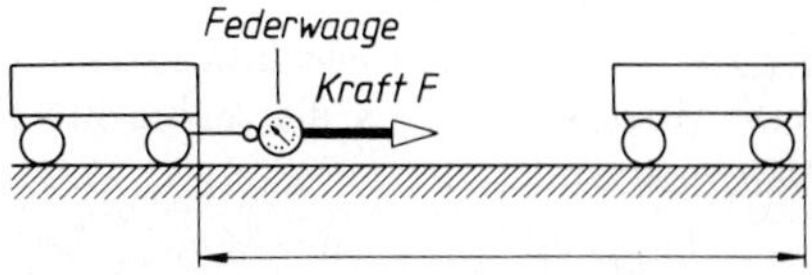

Bild II.22. Arbeit W einer konstanten Kraft F

[1] Die Formelzeichen in Klammern sollen nur die *Einheit* der physikalischen Größe kennzeichnen, also (W) = Einheit der Arbeit; (F) = Einheit der Kraft usw.

2.1.1. Geradlinige Bewegung des Körpers. Im einzelnen wird bei der Berechnung der Arbeit W einer Kraft F unterschieden:

2.1.1.1. Arbeit W der konstanten Kraft F (Bilder II.23 und II.25). Kraft- und Wegrichtung fallen zusammen oder F ist Komponente in Wegrichtung, z.B. Vorschubkraft und Vorschubweg am Drehbanksupport. Das Kraft-Weg-Schaubild (Bild II.23) zeigt eine Rechteckfläche.

$$W = F s \qquad (II.70)$$

W	F	s
J = Nm	N	m

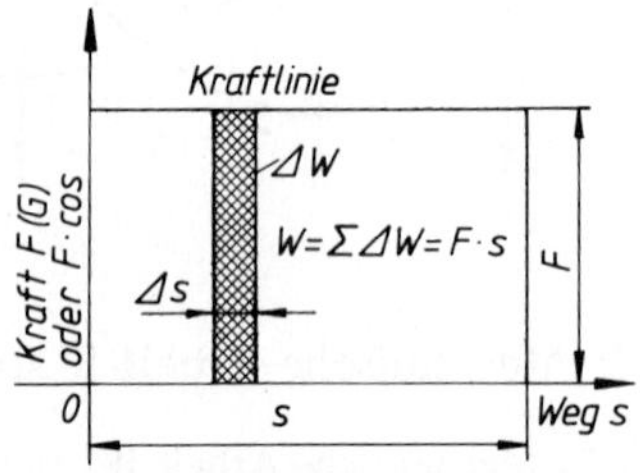

Bild II.23. Arbeit W einer konstanten Kraft F längs des Weges s

2.1.1.2. Arbeit W der veränderlichen Kraft F (Bild II.24). Kraft und Wegrichtung fallen zusammen oder F ist Komponente in Wegrichtung:

$$W = \Sigma \Delta W = \Sigma F \Delta s \mathrel{\hat{=}} \text{Fläche unter Kraftlinie} \qquad (II.71)$$

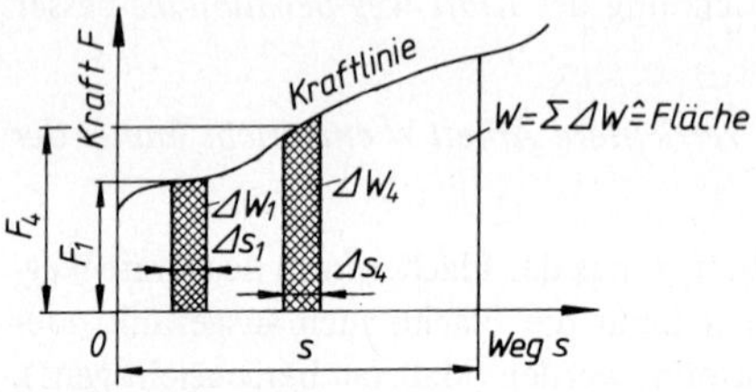

Bild II.24. Arbeit W einer veränderlichen Kraft F längs des Weges s

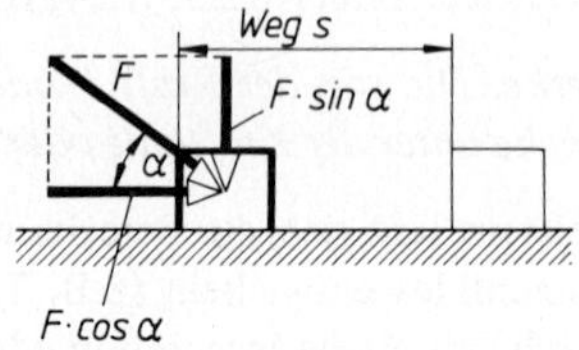

Bild II.25. Arbeit W einer schrägen Kraft F

2.1.1.3. Arbeit W der konstanten Kraft F (Bilder II.25 und II.23). Kraft- und Wegrichtung schließen den Winkel α ein:

$$W = F s \cos\alpha \qquad (II.72)$$

Die Kraftkomponente $F \sin\alpha$ bzw. allgemein alle Kräfte senkrecht zur Bewegungsrichtung verrichten *keine* Arbeit ($\alpha = 90°$; $\cos\alpha = 0$).

2.1.1.4. Arbeit W der Gewichtskraft $F_G = mg$. Körper der Gewichtskraft F_G (also konstante Kraft F) bzw. Masse m wird um die senkrechte Höhe h gehoben; es gilt demnach Bild II.23 und für die *Hubarbeit* wird:

$$W = F_G h$$
$$W = m g h \qquad (II.73)$$

W	m	g	h
J = Nm	kg	$\frac{m}{s^2}$	m

2.1.1.5. Beschleunigungsarbeit W der konstanten resultierenden Kraft F; Kraft und Wegrichtung fallen zusammen oder F ist Komponente in Wegrichtung (Bild II.23).

Der Körper wird von der Geschwindigkeit v_1 auf v_2 gleichmäßig beschleunigt (oder verzögert). Die Entwicklung mit Hilfe des dynamischen Grundgesetzes $F_r = ma$ ergibt sich folgendermaßen:

$$W = F_r s = m a s; \quad a = \frac{\Delta v}{\Delta t} = \frac{v_2 - v_1}{\Delta t}; \quad s = \frac{v_2 + v_1}{2} \Delta t$$

$$W = m \frac{v_2 - v_1}{\Delta t} \cdot \frac{v_2 + v_1}{2} \Delta t$$

$$W = \frac{m}{2} (v_2^2 - v_1^2) \qquad \text{(II.74)}$$

W	m	v_2, v_1
J = Nm	kg	$\frac{\text{m}}{\text{s}}$

Wird der Körper von $v_1 = 0$ an beschleunigt oder auf $v_1 = 0$ verzögert, so wird die Beschleunigungsarbeit

$$W = \frac{m}{2} v^2 \qquad \text{(II.75)}$$

2.1.1.6. Verschiebung eines Körpers der Masse m auf horizontaler Unterlage durch horizontale Kraft F ergibt die *Reibungsarbeit*

$$W_R = \mu F_G s$$
$$W_R = \mu m g s \qquad \text{(II.76)}$$

W_R	μ	F_G	s	m	g
J = Nm	1	N	m	kg	$\frac{\text{m}}{\text{s}^2}$

μ Gleitreibzahl nach Tafel I.2

2.1.1.7. Verschiebung eines Körpers der Masse m auf schiefer Ebene mit Neigungswinkel α durch Kraft F parallel zur Bahn ergibt die *Reibungsarbeit*

$$W_R = \mu F_G s \cos\alpha$$
$$W_R = \mu m g s \cos\alpha \qquad \text{(II.77)}$$

2.1.1.8. Elastischer Körper wird durch Kraft F elastisch verformt; z.B. eine Schraubenfeder nach Bild II.26 um Δs verlängert oder verkürzt: *Formänderungsarbeit*

$$W_f = \frac{F_1 + F_2}{2} \cdot \Delta s$$

$$W_f = \frac{R}{2} (s_2^2 - s_1^2) \qquad \text{(II.78)}$$

W_f	F_1, F_2	s_1, s_2	R
J = Nm	N	m	$\frac{\text{N}}{\text{m}}$

Darin ist R die Federrate in N/m, d.h. die Belastung je m Verlängerung: $R = F/s$.

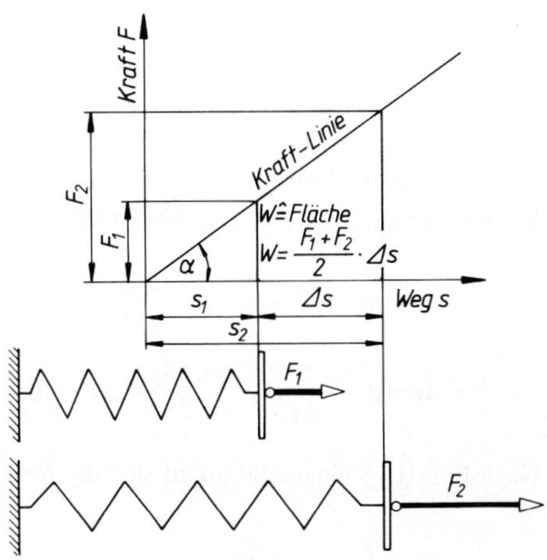

Bild II.26. Formänderungsarbeit W_f beim Spannen einer Schraubenfeder

2.1.2. Drehung des Körpers (Bild II.27). Der Angriffspunkt P der Tangentialkraft F_T beschreibt Kreisbogen vom Radius r, z.B. bei einer Kurbel. Das Bogenstück Δs ergibt sich aus Drehwinkel $\Delta\varphi = \Delta s/r$; $\Delta s = \Delta\varphi r$ und damit die Teilarbeit $\Delta W = F_T \Delta s = F_T r \Delta\varphi$.

Da $F_T r = M$ das Drehmoment der Kraft F_T in bezug auf die Drehachse ist, wird mit Drehwinkel $\Delta\varphi = \omega \Delta t$ (II.39) die *Arbeit des Momentes (Dreharbeit)*

$$W = \Sigma \Delta W = \Sigma F_T r \Delta\varphi = \Sigma M \Delta\varphi$$
$$W = \Sigma M \omega \Delta t \qquad \text{(II.79)}$$

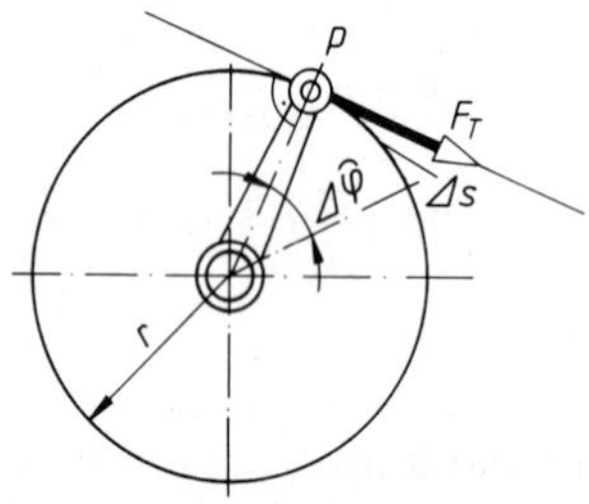

Bild II.27. Dreharbeit einer Tangentialkraft F_T

Ist F_T oder M konstant, so wird $W = M\varphi$.

Im einzelnen wird bei der Berechnung der Arbeit W eines Drehmomentes M (Dreharbeit einer Kraft F_T) unterschieden:

2.1.2.1. Arbeit W des konstanten Drehmomentes M (konstante Tangentialkraft F_T). Das Momenten-Drehwinkel-Schaubild (Bild II.28) zeigt eine Rechteckfläche wie in Bild II.23 und es gilt:

Dreharbeit W = Drehmoment M × Drehwinkel φ

$$W = M\varphi$$
$$W = 2\pi F_T r z \qquad \text{(II.80)}$$

W	M	φ	F_T	r	z
J = Nm	Nm	rad	N	m	1

z Anzahl der Umdrehungen

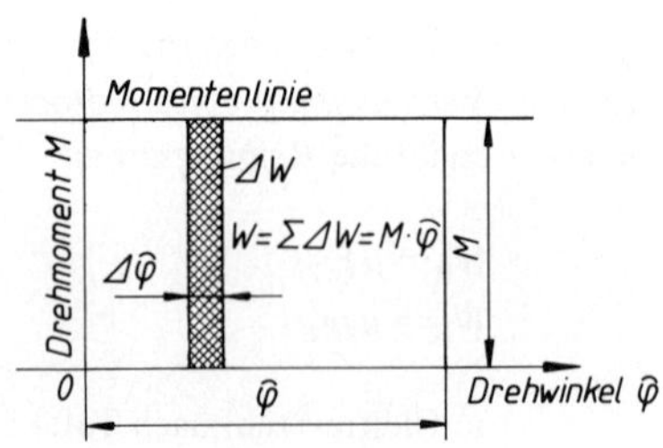

Bild II.28. Arbeit eines konstanten Drehmomentes M (Dreharbeit) über einem Drehwinkel φ

2.1.2.2. Arbeit W des veränderlichen Drehmomentes M (veränderliche Tangentialkraft F_T). Es gilt Bild II.24 mit Drehmoment M statt Kraft F und Drehwinkel φ statt Weg *s: Dreharbeit:*

$$W = \Sigma \Delta W = \Sigma M \Delta\varphi \mathrel{\hat{=}} \text{Fläche unter der Momentenlinie} \qquad \text{(II.81)}$$

2.1.2.3. Beschleunigungsarbeit W des konstanten resultierenden Momentes M (konstante Tangentialkraft F_T); der Körper wird von Winkelgeschwindigkeit ω_1 auf ω_2 gleichmäßig beschleunigt oder verzögert; Entwicklung mit Hilfe des Dynamischen Grundgesetzes für Drehung $M = J\alpha$ (J Trägheitsmoment, α Winkelbeschleunigung):

$$W = M\varphi = J\alpha\varphi; \quad \alpha = \frac{\Delta\omega}{\Delta t} = \frac{\omega_2 - \omega_1}{\Delta t}; \quad \varphi = \frac{\omega_2 + \omega_1}{2}\Delta t$$

$$W = J\,\frac{\omega_2 - \omega_1}{\Delta t} \cdot \frac{\omega_2 + \omega_1}{2}\Delta t \qquad \text{Beachte: } (\omega_2 - \omega_1)(\omega_2 + \omega_1) = \omega_2^2 - \omega_1^2$$

Nach Bild II.15 eingesetzt ergibt sich die *Beschleunigungsarbeit*

$$W = \frac{J}{2}(\omega_2^2 - \omega_1^2) \qquad \text{(II.82)}$$

W	J	ω_2, ω_1
$\text{J} = \text{Nm} = \frac{\text{kgm}^2}{\text{s}^2}$	kgm^2	$\frac{1}{\text{s}}$

Wird der Körper von $\omega_1 = 0$ an beschleunigt oder auf $\omega_1 = 0$ verzögert, so wird die *Beschleunigungsarbeit*

$$W = \frac{J}{2}\,\omega^2 \qquad \text{(II.83)}$$

2.2. Leistung P

Die konstante oder *mittlere Leistung* P ist der Quotient aus Arbeit W und Zeit t:

$$P = \frac{W}{t} \qquad \text{(II.84)}$$

P	W	t
$W = \frac{Nm}{s}$	Nm	s

Der Betrag der Leistung ist damit auch gleich dem in der Zeiteinheit (meist 1 s) verrichteten Arbeitsbetrag. Die Leistung ist eine skalare Größe. Aus (II.84) ergibt sich für die *Arbeit* W bei konstanter Leistung P:

$$W = P\,t \qquad \text{(II.85)}$$

Beachte: Die gesetzliche und SI-Einheit für die Leistung P ist das Watt (W).

1 Watt ist gleich der Leistung, bei der während der Zeit 1 s die Energie 1 J umgesetzt wird:

$$1\ \mathrm{W} = \frac{1\ \text{Joule}}{1\ \text{Sekunde}} = \frac{\mathrm{J}}{\mathrm{s}} \qquad \text{(II.86)}$$

Da nach (II.69) 1 J = 1 Nm = 1 Ws ist, gilt:

$$\boxed{1\ \mathrm{W} = 1\ \frac{\mathrm{J}}{\mathrm{s}} = 1\ \frac{\mathrm{Nm}}{\mathrm{s}} = 1\ \frac{\mathrm{kgm}^2}{\mathrm{s}^3}} \qquad \text{(II.87)}$$

Die letzte Form ergibt sich mit $1\ \mathrm{N} = 1\ \mathrm{kgm/s^2}$.

2.2.1. Geradlinige Bewegung. Sind verschiebende Kraft F und konstante Geschwindigkeit v gleichgerichtet, so gilt mit (II.84) für die *Leistung* P:

$$P = \frac{W}{t} = \frac{F\,s}{t} = F\,\frac{s}{t} = F\,v \qquad \text{(II.88)}$$

$$P = F\,v$$

P	F	v
$W = \frac{Nm}{s}$	N	$\frac{m}{s}$

2.2.2. Drehung des Körpers. Greift die Tangentialkraft F_T an einer Kurbel vom Radius r an, die sich mit gleichbleibender Geschwindigkeit v bzw. Winkelgeschwindigkeit ω dreht, so ist $P = F_T\,v = F_T\,r\,\omega$. Mit $F_T\,r$ = Drehmoment M wird die *Leistung*

$$P = M\,\omega \qquad \text{(II.89)}$$

P	M	ω	F_T	v	r
$W = \frac{Nm}{s}$	Nm	$\frac{1}{s}$	N	$\frac{m}{s}$	m

Wird für die Winkelgeschwindigkeit $\omega = \pi\,n/30$ eingesetzt, so ergeben sich zwei in der Technik wichtige Zahlenwertgleichungen zur Berechnung von Leistung P oder Drehmoment M:

$$P = \frac{M\,n}{9550} \qquad \text{(II.90)}$$

$$M = 9550\,\frac{P}{n} \qquad \text{(II.91)}$$

P	M	n
kW	Nm	min^{-1}

2.3. Wirkungsgrad

Der Wirkungsgrad η einer Maschine oder eines Vorganges (Spannen einer Feder, Gewinnung eines Stoffes, Umwandlung von Wasser in Dampf usw.) ist das Verhältnis der von der Maschine oder während des Vorganges verrichteten *Nutzarbeit* W_n zu der der Maschine oder während des Vorganges *zugeführten Arbeit* W_z:

$$\eta = \frac{W_n}{W_z} < 1 \qquad \text{(II.92)}$$

Ohne Berücksichtigung der bei allen Maschinen auftretenden Formänderungsarbeiten wird als Wirkungsgrad η auch das Verhältnis der *Nutzleistung* P_n zur *zugeführten Leistung* P_z bezeichnet:

$$\eta = \frac{P_n}{P_z} < 1 \qquad \text{(II.93)}$$

Der Wirkungsgrad η ist stets kleiner als 1 ($\eta < 1$) bzw. kleiner als 100 % ($\eta < 100$ %). Man gibt ihn auch in Prozenten an, also statt $\eta = 0{,}78$ auch $\eta = 78$ %.

Den Zusammenhang zwischen *Wirkungsgrad* η, *Antriebsdrehmoment* M_1, *Abtriebsdrehmoment* M_2 und *Übersetzung* i liefert die erweiterte Gleichung (II.93) mit

$$\eta = \frac{P_n}{P_z} = \frac{P_2}{P_1} = \frac{M_2\,\omega_2}{M_1\,\omega_1}\,; \quad \frac{\omega_2}{\omega_1} = i$$

$$\eta = \frac{M_2}{M_1} \cdot \frac{1}{i} \qquad \text{(II.94)}$$

In einer Maschine oder Vorrichtung sind mehrere Getriebeteile hintereinandergeschaltet, deren jeder einen bestimmten Wirkungsgrad η_1, η_2, η_3 ... besitzt. Das gleiche gilt für einen in Teilvorgänge zerlegten Gesamtvorgang. Der erste Getriebeteil gibt die Nutzarbeit $W_1 = \eta_1 W_z$ an den folgenden Teil weiter. Dieser leitet demnach

$W_2 = \eta_2 W_1 = \eta_1 \eta_2 W_z$ weiter, so daß

$W_3 = \eta_3 W_2 = \eta_1 \eta_2 \eta_3 W_2$ wird usw. bis zur Nutzarbeit W_n:

$W_n = \eta_1 \eta_2 \eta_3 \ldots W_z$ oder *Gesamtwirkungsgrad*

$$\eta_{gesamt} = \frac{W_n}{W_z} = \eta_1 \eta_2 \eta_3 \ldots \qquad \text{(II.95)}$$

Der Gesamtwirkungsgrad läßt sich als Produkt aller Einzelwirkungsgrade berechnen.

2.4. Übersetzung (Übersetzungsverhältnis)

Nach DIN 868 ist die Übersetzung i eines Getriebes das Verhältnis von treibender Drehzahl n_1 zur getriebenen n_2: $i = n_1/n_2$. i läßt sich in gleicher Weise ausdrücken durch die Winkelgeschwindigkeiten: $i = \omega_1/\omega_2$. Bei Zahnrad-, Riemen-Reibgetrieben u.a. sind die Umfangsgeschwindigkeiten v sich abwälzender Kreise (Teil- oder Wälzkreise) bzw. die Riemengeschwindigkeit bei schlupffreier Übertragung für beide Räder bzw. Scheiben gleich groß. Es ist dann $v_1 = v_2$ oder auch $d_1 \pi n_1 = \pi d_2 n_2$, d.h. $n_1/n_2 = d_2/d_1$. Bei Zahnrädern ist der Teilkreisdurchmesser d = Zähnezahl z mal Modul m: $d = z\,m$; damit auch: $n_1/n_2 = z_2/z_1$. Allgemein gilt demnach:

Die Baugrößen eines Räder- oder Scheibenpaares verhalten sich umgekehrt wie die Drehzahlen bzw. Winkelgeschwindigkeiten.

$$i = \frac{n_1}{n_2} = \frac{\omega_1}{\omega_2} = \frac{d_2}{d_1} = \frac{z_2}{z_1} = \frac{M_2}{M_1} \qquad \text{(II.96)}$$

$$i_{gesamt} = i_1 i_2 i_3 \ldots i_n \qquad \text{(II.97)}$$

■ **Beispiel:** Welche Beschleunigungsarbeit W verrichtet ein Kraftwagenmotor, wenn er eine Masse von 1000 kg von 10 km/h auf 50 km/h beschleunigt. Welche mittlere Leistung P ist aufzuwenden, wenn der Beschleunigungsvorgang 20 s dauert?

Lösung: $W = \frac{m}{2}(v_2^2 - v_1^2) = \frac{1000\ \text{kg}}{2} \cdot \left[\left(\frac{50}{3{,}6}\right)^2 \frac{\text{m}^2}{\text{s}^2} - \left(\frac{10}{3{,}6}\right)^2 \frac{\text{m}^2}{\text{s}^2}\right]$

$$W = 92\,650 \frac{\text{kgm}^2}{\text{s}^2} = 92\,650\ \text{J}$$

$$P = \frac{W}{t} = \frac{92\,650\ \text{Nm}}{20\ \text{s}} = 4632{,}5 \frac{\text{Nm}}{\text{s}} = 4{,}633\ \text{kW}$$

■ **Beispiel:** Ein Körper der Masse $m = 500$ kg soll 3 m hoch gehoben werden. Es steht dazu eine Winde mit Kurbelradius $r = 300$ mm zur Verfügung. Die an der Kurbel tangential angreifende Handkraft soll 150 N betragen. Wieviel Kurbelumdrehungen z sind nötig?

Lösung: $W = mgh = 500\ \text{kg} \cdot 9{,}81 \frac{\text{m}}{\text{s}^2} \cdot 3\ \text{m} = 14\,715\ \text{Nm}$

$$W = 2\pi F_T r z$$

$$z = \frac{W}{2\pi F_T r} = \frac{14\,715\ \text{Nm}}{2\pi \cdot 150\ \text{N} \cdot 0{,}3\ \text{m}} = 52\ \text{Umdrehungen}$$

■ **Beispiel:** Welches Drehmoment M überträgt ein Elektromotor, der bei einer Drehzahl von 1000 min^{-1} eine Leistung von 10 kW abgibt?

Lösung: $M = 9550 \frac{P}{n} = 9550 \cdot \frac{10}{10^3}\ \text{Nm} = 95{,}5\ \text{Nm}$

■ **Beispiel:** In ein Getriebe mit der Übersetzung $i = 25$ wird ein Drehmoment $M_1 = 5$ Nm eingeleitet. Der Getriebewirkungsgrad beträgt 80 %. Wie groß ist das Abtriebsdrehmoment M_2?

Lösung: $\eta = \frac{M_2}{M_1 i} \Rightarrow M_2 = \eta M_1 i = 0{,}8 \cdot 5\ \text{Nm} \cdot 25 = 100\ \text{Nm}$

■ **Beispiel:** Welche Masse m kann durch eine Handwinde mit 40facher Übersetzung und 80 % Wirkungsgrad gehoben werden, wenn am Kurbelradius $r = 350$ mm eine Tangentialkraft $F_T = 150$ N angreift und die Handkurbel $z = 50$ mal gedreht wird?

Lösung: $\eta = \frac{W_n}{W_z} = \frac{F_G h}{2\pi F_T r z}; \qquad i = \frac{2\pi r z}{h} = \frac{\text{Kraftweg}}{\text{Lastweg}}$

$$\eta = \frac{F_G}{F_T i} = \frac{mg}{F_T i} \Rightarrow m = \frac{\eta F_T i}{g} = \frac{0{,}8 \cdot 150\ \text{N} \cdot 40}{9{,}81 \frac{\text{m}}{\text{s}^2}} = 489{,}3 \frac{\frac{\text{kgm}}{\text{s}^2}}{\frac{\text{m}}{\text{s}^2}} = 489{,}3\ \text{kg}$$

■ **Beispiel:** Eine Schraubenfeder mit der Federrate $R = 1540$ N/m ist durch den Federweg $s_1 = 70$ mm vorgespannt und wird beim Betrieb um $\Delta s = 90$ mm verlängert werden. Wie groß sind die Spannkräfte F_1, F_2 und die in der Feder gespeicherte Formänderungsarbeit!

Lösung: $F_1 = R s_1 = 1540 \frac{\text{N}}{\text{m}} \cdot 0{,}07\ \text{m} = 107{,}8\ \text{N}$

$$F_2 = R s_2 = R(s_1 + \Delta s) = 1540 \frac{\text{N}}{\text{m}} \cdot 0{,}16\ \text{m} = 246{,}4\ \text{N}$$

$$W = \frac{F_1 + F_2}{2} \Delta s = \frac{(107{,}8 + 246{,}4)\ \text{N}}{2} \cdot 0{,}09\ \text{m} = 15{,}94\ \text{Nm} = 15{,}94\ \text{J}$$

3. Dynamik der Verschiebebewegung (Translation) des starren Körpers

In der reinen Bewegungslehre (Kinematik) werden die Bewegungsvorgänge ohne Berücksichtigung der ursächlichen Kräfte behandelt. In der eigentlichen Dynamik dagegen (Kinetik) untersucht man den Zusammenhang zwischen den wirkenden Kräften und der von ihnen bewirkten Bewegungsänderung der Körper.

3.1. Dynamisches Grundgesetz

Wirken am Körper mehrere Kräfte F_1, F_2, F_3 ... (z.B. am Auto die Triebkraft, der Luftwiderstand und der Fahrwiderstand), und ist F_r die Resultierende der Kräftegruppe ($F_r = \Sigma F$), so erfährt der Körper eine dieser Resultierenden proportionale und gleichgerichtete Beschleunigung a:

Resultierende Kraft F_r = Körpermasse $m \times$ Beschleunigung a

$$F_r = m a \qquad \text{(II.98)}$$

F_r	m	a
$N = \frac{kgm}{s^2}$	kg	$\frac{m}{s^2}$

Bei der reinen Verschiebebewegung muß die Resultierende F_r aller angreifenden Kräfte durch den Körperschwerpunkt hindurchgehen; sonst zusätzliche Drehung des Körpers. Ist F_r konstant, so wird der Körper *gleichmäßig* beschleunigt. Ist $F_r = 0$, so wird er nicht beschleunigt ($a = 0$); der Körper bleibt dann in Ruhe oder in gleichförmiger geradliniger Bewegung (Trägheitsgesetz von Galilei). Übt ein Körper A auf den Körper B eine Kraft aus, so übt auch B auf A eine gleichgroße, entgegengesetzt gerichtete *Wechselwirkungskraft* auf gleicher Wirklinie aus (Wechselwirkungsgesetz: Aktion = Reaktion).

3.1.1. Dynamisches Grundgesetz für Tangenten- und Normalenrichtung. Bei beliebiger krummliniger Bahn des Körpers (Bild II.29) setzen sich Beschleunigung a und Kraft F aus den beiden senkrecht aufeinander stehenden Komponenten zusammen:

$$F_T = m a_T \qquad F_N = m a_N \qquad \text{(II.99)}$$

F_T *Tangentialkraft*
F_N *Normalkraft*
a_T *Tangentialbeschleunigung*
a_N *Normalbeschleunigung*, auch Zentripetalbeschleunigung genannt

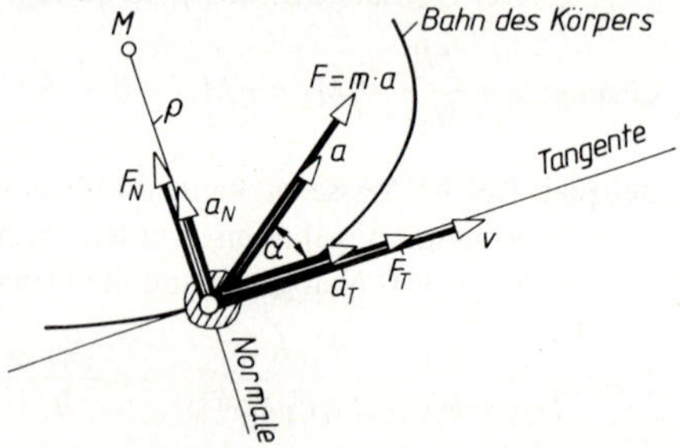

Bild II.29. Kraft- und Beschleunigungsvektor und deren Komponenten

Die Tangentialkraft F_T bewirkt allein die *Betrags*änderung der Geschwindigkeit v (Beschleunigung bei gleichem, Verzögerung bei entgegengesetztem Richtungssinn). Die Normalkraft F_N bewirkt allein eine *Richtungs*änderung der Geschwindigkeit v. Sie ist zum Mittelpunkt M (Zentrum) hin gerichtet und heißt deshalb *Zentripetalkraft*. Die sogenannte Fliehkraft ist von gleichem Betrag aber entgegengesetztem Richtungssinn.

$$F_N = m a_N = m \frac{v^2}{\rho} = m \rho \omega^2 \qquad \text{(II.100)}$$

F_N	m	a_N	v	ρ	ω
$N = \frac{kgm}{s^2}$	kg	$\frac{m}{s^2}$	$\frac{m}{s}$	m	$\frac{1}{s}$

ρ Krümmungsradius der Bahn, im allgemeinen veränderlich. Bei Kreisbogen ist ρ = Kreisbogenradius r = konstant einzusetzen.

3.1.2. Dynamisches Grundgesetz für den freien Fall. Beim freien Fall des Körpers im luftleeren Raum wirkt auf ihn lediglich die Gewichtskraft F_G als resultierende Kraft ($F_r = F_G$).

Mit der *Fallbeschleunigung* g erhält das Grundgesetz für *Gewichtskraft* F_G und *Normgewichtskraft* F_{Gn} die Form:

$$F_G = mg \qquad F_{Gn} = mg_n \qquad \text{(II.101)}$$

F_G	m	g
$N = \frac{\text{kgm}}{\text{s}^2}$	kg	$\frac{\text{m}}{\text{s}^2}$

Gewichtskraft F_G und Fallbeschleunigung g ändern sich mit dem Ort und auch mit der Entfernung vom Erdmittelpunkt, die Masse m des Körpers dagegen ist überall dieselbe; sie wird mit der Hebelwaage gemessen.

Die *Normfallbeschleunigung* g_n international festgelegt:

$$g_n = 9{,}80\,665\ \frac{\text{m}}{\text{s}^2} \qquad \text{(II.102)}$$

(gilt etwa für 45° geographischer Breite und Meeresspiegelhöhe)

Allgemein gilt für die *Fallbeschleunigung* die Zahlenwertgleichung:

$$g = 980{,}632 - 2{,}586 \cos 2\varphi + 0{,}003 \cdot \cos 4\varphi - 0{,}293\, h \qquad \text{(II.103)}$$

g in cm/s^2; φ geographische Breite; h Höhe über dem Meeresspiegel in km

3.1.3. Dynamisches Grundgesetz für horizontale Beschleunigung mit Reibung. Soll ein Körper auf horizontaler Ebene die Beschleunigung a erhalten, und ist F_R die Reibkraft zwischen Körper und Unterlage mit μ als Reibzahl, so wird die erforderliche konstante *Zugkraft* F_z (oder Bremskraft) parallel zur Bahn:

$$F_z = ma + F_R = ma + F_G\,\mu = ma + mg\mu$$

$$F_z = m(a \pm g\mu) \qquad \text{(II.104)}$$

+ für Beschleunigung a
− für Verzögerung a

F_z	m	a	g	μ
$N = \frac{\text{kgm}}{\text{s}^2}$	kg	$\frac{\text{m}}{\text{s}^2}$	$\frac{\text{m}}{\text{s}^2}$	1

3.1.4. Dynamisches Grundgesetz für vertikale Beschleunigung ohne Reibung. Soll ein Körper durch eine Zugkraft F_s in vertikaler Richtung die Beschleunigung a erhalten, so gilt für die *Seilkraft*

$$F_s = m(g \pm a) \qquad \text{(II.105)}$$

+ für Beschleunigung nach oben
− für Beschleunigung nach unten

F_s	m	g	a
$N = \frac{\text{kgm}}{\text{s}^2}$	kg	$\frac{\text{m}}{\text{s}^2}$	$\frac{\text{m}}{\text{s}^2}$

$(g + a)$ und $(g - a)$ stellen praktisch die resultierende Beschleunigung für Aufwärts- und Abwärtsbewegung dar.

3.1.5. Beschleunigung frei rutschender Körper auf schiefer Ebene mit Neigungswinkel

$a = g \sin\alpha$ ohne Reibung

$a = g(\sin\alpha - \mu \cos\alpha)$ mit Reibung (II.106)

a, g	μ
$\frac{\text{m}}{\text{s}^2}$	1

■ **Beispiel:** Ein Kraftwagen der Masse $m = 1000$ kg soll aus dem Ruhezustand so beschleunigt werden, daß er innerhalb 18,5 s eine Geschwindigkeit von 100 km/h besitzt. Der Fahrwiderstand beträgt $F_w = 300$ N. Er wird als gleichbleibend angenommen.

Gesucht: a) die mittlere Beschleunigung a; b) die erforderliche Antriebskraft F; c) der Anfahrweg s.

Lösung: a) $v = 100 \frac{\text{km}}{\text{h}} = \frac{100}{3{,}6} \frac{\text{m}}{\text{s}} = 27{,}8 \frac{\text{m}}{\text{s}}$ (v, t-Schaubild nach Bild II.3)

$$a = \frac{\Delta v}{\Delta t} = \frac{27{,}8 \frac{\text{m}}{\text{s}}}{18{,}5 \text{ s}} = 1{,}5 \frac{\text{m}}{\text{s}^2}$$

b) Resultierende Antriebskraft $F_r = m a = 1000 \text{ kg} \cdot 1{,}5 \frac{\text{m}}{\text{s}^2} = 1500 \frac{\text{kgm}}{\text{s}^2}$

$$F_r = 1500 \text{ N}$$

Antriebskraft $F = F_r + F_w = (1500 + 300) \text{ N} = 1800 \text{ N}$

oder mit Gleichung (II.104):

$$F_z = m(a + g\mu); \quad \mu = \frac{F_w}{G} = \frac{F_w}{mg} = \frac{300 \text{ N}}{1000 \text{ kg} \cdot 10 \frac{\text{m}}{\text{s}^2}} = 0{,}03$$

$$F_z = 1000 \text{ kg} \left(1{,}5 \frac{\text{m}}{\text{s}^2} + 10 \frac{\text{m}}{\text{s}^2} \cdot 0{,}03\right) = 1800 \frac{\text{kgm}}{\text{s}^2} = 1800 \text{ N}$$

c) $s = \frac{v^2}{2a} = \frac{(27{,}8 \frac{\text{m}}{\text{s}})^2}{2 \cdot 1{,}5 \frac{\text{m}}{\text{s}^2}} = 257{,}6$ m; oder: $s = \frac{vt}{2} = \frac{27{,}8 \frac{\text{m}}{\text{s}} \cdot 18{,}5 \text{ s}}{2} = 257$ m

■ **Beispiel:** Ein Kraftwagen der Masse $m = 1000$ kg soll bei 50 km/h Geschwindigkeit einen Bremsweg $s_b = 18$ m haben.

Gesucht: a) die Bremszeit t_b; b) die Bremskraft F_b; c) die Mindestreibzahl zwischen Rädern und Fahrbahn.

Lösung: a) Für die gleichmäßig verzögerte Bewegung des Fahrzeugschwerpunktes gilt mit dem v, t-Schaubild II.5:

$$t_b = \frac{2 s_b}{v} \qquad v = 50 \frac{\text{km}}{\text{h}} = \frac{50 \text{ m}}{3{,}6 \text{ s}} = 13{,}9 \frac{\text{m}}{\text{s}}$$

$$t_b = \frac{2 \cdot 18 \text{ m}}{13{,}9 \frac{\text{m}}{\text{s}}} \qquad \text{Verzögerung } a = \frac{\Delta v}{\Delta t} = \frac{13{,}9 \text{ m}}{2{,}59 \text{ s}^2} = 5{,}37 \frac{\text{m}}{\text{s}^2}$$

$$t_b = 2{,}59 \text{ s} \qquad \text{oder auch } a = \frac{v^2}{2 s_b} = \frac{(13{,}9 \frac{\text{m}}{\text{s}})^2}{2 \cdot 18 \text{ m}} = 5{,}37 \frac{\text{m}}{\text{s}^2}$$

b) $F_r = m a = 1000 \text{ kg} \cdot 5{,}37 \frac{\text{m}}{\text{s}^2} = 5370 \frac{\text{kgm}}{\text{s}^2} = 5370 \text{ N}$

$F_b = F_r - F_w$ (weil der Fahrwiderstand F_w in Richtung der Verzögerung wirkt!)

$F_b = (5370 - 300) \text{ N} = 5070$ N, oder mit Gleichung (II.104) und $\mu = 0{,}03$ (wie oben):

$F_b = m(a - g\mu)$

$$F_b = 1000 \text{ kg} \left(5{,}37 \frac{\text{m}}{\text{s}^2} - 10 \frac{\text{m}}{\text{s}^2} \cdot 0{,}03\right) = 5070 \frac{\text{kgm}}{\text{s}^2} = 5070 \text{ N}$$

c) Die Bremskraft F_b muß als Reibkraft F_R von der Fahrbahn auf den Umfang der gebremsten Räder ausgeübt werden. Es ist Reibkraft $F_R = \mu_0 F_N = \mu_0 F_G = \mu_0 mg$ (auf *ebener* Bahn kann hier Normalkraft F_N = Gewichtskraft F_G gesetzt werden).

Daraus Haftreibzahl $\mu_0 \geqslant \frac{F_R}{F_G} = \frac{F_R}{mg} = \frac{5070\ \text{N}}{1000\ \text{kg} \cdot 10\ \frac{\text{m}}{\text{s}^2}} = 0{,}507$

■ **Beispiel:** Ein am Kranseil hängender Körper der Masse $m = 1000$ kg soll mit einer Beschleunigung von 1,2 m/s² gehoben oder gesenkt werden. Seil und Trommel werden als masselos und reibungsfrei angegeben.

Gesucht: Die im Seil auftretende Zugkraft F_s bei

a) Aufwärtsbewegung; b) Abwärtsbewegung

Lösung: a) $F_s = m(g + a) = 1000\ \text{kg}(10 + 1{,}2)\ \frac{\text{m}}{\text{s}^2} = 11200\ \text{N}$

b) $F_s = m(g - a) = 1000\ \text{kg}(10 - 1{,}2)\ \frac{\text{m}}{\text{s}^2} = 8800\ \text{N}$

Überlegung: Resultierende Kraft $F_r = ma = 1000\ \text{kg} \cdot 1{,}2\ \text{m/s}^2 = 1200\ \text{N}$, die einmal zur Gewichtskraft $F_G = mg = 1000\ \text{kg} \cdot 10\ \text{m/s}^2 = 10\,000\ \text{N}$ hinzugezählt, einmal davon abgezogen werden muß.

■ **Beispiel:** Auf einer unter $\alpha = 20°$ geneigten Sackrutsche von 4 m Länge gleiten Fördergüter aus dem Ruhezustand frei abwärts. Reibzahl $\mu = 0{,}2$.

Gesucht: a) Beschleunigung a des Fördergutes; b) Endgeschwindigkeit v_e; c) Rutschzeit t.

Lösung: a) $a = g(\sin\alpha - \mu\cos\alpha) = 10\ \frac{\text{m}}{\text{s}^2}(0{,}342 - 0{,}2 \cdot 0{,}94) = 1{,}54\ \frac{\text{m}}{\text{s}^2}$

b) $v_e = \sqrt{2as} = \sqrt{2 \cdot 1{,}54\ \frac{\text{m}}{\text{s}^2} \cdot 4\ \text{m}} = 3{,}5\ \frac{\text{m}}{\text{s}}$

c) $t = \frac{v_e}{a} = \frac{3{,}5\ \frac{\text{m}}{\text{s}}}{1{,}54\ \frac{\text{m}}{\text{s}^2}} = 2{,}27\ \text{s}$

3.2. Energie, Energieerhaltungssatz

Energie nennt man die im Körper aufgespeicherte Arbeit und damit die Fähigkeit des Körpers, Arbeit aufzubringen. Energie ist wie die Arbeit eine skalare Größe.

Man unterscheidet drei Arten *mechanischer* Energie: *Bewegungsenergie* (kinetische Energie), *Höhenenergie* im Bereich der Erdanziehung (potentielle Energie) und *Verformungsenergie* des elastischen Körpers. Außerdem: Wärmeenergie, elektrische Energie, magnetische Energie, Strahlungsenergie, chemische Energie u.a.

Energieerhaltungssatz

Die Energie am Ende eines Vorganges E_E ist gleich der Energie am Anfang des Vorganges E_A, vermehrt um die während des Vorganges zugeführte Arbeit W_{zu}, vermindert um die inzwischen abgegebene Arbeit W_{ab}.

$$E_E = E_A + W_{zu} - W_{ab} \qquad \text{(II.107)}$$

Energie am Ende des Vorganges = Energie am Anfang des Vorganges + zugeführte Arbeit − abgeführte Arbeit

Die Einheit für Energie und Arbeit ist im Abschnitt 2.1 erläutert; siehe dort auch Gleichung (II.69).

3.2.1. Höhenenergie (potentielle Energie) ist im Bereich der Erdanziehung diejenige Arbeitsfähigkeit, die ein Körper der Masse m in bezug auf eine um die Höhe h tiefer gelegene Ebene besitzt. Sie ist gleich der Hubarbeit $W = F_G h = mgh$, die bei der Aufwärtsbewegung aufzubringen war (II.73): *Potentielle Energie*

$$E_{pot} = F_G h = m g h \qquad \text{(II.108)}$$

E	m	g	h
J = Nm	kg	$\frac{m}{s^2}$	m

Potentielle Energie ist außerdem noch die Formänderungsenergie, z.B. die Arbeitsfähigkeit einer gespannten Feder (siehe Festigkeitslehre) und eines komprimierten Gases.

3.2.2. Bewegungsenergie (kinetische Energie, Wucht) ist die Arbeitsfähigkeit eines mit der Geschwindigkeit v bewegten Körpers der Masse m: *Kinetische Energie oder Wucht*

$$E_{kin} = \frac{m}{2} v^2 \qquad \text{(II.109)}$$

E	m	v
J = Nm	kg	$\frac{m}{s^2}$

W_{kin} ist gleich der vom Körper aus dem Ruhezustand heraus aufgespeicherten Beschleunigungsarbeit $W = m v^2/2$ nach (II.75).

3.3. Wuchtsatz (Arbeitssatz)

Er gibt den Zusammenhang zwischen Beschleunigungsarbeit W und Wucht E_{kin}:

> Der Zuwachs an kinetischer Engrie (oder der Unterschied zwischen der kinetischen Energie E_E am Ende des Weges und der kinetischen Engrie E_A am Anfang) ist gleich der von den angreifenden Kräften F_1, F_2, F_3 ... (oder deren Resultierender F_r) verrichteten Arbeit W.

$$W = \Sigma F \Delta s = F_r s = E_E - E_A = \frac{m}{2} v_2^2 - \frac{m}{2} v_1^2$$

$$W = \frac{m}{2} (v_2^2 - v_1^2) \qquad \text{(II.110)}$$

W	m	v_2, v_1
J = Nm	kg	$\frac{m}{s}$

Der Energiezuwachs ist also gleich der vom Körper aufgespeicherten Beschleunigungsarbeit nach (II.74). Dort ist auch die Herleitung der Gleichung angegeben.

Beachte: In der Gesamtarbeit W sind gegebenenfalls die Arbeit der Schwerkräfte (Höhenenergie) und die Arbeit der Spannkräfte (Formänderungsenergie) enthalten.

Der Wuchtsatz ist ein Sonderfall des allgemeinen Energieerhaltungssatzes (II.107), zugeschnitten auf die mechanischen Energieformen:

E_E	=	E_A	+	W_{zu}	−	W_{ab}
Wucht am Ende des Vorganges	=	Wucht am Anfang des Vorganges	+	zugeführte Arbeit	−	abgeführte Arbeit

$$\frac{m}{2} v_2^2 = \frac{m}{2} v_1^2 \pm F_r s \qquad \text{(II.111)}$$

■ **Beispiel:** Ein Körper wird in horizontaler Richtung mit einer Geschwindigkeit v_1 fortgeschleudert. Infolge der Erdanziehung beginnt er sofort zu fallen. Welche Geschwindigkeit v_2 besitzt der Körper, wenn er um die Höhe h gefallen ist (ohne Luftwiderstand)?

Lösung: Nach dem Energieerhaltungssatz (II.107) ist

$$E_E = E_A + W_{zu} - W_{ab}$$

$$\frac{m}{2} v_2^2 = \frac{m}{2} v_1^2 + mgh + 0 - 0$$

$$v_2 = \sqrt{v_1^2 + 2gh}$$

E_E Energie am Ende des Vorganges

$E_E = \frac{m}{2} v_2^2$

E_A Energie am Anfang des Vorganges

$E_A = \frac{m}{2} v_1^2 + mgh$

$W_{zu} = 0$ und auch W_{ab}

■ **Beispiel:** Ein rollender Eisenbahnwagen gelangt mit einer Geschwindigkeit $v = 10$ km/h an eine Steigung von 0,3 %. Es wirkt ihm ein Fahrwiderstand F_w von 1360 N entgegen. Wagenmasse $m = 34$ t. Berechne den Auslaufweg s auf der Steigung!

Lösung: Energie am Ende des Vorganges $E_E = F_G h = mgh;$ Energie am Anfang des Vorganges $E_A = \frac{m}{2} v^2$; infolge des Fahrwiderstandes wird Arbeit abgeführt $W_{ab} = F_w s$. Nach (II.107) wird also:

$$E_E = E_A + W_{zu} - W_{ab}$$

$$mgh = \frac{m}{2} v^2 + 0 - F_w s; \text{ und mit } \tan\alpha = 0{,}003 = \sin\alpha = \frac{h}{s};\ h = s \sin\alpha:$$

$$mgs \sin\alpha = \frac{m}{2} v^2 - F_w s$$

$$s = \frac{mv^2}{2(mg\sin\alpha + F_w)} = \frac{34\,000\text{ kg} \cdot 2{,}78^2 \frac{\text{m}^2}{\text{s}^2}}{2(34\,000\text{ kg} \cdot 10 \frac{\text{m}}{\text{s}^2} \cdot 3 \cdot 10^{-3} + 1360 \frac{\text{kgm}}{\text{s}^2})} = 55{,}2\text{ m}$$

■ **Beispiel:** Am Ende einer frei herabhängenden Schraubenfeder mit Federrate $R = F/s$ hängt ein Körper der Masse m, der aus der ungespannten Federlage plötzlich losgelassen wird. Welche Geschwindigkeit v besitzt der Körper nach der Längung s_x der Feder und wie groß ist der maximale Federweg s_{max}?

Lösung: Die Energie E_E des Körpers am Ende des Vorganges beträgt $E_E = mv^2/2$. Am Anfang besitzt er die Lageenergie $E_A = mgs_x$. Abgeführt wird die von der Feder aufgenommene Arbeit $W_{ab} = cs_x^2/2$ zum Spannen der Feder. Dem Körper wird keine Arbeit zugeführt, also ist $W_{zu} = 0$.

Damit ergibt sich:

$$E_E = E_A + W_{zu} - W_{ab}$$

$$\frac{m}{2} v^2 = mgs_x + 0 - \frac{c}{2} s_x^2$$

$$v = \sqrt{2gs_x - \frac{c}{m} s_x^2}$$

Die größe Längung s_{max} tritt auf, wenn die Geschwindigkeit $v = 0$ ist. Dann ist

$$s_{max} = \frac{2mg}{R}$$

Der größte Federweg ist hier also doppelt so groß wie bei langsamer Längung der Feder ($s_{max} = F_G/R = mg/R$).

■ **Beispiel:** Von einer Sackrutsche mit dem Neigungswinkel $\alpha = 20°$ und der Länge $l = 5$ m wird das Fördergut abgelassen. Reibzahl $\mu = 0{,}1$. Mit welcher Endgeschwindigkeit v kommt das Fördergut unten an?

Lösung: Energie am Ende des Vorganges $E_E = \frac{m}{2} v^2$

Energie am Anfang $E_A = F_G h = mgh = mgl \sin\alpha$

zugeführte Arbeit $W_{zu} = 0$

abgeführte Arbeit W_{ab} = Arbeit der Reibkraft = $F_R\, l = F_G \cos\alpha\mu l = mg\cos\alpha\mu l$, siehe (II.77). Damit wird

$$E_E = E_A + W_{zu} - W_{ab}$$

$$\frac{m}{2} v^2 = mgl\sin\alpha + 0 - mg\cos\alpha\,\mu\, l$$

$$v = \sqrt{2gl(\sin\alpha - \mu\cos\alpha)} = \sqrt{2 \cdot 10\,\frac{\text{m}}{\text{s}^2} \cdot 5\,\text{m}\,(0{,}342 - 0{,}1 \cdot 0{,}94)} \approx 5\,\frac{\text{m}}{\text{s}}$$

3.4. Impuls, Impulserhaltungssatz

Wird das Dynamische Grundgesetz nach (II.98) in der Form $F_r = ma$ geschrieben und werden beide Seiten der Gleichung mit dem Zeitabschnitt $\Delta t = t_2 - t_1$ multipliziert, so ergibt sich:

$$F_r\,\Delta t = ma\,\Delta t = m\,\frac{\Delta v}{\Delta t}\,\Delta t = m\,\Delta v$$

Wird also ein Körper der Masse m während des Zeitabschnittes Δt von der Geschwindigkeit v_1 auf v_2 beschleunigt, so gilt

$$F_r\,(t_2 - t_1) = m\,(v_2 - v_1) \qquad \text{(II.112)}$$

F_r	t	m	v
$\text{N} = \frac{\text{kgm}}{\text{s}^2}$	s	kg	$\frac{\text{m}}{\text{s}}$

Beim Antrieb aus der Ruhe heraus wird

$$F_r\,t = mv \qquad \text{(II.113)}$$

Das Produkt mv aus Körpermasse m und Geschwindigkeit v heißt *Impuls* oder *Bewegungsgröße*. Der Impuls ist ein Vektor. Das Produkt $F_r\,t$ heißt Kraftstoß:

> Die Zunahme des Impulses eines Körpers ist gleich dem Kraftstoß während der betrachteten Zeit.

Wie die Herleitung zeigt, besteht kein physikalischer Unterschied zum dynamischen Grundgesetz jedoch läßt sich häufig das Geschwindigkeitsgesetz der Bewegung einfacher aufstellen.

Bevorzugt wird dieser Satz angewendet auf den „kräftefreien" Körper, also für den Fall $F_r = 0$. Dann bleibt der Impuls mv des Körpers erhalten und es gilt der *Impulserhaltungssatz:*

$$m v_2 - m v_1 = 0$$
$$m v_2 = m v_1 = \text{konstant} \qquad \text{(II.114)}$$

Sind also in einem System keine äußeren Kräfte vorhanden oder ist die geometrisch addierte Summe der vorhandenen Kräfte gleich Null, so bleibt der Impuls mv des Systems nach Betrag und Richtung (Vektor!) unverändert. Innere Kräfte haben keinen Einfluß auf den Impuls des Systems.

■ **Beispiel:** Aus einem mit $v_1 = 0{,}5$ m/s Geschwindigkeit auf das Ufer zutreibenden Boot der Gesamtmasse $m_1 = 400$ kg springt ein Mann der Masse $m_2 = 70$ kg mit einer Absolutgeschwindigkeit $v_2 = 2$ m/s in Fahrtrichtung an Land. Mit welcher Geschwindigkeit v und in welcher Richtung bewegt sich das Boot nach dem Absprung des Mannes?

Lösung: Wird die Flüssigkeitsreibung zwischen Bootswand und Wasser vernachlässigt, so gilt der Satz (II.114), d.h. die Bewegungsgröße $m_1 v_1$ muß gleich der Summe der Impulse des leeren Bootes $(m_1 - m_2)v$ und des abspringenden Mannes $m_2 v_2$ sein:

$$m_1 v_1 = (m_1 - m_2) v + m_2 v_2$$

$$v = \frac{m_1 v_1 - m_2 v_2}{m_1 - m_2} = \frac{400\,\text{kg} \cdot 0{,}5\,\frac{\text{m}}{\text{s}} - 70\,\text{kg} \cdot 2\,\frac{\text{m}}{\text{s}}}{400\,\text{kg} - 70\,\text{kg}} = 0{,}182\,\frac{\text{m}}{\text{s}}$$

Das positive Vorzeichen bei v zeigt an, daß sich das Boot mit dieser Geschwindigkeit in der ursprünglichen Richtung weiterbewegt.

■ **Beispiel:** Zum Verschieben von Waggons wird ein Elektro-Waggondrücker verwendet, der eine Schubkraft von 6000 N entwickelt. Es sollen 2 Waggons von je 18 t Masse mit einer Geschwindigkeit von 2 m/s abgestoßen werden. Berechne die Zeit, die der Drücker wirken muß! Reibungswiderstände bleiben unberücksichtigt.

Lösung: Beim Antrieb aus der Ruhe heraus gilt (II.113): $F_r t = mv$; daraus

$$t = \frac{mv}{F_r} = \frac{2 \cdot 18 \cdot 10^3\,\text{kg} \cdot 2\,\frac{\text{m}}{\text{s}}}{6000\,\frac{\text{kgm}}{\text{s}^2}}$$

$$t = 12\,\text{s}$$

■ **Beispiel:** Ein Triebwagen von 10 000 kg Masse fährt mit einer Geschwindigkeit von 30 km/h und wird kurzzeitig 4 s lang gebremst. Dadurch wird eine Bremskraft von 12 000 N ausgelöst. Fahrwiderstand (Reibungswiderstand) bleibt unberücksichtigt. Wie groß ist die Geschwindigkeit v_2 nach dem Bremsvorgang?

Lösung: Gegeben: $m = 10^4\,\text{kg}$; $v_1 = 30\,\frac{\text{km}}{\text{h}} = \frac{30}{3{,}6} \cdot \frac{\text{m}}{\text{s}} = 8{,}33\,\frac{\text{m}}{\text{s}}$

$$F_r = 12\,000\,\frac{\text{kgm}}{\text{s}^2}; \quad \Delta t = 4\,\text{s}$$

Gesucht: v_2

Nach (II.112) ist $F_r \Delta t = m(v_1 - v_2) = m v_1 - m v_2$ und daraus

$$v_1 = \frac{m v_1 - F_r \Delta t}{m} = \frac{10^4\,\text{kg} \cdot 8{,}33\,\frac{\text{m}}{\text{s}} - 1{,}2 \cdot 10^4\,\frac{\text{kgm}}{\text{s}^2} \cdot 4\,\text{s}}{10^4\,\text{kg}} = 3{,}53\,\frac{\text{m}}{\text{s}}$$

3.5. d'Alembertscher Satz

Das Grundgesetz $F_r = m\,a$ läßt sich auch in der Form $F_r - m\,a = 0$ schreiben. Darin ist F_r die Resultierende aller äußeren Kräfte, m die Masse des Körpers und a die Beschleunigung in Richtung von F_r.

Das Produkt $m\,a$ bezeichnet man als *Trägheitskraft*

$$T = m\,a \qquad \text{(II.115)}$$

T	m	a
$N = \frac{\text{kgm}}{\text{s}^2}$	kg	$\frac{\text{m}}{\text{s}^2}$

womit das Dynamische Grundgesetz die Form einer statischen Gleichgewichtsbedingung erhält.

$$\Sigma F = 0$$
$$F_r - T = 0 \qquad \text{(II.116)}$$

Danach gilt der *Satz von d'Alembert*:

Bewegt sich ein Körper unter der Einwirkung äußerer Kräfte beschleunigt, so kann das Kräftesystem trotzdem als im Gleichgewicht befindlich betrachtet werden, wenn zur Resultierenden F_r eine gleichgroße *gegensinnige* Trägheitskraft $T = m\,a$ hinzugefügt wird. Innere Kräfte spielen keine Rolle.

Kürzer:

An jedem Körper stehen die äußeren Kräfte und die Trägheitskräfte im Gleichgewicht (siehe Physik).

Beachte: Die Trägheitskraft T ist stets der Beschleunigung (oder Verzögerung) entgegengerichtet!

Arbeitsplan

Körper freimachen.

Beschleunigungsrichtung eintragen.

Trägheitskraft $T = m\,a$ entgegengesetzt zur Beschleunigungsrichtung eintragen, Gleichgewichtsbedingungen unter Einschluß der Trägheitskraft ansetzen.

Wie in der Statik kann jede Aufgabe dieser Art zeichnerisch oder rechnerisch gelöst werden.

Fehlerwarnung: Die Trägheitskräfte sind gedachte *Hilfskräfte;* sie dürfen daher nur *dann* am Körper angebracht werden, wenn nach d'Alembert – also mit Gleichgesichtsansatz – gearbeitet werden soll; keinesfalls also beim Grundgesetz oder beim Wuchtsatz oder beim Impulssatz!

■ **Beispiel:** Ein Auto von 1000 kg Masse wird auf ebener Straße so gebremst, daß es gerade ohne zu gleiten mit einer Verzögerung von 3 m/s² bremst. Sein Achsabstand beträgt 3 m, sein Schwerpunkt liegt in der Fahrzeugmitte 0,6 m über der Straße. Es werden nur die Hinterräder abgebremst. Zu berechnen sind die Stützkräfte an Vorder- und Hinterachse beim Bremsen.

Lösung: Aus der Skizze des freigemachten Autos lassen sich die drei Gleichgewichtsbedingungen der Statik ablesen (Bild II.30):

I. $\Sigma F_x = 0 = -F_R + T = -F_B\,\mu + m a$

II. $\Sigma F_y = 0 = -F_G + F_A + F_B$

III. $\Sigma M_{(B)} = 0 = -F_G \dfrac{l}{2} + F_A\,l - T h$

$$F_A = \frac{F_G \frac{l}{2} + Th}{l} = \frac{mgl + 2\,mah}{2\,l} = \frac{m(gl + 2\,ah)}{2\,l}$$

$$F_A = \frac{1000\ \text{kg}\,(10\,\frac{\text{m}}{\text{s}^2}\cdot 3\ \text{m} + 2\cdot 3\,\frac{\text{m}}{\text{s}^2}\cdot 0{,}6\ \text{m})}{2\cdot 3\ \text{m}}$$

$$F_A = 5600\,\frac{\text{kgm}}{\text{s}^2} = 5600\ \text{N}$$

$$F_B = F_G - F_A = mg - F_A = 1000\ \text{kg}\cdot 10\,\frac{\text{m}}{\text{s}^2} - 5600\,\frac{\text{kgm}}{\text{s}^2}$$

$$F_B = 4400\ \text{N}$$

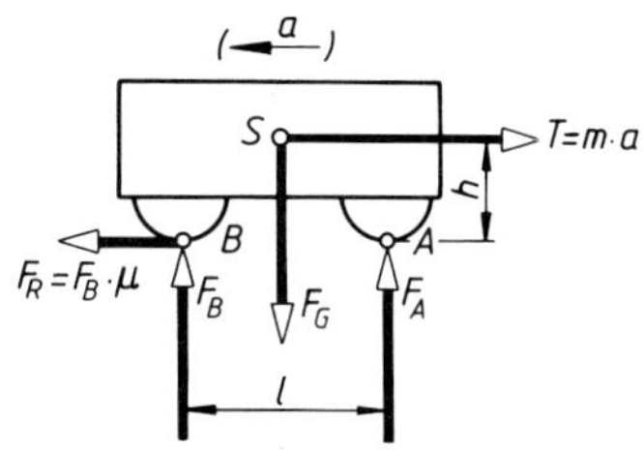

Bild II.30. Auto frei gemacht
F_A, F_B Stützkräfte
F_G Gewichtskraft
F_R Reibungskraft

4. Dynamik der Drehung (Rotation) des starren Körpers

4.1. Dynamisches Grundgesetz für die Drehung um eine feste Achse

Das Dynamische Grundgesetz (II.98) gilt für jedes Massenteilchen Δm des sich drehenden Körpers (Bild II.31):

Tangentialkraft $\Delta F_T = \Delta m a_T$. Werden beide Seiten der Gleichung mit dem Radius r multipliziert, so ergibt sich $\Delta F_T r = \Delta m a_T r$.

Darin ist $\Delta F_T\, r$ (Kraft mal Hebelarm) das Teildrehmoment der Tangentialkraft ΔF_T bezüglich der Drehachse. Wird die Summe aller Teilmomente gebildet, so erscheint auf der linken Gleichungsseite das resultierende Drehmoment aller am Körper angreifenden Tangentialkräfte.

$$\Sigma\Delta F_T r = \Sigma\Delta m a_T r$$

$$M_r = \Sigma\Delta m a_T r;\quad \text{für } a_T = \alpha r \text{ eingesetzt:}$$

$$M_r = \Sigma\Delta m \alpha r r$$

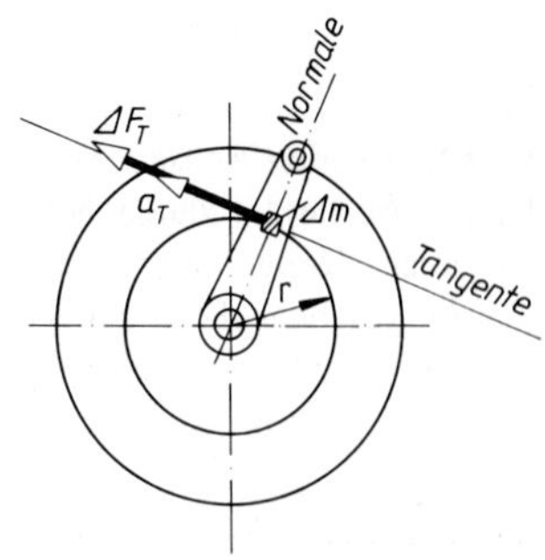

Bild II.31. Tangentialkraft ΔF_T und Beschleunigung a_T des Massenteilchens einer gleichmäßig beschleunigt umlaufenden Kurbel

Mit Tangentialbeschleunigung $a_T = \alpha r$ nach (II.47) erscheint in der letzten Gleichung der Ausdruck $\Sigma\Delta m r^2$; er heißt *Trägheitsmoment*

$$J = \Sigma\Delta m r^2 \qquad \text{(II.117)}$$

J	m	r
kgm²	kg	m

weil von dieser Größe die *Trägheit* des Körpers gegen die Wirkung beschleunigender und verzögernder Kräfte abhängt.

Für die Drehung eines Körpers um eine raumfeste Achse nimmt damit das *Dynamische Grundgesetz für die Drehung* die Form an:

Resultierendes Moment M_r = Trägheitsmoment $J \times$ Winkelbeschleunigung α

$$M_r = J\alpha \qquad \text{(II.118)}$$

M_r	J	α
$\text{Nm} = \frac{\text{kgm}^2}{\text{s}^2}$	kgm²	$\frac{1}{\text{s}^2}$

Ist die Winkelbeschleunigung α konstant, dann ist die Drehung gleichmäßig beschleunigt. Es muß dann bezüglich der Drehachse ein gleichbleibendes resultierendes Drehmoment wirken.

4.2. Trägheitsmoment J (Massenmoment 2. Grades), Trägheitsradius i

4.2.1. Definition des Trägheitsmomentes. Das Trägheitsmoment J eines Körpers in bezug auf eine gegebene Achse ist festgesetzt als Summe (genauer: Grenzwert der Summe) aller Massenteilchen Δm, jedes malgenommen mit dem Quadrat seines Abstandes r von der Drehachse; siehe Definitionsgleichung (II.117). Aus dieser ergibt sich auch die Einheit für das Trägheitsmoment:

$$(J) = (m) \cdot (r^2) = \text{kg} \cdot \text{m}^2 \qquad \text{(II.119)}$$

Der Zahlenwert dieses Summenausdrucks muß wegen r^2 stets positiv sein. Er läßt sich bei geometrisch einfachen Körpern berechnen, bei beliebigen Körperformen zeichnerisch, durch Bremsversuche oder durch Schwingungsversuche am Körper oder am maßstäblichen Modell bestimmen. Gegenüber der geradlinigen Bewegung kommt es bei der Drehung nicht nur auf den *Betrag* der Masse an, sondern auch auf deren *Verteilung* um die Drehachse. Je mehr Massenteilchen einen großen Abstand von der Drehachse besitzen, um so schwerer ist es, den Körper zu beschleunigen (zu verzögern). Für bestimmte Querschnittsformen läßt sich das Trägheitsmoment J nach den in Tafel II.3 angegebenen Gleichungen berechnen.

4.2.2. Verschiebesatz (Satz von Steiner). Die fertigen Gleichungen nach Tafel II.3 sind ausnahmslos auf eine durch den Massenschwerpunkt S gehende Achse bezogen. Liegt der Schwerpunkt S nicht auf der gegebenen Drehachse O und sind beide Achsen um den Abstand l parallel verschoben, so muß das Trägheitsmoment für die Achse O nach dem Verschiebesatz berechnet werden:

Trägheitsmoment für gegebene parallele Drechachse $O-O$ = Trägheitsmoment für parallele Schwerachse $S-S$ + Masse m mal Abstandsquadrat l^2 der beiden Achsen

$$J_O = J_S + m l^2 \qquad \text{(II.120)}$$

J_O, J_S	m	l
kgm²	kg	m

Eine der beiden Achsen muß stets Schwerachse sein und beide müssen parallel zueinander laufen. Ist der Abstand l gleich Null, so fällt das Glied $m \cdot l^2$ weg. Demnach ist das Trägheitsmoment J mehrerer Körper oder mehrerer Teile eines Körpers in bezug auf die *gleiche* gegebene Drehachse einfach gleich der Summe der Teilträgheitsmomente $J_1, J_2, J_3 \dots$ in bezug auf diese gegebene Achse:

$$J = J_1 + J_2 + J_3 + \dots \qquad \text{(II.121)}$$

(gilt nur, wenn Teil- und Gesamtschwerachse zusammenfallen)

Herleitung des Verschiebesatzes (Bild II.32)

$$J_O = \Sigma \Delta m r^2 = \Sigma \Delta m (l + \rho)^2 = \Sigma \Delta m (l^2 + 2 l \rho + \rho^2)$$

$$J_O = l^2 \Sigma \Delta m + 2 l \Sigma \Delta m \rho + \Sigma \Delta m \rho^2; \quad \Sigma \Delta m = \text{Gesamtmasse } m$$

$$J_O = l^2 m \quad + \quad 0 \quad + \quad J_S$$

$$J_O = J_S + m l^2 \quad \text{wie (II.120)}$$

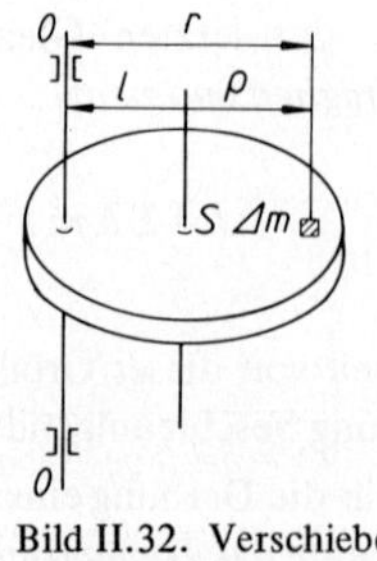

Bild II.32. Verschiebesatz für Schwerachse S und gegebene parallele Drehachse O

Der Ausdruck $\Sigma \Delta m$ des ersten Gliedes ist die Masse m des Körpers, so daß sich $l^2 m$ ergibt. Der Ausdruck $\Sigma \Delta m \rho$ des zweiten Gliedes ist die Summe der Drehmomente aller Massenteilchen in bezug auf die *Schwerachse* der Masse m; der Zahlenwert muß daher Null ergeben; siehe dazu Momentensatz der Statik. Der Ausdruck $\Sigma \Delta m \rho^2$ des dritten Gliedes ist das Trägheitsmoment der Masse m in bezug auf die Schwerachse S: $J_S = \Sigma \Delta m \rho^2$, kann also nach den Gleichungen aus Tafel II.3 berechnet werden.

Tafel II.3. Gleichungen für Trägheitsmomente J

Art des Körpers	Trägheitsmoment J (J_x um die x-Achse; J_z um die z-Achse); ρ Dichte
Rechteck, Quader 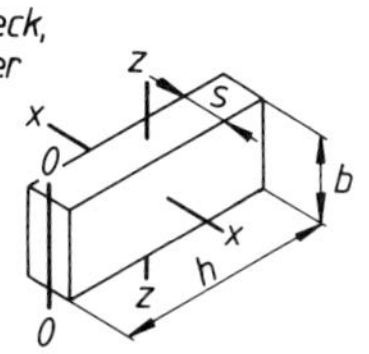 	$J_x = \frac{1}{12} m (b^2 + h^2) = \frac{1}{12} \rho h b s (b^2 + h^2)$ bei geringer Plattendicke s ist $J_z = \frac{1}{12} m h^2 = \frac{1}{12} \rho b h^3 s; \quad J_0 = \frac{1}{3} m h^2 = \frac{1}{3} \rho b h^3 s$ Würfel mit Seitenlänge a: $J_x = J_z = m \frac{a^2}{6}$
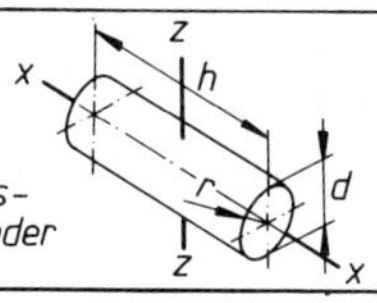 *Kreiszylinder*	$J_x = \frac{1}{2} m r^2 = \frac{1}{8} m d^2 = \frac{1}{32} \rho \pi d^4 h = \frac{1}{2} \rho \pi r^4 h$ $J_z = \frac{1}{16} m (d^2 + \frac{4}{3} h^2) = \frac{1}{64} \rho \pi d^2 h (d^2 + \frac{4}{3} h^2)$
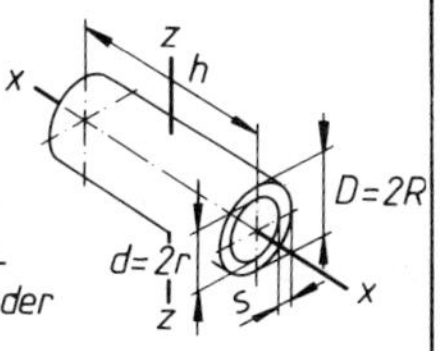 *Hohlzylinder*	$J_x = \frac{1}{2} m (R^2 + r^2) = \frac{1}{8} m (D^2 + d^2) = \frac{1}{32} \rho \pi h (D^4 - d^4)$ $J_x = \frac{1}{2} \rho \pi h (R^4 - r^4)$ $J_z = \frac{1}{4} m (R^2 + r^2 + \frac{1}{3} h^2) = \frac{1}{16} m (D^2 + d^2 + \frac{4}{3} h^2)$
Zylindermantel	$J_x = \frac{1}{4} m d_m^2 = \frac{1}{4} \rho \pi d_m^3 h s$ $J_z = \frac{1}{8} m (d_m^2 + \frac{2}{3} h^2) = \frac{1}{8} \rho \pi d_m h s (d_m^2 + \frac{2}{3} h^2)$ Hohlzylinder mit Wanddicke $s = \frac{1}{2} (D - d)$ sehr klein im Verhältnis zum mittleren Durchmesser $d_m = \frac{1}{2} (D + h)$
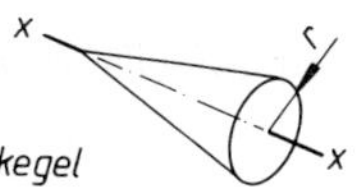 *Kreiskegel*	$J_x = \frac{3}{10} m r^2$ Kreiskegelstumpf: $J_x = \frac{3}{10} m \frac{r_2^5 - r_1^5}{r_2^3 - r_1^3}$ r_2 Grundkreisradius r_1 Deckkreisradius (siehe S. 135)
Kugel 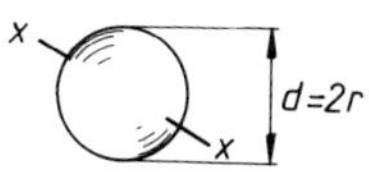 	$J_x = \frac{2}{5} m r^2 = \frac{1}{10} m d^2 = \frac{1}{60} \rho \pi d^5 = \frac{8}{15} \rho \pi r^5$
Hohlkugel (Kugelschale)	$J_x = J_z = \frac{1}{6} m d_m^2 = \frac{1}{6} \rho \pi d_m^4 s$ Wanddicke $s = \frac{1}{2} (D - d)$ sehr klein im Verhältnis zum mittleren Durchmesser $d_m = \frac{1}{2} (D + d)$
Ring 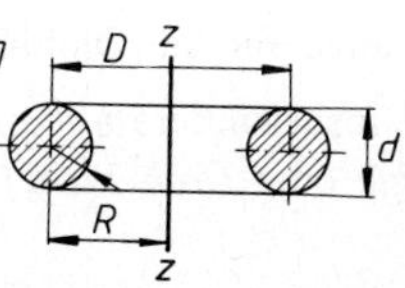 	$J_z = m (R^2 + \frac{3}{4} r^2) = \frac{1}{4} m (D^2 + \frac{3}{4} d^2) \qquad m = 2 \pi^2 r^2 R \rho$ $J_z = \frac{1}{16} \rho \pi^2 D d^2 (D^2 + \frac{3}{4} d^2) = \frac{1}{4} m D^2 \left[1 + \frac{3}{4} \left(\frac{d}{D}\right)^2\right]$

4.2.3. **Trägheitsradius** i ist derjenige Abstand von der gegebenen Drehachse, in dem man die punktförmig gedachte Masse m des Körpers anbringen muß, um das Trägheitsmoment J des Körpers zu erhalten. Trägheitsmoment J = Masse m × Trägheitsradius-Quadrat i^2

$$J = m i^2 \tag{II.122}$$

$$i = \sqrt{\frac{J}{m}} \tag{II.123}$$

J	m	i
kgm²	kg	m

4.2.4. **Reduzierte Masse** m_{red}. Denkt man sich die verteilte tatsächliche Masse m des Körpers im willkürlichen Abstand r von der Drehachse angebracht, wobei das Trägheitsmoment eingehalten werden soll, dann spricht man von der *reduzierten Masse* m_{red}. Je nach Wahl des Abstandes r erhält man einen anderen Wert für m_{red}. Jedoch läßt sich auch gerade derjenige Radius finden, für den die Ersatzmasse gleich der tatsächlich vorliegenden wird. Dieser Radius heißt *Trägheitsradius* i:

$$J = m_{red}\, r^2 ; \quad m_{red} = \frac{J}{r^2} \tag{II.124}$$

$$r = \sqrt{\frac{J}{m_{red}}} = \sqrt{\frac{J}{m}} = i \tag{II.125}$$

4.2.5. **Reduktion von Trägheitsmomenten** heißt die Rückführung der Trägheitsmomente aller Massen des betrachteten Systems, z.B. eines Rädertriebes, auf eine einzige Welle.

Sind J_1, J_2, J_3 ... die Trägheitsmomente der einzelnen auf Welle 1, 2, 3 ... drehenden Massen und $\omega_1, \omega_2, \omega_3, ...$ ihre Winkelgeschwindigkeiten, so ist ihre gesamte *Rotationsenergie*

$$E_{rot} = \frac{1}{2}(J_1\omega_1^2 + J_2\omega_2^2 + J_3\omega_3^2 + ...) = \frac{1}{2}\,\omega_1^2 \underbrace{\left(J_1 + J_2\frac{\omega_2^2}{\omega_1^2} + J_3\frac{\omega_3^2}{\omega_1^2} + ...\right)}_{J_{red}}$$

$$E_{rot} = \frac{1}{2}\,\omega_1^2 J_{red} \tag{II.126}$$

$J_2 \dfrac{\omega_2^2}{\omega_1^2}$; $J_3 \dfrac{\omega_3^2}{\omega_1^2}$ ... sind darin die auf Welle 1 reduzierten (bezogenen) Trägheitsmomente

Statt der Winkelgeschwindigkeiten ω können auch die Drehzahlen n eingesetzt werden. *Reduktion der Trägheitsmomente* J_1, J_2, J_3 ... bei Getrieben

$$J_{red} = J_1 + J_2\left(\frac{\omega_2}{\omega_1}\right)^2 + J_3\left(\frac{\omega_3}{\omega_1}\right)^2 + ...$$

$$J_{red} = J_1 + J_2\left(\frac{n_2}{n_1}\right)^2 + J_3\left(\frac{n_3}{n_1}\right)^2 + ... \tag{II.127}$$

Das *resultierende Beschleunigungsmoment* der Antriebsachse 1 ist dann nach (II.118)

$$M_r = J_{red}\,\alpha_1$$

4.3. Bewegungsenergie bei Drehung (Drehenergie oder Drehwucht)

Die Definitionsgleichung für die kinetische Energie $E_{kin} = \frac{m}{2} v^2$ gilt auch für die Drehung des Körpers mit der Geschwindigkeit v. Mit den entsprechenden Größen, insbesondere $v = \omega r$ nach (II.38) wird für ein Massenteilchen Δm die *Rotationsenergie* (*Drehenergie* oder *Drehwucht*)

$$E_{rot} = \Sigma\frac{\Delta m}{2}(\omega r)^2 = \frac{\omega^2}{2}\,\Sigma\Delta m r^2 \tag{II.128}$$

Darin ist der Ausdruck $\Sigma\Delta m r^2$ das auf die Drehachse bezogene *Trägheitsmoment* J, also die Summe der Massenteilchen, jedes malgenommen mit dem Quadrat seines Abstandes von der Drehachse. Damit wird die *Rotationsenergie* oder *Drehwucht*

$$E_{rot} = J\,\frac{\omega^2}{2} \qquad \text{(II.129)}$$

E_{rot}	J	ω
$\mathrm{J = Nm = \frac{kgm^2}{s^2}}$	$\mathrm{kgm^2}$	$\frac{1}{\mathrm{s}}$

E_{rot} ist gleich der vom Körper aus dem Ruhezustand heraus aufgespeicherten Beschleunigungsarbeit $E = J\omega^2/2$ nach (II.83). Die Drehwucht ist eine skalare Größe.

4.4. Energieerhaltungssatz für Rotation (Wucht- oder Arbeitssatz)

Er kennzeichnet den Zusammenhang zwischen Beschleunigungsarbeit W und Drehwucht E_{rot}:

> Der Zuwachs an Drehwucht (oder der Unterschied zwischen der Drehwucht $E_{rot\,E}$ am Ende des Vorganges und der Drehwucht $E_{rot\,A}$ am Anfang) ist gleich der von den angreifenden Drehmomenten M_1, M_2, M_3 ... (oder dem resultierenden Drehmoment M_r) verrichteten Arbeit W.

$$W = \Sigma M \Delta\varphi = M_r \varphi = E_{rot\,E} - E_{rot\,A} = \frac{J}{2}\,\omega_E^2 - \frac{J}{2}\,\omega_A^2$$

$$W = \frac{J}{2}\,(\omega_E^2 - \omega_A^2) \qquad \text{(II.130)}$$

(*Wuchtsatz oder Arbeitssatz*)

W	J	ω
$\mathrm{J = Nm = \frac{kgm^2}{s^2}}$	$\mathrm{kgm^2}$	$\frac{1}{\mathrm{s}}$

Der Energiezuwachs ist also gleich der vom Körper aufgespeicherten Beschleunigungsarbeit nach (II.82).

Der Wuchtsatz ist ein Sonderfall des allgemeinen Energieerhaltungssatzes (II.107), zugeschnitten auf die mechanischen Energieformen:

E_E	$=$	E_A	$+$	$W_{zu} - W_{ab}$
$\frac{J}{2}\,\omega_E^2$	$=$	$\frac{J}{2}\,\omega_A^2$	$\pm$	$M_r\,\varphi$
Drehwucht am Ende des Vorganges	=	Drehwucht am Anfang des Vorganges	±	zu- oder abgeführter Arbeit des resultierenden Drehmoments aller Kräfte

(II.131)

4.5. Drehimpuls (Drall)

Werden beide Seiten des Dynamischen Grundgesetzes für die Drehung (II.118) $M_r = J\alpha$ mit dem Zeitabschnitt $\Delta t = t_2 - t_1$ malgenommen, so ergibt sich:

$$M_r\,\Delta t = J\alpha\,\Delta t = J\,\frac{\Delta\omega}{\Delta t}\,\Delta t = J\,\Delta\omega$$

Wird also ein Körper der Masse m bzw. des Trägheitsmomentes J während des Zeitabschnittes Δt durch ein konstantes resultierendes Drehmoment M_r von der Winkelgeschwindigkeit ω_1 auf ω_2 beschleunigt, so gilt:

$$M_r\,(t_2 - t_1) = J\,(\omega_2 - \omega_1) \qquad \text{(II.132)}$$

M_r	t	J	ω
$\mathrm{Nm = \frac{kgm^2}{s^2}}$	s	$\mathrm{kgm^2}$	$\frac{1}{\mathrm{s}}$

Beim Antrieb aus der Ruhe heraus wird $M_r\,t = J\,\omega$.

Das Produkt $J\omega$ aus Trägheitsmoment J und Winkelgeschwindigkeit ω heißt *Drehimpuls* oder *Drall* des Körpers. Er ist ein Vektor. Das Produkt $M_r t$ heißt *Momentenstoß* des resultierenden Drehmomentes aller *äußeren* Kräfte bezüglich der Drehachse:

> Die Zunahme des Drehimpulses eines Körpers ist gleich dem Momentenstoß des resultierenden Momentes während der betrachteten Zeit.

Wie die Herleitung des Satzes zeigt, besteht kein physikalischer Unterschied zum dynamischen Grundgesetz.

Bevorzugt wird der Satz auf den „kräftefreien" Körper angesetzt, also für den Fall $M_r = 0$. Dann bleibt der Drehimpuls (Drall) des Körpers erhalten und es gilt:

$$J\omega_2 - J\omega_1 = 0 \qquad J\omega_2 = J\omega_1 = \text{konstant} \tag{II.133}$$

Impulserhaltungssatz

Wirken also auf ein System keine äußeren Drehmomente oder ist deren Summe gleich Null, so bleibt der Drehimpuls $J\omega$ des Systems nach Betrag und Richtung unverändert. Innere Kräfte haben keinen Einfluß auf den Drehimpuls (Drall) des Systems.

4.6. Fliehkraft

Bei der Drehung des Körpers der Masse m um eine nicht durch den Schwerpunkt gehende Achse bezeichnet man die durch den Schwerpunkt gehende und vom Drehpunkt fortgerichtete Trägheitskraft als *Fliehkraft* F_z (Zentrifugalkraft). Sie ist gleichgroß gegensinnig der Zentripetalkraft F_N nach Gleichung (II.100):

$$F_z = m r_s \omega^2 = m \frac{v^2}{r_s} \tag{II.134}$$

F_z	r_s	ω	m	v
$N = \frac{kgm}{s^2}$	m	$\frac{1}{s}$	kg	$\frac{m}{s}$

Darin ist r_s der Abstand des Körperschwerpunktes S von der Drehachse, ω die Winkelgeschwindigkeit des Schwerpunktes um die Drehachse und v seine Umfangsgeschwindigkeit. Die Wirklinie der Fliehkraft geht nur dann durch den Körperschwerpunkt, wenn der Körper eine zur Drehachse parallele Symmetrieachse besitzt. Ist $r_s = 0$, d.h., geht die Drehachse durch den Schwerpunkt S des Körpers, so ist die resultierende Fliehkraft gleich Null.

Beachte: Die Zentrifugalkraft oder Fliehkraft F_z ist keine am sich drehenden Körper wirklich angreifende Kraft. Sie wird vielmehr als Hilfskraft (Trägheitskraft nach d'Alembert) nur hinzugedacht, um für den freigemachten, sich gleichförmig drehenden Körper die Gleichgewichtsbedingungen der Statik ansetzen zu können.

Je nach Lage der Drehachse kann die Fliehkraft auch eine Momentwirkung erzeugen. Bild II.33 soll das erläutern: Ein Körper dreht sich mit der Winkelgeschwindigkeit ω um die z-Achse. Die Zentrifugalkraft ΔF_z des Massenteilchens Δm erzeugt je ein Moment um die

x-Achse: $\Delta M_{(x)} = \Delta F_z \sin\alpha z = \Delta m r \omega^2 \sin\alpha z = \omega^2 z y \Delta m$; $(r \sin\alpha = y)$

y-Achse: $\Delta M_{(y)} = -\Delta F_z \cos\alpha z = -\omega^2 z x \Delta m$; $(r\cos\alpha = x)$

z-Achse: $\Delta M_{(z)} = 0$

Das Gesamtmoment $M_{(x)}$ bzw. $M_{(y)}$ ist die Summe aller Teilmomente.

$$M_{(x)} = \Sigma \Delta M_{(x)}; \quad M_{(y)} = \Sigma \Delta M_{(y)}$$

Die *statischen Momente der Zentrifugalkräfte* sind

$$M_{(x)} = \omega^2 \Sigma y z \Delta m = \omega^2 J_{yz}$$
$$M_{(y)} = \omega^2 \Sigma x z \Delta m = \omega^2 J_{xz} \tag{II.135}$$

Die Summenausdrücke der Form $\Sigma\, y\, z\, \Delta m$ heißen *Zentrifugalmoment*

$$J_{yz} = \Sigma\, y\, z\, \Delta m \tag{II.136}$$

Wie (II.135) zeigt, werden die Momente der Zentrifugalkräfte gleich Null, wenn $J_{yz} = J_{xz} = 0$ ist. Das ist der Fall, wenn die Drehachse eine sogenannte Hauptträgheitsachse (HTA) ist. Bei Symmetriekörpern ist jede zur Symmetrieebene senkrechte Schwerachse eine HTA.

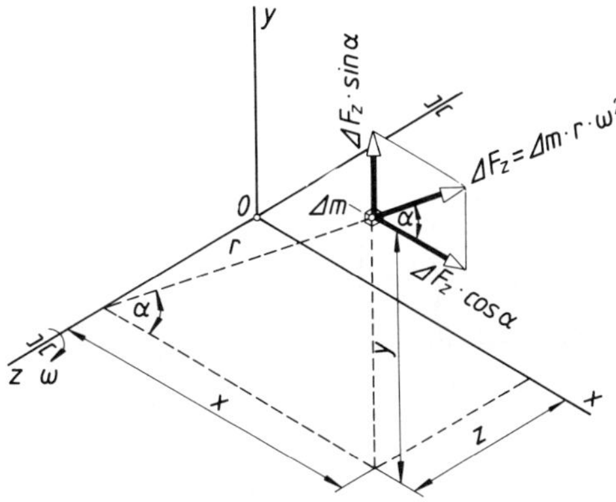

Bild II.33. Zentrifugalkraft ΔF_z des Massenteilchens Δm um die z-Achse

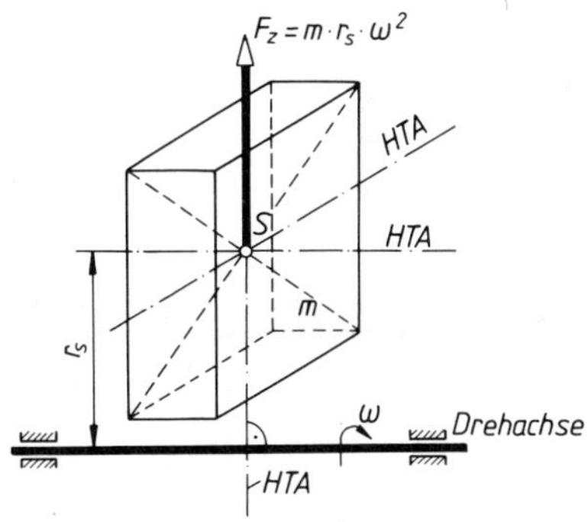

Bild II.34. Drehachse parallel zur Hauptträgheitsachse (HTA)

Für die *praktische Rechnung* sind folgende Fälle zu unterscheiden:

Fall 1: Die Drehachse ist zugleich eine durch den Schwerpunkt S des Körpers gehende HTA. Es entsteht dann weder eine resultierende Zentrifugalkraft F_z noch ein Drehmoment der Zentrifugalkräfte.

Fall 2: Die Drehachse (Bild II.34) liegt parallel oder senkrecht zu einer durch den Schwerpunkt S des Körpers oder Massensystems gehende HTA (= Symmetrieachse). Es entsteht nur eine Einzelfliehkraft $F_z = m\, r_s\, \omega^2$ nach (II.134), deren Wirklinie durch den Schwerpunkt S geht und senkrecht zur Drehachse steht. Die Fliehkraft besitzt kein Drehmoment in bezug auf eine der Achsen.

Fall 3: Die Drehachse (Bild II.35) geht durch den Schwerpunkt S, bildet aber mit der HTA den Winkel α. Es entsteht keine resultierende Zentrifugalkraft, sondern ein Kräftepaar, das um die senkrecht zur Zeichenebene stehende x-Achse dreht und von den Lagern aufgenommen werden muß.

Das Zentrifugalmoment des Zylinders (auch Scheibe) nach Bild II.35 wird

$$J_{yz} = \frac{m}{8} \sin 2\alpha \left(r^2 - \frac{h^2}{3}\right) \tag{II.137}$$

J	m	r, h
kgm²	kg	m

Die Zentrifugalkraft jeder Zylinderhälfte der Masse $m_1 = m_2$ beträgt $F_{z1} = F_{z2} = F_z = \frac{m}{2}\, r_s \omega^2$. Sie bilden das Drehmoment $M_{(x)} = \omega^2 J_{yz} = F_A\, l = F_B\, l$; woraus sich die Stützkräfte bestimmen lassen (hier $F_A = F_B$). Der Hebelarm l_z des Trägheitskräftepaares mit den Teilkräften F_z wird nach Bild II.35:

$$M_{(x)} = \omega^2 J_{yz} = 2\, F_z\, l_z = 2\, \frac{m}{2}\, r_s\, \omega^2\, l_z \quad \text{und daraus}$$

$$l_z = \frac{J_{yz}}{m\, r_s} \tag{II.138}$$

Sollen die Stützkräfte gleich Null werden, muß ein gleichgroßes, entgegengesetzes Zentrifugalmoment angebracht werden (Massenzusatz). Dann ist die Symmetrie des Massensystems hergestellt, die Drehachse zugleich HTA geworden (Fall 1). (Über Angriffspunkt der Zentrifugalkräfte des Kräftepaares siehe Schleifscheibenbeispiel!).

Fall 4: Die Drehachse (Bild II.36) geht nicht durch den Schwerpunkt S und bildet mit der HTA den Winkel α. Es entsteht eine resultierende Einzelfliehkraft F_z, die nicht durch den Schwerpunkt geht, also auch ein Drehmoment $M_{(x)}$ der Zentrifugalkraft:

Einzel-Zentrifugalkraft $F_z = m r_s \omega^2$; verursacht durch die Exzentrizität des Schwerpunktes S. F_z greift im Schwerpunkt S an.

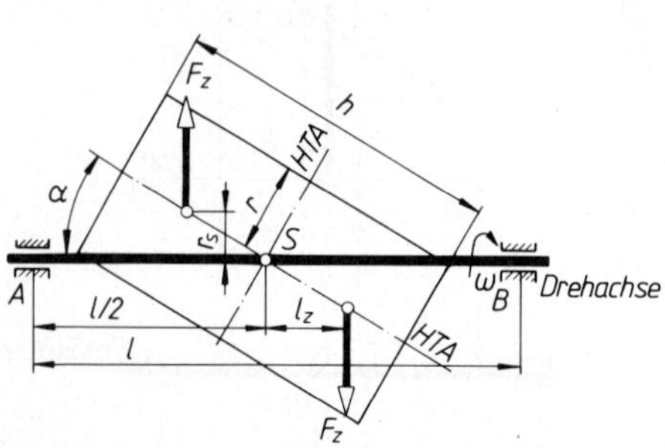

Bild II.35. Zylinder (Scheibe); Drehachse durch Schwerpunkt S, aber unter α zur HTA

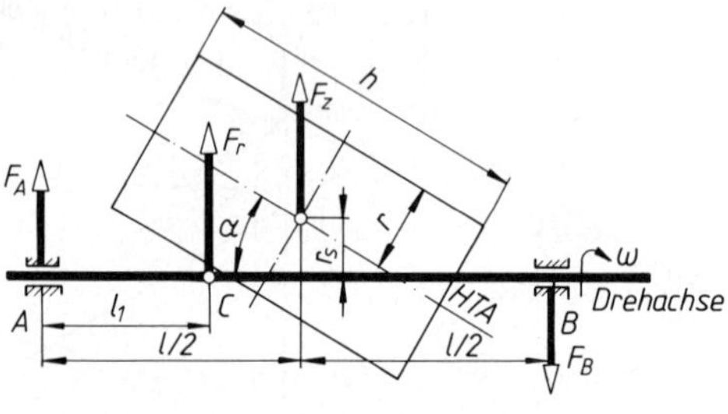

Bild II.36. Zylinder (Scheibe) mit beliebig verlaufender Drehachse

Das Drehmoment

$$M_{(x)} = \omega^2 J_{yz} = \omega^2 \left[\frac{m}{8} \sin 2\alpha \left(r^2 - \frac{h^2}{3}\right)\right] \text{(für Zylinder oder Scheibe)}$$

wird durch die Neigung der Drehachse zur HTA verursacht; $M_{(x)}$ dreht um die senkrecht zur Zeichenebene stehende x-Achse und muß von den Stützlagern aufgenommen werden. Einzel-Zentrifugalkraft und Drehmoment $M_{(x)}$ lassen sich zu einer Resultierenden F_r zusammenfassen, die $F_r = F_z = m r_s \omega^2$ ist. Ihr Angriffspunkt ist nach dem Momentensatz (I.16) zu ermitteln. Mit den Bezeichnungen in Bild II.36 gilt:

$$F_r l_1 = \frac{F_z l}{2} - M_{(x)}; \quad \text{mit } F_r = F_z \text{ und } M_{(x)} = J_{yz} \omega^2$$

wird der *Angriffspunkt der resultierenden Zentrifugalkraft*

$$l_1 = \frac{l}{2} - \frac{J_{yz} \omega^2}{m r_s \omega^2} = \frac{l}{2} - \frac{J_{yz}}{m r_s} \tag{II.139}$$

Die Teilmassen der Körper brauchen auch nicht – wie in Bild II.36 – in einer Ebene zu liegen. Soll die Welle dynamisch ausgewuchtet sein, dürfen die Lager weder Zentrifugalkräfte noch Zentrifugalmomente aufzunehmen haben. Auf besonderen Auswuchtmaschinen werden Größe und Lage solcher Unwuchten festgestellt und durch Anbringen von Zusatzmassen in geeigneten Punkten beseitigt.

■ **Beispiel:** Es sind die Spannungen im Schnitt $A - B$ des mit der Winkelgeschwindigkeit ω (bzw. Umfangsgeschwindigkeit v) umlaufenden dünnen Ringes nach Bild II.37 zu berechnen.

Lösung: Das innere Kräftesystem jeder Schnittstelle besteht aus der Normalkraft $F_z/2$ = halber Fliehkraft F_z. Die Fliehkraft F_z greift im Schwerpunkt der Halbkreislinie mit dem

Radius r an. Nach (I.41) ist $r_s = 2r/\pi$. In jedem Ringquerschnitt des Schnittes A–B treten Normalspannungen σ auf, die nach der Zughauptgleichung berechnet werden können:

$$\sigma = \frac{F_z}{2A} = \frac{m r_s \omega^2}{2A}$$

A = Ringquerschnitt; $m = r\pi A\rho$; $r_s = 2\frac{r}{\pi}$

$$\sigma = \frac{r\pi A r_s \rho\omega^2}{2A} = \frac{r\pi\rho r_s \omega^2}{2} = r^2\omega^2\rho$$

Mit $r^2\omega^2 = v^2$ (= Umfangsgeschwindigkeit auf mittlerem Kreisbogen mit Radius r) wird die *Normalspannung im umlaufenden Ring*

$$\sigma = v^2\rho \qquad \text{(II.140)}$$

σ	v	ρ
$\frac{N}{m^2}$	$\frac{m}{s}$	$\frac{kg}{m^3}$

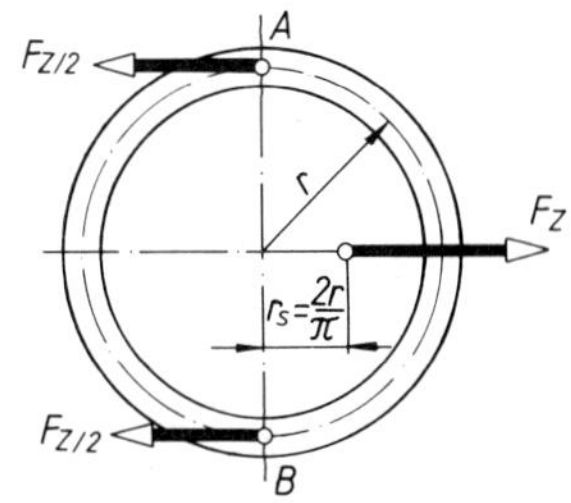

Bild II.37. Berechnung der Zugspannung im umlaufenden Ring

Zahlenbeispiel: Mit Umfangsgeschwindigkeit v = 30 m/s und Dichte ρ = 7800 kg/m^3 (Stahl) wird

$$\sigma = 30^2\,\frac{m^2}{s^2}\cdot 7800\,\frac{kg}{m^3} = 7{,}02\cdot 10^6\,\frac{kgm}{s^2m^2} = 7{,}02\cdot 10^6\,\frac{N}{m^2} = 7{,}02\cdot 10^{-3}\,\frac{N}{mm^2}$$

■ **Beispiel:** Die Drehachse z der Schleifspindel in Bild II.38 geht durch den Schwerpunkt S der schiefsitzenden Schleifscheibe. Drehachse und Hauptträgheitsachse der Scheibe schließen also den Winkel $\alpha = 1°$ ein. Die Scheibe läuft mit n = 1460 U/min um.

Gegeben: Masse der Schleifscheibe m_1 = 60 kg; der Welle m_2 = 20 kg; der Riemenscheibe m_3 = 10 kg; resultierende Riemenzugkraft F_S = 700 N.

Gesucht: Stützkräfte F_A, F_B.

Lösung: Die von den statischen Lasten hervorgerufenen Stützkräfte F_{A0}, F_{B0} werden mit Hilfe der statischen Gleichgewichtsbedingungen berechnet:

I. $\Sigma F_x = 0$

II. $\Sigma F_y = 0 = -F_{G1} + F_{A0} - F_{G2} + F_{B0} - (F_{G3} + F_S)$

III. $\Sigma M_{(A)} = 0 = +F_{G1}\cdot 0{,}15\text{ m} - F_{G2}\cdot 0{,}15\text{ m} + F_{B0}\cdot 0{,}35\text{ m} - (F_{G3} + F_S)\cdot 0{,}55\text{ m}$

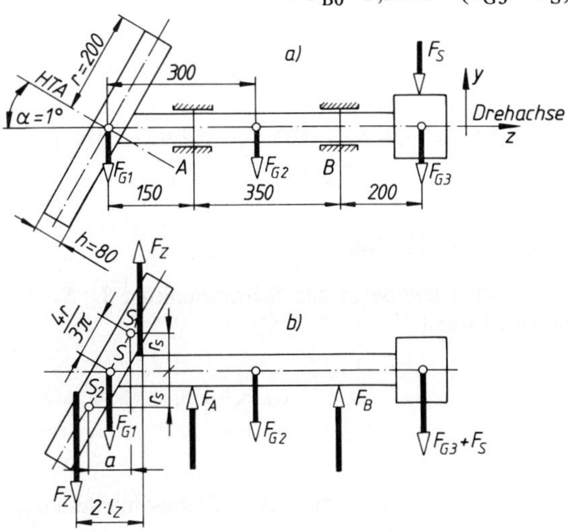

Bild II.38. Schleifspindel mit schief sitzender Schleifscheibe; Fall 3

a) Lageplan

b) Spindel mit Scheibe freigemacht

Für $F_G = mg$ eingesetzt und nach F_{B0} aufgelöst:

$$F_{Bo} = \frac{m_2 g \cdot 0{,}15\ \text{m} + (m_3 g + F_S) \cdot 0{,}55\ \text{m} - m_1 g_1 \cdot 0{,}15\ \text{m}}{0{,}35\ \text{m}} = 1086\ \text{N}$$

Aus II. ergibt sich:

$$F_{A0} = F_{G1} + F_{G2} - F_{B0} + F_{G3} + F_S = 514\ \text{N}$$

Eine resultierende Einzelfliehkraft tritt nicht auf, weil die Drehachse durch den Schwerpunkt S der Schleifscheibe geht. Da jedoch die Drehachse nicht Hauptträgheitsachse ist, tritt ein Trägheitskräftepaar mit dem Moment $M_{(x)} = \omega^2 J_{yz}$ nach (II.135) hinzu. Es dreht um die senkrecht zur Zeichenebene stehende x-Achse. Aus (II.137) ergibt sich mit $h = 80$ mm, $r = 200$ mm und $\alpha = 1°$ das Zentrifugalmoment J_{yz} der Scheibe zu:

$$J_{yz} = \frac{m_1}{8}\left(r^2 - \frac{h^2}{3}\right) \sin 2\alpha = \frac{60\ \text{kg}}{8}\left(0{,}2^2\,\text{m}^2 - \frac{0{,}08^2\,\text{m}^2}{3}\right) \sin 2°$$

$$J_{yz} = 9{,}92 \cdot 10^{-3}\,\text{kgm}^2.$$

Mit $\omega^2 = \left(\frac{\pi n}{30}\right)^2 = \left(\frac{\pi \cdot 1460}{30}\right)^2 = 2{,}34 \cdot 10^4\ \frac{1}{\text{s}^2}$ wird das Moment

$$M_{(x)} = \omega^2 J_{yz} = 232\ \frac{\text{kgm}}{\text{s}^2}\ \text{m} = 232\ \text{Nm}$$

Dem Drehmoment $M_{(x)}$ muß ein Kräftepaar aus den zusätzlichen Stützkräften F_{Az}, F_{Bz} das Gleichgewicht halten:

$$F_{Az} = F_{Bz} = \frac{M_{(x)}}{0{,}35\ \text{m}} = \frac{232\ \text{Nm}}{0{,}35\ \text{m}} = 663\ \text{N!}$$

Beachte: Das Drehmoment $M_{(x)}$ kann auch mit den Fliehkräften F_z berechnet werden. Die Teilkräfte des Trägheitskräftepaares greifen *nicht* in den Teilschwerpunkten S_1, S_2 der Scheibenhälften an; vielmehr ist nach (II.138)

$$l_z = \frac{J_{yz}}{m r_s} = \frac{9{,}92 \cdot 10^{-3}\,\text{kg m}^2}{60\ \text{kg} \cdot 0{,}085\ \text{m}} = 1{,}943\ \text{mm} \approx 2\ \text{mm}$$

$r_s = \frac{4r}{3\pi} \cos\alpha$ nach (I.47) für die Halbkreisfläche

$$r_s = \frac{4 \cdot 200\ \text{mm}}{3\pi} \cdot 0{,}9998 = 84{,}8\ \text{mm} \approx 0{,}085\ \text{m}$$

Mit $F_z = \frac{m}{2} r_s \omega^2 = 30\ \text{kg} \cdot 85 \cdot 10^{-3}\,\text{m} \cdot 2{,}34 \cdot 10^4\ \frac{1}{\text{s}^2} = 5{,}97 \cdot 10^4\ \frac{\text{kgm}}{\text{s}^2} = 5{,}97 \cdot 10^4\,\text{N}$

ergibt sich das Moment wie oben zu:

$$M_{(x)} = F_z\, 2\, l_z = 5{,}97 \cdot 10^4\,\text{N} \cdot 2 \cdot 1{,}943 \cdot 10^{-3}\,\text{m} = 232\ \text{Nm}$$

Würden die Fliehkräfte F_z dagegen fälschlicherweise in den Schwerpunkten S_1, S_2 der Scheibenhälften angebracht, so wäre der Abstand

$$a = 2\,\frac{4r}{3\pi} \sin\alpha = 2{,}96 \cdot 10^{-3}\,\text{m}$$

und damit

$$F_z a = 5{,}97 \cdot 10^4\,\text{N} \cdot 2{,}96 \cdot 10^{-3}\,\text{m} = 177\ \text{Nm}$$

Dieser Betrag ist um ca. 24 % kleiner als der Wert des tatsächlichen Drehmomentes $M_{(x)}$.

■ **Beispiel:** Wie groß muß das resultierende Drehmoment M_r sein, wenn damit ein Schwungrad mit dem Trägheitsmoment $J = 5000 \text{ kgm}^2$ in einer Minute aus dem Stillstand auf 150 U/min gebracht werden soll?

Lösung: Nach (II.51) ist die Winkelbeschleunigung

$$\alpha = \frac{\pi}{30} \cdot \frac{\Delta n}{\Delta t} = \frac{\pi}{30} \cdot \frac{150}{60} = 0{,}262 \frac{1}{\text{s}^2}$$

Damit wird nach (II.118) das resultierende Moment:

$$M_r = J\alpha = 5000 \text{ kgm}^2 \cdot 0{,}262 \frac{1}{\text{s}^2} = 1310 \frac{\text{kgm}^2}{\text{s}^2} = 1310 \text{ Nm}$$

■ **Beispiel:** Ein Schleifstein hat eine Masse $m_1 = 50$ kg und ein Trägheitsmoment $J_1 = 6 \text{ kgm}^2$. Er sitzt auf einer Welle mit dem Zapfendurchmesser $d_1 = 30$ mm und wird mittels Riemen angetrieben. Die Riemenscheibe hat eine Masse $m_2 = 8$ kg, einen Durchmesser $d_2 = 250$ mm und ein Trägheitsmoment $J_2 = 0{,}2 \text{ kgm}^2$. Die Zapfenreibzahl in den Gleitlagern der Welle beträgt $\mu = 0{,}08$. Der Schleifstein soll bei Anlaufen aus der Ruhe heraus in 20 s auf $n = 300 \text{ min}^{-1}$ beschleunigt werden.

Wie groß sind a) das erforderliche Antriebsmoment, b) die dabei erforderliche Riemenzugkraft?

Lösung: a) Winkelbeschleunigung $\alpha = \frac{\Delta\omega}{\Delta t} = \frac{\pi n}{30 \Delta t} = \frac{\pi \cdot 300}{30 \cdot 20} = 1{,}57 \frac{1}{\text{s}^2}$

Gesamtgewichtskraft Stein + Scheibe: $F_G = F_{G1} + F_{G2} = 580$ N

Lager-Reibmoment

$M_R = F_G \mu r_1 = 580 \text{ N} \cdot 0{,}08 \cdot 0{,}015 \text{ m} \approx 0{,}7 \text{ Nm}$

Gesamtes Trägheitsmoment von Stein + Scheibe

$J = J_1 + J_2 = 6{,}2 \text{ kgm}^2$

Antriebsmoment

$$M_{an} = M_{res} + M_R = J\alpha + M_R = 6{,}2 \text{ kgm}^2 \cdot 1{,}57 \frac{1}{\text{s}^2} + 0{,}7 \frac{\text{kgm}}{\text{s}^2} \text{ m} = 10{,}43 \text{ Nm}$$

b) Riemenzugkraft $F = \frac{M_{an}}{r_2} = \frac{10{,}43 \text{ Nm}}{0{,}125 \text{ m}} = 83{,}4 \text{ N}$

■ **Beispiel:** Ein Schwungrad soll beim Auslauf von $n_2 = 400 \text{ min}^{-1}$ auf $n_1 = 100 \text{ min}^{-1}$ eine Arbeit $W = 10^4 \text{ J} = 10^4 \text{ Nm}$ abgeben. Wie groß muß das Trägheitsmoment J des Schwungrades sein?

Lösung: Nach (II.130) ist $W = \frac{J}{2}(\omega_2^2 - \omega_1^2)$; mit $\omega = \frac{\pi n}{30}$

wird

$$W = \frac{J}{2}\left[\left(\frac{\pi n_2}{30}\right)^2 - \left(\frac{\pi n_1}{30}\right)^2\right] = \frac{J}{2}\left(\frac{\pi}{30}\right)^2 (n_2^2 - n_1^2)$$

$$J = \frac{2W}{\left(\frac{\pi}{30}\right)^2 (n_2^2 - n_1^2)} = 12{,}16 \text{ kgm}^2$$

5. Gegenüberstellung der Gesetze für Drehung und Schiebung (Tafel II.4)

Die allgemeinste Bewegung eines starren Körpers läßt sich gedanklich für jeden Augenblick zerlegen in

a) eine reine *Verschiebe*bewegung (*Translation*) mit der jeweiligen Geschwindigkeit v des Schwerpunktes S des Körpers und in

b) eine zusätzliche reine *Dreh*bewegung (Rotation) mit der Winkelgeschwindigkeit ω um eine durch den Schwerpunkt S gehende Drehachse.

Jeder dieser Bewegungsanteile kann dann für sich durch eine Gleichung beschrieben werden (Tafel II.4).

Tafel II.4. Gegenüberstellung einander entsprechender Größen und Definitionsgleichungen für Schiebung und Drehung

Geradlinige (translatorische) Bewegung			Drehende (rotatorische) Bewegung		
Größe	Definitionsgleichung	Einheit	Größe	Definitionsgleichung	Einheit
Weg s	Basisgröße	m	Drehwinkel φ	$\frac{\text{Bogen } b}{\text{Radius } r}$	rad = 1
Zeit t	Basisgröße	s	Zeit t	Basisgröße	s
Masse m	Basisgröße	kg	Trägheitsmoment J	$J = \int \mathrm{d}m\,\rho^2$ $(= \Sigma\,\Delta m\,\rho^2)$	kgm^2
Geschwindigkeit v	$v = \frac{ds}{dt}\left(= \frac{\Delta s}{\Delta t}\right)$	$\frac{\mathrm{m}}{\mathrm{s}}$	Winkelgeschwindigkeit ω	$\omega = \frac{d\varphi}{dt}\left(= \frac{\Delta\varphi}{\Delta t}\right)$	$\frac{\mathrm{rad}}{\mathrm{s}} = \frac{1}{\mathrm{s}}$
Beschleunigung a	$a = \frac{dv}{dt}\left(= \frac{\Delta v}{\Delta t}\right)$	$\frac{\mathrm{m}}{\mathrm{s}^2}$	Winkelbeschleunigung α	$\alpha = \frac{d\omega}{dt}\left(= \frac{\Delta\omega}{\Delta t}\right)$	$\frac{\mathrm{rad}}{\mathrm{s}^2} = \frac{1}{\mathrm{s}^2}$
Beschleunigungskraft F_r	$F_r = m a$	$\mathrm{N} = \frac{\mathrm{kgm}}{\mathrm{s}^2}$	Beschleunigungsmoment M_r	$M_r = J\alpha$	$\mathrm{Nm} = \frac{\mathrm{kgm}^2}{\mathrm{s}^2}$
Arbeit W_{trans}	$W_{trans} = F s$	J = Nm = Ws	Arbeit W_{rot}	$W_{rot} = M\varphi$	J = Nm = Ws
Leistung P_{trans}	$P_{trans} = \frac{W_{trans}}{t} = F v$	$\frac{\mathrm{J}}{\mathrm{s}} = \frac{\mathrm{Nm}}{\mathrm{s}} = \mathrm{W}$	Leistung P_{rot}	$P_{rot} = \frac{W_{rot}}{t} = M\omega$	$\frac{\mathrm{J}}{\mathrm{s}} = \frac{\mathrm{Nm}}{\mathrm{s}} = \mathrm{W}$
Wucht E_{trans}	$E_{trans} = \frac{m}{2} v^2$	$\mathrm{Nm} = \frac{\mathrm{kgm}^2}{\mathrm{s}^2}$	Drehwucht E_{rot}	$E_{rot} = \frac{J}{2}\omega^2$	$\mathrm{Nm} = \frac{\mathrm{kgm}^2}{\mathrm{s}^2}$
Arbeitssatz (Wuchtsatz)	$W_{trans} = \frac{m}{2}(v_2^2 - v_1^2)$	$\mathrm{Nm} = \frac{\mathrm{kgm}^2}{\mathrm{s}^2}$	Arbeitssatz (Wuchtsatz)	$W_{rot} = \frac{J}{2}(\omega_2^2 - \omega_1^2)$	$\mathrm{Nm} = \frac{\mathrm{kgm}^2}{\mathrm{s}^2}$
	$F_r(t_2 - t_1) = m(v_2 - v_1)$ Kraftstoß = Impulsänderung			$M_r(t_2 - t_1) = J(\omega_2 - \omega_1)$ Momentenstoß = Drehimpulsänderung	

Wie ein Vergleich der Gesetze für die Drehung des Körpers mit denen für die Verschiebung des Körpers oder für die Bewegung eines Punktes zeigt, gibt es zu jeder Gleichung der einen Bewegung eine im Wesen und Aufbau entsprechende Gleichung der anderen Bewegungsform. Dabei entsprechen den Größen der einen Bewegungsform (z.B. Weg s) ganz bestimmte Größen der anderen (z.B. Drehwinkel φ). Es genügt daher, sich die Größen und Definitionsgleichungen der einen Bewegungsform einzuprägen und daraus die anderen zu entwickeln (Tafel II.4).

6. Gerader zentrischer Stoß

6.1. Stoßbegriff, Kräfte und Geschwindigkeiten beim Stoß

Man spricht vom physikalischen Vorgang *Stoß,* wenn sich zwei Körper während eines sehr kleinen Zeitabschnittes Δt (Millisekunden) berühren und dabei ihren Bewegungszustand ändern.

Änderung des Bewegungszustandes heißt Änderung der Geschwindigkeit der Körper nach *Betrag* oder *Richtung* oder auch nach beiden gleichzeitig.

Bei der Berührung wirken an den Berührungsflächen gleich große *Normalkräfte* (Wechselwirkungsgesetz). Während der Berührungszeit Δt erfahren also beide Körper den gleichen *Kraftstoß* $F\,\Delta t$ (siehe 3.4). Dadurch verringert sich der Impuls mv des einen Körpers um denselben Betrag, um den der Impuls des anderen Körpers zunimmt. Die Summe der Impulse beider Körper bleibt in jedem Augenblick des Stoßes konstant (II.114):

$$m_1 v_1 + m_2 v_2 = m_1 c_1 + m_2 c_2$$
$$\Sigma m v = \Sigma m c \qquad \text{(II.141)}$$

m_1, m_2 Massen beider Körper
v_1, v_2 Geschwindigkeiten vor dem Stoß
c_1, c_2 Geschwindigkeiten nach dem Stoß

Da die Massen beider Körper unverändert bleiben, bedeutet das, daß die Geschwindigkeit des einen Körpers kleiner, die des anderen größer wird.

Werden die beiden Körper als *ein* System betrachtet, dann sind die Normalkräfte beim Stoß *innere* Kräfte dieses Systems. Da während des Stoßes keine *äußeren* Kräfte auf die beiden Körper wirken, handelt es sich also um ein *kräftefreies System* nach 3.4, dessen Gesamtimpuls auch während des Stoßes konstant bleibt (Impulserhaltungssatz).

6.2. Merkmale des geraden zentrischen Stoßes

Durch den Berührungspunkt beider Körper bei Stoßbeginn wird die *Tangentialebene* errichtet und darauf im Berührungspunkt eine Senkrechte, die *Stoßnormale.* Sie ist die Wirklinie der beiden Normalkräfte, die während des Stoßes zwischen beiden Körpern wirken.

Verläuft die Stoßnormale *durch die Schwerpunkte beider* Körper, dann handelt es sich um den *zentrischen Stoß.* Wird diese Bedingung nicht erfüllt, dann liegt *exzentrischer Stoß* vor.

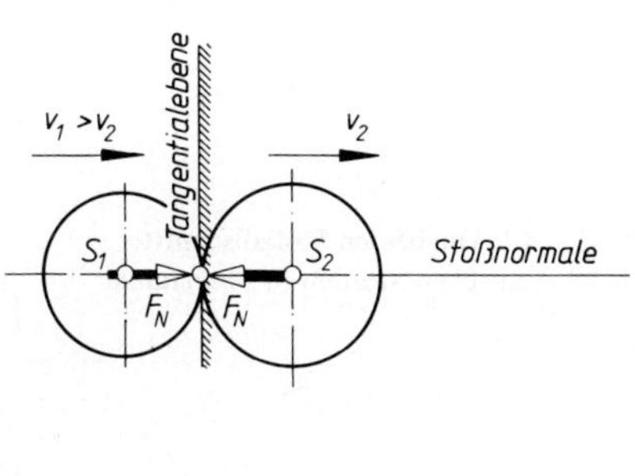

Bild II.39
Gerader zentrischer Stoß

Liegen die Geschwindigkeitsvektoren v_1 und v_2 *beider Körper* beim Stoßbeginn *parallel zur Stoßnormalen,* dann handelt es sich um den *geraden Stoß*. Bewegt sich einer der Körper oder auch beide nicht parallel zur Stoßnormalen, dann liegt *schiefer Stoß* vor.

Beim *geraden zentrischen Stoß* verläuft die Stoßnormale durch beide Körperschwerpunkte und beide Körper bewegen sich in Richtung der Stoßnormalen.

Beispiele für geraden zentrischen Stoß: Zusammenstoß von Kegelkugeln auf der Rücklaufbahn, Schmieden mit dem Fallhammer, Einrammen von Spundbohlen, Härteprüfung nach Shore.

Beachte: Vollkommen elastische Körper, vollkommen unelastische Körper, wirkliche Körper (unvollkommen elastisch) verhalten sich beim Stoß unterschiedlich.

Eine weitere Unterteilung der Stoßarten ist notwendig durch das unterschiedliche *Verformungsverhalten* der Körper, man unterscheidet daher *elastischen, unelastischen* und *wirklichen* Stoß.

6.3. Elastischer Stoß

Elastische Körper verformen sich beim Stoß federnd, nach dem Stoß ist die Verformung vollständig zurückgegangen. Es wird also angenommen, daß sich keiner der Körper plastisch verformt und die Körper sich nach dem Stoß vollständig voneinander trennen, wie z.B. beim Stoß von Billardkugeln oder Gummibällen.

Zwei Kugeln bewegen sich in gleichem Richtungssinn auf gemeinsamer Bahn. Stößt die schnellere Kugel mit der Masse m_1 und der Geschwindigkeit v_1 auf die langsamere Kugel mit der Masse m_2 und der Geschwindigkeit v_2, so wird beim Stoß die schnellere Kugel verzögert und die langsamere Kugel beschleunigt.

Zur Berechnung der Geschwindigkeiten c_1, c_2 beider Kugeln nach dem Stoß wird der gesamte Stoßvorgang in zwei Abschnitte unterteilt (Bild II.40).

Erster Stoßabschnitt (Zusammendrücken)

Er beginnt mit der Berührung der Kugeln und endet, wenn ihr Abstand ein Minimum (l_{min}) geworden ist. Dabei verformen sich die Kugeln und die Formänderungsarbeit W_1 wird der kinetischen Energie der schnelleren Kugel entzogen.

Am Ende des ersten Stoßabschnittes besitzen beide Kugeln dieselbe Geschwindigkeit c.

Nach dem Impulserhaltungssatz bleibt die Summe der Impulse konstant:

$$\underbrace{m_1 v_1 + m_2 v_2}_{\text{vor dem Stoß}} = \underbrace{m_1 c + m_2 c}_{\text{nach dem ersten Stoßabschnitt}}$$

$$c = \frac{m_1 v_1 + m_2 v_2}{m_1 + m_2} \qquad \text{(II.142)}$$

Geschwindigkeit beider Körper am Ende des ersten Stoßabschnittes

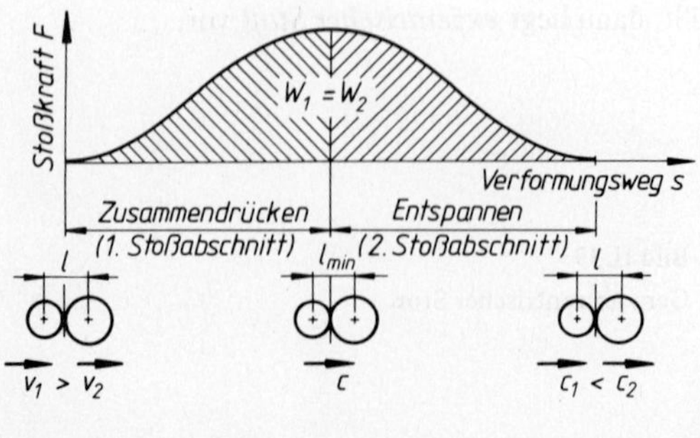

Bild II.40. Die beiden Stoßabschnitte beim elastischen Stoß im *F, s*-Schaubild

Zweiter Stoßabschnitt (Entspannen)

Er beginnt beim Abstandsminimum l_{min} der Kugelmittelpunkte und endet mit der Trennung der Kugeln. Dabei wird die durch die Abplattung der Kugeln gespeicherte Spannungsenergie *verlustlos* an die Kugel 2 abgegeben ($W_2 = W_1$). Kugel 1 ändert dabei ihre Geschwindigkeit von c auf c_1 und Kugel 2 von c auf c_2.

Beim Entspannen wirkt auf beide Kugeln der gleiche Kraftstoß wie beim Zusammendrücken. Folglich ist für jede der beiden Kugeln die Geschwindigkeitsänderung in beiden Stoßabschnitten gleich groß: $v_1 - c = c - c_1$ und $c - v_2 = c_2 - c$. Aus dieser Erkenntnis läßt sich eine Gleichung für die Geschwindigkeit c_1 der Kugel 1 nach dem Stoß entwickeln, und in gleicher Weise eine entsprechende Gleichung für die Kugel 2:

Für Kugel 1 gilt:

$v_1 - c = c - c_1$; daraus folgt:

$$c_1 = 2c - v_1 = 2\frac{m_1 v_1 + m_2 v_2}{m_1 + m_2} - v_1 = \frac{2(m_1 v_1 + m_2 v_2) - (m_1 + m_2) v_1}{m_1 + m_2}$$

$$c_1 = \frac{m_1 v_1 + 2 m_2 v_2 - m_2 v_1}{m_1 + m_2} = \frac{(m_1 - m_2) v_1 + 2 m_2 v_2}{m_1 + m_2}$$

$$c_1 = \frac{(m_1 - m_2) v_1 + 2 m_2 v_2}{m_1 + m_2}$$

Geschwindigkeiten beider Körper nach dem Stoß (II.143)

$$c_2 = \frac{(m_2 - m_1) v_2 + 2 m_1 v_1}{m_1 + m_2}$$

Da beim elastischen Stoß die von beiden Körpern aufgenommene Formänderungsarbeit *verlustlos* zurückgegeben wird, ändert sich der Energieinhalt des Systems nicht, d.h. die Summe der kinetischen Energien beider Körper bleibt bei horizontaler Bewegung unverändert:

$$W_{\text{Ende des Stoßes}} = W_{\text{Anfang des Stoßes}}$$

$$\frac{1}{2}(m_1 c_1^2 + m_2 c_2^2) = \frac{1}{2}(m_1 v_1^2 + m_2 v_2^2)$$

Mit Hilfe des Energieerhaltungssatzes und des Impulserhaltungssatzes läßt sich nachweisen, daß sich beim elastischen Stoß die Relativgeschwindigkeit (Differenz der Geschwindigkeiten v_1 und v_2) nicht geändert: Dazu wird der umgeformte Energieerhaltungssatz durch den Impulserhaltungssatz dividiert:

$$\frac{m_1(v_1^2 - c_1^2)}{m_1(v_1 - c_1)} = \frac{m_2(c_2^2 - v_2^2)}{m_2(c_2 - v_2)}$$

$$v_1 + c_1 = c_2 + v_2 \qquad \text{(II.144)}$$

$$v_1 - v_2 = c_2 - c_1$$

Sonderfälle des geraden zentrischen Stoßes elastischer Körper:

a) Beim Stoß zweier Körper mit *gleichen Massen* tauschen die Körper ihre Geschwindigkeiten aus. Aus der Gleichung (II.143)

$$c_1 = \frac{(m_1 - m_2) v_1 + 2 m_2 v_2}{m_1 + m_2}$$

ergibt sich mit $m_1 = m_2 = m$:

$$c_1 = \frac{(m - m) v_1 + 2 m v_2}{m + m} \qquad \text{(II.145)}$$

$$c_1 = \frac{2 m v_2}{2m} = v_2 \text{ und analog } c_2 = v_1$$

b) Beim Stoß eines Körpers gegen eine starre Wand prallt er mit gleicher Geschwindigkeit zurück:

$m_2 = \infty; \quad v_2 = 0; \quad m_1$ vernachlässigt

$$c_1 = \frac{-m_2 v_1 + 2 m_2 0}{m_2} = -v_1 \qquad \text{(II.146)}$$

$$c_1 = -v_1$$

c) Beim Stoß eines Körpers sehr großer Masse m_1 gegen einen ruhenden Körper kleiner Masse m_2 erhält der ruhende Körper die doppelte Geschwindigkeit des stoßenden Körpers ($c_2 = 2 v_1$):

$m_1 \gg m_2; \quad v_2 = 0; \quad m_2$ vernachlässigt

$$c_2 = \frac{-m_1 0 + 2 m_1 v_1}{m_1} = 2 v_1 \qquad \text{(II.147)}$$

$$c_2 = 2 v_1$$

d) Bewegen sich die beiden Körper auf der Stoßnormalen *aufeinander zu*, so erhalten die Geschwindigkeiten v_1 und v_2 entgegengesetzte Vorzeichen. Dadurch wird auch der Impuls des einen Körpers positiv und der des anderen negativ (der Impuls ist ein Vektor!). Beim Stoß kehrt entweder einer der beiden Körper seine Bewegungsrichtung um oder beide.

Auch für diesen Fall gelten für die Geschwindigkeiten c, c_1 und c_2 die entwickelten Gleichungen. Die Richtungsumkehr eines Körpers läßt sich daran erkennen, daß seine Geschwindigkeit nach dem Stoß ein anderes Vorzeichen hat als vor dem Stoß.

6.4. Unelastischer Stoß

Unelastische Körper verformen sich beim Stoß plastisch, d.h. sie erleiden eine bleibende Formänderung. Es wird also angenommen, daß keiner der beiden Körper federt und die Körper sich nach dem Stoß nicht voneinander trennen, wie z.B. beim Fall einer Weichbleikugel auf einen Betonklotz.

Erster Stoßabschnitt

Er verläuft wie beim elastischen Stoß, beide Körper besitzen am Ende des ersten Stoßabschnittes die gemeinsame Geschwindigkeit c. Die Formänderungsarbeit ist jedoch nicht als Spannungsenergie gespeichert, sondern in Wärme umgesetzt worden.

Da auch hier ein kräftefreies System vorliegt, bleibt die Summe beider Impulse konstant, und für die Geschwindigkeit c gilt dieselbe Beziehung wie beim elastischen Stoß.

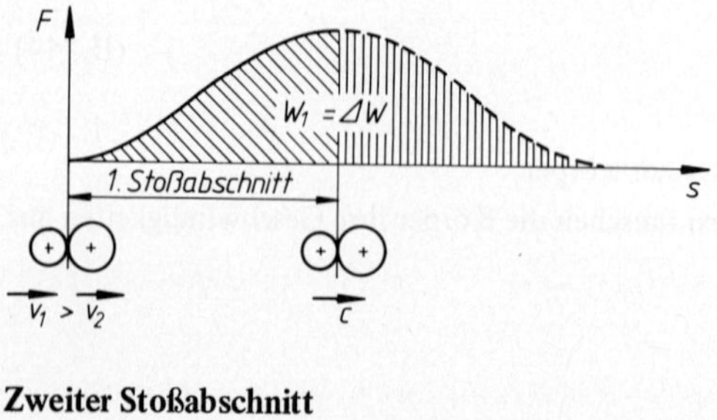

Bild II.41. Der unelastische Stoß im F, s-Schaubild

Zweiter Stoßabschnitt

Er entfällt, weil ohne die gespeicherte Spannungsenergie auch kein Impuls auftritt, sobald beide Körper die gemeinsame Geschwindigkeit c erreicht haben. Beide bewegen sich mit der Geschwindigkeit c weiter; d.h. beim unelastischen Stoß wird die Relativgeschwindigkeit zu Null. Ein Teil der kinetischen Energie wird über die Formänderungsarbeit ΔW in Wärme umgesetzt.

Der Energieverlust der Körper (= Formänderungsarbeit ΔW) wird aus dem Energieerhaltungssatz berechnet, in den der Ausdruck für die Geschwindigkeit c einzusetzen ist:

$$\frac{1}{2}(m_1 + m_2)c^2 = \frac{1}{2}(m_1 v_1^2 + m_2 v_2^2) - \Delta W$$

$$\Delta W = \frac{1}{2}[m_1 v_1^2 + m_2 v_2^2 - (m_1 + m_2)c^2]$$

$$c^2 = \left[\frac{m_1 v_1 + m_2 v_2}{m_1 + m_2}\right]^2$$ eingesetzt und umgeformt ergibt:

$$\Delta W = \frac{1}{2}\frac{m_1 m_2 (v_1 - v_2)^2}{m_1 + m_2} \qquad \text{(II.148)}$$

W	m	v
J	kg	$\frac{\text{m}}{\text{s}}$

Energieabnahme beim unelastischen Stoß

Dieser Energie„verlust" ist für einige technische Anwendungsfälle, die vereinfacht als unelastischer Stoß angesehen werden können, von großer Bedeutung, z.B. das Schmieden und Kaltumformen von Werkstücken, das Nieten und das Rammen.

6.4.1. Schmieden und Nieten mit Hämmern. Hierbei soll die aufgebrachte Energie der *Formänderung* dienen. Die verbleibende *kinetische Energie* der Körper nach dem Stoß muß *niedrig* gehalten werden. Die Erfahrung lehrt, daß zum Nieten ein Hammer kleiner Masse und als Gegenhalter ein Körper großer Masse zweckmäßig sind.

Beim Schmieden ist der angestrebte technische Nutzen die *Formänderung* des Werkstücks. Der *Schlagwirkungsgrad* η ist dann also das Verhältnis zwischen der Formänderungsarbeit ΔW und der kinetischen Energie $E_1 = m_1 v_1^2/2$ des Hammerbärs beim Stoßbeginn, mit m_1 und v_1 gleich Masse und Geschwindigkeit des Hammerbärs. Amboß und Werkstück haben die gemeinsame Masse m_2 und ihre Geschwindigkeit vor dem Stoß ist $v_2 = 0$.

$$\eta = \frac{\text{Formänderungsarbeit } \Delta W}{\text{kinetische Energie } E_1 \text{ vor dem Stoß}}$$

$$\eta = \frac{\frac{m_1 m_2 (v_1 - v_2)^2}{2(m_1 + m_2)}}{\frac{m_1 v_1^2}{2}} = \frac{m_2 (v_1 - v_2)^2}{(m_1 + m_2) v_1^2}; \quad v_2 = 0$$

$$\eta = \frac{m_2}{m_1 + m_2} = \frac{1}{1 + \frac{m_1}{m_2}} \qquad \textit{Wirkungsgrad beim Schmieden} \qquad \text{(II.149)}$$

Die Wirkungsgradgleichung zeigt: Je größer die Amboßmasse m_2 im Verhältnis zur Bärmasse m_1 wird, um so größer wird der Wirkungsgrad.

Bei normalen Maschinenhämmern ist die Masse der Schabotte (= Amboß mit Unterbau) etwa zwanzigmal so groß wie die Masse des Bärs.

Tatsächlich verformt sich der Bär elastisch. Er springt also nach dem Schlag geringfügig zurück. Dadurch wird der Wirkungsgrad verringert. Der Schmiedevorgang ist nur also annähernd ein unelastischer Stoß.

6.4.2. Rammen von Pfählen, Eintreiben von Keilen. Hier wird keine Formänderung angestrebt. Vielmehr sollen beide Körper nach dem ersten Stoßabschnitt eine möglichst große gemeinsame *Geschwindigkeit c* besitzen, um den Widerstand der Unterlage gegen das Eindringen zu überwinden. Die Erfahrung lehrt, daß beim Rammen und Eintreiben ein schwerer Bär oder Hammer wirksamer ist als ein leichter.

Beim Rammen ist der angestrebte technische Nutzen eine *möglichst große kinetische Energie* W_2 beider Körper nach dem Stoß (genauer: nach dem 1. Stoßabschnitt, weil der Untergrund unelastisch nachgibt). Der *Schlagwirkungsgrad* η ist darum hier das Verhältnis zwischen der kinetischen Energie W_2 bei Stoßende und der kinetischen Energie W_1 bei Stoßbeginn. Auch hier ist die Geschwindigkeit des einzurammenden Pfahles (Körper 2) $v_2 = 0$.

$$\eta = \frac{\text{kinetische Energie } E_2 \text{ bei Stoßende}}{\text{kinetische Energie } E_1 \text{ beim Stoßbeginn}}$$

$$\eta = \frac{\frac{(m_1 + m_2)c^2}{2}}{\frac{m_1 v_1^2}{2}}; \qquad c^2 = \left[\frac{m_1 v_1 + m_2 v_2}{m_1 + m_2}\right]^2$$

$$v_2 = 0$$

$$\eta = \frac{(m_1 + m_2) m_1^2 v_1^2}{m_1 v_1^2 (m_1 + m_2)^2} = \frac{m_1}{m_1 + m_2}$$

$$\eta = \frac{1}{1 + \frac{m_2}{m_1}} \qquad \textit{Wirkungsgrad beim Rammen} \qquad \text{(II.150)}$$

Die entwickelte Gleichung zeigt, daß der Wirkungsgrad um so größer wird, je größer die Masse m_1 des Bärs oder Hammers gegenüber der Masse m_2 des Pfahles oder Keiles ist. Damit wird die praktische Erfahrung bestätigt.

Tatsächlich *federn* aber beide Körper beim Schlag. Dadurch wird der Wirkungsgrad kleiner.

Beachte: Das Rammen ist nur annähernd ein unelastischer Stoß.

6.5. Wirklicher Stoß

Wirkliche Körper sind weder vollkommen elastisch noch vollkommen unelastisch, so daß ihr Verhalten zwischen den beiden in 6.3 und 6.4 behandelten Grenzfällen liegt. Die Aussagen für elastischen und unelastischen Stoß lassen sich für den wirklichen Stoß kombinieren.

Beim wirklichen Stoß verkleinert sich die Relativgeschwindigkeit, die Formänderungsarbeit wird im zweiten Stoßabschnitt nicht vollständig zurückgegeben, sondern teilweise in Wärme umgewandelt.

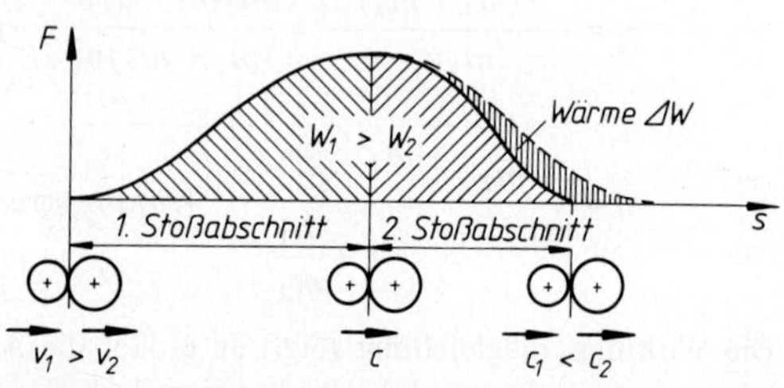

Bild II.42. Der wirkliche Stoß im *F, s*-Schaubild

Merkmale des wirklichen Stoßes sind demnach:

Ein Teil der Formänderungsarbeit W_1 verwandelt sich infolge der inneren Reibung in Wärme ΔW und wird nicht zurückgegeben.

Es kann bleibende Formänderung auftreten (geringer als beim unelastischen Stoß).

Trennung der Körper nach dem Stoß.

Die für den elastischen Stoß hergeleiteten Gleichungen lassen sich für den wirklichen Stoß weiterentwickeln, wenn als Verhältnis der Relativgeschwindigkeiten die Stoßzahl k eingeführt wird.

$$k = \frac{c_2 - c_1}{v_1 - v_2} \quad \textit{Definitionsgleichung der Stoßzahl} \qquad \text{(II.151)}$$

Die Stoßzahl k hängt von der Werkstoffpaarung ab und wird durch Fallversuche ermittelt.

Beim Fallversuch fällt eine Kugel aus dem einen Werkstoff auf eine festliegende Unterlage aus dem anderen Werkstoff. Die Geschwindigkeit der Unterlage vor und nach dem Stoß ist gleich Null ($v_2 = 0$ und $c_2 = 0$). Die Fallhöhe h und die Rücksprunghöhe h_1 werden gemessen und daraus wird mit den Gesetzen des freien Falls und des Wurfs senkrecht nach oben die Stoßzahl k berechnet:

$$k = \frac{c_1 - 0}{v_1 - 0} = \frac{c_1}{v_1} = \frac{\sqrt{2gh_1}}{\sqrt{2gh}} = \sqrt{\frac{h_1}{h}}$$

$$k = \sqrt{\frac{h_1}{h}} \qquad \text{(II.152)}$$

h Fallhöhe
h_1 Rücksprunghöhe

Stoßzahlen:

Stoßzahlen:	$k = 1$	elastischer Stoß
	$k = 0$	unelastischer Stoß
	$k = 0{,}35$	Stahl bei 1100 °C
	$k = 0{,}7$	Stahl bei 20 °C

Auch für den wirklichen Stoß gilt der Impulserhaltungssatz für kräftefreie Systeme. Wird in den Impulserhaltungssatz die Beziehung für c_2 eingesetzt, die aus der Definitionsgleichung für die Stoßzahl entwickelt werden kann, dann ergibt die weitere Entwicklung eine Gleichung für die Geschwindigkeit c_1 des Körpers 1 nach dem wirklichen Stoß.

Durch Vertauschen der Indizes wird die entsprechende Gleichung für die Geschwindigkeit c_2 des Körpers 2 gebildet:

$$m_1 v_1 + m_2 v_2 = m_1 c_1 + m_2 c_2$$

$c_2 = k(v_1 - v_2) + c_1$ eingesetzt ergibt:

$$c_1 = \frac{m_1 v_1 + m_2 v_2 - m_2(v_1 - v_2)k}{m_1 + m_2}$$

Geschwindigkeiten nach dem wirklichen Stoß (II.153)

$$c_2 = \frac{m_1 v_1 + m_2 v_2 + m_1(v_1 - v_2)k}{m_1 + m_2}$$

Wird in die so entwickelten Beziehungen für c_1 und c_2 in die Gleichung für den Energieerhaltungssatz des wirklichen Stoßes $E_2 = E_1 - \Delta W$ eingesetzt, dann erhält man nach einer längeren Entwicklung die Gleichung für den Energieverlust ΔE beim wirklichen Stoß:

$$E_2 = E_1 - \Delta W$$

$$\frac{1}{2}(m_1 c_1^2 + m_2 c_2^2) = \frac{1}{2}(m_1 v_1^2 + m_2 v_2^2) - \Delta W$$

$$\Delta W = \frac{1}{2}\,\frac{m_1 m_2 (v_1 - v_2)^2 (1 - k^2)}{m_1 + m_2} \quad \textit{Energieverlust beim wirklichen Stoß} \qquad \text{(II.154)}$$

6.6. Übungen zum geraden zentrischen Stoß[1])

■ **1. Übung:** Ein beladener Waggon von 80 t Masse stößt mit einer Geschwindigkeit von 1 m/s auf einen Waggon von 5 t Masse, der ihm mit 1,8 m/s entgegenkommt.

Welche Geschwindigkeit c haben beide nach dem ersten Stoßabschnitt und mit welchen Geschwindigkeiten c_1, c_2 fahren sie nach dem Stoß weiter, wenn elastischer Stoß angenommen wird?

Gegeben: $m_1 = 80\ \text{t}$; $v_1 = 1\ \frac{\text{m}}{\text{s}}$

$m_2 = 5\ \text{t}$; $v_2 = 1{,}8\ \frac{\text{m}}{\text{s}}$

Gesucht: Geschwindigkeiten c, c_1 und c_2

Lösung: Da beide Waggons sich aufeinander zu bewegen, muß die eine Geschwindigkeit ein negatives Vorzeichen bekommen. Wir wählen dafür die Geschwindigkeit v_2 des kleineren Körpers, da die Erfahrung uns lehrt, daß meistens der Körper mit größerer Masse seine Bewegungsrichtung beibehält.

Der Betrag für die gemeinsame Geschwindigkeit c hat ein positives Vorzeichen, also gleichen Richtungssinn wie v_1 (kein Vorzeichenwechsel), aber entgegengesetzten Richtungssinn wie v_2 (Vorzeichenwechsel).

Zur Berechnung der Geschwindigkeiten c_1 und c_2 setzen wir in die Gleichungen aus 6.3 den Betrag der Geschwindigkeit v_2 mit negativem Vorzeichen ein.

Beide Geschwindigkeiten c_1 und c_2 ergeben sich positiv, d.h. Waggon 1 behält seine Bewegungsrichtung bei, Waggon 2 läuft rückwärts weiter.

Zusammenfassend können wir sagen:
Waggon 2 läuft nach dem Stoß in entgegengesetzter Richtung mit erhöhter Geschwindigkeit weiter, Waggon 1 wird langsamer, behält aber seine Bewegungsrichtung bei.

Die gemeinsame Geschwindigkeit c nach der ersten Stoßperiode beträgt:

$$c = \frac{m_1 v_1 + m_2 v_2}{m_1 + m_2}$$

$$c = \frac{80\ \text{t} \cdot 1\ \frac{\text{m}}{\text{s}} + 5\ \text{t} \cdot (-1{,}8\ \frac{\text{m}}{\text{s}})}{80\ \text{t} + 5\ \text{t}}$$

$$c = \frac{71\ \text{m}}{85\ \text{s}} = 0{,}835\ \frac{\text{m}}{\text{s}}$$

$$c_1 = \frac{(m_1 - m_2)\, v_1 + 2\, m_2 v_2}{m_1 + m_2}$$

$$c_1 = \frac{(80-5)\ \text{t} \cdot 1\ \frac{\text{m}}{\text{s}} + 2 \cdot 5\ \text{t}\ (-1{,}8\ \frac{\text{m}}{\text{s}})}{80\ \text{t} + 5\ \text{t}}$$

$$c_1 = \frac{57\ \frac{\text{tm}}{\text{s}}}{85\ \text{t}} = 0{,}6706\ \frac{\text{m}}{\text{s}}$$

$$c_2 = \frac{(m_2 - m_1)\, v_2 + 2\, m_1 v_1}{m_1 + m_2}$$

$$c_2 = \frac{(5-80)\ \text{t} \cdot (-1{,}8\ \frac{\text{m}}{\text{s}}) + 2 \cdot 80\ \text{t} \cdot 1\ \frac{\text{m}}{\text{s}}}{80\ \text{t} + 5\ \text{t}}$$

$$c_2 = \frac{295\ \text{m}}{85\ \text{s}} = +\,3{,}4706\ \frac{\text{m}}{\text{s}}$$

■ **2. Übung:** Der Bär eines Fallhammers wiegt 1000 kg und seine Schabotte 25 000 kg. Der Bär trifft mit einer Geschwindigkeit von 6 m/s auf das Werkstück. Die Stoßzahl betrage $k = 0{,}5$.

Berechne den Schlagwirkungsgrad η und die prozentuale Verteilung der Gesamtenergie am Schlagende auf Bär, Schabotte und Werkstück! Die Massen von Amboß und Werkstück können vernachlässigt werden.

Gegeben:
Bärmasse $m_1 = 1000\ \text{kg}$
Schabottenmasse $m_2 = 25\,000\ \text{kg}$
Auftreffgeschwindigkeit $v_1 = 6\ \frac{\text{m}}{\text{s}}$
Stoßzahl $k = 0{,}5$

Gesucht:
Wirkungsgrad η, prozentuale Verteilung der Energie auf Bär, Werkstück und Schabotte.

---

[1]) Aus: Mechanik und Festigkeitslehre von *A. Böge*, Verlag Vieweg, Braunschweig.

Lösung: Den Wirkungsgrad berechnen wir aus *Nutzen* und *Aufwand* beim Schlag.

Der Nutzen besteht hierbei in der dem Werkstück zugeführten Verformungsarbeit. Das ist der Energieverlust ΔW beim Stoß.

$$\Delta W = \frac{m_1 m_2}{2(m_1 + m_2)}(v_1 - v_2)^2 (1 - k^2)$$

$$\Delta W = \frac{10^3\,\text{kg} \cdot 25 \cdot 10^3\,\text{kg}}{2 \cdot 26 \cdot 10^3\,\text{kg}} \cdot 36\,\frac{\text{m}^2}{\text{s}^2} \cdot 0{,}75$$

$$\Delta W = 12980{,}77\,\text{Nm} = 1{,}298 \cdot 10^4\,\text{J}$$

Als Aufwand setzen wir die Energie E_1 beider Körper unmittelbar vor dem Stoß ein. Das ist die kinetische Energie des Bärs, da die Schabotte mit Amboß und Werkstück ruht.

$$E_1 = \frac{m_1 v_1^2}{2} = \frac{1000\,\text{kg} \cdot 36\,\frac{\text{m}^2}{\text{s}^2}}{2} = 1{,}8 \cdot 10^4\,\text{J}$$

Der errechnete Wirkungsgrad sagt aus, daß die Anfangsenergie zu 72,11 % in Verformungsarbeit umgesetzt wird. Der Rest verbleibt als kinetische Energie nach dem Stoß bei beiden Körpern.

$$\eta = \frac{\Delta W}{W_1} = \frac{1{,}298 \cdot 10^4\,\text{J}}{1{,}8 \cdot 10^4\,\text{J}} = 0{,}7211$$

Wir berechnen zunächst die Geschwindigkeiten c_1 und c_2 der Körper nach dem Stoß.

$$c_1 = \frac{m_1 v_1 + m_2 v_2 - m_2 (v_1 - v_2) k}{m_1 + m_2}; \quad v_2 = 0$$

$$c_1 = \frac{m_1 v_1 - m_2 v_1 k}{m_1 + m_2}$$

Die Geschwindigkeit c_1 erhält ein negatives Vorzeichen, d.h. sie ist der positiv in die Rechnung eingesetzten Geschwindigkeit v_1 entgegengerichtet (Vorzeichenwechsel = Rückprall des Hammers).

$$c_1 = \frac{10^3\,\text{kg} \cdot 6\,\frac{\text{m}}{\text{s}} - 25 \cdot 10^3\,\text{kg} \cdot 6\,\frac{\text{m}}{\text{s}} \cdot 0{,}5}{26 \cdot 10^3\,\text{kg}}$$

$$c_1 = \frac{6\,\frac{\text{m}}{\text{s}} - 75\,\frac{\text{m}}{\text{s}}}{26} = -2{,}6538\,\frac{\text{m}}{\text{s}}$$

Die Geschwindigkeit c_2 der Schabotte nach dem Stoß bestimmen wir am einfachsten aus der Definitionsgleichung für die Stoßzahl k.

In die Gleichung für c_2 muß c_1 mit seinem Minus-Zeichen eingesetzt werden.

$$k = \frac{c_2 - c_1}{v_1 - v_2} = \frac{c_2 - c_1}{v_1}; \quad \text{mit } v_2 = 0$$

$$c_2 = k\,v_1 + c_1$$

$$c_2 = 0{,}5 \cdot 6\,\frac{\text{m}}{\text{s}} + \left(-2{,}6538\,\frac{\text{m}}{\text{s}}\right) = +0{,}3462\,\frac{\text{m}}{\text{s}}$$

Nun können wir die kinetischen Energien $W_{2\text{B}}$ für den Bär und $W_{2\text{S}}$ für die Schabotte *nach* dem Stoß berechnen.

$$W_{2\text{B}} = \frac{m_1 c_1^2}{2} = \frac{10^3\,\text{kg} \cdot (2{,}6538\,\frac{\text{m}}{\text{s}})^2}{2}$$

$$W_{2\text{B}} = 3521{,}33\,\text{Nm} = 3{,}521 \cdot 10^3\,\text{J}$$

$$W_{2\text{S}} = \frac{m_2 c_2^2}{2} = \frac{25 \cdot 10^3\,\text{kg} \cdot (0{,}3462\,\frac{\text{m}}{\text{s}})^2}{2}$$

$$W_{2\text{S}} = 1498{,}18\,\text{Nm} = 1{,}498 \cdot 10^3\,\text{J}$$

Die Energiebilanz zeigt, daß fast 20 % der aufgewendeten Energie durch den Rückprall des Bärs nicht in Verformungsarbeit umgesetzt werden, eine Folge des halbelastischen Stoßes mit der Stoßzahl 0,5.

Der Schlagwirkungsgrad wird dadurch beträchtlich verschlechtert.

Energiebilanz:

Körper	Energie in J	%
Bär	3 521,33	19,56
Schabotte	1 498,18	8,32
Werkstück	12 980,77	72,11
E_1	18 000,28	99,99

III. Statik der Flüssigkeiten (Hydrostatik)

Formelzeichen und Einheiten zur Hydrostatik und -dynamik

A	m^2, mm^2	Fläche, von Flüssigkeit erfüllter Rohr- oder Kreisquerschnitt
d	m, mm	Kolben- und Rohrdurchmesser
e	m	Abstand des Druckmittelpunktes vom Flächenschwerpunkt
F	N	Kraft; F_b Bodenkraft, F_s Seitenkraft usw.
F_a	N	Auftrieb
F_G, G	N	Gewichtskraft
g	$\frac{m}{s^2}$	Fallbeschleunigung; g_n = Normfallbeschleunigung
h	m	Höhe, Lagehöhe, Ortshöhe
I	m^4, mm^4	Flächenmoment 2. Grades
l	m	Länge, Rohrlänge
m	kg	Masse
q_m	$\frac{kg}{s}$	Massenstrom (Massendurchsatz durch Rohrleitungen o.ä.)
p	$\frac{N}{m^2}$ = Pa, bar	Druck
Re	1	Reynoldssche Zahl (Re-Zahl)
t	s	Zeit
V	m^3	Volumen
q_V	$\frac{m^3}{s}$	Volumenstrom (Volumendurchsatz durch Rohrleitungen o.ä.)
w		Strömungsgeschwindigkeit, Ausflußgeschwindigkeit
α	1	Durchflußzahl bei Blenden
ζ	1	Widerstandszahl eines einzelnen Hindernisses in Rohrleitungen
η	1	Wirkungsgrad
η	$\frac{Ns}{m^2} = \frac{kg}{ms}$	dynamische Viskosität
λ	1	Widerstandszahl für Rohrleitung
μ	1	Reibzahl zwischen Kolben und Dichtung
μ	1	Ausflußzahl
ν	$\frac{m^2}{s}$	kinematische Viskosität; $\nu = \frac{\eta}{\rho}$
ρ	$\frac{kg}{m^3}$	Dichte
φ	1	Geschwindigkeitszahl

1. Eigenschaften der Flüssigkeiten und Gase

Ruhende oder sehr langsam bewegte Flüssigkeiten und Gase können im Gegensatz zu festen Körpern nur *Normal*kräfte übertragen, keine Schubkräfte. Sie nehmen ohne Widerstand jede äußere Form an. Flüssigkeiten zeigen im Gegensatz zu Gasen außerdem großen Widerstand gegen Volumenänderung, sie lassen sich erst bei hohen Drücken geringfügig zusammendrücken. Wird die Flüssigkeit wieder entlastet, so nimmt sie ihr ursprüngliches Volumen wieder an (Volumenelastizität). Die leichte Zusammendrückbarkeit der Gase kann bei Strömungsgeschwindigkeiten bis zu etwa $\frac{1}{3}$ Schallgeschwindigkeit vernachlässigt werden. Sie werden deshalb in der praktischen Strömungslehre wie Flüssigkeiten behandelt.

2. Hydrostatischer Druck (Flüssigkeitsdruck, hydraulische Pressung)

Eine Flüssigkeit überträgt auf eine Fläche beliebiger Lage stets nur Normalkräfte. Der hydrostatische Druck – kurz *Druck p* – gibt die Normalkraft je Flächeneinheit an (*Normalkraft geteilt durch Fläche*) und steht daher ebenfalls immer senkrecht auf der betrachteten Fläche.

$$\text{Druck } p = \frac{\text{Normalkraft } F_N}{\text{Fläche } A}$$

$$p = \frac{F_N}{A} \qquad \text{(III.1)}$$

p	F_N	A
$\frac{N}{m^2} = Pa$	N	m^2

Die gesetzliche und internationale Einheit (SI-Einheit) für den Druck p ist das Pascal[1]) (Kurzzeichen Pa).

1 Pa ist gleich dem auf eine Fläche gleichmäßig wirkenden Druck, bei dem senkrecht auf die Fläche 1 m² die Kraft 1 N ausgeübt wird. Das 100 000fache (10^5fache) des Pa ist das Bar (Kurzzeichen bar):

$$1\ \text{Pa} = 1\ \frac{\text{N}}{\text{m}^2} = 1\ \frac{\text{kgm}}{\text{s}^2\text{m}^2} = 1\ \frac{\text{kg}}{\text{s}^2\text{m}}$$

$$1\ \text{bar} = 100\,000\ \text{Pa} = 10^5\ \text{Pa} = 0{,}1\ \text{MPa} \qquad \text{(III.2)}$$

Beachte: Der hydrostatische Druck p kann von außen auf die Flüssigkeit ausgeübt werden, aber auch die Schwerkraft (Gewichtskraft) der Flüssigkeit selbst erzeugt einen hydrostatischen Druck p. Bei hohen Drücken in kleinen Flüssigkeitsmengen (hydraulische Geräte) wird der hydraulische Druck infolge der Schwerkraft nicht berücksichtigt.

3. Druck-Ausbreitungsgesetz

Wird der hydrostatische Druckanteil infolge der Schwerkraft der Flüssigkeit vernachlässigt, so gilt das Grundgesetz des hydrostatischen Druckes von *Pascal*:

> Der Druck einer im Gleichgewicht stehenden abgesperrten Flüssigkeit steht überall senkrecht auf der Fläche, auf die er einwirkt und ist an jedem Ort und in jeder Richtung gleich groß!
> Mit anderen Worten:
> Der Druck, der von außen auf irgendeinen Teil der abgesperrten Flüssigkeit ausgeübt wird (z.B. durch Kolbenkraft), pflanzt sich auf alle Teile nach allen Richtungen hin unverändert fort.

[1]) *Blaise Pascal,* franz. Physiker, Mathematiker und Philosoph, 1623–1662.

4. Anwendung des Druck-Ausbreitungsgesetzes

4.1. Wanddruckkraft

Die hydrostatische Druckkraft F auf eine gekrümmte Fläche ist das Produkt aus dem Druck p und der Projektion der Fläche auf eine Ebene senkrecht zur Kraftrichtung: *Wanddruckkraft*

$$F = p\,A \qquad \text{(III.3)}$$

F	p	A
N	$\frac{\text{N}}{\text{m}^2} = \text{Pa}$	m^2

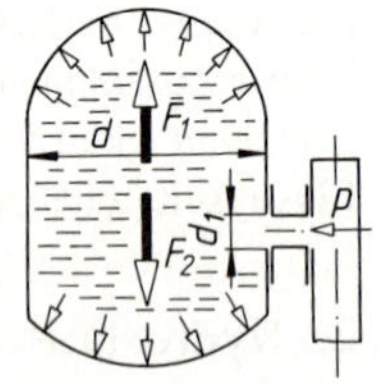

Bild III.1
Druckkraft auf gekrümmte Flächen

- **Beispiel:** Die Projektion der gewölbten Böden des Behälters in Bild III.1 ist in Richtung der Behälter-Längsachse eine Kreisfläche $A = \pi d^2/4$. Die Wanddruckkraft F in dieser Richtung wird also $F = F_1 = F_2 = p\,A = p\,\pi d^2/4$.

Beachte: Auf die Flanschverbindung in Bild III.1 wirkt die Zugkraft $F_z = p\,\pi d_1^2/4$.

4.2. Beanspruchung einer Kessellängsnaht

Die Projektion der gewölbten Kesselwand ist nach Bild III.2: $A = d\,l$ und damit die *Wanddruckkraft*

$$F = p\,A = p\,d\,l \qquad \text{(III.4)}$$

F	d, l	p
N	m	$\frac{\text{N}}{\text{m}^2} = \text{Pa}$

Diese Kraft versucht bei Kessel und Rohren, die Längsnaht in Umfangsrichtung aufzureißen. Ist s die Wanddicke des Rohres oder Kessels und σ_{zul} die zulässige Spannung, so wird: $F = d\,l\,p = 2\,s\,l\,\sigma_{zul}$ und daraus die *Wanddicke*

$$s = \frac{d\,l\,p}{2\,l\,\sigma_{zul}} = \frac{d\,p}{2\,\sigma_{zul}} \qquad \text{(III.5)}$$

s, d	p, σ_{zul}
m	$\frac{\text{N}}{\text{m}^2} = \text{Pa}$

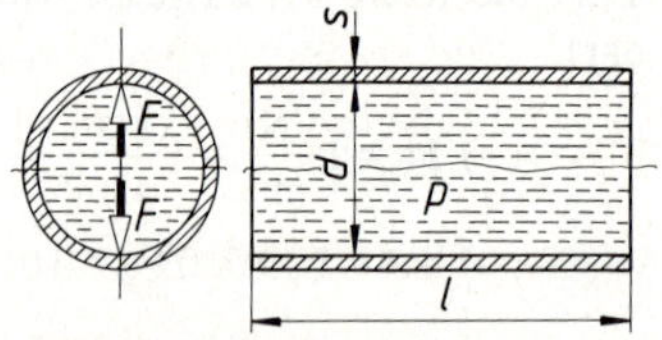

Bild III.2. Beanspruchung einer Kessellängsnaht

4.3. Hydraulische Kraftübertragung

Die Anwendung des Druck-Fortpflanzungsgesetzes auf die in Bild III.3 dargestellte hydraulische Presse ergibt *ohne* Reibung an den Dichtungsstellen die *Triebkraft* (Kolbenkraft)

$$F_1 = \frac{\pi d_1^2}{4}\,p \quad \text{und die } \textit{Last} \text{ (Kolbenkraft)} \quad F_2 = \frac{\pi d_2^2}{4}\,p$$

Daraus folgt unter Berücksichtigung der Reibung mit dem *Wirkungsgrad* η die *Last* (Kolbenkraft)

$$F_2 = F_1 \left(\frac{d_2}{d_1}\right)^2 \eta \qquad \text{(III.6)}$$

F_1, F_2	d_1, d_2	η
N	m	1

Darin ist der *Wirkungsgrad*

$$\eta = \frac{1 - \dfrac{4\mu h_2}{d_2}}{1 + \dfrac{4\mu h_1}{d_1}} \qquad \mu \text{ Reibzahl zwischen Kolben und Dichtung} \qquad \text{(III.7)}$$

Bewegt sich der Triebkolben um den Kolbenweg s_1 nach unten, so verdrängt er das Volumen $V_1 = A_1 s_1$. Das vom Triebkolben verdrängte Volumen muß gleich dem vom Lastkolben freigegebenen Raum sein, also $A_1 s_1 = A_2 s_2$ oder auch

$$s_2 = s_1 \left(\frac{d_1}{d_2} \right)^2 \qquad \text{(III.8)}$$

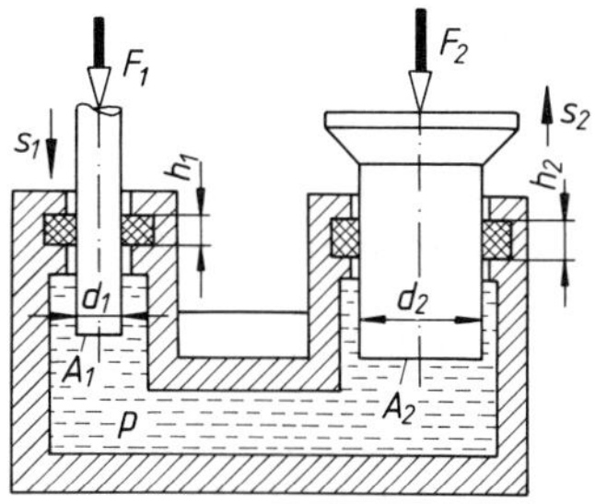

Bild III.3. Hydraulische Presse

Die *Druckübersetzung* wird in der Anordnung nach den Bildern III.4 und III.5:

$$p_2 = p_1 \frac{d_1^2}{d_1^2 - d_2^2} \qquad \text{(III.9)}$$

$$p_2 = p_1 \left(\frac{d_1}{d_2} \right)^2 \qquad \text{(III.10)}$$

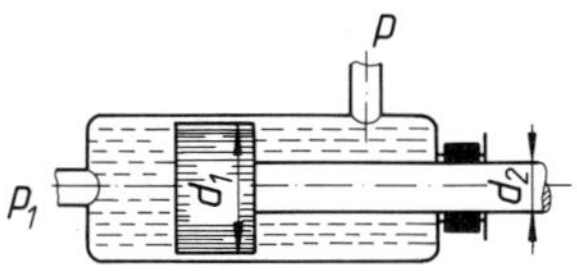

Bild III.4. Druckübersetzung nach (III.9)

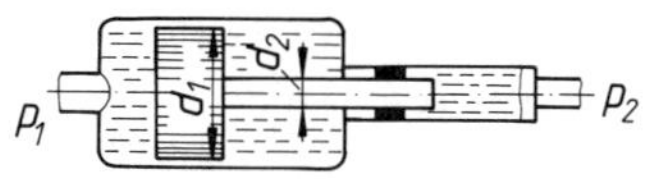

Bild III.5. Druckübersetzung nach (III.10)

■ **Beispiel:** An einer hydraulischen Presse werden die folgenden Werte gemessen (nach Bild III.3): $d_1 = 20$ mm, $d_2 = 280$ mm, Dichtungshöhe $h_1 = 8$ mm, $h_2 = 20$ mm. Die Reibzahl für die Lippendichtungen ist 0,12. Der Pumpenkolben wird über dem Pumpenhebel mit einer Kraft $F_1 = 2000$ N belastet. Sein Hub beträgt $s_1 = 30$ mm.

Zu berechnen sind: a) Pressen-Wirkungsgrad; b) Preßkraft F_2; c) Flüssigkeitsdruck p; d) Weg s_2 des Preßkolbens je Hub des Pumpenkolbens; e) aufgewandte Hubarbeit W_a; f) Nutzarbeit W_n je Hub; g) erforderliche Anzahl der Pumpenhübe für 28 mm Weg des Preßkolbens!

Lösung: Zuerst muß der Wirkungsgrad η berechnet werden (III.7):

$$\text{a) } \eta = \frac{1 - \dfrac{4 \mu h_2}{d_2}}{1 + \dfrac{4 \mu h_1}{d_1}} = \frac{1 - 4 \cdot 0{,}12 \cdot \dfrac{20}{280}}{1 + 4 \cdot 0{,}12 \cdot \dfrac{8}{20}} = 0{,}81$$

damit kann die Preßkraft F_2 bestimmt werden (III.6)

$$\text{b) } F_2 = F_1 \left(\frac{d_2}{d_1} \right)^2 \eta = 2000\ \text{N} \cdot \frac{280\ \text{mm}}{20\ \text{mm}}^2 \cdot 0{,}81 = 317\,520\ \text{N}$$

$$\text{c) Flüssigkeitsdruck } p = \frac{F_2 4}{\pi d_2^2} = \frac{317\,520\ \text{N} \cdot 4}{0{,}28^2\ \text{m}^2 \cdot \pi} = 51{,}6 \cdot 10^5\ \frac{\text{N}}{\text{m}^2} = 51{,}6\ \text{bar}$$

$$\text{d) Kolbenweg } s_2 = s_1 \left(\frac{d_1}{d_2} \right)^2 = 30\ \text{mm} \left(\frac{20\ \text{mm}}{280\ \text{mm}} \right)^2 = 0{,}153\ \text{mm}$$

e) Hubarbeit $W_a = F_1 s_1 = 2000\ \text{N} \cdot 0{,}03\ \text{m} = 60\ \text{Nm} = 60\ \text{J}$

f) Nutzarbeit $W_n = F_2 s_2 = 317\,520\ \text{N} \cdot 0{,}153 \cdot 10^{-3}\ \text{m} = 48{,}58\ \text{Nm}$

$$\text{g) Anzahl Pumpenhübe} = \frac{28\ \text{mm}}{0{,}153\ \text{mm}} = 183$$

5. Druckverteilung durch Gewichtskraft der Flüssigkeit

Werden die Gleichgewichtsbedingungen $\Sigma F_y = 0$ auf den „erstarrten" Flüssigkeitskörper der Gewichtskraft F_G in Bild III.6 in Richtung seiner vertikalen Achse angewendet, so ergibt sich:

$$\Sigma F_y = 0 = -F_1 - F_G + F_2$$

Für $F_1 = p_1 A;\ F_2 = p_2 A;\ F_G = mg = V\rho g = Ah\rho g$ eingesetzt:

$$F_2 = F_1 + F_G$$

$$p_2 A = p_1 A + Ah\rho g$$

$$p_2 = p_1 + h\rho g$$

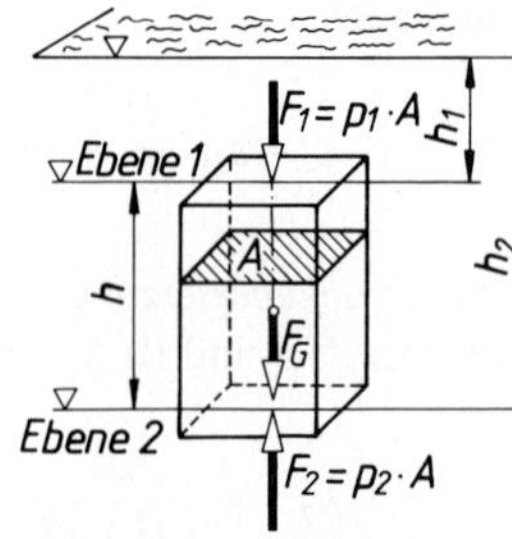

Bild III.6. Druckhöhe oder Pressungshöhe

Liegt die Oberkante des gedachten Flüssigkeitskörpers in der Oberfläche der Flüssigkeit, so ist dort der hydrostatische Druck $p_1 = 0$ und damit der *Druck*

$$p = \rho g h \qquad \text{(III.12)}$$

p	ρ	g	h
$\frac{N}{m^2} = Pa$	$\frac{kg}{m^3}$	$\frac{m}{s^2}$	m

Der hydrostatische Druck infolge der Schwerkraft hängt demnach nur von der Niveauhöhe h (Flüssigkeitshöhe oder Pressungshöhe), der Fallbeschleunigung g und der Dichte ρ der Flüssigkeit ab. In gleicher Höhe h wirkt überall der gleiche Druck, also auch auf die Gefäßwand. Der Druck nimmt linear von der Oberfläche nach unten zu. Er steigt für jede Längeneinheit um den Betrag ρg an. Gleichung (III.12) ergibt den Druck als *Überdruck*. Der *absolute Druck* schließt den auf der Oberfläche lastenden Druck p_a (z.B. den umgebenden Atmosphärendruck) mit ein:

$$p_{abs} = \rho g h + p_a \qquad \text{(III.13)}$$

- **Beispiel:** Berechne den hydrostatischen Druck einer Flüssigkeitssäule von 1 mm Höhe für Wasser und Quecksilber!

Lösung: Für Wasser beträgt die Dichte $\rho_W = 1000\ kg/m^3$, für Quecksilber ist $\rho_Q = 13600\ kg/m^3$. Damit wird (mit $g = 10\ m/s^2$ gerechnet):

$$p_W = \rho_W g h = 10^3 \frac{kg}{m^3} \cdot 10 \frac{m}{s^2} \cdot 10^{-3}\,m = 10 \frac{kgm}{s^2 m^2} = 10 \frac{N}{m^2} = 10\ Pa$$

$$p_Q = \rho_Q g h = 13{,}6 \cdot 10^3 \frac{kg}{m^3} \cdot 10 \frac{m}{s^2} \cdot 10^{-3}\,m = 136 \frac{N}{m^2} = 136\ Pa$$

6. Hydrostatische Kräfte gegen ebene Wände offener Gefäße

6.1. Bodenkraft F_b

Die Bodenkraft F_b (Bild III.7) ist abhängig von Dichte ρ, der Druckhöhe h und der gedrückten Fläche A, dagegen unabhängig von der Gefäßform:

$$F_b = \rho g h A \qquad \text{(III.14)}$$

F_b	ρ	g	h	A
N	$\frac{kg}{m^3}$	$\frac{m}{s^2}$	m	m^2

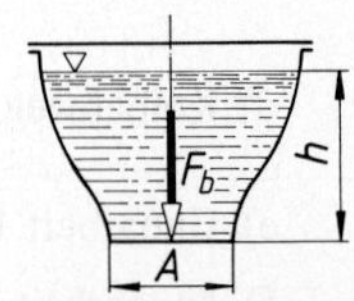

Bild III.7. Bodenkraft F_b ist unabhängig von der Gefäßform

6.2. Seitenkraft F_S

Die Seitenkraft F_S (Bild III.8) gegen eine symmetrische Fläche A, die unter einem beliebigen Winkel α zur Horizontalen geneigt ist, ist abhängig von der Dichte ρ, dem Abstand h_S des Flächenschwerpunktes S vom Flüssigkeitsspiegel und der gedrückten Fläche A:

$$F_S = \rho g h_S A$$
$$F_S = \rho g y_S \sin\alpha A \qquad \text{(III.15)}$$
$$h_S = y_S \sin\alpha$$

F_S	ρ	g	h_S, y_S	A
N	$\frac{kg}{m^3}$	$\frac{m}{s^2}$	m	m^2

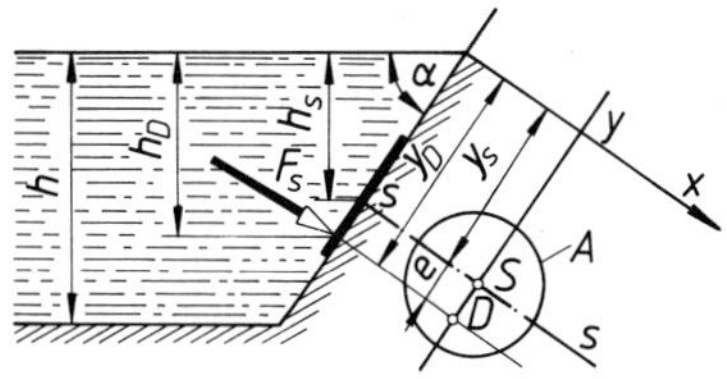

Bild III.8. Seitenkraft F_S und Druckmittelpunkt D

Die Seitenkraft F_S auf eine ebene Fläche ist demnach ebenso groß, wie wenn der im Schwerpunkt S der Fläche wirkende hydrostatische Druck auf die Gesamtfläche A wirkte. F_S ist unabhängig von der Neigung der Fläche. Der Angriffspunkt der Seitenkraft F_S heißt *Druckmittelpunkt D*; er liegt stets um das Maß e tiefer als der Schwerpunkt S der gedrückten Fläche A. Der *Abstand e* wird berechnet aus

$$e = \frac{\text{Flächenmoment 2. Grades der gedrückten Fläche, bezogen auf die Flächenschwerachse } s{-}s}{\text{Flächenmoment 1. Grades der gedrückten Fläche, bezogen auf die Achse } x{-}x}$$

$$e = \frac{I_S}{A y_S} \qquad \text{(III.16)}$$

e	I	A	y_S
m	m^4	m^2	m

y_S Schwerpunktsabstand der gedrückten Fläche von der Achse $x - x$; bei lotrechten Flächen ist $y_S = h_S$. A gedrückte Fläche.

Damit wird allgemein der *Abstand* y_D des Druckmittelpunktes D von der Achse $x - x$:

$$y_D = y_S + e = y_S + \frac{I_S}{A y_S} \qquad \text{(III.17)}$$

Der *Abstand e* wird für die

$$\textit{Rechteckfläche} \quad e = \frac{I_S}{A y_S} = \frac{b h^3}{12 b h y_S} = \frac{h^2}{12 y_S} \qquad \text{(III.18)}$$

$$\textit{Kreisfläche} \quad e = \frac{I_S}{A y_S} = \frac{\pi d^4 4}{64 \pi d^2 y_S} = \frac{d^2}{16 y_S} \qquad \text{(III.19)}$$

■ **Beispiel:** Für die Ablaßklappe eines Wasserbehälters nach Bild III.8 ist $\alpha = 50°$; $h_S = 2{,}5$ m; Rohrdurchmesser $d = 500$ mm. Berechne Betrag und Angriffspunkt der auf die Klappe wirkenden Seitenkraft F_S!

Lösung: $F_S = \rho g h_S A = 10^3 \frac{kg}{m^3} \cdot 9{,}81 \frac{m}{s^2} \cdot 2{,}5\ m \cdot \frac{\pi}{4} (0{,}5\ m)^2 = 4815\ N$

$$y_S = \frac{h_S}{\sin\alpha} = \frac{2{,}5\ m}{0{,}766} = 3{,}264\ m$$

$$e = \frac{I_S}{A y_S} = \frac{d^2}{16 y_S} = \frac{0{,}5^2 \cdot m^2}{16 \cdot 3{,}264\ m} = 4{,}8\ mm$$

$$y_D = y_S + e = 3{,}264\ m + 4{,}8\ mm = 3{,}269\ m$$

7. Auftrieb

Der Auftrieb F_a ist die Resultierende der beiden senkrechten Kräfte $F_1 = p_1 A$ und $F_2 = p_2 A$ nach Bild III.6. Mit $p_1 = \rho g h_1$ und $p_2 = \rho g h_2$ wird der Auftrieb

$$F_a = F_2 - F_1 = A \rho g (h_2 - h_1)$$

Da $A(h_2 - h_1)$ = Volumen V_v ist, wird der *Auftrieb*

$$F_a = V_v \rho g \qquad \text{(III.20)}$$

F_a	V_v	ρ	g
N	m^3	$\frac{kg}{m^3}$	$\frac{m}{s^2}$

V_v ist das verdrängte Flüssigkeitsvolumen

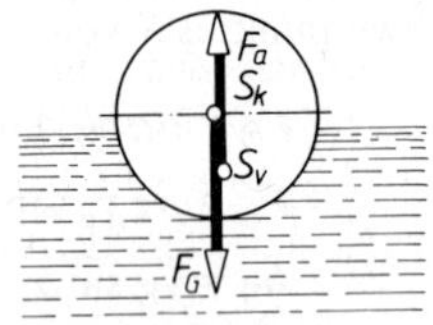

Bild III.9. Körper- und Verdrängungsschwerpunkt S_k, S_v

Der Auftrieb ist stets senkrecht nach oben gerichtet und gleich der Gewichtskraft des durch den eingetauchten Körper verdrängten Flüssigkeitsvolumens. Der Auftrieb greift im Verdrängungsschwerpunkt S_v der verdrängten Flüssigkeitsmenge an. Das Gesetz gilt für ganz und teilweise eingetauchte Körper. Der in Flüssigkeit eingetauchte Körper verliert an Gewichtskraft genau soviel, wie die Gewichtskraft der von ihm verdrängten Flüssigkeit beträgt: *Scheinbare Gewichtskraft*

$$F_{Gs} = F_G - F_a \qquad \text{(III.21)}$$

■ **Beispiel:** Ein Körper der Masse $m = 25$ kg hängt völlig in Wasser eingetaucht an einer hydrostatischen Waage. Die Waage steht im Gleichgewicht bei $m_1 = 22$ kg. Wie groß sind Volumen V und Dichte ρ des Körpers?

Lösung: Der Auftrieb ist $F_a = F_G - F_{G1} = mg - m_1 g = g(m - m_1)$

$$\text{Volumen } V = \frac{F_a}{\rho g} = \frac{g(m - m_1)}{\rho g} = \frac{m - m_1}{\rho} = \frac{3\,\text{kg}}{1000\,\frac{\text{kg}}{\text{m}^3}} = 3 \cdot 10^{-3}\,\text{m}^3 = 3\,\text{dm}^3$$

$$\text{Dichte } \rho = \frac{m}{V} = \frac{25\,\text{kg}}{3 \cdot 10^{-3}\,\text{m}^3} = 8{,}333 \cdot 10^3\,\frac{\text{kg}}{\text{m}^3} = 8333\,\frac{\text{kg}}{\text{m}^3}$$

■ **Beispiel:** Ein dünner Holzstab der Länge $l = 500$ mm und der Dichte $\rho_k = 600$ kg/m³ wird lotrecht über die Wasseroberfläche gehalten und dann losgelassen. Wie weit taucht die obere Stirnfläche des Stabes unter den Wasserspiegel (x = Tauchtiefe), wenn von Reibungswiderständen abgesehen wird?

Lösung: Der Energieerhaltungssatz (II.107) in Verbindung mit (III.20) ergibt:

$$\begin{matrix}\text{Energie am Ende}\\ \text{des Vorganges}\end{matrix} = \begin{matrix}\text{Energie am Anfang}\\ \text{des Vorganges}\end{matrix} \pm \text{zu- bzw. abgeführter Arbeit}$$

$$0 = F_G (l + x) - \frac{F_a l}{2} - F_a x$$

Mit $F_G = mg = V \rho_k g$ und $F_a = V \rho_w g$ wird daraus

$$0 = V \rho_k g l + V \rho_k g x - V \rho_w g \frac{l}{2} - V \rho_w g x$$

$$x = \frac{l(\rho_k - \frac{\rho_w}{2})}{\rho_w - \rho_k} = \frac{0{,}5\,\text{m} \cdot 100\,\frac{\text{kg}}{\text{m}^3}}{400\,\frac{\text{kg}}{\text{m}^3}} = 0{,}125\,\text{m} = 125\,\text{mm}$$

Beachte: Die bis zum vollständigen Eintauchen des Stabes abgeführte Arbeit ergibt im Kraft-Weg-Schaubild eine Dreieckfläche und damit $W_1 = F_a \cdot l/2$. Danach ist beim weiteren Eintauchen F_a = konstant, also $W_2 = F_a x$.

8. Schwimmen

Wirken nur Gewichtskraft F_G und Auftrieb F_a auf einen in der Flüssigkeit liegenden Körper, so sind drei Fälle möglich:

Der Körper *sinkt* unter, wenn $F_a < F_G$ ist; er schwebt, d.h. er bleibt an jeder beliebigen Stelle innerhalb der Flüssigkeit, wenn $F_a = F_G$ ist, und er *schwimmt* an der Oberfläche, wenn $F_a > F_G$ ist. Der Körper taucht bei Gleichgewicht so weit auf, daß der Auftrieb gleich der Gewichtskraft der verdrängten Flüssigkeit ist.

9. Gleichgewichtslagen schwimmender Körper

Stabile Schwimmlage zeigt Bild III.10. Auftrieb F_a und Gewichtskraft F_G wirken längs der gemeinsamen Wirklinie W – der Körpermittellinie – in entgegengesetzter Richtung. Neigt sich der schwimmende Körper um Winkel φ, bleibt Lage des Körperschwerpunktes S_k (Angriffspunkt von F_G) erhalten, jedoch wandert Verdrängungsschwerpunkt S_v nach $S_{v'}$ (Angriffspunkt von F_a): F_G und F_a bilden ein Kräftepaar und damit das Wiederaufrichtmoment (Stabilität genannt). h ist der *Hebelarm der statischen Stabilität*.

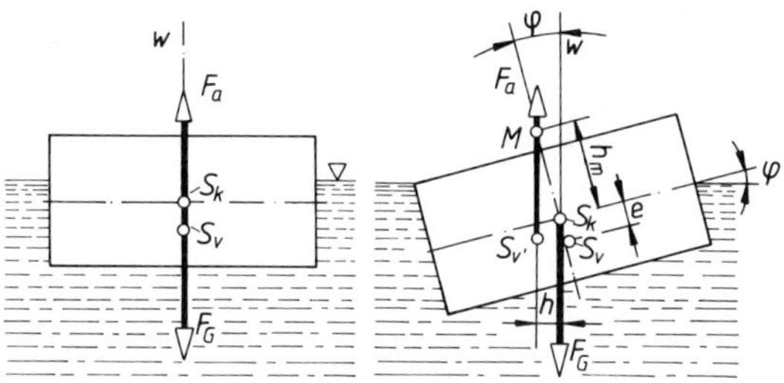

Bild III.10. Stabile Schwimmlage

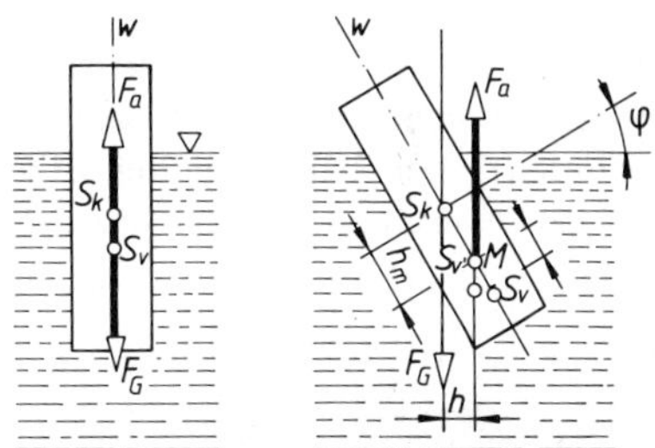

Bild III.11. Labile Schwimmlage

F_a Auftrieb, in S_v angreifend; G Gewichtskraft, in S_k angreifend; W Mittellinie des Körpers (Schwimmachse); S_v, S_v Verdrängungsschwerpunkte = Schwerpunkte der verdrängten Flüssigkeit; S_k Körperschwerpunkt; M Metazentrum = Schnittpunkt der Wirklinie des Auftriebs mit der Mittellinie W; $\overline{MS_k}$ metazentrische Höhe = h_m; φ Neigungswinkel; $h = \overline{MS_k} \cdot \sin\varphi$ = Hebelarm der statischen Stabilität

Wichtig ist das *Metazentrum M,* der Schnittpunkt der Körpermittellinie W mit der Wirklinie des Auftriebes. Liegt M *über* S_k, so schwimmt der Körper stabil, andernfalls *labil* (Bild III.11). Das Drehmoment aus Auftrieb und Gewicht unterstützt dann die Drehung des Körpers, bis er in die stabile Schwimmlage nach Bild III.10 kommt. Strecke MS_k heißt *metazentrische Höhe* h_m.

Ist I_{min} das kleinste Flächenmoment 2. Grades der Schwimmfläche in bezug auf die Drehachse durch den Schwerpunkt der Schwimmfläche, V das Volumen der verdrängten Flüssigkeit, e die Strecke $S_k S_v$, so gilt für die *metazentrische Höhe*

$$h_m = \frac{I_{min}}{V} - e \qquad \text{(III.22)}$$

h_m	I_{min}	V	e
m	m^4	m^3	m

Die *Stabilitätsbedingung* lautet

$$h_m > 0 \qquad \frac{I_{min}}{V} > e \qquad \text{(III.23)}$$

IV. Dynamik der Flüssigkeiten (Hydrodynamik)

1. Allgemeines

Bei Strömungsvorgängen von Gasen und Flüssigkeiten sind zwei Eigenschaften wichtig: Viskosität (Zähigkeit) und Kompressibilität. Die reibungslose, inkompressible Flüssigkeit heißt ideale Flüssigkeit.

1.1. Kompressibilität

Ist die *Strömungsgeschwindigkeit* w klein gegen die *Schallgeschwindigkeit* c, so spielt die Kompressibilität für die Strömungsvorgänge keine Rolle. Kriterium ist die *Machsche Zahl*

$$Ma = \frac{w}{c} \qquad \text{(IV.1)}$$

Bis etwa $Ma < 0{,}3$ können die Strömungen von Gasen als inkompressibel angesehen werden, für Luft also etwa bis $w = 100$ m/s.

1.2. Viskosität (Zähigkeit)

Die von der Viskosität (Zähigkeit) verursachten Reibungskräfte sind in vielen technisch wichtigen Flüssigkeiten und Gasen sehr klein gegenüber den anderen Kräften (Schwerkraft, Druckkraft, Trägheitskraft). Der Reibungseinfluß ist jedoch immer sehr groß in einer dünnen Schicht in Wandnähe bei der Durchströmung von Leitungen (Rohre, Kanäle): Grenzschicht.

Den Einfluß der Reibungskräfte kennzeichnet die *Reynoldssche Zahl*

$$Re = \frac{w\,d\,\rho}{\eta} = \frac{w\,d}{\nu} \qquad \text{(IV.2)}$$

Re	w	d	ρ	η	ν
1	$\frac{m}{s}$	m	$\frac{kg}{m^3}$	$\frac{Ns}{m^2}$	$\frac{m^2}{s}$

Darin ist w mittlere Durchflußgeschwindigkeit, d Durchmesser bei Kreisröhren, ρ Dichte, ν kinematische Zähigkeit, η dynamische Zähigkeit.

$$\textit{kinematische Viskosität } \nu = \frac{\textit{dynamische Viskosität}}{\textit{Dichte } \rho}$$

$$\nu = \frac{\eta}{\rho} \qquad \text{(IV.3)}$$

ν	η	ρ
$\frac{m^2}{s}$	$\frac{Ns}{m^2}$	$\frac{kg}{m^3}$

Re stellt das Verhältnis der Trägheits- zu den Reibkräften dar. $Re \to \infty$ bedeutet reibungslose Strömung. *Umrechnungen*:

Dynamische Viskosität η:

$$1\,\frac{Ns}{m^2} = 10 \text{ Poise (P)}$$

$$1\text{ P} = 0{,}1\,\frac{Ns}{m^2}$$

Kinematische Viskosität ν:

$$1\,\frac{m^2}{s} = 10^4 \text{ Stokes (St)}$$

$$1\text{ St} = 10^{-4}\,\frac{m^2}{s}$$

Umrechnung aus Englergraden in $\frac{m^2}{s}$:

$$\nu = \left(7{,}32\,E - \frac{6{,}31}{E}\right) \cdot 10^{-6} \text{ in } \frac{m^2}{s}$$

Tafel IV.1. Dynamische Viskosität η, kinematische Viskosität ν und Dichte ρ von Wasser

Temperatur in °C	0	10	20	30	40	50	60	70	80	90	100
$10^6\ \eta$ in Ns/m^2	1780	1300	1000	805	658	560	470	403	353	314	285
$10^6\ \nu$ in m^2/s	1,78	1,31	1,01	0,81	0,66	0,56	0,48	0,42	0,37	0,33	0,30
ρ in kg/m^3	1000	1000	998		992		983		972		958

1.3. Laminare und turbulente Strömungen

Kleine Re-Zahlen kennzeichnen die *laminare* Strömung. Die Flüssigkeitsschichten gleiten mit verschiedenen Geschwindigkeiten übereinander hinweg, ohne sich zu mischen (Schichtenströmung). Die Geschwindigkeit w ist parabolisch verteilt.

Die Maximalgeschwindigkeit in Rohrmitte ist doppelt so groß wie die mittlere Geschwindigkeit, während sie bei der turbulenten Strömung von Null an der Rohrwand sehr schnell auf einen fast gleichbleibenden Wert ansteigt.

Ist $w = \dot{V}/A$ die mittlere Durchflußgeschwindigkeit (IV.5), so wird die *Geschwindigkeit* w_x im Abstand x von der Rohrachse

$$w_x = 2\,w\left[1 - \left(\frac{2x}{d}\right)^2\right] \qquad \text{(IV.4)}$$

Große Re-Zahlen kennzeichnen die *turbulente* Strömung. Die einzelnen Schichten werden stark vermischt, dadurch starker Geschwindigkeitsausgleich: praktisch konstante Geschwindigkeit bis fast zur Rohrwand. Die meisten technischen Strömungen sind turbulent.

Der *Umschlag* von laminarer in turbulente Strömung wird durch die *kritische Reynoldszahl* Re_{kr} bestimmt. Beim Kreisrohr ist $(w\,d/\nu)_{kr} = Re_{kr} = 2300$. Bei $Re < 2300$ ist dann die Strömung stets laminar und geht wieder in laminare über, wenn sie vorübergehend gestört war. Bei $Re > 2300$ kann die Strömung laminar sein, wenn Störungen der Strömung vermieden werden. Ist eine solche Strömung einmal turbulent, bleibt sie es auch. Bei $Re > 3000$ liegt praktisch immer Turbulenz vor. Die zu Re_{kr} gehörige Strömungsgeschwindigkeit heißt *kritische Geschwindigkeit* v_{kr}.

- **Beispiel:** Durch eine Rohrleitung von $d = 0{,}5$ m lichtem Durchmesser strömt Luft von 50 °C; $\rho = 1{,}06\ kg/m^3$, mit einer mittleren Geschwindigkeit $w = 10$ m/s. Dynamische Zähigkeit $\eta = 19{,}62 \cdot 10^{-6}\ Ns/m^2$.

  Gesucht: Reynoldssche Zahl Re.

Lösung: $$Re = \frac{w\,d\,\rho}{\eta} = \frac{10\,\frac{m}{s} \cdot 0{,}5\ m \cdot 1{,}06\,\frac{kg}{m^3}}{19{,}62 \cdot 10^{-6} \cdot \frac{Ns}{m^2}} = 0{,}27 \cdot 10^6\,\frac{\frac{kgm^2}{m^3 s}}{\frac{kgms}{s^2 m^2}}$$

$Re = 270\,000$

- **Beispiel:** Wie groß ist die kritische Geschwindigkeit w_{kr} für Wasser von 20 °C, das durch eine Rohrleitung von 20 mm ⌀ fließen soll?

Lösung: Nach Tafel IV.1 ist die dynamische Zähigkeit $\eta = 10^{-3}\ Ns/m^2$. Mit (IV.2) wird

$$w_{kr} = \frac{Re\,\eta}{d\,\rho} = \frac{2300 \cdot 10^{-3}\,\frac{Ns}{m^2}}{20 \cdot 10^{-3} m \cdot 10^3\,\frac{kg}{m^3}} = 0{,}115\,\frac{\frac{kgms}{s^2 m^2}}{\frac{kgm}{m^3}} = 0{,}115\,\frac{m}{s}$$

2. Die Grundgleichungen der Strömung

2.1. Kontinuitätsgleichung (Stetigkeits- oder Durchflußgleichung)

Verändert eine strömende Flüssigkeit ihr Volumen nicht (Dichte ρ = konstant), so muß durch die verschiedenen Querschnitte A_1, A_2 der Leitung in Bild IV.1 in jeder Sekunde das gleiche Flüssigkeitsvolumen q_V (Volumenstrom = Volumendurchsatz) fließen. Sind A_1, A_2 die Strömungsquerschnitte und w_1, w_2 die zugehörigen mittleren Strömungsgeschwindigkeiten, so muß nach Bild IV.1 der *Volumenstrom* q_V sein:

$$q_V = A_1 w_1 = A_2 w_2 = \text{konstant} \qquad \text{(IV.5)}$$

q_V	A	w
$\frac{m^3}{s}$	m^2	$\frac{m}{s}$

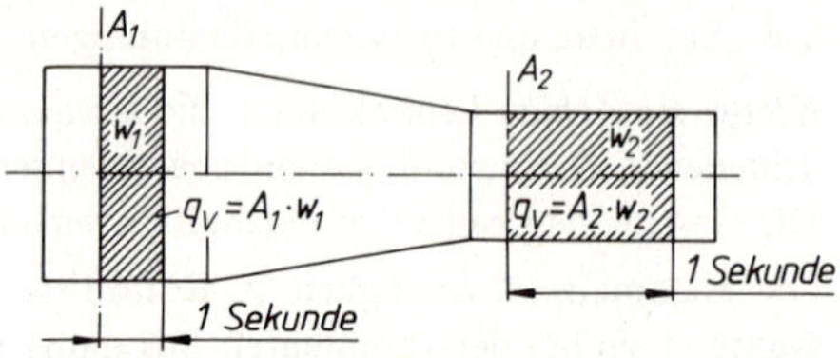

Bild IV.1. Kontinuitätsgleichung $A_1 w_1 = A_2 w_2$

Gleichung (IV.5) charakterisiert die Raumbeständigkeit der Flüssigkeit und wird daher auch Inkompressibilitätsgleichung genannt.

Für zusammendrückbare Medien (z.B. Gase), in denen sich beim Durchfluß die Dichte ρ zeitlich ändert, ist die sekundlich durch einen Strömungsquerschnitt fließende Durchflußmenge konstant. Der *Massenstrom* q_m ist

$$q_m = A_1 w_1 \rho_1 = A_2 w_2 \rho_2 \qquad \text{(IV.6)}$$

q_m	A	w	ρ
$\frac{kg}{s}$	m^2	$\frac{m}{s}$	$\frac{kg}{m^3}$

■ **Beispiel:** Eine Rohrleitung von 100 mm lichtem Durchmesser fördert 550 l/min Schmieröl von der kinematischen Viskosität $\nu = 131{,}6 \cdot 10^{-6}\,m^2/s$. Welche Strömungsform ist zu erwarten?

Lösung: Strömungsgeschwindigkeit ω nach (IV.5) mit $A = \frac{0{,}1^2\pi}{4}\,m^2 = 0{,}785 \cdot 10^{-2}\,m^2$

$$w = \frac{q_V}{A} = \frac{0{,}55\,m^3}{60\,s \cdot 0{,}785 \cdot 10^{-2}\,m^2} = 1{,}17\,\frac{m}{s}$$

$$w_{kr} = Re_{kr}\,\frac{\nu}{d} = 2320\,\frac{131{,}6 \cdot 10^{-6}}{0{,}1}\,\frac{\frac{m^2}{s}}{m} = 3{,}05\,\frac{m}{s}$$

$w < w_{kr}$, also laminare Strömung

■ **Beispiel:** Wasser von 10 °C strömt durch eine Rohrleitung von 0,5 mm lichtem Durchmesser und 250 mm Länge unter einem Überdruck $\Delta p = 7848$ Pa. Wie groß sind mittlere Strömungsgeschwindigkeit w und Massenstrom q_m?

Lösung: Nach IV.28 wird mit $\eta = 1300 \cdot 10^{-6}\,\frac{Ns}{m^2}$ (Tafel IV.1)

$$w = \frac{\Delta p\,d^2}{32\,\eta\,l} = \frac{7848\,\frac{N}{m^2} \cdot 0{,}5^2 \cdot 10^{-6}\,m^2}{32 \cdot 1300 \cdot 10^{-6}\,\frac{Ns}{m^2} \cdot 0{,}25\,m} = 0{,}189\,\frac{N\,m^2\,m^2}{m^2\,N\,s\,m} = 0{,}189\,\frac{m}{s}$$

$$q_m = w A \rho = 0{,}189\,\frac{m}{s} \cdot \frac{0{,}5^2 \cdot 10^{-6}\,\pi}{4}\,m^2 \cdot 10^3\,\frac{kg}{m^3} = 37{,}1 \cdot 10^{-6}\,\frac{kg}{s} = 0{,}0371\,\frac{g}{s}$$

2.2. Energieerhaltungssatz der Strömung (Bernoullische Druckgleichung)

In Bild IV.2 seien h_1, h_2 die Niveauhöhen einer von 1 nach 2 strömenden Flüssigkeit, der bei 1 die *Druckvolumenarbeit* $p_1 V_1$ zugeführt und bei 2 die Druckvolumenarbeit $p_2 V_2$ entnommen werde. (Mit Arbeit = Kraft F mal Weg s und $F = p A$ kann auch geschrieben werden: Arbeit = $F s = p A s = p V$.) Die Kolben brauchen dabei in Wirklichkeit gar nicht vorhanden sein; sie sollen nur die Grenzflächen des betrachteten Flüssigkeitsvolumens bedeuten. Die Flüssigkeit besitzt bei 1 und 2 die *Lageenergie* $m g h_1$ und $m g h_2$ und die *kinetische Energie* $\frac{m}{2} w_1^2$ und $\frac{m}{2} w_2^2$, mit w als Strömungsgeschwindigkeit und m als Masse. Ein Teil der kinetischen Energie wird infolge der Reibung in Wärme umgewandelt. Wird davon abgesehen, so gilt nach dem Energiesatz (II.107) in Verbindung mit der Anordnung in Bild IV.2:

$$\text{Energie am Ende des Vorganges} = \text{Energie am Anfang des Vorganges} \pm \text{zu- und abgeführte Arbeit}$$

$$m g h_2 + \frac{m}{2} w_2^2 = m g h_1 + \frac{m}{2} w_1^2 + p_1 V_1 - p_2 V_2$$

Mit Masse m = Volumen V mal Dichte ρ ($m = V \rho$) wird nach Umstellung auch

$$\underbrace{p_1 V_1}_{\text{Druckvolumenarbeit (Druckenergie)}} + \underbrace{V \rho g h_1}_{\text{Lageenergie}} + \underbrace{V \rho \frac{w_1^2}{2}}_{\text{kinetische Energie}} = p_2 V_2 + V \rho g h_2 + V \rho \frac{w_2^2}{2} = \text{konstant} \qquad \text{(IV.7)}$$

d.h. die Summe von Druckenergie, Lageenergie und kinetischer Energie ist an jeder Stelle einer strömenden Flüssigkeit gleich groß.

Wird die Gleichung durch das Volumen V geteilt, so ergibt sich die Energiebilanz für die Volumeneinheit, bekannt als *Bernoullische* [1] *Druckgleichung*:

$$p_1 + \rho g h_1 + \frac{\rho}{2} w_1^2 = p_2 + \rho g h_2 + \frac{\rho}{2} w_2^2 = \text{konstant} \qquad \text{(IV.8)}$$

p	ρ	g	h	w
$\frac{N}{m^2} = Pa$	$\frac{kg}{m^3}$	$\frac{m}{s^2}$	m	$\frac{m}{s}$

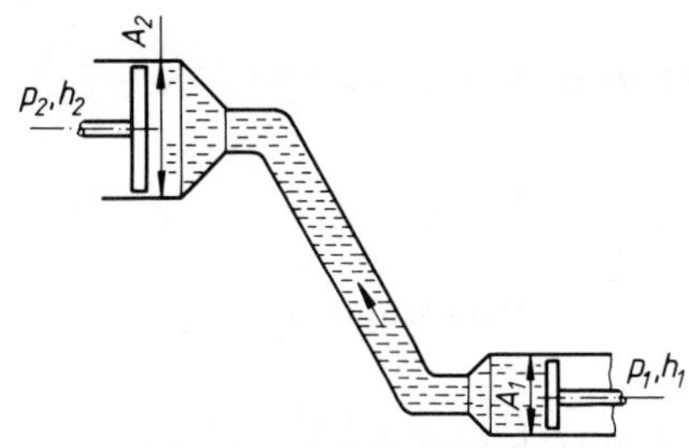

Bild IV.2. Energieerhaltungssatz der Strömung (Bernoulligleichung)

Darin ist p der statische Druck (*Flüssigkeitsdruck*), $\frac{\rho}{2} w^2$ der Staudruck und h die Höhe des betrachteten Punktes über irgendeiner Nullebene.

Beachte: Die Gleichung gilt für reibungslose Strömung. Die einzelnen Glieder können als „Druck" oder auch als „Energie je Volumeneinheit" gedeutet werden, wie folgende Einheitenbetrachtung zeigt:

$$\frac{N}{m^2} = \text{Druckeinheit; mit Einheit m (= Meter) erweitert:}$$

$$\frac{N \cdot m}{m^2 \cdot m} = \frac{Nm}{m^3} = \text{Energie(Arbeits-)einheit je Volumeneinheit}$$

[1] *Daniel Bernoulli*, Professor der Mathematik und Physik in Basel, 1700–1782.

Teilt man die Bernoullische Druckgleichung durch das Produkt ρg, so ergibt sich:

$$\frac{p_1}{\rho g} + h_1 + \frac{w_1^2}{2g} = \frac{p_2}{\rho g} + h_2 + \frac{w_2^2}{2g} = \text{konstant} \qquad \text{(IV.9)}$$

Die einzelnen Glieder in (IV.9) stellen *Höhen* dar:

$\frac{p}{\rho g}$ in $\frac{\text{kgm} \cdot \text{m}^3 \cdot \text{s}^2}{\text{s}^2 \cdot \text{m}^2 \cdot \text{kg} \cdot \text{m}} = \text{m}$ die *statische Druckhöhe* der Flüssigkeit, d.h. die Höhe einer Flüssigkeitssäule, die durch ihre Gewichtskraft den Druck p erzeugt;

h in m die *Ortshöhe* (auch Lagehöhe oder geodätische Höhe) über einer beliebigen Horizontalebene.

$\frac{w^2}{2g}$ in $\frac{\text{m}^2\text{s}^2}{\text{s}^2\text{m}} = \text{m}$ die *Geschwindigkeitshöhe,* d.h. diejenige Höhe, um die ein Körper frei herabfallen muß, um die Geschwindigkeit w zu erhalten;

Nach der Bernoulligleichung ist demnach die Summe der Druckhöhe, der Geschwindigkeitshöhe und der Ortshöhe in der gesamten Erstreckung einer Leitung konstant.

Bei einer *Leitung ohne Höhenunterschiede* ($h_1 = h_2$) vereinfacht sich die Bernoullische Druckgleichung (IV.8) zu

$$p_1 + \frac{\rho}{2} w_1^2 = p_2 + \frac{\rho}{2} w_2^2 \qquad \text{(IV.10)}$$

p	ρ	w
$\frac{\text{N}}{\text{m}^2} = \text{Pa}$	$\frac{\text{kg}}{\text{m}^3}$	$\frac{\text{m}}{\text{s}}$

d.h. der Gesamtdruck (statischer Druck p + Geschwindigkeitsdruck $\rho w^2/2$ = Staudruck q) der Flüssigkeit ist an jeder Stelle einer Horizontalleitung gleich groß.

- **Beispiel:** Eine Pumpe fördert stündlich 450 m³ Wasser durch eine Rohrleitung von 200 mm lichter Weite. Mit welcher Geschwindigkeit fließt das Wasser?

Lösung: $q_V = A_1 w_1 = A w$; $q_V = \frac{450}{3600} \frac{\text{m}^3}{\text{s}} = 0{,}125 \frac{\text{m}^3}{\text{s}}$; $A = \frac{\pi}{4} (0{,}2\ \text{m})^2 = 0{,}0314\ \text{m}^2$

$$w = \frac{q_V}{A} = \frac{0{,}125\ \text{m}^3}{0{,}0314 \cdot \text{s} \cdot \text{m}^2} = 3{,}98 \frac{\text{m}}{\text{s}}$$

Massenstrom $q_m = q_V \rho = 0{,}125 \frac{\text{m}^3}{\text{s}} \cdot 1000 \frac{\text{kg}}{\text{m}^3} = 125 \frac{\text{kg}}{\text{s}}$

- **Beispiel:** Bei welcher Strömungsgeschwindigkeit wird an einer unter Wasser rotierenden Schiffsschraube der Dampfdruck des Wassers von 1300 Pa unterschritten? Der Luftdruck über Wasser beträgt 1,01 bar.

Lösung: Nach IV.10 wird mit $w_1 = 0$; $p_1 = 1{,}01\ \text{bar} = 1{,}01 \cdot 10^5\ \text{Pa}$, $p_2 = 1300\ \text{Pa}$, $\rho = 1000 \frac{\text{kg}}{\text{m}^3}$:

$$p_1 + \frac{\rho}{2} w_1^2 = p_2 + \frac{\rho}{2} w_2^2$$

$$p_1 - p_2 = \frac{\rho}{2} w^2; \quad w = \sqrt{\frac{2(p_1 - p_2)}{\rho}}$$

$$w = \sqrt{\frac{2 \cdot 99\,700 \frac{\text{kgm}}{\text{s}^2\text{m}^2}}{1000 \frac{\text{kg}}{\text{m}^3}}} = 14{,}12 \frac{\text{m}}{\text{s}}$$

■ **Beispiel:** Ein horizontal liegendes Rohr verjüngt sich von $A_1 = 7{,}1\ \text{cm}^2$ auf $A_2 = 2{,}55\ \text{cm}^2$. Im Querschnitt 1 herrscht der Druck $p_1 = 1{,}2$ bar und die Strömungsgeschwindigkeit $w_1 = 5$ m/s. Für das strömende Wasser ist der Druck im verjüngten Querschnitt 2 zu bestimmen.

Lösung: Mit der Kontinuitätsgleichung (IV.5) ergibt sich die Strömungsgeschwindigkeit in 2 zu:

$$w_2 = \frac{A_1}{A_2} w_1 = \frac{7{,}1\ \text{cm}^2}{2{,}55\ \text{cm}^2} \cdot 5\ \frac{\text{m}}{\text{s}} = 13{,}92\ \frac{\text{m}}{\text{s}}$$

Zur Bestimmung des zugehörigen Druckes wird IV.10 nach p_2 aufgelöst:

$$p_2 = p_1 + \frac{\rho}{2} w_1^2 - \frac{\rho}{2} w_2^2 = p_1 + \frac{\rho}{2}(w_1^2 - w_2^2)$$

$$p_2 = 1{,}2 \cdot 10^5\ \frac{\text{N}}{\text{m}^2} + \frac{1000\ \text{kg}}{2\ \text{m}^3}(25 - 193{,}8)\frac{\text{m}^2}{\text{s}^2}$$

$$p_2 = 1{,}2 \cdot 10^5 \frac{\text{kgm}}{\text{s}^2\text{m}^2} - 0{,}844 \cdot 10^5 \frac{\text{kgm}}{\text{s}^2\text{m}^2} = 35600\ \text{Pa} = 0{,}356\ \text{bar}$$

3. Anwendung der Bernoulligleichung

3.1. Druckmessungen

Die Schwierigkeit jeder Druckmessung liegt in der Störung der Strömung durch das Meßgerät (Sonde) gerade dort, wo gemessen werden soll. Da nach Bernoulli jede Geschwindigkeitsstörung eine Druckstörung hervorruft, ist die Sonde so auszubilden, daß die Strömung in unmittelbarer Nähe des zu messenden Punktes möglichst wenig gestört wird.

3.1.1. Messung des statischen Druckes p_s (Bild IV.3). Die Flüssigkeit strömt durch ein horizontales Rohr mit der Geschwindigkeit w. Im angesetzten Steigrohr steigt sie auf die Höhe h.

Der Ansatz der Bernoulligleichung (IV.9) ergibt für $w_1 = 0$, $w_2 = 0$, $h_1 = 0$, $h_2 = h$, p_2 = Luftdruck:

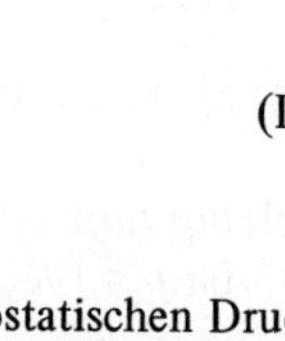

Bild IV.3. Messung des statischen Druckes p_s

$$p_1 + \rho g h_1 + \frac{\rho}{2} w_1^2 = p_2 + \rho g h_2 + \frac{\rho}{2} w_2^2$$

$$p_1 + 0 + 0 = p_2 + \rho g h + 0$$

Daraus wird der *statische Druck*

$$p_s = p_1 = p_2 + \rho g h \qquad \text{(IV.11)}$$

p_1, p_2	ρ	g	h
$\frac{\text{N}}{\text{m}^2} = \text{Pa}$	$\frac{\text{kg}}{\text{m}^3}$	$\frac{\text{m}}{\text{s}^2}$	m

Die Anordnung nach Bild IV.3 ist demnach ein Manometer, das den hydrostatischen Druck, p_1 mißt. Er setzt sich zusammen aus dem Luftdruck p_2 und dem Druck der Flüssigkeitssäule $\rho g h$.

Praktisch ausgeführt wird die Messung des statischen Druckes durch eine Wandanbohrung nach Bild IV.4. Die Flüssigkeit fließt fast ohne Störung über die feine, *gratfreie* Wandbohrung hinweg und bleibt in der Bohrung selbst fast in Ruhe.

Im Innern der Strömung wird p_s mit der *Drucksonde* (Hakenrohr) nach Bild IV.5 gemessen. Die Messung ist sehr empfindlich gegen Richtungsänderungen und abhängig von der Turbulenz des Strahles.

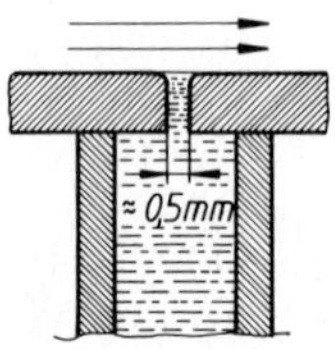

Bild IV.4. Messung des statischen Druckes durch Wandanbohrung

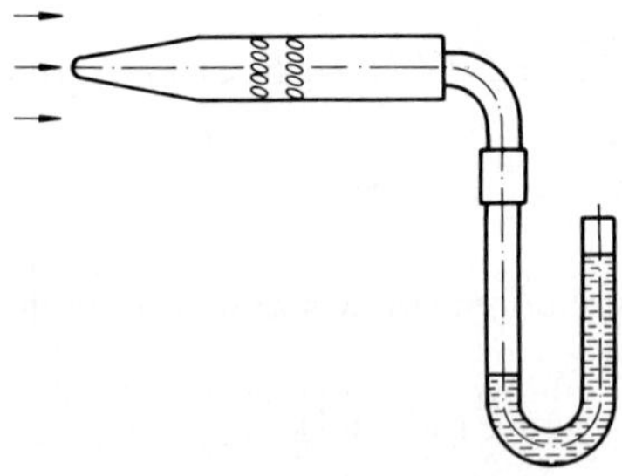

Bild IV.5. Messung des statischen Druckes im Innern der Strömung mit Drucksonde

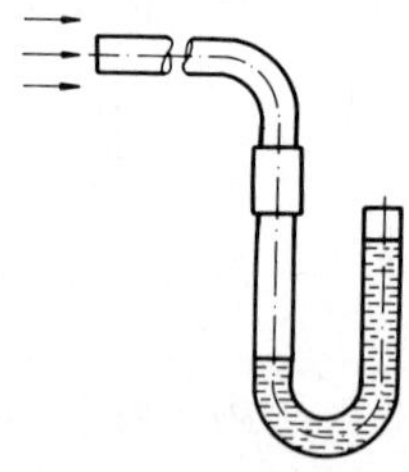

Bild IV.6. Messung des Gesamtdruckes Pitotrohr

3.1.2. Messung des Gesamtdruckes p_g. Die Summe aus statischem Druck p_s und Staudruck $\rho/2\,w^2$ heißt Gesamtdruck p_g. Er läßt sich einfach durch ein vorn offenes Rohr (*Pitot-Rohr*) nach Bild IV.6 messen. In der Öffnung kommt die Flüssigkeit zur Ruhe. Dadurch entsteht nach Bernoulli in diesem Staupunkt eine Druckerhöhung um den Staudruck $q = \rho/2\,w^2$, so daß gemessen wird:

$$p_g = p_s + \frac{\rho}{2} w^2 = p_s + q \tag{IV.12}$$

3.1.3. Messung des Staudruckes q. Gebräuchlichstes Meßgerät ist das *Staurohr* nach *Prandtl* (Bild IV.7). Es ist die Verbindung von statischer Drucksonde und Pitot-Rohr und vereinigt auch die Messung von Gesamtdruck p_g und statischem Druck p_s. Nach Gleichung (IV.12) wird der *Staudruck*

$$q = p_g - p_s = \beta \frac{\rho}{2} w^2 \tag{IV.13}$$

Für die Abmessungen nach Bild IV.7 wird $\beta \approx 1$ (bis zu einem Winkel von 17° zwischen Rohrachse und Strömungsrichtung).

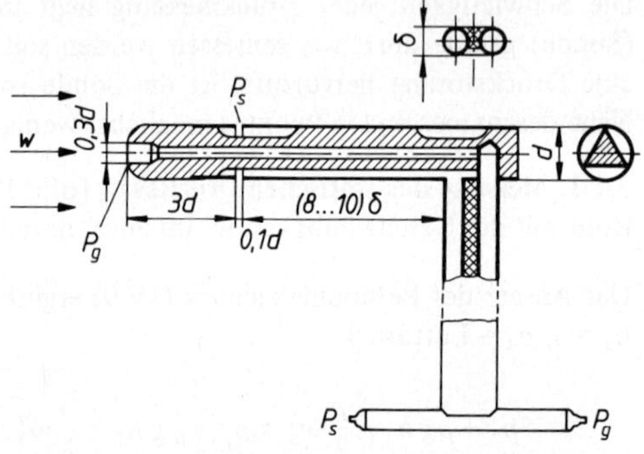

Bild IV.7. Messung des Staudruckes q mit Staurohr

- **Beispiel:** Durch eine Rohrleitung strömt Wasser mit einer Geschwindigkeit $w = 1$ m/s. Dichte $\rho = 1000$ kg/m³. Berechne den Staudruck!

Lösung: Staudruck $q = \frac{\rho}{2} w^2 = \frac{1000}{2} \cdot 1 \cdot \frac{\text{kg m}^2}{\text{m}^3\,\text{s}^2} = 500\,\frac{\text{kgm}}{\text{s}^2\,\text{m}^2} = 500$ Pa

- **Beispiel:** Für *Luft* bei 15 °C und 1,01 bar beträgt die Dichte $\rho = 1{,}223$ kg/m³. Damit beträgt z.B. für $p = 196{,}2$ Pa die Strömungsgeschwindigkeit

$$w = \sqrt{\frac{2p}{\rho}} = \sqrt{\frac{2 \cdot 196{,}2\ \text{kgm m}^3}{1{,}226\ \text{kg s}^2\,\text{m}^2}} = 17{,}9\ \frac{\text{m}}{\text{s}}$$

Tafel IV.2 (Seite 341) zeigt eine Gegenüberstellung des Staudruckes q und der zugehörigen Geschwindigkeit w für Luft und Wasser.

3.2. Mengenmessungen in Rohrleitungen

Es wird die Druckdifferenz $p_1 - p_2$ bei Querschnittsänderungen nach Bild IV.8 gemessen. Für die Querschnitte A_1, A_2, die mittleren Geschwindigkeiten w_1, w_2 und die Drucke p_1, p_2 ergibt die Bernoulligleichung $p_1 - p_2 = \rho/2\,(w_2^2 - w_1^2)$. Mit der Kontinuitätsgleichung $q_V = wA$ wird nach Umstellung der *theoretische Volumenstrom*

$$q_V = \sqrt{\frac{2(p_1 - p_2)}{\rho\left(\frac{1}{A_2^2} - \frac{1}{A_1^2}\right)}} \qquad \text{(IV.14)}$$

q_V	p_1, p_2	ρ	A_1, A_2
$\frac{m^3}{s}$	$\frac{N}{m^2} = Pa$	$\frac{kg}{m^3}$	m^2

Die Gleichung ergibt theoretische Werte. Die Einflüsse der Reibung, Einschnürung des Strömungsquerschnittes (Kontraktionszahl), Form des Drosselgerätes (Venturirohr, Düse oder Staurand nach Bild IV.8) usw. lassen sich nur empirisch ermitteln und werden in der Durchflußzahl α zusammengefaßt. Für den Staurand (Blende) nach *Prandtl* ist $\alpha = 0{,}598 + 0{,}395\,m^2$, worin $m = A_2/A_1$ gesetzt ist. Staurand, Düse und Venturirohr sind genormt. Zahlenwerte für α in DIN 1952. Mit Querschnittsverhältnis m und Durchflußzahl α ergibt sich aus der obigen Gleichung der *Massenstrom*

$$q_m = \alpha \frac{A_2}{\sqrt{1 - m^2}} \sqrt{2\rho(p_1 - p_2)} \qquad \text{(IV.15)}$$

Bild IV.8. a) Staurand (Blende), b) Düse

■ **Beispiel:** Eine Wasser führende Leitung nach Bild IV.8 hat die Querschnitte $A_1 = 0{,}3\ m^2$, $A_2 = 0{,}1\ m^2$. Die Drücke betragen $p_1 = 2{,}5$ bar, $p_2 = 1{,}5$ bar.
Wie groß ist der theoretische Volumenstrom q_V?

Lösung: Mit $\rho = 1000\ \frac{kg}{m^3}$, $p_1 - p_2 = 1\ \text{bar} = 10^5\ \frac{N}{m^2} = 10^5\ \frac{kgm}{s^2m^2}$ wird nach (IV.14):

$$q_V = \sqrt{\frac{2 \cdot 10^5\ \frac{kgm}{s^2m^2}}{10^3\ \frac{kg}{m^3}\ \frac{1}{m^2}\left(\frac{1}{0{,}01} - \frac{1}{0{,}09}\right)}} = 1{,}5\ \frac{m^3}{s}$$

3.3. Ausfluß aus einem Gefäß

3.3.1. Geschwindigkeitszahl, Kontraktionszahl, Ausflußzahl. Das aus einer Öffnung ausströmende Flüssigkeitsvolumen ist immer kleiner als das sich theoretisch ergebende, weil die mittlere Ausflußgeschwindigkeit infolge der inneren Flüssigkeitsreibung und der Reibung an den Gefäßwänden nicht ganz den theoretischen Wert $w = \sqrt{2gh}$ (IV.17) erreicht. Diese Tatsache wird durch die *Geschwindigkeitszahl* φ berücksichtigt. Sie ist abhängig von der Zähigkeit der Flüssigkeit und beträgt bei Wasser etwa $\varphi = 0{,}97 \ldots 0{,}99$.

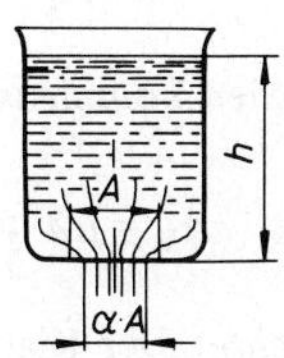

Bild IV.9
Kontraktionszahl α

Noch mehr wird die Ausflußmenge verringert durch die Einschnürung (Kontraktion) des Flüssigkeitsstrahles (Bild IV.9), infolge der plötzlichen Umlenkung der Strahlrichtung. Der wirkliche Strahlquerschnitt ist dann nicht „A“, sondern „αA“. Darin ist α die *Kontraktionszahl* (stets < 1).

Das Produkt aus Geschwindigkeitszahl φ und Kontraktionszahl α heißt *Ausflußzahl* $\mu = \alpha\,\varphi$. Sie ist abhängig von der Form der Ausflußöffnung. Drei Hauptformen mit zugehöriger Ausflußzahl zeigt Bild IV.10.

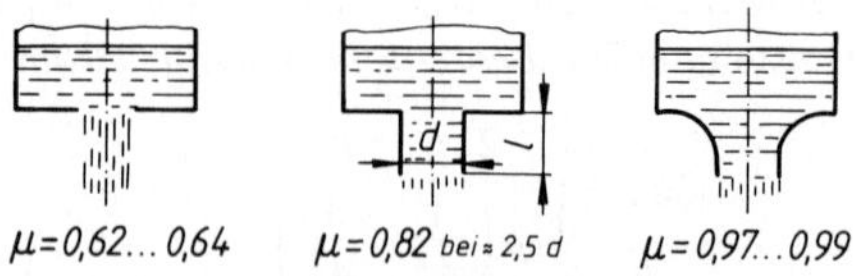

Bild IV.10. Ausflußzahlen für Wasser

3.3.2. Offenes Gefäß, konstante Druckhöhe h. Bleibt die Druckhöhe h in Bild IV.11 konstant oder ist sie groß gegenüber der Höhe der seitlichen Öffnung des Gefäßes, dann ist die Geschwindigkeit w_1 der Teilchen bei 1 klein gegen w_2 ($w_1 = 0$). Mit $p_1 = p_2 = p_0$ ergibt die Bernoulligleichung dann

$$h_1 - h_2 = h = \frac{w_2^2}{2\,g}$$

und daraus mit Geschwindigkeitszahl φ die *Ausflußgeschwindigkeit*

$$w = \varphi\,\sqrt{2\,g\,h} \qquad \text{(IV.16)}$$

w	g	h
$\frac{\text{m}}{\text{s}}$	$\frac{\text{m}}{\text{s}^2}$	m

Die theoretische Ausflußgeschwindigkeit ist also ebenso groß, als wenn das ausfließende Teilchen die Höhe h frei durchfallen wäre (Summierung der Teilarbeiten der einzelnen Flüssigkeitsteilchen). Die Gleichung gilt für alle Flüssigkeiten. Die Druckhöhe h heißt auch Geschwindigkeitshöhe.

In Verbindung mit der Kontinuitätsgleichung und der Ausflußzahl μ wird der *Volumenstrom*

$$q_V = \mu A\,\sqrt{2\,g\,h} \qquad \text{(IV.17)}$$

q_V	μ	A	g	h
$\frac{\text{m}^3}{\text{s}}$	1	m^2	$\frac{\text{m}}{\text{s}^2}$	m

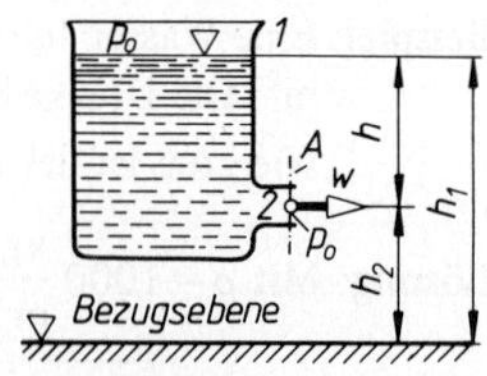

Bild IV.11
Ausfluß aus einem Gefäß

3.3.3. Geschlossenes Gefäß, konstante Druckhöhe h. Nach Bild IV.11 herrscht dann an Stelle 1 der Druck p_1, an der Stelle 2 der Atmosphärendruck p_0. Wird wieder vernachlässigbar kleine Geschwindigkeit w_1 der Teilchen bei 1 angenommen, so ergibt die Bernoulligleichung mit $p_1 - p_0 = p_ü$ (= Überdruck über dem Wasserspiegel gemessen) die *Ausflußgeschwindigkeit*

$$w = \varphi\sqrt{2\left(g\,h + \frac{p_ü}{\rho}\right)} \qquad \text{(IV.18)}$$

und den *Volumenstrom*

$$q_V = \mu A\sqrt{2\left(g\,h + \frac{p_ü}{\rho}\right)} \qquad \text{(IV.19)}$$

w	φ	g	h	$p_ü$	ρ	q_V	A
$\frac{\text{m}}{\text{s}}$	1	$\frac{\text{m}}{\text{s}^2}$	m	$\frac{\text{N}}{\text{m}^2} = \text{Pa}$	$\frac{\text{kg}}{\text{m}^3}$	$\frac{\text{m}^3}{\text{s}}$	m^2

Beachte: Der Klammerausdruck $(g\,h + p_ü/\rho)$ unter der Wurzel ist der Überdruck $\Delta p_ü$, gemessen mit einem Manometer in Niveauhöhe des Austritts; es kann dann mit $(g\,h + p_ü/\rho) = \Delta p_ü$ gerechnet werden!

Der *Massenstrom* in kg/s wird erhalten aus:

$$q_m = q_V \rho \qquad \text{(IV.20)}$$

Fließen unter gleichen Bedingungen zwei Flüssigkeiten oder Gase mit den Dichten ρ_1 und ρ_2 aus den gleichen Gefäßen aus, so gilt für die gleichen Volumenströme mit t = Ausflußzeit:

$$\frac{t_1}{t_2} = \frac{w_2}{w_1} = \sqrt{\frac{\rho_1}{\rho_2}} \qquad \text{(IV.21)}$$

d.h. die Ausflußzeiten verhalten sich wie die Wurzeln aus den Dichten. Damit läßt sich die Dichte von Gasen bestimmen.

3.3.4. Offenes Gefäß mit sinkendem Flüssigkeitsspiegel (Bild IV.12). Bei der Druckhöhe h_1 ist die theoretische Ausflußgeschwindigkeit $w_1 = \sqrt{2gh_1}$; bei h_2 ist $w_2 = \sqrt{2gh_2}$. Die Bewegung ist gleichmäßig verzögert, so daß mit der mittleren Geschwindigkeit $w_m = w_1 + w_2/2$ gerechnet wird. In der Ausflußzeit t beträgt dann das *Ausflußvolumen*

$$V = \mu A w_m t \qquad \text{(IV.22)}$$

$$V = \mu A t \frac{\sqrt{2gh_1} + \sqrt{2gh_2}}{2} \qquad \text{(IV.23)}$$

V	μ	A	w_m	t	g	h_1, h_2
m^3	1	m^2	$\frac{m}{s}$	s	$\frac{m}{s^2}$	m

Bei *völliger Entleerung* des Gefäßes wird $h_2 = 0$ und damit das *Ausflußvolumen*

$$V = \frac{1}{2} \mu A t \sqrt{2gh_1} \qquad \text{(IV.24)}$$

und die *Ausflußzeit*

$$t = \frac{2V}{\mu A \sqrt{2gh_1}} \qquad \text{(IV.25)}$$

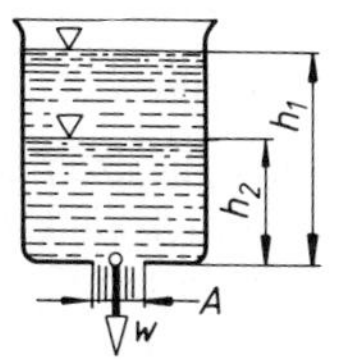

Bild IV.12. Ausfluß bei sinkendem Flüssigkeitsspiegel

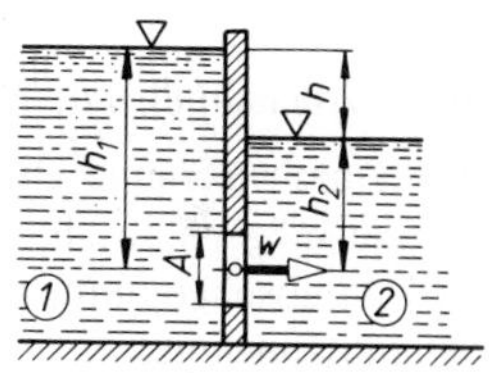

Bild IV.13. Ausfluß unter Gegendruck

3.4. Ausfluß unter Gegendruck (Bild IV.13)

Es gelten die gleichen Beziehungen wie bei kleinen Seitenöffnungen (IV.16) und (IV.17). Für die Druckhöhe h wird die Druckhöhendifferenz $h = h_1 - h_2$ eingesetzt.

- **Beispiel:** Ein aufrecht stehender, zylindrischer Wasserbehälter von 5 m lichtem Durchmesser besitzt eine Bodenöffnung von 200 mm Durchmesser und der Ausflußzahl 0,64. Das Wasser steht im Behälter bis zur Höhe h = 4 m. Bestimme die Ausflußzeit t_1 bis zur halben und t_2 bis zur vollständigen Entleerung!

Lösung: Gleichung (IV.23) nach t aufgelöst ergibt mit

$$V = \frac{\pi\, 5^2\, m^2}{4} \cdot 4\, m = 78{,}5\, m^3; \quad \frac{V}{2} = 39{,}25\, m^3; \quad A = \frac{\pi\, 0{,}2^2\, m^2}{4} = 0{,}0314\, m^2$$

$h_1 = 4$ m; $h_2 = 2$ m:

$$t_1 = \frac{2\frac{V}{2}}{\mu A (\sqrt{2gh_1} + \sqrt{2gh_2})} = \frac{2 \cdot 39{,}25\, m^3}{0{,}64 \cdot 0{,}0314\, m^2 \cdot 15{,}12\, \frac{m}{s}} = 258\, s = 4{,}3\, min$$

Für t_2 wird nach (IV.24):

$$t_2 = \frac{2V}{\mu A \sqrt{2gh_1}} = \frac{2 \cdot 78{,}5\, m^3}{0{,}64 \cdot 0{,}0314\, m^2 \cdot 8{,}86\, \frac{m}{s}} = 882\, s = 14{,}7\, min$$

■ **Beispiel:** Die Wasseroberfläche eines Dampfkessels liegt unter einem Überdruck von 4 bar. Das Ablaßrohr liegt 2,1 m unter dem Wasserspiegel und hat 60 mm lichte Weite mit der Ausflußzahl $\mu = 0{,}82$. Wieviel Wasser strömt in jeder Sekunde durch das Rohr?

Lösung: Gleichung (IV.19) ergibt für $A = \frac{\pi\, 0{,}06^2\,\text{m}^2}{4} = 0{,}00283\ \text{m}^2$

$$\text{Dichte } \rho = 1000\,\frac{\text{kg}}{\text{m}^3};\quad p_{\ddot{u}} = 4 \cdot 10^5\,\frac{\text{N}}{\text{m}^2}$$

$$q_V = \mu A \sqrt{2gh + \frac{p_{\ddot{u}}}{\rho}}$$

$$q_V = 0{,}82 \cdot 2{,}83 \cdot 10^{-3}\ \text{m}^2 \sqrt{2\left(9{,}81\,\frac{\text{m}}{\text{s}^2} \cdot 2{,}1\ \text{m} + \frac{4 \cdot 10^5}{1000} \cdot \frac{\text{kgm}\,\text{m}^3}{\text{s}^2\,\text{m}^2\,\text{kg}}\right)}$$

$$q_V = 0{,}067\,\frac{\text{m}^3}{\text{s}}$$

$$\text{Massenstrom } q_m = q_V\,\rho = 0{,}067\,\frac{\text{m}^3}{\text{s}} \cdot 10^3\,\frac{\text{kg}}{\text{m}^3} = 67\,\frac{\text{kg}}{\text{s}}$$

4. Widerstände in Rohrleitungen

4.1. Druckabfall Δp, Widerstandszahl λ

Die Durchströmung eines geraden, horizontal liegenden Rohres vom Durchmesser d und Länge l ist nur möglich durch einen Überdruck am Einlauf des Rohres. Dieser fällt längs des Rohres bis auf den Atmosphärendruck ab. Beim glatten Kreisrohr ist der *Druckabfall* Δp fast linear und im laminaren Bereich proportional der mittleren Strömungsgeschwindigkeit w:

$$\Delta p = \lambda \frac{l\rho}{2d}\, w^2 \qquad \text{(IV.26)}$$

Δp	l	ρ	d	w	λ
$\frac{\text{N}}{\text{m}^2}$	m	$\frac{\text{kg}}{\text{m}^3}$	m	$\frac{\text{m}}{\text{s}}$	1

Die Widerstandszahl λ ist eine Verhältnisgröße und abhängig von der *Re*-Zahl und der Rauhigkeit. Für überschlägige Berechnungen wird für Luft, Wasser und Dampf empfohlen, $\lambda = 0{,}015 \ldots 0{,}02$ anzunehmen.

4.2. Glattes Kreisrohr

Im geraden Rohr mit glatten Wänden verläuft bis $Re = 2300$ die Strömung laminar. Im *laminaren Bereich* gilt für die *Widerstandszahl*

$$\lambda = \frac{64}{Re} = \frac{\Delta p\, 2d}{w^2 \rho\, l} \qquad \text{(IV.27)}$$

Sind die Rohrabmessungen d, l, sowie die Strömungsgeschwindigkeit w für einen bestimmten Volumendurchsatz gegeben, so ist der erforderliche Druckunterschied Δp zwischen Rohranfang und Ende, der *Druckabfall*

$$\Delta p = \frac{32\,\eta\, w\, l}{d^2} \qquad \text{(IV.28)}$$

Δp	η	w	l	d
$\frac{\text{N}}{\text{m}^2}$	$\frac{\text{Ns}}{\text{m}^2}$	$\frac{\text{m}}{\text{s}}$	m	m

Dynamische Zähigkeit η nach (IV.3).

Für den *turbulenten Bereich* lassen sich die Gesetze nicht mehr theoretisch aufstellen, hier gelten vielmehr empirisch gefundene Gleichungen:

Potenzgesetz von Blasius bis $Re = 100\,000$	$\lambda = 0{,}316 \cdot Re^{-0{,}25}$	(IV.29)
Gesetz von Hermann bis $Re = 2\,000\,000$	$\lambda = 0{,}0054 + 0{,}396 \cdot Re^{-0{,}3}$	(IV.30)
Formel von Nikuradse $Re = 10^5 \ldots 3{,}23 \cdot 10^6$	$\lambda = 0{,}0032 + 0{,}221 \cdot Re^{-0{,}237}$	(IV.31)

4.3. Rauhes Kreisrohr

Im Bereich *hoher Re-Zahlen* ist die Widerstandszahl λ nur von der *relativen Wandrauhigkeit* k/d abhängig. Für *körnige* Rauhigkeiten (im Gegensatz zu welligen) setzt man die *Widerstandszahl*

$$\lambda = \frac{1}{\left[2 \lg\left(\frac{d}{k}\right) + 1{,}14\right]^2} \qquad \text{(IV.32)}$$

d Rohrdurchmesser in mm, k absolute Wandrauhigkeit in mm nach Tafel IV.3.

Größte Schwierigkeiten bereitet das gerade technisch interessante *Übergangsgebiet* zwischen laminarer und turbulenter Strömung. Dagegen ist man gut unterrichtet über das Verhalten von *Stahlrohrleitungen.* Hier rechnet man mit der *Widerstandszahl für Stahlrohrleitungen*

$$\lambda = \lambda_{\text{glatt}} + \frac{0{,}86 \cdot 10^{-3}}{d^{0{,}28}} \left(\lg \frac{Re}{(10^5 d)^{1{,}1}}\right)^{7/4} \qquad \text{(IV.33)}$$

Darin ist λ_{glatt} zu berechnen nach (IV.29, IV.30, IV.31).

4.4. Unrunde Querschnitte

Es gelten die obigen Gleichungen, wenn der Durchmesser $d = 4a$ gesetzt wird, woin

$$a = \frac{\text{Querschnittsfläche } A}{\text{benetzter Umfang } U}$$

ist. Für den Kreis wird

$$a = \frac{\frac{\pi}{4} d^2}{\pi d} = \frac{d}{4}$$

Diese Umstellung ist auch bei der Re-Zahl erforderlich: $Re = w\,4A/U\nu$.

4.5. Krümmer und Ventile

Die Druckverluste werden hier auf den Staudruck der mittleren Strömungsgeschwindigkeit bezogen: *Druckabfall*

$$\Delta p = \zeta \frac{\rho}{2} w^2 \qquad \text{(IV.34)}$$

Δp	ζ	ρ	w
$\frac{N}{m^2}$	1	$\frac{kg}{m^3}$	$\frac{m}{s}$

Die Widerstandszahl ζ für Krümmer und Ventile ist eine Verhältnisgröße; Werte siehe Tafeln IV.5 und IV.6.

4.6. Verzweigungen

Verzweigt sich ein Flüssigkeitsstrom oder werden zwei Teilströme vereinigt, so entsteht in jedem Teilstrom ein Druckabfall. Er wird auf den Staudruck des Gesamtstromes bezogen:

Druckabfall in der Abzweigung

$$\Delta p = \zeta_a \frac{\rho}{2} w^2 \qquad \text{(IV.35)}$$

Druckabfall im Gesamtstrom nach der Abzweigung

$$\Delta p = \zeta_g \frac{\rho}{2} w^2 \qquad \text{(IV.36)}$$

ζ_a, ζ_g-Werte nach Tafel IV.6. Darin ist Q_a abgezweigte Menge und Q Gesamtmenge.

■ **Beispiel:** Eine waagerecht liegende, gerade Grauguß-Rohrleitung von $d = 0{,}3$ m lichtem Durchmesser ist $l = 1200$ m lang und soll 10 m³/min Wasser von 30 °C liefern.

Gesucht: Der erforderliche Druckunterschied Δp zwischen Anfang und Ende der Rohrleitung.

Lösung: Aus Tafel IV.1: $\nu = 0{,}81 \cdot 10^{-6} \frac{\text{m}^2}{\text{s}}$; aus Tafel IV.3: $k = 1{,}5$ für GG, angerostet; nach (IV.5) wird die mittlere Strömungsgeschwindigkeit

$$w = \frac{q_V}{A} = \frac{10\ \text{m}^3 \cdot 4}{60\ \text{s} \cdot 0{,}3^2\ \pi\ \text{m}^2} = 2{,}36\ \frac{\text{m}}{\text{s}};$$ nach (IV.2) die *Re*-Zahl

$$Re = \frac{w d}{\nu} = \frac{2{,}36\ \text{m} \cdot 0{,}3\ \text{m s}}{0{,}81 \cdot 10^{-6}\ \text{m}^2\ \text{s}} = 0{,}875 \cdot 10^6 = 875\,000 > Re_{kr},$$ also turbulente Strömung

relative Rauhigkeit $\frac{d}{k} = \frac{0{,}3\ \text{m}}{1{,}5 \cdot 10^{-3}\ \text{m}} = 200$, damit nach (IV.32) die *Widerstandszahl*

$$\lambda = \frac{1}{(2 \lg 200 + 1{,}14)^2} = 0{,}0303 \approx 0{,}03$$

damit nach (IV.26) der Druckabfall (= erforderlicher Druckunterschied zwischen Anfang und Ende)

$$\Delta p = \lambda \frac{l \rho}{2 d} w^2 = 0{,}03 \frac{1200\ \text{m} \cdot 1000\ \text{kg}}{2 \cdot 0{,}3\ \text{m}\ \text{m}^3} \cdot 5{,}6 \frac{\text{m}^2}{\text{s}^2} = 336 \cdot 10^3 \frac{\text{N}}{\text{m}^2} = 3{,}36 \cdot 10^5\ \text{Pa} = 3{,}36\ \text{bar}$$

■ **Beispiel:** Eine waagerecht verlegte Stahlrohrleitung, geschweißt, leicht angerostet, von $d = 300$ mm lichtem Durchmesser und $l = 2{,}5$ km Länge enthält 8 Krümmer mit der mittleren Widerstandszahl $\zeta = 0{,}25$ und 4 Schieber. Es sollen 150 m³ Wasser von 10 °C in der Stunde gefördert werden. Wie groß ist der gesamte Druckabfall Δp?

Lösung: Der Volumenstrom beträgt

$$q_V = \frac{150\ \text{m}^3}{3{,}6 \cdot 10^3\ \text{s}} = 0{,}0417\ \frac{\text{m}^3}{\text{s}};$$ daraus die mittlere Strömungsgeschwindigkeit

$$w = \frac{q_V}{A} = \frac{4{,}17 \cdot 10^{-2}\ \text{m}^3}{7{,}07 \cdot 10^{-2}\ \text{s}\ \text{m}^2} = 0{,}59 \frac{\text{m}}{\text{s}}$$

mit $\nu = 1{,}31 \cdot 10^{-6}\,\frac{\mathrm{m}^2}{\mathrm{s}}$ nach Tafel IV.1 wird mit (IV.2) die *Re*-Zahl

$$Re = \frac{w\,d}{\nu} = \frac{0{,}59\ \mathrm{m} \cdot 0{,}3\ \mathrm{m\ s}}{1{,}31 \cdot 10^{-6}\,\mathrm{m}^2\,\mathrm{s}} = 135\,000;\quad \lambda_{\text{glatt}} \text{ nach (IV.31):}$$

$$\lambda_{\text{glatt}} = 0{,}0032 + 0{,}221 \cdot Re^{-0{,}237} \approx 0{,}017 \text{ und damit nach (IV.33)}$$

$$\lambda = \lambda_{\text{glatt}} + \frac{0{,}86 \cdot 10^{-3}}{d^{0{,}28}}\left(\lg \frac{Re}{(10^5 \cdot d)^{1{,}1}}\right)^{7/4} \approx 0{,}0175\ (\lambda_{\text{glatt}} \approx \lambda,\text{ weil } Re \text{ relativ klein})$$

$$\text{Druckabfall } \Delta p_{\text{ges}} = \left(\lambda \frac{l}{d} + 8\,\zeta_{\text{kr}} + 4\,\zeta_{\text{Sch}}\right)\frac{\rho}{2}w^2 = \left(0{,}0175 \cdot \frac{2500\ \mathrm{m}}{0{,}3\ \mathrm{m}} + 8 \cdot 0{,}25 + 4 \cdot 0{,}05\right)\frac{\rho}{2}w^2$$

$$\Delta p_{\text{ges}} = 0{,}26 \cdot 10^5\ \frac{\mathrm{N}}{\mathrm{m}^2} = 0{,}26\ \mathrm{bar}$$

Tafel IV.2. Staudruck q in N/m² und Geschwindigkeit w in m/s für Luft und Wasser

Luft 15 °C, 1,013 bar = 1,013 · 10⁵ N/m²

q	9,8	39	49	88	98	157	196	245	294	390	490
w	4	8	8,95	12	12,65	16	17,9	20	21,9	25,3	28,3

Wasser

q	9,8	20	29	69	98	128	177	245	490	980
w	0,14	0,2	0,28	0,4	0,447	0,5	0,6	0,7	1	1,4

Wasser

q	1960	2940	3920	4900	7840	9800	19600	29400	39200
w	2	2,45	2,83	3,16	4	4,47	6,33	7,73	8,95

Tafel IV.3. Absolute Wandrauhigkeit k

Werkstoff und Zustand	Stahlrohr, neu geschweißt	Stahlrohr, geschweißt, leicht angerostet	Stahlrohr, geschweißt, stärkere Verkrustung
k in mm	0,05 ... 0,10	0,15 ... 0,20	... 3,0

Werkstoff und Zustand	GG, neu, innen Zement oder Bitumen	GG, neu, nicht ausgekleidet	GG, angerostet	Beton, neu ohne Verputz
k in mm	0 (glatt) ... 0,12	0,25	1 ... 1,5	0,2 ... 0,8

Tafel IV.4. Widerstandszahlen ζ für Ventile

Ventilart	DIN-Ventil	Reform-Ventil	Rhei-Ventil	Koswa-Ventil	Freifluß-Ventil	Schieber
ζ =	4,1	3,2	2,7	2,5	0,6	0,05

Tafel IV.5. Widerstandszahlen ζ für plötzliche Rohrverengung

Querschnittsverhältnis $\frac{A_2}{A_1}$ =	0,1	0,2	0,3	0,4	0,6	0,8	1,0
ζ =	0,46	0,42	0,37	0,33	0,23	0,13	0

Tafel IV.6. Widerstandszahlen ζ von Leitungsteilen

Krümmer

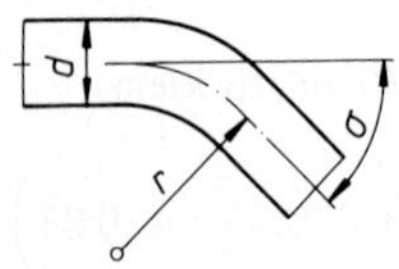

	$\frac{d}{r}$	1	2	4	6	10
glatt	δ = 15°	0,03	0,03	0,03	0,03	0,03
	δ = 22,5°	0,045	0,045	0,045	0,045	0,045
	δ = 45°	0,14	0,09	0,08	0,075	0,07
	δ = 60°	0,19	0,12	0,10	0,09	0,07
	δ = 90°	0,21	0,14	0,11	0,09	0,11
rauh	δ = 90°	0,51	0,30	0,23	0,18	0,20

Gußkrümmer 90°

NW	50	100	200	300	400	500
ζ =	1,3	1,5	1,8	2,1	2,2	2,2

scharfkantiges Knie

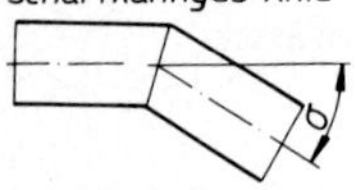

	δ =	22,5°	30°	45°	60°	90°
glatt	ζ =	0,07	0,11	0,24	0,47	1,13
rauh	ζ =	0,11	0,17	0,32	0,68	1,27

Kniestück

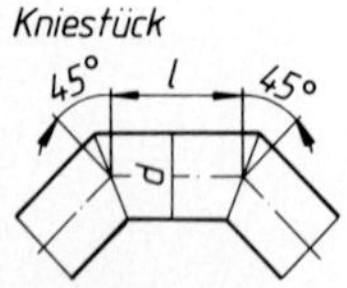

	$\frac{l}{d}$ =	0,71	0,943	1,174	1,42	1,86	2,56	6,28
glatt	ζ =	0,51	0,35	0,33	0,28	0,29	0,36	0,40
rauh	ζ =	0,51	0,41	0,38	0,38	0,39	0,43	0,45

Kniestück

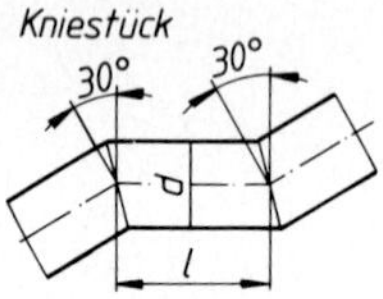

	$\frac{l}{d}$ =	1,23	1,67	2,37	3,77
glatt	ζ =	0,16	0,16	0,14	0,16
rauh	ζ =	0,30	0,28	0,26	0,24

Stromabzweigung (Trennung)

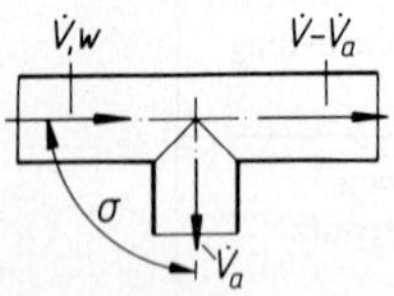

	$\frac{\dot V_a}{\dot V}$ =	0	0,2	0,4	0,6	0,8	1
δ = 90°	ζ_a =	0,95	0,88	0,89	0,95	1,10	1,28
	ζ_g =	0,04	− 0,08	− 0,05	0,07	0,21	0,35
δ = 45°	ζ_a =	0,9	0,66	0,47	0,33	0,29	0,35
	ζ_g =	0,04	− 0,06	− 0,04	0,07	0,20	0,33

Zusammenfluß (Vereinigung)

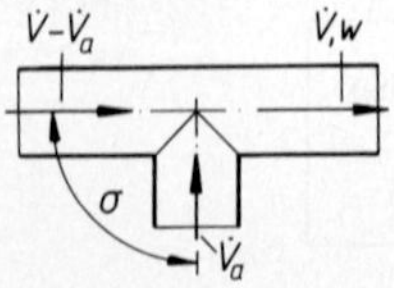

	$\frac{\dot V_a}{\dot V}$ =	0	0,2	0,4	0,6	0,8	1
δ = 90°	ζ_a =	− 1,1	− 0,4	0,1	0,47	0,72	0,9
	ζ_g =	0,04	0,17	0,3	0,4	0,5	0,6
δ = 45°	ζ_a =	0,9	− 0,37	0	0,22	0,37	0,38
	ζ_g =	0,05	0,17	0,18	0,05	− 0,2	− 0,57

für Warmwasserheizungen						
	Durchmesser d = 14 mm	20	25	34	39	49
Bogenstück 90°	ζ = 1,2	1,1	0,86	0,53	0,42	0,51
Knie 90°	ζ = 1,7	1,7	1,3	1,1	1,0	0,83

Festigkeitslehre

Alfred Böge

Formelzeichen und Einheiten

A	mm^2, cm^2, m^2	Flächeninhalt, Fläche, Oberfläche, A_M Momentenfläche
a	mm	Abstand
b	mm	Stabbreite
R	$\frac{N}{mm}$, $\frac{N}{m}$	Federrate
d	mm	Stabdurchmesser
d_0	mm	ursprünglicher Stabdurchmesser
d_1	mm	Durchmesser des geschlagenen Nietes = Nietlochdurchmesser
Δd	mm	Durchmesserabnahme oder -zunahme
E	$\frac{N}{mm^2}$	Elastizitätsmodul
e_1	mm	Entfernung der neutralen Faser von der Druckfaser
e_2	mm	Entfernung der neutralen Faser von der Zugfaser
F	N	Kraft, Belastung, Last, Tragkraft
F'	$\frac{N}{m}$	Belastung der Längeneinheit, Streckenlast
F_K	N	Knickkraft (nach *Euler*)
f	mm	Durchbiegung
F_G	N	Gewichtskraft
G	$\frac{N}{mm^2}$	Schubmodul
H	mm	Gesamthöhe eines Querschnittes
h	mm	Höhe allgemein, Stabhöhe
I	mm^4, cm^4	axiales Flächenmoment 2. Grades
I_a, I_x, I_y	mm^4	auf die Achse a oder x oder y bezogenes Flächenmoment 2. Grades
I_p	mm^4	polares Flächenmoment 2. Grades
I_{xy}	mm^4	Zentrifugal- oder Fliehmoment
I_I, I_{II}	mm^4	Hauptflächenmomente 2. Grades
I_s	mm^4	Flächenmoment 2. Grades, bezogen auf die Schwerachse des Querschnittes
i	mm	Trägheitsradius
$l\,(L)$	mm	Stablänge nach der Dehnung oder Stauchung
$l\,(L_0)$	mm	ursprüngliche Stablänge (Ursprungslänge)
Δl	mm	Längenzunahme oder -abnahme
l_r	km	Reißlänge
M	Nmm, Nm	Drehmoment, Moment einer Kraft
M_b	Nmm, Nm	Biegemoment
M_T	Nmm, Nm	Torsionsmoment
S	mm^2, cm^2, m^2	Querschnitt, Querschnittsfläche
n	$\frac{1}{min} = min^{-1}$	Drehzahl

P	W, kW	Leistung
p	$\frac{N}{mm^2}$	Flächenpressung
r	mm	Radius
ν	1	Sicherheit gegen Knicken
s	mm	Stabdicke, Blechdicke
V	mm^3, m^3	Volumen
W	Nm = J = Ws	Arbeit, Formänderungsarbeit
W	mm^3	axiales Widerstandsmoment
W_x, W_y	mm^3	auf die x- oder y-Achse bezogenes Widerstandsmoment
W_p	mm^3	polares Widerstandsmoment für Kreis- und Kreisringquerschnitt
W_t	mm^3	Widerstandsmoment bei Torsion nicht kreisförmiger Querschnitte
α_l	$\frac{1}{°C} = \frac{1}{K}$	Längen-Ausdehnungskoeffizient
α_0	1	Anstrengungsverhältnis
δ	%	Bruchdehnung, Bruchstauchung
ϵ	1	Dehnung, Stauchung, $\epsilon = \frac{\Delta l}{l_0}$
ϵ_q	1	Querdehnung, $\epsilon_q = \frac{\Delta d}{d_0}$
T	K	Temperatur in Kelvin
ΔT	°C, K	Temperaturdifferenz in Grad Celsius (1 °C = 1 K)
λ	1	Schlankheitsgrad
λ_0	1	Grenzschlankheitsgrad (untere Grenze)
μ	1	Poisson-Zahl, $\mu = \frac{\epsilon_q}{\epsilon}$
ν	1	Sicherheit, allgemein bei Festigkeitsuntersuchungen
ρ	mm	Biegeradius, Krümmungsradius der elastischen Linie

σ		Normalspannung allgemein (Druck, Zug, Biegung, Knickung)
R_m (σ_B)		Zugfestigkeit
σ_b		Biegespannung
σ_d		Druckspannung
σ_E	$\frac{N}{mm^2}$	Spannung an der Elastizitätsgrenze
σ_K		Knickspannung
σ_l		Lochleibungsdruck
σ_P		Spannung an der Proportionalitätsgrenze
R_e (σ_S)		Streckgrenze
$R_{p\,0,2}$		0,2-Dehngrenze
σ_z		Zugspannung

σ_{zul}		zulässige Normalspannung ($\sigma_{b\,zul}$, $\sigma_{d\,zul}$, $\sigma_{K\,zul}$, $\sigma_{z\,zul}$)
τ		Schubspannung allgemein, Tangentialspannung (Schub, Abscheren, Torsion)
τ_a	$\frac{N}{mm^2}$	Abscherspannung, $\tau_a = \frac{F}{A}$
τ_s		Schubspannung, $\tau_s = c\,\frac{F}{A}$
τ_t		Torsionsspannung
τ_{zul}		zulässige Schub-(Tangential)-spannung
φ	°, rad	Biege- oder Verdrehwinkel
ω	1	Knickzahl

I. Allgemeines

1. Aufgaben der Festigkeitslehre

Die Festigkeitslehre ist ein Teil der Mechanik. Sie behandelt die Beanspruchungen, das sind die *Spannungen* und *Formänderungen,* die äußere Kräfte (Belastungen) in festen elastischen Körpern (Bauteilen) auslösen.

Die mathematisch auswertbaren Erkenntnisse werden benutzt zur *Ermittlung der Abmessungen* der „gefährdeten" Querschnitte von Bauteilen (Wellen, Achsen, Bolzen, Hebel, Schrauben usw.) für eine nicht zu überschreitende sogenannte zulässige Beanspruchung des Werkstoffes: *Querschnittsnachweis;* und zur *Kontrolle* der im gegebenen gefährdeten Querschnitt vorhandenen Beanspruchungen und Vergleich mit der zulässigen Beanspruchung: *Spannungsnachweis.*

Dabei werden ausreichende Sicherheit gegen Bruch und zu große Formänderung, aber auch Wirtschaftlichkeit der Konstruktion erwartet.

In der Konstruktion ist es vorteilhaft, die Abmessungen der Bauteile zunächst anzunehmen. Mit den Gesetzen der Festigkeitslehre werden dann die vorhandenen Spannungen und Formänderungen bestimmt und mit den zulässigen verglichen.

Die Erkenntnisse der Festigkeitslehre bauen auf den Gesetzen der Statik auf und lassen sich nur im Zusammenhang mit den Erkenntnissen der Werkstoffkunde und -prüfung anwenden.

Den Bedürfnissen der Praxis entsprechend werden hier nur solche Probleme behandelt, die zu möglichst einfachen Rechnungen führen, aber doch das Verhalten des Werkstoffes der beanspruchten Bauteile genügend genau wiedergeben.

2. Schnittverfahren

In der Statik werden die von *Bauteil zu Bauteil* übertragenen *inneren* Kräfte (innere Kräfte im Sinne einer mehrteiligen Konstruktion) durch „Freimachen" des betrachteten Bauteiles zu *äußeren* Kräften gemacht und dann mit Hilfe der Gleichgewichtsbedingungen die noch unbekannten Kräfte und Kraftmomente bestimmt.

In ähnlicher Weise werden in der Festigkeitslehre durch eine gedachte Schnittebene die von *Querschnitt zu Querschnitt* übertragenen *inneren* Kräfte zu *äußeren* gemacht. Der Ansatz der statischen Gleichgewichtsbedingungen für einen der beiden abgetrennten Teile liefert danach Art und Größe des inneren Kräftesystems. Erst damit kommt man zu einer Vorstellung über den Beanspruchungszustand (Spannungszustand) des betrachteten Bauteiles und kann etwas über die *Verteilung* der inneren Kräfte aussagen.

Bei „statisch unbestimmten Problemen" reichen die statischen Gleichgewichtsbedingungen nicht aus und es müssen noch Verformungsgleichungen der Elastizitätslehre herangezogen werden (siehe Beispiel Seite 368), damit die Summe aller verfügbaren Gleichungen mindestens gleich der Anzahl der unbekannten Kräfte und Kraftmomente ist.

2.1. Arbeitsplan zum Schnittverfahren

Der betrachtete Bauteil wird frei gemacht (siehe Statik) und alle äußeren Kräfte und Kraftmomente bestimmt;

im „gefährdeten" Querschnitt (oder an beliebiger Stelle) wird ein „Schnitt" gelegt;

am Schnittufer eines der beiden abgetrennten Teile werden solche inneren Kräfte und Kraftmomente angebracht, daß inneres und äußeres Kräftesystem im Gleichgewicht stehen;

das innere Kräftesystem wird mit Hilfe der Gleichgewichtsbedingungen bestimmt.

2.2. Anwendungsbeispiel: Zahn eines geradverzahnten Stirnrades

Nach Bild I.1a (Lageplan) wird der Zahn durch die äußere Kraft F unter dem Winkel β zur Senkrechten belastet. F wird in die Komponenten $F\cos\beta$ und $F\sin\beta$ zerlegt, weil das innere Kräftesystem dann gleich in Komponentenform vorliegt.

Durch Schnitt A–B wird ein Teil des Zahnes vom Radkörper abgetrennt und durch schrittweises Hinzufügen geeigneter Kräfte und Momente das durch den Schnitt gestörte Gleichgewicht des abgeschnittenen Teiles wieder hergestellt. Aus der Bedingung $\Sigma F_x = 0$ ergibt sich, daß der Querschnitt A–B eine *Querkraft* $F_q = F\sin\beta$ zu übertragen hat; ebenso aus $\Sigma F_y = 0$, daß eine *Normalkraft* $F_N = F\cos\beta$ aufgenommen werden muß. Sind diese beiden inneren Kräfte eingetragen, so erkennt man, daß dem Kräftepaar mit den Teilkräften $F\sin\beta$ im Querschnitt ein *inneres Moment* M_b (= *Biegemoment*) $= F\sin\beta\cdot l$ entgegen wirken muß. Damit ist das innere Kräftesystem vollständig bestimmt. Der (unendlich nahe) benachbarte Querschnitt des Zahnradkörpers muß das gleiche innere Kräftesystem übertragen, jedoch mit entgegengesetztem Richtungssinn, weil auch diese beiden Kräftesysteme im Gleichgewicht stehen müssen.

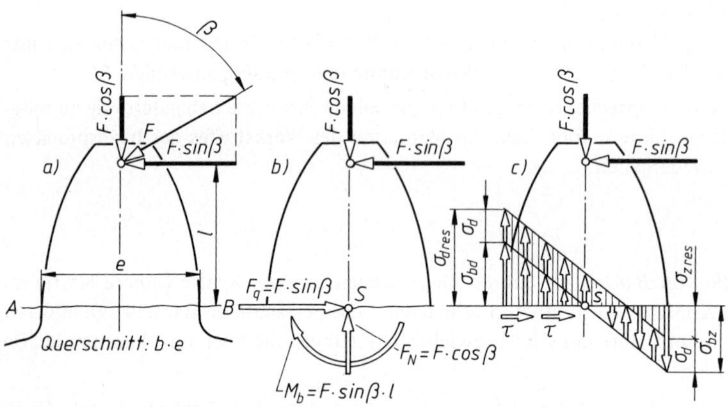

$$\sigma_{dres} = \sigma_{bd} + \sigma_d = \frac{M_b}{W} + \frac{F\cdot\cos\beta}{S} = \frac{F\cdot\sin\beta\cdot l}{\frac{b\cdot e^2}{6}} + \frac{F\cdot\cos\beta}{b\cdot e} = \frac{F}{b\cdot e}\left(\frac{\sin\beta\cdot l\cdot 6}{e} + \cos\beta\right)$$

Bild I.1
Schnittverfahren am Zahn eines Zahnrades
a) Lageplan,
b) inneres Kräftesystem,
c) Spannungssystem (Spannungsbild)

Jetzt kann das Spannungssystem (Spannungsbild I.1c) entworfen werden:

Querkraft $F_q = F\sin\beta$ erzeugt *Schub*spannungen τ (*in* der Fläche liegend);

Normalkraft $F_N = F\cos\beta$ erzeugt *Normal*spannungen σ (senkrecht auf der Fläche stehend), als *Druck*spannung auftretend;

Biegemoment $M_b = F\sin\beta\cdot l$ erzeugt *Normal*spannungen σ, als *Zug*spannung σ_z und *Druckspannung* σ_d auftretend; sie heißen *Biegespannung* σ_b und sind hier durch die Indexe unterschieden: σ_{bz}, σ_{bd}.

Wie die Spannungen über dem Querschnitt verteilt sind (Spannungsbild), ist in den entsprechenden Kapiteln erläutert (Zug, Druck, Biegung). Die Herleitung der Gleichung für die resultierende (größte) Druckspannung $\sigma_{d\,res}$ ergibt sich aus dem Spannungsbild.

2.3. Anwendungsbeispiel: Schwingende Kurbelschleife

Bild 1.2a zeigt das Schema eines Schubkurbelgetriebes. Die mit Winkelgeschwindigkeit ω umlaufende Kurbel bewegt mit dem im Gleitstein 1 sitzenden Kurbelzapfen die Schwinge um den Drehpunkt des Lagers A. In der gezeichneten Stellung verschiebt die Schwinge über den Gleitstein 2 den horizontal geführten Stößel nach rechts. Das im Schnitt x–x auftretende innere Kräfte- und Spannungssystem soll bestimmt werden. Reibung und Massenkräfte sind zu vernachlässigen.

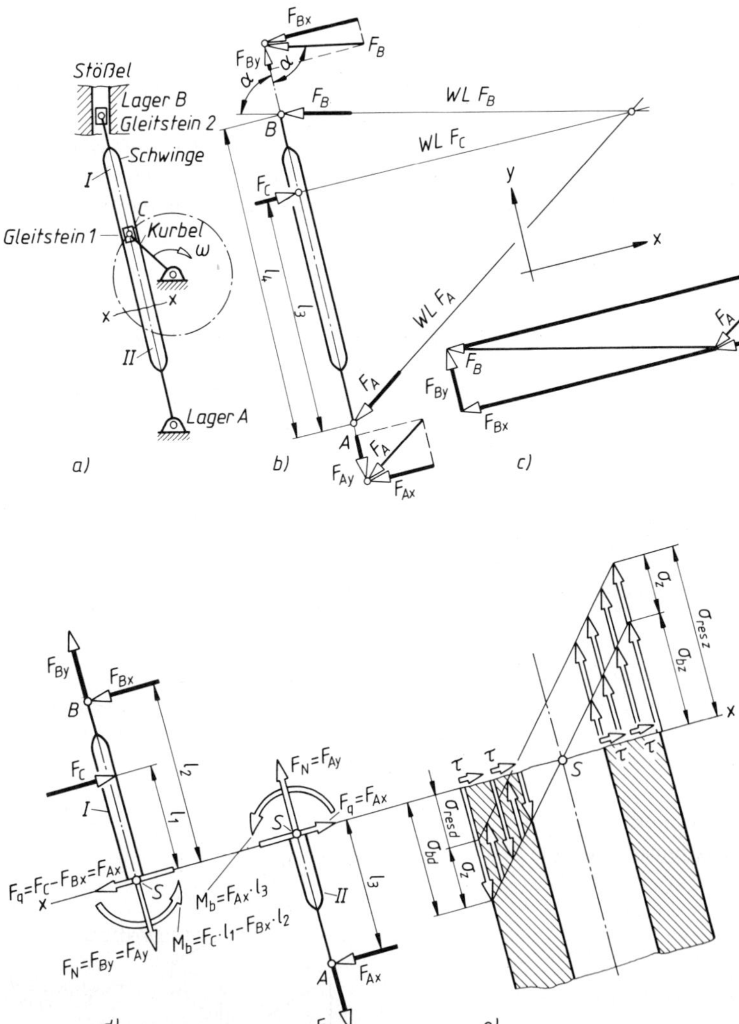

Bild I.2. Schnittverfahren an der Schwinge eines Schubkurbelgetriebes

a) Lageplan (Schema) des Getriebes mit Schnittstelle x–x, b) Lageplan der freigemachten Schwinge mit Wirklinien der Kräfte F_A, F_B, F_C (Dreikräfteverfahren), c) Kräfteplan der Schwingenkräfte F_A, F_B, F_C, d) inneres Kräftesystem im Schnitt x–x, e) Spannungssystem im Schnitt x–x

Nach dem *Arbeitsplan* wird zunächst die Schwinge frei gemacht (b). Der Stößel überträgt über Gleitstein 2 in waagerechter Richtung die aus dem Zerspanungswiderstand *bekannte Kraft* F_B von rechts nach links. Gleitstein 1 überträgt auf die Schwinge die senkrecht zur Schwingenachse wirkende (noch unbekannte) Kraft F_C. Im Lagerpunkt A (zweiwertig) greift an der Schwinge die (noch unbekannte) Stützkraft F_A an. Zur rechnerischen (analytischen) Kräftebestimmung werden F_B und F_A in ihre x- und y-Komponenten zerlegt. Bild I.2b und I.2c zeigen die *zeichnerische* Lösung (3-Kräfte-Verfahren). *Rechnerisch* ergibt sich

I. $\Sigma F_x = 0 = -F_{Bx} - F_{Ax} + F_C \qquad F_{Ax} = F_C - F_{Bx}$

II. $\Sigma F_y = 0 = +F_{By} - F_{Ay} \qquad F_{Ay} = F_{By}$

III. $\Sigma M_{(A)} = 0 = -F_C\, l_3 + F_{Bx}\, l_4 \qquad F_C = \dfrac{F_{Bx}\, l_4}{l_3}$

Die Gleichung für F_C wird zur Berechnung von F_{Ax} in I. eingesetzt; F_{Ay} ist aus II. bestimmt und damit auch $F_A = \sqrt{F_{Ax}^2 + F_{Ay}^2}$ berechenbar (wird hier nicht gebraucht). Mit den ermittelten Kräften F_C, F_{Ax}, F_{Ay} und der bekannten Kraft F_B kann nun das innere Kräftesystem im Schnitt x–x bestimmt werden (Bild I.2d).

Die am Schwingen-Teilstück I angreifenden Kräfte stehen im Gleichgewicht, wenn der Querschnitt x–x überträgt (siehe auch Kräfteplan):

die *Normalkraft* $F_N = F_{By} = F_{Ay}$; sie erzeugt *Normal*spannungen σ (als Zugspannung σ_z);

die *Querkraft* $F_q = F_C - F_{Bx} = F_{Ax}$; sie erzeugt *Schub*spannungen τ;

das *Biegemoment* $M_b = -F_C\, l_1 + F_{Bx}\, l_2 = -F_{Ax}\, l_3$; es erzeugt *Normal*spannungen σ (als Biegespannungen σ_b).

Das innere Kräfte- und Spannungssystem im (unendlich) benachbarten Querschnitt des Schwingen-Teilstück II muß von gleicher Größe sein, jedoch von entgegengesetztem Richtungssinn. Bild I.2e zeigt das Spannungssystem.

3. Spannung

3.1. Spannungsbegriff

Mit Hilfe des Schnittverfahrens kann für beliebige Querschnitte Betrag und Richtung des inneren Kräftesystems bestimmt werden. Damit kann der Betrag der *Beanspruchung* des Werkstoffes berechnet werden. Ein Maß für den Betrag der Beanspruchung ist die *Spannung*. Darunter versteht man die auf die Flächeneinheit bezogenen inneren Kräfte (Bild I.3):

$$\text{Spannung} = \frac{\text{innere Kraft } F \text{ in N}}{\text{Querschnittsfläche } S \text{ in mm}^2}$$

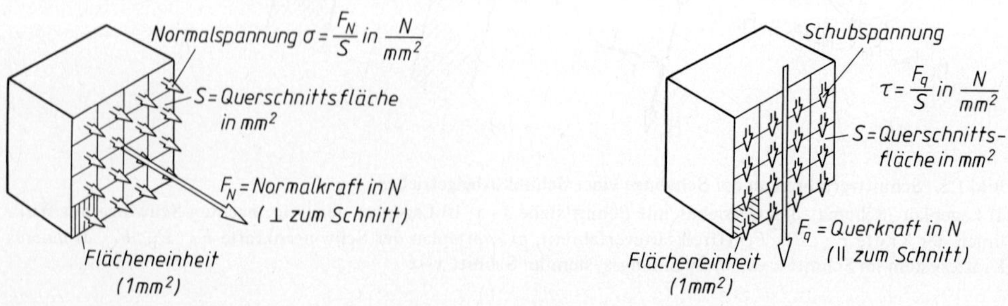

Bild I.3. Normalspannungen σ und Schubspannungen τ (Tangentialspannungen)

3.2. Spannungsarten

Steht die innere Kraft *senkrecht* zum Querschnitt, so spricht man von einer *Normal*kraft F_N. Liegt sie dagegen *im* Schnitt selbst, wirkt sie also *quer* zur Längsachse eines stabförmigen Körpers, so wird sie als *Quer*kraft F_q bezeichnet. Damit ergeben sich auch zwei senkrecht aufeinander stehende Spannungsrichtungen, die *Normalspannung*

$$\sigma = \frac{F_N}{S} \qquad (I.1)$$

σ	F_N	S
$\frac{N}{mm^2}$	N	mm^2

hervorgerufen durch die *senkrecht* zum Schnitt stehende innere *Normalkraft* F_N (Zug- oder Druckkraft) und die *Schubspannung* (Tangentialspannung)

$$\tau = \frac{F_q}{S} \qquad (I.2)$$

τ	F_q	S
$\frac{N}{mm^2}$	N	mm^2

hervorgerufen durch die *im* Querschnitt liegende innere *Querkraft* F_q (Schubkraft).

Die Beanspruchungsart (Zug, Druck, Abscheren, Biegung, Torsion) wird durch einen an das Spannungssymbol angehängten *Kleinbuchstaben* (Index) gekennzeichnet: σ_z Zugspannung, σ_d Druckspannung, σ_b Biegespannung, τ_a Abscherspannung, τ_t Torsionsspannung. Im Gegensatz dazu erhalten Spannungs*grenzen* (Grenzspannungen), das ist der Spannungsbetrag, der am Ende eines kennzeichnenden Zustandes auftritt, *Großbuchstaben*: σ_E Elastizitätsgrenze, σ_P Proportionalitätsgrenze, σ_F Fließgrenze, R_m (σ_B) Bruchgrenze, ebenso σ_D Dauerfestigkeit, σ_W Wechselfestigkeit, σ_{Sch} Schwellfestigkeit. Nennspannung σ_n ist derjenige rechnerische Spannungsbetrag, der bei vorliegenden Baumaßen aus den bekannten äußeren Kräften für einen betrachteten Querschnitt ermittelt wird.

4. Formänderung

Jeder feste Körper ändert unter der Einwirkung von Kräften seine Form. Nimmt der Körper nach Entlastung seine ursprüngliche Form wieder an, spricht man von *elastischer* Formänderung, behält er sie bei, von *plastischer* Formänderung. In technischen Bauteilen sind plastische und elastische Bereiche zu finden. Hier werden nur die elastischen Formänderungen rechnerisch behandelt.

Der auf Zug beanspruchte zylindrische Stab in Bild I.4 besitzt die *Ursprungslänge* l_0 und erfährt eine *Verlängerung* (bei Druck *Verkürzung*):

$$\Delta l = l - l_0 \qquad (I.3)$$

Die Längenänderung, die 1 mm des unbelasteten Stabes durch die Spannung σ erfährt, heißt *Dehnung* (bei Druck *Stauchung*):

$$\epsilon = \frac{\Delta l}{l_0} = \frac{l - l_0}{l_0} \qquad (I.4)$$

ϵ	$l_0, l, \Delta l$
1	mm

Die nach dem Zerreißversuch gebliebene Verlängerung Δl_B, bezogen auf die Ursprungslänge l_0 (Meßlänge) heißt *Bruchdehnung*

$$A = \frac{\Delta l_B}{l_0} 100 \qquad (I.5)$$

A	$l_0, \Delta l_B$
%	mm

Die Verlängerung nach dem Bruch Δl_B ist abhängig von l_0. Deshalb wird diese durch eine Beizahl gekennzeichnet: A_{10} bei $l_0 = 100$ mm; A_5 bei $l_0 = 50$ mm.

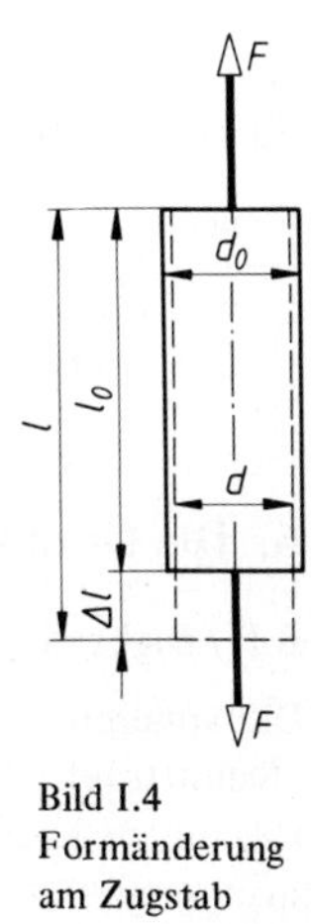

Bild I.4 Formänderung am Zugstab

Neben der *Längenänderung* tritt bei Zug auch eine *Querschnittsveränderung* auf, eine *Querdehnung:*

$$\epsilon_q = \frac{\Delta d}{d_0} = \frac{d_0 - d}{d_0} \qquad \text{(I.6)}$$

5. Hookesches Gesetz (Elastizitätsgesetz)

Die Beziehung zwischen Dehnung ϵ und zugehöriger Spannung σ klärt der Zugversuch: Bis zur *Proportionalitätsgrenze* σ_P (siehe Werkstoffprüfung) wächst bei vielen Werkstoffen (z.B. Stahl) die Dehnung ϵ mit der Spannung σ im gleichen Verhältnis (proportional). Bei doppelter Spannung zeigt sich die doppelte Dehnung. Es gilt dann das *Hookesche Gesetz*

$$\sigma = \frac{\Delta l}{l_0} E = \epsilon E \qquad \text{(I.7)}$$

Damit ergibt sich die *Verlängerung* (Verkürzung)

$$\Delta l = \epsilon l_0 = \frac{\sigma l_0}{E} = \frac{F l_0}{ES} \qquad \text{(I.8)}$$

$\Delta l, l_0$	ϵ	E, σ	F	S
mm	1	$\frac{\text{N}}{\text{mm}^2}$	N	mm^2

Beachte: Gleichungen I.7 und I.8 gelten nur bei Spannungen $\sigma < \sigma_P$! Es ist also stets zu prüfen, ob das Hookesche Gesetz *überhaupt* gilt und ob es *noch* gilt!

Der *Elastizitätsmodul E* (kurz: E-Modul) ist bei vielen Stoffen eine konstante Größe (Zahlenwerte in Tafel I.1). Da die Dehnung eine „Verhältnisgröße" ist (Dimension Eins), hat der E-Modul die Dimension einer Spannung, also „Kraft durch Fläche".

Man kann den E-Modul dreifach deuten:

a) mathematisch als Proportionalitätsfaktor in der Gleichung $\sigma = \epsilon E$,

b) geometrisch als ein Maß für die Steigung der Spannungslinie im Spannungs-Dehnungs-Schaubild: $E \mathrel{\hat{=}} \tan\alpha = \sigma/\epsilon$,

c) physikalisch als diejenige Spannung, die eine Verlängerung auf die doppelte Ursprungslänge hervorrufen würde (Dehnung $\epsilon = 1$). Das ist allerdings praktisch unmöglich, weil dieser Spannungswert über der Proportionalitätsgrenze läge und damit (I.8) nicht mehr gilt.

Tafel I.1. Elastizitätsmodul E und Schubmodul G einiger Werkstoffe

Werkstoff	Stahl	Stahlguß	Grauguß	Rotguß	AlCuMg
E in N/mm²	$2{,}1 \cdot 10^5$	$2{,}1 \cdot 10^5$	$0{,}8 \cdot 10^5$	$0{,}9 \cdot 10^5$	$0{,}72 \cdot 10^5$
G in N/mm²	$0{,}8 \cdot 10^5$	$0{,}8 \cdot 10^5$	$0{,}4 \cdot 10^5$		$0{,}28 \cdot 10^5$

6. Die Grundbeanspruchungsarten

6.1. Zugbeanspruchung (Zug)

Die äußeren Kräfte ziehen in Richtung der Stabachse (Bild I.5). Sie versuchen die benachbarten „Schnittufer" der Teilstücke I und II voneinander zu entfernen: der Stab wird verlängert (gedehnt). Die innere Kraft F_N steht *senkrecht* zur Schnittfläche, es entstehen *Normal*spannungen σ_z (Zugspannungen).

6.2. Druckbeanspruchung (Druck)

Die äußeren Kräfte drücken in Richtung der Stabachse (Bild I.6). Sie versuchen, die beiden Schnittufer einander näher zu bringen: der Stab wird verkürzt. Die innere Kraft F_N steht wie bei Zug *senkrecht* zur Schnittfläche, es entstehen wieder *Normal*spannungen σ_d (Druckspannungen). Bei schlanken Stäben besteht die Gefahr des Ausknickens: Knickbeanspruchung (Bild I.8).

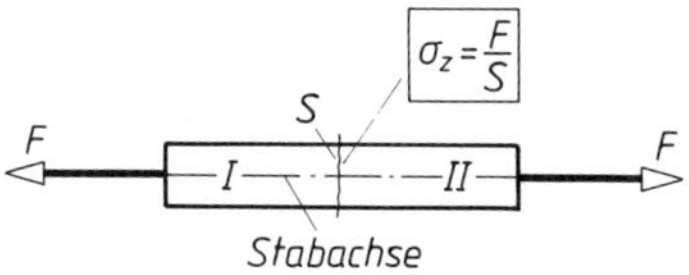

Bild I.5. Zugbeanspruchung

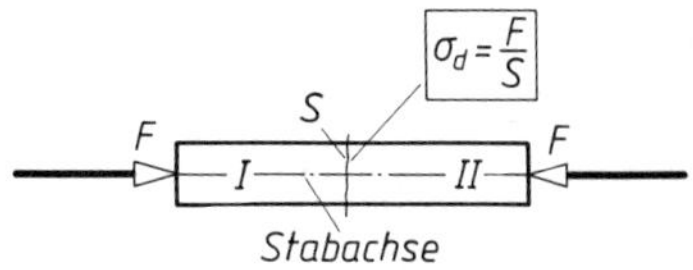

Bild I.6. Druckbeanspruchung

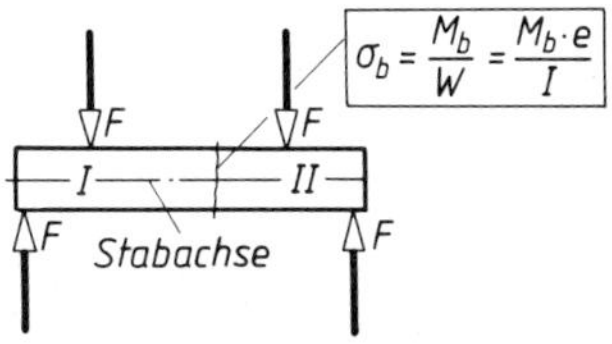

Bild I.7. Biegebeanspruchung

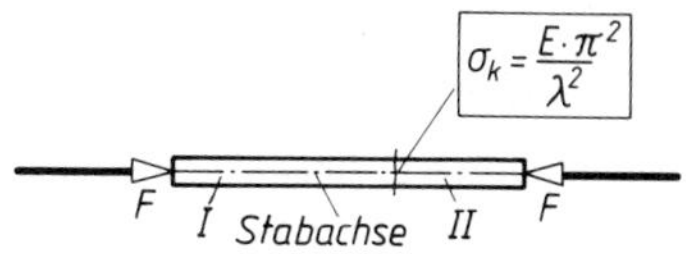

Bild I.8. Knickbeanspruchung

6.3. Biegebeanspruchung (Biegung)

Die äußeren Kräfte ergeben ein Kräftepaar (Kraftmoment M_b = Biegemoment) und eine Querkraft (Bild I.7). Das Kräftepaar wirkt in einer durch die Stabachse laufenden Ebene und versucht die Schnittufer gegeneinander schräg zu stellen: der Stab wird gebogen. Das innere Moment M_b steht *senkrecht* zur Schnittfläche, es entstehen *Normal*spannungen σ_b (Biegespannungen = Zug- und Druckspannungen).

6.4. Knickbeanspruchung (Knickung)

Die äußeren Kräfte drücken wie bei Druck in Richtung der Stabachse. „Schlanke" Druckstäbe knicken dann bei einer bestimmten Belastung plötzlich aus (Bild I.8). Die Ähnlichkeit der Form des belasteten Knickstabes mit einem gebogenen Träger darf nicht über grundsätzliche Unterschiede zwischen beiden Beanspruchungsarten hinwegtäuschen: Biegung ist eine Spannungsaufgabe, Knickung dagegen eine Stabilitätsaufgabe.

6.5. Abscherbeanspruchung (Abscheren)

Die äußeren Kräfte wirken senkrecht zur Stabachse (Bild I.9). Sie versuchen die beiden Schnittufer parallel zueinander zu verschieben. Die innere Kraft F_q liegt *in* der Schnittfläche, es entstehen *Schub*spannungen τ_a (Abscherspannungen).

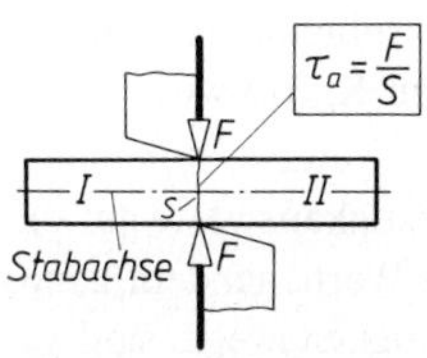

Bild I.9. Abscherbeanspruchung

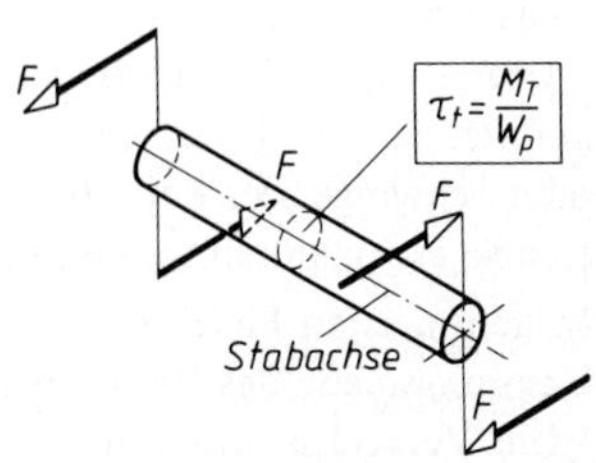

Bild I.10. Torsion (Verdrehbeanspruchung)

6.6. Torsion (Verdrehbeanspruchung)

Die äußeren Kräfte ergeben ein Kräftepaar nach Bild I.10. Es wirkt in einer senkrecht zur Stabachse stehenden Ebene und versucht die Schnittufer gegeneinander zu verdrehen: der Stab wird verdreht (tordiert). Das innere Moment M_T (Torsionsmoment) liegt *in* der Schnittfläche, es entstehen *Schub*spannungen τ_t (Torsionsspannungen).

7. Zusammengesetzte Beanspruchung

Das gemeinsame Auftreten zweier oder mehrerer Grundbeanspruchungsarten heißt zusammengesetzte Beanspruchung. Sie kann schon durch eine Einzelkraft F allein hervorgerufen werden (Bild I.11). Welche Beanspruchungsarten auftreten, klärt das Schnittverfahren. Beispielsweise hat der beliebige Querschnitt x–x der Handkurbel in Bild I.11 zu übertragen:

Biegemoment	$M_{b1} = F \cos\alpha \cdot l_1$	ergibt Biegebeanspruchung
Biegemoment	$M_{b2} = F \sin\alpha \cdot l_2$	ergibt Biegebeanspruchung
Torsionsmoment	$M_T = F \sin\alpha \cdot l_1$	ergibt Torsionsbeanspruchung
Querkraft	$F_q = F \sin\alpha$	ergibt Abscherbeanspruchung
Normalkraft	$F_N = F \cos\alpha$	ergibt Druck- und Knickbeanspruchung

Die aus diesen fünf Grundbeanspruchungsarten resultierende zusammengesetzte Beanspruchung heißt „Biege-Drill-Knickung". Die beiden Biegemomente M_{b1} und M_{b2} werden geometrisch zu einem resultierenden Biegemoment M_b zusammengefaßt.

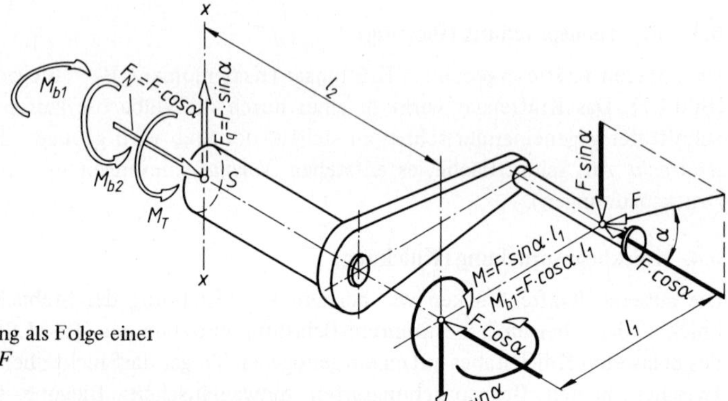

Bild I.11
Zusammengesetzte Beanspruchung als Folge einer schräg angreifenden Einzelkraft F

8. Festigkeit

8.1. Begriff der Festigkeit

Allgemein wird in der Festigkeitslehre unter *Festigkeit* die *Widerstandsfähigkeit* eines *Werkstoffes* bzw. eines *Bauteiles* gegen *Bruch* bei mechanischer Beanspruchung verstanden. Es ist demnach zwischen der *Festigkeit eines Werkstoffes* und der *Festigkeit eines Bauteiles* zu unterscheiden, letzteres wird jedoch gesondert in der *Gestaltfestigkeitslehre* behandelt. Die Definition einer Festigkeit ist an die *Versuchsausführung* gebunden, z.B. ob die Werkstoffprobe ruhender, stoßender oder schwingender Belastung unterworfen wird, in welcher Weise die äußeren Kräfte wirken und welche Formänderungen hervorgerufen werden.

In den meisten Fällen werden die am Probestab ermittelten rechnerischen Festigkeitswerte auf die Ursprungsmaße des Prüfkörpers bezogen, so daß es sich nur um angenäherte Werte handeln kann. Viele Versuchsanordnungen und -auswertungen zur Ermittlung solcher Festigkeitswerte sind genormt (siehe Werkstoffprüfung).

Während die Festigkeit eines *Werkstoffes* durch die Angabe einer *Grenzspannung* zahlenmäßig erfaßt werden kann, läßt sich die Festigkeit eines *Bauteiles* oder einer ganzen Tragkonstruktion vielfach nur durch die Angabe einer *Traglast* kennzeichnen. Das gilt für solche Fälle, in denen zwar die äußeren Kräfte bestimmt sind, jedoch wegen der verwickelten Form der Konstruktion nichts über die Beanspruchungsart ausgesagt werden kann.

8.2. Festigkeit bei statischer (ruhender, zügiger) Belastung, Dauerstandfestigkeit

Beim Zugversuch nach DIN 50145 wird der Probestab einer allmählich ansteigenden (zügigen) Zugbeanspruchung ausgesetzt bis er bricht. Die so ermittelte rechnerische Grenzspannung heißt *Bruchfestigkeit,* bei Zugbeanspruchung *Zugfestigkeit* R_m. In dieser Weise können auch die anderen wichtigen Grenzspannungen bestimmt werden: σ_E *Elastizitätsgrenze,* R_e oder $R_{p0,2}$ *Fließgrenze.* Näheres siehe Abschnitt Werkstoffprüfung.

Wird der Probestab bei *höherer Temperatur* einer dauernden, ruhenden, unveränderten Belastung ausgesetzt, so wächst im allgemeinen die Dehnung ϵ bis zum Bruch. Da die Dehnung sehr langsam fortschreitet, heißt dieser Vorgang *Kriechen.* Blei und Zink kriechen schon unter 0 °C. Bei Kunststoffen spricht man vom „kalten Fluß", auch bei höheren Temperaturen.

Die *Dauerstandfestigkeit* σ_{Dst} ist diejenige (rechnerische) Grenzspannung bei ruhender Belastung, bei der die Dehnung im Laufe der Zeit zum Stillstand kommt, also nicht mehr zum Bruch führt. σ_{Dst} ist temperaturabhängig, ist also auch stets mit einer Temperaturangabe verbunden. Für Stahl ist σ_{Dst} bei ca. 650 °C nahe Null.

Nach DIN 50117 wird in einem abgekürztem Versuch die sogenannte DVM-Kriechgrenze ermittelt (siehe Werkstoffprüfung).

8.3. Festigkeit bei dynamischer (schwellender, wechselnder) Belastung, Dauerfestigkeit

8.3.1. Spannungen. Für den Konstrukteur des Maschinenbaues reichen die statischen Festigkeitswerte nicht aus, weil seine Konstruktionen meistens dynamischer Belastung unterliegen. Den allgemeinen Fall einer dynamischen Belastung zeigt Bild 1.12. Die Beanspruchung wechselt dauernd periodisch zwischen einer oberen Grenzspannung σ_o und einer unteren Grenzspannung σ_u. Nach Bild I.12 ergibt sich unter Beachtung der Vorzeichen für Zug- und Druckspannung die *Mittelspannung*

$$\sigma_m = \frac{\sigma_o + \sigma_u}{2} \qquad (I.9)$$

Ebenso wird nach Bild I.12 die *Ausschlagspannung*

$$\sigma_a = \frac{\sigma_o \pm \sigma_u}{2} \qquad (I.10)$$

(+) für Bild I.13d
(−) für Bild I.12 und I.13b

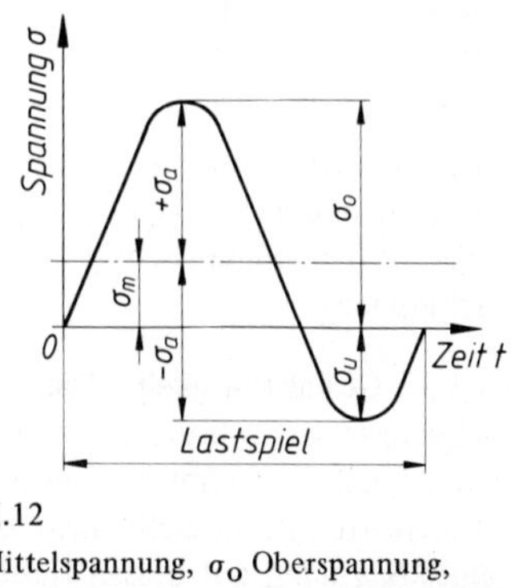

Bild I.12
σ_m Mittelspannung, σ_o Oberspannung, σ_u Unterspannung, σ_a Ausschlagspannung

Die vier möglichen Grundfälle bei dynamischer Belastung zeigt Bild I.13:

a) *Reine Wechselbeanspruchung* liegt vor bei Mittelspannung $\sigma_m = 0$. Ober- und Unterspannung σ_o, σ_u sind von gleichem Betrag aber entgegengesetztem Vorzeichen (z.B. Zug- und Druckspannung).
b) *Beanspruchung im Wechselbereich* liegt vor, wenn Ober- und Unterspannung σ_o, σ_u verschiedenen Betrag und entgegengesetztes Vorzeichen haben.

c) *Reine Schwellbeanspruchung* liegt vor bei Unterspannung $\sigma_u = 0$ und Mittelspannung σ_m = Spannungsausschlag σ_a.

d) *Beanspruchung im Schwellbereich* liegt vor, wenn Ober- und Unterspannung σ_o, σ_u unterschiedlichen Betrag aber gleiches Vorzeichen haben. Mittelspannung $\sigma_m >$ Spannungsausschlag σ_a.

8.3.2. Dauerfestigkeit σ_D ist derjenige größte Spannungsausschlag, den ein glatter, polierter Probestab bei dynamischer Belastung (Bild I.13) „dauernd" ohne Bruch oder unzulässige Verformung aushält (siehe Dauerschwingversuch in „Werkstoffprüfung").

Nach *Bach* wurden früher *drei Belastungsfälle* unterschieden:

Fall I, ruhende oder statische Belastung

Die Belastung steigt zügig an bis zu einem konstant gehaltenen Höchstwert $\sigma_m = \sigma_o = \sigma_u$ und $\sigma_a = 0$. Der entsprechende Festigkeitswert ist die *Dauerstandfestigkeit* σ_{Dst}.

Fall II, schwellende Belastung (Bild I.13c)

Die Belastung schwankt dauernd zwischen Null und einem Höchstwert: $\sigma_m = \sigma_a = \sigma_o/2$; $\sigma_u = 0$. Der entsprechende Festigkeitswert ist die *Schwellfestigkeit* σ_{Sch}. Das ist diejenige Spannung, die ein schwellend belasteter, glatter, polierter Probestab dauernd erträgt, ohne zu brechen.

Fall III, wechselnde Belastung (Bild I.13a)

Die Belastung schwankt dauernd zwischen einem gleich großen positiven und negativen Höchstwert: $|\sigma_o| = |\sigma_u| = |\sigma_a|$; $\sigma_m = 0$. Der entsprechende Festigkeitswert ist die *Wechselfestigkeit* σ_W. Das ist diejenige Spannung, die ein wechselnd belasteter, glatter, polierter Probestab dauernd erträgt, ohne zu brechen.

Da jede Beanspruchungsart (Zug, Druck, Biegung, Torsion) wechselnd oder schwellend oder allgemein schwingend auftreten kann, ist jedesmal eine genaue Kennzeichnung der betreffenden Dauerfestigkeitswerte erforderlich, z.B. Zug-Druck-Wechselfestigkeit $\sigma_{z,dW}$; Biege-Schwellfestigkeit σ_{bSch}.

Beachte: Alle *Festigkeits*werte erhalten als Index große Buchstaben, Spannungen allgemein dagegen kleine Buchstaben: σ_a beliebiger Spannungsausschlag, σ_A Ausschlagfestigkeit (z.B. bei Schrauben).

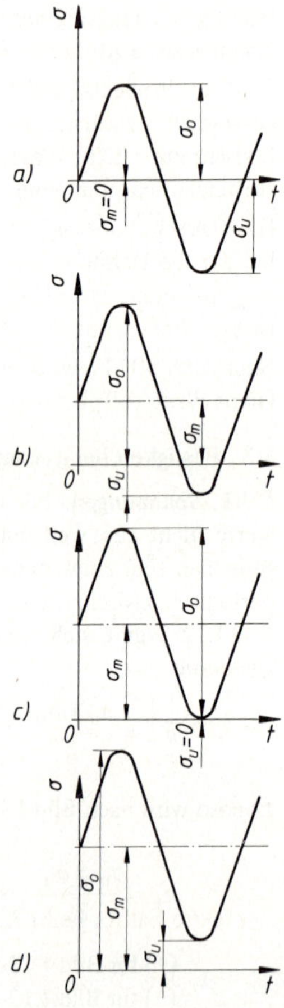

Bild I.13. Die 4 Grundfälle bei dynamischer Belastung

8.3.3. Gestaltfestigkeit. Die Festigkeitswerte aus dem Dauerschwingversuch werden durchweg an glatten, polierten Stäben mit 7 ... 15 mm Durchmesser ermittelt. Die Dauerfestigkeit eines *Werkstoffes* ist deshalb nicht ohne weiteres die Dauerfestigkeit eines *Bauteiles*, auf dessen Haltbarkeit meistens die *Gestalt* einen wesentlichen Einfluß hat.

Die Zusammenhänge zwischen der Gestalt und der Dauerfestigkeit eines Bauteiles werden in neuerer Zeit in der *Gestaltfestigkeitslehre* untersucht. Nach DIN 50 100 ist Gestaltfestigkeit die durch die Nennspannung gekennzeichnete Dauerfestigkeit eines Bauteiles beliebiger Gestalt (z.B. einer Kurbelwelle). Da auf diesem Gebiete noch ununterbrochen geforscht wird, müssen sich Techniker und Ingenieure laufend über die neuesten Forschungsergebnisse unterrichten.

8.4. Kerbwirkung

Die meisten Bauteile weichen von der Form des Probestabes mehr oder weniger ab, hauptsächlich durch *Kerben* jeder Form, wie Wellenabsätze, Keilnuten, Bohrungen, Naben und Anrisse infolge der Bearbeitung, kurz durch jede auch noch so kleine Querschnittsänderung.

In all diesen Fällen ist die wichtigste Voraussetzung der später entwickelten Berechnungsgleichungen nicht mehr vorhanden, nämlich die gleichmäßige Verteilung der Spannung über dem Querschnitt.

Für den auf Zug-Druck beanspruchten Stab nach Bild I.14 z.B. wird eine gleichmäßig über dem Querschnitt verteilte Spannung angenommen, deren Betrag sich aus der Gleichung $\sigma = F/S$ ergibt (F Zug- oder Druckkraft, S tragender Querschnitt). Messungen zeigen jedoch, daß die Kerbe *Spannungsspitzen* hervorruft, die ein Mehrfaches der rechnerischen Spannung betragen können. Die Spannungsspitzen können bei Beanspruchungen im Gebiete der Dauerfestigkeit des Werkstoffes durch örtliche Fließvorgänge *nicht* abgebaut werden, weil die Fließgrenze (Streckgrenze) des Werkstoffes nicht erreicht wird.

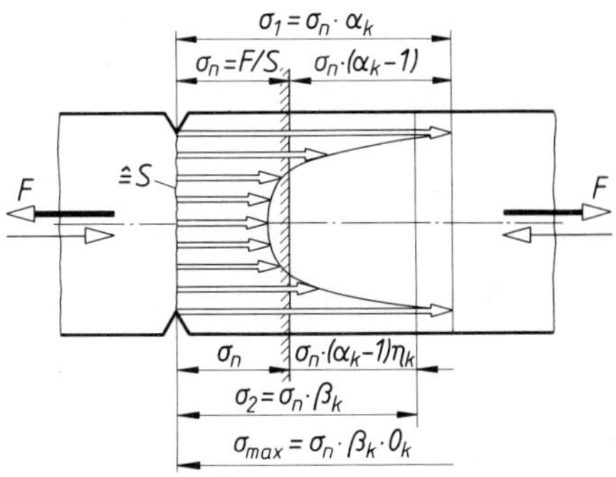

Bild I.14. Kerbspannungen $\sigma_1, \sigma_2, \sigma_{max}$ (Spannungsverlauf im gekerbten Zug-Druckstab)

Wird die rechnerische Spannung $\sigma = F/S$ als *Nennspannung* σ_n bezeichnet, und berücksichtigt man die durch *Kerben* hervorgerufene Spannungs*erhöhung* durch die *Kerbformzahl* α_k, so ergibt sich die *erhöhte Spannung*

$$\sigma_1 = \alpha_k \sigma_n \qquad \text{Richtwerte für } \alpha_k \text{ siehe Bilder I.15 ... I.19.} \qquad (I.11)$$

Die Nennspannung σ_n hat dann zugenommen um $\sigma_1 - \sigma_n = \alpha_k \sigma_n - \sigma_n = \sigma_n (\alpha_k - 1)$.

Unter sonst gleichen Bedingungen tritt jedoch diese Spannungserhöhung nicht bei allen Werkstoffen in voller Größe auf. Hochlegierte und gehärtete Stähle sind *kerbempfindlicher* als Grauguß und Leichtmetallegierungen. Diese Unterschiede werden berücksichtigt durch die *Kerbempfindlichkeitszahl* η_k. Bei hochlegiertem Federstahl ist $\eta_k = 1$; sonst ergibt sich eine Spannungserhöhung von $\sigma_n (\alpha_k - 1)\eta_k$, mit $\eta_k < 1$. In diesem Falle wird die Spannungsspitze σ_1 wieder etwas abgebaut auf

$$\sigma_2 = \sigma_n + \sigma_n (\alpha_k - 1)\eta_k = \sigma_n [1 + (\alpha_k - 1)\eta_k] = \sigma_n \beta_k \qquad (I.12)$$

Der letzte Faktor heißt *Kerbwirkungszahl*

$$\beta_k = 1 + (\alpha_k - 1)\eta_k \qquad \text{Richtwerte für } \beta_k \text{ siehe Tafel I.4.} \qquad (I.13)$$

Damit kann für die *Kerbempfindlichkeitszahl* geschrieben werden:

$$\eta_k = \frac{\beta_k - 1}{\alpha_k - 1} \qquad \text{Richtwerte für } \eta_k \text{ siehe Tafel I.5.} \qquad (I.14)$$

Da die Riefen und Risse der Oberfläche ebenfalls den Spannungsbetrag beeinflussen, wird vielfach noch die *Oberflächenzahl* $O_k > 1$ in die Betrachtung einbezogen. Dann ergibt sich abschließend die tatsächliche *Spannungsspitze*

$$\sigma_{max} = \sigma_n \beta_k O_k = \sigma_n [1 + (\alpha_k - 1)\eta_k] O_k \qquad \text{Richtwerte für } O_k \text{ siehe Tafel I.6.} \qquad (I.15)$$

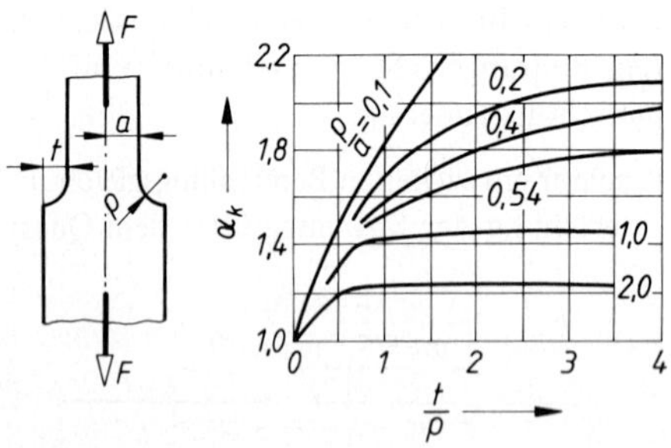

Bild I.15. Formzahlen α_k zugbeanspruchter Flachstäbe mit Hohlkehlen in Abhängigkeit von der Kerbschärfe t/ρ

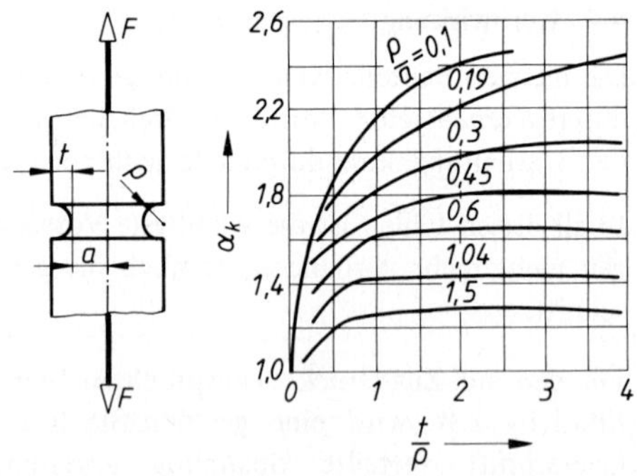

Bild I.16. Formzahlen α_k zugbeanspruchter Rundstäbe mit Umlaufkerbe in Abhängigkeit von der Kerbschärfe t/ρ

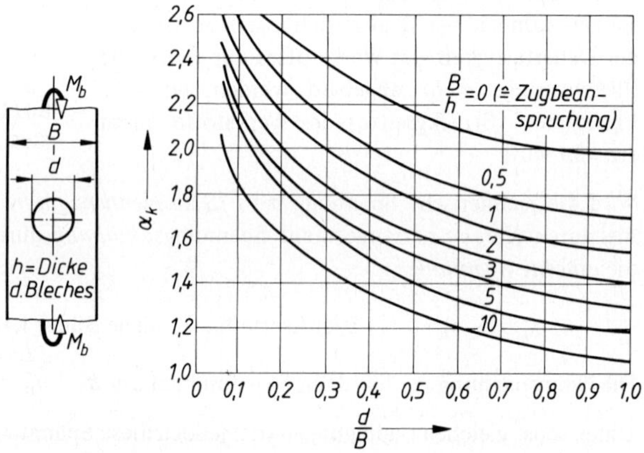

Bild I.17

Formzahlen α_k biegebeanspruchter Flachstäbe, quergebohrt, in Abhängigkeit vom Bohrungsverhältnis d/B (B/h = 0 entspricht der Zugbeanspruchung)

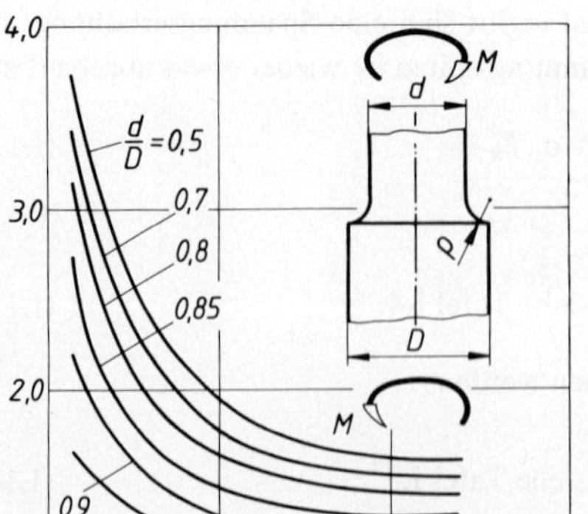

Bild I.18. Formzahlen α_k für abgesetzte Wellen bei Torsion

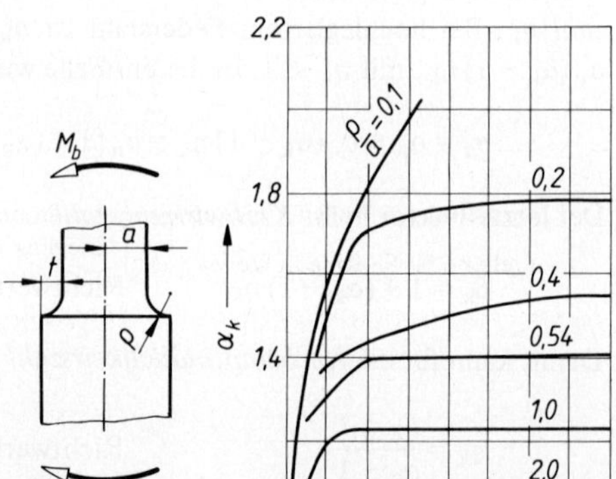

Bild I.19. Formzahlen α_k für abgesetzte Wellen bei Biegung

Tafel I.2. Festigkeitswerte in N/mm² für verschiedene Stahlsorten

Werkstoff	Elastizitäts-modul E	R_m	R_e $R_{p\,0,2}$	σ_{zSch}	σ_{zW}	σ_{bSch}	σ_{bW}	τ_{tSch}	τ_{tW}	Schub-modul G
St 37	210 000	370	240	240	175	340	200	170	140	80 000
St 42	210 000	420	260	260	190	360	220	180	150	80 000
St 50	210 000	500	300	300	230	420	260	210	180	80 000
St 52	210 000	520	320	320	240	430	280	220	190	80 000
St 60	210 000	600	340	340	270	470	300	230	210	80 000
St 70	210 000	700	370	370	320	520	340	260	240	80 000
50 Cr Mo 4	210 000	–	900	860	500	940	540	630	370	80 000
20 Mn Cr 5	210 000	–	700	700	540	980	600	490	340	80 000
Al Cu Mg	72 000	420	280	190	110	270	150	130	90	28 000

Tafel I.3. Festigkeitswerte in N/mm² für verschiedene Graugußsorten [1]

Werkstoff	Elastizitäts-modul E	R_m	σ_{bB}	σ_{dB}	σ_{zW}	σ_{bW}	τ_{tW}	σ_{dSch}	Schub-modul G
GG 12	75 000	120	250	550	30	50	40	140	30 000
GG 14	80 000	140	280	650	40	60	50	170	35 000
GG 18	100 000	180	340	800	50	80	70	200	40 000
GG 22	120 000	220	400	950	60	100	80	240	49 000
GG 26	120 000	260	460	1100	70	120	90	280	50 000
GG 30	120 000	300	480	1200	80	140	100	320	60 000
GTW 35	170 000	350	–	$R_{p0,2} = 190$	100	140	120	250	68 000
GTS 35	170 000	350	–		80	120	100	200	68 000

[1] Für 15 bis 30 mm Wanddicke; für 8 bis 15 mm 10 % höher, für > 30 mm 10 % niedriger; Dauerfestigkeitswerte im bearbeiteten Zustand; für Gußhaut 20 % Abzug.

Tafel I.4. Richtwerte für die Kerbwirkungszahl β_k

Kerbform	Beanspruchung	Werkstoff	β_k
Hinterdrehung in Welle (Rundkerbe)	Biegung	St 37 ... 60	1,5 ... 2,2
Hinterdrehung in Welle (Rundkerbe)	Verdrehung	St 37 ... 60	1,3 ... 1,8
Eindrehung für Sg-Ring in Welle	Biegung und Verdrehung	St 37 ... 60	3 ... 4
abgesetzte Welle (Lagerzapfen)	Biegung	St 37 ... 60	1,5 ... 2,0
abgesetzte Welle (Lagerzapfen)	Verdrehung	St 37 ... 60	1,3 ... 1,8
Paßfeder – Nut in Welle	Biegung	St 37 ... 60	1,5
Paßfeder – Nut in Welle	Biegung	Cr-Ni-St	1,8
Paßfeder – Nut in Welle	Verdrehung	St 37 ... 60	2,3
Paßfeder – Nut in Welle	Verdrehung	Cr-Ni-St	2,8
Querbohrung in Achse (Schmierloch)	Biegung und Verdrehung	St 37 ... 80	1,4 ... 1,7
Flachstab mit Bohrung	Zug	St 37	1,6 ... 1,8
Flachstab mit Bohrung	Biegung	St 37	1,3 ... 1,5
Welle an Übergangsstelle zu festsitzender Nabe	Biegung und Verdrehung	St 37 ... 60	2

Tafel I.5. Kerbempfindlichkeitszahlen η_k

Werkstoff	η_k	Werkstoff	η_k
St 37	0,3 ... 0,5	25 CrMo 4	0,85
St 50	0,35 ... 0,6	30 CrNiMo 8	0,93
St 60	0,4 ... 0,6	Federstahl	0,90 ... 1,00
St 70	0,55 ... 0,65	GG-26	0,20
30 Cr 4	0,55	Leichtmetalle	0,3 ... 0,7

Tafel I.6. Oberflächenzahlen O_k

Oberfläche	O_k
geschliffene Oberfläche	1,1
geschlichtete Oberfläche	1,2
Walz-, Glüh- oder Gußhaut	1,3

9. Zulässige Spannung und Sicherheit

9.1. Allgemeines

Die zulässige Spannung ist diejenige Spannung, bis zu der ein Bauteil beansprucht werden darf. Man unterscheidet nach den verschiedenen Beanspruchungsarten $\sigma_{z\,zul}$ (zulässige Zugspannung), $\sigma_{d\,zul}$ (zulässige Druckspannung), $\sigma_{b\,zul}$ (zulässige Biegespannung), $\tau_{a\,zul}$ (zulässige Abscherspannung), $\tau_{t\,zul}$ (zulässige Torsionsspannung), $\sigma_{l\,zul}$ (zulässiger Lochleibungsdruck) usw.

Im *Stahlbau, Hochbau, Kranbau, Brückenbau* sind die zulässigen Spannungen σ_{zul}, τ_{zul}, $\sigma_{l\,zul}$ in den DIN-Blättern zusammengestellt und für Festigkeitsrechnungen behördlich vorgeschrieben. Der Konstrukteur hat hier keine Mühe, die zulässigen Spannungen zu ermitteln. Siehe Tafel II.15 Seite 427.

Im *Maschinenbau* macht der Ansatz der zulässigen Spannung größere Schwierigkeiten. Der umfangreiche Werkstoffkatalog des Maschinenbaues, die häufig recht verwickelten Kraftwirkungen und sonstigen Betriebseinflüsse (Temperatur, Vorbehandlung, Stöße, Korrosionsgefahr) setzen gründliche Überlegungen und umfangreiche Kenntnisse des Werkstoffverhaltens voraus. Zwar sind für die meisten *Werkstoffe* die Festigkeitswerte bekannt (siehe Festigkeit), jedoch sind diese am *Probestab* (nicht am Bauteil!) unter idealen Bedingungen abgenommen worden, können also nicht in voller Höhe auf das *Bauteil* übertragen werden. Grundlage bei der Bestimmung der zulässigen Spannung wird im Maschinenbau stets die Dauerfestigkeit oder das im Dauerfestigkeitsschaubild dargelegte Verhalten des Werkstoffes sein. Die aus den Dauerschwingversuchen gewonnenen Werte werden in Dauerfestigkeitsschaubildern zusammengestellt (Tafeln I.7 bis I.9). Über der Mittelspannung σ_m sind die Dauerfestigkeitswerte aufgetragen. Die mit I, II und III bezeichneten Linien grenzen die drei Belastungsfälle ruhend, schwellend und wechselnd ab.

Zwischen III und II liegt das Gebiet der Wechselbelastung, auf der Linie III die Wechselfestigkeit bei einer Mittelspannung von $\sigma_m = 0$. Zwischen II und I liegt der Bereich der Schwellbelastung, erkennbar an der in jedem Fall positiven Unterspannung σ_u.

Nach oben sind die Kurven durch waagerechte Linien begrenzt, welche sich durch die Fließgrenze der Werkstoffe ergeben.

Die *Sicherheit* ist das Verhältnis einer gewählten Grenzspannung (z.B. der Dauerfestigkeit des betreffenden Werkstoffes) zur tatsächlich vorhandenen Spannung, z.B. Sicherheit $\nu = \sigma_{bW}/\sigma_{vorh}$, wobei σ_{vorh} die tatsächlich vorhandene maximale Spannung sein müßte.

Aus den obigen Hinweisen ergibt sich, daß in der Festigkeitslehre keine allgemeingültigen Angaben über zulässige Spannungen und Sicherheitszahlen gemacht werden können. Das ist nur möglich für Maschinen oder einzelne Maschinenteile, für die genügende Erfahrungen oder einwandfreie Messungen, z.B. spannungsoptische Messungen zugrunde liegen.

Grundlage jeder Konstruktionsarbeit sind die aus der Erfahrung und den Ergebnissen der Forschung gewonnenen Festigkeitswerte am ausgeführten Bauteil. Es ist unerläßlich, eigene Erfahrung mit ausgeführten Bauteilen und ganzen Aggregaten, z.B. Getrieben, zu sammeln, sie mit den veröffentlichten Forschungsarbeiten zu vergleichen und für ihre Verbreitung zu sorgen.

9.2. Zulässige Spannung bei statischer Belastung

Statische, also ruhende Belastung ist im Maschinenbau selten. Soll für statisch belastete Bauteile die zulässige Spannung ermittelt werden, dann geht man von der Streckgrenze R_e des verwendeten Werkstoffes aus. Bei Werkstoffen, die beim Zugversuch keine ausgeprägte Streckgrenze erkennen lassen, tritt an die Stelle der Streckgrenze R_e die 0,2-Dehngrenze $R_{p\,0,2}$. Die Tafel I.2 enthält beide Festigkeitswerte für verschiedene Stahlsorten und für eine Aluminiumlegierung. Für weitere Stahl- und Gußeisensorten nimmt man die Streckgrenze aus den Tafeln I.7 bis I.9 (Linie I).

Die zulässige Spannung σ_{zul} muß gegenüber den Festigkeitswerten R_e oder $R_{p\,0,2}$ genügend klein sein, anders gesagt, es muß eine genügend große Sicherheit ν vorhanden sein:

$$\sigma_{zul} = \frac{R_e \text{ oder } R_{p\,0,2}}{\nu} \qquad \text{Sicherheit } \nu \approx 1{,}5 \text{ für Stahl} \qquad (I.16)$$

Nicht bei allen Werkstoffen läßt sich eine Streckgrenze oder 0,2-Dehngrenze ermitteln, weil sie zu spröde sind. Das gilt zum Beispiel für normalen Grauguß (nicht Kugelgraphitguß), für Holz und Keramik. Dann kann die zulässige Spannung nur über die Bruchfestigkeit R_m bestimmt werden, natürlich mit einer entsprechend höheren Sicherheit:

$$\sigma_{zul} = \frac{R_m}{\nu} \qquad \begin{array}{l}\text{Sicherheit } \nu \approx 2 \text{ für GG}\\ (R_m \text{ nach Tafel I.3})\end{array} \qquad (I.17)$$

Kerbwirkungen brauchen bei statischer Belastung der Bauteile nicht berücksichtigt zu werden, weil die Bruchgefahr durch Kerbwirkung nicht erhöht wird. Sie soll sogar vermindert werden, vermutlich durch die Stützwirkung weniger beanspruchter Stoffteilchen (siehe auch 8.4).

Liegen für Scher- und Verdrehfestigkeit keine Werte vor, kann man etwa wählen:

$\tau_{a\,zul}\,(\tau_{t\,zul}) \approx 0{,}8(0{,}65) \cdot \sigma_{z\,zul}$ bei St, GS, Bz; $\approx 0{,}8(0{,}7) \cdot \sigma_{z\,zul}$ bei Al und Al-Legierungen; $\approx 1{,}2 \cdot \sigma_{z\,zul}$ bei GG und GT.

9.3. Zulässige Spannung bei dynamischer (schwellender und wechselnder) Belastung

Im Gegensatz zur Ermittlung der zulässigen Spannung bei statischer Belastung, bei der von der Streckgrenze R_e (oder der 0,2-Dehngrenze $R_{p\,0,2}$) ausgegangen wird (9.2), muß man bei dynamischer Belastung die Dauerfestigkeit σ_D des verwendeten Werkstoffes zugrunde legen. Da die Dauerfestigkeitswerte am glatten, polierten Probestab ermittelt werden (siehe Abschnitt Werkstoffkunde), das Bauteil aber selten glatt (also ohne „Kerben") und poliert ist, sind weitere festigkeitsmindernde Einflüsse zu berücksichtigen. Das geschieht durch die Einführung eines Oberflächenbeiwerts b_1, eines Größenbeiwerts b_2 (weil mit größer werdenden Abmessungen die Dauerfestigkeit sinkt) und der Kerbwirkungszahl β_k (siehe 8.4 und Tafel I.4). Damit wird die zulässige Spannung σ_{zul} (oder entsprechend τ_{zul}) in Verbindung mit der Sicherheit ν:

$$\sigma_{zul} = \frac{\sigma_D\, b_1\, b_2}{\nu\, \beta_k} \qquad \begin{array}{l}\text{Sicherheit } \nu \approx 1{,}5\\ (\sigma_D \text{ nach Tafeln I.2 und I.3 oder aus den}\\ \text{Dauerfestigkeitsschaubildern Tafeln I.7 bis I.9,}\\ b_1, b_2 \text{ siehe folgende Seite)}\end{array} \qquad (I.18)$$

Bei praktisch kerbfreien Bauteilen, zum Beispiel bei Bauteilen mit allmählichen Querschnittsübergängen, kann $\beta_k = 1$ gesetzt werden, sonst gelten die Anhaltswerte aus Tafel I.4.

In der Gleichung für σ_{zul} steht σ_D als allgemeine Bezeichnung für die Dauerfestigkeitswerte σ_{Sch}, σ_W, τ_{Sch}, τ_W usw.

Mit Gleichung I.19 läßt sich für ein Bauteil bei berechenbarer (vorhandener) Nennspannung σ_{vorh} die Dauerbruchsicherheit ν_D bestimmen:

$$\nu_D = \frac{\sigma_D \, b_1 \, b_2}{\beta_k \, \sigma_{vorh}} \qquad \text{(I.19)}$$

Auch hier steht σ_D für die speziellen Dauerfestigkeitswerte σ_{Sch}, τ_{Sch} usw. und die Nennspannung σ_{vorh} für die mit den Hauptgleichungen der Festigkeitslehre berechneten Spannungen $\sigma_{z\,vorh}$, $\sigma_{b\,vorh}$, $\tau_{t\,vorh}$, $\sigma_{v\,vorh}$ (vorhandene Vergleichsspannung) usw.

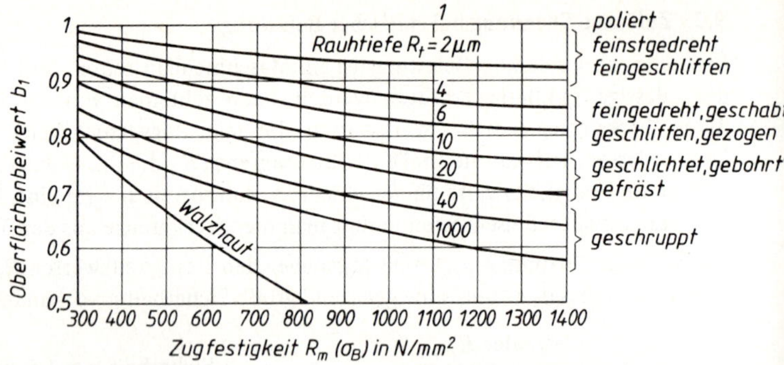

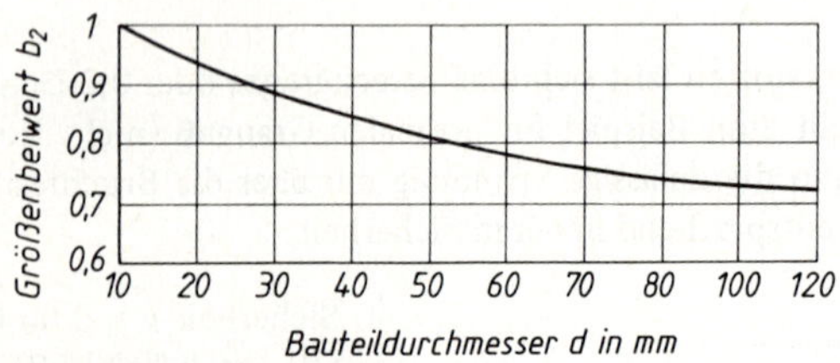

■ **Beispiel:** Für die geschlichtete Achse aus St 60 mit Nut für einen Seegerring nach Bild I.20 soll die zulässige Biegespannung bei Schwellbelastung ermittelt werden. Der Achsendurchmesser d wird vorerst angenommen mit $d = 40$ mm.

Lösung: Bei dynamischer Belastung und bekannter Kerbwirkung wird nach Gleichung (I.19):

$$\sigma_{b\,zul} = \frac{\sigma_D \, b_1 \, b_2}{\nu \, \beta_k} = \frac{\sigma_{b\,Sch} \, b_1 \, b_2}{\nu \, \beta_k}$$

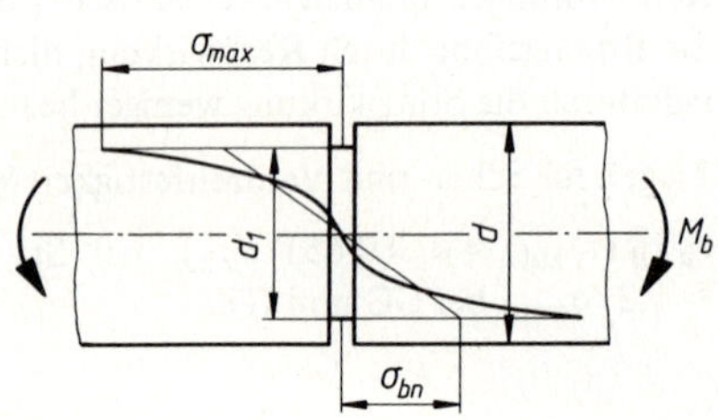

Bild I.20. Achse mit Eindrehung

Die Dauerfestigkeit σ_D nach Gleichung (I.19) ist hier, wegen der vorgegebenen Schwellbelastung, die Biegeschwellfestigkeit für St 60, also $\sigma_D = \sigma_{b\,Sch} = 470\ \text{N/mm}^2$. Das ist der Festigkeitswert aus Tafel I.2 oder aus dem Dauerfestigkeitsschaubild für Biegung und Werkstoff St 60 nach Tafel I.8.

Der Oberflächenbeiwert wird wegen der geschlichteten Oberfläche mit $b_1 = 0{,}85$ angenommen, der Größenbeiwert ergibt sich aus dem oben gezeichneten Diagramm zu $b_2 = 0{,}85$.

Für die Kerbwirkungszahl kann man nach Tafel I.4 für die rechteckige Kerbe eines Seegerrings $\beta_k = 3$ einsetzen, für die Sicherheit $\nu = 1{,}5$.

Mit diesen Werten wird die zulässige Biegespannung

$$\sigma_{b\,zul} = \frac{470\ \frac{\text{N}}{\text{mm}^2} \cdot 0{,}85 \cdot 0{,}85}{3 \cdot 1{,}5} = 75{,}5\ \frac{\text{N}}{\text{mm}^2}$$

Bild I.20 zeigt schematisch den Verlauf der Biege-Nennspannung σ_{bn} (lineare Spannungsverteilung) und die zu erwartende Spannungsverteilung mit der Spannungsspitze σ_{max}.

Tafel I.7. Zug-Druck-Dauerfestigkeitsschaubilder für verschiedene Werkstoffe

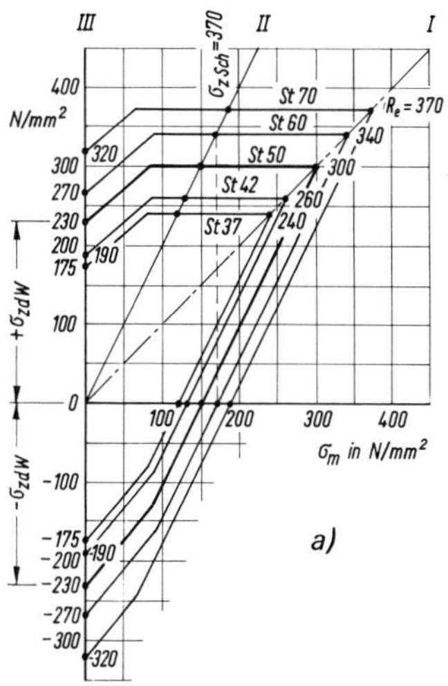

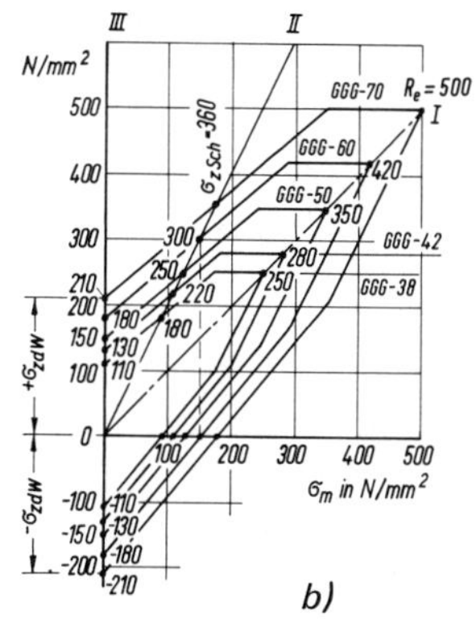

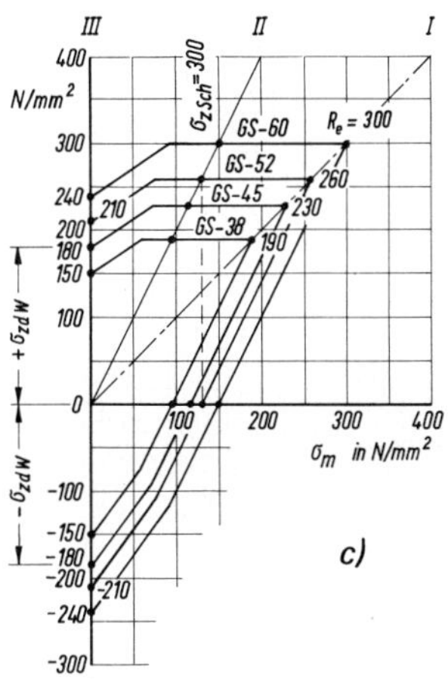

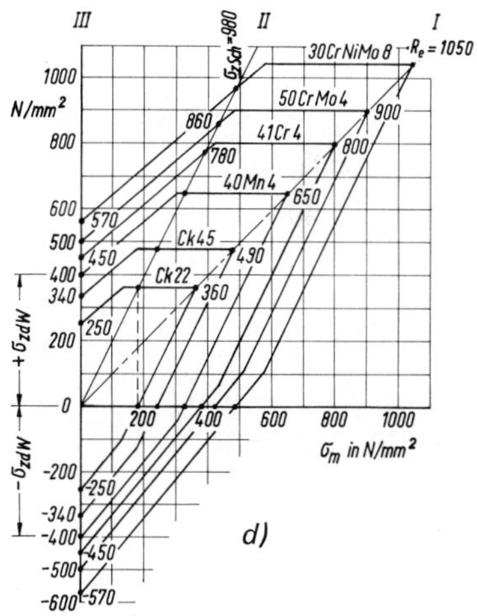

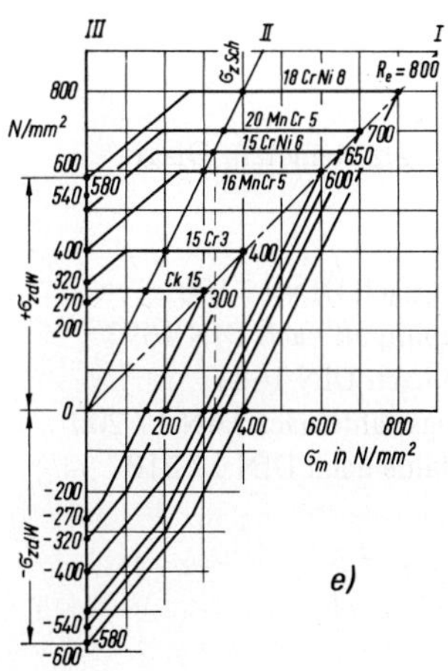

a) Baustähle nach DIN 17 100
b) Kugelgraphitguß nach DIN 1693
c) Stahlguß nach DIN 1681
d) Vergütungsstähle nach DIN 17 200
e) Einsatzstähle nach DIN 17 210

Tafel I.8. Biege-Dauerfestigkeitsschaubilder für verschiedene Werkstoffe

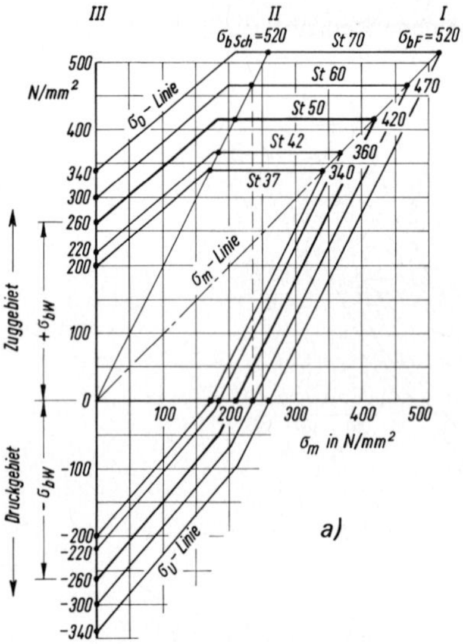

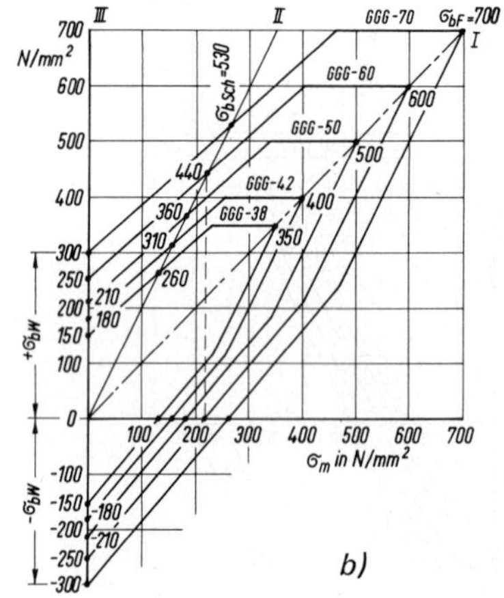

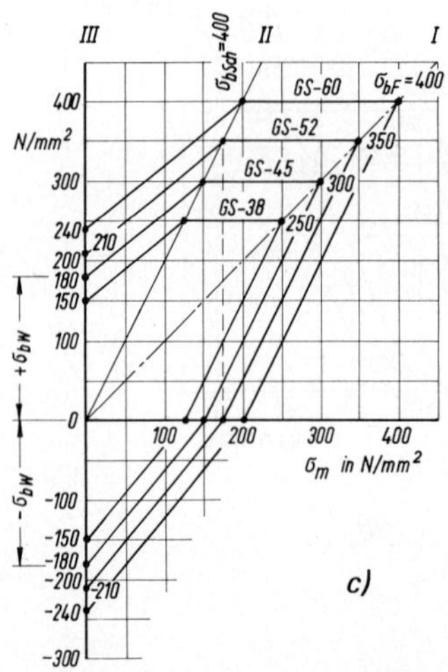

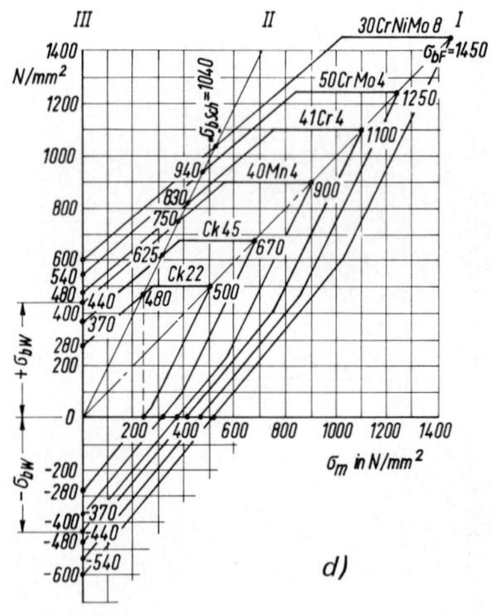

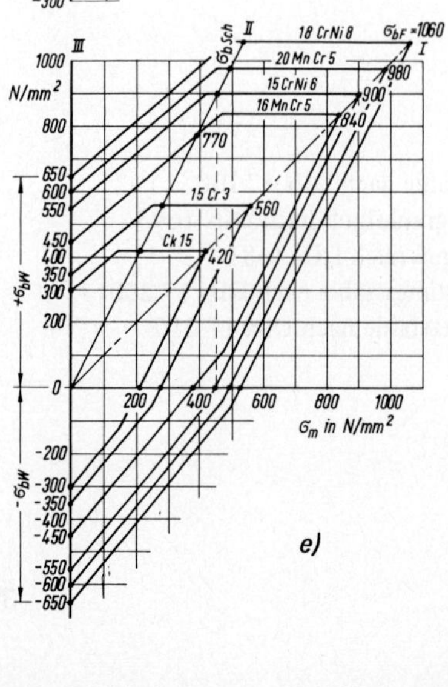

a) Baustähle nach DIN 17 100
b) Kugelgraphitguß nach DIN 1693
c) Stahlguß nach DIN 1681
d) Vergütungsstähle nach DIN 17 200
e) Einsatzstähle nach DIN 17 210

Tafel I.9. Torsions(Verdreh)-Dauerfestigkeitsschaubilder für verschiedene Werkstoffe

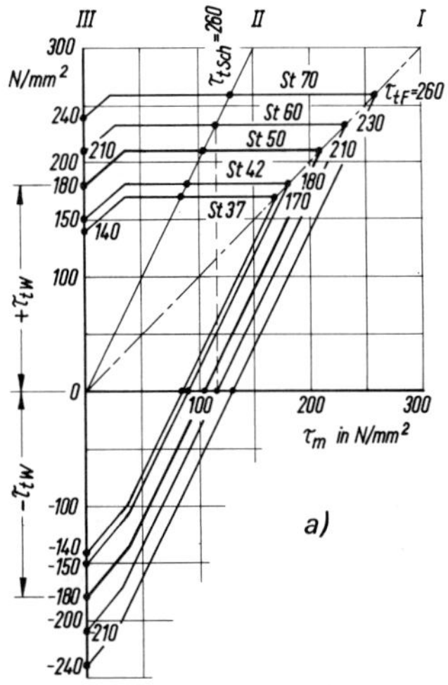

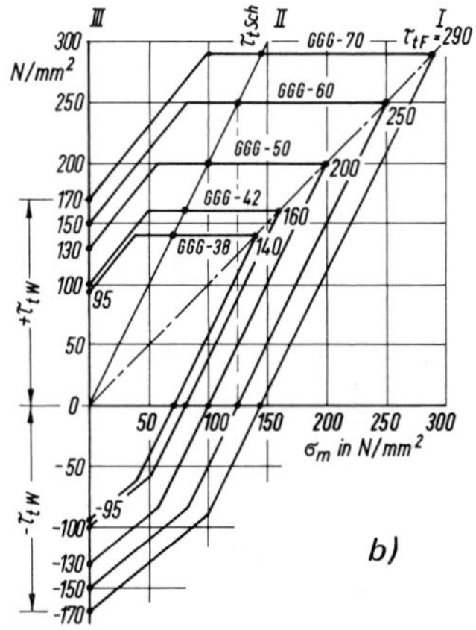

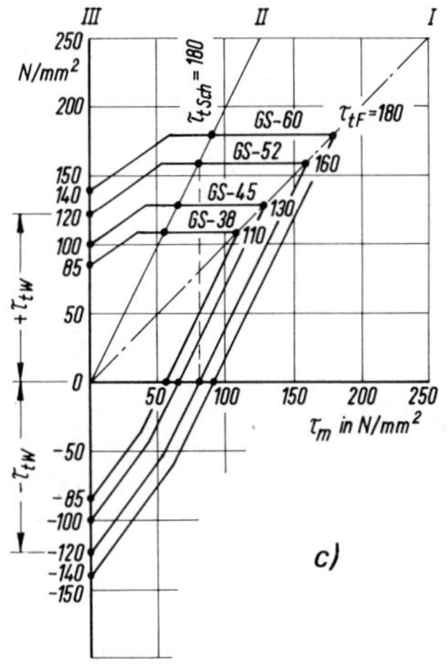

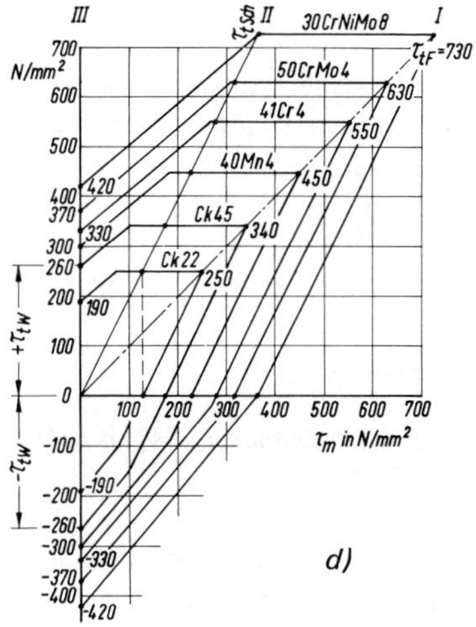

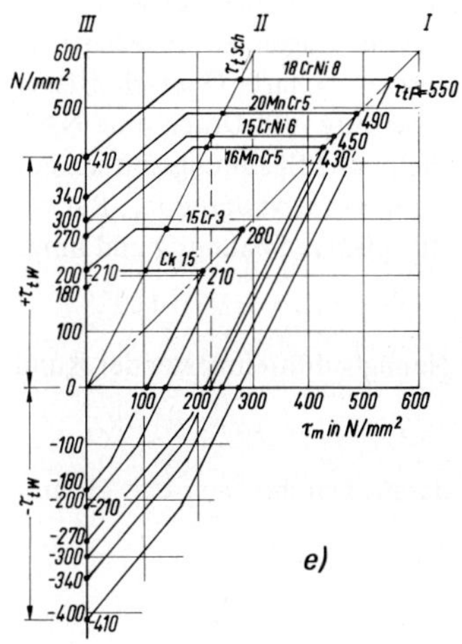

a) Baustähle nach DIN 17 100
b) Kugelgraphitguß nach DIN 1693
c) Stahlguß nach DIN 1681
d) Vergütungsstähle nach DIN 17 200
e) Einsatzstähle nach DIN 17 210

II. Die einzelnen Beanspruchungsarten

1. Zug und Druck

1.1. Spannung [1])

Wird ein Stab von beliebigem, gleichbleibendem Querschnitt durch die äußere Kraft F in der Schwerachse auf Zug oder Druck beansprucht, so wird bei gleichmäßiger Spannungsverteilung, also in genügender Entfernung vom Angriffspunkt der Kraft, die *Zug- oder Druckspannung*

$$\sigma_{z,d} = \frac{\text{Zug- oder Druckkraft } F}{\text{Querschnittsfläche } S}$$

Beachte: Die Querschnittsfläche erhält nach DIN 1304 das Formelzeichen S.

$$\sigma_{z,d} = \frac{F}{S} \qquad \text{(II.1)}$$

σ	F	S
$\frac{\text{N}}{\text{mm}^2}$	N	mm^2

(*Zug- und Druck-Hauptgleichung*)

Je nach vorliegender Aufgabe kann die Hauptgleichung umgestellt werden zur Berechnung des *erforderlichen Querschnittes* (Querschnittsnachweis):

$$S_{erf} = \frac{F}{\sigma_{zul}} \qquad \text{(II.2)}$$

Berechnung der *vorhandenen Spannung* (Spannungsnachweis):

$$\sigma_{vorh} = \frac{F}{S} \qquad \text{(II.3)}$$

Berechnung der *maximal zulässigen Belastung* (Belastungsnachweis):

$$F_{max} = \sigma_{zul}\, S \qquad \text{(II.4)}$$

Treten Zug- und Druckspannungen in einer Rechnung gleichzeitig auf, werden sie durch den Index z und d oder durch das Vorzeichen + und − unterschieden.

Bohrungen und Nietlöcher sind bei Zugbeanspruchung von der tragenden Fläche abzuziehen. Bei Druck dagegen übertragen Bolzen und Niete die Druckkraft weiter, wenn sie nicht aus weicherem Werkstoff bestehen. Der Bohrungsquerschnitt braucht dann nicht vom tragenden abgezogen zu werden. Schlanke Druckstäbe müssen auf Knickung berechnet werden. Scharfe Querschnittsveränderungen, wie Kerben, Bohrungen, Hohlkehlen usw. erfordern bei Zug und Druck eine Nachrechnung auf Kerbwirkung, weil im Kerbgrund u.U. außergewöhnlich hohe Spannungsspitzen auftreten. Die Hauptgleichung liefert dann nur die (mittlere) sogenannte *Nennspannung* σ_n. Bei veränderlichem Querschnitt gehört zur kleineren Querschnittsfläche die größere Spannung und umgekehrt.

- **Beispiel:** Hubwerkskette trägt 20 000 N je Kettenstrang. Gesucht: Nenngliederdurchmesser der Rundgliederkette für $\sigma_{z\,zul} = 50\ \text{N/mm}^2$.

Lösung: $S_{erf} = \dfrac{F}{\sigma_{z\,zul}} = \dfrac{20\,000\ \text{N}}{50\ \frac{\text{N}}{\text{mm}^2}} = 400\ \text{mm}^2$; $S = 200\ \text{mm}^2$, daraus Durchmesser $d = 16$ mm.

[1]) Rechentafel Seite 458

■ **Beispiel:** Welche größte Zugkraft F_{max} kann ein durch 4 Nietlöcher von $d_1 = 17$ mm Durchmesser im Steg geschwächtes Profil I PE 200 (Tafel II.11) übertragen, wenn eine zulässige Spannung von 140 N/mm² eingehalten werden muß?

Lösung: Querschnitt $S = 2850\ \text{mm}^2$; mit Stegdicke $s = 5{,}6$ mm wird der gefährdete Querschnitt:

$$S_{gef} = S - 4 d_1 s = 2850\ \text{mm}^2 - 4 \cdot 17 \cdot 5{,}6\ \text{mm}^2 = 2469{,}2\ \text{mm}^2$$

$$\text{damit } F_{max} = S_{gef}\, \sigma_{z\,zul} = 2469{,}2\ \text{mm}^2 \cdot 140\ \frac{\text{N}}{\text{mm}^2} = 345{,}7\ \text{kN}$$

■ **Beispiel:** Das Stahlseil eines Förderkorbes darf mit 180 N/mm² auf Zug beansprucht werden. Es hat $S = 320\ \text{mm}^2$ Nutzquerschnitt und wird 900 Meter tief ausgefahren. Welche Nutzlast F darf das Seil tragen?

Lösung: $\sigma_z = \frac{F + F_G}{S}$; $F_{max} = \sigma_{z\,zul} S - F_G$; $F_G = mg = V\rho g$; $\rho = 7850\ \frac{\text{kg}}{\text{m}^3}$

$$F_G = S l \rho g = 320 \cdot 10^{-6}\,\text{m}^2 \cdot 900\ \text{m} \cdot 7{,}85 \cdot 10^3\ \frac{\text{kg}}{\text{m}^3} \cdot 9{,}81\ \frac{\text{m}}{\text{s}^2} = 22\,178\ \text{N}$$

$$F_{max} = 180\ \frac{\text{N}}{\text{mm}^2} \cdot 320\ \text{mm}^2 - 22\,178\ \text{N} = 35\,422\ \text{N} = 35{,}4\ \text{kN}$$

1.2. Elastische Formänderung [1]

1.2.1. Verlängerung Δl. Jeder auf Zug beanspruchte Stab verlängert sich um einen berechenbaren Betrag Δl. Ist nach Bild II.1 die Ursprungslänge l_0, die Länge bei Belastung l, so ergibt sich nach dem Hookeschen Gesetz (I.8) die *Verlängerung*

$$\Delta l = l - l_0 = \epsilon\, l_0 = \frac{\sigma\, l_0}{E} = \frac{F l_0}{E S} \qquad \text{(II.5)}$$

Δl	ϵ	σ, E	F	S
mm	1	$\frac{\text{N}}{\text{mm}^2}$	N	mm²

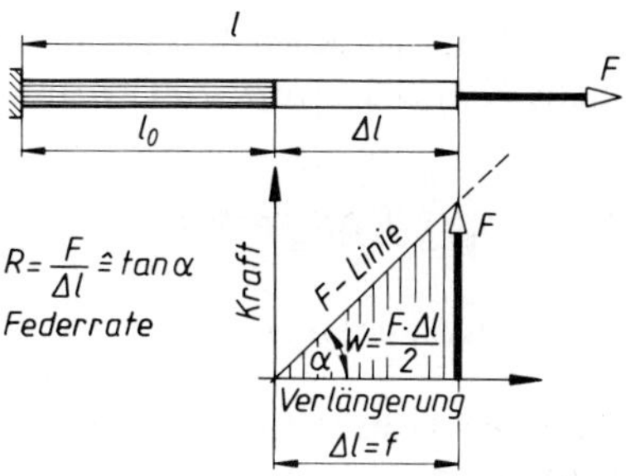

Bild II.1. Kraft-Verlängerungsschaubild eines Zugstabes (Federungsschaubild), siehe auch Abschnitt 1.2.3

1.2.2. Reißlänge l_r ist diejenige Länge, bei der ein frei hängender Stab von gleichbleibendem Querschnitt unter dem Einfluß seiner Gewichtskraft $F_G = mg = V\rho g = S l_r \rho g$ abreißt. Daher wird in der Zug-Hauptgleichung (II.1) die Zugkraft F durch die Gewichtskraft F_G ersetzt und diese Gleichung nach l_r aufgelöst:

$$\sigma_z = \frac{F}{S} = \frac{F_G}{S} = \frac{S l_r \rho g}{S} = l_r \rho g$$

$$l_r = \frac{R_m}{\rho g}$$

[1] Rechentafel Seite 458

Eine *Zahlenwertgleichung* für schnelleres Rechnen ergibt sich, wenn die Gleichung auf die Längeneinheit km zugeschnitten wird. Dazu ist die Umrechnung der Flächeneinheit mm^2 in m^2 erforderlich:

$$(l_r) = \frac{(R_m)}{(\rho)(g)} = \frac{\frac{N}{mm^2}}{\frac{kg}{m^3} \cdot \frac{m}{s^2}} = \frac{N \cdot m^3 \cdot s^2}{mm^2 \cdot kg \cdot m} = \frac{\frac{kg\,m}{s^2} \cdot m^3 \cdot s^2}{10^{-6} m^2 \cdot kg \cdot m}$$

$$(l_r) = 10^6 \,m = 10^3 \,km$$

$$l_r = 10^3 \frac{R_m}{\rho g}$$

l_r	R_m	ρ	g
km	$\frac{N}{mm^2}$	$\frac{kg}{m^3}$	$\frac{m}{s^2}$

Mit $g \approx 10 \frac{m}{s^2}$ wird die Gleichung noch einfacher:

$$l_r = 100 \frac{R_m}{\rho} \qquad \text{(II.6)}$$

l_r	R_m	ρ
km	$\frac{N}{mm^2}$	$\frac{kg}{m^3}$

Beachte: Die Reißlänge l_r hängt ab von der Zugfestigkeit R_m des Werkstoffes, seiner Dichte ρ und der Fallbeschleunigung g; sie hängt *nicht* ab von Größe und Form des Stabquerschnitts. Man kann also l_r nicht dadurch erhöhen, daß man den Stabquerschnitt vergrößert, weil sich damit auch die Gewichtskraft erhöhen würde.

1.2.3. Formänderungsarbeit W. Am vollkommen elastischen Stab verrichten die Zug- und Druckkräfte F längs des Weges Δl (Verlängerung) die *Formänderungsarbeit*

$$W = \frac{F\,\Delta l}{2} = \frac{\sigma^2 V}{2E} \qquad \text{(II.7)}$$

(siehe Bild II.1)

W	F	Δl	σ, E	V
J = Nm	N	m	$\frac{N}{m^2}$	m^3

Darin wurde nach Gleichung (II.5) eingesetzt für $\Delta l = \epsilon l_0 = \frac{\sigma l_0}{E}$ für $F = \sigma S$ und für $S l_0$ = Volumen V.

Beachte: Für σ und E gilt $1 \frac{N}{mm^2} = 1 \frac{N}{10^{-6} m^2} = 10^6 \frac{N}{m^2}$.

Der Formänderungsarbeit W entspricht die Dreieckfläche im Kraft-Verlängerungsschaubild (Bild II.1). Die Zugkraft F wächst linear mit der Verlängerung Δl; die Kraftlinie ist daher eine Gerade.

Das Verhältnis aus Federkraft F und Verlängerung Δl (= Federweg f) heißt *Federrate*

$$R = \frac{F}{\Delta l} = \frac{F}{f} \mathrel{\hat{=}} \tan \alpha \qquad \text{(II.8)}$$

R	F	$\Delta l, f$
$\frac{N}{m}$	N	m

Der elastische Zugstab ist im weiteren Sinne demnach eine Feder; denn er hat die Fähigkeit, potentielle mechanische Energie aufzunehmen, die ihm über die Formänderungsarbeit der Federkraft vermittelt wurde.

■ **Beispiel:** Eine Stahlstange von 16 mm Durchmesser und 80 m Länge hängt frei herab und wird am unteren Ende mit $F = 22$ kN belastet.

a) Wie groß ist die Spannung am unteren und am oberen Ende?

b) Wie groß ist die Verlängerung bei geradlinig angenommener Spannungszunahme?

Lösung: a) $\sigma_{min} = \frac{F}{S} = \frac{22\,000\text{ N}}{201\text{ mm}^2} = 109{,}5\,\frac{\text{N}}{\text{mm}^2}$

$$\sigma_{max} = \frac{F + F_G}{S} = \frac{F + Sl\rho g}{S}$$

$$\sigma_{max} = \frac{22\,000\text{ N} + 201 \cdot 10^{-6}\text{m}^2 \cdot 80\text{ m} \cdot 7{,}85 \cdot 10^3\,\frac{\text{kg}}{\text{m}^3} \cdot 9{,}81\,\frac{\text{m}}{\text{s}^2}}{201 \cdot 10^{-6}\text{ m}^2}$$

$$\sigma_{max} = 115{,}6 \cdot 10^6\,\frac{\text{N}}{\text{m}^2} = 115{,}6\,\frac{\text{N}}{\text{mm}^2}$$

b) $\sigma_{mittel} = \frac{\sigma_{min} + \sigma_{max}}{2} = \frac{109{,}5 + 115{,}6}{2}\,\frac{\text{N}}{\text{mm}^2} = 112{,}6\,\frac{\text{N}}{\text{mm}^2}$

$$\Delta l = \frac{\sigma_{mittel}\, l_0}{E} = \frac{112{,}6\,\frac{\text{N}}{\text{mm}^2} \cdot 80 \cdot 10^3\text{ mm}}{2{,}1 \cdot 10^5\,\frac{\text{N}}{\text{mm}^2}} = 42{,}9\text{ mm}$$

■ **Beispiel:** Die Reißlänge l_r ist zu bestimmen für gewöhnlichen Baustahl St 37, also $R_m = 370$ N/mm², für Federstahl mit 1800 N/mm² Zugfestigkeit und für Duralumin mit $R_m = 250$ N/mm² (Dichte $\rho = 2800$ kg/m³).

Lösung: Nach (II.6) wird für

St 37: $l_r = \frac{R_m}{\rho} = 100 \cdot \frac{370}{7850} = 4{,}713$ km

Federstahl: $l_r = 100 \cdot \frac{1800}{7850} = 22{,}93$ km (also größer als bei St 37)

Duralumin: $l_r = 100 \cdot \frac{250}{2800} = 8{,}929$ km

Hochwertiger Stahl ist demnach trotz der höheren Dichte auch einer festen Leichtmetalllegierung erheblich überlegen.

Zweckmäßig werden frei herabhängende Stangen und Drähte absatzweise verjüngt, z.B. lange Gestänge in Pumpenschächten.

Stäbe gleicher Zug- oder Druckbeanspruchung müssen bei Berücksichtigung ihrer Gewichtskraft F_G und der Nutzlast F nach einem Exponentialgesetz „angeformt" werden (Bild II.2).[1]

Für die erforderliche *Querschnittsfläche* S_x im beliebigen Abstand x vom unteren Stabende gilt mit Dichte ρ und zulässiger Spannung σ_{zul}:

$$S_x = S_0\, e^{\frac{\rho g x}{\sigma_{zul}}} = \frac{F}{\sigma_{zul}}\, e^{\frac{\rho g x}{\sigma_{zul}}} \qquad \text{(II.9)}$$

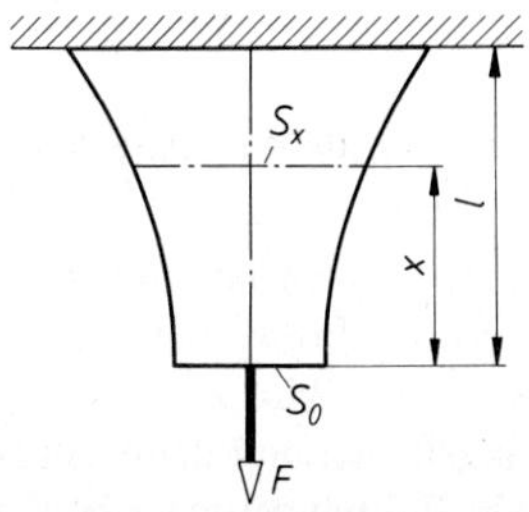

Bild II.2. Querschnittsgestaltung beim frei herabhängendem Stab gleicher Zugbeanspruchung in allen Querschnitten, Belastung: Gewichtskraft F_G und Nutzlast F

[1] Herleitung in A. Böge: Höhere Mathematik zur Mechanik und Festigkeitslehre, Verlag Vieweg, Braunschweig.

■ **Beispiel:** Drei symmetrisch angeordnete Gelenkstäbe S_1, S_2, S_3 aus 20 mm Rundstahl, tragen nach Bild II.3 eine Last $F = 40$ kN. Winkel $\alpha = 30°$. Wie groß ist die Zugspannung in den drei Stäben?

Lösung: Um die Spannung berechnen zu können, müssen die Zugkräfte F_1, F_2, F_3 in den Gelenkstäben bekannt sein. Das ist mit den beiden Gleichgewichtsbedingungen $\Sigma F_x = 0$ und $\Sigma F_y = 0$ des zentralen Kräftesystems allein nicht möglich (zwei Gleichungen, aber drei Unbekannte!). In solchen statisch unbestimmten Fällen werden die Formänderungsgleichungen der Elastizitätslehre hinzugezogen; hier das Hookesche Gesetz für Zug: $\sigma = \epsilon E = \Delta l E/l_0 = F/S$.

Die Lageskizze des freigemachten Knotenpunktes K zeigt:

$\Sigma F_x = 0 = + F_2 \sin\alpha - F_2 \sin\alpha$. Wegen Symmetrie ist $F_2 = F_3$.

$\Sigma F_y = 0 = + F_1 + 2 F_2 \cos\alpha - F$; also $F = F_1 + 2 F_2 \cos\alpha$

Stab 1 verlängert sich um Δl, seine Dehnung beträgt also $\epsilon_1 = \Delta l/l_0$. Stab 2 verlängert sich um $\Delta l \cos\alpha$; seine Ursprungslänge ist $l_0/\cos\alpha$, die Dehnung demnach: $\epsilon_2 = \Delta l \cos\alpha \cos\alpha/l_0$

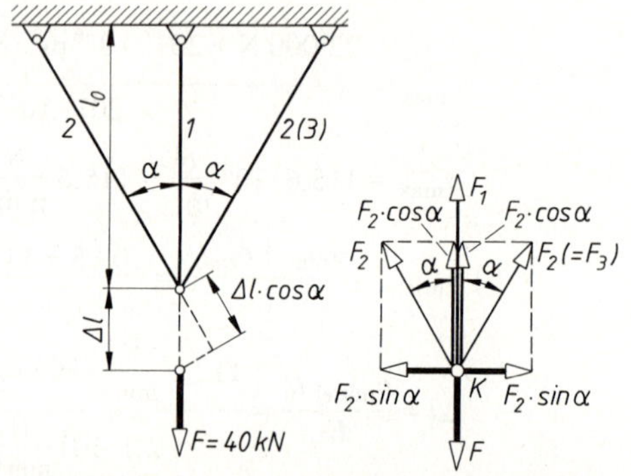

Bild II.3. Berechnung der Zugspannung im statisch unbestimmten System

Während der (hier) geringfügigen Formänderung kann Winkel α = konstant angesehen werden. Es ergibt sich:

$$F = F_1 + 2 F_2 \cos\alpha = \epsilon_1 ES + 2 \epsilon_2 ES \cos\alpha = \frac{\Delta l}{l_0} ES + 2 \frac{\Delta l \cos^3\alpha}{l_0} ES$$

$$F = \frac{\Delta l}{l_0} ES (1 + 2 \cos^3\alpha) \text{ und daraus}$$

$$\frac{\Delta l}{l_0} = \frac{F}{ES(1 + 2\cos^3\alpha)} = \frac{40\,000 \text{ N}}{2{,}1 \cdot 10^5 \frac{\text{N}}{\text{mm}^2} \cdot 314 \text{ mm}^2 (1 + 2\cos^3 30°)} = 2{,}64 \cdot 10^{-4}$$

$$\sigma_1 = \frac{F_1}{S} = \frac{\Delta l}{l_0} E = 2{,}64 \cdot 10^{-4} \cdot 2{,}1 \cdot 10^5 \frac{\text{N}}{\text{mm}^2} = 55{,}4 \frac{\text{N}}{\text{mm}^2}$$

$$\sigma_2 = \sigma_3 = \frac{F_2}{S} = \frac{\Delta l}{l_0} E \cos^2\alpha = 2{,}64 \cdot 10^{-4} \cdot 2{,}1 \cdot 10^5 \frac{\text{N}}{\text{mm}^2} \cdot 0{,}75 = 41{,}6 \frac{\text{N}}{\text{mm}^2}$$

1.2.4. Formänderung bei dynamischer Belastung. Bei *plötzlich* wirkender Zug- oder Druckkraft wird die Formänderung (Verlängerung oder Verkürzung Δl) *größer* als beim langsamen Aufbringen der Last. Wird z.B. ein am Seil hängender Körper von der Gewichtskraft $F_G = mg$ um die Höhe h angehoben und dann frei fallen gelassen, so muß vom Seil die Arbeit $W = F_G h + F_G \Delta l = F_G (h + \Delta l)$ als Formänderungsarbeit $W = \sigma^2 V/2E$ (II.7), aufgenommen werden. Beide Ausdrücke werden gleichgesetzt:

$$F_G (h + \Delta l) = \frac{\sigma^2 V}{2E} \quad \text{und mit } V = Sl \text{ und } \sigma = \sigma_{dyn}$$

$$2 E F_G (h + \Delta l) = \sigma_{dyn}^2 Sl$$

Die Spannung bei ruhender Belastung durch die Gewichtskraft F_G ist $\sigma_0 = F_G/S$. Außerdem gilt das Hookesche Gesetz $\sigma_{dyn} = E\epsilon_{dyn} = E\,\Delta l/l$. Damit wird

$$\sigma_{dyn}^2 = \frac{2EF_G}{Sl}(h + \Delta l) = 2E\sigma_0\frac{h}{l} + 2\sigma_0 E\frac{\Delta l}{l} = 2E\sigma_0\frac{h}{l} + 2\sigma_0\sigma_{dyn}$$

$$\sigma_{dyn}^2 - 2\sigma_0\sigma_{dyn} - 2E\sigma_0\frac{h}{l} = 0 \text{ (quadratische Gleichung).}$$

Daraus ergeben sich σ_{dyn} (größte Spannung) und ϵ_{dyn} (größte Dehnung):

$$\sigma_{dyn} = \sigma_0 + \sqrt{\sigma_0^2 + 2\sigma_0 E\frac{h}{l}}$$

$$\epsilon_{dyn} = \epsilon_0 + \sqrt{\epsilon_0^2 + 2\epsilon_0\frac{h}{l}} \qquad \text{(II.10)}$$

$\sigma_{dyn}, \sigma_0, E$	h, l	$\epsilon_{dyn}, \epsilon_0$
$\frac{N}{mm^2}$	mm	1

Bei *plötzlich aufgebrachter Last ohne vorherigen Fall* ($h = 0$) wird

$$\sigma_{dyn} = 2\sigma_0$$
$$\epsilon_{dyn} = 2\epsilon_0 \qquad \text{(II.11)}$$
$$\Delta l_{dyn} = 2\Delta l_0$$

Die bei dynamischer Belastung auftretenden *Schwingungen* haben die Anfangsamplitude

$\sigma_a = \sigma_{dyn} - \sigma_0$ um die Gleichgewichtslage σ_0 und

$\Delta l_a = \Delta l_{dyn} - \Delta l_0$ um die Gleichgewichtslage Δl_0

■ **Beispiel:** Ein Stahlseil von $S = 150\,mm^2$ tragender Querschnittsfläche und $l = 3$ m Länge trägt einen Körper der Gewichtskraft $F_G = 10$ kN.

Bestimme Spannung und Verlängerung a) bei langsam aufgebrachter Last, b) bei plötzlich aufgebrachter Last und c) beim Fall aus 20 mm Höhe; alles ohne Berücksichtigung der Gewichtskraft des Seils.

Lösung: a) bei statischer Belastung:

$$\sigma_0 = \frac{F_G}{S} = \frac{10\,000\,N}{150\,mm^2} = 66{,}7\frac{N}{mm^2}$$

$$\Delta l_0 = \frac{F_G l}{ES} = \frac{10\,000\,N \cdot 3 \cdot 10^3\,mm}{2{,}1 \cdot 10^5\frac{N}{mm^2} \cdot 150\,mm^2} = 0{,}95\,mm$$

b) bei plötzlich aufgebrachter Last:

$$\sigma_{dyn} = 2\sigma_0 = 2 \cdot 66{,}7\frac{N}{mm^2} = 133{,}4\frac{N}{mm^2}; \quad \Delta l_{dyn} = 2\Delta l_0 = 1{,}9\,mm$$

$$\text{Amplituden: } \sigma_a = \sigma_{dyn} - \sigma_0 = 66{,}7\frac{N}{mm^2}; \quad \Delta l_a = \Delta l_{dyn} - \Delta l_0 = 0{,}95\,mm$$

c) beim Fall aus 20 mm Höhe:

$$\sigma_{dyn} = 66{,}7\frac{N}{mm^2} + \sqrt{\left(66{,}7\frac{N}{mm^2}\right)^2 + 2 \cdot 66{,}7\frac{N}{mm^2} \cdot 2{,}1 \cdot 10^5\frac{N}{mm^2} \cdot \frac{20\,mm}{3000\,mm}}$$

$$\sigma_{dyn} = (66{,}7 + 437{,}3)\frac{N}{mm^2} = 504\frac{N}{mm^2} \gg \sigma_0 = 66{,}7\frac{N}{mm^2}\,!$$

$$\Delta l_{dyn} = l\frac{\sigma_{dyn}}{E} = 3 \cdot 10^3 \text{ mm} \cdot \frac{504 \frac{\text{N}}{\text{mm}^2}}{2{,}1 \cdot 10^5 \frac{\text{N}}{\text{mm}^2}} = 7{,}2 \text{ mm}$$

Amplituden: $\sigma_a = \sigma_{dyn} - \sigma_0 = (504 - 66{,}7) \frac{\text{N}}{\text{mm}^2} = 437 \frac{\text{N}}{\text{mm}^2}$

$$\Delta l_a = \Delta l_{dyn} - \Delta l_0 = (7{,}2 - 0{,}95) \text{ mm} = 6{,}25 \text{ mm}$$

Beachte die außergewöhnliche Beanspruchung bei dynamischer Belastung!

1.2.5. Wärmespannungen. Die Erfahrung zeigt, daß sich alle festen Körper bei Erwärmung mehr oder weniger ausdehnen und bei Abkühlung wieder zusammenziehen. Ein Stab mit der Ursprungslänge l_0 zeigt bei Erwärmung um die Temperaturdifferenz $\Delta T = T_2 - T_1$ die *Verlängerung*

$$\Delta l = l_0 \, \alpha_l \, \Delta T \qquad \text{(II.12)}$$

$\Delta l, l_0$	α_l	ΔT
mm	$\frac{1}{\text{K}}$	K

Darin ist α_l der *Längenausdehnungskoeffizient* des betreffenden Stoffes mit der Einheit:

$$(\alpha_l) = \frac{\text{Meter}}{\text{Meter} \cdot \text{K}} = \frac{1}{\text{K}} = \frac{1}{°\text{C}} \qquad (1\,°\text{C} = 1\,\text{K})$$

Näheres über α_l im Abschnitt Wärmelehre, hier nur zwei Angaben:
Für Stahl ist $\alpha_l = 12 \cdot 10^{-6}$ 1/K; für Quarz ist $\alpha_l = 1 \cdot 10^{-6}$ 1/K.
Bei der Temperaturerhöhung stellt sich die Länge l_t ein:

$$l_t = l_0 + \Delta l = l_0 + l_0 \, \alpha_l \, \Delta T = l_0 \, (1 + \alpha_l \, \Delta T) \qquad \text{(II.13)}$$

Ist durch entsprechende Einspannung eine Ausdehnung des Stabes nicht möglich, müssen im Stab Normalspannungen σ auftreten. Ihr Betrag wird genauso groß, als wenn der Stab um Δl verlängert worden wäre. Im Bereich des Hookeschen Gesetzes gilt dann mit Gleichung (II.12) für die *Wärmespannung*

$$\sigma_T = \epsilon E = \frac{\Delta l}{l_0} E = \frac{l_0 \, \alpha_l \, \Delta T}{l_0} E = \alpha_l \, \Delta T E \qquad \text{(II.14)}$$

σ_T, E	ΔT	α_l
$\frac{\text{N}}{\text{mm}^2}$	K	$\frac{1}{\text{K}}$

- **Beispiel:** Ein an den Enden fest eingespannter Stab aus Stahl ist bei 20 °C spannungsfrei und wird gleichmäßig auf 120 °C erhitzt.
  Wie groß ist die auftretende Druckspannung?

Lösung: Mit $\alpha_{lSt} = 12 \cdot 10^{-6} \frac{1}{\text{K}}$; $\Delta T = 100\,°\text{C} = 100\,\text{K}$ und $E = 2{,}1 \cdot 10^5 \frac{\text{N}}{\text{mm}^2}$ wird nach (II.14):

$$\sigma_d = \sigma_T = \alpha_l \, \Delta T E = 12 \cdot 10^{-6} \frac{1}{\text{K}} \cdot 100 \text{ K} \cdot 2{,}1 \cdot 10^5 \frac{\text{N}}{\text{mm}^2} = 252 \frac{\text{N}}{\text{mm}^2}$$

In Wirklichkeit wird der Stab ausweichen und diese Spannung nicht ganz aufnehmen. Das Beispiel zeigt jedoch deutlich die große Gefahr bei Temperaturänderung fest eingespannter Stäbe.

2. Biegung

2.1. Biegespannung [1]

2.1.1. Biegungsarten, inneres Kräftesystem. Biegung tritt auf, wenn mindestens eine der Achsen (= Biegeachse) eines festen Körpers gekrümmt wird. Wird die Biegeachse elastisch gebogen, so heißt sie *Biegelinie oder elastische Linie.* Biegung ist nicht unbedingt an das Vorhandensein erkennbarer äußerer Kräfte gebunden: Eigenspannungen nach der Bearbeitung durch Temperaturunterschiede, Schrumpfung u.a. Nach Bild II.4 werden folgende Biegungsarten unterschieden:

Einfache (gerade) Biegung: Alle Kräfte F (Belastungen) einschließlich der Stützkräfte stehen senkrecht zur Stabachse. Sie liegen in einer Ebene (= Lastebene), die zugleich Ebene einer Hauptachse ist. Symmetrische Querschnitte werden dann nicht verdreht. Diese Biegungsart tritt im Maschinenbau am häufigsten auf.

Schiefe Biegung: Die Lastebene schneidet zwar die Stabachse, fällt aber nicht mit der Ebene einer Hauptträgheitsachse zusammen.

Drillbiegung: Die Lastebene schneidet die Stabachse nicht; auch symmetrische Querschnitte werden durch ein Drillmoment verdreht.

Reine Biegung: Das belastende Kräftesystem besteht aus zwei Kräftepaaren, deren gemeinsame Ebene wie bei der einfachen (geraden) Biegung mit der Ebene einer Hauptachse zusammenfällt. Es wirken keine Querkräfte F_q, keine Längskräfte F_N und bei symmetrischen Querschnitten auch kein Drillmoment.

Knickbiegung: Zug- oder Druckkraft F wirkt außermittig parallel zur Stabachse. Bei Druckkraft Knickbiegung, bei Zugkraft Zugbiegung.

In der Praxis können sich die einzelnen Biegungsarten überlagern oder in mehreren Ebenen gleichzeitig auftreten. Hier werden nur einfache und reine Biegung behandelt. *Das innere Kräftesystem* wird mit Hilfe der Schnittmethode bestimmt (Bild II.5). Nach Bestimmung der Stützkräfte F_A, F_B wird in der gewünschten Schnittstelle (Querschnitt x–x) dasjenige innere Kräftesystem angebracht, das einen der beiden durch den Schnitt abgetrennten Teile I oder II ins Gleichgewicht setzt. Nach Bild II.5 hat der betrachtete Querschnitt x–x zu übertragen:

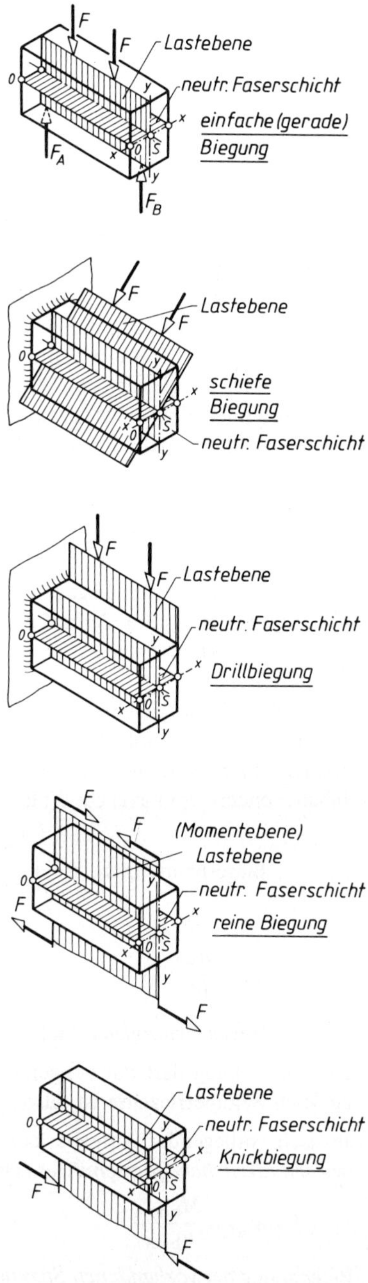

Bild II.4. Biegungsarten

[1] Rechentafel Seite 459

a) Die innere *Querkraft* F_q; sie ist die algebraische Summe aller senkrecht zur Stabachse gerichteten äußeren Kräfte (einschließlich der Stützkräfte!) rechts *oder* links von der betrachteten Schnittstelle.
Die innere Querkraft F_q ruft im Querschnitt *Schub*spannungen τ hervor.

b) Das innere *Biegemoment* M_b; es ist die algebraische Summe der Momente aller äußeren Kräfte (einschließlich der Stützkräfte!) in bezug auf den Schnittflächenschwerpunkt *S* rechts *oder* links von der betrachteten Schnittstelle.
Das Biegemoment M_b ruft im Querschnitt *Normal*spannungen σ hervor, wie die Auflösung des Biegemomentes in die beiden Teilkräfte F_N des entsprechenden Kräftepaares zeigt (Bild II.5). Die entstehenden Normalspannungen sind demnach Zug- und Druckspannungen. Ist keine besondere Unterscheidung erforderlich, so wird ihr Größtwert mit *Biegespannung* σ_b bezeichnet.

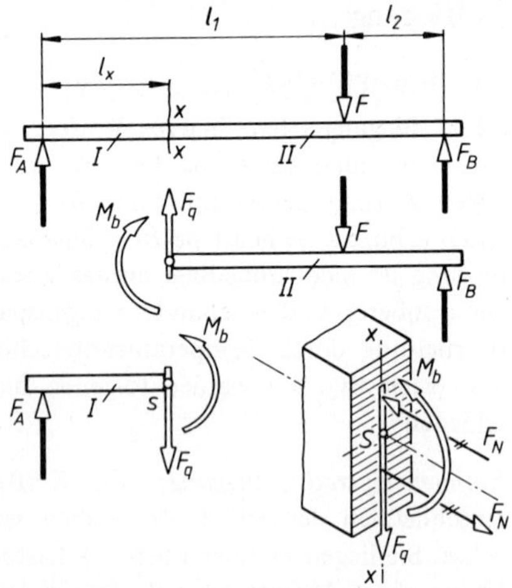

Bild II.5. Inneres Kräftesystem bei gerader Biegung

Beachte: Bei einfacher Biegung muß der Querschnitt eine Querkraft F_q und ein Biegemoment M_b übertragen. Betrag und Verlauf des Biegemomentes an jeder beliebigen Balkenstelle folgt aus Seileck- oder Querkraftfläche.

2.1.2. Biege-Hauptgleichung. Beanspruchen die äußeren Kräfte einen Träger auf Biegung, so ist für die in einem bestimmten Querschnitt auftretende Biegespannung σ_b nicht der Betrag der Kräfte, sondern ihr Biegemoment M_b maßgebend. Ebenso wird die Biegespannung nicht durch den Flächeninhalt, sondern vom axialem Widerstandsmoment W des Querschnitts bestimmt:

$$\text{Biegespannung } \sigma_b = \frac{\text{Biegemoment } M_b}{\text{axiales Widerstandsmoment } W}$$

$$\sigma_b = \frac{M_b}{W} \qquad \text{(II.15)}$$

σ_b	M_b	W
$\frac{N}{mm^2}$	Nmm	mm^3

(*Biege-Hauptgleichung*)

Diese Gleichung darf nur verwendet werden, wenn Nullinie (= neutrale Achse des Querschnittes) zugleich Symmetrieachse ist, also $e_1 = e_2 = e$ (siehe Herleitung der Biege-Hauptgleichung in 2.1.3).

Je nach vorliegender Aufgabe kann die Biege-Hauptgleichung umgestellt werden zur Berechnung des *erforderlichen Querschnittes* (Querschnittsnachweis):

$$W_{erf} = \frac{M_{b\,max}}{\sigma_{b\,zul}} \qquad \text{(II.16)}$$

Berechnung der *vorhandenen Spannung* (Spannungsnachweis):

$$\sigma_{b\,vorh} = \frac{M_{b\,max}}{W} \qquad \text{(II.17)}$$

Berechnung der *maximal zulässigen Belastung* (Belastungsnachweis):

$$M_{b\,max} = W\,\sigma_{b\,zul} \qquad \text{(II.18)}$$

2.1.3. Herleitung der Biege-Hauptgleichung. Die äußeren Kräfte biegen den Träger nach unten durch (Bild II.6). Die vorher parallelen Schnitte *ab, cd* stellen sich schräg gegeneinander: *a' b' c' d'*. Dabei werden die oberen Werkstoff-Fasern verkürzt (Stauchung $-\epsilon$), die unteren dagegen verlängert (Dehnung $+\epsilon$). Dazwischen muß eine Faserschicht liegen, die sich weder verkürzt noch verlängert, die ihre Länge also beibehält. Das ist die „neutrale Faserschicht", bei der $\pm\epsilon = 0$ ist. Diese schneidet jeden Querschnitt in einer Geraden, die *neutrale Achse* des Querschnittes oder *Nullinie* genannt wird (*N–N* in Bild II.6). Sie geht durch den Schwerpunkt *S* der Querschnitte. Es wird angenommen, daß die vorher ebenen Querschnitte auch nach der Biegung eben bleiben (durch Versuche bestätigt). Weiterhin soll das Hookesche Gesetz gelten. Aus der ersten Bedingung folgt, daß die Dehnungen ϵ proportional mit den Abständen y von der Nullinie wachsen, aus der zweiten, daß auch die Spannungen proportional diesen Abständen sind:

$$\frac{\sigma}{\sigma_d} = \frac{y}{e_1}\,; \quad \text{daraus } \sigma = \sigma_d \frac{y}{e_1} \quad \text{(Bild II.6)}$$

Im Gegensatz zur Zug- und Druckbeanspruchung sind demnach die Spannungen *linear* verteilt. Die neutrale Faserschicht ist unverformt, also auch spannungslos. Die Spannungen wachsen mit dem Abstand y von der neutralen Faser bis zum Höchstwert σ_d (Druckspannung) und σ_z (Zugspannung).

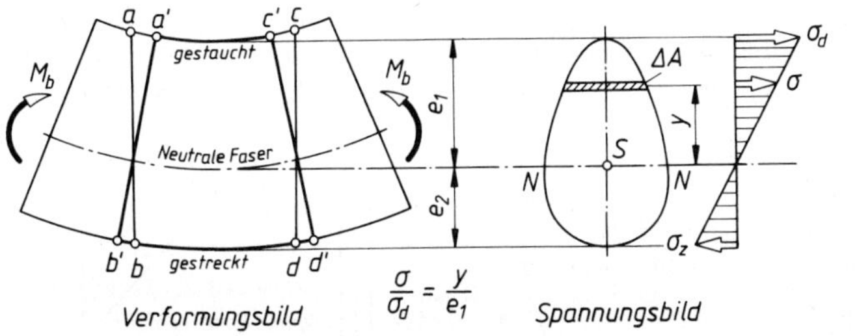

Bild II.6
Verformungs- und Spannungsbild bei Biegung

Für jeden Querschnitt des Trägers müssen die statischen Gleichgewichtsbedingungen erfüllt sein. Jedes Flächenteilchen ΔA überträgt die Normalkraft $\Delta F = \sigma \Delta A$.

Nach der *ersten Gleichgewichtsbedingung* ist $\Sigma F_x = 0$. Da der Querschnitt keine Längskraft zu übertragen hat, wird $\Sigma \Delta F = \Sigma \sigma \Delta A = 0$. Mit $\sigma = \sigma_d \frac{y}{e_1}$ wird

$$\Sigma \sigma_d \frac{y}{e_1} \Delta A = \frac{\sigma_d}{e_1} \Sigma y \Delta A = 0, \quad \text{also auch} \quad \Sigma y \Delta A = 0$$

Der Ausdruck $\Sigma y \Delta A$ ist das Moment der Fläche A (Flächenmoment 1. Grades) in bezug auf die neutrale Faser (Nullinie). Da es gleich Null ist, muß die Nullinie zugleich Schwerlinie sein, d.h. die neutrale Faser muß durch den Schwerpunkt gehen.

Nach der *zweiten Gleichgewichtsbedingung* ist $\Sigma F_y = 0$. Da der Querschnitt bei Biegung auch eine Querkraft zu übertragen hat, führt diese Bedingung auf Schubspannungen τ. Ist der Querschnitt im Verhältnis zur Stablänge klein, können sie vernachlässigt werden.

Nach der *dritten Gleichgewichtsbedingung* ist $\Sigma M = 0$. Da der Querschnitt bei Biegung ein Biegemoment M_b zu übertragen hat (siehe inneres Kräftesystem), ergibt sich mit $\Delta F = \sigma \Delta A$ und deren Innenmoment $\Delta M_i = \Delta F y$:

$$M_b = \Sigma M_i = \Sigma \Delta F y = \Sigma \sigma \Delta A y = \Sigma \sigma_d \frac{y}{e_1} \Delta A y = \frac{\sigma_d}{e_1} \Sigma y^2 \Delta A$$

Aus der letzten Entwicklungsform wird der Ausdruck $\Sigma y^2 \Delta A$ als rein geometrische Rechengröße herausgezogen und als das auf die Nullinie bezogene *axiale Flächenmoment 2. Grades I* der Fläche *A* bezeichnet.

Die größten Spannungen σ_d und σ_z treten in den Randfasern auf. Deren Abstände von der Nullinie sind e_1 und e_2. Mit $I = \Sigma y^2 \Delta A$ werden diese Randfaserspannungen:

größte Druckspannung $\sigma_d = e_1 \dfrac{M_b}{I}$ (II.19)

größte Zugspannung $\sigma_z = e_2 \dfrac{M_b}{I}$ (II.20)

Wird weiter das *Widerstandsmoment* $W = I/e$ eingeführt, also hier $W_1 = I/e_1$ und $W_2 = I/e_2$, so wird $\sigma_d = M_b/W_1$ und $\sigma_z = M_b/W_2$.

Ist die Nullinie *N–N* zugleich Symmetrieachse des Querschnittes und damit $e_1 = e_2 = e$, so sind beide Randfaserspannungen gleich groß. Dann wird grundsätzlich unter $\sigma_b = \sigma_d = \sigma_z$ die Randfaserspannung σ_{max} verstanden und es ergibt sich die obige Biege-Hauptgleichung $\sigma_b = M_b/W$.

Im *unsymmetrischen Querschnitt* (Bild II.7) sind die Randfaserabstände e_1, e_2 verschieden groß. Es werden dann zwei verschiedene Widerstandsmomente $W_1 = I/e_1$ und $W_2 = I/e_2$ berechnet und damit auch zwei verschiedene Randfaserspannungen:

größte Zugspannung $\sigma_{b2} = \sigma_{z\,max} = \dfrac{M_b\, e_2}{I} = \dfrac{M_b}{W_2}$

größte Druckspannung $\sigma_{b1} = \sigma_{d\,max} = \dfrac{M_b\, e_1}{I} = \dfrac{M_b}{W_1}$ (II.21)

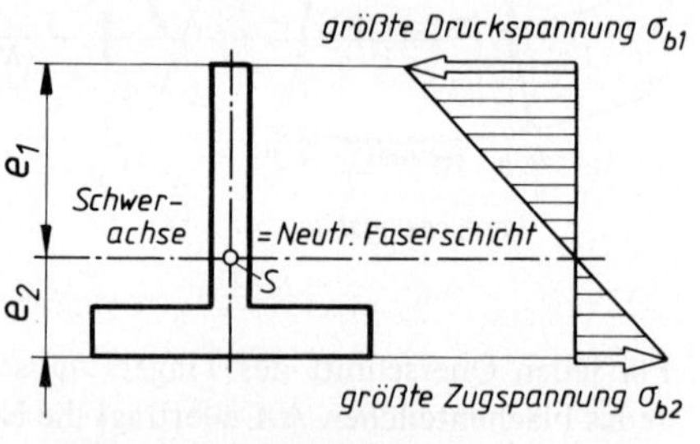

Bild II.7. Spannungsverteilung im unsymmetrischen Querschnitt bei Belastung nach Bild II.5.

2.1.4. Voraussetzungen für die Gültigkeit der Biegehauptgleichung

a) Gerade Stabachse, also nicht gekrümmte, wie z.B. beim Kranhaken;
b) die Lastebene liegt in einer Hauptachse des Querschnittes; bei symmetrischem Querschnitt ist das zugleich eine Symmetrieachse;
c) die Querschnitte sind klein im Verhältnis zur Stablänge;
d) Normalschnitte bleiben nach der Belastung weiterhin senkrecht zur Stabachse und außerdem eben;
e) für den Werkstoff gilt das Hookesche Gesetz;
f) der Elastizitätsmodul ist für Zug- und Druckbeanspruchung gleich groß, z.B. für Stahl;
g) die Spannungen bleiben unter der Proportionalitätsgrenze.

Scharfe Querschnittsänderungen, wie Kerben, Bohrungen, Hohlkehlen usw. erfordern eine Nachrechnung auf Kerbwirkung, weil im Kerbgrund außergewöhnlich hohe Spannungsspitzen auftreten können. Die Hauptgleichung liefert dann nur die (mittlere) sogenannte Nennspannung σ_n.

2.1.5. Querschnittsgestaltung. Die Werkstoffschichten biegebeanspruchter Bauteile werden zur Mitte zu immer weniger beansprucht. Es ist also wirtschaftlicher, sie von dort mehr nach außen zu verlagern, d.h. die größere Stoffmenge außen anzubringen. Diese Überlegung führt zum Doppel-T-Profil und zum Kreisringquerschnitt.

Bei ungleicher zulässiger Spannung für Zug und Druck, wie z.B. bei Grauguß mit $\sigma_{z\,zul} : \sigma_{d\,zul} = 1:3$, muß unsymmetrischer Querschnitt gewählt werden. Für das *Verhältnis der Randfaserabstände* e_1, e_2 gilt dann

$$\frac{e_1}{e_2} = \frac{\sigma_{z\,zul}}{\sigma_{d\,zul}} = \frac{1}{3} \qquad \text{(II.22)}$$

Mit h Profilhöhe, e_1 Randfaserabstand der gezogenen und e_2 Randfaserabstand der gedrückten Faser wird dann $e_1 = 0{,}25\,h$ und $e_2 = 0{,}75\,h$.

2.2. Flächenmomente 2. Grades I und Widerstandsmomente W ebener Flächen, Trägheitsradius i

2.2.1. Axiales Flächenmoment 2. Grades. Das *axiale* oder *äquatoriale Flächenmoment 2. Grades* I einer ebenen Fläche A, bezogen auf eine in der Ebene liegende *Achse* $a–a$, ist die Summe der Flächenteilchen ΔA, jedes malgenommen mit dem Quadrat seines senkrechten Abstandes ρ von dieser Achse (Bild II.8):

axiales Flächenmoment bezogen auf die Achse $a–a$ (I_a ist stets > 0)

$$I_a = \Sigma \rho^2 \,\Delta A \qquad \text{(II.23)}$$

I	ρ	ΔA
mm^4	mm	mm^2

Demgemäß ist für die durch den Punkt 0 der Fläche gehenden, senkrecht aufeinander stehenden Achsen x und y:

$$I_x = \Sigma y^2 \,\Delta A \qquad I_y = \Sigma x^2 \,\Delta A \qquad \text{(II.24)}$$

(I_x ist stets > 0) (I_y ist stets > 0)

2.2.2. Polares Flächenmoment 2. Grades. Das *polare Flächenmoment 2. Grades* I_p einer ebenen Fläche A, bezogen auf einen in der Ebene liegenden *Punkt* 0, ist die Summe der Flächenteilchen ΔA, jedes malgenommen mit dem Quadrat seines Abstandes r von 0 (Bild II.8):

polares Flächenmoment bezogen auf den Punkt (Pol) 0 (I_p ist stets > 0)

$$I_p = \Sigma r^2 \,\Delta A \qquad \text{(II.25)}$$

2.2.3. Zentrifugalmoment. *Das Zentrifugalmoment* I_{xy} (Fliehmoment) einer ebenen Fläche A, bezogen auf ein in der Ebene liegendes Achsenpaar (x, y), ist die Summe der Flächenteilchen ΔA, jedes malgenommen mit dem Produkt seiner senkrechten Abstände x und y von beiden Achsen (Bild II.8):

Zentrifugalmoment bezogen auf die Achsen x und y

$$I_{xy} = \Sigma x y \,\Delta A \qquad \text{(II.26)}$$

(I_{xy} kann $\gtreqless 0$ sein)

Die axialen und polaren Flächenmomente I_x, I_y, I_p sind wegen der Abstandsquadrate stets positiv. Das Zentrifugalmoment I_{xy} kann positiv, negativ und Null werden.

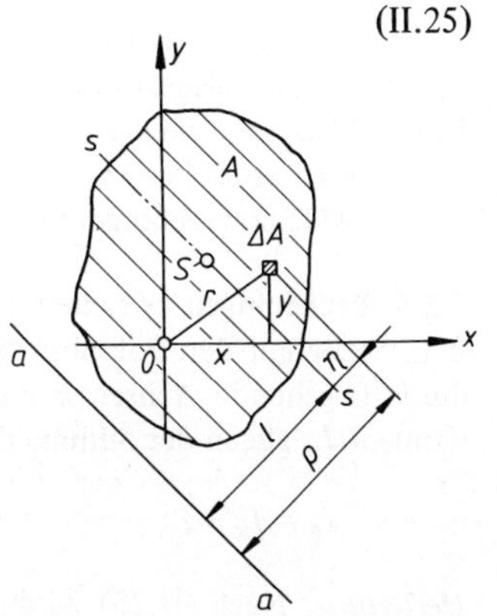

Bild II.8. Definition und Berechnung der Flächenmomente 2. Grades

Wird $I = A\,i^2$ festgesetzt, so nennt man i den *Trägheitsradius*

$$i = \sqrt{\frac{I}{A}}$$ (II.27)

i	I	A
mm	mm⁴	mm²

Entsprechend der Definition des Flächenmomentes I ist auch der Trägheitsradius i festgelegt: axial $i_x = \sqrt{I_x/A}$; axial $i_y = \sqrt{I_y/A}$; polar $i_p = \sqrt{I_p/A}$.

2.2.4. Widerstandsmoment. Das *Widerstandsmoment* W einer ebenen Fläche A ist gleich dem Flächenmoment I, geteilt durch den äußeren Randfaserabstand von der Bezugsachse:

$$\text{Widerstandsmoment } W = \frac{\text{Flächenmoment } I}{\text{Randfaserabstand } e}$$

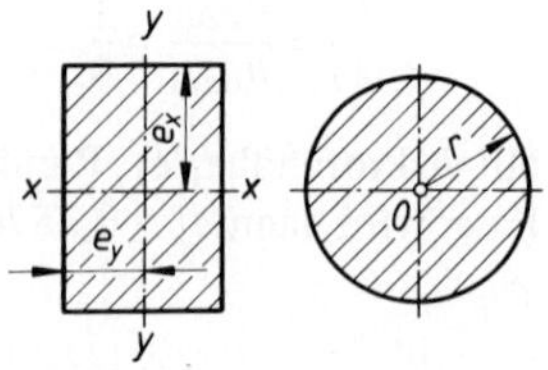

Bild II.9. Randfaserabstand e und r

Es sind zu unterscheiden (Bild II.9):

axiales Widerstandsmoment $$W_x = \frac{I_x}{e_x}$$ (II.28)

axiales Widerstandsmoment $$W_y = \frac{I_y}{e_y}$$ (II.29)

W	I	e, r
mm³	mm⁴	mm

polares Widerstandsmoment $$W_p = \frac{I_p}{r}$$ (II.30)

Außerdem kann das Widerstandsmoment aus den Gleichungen nach Tafel II.1 berechnet werden. Ist die Fläche unsymmetrisch (Bild II.7), also Oberkante und Unterkante ungleich weit von der Bezugachse entfernt (e_1 bzw. e_2), so gibt es zwei axiale Widerstandsmomente:

$$W_{x1} = \frac{I_x}{e_1} \qquad W_{x2} = \frac{I_x}{e_2}$$ (II.31)

Beachte bei Rechnungen:

a) Flächenteilchen dürfen *parallel* zur Achse verschoben werden, weil sich dabei der Abstand x und y von der Bezugsachse nicht ändert. Das Flächenmoment 2. Grades in bezug auf diese Achse bleibt also unverändert.

b) Die Flächenmomente 2. Grades verschiedener Teilflächen dürfen *dann* einfach addiert oder subtrahiert werden, wenn sie alle auf die *gleiche Achse* bezogen sind.

c) Die Widerstandsmomente sind stets aus dem Gesamtflächenmoment 2. Grades zu bestimmen.

2.2.5. Beziehungen zwischen den Flächenmomenten. Ist I_p das polare Flächenmoment der Fläche A in bezug auf den Polpunkt 0, ebenso I_x und I_y die axialen Flächenmomente in bezug auf zwei durch 0 gehende Achsen x und y, die senkrecht aufeinander stehen, so ist das polare Flächenmoment I_p gleich der Summe der beiden axialen Flächenmomente I_x und I_y:

$$I_p = I_x + I_y$$ (II.32)

Herleitung: Nach (II.25) wird mit den Bezeichnungen in Bild II.8, insbesondere mit $r^2 = x^2 + y^2$:

$$I_p = \Sigma r^2 \Delta A = \Sigma (x^2 + y^2)\Delta A = \Sigma x^2 \Delta A + \Sigma y^2 \Delta A = I_y + I_x$$

2.2.6. Steinersche Verschiebesatz. Das Flächenmoment für eine beliebige Achse (z.B. a–a in Bild II.8) ist gleich dem Flächenmoment 2. Grades für die parallele Schwerachse (s–s), vermehrt um das Produkt aus der Fläche A und dem Quadrat des Achsenabstandes (l^2):

$$I_a = I_s + A\,l^2 \qquad \text{(II.33)}$$

Besteht also eine Fläche A aus mehreren Einzelflächen $A_1, A_2, A_3 \ldots$, deren Schwerpunkte die Abstände $l_1, l_2, l_3 \ldots$ von einer parallelen Achse a–a haben, so gilt:

$$I_a = I_1 + A_1 l_1^2 + I_2 + A_2 l_2^2 + I_3 + A_3 l_3^2 \ldots \qquad \text{(II.34)}$$

wenn $I_1, I_2, I_3 \ldots$ die Flächenmomente der Einzelflächen in bezug auf ihre zu a–a parallelen Schwerachsen s–s sind (Bild II.8).

Beachte: Der Steinersche Verschiebesatz gilt nur *für parallele* Achsen in Verbindung mit *Schwerachsen*! Er wird beim Berechnen des Flächenmomentes 2. Grades zusammengesetzter Querschnitte benutzt. Fallen Teilschwerachsen und parallele Bezugsachse für das Flächenmoment zusammen, dann sind die Abstände $l_1, l_2, l_3 \ldots$ gleich Null. Die Glieder $A_1 l_1^2 \ldots$ fallen dann weg und es wird:

$$I = I_1 + I_2 + I_3 + \ldots \qquad \text{(II.35)}$$

(Gilt nur, wenn Teil- und Gesamtschwerachse zusammenfallen!)

Der Verschiebesatz gilt auch für polare Flächenmomente 2. Grades und – sinngemäß – für Zentrifugalmomente. Bei letzteren sind die Vorzeichen der Abstände l_a und l_b zu beachten (siehe Beispiel).

Beachte: Bei parallelen Achsen ist das auf die *Schwerachse* bezogene Flächenmoment 2. Grades am *kleinsten*.

Herleitung des Verschiebesatzes (Bild II.8): Da nach (II.23) $I_a = \Sigma \rho^2 \Delta A$ ist und außerdem $\rho = l + \eta$, wird

$$I_a = \Sigma (l + \eta)^2 \Delta A = \Sigma (l^2 + 2l\eta + \eta^2) \Delta A = \Sigma l^2 \Delta A + \Sigma 2l\eta \Delta A + \Sigma \eta^2 \Delta A$$

geordnet:

$$I_a = \Sigma \eta^2 \Delta A + l^2 A + 2l \Sigma \eta \Delta A = I_s + A l^2 + 0$$

denn $\Sigma \eta^2 \Delta A = I_s$ ist das auf die Schwerlinie bezogene axiale Flächenmoment 2. Grades; $\Sigma \Delta A = A$; und $\Sigma \eta \Delta A = 0$ als Moment der Fläche A (Flächenmoment 1. Grades) bezogen auf eine Schwerlinie (siehe Schwerpunktslehre).

Beachte für alle Rechnungen: Symmetrielinien sind Schwerlinien und zugleich Hauptachsen; das Moment einer Fläche in bezug auf eine Schwerachse ist Null; der Schwerpunkt ist flächenfest, d.h. gegen Drehung invariant; der resultierende Schwerpunkt zweier Teilflächen liegt auf der Verbindungslinie der Teilschwerpunkte.

2.2.7. Herleitung einiger Gleichungen für Flächenmomente 2. Grades. *Axiales Flächenmoment für Rechteckquerschnitt.* Die beiden Sätze (II.33 und II.34) geben die Möglichkeit, Berechnungsgleichungen für Flächenmomente durch einfache Summenrechnung zu entwickeln, z.B. für den Rechteckquerschnitt nach Bild II.10. *Kunstgriff:* Der Querschnitt wird nicht nur in gleichdicke Flächenstreifen ΔA zerlegt, sondern zugleich durch eine Diagonale in zwei Dreiecke zerlegt, von denen nur das linke betrachtet wird. Nach dem Strahlensatz gilt:

$$\frac{\Delta A_1}{y} = \frac{\Delta A}{h}\,; \quad \Delta A = \Delta A_1 \frac{h}{y}$$

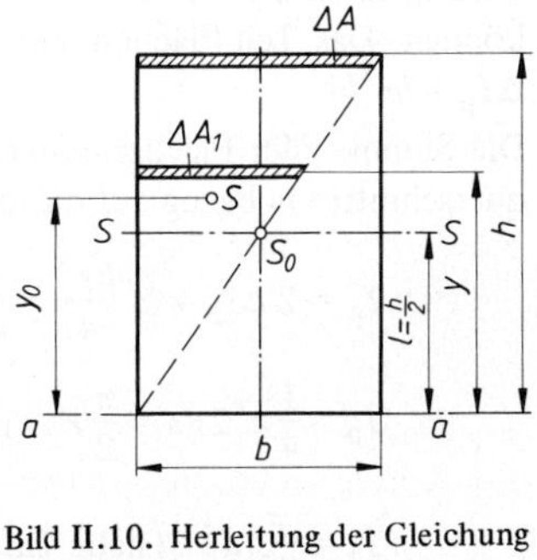

Bild II.10. Herleitung der Gleichung für I_s (Rechteckquerschnitt)

Zuerst wird das Flächenmoment I_a (bezogen auf die Achse a–a) berechnet:

$$I_a = \Sigma y^2 \Delta A = \Sigma y^2 \Delta A_1 \frac{h}{y} = h \Sigma y \Delta A_1$$

Der Summenausdruck $\Sigma y \Delta A_1$ ist nach der Schwerpunktslehre (als Summe der Momente der Teilflächen ΔA in bezug auf die Achse a–a) gleich dem Moment der Gesamtfläche in bezug auf die gleiche Achse: $\Sigma y \Delta A_1 = A y_0$. Mit Dreiecksfläche $A = bh/2$ und Schwerpunktsabstand $y_0 = \frac{2}{3} h$ wird

$$I_a = h \Sigma y \Delta A_1 = h \frac{2}{3} h \frac{bh}{2} = \frac{bh^3}{3}$$

Nach dem Steinerschen Verschiebesatz (II.33) läßt sich nun das axiale Flächenmoment I_s in bezug auf die Schwerachse s–s berechnen (mit $l = h/2$ und $A = bh$):

$$I_s = I_a - A l^2 = \frac{bh^3}{3} - bh \frac{h^2}{4} = \frac{bh^3}{12} \text{ (siehe Tafel II.1)} \qquad \text{(II.36)}$$

Das Widerstandsmoment W ist nach (II.28) mit $e = h/2$:

$$W = \frac{I}{e} = \frac{bh^3 2}{12 h} = \frac{bh^2}{6} \text{ (siehe Tafel II.1)} \qquad \text{(II.37)}$$

Axiales Flächenmoment für Dreieckquerschnitt. Das Flächenmoment I_a für die gestrichelte Rechteckfläche ist nach Bild II.11: $I_a = bh^3/12$. Die Dreieckfläche ist gleich der halben Rechteckfläche, also ist auch für die gleiche Achse das Flächenmoment der Dreieckfläche $I_a = bh^3/24$. Nach dem Verschiebesatz gilt dann für die Schwerachse s–s (mit $l = h/6$):

$$I_s = I_a - A l^2 = \frac{bh^3}{24} - \frac{bh}{2} \cdot \frac{h^2}{36} = \frac{bh^3}{36} \text{ (siehe Tafel II.1)} \qquad \text{(II.38)}$$

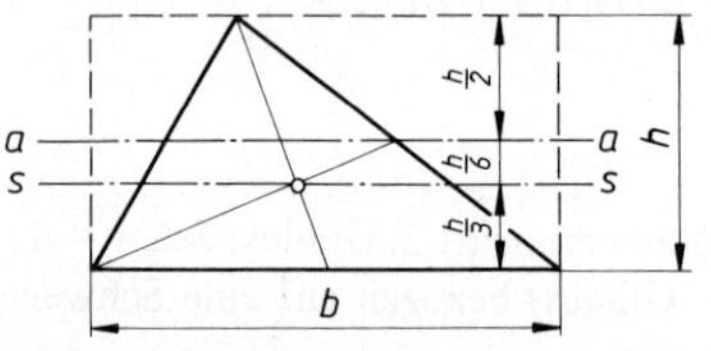

Bild II.11. Herleitung der Gleichung für I_s (Dreieckquerschnitt)

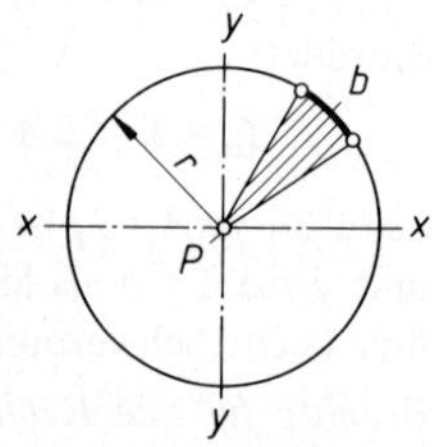

Bild II.12. Herleitung der Gleichung für polares und axiales Flächenmoment 2. Grades (Kreisquerschnitt)

Polares und axiales Flächenmoment für Kreis- und Kreisringquerschnitt. Der Kreisquerschnitt wird nach Bild II.12 in viele kleine Kreisausschnitte zerlegt, die als Dreiecke angesehen werden können. Das Teil-Flächenmoment eines Dreiecks der Höhe $h = r$ in bezug auf die Spitze (P) ist: $\Delta I_p = br^3/4$.

Die Summe aller Flächenmomente 2. Grades ist dann das polare Flächenmoment I_p des Gesamtquerschnittes in bezug auf die gleiche Achse, hier also in bezug auf den „Pol" P:

$$I_p = \Sigma \Delta I_p = \Sigma \frac{br^3}{4} = \frac{1}{4} r^3 \Sigma b \quad \text{und mit} \quad \Sigma b = 2 r \pi$$

$$I_p = \frac{1}{4} r^3 2 r \pi = \frac{\pi}{2} r^4 \quad \text{und mit} \quad r = \frac{d}{2}$$

$$I_p = \frac{\pi}{32} d^4 \text{ (siehe Tafel II.17)} \qquad \text{(II.39)}$$

Nach (II.32) ist das polare Flächenmoment 2. Grades gleich der Summe der beiden axialen. Damit wird das axiale Flächenmoment

$$I_x = I_y = \frac{I_p}{2} = \frac{\pi}{64} d^4 \quad \text{(siehe Tafel II.1)} \tag{II.40}$$

Für die Kreisringfläche ergeben sich die Flächenmomente aus der Differenz der Flächenmomente für beide Kreisflächen mit gleicher Bezugsachse:

$$I_p = \frac{\pi}{32} D^4 - \frac{\pi}{32} d^4 = \frac{\pi}{32} (D^4 - d^4) \tag{II.41}$$

$$I_x = I_y = \frac{\pi}{64} (D^4 - d^4) \tag{II.42}$$

Die Gleichungen für die axialen Flächenmomente 2. Grades in bezug auf die eigene Schwerachse für verschiedene Querschnittsformen sind in Tafel II.1 zusammengestellt.

2.2.8. Hauptachsen. Zwei Achsen, für die das Zentrifugalmoment Null ist, heißen *zugeordnete* oder *konjugierte* Achsen. Stehen diese beiden Achsen auch noch senkrecht aufeinander (Bild II.13), so heißen sie *Hauptachsen* I, II und die auf sie bezogenen Flächenmomente 2. Grades *Hauptflächenmomente 2. Grades* (meist mit I_I, I_II bezeichnet). Das Hauptachsenpaar I, II besitzt stets das größte und das kleinste axiale Flächenmoment, eben die Hauptflächenmomente. Jede Symmetrieachse einer Fläche ist auch eine Hauptachse.

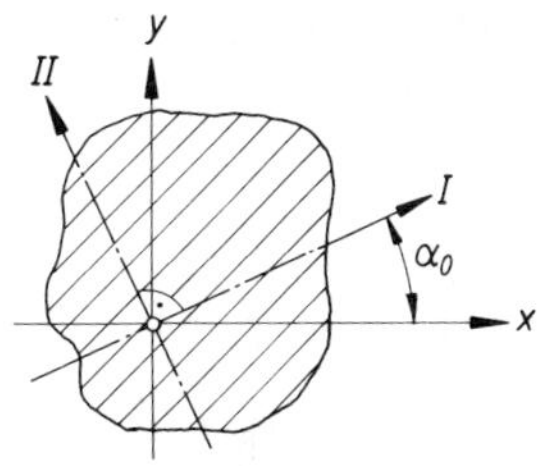

Bild II.13. Berechnung der Flächenmomente 2. Grades bei Neigung der Achsen

Sind für ein beliebiges rechtwinkliges Achsenkreuz x, y die Flächen- und Zentrifugalmomente I_x, I_y, I_{xy} bekannt, so ergibt sich der Winkel α_0, um den das Achsenkreuz gedreht werden muß, damit es die *Lage der Hauptachsen* annimmt, aus

$$\tan 2\alpha_0 = \frac{2 I_{xy}}{I_y - I_x} \tag{II.43}$$

Die *Hauptflächenmomente 2. Grades* sind

$$I_\text{I} = I_\text{max} = \frac{I_x + I_y}{2} + \frac{1}{2}\sqrt{(I_y - I_x)^2 + 4 I_{xy}^2} \tag{II.44}$$

$$I_\text{II} = I_\text{min} = \frac{I_x + I_y}{2} - \frac{1}{2}\sqrt{(I_y - I_x)^2 + 4 I_{xy}^2} \tag{II.45}$$

(Zeichnerische Methoden zur Berechnung der Flächenmomente bei Neigung der Achsen: *Trägheitskreis nach Mohr-Land* und *Trägheitsellipse*.)

Beachte: Unter den Flächenmomenten 2. Grades sind, wenn die Angabe der Bezugspunkte bzw. -achsen fehlt, stets die auf den Schwerpunkt der Fläche bezogenen Hauptflächenmomente zu verstehen. Die Festlegung der Hauptachsen und der auf sie bezogenen Flächen- und Widerstandsmomente ist für schief belastete Träger wichtig, um die Belastung mit der Senkrechten zur Achse des größten Widerstandsmomentes zusammenfallen zu lassen.

2.2.9. Flächenmomente 2. Grades zusammengesetzter Flächen. Läßt sich der Querschnitt derart in Teilflächen zerlegen, daß alle *Teilschwerachsen mit der Gesamtschwerachse* zusammenfallen, dann kann das Flächenmoment des Gesamtquerschnittes aus der Summe oder Differenz der Teil-Flächenmomente berechnet werden (II.35). Die Gleichungen für die auf die eigene Schwerachse bezogenen Flächenmomente der Teilflächen sind Tafel II.1 zu entnehmen. Beispiele zeigt Bild II.14.

Läßt sich ein unsymmetrischer Querschnitt nicht in dieser Weise behandeln, so geht man zweckmäßig nach folgendem *Arbeitsplan* vor:

a) Der Querschnitt wird in Teilflächen bekannter Schwerpunktslage zerlegt;
b) die Schwerpunkte der Teilflächen werden bestimmt (siehe Schwerpunktslehre);
c) die Flächenmomente der Teilflächen, bezogen auf ihre eigene Schwerachse, werden nach Tafel II.1 berechnet;
d) ist die Gesamtschwerachse Bezugsachse, so wird auch die Lage des Gesamtschwerpunktes bestimmt;
e) das Flächenmoment des Querschnittes wird nach dem Steinerschen Verschiebesatz (II.34) berechnet.

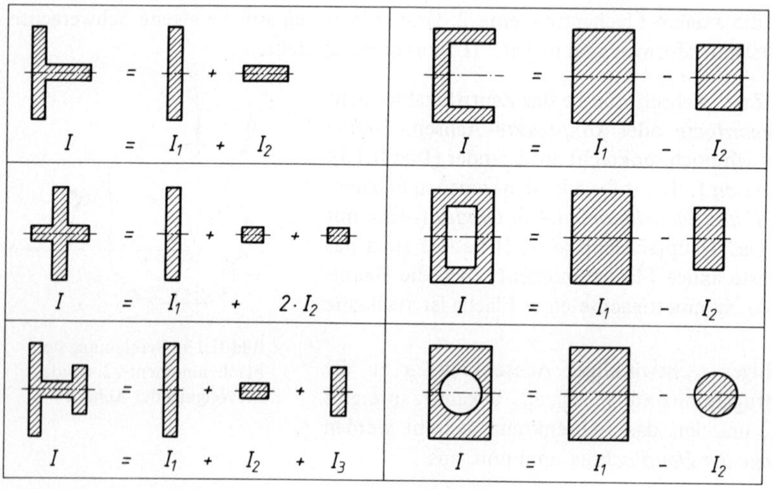

Bild II.14. Profile mit gleichen Teil- und Gesamtschwerachsen

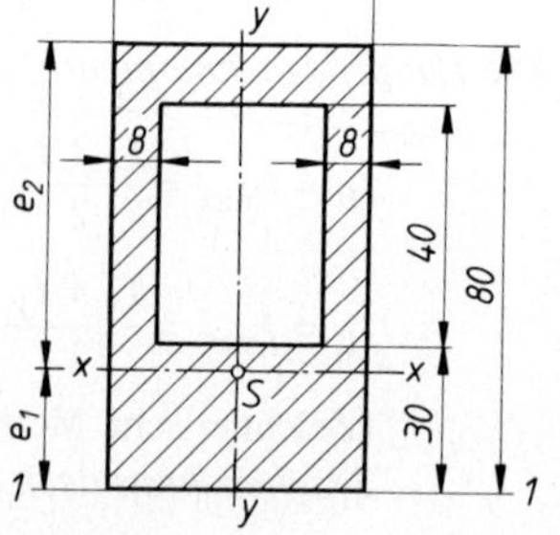

Bild II.15

■ **Beispiel:** Berechne für den Querschnitt in Bild II.15

a) die Schwerpunktsabstände e_1, e_2;
b) die axialen Flächenmomente I_x, I_y;
c) die Widerstandsmomente W_{x1}, W_{x2}, W_y!

Lösung: a) $A e_1 = A_1 y_1 - A_2 y_2$

$$A_1 = (80 \cdot 50)\ \text{mm}^2 = 4000\ \text{mm}^2$$
$$A_2 = (40 \cdot 34)\ \text{mm}^2 = 1360\ \text{mm}^2$$
$$A = A_1 - A_2 = (4000 - 1360)\ \text{mm}^2 = 2640\ \text{mm}^2$$
$$y_1 = 40\ \text{mm}; \quad y_2 = 50\ \text{mm}$$
$$e_1 = \frac{A_1 y_1 - A_2 y_2}{A}$$
$$e_1 = \frac{4000\ \text{mm}^2 \cdot 40\ \text{mm} - 1360\ \text{mm}^2 \cdot 50\ \text{mm}}{2640\ \text{mm}^2}$$
$$e_2 = 80\ \text{mm} - 34{,}8\ \text{mm} = 45{,}2\ \text{mm}$$

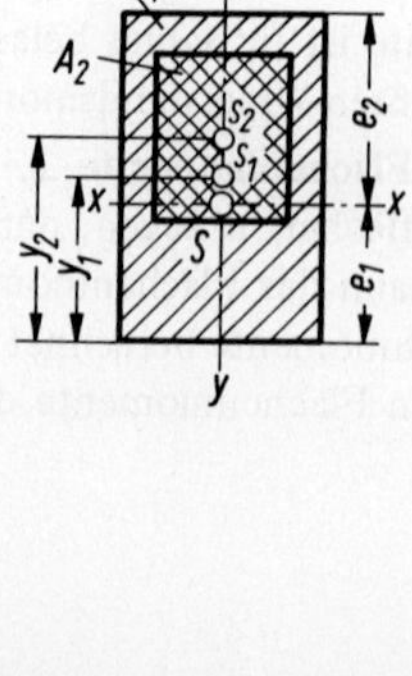

b) $I_x = I_{x1} + A_1 l_1^2 - (I_{x2} + A_2 l_2^2)$

$$I_{x1} = \frac{bh^3}{12} = \frac{50\ \text{mm} \cdot 80^3\ \text{mm}^3}{12} = 213{,}3 \cdot 10^4\ \text{mm}^4$$

$$I_{x2} = \frac{bh^3}{12} = \frac{34\ \text{mm} \cdot 40^3\ \text{mm}^3}{12} = 18{,}13 \cdot 10^4\ \text{mm}^4$$

$l_1 = y_1 - e_1 = (40 - 34{,}8)\ \text{mm} = 5{,}2\ \text{mm}$

$l_1^2 \approx 27\ \text{mm}^2$

$l_2 = y_2 - e_1 = (50 - 34{,}8)\ \text{mm} = 15{,}2\ \text{mm}$

$l_2 \approx 231\ \text{mm}^2$

$I_x = 213{,}3 \cdot 10^4\ \text{mm}^4 + 0{,}4 \cdot 10^4\ \text{mm}^2 \cdot 27\ \text{mm}^2$
$\quad - 18{,}13 \cdot 10^4\ \text{mm}^4 + 0{,}136 \cdot 10^4\ \text{mm}^2 \cdot 231\ \text{mm}^2$

$I_x = (224{,}1 \cdot 10^4 - 49{,}55 \cdot 10^4)\ \text{mm}^4 = 174{,}6 \cdot 10^4\ \text{mm}^4$

$I_y = I_{y1} - I_{y2}$

$$I_{y1} = \frac{bh^3}{12} = \frac{80\ \text{mm} \cdot 50^3\ \text{mm}^3}{12} = 83{,}3 \cdot 10^4\ \text{mm}^4$$

$$I_{y2} = \frac{bh^3}{12} = \frac{40\ \text{mm} \cdot 34^3\ \text{mm}^3}{12} = 13{,}1 \cdot 10^4\ \text{mm}^4$$

$I_y = (83{,}3 - 13{,}1) \cdot 10^4\ \text{mm}^4 = 70{,}2 \cdot 10^4\ \text{mm}^4$

c) $$W_{x1} = \frac{I_x}{e_1} = \frac{1746 \cdot 10^3\ \text{mm}^4}{34{,}8\ \text{mm}} = 50{,}2 \cdot 10^3\ \text{mm}^3$$

$$W_{x2} = \frac{I_x}{e_2} = \frac{1746 \cdot 10^3\ \text{mm}^4}{45{,}2\ \text{mm}} = 38{,}6 \cdot 10^3\ \text{mm}^3$$

$$W_y = \frac{I_y}{e} = \frac{702 \cdot 10^3\ \text{mm}^4}{25\ \text{mm}} = 28{,}1 \cdot 10^3\ \text{mm}^3$$

■ **Beispiel:** Berechne für den Querschnitt eines Blechträgers (Bild II.16) unter Berücksichtigung der Nietlöcher das axiale Flächenmoment I_x und das Widerstandsmoment W_x!

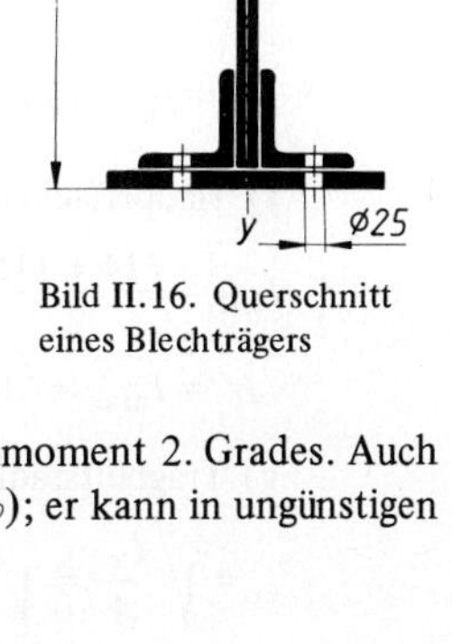

Bild II.16. Querschnitt eines Blechträgers

Lösung:

$I_{\text{Stegblech}} = \frac{1}{12} \cdot 1{,}5 \cdot 57^3$	=	23 149 cm⁴
$I_{\text{Winkel}} = 4 \cdot 394$	=	1 576 cm⁴
$+ 4 \cdot 29{,}7 \cdot 25{,}06^2$	=	74 607 cm⁴
$I_{\text{Gurtplatten}} = \frac{1}{12} \cdot 35 \cdot (60^3 - 57^3)$	=	89 854 cm⁴
$I_{\text{mit Nietlöcher}}$	=	189 186 cm⁴
Abzug für Nietlöcher $= 2 \cdot \frac{1}{12} \cdot 2{,}5 \cdot (60^3 - 54{,}4^3)$	=	22 921 cm⁴
I_x	=	166 265 cm⁴

Beachte den hohen Anteil der Gurtplatten am gesamten Flächenmoment 2. Grades. Auch der (ungünstige) Einfluß der Nietlöcher ist beträchtlich (≈ 14 %); er kann in ungünstigen Fällen noch erheblich wachsen.

Das Widerstandsmoment W_x beträgt:

$$W_x = \frac{I_x}{e} = \frac{166\,265\ \text{cm}^4}{30\ \text{cm}} = 5\,542\ \text{cm}^3$$

■ **Beispiel:** Bestimme für das ungleichschenklige Winkelprofil 80 · 160 · 12 mit scharfen Ecken (Bild II.17) die Flächen- und Widerstandsmomente sowie das Zentrifugalmoment für die Schwerachsen x, y; die Lage der Hauptachsen; die entsprechenden Hauptflächenmomente; die Trägheitsradien.

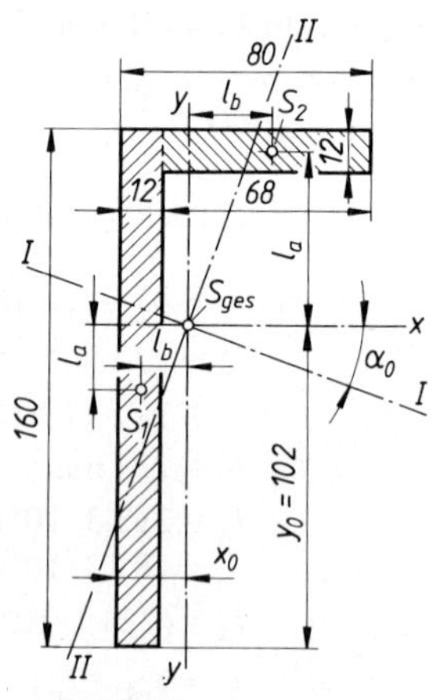

Bild II.17

Lösung: a) Schwerpunktslage:

$$x_0 = \frac{(1{,}2 \cdot 16 \cdot 0{,}6 + 6{,}8 \cdot 1{,}2 \cdot 3{,}4)\ \text{cm}^3}{(1{,}2 \cdot 16 + 6{,}8 \cdot 1{,}2)\ \text{cm}^2} = 1{,}48\ \text{cm}$$

$$y_0 = \frac{(1{,}2 \cdot 16 \cdot 8 + 6{,}8 \cdot 1{,}2 \cdot 15{,}4)\ \text{cm}^3}{(16 + 6{,}8) \cdot 1{,}2\ \text{cm}^2} = 10{,}2\ \text{cm}$$

b) Flächenmomente:

$$I_x = \left(\frac{1}{12} \cdot 1{,}2 \cdot 16^3 + 1{,}2 \cdot 16 \cdot 2{,}2^2 + \frac{1}{12} \cdot 6{,}8 \cdot 1{,}2^3 + 6{,}8 \cdot 1{,}2 \cdot 5{,}2^2\right)\text{cm}^4 \approx 724\ \text{cm}^4$$

$$I_y = \left(\frac{1}{12} \cdot 16 \cdot 1{,}2^3 + 16 \cdot 1{,}2 \cdot 0{,}88^2 + \frac{1}{12} \cdot 1{,}2 \cdot 6{,}8^3 + 1{,}2 \cdot 6{,}8 \cdot 3{,}12^2\right)\ \text{cm}^4 \approx 115\ \text{cm}^4$$

c) Widerstandsmomente:

$$W_{x1} = \frac{I_x}{16 - y_0} = \frac{724\ \text{cm}^4}{5{,}8\ \text{cm}} = 125\ \text{cm}^3; \qquad W_{x2} = \frac{I_x}{y_0} = \frac{724\ \text{cm}^4}{10{,}2\ \text{cm}} = 71\ \text{cm}^3$$

$$W_{y1} = \frac{I_y}{8 - x_0} = \frac{115\ \text{cm}^4}{6{,}52\ \text{cm}} = 17{,}7\ \text{cm}^3; \qquad W_{y2} = \frac{I_y}{x_0} = \frac{115\ \text{cm}^4}{1{,}48\ \text{cm}} = 78\ \text{cm}^3$$

d) Fliehmoment:

$$I_{xy} = [1{,}2 \cdot 16 \cdot \underbrace{(-2{,}2)}_{l_a} \cdot \underbrace{(-0{,}88)}_{l_b} + 6{,}8 \cdot 1{,}2 \cdot \underbrace{5{,}2}_{l_a} \cdot \underbrace{3{,}12}_{l_b}]\ \text{cm}^4 = 170{,}2\ \text{cm}^4$$

e) Hauptachsen:

$$\tan 2\,\alpha_0 = \frac{2\,I_{xy}}{I_y - I_x} = \frac{2 \cdot 170{,}2\ \text{cm}^4}{(115 - 724)\ \text{cm}^4}$$

$\alpha_0 = 14{,}6°$ (im II. bzw. IV. Quadranten)

f) Hauptflächenmomente:

$$I_{\text{I, II}} = \frac{724 + 115}{2}\ \text{cm}^4 \pm \frac{1}{2}\sqrt{(115 - 724)^2 \cdot \text{cm}^8 + 4 \cdot 170{,}2^2\ \text{cm}^8}$$

$$I_\text{I} = I_{\max} = 768\ \text{cm}^4; \quad I_\text{II} = I_{\min} = 71\ \text{cm}^4$$

g) Trägheitsradien:

$$i_x = \sqrt{\frac{I_x}{A}} = \sqrt{\frac{724\ \text{cm}^4}{27{,}36\ \text{cm}^2}} = 5{,}14\ \text{cm}; \qquad i_\text{I} = \sqrt{\frac{I_\text{I}}{A}} = \sqrt{\frac{768\ \text{cm}^4}{27{,}36\ \text{cm}^2}} = 5{,}3\ \text{cm} = i_{\max}$$

$$i_y = \sqrt{\frac{I_y}{A}} = \sqrt{\frac{115\ \text{cm}^4}{27{,}36\ \text{cm}^2}} = 2{,}05\ \text{cm}; \qquad i_\text{II} = \sqrt{\frac{I_\text{II}}{A}} = \sqrt{\frac{71\ \text{cm}^4}{27{,}36\ \text{cm}^2}} = 1{,}61\ \text{cm} = i_{\min}$$

Tafel II.1. Axiale Flächenmomente I, Widerstandsmomente W, Flächeninhalte A und Trägheitsradius i verschieden gestalteter Querschnitte für Biegung und Knickung (die Gleichungen gelten für die eingezeichneten Achsen)

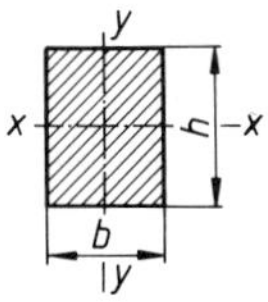	$I_x = \frac{bh^3}{12}$ $W_x = \frac{bh^2}{6}$ $i_x = 0{,}289\,h$	$I_y = \frac{hb^3}{12}$ $W_y = \frac{hb^2}{6}$ $i_y = 0{,}289\,b$	$A = bh$
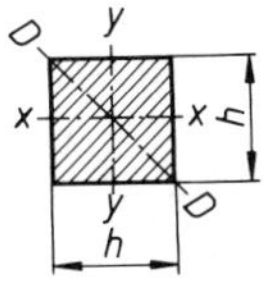	$I_x = I_y = I_D = \frac{h^4}{12}$ $W_x = W_y = \frac{h^3}{6}$	$i = 0{,}289\,h$ $W_D = \sqrt{2}\,\frac{h^3}{12}$	$A = h^2$
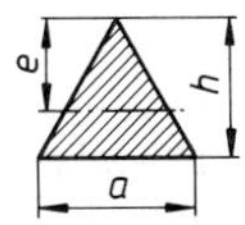	$I = \frac{ah^3}{36}$ $W = \frac{ah^2}{24}$	$e = \frac{2}{3}h$ $i = 0{,}236\,h$	$A = \frac{ah}{2}$
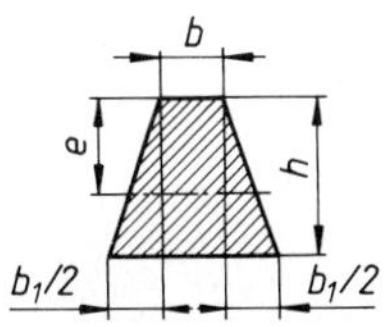	$I = \frac{6b^2 + 6bb_1 + b_1^2}{36(2b + b_1)}h^3$ $W = \frac{6b^2 + 6bb_1 + b_1^2}{12(3b + 2b_1)}h^2$	$A = \frac{2b + b_1}{2}h$ $e = \frac{1}{3}\,\frac{3b + 2b_1}{2b + b_1}h$ $i = \sqrt{\frac{I}{A}}$	
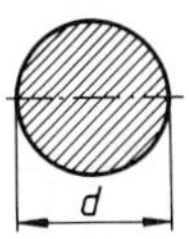	$I = \frac{\pi d^4}{64} \approx \frac{d^4}{20}$ $W = \frac{\pi d^3}{32} \approx \frac{d^3}{10}$	$A = \frac{\pi}{4}d^2$ $i = \frac{d}{4}$	
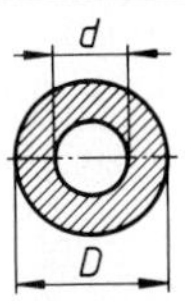	$I = \frac{\pi}{64}(D^4 - d^4)$ $W = \frac{\pi}{32}\,\frac{D^4 - d^4}{D}$	$A = \frac{\pi}{4}(D^2 - d^2)$ $i = 0{,}25\sqrt{D^2 + d^2}$	
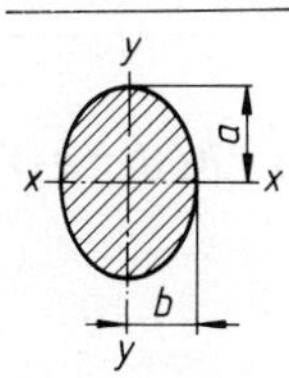	$I_x = \frac{\pi a^3 b}{4}$ $W_x = \frac{\pi a^2 b}{4}$	$I_y = \frac{\pi b^3 a}{4}$ $W_y = \frac{\pi b^2 a}{4}$ $i_x = \frac{a}{2}$ $i_y = \frac{b}{2}$	$A = \pi ab$

Tafel II.1. Fortsetzung

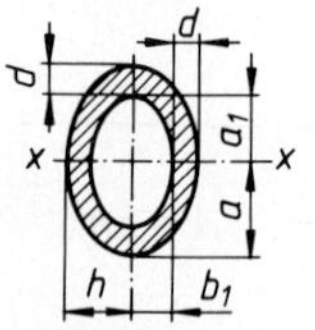

$$I_x = \frac{\pi}{4}(a^3 b - a_1^3 b_1) \approx \frac{\pi}{4} a^2 d (a + 3b) \qquad A = \pi (ah - a_1 b_1)$$

$$W_x = \frac{I_x}{a} \approx \frac{\pi}{4} ad (a + 3b) \qquad i_x = \sqrt{\frac{I_x}{A}}$$

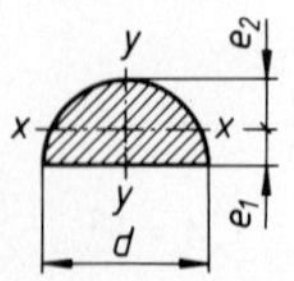

$$I_x = 0{,}0068\, d^4 \qquad I_y = 0{,}0245\, d^4$$

$$W_{x1} = 0{,}0238\, d^3 \qquad W_{x2} = 0{,}0323\, d^3$$

$$W_y = 0{,}049\, d^3 \qquad i_x = 0{,}132\, d$$

$$e_1 = \frac{4r}{3\pi} = 0{,}4244\, r$$

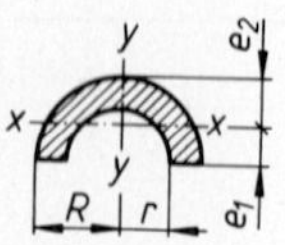

$$I_x = 0{,}1098\,(R^4 - r^4) - 0{,}283\, R^2 r^2 \, \frac{R-r}{R+r}$$

$$I_y = \pi \, \frac{R^4 - r^4}{8} \qquad W_y = \frac{\pi (R^4 - r^4)}{8R}$$

$$W_{x1} = \frac{I_x}{e_1} \qquad W_{x2} = \frac{I_x}{e_2} \qquad e_1 = \frac{2(D^3 - d^3)}{3\pi (D^2 - d^2)}$$

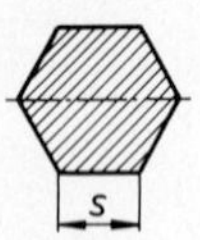

$$I = \frac{5\sqrt{3}}{16} s^4 = 0{,}5413\, s^4 \qquad A = \frac{3}{2}\sqrt{3}\, s^2$$

$$W = \frac{5}{8} s^3 = 0{,}625\, s^3 \qquad i = 0{,}456\, s$$

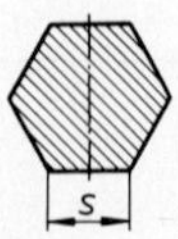

$$I = \frac{5\sqrt{3}}{16} s^4 = 0{,}5413\, s^4 \qquad A = \frac{3}{2}\sqrt{3}\, s^2$$

$$W = 0{,}5413\, s^3 \qquad i = 0{,}456\, s$$

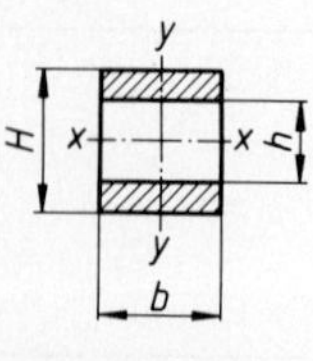

$$I_x = \frac{b}{12}(H^3 - h^3) \qquad I_y = \frac{b^3}{12}(H - h) \qquad A = b(H - h)$$

$$W_x = \frac{b}{6H}(H^3 - h^3) \qquad W_y = \frac{b^2}{6}(H - h)$$

$$i_x = \sqrt{\frac{H^3 - h^3}{12(H-h)}} \qquad i_y = 0{,}289\, b$$

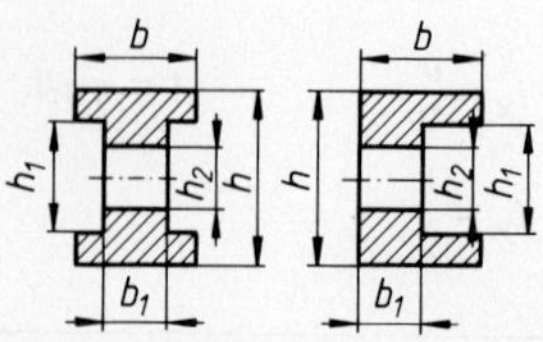

$$I = \frac{b(h^3 - h_1^3) + b_1(h_1^3 - h_2^3)}{12} \qquad A = bh - b_1 h_2 - h_1 (b - b_1)$$

$$W = \frac{b(h^3 - h_1^3) + b_1(h_1^3 - h_2^3)}{6h} \qquad i = \sqrt{\frac{I}{A}}$$

Tafel II.1. Fortsetzung

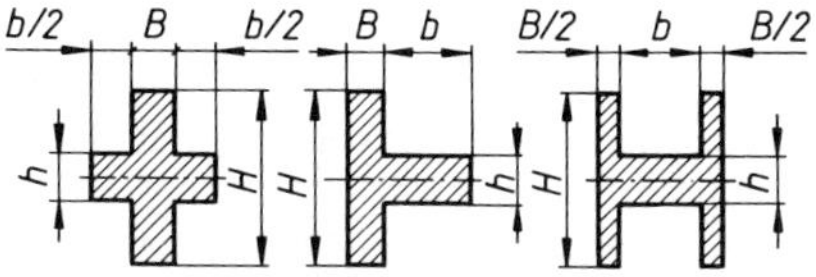

$$I = \frac{BH^3 + bh^3}{12} \qquad A = BH + bh$$

$$W = \frac{BH^3 + bh^3}{6H} \qquad i = \sqrt{\frac{I}{A}}$$

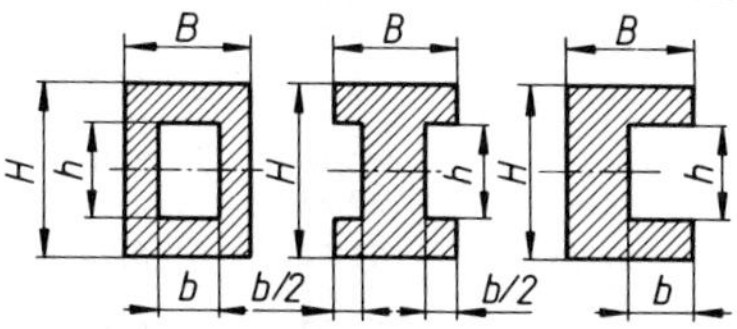

$$I = \frac{BH^3 - bh^3}{12} \qquad A = BH - bh$$

$$W = \frac{BH^3 - bh^3}{6H} \qquad i = \sqrt{\frac{I}{A}}$$

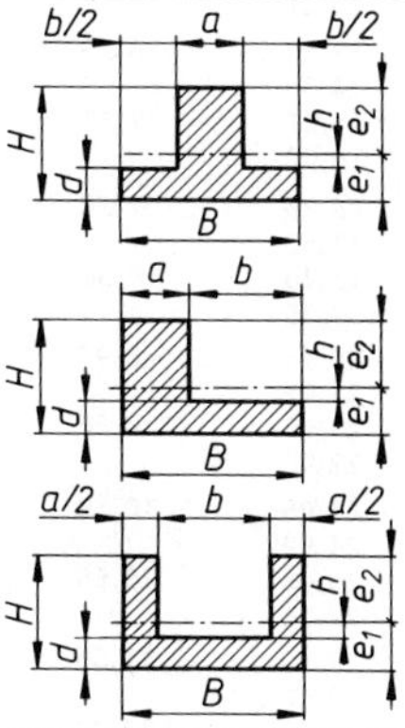

$$I = \frac{1}{3}(Be_1^3 - bh^3 + ae_2^3) \qquad A = Bd + a(H-d)$$

$$e_1 = \frac{1}{2} \cdot \frac{aH^2 + bd^2}{aH + bd} \qquad i = \sqrt{\frac{I}{A}}$$

$$e_2 = H - e_1$$

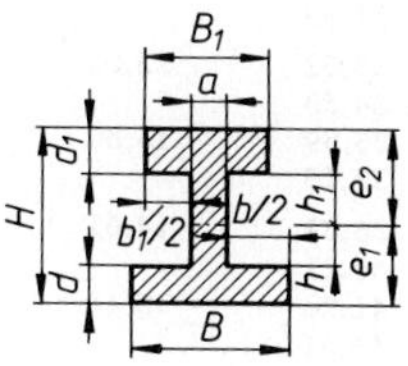

$$I = \frac{1}{3}(Be_1^3 - bh^3 + B_1e_2^3 - b_1h_1^3)$$

$$e_1 = \frac{1}{2} \cdot \frac{aH^2 + bd^2 + b_1d_1(2H - d_1)}{aH + bd + b_1d_1} \qquad A = Bd + b_1d_1 + a(h + h_1)$$

$$e_2 = H - e_1 \qquad i = \sqrt{\frac{I}{A}}$$

Tafel II.2. Axiale Flächenmomente I, Widerstandsmomente W und Querschnittsflächen S von Rundstahl für Biegung und Knickung

Durchmesser d mm	Querschnitt S $\cdot 10^2$ mm²	Flächenmoment I $\cdot 10^4$ mm⁴	Widerstandsmoment W $\cdot 10^3$ mm³	Durchmesser d mm	Querschnitt S $\cdot 10^2$ mm²	Flächenmoment I $\cdot 10^4$ mm⁴	Widerstandsmoment W $\cdot 10^3$ mm³
5	0,1964	0,00307	0,0123	35	9,621	7,366	4,21
5,5	0,2376	0,00449		35,5	9,898	7,796	
6	0,2827	0,00636	0,0212	36	10,18	8,245	4,58
6,5	0,3318	0,00876		36,5	10,46	8,712	
7	0,3848	0,0118	0,0337	37	10,75	9,200	4,97
7,5	0,4418	0,0155		37,5	11,04	9,707	
8	0,5027	0,0201	0,0503	38	11,34	10,78	5,38
8,5	0,5674	0,0256		38,5	11,64	10,24	
9	0,6362	0,0322	0,0716	39	11,96	11,36	5,82
9,5	0,7088	0,0400		39,5	12,25	11,95	
10	0,7854	0,0491	0,0982	40	12,57	12,57	6,28
10,5	0,8659	0,0597		40,5	12,88	13,21	
11	0,9503	0,0719	0,1307	41	13,20	13,87	6,76
11,5	1,039	0,0859		41,5	13,53	14,56	
12	1,131	0,1018	0,1696	42	13,85	15,27	7,27
12,5	1,227	0,1198		42,5	14,19	16,02	
13	1,327	0,1402	0,2157	43	14,52	16,78	7,80
13,5	1,431	0,1630		43,5	14,86	17,58	
14	1,539	0,1886	0,2694	44	15,21	18,40	8,36
14,5	1,651	0,2170		44,5	15,55	19,25	
15	1,767	0,2485	0,3313	45	15,90	20,13	8,94
15,5	1,887	0,2833		45,5	16,26	21,04	
16	2,011	0,3217	0,4021	46	16,62	21,98	9,56
16,5	2,138	0,3638		46,5	16,98	22,95	
17	2,270	0,4100	0,4823	47	17,35	23,95	10,19
17,5	2,405	0,4604		47,5	17,72	24,99	
18	2,545	0,5153	0,5726	48	18,10	26,06	10,85
18,5	2,688	0,5750		48,5	18,47	27,16	
19	2,835	0,6397	0,6734	49	18,86	28,30	11,55
19,5	2,986	0,7098		49,5	19,24	29,47	
20	3,142	0,7854	0,7854	50	19,64	30,68	12,27
20,5	3,301	0,8669		50,5	20,03	31,93	
21	3,464	0,9547	0,9092	51	20,43	33,32	13,02
21,5	3,630	1,049		51,5	20,83	34,53	
22	8,801	1,150	1,045	52	21,24	35,89	13,80
22,5	3,976	1,258		52,5	21,65	37,15	
23	4,155	1,374	1,194	53	22,06	38,73	14,61
23,5	4,337	1,497		53,5	22,48	40,21	
24	4,524	1,629	1,357	54	22,90	41,74	15,46
24,5	4,714	1,769		54,5	23,33	43,31	
25	4,909	1,917	1,534	55	23,76	44,92	16,33
25,5	5,107	2,076		55,5	24,19	46,57	
26	5,309	2,243	1,726	56	24,63	49,28	17,24
26,5	5,515	2,421		56,5	25,07	50,02	
27	5,726	2,609	1,932	57	25,52	51,82	18,18
27,5	5,940	2,807		57,5	25,97	53,66	
28	6,158	3,017	2,155	58	26,42	55,55	19,16
28,5	6,379	3,239		58,5	26,88	57,49	
29	6,605	3,472	2,35	59	27,34	59,48	20,16
29,5	6,835	3,718		59,5	27,81	61,52	
30	7,069	3,976	2,65	60	28,27	63,62	21,21
30,5	7,306	4,248		60,5	28,75	65,76	
31	7,548	4,533	2,93	61	29,22	67,97	22,28
31,5	7,793	4,833		61,5	29,71	70,22	
32	8,042	5,147	3,22	62	30,19	72,53	23,39
32,5	8,296	5,477		62,5	30,68	74,90	
33	8,553	5,821	3,53	63	31,17	77,33	24,54
33,5	8,814	6,182		63,5	31,67	79,81	
34	9,079	6,560	3,86	64	32,17	82,35	25,74
34,5	9,348	6,954		64,5	32,67	84,96	

Beachte: Die *polaren* Flächen- und Widerstandsmomente I_p, W_p für Torsion sind die *doppelten* Beträge der aufgeführten Tafelwerte; Ablesebeispiel am Tabellenende

Durchmesser *d* mm	Querschnitt *S* $\cdot 10^2$ mm²	Flächenmoment *I* $\cdot 10^4$ mm⁴	Widerstandsmoment *W* $\cdot 10^3$ mm³	Durchmesser *d* mm	Querschnitt *S* $\cdot 10^2$ mm²	Flächenmoment *I* $\cdot 10^4$ mm⁴	Widerstandsmoment *W* $\cdot 10^3$ mm³
65	33,18	87,62	26,96	96	72,38	416,9	86,86
65,5	33,70	90,35		96,5	73,14	425,7	
66	34,21	93,14	28,22	97	73,90	434,6	89,60
66,5	34,73	96,00		97,5	74,66	443,6	
67	35,26	98,92	29,53	98	75,43	452,8	92,40
67,5	35,78	101,9		98,5	76,20	462,1	
68	36,32	105,0	30,87	99	76,98	471,5	95,26
68,5	36,85	108,1		99,5	77,76	481,5	
69	37,39	111,3	32,25	100	78,54	490,9	98,18
69,5	37,94	114,5		100,5	79,33	500,8	
70	38,48	117,9	33,67	101	80,12	510,8	101,2
70,5	39,04	121,3		101,5	80,91	521,0	
71	39,59	124,7	35,14	102	81,71	531,3	104,2
71,5	40,15	128,3		102,5	82,52	541,8	
72	40,72	131,9	36,64	103	83,32	552,5	107,3
72,5	41,28	135,6		103,5	84,13	563,3	
73	41,85	139,4	38,19	104	84,95	574,3	110,4
73,5	42,43	143,3		104,5	85,77	585,4	
74	43,01	147,2	39,78	105	86,59	596,7	113,7
74,5	43,59	151,2		105,5	87,42	608,1	
75	44,18	155,3	41,42	106	88,25	619,7	116,9
75,5	44,77	159,5		106,5	89,08	631,5	
76	45,36	163,8	43,10	107	89,92	643,4	120,3
76,5	45,96	168,1		107,5	90,76	655,5	
77	46,57	172,6	44,82	108	91,61	667,8	123.7
77,5	47,17	177,1		108,5	92,46	680,3	
78	47,78	181,7	46,59	109	93,31	692,9	127,1
78,5	48,40	186,4		109,5	94,17	705,7	
79	49,02	191,2	48,40	110	95,03	718,7	130,7
79,5	49,64	196,1		110,5	95,90	731,8	
80	50,27	201,1	50,27	111	96,77	745,2	134,3
80,5	50,90	206,1		111,5	97,64	758,7	
81	51,53	211,3	52,17	112	98,52	772,4	137,9
81,5	52,17	216,6		112,5	99,40	786,3	
82	52,81	221,9	54,13	113	100,3	800,4	141,6
82,5	53,46	227,4		113,5	101,2	814,6	
83	54,11	233,0	56,14	114	102,1	829,1	145,5
83 5	54,76	238,6		114,5	103,0	843,7	
84	55,42	244,4	58,19	115	103,9	858,5	149,3
84,5	56,08	250,3		115,5	104,8	873,6	
85	56,74	256,2	60,29	116	105,7	888,8	153,2
85,5	57,41	262,3		116,5	106,6	904,2	
86	58,09	268,5	62,45	117	107,5	919,8	157,2
86,5	58,77	274,8		117,5	108,4	935,7	
87	59,45	281,2	64,65	118	109,4	951,7	161,3
87,5	60,13	287,7		118,5	110,3	967,9	
88	60,82	294,4	66,90	119	111,2	984,4	165,4
88,5	61,51	301,1		119,5	112,2	001	
89	62,21	308,0	69,21	120	113,1	1 018	169,6
89,5	62,91	315,0		120,5	114,0	1 035	
90	63,62	322,1	71,57	121	115,0	1 052	173,9
90,5	64,33	329,3		121,5	115,9	1 070	
91	65,04	336,6	73,98	122	116,9	1 087	178,3
91,5	65,76	344,1		122,5	117,9	1 105	
92	66,48	351,7	76,45	123	118,8	1 124	182,7
92,5	67,20	359,4		123,5	119,8	1 142	
93	67,93	367,2	78,97	124	120,8	1 161	187,2
93,5	68,66	375,2		124,5	121,7	1 179	
94	69,40	383,2	81,54	125	112,7	1 198	191,7
94,5	70,14	391,5		125,5	123,7	1 218	
95	70,88	399,8	84,17	126	124,7	1 237	196,4
95,5	71,63	408,3		126,5	125,7	1 257	

Tafel II.2. Fortsetzung

Durchmesser d	Querschnitt S	Flächenmoment I	Widerstandsmoment W	Durchmesser d	Querschnitt S	Flächenmoment I	Widerstandsmoment W
mm	$\cdot 10^2$ mm²	$\cdot 10^4$ mm⁴	$\cdot 10^3$ mm³	mm	$\cdot 10^2$ mm²	$\cdot 10^4$ mm⁴	$\cdot 10^3$ mm³
127	126,7	1 277	201,1	138	149,6	1 780	258,0
127,5	127,7	1 297		138,5	150,7	1 806	
128	128,7	1 318	205,9	139	151,7	1 832	263,7
128,5	129,7	1 338		139,5	152,8	1 859	
129	130,7	1 359	210,8	140	153,9	1 886	269,4
129,5	131,7	1 381		140,5	155,0	1 913	
130	132,7	1 402	215,7	141	156,1	1 940	275,2
130,5	133,8	1 424		141,5	157,3	1 968	
131	134,8	1 446	220,7	142	158,4	1 996	281,1
131,5	135,8	1 468		142,5	159,5	2 024	
132	136,8	1 490	225,8	143	160,6	2 053	287,1
132,5	137,8	1 513		143,5	161,7	2 082	
133	138,9	1 536	231,0	144	162,9	2 111	293,1
133,5	140,0	1 559		144,5	164,0	2 140	
134	141,0	1 583	236,2	145	165,1	2 170	299,3
134,5	142,1	1 606		145,5	166,3	2 200	
135	143,1	1 630	241,5	146	167,4	2 230	305,5
135,5	144,2	1 655		146,5	168,6	2 261	
136	145,3	1 679	247,0	147	169,7	2 292	311,9
136,5	146,3	1 704		147,5	170,9	2 323	
137	147,4	1 729	252,4	148	172,0	2 355	318,3
137,5	148,5	1 755		148,5	173,2	2 387	

Ablesebeispiel: Für $d = 10$ mm ist $S = 0{,}7854 \cdot 10^2$ mm²; $= 0{,}0491 \cdot 10^4$ mm⁴; $W = 0{,}0982 \cdot 10^3$ mm³

2.3. Rechnerische Bestimmung der Stützkräfte, Querkräfte und Biegemomente

2.3.1. Stützkräfte. Die Stützkräfte F_A, F_B sind die in den Stützlagern (auch Auflager genannt) wirkenden Reaktionskräfte gegen die lotrechten Lasten oder äußeren Kräfte. Nehmen die Lager des Biegeträgers nur lotrechte Lasten auf, so bezeichnet man sie als *Auflager* oder *Stützlager.* Mit Hilfe der Gleichgewichtsbedingungen $\Sigma F_y = 0$; $\Sigma M = 0$ werden die Stützkräfte F_A, F_B berechnet. Dabei werden die über der Länge l aufliegenden *Streckenlasten* (Gewichtskraft, gleichmäßig verteilte Lasten, Dreieckslasten u.ä.) als im Schwerpunkt der Streckenlast angreifende Einzellast behandelt. Ist F' die Belastung der Längeneinheit (z.B. in N/m, N/mm), so ergibt sich als *Resultierende der Streckenlast* (Bild II.19).

$$F = F' l \qquad \text{(II.46)}$$

F	F'	l
N	$\frac{\text{N}}{\text{m}}$	m

Mit den Bezeichnungen des Bildes II.18 ist die Resultierende der Streckenlast $F_1 = F' c = 2000$ N/m · 3 m = 6000 N. Die Momentengleichgewichtsbedingung um den Lagerpunkt A ergibt damit:

$$\Sigma M_{(A)} = 0 = -Fa - F_1 a_1 + F_B l \quad \text{und daraus}$$

$$F_B = \frac{Fa + F_1 a_1}{l} = \frac{6000\ \text{N} \cdot 1{,}5\ \text{m} + 6000\ \text{N} \cdot 3{,}5\ \text{m}}{6\ \text{m}} = 5000\ \text{N}$$

aus $\Sigma F_y = 0 = +F_A + F_B - F - F_1$ ergibt sich

$$F_A = F + F_1 - F_B = 6000\ \text{N} + 6000\ \text{N} - 5000\ \text{N} = 7000\ \text{N}$$

Zur Kontrolle der Rechnung sollte $\Sigma M_{(B)} = 0$ angesetzt und daraus F_A berechnet werden!

2.3.2. Querkräfte. Die Querkräfte F_q (siehe auch 2.1.1) sind alle senkrecht (quer) zu einer Stabachse wirkenden Kräfte und Lasten; also auch die Stützkräfte F_A, F_B. *Betrag und Richtung der Querkraft* eines beliebigen Querschnittes (z.B. Querschnitt x–x im Abstand l_x vom linken Stützlager A in den Bildern II.18 und II.19) werden am einfachsten durch *Aufzeichnung der Querkraftfläche* oder Querkraftlinie (= Begrenzung der Querkraftfläche) bestimmt. Dazu „wandert" man rückwärts gehend auf der Nullinie 0–0 (Bilder II.18 und II.19) vom linken zum rechten Stützlager und trägt fortlaufend maßstäblich die jeweils „sichtbaren" Querkräfte aneinander an.

Für die Schnittstelle x–x wird in Bild II.18: $F_{qx} = F_A$ und in Bild II.19:

$$F_{qx} = F_A - F' l_x$$

Die Querkraft*linie* verläuft bei *Einzel*lasten parallel zur Nullinie (Bild II.18) und ist bei *Strecken*lasten eine zur Nullinie *geneigte Gerade* (Bild II.19).

Beweis nach Bild II.19: Für die Stelle x ist

$$F_{qx} = + F_A - F' l_x = \frac{F}{2} - F' l_x = \frac{F' l}{2} - F' l_x$$

Das ist die Gleichung einer geneigten Geraden; die Neigung ist proportional der Streckenlast F' (je größer F', desto stärker die Neigung und umgekehrt). Für $l_x = 0$ wird

$$F_q = \frac{F' l}{2} = F_A$$

(in Stützpunkt A); für $l_x = l/2$ wird $F_q = 0$ (in Trägermitte).

In Bild II.19 wurde der Beweis zeichnerisch geführt (Kräfteplan), indem die Teilkräfte F', jeweils im Schwerpunkt angreifend, als Teil-Querkräfte aneinandergereiht wurden.

2.3.3. Biegemomente M_b (siehe auch 2.1.1). Das Biegemoment für einen beliebigen Querschnitt ist die algebraische Summe der statischen Momente aller links *oder* rechts vom Querschnitt angreifenden äußeren Kräfte (einschließlich der Stützkräfte!). Praktisch rechnet man mit der Seite, an der die wenigsten Kräfte angreifen!

Betrag und Richtung des Biegemomentes eines beliebigen Querschnittes (z.B. Querschnitt x–x im Abstand l_x vom linken Stützlager A in den Bildern II.18 und II.19) werden am einfachsten durch *Aufzeichnung der Querkraftfläche* bestimmt. Vom linken Stützlager A nach rechts fortschreitend entspricht nämlich die dabei „überstrichene" Querkraft*fläche* A_q dem Biegemoment des betreffenden Querschnittes.

Nach Bild II.18 wird damit das Biegemoment M_{bx} an der Schnittstelle x:

$$M_{bx} \mathrel{\hat{=}} A_q = F_A l_x$$

Vielfach wird nur das *maximale Biegemoment* $M_{b\,max}$ gebraucht. *Es liegt stets dort, wo die Querkraftlinie durch die Nullinie läuft* (*Nulldurchgang*). In einigen Fällen ist dann noch das *Durchgangsmaß* x (oder y) wie in Bild II.18 zu bestimmen. Aus der Ähnlichkeit der Dreiecke *HNE* und *EGD* folgt mit den bezeichneten Querkraft- und Längenmaßen das *Durchgangsmaß*

$$x = \frac{F_A - F}{F_1} c \qquad \text{(II.47)}$$

Mit Hilfe der Querkraftfläche in Bild II.18 ergeben sich folgende Biegemomente:

$$M_{b\,I} = F_A a = 7000\ \text{N} \cdot 1{,}5\ \text{m} = 10\,500\ \text{Nm}$$
$$M_{b\,II} = M_{b\,I} + (F_A - F)(c_1 - a) = 10\,500\ \text{Nm} + 1000\ \text{N} \cdot 0{,}5\ \text{m} = 11\,000\ \text{Nm}$$

$F = 6000\,N;\ F' = 2000\,\frac{N}{m}$

$F_1 = F' \cdot c = 6000\,N$

$a = 1{,}5\,m;\ b = 4{,}5\,m;\ c = 3\,m$

$a_1 = 3{,}5\,m;\ b_1 = 2{,}5\,m;\ l = 6\,m$

$c_1 = 2\,m;\ c_2 = 1\,m$

Stützkräfte:

$F_A = 7000\,N;\ F_B = 5000\,N$

Biegemomente:

$M_{bI} = F_A \cdot a = 7000\,N \cdot 1{,}5\,m = 10500\,Nm$

$M_{bII} = F_A \cdot c_1 - F \cdot (c_1 - a)$

$= 7000\,N \cdot 2\,m - 6000\,N \cdot (2\,m - 1{,}5\,m)$

$M_{bII} = 11000\,Nm$

$M_{bIII} = F_B \cdot c_2 = 5000\,N \cdot 1\,m = 5000\,Nm$

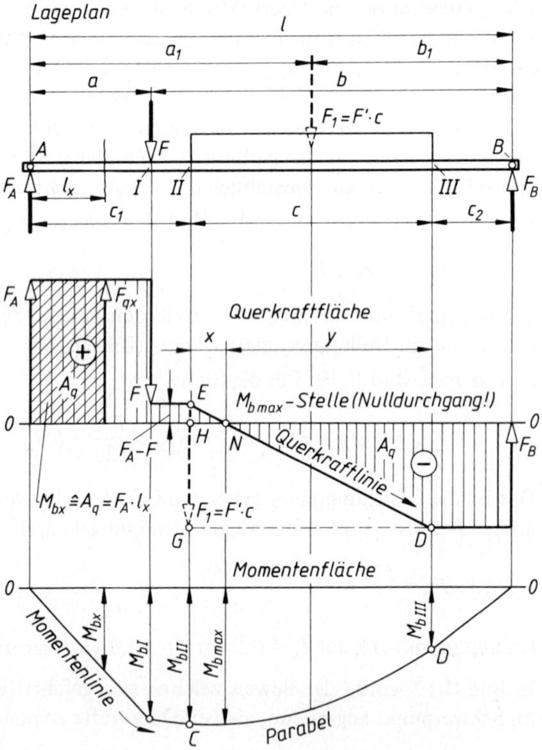

Bild II.18. Stützkräfte F_A, F_B, Querkräfte und Biegemomente bei Einzel- und Streckenlast

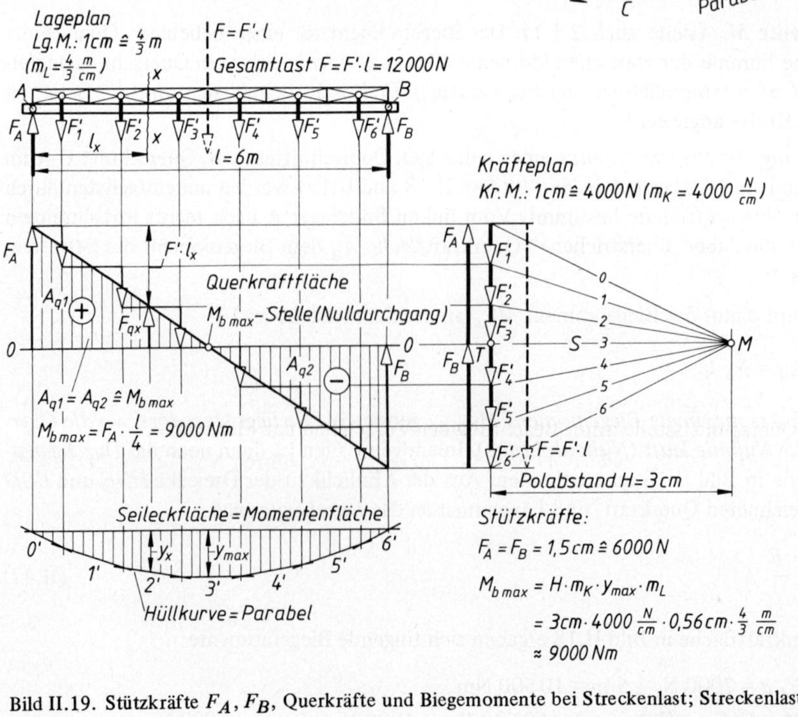

Bild II.19. Stützkräfte F_A, F_B, Querkräfte und Biegemomente bei Streckenlast; Streckenlast $F' = 2000$ N/m, $l = 6$ m

Man kann auch rein rechnerisch vorgehen (Summe aller Momente links von Schnittstelle II):

$$M_{b\,II} = F_A c_1 - F(c_1 - a) = 7000\ \text{N} \cdot 2\ \text{m} - 6000\ \text{N} \cdot 0{,}5\ \text{m} = 11000\ \text{Nm}$$

$$M_{b\,III} = F_B c_2 = 5000\ \text{N} \cdot 1\ \text{m} = 5000\ \text{Nm}$$

$$M_{b\,max} = F_B(y + c_2) - F' y \frac{y}{2}$$

darin ist $y = c - x$ und nach (II.47)

$$x = \frac{F_A - F}{F_1} c = \frac{(7000 - 6000)\ \text{N}}{6000\ \text{N}} = 0{,}5\ \text{m}$$

also $y = 3\ \text{m} - 0{,}5\ \text{m} = 2{,}5\ \text{m}$.

$$M_{b\,max} = 5000\ \text{N}\,(2{,}5 + 1)\,\text{m} - 2000\,\frac{\text{N}}{\text{m}} \cdot 2{,}5\ \text{m} \cdot 1{,}25\ \text{m} = 11250\ \text{Nm}$$

oder mit der Querkraftfläche rechts vom Nulldurchgang:

$$M_{b\,max} = F_B c_2 + F_B \frac{y}{2} \mathrel{\hat{=}} \text{Rechteckfläche} + \text{Dreieckfläche} = F_B \left(c_2 + \frac{y}{2}\right)$$

$$M_{b\,max} = 5000\ \text{N}\,(1 + 1{,}25)\,\text{m} = 11250\ \text{Nm}$$

Die *Momentenfläche* oder *Momentenlinie* entsteht, wenn die Biegemomente der einzelnen Querschnitte maßstäblich als Ordinaten von einer Nullinie aus aufgetragen werden. Die Momentenlinie ist bei Einzelkräften eine geneigte Gerade, bei Streckenlasten eine Parabel, wie auch Bild II.19 zeigt. Danach wird das Biegemoment M_{bx} an der Schnittstelle x:

$$M_{bx} \mathrel{\hat{=}} \text{Trapezfläche} = \frac{F_A + F_{qx}}{2}$$

für $F_A = F_B = \dfrac{F}{2} = \dfrac{F' l}{2}$ und für $F_{qx} = F_A - F' l_x$ eingesetzt:

$$M_{bx} = \frac{\dfrac{F' l}{2} + \dfrac{F' l}{2} - F' l_x}{2}\, l_x - \frac{F' l}{2} l_x - \frac{F' l_x^2}{2} = \frac{F'}{2} (l l_x - l_x^2)$$

d.h. *bei Streckenlast ist die Momentenlinie eine Parabel.* Das maximale Biegemoment liegt in Balkenmitte, also bei $l_x = l/2$

$$M_{b\,max} = \frac{F' l^2}{8} = \frac{F l}{8}$$

Beachte: Die Momentenlinie gibt bei Biegeträgern mit gleichbleibendem Querschnitt zugleich den Verlauf der Randfaserspannung über die Balkenlänge an. An der $M_{b\,max}$-Stelle ist also auch die Randfaserspannung am größten.

Zusammenfassung: Das Biegemoment M_b entspricht der Querkraftfläche A_q links oder rechts von der betrachteten Querschnittsstelle unter Beachtung der Vorzeichen der Flächen.

Das größte Biegemoment $M_{b\,max}$ liegt dort, wo die Querkraftlinie „durch Null" geht (Nulldurchgang) oder wo die Seileckfläche ihre größte Ordinate y_{max} besitzt.

Geht die Querkraftlinie mehrfach durch Null, müssen zum Vergleich die Biegemomente für alle Nulldurchgänge berechnet werden.

Kontrolle der Querkraftfläche: Die Summe aller positiven Flächenteile (oberhalb 0–0) muß gleich der Summe aller negativen (unterhalb 0–0) sein, also $\Sigma A_q = 0$, weil entsprechend beim statisch bestimmt gelagerten Träger die $\Sigma M = 0$ sein muß.

Vereinbarung: Biegemomente sind positiv, wenn in den oberen Fasern des Biegeträgers Druck- und in den unteren Fasern Zugspannungen ausgelöst werden.

2.4. Zeichnerische Bestimmung der Stützkräfte, Querkräfte und Biegemomente

2.4.1. Stützkräfte. Die Stützkräfte F_A, F_B werden durch Krafteck- und Seileckzeichnung gefunden (Bilder II.19 und II.20); siehe auch „Statik". Im *Kräfteplan* werden die Lasten $F = 6000$ N und $F_1 = F'c = 6000$ N maßstäblich und richtungsgemäß aneinander gezeichnet. Mit Hilfe der *Polstrahlen* 0, 1, 2 ..., zum beliebigen Pol *M* werden die *Seilstrahlen* 0′, 1′, 2′... durch Parallelverschiebung gezeichnet. Die *Schlußlinie S′* des Seilecks wird in den Kräfteplan übertragen (*S*) und schneidet dort im *Teilpunkt T* die *Stützkräfte* F_B, F_A ab. Das Krafteck der Kräfte F, F_1, F_B, F_A muß sich schließen.

2.4.2. Querkräfte. Die Querkräfte F_q werden aus dem Kräfteplan herübergelotet und auf ihren aus dem Lageplan heruntergeloteten Wirklinien aufgetragen. Damit ergibt sich die *Querkraftlinie.* Sie ist bei Streckenlast eine geneigte Gerade, wie in Bild II.19 nachgewiesen worden ist.

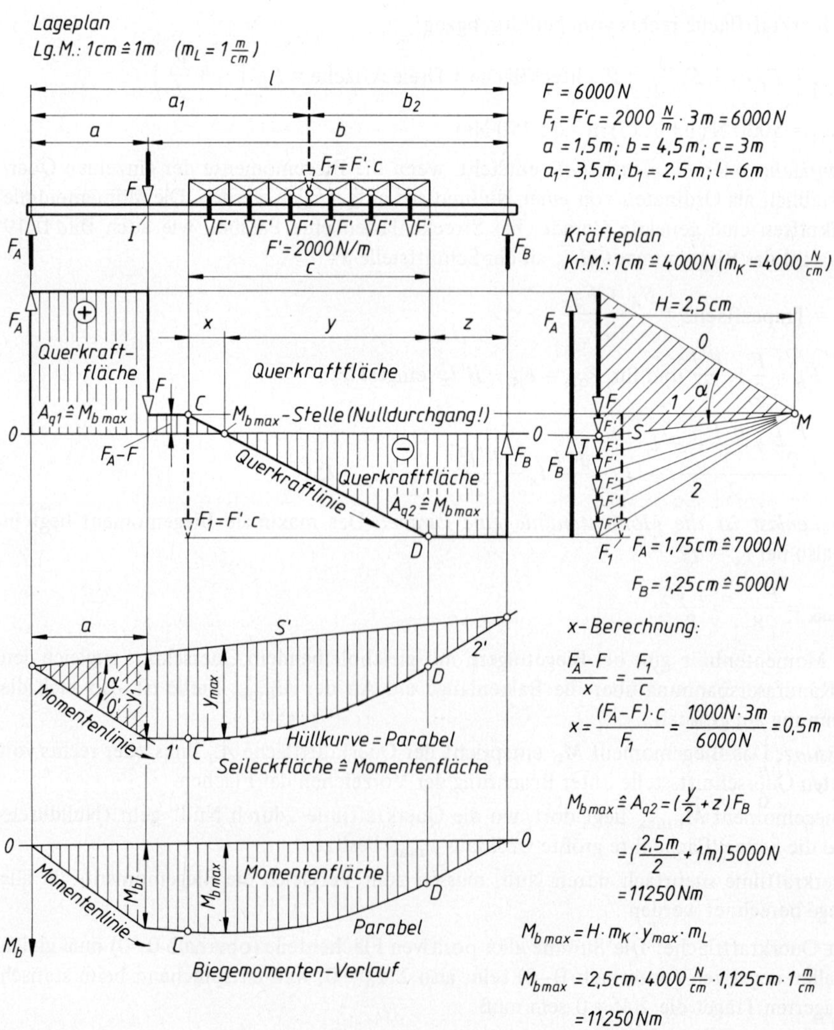

Bild II.20. Stützkrfäfte F_A, F_B, Querkräfte und Biegemomente bei Einzel- und Streckenlast

Der *Nulldurchgang* legt die $M_{b\,max}$-Stelle fest. Die Querkraftfläche links oder rechts vom Nulldurchgang entspricht dem größten Biegemoment:

$$A_{q1} = A_{q2} \hat{=} M_{b\,max}$$

Die *Durchgangsmaße* x und y können unter Berücksichtigung des Längenmaßstabes abgegriffen werden (Bild II.20).

2.4.3. Biegemomente. Die Biegemomente M_b werden zeichnerisch mit Hilfe der *Seileckfläche* bestimmt. Die *Seilstrahlen* liefern mit der Schlußlinie S' die *Momentenlinie.* Sie ist im Bereich der *Streckenlast* eine *Parabel.* Aus der Ähnlichkeit der schraffierten Dreiecke (Bild II.20) im Seileck und Kräfteplan ergibt sich:

$$\frac{y_I}{a} = \frac{F_A}{H} \quad \text{und daraus} \quad F_A\,a = H\,y_I = M_{bI} \qquad \text{(II.48)}$$

Nun ist aber $F_A\,a = M_{bI}$ das Biegemoment an der Balkenstelle I, so daß allgemein gilt:

> Das Biegemoment M_b an einer beliebigen Balkenstelle ist gleich dem Produkt aus der Ordinate y des Seilecks und dem Polabstand H des Kräfteplanes unter Berücksichtigung von Längenmaßstab m_L in m/cm oder cm/cm und Kräftemaßstab m_K in N/cm.

$$M_b = H\,y\,m_K\,m_L \qquad \text{(II.49)}$$

M_b	H, y	m_K	m_L
Nm	cm	$\frac{N}{cm}$	$\frac{m}{cm}$

Das größte Biegemoment $M_{b\,max}$ in Bild II.20 wird mit Polabstand $H = 2{,}5$ cm, $y_{max} = 1{,}125$ cm, Kräftemaßstab $m_K = 4000$ N/cm und Längenmaßstab $m_L = 1$ m/cm

$$M_{b\,max} = H\,y_{max}\,m_K\,m_L = 2{,}5\text{ cm} \cdot 1{,}125\text{ cm} \cdot 4000\,\frac{\text{N}}{\text{cm}} \cdot 1\,\frac{\text{m}}{\text{cm}} = 11\,250\text{ Nm}$$

Nach Bild II.19 ergibt sich ebenso

$$M_{b\,max} = H\,y_{max}\,m_K\,m_L = 3\text{ cm} \cdot 0{,}56\text{ cm} \cdot 4000\,\frac{\text{N}}{\text{cm}} \cdot \frac{4}{3}\,\frac{\text{m}}{\text{cm}} = 9000\text{ Nm}$$

■ **Beispiel:** Ein Holzbalken hat Rechteckquerschnitt von 200 mm Höhe und 100 mm Breite. Welches größte Biegemoment kann er hochkant- und welches flachliegend aufnehmen, wenn 8 N/mm² Biegespannung nicht überschritten werden soll?

Lösung: $M_{b\,max} = W\,\sigma_{b\,zul}$

$$W = \frac{bh^2}{6}$$

$$M_{b\,max,\,hoch} = W_{hoch}\,\sigma_{b\,zul}$$

$$M_{b\,max,\,hoch} = \frac{100\text{ mm} \cdot (200\text{ mm})^2}{6} \cdot 8\,\frac{\text{N}}{\text{mm}^2} = 5333 \cdot 10^3\text{ Nmm}$$

$$M_{b\,max,\,flach} = W_{flach}\,\sigma_{b\,zul}$$

$$M_{b\,max,\,flach} = \frac{200\text{ mm} \cdot (100\text{ mm})^2}{6} \cdot 8\,\frac{\text{N}}{\text{mm}^2} = 2667 \cdot 10^3\text{ Nmm}$$

$$M_{b\,max,\,hoch} = 2 \cdot M_{b\,max,\,flach}$$

■ **Beispiel:** Der Freiträger nach Bild II.21 trägt die Einzellasten

$F_1 = 15\ \text{kN}, \quad F_2 = 9\ \text{kN}, \quad F_3 = 20\ \text{kN};$

$l_1 = 2\ \text{m}, \quad l_2 = 1{,}5\ \text{m}, \quad l_3 = 0{,}8\ \text{m},$

$\sigma_{\text{b zul}} = 120\ \dfrac{\text{N}}{\text{mm}^2}$

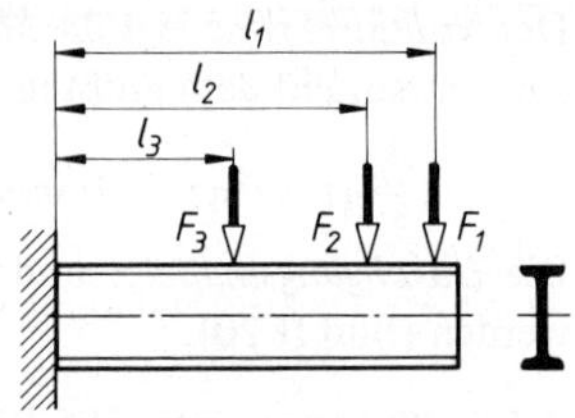

Bild II.21

Ermittle:

a) $M_{\text{b max}}$,
b) das erforderliche Widerstandsmoment W_{erf},
c) das erforderliche IPE-Profil nach Tafel II.11,
d) die größte Biegespannung!

Lösung: a) $M_{\text{b max}} = F_1 l_1 + F_2 l_2 + F_3 l_3$

$$M_{\text{b max}} = (15 \cdot 2 + 9 \cdot 1{,}5 + 20 \cdot 0{,}8)\ \text{kNm} = 59{,}5\ \text{kNm} = 59{,}5 \cdot 10^6\ \text{Nmm}$$

b) $W_{\text{erf}} = \dfrac{M_{\text{b max}}}{\sigma_{\text{b zul}}} = \dfrac{59{,}5 \cdot 10^6\ \text{Nmm}}{120\ \dfrac{\text{N}}{\text{mm}^2}} = 496 \cdot 10^3\ \text{mm}^3$

c) IPE 300 mit $557 \cdot 10^3\ \text{mm}^3$

d) $\sigma_{\text{b vorh}} = \dfrac{M_{\text{b max}}}{W} = \dfrac{59\,500 \cdot 10^3\ \text{Nmm}}{557 \cdot 10^3\ \text{mm}^3} = 107\ \dfrac{\text{N}}{\text{mm}^2}$

■ **Beispiel:** Das Konsolblech einer Stahlbaukonstruktion ist nach Bild II.22 als Schweißverbindung ausgelegt. $F = 26$ kN Höchstlast. Berechne für $a = 8$ mm Schweißnahtdicke

a) die Biegespannung $\sigma_{\text{schw b}}$ im gefährdeten Querschnitt,
b) die Schubspannung $\tau_{\text{schw s}}$.

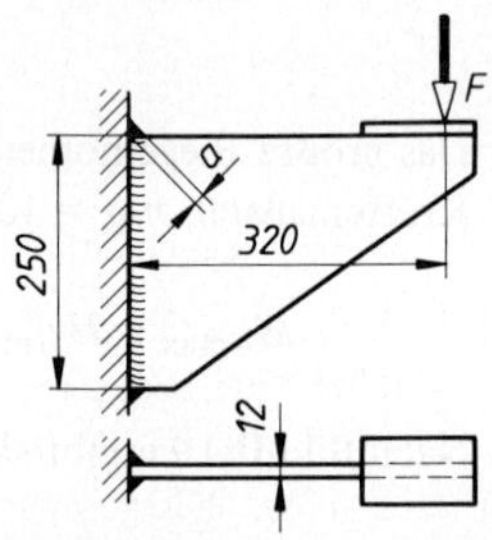

Bild II.22

Lösung: Bei allen Schweißverbindungen wird die Nahtdicke a in die Ebene des gefährdeten Querschnittes hinein geklappt.

$M_b = Fl$

$F_q = F$

$$W_x = \frac{\overbrace{(2a+s)}^{B} \cdot \overbrace{(2a+h)^3}^{H^3} - \overbrace{s \cdot h^3}^{b \cdot h^3}}{6\underbrace{(2a+h)}_{H}} \quad \text{(nach Tafel II.1 S. 385)}$$

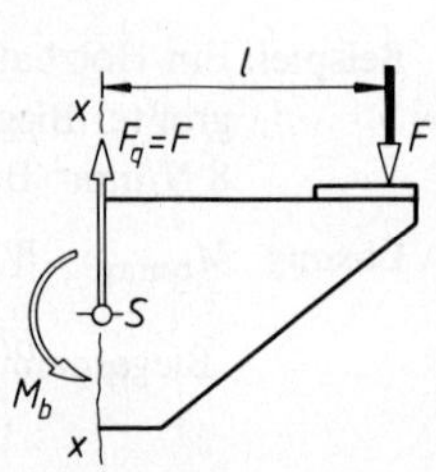

$M_b = Fl = 26\,000\ \text{N} \cdot 320\ \text{mm}$

$M_b = 8320 \cdot 10^3\ \text{Nmm}$

$$W_x = \frac{28\ \text{mm} \cdot (266\ \text{mm})^3 - 12\ \text{mm} \cdot (250\ \text{mm})^3}{6 \cdot 266\ \text{mm}} = 105\,689\ \text{mm}^3$$

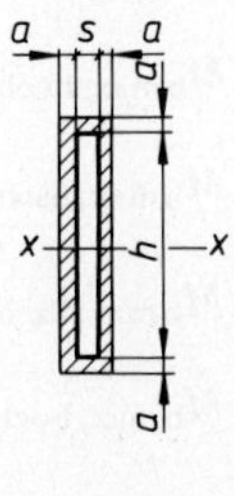

$$\sigma_{\text{schw b}} = \frac{M_b}{W_x} = \frac{8320 \cdot 10^3\ \text{Nmm}}{105{,}689 \cdot 10^3\ \text{mm}^3} = 78{,}7\ \frac{\text{N}}{\text{mm}^2}$$

b) $\tau_{\text{schw s}} = \dfrac{F_q}{A} = \dfrac{F_q}{(2a+s)(2a+h) - sh}$

$$\tau_{\text{schw s}} = \frac{26\,000\ \text{N}}{28\ \text{mm} \cdot 266\ \text{mm} - 12\ \text{mm} \cdot 250\ \text{mm}} = 5{,}8\ \frac{\text{N}}{\text{mm}^2}$$

2.4.4. Wandernde Last (Bild II.23). Bei Brücken, Kranen und sonstigen Tragwerken muß diejenige Stellung einer gegebenen Kräftegruppe (F_1, F_2, F_3) herausgefunden werden, bei der der Balken am stärksten beansprucht wird. Statt nun für verschiedene Laststellungen auf dem festgehaltenen Balken jeweils ein neues Seileck zu zeichnen, wird einfach zu einer beliebigen Laststellung in üblicher Weise Kraft- und Seileck gezeichnet und der Balken relativ zum festgehaltenen Seileck verschoben. Dadurch entstehen immer neue Schlußlinien S_1, S_2, S_3 ... als einhüllende Tangenten einer Parabel. $M_{b\,max}$ tritt hier unter der Kraft F_1 auf, wie das Seileck zeigt. Die zugehörige Balkenstellung mit der Schlußlinie S wird durch die Tangente an die Parabel in T gefunden. Damit ist auch der gefährdete Querschnitt bei ungünstigster Laststellung bestimmt (Maß l_1). $M_{b\,max}$ kann zeichnerisch oder rechnerisch bestimmt werden. Nach Bild II.23 ist $M_{b\,max} = F_A\,l_1$.

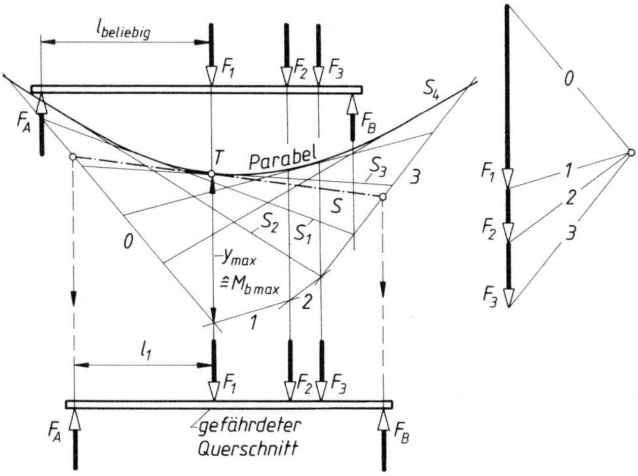

Bild II.23. Wandernde Last mit Lageplan, Krafteck, Seileck, ungünstigste Laststellung

2.5. Träger gleicher Biegebeanspruchung

Hat ein Biegeträger durchgehend gleichen Querschnitt (besser: gleiches axiales Flächenmoment), so tritt nur im gefährdeten Querschnitt ($M_{b\,max}$-Stelle) die größte Randspannung auf. Alle anderen Querschnittsstellen haben kleineres Biegemoment und deshalb kleinere Randspannung, könnten also schwächer gestaltet werden. Das wird erreicht durch *Anformung,* d.h. der Querschnittsverlauf folgt dem Gesetz $\sigma = M_b/W$ = konstant = σ_{zul}. Damit wird das erforderliche Widerstandsmoment W an beliebiger Balkenstelle x: $W_x = M_x/\sigma_{zul}$.

■ **Beispiel:** Konsolträger (Freiträger) nach Bild II.24 mit gleichbleibender Breite b werden der Höhe h nach angeformt.

Mit Biegemoment $M_x = Fx$ und $W_x = \dfrac{by^2}{6}$ folgt aus der Bedingung gleichbleibender Biegespannung σ an jeder Balkenstelle:

$$\frac{M_{b\,max}}{W_{max}} = \frac{M_x}{W_x}\,; \quad M_{b\,max} = Fl$$

$$W_{max} = \frac{bh^2}{6}$$

$$\frac{Fl\,6}{bh^2} = \frac{Fx\,6}{by^2}$$

$$y = h\sqrt{\frac{x}{l}}$$

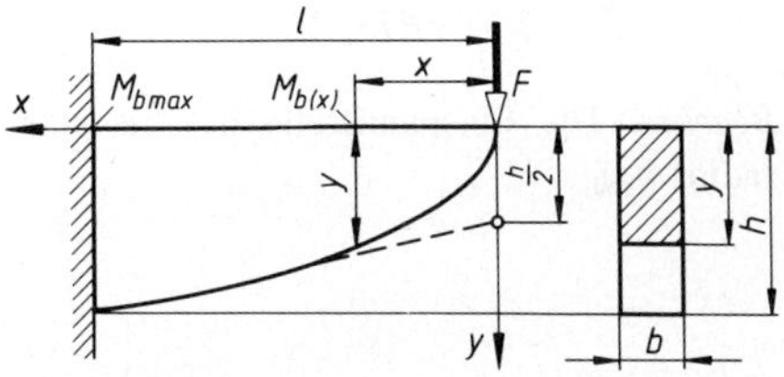

Bild II.24. Träger gleicher Biegebeanspruchung (Konsolträger), siehe auch Tafel II.3

Die Begrenzungskurve ist eine quadratische Parabel. Praktisch wählt man als Begrenzung für eine angenäherte Form die gestrichelte Tangente. Die größere Bedeutung haben die ersten fünf Freiträger in Tafel II.3.

2.6. Formänderung beim Biegen (Durchbiegung, Krümmung)

Beim Biegeträger kürzen sich die Faserschichten auf der einen und längen sich auf der gegenüberliegenden Seite. Nur die neutrale Faserschicht behält ihre ursprüngliche Länge bei; jedoch wird die vorher gerade Stabachse elastisch gekrümmt. Die entstandene Kurve der Stabachse heißt *elastische Linie* oder *Biegelinie*. Die geometrischen Verhältnisse in Verbindung mit dem Hookeschen Gesetz ergeben die „Gleichung der elastischen Linie", die Durchbiegungsgleichung.

2.6.1. Krümmungsradius, Krümmung (Bild II.25). Durch die elastische Krümmung der Stabachse des Freiträgers mit gleichbleibendem Querschnitt werden zwei (unendlich) dicht benachbarte Querschnitte $1-1'$ und $2-2'$ gegeneinander geneigt (Winkel φ). Ihre Fluchtlinien schneiden sich im *Krümmungsmittelpunkt* 0 und ergeben den *Krümmungsradius* ρ an dieser Balkenstelle (x). 0 ist der Mittelpunkt eines Kreisbogenstückes der (ganz kurzen) Länge s. s ist ein (ganz kleiner) Teil der Biegelinie. Gegenüber der unveränderten neutralen Faser ist die Zugfaser gestreckt, also auch das Teilstück s um den Betrag Δs. Nach dem Strahlensatz gilt:

$$\frac{s + \Delta s}{s} = \frac{\rho_x + e}{\rho_x}$$

$$1 + \frac{\Delta s}{s} = 1 + \frac{e}{\rho_x} \quad \text{oder auch} \quad \frac{\Delta s}{s} = \frac{e}{\rho_x}$$

Da $\frac{\Delta s}{s}$ = Dehnung ϵ ist, wird mit dem Hookeschen Gesetz (I.8): $\frac{\Delta s}{s} = \frac{e}{\rho_x} = \epsilon = \frac{\sigma_x}{E}$ und daraus der *Krümmungsradius* $\rho_x = \frac{eE}{\sigma_x}$. Der Kehrwert heißt *Krümmung* $k = \frac{1}{\rho_x} = \frac{\sigma_x}{eE}$.

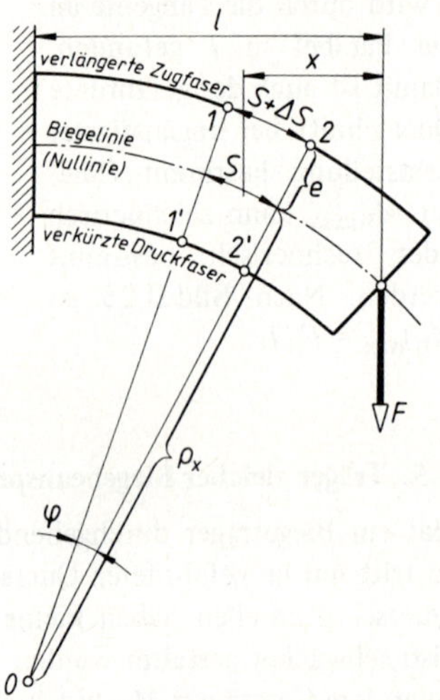

Bild II.25. Geometrische Verhältnisse am einseitig eingespannten Biegeträger (Freiträger) mit Einzellast; Krümmung stark übertrieben gezeichnet

Wird für die Biegespannung $\sigma_x = M_x/W$ nach (II.15) eingesetzt und nach (II.31) für We = Flächenmoment I, so ergibt sich:

$$\rho_x = \frac{EI}{M_x} \qquad \text{(II.50)}$$

$$k_x = \frac{1}{\rho_x} = \frac{M_x}{EI} \qquad \text{(II.51)}$$

ρ_x	E	I	M_x
mm	$\frac{N}{mm^2}$	mm	Nmm

Beachte: Die Einspannstelle hat die stärkste Krümmung k_{max} und den kleinsten Krümmungsradius ρ_{min}.

Tafel II.3. Träger gleicher Biegebeanspruchung

Längs- und Querschnitt des Trägers	Begrenzung des Längsschnittes	Gleichungen zur Berechnung der Querschnitts-Abmessungen
Die Last F greift am Ende des Trägers an:		
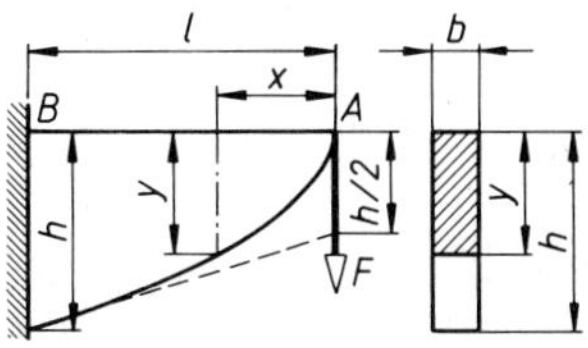	obere Begrenzung: Gerade untere Begrenzung: Quadratische Parabel	$y = \sqrt{\frac{6F}{b\,\sigma_{zul}}x}$; $h = \sqrt{\frac{6Fl}{b\,\sigma_{zul}}}$; $y = h\sqrt{\frac{x}{l}}$ Durchbiegung in A: $f = \frac{8F}{bE}\left(\frac{l}{h}\right)^3$
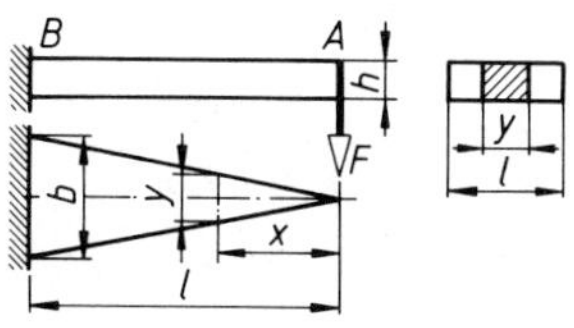	Gerade	$y = \frac{6F}{h^2\sigma_{zul}}x$; $b = \frac{6Fl}{h^2\sigma_{zul}}$; $y = \frac{bx}{l}$ Durchbiegung in A: $f = \frac{6F}{bE}\left(\frac{l}{h}\right)^3$
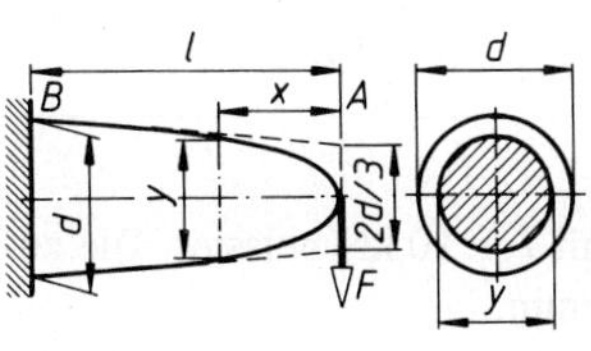	Kubische Parabel	$y = \sqrt[3]{\frac{32F}{\pi\,\sigma_{zul}}x}$; $d = \sqrt[3]{\frac{32Fl}{\pi\,\sigma_{zul}}}$; $y = d\sqrt[3]{\frac{x}{l}}$ Durchbiegung in A: $f = \frac{3}{5}\cdot\frac{Fl^3}{EI}$; $I = \frac{\pi d^4}{64}$
Die Last F ist gleichmäßig über den Träger verteilt:		
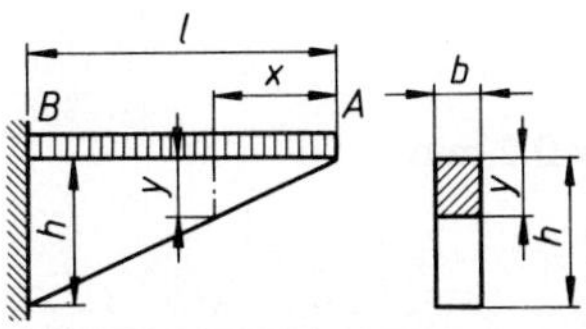	Gerade	$y = x\sqrt{\frac{3F}{b\,l\,\sigma_{zul}}}$; $h = \sqrt{\frac{3Fl}{b\,\sigma_{zul}}}$; $y = \frac{hx}{l}$
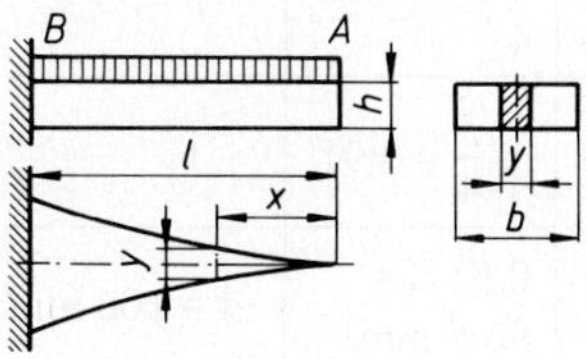	Quadratische Parabel	$y = \frac{3F}{l\,\sigma_{zul}}\left(\frac{x}{h}\right)^2$; $b = \frac{3Fl}{h^2\sigma_{zul}}$; $y = \frac{bx^2}{l^2}$ Durchbiegung in A: $f = \frac{3F}{bE}\left(\frac{l}{h}\right)^3$

Tafel II.3. Fortsetzung

Längs- und Querschnitt des Trägers	Begrenzung des Längsschnittes	Gleichungen zur Berechnung der Querschnitts-Abmessungen
Die Last F wirkt in C:		
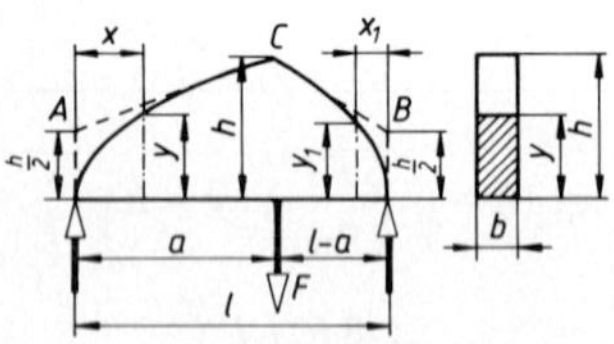	obere Begrenzung: zwei Quadratische Parabeln	$y = \sqrt{\dfrac{6F(l-a)}{b\,l\,\sigma_{zul}}x} = h\sqrt{\dfrac{x}{a}}$ $y_1 = \sqrt{\dfrac{6Fa}{b\,l\,\sigma_{zul}}x_1} = h\sqrt{\dfrac{x_1}{l-a}}$ $h = \sqrt{\dfrac{6F(l-a)a}{b\,l\,\sigma_{zul}}}$
Die Last F ist gleichmäßig über den Träger verteilt:		
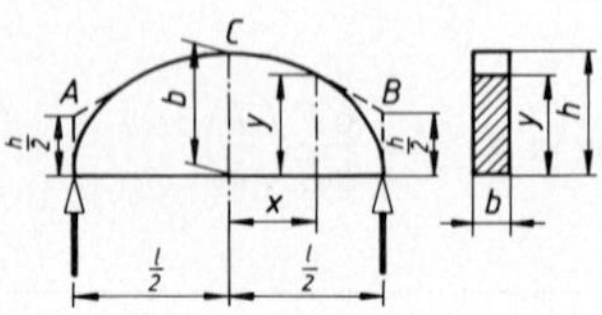	obere Begrenzung: Ellipse	$\dfrac{x^2}{(\frac{l}{2})^2} + \dfrac{y^2}{h^2} = 1;\quad h = \sqrt{\dfrac{3Fl}{4b\,\sigma_{zul}}}$ Durchbiegung in C: $f = \dfrac{1}{64}\cdot\dfrac{Fl^3}{EI} = \dfrac{3}{16}\cdot\dfrac{F}{bE}\left(\dfrac{l}{h}\right)^3$

■ **Beispiel:** Eine Achse aus Stahl wird nach Tafel II.3, dritte Zeile, mit $F = 10$ kN belastet. Die zulässige Biegespannung beträgt 30 N/mm², die Länge $l = 350$ mm.

Zu bestimmen sind a) Durchmesser d, b) Durchbiegung f, c) Durchmesser y_1, y_2 ... für die Lastentfernung $x_1 = 1/8\,l$, $x_2 = 1/4\,l$, $x_3 = 1/2\,l$, $x_4 = 3/4\,l$, $x_5 = l$, jeweils in Abhängigkeit vom Durchmesser d.

Lösung: a) $d = \sqrt[3]{\dfrac{32\,Fl}{\pi\,\sigma_{b\,zul}}} = \sqrt[3]{\dfrac{32\cdot 10^4\,\text{N}\cdot 350\,\text{mm}}{\pi\cdot 30\,\dfrac{\text{N}}{\text{mm}^2}}} = 106\,\text{mm}$

b) $f = \dfrac{3}{5}\cdot\dfrac{Fl^3}{EI} = \dfrac{3\,Fl^3\,64}{5\,E\,\pi\,d^4} = \dfrac{3\cdot 64\cdot 10^4\,\text{N}\cdot 350^3\,\text{mm}^3}{5\pi\cdot 2{,}1\cdot 10^5\,\dfrac{\text{N}}{\text{mm}^2}\cdot 106^4\,\text{mm}^4} \approx 0{,}2\,\text{mm}$

c) Lastentfernung x =	$\frac{1}{8}l$	$\frac{1}{4}l$	$\frac{1}{2}l$	$\frac{3}{4}l$	l
Wurzelfaktor =	$\sqrt[3]{\frac{1}{8}} = 0{,}5$	$\sqrt[3]{\frac{1}{4}} = 0{,}63$	$\sqrt[3]{\frac{1}{2}} = 0{,}8$	$\sqrt[3]{\frac{3}{4}} = 0{,}91$	1
Durchmesser y =	$0{,}5\,d =$ 54 mm	$0{,}63\,d =$ 67 mm	$0{,}8\,d =$ 85 mm	$0{,}91\,d =$ 96,5 mm	$d = 106$ mm

2.6.2. Allgemeine Durchbiegungsgleichung (Bild II.26). Durch die Neigung der einzelnen Querschnitte entsteht am Balkenende die *Durchbiegung f.* Werden in den Punkten 1 und 2 an die Biegelinie die Tangenten angelegt, so schließen sie ebenso wie der Krümmungsradius ρ_x den Winkel φ ein. Die Tangenten schneiden auf der Senkrechten am Balkenende von der gesamten Durchbiegung f das (stark übertriebene) Stück Δf ab. Es ist also $f = \Sigma \Delta f$. Aus der Ähnlichkeit der schraffierten Dreiecke folgt:

$$\frac{s}{\rho_x} = \frac{\Delta f}{x} \quad \text{oder} \quad \Delta f = \frac{sx}{\rho_x}$$

Nach (II.50) $\rho_x = \dfrac{EI}{M_x}$ eingesetzt ergibt $\Delta f = \dfrac{sxM_x}{EI}$ und damit die *Durchbiegung*

$$f = \frac{1}{EI}\,\Sigma M_x s x \tag{II.52}$$

Der Ausdruck $M_x s$ entspricht nach Bild II.26 dem Teilstück ΔA_M der gesamten *Momentenfläche* A_M, und $M_x sx$ ist dann das Moment dieser Teilfläche in bezug auf das Lastende des Balkens: $M_x sx = \Delta A_M x$. Nach der Schwerpunktslehre ist aber die Summe der Momente der Teilflächen gleich dem Moment der Gesamtfläche; also $\Sigma M_x sx = \Sigma \Delta A_M x = A_M x_0$ mit x_0 = Schwerpunktsabstand der Gesamtfläche vom Lastende. Damit wird die *Durchbiegung:*

$$f = \frac{1}{EI}\,A_M x_0 \tag{II.53}$$

Durchbiegung und Neigung der Biegelinie werden für allgemeine Fälle zweckmäßiger nach 2.6.4 bestimmt (Mohrscher Satz).

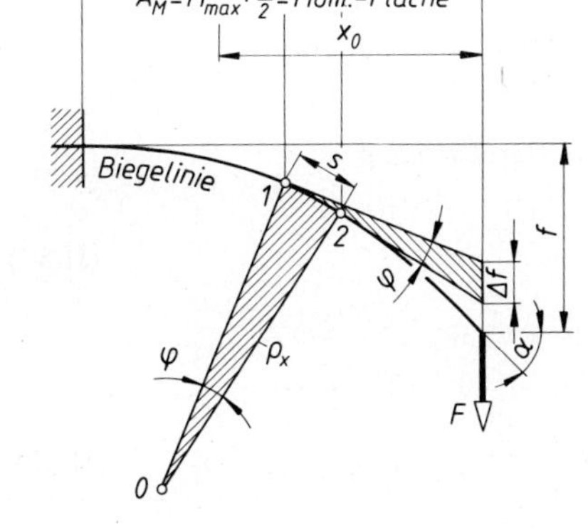

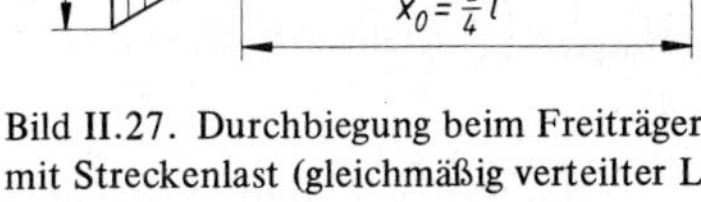

Bild II.27. Durchbiegung beim Freiträger mit Streckenlast (gleichmäßig verteilter Last)

Bild II.26
Zur Herleitung der Durchbiegungsgleichung

Eine ähnliche Summenbetrachtung führt zum *Neigungswinkel* α der Biegelinie (Endtangente): Da je zwei (unendlich) dicht benachbarte Tangenten den Winkel φ einschließen, setzen sich alle diese Winkel zum Winkel α der Endtangente zusammen: $\alpha = \Sigma\varphi$. Da arc φ (= Bogenmaß des Winkels φ) = s/ρ ist, wird

$$\operatorname{arc}\alpha = \Sigma\frac{s}{\rho} = \Sigma\frac{sM}{EI} = \frac{1}{EI}\,\Sigma M s = \frac{1}{EI}\,\Sigma\Delta A_M$$

Für kleine Winkel ist arc α = tan α und damit die *Neigung der Biegelinie in den Endpunkten:*

$$\tan\alpha = \frac{1}{EI}A_M = \frac{f}{x_0} \qquad \text{(II.54)}$$

Mit Hilfe der vorstehenden Gleichungen und Erkenntnisse lassen sich die in Tafel II.4 (Seite 407) zusammengestellten Gleichungen entwickeln, wie die folgenden Beispiele zeigen.

2.6.3. Beispiele zur Durchbiegungsgleichung

1. Für den vorstehend behandelten Freiträger mit Einzellast (Bild II.26) ist die Momentenfläche A_M eine Dreiecksfläche $= M_{max}\dfrac{l}{2} = \dfrac{Fll}{2} = \dfrac{Fl^2}{2}$ und der Schwerpunktsabstand dieser Fläche $x_0 = \frac{2}{3}\,l$. Damit ergibt sich nach der allgemeinen Durchbiegungsgleichung die *Durchbiegung*

$$f = \frac{1}{EI}\cdot\frac{Fl^2}{2}\cdot\frac{2}{3}\,l = \frac{Fl^3}{3EI} \qquad \text{(II.55)}$$

ebenso die Neigung der Biegelinie aus:

$$\tan\alpha = \frac{1}{EI}\cdot\frac{Fl^2}{2} = \frac{Fl^2}{2EI} \qquad \text{(II.56)}$$

oder auch aus:

$$\tan\alpha = \frac{f}{x_0} = \frac{Fl^3}{3EI}\cdot\frac{3}{2\,l} = \frac{Fl^2}{2EI} \quad \text{(vgl. mit Tafel II.4)}$$

2. Für den Freiträger mit gleichmäßig verteilter Streckenlast nach Bild II.27 ist die Momentenfläche eine Parabel. Im Abschnitt Mathematik wurde gezeigt, daß die Parabelfläche gleich einem Drittel der umschriebenen Rechteckfläche ist und daß der Schwerpunktsabstand $x_0 = \frac{3}{4}\,l$ beträgt.

Mit $M_{max} = \dfrac{Fl}{2}$ (halb so groß wie bei *Einzel*last am Balkenende!) und

$A_M = \dfrac{1}{3}\dfrac{Fl}{2}\,l$ und $x_0 = \dfrac{3}{4}\,l$ wird nach (II.53) die *Durchbiegung*

$$f = \frac{1}{EI}\cdot\frac{1}{3}\cdot\frac{Fl^2}{2}\cdot\frac{3}{4}\,l = \frac{Fl^3}{8EI} \qquad \text{(II.57)}$$

Weiter wird die *Neigung* berechnet aus

$$\tan\alpha = \frac{1}{EI}\cdot\frac{1}{3}\cdot\frac{Fl}{2}\cdot l = \frac{Fl^2}{6EI} \quad \text{(vgl. mit Tafel II.4)} \qquad \text{(II.58)}$$

2.6.4. Geometrisch-analytische Bestimmung der Durchbiegung. Biegemomentengleichung und allgemeine Durchbiegungsgleichung zeigen eine Gesetzähnlichkeit, die zur Bestimmung der Durchbiegung von Trägern benutzt wird:

Biegemomentengleichung: M_x = Kraft $F \cdot$ Wirkabstand x
Durchbiegungsgleichung: EIf_x = Momentenfläche $A_M \cdot$ Schwerpunktsabstand x_0 (vgl. II.53).
Daraus wird der *Mohrsche Satz* abgeleitet:

Die EI-fachen *Durchbiegungen* eines Trägers sind gleich den Biegemomenten des mit der Momentenfläche A_M belasteten Hilfsträgers und
die EI-fachen *Neigungen* der Biegelinie *in den Stützlagern* sind gleich den Hilfs-Stützkräften A_a, A_b des gleicherweise belasteten Hilfsträgers.

Man denkt sich also einen Hilfsträger (Bild II.28), belastet ihn mit der Momentenfläche (als „Hilfskräfte") und bestimmt deren „Biegemoment" an der betrachteten Stelle. Dieser Wert wird durch EI geteilt und ergibt die Durchbiegung f_x an dieser Stelle. Die maximale Durchbiegung f_{max} entspricht also dem maximalen „Biegemoment" des Hilfsträgers. Sie kann ebenso wie das maximale Biegemoment M_{max} des richtigen Trägers mit Hilfe der Querkraftfläche gefunden werden (Nulldurchgang!). Die Neigung der Biegelinie entspricht den Hilfs-Stützkräften A_a und A_b.

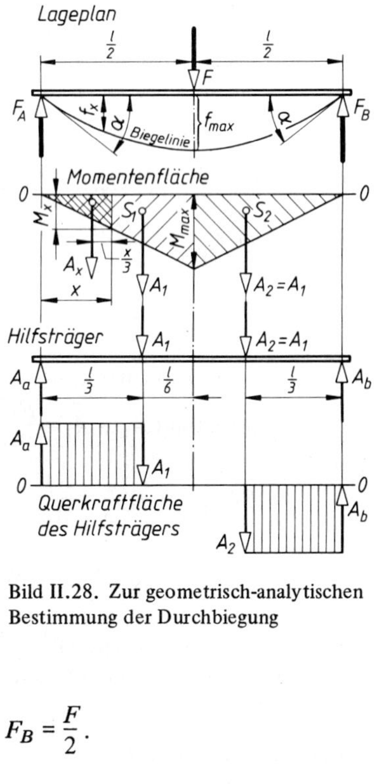

Bild II.28. Zur geometrisch-analytischen Bestimmung der Durchbiegung

■ **Beispiel:** Für den Stützträger (Bild II.28) mit Einzelkraft in der Mitte ist die Gleichung der elastischen Linie zu entwickeln!

Lösung: a) *Stützkräfte F_A, F_B:*
Aus der symmetrischen Belastung ergibt sich $F_A = F_B = \dfrac{F}{2}$.

b) *Biegemoment M:*
An der Querschnittsstelle x ist $M_x = F_A x = \dfrac{Fx}{2}$.

c) *Biegemomentenfläche A_M:*
Für Querschnittsstelle x ist $A_x = M_x \dfrac{x}{2} = \dfrac{Fx}{2}\dfrac{x}{2} = \dfrac{Fx^2}{4}$.

d) *Hilfs-Stützkräfte* A_a, A_b des mit der Momentenfläche belasteten Hilfsträgers sind wegen Symmetrie:

$$\frac{M_{max}\, l}{2 \cdot 2} = A_a = A_b, \quad \text{und mit } M_{max} = \frac{Fl}{4} \text{ wird } A_a = A_b = \frac{Fl^2}{16}.$$

e) *Hilfsbiegemoment* an der Querschnittsstelle x ist gleich dem EI-fachen der Durchbiegung f_x:

$$EIf_x = A_a x - A_x \frac{x}{3} = \frac{Fl^2}{16} x - \frac{Fx^2}{4} \cdot \frac{x}{3} = \frac{Fl^2}{16}\left(x - \frac{4}{3}\frac{x^3}{l^2}\right) = \frac{Fl^3}{16}\left(\frac{x}{l} - \frac{4x^3}{3l^3}\right)$$

$$f_x = \frac{Fl^3}{16EI}\left(\frac{x}{l} - \frac{4x^3}{3l^3}\right)$$

die *Gleichung der elastischen Linie* für diesen Träger.

Für $x = \frac{l}{2}$ wird $f_x = f_{max} = \frac{Fl^3}{48EI}$

Die *Neigung der Biegelinie* in den Stützlagern ergibt sich aus den Hilfsstützkräften:

$$\tan\alpha = \frac{1}{EI} A_a = \frac{1}{EI} \cdot \frac{Fl^2}{16}$$

Meistens muß nur die größte *Durchbiegung* f_{max} bestimmt werden. Dann ergibt sich nach Bild II.28 (Hilfsträger und Querkraftfläche):

$$EIf_{max} = A_a \frac{l}{2} - A_1 \frac{l}{6}$$

und mit den Werten für A_a und A_1:

$$EIf_{max} = \frac{Fl^2}{16}\frac{l}{2} - \frac{Fl}{4} \cdot \frac{l}{4} \cdot \frac{l}{6} = \frac{Fl^3}{48}$$

$$f_{max} = \frac{Fl^3}{48EI}$$

Noch einfacher wird das maximale Hilfs-Biegemoment aus der Querkraftfläche abgelesen $\left(\text{mit } A_a = A_1 = \frac{Fl^2}{16}\right)$:

$$EIf_{max} = A_a \frac{l}{3} = \frac{Fl^2}{16} \cdot \frac{l}{3}$$

$$f_{max} = \frac{Fl^3}{48EI}$$ (vgl. auch mit Tafel II.4)

■ **Beispiel:** Für den Stützträger (Bild II.29) mit gleichbleibendem Querschnitt und $I_x = 29\,210 \text{ cm}^4$ ist die größte Durchbiegung f_{max} und die Neigung der Biegelinie in den Stützlagern zu bestimmen!

Lösung: a) *Stützkräfte* F_A, F_B:

$$\Sigma Y = 0 = F_A - F_1 - F_2 + F_B$$

$$\Sigma M_{(A)} = 0 = -F_B \cdot 10 \text{ m} + F_2 \cdot 6 \text{ m} + F_1 \cdot 3 \text{ m}$$

$$F_B = \frac{20 \cdot 10^3 \text{ N} \cdot 6 \text{ m} + 10 \cdot 10^3 \text{ N} \cdot 3 \text{ m}}{10 \text{ m}} = 15\,000 \text{ N}$$

$F_A = 30 \cdot 10^3 \text{ N} - 15 \cdot 10^3 \text{ N} = 15\,000 \text{ N}$ (Kontrolle mit $\Sigma M_{(B)}$ durchführen!)

b) *Biegemomente* M:

$$M_1 = F_A \cdot 3 \text{ m} = 15\,000 \text{ N} \cdot 3 \text{ m} = 45\,000 \text{ Nm}$$

$$M_2 = F_B \cdot 4 \text{ m} = 15\,000 \text{ N} \cdot 4 \text{ m} = 60\,000 \text{ Nm}$$

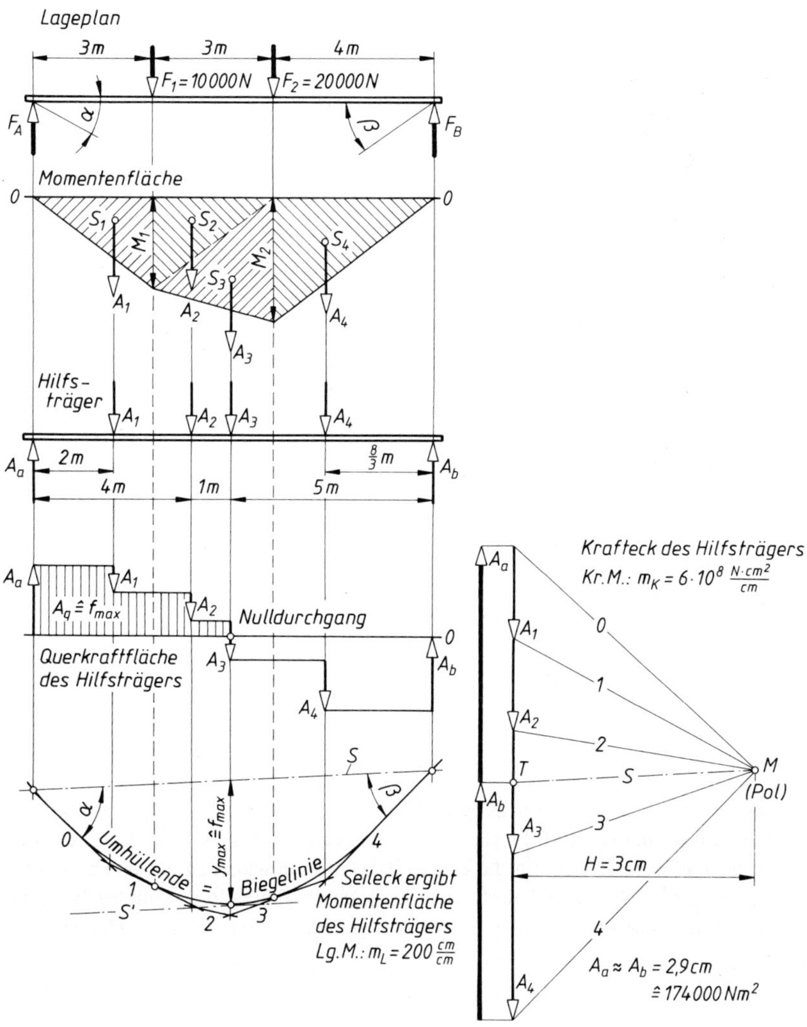

Bild II.29. Stützträger mit gleichbleibendem Querschnitt (Kraft- und Seileck werden in 2.6.5 besprochen)

c) *Biegemomentenfläche* A_M:

$$A_1 = \frac{M_1 \cdot 3\,\text{m}}{2} = \frac{45\,000\,\text{Nm} \cdot 3\,\text{m}}{2} = 67\,500\,\text{Nm}^2$$

$$A_2 = A_1 = 67\,500\,\text{Nm}^2; \quad A_3 = \frac{M_2 \cdot 3\,\text{m}}{2} = \frac{60\,000\,\text{Nm} \cdot 3\,\text{m}}{2} = 90\,000\,\text{Nm}^2$$

$$A_4 = \frac{M_2 \cdot 4\,\text{m}}{2} = \frac{60\,000\,\text{Nm} \cdot 4\,\text{m}}{2} = 120\,000\,\text{Nm}^2$$

d) *Hilfsstützkräfte* A_a, A_b:

$$\Sigma Y = 0 = A_a - A_1 - A_2 - A_3 - A_4 + A_b$$

$$\Sigma M_{(A)} = 0 = +A_b \cdot 10\,\text{m} - A_4 \cdot 7{,}33\,\text{m} - A_3 \cdot 5\,\text{m} - A_2 \cdot 4\,\text{m} - A_1 \cdot 2\,\text{m}$$

$$A_b = 173\,460\,\text{Nm}^2; \quad A_a = \Sigma A - A_b = 171\,540\,\text{Nm}^2$$

(Probe mit $\Sigma M_{(B)}$ durchführen!)

e) *Das Hilfsbiegemoment* an der Stelle des gefährdeten Querschnittes (Nulldurchgang) wird aus der Querkraftfläche des Hilfsträgers berechnet:

maximales Hilfsbiegemoment $\hat{=} A_q \hat{=}$ Durchbiegung $f_{max} EI$

$$EI f_{max} = A_a \cdot 5\,\text{m} - A_1 \cdot 3\,\text{m} - A_2 \cdot 1\,\text{m}$$

$$EI f_{max} = 171\,540\,\text{Nm}^2 \cdot 5\,\text{m} - 67\,500\,\text{Nm}^2 \cdot 3\,\text{m} - 67\,500\,\text{Nm}^2 \cdot 1\,\text{m}$$

$$EI f_{max} = 587\,700\,\text{Nm}^3$$

$$f_{max} = \frac{587\,700\,\text{Nm}^3}{2{,}1 \cdot 10^5 \frac{\text{N}}{\text{mm}^2} \cdot 29\,210 \cdot 10^4\,\text{mm}^4} = 9{,}58\,\text{mm}$$

Die *Neigung der Biegelinie* entspricht den Hilfsstützkräften; also

$$\tan\alpha = \frac{1}{EI} A_a = \frac{1}{2{,}1 \cdot 10^5 \frac{\text{N}}{\text{mm}^2} \cdot 29\,210 \cdot 10^4\,\text{mm}^4} \cdot 171\,540 \cdot 10^6\,\text{Nmm}^2$$

$$\tan\alpha = 2{,}8 \cdot 10^{-3} = 1:357$$

$$\tan\beta = \frac{1}{EI} \cdot A_b = 2{,}84 \cdot 10^{-3} = 1:352$$

2.6.5. Zeichnerische Bestimmung der Durchbiegung und der Biegelinie (Bild II.29). Es werden die Überlegungen aus 2.6.2–2.6.4 benutzt und die Rechnung mit der Zeichnung kombiniert. Die Seileckfläche kann als Momentenfläche sowohl für die echten Balkenlasten wie auch für die Hilfslasten (= Biegemomentenflächen) des Hilfsträgers benutzt werden. Die Umhüllende des letzten Seilecks ergibt die Biegelinie, d.h. die Biegelinie ist die Seilkurve der gedachten Belastung des Hilfsträgers. Die EI-fache *Durchbiegung* an beliebiger Balkenstelle ist dann das Produkt aus Ordinatenwert y und Polabstand H unter Beachtung des Längenmaßstabes m_L und des Kräftemaßstabes m_K:

$$f = \frac{1}{EI} y H m_L m_K \tag{II.59}$$

Beispiele:

1. Freiträger von gleichbleibendem Querschnitt mit Einzellasten (Bild II.29). Zunächst wird mittels Seil- und Krafteck der wirklichen Kräfte F_1, F_2 – oder auch durch Rechnung (wie hier) – die Momentenfläche des tatsächlichen Trägers entworfen. Die Momentenfläche wird wie vorher in die Teilflächen 1 ... 4 zerlegt und die Flächeninhalte als Hilfskräfte $A_1 \ldots A_4$ aufgefaßt (im jeweiligen Flächenschwerpunkt angreifend), die auf den Hilfsträger wirken. Auch bei der zeichnerischen Methode müssen also die Inhalte der Flächen berechnet werden. Die Schwerpunktslage wird zweckmäßig zeichnerisch festgelegt. Für den Hilfsträger wird dann Kraft- und Seileck gezeichnet (Bild II.29 unten) und die Biegelinie eingetragen. Wahre Punkte liegen lotrecht unter den Trennlinien der

Momentenflächen. Im Seileck sind die Ordinatenwerte y ein Maß für die Durchbiegung f. Die Hilfs-Stützkräfte A_a, A_b des Hilfsträgers sind ein Maß für die Neigungswinkel α und β. Die parallel verschobene Schlußlinie S' tangiert an der y_{max}-Stelle (= f_{max}-Stelle) der gezeichneten Biegelinie. Wichtig ist die Maßstabsrechnung. In Bild II.29 wurden gewählt:

$$\text{Längenmaßstab } m_L = 200\,\frac{\text{cm}}{\text{cm}}\ (= 200 \text{ cm je cm}) \quad \text{und}$$

$$\text{Kräftemaßstab } m_K = 6 \cdot 10^8\,\frac{\text{Ncm}^2}{\text{cm}}$$

Die Einheit Ncm^2 kommt aus der Flächenberechnung: Biegemoment (Ncm) mal Länge (cm) zustande. Mit den aus der Zeichnung abgegriffenen Werten y_{max} = 1,65 cm und H = 3 cm ergibt sich nach (II.59):

$$f_{max} = \frac{1}{EI}\, y_{max}\, H m_L\, m_K$$

$$f_{max} = \frac{1}{2{,}1 \cdot 10^5\,\frac{\text{N}}{\text{mm}^2} \cdot 29\,210 \cdot 10^4\,\text{mm}^4} \cdot 1{,}65\text{ cm} \cdot 3\text{ cm} \cdot 200\,\frac{\text{cm}}{\text{cm}} \cdot 6 \cdot 10^8\,\frac{\text{Ncm}^2}{\text{cm}}$$

$$f_{max} = 0{,}00968\,\frac{\text{cm}^3}{\text{mm}^2} = 0{,}0098\,\frac{10^3\,\text{mm}^3}{\text{mm}^2} = 9{,}8\text{ mm}$$

Die Neigung der Biegelinie in den Stützlagern wird wie in den vorhergehenden Beispielen bestimmt aus:

$$\tan\alpha = \frac{1}{EI} A_a; \qquad \tan\beta = \frac{1}{EI} A_b \text{ (Maßstab berücksichtigen)}$$

2. Stützträger mit veränderlichem Querschnitt und Einzellast (Bild II.30). Stützkräfte F_A, F_B und Momentenfläche wurden hier rechnerisch bestimmt:

$$F_A = 23\,400\text{ N}; \quad F_B = F - F_A = 36\,600\text{ N}; \quad M_{max} = F_A \cdot 97{,}5\text{ cm} = 2\,280\,000\text{ Ncm}$$

Für die einzelnen Querschnittsstellen (1 ... 7) wurden die Flächenmomente I, die Biegemomente M und der Quotient M/I zusammengestellt.

Zusammenstellung der Größen zu Bild II.30

Querschnitts-stelle	Durch-messer d in cm	Flächen-moment I in cm^4	Biege-moment M in Ncm	Quotient M/I in N/cm^3	Biege-spannung in N/cm^2	Fläche A mit Flächeninhalt (Hilfskräfte) N/cm^2
1	10	500	–	–	–	
						A_I = 1 320
2	10	500	175 500	352,0	1760	
	14	1 920		92,0	640	
						A_{II} = 27 420
3	14	1 920	1 580 000	822,0	5760	
	20	8 000		197,5	1980	
						A_{III} = 7 240
4	20	8 000	2 280 000	285,0	2850	
						A_{IV} = 6 510
5	20	8 000	1 190 000	149,0	1490	
	14	1 920		620,0	4330	
						A_V = 9 530
6	14	1 920	274 000	142,5	998	
	10	500		548,0	2740	
						A_{VI} = 2 060
7	10	500	–	–	–	

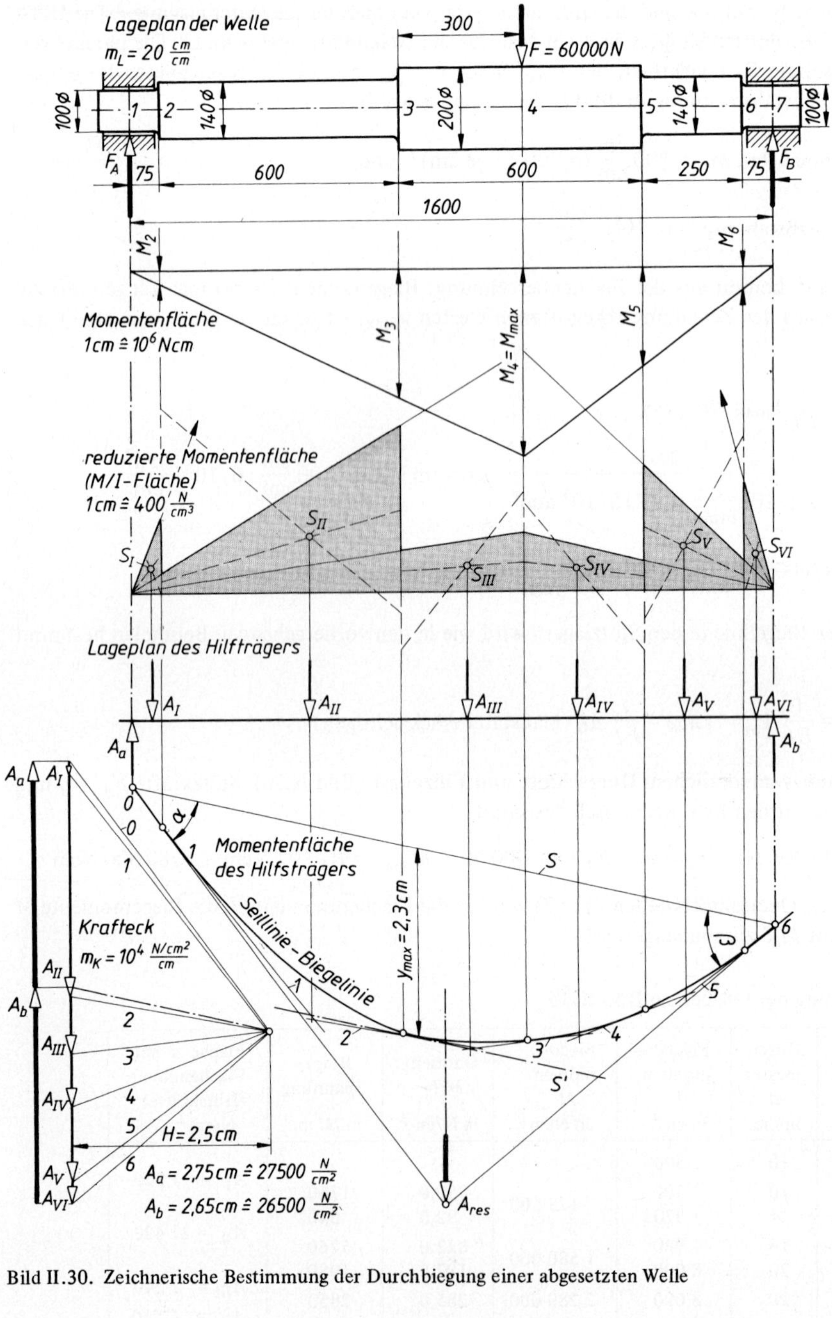

Bild II.30. Zeichnerische Bestimmung der Durchbiegung einer abgesetzten Welle

Für die Stellen 2, 3, 5 und 6 ergeben sich wegen des Querschnittssprunges zwei Flächenmomente. Neu gegenüber Beispiel 1 ist die Aufzeichnung der sogenannten *reduzierten Momentenfläche* (M/I-Fläche). Das ist wegen der springenden I-Werte nötig. Es ergibt sich der gebrochene Linienzug. Die Schwerpunkte der sechs Teilflächen wurden zeichnerisch bestimmt, die Flächeninhalte berechnet und als Hilfskräfte auf den Hilfsträger aufgesetzt. Für diesen werden nun Kraftecks und Seileck entwickelt und die Biegelinie eingezeichnet. Wahre Punkte dieser Kurve liegen wieder lotrecht unter den Trennlinien der M/I-Flächen. Die zur Schlußlinie S parallele Tangente S' an die Hüllkurve bestimmt beim vorliegenden Stützträger (ohne Kragarm) die f_{max}-Stelle. Mit Berücksichtigung der Maßstäbe kann dann die größte Durchbiegung berechnet werden:

Längenmaßstab $m_L = 20 \frac{\text{cm}}{\text{cm}}$, d.h. 1 cm der Zeichnung entsprechen 20 cm Wellenlänge.

Kräftemaßstab (der Hilfskräfte) $m_K = 10^4 \frac{\frac{\text{N}}{\text{cm}^2}}{\text{cm}}$

Damit wird

$$f_{max} = \frac{1}{E} y_{max} H m_L m_K, \text{ und mit den Werten aus der Zeichnung:}$$

$$f_{max} = \frac{1}{2{,}1 \cdot 10^5 \frac{\text{N}}{\text{mm}^2}} \cdot 2{,}3\ \text{cm} \cdot 2{,}5\ \text{cm} \cdot 20 \frac{\text{cm}}{\text{cm}} \cdot 10^4 \frac{\text{N}}{\text{cm}^3}$$

$$f_{max} = 5{,}476 \frac{\text{mm}^2}{\text{cm}} = 0{,}5476\ \text{mm} \approx 0{,}55\ \text{mm}$$

Die Neigung der Biegelinie in den Lagerstellen A und B:

$$\tan\alpha = \frac{A_a}{E} = \frac{27\,500 \frac{\text{N}}{\text{cm}^2}}{2{,}1 \cdot 10^5 \frac{\text{N}}{\text{mm}^2}} = 0{,}0013 = \frac{1}{769}; \quad \tan\beta = \frac{A_b}{E} = 1:793$$

Tafel II.4: Stützkräfte, Biegemomente und Durchbiegungen bei Biegeträgern von gleichbleibendem Querschnitt

In der Tafel II.4 bedeuten:

F Einzellast oder auch Resultierende der Streckenlast, F' die auf die Längeneinheit bezogene Streckenlast, F_A, F_B Stützkräfte in den Lagerpunkten A und B, M_{max} maximales Biegemoment in den Wendepunkten der Biegelinie ist $M = 0$, I axiales Flächenmoment 2. Grades des Querschnittes, E Elastizitätsmodul des Werkstoffes, f Durchbiegung.

Die strichpunktierte Linie gibt den Momentenverlauf über der Balkenlänge an. Positive Momentenlinien laufen nach oben, negative nach unten.

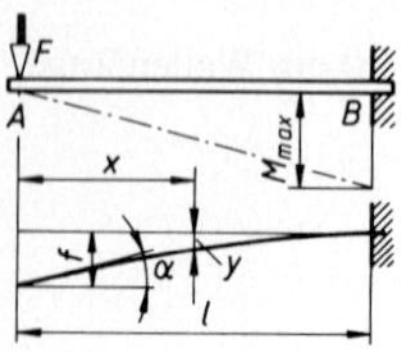

$$F_B = F$$

$$M_{max} = Fl$$

$$f = \frac{Fl^3}{3EI}$$

$$y = \frac{Fl^3}{3EI}\left(1 - \frac{3x}{2l} + \frac{x^3}{2l^3}\right) \quad \tan\alpha = \frac{Fl^2}{2EI} = \frac{3f}{2l}$$

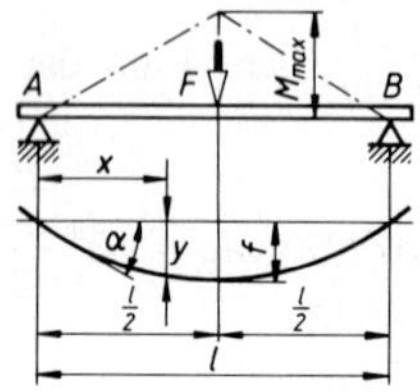

$$F_A = F_B = \frac{F}{2}$$

$$M_{max} = \frac{Fl}{4}$$

$$f = \frac{Fl^3}{48\,EI}$$

$$y = \frac{Fl^2 x}{16EI}\left(1 - \frac{4x^2}{3l^2}\right) \text{ für } x \leqslant \frac{l}{2} \qquad \tan\alpha = \frac{Fl^2}{16EI} = \frac{3f}{l}$$

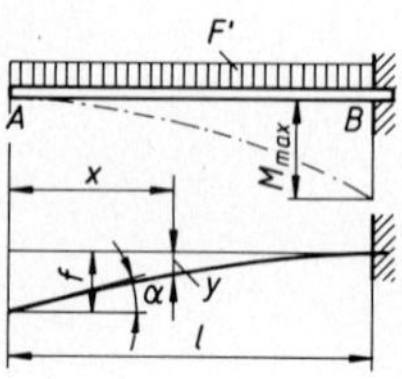

$$F_B = F = F'l$$

$$M_{max} = \frac{Fl}{2}$$

$$f = \frac{Fl^3}{8EI} = \frac{F'l^4}{8EI}$$

$$\tan\alpha = \frac{Fl^2}{6EI} = \frac{4f}{3l}$$

$$y = \frac{F'l^4}{24EI}\left(\frac{x^4}{l^4} - 4\frac{x}{l} + 3\right)$$

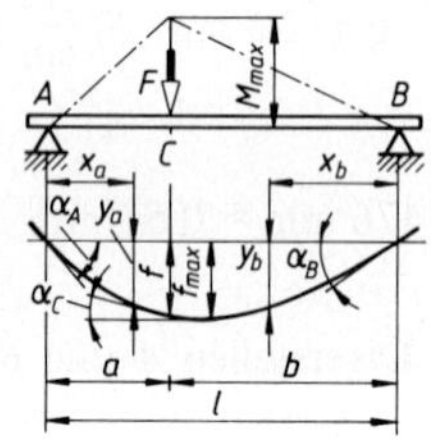

$$F_A = F\frac{b}{l};\quad F_B = F\frac{a}{l}$$

$$M_{max} = F\frac{ab}{l}$$

$$f = \frac{Fa^2b^2}{EI\,3l}$$

$$f_{max} = f\,\frac{l+a}{3a}\sqrt{\frac{l+a}{3b}}$$

$$\tan\alpha_A = f\left(\frac{1}{a} + \frac{1}{2b}\right);\quad \tan\alpha_B = f\left(\frac{1}{b} + \frac{1}{2a}\right)$$

$$y_a = \frac{Fab^2x_a}{6EIl}\left(1 + \frac{l}{b} - \frac{x_a^2}{ab}\right) \qquad y_b = \frac{Fa^2bx_b}{6EIl}\left(1 + \frac{l}{a} - \frac{x_b^2}{ab}\right)$$

(für $x_a \leqslant a$) (für $x_b \leqslant b$)

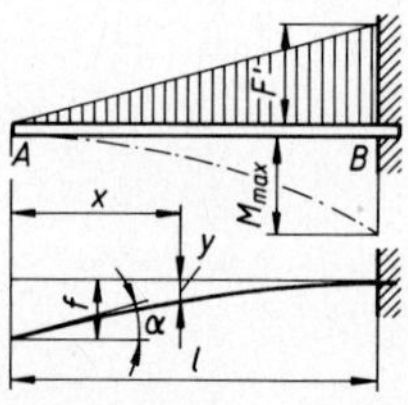

$$F_B = F = \frac{F'l}{2}$$

$$M_{max} = \frac{Fl}{3}$$

$$f = \frac{Fl^3}{15\,EI}$$

$$\tan\alpha = \frac{Fl^2}{12\,EI} = \frac{5f}{4l}$$

$$y = \frac{F'l^4}{120\,EI}\left(\frac{x^5}{l^5} - 5\frac{x}{l} + 4\right)$$

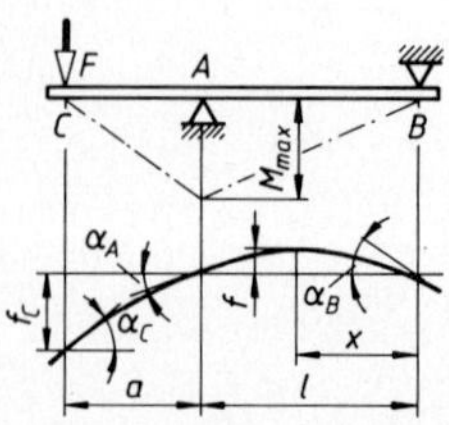

$$F_A = F\left(1 + \frac{a}{l}\right);\quad F_B = F\frac{a}{l}$$

$$M_{max} = Fa = M_A$$

$$f = \frac{Fl^3\,a}{EI\;9\sqrt{3}\,l}$$

für $x = 0{,}577\,l$

$$f_C = \frac{Fl^3a^2}{3\,EI\,l^2}\left(1 + \frac{a}{l}\right)$$

$$\tan\alpha_A = \frac{Fal}{3EI};\quad \tan\alpha_B = \frac{Fal}{6EI};\quad \tan\alpha_C = \frac{Fa(2l + 3a)}{6EI}$$

Tafel II.4. Fortsetzung

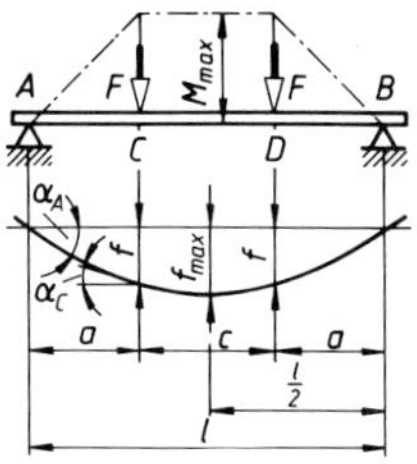

$F_A = F_B = F$

$M_{max} = Fa$

$$f = \frac{Fl^3 a^2}{2EIl^2}\left(1 - \frac{4a}{3l}\right)$$

$$f_{max} = \frac{Fl^3 a}{8EIl}\left(1 - \frac{4a^2}{3l^2}\right)$$

$$\tan\alpha_A = \frac{Fa(a+c)}{2EI}$$

$$\tan\alpha_C = \tan\alpha_D = \frac{Fac}{2EI}$$

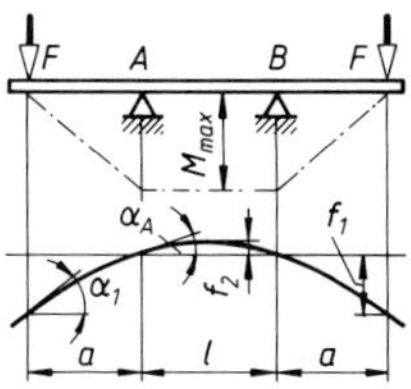

$F_A = F_B = F$

$M_{max} = Fa$

$$f_1 = \frac{Fa^2}{EI}\left(\frac{a}{3} + \frac{l}{2}\right)$$

$$f_2 = \frac{Fal^2}{8EI}$$

$$\tan\alpha_1 = \frac{Fa(l+c)}{2EI};\quad \tan\alpha_A = \frac{Fal}{2EI}$$

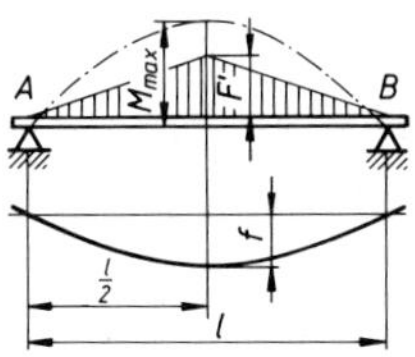

$$F_A = F_B = \frac{F'l}{4}$$

$$M_{max} = \frac{Fl}{6} = \frac{F'l^2}{12}$$

$$f = \frac{Fl^3}{60EI} = \frac{F'l^4}{120EI}$$

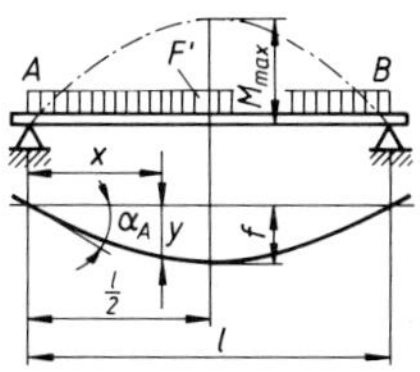

$$F_A = F_B = \frac{F'l}{2}$$

$$M_{max} = \frac{F'l^2}{8}$$

$$f \approx 0{,}013\,\frac{Fl^3}{EI}$$

$$\tan\alpha_A = \frac{F'l^3}{24EI} = \frac{16f}{5l}$$

$$y = \frac{F'l^3 x}{24EI}\left(1 - \frac{x}{l}\right)\left(1 + \frac{x}{l} - \frac{x^2}{l^2}\right)$$

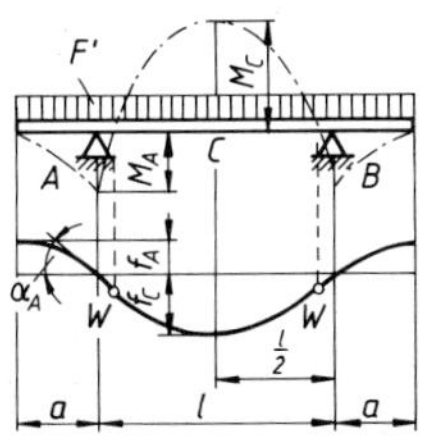

$$F_A = F_B = F'\left(\frac{l}{2} + a\right)$$

$$M_A = \frac{F'a^2}{2}$$

$$M_C = \frac{F'l^2}{2}\left[\frac{1}{4} - \left(\frac{a}{l}\right)^2\right]$$

$$f_A = \frac{F'l^4}{4EI}\left[\frac{a}{6l} - \left(\frac{a}{l}\right)^3 - \frac{1}{2}\left(\frac{a}{l}\right)^4\right]$$

$$\tan\alpha_A = \frac{F'l^3}{4EI}\left[\frac{1}{6} - \left(\frac{a}{l}\right)^2\right]$$

$$f_C = \frac{F'l^4}{16EI}\left[\frac{5}{24} - \left(\frac{a}{2}\right)^2\right]$$

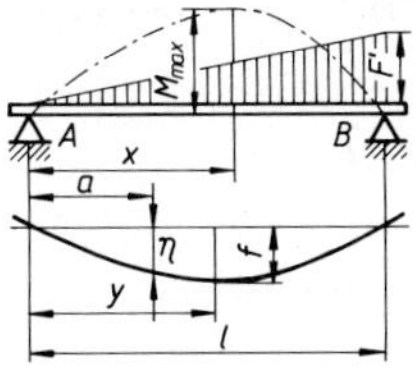

$$F_A = \frac{F'l}{6};\quad F_B = \frac{F'l}{3}$$

$M_{max} = 0{,}064\,F'l^2$

bei $x = 0{,}5774\,l$

$$f = \frac{F'l^4}{153{,}4\,EI}$$

bei $y = 0{,}5193\,l$

$$\eta = \frac{F'l^3 a}{360\,EI}\left(1 - \frac{a^2}{l^2}\right)\left(7 - 3\frac{a^2}{l^2}\right)$$

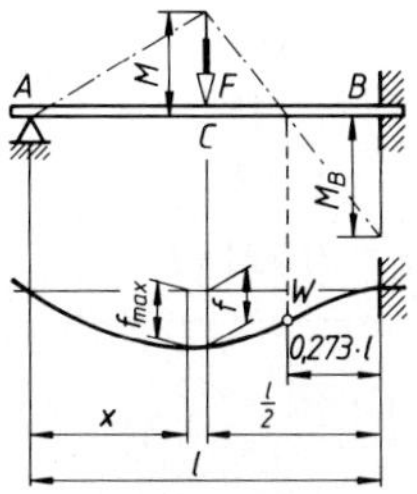

F in Stabmitte

$$F_A = \frac{5}{16}F;\quad F_B = \frac{11}{16}F$$

$$M = \frac{5}{32}Fl$$

$$M_B = \frac{3}{16}Fl$$

$$f = \frac{7Fl^3}{768\,EI}$$

$$f_{max} = \frac{Fl^3}{48\sqrt{5}\,EI}\quad \text{bei } x = 0{,}447\,l$$

Tafel II.4. Fortsetzung

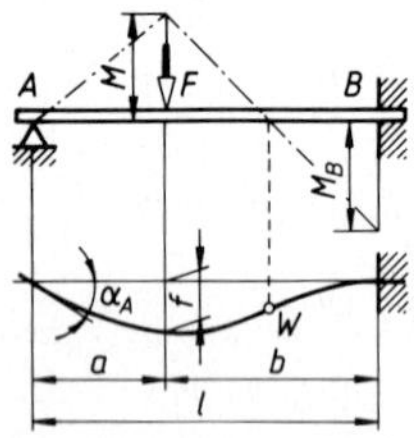

$$F_A = F\frac{b^2}{l^2}\left(1+\frac{a}{2l}\right)$$

$$F_B = F - F_A$$

$$f = \frac{Fa^2b^3}{4EIl^2}\left(1+\frac{a}{3l}\right)$$

$$\tan\alpha_A = \frac{Fab^2}{4EIl}$$

$$M = Fa\left[1+\frac{1}{2}\left(\frac{a}{b}\right)^3-\frac{3a}{2l}\right]$$

$$M_B = \frac{Fl}{2}\left[\frac{a}{l}-\left(\frac{a}{l}\right)^3\right]$$

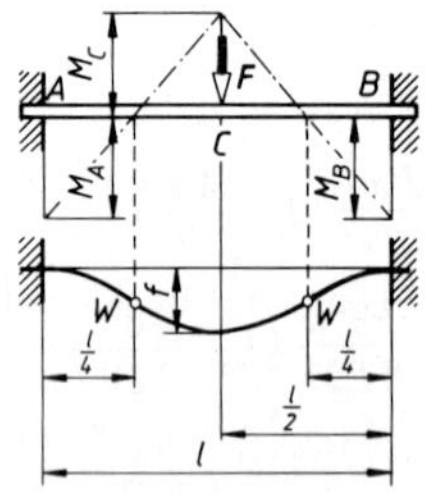

$$F_A = F_B = \frac{F}{2}$$

$$M_C = \frac{Fl}{8} = M_A = M_B$$

$$f = \frac{Fl^3}{192\,EI}$$

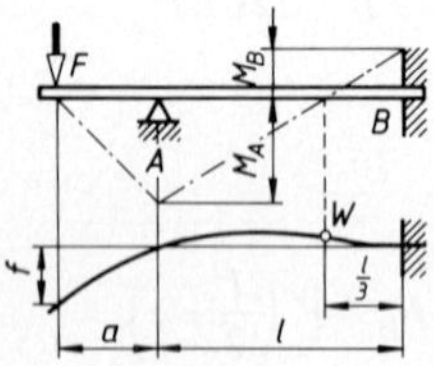

$$F_A = F\left(1+\frac{3a}{2l}\right)$$

$$F_B = F\frac{3a}{2l}$$

$$M_A = Fa$$

$$M_B = \frac{Fa}{2}$$

$$f = \frac{Fl^3}{EI}\left[\frac{1}{3}\left(\frac{a}{l}\right)^3+\frac{1}{4}\left(\frac{a}{l}\right)^2\right]$$

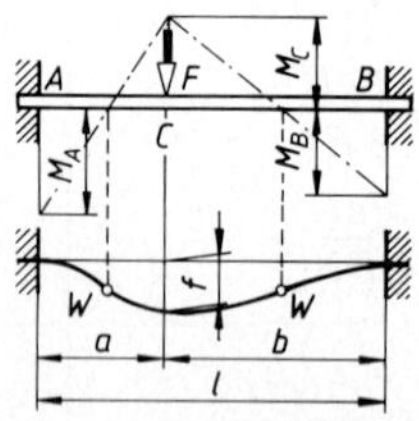

$$M_A = Fa\left(\frac{b}{l}\right)^2$$

$$M_B = Fb\left(\frac{a}{l}\right)^2$$

$$f = \frac{Fa^3b^3}{3EIl^3}$$

$$M_C = 2Fb\left(\frac{a}{l}\right)^2\left(1-\frac{a}{l}\right)$$

$$F_A = F\left(\frac{b}{l}\right)^2\left(3-2\frac{b}{l}\right)$$

$$F_B = F\left(\frac{a}{l}\right)^2\left(3-2\frac{a}{l}\right)$$

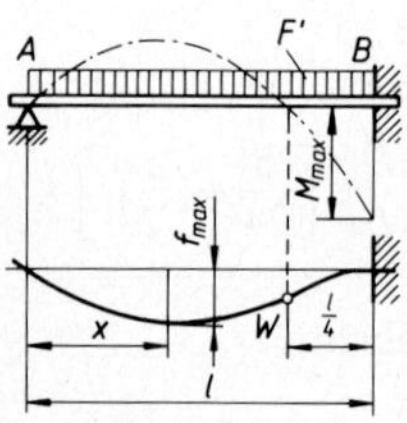

$$F_A = \frac{3}{8}F'l$$

$$F_B = \frac{5}{8}F'l$$

$$M_{\max} = \frac{F'l^2}{8}$$

$$f_{\max} = \frac{F'l^4}{185\,EI}$$

für $x = 0{,}4215\,l$

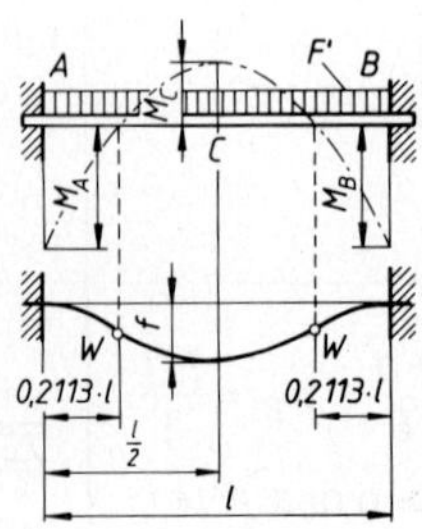

$$F_A = F_B = \frac{F'l}{2}$$

$$M_C = \frac{F'l^2}{24}$$

$$M_A = M_B = \frac{F'l^2}{12} = M_{\max}$$

$$f = \frac{F'l^4}{384\,EI}$$

Tafel II.5. Biegeträger mit Axialkraft F_a

Der im Festlager A und im Loslager B gehaltene Biegeträger wird durch die im Abstand r achsparallel liegende Kraft F_a (Axialkraft) belastet. Gesucht ist der Verlauf des Biegemomentes über der Trägerlänge l.

Die Stützkräfte F_{Ay}, F_x und F_B werden in der üblichen Weise mit den statischen Gleichgewichtsbedingungen bestimmt.

Zur Bestimmung des Biegemomentenverlaufs legt man von links nach rechts fortschreitend die Schnitte *a, b, c, d, d', e* und *f*. Von den Schnitten aus nach links gesehen ergeben sich nach 2.1.1.b) die im jeweiligen Schnitt auftretenden Biegemomente $M_{b,a}$, $M_{b,b}$ usw. Von besonderer Bedeutung sind die beiden Schnitte d und d', die ganz kurz vor und hinter dem Trägeranschluß liegen. Die Rechnung zeigt, daß das Biegemoment zwischen d und d' den Betrag ändert und das Vorzeichen wechselt. Da man vorher nicht erkennen kann, welches der beiden Biegemomente $M_{b\,max}$ oder $M'_{b\,max}$ den größeren Betrag hat, müssen beide Biegemomente berechnet und die Beträge miteinander verglichen werden (siehe Tafel II.8). Das ist immer dann erforderlich, wenn die Axialkraft zwischen den Lagerstellen A und B angreift (vergleiche mit Tafel II.6).

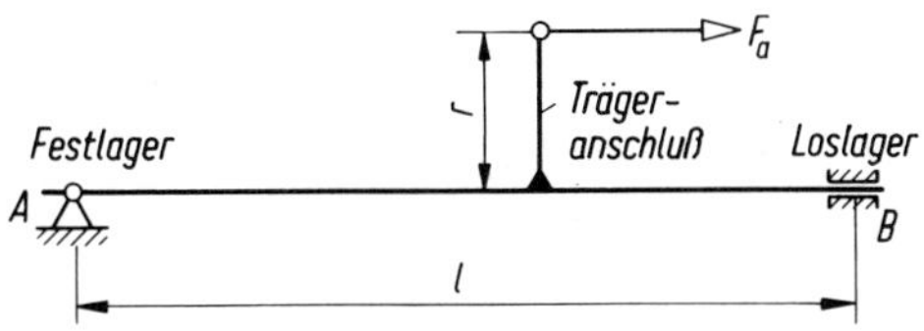

$$\Sigma F_x = 0 = -F_x + F_a \Rightarrow F_x = F_a$$

$$\Sigma F_y = 0 = -F_{Ay} + F_B \Rightarrow F_{Ay} = F_B$$

$$\Sigma M_{(A)} = 0 = -F_a r + F_B l$$

$$F_B = F_{Ay} = F_a \frac{r}{l}$$

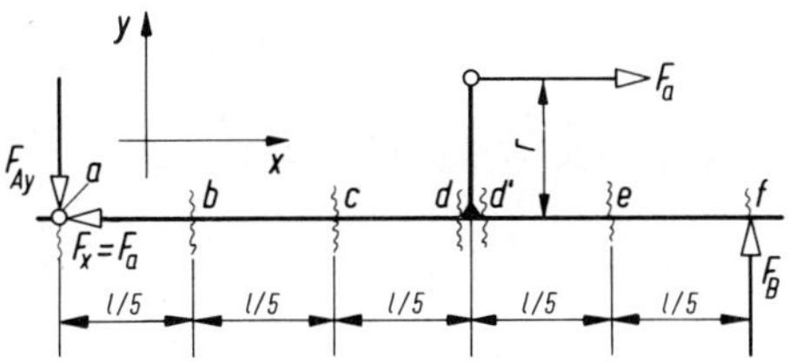

$$M_{b,a} = 0$$

$$M_{b,b} = +F_{Ay}\frac{l}{5} = +F_a \frac{r}{l}\cdot\frac{l}{5} = +\frac{1}{5}F_a r$$

$$M_{b,c} = +F_{Ay}\frac{2l}{5} = +F_a \frac{r}{l}\cdot\frac{2l}{5} = +\frac{2}{5}F_a r$$

$$M_{b,d} = +F_{Ay}\frac{3l}{5} = +F_a \frac{r}{l}\cdot\frac{3l}{5} = +\frac{3}{5}F_a r$$

$$M_{b,d'} = +F_{Ay}\frac{3l}{5} - F_a r = +\frac{3}{5}F_a r - F_a r = -\frac{2}{5}F_a r$$

$$M_{b,e} = +F_{Ay}\frac{4l}{5} - F_a r = +\frac{4}{5}F_a r - F_a r = -\frac{1}{5}F_a r$$

$$M_{b,f} = +F_{Ay}l - F_a r = +F_a \frac{rl}{l} - F_a r = 0$$

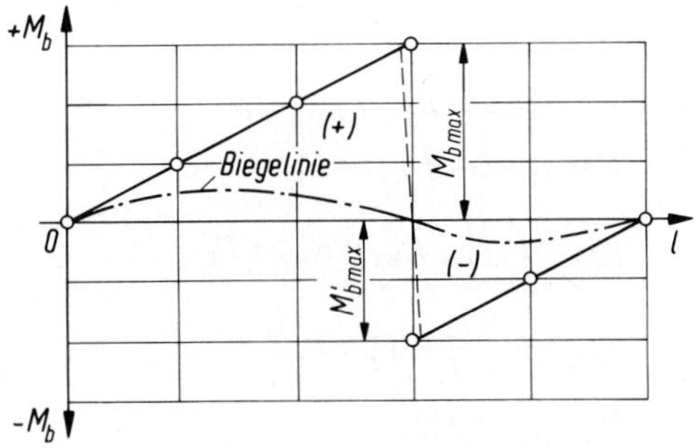

$$M_{b\,max} = M_{b,d} = \frac{3}{5}F_a r$$

$$|M'_{b\,max}| = |M_{b,d'}| = \frac{2}{5}F_a r$$

Tafel II.6. Biegeträger mit räumlichem Kraftangriff außerhalb der Lager (Biegemomentenverlauf)

Biegeträger dieser Art sind beispielsweise Getriebewellen, die ein schrägverzahntes Stirnrad tragen. Man geht schrittweise vor und bestimmt die Teil-Stützkräfte F_{Ay1}, F_{By1}, F_{Ay2}, F_{By2}, F_{Az}, F_{Bz} und Teil-Biegemomente $M_{b\,max,a}$, $M_{b\,max,b}$, $M_{b\,max,c}$ für den Einzel-Kraftangriff in der zugehörigen Ebene. In der x, y-Ebene wirkt einmal die Radialkraft F_r, zum anderen die Axialkraft F_a, in der y, z-Ebene wirkt die Umfangskraft F_t. Damit ergibt sich jeweils ein leicht überschaubarer Biegemomentenverlauf mit dem maximalen Biegemoment für den Einzel-Kraftangriff.

Die Reaktionskraft der Axialkraft F_a in der Trägerachse ist die im Festlager wirkende Lagerkraftkomponente $F_x = F_a$. Beide ergeben ein Kräftepaar, dem das Kräftepaar aus F_{Ay2} und F_{By2}, die beide ebenfalls gleich groß und entgegengerichtet sind, das Gleichgewicht hält.

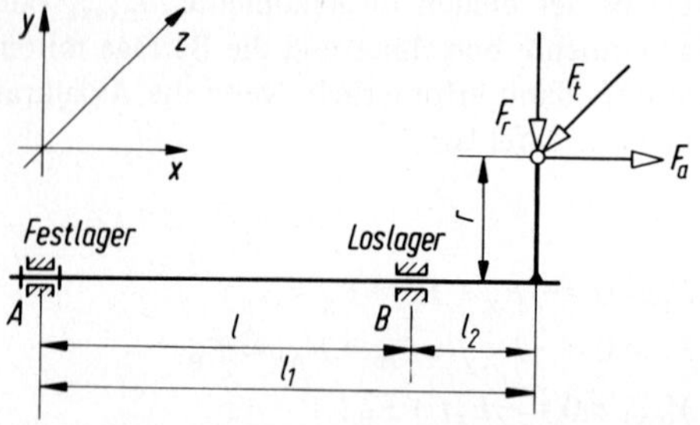

F_t Umfangskraft am Teilkreis
F_r Radialkraft
F_a Axialkraft
r Teilkreisradius (siehe Seite 1390)

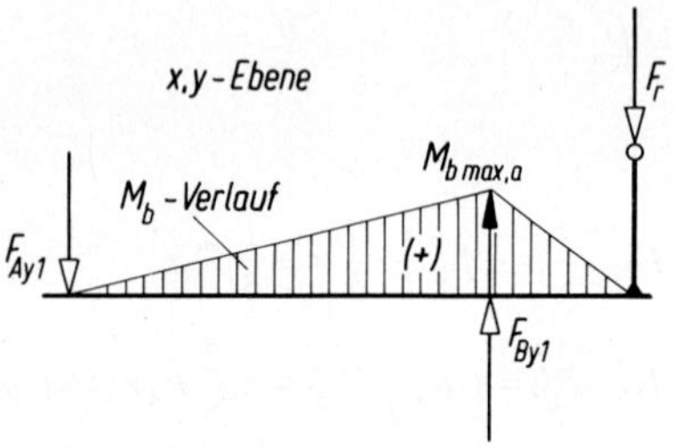

$$\Sigma F_y = 0 = -F_{Ay1} + F_{By1} - F_r$$

$$\Sigma M_{(A)} = 0 = F_{By1}\, l - F_r l_1$$

$$F_{By1} = F_r \frac{l_1}{l};\; F_{Ay1} = F_{By1} - F_r$$

$$F_{Ay1} = F_r \frac{l_1}{l} - F_r = F_r \left(\frac{l_1}{l} - 1\right)$$

$$F_{Ay1} = F_r \frac{l_2}{l} \left(\text{weil } \frac{l_1}{l} - \frac{l}{l} = \frac{l_2}{l} \text{ ist}\right)$$

$$M_{b\,max,\,a} = F_r l_2$$

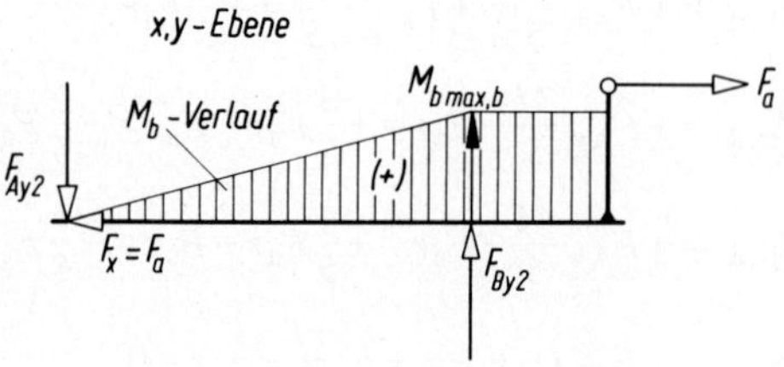

$$\Sigma F_x = 0 = -F_x + F_a \Rightarrow F_x = F_a$$

$$\Sigma F_y = 0 = -F_{Ay2} + F_{by2} \Rightarrow F_{Ay2} = F_{By2}$$

$$\Sigma M_{(A)} = 0 = F_{By2}\, l - F_a r$$

$$F_{By2} = F_a \frac{r}{l}$$

$$M_{b\,max,\,b} = F_a r$$

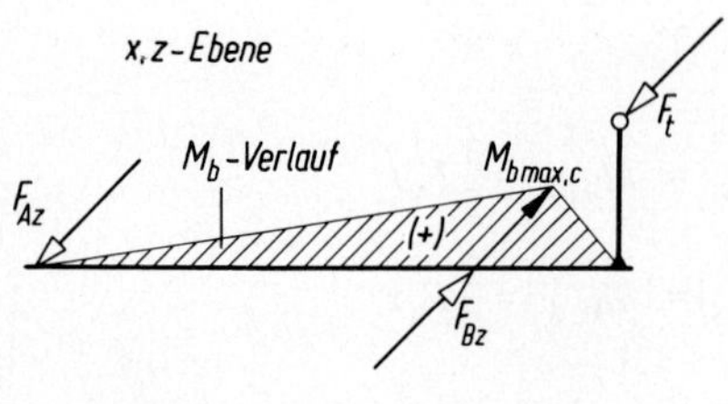

$$\Sigma F_z = 0 = -F_{Az} + F_{Bz} - F_t$$

$$\Sigma M_{(A)} = 0 = F_{Az}\, l - F_t l_2$$

$$F_{Az} = F_t \frac{l_2}{l};\; F_{Bz} = F_{Az} + F_t$$

$$F_{Bz} = F_t \left(\frac{l_2}{l} + 1\right) = F_t \frac{l_1}{l}$$

$$M_{b\,max,\,c} = F_t l_2$$

Tafel II.7. Resultierende Stützkräfte (Lagerkräfte) und Biegemomente für den Biegeträger in Tafel II.6

Gesucht werden die Gleichungen für das resultierende maximale Biegemoment $M_{b\,max}$ und für die resultierenden Stützkräfte (Lagerkräfte) in den Lagern A und B (F_{Ar} und F_{Br}).

Sowohl die Stützkräfte als auch das Biegemoment wirken in einer Ebene senkrecht zur Trägerachse, hier also in der y, z-Ebene, die nun Zeichenblattebene ist.

Skizziert man unmaßstäblich aber richtungsgemäß Biegemomenteneck und Krafteck, dann ergeben sich rechtwinklige Dreiecke, die mit dem Lehrsatz des Pythagoras ausgewertet werden können.

In Verbindung mit den Entwicklungen in Tafel II.6 lassen sich auch die Gleichungen für den Fall entwickeln, daß die Axialkraft F_a entgegengesetzten Richtungssinn hat.

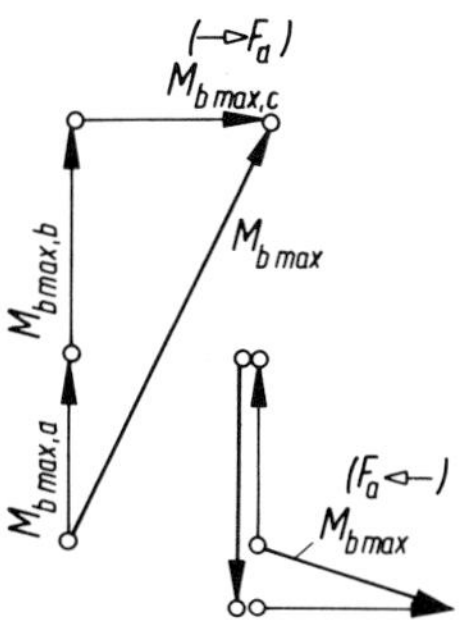

$(\rightarrow F_a)$

$$M_{b\,max} = \sqrt{(M_{b\,max,a} + M_{b\,max,b})^2 + (M_{b\,max,c})^2} = \sqrt{(F_r l_2 + F_a r)^2 + (F_t l_2)^2}$$

Bei entgegengesetztem Richtungssinn der Axialkraft F_a wird:

$(F_a \leftarrow)$

$$M_{b\,max} = \sqrt{(M_{b\,max,a} - M_{b\,max,b})^2 + (F_t l_2)^2} = \sqrt{(F_r l_2 - F_a r)^2 + (F_t l_2)^2}$$

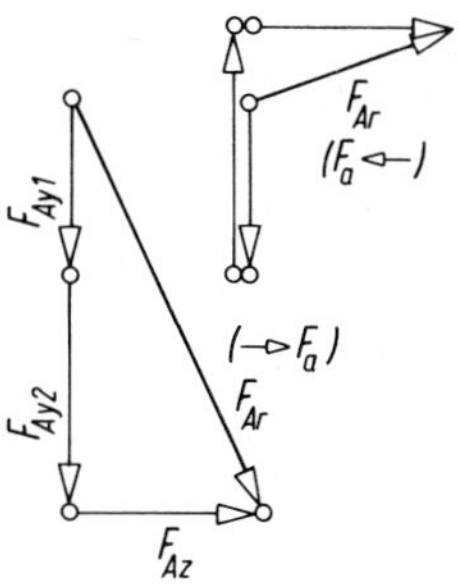

$(\rightarrow F_a)$

$$F_{Ar} = \sqrt{(F_{Ay1} + F_{Ay2})^2 + (F_{Az})^2} = \sqrt{\left(F_r \frac{l_2}{l} + F_a \frac{r}{l}\right)^2 + \left(F_t \frac{l_2}{l}\right)^2} = \frac{1}{l}\sqrt{(F_r l_2 + F_a r)^2 + (F_t l_2)^2}$$

Bei entgegengesetztem Richtungssinn der Axialkraft F_a wird:

$(F_a \leftarrow)$

$$F_{Ar} = \frac{1}{l}\sqrt{(F_r l_2 - F_a r)^2 + (F_t l_2)^2}$$

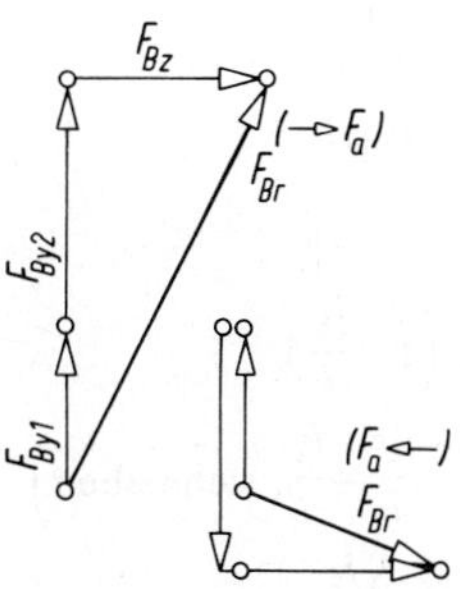

$(\rightarrow F_a)$

$$F_{Br} = \sqrt{(F_{By1} + F_{By2})^2 + (F_{Bz})^2} = \sqrt{\left(F_r \frac{l_1}{l} + F_a \frac{r}{l}\right)^2 + \left(F_t \frac{l_1}{l}\right)^2} = \frac{1}{l}\sqrt{(F_r l_1 + F_a r)^2 + (F_t l_1)^2}$$

Bei entgegengesetztem Richtungssinn der Axialkraft F_a wird:

$(F_a \leftarrow)$

$$F_{Br} = \frac{1}{l}\sqrt{(F_r l_1 - F_a r)^2 + (F_t l_1)^2}$$

Tafel II.8. Biegeträger mit räumlichem Kraftangriff zwischen den Lagern (Biegemomentenverlauf)

Wie in Tafel II.6 ist auch hier mit den Bezeichnungen der Größen das Beispiel einer Getriebewelle mit einem schrägverzahnten Stirnrad gewählt. Das Zahnrad liegt hier jedoch zwischen den Lagerstellen A und B.

Auch hier werden schrittweise die Teil-Stützkräfte F_{Ay1}, F_{By1}, F_{Ay2}, F_{By2}, F_{Az}, F_{Bz} und die Teil-Biegemomente $M_{b\,max,\,a}$, $M_{b\,max,\,b}$ und $M_{b\,max,\,c}$ bestimmt.

Durch den Einzel-Kraftangriff der Axialkraft F_a in der x, y-Ebene ergibt sich der in Tafel II.5 entwickelte Biegemomentenverlauf mit Vorzeichenwechsel und Betragsänderung. Also sind auch hier die beiden maximalen Teil-Biegemomente $M_{b\,max,\,b}$ und $M'_{b\,max,\,b}$ zu ermitteln.

Auf die Lagerkraftkomponente $F_x = F_a$ wird in Tafel II.6 eingegangen.

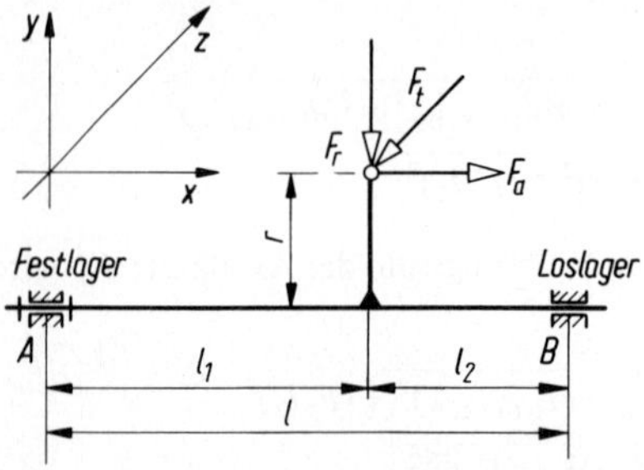

F_t Umfangskraft am Teilkreis
F_r Radialkraft
F_a Axialkraft
r Teilkreisradius

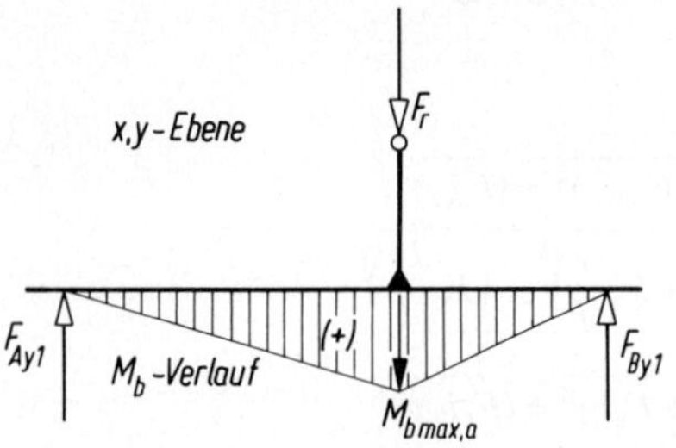

$$\Sigma F_y = 0 = F_{Ay1} - F_r + F_{By1}$$
$$\Sigma M_{(A)} = 0 = -F_r l_1 + F_{By1} l$$
$$F_{By1} = F_r \frac{l_1}{l}$$
$$F_{Ay1} = F_r - F_{By1} = F_r \left(1 - \frac{l_1}{l}\right)$$
$$F_{Ay1} = F_r \frac{l_2}{l} \quad \left(\text{weil } \frac{l}{l} - \frac{l_1}{l} = \frac{l - l_1}{l} = \frac{l_2}{l}\right)$$
$$M_{b\,max,\,a} = F_{By1} l_2 = F_r \frac{l_1 l_2}{l}$$

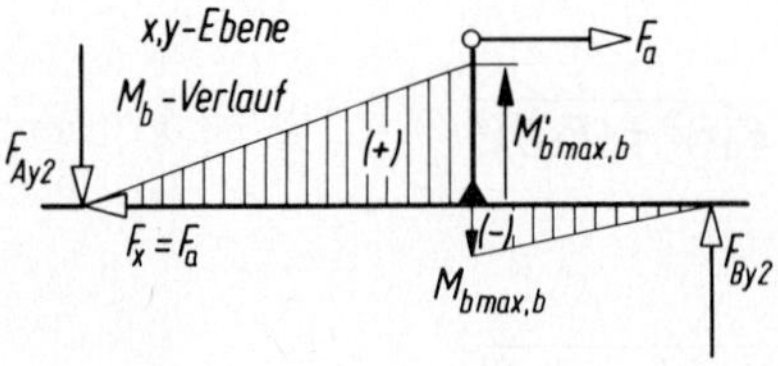

$$\Sigma F_x = 0 = F_x - F_a \Rightarrow F_x = F_a$$
$$\Sigma F_y = 0 = -F_{Ay2} + F_{By2} \Rightarrow F_{Ay2} = F_{By2}$$
$$\Sigma M_{(A)} = 0 = -F_a r + F_{By2} l$$
$$F_{By2} = F_a \frac{r}{l} = F_{Ay2}$$
$$M_{b\,max,\,b} = F_{By2} l_2 = F_a \frac{r l_2}{l}$$
$$M'_{b\,max,\,b} = F_{Ay2} l_1 = F_a \frac{r l_1}{l}$$

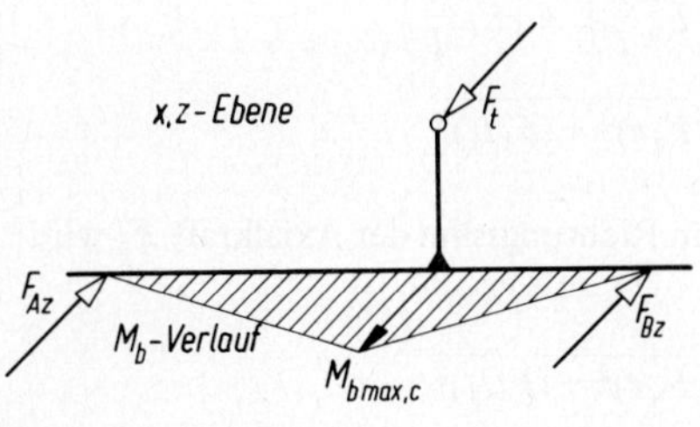

$$\Sigma F_z = 0 = F_{Az} - F_t + F_{Bz}$$
$$\Sigma M_{(A)} = 0 = -F_t l_1 + F_{Bz} l$$
$$F_{Bz} = F_t \frac{l_1}{l}$$
$$F_{Az} = F_t - F_{Bz} = F_t \left(1 - \frac{l_1}{l}\right)$$
$$F_{Az} = F_t \frac{l_2}{l} \quad \left(\text{weil } 1 - \frac{l_1}{l} = \frac{l_2}{l}, \text{ siehe oben}\right)$$
$$M_{b\,max,\,c} = F_{Bz} l_2 = F_t \frac{l_1 l_2}{l}$$

Tafel II.9. Resultierende Stützkräfte (Lagerkräfte) und Biegemomente für den Biegeträger in Tafel II.8

Gesucht werden wie in Tafel II.7 die Gleichungen für das resultierende Biegemoment $M_{\text{b max}}$ und für die resultierenden Stützkräfte (Lagerkräfte) in den Lagern A und B.

Sowohl Stützkraft als auch Biegemoment wirken in einer Ebene, die senkrecht zur Achse des Biegeträgers steht. Dies ist nach den Bezeichnungen des räumlichen Achsenkreuzes in Tafel II.8 die y, z-Ebene, die nun zur Zeichenblattebene gemacht wird.

Mit den Teil-Biegemomenten und aus den Teil-Stützkräften werden die Momentenecke und Kraftecke skizziert (unmaßstäblich, aber richtungsgemäß). Es ergeben sich rechtwinklige Dreiecke, die mit dem „Pythagoras" ausgewertet werden.

Die Gleichungen für die entgegengesetzt gerichtete Axialkraft F_a ergeben sich mit dem Vorzeichenwechsel des Biegemoments in der Darstellung in Tafel II.8 für die Axialkraft F_a in der x, y-Ebene.

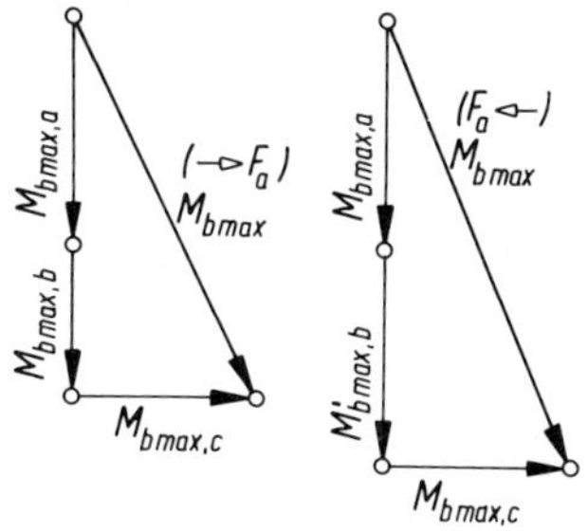

$(\rightarrow F_a)$

$$M_{\text{b max}} = \sqrt{\left(F_r \frac{l_1 l_2}{l} + F_a \frac{r l_2}{l}\right)^2 + \left(F_t \frac{l_1 l_2}{l}\right)^2}$$

$$= \frac{l_2}{l} \sqrt{(F_r l_1 + F_a r)^2 + (F_t l_1)^2}$$

Bei entgegengesetztem Richtungssinn der Axialkraft F_a wird:

$(F_a \leftarrow)$

$$M_{\text{b max}} = \sqrt{(M_{\text{b max, a}} + M'_{\text{b max, b}})^2 + (M_{\text{b max, c}})^2}$$

$$= \sqrt{\left(F_r \frac{l_1 l_2}{l} + F_a \frac{r l_1}{l}\right)^2 + \left(F_t \frac{l_1 l_2}{l}\right)^2}$$

$$= \frac{l_1}{l} \sqrt{(F_r l_2 + F_a r)^2 + (F_t l_2)^2}$$

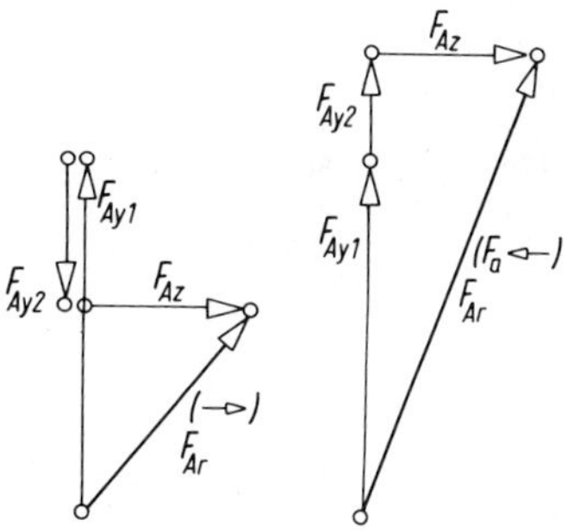

$(\rightarrow F_a)$

$$F_{\text{Ar}} = \sqrt{(F_{\text{Ay1}} - F_{\text{Ay2}})^2 + (F_{\text{Az}})^2}$$

$$= \sqrt{\left(F_r \frac{l_2}{l} - F_a \frac{r}{l}\right)^2 + \left(F_t \frac{l_2}{l}\right)^2}$$

$$= \frac{1}{l} \sqrt{(F_r l_2 - F_a r)^2 + (F_t l_2)^2}$$

Bei entgegengesetztem Richtungssinn der Axialkraft F_a wird:

$(F_a \leftarrow)$

$$F_{\text{Ar}} = \frac{1}{l} \sqrt{(F_r l_2 + F_a r)^2 + (F_t l_2)^2}$$

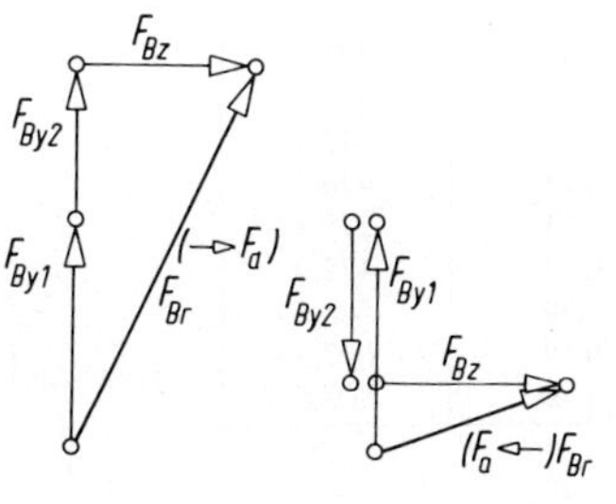

$(\rightarrow F_a)$

$$F_{\text{Br}} = \sqrt{(F_{\text{By1}} + F_{\text{By2}})^2 + (F_{\text{Bz}})^2}$$

$$= \sqrt{\left(F_r \frac{l_1}{l} + F_a \frac{r}{l}\right)^2 + \left(F_t \frac{l_1}{l}\right)^2}$$

$$= \frac{1}{l} \sqrt{(F_r l_1 + F_a r)^2 + (F_t l_1)^2}$$

Bei entgegengesetztem Richtungssinn der Axialkraft F_a wird:

$(F_a \leftarrow)$

$$F_{\text{Br}} = \frac{1}{l} \sqrt{(F_r l_1 - F_a r)^2 + (F_t l_1)^2}$$

Tafel II.10. Warmgewalzter gleichschenkliger rundkantiger Winkelstahl

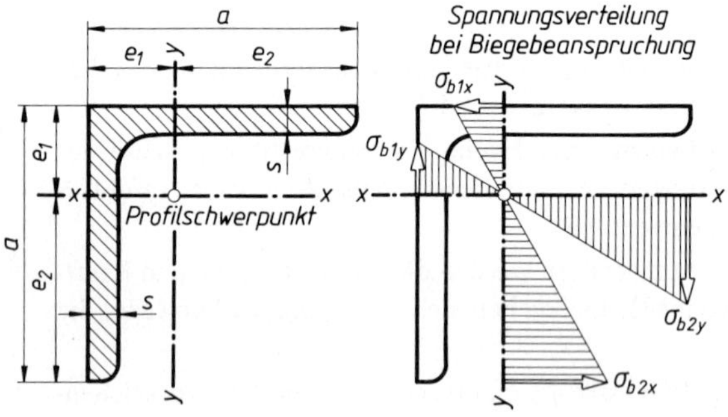

Beispiel für die Bezeichnung eines Winkelstahls und für das Ablesen von Flächenmomenten I und Widerstandsmomenten W:

L 40 × 6 DIN 1028 – USt 37-2

Schenkelbreite	a = 40 mm
Schenkeldicke	s = 6 mm
Flächenmoment	$I_x = 6{,}33 \cdot 10^4$ mm^4
Widerstandsmoment	$W_{x_1} = 5{,}28 \cdot 10^3$ mm^3
	$W_{x_2} = 2{,}26 \cdot 10^3$ mm^3
Oberfläche je Meter Länge	$A'_0 = 0{,}16$ m^2/m
Profilumfang	U = 0,16 m
Trägheitsradius	$i_x = \sqrt{I_x/S} = 11{,}9$ mm

Kurzzeichen	a/s mm	Querschnitt S mm^2	e_1/e_2 mm	$I_x = I_y$ $\cdot 10^4$ mm^4	$W_{x_1} = W_{y_1}$ $\cdot 10^3$ mm^3	$W_{x_2} = W_{y_2}$ $\cdot 10^3$ mm^3	Oberfläche je Meter Länge A'_0 m^2/m$^1)$	Gewichtskraft je Meter Länge G' N/m
20 × 4	20/ 4	145	6,4/ 13,6	0,48	0,75	0,35	0,08	11,2
25 × 5	25/ 5	226	8 / 17	1,18	1,48	0,69	0,10	17,4
30 × 5	30/ 5	278	9,2/ 20,8	2,16	2,35	1,04	0,12	21,4
35 × 5	35/ 5	328	10,4/ 24,6	3,56	3,42	1,45	0,14	25,3
40 × 6	40/ 6	448	12 / 28	6,33	5,28	2,26	0,16	34,5
45 × 6	45/ 6	509	13,2/ 31,8	9,16	6,94	2,88	0,17	39,2
50 × 6	50/ 6	569	14,5/ 35,5	12,8	8,83	3,61	0,19	43,8
50 × 8	50/ 8	741	15,2/ 34,8	16,3	10,7	4,68	0,19	57,1
55 × 8	55/ 8	823	16,4/ 38,6	22,1	13,5	5,73	0,21	63,4
60 × 6	60/ 6	691	16,9/ 43,1	22,8	13,5	5,29	0,23	53,2
60 × 10	60/10	1110	18,5/ 41,5	34,9	18,9	8,41	0,23	85,2
65 × 8	65/ 8	985	18,9/ 46,1	37,5	19,8	8,13	0,25	75,9
70 × 7	70/ 7	940	19,7/ 50,3	42,4	21,5	8,43	0,27	72,4
70 × 9	70/ 9	1190	20,5/ 49,5	52,6	25,7	10,6	0,27	91,6
70 × 11	70/11	1430	21,3/ 48,7	61,8	29,0	12,7	0,27	110,1
75 × 8	75/ 8	1150	21,3/ 53,7	58,9	27,7	11,0	0,29	88,6
80 × 8	80/ 8	1230	22,6/ 57,4	72,3	32,0	12,6	0,31	94,7
80 × 10	80/10	1510	23,4/ 56,6	87,5	37,4	15,5	0,31	116,7
80 × 12	80/12	1790	24,1/ 55,9	102	42,3	18,2	0,31	138,3
90 × 9	90/ 9	1550	25,4/ 64,6	116	45,7	18,0	0,35	119,4
90 × 11	90/11	1870	26,2/ 63,8	138	52,7	21,6	0,36	144,0
100 × 10	100/10	1920	28,2/ 71,8	177	62,8	24,7	0,39	147,9
100 × 14	100/14	2620	29,8/ 70,2	235	78,9	33,5	0,39	201,8
110 × 12	110/12	2510	31,5/ 78,5	280	88,9	35,7	0,43	193,3
120 × 13	120/13	2970	34,4/ 85,6	394	115	46,0	0,47	228,7
130 × 12	130/12	3000	36,4/ 93,6	472	130	50,4	0,51	231,0
130 × 16	130/16	3930	38,0/ 92	605	159	65,8	0,51	302,6
140 × 13	140/13	3500	39,2/100,8	638	163	63,3	0,55	269,5
140 × 15	140/15	4000	40,0/100,0	723	181	72,3	0,55	308,0
150 × 12	150/12	3480	41,2/108,8	737	179	67,7	0,59	268,0
150 × 16	150/16	4570	42,9/107,1	949	221	88,7	0,59	351,9
150 × 20	150/20	5630	44,4/105,6	1150	259	109	0,59	433,6
160 × 15	160/15	4610	44,9/115,1	1100	245	95,6	0,63	355,0
160 × 19	160/19	5750	46,5/113,5	1350	290	119	0,63	442,8
180 × 18	180/18	6190	51,0/129,0	1870	367	145	0,71	476,7
180 × 22	180/22	7470	52,6/127,4	2210	420	174	0,71	575,3
200 × 16	200/16	6180	55,2/144,8	2340	424	162	0,79	475,9
200 × 20	200/20	7640	56,8/143,2	2850	502	199	0,79	588,3
200 × 24	200/24	9060	58,4/141,6	3330	570	235	0,79	697,7
200 × 28	200/28	10500	59,9/140,1	3780	631	270	0,79	808,6

$^1)$ Die Zahlenwerte geben zugleich den Profilumfang U in m an.

Tafel II.11. Warmgewalzte I-Träger, IPE-Reihe

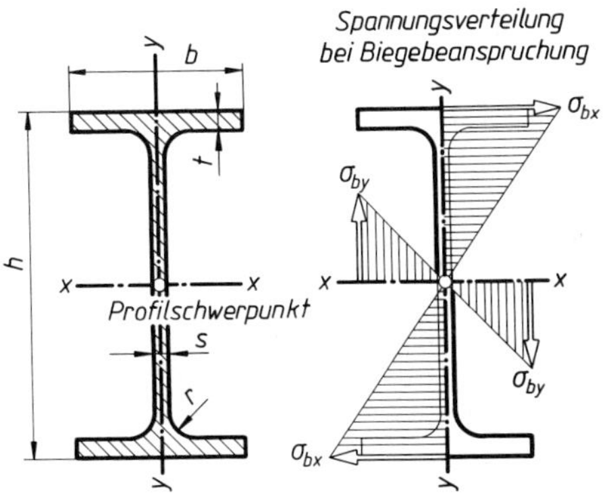

Beispiel für die Bezeichnung eines mittelbreiten I-Trägers mit parallelen Flanschflächen und für das Ablesen von Flächenmomenten I und Widerstandsmomenten W:

IPE 80 DIN 1025 – USt 37-2

Höhe	$h = 80$ mm
Breite	$b = 46$ mm
Flächenmoment	$I_x = 80{,}1 \cdot 10^4\ mm^4$
Widerstandsmoment	$W_x = 20{,}0 \cdot 10^3\ mm^3$
Oberfläche je Meter Länge	$A'_0 = 0{,}328\ m^2/m$
Profilumfang	$U = 0{,}328$ m
Trägheitsradius	$i_x = \sqrt{I_x/S} = 32{,}4$ mm

Kurzzeichen IPE	b mm	t mm	h mm	s mm	r mm	Querschnitt S mm^2	I_x $\cdot 10^4\ mm^4$	W_x $\cdot 10^3\ mm^3$	I_y $\cdot 10^4\ mm^4$	W_y $\cdot 10^3\ mm^3$	Oberfläche je Meter Länge A'_0 m^2/m 1)	Gewichtskraft je Meter Länge G' N/m
80	46	5,2	80	3,8	5	764	80,1	20,0	8,49	3,69	0,328	59
100	55	5,7	100	4,1	7	1030	171	34,2	15,9	5,79	0,400	79
120	64	6,3	120	4,4	7	1320	318	53,0	27,7	8,65	0,475	102
140	73	6,9	140	4,7	7	1640	541	77,3	44,9	12,3	0,551	126
160	82	7,4	160	5,0	9	2010	869	109	68,3	16,7	0,623	155
180	91	8,0	180	5,3	9	2390	1320	146	101	22,2	0,698	184
200	100	8,5	200	5,6	12	2850	1940	194	142	28,5	0,768	220
220	110	9,2	220	5,9	12	3340	2770	252	205	37,3	0,848	257
240	120	9,8	240	6,2	15	3910	3890	324	284	47,3	0,922	301
270	135	10,2	270	6,6	15	4590	5790	429	420	62,2	1,041	353
300	150	10,7	300	7,1	15	5380	8360	557	604	80,5	1,155	414
330	160	11,5	330	7,5	18	6260	11770	713	788	98,5	1,254	482
360	170	12,7	360	8,0	18	7270	16270	904	1040	123	1,348	560
400	180	13,5	400	8,6	21	8450	23130	1160	1320	146	1,467	651
450	190	14,6	450	9,4	21	9880	33740	1500	1680	176	1,605	761
500	200	16,0	500	10,2	21	11600	48200	1930	2140	214	1,738	893
550	210	17,2	550	11,1	24	13400	67120	2440	2670	254	1,877	1032
600	220	19,0	600	12,0	24	15600	92080	3070	3390	308	2,014	1200

1) Die Zahlenwerte geben zugleich den Profilumfang U in m an.

Mechanische Eigenschaften von Schrauben

Kennzeichen	4.6	4.8	5.6	5.8	6.6	6.8	6.9	8.8	10.9	12.9
Mindest-Zugfestigkeit R_m in N/mm^2	400		500		600			800	1000	1200
Mindest-Streckgrenze R_e oder $R_{p0,2}$-Dehngrenze in N/mm^2	240	320	300	400	360	480	540	640	900	1080
Bruchdehnung A_5 in %	25	14	20	10	16	8	12	12	9	8

Tafel II.12. Warmgewalzter rundkantiger U-Stahl

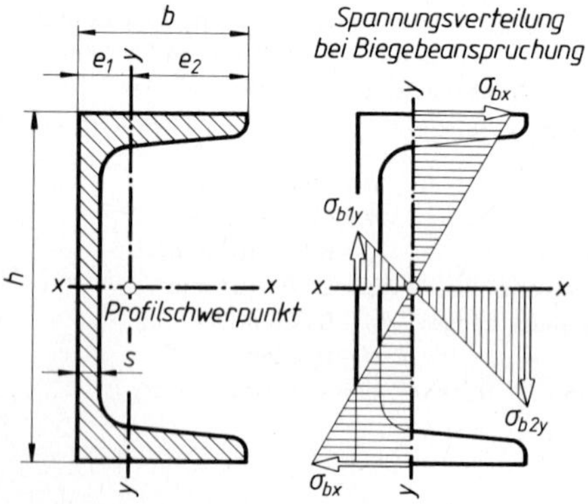

Beispiel für die Bezeichnung eines U-Stahls und für das Ablesen von Flächenmomenten I und Widerstandsmomenten W:

U 100 DIN 1026 – USt 37-2

Höhe	$h = 100$ mm
Breite	$b = 50$ mm
Flächenmoment	$I_x = 206 \cdot 10^4$ mm^4
Widerstandsmoment	$W_x = 41{,}2 \cdot 10^3$ mm^3
Flächenmoment	$I_y = 29{,}3 \cdot 10^4$ mm^4
Widerstandsmoment	$W_{y_1} = 18{,}9 \cdot 10^3$ mm^3
	$W_{y_2} = 8{,}49 \cdot 10^3$ mm^3
Oberfläche je Meter Länge	$A'_0 = 0{,}372$ m^2/m
Profilumfang	$U = 0{,}372$ m
Trägheitsradius	$i_x = \sqrt{I_x/S} = 39{,}1$ mm

Kurzzeichen U	h mm	b mm	s mm	Querschnitt S mm^2	e_1/e_2 mm	I_x $\cdot 10^4$ mm^4	W_x $\cdot 10^3$ mm^3	I_y $\cdot 10^4$ mm^4	W_{y_1} $\cdot 10^3$ mm^3	W_{y_2} $\cdot 10^3$ mm^3	Oberfläche je Meter Länge A'_0 m^2/m ¹)	Gewichtskraft je Meter Länge G' N/m
30 × 15	30	15	4	221	5,2/ 9,8	2,53	1,69	0,38	0,73	0,39	0,103	17,0
30	30	33	5	544	13,1/19,9	6,39	4,26	5,33	4,07	2,68	0,174	41,9
40 × 20	40	20	5	366	6,7/13,3	7,58	3,79	1,14	1,70	0,86	0,142	28,2
40	40	35	5	621	13,3/21,7	14,1	7,05	6,68	5,02	3,08	0,200	47,8
50 × 25	50	25	5	492	8,1/16,9	16,8	6,73	2,49	3,07	1,47	0,181	37,9
50	50	38	5	712	13,7/24,3	26,4	10,6	9,12	6,66	3,75	0,232	54,8
60	60	30	6	646	9,1/20,9	31,6	10,5	4,51	4,98	2,16	0,215	49,7
65	65	42	5,5	903	14,2/27,8	57,5	17,7	14,1	9,93	5,07	0,273	69,5
80	80	45	6	1100	14,5/30,5	106	26,5	19,4	13,4	6,36	0,312	84,7
100	100	50	6	1350	15,5/34,5	206	41,2	29,3	18,9	8,49	0,372	104,0
120	120	55	7	1700	16,0/39,0	364	60,7	43,2	27,0	11,1	0,434	130,9
140	140	60	7	2040	17,5/42,5	605	86,4	62,7	35,8	14,8	0,489	157,1
160	160	65	7,5	2400	18,4/46,6	925	116	85,3	46,4	18,3	0,546	184,8
180	180	70	8	2800	19,2/50,8	1350	150	114	59,4	22,4	0,611	215,6
200	200	75	8,5	3220	20,1/54,9	1910	191	148	73,6	27,0	0,661	248,0
220	220	80	9	3740	21,4/58,6	2690	245	197	92,1	33,6	0,718	288,0
240	240	85	9,5	4230	22,3/62,7	3600	300	248	111	39,6	0,775	325,7
260	260	90	10	4830	23,6/66,4	4820	371	317	134	47,7	0,834	372
280	280	95	10	5330	25,3/69,7	6280	448	399	158	57,3	0,890	410,5
300	300	100	10	5880	27,0/73,0	8030	535	495	183	67,8	0,950	452,8
320	320	100	14	7580	26,0/74,0	10870	679	597	230	80,7	0,982	583,7
350	350	100	14	7730	24,0/76,0	12840	734	570	238	75,0	1,05	595,3
380	380	102	13,5	8040	23,8/78,2	15760	829	615	258	78,6	1,11	619,1
400	400	110	14	9150	26,5/83,5	20350	1020	846	355	101	1,18	704,6

¹) Die Zahlenwerte geben zugleich den Profilumfang U in m an.

Niete und zugehörige Schrauben für Stahl- und Kesselbau

d_1 in mm	11	13	(15)	17	(19)	21	23	25	28	31	(34)	37
A_1 in mm$^2 = \frac{\pi}{4} d_1^2$	95	133	177	227	284	346	415	491	616	755	908	1075
d in mm (Rohnietdurchmesser)	10	12	(14)	16	(18)	20	22	24	27	30	(33)	36
Sechskantschraube	M 10	M 12	–	M 16	–	M 20	M 22	M 24	M 27	M 30	M 33	M 36

d_1 Durchmesser des geschlagenen Nietes = Nietlochdurchmesser   Größen in ( ) möglichst vermeiden

3. Knickung

Wird ein gerader schlanker Stab von gleichbleibendem Querschnitt durch eine Druckkraft F in Richtung der Stabachse belastet (gedrückt), so ist bei homogenem Werkstoff nur eine Kürzung des Stabes zu erwarten. Die Erfahrung zeigt aber, daß der Stab seitlich „ausknickt“ (Bild II.31), sobald die Druckkraft F einen bestimmten Wert erreicht hat. Der Stab kann „ausbiegen“, obwohl die vorhandene Druckspannung $\sigma_{d\,vorh}$ noch unter der zulässigen Spannung $\sigma_{d\,zul}$ liegt ($\sigma_{d\,vorh} < \sigma_{d\,zul}$).

3.1. Herleitung der Eulerschen Knickungsgleichung

Knickkraft F_K heißt diejenige Druckkraft, bei der das Ausknicken beginnt. Sie darf deshalb im Betrieb niemals erreicht werden.

Die elastische Linie ist eine Sinuskurve mit dem Krümmungsradius $\rho = \dfrac{l^2}{\pi^2 f}$ (in Stabmitte). An dieser Stelle ist das Biegemoment der Knickkraft F_K: $M_b = F_K f$. Nach (II.50) war $\rho = \dfrac{EI}{M_b}$ und damit $\dfrac{l^2}{\pi^2 f} = \dfrac{EI}{F_K f}$ und daraus die *Knickkraft*

$$F_K = \frac{EI\pi^2}{s^2}$$

(*Eulergleichung*)

s freie Knicklänge

F_K	E	I	s
N	$\dfrac{N}{mm^2}$	mm^4	mm

(II.60)

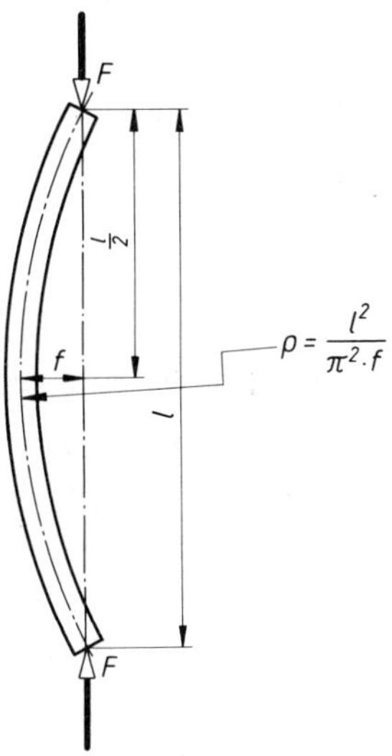

Bild II.31. Zur Herleitung der Eulerschen Knickungsgleichung

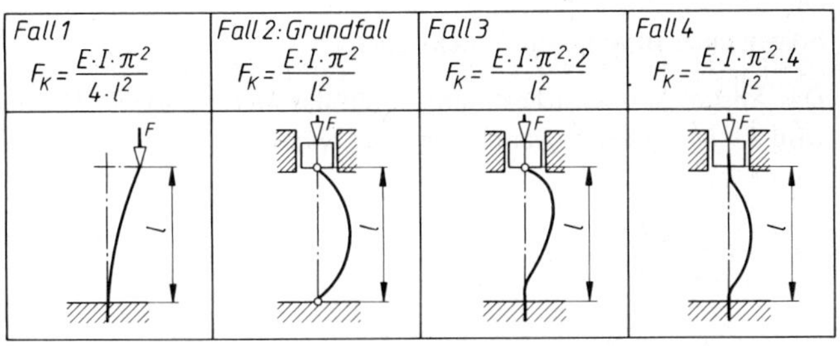

Bild II.32. Die vier Eulerschen Belastungsfälle für Knickung

Obwohl die elastische Linie der Biegung zur Herleitung der Knickkraftgleichung benutzt wurde, ist die Knickung von der Biegung wesensverschieden. Biegung ist eine *Spannungs*aufgabe, Knickung dagegen ein *Stabilitäts*problem; der Stab versagt nämlich *plötzlich*, ganz im Gegensatz etwa zur Druck- oder Biegebeanspruchung. So kann z.B. schon ein kleiner Fingerdruck quer zur Achse ausreichen, um den bereits seitlich ausgewichenen Stab (ohne Vergrößerung der Druckkraft) zusammenbrechen zu lassen. Deshalb muß die Belastung im Betrieb stets kleiner sein als die Knickkraft F_K.

Euler entwickelte seine Gleichung je nach Beweglichkeit und Führung der Stabenden für vier verschiedene Fälle (Bild II.32). In der Praxis sollte man wegen der größeren Sicherheit stets nach dem sogenannten Grundfall 2 arbeiten. Ausnahme: einseitige Einspannung mit freiem Ende, Fall 1 nach Bild II.32. Hier wird $s = 2l$ statt $s = l$ in die Eulergleichung des Grundfalles eingesetzt.

Wie die Herleitung erkennen läßt, gilt die Eulergleichung nur im Gültigkeitsbereich des Hookeschen Gesetzes $\sigma = \epsilon E$ (I.8), d.h. solange die Knickspannung $\sigma_K < \sigma_{dP}$ (Druck-Proportionalitätsgrenze) ist. Man spricht dann von *elastischer* Knickung; bei $\sigma_K > \sigma_{dP}$ von *unelastischer Knickung.* Letztere erfordert andere Berechnungsgleichungen.

3.2. Wichtige Größen der Knickung

Der Knickkraft F_K entspricht diejenige Spannung σ_K, bei der das Ausknicken gerade beginnt, die also ebenfalls niemals erreicht werden darf; somit ist die *Knickspannung*

$$\sigma_K = \frac{\text{Knickkraft } F_K}{\text{Querschnittsfläche } S} \qquad \text{(II.61)}$$

σ_K	F_K	S
$\frac{N}{mm^2}$	N	mm^2

Solange die äußere Belastung F (= Druckkraft F) *kleiner* als die Knickkraft F_K ist, besteht keine Knickgefahr und es ist die *Sicherheit gegen Knicken*

$$\nu = \frac{\text{Knickkraft } F_K}{\text{Druckkraft } F} \qquad \text{(II.62)}$$

Der Druckkraft F entspricht die Druckspannung $\sigma_d = F/S$, so daß die Sicherheit ν auch ausgedrückt werden kann durch:

$$\nu = \frac{F_K}{F} = \frac{\sigma_K S}{\sigma_d S} = \frac{\sigma_K}{\sigma_d} \qquad \text{(II.63)}$$

Die Sicherheit ν berücksichtigt u.a. Stöße, Massenkräfte, Art der Verwendung, Einspannung und Folgen eines Bruches des Knickstabes.

Das Ausknicken wird bestimmt durch das *kleinste axiale Flächenmoment I* des Querschnittes. Es wird $I = i^2 S$ gesetzt. Daraus folgt der *Trägheitsradius*

$$i = \sqrt{\frac{I}{S}} \qquad \text{(II.64)}$$

i	I	S
mm	mm^4	mm^2

Für den *Kreisquerschnitt* beträgt nach Tafel II.1 das axiale Flächenmoment $I = \pi d^4/64$ und Fläche $S = \pi d^2/4$, so daß sich als *Trägheitsradius für den Kreisquerschnitt* ergibt:

$$i = \sqrt{\frac{\pi d^4 4}{\pi d^2 64}} = \frac{d}{4} \qquad \text{(II.65)}$$

Als zweckmäßige Rechengröße wird außerdem für den *Schlankheitsgrad* festgesetzt:

$$\lambda = \frac{\text{freie Knicklänge } s}{\text{Trägheitsradius } i} = \frac{s}{i} \qquad \text{(II.66)}$$

3.3. Elastische Knickung (Eulerfall) [1]

Liegt die Knickspannung noch im Gültigkeitsbereich des Hookeschen Gesetzes (elastische Formänderung), so gilt die Eulergleichung (II.60). Damit können bei gegebener Knickkraft F_K, gegebener Knickkraft F_K, gegebener Einspannlänge l und bekanntem Elastizitätsmodul E die Querschnittsabmessungen bestimmt werden, und zwar über das erforderliche *Mindest-Flächenmoment* (axial)

$$I_{erf} = \frac{\nu F s^2}{E \pi^2} \qquad \text{(II.67)}$$

I_{erf}	ν	F	E	s
mm^4	1	N	$\frac{N}{mm^2}$	mm

Aus (II.63) wurde für die Knickkraft F_K = Sicherheit $\nu \times$ Belastung F $(F_K = \nu F)$ eingesetzt. Die Eulergleichung ist an das Hookesche Gesetz gebunden. Damit werden die Grenzen ihrer Gültigkeit festgelegt. Aus

$$F_K = \frac{E I \pi^2}{s^2} = \sigma_K S \quad \text{und} \quad \frac{I}{S} = i^2 \quad \text{sowie} \quad \frac{i^2}{s^2} = \frac{1}{\lambda^2}$$

ergibt sich die *Knickspannung*

$$\sigma_K = \frac{E \pi^2}{\lambda^2} \qquad \text{(II.68)}$$

σ_K	E	λ
$\frac{N}{mm^2}$	$\frac{N}{mm^2}$	1

Danach ist die Knickspannung σ_K nur abhängig vom E-Modul (und dessen Gültigkeitsbereich) und vom Schlankheitsgrad λ.

Wird σ_K über λ aufgetragen, ergibt sich eine Hyperbel dritten Grades, wie Bild II.33 für Stahl mit $E = 2{,}1 \cdot 10^5$ N/mm² zeigt. Danach ergeben kleine Schlankheitsgrade hohe Knickspannungen. Die Eulergleichung kann natürlich nur bis zu demjenigen *Grenzschlankheitsgrad* λ_0 gelten, für den $\sigma_K \leqq \sigma_{dP}$ ist, solange also die Knickspannung σ_K kleiner als die Proportionalitätsgrenze für Druck ist.

Unterer Grenzwert:

$$\lambda_{min} = \lambda_0 = \pi \sqrt{\frac{E}{\sigma_{dP}}}$$

Für St 37 mit $\sigma_{dP} = 190$ N/mm² wird damit

$$\lambda_0 = \pi \sqrt{\frac{2{,}1 \cdot 10^5 \frac{N}{mm^2}}{190 \frac{N}{mm^2}}} \approx 105$$

Je höher die Proportionalitätsgrenze σ_{dP} liegt, um so kleiner ist der Grenzschlankheitsgrad λ_0, d.h. um so größer wird der Eulerbereich.

Bild II.33. Euler-Hyperbel mit Grenzschlankheitsgrad λ_0

Für die wichtigsten Werkstoffe gibt Tafel II.12 die Grenzschlankheitsgrade zur Eulergleichung an. *Beachte:* Die Eulergleichung gilt nur, solange der errechnete Schlankheitsgrad λ gleich oder *größer* ist als der in Tafel II.6 angegebene Grenzschlankheitsgrad λ_0. Es muß also sein: $s/i = \lambda_{vorhanden} \geqq \lambda_0$.

[1]) Rechentafel Seite 460

Tafel II.13. Grenzschlankheitsgrad λ_0 für Eulersche Knickung und Tetmajer-Gleichungen

Werkstoff	Elastizitätsmodul E in $\frac{N}{mm^2}$	Grenzschlankheitsgrad λ_0	Tetmajer-Gleichung für Knickspannung σ_K in $\frac{N}{mm^2}$
Nadelholz	10 000	100	$\sigma_K = 29{,}3 - 0{,}194 \cdot \lambda$
Grauguß	100 000	80	$\sigma_K = 776 - 12 \cdot \lambda + 0{,}053 \cdot \lambda^2$
St 37	210 000	105	$\sigma_K = 310 - 1{,}14 \cdot \lambda$
St 50 und St 60	210 000	89	$\sigma_K = 335 - 0{,}62 \cdot \lambda$
Nickelstahl (< 5 % Ni)	210 000	86	$\sigma_K = 470 - 2{,}3 \cdot \lambda$

3.4. Unelastische Knickung (Tetmajerfall) [1]

Ergibt die Nachrechnung des Schlankheitsgrades λ einen Zahlenwert, der *unter* dem in Tafel II.12 angegebenen Grenzwert liegt, dann liegt *unelastische* Knickung vor. In diesem Falle gelten nicht die Eulergleichungen, sondern die Gleichungen von *Tetmajer*, ebenfalls aus Tafel II.12. Mit diesen Gleichungen können die Querschnittsabmessungen *nicht* unmittelbar bestimmt werden, sie dienen nur zur Nachrechnung gegebener oder angenommener Querschnittsmaße.

Deshalb wird meist I_{erf} nach *Euler* bestimmt, der Querschnitt danach festgelegt, λ nachgeprüft und bei λ kleiner als λ_0 nach *Tetmajer* die Knickspannung σ_K berechnet. Ist die geforderte Sicherheit ν nicht erreicht, muß der Querschnitt vergrößert und nochmals nachgerechnet werden.

3.5. Arbeitsplan zur Knickungsrechnung

a) *Gegeben:* Sicherheit ν und Belastung F; *gesucht:* Querschnittsabmessungen.

Berechne Knickkraft F_K aus Sicherheit ν und Belastung F;

berechne das erforderliche Flächenmoment I_{erf} aus der Eulergleichung;

lege die Querschnittsabmessungen (z.B. Durchmesser) nach den Gleichungen aus Tafel II.1 fest;

berechne den Trägheitsradius i nach Tafel II.1 oder, wenn dort nicht angegeben, nach der Gleichung $i = \sqrt{I/S}$;

berechne den Schlankheitsgrad λ und vergleiche mit λ_0 aus Tafel II.13; bei $\lambda \geqslant \lambda_0$ ist die Rechnung in Ordnung; bei λ *kleiner* λ_0 muß mit den Tetmajergleichungen aus Tafel II.13 die Knickspannung σ_K berechnet werden. Dabei λ, nicht etwa λ_0 einsetzen!

Berechne vorhandene Druckspannung $\sigma_d = F/S$ und bestimme die Sicherheit ν; sie muß gleich oder größer der geforderten sein. Bei zu kleiner Sicherheit müssen die Querschnittsabmessungen vergrößert und die Rechnung von der λ-Bestimmung an wiederholt werden. Abschließend muß die vorhandene Druckspannung σ_d mit der zulässigen $\sigma_{d\,zul}$ verglichen werden.

b) *Gegeben:* Querschnitt und Belastung F; *gesucht:* vorhandene Sicherheit. Berechne nach Tafel II.1 das Flächenmoment I und den Trägheitsradius i des Querschnittes; bestimme mit $\lambda = s/i$ den vorhandenen Schlankheitsgrad λ und vergleiche den gefundenen Wert mit λ_0 aus Tafel II.12. Jetzt teilt sich die Rechnung: Bei $\lambda \geqslant \lambda_0$ wird die Sicherheit ν aus der Eulergleichung berechnet, bei $\lambda < \lambda_0$ aus einer der Tetmajergleichungen!

Beachte: λ bestimmt den Rechnungsweg (*Euler* oder *Tetmajer*), deshalb muß zuerst λ berechnet werden!

[1] Rechentafel Seite 460

■ **Beispiel:** Eine Ventilstößelstange aus St 50 hat 8 mm Durchmesser und ist 250 mm lang. Welche maximale Stößelkraft ist zulässig, wenn eine 10fache Sicherheit gegen Knicken gefordert wird? Es liegt der Grundfall vor, also $s = l$.

Lösung: $\lambda = \frac{l}{i} = \frac{4\,l}{d} = \frac{4 \cdot 250\text{ mm}}{8\text{ mm}} = 125$, also elastischer (Euler-)Bereich.

Flächenmoment $I = \frac{\pi d^4}{64} = \frac{\pi}{64} \cdot (8\text{ mm})^4 = 201\text{ mm}^4$

Knickkraft $F_K = \frac{E I \pi^2}{l^2} = 6668\text{ N}$. Maximale Stößekraft $F = \frac{F_K}{\nu} = 667\text{ N}$.

■ **Beispiel:** Die Pleuelstange eines Verbrennungsmotors (Bild II.34) aus St 50 hat die Maße: $l = 370$ mm, $H = 40$ mm, $h = 30$ mm, $b = 20$ mm, $s = 15$ mm. Sie wird durch $F = 16$ kN auf Knickung beansprucht. Gesucht: vorhandene Knicksicherheit ν.

Lösung: Die Pleuelstange würde um die (senkrechte) y-Achse knicken, denn ganz sicher ist $I_y = I_{min} < I_x$.

$$I_{min} = \frac{10\text{ mm} \cdot (20\text{ mm})^3 + 30\text{ mm} \cdot (15\text{ mm})^3}{12} = 15\,104\text{ mm}^4$$

($I_x = 95\,417\text{ mm}^4$, also wesentlich größer als I_{min}!)

$$i = \sqrt{\frac{I_{min}}{S}}$$

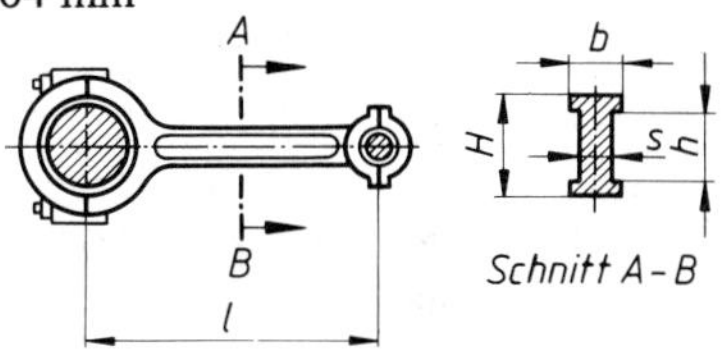

Bild II.34

$S = Hb - (b - s)\,h\;[40 \cdot 20 - (20 - 15) \cdot 30]\text{ mm}^2$

$S = 650\text{ mm}^2$

$$i = \sqrt{\frac{I_{min}}{S}} = \frac{15\,104\text{ mm}^4}{650\text{ mm}^2} = 4{,}82;\ \lambda = \frac{l}{i} = \frac{370\text{ mm}}{4{,}82\text{ mm}} = 76{,}8 < \lambda_0 = 89 \text{ (Tetmajerfall):}$$

$$\sigma_K = 335 - 0{,}62 \cdot \lambda = 287{,}4\,\frac{\text{N}}{\text{mm}^2};\quad \sigma_{d\,vorh} = \frac{F}{S} = \frac{16\,000\text{ N}}{650\text{ mm}^2} = 24{,}6\,\frac{\text{N}}{\text{mm}^2}$$

$$\nu_{vorh} = \frac{\sigma_K}{\sigma_{d\,vorh}} = \frac{287{,}4\,\frac{\text{N}}{\text{mm}^2}}{24{,}6\,\frac{\text{N}}{\text{mm}^2}} = 11{,}7$$

■ **Beispiel:** Ein Knickstab von kreisförmigem Querschnitt ist beiderseits auf $l = 500$ mm Länge gelenkig gelagert und wird durch eine Druckkraft $F = 40$ kN beansprucht. Geforderte Knicksicherheit $\nu = 8$. Werkstoff St 50.

Wie groß muß der Durchmesser ausgeführt werden?

Lösung: Knickkraft $F_K = F\nu = 40\text{ kN} \cdot 8 = 320\text{ kN}$, aus $F_K = \frac{E I \pi^2}{l^2}$

wird das erforderliche Flächenmoment

$$I_{min} = \frac{F_K\, l^2}{E\,\pi^2} = \frac{320\,000\text{ N} \cdot 500^2\text{ mm}^2}{2{,}1 \cdot 10^5\,\frac{\text{N}}{\text{mm}^2} \cdot \pi^2} = 3{,}86 \cdot 10^4\text{ mm}^4,\quad I = \frac{d^4}{20},\ \text{daraus}$$

$$d_{erf} = \sqrt[4]{20\,I_{min}} = 29{,}7\text{ mm}.$$

Mit $i = \frac{d}{4} = 7{,}4$ mm wird $\lambda = \frac{l}{i} = \frac{500\text{ mm}}{7{,}4\text{ mm}} = 67{,}6\ (< \lambda_0 = 89)$.

Demnach liegt also Tetmajerbereich vor und nicht, wie zunächst angenommen wurde, Eulerbereich, d.h. die Rechnung muß mit angenommenem Durchmesser (mit Tetmajer-Gleichungen) wiederholt werden, bis die geforderte Sicherheit erreicht worden ist:

d = 40 mm angenommen (zweckmäßig gegenüber d_{erf} erhöhen), neuer Schlankheitsgrad

$$\lambda = \frac{4\,l}{d} = \frac{4 \cdot 500\ \text{mm}}{40\ \text{mm}} = 50\ ;\quad \sigma_K = 335 - 0{,}62\,\lambda = 304\,\frac{\text{N}}{\text{mm}^2}$$

$$\sigma_d = \frac{F}{S} = \frac{40\,000\ \text{N}}{1257\ \text{mm}^2} = 31{,}8\,\frac{\text{N}}{\text{mm}^2},\qquad \nu_{vorh} = \frac{\sigma_K}{\sigma_d} = \frac{304\,\frac{\text{N}}{\text{mm}^2}}{31{,}8\,\frac{\text{N}}{\text{mm}^2}} = 9{,}56\ (> \nu_{gef} = 8)$$

d.h. der Durchmesser d = 40 mm kann ausgeführt werden.

■ **Beispiel:** Die durchgehende Kolbenstange eines Verdichters für p = 6,5 bar Überdruck ist zu berechnen (Bild II.35). Werkstoff: St50. Geforderte Knicksicherheit ν = 5.

Lösung: Aus den physikalischen Bedingungen ergibt sich die Gleichung:

$$\text{Kolbenstangenkraft } F = \frac{\pi}{4}\,(0{,}5^2\ \text{m}^2 - d^2) \cdot 6{,}5 \cdot 10^5\,\frac{\text{N}}{\text{m}^2}\ ;\quad (1\ \text{bar} = 10^5\,\frac{\text{N}}{\text{m}^2}\,!)$$

$$F = (1{,}276 - 1{,}625\,\pi\,d^2) \cdot 10^5\ \text{N}$$

Aus den Festigkeitsbedingungen dagegen ist

$$F = \frac{F_K}{\nu} = \frac{E I \pi^2}{l^2 \nu}$$

mit

$$I = \frac{\pi\,d^4}{64}$$

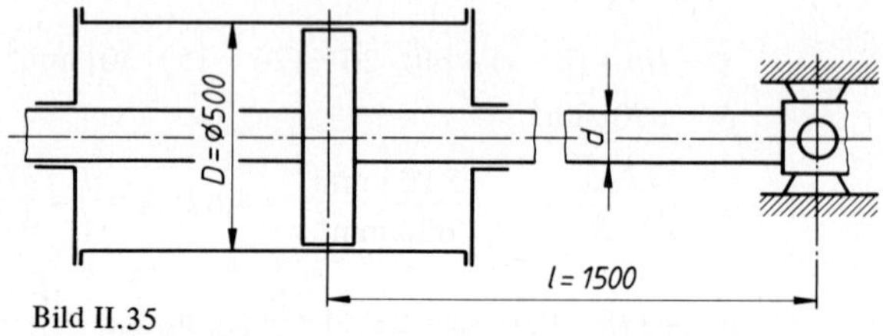

Bild II.35

Beide Ausdrücke gleichgesetzt, ausgerechnet (Maße in cm) und umgeformt ergibt die biquadratische Gleichung:

$d^4 + 0{,}557\,d^2 - 4360 = 0$; $d^2 = z$ gesetzt führt zu

$z^2 + 0{,}557\,z - 4360 = 0$

$z_{1,2} = -0{,}278 \pm \sqrt{0{,}077 + 4360} = -0{,}278 \pm 66$

z_2 ist negativ und hier ohne Belang.

$z_1 = 65{,}7 = d^2$, daraus Durchmesser d = 8,1 cm = 81 mm

$$\text{Schlankheitsgrad } \lambda = \frac{4\,l}{d} = \frac{4 \cdot 150\ \text{mm}}{81\ \text{mm}} \approx 75\ (< \lambda_0 = 89)$$

also nach *Tetmajer:* $\sigma_K = 335 - 0{,}62 \cdot 75 = 288{,}5\,\frac{\text{N}}{\text{mm}^2}$

$$\text{Kolbenkraft } F = \frac{\pi}{4}\,(0{,}5^2 - 0{,}081^2)\,\text{m}^2 \cdot 6{,}5 \cdot 10\,\frac{\text{N}}{\text{m}^2} = 124\,280\ \text{N}$$

Druckspannung $\sigma_d = \frac{F}{S} = \frac{124\,280\ \text{N}}{5153\ \text{mm}^2} = 24{,}1\,\frac{\text{N}}{\text{mm}^2}$ Knicksicherheit $\nu = \frac{\sigma_K}{\sigma_d} = \frac{288{,}5\,\frac{\text{N}}{\text{mm}^2}}{24{,}1\,\frac{\text{N}}{\text{mm}^2}} = 12 > 5$

3.6. Knickungsberechnungen im Stahlbau

3.6.1. Tragsicherheit einteiliger Knickstäbe

Zur knicksicheren Ausbildung von Druckstäben gilt bis zur Veröffentlichung einer europäischen Norm (EN-) für Stahlbauten die Norm DIN 18 800 (Nov. 90) mit Teil 1, Bemessung und Konstruktion, Teil 2, Stabilitätsfälle, Knicken von Stützen und Stahlwerken, Teil 3, Stabilitätsfälle, Plattenbauten.

Nach DIN 18 800, Teil 2, muß unter anderem die so genannte Tragsicherheit nachgewiesen werden. Tragsicherheit besteht dann, wenn in der Ausweichrichtung des Stabes bei planmäßig mittigem Druck die Bedingung in Gleichung (II.69) erfüllt ist:

$$\frac{F}{\kappa F_{\text{pl}}} \leq 1 \qquad \text{(II.69)}$$

F	F_{pl}	κ
N	N	1

(Tragsicherheits-Hauptgleichung)

F Belastung (Normalkraft) in Richtung der Stabachse, F_{pl} Normalkraft im vollplastischen Zustand (Tafel II.16), κ Abminderungsfaktor (Abschnitt 3.6.2. Arbeitsplan, Teil e).

Eine Bemessung der Stabquerschnitte ist über den Tragsicherheitsnachweis nicht möglich, weil die Tragsicherheits-Hauptgleichung (II.69) keine direkte Bezugsgröße für einen Stabquerschnitt enthält. Man nimmt daher versuchsweise einen Stabquerschnitt an und ermittelt damit der Reihe nach die im folgenden Arbeitsplan unter 3.6.2. aufgeführten Größen. Ist am Ende die Bedingung $F/(\kappa F_{\text{pl}}) \leq 1$ nicht erfüllt ist, muss die Rechnung mit geänderten Annahmen wiederholt werden.

3.6.2. Arbeitsplan zum Tragsicherheitsnachweis

Gegeben: Querschnittsabmessungen (Profil), Werkstoff, Belastung F des Druckstabes
Gesucht: Tragsicherheitsnachweis

a) Ermittlung der Knicklänge s_K

$$s_K = \beta\, l \qquad \text{(II.70)}$$

s_K	β	l
mm	1	mm

β Knicklängenbeiwert nach Bild II.36, l Systemlänge des Stabes (siehe auch Bilder II.37 und II.38).

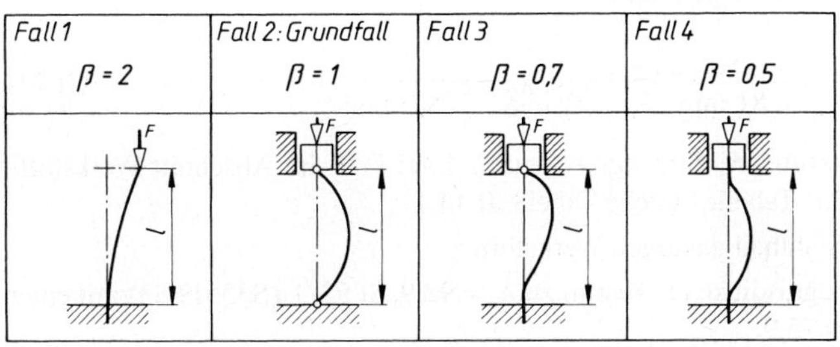

Bild II.36
Knicklängenbeiwerte β einfacher Stäbe mit konstantem Querschnitt

Für das Ausknicken in der Fachwerkebene ist die Systemlänge l der geschätzte Abstand der beiden Anschlussverbindungen an den Stabenden (Bild II.37). Für das Ausknicken rechtwinklig zur Fachwerkebene ist l der Abstand der Netzlinien (Bild II.38).

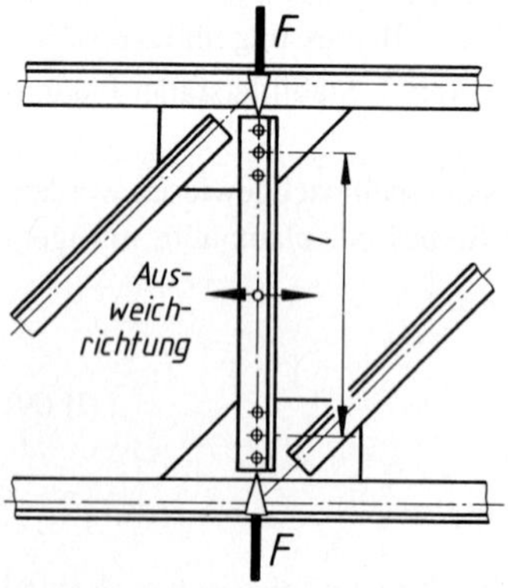

Bild II.37
Ausknicken in der Fachwerkebene

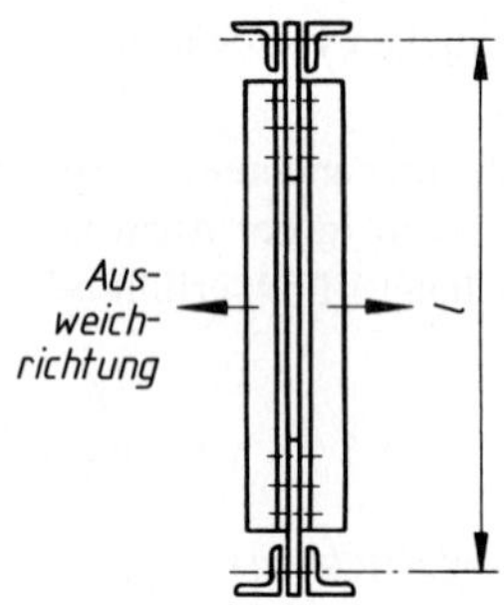

Bild II.38
Ausknicken senkrecht zur Fachwerkebene

b) Berechnung des Schlankheitsgrades λ_K

$$\lambda_K = \frac{s_K}{i}$$

λ_K	s_K	i
1	mm	mm

(II.71)

mit dem Trägheitsradius

$$i = \sqrt{\frac{I}{S}}$$

i	I	S
mm	mm^4	mm^2

(II.72)

s_K Knicklänge, i Trägheitsradius, I Flächenmoment 2. Grades, S Querschnittsfläche (i, I und S nach den Tafeln II.1., II.2., II.10. – II.12.).

c) Berechnung des bezogenen Schlankheitsgrades $\bar{\lambda}_K$

$$\bar{\lambda}_K = \frac{\lambda_K}{\lambda_a}$$

$\bar{\lambda}_K$	λ_K	λ_a
1	1	1

(II.73)

λ_K Schlankheitsgrad, λ_a Bezugsschlankheitsgrad

Der Bezugsschlankheitsgrad λ_a errechnet sich nach

$$\lambda_a = \pi \sqrt{\frac{E}{R_e}}$$

λ_a	E	R_e
1	N/mm^2	N/mm^2

(II.74)

E Elastizitätsmodul = 210 000 N/mm^2, R_e Streckgrenze nach Tafel IV.5. im Abschnitt Werkstofftechnik, auch in DIN 18 800, Teil 1, Tabelle1.(siehe Tabelle II.14.).

Danach ergibt sich λ_a für die im Stahlbau gängigen Werkstoffe:

RSt 37-2 (S235JR) mit einer Erzeugnisdicke $t \leq 40$ mm zu $\lambda_a = 92{,}9$, St 52-3 (S355J2G3) mit einer Erzeugnisdicke $t \leq 40$ mm zu $\lambda_a = 75{,}9$.

Die in Klammern stehenden Bezeichnungen sind die jetzt gültigen für Baustahl nach DIN EN 10025, siehe Abschnitt Werkstofftechnik Tafel IV.5.

d) Ermittlung einer Knickspannungslinie

Die Knickspannungslinie muss Tafel II.15. in Abhängig vom gewählten Stabquerschnitt entnommen werden.

e) Bestimmung des Abminderungsfaktors κ

Der Abminderungsfaktor κ für die Knickspannungslinien a, b, c und d wird mit den folgenden Formeln berechnet:

Bereich $\bar{\lambda}_K \leq 0,2$	Bereich $\bar{\lambda}_K > 0,2$	Bereich $\bar{\lambda}_K > 3,0$
$\kappa = 1$	$\kappa = \dfrac{1}{k + \sqrt{k^2 + \bar{\lambda}_K^2}}$ $k = 0,5\left[1 + \alpha(\bar{\lambda}_K - 0,2) + \bar{\lambda}_K^2\right]$	$\kappa = \dfrac{1}{\bar{\lambda}_K(\bar{\lambda}_K + \alpha)}$

Der Parameter α ist abhängig von den Knickspannungslinien:

Knickspannungslinie	a	b	c	d
α	0,21	0,34	0,49	0,76

f) Ermittlung der Normalkraft F_{pl}

F_{pl} ist diejenige Druckkraft, bei der im Werkstoff des Stabes vom Querschnitt S der vollplastische Zustand erreicht wird. Als Widerstandsgröße kann die Streckgrenze R_e oder die obere Streckgrenze R_{eH} eingesetzt werden:

$$F_{pl} = R_e S \qquad \text{(II.75)}$$

F_{pl}	R_e	S
N	N/mm²	mm²

g) Nachweis der Tragsicherheit

Zum Abschluss der Rechnung ist mit der Tragsicherheits-Hauptgleichung (II.69) $F/(\kappa F_{pl}) \leq 1$ die zulässige Querschnittswahl nachzuweisen oder es ist mit einem anderen Profil oder mit einem anderen Stabquerschnitt die Prüfung zu wiederholen.

- **Beispiel:** Ein planmäßig mittig gedrückter Stab nach Fall 2 (Bild II.36) mit der Systemlänge s_K = 1,50 m wird durch die Druckkraft F = 50 kN belastet.

  Querschnittsform: I-Träger IPE 80 nach DIN 1025 (Tafel II.11)
  Werkstoff: S235JR

Lösung: Knicklänge $s_K = \beta\, l$ mit $\beta = 1$ wird s_K = 1,50 m = 1500 mm

$$\text{Trägheitsradius } i = \sqrt{\frac{I_y}{S}} = \sqrt{\frac{8,49 \cdot 10^4 \text{ mm}^4}{764 \text{ mm}^2}} = 10,542 \text{ mm}$$

$$\text{Schlankheitsgrad } \lambda_K = \frac{s_K}{i} = \frac{1500 \text{ mm}}{10,542 \text{ mm}} = 142,288$$

bezogener Schlankheitsgrad $\bar{\lambda}_K = \dfrac{\lambda_K}{\lambda_a}$ mit $\lambda_a = 92{,}9$ für S235JR bei $t \leq 40$ mm

$$\bar{\lambda}_K = \frac{142{,}288}{92{,}9} = 1{,}532$$

$\dfrac{h}{b} = \dfrac{80\text{ mm}}{46\text{ mm}} = 1{,}74 > 1{,}2$ und $t = 5{,}2$ mm < 40 mm sowie Ausweichen rechtwinklig zur y-Achse ergibt nach Tafel II.15 die Knickspannungslinie b.

Abminderungsfaktor κ für $\bar{\lambda}_K = 1{,}532 > 0{,}2$:

$$k = 0{,}5 \cdot \left[\, 1 + \alpha\,(\bar{\lambda}_K - 0{,}2) + \bar{\lambda}_K^2 \,\right]$$

mit $\alpha = 0{,}34$ für Knickspannungslinie b

$$k = 0{,}5 \cdot \left[\, 1 + 0{,}34\,(1{,}532 - 0{,}2) + 1{,}532^2 \,\right]$$
$$k = 1{,}9$$

Abminderungsfaktor $\kappa = \dfrac{1}{k + \sqrt{k^2 - \bar{\lambda}_K^2}} = \dfrac{1}{1{,}9 + \sqrt{1{,}9^2 - 1{,}532^2}} = 0{,}331$

Normalkraft im plastischen Zustand nach Tafel II.16

$F_{pl} = 164$ kN

Tragsicherheit $\dfrac{F}{\kappa \cdot F_{pl}} = \dfrac{50\text{ kN}}{0{,}331 \cdot 164\text{ kN}} = 0{,}921$

Die Bedingung der Tragsicherheits-Hauptgleichung (II.69) ist erfüllt.

Tafel II.14 Festigkeitswerte für Walzstahl (Bau- und Feinkornbaustahl)

Werkstoff	Bezeichnung	Erzeugnisdicke t mm	Streckgrenze R_e N/mm²	Zugfestigkeit R_m N/mm²
Baustahl[1]	S235JR	$t \leq 40$	240	360
	S235JRG1 S235JRG2 S235JO	$40 < t \leq 80$	215	
Baustahl[1]	E295	$t \leq 40$	360	510
		$40 < t \leq 80$	325	
Feinkornbaustahl[1]	E355	$t \leq 40$	360	700
		$40 < t \leq 80$	325	

[1] Bezeichnungen für Baustähle siehe Abschnitt Werkstofftechnik, Tafel IV.5

Tafel II.15 Zuordnung der Profilquerschnitte zu den Knickspannungslinien

Querschnittsformen		Ausweichen rechtwinklig zur Achse	Knickspannungslinie
Gewalzte Doppel-T-Profile (siehe Tafel II.11.)	h/b > 1,2 und $t \leq 40$ mm	x y	a b
	h/b > 1,2 und $40 < t \leq 80$ mm h/b ≤ 1,2 und $t \leq 80$ mm	x y	b c
	$t > 80$ mm	x und y	d
U-, L-, T-Querschnitte (siehe Tafel II.10 und II.12)		x und y	c

Tafel II.16 Normalkraft $F_{pl} = R_e\, S$ in kN

Profil	S mm²	F_{pl} [1] kN	F_{pl} [2] kN	Profil	S mm²	F_{pl} [1] kN	F_{pl} [2] kN	Profil	S mm²	F_{pl} [1] kN	F_{pl} [2] kN
L 40 x 6	448	96	108	IPE 80	764	164	183	U 50	712	153	171
L 50 x 6	569	122	137	IPE 100	1000	215	240	U 80	1100	237	264
L 60 x 6	691	149	166	IPE 120	1320	284	317	U 100	1350	290	324
L 70 x 7	940	202	226	IPE 140	1640	353	394	U 140	2040	439	490
L 80 x 8	1230	264	295	IPE 160	2010	432	482	U 160	2400	516	576
L 80 x 10	1510	325	362	IPE 180	2390	514	574	U 180	2800	602	672
L 90 x 9	1550	333	372	IPE 200	2850	613	684	U 200	3220	692	773
L 100 x 10	1920	413	461	IPE 220	3340	718	802	U 220	3740	804	898
L 120 x 13	2970	639	713	IPE 240	3910	841	938	U 240	4230	909	1015
L 140 x 15	4000	860	960	IPE 270	4590	987	1102	U 260	4830	1038	1159
L 150 x 16	4570	983	1097	IPE 300	5380	1157	1291	U 280	5330	1146	1279
L 160 x 19	5750	1236	1380	IPE 360	7270	1563	1745	U 300	5880	1264	1411
L 180 x 18	6190	1331	1486	IPE 400	8450	1817	2028	U 350	7730	1662	1855
L 200 x 20	7640	1643	1834	IPE 500	11600	2492	2784	U 400	9150	1967	2196

[1] mit $R_e = 215$ N/mm² gerechnet, [2] mit $R_e = 240$ N/mm² gerechnet

3.6.3. Tragsicherheit mehrteiliger Knickstäbe

Auch mehrteilige aus Walzprofilen zusammengesetzte Stäbe können wie einteilige berechnet werden, wenn deren Querschnitte senkrecht zur Ausweichrichtung eine Stoffachse haben wie in Bild II.39.

Die Einzelprofile sind durch Nieten oder Schweißen so verbunden, dass der Stab als ein Bauglied

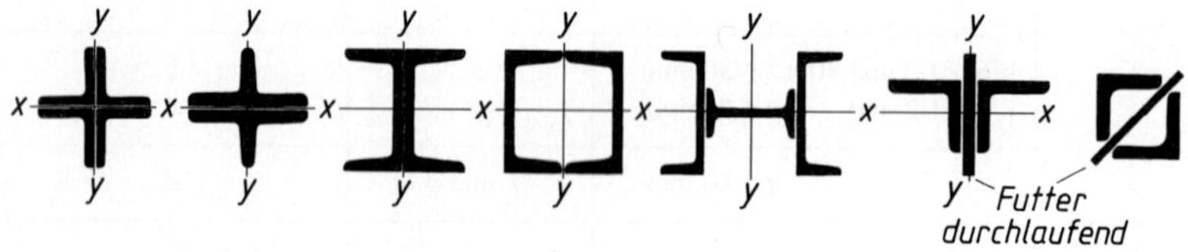

Bild II.39. Mehrteilige Stäbe mit zwei Stoffachsen x-x und y-y

angesehen werden kann.

Mehrteilige Querschnitte nach Bild II.40 mit einer Stoffachse x-x und einer stofffreien Achse y-y können senkrecht zur Stoffachse x-x wie einteilige Stäbe berechnet werden.

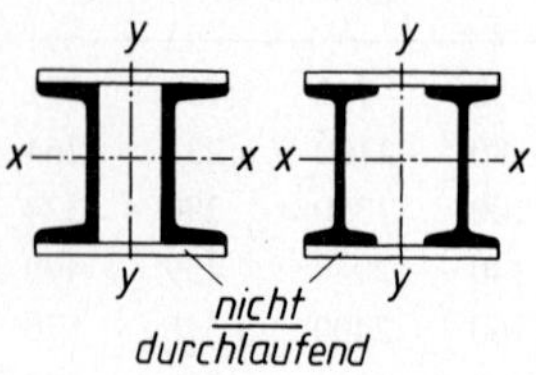

Bild II.40. Mehrteilige Querschnitte mit stofffreier Biegeachse y-y

In Ausweichrichtung senkrecht zur stofffreien Achse y-y gelten andere Rechenvorschriften nach DIN 18 800, Teil 2, Abschnitt 4.

Bild II.41. Günstigster Querschnitt für Knickstäbe

4. Abscheren

4.1. Spannung [1]

Die Belastung F wirkt abscherend auf den Stab, wenn sie senkrecht zur Achse wirkt und kein Moment in bezug auf den Querschnitt hat, d.h. wenn die Kraft-Wirklinie im Querschnitt liegt (Bild II.44). Im abgeschnittenen Teil ergibt die Untersuchung des Kräftegleichgewichtes die innere Querkraft $F_q = F$. Sie wirkt *in* der Schnittfläche, es treten also *Schub*spannungen τ auf. Diese sind *nicht* gleichmäßig über dem Querschnitt verteilt, weil jede Abscherbeanspruchung in der Praxis mit einer Biegung verbunden ist. Da die tatsächliche Spannungsverteilung und deren Größtwert mathematisch schwer erfaßbar sind, wird mit dem Mittelwert gerechnet:

$$\text{Abscherspannung } \tau_a = \frac{\text{Querkraft } F}{\text{Querschnittsfläche } S}$$

$$\tau_a = \frac{F}{S} \qquad \text{(II.80)}$$

τ_a	F	S
$\frac{\text{N}}{\text{mm}^2}$	N	mm^2

(*Abscher-Hauptgleichung*)

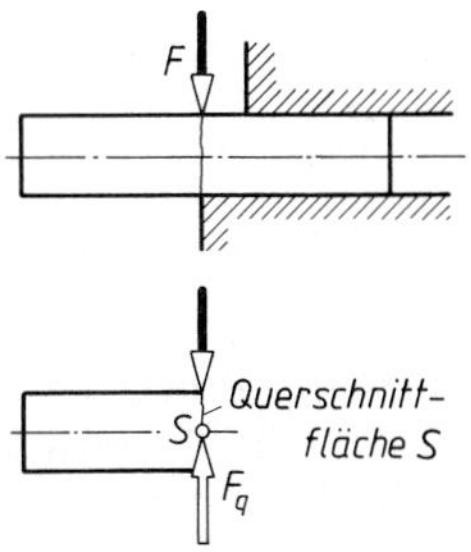

Bild II.44. Scherbeanspruchter Stab

Je nach vorliegender Aufgabe kann die Abscher-Hauptgleichung umgestellt werden zur Berechnung des *erforderlichen Querschnittes* (Querschnittsnachweis):

$$S_{erf} = \frac{F}{\tau_{a\,zul}} \qquad \text{(II.81)}$$

Berechnung der *vorhandenen Spannung* (Spannungsnachweis):

$$\tau_{a\,vorh} = \frac{F}{S} \qquad \text{(II.82)}$$

Berechnung der *maximal zulässigen Belastung* (Belastungsnachweis):

$$F_{max} = S\,\tau_{a\,zul} \qquad \text{(II.83)}$$

Die Abscher*festigkeit* von Stahl und Grauguß kann aus der Zugfestigkeit R_m bestimmt werden:

$$\begin{array}{ll} \text{für Flußstahl ist} & \tau_{aB} = 0{,}85\,R_m \\ \text{für GG ist} & \tau_{aB} = 1{,}1\;\;R_m \end{array} \qquad \text{(II.84)}$$

[1]) Rechentafel Seite 461

Niete und Bolzen werden nach obigen Gleichungen berechnet, obwohl in der Schnittfläche stets noch ein Biegemoment übertragen werden muß, wie die Untersuchung des Kräftegleichgewichtes am abgeschnittenen Bauteil beweist (Bild II.45). Die dadurch entstehende Unsicherheit wird durch ein geringeres τ_{azul} berücksichtigt. Niete werden außer auf Abscheren noch auf *Lochleibungsdruck* σ_l berechnet (siehe Flächenpressung).

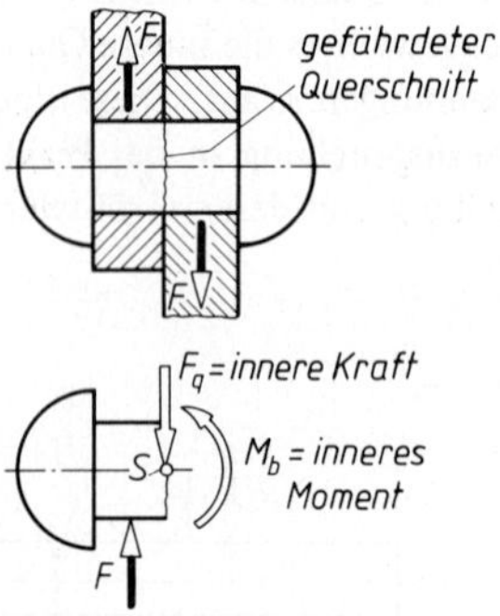

Bild II.45. Schnittuntersuchung am Niet

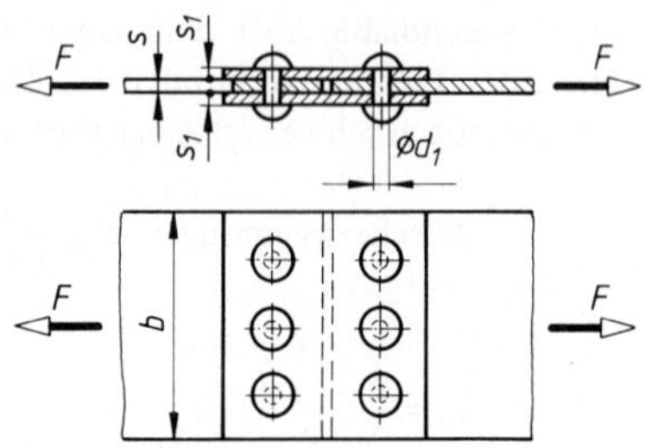

Bild II.46. Nietverbindung

■ **Beispiel:** Gesucht wird die Stanzkraft F zum Stanzen eines Loches von $d = 30$ mm Durchmesser in $s = 2$ mm dickes Stahlblech mit $\tau_{aB} = 310\ \text{N/mm}^2$.

Lösung: $F_{min} = \tau_{aB} S = \tau_{aB}\, \pi d s = 310 \dfrac{\text{N}}{\text{mm}^2} \cdot \pi \cdot 30\ \text{mm} \cdot 2\ \text{mm} = 58{,}4\ \text{kN}$

■ **Beispiel:** Die einreihige Doppellaschennietung ist zu berechnen (Bild II.46)

$$F = 120\ \text{kN}, \quad \sigma_{zul} = 140 \frac{\text{N}}{\text{mm}^2}, \quad \tau_{zul} = 110 \frac{\text{N}}{\text{mm}^2}, \quad \sigma_{l\,zul} = 280 \frac{\text{N}}{\text{mm}^2}$$

(zulässiger Lochleibungsdruck). Gewählt: $d_1 = 17$ mm, $s = 8$ mm, $s_1 = 6$ mm.

Lösung: Die erwartete (geschätzte) Schwächung des Stabprofils durch die Nietlöcher wird durch das *Verschwächungsverhältnis* $v = \dfrac{\text{Nutzquerschnitt } S_n}{\text{ungeschwächter Querschnitt } S}$ berücksichtigt. Hier wird $v = 0{,}75$ angenommen.

a) $$S_{erf} = \frac{F}{\sigma_{z\,zul}\, v} = \frac{120\,000\ \text{N}}{140 \dfrac{\text{N}}{\text{mm}^2} \cdot 0{,}75} = 1143\ \text{mm}^2$$

b) $$b_{erf} = \frac{S_{erf}}{s} = \frac{1143\ \text{mm}^2}{8\ \text{mm}} = 142{,}9\ \text{mm};$$ $b = 145$ mm ausgeführt (Normmaß)

c) $$n_{a\,erf} = \frac{F}{\tau_{a\,zul}\, m S_1} = \frac{120\,000\ \text{N}}{110 \dfrac{\text{N}}{\text{mm}^2} \cdot 2 \cdot 227\ \text{mm}^2} = 2{,}4;$$ also $n_a = 3$ Niete

d) $$n_{l\,erf} = \frac{F}{\sigma_{l\,zul}\, d_1 s} = \frac{120\,000\ \text{N}}{280 \dfrac{\text{N}}{\text{mm}^2} \cdot 17\ \text{mm} \cdot 8\ \text{mm}} = 3{,}14;$$ also $n_l = 4$ Niete

In den folgenden Rechnungen muß demnach $n = 4$ eingesetzt werden.

e) $\sigma_{z\,vorh} = \dfrac{F}{s(b - n d_1)} = \dfrac{120\,000\text{ N}}{8\text{ mm}(145 - 4\cdot 17)\text{ mm}} = 195\,\dfrac{\text{N}}{\text{mm}^2} > \sigma_{z\,zul} = 140\,\dfrac{\text{N}}{\text{mm}^2}$

f) $\tau_{a\,vorh} = \dfrac{F}{mnS_1} = \dfrac{120\,000\text{ N}}{2\cdot 4\cdot 227\,\dfrac{\text{N}}{\text{mm}^2}} = 66\,\dfrac{\text{N}}{\text{mm}^2} < \tau_{a\,zul} = 110\,\dfrac{\text{N}}{\text{mm}^2}$

g) $\sigma_{l\,vorh} = \dfrac{F}{n d_1 s} = \dfrac{120\,000\text{ N}}{4\cdot 17\text{ mm}\cdot 8\text{ mm}} = 221\,\dfrac{\text{N}}{\text{mm}^2} < \sigma_{l\,zul} = 240\,\dfrac{\text{N}}{\text{mm}^2}$

Beachte:

zu d) 4 Niete 17 ϕ würden eine größere Breite b erfordern (Nietabstände nach DIN 1050). Einfacher wäre es, die Niete je Seite zweireihig anzuordnen.

zu e) Die vorhandene Zugspannung ist größer als die zulässige. Bei der unter d) vorgeschlagenen Ausführung (zweireihige Nietung) ist der Lochabzug geringer und damit die vorhandene Zugspannung kleiner als die zulässige.

5. Torsion (Verdrehung)

5.1. Kreiszylinder mit gleichbleibendem Querschnitt [1])

5.1.1. Spannung. Der gerade zylindrische Stab in Bild II.47 ist einseitig eingespannt und wird durch das Drehmoment M belastet, dessen Ebene senkrecht zur Stabachse steht. Ein Schnitt senkrecht zur Stabachse zerlegt den Stab in die Teile I und II. Die statischen Gleichgewichtsbedingungen für einen Stababschnitt ergeben das innere Kräftesystem:

I. $\Sigma F_x = 0$; keine x-Kräfte vorhanden

II. $\Sigma F_y = 0$; keine y-Kräfte vorhanden

III. $\Sigma M_{(O)} = 0 = M - M_T$

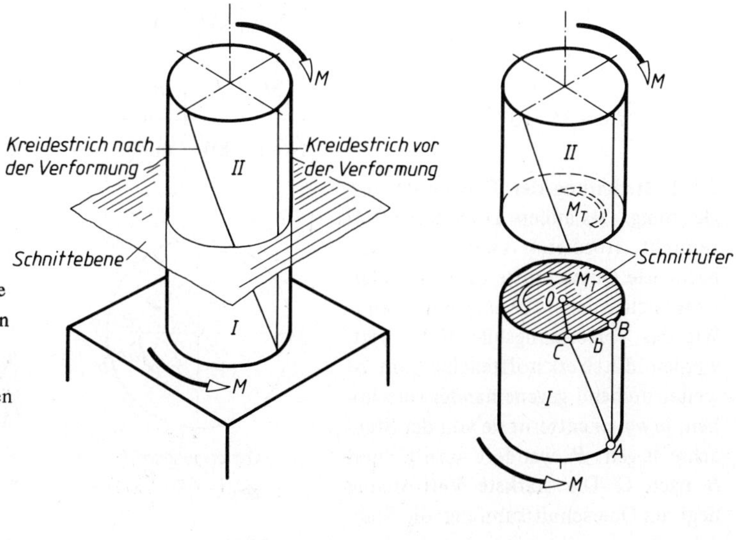

Bild II.47
Torsionsbeanspruchte Welle
M ist das durch die äußeren Kräfte hervorgerufene Außenmoment
M_T ist das durch die inneren Kräfte hervorgerufene Torsionsmoment

---

1) Rechentafel Seite 462

Die Momentengleichgewichtsbedingung (III.) zeigt, daß der Querschnitt ein *in* der Fläche liegendes Torsionsmoment $M_T = M$ zu übertragen hat. Es ist längs des Stabes an jeder Querschnittsstelle gleich groß (im Gegensatz zur Biegung). Die Mantelgerade AB ist daher zur Wendel AC geworden. Die auftretende Torsionsspannung τ_t ist nur vom Betrag des zu übertragenden Torsionsmomentes M_T und vom polaren Widerstandsmoment W_p des Querschnittes abhängig:

$$\text{Torsionsspannung } \tau_t = \frac{\text{Torsionsmoment } M_T}{\text{polares Widerstandsmoment } W_p}$$

$$\tau_t = \frac{M_T}{W_p} \qquad \text{(II.85)}$$

(*Torsions-Hauptgleichung*)

τ_t	M_T	W_p
$\frac{N}{mm^2}$	Nmm	mm^3

Je nach vorliegender Aufgabe kann die Torsions-Hauptgleichung umgestellt werden zur Berechnung des *erforderlichen Querschnittes* (Querschnittsnachweis):

$$W_{p\,erf} = \frac{M_T}{\tau_{t\,zul}} \qquad \text{(II.86)}$$

Berechnung der *vorhandenen Spannung* (Spannungsnachweis):

$$\tau_{t\,vorh} = \frac{M_T}{W_p} \qquad \text{(II.87)}$$

Berechnung der *maximal zulässigen Belastung* (Belastungsnachweis):

$$M_{T\,max} = W_p\,\tau_{t\,zul} \qquad \text{(II.88)}$$

Gleichungen zur Berechnung des polaren Widerstandsmomentes W_p siehe Tafel II.17.

Wichtige Zahlenwertgleichungen zur Berechnung des *Torsionsmomentes* $M_T = M$ in Nm und Nmm aus gegebener *Leistung* P in kW und gegebener *Drehzahl* n in U/min = 1/min = min^{-1}:

$$M = 9550\,\frac{P}{n} \qquad \text{(II.89)}$$

M	P	n
Nm	kW	min^{-1}

$$M = 9{,}55 \cdot 10^6\,\frac{P}{n} \qquad \text{(II.90)}$$

M	P	n
Nmm	kW	min^{-1}

5.1.2. Herleitung der Torsions-Hauptgleichung. Das äußere Drehmoment M verdreht (tordiert) zwei dicht benachbarte Querschnitte gegeneinander. Es entstehen daher *Schub*spannungen τ. Wie das Verformungsbild II.48 zeigt, werden die Werkstoffteilchen um so weiter drehend gegeneinander verschoben, je weiter entfernt sie von der Stabachse liegen: B' wandert nach C' und B nach C. Die stärkste Verformung liegt am Querschnittsumfang; die Stabachse dagegen ist unverformt.

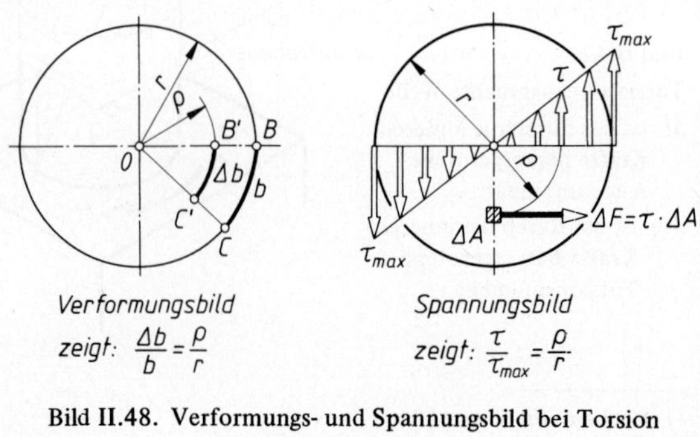

Bild II.48. Verformungs- und Spannungsbild bei Torsion

Da im elastischen Bereich nach Hooke die Verformung der Spannung proportional ist, muß ebenso wie die Verformung auch die Spannung mit den Abständen ρ von der Stabachse wachsen. Die Spannungen sind demnach wie bei der Biegung *linear* verteilt. Die Stabachse ist unverformt, also auch spannungslos.

Jedes Flächenteilchen ΔA überträgt die Querkraft $\Delta F = \tau \Delta A$ (*in* der Fläche liegend). In bezug auf die Stabachse überträgt jedes Flächenteilchen mit dem Abstand ρ das kleine Innenmoment $\Delta M_T = \Delta F \rho = \tau \Delta A \rho$.

Das Spannungsbild zeigt die Proportion: $\frac{\tau}{\tau_{max}} = \frac{\rho}{r}$; also auch $\tau = \tau_{max} \frac{\rho}{r}$.

Damit wird $\Delta M_T = \tau \Delta A \rho = \tau_{max} \frac{\rho}{r} \Delta A \rho = \frac{\tau_{max}}{r} \Delta A \rho^2$.

Nach den Gleichgewichtsbedingungen muß das gesamte Torsionsmoment M_T gleich der Summe aller kleinen Innenmomente sein, also

$$M_T = \Sigma \Delta M_T = \sum \frac{\tau_{max}}{r} \Delta A \rho^2 = \frac{\tau_{max}}{r} \Sigma \Delta A \rho^2$$

Der Summenausdruck $\Sigma \Delta A \rho^2$ wird als rein geometrische Rechengröße herausgezogen und als *polares Flächenmoment* I_p bezeichnet (siehe Flächen- und Widerstandsmomente). Wird außerdem die Randfaserspannung τ_{max} als Torsionsspannung τ_t bezeichnet, so ergibt sich die Hauptgleichung in der Form

$$M_T = \tau_t \frac{I_p}{r} \text{ und mit } \frac{I_p}{r} = \text{polares Widerstandsmoment } W_p\text{: } M_T = \tau_t W_p$$

5.1.3. Formänderung. Die Stirnflächen des torsionsbeanspruchten Stabes (Bild II.49) werden um den *Verdrehwinkel* φ gegeneinander verdreht.

Bei der elastischen Verformung gilt für alle Beanspruchungsarten das Hookesche Gesetz: $\sigma = \Delta l E / l$. Wird sinngemäß eingesetzt: Für die Normalspannung σ die Schubspannung τ, für die Formänderung Δl der Bogen b und für den Elastizitätsmodul E der Schubmodul G, so ergibt sich das Hookesche Gesetz für Torsion:

$$\tau_t = \frac{b}{l} G \qquad \text{(II.91)}$$

Zur rechnerischen Vereinfachung wird das Bogenstück $BC = b$ durch den Verdrehwinkel φ in Grad ausgedrückt. Zwischen beiden besteht die Beziehung

$$\frac{b}{2\pi r} = \frac{\varphi}{360°}; \quad \varphi = \frac{b\,360°}{2\pi r} = \frac{b}{r} \cdot \frac{180°}{\pi}$$

Wird die nach b aufgelöste Beziehung (II.91) in die letzte Gleichung für den Verdrehwinkel eingesetzt, so ergeben sich die *Torsions-Formänderungsgleichungen*:

$$\varphi = \frac{\tau_t l}{G r} \cdot \frac{180°}{\pi} \qquad \text{(II.92)}$$

$$\varphi = \frac{M_T l}{W_p r G} \cdot \frac{180°}{\pi} \qquad \text{(II.93)}$$

$$\varphi = \frac{M_T l}{I_p G} \cdot \frac{180°}{\pi} \qquad \text{(II.94)}$$

φ	τ_t, G	l, r	M_T	W_p	I_p
°	$\frac{N}{mm^2}$	mm	Nmm	mm^3	mm^4

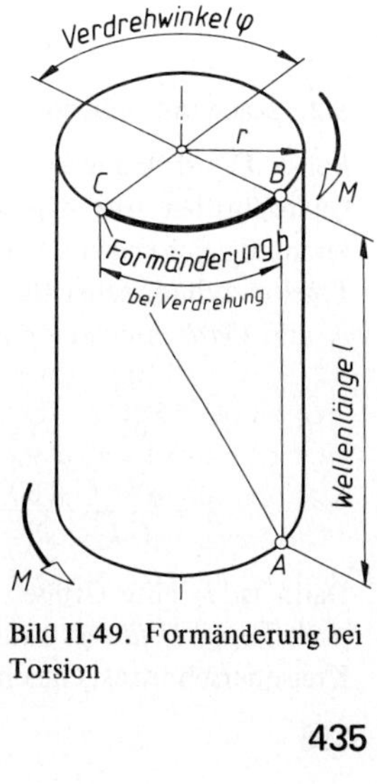

Bild II.49. Formänderung bei Torsion

Der *Schubmodul G* entspricht dem E-Modul bei Normalspannungen, siehe auch Tafel I.1. Für Stahl ist $G = 80\,000\ \mathrm{N/mm^2}$. Die obigen Gleichungen zeigen, daß der Verdrehwinkel *unabhängig* von der Werkstoffgüte ist, weil z.B. für alle Stahlsorten G gleich groß ist. Es wäre also falsch, besseren Stahl zu benutzen, um den Verdrehwinkel kleiner zu halten.

5.1.4. Formänderungsarbeit. Beim Verdrehen eines zylindrischen Stabes steigt das Torsionsmoment M_T von Null bis zu einem Höchstwert proportional zum Verdrehwinkel an. Die im Stab gespeicherte *Formänderungsarbeit W* entspricht im M_T, φ-Schaubild der Fläche unter der M_T-Linie (Bild II.50):

$$W = M_T \frac{\varphi}{2} \qquad (II.95)$$

W, M_T	φ
Nmm	rad = 1

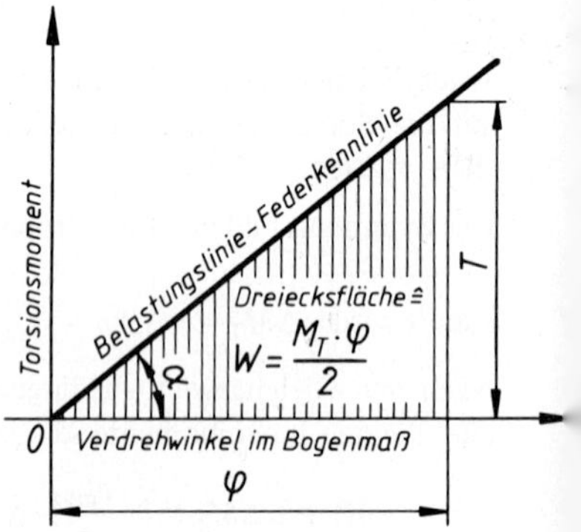

Bild II.50. Arbeitsdiagramm für Torsionsstabfeder

Torsionsstabfedern werden verwendet als Autofedern, Stabilisatoren im Fahrzeugbau, Drehmomentenschlüssel und im Meßgerätebau.

Die Neigung der Belastungslinie (= Federkennlinie) ist ein Maß für die „Härte" der Feder. Sie ist um so härter, je steiler die Kennlinie verläuft, d.h. je größer die *Federrate R* (Federsteifigkeit) ist:

$$R = \frac{M_T}{\varphi} \mathrel{\hat{=}} \tan\alpha \qquad (II.96)$$

R	M_T	φ
$\frac{\mathrm{Nmm}}{\mathrm{rad}}$	Nmm	rad = 1

Für zylindrische Stäbe mit *Kreisquerschnitt* gilt:

$$M_T = \tau_t W_p; \quad W_p = \frac{\pi d^3}{16} = \frac{\pi d^2}{4} \cdot \frac{d}{4} = A \frac{d}{4}; \quad \varphi = \frac{\tau_t l}{G \frac{d}{2}} \text{ und } \frac{\pi d^2}{4} l = \text{Volumen } V$$

Damit wird nach einigen Umformungen die *Formänderungsarbeit:*

$$W = M_T \frac{\varphi}{2} = \frac{\tau_t^2 V}{4G} \qquad (II.97)$$

W	τ_t, G	V
Nmm	$\frac{\mathrm{N}}{\mathrm{mm^2}}$	$\mathrm{mm^3}$

5.2. Stäbe mit beliebigem Querschnitt

Bei der Verdrehung zylindrischer Stäbe mit Kreisquerschnitt bleiben diese eben. Bei allen anderen Querschnitten tritt dagegen eine Verwölbung ein. Die mathematische Behandlung führt auf Differentialgleichungen (*A. Föppl, L. Prandtl* und *C. Weber*). In der Praxis wird in Anlehnung an die Torsion zylindrischer Stäbe mit Kreisquerschnitt mit folgenden Gleichungen für *Torsionsspannung* τ_t und *Verdrehwinkel* φ gerechnet:

$$\tau_t = \frac{M_T}{W_t} \qquad (II.98)$$

$$\varphi = \frac{M_T\, l}{G I_t} \cdot \frac{180°}{\pi} \qquad (II.99)$$

τ_t, G	M_T	W_t	I_t	l	φ
$\frac{\mathrm{N}}{\mathrm{mm^2}}$	Nmm	$\mathrm{mm^3}$	$\mathrm{mm^4}$	mm	°

Darin ist I_t eine Größe, die dem polaren Flächenmoment des Kreisquerschnittes entspricht und nach *Föppl Drillungswiderstand* genannt wird. W_t entspricht dem polaren Widerstandsmoment des Kreisquerschnittes. Gleichungen für W_t und I_t siehe Tafel II.17.

Tafel II.17. Widerstandsmoment W_p (W_t) und Flächenmoment I_p (Drillungswiderstand I_t)

Form des Querschnittes	Widerstandsmoment W_p (W_t)	Flächenmoment I_p Drillungswiderstand I_t	Bemerkungen
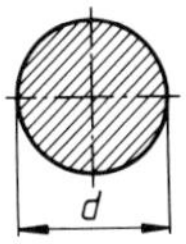 	$W_t = W_p = \frac{\pi}{16} d^3 \approx \frac{d^3}{5}$ $\approx 0{,}2\, d^3$	$I_t = I_p = \frac{\pi}{32} d^4 \approx \frac{d^4}{10}$ $\approx 0{,}1\, d^4$	τ_{max} am Umfang
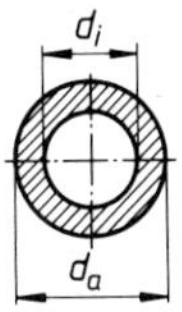 	$W_t = W_p = \frac{\pi}{16} \cdot \frac{d_a^4 - d_i^4}{d_a}$	$I_t = I_p = \frac{\pi}{32} (d_a^4 - d_i^4)$	τ_{max} am Umfang
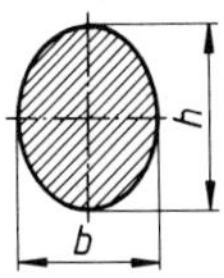 	$W_t = \frac{\pi}{16} n b^3$ $\frac{h}{b} = n > 1$	$I_t = \frac{\pi}{16} \cdot \frac{n^3 b^4}{n^2 + 1}$	τ_{max} an den Endpunkten der kleinen Achse
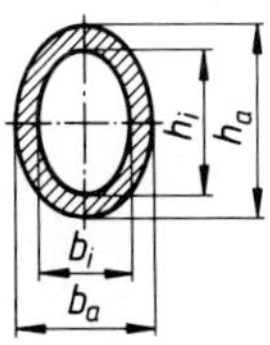 	$\frac{h_a}{b_a} = \frac{h_i}{b_i} = n > 1 \qquad \frac{h_i}{h_a} = \frac{b_i}{b_a} = \alpha < 1$ $I_t = \frac{\pi}{16} \cdot \frac{n^3}{n^2 + 1} \cdot b_a^4 (1 - \alpha^4)$ $W_t = \frac{\pi}{16} n b_a^3 (1 - \alpha^4)$		τ_{max} an den Endpunkten der kleinen Achse
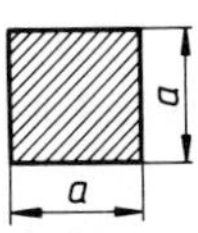 	$W_t = 0{,}208\, a^3$	$I_t = 0{,}141\, a^4$	τ_{max} in der Mitte der Seiten
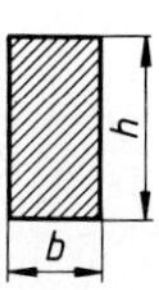 	$\frac{h}{b} = n > 1$ $W_t = c_1 b^3$	$I_t = c_2 b^4$	τ_{max} in der Mitte der langen Seiten

n	1	1,5	2	3	4	6	8	10
c_1	0,208	0,346	0,493	0,801	1,150	1,789	2,456	3,123
c_2	0,1404	0,2936	0,4572	0,7899	1,1232	1,789	2,456	3,123

Form des Querschnittes	Widerstandsmoment W_t	Drillungswiderstand I_t	Bemerkungen
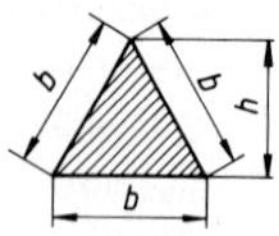	$W_t = 0{,}05\, b^3 = \dfrac{h^3}{13}$ $W_t = \dfrac{h^3}{13} = \dfrac{2\, I_t}{h}$	$I_t = \dfrac{h^4}{26}$ $I_t = \dfrac{b^4}{46{,}2}$	τ_{max} in der Mitte der Seiten
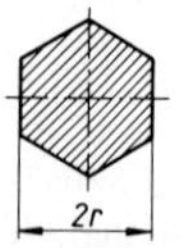	$W_t = 0{,}436\, r A$ $W_t = 1{,}511\, r^3$ A Querschnittsfläche	$I_t = 0{,}553\, r^2 A$ $I_t = 1{,}847\, r^4$	τ_{max} in der Mitte der Seiten
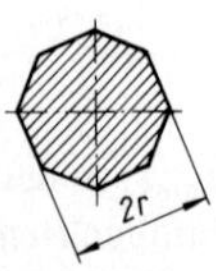	$W_t = 0{,}447\, r A$ $W_t = 1{,}481\, r^3$ A Querschnittsfläche	$I_t = 0{,}520\, r^2 A$ $I_t = 1{,}726\, r^4$	τ_{max} in der Mitte der Seiten
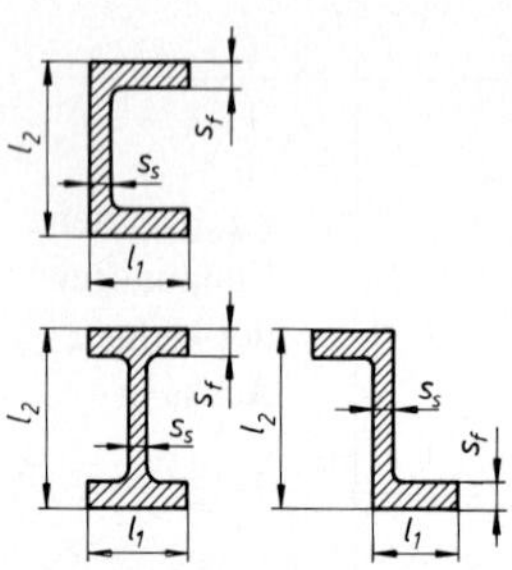	$W_t = \dfrac{1}{3} \cdot \dfrac{l_{t1}\, s_f^3 + l_{t2}\, s_s^3}{s_f}$ $W_t = \dfrac{I_t}{s_f}$ [ ] : $l_{t1} = 2 l_1 - s_f$ $l_{t2} = l_2 - 1{,}6\, s_f$ I : $l_{t1} = 2 l_1 - 1{,}26\, s_f$ $l_{t2} = l_2 - 1{,}67\, s_f + 1{,}76\, s_f$	$I_t = \dfrac{1}{3}\,(l_{t1}\, s_f^3 + l_{t2}\, s_s^3)$	τ_{max} in den langen Seiten der Flansche

■ **Beispiel:** Eine Getriebewelle überträgt eine Leistung von 12 kW bei 460 min^{-1}. Die zulässige Torsionsspannung beträgt wegen zusätzlicher Biegebeanspruchung nur 30 N/mm^2.

Berechne: a) das Drehmoment M an der Welle, b) das erforderliche Widerstandsmoment W_p, c) den erforderlichen Durchmesser d_{erf} einer Vollwelle, d) den erforderlichen Innendurchmesser d einer Hohlwelle, wenn der Außendurchmesser $D = 45$ mm ausgeführt wird, e) die Torsionsspannung an der Wellen-Innenwand!

Lösung: a) $M = 9550 \cdot \dfrac{P}{n}$

$$M = 9550 \cdot \frac{12}{460}\,\text{Nm} = 249{,}1\,\text{Nm}$$

b) $W_{p\,erf} = \dfrac{M_T}{\tau_{t\,zul}}$

$$W_{p\,erf} = \frac{249{,}1 \cdot 10^3\,\text{Nmm}}{30\,\dfrac{\text{N}}{\text{mm}^2}} = 8303\,\text{mm}^3$$

c) $W_p = \frac{\pi}{16} d^3$

$$d_{erf} = \sqrt[3]{\frac{16\, W_{p\,erf}}{\pi}} = \sqrt[3]{\frac{16}{\pi} \cdot 8303\ \text{mm}^3} = 34{,}8\ \text{mm}$$

$d = 35$ mm ausgeführt

Beachte: Soll nur der Wellendurchmesser d bestimmt werden, dann wird man b) und c) zusammenfassen und $d_{erf} = \sqrt[3]{\frac{16\, M_t}{\pi\, \tau_{t\,zul}}}$ berechnen.

d) $W_p = \frac{\pi}{16} \cdot \frac{D^4 - d^4}{D}$

Beachte: $W_{p\,erf}$ nach b) bleibt gleich groß, weil T und $\tau_{t\,zul}$ gleich bleiben.

$$\frac{16\, W_p\, D}{\pi} = D^4 - d^4$$

$$d_{erf} = \sqrt[4]{D^4 - \frac{16}{\pi} W_{p\,erf}\, D} = 38{,}5\ \text{mm (ausgeführt)}$$

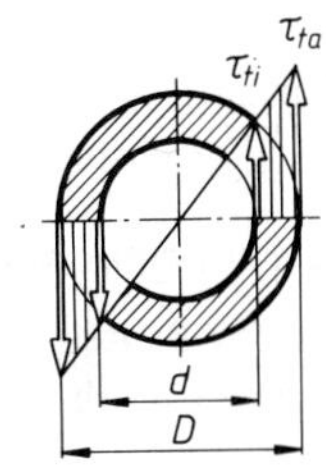

e) Strahlensatz:

$$\frac{\tau_{ta}}{\tau_{ti}} = \frac{D}{d}$$

$$\tau_{ti} = \tau_{ta} \frac{d}{D} = 30 \frac{\text{N}}{\text{mm}^2} \cdot \frac{38{,}5\ \text{mm}}{45\ \text{mm}} = 25{,}7 \frac{\text{N}}{\text{mm}^2}$$

Beachte: Mit $\tau_{ta} = \tau_{t\,zul}$ dürfen wir nur deshalb rechnen, weil wir den mit $\tau_{t\,zul} = 30$ N/mm² berechneten Innendurchmesser exakt so beibehalten haben. Hätten wir $d = 38$ mm (Normmaß) ausgeführt, dann hätten wir die Randfaserspannung $\tau_{ta} = \tau_{t\,vorh} = T/W_p$ mit dem neuen W_p berechnen müssen und erst damit τ_{ti} bestimmen können!

■ **Beispiel:** Ein Torsionsstab-Drehmomentenschlüssel soll bei einem Drehmoment von 50 Nm einen Verdrehwinkel von 10° anzeigen. Berechne a) den Durchmesser d des Torsionsstabes bei $\tau_{t\,zul} = 350$ N/mm², b) die erforderliche Stablänge l für den geforderten Verdrehwinkel!

Lösung: a) Aus $\tau_t = \frac{T}{W_p}$ ergibt sich mit $W_p = \frac{\pi}{16} d^3$

$$d_{erf} = \sqrt[3]{\frac{16\, T}{\pi\, \tau_{t\,zul}}} = \sqrt[3]{\frac{16 \cdot 50 \cdot 10^3\ \text{Nmm}}{\pi \cdot 350 \frac{\text{N}}{\text{mm}^2}}} \approx 9\ \text{mm}$$

$d = 9$ mm ausgeführt

b) Mit Gleichung (II.94) und $I_p = \frac{\pi}{32} d^4$ wird dann

$$l = \frac{\pi\, d^4\, G\, \varphi}{32 \cdot \frac{180°}{\pi} \cdot M_t} = \frac{\pi^2 \cdot 9^4\ \text{mm}^4 \cdot 8 \cdot 10^4 \frac{\text{N}}{\text{mm}^2} \cdot 10°}{32 \cdot 180° \cdot 50 \cdot 10^3\ \text{Nmm}}$$

$l = 180$ mm

■ **Beispiel:** Ein Kurbelarm mit Rechteckquerschnitt (20 × 40) mm² ist 250 mm lang und wird durch ein Torsionsmoment von 80 Nm beansprucht. Berechne a) die Torsionsspannung in der Mitte der langen Seiten, b) den Verdrehwinkel!

Lösung: a) Nach Tafel II.17 ist mit $n = \frac{h}{b} = 2$ der Wert $c_1 = 0{,}493$ und damit $W_t = c_1 b^3 = 3944\ \text{mm}^3$

$$\tau_{t\,max} = \frac{M_T}{W_t} = \frac{80\,000\ \text{Nmm}}{3944\ \text{mm}^3} = 20{,}3\ \frac{\text{N}}{\text{mm}^2}$$

$$\tau_t = c_3\,\tau_{t\,max} = 0{,}7952 \cdot 20{,}3\ \frac{\text{N}}{\text{mm}^2} = 16{,}1\ \frac{\text{N}}{\text{mm}^2}\ \text{in der Mitte der kurzen Seiten.}$$

b) $I_t = c_2 b^4 = 0{,}4572 \cdot 20^4\ \text{mm}^4 = 7{,}3 \cdot 10^4\ \text{mm}^4$ und damit nach (II.99)

$$\varphi = \frac{M_T\, l}{I_t\, G} \cdot \frac{180°}{\pi} = \frac{80\,000\ \text{Nmm} \cdot 250\ \text{mm}}{7{,}3 \cdot 10^4\ \text{mm}^4 \cdot 0{,}8 \cdot 10^5\ \frac{\text{N}}{\text{mm}^2}} \cdot \frac{180°}{\pi} = 0{,}196°$$

6. Flächenpressung

Die Beanspruchung der Berührungsflächen zweier gegeneinander gedrückter Bauteile heißt Flächenpressung oder Pressung (bei Nieten: Lochleibungsdruck).

6.1. Flächenpressung ebener Flächen

Wird ein Bauteil nach Bild II.51 durch eine schräge Kraft F auf seine Unterlage gepreßt, so ist die Flächenpressung

$$p = \frac{\text{Normalkraft } F_N}{\text{Berührungsfläche } A}$$

$$p = \frac{F_N}{A} \qquad \text{(II.100)}$$

p	F_N	A
$\frac{\text{N}}{\text{mm}^2}$	N	mm²

(*Flächenpressungs-Hauptgleichung*)

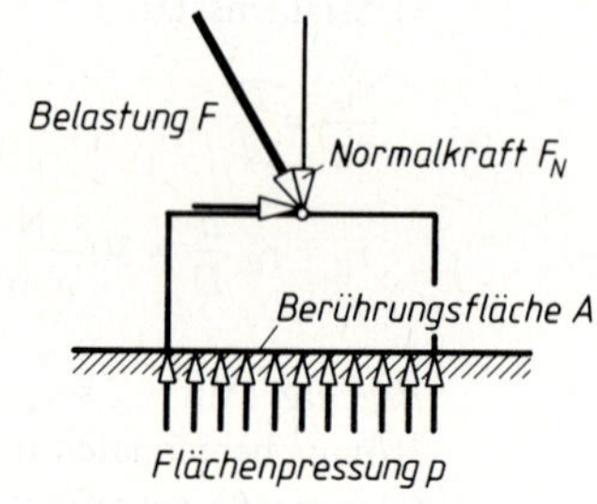

Bild II.51. Flächenpressung ebener Flächen

Die Flächenpressung p steht stets *senkrecht* auf der Berührungsfläche. Zur Berechnung muß deshalb auch die senkrecht auf der Fläche stehende *Normalkraft* F_N benutzt werden. Dazu ist exaktes Freimachen des betrachteten Bauteiles erforderlich (häufige Fehlerquelle!). Für die Keilführung in Bild II.52 z.B. zeigt das Krafteck die Normalkraft $F_N = F/\cos\alpha$, also *nicht* etwa $F_N = F \cdot \cos\alpha$, wie bei flüchtiger Betrachtung die „Zerlegung" von F liefert! Die Flächenpressung p wird für diesen Fall also:

$$p = \frac{F_N}{A} = \frac{F}{A\cos\alpha} = \frac{F}{A_{projiziert}}$$

Bild II.52
Flächenpressung geneigter Flächen

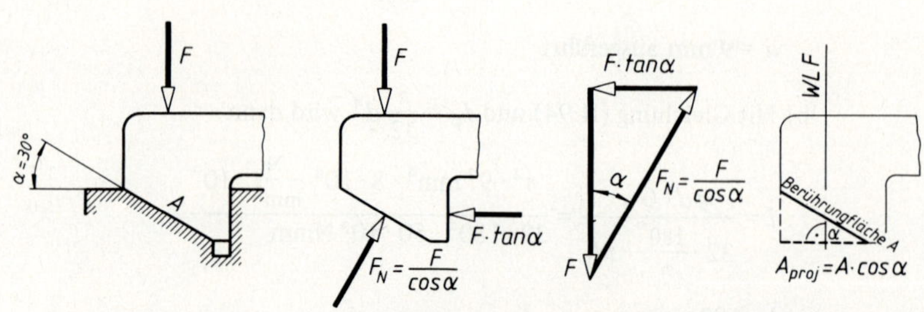

Im Nenner steht die *Projektion der Berührungsfläche in Richtung der Wirklinie der Belastung F.* Genauer: $A \cos\alpha$ ist die Projektion der Berührungsfläche auf die zur Wirklinie von F senkrechte Ebene. Man kommt dann bei geneigten Flächen ohne Umrechnung auf die Normalkraft aus: *Flächenpressung*

$$p = \frac{F}{A_{\text{proj}}} \qquad \text{(II.101)}$$

Damit lassen sich bequeme Berechnungsgleichungen für praktisch häufig vorkommende Fälle entwickeln, wie sie in Bild II.53 zusammengestellt sind.

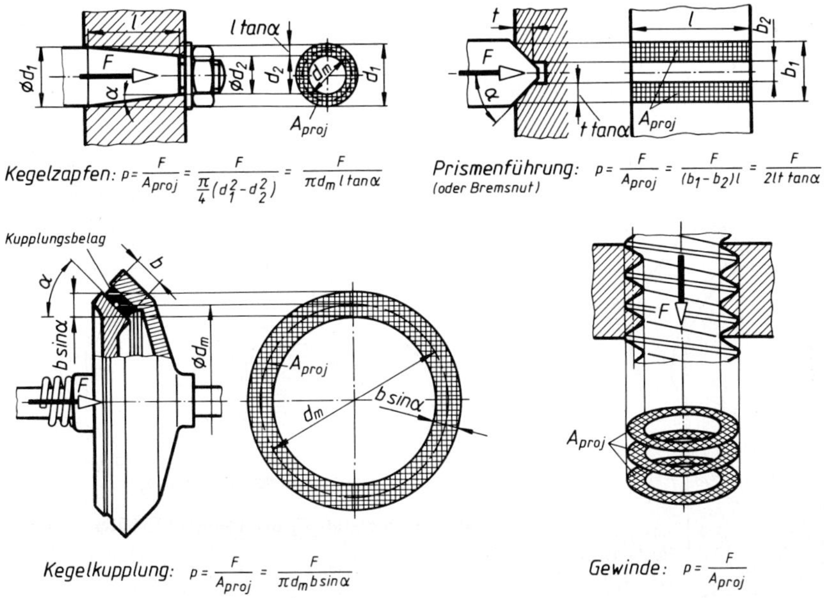

Bild II.53. Typische technische Beispiele für die Verwendung der Gleichung $p = \dfrac{F}{A_{\text{proj}}}$

6.1.1. Flächenpressung im Gewinde. Ein wichtiges Beispiel der Entwicklung einer Gleichung nach (II.101) ist die Berechnung der Flächenpressung in Bewegungsschrauben (meist mit Trapezgewinde nach DIN 103), wobei es häufig darum geht, die erforderliche *Mutterhöhe m* aus der zulässigen Pressung zu bestimmen. Mit $i = m/P$ tragenden Gängen und den Bezeichnungen aus Bild II.54 wird die projizierte Fläche aller Gewindegänge:

$$A_{\text{proj}} = \pi\, d_2\, H_1\, \frac{m}{P}$$

und daraus die *Flächenpressung im Gewinde*

$$p = \frac{F}{A_{\text{proj}}} = \frac{F\,P}{\pi\, d_2\, H_1\, m} \qquad \text{(II.102)}$$

m, P, d_2, H_1	F	p
mm	N	$\dfrac{\text{N}}{\text{mm}^2}$

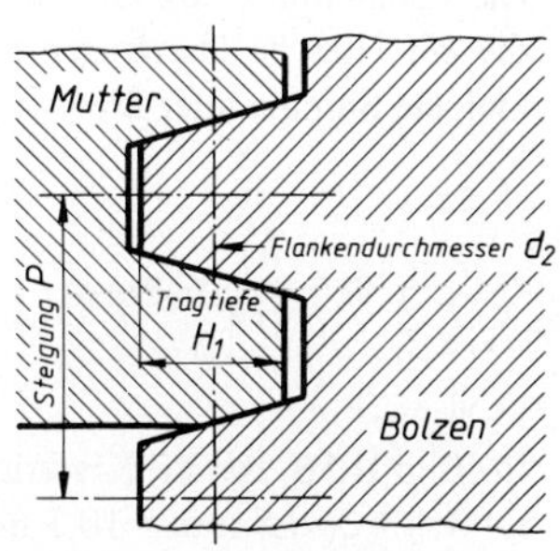

Bild II.54. Bezeichnungen am Trapezgewinde

Beachte: Die Rechnung ergibt eine *mittlere* Flächenpressung, weil im Gegensatz zu den tatsächlichen Verhältnissen eine *gleichmäßige* Kraftaufnahme der einzelnen Gewindegänge vorausgesetzt wurde. Bei metrischem Gewinde ist für t_2 das Maß t_1 einzusetzen, siehe Maschinenelemente.

6.2. Flächenpressung gewölbter Flächen

Schwieriger als bei ebenen Flächen sind die Pressungsverhältnisse an der Oberfläche der Lagerzapfen, Bolzen und Niete. Die Normalkräfte auf die Berührungsflächen sind hier statisch unbestimmt. Man denkt sich deshalb nach Bild II.55 einen Mittelwert p gleichmäßig über der Flächenprojektion verteilt und rechnet bei *Lagerzapfen* und *Bolzen* mit der *Flächenpressung*

$$p = \frac{F}{A_{\text{proj}}} = \frac{F}{d\,l} \qquad \text{(II.103)}$$

p	F	d, l
$\frac{\text{N}}{\text{mm}^2}$	N	mm

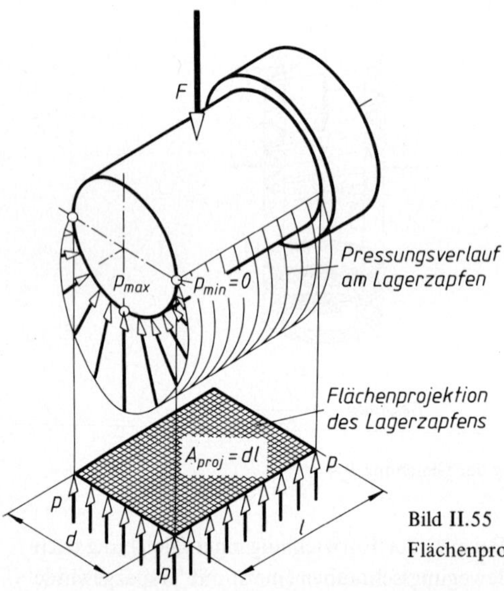

Bild II.55
Flächenprojektion eines Lagerzapfens

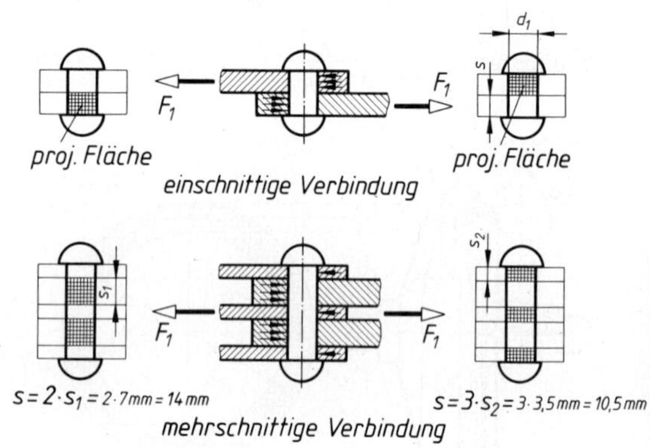

Bild II.56. Nietkraft F_1 und kleinste Blechdickensumme s

Die Flächenpressung am *Nietschaft* heißt *Lochleibungsdruck* σ_l. Er wird berechnet aus: F_1 Kraft, die *ein* Niet zu übertragen hat; d_1 Lochdurchmesser = Durchmesser des geschlagenen Nietes; s = kleinste Summe aller Blechdicken in *einer* Kraftrichtung (Bild II.56):

$$\sigma_l = \frac{F_1}{d_1\,s} \leqq \sigma_{l\,\text{zul}} \qquad \text{(II.104)}$$

σ_l	F_1	d_1, s
$\frac{\text{N}}{\text{mm}^2}$	N	mm

In Bild II.56 ist in Kraftrichtung rechts: $s = 2 s_1 = 2 \cdot 7$ mm = 14 mm; in Kraftrichtung links: $s = 3 s_2 = 3 \cdot 3{,}5$ mm = 10,5 mm. Es muß also mit s = 10,5 mm gerechnet werden, weil das die *kleinste* Blechdickensumme in einer Kraftrichtung ist und damit nach (II.104) den größten Lochleibungsdruck ergibt!

■ **Beispiel:** Für eine zugbeanspruchte Gewindespindel mit Tr 28 × 5 (Tafel VII.10) sind zu berechnen: a) die zulässige Höchstlast für $\sigma_{z\,zul} = 120\ \text{N/mm}^2$, b) die erforderliche Mutterhöhe m für $p_{zul} = 30\ \text{N/mm}^2$!

Lösung: a) $F_{max} = \sigma_{z\,zul} A_3$

$$F_{max} = 120 \frac{\text{N}}{\text{mm}^2} \cdot 398\ \text{mm}^2 = 47\,760\ \text{N}$$

b) $m_{erf} = \dfrac{F_{max}\, P}{\pi\, d_2\, H_1\, p_{zul}}$

$$m_{erf} = \frac{47\,760\ \text{N} \cdot 5\ \text{mm}}{\pi \cdot 25{,}5\ \text{mm} \cdot 2{,}5\ \text{mm} \cdot 30 \frac{\text{N}}{\text{mm}^2}} = 39{,}75\ \text{mm}$$

$m = 40$ mm ausgeführt

■ **Beispiel:** Ein Gleitlager (Bild II.57) wird durch die Radialkraft $F_r = 16$ kN und die Axialkraft $F_a = 7{,}5$ kN belastet. Das Bauverhältnis soll $l/d = 1{,}2$ sein. $p_{zul} = 6\ \text{N/mm}^2$. Gesucht: d, D, l!

Lösung: $p = \dfrac{F}{A_{proj}} = \dfrac{F}{d\,l} = \dfrac{F}{d \cdot 1{,}2\,d} = \dfrac{F}{1{,}2\,d^2}$

$$d_{erf} = \sqrt{\frac{F}{1{,}2\,p_{zul}}} = \sqrt{\frac{16\,000\ \text{N}}{1{,}2 \cdot 6 \frac{\text{N}}{\text{mm}^2}}} \approx 47{,}2\ \text{mm}$$

$d = 48$ mm ausgeführt, daher
$l = 1{,}2\,d = 1{,}2 \cdot 48\ \text{mm} = 57{,}6\ \text{mm}$
$l = 58$ mm ausgeführt

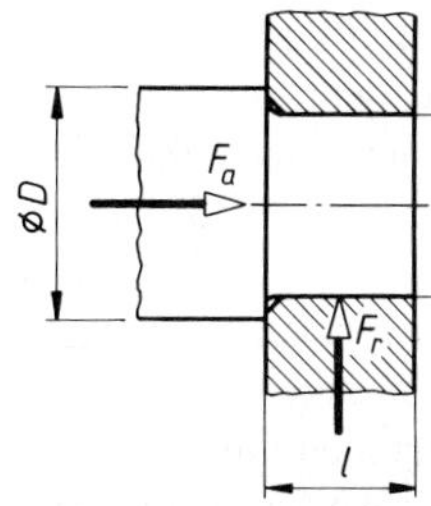

Bild II.57

$$D_{erf} = \sqrt{\frac{4\,F}{\pi\,p_{zul}} + d^2}$$

$$D_{erf} = \sqrt{\frac{4 \cdot 7500\ \text{N}}{\pi \cdot 6 \frac{\text{N}}{\text{mm}^2}} + 2304\ \text{mm}^2} = 62{,}4\ \text{mm}$$

$D = 63$ mm ausgeführt

III. Zusammengesetzte Beanspruchungen

Auch in einfachen praktischen Fällen treten häufig mehrere Beanspruchungsarten gleichzeitig auf. Sie können nur dann richtig erkannt werden, wenn das *Schnittverfahren* sicher beherrscht wird. Man unterscheidet gleichzeitiges Auftreten mehrerer Normalspannungen (1.), gleichzeitiges Auftreten mehrerer Schubspannungen (2.) und gleichzeitiges Auftreten von Normal- und Schubspannungen (3.).

1. Gleichzeitiges Auftreten mehrerer Normalspannungen

1.1. Zug und Biegung (auch exzentrischer Zug) [1]

Nach Bild III.1 ist an einem IPE-Träger (Tafel II.11) ein Blech von 14 mm Dicke angeschlossen, so daß sich durch die Zugkraft F ein einseitiger Kraftangriff und damit „exzentrischer Zug" ergibt. Nach dem Schnittverfahren wird das innere Kräftesystem für den Querschnitt A–B bestimmt. Der Ansatz der statischen Gleichgewichtsbedingungen legt die vom Querschnitt zu übertragenden Kräfte und Momente fest, und zwar:

eine senkrecht zum Schnitt stehende *Normalkraft* $F_N = F = 72{,}5\ \text{kN} = 72\,500\ \text{N}$. Sie ruft eine gleichmäßig über dem Querschnitt verteilte *Zug*spannung hervor:

$$\sigma_z = \frac{F}{S} = \frac{72\,500\ \text{N}}{1320\ \text{mm}^2} = 54{,}9\ \frac{\text{N}}{\text{mm}^2}$$

außerdem wirkt ein *Biegemoment* $M_b = Fa$; hervorgerufen durch das Kräftepaar; es erzeugt eine *Biege*spannung

$$\sigma_b = \frac{M_b}{W} = \frac{M_b e}{I} = \frac{Fae}{I} = \frac{72\,500\ \text{N} \cdot 67\ \text{mm} \cdot 60\ \text{mm}}{318 \cdot 10^4\ \text{mm}^4} = 91\ \frac{\text{N}}{\text{mm}^2}$$

Nach Bild III.1 erhält man aus dem Zugspannungsbild b) und dem Biegespannungsbild c) das Schaubild der resultierenden Spannung d). Die bei reiner Biegung durch den Schwerpunkt S der Fläche gehende Nullinie ist bei der zusammengesetzten Spannung um c nach links verschoben. Das Flächenmoment I ist stets auf die Schwerpunktsachse zu beziehen. Vor allem bei Walzprofilen sollte man stets die Biegespannung mit Hilfe des Flächenmomentes I berechnen, weil in den Profilstahltabellen nicht immer das direkt brauchbare Widerstandsmoment W enthalten ist.

Nach dem Spannungsbild d) ergibt die Addition der Einzelspannungen die *resultierende Gesamtspannung:*

$$\sigma_{res\,Zug} = \sigma_z + \sigma_{bz} = \frac{F}{S} + \frac{Fae}{I} \leqq \sigma_{z\,zul} \qquad \text{(III.1)}$$

$$\sigma_{res\,Druck} = \sigma_z - \sigma_{bd} = \frac{F}{S} - \frac{Fae}{I} \leqq \sigma_{d\,zul} \qquad \text{(III.2)}$$

Mit den berechneten Spannungen wird demnach:

$$\sigma_{res\,Zug} = (54{,}9 + 91)\ \frac{\text{N}}{\text{mm}^2} = 146\ \frac{\text{N}}{\text{mm}^2}$$

und

$$\sigma_{res\,Druck} = (54{,}9 - 91)\ \frac{\text{N}}{\text{mm}^2} = -36{,}1\ \frac{\text{N}}{\text{mm}^2}$$

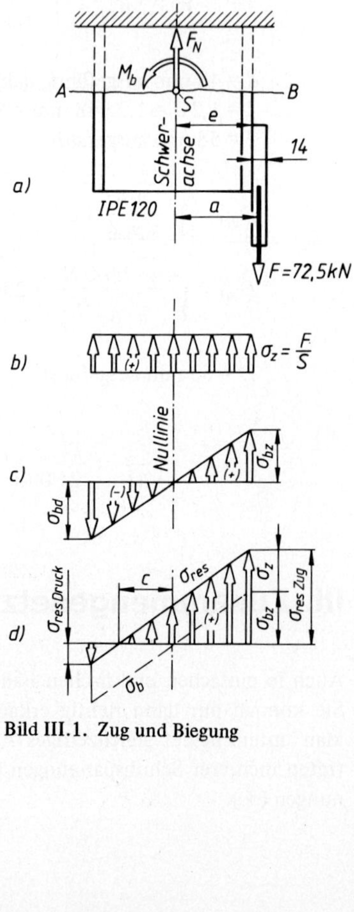

Bild III.1. Zug und Biegung

[1] Rechentafeln Seiten 458 und 459

Eine Beziehung zur Berechnung von c wird aus dem Spannungsbild III.1d) abgelesen:

$$\frac{c}{e} = \frac{\sigma_z}{\sigma_b}; \quad \text{also } c = e\frac{\sigma_z}{\sigma_b} = \frac{FIe}{AFae} = \frac{I}{Aa}$$

und mit Trägheitsradius $i = \sqrt{I/S}$ oder $I/S = i^2$:

$$c = \frac{i^2}{a}$$

c	i	a
mm	mm	mm

(III.3)

Solange $c = i^2/a < e$ ist, treten im Querschnitt Zug- und Druckspannungen auf, bei $c > e$ nur Zugspannungen.

Im Beispiel ist mit $i_x^2 = I_x/S = 318 \cdot 10^4\ \text{mm}^4/1320\ \text{mm}^2 = 2409\ \text{mm}^2$ und damit $c = 2409\ \text{mm}^2/60\ \text{mm} = 40{,}2\ \text{mm}$. Wie die Rechnung schon bewies, treten wegen $c < e$, d.h. 40,2 mm < 60 mm Zug- und Druckspannungen auf.

Für die Bemessung eines exzentrischen Zugstabes gelten die Gleichungen (III.1), (III.2).

■ **Beispiel:** Für die Schraubzwinge nach Bild III.2 sind zu berechnen: a) die höchste zulässige Klemmkraft F_{max}, wenn im eingezeichneten Querschnitt eine Zugspannung von 60 N/mm² und eine Druckspannung von 85 N/mm² nicht überschritten werden sollen; b) das zum Festklemmen mit F_{max} erforderliche Drehmoment M (ohne Reibung zwischen Klemmteller und Spindel; c) die erforderliche Handkraft F_h zum Festklemmen, wenn diese am Knebel im Abstand $r = 60$ mm von der Spindelachse angreift; e) die Knicksicherheit der Spindel, wenn die freie Knicklänge gleich 100 mm gesetzt wird! Spindelwerkstoff: St 50.

Lösung: Wie üblich bestimmen wir die Schwerpunktsabstände $e_1 = 9{,}2$ mm; $e_2 = 15{,}8$ mm und mit der Gleichung für das T-Profil das axiale Flächenmoment $I = \frac{1}{3}(Be_1^3 - bh^3 + ae_2^3) = 2{,}1 \cdot 10^4\ \text{mm}^4$. $S = 410\ \text{mm}^2$; $l = 65\ \text{mm} + e_1 = 74{,}2$ mm.

a) Wir müssen F_{max} mit den beiden Annahmen bestimmen (hier mit $\sigma_{z\,zul} \neq \sigma_{d\,zul}$!):

$$F_{max\,1} \leqq \frac{\sigma_{z\,zul}}{\dfrac{1}{S} + \dfrac{le_1}{I}}$$

$$F_{max\,1} \leqq \frac{60\,\dfrac{\text{N}}{\text{mm}^2}}{\left(\dfrac{1}{410} + \dfrac{74{,}2 \cdot 9{,}2}{21\,000}\right)\dfrac{1}{\text{mm}^2}} = 1717\ \text{N}$$

$$F_{max\,2} \leqq \frac{\sigma_{d\,zul}}{\dfrac{le_2}{I} - \dfrac{1}{S}}$$

$$F_{max\,2} \leqq \frac{85\,\dfrac{\text{N}}{\text{mm}^2}}{\left(\dfrac{74{,}2 \cdot 15{,}8}{21\,000} - \dfrac{1}{410}\ \dfrac{1}{\text{mm}^2}\right)} = 1592\ \text{N}$$

also ist $F_{max} = F_{max\,2} \leqq 1592$ N

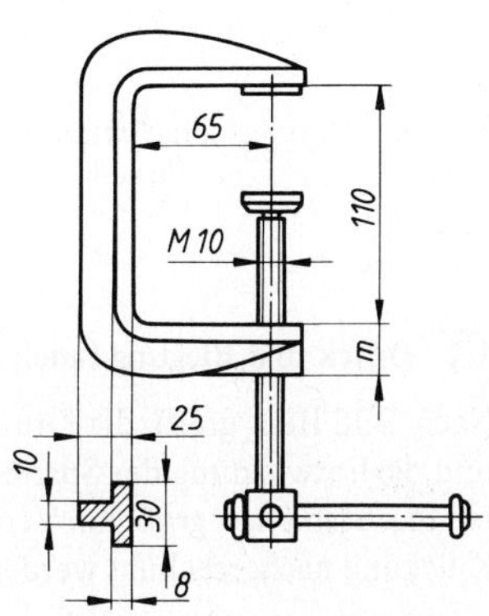

Bild III.2

b) $M_{RG} = F_{max}\, r_2 \tan(\alpha + \rho') = M$ (siehe Statik, 8.7.4)

$$r_2 = \frac{d_2}{2} = \frac{9{,}026 \text{ mm}}{2} = 4{,}513 \text{ mm}$$

$P = 1{,}5$ mm; $d_3 = 8{,}16$ mm; $H_1 = 0{,}812$ mm; $A_S = 58 \text{ mm}^2$

$$\tan\alpha = \frac{P}{2\pi r_2} = \frac{1{,}5 \text{ mm}}{2\pi \cdot 4{,}513 \text{ mm}} = 0{,}0529$$

$$\alpha^\circ = \frac{180^\circ}{\pi} \tan\alpha = 3{,}03^\circ$$

$$\tan\rho' = \mu' = 0{,}15; \quad \rho'^\circ = \frac{180^\circ}{\pi} \tan\rho' = 8{,}59^\circ$$

$$\tan(\alpha + \rho') = \tan 11{,}6^\circ = 0{,}2053$$

$$M_{RG} = M = 1592 \text{ N} \cdot 4{,}513 \text{ mm} \cdot 0{,}2053 = 1475 \text{ Nmm}$$

c) $M = F_h\, r$

$$F_h = \frac{M}{r} = \frac{1475 \text{ Nmm}}{60 \text{ mm}} = 24{,}6 \text{ N}$$

d) $m_{erf} = \dfrac{F_{max}\, P}{\pi\, d_2 H_1\, p_{zul}}$

$$m_{erf} = \frac{1592 \text{ N} \cdot 1{,}5 \text{ mm}}{\pi \cdot 9{,}026 \text{ mm} \cdot 0{,}812 \text{ mm} \cdot 3 \dfrac{\text{N}}{\text{mm}^2}} = 34{,}6 \text{ mm}$$

$m = 35$ mm ausgeführt

e) $\lambda = \dfrac{s}{i} = \dfrac{4s}{d_3} = \dfrac{400 \text{ mm}}{8{,}16 \text{ mm}} = 49 < \lambda_0 = 89$

also liegt unelastische Knickung vor (Tetmajerfall):

$$\sigma_K = 335 - 0{,}62\,\lambda$$

$$\sigma_K = 335 - 0{,}62 \cdot 49 = 304{,}6 \frac{\text{N}}{\text{mm}^2}$$

$$\sigma_{d\,vorh} = \frac{F_{max}}{A_S} = \frac{1592 \text{ N}}{58 \text{ mm}^2} = 27{,}4 \frac{\text{N}}{\text{mm}^2}$$

$$S_{vorh} = \frac{\sigma_K}{\sigma_{d\,vorh}} = \frac{304{,}6 \dfrac{\text{N}}{\text{mm}^2}}{27{,}4 \dfrac{\text{N}}{\text{mm}^2}} = 11$$

1.2. Druck und Biegung (auch exzentrischer Druck) [1]

Nach Bild III.3 greift die Druckkraft F außerhalb des Schwerpunktes S an. Die Schnittverfahren und die Entwicklung der Spannungsbilder ergibt die gleichen Gleichungen wie bei Zug und Biegung. Ist die Stablänge groß im Verhältnis zum Querschnitt, d.h. ist der Stab schlank, dann muß auf Knickung nachgerechnet werden.

[1] Rechentafeln Seiten 458 und 459

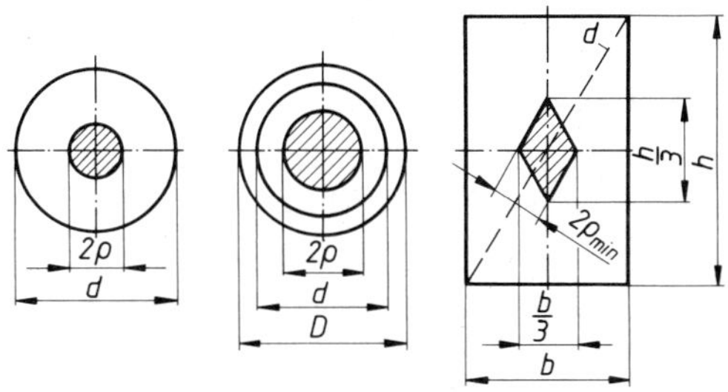

Bild III.4. Kernweite ρ und Querschnittskern (schraffierte Fläche) für Kreis, Kreisring und Rechteck

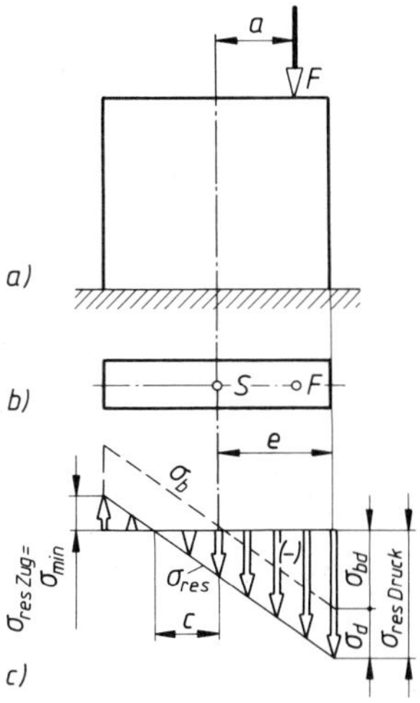

Bild III.3. Druck und Biegung

Querschnitte von Druckstäben aus z.B. Mauerwerk, stahlfreier Beton, Erdreich dürfen nur auf Druck beansprucht werden, weil ihre Zugfestigkeit zu klein ist. Das resultierende Spannungsbild darf also nur Druckspannungen zeigen, d.h. es muß nach Bild III.3 im Grenzfall auf der der Kraft F abgewandten Seite $\sigma_{\text{res Zug}} = 0$ werden. Sind F, I, S und e konstant, so ist nur die Größe von a dafür bestimmend, ob $\sigma_{\min}$ positiv (Zugspannung), negativ (Druckspannung) oder Null wird. Derjenige Grenzwert von a, bis zu dem der Angriffspunkt von F auswandern darf, ohne daß es zu Zugspannungen im Querschnitt kommt, heißt *Kernweite* ρ. Die Kernweite ρ ergibt sich aus

$$\frac{F\rho e}{I} - \frac{F}{S} = 0 \quad \text{zu}$$

$$\rho = \frac{I}{Se} = \frac{i^2}{e} = \frac{W}{S} \qquad ; W \text{ Widerstandsmoment} \tag{III.4}$$

wenn F auf einer Hauptachse angreift. Die von der Kernweite ρ begrenzte Fläche heißt *Querschnittskern*. Solange die Druckkraft F innerhalb dieser Fläche angreift, treten im Querschnitt nur Druckspannungen σ_d auf. In Bild III.3c) treten schon geringe Zugspannungen auf, d.h. die Kraft F ist schon über den Kernquerschnitt hinausgetreten ($a > \rho$ geworden). Nach (III.4) wurden die Kernweiten für Kreis, Kreisring und Rechteck berechnet und in Bild III.4 dargestellt.

Berechnung der *Kernweite* ρ zu den Querschnittsflächen in Bild III.4:

$$\textit{Kreis:} \quad \rho = \frac{W}{S} = \frac{\pi d^3 4}{32 \pi d^2} = \frac{d}{8} \tag{III.5}$$

$$\textit{Kreisring:} \quad \rho = \frac{W}{S} = \frac{D}{8}\left[1 + \left(\frac{d}{D}\right)^2\right] \tag{III.6}$$

$$\textit{Rechteck:} \quad \rho_1 = \frac{W_1}{S} = \frac{b h^2}{6 b h} = \frac{h}{6}; \quad \rho_2 = \frac{W_2}{S} = \frac{h b^2}{6 h b} = \frac{b}{6} \tag{III.7}$$

Mit d als Diagonale wird die kleinste Kernweite

$$\rho_{\min} = \frac{b h}{6\sqrt{b^2 + h^2}} = \frac{b h}{6 d} \tag{III.8}$$

2. Gleichzeitiges Auftreten mehrerer Schubspannungen

2.1. Torsion und Abscheren

Nach Bild III.5 greift am Umfang eines *kurzen* geraden Stabes mit Kreisquerschnitt eine Kraft F an. Nach dem Schnittverfahren hat jeder Schnitt zu übertragen (ohne Biegung!):

eine *in* der Fläche liegende *Querkraft* $F_q = F$; sie ruft *Abscherspannungen* $\tau_a = F/S$ hervor; genauer (für Kreisquerschnitt) Schubspannungen

$$\tau_s = \frac{4F}{3S} = \frac{16\,F}{3\pi d^2}\text{, ohne Herleitung.}$$

Außerdem ein *Torsionsmoment* $M_T = Fr$; es ruft *Torsionsspannungen*

$$\tau_t = \frac{M_T}{W_p} = \frac{16\,M_T}{\pi\, d^3} = \frac{8\,F}{\pi\, d^2} \text{ hervor.}$$

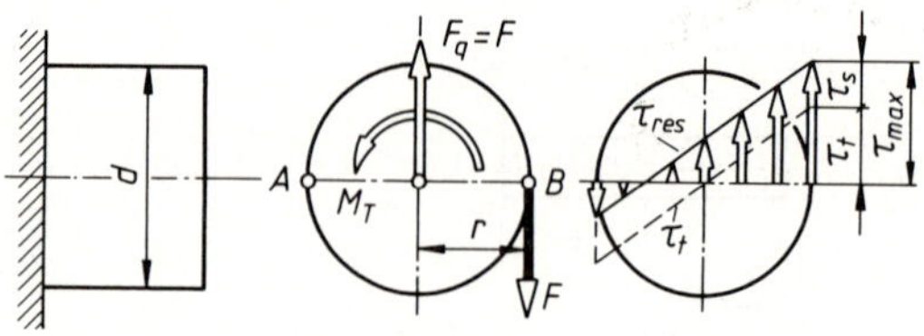

Bild III.5. Torsion und Abscheren

In den Umfangspunkten B tritt die größte resultierende Beanspruchung auf:

$$\tau_{max} = \tau_s + \tau_t = \frac{16\,F}{3\pi\, d^2} + \frac{8\,F}{\pi\, d^2} = \frac{40\,F}{3\pi\, d^2} \approx 4{,}24\,\frac{F}{d^2}$$

3. Gleichzeitiges Auftreten von Normal- und Schubspannungen

3.1. Vergleichsspannung (reduzierte Spannung)

Die auftretenden Normal- und Schubspannungen lassen sich nicht so einfach algebraisch oder geometrisch addieren wie in 1. und 2. Es wird deshalb eine sogenannte Vergleichsspannung σ_v eingeführt, die mit Hilfe von Gleichungen berechnet werden kann, die wiederum aus den verschiedenen *Bruchhypothesen* entwickelt wurden. Praktische Bedeutung haben gewonnen: die *Dehnungshypothese*, die *Schubspannungshypothese* und die *Hypothese der größten Gestaltänderungsenergie*. Die *Dehnungshypothese* (von *C. Bach*) liefert die *Vergleichsspannung*

$$\sigma_v = 0{,}35\,\sigma + 0{,}65\,\sqrt{\sigma^2 + 4\,\tau^2} \qquad \text{(III.9)}$$

Diese Hypothese wurde durch Versuche *nicht* bestätigt, ist aber trotzdem noch verbreitet.

Die Schubspannungshypothese von *Mohr* liefert die *Vergleichsspannung*

$$\sigma_v = \sqrt{\sigma^2 + 4\,\tau^2} \qquad \text{(III.10)}$$

Diese Hypothese paßt sich den verschiedenen Werkstoffen gut an und wurde durch Versuche von *Guest, v. Kármán, Böcker* und *M. ten Bosch* bestätigt.

Die Hypothese der größten *Gestaltänderungsenergie* liefert die *Vergleichsspannung*

$$\sigma_v = \sqrt{\sigma^2 + 3\,\tau^2} \qquad \text{(III.11)}$$

Diese Hypothese stimmt gut mit Versuchen überein und setzt sich allgemein durch.

Die drei Gleichungen gelten nur, wenn σ und τ durch den gleichen Belastungsfall entstehen, also beide durch schwellende oder beide durch wechselnde Belastung hervorgerufen werden. Sind die Belastungsfälle für σ und τ verschieden, so ist mit dem *Anstrengungsverhältnis*

$$\alpha_0 = \frac{\sigma_{zul}}{\varphi\,\tau_{zul}} \tag{III.12}$$

zu rechnen. Die Werte für φ sind für die einzelnen Hypothesen verschieden. Es gilt dann für die *Vergleichsspannung:*

nach *Bach*:

$$\sigma_v = 0{,}35\,\sigma + 0{,}65\sqrt{\sigma^2 + 4\,(\alpha_0\tau)^2}; \quad \alpha_0 = \frac{\sigma_{zul}}{1{,}3\,\tau_{zul}} \tag{III.13}$$

nach *Mohr*:

$$\sigma_v = \sqrt{\sigma^2 + 4\,(\alpha_0\,\tau)^2}; \quad \alpha_0 = \frac{\sigma_{zul}}{2\,\tau_{zul}} \tag{III.14}$$

nach der *größten Gestaltänderungsenergie*:

$$\sigma_v = \sqrt{\sigma^2 + 3\,(\alpha_0\,\tau)^2}; \quad \alpha_0 = \frac{\sigma_{zul}}{1{,}73\,\tau_{zul}} \tag{III.15}$$

Für die Bemessung der Querschnitte muß $\sigma_v \leqq \sigma_{zul}$ sein.

3.2. Die einzelnen Beanspruchungsfälle

3.2.1. Zug (Druck) und Torsion. Das innere Kräftesystem besteht aus einer senkrecht zum Querschnitt stehenden Normalkraft F_N und aus einem *im* Querschnitt liegenden Torsionsmoment M_T. F_N erzeugt eine Normalspannung $\sigma = \pm\, F_N/S$; M_T erzeugt eine Torsionsspannung $\tau_t = M_T/W_p$ bzw. $\tau_t = M_T/W_t$.

Beide Spannungen werden zur Vergleichsspannung σ_v zusammengesetzt.

3.2.2. Zug (Druck) und Schub (Abscheren). Das innere Kräftesystem besteht aus einer senkrecht zum Querschnitt stehenden Normalkraft F_N und aus einer *im* Querschnitt liegenden Querkraft F_q. F_N erzeugt eine Normalspannung $\sigma = \pm\, F_N/S$; F_q erzeugt eine Schubspannung $\tau = F_q/S$ (Abscherspannung). Beide Spannungen werden zur Vergleichsspannung σ_v zusammengesetzt.

3.2.3. Biegung und Torsion. Das innere Kräftesystem besteht aus einem Biegemoment M_b und aus einem Torsionsmoment M_T. Die größte Bedeutung hat dieser Beanspruchungsfall für den *Kreisquerschnitt* (Wellen). Setzt man in die obigen Gleichungen der Vergleichsspannung für $\sigma_b = M_b/W$ und für $\tau_t = M_T/W_p$ ein und beachtet man, daß für den Kreisquerschnitt $W_p = 2\,W$ ist, so ergeben sich die folgenden Gleichungen:

$$\sigma_{Bach} = 0{,}35\,\frac{M_b}{W} + 0{,}65\sqrt{\left(\frac{M_b}{W}\right)^2 + \left(\alpha_0\,\frac{M_T}{W}\right)^2} \tag{III.16}$$

$$\sigma_{Mohr} = \sqrt{\left(\frac{M_b}{W}\right)^2 + \left(\alpha_0\,\frac{M_T}{W}\right)^2} \tag{III.17}$$

$$\sigma_{Gestalt} = \sqrt{\left(\frac{M_b}{W}\right)^2 + 0{,}75\left(\alpha_0\,\frac{M_T}{W}\right)^2} \tag{III.18}$$

Das Widerstandsmoment W läßt sich vor die Wurzel und dann als Faktor auf die linke Gleichungsseite bringen. Der dort entstehende Ausdruck $\sigma_v W$ heißt *Vergleichsmoment* M_v (entsprechend $M_b = \sigma_b W$ = Biegemoment).

Nach der Hypothese der größten Gestaltänderungsenergie ergibt sich mit Gleichung (III.18) die Beziehung für das *Vergleichsmoment:*

$$M_v = \sqrt{M_b^2 + 0{,}75\,(\alpha_0\, M_T)^2} \qquad \text{(III.19)}$$

Aus bekanntem Biegemoment M_b und Torsionsmoment M_T läßt sich damit das Vergleichsmoment M_v berechnen.

Für das *Anstrengungsverhältnis* α_0 kann man bei Wellen aus Stahl setzen:

$\alpha_0 = 1$ wenn σ_b und τ_b im gleichen Belastungsfall wirken,
$\alpha_0 = 0{,}7$ wenn σ_b wechselnd (Belastungsfall III) und τ_t schwellend (Belastungsfall II) wirkt (Hauptfall bei Wellen).

Damit ist die erste Voraussetzung zur Bestimmung des *Wellendurchmessers d* gegeben, wenn mit M_v weitergerechnet wird (Rechentafel Seite 459):

$$d = \sqrt[3]{\frac{M_v}{0{,}1\,\sigma_{b\,zul}}} \qquad \text{(III.20)}$$

d	M_v	$\sigma_{b\,zuL}$
mm	Nmm	$\frac{N}{mm^2}$

Auch für den *Kreisringquerschnitt* gelten die obigen Gleichungen, wenn für

$$W = \frac{\pi}{32} \cdot \frac{d_a^4 - d_i^4}{d_a} \quad \text{eingesetzt wird.}$$

■ **Beispiel:** Die Welle 1 mit Kreisquerschnitt (Bild III.6) wird durch die Kraft $F = 800$ N über einen Hebel 2 mit Rechteckquerschnitt auf Biegung und Torsion beansprucht. Maße: $l_1 = 280$ mm, $l_2 = 200$ mm, $l_3 = 170$ mm, $d = 30$ mm. Berechne: a) die Querschnittsmaße b und h für ein Verhältnis $h/b = 4$ und $\sigma_{zul} = 100\ \text{N/mm}^2$, b) die größte Biegespannung in der Schnittebene A–B der Welle 1, c) die Torsionsspannung, d) die Vergleichsspannung!

Lösung: a) $\sigma_b = \dfrac{M_b}{W} = \dfrac{M_b}{\dfrac{b\,h^2}{6}} = \dfrac{M_b}{\dfrac{h\,b^2}{4\cdot 6}} = \dfrac{24\,M_b}{h^3}$

$$h_{erf} = \sqrt[3]{\frac{24\,M_b}{\sigma_{b\,zul}}} = \sqrt[3]{\frac{24\cdot 800\ \text{N}\cdot 170\ \text{mm}}{100\ \dfrac{\text{N}}{\text{mm}^2}}} = 32\ \text{mm}$$

gewählt ▭ 32 X 8

$$\text{b)}\ \sigma_{b\,vorh} = \frac{M_b}{\dfrac{\pi}{32}d^3} = \frac{32\cdot 800\ \text{N}\cdot 280\ \text{mm}}{\pi\,(30\ \text{mm})^3} = 84{,}5\ \frac{\text{N}}{\text{mm}^2}$$

$$\text{c)}\ \tau_{t\,vorh} = \frac{M_T}{\dfrac{\pi}{16}d^3} = \frac{16\cdot 800\ \text{N}\cdot 200\ \text{mm}}{\pi\,(30\ \text{mm})^3} = 30{,}2\ \frac{\text{N}}{\text{mm}^2}$$

$$\text{d)}\ \sigma_v = \sqrt{\sigma_b^2 + 3\,(\alpha_0\,\tau_t)^2} = 92{,}1\ \frac{\text{N}}{\text{mm}^2}$$

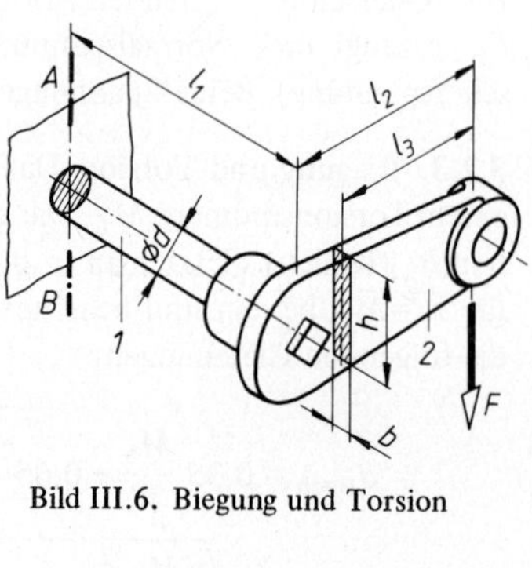

Bild III.6. Biegung und Torsion

■ **Beispiel:** Eine Welle trägt nach Bild III.7 fliegend das Haspelrad eines Flaschenzuges. Die Handkraft soll $F = 500$ N betragen. Berechne a) das die Welle belastende Drehmomente infolge der Handkraftwirkung, b) das maximale Biegemoment, c) das Vergleichsmoment, d) den Wellendurchmesser für $\sigma_{zul} = 80$ N/mm².

Lösung: a) $M = Fr = 500 \text{ N} \cdot 0{,}12 \text{ m} = 60 \text{ Nm}$

c) $M_v = \sqrt{M_b^2 + 0{,}75\,(\alpha_0\, M_T)^2}$

c) $M_v = \sqrt{M_b^2 + 0{,}75\,(\alpha_0\, T)^2}$

$M_v = \sqrt{(22{,}5 \text{ Nm})^2 + 0{,}75\,(0{,}7 \cdot 60 \text{ Nm})^2} = 43 \text{ Nm}$

d) $d_{erf} = \sqrt[3]{\dfrac{M_v}{0{,}1\,\sigma_{b\,zul}}} = \sqrt[3]{\dfrac{43 \cdot 10^3 \text{ Nmm}}{0{,}1 \cdot 80 \dfrac{\text{N}}{\text{mm}^2}}} = 17{,}5 \text{ mm}$

$d = 18$ mm ausgeführt

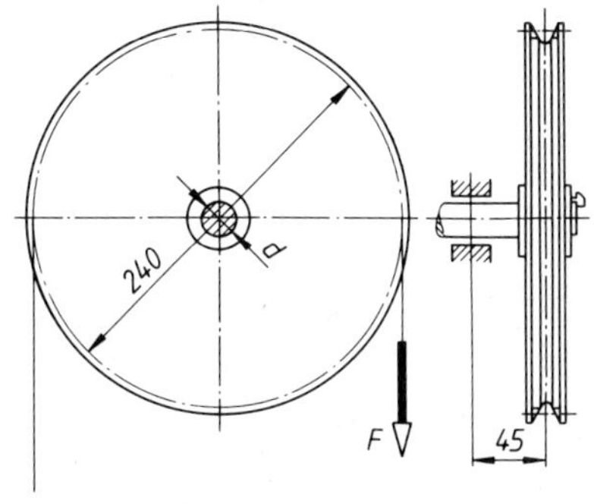

Bild III.7. Biegung und Torsion

■ **Beispiel:** Ein Getriebe mit Geradzahn-Stirnrädern (Herstelleingriffswinkel $\alpha_n = 20°$) soll eine Gesamtübersetzung

$$i_{ges} = \frac{n_1}{n_4} = \frac{960 \text{ min}^{-1}}{48 \text{ min}^{-1}} = 20$$

durch zwei Zahnradpaare ermöglichen. Die Entwurfsberechnung ergab die Teilkreisdurchmesser:

$$\left.\begin{array}{l} d_1 = 48 \text{ mm} \\ d_2 = 240 \text{ mm} \end{array}\right\} i_1 = 5$$

$$\left.\begin{array}{l} d_3 = 72 \text{ mm} \\ d_4 = 288 \text{ mm} \end{array}\right\} i_2 = 4$$

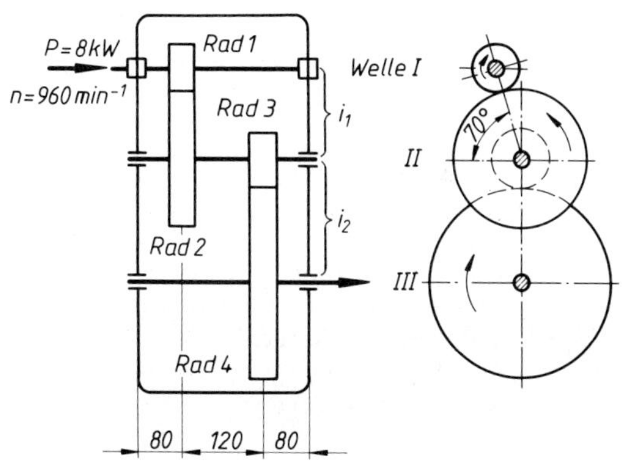

Bild III.8. Getriebeskizze

Es wird die Aufgabe gestellt, den Durchmesser für die Getriebewelle II festzulegen, für die Werkstoff St 60 verwendet werden soll. Da der Wirkungsgrad η für Zahnradgetriebe sehr gut ist (hier etwa $\eta \approx 0{,}98$), kann er bei Festigkeitsrechnungen unberücksichtigt bleiben.

Lösung: Die zu übertragenden Drehmomente können aus gegebener Antriebsleistung $P = 8$ kW und Antriebsdrehzahl $n = 960 \text{ min}^{-1}$ berechnet werden.

$$M = 9550\,\frac{P}{n}$$

$$M_I = 9550\,\frac{P}{n} = 9550 \cdot \frac{8}{960} \text{ Nm} = 79{,}583 \text{ Nm}$$

$$M_{II} = M_I\, i_2 = 79{,}583 \text{ Nm} \cdot 5 = 397{,}915 \text{ Nm}$$

$$M_{III} = M_{II}\, i_2 = 397{,}915 \text{ Nm} \cdot 4 = 1591{,}66 \text{ Nm}$$

Aus den errechneten Drehmomenten ergeben sich die Umfangskräfte am Teilkreisumfang:

$$F_{u2} = \frac{2M_{II}}{d_2} = \frac{2 \cdot 397{,}915 \cdot 10^3\,\text{Nmm}}{240\,\text{mm}} = 3316\,\text{N}$$

$$F_{u3} = \frac{2M_{II}}{d_3} = \frac{2 \cdot 397{,}915 \cdot 10^3\,\text{Nmm}}{72\,\text{mm}} = 11\,053\,\text{N}$$

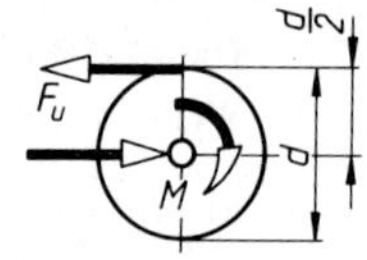

Bild III.9. Drehmoment und Umfangskraft am Zahnrad

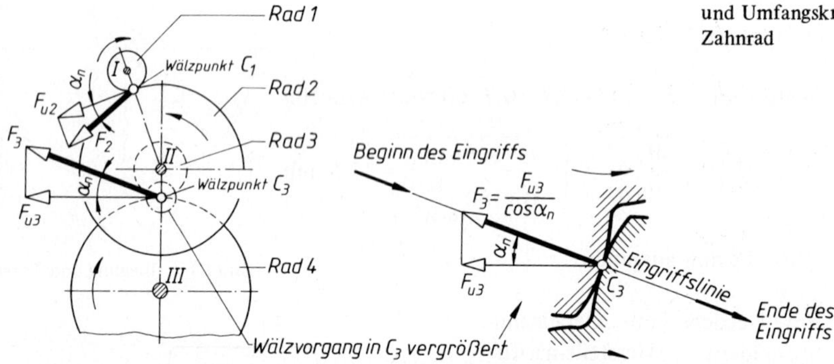

Bild III.10. Normalkräfte F_2, F_3 und deren Tangentialkomponenten F_{u2}, F_{u3} der Räder 2 und 3

Die Umfangskräfte F_{u2}, F_{u3} sind Komponenten der in Eingriffsrichtung auf die Zähne wirkenden Zahnkräfte F_2 und F_3.

Beachte: F_3 ist die von Rad 4 auf Rad 3 ausgeübte Kraft! Überprüfe die Kraftrichtungen nach dem Gefühl: Zahnrad 2 muß von Rad 1 nach unten, Rad 3 dagegen von Rad 4 nach oben gedrückt werden!

$$F_2 = \frac{F_{u2}}{\cos\alpha_n} = 3529\,\text{N}$$

$$F_3 = \frac{F_{u3}}{\cos\alpha_n} = 11\,762\,\text{N}$$

Diese Zahnkräfte F_2 und F_3 beanspruchen die Welle II auf Torsion und Biegung: Bringe in den Radmittelpunkten je zwei Kräfte F_2 bzw. F_3 an (zweite bzw. vierte statische Grundoperation), dann ergibt sich je ein Kräftepaar (Drehmoment M_{II}) und eine Einzelkraft (Biegekraft F_2 bzw. F_3).

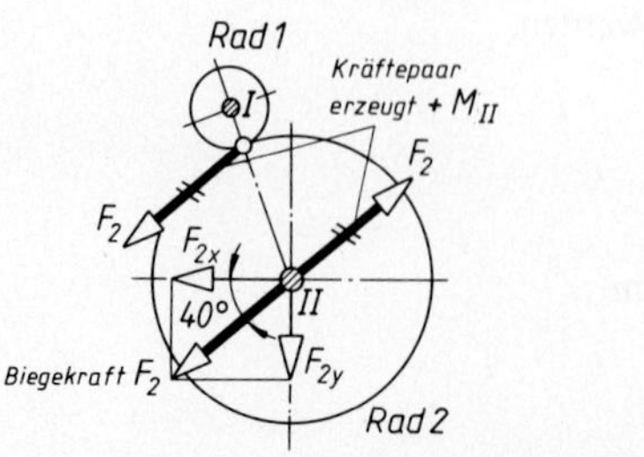

Bild III.11. Rad 2 mit Welle II frei gemacht

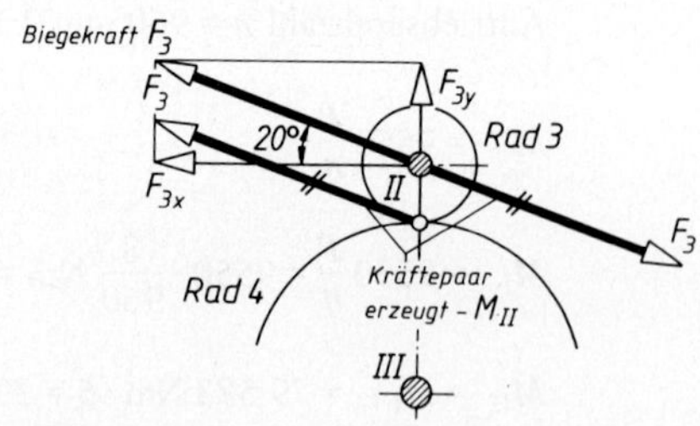

Bild III.12. Rad 3 mit Welle II frei gemacht

Die Kräftepaare ergeben Momente, die gleich groß sind und sich entgegenwirken: $+M_{II} - M_{II} = 0$; Welle II wird davon auf Torsion beansprucht. Die Komponenten F_x und F_y der Biegekräfte F_2 und F_3 sind aus dem Krafteck abzulesen:

$F_{2y} = F_2 \sin 40° = 2\,268$ N
$F_{2x} = F_2 \cos 40° = 2\,703$ N
$F_{3y} = F_3 \sin 20° = 4\,023$ N
$F_{3x} = F_3 \cos 20° = 11\,053$ N

Die perspektivische Belastungsskizze gibt Aufschluß über die Weiterentwicklung der Rechnung. Wir können mit der Belastungsskizze leicht die statischen Gleichgewichtsbedingungen für die waagerechte und für die senkrechte Ebene aufstellen und daraus dann die Stützkraft-Komponenten F_{Ax}, F_{Ay}, F_{Bx}, F_{By} gewinnen:

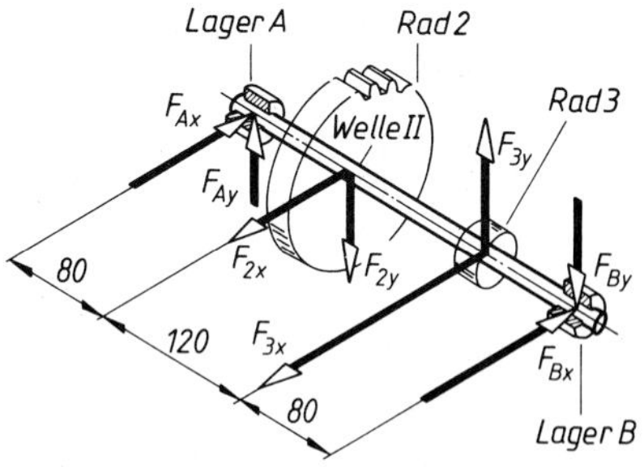

Bild III.13. Perspektivische Belastungsskizze der Welle II mit Horizontal- und Vertikalkräften

waagerechte Ebene

$$\Sigma M_{(A)} = 0 = F_{Bx} \cdot 280 \text{ mm} - F_{3x} \cdot 200 \text{ mm} - F_{2x} \cdot 80 \text{ mm}$$

senkrechte Ebene

$$\Sigma M_{(A)} = 0 = -F_{By} \cdot 280 \text{ mm} + F_{3y} \cdot 200 \text{ mm} - F_{2y} \cdot 80 \text{ mm}$$

Aus den Momentengleichgewichtsbedingungen erhalten wir nun die Bestimmungsgleichungen für die Stützkraftkomponenten F_{Bx} und F_{By}, ebenso mit $\Sigma F_x = 0$ und $\Sigma F_y = 0$ die Komponenten F_{Ax} und F_{Ay}:

waagerechte Ebene

$$\Sigma M_{(A)} = 0 = \ldots$$
$$F_{Bx} = \frac{F_{2x} \cdot 80 \text{ mm} + F_{3x} \cdot 200 \text{ mm}}{280 \text{ mm}}$$
$$F_{Bx} = 8667 \text{ N}$$
$$\Sigma F_x = 0 = +F_{Ax} - F_{2x} - F_{3x} + F_{Bx}$$
$$F_{Ax} = 5089 \text{ N}$$

senkrechte Ebene

$$\Sigma M_{(A)} = 0 = \ldots$$
$$F_{By} = \frac{F_{3y} \cdot 200 \text{ mm} - F_{2y} \cdot 80 \text{ mm}}{280 \text{ mm}}$$
$$F_{By} = 2226 \text{ N}$$
$$\Sigma F_y = 0 = +F_{Ay} - F_{2y} + F_{3y} - F_{By}$$
$$F_{Ay} = 471 \text{ N}$$

Die Komponenten werden geometrisch addiert:

$$F_A = \sqrt{F_{Ax}^2 + F_{Ay}^2} = \sqrt{5089^2 \text{ N}^2 + 471^2 \text{ N}^2} = 5111 \text{ N}$$

$$F_B = \sqrt{F_{Bx}^2 + F_{By}^2} = \sqrt{8667^2 \text{ N}^2 + 2226^2 \text{ N}^2} = 8948 \text{ N}$$

Zur Ermittlung der größten Biegebeanspruchung werden für die beiden Ebenen die Momentenflächen gezeichnet und zu einer resultierenden Biegemomentenfläche geometrisch addiert.

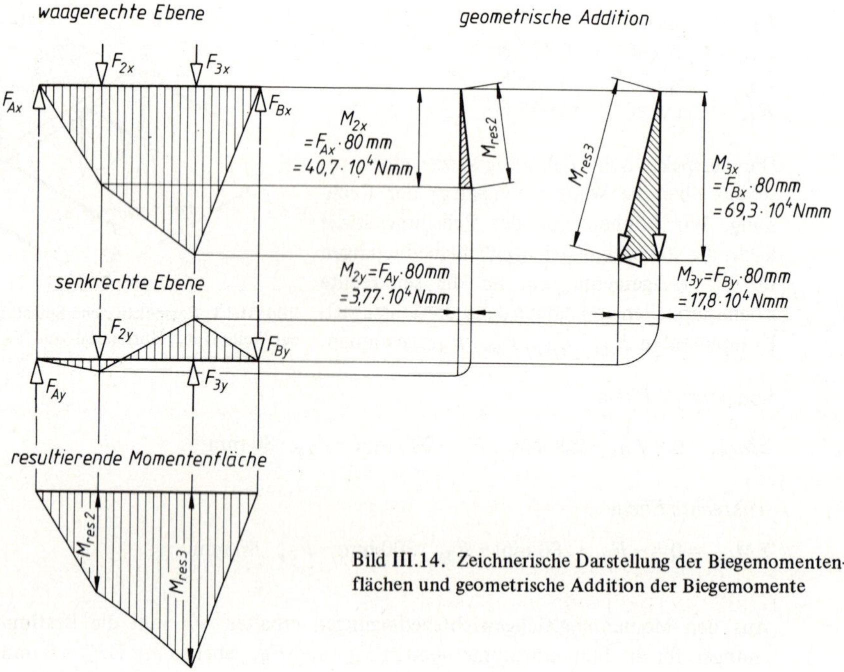

Bild III.14. Zeichnerische Darstellung der Biegemomentenflächen und geometrische Addition der Biegemomente

Die größte Biegebeanspruchung ist bei Rad 3 vorhanden.

$$M_{b\,max} = M_{res\,3} = \sqrt{M_{3x}^2 + M_{3y}^2}$$

$$M_{b\,max} = \sqrt{(69{,}3 \cdot 10^4\,Nmm)^2 + (17{,}8 \cdot 10^4\,Nmm)^2}$$

$$M_{b\,max} = \sqrt{5119 \cdot 10^8\,(Nmm)^2} = 71{,}55 \cdot 10^4\,Nmm$$

Die Welle II wird beim Rad 3 belastet durch

das Biegemoment $M_{b\,max} = 71{,}55 \cdot 10^4$ Nmm und

das Drehmoment $M_{II} = 39{,}8 \cdot 10^4$ Nmm

Weil das Drehmoment M_{II} in der Welle II von Rad 2 bis Rad 3 konstant ist, ergibt sich der gefährdete Querschnitt im Punkt der größten Biegebeanspruchung, also bei Rad 3!

Das resultierende Moment M_v aus Biege- und Torsionsbeanspruchung (= Vergleichsmoment) beträgt:

$$M_v = \sqrt{M_b^2 + 0{,}75\,(\alpha_0\,M_T)^2}$$

Bei gleichbleibender Drehrichtung liegt wechselnde Biege- und schwellende Torsionsbeanspruchung vor, also $\alpha_0 = 0{,}7$:

$$M_v = \sqrt{(71{,}55 \cdot 10^4\,Nmm)^2 + 0{,}75\,(0{,}7 \cdot 39{,}8 \cdot 10^4\,Nmm)^2}$$

$$M_v = \sqrt{5119 \cdot 10^8\,N^2 mm^2 + 582 \cdot 10^8\,N^2 mm^2} = 75{,}5 \cdot 10^4\,Nmm$$

Mit dem Vergleichsmoment M_v und der zulässigen Biegespannung kann der Wellendurchmesser bestimmt werden:

$$\sigma_v = \frac{M_v}{W} \leqq \sigma_{b\,zul} \qquad W = 0{,}1\,d^3 \text{ für Kreisquerschnitt eingesetzt und nach } d \text{ aufgelöst:}$$

$$d_{erf} = \sqrt[3]{\frac{M_v}{0{,}1\,\sigma_{b\,zul}}} \qquad \sigma_{b\,zul} = 80\,\frac{\text{N}}{\text{mm}^2} \text{ gewählt}$$

$$d_{erf} = \sqrt[3]{\frac{75{,}6 \cdot 10^4\,\text{Nmm}}{0{,}1 \cdot 80\,\frac{\text{N}}{\text{mm}^2}}} = \sqrt[3]{94{,}5 \cdot 10^3\,\text{mm}^3}$$

$$d_{erf} = 45{,}55 \text{ mm}; \quad d = 46 \text{ mm gewählt (Normmaß)}$$

3.2.4. Biegung und Schub (Abscheren). Bei der Herleitung der Biegehauptgleichung wurden die Querkräfte, bei der Abscherhauptgleichung die Biegemomente unbeachtet gelassen. Tatsächlich treten in beiden Beanspruchungsfällen Schub (Abscheren) und Biegung gleichzeitig auf. Bei kurzen Stäben ist der Einfluß der Biege- und bei langen Stäben der Einfluß der Schubspannung gering. Bei rechteckigen Querschnitten ist für $h/l < 1/16$ der Fehler durch Vernachlässigungen der Querkfäte kleiner als 1,2 % und für $h/l > 6$ der Fehler durch Vernachlässigen der Biegemomente kleiner als 1 %.

IV. Beanspruchung bei Berührung zweier Körper (Hertzsche Gleichungen)

1. Voraussetzungen

Hertz entwickelte seine Gleichungen für die Berührung zweier Körper mit gekrümmter Oberfläche unter folgenden Voraussetzungen:

a) homogene, isotrope, vollkommen elastische Körper;
b) Gültigkeit des Hookeschen Gesetzes;
c) die Abplattungen sind klein gegenüber den Körperabmessungen;
d) in der Druckfläche treten nur Normalspannungen (Druck) auf, keine Schubspannungen.

2. Bedeutung der Formelzeichen

a	Radius der kreisförmigen oder halbe Breite der rechteckigen Druckfläche in mm
F	Druckkraft in N
μ	= 0,3 Poisson-Zahl für Stahl, Verhältnisgröße mit Einheit 1, $\mu = \epsilon_q/\epsilon$
r	Krümmungsradius der Kugel oder des Zylinders in mm; bei Krümmung beider Körper ist die Summe beider Krümmungen einzusetzen, also $1/r = 1/r_1 + 1/r_2$. Für die ebene Platte ist $1/r_2 = 0$, für die Hohlkugel ist $1/r_2$ negativ einzusetzen.
E	Elastizitätsmodul in N/mm²; bei unterschiedlichen E-Modul ist $E = 2E_1E_2/(E_1 + E_2)$ einzusetzen
l	Länge des Zylinders in mm
p	Druck auf der Berührungsfläche im Abstand ρ in N/mm²
$p_0 = p_{max}$	Druck in der Mitte der Berührungsfläche in N/mm²
ρ	veränderlicher Radius oder Ordinate in Breitenrichtung der Berührungsfläche in mm
δ	Gesamtabplattung in mm, d.h. die gesamte Näherung der beiden Körper

3. Berechnungsgleichungen

3.1. Kugel und Ebene oder zwei Kugeln

$$a = \sqrt[3]{\frac{1{,}5\,(1-\mu^2)\,F r}{E}} = 1{,}11\,\sqrt[3]{\frac{F r}{E}} \qquad \text{(IV.1)}$$

$$p = p_0\,\frac{\sqrt{a^2-\rho^2}}{a} \qquad \text{(IV.2)}$$

$$p_0 = \frac{1}{\pi}\sqrt[3]{\frac{1{,}5\,F E^2}{r^2(1-\mu^2)^2}} = 0{,}388\,\sqrt[3]{\frac{F E^2}{r^2}} = \frac{1{,}5\,F}{\pi\, a^2} \qquad \text{(IV.3)}$$

$$\delta = \frac{a^2}{r} = \sqrt[3]{\frac{2{,}25\,(1-\mu^2)^2 F^2}{E^2 r}} = 1{,}23\,\sqrt[3]{\frac{F^2}{E^2 r}} \qquad \text{(IV.4)}$$

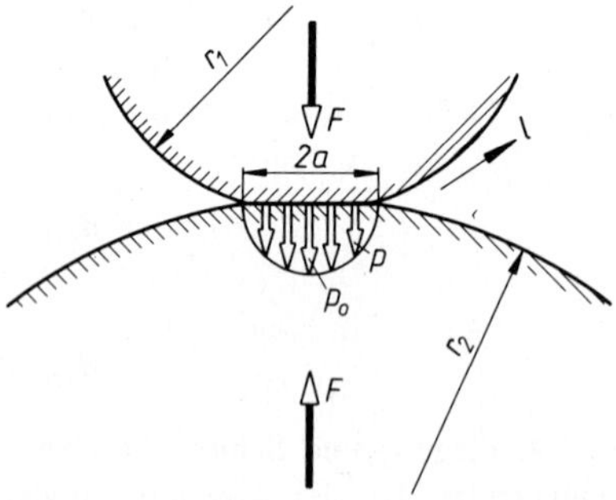

Bild IV.1. Hertzsche Pressung

3.2. Zylinder und Ebene oder zwei Zylinder

$$a = \sqrt{\frac{8\,(1-\mu^2)\,F r}{\pi\, E\, l}} = 1{,}52\,\sqrt{\frac{F r}{E\, l}} \qquad \text{(IV.5)}$$

$$p = p_0\,\frac{\sqrt{a^2-\rho^2}}{a} \qquad \text{(IV.6)}$$

$$p_0 = \sqrt{\frac{F E}{2\pi r l(1-\mu^2)}} = 0{,}418\,\sqrt{\frac{F E}{r l}} = \frac{2F}{\pi a l} \qquad \text{(IV.7)}$$

(die Abplattung δ kann nach den *Hertz*schen Gleichungen nicht berechnet werden).

■ **Beispiel:** Durch die Federkraft $F = 10\text{ kN} = 10\,000\text{ N}$ wird nach Bild IV.2 eine Walze auf eine schiefe Ebene (Keil) gepreßt. Werkstoff für beide Teile ist Stahl. Walzenlänge $l = 30$ mm, Radius $r = 10$ mm, Neigungswinkel $\alpha = 20°$. Wie groß ist die maximale Hertzsche Pressung zwischen Keil und Walze? Welche Stahlsorte kann verwendet werden?

Lösung: $F_1 = \dfrac{F}{\cos\alpha} = \dfrac{10\,000\text{ N}}{0{,}94} = 10\,600\text{ N}$

$$F_2 = F_1 \sin\alpha = 10\,600\text{ N}\cdot 0{,}342 = 3625\text{ N}$$

$$p_0 = p_{\max} = 0{,}418\,\sqrt{\frac{F_1 E}{r l}}$$

$$p_{\max} = 0{,}418\,\sqrt{\frac{10\,600\text{ N}\cdot 2{,}1\cdot 10^5\,\frac{\text{N}}{\text{mm}^2}}{10\text{ mm}\cdot 30\text{ mm}}} = 1140\,\frac{\text{N}}{\text{mm}^2}$$

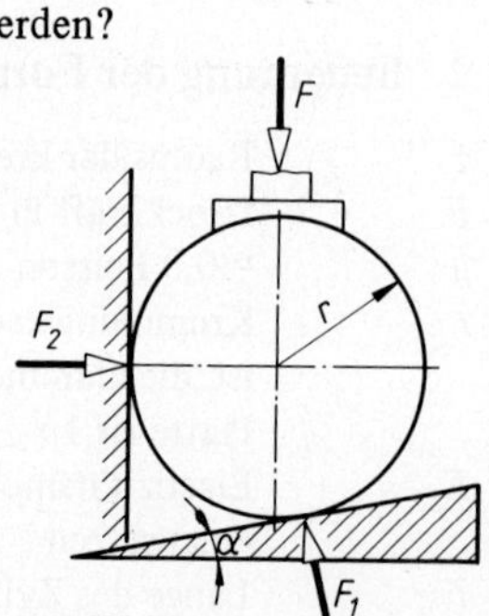

Bild IV.2

Als Werkstoff könnte z.B. C10, einsatzgehärtet, gewählt werden. Versuche haben dafür einen zulässigen Wert von $p_{zul} = 1470\text{ N/mm}^2$ ergeben.

■ **Beispiel:** Bild IV.3 zeigt die Zahnflanken im Augenblick des Eingriffs im Wälzpunkt C beim Außen- und beim Innengetriebe. Sind in beiden Fällen die Zähnezahlen z, der Modul m und der Betriebseingriffswinkel α_W gleich groß, dann gilt das auch für die Krümungsradien r_1 und r_2. Es soll nun festgestellt werden, mit welchem Getriebe eine größere Normalkraft F_N übertragen werden kann, wenn in beiden Fällen die zulässige Flächenpressung p_{zul} und die Zahnbreite b gleich groß sind.

Lösung: Die beiden Zahnflanken stellen zwei Zylinder dar, für die Gleichung (IV.7) gilt, also $p_0 = 0{,}418\sqrt{FE/rl}$. Darin sind einzusetzen: $p_0 = p_{zul}$, $F = F_N$, l = Zahnbreite b, $r = r_A$ für das Außengetriebe und $r = r_I$ für das Innengetriebe.

Nach den Erläuterungen unter 2. ergibt sich mit algebraischer Umstellung für r_A und r_I:

$$r_A = \frac{r_1 r_2}{r_1 + r_2} \quad \text{sowie} \quad r_I = \frac{r_1 r_2}{r_2 - r_1}$$

Damit wird

$$\frac{F_{NA}}{F_{NI}} = \frac{\dfrac{p_{zul}^2 r_A b}{0{,}418^2 E}}{\dfrac{p_{zul}^2 r_I b}{0{,}418^2 E}} = \frac{r_A}{r_I} = \frac{r_2 - r_1}{r_2 + r_1}$$

$$\frac{F_{NA}}{F_{NI}} = \frac{\dfrac{r_2}{r_1} - 1}{\dfrac{r_2}{r_1} + 1} = \frac{i - 1}{i + 1}$$

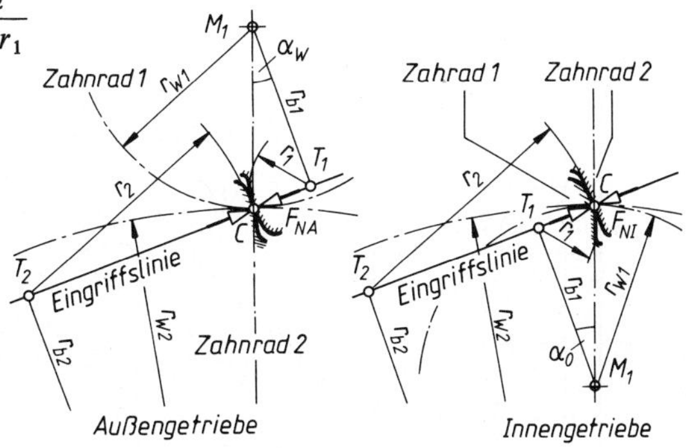

Bild IV.3

Danach ist das Kräfteverhältnis F_{NA}/F_{NI} unter sonst gleichen Bedingungen nur von der Übersetzung $i = z_2/z_1$ abhängig. Für $i = z_2/z_1 = 80/20 = 4$ ergäbe sich zum Beispiel:

$$\frac{F_{NA}}{F_{NI}} = \frac{4-1}{4+1} = \frac{3}{5} = \frac{1}{1{,}67}$$

Das heißt, daß mit dem Innengetriebe eine um 67 % größere Normalkraft übertragen werden darf als mit dem entsprechenden Außengetriebe. Anders gesagt: Bei gleicher Normalkraft in beiden Getrieben ist die Hertzsche Pressung zwischen den Zahnflanken beim Innengetriebe kleiner als beim Außengetriebe.

Bei einer zulässigen Pressung von 530 N/mm² und der Zahnbreite $b = 50$ mm ergeben sich mit (IV.7) die folgenden Beträge für die Normalkräfte ($E = 2{,}1 \cdot 10^5$ N/mm² für Stahl):

$F_{N\,max\,A} = 6\,285$ N $\qquad F_{N\,max\,I} = 10\,473$ N

V. Nomogramme zur Festigkeitslehre

1. Zug-, Druck- und Längenänderung

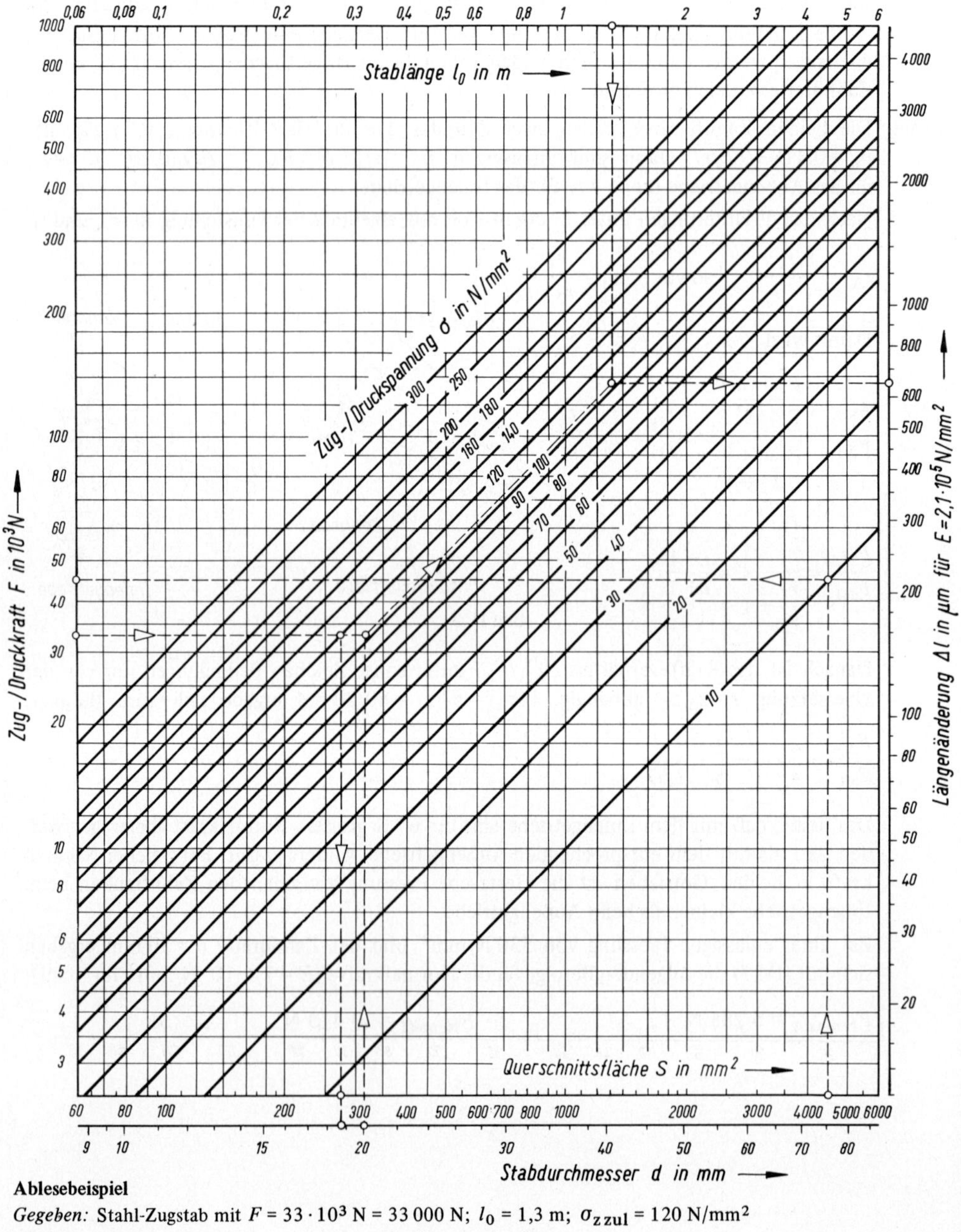

Ablesebeispiel

Gegeben: Stahl-Zugstab mit $F = 33 \cdot 10^3$ N = 33 000 N; l_0 = 1,3 m; $\sigma_{z\,zul}$ = 120 N/mm²

Gesucht: Durchmesser d; Längenänderung (Verlängerung) Δl

Lösung: Von $F = 33 \cdot 10^3$ N nach rechts zum Schnitt mit der Spannungslinie 120 N/mm²; von dort nach unten ergibt d = 18,7 mm. Mit d = 20 mm (gewählt) nach oben zum Schnitt mit der Kraftlinie $F = 33 \cdot 10^3$ N, dann parallel zu den Spannungslinien zum Schnitt mit der Senkrechten bei l_0 = 1,3 m. Von dort nach rechts ergibt Δl = 650 µm = 0,65 mm.

Die vorhandene Spannung liegt bei etwa 106 N/mm².

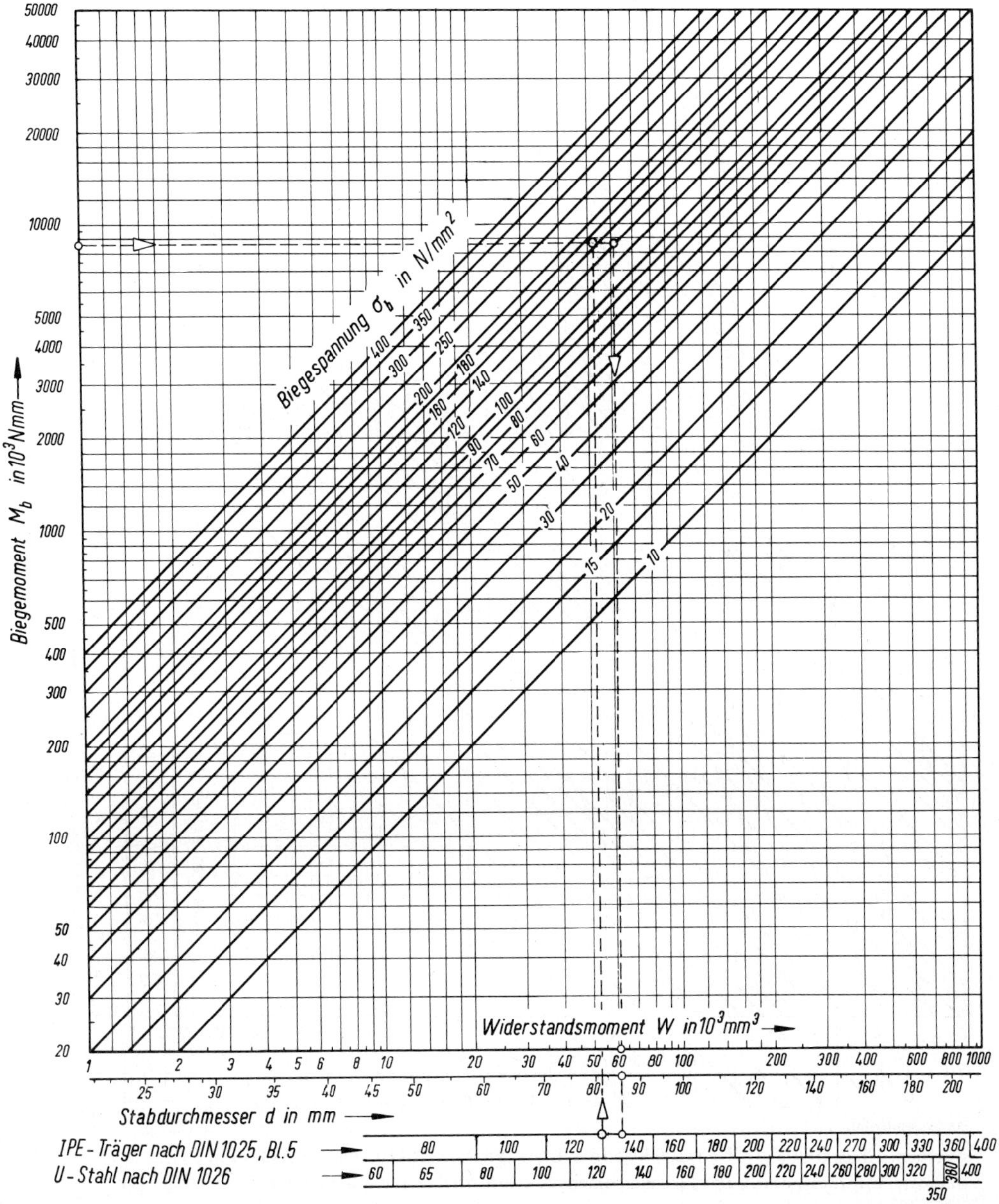

Ablesebeispiel

Gegeben: $M_b = 8600 \cdot 10^3$ Nmm; $\sigma_{b\,zul} = 140$ N/mm²

Gesucht: Erforderliches Widerstandsmoment W; zugehöriger Stabdurchmesser d; zugehöriges Doppel-T-Profil; Biegespannung für den Fall, daß IPE 120 gewählt würde.

Lösung: Von $M_b = 8600 \cdot 10^3$ Nmm nach rechts zum Schnitt mit der Spannungslinie 140 N/mm² ergibt unten $W_{erf} = 61{,}4 \cdot 10^3$ mm³ und $d_{erf} = 85{,}5$ mm sowie das Profil IPE 140. Von der rechten Kante des Trägerfeldes 120 nach oben ergibt mit M_b-Linie den Schnittpunkt auf der Spannungslinie $\sigma_{b\,vorh} = 160$ N/mm².

3. Knickung

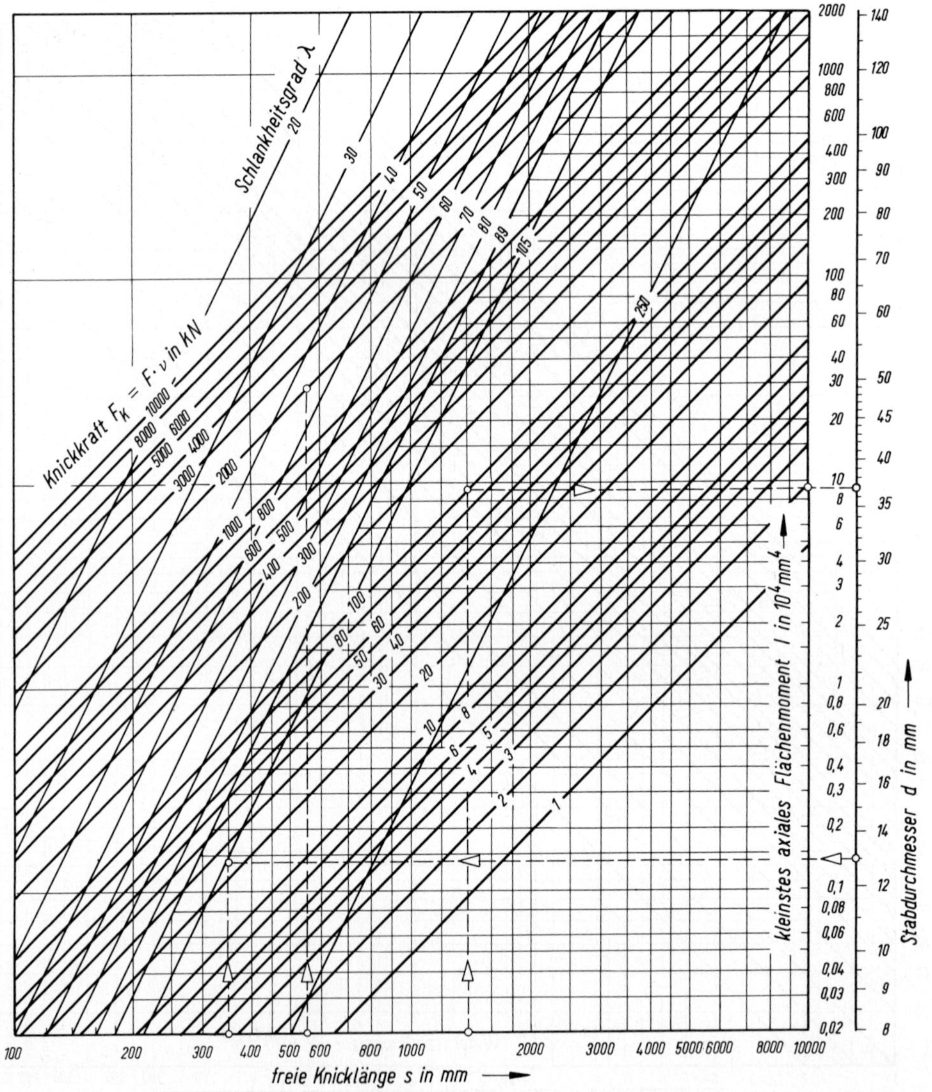

Ablesebeispiele

Gegeben: Knickkraft $F_K = F\nu = 100$ kN; freie Knicklänge $s = l = 1400$ mm; Werkstoff St 50

Gesucht: Erforderliches axiales Flächenmoment I; erforderlicher Stabdurchmesser d

Lösung: Von $s = 1400$ mm nach oben zum Schnitt mit $F_K = 100$ kN-Linie. Schlankheitsgrad $\lambda > 89$, also Eulerbereich, damit $I_{erf} = 9{,}2 \cdot 10^4$ mm^4 und $d_{erf} = 37{,}2$ mm.

Gegeben: $d = 13$ mm; $s = 350$ mm; $\nu = 4$. *Gesucht:* Betriebskraft F

Lösung: Von $s = 350$ mm nach oben zum Schnitt mit der Waagerechten von $d = 13$ mm aus ergibt $F_K = 23{,}7$ kN ($\lambda \approx 105$, Eulerbereich); daraus $F = F_K/\nu = 5{,}93$ kN = 5930 N.

Gegeben: Knickkraft $F_K = 2000$ kN, freie Knicklänge $s = 550$ mm. *Gesucht:* Zugehöriger Bereich.

Lösung: Schlankheitsgrad $\lambda \approx 45$, also Tetmajerbereich.

4. Abscheren

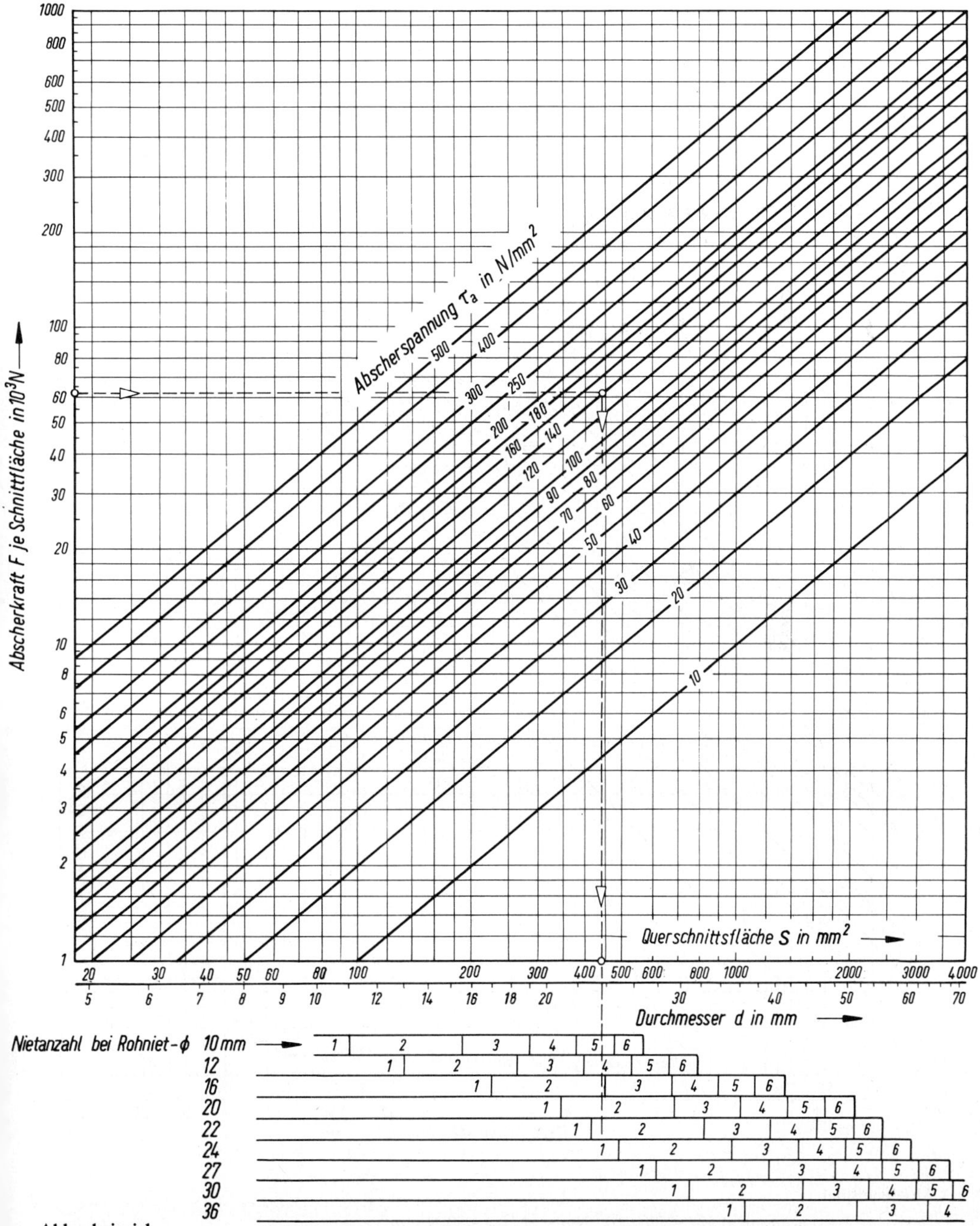

Ablesebeispiel

Gegeben: Zweischnittige Nietverbindung, $F_{ges} = 124 \cdot 10^3$ N. $\tau_{a\,zul} = 140$ N/mm²

Gesucht: Nietdurchmesser und Nietzahl

Lösung: Abscherkraft je Schnittfläche $62 \cdot 10^3$ N; also von $F = 62 \cdot 10^3$ N nach rechts zum Schnitt mit der Spannungslinie 140 N/mm². Von dort nach unten zeigt Querschnittsfläche $S = 440$ mm². Verlängerung nach unten in die Nietfelder zeigt: 5 Niete $d = 10$ mm oder 4 Niete $d = 12$ mm oder 2 Niete $d = 16$ mm; ebenso 2 Niete von 20 mm oder 22 mm Durchmesser. Gewählt: 2 Niete mit $d = 16$ mm, weil das beste Ausnutzung ist.

5. Torsion und Verdrehwinkel

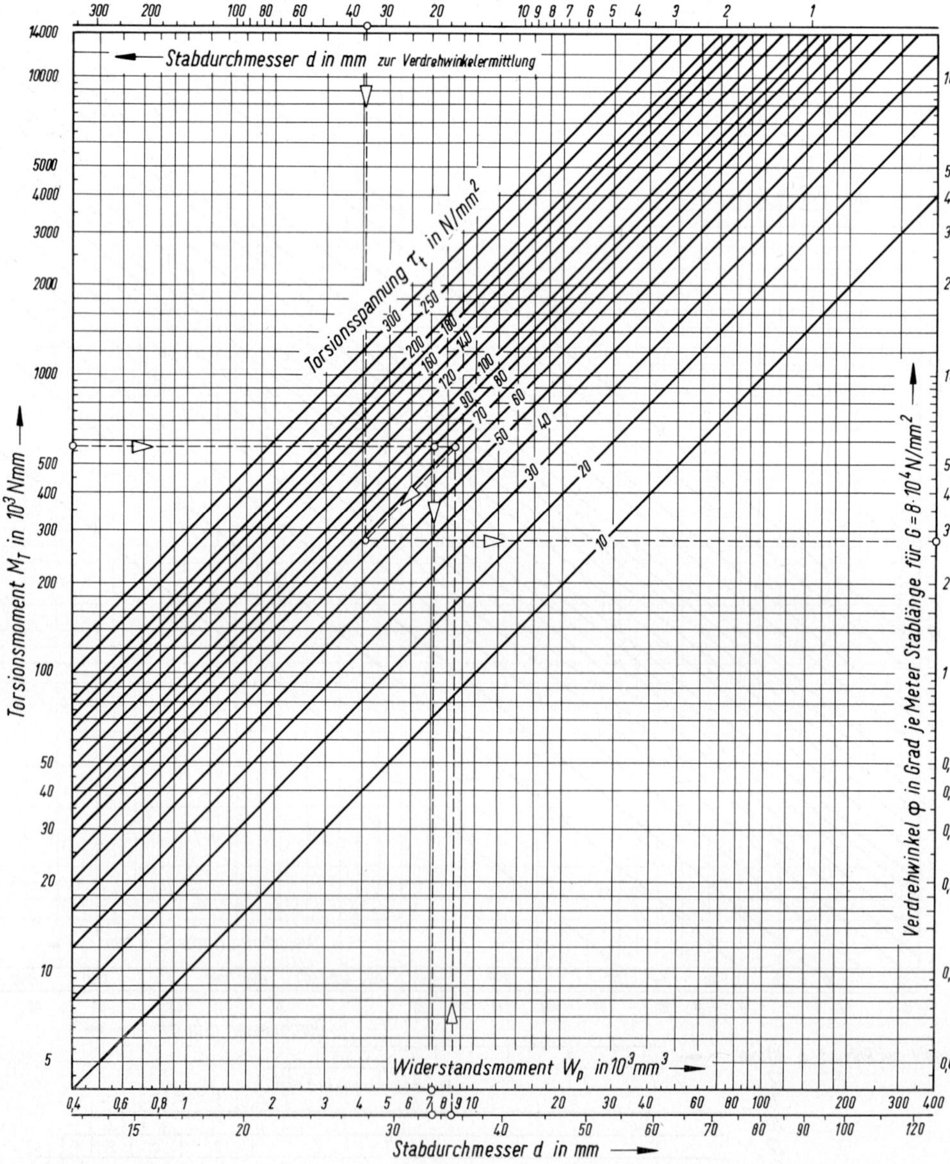

Ablesebeispiel

Gegeben: Torsionsmoment $M_T = 570 \cdot 10^3$ Nmm; $\tau_{t\,zul} = 80$ N/mm²

Gesucht: Wellendurchmesser d, vorhandene Torsionsspannung und Verdrehwinkel.

Lösung: Von $M_T = 570 \cdot 10^3$ Nmm nach rechts zum Schnitt mit Spannungslinie 80 N/mm² ergibt unten $W_{p\,erf} = 7{,}125 \cdot 10^3$ mm³ und $d_{erf} = 33$ mm. Gewählt wird $d = 35$ mm; von dort nach oben ergibt mit M_T-Linie $\tau_{t\,vorh} = 66{,}5$ N/mm².

Von oben bei $d = 35$ mm nach unten zum Schnitt mit Spannungslinie 66,5 N/mm² ergibt rechts $\varphi = 2{,}8°$/m (Grad je Meter Wellenlänge).

Werkstofftechnik

Wolfgang Weißbach

I. Grundlagen

1. Allgemeines

1.1. Beanspruchungsprofil und Eigenschaftsprofil

Bauteile für Maschinen und Geräte müssen so *entworfen*, wirtschaftlich *gefertigt* und in Funktion *unterhalten* werden, daß sie eine hohe Lebensdauer erreichen. Dabei ist die Auswahl des *Werkstoffes* und die Verarbeitung mit Rücksicht auf seine *Eigenschaften* von größter Bedeutung.

Bauteile unterliegen im Betriebszustand, d.h. „in Funktion" einer *Belastung*. Äußere Kräfte (in Richtung, Betrag und über der Zeit veränderlich) versuchen zusammen mit dem Umgebungsmedium das Bauteil äußerlich und innerlich zu schädigen. Der Werkstoff unterliegt im Bauteil verschiedenen Beanspruchungen, zusammen ergeben sie sein *Anforderungsprofil.*

Tafel I.1. Anforderungsprofil, Beanspruchungsbereiche

Bereich	Beanspruchung erfolgt durch	Wirkung der Beanspruchung	Schadensfall bei Überbeanspruchung
Festigkeits-beanspruchung	mechanische Kräfte im *Innern*, ungleich über den Querschnitt verteilt	elastische Verformung	plastische Verformung Funktionsstörungen, → Bruch
Korrosions-beanspruchung	chemische oder elektrochemische *Reaktionen* zwischen *Oberflächen* und Umgebungsmedium	Werkstoffverlust, gleichmäßig oder örtlich konzentriert	Leckagen, Querschnitt wird geschwächt → Verformungen → Bruch
Tribologische Beanspruchung werden überlagert durch	mechanische *Kräfte auf Oberflächenschicht* (Grenzschicht) unter *Relativbewegungen* und chem-phys. *Reaktionen mit Umgebungsmedium*	Änderung des Reibverhaltens, Verschleiß, Erwärmung, Leistungsabfall	Blockierung von Lagerstellen und Führungen, Querschnitt geschwächt → Störungen → Bruch
thermische Beanspruchung	Betrieb bei *höheren* Temperaturen Betrieb bei *tiefen* Temperaturen	Werkstoff verliert an Festigkeit, chem. Reaktionen verstärkt Werkstoffe verlieren ihre Zähigkeit	Schädigungen treten früher ein, keine Dauer-, nur Zeitfestigkeit Verformungslose (Spröd-)Brüche bei Stoßbelastungen

Dieses Beanspruchungsprofil muß im Gleichgewicht stehen mit dem *Eigenschaftsprofil* des Werkstoffes (Gesamtheit aller Werkstoffeigenschaften *im* Bauteil). Der Werkstoff ist danach auszuwählen und zu behandeln. *Werkstoffverbunde* (z. B. Beschichtungen) oder *Verbundwerkstoffe* sind vielbenutzte Möglichkeiten, das Gleichgewicht zwischen Anforderungs- und Eigenschaftsprofil für ein bestimmtes Bauteil herzustellen.

Für einen bestimmten Anwendungsfall muß ein Werkstoff eine Kombination aus folgenden Eigenschaften besitzen.

Tafel I.2. Eigenschaftsprofil

Eigenschaften	Beispiele
mechanische	Härte, Festigkeiten, Dehnbarkeit, Zähigkeit, Elastizitätsmodul
chemische	Beständigkeit bei normalem Klimabedingungen oder in angreifenden Gasen, Flüssigkeiten oder Schmelzen
tribologische	Reibzahl, Neigung zum Kaltschweißen (Fressen), Verschleißwiderstand
thermische	Wärmeausdehnung, Wärmeleitung, Warmfestigkeit, Kaltzähigkeit
technologische	Verhalten beim Gießen, Kalt- oder Warmumformen, Zerspanen, Löten

1.2. Die Aufgaben der Werkstofftechnik

- Eigenschaftsprofile von Werkstoffen erstellen,
- Meß- und Prüfverfahren für Eigenschaftskennwerte entwickeln und normen,
- Eigenschaftsändernde Verfahren auf Einflußgrößen untersuchen und neue entwickeln,
- neue Werkstoffe und -kombinationen für neue Anforderungsprofile entwickeln.

Die Werkstoffkunde versucht, Eigenschaftsunterschiede der Stoffe, sowie deren Änderungen mit Hilfe der *Struktur* der Stoffe begreiflich zu machen. Änderungen der Struktur – und damit der Eigenschaften – treten als Nebeneffekt der meisten Fertigungsverfahren auf, oder werden gezielt durch *Stoffeigenschaftändern* (z.B. Vergüten) bewirkt. Hilfsmittel zur Veranschaulichung sind Modelle der Atome und Kristallgitter, sowie Gefügeaufnahmen.

1.3. Einteilung der Werkstoffe

Für Werkstoffe existieren nebeneinander verschiedene Einteilungen:

Einteilungskriterium	Beispiele
Verarbeitung	Gußlegierungen, Knetlegierungen, Sinterwerkstoffe, Lote, Einsatzstähle DIN EN 10084, Automatenstähle DIN EN 10087
Anwendung	Federstähle, Ventilstähle, Messerstähle, Lagerwerkstoffe, Al-Kolbenlegierungen, Warm- und Kaltarbeitsstähle
Eigenschaft	nichtrostende Stähle DIN EN 10088, kaltzähe Stähle, korrosionsbeständiger Stahlguß DIN EN 10283, unmagnetische Stähle
Zusammensetzung	unlegierte/niedrig/hochlegierte Stähle, Cu-Zn-Legierungen

Für die Werkstoffkunde ist eine Gliederung nach der inneren Beschaffenheit zweckmäßig, d.h. nach der Art der kleinsten Materieteilchen (Atome, Moleküle, Ionen) und ihrer Bindung.
Schema: Grobgliederung der Werkstoffe der Maschinentechnik

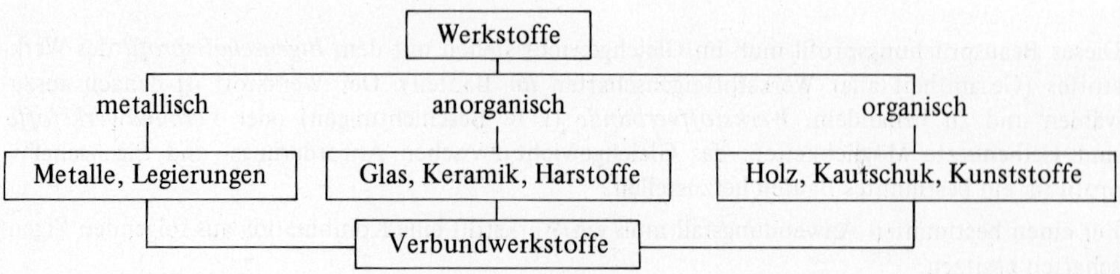

Die Einteilungskriterien beziehen sich dabei auf die chemische Bindung der Teilchen:

Metallisch:	Metallbindung zwischen Metallatomen (Metalle und Legierungen),
Anorganisch:	Ionenbindung zwischen Metall- und Nichtmetallionen (Oxidkeramik), Atombindung zwischen Metall- und Nichtmetallatomen (Carbide, Nitride),
Organisch:	Schwache Bindung zwischen Kohlenwasserstoffmolekülen (Kunststoffe).

Verbundwerkstoffe enthalten grundsätzlich zwei oder mehr Phasen aus Stoffen mit unterschiedlicher chemischer Bindung (z.B. anorganische Glasfasern in organischem Kunststoff).

Durch die Art der Atome (Metall/Nichtmetall) und ihre chemische Bindung sind Grundeigenschaften des Stoffes festgelegt (Abschnitt Atommodelle und Tafel I.8). Diese Abschnitte befassen sich mit dem Bau der Atome und der chemischen Bindung, sowie weiteren Grundbegriffen der Chemie, die für die Werkstoffkunde wichtig sind.

Werkstoffe sind selten *reine* Stoffe, d.h. chemische Elemente oder Verbindungen, sondern sind aus mehreren *Komponenten* zusammengesetzt, wie sie eine chemische Analyse ermittelt. Der feste Werkstoff besteht (bei mikroskopischer Betrachtung) aus in sich homogenen, miteinander verwachsenen Körpern, den *Phasen*. Sie unterscheiden sich durch eine *Grenzfläche*.

Homogene Stoffe sind einphasig: Reinstmetalle, Diamant, Mischkristalle, Lösungen,
heterogene Stoffe mehrphasig: Grauguß, Stahl, Glasfaserkunststoff, Hartmetalle.

1.4. Einflußmöglichkeiten auf Struktur und Eigenschaften

Durch die Wahl eines Werkstoffes sind Atomart und chemische Bindung fast immer festgelegt und kaum beeinflußbar. Wichtigster Gegenstand der Werkstoffkunde sind die Veränderungen der *Kristallgitter* (z.B. durch Legierungselemente) und der Gefüge.

Beispiel: Werkstoff Stahl

Zustand	Kristallgitter	Eigenschaften
unlegiert, geglüht	kubisch-raumzentriert	weich, zäh, magnetisch
unlegiert, gehärtet	tetragonal verzerrt	hart, spröde, magnetisch
legiert (35 % Mn)	kubisch-flächenzentriert	unmagnetisch

Gefüge werden bereits beim Erschmelzen (Reinheitsgrad) beeinflußt. Die Einflüsse setzen sich in allen Fertigungsstufen – z.T. als unerwünschter Nebeneffekt – fort (z.B. beim *Urformen*: Gußgefüge, Sintergefüge und *Umformen*: Schmiedefaser) bis hin zum beabsichtigten *Eigenschaftsändern* durch z.B. Glühen, Härten oder Vergüten.

Die folgende Übersicht zeigt an Beispielen, wie sich durch Gefügeänderungen bestimmte Werkstoffkennwerte steigern lassen.

Änderung	Beispiele
Mischungsverhältnis der Phasen	Stahl: Härte steigt mit dem C-Gehalt (= Carbidanteil) Beton: Festigkeit steigt mit dem Zementanteil
Form und Größe der Kristalle	Gußeisen: Graphit in Lamellen oder Kugelform, Verfeinerung der Graphitkristalle steigert die Festigkeit
Art und Form der Zusatzstoffe	Quarzmehl in Kunstharz steigert Härte und Warmfestigkeit. Fasern steigern die Zähigkeit, mindern die Wärmedehnung, ergeben aber eine Richtungsabhängigkeit der Eigenschaften

1.5 Übersicht über die Struktur der Werkstoffe

Mit Hilfe immer stärker auflösender Untersuchungsmethoden (Licht- und Elektronenmikroskopie, Mikrosonde, Spektralanalyse) kommt man vom sichtbaren Gefüge bis zu den kleinsten Materieteilchen (Schema):

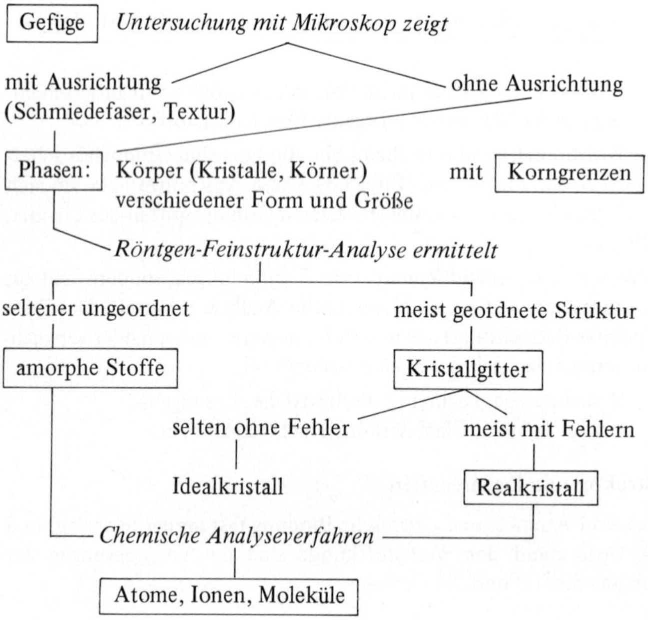

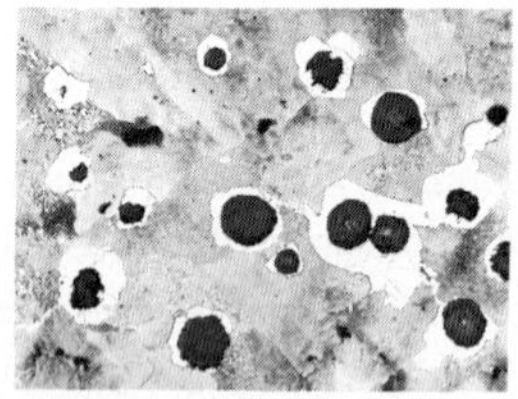

Schliffbild GGG-40

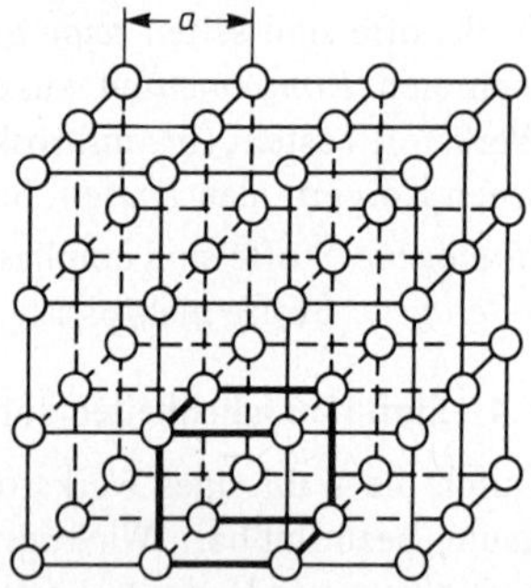

Kristallgitter mit Elementarzelle

2. Bau der Atome

In der Materie lassen sich experimentell drei beständige, d.h. nicht zerfallende Elementarteilchen nachweisen (Tafel I.3).

Tafel I.3. Elementarteilchen

Name	Kurzzeichen	Masse in g	Ladung	Massenverhältnis
Proton	p	$1{,}672 \cdot 10^{-24}$	+e	1,007 *u* [1]
Neutron	n	$1{,}674 \cdot 10^{-24}$	0	1,008 *u*
Elektron	e	$0{,}9109 \cdot 10^{-27}$	−e	0,000548 *u*

[1] atomare Masseneinheit $u = 1{,}6605 \cdot 10^{-24}$ g

2.1. Atommodelle

Hilfsvorstellungen über den möglichen Bau der nicht sichtbar zu machenden Atome (Atomdurchmesser etwa 1 nm = 10^{-3} μm) sollen chemische und physikalische Vorgänge veranschaulichen, geben aber kein wirkliches Bild dieser Vorgänge:

Chemische Vorgänge	Klärung von Bindung und räumlicher Struktur von Atomverbänden (Molekülen, Ionen)
Physikalische Vorgänge	Aussendung von Licht, Röntgen- und Laserstrahlen, Magnetismus, Prinzip der Halbleiter (Transistoren)

In Verbindung mit dem Periodischen System der Elemente (PSE) erklären sie die Eigenschaften eines Elementes durch die Struktur seiner Atome, d.h. abhängig von Elektronenhülle und Atomdurchmesser.

Den verschiedenen, mit dem Fortschritt der naturwissenschaftlichen Erkenntnisse verbesserten, Atommodellen gemeinsam ist folgende Vorstellung:

Ein positiv geladener Atomkern wird von einer negativen Elektronenhülle umgeben, so daß das Ganze nach außen elektrisch neutral wirkt. Kern- und Hüllendurchmesser verhalten sich wie $1:10^4$, dazwischen befindet sich ein praktisch materieloser Raum. Trotzdem können sich Atome nur soweit nähern, bis sich ihre Elektronenhüllen berühren.

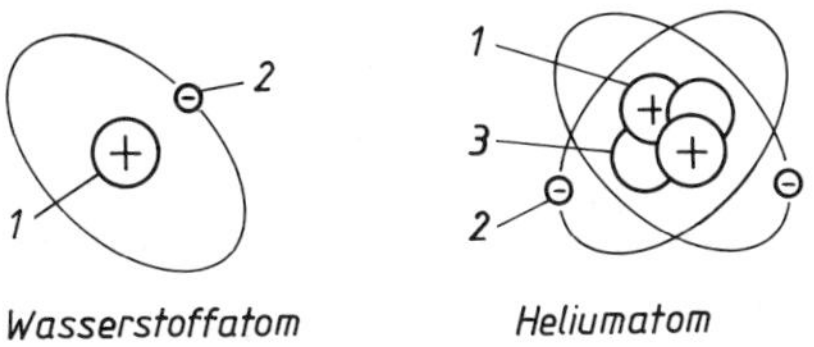

Bild I.1
Atommodell nach Bohr
1 Proton
2 Elektron
3 Neutron

Atomkern. Kompakter Körper aus den schweren Elementarteilchen (Protonen und Neutronen = Nukleonen), der von großen Energien zusammengehalten wird, die bei Spaltung oder Fusion teilweise freigesetzt werden (Massendefekt).

Protonen und Neutronen der Atome eines Elementes stehen nicht in festen Verhältnissen zueinander, die Zahl der Neutronen kann wechseln (Isotope).

2.2. Wichtige Begriffe zum Atom und Element

Kernladungszahl ist die Anzahl der Protonen im Kern eines Atoms, damit auch die Anzahl der Elektronen in der Hülle; das Atom ist elektrisch neutral.

Ordnungszahl (= Kernladungszahl) ist die Zählziffer des Elements im Periodensystem (Tafel I.6).

Massenzahl ist die Zahl der *Nukleonen* eines Atoms, d.h. die Summe aus Protonen und Neutronen.

Isotope sind Atomarten (Nuklide) mit gleicher Ordnungszahl aber verschiedener Massenzahl. Der größere Teil der Elemente besteht aus mehreren Isotopen.

Reinelemente bestehen nur aus einem Nuklid, d.h. besitzen keine Isotopen. Etwa 20 der bekannten Elemente wie z.B. F, Na, Al, P, As, J, Au.

Mischelemente bestehen aus mehreren Isotopen Atomarten wie z.B. Chlor:

Massenzahl → $^{37}_{17}Cl$ → Symbol   aus $^{35}_{17}Cl$ und $^{37}_{17}Cl$ im Verhältnis 1 : 3
Ordnungszahl →

Schreibweise für Nuklide   Zinn besitzt 10 bekannte Isotope

Relative Atommasse (Atomgewicht) ist eine experimentell gefundene mittlere Massenzahl. Bezugsgröße ist die atomare Masseneinheit u.

$$\text{Atomare Masseneinheit } u = 1{,}66 \cdot 10^{-24}\,\text{g} = \tfrac{1}{12} \text{ der Masse eines Atoms des Nuklids } ^{12}_{6}C$$

Die relative Atommasse ist ein Vielfaches davon. Im Gegensatz zu den ganzzahligen Massenzahlen sind die relativen Atommassen Dezimalzahlen (Tafel I.6). Die Ursachen dafür sind:

a) Die meisten Elemente sind Isotopengemische, b) der Massendefekt.

Massendefekt. Die Masse eines Atoms ist stets *kleiner* als die Summe seiner Elementarteilchen, d.h. praktisch Summe der Nukleonenmassen. Diese Differenz wird als Massendefekt bezeichnet. Man nimmt an, daß beim Entstehen eines Atoms aus den Elementarteilchen dieser kleine Massenverlust auftritt und sich nach dem Masse-Energie-Erhaltungssatz in einer dabei freiwerdenden Energie äußert. Masse und Energie sind *äquivalent* über

Masse-Energie-Äquivalent $W = m\,c^2$
(*Einstein/Hasenöhrl*)

W	m	c
Nm = J	kg	$\frac{\text{m}}{\text{s}}$

$c = 2{,}997 \cdot 10^{18}\,\frac{\text{m}}{\text{s}}$
(Lichtgeschwindigkeit)

Die dem Massenverlust gleichwertige Energie ist ein Maß für die *Bindung* der Nukleonen in einem Atomkern, für ihre Spaltung ist die gleiche Energie aufzuwenden. Er ist für die *schweren* Atome *klein,* deshalb sind die Atome des Astatin (Nr. 85) und die folgenden radioaktiv oder leicht *spaltbar* durch Beschuß mit Neutronen.

Bei der *Vereinigung* von Wasserstoffatomen zu Heliumatomen (Kernfusion) wird durch den Massendefekt eine *große* Energie frei, die in der Wasserstoffbombe *unkontrolliert* genutzt wurde. Die *kontrollierte* Kernfusion ist noch im Stadium der Grundlagenforschung.

Chemische Reaktionen werden durch Zusammenstöße der „Atomkugeln" eingeleitet. Dabei ändern sich nur ihre äußersten Elektronenhüllen, die Kerne bleiben davon unberührt. Aus diesem Grunde ist der Bau der Hülle für das chemische Verhalten maßgebend.

2.3. Elektronenhülle

Nach dem Modell von *Bohr* (1916) bewegen sich die Elektronen *ohne* Energieabgabe (Stabilität der Atome) auf bestimmten „Schalen" die den Kern konzentrisch umgeben. Mit steigendem Abstand können diese mehr Elektronen fassen, gleichzeitig weisen sie noch eine Unterteilung in „Nebenschalen" auf (Tafel I.4).

Tafel I.4. Besetzung der Haupt- und Nebeniveaus mit Elektronen

Hauptniveau (Schale)	K	L		M			N				O					P					Q
Hauptquantenzahl	1	2		3			4				5					6					7
Maximale Anzahl der Nebenniveaus	1	2		3			4				5					6					7
Bezeichnung der Nebenniveaus	s	s	p	s	p	d	s	p	d	f	s	p	d	f	(g)	s	p	d	f	(9)	s
Maximale Anzahl der Orbitale des Nebenniveaus	1	1	3	1	3	5	1	3	5	7	1	3	5	7	(9)	1	3	5	7	(9)	1
Maximale Anzahl der Elektronen im Nebenniveau	2	2	6	2	6	10	2	6	10	14	2	6	10	14	(18)	2	6	10	14	(18)	2
Maximale Anzahl der Elektronen im Hauptniveau $z_{max} = 2\,n^2$	2	8		18			32				(50)					(72)					

Zeichen in Klammern geben an, daß diese Zustände bisher noch nicht bei Atomen im Grundzustand beobachtet worden sind.

Weitere Forschungsergebnisse haben das Modell verändert. Statt definierter Umlaufbahnen werden *Aufenthaltsbereiche* beschrieben, in denen sich das Elektron als Ladungswolke, als stehende Welle eines elektrischen Feldes darstellt. Darin läßt sich Geschwindigkeit und Ort des Elektrons nicht genau angeben (Heisenbergs Unschärferelation). Jedes Elektron unterscheidet sich in der Art seines Schwingungszustandes von seinen Nachbarn (Pauli-Prinzip).

Die Aufenthaltsbereiche (Orbitale) durchdringen sich gegenseitig ohne Beeinflussung. Durch Energiezufuhr können Elektronen nur *quantenhafte* Energiebeträge aufnehmen und in energiereichere Orbitale springen. Dieser angeregte Zustand wird unter Abgabe von Strahlung wieder aufgegeben. Die Frequenzmischung der ausgesandten Strahlung (ihr Spektrum) ist typisch für das jeweilige Atom und damit eine Möglichkeit zu seiner Erkennung (Spektralanalyse).

Quantenzahlen. Der Energiezustand (Schwingungszustand) eines Elektrons wird durch vier Quantenzahlen beschrieben. Elektronen müssen sich in mindestens einer dieser Zahlen unterscheiden (Pauli-Prinzip).

Quantenzahl	Veranschaulichung
Haupt-Quantenzahl n	$n = 1, 2, 3, \dots, 7$; n deutet den *Abstand* des Orbitals vom Atomkern an, sie entspricht den Bezeichnungen K, L, M, ... , Q.
Neben-Quantenzahl l	$l = 0, 1, \dots, (n-1)$; l deutet die *Form* des Orbitals an. Die räumlichen Modelle dieser Orbitale werden mit den Buchstaben s, p, d, f benannt (Abkürzungen spektroskopischer Bezeichnungen) siehe Bild I.2.
Magnet-Quantenzahl m	$m = -l, \dots, 0, \dots, +l$; m deutet die *Lage* des Orbitals im Raum an. Der Name „Magnet-“ bezieht sich dabei auf das Meßverfahren.
Spin-Quantenzahl s	$s = +\frac{1}{2}$ oder $-\frac{1}{2}$; s deutet eine *Rotation* des Elektrons an, für die es nur zwei Möglichkeiten gibt. In einem Orbital können *höchstens zwei* Elektronen mit gegensinnigem Spin Platz finden.

Bild I.2 zeigt die Modelle von s- und p-Orbitalen. Wenn alle 2p-Orbitale aufgefüllt sind besitzt das Atom eine L-Schale mit 8 Elektronen, welche den Kern kugelförmig umgeben, es ist das Edelgas Neon.

Die Zustände d und f ergeben kompliziertere Modelle. Diese Orbitale erfüllen weitere Räume *zwischen* den Achsen x, y und z.

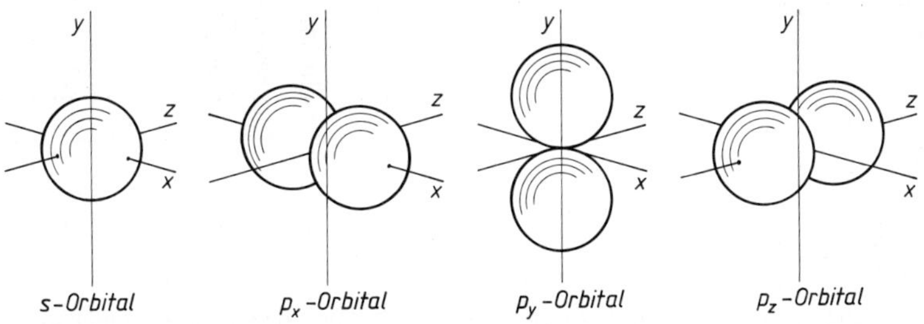

Bild I.2. Modelle der s- und p-Orbitale

Hundsche Regel: Jeder Orbital wird zunächst *einfach* besetzt, das hinzukommende Elektron wird in den noch unbesetzten energieärmsten Orbital eingebaut. Tafel I.5 zeigt die relativen Energieniveaus und ein Beispiel.

3. Periodensystem der Elemente (PSE)

Systematische Anordnung der chemischen Elemente in Perioden und Gruppen aufgrund chemischer Ähnlichkeiten (*Meyer* und *Mendelejeff* 1869), später berichtigt. Ordnungsprinzip ist die Kernladungszahl. Das PSE ist damit ein Abbild der Systematik der Elektronenhülle.

3.1. Begriffe zum Periodensystem der Elemente

Periode: Waagerechte Zeile im PSE, enthält Elemente, deren Außenelektronen die gleiche Hauptquantenzahl besitzen. Am Ende jeder Periode steht ein Edelgas (s- und p-Orbitale voll). In einer

Tafel I.5. Energieniveaus in der Elektronenhülle

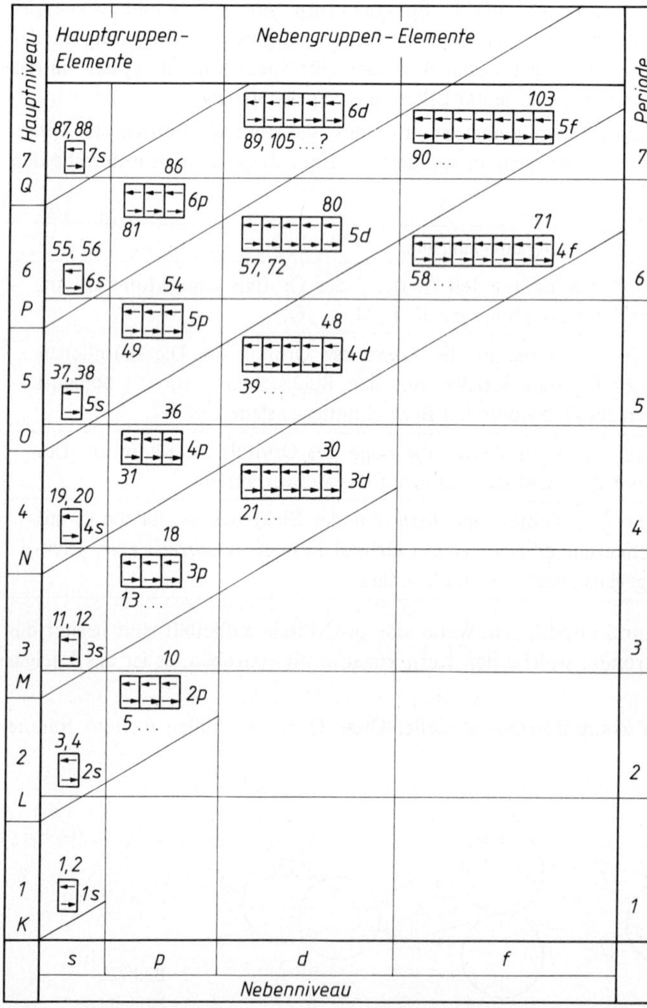

Beispiel: Beschreibung der Elektronenbesetzung des Elementes Nr. 15 Phosphor.

Elektronenbesetzung: $1s^2$; $2s^2$; $2p^6$; $3s^2$; $3p^3$ mit insgesamt 15 Elektronen

Symbolische Darstellung:

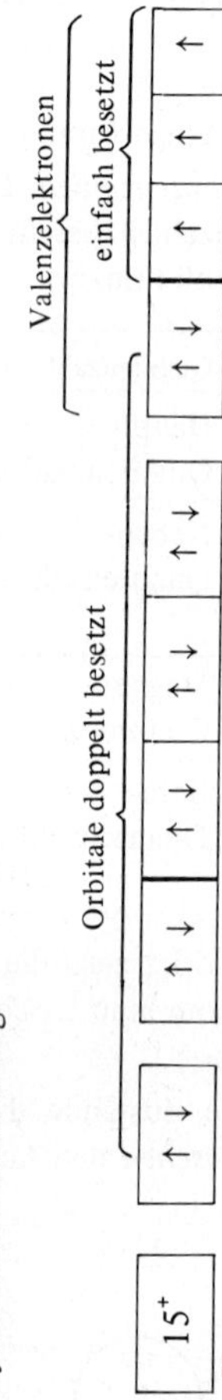

Periode steigt die Kernladung nach rechts an, dadurch wirkt sie stärker anziehend auf die Hülle → Atomradius sinkt. Nur das Edelgasatom hat einen größeren Radius. Nach jedem Edelgas mit 8 Elektronen (Oktett) in der Außenschale muß eine neue Periode beginnen, das nächste Element baut eine neue Schale auf, d.h. bei ihm wird das nächste s-Orbital einfach besetzt.

Gruppe: Senkrechte Spalte im PSE, enthält alle Elemente, deren Außenelektronen *gleiche Nebenquantenzahlen* (Form der Orbitale) besitzen. Damit erhöht sich innerhalb einer Gruppe der Atomradius mit steigender Ordnungszahl.

Hauptgruppe: Enthält Elemente, deren Atome die inneren Nebenniveaus voll besetzt haben, das hinzukommende Elektron wird in ein s- oder p-Orbital eingebaut. Sie werden deshalb als s- oder p-Elemente bezeichnet.

Nebengruppe: Enthält Elemente, deren Atome die vorhandenen Nebenniveaus noch nicht voll besetzt haben, das hinzukommende Elektron wird in ein d- oder f-Orbital eingebaut. Sie werden deshalb als d- oder f-Elemente bezeichnet.

3.2. Periodensystem in Verbindung mit dem Aufbau der Elektronenhülle (Tafel I.5)

Periode 1: Die Elemente Wasserstoff $_1H$ und $_2He$ bauen das Hauptniveau 1 (Schale K) mit max. 2 Elektronen auf. He hat eine abgeschlossene Außenschale und ist ein Edelgas.

Periode 2: Das folgende Lithium $_3Li$ muß ein neues Hauptniveau (Schale L) beginnen und besetzt $2s^1$. Es schließen sich 7 Atome an, die das s- und die p-Orbitale bis auf 8 Elektronen auffüllen. Am Ende steht das Edelgas Neon $_{10}Ne$.

Periode 3: Das folgende Natrium $_{11}Na$ muß ein neues Hauptniveau (Schale M) beginnen und besetzt $3s^1$. Es schließen sich 7 Atome an, die das 3s- und die 3p-Orbitale bis auf 8 Elektronen auffüllen. Am Ende steht das Edelgas Argon $_{18}Ar$.

Periode 4: Zunächst kann das Hauptniveau 3 nicht weiter bis auf die maximale Zahl von 18 Elektronen aufgefüllt werden. Aus energetischen Gründen (Tafel I.5) wird beim folgenden Kalium $_{19}K$ das Elektron in $4s^1$ eingebaut, beim Calcium $_{20}Ca$ in $4s^2$. Nach diesem abgeschlossenem Nebenniveau werden bei den folgenden 10 Elementen die 3d-Orbitale aufgefüllt (Nebengruppen-Elemente Nr. 21 bis 30). Mit 2 Ausnahmen (Cr und Cu) haben sie zwei 4s-Elektronen als Valenzelektronen, dazu noch solche der 3d-Orbitale (Tafel I.6, Erläuterungen 10).

Bei den folgenden Hauptgruppenelementen Nr. 31 bis 36 werden die 4p-Orbitale bis auf 8 Elektronen aufgefüllt. Am Ende steht das Edelgas Krypton $_{36}Kr$.

Periode 5: Hier wiederholt sich die Unregelmäßigkeit der 3. Periode. Die Atome Rubidium $_{37}Rb$ und Strontium $_{38}Sr$ besetzen das 5s-Orbital.

Das Niveau der nächsthöheren Energiestufe ist 4d. Es wird bei den folgenden Nebengruppenelementen Nr. 39 bis 48 aufgefüllt. Dann erst werden in den Hauptgruppen die 5p-Orbitale auf 8 Elektronen aufgefüllt. Am Ende steht das Edelgas Xenon $_{54}Xe$.

Periode 6: Mit steigender Hauptquantenzahl erhöht sich die Zahl der möglichen Nebenniveaus in den tieferliegenden „Schalen". Nach einer Besetzung des 6s-Orbitals bei den Elementen Cäsium $_{55}Cs$ und Barium $_{56}Ba$ sind energetisch (Tafel I.5) die 4f-Orbitale an der Reihe. Zunächst wird noch beim Lanthan $_{57}La$ das Elektron in 5d eingebaut. Die folgenden 14 Elemente (Lanthaniden oder seltene Erden) Nr. 58 bis 71 füllen die 4f-Orbitale auf, dabei haben sie gleiche 6s-Außen-Elektronen und sind sich chemisch sehr ähnlich.

Es folgen die Nebengruppenelemente Nr. 72 bis 80, welche die 5d-Orbitale auffüllen. Die Periode schließt wie die vorigen mit 6 Hauptgruppenelementen, bei denen die 6p-Orbitale zu einer abgeschlossenen Außenschale vervollständigt werden. Am Ende steht das Edelgas Radon $_{86}Rn$.

Die letzten drei dieser Periode sind bereits radioaktiv, eine Erscheinung die sich in der 7. Periode fortsetzt.

Periode 7: Hier wiederholt sich die Systematik der 6. Periode. Zwei Hauptgruppenelemente Francium $_{87}Fr$ und Radium $_{88}Ra$ besetzen das Orbital 7s, das folgende beginnt zunächst 6d, dann bricht dieses Nebenniveau ab und analog zu den Lanthaniden folgt eine Gruppe von Elementen, bei denen das Nebenniveau 5f aufgefüllt wird. Es sind dies die *Actiniden,* d.h. die auf das Actinium $_{89}Ac$ folgenden Elemente. Von ihnen sind Thorium, Protactinium und Uran natürlich vorkommende Elemente, die folgenden (Transurane) künstlich erzeugt. Das letzte dieser bisher bekanntgewordenen Elemente ist das erste einer Reihe von Nebengruppenelementen, bei denen wahrscheinlich 6d aufgefüllt wird. Transurane haben sehr kleine Halbwertszeiten, so daß ihre Untersuchung schwierig und noch nicht abgeschlossen ist. Zudem sind sie z.T. nur in extrem kleinen Massen verfügbar.

Tafel I.6. Periodensystem der Elemente

Periodensyst

Haupt- Ia | IIa — Neben- IIIb

Erläuterungen:

1.	2.
3. 5.	4. 7. 6.
8.	
9.	10.
11. 12.	

1. Ordnungszahl
2. Atomgewicht, bezogen auf 1/12 der Masse des Kohlenstoffisotops $^{12}_{6}C$ der auf der Erde vorkommenden Isotopenmischung.
3. Die Punkte machen Angaben über die Dichte der Elemente: $\cdot$: $\varrho<5$; $\cdot\cdot$: $5<\varrho<10$; $\cdot\cdot\cdot$: $10<\varrho<15$; $\cdot\cdot\cdot\cdot$: $15<\varrho<20$; $\cdot\cdot\cdot\cdot\cdot$: $20<\varrho$ (jeweils in kg/dm³).
4. Ein* bedeutet, daß das Element nur künstlich erzeugt werden kann.
5. Siedepunkt in °C
6. Schmelzpunkt in °C (**As** sublimiert bei 613 °C und 760 Torr)
7. Ist das Elementsymbol farbig eingetragen, so sind alle Isotope radioaktiv.
8. Ist der Name des Elementes farbig gedruckt, so handelt es sich um ein Edelmetall: (**Cu, Hg**: Halbedelmetalle).
9. Es bedeutet:
   B (B): Elemente mit (stark) basischen Oxiden
   S (S): Elemente mit (stark) sauren Oxiden
   BS : Elemente mit basischen und sauren bzw. amphoteren Oxiden
10. Die Punkte bedeuten Wertigkeiten, und zwar ein schwarzer Punkt eine Hauptwertigkeit, ein farbiger die wichtigste Wertigkeit. Die Striche dienen nur dem Abzählen: Vom größeren mittleren Strich aus ist nach oben positiv, nach unten negativ zu zählen.
11. Elektronegativität (nach L. Pauling)
12. Elektronenverteilung. Sie entspricht dem Grundzustand. Farbig angegebene Elektronen sind für das chemische Verhalten maßgeblich.
13. Die schwarze Linie bedeutet die Grenze zwischen Metallen und Nichtmetallen. Si spaltet sich bei den Halbmetallen auf. Angegeben sind jeweils die wichtigsten M difikationen (z.B. gilt für **C**: Graphit: Halbmetall, Diamant: Nichtmetall).
14. Die farbige Linie bedeutet die Grenze zwischen (bei 20 °C) gasförmigen und fes Elementen (mit zwei Ausnahmen: **Br, Hg** sind flüssig).

Nr.	Atomgewicht	Symbol	Name	Siedepunkt	Schmelzpunkt	Oxide	Elektronegativität	Elektronenverteilung
1	1,00797	H	Wasserstoff	-252,7	-259,2	BS	2,1	1
3	6,939	Li	Lithium	1330	180,5	B	1,0	2 / 1
4	9,0122	Be	Beryllium	2770	1277	BS	1,5	2 / 2
11	22,990	Na	Natrium	892	97,8	B	0,9	2 / 2 6 / 1
12	24,312	Mg	Magnesium	1107	650	B	1,2	2 / 2 6 / 2
19	39,102	K	Kalium	760	63,7	B	0,8	2 / 2 6 / 2 6 / 1
20	40,08	Ca	Calcium	1440	838	B	1,0	2 / 2 6 / 2 6 / 2
21	44,956	Sc	Scandium	2730	1539	B	1,3	2 / 2 6 / 2 6 1 / 2
37	85,47	Rb	Rubidium	688	38,9	B	0,8	2 / 2 6 / 2 6 10 / 2 6 / 1
38	87,62	Sr	Strontium	1380	768	B	1,0	2 / 2 6 / 2 6 10 / 2 6 / 2
39	88,905	Y	Yttrium	2927	1509	B	1,3	2 / 2 6 / 2 6 10 / 2 6 1 / 2
55	132,90	Cs	Cäsium	690	28,7	B	0,7	2 / 2 6 / 2 6 10 / 2 6 10 / 2 6 / 1
56	137,34	Ba	Barium	1640	714	B	0,9	2 / 2 6 / 2 6 10 / 2 6 10 / 2 6 / 2
57	138,91	La	Lanthan	3470	920	B	1,1	2 / 2 6 / 2 6 10 / 2 6 10 / 2 6 1 / 2
58	140,12	Ce	Cer	3468	795	B	1,1	2 / 2 6 / 2 6 10 / 2 6 10 2 / 2 6 / 2
59	140,91	Pr	Praseodym	3127	1024	B	1,1	2 / 2 6 / 2 6 10 / 2 6 10 3 / 2 6 / 2
60	144,24	Nd	Neodym	3027	1024	B	1,2	2 / 2 6 / 2 6 10 / 2 6 10 4 / 2 6 / 2
61	–	Pm*	Promethium	–	–	B	–	2 / 2 6 / 2 6 10 / 2 6 10 5 / 2 6 / 2
62	150,35	Sm	Samarium	1900	1072	B	1,2	2 / 2 6 / 2 6 10 / 2 6 10 6 / 2 6 / 2
63	151,96	Eu	Europium	1439	826	B	–	2 / 2 6 / 2 6 10 / 2 6 10 7 / 2 6 / 2
64	157,25	Gd	Gadolinium	3000	1312	B	1,1	2 / 2 6 / 2 6 10 / 2 6 10 7 / 2 6 1 / 2
65	158,92	Tb	Terbium	2800	1356	B	1,2	2 / 2 6 / 2 6 10 / 2 6 10 9 / 2 6 / 2
66	162,50	Dy	Dysprosium	2600	1407	B	–	2 / 2 6 / 2 6 10 / 2 6 10 10 / 2 6 / 2
67	164,93	Ho	Holmium	2600	1461	B	1,2	2 / 2 6 / 2 6 10 / 2 6 10 11 / 2 6 / 2
68	167,26	Er	Erbium	2900	1497	B	1,2	2 / 2 6 / 2 6 10 / 2 6 10 12 / 2 6 / 2
69	168,93	Tm	Thulium	1727	1545	B	1,2	2 / 2 6 / 2 6 10 / 2 6 10 13 / 2 6 / 2
70	173,04	Yb	Ytterbium	1427	824	B	1,1	2 / 2 6 / 2 6 10 / 2 6 10 14 / 2 6 / 2
87	–	Fr	Francium	–	27	B	0,7	2 / 2 6 / 2 6 10 / 2 6 10 14 / 2 6 10 / 2 6 / 1
88	–	Ra	Radium	–	700	B	0,9	2 / 2 6 / 2 6 10 / 2 6 10 14 / 2 6 10 / 2 6 / 2
89	–	Ac	Actinium	–	1050	B	1,1	2 / 2 6 / 2 6 10 / 2 6 10 14 / 2 6 10 / 2 6 1 / 2
90	232,04	Th	Thorium	3850	1750	B	1,3	2 / 2 6 / 2 6 10 / 2 6 10 14 / 2 6 10 / 2 6 2 / 2
91	–	Pa	Proctatinium	–	–	B	1,5	2 / 2 6 / 2 6 10 / 2 6 10 14 / 2 6 10 2 / 2 6 1 / 2
92	238,03	U	Uran	3818	1132	BS	1,7	2 / 2 6 / 2 6 10 / 2 6 10 14 / 2 6 10 3 / 2 6 1 / 2
93	–	Np*	Neptunium	–	–	BS	1,3	2 / 2 6 / 2 6 10 / 2 6 10 14 / 2 6 10 4 / 2 6 1 / 2
94	–	Pu*	Plutonium	3235	640	BS	1,3	2 / 2 6 / 2 6 10 / 2 6 10 14 / 2 6 10 5 / 2 6 1 / 2
95	–	Am*	Americium	–	–	–	–	2 / 2 6 / 2 6 10 / 2 6 10 14 / 2 6 10 7 / 2 6 / 2
96	–	Cm*	Curium	–	–	–	–	2 / 2 6 / 2 6 10 / 2 6 10 14 / 2 6 10 7 / 2 6 1 / 2
97	–	Bk*	Berkelium	–	–	–	–	2 / 2 6 / 2 6 10 / 2 6 10 14 / 2 6 10 8 / 2 6 1 / 2
98	–	Cf*	Californium	–	–	–	–	2 / 2 6 / 2 6 10 / 2 6 10 14 / 2 6 10 9 / 2 6 1 / 2
99	–	Es*	Einsteinium	–	–	–	–	2 / 2 6 / 2 6 10 / 2 6 10 14 / 2 6 10 10 / 2 6 1 / 2
100	–	Fm*	Fermium	–	–	–	–	2 / 2 6 / 2 6 10 / 2 6 10 14 / 2 6 10 11 / 2 6 1 / 2
101	–	Md*	Mendelevium	–	–	–	–	2 / 2 6 / 2 6 10 / 2 6 10 14 / 2 6 10 12 / 2 6 1 / 2
102	–	No*	Nobelium	–	–	–	–	2 / 2 6 / 2 6 10 / 2 6 10 14 / 2 6 10 13 / 2 6 1 / 2

Lanthanide und Actinide

s p d f

Elemente

-gruppen: IIIa, IVa, Va, VIa, VIIa, Edelgase o
-gruppen: Vb, VIb, VIIb, VIIIb, Ib, IIb

gasförmig — Nichtmetall
Halbmetall
fest bei 20° C (Ausnahme: Br, Hg: flüssig) — Metall

Nr.	Symbol	Name	Atommasse	Temp. 1	Temp. 2	Wert (Schalenfeld)
2	He	Helium	4,0026	-268,9	-269,7	
5	B	Bor	10,811	3927	2030	2,0
6	C	Kohlenstoff	12,011	4830	3727	2,5
7	N	Stickstoff	14,007	-195,8	-210	3,0
8	O	Sauerstoff	15,999	-183	-218,8	3,5
9	F	Fluor	18,998	-188,2	-219,6	4,0
10	Ne	Neon	20,183	-246	-248,6	
13	Al	Aluminium	26,982	2450	660	1,5
14	Si	Silicium	28,086	2680	1410	1,8
15	P	Phosphor	30,974	280	44,2	2,1
16	S	Schwefel	32,064	444,6	119,0	2,5
17	Cl	Chlor	35,453	-34,7	-101,0	3,0
18	Ar	Argon	39,948	-185,8	-189,4	
23	V	Vanadin	50,942	3450	1900	1,6
24	Cr	Chrom	51,996	2665	1875	1,6
25	Mn	Mangan	54,938	2150	1245	1,5
26	Fe	Eisen	55,847	3000	1536	1,8
27	Co	Kobalt	58,933	2900	1495	1,8
28	Ni	Nickel	58,71	2730	1453	1,8
29	Cu	Kupfer	63,54	2595	1083	1,9
30	Zn	Zink	65,37	906	419,5	1,6
31	Ga	Gallium	69,72	2237	29,8	1,6
32	Ge	Germanium	72,59	2830	937,4	1,8
33	As	Arsen	74,922	613	s	2,0
34	Se	Selen	78,96	685	217	2,4
35	Br	Brom	79,909	58	-7,2	2,8
36	Kr	Krypton	83,80	-152	-157,3	
41	Nb	Niob	92,906	3300	2468	1,6
42	Mo	Molybdän	95,94	5560	2610	1,8
43	Tc*	Technetium		2200	[illegible]	1,9
44	Ru	Ruthenium	101,07	4900	2500	2,2
45	Rh	Rhodium	102,90	4500	1966	2,2
46	Pd	Palladium	106,4	3980	1552	2,2
47	Ag	Silber	107,87	2210	960,8	1,9
48	Cd	Cadmium	112,40	765	320,9	1,7
49	In	Indium	114,82	2000	156,2	1,7
50	Sn	Zinn	118,69	2270	231,9	1,8
51	Sb	Antimon	121,75	1380	630,5	1,9
52	Te	Tellur	127,60	989,8	449,5	2,1
53	J	Jod	126,90	183	113,7	2,5
54	Xe	Xenon	131,30	-108,0	-111,9	
73	Ta	Tantal	180,95	5425	2996	1,5
74	W	Wolfram	183,85	5930	3410	1,7
75	Re	Rhenium	186,2	5900	3180	1,9
76	Os	Osmium	190,2	5500	2700	2,2
77	Ir	Iridium	192,2	5300	2454	2,2
78	Pt	Platin	195,09	4530	1769	2,2
79	Au	Gold	196,97	2970	1063	2,4
80	Hg	Quecksilber	200,59	357	-38,4	1,9
81	Tl	Thallium	204,37	1457	303	1,8
82	Pb	Blei	207,19	1725	327,4	1,8
83	Bi	Wismut	208,98	1560	271,3	1,9
84	Po	Polonium	–	965	254	2,0
85	At	Astat	–	380	302	2,2
86	Rn	Radon	–	-61,8	-71	

105, 106, 107, 108, 109, 110, 111, 112, 113, 114, 115, 116, 117, 118

Schale: K, L, M, N, O, P, Q — Periode: 1, 2, 3, 4, 5, 6, 7 — Zustand

Elementsymbole, alphabetisch

Ac	Ag	Al	Am	Ar	As	At	Au	B	Ba	Be	Bi	Bk	Br	C	Ca	Cd	Ce	Cf	Cl	Cm	Co	Cr	Cs	Cu	Dy
89	47	13	95	18	33	85	79	5	56	4	83	97	35	6	20	48	58	98	17	96	27	24	55	29	66
Er	Es	Eu	F	Fe	Fm	Fr	Ga	Gd	Ge	H	He	Hf	Hg	Ho	In	Ir	J	K	Kr	Ku	La	Li	Lr	Lu	Md
68	99	63	9	26	100	87	31	64	32	1	2	72	80	67	49	77	53	19	36	104	57	3	103	71	101
Mg	Mn	Mo	N	Na	Nb	Nd	Ne	Ni	No	Np	O	Os	P	Pa	Pb	Pd	Pm	Po	Pr	Pt	Pu	Ra	Rb	Re	Rh
12	25	42	7	11	41	60	10	28	102	93	8	76	15	91	82	46	61	84	59	78	94	88	37	75	45
Rn	Ru	S	Sb	Sc	Se	Si	Sm	Sn	Sr	Ta	Tb	Tc	Te	Th	Ti	Tl	Tm	U	V	W	Xe	Y	Yb	Zn	Zr
86	44	16	51	21	34	14	62	50	38	73	65	43	52	90	22	81	69	92	23	74	54	39	70	30	40

nach Rainer Engelhard

3.3. Periodizität der Eigenschaften

Nach dem Verhalten der Elektronen in den energiereichsten äußersten Niveaus (Valenzelektronen) lassen sich die Elemente in Metalle und Nichtmetalle einteilen (Tafel I.7).

Tafel I.7. Gegenüberstellung Metall – Nichtmetall

Element	Elektronen in Außenschale	Bindung an den Atomkern	Elektronegativität [1]	Verhalten des Atoms	Charakter
Metall	wenige, 1 ... (4)	schwächer	gering	Abspaltung von Elektronen und Bildung von positiven Ionen (Kationen)	elektropositiv
Nichtmetall	viele, 5 ... 7	stärker	hoch	Anziehung von Elektronen und Bildung von negativ geladenen Ionen (Anionen)	elektronegativ

[1] Elektronegativität: Empirische Skala nach *Pauling*, gibt das Bestreben eines Atoms an, die Elektronen eines anderen Elementes an sich zu ziehen. Hängt mit dem Radius des Atoms zusammen, so daß das kleinste Atom Fluor (r = 7,2 nm) die höchste Elektronegativität besitzt (Tafel I.6, Erläuterungen Punkt 11)

Die Neigung zum Abgeben oder Aufnehmen von Elektronen hängt von Kernladung und Atomradius ab.

Innerhalb einer Periode: → Atomradius sinkt, Valenzelektronen stärker gebunden, Elektronegativität steigt, Nichtmetallcharakter wird stärker.

Innerhalb einer Gruppe: ↓ Atomradius steigt, Valenzelektronen schwächer gebunden, Elektronegativität sinkt, Metallcharakter wird stärker.

Deshalb wird das PSE durch eine *diagonal* verlaufende Linie in ein links und unten liegendes Feld der Metalle und ein rechts und oben liegendes der Nichtmetalle geteilt. Diese Linie ist gespalten und umfaßt das Feld der Halbmetalle (Tafel I.6, Erläuterungen 6).

Den Zusammenhang zwischen Eigenschaften und Atomvolumen zeigt Bild I.3. Jede Periode beginnt mit einem Element von größtem Atomvolumen. Es sind die Alkalimetalle der Hauptgruppe I. Infolge des nur schwach gebundenen Valenzelektrons sind sie unbeständig und reagieren heftig mit Wasser (vom Li zum Cs zunehmend). Die zweiten Elemente jeder Periode (Erdalkalimetalle Hauptgruppe II) zeigen diese Erscheinung erst beim Ca, während die kleineren Be und Mg metallische Werkstoffe sind. In den Tieflagen der Kurve sind die technisch wichtigen und hinreichend beständigen Gebrauchsmetalle zu finden.

Die Gruppe der Lanthaniden zeigt, daß trotz wachsender innerer Elektronenbesetzung das Atomvolumen *sinkt,* eine Folge der stärker werdenden Kernanziehung bei steigender Kernladungszahl. So kommt es, daß die Übergangselemente in den Perioden 5 und 6 fast gleiche Atomvolumina besitzen, d.h. auch etwa gleiche Atomradien. Folge: Die zweiten und dritten Elemente der Nebengruppen sind sich chemisch sehr ähnlich.

Beispiel:

Nebengruppe VI B	Alle kristallisieren krz, sind starke Carbidbildner, Mo kann W in Werkzeugstählen ersetzen. *Steigende* Schmelztemperaturen.	Nebengruppe IV B	Alle kristallisieren hex/krz, Zr und Hf sehr schwer trennbar. Rein-Zr wird als Reaktorwerkstoff benötigt.
24 Chrom 42 Molybdän 74 Wolfram		22 Titan 40 Zirkon 72 Hafnium	

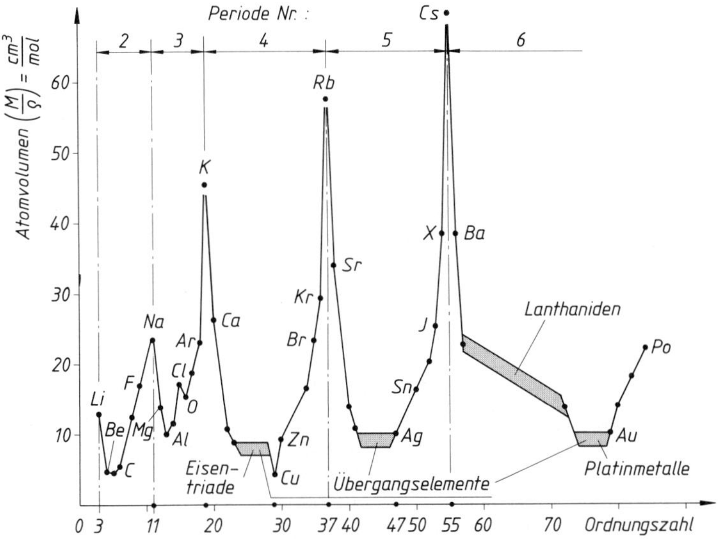

Bild I.3. Atomvolumen in Abhängigkeit von der Ordnungszahl

4. Chemische Bindung

4.1. Hauptbindungsarten

Außer Edelgasen und einigen Edelmetallen kommen die Elemente in der Natur nur chemisch gebunden vor, oder gehen bei Kontakt miteinander chemische Bindungen ein.

Ursache ist das Streben nach einem stabileren, d.h. energieärmeren Zustand. Nach der Elektronentheorie der Valenz (*Kossel* und *Lewis,* 1916) versuchen Atome ihre Elektronenhüllen dem nächstliegenden Edelgas anzugleichen, d.h. das „Oktett" von 8 Elektronen im energiereichsten Niveau zu bilden.

Je nach Stellung im PSE (damit der Elektronegativität) erreichen die Elemente das Oktett (auch Edelgaskonfiguration genannt) auf verschiedene Weise (Tafel I.8).

Bei *Hauptgruppen*elementen ändern sich dabei die Elektronenbesetzung der äußersten Schale (Hauptniveau mit größter Haupt-QZ). Diese Valenzelektronen binden die Atome zu größeren Atomverbänden.

Bei *Nebengruppen*elementen werden neben den Außenelektronen auch einige der nächstinneren Schale als Valenzelektronen eingesetzt.

Im PSE, Tafel I.6 sind die möglichen Valenzelektronen markiert (Erläuterungen).

Bei allen drei Bindungsarten treten elektrisch ungleich geladene Teilchen (oder Felder) auf, die sich nach der Coulombschen Gleichung elektrostatisch anziehen:

$$\text{Kraft } F \approx \frac{e^+ \cdot e^-}{a^2} \quad \text{(Produkt der Ladungen, dividiert durch Abstandsquadrat!)}$$

Tafel I.8. Chemische Bindungen, Bindungsarten

Name	Metallbindung	Ionenbindung	Atombindung	
weitere Bezeichnungen	metallische Bindung	heteropolare, elektrovalente B.	homöopolare, kovalente B., Elektronenpaarbindung	
Bindungspartner	Metallatome	Metallatome/ Nichtmetallatome	Nichtmetallatome	
Elektronegativität und deren Unterschied	niedrig (elektropositiv) klein bis Null	groß	hoch (elektronegativ) klein bis Null	
Änderung in der Elektronenhülle, Aktion der Valenzelektronen	Abgabe der Valenzelektronen zum „Elektronengas"	Übergang der Valenzelektronen zum Anion Ionenbildung	Elektronenpaarbildung durch Überlappung einfach besetzter Orbitale Molekülbildung	
	freie Elektronen	Elektronen ortsgebunden	Elektronen ortsgebunden (lokalisiert)	
Richtung der Bindungskräfte	allseitig wirkend	allseitig wirkend	unter bestimmten Winkeln wirkend	Sonderfall, Elemente der Kohlenstoffgruppe IV PSE
entstehender Atomverband sowie	Metallionen von platzwechselnden Elektronen verknüpft	positive Metallionen (Kationen) und negative Nichtmetallionen (Anionen) in regelmäßiger Anordnung	Moleküle durch schwache zwischenmolekulare Kräfte zusammengehalten	Atome durch räumlich gerichtete Elektronenpaarbindungen zusammengehalten
Feinstruktur	Metallgitter	Ionengitter (Riesenmolekül)	Molekülgitter	Atomgitter (Diamantgitter)
Aus Bindungskräften und Feinstruktur sich ergebende Eigenschaften	Leiter I. Klasse (Elektronenleiter)	Leiter II. Klasse (Ionenleiter)	Nichtleiter	Halbleiter (bei Erwärmung besser)
	plastische Verformbarkeit in kaltem Zustand	keine plastische Verformbarkeit	keine plastische Verformbarkeit	hohe Härte, keine plastische Verformbarkeit
		hohe Schmelz- und Siedepunkte	niedrige Schmelz- und Siedepunkte	hohe Schmelzpunkte
Stoffbeispiele	Metalle und Legierungen	Oxide, Hydroxide, Salze	Kohlenstoffverbindungen, elementare Gase (außer Edelgasen) Kunststoffe	Diamant, Silicium, Germanium, Siliciumcarbid, Bornitrid

Die Ionen können in Gittern als Kugeln betrachtet werden, so daß sich der Abstand a angenähert als Summe der Ionenradien ergibt. Bild I.4 zeigt schematisch, wie in Ionengittern die Anziehung von Kation und Anionen die Abstoßung der Anionen überwiegt, so daß eine starke Bindungskraft resultiert.

Bei der Elektronenpaarbindung bildet die Überlappungszone den negativ geladenen Bereich, der die positiven Atomkerne bindet. Hierbei sind Tiefe der Überlappung und damit der Grad der Annäherung bestimmend für die Stärke der Bindung (Bild I.5).

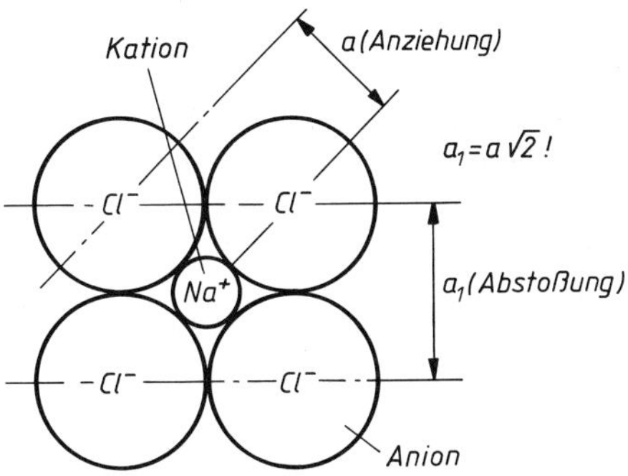

Bild I.4. Ionenbindung NaCl

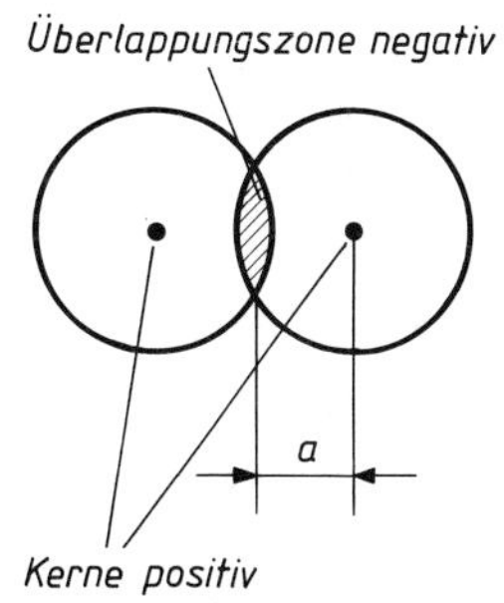

Bild I.5. Atombindung Cl_2

4.2. Übergangsformen

Zwischen den wenigen reinen Vertretern der drei Bindungsarten existieren alle möglichen Übergangsformen.

Polarisierte Atombindung: Atombindung zwischen Nichtmetallen mit unterschiedlicher Elektronegativität. Das bindende Elektronenpaar verlagert sich zum negativeren Partner.

Beispiel: H = 2,1; Cl = 3,0; Chlorwasserstoff HCl

$+\delta \; -\delta$

H–Cl| Folge: + (H–Cl) –

Ladung $\delta \approx 0{,}2 \cdot e^-$ Dipol

Die polarisierte Atombindung ist als fließender Übergang zwischen den reinen Formen der Atombindung (Nichtmetallatome gleicher Elektronegativität) und der Ionenbindung (Metall- mit Nichtmetallatom) zu betrachten.

Dipol: Molekül mit polarisierter Atombindung, bei dem die Schwerpunkte der Ladung beider Teilchen nicht zusammenfallen, so daß das Molekül ein positives und negatives Ende besitzt.

Wichtige Dipole: Wasser H_2O, Ammoniak NH_3 (flüssig), Fluorwasserstoff HF (flüssig)

Dipole haben hohe Dielektrizitätskonstante und sind dadurch Lösungsmittel für Ionenverbindungen.

Die beiden Enden eines Dipolmoleküls wirken auf Ionen anziehend bzw. abstoßend. Dadurch umgeben sich Ionen mit einer Hülle von Dipolen, welche die elektrostatische Anziehung der Ionen verringern. Dadurch entstehen die freibeweglichen Ionen in z.B. Lösungen des Wassers → elektrolytische Dissoziation.

4.3. Wertigkeiten (PSE, Tafel I.6, Erläuterungen 10)

Atome treten nicht nur paarweise zu chemischen Bindungen zusammen, sondern je nach Zahl ihrer Valenzelektronen auf vielfältige Weise. Wertigkeit oder Valenz ist eine quantitative Angabe über die Anzahl der Bindungen, die ein Atom in einer Verbindung besitzt. Wir müssen dabei unterscheiden:

Stöchiometrische Wertigkeit. Ganzzahlige Angabe über das Verhältnis, mit dem Atome oder -gruppen das Wasserstoffatom binden oder ersetzen können. Neben dem einwertigen Wasserstoff H kann auch der zweiwertige Sauerstoff O als Bezugsgröße dienen.

Ionenwertigkeit, Ladungszahl. Ganzzahlige Angabe mit Vorzeichen; kennzeichnet die Anzahl der aufgenommenen Elektronen (Minus-Zeichen) oder der abgegebenen Elektronen (Pluszeichen).

Der Betrag der Ionenwertigkeit stimmt mit der stöchiometrischen Wertigkeit überein.

Beispiel: Schwefelsäure H_2SO_4; der Säurerest $(SO_4)^{2-}$ hat die Ladungszahl −2 und die stöchiometrische Wertigkeit 2.

Bindigkeit, Bindungswertigkeit. Ganzzahlige Angabe; kennzeichnet die Anzahl der Elektronen, die das Atom mit seinem Partner gemeinsam besitzt. Bindigkeit und Wertigkeit stimmen nicht immer überein!

Beispiel: C-Atome

Methan CH_4: Wertigkeit 4, Bindigkeit 4; Äthen C_2H_4: Wertigkeit 2, Bindigkeit 4

Bindigkeit mit Hilfe der Elektronenformeln oder Strukturformeln erklärbar.

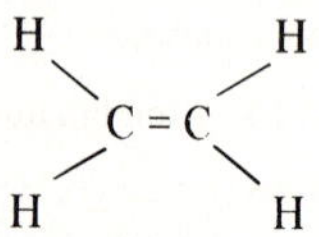

Strukturformel

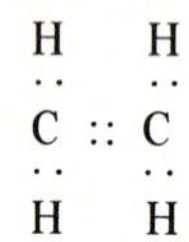

Elektronenformel

Koordinationszahl. Angabe über die Zahl der unmittelbaren Nachbarteilchen im Raumgitter und Komplex-Ionen. Sie läßt einen Schluß auf die Struktur und den Modellkörper zu, den das Teilchen mit diesen Nachbarn bildet.

Bei Komplex-Ionen gibt die Koordinationszahl an, wieviele Liganden (Ionen oder Moleküle) um das sogenannte Zentralion angeordnet sind. Es sind alle Zahlen von 2 ... 8 möglich, häufig sind die geraden Koordinationszahlen.

Koordinationszahl	Modellkörper	Raumgitterstruktur, Beispiel
4	Tetraeder	Diamantgitter
6	Oktaeder	kubisch-einfach, Kochsalzgitter
8	Würfel	kubisch-raumzentriert, α-Eisen
12	Würfel	kubisch-flächenzentriert, γ-Eisen, Blei
12	hexagonales Prisma	hexagonal-dichteste Packung, Zink, Magnesium

5. Wichtige Gruppen der chemischen Verbindungen

5.1. Oxide

Verbindungen des Sauerstoffs (Oxygenium) mit den anderen Elementen, die alle, außer Edelmetallen und Edelgasen, eine starke Affinität zu ihm besitzen. Sie sind in der Natur weit verbreitet. *Schwermetalloxide* sind Ausgangsstoffe für die Gewinnung der reinen Metalle und werden als pulverförmige Farbstoffe verwendet (Pigmentfarben). *Leichtmetalloxide* haben hohe Schmelztemperatur und liefern hitzebeständige Werkstoffe (oxydkeramische Schneidstoffe). *Nichtmetalloxide* sind z.T. gasförmig. Nur die festen Oxide des Siliciums, Arsens und Bors kommen vor, daneben Wasser als Oxid des Wasserstoffs. Die Oxide des Schwefels und Kohlenstoffs sind geringe Anteile der Luft.

5.2. Hydroxide (Basen, Laugen)

Sie entstehen durch Einwirken von Wasser (Luftfeuchte) auf Metalloxide. Die Hydroxide der Alkalimetalle sind wasserlöslich und ergeben *Laugen.*

Bildung einer Base $\underset{\text{Metalloxid}}{CaO} + \underset{\text{Wasser}}{H_2O} \rightarrow \underset{\text{Hydroxid}}{Ca(OH)_2}$

Regel gilt praktisch nur für Alkali- und Erdalkalimetalle (Hauptgruppen I und II). Die Oxide dreiwertiger Metalle sind *amphoter,* d.h. sie verhalten sich je nach Partner als schwache Säuren oder schwache Basen.

Oxide, in denen die Nebengruppenelemente in *höheren* Wertigkeiten auftreten, bilden mit Wasser Säuren (Chromsäure, Mangansäure).

Hydroxide enthalten die einwertige OH-Gruppe (Hydroxyl-Gruppe). Laugen sind in Metall- und OH-Ionen gespalten. Laugen sind seifige Flüssigkeiten, ätzen die Haut und greifen Aluminium und Blei an. Farbstoffe werden verfärbt. Darauf beruhen die Indikatoren für basischen Charakter einer Flüssigkeit (Lackmus wird blau).

Wichtige Laugen und basische Stoffe

Natronlauge	$NaOH$	Herstellung durch Elektrolyse von NaCl-Lösung nach verschiedenen Verfahren. Zum Aufschluß von Bauxit, Zellstoff; für Seifenherstellung und Beizen von Aluminium
Kalilauge	KOH	Elektrolyt in Nickel-Eisen-Akkumulatoren
Calciumhydroxid gelöschter Kalk	$Ca(OH)_2$	als Kalkwasser billige Lauge bei der Zuckerherstellung
Calciumoxid gebrannter Kalk	CaO	basischer Stoff für die Neutralisation von Abfallsäuren und sauren Böden. Zur Entphosphorung im Stahlwerk
Calciumcarbonat Kalkstein	$CaCO_3$	Hochofenzuschlag zur Schlackenbildung und Entschwefelung
Magnesiumcarbonat Magnesit, Dolomit	$MgCO_3$	basische Stoffe für feuerfeste Auskleidungen von Öfen und Pfannen im Stahlwerk und Gießerei
Natriumcarbonat, Soda	Na_2CO_3	Roheisenentschwefelung, Glasherstellung, Entfettung

Die Verbindungen der Alkali- und Erdalkalimetalle sind *basische* Stoffe, da sie Säuren neutralisieren und saure Stoffe chemisch binden können.

Basisch: Eigenschaft, Säuren neutralisieren zu können.

5.3. Säuren

Durch Einwirken von Wasser (auch Luftfeuchte) auf Nichtmetalloxide entstehen Säuren.

$$\text{Bildung einer Säure} \quad \underset{\text{Nichtmetalloxid}}{SO_2} + \underset{\text{Wasser}}{H_2O} \rightarrow \underset{\text{Säure}}{H_2SO_3}$$

Ihre Moleküle enthalten den *Säurewasserstoff* und den *Säurerest.* Säurerest ist eine Atomgruppe aus Nichtmetall- und Sauerstoffatomen, er kann allein nicht bestehen.

Solche *allein nicht beständigen* Atomgruppen, deshalb keine Moleküle, werden als *Radikale* bezeichnet. Bekannte Radikale sind z.B.

OH = Hydroxyl, NH_4 = Ammonium, CN = Cyan, CH_3 = Methyl.

Es gibt ein- und mehrwertige Säurereste, erkennbar an der Anzahl der Wasserstoffatome, z.B. **HCl** einwertig, $\mathbf{H_2SO_4}$ zweiwertig. Säuren sind Elektrolyte, sie dissoziieren in positive H-Ionen und negative Säurerest-Ionen. Viele Metalle können die H-Atome ersetzen, indem sie selbst als Ionen in Lösung gehen, während Wasserstoff entweicht. Dadurch „Anfressen" des Metalls durch die Säure (siehe 5.5, Salze).

Säuren schmecken in Verdünnung sauer, ätzen die Haut und verfärben Farbstoffe. Hierauf beruht Wirkung der Indikatoren (Lackmus wird rot).

Die vier *Halogen*-Elemente bilden starke Säuren *direkt* mit Wasserstoff. Es sind aggressive, *wasserlösliche* Gase.

Wichtige Säuren

Chlorwasserstoffsäure Salzsäure	HCl	Wasser löst bei 15 °C etwa das 450fache Volumen Chlorwasserstoff. Beizmittel zum Entzundern.
Fluorwasserstoffsäure Flußsäure	HF	Siedepunkt 19,5 °C, als 30 ... 50 %ige Säure in wäßriger Lösung. Ätzmittel für Glas.
Schwefelsäure	H_2SO_4	meist verdünnt. Konzentriert stark wasserentziehend. Hauptverwendung zur Düngemittelherstellung, Akkusäure, Herstellung anderer Säuren.
Salpetersäure	HNO_3	starkes Oxydationsmittel, entzündet konzentriert Holz, Alkohol. Dient zur Einführung der Gruppe NO_2 in Kohlenwasserstoffe: Nitrierung von Glyzerin: Nitroglyzerin.
Phosphorsäure	H_3PO_4	Phosphatieren von Oberflächen.

Als saure Stoffe werden in der Hüttentechnik Schlacken und feuerfeste Stoffe bezeichnet, die überwiegend SiO_2 enthalten (SiO_2 Kiesel*säure*).

Sauer: Eigenschaft, Basen neutralisieren zu können.

5.4. p_H-Wert

Der *basische* Charakter einer Flüssigkeit wird durch OH-Ionen bewirkt, der *saure* durch H-Ionen. Reines Wasser ist sehr schwach in gleichviele H- und OH-Ionen gespalten, es ist neutral. Säuren haben Überschuß an H-Ionen, Basen umgekehrt. Die „Stärke" einer Base oder Säure ist von der Aufspaltung in Ionen (Dissoziation) abhängig. Wasserfreie Säuren sind nicht dissoziiert und weniger aggressiv als verdünnte Säuren.

Beispiele:

Konzentrierte (wasserfreie) Schwefelsäure kann in Behältern aus unlegiertem Stahl gelagert werden. Die verdünnte Säure greift Stahl an.

Wasserfreies Chlor wird in Stahlflaschen transportiert, bei feuchtem Chlor (mit Cl-Ionen) entsteht starke Korrosion.

Der p_H-Wert gibt an, ob viel oder wenig H-Ionen in einer Lösung vorhanden sind.

$p_H = 1$ stärkste Säure
$p_H = 6$ schwache Säure
$p_H = 7$ neutral
$p_H = 8$ schwache Base
$p_H = 14$ stärkste Base

Messung des p_H-Wertes durch elektrische Instrumente oder durch Indikatoren, die einen bestimmten p_H-Wertbereich durch Farbumschlag anzeigen (Tafel I.9).

Bei vielen Reaktionen müssen bestimmte p_H-Werte eingehalten werden, damit sie richtig ablaufen. Bei galvanischen Bädern und Kesselspeisewasser wird der p_H-Wert ständig überwacht.

Tafel I.9. Indikatoren

Name	Farbumschlag sauer – basisch	Umschlagbereich p_H-Werte	Name	Farbumschlag sauer – basisch	Umschlagbereich p_H-Werte
Dimethylgelb	rot – gelb	2,9 ... 4,0	Lackmus	rot – blau	5,0 ... 8,0
Methylorange	rot – orange	3,0 ... 4,4	Phenolphtalein	farblos – rot	8,2 ... 10,0
Methylrot	rot – gelb	4,2 ... 6,3	Thymolphtalein	farblos – blau	9,3 ... 10,5

5.5. Salze

Durch Einwirken von Säuren oder Halogen-Elementen auf Metalle oder ihre Verbindungen entstehen Salze.

Neutralisation $HCl + NaOH \rightarrow NaCl + H_2O$
Säure Base Salz Wasser

Werden diese Säure und Base im Verhältnis ihrer relativen Molekülmassen zusammengebracht (*molare* Gewichtsverhältnisse), so entstehen *neutrale* Stoffe. H- und OH-Ionen treten zu ungespaltenen H_2O-Molekülen zusammen. Na- und Cl-Ionen bleiben im Wasser und reagieren weder sauer noch basisch.

Anstelle der Base kann ein *Metalloxid* ebenfalls eine Säure neutralisieren:

$$2\,HCl + CaO \rightarrow CaCl_2 + H_2O$$

Anstelle der Base kann ein *Metall* ebenfalls eine Säure neutralisieren:

$$2\,HCl + Zn \rightarrow ZnCl_2 + H_2$$

Die vier Halogen-Elemente bilden direkt mit Metallen Salze:

$$Sn + 2\,Cl \rightarrow SnCl_2$$

Durch Einleiten eines Nichtmetalloxides in eine Lauge wird diese neutralisiert, es entsteht Salz und Wasser:

$$Ca(OH)_2 + CO_2 \rightarrow CaCO_3 + H_2O$$

Lösliche Salze sind in Wasser in Metall- und Säurerest-Ionen gespalten und reagieren neutral. Ausnahmen sind solche Salze, die aus schwachen Säuren und starken Basen bzw. aus starken Säuren und schwachen Basen entstanden sind. Bei der Auflösung in Wasser verläuft ein Vorgang, der der Neutralisation entgegengesetzt ist. Er wird als *Hydrolyse*, d.h. Spaltung durch das Wasser, bezeichnet. Die Lösung solcher Salze besitzt den Charakter des stärkeren Teils.

Soda, Natriumcarbonat Na_2CO_3 ist aus einer schwachen Säure, der Kohlensäure H_2CO_3 und einer starken Base, der Natronlauge entstanden. In wäßriger Lösung tritt Hydrolyse ein, dadurch reagiert Sodalösung stark basisch.

$$Na_2CO_3 + 2\,H_2O \rightarrow 2\,NaOH + H_2CO_3 \qquad \text{basisch}$$

Der entgegengesetzte Fall ist beim Aluminiumsulfat $Al_2(SO_4)_3$ gegeben.

$$Al_2(SO_4)_3 + 6\,H_2O \rightarrow 2\,Al(OH)_3 + 3\,H_2SO_4 \qquad \text{sauer}$$

Saure Salze entstehen, wenn in einer *zwei*wertigen Säure nur *ein* H-Atom ersetzt wird, wie z.B. beim Natriumhydrocarbonat $NaHCO_3$. Es ist im Wasser in Na-, H- und CO_3-Ionen gespalten. Durch die H-Ionen ergibt sich saure Reaktion.

Basische Salze entstehen, wenn in einer *zwei*wertigen Base *eine* OH-Gruppe durch einen Säurerest ersetzt wird, wie z.B. beim Bleihydroxynitrat, $Pb(OH)NO_3$ (basisches Bleinitrat). Es ist in Lösung in Pb-, OH- und NO_3-Ionen gespalten. Durch die OH-Ionen ergibt sich basische Reaktion.

Doppelsalze entstehen, wenn in einem sauren Salz das H-Atom durch ein anderes Metall ersetzt wird, wie z.B. beim Alaun, Aluminiumkaliumsulfat $AlK(SO_4)_2$. Als fester Stoff ist es ein homogener Kristall, im Wasser in Al-, K- und SO_4-Ionen gespalten.

Komplexe Salze enthalten Ionen, die noch komplizierter gebaut sind als die Säurereste. Beispiel ist das gelbe Blutlaugensalz, Kaliumhexacyanoferrat(II), $K_4(Fe[CN]_6)$. Es besteht im festen Zustand aus Kristallen von $4\,KCN$ (Kaliumcyanid) und $Fe(CN)_2$ (Eisen[II]cyanid). In Wasser gelöst dissoziiert es in K-Ionen und das Komplex-Ion $Fe(CN)_6$. Das Eisen ist darin nicht nachweisbar.

Kristallwasser ist H_2O, welches mit den Ionen des Salzes ein Raumgitter bildet. Den Wassermolekülen sind bestimmte Gitterplätze zugeordnet. Durch Erhitzen (Calcinieren) wird dieses Wasser ausgetrieben, die Kristalle zerfallen zu Pulver. Kristallwasser = Hydratwasser erscheint in den Formeln mit Punkt angehängt, wie z.B. Gips, Calciumsulfat $CaSO_4 \cdot 2\,H_2O$.

Dieser Gipsstein wird gebrannt und verliert dadurch einen Teil des Kristallwassers. Gebrannter Gips $CaSO_4 \cdot \frac{1}{2}\,H_2O$ erstarrt nach Anrühren mit Wasser wieder zu Gipsstein. Dabei wird „Anmachwasser" wieder in das Raumgitter eingebaut.

5.6. Weitere Metall-Nichtmetallverbindungen

Sulfide sind Metallverbindungen des *Schwefels*. Sie sind in wichtigen Erzen enthalten, aus denen die Nichteisenmetalle gewonnen werden. Diese Mineralien werden als *Kies, Glanz* und auch *Blende* bezeichnet

Mangankies, Mangan(IV)sulfid	MnS_2	Zinkblende, Zinksulfid	ZnS
Bleiglanz, Blei(II)sulfid	PbS	Silberglanz, Silbersulfid	Ag_2S

Phosphide sind Metallverbindungen des *Phosphors*. In Metallen und Legierungen ist P stets an Metall gebunden als Phosphid enthalten.

Nitride sind Metallverbindungen des *Stickstoffs*. Sie kommen in der Natur nicht vor. Wegen der chemischen Trägheit des molekularen Stickstoffs entstehen sie nur unter besonderen Bedingungen, z.B. beim Nitrieren zur Oberflächenhärtung von Stählen.

Carbide sind Metallverbindungen des *Kohlenstoffs*. Hochschmelzende Metalle ergeben sehr harte, spröde Carbide, als Schleif- und Schneidstoffe verwendet. Die Carbide der Alkali- und Erdalkalimetalle sind nicht beständig und zersetzen sich mit Wasser unter Entwicklung von Kohlenwasserstoffen. Sie kommen in der Natur nicht vor, sondern werden unter Energiezufuhr hergestellt.

Calciumcarbid wird im elektrischen Ofen aus Koks und gebranntem Kalk erschmolzen:

$$CaO + 3\,C \rightarrow CaC_2 + CO + 452\ kJ$$

Calciumcarbid zersetzt sich mit Wasser zu *Acetylen* und Kalkwasser:

$$CaC_2 + 2\,H_2O \rightarrow Ca(OH)_2 + C_2H_2 - 1674\ kJ$$

Die entstehende Wärme wird vom Wasser im Gasentwickler abgeführt.

Cyanide sind Metallverbindungen der Atomgruppe Cyan, CN. Diese verhält sich wie die Halogen-Elemente und bildet Salze. Von ihnen haben Kalium- und Natriumcyanid in der Härtereitechnik als Kohlungsbäder Bedeutung.

5.7. Systematische Benennung chemischer Verbindungen (Anorganische Verbindungen)

Allgemeine Regeln: Grundsätzlich wird der Name des elektropositiveren Elementes (Metall) an erster Stelle (meist unverändert) genannt. Dann wird der Name des elektronegativeren Elementes (oder Gruppe) mit einer *Endung* angehängt.

Bei Verbindungen aus zwei Elementen heißt die Endung –id.

Die Reihenfolge der Benennung wird durch die Elektronegativitätsskala nach *Pauling* geregelt.

K	NaBa	LiCa	Mg	Al	Zn	Si	H	P	C	S	N	Cl	O	F
0,8	0,9	1,0	1,2	1,5	1,7	1,8	2,1	2,1	2,5	2,5	3,0	3,0	3,5	4,0

← elektropositiver elektronegativer →

Verbindungen des	Name	Verbindungen des	Name
Wasserstoff	-hydrid	Sauerstoff	-oxid
Fluor	-fluorid	Schwefel	-sulfid
Chlor	-chlorid	Stickstoff	-nitrid
Brom	-bromid	Kohlenstoff	-carbid
Jod	-jodid	Phosphor	-phosphid

Metallverbindungen: Wenn *mehrere* Verbindungen des Metalls mit einem Element (oder Gruppe) existieren, wird zur eindeutigen Kennzeichnung die Oxydationsstufe des Metalles zwischen die beiden Teile gesetzt:

Beispiele:

FeO Eisen(II)-oxid

Fe_2O_3 Eisen(III)-oxid

Gegenbeispiel:

Al_2O_3 Aluminiumoxid

(kein weiteres Oxid bekannt)

Verbindungen von zwei Nichtmetallen: Wenn mehrere Verbindungen zwischen beiden Elementen existieren, wird zur eindeutigen Kennzeichnung zu einem oder auch zu beiden Teilen ein griechisches Zahlenwort hinzugefügt.

Grundsatz: Nur soviel Zahlworte, als zur zweifelsfreien Bezeichnung erforderlich! Für das elektropositivere Element entfällt das Zahlwort „mono“.

1	mon(o)
2	di
3	tri
4	tetr(a)
5	pent(a)
6	hex(a)
7	hept(a)

Beispiele:

CO	Kohlenmonoxid	N_2O_4	Distickstofftetroxid
SO_2	Schwefeldioxid	CO_2	Kohlendioxid
N_2O	Distickstoffoxid	SO_3	Schwefeltrioxid

Säuren: Keine systematische Benennung, es werden Trivialnamen (gewerbliche Bezeichnungen) verwendet.

Salze: Salznamen werden aus dem Metall (evtl. unter Angabe der Oxydationsstufe) und dem Namen des Säurerestes gebildet. Saure Salze, die noch Säurewasserstoff enthalten werden durch ein zwischengeschaltetes -hydrogen- gekennzeichnet (siehe Tafel).

Säuren, Säurereste, Ladung und Benennung

Säure	Formel	Säurerest	Ladung	Salzname
Fluorwasserstoffsäure, Flußsäure	HF	F	1-	-fluorid
Chlorwasserstoffsäure, Salzsäure	HCl	Cl	1-	-chlorid
Bromwasserstoffsäure	HBr	Br	1-	-bromid
Jodwasserstoffsäure	HJ	J	1-	-jodid
Schwefelwasserstoffsäure	H_2S	S	2-	-sulfid
Cyanwasserstoffsäure, Blausäure	HCN	CN	1-	-cyanid
chlorige Säure	$HClO_2$	ClO_2	1-	-chlorit
Chlorsäure	$HClO_3$	ClO_3	1-	-chlorat
Perchlorsäure	$HClO_4$	ClO_4	1-	-perchlorat
Cyansäure	$HOCN$	OCN	1-	-cyanat
Kieselsäure	H_2SiO_3	SiO_3	2-	-silikat
Kohlensäure	H_2CO_3	CO_3	2-	-carbonat
Phosphorsäure	H_3PO_4	PO_4	3-	-phosphat
		HPO_4	2-	-hydrogenphosphat
salpetrige Säure	HNO_2	NO_2	1-	-nitrit
Salpetersäure	HNO_3	NO_3	1-	-nitrat
schweflige Säure	H_2SO_3	SO_3	2-	-sulfit
Schwefelsäure	H_2SO_4	SO_4	2-	-sulfat

6. Chemische Vorgänge (Reaktionen)

Chemische Vorgänge lassen sich erst nach Ablauf anhand des Atom- bzw. Molekülbaues der beteiligten Stoffe erklären. Eine Voraussage ist nicht möglich, da für den Ablauf die *Reaktionsbedingungen* eine große Rolle spielen. Als solche sind wirksam: *Größe* und *Verteilung* der Stoffteilchen, *Konzentration* in Lösungen, *Temperatur, Druck,* Wirkung von *Katalysatoren,* Verunreinigungen „technisch reiner" Stoffe, *Katalysatorengifte.*

6.1. Gesetze der chemischen Reaktionen

Erhaltung der Masse. Bei chemischen Reaktionen ändert sich die Masse eines abgeschlossenen Stoffsystems nicht. Masse der Ausgangsstoffe (Anzahl der Teilchen) gleich Masse der Reaktionsprodukte.

Erhaltung der Energie. Wenn bei der Bildung eines Stoffes Energie frei wird, so muß für den umgekehrten Vorgang der gleiche Energiebetrag zugeführt werden. Die Art der Energie (Wärme Elektrizität) kann verschieden sein.

Gesetz der konstanten Massenverhältnisse. Zwei Stoffe verbinden sich chemisch in stets gleichen Massenverhältnissen oder ganzzahligen Vielfachen davon.

6.2. Reaktionsgleichungen

Beschreibung chemischer Vorgänge in Kurzform. Die Ausgangsstoffe erscheinen auf der linken, die neu entstehenden auf der rechten Seite. Es müssen von *jeder* Atomart auf *beiden* Seiten *gleiche* Anzahlen auftreten. Die Gleichung beschreibt die Reaktion zwischen den kleinsten Teilchen.

Elemente erscheinen unter ihren *Symbolen,* Verbindungen unter ihren *Formeln.* Es bedeuten z.B.:

Ca	1 Atom Calcium;	2 Ca	2 Atome Calcium.
H_2O	1 Molekül Wasser;	$2\,H_2O$	2 Moleküle Wasser.

$2\,Ca(OH)_2$ 2 Moleküle Calciumhydroxid mit *je* 1 Atom Ca und 2 OH-Gruppen.

Beispiel: Es ist die Reaktionsgleichung für die vollständige Verbrennung des Äthanols C_2H_5OH aufzustellen.

$$C_2H_5OH + ?\,O_2 \rightarrow 2\,CO_2 + 3\,H_2O$$

Sauerstoffmenge noch unbekannt. Die entstehenden Oxide sind CO_2 und H_2O. Es können rechts nur soviel C- und H-Atome erscheinen, wie links vorhanden sind. Aus den zwei C-Atomen des Äthanols werden zwei Moleküle CO_2, die insgesamt sechs H-Atome im Äthanol verbrennen zu drei Molekülen H_2O. Diese Oxide enthalten $4 + 3 = 7$ Atome Sauerstoff. Da im Äthanolmolekül bereits ein Atom O enthalten ist, werden noch sechs Atome O oder drei Moleküle O_2 benötigt. Die Gleichung für die vollständige Verbrennung des Äthanols heißt damit:

$$C_2H_5OH + 3\,O_2 \rightarrow 2\,CO_2 + 3\,H_2O$$

Neben der vorstehenden Form der Reaktionsgleichung mit *Summenformeln* gibt es weitere Schreibweisen, welche die Vorgänge in der Elektronenhülle deutlicher machen:

Ionengleichung für Reaktionen zwischen Ionen in wäßriger Lösung.

$Na^+ + Cl^- + Ag^+ + (NO_3)^- \rightarrow Na^+ + (NO_3)^- + AgCl\downarrow$ (unlöslicher Niederschlag)
Natriumchlorid + Silbernitrat → Natriumnitrat + Silberchlorid

Reaktionsgleichung mit *Elektronenformeln,* Außenelektronen als Punkte dargestellt.

$N + N \rightarrow N_2$; :Ṅ· + ·Ṅ: → :N⋮⋮N:

2 N-Atome → 1 N_2-Molekül mit Dreifachbindung

Reaktionsgleichung mit *Elektronenformeln* (Unterscheidung in gepaarte und ungepaarte Außenelektronen).

$H_2 + Cl_2 \rightarrow 2\,HCl$; H : H + |C̄l : C̄l| → 2 H : C̄l|

Synthese von Chlorwasserstoff; 1 H_2-Molekül 1 Cl_2-Molekül → 2 HCl-Moleküle

6.3. Stöchiometrische Rechnungen

Die Reaktionsgleichung beschreibt den chemischen Vorgang auch *mengenmäßig,* d.h. welche *Stoffmengen* miteinander reagieren.

Stoffmenge *n*. Basisgröße mit der Einheit der Teilchenmenge „Mol". Kurzzeichen mol, 1 kmol = 10^3 mol.

Definition der Einheit nach dem Einheitengesetz: 1 mol ist die Stoffmenge eines Systems, das aus ebenso vielen Teilchen besteht, wie Atome in 0,012 kg des Nuklids ^{12}C enthalten sind.

Teilchen im Sinne dieser Definition sind Atome, Moleküle, Ionen, Radikale, Elektronen.

$$n = \frac{\text{Teilchenzahl } N}{\text{Avogadro-Konstante } N_A} = \frac{N u A_r}{N_A u A_r} = \frac{m}{M} \quad \text{mit} \quad \begin{array}{l} u \text{ atomare Masseneinheit} \\ M \text{ molare Masse} \end{array}$$

Beispiel: Welche Stoffmenge stellen 200 g Äthin, C_2H_2 dar?

$$M_{C_2H_2} = (2 \cdot 12 + 2)\frac{g}{mol} = 26\frac{g}{mol} \qquad n = \frac{200\,g}{26\,g \cdot mol^{-1}} = 7{,}69\,mol$$

Avogadro-Konstante N_A. Naturkonstante, Anzahl der Teilchen, die in der Stoffmenge 1 mol aller Stoffe enthalten ist.

$$N_A = 6{,}022 \cdot 10^{23} \cdot mol^{-1}$$

(Der Betrag dieser Konstanten wird auch als Avogadro-Zahl, vielfach auch als Loschmidtsche Zahl bezeichnet.)

Molare Masse *M* ist die Masse der Stoffmenge 1 mol eines beliebigen Stoffes. Man findet sie, indem man der relativen Atom- oder Molekülmasse die Einheit g/mol oder kg/kmol anhängt.

$$M = N_A u A_r = \underbrace{6{,}022 \cdot 10^{23} \frac{1}{mol} \cdot 1{,}66 \cdot 10^{-24}\,g}_{1\frac{g}{mol}} \cdot A_r$$

$$M = A_r \frac{g}{mol} \text{ für atomare Stoffe} \qquad M = M_r \frac{g}{mol} \text{ für molekulare Stoffe}$$

Molare Massen verschiedener Stoffe enthalten gleichviele Teilchen, nämlich $6{,}022 \cdot 10^{23}$!

Mit diesen Größen kann aus den Reaktionsgleichungen der Stoffumsatz berechnet werden.

Beispiel: Entwicklung von Äthin (Acetylen) aus Calciumcarbid und Wasser. Wieviel Gas entsteht aus 20 g CaC_2 bei theoretisch 100 %iger Ausbeute? Wieviel Wasser wird benötigt?

Reaktionsgleichung	CaC_2	+	$2\,H_2O$	→	$Ca(OH)_2$	+	C_2H_2
[1] Es reagieren:	1 mol CaC_2	+	2 mol H_2O	→	1 mol $Ca(OH)_2$	+	1 mol C_2H_2
molare Massen einsetzen!	$1\ \text{mol}\ \frac{64{,}1\ \text{g}}{\text{mol}}$	+	$2\ \text{mol}\ \frac{18{,}015\ \text{g}}{\text{mol}}$	→	$1\ \text{mol}\ \frac{74{,}1\ \text{g}}{\text{mol}}$	+	$1\ \text{mol}\ \frac{26{,}03\ \text{g}}{\text{mol}}$
Massengleichung	64,1 g	+	36,03 g	→	74,1 g	+	26,03 g
gegebene Stoffmasse hinschreiben	20,0 g		Teiler $x = \frac{64{,}1}{20} = 3{,}205$				
Überlegung: Von allen Stoffen den x-ten Teil nehmen:	20,0 g	+	11,24 g	→	23,12 g	+	8,12 g

[1]) Diese beiden Zeilen können bei praktischen Rechnungen entfallen.

Ergebnis: Zu 20 g Calciumcarbid müssen 11,24 g Wasser gegeben werden, es entstehen 8,12 g Äthin.

Das Volumen einer gegebenen Gasmasse kann mit Hilfe der *Avogadroschen Regel* bestimmt werden:

Die Stoffmenge 1 kmol eines idealen Gases nimmt im Normzustand (bei 0 °C und 1,013 bar) ein Volumen von 22,414 m^3 ein.

Molares Normvolumen $V_{mn} = 22{,}414\ \frac{\text{m}^3}{\text{kmol}} = 22{,}414\ \frac{\text{l}}{\text{mol}}$

Umrechnung Masse–Volumen $V_n = \frac{m}{M} V_{mn} = n\, V_{mn}$

m	M	V
kg	$\frac{\text{kg}}{\text{kmol}}$	m^3
g	$\frac{\text{g}}{\text{mol}}$	l

6.4. Thermochemische Gleichungen

Sie enthalten eine Energieangabe in Joule. Ihr Vorzeichen gibt an, ob dem Stoffsystem bei der Reaktion Wärme *entnommen* werden kann (Minus-Zeichen, *exo*therm), oder *zugeführt* werden muß (Plus-Zeichen, *endo*therm). Die Energie bezieht sich dabei auf die in der Gleichung angegebenen Stoffmengen in der Einheit Mol bzw. Kilomol.

Beispiel: Oxydation des Eisens

$$4\,Fe + 3\,O_2 \rightarrow 2\,Fe_2O_3 - 1662\ \text{kJ (exotherm)}$$

Diese Energie wird bei der Bildung von 2 mol $Fe_2O_3 \approx 320$ g Fe_2O_3 frei.

Bildungswärme(-enthalpie) ist die Wärme, die bei der Entstehung einer chemischen Verbindung aus ihren Elementen auftritt und ist auf die Stoffmenge 1 mol bezogen. Damit beträgt die Bildungswärme des Fe_2O_3 831 kJ/mol.

Beispiel: Reduktion des Aluminiums

$$Al_2O_3 \rightarrow 2\,Al + 1{,}5\,O_2 + 1671\ \text{kJ (endotherm)}$$

Diese Energie ist zur Trennung von 1 mol $Al_2O_3 \approx 102$ g Al_2O_3 zuzuführen. Nach dem Energieerhaltungssatz würde sie bei der Oxydation von 2 mol Al ≈ 54 g Al entstehen.

Die *Bildungswärme* ist ein Maß für die *Stärke* einer chemischen Bindung. Durch Vergleich der Werte von Fe_2O_3 und Al_2O_3 erkennt man, daß das Fe schwächer gebunden ist (kleinere Bildungswärme). Deshalb läßt sich das Eisen aus seinem Oxid durch Aluminium reduzieren, der umgekehrte Vorgang ist nicht möglich. Ähnliches gilt für andere Metallreduktionen.

6.5. Oxydation

Exotherme Reaktion eines Stoffes mit dem Sauerstoff (Oxygenium). Metalle geben dabei die Valenzelektronen ab, damit verlieren sie den Metallcharakter. Im erweiterten Sinn wird deswegen Oxydation als *Abgabe von Elektronen* (Erhöhung der positiven Wertigkeit) aufgefaßt, auch wenn kein Sauerstoff beteiligt ist. Verbrennungswärme der Stoffe unterschiedlich (Tafel I.10).

Tafel I.10. Bildungs- und Verbrennungswärmen einiger Stoffe

Element (Stoff)	Oxid	Bildungswärme J/mol Oxid	Verbrennungswärme J/kg Stoff	Verbrennungswärme J/m^3 Gas bei 0 °C; 1,013 bar
C	CO	$1{,}1 \cdot 10^5$	$9{,}2 \cdot 10^6$	–
C	CO_2	$3{,}9 \cdot 10^5$	$32{,}8 \cdot 10^6$	–
CO	CO_2	$2{,}8 \cdot 10^5$	$10{,}1 \cdot 10^6$	$12{,}6 \cdot 10^6$
P	P_2O_5	$15{,}1 \cdot 10^5$	$24{,}3 \cdot 10^6$	–
S	SO_2	$3{,}0 \cdot 10^5$	$9{,}3 \cdot 10^6$	–
Si	SiO_2	$8{,}6 \cdot 10^5$	$30{,}6 \cdot 10^6$	–
Mn	MnO	$3{,}9 \cdot 10^5$	$7{,}0 \cdot 10^6$	–
Ti	TiO_2	$9{,}4 \cdot 10^5$	$19{,}7 \cdot 10^6$	–
Al	Al_2O_3	$16{,}7 \cdot 10^5$	$31{,}0 \cdot 10^6$	–
Mg	MgO	$6{,}0 \cdot 10^5$	$24{,}8 \cdot 10^6$	–
Ca	CaO	$6{,}4 \cdot 10^5$	$11{,}3 \cdot 10^6$	–
H	H_2O	$2{,}9 \cdot 10^5$	$142 \cdot 10^6$	$12{,}8 \cdot 10^6$
H	(HF)	$2{,}7 \cdot 10^5$	$268 \cdot 10^6$	$24{,}1 \cdot 10^6$
H	(Cl)	$0{,}9 \cdot 10^5$	$91 \cdot 10^6$	$8{,}2 \cdot 10^6$

Oxydationsmittel sind Verbindungen, welche leicht *atomaren* Sauerstoff abspalten. Sie erhöhen die Reaktionsgeschwindigkeit. Im erweiterten Sinn auch Stoffe, die leicht Elektronen aufnehmen, wie z.B. die Halogen-Elemente, die nur ein Elektron zur Edelgasschale brauchen.

Wasserstoffperoxid	H_2O_2	Kaliumchlorat	$KClO_3$
Ozon	O_3	Kaliumpermanganat	$KMnO_4$
Kaliumnitrat	KNO_3	Salpetersäure	HNO_3

6.6. Reduktion

Endotherme Reaktion, bei der einer Verbindung der Sauerstoff entzogen wird. Metallionen erhalten dabei ihre Valenzelektronen zurück, damit den metallischen Charakter. Deswegen Reduktion im erweiterten Sinn als *Aufnahme von Elektronen* aufgefaßt (Erniedrigung der positven Wertigkeit).

Zur Reduktion eines Oxides muß die vorher bei der Oxydation freigewordene Energie wieder zugeführt werden. Die Art der Energie braucht nicht die gleiche zu sein, wie z.B. bei der *Elektrolyse* durch elektrische Arbeit.

Reduktionsmittel sind Stoffe, welche starke Affinität zum Sauerstoff besitzen, ihn deswegen anderen Verbindungen entreißen. Im erweiterten Sinn alle Stoffe, die leicht Elektronen abgeben können.

Natrium Na	Magnesium Mg	Wasserstoff H	Silicium Si
Kalium K	Aluminium Al	Kohlenstoff C	Kohlenmonoxid CO

Von ihnen kommt nur der Kohlenstoff in der Natur als Element vor, die anderen sind wegen ihrer starken Affinität nur als Verbindungen vorhanden, sie müssen erst hergestellt werden.

Anwendung: Desoxydation von Metallschmelzen, Reduktion der Metalle.

6.7. Redoxreaktion

*Re*duktion und *Ox*ydation laufen stets gleichzeitig in einem Stoffsystem ab, da die abgegebenen Elektronen nicht verlorengehen, sondern von einen Reaktionspartner aufgenommen werden.

Beispiel: Thermitreaktion, Aluminothermie.

Thermit ist ein Gemisch von Eisenoxid und Aluminiumgranulat. Nach Zündung verläuft folgende Redoxreaktion unter starker Wärmeabgabe:

$$Fe_2O_3 + 2\,Al \rightarrow 2\,Fe + Al_2O_3 - 840\,kJ$$

Al → Al_2O_3: wird oxydiert

Fe_2O_3 → Fe: wird reduziert

Der Wärmeüberschuß von 840 kJ ist die *Reaktions*wärme(-enthalpie). Sie errechnet sich aus der Differenz der *Bildungs*wärmen(-enthalpien)

Bildung von 1 mol Al_2O_3 (exotherm):	− 1671 kJ
Trennung von 1 mol Fe_2O_3 (endotherm):	+ 831 kJ
Reaktionswärme	$W = -$ 840 kJ

und bezieht sich auf die Stoffmengen der Gleichung, d.h. auf den Umsatz von 1 mol Fe_2O_3 (160 g) mit 2 mol Al (54 g) zu 1 mol Al_2O_3 (102 g) und 2 mol Fe (112 g).

Oxydationszahl. Rechengröße zur Erfassung von Redoxreaktionen. Die Oxydationszahl ist die gedachte Ladung eines Elementes in einer chemischen Verbindung unter der Annahme, sie würde aus Ionen bestehen (auch wenn es eine Atombindung ist). Dabei sind folgende Regeln der Reihe nach anzuwenden:

1. Alle Metalle sowie Bor und Silicium erhalten positive Oxydationszahlen.
2. Fluor, als elektronegativstes Element erhält −1.
3. Wasserstoff erhält +1 und Sauerstoff −2, soweit nicht bereits durch Anwendung von Regel 1 und 2 andere Zahlen festliegen.

Mit Hilfe der Oxydationszahlen können Reaktionsgleichungen nachgeprüft werden unter Beachtung folgender Grundsätze:

Alle Elemente, auch die elementaren Gase, haben die Oxydationszahl Null.

Bei einer chemischen Verbindung ist die Summe aller Oxydationszahlen gleich Null.

Beispiel: Oxydationszahlen des Schwefels

$\overset{+1}{H_2}S$ für Schwefelwasserstoff ergibt sich −2

$S\overset{-2}{O_2}$ für Schwefeldioxid ergibt sich +4

$S\overset{-2}{O_3}$ für Schwefeltrioxid ergibt sich +6

Beispiel: Oxydationszahl des Stickstoffs im Nitrat-Ion, Ladung −1.

$\left[N\overset{-2}{O_3}\right]^{1-}$ für Stickstoff ergibt sich +5

Bei einem Ion ist die Summe der Oxydationszahlen gleich der Ionenwertigkeit (Ladungszahl).

Bei einer Reaktionsgleichung muß die Summe der Oxydationszahlen auf beiden Seiten gleich groß sein. Dabei können die Oxydationszahlen von Elementen, die sich nicht ändern, fortgelassen werden. Es müssen jedoch die Koeffizienten und Multiplikatoren berücksichtigt werden.

Beispiel: Aluminothermische Reduktion von Silicium

$$\overset{+4}{SiO_2} + \overset{0}{Al} \rightarrow \overset{+3}{Al_2O_3} + \overset{0}{Si}$$

$$+4 \qquad\qquad +6$$

(Faktor 3) (Faktor 2)

Vergleich der 0-Zahlen links und rechts läßt auf fehlende Koeffizienten schließen (Hauptnenner).

$$3\,SiO_2 + Al \rightarrow 2\,Al_2O_3 + Si$$

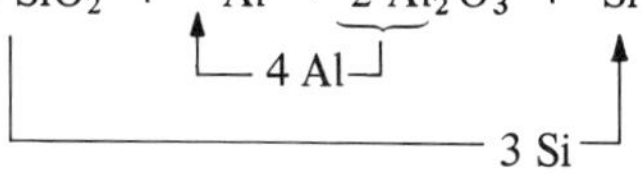

Probe auf Gleichheit der Massen ergibt restliche Koeffizienten.

$$3\,SiO_2 + 4\,Al \rightarrow 2\,Al_2O_3 + 3\,Si$$

Reaktionsgleichung

6.8. Synthese

Aufbau einer chemischen Verbindung aus Elementen oder einfachen Molekülen. Bei genügender Affinität erfolgt chemische Bindung bei Raumtemperatur, wie z.B. bei der Chlorwasserstoffsynthese:

Ein Gemisch aus Chlor- und Wasserstoffgas ist wegen des *molekularen* Zustandes reaktions*träge.* Der Zerfall einiger Grundstoffmoleküle wird durch die zufällige Wärmebewegung oder von außen kommende Energie (Licht) eingeleitet. Die entstehenden Gas*atome* können sich dann zur Verbindung HCl zusammenschließen. Die dabei freiwerdende Wärme spaltet weitere Grundstoffmoleküle, die sich zu HCl-Molekülen umsetzen → Kettenreaktion. Bildungswärme der HCl-Moleküle ist größer als die Spaltungsenergie der H- und Cl-Moleküle, dadurch Energieüberschuß, die Reaktion ist exotherm.

$$H_2 + Cl_2 \rightarrow 2\,HCl - 183{,}4\ kJ$$

In den meisten Fällen verlaufen die Reaktionen zu langsam oder überhaupt nicht von selbst. Durch *Erwärmung* wird die Reaktionsgeschwindigkeit erhöht. Meist sind Katalysatoren eingesetzt. *Katalysatoren* sind Reaktionsbeschleuniger, die selbst keine Umsetzung dabei erfahren und z.T. nur in Spuren vorhanden sein müssen.

6.9. Analyse

Zerlegung eines Stoffes in seine einfachsten Bestandteile. Im engeren Sinne sind es Arbeitsverfahren des Chemikers, um die Zusammensetzung eines Stoffes nach Art (qualitative Analyse) oder Menge (quantitative Analyse) der enthaltenen Grundstoffe zu bestimmen.

Für laufende Untersuchungen an metallischen Werkstoffen ist die *Spektralanalyse* üblich.

Die chemische Analyse verwendet *Reagenzien* oder *Indikatoren,* das sind Stoffe, die die Anwesenheit bestimmter Elemente oder Atomgruppen anzeigen.

Beispiel: *Silbernitrat* $AgNO_3$ ist ein Reagenz auf *Cl-Ionen.* Befinden sich in einer Lösung Cl-Ionen, so bildet sich bei Zugabe von $AgNO_3$-Lösung ein weißer, käsiger Niederschlag, das unlösliche *Silberchlorid* AgCl.

Die Zerlegung eines Stoffes durch elektrischen Strom wird als *Elektrolyse* bezeichnet. Hierbei werden Elemente in größeren Mengen aus ihren Verbindungen gewonnen.

6.10. Umkehrbare Reaktionen, Chemisches Gleichgewicht

Viele Reaktionen verlaufen nicht bis zur vollständigen Umsetzung der Ausgangsstoffe, sondern verlangsamen und bleiben stehen. Dann sind Ausgangsstoffe und Reaktionsprodukte in bestimmten Verhältnissen vorhanden, es hat sich das chemische Gleichgewicht eingestellt. Solche Reaktionen, die in beiden Richtungen verlaufen können, besitzen Doppelpfeile:

$CO_2 + C \rightleftharpoons 2\,CO$

I. *Hinreaktion:* Kohlendioxid wird reduziert $CO_2 + C \rightarrow 2\,CO + 171$ kJ

II. *Rückreaktion:* Kohlendioxid zerfällt in C und CO_2 $2\,CO \rightarrow C + CO_2 - 171$ kJ

Beide Reaktionen verlaufen *gleichzeitig,* die Hinreaktion langsamer werdend, die Rückreaktion schneller. Bei konstantem Druck und Temperatur bildet sich das chemische Gleichgewicht aus, wenn beide Reaktionen gleich schnell verlaufen.

Chemisches Gleichgewicht. Dynamischer Gleichgewichtszustand eines Stoffsystems, bei dem gleichviele Moleküle entstehen wie andererseits zerfallen. Ausgangsstoffe und Reaktionsprodukte sind in bestimmten Massenverhältnissen vorhanden. Das im Gleichgewicht vorhandene Massenverhältnis der Stoffe bleibt bestehen, solange nicht einer der drei Gleichgewichtsfaktoren geändert wird:

Temperatur, Druck oder Konzentration

Bild I.6 zeigt das Massenverhältnis CO/CO_2 eines abgeschlossenen Stoffsystems in Abhängigkeit von der Temperatur.

Einflüsse auf das Stoffsystem verschieben das Gleichgewicht so, daß es versucht, dem äußeren Zwang auszuweichen (Prinzip des kleinsten Zwanges, *Le Chatelier, Braun*):

a) Zufuhr von Wärme begünstigt die endotherme Reaktion I, es erhöht sich die Konzentration des Kohlenmonoxides.

b) Erhöhung des Drucks begünstigt die Reaktion in der Richtung, bei der Stoffe mit kleinerem Volumen entstehen, das ist Reaktion II. Aus 2 mol CO werden 1 mol CO_2 und fester Kohlenstoff (1 mol eines Gases nimmt $V_0 = 22{,}4$ dm^3 ein).

c) Durch Zufuhr oder Wegnahme eines Stoffes ändert sich die Konzentration, dadurch strebt die Reaktion wieder das Gleichgewicht an.

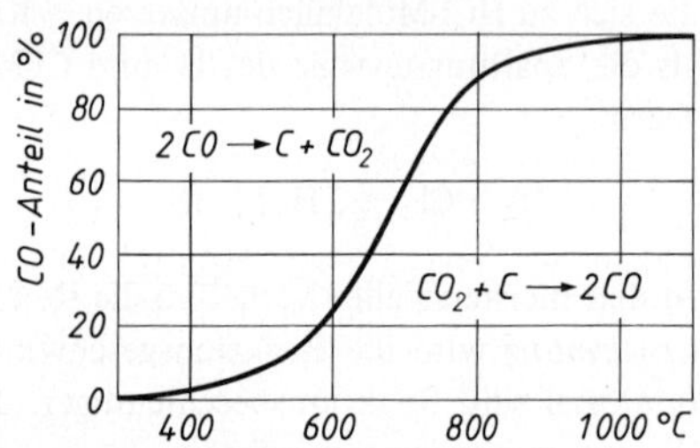

Bild I.6. Boudouard-Kurve, CO/CO_2-Verhältnis bei Normaldruck

6.11. Elektrolytische Dissoziation (Aufspaltung in Ionen)

Innerhalb eines Moleküls ziehen sich Anion und Kation mit einer Kraft F an, die sich berechnet nach

$$\text{Coulombsche Gleichung } F = \frac{e^{+} e^{-}}{a^2} \cdot \frac{1}{\varepsilon_r}$$

Darin sind e die Ladungen der Ionen, a ihr Abstand und ε_r die Permittivitätszahl (Dielektrizitätszahl D). Sie ist für den leeren Raum 1 und für Wasser 80.

Geht das Molekül im Wasser in Lösung, so wird die Anziehung auf den 80ten Teil verringert, dadurch Ionen im Wasser frei beweglich. Die Moleküle sind in Ionen *dissoziiert.*

Positive Ionen = *Kationen,* vom Wasserstoff und den Metallen gebildet.
Negative Ionen = *Anionen,* von Halogenen gebildet. Alle Säurereste sind Anionen.

Elektrolyten sind Flüssigkeiten, die Ionen enthalten. Dadurch wird elektrische Leitfähigkeit hervorgerufen. Beim Anlegen einer Spannung an einen Elektrolyten wandern die Kationen an die Kathode (Minus-Pol), die Anionen an die Anode (Plus-Pol). Elektrolyten sind die Lösungen von Säuren, Basen und Salzen.

Lösungsdruck. Die Neigung der Metalle zur Oxydation (Abgabe von Elektronen) ist verschieden stark, weil die Bindung der Valenzelektronen an den Atomkern unterschiedlich ist. Sie ist am geringsten bei den Alkalimetallen, am stärksten bei den Edelmetallen.

Beispiel: Ein Eisenblech in einer Kupfersulfatlösung $CuSO_4$ überzieht sich mit einer dünnen Kupferschicht. Eisen gibt seine Elektronen leichter ab als Kupfer, es wird zum Ion und geht in Lösung. Die abgegebenen Elektronen nimmt ein Cu-Ion auf und wird reduziert zum Cu-Atom. Die Ionen-Gleichung zeigt den Austausch der Ladungen.

$$Cu^{++} + SO_4^{--} + Fe \rightarrow Fe^{++} + SO_4^{--} + Cu$$

Lösungsdruck ist das Bestreben eines Metalles, Elektronen abzugeben und in Lösung zu gehen. Er kann als elektrische Spannung in Volt gemessen werden. Daraus elektrochemische *Spannungsreihe* der Elemente aufgestellt. In dieser Reihe hat von zwei Metallen das links stehende den größeren Lösungsdruck, es reduziert das rechts stehende und geht selbst in Lösung.

K Ca Na Mg Al Zn Cr Fe Cd Ni Sn Pb | H | Cu Ag Pt Au

⊖ HCl greift an, Wasserstoff wird frei! | HCl greift nicht an! ⊕

unedler ⟷ edler

Galvanische Elemente nutzen den Lösungsdruck zur elektrischen Stromerzeugung. Sie enthalten:

- Kathode *edleres* Metall, in der Spannungsreihe *rechts* stehend, nimmt Elektronen auf (kathodische Reduktion)
- Elektrolyt meist wässrige Lösung von Salzen, Basen oder Säuren, enthält *Ionen*
- Anode *unedleres* Metall, in der Spannungsreihe *links* stehend, gibt Elektronen ab (anodische Oxidation). (Batterieelemente, E-Technik, I.4.6)

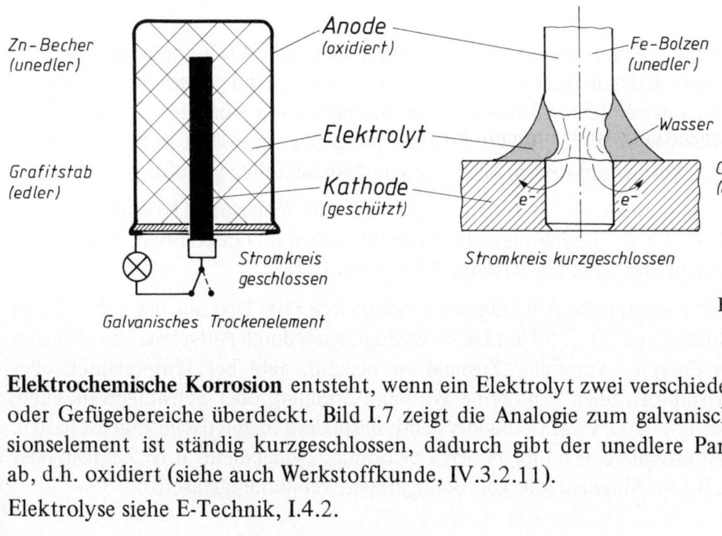

Bild I.7. Korrosionselement

Elektrochemische Korrosion entsteht, wenn ein Elektrolyt zwei verschiedene Metalle, Kristallarten oder Gefügebereiche überdeckt. Bild I.7 zeigt die Analogie zum galvanischen Element. Das Korrosionselement ist ständig kurzgeschlossen, dadurch gibt der unedlere Partner ständig Elektronen ab, d.h. oxidiert (siehe auch Werkstoffkunde, IV.3.2.11).

Elektrolyse siehe E-Technik, I.4.2.

II. Metallkundliche Grundlagen

1. Struktur der Metalle und Legierungen

1.1. Übersicht: Strukturmerkmale

Gefüge (Grobstruktur)	**Kristallgitter** (oder amorph = Glaszustand) (Feinstruktur, Struktur der einzelnen Phasen)	
optisch sichtbar gemacht an • Bruchflächen • Schliffbilder	nur modellhaft darstellbar mit Hilfe der **Elementarzelle**	**Bindungsart**
Sichtbar werden damit:	geometrische Anordnung der kleinsten Teilchen	beschreibt Kräfte und Energien zwischen den Teilchen
• Größe und Form der Phasen • Korngrenzen • eine Ausrichtung der Kristalle (Textur) • Anzahl und Form der nichtmetallischen Einschlüsse (Reinheit)	• kubisch-*flächen*zentriert • kubisch-*raum*zentriert • hexagonales • tetragonales Gitter Diese Gitter liegen bei den meisten Metallen vor (Bild II.1)	• Ionenbindung (Oxide) Kation →← Anion • Atombindung (Diamant) Elektronenpaarbindung • Metallbindung (Metalle) Kation →← Elektronen • Schwache zwischenmolekulare Bindung (z. B. Kunststoffe) durch Dipolkräfte
• eine Ausrichtung der Einschlüsse (Fasern)	• Ohne innere Ordnung sind die *Gläser,* sie sind nicht kristallin, sondern *amorph.*	

1.2. Metallgitter

Die technisch wichtigen Metalle (Tafel II.3) kristallisieren in Raumgittern hoher Regelmäßigkeit, d. h. kubisch (kfz. bzw. krz.) oder hexagonal (hex.). Das tetragonale (tetr.) ist nur beim Zinn vertreten. Die *Metallbindung* ist neben der dichten Packung der Atome in Schichten die Voraussetzung für zwei der wichtigsten Eigenschaften, die Metalle von Nichtmetallen unterscheiden:

- Elektrische Leitfähigkeit, hervorgerufen durch *freie* Elektronen im Metallgitter.
- Plastische Verformbarkeit, d. h. dicht gepackte (Atom-)Kugelschichten können unter Schubkräften gegeneinander *abgleiten,* während die freien Elektronen den Zusammenhalt der Schichten bewahren.

Tafel II.1 zeigt die Elementarzellen (kleinster, regelmäßiger, sich periodisch angliedernder Ausschnitt aus dem Kristallgitter). Kristalle (nur in Lunkern freiwachsend) sind ungeordnet zusammen gewachsen, auch *Kristallite* oder einfach *Körner* genannt. Sie bilden mit Korngrenzen und Verunreinigungen das *Gefüge* des Metalles, im *Schliffbild* mikroskopisch vergrößert sichtbar gemacht (Lichtmikroskop 0,5 µm, Elektronenmikroskop bis 0,5 nm auflösbare Teilchengröße).

Durch räumliches Aneinanderreihen der E-Zellen ergibt sich ein fehlerloses Kristallgitter, der *Idealkristall.* Die Kristalle *wirklicher* Legierungen besitzen *Störungen* im Gitteraufbau, infolge von Wärmebewegung der Teilchen und schneller Kistallisation (Tafel II.2).

Amorphe Metalle („Gläser") durch hohe Abkühlgeschwindigkeiten (10^6 K/s) aus der Schmelze in Form von Fasern oder Bändern von 20 … 50 µm Dicke erzeugt, auch durch Aufschmelzen dünnster Randschichten mit Laser-Energie. Amorpher Zustand ist instabil, geht bei Temperaturen über 300 … 600 °C in den kristallinen über, d. h. keine Warmumformnung oder Schweißen möglich. Wesentlich höherer Korrosions- und Verschleißwiderstand, besondere magnetische Eigenschaften, das Fehlen gleitfähiger Atomschichten ergibt hohen Verformungswiderstand, d. h. Zugfestigkeit und Härte. Anwendung z. B.: für Magnetköpfe von Bandgeräten, Verstärkungsfasern.

Die Vielfalt der Eigenschaftsprofile metallischer Werkstoffe ergibt sich aus der Kombination von Atom-∅, Gitterstruktur, EN-Zahl und Wertigkeit bei den verschiedenen Metallen und ihren Legierungen Für Strukturwerkstoffe ist besonders die Duktilität mit ihrem Einfluß auf Verarbeitung, Sprödbruchverhalten und Dauerfestigkeit von Bedeutung. Sie ist mit den Gleitmöglichkeiten verknüpft und unter 2.3 behandelt.

Tafel II.1 Elementarzellen der Metallgitter und Gleitmöglichkeiten

Gleitrichtungen in dichtest gepackten Ebenen	Elementarzellen		
	kub.-flächenzentriert	kub.-raumzentriert	Hex. dichteste Packung
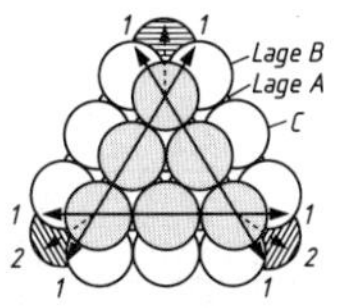 3 Gleitrichtungen	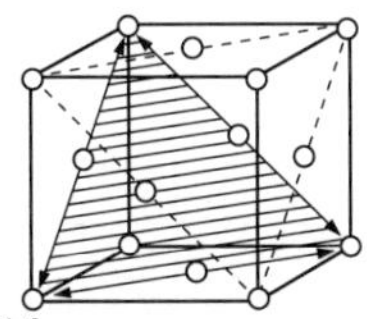 kfz.	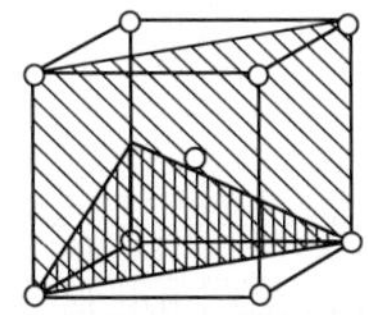 krz. (mit Nebengleitebene)	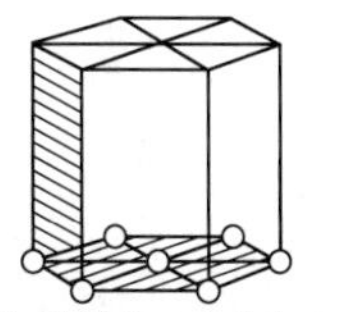 hdP (mit Nebengleitebene)
Hauptgleitebenen	4 Tetraederflächen	4 Flächen der Raumdiagonalen	1 Basisebene
Gleitrichtungen (1)	Flächendiagonale	2 x Richtung Raumdiagonale	3 Richtungen
Gleitmöglichkeiten	$3 \times 4 = 12$	$3 \times 4 = 12$	$1 \times 3 = 3$
Duktilität	mit niedrigen Kräften sehr hoch verformbar	mit größeren Kräften hoch verformbar	mit niedrigen Kräften nur gering verformbar

Gleitebenen mit kleinstem Verformungsaufwand liegen zwischen den dichtest gepackten Kugelschichten, die nur beim kfz. und hdP-Gitter vorhanden sind. Das krz.-Gitter hat viele Gleitebenen, aber weniger dicht gepackt und größere Schubspannungen erfordernd. Eine Verschiebung in den Richtungen 2 (Bild oben links) führt zu Teilversetzungen und Stapelfehlern. Stapelfehler sind flächige Bereiche mit veränderter Stapelfolge vom kfz.-Gitter (ABC, ABC...) zum hdP-Gitter (AB, AB...).

1.3. Gitterfehler

Die Einteilung erfolgt nach ihrer Dimension (Tafel II.2). Sie erhöhen die Kristallenergie gegenüber dem Idealkristall, führen zu Aufweitung und Verdichtung der idealen Gitterlinien und erschweren z.T. die plastische Verformung durch Erhöhung des Gleitwiderstandes (kritische Schubspannung), sind aber auch Voraussetzung für Diffusion und Duktilität.

Tafel II. 2. Gitterfehler: Entstehung und Wechselwirkungen

Dimension Bezeichnung	Entstehung	Reaktion mit anderen Fehlern bei Kaltumformung oder Erwärmung (thermischer Aktivierung)
0 Punktfehler: Leerstellen	Unbesetzte Gitterplätze beim Kristallisieren, Entropiestreben, die Anzahl steigt mit der Temperatur	Leerstellen ziehen Fremdatome an, sie sind wichtig für die Diffusion und ermöglichen das Klettern einer Stufenversetzung in eine parallele Gleitebene
0 Fremdatome	Verunreinigungen, gezielt durch Legieren	werden von Versetzungen und Leerstellen angezogen
1 Linienfehler: Versetzungen	Fehlerhaftes Kristallwachstum führt zu Teilungsfehlern und ergibt schlauchartige Hohlräume im Kristall (10^6 cm/cm³). Plastische Verformung erhöht die Versetzungsdichte (ca. 10^{12} cm/cm³)	ungleichartige Versetzungen in *einer* Gleitebene können sich auslöschen, gleichartige sich blockieren. Aufspaltung in zwei Teilversetzungen (kleinere Gleitschritte)
2 Flächenfehler: Korngrenzen	Bereiche mit unvollkommener Ordnung. Bei der Kristallisation oder der Rekristallisation bei $T > 0{,}4\ T_m$	Behindern das Wandern von Versetzungen, es kommt dort zum Stau, d. h. zu höherer örtlicher Versetzungsdichte
Stapelfehler	fehlerhaftes Kristallwachstum, Ansammlung von Leerstellen	unterbrechen Gleitebenen, sind selbst nicht gleitfähig
3 Volumenfehler: kohärente, inkohärente Teilchen	Ausscheidungen in übersättigten Mischkristallen (metastabil.) Pulvermetallurgisch oder durch innere Oxidation eingebracht	Versetzungen müssen die Teilchen *abscheren* oder *umgehen* und bilden dabei neue Versetzungen.

Tafel II.3 Daten technisch wichtiger Metalle

Name	Symbol	OZ	KG	Gitter-[1] Konstante a pm	Radien pm Atom	Radien pm Ion	Dichte ρ[3] kg/dm³	Schmelzpunkt T_m	Leitfähigkeit für Strom[2] m/mm² Ω	Leitfähigkeit für Wärme[3] W/mK	Wärmeausdehnung β[4]	Elast.-Modul GPa
Aluminium	Al	13	kfz	404	143	51	2,7	660	40	230	23,9	55
Berylium	Be	4	hdP	228 / 1,57	114	35	1,86	1280	36	204	11,6	293
Blei	Pb	82	kfz	490	175	84	11,34	327	5,2	35	29,2	16
Cadmium	Cd	48	hdP	290 / 1,83	149	97	8,64	321	23,5	95	29,7	63
Chrom	Cr	24	krz	288	150	63	7,2	1860	6,6	94	8,4	190
Cobalt α - > 417 °C β -	Co	27	hdP kfz	250 / 1,62	153	72	8,9	1490	19	101	13,8	213
Eisen α - > 912 °C γ -	Fe	26	krz kfz	287 365	124 127	74 64	7,85	1535	12	75	11,9	215
Gold	Au	79	kfz	408	144	137	19,3	1063	48	298	14,2	79
Iridium	Ir	77	kfz	384			22,4	2450	21		6,5	530
Kupfer	Cu	29	kfz	361	128	96	8,93	1083	64	398	16,5	125
Magnesium	Mg	12	hdP	320 / 1,62	160	66	1,75	650	25	100	25,8	45
Mangan	Mn	25	kub	893	112	80	7,44	1245			22,8	201
Molybdän	Mo	42	krz	315	136	70	10,2	2620	20	135	5,2	336
Nickel	Ni	28	kfz	352	124	69	9,9	1450	15	85	13,0	215
Niob	Nb	41	krz	329	142	74	8,55	2415			7,3	160
Osmium	Os	76	hdP	273 / 1,58	138	65	22,45	2700	11			570
Platin	Pt	78	kfz	392	139	80	21,4	1770	10	72	9,1	173
Rhodium	Rg	45	kfz	379			12,4	1970	23	150	8	280
Silber	Ag	47	kfz	409	145	126	10,5	960	67	420	19,7	81
Tantal	Ta	73	krz	330	143	68	16,65	3030	8	57	6,5	188
Titan α - > 882 °C β -	Ti	22	hdP krz	295 / 1,59 332	148	68	4,5	1727	7	22	9,0	105
Vanadium	V	23	krz	302	131	74	5,96	1726	3,8			150
Wolfram	W	74	krz	317	137	70	19,3	3400	20	173	4,4	415
Zink	Zn	30	hdP	266 / 1,86	133	74	7,13	420	18	112	21,1	94
Zinn α - > 13 °C β -	Sn	50	diam tetr	649	141	71	7,28	232	10	66	26,7	55
Zirkon α - > 862 °C β -	Zr	40	hdP krz	323 / 1,59 361	162	79	6,53	1850	2		7,2	90

1) Bei hexagonalen Metallen ist das Verhältnis der senkrechten Konstante c zu /a angegeben
2) bei 0 °C = 273 K
3) bei 20 °C
4) 0 … 100 °C mal 10^4

2. Eigenschaften und Verhalten der Metallgitter

2.1. Anisotropie, Textur

Typische Eigenschaft aller kristallinen Stoffe, bedeutet *Richtungsabhängigkeit* fast aller Eigenschaften (Vergleich: Holz längs bzw. quer zur Faserrichtung beansprucht, reagiert verschieden). Dies gilt für chemische und physikalische Eigenschaften. Gegensatz: Isotropie. Vielkristalline Werkstoffe zeigen keine Anisotropie, wenn Kristallite mit ihren Achsen ungeordnet liegen (sie sind quasiisotrop).

Bei einigen Fertigungsverfahren entsteht eine teilweise Ausrichtung der Kristalle, dies wird als *Textur* bezeichnet (Guß- oder Walztexturen). Folgen sind z. B. unterschiedliche Festigkeit und Dehnung bei Blechen längs und quer zur Walzrichtung, bei Tiefziehblechen unerwünscht, bei Trafo- und Dynamoblechen jedoch von Bedeutung für magnetische Eigenschaften. Ein anisotropes Verhalten wird auch durch gerichtete Gefügebestandteile (z. B. Schlackenzeilen) hervorgerufen, bei Hochleistungsbauteilen auch konstruktiv angewandt (z. B. Verstärkungsfasern).

2.2. Gießen (Schmelzen und Kristallisieren)

Zufuhr von Wärme erhöht die Energie der Teilchen, damit ihre Eigenbewegung: Stoff dehnt sich aus. Zum Schmelzen muß die *Schmelzwärme* zugeführt werden, ohne daß bei reinen Metallen die Temperatur steigt. Weitere Erhitzung erst nach vollständigem Schmelzen (Haltepunkt). Technische Schmelzen enthalten dann noch kleinste feste Partikel, die bei der Erstarrung als Keime wirken können.

Zum Erstarren ist Wärmeabfuhr nötig. Kristallisation beginnt an kälteren Formwänden oder an festen Teilchen in der Schmelze, sog. Kristallkeimen. Bei Angliederung der Atome an das Gitter wird ihre Eigenbewegung sprunghaft kleiner, die Differenz der kinetischen Energie wird als Kristallisationswärme nach außen abgegeben (Haltepunkt in Abkühlungskurve). Damit tritt auch eine Volumenschrumpfung ein, die bis zur Abkühlung auf Raumtemperatur anhält (Schwindmaß). Als Folge treten *Lunker* (→ IV.4.1) und Spannungen auf. Kristalle wachsen oft parallel zueinander (Gußtextur), als *Stengelkristallisation* bei Walz- und Schmiedeblöcken unerwünscht. Für einfache, auf Zug höchstbeanspruchte Teile (Gasturbinenschaufeln) haben sich gerichtete Eutektika mit parallel angeordneten Phasen bewährt.

Feinkörniges Gefüge entsteht bei vielen Keimen und bei schneller Abkühlung der Schmelze unter den Erstarrungspunkt. Diese örtliche Unterkühlung führt zu spontaner Keimbildung. Deshalb Kokillenguß feinkörniger als Sandguß. Fremdkeime auch durch Schmelzzusätze in die Gießpfanne eingebracht (Desoxidation des Stahles mit Al, oder Kugelgraphitguß durch Mg-Zusätze, Na in AlSi-Guß und seltene Erdmetalle (Ce, Y, Zr) in Mg-Gußlegierungen).

2.3. Plastische Verformung

Die meisten Metalle lassen sich bei Raumtemperatur *plastisch* verformen, ohne daß der Zusammenhang verlorengeht (Besonderheit der Metallbildung).

Modellvorstellung am Idealkristall: Jedes Korn verformt sich zunächst unter inneren Schubspannungen, indem Kugelschichten mit dichtester Packung parallel zueinander *abgleiten.* Eine Trennung der Schichten würde größere *Normalspannungen* erfordern. Dieses Abgleiten (Translation) ist nur in einigen *Gleitebenen* und *Gleitrichtungen* möglich (Gleitmöglichkeiten, Tafel II.1) und findet dort am leichtesten statt, wo die Schichten *dicht* gepackt und *eben* sind. Dann ist der *Gleitwiderstand* am kleinsten.

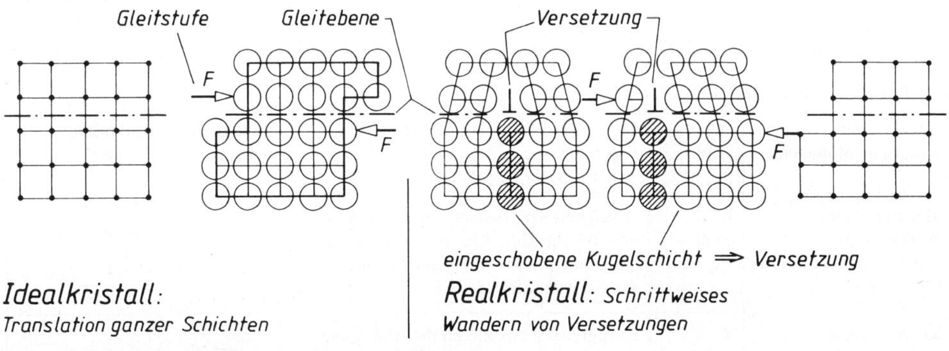

Bild II.1 Plastische Verformung am Ideal- und Realkristall

Modellvorstellung am Realkristall: Das Abgleiten geht nicht in ganzen Schichten vor sich, sondern die Versetzungslinien wandern bis sie an ein Hindernis, z. B. eine Korngrenze stoßen. Auf diese Weise müssen jeweils nur wenige Atome zum gleichen Zeitpunkt verschoben werden, d. h. die kritische Schubspannung, bei der die plastische Verformung beginnt, liegt niedriger als im Idealkristall.

2.4. Kaltverfestigung (Verformungsverfestigung)

Eine zunehmende Umformung bei Raumtemperatur führt zu einer Erhöhung der Festigkeit und Härte, und einer starken Abnahme der Verformbarkeit und Zähigkeit bis hin zum Bruch.

Modellvorstellung am Realkristall: Versetzungslinien können zunächst nur bis zu den Korngrenzen wandern und werden dort gestaut. Gleichzeitig entstehen während des Abgleitens neue Versetzungen, die sich zunehmend gegenseitig behindern (Versetzungsdichte steigt von 10^8 auf $10^{12}/cm^2$). Deswegen Kaltverfestigung = Versetzungsverfestigung. Wenn keine Atomreihe mehr wandern kann, ist die totale Versprödung erreicht.

Anwendung: Bei dünnen Halbzeugen wie z. B. Blech, Band und Draht von NE-Metallen, die in verschiedenen Festigkeitsstufen lieferbar sind, welche durch bestimmte Kaltumformung beim letzten Walz- oder Ziehgang erzeugt werden (Anhängesymbole, Tafel V.2).

Beispiel: CuZn37R610 Blech aus Cu-Zn-Legierung (Messing) mit einer Zugfestigkeit von $R_m = 610\ N/mm^2$, das im weichen Zustand nur etwa 300 N/mm^2 aufweist.

$$\text{Verformungsgrad } \varepsilon = \frac{\Delta s}{s_0} 100 \text{ (in \%)}.$$

Angewandt wird oberflächliche Kaltverfestigung von dynamisch beanspruchten Teilen zur Erzeugung von Druckeigenspannungen, welche die Dauerfestigkeit heraufsetzen (Kugelstrahlen von Federn, Walzen von Kerben oder Übergangsradien).

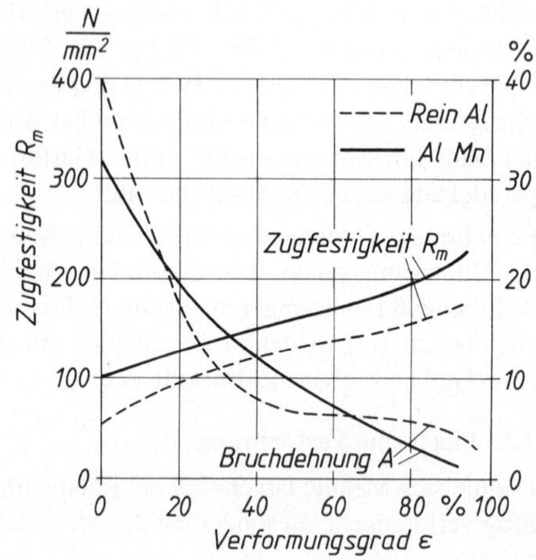

Bild II.2. Zugfestigkeit, Härte und Bruchdehnung bei steigendem Verformungsgrad

2.5. Erhöhung der Kristallfestigkeit

Die Steigerung der niedrigen Festigkeit reiner Metalle ist auf verschiedenen Wegen möglich. Die vorstehend erwähnte Kaltverfestigung ist auch bei reinen Metallen anwendbar. Bei Legierungen ergeben sich weitere Möglichkeiten, Legierungsatome sozusagen als Gitterfehler zur Festigkeitssteigerung auszunutzen. Dabei ist die Änderung der Duktilität wichtig (Bild II.2 und Tafel II.4).

Tafel II.4 Verfestigungsmechanismen

Mechanismus, technische Maßnahme	Fehler-Dim.	Strukturänderung, Hindernisse gegen die Versetzungsbewegungen	Festigkeit und Duktilität, schematischer Verlauf
Mischkristall-verfestigung Legieren innerhalb der Löslichkeit	0 Punkt-Fehler	Welligkeit der Gleitschichten durch kleinere oder größere LE-Atome, Wirkung steigt mit den ∅-Unterschieden und der Konzentration der LE.	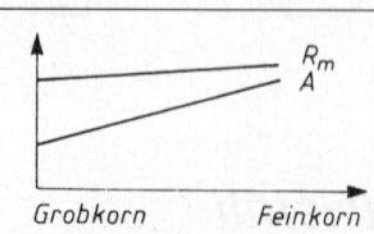
Korngrenzen-verfestigung Feinkorn herstellen	2 Flächen-fehler	Korngrenzen blockieren die Bewegung der Versetzungen. Vielzahl der Körner erhöht die Zahl der Gleitsysteme.	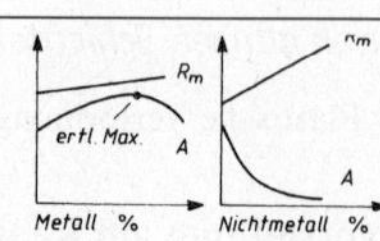
Teilchen-verfestigung • Aushärten • Dispersionshärtung	3 fremde Partikel	Behinderund durch feindisperse, kohärente Ausscheidungen in Mischkristallen, die *abgeschert* werden, oder durch inkohärente Teilchen, welche *umgangen* werden müssen.	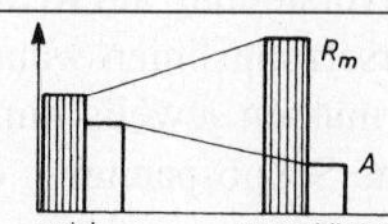

3. Verhalten bei höheren Temperaturen

3.1. Thermische Aktivierung

Wärmezufuhr zu einem Stoffsystem führt zu höherer thermischer (kinetischer) Energie der Teilchen. Ihre gesteigert Bewegung um die Gitterplätze führt zu mehr Zusammenstößen/Zeit und damit zu mehr Platzwechseln/Zeit. Das führt zu einem schnelleren Ablauf der *Prozesse* (→ folgende Abschnitte).

Durch Zusammenstöße können einzelne Atome die Aktivierungenergie Q erhalten, die nötig ist, die Bindung zur Umgebung zu lösen und ihren Platz wechseln. Metallatome gelangen dabei in die nächste Lücke, Nichtmetallatome auf den nächsten Zwischengitterplatz. Dabei streben die Teilchen nach dem Gleichgewicht, einem Zustand, in dem sich das Stoffsystem nicht mehr verändert.

Streben	Ziel
Energieminimum	Durch Energieabgabe wird ein Zustand höherer Stabilität gewonnen
Entropiemaximum	Durch Abbau von Ordnung wird ein Zustand höherer thermodynamischer Wahrscheinlichkeit erreicht

Die Anzahl der Platzwechsel/Zeit ist die Geschwindigkeit v von Vorgängen, die *thermisch aktiviert* bei höheren Temperaturen schneller ablaufen. Aussagen darüber können nur mit einer gewissen Wahrscheinlichkeit gemacht werden. Die Zahl der Zusammenstöße steigt *exponentiell* mit der Temperatur (T im Nenner des Exponenten).

Geschwindigkeit von Platzwechseln

$$v = v_0 \exp(-Q/RT) = v_0 \cdot e^{-Q/RT};$$

v: Platzwechsel/Zeit; v_0 Stoffkonstante;
Q: Aktivierungsenergie, Gaskonstante
$R = 8.314$ J/mol; T Temperatur

- **Beispiel:** Aufkohlen von Einsatzstählen für die gleiche Aufkohlungstiefe in: 32 h/900 °C oder 10 h/1000 °C oder 4 h/1100 °C.

Die Aktivierungsenergie Q ist höher für größere Metallatome und für dichtgepackte Gitter, niedriger für kleine Nichtmetallatome und in weniger dicht gepackten Gittern. Z. B. können H-Atome bei RT im Ferritgitter diffundieren, Metallatome benötigen hohe Temperaturen.

3.2. Kristallerholung und Rekristallisation

Wird kaltverformter Werkstoff erwärmt, so bildet sich beim Erreichen der sog. Rekristallisationsschwelle von Keimen ausgehend ein neues Gefüge, das *Rekristallisationsgefüge*. Als Keime wirken die am stärksten verformten Körner, deren Teilchen, durch Wärmebewegung begünstigt, ein neues, unverspanntes Raumgitter bilden. Die Rekristallisationstemperatur wird durch Legierungselemente und Verformung erniedrigt bis auf etwa 40 % der Schmelztemperatur (in K).

In Rekristallisationsschaubildern wird die Abhängigkeit der Korngröße des neuen Gefüges von Umformgrad und Glühtemperatur dargestellt (Bild IV.7). Bei sehr kleiner Verformung findet nur *Kristallerholung* statt, ebenso, wenn Rekristallisationsschwelle nicht erreicht wird. Dabei Abbau innerer Spannungen und Zunahme der Dehnung bei unveränderter Kornform und -größe. Kleine Verformungsgrade führen nach dem Glühen zu Grobkorn.

3.3. Kornwachstum

Die Bereiche der Korngrenzen sind weniger geordnet, energiereicher und gekrümmt. Sie besitzen Oberflächenenergie (Spannung durch Krümmung), die bei größeren Kristalliten kleiner ist. Bei höheren Temperaturen werden die kleineren Körner von den größeren aufgezehrt. Das Wachstum wird behindert, wenn bei solchen Temperaturen ungelöste Phasen (z. B. IP von Al, Mo, Nb, Ti und V evtl. mit C und N) die Korngrenzen blockieren. Solche Stähle sind nicht überhitzungsempfindlich.

- **Beispiele:** Einsatz- und Nitrierstähle, warm- und hitzebeständige Werkstoffe und Feinkornbaustähle.

3.4. Warmumformung

Merkmale sind die theoretisch unbegrenzte plastische Verformung bei Temperaturen zwischen unterhalb der Solidus-Linie und Rekristallisationstemperatur. Es erfolgt ständige Rekristallisation und somit keine Verfestigung. Die Gleitvorgänge benötigen geringere Energie, zusätzlich tritt *Korngrenzengleiten* auf.

Die Rekristallisation benötigt Zeit, dadurch ist die zur plastischen Verformung erforderliche Fließspannung k_f neben der Temperatur auch von der Geschwindigkeit abhängig. Erläuterung zu Bild II.3:

Graph	Umformgeschwindigkeit $\Delta\varphi / \Delta t$	Beispiel
a	20/s	Schmiedehämmer
b	10/s	mechanische Pressen
c	1/s	hydraulische Pressen

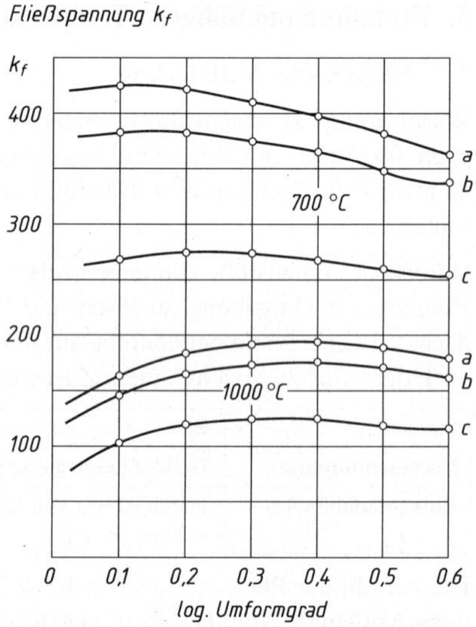

Bild II.3 Fließkurven von Stahl C45E

Superplastitzität: ist die Fähigkeit einiger Werkstoffe, unter geringen Spannungen sehr große Umformungen bis zu 1000 % ohne Einschnürung (damit ohne Riß) auszuhalten. Bedingungen sind eine Korngröße unter 10 µm, Temperatur über 0,5 T_m (Schmelztemp. in K), und niedrige Umformgeschwindigkeiten (5 % /min), damit Rekristallisation, Korngrenzengleiten und Diffusion ablaufen können. Es besteht die Gefahr von Hohlraumbildung durch Leerstellenansammlung.

Anwendung: Blasformen für flächige Teile und Isothermschmieden für kompaktere Teile von Triebwerken und -verkleidungen aus Ti- und Mg-Legierungen. Entwicklungen für IP wie TiAl und $TiAl_3$.

3.5. Diffusion in Metallen

Diffusion in Metallen ist die Wanderung von Atomen im Kristallgitter unter Wirkung eines Konzentrationsgefälles $\mathbf{\Delta c / \Delta x}$ (Antrieb = Entropiestreben). Zum Platzwechsel muß die Aktivierungsenergie Q aufgebracht werden. Es entsteht ein Teilchenstrom J.

Teilchenstrom: $J = D \cdot \Delta c / \Delta x$;
(1. Ficksches Gesetz)

(Atome/cm² s = cm²/s · Atome/cm³ cm)

mit $D = D_0 \, e^{-Q/RT}$

In der Diffusionskonstanten D sind die Widerstände enthalten, die den Teilchenstrom bremsen: Atomgröße und Dichte des Gitters, sowie die Art der Diffusionswege über Leerstellen, Zwischengitterplätze, Versetzungen oder Kornoberflächen. Auf Diffusionsvorgänge beruhen zahlreiche Verfahren:

Verfahren	Glühen	Lösungsglühen	Ausscheidungen, Auslagern	Thermochemische Verfahren	Sintern, Diffusions-Schweißen
Vorgänge	Verteilung von LE, Ausgleich von Seigerungen	Lösen von sekundären Kristallen	Abbau von Übersättigung in Mischkristallen	Einbringen von B, C, Cr, N u. a. Elementen	Platzwechsel im Korngrenzenbereich

Für thermochemische Verfahren ist das 2. Ficksche Gesetz wichtig. Es verknüpft den mittleren Randabstand x_m, bei dem die anfängliche Konzentrationsdifferenz (C-Athmosphäre – Werkstoff) auf die Hälfte abgesunken ist. Daraus ergeben sich einige Abhängigkeiten:

Wurzelgesetz

$$x_m^2 = Dt; \Rightarrow x_m = \sqrt{Dt}$$

Beziehung	Abhängigkeit	Beziehung	Abhängigkeit
Eindringtiefe x und Zeit t	die n-fache Eindringtiefe x_2 erfordert die n^2-fache Zeit t_2	Zeit t und Temperatur T	$t_1 : t_2 = D_1 : D_2$ (D enthält T) Produkt Dt = konstant !

4. Zweistofflegierungen (binäre Legierungen)

4.1. Allgemeines

Legierungen sind Stoffgemenge aus mehreren *Komponenten* (A, B C ...), meist Metallen, oft sind auch Nichtmetalle beteiligt. Sie reagieren evtl. miteinander und bilden Kristalle, die *Phasen* (α, β, γ ...). Eine Begrenzung auf zwei Komponenten – Zweistoffsysteme – ist zur Kennzeichnung der verschiedenen Legierungssysteme erforderlich. Die Komponenten lassen sich schmelzflüssig meist beliebig mischen. Nur wenige Paarungen sind unlöslich, sie bilden zwei Schmelzen übereinander (Fe-Pb, Cu-W), andere lösen sich nur teilweise, es bilden sich zwei legierte Schmelzen übereinander (Pb-Cu). Je nach Temperatur bestehen sie aus unterschiedlichen Phasen (Schmelze und Kristallarten), deren Konzentrationen und Massenverhältnisse sich aus den Zustands-Diagrammen ablesen lassen (→ 4.8).

4.2. Legierungsstrukturen (Zweistofflegierungen)

Die Gefügebildung der Legierung hängt vom Verhalten der beiden Komponenten A und B im festen Zustand ab. Es können die folgenden Gitterstrukturen – allein oder im Gemisch – auftreten.

Austausch-(Substitutions-) **Mischkristalle** (AMK.) zwischen Metallen. Die Atome B sind regellos *anstelle* der A-Atome im Gitter verteilt (feste Lösungen). Die Löslichkeit von B im A-Gitter hängt von Struktur und Eigenschaften der Atome ab und liegt zwischen > 0 und 100%.

Bei bestimmten Atomverhältnissen und langsamer Abkühlung entstehen Überstrukturen mit geordneter Verteilung von B-Atomen, im A-Gitter. Bei Erwärmung gehen sie in den ungeordneten Zustand über (Entropiestreben).

Einlagerungs-(interstitielle) **Mischkristalle** (EMK) enthalten die Atome B auf Zwischengitterplätzen (Lücken zwischen den A-Atomen). Sie entstehen, wenn Atomradius B < 0,41 Atomradius A. Das gilt für die Nichtmetalle B, C, N und O. Die Gitterverzerrung ist groß, die Löslichkeit gering. Die Härte wird stark auf Kosten der Duktilität erhöht (C-Atome im Fe, H-Atome im Hartchrom).

Tafel II.5 Legierungsstrukturen

LE-Atome im Wirtsgitter	Legierungselement ist Metall	Nichtmetall
sind ungeordnet	**Austausch-Mischkristalle** (α-CuZn) 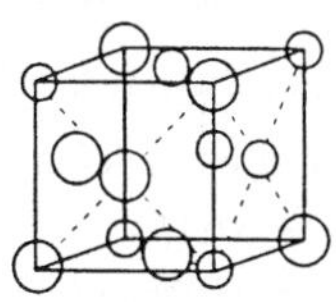	**Einlagerungs-Mischkristalle** 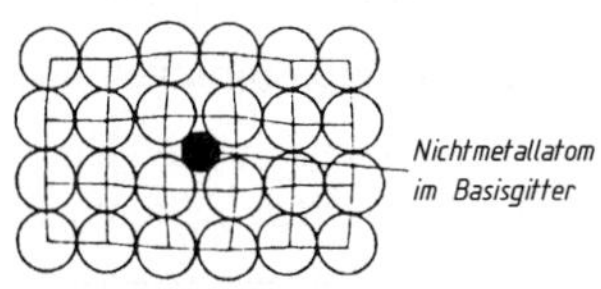
sind geordnet (Gitter im Gitter)	**Überstrukturen,** Oktaeder im Würfel 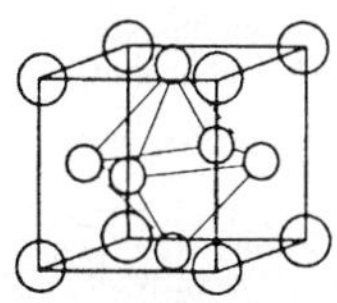 (Cu_3Zn)	**Einlagerungsstrukturen** 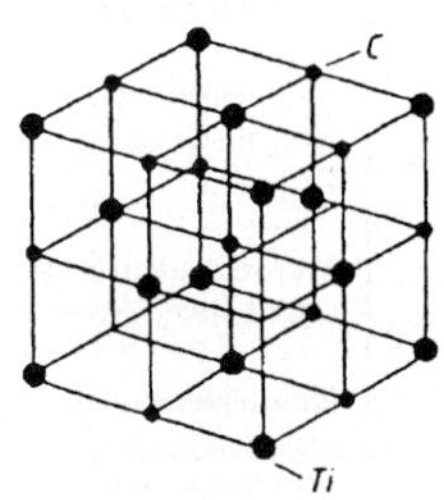 Titancarbid TiC, Titannitrid TiN
bilden neues, anderes Gitter	**Intermetallische Phase,** (β-CuZn) 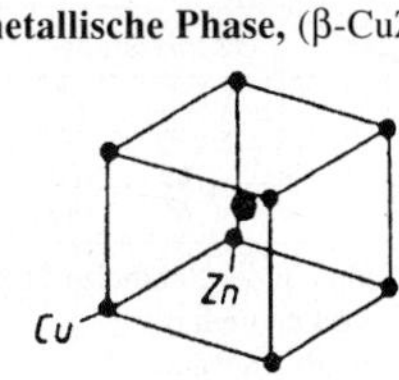	

Intermetallische Phasen (IP). Komponenten mit starken elektrochemischen Unterschieden bilden in bestimmten Mischungsverhältnissen gemeinsam ein Gitter, das von denen beider Komponenten *abweicht*. Darin sind der Metallbindung auch Anteile von Ionen- oder Atombindung überlagert. Die Diffusion ist erschwert, damit das Kriechen bei hohen Temperaturen. Diese Stoffe sind härter, spröder und haben z.T. komplizierte Gitter ohne Gleitmöglichkeiten, aber mit höheren E-Moduln. Einige haben höhere Schmelztemperaturen als die Komponenten, damit für Hochtemperaturanwendung interessant (z. B. TiAl, Ti_3Al, Ni_3Al mit niedrigerer Dichte als die Superlegierungen).

Metalle können mit höheren Anteilen der Nichtmetalle C, N und B chemische Verbindungen bilden. Ihre Gitter sind Einlagerungsstrukturen, jedoch mit geordneter Verteilung der Nichtmetallatome im Metallgitter. Carbide, Nitride und Boride zählen auch zu den IP. Meist sind es Hartstoffe mit hohen Schmelzpunkten, deshalb im Gefüge von Werkzeug- und warmfesten Stählen (Sondercarbide) enthalten, oder sie werden als Verschleißschutzschichten auf zähen Baustählen erzeugt (Nitrieren, Borieren) oder durch Beschichten (Plasmaspritzen, CVD- und PVD-Verfahren) aufgebracht. Sinterhartmetalle bestehen aus Mischkristallen von WC mit TC und TaC.

Tafel II.6 Härte und Schmelztemperaturen von Hartstoffen (Mittelwerte)

Stoff	Bornitrid	Borcarbid	Ti-Carbid	Ti-Nitrid	W-Carbid	V-Carbid	Korund	Si-Carbid
Formel	BN	BC	TiC	TiN	WC	VC	Al_2O_3	SiC
HV-1	6000	3700	3500	2000	2400	2800	2800	3500
Schmelz-T. °C		2450	3140	2950	2870	2830	2050	2200

4.3. Zustandsdiagramme

Zustands-Diagramme entstehen aus den Abkühlkurven vieler Legierungen eines Systems oder werden berechnet. Der Schmelz- bzw. Erstarrungsbereich wird durch Liquidus- (oben) und Solidus-Linie (unten) begrenzt. Darunter liegen die Phasenfelder. Sie lassen die Phasen erkennen, aus denen eine Legierung je nach Temperatur und Konzentration besteht. Zwischen den Phasen besteht thermodynamisch ein Gleichgewicht, sofern die Abkühlung *sehr langsam* erfolgt.

Bei schnellerer Abkühlung entstehen andere Konzentrationen und Verteilungen der Phasen (sog. Ungleichgewichtszustände), die metastabil sind, d. h. bei Erwärmung dem Gleichgewichtszustand zustreben. Hierfür gelten andere Diagramme (z. B. ZTU-Diagramme).

4.4. System mit vollkommener Mischbarkeit im festen Zustand, Mischkristallsystem

Die Komponenten müssen die Hume-Rothery-Regeln erfüllen: Gleiche Kristallgitter, Differenz der Atom-∅ < 15 %, Geringe Differenzen in EN-Zahl und Wertigkeit.

Bedingungen	Gefüge Hauptanwendung	Zustands-Diagramm, Merkmale	Beispiele Systeme
Große Ähnlichkeit der Komponenten in Atom-∅, Gitter, EN-Zahl Wertigkeit	Homogene Gefüge aus gleichen Mischkristallen Möglichkeit von Kristallseigerungen beim Erstarren Verformbarkeit hoch, stark kaltverfestigend **Knetlegierungen** über den ganzen Mischungsbereich	**Mischkristall-System,** linsenförmiges Feld zwischen Liquidus- und Solidus-L. 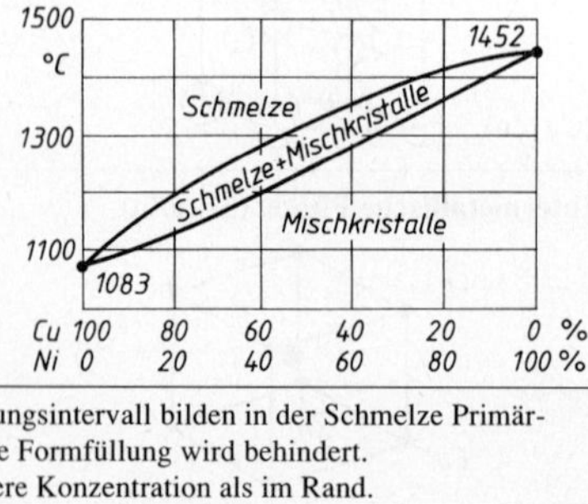	Ag-Au Ag-Pt Co-Mn Cu-Au Cu-Pt Cu-Pd Cu-Pt α-Fe-Cr γ-Fe-Ni α-Fe-V Ni-Co Ni-Pt Mo-W
Legierungen im mittleren Bereich mit breitem Erstarrungsintervall bilden in der Schmelze Primärkristalle, die an kalten Formwänden kristallisieren. Die Formfüllung wird behindert. *Kristallseigerung:* Primärkristalle haben im Kern andere Konzentration als im Rand.			

4.5. System mit begrenzter Mischbarkeit im festen Zustand, eutektisches System

Die Komponenten haben keine oder nur geringe Mischbarkeit im festen Zustand, sie kristallisieren jede für sich unter gegenseitiger Behinderung der Kristallisation. Deren Beginn verschiebt sich dadurch zu tieferen Temperaturen, bei der eutektischen Legierung zum tiefsten Schmelz*punkt*.

Bedingungen	Gefüge Hauptanwendung	Zustands-Diagramm, Merkmale	weitere eutekt. Leg.
Geringere Ähnlichkeit der Komponenten in Atom-∅, Gitter, EN-Zahl Wertigkeit	Heterogene Gefüge aus zwei Kristallarten. Restschmelze zerfällt an der Solidus-Linie bei konstanter Temperatur in ein Kristallgemisch. Eutektische Reaktion: **Schmelze → α + β** Niedriger Schmelzpunkt, seigerungsfreie Erstarrung: Im Randbereich Knetlegierungen. **Gußlegierungen** für den eutektischen Bereich.	**Eutektisches System,** außen Mischkristallfelder mit geringer Löslichkeit, dazwischen Mischungslücke mit V-förmiger Liquidus-Linie. 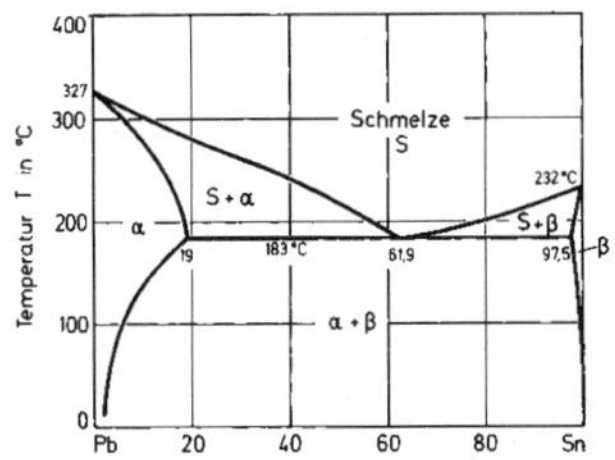 **Eutektikum** (ca. 60 % Sn): feinkörniges Gefüge aus den beiden Phasen	Al-Druckguß Al-Si mit 12 % Si Silberlot Cu-Ag mit 45 % Ag Gußeisen Fe-C mit 4,3 % C Zn-Druckguß Zn-Al mit 4 % Zn Hartblei Pb-Sb mit 13 % Sb
Eutektische Legierungen lassen sich dünnwandig vergießen, da keine Primärkristalle an den Formwänden ankristallisieren und den Schmelzfluß behindern (Gegensatz zu den Legierungen mit breiten Erstarrungsintervall).			

4.6. System mit sekundären Ausscheidungen

Wesentliches Merkmal ist ein Mischkristallfeld dessen begrenzende Löslichkeitslinie mit sinkender Temperatur gegen Null zurückgeht. Bei langsamer Abkühlung reduziert sich die im Mischkristall gelöste Komponente durch Diffusion an die Korngrenzen und bildet dort sekundäre Ausscheidungen.

Bei schneller Abkühlung entstehen metastabile, übersättigte Mischkristalle, welche Voraussetzung für das Aushärten sind.

Bedingungen	Gefüge Hauptanwendung	Zustands-Diagramm, Merkmale	weitere Systeme
Komponenten haben *große* Unterschiede in Atom-∅, Gitter, EN-Zahl Wertigkeit	Mischkristallgefüge mit Ausscheidungen intermetallischer Phasen (IP). Ausscheidungen müssen feindispers im Mischkristall vorliegen, durch Aushärten erzielt. Sie steigern Festigkeit, Härte Warmfestigkeit, evtl. magnetische Werte. **Aushärtbare Legierungen**	Mischkristallfeld von Solidus- und Löslichkeitslinie begrenzt. 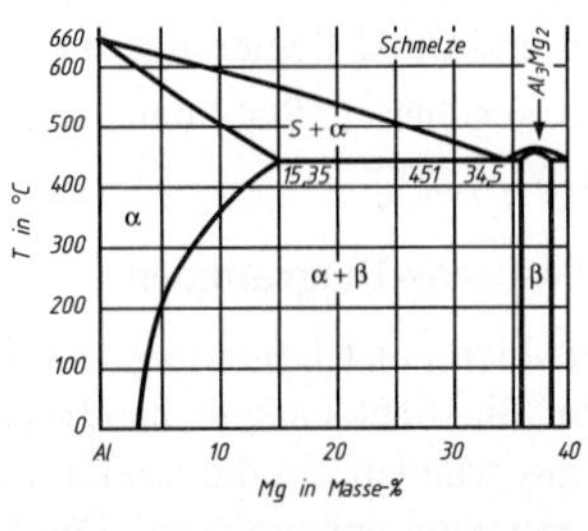 Aushärtbare Al-Mg-Legierungen enthalten 0,5 … 1,2 % Si zur Bildung von Mg_2Si als ausscheidende IP.	Al-CuMg Al-CuTi Al-MgSi Al-ZnMg Fe-C Cu-Al Cu-Be Cu-Cr Cu-NiSi Mg-Al Ti-AlV

Die technisch wichtigen, aushärtbaren Legierungen sind Drei- und Mehrstofflegierungen, die ausscheidenden Phasen sind komplex aufgebaut. Das vorliegende Beispiel ist vereinfacht.

4.7. Systeme mit Mischkristallen und mehreren Intermetallischen Phasen (Beispiel Cu-Zn)

Das Legierungssystem besitzt zahlreiche Sorten die ein breites Eigenschaftsspektrum überdecken. Das wird durch das Verhältnis der beiden Kristallarten α und β, daneben durch weitere LE erreicht (→ V.3.5). Knetlegierungen liegen im Bereich der α-Mischkristalle (kfz.). Geringe Anteile der spröden β-Phase verbessern die Spanbarkeit. Sorten für Warmumformung und die Gußlegierungen besitzen davon höhere Gefügeanteile. Legierungen mit der sehr spröden γ-Phase im Gefüge haben keine technische Verwendung gefunden.

<table>
<tr><td>Bedingungen</td><td>Gefüge
Hauptanwendung</td><td>Zustands-Diagramm, Merkmale</td><td>ähnliche
Systeme</td></tr>
<tr><td>Sehr große
Unter-
schiede in

Atom-∅,
Gitter,
EN-Zahl,
Wertigkeit

Cu: r_{cu} = 128 pm,
kfz, EN = 1,9
1-wertig

Zn: r_{Zn} = 133 pm,
hdP, EN = 1,6
2-wertig

Bei größeren
Zn-Gehalten
entstehen
Inter-
metallische
Phasen</td>
<td>Die harte, spröde IP-Phase steigert Härte und Festigkeit unter Abnahme der Duktilität (→ Diagramm).

Legierungen für spanende Bearbeitung,
verschleißfeste Legierungen

Intermetallische Phasen im System CuZn:
<table>
<tr><td></td><td>β</td><td>γ</td></tr>
<tr><td>Zn-%</td><td>43.8-48,2</td><td>ca. 58</td></tr>
<tr><td>IP-[1)]
Formel</td><td>CuZn</td><td>Cu_5Zn_8</td></tr>
<tr><td>E-Zelle</td><td>krz.
(Tafel)</td><td>kub. 52
Atome</td></tr>
<tr><td>Um-
Form-
barkeit</td><td>kalt
gering,
warm gut</td><td>nicht
umform-
bar</td></tr>
</table></td>
<td>System Cu-Zn, vereinfacht

An der Linie BCD finet die peritektische Reaktion statt (→ 4.8).

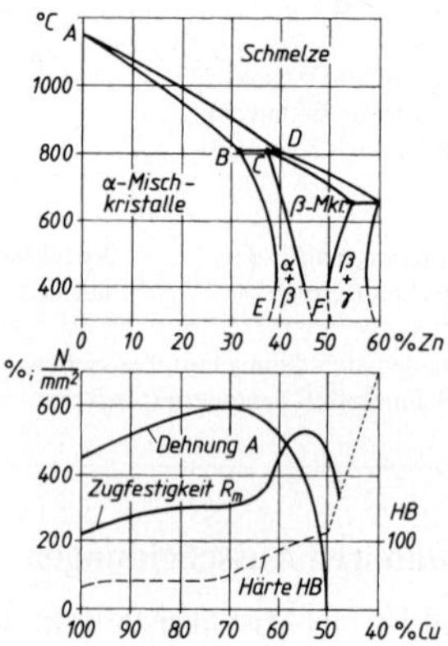
</td>
<td>AlMg
AlMn
Al-SiCu

Cu-Al
CuSn
CuZn

Ni-Al

Ti-Al</td></tr>
<tr><td colspan="4">1) Formeln geben keine stöchiometrische Zusammensetzung an, sondern den Mittelwert der Konzentrationen.</td></tr>
</table>

Allgemein werden heterogene Cu-Legierungen mit IP im Gefüge als Werkstoffe für tribologische Beanspruchungen verwendet. Dabei gibt es zwei Möglichkeiten:

- Weichere Pb-Kristalle (Schmiertaschen) in einem härteren Cu-Mischkristallgefüge mit IP-Anteilen. Weichere Lagerwerkstoffe für ungehärtete Reibpartner (CuPb- und CuPbSn-Legierungen).
- Härtere intermetallische Phasen in Cu-Mischkristallgefüge. Härtere Lagerwerkstoffe für gehärtete Reibpartner (CuSn- und CuAl-Legierungen).

Werkzeugstähle haben eine gehärtete Stahlmatrix mit noch härteren Misch- und Sondercarbiden der Legierungselemente Cr, V, W, Mo.

4.8. Auswertung von Zustands-Diagrammen

Die Vorgänge beim Abkühlen einer Legierung lassen sich im Zustands-Diagramm auf einer senkrechten Linie verfolgen. Sie liegt entsprechend der Konzentration der Legierung L_1. Vom geschmolzenen Zustand aus wandert ein die Legierung darstellender Punkt auf der Senkrechten abwärts, der sinkenden Temperatur entsprechend. Die Temperaturwaagerechte ergibt einen Hebel mit Endpunkten an den Feldgrenzen. Es gilt das Hebelgesetz für Gleichgewicht.

Phasenanteile sind dem abgewandten Hebelarm proportional.

Konzentration einer Phase kann am Lot auf die waagerechte Achse abgelesen werden.

$$\text{Ph}\ \% = \frac{\text{Abgewandter Hebel}}{\text{Gesamthebel}}\ 100\ \%$$

Beim Überschreiten der Grenzlinie zwischen zwei Phasenfeldern ändert sich die Zahl oder Art der Phasen um eins. Abweichungen von dieser Regel sind an Punkten möglich

Beispiel: Abkühlungsverlauf einer Cu-Zn-Legierung mit 64,5 % Cu (CuZn36). Die Legierung kühlt aus der Schmelze ab. Beim Erreichen der Solidus-Linie tritt eine zweite Phase auf, die α-Phase (kfz. Cu-Mischkristalle), die nach und nach die Konzentration des Punktes B annehmen (67 % Cu). Die Schmelze strebt der Konzentration des Punktes D zu.

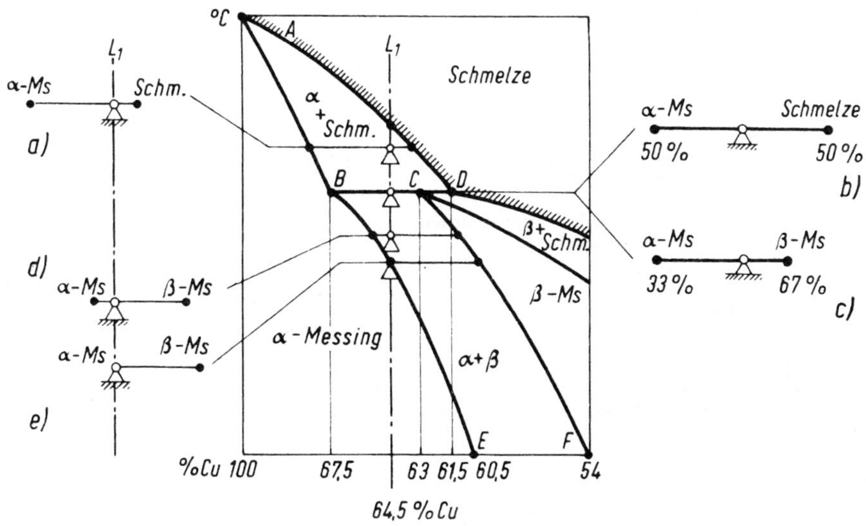

Unterhalb der Liquidus-Linie überwiegt noch der Anteil der Schmelze (Bildteil a). Dicht über der Solidus-Linie (Bildteil b) sind bei dieser Legierung gleiche Anteile von Schmelze und α-Mischkristallen vorhanden (gleiche Hebelarme).

An der Linie BC tritt die peritektische Reaktion ein:

Dicht unterhalb der Linie CD (Bildteil c) liegt dann ein Gefüge mit 1/3 α-Mischkristallen vor (mit 67,5 % Cu) und 2/3 β-Kristallen (mit 63 % Cu). Die Hebelarme verhalten sich wie 2:1. Mit weiterer Abkühlung ändern sich die Konzentrationen beider Phasen:

α-Mischkristalle längs der Linie BE,

β-Kristalle längs der Linie CF.

Gleichzeitig wächst der Anteil der α-Mischkristalle, jener der β-Kristalle sinkt (Bildteil d). Beim Erreichen der Linie BE (Bildteil e) ist der Anteil der β-Kristalle auf Null gesunken (abgewandter Hebelarm ist Null), dadurch liegt bei RT ein homogenes Gefüge aus α-Mischkristallen vor.

Peritektische Reaktion:

Intermetallische Phasen können teilweise schmelzen und dabei eine andere Kristallart bilden. Der umgekehrte Vorgang ist die peritektische Reaktion:

α + Schmelze → β

In dieser Form würde die Reaktion einer Legierung mit 63 % Cu am Punkt C ablaufen. Die ausgewählte Legierung enthält weniger Cu, deshalb gilt hier

α (B) + Schmelze (D) → α (B) + β (C).

Bei der Reaktion sinkt der Anteil der α-Mischkristalle, die von der Schmelze z.T. nur an der Oberfläche „gelöst“ werden (kleinerer Hebelarm, Bildteile b) und c)). Ihr Cu-Gehalt ergibt zusammen mit der niedrigeren Cu-Konzentration der Schmelze von 61,5 % die höhere der B-Kristalle von 63 %.

4.9. Vergleich von homogenen und heterogenen Legierungen

In dieser Zusammenfassung werden die beiden Grundgefüge gegenübergestellt und daraus auf Eigenschaften und Verwendung geschlossen. Die Zuordnungen sind grob, in Sonderfällen können auch Abweichungen auftreten.

	Homogene Legierungen	Heterogene Legierungen
Zustandsdiagramm (prinzipiell)	Legierungen Grundtyp I oder im Randbereich bei den meisten anderen Typen	In den Mischungslücken bei teilweiser Mischbarkeit der Komponenten
Beispiele	Cu-Legierungen mit geringem Gehalt an LE, austenitische Stähle	Eutektische Gußlegierungen, Einsatz- Vergütungs- und Werkzeugstähle, aushärtbare Al-Legierungen
Gefüge	homogen, eine Phase Mischkristalle	heterogen, zwei Phasen bilden ein Kristallgemisch
Fertigung durch Gießen	ungünstig bei breitem Erstarrungsbereich, Schwindung, Seigerung	günstig, da niedriger Schmelzpunkt, kleines Schwindmaß
Kneten	günstig alle Kristalle nehmen daran teil, homogen verformbar	Rißgefahr, wenn beide Phasen sehr unterschiedliche Verformungswiderstände haben,
Spanen	Fließspan, rauhere Oberfläche	günstig, weichere oder sprödere Phase kann spanbrechend wirken, glatte Oberfläche
vorwiegende Verwendung	Knetlegierungen	Gußlegierungen
Fertigungsgänge	Gußblock → Umformen → Halbzeug → Umformen/Verbindungen → Fertigteil	Rohgußteil → Spanen → Fertigteil
Verlauf der Eigenschaften über der Konzentration	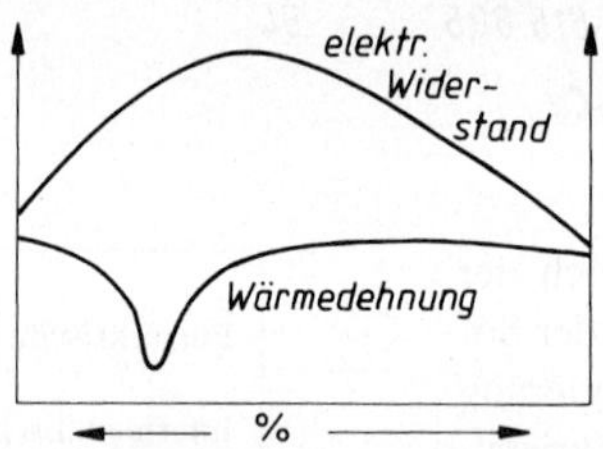 Bei bestimmten Konzentrationen sind extreme Eigenschaften möglich	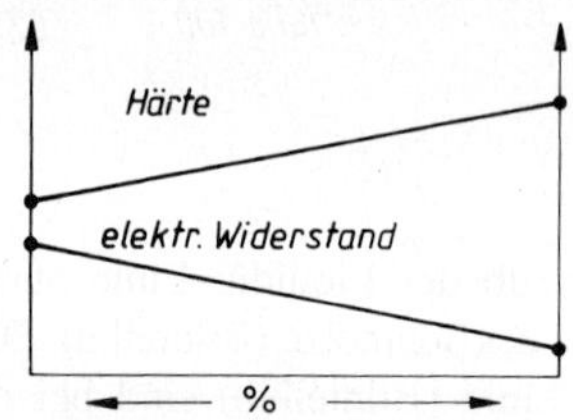 Eigenschaften liegen zwischen denen der reinen Komponenten (Ausnahme Schmelztemperaturen

5. Kristall- und Gefügeveränderungen

5.1. Polymorphie

Einige kristalline Stoffe sind polymorph (vielgestaltig), sie können je nach Temperatur in verschiedenen Gitterstrukturen auftreten. Zur Änderung des Zustandes muß Energie aufgebracht werden (Haltepunkt in der Abkühlkurve). Die Dichte ändert sich dabei ebenfalls. Durch Höchstdrücke lassen sich dichtere Modifikationen herstellen (Graphit → Diamant; hex. Bornitrid → kubisches Bornitrid, CBN). Wenn bei der Abkühlung andere Kristallgitter mit geringerer Dichte entstehen, kann es zum mechanischen Zerfall durch innere Spannungen kommen (Zinnpest, Feuerfeststoff Zirkonoxid).

Tafel IV.7 Polymorphe Stoffe, Umwandlungstemperaturen in °C

Metall	Temp.	Gitter	Metall	Temp.	Gitter	Metall	Temp.	Gitter	Stoff	Temp.	Gitter
Zinn	< 13 > 13	Diamant tetr.	Titan	< 882 > 882	hex. krz.	Cobalt	< 450 > 450	hex. krz.	Quarz	< 573 > 573	trigonal hexagonal

Die Gitterumwandlungen des Eisens sind unter IV.1 behandelt.

5.2. Umwandlungen bei Legierungen im festen Zustand

Neben der Polymorphie einiger Metalle und den behandelten Ausscheidungen aus Mischkristallen beim Überschreiten der Löslichkeitslinie und langsamer Abkühlung, oder beim schnellen Abkühlen in den Mischkristallen, gibt es weitere Umwandlungen im festen Zustand. Sie sind nicht auf die Stähle beschränkt, für die sie eine besondere Bedeutung haben und dort eingehend behandelt werden.

Name	Vorgänge	Anwendungen, Beispiele, Hinweise auf LB
Eutektoide Umwandlung (Ähnlichkeit mit Bildung des Eutektikums)	Homogene Mischkristalle reagieren am eutektoiden Punkt und zerfallen dann durch Gitterumwandlung zu einem Kristallgemisch.	Austenitzerfall zu Perlit (IV, 1.1.2) oder Bainit (IV, 2.2.2)
Martensitische Umwandlungen	Sehr schnelle, diffusionslose Gitterumwandlung, gelöste Atome verbleiben in Zwangslösung ⇒ Gitterverzerrung ⇒ Eigenschaftsänderungen	Härten von Stahl (IV, 2.2) tritt auch auf beim Abkühlen von: Co wandelt um von kfz in hdP, Ti wandelt um von krz zu hdP, Memoryeffekt bei NiTi-Legierungen

5.3. Gefügefehler

Seigerung ist die Entmischung einer Legierung beim Erstarren; sie tritt als *Schwerkraftseigerung* bei Bleilegierungen auf, indem leichte Kristalle in einer bleireicheren Schmelze nach oben steigen. *Kristallseigerung* siehe 4.1.

Blockseigerung tritt vor allem bei Legierungen auf, die großen Abstand zwischen Liquidus- und Soliduslinie besitzen. Der zuletzt erstarrende Teil, meist der Kern des Blockes oder Werkstückes, ist angereichert mit tiefschmelzenden Bestandteilen.

Diese *Seigerungszone* ist auch im Kern der Walzprofile vorhanden.

Mikrolunker sind mikroskopisch kleine Hohlräume zwischen den Verästelungen der Kristallite, hervorgerufen durch die Schrumpfung des erstarrenden Stoffes. Sie können durch Warmumformung verschweißt werden. Dadurch Verdichtung des Gefüges (Schmiedegefüge) und bessere Eigenschaften.

Lunker sind größere Hohlräume infolge der Schrumpfung der Schmelze beim Erstarren. Sie treten in den Zonen auf, die zuletzt erstarren, wenn kein flüssiger Werkstoff nachfließen kann.

Gasblasen entstehen durch Ausscheiden gelöster Gase. Schmelze hat größerer Lösungsvermögen für Gase (H_2, O_2, N_2). Abhilfe durch Pfannenentgasung oder Vergießen unter Vakuum. Gasgehalte dadurch auf die Hälfte vermindert. Es erhöhen sich Festigkeit *und* Dehnung.

Reine Metalle meist weicher und dehnbarer als Legierungen. Geringe Anteile an unlöslichen Komponenten verändern die Eigenschaften wesentlich. Hierbei ist *Größe* und *Verteilung* der zweiten Kristallart von Bedeutung.

■ **Beispiele:** Einfluß von Größe und Verteilung einer Kristallart auf Eigenschaften

Werkstoff	Zusatz/Gefügeteil	Eigenschaftsänderung
Stahl	Stickstoff > 0,1 %	alterungsanfällig (Versprödung)
	Schwefel, Phosphor > 0,2 % }	Phasen sind bei Schmiedetemperatur
Kupfer	Spuren von Bi }	flüssig, Risse bei Warmumformung
Stahl	Zementitform lamellar oder körnig	Zerspanbarkeit, Kaltformbarkeit bei körniger Form verbessert
AlCuMg aushärtbar	Größe der sekundären Ausscheidungen Al_2Cu	bei Überschreiten einer *kritischen* Teilchengröße keine Festigkeitssteigerung

III. Metallgewinnungsverfahren

1. Darstellung der Metalle, Übersicht

Nur Edelmetalle kommen metallisch (gediegen) vor, die Gebrauchsmetalle als Verbindungen (Oxide, Sulfide, Hydroxide, Karbonate) einige auch als Arsen oder Tellurverbindungen. In Erzen sind sie untereinander und mit der Gangart vermengt. Die Zusammensetzung ist vom Fundort abhängig. Durch die Erzaufbereitung nach zahlreichen Verfahren wird das Metallhaltige *angereichert* und in eine für die folgende Reduktion günstige *Größe und Form* gebracht, bei manchen Verfahren tritt dabei bereits eine teilweise *Reduktion* ein.

Die Darstellung des reinen Metalles ist eine Redoxreaktion (I.6.7) und findet je nach Metall und gewünschter Reinheit nach verschiedenen Verfahren statt (Übersicht).

Übersicht: Möglichkeiten der Darstellung von Metallen

Prinzip	Beschreibung	Technische Anwendung
Thermische Reduktion mit Kohlenstoff bzw. Kohlenmonoxid CO	Schachtofen mit Gegenstromfluß: Erze und Koks von oben, Gas von unten, flüssiger Austrag von Schlacke und Rohmetall	Hochofenprozeß liefert Roheisen (ca. 4 % C-Gehalt) mit Eisenbegleitern, Hauptverfahrenslinie zur Eisenerzeugung
dsgl. mit extern erzeugtem Reaktionsgas (CO, H_2) aus Erdgas, Kokereigas und Gichtgas	Schachtofen im Gegenstromfluß, Erze als Sinter oder Pellets von oben, Gase von unten. Austrag von festem Eisenschwamm mit ca. 70 … 90 % Fe bei 1 % C	Direktreduktionsverfahren zur Erzeugung von Eisenschwamm: Midland-Roß-Verfahren, Purofer- und Hyl-Verfahren – Stahl- und Eisenpulvererzeugung
Thermische Reduktion mit Wasserstoffgas	pulverförmige Metallverbindungen werden im trockenen Wasserstoffstrom reduziert	Darstellung reinster, hochschmelzender Metallpulver: z. B. Pt, Ir, Rh, Mo, W, Cr, Ge
Thermische Zersetzung von Metallcarbonylen	Carbonyle sind Verbindungen von (–CO–) mit Metallen, bei Raumtemperatur flüssig. Zerfall beim Erhitzen zu CO und Metallpulver	Pulver für die Pulvermetallurgie Magnetwerkstoffe, Kugelnickel
Thermische Reduktion mit Metallen (Metallothermie)	Reine Metallverbindungen reagieren mit Metallen hoher Bindungsenthalpie: Al, Mg, Si, Ca, Na	Thermit-Verfahren (1.6.7) Krollverfahren für Reintitan: $TiCl_4 + 2\,Mg \rightarrow Ti + 2\,MgCl_4$ Darstellung von V, Mo, Cr, Mn, Zr und Desoxidation von Stahl
Schmelzfluß-Elektrolyse	geschmolzene Metallverbindungen (Oxide Chloride, Hydroxide) durch Gleichstrom zerlegt, Abscheidung reiner Metalle an der Kathode	Darstellung der Metalle Al, Mg, Na, K, Ca, Li, Be
Nasse Elektrolyse (Hydrometallurgie)	Salzlösungen durch Gleichstrom zerlegt, an der Kathode scheiden reine Metalla ab, als Anode dient Hüttenmetall (unrein)	Ni, Cu Meist zur Raffination von Hüttenmetallen: Cu, Zn, Au, Ag

2. Stahlerzeugung

2.1 Allgemeines

Stahl ist alles ohne Nachbehandlung schmiedbare Eisen, das einen C-Gehalt von 1,7 % im *allgemeinen* nicht übersteigt. Die Schmiedbarkeit erfordert geringste Gehalte an P und S. Durch *Frischen,* d.h. Zufuhr von Sauerstoff werden C und die Eisenbegleiter oxidiert und an die Schlacke gebunden. Dabei entsteht immer auch Fe-Oxid FeO, das in der Schmelze löslich ist. Gleichzeitig steigt durch die C-Absenkung die Schmelztemperatur, der flüssige Stahlabstich (Flußstahl) erfordert deshalb eine Temperaturerhöhung von ca. 1300 (Roheisen) auf 1650 °C (Stahl).

Übersicht: Stahlerzeugungsverfahren

Verfahren	Einsatz	Sauerstoffzufuhr, Arbeitsweise	Energieträger, Stähle
Herdfrischverfahren in „Wanne" mit großer Oberfläche			
Siemens-Martin-Verfahren (veraltet)	100 % Schrott oder auch Roheisen möglich	Heizgase mit O_2-Überschuß streichen über die Schmelze, Zugabe von Eisenoxid. Badbewegung durch CO-Gas aus der Verbrennung des C-Anteils, lange Reaktionszeiten, etwa 25 t/h	Öl- oder Gasheizung Qualitäts- und Edelstähle, auch niedrig legiert
Elektro-Lichtbogen-Verfahren	100 % Schrott Eisenschwamm, Roheisenzugabe möglich	Zugabe von Fe-Oxiden als Erz, Walzensinter, Glühzunder, Badbewegung durch CO-Gas und elektromagnetische Rührspulen etwa 40 … 60 t/h	Elektrischer Strom Qualitäts- und Edelstähle, un- und niedrig legiert
Sauerstoff-Aufblasverfahren in Konverter mit Sauerstofflanze			
LD- und LDAC-Verfahren	Roheisen mit ca. 35 % Kühlschrott	Sauerstoff wird von oben auf die Schmelze geblasen, evtl. mit Kalkstaub zur Entphosphorung, Badbewegung durch O_2-Strahl, ca. 450 … 600 t/h	Oxidation der Eisenbegleiter Qualitäts- und Edelstähle-, un- und niedrig legiert
Kombinierte Blasverfahren (Auf- und Durchblasen)			
Viele Versuche bei allen Hüttenwerken TBM, LBE	wie vorstehend	Sauerstoff von oben und *Rührgase* von unten durch die Schmelze geblasen (Argon/Stickstoff) addiert Vorteile beider Verfahren: Haltbarkeit, Ausbringen und Anpassungsfähigkeit an Einsatz und Stahlsorte	Wie bei Aufblas-Verfahren, C-arme Stähle (< 0,05 % C) mit kleinerem Aufwand bei hohem Reinheitsgrad

LD: Linz-Donawitz (VOEST); LDAC: von ARBED abgewandeltes LD-Verfahren; TBM: Thyssen-Blas-Metallurgie; LBE: Lance-Bubbling-Equilibrium

Die Verbreitung eines Verfahrens hängt von seiner Wirtschaftlichkeit ab:

- Leistung der Anlage in t Stahl/Stunde (t/h)
- Haltbarkeit der feuerfesten Auskleidung (Anzahl Chargen/Auskleidung)
- Reinheit des erschmolzenen Stahles, d. h. geringste Sulfid- und Oxidschlackengehalte
- Ausnutzung der Legierungselemente, d. h. geringe Verschlackung von Cr usw.
- Anpassungsfähigkeit des Verfahrens an wechselnden Einsatz und Stahlsorte

Deshalb sind kombinierte Verfahren von Aufblasen und Durchblasen (Spülen) im Vordringen, dabei metallurgische Verbesserungen, wie geringerer Abbrand von LE, geringerer Fe-Gehalt der Schmelze, dadurch niedrigere C-Gehalte möglich, Blasverlauf ruhiger, dadurch bessere Haltbarkeit der Lanzen und der feuerfesten Auskleidungen.

2.2 Sauerstoff-Blasverfahren (ca. 80 % der Stahlerzeugung BRD)

Chemische Reaktionen. Die intensive Verbrennung mit O in der Umgebung der Sauerstofflanze (Brennfleck) erzeugt hohe Temperaturen, es bildet sich sofort eine basische Schlacke aus Kalkzugabe und verschlackten Eisenbegleitern. Dadurch Entphosphorung weitergehend. Das durch die Verbrennung entstehende CO wird ganz oder teilweise im Gefäß verbrannt z.T. auch aufgefangen und zur Schrottvorwärmung usw. genutzt. Die hohen Temperaturen erfordern *Kühlschrott,* damit feuerfeste Auskleidung wirtschaftliche Standzeiten erbringt (750 ... 1000 Schmelzen). Geringste N-Gehalte im Stahl.

LD-Verfahren (1952, VOEST, Linz und ÖSTERR. MONTAN-UNION, Donawitz). Konverter mit geschlossenem Boden (Tiegel), basischem Futter und Roheiseneinsatz mit max. 0,5 % P. Wassergekühlte Lanze bläst aus ca. 1 m Höhe Sauerstoff (98,5 %ig) auf das Bad. Ausbringen bis zu 500 t/h. Gefäßgröße bis 400 t.

Bild III.2
LDAC-Konverter mit Sauerstofflanze in Blasstellung
1 Sauerstofflanze
2 Abstichloch
3 Tragring
4 Futter
5 Boden
6 Schutzring
7 Abgashaube
8 Schlackenpfanne auf Schlackenwagen
9 Gießpfanne
10 Stahlentnahmewagen
(DEMAG)

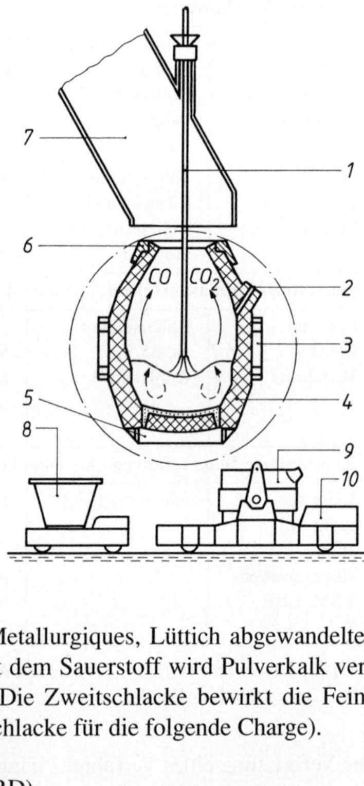

LDAC-Verfahren. Von ARBED, Luxemburg und Centre Metallurgiques, Lüttich abgewandeltes LD-Verfahren für P-reichere Roheisensorten. Zusammen mit dem Sauerstoff wird Pulverkalk verblasen. Eine Erstschlacke entfernt den größten Teil des P. Die Zweitschlacke bewirkt die Feinentphosphorung und verbleibt beim Abstich im Tiegel (Erstschlacke für die folgende Charge).

2.3 Elektrostahlverfahren (ca. 20 % der Stahlerzeugung BRD)

Lichtbogenofen (1899, L. Heroult, franz. Chemiker), Bild III.3. Neu installierte Öfen haben ca. 120 t Abstichmasse. Drei Kohle-Elektroden von 60 cm ∅ erzeugen gegen die Schmelze bzw. den Schrott Lichtbögen, welche hohe Badtemperaturen ermöglichen. Das Ofengefäß steht auf einer Wiege und ist mit dem Deckel und der Elektrodentragvorrichtung verspannt. Beim Abstich werden Deckel und Tragvorrichtung mit gekippt. Zum Beschicken läßt sich das Ofengefäß ausfahren und Schrott wird mit Chargierkörben eingesetzt. Diese Art der Beschickung ist am leistungsfähigsten und verursacht geringste Wärmeverluste bei Schonung der Auskleidung.

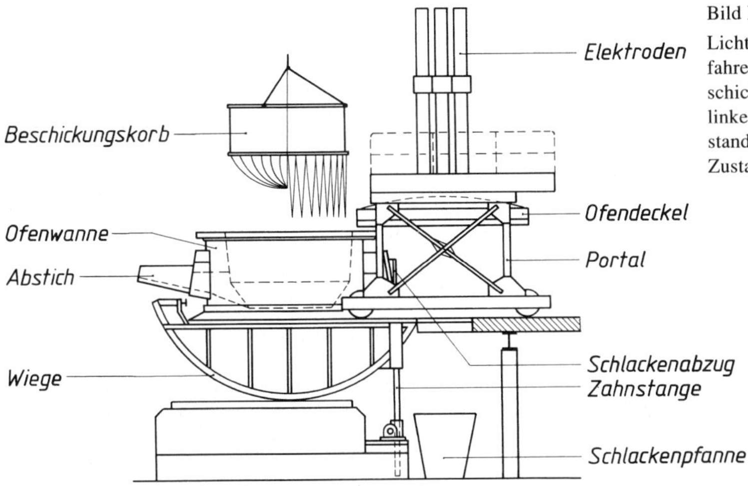

Bild III.3
Lichtbogenofen mit ausgefahrenem Deckel beim Beschicken. Beschickungskorb linke Hälfte im gefüllten Zustand, recht Hälfte im leeren Zustand gezeichnet (DEMAG)

Das Bild zeigt einen kippbaren Ofen, der heute mit *Syphon-Abstich* oder *Bodenabstich* ausgerüstet ist, um Stahlbad und Schlacke sicher zu trennen (Reinheitsgrad). Er kann mit 100 % festem Einsatz gefahren werden, verarbeitet etwa 50 % des Schrottaufkommens in der BRD, daneben Eisenschwamm und kleine Mengen Roheisen. Die Wirtschaftlichkeit des Verfahrens ist eng mit dem Strompreis gekoppelt. Durch viele Maßnahmen wurde die Leistung der Öfen erhöht, Strombedarf und Abstich-Abstich-Zeiten gesenkt (70 min.).

- UHP-Öfen (Ultra-High-Power) mit hoher installierter Leistung (750 kVA/t Stahl).
- Erdgas-Sauerstoff-Brenner zum Schrotteinschmelzen, Schrottvorwärmung.
- Wasserkühlung in Wand und Deckel und Einschmelzen mit Schaumschlacke erhöht die Lebensdauer der Feuerfeststoffe (Wände 750 Schmelzen).
- Rechnergesteuerte Ofenfahrweise in Verbindung mit verbesserten Meßmethoden.
- Energierückgewinnung aus dem Abgas zur Schrottvorwärmung.

2.4 Sekundärmetallurgie

Nach dem Frischen des Stahles hat er im Vergleich zum fertigen Stahl noch Inhaltsstoffe und Eigenschaften, die eine metallurgische Nachbehandlung erfordern. Diese wurde früher im Schmelzaggregat durchgeführt (Feinung). Dabei störten Schlacke (Fe- und P-reich) und Ofenatmosphäre mit Luftzutritt. Sie verursachten Nebenreaktionen, wodurch:

- Schadstoffe aus der Schlacke wieder in die Schmelze zurückwanderten.
- Wertvolle LE in die Schlacke oxidierten, statt den Stahl zu legieren.
- Gasgehalte konnten nicht reduziert werden (vor allem Wasserstoff).

In modernen Anlagen sind Blaskonverter und Lichtbogenofen nur noch Frisch- bzw. Einschmelzaggregat mit hoher Leistung in t/h. Pfannenmetallurgie arbeitet meist mit Schutzgas (Argon) oder im Vakuum. Dazu haben die Pfannen dichtschließende Hauben oder die Pfanne steht in einem geschlossenen Pfannenstand. LE werden durch Vakuumschleusen eingeführt, Spülgase durch poröse Bodensteine eingeblasen, reaktionsfreudige Metalle mit Tauchlanzen tiefeingeblasen oder als Draht eingespult.

Tabelle 3.5. Übersicht Sekundärmetallurgie

Merkmale des Rohstahls	Metallurgie	Verfahrenstechnik (Kurznahmen)
Sauerstoff-, Schwefel- und Phosphorgehalte zu hoch	Desoxidation Entschwefelung Entphosphorung Entsickung	Einblasen von reaktionsfähigen Metallen (Ca, Mg, Al, Ti und Legierungen) mit Tauchlanze auch kombiniert mit Bodenspülen
Nichtmetallische Teilchen in Schwebe	Spülverfahren mit Ar, O und N	Einblasen durch poröse Bodensteine fördert das Aufsteigen von Oxiden, Sulfiden usw.; homogenisiert Temperatur und Zusammensetzung der Schmelze
Gasgehalte zu hoch (Wasserstoff, Stickstoff) C-Gehalte zu hoch	Entgasung im Vakuum (Degassing) Frischen mit Sauerstoff, evtl. zusätzlich Spülen	Vakuum-Umlaufverfahren (RH) Vakuum-Heber-Verfahren (DH) Pfannenstand-Entgasung (VD) Vakuum-Frischen in Pfannen (VOD) Vakuum-Frischen im Konverter (VODC) Argon-Frisch-Verfahren (AOD)
LE-Gehalte ungenau	Legieren und homogenisieren	Zugabe bei fast allen Verfahren möglich meist kombiniert mit Einblasen von Spülgasen zur Badbewegung
Zu niedrige Temperatur	chemisch heizen	Al-Verbrennung mit Sauerstoff unter Schutzgas (VOH)
	elektrisch heizen (Lichtbogen)	Pfannenofen (LF) mit Schutzgas Pfannenofen (LF) mit Vakuum (VAD)

Schlüssel. A: Argon; V: Vakuum; O: Oxidation; D: Degassing, Decarburization; LF: Ladle furnace; C: Converter statt Pfanne; H: Heizen

Verfahren der Sekundärmetallurgie

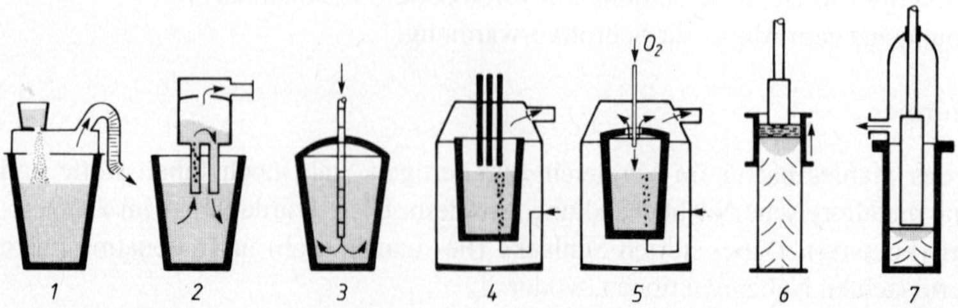

Bild III.4 Verfahren der Sekundärmetallurgie

1 Abstichentgasung 2 Umlaufentgasung 3 Feststoffeinblasen 4 VAD, Vakuum-Entkohlung mit Lichtbogenheizung 5 VOD-Verfahren für C-arme Cr-Ni-Stähle (18/8), 6 ESU-Elektro-Schlacke-Umschmelzen 7 Vakuum-Lichtbogen-Umschmelzen

Durch Meßgeräte (EMK-Sonde), die mit einer Hilfslanze in die Schmelze eintauchen, kann der O-Gehalt der Schmelze kontrolliert und Zugaben errechnet werden. Dadurch sind die Analysen und Abstichtemperaturen genauer als früher einstellbar, damit höhere Gleichmäßigkeit und Qualität der Erzeugnisse.

2.4.1 Vakuumbehandlung

Alle Schmelzen lösen Gase, die im Raumgitter nicht löslich sind. Sie reagieren z.T. zu nichtmetallischen Partikeln (Oxide, Nitride) oder werden molekular (H). Dann bilden sie winzige linsenförmige Hohlräume, Flockenrisse, welche die Zähigkeit stark senken. Unterdruck über der Schmelze vermindert die Gasgehalte, vermeidet Flockenrisse. Wichtige Nebenwirkungen sind:

- Abschirmung vor Sauerstoff und Stickstoff, dadurch keine Neuoxidation.
- Abdampfen von Spurenmetallen wie z. B. Pb, Sn.
- Weiterlaufen der Kohlenstoffdesoxidation nach $FeO + C \rightarrow Fe + Co$.

Nach Gesetz des kleinstens Zwanges kommt die Reaktion (Reaktionsprodukte mit größerem Volumen) bei konstantem Druck zum Stillstand, Reste von FeO und C verbleiben im Stahl. Durch Vakuumbehandlung weitere Absenkung von FeO (Oxidschlacke) und C (0,003 %).

2.4.2 Umschmelzverfahren

Erkaltete Blöcke werden als Abschmelzelektrode benutzt, das jeweilige kleine Schmelzbad kann nicht mit der (gekühlten) Tiegelwand reagieren. Umschmelzblöcke bauen sich von unten nach oben auf und haben geringe Gasgehalte, höchsten Reinheitsgrad, keine Seigerungen und Gleichmäßigkeit von Längs- und Quereigenschaften (isotrop).

ESU-Verfahren: Elektro-Schlacke-Umschmelzen mit Schutz durch synthetische Schlacke, strom- und wärmeleitend. Intensive Reaktion von Schmelztröpfchen mit Schlackenbad. Verschiedene Bauarten je nach Blockgröße bis zu 160 t (Block mit 2,3 m ∅). Auch als Umschmelzen unter Druck mit Stickstoff für austenitische Stähle (Streckgrenzenerhöhung).

Vakuum-Lichtbogen-Schmelzen mit Unterdrücken bis 0,1 Pa und Kühlung der Cu-Kokille durch Na-K-Legierung. Anlagen bis zu 60 t. Auch zum Umschmelzen von Ti- oder Zr und deren Legierungen (Schwamm aus dem Kroll-Verfahren oder Kreislaufschrott) verwandt.

Anwendung für Bauteile höchster Sicherheitsanforderungen und Oberflächengüte: Wälzlager, Kaltwalzen, warmfeste Schmiedeteile für Kraftwerkstechnik, HSS-Stähle, Vergütungsstähle für Flugzeugbau.

2.5 Vergießen des Stahles

Standguß: Anteil 14 % der Stahlerzeugung (1986, fallender Trend), hauptsächlich für große Schmiedeteile. Als Oberguß (fallend) oder Gespannguß von unten über ein Trichterrohr und Gießläufe in mehrere Kokillen gleichzeitig.

Strangguß: Anteil 85 % der Stahlerzeugung (steigender Trend). Ziele sind endmaßnahes Gießen um Energie und Walzeinrichtungen zu sparen, ebenso niedrige Bauhöhen durch Kreisbogenanlagen. Horizontalstranggießen (für GG angewandt) für Stahl im Versuch.

Der Stahl tritt von der Gießpfanne über ein Tauchrohr in ein Verteilgefäß (evtl. Schutzgas) und ein zweites Tauchrohr in die schwingende, wassergekühlte Kokille ohne Boden, so daß der Strang, äußerlich erstarrt, nach unten durch Stütz- und Treibrichtrollen in Kreisbogenform abgezogen werden kann. Danach folgt das Trennen in der Waagerechten.

Daten: Brammenformate bis 2000 × 800 mm. Knüppel von 90 bis 310 mm Vierkant, auch Achtkant und Hohlstränge (Rohrherstellung) in Mehrstranganlagen, 2 Brammen oder bis 8 Knüppel parallel. Gießgeschwindigkeiten bis zu 6 m/min. Wichtig für Strangqualität ist schlackenfreies Abgießen aus der Pfanne und Einhaltung der Gießtemperatur auf 1 °C.

IV. Technisch wichtige Legierungen des Eisens

1. Eisen

Die Abkühlungskurve des reinen Eisens zeigt Umkristallisationen nach der Erstarrung (Bild IV.1). Vorgänge über 1300 °C sind von geringerer Bedeutung. Eisen besteht bei Temperaturen über 911 °C aus kubisch-*flächen*zentrierten Kristallen: γ-Eisen. Es ist die dichtere Kugelpackung mit bester Verformbarkeit, unmagnetisch. Unter 911 °C entsteht durch Gitterumwandlung ein kubisch-*raum*zentriertes Gitter, weniger dicht gepackt: α-Eisen. Gitterumwandlung deshalb mit Volumensprung verbunden (Bild IV.2). Ausdehnung in der Wärme beim γ-Eisen größer. α-Eisen wird unterhalb 769 °C magnetisch.

Übersicht über die Kristallarten des Eisens

Kristallart	α-Eisen	γ-Eisen
Kristallname	Ferrit	Austenit
Gittertyp	kubisch-raumzentriert	kubisch-flächenzentriert
Gitterkonstante (1 nm = 10 Å)	0,286 nm	0,356 nm
Verformbarkeit	gut	sehr gut
Lösungsvermögen für Kohlenstoff	gering	bis 2 %
Magnetismus	magnetisch	unmagnetisch
Wärmeausdehnung	kleiner	größer

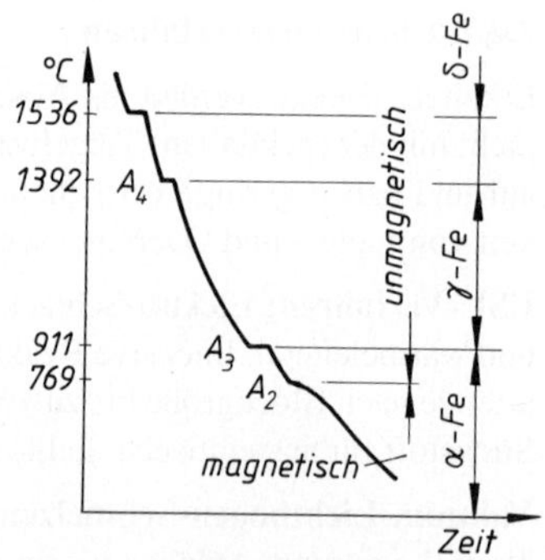

Bild IV.1. Abkühlungskurve des Reineisens

Diese Volumenänderung bei kristallinen Umwandlungen wird von einem Meßverfahren der thermischen Analyse benutzt, um bei hochschmelzenden Legierungen die Halte- und Knickpunkte zu bestimmen. Dazu wird ein Stab der Legierung über seiner Länge gleichmäßig erhitzt und dabei die Längenänderung über der Temperatur aufgezeichnet: *Dilatometermessung* (Dilatation ≙ Dehnung).

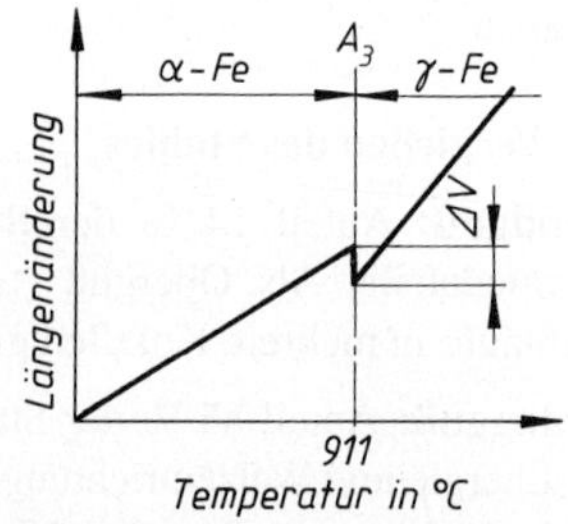

Bild IV.2. Wärmeausdehnung des Reineisens

Ein Stoff ohne kristalline Veränderungen zeigt eine ununterbrochen stetige Kurve. Bei Gefügeänderungen, wie z.B. Gitterumwandlungen oder Ausscheidungen, wird der stetige Verlauf unterbrochen. Eine solche Dilatometerkurve zeigt Bild IV.2.

Reines Eisen wird als *Eletrolyt*eisen oder *Carbonyl*eisen hergestellt und in geringen Mengen für physikalische Geräte, Hochfrequenzmagnetwerkstoffe und als Katalysator verwendet.

Werden zum Reineisen andere Stoffe legiert, treten die gleichen Gitterumwandlungen auf, nur finden sie bei anderen Temperaturen statt. Fremdatome im Eisen-Gitter können die γ-α-Umwandlung zu höheren oder tieferen Temperaturen verschieben. Je mehr Fremdatome vorhanden sind, um so größer wird ihr Einfluß sein. Wichtigstes Legierungselement für Eisen ist der Kohlenstoff. Er ist billig und wirkt in geringen Mengen stark auf die Eigenschaften ein.

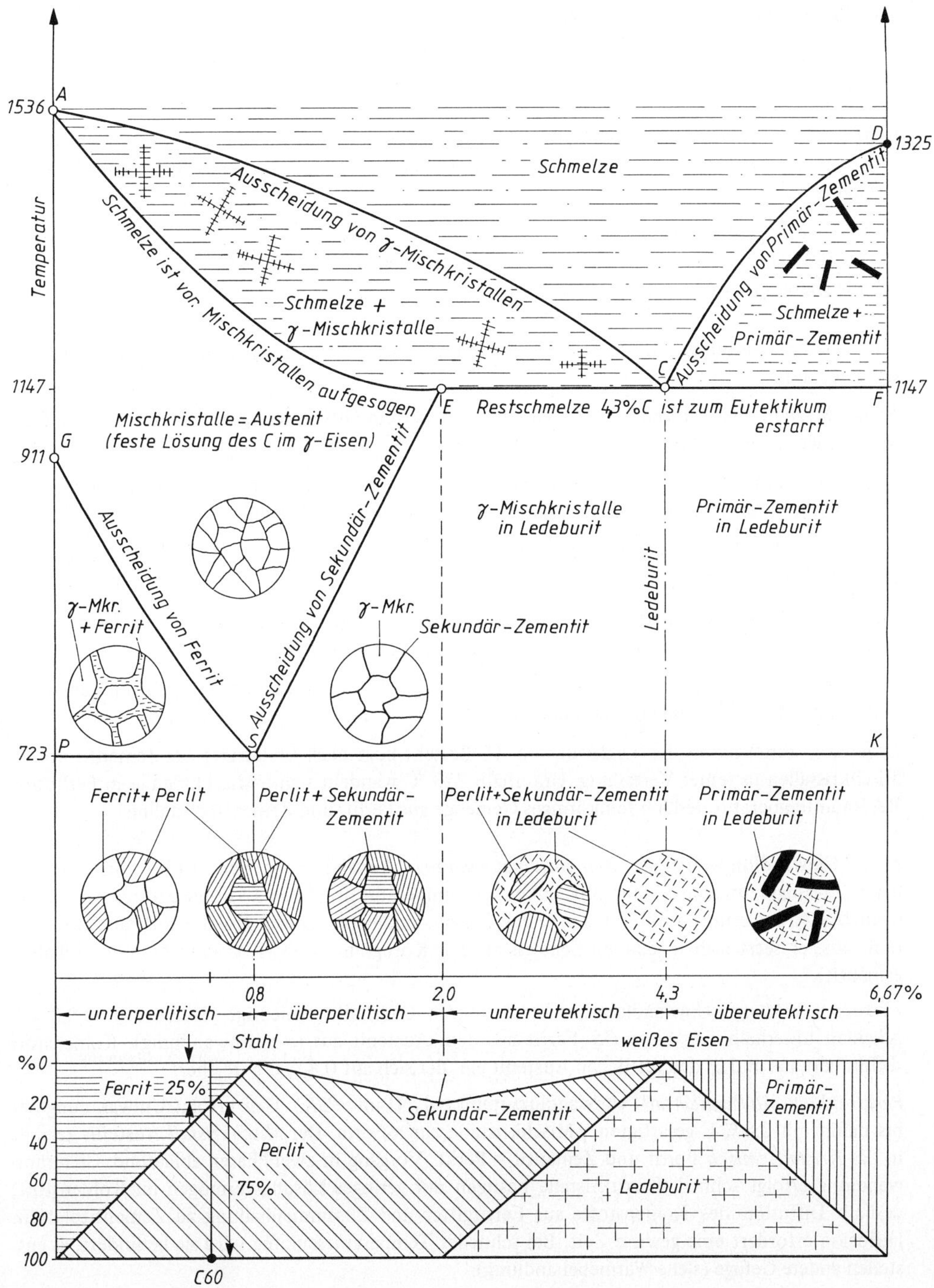

Bild IV.3. Eisen-Kohlenstoff-Diagramm, metastabiles System, schematisiert

1.1. Eisen-Kohlenstoff-Diagramm (EKD, Bild IV.3)

Eine C-haltige Eisenschmelze kann auf zwei Arten erstarren:

a) *Stabil,* d.h. nicht mehr veränderbar, der Kohlenstoff ist als Graphit im Gefüge vorhanden, wie z.B. im Grauguß.

b) *Metastabil,* d.h. durch gewisse Maßnahmen (z.B. Tempern) noch veränderbar, der Kohlenstoff ist zunächst als Eisencarbid (Fe_3C) im Gefüge vorhanden, wie z.B. im Stahl und Hartguß. Durch Glühen läßt sich Eisencarbid z.T. zersetzen.

Bild IV.3 zeigt das Zustandsschaubild der Legierung Eisen-Kohlenstoff, metastabiles System. Die Linien des stabilen Systems Eisen-Graphit unterscheiden sich geringfügig. Ebenso werden durch Eisenbegleiter Punkte und Linien verschoben.

1.1.1. Gefügebestandteile. Im Laufe der Abkühlung und bei Raumtemperatur treten folgende Kristallarten auf:

Ferrit: Magnetisches α-Eisen mit kubisch-raumzentriertem Gitter, geringes Lösungsvermögen für C und N_2, weich, gut verformbar.

Zementit: Eisencarbid Fe_3C mit kompliziertem Gitter, hart, nicht verformbar. Primär- und Sekundärzementit unterscheiden sich nur in Größe und Anordnung der Kristalle.

γ-Mischkristalle: Tannenbaumkristalle (Dentriden) aus γ-Eisen, die in der Schmelze meist grobkörnig wachsen.

Austenit: Gefüge aus γ-Eisen mit kubisch-flächenzentriertem Gitter, sehr gute Verformbarkeit. Raumgitter kann max. 2,06 % Kohlenstoff als Einlagerungsmischkristalle lösen.

Perlit: Kristallgemisch aus Ferrit und Zementit in geschichteten Platten. Entsteht bei langsamer Abkühlung bei 723 °C und enthält dann 0,8 % C.

Ledeburit: Eutektikum der Legierung Fe—C. Besteht kurz nach Erstarrung aus Zementit und γ-Mischkristallen in feiner Verteilung. Unterhalb 723 °C wandeln sich γ-Mischkristalle in Perlit um. Bei Raumtemperatur deshalb feinkörniges Gemenge aus Perlit- und Zementitkristallen.

1.1.2. Umwandlungsvorgänge. *Zementitausscheidung:* Austenit kann bei 1145 °C bis 2,06 % C lösen. Lösungsvermögen nimmt mit sinkender Temperatur ab (Linie *ES*) und beträgt bei 723 °C noch 0,8 %. Legierungen mit $> 0{,}8 \ldots < 2$ % C scheiden überschüssigen Kohlenstoff aus dem Austenit aus, er setzt sich in dünnen Schalen an den Korngrenzen ab (Korngrenzen- oder Schalenzementit).

Ferritausscheidung: Umwandlungspunkt A_3 durch C-Gehalte erniedrigt. Stähle mit $< 0{,}8$ % C scheiden unterhalb der Linie *GS* Ferrit aus dem Austenit aus (α-γ-Umwandlung). Kohlenstoff diffundiert aus und in den restlichen Austenit ein, der sich auf 0,8 % C anreichert.

Perlitbildung, Austenitzerfall: Umwandlungspunkt A_1 (Linie *PSK*). Hier erfolgt Umwandlung der bis dahin mit 0,8 % C gesättigten γ-Mischkristalle zur α-Form. Der *Mischkristall* Austenit zerfällt in das *Kristallgemisch* Ferrit und Zementit = Perlit. Vorgang in zwei Phasen ablaufend. Gitterumwandlung erfolgt schnell. Ferritkristalle besitzen nur geringes Lösungsvermögen für Kohlenstoff, deshalb Diffusion des Kohlenstoffs aus Ferritgitter und Zusammenballung zu Zementitplatten. Diffusion erfordert eine gewisse Zeit. Bei schneller Temperatursenkung wird sie behindert, es entstehen andere Gefüge (siehe Wärmebehandlung).

Perlitbildung mit der Erstarrung eines Eutektikums vergleichbar. Dabei scheiden aus der *flüssigen* Lösung Kristalle der Komponenten aus. Perlit ist das *Eutektoid* der Legierung. Hierbei scheiden aus der *festen* Lösung die Kristalle der Komponenten aus.

1.2. Die Wirkung von Beimengungen und Legierungsstoffen auf Umwandlungspunkte und Eigenschaften der Stähle

Die *Eisenbegleiter* Kohlenstoff, Silicium, Mangan, Phosphor und Schwefel sind in geringen, z.T. wechselnden Mengen, in jedem unlegierten Stahl enthalten.

Kohlenstoff C. Mit steigendem C-Gehalt wächst der Perlitanteil am Gefüge, damit *Härte* und *Zugfestigkeit.* Es sinken *Bruchdehnung* und *Kerbzähigkeit.* Die Schmelztemperatur sinkt (Liquiduslinie). *Schmiedbarkeit* und *Schweißeignung* nehmen ab. *Härtbarkeit* bei C-Gehalten ab 0,3 %.

Silicium Si. Durch Desoxydationsmittel können bis zu 0,5 % Si im unlegierten Stahl enthalten sein. Mit steigendem Si-Gehalt wird Schmiedbarkeit verschlechtert, da als intermetallische Verbindung (Eisensilicid, FeSi) im Stahl enthalten, Schweißeignung vermindert, da Si verbrennt und als SiO_2 (Quarz, hochschmelzend) zurückbleibt. Geringe Gehalte bis zu 2 % erhöhen Streckgrenze bei gleichbleibender Kerbzähigkeit: Federstähle.

Weichmagnetische Eisenwerkstoffe enthalten 0,4 ... 4 % Si, da es Wirbelstrom- und Ummagnetisierungsverluste senkt. Bearbeitbarkeit mit steigendem Si-Gehalt schwieriger, da Härte steigt und Zähigkeit sinkt. Größere Si-Gehalte bis zu 18 % bei säurefestem Guß.

Mangan Mn. Durch Desoxydationsmittel können bis zu 0,8 % im unlegierten Stahl enthalten sein. Mn bindet Schwefel nach der Reaktion FeS + Mn = MnS + Fe. MnS verursacht im Gegensatz zu FeS keinen Bruch beim Schmieden, da es höheren Schmelzpunkt besitzt. Mn erhöht Festigkeit und *verringert* stark die kritische *Abkühlungsgeschwindigkeit.* Es senkt die Umwandlungspunkte, dadurch bei höheren Gehalten austenitische Stähle.

Schwefel S und Phosphor P. Beide sind als *Eisensulfid* bzw. als *-phosphid* enthalten, welche mit Eisen eine eutektische Legierung von tiefem Schmelzpunkt bilden (985 °C). Infolge Seigerungen entstehen im Kern größere Anhäufungen dieser Eutektika, die bei Schmiedetemperatur flüssig sind: *Rotbruch.* Durch P-Gehalte bis 0,2 % sinkt die Kerbzähigkeit auf Null: *Kaltbrüchigkeit.*

Stickstoff N_2. Als *Eisennitrid* im Ferrit gelöst enthalten. Nach Kaltverformung erfolgt langsame Ausscheidung in feinster Form. Dadurch Abnahme der Kerbzähigkeit. Diese Erscheinung wird als *Alterung* bezeichnet. Bei Desoxydation mit Al wird Stickstoff an Al gebunden. AlN ist im Ferrit unlöslich, keine Ausscheidungen.

Wasserstoff H_2. Wasserstoff gelangt durch verrosteten Schrott (Eisenhydroxid) bei der Stahlgewinnung und z.B. beim Beizen mit Säuren in atomarer Form in das Gefüge und wird an Fehlstellen der Kristalle molekular, d.h. gasförmig. Der Gasdruck erzeugt *Flockenrisse,* mikroskopische Gasblasen, die die Kerbzähigkeit mindern (Beizsprödigkeit). Beizsprödigkeit ist durch Erwärmen auf 200 °C zu beseitigen. Flockenrisse sind vermeidbar durch Vakuumguß.

Sauerstoff O ist als Eisenoxid FeO enthalten, das in der Schmelze löslich ist. Im Gefüge als kleinste Schlackeneinschlüsse verteilt. O-Gehalte über 0,07 % $\hat{=}$ 0,3 % FeO verursachen Rotbruch. Durch Desoxydation wird O-Gehalt auf 0,001 ... 0,01 % gesenkt. Geringe O-Gehalte sind wichtig für C-reiche und legierte Stähle.
Zusatz von Legierungselementen in größeren Gehalten verschiebt die Linien des EKD.

1.2.1. Elemente, die das Austenitgebiet erweitern. Die Elemente Ni, Mn, Co und N verschieben die α-γ Umwandlung nach tieferen Temperaturen, dadurch austenitisches Gefüge bei Raumtemperatur. Erst bei Temperaturen unter 0 °C erfolgt teilweise Gitterumwandlung, aber wegen gehemmter Diffusion des C zu Martensit.

Austenitische Stähle nicht härtbar und normalisierbar. Homogenes Gefüge wird erreicht durch Abschrecken aus 1000 °C in Wasser. Dabei keine Risse, da kfz. Gitter mit bester Verformbarkeit. Kornverfeinerung durch Rekristallisationsglühen nach Kaltumformung möglich (Bild IV.4).

Sie besitzen niedrige Streckgrenze bei hoher Zugfestigkeit. Starke Kaltformbarkeit, dabei starke Kaltverfestigung. Zähigkeit bei tiefen Temperaturen, unmagnetisch. *Rein* austenitische Stähle sind besonders korrosionsbeständig.

Bei niedrigeren Gehalten dieser Elemente wird die γ-α-Umwandlung auf etwa 200 ... 400 °C gesenkt. Der Austenit wandelt sich dann ganz oder teilweise zu Martensit. Martensitische Stähle nur durch Schleifen bearbeitbar, deswegen Einsatz begrenzt.

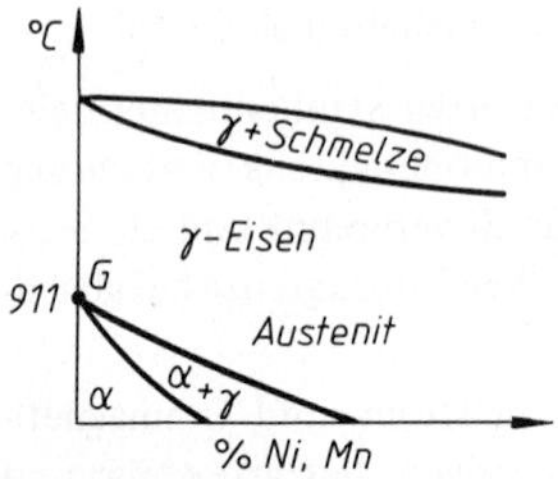

Bild IV.4. Stähle mit erweitertem Austenitgebiet

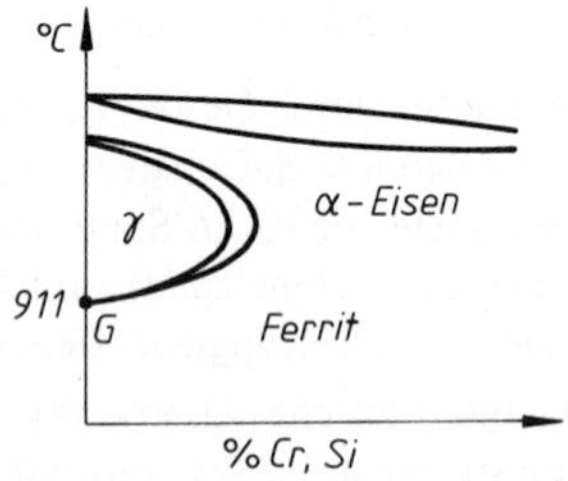

Bild IV.5. Stähle mit abgeschnürtem Austenitgebiet

1.2.2. Elemente, die das Austenitgebiet abschnüren. Die Elemente Si, Cr, Al erhöhen die Temperatur der α-γ-Umwandlung und schnüren das γ-Gebiet ab. Es ergeben sich Stähle, die mit krz. Gitter erstarren und es bis Raumtemperatur behalten (Bild IV.5).

Ferritische Stähle sind magnetisch, weniger gut kaltformbar, nicht härtbar und normalisierbar. Kornverfeinerung nur durch Warmverformung oder Rekristallisationsglühen nach Kaltverformung möglich. Rein ferritische Stähle sind korrosionsbeständig.

Diese *rein* ferritischen bzw. austenitischen Stähle entstehen nur bei bestimmten größeren Gehalten an diesen Elementen. Bei niedrigeren Anteilen entstehen (heterogene) Gefüge mit härtbarem *Ferrit-Perlit* oder *Ferrit-Austenit* (nicht härtbar).

1.2.3. Elemente mit anderen Wirkungen. Elemente, die *in Lösung* gehen, senken die kritische Abkühlungsgeschwindigkeit, dadurch tiefere Einhärtung möglich. Wichtig für Vergütungsstähle. Hierzu gehören Ni, Mn, Si, Al, Cu, Co.

Elemente, die wegen starker Affinität zum Kohlenstoff harte beständige *Carbide* bilden, erhöhen *Härte* und *Verschleißfestigkeit* sowie *Warmfestigkeit.* Hierzu gehören Cr, Mo, W, V, Ti, Ta, Nb, auch als *Carbidbildner* bezeichnet.

Elemente, die mit fallender Temperatur geringere Löslichkeit besitzen, geben die Möglichkeit, *aushärtbare* Stähle herzustellen. Anwendung bei Magnetwerkstoffen, hochwarmfesten Legierungen. Hierzu gehören W, Mo, Cu.

Die meisten Elemente verschieben die Punkte *E* und *S* nach links (Löslichkeitsgrenze des Austenits für C im EKD), so daß z.B. überperlitische Stähle mit Korngrenzenzementit schon bei geringeren Gehalten als 0,8 % C auftreten.

Die Elemente Cr und Si, sowie Mo, V und W erhöhen die A_1-Temperatur, so daß für die Wärmebehandlung höhere Temperaturen nötig sind.

2. Die Wärmebehandlung der Stähle (Stoffeigenschaftändern)

Durch diese Verfahren sollen die *Eigenschaften* der Werkstoffe in gewünschter Weise *geändert* werden. Der Werkstoff bleibt fest, eine *Formänderung* ist *unerwünscht.* Die Werkstücke werden auf bestimmte Temperaturen erwärmt und wieder abgekühlt. Temperatur und Geschwindigkeit der Erwärmung und Abkühlung richten sich nach chemischer Zusammensetzung des Stahles, Wanddicke und beabsichtigter Eigenschaftsänderung.

DIN 17 014 Fachausdrücke der Wärmebehandlung, DIN 17 021...23 Wärmebehandlung von Eisenwerkstoffen: Werkstoffauswahl; Verfahren Härten und Anlassen von Werkzeugen; Arbeitsanweisungen für die Wärmebehandlung (Vordrucke).

2.1. Glühen

Glühen ist eine Erwärmung auf Temperaturen unterhalb der Soliduslinie mit nachfolgendem Abkühlen auf bestimmte Weise. Die Teile sind langsam auf ca. 600 °C, dann schneller zu erwärmen, legierte Stähle schlechter Wärmeleitfähigkeit im Ganzen langsamer. Verzunderung der Oberfläche und Entkohlung ist durch Schutzgasatmosphäre vermeidbar (Blankglühen). Schutzgase enthalten kein O_2 und nur soviel Wasserdampf, daß ihr Taupunkt zwischen −10 ... −40 °C liegt, so daß bei Abkühlung kein Wasser auf den Werkstücken kondensiert.

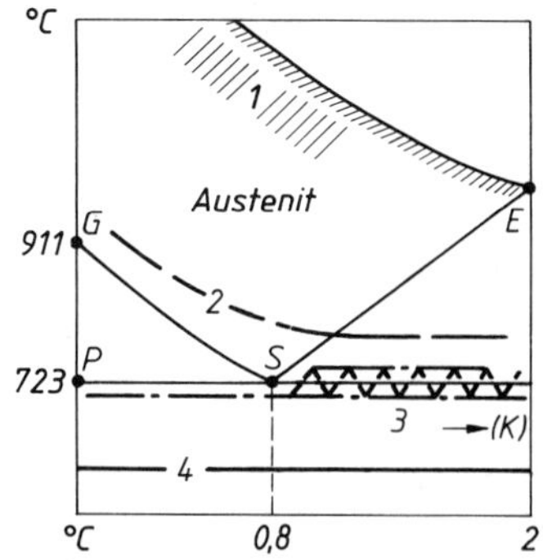

Bild IV.6. Wärmebehandlungstemperaturen unlegierter Stähle
1 Diffusionsglühen, 2 Normalglühen, 3 Weichglühen, 4 Spannungsarmglühen

2.1.1. Normalglühen soll dem Werkstoff ein *gleichmäßig feinkörniges* Gefüge mit lamellarem Perlit erteilen, das von der vorausgegangenen Behandlungsart *unabhängig* ist. In diesem Zustand sind mechanische Festigkeits- und Verformungskennwerte reproduzierbar.

Die Teile werden auf 30 ... 50 °C *über* A_3 (Linie *GS*) erwärmt und bis zur vollständigen Durchwärmung dicker Querschnitte gehalten. Danach beschleunigte Abkühlung an der Luft bis ca. 650 °C, anschließend langsamer je nach Form der Teile.

Bei Erwärmung wird am Umwandlungspunkt A_1 (Linie *PS*) grobkörniger Perlit in zunächst sehr feinkörnigen Austenit umgewandelt, der mit zunehmender Temperatur den Ferritanteil eingliedert, bei A_3 ist alles Austenit, der durch Kornwachstum langsam vergröbert. Durch rechtzeitiges Senken der Temperatur kann die momentane Austenitkorngröße auf das entstehende Ferrit- bzw. Perlitkorn übertragen werden. Dabei verschwinden vom Walzen und Schmieden herrührende *Zeilengefüge.*

Anwendung: Teile, die durch fehlerhafte Wärmebehandlung (zu hohe Temperatur = Überhitzen, zu lange Glühdauer = Überzeiten) grobkörnig geworden sind. Stahlgußstücke, die ein kennzeichnendes grobnadeliges Gefüge (Widmannstättensches Gefüge) besitzen. Walz- und Schmiedeteile, die bei hohen Temperaturen umgeformt werden und langsam abkühlen.

2.1.2. Weichglühen soll die *Bearbeitbarkeit* (spanlos und spangebend) erleichtern. Bei Werkzeugstählen wird ein günstiges Gefüge für die anschließende Härtung hergestellt. Die Teile werden dicht *unterhalb* A_1 (Linie *PS*) einige Stunden geglüht, wenn sie *unter*perlitisch sind, *über*perlitische Stähle dicht *über* A_1. *Pendelglühen* ist ein mehrfaches Wechseln der Temperatur um A_1. Abkühlung erfolgt langsam im Ofen.

Der Streifenzementit im Perlit ballt sich dabei zu kleineren Körnern zusammen, bei überperlitischen Stählen auch der Korngrenzenzementit evtl. durch Pendelglühen. Das entstehende Gefüge wird *körniger* Perlit genannt.

Für folgende Werkstoffe sind zur Zerspanung andere Zustände günstig:

unlegierte Einsatzstähle	normalisiert
Cr–Mn–Mo Einsatzstähle	isotherm in Perlit umgewandelt
unlegierte Vergütungsstähle	vergütet auf 700...900 N/mm²

Weichglühen beseitigt auch geringe Abschreckhärte, die bei härtbarem Stahl an Ecken und Kanten schnell abgekühlter Teile entsteht.

2.1.3. Spannungsarmglühen soll innere *Spannungen abbauen* (ein vollständiges Entfernen ist nicht möglich). Sie entstehen bei Kaltverformung und Zerspannung durch *ungleichmäßige* plastische *Verformungen* und bei allen Warmumformungen durch *ungleichmäßiges Abkühlen.*

Dünne Querschnitte kühlen schnell ab, werden starr und behindern das Schwinden der noch heißeren Zonen des Werkstückes. Dadurch entstehen Zug- und Druckspannungen, die ein elastisches Verformen bewirken. Durch spanende Bearbeitung werden spannungsführende Werkstoffasern durchschnitten oder abgetragen, dadurch tritt neue Verformung ein (Verzug).

Die Teile werden mindestens 4 Stunden bei Temperaturen von 600 ... 650 °C geglüht und im Ofen abgekühlt.

Bei unverformten Teilen tritt keine Gefügeumwandlung ein. Bei der Glühtemperatur liegt Streck- bzw. Quetschgrenze niedrig, so daß vorhandene Spannungen ein Dehnen bzw. Stauchen bewirken. In gleichem Maße werden sie geringer und nähern sich den Werten der Fließgrenze bei Glühtemperatur.

Bei kaltverformten Teilen findet *Rekristallisation* statt.

Anwendung: Schweißkonstruktionen, Schmiede- und Gußteile vor der spanenden Weiterbearbeitung, Teile mit engen Toleranzen nach der Schruppbearbeitung.

2.1.4. Diffusionsglühen soll ungleichmäßig verteilte *Legierungselemente* gleichmäßig im Werkstoff *verteilen.* Diffusion erfordert hohe Temperaturen und lange Glühzeiten (20 h bei 1100 °C). Dabei Kornvergröberung und Gefahr der Randentkohlung, wenn ohne Schutzgas geglüht wird.

Dabei wandern Teilchen von Stellen hoher in Zonen niedriger Konzentration. Mit der Zeit wird Konzentrationsunterschied geringer, damit die Diffusionsgeschwindigkeit. Vollständiger Ausgleich nicht erreichbar.

Anwendung: Ausgleich von Seigerungen, z.B. bei Automatenstählen, Verteilung von groben Carbiden bei überkohlten Einsatzstählen, Lösungsglühen von aushärtbaren Legierungen (V.3.2), Einführen von Fremdstoffen von außen her in den Stahl:

Element	Verfahren	Zweck
Chrom	Chromieren	Korrosionsschutz
Zink	Sherardisieren	Korrosionsschutz
Aluminium	Alitieren	Zunderfestigkeit
Stickstoff	Nitrieren	Oberflächenhärtung
Bor	Borieren	Oberflächenhärtung
Kohlenstoff	Einsetzen	Oberflächenhärtung

2.1.5. Rekristallisationsglühen soll kaltverformte Teile, die *kaltverfestigt* sind, wieder neu *verformungsfähig* machen (Zwischenglühen).

Glühtemperatur liegt zwischen 400 ... 650 °C je nach vorausgegangener Verformung (Bild IV.7). Bei Erwärmen über die Rekristallisationstemperatur wachsen neue Kristallite normaler Gestalt, deren Korngröße sich nach dem Schaubild ergibt. Bei schwachen Verformungsgraden oder zu hohen Temperaturen ergeben sich grobkörnige Gefüge.

Bei Tiefziehteilen ist Verformungsgrad der Stoffteile verschieden. Zonen schwacher Verformung (5 ... 20 %) erhalten beim Glühen grobkörniges Gefüge, das bei Weiterverarbeitung *narbige Oberfläche* und kleineres zulässiges Ziehverhältnis für den Weiterschlag ergibt. Abhilfe durch Normalglühen oder Wahl der Zwischenformen so, daß kritischer Verformungsgrad vermieden wird.

Kritischer Verformungsgrad ist der Verformungsbereich, der nach dem Glühen zu grobkörnigem Werkstoff führt.

Zonen mit kritischem Verformungsgrad sind bei allen Schweißkonstruktionen aus abgekanteten Blechen und gebogenen Profilen vorhanden. Schweißwärme bewirkt Rekristallisation, damit Grobkorn. Abhilfe durch Verwendung von Feinkornstählen oder abschließendes Normalglühen bei hochbeanspruchten Teilen.

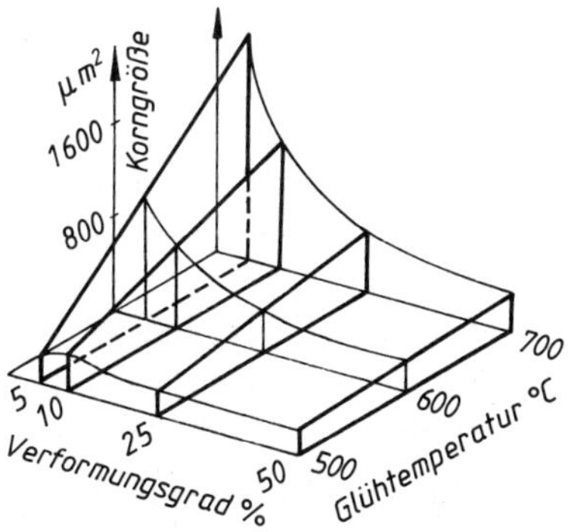

Bild IV.7. Rekristallisationschaubild

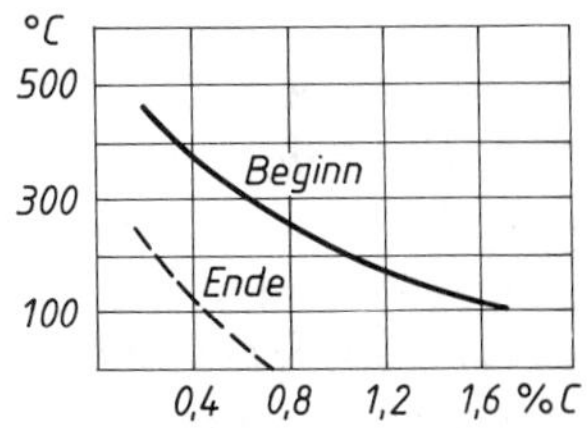

Bild IV.8. Bereich der Martensitbildung bei unlegierten Stählen

2.2. Härten und Vergüten

Härten ist Abschrecken von (vorwiegend) *Werkzeug*stählen und Anlassen auf *niedrige* Temperaturen, um hohe *Härte* zu erreichen

Vergüten ist Abschrecken von (vorwiegend) *Bau*stählen und Anlassen auf *hohe* Temperaturen, um hohe *Zähigkeit* bei erhöhter *Streckgrenze* zu erreichen.

Härtung erfordert Werkstoff mit *über* 0,3 % C. Durchgreifende Erwärmung auf *Temperaturen über GSK* (genaue Temperaturen nach Kohlenstoff- und Legierungsgehalt) mit sofortigem Abschrecken mit mehr als kritischer *Abkühlungsgeschwindigkeit* v_{crit} durch Wahl des geeigneten Abschreckmittels.

2.2.1. Abschreckhärten, innere Vorgänge. Stahl wird aus der jeweiligen Austenitisierungstemperatur (Temperatur, bei der das Gefüge in Austenit umgewandelt) abgeschreckt. Durch die Hysterese werden die Umwandlungspunkte A_3 und A_1 zu tieferen Temperaturen verschoben. Die γ-α-Umwandlung erfolgt schnell, die Diffusion des Kohlenstoffs ist jedoch behindert. Es entstehen vom EKD abweichende Gefüge.

Wird v_{crit} nicht erreicht, entsteht aus dem Austenit ein Perlit, der mit wachsender Abkühlungsgeschwindigkeit feinstreifiger wird.

Bei Erreichen der *unteren* kritischen Abkühlungsgeschwindigkeit entsteht bereits Martensit, doch ist die Perlitbildung noch nicht vollständig unterbunden.

(Obere) kritische Abkühlungsgeschwindigkeit v_{crit} ist diejenige Temperatursenkung je Sekunde, bei der die Perlitbildung verhindert wird.

Die γ-α-Umwandlung findet an einem neuen Umwandlungspunkt (Martensitpunkt) statt, der bei unlegierten Stählen zwischen 400 … 100 °C liegt (Bild IV.8). Dann ist Diffusion der C-Atome nicht mehr möglich. Es entsteht ein verzerrtes Raumgitter mit C in Zwangslösung (tetragonaler Martensit) mit nadeligem Aussehen im Schliffbild. Das Gefüge besitzt sehr hohe Härte (HRC = 67), aber keine Zähigkeit. Umwandlung des Austenits zu Martensit beginnt beim Martensitpunkt und läuft nur bei Temperatursenkung weiter. Bei Raumtermperatur ist sie z.T. noch nicht beendet. Überperlitische Stähle enthalten nach Abschrecken noch nicht umgewandelten Austenit. Dieser *Restaustenit* ergibt kleinere Gesamthärte.

Restaustenit läßt sich durch *Tieftemperaturbehandlung,* d.h. weiteres Abkühlen auf −80 ... −100 °C nach dem Abschrecken noch umwandeln. Außerdem zerfällt er beim *Anlassen* in Zwischenstufengefüge oder feinstreifiges Perlit.

2.2.2. ZTU-Schaubilder (Zeit-Temperatur-Umwandlung) lassen die Umwandlungs*dauer* bei verschiedenen Temperaturen erkennen. Sie sind für alle wichtigen Bau- und Werkzeugstähle aufgestellt worden, siehe Atlas zur Wärmebehandlung der Stähle.

ZTU-Schaubilder für isotherme Umwandlung. Die Kurven geben Beginn und Ende der Austenitumwandlung an, wenn der Stahl aus Abschrecktemperatur in ein Warmbad gebracht wird und darin bei *gleichbleibender* Temperatur (isotherm) umwandelt. Die Zeiten sind auf einer Waagerechten abzulesen (Bild IV.9a).

Stahl mit 0,45 % C wird aus 880 °C in einem Bad von 500 °C abgeschreckt. Umwandlung setzt nach 2 s ein und ist nach 10 s beendet. Beim Abschrecken auf 400 °C ist die Umwandlung (Diffusionsvorgang) verlangsamt. Sie läuft nach 6 s an und ist nach 50 s beendet.

Damit sich vollständig Martensit bildet, muß der Temperaturbereich schneller Perlitbildung, die *Perlitstufe,* schnell durchlaufen werden (600 ... 500 °C in Bild IV.9a). Unterhalb kann langsamer abgekühlt werden. Das Abschreckmittel ist danach abzustimmen.

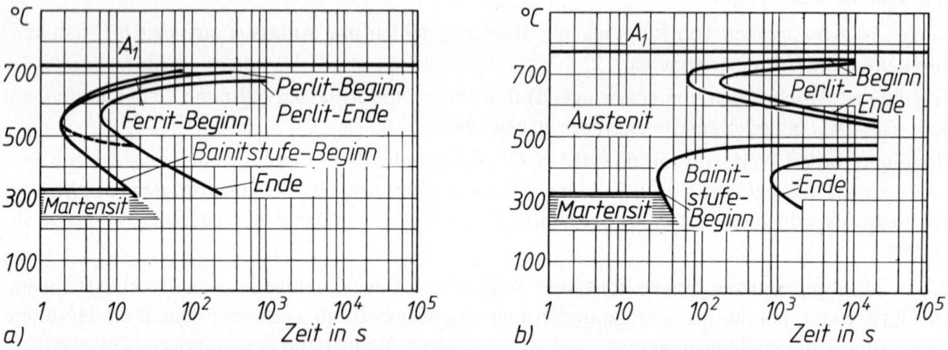

Bild IV.9. ZTU-Schaubilder für isotherme Umwandlung. a) Stahl mit 0,45 % C, b) Stahl mit 0,45 % C und 3,5 % Cr

Bainit ist der Bereich zwischen Perlit- und Martensitstufe, bei legierten Stählen stärker ausgeprägt (Bild IV.9b). Hier entsteht *Bainit,* ein Gefüge aus übersättigtem Ferrit und Carbidausscheidungen, deren Form und Größe von der Umwandlungstemperatur abhängen. Im unteren Bereich bilden sie sich feinnadelig verteilt aus. (Vergütungsgefüge mit hoher Streckgrenze und Zähigkeit). Diese *Zwischenstufenvergütung* wird auch für Kugelgraphitgußteile angewandt (bainitisches GJS-800-8 ... GJS-1400-1 in 4 Sorten).

Legierungselemente behindern die Perlitbildung, die dadurch *später* einsetzt und *länger* dauert. Stahl mit 0,45 % C und 3,5 % Cr aus 1050 °C in einem Warmbad von 700 °C abgeschreckt bleibt 1 min austenitisch, dann erst beginnt Perlitbildung, die nach insgesamt 200 s beendet ist. Beim Abschrecken auf 500 °C bleibt der Werkstoff stundenlang im austenitischen Zustand, wenn diese Temperatur gehalten wird (Bild IV.9b).

Dadurch kann Abkühlung langsamer erfolgen, ohne daß Perlit entsteht: Die kritische Abkühlungsgeschwindigkeit ist bei legierten Stählen kleiner, es kann in *milderen* Mittel abgeschreckt werden.

ZTU-Schaubilder für kontinuierliche Abkühlung zeigen die Austenitumwandlung bei *ununterbrochener* Abkühlung mit verschiedenen Geschwindigkeiten. Die Umwandlung ist hier auf den schräg verlaufenden Kurven zu verfolgen. Die Zahlen am Ende der Kurven geben die erreichbare Härte in Vickers-Einheiten an (Bild IV.10).

Wird ein Stahl mit 0,45 % C aus 880 °C so abgeschreckt, daß nach ca. 3 s 400 °C erreicht sind, so wird die Ferritausscheidung und Perlitbildung verhindert, es bildet sich wenig Bainit und vorwiegend Martensit. Härte des Gefüges HV = 540. Wird die Abkühlung so geführt, daß nach ca. 10 s etwa 630 °C erreicht sind, bildet sich ein ferritisch-perlitisches Gefüge mit einer Härte HV = 274.

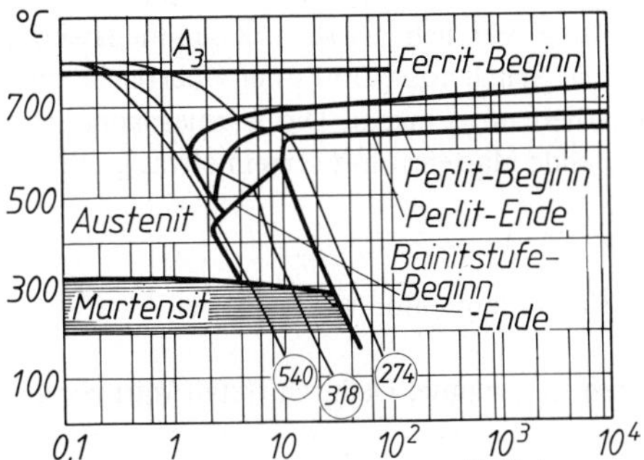

Bild IV.10. ZTU-Schaubild für kontinuierliche Abkühlung, Stahl mit 0,45 % C

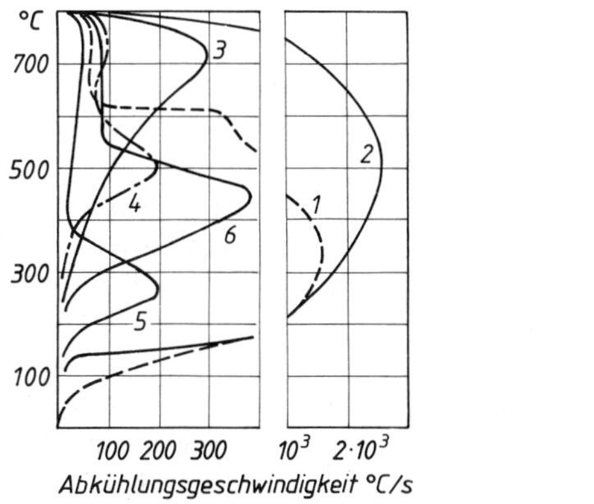

Bild IV.11. Abkühlwirkung verschiedener Abschreckmittel (Silberkugelkurven)
1 Leitungswasser 20 °C, 2 Wasser 20 °C mit 10 % Cyansalz, 3 Salzbad von 200 °C, 4 zähes Mineralöl, 5 Petroleum, 6 legiertes Härteöl

2.2.3. Abschreckmittel sind, nach fallender Wirkung geordnet, Wasser, Öle, Metall- und Salzschmelzen. Sie entziehen die Wärme nicht gleichmäßig, sondern mit ausgeprägten Höchstwerten bei bestimmten Temperaturen (Abschreckmaximum). Lage des Abschreckmaximums hängt von der Verdampfungstemperatur des Mittels ab. Messung erfolgt durch Silberkugel oder andere Prüfkörper mit eingebautem Thermoelement. Da Stahl schlechter Wärmeleiter, zeigt Silberkugelkurve (Bild IV.11) die Kühlwirkung des Mittels an der Oberfläche der Werkstücke.

Für dünne Teile muß das Abschreckmaximum mit der Temperatur der schnellsten Perlitbildung (ZTU-Schaubild IV.9a) zusammenfallen.

Dicke Querschnitte (60 mm Ø) sind an der Oberfläche bereits auf 350 °C abgekühlt, während der Kern noch etwa 600 °C hat. Für solche Querschnitte muß das Maximum bei etwa 350 °C liegen, damit Wärme schnell dem Kern entzogen wird und die Perlitbildung unterbleibt.

Lage des Abschreckmaximums durch Zusätze verschiebbar. Öle altern, d.h. sie ändern Viskosität und Siedepunkt durch Oxydation an den heißen Teilen. Legierte Öle haben Zusätze, die Alterung verhindern. Mit steigender Viskosität liegt das Abschreckmaximum bei höheren Temperaturen. Für *dickere* Querschnitte deshalb *dünn*flüssigere Öle verwenden.

Zusatz von 10 % NaOH zum Abschreckwasser ergibt tiefere Einhärtung. Durch Erwärmung dieses Mittels auf 60 °C erhält man gleiche Härtewirkung wie mit Leitungswasser von 20 °C bei kleinerem Verzug und besserer Kühlmöglichkeit bei Dauerbetrieb. Wegen Ätzgefahr werden besser nichtkorrodierende Salze verwendet.

Durch Bewegen des Abschreckmittels (Strahlabschreckung, Umwälzen des Bades) wird Wirkung verstärkt, damit die Einhärtung.

2.2.4. **Durchhärtung** heißt den Werkstoff nicht nur in einer Randzone „einzuhärten", sondern auch im Kern martensitisches Gefüge zu erzeugen. Erreichbar durch richtiges Abschreckmittel. Größere Querschnitte müssen aus legierten Stählen bestehen. Legierungselemente senken die kritische Abkühlungsgeschwindigkeit. Dadurch wird bei langsamer Abkühlung im Kern v_{kr} überschritten. Besonders wirksam sind Ni, Mn, Cr, Si. Durchhärtung wichtig für auf Druck beanspruchte Werkzeuge. *Durchvergütung* muß bei Vergütungsstählen erreicht werden. Hierbei ist keine Martensitbildung bis zum Kern nötig, es genügt die Ausbildung von Zwischenstufengefüge, da der Martensit beim Anlassen wieder verschwindet.

2.2.5. **Härteverzug, Härterisse.** Beim Abschrecken entstehen infolge der schlechten Wärmeleitfähigkeit (besonders der legierten Stähle) zwischen Rand und Kern große Temperaturunterschiede.

Der Werkstoff will sich außen zusammenziehen, wird aber vom Kern behindert. Es können Zugrisse an der Oberfläche entstehen. Bei weiterer Abkühlung will sich der Kern zusammenziehen, wird aber vom bereits starren Rand behindert. Es können Schalenrisse unter der Oberfläche entstehen. Günstigenfalls tritt Verzug auf, der eine Nacharbeit nötig macht. Die Wärmespannungen werden überlagert von den Spannungen, die der sich bildende Martensit mit seinem etwas größeren Volumen erzeugt.

Abhilfe durch zwei Maßnahmen:

a) Der große Temperatursprung von Abschreck- auf Raumtemperatur wird in zwei Abschnitte unterteilt,
b) Bildung des Martensits erfolgt während einer längeren Zeitspanne. Dadurch treten Wärmespannungen und Volumenspannungen nicht gleichzeitig auf.

Nachstehende Verfahren mindern Ausschußgefahr und Verzug, damit geringere Nacharbeit der gehärteten Teile.

2.2.6. **Verzugsarme Abschreckhärtung.** Die Verfahren nutzen die Umwandlungsträgheit des Austenits zwischen Perlit- und Martensitstufe aus. Temperaturbereich der Perlitstufe wird schnell durchlaufen, darunter kann Abkühlung langsamer verlaufen, da austenitischer Zustand beständiger, evtl. bildet sich langsam Bainit (ZTU-Schaubild IV.9). Martensit entsteht erst nach Unterschreiten der Temperatur des Martensitpunktes.

Gebrochenes Härten. Teile werden aus Härtetemperatur in Wasser abgeschreckt und darin einige Sekunden belassen, bis Temperatur auf 200 ... 300 °C abgefallen ist, dann weitere Abkühlung in Öl. Haltezeit im Wasser aufgrund von Erfahrung (Dunkelwerden der Oberfläche, Aufhören der Vibration).

Warmbadhärten (gestuftes Härten). Teile werden aus Härtetemperatur in ein Warmbad (Salzschmelze oder Öl) abgeschreckt, dessen Temperatur in der Nähe des Martensitpunktes liegt. Während einer Haltezeit erfolgt Temperaturausgleich zwischen Rand und Kern und Abbau der Wärmespannungen durch den zähen Austenit. Martensitbildung erfolgt im wesentlichen bei der folgenden Abkühlung.

Bei un- und niedriglegierten Einsatz- und Vergütungsstählen muß die Warmbadtemperatur unter dem Martensitpunkt liegen (150 ... 250 °C Badtemperatur), damit die Perlitbildung unterdrückt wird. Für größere Querschnitte sind nur Ölbäder geeignet. Höher legierte Werkzeugstähle werden in Salzbädern von 450 ... 550 °C abgeschreckt und bis zum Temperaturausgleich gehalten.

2.2.7. **Anlassen** ist ein Erwärmen nach vorausgegangenem Härten auf Temperaturen unter A_1 und Halten auf dieser Temperatur mit Abkühlung auf bestimmte Weise je nach Werkstoff und Zweck. Es soll *unmittelbar* auf das Härten folgen.

Gehärtete Teile nach dem Abschrecken zu spröde (Glashärte), bei Raumtemperatur erfolgen noch Umwandlungen des Restaustenits, dadurch Maßänderungen.

Anlassen von kaltverformten Federn erhöht Festigkeit, auch Dauerfestigkeit durch Alterung. Dadurch auch Konstanz der Federkennlinie, für Meßinstrumente wichtig.

Beim Anlassen gehärteter Teile nimmt Härte zunächst wenig ab, Dehnung und Kerbzähigkeit steigen langsam (Bild IV.12). Zwischen 100 ... 300 °C liegt der Anlaßbereich der Meßwerkzeuge, Kaltarbeitsstähle und Einsatzstähle.

Bei Temperaturen um 150 °C geht die tetragonale Verzerrung des Martensitgitters zurück in ein verzerrtes kubisches α-Gitter, angelassener Martensit. Zugleich scheiden sich kleinste Carbidnadeln aus. Bei über 200 °C zerfällt der Restaustenit.

Über etwa 300 °C fällt Härte und Zugfestigkeit zunehmend ab, Dehnung und Kerbzähigkeit nehmen stärker zu (Bild IV.12).

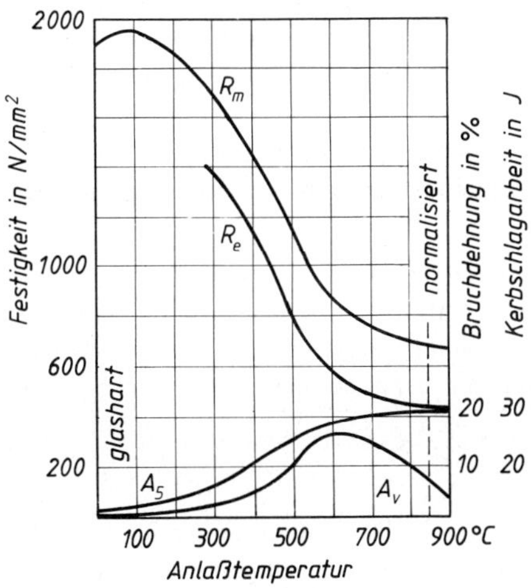

Bild IV.12. Vergütungsschaubild Stahl C 45 E

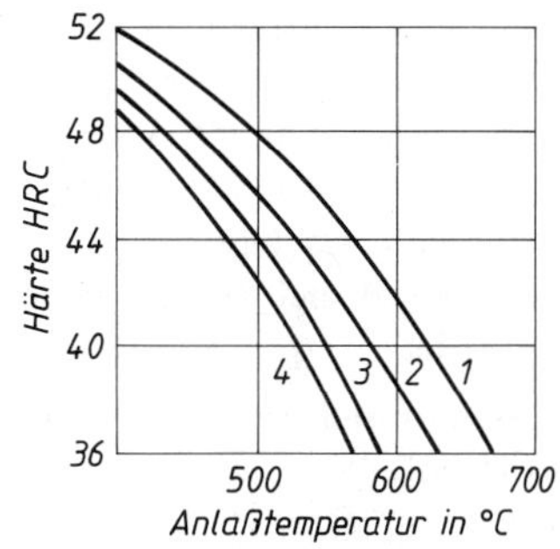

Bild IV.13. Anlaßverhalten eines abgeschreckten Warmarbeitsstahles bei verschiedener Anlaßdauer

1: 2 h
2: 24 h
3: 100 h
4: 1000 h

Zwischen 400 ... 650 °C liegt der Anlaßbereich der Warmarbeits- und Vergütungsstähle.

Mit zunehmender Anlaßtemperatur und -dauer kann der Kohlenstoff besser ausdiffundieren und zunehmend gröbere Zementitkristallite bilden. Damit nähern sich Aussehen des Gefüges und Eigenschaften wieder dem weichgeglühten Zustand.

Anlaßschaubild zeigt, daß bestimmte Festigkeit durch längeres Halten auf niedrigen Temperaturen oder kurzes Halten auf höheren Temperaturen erreicht werden kann. Für Teile, die höheren Temperaturen ausgesetzt sind (Warmarbeitsstähle), muß deshalb Anlaßtemperatur 80 ... 100 °C über der Betriebstemperatur liegen, damit unter der Betriebswärme kein weiteres Anlassen erfolgt (Bild IV.13).

Anlaßtemperaturen durch Anlaßfarben feststellbar. Diese entstehen durch dünnste Oxydschichten auf dem blanken Teil. Besser ist einstündiges Halten auf Anlaßtemperatur in Bädern oder Luftumwälzöfen. Warmarbeitsstähle werden zweimal angelassen, die zweite Temperatur um 30 ... 50 °C niedriger.

2.2.8. Vergüten ist ein Abschrecken von *Bau*stählen und Anlassen auf *hohe* Temperaturen, um hohe Zähigkeit bei erhöhter Streckgrenze zu erhalten.

Es soll ein Gefüge erzeugen, das Bestwerte von Streckgrenze und Kerbzähigkeit besitzt. Streckgrenzenverhältnis R_e/R_m wird vergrößert, d.h. die Streckgrenze rückt näher an die Zugfestigkeit heran. Werkstoff ist dadurch höher beanspruchbar. Kerbzähigkeit erreicht bei bestimmten Anlaßtemperaturen einen Höchstwert. Werkstoff ist bei tiefen Temperaturen wesentlich zäher als im geglühten Zustand (Bild IV.12).

Anwendung: Triebwerks- und Getriebeteile im Fahrzeugbau, wenn kleine Abmessungen verlangt werden. Kurbelwellen, Pleuelstangen, Achsen, Zahnräder, Keilwellen, Kupplungs- und Gelenkwellenteile, Achsschenkel.

Anlaßvergütung: Beim Anlassen zwischen Temperaturen von 450 ... 650 °C entstehen aus dem Martensit die *Vergütungsgefüge.* Für dickere Querschnitte ist eine Durchhärtung nicht nötig, es genügt die Bildung von feinstreifigem Perlit im Kern, der beim Anlassen auf Vergütungstemperatur ohnehin entsteht.

Isothermes Vergüten: Hierbei werden die Teile nicht bis in die Martensitstufe abgeschreckt, sondern in Warmbädern bis zur vollständigen Umwandlung gehalten. *Bainitisieren* wie bei Bild IV.9 beschrieben. Eine Abart ist das *Patentieren*, eine isotherme Umwandlung in der unteren Perlitstufe (400 ... 550 °C), Anwendung für Drähte und Federmaterial. Es ergibt sich ein für das *Ziehen* günstiges feinkörniges Gefüge.

Umwandlungsgefüge, die in der Zwischenstufe entstehen, werden auch als *Bainit* bezeichnet, während *Sorbit* und *Troostit* in der Perlitstufe entstehen, letztere stellen einen äußerst feinstreifigen Perlit dar.

Austenitformhärten: Bei legierten Stählen ist der unterkühlte Austenit einige Zeit beständig (ZTU-Bild IV.9), wenn er auf Temperaturen zwischen M_s- und Rekristallisationstemperatur abgeschreckt wird. Nach Verformung in diesem Bereich (Keimbildung) entsteht feinkörniges Umwandlungsgefüge mit erhöhter Festigkeit und Zähigkeit als beim normalen Abschrecken ohne Verformung.

2.3. Härtung von Oberflächenschichten

Hierbei wird eine *harte Randzone* bei *zäh*bleibendem *Kern* gebildet. Notwendig für Bauteile, die stoßunempfindlich, aber mit harter verschleiß- und druckfester Oberfläche ausgerüstet sein müssen. Je nach Werkstoff und Werkstückform und -größe sind verschiedene Verfahren anwendbar. Bei engen Toleranzen für Maße und Rundlauf ist nach dem Abschreckhärten ein Nachschleifen nötig; Ausnahme: nitrierte Teile.

Anwendung: Kolbenbolzen, Zahnräder hoher Verschleißfestigkeit, Führungsbahnen, Nocken- und Kurbelwellen, Kupplungsklauen, Keilwellen- und Naben für Schaltgetriebe, Kurvenscheiben, Leit- und Laufrollen sowie Kettenglieder für Raupenfahrzeuge, Seilrollen, Formen für Kunststoffspritzguß.

2.3.1. Einsatzhärten. C-arme Stähle, die beim Abschrecken wenig Härte annehmen, werden in *Einsatzmitteln* aufgekohlt, um eine C-reiche, härtbare Randzone zu erhalten. Beim Abschrecken entsteht nur dort Martensit. Kohlenstoffaufnahme durch Diffusion im austenitischen Zustand bei 900 ... 930 °C. Erreichbarer C-Gehalt hängt vom Einsatzmittel ab. Höhere Temperaturen ergeben tieferes Eindiffundieren bei kürzeren Glühzeiten.

Pulveraufkohlung mit Granulat aus Holzkohle mit vermischten Katalysatoren ($BaCO_3$, BaO, $CaCO_3$), Körnung 3 ... 5 mm. Entwickelt CO–CO_2-Gemisch. Nach der Reaktionsgleichung $2\,CO \rightarrow C + CO_2$ nimmt die Randzone C auf.

Salzbadaufkohlung in Schmelzen von Alkalizyaniden NaCN mit Aktivatoren, welche die notwendigen Glühzeiten verringern. Bei hoher Temperatur zerfallen die Zyanide und geben C und N an das Werkstück ab. Stickstoff beschleunigt C-Aufnahme und senkt v_{kr}. Badzusammensetzung muß laufend nachgeprüft und durch Zugaben konstant gehalten werden. Günstig für kleine Teile und geringe Kohlungstiefe. Vorwärmen der Teile vermeidet Eindringen von Feuchtigkeit (Explosionsgefahr) in das Kohlungsbad und starke Temperaturschwankungen.

Gasaufkohlung über das Heizgas, dem Progan oder Butan beigemengt werden. Heizgas muß in Generatoren von O_2, CO_2 und Wasserdampf befreit werden. Gaszusammensetzung regelbar, dadurch ist C-Gehalt und Tiefe der Kohlungszone zu beeinflussen.

Angestrebter C-Gehalt der Randzone ist 0,65 ... 0,8 % je nach Legierungselementen. Sekundärer Schalenzementit ist unerwünscht, deshalb schnellere Abkühlung aus dem Einsatz bei Cr- und Mn-Stählen.

Härten der Einsatzstähle ist je nach Aufkohlungsart, Werkstoff und Form der Teile auf verschiedene Weise möglich. Das Abschrecken des C-armen Kernes führt zu schwacher Vergütung, der C-reiche Rand wird martensitisch hart. Die Temperaturen für die Wärmebehandlung sind verschieden. Einsetzen erzeugt durch Überhitzen und Überzeiten grobkörniges Gefüge.

Direkthärten aus dem Einsatz, bei Gas- und Badaufkohlung möglich, ist kürzestes wirtschaftliches Verfahren, setzt Feinkornstähle voraus, die bei längeren Glühzeiten nicht zu Kornwachstum neigen. C-Gehalt der Randzone möglichst unterperlitisch, damit wenig Restaustenit entsteht.

Wird vor dem Abschrecken das Werkstück langsam von Einsetz- auf Abschrecktemperatur abgekühlt (840 °C) und im Warmbad abgeschreckt, ergeben sich besonders verzugsarme Werkstücke. Restaustenitgehalt noch geringer.

Randhärten nach isothermer Umwandlung in der Perlitstufe. Aus dem Einsatz kurzzeitiges Halten in einem Warmbad von 500 ... 600 °C, dann Erwärmen auf Abschrecktemperatur der Randzone und Abschrecken. Feinkörnige Gefüge mit besten mechanischen Eigenschaften bei geringem Energieaufwand.

Einfachhärten aus unterer Kernhärtetemperatur. Das beim Aufkohlen grobkörnige Gefüge wird dabei normalisiert, die Randzone nur gering überhitzt. Es entsteht ein zäher Kern, der Rand ist noch feinkörnig. Bei Überkohlung (C-Gehalt überperlitisch) entsteht Restaustenit, deshalb mild wirkende Kohlungsmittel verwenden.

Fehler, die beim Einsatzhärten auftreten können: *Schalenbildung* beim Härten, wenn C-Gehalt zu schroff vom Rand zum Kern abfällt. Entsteht bei zu niedriger Einsetztemperatur, beim Badaufkohlen kalter Teile, bei sehr grobem Randgefüge.

Überkohlung durch zu stark wirkende Kohlungsmittel bei Stählen, die mit Carbidbildnern (Cr, Mo) legiert sind. Hierbei treten körnige und netzartige *Sekundärcarbide* auf. Beseitigung durch Diffusionsglühen (Verteilungs-) möglich.

Stellen, die weich bleiben sollen, werden mit Wasserglas, Lehm oder Pasten isoliert oder mit einem Übermaß gefertigt und zwischen Einsetzen und Härten auf Maß bearbeitet. In Salzbädern sind als Isoliermittel nur galvanisch aufgebrachte Cu-Schichten beständig.

C-abgebende Salze dürfen nicht in salpeterhaltige Salzschmelzen eingeschleppt werden, sonst explosionsartige Oxydation. Zyansalzhaltige Spülwasser müssen entgiftet werden, ehe sie in das Abwasser gelangen.

Ohne Rücksicht auf die Abschreckart werden alle Teile abschließend bei 170 ... 210 °C in Luftumwälzern oder Salzbädern angelassen.

2.3.2. Flammenhärten (Brennhärten, Autogenhärten) erzeugt an normal härtbaren Stählen (Vergütungsstählen) eine martensitische Randzone durch *Wärmestau* und sofortiges Abschrecken. Bei *starker* Erwärmung staut sich die Wärme in der Randzone, *ehe* der Kern höhere Temperaturen annimmt. Durch sofortiges Abschrecken entsteht soweit Martensit, wie das Ausgangsgefüge bereits in Austenit umgewandelt war.

Verfahren ist energie- und zeitsparend, da bei größeren Teilen nicht die ganze Masse erhitzt wird. Einziges Verfahren für große sperrige Teile, wie z.B. Zahnkränze, Führungsbahnen an Werkzeugmaschinen, Kurbelwellen, Zahnstangen.

Wird meist auf besonderen Härtemaschinen durchgeführt mit geformten Brennern und automatischem Ablauf von Erwärmung und Abschrecken. Heizgase sind Stadtgas oder Acetylen-Sauerstoff-Gemisch.

Werkstoffe für Flammenhärtung sind: Stähle für direkte Oberflächenhärtung (IV, 3.2.3); brennhärtbarer Stahlguß (Tafel IV.9); Grau- und Temperguß mit überwiegend perlitischer Grundmasse, Graphit muß in feiner Verteilung im Gefüge vorliegen.

Bei gleichen Stahltypen, die aus verschiedenen Chargen stammen, kann durch wechselnden Mn-Gehalt unterschiedliche Einhärtung entstehen.

2.3.3. Induktionshärten beruht auf dem gleichen Prinzip wie Flammenhärtung. Erwärmung erfolgt durch Induktionsströme. Werkstück ist Eisenkern, Randzone stellt kurzgeschlossene Sekundärwicklung eines Trafos dar. Als Primärspule dient wassergekühlter Kupferhohlkörper, der Form des Werkstückes angepaßt. Durch *Skineffekt* (Hautwirkung) wird Sekundärstrom in den Rand des Werkstückes gedrängt, deshalb nur dort Erwärmung. Durch nachfolgende Wasserbrause entsteht eine martensitische Randzone. Einhärtetiefe ist frequenzabhängig (Bild IV.14). Für kleine Querschnitte deshalb hohe Frequenzen. Einhärtetiefe außerdem noch durch elektrische Leistung und Wahl legierter Stähle zu beeinflussen. Oberflächenhärte HRC = 52 ... 62, je nach C-Gehalt des Stahles.

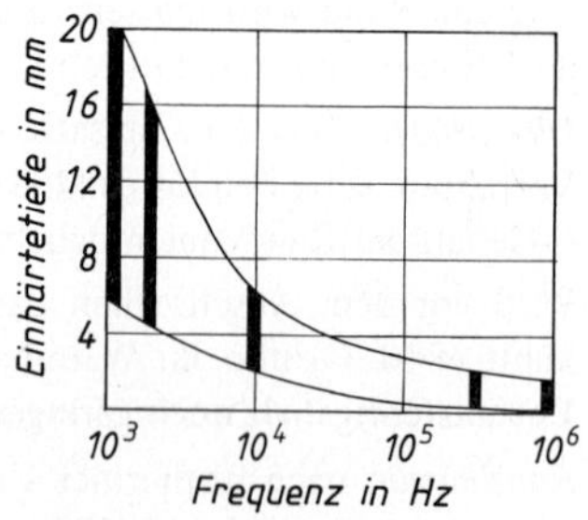

Bild IV.14. Induktionshärten, Frequenzbereiche

Es können alle unter 2.3.2 genannten Werkstoffe induktiv gehärtet werden. Das Verfahren ist sauber, die Anlagen raum- und energiesparend und günstig in eine Fließfertigung einzuordnen.

2.3.4. Laserhärten. Der kleine Brennfleck macht ein *Abrastern* der Oberfläche notwendig, d.h. es werden Spuren von 1 ... 12 mm Breite aneinandergelegt, dazwischen liegen weichere Anlaßsäume (evtl. Schwachstellen). Günstiger für *linienförmige* Härtezonen (Verschleiß-, Dicht- oder Schneidkanten). Für Härtung des Kompressionsbereichs von Zylinderlaufbuchsen in Großdieselmotoren angewandt (MAN).

2.3.5. Nitrierhärten erzeugt dünne harte Randschichten, die *Nitride* enthalten. Als Nitridbildner wirkt vor allem Al, deshalb in den meisten *Nitrierstählen* (Tafel IV.10) enthalten, daneben Cr, Mo und V. Randzone 0,2 ... 0,6 mm dick, Härte HV = 900, anlaßbeständig bis zu 500 °C.

Gasnitrieren: Fertigteile, meist vergütet, werden bei 500 ... 550 °C mit Ammoniak NH_3 begast. Es spaltet atomaren Stickstoff ab, der in das Gefüge diffundiert und mit den Legierungselementen harte Nitride bildet. Dadurch geringe Volumenvergrößerung, die nur bei engen Toleranzen beachtet werden muß. Es entstehen Druckspannungen in der Randzone, dadurch erhöht sich die Dauerfestigkeit der Bauteile.

Die langen Glühzeiten (60 h für 0,6 mm Tiefe) haben das Verfahren nicht gegenüber dem Einsatzhärten durchsetzen können. Zudem ist der Kernwerkstoff bei hohen Flächenpressungen nicht tragfähig genug. Hierfür nur martensitische *stärkere* Randzone geeignet. Es treten keine Gefügeumwandlungen auf, Abkühlung nach dem Nitrieren beliebig langsam, dadurch kein Verzug.

Anwendung z.B. bei Werkzeugen für die Kunststoffherstellung, Bohrstangen, Schneckenwellen, Maschinenspindeln.

Badnitrieren in Salzschmelzen von Gemischen aus NaCN und NaCNO bei 550 °C. Es wird atomarer Stickstoff und Kohlenstoff abgespalten. Wegen der niedrigen Temperatur wird C kaum aufgenommen. Es bildet sich eine *Verbindungszone,* die Nitride enthält, daneben auch Fe_3C, mit einer Härte HV = 600 ... 700 und hohem Verschleißwiderstand, Korrosionsbeständigkeit und geringer Verschweißneigung (Fressen).

Anwendung bei Werkzeugen aus Schnellarbeitsstahl, die nach 10 ... 40 min Behandlung eine Erhöhung der Standzeit erfahren (3 ... 4fach).

Beim Badnitrieren von Zahnrädern und Wellen aus unlegiertem und niedriglegiertem Stahl (Weichnitrieren) nimmt die Oberflächenhärte nur wenig zu. Dagegen wurde starke Erhöhung der *Verschleißfestigkeit* und *Dauerfestigkeit* beobachtet. Gerade bei unlegierten Stählen erhöht sich die Biege- und Torsionswechselfestigkeit um 60 ... 100 %. Hierzu Behandlung 1 ... 2 h in *belüfteten* Salzbädern (Tenifer-Verfahren, DEGUSSA) von 560 ... 580 °C und Abschrecken der Teile in Salzwasser.

Ionitrieren (Glimmnitrieren). Unter Vakuum werden N-Ionen durch 300-Volt-Gleichspannung zum Werkstück beschleunigt und prallen mit hoher Geschwindigkeit auf. Dadurch Erwärmung auf 350 ... 580 °C, Bildung einer porenfreien, einphasigen, zähen Nitridschicht bis 30 μm Dicke. Schichtaufbau während der Behandlung beeinflußbar durch Veränderung der *Spannung, Temperatur, Athmosphäre* und *Zeit.*

Anwendung: Schnecken für Extruder und Spritzgießmaschinen die glasfasergefüllte Polyamide verarbeiten (Vergütungsstähle). Grundsätzlich sind alle Eisenwerkstoffe geeignet.

2.3.6. Umschmelzhärten. Schnell abgekühltes GG oder GT bildet ledeburitisches Gefüge (Hartguß). Das Aufschmelzen muß äußerst schnell durch z.B. WIG-Brenner erfolgen (AEG-ELOWIG), so daß Selbstabschreckung durch Werkstückmasse ohne Abfließen von Schmelze erfolgt. Vorwärmen auf 400 °C als Vorbeugung gegen Risse zweckmäßig.

Anwendung: Nocken und nachfolgende Teile von Ventilsteuerungen mit 55 ... 60 HRC bei 1 mm Dicke je nach Vorwärmung.

2.4. Aushärten

Aushärtung ist eine Erhöhung von Härte, Festigkeit, Streckgrenze und magnetischen Eigenschaften durch *Ausscheidungsvorgänge* gelöster Legierungselemente bei Raumtemperatur (Kaltaushärtung). Hierzu ist ein Lösungsglühen erforderlich, damit sich die Elemente im Austenit lösen. Durch Abschrecken entstehen *übersättigte* Mischkristalle, die nicht im Gleichgewicht sind. Nach einer *Anlaufzeit* beginnt die Ausscheidung der im Überschuß gelösten Kristalle und dauert je nach Legierung Tage bis Monate (auch als natürliche *Alterung* bezeichnet). Durch Temperaturerhöhung läßt sich die Diffusion beschleunigen (künstliche Alterung oder Warmaushärtung).

Bei Raumtemperatur ballt sich die im Überschuß gelöste Kristallart innerhalb der Mischkristalle zu submikroskopischen Teilchen zusammen. Sie wirken als *Gleitblockierung* einem Verschieben der Gleitschichten entgegen. Dadurch erhöhen sich Streckgrenze und Härte. Bei Warmaushärtung entstehen sichtbare Teilchen, die mit wachsender Temperatur vergröbern und sich an den Korngrenzen ablagern. Dann ist keine Erhöhung der Streckgrenze mehr festzustellen.

Kaltaushärtung bei unlegierten Stählen als *Alterung* unerwünscht, da Abfall der Zähigkeit, durch moderne Stahlverfahren (Sekundärmetallurgie) beseitigt.

Anwendung der Aushärtung (Teilchen- oder Dispersionshärtung)

Mikrolegierte Tiefziehbleche härten beim Einbrennen noch aus (Bake hardening Effekt). Mikrolegierte, schweißbare Feinkornbaustähle (DIN EN 10113), Festigkeitsabfall durch Absenkung des C-Gehaltes wird durch Ausscheidungen von Nb-Carbonitriden kompensiert.

Mikrolegierte, perlitische Stähle, die nach gesteuerter Abkühlung aus der Warmumformung Festigkeiten von 840 … 1000 N/mm^2 erreichen (z. B. 49MnVS3 oder 27MnSiVS6) und eine Vergütungsbehandlung von Kurbelwellen, Pleueln, Achsen u. a. ersparen.

Hochfeste, martensitaushärtende Stähle (z. B. X3NiCoMo18-7-5 mit R_m = 1800 N/mm^2, wa). HSS-Stähle, warmfeste Stähle, Magnetwerkstoffe, zahlreiche Al-Legierungen (DIN EN 573) und Cu-Legierungen, niedriglegiert, für Federbänder (DIN EN 1654).

3. Stahlsorten

3.1. Einteilung und Kennzeichnung der Stähle

Einteilung der Stähle. Die Grobeinteilung erfolgt nach den Anforderungen an die Gebrauchseigenschaften und dem Gehalt an Legierungselementen LE (Tafeln IV.1 und 2).

Tafel IV.1. Einteilung nach DIN EN 100 20

Anforderungen an die Gebrauchseigenschaften	unlegiert	legiert
Grundstähle	x	–
Qualitätsstähle	x	x
Edelstähle	x	x

Unlegierte Stähle enthalten weniger als die in Tafel IV.2 angegebenen LE.

Tafel IV.2. Grenzgehalte für unlegierte Stähle

LE … %	LE … %	LE … %
AL 0,10	Cr 0,30	Co 0,10
Cu 0,40	Mn 1,65	Mo 0,08
Ni 0,30	Nb 0,05	Pb 0,40
Se 0,10	Si 0,50	Te 0,10
Ti 0,05	Bi 0,10	W 0,10
V 0,10	Zr 0,05	Bor 0,0008

	Eigenschaftsunterschiede	Beispiele
Grundstähle	Nicht für Wärmebehandlung vorgesehen[1)]	außer Si und Mn sind keine LE-Gehalte vorgeschrieben. P- und S ≤ 0,045 %, Kerbschlagarbeit bei RT geprüft (JR)
Qualitätsstähle unlegiert	höherer Reinheitsgrad, aber noch kein gleichmäßiges Ansprechen auf Wärmebehandlungen	enthalten weniger an Legierungselementen (LE) als die Grenzgehalte (Taf. IV.2.)
legiert	Sorten, die im Fertigungsgang nicht für eine Vergütung oder Oberflächenhärtung vorgesehen sind	schweißbare Feinkornstähle für Stahl-, Druckbehälter- und Rohrleitungsbau, Dualphasenstähle, Flacherzeugnisse kalt- oder warmgewalzt für die Kaltumformung, mit B, Nb, V oder Zr legiert
Edelstähle unlegiert	noch höherer Reinheitsgrad, gleichmäßiges Ansprechen auf Wärmebehandlungen, bestimmte Einhärtungstiefe beim Oberflächenhärten	unlegierte Stähle mit vorgeschriebenen max. P- und S-Gehalt < 0,02 % (Feder-, Schweiß- und Reifenkorddraht), Stähle mit Werten der Kerbschlagarbeit A_v > 27 J bei – 50 °C, ISO-Probe, Ferritisch-perlitische Stähle mit > 0,25 % C, mikrolegiert für thermomechanische Behandlung, Spannbetonstähle
legiert	alle anderen Stähle, welche die Grenzwerte überschreiten	legierte Einsatz-, Nitrier-, Vergütungs- und Werkzeugstähle, rostfreie und warmfeste Stähle

1) Im Rahmen dieser Norm werden die Glühverfahren nicht als Wärmebehandlung betrachtet

Die Kennzeichnung der Stähle nach DIN EN 100 27

Teil 1: Bezeichnungssystem für Stähle, **Teil 2:** Nummernsystem für Stähle. Die Bezeichnung eines Stahles mit Kurznamen wird durch Symbole auf 4 Positionen gebildet:

Pos. 1 + 2: Hauptsymbole für **Werkstoffsorte** nach Verwendung und Haupteigenschaft
Pos. 3: Zusatzsymbole für besondere **Werkstoffeigenschaften** und **Herstellungsart**
Pos. 4: Zusatzsymbole für das **Erzeugnis** (Pos. 3 und 4 nach DIN 17100-100 (IC 10)).

Tafel IV.3. Bezeichnungssystem für Stähle

Pos. 1 Verwendungszweck, für Stahlguß wahlweise G vorgestellt	**2** Mechanische Haupt- Eigenschaft	**3a** Zusätzliche mechanische Eigenschaften, Herstellungsart	**3b** Eignung für bestimmte Einsatzbereiche bzw. Verfahren	**4** Er- zeug- nis
G S **Stahlbau** z.B. Stähle nach DIN EN 10025 10113 10155	$R_{e,\,min}$ für die kleinste Erzeugnisdicke	Kerbschlagarbeit A_v A_v (J) 27 40 60 Symbol: **J K L** Schlagtemperatur in °C Temp. RT, 0, –20, –30, –40, –50 Symb. **R 0 2 3 4 5** Für Feinkornstähle: Symbole wie im Feld darunter ↓	**C:** bes. Kaltformbarkeit **D:** Schmelztauchüberzug **E:** Emaillierung **F:** Schmiedeteile **H:** Hohlprofile **L:** für tiefe Temperaturen **L1/L2:** bes. tiefe Temperaturen **P:** Spundwände **S:** Schiffbau **T:** Rohre **W:** wetterfest	Tafeln A B C
G **P** **Druckbehälter** z.B. Stähle nach DIN EN 10028 T1 ... T6, Stahlguß DIN EN 10213 T1 ... T4	wie oben	**M:** thermomechanisch, **N:** normalisierend gewalzt **Q:** vergütet	**C:** bes. Kaltformbarkeit **L:** Tieftemperatur (L1, L2) **H:** Hochtemperatur **R:** Raumtemperatur **X:** Hoch- u. Tieftemp.	Tafeln A B C
E **Maschinenbau** z.B. Stähle nach DIN EN 10025	wie oben	**G:** andere Merkmale, evtl. mit 1 oder 2 Folgeziffern	**C:** bes. Kaltformbarkeit **E:** Schmiedeteile **H:** Hohlprofile	Tafel B
H Flacherzeugnisse, kaltgewalzt, aus höher- festen Stählen zum Kaltumformen z.B. Bleche + Bänder nach DIN EN 10130/10149	$R_{e,\,min}$ oder mit Zeichen T $R_{m,\,min}$	Herstellungsart **M:** thermomechanisch **B:** bake hardening **P:** phosphorlegiert **X:** Dualphasenstahl **Y:** IF, (interstitiell free)	**D:** Schmelztauchüberzüge	Tafel C

Pos. 1	**2**	**3a**	**3b**	**4**
D Flacherzeugnisse, kaltgewalzt, aus weichen Stählen z. Kaltumformen, z. B. Bleche + Bänder nach DIN EN 10130, 10139 10142	**C**nn: kaltgewalzt **D**nn: warmgewalzt, für unmittelbare Kaltumformung **X**nn: nicht vorgeschrieben nn: Kennzahl nach Norm	**D:** Schmelztauchen **EK:** konv. Emaillierung **ED:** Direktemaillierung **H:** Hohlprofile **T:** Rohre **G:** andere Merkmale	ohne	Tafeln B C
G **C** **Unlegierte Stähle,** Mn-Gehalt ≤ 1 %, z.B. Stähle nach DIN EN 10083-1	**nn:** Kennzahl = 100-facher C-Gehalt	**E:** vorgeschriebener *max* S-Gehalt, **R:** vorgeschriebener *Bereich* des S-Gehaltes **D:** zum Drahtziehen, **C:** besondere Kaltformbarkeit, **S:** für Federn, **U:** für Werkzeuge, **W:** für Schweißdraht		Tafel B

Pos. 1	**2**	**2a**	**3**	**4**
G — Niedriglegierte Stähle mit Σ LE < 5 %, z.B. Einsatzstähle nach DIN EN 10084, Vergütungs-St. DIN E 10083-2	nn: Kennzahl = 100-facher C-Gehalt	LE-Symbole nach fallenden Gehalten geordnet, danach *Kennzahlen* mit Bindestrich getrennt in gleicher Folge	——	Tafeln A, B
auch unlegierte Stähle mit ≥ 1 % Mn, Automatenstähle nach DIN EN 10087	Kennzahlen sind Vielfache der LE-%. Die Faktoren sind: 1000 für Bor; 100 für Nichtmetalle C, Cer, N, P, S; 4 für Mn, Si, Cr, Ni, Co, W; 10 für Al, Be, Cu, Mo, Nb, Pb, Ta, Ti, V, Zr			
G **X** **Hochlegierte Stähle** mit Σ LE > 5 %	nn: Kennzahl = 100-facher C-Gehalt	LE-Symbole nach fallenden Gehalten geordnet, danach die %-Gehalte der Haupt-LE- mit Bindestrich in gleicher Folge	——	Tafeln A, B
HS Schnellarbeitsstähle	LE-% von W-Mo-V-Co	entfällt	——	Tafel B

Tafel IV.3. A, B, C Zusatzsymbole für Stahlerzeugnisse (Pos. 4) **A:** für besondere Anforderungen

+C	Grobkornstahl	**+H**	Mit besonderer Härtbarkeit
+F	Feinkornstahl	+Z15/25/35	Mindestbrucheinschnürung Z (senkrecht zur Oberfläche) in %

B: für den Behandlungszustand

+A	Weichgeglüht	**+CR**	Kaltgewalzt	**+QA**	Luftgehärtet
+AC	Auf kugelige Carbide geglüht	**+HC**	Warm-kalt-geformt	**+QO**	Ölgehärtet
+AT	Lösungsgeglüht	**+LC**	Leicht kalt nachgezogen/gewalzt	**+QT**	Vergütet
+C	Kaltverfestigt	**+M**	Thermomech. behandelt	**+QW**	Wassergehärtet
+Cnnn	Kaltverfestigt auf $R_{m,\,min}$ = nnn MPa	**+NT**	Normalgeglüht und angelassen	+S	Behandelt auf Kaltscherbarkeit
		+N	Normalgeglüht	+T	Angelassen
		+Q	Abgeschreckt	+U	Unbehandelt

C: für die Art des Überzuges

+A	Feueraluminiert	**+SE**	Elektrolytisch verzinnt
+AR	Al-walzplattiert	+T	Schmelztauchveredelt mit PbSN
+AS	Al-Si-Legierung	**+TE**	Elektrolytisch mit PbSn überzogen
+AZ	AlZn-Legierung (> 50 % Al)	+Z	Feuerverzinkt
+CE	Elektrolytisch spezialverchromt	**+ZA**	ZnAl-Legierung (> 50 % Zn)
+CU	Cu-Überzug	**+ZE**	Elektrolytisch verzinkt
+IC	Anorganische Beschichtung	**+ZF**	Diffusionsgeglühte Zn-Überzüge (galvannealed)
+OC	Organische Beschichtung	**+ZN**	ZnNi-Überzug (elektrolytisch)
+S	Feuerverzinnt		

3.2. Stahlguß

Stahlguß hat Zusammensetzungen wie Stähle der gleichen Anwendungsgruppe und ist graphitfrei. Er wird meist in Elektro-Lichbogenöfen erschmolzen und beruhigt vergossen. Schwindmaß mit 2% hoch, deshalb starke Lunkerneigung, der durch Setzen von Steigern begegnet werden muß. Neben Stahlguß unlegiert und niedriglegiert, schweißgeeignet gibt es zahlreiche Sorten für weitere Anforderungen.

Tafel IV. 4. Stahlgußsorten

Für allgemeine Verwendungszwecke DIN 1681 (in den Entwurf E DIN 17205-3 übernommen)							
Stahlsorte Kurzname	Stoff-Nr.	$R_{m,\,min}$ N/mm²	$R_{p0,2}$ N/mm²	A %	A_v (J) ≤ 50 mm	$T_{ü}$ für 27 J	Anwendungsbeispiele
G380	1.0420	380	200	25	35	–	Kompressorengehäuse
G450	1.0446	450	230	22	27	–	Konvertertragring
G520	1.0552	520	260	18	22	–	Walzwerksständer
G600	1.0558	600	300	15	20	–	Großzahnräder
Stahlguß mit guter Schweißeignung DIN 17182 (in den Entwurf E DIN 17205 übernommen)							
G17Mn5N	1.1131	430 … 600	260	25	65	25 °C	Zustand normalisiert
G20Mn5N	1.1120	500 … 650	300	22	55	20 °C	Zustand normalisiert
G20Mn5V		500 … 600	360	24	70	– 30 °C	Zustand vergütet

Norm DIN	Eigenschaft, Verwendung	Norm	Eigenschaft, Verwendung
EN 10213	Stahlguß für Druckbehälter	DIN 17465	Hitzebeständiger Stahlguß
-1	Allgemeines, Stahlsorten für Verwendung	DIN 17205	Vergütungsstahlguß
-2	bei Raum- u. höheren Temperaturen,	SEW 835	Stahlguß für Flamm- und Induktionshärten
-3	desgl. bei tiefen Temperaturen.		
-4	Austenitische und austenitisch-ferritische Sorten	SEW 520	Hochfester Stahlguß mit guter Schweißeignung
EN 10283	Korrosionsbeständiger Stahlguß		

3.3. Stahlsorten nach Gruppen geordnet

3.3.1. Warmgewalzte Erzeugnisse aus unlegierten Baustählen DIN EN 10025 sind nach der Streckgrenze gestufte Stähle, die als Flacherzeugnisse (Blech, Band, Breitflachstahl) oder Langerzeugnisse (Formstahl, Stabstahl, Walzdraht, Spundwandprofile) produziert und ohne Wärmebehandlung weiterverarbeitet werden. Sie sind für normale klimatische Beanspruchung geeignet. Vom Hersteller werden bestimmte mechanische Eigenschafts-Mindestwerte gewährleistet (Tafel IV.5).

Die nachgestellten Symbole (siehe auch Tafel IV.3 unter „Stahlbau" Pos.3a) kennzeichnen Kerbschlagarbeit und Schlagtemperatur. Für die Sorten gleicher Festigkeitsstufe sind in den Zeilen nach unten die Prüfbedingungen schärfer, damit ist die Neigung zu Sprödbrüchen geringer. Stähle mit angehängtem JR sind Grundstähle ebenso wie die drei letzten Maschinenbaustähle, die anderen sind Qualitätsstähle.

Tafel IV.5. Baustähle DIN EN 10025

Stahlsorte Kurzbezeichnung	bisher	Werkstoff-Nr.	R_{eH} / $R_{p0,2}$ Nenndicken (mm) ≤ 16	≤ 100	≤ 200	R_m N/mm²	A in % Nenndicken (mm) ≤ 1 … < 3	≤ 3 … < 40	Bemerkungen
S185JR	St 33	1.0035	185	–	–	290 … 510	l: 10 … 14	l: 18 q: 16	ohne gewährl. Kerbschlagarbeit, Bauschlosserei
S235JR S235JRG1 S235JRG2 S235J0 S235J2G3 S235J2G4	St 37-2 St 37-2 St 37-3 	1.0037 1.0036 1.0038 1.0114 1.0116 1.0117	235	215	185	340 … 470	A_{80} längs l l: 17 … 21 quer t t: 15 … 19	A in % längs l l: 26 quer t t: 24	Niet- und Schweißkonstruktionen im Stahlbau, Flansche, Armaturen **schmelzschweißgeeignet**
S275JR S275J0 S275J2G3 S275J2G4	St 44-2 St 44-3U St 44-3 	1.0044 1.0143 1.0144 1.0145	275	235	215	410 … 560	längs l l: 14 … 18 quer t t: 12 … 20	längs l l: 22 quer t t: 20	Für höhere Beanspruchung im Stahl- und Fahrzeugbau, Kräne und Maschinengestelle, **schmelzschweißgeeignet**
S355JR S355J0 S355J2G3 S355J2G4 S355K2G3 S355K2G4	 St 52-3 	1.0045 1.0153 1.0570 1.0577 1.0595 1.0596	355	315	285	490 … 630	längs l l: 14 … 18 quer t t: 12 … 16	längs l l: 22 quer t t: 20	wie bei S275 **schmelzschweißgeeignet**
E295 E335 E360	St 50-2 St 60-2 St 70-2	1.0050 1.0060 1.0070	295 335 360	255 295 325	235 265 295	550 … 610 570 … 710 670 … 830	l: 12 … 16 l: 8 … 12 l: 3 … 7	l: 20/t: 18 l: 16/t: 14 l: 11/t: 10	Achsen, Wellen, Zahnräder, Kurbeln, Buchsen, Paßfedern, Keile, Stifte, alle drei Sorten sind **preßschweißbar**

Für höhere Anforderungen des Leichtbaues wurden schweißgeeignete Stähle mit höherer Streckgrenze entwickelt. Damit können im Stahl-, Fahrzeug- und Behälterbau die Blechdicken reduziert, Zeit, Energie und Zusatzwerkstoff beim Schweißen und ein Vorwärmen eingespart werden.

3.3.2. Schweißgeeignete Feinkornbaustähle haben durch niedrige C- und kleinste LE-Gehalte von V+Nb (mikrolegiert) auch niedrige CEV-Werte, hohe Zähigkeit bei tiefen Temperaturen, dazu Eignung zum Kaltumformen. Ihre Festigkeit erhalten sie durch Kombination von Feinkorn (Korngrenzenverfestigung) und Teilchenhärtung (feindisperse intermetallische Phasen) Die Gefüge entstehen beim Walzen durch Einhaltung bestimmter Zeit-Temperaturabläufe ((thermomechanische Behandlung, Zeichen M)). Diese Sorten (M) haben kleinere C-Gehalte und CEV-Werte als die normalisierend gewalzten (N). Hochfeste Sorten sind vergütet oder ausscheidungsgehärtet. Zahlreiche Normen für Verwendung im Stahlbau (S), Druckbehälterbau (P) oder für Fernleitungen (L). Zu jeder Festigkeitsstufe (Streckgrenze) gehören Varianten mit erhöhter Kaltzähigkeit (Zusatzsymbol L, L1 oder L2 je nach Norm), erreicht durch noch kleinere P+S-Gehalte als die jeweilige Grundsorte.

Norm DIN	Beschreibung	Normblatt, Teil	Sorten
EN 10 113	Warmgewalzte Erzeugnisse aus schweißgeeigneten Feinkornbaustählen	T1: Lieferbedingungen T2: normalisierend gewalzt, T3: TM-gewalzt. In je 4 Stufen In allen Stufen kaltzähe Sorten (Symbol NL/ML)	**S275N** / 355 / 420 / 460 **S275M** / 355 / 420 / 460 NL / ML mit $A_{v,-50}$ = 27 J
EN 10 137	Blech und Breitflachstahl aus Baustählen mit höherer Streckgrenze für Stahlkonstruktionen im Kranbau und für Schwerlastfahrzeuge	T2: vergütet, in 5 Stufen; zu jeder 2 kaltzähe Sorten T3: ausscheidungsgehärtet, in 5 Stufen; zu jeder 1 kaltzähe Sorte (AL)	**S460Q** / 500 / 550 / 620 / 690 Symbole: **QL** / **QL1:** $\mathbf{A_{v,-60}}$ = 27 J **S500A** / 550 / 620 / 690 / 890 / 960; Symbole: **AL:** $A_{v,-40}$ = 40 J
EN 10 149	Warmgewalzte Flacherzeugnisse aus Stählen mit hoher Streckgrenze zum Kaltumformen	T2: TM-gewalzt in 9 Stufen T3: normalis. gewalzt, 4 Stufen	**S315MC** / 355 / 420 / 460 / 500 / 550 / 600 / 650 / 700 **S260 NC** / 315 / 355 / 420
EN 10 028	Flacherzeugnisse aus Druckbehälterstählen T2: 4 unlegierte und 4 legierte warmfeste Stähle T3: schweißgeeignete Feinkornbaustähle normalgeglüht, 3 Stufen in jeder Stufe 1 warmfeste Sorte (NH), 2 kaltzähe (NL1 und NL2) T4: Nickellegierte, kaltzähe Stähle mit 9 Sorten von -60 … -190 °C T5: schweißgeeignete Feinkornbaustähle, TM-behandelt in 4 Stufen in jeder Stufe eine kaltzähe Sorte (ML) T6: Feinkornbaustähle vergütet in 5 Stufen, in jeder Stufe eine warmfeste (Symbol QH) und eine kaltzähe Sorte (Symbol QL)		**P235GH** / 265 / 295 / 355 16Mo3; 13MoCr4-5; 10CrMo9-10; **S275N** / 355 / 460 / (siehe Tafel unterhalb) **P355M** / 420 / 460 / 500 **P460Q** / 500 / 550 / 620 / 690

DIN EN 10028 T3.	Bedeutung der Anhängesymbole				
	Kerbschlagarbeit A_v in J				
	längs bei Temp. °C				quer
Sorte	−50	−20	0	+20	−20
P...N **P...NH**	–	40	47	55	20
P...NL1	27	47	55	63	27
P...NL2	30	65	90	100	40

3.3.3. Vergütungsstähle sind Baustähle mit 0,25 … 0,5 % C und steigenden Gehalten an Cr, Mn, Mo und Ni. Dadurch lassen sich auch größere Querschnitte durchvergüten. Die erreichbare *Vergütungsfestigkeit* ist *dickenabhängig*. Bei den Ni-legierten Stählen ist bei hohen Festigkeiten die Zähigkeit längs und quer zur Faserrichtung sehr gut.

Mn- und Cr-legierte Stähle neigen zur Anlaßsprödigkeit, wenn sie von der Anlaßtemperatur *langsam abkühlen*. Ursache dafür sind Ausscheidungen von harten Kristallarten, welche die Kerbzähigkeit herabsetzen. Bei *schneller* Abkühlung unterbleibt diese Erscheinung. Kleine Gehalte an Mo oder V unterbinden diese Ausscheidungen, so daß diese Stähle aus der Vergütungstemperatur langsam abkühlen können, ohne daß die Zähigkeit sinkt. Wichtig für große Querschnitte.

Bei der Auswahl eines Vergütungsstahles geht man vom Werkstückdurchmesser und der verlangten Mindeststreckgrenze aus (Bild IV.15). Die Zahlen in den Feldern beziehen sich auf die laufende Nummer des Stahles in Tafel IV.6. Der Stahl mit der höheren Nummer hat jeweils die bessere Zähigkeit.

3.3.4. Nitrierstähle sind Vergütungsstähle, die durch Nitrieren (IV, 2.4.5) eine harte Randzone erhalten. Die Werkstücke werden im vergüteten Zustand nitriert. Die Stähle enthalten Al als Nitridbildner, die anderen Elemente haben die gleiche Aufgabe wie in Vergütungsstählen (Tafel IV.7).

3.3.5. Federstähle sind Vergütungsstähle für kleinere Querschnitte, deswegen genügen niedrige Gehalte an Legierungselementen. Um hohe Streckgrenzwerte zu erreichen, sind die C-Gehalte erhöht. Vergütungstemperatur etwa 430 … 520 °C. Erhöhung der Dauerfestigkeit ist durch Oberflächenbehandlung und nochmaliges Anlassen nach Kaltumformung erreichbar (Tafel IV.8).

		Durchmesserbereich d ≤ 16 mm					16 ≤ d ≤ 40 mm				
lfd. Nr.	Stahlsorte	R_e	R_m N/mm²	A %	Z %	A_v J	R_e	R_m N/mm²	A %	Z J	A_v
1	C25E	370	700... 550	19	45	–	320	650... 500	21	50	–
2	C35E	430	780... 630	17	40	–	370	750... 600	19	45	–
3	C45E	500	850... 700	14	35	–	430	800... 650	16	40	–
4	C55E	550	950... 800	12	25	–	500	900... 750	14	35	–
5	C60E	580	1000... 850	11	25	–	520	950... 800	13	30	–
6	28Mn6	590	930... 780	13	40	35	490	840... 690	15	45	40
7	38Cr2	550	950... 800	14	35	35	450	850... 700	15	40	35
8	46Cr2	650	1100... 900	12	35	30	550	950... 800	14	40	35
9	34Cr4	700	1000... 900	11	35	35	590	950... 800	14	40	40
10	37Cr4	750	1150... 950	11	35	30	630	950... 850	13	40	35
11	41Cr4	800	1200...1000	10	30	30	660	1100... 900	12	35	35
12	25CrMo4	700	1100... 900	12	50	45	600	950... 800	14	55	50
13	34CrMo4	800	1200...1000	11	45	35	650	1100... 900	12	50	40
14	42CrMo4	900	1300...1100	10	40	30	750	1200...1000	11	45	35
15	50CrMo4	900	1300...1100	9	40	30	780	1200...1000	10	45	30
16	51CrV4	900	1300...1100	9	40	30	800	1200...1000	10	45	30
17	36CrNiMo4	900	1300...1100	10	45	35	800	1200...1000	11	50	40
18	34CrNiMo6	1000	1400...1200	9	40	35	900	1300...1100	10	45	45
19	30CrNiMo8	1050	1450...1250	9	40	30	1050	1450...1250	9	40	30
20	36NiCrMo16	1050	1450...1250	9	40	30	1050	1450...1250	9	40	30

DIN EN 10083-1 enthält die *Edelstähle* (P und S je 0.35 %), davon 9 unlegierte. Mit Ausnahme der CrNiMo-legierten Sorten gibt es zu jeder Sorte eine Variante mit verbesserter Spanbarkeit, z. B. C45R für unlegierte oder 34CrMoS4 für niedriglegierte Sorten. Teil 2 enthält 9 unlegierte *Qualitätsstähle* (gleiche C-Gehalte, P und S je ≤ 0.45 %), Teil 3 enthält 6 Sorten mit Bor-Gehalten von 0.0008...0,005 %.

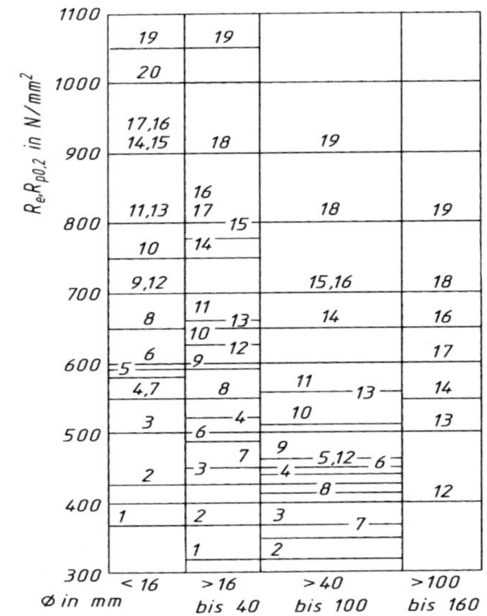

Bild IV.15. gibt eine Übersicht über die Mindestwerte der Streckgrenze für verschiedene Durchmesserbereiche. Für die in einem Feld angeführten Sorten (Nummern nach Tafel IV.6) gilt der untere stark herausgezogene Rand als Mindeststreckgrenze

Tafel IV.7. Nitrierstähle DIN 17211 (E DIN EN 10 085)

Stahlsorte		Eigenschaften vergütet					
Kurzname	Werkstoff-Nummer	Durchmesser-bereich mm	$R_{p0,2}$ N/mm	A_5 %	A_V J	HV 1	Eigenschaften und Anwendungsbeispiele
31CrMo12	1.8215	... 40 41 ... 100	850 800	10 11	 35	 800	warmfest, für Teile von Kunststoffmaschinen
31CrMoV9	1.8519	... 80 81 ... 150	800 750	11 13	35 35	800	ionitrierte Zahnräder hoher Dauerfestigkeit
15CrMoV6 9	1.8521	... 100 101 ... 250	750 700	10 12	30 35	800	größere Nitrierhärtetiefe, warmfest
34CrAlMo5	1.8507	... 70	600	14	35	950	Druckgießformen für Al
35CrAlNi7	1.8550	70 ... 250	600	15	30	950	für große Querschnitte

Formelzeichen: $R_{p0,2}$ 0,2-Dehngrenze, A_5 Bruchdehnung, A_V Kerbschlagarbeit (ISO-V-Probe)

Tafel IV.8. Federstähle

DIN-Norm	Anzahl	Sortenbeispiele	Beschreibung
17 221	2 4	38Si7, 54SiCr6 (wasserhärtend) 60SiCr7, 55Cr3, 50CrV4, 51CrMoV4 (ölhärtend)	warmgewalzter Stahl für vergütbare Blatt- u. Kegelfedern für Schienenfahrzeuge, Federplatten/ringe f. Eisenbahnoberbau für steigende Querschnitte und Beanspruchung mit $R_{p0,2}$ von 1030 ... 1180 MPa bei 6 % Bruchdehnung für Fahrzeugblatt-, Schrauben- und Drehstabfedern
17 222 (pn EN 10132-4)	10 15	55Si7, 67SiCr5, 71Si7	kaltgewalzte Stahlbänder für Federn, ungehärtet und vergütet unlegiert: Ck55, C60, Ck67, Ck75, Ck85, Ck101 (alte Kurznamen)
17 223	4		runder Federstahldraht in 4 Sorten A, B, S, C mit steigender Dauerfestigkeit
17 224	3	X12CrNi17-7, X5CrNiMo18-10	Federdraht und -band aus nichtrostenden Stählen, die Sorte X7CrNiAl17-7 ist aushärtbar

3.3.6. **Einsatzstähle** sind Baustähle mit geringen C-Gehalten (unter 0,2 %), welche beim Abschrecken keinen Abfall an Zähigkeit erfahren, es wird nur die Streckgrenze angehoben. Durch Aufkohlung wird die Randzone härtbar. Eigenschaften und Auswahl ähnlich den Vergütungsstählen.

Für die Direkthärtung aus der Gasaufkohlungsatmosphäre sind die beiden Typen auf Mo-Basis neu in die Norm aufgenommen worden. Sie neigen nicht zu Kornvergröberung und Überkohlung, wie z. B. die CrMn-legierten Typen (Tafel IV.9).

Tafel IV.9. Einsatzstähle DIN EN 10 084

Stahlsorte		HB 30	Stirnabschreckversuch 1) Härte HRC (Stirnabstand)				Anwendungsbeispiele
Kurzname	Werkstoff-Nummer	geglüht „G“	1,5	5	11	25 mm	
C10E	1.1121	131	–				kleine Teile mit niedriger Kernfestigkeit: Bolzen, Zapfen, Büchsen, Hebel
C15E	1.1141	143	–				
17Cr3	1.7016	174	34	–	–	–	desgl. höhere Kernfestigkeit
16MnCr4	1.7131	207	39	31	22	–	Zahnräder und Wellen im Fahrzeug- und Getriebebau
20MnCr5	1.7147	217	41	36	29	21	
20MoCr4	1.7321	207	41	31	21	–	besonders für die Direkthärtung
22CrMoS3-5	1.7333	217	42	37	28	22	für größere Querschnitte
21NiCrMo2	1.6523	197	41	32	20	–	Getriebeteile höchster Zähigkeit
15CrNi6	1.5919	217	39	36	30	22	mittlere } hochbeanspruchte Getriebeteile
17CrNiMo6	1.6587	229	40	39	36	31	größere } Wellen, Zahnräder

1) Mindestwerte des Streubandes (→ Stirnabschreckversuch 14.7)

3.3.7. Automatenstähle mit 0,15...0,4 % S als Mangansulfid ergeben beim Spanen kurze Späne, saubere Oberfläche und eine geringe Schneidenbeanspruchung, evtl auch zusätzlich mit 0,15 ... 0,35 % Pb. Automatenstähle sind warmgewalzt und blank als Rund-, Vierkant-, Sechskant- und Flachstahl lieferbar.

Verwendung: Niedrigbeanspruchte, kleinere Teile, wie abgesetzte Wellen, Bolzen, Büchsen, Scheiben, Zahnräder zur Bewegungsübertragung.

Tafel IV.10 Automatenstähle. DIN EN 10 096

Stahlsorte Kurzname	Werkstoff-Nr.	Festigkeiten R_m	R_e	Härte HBS	Sorten mit 0,15...0,35 % Pb.		Zustand
11SMn30 11SMn37	1.0715 1.0736	380...570	375	112...169	11SMnPb30 11SMnPb37	1.0718 1.0737	U
Einsatzstähle							
10S20 15SMn13	1.0721 1.0725	360...530 430...600		107...156 128...178	10SPb20 ———	1.0722	U
Vergütungsstähle				A in %			
35S20 38SMn26 44SMn28 46S20	1.0726 1.0760 1.0762 1.0727	590...740 530...700 630...800 590...760	380 420 420 430	16 15 16 13	35SPb20 38SMnPb26 44SMnPb28 46SPb20	1.0756 1.0761 1.0763 1.0757	V

Eigenschaftswerte beziehen sich auf den angegebenen Zustand im ∅-Bereich 16...40 mm. U: unbehandelt, V: vergütet

3.3.8. Stähle für Feinbleche zur Kaltumformung werden in großen Mengen für die Karosserieherstellung benutzt. Es sind un- und niedriglegierte Qualitätsstähle mit niedriger Streckgrenze und hoher Bruchdehnung (als Gleichmaßdehnung), um starke Verformungen bei niedrigen Kräften zu erreichen. Im fertigen Bauteil sollen sie hohe Streckgrenzen (Widerstand gegen Einbeulen) besitzen. Die senkrechte Anisotropie r (Werte von 0,8...2,8) kennzeichnet die Neigung zur Dickenänderung und die ebene Anisotropie Δr (Werte von 0...1) die Neigung zur Zipfelbildung beim Tiefziehen.

Norm Stahlsorte	Erläuterungen	$R_{e,\,max}$	A_{80}
DIN EN 10 130 (DIN 1623-1) Weiche Stähle zum Kaltumformen	FEP01 für einfaches Umformen (Abkanten, Sicken) FeP03 für stärkeres Umformen und größere Blechdicken FeP04 und FeP05 für höchste Umformansprüche, Tiefziehbleche mit n = 0,18/0,20	...280 ...240 ...210 ...180	28 34 38 40
IF-Stähle	FeP06, Sondertiefziehblech, n = 0,22	...180	38
mikrolegiert nach SEW 093	C-arm mit NB/Ti, 6 Sorten mit Streckgrenzen von 260...460 MPa *Beispiel:* ZStE 340	...340	≥ 20
P-legierte Stähle SEW 094	mit 0,1 % P stärkere Kaltverfestigung, 3 Sorten mit Streckgrenzen von 220...360 MPa n = 0,18...0,3 *Beispiel:* ZStE 260P	260...320	≥ 28
BH-Stähle SEW 094	4 Sorten mit Streckgrenzen von 180...300 MPa *Beispiel:* ZStE 180 BH	180...240	≥ 32

IF-Stähle (interstitiell free) weisen keine Atome auf Zwischengitterplätzen auf. C-Gehalt unter 0,02 %. Mikrolegierte Stähle sind C-arm mit geringen Nb/Ti-Anteilen, die Festigkeit wird durch feinstverteilte, intermetallische Phasen erzeugt.

BH-Stähle *(bake-hardening)* werden lösungsgeglüht verformt und lagern beim Einbrennlackieren warm aus. Die Streckgrenze steigt um 40 Mpa.

Viele Sorten werden korrosionsgeschützt mit Zn, ZnAl oder AlZnSi-Überzügen, auch mit Lack-oder Folienbeschichtung geliefert, weiche Sorten mit Eignung zum Emaillieren (zahlreiche Normen).

3.3.9. Warmfeste Stähle sind Baustähle mit ausreichender Streckgrenze bei Betriebstemperaturen über 200 °C. Durch langzeitiges Halten auf höheren Temperaturen dürfen sie nicht verspröden, sie müssen alterungsbeständig sein. Bei langzeitiger Beanspruchung unter Temperaturen im Bereich der Kristallerholung und Rekristallisation *kriecht* der Werkstoff, d.h. ändert plastisch seine Form in Richtung der Beanspruchung. Es wird durch Carbide des Chrom und Molybdän in feinster Verteilung behindert. Diese Stähle werden vergütet eingesetzt. Anlaßtemperaturen liegen bei 700 °C. Über 500 °C sind nur austenitische Stähle (mit Ni legiert) ausreichend fest, über etwa 750 °C spezielle Nickel- oder Nickel-Kobalt-Legierungen, die meist ausscheidungshärtend sind.

Verwendung: Rohre und Bleche für Kesselanlagen, Flansche, Schrauben, Turbinenteile.

Tafel IV.11. Auswahl: DIN EN 10 028 Flacherzeugnisse aus Druckbehälterstählen, Teil 2: Unlegierte und legierte warmfeste Stähle. Stahlguß für Druckbehälter DIN EN 10 213, Teil 2 Raumtemperatursorten und warmfeste Stähle.

Stahlsorte		Norm DIN EN	Streckgrenze R_e bei °C				Zeitfestigkeiten bei °C			
							450		550	
Kurzname	Stoff-Nr.		20	300	400	500	$R_{m/10^4}$	$R_{m/10^5}$	$R_{m/10^4}$	$R_{m/10^5}$
P265GH	1.0425	10 028-2	250	160	120	–	92	65	–	–
13CrMo4-5	1.7335		300	240	210	180	340	270	110	50
G20Mo5	1.5419	10 213-2	250	195	175	150	290	200	70	25
GX22CrMoV12-1	1.4931		600	495	420	330	390	315	170	120

3.3.10. Hitzebeständige Stähle sind warmfeste Stähle, die zusätzlich gegen heiße Gase beständig sind. Hitzebeständiger Stahlguß DIN 17 465, Ventilstähle DIN EN 10090, Heizleiterlegierungen DIN 17 470, hitzebeständige Walz- und Schmiedestähle DIN EN 10095.

Ein Stahl ist bei der Temperatur t zunderbeständig, wenn der Massenverlust durch Verzunderung im Mittel 1 g auf 1 m^2 Oberfläche nicht überschreitet und bei 50 °C höher nicht mehr als 2 g/m^2 beträgt. Dabei wird 120 h mit vier Zwischenabkühlungen geglüht.

Daneben sind z.T. Schweißbarkeit, Kaltumformbarkeit und Alterungsbeständigkeit erforderlich. Diese Eigenschaften besitzen ferritische und austenitische Stähle, die *umwandlungsfrei* sind. Durch den Volumensprung bei der α-γ-Umwandlung (Bild IV.2) lockert sich eine gebildete Zunderschicht.

Verwendung: Rohre für Kessel und Wärmeaustauscher, elektrische Heizleiter, Industrieofenteile, Glaspreßformen, Ventile für Verbrennungsmotoren.

3.3.11. Korrosionsbeständige Stähle

Korrosion (DIN EN ISO 8044) ist die *Reaktion* eines metallischen Werkstoffes mit seiner Umgebung, die an ihm eine meßbare Veränderung, die *Korrosionserscheinung,* bewirkt und die Funktion des Bauteils beeinträchtigen kann. Vorherrschend sind *elektrochemische* Reaktionen, daneben *chemische* (bei hohen Temperaturen) und *metallphysikalische* (z.B. Al-Druckguß „löst" Oberfläche der Werkzeuge).

Bei elektrochemischer Korrosion bilden sich Korrosionselemente (I.6.11), bestehend aus dem *ionenleitenden* Stoff (Elektrolyt), sowie *Anode* und *Kathode* aus:

a) den Gefügebestandteilen heterogener Legierungen,
b) Grundwerkstoff und Deckschicht,
c) Gefügebestandteilen unterschiedlichen Zustandes (Belüftung, Verformung, Konzentration).

Das *unedlere* Metall (Phase) geht mit dem Elektrolyten eine chemische Verbindung ein.

Korrosionserscheinungen

Flächenkorrosion trägt das Metall gleichmäßig parallel zur Oberfläche ab.

Narben sind flache örtliche Abtragungen.

Lochkorrosion erzeugt örtliche Abtragungen mit steilen Wänden.

Kornzerfall, interkristalline Korrosion, ist Abtragung längs der Korngrenzen, die in das Innere des Werkstoffs vordringt; dadurch wird Kornzusammenhalt gelöst.

Selektive Korrosion ist bevorzugte Korrosion *eines* Gefügebestandteiles (z. B. des β-Messings in einem Gefüge aus ($\alpha + \beta$)-Messing).

Spaltkorrosion tritt in Spalten im Metall oder zwischen zwei Bauteilen auf (punktgeschweißte Bleche). Unbelüftete Teile (Sauerstoffmangel) sind unedler und korrodieren.

Kontaktkorrosion tritt zwischen Bauteilen aus verschiedenem Werkstoff auf, wenn ein Elektrolyt hinzutreten kann.

Spannungsrißkorrosion (Rißbildung unter statischen Zugspannungen) tritt bei austenitischen Stählen in Cl-haltigen Lösungen, sowie bei Messing in ammoniakalischer Umgebung auf.

Passivierung: Wenn das Korrosionsprodukt auf dem angegriffenen Metall festhaftet, verlangsamt sich die Korrosionsgeschwindigkeit und wird zu Null. So bildet z. B. Blei in Schwefelsäure das fast unlösliche Bleisulfat, das als Schutzschicht die Korrosion hemmt: Blei wird in H_2SO_4 passiviert. Dagegen ist Blei in HNO_3 nicht beständig, da sich keine Schutzschicht bildet. Die Passivierung hängt vom Metall und vom Elektrolyten ab. Durch die Schutzschicht nimmt das Metall nicht mehr aktiv an der Korrosion teil, es verhält sich passiv.

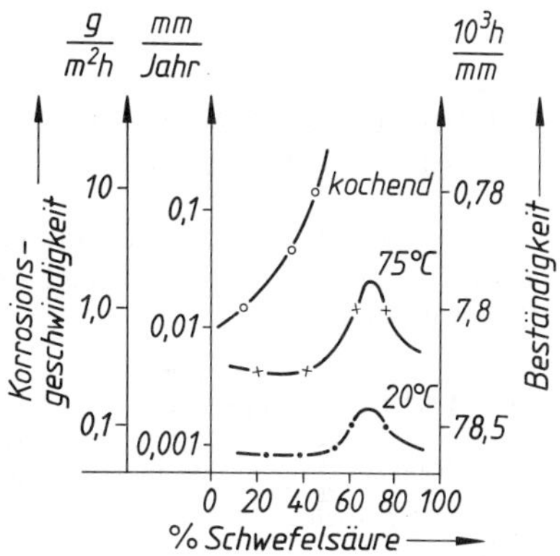

Bild IV.16. Beständigkeitsschaubild von X 5 CrNiMoCuNb 18 18 in H_2SO_4 (Böhler-Antinit)

Korrosionsgrößen: Zum Vergleich der Korrosion von verschiedenen Werkstoffen im gleichen Mittel sind folgende Größen nach DIN 50 905 genormt:

Lineare Abtragungsgeschwindigkeit v_L	in mm/Jahr	Beständigkeit *B* (Lebensdauer)	in Jahr/mm oder h/mm

Als Ergebnis von Korrosionsversuchen sind Beständigkeitsschaubilder aufgestellt worden (Bild IV.16). Danach ist die Lebensdauer eines Werkstoffes in angreifenden Mitteln von dessen *Konzentration* und *Temperatur* abhängig.

Korrosionsschutz: Durch *Werkstoffwahl* und Beschaffenheit. Höhere Korrosionsbeständigkeit durch glatte, polierte Oberflächen, Werkstoffe mit homogenem Gefüge (Mischkristalle), Stähle mit Zusätzen, die Schutzschichten aufbauen (Cr, Al, Si, Cu).

Durch *Konstruktion,* wie z. B. Isolation verschiedener Werkstoffe, Verhütung von Spaltkorrosion durch Abdichten von engen Spalten oder konstruktiver Änderung solcher Teile.

Durch *Zusätze zum Elektrolyten* wird der Angriff verlangsamt, evtl. dadurch, daß diese Stoffe (Inhibitoren) Schutzschichten erzeugen.

Durch *Überzüge,* welche den Grundwerkstoff vor dem Zutritt des Elektrolyten schützen.

a) Chemische Oberflächenbehandlung (Phosphatieren).
b) Galvanische Oberflächenbehandlung (Vernickeln, Verchromen).
c) Metallische Überzüge durch Metallspritzen oder Tauchen in Schmelzen (Feuerverzinkung).
d) Nichtmetallische Überzüge (Emaillieren).
e) Dickwandige Auskleidungen (Gummi, Kunststoffe).

Die Überzüge müssen gegen den Korrosionsangriff beständig, vollkommen dicht, festhaftend und gegen mechanische Beanspruchung ausreichend widerstandsfähig sein. Voraussetzung dafür ist vollständiges Entzundern und Entfetten der Teile.

Korrosionsbeständige Stähle (Tafel IV.12) verhalten sich in Elektrolyten *passiv,* d.h. nehmen wie die Edelmetalle nicht an Reaktionen teil. Es wird durch Chromgehalte von mindestens 13 % erreicht. Geringere Gehalte vermindern zwar die Korrosionsgeschwindigkeit, ergeben aber noch keine Beständigkeit. 13 %iger Chromstahl steht in der Spannungsreihe der Elemente vor dem Platin. Das gilt nur, wenn alles Cr im Grundgefüge gelöst ist. Je nach C-Gehalt ergeben sich verschiedene Gefüge.

Chromstähle

C-Gehalt unter 0,1 %:	Ferritische Gefüge umwandlungsfrei	für spanlose Formung geeignet, Bleche, Profile
C-Gehalt etwa 0,2 %:	Vergütungsgefüge	Teile mit höherer Festigkeit
C-Gehalt etwa 0,4 %:	Martensitgefüge	Teile mit höherer Härte, Schneidwaren

Chromstähle mit über 0,1 % C sind nur im abgeschreckten Zustand korrosionsbeständig, da sie im geglühten Zustand ein Gefüge aus Ferrit und Perlit besitzen. Außerdem ist ein Teil des Chroms als Carbid gebunden.

Tafel IV.12. Rostfreie Stähle nach DIN EN 10 088, DIN 17 440 und SEW 470

Stahlsorte	Beständigkeitseigenschaften, Anwendungen
Ferritische Stähle (mit Umwandlungsgefüge)	
X7Cr13	wasser- und dampfbeständig, Eßbestecke, Spindeln an Armaturen
X8Cr17	tiefziehbar bis 3 mm, mit erhöhter Säurebeständigkeit durch 17 % Cr für Haushalts- und Gewerbewaschmaschinen, Schanktische
X6CrMo17	beständiger gegen Chloride (Koch- und Streusalz) durch Mo-Zusatz, für Kfz.-Teile wie Zierleisten, Fensterrahmen
X90CrMoV18	härtbarer Werkzeugstahl für Messer in Nahrungsmittelmaschinen, auch für rostfreie Wälzlager
Austenitische Stähle	
X5CrNi18-10	Grundtyp, durch niedrige C-Gehalte interkristallin, beständig bis 6 mm Blechdicke, geschweißte und Tiefziehteile aller Art
X6CrNiTi18-9	durch Ti interkristallin beständig (Ti-stabilisiert, keine Carbidausscheidungen) für chemische Apparate größerer Wanddicken
X2CrNiMo18-10	interkristallin beständig für alle Blechdicken durch sehr kleinen C-Gehalt, mit erhöhter Beständigkeit durch Mo-Zusatz, Widerstand gegen Chloride, nichtoxidierende Säuren und Lochfraß

Die 13 %igen Cr-Stähle sind nur mit polierter Oberfläche gegen normale Atmosphäre, Wasser, Dampf und schwach oxydierende Säuren beständig. Bei stärkeren Chemikalien sind 17 %ige Stähle erforderlich. Durch 1 % Mo wird die Beständigkeit gegen organische Säuren erhöht, ebenso die Warmfestigkeit. Chromstähle können durch Warmumformung und Schweißen grobkörnig werden. Da sie umwandlungsfrei sind, ist kein Normalisieren möglich. Kornverfeinerung ist nur durch Kaltumformung mit Rekristallisationsglühen möglich. Chromstähle sind kaltspröde.

Chrom-Nickel-Stähle vom Typ X10CrNi18-8 haben austenitische Gefüge, wenn sie aus hoher Temperatur abgeschreckt werden. Dann sind sie beständig gegen Industrieatmosphäre, Seeklima, Salze, Säuren und Laugen niedriger Konzentration und Temperatur. Bei höheren Temperaturen muß der Nickelgehalt erhöht und Mo zulegiert werden. Mo verhütet die Lochkorrosion. In Elektrolyten, die Cl-Ionen enthalten, sind Chrom-Nickel-Stähle durch Spannungsrißkorrosion gefährdet.

Beim Schweißen und Wiedererwärmen der abgeschreckten austenitischen Stähle kann sich im Temperaturbereich von 500 ... 700 °C Chromcarbid bilden, welches sich zwischen den Körnern ablagert. Dadurch tritt eine Verarmung der Korngrenzen an Chrom ein, sie werden unedler. Bei Angriff eines Elektrolyten geht die Korngrenze in Lösung, wodurch der Zusammenhalt der Körner aufgehoben ist: *Kornzerfall* oder *interkristalline* Korrosion.

Verhütung des Kornzerfalls:

a) Stähle mit niedrigem C-Gehalt verwenden (unter 0,05 %), wenn geschweißt werden muß.
b) Teile nach dem Schweißen erneut aus 1000 °C abschrecken. Dabei geht das gebildete Chromcarbid wieder in Lösung.
c) Wenn, z.B. bei Blechkonstruktionen, ein Abschrecken nicht möglich ist, muß *stabilisierter* Werkstoff verwendet werden. Diese Sorten enthalten geringe Anteile an Ti, Ta oder Ta–Nb, welche den vorhandenen Kohlenstoff zu nicht ausscheidungsfähigen Carbiden abbinden. Diese Stähle können geschweißt werden und sind danach ohne Wärmebehandlung korrosionsbeständig.

Austenistische Stähle sind stark kaltumformbar, dabei aber kaltverfestigend. Zähigkeit ist bis −200 °C vorhanden.

3.2.12. Werkzeugstähle. Werkzeuge müssen im Kern *zäh* und in der Randschicht *hart* und *verschleißfest* sein. Diese Forderungen erfüllen unlegierte Stähle, wenn sie nicht *durch*härten, sondern nur *ein*härten. Stähle nach StEW 150–63 sind deshalb in 4 Gruppen gegliedert (Güteklasse 1, 2 und 3, Stähle für Sonderzwecke S), die steigende Mn-Gehalte und damit steigende *Einhärtung* aufweisen. Gleichzeitig steigt damit auch die Härteempfindlichkeit an, d.h. Änderungen von Glühzeit und -dauer wirken sich zunehmend stärker auf das Teil aus. Für dünne Teile müssen deshalb die enger tolerierten Sorten der Güte 1 verwendet werden (Schalenhärter) z.B. C 100 W1.

Für dickere Querschnitte und hohe Schnittgeschwindigkeiten oder Standmengen genügen die unlegierten Stähle nicht mehr, ebenso für Einsatz bei höheren Temperaturen. Hierfür sind nur legierte Stähle geeignet. Neben den Sorten der Stahl-Eisen-Werkstoffblätter (Tafel IV.13) liefert die Industrie zahlreiche Typen, welche bei speziellen Einsatzgebieten Höchstleistungen erbringen.

DIN 17 350 Werkzeugstähle enthält 6 unlegierte, 13 legierte (davon 5 hoch-) Kaltarbeitsstähle und 5 Warmarbeitsstähle (3 hochlegierte). Beiblatt mit ZTU-Schaubildern und weiteren Diagrammen.

DIN 17 022 Verfahren der Wärmebehandlung (5 Teile).

Die Standardsorten werden z.T. durch folgende Maßnahmen in ihren Leistungen erheblich verbessert:

Maßnahme	Eigenschaftsverbesserung
Elektro-Schlacke-Umschmelzen (ESU) Vakuumerschmelzung	Carbidteilchen werden kleiner und gleichmäßiger verteilt, bessere Verschleißfestigkeit. Geringere Schlackenzahl (besserer Reinheitsgrad) führt zur Angleichung der Quereigenschaften an die Längseigenschaften.
Austenitformhärten	Bei einfachgeformten Teilen wird nach der Austenitisierung zunächst warmverformt und erst danach abgeschreckt. Bildung eines feinkörnigen Martensits mit verbesserten mechanischen Eigenschaften.
Beschichtungen	Nichtmetallische Überzüge mit geringerer Neigung zum Kaltschweißen durch Nitrieren oder Abscheiden von Titancarbid (3200 HV 0,05) oder Titannitrid (2450 HV 0,05) in Schichten um 10 μm.

Kaltarbeitsstähle erreichen im Betrieb nur Temperaturen unter 200 °C, wie z.B. in Lehren, Schnitten, Stempeln, Messern, Fräsern, Präge- und Tiefziehwerkzeugen, Räumnadeln, Spannzangen, Kunststoff-Formen usw.

Eigenschaften der Kaltarbeitsstähle

Widerstand gegen	Eigenschaft	metallurgische Maßnahme
plastische Verformung	Festigkeit	martensitisches Gefüge, steigende Dicke → steigende Gehalte an Leg.-Elementen (LE)
Abrieb	Verschleißfestigkeit	Carbidanteil durch Carbidbildner (Mo, V, W, Cr) erhöhen Korngröße verfeinern (Umschmelzverfahren, Wärmebehandlung) nichtmetallische Überzüge (Nitrieren, Titancarbid, Titannitrid)
Kantenausbrechen	Zähigkeit Schneidhaltigkeit	C-Gehalt dem Verwendungszweck angepaßt kleinerer C-Gehalt (Zähigkeit bei kleinerer Härte) muß durch größeren Gehalt an LE ausgeglichen werden. Ni als Mischkristallbildner steigert Festigkeit *und* Zähigkeit
Maßänderungen beim Härten (Härteverzug)	Verzugsarmut	gebrochenes Härten anwenden LE erniedrigen die krit. Abkühlungsgeschwindigkeit → Ölhärter, Warmbadhärter, Lufthärter mit steigendem LE-Gehalt

VDI 3388: Werkstoffe für Schneid- und Umformwerkzeuge

Tafel IV.13. Werkzeugstähle, Auswahl

Kurzname	Stoffnummer	Eigenschaften Verwendungsbeispiele
Unlegierte Werkzeugstähle nach SteW 150–63		
C 105 W1	1.1545	nicht durchhärtend über 12 mm Dicke, für Tiefzieh-, Fließpreß- und Prägewerkzeuge
C 60 W	1.1740	Schäfte und Körper von Schnellstahl- und Hartmetallverbundwerkzeugen
C 15 WS	1.1805	im Einsatz zu härtende Werkzeuge, z.B. Kunststoffformen oder Lehren
Legierte Kaltarbeitsstähle		
X210Cr12	1.2080	Hochleistungsschnittwerkzeuge für Blech bis 3 mm, Profilierrollen, Gewindewalzwerkzeuge, geringer Härteverzug
X210CrW12	1.2436	wie 1.2080 bei größeren Abmessungen oder härteren Blechen (Si-legiertes Dynamoblech)
X165CrMoV12	1.2601	wie 1.2080, mit erhöhter Zähigkeit für Blech bis 6 mm
115CrV3	1.2210	Metallsägen, Bohrer, Stemmeisen
60WCrV7	1.2550	Schnitte für dickere Bleche 6 ... 15 mm, Stempel zum Kaltlochen von Schienen und Laschen
Legierte Warmarbeitsstähle		
45WCrV7	1.2542	Warmschnitte und -abgratwerkzeuge, Warmlochstempel
X32CrMoV3-3	1.2365	vielseitiger Hochleistungsstahl für Gesenkeinsätze, Druckgußformen, Preßmatrizen für Ne-Metalle, wenig rißempfindlich, für Wasserkühlung
X30WCrV9-3	1.2581	für thermische Höchstbeanspruchung, Werkzeuge höchster Verschleißfestigkeit, rißempfindlich bei Thermoschock

Stahl-Eisen-Werkstoffblätter enthalten Angaben zur Wärmebehandlung der Sorten mit Schaubildern über die Einhärtungstiefen bei verschiedenen Werkstückdurchmessern, sowie ZTU-Schaubilder für kontinuierliche Abkühlung.

Neben diesen Kaltarbeitsstählen werden für verschleißende Werkstoffe und höchste Standmengen auch *Schnellarbeitsstähle* und *härtbare Sinterhartstoffe* (Ferro-Titanit) eingesetzt. Gegenüber dem Stahl 1.2080 haben letztere einen erhöhten Carbidanteil (50 ... 70 %) in einer martensitischen Grundmasse. Im Anlieferungszustand (geglüht) sind sie zerspanbar und erreichen durch verzugsarme Härtung etwa 70 ... 72 HRC. Durch Weichglühen wieder zerspanbar ist dieser Werkstoff mehrfach verwendungsfähig (Korrektur von Werkzeugen).

Auswahlgesichtspunkte: Das Werkzeug soll in der Herstellung billig sein (*Härteverzug* erfordert Nacharbeit), im Einsatz ausreichende Standmenge oder Standzeit ergeben (*Härte,* Verschleißfestigkeit) und nicht vorzeitig durch Bruch versagen (*Zähigkeit*). Werkstoffauswahl ist ein Kompromiß zur Erfüllung dieser Forderungen.

Einfluß des Kohlenstoffs	steigender C-Gehalt Härte steigt ↑ Zähigkeit sinkt	↓ Zähigkeit steigt, Härte sinkt und muß durch steigende LE-Gehalte ausgeglichen werden (Mo, V, W) sinkender C-Gehalt	
Einfluß der Legierungs-elemente (LE)	LE-Gehalt niedrig	LE-Gehalt mittel	LE-Gehalt hoch
	Wasserhärtung Verzug höher	Ölhärtung Verzug geringer	Warmbad-Lufthärtung Verzug klein

Warmarbeitsstähle erreichen im Betrieb höhere Temperaturen, wie z.B. als Druckgußform, Strangpreßmatrize, Gesenk, Dreh- und Hobelmeißel.

Eigenschaften:

Widerstand gegen	Eigenschaft	metallurgische Maßnahme
plastische Verformung (hohe Temperatur)	Warmfestigkeit	Durchvergütung bedingt C-Gehalte 0,3 ... 0,6 % und Chrom 1 ... 5 %
Schlag	Zähigkeit	C-Gehalt niedrig, Feinkorn und Reinheit (Umschmelzverfahren)
Abrieb	Verschleißfestigkeit	Carbidanteil so hoch wie möglich, nichtmetallische Überzüge (Titancarbid)
Gefügeänderungen bei hohen Temperaturen	Anlaßbeständigkeit	Aushärtungseffekt bei hohen Anlaßtemperaturen durch Vanadium
wechselnde Temperaturen	Thermoschockbeständigkeit	Gesamtanteil der Legierungselemente niedrig halten, um Wärmeleitfähigkeit zu verbessern 1 % Mo ersetzt 2 % W

Auswahl von Warmarbeitsstählen aus StEW 250–63, Tafel IV.13

Bei thermischer Höchstbeanpruchung werden auch Co-legierte Stähle (X45CoCrWV5-5-5 Nr. 1.2678) oder martensitaushärtende Stähle vom Typ X3NiCoMoTi18-9-5 verwendet.

Schnellarbeitsstähle (HS-Stähle) sind hoch mit W, Cr, Mo, V und Kobalt legierte Stähle (Tafel IV.14). Gegenüber den niedrig legierten Werkzeugstählen haben sie höhere Anlaßbeständigkeit, Schneidhaltigkeit und Warmhärte. Schnellarbeitsstähle behalten ihre Härte von etwa HRC = 60 bis zu einer Schneidentemperatur von 500 ... 600 °C (Bild IV.17). Dadurch lassen sie wesentlich höhere Schnittgeschwindigkeiten zu. Diese Eigenschaften werden durch die feinst verteilten Carbide der Legierungselemente bewirkt. Diese sogenannten *Sondercarbide* haben z.T. die 2,5fache Härte des Zementits.

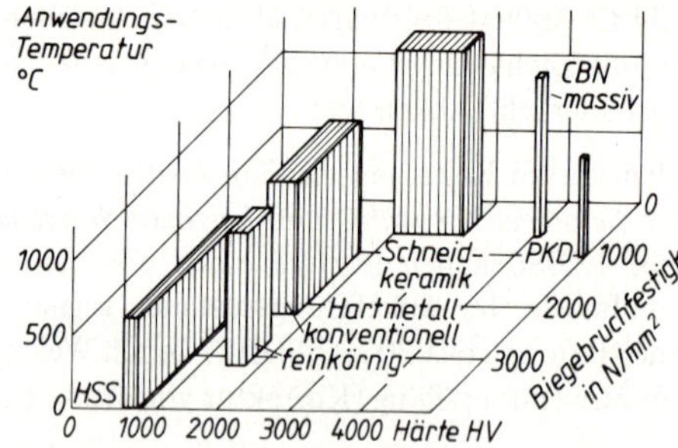

Bild IV.17. Schneidstoffe (Haupteigenschaften)

Die Legierungsmetalle W, Cr, Mo und V verschieben die Punkte des EKD nach links (IV.1.2.3). Dadurch ergeben sie bei 0,9 % C ein ledeburitisches Gefüge mit eingebetteten Netzcarbiden. Durch Schmieden und Weichglühen wird eine körnige Form der Carbide erreicht. Zum Härten sind hohe Temperaturen nötig, um *alle* Carbide in Lösung zu bringen (1200 ... 1300 °C).

Durch Abschrecken erfolgt Martensitbildung. Beim Anlassen geht die Martensithärte zurück, bei höheren Anlaßtemperaturen scheiden die zwangsgelösten Sondercarbide in feinster Verteilung aus, dadurch Anstieg der Härte. Diese Sekundär- oder Anlaßhärte ist bei richtiger Abschrecktemperatur höher als die Härte im abgeschreckten Zustand und bleibt bei Wiedererwärmung bis zur Anlaßtemperatur (540 ... 600 °C) erhalten.

Tafel IV.14. Schnellarbeitsstähle, Auswahl nach DIN 17 350

Gruppe	Bezeichnung neu (alt)	Werkstoff-Nr.	Anwendung
Wolfram hoch	HS18-1-2-5 (E18Co 5)	1.3255	Schrupparbeiten, harte Werkstoffe mit großer Zerspanleistung, Hartguß, nichtmetallische Stoffe
Wolfram mittel	HS10-4-3-10 (EW9Co10)	1.3207	Schlichtarbeiten, Automatenarbeit mit hoher Schnittgeschwindigkeit bei bester Oberflächengüte
Wolfram Molybdän	HS6-5-2-5 (EMo5Co 5)	1.3243	für Fräser, Bohrer und Gewindeschneidwerkzeuge höchster Beanspruchung
Molybdän hoch	HS6-5-2 (DMo9)	1.3343	Bohrer und Gewindebohrer, Schlitzfräser und Metallsägen kleiner Abmessungen

Zahlen geben %-Satz der LE in der Folge W, Mo, V und Co an bei 4 % Cr und 0,8 ... 1,4 % C.

3.2.13. Schneidstoffe

Schneidstoffe sind Werkstoffe für Schneiden von Zerspanungswerkzeugen. Sie sind vielseitig und hoch beansprucht:

Biegung und Druck	auch stoßartig durch Anschnitt und unterbrochenen Schnitt erfordern Zähigkeit (Biegefestigkeit) sonst Kantenausbrechen.
Reibung und Verschleiß	durch Relativbewegung mit hohen Kräften zwischen Schneidstoff und Werkstück. Chemisch-physikalische Reaktionen führen zu Schneidstoffverlust (Abrasion, Adhäsion, Diffusions- und Oxydationsverschleiß.
Thermische Beanspruchung	durch Umwandlung der Reibungs- und Verformungsenergie in Wärme. Abfall der Härte durch Anlassen, Matrixerweichung oder Zerfall harter Phasen.

Schnellarbeitsstähle (HS-Stähle) sind vorstehend behandelt. Schwerpunkt sind massive Werkzeuge (z. B. Verzahnungswerkzeuge). Standzeiterhöhung durch Beschichten mit TiN, TiC oder Kombinationen nach dem PVD-Verfahren.

Sinterhartmetalle sind Verbundwerkstoffe von harten Carbiden (WC, TiC, TaC) in einer Cobaltmatrix. Beim Vorsintern entstehen Rohlinge (Schneidplatten, Einsätze), die spanend bearbeitet werden können. Erst beim Fertigsintern (1350 ... 1700 °C) schmilzt der Co-Anteil, die Carbide bilden Mischkristalle, danach besitzt der Werkstoff seine hohe Warmhärte (Bild IV.17). Die Biegefestigkeit steigt mit Co-Anteil, dabei sinkt die Härte. Bestimmte Kombinationen von TiC und TaC ergeben MK mit höherer Zähigkeit.
Nach DIN 4990 sind drei Zerspanungs-Hauptgruppen genormt: (P, M, K) und Kennzahl. Steigende Kennzahl = steigende Zähigkeit in jeder Gruppe.

P langspanend (blau)	**P01** . . . . **P40** Stahl GS GT	höchste Härte ⟷ höchste Zähigkeit
M kurz- und langspanend (gelb)	**M10** . . . . **M40** aust. Stahl Autom. Stahl	Carbide 94 % . . . . 85 %
K kurzspanend (rot)	**K01** . . . . **K40** Stahl gehärtet, GT, GG, Holz GH Keramik Plastik	Co-Anteil 6 % . . . . 15 % ⟵ ⟶ Schnittgeschw. Vorschub, Stöße

Verbesserung der Zähigkeit durch Carbide mit Feinstkorn ($< 0{,}1\ \mu m$) und isostatische Nachverdichtung unter Gasdruck (ca. 3 kbar und 1600 °C). Die Verschleißfestigkeit wird durch CVD-Schichten aus TiN oder Ti(C,N) stark erhöht. Auch Mehrfachschichten mit Al-Oxidnitrid als Diffusionssperre sind erprobt (*Widalon*).

Cermets sind den Hartmetallen verwandt. Sie bestehen aus Nitriden, Carbonitriden des Ti in einer Ni-Matrix. Herstellung pulvermetallurgisch wie Hartmetall. Höhere Warmfestigkeit, geringere Preßschweißneigung als Hartmetalle (z.B.: *Ceratip*).

Schneidkeramik hat höhere Härte und Warmhärte als metallische Schneidstoffe, ebenso geringere Neigung zum Preßschweißen und Diffusions- und Oxidationsverschleiß. Wesentlich geringer ist die Zähigkeit (Biegefestigkeit) und Thermoschockbeständigkeit.

Oxidkeramik auf der Basis Al-Oxid mit Verstärkung durch Zr-Oxid (Zähigkeit) und Ti-Carbid (Härte) oder SiC-Whisker (Zähigkeit), letztere als Oxidmischkeramiken bezeichnet (z.B. *Ceradisk*, *SPK*-Schneidkeramik, *Widalox*).

Nitridkeramik auf Basis von Si-Nitrid ist zäher und thermowechselbeständiger, deshalb zum Schruppdrehen und -fräsen von GG auch mit Kühlschmierstoff angewandt. Für Stahl nicht geeignet, starker Kolkverschleiß durch Bildung von Fe-Si-Phasen (bei 1200 °C schmelzend) (z.B. *Ekasin, Widanit*).

Kubisches Bornitrid (CBN) ist der härteste künstliche Hartstoff durch Umwandlung bei ca. 1400 °C und bis zu 70 kbar aus der hexagonalen Kristallart (weißer „Graphit“) in die dichtere Diamantstruktur. Massive Wendeschneidplatten bis 1200 °C und metallisierte Plättchen zum Auflöten (z.B. *Amborite, Ambrazite, Borazon*, ähnlich ist *Wurbon*).

Diamant (polykristallin, PKD) vielseitig als Beschichtung auf Trägerwerkzeug (HM-Platte z.B. *Syndite*), Bohrkrone, Draht, Scheibe zur Feinbearbeitung und Trennung härtester und verschleissender Stoffe eingesetzt. Doppelte Härte von CBN, beständig bis 700 °C, Werkstoff darf keine Affinität zu C besitzen (Diffusionsverschleiß).

4. Eisen-Kohlenstoff-Gußwerkstoffe

4.1. Übersicht und Begriffe

Die Einteilung der Fe-C-Gußwerkstoffe erfolgt nach Grundgefüge und Graphitausbildung (Regeln für die Kennzeichnung der Sorten siehe 4.7).

Tafel IV.15. Gußeisenwerkstoffe und Normen

	Gußeisensorten, Normen (bisherige), Beispiele			
	Grundgefüge			
Graphit- form	Ferrit ⇒ Ferrit/Perlit ⇒ Perlit Übergangsformen	Bainit	Austenit	Ledeburit
lamellar	**Gußeisen mit Lamellengraphit** DIN EN 1561 GJL-150 ⇒ GJL-350 (GG-15 ⇒ GG-40) (DIN 1691)		**Austenitisches Gußeisen** DIN 1694 GGL-Sorten	
flockig- (Temper- kohle)	**Temperguß** (weiß/schwarz) DIN EN 1562 GJMW-350-4 ⇒ GJMB-650-2 (GTW-35-04 ⇒ GTS-70-02 (DIN 1692)	GJMW-550-4 GJMB-700-2, GJMB-800-1		Temper- rohguß, graphitfrei
Kugelform	**Gußeisen mit Kugelgraphit** DIN EN 1563 GJS-350-22 ⇒ GJS-900-2 (GGG-35 ⇒ GGG-70 (DIN 1693)	**Bainitischer Kugelgraphitguß** DIN EN 1564 GJS-800-8 ⇒ ⇒ GJS-1400-1	**Austenitisches Gußeisen** DIN 1694 GGG-Sorten	
Wurmform	**Gußeisen mit Vermiculargraphit** GJV-300 und GJV-400 GGV-30 GGV-40 (nach VDG-W 50)	1) VDG: Verband Deutscher Gießereien		
graphitfrei	**Stahlguß** DIN 10028 (DIN 1681) u.a.	Vergütungs- stahlguß	Nichtrostender Stahlguß	**Hartguß** DIN 1695

Stahlguß ist jeder Stahl, der im Elektroofen (oder anderen Aggregaten) erzeugt, in Formen gegossen und einer Glühung unterworfen wird. Er wird im Abschnitt Stähle behandelt (→ 3.2.).

Temperguß ist ein Fe-C-Gußwerkstoff, dessen gesamter Kohlenstoff im Gußzustand (Temperrohguß) als Eisencarbid (Zementit) vorliegt. Durch Glühen zerfällt der Zementit ganz oder teilweise in Temperkohle, das ist Graphit in Flockenform.

Gußeisen mit *Kugelgraphit* ist ein Fe-C-Gußwerkstoff, dessen als Graphit vorliegender Kohlenstoff fast vollständig in kugeliger Form auftritt.

Gußeisen mit *Lamellengraphit* ist ein Fe-C-Gußwerkstoff, dessen als Graphit vorliegender Kohlenstoff vorwiegend lamellare Form besitzt.

Gußeisen mit *Vermiculargraphit* ist ein Fe-C-Gußwerkstoff, dessen als Graphit vorliegender Kohlenstoff überwiegend Wurmform besitzt, eine Zwischenform von Lamelle zur Kugel.

Sonderguß sind Werkstoffe, die sich nicht in vorstehende Gruppen einordnen lassen. Es sind Werkstoffe mit besonderen Eigenschaften. Sie sind teilweise hochlegiert, z.B. um austenitische Gefüge zu erhalten.

Erstarren der Gußwerkstoffe: Durch die dichtere Packung der Teilchen im entstehenden Kristallgitter tritt eine sprunghafte Volumenminderung ein, die dann weiter bis zur Abkühlung auf Raumtemperatur anhält. Die gesamte Volumenabnahme wird als Schwindung bezeichnet und im Längenschwindmaß in Prozent angegeben. Es beträgt zwischen 1…2 %. Folgen des Schwindens sind Lunker und Spannungen.

Lunker sind Hohlräume, die in einem Gußstück dort entstehen, wo die Schmelze zuletzt kristallisiert, während die umgebenden Bereiche schon fest sind, so daß kein flüssiges Metall nachfließen kann. Abhilfe konstruktiv und durch gießtechnische Maßnahmen (Gießereitechnik).

Spannungen entstehen durch das behinderte Schrumpfen der Bereiche mit höherer Temperatur. Die umgebenden, bereits kalten und starren Zonen üben Zugkräfte auf das schwindende Material aus. Sie können zu Rissen führen, ehe das Teil der Form entnommen ist.

4.2. Gefügeausbildung der Fe-C-Gußwerkstoffe

4.2.1. Beeinflussung des Grundgefüges. Fe-Gußwerkstoffe haben größere C-Gehalte als Stähle, dadurch niedrigere Schmelztemperaturen mit besserer Gießbarkeit. Die Einflußgrößen auf das entstehende Gefüge sind bestimmte *Legierungselemente* und die *Abkühlgeschwindigkeit* (Bild IV.18).

Legierungselemente: Silicium und Kohlenstoff in höheren Gehalten fördern die Graphitbildung, Mangan die Zementitbildung, damit die Perlitanteile im Grundgefüge.

Abkühlgeschwindigkeit: Langsame Abkühlung fördert das Entstehen der Graphitlamellen, schnelle Abkühlung die Ausbildung von Zementit (Perlitanteile) .

Ferritische Gefüge ergeben weichere, zähe Werkstoffe geringerer Zugfestigkeit.

Perlitische Gefüge ergeben härtere, verschleißfestere Werkstoffe mit größerer Festigkeit und ausreichender Zähigkeit. Sie können vergütet und oberflächengehärtet werden.

Ledeburitische Gefüge sind sehr hart und verschleißfest, damit spröde und schwer zu bearbeiten. Es sind verschleiß- und z. T. korrosionsbeständige Legierungen.

Dadurch ergibt sich in einem Werkstück mit wechselnden Wanddicken eine unterschiedliche Gefügeausbildung, damit auch verschiedene Festigkeiten. Das Diagramm von *Greiner-Klingenstein* stellt die Zusammenhänge dar (Bild IV.18).

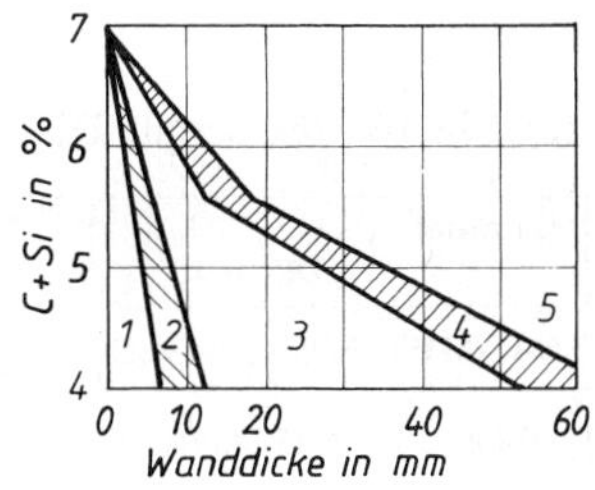

Bild IV.18. Graphitausbildung von Gußeisen: 1 weißes Eisen, 2 meliertes Eisen, 3 Perlitguß, 4 ferritisch-perlitischer Grauguß, ferritischer Grauguß

4.2.2. Graphitausbildung. Neben der Art des Grundgefüges haben *Größe* und *Form* der Graphitteilchen einen großen Einfluß auf Festigkeit und Dehnung. Bei großen *Lamellen* ist das Gefüge innerlich stark gekerbt, es treten bei Zugbeanspruchung hohe Spannungsspitzen im Grundgefüge auf, welche die Fließgrenze überschreiten. Der Werkstoff bricht, obwohl die rechnerische Nennspannung noch sehr niedrig ist. Druckspannungen können gut übertragen werden. Durch *Verfeinerung* der Graphitausbildung wächst die Zugfestigkeit. Das geschieht durch Einhalten bestimmter Analysen und Zugaben in die Gießpfanne sowie Überhitzung der Schmelze, um Keime zu beseitigen und eine größere Unterkühlung zu erreichen.

Bild IV.19 zeigt schematisch die Möglichkeiten. Die *flockige* Form ist hauptsächlich beim Temperguß anzutreffen. Bei gleichem Grundgefüge wird durch die kompaktere Graphitausbildung von links nach rechts die Zugfestigkeit steigen.

Die Graphiteinschlüsse ergeben ein sehr gutes Dämpfungsvermögen gegenüber Schwingungen (am besten in der Lamellenform), leichtes Spanen, Notlaufeigenschaften, wenn GJL als Lagerwerkstoff verwendet wird Die Druckfestigkeit beträgt je nach Graphitausbildung das 2...4-fache der Zugfestigkeit.

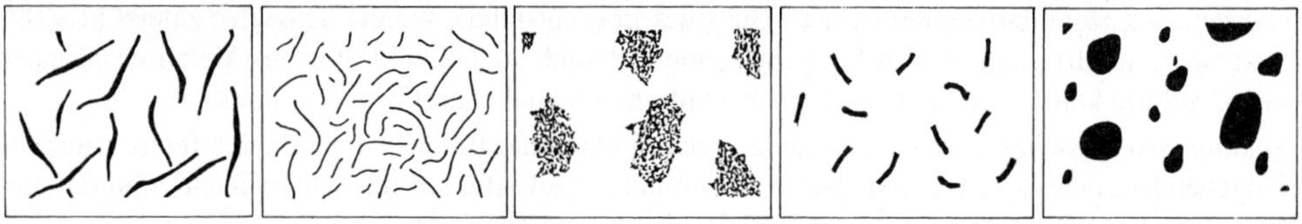

Bild IV.19 Graphitausbildung in Gußeisenwerkstoffen

Kugelige Graphitform wird durch Pfannenbehandlung einer Gußeisenschmelze (frei von S, Ti, Pb, und Zn) mit Mg (an Ni legiert) erreicht. Wurmförmiger (vermicularer) Graphit entsteht bei reduzierten Mg-Zugaben. Die flockige Temperkohle entsteht bei entsprechender Analyse aus dem Zementit während des Glühens.

4.3. Temperguß

Als Werkstoff für *dünnwandige, verwickelte* Bauteile bis zu 100 kg Masse geeignet, die *stoßfest* sein müssen. Dafür scheidet GJL als Werkstoff aus und Stahlguß ist nicht dünnwandig und in komplizierten Formen schwierig lunkerfrei vergießbar. Temperrohguß besitzt (Si+C)-Gehalte von etwa 3,9 %, ist damit gut vergießbar, erstarrt aber ledeburitisch. Die Teile sind dann hart und spröde.

Durch Glühen zerfällt das Eisencarbid ganz oder teilweise in Eisen und Kohlenstoff, der als Temperkohle (flockiger Graphit) erscheint. Je nach Temperatur und Dauer von Glühung und Abkühlung enstehen verschiedene Tempergußtypen. Werkstoff ist dann zäh und gut spanend bearbeitbar.

Tafel IV.16. Temperguß DIN EN 1562 (DIN 1692)

Kurzname	DIN 1692	$R_{p0,2}$ MPa	HB 30 →	Anwendungsbeispiele (Härte HB nur Anhaltswerte)
EN-GJMW-	Entkohlend geglühter (weißer) Temperguß			
-350-4	GTW-35-04	—	max. 230	Für normalbeanspruchte Teile, Fittings, Förderkettenglieder, Schloßteile
-360-12	GTW-S38-12	190	max. 200	Schweißgeeignet für Verbunde mit Walzstahl, Teile für Pkw-Fahrwerk, Gerüststreben
-400-5	GTW-40-05	220	max. 220	Standardwerkstoff für dünnwandige Teile, Schraubzwingen, Kanalstreben, Gerüstbau, Rohrverbinder
-450-7	GTW-45-07	260	max. 220	Wärmebehandelt, höhere Zähigkeit, Pkw-Anhängerkupplung, Getriebeschalthebel
-550-4	———	... 340	max. 250	

Weißer Temperguß (GJMW) entsteht durch Glühen in oxidierender Ofenatmosphäre (60... 90 h bei 1000 °C).Teile unter 8 mm können völlig entkohlt werden, bei dickeren fällt der C-Gehalt von der Mitte zum Rand auf Null ab. Kern dadurch perlitisch, Randzone ferritisch, weich. Durch eine Wärmebehandlung lassen sich Gefüge mit körnigem Perlit oder Bainit herstellen. Die Sorte GJMW-360-12 ist schweißgeeignet für Verbunde mit Walzstahl.

Schwarzer Temperguß (GJMB) entsteht durch Glühen in neutraler Atmosphäre (40...60 h bei 950 °C). Das ledeburitische Gefüge wandelt sich gleichmäßig über den Querschnitt in Ferrit und Temperkohle um und ergibt höhere Dehnung auch bei größeren Wanddicken. (GJMB-350-10).

Durch bestimmte C-ärmere Analysen des Rohgusses und verkürztes Tempern entstehen Gefüge mit ferritisch-perlitischer oder rein perlitischer Grundmasse, die ebenfalls vergütet werden können (GJMB-450-6 … 800-1).

Tafel IV.16. Temperguß (Fortsetzung)

Kurzname	DIN 1692	$R_{p0,2}$ MPa	HB 30 →	Anwendungsbeispiele (Härte HB nur Anhaltswerte)
EN-GJMB- Nicht entkohlend geglühter (schwarzer) Temperguß				
-300-6	———	—	max. 150	Anwendung, wenn Druckdichtheit wichtiger als Festigkeit und Duktilität ist
-350-10	GTS-35-10	200	max. 150	Seilrollen mit Gehäuse, Möbelbeschläge, Schlüssel aller Art, Rohrschellen, Seilklemmen, Schloßteile
-450-6	GTS-45-06		150 … 200	Schaltgabeln, Bremsträger, Schwerlastspreizdübel
-500-5	———	300	165 … 215	
-550-4	GTS-55-04	340	180 … 230	Kurbelwellen, Kipphebel für Flammhärtung, Federböcke, Lkw-Radnaben
-600-3	———	390	195 … 245	
-650-2	GTS-65-02	430	210 … 260	Druckbeanspruchte kleine Gehäuse, Federauflage für Lkw (oberflächengehärtet)
-700-2	GTS-70-02	530	240 … 90	Verschleißbeanspruchte Teile (vergütet) Kardangabelstücke, Pleuel, Verzurrvorrichtung für Lkw, Ventilhebel
-800-1	———	600	270 … 310	Verschleißbeanspruchte kleinere Teile (vergütet)

Mechanische Werte der Gußsorten an getrennt gegossenen Probestücken des gleichen Werkstoffs ermittelt.

4.4. Gußeisen mit Lamellengraphit ist in 5 Sorten genormt (Tafel IV.17)

Verwendung: GJL 150 … 200 für gering beanspruchte Teile, Lagerböcke und -Gehäuse, Grundplatten, Riemenscheiben.

GJL-250 … 350 bei höherer oder bei Verschleiß-Beanspruchung. Gehäuse für Getriebe, Motoren, Turbinen, Pumpen. Ständer für Werkzeugmaschinen, Zylinderlaufbüchsen, Rippenzylinder, Zahnräder, Kolbenringe.

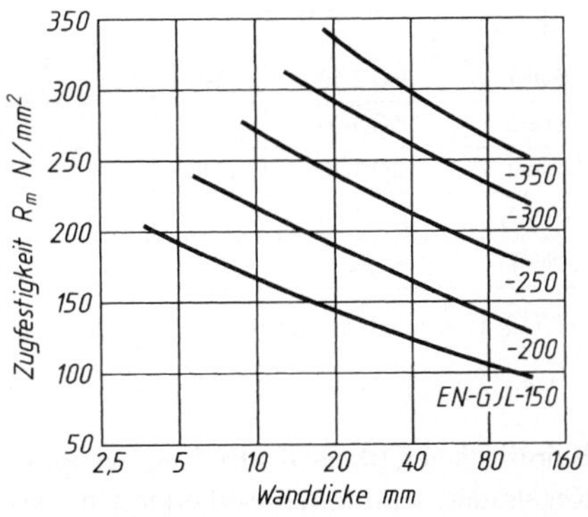

Bild IV.20 Beziehung zwischen Festigkeit und Wanddicke bei GJL

Tafel IV.17. Gußeisen mit Lamellengraphit DIN EN 1561

Eigenschaft		Einheit	Sorte EN-GJL- -150	-200	-250	-300	-350
Zugfestigkeit	R_m	Mpa	150 … 250	200 … 300	250 … 350	350 … 400	350 … 450
0,1 %-Dehngrenze	$R_{p0,1}$	Mpa	98 … 165	130 … 195	165 … 228	195 … 260	228 … 285

Eigenschaft		Einheit	Sorte	EN-GJL-			
			-150	-200	-250	-300	-350
Bruchdehnung	A	%	0,8 … 0,3	0,8 … 0,3	0,8 … 0,3	0,8 … 0,3	0,8 … 0,3
Druckfestigkeit	σ_{dB}	MPa	600	720	840	960	1080
Biegefestigkeit	σ_{bB}	MPa	250	290	340	390	490
Torsionsfestigkeit	τ_{tB}	MPa	170	230	290	345	400
Biegewechselfestigkeit	σ_{bW}	MPa	70	90	120	140	145

Weitere 6 Sorten werden nach der Brinellhärte benannt (gemessen im Wanddickenbereich 40 … 80 mm):
Bezeichnung: EN GJL-HB155 / 175 / 195 / 215 / 235 / 255.

4.5. Gußeisen mit Kugelgraphit ist nach DIN EN 1563 in 9 Sorten genormt (Tafel IV.18).

Verwendung: Für stoßbeanspruchte Teile, welche zähen Werkstoff erfordern: tragende Schlepper- und Landmaschinengehäuse, Ständer von Kurbelpressen, Schiffsschrauben für Flußschiffe, Kurbel- und Nockenwellen, Zahnräder, LkW-Radnaben.

Tafel IV.18. Gußeisen mit Kugelgraphit DIN EN 1563 (DIN 1693)

Kurzname EN-GJS-	DIN 1693	$R_{p0,2}$ MPa	A_v[1] in J / bei °C.	Härte-Bereich HB 30[2]	σ_d MPa	σ_{bB} MPa	Grundgefüge
-350-22-LT	GGG-35.3	220	12 / -40	110 … 150			Ferrit
-400-18-LT	GGG-40.3	250	12 / -20	120 … 160	700		Ferrit
-400-15	GGG-40	250		140 … 190	700	800 … 900	überwiegend Ferrit
-450-10	———	310					Ferrit/Perlit
-500-7	GGG-50	320		700 … 220	800	850 … 1000	Ferrit/Perlit
-600-3	GGG-60	380		200 … 250	870	900 … 1100	Perlit
-700-2	GGG-70	440		230 … 280	1000	1000 … 1200	Perlit
-800-2	GGG-80	500		250 … 330	1150	1100 … 1300	Perlit/Bainit
-900-2	———	600					Perlit/Bainit

1) ISO-V-Probe; 2) Härteangaben je nach Wanddicke, nicht gewährleistet, nur Anhaltswerte.

Bainitisches Gußeisen mit Kugelgraphit mit hoher Verschleißfestigkeit (z. B. für achsversetzte Kegelräder) wird durch isotherme Umwandlung bei 250 … 400 °C erzeugt. Nach DIN EN 1564 sind 4 Sorten genormt:
GJS-800-8 / GJS-1000-5 / GJS-1200-2 / GJS-1400-1 mit Ni, Cu und Mo legiert.

4.6. Sonderguß

Hartguß ist ledeburitisches weißes Eisen von hoher Härte und Verschleißfestigkeit, spröde und schwer zu bearbeiten. *Schalenhartguß* entsteht durch entsprechende Analyse der Schmelze und Abguß in Formen mit Abschreckplatten. Die Randzone ist ledeburitisch, nach dem Kern hin Übergang zu perlitischem Gefüge. Anwendung für Walzen.

Hochlegierte Gußwerkstoffe haben austenitische oder martensitische bzw. Vergütungs-Gefüge. Die Graphitausbildung kann lamellar oder kugelig sein.

Austenitisches Gußeisen ist nach DIN 1694 in 8 Sorten mit Lamellengraphit und 11 Sorten mit Kugelgraphit genormt. Sie enthalten 12 … 36 % Ni und sind korrosions- und hitzebeständig bei guten Gieß- und Bearbeitungseigenschaften. *Beispiel:* Kaltzähe Sorte bis -196 °C : EN-GJSA-XNiMn23-4.

Siliciumguß enthält 18 % Si und ist dadurch korrosionsbeständig (besonders gegen Schwefelsäure), sehr spröde und hart. Verwendung für Pumpenteile und Armaturen, Anoden zum kathodischen Korrosionsschutz. *Beispiel:* EN-GJH-X70Si15.

Verschleißfestes Gußeisen DIN 1695 enthält 9 mit Cr, Mo und Ni legierte Sorten, die nach Wärmebehandlung ein martensitisches oder bainitisches Gefüge mit harten Cr-Carbiden und Härtewerten von 350 … 850 HV30 besitzen. *Beispiel:* EN-GJH-X300CrNiSi9-5-2.

4.7. Bezeichnung der Gußeisensorten nach DIN EN 1560

Kurzzeichen werden aus max. 6 Positionen gebildet: Pos. 1. EN für Europäische Norm, Pos. 2. GJ für Gußeisen, J steht für I (iron), um Verwechslungen zu vermeiden, Pos. 1,2 5 sind obligatorisch, 3,4 und 6 wahlfrei.

EN-	**GJ**	3.	4.	5.	6.

Pos. 3 Zeichen für Graphitform

L-	Lamellen-
S-	Kugel-
V-	Vermicular-
M-	Temperkohle
H-	graphitfrei

Pos. 4 Zeichen für Mikro- oder Makrogefüge

A	Lamellen-	**Q**	Abschreckgefüge
F	Ferrit	**T**	Vergütungsgefüge
P	Perlit	**B**	nichtentkohlend geglüht
M	Martensit	**W**	entkohlend geglüht
L	Ledeburit	**N**	graphitfrei

Pos. 5. Angabe der mechanischen Eigenschaften

Symbol	Eigenschaft (Festigkeit in MPa)
GJL- **GJMB-** **GJMW-** **GJS-**	Mindestzugfestigkeit oder Härte HB, HV Mindestzugfestigkeit – Mindestbruchdehnung (%) zusätzlich für die Temperatur bei Messung der Kerbschlagarbeit **-RT** (bei Raumtemperatur) oder **-LT** (bei Tieftemperatur)

oder Angabe der chemischen Zusammensetzung

Alle anderen Sorten	Bezeichnung wie bei hochlegierten Stählen mit Buchstabe **X**, C-Kennzahlen, Symbole der LE, danach LE-Prozente mit Bindestrich

Pos. 6 Zeichen für zusätzliche Anforderungen

D	Gußstück im Gußzustand
H	wärmebehandelt
W	Schweißeignung für Fertigungsschweißungen
Z	zusätzliche Anforderungen nach Bestellung

Anhänger an **Pos. 5** über Probestücke

--S getrennt abgegossen,
--C dem Gußstück entnommen,
--U angegossene Probestücke

V. Nichteisenmetalle

Geringere Vorkommen in z. T. armen Erzen und dadurch aufwendige Verhüttung führen gegenüber Stahl zu höheren Preisen für NE-Metalle. Ihr Einsatz ist notwendig, wenn besondere Eigenschaften gefordert werden, die Stähle nicht erbringen.

Eigenschaften der NE-Metalle	Metalle und Legierungen	Eigenschaften der NE-Metalle	Metalle und Legierungen
niedrige Dichte niedriger Schmelzpunkt (Gießbarkeit) Leitfähigkeit für Wärme und Elektrizität geringe Neutronenaufnahme	Al, Be, Mg, Ti Al, Pb, Mg, Zn Al, Cu, Ag Zr	Korrosionsbeständigkeit Hitzebeständigkeit Gleiteigenschaften hohe Neutronenaufnahme	Al, Cu, Ni, Ti Co, Cr, Mo, Ni, W Al-, Pb-, Cu-, Sn-Leg. Cd, Hf

1. Bezeichnung der NE-Metalle

Reinmetalle werden mit den chemischen Symbolen bezeichnet, dahinter folgt der Metallgehalt in Prozent.

Legierungen werden nach DIN 1700 nach dem Basismetall und dem Hauptlegierungselement in nachstehender Reihenfolge benannt (Chemische Symbole der Metalle).

1. Symbol des Basiselementes,
2. Symbol des Hauptlegierungselementes,
3. Prozentzahl des Hauptlegierungselementes

Zur weiteren Klärung können angefügt werden

4. Symbol des dritten Legierungselementes
5. Prozentzahl des dritten LE (wenn zur Unterscheidung von ähnlichen Sorten nötig)

Beispiele:

Kurzzeichen	Beschreibung
CuCr	Cu-Legierung mit Cr nach Norm. Ohne weitere Angabe, da nur eine Sorte!
CuAl10Ni	Cu-Legierung mit 10 % Al und Ni nach Norm
CuNi25Zn15	Cu-Legierung mit 25 % Ni und 15 % Zn
TiAl6V4	Ti-Legierung mit 6 % Al und 4 % V

Beachte: Regelabweichungen sind evtl. in den Normen für die einzelnen NE-Metalle festgelegt.

Legierungen auf der Basis von Al, Cu, Mg, Ni und Ti werden nach der Art der Verarbeitung eingeteilt in *Knetlegierungen* und *Gußlegierungen.*

Knetlegierungen: Hauptanforderung ist gute Formbarkeit kalt oder warm. Sie sind so legiert, daß sie Mischkristallgefüge evtl. mit kleineren Anteilen anderer Phasen besitzen. Die Erzeugnisse erhalten durch Kaltumformung höhere Festigkeiten, die beim Rückglühen erhalten bleiben, während die Bruchdehnung steigt. Knetlegierungen lassen sich z. T. schlecht spanen, sie neigen zum Schmieren, d. h. ergeben *rauhe* Oberflächen. In den Zuständen mit höherer H-Zahl (halbhart, hart) ist die Zerspanbarkeit besser.

Für Teile mit größeren Zerspanungsarbeiten sind Pb-legierte Automatenlegierungen günstiger.

Anhängesymbole geben bei Knetlegierungen die Werkstoffzustände der Erzeugnisse an (z. B. geglüht, kaltverfestigt, wärmebehandelt). Sie sind für Al und Cu-Legierungen unterschiedlich.

Gußlegierungen: Hauptanforderungen sind gute Gießeigenschaften und leichte Zerspanbarkeit. Sie haben deshalb andere Analysen als Knetlegierungen und meist *heterogene* Gefüge. Die sprödere Kristallart wirkt damit von selbst spanbrechend. Die Sorten sind oft *eutektisch* oder *naheutektisch,* mit niedriger Schmelztemperatur und Schwindung. Die Gießart beeinflußt das entstehende Gefüge und damit die mechanischen Eigenschaften. Gewährleistete Abnahmewerte gelten für größere Wanddicken. Je nach Erstarrungsbedingungen lassen sich höhere Werte erzielen. Bezeichnung nach gültigen DIN-Normen durch vorgestellte Symbole, nach E DIN EN durch nachgestellte.

Gießart → Symbol	Sandguß	Kokillenguß	Druckguß	Schleuderguß	Strangguß
bisherige	**G-**	**GK-**	**GD-**	**GZ-**	**GC-**
EN-Norm	**-GS**	**-GM**	**-GP**	**-GZ**	**-GC**

Kokillenguß erstarrt durch die bessere Wärmeleitung in der Metallform schneller und feinkörniger als *Sandguß.* Durch *Schleuderguß* wird das Gefüge dichter, weil Gasblasen und Schlackenteilchen infolge der Fliehkraft innen verbleiben (z. B. Zahnkränze). Strangguß weist ähnlich gute Werte auf. *Druckguß* verwirbelt beim Einströmen in die Form und hat Lufteinschlüsse, dadurch geringe Bruchdehung und keine Schweißeignung.

Neue Gießverfahren ergeben durch langsames Einströmen bessere Zähigkeit: und Schweißeignung: Niederdruck-Gießen, Sqeeze-Casting und Thixoguß (Gießen im halb-fest-flüssigen Zustand).

2. Aluminium

2.1. Allgemeines

Gliederung der Al-Knetwerkstoffe in 8 Legierungsreihen nach der chemischen Zusammensetzung (DIN EN 573-3). Neben den Originalsorten gibt es viele nationale Varianten, die nur in kleinen Mengen und wenigen Erzeugnisformen geliefert werden.

Leg.-Reihe	Haupt-LE	weitere LE	Sorten Anzahl[1)]	Leg.-Reihe	Haupt-LE	weitere LE	Sorten Anzahl[1)]
1 x x x	Al	Al > 99 %, unlegiert	7 (17)	**5** x x x	Mg	Mn, (Cr, Zr)	16 (45)
2 x x x	Cu	Mg, Mn, Bi, Pb, Si,	10 (17)	**6** x x x	MgSi	Mn, Cu, Pb	13 (31)
3 x x x	Mn	Mg, Cu	5 (13)	**7** x x x	Zn	Mg, Cu, Ag, Zr	18 (27)
4 x x x	Si	Mg, Bi, Fe, CuNi	10 (12)	**8** x x x	Sonst.	Fe, FeSi, FeSiCu	8 (11)

1) Anzahl der Originalsorten (Gesamtzahl in Klammern)

Anhängesymbole aus Buchstaben und bis zu 2 Ziffern nach DIN EN 515 Al und Al-Legierungen, Halbzeug, Bezeichnung der Werkstoffzustände

Symbol	Zustand	Bedeutung der 1. Ziffer	Bedeutung der 2. Ziffer
F	Herstellungs-zustand	keine Grenzwerte für mechanische Eigenschaften	keine
O O1 **O2** **O3**	weichgeglüht	1 hocherhitzt, langsam abgekühlt 2 thermomechanisch behandelt 3 homogenisiert	keine
H **H34**	kaltverfestigt	1 nur kaltverfestigt 2 kaltverfestigt - rückgeglüht 3 kaltverfestigt + stabilisiert 4 kaltverfestigt + einbrennlackiert	2: 1/4-hart, mittig zwischen Zustand O u. Hx4 3: 1/2-hart, mittig zwischen Zustand O u. Hx8 4: 3/4-hart, mittig zwischen Zustand Hx4 u. Hx8 8: vollhart, härtester Zustand gegenüber O 9: extrahart
W	lösungs-geglüht	instabiler Zustand für Legierungen, die nach Lösungsglühen sofort aushärten. Wird durch angehängte Zeit für das Kaltauslagern eindeutig (z. B. W1h)	
T	wärme-behandelt	1: aus Warmformtemperatur abgeschreckt + kaltausgehärtet 2: aus Warmformtemperatur abgeschreckt + kaltverfestigt + kaltausgehärtet 3: lösungsgeglüht + kaltverfestigt + kaltausgehärtet 4: lösungsgeglüht + kaltausgehärtet (stabiler Zustand) 5: aus Warmformtemperatur abgeschreckt + warmausgehärtet 6: lösungsgeglüht + warmausgehärtet 7: lösungsgeglüht + überhärtet 8: lösungsgeglüht + kaltverfestigt + warmausgehärtet 9: lösungsgeglüht + warmausgehärtet + kaltverfestigt	7–9: stabile Zustände

Die Zustände T3, T4, T5, T6, T7 und T8 haben zahlreiche weitere Unterteilungen mit bis zu 3 Ziffern nach Norm.

Erhöhung der Festigkeit um ΔR_m im Zustand Hx8 gegenüber Zustand O

R_m weich (O)	ΔR_m hart Hx8	R_m weich (O)	ΔR_m hart Hx8	R_m weich (O)	ΔR_m hart Hx8
bis 40	55	105 ... 120	90	245 ... 280	110
45 ... 60	65	125 ... 160	95	285 ... 320	115
65 ... 80	75	165 ... 200	100	325 ... mehr	120
85 ... 100	85	205 ... 240	105		

Beispiele:

H24: (H2) kaltverfestigt + rückgeglüht, (4) auf 3/4-hart verfestigt,

H18: (H1) kaltverfestigt, (8) vollhart

2.2. Unlegiertes Aluminium Reihe 1000

Al bildet wegen seiner großen Affinität zum Sauerstoff an der Luft eine dünne, aber dichte, festhaftende Oxidschicht, die ihr Kristallgitter auf dem des Grundwerkstoffes aufbaut (Epitaxie) und die es vor weiterem Angriff schützt. Laugen und manche Säuren (HCl) und Salze (Halogenide) lösen sie auf. Die Oxidschicht kann durch *anodische* Oxidation verstärkt werden.

Verwendung des Reinaluminiums: Lager- und Transportfässer, Verpackungsmittel, Haus- und Küchengerät, elektrische Leitwerkstoffe für Kabel, Stromschienen und Freileitungen (hartgezogen), Kondensatoren und Kabelmäntel. Eloxierte Halbzeuge im Bauwesen und Fahrzeugbau zur Dekoration und hochglänzend für Reflektoren, Plattierwerkstoff für Al-Legierungen,

Al ist *Reduktionsmittel* (Granulat) für hochschmelzende Metalle (Thermit-Verfahren), Al-*Pulver* für Farben (Hammerschlaglack).

2.3. Al-Knetlegierungen

Die LE sollen die niedrige Streckgrenze anheben, ohne daß die Korrosionsbeständigkeit verlorengeht. Das kfz. Al-Gitter kann nur wenige Prozente dieser LE lösen und Mischkristalle bilden. Die Fremdatome erhöhen den Gleitwiderstand (damit die Streckgrenze) bei Erhalt der Verformbarkeit.

Al-Mischkristalle haben eine mit sinkender Temperatur abnehmende Löslichkeit. Bei der Abkühlung finden sekundäre Ausscheidungen statt (Segregat an den Korngrenzen). Dadurch sind einige Legierungstypen aushärtbar.

Korrosionsbeständigkeit. Das edlere Element Cu vermindert schon in Anteilen von 0,1 %° die gute Beständigkeit des reinen Al. AlCu-Legierungen sind deshalb nicht ausreichend witterungsbeständig. Sie können als Blech und Band mit Rein-Al plattiert geliefert werden.

Oberflächenbehandlung: Bei allen Al-Legierungen läßt sich die natürliche Oxidschicht verstärken. Sie ist elektrisch isolierend, hart und mikroporös, so daß sie Farben und Schmiermittel in geringem Maße festhalten kann. Dekorativ wirkende Schichten (gleichmäßige Färbung und hochglänzend) lassen sich nur mit bestimmten Sorten erzielen (Glänzlegierungen mit 99,5 % Al, Mg und ohne Cr), Verschleißschutzschichten (hartanodisieren) bei allen Sorten möglich.

2.3.1. Nicht aushärtbare Knetlegierungen

Diese Sorten erhalten höhere Festigkeiten durch die Mischkristallverfestigung der LE in Verbindung mit der Kaltverfestigung, die sich bei der Herstellung einstellt, z. B. Kaltwalzen von Blech. Die Festigkeiten im Halbzeug liegen zwischen 100...310 N/mm^2 je nach Legierung und dem Grad der Kaltumformung. Schweißen führt zum Festigkeitsabfall in der WEZ.

Reihe 3000 Al Mn (+Mg) mit Eigenschaften ähnlich Al99,9 mit etwas höheren Festigkeiten und Beständigkeit gegen Alkalien. Gut löt-, schweiß- und kaltumformbar. Mn erhöht die Rekristallisationsschwelle und dadurch die Warmfestigkeit.

Anwendung für Dachdeckung und Fassaden, Geräte der Nahrungsmittelindustrie, Kernwerkstsoff von lotplattiertem Blech für Wärmetauscher.

Reihe 4000 AlSi (+Fe, Mg, Ni). Si erniedrigt den Schmelzpunkt (bei 12,5 % eutektischer Punkt) und ist mit 0,8...13,5 % enthalten. Eine aushärtbare Sorte (Al Si1Fe) als Blech.

Anwendung: Schweißzusatzdrähte (wenig Si), Schmiedekolben: (4032 [Al Si12,5MgCuNi] mit geringer Wärmedehnung, Lotplattierung: 4343 [Al Si7,5] oder 4045 [Al Si10] auf 3103 [Al Mn1] für Wärmetauscherbleche.

Reihe 5000 Al Mg (+ Mn) mit erhöhter Korrosionsbeständigkeit gegen Seewasser, stärker verfestigend als Al Mn. Gute Schweißbarkeit bei > 2,5 %Mg-Gehalt, bei niedrigen (Mg+Mn)-Gehalten gut kaltformbar. Anwendung: Statisch beanspruchte Konstruktionsteile im Fahrzeug- und Schiffbau (Bootsrümpfe), Untertagegeräte. Mn ergibt höhere Festigkeit bei Strangpreßprofilen und bessere Warmfestigkeit gegenüber AlMg-Sorten.

Tafel V.1. Auswahl von Aluminiumknetlegierungen DIN EN 573

Sorte EN AW- Stoff-Nr.	Chemische Symbole mit Zustandsbezeichnung	(alt)	R_m MPa	A %	Beispiele
Reihe 2000	aushärtbar		Mechanische Werte jeweils für das Beispiel		
2117	**AlCu2,5Mg-T4**	(F31 ka)	310	12	(Drähte < 14 mm), Niete, Schrauben
2017A	**AlCuM4MgSi-T42**		390	12	Platten für Vorrichtungen, Werkzeuge
2024	**AlCu4Mg1-T42**		420	8	(Blech < 25 mm) Flugzeuge, Sicherheitsteile
2014	**AlCu4SiMg-T6**		420	8	(Schmiedestücke), Bahnachslagergehäuse
2007	**AlCuMgPb-T4**	(F34 ka)	340	7	Automatenlegierung, Drehteile
Reihe 3000			Mechanische Werte jeweils für Blech 0,5 … 1,5 mm (A_{50})		
3103	**AlMn1-F**	(W9)	90	19	Dächer, Fassadenbekleidungen, Profile, Niete,
	AlMn1-H28	(F21)	185	2	Kühler, Klimaanlagen, Rohre, Fließpreßteile
3004	**AlMn1Mg1-O**	(W16)	155	14	Getränkedosen, Bänder für Verpackung,
	AlMn1Mg1-H28	(F26)	260	2	
Reihe 5000			Mechanische Werte jeweils für Blech 3 … 6 mm (A_{50})		
5005	**AlMg1-O**	(W10)	100 … 145	22	Fließpreßteile, Metallwaren
5049	**AlMg2Mn0,8-O**	(W16)	190 … 240	8	Bleche für Fahrzeug- u. Schiffbau,
	-H16	(F26)	265 … 305	3	
5083	**AlMg4,5Mn0,7-O**	(W28)	275 … 350	15	Formen (hartanodisiert), Schmiedeteile,
	-H26	(G35)	360 … 420	2	Masch.-Gestelle, Tank- u. Silofahrzeuge
Reihe 6000	aushärtbar		Mechanische Werte jeweils für das Beispiel		
6060	**AlMgSi-T4**		130	15	Strangpreßprofile aller Art, Fließpreßteile
6063	**AlMg0,7Si-T6**		280		Pkw-Räder u. Pkw-Fahrwerkteile
6082	**AlMgSi1MgMn-T6**		310	6	Schmiedeteile, Sicherheitsteile am Kfz
6012	**AlMgSiPb-T6**	(F28)	275	8	Automatenlegierungen, Hydr.-Steuerkolben
Reihe 7000	aushärtbar		Mechanische Werte für Blech unter 12 mm		
7020	**AlZn4,5Mg1-O**		220	12	Cu-frei, nach dem Schweißen selbstaushärtende
	-T6		350	10	Legierung
7022	**AlZn5Mg3Cu-T6**	(F45wa)	450	8	Maschinen-Gestelle, } überaltert (T7) gut be-
7075	**AlZn5,5MgCu-T6**	(F53wa)	545	8	Schmiedeteile, } ständig gegen SpRK

2.3.2. Aushärtbare Knetlegierungen

Reihe 2000 Al Cu (+Mg, Mn, Si, Pb). Hochfeste Legierungen mit hoher Bruchdehnung (13 %). Sie werden kaltausgehärtet (T4) eingesetzt, durch den Cu-Gehalt nur geringe Korrosionsbeständigkeit, besonders im Zustand warmausgehärtet (T6). Verbindung durch Nieten, Druckfügen u. a., da beim Schweißen eine Entfestigung eintritt. *Anwendung:* Hochbeanspruchte Bauteile im Fahrzeug-, Ingenieur- und Maschinenbau, wenn die geringe Korrosionsbeständigkeit nicht stört: Zahnräder, Preßbleche, Formwerkzeuge für Kunststoffe (hartanodisiert), Bleche und Schmiedeteile für Flugzeugbau, Grubenstempel (Schildvortrieb).

Reihe 6000 Al MgSi (+Mn, Cu). Kalt- und warmaushärtbare Legierungen, davon 4 für die E-Technik. Die Aushärtung wird durch die Phase Mg_2Si bewirkt. Die Sorten sind schweißbar, korrosionsbeständig, jedoch nicht dekorativ anodisierbar. *Anwendung:* Profile für alle Zwecke im Bauwesen, für Fahrzeug- und Schiffsaufbauten, Wärmetauscher, Rolltore, Waggontüren. Höckerplatten für transportable Brücken.

Reihe 7000 AlZn (+Mg, Cu). Konsruktionslegierungen höchster Festigkeit mit geringerer Beständigkeit. Für die Luftfahrt werden deshalb Bleche mit AlZn1 plattiert.

Anwendung ähnlich wie Reihe Al Cu: Gesenk- und Frästeile für den Flugzeugbau, hartanodisierte Formen zum Tiefziehen von Al-Blech.

2.4. Aushärtung der Al-Legierungen

Wärmebehandlung, bei der die Streckgrenze erhöht wird, ohne daß die Dehnung wesentlich sinkt. (Kristalline Vorgänge unter IV.2.4). Intermetallische Phasen entstehen, wenn Cu+Mg oder Mg+Si, bzw. Mg+Zn enthalten sind.

Arbeitsgänge beim Aushärten: (1) Lösungsbehandeln (homogenisieren) bei 480 ... 540 °C. Nach beschleunigtem Abkühlen entstehen übersättigte Mischkristalle. (2) Auslagern bei RT (Kaltauslagern oder bei 110 ... 165 °C (Warmauslagern). Unmittelbar nach der Lösungsbehandlung ist der Werkstoff noch weich, die Streckgrenze steigt langsam an (4 ... 40 h).

Al Zn4,5Mg1 ist so legiert, daß sie nach dem Schweißen in der Wärmeeinflußzone ohne Nachbehandlung wieder aushärtet. Selbstaushärtung kann auch bei einigen Gußlegierungen durch beschleunigte Abkühlung auftreten. Deshalb Festigkeitsproben erst nach ca. 8 Tagen nehmen.

2.5. Erzeugnisformen für Al-Legierungen, Normen für mechanische Eigenschaften

Erzeugnisformen	Normen DIN	Reihen Sorten[1]	Erzeugnisformen	Normen DIN	Reihen Sorten[1]
Gesenkschmiede-stücke	EN 586-2 1749-1	2000, 5000 6000, 7000	stranggepreßte Stangen, Rohre, Profile	prEN 755-2 1748-1	außer 4000, und 8000
Drähte, Anforderung Drähte, mech. Eig.	prEN 1301-2 1790-1	alle bis auf 4000	Bleche, Bänder, Platten	EN 485-1	alle Reihen
gezogene Stangen, Rohre	prEN 754-2 1747-1 1746-1	1000, 2000 5000, 6000 7000	Folien Butzen zum Strangpressen TL	prEN 546-2 EN 570	1000, 6000 1000, 6000
Vormaterial für Wärmetauscher	prEN 683-2	1000, 3000 6000, 8000	HF-geschweißte Rohre	prEN 1592-2 1746-1	3000, 5000, (6000), 7000
Vormaterial für Dosen, Deckel, Verschlüsse		3000, 5000, 6000, 8000	nicht für Kontakt mit Lebensmitteln geeignet	2.000 und 7.000 sowie Pb-, Bi- und Li-haltige Sorten	

1) jeweils die Hauptsorten innerhalb der Reihen

2.6. Al-Gußlegierungen

Kurzname Stoff-Nr. nach DIN EN 1706	Gießart Zustand	R_m	$R_{p0,2}$	$A_{50\,mm}$	HB	Gießen Schweißen Polieren Beständigkeit	Bemerkungen
EN AC-Al Si12(a) -44200	S F K F	150 170	70 80	5 6	50 60	A A D B	dünnwandige, stoßfeste Teile aller Art
EN AC-Al Si12(Cu) -47000	K F	170	90	2	55	A A C C	weniger zäh und beständig als oa.
EN AC-Al Si9Mg -43000	S T6 K T64	230 250	190 180	2 6	75 80	A A D B	Beschläge zum Anschweißen, Kfz-Bremsteile
EN AC-Al Si12CuNiMg -48000	K 75	200	185	<1	90	A A C C	erhöhte Warmfestigkeit bis 200 °C
EN AC-Al Mg3 -51000	S F K F	140 150	70 70	3 5	50 50	C/D C A A	Beschlagteile f. Bau- u. Kfz-Technik, Schiffbau
EN AC-Al Cu4MgTi -21000	F T4 K T4	300 320	200 220	5 8	90 90	C/D C B D	einf. Gußstücke hochfest und -zäh

Gießart: S Sandguß; K Kokillenguß, F Feinguß. Wertung: A ausgezeichnet, B gut, C annehmbar, D unzureichend

3. Kupfer

3.1 Übersicht über die Normen für Cu- und Cu-Legierungen

Werkstoffe aus Kupfer und seinen Legierungen waren bisher getrennt in Werkstoff- und Erzeugnisnormen zusammengefaßt. Sie sind fast alle *zurückgezogen* und durch DIN EN Normen ersetzt.

Bezeichnung	DIN-Nr. (Z)	Bezeichnung	DIN-Nr. (Z)
Cu-Gußlegierungen		**Cu-Knetlegierungen**	
Kupfer	1708	Kupfer im Halbzeug	1787
CuSn und CuSnZn (Rotguß)	1705	CuZn (Messing)	17660
CuZn und CuZn+LE	1709	Cu-Sn (Bronze)	17662
CuAl	1714	CuSnZn (Neusilber)	17663
CuSnPb (Bleibronze)	1716	Cu-Ni	17664
Cu-Gußwerkstoffe, niedriglegiert	17655	CuAl	17665
CuNi	17658	Niedriglegierte Cu-Werkstoffe	17666

Die EN-Normung verzichtet auf einzelne Werkstoffnormen, Mittelpunkt sind die *Erzeugnisnormen*. Sie enthalten die Analysen der geeigneten Cu-Knetwerkstoffe, Lieferbedingungen und Lieferformen. Alle Cu-Gußwerkstoffe sind in *einer* Norm DIN EN 1982 zusammengefaßt.

DIN EN	Bezeichnung: –	Legierungssysteme und Anzahl der Sorten						
Norm/Jahr	Kupfer u. Kupferlegierungen-...	Cu Sn Pb	Cu u.Cu-niedrigleg.	CuAl	CuNi	CuNi Zn	CuSn (+Zn)	CuZn (+ LE)
Blockmetalle und Gußstücke								
1976	– gegossene Rohformen	4	4+9	10	2	–	–	12+12
1982 / 98	– Blockmetalle und Gußstücke	4	5 –	6	4	–	5+9	–14
Walzprodukte								
1652 / 98	– Platten, Bleche, Bänder, Streifen und Ronden f. allgemeine Verwendung		5+6	1	4	5	5	9+7
1653 / 98	– Platten, Bleche und Ronden für Kessel, Druckbehälter, Warmwasserspeicher		2	3	2	–	–	– 4
1654 / 98	– Bänder für Federn u. Steckverbinder		6	–	5	–	5	– 4
Rohre								
12449 / 99	– nahtlose Rundrohre f. allg. Verwendung		1+3	–	2	2	5	15+9
12451 / 99	– nahtlose Rundrohre f. Wärmeaustauscher		1 –	1	3	–		–3
12452 / 99	– nahtlose Rippenrohre für Wärmeaustauscher		1 –	–	2	–	–	–2
Stangen, Profile, Drähte								
12163 / 98	– Stangen f. allgemeine Verwendung		3+11	6	2	2	4	10+10
12164 / 00	– Stangen f. spanende Bearbeitung		4	–	–	4	4	16+7
12166 / 98	– Drähte f. allgemeine Verwendung		1+12	–	–	7	4	16+4
12167 / 98	– Profile und Rechteckstangen f. allg Verwdng.		2+9	6	–	7	2	24+12
12168 / 00	– Hohlstangen f. spanende Bearbeitung		1+2	–	–	–	–	14+5
Schmiedestücke und Schmiedevormaterial								
12165 / 98	Vormaterial für Schmiedestücke		4+9	10	2	–	–	12+12
12420 / 99	Schmiedestücke		2+4	4	2	–	–	10+4

3.2. Bezeichnung der Cu-Werkstoffe

Mit Ausnahme der unlegierten Cu-Werkstoffe gelten in den DIN EN-Normen die bisherigen Kurznamen aus chemischen Symbolen und Prozentzahlen. Weitere Angaben erfolgen durch Anhängesymbole.

Tafel V.1. DIN EN 1173 Kupfer und Kupferlegierungen, Zustandsbezeichnungen. Anhängesymbole aus einem Buchstaben und 3 Ziffern für bestimmte Eigenschaftswerte.

Symbol	Eigenschaft	Kennwert mit Beispiel	Symbol	Eigenschaft	Kennwert mit Beispiel
A	Bruchdehnung in %	A005: $A = 5$ %	**B**	Federbiegegrenze	B370: $\sigma_{bzul} = 370$ MPa
D[1)]	Gezogen, ohne vorgeg. mech. Eigenschaften		**G**	Korngröße	
H	Härte HB oder HV	H030 HB10 oder H120 HV	**M**[1)]	wie gefertigt, ohne vorg. mech. Eigenschaften	
R	Zugfestigkeit	R700: $R_m = 700$ MPa	**Y**	0,2-Dehngrenze	Y350: $R_{p0,2} = 350$ MPa

[1)] Die Buchstaben D und M werden ohne weitere Bezeichnungen verwendet

DIN EN 1412 Kupfer und Kupferlegierungen, Europäisches Nummernsystem. Die Normangabe besteht aus 6 Zeichen.

1. Zeichen C für Kupfer

C	2	3	4	5	6

Zeichen 3 … 5 sind Zählziffern

2. Zeichen: Buchstabe für die Erzeugnisform

B	Blockform zum Umschmelzen
C	Gußerzeugnis
F	Schweißzusatz, Hartlote
R	raffiniertes Cu in Rohform
S	Werkstoff in Form von Schrott
W	Knetwerkstoffe

6. Zeichen: Buchstabe für das Legierungssystem

A, B	Kupfer	**J**	CuNiZn
C, D	Cu, niedriglegiert, Σ LE < 5 %	**K**	CuSn
E, F	Legierungen, Σ LE > 5 %	**L, M**	CuZn-Zweistofflegierungen
G	CuAl	**N, P**	CuZnPb
H	CuNi	**R, S**	CuZn-Mehrstofflegierungen

3.3 Reinkupfer und niedriglegiertes Kupfer

Cu muß für Leitzwecke höchste elektrische Leitwerte besitzen. Für Verwendung als Bedachung und Rohrleitung muß es frei von Sauerstoff sein, damit beim Löten und Schweißen kein Wasserdampf durch Reduktion des CuO durch H-haltiges Gas entsteht, der zu Rissen führt (Wasserstoffkrankheit). Die Desoxidation kann durch P-Zugabe erfolgen, die jedoch den Leitwert stark senkt.

Tafel V.2 Vergleich der Roh-Cu-Sorten DIN EN 1976 und DIN 1708 (Z)

O-haltiges CU		O-freies Cu, nicht desoxidiert		O-freies Cu mit **P** desoxidiert		
EN 1976	(DIN 1708)	EN 1976	(DIN 1708)	EN 1976	(DIN 1708)	Bedeutung der Zeichen
ECu-ETP1	(—)	Cu-OF,	(OF-Cu)	CU-**PHC**	(SE-Cu)	1: höchster elektr. Leitwert (58,58)
Cu-ETP,	(E1-Cu58)	Cu-OFE[1)]	(—)	Cu-**PHC**E,	(—)	E: (vorn), elektrolytisch raffiniert
Cu-FRHC	(E2-Cu58)			Cu-DL**P**	(SW-Cu)	E: (hinten), vakuumgeeignet
Cu-FRTP	(F-Cu)			Cu-DH**P**	(SF-Cu)	F: feuerraffiniert
				Cu-DX**P**	(—)	LP: P-% niedrig HP: P-% höher
		1) Sorte mit geprüfter Haftung der Zunderschicht				OF: Oxygen free, TP: zähgepolt
						HC: high conductivity (Leitfähigkeit)

Tafel V.3 Kupfersorten für Drahtbarren, Walzplatten und Rundblöcke DIN EN 1976 (ersetzt DIN 1708)

Kurzzeichen	Eigenschaften und Verwendung
Cu-ETP	E-Technik, Elektronik, bei Anforderung an höchste Leitfähigkeit
Cu-FHRC	wie vor, auch für Schmiedestücke allgemeine Verwendung
Cu-OF	wie vor, nicht desoxidiert, wasserstoffbeständig, schweiß- und lötgeeignet. R_m = 200 Mpa, A = 35 %
-OFE	frei von verdampfenden Elementen für die Vakuumtechnik
Cu-PHC	E-Technik, hohe Leitfähigkeit und Umformbarkeit, Plattierwerkstoff
-PHCE	Freiformschmiedestücke für allgemeine Verwendung, Vakuumtechnik
Cu-DLP	Allgemeine Verwendung, für Apparatebau, gut löt-, schweiß- und kaltformbar
Cu-DHP	Allgemeine Verwendung, für Rohrleitungen, Bauwesen, Apparate bei hohen Anforderungen an Schweiß-, Löt- und Umformbarkeit, auch Schmiedeteile R_m = 200 MPa, A = 33 %
CuAg0, 10	insgesamt, 10 Ag-haltige Sorten (0,04, 0,07 und 0,1 %), anlaßbeständig, mit hoher elektrischer Leitfähigkeit, O-haltig, P-oxidiert oder O-frei

1) Halbzeugarten sind: Platten, Bleche, Bänder, Rohre, Stangen, Drähte, Strangpreßprofile

3.3 Kupferlegierungen, Allgemeines

LE sollen die niedrige Festigkeit des Cu bei Erhaltung der Duktilität und Beständigkeit erhöhen. Dabei wirken Mischkristallverfestigung, Kaltverfestigung und Korngrenzenverfestigung durch feinkörnige Gefüge gemeinsam. Bis auf Ni sind die anderen LE nur zwischen 2.5 % (Be) und 37 % (Zn) löslich und bilden homogene Mischkristallgefüge. Bei höheren Anteilen an LE entstehen intermetallische Phasen. Die Zustandschaubilder sind kompliziert mit zahlreichen Feldern und Umwandlungen im festen Zutand. Die zweiphasigen Gefüge haben geringere Duktilität, sind aber besser spanbar und meist warmumformbar. Dritte und vierte LE sollen bestimmte Eigenschaften verbessern: Pb die Spanbarkeit, Mn die Warmfestigkeit, Ni und Al die Korrosionsbeständigkeit.

Die elektrische Leitfähigkeit wird durch Mischkristallbildung stark gesenkt. Nur Cd, Ag und Zn wirken gering. Für höhere Festigkeit und Härte (Verschleißwiderstand) sind geringe Anteile (< 1 %) von seltenen Erden als intermetallische Phase enthalten, einige Sorten sind aushärtbar.

3.4 Niedriglegierte Cu-Sorten, (Auswahl aus 20 Sorten)

Sorte	Eigenschaften, Anwendung
CuFe2P	Kombination von Eignung für Stanzen, Kalt- und Warmumformen, Löten, Schweißen. Anlauf- und korrosionsbeständig, hohe Leitfähigkeit für Wärme und Strom. Wärmetauscher R_m = 200 MPa, A = 40 %
CuBe1,7	warmaushärtbar bis R_m = 1300 MPa f. Kontaktfedern, CuzBe2 f. nichtfunkende Werkzeuge
CuCr1Zr	warmaushärtbar bis R_m = 470 MPa, hohe Leitfähigkeit, Elektroden zum Punktschweißen, Schleifringe, Kollektorlamellen
CuNi2Si	warmaushärtbar bis R_m = 640 MPa, mittlere Leitfähigkeit, rauchgasbeständig, Freileitungsarmaturen

3.5 Kupfer-Zink-Legierungen (Messing)

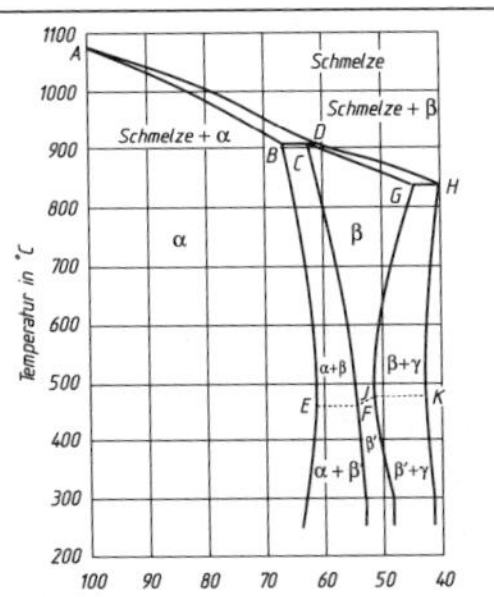

Zustands-Diagramm Cu-Zn

56 Knetlegierungen, Sorten: CuZn (9), CuZnPb (24), CuZn+Zusätze (23)
14 Gußlegierungen, Sorten: CuZnPb (6), CuZnAl(4), CuZnMn (2), As, Si (je 1)

MK-Gebiet bis ca. 37 % Zn mit homogenen kfz.-Knetlegierungen. Sorten rechts davon enthalten die β-Phase (krz), härter und spröder (IP, Bild in Tafel. II.5) gut warmformbar bei 600 °C. Zu diesen heterogenen Sorten gehören die Gußlegierungen und höherfesten Sorten mit weiteren LE. Bei Zn-Gehalten > 50 % tritt eine extrem spröde γ-Phase auf. Diese Legierungen sind technisch nicht brauchbar. Pb (max 4%) ist unlöslich und verbleibt auf den Korngrenzen. Mit steigendem Pb-Gehalt steigt die Zerspanbarkeit, die Kaltumformbarkeit sinkt. Die weiteren LE sind in der α-Phase löslich und verbessern Festigkeit, Korrosionsbeständigkeit und Gleiteigenschaften. Sie engen das Mk.-Gebiet ein, wodurch bei kleineren Zn-Gehalten heterogene Gefüge mit der β-Phase entstehen. Hierzu gehören auch die CuZn-Gußlegierungen.

CuZn-Knetlegierungen

Kurzzeichen Nummer	Zustand	A %	Verwendungsbeispiele
CuZn15 CW502L	R260 R350	38 4	Druckmeßgeräte, Hülsen
CuZn20 CW503L	R270 R400	38 5	Metallschläuche
CuZn30 CW505L	R280 R420	40 6	Federn, Tiefziehteile
CuZn33 CW506L	R280 R420	40 6	Drahtgeflecht, Ätz-Platten
CuZn37 CW508L	R300 R480	38 3	Blech, Stg, Profile, Drück-, Prägeteile
CuZn40 CW509L	R340 R470	33 6	Stg., Profile, Schloß- u. Beschlagteile
CuZn35Pb1 CW600	R290 R470	40 5	Blech, gut warm-, kaltform- und spanbar
mechanische Werte gelten für Bleche bis 2,5 mm, rechte Tafel für das jeweilige Halbzeug			

Kurzzeichen (DIN 17675 Z)	Nummer	Zustand	A %	Verwendungbeispiele
CuZn39Pb3	CW614N	R380 R430	18 10	Stg., Profile f. Drehteile auf Automaten
CuZn40Pb2	CW617N	R380 R600	35 8	Profile als Warmpreßteile, Schmiedestücke
CuZn43Pb2	CW623N	R430 R480	15 5	dünnwandige Strangpreßprofile
CuZn20Al2As (CuZn40Al2)	CW702R	R340 R390	45 40	Rohre geglüht beständig g. Seewasser u. SpRK
CuZn31Si1 (CuZn31Si1)	CW708R	R460 R350	22 12	kaltformbar, Rohre Lagerbuchsen
CuZn38Mn1Al1 (CuZn37Al1)	CW716R	R490 R550	18 10	Stl. witterungsbeständig für Gleitelemente
CuZn38Sn1As (CuZn38Sn1)	CW717R	R340	30	Bleche, Rohrböden f. Kondensatoren
CuZn40Mn2Fe1 (CuZn40Mn2)	CW723R	R420 R470	12 18	Stg. Profile, lötbar, witt.-best. Armaturen

CuZn-Gußlegierungen

Kurzname (DIN 1709 Z)	Nummer	Gießart	R_m MPA	$R_{p0,2}$	A %	HB →	Eigenschaften, Beispiele Härte nur Anhaltswerte
CuZn33Pb2-C (G-Cu33Pb)	CC750S	-GS, -GZ	180	70	12	45 50	beständig gegen Brauchwässer bis zu 90 °C, gut spanbar
CuZn15As-C (G-CuZn15)	CC760S	-GS	160	70	20	45	sehr gut lötgeeignet, meerwasserbeständig, für Flansche u.a. im Schiffbau
CuZn16Si4-C (G-CuZn15Si4)	CC761S	-GS -GM	400 500	230 300	10 8	100 130	meerwasserbeständig, dünnwandig vergießbar schweißbar
CuZn25Al5MnFe3-C (G-CuZn25Al5)	CC762S	-GS -GM	750 750	450 480	8 8	180 180	sehr hoch belastete Gleitlager und Schneckenradkränze (niedrige Gleitgeschwindigkeit)
CuZn34Mn3Al2Fe1-C (G-CuZn34Al2)	CC764S	-GS -GZ	600 620	250 260	15 14	140 150	mittlere Spanbarkeit, für statisch hoch belastete Ventil- und Steuerungsteile
CuZn35Mn2Al1Fe1-C (G-CuZn35Al1)	CC765S	-GS -GC	450 500	170 200	20 18	110 120	Mittel belastete Druckmuttern, Gleit- und Gelenksteine, Schiffspropeller
CuZn37Al1-C (G-CuZn37Al1)	CC766S	-GM	450	170	25	105	mittlere Festigkeit, nur für Kokillenguß für alle Zweige
CuZn38Al-C (G-CuZn38Al)	CC767S	-GM	380	130	30	75	beständig gegen atmosphärische Korrosion, Kokillengußteile f. E-Technik u. Masch.-Bau

3.6 Kupfer-Aluminium-Legierungen

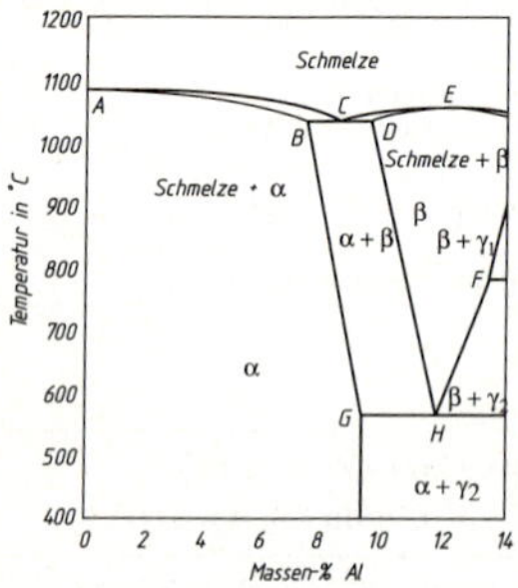

Zustands-Diagramm

9 Knetlegierungen, Sorten: CuAlSi (2), CuAlFe (4), CuAlNi (2)
6 Gußlegierungen, Sorten: CuMnAl (1), CuAlFe (3), CuAlNi (1)

Homogene Gefüge bis 9 ca. % Al (nach Warmumformung, darüber Anteile der Phase β, die bei 565 °C eutektoid in ein Gemisch aus (α+γ) zerfällt, bei schneller Abkühlung auch martensitische Umwandlung. Durch die Härte des Eutektoids sind nur Legierungen bis 11 % Al brauchbar. Die Elemente Fe, Mn, und Fe+Ni beeinflussen den β-Zerfall zu besseren Eigenschaften und bewirken Feinkorn sowie höhere Warm- und Dauerfestigkeiten, Al bewirkt hohe Korrosionsbeständigkeit aber schlechte Lötbarkeit durch Al-Oxidschicht. Hohe Dauerfestigkeit auch in korrodierenden Medien. Die Dichte sinkt auf 7,6.

Gußlegierungen mit ähnlicher Zusammensetzung für Gußteile hoher Zähigkeit, auch bei tiefen Temperaturen (kein Steilabfall).

Cu-Al-Knetlegierungen (Auswahl)

Kurzzeichen (DIN 17675 Z)	Stoff-Nr.	Zustand	$R_{p0,2}$ MPa	A %	Eigenschaften, Anwendungen
CuAl8Fe3 (CuAl8Fe3)	CW303G	R450 R480	200 210	30 30	Platten u. Bleche f. allg. Verwendung und f. Kessel, warmfest bis 300 °C, Schmiedestücke, korrosionsdauerfest
CuAl9Ni3Fe2 (CuAl9Ni2)	CW304G	R490	180	20	sehr gut schweißbar, warmfest, Verbunde aus Guß mit Knetwerkstoff, Platten u. Bleche für Kessel, Schmiedestck.
CuAl10Fe3Mn2 CW306G (neu)-	CW306G	R590 R690	330 510	12 6	zunderfest, Stangen, Schmiedestücke f. Maschinen, Schrauben, Spindeln, Zahn- u. Schneckenräder
CuAl10Ni5Fe4 (neu)	CW307G	R590 R620	230 250	14 14	warmfest, kavitationsfest, Platten u. Bleche für Kessel, Stangen. Mech. und chem. hochbeanspruchte Teile
CuAl11Fe6Ni6 (CuAl11Ni6Fe5)	CW308G	R750	700	(5)	Stangen f. allg. Verwendung, höchste Festigkeit, für stoßbelastete Verschleißteile, Umformwerkzeuge

Cu-Al-Gußlegierungen DIN EN 1982 (Auswahl)

Sorte (DIN 1714 Z)	Stoff-Nr.	Gießart	R_m MPa	$R_{p0,2}$ MPa	A %	HB	Eigenschaften, Anwendungen
CuAl10Fe2-C (G-CuAl10Fe)	CC331G-	-GS -GM	500 600	180 250	18 20	100 130	beständig gegen Mineralsäuren (nicht HNO_3)
CuAl10Ni3Fe2-C (G-CuAl9Ni)	CC332G	-GS -GM	500 600	180 250	18 20	100 130	Wie Knetwerkstoff CW304G, Heißdampfarmaturen, Teile f. Lebensmittelverarbeitung
CuAl10Fe5Ni5-C (G-CuAl10Ni)	CC333G	-GM -GZ	650 650	280 280	7 13	150 150	Schiffpropeller, Stevenrohre, Laufräder u. Gehäuse von Pumpen f. Meerwasser
CuAl11Ni6Fe6-C (G-CuAl11Ni)	CC334G	-GS -GM	680 750	320 380	5 5	170 185	Gleitlager für Stoßbelastung, Kurbel- und Kniehebellager

3.7 Kupfer-Zinn-Legierungen

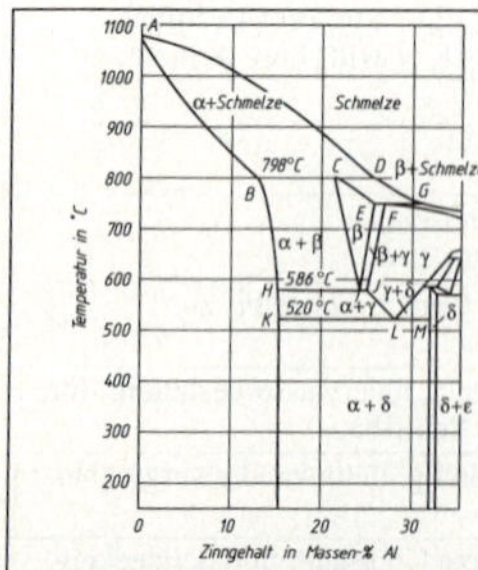

Zustands-Diagramm

11 Knetlegierungen, Sorten: CuSn (5), CuSnPb (5); CuSnTe CuSnPb (4)
18 Gußlegierungen, Sorten: CuSn (2), CuSnPb(P)(2), CuSnNi (1), CuSnZn (9) ↑

CuSn: Breites Erstarrungsintervall führt zu starken Kristallseigerungen, so daß homogene Cu-MK nur bis zu etwa 6 % entstehen. Darüberhinaus enthalten die Legierungen das härtere Eutektoid (α+δ) mit der intermetallischen Phase δ. Bei Sn-Gehalten von 5 … 12 % bestehen die Gußlegierungen aus einer harten (α+δ)-Matrix mit weicheren CuSn-Mischkristallen. Diese heterogenen Gefüge haben gute Gleiteigenschaften. Mit dem Sn-Gehalt steigt die Korrosionsbeständigkeit (gegenüber CuZn-Sorten auch bessere Gleiteigenschaften, höherer Preis).

CuSnZn: Zn-Zusatz, verbilligt und ergibt bessere Gießbarkeit (Rotguß) durch die Desoxidation mit Zn.

Cu-Sn-Knetlegierungen

Kurzzeichen	Stoff-Nr.	R_m Mpa	$R_{p0,2}$ Mpa	A %	Verwendung
CuSn4	CW450K	290 … 610	190 … 520	40 … 3	Federn, Schrauben, Bolzen, Rohre und Behälter f. chem. Industrie
CuSn6	CW452K	350 … 630	300 … 600	45 … 5	Kontaktfedern, Wellrohre und Membranen, Bleche, Bänder, Rohre
CuSn8	CW453K	370 … 740	300 … 600	50 … 2	wie vor, mit erhöhten Festigkeits- und Gleiteigenschaften,
CuSn3Zn9	CW454K	320 … 510	230 … 430	25 … 3	Federn, Faltenbälge, Siebbleche, Gewebe

CuSn-Gußlegierungen DIN EN 1982

Sorte (DIN 1705 Z)	Stoff-Nr.	Gieß-art	R_m MPa	$R_{p0,2}$ MPa	A %	HB	Eigenschaften, Anwendungen
CuSn10-C (G-CuSn10)	CC480K	-GS -GM	250 270	130 160	18 10	70 80	Armaturen und Pumpengehäuser, Leit-, Lauf- u. Schaufelräder f. Pumpen und Wasserturbinen, gut schweißgeeignet
CuSn11P-C (—)	CC481K	-GS -GC	250 350	130 170	5 4	60 85	besser gießbar durch 0,5 ... 1 % P mit hoher Festigkeit bei Strang- und Schleuderguß
CuSn11Pb2-C (CuSn12Pb)	CC482K	-GS -GC	240 280	130 150	5 5	80 90	hochbeanspruchte Gleitlager, -platten und -leisten
CuSn12-C (CuSn12)	CC483K	-GS -GZ	260 280	140 150	7 5	80 90	unter Last bewegte Spindelmuttern, schnelllaufende Schnecken- und Schraubenradkränze
CuSn12Ni2-C (CuSn12Ni)	CC484K	-GS -GC	280 300	160 180	12 10	85 95	Wie vorstehend, bei höchsten Belastungen

CuSnZn-Gußlegierungen DIN EN 1982

Sorte (DIN 1705)	Stoff-Nr.	Gieß-art	R_m MPa	$R_{p0,2}$ MPa	A %	HB	Eigenschaften, Anwendungen
CuSn3Zn8Pb5-C (CuSn2ZnPb)	CC490K	-GS -GC	180 220	85 100	15 12	60 70	brauchwasserbeständig, dünnwandige Armaturen (< 12 mm) bis 225 °C
CuSn5Zn5Pb5-C (CuSn5ZnPb) (Rg 5)	CC491K	-GS -GM	200 220	90 110	13 6	60 60	lötbar, für dünnwandige Konstruktionsteile, Gehäuse, Dampfarmaturen bis 225 °C
CuSn7Zn2Pb3-C (CuSn6ZnNi)	CC492K	-GS -GC	230 260	120 120	15 12	60 70	meerwasserbeständig, Armaturen- u. Pumpengehäuse, druckdichte Gußteile
CuSn7Zn4Pb7 (CuSn7ZnPb) (Rg 7)	CC493K	-GS -GM	230 230	120 120	15 12	60 60	Lagerwerkstoff für mittel beanspr. Lager, gute Notlaufeigenschaften

3.8 Kupfer-Nickel-Legierungen

Zustands-Diagramm Siehe II.4.4	15 Knetlegierungen, Sorten: CuNi (1), CuNiSn (1), CuNiFeMn (2), CuNiZn (11) 4 Gußlegierungen, Sorten: CuNiFe (3), CuNiCr (1)

Zusatz von Fe ergibt Meerwasserbeständigkeit, auch bei hohen Strömungsgeschwindigkeiten. Zn senkt den Preis (Neusilber) und erhöht die Festigkeit. In aushärtbaren Sorten ist Sn und Cr enthalten. Homogene Gefüge im ganzen Mischungsbereich mit hoher Kaltformbarkeit und Korrosionsbeständigkeit.

CuNi: Elektrische Widerstandslegierungen, Wärmetauscher und Leitungen in Schiffbau und für Entsalzungsanlagen, Gußteile für Lebensmittel-, Getränke- und chemische Industrie, Münzlegierung ist CuNi25.

CuNiZn: mit Ni steigt die Korrosionsbeständigkeit, mit Cu die Kaltformbarkeit, mit Zn die Festigkeit.

CuNi-Knetlegierungen

Kurzzeichen Nummer	Zu-stand	A %	Halbzeuge	Kurzzeichen Nummer	Zu-stand	A %	Halbzeuge
CuNi25 CW350H	R290	40	Platte, Blech, Band, Ronde	**CuNi10Fe1Mn** CW352H	R300 R320	30 15	w.o., Rohre, Stangen Schmiedestücke
CuNi9Sn2 CW351H	R340 R450	30 4	w.o., Federband Schmiedestücke	**CuNi30Mn1Fe** CW354H	R350 R410	35 14	w.o., Rohre, Stangen Schmiedestücke
	R560	2	aushärtbar	Mechanische Werte gelten für die jeweiligen Halbzeuge			

CuNiZn-Knetlegierungen

Kurzzeichen	Stoff-Nr.	Zu-stand	A %	Eigenschaften, Anwendungsbeispiele
CuNi7Zn39Pb3Mn2	CW400J	R600	8	warmpreßbar, wenig kaltformbar, Bohr-, Fräs- und Drehteile f. Optik
CuNi12Zn24	CW403J	R340	45	sehr gut kaltformbar, emaillierfähig, Tafelgeräte, Bestecke, Federn
CuNi12Zn30Pb1	CW406J	R420 R500	20 8	gut kaltformbar und zerspanbar, Sicherheitsschlüssel, Drehteile für die feinmechanische Industrie, Drähte
CuNi18Zn19Pb1	CW408J	R480 R530	15 8	Stangen und Profile, anlaufbeständiger, sonst wie 406J. Schmuckwaren, Reißzeuge, Uhrenteile
CuNi18Zn20	CW409J	R500 R550	18 12	Bleche, Stangen, Profile, gut kaltformbar, anlaufbeständiger, Brillen, Kontaktfedern
CuNi18Zn27	CW410J	R600	6	nur Bänder und Bleche, stakt kaltverfestigend, Federwerkstoff

4. Titan

Eigenschaften:

Geringe Wichte (4,5) bei Festigkeiten der unlegierten Baustähle, kaltzäh bis −200 °C, beständig gegen Lochfraß in chlorionenhaltigen Elektrolyten und gegen Spannungsrißkorrosion.

Werkstoff kriecht bei Raumtemperatur, bei höheren Temperaturen erfolgt Aufnahme von O_2 und N_2 aus der Luft, dadurch Verfestigung und Abnahme der Dehnung. Schweißen nur unter Argon, Schutz der Nahtwurzel erforderlich. Hohe Kerbempfindlichkeit, schlechte Gleiteigenschaften.

Titan unlegiert DIN 17 850 ist in 4 Sorten genormt, die mit steigendem Sauerstoffgehalt (0,1 ... 0,3 %) steigende Festigkeiten von 300 ... 540 N/mm² und Bruchdehnungen von 30 ... 16 % aufweisen.

Titanlegierungen DIN 17 851 sind in 12 Sorten genormt. TiA16V4 und TiAl5Sn2 haben Festigkeiten von 790 ... 890 N/mm² im geglühten Zustand bei einer Bruchdehnung von 6 %. TiAl6V4 ist aushärtbar. Daneben liefern die Titan-Hersteller weitere legierte Sorten unter Firmennamen (Contimet, Tikrutan).

DIN 17 851 enthält 4 niedriglegierte (0,2 % Pd) und 8 hochlegierte auf der Basis TiAl mit Zusätzen von V, Zr, Sn, Fe, Mo, Si. Sieben davon sind in DIN 17 865 für Gußstücke vorgesehen. DIN 17 869 Werkstoffeigenschaften von Titan und -legierungen.

Verwendung: Galvano- und Chemotechnik: Heiz- und Kühlschlangen für Bäder, Elektrodenhalterungen, Beizkörbe. Knochennägel und -schrauben als Implantate.

Legierungen für hochbeanspruchte Teile an Flugkörpern, Rennwagen und -motoren, Rennfahrrädern, Verdichterteile mit hohen Umfangsgeschwindigkeiten. Triebwerksteile mit hohen Beschleunigungen (Massenkräften). Hierbei wirkt sich die niedrigere Dichte günstig aus.

Tiduran-Verfahren: 2-stündige Salzbadbehandlung bei 800 °C. Erzeugung einer 40 ... 60 µm dicken Mischkristallzone von 750 ... 850 HV 0,025 mit guten Gleiteigenschaften sowie Erhöhung der Dauerfestigkeit.

5. Magnesium (DIN 1729, DIN EN 1753)

Eigenschaften:

Geringe Dichte 1,7 kg/dm³, weich, in Spänen und Stäuben brennbar, beständig gegen Laugen und alkalische Lösungen, Öle und Kraftstoffe (nicht Methanol). Säuren und Salze, auch Wasser, greifen Mg an.

Oberflächenschutz durch Umwandlungsschichten durch Chromatisieren (DIN 50 939/41), messinggelber Überzug durch Reaktion mit Alkali-Dichromaten + Salpetersäure; galvanische Schichten oder Lacke.

Verwendung: Reduktionsmittel für Titan-Herstellung, Kugelgraphitguß, Mg-Anoden für kathodischen Korrosionsschutz.

Legierungen enthalten Al bis zu 9 %, Mn und Zn. Zn verbessert die schlechte Kaltformbarkeit des hexagonalen Mg. Größere Umformungen sind nur bei Temperaturen über 300 °C möglich. Dabei entstehen Texturen, d.h. starke Unterschiede in den Eigenschaften längs und quer zur Bearbeitungsrichtung. Beseitigung durch Homogenisierungsglühen (ho).

Mg-Legierungen müssen beim Zusammenbau mit anderen Metallen isoliert werden, um Kontaktkorrosion zu verhüten.

Hochreines Mg (Hp-Sorten, high purity) mit geringsten Fe-, Ni- und Cu-Gehalten als Basis ergibt wesentlich korrosionsbeständigere Sorten.

Knetlegierungen DIN 1729, Teil 1, sind in 4 Sorten genormt.

MgMn2 MgAl3Zn	Bleche, Bänder und Profile für Verkleidungen, Kraftstofftanks, Innenausbau von Fahrzeugen
MgAl6Zn MgAl8Zn	Rohre, Stangen, Preßprofile und Gesenkteile, höhere Festigkeit, optische Geräte; Teile, die Fliehkräften ausgesetzt sind

Festigkeiten zwischen 200 ... 280 (320) N/mm^2 bei Bruchdehnungen von 10 ... 5 %.

Gußlegierungen DIN EN 1753, Auswahl aus 9 Sorten (Werte für getrennt gegossene Proben)

Kurzzeichen (Gießarten) DIN EN-1753	Zustand	R_m MPa	$R_{p0,2}$ MPa	A_5 %	Beispiele
EN-MCAl9Zn1 (-GS, -GM, -GP) G-MgAl9Zn1ka wa	F T4 T6	160 240 240	90 110 150	2 6 2	Getriebegehäuse, Luftfilterabdeckung, Teile für elektronische Drucker- und Speicherlaufwerke, Kameragehäuse
EN-MCMgRE2Ag1Zr1 (-GS, -GM) G-MgAg3Se2Zr1 wa	T6	240	175	2	Luftfahrtlegierung, höchste stat. u. dyn. Festigkeit warmfest bis 200 °C WIG-schweißbar, schlecht gießbar.

Weitere Sorten enthalten Thorium, Zirkon oder seltene Erden. Sie sind schmelz- und gießtechnisch schwierig zu verarbeiten und erreichen nach Wärmebehandlung höhere Dauerfestigkeiten, sind z.T. auch kriechfest bis zu Temperaturen von 250 ... 300 °C und druckdicht.

Verwendung: Teile von hydraulischen und elektrischen Geräten im Flugzeugbau, ebenso Getriebegehäuse, Ölwannen, Radkörper- und Felgen, Gehäuse für tragbare Maschinen und Geräte.

6. **Blei** (DIN EN 12659, DIN 17640-1)

Eigenschaften:

Gute Beständigkeit gegen Schwefelsäure und Salzsäure, gut kaltformbar, lötbar.

Geringe Festigkeit, nicht kaltverfestigend, unbeständig gegen Laugen, giftig, Werkstoff kriecht bei Raumtemperatur.

Verwendung: Chemische Industrie, Akkumulatoren, Rohre, Kabelmäntel, Überzugsmetall (Feuerverbleiung), Schriftmetalle.

Zur Erhöhung der Härte ist es mit steigenden Bi-, Cu- und Ag-Anteilen legiert.

Zur Erhöhung der Zähigkeit ist in *Lager-* und *Lettern*metall Zinn und Antimon zulegiert. Legierungsmetall in Bronzen, Weichloten.

Pb-Druckguß DIN 1741 in 4 Sorten genormt, mit Sb und Su-Gehalten für kleine, sehr maßgenaue Teile in feinmechanischen und Meß-Geräten.

7. **Zinn** (DIN EN 611-1)

Eigenschaften:

Sehr dehnbar, gute Beständigkeit gegen organische Säuren und Atmosphäre, niedriger Schmelzpunkt, lötbar.

Unter + 18 °C Umwandlung in graues kubisches Zinn, d. h. Zerfall zu Pulver (Zinnpest).

Verwendung: Überzugsmetall für Weißblech und Haushaltsgeräte, Legierungselement in Bronzen, Lagermetallen, Weichloten. Sn-Druckguß DIN 1742 in 3 Sorten genormt (Tafel V.5).

8. Zink (DIN EN 1774)

Eigenschaften:

Beständig in feuchter und trockener Luft, Benzin, Öl, Benzol unter 100 °C, niedriger Schmelzpunkt, lötbar.

Unbeständig gegen Säuren, Zinkverbindungen gesundheitsschädlich, starke Anisotropie bei Kneterzeugnissen, Werkstoff *kriecht* bei Raumtemperatur, Kaltsprödigkeit.

Verwendung: Überzugsmetall zum Korrosionsschutz, Regenrinnen, Fallrohre, galvanische Elemente, Zinkfarben (ZnO).

Legierungen enthalten Al, Cu und Mg zu Festigkeitserhöhung und Schutz gegen interkristalline Korrosion, die durch Verunreinigungen des Hüttenzinks verursacht wird. Geringste Gehalte an Zinn, Blei, Cadmium, Wismut von 0,01 % sind bereits schädlich. Zinklegierungen deshalb aus Feinzink (99,99 %) hergestellt. Bei ihnen sind Maßänderungen durch kristalline Ausscheidungen möglich. Abhilfe durch Glühen bei 100 °C über längere Zeit (künstliche Alterung). Zinklegierungen meist als Druckgußwerkstoff eingesetzt (Tafel V.5).

9. Werkstoffe für Lötungen

Weichlote für Schwermetalle DIN EN 29453 in 34 Sorten genormt dazu 4 für Al-Werkstoffe, Hartlote für Schwermetalle DIN EN 1044 in 35 Sorten. Die Normen geben Zusammensetzung, Arbeitstemperatur, Dichte, bevorzugte Lötverfahren und Lieferformen an.

10. Druckgußwerkstoffe

Für das Druckgießverfahren (Druck bis zu 2000 bar und kürzeste Formfüll- und Erstarrungszeiten) müssen Legierungen bestimmte Eigenschaften besitzen (Tafel V.5).

Werkstoffeigenschaft	Auswirkung
Niedrige Schmelztemperatur	geringer Verschleiß der Stahlform, hohe Standmenge
Gutes Fließ- und Formfüllungsvermögen	scharfe, dünnwandige Abgüsse
kleines Schwindmaß	geringe Warmrißneigung in der Form
niedrige Gasaufnahme der Schmelze	geringe Porosität des Gefüges
Maß- und Gefügebeständigkeit	Funktionsfähigkeit, Lebensdauer

11. Sinterwerkstoffe

11.1. Allgemeines über Sintertechnik/Pulvermetallurgie (PM)

Sinterwerkstoffe gehören verschiedenen Werkstoffgruppen an. Kennzeichen ist die Pulvermetallurgische Herstellung, nach *Gießen* die wichtigste Art des *Urformens* (neben dem *Galvanoformen* und *Sprühkompaktieren*, d.h. Formen durch thermisches Spritzen). Die Begriffe der Sintertechnik sind nach DIN 30 900 genormt.

Arbeitsgänge der Pulvermetallurgie:

- Pulverherstellung (viele Verfahren, die zu unterschiedlichen Kornformen und -größen führen) und Mischen (Preßhilfsmittel, Legierungselemente).
- Pressen unter hohem Druck in Werkzeugen (4 ... 6 kbar, PM-Spritzguß in Erprobung) zu Fertigteilen mit hoher Oberflächengüte. Werkstück hat dann geringe *Grünfestigkeit.*
- Sintern, d.h. Glühen unter Schutzgas, evtl. Vakuum, um festere Bindung zwischen Pulverteilchen herzustellen (Rekristallisation, Diffusion, Verbreiterung der Berührungsflächen).
- Nachverdichten (kalt/warm), Wärme- und Oberflächenbehandlungen (wahlweise).

Tafel V.5. Druckgußwerkstoffe

Kurzzeichen (Handelsbez.)	Dichte ρ g/cm³	Dehngrenze $R_{p0,2}$ N/mm²	Zugfestigkeit R_m N/mm²	Bruchdehnung A_5 %	Brinellhärte HB 10	Schmelztemperatur °C	Gießbarkeit	Spanbarkeit	Standmenge ca. 10³	Wanddicke S_{min} mm	größte Werkstückmasse kg	Anwendung	Eigenschaften
Zink-Legierungen DIN EN 1774 (Auswahl aus 8 Sorten)													
ZnAl4 ZL0400 (Z 400)	6,7	160 … 220	250 … 300	1,5 … 3,0	70 … 90	380 … 386	1	1	500	0,6 bis 2	20	Plattenteller, Vergasergehäuse,	dekorativ galvanisierbar,
ZnAl4Cu1 ZL0410 (Z 410)	6,7	180 … 240	270 … 320	2 … 3	80 … 100	380 … 386	1	1				Pkw-Scheinwerferrahmen Pkw-Türschlösser-Griffe,	wenig kaltzäh Basis Feinzink 99,995
Aluminium-Legierungen DIN EN 1706 (Auswahl aus 9 Sorten)													
AC-Al Si12(Fe) (230)	2,55	140 … 180	220 … 280	1 … 3	60 … 100	575	2	2 … 3	80	1 bis 3	25	hydraulische Getriebeteile, druckdichte Gehäuse	eutektische Legierung, keine Warmrisse, korrosionsbeständig
AC-Al Si9Cu3(Fe) (226)	2,75	160 … 240	240 … 310	0,5 … 3	80 … 110	510 … 620	2	2				Trittstufen f. Rolltreppen E-Motoren-Gehäuse	billig z.T. aus Umschmelzmetall, meist verwendet
AC-Al Si12CuNi (239)	2,65	190 … 230	260 … 320	1 … 3	90 … 120	570 … 585	2	2 … 3				Kolben, Zylinderköpfe, Fernsehrahmen, Nähmasch.	warmfest, Gleiteigenschaften
AC-Al Mg9 (349)	2,6	140 … 220	200 … 300	1 … 5	70 … 100	520 … 620	3 … 4	1				Gehäuse für Haushalts-, Büro- und optische Geräte	dekorativ anodisierbar, korrosionsbeständig
Magnesium-Legierungen DIN EN 1753 (Auswahl aus 8 Sorten)													
MCMgAl9Zn1 (AZ 91)	1,8	140 … 170	200 … 260	1 … 6	65 … 85	470 … 600	1 … 2	1	100	1 bis 3	15	Rahmen f. Schreibmasch., Tonbandgeräte	Oberflächenschutz durch Bichromatschicht erforderlich, sehr leicht
MCMgAl6Mn (AM 60)	1,8	120 … 150	190 … 250	4 … 14	55 … 70	470 … 620	1 … 2	1				Gehäuse für tragbare Werkzeuge und Motoren	
MCMgAl4Si (AS 41)	1,8	120 … 150	200 … 250	3 … 12	55 … 60	580 … 620	2	1				Kfz-Getriebegehäuse, Radfelgen	
Kupfer-Legierungen DIN EN 1982													
CuZn39Pb1Al-C	8,5	250	350	4	110	880 … 900	3	3	10	2 bis 4	5	Armaturen für Warm- und Kaltwasser	höhere Festigkeit und Zähigkeit, hoher Formverschleiß durch hohe Gießtermperatur
CuZn16Si4-C	8,6	370	530	8	150	850	2	3					
Zinn-Legierungen DIN 1742													
GD-Sn80Sb	7,1		115	2,5	30	250 … 320	1	2				Teile von Meßgeräten	höchste Maßbeständigkeit, kaltformbar, korrosionsbeständig

Mechanische Eigenschaften der Teile wesentlich von der Sinterdichte, diese von Preßdruck sowie Größe und Form der Pulverteilchen abhängig (Tafel V.8). Festigkeit und Härte steigen etwa linear mit der Dichte, die Bruchdehnung (Zähigkeit) exponentiell. *Porenräume* sind Kennzeichen der Sinterwerkstoffe und z.T. Gegenstand der Klassifizierung (Dichteklassen nach WLB [1]). Bei Filter- und Lagerwerkstoffen sind Poren wichtig für die Funktion.

Übersicht: Anwendungsbereich der Sintertechnik

physikalisch-technischer Anlaß PM-Herstellung	Auswirkungen	Beispiele
kostengünstiges Urformverfahren für einbaufertige Teile bestimmter Form und Größe	Stoff- und Energieeinsparung: Kein Umformen und Zerspanen. Teile mit geringerer Dichte oder funktionellen Poren	Bauteile aller Art für Kfz. Haushalt- und Elektrogeräte Filter und Gleitlager aus Sinterbronze, Sintereisen
Hohe Schmelztemperaturen einger Stoffe	Versagen der hochfeuerfesten Formstoffe, unerwünschtes Auflegieren der Schmelze	Metalle wie W, Ta, Mo, sowie keramische Stoffe: Silikate, Oxide, Carbide, Nitride
Unmischbarkeit der Stoffe im flüssigen Zustand, auch	Schmelze wird inhomogen, die Gußteile ebenfalls	Cu-Graphit für Schleifringkohlen, Cu-W für Kontakte Diamant in Schleifkörpern
begrenzte Löslichkeit von Elementen	Anteil bestimmter Phasen läßt sich nicht steigern	höchste Carbidanteile in Werkzeugwerkstoffen nur in *Sinterhartmetallen*
Seigerungen von LE	inhomogener Werkstoff, besitzt nicht überall gleiche Eigenschaften, evtl. unbrauchbar	durch schnelle Erstarrung der Pulverteilchen (Wasserverdüsung) keine Seigerungen
Gefügeausbildung beim Erstarren nicht ausreichend feinkörnig	ungenügende Zähigkeit von hochfesten Legierungen	Verdüsung von HSS-Stählen und PM-Herstellung evtl. mit heißisostatischem Pressen (HIP)

11.2. Sinterwerkstoffe für Formteile nach WLB [1]

Die Bezeichnung der Sinterwerkstoffe erfolgt nach der *Dichte* und der chemischen Zusammensetzung:

Beispiel: Sint B 21 Sinterstahl mit höherem Cu- und C-Gehalt

B: Dichteklasse (Porosität nach Tafel V.6); 2: Werkstoffgruppe nach Tafel V.7, hier „Cu-Gehalt 5 %"; 1: Zählziffer innerhalb der Gruppe, hier „höherer C-Gehalt".

Weitere Verkleinerung der Poren erhöht die Dichte, damit Zähigkeit und Dauerfestigkeit der Sinterteile. Maßnahmen sind Heiß- und heißisostatisches Pressen oder Sinterschmieden.

Heißisostatisches Pressen (HIP). Die Pulver werden in gasdichten Kapseln evakuiert und kalt (KIP) einem Flüssigkeitsdruck (allseitig!) ausgesetzt, danach bei hohen Temperaturen unter hohem Gasdruck verdichtet (ASEA-STORA-Verfahren für HSS-Stähle). Abschließend werden die Presslinge zum Halbzeug warmumgeformt. Werkzeuge haben ca. 1000 N/mm^2 höhere Biegebruchfestigkeit als konventionell gefertigte HSS-Stähle.

Sinterschmieden ist Präzisionsschmieden gesinterter Vorformen ohne Grat. Wegen hoher Kosten nur anwendbar, wenn Sinterteile der geschmiedeten Ausführung stark überlegen sind (z.B. Pleuel für Kfz.-Motoren in Erprobung).

[1] WLB: Werkstoffleistungsblätter des Fachverbandes Pulvermetallurgie (FPM), Beuth-Verlag.

Tafel V.6. Einteilung der Sinterwerkstoffe nach Dichteklassen (WLB)

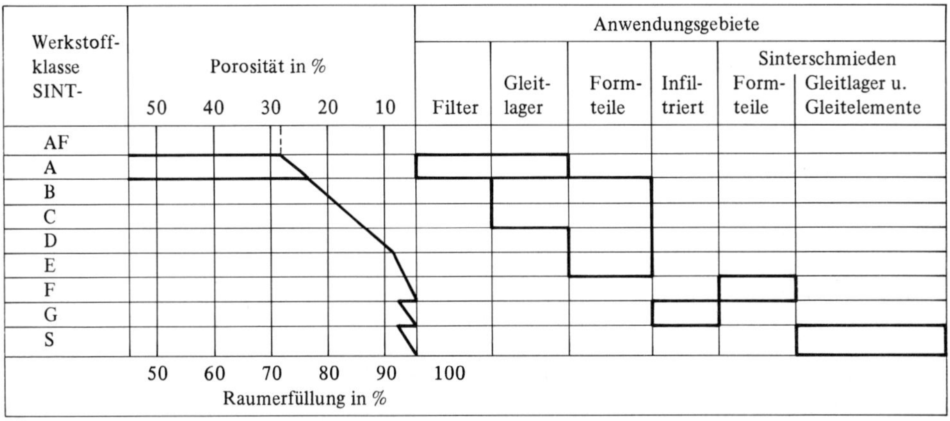

Tafel V.7. Einteilung der Sinterwerkstoffe nach chemischer Zusammensetzung (WLB)

Zahl	Sinterwerkstoffe, wesentliche Legierungselemente (LE)
0	Sintereisen und Sinterstahl (auch mit C) bis zu 1 % Cu
1	Sinterstahl (auch mit C) mit 1 ... 5 % Cu
2	Sinterstahl (auch mit C) mit über 5 % Cu
3	Sinterstahl (auch mit C und Cu) mit max. 6 % anderer LE (z.B. Ni)
4	Sinterstahl (auch mit C und Cu) mit über 6 % anderer LE (z.B. Cr-Ni)
5	Sinterlegierungen mit über 60 % Cu (z.B. Sinterbronze CuSn oder -messing CuZn)
6	Sintermetalle, die nicht in Ziffer 5 enthalten sind
7	Sinterleichtmetalle (z.B. Sinteraluminium)

Tafel V.8. Sinterdichte und mechanische Eigenschaften bei Sinterstahl

Eigenschaft, Sorte	Sint A 10	Sint B 10	Sint C 10	Sint D 10	Sint E 10
Dichte g/cm^3	5.6 ... 6.0	6.0 ... 6.4	6.4 ... 6.8	6.8 ... 7.2	7.2 ...
Zugfestigkeit R_m, N/mm^2	140	170	200	300	350
Bruchdehnung A, %	2	2	3	7	10
Härte HB	35	40	55	80	100
Anwendungsbeispiele	selbstschmierende Lagerbuchsen		Teile vom Stoßdämpfer	Ölpumpen-Zahnräder	Parksperren-rad (Kfz.)

12. **Keramische Werkstoffe** (Ingenieurkeramik)

Anorganische, nichtmetallische Werkstoffe mit Ionenbindung (Oxidkeramik) oder Atombindung (Nitride, Carbide) mit geringem Anteil an Metallbindung (Metallcarbide). Für die Herstellung überwiegt (wegen der hohen Schmelztemperaturen) die Preß-Sintertechnik mit Temperaturen von 1400 ... 2100 °C, evtl. mit Zusatz von Sinterhilfsmitteln für Carbide und Nitride. Die Porosität wird durch Infiltration oder Heißpressen verkleinert, damit erhöht sich die geringe Zähigkeit (alle Keramiken sind noch spröder als GJL).

Die nichtmetallische Bindung führt zu höheren Werten für Härte, Erweichungstemperatur, Verschleißwiderstand und Korrosionsbeständigkeit als bei Metallen. Die Zähigkeit (Biegefestigkeit) ist gering (< GJL) Eigenschaften über die Dichte stark von Korngröße und Reinheit der Ausgangsstoffe und Herstellung abhängig, dadurch starke Streuung, Werkstoffprüfung aufwendig. Dichte zwischen ca. 2.7 und 5.8 g/cm^3. Wärmeleitung und -dehnung variieren (Tafel V.9).

Keramische Stoffe werden je nach Herstellungsart durch Kurzzeichen unterschieden:

SSN	Si-Nitrid, gesintert	SSiC	Si-Carbid, gesintert
HPSN	Si-Nitrid, heißgepreßt	HPSiC	Si-Carbid, heißgepreßt
HIPSN	Si-Nitrid, heißisostatisch gepreßt	HIPSiC	Si-Carbid, heißisostatisch gepreßt
RBSN	Si-Nitrid, reaktionsgebunden	SiSiC	Si-Carbid, Si-infiltriert
PSZ	Zr-Oxid, teilstabilisiert	CSZ	Zr-Oxid, vollstabilisiert

Tafel V.9. Keramische Stoffe für Bauteile, Eigenschaften im Vergleich mit Stahl

				Si-Carbid		Si-Nitrid			
	Stahl	Al-Oxid	Zr-Oxid	SSiC	HPSiC	RBSN	SSN	HPSN	Al-Titanat
Biegefestigkeit N/mm²	550	350	450	450	600	300	450	600	40
Biegefestigkeit bei 1000 °C	–	350	–	450	600	300	250	450	40
E-Modul kN/mm²	210	360	200	400	440	150	300	320	13
Erweichungstemperatur °C	500	1200	950	1700	1400	1600	1200	1300	1400
Wärmedehnung 10^{-6}/K	13	8,0	9,8	4,0	4,1	3,4	3,4	3,2	3,0
Wärmeleitung W/mK, 20 °C	60	25	2,5	110	110	11	32	35	2,0

13. Verbundwerkstoffe

Verbunde sind allgemein Kombinationen aus Stoffen unterschiedlicher Gruppen (chemische Bindung). *Werkstoffverbunde* werden z.B. durch Beschichten von Bauteilen erzeugt, während *Verbundkonstruktionen* aus verschiedenartigen Stoffen gefügt sind (z.B. Al-Kolben mit Keramikeinsätzen).

Verbundwerkstoffe sind heterogen (zwei- oder mehrphasig), aber im Querschnitt einheitlich aufgebaut. Die Verbundstruktur entsteht erst bei der Formgebung aus den Komponenten. Eigenschaften sind deswegen stark von Einflußgrößen des jeweiligen Fertigungsverfahrens abhängig, ihre Streuung macht Qualitätssicherung schwierig.

Eine „durchgehende" Phase (Matrix) sorgt für den Zusammenhalt der Form, während die eingelagerten Phasen (Verstärkung) durch besonders hohe Eigenschaftswerte (z.B. Härte, Wärmeleitung, Zugfestigkeit, Gleitfähigkeit) das Eigenschaftsprofil prägen. Anzahl der Kombinationen von Matrix und Verstärkungsstoff sehr hoch, Anwendung im Zuwachs begriffen. Schwerpunkt sind *Faserverbunde*, wobei hohe Kosten für Fasern und Schwierigkeiten der Qualitätssicherung einer breiten Anwendung noch Grenzen setzen (Ausnahme GFK).

Übersicht: Verbundwerkstofftypen und Beispiele

Typ	Beispiele für Matrix und Verstärkung
Faserverbund: Kurz- oder Langfaser	Fasern von 1 ... 20 µm (Festigkeiten bis zu 4000 N/mm²) gleich- oder ungerichtet zur Steigerung von Festigkeit, E-Modul, Warmfestigkeit des Matrixwerkstoffes aus Kunststoff, Al-, Mg- oder Ti-Legierungen. Wichtig ist die *Benetzung* der Faser aus Glas, Kohlenstoff, Bor, Al-Oxid, Si-Carbid oder hochschmelzenden Metallen, evtl. beschichtet.
Teilchen-Verbund	Hierzu gehören die Sinterhartmetalle, Cermets (Ni-Matrix mit Carbonitriden) und dispersionsgehärtete Legierungen (z.B. Al-Legierungen mit Al-Oxid-Einlagerungen zur Erhöhung der Warmfestigkeit
Durchdringungs-verbund	Die poröse Sintermatrix wird von einer schmelzflüssigen Phase durchsetzt. Hierzu gehören selbstschmierende Lager, Kontakte aus WC-Ag kombinierten Verschleißwiderstand mit Leitfähigkeit
Schichtverbund	Flächige Halbzeuge mit geschichtetem Aufbau (z.B. Stahl/Schaumstoff/Stahl) zur Wärme- und Schallisolation (BONDAL), Kunstharzpreßholz

VI. Kunststoffe

1. Begriffe und Zusammenhänge

Übersicht: Entstehung von Kunststoffen

Monomer	flüssig, gasförmig	Ausgangsstoff, bestehend aus Einzelmolekülen von ketten- oder ringförmigen Kohlenwasserstoffen und deren Abkömmlingen, die Cl, F, N, O oder S enthalten können (Tafel VI.1).
(Chemische Reaktionen)		**Polykondensation**, **Polymerisation**, **Polyaddition** } Tafel VI.2
Polymer	Feststoff Duroplast, Thermoplast, Elastomer	Produkt, bestehend aus Makromolekülen, in denen viele Einzelmoleküle (ca. 500 ... 3000) in verschiedenen Strukturen durch starke Elektronenpaarbindungen verknüpft sind. Die Molekülstruktur (3.1) bestimmt die Haupteigenschaften des Polymers (Duroplast, Thermoplast, Elastoplast).
	Copolymere (Misch-Polymere)	„Legierte" Kunststoffe. Das Makromolekül besteht aus zwei oder drei Arten Einzelmolekülen, die regellos, geordnet oder in Blöcken abwechselnd verknüpft sind. Propfpolymerisate besitzen nachträglich eingebaute Seitenketten aus anderen Monomeren. Copolymere entsprechen den Legierungen aus Mischkristallen.
(Mischen mit Zusätzen)		Zusätze sollen die Verarbeitung erleichtern und den Formstoff gegen Einflüsse stabilisieren, verstärken oder füllen.
Formmassen	Spritzguß- und Preßmassen	Mischungen aus Kunststoff (evtl. Vorprodukt) und Zusätzen in rieselfähiger Form als Granulat oder Pulver mit genormten Verarbeitungseigenschaften. Zusätze haben je nach Anteil Einfluß auf die Eigenschaften des Formstoffes.
	Polyblends (Polymer-Gemische)	„Legierte" Kunststoffe aus zwei oder mehr Kunststoffen mit Zusätzen. Im Formstoff liegen verschiedene Arten von Makromolekülen vor, die durch schwache zwischenmolekulare Kräfte verknüpft sind. Polyblends entsprechen Legierungen aus Kristallgemischen.
(Formgebung)		Spritzgießen, Spritzpressen, Formpressen, Extrudieren (Strangpressen), Extrusionsblasen (Blasformen).
Formstoff		Werkstoff im Halbzeug oder Formteil, das aus Formmassen hergestellt wurde: Platte, Profil, Spritzguß- oder Preßteil.

Eigenschaftsprüfung der Formstoffe nach Verfahren ähnlich denen der Metalle an Probekörpern (getrennt durch Spritzgießen, Pressen oder zerspanend aus Halbzeug bzw. Fertigteil gefertigt). Zerstörungsfreie Prüfungen für Fertigteile in DIN 53 760 zusammengestellt.

2. Monomere Ausgangsstoffe

Zur Bildung von Makromolekülen sind Kohlenwasserstoffe (KW) geeignet, die *reaktionsfähige* Stellen besitzen, das sind z.B. *Doppelbindungen* oder *OH-Gruppen*.

Das C-Atom kann 4 Elektronenpaarbindungen mit anderen Atomen eingehen, aber auch mit gleichen C-Atomen. Die Bindungen sind *tetraedrisch* angeordnet, so das Kettenmoleküle nicht gestreckt, sondern infolge der Tetraederwinkel *geknickt* vorliegen (Knäuelstruktur). Die Bindungen sind biege- und drehelastisch, Voraussetzung der plastischen Verformung in der Wärme, dabei erfolgt Strecken mit evtl. Orientierung der Ketten. Durch das Rückstellvermögen der Tetraederbindungen entsteht Verzug beim Wiedererwärmen gespritzter Teile, die schnell abgekühlt wurden (Einfrieren der gestreckten Molekülform). Anwendung z.B. bei Schrumpffolien.

Tafel VI.1: Monomere Ausgangsstoffe, Auswahl

Name	Formel, Gruppe	Beispiele	
Kettenförmige KW (Aliphaten)			
Alkane, Paraffine gesättigt	C_nH_{2n+2}	Propan, C_3H_8 –C–C–C–	Brenngas
Alkene, Olefine ungesättigt	C_nH_{2n}	Ethen, C_2H_4 >C=C< (Ethylen); Propen, C_3H_6 >C=C–C< (Propylen)	Polyolefine
Alkine, ungesättigt	C_nH_{2n-2}	Ethin, C_2H_2 –C≡C–	(Acetylen) Brenngas
Alkadiene	2 Doppelbdg.	Butadien >C=C–C=C<	schlagzähes PS: SB, ABS
Alkanole, Alkohole	–OH	Methanol, CH_3OH; (Methylalkohol)	Ethandiol $C_2H_4(OH)_2$: (Glykol)
Alkanale, Aldehyde	–COH	Methanol (Formaldehyd), HC(=O)H	Härter
Alkensäuren	–COOH	Propensäure (Acrylsäure) >C=C–C(=O)OH	
Vinylchlorid	C_2H_3Cl	>C=C<CL	Monomer des Polyvinylchlorids PVC
Ringförmige KW (Aromaten			
Benzol	C_6H_6	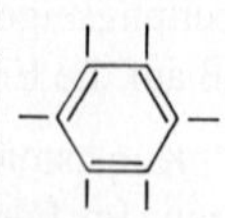	„Benzolring" besitzt drei nicht ortsfeste Doppelbindungen, dadurch ist die aromatische C–C-Bindung stärker als die „aliphatische", d. h. thermisch stabiler.
Phenol	C_6H_5OH	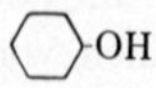	Monomer der Phenolharze
Styrol	$C_6H_5-C_2H_3$	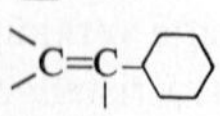	Monomer des Polystyrols
Terephtalsäure	$C_6H_4\ (COOH)_2$	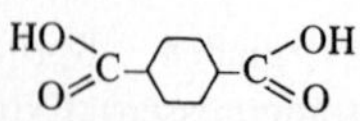	Monomer der Polyterephtalate PET, PBT

3. Chemische Reaktionen zur Bildung von Makromolekülen

Tafel VI.2 zeigt die drei Möglichkeiten, nach denen Makromoleküle gebildet werden. Sie finden sich z.T. in der Natur, wie z.B. bei Cellulose und Naturkautschuk.

Tafel VI.2. Entstehung von Makromolekülen

Reaktion	Monomer (Beispiel)	Reaktionsablauf	Makromoleküle
Polymerisation Moleküle mit Doppelbindung verknüpfen sich nach Aufklappen der schwächeren (π-Bindung) zu Makromolekülen. Die Reaktion ist exotherm, es entsteht kein Nebenprodukt.	Olefine mit Doppelbindung Äthen (Äthylen) C_2H_4	*Aktivierung* der Einzelmoleküle durch Katalysatoren 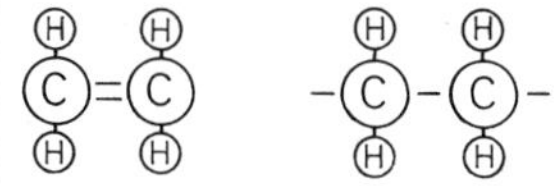 *Kettenbildung* 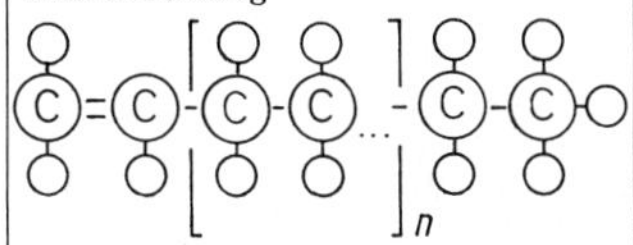 Wärme muß abgeführt werden, da sie die Kettenbildung stört (Wärmebewegung zerbricht lange Ketten). *Polymerisationsgrad:* Mittelwert aus $\frac{\text{Einzelmoleküle}}{\text{Makromolekül}}$ Misch- oder Copolymerisation: 2 oder mehr verschiedene Monomere ergeben gemischt aufgebaute Ketten.	Wattebauschstruktur aus linearen Ketten 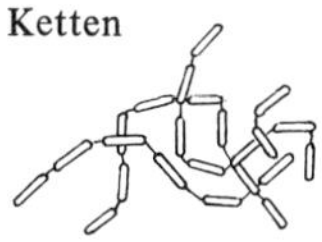 verzweigte Ketten, sperrig 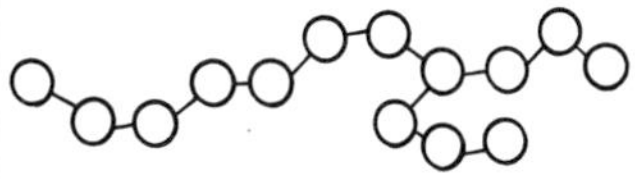 isotaktische Moleküle 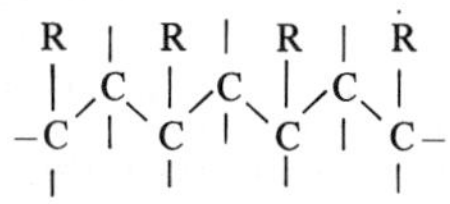 ataktische Moleküle 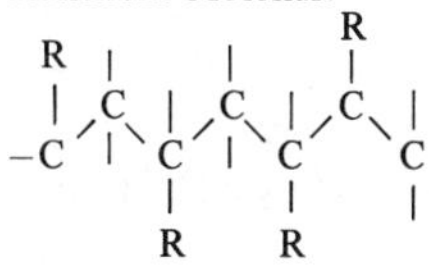 Polymerisations-Kunststoffe (Polymerisate)
Polykondensation Moleküle mit reaktionsfähigen Stellen verknüpfen sich zu Makromolekülen. Dabei wird ein niedermolekulares Nebenprodukt abgestalten, das abgeführt werden muß.	Phenol, C_6H_5OH und Methanal, HCHO	Ausgangsstoffe 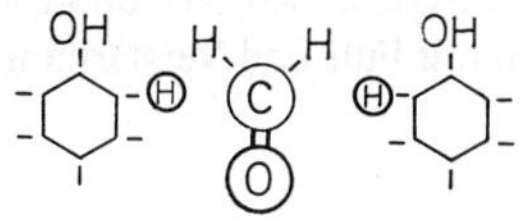 Vernetzung unter Abspaltung von Wasser 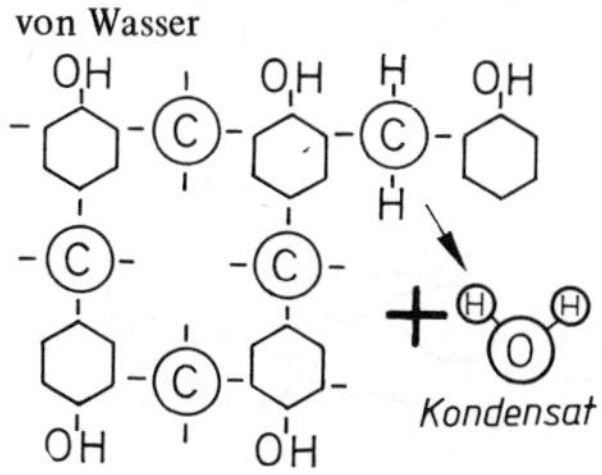 Das Kondensat bremst die Reaktion und muß deshalb von den Reaktionspartnern getrennt werden. Reaktion erfolgt in drei Stufen (A, B und C) durch Temperatur und Anteil von Methanal gesteuert.	*Lineare* Kettenmoleküle, wenn die Monomeren nur an zwei Stellen reagieren können, oder durch Reaktionsbedingungen. *Raumnetzmoleküle,* wenn drei oder mehr reaktionsfähige Stellen vorhanden sind, oder durch Reaktionsbedingungen. A-Harz (Novolacke) löslich, schmelzbar, zum Tränken von Schichtstoffen. B-Harz (Resol) unlöslich, schmelzbar, aus schwach vernetzten linearen Kettenmolekülen, in Formmassen mit Füllstoffen gemischt. C-Harz (Resit) unlöslich, unschmelzbar, hart, aus vernetzten Kettenmolekülen = Raumnetzmolekülen bestehend. Zustand im fertigen Werkstück oder Halbzeug. Polykondensations-Kunststoffe (Polykondensate)

Fortsetzung →

Reaktion	Monomer (Beispiel)	Reaktionsablauf	Makromoleküle
Polyaddition	*Cyanate* mit zwei reaktionsfähigen Gruppen $-N=C=O$ *Diole,* Alkohole mit zwei OH-Gruppen $-O-H$ jeweils an einem Kohlenwasserstoffrest (Alkyl) gebunden	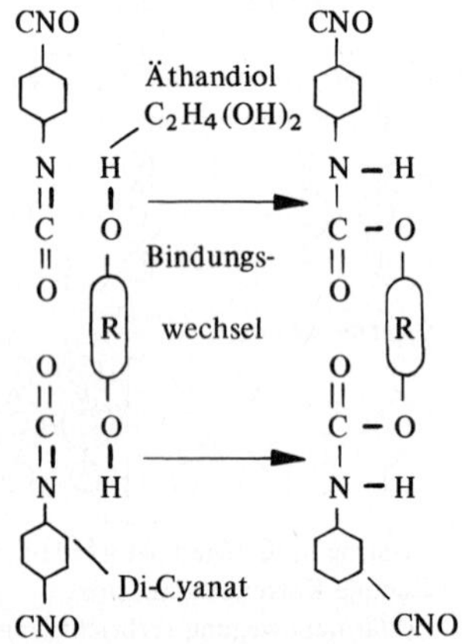	Lineare Kettenmoleküle bei Di-Verbindungen Raumnetzmoleküle bei Tri- oder höheren Verbindungen Vernetzungsgrad durch Mischungsverhältnis einstellbar R Kohlenwasserstoffrest (Alkyl) Platzwechsel des H-Atoms der OH-Gruppen, Umklappen der Doppelbindung des N-Atoms, dadurch Kettenbildung.
Moleküle von zwei Monomeren mit reaktionsfähigen Gruppen verknüpfen sich durch Platzwechsel von H-Atomen zu Makromolekülen. Es wird kein Nebenprodukt abgespalten.			

4. Struktur der Polymere

Bei Metallen ergeben sich die Eigenschaften aus der Kombination von Atomen, ihren Bindungen in Kristallgittern mit evtl. Ausrichtungen und der Kombination mehrerer Phasen (Legieren) im Gefüge. Polymere lassen sich auf ähnliche Weise betrachten: Gestalt der Makromoleküle, Veränderung der Makromoleküle durch Ausrichtungen (Kristallisation), durch *Legieren* (Copolymerisate, Polymergemische) und Gefügeveränderungen mit Füll-und Verstärkungsstoffen.

4.1. Gestalt der Makromoleküle

Faden–oder Kettenmoleküle	Kettenmoleküle mit Vernetzungen	Raumnetzmoleküle
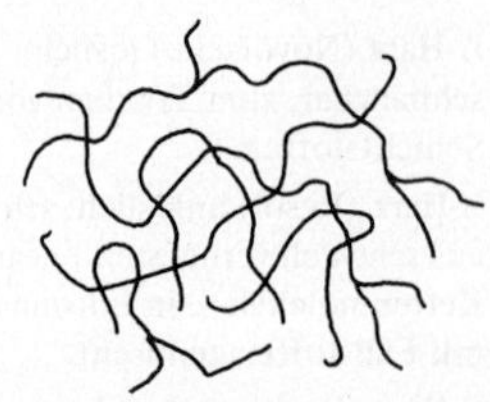	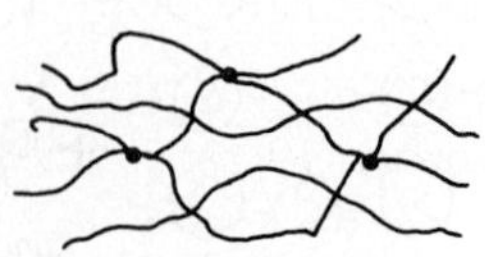	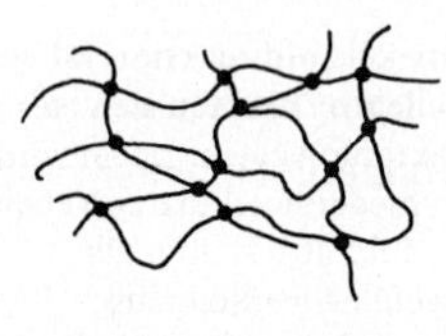
Starke Primärbindungen in der Kette, schwache Sekundärbindungen dazwischen. Wärmebewegung lockert sie (Abstand). Die Ketten sind dann gegeneinander beweglich. Das Polymer ist *plastisch verformbar,* schmelz- und schweißbar.	Kettenmoleküle werden durch Primärbindungen weitmaschig vernetzt. Verschiebung der Ketten unmöglich, jedoch ein Strecken zwischen den Vernetzungspunkten. Das Polymer ist *gummi-elastisch* mit hohem Rückstellvermögen.	Engmaschig durch starke Primärbindungen miteinander vernetzte räumliche Moleküle. Durch Wärme bewegung nicht verschiebbar. Das Polymer ist *unschmelzbar,* fast unlöslich und härter.
Thermoplaste (Plastomere)	**Elaste** (Elastomere)	**Durplaste** (Duromere)
Bei höheren Temperaturen Bruch der Primärbindungen: Zersetzung in kleinere Moleküle (Gase, Verfärbung)		

4.2. Kristallisation und Orientierung

Innerhalb der Ketten wirken starke Bindungskräfte (Primärkräfte) durch Elektronenpaarbindung. Sie sind von der Art der Monomeren abhängig.

Zwischen den Ketten wirken kleinere Sekundärkräfte z.B. durch Anziehung von polaren Seitengruppen. Sie sind sehr stark abstandsabhängig. Eine dichte Packung der Ketten ergibt starke Sekundärkräfte, möglich bei unverzweigten Ketten und solchen die isotaktisch gebaut sind. Sperrig gebaute Ketten lassen sich ebenfalls schlecht ordnen.

Kunststoffe kristallisieren teilweise, d.h. die Ketten legen sich so aneinander, daß die Seitengruppen sich in Mulden des Nachbarn legen. Neben diesen kristallisierten Bereichen liegen ungeordnete, amorphe Bereiche (Bild VI.1).

Kristallisationsgrad ist der Anteil der kristallinen Bereiche am Gefüge. Er wird durch langsame Abkühlung nach der Formgebung erhöht.

Änderung der Eigenschaften:

Kristallisationsgrad → steigt:	Zunahme von:	Zugfestigkeit, Härte-E-Modul, Schmelztemperatur, Lösungsmittelbeständigkeit.
	Abnahme von:	Bruchdehnung, Schlagzähigkeit, Wärmeausdehnung, Gas- und Lichtdurchlässigkeit, Dämpfungseigenschaften.

Beispiele für amorphe und teilkristalline Polymere

kristallisierend	amorph (sperrige Moleküle)
Polyäthylen PE $[-C-C-]_n$	Polystyrol PS $[-C-C-]_n$ (mit Benzolring)
Polypropylen PP, isotaktisch –C–C–C–C–C–C– CH₃ CH₃ CH₃ (auf einer Seite)	Polypropylen PP, ataktisch CH₃ CH₃ –C–C–C–C–C–C– CH₃
Polyamide PA Polyoxymethylen POM Polyterafluoräthylen PTFE	Polyvinylchlorid PVC Polycarbonat PC Polymethacrylat PMMA

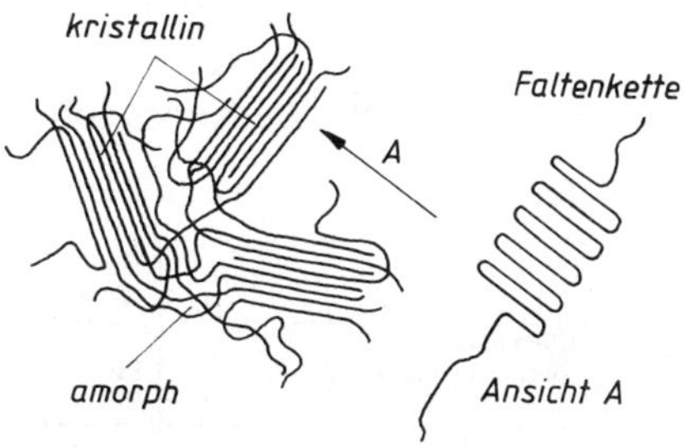

Bild VI.1. Teilkristalliner Kunststoff, schematisch. Die kristallinen Bereiche bestehen aus parallelliegenden Faltenketten, Ansicht A.

Die Kristallisation wird durch langsame Abkühlung begünstigt.

4.3. Copolymere und Polymergemische

Copolymere: Homopolymere bestehen aus gleichartig aufgebauten Ketten, die sich nur in der Länge und der Lage der Seitenketten unterscheiden. Copolymere bestehen aus zwei oder mehr verschiedenenen Monomerbausteinen, die durch Coplolymerisation (Misch-Polymerisation) zu Ketten verknüpft sind. Propfpolymerisate enthalten das Copolymer als Seitenkette. Damit können ungünstige Eigenschaften des Homopolymers verbessert werden, meist auf Kosten anderer, so daß ein drittes Monomer (Terpolymere) zur Kompensation eingebaut wird.

Beispiel: Das spröde Polystyrol, wird durch Einbau von Butadien (Kautschuk) zu SB schlagzäher, hat aber weniger Wärme- und Witterungsbeständigkeit. Im Acrylnitril/Butadien/Styrol (ABS) liegt ein Copolymer vor, das günstige Verarbeitung mit Zähigkeit, Abriebfestigkeit und UV+Witterungsbeständigkeit verbindet.

Deshalb sind für die meisten der in Tafel VI.5 angeführten Polymere zahlreiche Copolymere entwickelt worden, die auch noch mit anderen zu **Polyblends** gemischt werden können.

Polyblends sind Polymerlegierungen mit meist heterogenem Aufbau. In einer Matrix kann die andere Phase als Kugel oder Stäbchen eingebettet sein. Bei etwa gleichen Anteilen sind sie lamellenartig verschachtelt. Durch Mischungsverhältnis und Art Komponenten (wichtig ist die Verträglichkeit, d. h. keine chemischen Reaktionen) werden Polyblends mit vielfältigen Eigenschaftsprofilen geschaffen.

4.4. Füll- und Verstärkungsstoffe

Polymere, insbesondere die Duroplaste, werden meist mit Zusätzen verarbeitet. Sie sollen bestimmte Eigenschaften bei der Fertigung und im Bauteil ergeben. Sie haben z.T. eine Mehrfachwirkung.

Funktion	Füll- und Verstärkungsstoff	Eigenschafts- bzw. Verhaltensänderung
Chemisch	Stabilisatoren, Katalysatoren	Licht- oder Wärmebeständigkeit, nachträgliche Vernetzung der Fadenmoleküle
Färbend	Schwermetallverbindungen	Durchgehende Färbung der Teile
Streckend	Holz- und Gesteinsmehl, Kreide, Glimmerplättchen	Verbilligend, anorganische erhöhen Wärmebeständigkeit, -leitfähigkeit und erniedrigen -ausdehnung
Treibend	Gasabspaltende Stoffe (CO_2, NH_3, N_2)	Schaumstoffe, Bauteile mit Strukturschaum (Kern zellig, Oberfläche dicht)
Verarbeitungs fördernd	Gleitmittel (Wachse, Fette) Kugeln (< 50 µm), Formtrennmittel	Verminderung der Reibung, besseres Fließverhalten, leichteres Entformen
Verstärkend	Natur- und Polymer (Aramid)-Fasern, Bahnen Gewebe, Stränge aus Glas, Holz, Kohlenstoff, Papier, Textilien	Erhöhung der Steifigkeit (E-Modul), Wärmebeständigkeit, Zähigkeit, Senken der Wärmedehnung

5. Duroplastische Kunststoffe

Tafel VI.3 Typenübersicht Duroplaste, Kurzzeichen nach DIN EN ISO 1043-1

Name	Kurzname	Produkte, Normung FM: Formmasse PMC: plastic moulding compound	Handelsnamen (geschützt) Auswahl
Phenoplaste Phenol-Formaldehyd, Kresol-Formaldehyd	PF, CF	Binder für Schleifmittel, Bremsscheiben, Schichtpreßstoffe, PF-FM, DIN E 7708-4 (PF-PMC ISO 14526)	Bakelite, Cibamin, Ferropreg, Ferrozell, Pagholz, Resopal, Rütaphen
Aminoplaste Melaminformaldehyd Harnstoff-Formaldehyd Malemin-Phenol-Formaldeyhd	MF UF MPF	Leimharze, Schaumstoffe, Schichtpreßstoffe MF-FM. DIN E 7708-9 (ISO 14528) UF-FM. DIN E 7702-3 (ISO 14527) MPF-FM. DIN 7708-10 (ISO 14529)	Kaurit Bakelite, Cibamin, Duropal Melopas, Resopal, Resoplan, Supraplast
Polyester, ungesättigt	UP	Gieß- und Laminierharze, Prepegs UP-FM. DIN E 7708-11 (UP-PMC ISO 14530)	Ampal, Ludopal, Keripol Menzolit, Palapreg, Palatal, Ralupol
Polyurethan, vernetzt (duropl.)	PUR	Schäume und Schaumstoffe zur Schall- und Wärmedämmung, Verbunde mit Rohren, Drahtisolation	Kasothan, Pagulan, Polythan, Vesticoat, Vulkollan, Uraflex
Epoxidharze	EP	Gieß- und Laminierharze, Prepegs (EP-PMC ISO 15252)	Araldit, Epikote
Silikone	SI	Öle, Fette, Formtrennmittel, Schichtpreßstoffe, Silikonharzmassen, Silikonkautschuk	Wacker-Silicone Baysilone
Polyimid	PI	Hochtemperaturfeste, feuerhemmende Schichtpreßstoffe und Drahtisolierungen	Avimid, Kinel, Vespel

DIN-Norm Entwürfe und DIN EN ISO Normen für Formmassen sind 2-teilig. Teil 1: Bezeichnungssystem enthält eine computergerechte Codierung aus Buchstaben, die Verwendung, bestimmende Eigenschaften und Art, Form und Anteil der Zusätze erkennen läßt. Teil 2: Herstellung von Probestäben und Bestimmung von Eigenschaften.

5.1. Formmassetypen und Halbzeuge

Formmassen sind mit Füll- und Verstärkungsstoffen vorgefertigte rieselfähige Pulver oder Granulate aus warmhärtbaren Harzen in einem noch schmelzbarem Zustand. Das Harz vernetzt unter Druck und Temperatur mit dem beigemischtem Härter. Es sind die Ausgangsstoffe für Halbzeuge und Formteile.

Harzgrundlage, Norm	Beschreibung, Zusätze
Phenolharz } PF Kresolharz } DIN 7708, Teil 2	23 Typen in 5 Gruppen geordnet: I allgemeine Verwendung (Holzmehl) II erhöhte Kerbschlagzähigkeit (Gewebe- und -Schnitzel, Stränge) III erhöhte Formbeständigkeit in der Wärme (anorganische Füllstoffe, Asbestfasern) IV erhöhte elektrische Eigenschaften (geringere Wasseraufnahme) V sonstige zusätzliche Eigenschaften, z.B. ammoniakfrei
Harnstoffharz UF Melaminharz MF DIN 7708, Teil 3	16 Typen ebenfalls in 5 Gruppen wie oben, hellfarbig, MF licht- und alterungsbeständig, für Kontakt mit Lebensmitteln geeignet
Polyesterharze UP DIN 16 911	4 Typen mit anorganischen Füllstoffen und Fasern; geringere Preßdrücke als PF, Schwindung 6 ... 8 % rein, gefüllt geringer

Phenol und Harnstoffharze werden als Bindemittel in Bremsbelägen Schleifkörpern und Gießerei formsanden verwendet, ebenso in Holzfaser und Spanplatten. Restgehalt an Formaldehyd für Verwendung in Innenräumen problematisch.

Phenoplaste: Nicht licht- und geruchsbeständig, deshalb nur für technische Teile geeignet: Isolierteile der E-Technik sind in der Wärmebeständigkeit den billigeren Thermoplasten überlegen

Aminoplaste: Elektrische Installationsteile für den Wohnbereich, MF-Formteile für Eß- und Trinkgeschirr, Haushaltsgeräteteile.

Polyesterharze: Als Gießharz zum Einbetten von Teilen, z.B. Spulen, mikroskopischen Präparaten (Metallschliffe), Tränken von Wicklungen, für Modelle. Die Formmassen enthalten Glasfasern, Gesteinsmehl nebst Härter und sind kalt nur ca. 6 Monate lagerfähig. *Premix* (BMC = Bulk Moulding Compound) kann durch Spritzgießen verarbeitet werden. *Prepegs* (SMC = Sheet Moulding Compound) sind flächige harzgetränkte Laminate.

Halbzeuge

Schichtpreßstoffe sind Verbundwerkstoffe aus harzgetränkten, flächigen Verstärkungsstoffen im ausgehärtenden Zustand. Verstärkungsstoffe sind:

CP	Cellulosepapier	**WV**	Holzfurniere	**GM**	Glasmatte
CC	Baumwollgewebe	**GC**	Glasgewebe	**PC**	Polyesterfasergewebe

DIN EN ISO 60893 Tafeln aus technischen Schichtstoffen auf der Basis wärmehärtender Harze. Teil 3 enthält die Anforderungen für die einzelnen Werkstoffe. Hauptanwendung ist die E-Technik, daneben Vorrichtungs- und Innenausbau.

Norm Teil 3	Harzträger	Typen, Anzahl	Eigenschaften, Anwendungen	Typen
-2	EP Epoxyd	17	Universelle Anwendungen. Hohe Festigkeit bei mäßigen Temperaturen. Typen mit definiertem Brennverhalten	1 EP CP, 5 EP GC, 4 EP GM
-3	MF Melamin	2	Gegen Lichtbogen und Kriechwegbildung beständig (Deko-Platten nach DIN EN 438)	1 MF CC, 1 MF GC
-4	PF Phenol	17	Mechanische und elektrische A. Typen mit verbesserten elektrischen Eigenschaften bei Feuchtigkeit PF CP für Stanzarbeiten, PF GC wärmebeständiger	4 PF CC, 8 PF CP, 1 PF GC, 4 PF WV
-5	UP Polyester	5	Mechanische und elektrische A. Geringe Änderung der elektr. Eigenschaften bei hoher Feuchtigkeit. Typen mit erhöhter Lichtbogen- und Wärmebeständigkeit	5 UP GM
-6	Si Silikon	2	Elektrische und elektronische A. in feuchter Umgebung bei erhöhter Temperatur	2 SI PC
-7	PI Polyimid	1	Elektrische und mechanische A. bei hohen Temperaturen, gedruckte Schaltungen für Luftfahrt	1 PI GC

DIN EN 61212 Runde Rohre und Stäbe auf der Basis wärmehärtender Harze für elektrotechnische Zwecke: gewickelte, formgepreßte Rohre bzw. Stäbe mit Harzen und Verstärkungen wie bei Tafeln.

5.2. Formgebung

Die genau abgewogene Menge der vorgewärmten Preßmasse wird in die ebenfalls beheizte Form eingefüllt bzw. in Tablettenform eingelegt. Bei der Temperatur von etwa 135 … 170 °C *schmilzt* der Harzanteil und wird durch den Preßstempel unter einem Druck bis zu 1000 bar in die Form gepreßt. Gleichzeitig läuft die Polykondensation zu Ende.

Zur leichteren Verarbeitung ist die Polykondensation in ihren ersten Stufen bereits beim Hersteller der Preßmasse erfolgt. Das Harz befindet sich in einem noch schmelzbaren Zustand und *vernetzt* unter Druck und Temperatur mit dem beigemischten Härter.

Der Harzträger kann die letzten Reste des Spaltprodukts aufnehmen. Das Teil bleibt solange in der Form, bis es ausgehärtet ist (1 min/mm Wanddicke). Es bekommt eine glatte, glänzende Oberfläche, die es gegen Wasseraufnahme schützt. Es können Metallteile, wie Gewinde- und Lagerbuchsen, eingepreßt werden.

Spritzgießen (wie bei Thermoplasten) ist durch neuentwickelte Formmassen für Duroplaste möglich geworden und durch kürzere Taktzeiten wirtschaftlicher. Sein Anteil an der Verarbeitung härtbarer Formmassen ist größer als das konventionelle Pressen. Nach einer Schneckenplastifizierung wird die warme, noch nicht aushärtende Formmasse durch „kalte" Kanäle in das heiße Werkzeug (ca. 180 °C) gespritzt. Dabei führen kleine Düsenquerschnitte und höhere Drücke (max. 2500 bar) zu kleinen Taktzeiten, bei evtl. höherem Werkzeugverschleiß.

5.3. Faserverstärkte Duroplaste

Zur Herstellung großflächiger Teile sind Harze erforderlich, die ohne hohe Temperaturen und Drücke aushärten. Polyester- und Epoxidharze erfüllen diese Forderung und ergeben zusammen mit Fasern einen Verbundwerkstoff mit hervorragenden Eigenschaften. Als Fasern in Form von Strängen, Geweben und Matten werden verwendet:

Faserart	Glas	Asbest	Bor	Kohlenstoff	Metall	Synthesefaser	Whisker
Kurzzeichen	GFK	AFK	BFK	CFK	MFK	SFK	WFK

Reißlänge: Ein wichtiger Kennwert für Leichtbaustoffe ist der Quotient aus Zugfestigkeit und Wichte in der Einheit km. Es ist die gedachte Länge eines Fadens von beliebigem Querschnitt, der senkrecht aufgehängt unter Wirkung seines Eigengewichts reißen würde.

Werkstoff	S235JR	Al ZnMgCu 1,5	TiAl6V4	EP–GF (Rovings)	EP–CF (Rovings)
Reißlänge km	4,7	18,5	25,5	80	100

Durch die Fasern wird der Werkstoff anisotrop: *Stränge:* (Rovings) ergeben höchste Festigkeiten in Längsrichtung mit hohen erreichbaren Glasgehalten. *Gewebe:* Festigkeit in zwei Vorzugsrichtungen größer. *Matten:* Regellos verklebte Glasseidenabschnitte ergeben kleinere Festigkeiten, die nach allen Richtungen gleich ist.

Glasverstärkung	Dichte g/cm³	E-Modul N/mm²	Zugfestigkeit N/mm²	Schlagzähigkeit kJ/m²	Schlagzähigkeit J/mm²	Wärmedehnung $\cdot 10^{-5}$
Matten 30 ... 35 %	1,5	11 000	120	280	28	2,8
Gewebe 60 ... 70 %	1,88	27 000	340	380	38	1,2
Stränge 70 ... 75 %	1,98	30 000	630	390	39	0,8

Festigkeit steigt mit dem Glasanteil, sehr wichtig ist die gute Haftung Glas/Harz, welche nur durch eine Oberflächenbehandlung der Faser erreicht wird.

Verarbeitung. Großflächige Teile werden im *Handauflege*verfahren oder besser mit dem *Faserspritz*verfahren kombiniert gefertigt, wobei Glasgehalte von 25 ... 30 % möglich sind. Höhere Glasgehalte (65 %) sind nur durch *Pressen* in Werkzeugen oder durch kontinuierliche Verfahren (Platten, Profile) zu erreichen. Für Hohlkörper wird das *Wickel*verfahren angewendet. *Prepegs* sind mit Harz vorgetränkte Glasseidenverstärkungen, die im Preßwerkzeug bei 130 ... 160 °C vernetzen (aushärten). Mit ihrer Hilfe kann das aufwendige Fertigungsverfahren vereinfacht werden.

Verwendung: Als Gieß-, Kleb- und Laminierharz für Modelle, zur Einbettung stromführender Teile, Ummantelung korrosionsgefährdeter Metallteile, Verstärkung thermoplastischer Rohre.

UP–GF für Tanks, Kippermulden, Bootskörper bis zu 30 m Länge, Karosserieteile.

EP-Harze dort, wo höhere Maßhaltigkeit (keine Schwindung) und Dauerfestigkeit gefordert werden, Basis für Klebstoffe.

EP–GF für Lehren im Karosserie- und Flugzeugbau, Modelle für Gießen und Kopierfräsen, Druckbehälter.

EP–CF für Flugzeugleitwerk, Kardanwellen, Blattfedern, Pleuel, Roboterarme.

6. Thermoplaste

6.1. Rohstoffe

Die polymeren Stoffe werden von den Herstellern mit verschiedenen Zusätzen ausgerüstet und als trockenes Granulat oder Pulver unter meist geschützten Namen in einer Vielzahl von Typen in den Handel gebracht.

Zusätze (4.3) haben stabilisierende Wirkung gegenüber Einflüssen von Wärme, Licht, Mikroben, Flammen, sowie antistatische Wirkungen. Als Verstärkung werden Kurzglasfasern, Glaskugeln, Talkumplättchen und als Füllstoffe z. B. Ruß, Kreide, Holzmehl verwendet. Die Gleiteigenschaften werden durch MoS_2, Graphit oder Talkum verbessert.

Tafel VI.4 Typenübersicht Thermoplaste, Kurzzeichen nach DIN EN ISO 1043-1

Name	Kurzzeichen	FM = Formmassen, Produkte, Normen	Handelsnamen (geschützt), Auswahl
Normen für Formmassen sind zweiteilig:		Teil 1: Bezeichnungssystem und Basis für Spezifikationen Teil 2: Herstellung. Von Probestäben u. Bestimmung von Eigenschaften	
Polyethylen	PE -UHMW	PE-FM. DIN EN ISO 1872, PE-LD niedrige Dichte, PE-HD hohe Dichte Ultrahochmolekulare PE-FM. DIN EN ISO 11542	Novolen, Lupolen, Supralen, Sustylon L Tekalit
Polypropylen	PP	PP-FM. DIN EN ISO 1873	Elastopreg, Moplen
Polybutylen	PB	PB-FM. DIN EN ISO 8986	Vestolen
Polystyrol schlagzähe	PS PSI	PS-FM. DIN EN ISO 1622 PSI-FM. DIN EN ISO 2897	Trolitul, Vestyron
Styrol/Butadien	SB		Hostyren S
Styrol/Acrylnitril	SAN	SAN-FM. DIN EN ISO 4894	Luran; Vestoran
Acrylnitril/Butadien/Styrol	ABS	ABS-FM. DIN EN ISO 2580	Lustran; Novodur, Terluran
schlagzähe Acrylnitril/Styrol	ASA, AES	ASA-FM. DIN EN ISO 6402	Vitar, Luran S Novodur AES, Ultrastyr
Polyamide	PA	PA-FM. DIN 16773 und E DIN EN ISO 1874 Folien, Fasern, Vliese Borsten, Konstruktionswerkstoff	Antron, Cristamid, Durethan, Rütamid, Ultramid, Vestamid

Name	Kurz-zeichen	FM = Formmassen, Produkte. Normen	Handelsnamen (geschützt), Auswahl
Polyvinylchlorid Hart weich schlagzäh	PVC PVC-U PVC-P PVC-HI	Bezeichn.-Syst., Probekörper DIN EN ISO 1060 weichmacherfreie PVC-U-FM. DIN EN ISO 1163 weichmacherhaltige PVC-P-FM. DIN EN ISO 2898 Platten, Profile, Folien	Efroit, Vinnolit Mipolam Astralon
Polytetrafluorethylen	PFTE	PTFE-, FEP-, PFA-FM. DIN 16782 Folien, Fasern, Schäume DIN EN ISO 12086 Halbzeuge DIN EN ISO 13000-1,2	Hostaflon, Teflon, Reflon, Gore-Tex
Polymethylmethacrylat	PMMA	PMMA-FM. DIN 7745 Folien, Platten	Astralon, Elvacite, Corian, Deglas, Plexiglas, Resartglas
Polycarbonat DIN 7744 Z	 PC	Kondensatorfolien PC-FM. DIN EN ISO 7391, Platten, Blöcke, Konstruktionswerkstoff	Bayfol, Makrofol, Latilon, Novarex, Sinvet, Lexan, Lexgard, Sparlux
Polyester, linear Polybuthylentherephtalat Polyethylentherephtalat Polyester der Phtalsäure	 PBT PET PTB	 PET und PBT-Formmassen, DIN 16779 Konstruktionswerkstoff Folien Fasern	Arnite, Ekadur, Pocan, Rynite, Ultradur Hostaphan, Dacron, Trevira
Polyoxymethylen	POM	POM-FM. DIN 16781-1,2 und ISO 9988-1,2 Konstruktionswerkstoff	Delrin, Hostaform, Sustarin, Ultraform
Polyurethan linear (thermopl.)	PUR	Schäume f. Bauwesen und Verbunde mit Rohren Platten zu Wärme und Schalldämmung	Vulkollan
Polyphenylether	PPE	PPE-FM. ISO/FDIS 15103 (Entwurf) Folien	Noryl, Lemaloy
Polyimide	PI, PEI	Formmassen, Folien, Blöcke	Avimid, Kapton, Kinel, Vespel

6.2. Verarbeitung der Thermoplaste

Die Verarbeitung der typisierten Formmassen erfolgt nach drei Verfahren.

Spritzgießen. Das Polymer wird in beheizten Kammern erweicht und durch Kolben oder Schnecken zu einer *homogenen* Schmelze *plastifiziert.* Wichtig sind eine genaue Kontrolle und Führung der Massetemperatur. Das Polymer darf nicht zu hoch und zu lange erhitzt werden, sonst wird der Werkstoff geschädigt (Versprödung). Die Temperaturen liegen je nach Art des Polymers zwischen 180 °C und 300 °C. Beim *Fließen* unter Druck bis zu 1200 bar wird die Masse „dünnflüssiger" und in diesem niederviskosen Zustand in die *temperierte* Form gespritzt.

Die Verarbeitungsbedingungen (Spritzdruck, Massetemperatur, Formtemperatur, Nachhaltezeit) haben starken Einfluß auf Aussehen und Eigenschaften des Fertigteiles, insbesondere auf die *Orientierung* und *Kristallisation* der Moleküle, Oberflächengüte (matt, glänzend) und innere *Spannungen.*

Durch ein nachträgliches Erwärmen auf niedrige Temperaturen können innere Spannungen abgebaut und der Kristallisationsgrad erhöht werden.

Extrudieren. Die plastifizierte Masse wird nach dem Prinzip des Fleischwolfs frei aus einer Düse abgezogen und kühlt an der Luft ab. Das Profil ergibt sich unter Berücksichtigung der Strangaufweitung aus der Form der Düse (Breitschlitzdüse für Platten, Ringschlitzdüsen für Schlauchfolien, Rohre). Die Ummantelung von Kabeln und Rohren erfolgt ebenfalls auf Extrudern mit entsprechenden Schrägspritzköpfen. Drahtgeschwindigkeiten von über 800 m/min bei Telefonadern.

Reaktionsformen. Bei Großteilen sind die für die Schließung der Form erforderlichen Kräfte nicht mehr beherrschbar. Hier wird die chemische Reaktion, die zu Makromolekülen führt, in die Form verlegt („In-situ"-Polymerisation bzw. Polyaddition).

Anwendung für Polyamid (Gußpolyamid) und harte oder geschäumte Polyurethane (Formschäumen). Die monomeren Rekationspartner werden in der benötigten Menge gemischt und in die Formen gebracht. Gute Formfüllung wird durch Fliehkräfte erreicht (z.B. Rotationsformguß von Heizöltanks aus PA6).

Thermoplastschaumguß TSG mit gasabspaltenden Treibmitteln, die erst im Werkzeug wirken (gute Ausprägung bei niedrigen Drücken).

Reaktionsschaumguß RSG aus flüssigen Ausgangsstoffen (PUR-Schaum mit steuerbarer Dichte), auch RIM (Reaktions-Inject-Moulding)-Verfahren genannt. Es arbeitet mit hohen Drücken. Nach beiden Verfahren lassen sich großflächige, leichte, dabei steife Formteile mit geschlossener Haut und hart- bis weichelastischem, mikrozelligem Kern herstellen (Integralschaum oder Strukturschaum).

6.3. Eigenschaften der Thermoplaste

6.3.1. Thermische Eigenschaften. Bei tiefen Temperaturen unterhalb der Glastemperatur t_g sind Thermoplaste hart und spröde. Wärmezufuhr bewirkt eine Bewegung innerhalb der Kette (Dehnung und Neigung der Glieder). Werkstoff ist dann biegeweicher und zäher. Bei kristallinen Polymeren vollzieht sich diese Bewegung vorwiegend in den amorphen Bereichen, die kristallinen wirken versteifend. Weitere Wärmezufuhr führt zur Verschiebung der Ketten gegeneinander (Fließtemperatur t_F). Werkstoff ist plastisch verformbar. Druck erniedrigt die Viskosität. Bei diesen Temperaturen beginnt bereits die Schädigung des Werkstoffes durch Zerbrechen der Ketten (Gasblasen, Verfärbung) mit Abnahme der mechanischen Eigenschaften.

Die beiden Temperaturen und dazwischenliegenden Bereiche hängen von der Art des Polymers, seinem Polymerisations- und Kristallisationsgrad sowie von Verstärkungen ab.

In Bild VI.2 sind einige Polymere in zwei Schaubildern gegenübergestellt. Bildteil a zeigt die Schubmodul-Temperatur-Kurve aus dem Torsionsschwingversuch DIN EN ISO 6721. Der E-Modul beträgt etwa das Dreifache davon.

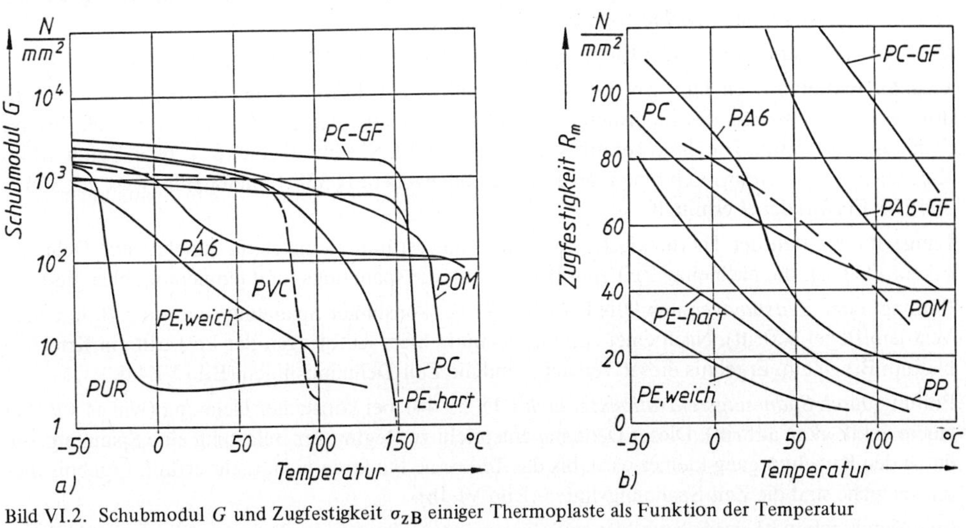

Bild VI.2. Schubmodul G und Zugfestigkeit σ_{zB} einiger Thermoplaste als Funktion der Temperatur

a) Schubmodul, b) Zugfestigkeit von PE: Polyäthylen; PVC: Polyvinylchlorid; PP: Polypropylen; POM: Polyoxymethylen; PC: Polycarbonat; PA6: Polyamid 6; PA6–GF mit 30 % Glas; PC–GF mit 30 % Glas

Die Kurven zeigen die Unterschiede auf zwischen wenig und stark kristallinen Polymeren (PE weich und PE hart), Konstruktionswerkstoffen für formsteife Maschinenteile (POM und PC, PA-6) und Elastomeren PUR, sowie den Einfluß von Kurzglasfasern (PC und GF–PC).

6.3.2 Mechanische Eigenschaften. Die Kurzzeiteigenschaften werden im Zugversuch DIN EN ISO 527 und im Schlagbiegeversuch DIN EN ISO 179 ähnlich wie bei Metallen geprüft und Eigenschaftswerte ermittelt. Sie haben ähnliche Definitionen, aber z.T. andere Bezeichnungen.

Streckspannung ist die Zugspannung beim ersten Maximum der σ, ε-Kurve.

1 %-Dehnspannung entspricht der 0,2-Dehngrenze und ist Ersatz für die Streckspannung bei stetiger σ, ε-Kurve.

Dehnungen werden unter Krafteinwirkung gemessen. Die Reißdehnung entspricht der Bruchdehnung, enthält aber auch den elastischen Anteil.

Bild VI.3 zeigt einige σ, ε-Diagramme, die für drei Gruppen typisch sind.

Gruppe 1: Steiler Verlauf ohne Reißdehnung. Formsteifer, harter, spröder Werkstoff wie z. B. PMMA, PS.

Gruppe 2: Ausgeprägte Streckspannung mit größerer Dehnung. Zäh-elastischer, schlagfester Werkstoff für Konstruktionsteile wie z. B. PA, PC, POM, ABS, daneben mit kleinerer Streckspannung auch PE, hart und PP.

Gruppe 3: Flacher Verlauf mit sehr großer Reißdehnung. Gummiartiger Stoff wie z.B. PE weich, PUR und andere Elastomere.

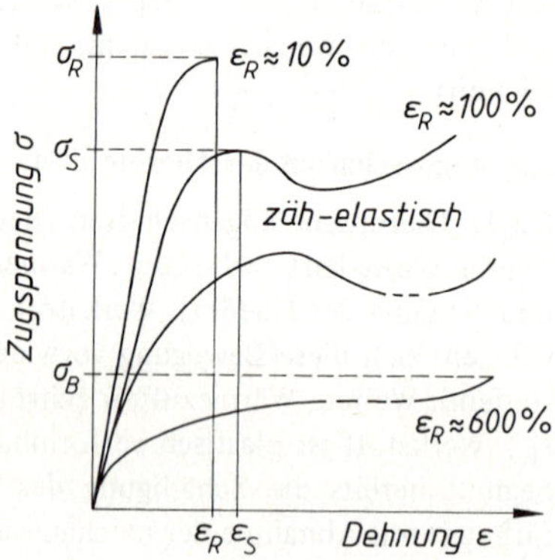

Bild VI.3. Spannungs-Dehnungslinien von Kunststoffen, schematisch

Kurvenverlauf hängt stark von der Belastungsgeschwindigkeit ab!

Biegefestigkeit nach dem Biegeversuch DIN EN ISO 178 ermittelt, bei dem ein Normstab als Träger auf zwei Stützen durch eine mittige Kraft gebrochen wird. Errechnung aus dem Biegemoment beim Bruch. Bei zähen Polymeren ohne Bruch wird eine bestimmte Durchbiegung erzeugt und die dann wirkende *Grenzbiegespannung* errechnet.

E-Modul aus Zug-, Druck- oder Biegeversuch errechnet (DIN EN ISO 178/527/604).

Kugeldruckhärte nach DIN EN ISO 2039. Quotient aus Prüfkraft durch Oberfläche des Eindruckes, unter Last aus der Eindringtiefe berechnet. 4 Kraftstufen (49 N; 132 N; 358 N; 961 N) Stahlkugel von 5 mm Durchmesser mit Vorkraft F_0 = 9,81 N. Einwirkzeit 10 … 60 s. Zeit wird im Kurzzeichen mit Schrägstrich hinter der Prüfkraft angegeben: H 358/10 heißt Härtewert mit 358 N und 10 s Einwirkdauer ermittelt.

Langzeitverhalten der Thermoplaste unter Spannung ist durch eine stetig zunehmende Dehnung gekennzeichnet, die nach einer Zeit zum Bruch führt, die spannungs- und temperaturabhängig ist.

Prüfung durch *Zeitstandversuch* DIN EN ISO 899 bei konstanter Spannung (wie sie z. B. in einem Ventilatorflügel auftritt). Nach einer Anfangsdehnung beim Aufbringen der Last tritt ein Kriechen bis zum Bruch ein. Ergebnis dieser Versuche sind die Zeit-Dehnungslinien (Bild VI.4a).

Prüfung durch *Spannungsrelaxationsversuch* DIN 53 441 bei konstanter Dehnung (wie es z.B. bei einem Sektkorken auftritt). Dieser Dehnung entspricht zu Beginn der Belastung eine Spannung, die durch den Kriechvorgang kleiner wird, bis das Teil seine Funktion nicht mehr erfüllt. Ergebnis dieser Versuche sind die Zeit-Spannungslinien (Bild VI.4b).

Eine Kombination beider Schaubilder sind die isochronen Spannungs-Dehnungslinien (Bild VI.4c).

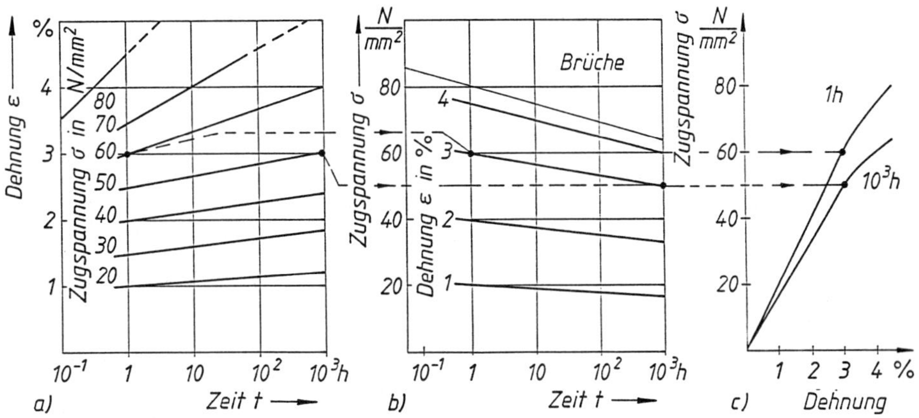

Bild VI.4. Zeitstand-Zugversuch, schematische Schaubilder
a) Zeit-Dehnungslinien, b) Zeit-Spannungslinien, c) isochrone Spannungslinien

Elastizitätsmodul ist die Steigung der σ, ε-Linie (Bild VI.4c). Sie ist im Kurzzeitversuch größer als im Langzeitversuch. Dieser zeitabhängige E-Modul wird als *Kriechmodil* E_c *(t)* bezeichnet, ist in weiteren Schaubildern dargestellt und muß zur Berechnung von Verformungen bei langzeitiger Beanspruchung verwendet werden. Insofern dient der in Tafeln angegebene E-Modul der Produktkontrolle im Vergleich.

Der gegenüber Metallen um etwa 100-fach kleinere E-Modul führt zu entsprechenden elastischen Verformungen, d.h. zu geringerer Formsteifigkeit von Teilen.

Anwendung: Schnappverbindungen lassen sich mit geringen Kräften schließen, wie bei Spielzeugen, Behältern und Abdeckkappen. Wälzlagerkäfige können mit Kugeln bestückt werden.

Bei Punkt- oder Linienberührung von Kunststoffteilen unter starken Kräften entsteht durch die Abplattung eine größere Berührungsfläche. Dadurch sinkt örtlich die Flächenpressung gegenüber Stahlteilen auf etwa 1/10, damit auch der Verschleiß.

Anwendung: Laufrollen, Lagerbuchsen, Kupplungsteile, Zahnräder, Wälzlagerringe für geräuscharme Lager aus den zähharten Polymeren PA, POM und PUR.

Beim Ersatz von Metallteilen durch Kunststoffe sind die Wanddicken auf das 2 ... 3-fache zu verstärken oder es müssen Verrippungen angebracht werden. Bei großflächigen Teilen besteht die Möglichkeit, Strukturschaum-Kunststoffe anzuwenden. Dabei wird die Gasentwicklung durch die Temperaturführung so gesteuert, daß die Außenflächen glatt und porenfrei sind, nach dem Kern hin aber zunehmende Porösität auftritt (PUR- und ABS-Strukturschaum mit Dichten von etwa 0,6 g/cm³).

Anwendung: Gehäuse für Tonmöbel, Sportgeräte, Möbelteile, Kfz-Innenteile (weiche Armaturenbretter).

Erhöhung des E-Moduls durch Verstärkung. Durch Beimischung von Kurzglasfasern (0,2 ... 0,5 mm) in Anteilen von 20 ... 40 Gewichtsprozenten werden gute Eigenschaftsänderungen erzielt (Bild VI.2, Kurven PC-GF und PA6–GF).

Thermoplaste mit Glasfaserverstärkung sind vorwiegend die für Teile des Feinmaschinenbaus und der E-Technik verwendeten Polymere Polycarbonat PC und Polyamid PA 6. Daneben auch Polypropylen PP, Polyoxymethylen POM, Polyäthylenterephtalat PETP und einige neue, weniger bekannte Polymere.

Tafel VI.5. Auswahl thermoplastischer Kunststoffe (Plastomere)

chem. Bezeichnung und Kurzzeichen DIN 7728	Handelsnamen (Auswahl)	Dichte- g/cm³	Gebrauchstemperatur 0 °C dauernd/kurz	Kugeldruckhärte H358/10	E-Modul N/mm²
Polyvinylchlorid PVC hart schlagzäh	Hostalit Vestolit Trovidur	1,36	– 30/60/70	130 bis 80	3000
Polyetrafluorethylen PTFE	Teflon Hostaflon	2,2	– 200/280	32	350
Polyethylen PE	Hostalen Lupolen Vestolen	0,92 bis 0,96	– 50/60/80 – 50/80/100	16 bis 64	140 bis 1000
Polypropylen PP	Hostalen PP Novolen Vestolen P	0,9	± 0/100/140	75	1000
Polystyrol PS	Polystyrol Vestyron	1,05	– 50/70/90	155	3300
schlagfestes PS:					
SB Styrol-Butadien		1,05	– 50/80/90	100	2400
SAN Styrol-Acrylnitril	Luran	1,08	– 50/85/95	170	3700
ABS Acrylnitril-Butadien-Styrol Copolymerisat	Terluran Novodur Lustran	1,08	– 50/85/105	95	2400
glasfaserverstärkt	Luran	1,36	– 50/95/105	250	1000
Polycarbonat PC	Makrolon Sustonat	1,2	– 100/100/135	100	3000
glasfaserverstärkt	Makrolon GV	1,4	– 100/110/145	150	6000
Polyoxymethylen POM	Delrin Hostaform	1,41	– 40/100/140	160	3000
glasfaserverstärkt	Ultraform	1,5		200	9000
Polyamide PA	Durethan Trogamid Ultramid	1,01 bis 1,14	– 40/100/160 bis – 30/120/160	70 bis 160	1000 bis 2000
glasfaserverstärkt		1,4	– 40/120/200	170	7000
Polyester, linear PBT, PET, PBT/GF	Ultradur Pocan	1,3 1,5	– 30/100/170 – 30/120/200	130 200	2600 10000
Polyphenylenoxid PPO, PPO–GF30	Noryl	1,1 1,27	– 40/120 – 40/130	90 120	2200 6000
Polyphenylensulfid PPS, PPS–GF40	Ryton Tedur	1,35 1,64	– 60/140 – 60/220/260	– –	4000 14000

1) Tri-Trichloräthylen   2) Tetra-Tetrachlorkohlenstoff

Zeitdehnspannung $\sigma_{1/100}/23\,°C$ N/mm²	Längenausdehnung $\cdot 10^{-5}/°C$	unbeständig gegen (bedingt)	Eigenschaften, Verwendungsbeispiele
20	8	Tri 1) Tetra 2)	hart, zäh, korrosionsbeständig, selbstlöschend, Rohre, Fittings für Frisch- und Abwasser
1,8	14		korrosionsbeständig, klebwidrig, geringste Reibung, Konstanz elektrischer Eigenschaften zwischen – 150 ... 300 °C
0,8 bis 4	23 13	Tri 1) Tetra 2)	biegsam bis hart, teilkristallin, korrosionsbeständig, kaltzäh, Wasserleitungsrohre, Galvanikbehälter, Batteriekästen, Folien für Verpackung
6	11 ... 17	Halogene Tetra 2) starke Säuren	wie PE, temperaturstandfester, weniger kaltzäh, kochfest, hochkristallin
20	7	Benzin Tetra 2) Tri 1)	glasklar, hart, spröde, geringste elektrische Verluste, geschäumt: Wärmeisolator
20 13	9 7	(Mineralöl) (und Fett) (Tri 1), Tetra 2))	Gehäuse für Feingeräte, Tiefziehplatten, Lager und Transportbehälter, Batteriekästen, benzinfest
12	9	wie SAN	Karosserie-Innenausbau, Schutzhelme, galvanisierbare Beschlagteile
	2,4	wie SAN	geringeres Kriechen und Dehnen bei Erwärmung
18 40	6 ... 7 2,5	Alkalien, Org. Lösungsmittel	glasklar, kaltzäh-warmhart, maßbeständig, Trägerteile und Gehäuse für Beleuchtungskörper und Meßgeräte, Schrauben für E-Technik
15	12 3	starke Säuren	kristallin, geringe Wasseraufnahme und Kaltfluß, sonst ähnlich PA, auch in Anwendung; auch glasfaserverstärkt
4 bis 6	7 bis 8	(Säuren) Tri 1)	teilkristallin, zählhart, abriebfest, geräuschdämpfend, wasseraufnehmend, dadurch Maßänderungen und Abfall der Festigkeit; Zahnräder, Laufrollen
50	2,5		erhöhte Maßhaltigkeit und Steifigkeit, Gehäuse für Handbohrmaschinen
15 50	6 3	Heißes H_2O Halogen-KW	geringe Wasseraufnahme, sehr hohe Maßbeständigkeit
17 30	6 3	chlor. KW	wie PC und POM, thermisch und chemisch stabiler; Wärmeaustauscher, Spoiler, selbstlöschend, Teile im Motorraum im Austausch gegen Metalle.
20 30	5 3	konz. HNO_3	

Eigenschaften	Änderung
E-Modul und Zugfestigkeit	2 ... 4fach
Dehnung und Zähigkeit	sinken
Wärmedehnung	sinkt auf 1/3, wichtig für Verbund mit Metall
Kriechneigung	verringert, Zeitdehngrenzen erhöht
Dauerwärmebeständigkeit	10 ... 30 °C höher
Fließfähigkeit in der Form	verschlechtert, deswegen max. 40 Gew.-% Kurzglasfasern
elektrische Eigenschaften	kaum verändert (bei E-Gas)

Anwendungsbeispiele: Maßbeständige Teile (Temperaturschwankung) im Schalt- und Meßgerätebau, Isolatoren, Spulenkörper, Lüfterräder und -gehäuse, Steuerscheiben für Haushaltsgeräte, Magnetventile für Wasch- und Geschirrspülmaschinen.

Weitere Normen und VDI-Richtlinien

DIN Taschenbuch 149 Thermoplastische Formmassen; DIN EN ISO 1043-1 – Kennbuchstaben und Kurzzeichen der Kunststoffe; DIN 7724 – Gruppierung hochpolymerer Werkstoffe aufgrund ihres mechanischen Verhaltens; DIN 18820 – Laminate aus textilglasverstärkten ungesättigten Polyester- und Phenacrylatharzen für tragende Bauteile; Entwurf DIN EN 13677 – Verstärkte Thermoplast-Formmassen (GMT). DIN ISO 6691 – Thermoplastische Polymere für Gleitlager.

VDI-Richtlinien für Maschinenteile aus thermoplastischen Kunststoffen: Gleitlager 2541; Verbundlager mit Kunststoff-Laufschicht 2543; Kunststoffoberflächenbehandlung 2018; Kunststoffkleben 3821; Temperatur-Zeit-Verhalten 2021; Entwicklung von Bauteilen aus Kunststoff-Faser-Verbund 2014.

VII. Prüfung metallischer Werkstoffe

Die Werkstoffprüflabors der Fertigungsbetriebe sollen fehlerhaftes Rohmaterial ausscheiden, bevor es in den Fertigungsablauf gelangt. Aufgaben:

a) Ermitteln und Nachprüfen von gewährleisteten Werkstoffkennwerten, wie z.B. Zugfestigkeit, Streckgrenze oder Bruchdehnung.
b) Nachweis von Verarbeitungseigenschaften, wie z.B. Tiefziehfähigkeit, Schmiedbarkeit, Schweißbarkeit.
c) Fehlersuche an Rohlingen und Fertigteilen.
d) Überwachung der Wärmebehandlung und deren Einfluß auf Gefüge und Eigenschaften des Werkstoffes.
e) Bestimmung unbekannter Werkstoffe, Trennung von vertauschtem Material.

1. Prüfung der Härte

Härte ist der Widerstand des Gefüges gegen das Eindringen eines härteren *Prüfkörpers* unter einer *Prüfkraft.* Am zurückbleibenden *Eindruck* wird ein *Meßwert* abgenommen und daraus der *Härtewert* berechnet. Nach diesem Prinzip arbeiten die drei wichtigsten Prüfverfahren.

1.1. Härteprüfung nach Brinell (DIN EN 10003-1)

Eindringkörper: Hartmetallkugeln von 1; 2,5; 5 und 10 mm Durchmesser (Zeichen HBW). Der Kugel-∅ D hängt von der Härte und der Dicke s der Probe ab. Die entstehende Kugelkalotte wird vermessen. Damit sich vergleichbare und reproduzierbare Härtewerte ergeben, sind bestimmte Prüfbedingungen genormt:

1 Die Höhe h der entstehenden Kugelkalotte (= Eindrucktiefe h) soll höchstens 1/8 der Probendicke s betragen. Die Unterlage darf den Fließvorgang beim Eindringen nicht behindern. Mindestdicke $s_{min} \geq 8\,h$! Mit der Eindrucktiefe $h = (D - \sqrt{D^2 - d^2})\,½$.

2 Die Kalotte darf nicht zu flach oder zu tief sein: Der Eindruck-∅ *d* soll zwischen 0,24 *D* und 0,6 *D* liegen.

3 Die Meßwerte sind nur dann vergleichbar, wenn zwischen Prüfkraft *F* und dem Kugel-∅ *D* im *Quadrat* ein konstantes Verhältnis besteht. Es ist der Beanspruchungsgrad und für 5 Werkstoffgruppen festgelegt (Tafel VII.1 rechts).

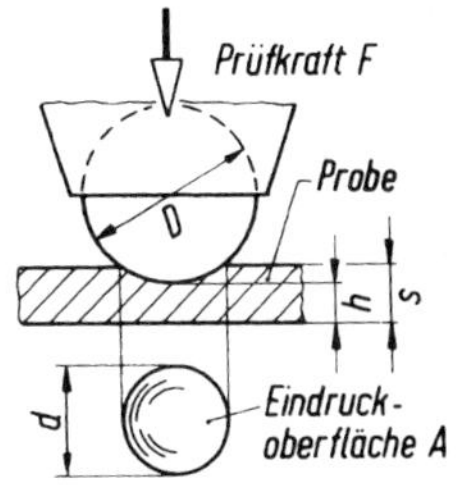

Bild VII.1 Brinellhärteprüfung

Prüfkraft: Die am Prüfgerät einzustellende Prüfkraft *F* wird aus Tabellen des Normblattes entnommen, oder es wird nach Tafel VII.2 rechts für den vorhandenen Werkstoff und der zu erwartenden Härte der Beanspruchungsgrad abgelesen und die Prüfkraft mit der Formel für den Beanspruchungsgrad berechnet.

$$\textbf{Beanspruchungsgrad} = \frac{0{,}102\,F}{D^2} \Rightarrow F = \frac{D^2}{0{,}102}$$

Die genormten Kräfte liegen z. B. für Stähle mit dem Beanspruchungsgrad 30 zwischen 294,2 N und 29420 N.

Tafeln VII.1. Brinellhärteprüfung

Mindestdicke der Proben in Abhängigkeit vom mittleren Eindruck-∅ (mm)

Ein-druck-∅ *d*	Mindestdicke *s* der Proben für Kugel-∅ *D* in mm: *D* = 1	2	2,5	5	10
0,2	0,08				
1		1,07	0,83		
1,5			2,0	0,92	
2				1,67	
2,4				2,4	1,17
3				4,0	1,84
3,6					2,68
4					3,34
5					5,36
6					8,00

Werkstoffgruppen, Beanspruchungsgrad und erfaßbarer Härtebereich

Werkstoffe	Brinell-bereich HB	Beanspruchungs-grad
Stahl, Ni, Ti		30
Gußeisen[1)]	< 140 > 140	10 30
Cu und Legierungen	35 ... 200 < 200 < 35	10 30 2,5
Leichtmetalle	< 35 35 ... 80 > 80	2,5 5/10/15 10/15
Pb, Sn		1

1) Nur mit Kugel 2,5; 5 oder 10 mm ∅
Sinterformteile nach DIN EN 24 498-1

Der Kugel-∅ *D* soll so groß wie möglich gewählt werden. Danach muß nach der Härteprüfung mit Hilfe der Tafel VII.1 festgestellt werden, ob für den ermittelten Eindruck-∅ *d* die Mindestdicke kleiner ist als die Probendicke. Andernfalls ist die nächstkleinere Kugel zu verwenden.

Meßwert:

Am Prüfung wird der Durchmesser *d* der entstehenden Kalotte (Eindruck-∅) ausgemessen, bei unrunden Eindrücken als Mittelwert aus zwei Durchmessern, die senkrecht aufeinander stehen. Dabei ist eine Genauigkeit von ± 0,5 % erforderlich, damit der Härtewert nicht mehr als ±1 % unsicher ist.

Härtewert:

$$\text{Brinellhärte HB} = \frac{\text{Prüfkraft } F}{\text{Eindruckoberfläche } A} = \frac{0{,}204\,F}{\pi D\,(D - \sqrt{D^2 - d^2})}$$

HB	F	D, d
1	N	mm

Zur schnellen Ermittlung der Brinellhärte werden Tabellen benutzt. Härtewerte sind nur dann vergleichbar, wenn sie unter gleichen Prüfbedingungen ermittelt wurden. Versuchsbedingungen werden genau gekennzeichnet:

Kurzzeichen: 350 HBW 10/30: Brinellhärte von 350 mit Hartmetallkugel D = 10 mm und F = 29 420 N bei der genormten Einwirkdauer von 10 ... 15 s gemessen.

120 HBS 5/250/30: Brinellhärte von 120 mit Stahlkugel D = 5 mm und F = 2452 N bei 30 s Einwirkdauer gemessen.

Bei Härtewerten unter 300 HB kann die Bezeichnung der Kugelart fortfallen!

Für unterperlitische Stähle bestehen eine durch Versuche gefundene, angenäherte Beziehung zwischen Brinellhärte HB und der beim Zugversuch ermittelten Zugfestigkeit R_m.

$$R_m \approx 3{,}5\ \text{HB}\ 10/3000$$

R_m	HB
N/mm²	1

Anwendungsbereich:

a) Härtemessung an Werkstoffen mittlerer Härte bis 300 HB. Bei härteren Stoffen tritt eine Abplattung der Kugel ein, wodurch ein weicherer Stoff vorgetäuscht wird. Mit einer Sinterhartstoffkugel wird der Meßbereich auf etwa 450 HB erweitert.

b) Härtemessung an Werkstoffen mit Gefügebestandteilen von unterschiedlicher Härte. Durch die 10-mm-Kugel wird eine mittlere Härte sämtlicher Kristallarten gemessen (Lagermetalle, Grauguß).

c) Nachprüfung der Zugfestigkeit an wärmebehandelten Werkstücken ohne wesentliche Beschädigung.

Das Verfahren ist nicht geeignet zur Härtemessung an dünnen, harten Schichten.

1.2. Härteprüfung nach Vickers (DIN 50 133, EN ISO 6507-2)

Eindringkörper: Vierseitige Diamantpyramide mit 136° Spitzenwinkel.

Prüfkraft: Betrag der Kraft ohne Einfluß auf den Härtewert, wenn der Eindruck mehrere Kristalle erfaßt. Bevorzugt angewendete Kräfte sind die in Bild VII.2 angeführten. Für dünne harte Schichten sind in Blatt 2 weitere 7 von 49 N ... 1,96 N angeführt. Damit die Schicht nicht in den Grundwerkstoff eingedrückt wird, muß sie mindestens das 1,5fache der Eindruckdiagonale (Meßwert) an Dicke aufweisen.

Die Prüfkraft kann aus dem Diagramm Bild VII.2 abgelesen werden, wenn Dicke und zu erwartende Härte bekannt sind.

Ablesebeispiel: Blech von s = 1 mm Dicke und einer Härte von etwa 300 HV. Der Schnittpunkt der beiden Koordinaten im Diagramm liegt oberhalb der Kurve 2 (≙ 490 N), also ist eine Prüfkraft F = 490 N geeignet; sie würde in einem weicheren Werkstoff der Dicke s = 1 mm bis herunter zu einer Härte von 200 HV zulässig sein.

Meßwert: Mittelwert der beiden Eindruckdiagonalen. Die Ablesegenauigkeit soll 2 μm betragen. Je *härter* der Prüfling, um so *geringer* die Rauhtiefe der Probenoberfläche.

Härtewert:

$$\textit{Vickershärte}\ \text{HV} = \frac{\text{Prüfkraft } F}{\text{Eindruckoberfläche } A} = \frac{0{,}189\,F}{d^2}$$

HV	F	d
1	N	mm

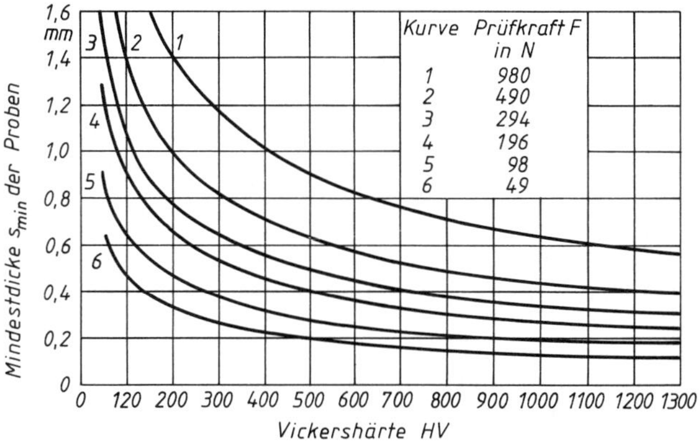

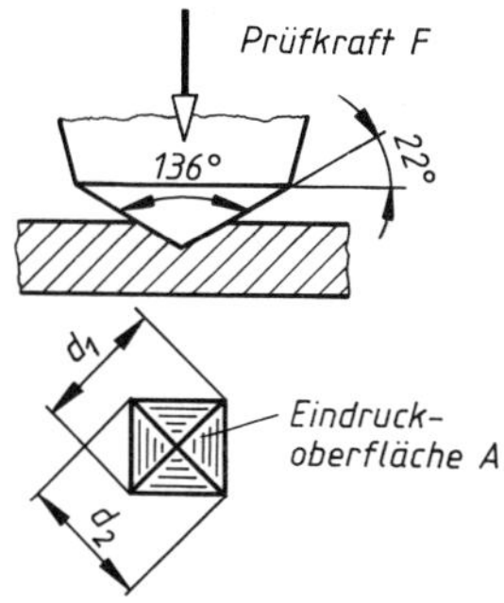

Bild VII.2
Härteprüfung nach Vickers

Kurzzeichen:

640 HV 30: Vickershärte von 640 mit $F = 294$ N bei 10 ... 15 s Einwirkdauer gemessen.
180 HV 50/30: Vickershärte von 180 mit $F = 490$ N bei 30 s Einwirkdauer gemessen.

Anwendungsbereich: Die Härteprüfung nach Vickers ist sehr genau und besitzt den breitesten Meßbereich. Besonders geeignet für dünne harte Randschichten, wie sie durch z. B. Borieren, Nitrieren, Hartverchromen oder Beschichten mit Titannitrid oder -carbid entstehen.

1.3. Härteprüfung nach Rockwell (DIN EN 10 109-1)

Der Härtewert wird direkt an einem Tiefenmeßgerät (Meßuhr) abgelesen. Die Prüfzeit ist kurz, das Verfahren läßt sich automatisieren.

Eindringkörper: Diamantkegel mit 120 °C Spitzenwinkel (Stahlkugel $d = 1/16$ Zoll).

Prüfkraft: Sie ist unterteilt in eine Prüfvorkraft F_0 und eine Prüfkraft F_1.

Meßverfahren: Der Eindringkörper ist mit einem Tiefenmeßgerät gekoppelt. Er wird stoßfrei unter Wirkung der Prüfvorkraft F_0 auf den Prüfling aufgesetzt. Diese Stellung ist Bezugspunkt der Tiefenmessung (Meßbasis Bild VII.3).

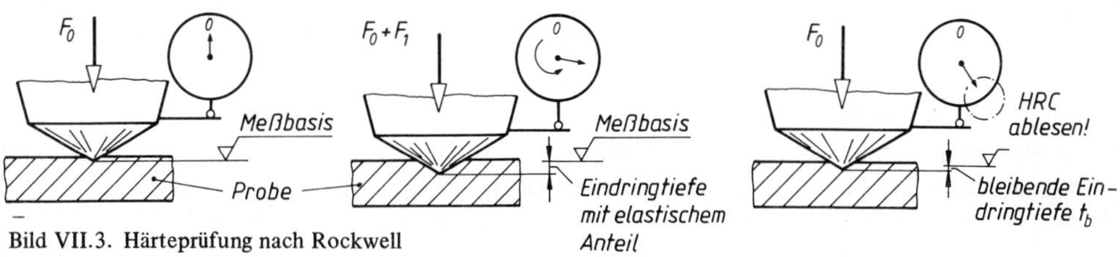

Bild VII.3. Härteprüfung nach Rockwell

Unter Wirkung der Prüfkraft F_1 dringt der Eindringkörper in etwa 5 s tiefer in den Prüfling ein. Nach Stillstand der Bewegung (Fließen des Werkstoffes) wird die Prüfkraft F_1 abgeschaltet, der Werkstoff federt etwas zurück und der Eindringkörper wird wieder angehoben. Die Prüfvorkraft F_0 hält ihn in Kontakt mit dem Eindruck. Jetzt wird abgelesen.

Meßwert, Härtewert: Die Meßuhr zeigt dann die *bleibende* Eindringtiefe t_b an. Sie ist ein Maß für die Rockwellhärte. Für die Werkstoffgruppen unterschiedlicher Härte und Dicke des der Prüflinge sind verschiedene Rockwellverfahren entwickelt worden. Tafel VII.2 zeigt die wichtigsten mit den zugehörigen Daten.

Tafel VII.2. Rockwell-Verfahren

Prüfverfahren mit Diamantkegel						Stahlkugel	
Kurzzeichen	HRC	HRA	HR 15 N	HR 30 N	HR 45 N	HRB	HRF
Einheit von F	N	N	N	N	N	N	N
Prüfvorkraft F_0	98	98	29,4	29,4	29,4	98	98
Prüfkraft F_1	1373	490	117,6	265	412	882	490
Prüfgesamtkraft F	1471	588	147	294	441	980	588
Meßbereich	20 bis 70 HRC	60 bis 88 HRA	66 bis 92 HR 15 N	39 bis 84 HR 30 N	17 bis 75 HR 45 N	35 bis 100 HRB	60 bis 115 HRF
Härteskale	0,2 mm	0,2 mm	0,1 mm			0,2 mm	0,2 mm
Werkstoffe	Stahl, gehärtet angelassen	Wolfram-Bleche ⩾ 0,4 mm	dünne Proben ⩾ 0,15 mm, kleine Prüfflächen, dünne Oberflächenhärteschichten			Stahl, Messing, Bronze	St-Feinblech, Messing weich
Berechnung der Härte HR	HRC, HRA = 100–500 t_b [1])		HRN = 100–1000 t_b [1])			HRB, HRF = 130–500 t_b [1])	

[1]) Zahlenwert von t_b in mm einsetzen

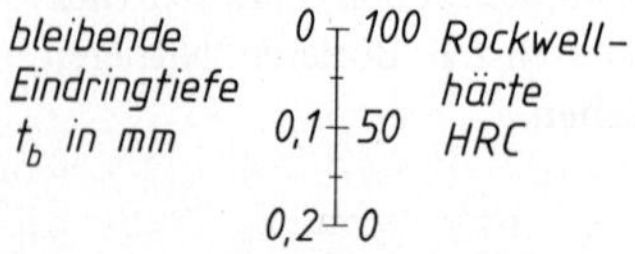

Bild VII.4
Beziehungen zwischen Eindringtiefe und Rockwellhärte

Die Dicke des Prüflings soll das 10fache der bleibenden Eindringtiefe t_b betragen. Die Härtewerte der einzelnen Rockwellverfahren sind nicht miteinander vergleichbar, deshalb muß Härteangabe immer mit Kurzzeichen des Verfahrens erfolgen (Tafel VII.2 obere Zeile).

1.4. Vergleich der Härtewerte

Die Umrechnung eines Härtewertes in einen der anderen Verfahren ist nicht möglich. Durch Versuchsreihen wurden Beziehungen ermittelt und in den Härtevergleichstabellen DIN 50150 niedergelegt (Entwurf). Sie enthalten den Vergleich der Vickershärte HV mit den Werten nach HB 30, HRB, HRC, HRA und HRN in Spalten nebeneinander angeordnet und gelten für un- und niedriglegierte Stähle und Stahlguß, jedoch nicht für hochlegierte Stähle und kaltverfestigte Stähle aller Art.

Angenähert bestehen die Beziehungen:

a) Zwischen Brinell- und Vickershärte: HB = 0,9 HV.

b) Für härtere Stähle bis zu 2000 N/mm² Zugfestigkeit gilt: R_m = 0,34 HV (aus HV errechnet).

c) Die Rockwellhärte HRC beträgt im Bereich 200 ... 400 HV etwa $\frac{1}{10}$ dieser Werte.

2. Der Zugversuch (DIN EN 10 002)

Durch den Zugversuch werden an genormten Zugproben folgende Werkstoffkennwerte ermittelt:

Werkstoffkennwert	Formelzeichen neu	Formelzeichen bisher	Einheit	Werkstoffkennwert	Formelzeichen neu	Formelzeichen bisher	Einheit
Zugfestigkeit	R_m	σ_{zB}	N/mm²	Elastizitätsmodul	E	E	N/mm²
Streckgrenze	R_e	σ_S	N/mm²	Bruchdehnung	A	$\delta_{5,10}$	%
0,2 Dehngrenze	$R_{p0,2}$	$\sigma_{0,2}$	N/mm²	Brucheinschnürung	Z	ψ	%

2.1. Zugproben (DIN 50 125)

Die Norm enthält Maße und Richtlinien für die Herstellung der Proben. Sie bestehen aus einer *Versuchslänge* mit konstantem Querschnitt, an deren Enden verdickte *Einspannköpfe* (Schulter- und Gewindeköpfe, sowie Köpfe für Beißbacken) vorhanden sind. Das Verhältnis zwischen *Meßlänge* L_0 und Durchmesser d_0 (Bild VII.5) ist festgelegt.

Verhältnis: $L_0 = 5{,}65\,\sqrt{So}$,
$L_0 = 5\,d_0$.

Weitere Normen: Grauguß DIN EN 1561, Temperguß DIN EN 1562; Druckguß 50148.

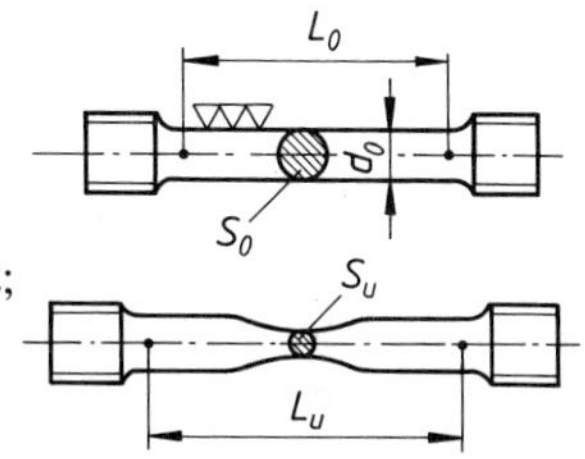

Bild VII.5. Zugprobe nach DIN 50 125
L_0 Meßlänge, d_0 Anfangsdurchmesser, S_0 ursprünglicher Probenquerschnitt, L_u Meßlänge nach dem Bruch, S_u Probenquerschnitt nach dem Bruch

2.2. Versuchsablauf

Die Zugprobe wird *biegungsfrei* in die Spannvorrichtung der Prüfmaschine eingesetzt und langsam bis zum Bruch gedehnt. Die Spannungszunahme soll 10 N/mm² je Sekunde nicht überschreiten. Es werden zugeordnete Werte von Zugkraft und Verlängerung gemessen.

2.3. Spannungs-Dehnungs-Diagramm

Aus den gemessenen Wertepaaren von Kraft und Verlängerung läßt sich das Kraft-Verlängerungs-Diagramm aufzeichnen. Durch Division aller Kraftwerte durch den Anfangsquerschnitt S_0 der Probe und aller Verlängerungswerte durch die Anfangslänge L_0 wird daraus das *Spannungs-Dehnungs-Diagramm.* Es zeigt Werte, die von der Probengröße unabhängig sind. Das Diagramm für einen weichen Stahl (Kurve 1 in Bild VII.6) zeigt folgende Abschnitte:

Geradliniger Teil = Hookesche Gerade: Gebiete *elastischer,* d.h. zurückgehender Dehnung. Spannung und Dehnung sind proportional, es gilt das *Hookesche Gesetz*

Hookesches Gesetz $\sigma = E\,\epsilon$

σ, E	ϵ
$\frac{\text{N}}{\text{mm}^2}$	1

Nach Entlastung hat die Probe ihre Anfangslänge L_0.

Schwach gekrümmter Teil: Hier ist die *Proportionalitätsgrenze* überschritten, die zur Verlängerung der Probe nötige Kraft nimmt geringer zu. Dicht oberhalb σ_P liegt die *Elastizitätsgrenze*, diejenige Spannung, bis zu der *bleibende* Formänderungen nicht auftreten. Die zulässigen Spannungen liegen unterhalb der Elastizitätsgrenze.

σ_P und σ_E sind schwierig zu ermitteln und haben für die Technik keine Bedeutung erlangt. An ihre Stelle tritt die Streckgrenze R_e bzw. die 0,2-Dehngrenze $R_{p0,2}$.

Unstetiger Teil: Bereich stärkerer plastischer Verformung, wobei die Kraft schwankt. Der Werkstoff gibt ruckartig nach, er „fließt". Hier ist die Streckgrenze σ_S überschritten. Nach Entlastung würde eine größere, bleibende Dehnung auftreten.

Ansteigender Teil: Durch den Fließvorgang (Kaltverformung) kommt es zu wachsender Kaltverfestigung. Für eine weitere Verlängerung sind zunehmende Kräfte erforderlich.

Absteigender Teil: Im Bereich des Gipfels der Kurve tritt die *Einschnürung* auf. Die weitere Verlängerung erfolgt nur noch in diesem Teil der Probe. Zur Dehnung des kleiner werdenden Querschnittes sind abnehmende Kräfte nötig, bis der Bruch erfolgt.

2.4. Werkstoffkennwerte

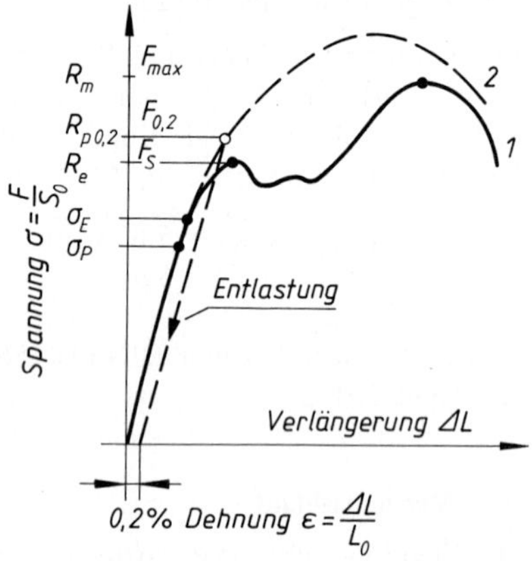

Bild VII.6. Spannungs-Dehnungs-Diagramm
1 für weichen Stahl mit deutlicher Streckgrenze
2 für härteren Stahl ohne erkennbare Streckgrenze

Mit Hilfe der Probe und des Diagramms werden folgende Werkstoffkennwerte berechnet:

$$\textit{Zugfestigkeit}\ R_m = \frac{F_{max}}{S_0}$$

R_m	F_{max}	S_0
$\frac{N}{mm^2}$	N	mm^2

F_{max} ist die größte Kraft, die während des Versuches an der Probe wirkte. Sie kann am Schleppzeiger des Gerätes abgelesen werden.

$$\textit{Streckgrenze}\ R_e = \frac{F_S}{S_0}$$

R_e	F_S	S_0
$\frac{N}{mm^2}$	N	mm^2

F_S ist die Kraft, bei der die Kurve die erste Unstetigkeit aufweist.

Viele Werkstoffe besitzen keine *ausgeprägte* Streckgrenze, z.T. ist die Kurve stetig gekrümmt. Für diese Werkstoffe ist die 0,2-Dehngrenze zu ermitteln. Sie wird gewöhnlich auch als Streckgrenze bezeichnet und ist in Tafeln unter dieser Spalte zu finden.

$$\textit{0,2-Dehngrenze}\ R_{p\,0,2} = \frac{F_{0,2}}{S_0}$$

$R_{p\,0,2}$	$F_{0,2}$	S_0
$\frac{N}{mm^2}$	N	mm^2

$F_{0,2}$ ist die Kraft, welche die Probe – nach Entlastung gemessen – um 0,2 % von L_0 bleibend gedehnt hat.

$$\textit{Bruchdehnung}\ A = \frac{L_u - L_0}{S_0} \cdot 100$$

A	L_u, L_0
%	mm

L_u ist der Abstand der Meßmarken an der Zugprobe nach dem Bruch (Bild VII.5). Zur Messung werden die Bruchstücke sorgfältig an der Bruchfläche zusammengepaßt. Die errechnete Bruchdehnung ist ein Mittelwert. Im Einschnürgebiet ist die Dehnung wesentlich größer als im zylindrisch gebliebenen Teil der Meßlänge.

$$\textit{Brucheinschnürung}\ Z = \frac{S_0 - S_u}{S_0} \cdot 100$$

A	S_0, S_u
%	mm^2

S_u ist die Bruchfläche, sie wird aus dem Mittelwert von zwei senkrecht aufeinanderstehenden Durchmessern berechnet.

$$\textit{Elastizitätsmodul}\ E = \frac{\sigma}{\epsilon_{el}}$$

E, σ	ϵ_{el}
$\frac{N}{mm^2}$	1

Zur Berechnung werden zwei zugeordnete Werte von Spannung und Dehnung im elastischen Bereich eingesetzt. Die Dehnung muß dabei mit dem Spiegelfeinmeßgerät nach Martens (DIN 50107) ermittelt werden. Der *E-Modul* ist die gedachte Spannung, die die Probe elastisch auf die doppelte Länge, also Dehnung gleich 1, dehnen würde. Er wird gebraucht, um die elastische Verformung der Bauteile unter Spannung zu berechnen.

Die angeführten Werkstoffkennwerte werden teilweise vom Hersteller *gewährleistet*. Der Verarbeiter kann sie durch den Zugversuch nachprüfen.

3. Kerbschlagbiegeversuch (DIN EN 10 045, DIN 50 115)

Untersuchung des Werkstoffes auf seine Verformungsfähigkeit unter Bedingungen, die das Fließen behindern:

Schlag: sehr kurze Zeit zur Verformung
Kerbe: kleines Volumen für die Verformung
Kerbe: mehrachsiges Spannungssystem im Kerbgrund

Zähe Werkstoffe zeigen dabei einen hohen Arbeitsaufwand zum Zerbrechen der Probe. Die *Schlagarbeit KV* wird gemessen und ist ein Maß für die Zähigkeit.

Die Meßwerte sind stark probenabhängig, deshalb Normung der Proben und Angabe in Kurzzeichen für die Schlagarbeit.

Probenformen unterscheiden sich durch Länge und Art der Kerbe. DVM-Probe (Bild VII.7), Normalprobe mit spitzer Kerbe für zähe Werkstoffe, DVMF-Probe (Flachkerb-Probe) um sprödere Werkstoffe besser unterscheiden zu können, sowie die DVMK-Probe (Klein-Probe), wenn wenig Volumen zur Verfügung steht.

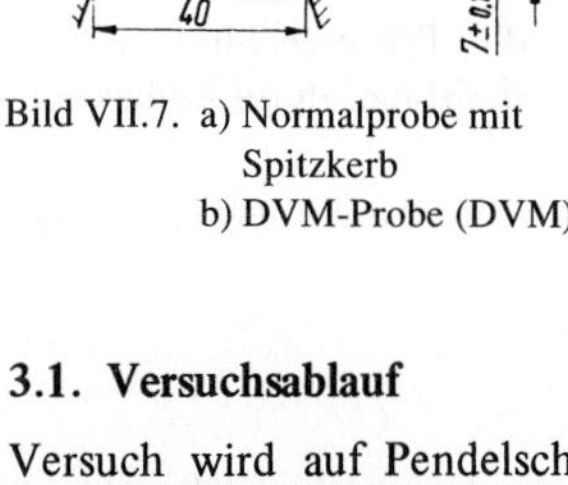

Bild VII.7. a) Normalprobe mit Spitzkerb
b) DVM-Probe (DVM)

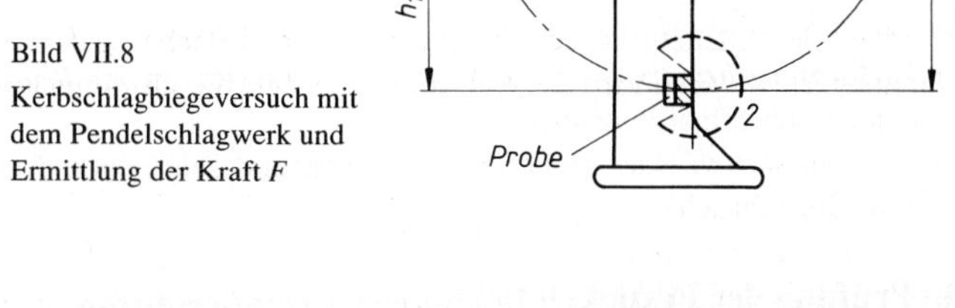

Bild VII.8
Kerbschlagbiegeversuch mit dem Pendelschlagwerk und Ermittlung der Kraft *F*

3.1. Versuchsablauf

Versuch wird auf Pendelschlagwerken DIN 51 222 durchgeführt, in Baugrößen von 0,5 ... 300 J genormt. Probe wird im tiefsten Punkt der Pendelbahn (Bild VII.8) als Träger auf zwei Stützen mittig von der Hammerscheibe des Pendels auf Biegung beansprucht und zerschlagen. Die *Lageenergie* W_p in der Ausgangsstellung (Höhe h) wird durch die verbrauchte Schlagarbeit vermindert, so daß das Pendel nur bis zur Höhe h_1 weiterschwingt. In der Stellung 3 besitzt es die *Überschußenergie* $W_ü$.

3.2 Auswertung

Die Schlagarbeit *KV* wird aus der Differenz der Energien berechnet

Schlagarbeit $KV = Wp - Wü = F(h - h_1)$

KV, W	F	h, h_1
J	N	m

F ist die Stützkraft bei waagerechter Stellung des Pendels gemessen (Bild 16.23b). Neben der Probenform und der Hammergröße werden die Meßwerte wesentlich von der Temperatur beeinflußt (Bild VII.9).

Angaben der Schlagarbeit enthalten die Probenform und das Arbeitsvermögen des Hammers, das normal 300 J (ohne Angabe) beträgt und bei Abweichungen hinter das Symbol *KV (KU)* gesetzt wird.

Beispiele:

KV = 40 J → V: Spitzkerbprobe mit 300 J; *KU* 100 = 40 J U → Rundkerbprobe mit 100 J geschlagen.

Kerbschlagarbeit-Temperaturkurve (BildVII.9) zeigt den Unterschied zwischen kaltzähen, kubisch-flächenzentrierten und kubisch-raumzentrierten Metallen, die im Bereich der Übergangstemperatur $t_ü$ einen Steilabfall von Werten der Hochlage zur Tieflage aufweisen. Die Lage des Steilabfalls wird durch den Gefügezustand beeinflußt und ist damit durch Wärmebehandlungen verschiebbar.

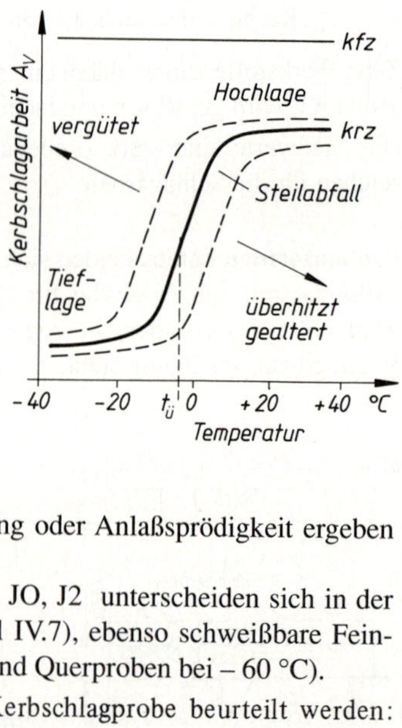

Bild VII.9
Kerbschlagarbeit-Temperaturkurve

Anwendungsbereich:

a) Kontrolle der *Wärmebehandlung* des Stahles. Bei Überhitzung oder Anlaßsprödigkeit ergeben sich niedrigere Zähigkeitswerte.

b) Stähle nach DIN EN 10 025 mit den Anhänge-Symbolen JR, JO, J2 unterscheiden sich in der Prüftemperatur, bei der die Proben geschlagen werden (Tafel IV.7), ebenso schweißbare Feinkornbaustähle nach DIN EN 10 113 (kaltzähe Reihe, Längs- und Querproben bei – 60 °C).

Die Zähigkeit des Werkstoffes kann an der Bruchfläche der Kerbschlagprobe beurteilt werden:

a) *Verformungsbruch:* Die Bruchfläche ist zerklüftet, an den Rändern sind Stauch- und Zugzonen. Zeichen für zähen Werkstoff.

b) *Trennungsbruch:* Die Bruchfläche ist eben und zeigt glatte Ränder. Zeichen für niedrige Zähigkeit (Sprödbruch).

4. Prüfung der Festigkeit bei höheren Temperaturen

Für Temperaturen über 200 ... 350 °C ist die Berechnungsgrundlage für den Konstrukteur die *Warmstrecktgrenze* nach DIN EN 10002-5. Hierbei wird der Zugversuch an beheizten Probestäben durchgeführt.

Wenn Bauteile bei Temperaturen über 400 °C mechanisch beansprucht werden, so sind für ihre Auslegung die *Zeit*festigkeiten und *Zeit*dehngrenzen zugrundezulegen. Sie werden aus *Langzeitversuchen* ermittelt.

4.1. Standversuche, Zeitstandversuch (DIN 50118)

Sie geben Aufschluß über das Dehnungsverhalten bei *langzeitiger* Beanspruchung. Dabei zeigen alle Werkstoffe ein *Kriechen.* Damit wird eine langsame plastische Formänderung unter Last bezeichnet, die zu Maßänderungen der Teile und u.U. zum Bruch führt, obwohl die Spannung unter der Bruchfestigkeit des Werkstoffes liegt. Die Geschwindigkeit des Kriechens wächst mit der Temperatur.

Bei Temperaturen *unter* dem Bereich der Kristallerholung kann das Kriechen durch eine Kaltverfestigung zum Stillstand kommen. Hier kann die *Dauerstandfestigkeit* σ_D ermittelt werden. Es ist die ruhende Beanspruchung, die eine Probe unendlich lange ohne Bruch ertragen kann.

Bei Temperaturen im Bereich der Kristallerholung und Rekristallisation tritt keine Kaltverfestigung ein, ein Kriechen ist nicht zu vermeiden. Hier ist kein Werkstoff „unendlich" lang haltbar, es gelten die *Zeitfestigkeiten.*

Je niedriger die verlangte Lebensdauer des Teiles, um so höher darf die Beanspruchung sein. Maßgebend sind die Zeitstandversuche.

Zeitstandversuch: Dabei werden Probestäbe bei gleichbleibender Temperatur und Belastung langzeitig (bis zu 10^5 h $\approx$ 15 Jahre) beansprucht und die bleibende Dehnung in Abständen gemessen bzw. der Bruch festgestellt. Aus vielen Proben des gleichen Werkstoffs, die bei gleicher Temperatur, aber verschiedenen Beanspruchungen gemessen wurden, ergibt sich das Zeitstandfestigkeitsschaubild (Bild VII.10). Daraus lassen sich z.B. folgende Werte ablesen:

Zeitstandfestigkeit $_{550}R_{m/100\,000}$ = 60 N/mm²

oder

Zeitstandfestigkeit $_{550}R_{m/1\,000}$ = 180 N/mm²

Zeitstandfestigkeit ist die Spannung, die nach konstanter Zugbeanspruchung bei angegebener Temperatur (Index) nach der angegebenen Zeit (Index) zum Bruch führt.

Weiter können die Zeitdehngrenzen abgelesen werden:

Zeitdehngrenze $_{550}R_{p0,2/1000}$ = 90 N/mm²

Zeitdehngrenze $_{550}R_{p1/10000}$ = 80 N/mm²

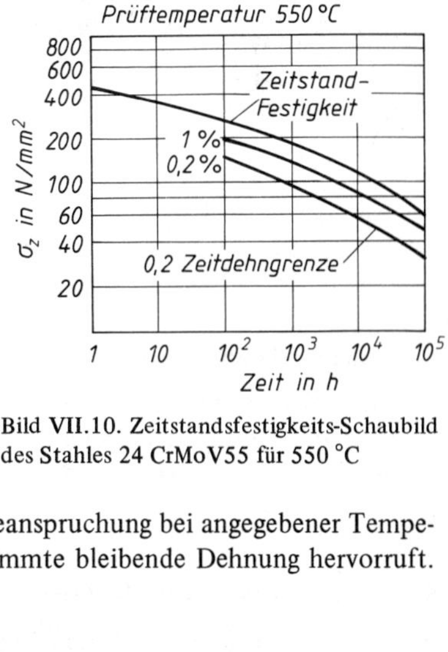

Bild VII.10. Zeitstandsfestigkeits-Schaubild des Stahles 24 CrMoV55 für 550 °C

Zeitdehngrenze ist die Spannung, die nach konstanter Zugbeanspruchung bei angegebener Temperatur (Index) nach der angegebenen Zeit (Index) eine bestimmte bleibende Dehnung hervorruft. Meist werden 0,2 % und 1 % Dehnung zugrunde gelegt.

5. Prüfung der Festigkeit bei schwingender Beanspruchung Dauerschwingversuch (DIN 50 100)

Bei dynamischer Beanspruchung eines Bauteiles (Begriffe siehe Festigkeitslehre) ist die Grundlage für den Ansatz der zulässigen Spannung nicht mehr die Streckgrenze σ_S, sondern die *Dauerfestigkeit* der jeweiligen Beanspruchungsart. Sie wird in Dauerversuchen an Proben mit *polierter* Oberfläche ermittelt.

5.1. Ermittlung der Biegewechselfestigkeit aus dem Umlaufbiegeversuch (DIN 50 113)

Der Versuch ahmt die Beanspruchung einer umlaufenden, biegebeanspruchten Welle nach. Es sind 6 ... 10 Proben des gleichen Werkstoffes von gleicher Form und Bearbeitung nötig. Die umlaufende

Probe wird mit einem konstanten Biegemoment belastet (Bild VII.11). Infolge der Drehung ändert sich die Biegespannung in jeder Faser sinusförmig und durchläuft bei einer Umdrehung ein Lastspiel. Der Versuch wird bis zum Bruch fortgesetzt und die Umläufe gezählt. 5 ... 9 weitere Proben werden mit gestuften, kleineren Biegespannungen ebenso geprüft. Aus den Meßwerten ergibt sich die *Wöhlerkurve* (Bild VII.12). Sie verläuft bei hohen Lastspielzahlen flacher und nähert sich einem *Grenzwert* der Spannung, der Dauerfestigkeit, hier als Biegewechselfestigkeit σ_{bW} bezeichnet. Es ist die Spannung, die sich aus der Wöhlerkurve für 10^7 Lastspiele ergibt.

Für Stahl verläuft die Kurve ab 10^7 Lastspiele waagerecht. Bei Versuchen genügt es, diese *Grenz-Lastspielzahl* zu erreichen. Für Leichtmetalle beträgt sie $5 \cdot 10^7$. Jede andere Oberflächenbeschaffenheit der Proben als „poliert" setzt die ertragbaren Lastspiele herab, d.h. senkt die Dauerfestigkeit. Bei Versuchen unter ständigem Korrosionsangriff ergibt sich ein geneigter Verlauf der Wöhlerkurve, eine Dauerfestigkeit ist dann nicht bestimmbar. Dann können nur *Zeitfestigkeiten* angegeben werden.

Kerbwirkungszahlen lassen sich auf gleiche Weise mit gekerbten oder quergebohrten Proben ermitteln. Die dann ermittelten Grenzwerte der Wöhlerkurven werden als *Nenndauerfestigkeit* bezeichnet. (Begriffe siehe auch Festigkeitslehre.)

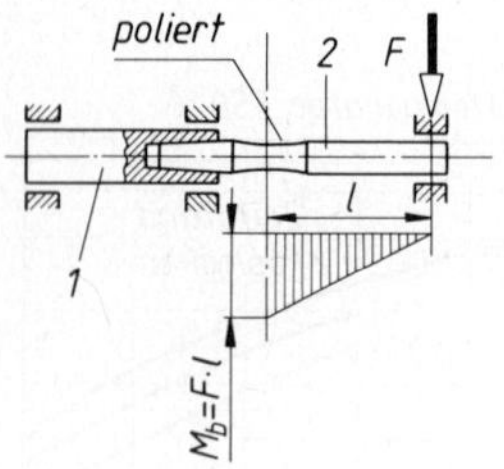

Bild VII.11. Umlaufbiegeversuch
1 Spindel mit Aufnahmekonus
2 Probe mit aufgestecktem Lager als Angriffspunkt der Kraft F, die das Biegemoment im eingezogenen Querschnitt hervorruft

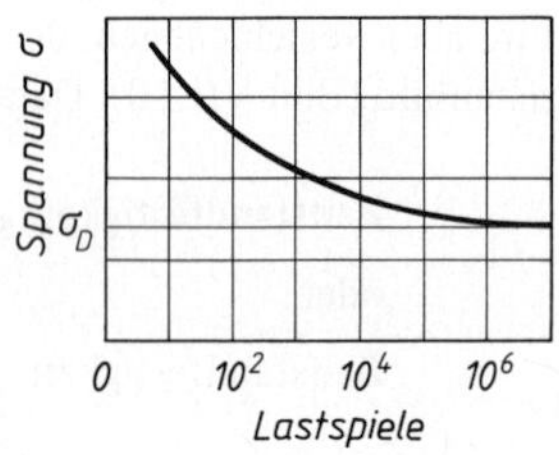

Bild VII.12. Wöhlerkurve

5.2. Andere Dauerversuche

In ähnlicher Weise werden Versuche mit schwellender oder wechselnder Belastung auf Zug-, Druck, Biegung und Torsion durchgeführt. Dabei werden die *Mittelspannungen* ebenfalls gestuft. Aus vielen Wöhlerkurven des gleichen Werkstoffes kann das Dauerfestigkeitsschaubild gezeichnet werden.

5.3. Dauerfestigkeitsschaubild (nach Smith)

Es zeigt die ertragbare *Ober-* und *Unter*spannung für steigende *Mittel*spannungen, ohne daß es zu Dauerbrüchen kommt.

Da die Aufnahme eines solchen Schaubildes sehr viel Zeit benötigt, wird es häufig angenähert konstruiert. Es müssen vom Werkstoff bekannt sein: Streckgrenze, sowie Schwell- und Wechselfestigkeit.

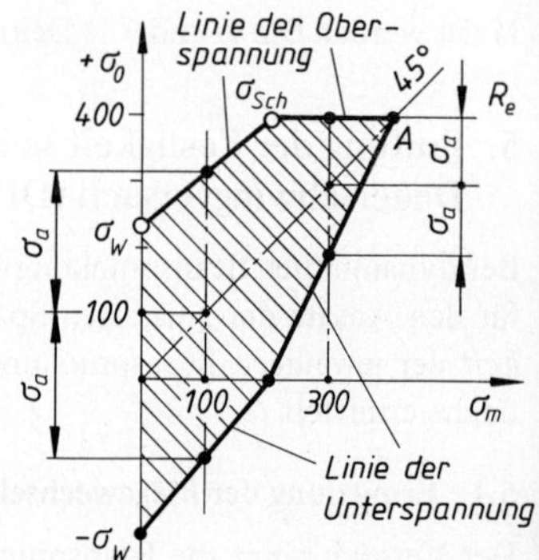

Bild VII.13. Dauerfestigkeitsschaubild
Die Linie der Oberspannung zwischen σ_W und σ_{Sch} ergibt sich aus den Dauerversuchen als leicht gekrümmte Linie, sie wird angenähert als Gerade gezeichnet.

Beispiel: Gegeben $R_e = 400\ N/mm^2$; $\sigma_{z\,Sch} = 400\ N/mm^2$; $\sigma_{zW} = 240\ N/mm^2$. Ordinate und Abszisse haben gleichen Maßstab. σ_{zW} auf Ordinate zweimal abgetragen. $\sigma_{z\,Sch}$ wird über der zugehörigen Mittelspannung (Hälfte) eingetragen. Die Punkte können geradlinig verbunden werden. Da die Oberspannung σ_0 nicht die Streckgrenze überschreiten darf, wird der Bereich der zulässigen Beanspruchung nach oben durch die Gerade begrenzt. σ_m darf ebenfalls die Streckgrenze nicht überschreiten (Punkt A). Die Linie für die Unterspannung ergibt sich, da die Ausschlagspannung σ_a um jede Mittelspannung nach oben und unten gleich sein muß.

Bei Beanspruchungen im schraffierten Gebiet des Schaubildes treten keine Dauerbrüche auf.

6. Untersuchung von Verarbeitungseigenschaften

Technologischer Biegeversuch DIN 50111 dient zum Nachweis der Biegbarkeit bei Raumtemperatur. Die Proben von der Dicke a sollen sich um einen Dorn von 0,5 ... 3 a Durchmesser um 180° falten lassen, ohne daß Zugrisse an der Oberfläche auftreten.

Tiefungsversuch an Blechen und Bändern DIN 50101-1. Hierbei wird in einem genormten Tiefziehwerkzeug durch eine Kugel von 20 mm Durchmesser ein Näpfchen gezogen bis zu einer Tiefe, bei der an der Außenseite der erste Anriß erscheint. Der Weg der Kugel ist der *Tiefungswert*. Für die verschiedenen Feinblechgüten sind steigende Tiefungswerte gewährleistet. Gleichzeitig kann die *Korngröße* des Blechwerkstoffes beurteilt werden.

Stirnabschreckversuch nach DIN EN ISO 642 dient zur Beurteilung der Härtbarkeit und Durchhärtung bzw. Einhärtung. Die auf Härtetemperatur erhitzte Probe wird mittels einer Blende nur an der Stirnseite abgeschreckt, so daß nach dem Einspannende hin die Härte nachläßt (Bild VII.14).

Als Ergebnis der Versuche ergibt sich statt einer Kurve (Bild VII.14) ein Band, da die Einhärtung je nach Analyse und Austenitisierung schwankt. Stirnabschreckstreubänder sind Teil der Normen für Einsatz- und Vergütungsstähle.

Kurzangabe (Beispiel): J 35/48–15 bedeutet, daß die Härtewerte in einem Abstand von 15 mm von der Stirnfläche zwischen 35 und 43 HRC liegen soll.

Aufweitversuch an Rohren DIN EN 10 234.
Ringfaltversuch an Rohren DIN EN 10 233.
Versuche an Schweißverbindungen 93 Normen und Normentwürfe.

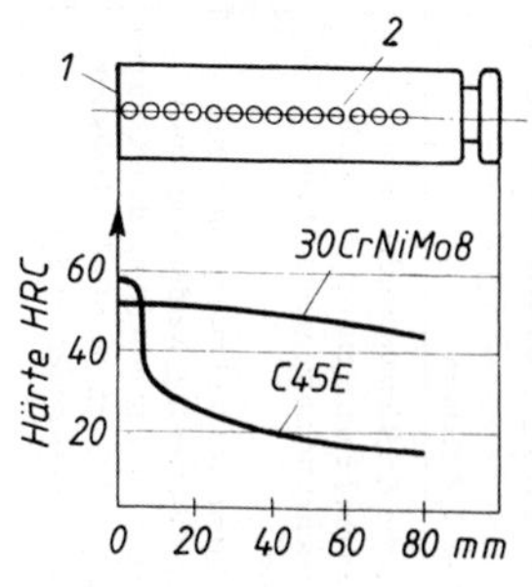

Bild VII.14
Stirnabschreckprobe und -kurve
1 Stirnfläche, 2 Härteprüfeindrücke

7. Zerstörungsfreie Werkstoffprüfung (Fehlersuche an Roh- und Fertigteilen)

Werkstoffehler wie z.B. Lunker, Gasblasen, Sandeinschlüsse oder Risse in Gußteilen oder Doppelungen in Walz- und Schmiedeteilen sowie Risse durch Schleifen, Härten und Schmieden müssen ohne Probenahme direkt am Werkstück geortet werden, ohne daß das Teil Schaden erleidet. Dafür sind ein- oder durchdringende Medien geeignet wie z.B. *Schall, Magnetfelder* oder *Strahlen* sehr kurzer Wellenlänge.

Die Verfahren haben Anwendungsgrenzen, sie überschneiden sich in ihren Anwendungsbereichen. Tafel VII.3 gibt eine Gegenüberstellung.

Tafel VII.3. Verfahren der zerstörungsfreien Werkstoffprüfung

<table>
<tr><th></th><th>Magnetische Verfahren</th><th>Ultraschall-Verfahren</th><th>Durchstrahlungsverfahren, Röntgen- oder γ-Strahlen</th></tr>
<tr><td>Prüfprinzip</td><td>Magnetische Kraftlinien werden an quer-verlaufenden Fehlern gestört, d.h. nach außen gelenkt und erzeugen dort ein Streufeld.
Wirbelströme, die im Prüfling durch eine Spule erzeugt werden, werden von seiner chemischen Zusammensetzung, dem Gefügezustand und Fehlern beeinflußt: Änderung des Scheinwiderstandes der Spule.</td><td>Schallwellen werden in Stoffen an Grenzflächen reflektiert und laufen geschwächt weiter. Als Grenzflächen wirken innere Fehler, aber auch Seigerungen und Gefügeunterschiede. Nachweis des reflektierten Schalls (Echo) oder Messung des geschwächten Signals und Vergleich mit fehlerfreiem Werkstück gleicher Dicke.</td><td>Kurzwellige Strahlen (Wellenlänge < Atomabstand) durchdringen die Materie und führen zu verschiedenen physikalischen Erscheinungen
<table><tr><th>Erscheinung</th><th>Anwendung</th></tr><tr><td>Schwächung der Strahlen</td><td>Grobstrukturprüfung: Fehlerortung</td></tr><tr><td>Beugung der Strahlen an Gitterebenen</td><td>Feinstrukturuntersuchung: Kristallgitterbestimmung</td></tr><tr><td>Anregung der Atome zur Eigenstrahlung</td><td>Röntgenspektralanalyse, Strahlennachweis durch Fluoreszens (Leuchtschirmbild)</td></tr></table></td></tr>
<tr><td>Erzeugung des Prüfmediums</td><td>Prüfling ist Teil eines magnetischen Kreises (Jochmagnetisierung) oder Kern einer Spule (Spulenmagnetisierung) Nachweis von Querrissen in der Randschicht.
Prüfling ist Leiter in einem Stromkreis (Selbstdurchflutung) und besitzt ein schraubenförmiges Feld. Nachweis von Längsrissen in der Randzone.
Prüfling liegt im Wechselfeld einer Spule</td><td>Schwingquarze (piezoelektrischer Effekt) oder Magnetschwinger (magnetostriktiver Effekt) werden elektrisch mit 0,5 ... 25 MHz erregt. Prüfkopf wird mit Pasten, Öl oder Wasser an die Oberfläche des Prüflings angekoppelt.</td><td>Röntgenröhren bis 400 kV: Stahl bis 150 mm
Betatron bis 30 MeV: Stahl bis 500 mm
Radioisotope (γ-Strahler) Co 60, Cs 137, Ir 192 ähnlich Röntgenröhren</td></tr>
<tr><td>Fehleranzeige</td><td>Magnetpulver (Fe/Fe_3O_4) in Öl fließt über den Prüfling. Am Streufeld versuchen die Teilchen sich den Kraftlinien auszurichten. Bei fehlerfreiem Prüfling keine Markierung.
Tastspule wird über die Oberfläche geführt. Streufelder erzeugen Induktionsströme, die Ton- oder Bildschirmsignale erzeugen.
Änderung der Spulendaten durch Änderung des Kurvenbildes am Oszillographen erkennbar, hierzu Vergleich mit fehlerfosem Prüfling erforderlich.</td><td>Impuls-Echo-Verfahren: Prüfkopf mit Schwinger ist Sender von Impulsen (1 ... 10 μs Dauer), in den Pausen Empfänger der Signale, die von Oberfläche, der Rückwand und dem Fehler mit Zeitabstand reflektiert und auf Bildschirm als Zacken abgebildet werden. Aus der Laufzeit kann die Tiefenlage des Fehlers bestimmt werden. Prüfling braucht nur von einer Seite aus zugänglich zu sein.</td><td>Filme erleiden an Fehlstellen größere Schwärzung: Abbild des Fehlers, aber keine Anzeige der Tiefenlage.
Leuchtschirmbetrachtung: Fluoreszierende Stoffe (ZnS) wandeln Röntgenstrahlen in sichtbares Licht um. Prüfling erscheint als dunkles Schattenbild (Schwächung) auf hellem Schirm. Fehler erscheint als hellere Flächen darin. Prüfling kann dabei bewegt werden.
Röntgenbild-Verstärkerröhre macht Fernübertragung möglich, dadurch Wegfall der Strahlengefährdung.</td></tr>
<tr><td>Anwendungen</td><td>Magnetpulverprüfung für Stahlteile mit blanker Oberfläche, Wellen, Achsen, Lenkungsteile auf Härte- und Schleif- und Schmiederisse in Oberflächen bzw. Randzone.
Magnetinduktive Prüfung für metallische Werkstoffe auf Risse, Einschlüsse Porosität. Sortierung nach Legierungsarten (Verwechslungsprüfung) Wärmebehandlung, Einhärtetiefe.
Dickenmessungen an Rohren, Folien und Beschichtungen am laufenden Halbzeug.</td><td>Schweißnahtprüfung (mit Winkelköpfen), Prüfung von Klebverbindungen, Halbzeugen (Doppelungen), großen Schmiede- und Gußteilen auf Einschlüsse, Schmiede- und Flockenrisse im Innern.
Periodische Kontrolle hochbelasteter Maschinenteile wie z.B. Schienen, Radsätze und Wellen der Bahn, Turbinenwellen und -gehäuse, Kranhaken.
Wanddickenmessung an korrodierten Blechen.</td><td>Prüfung von Guß- und Schmiedeteilen aus Stahl (bis zu 150 mm) Aluminium (bis zu 250 mm).
Schweißnahtprüfung: Es sind die Bestimmungen des Strahlenschutzes einzuhalten.</td></tr>
</table>

Eindringverfahren (Penetrierverfahren). Zur Ortung von Rissen, die an der Oberfläche enden. Sie arbeiten mit geringem Geräteaufwand und sind für *alle* Werkstoffe geeignet.

Prüfprinzip: Risse saugen infolge der Kapillarwirkung Flüssigkeiten auf.

Prüfmittel: Dünnflüssige Lösungen zum Streichen, Sprühen oder Tauchen.

Anzeige: Nach Entfernen der überschüssigen Lösung vom Prüfling tritt mit Hilfe eines Entwicklers die im Riß verbliebene Flüssigkeit dunkel oder farbig, evtl. auch im UV-Licht fluoreszierend hervor und kann fotographiert werden.

Literturhinweise

Gesamtdarstellungen der Werkstoffkunde

Askeland, D.R.: Materialwissenschaften. Spektrum Verlag 1996.
Bargel/Schulze (Hrsg.): Werkstoffkunde, VDI-Verlag 1988.
Bergmann, W.: Werkstofftechnik, Hanser-Verlag 1984.
Bürgel, Ralf: Handbuch Hochtemperatur-Werkstofftechnik. Verlag Vieweg 1998.
Hornbogen, E.: Werkstoffe, Springer-Verlag 1987.
Ilschner, B.: Werkstoffwissenschaften, Springer-Verlag 1982.
Schatt, W. (Hrsg.): Einführung in die Werkstoffwissenschaft, VEB Deutscher Verlag für Grundstoffindustrie, Leipzig 1981.
Gräfen, H.: VDI-Lexikon Werkstofftechnik
Weißbach, W.: Werkstoffkunde und Werkstoffprüfung, Verlag Vieweg 2000.
Welinger/Krägeloh: Werkstoffe und Werkstoffprüfung, rororo-Technik-Lexikon, Rohwohlt 1971.

Stahlgewinnungsverfahren

Bohlbrinker, A.-K.: Stahlfibel, Beratungsstelle für Stahlverwendung, Verlag Stahleisen.
Zeitschrift: Stahl und Eisen, Stahleisen-Verlag, Düsseldorf.

Werkstoffeigenschaften

VDI-Berichte 600: Metallische und nichtmetallische Werkstoffe und ihre Verarbeitungsverfahren im Vergleich, 600.1: Festigkeitsverhalten, 600.2: Korrosionsverhalten, 600.3: Reibungs- und Verschleißverhalten, 600.4: Hochtemperaturverhalten. VDI-Verlag.

Werkstoffe

Aluminium/Legierung: Aluminium-Taschenbuch, Aluminium-Verlag Düsseldorf.
Hartmetall: Scheder, W.: Hartmetall für den Praktiker, VDI-Verlag 1988.
Keramik: Salmang, H., Scholze, H.: Keramik Teil 1: Grundlagen und wichtige Eigenschaften. Teil 2: Keramische Werkstoffe. Springer-Verlag.
Kupfer/Legierung: DKI, Deutsches Kupfer-Institut. Informationsschriften.
Pulvermetallurgie: Zapf/Dalal/Silbereisen: Die Pulvermetallurgie, Vorlesungsreihe, Fachverband Pulvermetallurgie
Stahl und Eisen: Werkstoffhandbuch Stahl und Eisen, Verlag Stahleisen.
Werkzeugwerkstoffe: VDI-Bericht 432: Stand und Entwicklung der Werkzeugwerkstoffe.
Neue Werkstoffe: Einsatzgebiete heute – Anwendungsmöglichkeiten morgen, VDI-Bericht 670 Bde. I und II.
Verbundwerkstoffe: VDI-Bericht 563: Konstruieren mit Hybrid- und Verbundwerkstoffen.

Gußwerkstoffe

Feinguß für alle Industriebereiche Feingießen, geschichtliche Entwicklung und heutige Herstellung	K+G, 1983/3+4 K+G, 1993/2	Duktiles Gußeisen, Temperguß Schweißen von Temperguß, Schweißkonstruktionen mit Temperguß	K+G, 1983/1-2 K+G, 1981/2 K+G, 1995/2
		Gußeisen mit Vermiculargraphit	K+G, 1991/1
Gußeisen mit Kugelgraphit Bainitisches Gußeisen mit Kugelgraphit	K+G, 1988/1 K+G, 1986/4	Stahlguß, Herstellung, Eigenschaften und Verwendung	K+G, 1988/4
Wärmebehandlung von Gußeisen mit Lamellen- oder Kugelgraphit	K+G, 1996/2	Austenitisches Gußeisen Niedriglegierte graphitische Gußwerkstoffe	K+G, 1993/3 K+G, 1987/1

Zeitschrift: Konstruieren und Gießen (K+G) ZGV-Zentrale für Gußverwendung, Düsseldorf

Kunststoffe

DIN-Taschenbuch Nr. 18 Materialprüfung.
Dominghaus, H.: Eigenschaften der Kunststoffe, Hanser-Verlag 1986.
Hellerich/Harsch/Haenle: Werkstoff-Führer Kunststoffe, Hanser-Verlag 1996.
Menges, G.: Werkstoffkunde der Kunststoffe, Hanser-Verlag 1998.
Saechtling, H.-J.: Kunststoff-Taschenbuch, Hanser-Verlag 1998.
Zeitschrift: Kunststoffe, Hanser-Verlag München.

Werkstoffprüfung

DIN-Taschenbuch 19: Materialprüfnormen für metallische Werkstoffe.
DIN-Taschenbuch 219: Korrosion und Korrosionsschutz.
Kauczor, E.: Metall unterm Mikroskop, Springer-Verlag 1974.
Krautkrämer, J.-H.: Werkstoffprüfung mit Ultraschall, Springer-Verlag 1987.
Macherauch, E.: Praktikum in Werkstoffkunde, Verlag Vieweg 1987.
Schumann, H.: Metallographie, VEB Deutscher Verlag für Grundstoffindustrie, Leipzig 1969.
Zeitschrift: Materialprüfung, Hanser-Verlag.

Werkstoff-Fachverbände (Herausgeber von Informationsschriften über Werkstoffe)

Name Anschrift	Telefon	Fax	e-Mail Internet http://www.
Aluminium-Zentrale e.V. Postfach 10 12 62, 40003 Düsseldorf	02 11/47 96-2 27	02 11/47 96-4 12	aluzentrale@compuserve.com
DGM Deutsche Gesellschaft für Materialkunde Hamburger Allee 26, 60486 Frankfurt	0 69/7 91 77 50	0 69/7 91 77 33	ma@dgm.de dgm.de
DECHEMA, Dt. Ges. für chem. Apparatewesen Postfach 15 01 04, 60061 Frankfurt/Main		0 69/7 56 43 04	
Deutsches Kupfer-Institut Am Bonneshof 5, 40474 Düsseldorf	02 11/4 79 63 00	02 11/4 79 63 10	kupferinstitut@compuserve.com kupferinstitut.de
Deutscher Verband für Materialprüfung Unter den Eichen, 12205 Berlin		0 30/8 11 93 59	dvm-berlin.de
FPM Fachverband Pulvermetallurgie Goldene Pforte 1, 58093 Hagen	0 23 31/95 88 17	0 23 31/5 10 46	mschliep@wsu.de
Fraunhofer-Gesellschaft Postfach 19 03 39, 80603 München	0 89/12 05-3 54	0 89/12 05-3 17	fhg.de
Gesellschaft für Tribologie Ernststraße 12, 47443 Moers	0 28 41/5 42 13	0 28 41/5 94 78	gft-ev.de
Informationsstelle Edelstahl Rostfrei Breite Straße 69, 40213 Düsseldorf	02 11/8 29-5 28		edelstahl-rostfrei.de
Informationszentrum Technische Keramik Postfach 16 24, 95090 Selb	0 92 87/9 12 34	0 92 87/7 04 92	info@keramverband.de keramverband.de
Stahl-Informationszentrum Postfach 10 48 42, 40039 Düsseldorf	02 11/8 29-3 70	02 11/8 29-3 44	stahlforschung.de
VDI-Gesellschaft Werkstofftechnik Postfach 10 11 49, 40002 Düsseldorf		02 11/6 21 41 60	iw@technikwissen.de technikwissen.de/iw/iw.htm
ZGV-DVG Zentrale für Gußverwendung Postfach 10 19 61, 40010 Düsseldorf	02 11/68 71-0	02 11/6 87 12 64	dgvguss@t-online.de dgv.de
Zink-Beratung e.V. Friedrich-Ebert-Straße 37, 40210 Düsseldorf	02 11/35 08 67		
Zinn-Beratung e.V. Friedrich-Ebert-Straße 37, 40210 Düsseldorf	02 11/1 64 94 08		

Thermodynamik

Heinz Wittig

Formelzeichen und Einheiten

A	m^2	Fläche
C	$\frac{W}{m^2 K^4}$	Strahlungszahl
c	$\frac{J}{kg\,K}$	spezifische Wärmekapazität
E	J	Energie
H	J	Enthalpie
h	$\frac{J}{kg}$	spezifische Enthalpie
k	$\frac{W}{m^2 K}$	Wärmedurchgangskoeffizient
l	m	Länge
M	$\frac{kg}{kmol}$	molare Masse
m	kg	Masse
n	1	Polytropenexponent
p	$Pa = \frac{N}{m^2}$	Druck
Q	J	Wärme
q	$\frac{J}{kg}$	spezifische Wärme
R_i	$\frac{J}{kg\,K}$	spezielle Gaskonstante des Stoffes i
r	1	Raumanteil
S	$\frac{J}{K}$	Entropie
s	$\frac{J}{kg\,K}$	spezifische Entropie
T	K	Temperatur (thermodynamische Temperatur)
t	s	Zeit
U	J	innere Energie
u	$\frac{J}{kg}$	spezifische innere Energie
V	m^3	Volumen
v	$\frac{m^3}{kg}$	spezifisches Volumen
W	J	Arbeit
w	$\frac{J}{kg}$	spezifische Arbeit
α_l	$\frac{1}{K}$	Längenausdehnungskoeffizient
α_V	$\frac{1}{K}$	Volumenausdehnungskoeffizient
α	$\frac{W}{m^2 K}$	Wärmeübergangskoeffizient
ϵ	1	Emissionsgrad
η	1	Wirkungsgrad
ϑ	°C	Celsius-Temperatur
κ	1	Isentropenexponent
λ	$\frac{W}{mK}$	Wärmeleitfähigkeit
μ	1	Massenanteil
ρ	$\frac{kg}{m^3}$	Dichte

I. Grundbegriffe

1. Temperatur

Die Temperatur ist ein Maß für den Vorrat an (thermischer) innerer Energie eines thermodynamischen Systems. Sie ist eine physikalische Basisgröße. Mit der Temperatur verbinden sich subjektive Wahrnehmungen zur Beschreibung der Warmheit eines stofflichen Körpers (z. B. kalt, warm).

Das natürliche Wärmeempfinden des Menschen kann über die Höhe der vorliegenden Temperatur keine hinreichend zuverlässige Aussage machen. Temperaturen werden deshalb mit geeigneten Meßgeräten gemessen. Als Basiseinheit ist im Internationalen Einheitensystem das Kelvin (Kurzzeichen: K) festgelegt. Temperaturen können auch in Grad Celsius (Kurzzeichen: °C) angegeben werden.

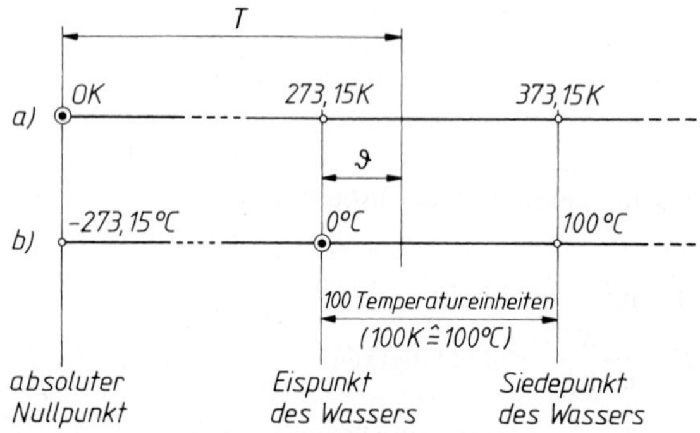

Bild I.1a und I.1b Temperaturskalen

Die Temperatureinheiten ergeben sich aus den Temperaturskalen. Diese Temperaturskalen lehnen sich in der Festlegung ihrer Fixpunkte an bestimmte physikalische Vorgänge an, die unter gleichen physikalischen Bedingungen stets bei derselben Temperatur ablaufen.

Die *Kelvin-Skala* (Bild I.1a) nach William Thomson (Lord Kelvin, England, 1824–1907) besitzt als Skalennullpunkt den absoluten Nullpunkt. Sie wird auch als Skala der absoluten Temperaturen oder als thermodynamische Temperaturskala bezeichnet.

Die *Celsius-Skala* (Bild I.1b) nach Anders Celsius (Schweden, 1701–1744) und Carl von Linné (Schweden, 1707–1778) verwendet als Fixpunkte den Eispunkt und den Siedepunkt des Wassers. Nullpunkt dieser Temperaturskala ist der Eispunkt des Wassers. Der durch diese Fixpunkte begrenzte Warmheitsbereich ist in 100 Temperatureinheiten unterteilt (1 Temperatureinheit = 1 Grad Celsius = 1 °C). Celsius-Temperaturen treten je nach Warmheit als positive oder negative Zahlenwerte auf und werden wegen des willkürlich gewählten Skalennullpunktes als *relative* Temperaturen bezeichnet. Sie erhalten das Formelzeichen ϑ.

Auch die Kelvin-Skala unterteilt den Bereich zwischen Eispunkt und Siedepunkt des Wassers in 100 Temperatureinheiten (1 Temperatureinheit = 1 Kelvin = 1 K). Damit erhalten die Temperatureinheiten der Kelvin-Skala und der Celsius-Skala die gleiche Größe (1 K = 1 °C). Die Kelvin-Temperaturen sind als Zahlenwerte stets positiv. Sie werden als *thermodynamische* Temperaturen bezeichnet und erhalten das Formelzeichen T.

Für ein ideales Gas ergibt sich der absolute Nullpunkt bei –273,15 °C (siehe Bild I.1).

Für die Umrechnung von Temperaturwerten gelten die Zahlenwertgleichungen

$$T = \vartheta + 273{,}15 \qquad (I.1)$$

$$\vartheta = T - 273{,}15 \qquad (I.2)$$

T	ϑ
K	°C

■ **Beispiel:** Bei der Abkühlung von Quecksilber stellt sich bei einer Temperatur von 7,22 K die Supraleitfähigkeit ein. Diese Temperatur soll in Grad Celsius umgerechnet werden.

Lösung: $\vartheta = T - 273{,}15 = 7{,}22 - 273{,}15 = -265{,}93\ °C$

■ **Beispiel:** Im Verlaufe der Ladungskompression im Innern des Zylinders eines Otto-Motors wird das eingeholte Gemisch auf eine Temperatur von 520 °C erwärmt. Diese Kompressionstemperatur soll in Kelvin umgerechnet werden.

Lösung: $T = \vartheta + 273{,}15 = 520 + 273{,}15 = 793{,}15$ K

2. Druck

Der auf die Flächeneinheit entfallende Teil einer belastenden Kraft F wird allgemein als *Druck p* bezeichnet ($p = F/A$, A belastete Fläche).

Werden Kräfte zwischen festen Körpern ausgetauscht, so tritt ein solcher Druck an der gemeinsamen Berührungsfläche auf. Er wird hier als Flächenpressung bezeichnet. Flüssigkeiten üben Kräfte auf die umgebenden Gefäßwände aus und rufen so Seitendrücke und Bodendrücke hervor.

Der Druck ist eine besonders wichtige Einflußgöße bei der Betrachtung von Gaszuständen. Gase haben wegen der freien Beweglichkeit ihrer Moleküle bzw. Atome die Eigenschaft, jeden dargebotenen Raum gleichmäßig auszufüllen. Der gasförmige Stoff kann daher überhaupt nur durch die umgebenden Wände eines Behälters auf engerem Raum zusammengehalten werden. Dabei stoßen die schwingenden Gasteilchen von innen her gegen den Behälter und üben dadurch kurzzeitig Kräfte auf die festen Wände aus. Diese Kräfte summieren sich bei der großen Anzahl der auftreffenden Teilchen zu einer stetigen Krafteinwirkung und damit zum Druck des Gases gegen die Behälterwände. Die Größe des Drucks wird dabei von der Anzahl der Gasteilchen bestimmt, die pro Zeiteinheit auf die Flächeneinheit der Wand auftreffen.

Gas- und Flüssigkeitsdrücke mißt man mit Manometern, den Druck der atmosphärischen Luft (Atmosphärendruck) mit dem Barometer. Als Druckeinheit ist im Internationalen Einheitensystem die SI-Einheit Pascal (Kurzzeichen: Pa) festgelegt. 1 Pa ist der auf eine Fläche von 1 m² gleichmäßig wirkende Druck, wenn senkrecht zur Fläche die Kraft 1 N ausgeübt wird.

$$1\,\mathrm{Pa} = 1\,\frac{\mathrm{N}}{\mathrm{m}^2} = 1\,\frac{\mathrm{kg}}{\mathrm{s}^2\,\mathrm{m}} = 1\,\mathrm{kg\,s^{-2}\,m^{-1}}$$

Als weitere Druckeinheit ist nach dem Einheitengesetz das Bar (Kurzzeichen: bar) zugelassen.

$$1\,\mathrm{bar} = 10^5\,\mathrm{Pa} = 10^5\,\frac{\mathrm{N}}{\mathrm{m}^2}$$

Bei der Bestimmung der Druckgrößen wird zwischen *absoluten* und *relativen* Drücken unterschieden.

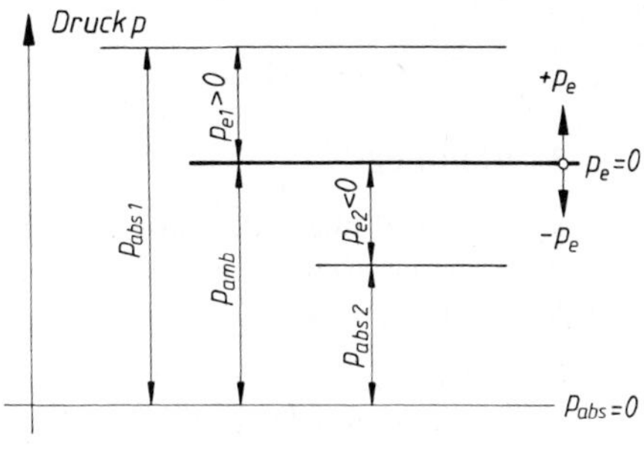

Bild I.2. Absolute und relative Drücke

Der absolute Druck p_{abs} (Absolutdruck) ist auf $p = 0$ (Vakuum von 100 %) bezogen. Relative Drücke beziehen sich als atmosphärische Druckdifferenz auf den jeweils herrschenden (veränderlichen) Atmosphärendruck p_{amb} der umgebenden Luft. Sie werden als Überdruck p_e bezeichnet (siehe Bild I.2).

$$p_e = p_{abs} - p_{amb} \qquad \text{(I.3)}$$

$$p_{abs} > p_{amb} \Rightarrow p_e > 0 \text{ (positiv)}$$
$$p_{abs} < p_{amb} \Rightarrow p_e < 0 \text{ (negativ)}$$
$$p_{abs} = p_{amb} \Rightarrow p_e = 0$$

Ist der absolute Druck eines Gases kleiner als der Atmosphärendruck p_{amb} der umgebenden Luft, so spricht man in bestimmten Anwendungsbereichen (Vakuumtechnik) auch von einem Vakuum unterschiedlicher Prozentigkeit (Vak %). Ein Vakuum von 100 % liegt dann vor, wenn der absolute Druck gleich Null ist.

$$\text{Vak}\,\% = -\frac{p_e}{p_{amb}} \cdot 100 \qquad \text{(I.4)}$$

$$p_{abs} = p_{amb} \cdot \left(1 - \frac{\text{Vak}\,\%}{100}\right) \qquad \text{(I.5)}$$

■ **Beispiel:** Das Manometer eines Dampfkessels zeigt einen Überdruck von $p_e = 15{,}3$ bar an. Der Druck der umgebenden Luft wurde mit Hilfe eines Barometers mit $p_{amb} = 990$ hPa = 990 mbar = 0,99 bar gemessen. Welcher absolute Druck herrscht im Innern des Dampfkessels?

Lösung: $p_{abs} = p_e + p_{amb} = 15{,}3 \text{ bar} + 0{,}99 \text{ bar}$

$p_{abs} = 16{,}29 \text{ bar}$

■ **Beispiel:** Ein Luftverdichter saugt Luft von $p_{e1} = -0{,}147$ bar (Zustand 1) an und verdichtet sie auf $p_{e2} = 10$ bar (Zustand 2). Der Barometerstand beträgt $p_{amb} = 905$ hPa = 905 mbar = 0,905 bar. Wie groß sind die absoluten Drücke vor und nach der Verdichtung?

Lösung: $p_{abs1} = p_{e1} + p_{amb} = -0{,}147 \text{ bar} + 0{,}905 \text{ bar}$

$p_{abs1} = 0{,}758 \text{ bar}$

$p_{abs2} = p_{e2} + p_{amb} = 10 \text{ bar} + 0{,}905 \text{ bar}$

$p_{abs2} = 10{,}905 \text{ bar}$

■ **Beispiel:** Ein plattenförmiges Werkstück soll auf einer Flachschleifmaschine bearbeitet werden und wird auf einer Vakuum-Spannplatte gespannt. Die Vakuumpumpe des Spanngerätes erzeugt unter dem aufliegenden Werkstück ein 90%iges Vakuum. Der Atmosphärendruck beträgt 1010 hPa = 1010 mbar = 1,01 bar. Welcher absolute Druck herrscht unter dem gespannten Werkstück?

Lösung: $p_{abs} = p_{amb} \cdot \left(1 - \frac{\text{Vak}\,\%}{100}\right) = 1{,}01 \text{ bar} \cdot \left(1 - \frac{90}{100}\right)$

$p_{abs} = 0{,}101 \text{ bar}$

3. Volumen

Jeder feste, flüssige oder gasförmige Stoff wird durch seine Stoffmenge repräsentiert. Diese Stoffmenge nimmt stets einen bestimmten Raum ein. Diesen Raum bezeichnet man als das Volumen des Stoffes. Das *Volumen V* wird durch die Volumeneinheit Kubikmeter (Kurzzeichen: m^3) ausgedrückt.

$1 \text{ m}^3 = 10^3 \text{ dm}^3 = 10^6 \text{ cm}^3 = 10^9 \text{ mm}^3$

Bei Flüssigkeiten ist als Volumeneinheit auch das Liter (Kurzzeichen: l) zugelassen.

$1 \text{ l} = 1 \text{ dm}^3$

Das Volumen fester und flüssiger Stoffe hängt praktisch nur von Art und Menge des Stoffes ab. Die Stofftemperatur ist nur von geringem Einfluß und kann meist vernachlässigt werden. Der umgebende Druck wirkt sich auf das Stoffvolumen praktisch nicht aus.

Bei den zusammendrückbaren Gasen besteht eine starke Abhängigkeit des Volumens auch von Druck und Temperatur. Bezieht man die Rauminhalte auf gleiche Werte von Druck und Temperatur, so sind diese Gasvolumen ebenfalls nur von Gasart und Gasmenge abhängig. Übliche Werte von Druck und Temperatur sind die Größen des *physikalischen Normzustandes* (0 °C = 273,15 K und 1,013 25 bar). Das Volumen eines Gases im Normzustand bezeichnet man als *Normvolumen* V_n.

Das Volumen fester und flüssiger Stoffe und das Normvolumen eines Gases sind ein Maß für die jeweilige Stoffmenge.

Das massenbezogene Volumen ist das *spezifische Volumen v*

$$v = \frac{V}{m} \qquad (I.6)$$

v	V	m
$\frac{m^3}{kg}$	m^3	kg

Bei festen und flüssigen Stoffen ist das spezifische Volumen praktisch nur von der Stoffart abhängig.

Bei Gasen hängt das spezifische Volumen erst dann nur von der Gasart ab, wenn es auf den Normzustand bezogen wird. Diese Größe bezeichnet man als das *spezifische Normvolumen* v_n.

$$v_n = \frac{V_n}{m} \qquad (I.7)$$

v_n	V_n	m
$\frac{m^3}{kg}$	m^3	kg

Der Kehrwert (Reziprokwert) des spezifischen Volumens ist die *Dichte* ρ des Stoffes.

$$\rho = \frac{1}{v} = \frac{m}{V} \qquad (I.8)$$

ρ	m	V
$\frac{kg}{m^3}$	kg	m^3

Bei festen und flüssigen Stoffen ist die Stoffdichte praktisch nur von der Stoffart abhängig.

Bei Gasen hängt die Dichte erst dann nur von der Gasart ab, wenn sie auf den Normzustand bezogen wird. Diese Größe bezeichnet man als die *Normdichte* ρ_n.

$$\rho_n = \frac{1}{v_n} = \frac{m}{V_n} \qquad (I.9)$$

ρ_n	m	V_n
$\frac{kg}{m^3}$	kg	m^3

Tafel I.1. Spezifisches Volumen und Dichte von Gasen im Normzustand

Gasart	chemisches Kurzzeichen	$v_n \frac{m^3}{kg}$	$\rho_n \frac{kg}{m^3}$
Kohlendioxid	CO_2	0,506	1,977
Kohlenoxid	CO	0,800	1,250
Luft	–	0,774	1,293
Methan	CH_4	1,396	0,717
Sauerstoff	O_2	0,700	1,429
Stickstoff	N_2	0,799	1,251
Wasserdampf	H_2O	1,243	0,804
Wasserstoff	H_2	11,111	0,090

Das stoffmengenbezogene Volumen ist das *molar Volumen* V_m

$$V_m = \frac{V}{n} \qquad (I.10)$$

V_m	V	n
$\frac{m^3}{kmol}$	m^3	kmol

Durch die Einführung spezifischer und molarer Größen werden thermodynamische Betrachtungen von Masse und Stoffmenge und damit von der Systemgröße unabhängig.

Spezifisches Volumen *v* und molares Volumen V_m sind über die molare Masse *M* miteinander verknüpft.

$$V_m = v\,M \qquad (I.11)$$

Bezieht man die molaren Volumen von Gasen auf gleiche Werte von Druck und Temperatur, so ergeben sich Zahlenwerte von annähernd gleicher Größe. Entsprechen die gemeinsamen Bezugsgrößen den Werten des physikalischen Normzustandes, so gilt für das *molare Normvolumen* V_{mn} aller idealen Gase

$$V_{mn} = v_n M \approx 22.414 \frac{m^3}{kmol}$$

■ **Beispiel:** Gegeben ist eine Sauerstoffmenge von 25 kg im Normzustand. Die auf diesen Zustand bezogene Dichte des Gases beträgt $\rho_n = 1{,}429\ kg/m^3$.

a) Wie groß ist das spezifische Volumen v_n des Gases?

b) Welches Volumen V_n nimmt dieses Gas ein?

Lösung: a) $v_n = \frac{1}{\rho_n} = \frac{1}{1{,}429 \frac{kg}{m^3}}$

$$v_n = 0{,}7 \frac{m^3}{kg}$$

b) $V_n = m\, v_n = 25\ kg \cdot 0{,}7 \frac{m^3}{kg}$

$$V_n = 17{,}5\ m^3$$

■ **Beispiel:** Gegeben sind 0,5 m³ Acetylen (C_2H_2) im Normzustand.

a) Wie groß sind das spezifische Normvolumen und die Normdichte?

b) Welche Gasmenge (ausgedrückt in kg) ist in einem Raum von 0,5 m³ enthalten?

Lösung: a) $V_{mn} = v_n M, \quad M = 26 \frac{kg}{kmol}$

$$v_n = \frac{V_{mn}}{M} = \frac{22{,}4 \frac{m^3}{kmol}}{26 \frac{kg}{kmol}} = 0{,}861 \frac{m^3}{kg}$$

$$\rho_n = \frac{1}{v_n} = \frac{1}{0.861 \frac{m^3}{kg}} = 1{,}16 \frac{kg}{m^3}$$

b) $$m = \frac{V_n}{v_n} = \frac{0{,}5\ m^3}{0{,}861 \frac{m^3}{kg}} = 0{,}58\ kg$$

4. Spezifische Wärmekapazität

Die *spezifische Wärmekapazität c* ist die massenbezogene Wärme (oder auch Dissipationsarbeit), die einem thermodynamischen System über die Systemgrenze hinweg zuzuführen ist, um ohne Änderung des bestehenden Aggregatzustandes die Temperatur um 1 K (= 1 °C) zu erhöhen.

Soll die Temperatur T_1 eines Systems (hier eines Stoffes) mit der Masse m auf T_2 erhöht werden ($T_2 > T_1$), dann ergibt sich die zuzuführende Wärme Q aus

$$Q = m\,c\,(T_2 - T_1)$$

oder $$Q = m\,c\,(\vartheta_2 - \vartheta_1) \qquad \text{(I.12)}$$

Q	m	c	T	ϑ
J	kg	$\frac{J}{kg\,K} = \frac{J}{kg\,°C}$	K	°C

Das Produkt $m\,c$ ist die *Wärmekapazität* des Systems mit der Masse m.

Wird einem System Wärme entzogen (Abkühlung), dann gilt die Gleichung (I.12) sinngemäß. Da aber $T_2 < T_1$ ist, wird der Zahlenwert für die abzuführende Wärme dann negativ ($Q < 0$).

Die Gleichung (I.12) kann in der angegebenen Form nur dann benutzt werden, wenn die spezifische Wärmekapazität über den in Rechnung zu setzenden Temperaturbereich $T_1 \dots T_2$ bzw. $\vartheta_1 \dots \vartheta_2$ konstant ist. Im allgemeinen wird die spezifische Wärmekapazität mit zunehmender Temperatur aber größer. Die Kurve $c = f(\vartheta)$ läßt erkennen, daß die spezifische Wärmekapazität bei jedem Temperaturwert ϑ eine andere Größe besitzt und unter diesen Umständen nur in einem sehr kleinen Temperaturintervall $\Delta\vartheta$ als praktisch konstant angesehen werden kann (siehe Bild I.3).

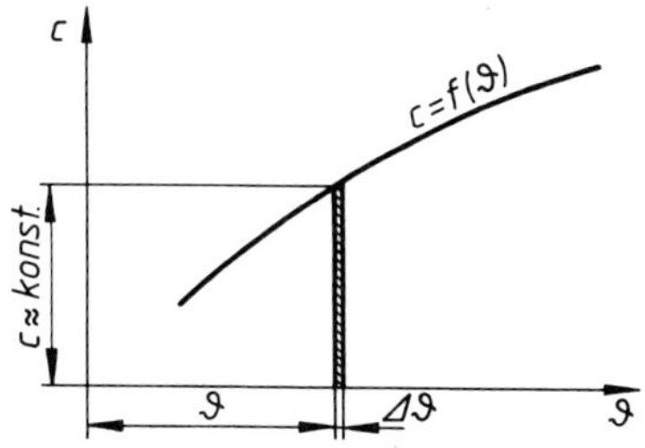

Bild I.3. Angenommener Verlauf der spezifischen Wärmekapazität in Abhängigkeit von der Temperatur

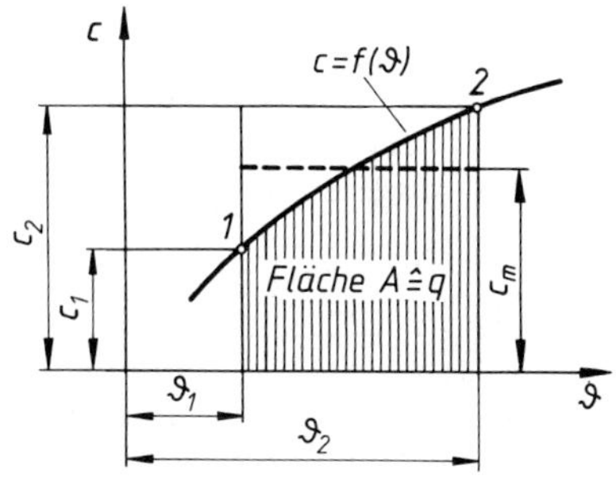

Bild I.4. Bestimmung der mittleren spezifischen Wärmekapazität

Erstreckt sich eine Berechnung über einen größeren Temperaturbereich $\vartheta_1 \dots \vartheta_2$, so muß mit einer *mittleren* spezifischen Wärmekapazität c_m gerechnet werden. Wird die spezifische Wärmekapazität in Abhängigkeit von der Temperatur ϑ zeichnerisch dargestellt, so ergibt sich der Mittelwert c_m als Höhe eines Rechteckes, dessen Flächeninhalt dem der Fläche A unter der Kurve $c = f(\vartheta)$ entspricht (Bild I.4). Die Fläche ist ein Maß für die spezifische Wärme q.

Für Überschlagsrechnungen kann bei nicht zu großen Temperaturunterschieden mit hinreichender Genauigkeit der arithmetische Mittelwert aus den wahren spezifischen Wärmekapazitäten bei den Grenztemperaturen ϑ_1 und ϑ_2 eingesetzt werden.

In Tabellen wird häufig die mittlere spezifische Wärmekapazität $c_{m0-\vartheta}$ zwischen 0 °C und einer beliebigen Temperatur ϑ angegeben. Aus diesen Tabellenwerten kann die mittlere spezifische Wärmekapazität c_{m1-2} für jeden beliebigen Temperaturbereich $\vartheta_1 \dots \vartheta_2$ ermittelt werden.

Herleitung (siehe Bild I.5):

$$q_{1-2} = c_{m1-2}(\vartheta_2 - \vartheta_1)$$
$$q_{0-1} = c_{m0-1}(\vartheta_1 - 0)$$
$$q_{0-2} = c_{m0-2}(\vartheta_2 - 0)$$
$$q_{1-2} = q_{0-2} - q_{0-1}$$
$$c_{m1-2}(\vartheta_2 - \vartheta_1) = c_{m0-2}(\vartheta_2 - 0) - c_{m0-1}(\vartheta_1 - 0)$$
$$c_{m1-2}(\vartheta_2 - \vartheta_1) = c_{m0-2}\vartheta_2 - c_{m0-1}\vartheta_1 .$$

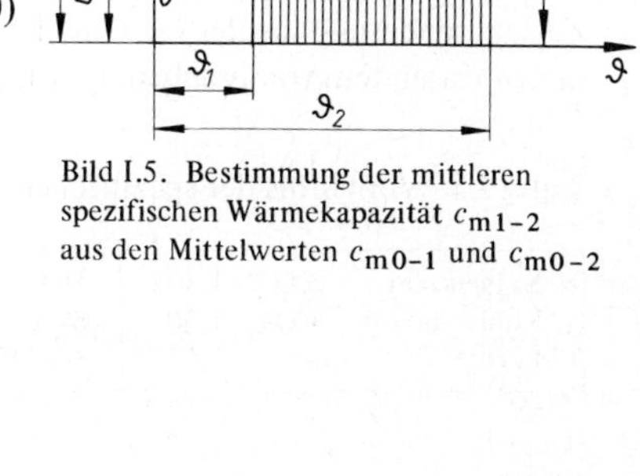

Bild I.5. Bestimmung der mittleren spezifischen Wärmekapazität c_{m1-2} aus den Mittelwerten c_{m0-1} und c_{m0-2}

Aus der Herleitung ergibt sich *die mittlere spezifische Wärmekapazität für den Temperaturbereich* $\vartheta_1 \dots \vartheta_2$

$$c_{m1-2} = \frac{c_{m0-2}\vartheta_2 - c_{m0-1}\vartheta_1}{\vartheta_2 - \vartheta_1} \qquad (I.13)$$

c	ϑ
$\frac{J}{kg\,K} = \frac{J}{kg\,°C}$	°C

Die Temperaturabhängigkeit der spezifischen Wärmekapazität ist bei festen und flüssigen Stoffen verhältnismäßig gering. In den einschlägigen Tabellen werden daher für diese Stoffe Mittelwerte (c_m) angegeben, die für relativ große Temperaturbereiche gelten (siehe Tafel I.2).

Tafel I.2. Mittlere spezifische Wärmekapazität c_m fester und flüssiger Stoffe zwischen 0 °C und 100 °C in $\frac{J}{kg\,K}\left(=\frac{J}{kg\,°C}\right)$

Aluminium	913	Kork	2010	Steinzeug	775
Beton	1005	Kupfer	389	Ziegelsteine	921
Blei	130	Marmor	879	Alkohol	2428
Eichenholz	2386	Messing	385	Ammoniak	4187
Eis	2052	Nickel	444	Azeton	2303
Eisen (Stahl)	461	Platin	134	Benzol	1842
Fichtenholz	2721	Quarzglas	724	Glyzerin	2428
Glas	795	Quecksilber	138	Maschinenöl	1675
Graphit	879	Sandstein	921	Petroleum	2093
Gußeisen	544	Schamotte	795	Schwefelsäure	1382
Kieselgur	879	Silber	234	Wasser	4187

Die einem geschlossenen System (z. B. einem Stoff) bei isobarer Erwärmung (p konstant) zugeführte Wärme dient nicht nur zur Erhöhung der (thermischen) inneren Energie. Durch die mit der Erwärmung verbundene Volumenvergrößerung (Wärmeausdehnung) muß ein Teil der zugeführten Wärme zur Verrichtung der Volumenänderungsarbeit (als Raumschaffungsarbeit) gegen den Widerstand des umgebenden Drucks abgezweigt werden. Diese Arbeit wird über die Systemgrenze hinweg an die Umgebung abgegeben.

Bei festen und flüssigen Stoffen kann diese Raumschaffungsarbeit wegen der hier nur geringen Wärmedehnung vernachlässigt werden. Für Gase werden dagegen unterschiedliche c-Werte (c_p bzw. c_v) verwendet.

c_v spezifische Wärmekapazität bei konstantem Volumen

c_p spezifische Wärmekapazität bei konstantem Druck ($c_p > c_v$)

Für ideale Gase gilt: $c_p - c_v = R_i$ (spezielle Gaskonstante)

$c_p/c_v = \kappa$ (Isentropenexponent)

Das Verhältnis κ der spezifischen Wärmekapazitäten erscheint bei der Behandlung der isentropen Zustandsänderung idealer Gase als Isentropenexponent. Das Verhältnis ist besonders bei mehratomigen Gasen temperaturabhängig. Eine geringe Druckabhängigkeit besteht bei realen Gasen.

Tafel I.3. Verhältnis der spezifischen Wärmekapazitäten $\frac{c_p}{c_v}$ bei 0 °C

Kohlenoxid	CO	1,402	Methan	CH_4	1,32	Wasserdampf	H_2O	1,33
Kohlendioxid	CO_2	1,30	Sauerstoff	O_2	1,40	Wasserstoff	H_2	1,405
Luft	–	1,40	Stickstoff	N_2	1,40			

Zur Bestimmung genauerer Zahlenwerte der spezifischen Wärmekapazitäten für Gase werden Tabellen für *wahre* spezifische Wärmekapazitäten (Tafel I.4.) oder für die *mittleren* spezifischen Wärmekapazitäten (Tafel I.5.) benutzt.

Tafel I.4. Wahre spezifische Wärmekapazität bei ϑ °C in $\frac{J}{kg\,K}$ nach *Justi* und *Lüder*

ϑ in °C		CO	CO_2	Luft	CH_4	O_2	N_2	H_2O	H_2
0	c_p	1038	708	1005	2156	913	1038	1855	14 235
	c_v	741	519	716	1637	653	741	1394	10 111
100	c_p	1047	921	1009	2453	934	1047	1880	14 444
	c_v	749	733	720	1934	674	749	1419	10 320
200	c_p	1059	996	1026	2797	963	1055	1934	14 528
	c_v	762	808	737	2278	703	758	1474	10 404
300	c_p	1080	1068	1047	3174	996	1068	1989	14 570
	c_v	783	879	758	2654	737	770	1528	10 446
400	c_p	1105	1122	1068	3500	1026	1093	2056	14 612
	c_v	808	934	779	2981	766	795	1595	10 488
500	c_p	1130	1164	1093	3814	1051	1118	2119	14 696
	c_v	833	976	804	3295	791	821	1658	10 572
600	c_p	1160	1202	1114	4086	1076	1139	2186	14 779
	c_v	862	1013	825	3567	816	842	1725	10 655
700	c_p	1181	1231	1135	4333	1089	1164	2257	14 947
	c_v	883	1043	846	3814	829	867	1796	10 823
800	c_p	1202	1256	1156	4543	1101	1181	2328	15 114
	c_v	904	1068	867	4024	842	883	1867	10 990
900	c_p	1218	1277	1168	4760	1114	1202	2395	15 324
	c_v	921	1089	879	4241	854	904	1934	11 200
1000	c_p	1231	1294	1185	4945	1122	1214	2458	15 533
	c_v	934	1105	896	4425	862	917	1997	11 409

Tafel I.5. Mittlere spezifische Wärmekapazität zwischen 0 °C und ϑ °C in $\frac{J}{kg\,K}$ nach *Justi* und *Lüder*

ϑ in °C		CO	CO_2	Luft	CH_4	O_2	N_2	H_2O	H_2
0	c_p	1038	708	1005	2156	913	1038	1855	14 235
	c_v	741	519	716	1637	653	741	1394	10 111
100	c_p	1043	871	1009	2261	921	1043	1867	14 319
	c_v	745	682	720	1742	662	745	1407	10 195
200	c_p	1047	917	1013	2453	934	1047	1888	14 403
	c_v	749	729	724	1934	674	749	1428	10 279
300	c_p	1055	959	1022	2638	950	1051	1909	14 444
	c_v	758	770	733	2119	691	754	1449	10 320
400	c_p	1063	988	1030	2809	967	1059	1938	14 474
	c_v	766	800	741	2290	708	762	1478	10 350
500	c_p	1076	1022	1043	2956	980	1068	1972	14 499
	c_v	779	833	754	2437	720	770	1511	10 375

Fortsetzung Seite 606

Fortsetzung von Seite 605

ϑ in °C		CO	CO_2	Luft	CH_4	O_2	N_2	H_2O	H_2
600	c_p	1089	1051	1051	3148	992	1076	2001	14 528
	c_v	791	862	762	2629	733	779	1541	10 404
700	c_p	1097	1072	1059	3303	1005	1084	2031	14 570
	c_v	800	883	770	2784	745	787	1570	10 446
800	c_p	1110	1093	1072	3437	1017	1097	2068	14 654
	c_v	812	904	783	2918	758	800	1608	10 530
900	c_p	1122	1114	1084	3571	1026	1105	2102	14 696
	c_v	825	925	795	3052	766	808	1641	10 572
1000	c_p	1130	1130	1093	3659	1034	1118	2135	14 738
	c_v	833	942	804	3140	775	821	1675	10 614
1100	c_p	1139	1147	1101	3883	1042	1130	2168	14 818
	c_v	841	959	812	3366	783	833	1708	10 695
1200	c_p	1151	1160	1109	3998	1051	1139	2198	14 902
	c_v	854	971	820	3479	791	841	1737	10 779
1300	c_p	1160	1172	1118		1059	1147	2227	14 986
	c_v	862	984	829		800	850	1766	10 863
1400	c_p	1168	1185	1126		1067	1155	2260	15 070
	c_v	871	996	837		808	858	1800	10 946
1500	c_p	1172	1197	1134		1072	1164	2286	15 153
	c_v	875	1009	846		812	867	1825	11 030
1600	c_p	1180	1206	1139		1076	1168	2315	15 237
	c_v	883	1017	850		816	871	1854	11 114
1700	c_p	1185	1214	1147		1080	1176	2344	15 321
	c_v	887	1026	858		820	879	1884	11 198
1800	c_p	1193	1222	1151		1088	1180	2369	15 446
	c_v	896	1034	862		829	883	1909	11 323
1900	c_p	1197	1231	1155		1097	1185	2394	15 530
	c_v	900	1042	867		837	887	1934	11 407
2000	c_p	1206	1235	1160		1101	1193	2420	15 614
	c_v	908	1047	871		841	896	1959	11 491

Werden Systeme (z. B. Stoffe) mit unterschiedlichen Temperaturen über eine gemeinsame diatherme (wärmedurchlässige) Systemgrenze in Berührung gebracht, so findet eine Wärmeübertragung in Richtung des Temperaturgefälles statt. Nach erfolgtem Energieaustausch stellt sich in den beteiligten Systemen die gemeinsame *Mischungstemperatur* ϑ_{Mi} ein (Temperaturausgleich).

Werden zwei Stoffe mit den Massen m_1 und m_2, den spezifischen Wärmekapazitäten c_1 und c_2 und den Temperaturen ϑ_1 und ϑ_2 gemischt, so ergibt sich die *Mischungstemperatur* (Zweistoffmischung)

$$\vartheta_{Mi} = \frac{m_1 c_1 \vartheta_1 + m_2 c_2 \vartheta_2}{m_1 c_1 + m_2 c_2} \qquad \text{(I.14)}$$

ϑ	m	c
°C	kg	$\frac{\text{J}}{\text{kg K}} = \frac{\text{J}}{\text{kg °C}}$

Diese Formel wird als *Mischungsregel* bezeichnet und kann durch sinngemäße Erweiterung auch für Mehrstoffmischungen verwendet werden.

Die Anwendung der Mischungsregel setzt voraus, daß während des Mischungsvorganges keine Änderung des bestehenden Aggregatzustandes eintritt und dem Gesamtsystem Wärme weder zugeführt noch entzogen wird.

Aus der Mischungsregel folgt die

Mischungstemperatur (Zweistoffmischung gleichartiger Stoffe)

$$\vartheta_{Mi} = \frac{m_1\,\vartheta_1 + m_2\,\vartheta_2}{m_1 + m_2} \qquad \begin{array}{c|c} \vartheta & m \\ \hline {}^\circ C & kg \end{array} \tag{I.15}$$

Mischungstemperatur (Zweistoffmischung gleichartiger Stoffe mit gleichgroßen Massen)

$$\vartheta_{Mi} = \frac{\vartheta_1 + \vartheta_2}{2} \tag{I.16}$$

■ **Beispiel:** Im Rauchgasvorwärmer einer Kesselanlage werden in jeder Stunde 8400 kg Wasser von $\vartheta_1 = 45\ {}^\circ C$ auf $\vartheta_2 = 110\ {}^\circ C$ vorgewärmt. Wie groß ist die Wärme, die in jeder Stunde vom Rauchgas auf das Speisewasser übergeht?

Lösung: $Q = m\,c\,(\vartheta_2 - \vartheta_1)$; $\quad c = 4187\,\dfrac{J}{kg\,K} = 4187\,\dfrac{J}{kg\,{}^\circ C}$

$$Q = 8400\,\frac{kg}{h} \cdot 4187\,\frac{J}{kg\,{}^\circ C} \cdot (110 - 45)\,{}^\circ C = 2286 \cdot 10^6\,\frac{J}{h}$$

■ **Beispiel:** 6 kg Wasser von 50 °C und 10 kg Wasser von 30 °C sollen gemischt werden. Wie hoch ist die sich einstellende Mischungstemperatur ϑ_{Mi}?

Lösung: $\vartheta_{Mi} = \dfrac{m_1\,\vartheta_1 + m_2\,\vartheta_2}{m_1 + m_2} = \dfrac{6\,kg \cdot 50\,{}^\circ C + 10\,kg \cdot 30\,{}^\circ C}{6\,kg + 10\,kg} = 37{,}5\,{}^\circ C$.

■ **Beispiel:** Ein gegen Wärmeverluste geschütztes Kalorimeter ist mit 800 g Wasser von 15 °C gefüllt. Das Gefäß des Kalorimeters besteht aus 250 g Silber mit einer mittleren spezifischen Wärmekapazität von 234 J/kg K. In dieses Gefäß werden 200 g Aluminium von 100 °C eingebracht. Nach dem Wärmeausgleich wird eine Mischungstemperatur von 19,25 °C gemessen.

Wie groß ist die spezifische Wärmekapazität des Aluminiums?

Lösung: Wird die Gleichung (I.14) auf eine Dreistoffmischung erweitert und zur Unterscheidung mit Indizes für Silbergefäß, Wasserbad und Aluminium versehen, so ergibt sich bei Auflösung nach c_a (für Aluminium)

$$c_a = \frac{(m_s\,c_s + m_w\,c_w) \cdot (\vartheta_{Mi} - \vartheta)}{m_a\,(\vartheta_a - \vartheta_{Mi})}\text{, hierin ist } \vartheta_w = \vartheta_s = \vartheta \text{ gesetzt}$$

$$c_w = 4187\,\frac{J}{kg\,K} = 4187\,\frac{J}{kg\,{}^\circ C} \qquad c_s = 234\,\frac{J}{kg\,{}^\circ C}$$

$$c_a = \frac{\left(0{,}25\,kg \cdot 234\,\dfrac{J}{kg\,{}^\circ C} + 0{,}8\,kg \cdot 4187\,\dfrac{J}{kg\,{}^\circ C}\right) \cdot (19{,}25 - 15)\,{}^\circ C}{0{,}2\,kg \cdot (100 - 19{,}25)\,{}^\circ C}$$

$$c_a = 897\,\frac{J}{kg\,{}^\circ C} = 897\,\frac{J}{kg\,K}$$

■ **Beispiel:** Eine Luftmenge soll bei gleichbleibendem Druck von $\vartheta_1 = 100\ °C$ auf $\vartheta_2 = 800\ °C$ vorgewärmt werden. Zur Berechnung des Wärmebedarfs soll die mittlere spezifische Wärmekapazität für den genannten Temperaturbereich mit Hilfe einer Tabelle für mittlere spezifische Wärmekapazitäten (Tafel I.5.) ermittelt werden.

Lösung: $c_{m\,1-2} = \dfrac{c_{m\,0-2}\,\vartheta_2 - c_{m\,0-1}\,\vartheta_1}{\vartheta_2 - \vartheta_1}$

c_{m0-1} (nach Tafel I.5.) $= 1009\ \dfrac{J}{kg\ K}$

c_{m0-2} (nach Tafel I.5.) $= 1072\ \dfrac{J}{kg\ K}$

$$c_{m\,1-2} = \frac{1072\ \frac{J}{kgK}\cdot 800\ °C - 1009\ \frac{J}{kgK}\cdot 100\ °C}{(800-100)\ °C} = 1081\ \frac{J}{kgK}$$

5. Wärmeausdehnung

5.1. Allgemeines

Führt man einem Stoff Energie in Form von Wärme zu, so dehnt er sich nach allen Seiten aus. Diese Volumenvergrößerung ist eine Folge der Vergrößerung des mittleren Abstandes der Stoffteilchen untereinander. Bei Abkühlung zeigt sich eine entsprechende Volumenabnahme.

Die Größe der Wärmeausdehnung hängt von der Art des Stoffes ab. Feste Körper dehnen sich nur wenig, Flüssigkeiten dagegen stärker aus. Die größte Ausdehnung zeigt sich bei den Gasen.

5.2. Wärmeausdehnung fester Körper

Da die Volumenvergrößerung fester Stoffe bei Erwärmung nur sehr gering ist, wird nur die bei langgestreckten festen Körpern stärker in Erscheinung tretende Wärmedehnung in der Längsrichtung bestimmt. Die Längenzunahme wird als *Längsausdehnung* bezeichnet.

Besitzt ein Körper bei der Temperatur $\vartheta_0 = 0\ °C$ die Länge l_0, so zeigt sich bei Erwärmung auf die Temperatur ϑ eine Längenzunahme Δl (Bild I.6).

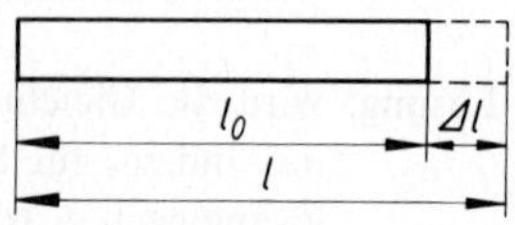

Bild I.6. Längenzunahme eines festen Körpers nach Erwärmung

Die in m gemessene Längenänderung eines Stabes von 1 m Länge (bei 0 °C) nach Erwärmung um 1 K = 1 °C bezeichnet man als *Längenausdehnungskoeffizient* α_l. Damit ergibt sich die

Längenzunahme nach Erwärmung $\Delta l = l_0\,\alpha_l\,\vartheta$ (I.17)

Länge nach Erwärmung $l = l_0\,(1 + \alpha_l\,\vartheta)$ (I.18)

Relative Längenänderung $\dfrac{\Delta l}{l_0} = \alpha_l\,\vartheta$ (I.19)

l	α_l	ϑ
m	$\frac{1}{K} = \frac{1}{°C}$	°C

Die Volumenzunahme eines festen Körpers bei Erwärmung ergibt sich aus der Längenzunahme, die in Richtung der Länge, Breite und Höhe erfolgt. Besitzt ein Körper bei der Temperatur $\vartheta_0 = 0\ °C$ das Volumen V_0, so zeigt sich bei Erwärmung auf die Temperatur ϑ eine Volumenzunahme ΔV (Bild I.7).

Die in m^3 gemessene Volumenänderung eines Körpers von 1 m^3 Rauminhalt (bei 0 °C) nach Erwärmung um 1 K = 1 °C bezeichnet man als *Volumenausdehnungskoeffizient* α_V. Damit ergibt sich:

		V	α_V	ϑ	
Volumenzunahme nach Erwärmung	$\Delta V = V_0 \alpha_V \vartheta$				(I.20)
Volumen nach Erwärmung	$V = V_0 (1 + \alpha_V \vartheta)$	m^3	$\frac{1}{K} = \frac{1}{°C}$	°C	(I.21)
Relative Volumenänderung	$\frac{\Delta V}{V_0} = \alpha_V \vartheta$				(I.22)

Eine Beziehung zwischen dem Längenausdehnungskoeffizienten α_l und dem Volumenausdehnungskoeffizienten α_V kann aus der Betrachtung eines würfelförmigen Körpers nach Bild I.7 hergeleitet werden.

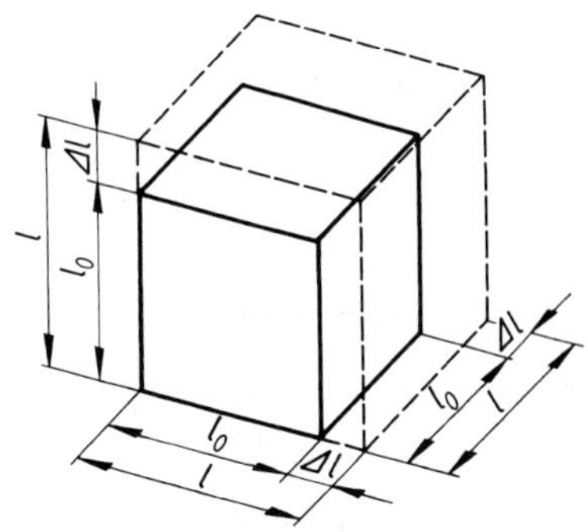

Bild I.7. Volumenzunahme eines festen Körpers (Würfel) nach Erwärmung

$V_0 = l_0^3,\ V = l^3,\ l = l_0 + \Delta l$

$$V = [l_0 + \Delta l]^3$$
$$V = [l_0 + l_0 \alpha_l \vartheta]^3$$
$$V = [l_0 (1 + \alpha_l \vartheta)]^3$$
$$V = l_0^3 (1 + \alpha_l \vartheta)^3$$
$$V = V_0 (1 + 3 \alpha_l \vartheta + 3 \alpha_l^2 \vartheta^2 + \alpha_l^3 \vartheta^3)$$

Da α_l sehr klein ist, können die Potenzen von α_l vernachlässigt werden.

$$V \approx V_0 (1 + 3 \alpha_l \vartheta)$$

Setzt man $3 \alpha_l \approx \alpha_V$, so folgt daraus

$V = V_0 (1 + \alpha_V \vartheta)$, wie Gleichung (I.21).

Soll die Wärmeausdehnung für eine beliebige Temperaturdifferenz $\vartheta_1 \dots \vartheta_2$ ermittelt werden, so kann wegen der geringen Größe von α_l und α_V bei festen Körpern auch mit den folgenden Näherungsgleichungen gerechnet werden.

	l	α_l	ϑ	
Längenzunahme nach Erwärmung $\Delta l \approx l_1 \alpha_l (\vartheta_2 - \vartheta_1)$				(I.23)
Länge nach Erwärmung $l_2 \approx l_1 [1 + \alpha_l (\vartheta_2 - \vartheta_1)]$	m	$\frac{1}{K} = \frac{1}{°C}$	°C	(I.24)

	V	α_V	ϑ	
Volumenzunahme nach Erwärmung $\Delta V \approx V_1 \alpha_V (\vartheta_2 - \vartheta_1)$				(I.25)
Volumen nach Erwärmung $V_2 \approx V_1 [1 + \alpha_V (\vartheta_2 - \vartheta_1)]$	m^3	$\frac{1}{K} = \frac{1}{°C}$	°C	(I.26)

Die Längenausdehnungskoeffizienten der einzelnen festen Stoffe sind von der Temperatur abhängig. Im unteren Temperaturbereich zwischen 0 °C und 100 °C kann ihre Größe praktisch als konstant angesehen werden.

Tafel I.6. Längenausdehnungskoeffizient α_l fester Stoffe zwischen 0 °C und 100 °C in $\frac{1}{K} = \frac{1}{°C}$ (Volumenausdehnungskoeffizient $\alpha_V \approx 3\,\alpha_l$)

Aluminium	$23{,}5 \cdot 10^{-6}$	Jenaer Glas	$4{,}4 \cdot 10^{-6}$	PVC	$78{,}1 \cdot 10^{-6}$
Bakelite	$21{,}9 \cdot 10^{-6}$	Kohlenstoffstahl	$12{,}0 \cdot 10^{-6}$	Quarzglas	$0{,}6 \cdot 10^{-6}$
Blei	$29{,}2 \cdot 10^{-6}$	Kupfer	$16{,}5 \cdot 10^{-6}$	Wolfram	$4{,}5 \cdot 10^{-6}$
Chromstahl	$11{,}0 \cdot 10^{-6}$	Magnesium	$26{,}0 \cdot 10^{-6}$	Zinn	$23{,}0 \cdot 10^{-6}$
Glas	$9{,}0 \cdot 10^{-6}$	Messing	$18{,}4 \cdot 10^{-6}$	Zinnbronze	$17{,}8 \cdot 10^{-6}$
Gold	$14{,}2 \cdot 10^{-6}$	Nickel	$14{,}1 \cdot 10^{-6}$	Zink	$30{,}1 \cdot 10^{-6}$
Gußeisen	$9{,}0 \cdot 10^{-6}$	Platin	$8{,}9 \cdot 10^{-6}$		

- **Beispiel:** Die Länge der Aluminiumdrähte zwischen zwei Masten einer Hochspannungsleitung beträgt 110 m bei einer Temperatur von 20 °C. Wie lang sind die Leitungsdrähte bei den Temperaturen +35 °C und −35 °C ($\alpha_l = 23{,}5 \cdot 10^{-6}\,\frac{1}{K} = 23{,}5 \cdot 10^{-6}\,\frac{1}{°C}$).

Lösung: a) l_2 bei einer Temperatur von +35 °C

$$l_2 \approx l_1 [1 + \alpha_l (\vartheta_2 - \vartheta_1)]$$

$$l_2 \approx 110\,\text{m} \left[1 + 23{,}5 \cdot 10^{-6}\,\frac{1}{°C}(+35 - 20)\,°C\right] \qquad l_2 \approx 110{,}039\,\text{m}$$

b) l_2 bei einer Temperatur von −35 °C

$$l_2 \approx l_1 [1 + \alpha_l (\vartheta_2 - \vartheta_1)]$$

$$l_2 \approx 110\,\text{m} \left[1 + 23{,}5 \cdot 10^{-6}\,\frac{1}{°C}(-35 - 20)\,°C\right] \qquad l_2 \approx 109{,}858\,\text{m}$$

5.3. Wärmeausdehnung von Flüssigkeiten

Flüssigkeiten dehnen sich im allgemeinen bei Erwärmung stärker aus als feste Körper. Der Volumenausdehnungskoeffizient ist nicht in allen Temperaturbereichen konstant. Er wird um so größer, je mehr sich die Temperatur dem Siedepunkt der Flüssigkeit nähert. In den unteren Temperaturbereichen kann die Größe von α_V praktisch als konstant angesehen werden. Eine besonders gleichmäßige Ausdehnung zeigt das Quecksilber.

Eine Ausnahme bildet das Wasser (Anomalie des Wassers). Es besitzt bei +4 °C sein kleinstes Volumen (größte Dichte) und dehnt sich sowohl bei Erwärmung wie auch bei Abkühlung aus. Die Wärmedehnung verläuft hier sehr ungleichmäßig.

Die Berechnung der Volumenänderung usw. erfolgt nach den Gleichungen (I.20), (I.21), (I.22) oder auch nach den Näherungsgleichungen (I.25) und (I.26). Reicht die Genauigkeit der Näherungsrechnung nicht aus, so kann die Wärmedehnung für eine beliebige Temperaturdifferenz $\vartheta_1 \ldots \vartheta_2$ im unteren Temperaturbereich (α_V = konst.) aus dem Verhältnis V_2/V_1 mit $V_2 = V_0\,(1 + \alpha_V\,\vartheta_2)$ und $V_1 = V_0\,(1 + \alpha_V\,\vartheta_1)$ hergeleitet werden. Es ergibt sich die *Volumenzunahme nach Erwärmung*

$$\Delta V = V_1\,\frac{\alpha_V\,(\vartheta_2 - \vartheta_1)}{1 + \alpha_V\,\vartheta_1} \qquad (I.27)$$

V	α_V	ϑ
m^3	$\frac{1}{K} = \frac{1}{°C}$	°C

und das *Volumen nach Erwärmung*

$$V_2 = V_1\,\frac{1 + \alpha_V\,\vartheta_2}{1 + \alpha_V\,\vartheta_1} \qquad (I.28)$$

Tafel I.7. Volumenausdehnungskoeffizient α_V von Flüssigkeiten bei 18 °C in $\frac{1}{K} = \frac{1}{°C}$

Äthylalkohol	$11{,}0 \cdot 10^{-4}$	Glyzerin	$5{,}0 \cdot 10^{-4}$	Schwefelsäure	$5{,}6 \cdot 10^{-4}$
Äthyläther	$16{,}3 \cdot 10^{-4}$	Olivenöl	$7{,}2 \cdot 10^{-4}$	Wasser	$1{,}8 \cdot 10^{-4}$
Benzol	$12{,}4 \cdot 10^{-4}$	Quecksilber	$1{,}8 \cdot 10^{-4}$		

■ **Beispiel:** 5000 l Benzol werden bei einer Temperatur von +8 °C abgefüllt. Wie groß ist der Rauminhalt bei 25 °C ($\alpha_V = 12{,}4 \cdot 10^{-4}$ 1/K = $12{,}4 \cdot 10^{-4}$ 1/°C)?

Lösung: $V_2 \approx V_1 [1 + \alpha_V (\vartheta_2 - \vartheta_1)]$

$$V_2 \approx 5\ \text{m}^3 \left[1 + 12{,}4 \cdot 10^{-4} \frac{1}{°\text{C}} (25 - 8)\ °\text{C}\right] = 5{,}105\ \text{m}^3$$

5.4. Wärmeausdehnung von Gasen

Die Wärmeausdehnung ist bei Gasen bedeutend größer als bei Flüssigkeiten und festen Stoffen. Die Volumenausdehnungskoeffizienten sind bei konstantem Druck für alle realen Gase mit annähernd idealem Verhalten praktisch gleich.

Ideale Gase dehnen sich bei Erwärmung um 1 °C (bei gleichbleibendem, aber beliebig hohem Druck) um 1/273,15 des Volumens aus, das sie bei 0 °C einnehmen (V_0).

Die Berechnung der Volumenänderung erfolgt nach den Gleichungen (I.20), (I.21) und (I.22). Aus Gleichung (I.21) ergibt sich (α_V hier auf 1/273 gerundet) das *Gesetz von Gay-Lussac.*

Herleitung: V_0 = Gasvolumen bei 0 °C

V_1, V_2 = Gasvolumen bei ϑ_1 und ϑ_2

$$V_1 = V_0 (1 + \alpha_V \vartheta_1) \qquad V_2 = V_0 (1 + \alpha_V \vartheta_2)$$

$$V_1 = V_0 \left(1 + \frac{\vartheta_1}{273}\right) \qquad V_2 = V_0 \left(1 + \frac{\vartheta_2}{273}\right)$$

$$V_1 = V_0 \frac{273 + \vartheta_1}{273} \qquad V_2 = V_0 \frac{273 + \vartheta_2}{273}$$

$$V_1 = \frac{V_0 T_1}{273} \qquad V_2 = \frac{V_0 T_2}{273}$$

$$\frac{V_1}{V_2} = \frac{V_0 T_1 \, 273}{273 \, V_0 T_2} = \frac{T_1}{T_2}$$

Gesetz von Gay-Lussac (bei p = konst.)

$$\frac{V_1}{V_2} = \frac{T_1}{T_2} \qquad \begin{array}{c|c} V & T \\ \hline \text{m}^3 & \text{K} \end{array} \qquad \text{(I.29)}$$

Bei gleichbleibendem Druck verhalten sich die Gasvolumen wie ihre thermodynamischen Temperaturen.

Volumenzunahme nach Erwärmung

$$\Delta V = \frac{V_0}{273} (T_2 - T_1) \qquad \begin{array}{c|c} V & T \\ \hline \text{m}^3 & \text{K} \end{array} \qquad \text{(I.30)}$$

$$\Delta V = \frac{V_1}{T_1} (T_2 - T_1)$$

Volumen nach Erwärmung

$$V_2 = V_1 \frac{T_2}{T_1}$$

V	T
m^3	K

(I.31)

Während bei gleichbleibendem Gasdruck die Gasvolumen den thermodynamischen Temperaturen direkt proportional sind, besteht bei gleichgehaltener Temperatur umgekehrte Proportionalität zwischen dem Volumen und dem Gasdruck.

Gesetz von Boyle und Mariotte (bei ϑ = konst.)

$$\frac{V_1}{V_2} = \frac{p_2}{p_1}$$

V	p
m^3	$Pa = \frac{N}{m^2}$

(I.32)

6. Aggregatzustände

6.1. Allgemeines

Die unterschiedlichen äußeren Erscheinungsformen der Stoffe (fest, flüssig oder gasförmig) bezeichnet man als Aggregatzustände (Phasen). Der jeweils vorliegende Aggregatzustand wird von der Größe der stoffabhängigen internen Bindungskräfte (Kohäsionskräfte) bestimmt. Auch Temperatur und Druck sind von Einfluß.

Wird einem Stoff Wärme zugeführt oder entzogen, so wird die Intensität der Wärmebewegung der Stoffteilchen (Moleküle bzw. Atome) verändert.

Bei ständiger Zufuhr von Wärme wird ein fester Stoffverband schließlich so weit aufgelockert, daß die Stoffteilchen in den Bewegungsbereich benachbarter Teilchen überwechseln, ohne sich jedoch aus dem Gesamtverband ganz herauslösen zu können. Der Stoffzusammenhang ist gelockert und die Stoffteilchen in ihrer gegenseitigen Lage ungeordnet. Der feste Stoff ist geschmolzen, d. h. er befindet sich im flüssigen Aggregatzustand.

Bei weiterer Wärmezufuhr wird die Bewegungsenergie der Stoffteilchen so groß, daß die stoffinternen Bindungskräfte überwunden werden und die nunmehr frei beweglichen Teilchen sich aus dem Stoffverband herauslösen. Der Stoff befindet sich im gasförmigen Aggregatzustand.

Die Änderung des Aggregatzustandes ist ein umkehrbarer Vorgang. Die Unterscheidung zwischen festen, flüssigen und gasförmigen Aggregatzuständen ist nicht immer streng durchführbar. Bei Stoffgemischen und amorphen (nicht kristallisierenden) Stoffen treten Übergangsformen zwischen festen und flüssigen Zuständen auf.

6.2. Schmelzen und Erstarren

Ein Stoff schmilzt, wenn er unter ständiger Wärmezufuhr vom festen in den flüssigen Aggregatzustand übergeht. Läuft der Vorgang in umgekehrter Richtung ab, so spricht man vom Erstarren einer Flüssigkeit.

Chemisch reine Stoffe und Stoffgemische mit eutektischem Mischungsverhältnis schmelzen bei einer bestimmten, von der Stoffart abhängenden Temperatur, dem *Schmelzpunkt* des Stoffes. Diese Schmelztemperatur ändert sich während des Schmelzvorganges nicht (Bild I.8.). Bei nicht-eutektischen Stoffgemischen erfolgt das Schmelzen innerhalb eines Temperaturbereiches.

Tafel I.8. Schmelzpunkt fester Stoffe bei einem Druck von 1,013 bar in Grad Celsius (°C)

Aluminium	658	Kupfer	1084
Blei	327	Magnesium	655
Chrom	1765	Mangan	1260
Diamant	3500	Messing	900
Eisen (rein)	1528	Platin	1770
Elektron	625	Silber	960
Gold	1063	Wolfram	3350
Graphit	3600	Zink	419
Iridium	2455	Zinn	232

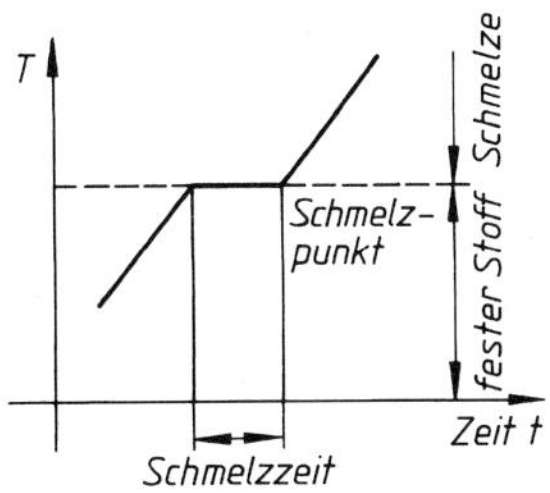

Bild I.8. Verlauf der Schmelzkurve eines festen Stoffes

Tafel I.9. Erstarrungspunkt flüssiger Stoffe bei einem Druck von 1,013 bar in Grad Celsius (°C)

Benzin	–150	Meerwasser	– 2,5
Benzol	5,5	Quecksilber	– 38,5
Glyzerin	19	Wasser	0

Die dem Stoff während des Schmelzens zuzuführende Wärme wird als Schmelzwärme (Schmelzenthalpie) bezeichnet. Die *Schmelzwärme* q_s gibt die Wärme in J an, die nötig ist, um 1 kg Stoff bei der jeweiligen Schmelztemperatur zu schmelzen. Die Schmelzwärme wird beim Erstarren der Schmelze wieder frei (Erstarrungswärme).

Tafel I.10. Schmelzwärme q_s bei einem Druck von 1,013 bar in J/kg

Aluminium	$3{,}94 \cdot 10^5$	Kupfer	$1{,}72 \cdot 10^5$	Stahl	$2{,}51 \cdot 10^5$
Blei	$0{,}23 \cdot 10^5$	Magnesium	$1{,}97 \cdot 10^5$	Zink	$1{,}05 \cdot 10^5$
Eis	$3{,}35 \cdot 10^5$	Nickel	$2{,}34 \cdot 10^5$	Zinn	$0{,}59 \cdot 10^5$
Graugußs	$0{,}96 \cdot 10^5$	Platin	$1{,}00 \cdot 10^5$		

Der Schmelzvorgang ist im allgemeinen mit einer Volumenzunahme verbunden. Die Dichte ρ der Schmelze ist geringer als die des festen Stoffes. Eine Ausnahme bildet das Wasser, das im erstarrten (gefrorenen) Zustand einen größeren Raum einnimmt („Anomalie des Wassers").

Der Schmelzpunkt steigt mit zunehmendem Druck, wenn der Schmelzvorgang unter Volumenzunahme abläuft. Der Schmelzpunkt des Eises sinkt bei größer werdendem Außendruck.

■ **Beispiel:** Welche Wärme Q ist erforderlich, um 15 kg Blei von $\vartheta = 20$ °C bei einem umgebenden Luftdruck von 1,013 bar zu schmelzen?

Lösung: Das zu schmelzende Metall muß zunächst von der Raumtemperatur $\vartheta = 20$ °C auf die Schmelztemperatur $\vartheta_s = 327$ °C erwärmt werden. Die dabei zuzuführende Wärme Q_1 beträgt mit $Q_1 = m\,c\,(\vartheta_s - \vartheta)$ und $c = 130$ J/kg K = 130 J/kg °C

$$Q_1 = 15\ \text{kg} \cdot 130\ \frac{\text{J}}{\text{kg}\ ^\circ\text{C}}\ (327 - 20)\ ^\circ\text{C} = 599\,000\ \text{J}$$

Nach Zufuhr dieser Wärme liegt festes Blei von 327 °C vor. Um das Metall bei gleichbleibender Temperatur vollständig in den flüssigen Zustand zu überführen, müssen jedem kg Blei $0{,}23 \cdot 10^5$ J (Schmelzwärme) zugeführt werden. Damit ergibt sich mit

$Q = Q_1 + m q_s$ und $q_s = 0{,}23 \cdot 10^5\ \frac{\text{J}}{\text{kg}}$ die Gesamtwärme

$$Q = 599\,000\ \text{J} + 15\ \text{kg} \cdot 0{,}23 \cdot 10^5\ \frac{\text{J}}{\text{kg}} = 944\,000\ \text{J}$$

6.3. Sieden und Verflüssigen

Eine Flüssigkeit siedet, wenn sie bei ständiger Wärmezufuhr unter Bildung von Dampfblasen in den gasförmigen Aggregatzustand übergeht. Läuft der Vorgang in umgekehrter Richtung ab, so spricht man von einer Kondensation. Den unmittelbaren Übergang vom festen in den gasförmigen Aggregatzustand bezeichnet man als Sublimation.

Das Sieden einer Flüssigkeit erfolgt bei einer bestimmten, von der Stoffart abhängenden Temperatur, dem *Siedepunkt* des Stoffes. Diese Siedetemperatur ändert sich während des Siedevorganges nicht.

Tafel I.11. Siede- und Kondensationspunkte bei einem Druck von 1,013 bar in Grad Celsius (°C)

Alkohol	78	Helium	- 269	Sauerstoff	- 183
Benzin	95	Kohlenoxid	- 190	Silber	2000
Benzol	80	Kupfer	2310	Stickstoff	- 196
Blei	1525	Magnesium	1100	Wasser	100
Eisen (rein)	2500	Mangan	1900	Wasserstoff	- 253
Glyzerin	290	Methan	- 164	Zink	915
Gold	2650	Quecksilber	357	Zinn	2200

Die dem Stoff während des Siedens zuzuführende Wärme wird als Verdampfungswärme (Verdampfungsenthalpie) bezeichnet.

Die *Verdampfungswärme* q_v (bei Wasser auch r) gibt die Wärme in J an, die nötig ist, um 1 kg Stoff bei der jeweiligen Siedetemperatur in den gasförmigen Zustand zu überführen.

Die Verdampfungswärme wird beim Kondensieren wieder frei (Kondensationswärme).

Tafel I.12. Verdampfungs- und Kondensationswärme q_v bei einem Druck von 1,013 bar in J/kg

Alkohol	$8{,}79 \cdot 10^5$	Quecksilber	$2{,}85 \cdot 10^5$	Stickstoff	$2{,}01 \cdot 10^5$
Äther	$3{,}77 \cdot 10^5$	schweflige Säure	$3{,}98 \cdot 10^5$	Wasser	$22{,}57 \cdot 10^5$
Benzol	$4{,}40 \cdot 10^5$	Sauerstoff	$2{,}14 \cdot 10^5$	Wasserstoff	$5{,}02 \cdot 10^5$

Das Verdampfen einer Flüssigkeit ist mit einer starken Volumenzunahme verbunden. Die Bildung von Dampfblasen erfordert daher eine Überwindung des umgebenden Flüssigkeitsdruckes. Der Siedepunkt ist also druckabhängig und steigt (sinkt) mit zunehmendem (abnehmendem) Umgebungsdruck.

Ein langsamer Übergang vom flüssigen in den gasförmigen Zustand erfolgt auch bereits unterhalb der Siedetemperatur durch *Verdunstung*. Das Verdunsten vollzieht sich nur an der Oberfläche der Flüssigkeit. Die dabei verbrauchte Wärme wird der Flüssigkeit und der Umgebung entzogen (Verdunstungskälte). Kann eine Flüssigkeit über den Siedepunkt hinaus erwärmt werden ohne zu verdampfen, so liegt ein *Siedeverzug* vor. Das Sieden erfolgt dann nach einer gewissen Verzögerung schlagartig unter starker Dampfbildung (Gefahr für Kesselanlagen).

■ **Beispiel:** 9 m³ Wasser von 15 °C sollen bei einem Druck von 1,013 bar in Dampf von 100 °C verwandelt werden. Als Brennstoff soll Braunkohle mit einem spezifischen Heizwert $H_u = 188 \cdot 10^5$ J/kg verwendet werden.

Wieviel kg Brennstoff sind nötig, wenn die auftretenden Wärmeverluste unberücksichtigt bleiben?

Lösung: Das Wasser muß zunächst von der Raumtemperatur $\vartheta = 15\ ^\circ\mathrm{C}$ auf die Siedetemperatur $\vartheta_s = 100\ ^\circ\mathrm{C}$ erwärmt werden. Die dabei zuzuführende Wärme Q_1 beträgt:

$$Q_1 = m\,c\,(\vartheta_s - \vartheta); \quad m = 9000\ \mathrm{kg}; \quad c = 4187\ \frac{\mathrm{J}}{\mathrm{kg\,K}} = 4187\ \frac{\mathrm{J}}{\mathrm{kg\,^\circ C}}$$

$$Q_1 = 9000\ \mathrm{kg} \cdot 4187\ \frac{\mathrm{J}}{\mathrm{kg\,^\circ C}}\,(100 - 15)\ ^\circ\mathrm{C} = 32\,000 \cdot 10^5\ \mathrm{J}$$

Nach Zufuhr dieser Wärme liegt Wasser von 100 °C vor. Um dieses Wasser bei gleichbleibender Temperatur vollständig in den gasförmigen Zustand zu überführen, müssen jedem kg Wasser $q_v = 22{,}6 \cdot 10^5\ \mathrm{J/kg}$ (Verdampfungswärme) zugeführt werden. Damit ergibt sich folgende Gesamtwärme:

$$Q = Q_1 + m\,q_v; \quad q_v = 22{,}6 \cdot 10^5\ \frac{\mathrm{J}}{\mathrm{kg}}$$

$$Q = 32\,000 \cdot 10^5\ \mathrm{J} + 9000\ \mathrm{kg} \cdot 22{,}6 \cdot 10^5\ \frac{\mathrm{J}}{\mathrm{kg}} = 235\,000 \cdot 10^5\ \mathrm{J}$$

Die erforderliche Brennstoffmenge m_b beträgt:

$$m_b = \frac{Q}{H_u}; \quad H_u = 188 \cdot 10^5\ \frac{\mathrm{J}}{\mathrm{kg}}$$

$$m_b = \frac{235\,000 \cdot 10^5\ \mathrm{J}}{188 \cdot 10^5\ \frac{\mathrm{J}}{\mathrm{kg}}} = 1250\ \mathrm{kg\ Braunkohle}$$

II. Wärme und Arbeit

1. Thermodynamisches System

Stoffe oder stoffdurchflossene Räume als Objekte thermodynamischer Untersuchungen werden als *thermodynamische Systeme* bezeichnet.

Ein solches System wird durch eine feststehende oder bewegliche *Systemgrenze* von seiner *Umgebung* (Umfeld außerhalb des Systems oder benachbartes System) getrennt. Wechselwirkungen zwischen System und Umgebung sind über die Systemgrenze hinweg als Stoffaustausch und Energieaustausch (Wärme, Arbeit) grundsätzlich möglich (Bild II.1). Flüssige und gasförmige Stoffe (Fluide) bilden die wichtigsten thermodynamischen Systeme.

Geschlossene Systeme besitzen eine stoffundurchlässige (stoffdichte) Systemgrenze (z. B. eingeschlossenes Gas). *Offene* Systeme (nach L. Prandtl auch: Kontrollraum) haben dagegen eine stoffdurchlässige Systemgrenze (z. B. durchströmter Raum). Bei beiden Systemarten ist über die Systemgrenze hinweg ein Energieaustausch als verrichtete Arbeit und als übertragene Wärme möglich.

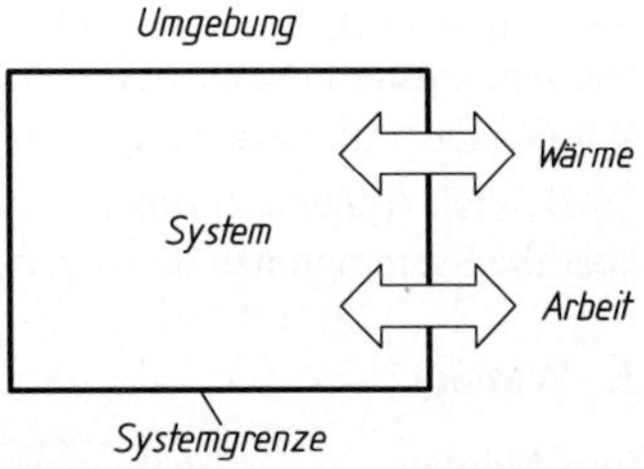

Bild II.1 Thermodynamisches System (geschlossen)

Sind Energie- und Stoffaustausch mit der Umgebung nicht durchführbar, so liegt ein isoliertes oder *abgeschlossenes* System vor.

Adiabate Systeme besitzen eine wärmeundurchlässige (wärmedichte) Systemgrenze. Bei dieser thermisch isolierten Systemart ist ein Wärmeaustausch mit der Umgebung ausgeschlossen. Nichtadiabate Systeme können praktisch als adiabat angesehen werden, wenn bei sehr schnell ablaufenden Vorgängen (z. B. in schnellaufenden Wärmekraftmaschinen) trotz eines wirksamen Temperaturgefälles und einer wärmedurchlässigen Systemgrenze eine nennenswerte Wärmeübertragung wegen der extrem kurzen Übertragungszeit nicht stattfinden kann.

Systembezogene thermodynamische Untersuchungen beziehen sich vorwiegend auf *ruhende* Systeme. Kinetische und potentielle Energie sind als Teil der Gesamtenergie des Systems dann gleich Null.

2. Innere Energie

Jedes thermodynamische System besitzt die Energie E, die sich aus folgenden Energieanteilen zusammensetzt:

Mikroskopische kinetische und potentielle Energie U aus der Wärmebewegung der Elementarteilchen des Systems (Molekularbewegung) und

makroskopische kinetische Energie E_k und potentielle Energie E_p aus makroskopischen Bewegungen des Systems im Schwerefeld der Erde.

Ohne chemische und nukleare Energieanteile gilt:

$$E = U + E_k + E_p$$

Für *ruhende* Systeme ist $E_k = E_p = 0$ (Null)

Im Bereich (ruhender) *geschlossener* Systeme ist $E = U$. Dieser Energiebestand ist die (thermische) *innere Energie U* des Systems.

Der Betrag der inneren Energie U hat keine praktische Bedeutung. Wärmetechnisch wichtig ist die Berechnung der *Änderung der inneren Energie* ΔU (Zu- oder Abnahme) im Verlauf von Zustandsänderungen im System. Für den willkürlich gewählten Bezugspunkt $U = 0$ bei 0 °C gilt für ein ideales Gas als Systemfüllung:

$$U = m c_v \vartheta \qquad U_1 = m c_v \vartheta_1 \qquad U_2 = m c_v \vartheta_2$$

$$\Delta U = U_2 - U_1 = m c_v \vartheta_2 - m c_v \vartheta_1$$

$$\Delta U = m c_v (\vartheta_2 - \vartheta_1)$$

$$\Delta U = U_2 - U_1 = m c_v (T_2 - T_1) \qquad \text{(II.1)}$$

U	m	c	T
J	kg	$\frac{\text{J}}{\text{kg K}}$	K

oder massenbezogen die *Änderung der spezifischen inneren Energie* Δu:

$$\Delta u = u_2 - u_1 = c_v (T_2 - T_1) \qquad \text{(II.2)}$$

u	c	T
$\frac{\text{J}}{\text{kg}}$	$\frac{\text{J}}{\text{kg K}}$	K

Die innere Energie eines geschlossenen Systems kann nur durch Energieübertragung in Form von Wärme oder Arbeit (auch Dissipationsarbeit) über die Systemgrenze hinweg geändert werden.

Im Bereich (ruhender) *offener* Systeme erfolgt zusätzlich eine Energieübertragung durch Stofffluß über die Systemgrenze hinweg. An die Stelle der inneren Energie tritt dann die Enthalpie.

3. Wärme

Eine Möglichkeit des Energieaustauschs zwischen System und Umgebung (auch zwischen benachbarten Systemen) ist die Übertragung von Wärme über eine wärmedurchlässige (diatherme) Systemgrenze hinweg. Die Wärmeübertragung erfordert einen Temperaturunterschied zwischen System und Umgebung. Sie erfolgt dann von selbst ohne Einwirkung eines äußeren Zwanges stets in Richtung des vorhandenen Temperaturgefälles.

Die *Wärme* Q in J (Joule) ist die reversibel übergehende Wärmeenergie beim Überschreiten der Systemgrenze. Nach erfolgtem Übergang ist die z. B. zugeführte Energie ein Teil der inneren Energie des Systems. Zugeführte Wärme erhält ein positives (+), abgeführte Wärme ein negatives (–) Vorzeichen (Vorzeichenkonvention nach DIN 1345).

Die massenbezogene Wärme ist die *spezifische Wärme* q in J/kg. Sie ist unabhängig von der Masse des Systems:

$$q = \frac{Q}{m} \qquad (II.3)$$

q	Q	m
$\frac{J}{kg}$	J	kg

Wird auf ein geschlossenes System durch Verrichtung von Arbeit *am* System (zugeführte Arbeit) Dissipationsenergie übertragen, so verhält sich dieser Energiezuwachs grundsätzlich wie zugeführte Wärme. Er erhöht die innere Energie des Systems. Die Dissipation ist jedoch nicht umkehrbar (irreversibel). Dissipationsenergie kann dem System nur *zugeführt* werden und erhält somit stets ein positives Vorzeichen.

Nach der kinetischen Wärmetheorie (Rudolf Clausius, 1822–1888) ist Wärme aus physikalischer Sicht die Bewegungsenergie (kinetische Energie) der schwingenden Elementarteilchen (Moleküle bzw. Atome) eines Stoffes. Diese Wärmebewegung ist physiologisch wahrnehmbar. Sie bewirkt nach erfolgter Reizaufnahme durch wärmeempfindliche Rezeptoren der Haut (Thermorezeptoren) eine subjektive Wärmeempfindung (Wärmesinn).

4. Arbeit

Eine Möglichkeit des Energieaustauschs zwischen System und Umgebung ist die Verrichtung von Arbeit über die (bewegliche) Systemgrenze hinweg. Zugeführte Arbeit wird *am* System, abgegebene Arbeit dagegen *vom* System verrichtet. Zugeführte Arbeit erhält ein positives (+), abgeführte Arbeit ein negatives (–) Vorzeichen (Vorzeichenkonvention nach DIN 1345).

Im Bereich (ruhender) *geschlossener* Systeme (z. B. eingeschlossenes Gas) wird die *Volumenänderungsarbeit* W_v verrichtet. Sie wird dem System über eine verschiebbare Systemgrenze (z. B. Arbeitskolben) als Kompressionsarbeit zugeführt oder vom System als Expansionsarbeit abgegeben. Damit ist allgemein auch eine Änderung von Druck p und Temperatur T verbunden. Unter Vernachlässigung dissipativer Wirkungen ergibt sich die Volumenänderungsarbeit bei reversiblem (umkehrbarem) Prozeßverlauf von 1 nach 2 (Bild II.2.):

$$W_v = -\int_1^2 p \cdot dV \qquad (II.4)$$

W	p	V
J	$\frac{N}{m^2}$	m^3

oder massenbezogen die *spezifische Volumenänderungsarbeit* w_v in J/kg

$$w_v = -\int_1^2 p \cdot dv \qquad (II.5)$$

w	p	v
$\frac{J}{kg}$	$\frac{N}{m^2}$	$\frac{m^3}{kg}$

Das negative Vorzeichen (–) berücksichtigt die Vorzeichenkonvention:

Kompression, d. h. dv negativ = w_v positiv
Expansion, d. h. dv positiv = w_v negativ

Die Volumenänderungsarbeit erscheint im p,v-Diagramm (Zustandsdiagramm) als senkrecht schraffierte Fläche zwischen Abszisse (v-Achse) und p,v-Linie (Bild II.2.).

Wird einem adiabaten geschlossenen System Volumenänderungsarbeit zugeführt (bzw. entzogen), so nimmt die innere Energie u entsprechend zu (bzw. ab). Ohne Dissipation gilt:

$$w_v = u_2 - u_1$$

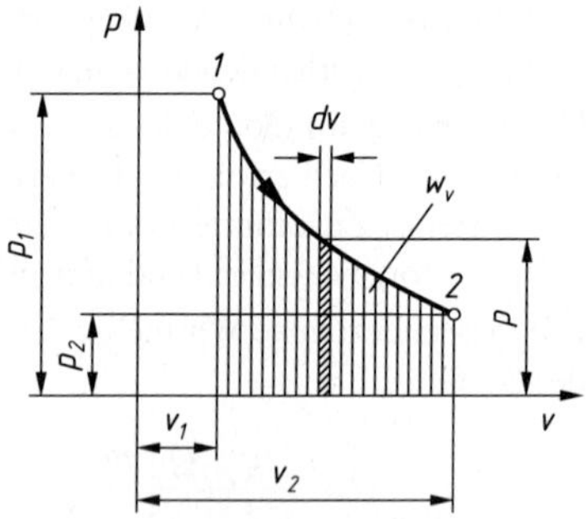

Bild II.2. Volumenänderungsarbeit w_v bei Expansion von 1 nach 2

Im Bereich (ruhender) *offener* Systeme (z. B. stoffdurchströmter Raum) wird die *technische Arbeit* W_t verrichtet. Ein solches System liegt z. B. dann vor, wenn eine Wärmekraftmaschine bei stetiger Arbeitsabgabe von einem stofflichen Arbeitsmittel (z. B. Gas) durchflossen wird.

Die technische Arbeit berücksichtigt bei Arbeitsabgabe (hier angenommen) neben der vom System verrichteten Volumenänderungsarbeit W_v (= $U_2 - U_1$) zusätzlich die *Verschiebearbeit* bei p = konstant, die als Einschubarbeit $p_1 V_1$ beim Einschieben des Stoffes vom System aufgenommen und als Ausschubarbeit $- p_2 V_2$ beim Ausschieben des Stoffes vom System abgegeben wird. Unter Vernachlässigung dissipativer Wirkungen und ohne Änderung der kinetischen und potentiellen Energie des strömenden Fluids ergibt sich die technische Arbeit bei reversiblem (umkehrbarem) Prozeßverlauf von 1 nach 2 (Bild II.3.):

$$W_t = -\int_1^2 V \, dp \qquad \text{(II.6)}$$

W	V	p
J	m^3	$\frac{N}{m^2}$

oder massenbezogen die *spezifische technische Arbeit* w_t in J/kg

$$w_t = -\int_1^2 v \, dp \qquad \text{(II.7)}$$

w	v	p
$\frac{J}{kg}$	$\frac{m^3}{kg}$	$\frac{N}{m^2}$

Die *spezifische* technische Arbeit erscheint im p,v-Diagramm (Zustandsdiagramm) als waagerecht schraffierte Fläche zwischen Ordinate (p-Achse) und p,v-Linie (Bild II.3.).

Für die *vom* System verrichtete reversible technische Arbeit (spezifisch) gilt auch (Bild II.3.):

$$p_1 v_1 - w_v - p_2 v_2 = - w_t$$
$$p_1 v_1 - (u_2 - u_1) - p_2 v_2 = - w_t$$
$$p_1 v_1 - u_2 + u_1 - p_2 v_2 = - w_t$$
$$u_1 + p_1 v_1 - u_2 - p_2 v_2 = - w_t$$
$$(u_1 + p_1 v_1) - (u_2 + p_2 v_2) = - w_t$$
$$w_t = (u_2 + p_2 v_2) - (u_1 + p_1 v_1)$$

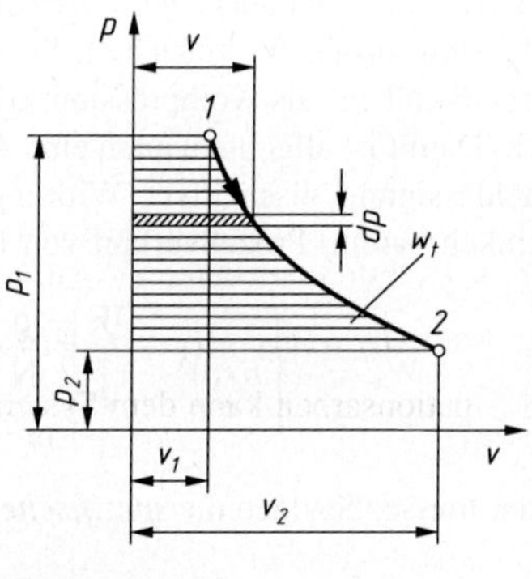

Bild II.3. Technische Arbeit w_t bei Expansion von 1 nach 2

Die Klammerausdrücke werden zusammengefaßt zur *spezifischen Enthalpie h* in J/kg.

$$h = u + p v \qquad \text{(II.8)}$$

h	u	p	v
$\frac{J}{kg}$	$\frac{J}{kg}$	$\frac{N}{m^2}$	$\frac{m^3}{kg}$

oder für die Masse m die *Enthalpie* H in J

$$H = U + pV \qquad \text{(II.9)}$$

H	U	p	V
J	J	$\frac{N}{m^2}$	m^3

Der Betrag der Enthalpie H hat keine praktische Bedeutung. Wärmetechnisch wichtig ist die Berechnung der *Änderung der Enthalpie* ΔH (Zu- oder Abnahme) im Verlauf einer Zustandsänderung im System. Für den willkürlich gewählten Bezugspunkt $H = 0$ bei 0 °C gilt für ein ideales Gas:

$$\Delta H = H_2 - H_1$$
$$\Delta H = U_2 + p_2 V_2 - U_1 - p_1 V_1$$
$$\Delta H = m\, c_v\, \vartheta_2 + m\, R_i\, T_2 - m\, c_v\, \vartheta_1 + m\, R_i\, T_1$$
$$\Delta H = m\, c_v\, (\vartheta_2 - \vartheta_1) + m\, R_i\, (T_2 - T_1)$$
$$\Delta H = m\, c_v\, (T_2 - T_1) + m\, R_i\, (T_2 - T_1)$$
$$\Delta H = m\, (c_v + R_i)\, (T_2 - T_1)$$
$$\Delta H = m\, c_p\, (T_2 - T_1) \qquad \text{(II.10)}$$

H	m	c	T
J	kg	$\frac{J}{kg\,K}$	K

Gibt ein adiabates offenes System (Q = 0, isentrope Zustandsänderung) technische Arbeit ab, so nimmt die Enthalpie H des Systems entsprechend ab. Ohne Dissipation gilt:

$$W_t = H_2 - H_2 = m\, c_p\, (T_2 - T_1) \qquad \text{(II.11)}$$

W	H	m	c	T
J	J	kg	$\frac{J}{kg\,K}$	K

Wird die von einem offenen System abgegebene technische Arbeit durch die Zeit dividiert, in der diese Arbeit die Systemgrenze überschreitet, so ergibt sich die abgegebene Leistung.

5. Dissipationsenergie

Wird der kompressiblen Füllung eines *geschlossenen* Systems (z. B. eingeschlossenes Gas) über eine verschiebbare Systemgrenze (z. B. durch Arbeitskolben) Arbeit zugeführt, so dient diese Energie sowohl der reversiblen Volumenänderung (Kompression) des eingeschlossenen Gases als auch der Überwindung von Widerständen (vorwiegend Reibung) beim Zusammendrücken der fluiden Systemfüllung. Dieser Energieanteil überschreitet die Systemgrenze neben der reversiblen Volumenänderungsarbeit W_v als *irreversible Dissipationsarbeit* W_d und wird erst im System dissipiert (zerstreut).

Die Dissipationsenergie (Streuenergie) ist wirkungsgleich mit reversibel zugeführter Wärme Q und Volumenänderungsarbeit W_v. Auch sie erhöht die innere Energie U des geschlossenen Systems.

$$\Delta U = U_2 - U_1 = Q + W_v + W_d$$

Dissipationsarbeit kann dem System nur *zugeführt* werden, sie erhält daher stets ein positives Vorzeichen.

Bei *offenen* Systemen steht für die innere Energie die Enthalpie H und für die (reversible) Volumenänderungsarbeit die (reversible) technische Arbeit W_t. Ohne Änderung der kinetischen und potentiellen Energie des durchströmenden Fluids gilt sinngemäß

$$\Delta H = H_2 - H_1 = Q + W_t + W_d$$

Dissipationsvorgänge sind kennzeichnende Merkmale *irreversibler* (nicht umkehrbarer) Prozesse. Bei wärmetechnischen Betrachtungen ist die Vernachlässigung dissipativer Einflüsse vielfach üblich. Sie ermöglicht eine vereinfachte theoretische Behandlung idealisierter (reversibler) Abläufe (ohne Dissipation, $W_d = 0$).

$$\Delta U = U_2 - U_1 = Q + W_v \quad \text{geschlossenes System}$$
$$\Delta H = H_2 - H_1 = Q + W_t \quad \text{offenes System}$$

6. Erster Hauptsatz

Jedes thermodynamische System besitzt Energie. Dieser Energiebestand kann nur durch einen Energieübergang in Form von Wärme oder Arbeit (auch Dissipationsarbeit) über die Systemgrenze hinweg verändert werden. Dabei wird Energie weder erzeugt noch vernichtet (Energieerhaltungssatz).

Der erste Hauptsatz stellt als Erfahrungssatz (Axiom) Wärme, Arbeit und innere Energie jeweils als Energieformen und damit als gleichartige physikalische Größen mit der Energieeinheit J (Joule, 1 J = 1 Nm = 1 Ws) dar. Dabei sind unterschiedliche Formulierungen üblich.

■ **Beispiele:**

- Wärme ist ein Energieform.
- Bei geschlossenem System ergibt zu- oder abgeführte Wärme und Arbeit eine äquivalente Änderung (Zu- oder Abnahme) der inneren Energie des Systems.

In einer Bilanzgleichung (Energiebilanz) werden Wärme Q, Arbeit W_v (bzw. W_t) und innere Energie U (bzw. Enthalpie H) miteinander verknüpft. Für einen reversiblen Energieübergang (ohne Dissipation) gilt:

geschlossene Systeme $\quad Q + W_v = U_2 - U_1 = \Delta U$

offene Systeme (vereinfacht) $\quad Q + W_t = H_2 - H_1 = \Delta H$

Die Umwandlung von Energie in andere Energieformen ist nicht immer uneingeschränkt möglich. So sind Wärme und innere Energie (bzw. Enthalpie) nicht vollständig in mechanische oder elektrische Energie umwandelbar (siehe 2. Hauptsatz).

7. Kreisprozesse

Wird einem thermodynamischen System Energie (Wärme, Arbeit) zugeführt oder entzogen, so ändert sich der physikalische Zustand des Systems. Solche Zustandsänderungen sind Merkmale thermodynamischer Prozesse. Sie werden in Zustandsdiagrammen (z. B. p,v-Diagramm) graphisch dargestellt.

Die Aufeinanderfolge mehrerer Zustandsänderungen derart, daß das System am Ende des gesamten Ablaufs seinen physikalischen Ausgangszustand wieder erreicht, ergibt einen *Kreisprozeß*. Durch geeignete Prozeßgestaltung kann dabei Wärme in Arbeit (Wärmekraftmaschinen) oder Arbeit in Wärme (Kältemaschinen, Wärmepumpen) umgewandelt werden.

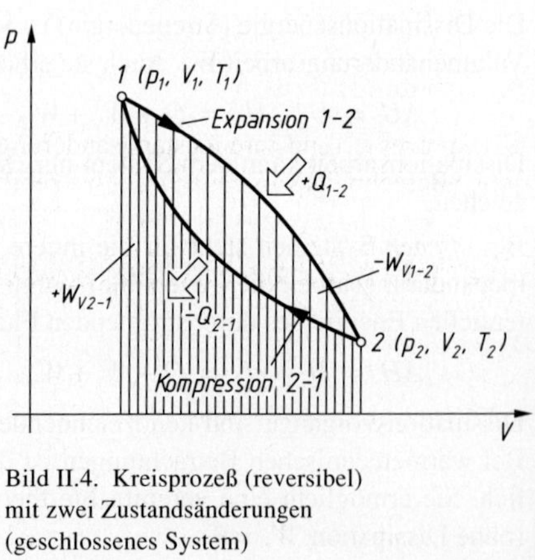

Bild II.4. Kreisprozeß (reversibel) mit zwei Zustandsänderungen (geschlossenes System)

■ **Beispiel:**

Ein reversibler Kreisprozeß im *geschlossenen* System (Wärmekraftmaschine) besteht aus zwei Zustandsänderungen (Bild II.4.). Unter Zufuhr der Wärme $+Q_{1-2}$ expandiert die Systemfüllung und gibt dabei die Volumenänderungsarbeit $-W_{v1-2}$ ab. In einer anschließenden Kompression wird dem System die Volumenänderungsarbeit $+W_{v2-1}$ zugeführt und dabei die Wärme $-Q_{2-1}$ entzogen.

Nach dem 1. Hauptsatz gilt:

$$\begin{aligned}
+Q_{1-2} - W_{v1-2} &= U_2 - U_1 \\
-Q_{2-1} + W_{v2-1} &= U_1 - U_2 \\
+Q_{1-2} - Q_{2-1} &= (U_2 - U_1) + (U_1 - U_2) + W_{v1-2} - W_{v2-1} \\
+Q_{1-2} - Q_{2-1} &= +W_{v1-2} - W_{v2-1} \\
\Sigma Q &= \Sigma W_v = W \text{ (Nutzarbeit)}
\end{aligned}$$

Ein reversibler Kreisprozeß im *offenen* System ergibt sinngemäß:

$$\Sigma Q = \Sigma W_t = W \text{ (Nutzarbeit)}$$

Die im reversiblen Kreisprozeß gewonnene Arbeit (Nutzarbeit W) ist gleich der algebraischen Summe der zu- und abgeführten Volumenänderungsarbeiten (ΣW_v) bzw. der technischen Arbeiten (ΣW_t). Der Betrag der Nutzarbeit ist gleich der algebraischen Summe der zu- und abgeführten Wärmen (ΣQ).

Verlaufen die im p,v-Diagramm graphisch dargestellten Zustandsänderungen entsprechend ihrer Verlaufsrichtung im Uhrzeigersinn (Bild II.4.), so liegt ein *rechtsläufiger* Kreisprozeß vor (Wärmekraftmaschinen). Bei entgegengesetztem Verlauf ergibt sich ein *linksläufiger* Kreisprozeß (Kältemaschinen, Wärmepumpen).

8. Thermischer Wirkungsgrad

Im Fortgang eines rechtsläufigen reversiblen Kreisprozesses in einer Wärmekraftmaschine soll ein möglichst großer Teil der dem Prozeß zugeführten Wärme in Nutzarbeit umgewandelt werden.

Zur Beurteilung der Energieumwandlung werden Nutzen und Aufwand zueinander ins Verhältnis gesetzt und so der *thermische Wirkungsgrad* η_{th} gebildet.

Werden zugeführte Wärme mit Q_{zu} und abgeführte Wärme mit Q_{ab} bezeichnet, so gilt:

$$\eta_{th} = \frac{|W|}{Q_{zu}} = \frac{Q_{zu} - |Q_{ab}|}{Q_{zu}}$$

$$\eta_{th} = 1 - \frac{|Q_{ab}|}{Q_{zu}} \qquad \frac{\eta \mid Q}{1 \mid J} \tag{II.12}$$

Würde die gesamte zugeführte Wärme in Nutzarbeit umgewandelt und damit die abgeführte Wärme gleich Null, so wäre $\eta_{th} = 1$. Dieser Wert wird technisch nie erreicht.

9. Zweiter Hauptsatz

Kreisprozesse (und ihre Zustandsänderungen) werden für eine vereinfachte theoretische Behandlung (Berechnung) als *reversible* (umkehrbare) Abläufe angesehen. Nach dieser Annahme erreicht das betrachtete System nach erfolgter Umkehrung ohne jede energetische Einwirkung und somit Änderung der Umgebung seinen ursprünglichen physikalischen Ausgangszustand.

Natürliche Prozesse (und Zustandsänderungen) sind nicht umkehrbar (irreversibel). Systeminterne Dissipations- und Ausgleichsvorgänge machen die beschriebene Prozeßumkehrung unmöglich. Der 2. Hauptsatz stellt als Erfahrungssatz (Axiom) dieses Prinzip der Nichtumkehrbarkeit (Irreversibilität) von Prozessen in unterschiedlichen Formulierungen dar.

Beispiel:

- Alle natürlichen Prozesse sind irreversibel.

Durch Einführung der Entropie (Rudolf Clausius, 1822–1888) wird das Ausmaß der Nichtumkehrbarkeit berechenbar und in Zustandsdiagrammen graphisch darstellbar.

Andere Formulierungen des 2. Hauptsatzes beziehen sich auf die auch bei reversiblen Abläufen eingeschränkte Umwandelbarkeit von innerer Energie (bzw. Enthalpie) und Wärme in andere Energieformen.

■ **Beispiele:**

- In einer Wärmekraftmaschine wird die zugeführte Wärme nur teilweise in Nutzarbeit umgewandelt. Der Rest durchläuft und verläßt die Maschine ungenutzt ($\eta_{th} < 1$).

Bei einer Wärmeübertragung wird stets ein System mit niedrigerer Temperatur benötigt, auf das die Wärme in Richtung des Temperaturgefälles selbsttätig übergehen kann. So formulierte Clausius 1850:

- Wärme kann nie von selbst von einem System niederer Temperatur auf ein System höherer Temperatur übergehen.

Damit ist der unermeßliche Vorrat an innerer Energie der Umgebung technisch nicht nutzbar.

10. Entropie

Jedes System besitzt als Zustandsgröße die *Entropie S*. Wird über die Systemgrenze hinweg *Wärme* übertragen oder dem System Dissipationsenergie zugeführt, so findet immer auch (richtungsgleich, d. h. mit gleichem Vorzeichen) ein Entropietransport statt. Die reversible Übertragung von *Arbeit* erfolgt dagegen entropiefrei.

Die mit Wärme übertragene Entropie (ohne Dissipation und in Differentialschreibung) ist nach Rudolf Clausius definiert als

$$\mathrm{d}S = \frac{\mathrm{d}Q}{T} \qquad (\text{II.13})$$

S	Q	T
$\frac{\mathrm{J}}{\mathrm{K}}$	J	K

Dabei ist T die thermodynamische Temperatur in *dem* Grenzbereich des Systems, in dem die transportierte Wärme die Systemgrenze überschreitet. Bei größeren Temperaturunterschieden ist die *mittlere* Temperatur T_m zu setzen.

Massenbezogen gilt für die *spezifische Entropie s:*

$$\mathrm{d}s = \frac{\mathrm{d}q}{T} \qquad (\text{II.14})$$

s	q	T
$\frac{\mathrm{J}}{\mathrm{kg\,K}}$	$\frac{\mathrm{J}}{\mathrm{kg}}$	K

Der Betrag der Entropie hat keine praktische Bedeutung. Wärmetechnisch wichtig ist die *Änderung der Entropie* Δs (Zu- oder Abnahme) im Verlauf einer Übertragung von Wärme oder Dissipationsenergie. So ist die algebraische Summe der Entropieänderungen aller am Energieübergang beteiligten Systeme ein Maß für die Irreversibilität (Nichtumkehrbarkeit) des Prozesses.

- Bei *reversiblem* Ablauf ist die algebraische Summe der Entropieänderungen aller am Prozeß beteiligten Systeme gleich Null, d. h. die Summe der Entropien aller beteiligten Systeme ändert sich nicht.
- Bei *irreversiblem* Ablauf ist die algebraische Summe der Entropieänderungen aller am Prozeß beteiligten Systeme größer als Null, d. h. die Summe der Entropien aller beteiligten Systeme wird größer.

Im T,s-Diagramm (Zustandsdiagramm) können Wärme und andere Energiegrößen als Flächen graphisch dargestellt werden. Für eine reversible Zustandsänderung gilt:

$$ds = \frac{dq}{T} \quad \Rightarrow \quad dq = T\,ds$$

$$q = \int_1^2 T\,ds$$

Das bestimmte Integral entspricht der senkrecht schraffierten Fläche im T,s-Diagramm (Bild II.5.).

Für Flüssigkeiten (z.B. Wasser) und Dämpfe (z.B. Wasserdampf) ergeben sich die zugehörigen Entropiebeträge aus Zahlentafeln (z.B. Dampftafel für Wasser) oder aus Zustandsdiagrammen (z.B. Temperatur-Entropie-Diagramm für Wasser). Für *ideale* Gase sind Entropieänderungen (Δs) berechenbar. So gilt für reversible Vorgänge im geschlossenen System:

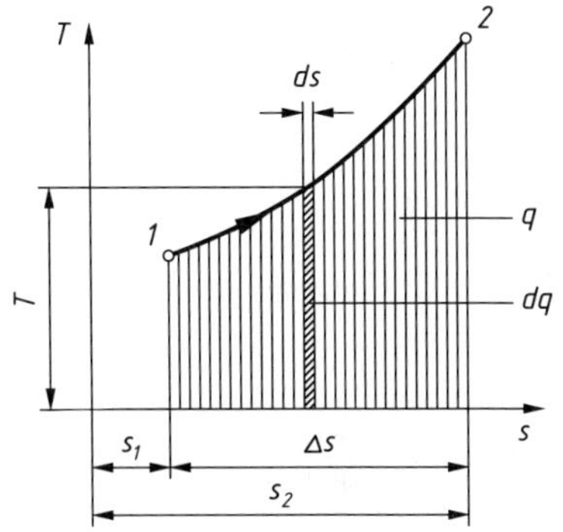

Bild II.5. T,s-Diagramm für eine reversible Zustandsänderung

$$ds = \frac{dq}{T} = \frac{du + p\,dv}{T} = \frac{du}{T} + \frac{p\,dv}{T}, \qquad \frac{p}{T} = \frac{R_i}{v}$$

$$ds = \frac{c_v\,dT}{T} + \frac{R_i\,dv}{v}$$

$$\Delta s = s_2 - s_1 = c_v \int_1^2 \frac{dT}{T} + R_i \int_1^2 \frac{dv}{v}$$

$$s_2 - s_1 = c_v \ln\frac{T_2}{T_1} + R_i \ln\frac{v_2}{v_1} \qquad \text{(II.15)}$$

$$\text{oder } s_2 - s_1 = c_v \ln\frac{p_2}{p_1} + c_p \ln\frac{v_2}{v_1} \qquad \text{(II.16)}$$

Bei größeren Temperaturunterschieden muß wegen der Temperaturabhängigkeit der spezifischen Wärmekapazitäten c_v und c_p (Tafel I.4.) mit den Mittelwerten c_{vm} und c_{pm} gearbeitet werden (Tafel I.5.).

11. Exergie und Anergie

Nach dem 2. Hauptsatz kann nicht jede Energieform in jede beliebige andere Energieform umgewandelt werden. So ist z.B. die einer Wärmekraftmaschine zugeführte Wärme selbst bei reversiblem Prozeßablauf nur begrenzt in Nutzarbeit umwandelbar. Die Grenze wird dabei durch den physikalischen Zustand der Umgebung gezogen. So ist die innere Energie eines Systems im Umgebungszustand, d.h. bei Umgebungstemperatur T_u und Umgebungsdruck p_u, im Sinne einer Gewinnung von Nutzarbeit wertlos.

Nach dem Merkmal der Umwandelbarkeit werden unterschieden:

Unbegrenzt umwandelbare Energie (mechanische Energie, elektrische Energie). Sie wird als *Exergie E* bezeichnet.

Nicht umwandelbare Energie (innere Energie der Umgebung). Sie wird als *Anergie B* bezeichnet.

Begrenzt umwandelbare Energie (innere Energie bzw. Enthalpie, Wärme). Sie setzt sich aus Exergie und Anergie zusammen. Der nutzbare Anteil ist die *Exergie*, der nicht nutzbare Anteil die *Anergie* (Energie = Exergie + Anergie).

Exergie E_Q und Anergie B_Q *der Wärme* sind im *T,S*-Diagramm (Zustandsdiagramm) graphisch darstellbar. Sie erscheinen als Flächen oberhalb bzw. unterhalb der Linie der Umgebungstemperatur T_u (waagerechte Linie in Bild II.6.).

Für den 2. Hauptsatz ergeben sich daraus weitere Formulierungen:

- Bei reversiblen Vorgängen bleibt die Exergie konstant.
- Bei irreversiblen (natürlichen) Vorgängen nimmt die Exergie ab. Exergie wird z.T. in Anergie verwandelt.
- Es ist nicht möglich, Anergie in Exergie zu verwandeln.

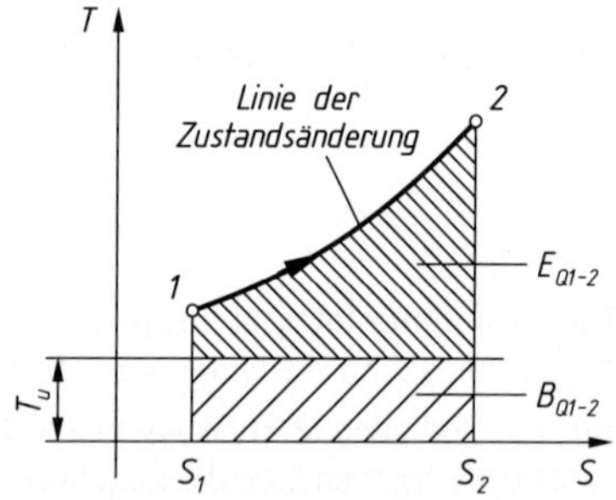

Bild II.6. Exergie und Anergie der Wärme für eine beliebige Zustandsänderung
$E_{Q1-2} + B_{Q1-2} = Q_{1-2}$

III. Zustandsänderungen idealer Gase

1. Thermische Zustandsgleichung

Die *Thermodynamik* entwickelt ihre Gesetzmäßigkeiten mit Hilfe meßbarer Größen, die für den jeweiligen Zustand eines Systems kennzeichnend sind. Die Thermodynamik verzichtet dabei auf jede atomistische Deutung des Wesens der Wärme, wie sie in der kinetischen Wärmetheorie zum Ausdruck kommt.

Die gegenseitigen Abhängigkeiten der Zustandsgrößen spezifisches Volumen (v), absoluter Druck (p) und Temperatur (T) werden durch die *thermische Zustandsgleichung idealer Gase* festgelegt, die aus der Verknüpfung der Gesetze von *Boyle und Mariotte* und *Gay-Lussac* hergeleitet werden kann.

Herleitung: Betrachtung einer allgemeinen Zustandsänderung, bei der sich Volumen, Druck und Temperatur gleichzeitig ändern.

Ausgangszustand p_1, v_1, T_1
Endzustand p_2, v_2, T_2

Zerlegung der Gesamt-Zustandsänderung in zwei Teilvorgänge *a* und *b* über einen Zwischenzustand mit dem spezifischen Volumen v_x.

a) Druckänderung von p_1 auf p_2 bei gleichgehaltener Temperatur T_1 (nach *Boyle und Mariotte*)

$$\frac{v_1}{v_x} = \frac{p_2}{p_1}; \quad v_x = \frac{v_1 p_1}{p_2}$$

b) Temperaturänderung von T_1 auf T_2 bei gleichbleibendem Druck p_2 (nach *Gay-Lussac*)

$$\frac{v_x}{v_2} = \frac{T_1}{T_2}; \quad v_2 = \frac{v_x T_2}{T_1} = \frac{v_1 p_1 T_2}{p_2 T_1}$$

Hieraus ergibt sich für die allgemeine Zustandsänderung

$$\frac{p_2 v_2}{T_2} = \frac{p_1 v_1}{T_1} = \text{konst.} = R_i \text{ (spezielle oder individuelle Gaskonstante).}$$

Dieser Ausdruck ist die *thermische Zustandsgleichung idealer Gase*

$$pv = R_i T \qquad \begin{array}{c|c|c|c} p & v & R_i & T \\ \hline \frac{N}{m^2} & \frac{m^3}{kg} & \frac{J}{kg\,K} & K \end{array} \qquad 1\,J = 1\,Nm \qquad (III.1)$$

Die *spezielle Gaskonstante* R_i ist eine Stoffkonstante, die durch Messung der zueinandergehörenden Werte von p, v und T bestimmt werden kann. Sie stellt die Volumenänderungsarbeit dar, die verrichtet wird, wenn ein Gas mit der Masse m = 1 kg bei gleichbleibendem Druck um 1 K erwärmt wird.

Tafel III.1. Spezielle Gaskonstante R_i in $\frac{J}{kg\,K}$ (1 J = 1 Nm)

Kohlenoxid	CO	297	Methan	CH_4	519	Wasserdampf	H_2O	462
Kohlendioxid	CO_2	189	Sauerstoff	O_2	260	Wasserstoff	H_2	4126
Luft	–	287	Stickstoff	N_2	297			

Die thermische Zustandsgleichung gilt für jeden beliebigen, durch p, v und T ausgedrückten Gaszustand, also auch für den Normzustand ($p_n\, v_n/T_n = R_i$).

Ein Gas, das dieser thermischen Zustandsgleichung folgt, nennt man ein *ideales Gas*. Dieses Gas ist ein gedachter Stoff, dessen Moleküle kein Eigenvolumen besitzen und in dem Molekularkräfte nicht vorhanden sind. Reale Gase weichen in ihrem Verhalten um so mehr von der Zustandsgleichung ab, je höher ihre Atomzahl ist und je näher die Temperatur am Verflüssigungspunkt des Gases liegt. *Reale* Gase werden von der *van der Waalsschen Zustandsgleichung* erfaßt, in der Eigenvolumen und Kohäsionskräfte der Moleküle durch entsprechende Einflußgrößen berücksichtigt sind.

Wird in Gleichung (III.1) $v = V/m$ gesetzt, so ergibt sich die *thermische Zustandsgleichung* der Gase

$$pV = mR_i T \qquad \begin{array}{c|c|c|c|c} p & V & m & R_i & T \\ \hline \frac{N}{m^2} & m^3 & kg & \frac{J}{kg\,K} & K \end{array} \qquad (III.2)$$

An Stelle des spezifischen Volumens v kann auch die Dichte $\rho = 1/v$ in die thermische Zustandsgleichung der Form (III.1) eingesetzt werden.

Beispiel: Welche spezielle Gaskonstante R_i ergibt sich für Luft?

Lösung: Für den Normzustand ergibt sich aus der thermischen Zustandsgleichung:

$$R_i = \frac{p_n v_n}{T_n}; \quad v_n = 0{,}774\,\frac{m^3}{kg} \text{ nach Tafel I.1.}$$

$$R_i = \frac{1{,}013 \cdot 10^5\,\frac{N}{m^2} \cdot 0{,}774\,\frac{m^3}{kg}}{273\,K} = 287{,}2\,\frac{Nm}{kg\,K} = 287{,}2\,\frac{J}{kg\,K}$$

Beispiel: Wie groß ist das Volumen einer Luftmenge von 100 m³ (im Normzustand) bei $\vartheta = 80\,°C$ und $p = 4{,}9$ bar?

Lösung: $\frac{p_n V_n}{T_n} = \frac{pV}{T} = mR_i$; $p = 4{,}9\text{ bar} = 4{,}9 \cdot 10^5\,\frac{N}{m^2}$

$$V = \frac{p_n V_n T}{T_n p} = \frac{1{,}013 \cdot 10^5\,\frac{N}{m^2} \cdot 100\,m^3 \cdot 353\,K}{273\,K \cdot 4{,}9 \cdot 10^5\,\frac{N}{m^2}} = 26{,}7\,m^3$$

2. Zustandsänderungen

Der Zustand eines Systems wird durch Zustandsgrößen bestimmt. Prozesse mit Energieaustausch zwischen System und Umgebung verändern Größen und Zustände. Damit werden *Zustandsänderungen* bewirkt. Zustände und Zustandsänderungen werden *rechnerisch* behandelt oder in Zustandsdiagrammen *graphisch* dargestellt.

Die *rechnerische* Bearbeitung bezieht sich meist auf reversible (d.h. dissipationsfreie) Zustandsänderungen idealer Gase wie Isochore, Isobare, Isotherme, Isentrope und Polytrope. Eine Anwendung der Gesetzmäßigkeiten auf reale Gase mit annähernd idealem Verhalten ist technisch fast immer ausreichend genau.

Zustandsdiagramme bestehen überwiegend aus einem ebenen System rechtwinkling angeordneter Koordinatenachsen (Abszisse, Ordinate). Zustände erscheinen als Punkte, Zustandsänderungen als gerade oder gekrümmte Linien (Kurven). Bei maßstäblicher Achsenteilung können Zahlenwerte gesuchter Größen mit praktisch hinreichender Genauigkeit abgelesen werden. Diese Möglichkeit bietet auch der Gebrauch einschlägiger Zahlentafeln (z.B. Dampftafel für Wasser). Die Anwendung von Diagrammen und Tafeln ist dann üblich, wenn eine rechnerische Behandlung wegen komplizierter Zusammenhänge (z.B. bei Dämpfen) zu aufwendig ist. Wichtige Zustandsdiagramme für Gase sind das p,v-Diagramm und das T,s-Diagramm.

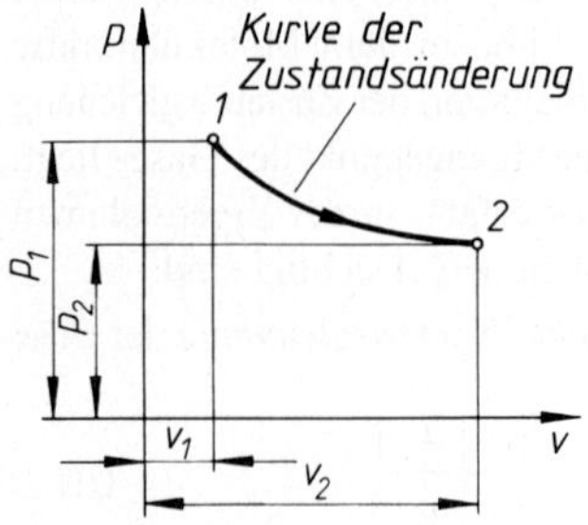

Bild III.1. Darstellung einer Zustandsänderung im p, v-Diagramm

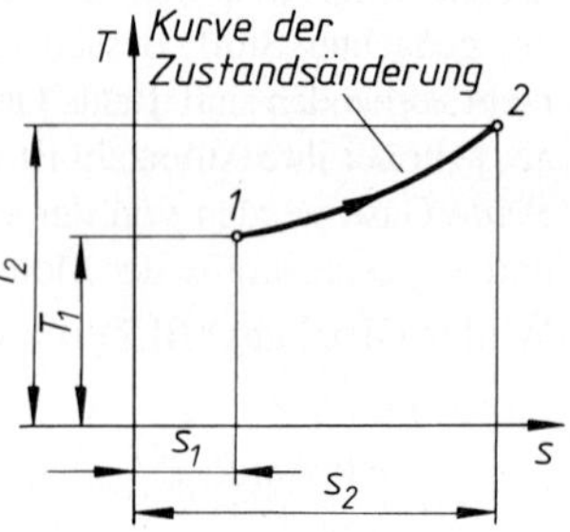

Bild III.2. Darstellung einer Zustandsänderung im T,s-Diagramm

Aus dem p,v-Diagramm läßt sich auch der Temperaturverlauf in Abhängigkeit vom spezifischen Volumen ermitteln.

Anleitung (Bild III.3):

Gegeben: Zustandsänderung mit Anfangszustand 1 (p_1, v_1, T_1) und zugehöriger Kurvenverlauf.

Gesucht: Temperatur T_2 im beliebigen Zwischenzustand 2 (Maßstäbe für p und T so gewählt, daß $p_1 = T_1$ ist).

a) Senkrechte durch Punkt 1 zeichnen,

b) Senkrechte und Waagerechte durch Punkt 2 zeichnen (es ergibt sich Schnittpunkt A),

c) Verbindungslinie OA zeichnen und mit Senkrechte durch Punkt 2 zum Schnitt bringen (es ergibt sich Schnittpunkt B),

d) Punkt B ist der Temperaturpunkt für den Zwischenzustand 2.

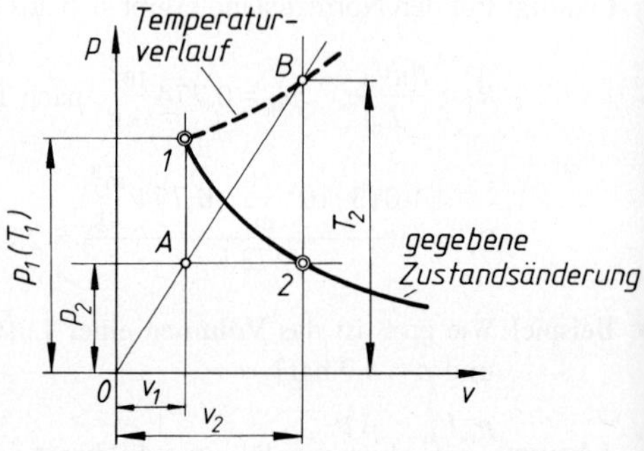

Bild III.3. Aufzeichnen des Temperaturverlaufs als Kurve $T = f(v)$ aus dem p,v-Diagramm einer gegebenen Zustandsänderung

3. Isochore Zustandsänderung

Das *Gasvolumen* bleibt während der Zustandsänderung *konstant.*

Aus der thermischen Zustandsgleichung $p v / T = R_i$ folgt

$$\frac{p_1}{p_2} = \frac{T_1}{T_2} \qquad \text{(III.3)}$$

p	T
$\frac{\text{N}}{\text{m}^2}$	K

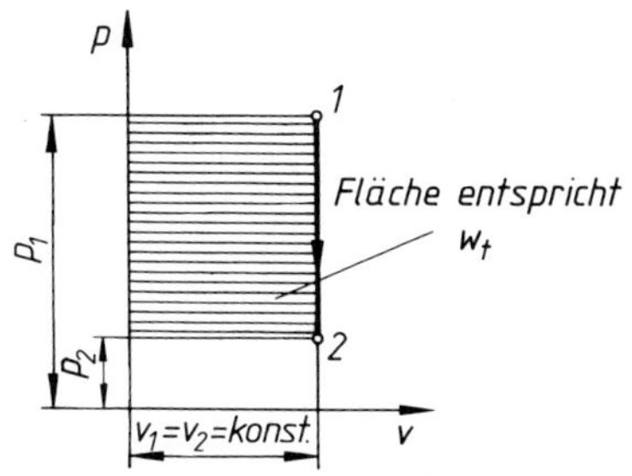

Bild III.4. Isochore Zustandsänderung im p,v-Diagramm (hier Drucksenkung)

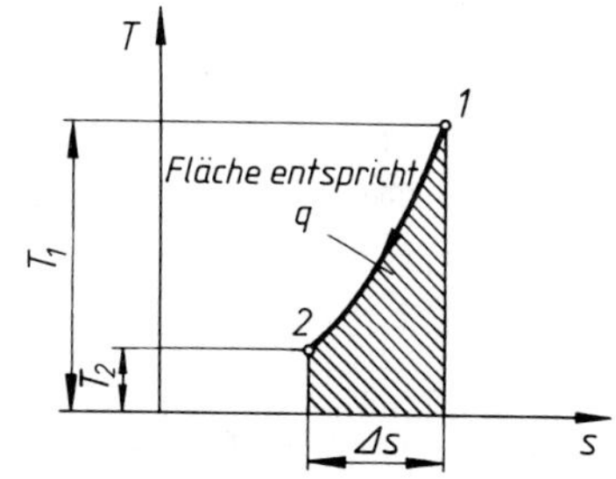

Bild III.5. Isochore Zustandsänderung im T,s-Diagramm (hier Drucksenkung)

Da Volumenänderungsarbeit nicht verrichtet wird, dient die als Wärme zugeführte (oder abgeführte) Energie der Änderung der inneren Energie des Gases. *Zugeführte (oder abgeführte) spezifische Wärme:*

$$q = c_v (T_2 - T_1) \qquad \text{(III.4)}$$

$q(u)$	c	T
$\frac{\text{J}}{\text{kg}}$	$\frac{\text{J}}{\text{kg K}}$	K

Änderung der spezifischen inneren Energie:

$$\Delta u = c_v (T_2 - T_1) \qquad \text{(III.5)}$$

Änderung der spezifischen Enthalpie Δh:

$$\Delta h = c_p (T_2 - T_1) \qquad \text{(III.6)}$$

h	c	T
$\frac{\text{J}}{\text{kg}}$	$\frac{\text{J}}{\text{kg K}}$	K

Änderung der spezifischen Entropie Δs:

$$\Delta s = c_v \ln \frac{T_2}{T_1} \qquad \text{(III.7)}$$

s, c	T
$\frac{\text{J}}{\text{kg K}}$	K

Volumenänderungsarbeit w_v wird nicht verrichtet:

$$w_v = 0 \qquad \text{(III.8)}$$

Die technische Arbeit ist als Differenz der Gleichdruckarbeiten $p_1 v_1$ und $p_2 v_2$ gegeben. Die *spezifische technische Arbeit* w_t tritt im p,v-Diagramm (Bild III.4.) als Fläche in Erscheinung:

$$w_t = v(p_2 - p_1) \qquad \text{(III.9)}$$

w	v	p
$\frac{\text{J}}{\text{kg}}$	$\frac{\text{m}^3}{\text{kg}}$	$\frac{\text{N}}{\text{m}^2}$

1 J = 1 Nm = 1 Ws

■ **Beispiel:** In einem Luftbehälter ist Luft unter einem Druck von $p_{abs1} = 2{,}45$ bar bei einer Temperatur von $\vartheta_1 = 15$ °C eingeschlossen.

a) Wie groß ist die Temperatur ϑ_2, wenn eine spezifische Wärme $q = 251\,000$ J/kg zugeführt wird?

b) Wie groß ist der sich einstellende Druck p_2?

c) Wie groß ist die Änderung der spezifischen inneren Energie Δu?

d) Wie groß ist die Enthalpieänderung Δh?

e) Wie groß ist die Entropieänderung Δs?

Lösung: a) $q = c_v(T_2 - T_1)$

$$T_2 = \frac{q}{c_v} + T_1; \quad c_v = 736\,\frac{\text{J}}{\text{kg K}} \text{ (angenommen)}$$

$$T_1 = \vartheta_1 + 273{,}15 = 15 + 273{,}15 = 288{,}15\text{ K}$$

$$T_2 = \frac{251\,000\,\frac{\text{J}}{\text{kg}}}{736\,\frac{\text{J}}{\text{kgK}}} + 288{,}15\text{ K} = 629{,}18\text{ K}$$

$$\vartheta_2 = T_2 - 273{,}15 = 629{,}18 - 273{,}15$$

$$\vartheta_2 = 356\text{ °C}$$

b) $$\frac{p_1}{p_2} = \frac{T_1}{T_2} \qquad p_1 = 2{,}45 \cdot 10^5\,\frac{\text{N}}{\text{m}^2}$$

$$p_2 = \frac{p_1 T_2}{T_1} \qquad T_1 = 288{,}15\text{ K}, \quad T_2 = 629{,}18\text{ K}$$

$$p_2 = \frac{2{,}45 \cdot 10^5\,\frac{\text{N}}{\text{m}^2} \cdot 629{,}18\text{ K}}{288{,}15\text{ K}} = 5{,}35 \cdot 10^5\,\frac{\text{N}}{\text{m}^2} = 5{,}35 \cdot 10^5\,\text{Pa} = 5{,}35\text{ bar}$$

c) $$\Delta u = q = 251\,000\,\frac{\text{J}}{\text{kg}}$$

Bei konstantem Volumen dient die gesamte zugeführte Wärme zur Erhöhung der inneren Energie.

d) $$\Delta h = c_p(T_2 - T_1); \quad c_p = 1025\,\frac{\text{J}}{\text{kg K}} \text{ (angenommen)}$$
8

$$\Delta h = 1025\,\frac{\text{J}}{\text{kg K}}\,(629{,}18 - 288{,}15)\,\text{K} = 350\,000\,\frac{\text{J}}{\text{kg}}$$

e) $$\Delta s = c_v \ln\frac{T_2}{T_1}$$

$$\Delta s = 736\,\frac{\text{J}}{\text{kg K}} \ln\frac{629{,}18\text{ K}}{288{,}15\text{ K}} = 575\,\frac{\text{J}}{\text{kg K}}$$

4. Isobare Zustandsänderung

Der *Gasdruck* bleibt während der Zustandsänderung *konstant*.

Aus der thermischen Zustandsgleichung $pv/T = R_i$ folgt

$$\frac{v_1}{v_2} = \frac{T_1}{T_2} \qquad \text{(III.10)}$$

v	T
$\frac{m^3}{kg}$	K

Die als Wärme zugeführte (oder abgeführte) Energie dient zur Änderung der inneren Energie und zur Verrichtung einer Volumenänderungsarbeit (hier Gleichdruckarbeit). Es ist die *zugeführte (oder abgeführte) spezifische Wärme*

$$q = c_p (T_2 - T_1) \qquad \text{(III.11)}$$

$q\,(u)$	c	T
$\frac{J}{kg}$	$\frac{J}{kg\,K}$	K

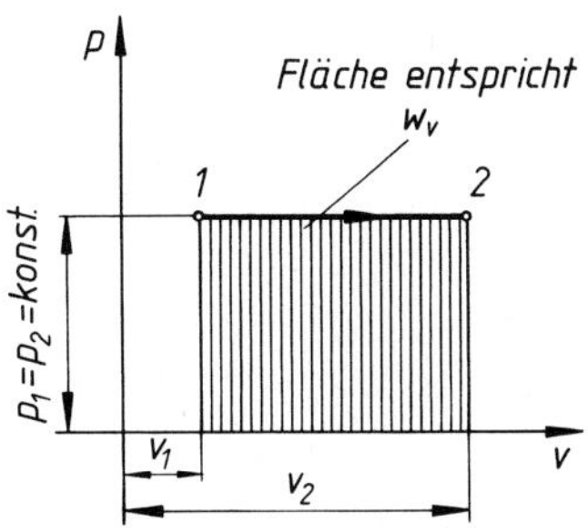

Bild III.6. Isobare Zustandsänderung im p,v-Diagramm (hier Expansion)

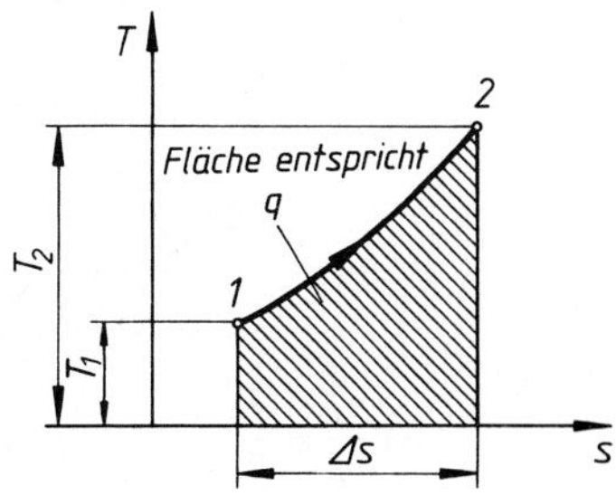

Bild III.7. Isobare Zustandsänderung im T,s-Diagramm (hier Expansion)

Änderung der spezifischen inneren Energie:

$$\Delta u = c_v (T_2 - T_1)$$

Änderung der spezifischen Enthalpie Δh:

$$\Delta h = c_p (T_2 - T_1) \qquad \text{(III.12)}$$

h	c	T
$\frac{J}{kg}$	$\frac{J}{kg\,K}$	K

Änderung der spezifischen Entropie Δs:

$$\Delta s = c_p \ln \frac{T_2}{T_1} \qquad \text{(III.13)}$$

s, c	T
$\frac{J}{kg\,K}$	K

Spezifische Volumensänderungsarbeit w_v wird als Gleichdruckarbeit verrichtet. Sie tritt im p,v-Diagramm (Bild III.6.) als Fläche in Erscheinung:

$$w_v = p(v_1 - v_2) \qquad \text{(III.14)}$$

w	p	v
$\frac{J}{kg}$	$\frac{N}{m^2}$	$\frac{m^3}{kg}$

Ein Wert für die *spezifische technische Arbeit* w_t tritt nicht auf:

$$w_t = 0 \qquad \text{(III.15)}$$

■ **Beispiel:** In einem Zylinder mit verschiebbarem Kolben ist Luft unter einem Druck von $p_{abs} = 24{,}5$ bar bei einer Temperatur von $\vartheta_1 = 500$ °C eingeschlossen.

Diese Luft dehnt sich unter Wärmezufuhr bei gleichbleibendem Druck p_{abs} auf den 2,5-fachen Wert des Anfangsvolumens v_1 aus.

a) Wie groß ist das spezifische Anfangsvolumen v_1?
b) Wie groß ist die Temperatur T_2 nach erfolgter Ausdehnung?
c) Wie groß ist die zuzuführende spezifische Wärme q?
d) Wie groß ist die spezifische Volumenänderungsarbeit w_v?
e) Wie groß ist die Änderung der spezifischen inneren Energie Δu?
f) Wie groß ist die Entropieänderung Δs?

Lösung: a) $p v_1 = R_i T_1; \quad v_1 = \frac{R_i T_1}{p}; \quad R_i = 287 \frac{\text{J}}{\text{kg K}} = 287 \frac{\text{Nm}}{\text{kg K}}$

$$T_1 = \vartheta_1 + 273{,}15 = 500 + 273{,}15 = 773{,}15 \text{ K}$$

$$p = 24{,}5 \cdot 10^5 \frac{\text{N}}{\text{m}^2}$$

$$v_1 = \frac{287 \frac{\text{Nm}}{\text{kg K}} \cdot 773{,}15 \text{ K}}{24{,}5 \cdot 10^5 \frac{\text{N}}{\text{m}^2}} = 906 \cdot 10^{-4} \frac{\text{m}^3}{\text{kg}} = 0{,}0906 \frac{\text{m}^3}{\text{kg}}$$

b) $\frac{v_1}{v_2} = \frac{T_1}{T_2}; \quad v_2 = 2{,}5\, v_1; \quad \frac{T_1}{T_2} = \frac{v_1}{2{,}5\, v_1} = \frac{1}{2{,}5}$

$$T_2 = T_1\ 2{,}5 = 773{,}15 \text{ K}\ 2{,}5 = 1933 \text{ K}$$

c) $q = c_p (T_2 - T_1); \quad c_p = 1186 \frac{\text{J}}{\text{kgK}}$ nach Gleichung (I.13)

$$q = 1186 \frac{\text{J}}{\text{kgK}} (1933 - 773{,}15)\text{K} = 1\,376\,000 \frac{\text{J}}{\text{kg}}$$

d) $w_v = p(v_1 - v_2); \quad v_2 = 2{,}5\, v_1; \quad w_v = p(v_1 - 2{,}5\, v_1)$

$$w_v = -p\ 1{,}5\, v_1$$

$$w_v = -24{,}5 \cdot 10^5 \frac{\text{N}}{\text{m}^2} \cdot 1{,}5 \cdot 906 \cdot 10^{-4} \frac{\text{m}^3}{\text{kg}} = -333\,000 \frac{\text{Nm}}{\text{kg}} = -333\,000 \frac{\text{J}}{\text{kg}}$$

e) $\Delta u = c_v (T_2 - T_1); \quad c_v = 899 \frac{\text{J}}{\text{kg K}}$ nach $c_v = c_p - R_i$

$$\Delta u = 899 \frac{\text{J}}{\text{kgK}} (1933 - 773{,}15)\text{K} = 1043000 \frac{\text{J}}{\text{kg}}$$

f) $\Delta s = c_p \ln \frac{T_2}{T_1} = 1186 \frac{\text{J}}{\text{kgK}} \ln \frac{1933 \text{ K}}{773{,}15 \text{ K}} = 1087 \frac{\text{J}}{\text{kgK}}$

5. Isotherme Zustandsänderung

Die *Temperatur* bleibt während der Zustandsänderung *konstant.*

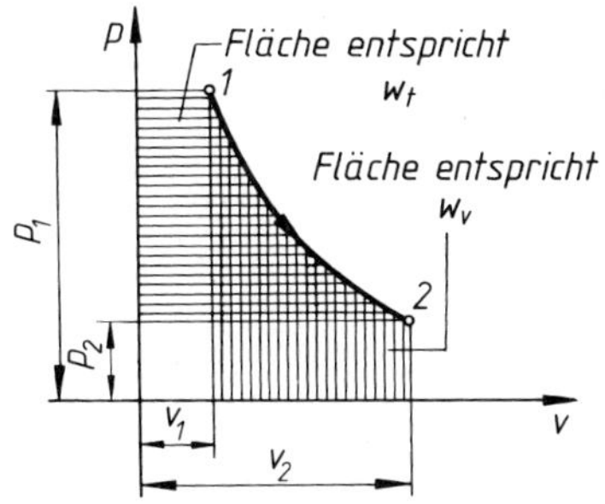

Bild III.8. Isotherme Zustandsänderung im p,υ-Diagramm (hier Expansion)

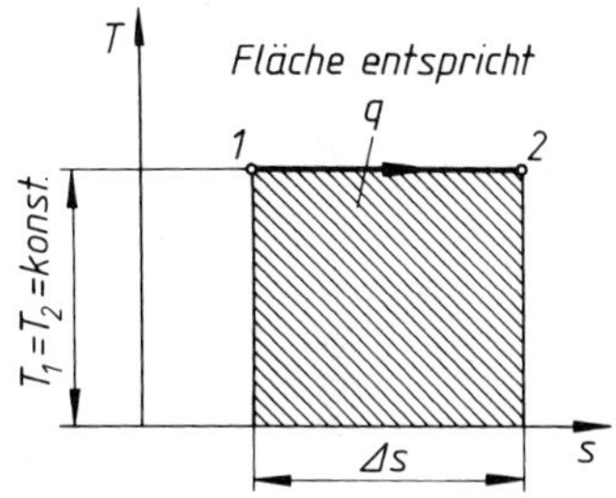

Bild III.9. Isotherme Zustandsänderung im T,s-Diagramm (hier Expansion)

Aus der thermischen Zustandsgleichung $p\frac{\upsilon}{T} = R_i$ folgt

$$\frac{p_1}{p_2} = \frac{\upsilon_2}{\upsilon_1} \qquad \text{(III.16)}$$

p	υ
$\frac{N}{m^2}$	$\frac{m^3}{kg}$

Die Kurve der Zustandsänderung erscheint im p,υ-Diagramm als gleichseitige Hyperbel ($p\upsilon = R_i T$ = konst.).

Die als Wärme zugeführte (oder abgeführte) Energie entspricht der verrichteten Volumenänderungsarbeit. Eine Änderung der inneren Energie findet nicht statt. Es ist die *zugeführte (oder abgeführte) spezifische Wärme:*

$$q = R_i T \ln\frac{\upsilon_2}{\upsilon_1} \qquad \text{(III.17)}$$

$$q = R_i T \ln\frac{p_1}{p_2} \qquad \text{(III.18)}$$

q	R_i	T	υ	p
$\frac{J}{kg}$	$\frac{J}{kg\,K}$	K	$\frac{m^3}{kg}$	$\frac{N}{m^2}$

Änderung der spezifischen inneren Energie:

$$\Delta u = 0 \qquad \text{(III.19)}$$

Änderung der spezifischen Enthalpie Δh:

$$\Delta h = 0 \qquad \text{(III.20)}$$

Änderung der spezifischen Entropie Δs:

$$\Delta s = R_i \ln\frac{\upsilon_2}{\upsilon_1} \qquad \text{(III.21)}$$

$$\Delta s = R_i \ln\frac{p_1}{p_2} \qquad \text{(III.22)}$$

s	R_i	v	p
$\frac{J}{kg\,K}$	$\frac{J}{kg\,K}$	$\frac{m^3}{kg}$	$\frac{N}{m^2}$

1 J = 1 Nm = 1 Ws

Die *spezifische Volumenänderungsarbeit* w_v und die *spezifische technische Arbeit* w_t sind gleich und entsprechen der Größe von q:

$$w_v = R_i T \ln \frac{v_1}{v_2} \qquad \text{(III.23)}$$

$$w_v = R_i T \ln \frac{p_2}{p_1} \qquad \text{(III.24)}$$

w	R_i	T	v	p
$\frac{J}{kg}$	$\frac{J}{kg\,K}$	K	$\frac{m^3}{kg}$	$\frac{N}{m^2}$

$$w_t = R_i T \ln \frac{v_1}{v_2} \qquad \text{(III.25)}$$

$$w_t = R_i T \ln \frac{p_2}{p_1} \qquad \text{(III.26)}$$

- **Beispiel:** In einem Zylinder mit verschiebbarem Kolben ist Luft unter einem Druck von $p_{abs1} = 24{,}5$ bar bei einer Temperatur von $\vartheta = 500$ °C eingeschlossen (siehe auch Beispiel unter 4.).

  Diese Luft dehnt sich unter Wärmezufuhr bei gleichbleibender Temperatur ϑ auf den 2,5fachen Wert des Anfangsvolumens v_1 aus.

  a) Wie groß ist das spezifische Anfangsvolumen v_1?
  b) Wie groß ist der Druck p_{abs2} nach erfolgter Ausdehnung?
  c) Wie groß ist die zuzuführende spezifische Wärme q?
  d) Wie groß ist die spezifische Volumenänderungsarbeit w_v?
  e) Wie groß ist die spezifische technische Arbeit w_t?
  f) Wie groß ist die Änderung der spezifischen inneren Energie Δu?
  g) Wie groß ist die Entropieänderung Δs?

Lösung: a) $v_1 = 0{,}0906 \frac{m^3}{kg} = 906 \cdot 10^{-4} \frac{m^3}{kg}$; siehe Beispiel unter 4.

b) $\frac{p_1}{p_2} = \frac{v_2}{v_1}$; $v_2 = 2{,}5\, v_1$; $\frac{p_1}{p_2} = \frac{2{,}5\, v_1}{v_1} = 2{,}5$

$$p_2 = \frac{p_1}{2{,}5} = \frac{24{,}5 \cdot 10^5 \frac{N}{m^2}}{2{,}5} = 9{,}8 \cdot 10^5 \frac{N}{m^2} = 9{,}8 \cdot 10^5 \text{ Pa} = 9{,}8 \text{ bar}$$

c) $q = R_i T \ln \frac{p_1}{p_2} = 287 \frac{J}{kg\,K} 773{,}15\text{ K} \ln \frac{24{,}5 \cdot 10^5 \frac{N}{m^2}}{9{,}8 \cdot 10^5 \frac{N}{m^2}} = 203\,320 \frac{J}{kg}$

d) Die zugeführte spezifische Wärme q wird vollständig in spezifische Volumenänderungsarbeit w_v umgewandelt. $w_v = -\,203\,320$ J/kg.

e) Die spezifische technische Arbeit w_t ist gleich der spezifischen Volumenänderungsarbeit w_v. $w_t = -\,203\,320$ J/kg.

f) Da T = konst., ist $\Delta u = 0$.

g) $\Delta s = \frac{q}{T} = \frac{203\,320 \frac{J}{kg}}{773{,}15\text{ K}} = 263 \frac{J}{kg\,K}$

6. Isentrope Zustandsänderung

Während der reversiblen Zustandsänderung wird *Wärme weder zu- noch abgeführt* (adiabates System). Die Entropie bleibt konstant (Isentrope).

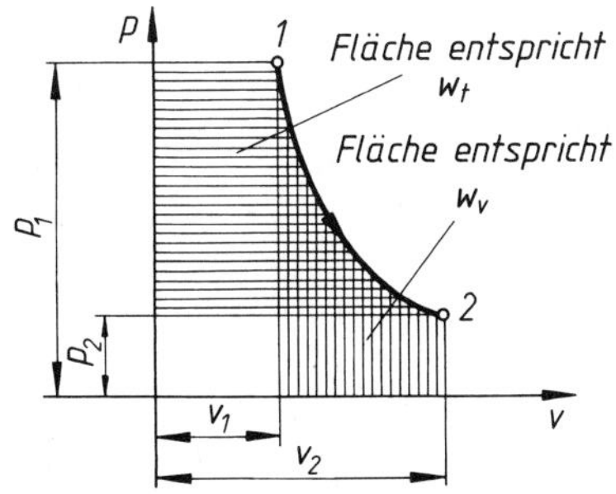

Bild III.10. Isentrope Zustandsänderung im p,υ-Diagramm (hier Expansion)

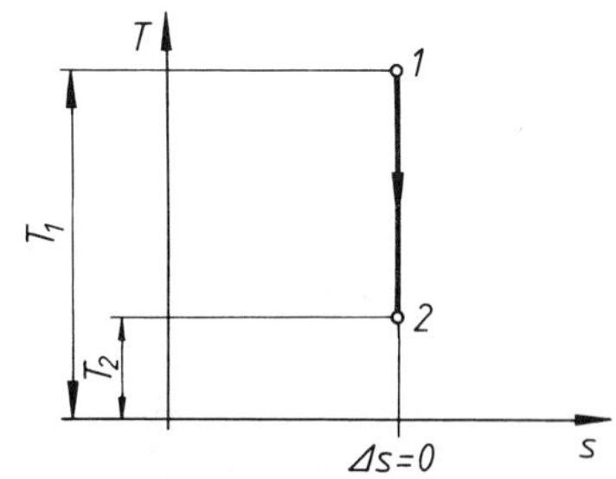

Bild III.11. Isentrope Zustandsänderung im T,s-Diagramm (hier Expansion)

Aus der thermischen Zustandsgleichung $p\upsilon/T = R_i$ und den Gleichungen für Δu und Δh (1. Hauptsatz) folgt

$$\frac{p_1}{p_2} = \left(\frac{\upsilon_2}{\upsilon_1}\right)^{\kappa} = \left(\frac{T_1}{T_2}\right)^{\frac{\kappa}{\kappa-1}} \qquad \text{(III.27)}$$

p	υ	T	κ
$\frac{N}{m^2}$	$\frac{m^3}{kg}$	K	1

In dieser Formel ist κ das Verhältnis der spezifischen Wärmekapazitäten c_p/c_υ (Isentropenexponent). Die Kurve der Zustandsänderung erscheint im p,υ-Diagramm als eine ungleichseitige Hyperbel (Hyperbel höherer Ordnung). Die Steilheit des Kurvenverlaufs nimmt mit größer werdenden κ-Werten zu.

Eine Zufuhr oder Abfuhr von Wärme findet nicht statt. Es ist also die *zugeführte (oder abgeführte) spezifische Wärme:*

$$q = 0 \qquad \text{(III.28)}$$

Die *Änderung der spezifischen inneren Energie* Δu entspricht dem Betrage nach der Volumenänderungsarbeit.

$$\Delta u = c_\upsilon (T_2 - T_1) \qquad \text{(III.29)}$$

u	c	T
$\frac{J}{kg}$	$\frac{J}{kg\,K}$	K

Änderung der spezifischen Enthalpie Δh:

$$\Delta h = c_p\,(T_2 - T_1) \qquad \text{(III.30)}$$

h	c	κ	p	υ	T
$\frac{J}{kg}$	$\frac{J}{kg\,K}$	1	$\frac{N}{m^2}$	$\frac{m^3}{kg}$	K

$$\Delta h = \frac{\kappa}{\kappa - 1} p_1 \upsilon_1 \left(\frac{T_2}{T_1} - 1\right) \qquad \text{(III.31)}$$

$$\Delta h = \frac{\kappa}{\kappa - 1} p_1 \upsilon_1 \left[\left(\frac{p_2}{p_1}\right)^{\frac{\kappa-1}{\kappa}} - 1\right] \qquad \text{(III.32)}$$

$$\Delta h = \frac{\kappa}{\kappa - 1} p_1 \upsilon_1 \left[\left(\frac{\upsilon_1}{\upsilon_2}\right)^{\kappa-1} - 1\right] \qquad \text{(III.33)}$$

Da $q = 0$ ist, ändert sich die Entropie nicht. Es ist also die *Änderung der spezifischen Entropie:*

$$\Delta s = 0 \tag{III.34}$$

Die *spezifische Volumenänderungsarbeit* v_w entspricht der Änderung der spezifischen inneren Energie:

$$w_v = c_v\,(T_2 - T_1) \tag{III.35}$$

$$w_v = \frac{1}{\kappa - 1}\,(p_2 v_2 - p_1 v_1) \tag{III.36}$$

$$w_v = \frac{p_1 v_1}{\kappa - 1}\left(\frac{T_2}{T_1} - 1\right) \tag{III.37}$$

$$w_v = \frac{p_1 v_1}{\kappa - 1}\left[\left(\frac{p_2}{p_1}\right)^{\frac{\kappa-1}{\kappa}} - 1\right] \tag{III.38}$$

$$w_v = \frac{p_1 v_1}{\kappa - 1}\left[\left(\frac{v_2}{v_1}\right)^{\kappa-1} - 1\right] \tag{III.39}$$

w	c	κ	p	v	T
$\frac{\mathrm{J}}{\mathrm{kg}}$	$\frac{\mathrm{J}}{\mathrm{kg\,K}}$	1	$\frac{\mathrm{N}}{\mathrm{m}^2}$	$\frac{\mathrm{m}^3}{\mathrm{kg}}$	K

1 J = 1 Nm = 1 Ws

Die *spezifische technische Arbeit* w_t entspricht der Änderung der spezifischen Enthalpie:

$$w_t = c_p\,(T_2 - T_1) \tag{III.40}$$

$$w_t = \frac{\kappa}{\kappa - 1}\,(p_2 v_2 - p_1 v_1) \tag{III.41}$$

$$w_t = \frac{\kappa}{\kappa - 1}\,p_1 v_1\left(\frac{T_2}{T_1} - 1\right) \tag{III.42}$$

$$w_t = \frac{\kappa}{\kappa - 1}\,p_1 v_1\left[\left(\frac{p_2}{p_1}\right)^{\frac{\kappa-1}{\kappa}} - 1\right] \tag{III.43}$$

$$w_t = \frac{\kappa}{\kappa - 1}\,p_1 v_1\left[\left(\frac{v_1}{v_2}\right)^{\kappa-1} - 1\right] \tag{III.44}$$

$$w_t = \kappa\, w_v \tag{III.45}$$

w	c	κ	p	v	T
$\frac{\mathrm{J}}{\mathrm{kg}}$	$\frac{\mathrm{J}}{\mathrm{kg\,K}}$	1	$\frac{\mathrm{N}}{\mathrm{m}^2}$	$\frac{\mathrm{m}^3}{\mathrm{kg}}$	K

1 J = 1 Nm = 1 Ws

■ **Beispiel:** Ein Kompressor saugt Luft von $\vartheta_1 = 20$ °C und einem Druck von $p_{\text{abs}\,1} = 1{,}025$ bar an und verdichtet sie isentropisch auf einen Druck von $p_{\text{abs}\,2} = 5{,}89$ bar

a) Wie groß ist die Temperatur T_2 nach erfolgter Verdichtung?
b) Wie groß ist die spezifische Volumenänderungsarbeit w_v?
c) Wie groß ist die Änderung der spezifischen inneren Energie Δu?
d) Wie groß ist die spezifische technische Arbeit w_t?
e) Wie groß ist die Änderung der spezifischen Enthalpie Δh?
f) Wie groß ist die Entropieänderung Δs?

Lösung: a) $\dfrac{p_1}{p_2} = \left(\dfrac{T_1}{T_2}\right)^{\frac{\kappa}{\kappa-1}}$ $\quad p_1 = 1{,}025 \cdot 10^5 \dfrac{\text{N}}{\text{m}^2} \quad p_2 = 5{,}89 \cdot 10^5 \dfrac{\text{N}}{\text{m}^2}$

$$T_2 = \frac{T_1}{\left(\dfrac{p_1}{p_2}\right)^{\frac{\kappa-1}{\kappa}}} \qquad T_1 = \vartheta_1 + 273{,}15 = 20 + 273{,}15 = 293{,}15 \text{ K}$$

$$T_2 = \frac{293{,}15 \text{ K}}{\left(\dfrac{1{,}025 \cdot 10^5 \dfrac{\text{N}}{\text{m}^2}}{5{,}89 \cdot 10^5 \dfrac{\text{N}}{\text{m}^2}}\right)^{\frac{1{,}4-1}{1{,}4}}} = 483 \text{ K}$$

b) $$w_v = \frac{p_1 v_1}{\kappa - 1}\left[\left(\frac{p_2}{p_1}\right)^{\frac{\kappa-1}{\kappa}} - 1\right]$$

$$v_1 = \frac{R_i T_1}{p_1} = \frac{287 \dfrac{\text{Nm}}{\text{kg K}} 293{,}15 \text{ K}}{10{,}25 \cdot 10^4 \dfrac{\text{N}}{\text{m}^2}} = 0{,}821 \frac{\text{m}^3}{\text{kg}}$$

$$w_v = \frac{10{,}25 \cdot 10^4 \dfrac{\text{N}}{\text{m}^2} 0{,}821 \dfrac{\text{m}^3}{\text{kg}}}{1{,}4 - 1}\left[\left(\frac{58{,}9 \cdot 10^4 \dfrac{\text{N}}{\text{m}^2}}{10{,}25 \cdot 10^4 \dfrac{\text{N}}{\text{m}^2}}\right)^{\frac{1{,}4-1}{1{,}4}} - 1\right]$$

$$w_v = 136\,000 \frac{\text{Nm}}{\text{kg}} = 136\,000 \frac{\text{J}}{\text{kg}}$$

c) Da bei einer isentropen Zustandsänderung Wärme weder zu- noch abgeführt wird, geht die Volumenänderungsarbeit als innere Energie auf das Gas über. Die Zunahme an spezifischer innerer Energie entspricht also dem Betrage nach der spezifischen Volumenänderungsarbeit.

$$\Delta u = 136\,000 \frac{\text{J}}{\text{kg}}$$

d) $$w_t = \kappa w_v = 1{,}4 \left(136\,000 \frac{\text{J}}{\text{kg}}\right) = 191\,000 \frac{\text{J}}{\text{kg}}.$$

e) Da bei einer isentropen Zustandsänderung Wärme weder zu- noch abgeführt wird, entspricht die Änderung der spezifischen Enthalpie der spezifischen technischen Arbeit.

$$\Delta h = 191\,000 \frac{\text{J}}{\text{kg}}.$$

f) Da bei einer isentropen Zustandsänderung Wärme weder zu- noch abgeführt wird, ist die Entropieänderung gleich Null.

7. Polytrope Zustandsänderung

Die Zustandsänderung verläuft unter *beliebiger Wärmezufuhr bzw. beliebigem Wärmeentzug*. Als Polytrope im engeren Sinne werden die Zustandsänderungen bezeichnet, bei denen Wärmezufuhr oder Wärmeentzug nach der Gesetzmäßigkeit pv^n = konst. ablaufen. Dabei kann der Exponent n jeden beliebigen Wert annehmen ($-\infty < n < +\infty$).

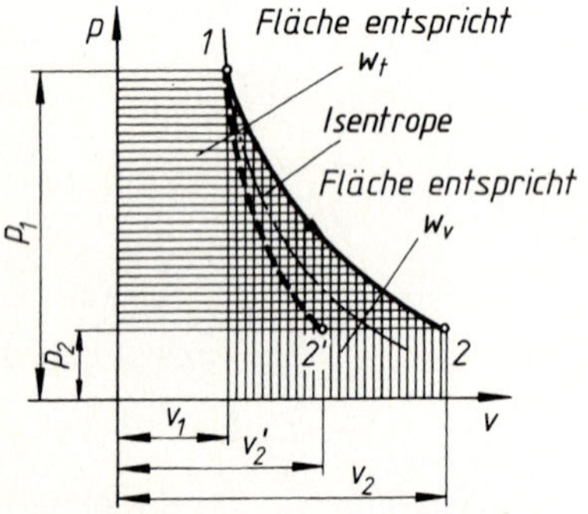

Bild III.12. Polytrope Zustandsänderung im p,v-Diagramm (hier Expansion)

1–2 Polytrope mit Wärmezufuhr ($n < \kappa$)
1–2′ Polytrope mit Wärmeentzug ($n > \kappa$)

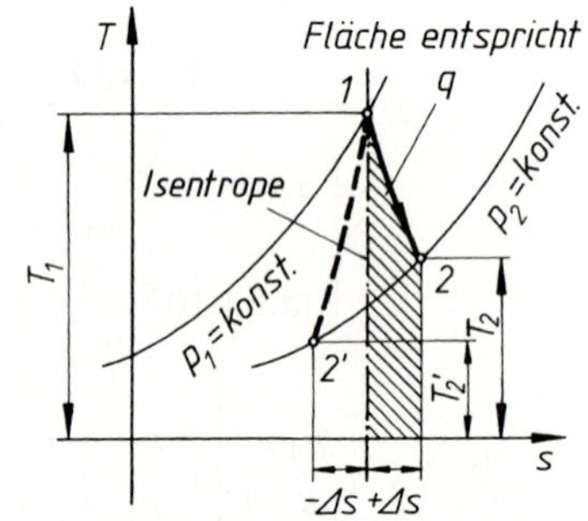

Bild III.13. Polytrope Zustandsänderung im T,s-Diagramm (hier Expansion)

1–2 Polytrope mit Wärmezufuhr ($n < \kappa$)
1–2′ Polytrope mit Wärmeentzug ($n > \kappa$)

Für die polytrope Zustandsänderung gilt

$$\frac{p_1}{p_2} = \left(\frac{v_2}{v_1}\right)^n = \left(\frac{T_1}{T_2}\right)^{\frac{n}{n-1}} \qquad \text{(III.46)}$$

p	v	T	n
$\frac{N}{m^2}$	$\frac{m^3}{kg}$	K	1

Die Kurve der Zustandsänderung erscheint im p,v-Diagramm als Hyperbel höherer Ordnung. Die Steilheit des Kurvenverlaufes nimmt mit größer werdenen n-Werten zu. Die als Wärme zugeführte (oder abgeführte) Energie zusammen mit der Änderung der inneren Energie des Gases entspricht der Volumenänderungsarbeit. Es ist die *zugeführte (oder abgeführte) spezifische Wärme:*

$$q = c_v \frac{n-\kappa}{n-1}(T_2 - T_1) \qquad \text{(III.47)}$$

q	c	$n(\kappa)$	T
$\frac{J}{kg}$	$\frac{J}{kg\,K}$	1	K

Änderung der spezifischen inneren Energie:

$$\Delta u = c_v (T_2 - T_1) \qquad \text{(III.48)}$$

u	c	T
$\frac{J}{kg}$	$\frac{J}{kg\,K}$	K

Änderung der spezifischen Enthalpie Δh:

$$\Delta h = c_v \frac{\kappa - n(2-\kappa)}{n-1}(T_2 - T_1) \qquad \text{(III.49)}$$

h	c	n	p	v	T
$\frac{J}{kg}$	$\frac{J}{kg\,K}$	1	$\frac{N}{m^2}$	$\frac{m^3}{kg}$	K

$$\Delta h = \frac{\kappa - n(2-\kappa)}{(n-1)(\kappa-1)} p_1 v_1 \left(\frac{T_2}{T_1} - 1\right) \qquad \text{(III.50)}$$

$$\Delta h = \frac{\kappa - n(2-\kappa)}{(n-1)(\kappa-1)} p_1 v_1 \left[\left(\frac{p_2}{p_1}\right)^{\frac{n-1}{n}} - 1\right] \qquad \text{(III.51)}$$

$$\Delta h = \frac{\kappa - n(2-\kappa)}{(n-1)(\kappa-1)} p_1 v_1 \left[\left(\frac{v_1}{v_2}\right)^{n-1} - 1\right] \qquad \text{(III.52)}$$

Änderung der spezifischen Entropie Δs:

$$\Delta s = c_v \frac{n-\kappa}{n-1} \ln \frac{T_2}{T_1} \qquad (III.53)$$

s, c	$n(\kappa)$	T
$\frac{\text{J}}{\text{kg K}}$	1	K

Die *spezifische Volumenänderungsarbeit* w_v bei einer polytropen Zustandsänderung ergibt sich aus den entsprechenden Gleichungen für die Isentrope, wenn für κ der Wert n gesetzt wird:

$$w_v = c_v \frac{\kappa-1}{n-1}(T_2 - T_1) \qquad (III.54)$$

$$w_v = \frac{1}{n-1}(p_2 v_2 - p_1 v_1) \qquad (III.55)$$

$$w_v = \frac{p_1 v_1}{n-1}\left(\frac{T_2}{T_1} - 1\right) \qquad (III.56)$$

w	c	κ	n	p	v	T
$\frac{\text{J}}{\text{kg}}$	$\frac{\text{J}}{\text{kg K}}$	1	1	$\frac{\text{N}}{\text{m}^2}$	$\frac{\text{m}^3}{\text{kg}}$	K

1 J = 1 Nm = 1 Ws

$$w_v = \frac{p_1 v_1}{n-1}\left[\left(\frac{p_2}{p_1}\right)^{\frac{n-1}{n}} - 1\right] \qquad (III.57)$$

$$w_v = \frac{p_1 v_1}{n-1}\left[\left(\frac{v_1}{v_2}\right)^{n-1} - 1\right] \qquad (III.58)$$

Die *spezifische technische Arbeit* w_t bei einer polytropen Zustandsänderung ergibt sich aus den entsprechenden Gleichungen für die Isentrope, wenn für κ der Wert n gesetzt wird:

$$w_t = c_v \frac{n(\kappa-1)}{n-1}(T_2 - T_1) \qquad (III.59)$$

$$w_t = \frac{n}{n-1}(p_2 v_2 - p_1 v_1) \qquad (III.60)$$

$$w_t = \frac{n}{n-1} p_1 v_1 \left(\frac{T_2}{T_1} - 1\right) \qquad (III.61)$$

w	c	κ	n	p	v	T
$\frac{\text{J}}{\text{kg}}$	$\frac{\text{J}}{\text{kg K}}$	1	1	$\frac{\text{N}}{\text{m}^2}$	$\frac{\text{m}^3}{\text{kg}}$	K

$$w_t = \frac{n}{n-1} p_1 v_1 \left[\left(\frac{p_2}{p_1}\right)^{\frac{n-1}{n}} - 1\right] \qquad (III.62)$$

$$w_t = \frac{n}{n-1} p_1 v_1 \left[\left(\frac{v_1}{v_2}\right)^{n-1} - 1\right] \qquad (III.63)$$

$$w_t = n w_v \qquad (III.64)$$

Ist eine polytrope Zustandsänderung als Bestandteil eines Maschinendiagramms (p,v-Diagramm) ermittelt worden, so ergibt sich der Exponent n für jeden beliebigen Kurvenpunkt P (bei spezifischem Volumen v) als Verhältnis v/s (Bild III.14). Dabei muß die in cm gemessene Subtangente s im Maßstab des spezifischen Volumens M_v umgerechnet werden. Damit ergibt sich der Exponent im Punkte P einer polytropen Zustandsänderung (Bild III.14) nach:

$$n = \frac{v}{s M_v} \qquad (III.65)$$

n	v	s	M_v
1	$\frac{\text{m}^3}{\text{kg}}$	cm	$\frac{\frac{\text{m}^3}{\text{kg}}}{\text{cm}} = \frac{\text{m}^3}{\text{kg cm}}$

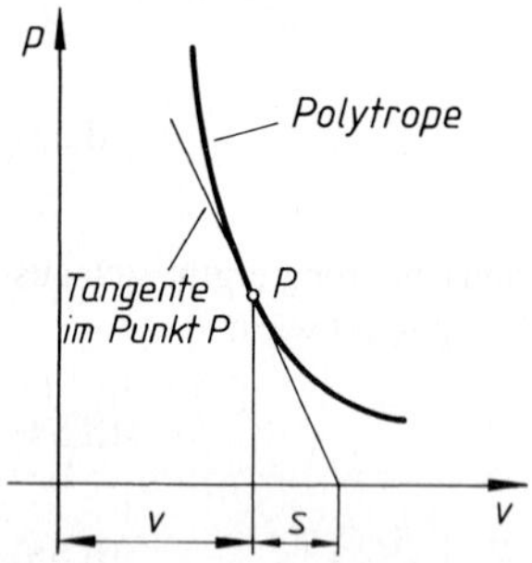

Bild III.14. Ermittlung des Exponenten n im Punkte P einer Polytrope (s = Subtangente)

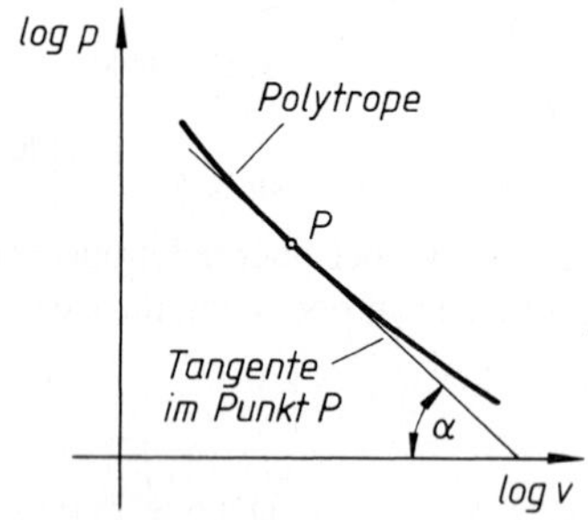

Bild III.15. Darstellung der Polytrope im p,v-Diagramm mit logarithmisch geteilten Achsen für die Ermittlung der Änderung des Exponenten n

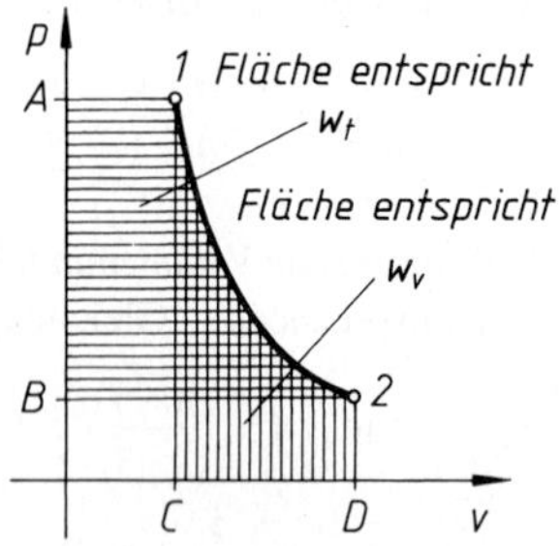

Bild III.16. Ermittlung des mittleren Exponenten n als Verhältnis der technischen Arbeit w_t (Fläche 12 BA) zur Volumenänderungsarbeit w_v (Fläche 12 DC)

Wird das p,v-Diagramm in ein Schaubild mit logarithmisch geteilten Achsen übertragen, so kann man erkennen, ob n im Verlaufe der Zustandsänderung konstant bleibt oder veränderlich ist (Bild III.15.; $\tan \alpha \triangleq n$).

Bei veränderlichen Exponenten n kann ein Mittelwert (mittlerer Exponent) aus der Beziehung $w_t = n\, w_v$ gefunden werden (Bild III.16.); n = Fläche 12 BA/Fläche 12 DC.

Sämtliche Zustandsänderungen können durch die Polytropengleichung pv^n = konst. dargestellt werden. Dabei ergeben sich folgende Exponenten:

$n = 0$;	p = konstant;	Isobare Zustandsänderung
$n = 1$;	pv = konstant;	Isotherme Zustandsänderung
$n = \kappa$;	pv^κ = konstant;	Isentrope Zustandsänderung
$n = \infty$;	v = konstant;	Isochore Zustandsänderung

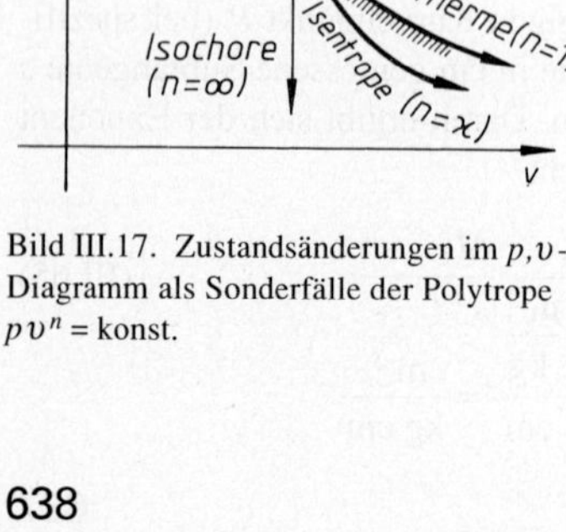

Bild III.17. Zustandsänderungen im p,v-Diagramm als Sonderfälle der Polytrope pv^n = konst.

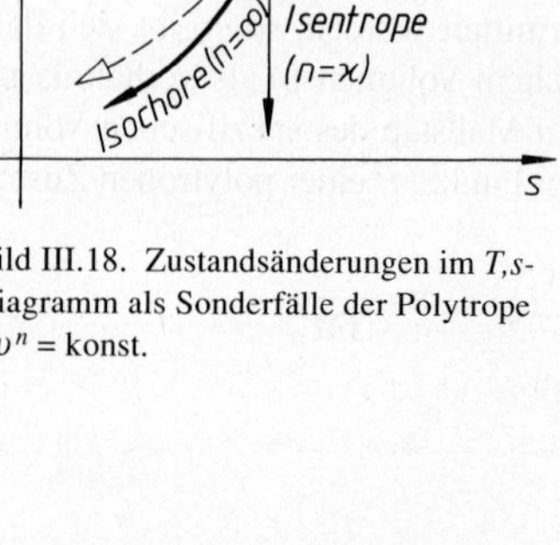

Bild III.18. Zustandsänderungen im T,s-Diagramm als Sonderfälle der Polytrope pv^n = konst.

8. Carnot-Prozeß

Der *Carnot-Prozeß* (Kreisprozeß nach Sadi Carnot, 1796–1832) besitzt den günstigsten thermischen Wirkungsgrad. Der Prozeß setzt sich aus zwei *isothermen* und zwei *isentropen* Zustandsänderungen zusammen (Bilder III.19. und III.20.).

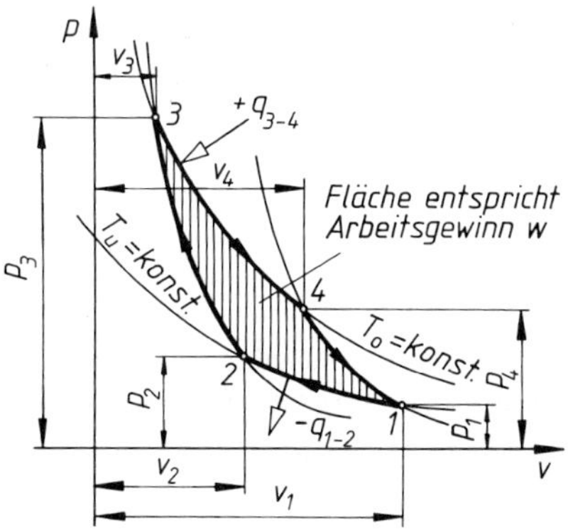

Bild III.19. Carnot-Prozeß im p,v-Diagramm

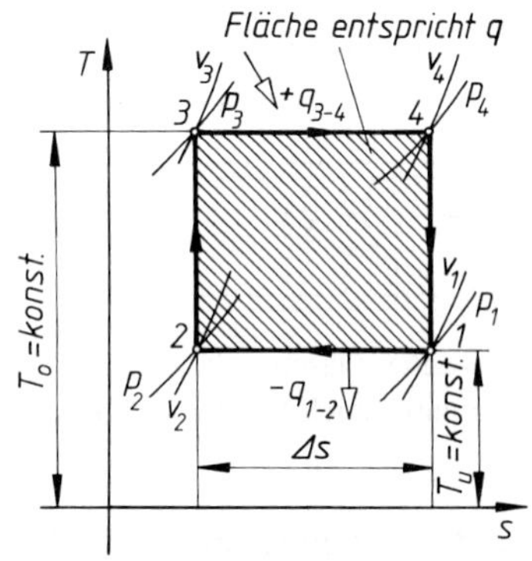

Bild III.20. Carnot-Prozeß im T,s-Diagramm

a) Isotherme Kompression von 1 nach 2:
   Volumenänderungsarbeit w_{v1-2} wird als Kompressionsarbeit zugeführt. Die äquivalente Wärme q_{1-2} wird abgegeben.
   Die Temperatur T_u bleibt dabei konstant.

b) Isentrope Kompression von 2 nach 3:
   Volumenänderungsarbeit w_{v2-3} wird als Kompressionsarbeit zugeführt. Wärme wird weder abgegeben noch zugeführt.
   Die Temperatur nimmt von T_u auf T_o zu ($T_o > T_u$).

c) Isotherme Expansion von 3 nach 4:
   Volumenänderungsarbeit w_{v3-4} wird als Expansionsarbeit abgegeben. Die äquivalente Wärme q_{3-4} wird zugeführt.
   Die Temperatur T_o bleibt dabei konstant.

d) Isentrope Expansion von 4 nach 1:
   Volumenänderungsarbeit w_{v4-1} wird als Expansionsarbeit abgegeben. Wärme wird weder abgegeben noch zugeführt.
   Die Temperatur nimmt von T_o auf T_u ab ($T_u < T_o$).

Das Verhältnis des hierbei erzielten Arbeitsgewinns w ($\triangleq q = q_{3-4} - q_{1-2}$) zur zugeführten Wärme q_{3-4} ist der *maximal erzielbare thermische Wirkungsgrad* $\eta_{\text{th max}}$. Er ist nur von den Grenztemperaturen T_o und T_u abhängig und ergibt sich aus

$$\eta_{\text{th max}} = \frac{w}{q_{3-4}} = \frac{T_o - T_u}{T_o} = 1 - \frac{T_u}{T_o} \qquad \text{(III.66)}$$

Der thermische Wirkungsgrad des Carnot-Prozesses wird auch als Carnotfaktor η_c bezeichnet.

Der Carnot-Prozeß läßt sich technisch nicht verwirklichen. Als Idealprozeß ist er ein Vergleichsablauf zur Bewertung anderer technischer Prozesse.

9. Drosselung

Die Drosselung ist eine Zustandsänderung, bei der der Druck eines Gases bei gleichzeitiger Volumenvergrößerung abnimmt. Es erfolgt weder ein Wärmeaustausch noch eine Verrichtung von Arbeit. Da $p_1 v_1 = p_2 v_2 =$ konst., ist auch die Änderung der Enthalpie gleich Null (Isenthalpe). Bei *idealen* Gasen bleibt die Temperatur während der Drosselung konstant. Der Drosselvorgang ist nicht umkehrbar (irreversibel). Ein Druckabfall durch Drosselung tritt auf, wenn in einem Rohr eine plötzliche Querschnittsverkleinerung vorgesehen wird (Drosselklappe, Drosselventil usw.) und ein strömendes Gas diese Drosselstelle überwinden muß (Bild III.21.).

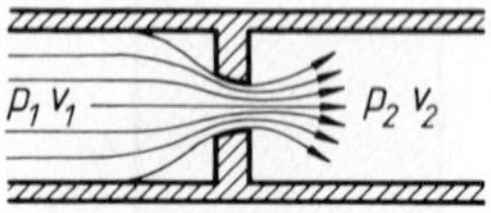

Bild III.21. Drosselstelle in einer Rohrleitung

Bei *realen* Gasen tritt während der Drosselung eine geringe Temperaturabnahme auf. Diese Erscheinung spielt bei der Verflüssigung von Gasen eine wichtige Rolle (Thomson-Joule-Effekt).

10. Gasmischungen

Die thermische Zustandsgleichung ist sinngemäß auch für Gasgemische (Index Mi) gültig. Nach dem Gesetz von Dalton verhält sich jedes Einzelgas mit der Masse m innerhalb der Gasmischung so, als würde es das Volumen V_{Mi} des Gemisches bei der Mischungstemperatur ϑ_{Mi} (T_{Mi}) allein einnehmen. Damit stellt sich für jedes Teilgas ein entsprechender Teildruck p (Partialdruck) ein. Sind n Gase an der Gasmischung beteiligt, so gilt für jedes der Einzelgase:

$$p_1\,V_{\mathrm{Mi}} = m_1\,R_{\mathrm{i}1}\,T_{\mathrm{Mi}}$$
$$p_2\,V_{\mathrm{Mi}} = m_2\,R_{\mathrm{i}2}\,T_{\mathrm{Mi}} \quad \text{usw. bis}$$
$$p_n\,V_{\mathrm{Mi}} = m_n\,R_{\mathrm{i}n}\,T_{\mathrm{Mi}}$$

Der *Gesamtdruck* p_{Mi} des Gasgemisches ist gleich der Summe der Partialdrücke $p_1 p_2 \dots p_n$ der Einzelgase:

$$p_{\mathrm{Mi}} = p_1 + p_2 + \dots p_n \qquad \left|\frac{p}{\frac{\mathrm{N}}{\mathrm{m}^2}}\right| \qquad 1\,\frac{\mathrm{N}}{\mathrm{m}^2} = 1\ \mathrm{Pa} \tag{III.67}$$

Die *Gesamtmasse* m_{Mi} des Gasgemisches ist gleich der Summe der Massen $m_1 m_2 \dots m_n$ der Einzelgase:

$$m_{\mathrm{Mi}} = m_1 + m_2 + \dots m_n \qquad \left|\frac{m}{\mathrm{kg}}\right| \tag{III.68}$$

Das Verhältnis der Masse des Einzelgases (z.B. m_1) zur Gesamtmasse m_{Mi} der Mischung ist der *Massenanteil* μ (z.B. für Gas 1):

$$\mu_1 = \frac{m_1}{m_{\mathrm{Mi}}} \qquad \frac{\mu}{1} \left| \frac{m}{\mathrm{kg}} \right. \tag{III.69}$$

Die Summe aller Massenanteile μ ist gleich 1.

Werden die Teilgase aus der Mischung herausgelöst, und bei der Temperatur ϑ_{Mi} (= Mischungstemperatur) auf den Mischungsdruck p_{Mi} gebracht, so werden die Volumen $V_1\,V_2 \dots V_n$ der Einzelgase kleiner als V_{Mi}. Die Summe dieser Einzelvolumen ergibt das *Gesamtvolumen* des Gasgemisches:

$$V_{Mi} = V_1 + V_2 + \dots V_n \qquad \left|\frac{V}{m^3}\right| \qquad \text{(III.70)}$$

Das Verhältnis des Volumens des Einzelgases (z.B. V_1) zum Gesamtvolumen V_{Mi} der Mischung ist der *Raumanteil* r (z.B. für Gas 1):

$$r_1 = \frac{V_1}{V_{Mi}} \qquad \text{(III.71)}$$

r	V
1	m^3

Die Summe aller Raumanteile r ist gleich 1.

Die *spezielle Gaskonstante* der Gasmischung ergibt sich durch Addition der Zustandsgleichungen der Einzelgase:

Herleitung:

$$\begin{aligned} p_1 V_{Mi} &= m_1 R_{i1} T_{Mi} \\ +p_2 V_{Mi} &= m_2 R_{i2} T_{Mi} \\ +p_n V_{Mi} &= m_n R_{in} T_{Mi} \\ \hline (p_1 + p_2 + \dots p_n) V_{Mi} &= (m_1 R_{i1} + m_2 R_{i2} + \dots m_n R_{in}) T_{Mi} \\ (p_1 + p_2 + \dots p_n) V_{Mi} &= \frac{m_{Mi} (m_1 R_{i1} + m_2 R_{i2} + \dots m_n R_{in}) T_{Mi}}{m_{Mi}} \\ p_{Mi} V_{Mi} &= m_{Mi} \left(\frac{m_1}{m_{Mi}} R_{i1} + \frac{m_2}{m_{Mi}} R_{i2} + \dots \frac{m_n}{m_{Mi}} R_{in} \right) T_{Mi} \\ p_{Mi} V_{Mi} &= m_{Mi} (\mu_1 R_{i1} + \mu_2 R_{i2} + \dots \mu_n R_{in}) T_{Mi} \\ p_{Mi} V_{Mi} &= m_{Mi} R_{iMi} T_{Mi} \end{aligned}$$

$$R_{iMi} = \mu_1 R_{i1} + \mu_2 R_{i2} + \dots \mu_n R_{in} \qquad \text{(III.72)}$$

μ	R_i
1	$\frac{J}{kg\,K}$

Die Partialdrücke $p_1 p_2 \dots p_n$ ergeben sich aus dem Gesamtdruck p_{Mi} der Mischung, wenn die Massenanteile μ oder die Raumanteile r der Einzelgase gegeben sind. *Partialdruck* (z.B. für Gas 1):

$$p_1 = \mu_1 \frac{R_{i1}}{R_{iMi}} p_{Mi} = r_1 p_{Mi} \qquad \text{(III.73)}$$

p	μ	R_i	r
$\frac{N}{m^2}$	1	$\frac{J}{kg\,K}$	1

1 J = 1 Nm = 1 Ws

Weiterhin gelten für die Gasgemische folgende Gleichungen. Für die *spezifische Wärmekapazität* des Gasgemisches:

$$c_{pMi} = \mu_1 c_{p1} + \mu_2 c_{p2} + \dots \mu_n c_{pn} \qquad \text{(III.74)}$$

$$c_{vMi} = \mu_1 c_{v1} + \mu_2 c_{v2} + \dots \mu_n c_{vn} \qquad \text{(III.75)}$$

c	μ
$\frac{J}{kg\,K}$	1

$c_{p1} \dots c_{pn}$ und $c_{v1} \dots c_{vn}$ sind die spezifischen Wärmekapazitäten der Einzelgase.

Die *Dichte* des Gasgemisches wird:

$$\rho_{Mi} = r_1 \rho_1 + r_2 \rho_2 + \dots r_n \rho_n \qquad \text{(III.76)}$$

ρ	r
$\frac{kg}{m^3}$	1

$\rho_1 \dots \rho_n$ sind die Dichten der Einzelgase.

Die *relative Molekülmasse* des Gasgemisches wird:

$$M_{r\,\mathrm{Mi}} = r_1 M_{r1} + r_2 M_{r2} + \dots r_n M_{rn} \qquad \begin{array}{c|c} M & r \\ \hline 1 & 1 \end{array} \qquad \text{(III.77)}$$

$M_{r1} \dots M_{rn}$ sind die relativen Molekülmassen der Einzelgase.

Temperatur eines Gasgemisches siehe unter Abschnitt I.4.

■ **Beispiel:** Atmosphärische Luft enthält etwa 23,2 Gewichtsprozente Sauerstoff und 76,8 Gewichtsprozente Stickstoff. Dabei sind geringe Mengen Argon, Wasserdampf und Kohlendioxid (zusammen etwa 1 %) vernachlässigt.

Die Luft steht unter einem Druck von 1,013 25 bar und besitzt eine Temperatur von 0 °C.

a) Wie groß sind die Massenanteile μ_1 und μ_2?
b) Wie groß ist die spezielle Gaskonstante $R_{i\,\mathrm{Mi}}$ der Mischung?
c) Wie groß ist die wahre spezifische Wärmekapazität $c_{p\,\mathrm{Mi}}$ der Mischung?
d) Wie groß sind die Partialdrücke p_1 und p_2 der Teilgase?
e) Wie groß sind die Raumanteile r_1 und r_2 der Teilgase und damit die Volumenprozente?
f) Wie groß ist die relative Molekülmasse $M_{r\,\mathrm{Mi}}$ der Mischung?
g) Wie groß ist die Dichte ρ_{Mi} der Mischung?

Lösung: a) μ_1 (Sauerstoff) $= \dfrac{23{,}2}{100} = 0{,}232$ $\qquad \mu_2$ (Stickstoff) $= \dfrac{76{,}8}{100} = 0{,}768$

b) $R_{i\,\mathrm{Mi}} = \mu_1 R_{i1} + \mu_2 R_{i2}$

$$R_{i1} = 260 \frac{\mathrm{J}}{\mathrm{kg\,K}} \quad \text{(für Sauerstoff)}$$

$$R_{i2} = 297 \frac{\mathrm{J}}{\mathrm{kg\,K}} \quad \text{(für Stickstoff)}$$

$$R_{i\,\mathrm{Mi}} = 0{,}232 \cdot 260 \frac{\mathrm{J}}{\mathrm{kg\,K}} + 0{,}768 \cdot 297 \frac{\mathrm{J}}{\mathrm{kg\,K}} = 288 \frac{\mathrm{J}}{\mathrm{kg\,K}}$$

c) $c_{p\,\mathrm{Mi}} = \mu_1 c_{p1} + \mu_2 c_{p2}$

$$c_{p1} = 913 \frac{\mathrm{J}}{\mathrm{kgK}}$$

$$c_{p2} = 1038 \frac{\mathrm{J}}{\mathrm{kgK}}$$

$$c_{p\,\mathrm{Mi}} = 0{,}232 \cdot 913 \frac{\mathrm{J}}{\mathrm{kgK}} + 0{,}768 \cdot 1038 \frac{\mathrm{J}}{\mathrm{kgK}} = 1009 \frac{\mathrm{J}}{\mathrm{kgK}}$$

d) $p_1 = \mu_1 \dfrac{R_{i1}}{R_{i\,\mathrm{Mi}}} p_{\mathrm{Mi}}\,; \quad p_{\mathrm{Mi}} = 1{,}013 \cdot 10^5 \dfrac{\mathrm{N}}{\mathrm{m}^2}$

$$p_1 = 0{,}232 \frac{260 \frac{\mathrm{J}}{\mathrm{kg\,K}}}{288 \frac{\mathrm{J}}{\mathrm{kg\,K}}} 1{,}013 \cdot 10^5 \frac{\mathrm{N}}{\mathrm{m}^2} = 0{,}212 \cdot 10^5 \frac{\mathrm{N}}{\mathrm{m}^2} = 0{,}212 \cdot 10^5\ \mathrm{Pa} = 0{,}212\ \mathrm{bar}$$

$$p_2 = \mu_2 \frac{R_{i2}}{R_{i\,\mathrm{Mi}}} p_{\mathrm{Mi}}$$

$$p_2 = 0{,}768 \frac{297 \frac{\text{J}}{\text{kg K}}}{288 \frac{\text{J}}{\text{kg K}}} \, 1{,}013 \cdot 10^5 \frac{\text{N}}{\text{m}^2} = 0{,}8 \cdot 10^5 \frac{\text{N}}{\text{m}^2} = 0{,}8 \cdot 10^5 \text{ Pa} = 0{,}8 \text{ bar}$$

e) $$r_1 = \frac{p_1}{p_{\text{Mi}}} = \frac{0{,}212 \cdot 10^5 \frac{\text{N}}{\text{m}^2}}{1{,}013 \cdot 10^5 \frac{\text{N}}{\text{m}^2}} = 0{,}21 \text{ (21 Volumenprozente Sauerstoff)}$$

$$r_2 = \frac{p_2}{p_{\text{Mi}}} = \frac{0{,}8 \cdot 10^5 \frac{\text{N}}{\text{m}^2}}{1{,}013 \cdot 10^5 \frac{\text{N}}{\text{m}^2}} = 0{,}79 \text{ (79 Volumenprozente Stickstoff)}$$

f) $M_{r\text{Mi}} = r_1 M_{r1} + r_2 M_{r2}$; $M_{r1} = 32$, für Sauerstoff (O_2)
$M_{r2} = 28$, für Stickstoff (N_2)

$M_{r\text{Mi}} = 0{,}21 \cdot 32 + 0{,}79 \cdot 28$
$M_{r\text{Mi}} = 28{,}8$

g) $\rho_{\text{Mi}} = r_1 \rho_1 + r_2 \rho_2$
$\rho_1 = 1{,}429 \text{ kg/m}^3$, für Sauerstoff bei 0°C und 1,01325 bar
$\rho_2 = 1{,}251 \text{ kg/m}^3$, für Stickstoff bei 0°C und 1,01325 bar
$\rho_{\text{Mi}} = 0{,}21 \cdot 1{,}429 \text{ kg/m}^3 + 0{,}79 \cdot 1{,}251 \text{ kg/m}^3$
$\rho_{\text{Mi}} = 1{,}288 \text{ kg/m}^3$

IV. Wärmeübertragung

1. Allgemeines

Nach dem Zweiten Hauptsatz kann Energie in Form von Wärme nur dann von einem kälteren auf einen wärmeren Stoffbereich übergehen, wenn dieser Vorgang durch mechanische Arbeit erzwungen wird. Eine *selbsttätige Wärmeübertragung* kann nur von einer Zone höherer Temperatur ausgehen und in Richtung auf weniger warme Bereiche ablaufen. Voraussetzung für jede selbsttätige Wärmeübertragung ist also das Vorhandensein eines *Temperaturgefälles*. Der Energieaustausch zwischen Stoffen verschiedener Temperatur ist beendet, wenn sich ein energetischer Gleichgewichtszustand eingestellt hat und nach dem Wärmeaustausch überall die gleiche Temperatur herrscht (Temperaturausgleich).

Energie in Form von Wärme wird durch *Wärmeleitung, Wärmeübergang (Wärmekonvektion) oder Wärmestrahlung* übertragen.

2. Wärmeleitung

Unter *Wärmeleitung* versteht man den Energietransport innerhalb eines Stoffes. Dieser Wärmestrom kommt in der Weise zustande, daß stärker erwärmte Stoffbereiche so lange Energie an benachbarte und nicht so warme Stoffteilchen abgeben, bis sich nach erfolgtem Energieausgleich überall die gleiche Temperatur einstellt.

Das Wärmeleitvermögen der einzelnen Stoffe ist unterschiedlich. Es wird ausgedrückt durch die *Wärmeleitfähigkeit* λ. Die Wärmeleitfähigkeit wird experimentell für die verschiedenen Stoffe ermittelt und ist von der Temperatur abhängig. Bei Gasen zeigt sich außerdem eine Druckabhängigkeit.

Für eine *ebene Wand* (Bild IV.1.) mit der Fläche A und der Dicke s (Leitweglänge) ergibt sich bei einer Temperaturdifferenz $\vartheta_1 - \vartheta_2$ in der Zeit t folgende, durch Wärmeleitung *übertragene Wärme*

$$Q_l = \lambda \frac{A}{s} (\vartheta_1 - \vartheta_2)\, t \qquad \text{(IV.1)}$$

Q_l	λ	A	s	ϑ	t
J	$\frac{\text{W}}{\text{mK}}$	m²	m	°C	s

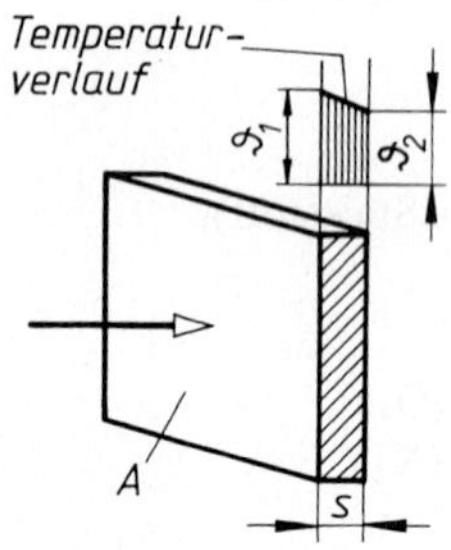

Bild IV.1. Wärmeleitung durch eine ebene Wand

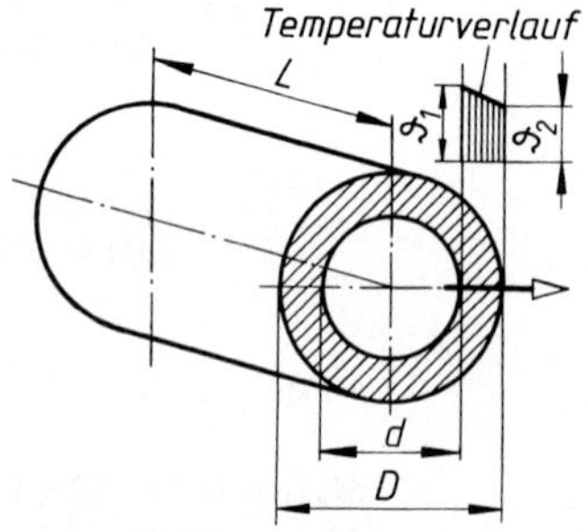

Bild IV.2. Wärmeleitung durch ein dickwandiges Rohr

Bei *dickwandigen Rohren* mit den Durchmessern d und D (Bild IV.2.) und einer Länge L ergibt sich bei einer Temperaturdifferenz $\vartheta_1 - \vartheta_2$ in der Zeit t folgende, durch Wärmeleitung *übertragene Wärme*

$$Q_l = \frac{\lambda\, 2\pi L}{\ln \frac{D}{d}} (\vartheta_1 - \vartheta_2)\, t \qquad \text{(IV.2)}$$

Q_l	λ	L, D, d	ϑ	t
J	$\frac{\text{W}}{\text{mK}}$	m	°C	s

Dünnwandige Rohre können wie ebene Flächen behandelt werden. Als Fläche ist hier die innere Mantelfläche $d\pi L$ in Rechnung zu setzen.

Stoffe mit geringem elektrischen Widerstand, d.h. gutem elektrischen Leitvermögen, sind auch gute Wärmeleiter. Sie erwärmen sich schnell und kühlen ebenso schnell wieder ab. Gute Wärmeleiter sind alle Metalle. Das Wärmeleitvermögen von Glas und porösen Stoffen ist nur gering. Luft und Wasser sind, wie alle Gase und Flüssigkeiten, schlechte Wärmeleiter, wenn eine Zirkulationsbewegung innerhalb des Stoffes verhindert wird. Der beste Wärmeisolator ist das Vakuum.

■ **Beispiel:** Welche Wärme wird in 1 Minute durch eine Aluminiumplatte hindurchgeleitet, wenn die Plattenfläche $A = 3\ \text{m}^2$ und die Materialdicke $s = 12$ mm beträgt? Der Temperaturunterschied zwischen den beiden Plattenflächen ist 350 °C = 350 K.

Lösung: $\lambda = 209\ \frac{\text{W}}{\text{mK}}$

$$Q_l = \lambda \frac{A}{s} (\vartheta_1 - \vartheta_2)\, t = 209\ \frac{\text{W}}{\text{mK}} \cdot \frac{3\ \text{m}^2}{0{,}012\ \text{m}} \cdot 350\ \text{K} \cdot 60\ \text{s} = 1{,}1 \cdot 10^9\ \text{J}$$

Tafel IV.1. Wärmeleitfähigkeit λ für feste, flüssige und gasförmige Stoffe bei 20 °C

	$\frac{W}{mK}$	$\frac{J}{hmK}$
Aluminium	209,3	753 624
Beton	1,28	4 605
Erde (trocken)	0,349	1 256
Erde (feucht)	0,465 ... 0,698	1 675 ... 2 512
Glas	1,16	4 176
Glaswolle	0,035 ... 0,046	126 ... 167
Gußeisen	40,71 ... 63,97	146 538 ... 230 274
Holz (quer zur Faser)	0,093 ... 0,163	335 ... 586
Holz (längs zur Faser)	0,349	1 256
Kesselstein	0,465 ... 2,33	1 675 ... 8 374
Kupfer	407,1	1 465 380
Luft	0,026	92
Mauerwerk	0,698 ... 0,872	2 512 ... 3 140
Messing	93,0	334 800
Öle	0,128 ... 0,174	461 ... 628
Papier	0,139	502
Porzellan	0,930 ... 1,05	3 349 ... 3 768
Quecksilber	9,30	33 480
Silber	418,7	1 507 248
Stahl (0,1 % C)	53,50	192 593
Stahl (0,6 % C)	41,87	150 725
V2A-Stahl	15,12	54 428
Wasser	0,581	2 093
Zink	112,8	406 120
Zinn	66,29	238 648

Beispiel: Wie groß ist die Wärme, die stündlich durch jedes Quadratmeter einer 38 cm dicken, unverputzten Außenwand aus Ziegelsteinen hindurchgeleitet wird, wenn die Temperatur auf der Innenfläche der Wand 22 °C und auf der Außenfläche −20 °C beträgt (Wärmeleitfähigkeit $\lambda = 0{,}872$ W/mK)?

Lösung: $Q_l = \lambda \frac{A}{s} (\vartheta_1 - \vartheta_2)\, t \qquad \vartheta_1 - \vartheta_2 = 22\ °C - (-20\ °C) = 42\ °C = 42\ K$

$$Q_l = 0{,}872 \frac{W}{mK} \cdot \frac{1\ m^2}{0{,}38\ m} \cdot 42\ K \cdot 3600\ s = 0{,}347 \cdot 10^6\ J.$$

3. Wärmeübergang (Wärmekonvektion)

Unter *Wärmeübergang* versteht man den Energietransport zwischen verschiedenen Stoffen mit unterschiedlicher Temperatur. Die Energieübertragung findet in der Berührungszone der beiden Stoffe statt und setzt ein Temperaturgefälle voraus. Nach erfolgtem Wärmeaustausch besitzen beide Stoffe in der Berührungszone die gleiche Temperatur ϑ (Bilder IV.3. und IV.4.).

Bei Flüssigkeiten oder Gasen (Fluide) wird die Energieübertragung durch Strömungsvorgänge unterstützt. Werden z. B. Flüssigkeits- oder Gasteilchen an der heißen Außenfläche eines festen Körpers erwärmt, so dehnen sie sich aus und erfahren einen Auftrieb (Bild IV.4.). Auf der Gas- oder Flüssigkeitsseite setzt im Bereich der heißen Wand eine Auftriebsströmung ein, bei der die durch Wärmeleitung übertragene Energie mitgeführt wird (Mitführung = *Konvektion*). Durch diesen Strömungsvorgang werden immer wieder neue Flüssigkeits- oder Gasteilchen mit der mittleren Temperatur ϑ_m an die heiße (ϑ) Außenfläche des festen Körpers herangeführt und damit das Temperaturgefälle

$\Delta\vartheta$ an der Übergangsfläche dauernd wirksam. Wird die Zirkulation und Konvektion durch geeignete Maßnahmen verhindert, so wirken Flüssigkeiten und Gase wegen ihres geringen Wärmeleitvermögens als Wärmeisolatoren. Der Wärmeübergang kann verstärkt werden, wenn man die Strömungsbewegung durch ein Druckgefälle erzwingt.

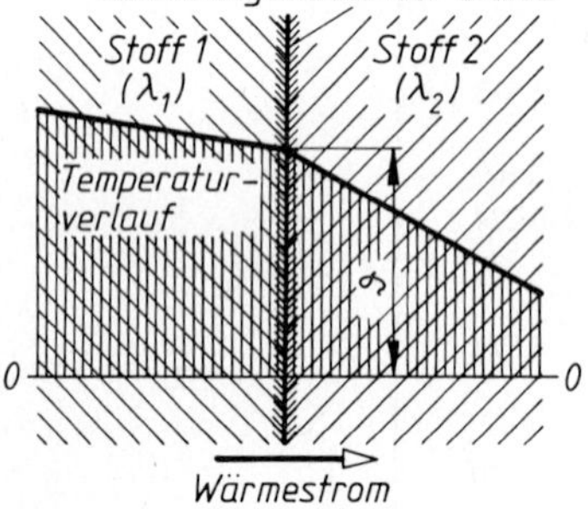

Bild IV.3. Wärmeübergang zwischen zwei festen Stoffen

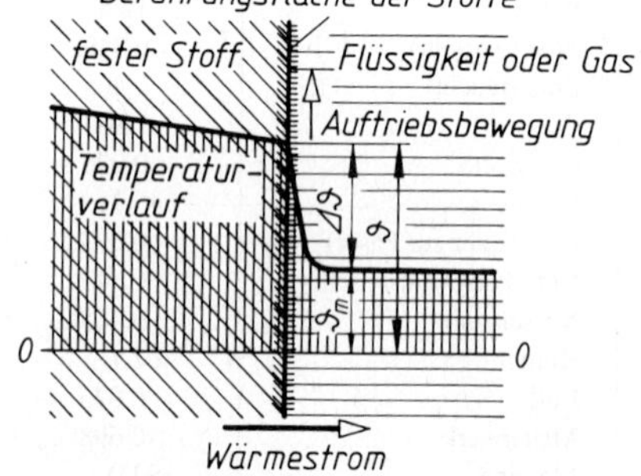

Bild IV.4. Wärmeübergang von einem festen Stoff auf eine Flüssigkeit oder ein Gas

Beträgt die Temperatur an der Außenwand eines festen Körpers ϑ Grad und ist ϑ_m die mittlere Temperatur des Gases oder der Flüssigkeit, so ergibt sich bei einer Berührungsfläche A in der Zeit t folgende *übergehende Wärme*

$$Q_{ü} = \alpha A(\vartheta - \vartheta_m)\,t \qquad \text{(IV.3)}$$

$Q_{ü}$	α	A	ϑ	t
J	$\frac{W}{m^2 K}$	m^2	°C	s

In dieser Gleichung ist α der *Wärmeübergangskoeffizient.*

Der Wärmeübergangskoeffizient faßt eine Reihe von Einflüssen zusammen, die von der Wärmeleitung und von der Wärmekonvektion her den Wärmeübergang beeinflussen. Hierbei wirken sich neben der Temperaturdifferenz insbesondere die Strömungsgeschwindigkeit und die Art der Strömung (laminar oder turbulent) aus. Auch die Lage der Übergangsfläche zur Strömungsrichtung der Flüssigkeit oder des Gases ist von Einfluß.

Die Bestimmung des Wärmeübergangskoeffizienten α erfolgt entweder durch Rechnung mit Hilfe empirischer Formeln, oder unter Verwendung ausführlicher Tabellen, in denen die versuchsmäßig ermittelten Einflußgrößen zusammengetragen sind. Beispielsweise gelten für den Wärmeübergang zwischen einer Metallwand und Luft oder Wasser für α die Mittelwerte in Tafel IV.2.

Tafel IV.2. Wärmeübergangskoeffizienten α (mittlere Werte) zwischen einer Metallwand und Luft bzw. Wasser

	$\frac{W}{m^2 K}$	$\frac{J}{h\,m^2 K}$
Ruhende Luft	5,82 … 9,30	20 934 … 33 494
Bewegte Luft mit Strömungsgeschwindigkeit		
10 m/s	46,52 … 69,78	167 472 … 251 208
20 m/s	93,04 … 116,3	334 944 … 418 680
40 m/s	157,0 … 191,9	565 218 … 690 822
50 m/s	174,5 … 209,3	628 200 … 753 624
Ruhendes Wasser	581,5	2 093 400
Bewegtes Wasser mit Strömungsgeschwindigkeit		
bis zu 1 m/s	1 744,5 … 3 721,6	6 280 200 … 13 397 760

4. Wärmedurchgang

Sind Flüssigkeiten oder Gase von unterschiedlicher Temperatur durch eine feste Wand voneinander getrennt, so findet eine Energieübertragung statt, die sich aus Wärmeleitung und Wärmeübergang zusammensetzt. Diese kombinierte Form der Wärmeübertragung wird als *Wärmedurchgang* bezeichnet.

Betragen die mittleren Temperaturen der Flüssigkeiten oder Gase zu beiden Seiten der Trennwand ϑ_1 und ϑ_2, so ergibt sich bei einer ebenen Wandfläche A in der Zeit t folgende *durchgehende Wärme*

$$Q_d = kA(\vartheta_1 - \vartheta_2)\,t \qquad \text{(IV.4)}$$

Q_d	k	A	ϑ	t
J	$\frac{W}{m^2 K}$	m^2	°C	s

In dieser Gleichung ist k der *Wärmedurchgangskoeffizient* (kurz: k-Wert).

Der Wärmedurchgangskoeffizient k wird aus den Wärmeübergangskoeffizienten α und der Wärmeleitfähigkeit λ des festen Stoffes berechnet.

Für eine *einschichtige, ebene Wand* (Bild IV.5.) gilt:

Herleitung:

Übergehende Wärme von Stoff 1 auf Wand

$$Q_{1-W} = \alpha_1 A(\vartheta_1 - \vartheta_{W1})\,t$$

durchgeleitete Wärme durch Wand

$$Q_W = \lambda \frac{A}{s}(\vartheta_{W1} - \vartheta_{W2})\,t$$

übergehende Wärme von Wand auf Stoff 2

$$Q_{W-2} = \alpha_2 A(\vartheta_{W2} - \vartheta_2)\,t$$

Die Wärmemengen sind untereinander gleich

$(Q_{1-W} = Q_W = Q_{W-2} = Q_d)$.

$$\vartheta_1 - \vartheta_{W1} = \frac{Q_d}{\alpha_1 At} \qquad \vartheta_{W1} - \vartheta_{W2} = \frac{Q_d s}{\lambda At}$$

$$\vartheta_{W2} - \vartheta_2 = \frac{Q_d}{\alpha_2 At}$$

$$\Sigma\Delta\vartheta = \vartheta_1 - \vartheta_{W1} + \vartheta_{W1} - \vartheta_{W2} + \vartheta_{W2} - \vartheta_2 = \vartheta_1 - \vartheta_2$$

$$\Sigma\Delta\vartheta = \vartheta_1 - \vartheta_2 = \frac{Q_d}{At}\left(\frac{1}{\alpha_1} + \frac{s}{\lambda} + \frac{1}{\alpha_2}\right)$$

$$\vartheta_1 - \vartheta_2 = \frac{Q_d}{At\dfrac{1}{\dfrac{1}{\alpha_1} + \dfrac{s}{\lambda} + \dfrac{1}{\alpha_2}}} = \frac{Q_d}{Atk}$$

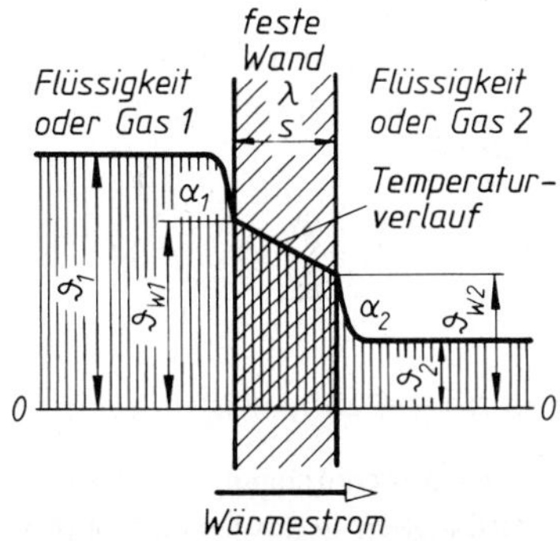

Bild IV.5. Wärmedurchgang durch eine einschichtige, ebene Wand

Aus dieser Herleitung folgt der Wärmedurchgangskoeffizient für eine einschichtige, ebene Wand

$$k = \frac{1}{\dfrac{1}{\alpha_1} + \dfrac{s}{\lambda} + \dfrac{1}{\alpha_2}} \qquad \text{(IV.5)}$$

k, α	λ	s
$\frac{W}{m^2 K}$	$\frac{W}{mK}$	m

Setzt sich die ebene Wand aus mehreren Schichten mit unterschiedlichem Wärmeleitvermögen zusammen, so kann die Berechnungsgleichung für k entsprechend erweitert werden. Wird die Trennwand aus zwei Schichten gebildet (Bild IV.6.), so folgt der Wärmedurchgangskoeffizient für eine zweischichtige, ebene Wand

$$k = \frac{1}{\dfrac{1}{\alpha_1} + \dfrac{s_1}{\lambda_1} + \dfrac{s_2}{\lambda_2} + \dfrac{1}{\alpha_2}} \qquad \text{(IV.6)}$$

k, α	λ	s
$\frac{W}{m^2 K}$	$\frac{W}{mK}$	m

Diese Gleichung kann durch Hinzufügen weiterer Glieder s/λ (im Nenner) auf eine beliebige Schichtanzahl erweitert werden.

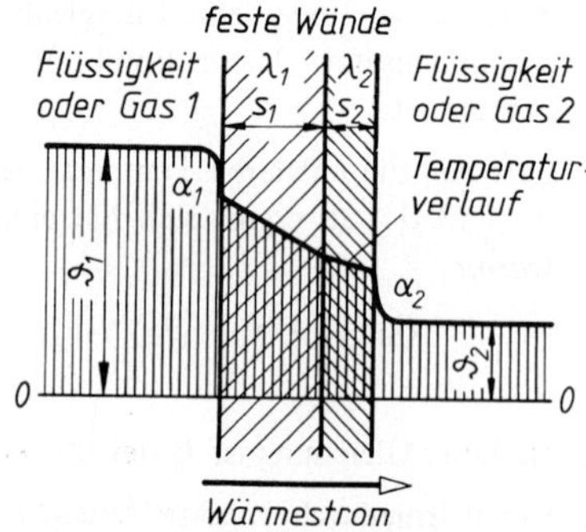

Bild IV.6. Wärmedurchgang durch eine zweischichtige, ebene Wand

Betragen die mittleren Temperaturen der Flüssigkeiten oder Gase auf der Innen- oder Außenseite eines *Rohres* ϑ_i und ϑ_a, so ergibt sich bei einer Rohrlänge L in der Zeit t folgende *durchgehende Wärme*

$$Q_d = k L (\vartheta_i - \vartheta_a) t \qquad \text{(IV.7)}$$

Q_d	k	L	ϑ	t
J	$\frac{W}{mK}$	m	°C	s

In dieser Gleichung ist k der auf 1 m Rohrlänge bezogene Wärmedurchgangskoeffizient.

Der Wärmedurchgangskoeffizient k wird aus den Wärmeübergangskoeffizienten α und der Wärmeleitfähigkeit λ des festen Rohrwerkstoffes berechnet.

Für ein *einschichtiges Rohr* (Bild IV.7.) gilt:

Herleitung:

Übergehende Wärme von Stoff 1 (innen) auf Rohrwand

$$Q_{1-R} = \alpha_i A (\vartheta_i - \vartheta_{Ri}) t$$
$$Q_{1-R} = \alpha_i d \pi L (\vartheta_i - \vartheta_{Ri}) t$$

durchgeleitete Wärme durch Rohrwand

$$Q_R = \frac{\lambda 2 \pi L}{\ln \dfrac{D}{d}} (\vartheta_{Ri} - \vartheta_{Ra}) t$$

übergehende Wärme von Rohrwand auf Stoff 2 (außen)

$$Q_{R-2} = \alpha_a A (\vartheta_{Ra} - \vartheta_a) t$$
$$Q_{R-2} = \alpha_a D \pi L (\vartheta_{Ra} - \vartheta_a) t$$

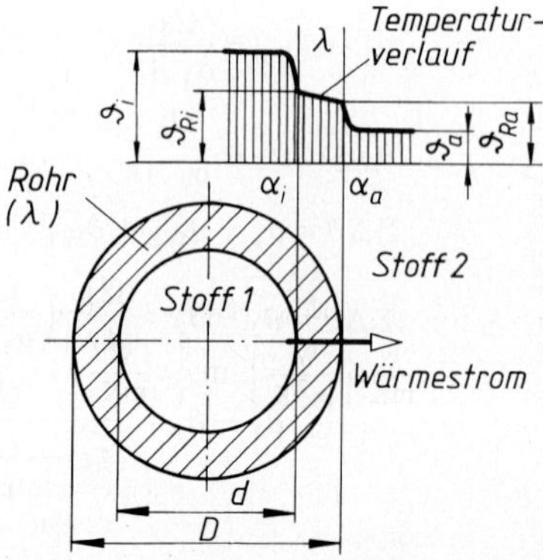

Bild IV.7. Wärmedurchgang durch ein einschichtiges Rohr

Die Wärmemengen sind untereinander gleich

$$(Q_{1-\mathrm{R}} = Q_\mathrm{R} = Q_{\mathrm{R}-2} = Q_\mathrm{d})$$

$$\vartheta_\mathrm{i} - \vartheta_\mathrm{Ri} = \frac{Q_\mathrm{d}}{\alpha_\mathrm{i}\, d\, \pi\, L\, t}$$

$$\vartheta_\mathrm{Ri} - \vartheta_\mathrm{Ra} = \frac{Q_\mathrm{d} \ln \frac{D}{d}}{\lambda\, 2\pi\, L\, t}$$

$$\vartheta_\mathrm{Ra} - \vartheta_\mathrm{a} = \frac{Q_\mathrm{d}}{\alpha_\mathrm{a}\, D\, \pi\, L\, t}$$

$$\Sigma \Delta\vartheta = \vartheta_\mathrm{i} - \vartheta_\mathrm{Ri} + \vartheta_\mathrm{Ri} - \vartheta_\mathrm{Ra} + \vartheta_\mathrm{Ra} - \vartheta_\mathrm{a} = \vartheta_\mathrm{i} - \vartheta_\mathrm{a}$$

$$\Sigma \Delta\vartheta = \vartheta_\mathrm{i} - \vartheta_\mathrm{a} = \frac{Q_\mathrm{d}}{\pi L t}\left(\frac{1}{\alpha_\mathrm{i} d} + \frac{1}{2\lambda}\ln\frac{D}{d} + \frac{1}{\alpha_\mathrm{a} D}\right)$$

$$\vartheta_\mathrm{i} - \vartheta_\mathrm{a} = \frac{Q_\mathrm{d}}{L t \dfrac{\pi}{\dfrac{1}{\alpha_\mathrm{i} d} + \dfrac{1}{2\lambda}\ln\dfrac{D}{d} + \dfrac{1}{\alpha_\mathrm{a} D}}} = \frac{Q_\mathrm{d}}{L t k}$$

Aus dieser Herleitung folgt für den Wärmedurchgangskoeffizienten für ein einschichtiges Rohr

$$k = \frac{\pi}{\dfrac{1}{\alpha_\mathrm{i} d} + \dfrac{1}{2\lambda}\ln\dfrac{D}{d} + \dfrac{1}{\alpha_\mathrm{a} D}} \qquad \text{(IV.8)}$$

k	α	D, d	λ
$\frac{\mathrm{W}}{\mathrm{mK}}$	$\frac{\mathrm{W}}{\mathrm{m^2 K}}$	m	$\frac{\mathrm{W}}{\mathrm{mK}}$

Setzt sich das Rohr aus mehreren Schichten mit unterschiedlichem Wärmeleitvermögen zusammen, so kann die Berechnungsformel für k entsprechend erweitert werden. Wird das Rohr aus zwei Schichten gebildet (Bild IV.8.), so folgt für den Wärmedurchgangskoeffizienten für ein zweischichtiges Rohr

$$k = \frac{\pi}{\dfrac{1}{\alpha_\mathrm{i} d_\mathrm{i}} + \dfrac{1}{2\lambda_1}\ln\dfrac{d}{d_\mathrm{i}} + \dfrac{1}{2\lambda_2}\ln\dfrac{d_\mathrm{a}}{d} + \dfrac{1}{\alpha_\mathrm{a} d_\mathrm{a}}} \qquad \text{(IV.9)}$$

k	α	d	λ
$\frac{\mathrm{W}}{\mathrm{mK}}$	$\frac{\mathrm{W}}{\mathrm{m^2 K}}$	m	$\frac{\mathrm{W}}{\mathrm{mK}}$

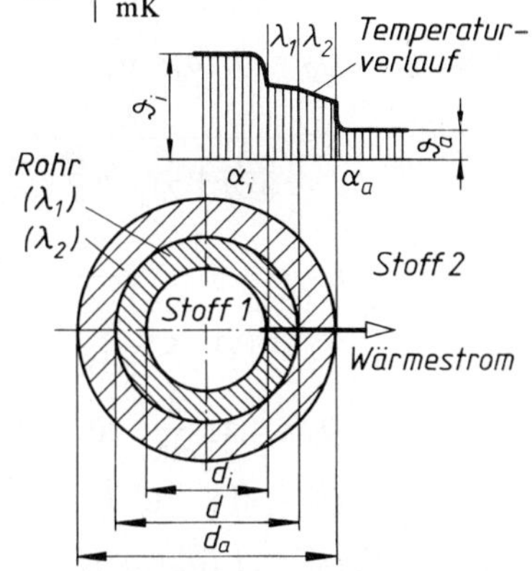

Bild IV.8. Wärmedurchgang durch ein zweischichtiges Rohr

Beispiel: Ein Büroraum besitzt ein Fenster von 3 m² Glasfläche. Die Lufttemperatur im Innern des Raumes beträgt $\vartheta_1 = 22\ ^\circ\mathrm{C}$. Temperatur der Außenluft $\vartheta_2 = -10\ ^\circ\mathrm{C}$.
Welche Wärme tritt in jeder Stunde durch dieses Fenster hindurch, wenn der Wärmedurchgangskoeffizient $k = 5{,}81\ \mathrm{W/m^2\,K}$ beträgt?

Lösung: $Q_\mathrm{d} = kA(\vartheta_1 - \vartheta_2)\,t \qquad \vartheta_1 - \vartheta_2 = 22\ ^\circ\mathrm{C} - (-10\ ^\circ\mathrm{C}) = 32\ ^\circ\mathrm{C} = 32\ \mathrm{K}$

$$Q_\mathrm{d} = 5{,}81\ \frac{\mathrm{W}}{\mathrm{m^2\,K}} \cdot 3\ \mathrm{m^2} \cdot 32\ \mathrm{K} \cdot 3600\ \mathrm{s}$$

$$Q_\mathrm{d} = 2\,008\,000\ \mathrm{J} = 2008\ \mathrm{kJ}$$

■ **Beispiel:** Wie groß ist der Wärmedurchgangskoeffizient für eine 38 cm dicke Ziegelstein-Außenwand ($\lambda_2 = 0{,}872$ W/mK), die innen und außen mit einer Putzschicht von je 1,5 cm Dicke versehen ist (Innenputz $\lambda_1 = 0{,}697$ W/mK; Außenputz $\lambda_3 = 0{,}872$ W/mK).

Wärmeübergang innen $\alpha_1 = 8{,}14\ \text{W/m}^2\text{K}$

Wärmeübergang außen $\alpha_2 = 23{,}2\ \text{W/m}^2\text{K}$

Lösung: $k = \dfrac{1}{\dfrac{1}{\alpha_1} + \dfrac{s_1}{\lambda_1} + \dfrac{s_2}{\lambda_2} + \dfrac{s_3}{\lambda_3} + \dfrac{1}{\alpha_2}}$

$$k = \frac{1}{\dfrac{1}{8{,}14\,\dfrac{\text{W}}{\text{m}^2\text{K}}} + \dfrac{0{,}015\ \text{m}}{0{,}697\,\dfrac{\text{W}}{\text{mK}}} + \dfrac{0{,}38\ \text{m}}{0{,}872\,\dfrac{\text{W}}{\text{mK}}} + \dfrac{0{,}015\ \text{m}}{0{,}872\,\dfrac{\text{W}}{\text{mK}}} + \dfrac{1}{23{,}2\,\dfrac{\text{W}}{\text{m}^2\text{K}}}} = 1{,}56\,\frac{\text{W}}{\text{m}^2\text{K}}$$

■ **Beispiel:** Durch ein 20 m langes Stahlrohr von $d = 100$ mm Innendurchmesser und 5 mm Wanddicke strömt Dampf mit einer mittleren Temperatur von $\vartheta_i = 180\ ^\circ\text{C}$.
Die mittlere Temperatur der umgebenden Luft beträgt $\vartheta_a = 20\ ^\circ\text{C}$.

a) Welche Wärme tritt in 1 Stunde von innen durch die Rohrwand hindurch nach außen?

$\alpha_i = 1{,}163 \cdot 10^4\ \text{W/m}^2\text{K}$

$\lambda_1 = 48{,}9\ \text{W/mK}$

$\alpha_a = 12{,}8\ \text{W/m}^2\text{K}$

b) Welche hindurchtretende Wärme ergibt sich, wenn das Rohr außen durch eine 50 mm dicke Kieselgurschicht ($\lambda_2 = 0{,}1$ W/mK) isoliert ist?

$\alpha_a = 10{,}48\ \text{W/m}^2\text{K}$

Lösung: a) $Q_d = kL\,(\vartheta_i - \vartheta_a)\,t$

$$k = \frac{\pi}{\dfrac{1}{\alpha_i d} + \dfrac{1}{2\lambda_1}\ln\dfrac{D}{d} + \dfrac{1}{\alpha_a D}}$$

$$k = \frac{3{,}14}{\dfrac{1}{1{,}163\cdot 10^4\,\dfrac{\text{W}}{\text{m}^2\text{K}}\cdot 0{,}1\ \text{m}} + \dfrac{1}{2\cdot 48{,}9\,\dfrac{\text{W}}{\text{mK}}}\cdot \ln\dfrac{0{,}11\ \text{m}}{0{,}1\ \text{m}} + \dfrac{1}{12{,}8\,\dfrac{\text{W}}{\text{m}^2\text{K}}\cdot 0{,}11\ \text{m}}} = 4{,}41\,\frac{\text{W}}{\text{mK}}$$

$$Q_d = 4{,}41\,\frac{\text{W}}{\text{mK}}\cdot 20\ \text{m}\cdot 160\ \text{K}\cdot 3600\ \text{s}$$

$$Q_d = 50{,}8\cdot 10^6\ \text{J}$$

b) $Q_d = kL\,(\vartheta_i - \vartheta_a)\,t$

$$k = \frac{\pi}{\dfrac{1}{\alpha_i d} + \dfrac{1}{2\lambda_1}\ln\dfrac{d}{d_i} + \dfrac{1}{2\lambda_2}\ln\dfrac{d_a}{d} + \dfrac{1}{\alpha_a d_a}}$$

$$k = \frac{3{,}14}{\dfrac{1}{1{,}163\cdot 10^4\,\dfrac{\text{W}}{\text{m}^2\text{K}}\cdot 0{,}1\ \text{m}} + \dfrac{1}{2\cdot 48{,}9\,\dfrac{\text{W}}{\text{mK}}}\cdot \ln\dfrac{0{,}11}{0{,}1} + \dfrac{1}{2\cdot 0{,}1\,\dfrac{\text{W}}{\text{mK}}}\cdot \ln\dfrac{0{,}21}{0{,}11} + \dfrac{1}{10{,}48\,\dfrac{\text{W}}{\text{m}^2\text{K}}\cdot 0{,}21\ \text{m}}}$$

$$k = 0{,}852\,\frac{\text{W}}{\text{mK}}$$

$$Q_d = 0{,}852\,\frac{\text{W}}{\text{mK}}\cdot 20\ \text{m}\cdot 160\ \text{K}\cdot 3600\ \text{s} = 9{,}82\cdot 10^6\ \text{J}$$

5. Wärmestrahlung

Zwischen Körpern verschiedener Temperatur wird Wärme nicht nur durch Wärmeleitung oder Wärmekonvektion, sondern stets auch gleichzeitig durch *Wärmestrahlung* übertragen. Überall dort, wo Vorgänge der Wärmeübertragung ablaufen, wird die Bewegungsenergie der Stoffteilchen zum Teil auch in Strahlungsenergie umgewandelt und abgestrahlt. Der Anteil der Strahlungsärme an der gesamten Energieübertragung ist bei niedrigen Temperaturen gering.

Die *Wärmestrahlen* gehören zu den elektromagnetischen Wellen und liegen nur bei hohen Temperaturen im sichtbaren Frequenzbereich. Ausbreitung, Reflexion und Brechung erfolgen nach den für Lichtstrahlen geltenden Gesetzmäßigkeiten.

Die auf einen bestrahlten Körper auftreffende Strahlungsenergie kann absorbiert, reflektiert oder hindurchgelassen werden. Der absorbierte Teil der Strahlungsenergie wird wieder in Bewegungsenergie der Teilchen umgewandelt und erwärmt den angestrahlten Körper, der damit in verstärktem Maße zu einer Quelle eigener Ausstrahlung *(Emission)* wird.

Ein Körper, der die gesamte auftreffende Strahlungsenergie absorbiert, wird *absolut schwarzer Körper* genannt. Absorption und Emission sind hier am größten.

Die von einem absolut schwarzen Körper mit der Fläche A in der Zeit t ausgestrahlte Wärme Q_s ist von der Körpertemperatur T abhängig und ergibt sich aus dem *Gesetz von Stefan und Boltzmann*:

$$Q_s = \sigma A T^4 t \qquad \text{(IV.10)}$$

Q	σ	A	T	t	ϵ
J	$\frac{\text{W}}{\text{m}^2\,\text{K}^4}$	m^2	K	s	1

In dieser Formel ist σ die *Stefan-Boltzmann-Konstante*. Sie beträgt $5{,}67 \cdot 10^{-8}\ \text{W m}^{-2}\,\text{K}^{-4}$.

Den absolut schwarzen Körper gibt es in Wirklichkeit nicht. Die Wärme Q_s wird nur durch *Hohlraumstrahlung* annähernd erreicht. Das Ausstrahlungsvermögen wirklicher Körper ist geringer und wird durch den *Emissionsgrad* ϵ ausgedrückt. Damit ergibt sich die *abgestrahlte Wärme eines wirklichen Körpers*

$$Q = \epsilon Q_s \qquad \text{(IV.11)}$$

Der Emissionsgrad (< 1) ist von der Stoffart und der Temperatur des strahlenden Körpers, sowie von seiner Oberflächenbeschaffenheit abhängig. Er wird bei Metallen mit zunehmender Temperatur größer und ist bei nichtmetallischen Stoffen im allgemeinen etwas kleiner.

Das Strahlungsvermögen und das Absorptionsvermögen wirklicher Körper stehen zu den Werten des absolut schwarzen Körpers im gleichen Verhältnis (Kirchhoffsches Gesetz). Der Emissions-

Tabelle IV.3. Emissionsgrad ϵ

	ϵ		ϵ
Absolut schwarzer Körper	1	Öle	0,82
Aluminium (unbehandelt)	0,07...0,09	Porzellan (glasiert)	0,92
Aluminium (poliert)	0,04	Stahl (poliert)	0,28
Glas	0,93	Stahlblech (verzinkt)	0,23
Gußeisen (ohne Gußhaut)	0,42	Stahlblech (verzinnt)	0,06...0,08
Kupfer (poliert)	0,045	Dachpappe	0,91
Messing (poliert)	0,05		

grad kennzeichnet deshalb nicht nur das Ausstrahlungsvermögen, sondern auch die Absorptionsfähigkeit eines angestrahlten Körpers. Liegt ein Emissionsgrad $\epsilon = 0{,}28$ vor, so werden 28 % der auftreffenden Strahlung absorbiert und 72 % reflektiert.

Wirkliche Körper mit dunklen und matten Oberflächen absorbieren den größten Teil der auftreffenden Strahlungsenergie und sind selbst auch entsprechend strahlungsintensiv. Der Emissionsgrad ϵ ist hier also relativ groß. Körper mit hellen und glatten Oberflächen zeigen nur ein geringes Absorptions- und Emissionsvermögen.

Findet zwischen zwei sich gegenüberstehenden Körpern 1 und 2 mit den Temperaturen T_1 und $T_2\,(<T_1)$ ein Energieaustausch durch Wärmestrahlung statt, so ergibt sich für zwei parallel gegenüberliegende ebene Flächen gleicher Größe A in der Zeit t in Richtung des Temperaturgefälles folgende durch Wärmestrahlung *ausgetauschte Wärme* $Q_{1,2}$

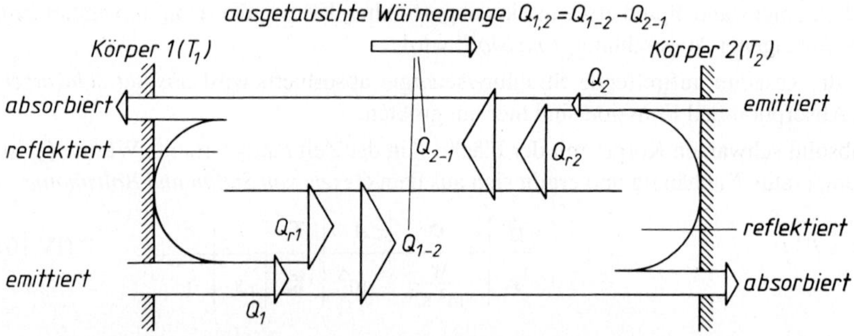

Bild IV.9. Schematische Darstellung der Wärmestrahlung zwischen zwei parallelen ebenen Flächen bei $\epsilon_1 = \epsilon_2 = 0{,}28$ und $T_1 > T_2$

Herleitung: Gesamtstrahlung von Körper 1 nach Körper 2

$$Q_{1-2} = Q_1 + Q_{r1} = Q_1 + (1-\epsilon_1)\,Q_{2-1}$$

$$Q_{1-2} = Q_1 + (1-\epsilon_1)\,[Q_2 + (1-\epsilon_2)\,Q_{1-2}]$$

Auflösung nach Q_{1-2} ergibt

$$Q_{1-2} = \frac{Q_1 + (1-\epsilon_1)\,Q_2}{\epsilon_1 + \epsilon_2 - \epsilon_1\epsilon_2}$$

Gesamtstrahlung von Körper 2 nach Körper 1

$$Q_{2-1} = \frac{Q_2 + (1-\epsilon_2)\,Q_1}{\epsilon_1 + \epsilon_2 - \epsilon_1\epsilon_2}$$

durch Wärmestrahlung ausgetauschte Wärme

$$Q_{1,2} = Q_{1-2} - Q_{2-1} = \frac{\epsilon_2 Q_1 - \epsilon_1 Q_2}{\epsilon_1 + \epsilon_2 - \epsilon_1\epsilon_2}$$

mit $Q_1 = \epsilon_1 Q_{s1}$ und $Q_2 = \epsilon_2 Q_{s2}$ erhält man

$$Q_{1,2} = \frac{\epsilon_2\epsilon_1 Q_{s1} - \epsilon_1\epsilon_2 Q_{s2}}{\epsilon_1 + \epsilon_2 - \epsilon_1\epsilon_2} = \frac{\epsilon_1\epsilon_2(Q_{s1} - Q_{s2})}{\epsilon_1 + \epsilon_2 - \epsilon_1\epsilon_2}$$

$$Q_{1,2} = \frac{\sigma}{\dfrac{1}{\epsilon_1} + \dfrac{1}{\epsilon_2} - 1}\;A\,(T_1^4 - T_2^4)\,t$$

In dieser Gleichung ist der erste Faktor die *Strahlungsaustauschzahl* $C_{1,2}$

$$C_{1,2} = \frac{\sigma}{\frac{1}{\epsilon_1} + \frac{1}{\epsilon_2} - 1} \qquad \text{(IV.12)}$$

damit ergibt sich für die ausgetauschte Wärme

$$Q_{1,2} = C_{1,2}\, A\, (T_1^4 - T_2^4)\, t \qquad \text{(IV.13)}$$

Q	C	A	T	t	ϵ
J	$\frac{\text{W}}{\text{m}^2\,\text{K}^4}$	m^2	K	s	1

■ **Beispiel:** Zwei verzinkte Stahlbleche mit gleichen Flächen von je 2,5 m^2 stehen sich parallel gegenüber. Die Bleche sind unterschiedlich warm. Die Temperatur des heißeren Bleches (1) beträgt 80 °C, die des weniger warmen Bleches (2) 10 °C.

Welche Wärme wird in 30 min zwischen den beiden Blechen durch Wärmestrahlung ausgetauscht?

Lösung: $Q_{1,2} = C_{1,2}\, A\, (T_1^4 - T_2^4)\, t \qquad T_1 = 353\ \text{K}, \quad T_2 = 283\ \text{K}$

$$C_{1,2} = \frac{\sigma}{\frac{1}{\epsilon_1} + \frac{1}{\epsilon_2} - 1} = \frac{5{,}67 \cdot 10^{-8}\ \frac{\text{W}}{\text{m}^2\,\text{K}^4}}{\frac{1}{0{,}23} + \frac{1}{0{,}23} - 1}$$

$$C_{1,2} = 0{,}74 \cdot 10^{-8}\ \frac{\text{W}}{\text{m}^2\,\text{K}^4}$$

$$Q_{1,2} = 0{,}74 \cdot 10^{-8}\ \frac{\text{W}}{\text{m}^2\,\text{K}^4} \cdot 2{,}5\ \text{m}^2 \cdot [353^4 - 283^4]\,\text{K}^4 \cdot 1800\ \text{s}$$

$$Q_{1,2} = 303\,468\ \text{J}$$

Literatur

Baehr, H.D.: Thermodynamik, Springer Verlag Berlin
Cerbe, G./Hoffmann, H.-J.: Einführung in die Thermodynamik, Verlag Carl Hanser München
Dietzel, F.: Technische Wärmelehre, Vogel Verlag Würzburg
Geller, W.: Thermodynamik für Maschinenbauer, Springer Verlag Berlin
Herr, H.: Wärmelehre, Verlag Europa-Lehrmittel Haan
Langeheinecke, K./Jany, P./ Sapper, E.: Thermodynamik für Ingenieure, Verlag Vieweg Braunschweig/Wiesbaden

DIN-Normen

DIN 1304	Formelzeichen, Allgemeine Formelzeichen
DIN 1341	Wärmeübertragung, Begriffe, Kenngrößen
DIN 1345	Thermodynamik, Grundbegriffe

Elektrotechnik

Karl-Heinz Röthke, Gert Böge

Formelzeichen und Einheiten

c	$\frac{J}{kgK}$	spezifische Wärmekapazität
f	$\frac{1}{s} = Hz$	Frequenz
i	A	Momentanwert des Wechselstromes
n	min^{-1}	Drehzahl
p	1	Polpaarzahl
q (oder S)	mm^2	Querschnittsfläche, Querschnitt (Leitungsquerschnitt)
u	V	Momentanwert der Wechselspannung
A	mm^2, cm^2, dm^2, m^2	Flächeninhalt, Oberfläche
B	$T = \frac{Vs}{m^2}$	Flußdichte des magnetischen Feldes, Induktion
C	$F = \frac{As}{V}$, μF, pF	Kapazität eines Kondensators
C	$\frac{g}{Ah}$	spezifische elektrolytische Stoffmenge
D	$\frac{C}{m^2} = \frac{As}{m^2}$	elektrische Flußdichte
E_f	$\frac{V}{m}$	Feldstärke des elektrischen Feldes
E_V	lx	Beleuchtungsstärke
F	$N = \frac{kgm}{s^2}$	Kraft
H	$\frac{A}{m}$	magnetische Feldstärke
I	A	elektrischer Strom
I_V	cd	Lichtstärke
J	$\frac{A}{mm^2}$	elektrische Stromdichte
L	$H = \frac{Vs}{A}$	Induktivität
L_V	$\frac{cd}{m^2}$	Leuchtdichte
N	1	Windungszahl, Anzahl
P	W = VA, kW	elektrische Leistung, Wirkleistung
Q	var = VA, kvar	elektrische Blindleistung
Q, Q_e	C = As, Ah	elektrische Ladung
R	$\Omega = \frac{V}{A}$	elektrischer Widerstand
R_m	$\frac{A}{Vs}$	magnetischer Widerstand

R_ϑ	$\Omega = \frac{V}{A}$	Widerstand bei Betriebstemperatur
S	VA	elektrische Scheinleistung
S	mm^2	Querschnittsfläche, Querschnitt (Leitungsquerschnitt)
U	V	elektrische Spannung
U_g	V	Gegenspannung
U_q	V	Quellenspannung
W_e	Ws, Wh, kWh	elektrische Arbeit
W_m	Nm	mechanische Arbeit
X	$\Omega = \frac{V}{A}$	elektrischer Blindwiderstand
Z	$\Omega = \frac{V}{A}$	elektrischer Scheinwiderstand
α	$\frac{1}{°C} = \frac{1}{K}$	Temperaturkoeffizient des Widerstandes
$\gamma = \frac{1}{\rho}$	$\frac{m}{\Omega mm^2} = \frac{Sm}{mm^2}, \frac{1}{\Omega cm}$	elektrische Leitfähigkeit
ϵ	$\frac{As}{Vm} = \frac{F}{m}$	Permittivität
ϵ_0	$\frac{As}{Vm} = \frac{F}{m}$	elektrische Feldkonstante
ϵ_r	1	Permittivitätszahl
η	1	Wirkungsgrad
η_{La}	$\frac{lm}{W}$	Lichtausbeute
ϑ	°C, K	Temperatur
μ	$\frac{Vs}{Am}$	Permeabilität
μ_0	$\frac{Vs}{Am}$	magnetische Feldkonstante
μ_r	1	Permeabilitätszahl
$\rho = \frac{1}{\gamma}$	$\frac{\Omega mm^2}{m}, \Omega m$	spezifischer elektrischer Widerstand
ρ_m	$\frac{g}{cm^3}, \frac{kg}{dm^3}$	Dichte der Masse
φ	V	elektrisches Potential
φ	rad = 1	Phasenwinkel
ω	$\frac{1}{s}$	Kreisfrequenz
ω	sr = 1	Raumwinkel
Θ	A	elektrische Durchflutung, magnetische Gesamtspannung
Λ	$\frac{Vs}{A} = H$	Kernfaktor der Induktivität
Φ	Wb = Vs	magnetischer Fluß
Φ_V	lm	Lichtstrom
Ψ	C = As	elektrischer Fluß

I. Grundlagen

1. Elektrischer Stromkreis

1.1. Elektrische Ladung

Ursprünglicher Sitz der Elektrizität ist das Atom. Das Wasserstoffatom z.B. besteht aus einem Proton als Kern und einem Elektron, das diesen Kern auf einer bestimmten Bahn umkreist. Das Proton bezeichnet man als elektrisch positiv, das Elektron als negativ geladen. Zwischen beiden befindet sich die „Elektrizität" in Form eines besonderen Raumzustandes, der als elektrisches Feld bezeichnet wird. Normalerweise erscheint ein Stoff nach außen hin elektrisch neutral, weil ebenso viele positive wie negative Ladungen in ihm enthalten sind.

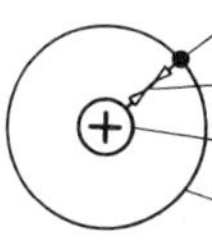

Bild I.1. Elektrische Ladungen im Wasserstoffatom

Kraftwirkungsregel bei elektrischen Ladungen

Ungleichnamige elektrische Ladungen ziehen sich an, gleichnamige stoßen sich ab.

Der elektrische Leiter hat die Eigenschaft, daß in ihm elektrische Ladungen frei verschiebbar sind. Der *metallische* Leiter enthält frei bewegliche Elektronen (Leitungselektronen), die nicht an bestimmte Atome gebunden sind (alle Metalle). Der *Flüssigkeitsleiter* (elektrolytischer –) hat positive und negative Ladungsträger, die in der Flüssigkeit frei verschoben werden können (Säuren, Laugen, Salzlösungen, siehe I.4.2).

Im Nichtleiter dagegen ist jedes Elektron an einen ganz bestimmten Atomkern gebunden und daher nicht ohne Gewalt verschiebbar (*Beispiele:* Porzellan, Glas, Glimmer, Öl usw.).

Halbleiter (z.B. Silizium, Germanium) mit ihren 4 festen Bindungselektronen (Valenzelektronen) leiten weniger gut als Leiter aber besser als Nichtleiter (Isolatoren). Gegenüber den Metallen besitzen Halbleiterkristalle keine freien Ladungsträger (Atombindung). Bei Licht- oder Wärmezuführung zerreißen jedoch diese Bindungen und es bilden sich frei bewegliche Elektronen.

Am ursprünglichen Sitz der Elektronen sind Defektelektronen (Löcher) entstanden, die immer positiv geladen sind. Diese Löcher werden wiederum durch Elektronen geschlossen, wobei wieder Löcher entstehen. Durch diesen Austauschkreislauf entsteht eine sehr kleine Eigenleitung des Kristalls, die von der Temperaturhöhe abhängt. Schon bei Zimmertemperatur ist diese hier unerwünschte Art der Leitfähigkeit vorhanden.

Zur Herstellung von Halbleiterbauelementen braucht man Material, das temperaturunabhängig ist und eine hohe Leitfähigkeit besitzt. Das wird durch Hinzufügen (Dotieren) von Fremdatomen mit entweder 5 Bindungselektronen (z.B. Arsen) oder 3 Bindungselektronen (z.B. Indium) erreicht. Fügt man Siliziumkristallen Arsen zu, wird der regelmäßige Kristallaufbau gestört (Störstellen). Es entsteht ein Überschuss freier Elektronen, das Material ist N- (negativ) leitend. Wird dem Siliziumkristall Indium zugefügt, entsteht ein Löcherüberschuss, das Material ist P- (positiv) leitend. Diese Arten der Leitfähigkeit werden als Störstellenleitung bezeichnet.

Die eigentliche Schaltzone eines Halbleiters ist die Verbundstelle der beiden eng zusammengefügten P- und N-Materialien. Die Löcher im P-Material wandern (diffundieren) in das N-Material, die Elektronen im N-Material wandern in das P-Material (PN-Übergang). Löcher und Elektronen vereinigen sich (rekombinieren) und es entsteht ein Zone ohne frei bewegliche Elektronen, durch die kein Strom fließen kann (Sperrschicht).

In dieser Schicht wird durch die Wanderung der Ladungsträger das P-Material negativ und das N-Material positiv. Die dadurch entstandene Spannung (Diffusionsspannung) verhindert die weitere Ausbreitung der Sperrschicht. Verbindet man nun den positiven Pol einer Spannungsquelle mit dem P-Material und den negativen Pol mit dem N-Material, wird die Sperrschicht abgebaut und es kann Strom fließen. Das Bauelement ist in Durchlassrichtung (Flussrichtung) geschaltet. Bei umgekehrter Polung ist das Bauelement in Sperrrichtung geschaltet. Es fließt kein Strom. Das einfachste Bauelement hierfür ist die Diode, denn sie besitzt nur einen PN-Übergang.

1.2. Elektrische Spannung

Jede Art von Elektrizitätserzeugung beruht auf der Störung des im Atom vorhandenen elektrischen Gleichgewichts. Trennt man ein Elektron von seinem Atomkern, dann entsteht zwischen beiden ein elektrischer Spannungszustand, der bestrebt ist, das Gleichgewicht wiederherzustellen, d.h. das Elektron wieder auf seine Bahn um den Kern zurückzubringen. Die Spannung wird um so höher, je weiter man die Ladungen voneinander entfernt.

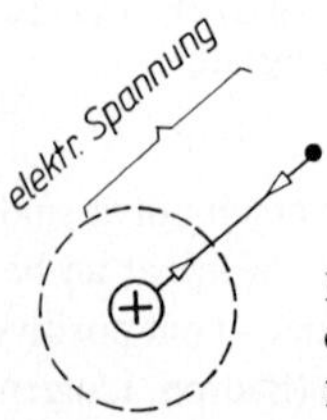

Bild I.2. Elektrische Spannung als Folge der Trennung eines Elektrons von seiner positiven Ladung

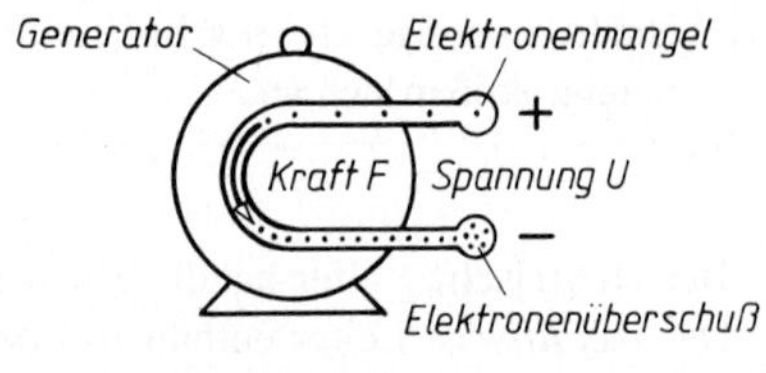

Bild I.3. Spannung einer Spannungsquelle

Als elektrische Spannungsquelle kommt vorwiegend der Generator in Frage. Dieser enthält eine Wicklung aus Kupferdraht, auf deren frei verschiebbare Elektronen beim Antreiben der Maschine eine Kraft F ausgeübt wird (siehe I.7.1). Durch die Kraft werden die Elektronen im unteren Teil der Wicklung zusammengedrängt (Elektronenüberschuß, Minuspol), im oberen Teil entsteht Elektronenmangel (Pluspol). Zwischen beiden Polen liegt eine elektrische Spannung:

Die elektrische Spannung U ist der Elektronendruckunterschied zwischen zwei Punkten.

Zur Fortleitung eines elektrischen Spannungszustandes, z. B. vom Generator zur Steckdose, sind zwei Drähte nötig: Elektronenüberschuß- und Elektronenmangelleiter.

Die Einheit der elektrischen Spannung U ist das Volt V ($1\ V = 1\ J/As = 1\ kgm^2/(s^3A)$).

1.3. Elektrischer Strom

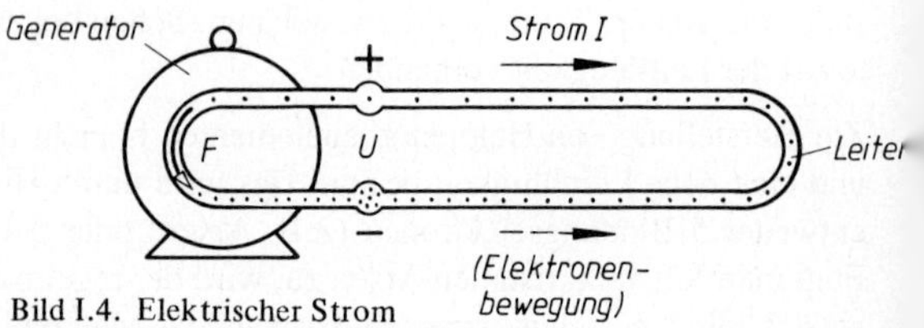

Bild I.4. Elektrischer Strom

Überbrückt man die Klemmen einer Spannungsquelle mit einem Leiter (z.B. Drahtbügel), dann sucht sich das gestörte elektrische Gleichgewicht wiederherzustellen, indem die überschüssigen Elektronen des Minuspols durch den Leiter hindurch zum Pluspol fließen. Zur Widerherstellung des Gleichgewichts kommt es jedoch nicht, weil der Generator die am Pluspol ankommenden Elektronen immer wieder zum Minuspol drückt, so daß ein dauernder Elektronenkreislauf entsteht.

Als elektronischen Strom I bezeichnet man die Bewegung elektrischer Ladungen.

1 Volt V ist die elektrische Spannung U zwischen zwei Punkten eines Leiters, in dem bei einem Strom von 1 Ampere A die Leistung 1 Watt W umgesetzt wird.

Die technische Stromrichtung wurde entgegen der Elektronenbewegungsrichtung festgesetzt: Der Strom I fließt außerhalb einer Spannungsquelle vom Pluspol zum Minuspol.

Die Einheit des elektrischen Stroms I ist das Ampere A.

Ein Ampere ist die Stärke eines zeitlich unveränderlichen elektrischen Stromes durch zwei geradlinige, parallele, unendlich lange Leiter, die einen Abstand von einem Meter haben und zwischen denen im leeren Raum je ein Meter Doppelleitung eine Kraft von $2 \cdot 10^{-7}$ N wirkt.

Als elektrische Stromdichte J bezeichnet man den Quotienten aus der Stromstärke I in A und der Querschnittsfläche S eines Leiters in mm^2 : $J = I/S$ in A/mm^2; sie ist ein wichtiges Maß für die Belastbarkeit elektrischer Leitungen.

1.4. Elektrischer Widerstand

Beim Strömen tritt zwischen den Elektronen und dem Leitermaterial Reibung auf; das ist der *elektrische Widerstand R*. Dieser ist um so höher, je größer der spezifische elektrische Widerstand ρ und die Leiterlänge l sind. R ist um so kleiner, je größer die Querschnittsfläche S des Leiters ist.

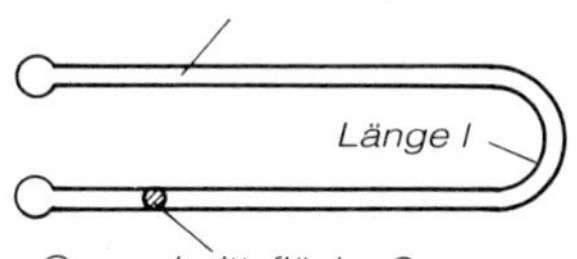

Bild I.5. Elektrischer Widerstand

$$R = \frac{\rho l}{S} = \frac{l}{\gamma S} \qquad \text{(I.1)}$$

R	ρ	l	S	γ
$\frac{\text{V}}{\text{A}} = \Omega$	$\frac{\Omega\text{mm}^2}{\text{m}}$	m	mm^2	$\frac{\text{m}}{\Omega\text{mm}^2}$

Der Kehrwert des spezifischen Widerstandes ρ ist die elektrische Leitfähigkeit $\gamma = 1/\rho$ in m/(Ω mm^2). Statt γ (Gamma) wird auch der griechische Buchstabe κ (Kappa) verwendet.

Die Einheit des elektrischen Widerstandes ist das Ohm Ω. Es ist: 1 Ω = 1 V/A, d.h. wenn die Spannung 1 V den Strom 1 A treibt, dann hat der Widerstand 1 Ω.

Der spezifische elektrische Widerstand ρ gibt an, wieviel Ω Widerstand ein Draht von 1 m Länge und 1 mm^2 Querschnitt aus einem bestimmten Material besitzt. Anstelle von ρ wird auch die elektrische Leitfähigkeit $\gamma = 1/\rho$ gebraucht. (Tafel I.1).

Temperaturabhängigkeit des Widerstandes: ρ und damit auch R ändern sich mit der Temperatur. Bei reinen Metallen nimmt ρ mit steigender Temperatur zu, bei Kohle und einigen Legierungen sowie Flüssigkeitsleitern dagegen ab. Der Widerstand R_ϑ bei der Betriebstemperatur ϑ läßt sich errechnen aus der folgenden Gleichung, die in ihrem Aufbau der Längenausdehnungsformel entspricht:

$$R_\vartheta = R_{20}(1 + \alpha_L \Delta\vartheta) \qquad \text{(I.2)}$$

R_ϑ, R_{20}	α_L	$\Delta\vartheta$
Ω	$\frac{1}{°\text{C}}$	°C

(gilt im Temperaturbereich von etwa – 50 … + 150 °C)

Darin ist α_L der Längenausdehnungskoeffizient des Materials und $\Delta\vartheta$ die Temperaturdifferenz, beides bezogen auf 20 °C. Bei Temperaturen > + 150 °C nimmt der Widerstand stärker zu, als die obige Gleichung angibt.

Bei einigen Stoffen sind die Werte sehr stark abhängig von Reinheitsgrad, Wärmebehandlung und mechanischer Vorbehandlung. Die dafür gemachten Angaben sind grobe Richtwerte.

■ **Beispiel:** Eine Spule enthält 320 m Kupfer-Lackdraht von 0,3 mm ∅ (blank).

a) Welchen Widerstand hat sie bei 20 °C?

b) Wie groß ist ihr Widerstand bei 95 °C?

Lösung: a) $R = \frac{\rho l}{S} = \frac{0{,}0178 \frac{\Omega\text{mm}^2}{\text{m}} \cdot 320\ \text{m}}{0{,}0707\ \text{mm}^2} = 80{,}6\ \Omega$

b) $R_\vartheta = R_{20}(1 + \alpha_L \Delta\vartheta) = 80{,}6\ \Omega \cdot \left(1 + 0{,}0039 \frac{1}{°\text{C}} \cdot 75\ °\text{C}\right) = 104\ \Omega$

Tafel I.1. Leiterwerkstoffe. Zusammensetzung, spezifischer Widerstand ρ, elektrische Leitfähigkeit γ und Längenausdehnungskoeffizient α_L der verschiedenen Leiterwerkstoffe. Die angegebenen Werte gelten bei einer Temperatur von 20 °C.

Leiterwerkstoff	Zusammensetzung	ρ $\frac{\Omega mm^2}{m}$	$\gamma=\frac{1}{\rho}$ $\frac{m}{\Omega mm^2}$	α_L $\frac{1}{°C}$
Silber	Ag	0,016	62,5	0,0038
Kupfer	Cu	0,0178	56	0,0039
Aluminium	Al	0,0286	35	0,0038
Wolfram	W	0,055	18	0,0041
Zink	Zn	0,063	16	0,0037
Messing	Cu, Zn	≈ 0,08	≈ 12,5	0,0015
Nickel	Ni	≈ 0,1	≈ 10	≈ 0,005
Platin	Pt	≈ 0,1	≈ 10	≈ 0,0025
Zinn	Sn	0,11	9,1	0,0042
Eisen (WM 13)	Fe	≈ 0,13	≈ 7,7	≈ 0,005
Blei	Pb	0,21	4,8	0,0042
Quecksilber	Hg	0,95	1,05	0,00092
Neusilber (WM 30)	Cu, Ni, Zn	0,30	3,3	0,00025
Gold-Chrom	Au, Cr	0,33	3,0	0,000001
Manganin (WM 43)	Cu, Mn, Ni	0,43	2,3	± 0,00001
Konstantan (WM 50)	Cu, Ni, Mn	0,50	2,0	− 0,00003
Chromnickelstahl (WM 100)	Cr, Ni, Fe	1,0	1,0	0,00025
Chromnickel (WM 110)	Ni, Cr, Mn	1,1	0,91	0,0001
Chromnickel (WM 120)	Ni, Cr, Mn	1,2	0,83	0,0001
Stahlchromaluminium (WM 140)	Fe, Cr, Al	1,4	0,71	0,0002
Kohle	C	50 ... 100	0,02 ... 0,01	≈ − 0,0005
Silit (Siliciumcarbid)	SiC	1000	0,001	≈ − 0,0005

1.5. Ohmsches Gesetz

Für den Zusammenhang zwischen den elektrischen Größen Stromstärke I, Spannung U und dem materialabhängigen elektrischen Widerstand R gilt in dem Stromkreis nach Bild I.6. das Grundgesetz der Elektrotechnik bei Gleichspannung, das Ohmsche Gesetz:

$$U = R\,I \qquad \frac{U \mid I \mid R}{\text{V} \mid \text{A} \mid \Omega} \qquad \text{(I.3a)}$$

(Ohmsches Gesetz)

Bei Wechselspannung gilt mit Z = Scheinwiderstand:

$$U = Z\,I \qquad \frac{U \mid I \mid Z}{\text{V} \mid \text{A} \mid \Omega} \qquad \text{(I.3b)}$$

Ist im Ohmschen Gesetz der Quotient $R = U/I$ konstant, wird der Widerstand R als ohmscher Widerstand bezeichnet.

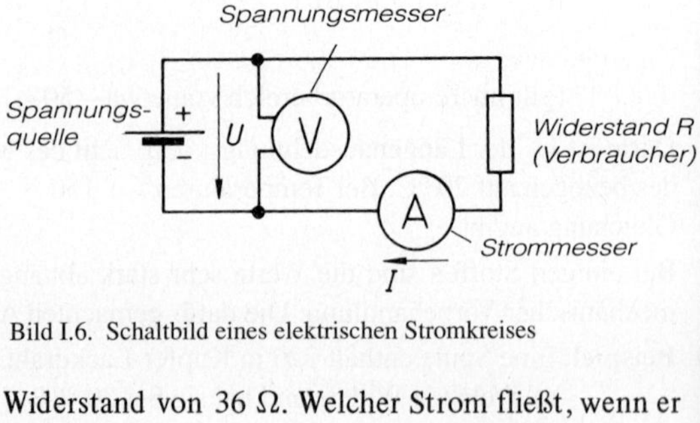

Bild I.6. Schaltbild eines elektrischen Stromkreises

- **Beispiel:** Ein elektrischer Heizofen hat einen Widerstand von 36 Ω. Welcher Strom fließt, wenn er an eine Spannung von 220 V geschaltet wird?

Lösung: $I = \frac{U}{R} = \frac{220\ \text{V}}{36\ \Omega} = 6{,}1\ \text{A}$

Als Spannungsfall bezeichnet man die von einem Strom an einem Widerstand hervorgerufene Spannung. Der Spannungsfall ergibt sich aus der Auflösung des Ohmschen Gesetzes nach $U = I\,R$.

- **Beispiel:** Ein Strom von 0,3 A fließt durch einen Widerstand von 200 Ω. Welcher Spannungsfall entsteht dadurch am Widerstand?

Lösung: $U = I\,R = 0{,}3\ \text{A} \cdot 200\ \Omega = 60\ \text{V}$. Das ist genau die gleiche Spannung, die nötig ist, um durch einen Widerstand $R = 200\ \Omega$ einen Strom $I = 0{,}3$ A zu treiben.

Der elektrische Widerstand läßt sich auch ausdrücken als Quotient aus Spannung und Strom. Fließt trotz großer Spannung wenig Strom, ist der Widerstand groß. Das gleiche ergibt sich aus der Auflösung des Ohmschen Gesetzes $R = U/I$.

- **Beispiel:** Durch einen Widerstand fließt bei einer angelegten Spannung von 6 V ein Strom von 0,5 A. Wie groß ist der Widerstand?

Lösung: $R = \dfrac{U}{I} = \dfrac{6\ \text{V}}{0{,}5\ \text{A}} = 12\ \Omega$

1.6. Reihenschaltung

Bei der Reihenschaltung von Spannungsquellen (Bild I.7) verbindet man den Minuspol der einen mit dem Pluspol der nachfolgenden Spannungsquelle. Dabei drücken beide in der gleichen Richtung, so daß sich bei Reihenschaltung die Gesamtspannung U_{ges} als Summe der Einzelspannungen ergibt:

$$U_{ges} = U_1 + U_2 + \ldots \text{ gilt für beliebig viele}$$

Die Reihenschaltung von Spannungsquellen wird angewendet, wenn mehr Spannung erforderlich ist, als die Einzelquelle hat.

- **Beispiel:** Beim 6-V-Akkumulator sind 3 Einzelreihen zu je 2 V in Reihe geschaltet, d. h. der Minuspol der einen ist jeweils mit dem Pluspol der nachfolgenden Zelle verbunden. Die Gesamtspannung beträgt $3 \cdot 2\ \text{V} = 6\ \text{V}$.

Die Gegeneinanderschaltung von Spannungsquellen ergibt sich aus der Reihenschaltung, wenn gleichnamige Pole zweier aufeinanderfolgender Quellen miteinander verbunden werden. Da die Quellen in diesem Fall gegeneinander drücken, erhält man die Gesamtspannung bei Gegeneinanderschaltung als Differenz der Einzelspannungen:

$$U_{ges} = U_1 - U_2 \qquad \text{(I.5)}$$

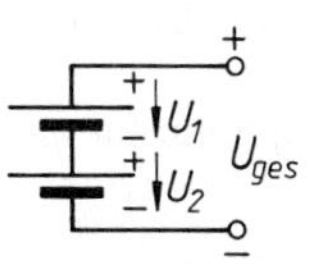

Bild I.7. Reihenschaltung von Spannungsquellen

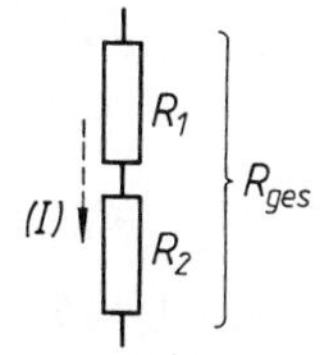

Bild I.8. Reihenschaltung von Widerständen

Reihenschaltung von Widerständen liegt vor, wenn nach Anlegen einer Spannung derselbe Strom I der Reihe nach durch beide hindurchfließt.

Bei Reihenschaltung addieren sich die Widerstände. Gesamtwiderstand (Ersatzwiderstand R_{ges}) bei Reihenschaltung:

$$R_{ges} = R_1 + R_2 + \ldots \text{ gilt für beliebig viele} \qquad \text{(I.6)}$$

Beispiel: $R_1 = 3\ \Omega$ und $R_2 = 6\ \Omega$ in Reihe ergibt $R_{ges} = 3\ \Omega + 6\ \Omega = 9\ \Omega$

1.7. Parallelschaltung

Bei der Parallelschaltung von Spannungsquellen sind die gleichnamigen Pole der verschiedenen Quellen miteinander verbunden. Sie wird angewendet, wenn mehr Strom erforderlich ist, als die Einzelquelle hergeben darf. Die gesamte Strombelastbarkeit ist gleich der Summe der Belastbarkeiten der Einzelquellen. Parallelschaltung ist nur bei gleichen Spannungsquellen zweckmäßig, da bei ungleichen Quellenspannungen ein nutzloser Ausgleichsstrom fließt. Bei gleichen Spannungsquellen ist die Spannung der Parallelschaltung gleich der Spannung der Einzelquelle.

- **Beispiel:** Eine normale Taschenlampenbatterie von 4,5 V Spannung darf mit höchstens 0,3 A belastet werden. Wenn z.B. ein Widerstand von 10 Ω angeschlossen werden soll, reicht ihre Strombelastbarkeit nicht aus, denn es ist

$$I = \frac{U}{R} = \frac{4{,}5\ \text{V}}{10\ \Omega} = 0{,}45\ \text{A} > 0{,}3\ \text{A}$$

Schaltet man zwei gleiche Batterien parallel, beträgt ihre gemeinsame Spannung ebenfalls 4,5 V. Der erforderliche Strom $I = 0{,}45$ A verteilt sich dann je zur Hälfte auf beide Batterien:

$$\frac{I}{2} = \frac{0{,}45\ \text{A}}{2} = 0{,}225\ \text{A} < 0{,}3\ \text{A}$$

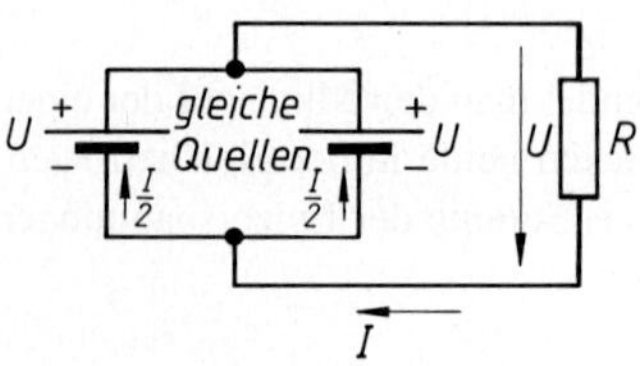

Bild I.9
Parallelschaltung von Spannungsquellen

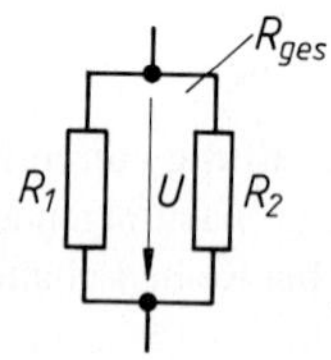

Bild I.10
Parallelschaltung von Widerständen

Parallelschaltung von Widerständen liegt vor, wenn sie an derselben Spannung U liegen und der Strom unter Verzweigung in Teilströme alle gleichzeitig durchfließt. Dabei ergibt sich deren elektrischer Gesamtleitwert G_{ges} als Summe der Einzelleitwerte (Leitwert G = 1/Widerstand = $1/R$ in $1/\Omega$ = S (Siemens).

Gesamt*leitwert* bei Parallelschaltung:

$$\frac{1}{R_{\text{ges}}} = \frac{1}{R_1} + \frac{1}{R_2} + \ldots \quad G_{\text{ges}} = G_1 + G_2 + \ldots \text{ gilt für beliebig viele} \qquad \text{(I.7)}$$

Gesamt*widerstand* (Ersatzwiderstand) bei Parallelschaltung:

$$R_{\text{ges}} = \frac{R_1 R_2}{R_1 + R_2} \text{ gilt nur für zwei Widerstände!} \qquad \text{(I.8)}$$

- **Beispiel:** $R_1 = 3\ \Omega$ und $R_2 = 6\ \Omega$ parallel ergibt $R_{\text{ges}} = \frac{3\ \Omega \cdot 6\ \Omega}{9\ \Omega} = 2\ \Omega$

1.8. Stromverzweigung, 1. Kirchhoffsches Gesetz

Bei einer Parallelschaltung (Bild I.11) verzweigt sich der Gesamtstrom I in den Knotenpunkten in die Teilströme I_1 und I_2. Dabei gelten die folgenden allgemeinen Strömungsgesetze:

Summe der zufließenden Ströme = Summe der abließenden Ströme.
Die Ströme verhalten sich *umgekehrt* wie die Widerstände.
Ströme bei Parallelschaltung (1. Kirchhoffsches Gesetz):

$$\text{hier } I = I_1 + I_2; \quad \text{allgemein } \Sigma I_{\text{zu}} = \Sigma I_{\text{ab}} \text{ und } \frac{I_1}{I_2} = \frac{R_2}{R_1} \qquad \text{(I.9)}$$

■ **Beispiel:** An eine Spannung $U = 6$ V werden nach Bild I.11 die Widerstände $R_1 = 3\ \Omega$ und $R_2 = 6\ \Omega$ geschaltet. a) Wie groß sind die Teilströme I_1 und I_2? b) Wie groß ist der Gesamtstrom I? c) Für die Ergebnisse von a) und b) sind geeignete Proben zu machen!

Lösung: a) $I_1 = \frac{U}{R_1} = \frac{6\ \text{V}}{3\ \Omega} = 2\ \text{A}; \quad I_2 = \frac{U}{R_2} = \frac{6\ \text{V}}{6\ \Omega} = 1\ \text{A}$

b) $I = I_1 + I_2 = 2\ \text{A} + 1\ \text{A} = 3\ \text{A}$

c) $\frac{I_1}{I_2} = \frac{R_2}{R_1}; \quad \frac{2\ \text{A}}{1\ \text{A}} = \frac{6\ \Omega}{3\ \Omega}; \quad 2 = 2$

$I = \frac{U}{R_{ges}} \;\Big|\; R_{ges} = 2\ \Omega$ aus I.1.7, zweites Beispiel

$I = \frac{6\ \text{V}}{2\ \Omega} = 3\ \text{A}$

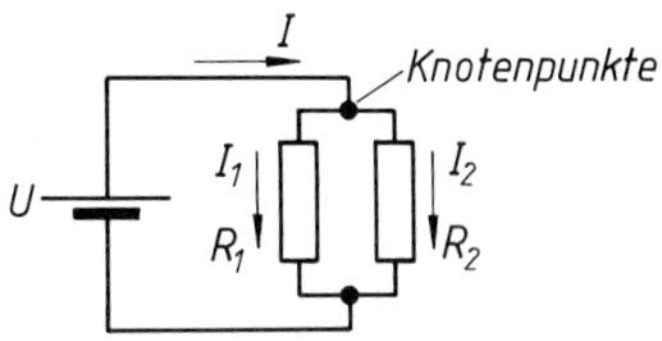

Bild I.11. Stromverzweigung

1.9. Spannungsbilanz im Stromkreis, 2. Kirchhoffsches Gesetz

Bei einer Reihenschaltung (Bild I.12) erzeugt der Strom an den Widerständen die Spannungsfälle $U = IR$. Dabei gelten die folgenden allgemeinen Strömungsgesetze:

Summe der Quellenspannungen = Summe der Spannungsfälle.
Die Spannungsfälle verhalten sich wie die Widerstände.

Spannungen bei Reihenschaltung (*2. Kirchhoffsches Gesetz*):

hier $\quad U_{q1} + U_{q2} = I R_1 + I R_2$

allgemein $\quad \Sigma U_q = \Sigma IR$ (I.10)

und $\quad \frac{U_1}{U_2} = \frac{R_1}{R_2}$

Man unterscheidet demnach die Spannungen nach ihrer Herkunft in *Quellenspannungen* U_q und *Spannungsfälle* U. U_q ist auch dann vorhanden, wenn kein Strom fließt, während $U = IR$ erst durch den Strom an einem Widerstand entsteht. Sowohl U_q als auch U sind Elektronendruckunterschiede zwischen zwei Punkten und werden beide in Volt gemessen.

Beispiel: An zwei in Reihe geschaltete Spannungsquellen $U_{q1} = 10$ V und $U_{q2} = 8$ V werden nach Bild I.12 die beiden Widerstände $R_1 = 3\ \Omega$ und $R_2 = 6\ \Omega$ geschaltet. a) Wie groß ist der Strom I ? b) Wie groß sind die Spannungsfälle U_1 und U_2, die der Strom an R_1 und R_2 erzeugt. c) Für die Ergebnisse von a) und b) sind geeignete Proben zu machen.

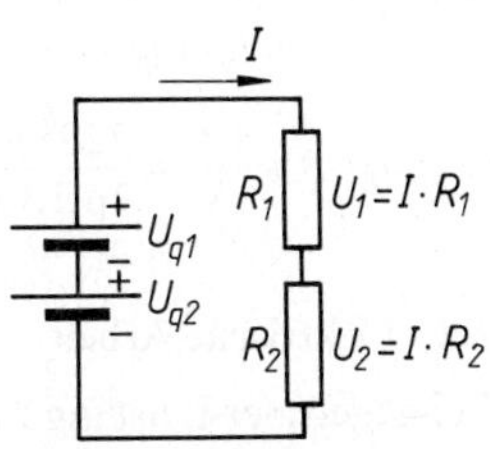

Bild I.12. Spannungsbilanz im Stromkreis

Lösung: a) $I = \frac{U_{q\,ges}}{R_{ges}} = \frac{U_{q1} + U_{q2}}{R_1 + R_2} = \frac{10\ \text{V} + 8\ \text{V}}{3\ \Omega + 6\ \Omega} = \frac{18\ \text{V}}{9\ \Omega} = 2\ \text{A}$

b) $U_1 = IR_1 = 2\ \text{A} \cdot 3\ \Omega = 6\ \text{V}; \quad U_2 = IR_2 = 2\ \text{A} \cdot 6\ \Omega = 12\ \text{V}$

c) $U_{q1} + U_{q2} = U_1 + U_2; \quad 10\ \text{V} + 8\ \text{V} = 6\ \text{V} + 12\ \text{V}; \quad 18\ \text{V} = 18\ \text{V}$

$\frac{U_1}{U_2} = \frac{R_1}{R_2}; \quad \frac{6\ \text{V}}{12\ \text{V}} = \frac{3\ \Omega}{6\ \Omega}; \quad \frac{1}{2} = \frac{1}{2}$

2. Leistung, Arbeit, Energieumrechnungen

2.1. Elektrische Leistung

Ein elektrischer „Verbraucher" setzt elektrische Energie in eine andere Form um, z. B. in mechanische Energie oder in Wärme. Die zugeführte elektrische Leistung P ist das Produkt aus der wirksamen Spannung U in Volt und dem fließenden elektrischen Strom I in Ampere:

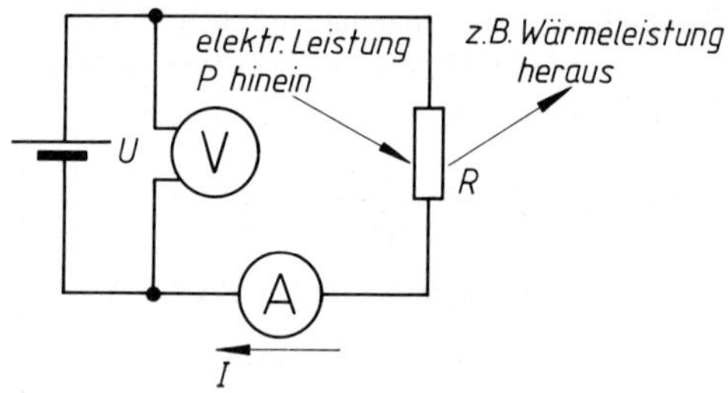

Bild I.13. Elektrische Leistung

Elektrische Leistung P

$$P = UI \qquad \text{(I.11)}$$

P	U	I
Watt = W	V	A

Die Einheit der elektrischen Leistung ist das Watt: $1\ \text{W} = 1\ \text{V} \cdot 1\ \text{A} = 1\ \text{VA} = 1\ \frac{\text{J}}{\text{s}} = 1\ \frac{\text{Nm}}{\text{s}} = 1\ \frac{\text{kgm}^2}{\text{s}^3}$.

■ **Beispiel:** Ein elektrischer Heizofen nimmt bei 220 V Spannung einen Strom von 13,64 A auf. Wie groß ist seine Leistungsaufnahme?

Lösung: $P = UI = 220\ \text{V} \cdot 13{,}64\ \text{A} = 3000\ \text{W} = 3\ \text{kW}$

Aus **Strom und Widerstand** R ergibt sich die Leistung P, indem man $P = UI$ für die Spannung $U = IR$ einsetzt. Leistung P aus Strom und Widerstand:

$$P = I^2 R \qquad \text{(I.12)}$$

P	I	R
W	A	Ω

■ **Beispiel:** Ein elektrischer Heizofen hat einen Widerstand von 16,13 Ω und nimmt einen Strom von 13,64 A auf. Wie groß ist seine Leistung?

Lösung: $P = I^2 R = 13{,}64^2\ \text{A}^2 \cdot 16{,}13\ \Omega = 3000\ \text{W} = 3\ \text{kW}$

Aus **Spannung und Widerstand** ermittelt man die Leistung P, indem man in $P = UI$ für den Strom einsetzt $I = U/R$. Leistung P aus Spannung und Widerstand:

$$P = \frac{U^2}{R} \qquad \text{(I.13)}$$

P	U	R
W	V	Ω

■ **Beispiel:** Ein elektrischer Heizofen hat den Widerstand 16,13 Ω. Welche Leistung nimmt er bei der Spannung 220 V auf?

Lösung: $P = \frac{U^2}{R} = \frac{220^2\ \text{V}^2}{16{,}13\ \Omega} = 3000\ \text{W} = 3\ \text{kW}$

2.2. Elektrische Arbeit

Bei gegebener Leistung P läßt sich die Arbeit W ermitteln nach dem Satz:

Arbeit W = Leistung P · Zeitdauer t der Leistung

$$W = Pt = UIt \qquad \text{(I.14)}$$

W	P	U	I	t
Wh	W	V	A	h

■ **Beispiel:** Eine 100-W-Lampe brennt 24 Stunden. Welche elektrische Arbeit wird von ihr dabei umgesetzt?

Lösung: $W = Pt = 100\ \text{W} \cdot 24\ \text{h} = 2400\ \text{Wh} = 2{,}4\ \text{kWh}$ (Kilowattstunden)

Die Stromkosten K (ohne Grundgebühr) werden vom E-Werk für die gelieferte elektrische Arbeit W erhoben:

$$K = kW \qquad \text{(I.15)}$$

K	k	W
DM	$\frac{\text{DM}}{\text{kWh}}$	kWh

■ **Beispiel**: Welche Stromkosten sind beim vorigen Beispiel zu zahlen, wenn der *Stromtarif* $k = 0{,}20$ DM/kWh beträgt und die Grundgebühr unberücksichtigt bleibt?

Lösung: $K = kW = 0{,}2\ \frac{\text{DM}}{\text{kWh}} \cdot 2{,}4\ \text{kWh} = 0{,}48\ \text{DM}$. Die wirklichen Kosten liegen wegen Grundgebühr und der Steuern höher.

2.3. Energieformen und Umwandlungen

Energie ist das Vermögen eines Körpers, Arbeit zu verrichten (siehe Physik, Abschnitt 11. Mechanik, Abschnitt II.2. und Wärmelehre, Abschnitt I.5. und I.6.)

Wärme Q, Arbeit W und Energie E sind gleichwertige physikalische Größen. Je nach Herkunft unterscheidet man mechanische Energie E_{mech} (potentielle Energie E_{pot} und kinetische Energie E_{kin}), elektrische Energie E_{el} und Wärme Q. Jede Energieform kann in eine andere umgewandelt werden. Wegen der Gleichartigkeit haben alle Arbeits- und Energieformen im Internationalen Einheitensystem (SI-System) die gleiche Einheit, das Joule (J), und es gilt die Eins-zu-Eins-Beziehung:

$$1\ \text{J} = 1\ \text{Ws} = 1\ \text{Nm} = 1\ \text{kgm}^2/\text{s}^2 \quad \text{für Arbeit } W \text{ und Energie } E$$

$$1\ \text{J/s} = 1\ \text{W} = 1\ \text{Nm/s} = 1\ \text{kgm}^2/\text{s}^3 \quad \text{für Leistung } P$$

Für die Umwandlung von elektrischer Energie E_{el} in mechanische Energie gelten u. a. die Gleichungen

$$E_{el} = E_{pot} = m\ g\ h \qquad \text{(I.16)}$$
$$E_{el} = E_{kin} = mv^2/2$$

Für die Umwandlung von elektrischer Energie E_{el} in Wärme Q gilt u.a. die Gleichung

$$E_{el} = \Delta Q = m\ c\ \Delta T = m\ c\ \Delta\vartheta \qquad \text{(I.17)}$$

Für die Berechnungen muß meist der Wirkungsgrad η berücksichtigt werden (siehe Mechanik, Abschnitt II.22.).

Beachte: Da 1 K = 1 °C ist, sind die Temperaturdifferenzen gleich: ΔT in Kelvin K = $\Delta\vartheta$ in °C.

Bei elektrischen Maschinen und Geräten unterscheidet man zwischen der Leistungsaufnahme (Anschlußwert) und der Leistungsabgabe. Bei Elektromotoren wird die Leistungsabgabe in kW als Nennleistung auf dem Typenschild angegeben, d.h. dem Motor darf für die entsprechende kW-Zahl mechanische Leistung an seiner Welle abgenommen werden.

Bei Haushaltsgeräten wird nur die Leistungsaufnahme (Anschlußwert) angegeben. Bei Elektrowerkzeugen gibt man sowohl die Leistungsabgabe als auch die Leistungsaufnahme an.

■ **Beispiel:** Welche mechanische Leistung in Nm/s darf man einem Motor von 2,2 kW Nennleistung an seiner Welle entnehmen und wieviel Watt nimmt er dabei aus dem Netz auf, wenn der Motorwirkungsgrad 0,8 beträgt.

Lösung: $P_{nenn} = 2200\ \text{W} = 2200\ \frac{\text{Nm}}{\text{s}}$ darf man dem Motor an seiner Welle entnehmen.

$$P = \frac{P_{nenn}}{\eta} = \frac{2{,}2\ \text{kW}}{0{,}8} = 2{,}75\ \text{kW}$$ nimmt der Motor bei Nennlast aus dem Netz auf.

Die Motorzuleitung ist nach dieser Aufnahmeleistung bei Nennlast zu bemessen.

■ **Beispiel:** 2 l Wasser sollen in 7,5 min von 10 °C auf 60 °C erwärmt werden.

a) Welche elektrische Arbeit muß der Tauchsieder dabei umsetzen bei 93 % Wirkungsgrad?

b) Welchen Anschlußwert muß er haben?

Lösung: a) $W_{\text{nutz}} = cm\,\Delta\vartheta = 4188\,\dfrac{\text{J}}{\text{kg}\,°\text{C}} \cdot 2\,\text{kg} \cdot 50\,°\text{C}$

$W_{\text{nutz}} = 418\,800\,\text{J}$ müssen dem Wasser zugeführt werden

$$W = \frac{W_{\text{nutz}}}{\eta} = \frac{418\,800\,\text{J}}{0{,}93} = 450\,323\,\text{J} = 450\,323\,\text{Ws}$$

$W = \dfrac{450\,323\,\text{Ws}}{3{,}6 \cdot 10^6\,\dfrac{\text{Ws}}{\text{kWh}}} = 0{,}125\,\text{kWh}$ sind einschließlich Verluste zur Erwärmung des Wassers notwendig

b) $P = \dfrac{W}{t} = \dfrac{0{,}125\,\text{kWh}}{\dfrac{7{,}5}{60}\,\text{h}} = 1\,\text{kW}$; Anschlußwert des Tauchsieders

3. Grundschaltungen der Praxis

3.1. Schaltung von Verbrauchern

Normalerweise sind Elektrogeräte für eine bestimmte Spannung gebaut und werden alle parallel an das Netz geschaltet: Parallelspeisung. Entnommener Gesamtstrom $I_{\text{ges}} = \Sigma$ Einzelströme.

Nur selten werden Verbraucher in Reihe geschaltet. Ihre Stromaufnahme muß in diesem Fall gleich sein (*Beispiel:* Christbaumbeleuchtung). Erforderliche Gesamtspannung $U_{\text{ges}} = \Sigma$ Einzelspannungsfälle.

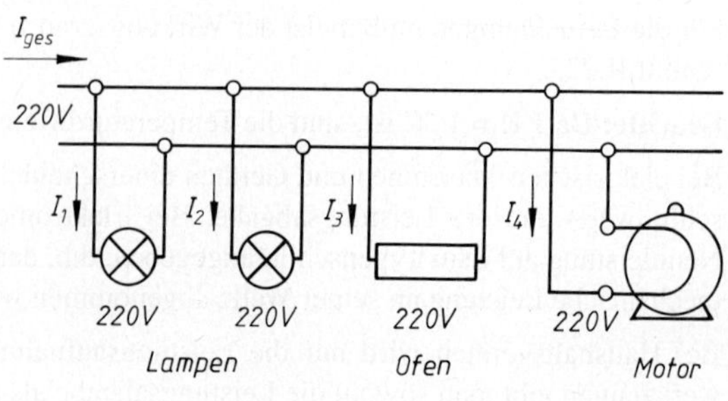

Bild I.14.
Parallelspeisung von Verbrauchern

3.2. Vorwiderstand

Ein Vorwiderstand R_{v} wird angewendet, wenn man einen Verbraucher betreiben will, der für eine niedrigere Spannung gebaut ist als die vorhandene. Er hält den Spannungsüberschuß vom Verbraucher fern. Nachteil: R_{v} erzeugt nutzlos Wärme (Verluste).

- **Beispiel:** (Bild I.15) Eine Lampe für 60 V 40 W soll über einen Vorwiderstand an der Netzspannung 220 V betrieben werden. Welchen Ohmwert muß der Vorschaltwiderstand haben?

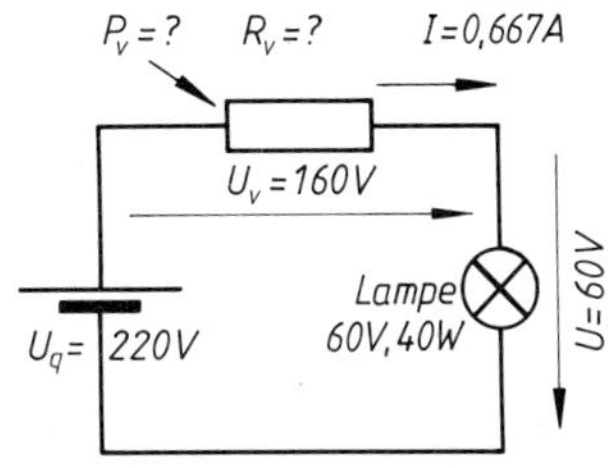

Bild I.15. Schaltung eines Vorwiderstandes

Lösung: $R_v = \frac{U_v}{I}$ | $I = \frac{P_{nenn}}{U_{nenn}} = \frac{40 \text{ W}}{60 \text{ V}} = 0{,}667 \text{ A}$

$U_v = U_q - U = 220 \text{ V} - 60 \text{ V} = 160 \text{ V}$

$R_v = \frac{160 \text{ V}}{0{,}667 \text{ A}} = 240 \ \Omega$ müssen vorgeschaltet werden

3.3. Belastbarkeit eines Widerstandes

Die thermische Belastung eines Widerstandes wird durch die elektrische Verlustleistung P_v hervorgerufen, die in ihm in Wärme umgesetzt wird. Die Belastung eines Widerstandes wird daher in Watt angegeben. Sie ergibt sich als Produkt aus Spannungsfall U_v am betreffenden Widerstand und der Stromstärke I. Die Baugröße des Widerstandes muß so gewählt werden, daß er bei der Belastung P_v auch im Dauerbetrieb nicht zu heiß wird.

Die Belastbarkeit wird aus Sicherheitsgründen etwas höher gewählt als die Belastung.

- **Beispiel:** Welcher Belastung ist der Vorwiderstand nach Bild I.15 ausgesetzt?

Lösung: R_v wird von der Verlustleistung $P_v = U_v I = 160 \text{ V} \cdot 0{,}667 \text{ A} = 107 \text{ W}$ erwärmt. Er muß also so groß gebaut sein, daß er mindestens 107 W in Wärme umsetzen kann, ohne daß er im Dauerbetrieb zu heiß wird. Gewählt: 120 W Belastbarkeit.

3.4. Nebenwiderstand

Ein Nebenwiderstand wird angewendet, wenn man Verbraucher mit ungleicher Stromaufnahme in Reihe schalten will. Er wird dem Verbraucher mit der kleineren Stromaufnahme parallelgeschaltet und leitet die überschüssige Stromstärke um diesen herum.

Nachteil: R_n erzeugt ebenso wie R_v nutzlos Wärme (Verluste).

- **Beispiel:** (Bild I.16) Zwei Lampen, 110 V 60 W und 110 V 40 W, sollen in Reihe an der Netzspannung 220 V betrieben werden.
  a) Welchen Ohmwert muß der Nebenwiderstand haben?
  b) Mit wieviel Watt wird er belastet?

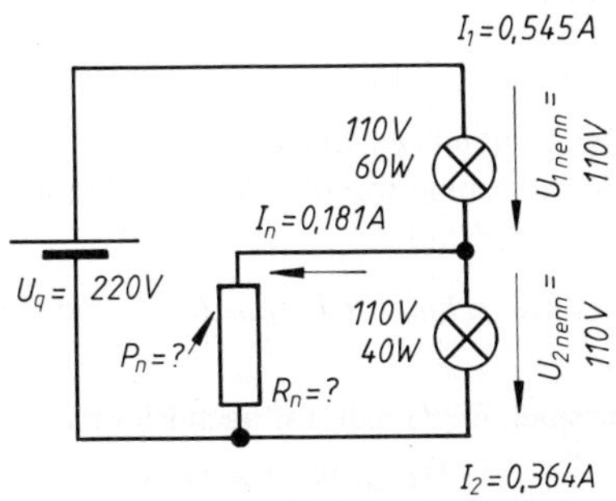

Bild I.16. Schaltung eines Nebenwiderstandes

Lösung: a) $R_n = \frac{U_{2\,nenn}}{I_n}$ | $U_{2\,nenn} = 110 \text{ V}$

$I_n = I_1 - I_2$

$I_1 = \frac{P_{1\,nenn}}{U_{1\,nenn}} = \frac{60 \text{ W}}{110 \text{ V}} = 0{,}545 \text{ A}$

$I_2 = \frac{P_{2\,nenn}}{U_{2\,nenn}} = \frac{40 \text{ W}}{110 \text{ V}} = 0{,}364 \text{ A}$

$I_n = 0{,}545 \text{ A} - 0{,}364 \text{ A} = 0{,}181 \text{ A}$

$R_n = \frac{110 \text{ V}}{0{,}181 \text{ A}} = 608 \ \Omega$

b) $P_n = U_{2\,nenn} I_n = 110 \text{ V} \cdot 0{,}181 \text{ A} = 19{,}9 \text{ W} \approx 20 \text{ W}$

3.5. Spannungsteiler

Ein Spannungsteiler wird angewendet, wenn man von einer vorhanden Spannung U_{ges} einen Teil U abgreifen will. Der Querstrom I_q erzeugt am Teilwiderstand R_2 den gewünschten Spannungsfall U. Der als Spannungsteiler verwendete Widerstand hat drei Anschlüsse (Bild I.17). Nachteil: Der Querstrom erzeugt an R_{ges} nutzlos Wärme (Verluste).

Bei Belastung des Teilers mit einem Verbraucherwiderstand R sinkt die Spannung auf den Wert U'. Damit die Spannung bei Belastung nicht zu stark zurückgeht, macht man $R_{ges} \leq 2\,R$.

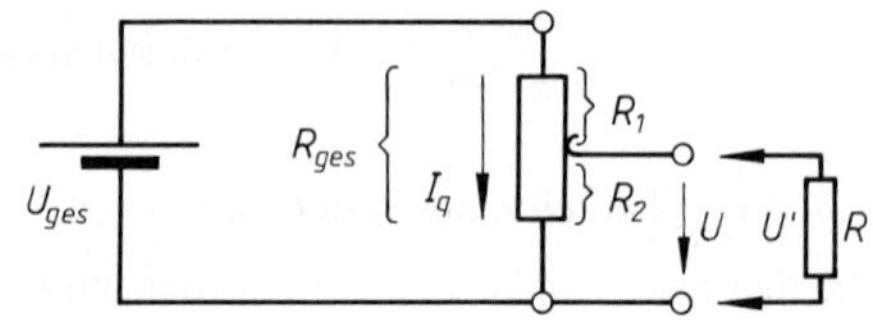

Bild I.17
Schaltung eines Spannungsteilers

3.6. Innenwiderstand einer Spannungsquelle

Bei Belastung einer Spannungsquelle geht deren Klemmenspannung U um den inneren Spannungsfall $U_i = IR_i$ zurück. Grund: Die strömenden Elektronen reiben sich auch im Inneren der Quelle an deren *Innenwiderstand* R_i, wobei dort der innere Spannungsverlust U_i auftritt (Bild I.18a).

Im Ersatzschaltbild (Bild I.18b) denkt man sich die Quellenspannung U_q (Urspannung) mit dem Innenwiderstand R_i in Reihe geschaltet. Eine nach dem Ersatzschaltbild aufgebaute Ersatzschaltung würde die gleichen Eigenschaften zeigen wie die wirkliche Schaltung (a). Klemmenspannung bei Belastung einer Spannungsquelle:

$$U = U_q - U_i = U_q - IR_i \qquad \text{(I.18)}$$

Bei Leerlauf der Spannungsquelle ist $IR_i = 0$ und daher $U = U_q$. Bei Belastung mit dem Verbraucher R ist $U < U_q$ um den inneren Spannungsfall U_i.

Bei *Kurzschluß* ($R \approx 0$) ist $U \approx 0$ und daher $I_k \approx U_q/R_i$.

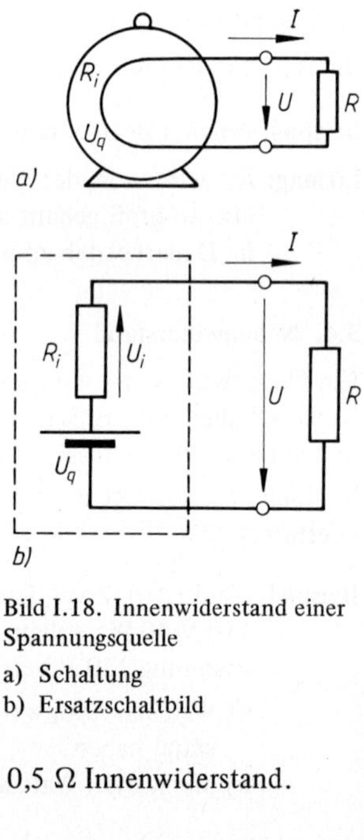

Bild I.18. Innenwiderstand einer Spannungsquelle
a) Schaltung
b) Ersatzschaltbild

- **Beispiel:** Ein Generator nach Bild I.18 hat 25 V Quellenspannung und 0,5 Ω Innenwiderstand.
  a) Wie groß ist seine Klemmenspannung im Leerlauf?
  b) Wieviel Spannung geht im Innern des Generators bei Anschalten eines Verbrauchers von 12 Ω Widerstand verloren?
  c) Welche Klemmenspannung gibt er an den Verbraucher ab?
  d) Welche Leistung geht dabei im Innern des Generators verloren?
  e) Welche Leistung gibt er dabei an den Verbraucher ab?
  f) Wie groß wird der Kurzschlußstrom beim Kurzschließen der Generatorklemmen mit einem Draht von vernachlässigbar kleinem Widerstand?

Lösung: a) $U = U_q - IR_i \mid I = 0$; weil kein Strom entnommen wird (Leerlauf!)
$U = U_q = 25$ V Leerlaufspannung

b) $U_i = IR_i$ $\quad\Big|\quad I = \dfrac{U_q}{R_{ges}} = \dfrac{U_q}{R + R_i} = \dfrac{25\ \text{V}}{12\ \Omega + 0{,}5\ \Omega} = 2\ \text{A}$

$U_i = 2\ \text{A} \cdot 0{,}5\ \Omega = 1\ \text{V}$ Spannungsrückgang bei dieser Belastung

c) $U = U_q - U_i = 25\ \text{V} - 1\ \text{V} = 24\ \text{V}$ Klemmenspannung bei dieser Belastung

d) $P_i = U_i I = 1\,\text{V} \cdot 2\ \text{A} = 2\ \text{W}$ innere Verlustleistung erwärmen den Generator

e) $P = UI = 24\,\text{V} \cdot 2\,\text{A} = 48\ \text{W}$ gibt der Generator an den Verbraucher ab

f) $I_k \approx \dfrac{U_q}{R_i} = \dfrac{25\ \text{V}}{0{,}5\ \Omega} = 50\ \text{A}$ Kurzschlußstrom

3.7. Leitungswiderstand

Bei Belastung einer Leitung ist die Spannung U an ihrem Ende um den Spannungsfall ΔU kleiner als die Speisespannung U_{ges} am Anfang. Grund: Beim Durchfließen des Leitungswiderstandes R_l tritt dort durch Reibung der Elektronen am Leitermaterial der elektrische Spannungsverlust ΔU auf. An jeder Leitungsader tritt dabei der halbe Spannungsfall $\Delta U/2$ auf (Bild I.19a).

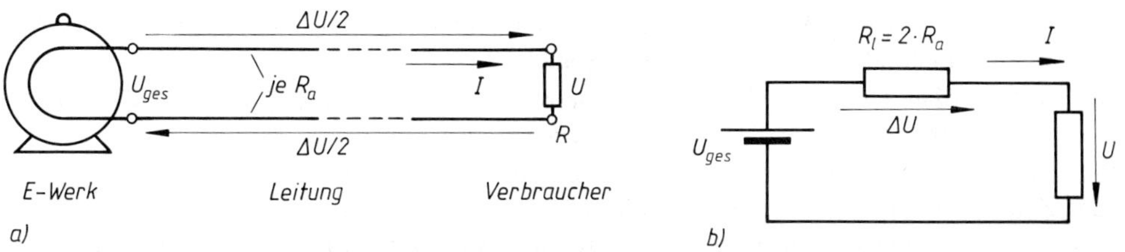

Bild I.19. Leitungswiderstand. a) Schaltung, b) Ersatzschaltbild

Im Ersatzschaltbild (b) denkt man sich beide Aderwiderstände R_a zum gesamten Leitungswiderstand R_l zusammengefaßt. Spannung am Leitungsende bei Belastung:

$$U = U_{ges} - \Delta U = U_{ges} - IR_l \qquad \text{(I.19)}$$

Beispiel: Eine zweiadrige Leitung nach Bild I.19a hat 0,5 Ω Widerstand je Ader. Sie wird mit 230 V gespeist und ist am Ende mit einem Widerstand von 22 Ω belastet.

a) Wie groß ist bei dieser Belastung der Spannungsfall auf der Leitung?
b) Welche Spannung erhält der Verbraucher?
c) Welche Leistung geht auf der Leitung verloren?

Lösung: a) $\Delta U = IR_l$ $\quad\Big|\quad R_l = 2\,R_a = 2 \cdot 0{,}5\ \Omega = 1\ \Omega$

$I = \dfrac{U_{ges}}{R_{ges}} = \dfrac{U_{ges}}{R + R_l} = \dfrac{230\ \text{V}}{22\ \Omega + 1\ \Omega} = 10\ \text{A}$

$\Delta U = 10\,\text{A} \cdot 1\,\Omega = 10\,\text{V}$ gehen bei dieser Belastung auf der Leitung verloren, je Ader also 5 V.

b) $U = U_{ges} - \Delta U = 230\,\text{V} - 10\ \text{V} = 220\ \text{V}$ erhält der Verbraucher

c) $P_v = \Delta UI = 10\,\text{V} \cdot 10\,\text{A} = 100\ \text{W}$ Verlustleistung erwärmen die Leitung

4. Elektrochemie

4.1. Ionen

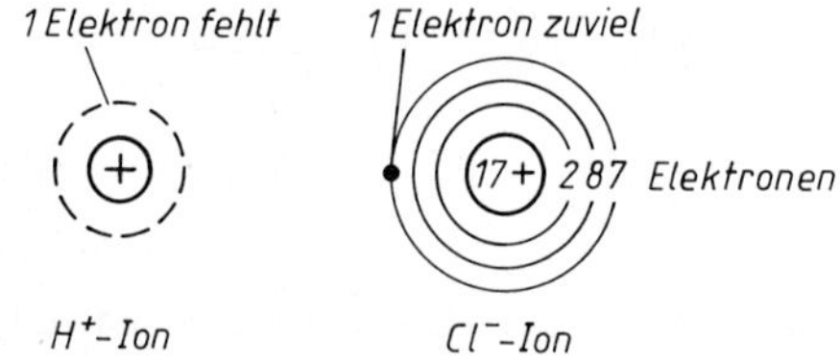

Bild I.20. Ionen

Löst man Salze, Säuren oder Basen in *Wasser*, dann gehen Sie aus dem molekularen Zustand in den ionisierten über. Das Wasser spaltet die elektrisch neutralen Moleküle (z.B. HCl) auf in elektrisch positiv geladene Teilchen (H^+), denen ihre zugehörigen Elektronen fehlen, und negative (Cl^-), die diese Elektronen als Überschuß-Ladungen mit sich führen. Dabei entstehen stets ebenso viele positive wie negative Ionenladungen. Mehrwertige Atome bilden mehrwertige Ionen (z.B. Cu^{++}, SO_4^{--}, Al^{+++}).

Ionenladungsregel
Metalle und Wasserstoff bilden positive, Nichtmetalle, Säurereste und die OH-Gruppe negative Ionen.

Wasser selbst ist fast gar nicht ionisiert, sondern existiert in Form von H_2O-Molekülen.

4.2. Elektrolyse

Als Elektrolyse bezeichnet man die Trennung chemischer Verbindungen auf elektrischem Wege. Die wässerige Elektrolyse nimmt folgenden Verlauf:

Das Wasser spaltet die Säuren, Basen oder Salze physikalisch auf in elektrisch geladene Teilchen (Ionen). Man bezeichnet diesen Vorgang als Dissoziation.

Der elektrische Strom zerlegt die Verbindung chemisch in ihre Bestandteile, indem er die Ionen in Atome umwandelt. Die positiven Ionen (H^+) wandern zur Katode (–), weil +- und –Ladungen einander anziehen. Dort entnimmt jedes H^+-Ion dem Elektronenüberschuß der –Elektrode ein Elektron und wird dadurch wieder zurückverwandelt in ein neutrales H-Atom. Die Cl^--Ionen wandern nach +, geben dort ihren Elektronenüberschuß an die Anode ab und werden damit zu neutralen Cl-Atomen. An der Anode steigen Chlorgas-, an der Katode Wasserstoffbläschen auf. Die Gleichspannungsquelle drückt die vom Cl^- abgelieferten Elektronen zur Katode, wo sie von den H^+-Ionen aufgenommen werden.

In den Drähten des Stromkreises fließt der Strom I als normaler Elektronenstrom, im elektrolytischen Bad dagegen in Form von zwei sich gegensinnig bewegenden Ionenströmen, wobei der elektrolytische Leiter durch den elektrischen Stromfluß chemisch verändert wird. Die Lösung wird immer ärmer an HCl.

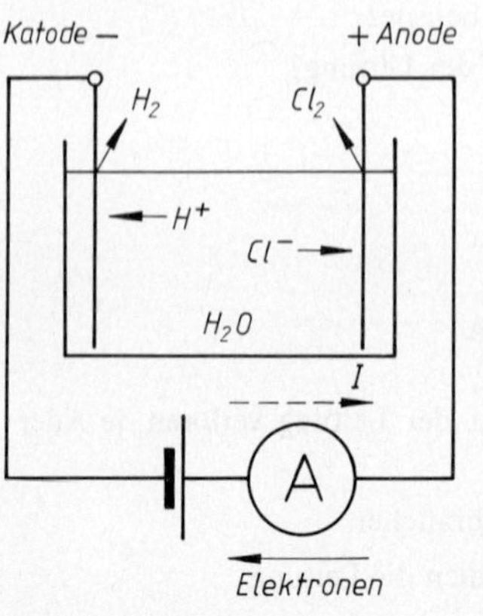

Bild I.21 Elektrolytische Zerlegung von Salzsäure

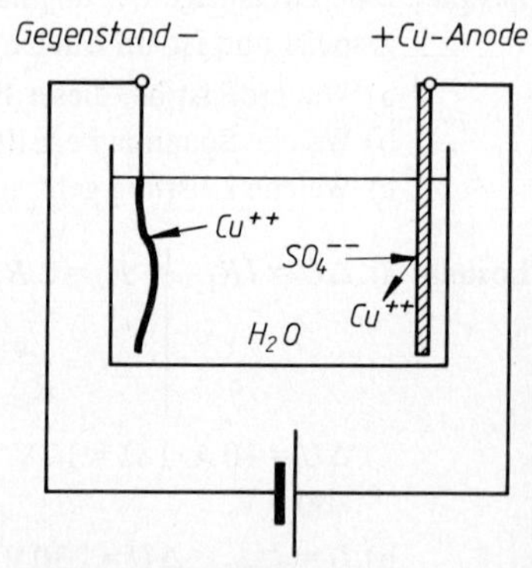

Bild I.22. Verkupfern eines Metallgegenstandes

4.3. Galvanische Überzüge

Galvanische Überzüge werden durch elektrolytische Zerlegung von Metallsalzlösungen hergestellt. *Beispiel:* Ein Kupferüberzug auf einem Metallgegenstand läßt sich herstellen, indem man den Gegenstand als Katode in eine Kupfersulfatlösung hängt und als Anode eine Kupferplatte verwendet. Die Cu^{++}-Ionen gehen zum negativ geladenen Gegenstand und bilden dort den Überzug, während die Säurerest-Ionen SO_4^{--} aus der Cu-Anode neue Cu^{++}-Ionen herauslösen, so daß die Konzentration der Lösung erhalten bleibt. Die Stromdichte muß genügend klein gehalten werden, weil sonst der Cu-Überzug porös und schwammig wird.

Elektrolytkupfer wird in gleicher Weise durch elektrolytische Raffination (Reinigung) des Hütten-Rohkupfers hergestellt.

Für Überzüge aus anderen Metallen verwendet man in ähnlicher Weise entsprechende Salze und Anoden. So lassen sich Überzüge herstellen aus Gold, Silber, Nickel, Chrom, Zink, Kadmium, Zinn, Blei und sogar Messing und Bronze.

4.4. Schmelzflußelektrolyse

Die Schmelzflußelektrolyse wird angewendet zur Herstellung von Kalium, Natrium und Aluminium. Bei diesen Stoffen ist wässerige Elektrolyse nicht möglich, weil entweder das hergestellte Metall sofort mit H_2O chemisch reagieren würde (K, Na), oder das Ausgangsmaterial nicht in Wasser löslich ist (Al). Man schmilzt das Ausgangsmaterial (KOH, NaOH, Kryolith + Tonerde) bei hoher Temperatur, wobei die Wärme die Moleküle in Ionen aufspaltet. Der über Elektroden in die Schmelze eingeführte Strom trennt die betreffende Verbindung chemisch.

4.5. Elektrolytische Mengenrechnung, Faradaysches Gesetz

Die elektrolytisch abgeschiedene Stoffmasse m ist um so größer, je höher die zur Umwandlung von Ionen in Atome verbrauchte Ladung (Elektrizitätsmenge) $Q = It$ in Ah und je größer die Stoffkonstante C ist, die angibt, welche Stoffmasse in g von einer Ah abgeschieden wird (Tafel I.2).

$$m = CQ = CIt \qquad \text{(I.20)}$$

m	C	I	t
g	$\frac{\text{g}}{\text{Ah}}$	A	h

(*Faradaysches Gesetz*)

In der Praxis ergibt sich bei einigen Stoffen weniger Menge, als nach dem Faradayschen Gesetz errechnet wird. Grund: Unerwünschte Zersetzungen. Dies läßt sich berücksichtigen durch Multiplikation der rechten Gleichungsseite mit der Stromausbeute η.

Tafel I.2. Durch 1 Ah elektrolytisch abgeschiedene Stoffmasse C

Stoff Zeichen, Wertigkeit	Silber Ag 1	Gold Au 3	Kupfer Cu 2	Nickel Ni 2	Chrom Cr 3	Zinn Sn 2	Zink Zn 2
C in g/Ah	4,025	2,445	1,185	1,095	0,647	2,214	1,22

Stoff Zeichen, Wertigkeit	Cadmium Cd 2	Aluminium Al 3	Blei Pb 2	Wasserstoff H 1	Sauerstoff O 2
C in g/Ah	2,096	0,335	3,863	0,0375	0,299

■ **Beispiel:** Ein Metallgegenstand von 250 cm^2 Gesamtoberfläche soll mit einer 0,1 mm dicken Silberschicht überzogen werden. Die zulässige Stromdichte beträgt bei Silber 0,5 A/dm^2, die Stromausbeute ≈ 100 %.

a) Wie groß darf die Stromstärke höchstens gewählt werden?

b) Wie lange muß der Teller im Bad hängen?

Lösung: a) $I = SA = 0{,}5 \frac{\text{A}}{\text{dm}^2} \cdot 2{,}5 \text{ dm}^2 = 1{,}25 \text{ A}$ sind zulässig, ohne daß die Silberschicht porös wird.

b) $m = CIt$

$$t = \frac{m}{CI} \quad \left| \begin{array}{l} m = V\rho_\text{d} = 250 \text{ cm}^2 \cdot 0{,}01 \text{ cm} \cdot 10{,}5 \frac{\text{g}}{\text{cm}^3} = 26{,}25 \text{ g} \\ C = 4{,}025 \frac{\text{g}}{\text{Ah}} \text{ aus Tafel I.2} \end{array} \right.$$

$$t = \frac{26{,}25}{4{,}025 \frac{\text{g}}{\text{Ah}} \cdot 1{,}25 \text{ A}} = 5{,}22 \text{ h}$$ muß der Gegenstand im Bad hängen.

4.6. Batterie-Elemente

Die Quellenspannung eines Batterie-Elementes kommt dadurch zustande, daß die verschiedenen Stoffe ein mehr oder weniger starkes Bestreben haben, in Lösung zu gehen. Als Beispiel das am häufigsten verwendete Trocken-, Leclanché- oder Braunsteinelement: Bei diesem befindet sich ein Kohlestab in einem Beutel, der mit einem Gemisch aus Braunstein und Kohlepulver gefüllt ist. Beide stecken in einem Becher aus Zink, der einen eingedickten Elektrolyten enthält. Das Zink hat ein starkes Lösungsbestreben und schickt soviele Zn^{++}-Ionen in die Flüssigkeit, bis es sich gegenüber dieser auf etwa −0,77 V aufgeladen hat. Diese Aufladung entsteht durch die von den Zn^{++}-Ionen zurückgelassenen Elektronen. Die Zn^{++}-Ionen verdrängen die $(NH_4)^+$-Ionen aus der Lösung. Von diesen zieht die Kohle soviele an sich, bis sie sich auf etwa +0,73 V gegenüber der Flüssigkeit aufgeladen hat. Die beiden in Reihe geschalteten Berührungsspannungen des Zinks (−0,77 V) und der Kohle (+0,73 V) ergeben die Quellenspannung U_q der Batterie von etwa 1,5 V.

Bei Belastung des Elements schickt der Strom laufend Zn^{++}-Ionen in Lösung, wodurch sich der Zinkbecher allmählich auflöst. Dabei wird der Elektrolyt in $ZnCl_2$ verwandelt, so daß auch er sich erschöpft. Der Braunstein verhindert, daß sich auf der Kohle eine Wasserstoffhaut bildet, die die Klemmenspannung stark herabsetzen würde (Polarisation; Braunstein = Depolarisator). Eine nennenswerte Wiederaufladung ist nicht möglich.

Die Spannungsreihe gibt die Berührungsspannungen an, auf die sich ein Metall gegenüber einer Flüssigkeit auflädt. Je unedler das Metall ist, desto stärker ist sein Lösungsbestreben und seine negative Berührungsspannung.

Tafel I.3. Reihe der Berührungsspannungen in V (Spannungsreihe)

Kalium	− 2,9
Natrium	− 2,7
Magnesium	− 1,55
Aluminium	− 1,28
Zink	− 0,77
Eisen	− 0,44
Cadmium	− 0,40
Nickel	− 0,25
Zinn	− 0,14
Blei	− 0,13
Wasserstoff	**± 0,00**
Kupfer	+ 0,34
Silber	+ 0,81
Quecksilber	+ 0,86
Gold	+ 1,38

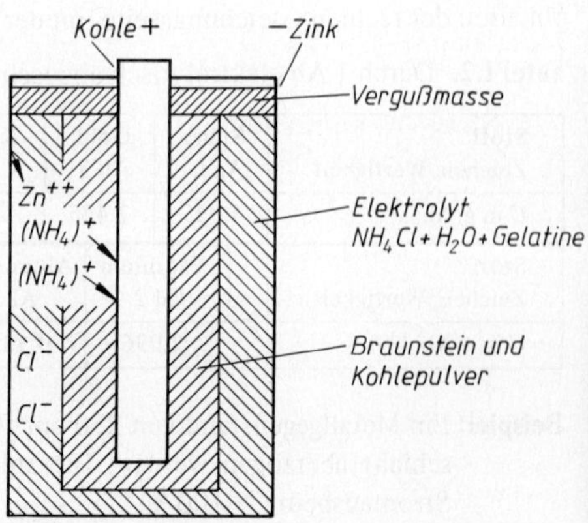

Bild I.23. Trockenelement einer Taschenlampenbatterie

4.7. Blei-Akkumulator

Beim Blei-Akkumulator befinden sich Blei- als Minusplatten und Bleisuperoxyd- als Plusplatten in einem Isoliergefäß, das mit verdünnter Schwefelsäure gefüllt ist. Die Quellenspannung U_q von etwa 2 V je Zelle ist wieder durch die Verschiedenartigkeit der Stoffe gegeben (siehe I.4.6).

Bei Entladung bildet sich auf beiden Plattenarten Bleisulfat, wobei Schwefelsäure verbraucht wird: der Elektrolyt wird leichter. Der Ladezustand der Batterie läßt sich aus der Säuredichte bestimmen. Bei 1,83 V Zellenspannung (unter Last gemessen) ist mit der Entladung aufzuhören.

Zur Ladung wird der Sammler an ein Ladegerät angeschlossen, dessen Spannung höher sein muß als die der Batterie, so daß wegen der Gegeneinanderschaltung (+ an +, – an –, siehe I.1.6) ein Strom in umgekehrter Richtung wie bei Entladung hindurchgetrieben wird: Ladestrom. Das Bleisulfat wird wieder in Blei bzw. Bleisuperoxyd zurückverwandelt, die Säure schwerer. Die Akkumulatoren lassen sich also wieder aufladen. Bei 2,7 V Zellenspannung ist mit der Ladung aufzuhören.

Die Kapazität eines Sammlers ist das Produkt aus Nennstrom mal Entladedauer It in Ah. Als Nenndauer der Entladung werden meist 3, 10 oder 20 Stunden angegeben. Die entnehmbare Kapazität hängt von der Entladedauer (und damit auch vom Entladestrom) ab nach:

Tafel I.4. Entnehmbare Kapazität eines Bleisammlers

Entladedauer	t in h	20	10	7,5	5	3	1	0,5
Zulässige Entnahme	It in % der 10stdg. Kapazität	110	100	95	85	75	50	40

Der Innenwiderstand des Bleisammlers ist sehr niedrig (etwa 0,15 Ω Ah je Zelle). Bei Kurzschlüssen ergeben sich daher gefährlich hohe Ströme (siehe I.3.6).

Infolge Selbstentladung verliert die Batterie durch chemische Umwandlung der Plattenmasse in Bleisulfat im Laufe einiger Monate ihre Ladung. Um Sulfatieren der Platten zu vermeiden (nimmt dann keine Ladung mehr an), ist alle 4 bis 8 Wochen nachzuladen, auch wenn die Batterie nicht benutzt wird.

Nur destilliertes Wasser nachfüllen (mit sauberen Glasgefäßen), weil sonst durch fremde Ionen starke Selbstentladung eintritt: Batterie hält Ladung nur kurze Zeit.

Der Wirkungsgrad (Wh-Wirkungsgrad) liegt bei 75 %, der Gütegrad (Ah-Wirkungsgrad) bei 90 %. Das Speichervermögen des Bleisammlers beträgt bei ortsfesten Batterien 10 Wh/kg, bei Fahrzeugbatterien 20 ... 30 Wh/kg.

4.8. Nickel-Akkumulator

Die alkalischen Sammler (Nickel-Eisen, Nickel-Cadmium) enthalten als +-Platten Nickel und als –-Platten Eisen bzw. Cadmium. Diese befinden sich in einem Stahlblechgefäß mit Kalilauge, deren Dichte (1,2 g/cm^3) nicht vom Ladezustand abhängt.

Vorteile gegenüber dem Bleisammler: Unempfindlich, lange Lebensdauer, geringe Selbstentladung, Stehen im leeren Zustand schadet nicht, keine Säuredämpfe, gasdichte Bauart bei kleinen Zellen möglich.

Nachteile gegenüber dem Bleisammler: Niedrigere Zellenspannung (≈ 1,2 V), stärkerer Spannungsrückgang bei Entladung (1,4 ... 1 V), Wh-Wirkungsgrad 50 %, Ah-Gütegrad 70 %, Innenwiderstand größer, teurer in der Anschaffung.

Das Speichervermögen ist nur wenig größer als das von Bleisammlern, so daß ein alkalischer Sammler kaum leichter ist als ein Bleisammler gleichen Wh-Inhalts.

5. Magnetismus

5.1. Magnetfeld

Das Magnetfeld ist ein besonderer Zustand des Raumes, der sich in Kraftwirkungen äußert, so daß Eisenfeilspäne sich zu Linien zusammenketten und Magnetnadeln (Kompasse) sich in einer bestimmten Zeigerichtung innerhalb dieser Linien einstellen. Der Raum in und um einen Magneten ist lückenlos mit Linien- und Zeigerichtung durchsetzt: Magnetfeld = Vektorfeld. Hängt man einen Magneten so auf, daß er sich in einer horizontalen Ebene drehen kann, dann zeigt das eine Ende ungefähr zum geographischen Nordpol der Erde, das andere zum Südpol. Das nach Nord zeigende Ende nennt man Nordpol, das andere Südpol.

Magnetische Zeigerichtungsregel
Laut Festsetzung zeigt das Magnetfeld außerhalb eines Magneten von dessen Nordpol zu dessen Südpol.

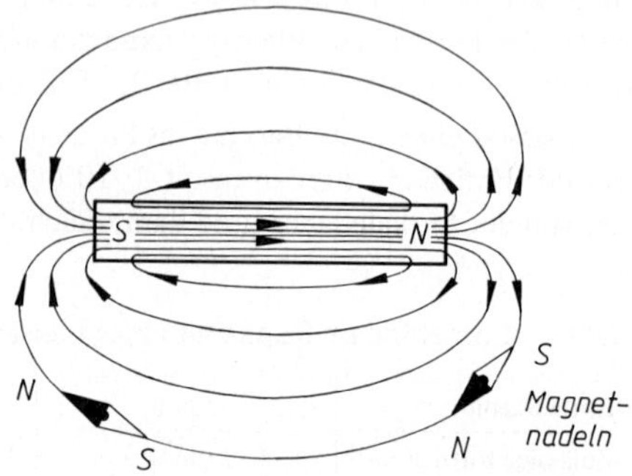

Bild I.24. Magnetfeld eines Stabmagneten

Die magnetischen Feldlinien sind in sich geschlossen. Sie zeigen demnach im Inneren des Magneten vom Süd- zum Nordpol. Obwohl der Raum lückenlos mit Linien- und Zeigerichtung durchsetzt ist, bedient man sich zur Veranschaulichung des Magnetfeldes einzelner Feldlinien. Überlagern sich mehrere Magnetfelder, so addieren sich ihre Feldlinien wegen des Vektorcharakters der Linien geometrisch zu einem resultierenden Feld.

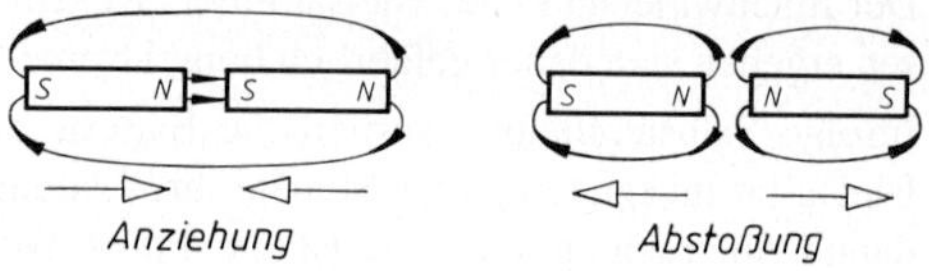

Bild I.25. Gegenseitige Kraftwirkung zweier Magnete

Magnetische Kraftwirkungsregel
Ungleichnamige Pole ziehen sich an, gleichnamige stoßen sich ab.

5.2. Magnetismus in Eisen und Stahl

Das Zustandekommen der besonderen magnetischen Eigenschaften der sogenannten ferromagnetischen Werkstoffe Eisen, Stahl, Nickel und Kobalt kann man sich auf grobe Weise durch das Vorhandensein von „Molekularmagneten" erklären. Nach dieser Theorie bildet jeder aus einigen Millionen Atomen bestehende Mikrokristall einen winzigen Magneten, der unter Reibung im Gefüge drehbar gelagert ist. Im nicht magnetisierten Zustand (Bild I.26a) liegen diese Molekularmagnete wirr durcheinander, so daß der von Natur aus im Material steckende Magnetismus nicht nach außen in Erscheinung tritt. Im magnetisierten Zustand (Bild I.26b) zeigen die Molekularmagnete überwiegend in die gleiche Richtung, so daß magnetische Feldlinien aus dem Material austreten.

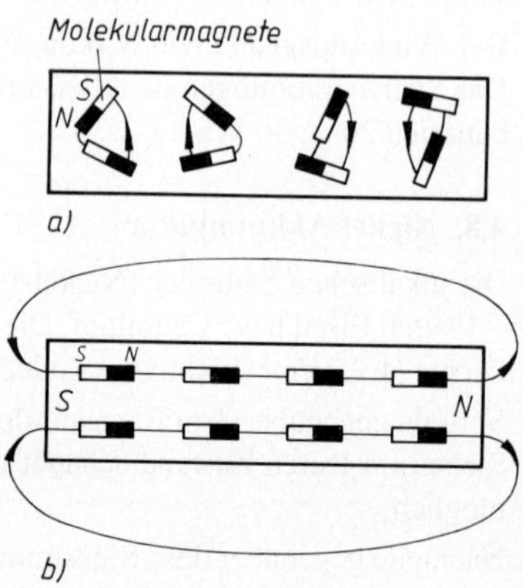

Bild I.26. Molekularmagnete in Eisen und Stahl
a) im nicht magnetisierten
b) im magnetisierten Zustand

Man unterscheidet magnetisch weichen Stahl, hier kurz „Eisen" genannt, und magnetisch harten Stahl, hier kurz „Stahl" genannt. Eisen bleibt nur solange magnetisiert, wie ein äußeres Richtfeld die Molekularmagnete ausgerichtet hält. Nach Fortfall dieses äußeren Feldes verliert Eisen seinen Magnetismus sofort wieder. Stahl dagegen behält einen großen Teil des Magnetismus auch nach Fortfall des Richtfeldes. Grund: Die Gefügereibung, die beim Ausrichten der Molekularmagnete überwunden werden muß, ist in Stahl groß, in Eisen klein. Die Molekularmagnete fallen bei Stahl also nicht von selbst wieder in die wirre Lage zurück.

Für Elektromagnete und elektrische Maschinen verwendet man ein magnetisch möglichst weiches Eisen, für Dauermagnete dagegen einen magnetisch möglichst harten Stahl.

Die Stärke des Magnetismus hängt vom Grad der Ausrichtung der Molekularmagnete ab. Bei vollständiger Ausrichtung spricht man von magnetischer Sättigung, das Material läßt sich nicht stärker magnetisieren.

5.3. Magnetfeld eines Leiters, Rechtsschraubenregel

Ein stromdurchflossener Leiter umgibt sich in Ebenen senkrecht zur Stromrichtung mit kreisförmigen magnetischen Feldlinien (Bild I.27).

Rechtsschraubenregel
Strom- und Magnetfeldrichtung bilden eine Rechtsschraube.

Die Stärke des Magnetfeldes ist proportional der Stromstärke und umgekehrt proportional dem Abstand r vom Leiter.

Die Ursache jedes Magnetfeldes ist eine Bewegung elektrischer Ladungen. Im stromdurchflossenen Leiter z.B. bewegen sich Elektronen und verursachen durch ihre Bewegung den Magnetismus um den Draht herum. Beim Dauermagneten wird jeder Molekularmagnet in einer bestimmten Ebene von Elektronen umkreist, die seinen Magnetismus erzeugen. Auch das magnetische Feld der Erde wird durch positive elektrische Ladungen, die die Erdkugel umkreisen, herbeigeführt.

Ursache des Magnetfeldes
Bewegte elektrische Ladungen (z.B. Elektronen) umgeben sich in Ebenen senkrecht zur Bewegungsrichtung mit einem Magnetfeld.

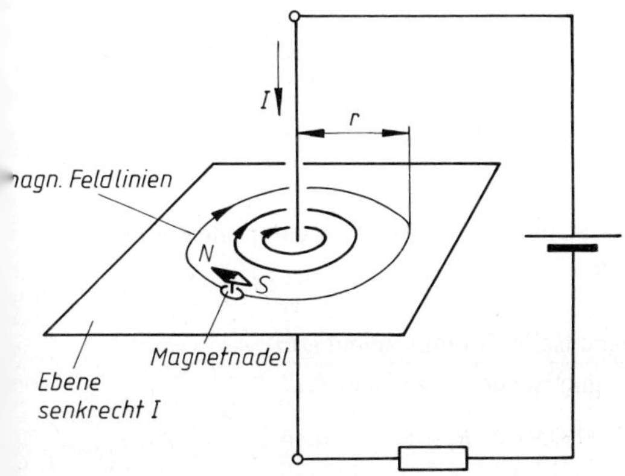

Bild I.27. Magnetfeld eines stromdurchflossenen geraden Leiters

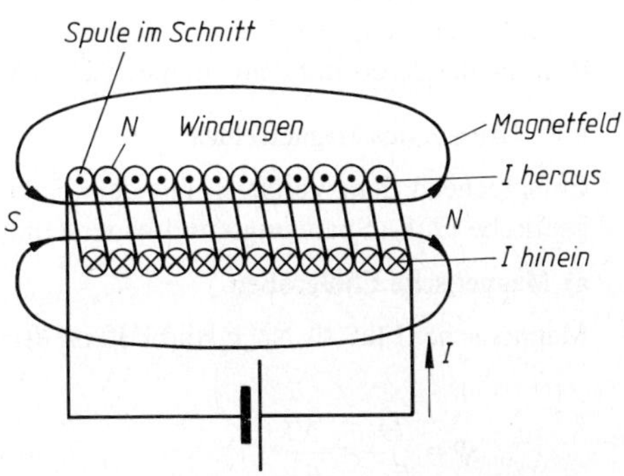

Bild I.28. Magnetfeld einer stromdurchflossenen Spule

5.4. Magnetfeld einer Spule

Wickelt man einen Leiter als Spule N-mal um den zu magnetisierenden Raum, dann wird dieser bei Stromfluß von der N-fachen Elektronenmenge pro Zeit umkreist, und man erhält im Inneren der Spule einen Magnetismus von N-facher Stärke (Bild I.28).

Die Stärke des Magnetfeldes einer Spule ist proportional ihrer Amperewindungszahl NI (Durchflutung). Bei Niederspannung erzeugt man die erforderliche AW-Zahl mit wenigen Windungen dicken Drahtes bei großer Stromstärke, bei hoher Spannung mit vielen Windungen dünnen Drahtes bei kleinem Strom.

5.5. Spule mit Eisenkern

Durch Einführung eines Eisenkerns in eine stromdurchflossene Spule wird der erzeugte Magnetismus erheblich verstärkt. Der durch die Spule fließende Strom erzeugt ein Raumfeld, das auch den Eisenkern durchsetzt und dessen Molekularmagnete ausrichtet (Ausrichtung = Polarisation). Dadurch kommt der von Natur aus im Eisen steckende Magnetismus als kräftiges Polarisationsfeld zusätzlich zur Wirkung. Polarisationsfeld und Raumfeld ergeben zusammen das starke Gesamtfeld. Das Magnetfeld ist umso stärker, je vollständiger der Eisenschluß des Feldlinienweges ist. Man macht aus diesem Grunde bei Elektromagneten und Maschinen den Luftspalt so klein wie möglich.

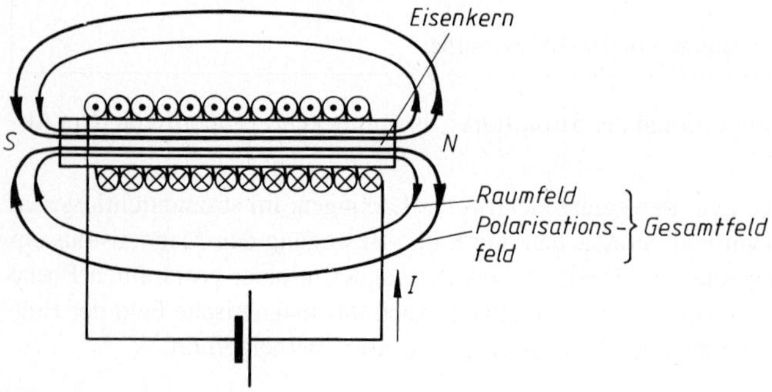

Bild I.29
Spule mit Eisenkern

5.6. Magnetischer Kreis

Man spricht vom „Magnetkreis", weil die Feldlinien des Magnetfeldes in sich geschlossen sind. Die rechnerische Behandlung des Magnetfeldes ähnelt formal stark der des elektrischen Stromkreises. Obgleich es beim Magnetfeld keine Strömung magnetischer Teilchen gibt, die mit der Elektronenströmung beim Stromkreis vergleichbar wäre, gelten doch die allgemeinen Strömungsgesetze, wie z. B. das Ohmsche und die Kirchhoffschen Gesetze. Formal sieht es so aus, als ob die „magnetische Gesamtspannung" $\Theta = NI$ (Durchflutung = Amperewindungszahl) den „magnetischen Fluß" Φ durch den Kreis mit dem „magnetischen Widerstand" R_m triebe (siehe I.5.7).

5.7. Größen des Magnetfeldes

Entsprechend dem Vergleich mit dem elektrischen Stromkreis (siehe I.5.6) unterscheidet man magnetische Fluß-, Spannungs- und Widerstandsgrößen.

a) Magnetische Flußgrößen

Magnetischer Fluß Φ. Nach Bild I.30 ist $\Phi = \dfrac{\text{magnetische Gesamtspannung } \Theta}{\text{magnetischen Widerstand } R_m}$

$$\Phi = \frac{\Theta}{R_m} = \frac{NI}{R_m} \qquad \text{(I.21)}$$

Φ	$\Theta = NI$	R_m
Vs	A	$\frac{A}{Vs}$

(Ohmsches Gesetz des Magnetkreises)

Dem magnetischen Fluß Φ entspricht im elektrischen Stromkreis der Strom I. Der magnetische Fluß Φ hat die Einheit

1 Voltsekunde (Vs) = 1 Weber = 1 Wb

Die Einheit Voltsekunde ergibt sich aus dem Induktionsgesetz (siehe I.6.1).

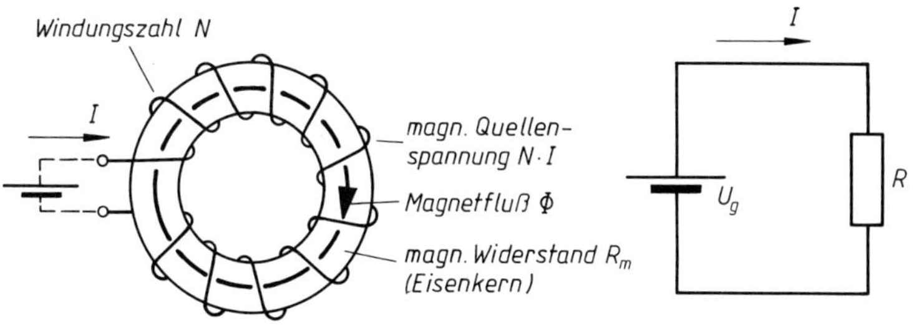

Bild I.30
Magnetischer Kreis und elektrischer Stromkreis

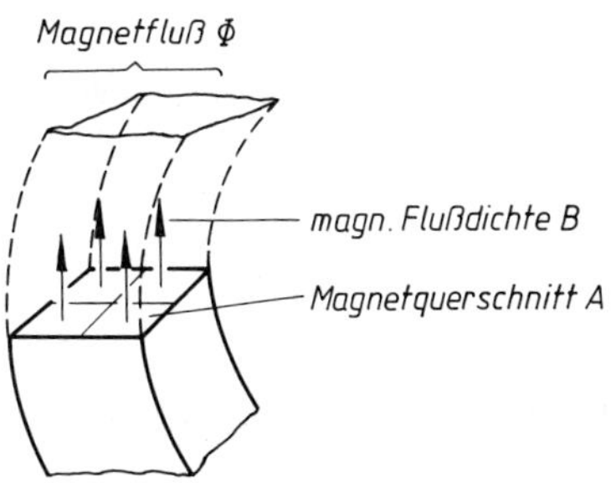

Bild I.31. Magnetischer Fluß Φ und magnetische Flußdichte B

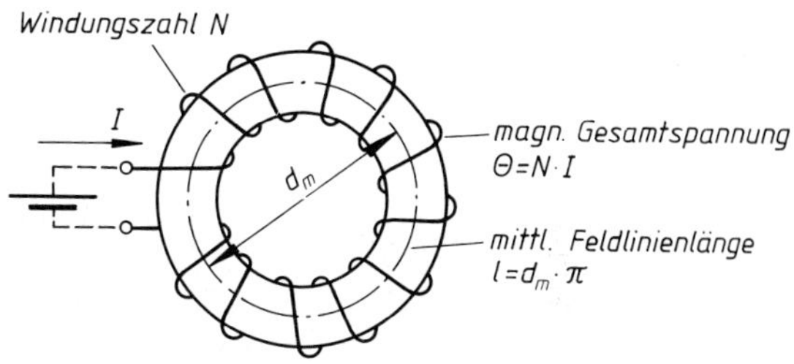

Bild I.32. Magnetische Spannung Θ und Feldstärke H

Magnetische Flußdichte B. Bild I.31 stellt einen Ausschnitt aus dem Ring von Bild I.30 dar. Demnach ist:

$$\text{magnetische Flußdichte } B = \frac{\text{magnetischer Fluß } \Phi}{\text{Magnetquerschnitt } A}$$

$$B = \frac{\Phi}{A} \qquad \text{(I.22)}$$

B	Φ	A
$\frac{\text{Vs}}{\text{m}^2} = 1\,\text{T}$	Vs = 1 Wb	m^2

Die magnetische Flußdichte B wird als magnetische Induktion bezeichnet. Sie ist vergleichbar mit der Stromdichte J des elektrischen Stromkreises (siehe 1.1.3). B hat die Einheit:

$$1\,\frac{\text{Vs}}{\text{m}^2} = 1\,\text{Tesla} = 1\,\text{T}$$

b) Magnetische Spannungsgrößen

Magnetische Gesamtspannung Θ (Durchflutung). Nach Bild I.32 ist:

magnetische Gesamtspannung Θ = Amperewindungszahl

$$\Theta = NI \qquad \text{(I.23)}$$

Θ	N	I
A	1	A

Magnetische Feldstärke H. Nach Bild I.32 ist:

$$\text{magnetische Feldstärke } H = \frac{\text{magnetische Spannung } (NI)}{\text{Feldlinienlänge } l}$$

$$H = \frac{NI}{l}$$

H	N	I	l
$\frac{A}{m}$	1	A	m

(I.24)

Die magnetische Feldstärke H ist vergleichbar mit der elektrischen Feldstärke E_f im elektrischen Stromkreis (siehe I.8.2). H stellt die magnetische Spannung dar, die auf ein Feldlinienstück von 1 m Länge entfällt. H hat die Einheit:

$$1 \text{ Amperewindung pro Meter } \left(\frac{A}{m}\right)$$

c) Magnetische Widerstandsgrößen

Magnetischer Widerstand R_m. Entsprechend dem elektrischen Widerstand $R = 1/(\gamma A)$ ist der magnetische Widerstand

$$R_m = \frac{l}{\mu A}$$

R_m	l	μ	A
$\frac{A}{Vs}$	m	$\frac{Vs}{Am}$	m^2

(I.25)

Der magnetische Widerstand R_m entspricht dem Widerstand R des elektrischen Stromkreises und R_m hat die Einheit A/Vs.

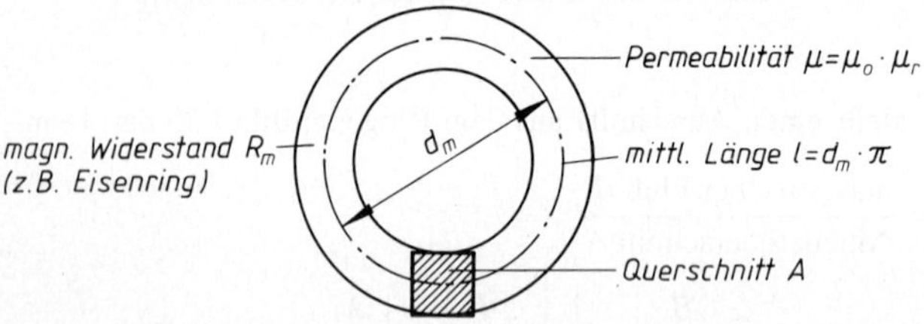

Bild I.33
Magnetischer Widerstand R_m und Permeabilität μ

Die Permeabilität μ ist die magnetische Leitfähigkeit eines „Leiters" magnetischer Feldlinien. Ihr entspricht im elektrischen Stromkreis die elektrische Leitfähigkeit γ (siehe I.1.4).

Permeabilität

$$\mu = \mu_0 \mu_r$$

μ, μ_0	μ_r
$\frac{Vs}{Am}$	1

(I.26)

Die magnetische Feldkonstante μ_0 (Induktionskonstante) ist das Verhältnis der im *leeren Raum* erzeugten Flußdichte B_0 zur erregenden Feldstärke H:

$$\mu_0 = \frac{B_0}{H}$$

μ_0	B_0	H
$\frac{Vs}{Am}$	$\frac{Vs}{m^2}$	$\frac{A}{m}$

(I.27)

Ihre Größe ist $\mu_0 = 1{,}256 \cdot 10^{-6}$ Vs/Am, d.h. die Feldstärke $H = 1$ A/m erzeugt *im Vakuum* die Flußdichte $B_0 = 1{,}256 \cdot 10^{-6}$ Vs/m^2 = $1{,}256 \cdot 10^{-6}$ T.

Die Permeabilitätszahl μ_r ist das Verhältnis der *im Stoff* erzeugten Flußdichte B zur Flußdichte B_0 im leeren Raum:

$$\mu_r = \frac{B}{B_0} \qquad \begin{array}{c|c} \mu_r & B, B_0 \\ \hline 1 & \text{gleiche Einheit} \end{array} \qquad (I.28)$$

Für *Vakuum* und *Luft* ist $\mu_r \approx 1$, d.h. die im Stoff „Luft" erzeugte Flußdichte B ist ebenso groß wie B_0 im leeren Raum.

Bei den *ferromagnetischen Werkstoffen* ist $\mu_r \gg 1$, d.h. die in diesen Stoffen erzeugte Flußdichte B ist wegen der Ausrichtung der Molekularmagnete viel größer als B_0, das erzeugt würde, wenn der gleiche Raum nicht mit polarisierbarem Stoff ausgefüllt wäre (siehe I.5.5).

5.8. Magnetisierungskurven

Die Permeabilität der ferromagnetischen Werkstoffe ist nicht konstant, so daß man deren magnetische Eigenschaften durch *Magnetisierungskurven* angibt. Diese stellen die Abhängigkeit der im Stoff erzeugten Flußdichte B von der erregenden Feldstärke H dar. Sie sind je nach Material verschieden. Die Magnetisierungskurve für magnetisch weiches Eisen (Bild I.34) zeigt, daß man im Berich von 0 bis etwa 1,2 T mit wenigen Amperewindungen/m bereits große B-Werte erzielen kann. Oberhalb dieses sogenannten „Knicks" der Magnetisierungskurve ist ein erheblicher Aufwand an Amperewindungen (elektrische Leistung, Spulenerwärmung) erforderlich, um B noch ein wenig höher zu treiben. Aus diesem Grunde wählt man bei Weicheisen B selten höher als 1,5 T. Die Magnetisierungskurven werden meist so benutzt, daß man ihnen für die gewählte Flußdichte B die erforderliche Feldstärke H = notwendige Amperewindungszahl je m Feldlinienlänge entnimmt.

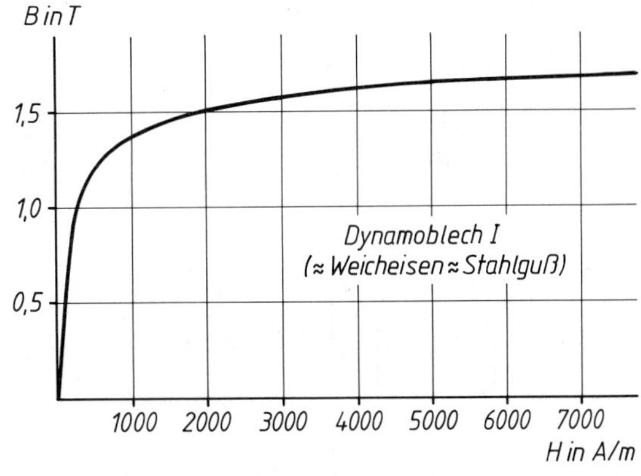

Bild I.34. Magnetisierungskurve von Dynamoblech *I*

Beispiel: Der in den Bildern I.32 und I.33 dargestellte Ring besteht aus Weicheisen. Er hat d_m = 318 mm mittleren Durchmesser, einen Querschnitt von 50 mm · 50 mm und trägt eine Spule von N = 800 Windungen.

a) Welche magnetische Feldstärke ist erforderlich, um den Ring auf 1,2 T zu magnetisieren?

b) Welche Amperewindungszahl (magnetische Gesamtspannung) muß dafür aufgewendet werden?

c) Welcher Strom muß fließen?

d) Wie groß ist der im Ring erzeugte Magnetfluß?

e) Wie groß ist die Permeabilitätszahl des Eisens bei dieser Flußdichte?

Lösung: a) Aus der Magnetisierungskurve von Weicheisen (Bild I.34) ergibt sich für B = 1,2 T: H = 500 A/m erforderliche Feldstärke.

b) $H = \frac{NI}{l}$; $NI = Hl = 500 \frac{\text{A}}{\text{m}} \cdot 0{,}318 \text{ m} \cdot \pi = 500$ A erforderliche AW-Zahl

c) $I = \frac{NI}{N} = \frac{500\text{ A}}{800} = 0{,}625\text{ A}$ erforderliche Stromstärke

d) $B = \frac{\Phi}{A}$; $\Phi = BA = 1{,}2\,\frac{\text{Vs}}{\text{m}^2} \cdot 25 \cdot 10^{-4}\,\text{m}^2 = 3 \cdot 10^{-3}\,\text{Vs}$

e) $\mu_r = \frac{B}{B_0}$ | $B_0 = \mu_0 H$ aus Gl. (I.27)

$$\mu_r = \frac{B}{\mu_0 H} = \frac{1{,}2\,\frac{\text{Vs}}{\text{m}^2}}{1{,}256 \cdot 10^{-6}\,\frac{\text{Vs}}{\text{Am}} \cdot 500\,\frac{\text{A}}{\text{m}}} = 1910$$

d.h. bei Ausfüllung des Spuleninneren mit dem Eisenring ergibt sich bei 1,2 T eine 1910mal so große Flußdichte wie bei leerer Spule.

5.9. Magnetische Zugkraft

Die Zug- bzw. Haltekraft F eines Magnetpols ist um so höher, je stärker die magnetische Flußdichte B im Luftspalt und je größer der Polquerschnitt A ist:

Magnetische Zugkraft

$$F = \frac{1}{2\,\mu_0}\,B^2 A \qquad \text{(I.29)}$$

F	μ_0	B	A
$\frac{\text{Ws}}{\text{m}} = \text{N}$	$\frac{\text{Vs}}{\text{Am}}$	$\frac{\text{Vs}}{\text{m}^2} = \text{T}$	m^2

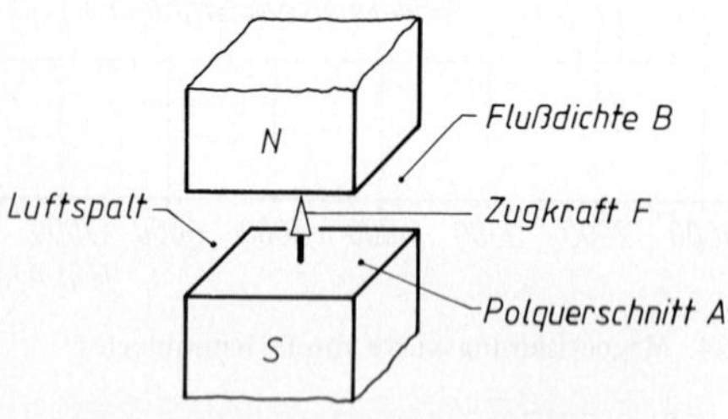

Bild I.35
Zugkraft eines Magnetpols

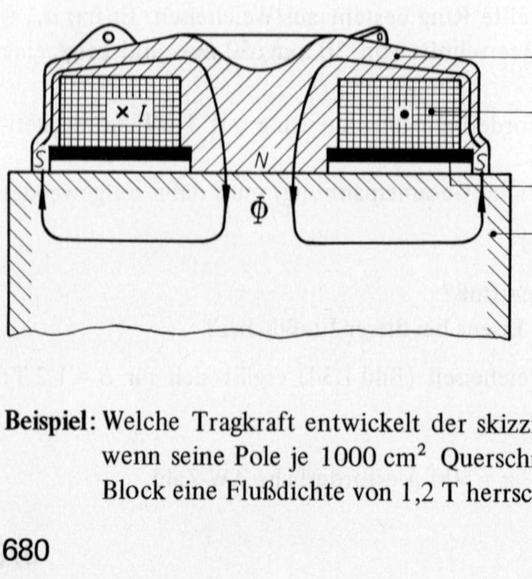

Bild I.36
Runder Lasthebemagnet

■ **Beispiel:** Welche Tragkraft entwickelt der skizzierte Lasthebemagnet von 1 m Außendurchmesser, wenn seine Pole je 1000 cm² Querschnitt haben und im Luftspalt zwischen Magnet und Block eine Flußdichte von 1,2 T herrscht?

Lösung: $F = \frac{1}{2\mu_0} B^2 A$ | $A = 2 A_{pol} = 2 \cdot 1000\ \text{cm}^2 = 2000\ \text{cm}^2 = 0{,}2\ \text{m}^2$

$$F = \frac{1}{2 \cdot 1{,}256 \cdot 10^{-6} \frac{\text{Vs}}{\text{Am}}} \cdot 1{,}2^2 \frac{\text{V}^2\text{s}^2}{\text{m}^4} \cdot 0{,}2\ \text{m}^2 = 114650 \frac{\text{Ws}}{\text{m}} = 114650\ \text{N}$$

Das entspricht einer Tragfähigkeit von 11,5 t bei 1 m Außendurchmesser.

6. Induktion und Kraftwirkung im Magnetfeld

6.1. Induktion durch Bewegung, Induktionsgesetz

Bewegt man einen Magneten in eine Spule hinein oder heraus, dann beobachtet man am Spannungsmesser während der Dauer der Relativbewegung zwischen Magnet und Spule eine Spannung U_g. Diese ist um so höher, je stärker der Magnet und je rascher die Bewegung ist. Bei „heraus" ist die Polarität von U_g umgekehrt wie bei „hinein" (Bild I.37).

Induktionsregel
Ändert sich in einer Spule der Magnetfluß Φ, dann wird in ihr während der Dauer der Flußänderung eine elektrische Spannung induziert.

Die Größe der induzierten Spannung U_g ist proportional der Spulenwindungszahl N und der Änderungsgeschwindigkeit $\Delta\Phi/\Delta t$ des Magnetflusses:

$$U_g = -N \frac{\Delta\Phi}{\Delta t} \qquad (I.30)$$

U_g	Φ	t
V	Vs	s

(*Induktionsgesetz bei Flußänderung*)

$\Delta\Phi = \Phi_{end} - \Phi_{anfang}$ Magnetflußänderung; Δt zur Magnetflußänderung $\Delta\Phi$ gehörende Zeitspanne.

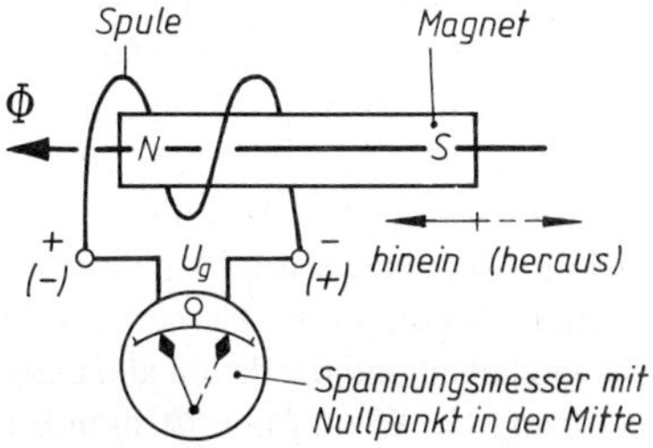

Bild I.37. Induzierung einer Spannung durch Relativbewegung zwischen Magnet und Spule

Beispiel: Ein Magnet wird in 0,5 s aus einer Spule mit 200 Windungen herausgezogen. Er induziert dabei eine mittlere Spannung von 80 mV. Wie groß ist der Fluß Φ des Magneten?

Lösung: $U_g = -N \frac{\Delta\Phi}{\Delta t} = -N \frac{\Phi_{end} - \Phi_{anfang}}{\Delta t}$ | $\Phi_{end} = 0$ weil, Magnet draußen; $\Phi_{anfang} = \Phi$ weil, Magnet drinnen; $\Delta t = t$

$$U_g = -N \frac{-\Phi}{t}$$

$$\Phi = \frac{U_g t}{N} = \frac{80 \cdot 10^{-3}\ \text{V} \cdot 0{,}5\ \text{s}}{200} = 0{,}2 \cdot 10^{-3}\ \text{Vs}$$

d.h. der Magnet ist so stark, daß er beim Herausziehen in 1 s in jeder einzelnen Windung der Spule eine Spannung von 0,2 mV während dieser Sekunde induziert (Einheit „Voltsekunde" des Magnetflusses!).

Angewendet wird die Induktion durch Bewegung beim Generator. Bei diesem wird eine Spule im Magnetfeld oder ein Magnet in einer Spule so gedreht, daß sich der Magnetfluß in der Spule ändert (siehe I.8.1).

6.2. Gegenseitige Induktion

Zwei Spulen sind elektrisch voneinander isoliert, jedoch magnetisch miteinander gekoppelt, d. h. das Magnetfeld, das die stromdurchflossene Spule (1) erzeugt, durchsetzt auch die andere (2). Der gemeinsame Eisenkern ergibt eine besonders feste magnetische Kopplung. Läßt man den Strom I in Spule 1 durch Stellen am Widerstand R zu- oder abnehmen, dann ändert sich der Fluß Φ in gleicher Weise. Da Φ auch Spule 2 durchsetzt, induziert die Flußänderung in ihr die Spannung U_g, deren Polarität verschieden ist je nach Zu- oder Abnahme von Φ (Wechselspannung!).

Angewendet wird die gegenseitige Induktion z. B. beim Transformator, der zum Umspannen von Wechselspannungen benutzt wird (siehe II.4).

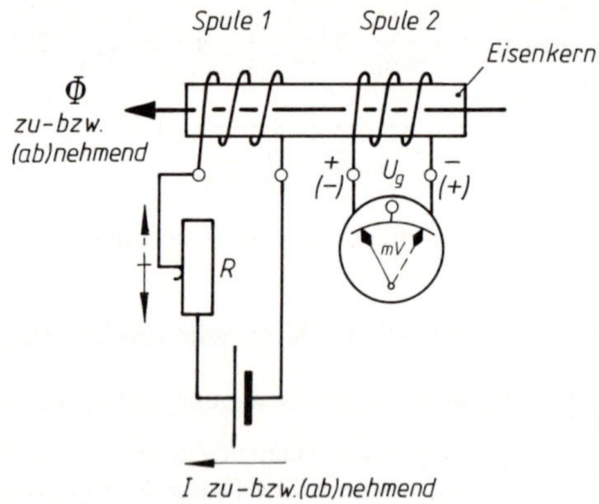

Bild I.38. Gegenseitige Induktion

6.3. Selbstinduktion, Induktivität

Beim Einschalten der Spannung an einer Spule erzeugt der Strom I in ihr einen Magnetfluß, der vom Wert Null auf Φ ansteigt. Die dadurch bedingte Flußänderung induziert in der Spule eine Spannung U_g, die der angelegten U entgegengerichtet ist (Gegeneinanderschaltung, siehe I.1.6). I und Φ steigen verhältnismäßig langsam an, weil im ersten Augenblick $U_g = U$ und daher $I = (U - U_g)/R_{spule} = 0$ ist. I und Φ steigen so langsam an, daß $U_g = -N\Delta\Phi/\Delta t$ im ersten Augenblick nach dem Einschalten nicht größer als U wird. Je mehr sich I und Φ ihren Endwerten nähern, desto kleiner wird ihre Änderungsgeschwindigkeit und die davon abhängige Selbstinduktionsspannung U_g. Wenn I und Φ ihren Endwert praktisch erreicht haben, ändern sie sich nicht mehr, es wird $U_g = 0$ und $I = U/R_{spule}$.

Beim Ausschalten gehen I und Φ sehr rasch auf Null, $\Delta\Phi/\Delta t$ ist dabei sehr groß und induziert kurzzeitig eine sehr hohe Abschaltspannung U_g. Diese kann so hohe Werte annehmen, daß die Spulenisolation durchschlägt, besonders, wenn die Spule auf einem dicken geblechten Eisenkern sitzt und viele Windungen hat.

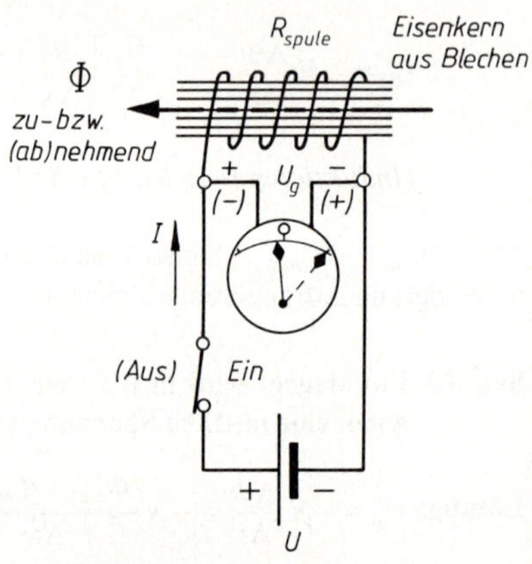

Bild I.39. Ein- und Ausschaltung einer Selbstinduktionsspule

Als Induktivität L bezeichnet man die Fähigkeit einer Spule, auf Stromänderungen mit Selbstinduktionsspannung U_g zu reagieren. Je höher U_g bei gegebener Stromänderungsgeschwindigkeit $\Delta I/\Delta t$ ist, desto größer ist L. Bei Stromänderungen gilt:

$$U_g = -L\,\frac{\Delta I}{\Delta t} \qquad (I.31)$$

U_g	L	I	t
V	$\frac{\text{Vs}}{\text{A}} = \text{H}$	A	s

(*Induktionsgesetz bei Stromänderung*)

$\Delta I = I_{end} - I_{anfang}$ Stromänderung; Δt zur Stromänderung ΔI gehörende Zeit.

Die Größe der Induktivität L läßt sich aus der Windungszahl N der Spule und dem magnetischen Widerstand R_m (siehe I.5.7) bzw. dem magnetischen Leitwert $\Lambda = 1/R_m$ ihres Feldlinienweges ermitteln:

$$L = \frac{N^2}{R_m} = N^2 \Lambda \qquad (I.32)$$

L	N	R_m	Λ
$\frac{Vs}{A} = H$	1	$\frac{A}{Vs}$	$\frac{Vs}{A}$

Die Einheit der Induktivität L ist das Henry (H): $1\,H = 1\,\frac{Vs}{A}$

■ **Beispiel:** Ein aus Blechen bestehender ringförmiger Eisenkern (vgl. Bilder I.32 und I.33) hat 100 mm mittleren Durchmesser und 8 cm² Eisenquerschnitt (Material: Dyn.Bl.I). Er trägt eine Spule von 2200 Windungen und 14 Ω Widerstand, die an einer Spannung von 1 V liegt.

a) Wie groß ist die Induktivität L der Spule, wenn die Flußdichte im Eisenkern 1,2 T beträgt?

b) Wie groß wird die Selbstinduktionsspannung beim Abschalten, wenn der Strom in 1/100 s auf Null absinkt?

Lösung: a) $L = \frac{N^2}{R_m}$ | $R_m = \frac{l}{\mu A} = \frac{l}{\mu_0 \mu_r A}$ aus (I.25) und (I.26)

$L = \frac{N^2 \cdot \mu_0 \cdot \mu_r \cdot A}{l}$ | $\mu_0 \mu_r = \frac{B_0}{H} \cdot \frac{B}{B_0} = \frac{B}{H}$ aus (I.27) und (I.28)

darin $H = 500\,\frac{A}{m}$ für $B = 1{,}2$ T

aus Magnetisierungskurve Bild I.34

$$\mu_0 \mu_r = \frac{1{,}2 \cdot 10^{-6}\,\frac{Vs}{m^2}}{500\,\frac{A}{m}} = 2400 \cdot 10^{-6}\,\frac{Vs}{Am}$$

$$L = \frac{2200^2 \cdot 2400 \cdot 10^{-6}\,\frac{Vs}{Am} \cdot 8 \cdot 10^{-4}\,m^2}{0{,}314\,m} = 29{,}6\,H$$ beträgt die Induktivität der Spule

b) $U_g = -L\,\frac{\Delta I}{\Delta t}$ | $\Delta I = I_{end} - I_{anfang}$ | $I_{anfang} = \frac{U}{R} = \frac{1\,V}{14\,\Omega}$

$I_{anfang} = 0{,}0715$ A

$\Delta I = 0 - 0{,}0715\,A = -0{,}0715$ A

$$U_g = -29{,}6\,\frac{Vs}{A} \cdot \frac{-0{,}0715\,A}{0{,}01\,s} = 212\,V$$ Abschaltspannung

Angewendet wird die hohe Abschaltspannung einer Selbstinduktionsspule z. B. bei der Kraftfahrzeugzündung (Zündspule). Beim Öffnen des Unterbrecherkontakts entsteht eine Zündspannung von etwa 15 000 V.

Bei Wechselstrom wirkt die Selbstinduktionsspule als *„Drosselspule"*. Der langsame Stromanstieg bewirkt, daß der Strom I wegen des raschen Wechselns der Polarität nicht auf seinen Endwert ansteigen kann. I bleibt daher stets unter dem Wert U/R_{spule}, d. h. die Spule hat bei Wechselspannung scheinbar einen höheren Widerstand als bei Gleichspannung. Sie wirkt auf den Wechselstrom „drosselnd" (siehe I.8.5).

6.4. Induktionsstrom, Lenzsche Regel

Bewegt man einen Magneten in einer kurzgeschlossenen (oder mit einem Verbraucher belasteten) Spule, dann treibt die induzierte Spannung einen Strom I (Induktionsstrom). Dieser erzeugt ebenfalls ein Magnetfeld, den Spulenfluß Φ_{sp}.

Beim Hineinbewegen (Bild I.40a) steigt der Magnetfluß in der Spule durch das Eindringen von Φ_m an. Der vom Induktionsstrom erzeugte Spulenfluß Φ_{sp} ist ein Gegenfluß, der entgegengesetzt zum eindringenden Fluß Φ_m zeigt. Der Gegenfluß sucht die Induktionsursache, das Ansteigen des Magnetflusses zu behindern.

Beim Herausbewegen (Bild I.40b) geht der Magnetfluß in der Spule durch das Herausnehmen von Φ_m zurück. Die Polarität der induzierten Spannung und damit die Richtung des Induktionsstromes I und des Spulenflusses Φ_{sp} kehren sich um. Φ_{sp} wird dadurch zum Mitfluß, der ebenso zeigt wie der herausbewegte Fluß Φ_m. Der Mitfluß sucht die Induktionsursache, den Rückgang des Magnetflusses, zu behindern.

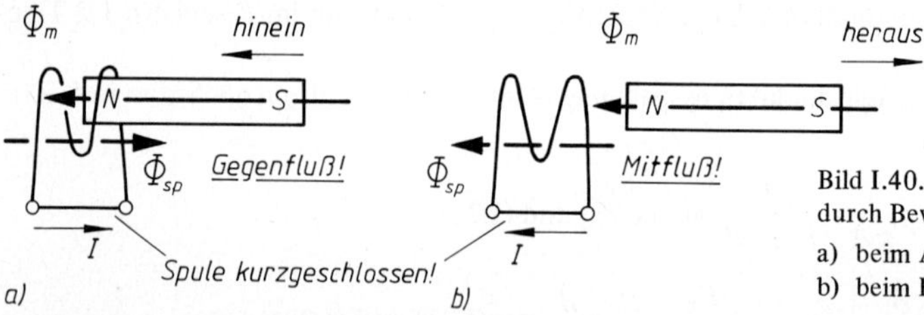

Bild I.40. Induktionsstrom bei Induktion durch Bewegung
a) beim Ansteigen
b) beim Rückgang des Magnetflusses

> **Behinderungsregel (Lenzsche Regel)**
> Induzierte Größen suchen ihre Ursache, d. h. den Flußanstieg bzw. -rückgang, zu behindern.

Die Behinderungsregel gilt wegen des Energieprinzips: bei Unterstützung statt Behinderung würde Energie aus dem Nichts entstehen!

Bei gegenseitiger Induktion nach Bild I.38 würde bei kurzgeschlossener Spule 2 von der induzierten Spannung U_g ebenfalls ein Induktionsstrom I getrieben, der den Flußanstieg bzw. -rückgang durch Bildung eines Gegen- bzw. Mitflusses behindern würde.

Als Wirbelstrom bezeichnet man einen Induktionsstrom, der durch Magnetflußänderung in einer geschlossenen Metallmasse entsteht. Wenn z.B. eine von Wechselstrom durchflossene Wicklung (Spule 1) einen massiven Eisenkern magnetisiert, dann induziert die dauernde Änderung des Magnetflusses $\Phi_{\sim}$ in dem als kurzgeschlossene Spule 2 wirkenden Eisenkern einen starken Wirbelstrom I_i, der das Eisen erwärmt und somit Verluste hervorruft. Durch Zusammensetzen des Kerns aus einzelnen durch Papier oder Lack elektrisch voneinander isolierten Blechen (Bild I.41) wird die Wirbelstrombahn unterbrochen und die Wirbelstromverlustleistung auf etwa $1/N^2$ herabgesetzt (N Blechanzahl). Genormte Blechstärken sind 1,0; 0,75; 0,5 und 0,35 mm. Eine weitere Herabsetzung der Wirbelströme in Eisen wird durch Legierung mit Silicium erreicht (Dyn.Bl.II ... IV).

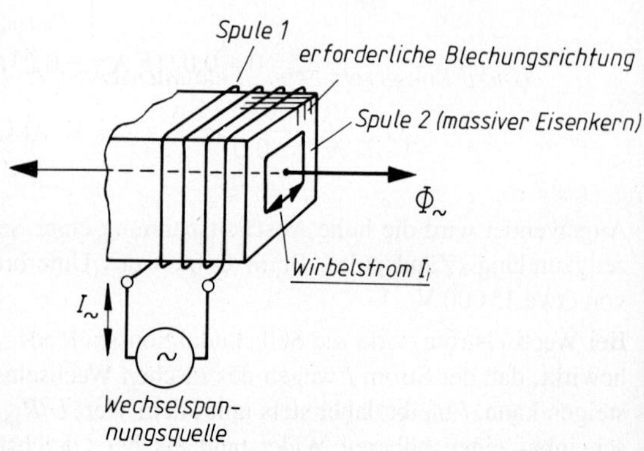

Bild I.41. Wirbelstrom in einem massiven Eisenkern

Durch Si wird außerdem das dauernde Umklappen der Molekularmagnete erleichtert, das bei Wechselstrom ebenfalls Verluste und Erwärmung hervorruft (Gefügereibung, siehe I.5.2).

Angewendet wird der Wirbelstrom z. B. bei der induktiven Erwärmung (Induktionsofen). Das zu erwärmende Metall wird in ein Magnetfeld von höherer Frequenz (z. B. 1000 kHz) gebracht, das in ihm starke Wirbelströme induziert und das Metall erhitzt. Bei kurzer Aufheizdauer und sofortiger Abschreckung ist Oberflächenhärtung möglich, weil der Wirbelstrom praktisch nur in der Oberflächenzone fließt und diese zuerst erwärmt (Stromverdrängungseffekt).

6.5. Spannungserzeugung im geraden Leiter

Regel: Kraftwirkung zwischen Magnetfeld und bewegter elektrischer Ladung
Auf jede elektrische Ladung (z.B. Elektron), die quer zum Magnetfeld bewegt wird, übt das Feld eine Kraft aus, die senkrecht auf der Bewegungs- und der Magnetfeldrichtung steht.

Bewegt man einen geraden Leiter durch ein Magnetfeld von der Flußdichte B mit der Geschwindigkeit v, dann tritt zwischen seinen Enden eine elektrische Spannung U_g auf. Grund: Die im Leiter vorhandenen Leitungselektronen nehmen an der Bewegung des Leiters teil, wobei auf sie vom Magnetfeld eine Kraft F senkrecht zur Bewegungs- und Magnetfeldrichtung, also in Längsrichtung des Leiters, ausgeübt wird. Da die Elektronen im Leiter frei verschiebbar sind, wird die Elektronendichte an dem einen Leiterende größer, am anderen kleiner: Spannung U_g.

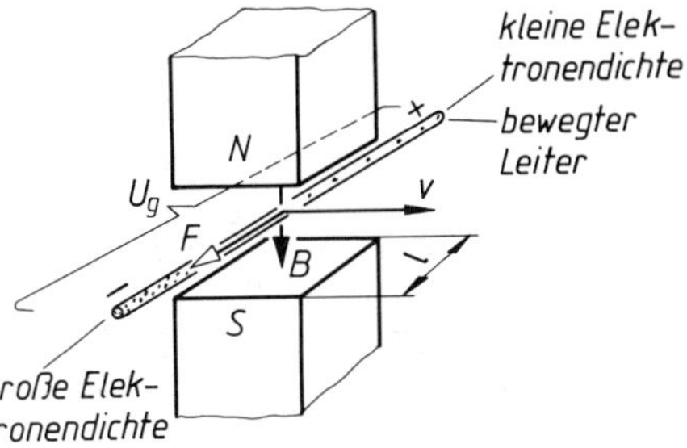

Bild I.42. Spannungserzeugung im geraden Leiter

Regel: „Feldlinienschneiden"
„Schneidet" ein Leiter magnetische „Feldlinien", dann wird in ihm eine Spannung induziert.

„Feldlinienschneiden" bedeutet: Bewegung durchs Magnetfeld senkrecht zu dessen Linienrichtung.

$$U_g = Blv \qquad \text{(I.33)}$$

U_g	B	l	v
V	$\frac{\text{Vs}}{\text{m}^2}$	m	$\frac{\text{m}}{\text{s}}$

(*Induktionsgesetz beim „Feldlinienschneiden"*)

l *wirksame* Länge des Leiters im Magnetfeld; v *Relativgeschwindigkeit* zwischen Feld und Leiter.

Beispiel: Ein Leiter befindet sich auf einer Länge von 60 cm in einem Magnetfeld von der Flußdichte 1,2 T. Er wird mit einer Geschwindigkeit von 5 m/s senkrecht zur Feldrichtung bewegt. Welche Spannung entsteht dabei im Leiter?

Lösung: $U_g = Blv = 1{,}2\ \frac{\text{Vs}}{\text{m}^2} \cdot 0{,}6\ \text{m} \cdot 5\ \frac{\text{m}}{\text{s}} = 3{,}6\ \text{V}$ Spannung zwischen den Leiterenden.

Angewendet wird das Induktionsgesetz in dieser Form z. B. beim Gleichstromgenerator, bei dem die Ankerdrähte von der Länge l mit der Geschwindigkeit v im Magnetfeld B gedreht werden, wobei die Spannung U_g induziert wird (siehe II.5.1).

6.6. Kraft auf geraden Leiter im Magnetfeld, Feldlinienballung

Bewegt man die Elektronen in einem ruhenden Leiter durch ein Magnetfeld, indem man einen Strom I hindurchschickt, dann übt das Feld auf jedes bewegte Elektron eine Kraft senkrecht zur Bewegungs- und Feldrichtung aus. Da die Elektronen den Leiter nicht quer zu dessen Längsachse verlassen können, drücken sie alle zusammen auf die Leiterwand mit der Gesamtkraft F. Kraft F auf stromdurchflossenen geraden Leiter im Magnetfeld:

$$F = B l I \qquad \text{(I.34)}$$

F	B	l	I
N	$\frac{\text{Vs}}{\text{m}^2}$	m	A

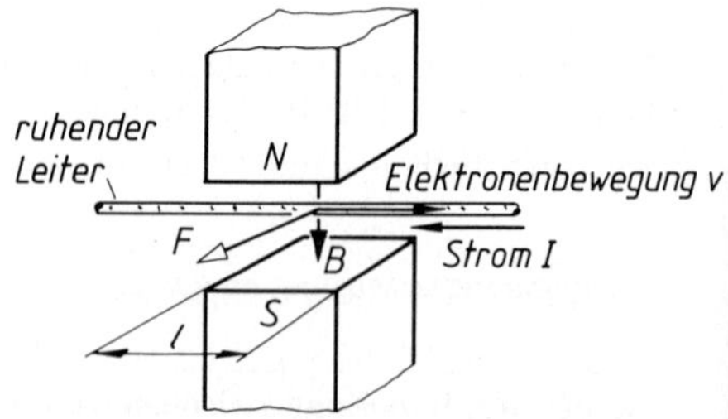

Bild I.43. Kraft auf stromdurchflossenen geraden Leiter im Magnetfeld

l wirksame Länge des Leiters im Magnetfeld; F Kraft zwischen Leiter und Feld.

- **Beispiel:** Ein Leiter befindet sich auf einer Länge von 60 cm in einem Magnetfeld von der Flußdichte 1,2 T. Er wird vom Strom 25 A durchflossen. Wie groß ist die Kraftwirkung zwischen Feld und Leiter?

Lösung: $F = B l I = 1{,}2\,\frac{\text{Vs}}{\text{m}^2} \cdot 0{,}6\ \text{m} \cdot 25\ \text{A} = 18\ \text{N}$

Angewendet wird diese Kraftwirkungsgleichung z. B. beim Gleichstrommotor, bei dem die Kraft F auf die vom Strom I durchflossenen Ankerdrähte von der Länge l im Magnetfeld B ausgeübt wird. Aus Kraft F und Hebelarm (Wirkabstand) r ergibt sich das Drehmoment $M = Fr$ des Motors (siehe II.6.1).

Die Richtung der Kraft ergibt sich aus der Strom- und der Magnetfeldrichtung nach der

Ballungsregel
Der stromdurchflossene Leiter sucht der Feldlinienballung auszuweichen.

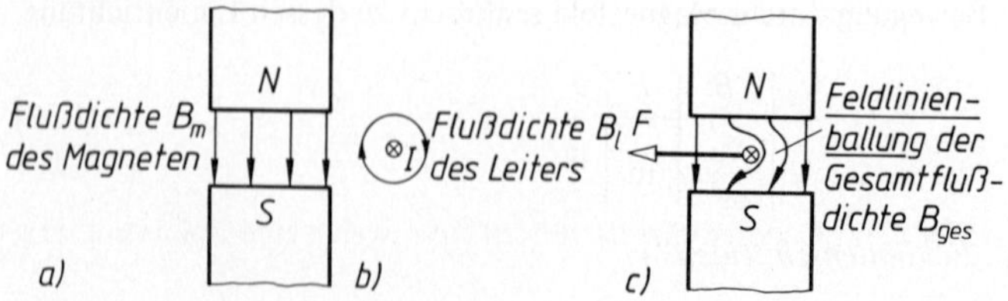

Bild I.44
Kraftrichtung aus Feldlinienballung
a) Feld des Magneten allein
b) Feld des Leiters allein
c) Gesamtfeld mit Ballung

Das Feld des Magneten (a) und das Feld des stromdurchflossenen Leiters (b) setzen sich zusammen zum resultierenden Gesamtfeld (c), das rechts vom Leiter Feldlinienballung zeigt. Der Leiter sucht nach links auszuweichen.

Das gleiche Ergebnis liefert die

Rechtehandregel
Hält man die rechte Hand so, daß die Magnetfeldlinien in ihre Innenfläche eintreten und der abgespreizte Daumen in Stromrichtung zeigt, dann geben die gestreckten Finger die Richtung der Kraft an.

7. Elektrisches Feld

7.1. Kondensator, Kapazität

Ein Kondensator besteht im einfachsten Fall aus zwei voneinander isolierten Metallplatten, die einander gegenüberstehen (Bild I.45).

a) Im ungeladenen Zustand haben beide Platten gleiche Elektronendichte.
b) Die Aufladung erfolgt durch eine Batterie, die das elektrische Gleichgewicht zwischen beiden Platten stört, indem sie Elektronen von der einen in die andere Platte drückt. Der Ladestrom hört auf, wenn die Kondensatorspannung U gleich der Quellenspannung U_q geworden ist.
c) Im geladenen Zustand speichert der Kondensator elektrische Energie, weil der Elektronendruckunterschied $U = U_q$ zwischen beiden Platten sich wegen der Isolation nicht ausgleichen kann.
d) Die Entladung erfolgt z. B. über einen Kurzschluß. Die Überschußelektronen der Minusplatte strömen wieder zurück, bis beide Platten wieder gleiche Elektronendichte haben.

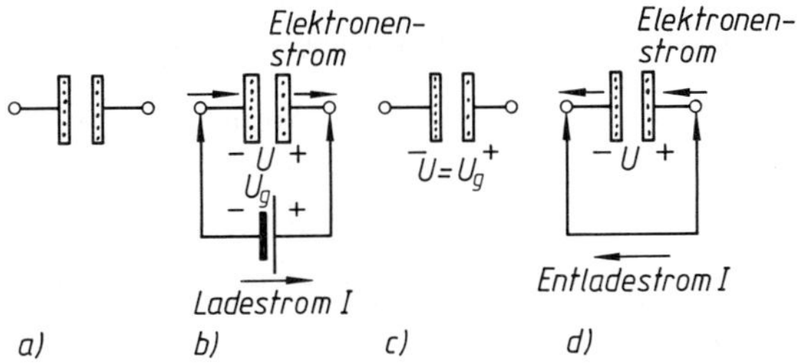

Bild I.45
Kondensator bei Gleichspannung
a) ungeladen
b) Aufladung
c) geladen
d) Entladung

Als Kapazität C eines Kondensators bezeichnet man den Quotienten aus der elektrischen Ladung Q und der elektrischen Spannung U:

$$C = \frac{Q}{U} = \frac{It}{U}$$

C	Q	U	I
$\frac{\text{As}}{\text{V}} = \text{F}$	As	V	A

$Q = It$ ist die elektrische Ladung (= Elektrizitätsmenge), die von der einen in die andere Platte geschoben wird.

Die Einheit der Kapazität C ist: $1\,\frac{\text{As}}{\text{V}} = 1$ Farad $= 1$ F.

Beispiel: Bei einem Kondensator fließt ein Ladestromstoß von 24 μAs, wenn eine Spannung von 6 V angelegt wird.
a) Welche Kapazität hat der Kondensator?
b) Welche elektrische Energie speichert er dabei?

Lösung: a) $C = \frac{Q}{U} = \frac{24 \cdot 10^{-6}\,\text{As}}{6\,\text{V}} = 4 \cdot 10^{-6}\,\text{F} = 4\,\mu\text{F}$ Kapazität

b) $W = U_{\text{mittel}}\, I\, t$ | $U_{\text{mittel}} = \frac{U}{2}$ weil die Spannung bei der Entladung vom Anfangswert U auf Null absinkt

$W = \frac{6}{2}\,\text{V} \cdot 24 \cdot 10^{-6}\,\text{As} = 72 \cdot 10^{-6}\,\text{Ws} = 72\,\mu\text{Ws}$ gespeicherte Energie bei 6 V Spannung

Bei Parallelschaltung von Kondensatoren ist die Gesamtkapazität C_{ges} gleich der Summe der Einzelkapazitäten:

$$C_{ges} = C_1 + C_2 + \ldots \text{ beliebig viele} \tag{I.36}$$

Bei Reihenschaltung von Kondensatoren ist der Kehrwert $1/C_{ges}$ der Gesamtkapazität gleich der Summe der Kehrwerte der Einzelkapazitäten:

$$\frac{1}{C_{ges}} = \frac{1}{C_1} + \frac{1}{C_2} + \ldots \text{ beliebig viele} \tag{I.37}$$

Gesamtkapazität bei 2 Kondensatoren in Reihe:

$$C_{ges} = \frac{C_1 C_2}{C_1 + C_2} \tag{I.38}$$

Bei Reihenschaltung verhalten sich die einzelnen Spannungsfälle umgekehrt wie die Kapazitätswerte, d. h. am kleinsten Kondensator liegt der größte Teil der Gesamtspannung.

7.2. Größen des elektrischen Feldes

Das elektrische Feld ist ein Zustand des Raumes zwischen den beiden Platten eines geladenen Kondensators, der sich z. B. durch Kraftwirkungen auf elektrisch geladene Teilchen äußert. Zwischen den positiven Ladungen der +-Platte und den negativen der −-Platte verlaufen „elektrische Feldlinien", d. h. der Raum ist lückenlos durchsetzt mit Linien- und Zeigerichtung (vgl. Magnetfeld I.5.1). Elektrisches und magnetisches Feld sind von völlig verschiedener Art. Sie haben jedoch *formal* große Ähnlichkeit miteinander (siehe I.5.1 und I.5.7).

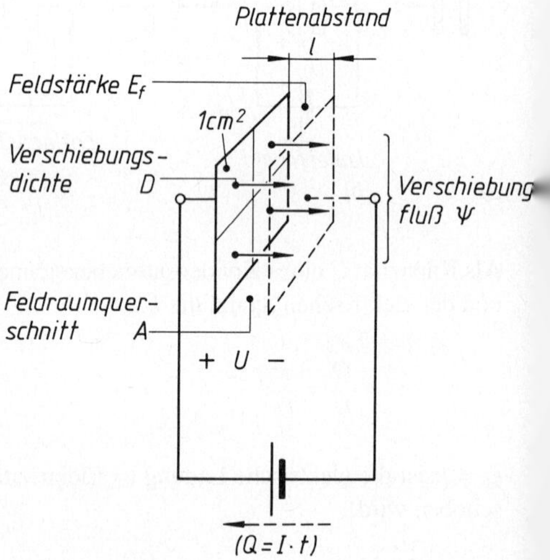

Bild I.46. Elektrische Feldgrößen am Beispiel des Plattenkondensators

Der elektrische Fluß Ψ läßt sich als „Gesamtzahl aller elektrischen Feldlinien" zwischen den voneinander getrennten elektrischen Ladungen auffassen. Seine Größe läßt sich angeben durch die Anzahl der verschobenen Elektronen, d.h. durch die Größe der elektrischen Ladung $Q = It$:

Elektrischer Fluß Ψ *= verschobene elektrische Ladung* Q

$$\Psi = Q = It \tag{I.39}$$

Ψ	Q	It
	As	

Die Einheit der elektrischen Ladung ist das Coulomb C : 1C = 1 As.

Die elektrische Flußdichte D läßt sich als „Anzahl der elektrischen Feldlinien je m² Feldraumquerschnitt" auffassen.

$$\text{Elektrische Flußdichte } D = \frac{\text{elektrischer Fluß } \Psi}{\text{Fläche } A}$$

$$D = \frac{\Psi}{A} \tag{I.40}$$

D	Ψ	A
$\frac{\text{As}}{\text{m}^2}$	As	m²

Die elektrische Feldstärke E_f läßt sich als „elektrische Spannung je m Feldlinienweg" auffassen.

$$\text{Elektrische Feldstärke} = \frac{\text{Spannung } U}{\text{Feldlinienlänge } l}$$

$$E_f = \frac{U}{l} \qquad (I.41)$$

E_f	U	l
$\frac{V}{m}$	V	m

l Feldlinienlänge = Abstand der Plattenoberflächen.

Die Permittivität ϵ verknüpft Feldstärke und elektrische Flußdichte:

elektrische Flußdichte D = Permittivität ϵ · *Feldstärke* E_f

$$D = \epsilon E_f = \epsilon_0 \, \epsilon_r \, E_f \qquad (I.42)$$

D	ϵ, ϵ_0	ϵ_r	E_f
$\frac{As}{m^2}$	$\frac{As}{Vm}$	1	$\frac{V}{m}$

Die elektrische Feldkonstante ϵ_0 (Influenzkonstante) ist das Verhältnis der elektrischen Flußdichte D_0 im leeren Raum zur Feldstärke E_f:

$$\epsilon_0 = \frac{D_0}{E_f} = 8{,}86 \cdot 10^{-12} \frac{As}{Vm}$$

Die Permittivitätszahl ϵ_r ist das Verhältnis der elektrischen Flußdichte D in Material und Raum zu D_0 im leeren Raum:

$$\epsilon_r = \frac{D}{D_0} \text{ (reine Vergleichszahl)}$$

Eine Gegenüberstellung der elektrischen und der magnetischen Feldgrößen zeigt die *formale* Ähnlichkeit beider Feldarten:

elektrischer Fluß	Ψ in As	–	Φ in Vs	magnetischer Fluß
elektrische Flußdichte	D in $\frac{As}{m^2}$	–	B in $\frac{Vs}{m^2}$	magnetische Flußdichte
elektrische Feldstärke	E_f in $\frac{V}{m}$	–	H in $\frac{A}{m}$	magnetische Feldstärke
Permittivität	ϵ in $\frac{As}{Vm}$	–	μ in $\frac{Vs}{Am}$	Permeabilität
elektrische Feldkonstante	ϵ_0 in $\frac{As}{Vm}$	–	μ_0 in $\frac{Vs}{Am}$	magnetische Feldkonstante
Permittivitätszahl	ϵ_r in $\frac{As}{Vm}$	–	μ_r in $\frac{Vs}{Am}$	Permeabilitätszahl
Kapazität	C in $\frac{As}{V}$	–	L in $\frac{Vs}{A}$	Induktivität

Beispiel für Größen des elektrischen Feldes siehe I.7.3.

7.3. Kapazität in Abhängigkeit von Isoliermaterial und Baugröße

Im Isoliermaterial ruft die elektrische Feldstärke eine Ausrichtung der „molekularen Dipole" (Teilchen mit +- und –-Pol) hervor, die der Ausrichtung der Molekularmagnete im Magnetfeld entspricht. Diese als „elektrische Polarisation" bezeichnete Erscheinung geht ebenfalls unter Gefügereibung vor sich (vgl. I.5.2). Bei Wechselspannung verursacht dies Erwärmung durch die sogenannten „dielektrischen Verluste" (vgl. Verluste durch dauerndes Umklappen der Molekularmagnete, I.5.2).

Tafel I.5. Permittivitätszahl ϵ_r und Durchschlagsfestigkeit $E_{f\,max}$ von Isolierstoffen (mittlerer Wert bei 50 Hz)

Stoff	ϵ_r	$E_{f\,max}$ $\frac{kV}{mm}$	Stoff	ϵ_r	$E_{f\,max}$ $\frac{kV}{mm}$
Aluminiumoxid	8,5	1000	Papier, getränkt für Kondensatoren	2 ... 5	20 ... 200
Aceton	21	–	Trolitax	5	15
Clophen	5	20	Polystrol (Styroflex)	2,4	100
Epsilan	bis 7000	–	Porzellan	6	32
Glas	6	20 ... 40	Schellack	3	–
Glimmer	7	25	Silicone	3 ... 9	–
Hartgewebe	6	18	Steatit	6	25
Kondensa C und F	70	15	Tempa S	15	15
Kondensa N	40	–	Vakuum	1	–
Luft	1	3	Wasser dest.	80	–
Mineralöl	2,2	8			

Durch Ausfüllen des Feldraumes zwischen den Kondensatorplatten mit Isolier*material* (statt Luft) ergibt sich eine größere Kapazität bei gleicher Baugröße, weil die Isolierstoffe höhere Permittivitätszahlen ϵ_r haben als Luft. Außerdem wird die zulässige Spannung höher, weil die Isolierstoffe eine größere Durchschlagsfestigkeit $E_{f\,max}$ haben als Luft.

Die Kapazität C eines Kondensators ist um so größer, je größer seine Plattenfläche A, je kleiner sein Plattenabstand l und je größer die Permittivität ϵ seines Isoliermaterials ist (siehe Bild I.46); sie hängt also von Baugröße und Isoliermaterial ab:

$$C = \frac{\epsilon_0\,\epsilon_r\,A}{l} \qquad (I.43)$$

C	ϵ_0	ϵ_r	A	l
$\frac{As}{V} = F$	$\frac{As}{Vm}$	1	m^2	m

A Plattenfläche = Feldraumquerschnitt zwischen den Platten; l Plattenabstand = Abstand der Plattenoberflächen.

■ **Beispiel:** Ein Kondensator besteht aus zwei Metallfolien von je 4,5 m Länge und 40 mm Breite, die durch zwei Lagen mit Clophen getränkten Papiers von je 8 μm Dicke getrennt sind (Wickelkondensator, siehe I.7.4).

a) Wie groß ist die Kapazität des Kondensators, wenn die Permittivitätszahl des Papiers $\epsilon_r = 5$ beträgt?
b) Wie groß ist die elektrische Beanspruchung des Papiers, wenn 160 V Gleichspannung angelegt werden?
c) Welche elektrische Flußdichte und welcher elektrischer Fluß stellen sich bei dieser Spannung ein?
d) Welche Kapazität ergibt sich aus elektrischem Fluß und Spannung?

Lösung: a) $C = \frac{\epsilon_0 \epsilon_r A}{l}$ | $A = 2 \cdot 4{,}5\ \text{m} \cdot 0{,}04\ \text{m} = 0{,}36\ \text{m}^2$ (Faktor 2 wegen *beidseitiger* Ausnutzung der Plattenflächen beim Wickel!)

$$C = \frac{8{,}86 \cdot 10^{-12}\,\frac{\text{As}}{\text{Vm}} \cdot 5 \cdot 0{,}36\ \text{m}^2}{16 \cdot 10^{-6}\ \text{m}} = 1 \cdot 10^{-6}\ \text{F} = 1\ \mu\text{F} \quad \text{Kapazität}$$

b) $E_f = \frac{U}{l} = \frac{160\ \text{V}}{16 \cdot 10^{-6}\ \text{m}} = 1000\,\frac{\text{kV}}{\text{m}} = 10\,\frac{\text{kV}}{\text{mm}}$ elektrische Beanspruchung = Feldstärke

c) $D = \epsilon_0 \epsilon_r E_f = 8{,}86 \cdot 10^{-12}\,\frac{\text{As}}{\text{Vm}} \cdot 5 \cdot 1000 \cdot 10^3\,\frac{\text{V}}{\text{m}}$

$D = 443 \cdot 10^{-6}\,\frac{\text{As}}{\text{m}^2}$ elektrische Flußdichte

$D = \frac{\Psi}{A}$; $\Psi = D\,A = 443 \cdot 10^{-6}\,\frac{\text{As}}{\text{Vm}} \cdot 0{,}36\ \text{m}^2$

$\Psi = 0{,}16 \cdot 10^{-3}\ \text{As}$ elektrischer Fluß = verschobene Ladung

d) $C = \frac{Q}{U}$ | $Q = \Psi = 0{,}16 \cdot 10^{-3}\ \text{As}$

$$C = \frac{0{,}16 \cdot 10^{-3}\ \text{As}}{160\ \text{V}} = 1 \cdot 10^{-6}\,\frac{\text{As}}{\text{V}} = 1\ \mu\text{F} \quad \text{Kapazität wie bei a)}$$

7.4. Wickelkondensatoren

Der Papierkondensator mit Metallfolien (gewöhnlicher Papierkondensator) wird als Wickelkondensator aus zwei dünnen Aluminiumfolien hergestellt, die durch mindestens je zwei Lagen Isolierpapier getrennt sind. Das Papier ist mit Öl, Clophen oder Wachs getränkt (höhere Durchschlagsfestigkeit, größeres ϵ). Papier-Doppellagen wegen Fehlerstellen des Papiers. Für größere Kapazitätswerte werden mehrere Wickel parallelgeschaltet und in einem gemeinsamen Metallbecher untergebracht. Angewendet wird der Papierkondensator bei Gleich- und Wechselspannung (siehe I.8.8 und II.10.3). Zu beachten ist, daß bei Wechselspannung 50 Hz nur etwa ein Drittel der angegebenen Betriebsgleichspannung zulässig ist.

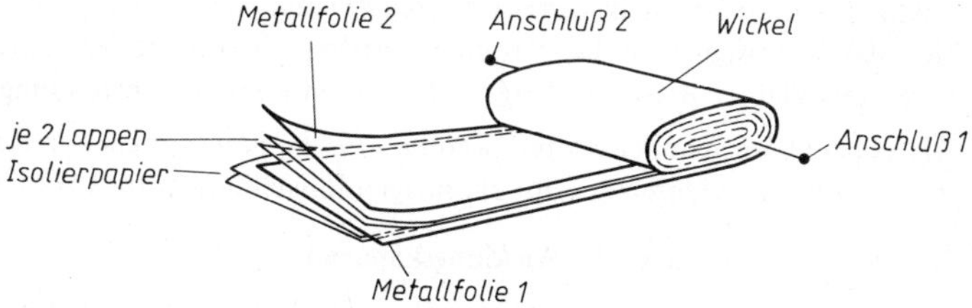

Bild I.47
Wickelkondensator

Der MP-Kondensator (Metallpapier-K.) hat keine Metallfolien, sondern der Metallbelag wird durch eine nur etwa 0,07 μm dicke Zinkschicht gebildet, die auf das lackierte Isolierpapier im Vakuum einseitig aufgedampft ist. Durch Aufeinanderwickeln zweier metallisierter Papierbahnen wird meist unter Zwischenlegen einer oder mehrerer Lagen metallfreien Papiers ein Wickel ähnlich Bild I.47 hergestellt. Der Hauptvorteil des MP-Kondensators ist seine „Selbstheilung", d.h. bei einem Durchschlag brennt die äußerst dünne Metallschicht rund um die Durchschlagsstelle weg, so daß kein Kurzschluß zurückbleibt und der Kondensator weiterhin einwandfrei ist. Ein Metallfolienkondensator dagegen hat nach einem Durchschlag Kurzschluß und ist damit unbrauchbar. Der MP-Kondensator verträgt bei Wechselspannung 50 Hz knapp die Hälfte der angegebenen Betriebsgleichspannung. Anwendung, wenn es auf hohe Betriebssicherheit ankommt.

Beim ML-Kondensator (Metall-Lack-K.) wird der eine Belag durch eine beidseitig lackierte Aluminium-Trägerfolie gebildet. Auf die Lackschichten sind wie beim MP-Kondensator dünne Metallschichten aufgedampft, die miteinander verbunden den zweiten Belag bilden. Vorteile: selbstheilend, hohe zeitliche Konstanz des Kapazitäts- und Isolationswertes, Baugröße nur etwa ein Drittel von MP.

Der Kondensator mit Kunststoffisolation hat anstelle von Papierbahnen solche aus Polystyrol zwischen den Aluminiumfolien. Vorteil: besonders hoher Isolationswiderstand und kleine dielektrische Verluste (siehe I.7.3). Angewendet bei hochohmigen Schaltungen und höheren Frequenzen.

7.5. Elektrolytkondensatoren

Beim Elektrolytkondensator werden zwei Aluminiumfolien aufgewickelt, zwischen denen je eine Bahn verhältnismäßig dicken saugfähigen Papiers liegt. Das Papier ist mit einer elektrolytisch leitenden Flüssigkeit getränkt. Bei Anlegen einer Gleichspannung bildet sich auf der positiven Folie eine sehr dünne Aluminiumoxidschicht (Al_2O_3), die eine hohe Durchschlagsfestigkeit (1000 kV/mm) und eine große Permittivität ($\epsilon_r = 8{,}5$) hat (siehe Tafel I.5). Die Isolierschicht wird dabei nicht durch das (elektrolytisch leitende) Papier gebildet, sondern durch die sehr dünne Al_2O_3-Schicht mit großem ϵ: große Kapazität bei kleiner Baugröße. Beim Anschließen ist die Polarität zu beachten, sonst Zerstörung des Kondensators! Beim *bipolaren* Elektrolytkondensator ist die Polarität gleichgültig. Der sogenannte NV-Elko (Niedervolt-Elektrolytkondensator) wird bis etwa 100 V_-, der HV-Elko (Hochvolt-) bis etwa 550 V_- hergestellt. Anwendung, wenn billiger Kondensator hoher Kapazität bei kleiner Baugröße erforderlich ist. Für Wechselspannung nur in Ausnahmefällen und bei sehr niedriger Spannung brauchbar. Der *Tantal-Kondensator* ist ebenfalls ein Elektrolytkondensator, bei dem Tantal anstelle von Aluminium verwendet wird. Noch erheblich kleiner, aber viel teurer.

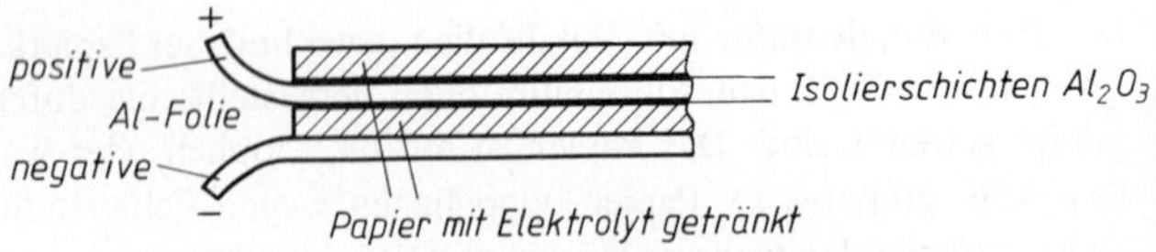

Bild I.48
Anordnung der Folien beim Elektrolytkondensator

7.6. Sonstige Kondensatoren

Keramische Kondensatoren bestehen aus Scheiben, Röhrchen oder Töpfen aus einer keramischen Masse, die auf beiden Seiten je einen Silberbelag tragen. Die Massen haben entweder kleine dielektrische Verluste bei niedrigeren ϵ-Werten (Tempa, Calit) oder große ϵ-Werte bei höheren Verlusten (Kondensa, Epsilan), so daß mit ihnen entweder besonders verlustfreie Kondensatoren oder solche besonders kleiner Baugröße hergestellt werden können. Anwendung in der Hochfrequenztechnik.

Als einstellbare Kondensatoren werden *Drehkondensatoren* zur Kapazitätsänderung im Betrieb, und *Trimmerkondensatoren* zur einmaligen Einstellung mittels Werkzeug verwendet.

7.7. Körper-, Leitungs- und Wicklungskapazität

Jeder Körper hat eine Kapazität gegen Erde, Zimmerwände usw. Eine Metallkugel z. B. hat eine Kapazität gegen Erde, die um so höher ist, je größer die Kugel und je näher sie der Erde (Fußboden, Wasserleitung usw.) ist. Kapazität bedeutet auch hier, daß man je Volt angelegter Spannung eine bestimmte Elektronenmenge (Ladung Q) auf die Kugel bringen oder von ihr abziehen kann (-- bzw. +-Ladung).

Die Adern einer Leitung haben gegeneinander und gegen Erde eine bestimmte Kapazität. Sie wirken wie die voneinander isolierten Platten eines Plattenkondensators: Leitungskapazität. Man kann eine nicht belastete Leitung mit einer Spannung aufladen. Sie hält diese Ladung je nach Güte ihrer Isolation mehr oder weniger lange (Vorsicht: abgeschaltete Leitung kann noch geladen sein!).

Die Drähte einer Spule haben ebenfalls gegeneinander eine Kapazität, die sich jedoch meist erst bei höheren Frequenzen bemerkbar macht.

8. Wechselstrom

8.1. Erzeugung einer sinusförmigen Wechselspannung

Eine Wechselspannung hat die Eigenschaft, daß sie dauernd ihre Polarität ändert. Bei der *periodischen* Wechselspannung sieht der nächste Kurvenzug wieder genau so aus, wie der vorhergehende. Die *sinusförmige* Wechselspannung wird in der Praxis am häufigsten verwendet, weil sie die geringsten Verluste in elektrischen Maschinen und Transformatoren hervorruft.

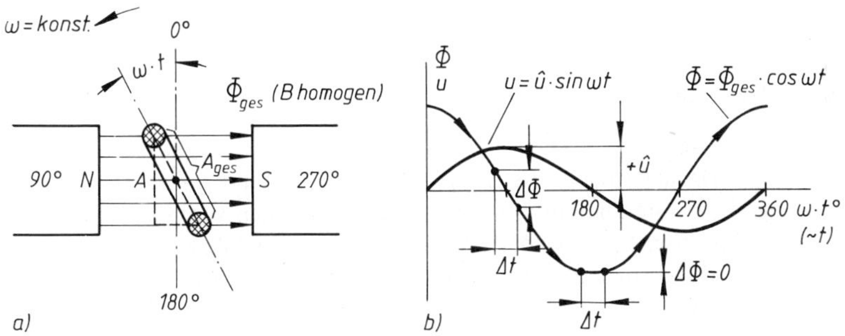

Bild I.49. Theoretische Erzeugung einer sinusförmigen Wechselspannung
a) Schnittbild einer im Magnetfeld gedrehten Spule, b) Magnetfluß- und Spannungsverlauf in der Spule

Dreht man eine Spule von der Fläche A_{ges} nach Bild I.49 im homogenen Magnetfeld B, dann ändert sich der von der Spule umfaßte Teil Φ des Gesamtflusses Φ_{ges} cosinusförmig mit dem Drehwinkel ωt, weil die Projektionsfläche $A = A_{ges} \cos \omega t$ und $BA = BA_{ges} \cos \omega t = \Phi_{ges}\ \omega t$ ist. Bei Drehung mit konstanter Winkelgeschwindigkeit ω induziert die cosinusförmige Magnetflußänderung in der Spule die sinusförmige Wechselspannung $u = \hat{u} \sin \omega t$. Bei 90° Drehwinkel ist die Flußabnahme $\Delta\Phi/\Delta t$ am größten, die induzierte Spannung u hat dabei ihren Scheitelwert $+ \hat{u}$. Bei 270° maximaler Zunahme von Φ, daher $- \hat{u}$. Bei 0°, 180° und 360° ist $\Delta\Phi/\Delta t = 0$ (horizontaler Flußverlauf) und daher $u = 0$.

Bei Drehung einer Spule im Magnetfeld wird in denjenigen Stellungen die höchste Spannung induziert, in denen der Magnetfluß in der Spule durch Null geht. Dort werden die meisten Feldlinien geschnitten.

8.2. Frequenz und Drehzahl

Frequenz f = Periodenzahl pro Sekunde (Bild I.50)

$$\text{Einheit: } 1\ \frac{\text{Periode}}{\text{Sekunde}} = 1 \text{ Hertz} = 1 \text{ Hz} = \frac{1}{\text{s}}$$

Gebräuchliche Frequenzen der Elektrotechnik: $16\frac{2}{3}$ Hz für elektrische Bahnen; 50 Hz für Licht- und Kraftnetze; 50 Hz ... 20 kHz tonfrequente Wechselströme; 100 kHz ... 100 MHz Funksender; 100 MHz bis über 30 000 MHz für Fernsehen, drahtloses Fernsprechen, Radar usw.

Günstigste Frequenz für Licht- und Kraftnetze: Bei der Frequenz 50 Hz des technischen Wechselstroms läßt sich die elektrische Energie am wirtschaftlichsten übertragen.

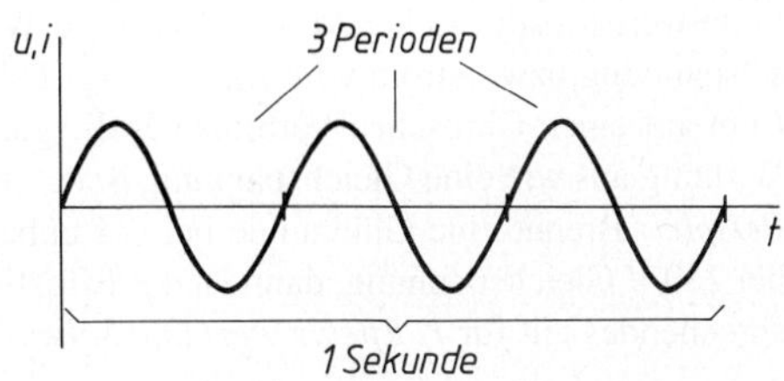

Bild I.50. Sinusförmiger Verlauf mit der Frequenz 3 Hertz

Für die praktische Erzeugung sinusförmigen Wechselstroms verwendet man die schematisch dargestellten Wechselstromgeneratoren. Ein über Schleifringe mit dem Erregergleichstrom I_e erregtes Polrad wird in der Ständerwicklung durch mechanischen Antrieb gedreht. Dadurch wird in dieser die Wechselspannung U mit der Frequenz f induziert.

Zwischen der *Drehzahl n* und der *Frequenz f* besteht bei Wechselstrom die konstante Beziehung:

$$n = \frac{60 \frac{\text{s}}{\text{min}} f}{p} \qquad \begin{array}{c|c|c} n & f & p \\ \hline \text{min}^{-1} & \text{Hz} = \frac{1}{\text{s}} & 1 \end{array} \qquad \text{(I.44)}$$

(gilt für Wechsel- und Drehstrommaschinen)

p Pol*paar*zahl der Maschine

Die Maschine mit $p = 1$ (Bild I.51a) muß als Generator mit $n = 3000$ 1/min angetrieben werden, wenn sie die Frequenz $f = 50$ Hz liefern soll, die mit $p = 2$ (Bild I.51b) mit $n = 1500$ 1/min für $f = 50$ Hz. Bei Verwendung als Motoren liefern diese Maschinen Drehzahlen von 3000 bzw. 1500 1/min, wenn sie in das Wechselstromnetz von der Frequenz 50 Hz angeschlossen werden. *Drehzahlreihe* normaler Wechsel- und Drehstrommaschinen bei $f = 50$ Hz: 3000, 1500, 1000, 750, 600, 500 1/min usw. je nach Polpaarzahl.

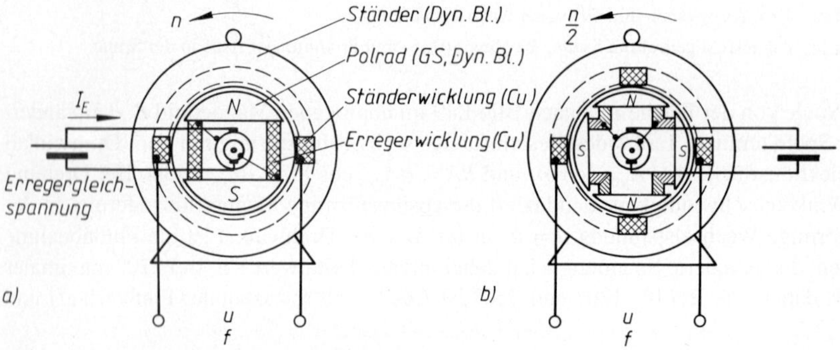

Bild I.51. Schematischer Aufbau von Wechselstromgeneratoren
a) Maschine mit 1 Polpaar, b) mit 2 Polpaaren

8.3. Effektivwert

Da sich die *Momentanwerte u, i* bei Wechselstrom dauernd ändern zwischen den *Scheitelwerten* $\pm \hat{u}$, $\pm \hat{i}$, gibt man die Volt- bzw. Amperezahl für den *Effektivwert U, I* an.

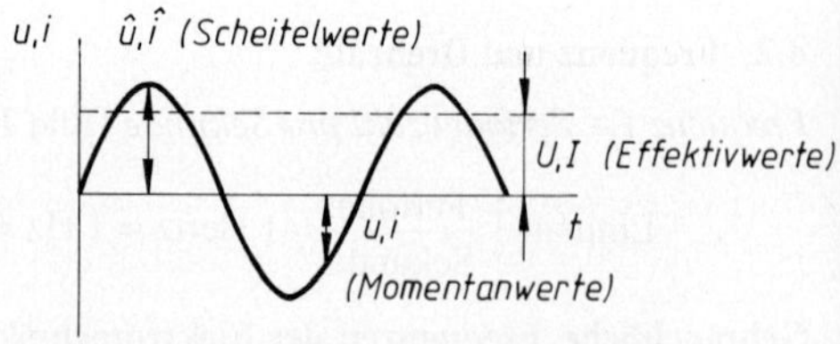

Bild I.52. Bezeichnungen von Wechselstrom- und Spannungsgrößen

Der Effektivwert ist der Wirkungs- oder Leistungsmittelwert (quadratischer Mittelwert). Eine Wechselspannung bzw. -strom vom *Effektivwert U* bzw. *I* übt auf einen Ohmschen Verbraucher die gleiche Wirkung aus wie eine Gleichspannung bzw. -strom U_- bzw. I_- von gleicher Volt- bzw. Amperezahl. *Beispiel:* Brennt eine Glühlampe bei der unbekannten Wechselspannung U genauso hell wie z.B. bei 220 V Gleichspannung, dann ist der Effektivwert dieser Wechselspannung $U = U_- = 220$ V. Entsprechendes gilt für I. *Effektivwert und Scheitelwert bei Sinusverlauf:*

$$\hat{u} = \sqrt{2}\, U \text{ bzw. } \hat{i} = \sqrt{2}\, I \qquad \text{(I.45)}$$

$\sqrt{2}$ Scheitelfaktor der *Sinus*kurve.

■ **Beispiel:** Wie groß ist der Scheitelwert einer Wechselspannung von 220 V?

Lösung: $\hat{u} = \sqrt{2}\,U = \sqrt{2} \cdot 220\ \text{V} = 310\ \text{V}$ Scheitelwert bei 220 V Effektivwert und sinusförmigem Verlauf.

8.4. Zeigerdiagramm

Anstelle des Sinusdiagramms wird in der Wechselstromtechnik meist das *Zeigerdiagramm* zur Darstellung sinusförmiger Verläufe benutzt. Man denkt sich dabei den Zeiger von der Länge $\hat{u}$ (bzw. $\hat{\imath}$) mit der konstanten Winkelgeschwindigkeit ω entgegem dem Uhrzeiger kreisend. Die Projektion des Zeigers $\hat{u}$ auf die u-Achse ergibt im Sinusdiagramm die jeweiligen Momentanwerte u, die über dem Drehwinkel ωt aufgetragen werden. Anstelle von $\hat{u}$ und $\hat{\imath}$ benutzt man fast immer die Effektivwerte U und I (Maßstabsänderung um den Faktor $\sqrt{2}$).

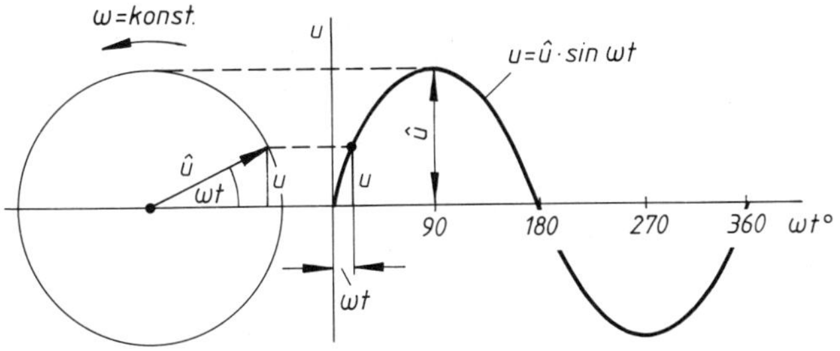

Bild I.53. Zusammenhang zwischen Zeiger- und Sinusdiagramm

Die Winkelgeschwindigkeit ω (Kreisfrequenz), mit der der Zeiger kreist, ist proportional der Frequenz f:

ω	f
$\frac{1}{\text{s}}$	$\text{Hz} = \frac{1}{\text{s}}$

$$\omega = 2\pi f \qquad \text{(I.46)}$$

Der vom Zeiger in 1 s überstrichene Winkel (Winkelgeschwindigkeit ω) beträgt also f mal 2π.

■ **Beispiel:** Wie groß ist die Kreisfrequenz bei $f = 50$ Hz?

Lösung: $\omega = 2\pi f = 2\pi \cdot 50\ \text{Hz} = 314\ \frac{1}{\text{s}} = 314$ rad (siehe Mechanik II.1.3).

8.5. Wechselstromwiderstände

Bei Wechselstrom gibt es außer dem *Wirkwiderstand R* (z.B. Ohmscher Widerstand wie Glühlampe, Heizofen u. dgl.) noch den *induktiven Blindwiderstand* X_L (Spule) und den *kapazitiven Blindwiderstand* X_C (Kondensator). Die Zusammenschaltung von X und R ergibt den *Scheinwiderstand Z*.

Beim Wirkwiderstand R sind Spannung und Strom in Phase, d. h. beide gehen im gleichen Augenblick gleichsinnig durch Null. Der Wirkwiderstand gibt alle aufgenommene elektrische Leistung in einer anderen Energieform wieder ab, z. B. als Wärme, Licht oder mechanische Energie.

Beim induktiven Blindwiderstand X_L eilt der Strom der Spannung um den Phasenwinkel $\varphi = 90°$ nach (Nacheilung: + 90°), d. h. der Strom geht um 90° später gleichsinnig durch Null als die Spannung. Der *Blind*widerstand gibt die aufgenommene elektrische Energie *nicht* in anderer Form wieder ab, sondern speichert sie nur in der einen Viertelperiode, um sie in der nächsten wieder als elektrische Energie an das Netz zurückzuliefern. Der *induktive* Blindwiderstand speichert in Form von magnetischer Energie, die beim Flußrückgang über den Induktionsvorgang wieder in elektrische

Energie zurückverwandelt wird. Die induktive Phasenverschiebung ist bedingt durch das Induktionsgesetz (I.30). Zwischen dem cosinusförmig verlaufenden Magnetfluß Φ und der induzierten sinusförmigen Spannung e liegt ein Winkelunterschied von $\varphi = 90°$ (Bild I.49b).

Der Betrag des induktiven Blindwiderstandes X_L ist das Produkt aus der Kreisfrequenz ω und der Induktivität L der Spule.

$$X_L = \omega L \qquad \text{(I.47)}$$

X_L	ω	L
Ω	$\frac{1}{s}$	$H = \frac{Vs}{A}$

X_L steigt mit wachsender Frequenz ($\omega = 2\,\pi f$, siehe Gl. (I.46)).

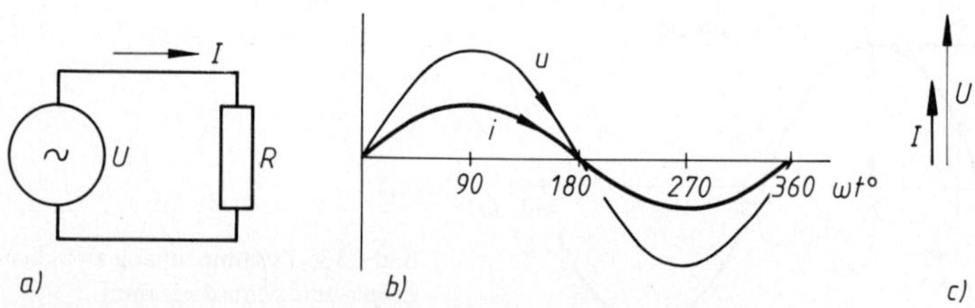

Bild I.54. Spannungs- und Stromverlauf beim Wirkwiderstand R
a) Schaltbild, b) Sinusdiagramm, c) Zeigerdiagramm

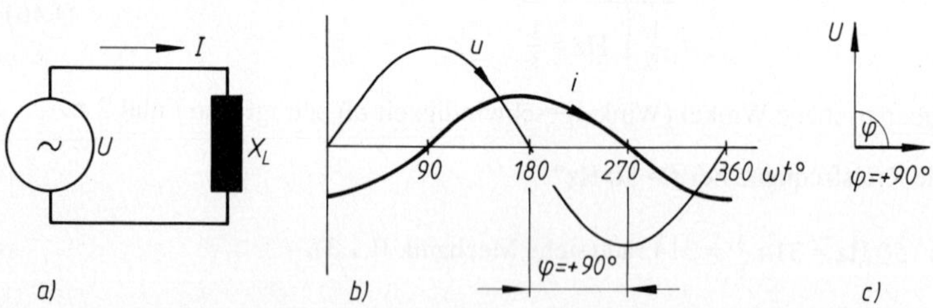

Bild I.55. Spannungs- und Stromverlauf beim induktiven Blindwiderstand X_L
a) Schaltbild, b) Sinusdiagramm, c) Zeigerdiagramm

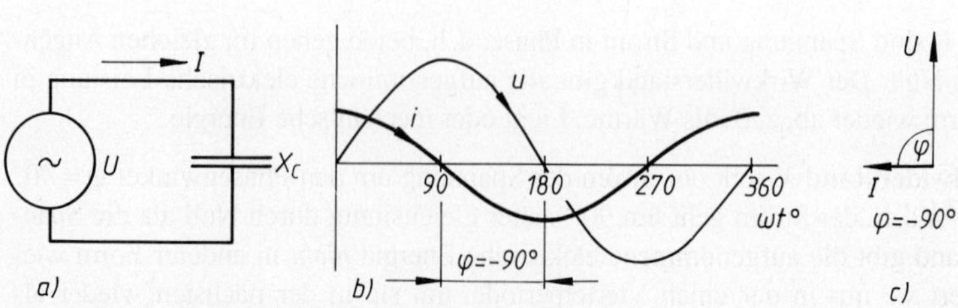

Bild I.56. Spannungs- und Stromverlauf beim kapazitiven Blindwiderstand X_C
a) Schaltbild, b) Sinusdiagramm, c) Zeigerdiagramm

■ **Beispiel:** Wie groß ist der induktive Blindwiderstand einer Spule von 3 H Induktivität
a) bei 50 Hz, b) bei 250 Hz?

Lösung: a) $X_L = \omega L \mid \omega = 2\pi f = 2\pi \cdot 50\ \text{Hz} = 314\ \frac{1}{\text{s}}$

$X_L = 314\ \frac{1}{\text{s}} \cdot 3\ \frac{\text{Vs}}{\text{A}} = 942\ \Omega$ Blindwiderstand bei 50 Hz

b) $\omega = 2\pi \cdot 250\ \text{Hz} = 1570\ \frac{1}{\text{s}}$

$X_L = 1570\ \frac{1}{\text{s}} \cdot 3\ \frac{\text{Vs}}{\text{A}} = 4710\ \Omega$ Blindwiderstand bei 250 Hz

Beim kapazitiven Blindwiderstand X_C eilt der Strom der Spannung um den Phasenwinkel $\varphi = 90°$ voraus (Voreilung: $-90°$), d. h. der Strom geht um 90° früher gleichsinnig durch Null als die Spannung. Als Blindwiderstand speichert der Kondensator die aufgenommene elektrische Energie in Form von elektrischer Feldenergie und gibt sie in der nächsten Viertelperiode beim Rückgang der Netzspannung wieder als elektrische Energie an das Netz zurück. Die kapazitive Phasenverschiebung kommt dadurch zustande, daß der Kondensatorstrom immer dann seinen Höchstwert $\hat{\imath}$ hat, wenn die Spannung sich am stärksten ändert, also in den Nulldurchgängen von u (Bild I.56b).

Der Betrag des kapazitiven Blindwiderstandes X_C ergibt sich aus der Kreisfrequenz ω und der Kapazität C des Kondensators:

$$X_C = \frac{1}{\omega C} \qquad \text{(I.48)}$$

X_C	ω	C
Ω	$\frac{1}{\text{s}}$	$\text{F} = \frac{\text{As}}{\text{V}}$

X_C nimmt mit wachsender Frequenz ab ($\omega = 2\pi f$, siehe Gl. (I.46)).

■ **Beispiel:** Welchen Blindwiderstand hat ein Kondensator von 8 μF
a) bei 50 Hz, b) bei 250 Hz?

Lösung: a) $X_C = \frac{1}{\omega C} \;\Big|\; \omega = 314\ \frac{1}{\text{s}}$ (siehe voriges Beispiel)

$X_C = \dfrac{1}{314\ \frac{1}{\text{s}} \cdot 8 \cdot 10^{-6}\ \frac{\text{As}}{\text{V}}} \approx 400\ \Omega$ Blindwiderstand bei 50 Hz

b) $\omega = 1570\ \frac{1}{\text{s}}$ (siehe voriges Beispiel)

$X_C = \dfrac{1}{1570\ \frac{1}{\text{s}} \cdot 8 \cdot 10^{-6}\ \frac{\text{As}}{\text{V}}} \approx 80\ \Omega$ Blindwiderstand bei 250 Hz

Bei Reihenschaltung eines Blindwiderstandes X (z. B. induktiv) und eines Wirkwiderstandes R erzeugt der gemeinsame Strom I an X den Blindspannungsfall U_b und an R den Wirkspannungsfall U_w. Nach Bild I.57b addieren sich beide geometrisch zur Gesamtspannung U:

$$U = \sqrt{U_w^2 + U_b^2} \qquad \text{(I.49)}$$

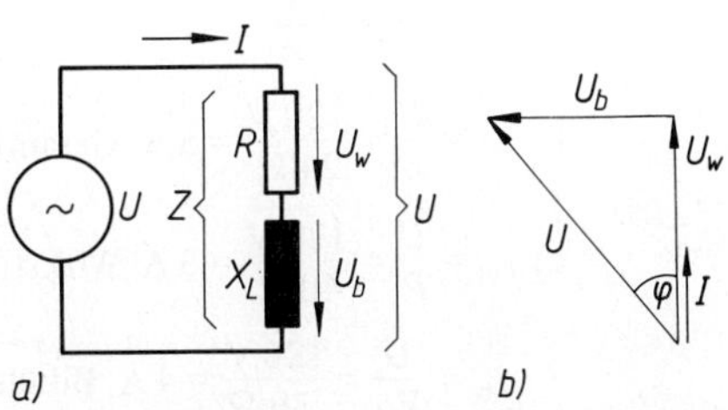

Bild I.57. Scheinwiderstand bei Reihenschaltung von X_L und R a) Schaltbild, b) Zeigerdiagramm

Entsprechend den Spannungen addieren sich auch der Wirkwiderstand R und der Blindwiderstand X geometrisch zum *Scheinwiderstand Z:*

$$Z = \sqrt{R^2 + X^2} \qquad (I.50)$$

- **Beispiel:** Ein Ohmscher Widerstand von 40 Ω und ein Blindwiderstand (z.B. induktiv) von 30 Ω liegen in Reihe an 100 V Wechselspannung.
  a) Wie groß ist der Scheinwiderstand der Reihenschaltung?
  b) Wie groß sind Wirk- und Blindspannungsfall an den Einzelwiderständen?

Lösung: a) $Z = \sqrt{R^2 + X_L^2} = \sqrt{40^2 + 30^2}\ \Omega = 50\ \Omega$ Scheinwiderstand (nicht 70 Ω!)

b) $I = \frac{U}{Z} = \frac{100\ \text{V}}{50\ \Omega} = 2\ \text{A}$

$U_w = IR = 2\ \text{A} \cdot 40\ \Omega = 80\ \text{V}$ Wirkspannungsfall

$U_b = IX_L = 2\ \text{A} \cdot 30\ \Omega = 60\ \text{V}$ Blindspannungsfall

Probe: $U = \sqrt{U_w^2 + U_b^2} = \sqrt{80^2 + 60^2}\ \text{V} = 100\ \text{V}$ Gesamtspannung (nicht 140 V!)

Bei Parallelschaltung eines Blindwiderstandes X (z.B. kapazitiv) und eines Wirkwiderstandes R treibt die gemeinsame Spannung U durch X den Blindstrom I_b und durch R den Wirkstrom I_w. Nach Bild I.58b addieren sich beide geometrisch zum Gesamtstrom I:

$$I = \sqrt{I_w^2 + I_b^2} \qquad (I.51)$$

Entsprechend den Strömen addieren sich auch der Wirkleitwert $1/R$ und der Blindleitwert $1/X$ geometrisch zum Scheinleitwert $1/Z$:

$$\frac{1}{Z} = \sqrt{\left(\frac{1}{R}\right)^2 + \left(\frac{1}{X}\right)^2} \qquad (I.52)$$

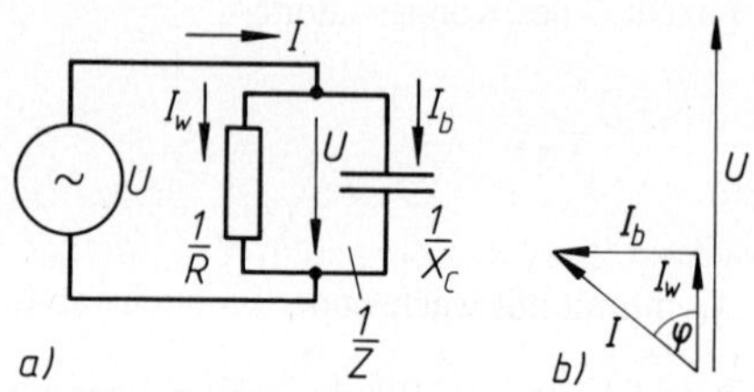

Bild I.58. Scheinwiderstand bei Parallelschaltung von X_C und R
a) Schaltbild, b) Zeigerdiagramm

- **Beispiel:** Ein Ohmscher Widerstand von 40 Ω und ein Blindwiderstand von 30 Ω liegen parallel an 120 V Wechselspannung.
  a) Wie groß ist der Scheinwiderstand der Parallelschaltung?
  b) Wie groß ist der Gesamtstrom?
  c) Wie groß sind Wirk- und Blindstrom?

Lösung: a) $\frac{1}{Z} = \sqrt{\left(\frac{1}{R}\right)^2 + \left(\frac{1}{X}\right)^2} = \sqrt{\frac{1}{40^2} + \frac{1}{30^2}}\ \frac{1}{\Omega} = 0{,}0417\ \frac{1}{\Omega}$ *Scheinleitwert*

$Z = \frac{1}{0{,}0417\ \frac{1}{\Omega}} = 24\ \Omega$ *Scheinwiderstand*

b) $I = \frac{U}{Z} = \frac{120\ \text{V}}{24\ \Omega} = 5\ \text{A}$ Gesamtstrom

c) $I_w = \frac{U}{R} = \frac{120\ \text{V}}{40\ \Omega} = 3\ \text{A}$ Wirkstrom

$I_b = \frac{U}{X_C} = \frac{120\ \text{V}}{30\ \Omega} = 4\ \text{A}$ Blindstrom

Probe: $I = \sqrt{I_w^2 + I_b^2} = \sqrt{3^2 + 4^2}\ \text{A} = 5\ \text{A}$ wie unter b) (und nicht 7 A!)

8.6. Leistung bei Wechselstrom

Entsprechend dem Widerstandscharakter des Verbrauchers unterscheidet man bei Wechselstrom die Wirkleistung, die vom Verbraucher restlos in eine andere Energie verwandelt und nach außen abgegeben wird, die Blindleistung, die nur während einer Viertelperiode gespeichert und in der nächsten wieder als elektrische Energie an das Netz zurückgeliefert wird, und die Scheinleistung, die sich aus beiden geometrisch zusammensetzt.

Die Wirkleistung P ist nach Bild I.57 bei Reihenschaltung $P = U_w I$ bzw. nach Bild I.58 bei Parallelschaltung $P = UI_w$. Bei Reihenschaltung ist meist nur die Gesamtspannung U gegeben, bei Parallelschaltung nur der Gesamtstrom I. Aus den Zeigerdiagrammen Bild I.57b bzw. I.58b ergibt sich, daß $U_w = U \cos \varphi$ bzw. $I_w = I \cos \varphi$ ist. Nach Einsetzen in die Gleichungen für P erhält man für die Wirkleistung P bei Wechselstrom:

$$P = UI \cos \varphi \qquad (I.53)$$

P	U	I	$\cos \varphi$
W	V	A	1

U Gesamtspannung am Verbraucher; I Gesamtstrom durch den Verbraucher; $\cos \varphi$ Leistungsfaktor des Verbrauchers (siehe I.8.7).

Die Einheit der Wirkleistung P ist: 1 Watt = 1 W = 1 V · 1 A.

Die Blindleistung Q ist nach Bild I.57 bzw. I.58 $Q = U_b I$ bzw. $Q = UI_b$. Setzt man nach den Zeigerdiagrammen $U_b = U \sin \varphi$ bzw. $I_b = I \sin \varphi$ ein, so erhält man für die Blindleistung Q bei Wechselstrom:

$$Q = UI \sin \varphi \qquad (I.54)$$

Q	U	I	$\sin \varphi$
var	V	A	1

$\sin \varphi$ Blindfaktor des Verbrauchers.

Die Einheit der Blindleistung Q wird willkürlich anders bezeichnet als die der Wirkleistung. Sie ist: 1 Voltampere-Reaktanz = 1 var = 1 V · 1 A.

Die Scheinleistung S ergibt sich sowohl bei Reihen- als auch bei Parallelschaltung zu:

$$S = UI \qquad (I.55)$$

S	U	I
VA	V	A

Die Einheit der Scheinleistung S wird ebenfalls willkürlich anders bezeichnet als die der Wirkleistung. Sie ist: 1 Voltampere = 1 VA.

- **Beispiel:** Nach Bild I.58 liegen ein Wirkwiderstand von 40 Ω und ein kapazitiver Blindwiderstand von 30 Ω parallel an der Wechselspannung 120 V.

  a) Welche Wirkleistung, b) welche Blindleistung, c) welche Scheinleistung nimmt die Schaltung auf, d) wie groß ist ihr Leistungsfaktor, e) wie groß ihr Blindfaktor?

Lösung: a) $P = UI_w \quad \Big| \quad I_w = \frac{U}{R} = \frac{120\,\text{V}}{40\,\Omega} = 3\,\text{A}$

$P = 120\,\text{V} \cdot 3\,\text{A} = 360\,\text{W}$ Wirkleistung

b) $Q = UI_b \quad \Big| \quad I_b = \frac{U}{X_C} = \frac{120\,\text{V}}{30\,\Omega} = 4\,\text{A}$

$Q = 120\,\text{V} \cdot 4\,\text{A} = 480\,\text{var}$ Blindleistung

c) $S = UI \quad \Big| \quad I = \sqrt{I_w^2 + I_b^2} = \sqrt{3^2 + 4^2}\,\text{A} = 5\,\text{A}$

$S = 120\,\text{V} \cdot 5\,\text{A} = 600\,\text{VA}$ Scheinleistung

Probe: $S = \sqrt{P^2 + Q^2} = \sqrt{360^2 + 480^2}\,\text{VA} = 600\,\text{VA}$

d) $P = UI \cos\varphi$

$$\cos\varphi = \frac{P}{UI} = \frac{P}{S} = \frac{360\ \text{W}}{600\ \text{VA}} = 0{,}6 \text{ Leistungsfaktor}$$

e) $Q = UI \sin\varphi$

$$\sin\varphi = \frac{Q}{UI} = \frac{Q}{S} = \frac{480\ \text{var}}{600\ \text{VA}} = 0{,}8 \text{ Blindfaktor}$$

8.7. Leistungsfaktor $\cos\varphi$

Nach Bild I.58b und I.57b ist der Leistungsfaktor

$$\cos\varphi = \frac{\text{Wirkleistung}}{\text{Scheinleistung}} = \frac{P}{S} = \frac{I_\text{w}}{I} = \frac{U_\text{w}}{U} = \frac{R}{Z}$$

Der Leistungsfaktor $\cos\varphi$ ist das Verhältnis der Wirkleistung zur Scheinleistung (allgemein: des Wirkanteils zur Gesamtgröße).

$\cos\varphi = 0{,}8$ bedeutet demnach: Von je 1 A Gesamtstrom sind 0,8 A Wirkanteil. Die restlichen 0,6 A sind Blindanteil, denn:

$$I = \sqrt{I_\text{w}^2 + I_\text{b}^2} = \sqrt{0{,}8^2 + 0{,}6^2}\ \text{A} = 1\ \text{A}$$

Nicht verwechseln darf man:

$$\cos\varphi = \frac{\text{Wirkleistung}}{\text{Scheinleistung}} \quad \text{und} \quad \eta = \frac{\text{abgegebene Wirkleistung}}{\text{zugeführte Wirkleistung}}$$

Der Leistungsfaktor eines Motors ist normalerweise kleiner als 1, weil der Motor außer der von ihm umgesetzten Wirkleistung zu seiner Magnetisierung eine zwischen Netz und Maschine hin- und herpendelnde Blindleistung benötigt. Im vereinfachten Ersatzschaltbild I.59a kann man den Motor als Parallelschaltung eines konstanten Magnetisierungsblindwiderstandes X_L und eines mit wachsender Last kleiner werdenden Wirkwiderstandes R auffassen (kleineres R nimmt größeren Wirkstrom I_w auf!). Das Zeigerdiagramm I.59b zeigt, daß der Leerlaufwirkstrom $I_{\text{w}0}$ nur klein und daher der Leerlauf-Gesamtstrom I_0 stark induktiv verschoben ist: Winkel φ groß, $\cos\varphi$ klein bei Leerlauf eines Motors! Bei Vollast (Bild I.59c) ist die Wirkstromaufnahme I_w bei gleich großem Magnetisierungsstrom I_b groß und damit der Winkel φ klein, der $\cos\varphi$ groß bei Vollast.

Der auf dem Typenschild eines Motors angegebene Leistungsfaktor $\cos\varphi$ gilt nur für Vollast. Bei Leerlauf oder Teillast ist der $\cos\varphi$ eines Motors erheblich schlechter.

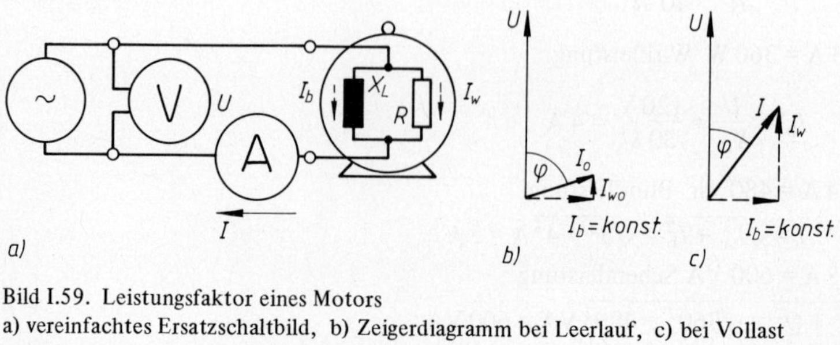

Bild I.59. Leistungsfaktor eines Motors
a) vereinfachtes Ersatzschaltbild, b) Zeigerdiagramm bei Leerlauf, c) bei Vollast

8.8. Phasenkompensation

Bei schlechtem Leistungsfaktor nimmt ein Verbraucher mehr Strom auf, als für seine Leistungsabgabe erforderlich wäre (Gesamtstromaufnahme I, dagegen für Leistungsabgabe nur I_w erforderlich). Durch den Blindstrom werden im Generator und auf dem Übertragungsweg der elektrischen Leistung (Leitungen, Transformatoren) *zusätzliche Verluste* hervorgerufen, die vermeidbar sind. Zur Vermeidung der Zusatzverluste durch Blindstrom veranlaßt das E-Werk seine Abnehmer durch Vorschriften oder Einbau von Blindstromzählern, den Übertragungsweg von Blindstrom freizuhalten. Der Abnehmer wird also vom E-Werk dazu veranlaßt, den Leistungsfaktor seines Verbrauchs ungefähr auf $\cos\varphi = 1$ zu bringen, weil er sonst hohe Blindstromgebühren bezahlen müßte oder ihm der Strom gesperrt würde.

Zur Phasenkompensation (Leistungsfaktorverbesserung) wird meist ein Phasenschieberkondensator parallel zum Verbraucher geschaltet. Die Kapazität C dieses Kondensators wird so groß gewählt, daß seine Aufnahme an voreilendem Blindstrom I_{bc} ebensogroß ist, wie die Aufnahme des Motors an nacheilendem I_{bm} (Bild I.60b). Der Kondensator gibt in derjenigen Viertelperiode Blindleistung zurück, in der der Motor solche aufnimmt und umgekehrt. Die zur Magnetisierung des Motors erforderliche Blindleistung pendelt also nur noch auf der kurzen Verbindungsleitung zwischen Motor und Kondensator hin und her, so daß die lange Zuleitung vom E-Werk frei bleibt von Blindstrom.

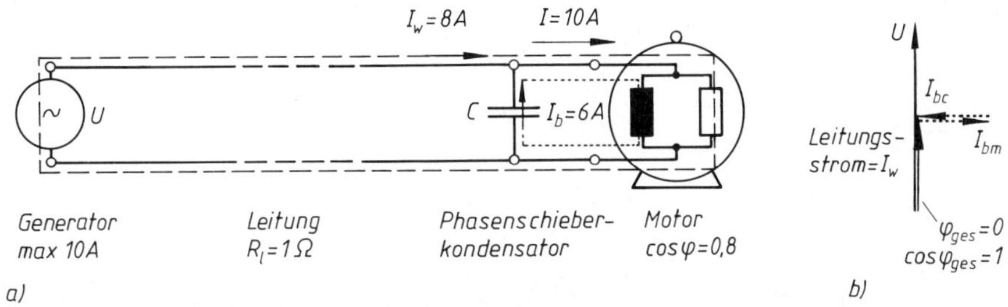

Bild I.60. Phasenkompensation bei einem Motor mittels Phasenschieberkondensator
a) Schaltbild, b) Zeigerdiagramm bezogen auf die Leitung

Diese Leitung führt nur noch den Wirkstrom I_w (Bild I.60a und b). Der Leistungsfaktor der gesamten Anlage (Motor + Kondensator) ist $\cos\varphi_{ges} = 1$. Zur Einsparung an Kapazität begnügt man sich in der Praxis mit $\cos\varphi_{ges} \approx 0{,}95$.

Die Phasenkompensation bewirkt entweder eine Verringerung der Verluste auf dem Übertragungsweg oder eine bessere Ausnutzbarkeit der Leitungen, Transformatoren und Generatoren.

Beispiel: Der Motor nach Bild I.60 hat bei 10 A Stromaufnahme einen Leistungsfaktor von 0,8. Durch Phasenschieberkondensator wird der Blindstrom von 6 A von der Leitung ferngehalten, so daß auf ihr nur der Wirkstrom von 8 A fließt. Die Leitung hat 1 Ω Widerstand.

a) Welche Verlustleistung ergibt sich auf der Leitung bei nichtkompensiertem Verbraucher?
b) Welche ergibt sich bei Phasenkompensation?
c) Auf wieviel % ist die Verlustleistung zurückgegangen infolge Kompensation?
d) Mit welchem Wirkstrom könnte der Generator bei Kompensation zusätzlich belastet werden, wenn er mit max. 10 A belastet werden darf?

Lösung: a) $P_v = I^2 \cdot R_l = 10^2\,\text{A}^2 \cdot 1\,\Omega = 100\,\text{W}$ Verlustleistung ohne Kompensation
b) $P_v' = I_w^2 \cdot R_l = 8^2\,\text{A}^2 \cdot 1\,\Omega = 64\,\text{W}$ Verlustleistung mit Kompensation
c) Die Verlustleistung ist nach a) und b) auf 64 % zurückgegangen
d) $\Delta I = I_{max} - I_w = 10\,\text{A} - 8\,\text{A} = 2\,\text{A}$ zusätzliche Belastung zulässig

9. Drehstrom (Dreiphasenwechselstrom)

9.1. Erzeugung von Drehstrom

Der Drehstromgenerator ist ebenso aufgebaut wie der Wechselstromgenerator (Bild I.51), hat jedoch drei gleiche Wicklungen, die gegeneinander um 120° versetzt sind. In diesen induziert das Polrad drei Wechselspannungen gleicher Größe und Frequenz, die gegeneinander um 120° phasenverschoben sind. Bild I.61b zeigt den zeitlichen Verlauf der Spannungen, aufgetragen über der Abwicklung der Maschine (Ständer aufgeschnitten und geradegebogen). Bei Verkettung der drei Wicklungen in Stern (⅄) oder Dreieck (△) entsteht Drehstrom. Die Vorteile des Drehstroms sind Transformierbarkeit (siehe II.1.4), Leitungsmaterialersparnis bei Verkettung in ⅄ (siehe II.1.3) und Drehfelderzeugung im Motor (siehe II.7.1).

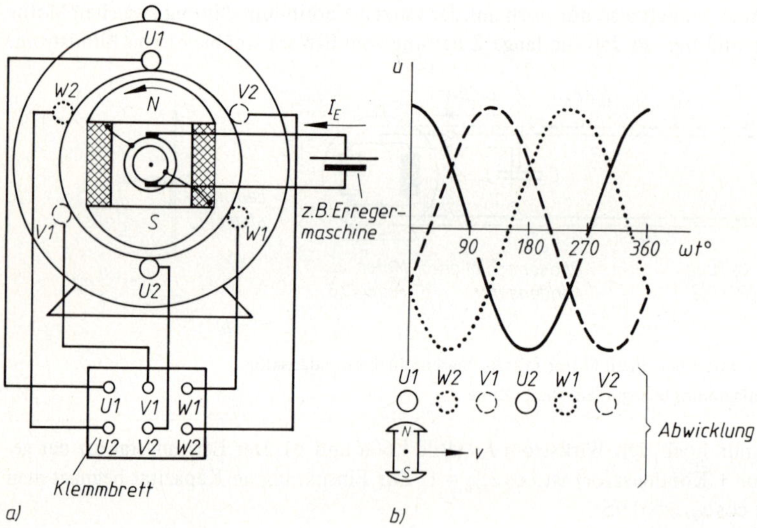

Bild I.61. a) Aufbauschema und Klemmbrett eines Drehstromgenerators. b) Spannungsverlauf über der Abwicklung der Maschine aufgetragen

9.2. Verkettungsarten ⅄ und △

Der Drehstromanschluß besteht aus den drei Außenleitern L1, L2, L3 und dem Neutralleiter N.

Bild I.62 zeigt, wie die drei Wicklungen eines Drehstromgerätes am Klemmbrett in ⅄ oder △ verkettet werden und wie sie dabei geschaltet sind. Die zyklische Vertauschung W2/U2/V2 gestattet eine kreuzungsfreie Verkettung in △.

Bei Drehstrom unterscheidet man Leiter- und Stranggrößen (Bild I.62). Die Leitergrößen (U, I) beziehen sich auf die drei Leitungsadern L1/L2/L3. Die Leiterspannung U ist die Spannung zwischen zwei Leitungsadern, der Leiterstrom I der Strom in einer Ader. Die Stranggrößen (U_{str}, I_{str}) beziehen sich auf die drei Stränge (Wicklungen) des Gerätes.

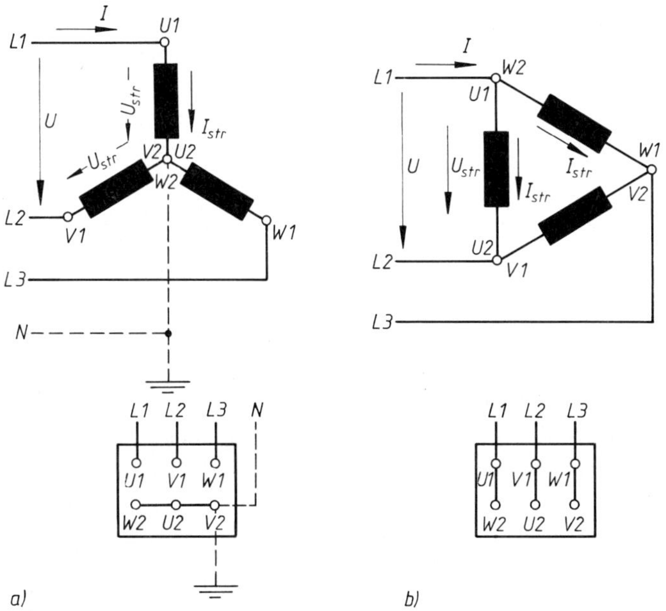

Bild I.62

a) Sternverkettung eines Drehstromgerätes

b) Dreiecksverkettung eines Drehstromgerätes

Die Strangspannung U_{str} ist die Spannung zwischen Anfang und Ende einer Wicklung, der Strangstrom I_{str} der Strom in einer Wicklung des Gerätes. Zwischen den Leiter- und Stranggrößen bestehen je nach Verkettung folgende Beziehungen:

Spannung und Strom bei ⅄

$$U = \sqrt{3}\, U_{str} \qquad I = I_{str} \tag{I.57}$$

Spannung und Strom bei △

$$U = U_{str} \qquad I = \sqrt{3}\, I_{str} \tag{I.58}$$

Der Verkettungsfaktor $\sqrt{3}$ des Drehstromes ergibt sich aus der geometrischen Aneinandersetzung zweier gleicher Stranggrößen unter einem Winkel von 120°.

Beispiel: Bei einem Drehstromgenerator liefert eine Wicklung eine Spannung von 220 V. Welche Leiterspannung ergibt sich a) bei Stern-, b) bei Dreiecksverkettung der Wicklungen?

Lösung: a) $U = \sqrt{3}\, U_{str} = \sqrt{3} \cdot 220\,\text{V} = 381\,\text{V}$ Leiterspannung (verkettete Spannung) bei ⅄

b) $U = U_{str} = 220\,\text{V}$ Leiterspannung bei △

Die erforderliche Verkettungsart für ein Drehstromgerät richtet sich nach der Spannung U des Netzes und der Spannung U_{str}, die für eine Wicklung des Gerätes zulässig ist. Bei der üblichen Netzspannung 220/380 V muß ein Gerät, dessen Nennspannung a) mit 220/380 V (oder 220 V △) angegeben ist, in ⅄ ans Netz geschaltet werden, ein Gerät b) mit der Angabe 380/660 V (oder 380 V △) dagegen in △. Im Fall a) wird es bei △ überlastet, im Fall b) gibt es bei ⅄ nur ein Drittel der Leistung (Heizgerät) bzw. darf nur mit etwa 60 % der Nennleistung belastet werden (Motoren).

9.3. Leistung bei Drehstrom

Bei beliebiger Belastung ergibt sich die *Wirkleistung P* bei Drehstrom als Summe der einzelnen Strangleistungen:

$$P = P_{str1} + P_{str2} + P_{str3}$$
$$P_{str} = U_{str}\, I_{str} \cos \varphi_{str} \qquad \text{(I.59)}$$

Bei symmetrischer Belastung (gleiche Belastung jedes Stranges) ist die *Drehstrom-Wirkleistung*

$$P = \sqrt{3}\, U I \cos \varphi \qquad \text{(I.60)}$$

P	U	I	$\cos\varphi$
W	V	A	1

U Leiterspannung = Spannung zwischen zwei Außenleitern; I Leiterstrom = Strom auf einem Außenleiter; $\cos\varphi$ Leistungsfaktor des Verbrauchers.

Die Gleichung gilt unabhängig davon, ob der Verbraucher in ⅄ oder Δ geschaltet ist. Die *Größe der Leistung* ist bei ⅄- oder Δ-Schaltung desselben Verbrauchers jedoch *verschieden* (siehe zweites Beispiel).

■ **Beispiel:** Ein Drehstrommotor für 380 V hat 11 kW Nennleistung bei einem Wirkungsgrad von 0,87 und einem Leistungsfaktor von 0,84. Wie groß ist der Strom, der in jeder seiner drei Zuleitungsadern fließt?

Lösung: $P = \sqrt{3}\, U I \cos\varphi$

$$I = \frac{P}{\sqrt{3} \cdot U \cdot \cos\varphi} \quad \Big| \quad P = \frac{P_{nenn}}{\eta} = \frac{11\ \text{kW}}{0{,}87} = 12{,}64\ \text{kW Leistungs\textit{aufnahme}}$$

$$I = \frac{12\,640\ \text{W}}{\sqrt{3} \cdot 380\ \text{V} \cdot 0{,}84} = 22{,}9\ \text{A entnimmt der Motor jeder Ader}$$

■ **Beispiel:** Die drei Heizwendeln eines Drehstromheizgerätes haben je 38 Ω Widerstand.
a) Welche Leistung nimmt das Gerät bei Δ-,
b) welche bei ⅄-Schaltung an 380 V auf?
c) In welchem Verhältnis stehen die beiden Leistungen zueinander?

Lösung: a) $P_{\Delta} = \sqrt{3}\, U I \cos\varphi$ | $I = \sqrt{3}\, I_{str\Delta}$ nach Bild I.62b und Gl. (I.58)

darin: $I_{str\Delta} = \dfrac{U}{R} = \dfrac{380\ \text{V}}{38\ \Omega} = 10\ \text{A}$

$I = \sqrt{3} \cdot 10\ \text{A} = 17{,}3\ \text{A}$

$\cos\varphi = 1$ weil Heizwendel rein ohmsch

$$P_{\Delta} = \sqrt{3} \cdot 380\ \text{V} \cdot 17{,}3\ \text{A} \cdot 1 = 11\,400\ \text{W} = 11{,}4\ \text{kW bei } \Delta$$

b) $P_{⅄} = \sqrt{3}\, U I \cos\varphi$ | $I = I_{str⅄}$ nach Bild I.62a und Gl. (I.57)

darin: $I_{str⅄} = \dfrac{U_{str}}{R} = \dfrac{220\ \text{V}}{38\ \Omega} = 5{,}78\ \text{A} = I$

$$P_{⅄} = \sqrt{3} \cdot 380\ \text{V} \cdot 5{,}78\ \text{A} \cdot 1 = 3800\ \text{W} = 3{,}8\ \text{kW bei } ⅄$$

c) $P_{\Delta} : P_{⅄} = 11{,}4\ \text{kW} : 3{,}8\ \text{kW} = 3:1$

In Δ nimmt ein Ohmscher Verbraucher die dreifache Leistung auf wie in ⅄.

II. Anwendungen

1. Verteilung der elektrischen Energie

1.1. Berechnung des Leitungsquerschnitts

Der Querschnitt S (oder q) einer Leitung muß so groß gewählt werden, daß die Leitung erstens keinen zu hohen Spannungs- bzw. Leistungsverlust verursacht und zweitens nicht zu heiß wird. Als Leitermaterial wird fast immer Kupfer, bei Freileitungen auch Aluminium verwendet. Die Leitungen werden in 3 Gruppen eingeteilt: Bei Gruppe 1 handelt es sich um Rohrdrähte oder Rohrverlegung (bis zu 3 Drähte in einem Rohr), bei Gruppe 2 um Kabel oder kabelähnliche Leitungen, bei Gruppe 3 um einadrige Leitungen (frei in Luft). Die genormten Querschnitte q, ihre zugeordneten Sicherungen und die zulässigen Stromstärken I_{zul} für Dauerbetrieb sind zusammengestellt in Tafel II.1.

Der Bau von elektrischen Leitungen setzt die Kenntnis der Vorschriften VDE 0100 voraus.

Bei zweiadrigen Leitungen für Gleich- oder Wechselstrom ($\cos \varphi \approx 1$) wird der erforderliche Querschnitt q entweder auf zulässigen Spannungsfall ΔU (siehe I.3.7) berechnet (bei längerer Leitung) oder nach Tafel II.1 auf zulässige Stromstärke I_{zul} gewählt (bei kurzen Zuführungskabeln).

Tafel II.1. Leitungsquerschnitte *q*. Der Praxis folgend wird hier der Buchstabe q statt S verwendet, siehe DIN 1304, Nr. 1.17.

q mm²	Kupfer (Cu)						Aluminium (Al)					
	Gruppe 1		Gruppe 2		Gruppe 3		Gruppe 1		Gruppe 2		Gruppe 3	
	I_{zul} q	Sich. q	I_{zul} q	Sich. q	I_{zul} q	Sich. q	I_{zul} q	Sich. q	I_{zul} q	Sich. q	I_{zul} q	Sich. q
0,75	–	–	12	6	15	10	–	–	–	–	–	–
1	11	6	15	10	19	10	–	–	–	–	–	–
1,5	15	10	18	10	24	20	–	–	–	–	–	–
2,5	20	16	26	20	32	25	15	10	20	16	26	20
4	25	20	34	25	42	35	20	16	27	20	33	25
6	33	25	44	35	54	50	26	20	35	25	42	35
10	45	35	61	50	73	63	36	25	48	35	57	50
16	61	50	82	63	98	80	48	35	64	50	77	63
25	83	63	108	80	129	100	65	50	85	63	103	80
35	103	80	135	100	158	125	81	63	105	80	124	100
50	132	100	168	125	198	160	103	80	132	100	155	125
70	165	125	207	160	245	200	–	–	163	125	193	160
95	197	160	250	200	292	250	–	–	197	160	230	200
120	235	200	292	250	344	315	–	–	230	200	268	200
150	–	–	5	250	391	315	–	–	263	200	310	250
185	–	–	382	315	448	400	–	–	301	250	353	315
240	–	–	453	400	528	400	–	–	357	315	414	315
300	–	–	504	400	608	500	–	–	409	315	479	400
400	–	–	–	–	726	630	–	–	–	–	569	500
500	–	–	–	–	830	630	–	–	–	–	649	500

Längere Leitung auf Spannungsfall (Bild II.1)

$$q = \frac{2\rho}{\Delta U} Il \qquad (II.1)$$

q	ρ	I	l	ΔU
mm^2	$\frac{\Omega mm^2}{m}$	A	m	V

q Querschnitt einer Leitungsader; $\Delta U = U_{ges} - U = \frac{p}{100} U_{nenn}$ Spannungsfall auf der Leitung; p prozentualer Spannungsfall bezogen auf die Nennspannung; l Leitungslänge = Länge einer Ader.

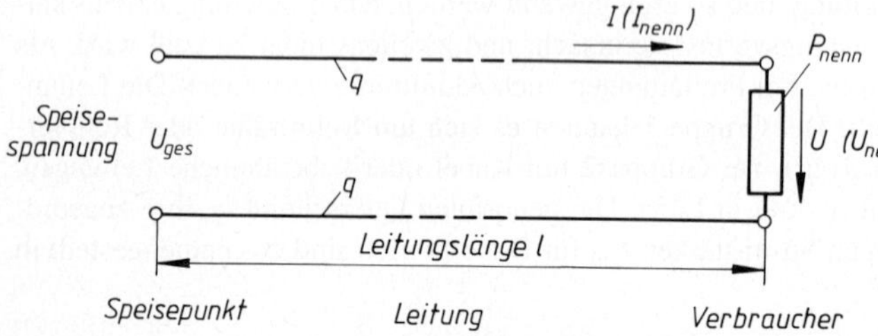

Bild II.1
Zweiadrige Leitung mit einem Speisepunkt und einem Verbraucher

Aus dem errechneten Querschnitt wählt man nach Tafel II.1 den nächsthöheren genormten und vergewissert sich, ob dessen zulässige Stromstärke ausreicht.
Kurze Leitung auf zulässige Stromstärke:

q gewählt nach Tafel II.1 für

$$I_{zul} > I = \frac{P}{U} \qquad (II.2)$$

I, I_{zul}	P	U
A	W	V

Im Zweifelsfall prüft man die als „länger" angenommene Leitung auf zulässige Stromstärke, die als „kurz" angenommene auf zulässigen Spannungsfall. Als zulässig betrachtet man im allgemeinen 3 ... 5 % Spannungsfall (entsprechend 97 ... 95 % Übertragungswirkungsgrad der Leitung).

- **Beispiel:** Ein 120 m entfernter Verbraucher soll über eine zweiadrige Leitung bei der Nennspannung 220 V_ mit 4 kW gespeist werden. Welcher Kupferquerschnitt q ist erforderlich, wenn der zulässige Spannungsfall 5 % beträgt?

Lösung: Die Leitung wird als länger betrachtet und auf Spannungsfall berechnet:

$$q = \frac{2\rho}{\Delta U} Il \qquad I = \frac{P}{U} = \frac{4000\ \text{W}}{220\ \text{V}} = 18{,}2\ \text{A}$$

$$\Delta U = \frac{p}{100} \cdot U_{nenn} = \frac{5}{100} \cdot 220\ \text{V} = 11\ \text{V}$$

$$q = \frac{2 \cdot 0{,}0178\ \frac{\Omega mm^2}{m} \cdot 18{,}2\ \text{A} \cdot 120\ \text{m}}{11\ \text{V}} = 7{,}06\ \text{mm}^2 \text{ rechnerischer Querschnitt}$$

Gewählt werden nach Tafel II.1 zwei Adern zu je 100 mm² Kupfer, die nach Gr. 2 mit $I_{zul} = 61$ A (> 18,2 A) belastbar sind.

- **Beispiel:** Ein Heizofen 220 V 3 kW soll zweiadrig über ein 4 m langes Zuführungskabel angeschlossen werden. Welcher Kupferquerschnitt q ist zu wählen?

Lösung: Die Leitung wird als kurz betrachtet und auf zulässige Stromstärke gewählt.

$$I = \frac{P}{U} = \frac{3000\ \text{W}}{220\ \text{V}} = 13{,}6\ \text{A}$$

Gewählt werden nach Tafel II.1 zwei Adern zu je 1 mm² Kupfer, die nach Gr. 2 mit $I_{zul} = 15$ A (> 13,6 A) belastbar sind.

Längere Drehstromleitungen werden meist auf zulässigen prozentualen Leistungsverlust p_p berechnet (seltener auf Spannungsfall):

$$q = \frac{100\,\rho l P}{p_p\, U^2 \cos^2\varphi} \qquad \text{(II.3)}$$

q	ρ	l	P	p_p	U	$\cos\varphi$
mm²	$\frac{\Omega\text{mm}^2}{\text{m}}$	m	W	%	V	1

q Querschnitt einer Ader; l Länge einer Ader; $p_p = \frac{P_{zu} - P_{ab}}{P_{zu}}\,100\ \%$ prozentualer Leistungsverlust; $\cos\varphi$ Leistungsfaktor des Verbrauchers.

Die Gleichung gilt nur für rein ohmsche Leitung.

Kurze Drehstrom-Zuleitungen werden ebenfalls auf zulässige Stromstärke gewählt:

q gewählt nach Tafel II.1 für

$$I_{zul} > I = \frac{P}{\sqrt{3}\,U \cos\varphi} \qquad \text{(II.4)}$$

I, I_{zul}	P	U	$\cos\varphi$
A	W	V	1

Im Zweifelsfall wieder auf zulässige Stromstärke oder Spannungsfall prüfen.

■ **Beispiel:** Ein Drehstromverbraucher 500 V, 20 kW, $\cos\varphi = 0{,}8$ soll über eine 150 m lange Leitung angeschlossen werden. Der zulässige Leistungsverlust beträgt 5 %. Welcher Kupferquerschnitt q ist zu verlegen?

Lösung: Die Leitung wird als länger betrachtet und auf Leistungsverlust berechnet:

$$q = \frac{100\,\rho\, l\, P}{p_p\, U^2 \cos^2\varphi} = \frac{100 \cdot 0{,}0178\ \frac{\Omega\text{mm}^2}{\text{m}}\ 150\ \text{m} \cdot 20\,000\ \text{W}}{5 \cdot 500^2\,\text{V}^2 \cdot 0{,}8^2} = 6{,}7\ \text{mm}^2$$

Gewählt werden nach Tafel II.1 drei Adern zu je 10 mm² Kupfer, die nach Gr. 2 mit $I_{zul} = 61$ A belastbar sind. Der auf der Leitung fließende Strom beträgt:

$$I = \frac{P}{\sqrt{3}\,U\cos\varphi} = \frac{20\,000\ \text{W}}{\sqrt{3} \cdot 500\ \text{V} \cdot 0{,}8} = 29\ \text{A} < I_{zul}$$

■ **Beispiel:** Ein Drehstrommotor 380 V 11 kW hat den Wirkungsgrad 0,87 und den Leistungsfaktor 0,84. Er soll über eine kabelähnliche Leitung von 12 m Länge angeschlossen werden. Welcher Kupferquerschnitt q ist erforderlich?

Lösung: Die Leitung wird als kurz betrachtet und auf zulässige Stromstärke gewählt:

$$P = \sqrt{3}\,U I \cos\varphi$$

$$I = \frac{P}{\sqrt{3}\,U\cos\varphi} \qquad \Big| \qquad P = \frac{P_{nenn}}{\eta} = \frac{11\ \text{kW}}{0{,}87} = 12{,}64\ \text{kW Leistungs}\textit{aufnahme}$$

$$I = \frac{12\,640\ \text{W}}{\sqrt{3} \cdot 380\ \text{V} \cdot 0{,}84} = 22{,}9\ \text{A Stromaufnahme des Motors}$$

Gewählt werden nach Tafel II.1 drei Adern zu je 2,5 mm² Kupfer, die nach Gr. 2 mit $I_{zul} = 26$ A (> 22,9 A) belastbar sind.

1.2. Gleichstrom-Dreileiternetz

Licht- und Kraftnetze werden in der Praxis meist 3- oder 4adrig verlegt, fast nie 2adrig. Das Mehrleiternetz erfordert trotz höherer Leiteranzahl geringeren Kupferaufwand als das gleichwertige Zweileiternetz.

Beim Gleichstrom-Dreileiternetz sind zwei Generatoren von z. B. 220 V Nennspannung in Reihe geschaltet und nach Bild II.2 an drei Leitungsadern angeschlossen, von denen der Mittelpol geerdet ist. Der Vorteil dieser Schaltung liegt darin, daß man die elektrische Leistung bei doppelter Spannung überträgt, ohne daß in der Lichtanlage (z. B. Haushalt) die nach VDE höchstzulässige Spannung von 250 V überschritten wird (sonst Lebensgefahr). Man legt die Lichtverbraucher an 220 V (zwischen L+ und N oder L– und N). Wegen der Erdung von N tritt auch gegenüber Erde keine höhere Spannung als 250 V (hier 220 V) auf. Die Kraftverbraucher schaltet man zwischen L+ und L– an die volle Spannung 440 V, weil in Kraftanlagen höhere Spannungen zulässig sind. Bei höherer Spannung und gegebener Leistung ist der Strom auf der Leitung (und damit der erforderliche Leitungsquerschnitt) kleiner, wie das Leistungsgesetz zeigt: $P = UI$ = niedrige Spannung × großer Strom = hohe Spannung × kleiner Strom. Bei doppelter Spannung ist der für gegebene Leistung erforderliche Strom halb so groß. Bei halbem Strom und gegebenen prozentualem Spannungsfall beträgt der erforderliche Aderquerschnitt q nur $\frac{1}{4}$ desjenigen, der bei 1facher Spannung nötig wäre (siehe Beispiel).

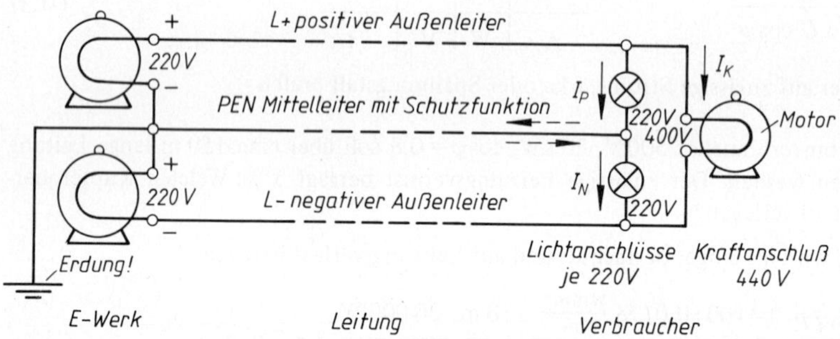

Bild II.2. Gleichstrom-Dreileiternetz 220/440 V

Bei symmetrischer Belastung (Lichtverbraucherleistungen auf beide Netzhälften gleichmäßig verteilt) heben sich die beiden Lichtströme I_P und I_N auf dem Mittelleiter auf, so daß dann auch die beiden Lichtverbrauchergruppen in Reihe an 440 V liegen. Bei Unsymmetrie fließt nur der kleine Differenzstrom $I_P - I_N$ auf N, so daß PEN dünner mitgeführt werden kann als L+ oder L−. Eine möglichst symmetrische Verteilung der Lichtlasten erreicht man dadurch, daß man z.B. bei Einfamilienhäusern abwechselnd das eine an L+ und PEN, das nächste an L− und PEN anschließt usw. In größeren Häusern legt man das eine Stockwerk an L+ und PEN, das nächste an L− und N usw. Die Kraftanschlüsse (zwischen L+ und L−) sind bereits in sich symmetrisch.

■ **Beispiel:** Eine gegebene Leistung von 25 kW soll über 400 m Entfernung bei der für Lichtanlagen zulässigen Nennspannung von 220 V übertragen werden. Der zulässige Spannungsfall beträgt 3 %, die Belastung ist symmetrisch.

a) Wie groß ist der erforderliche Gesamt-Kupferquerschnitt beim Zweileiternetz 220 V?
b) Wie groß ist er beim gleichwertigen Dreileiternetz 220/440 V?
c) Wieviel % Kupfer lassen sich durch das Dreileiternetz einsparen, wenn PEN voll mitgeführt wird?

Lösung: a) $q = \frac{2\rho}{\Delta U} I l \quad \Big| \quad \Delta U = \frac{p}{100} U_{\text{nenn}} = \frac{3}{100} \cdot 220\,\text{V} = 6{,}6\,\text{V}$

$$I = \frac{P}{U} = \frac{25\,000\,\text{W}}{220\,\text{V}} = 114\,\text{A}$$

$$q = \frac{2 \cdot 0{,}0178\,\frac{\Omega\text{mm}^2}{\text{m}} \cdot 114\,\text{A} \cdot 400\,\text{m}}{6{,}6\,\text{V}} = 246\,\text{mm}^2 \text{ rechnerischer Aderquerschnitt}$$

$q_{\text{ges}} = 2\,A = 2 \cdot 246\,\text{mm}^2 = 492\,\text{mm}^2$ Gesamtquerschnitt beim Zweileiternetz

b) Bei symmetrischer Belastung kann man das Dreileiternetz wie ein Zweileiternetz doppelter Spannung berechnen:

$$q = \frac{2\rho}{\Delta U} I l \quad \Big| \quad \Delta U = \frac{3}{100} \cdot 440\,\text{V} = 13{,}2\,\text{V} \qquad I = \frac{25\,000\,\text{W}}{440\,\text{V}} = 57\,\text{A}$$

$$q = \frac{2 \cdot 0{,}0178\,\frac{\Omega\text{mm}^2}{\text{m}} \cdot 57\,\text{A} \cdot 400\,\text{m}}{13{,}2\,\text{V}} = 62\,\text{mm}^2 \text{ rechnerischer Aderquerschnitt}$$

$q_{\text{ges}} = 3A = 3 \cdot 62\,\text{mm}^2 = 186\,\text{mm}^2$ Gesamtquerschnitt beim Dreileiternetz, PEN voll mitgeführt

c) $p_a = \frac{496\,\text{mm}^2 - 186\,\text{mm}^2}{496\,\text{mm}^2} \cdot 100\,\% \approx 60\,\%$ (Mindestkupferersparnis durch Dreileiternetz)

1.3. Drehstrom-Vierleiternetz

Beim Drehstrom-Vierleiternetz sind an den in ⅄ geschalteten Generator oder Transformator vier Leitungen angeschlossen: die drei Außenleiter L1, L2, L3 und der geerdete Neutralleiter N (siehe I.9.2). Drehstrom hat gegenüber Gleichstrom den Vorteil, daß er transformierbar ist (siehe II.1.4). Daher ist das Drehstrom-Vierleiternetz 220/380 V das am meisten verbreitete Licht- und Kraftnetz, während das Gleichstrom-Dreileiternetz zur Licht- und Kraftübertragung kaum noch verwendet wird. Die Lichtanschlüsse werden an 220 V Wechselstrom geschaltet, die Kraftanschlüsse in ⅄ oder △ an 380 V Drehstrom. Für die Wirkungsweise und die Kupferersparnis gilt sinngemäß das entsprechende wie beim Gleichstrom-Dreileiternetz (siehe II.1.2).

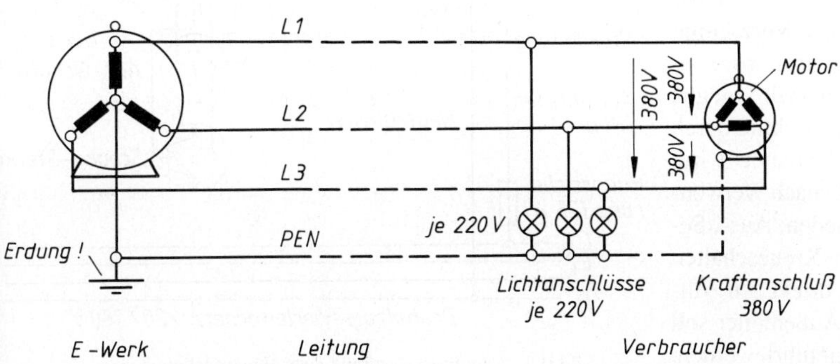

Bild II.3. Drehstrom-Vierleiternetz 220/380 V

1.4. Hochspannungs-Fernleitung

Eine Fernübertragung elektrischer Leistung ist nur bei Hochspannung möglich wegen $P = UI$ = hohe Spannung · kleiner Strom. Bei kleinem Strom ergeben sich technisch und wirtschaftlich tragbare Leitungsquerschnitte (siehe Beispiel).

Das Kraftwerk steht möglichst dort, wo Energieträger vorhanden sind (Kohle, Wasserkraft). Die elektrische Energie wird bei etwa 10 kV Spannung erzeugt und in der Umspannstation des Kraftwerks auf eine Spannung von 60 … 380 kV hochgespannt, bei der die Leistung über die Fernleitung geschickt wird. In der Bezirks-Umspannstation werden die 60 … 380 kV der Fernleitung heruntertransformiert auf 6 … 30 kV für die Bezirksleitungen, die zu den einzelnen Orten und Fabriken führen. Dort werden die 6 … 30 kV der Bezirksleitung im Orts- oder Werkstransformator herabgesetzt auf 220/380 V für das Drehstrom-Vierleiternetz, das zu den einzelnen Verbrauchern führt (siehe II.1.3).

■ **Beispiel:** Die Leistung 10 MW soll bei Drehstrom über eine Entfernung von 200 km übertragen werden. Welcher Kupferquerschnitt ist erforderlich, wenn 5 % Leistungsverlust zulässig ist und der Leistungsfaktor 0,85 beträgt:

a) bei Hochspannung 100 kV, b) bei Niederspannung 380 V?

Lösung: a) $$q = \frac{100\,\rho\, l P}{p_p U^2 \cos^2\varphi} = \frac{100 \cdot 0{,}0178\,\frac{\Omega\text{mm}^2}{\text{m}} \cdot 200 \cdot 10^3\,\text{m} \cdot 10 \cdot 10^6\,\text{W}}{5 \cdot (100 \cdot 10^3)^2\,\text{V}^2 \cdot 0{,}85^2}$$

$$q = 98{,}5\ \text{mm}^2$$

Gewählt werden 3 Adern zu je 120 mm² Kupfer.

b) $$q = \frac{100 \cdot 0{,}0178\,\frac{\Omega\text{mm}^2}{\text{m}} \cdot 200 \cdot 10^3\,\text{m} \cdot 10 \cdot 10^6\,\text{W}}{5 \cdot 380^2\,\text{V}^2 \cdot 0{,}85^2}$$

$$q = 6{,}82 \cdot 10^6\ \text{mm}^2 = 6{,}82\ \text{m}^2\,!$$

Bei Niederspannung 380 V müßte jede Ader etwa 7 m² Querschnitt haben: Technisch und wirtschaftlich unmöglich.

1.5. Hausinstallationsschaltung

Bild II.4 zeigt die übliche Schaltung einer Hausinstallation für 220 V Wechselspannung, die aus dem Drehstrom-Vierleiternetz 220/380 V gespeist wird (siehe II.1.3). Die Sicherungen liegen nur im Außenleiter, damit nach einem Kurzschluß die Anlage nicht nur stromlos, sondern auch spannungslos wird (gegen Erde) und auch ein Erdschluß durch die Sicherung abgeschaltet wird. Die Schalter sind je nach Verwendungszweck verschieden: Aus-, Serien-, Wechsel- und Kreuzschalter. Die Lampen sollen direkt am Mittelleiter liegen, der Außenleiter soll über den Schalter geführt werden, damit bei „Aus" keine Spannung

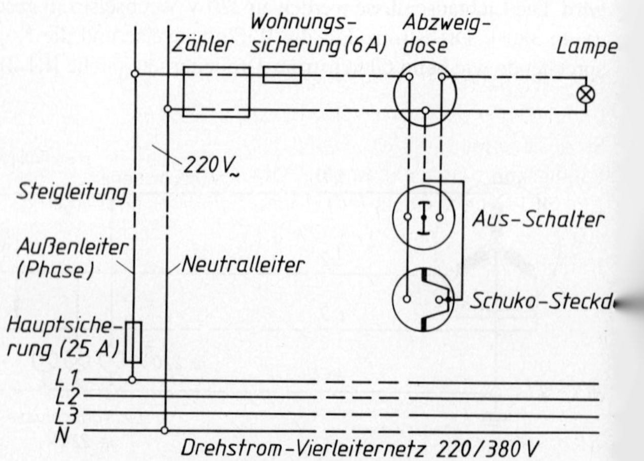

Bild II.4. Allpoliges Schaltbild einer Hausinstallation mit Brennstelle in Aus-Schaltung und Steckdose

zwischen Lampe und Erde liegt (sonst Elektrisieren möglich). Am Zähler läßt sich die verbrauchte Wirkarbeit in kWh ablesen. Zur Prüfung, welche Ader einer Anlage Außenleiter, geschalteter Außenleiter oder Neutralleiter ist, dürfen nur Spannungsmesser oder 2-polige Spannungsprüfer verwendet werden. Beim nicht erlaubten einpoligen sogenannten „Phasenprüfer", fließt ein sehr geringer Strom über den Menschen. Steht dieser auf einer gut isolierten Unterlage, ist es möglich, daß trotz vorhandener Spannung keine Anzeige erfolgt. Für die Hausinstallation gelten die VDE-Vorschriften 0100.

2. Beleuchtungstechnik

2.1. Lichttechnische Größen

Der Gesamtlichtstrom $\Phi_{V\,ges}$ ist die gesamte optisch wirksame Strahlungsleistung, die von einer Lichtquelle ausgestrahlt wird. Für elektrische Lampen wird $\Phi_{V\,ges}$ in Tabellen angegeben (siehe II.2.4 und II.2.5). Der Lichtstrom Φ_V ist ein Teil von $\Phi_{V\,ges}$, z. B. der Teil, der die Fläche A der Zeichnung trifft (Bild II.5). Die Einheit des Lichtstromes ist das Lumen (lm).

Der Raumwinkel ω wird von den äußersten Strahlen eines Lichtbündels beliebiger Form begrenzt, das von einer in seinem Scheitelpunkt sitzenden punktförmigen Lichtquelle ausgeht. ω wird an der Kugel in ähnlicher Weise definiert, wie der ebene Winkel α = Bogenlänge/Radius am Kreis:

Raumwinkel

$$\omega = \frac{A}{r^2} \qquad \text{(II.5)}$$

ω	A	r^2
sr	gleiche Einheit	

A von ω ausgeschnittener Teil der Kugeloberfläche, wobei der Scheitelpunkt von ω in der Kugelmitte liegt; r Radius dieser Kugel.

Die Einheit des Raumwinkels ist der Steradiant sr. ω = 1 sr schneidet auf der Einheitskugel die Kugelschalenfläche 1 m^2 aus.

Der Wert des vollen Raumwinkels ist 4 π sr, entsprechend dem Vollwinkel 2 π rad in der Ebene.

Die Lichtstärke I_V gibt an, wieviel Lichtleistung auf die verschiedenen Strahlrichtungen entfällt (Lichtverteilungskurve einer Lampe). Ihre Einheit ist die Candela (cd). Lichtstärke I_V als Lichtstromdichte im Raumwinkel:

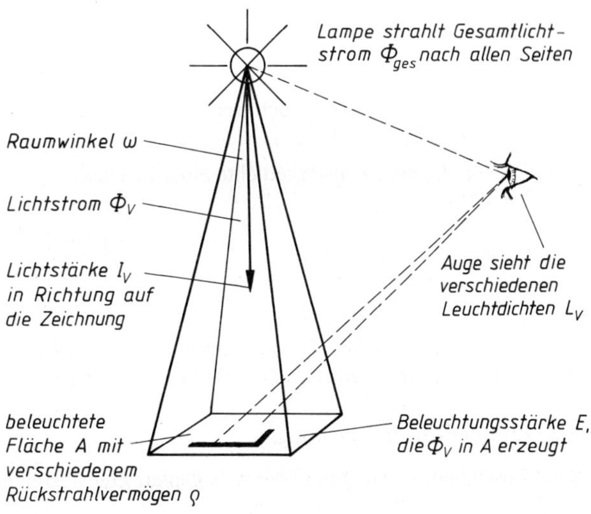

Bild II.5 Lichttechnische Größen und Begriffe

$$I_V = \frac{\Phi_V}{\omega} \qquad \text{(II.6)}$$

I_V	Φ_V	ω
cd	lm	sr

Φ Lichtstrom, der auf den Raumwinkel ω entfällt.

Lichtstärke und Leuchtdichte:

$$I_V = L_V\, A \cos\beta \qquad \text{(II.7)}$$

I_V	L_V	A	$\cos\beta$
cd	$\frac{\text{cd}}{\text{m}^2}$	m^2	1

L_V Leuchtdichte der selbstleuchtenden oder fremdbeleuchteten Fläche A (siehe Gl. (II.10) und (II.11)); β Strahlungswinkel gemessen gegen das Flächenlot.

Die Beleuchtungsstärke E_V wird vom Lichtstrom Φ_V in einer beleuchteten Fläche A erzeugt. Ihre Einheit ist das Lux (lx). *Beleuchtungsstärke E* als Lichtstromdichte in einer Fläche:

$$E_V = \frac{\Phi_V}{A} \qquad \text{(II.8)}$$

E_V	Φ_V	A
lx	lm	m^2

A Kugelschalenfläche mit Lichtquelle als Mittelpunkt, bei genügendem Abstand jedoch ≈ ebene Fläche.

Beleuchtungsstärke E aus Lichtstärke und Abstand:

$$E_V = \frac{I_V \cos i}{l^2} \qquad \text{(II.9)}$$

E_V	I_V	$\cos i$	l
lx	cd	1	m

$I_V \cos i$ Lichtstärke, die senkrecht auf die beleuchtete Fläche trifft; i Inzidenzwinkel = Lichteinfallswinkel gemessen gegen das Flächenlot; l Abstand der Fläche von der Lichtquelle.

Die Leuchtdichte L_V einer fremdbeleuchteten Fläche ergibt sich aus der Beleuchtungsstärke E_V mal dem Reflexionsvermögen ρ dividiert durch π.

Die Einheit der Leuchtdichte ist die Candela pro m^2 (cd/m^2).

Leuchtdichte L_V einer fremdbeleuchteten Fläche:

$$L_V = \frac{E_V \rho}{\pi} \qquad \text{(II.10)}$$

L_V	E_V	ρ
$\frac{cd}{m^2}$	lx	1

Bei einer selbstleuchtenden (auch fremdbeleuchteten) Fläche kann man die Leuchtdichte L_V auffassen als Flächen-Lichtstärkedichte.

Leuchtdichte L_V als Lichtstärkedichte einer Fläche:

$$L_V = \frac{I_{V\epsilon}}{A \cos \epsilon} \qquad \text{(II.11)}$$

L_V	$I_{V\epsilon}$	A	$\cos \epsilon$
$\frac{cd}{m^2}$	cd	m^2	1

$I_{V\epsilon}$ Lichtstärke, die in Betrachtungsrichtung ausgesendet wird (aus Lichtverteilungskurve); A leuchtende (oder fremdbeleuchtete) Fläche; ϵ Betrachtungswinkel gemessen gegen das Flächenlot.

2.2. Erforderliche Beleuchtung

Zum Lesen und Arbeiten muß der Arbeitsplatz eine ausreichende Beleuchtungsstärke E_V erhalten:

Tafel II.2. Erforderliche Beleuchtungsstärken E_V, Richtwerte nach DIN 5035

Ansprüche, Arbeit	Allgemeinbeleuchtung $E_{V\,mittel}$ in lx	zusätzliche Arbeitsplatzbeleuchtung E_V in lx
sehr gering, –	30	–
gering, grob	60	–
mäßig, mittelfein	120	250
hoch, fein	250	500
sehr hoch, sehr fein	600	1000 ... 4000

Die Werte der zusätzlichen Arbeitsplatzbeleuchtung gelten für ein Arbeitsgut mittlerer Helligkeit und mittleren Kontrastes.

Die Beleuchtungsstärke E_V trifft auf Stellen mit verschieden großem Rückstrahlvermögen ρ (schwarzer Buchstabe oder weißes Blatt, Bild II.5):

Tafel II.3. Rückstrahlvermögen ρ (ungefähre Werte)

Silber, poliert	0,9	Anstrich, weiß	0,75
Aluminium, poliert	0,7	Anstrich, gelb	0,5
Messing, poliert	0,6	Anstrich, schwarz	0,05
Emaille, weiß	0,7	Papier, weiß	0,75

Als Berechnungsgrundlage wird meist ein mittlerer Reflexionsgrad von 0,25 bis 0,3 angenommen.

Auf dem beleuchteten Papier entstehen je nach Rückstrahlvermögen der getroffenen Stellen verschieden große Leuchtdichten L_V (Leuchtdichteunterschied = Kontrast):

Tafel II.4. Erforderliche Mindestleuchtdichte

Arbeit	grob	mittel	fein	sehr fein
L_V in $\frac{cd}{m^2}$	10	20	40	80

bei mittlerem Kontrast des Arbeitsgutes

Zum Vergleich die Leuchtdichte von Lichtquellen:

Tafel II.5. Ungefähre Leuchtdichte von Lichtquellen

Quelle	Glimmlampe	Mond	Leuchtstofflampe	Kerze	Glühlampe matt
Leuchtdichte L_V in $\frac{cd}{m^2}$	200	2500	2000 ... 5000	7500	$(5 \ldots 40) \cdot 10^4$

Quelle	Glühlampe klar	Glühlampe für Projektor	Bogenlampe	Sonne
Leuchtdichte L_V in $\frac{cd}{m^2}$	$(8 \ldots 17) \cdot 10^6$	$30 \cdot 10^6$	$150 \cdot 10^6$	$1000 \cdot 10^6$

Beispiel: Auf einer Arbeitsfläche von 25 % mittlerem Reflexionsvermögen soll die nach Tafel II.4 erforderliche Mindestleuchtdichte von 80 cd/m² mit einer Glühlampe erzeugt werden, die 50 cm über der Fläche angebracht ist. Der Reflektor der Leuchte verstärkt den in Richtung Arbeitsfläche ausgestrahlten Lichtstrom um 30 %. Welche Leistung muß die zu wählende Glühlampe haben, wenn der Lichteinfall gegen das Flächenlot um 30° geneigt ist?

Lösung: $L_V = \frac{E_V \rho}{\pi}$; $E_V = \frac{L_V \cdot \pi}{\rho} = \frac{80 \frac{cd}{m^2} \cdot \pi}{0{,}25} \approx 1000 \text{ lx}$ erforderliche Beleuchtungsstärke in der Arbeitsfläche

$$E_V = \frac{I_V \cos i}{l^2}$$

$I_V = \frac{E_V l^2}{\cos i} = \frac{1000 \text{ lx} \cdot 0{,}5^2 \text{ m}^2}{0{,}866} = 289 \text{ cd}$ muß die Leuchte in Richtung Arbeitsfläche ausstrahlen

$I_{V\,mittel} = \frac{I_V}{1,3} = \frac{289\ cd}{1,3} = 222\ cd$ mittlere Lichtstärke, die die Lampe nach allen Seiten abstrahlen müßte

$I_{V\,mittel} = \frac{\Phi_{V\,ges}}{\omega_{ges}}$ $\Phi_{V\,ges} = I_{V\,mittel}\ \omega_{ges} = 222\ cd \cdot 4\pi$

$\Phi_{V\,ges} = 2788$ lm Gesamtlichtstrom, den die Lampe geben muß. Nach Tafel II.6 muß eine Glühlampe von 200 W Leistung mit 2950 lm Gesamtlichtstrom gewählt werden.

■ **Beispiel:** Welche Beleuchtungsstärke erzeugt eine Leuchtstofflampe von 65 W Leistung, wenn sie in 2 m Höhe senkrecht über einem Arbeitsplatz hängt?

Lösung: Nach Tafel II.7 gibt die 65-W-Röhre den Gesamtlichtstrom $\Phi_{V\,ges} = 4000$ lm

$I_{V\,mittel} = \frac{\Phi_{V\,ges}}{\omega_{ges}} = \frac{4000\ lm}{4\pi} = 318\ cd$ mittlere Lichtstärke, die die Lampe nach allen Richtungen ausstrahlt

$E_V = \frac{I_V \cos i}{l^2}$ $\cos i = 1$ weil Lichteinfall senkrecht ($i = 0°$ gegen das Flächenlot)

$E_V = \frac{318\ cd \cdot 1}{2^2\ m^2} = 79,5\ lx$ Beleuchtungsstärke am Arbeitsplatz, nach Tafel II.2 ausreichend für grobe Arbeit

2.3. Lampen und Leuchten

Am häufigsten angewendet werden Glühlampen und Leuchtstofflampen bis 220 V Nennspannung. Außerdem werden Hochspannungs-Leuchtröhren (z. B. Lichtreklame), Quecksilberdampflampen (bläulich-grünes Licht auf Straßen und Plätzen z. B.) sowie Natriumdampflampen (gelbes Licht) verwendet.

Bei der Glühlampe wird ein dünner Wolframdraht durch Strom zum Glühen gebracht (um 2500 °C). Dabei entsteht viel Wärme, so daß die Lichtausbeute nicht sehr hoch ist.

Bei der Niederspannungs-Leuchtstofflampe erzeugt eine Glimmentladung in einem Gemisch aus Quecksilberdampf und Edelgas hauptsächlich ultraviolettes Licht, das nicht sichtbar ist. Dieses UV-Licht regt die innen auf der Rohrwand sitzende Leuchtstoffschicht zu optisch wirksamem Licht an, das von der Lampe abgestrahlt wird. Dabei entsteht weniger Wärme als bei Glühlampen, so daß die Lichtausbeute von Leuchtstofflampen höher ist.

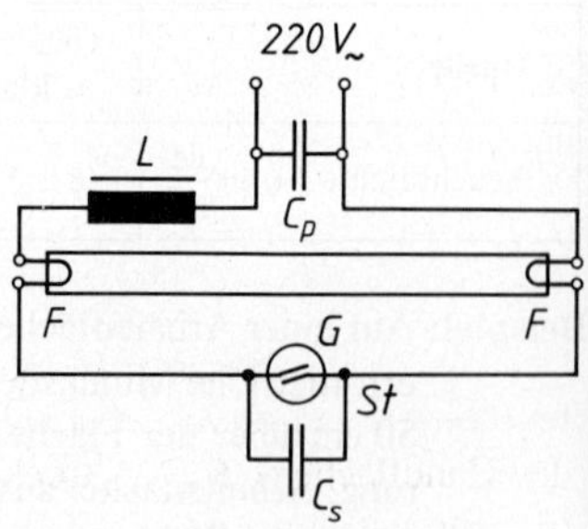

Bild II.6. Schaltung einer Niederspannungs-Leuchtstofflampe

Tafel II.6. Normale Glühlampen für 220 V, Gesamtlichtstrom und Lichtausbeute

Leistung P in W	15	25	40	60	75	100	150	200	300	500	1000	2000
Gesamtlichtstrom $\Phi_{V\,ges}$ in lm	120	220	400	730	950	1380	2100	2950	4800	8300	18500	38400
Lichtausbeute η_{La} in lm/W	8	8,8	10	12,2	12,7	13,8	14	14,7	16	16,5	18,5	19,2

Tafel II.7. Leuchtstofflampen 220 V, Gesamtlichtstrom und Lichtausbeute

Leistungsaufnahme der Lampe allein	P in W	10	16	20	25	40	65
Leistungsaufnahme einschl. Drossel	P in W	13	20	25	31	49	75
Lichtstrom	$\Phi_{\text{V ges}}$ in lm	390 440	730 820	770 950	1150 1300	1850 2400	3100 4000
Lichtausbeute	η_{La} in lm/W	30 34	37 40	31 38	37 42	38 49	41 53

Die Leuchten dienen zur Aufnahme der Lampen. Sie haben den Zweck, das Licht unter Vermeidung von Blendung dorthin zu werfen, wo es gebraucht wird. Man unterscheidet die Leuchten nach der Art der Lichtverteilung: direkt, vorwiegend direkt, gleichförmig, vorwiegend indirekt und indirekt. Bei den Direkt-Leuchten gibt es solche für Breit-, Weit-, Tief-, Schräg- und Flutlichtstrahlung.

Die Leuchte zur Aufnahme einer Leuchtstofflampe enthält eine Vorschaltdrossel L, einen Glimmzünder G, einen Phasenkompensationskondensator C_p (siehe I.8.8) und einen Funk-Entstörkondensator C_s. G und C_s sind meist vereinigt zum auswechselbaren Starter *St*. G, L und die in beiden Lampenenden angebrachten Heizfäden F dienen zum Zünden der Röhre. Im Betrieb begrenzt L den Strom durch die Lampe, der sonst zu hohe Werte annehmen und die Lampe zerstören würde.

3. Elektrische Unfälle und Schutzmaßnahmen

3.1. Elektrisieren

Man kann sich elektrisieren, indem man nach Bild II.7a beide Adern einer unter Spannung stehenden Leitung berührt, oder nach Bild II.7b an den Außenleiter (L1, L2 oder L3) kommt und gleichzeitig Erdberührung hat z. B. durch nasse Schuhe oder Anfassen einer Wasserleitung. Der elektrische Schlag ist um so stärker, je größer der Strom ist, der dabei durch den Körper fließt. Die Stärke des Elektrisierungsstromes I_e hängt nach dem Ohmschen Gesetz von der berührten Spannung U und dem Widerstand R_{mensch} des menschlichen Körpers ab:

$$I_e = \frac{U}{R_{\text{mensch}}} \tag{II.12}$$

Der *elektrische Widerstand* R_{mensch} des menschlichen Körpers ist um so kleiner, je größer und feuchter die Berührungsflächen sind. Als grobe Richtwerte können gelten (gemessen zwischen beiden Handflächen): R_{mensch} trocken ≈ 10 kΩ; R_{mensch} naß ≈ 2 kΩ. Als lebensgefährlich gilt ein Elektrisierungsstrom von

$I_e > 100$ mA (grober Richtwert!)

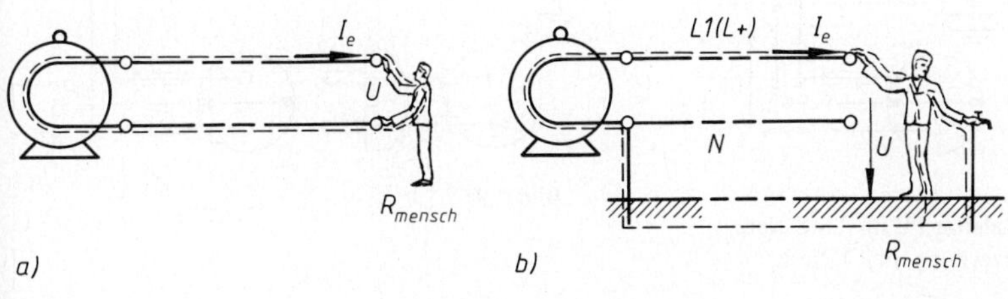

Bild II.7
Elektrisieren

■ **Beispiel:** Welcher maximale Elektrisierungsstrom fließt durch den Körper, wenn man mit beiden Handflächen die Netzwechselspannung 220 V berührt

a) bei trockenen, b) bei nassen Händen?

Lösung: a) $\hat{i}_e = \dfrac{\hat{u}}{R_{\text{mensch trocken}}} = \dfrac{\sqrt{2} \cdot 220\,\text{V}}{10\,\text{k}\Omega} = 31\,\text{mA}$ kräftiger Schlag

b) $\hat{i}_e = \dfrac{\hat{u}}{R_{\text{mensch naß}}} = \dfrac{\sqrt{2} \cdot 220\,\text{V}}{2\,\text{k}\Omega} = 155\,\text{mA}$ lebensgefährlicher Schlag!

3.2. Gehäuseschluß (Masseschluß)

Gehäuseschluß oder Körperschluß liegt vor, wenn die Arbeitswicklung eines Elektrogerätes infolge schadhafter Isolation das Metallgehäuse berührt. Im Bild ist das Metallgehäuse des Gerätes über den Schluß mit dem Außenleiter verbunden, so daß die Spannung U zwischen Gehäuse und Erde auftritt. Bei Berühren des Gerätes erhält man einen elektrischen Schlag (Bild II.8). Um zu vermeiden, daß ein Gerät das Herstellerwerk mit Gehäuseschluß verläßt, prüft man es, indem man eine Prüfspannung (z. B. 1500 V) zwischen Arbeitswicklung und Gehäuse liegt. Wenn die Isolation in Ordnung ist, fließt dabei kein Strom.

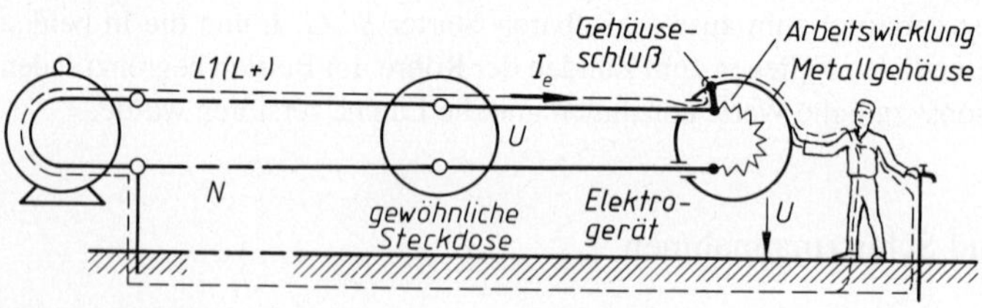

Bild II.8
Gehäuseschluß eines Elektrogerätes

3.3 Schutzmaßnahmen

Nach den VDE-Bestimmungen (DIN VDE 0100) sind zur Vermeidung elektrischer Unfälle unter anderem folgende Schutzmaßnahmen erlaubt:

Schutz durch Schutzleiter PE (protect earth): Der Schutzleiter PE führt eigenständig, am Zähler vorbei, durch die gesamte Anlage. Nur im Fehlerfall führt er Strom. Dieser ist dann so groß, daß der Überstromschutz (Sicherung) anspricht. Die zulässigen Abschaltzeiten sind in VDE 0100, Teil 410, vorgeschrieben, z. B. 0,2 s für Steckdosenstromkreise bis 35 A Nennstrom.

Wirkungsweise: Das Metallgehäuse eines Gerätes wird z. B. über die Schuko-Steckvorrichtung mit dem Schutzleiter PE verbunden, der wiederum mit dem Neutralleiter N verbunden ist.
Bei Masseschluß führt nun der Schutzleiter PE zwischen Gehäuse und Erde zu einem Kurzschluß.

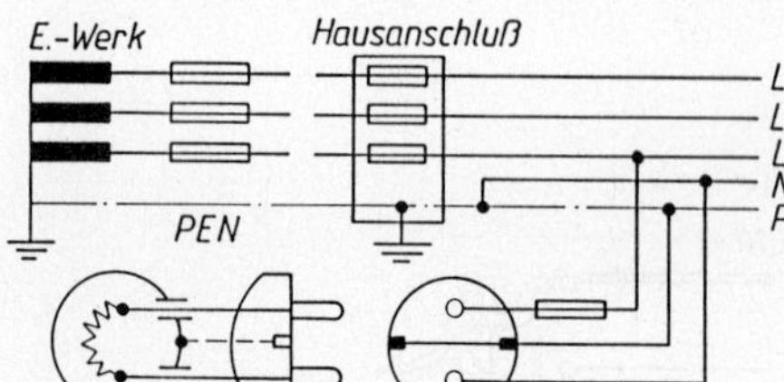

Bild II.9a

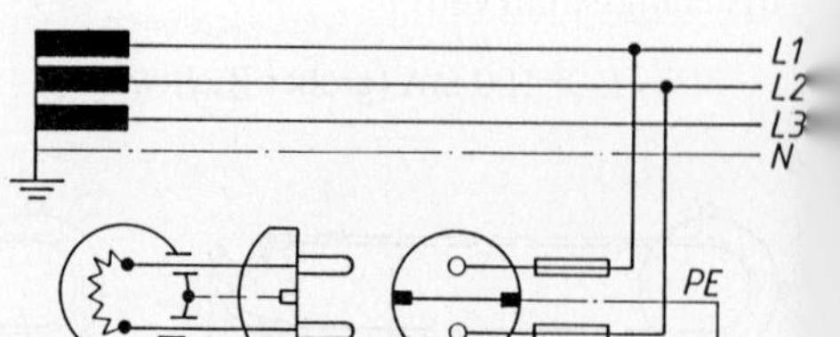

Bild II.9b

a) Schutz durch Schutzleiter PE im TN-S-Netz
b) Schutz durch Schutzerdung im TT-Netz

Im TN-S-Netz (Bild II.9a) wird immer der unabhängige Schutzleiter PE mitgeführt.

Die Leitungen bei Wechselstrom bestehen aus drei Adern, die beim Dreiphasenwechselstrom aus fünf Adern.

Schutz durch Schutzerdung: Hierbei werden die Schutzkontakte der Steckdose nach Bild II.9b mit Erde verbunden. Als Erder ist die Wasserleitung nicht mehr zulässig. Vielmehr ist ein besonderer Erder z.B. in Form eines in die Erde eingegrabenen verzinkten Stahlbandes erforderlich. Der Erdungswiderstand bei Schutzerdung muß genügend klein sein, damit die Sicherung bei Gehäuseschluß auslöst oder zwischen Gehäuse und Erde keine höhere Spannung als 65 V auftritt. Bis zu 16 A Sicherungs-Nennstrom genügen etwa 2 Ω Erdungswiderstand. Bei größeren Strömen wäre eine umfangreiche und teure Erdungsanlage erforderlich, so daß stattdessen eine andere Schutzmaßnahme, z.B. der Fehlerstrom-Schutzschalter gewählt wird.

Die Wirkungsweise beider Schutzarten beruht darauf, daß ein Gehäuseschluß zum Kurzschluß führt. Die Sicherung löst aus und trennt das schadhafte Gerät vom Außenleiter.

3.4. Sonstige Schutzmaßnahmen

Die Fehlerspannungs-Schutzschaltung hat den Vorteil, daß sie *auch bei unzureichender Erdung* (bis 800 Ω Erdungswiderstand) ein Gerät mit Gehäuseschluß allpolig abschaltet. Bei einem solchen Schluß tritt an der Auslösespule *A* eine Spannung auf (Fehlerspannung). Wenn diese einen bestimmten Wert übersteigt, wird der Schalter *S* elektromagnetisch geöffnet.

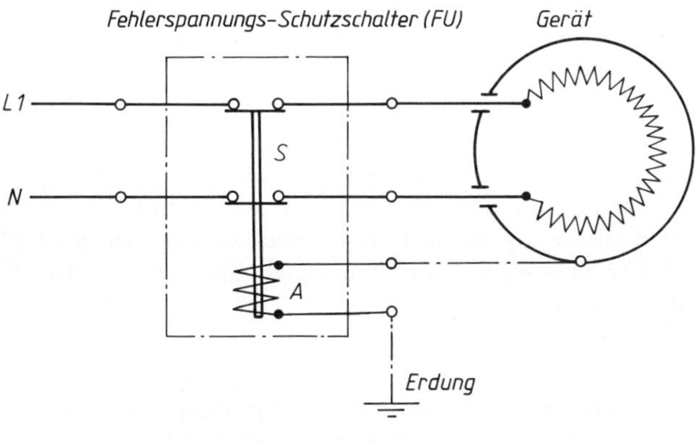

Bild II.10
FU-Schutzschaltung

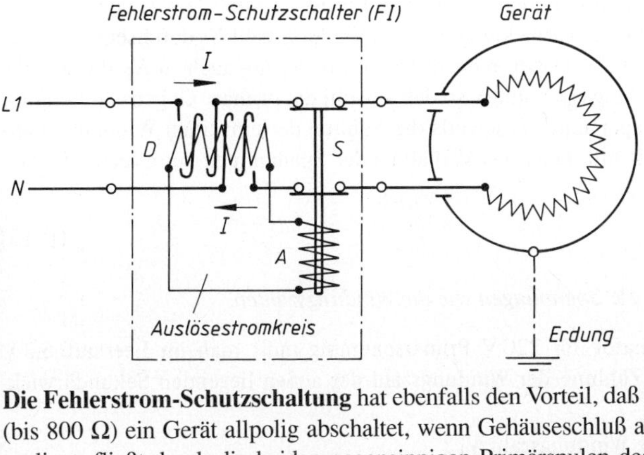

Bild II.11
FI-Schutzschaltung

Die Fehlerstrom-Schutzschaltung hat ebenfalls den Vorteil, daß sie *auch bei unzureichender Erdung* (bis 800 Ω) ein Gerät allpolig abschaltet, wenn Gehäuseschluß auftritt. Solange kein solcher Schluß vorliegt, fließt durch die beiden gegensinnigen Primärspulen des Differential-Stromwandlers *D* der gleiche Strom *I* hin und zurück. In der Sekundärspule wird dabei keine Spannung induziert, weil die Magnetflächen der Primärspulen sich kompensieren. Bei Schluß dagegen fließt ein Teil des zufließenden Stromes über Erde ab. Die im N-Zweig liegende Wicklung von *D* erhält weniger Strom, so daß in der Sekundärspule eine Spannung induziert wird. Diese wird der Auslösespule *A* zugeführt, die den Schalter *S* allpolig öffnet.

Bei Schutzisolierung kann kein Gehäuseschluß auftreten, weil das Gehäuse nicht aus Metall, sondern aus Isolierstoff besteht.

Beim Trenn- und beim Schutztransformator wird der Verbraucher über einen Transformator (siehe II.4) angeschlossen, dessen Sekundärwicklung nicht geerdet und gegen die Primärwicklung (Außenleiter) besonders zuverlässig isoliert ist. Der Trenntransformator übersetzt im Verhältnis 1 : 1 (z. B. 220/220 V), der Schutztransformator setzt die Netzspannung herab auf eine Kleinspannung von maximal 42 V.

3.5. Unfall durch Verbrennung

In Anlageteilen, die mit besonders starken Sicherungen abgesichert sind (z.B. 600-A-Sicherung), ist das Hantieren nicht nur wegen des Elektrisierens gefährlich, sondern auch wegen der Möglichkeit von Verbrennungen durch Lichtbögen (sogen. Stichflammen). Diese können als Folge eines Kurzschlusses entstehen, z.B. durch unbeabsichtigtes Überbrücken zweier blanker Leitungsadern mittels Metallwerkzeug. Besonders gefährlich ist das Arbeiten in Mittelspannungsanlagen, bei denen sowohl Spannungen als auch Ströme groß sind. Man unterlasse daher jegliches Arbeiten an Anlagen, die unter Spannung stehen, sowohl wegen der Elektrisierung- als auch wegen der Verbrennungsgefahr!

Für die Schutzmaßnahmen gegen elektrische Unfälle gelten die *VDE-Vorschriften* 0100.

4. Transformatoren

Transformatoren dienen zur Wandlung von Spannungen und Strömen auf höhere oder niedrigere Werte. Sie entsprechen den Getrieben der Mechanik, die Drehmomente und Drehzahlen heraufoder herabsetzen. Ebenso wie dasselbe Getriebe sowohl zur Über- als auch zur Untersetzung verwendet werden kann, läßt sich derselbe Transformator sowohl zum Herab- als auch zum Heraufspannen benutzen. Der Wirkungsgrad liegt bei 95 %.

4.1. Leerlauf eines Transformators

Schaltet man die Primärwicklung mit der Windungszahl N_1 an die Wechselspannung U_1, dann fließt in ihr der Leerlaufstrom I_0. Dieser erzeugt in dem geblechten Eisenkern (siehe I.6.4) den magnetischen Wechselfluß Φ, der auch die Sekundärwicklung mit der Windungszahl N_2 durchsetzt und dort die Spannung U_2 induziert (siehe I.6.2). Dabei entsteht sowohl in N_1 als auch in N_2 die *gleiche* Spannung pro Einzelwindung (Windungsspannung), so daß sowohl die primäre Gegenspannung U_1 (siehe I.6.3) als auch die Sekundärspannung U_2 jeweils die Summe der einzelnen Windungsspannungen von N_1 bzw. N_2 darstellt. Es gilt daher das Verhältnis der Spannungen beim leerlaufenden Transformator:

$$\frac{U_1}{U_2} = \frac{N_1}{N_2} \tag{II.13}$$

Beim Transformator verhalten sich die *Spannungen wie die Windungszahlen.*

- **Beispiel:** Bei einem Kleintransformator für 220 V Primärspannung mißt man im Leerlauf 6,3 V Sekundärspannung. Eine Zählung der Windungszahl der außen liegenden Sekundärwicklung ergibt 27 Windungen.

  a) Wie groß ist die primäre Windungszahl N_1?

  b) Wie groß ist die Windungsspannung U_w?

Lösung: a) $\frac{U_1}{U_2} = \frac{N_1}{N_2}$; $N_1 = \frac{U_1 N_2}{U_2} = \frac{220\,\text{V} \cdot 27}{6{,}3\,\text{V}}$ = 943 Windungen hat die Primärwicklung

b) $U_2 = N_2\, U_W$; $U_W = \frac{U_2}{N_2} = \frac{6{,}3\,\text{V}}{27} = 0{,}233\,\text{V}$ je Einzelwindung

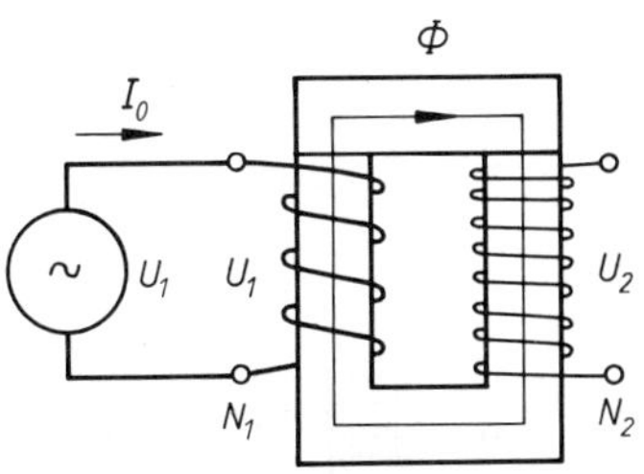

Bild II.12. Wirkungsschema eines Transformators bei Leerlauf

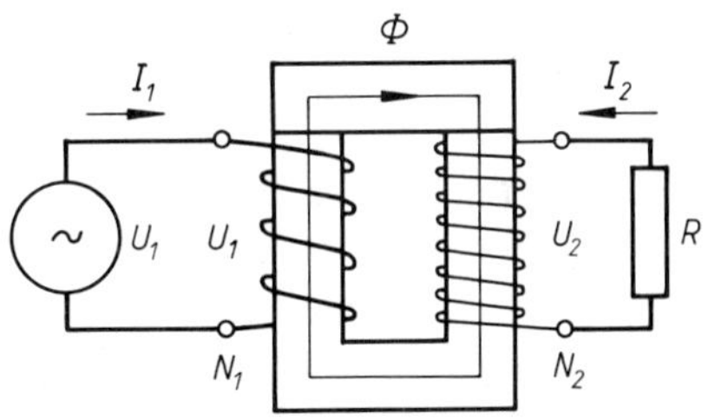

Bild II.13. Wirkungsschema eines Transformators bei Belastung

4.2. Belastung eines Transformators

Bei Belastung entnimmt der Verbraucher R dem Transformator den Sekundärstrom I_2 und damit die Leistung $P_2 = U_2 I_2$. Nach dem Energieprinzip muß er eine entsprechende Primärleistung $P_1 = U_1 I_1$ aus dem Netz aufnehmen (Blindleistung vernachlässigt), d.h. seine Stromaufnahme steigt von I_0 auf I_1.

Bei Belastung eines Transformators steigt dessen Stromaufnahme aus dem Netz.

Verhältnis der Ströme beim belasteten Transformator:

$$\frac{I_1}{I_2} = \frac{N_2}{N_1} \qquad \text{(II.14)}$$

Beim Transformator verhalten sich die *Ströme umgekehrt* wie die Windungszahlen.

Dabei sind Blindleistung und Verluste vernachlässigt!

Für die Belastung eines Transformators ist die Scheinleistung S des Verbrauchers maßgebend, weil die Größen der Ströme, die den Transformator erwärmen, von S abhängen. Die Belastung wird daher in VA angegeben.

Beispiel: Einem Transformator 220/24 V werden bei 24 V 5 A entnommen.

a) Wie groß ist der Primärstrom, wenn Blindleistung und Verluste des Transformators vernachlässigt werden?
b) Wie groß ist die Belastung des Transformators?
c) Was ist über die erforderlichen Drahtquerschnitte für die Primär- und Sekundärwicklung zu sagen?

Lösung: a) $\frac{I_1}{I_2} = \frac{N_2}{N_1}$; $I_1 = I_2 \frac{N_2}{N_1}$ $\Big|$ $\frac{N_2}{N_1} = \frac{E_2}{E_1} = \frac{24\,\text{V}}{220\,\text{V}} = 0{,}109$

$I_1 = 5\,\text{A} \cdot 0{,}109 = 0{,}545\,\text{A}$ Primärstrom mindestens

b) $S = U_2 I_2 = 24\,\text{V} \cdot 5\,\text{A} = 120\,\text{VA}$ Belastung (übertragene Scheinleistung)

c) Der Drahtquerschnitt der Primärwicklung wird wegen des niedrigeren Stromes (0,545 A) kleiner gewählt als der der Sekundärwicklung (für 5 A).

4.3. Bauformen von Transformatoren

Bei Einphasen-Transformatoren werden hauptsächlich UI-, Mantel- und EI-Kerne (ähnl. Mantel-) verwendet. Daneben kommen auch Ring- und Schnittbandkerne vor. Sie werden zur Verringerung der Ummagnetisierungsverluste aus legierten Blechen (mit Si, siehe I.6.4) aufgeschichtet.

Die Wicklung wird meist als Röhrenwicklung ausgeführt (primär 1, sekundär 2), die beim UI-Schnitt in je zwei in Reihe geschaltete Hälften aufgeteilt wird (weniger Kupfer, höherer Wirkungsgrad). Die Scheibenwicklung hat besonders geringe magnetische Streuung und wird bei besonders harten Transformatoren angewendet (hart: Spannung geht bei Belastung nur wenig zurück). Bei Transformatoren für höhere Spannung wird die Oberspannungs-Röhrenwicklung meist in Scheibenspulen aufgeteilt (keine Scheibenwicklung!).

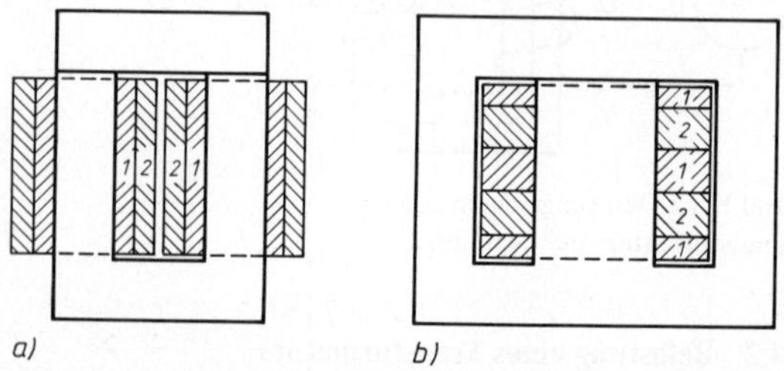

Bild II.14
Bauformen von Transformatoren
a) UI-Kern (hier mit Röhrenwicklung)
b) Mantelkern (hier mit Scheibenwicklung)

4.4. Drehstromtransformator

Bild II.14a zeigt den Kern eines Drehstrom-Kerntransformators mit Röhrenwicklung. Für jede Phase L1, L2, L3 ist je eine Primär- bzw. Sekundärwicklung (1 bzw. 2) vorhanden. Bild II.14b zeigt einen Transformator, der die Mittelspannung der Bezirksleitung (siehe II.1.4) umspannt in die Niederspannung für das Drehstrom-Vierleiternetz (siehe II.1.3). Die Stern-Zickzackschaltung dient dazu, die unvermeidbaren Unsymmetrien der Lichtverbraucher für die Primärseite zu symmetrieren. Die Leerlaufspannung 231/400 V wird zur Deckung des Spannungsfalls auf der Leitung höher gewählt als die Nennspannung 220/380 V.

Die Kühlung erfolgt bei kleineren Typen mit Luft, bei größeren mit Öl oder Clophen (nicht brennbar).

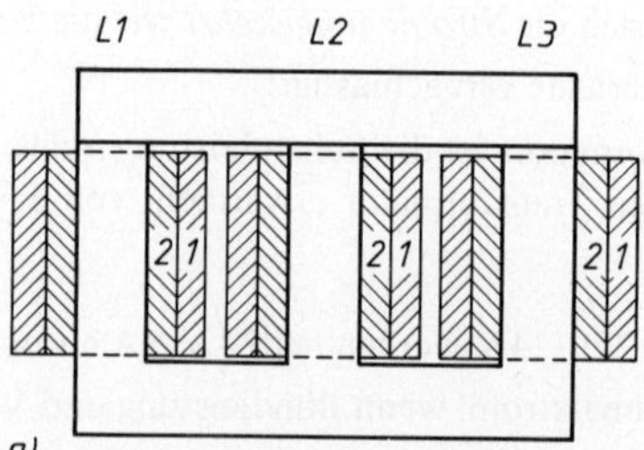

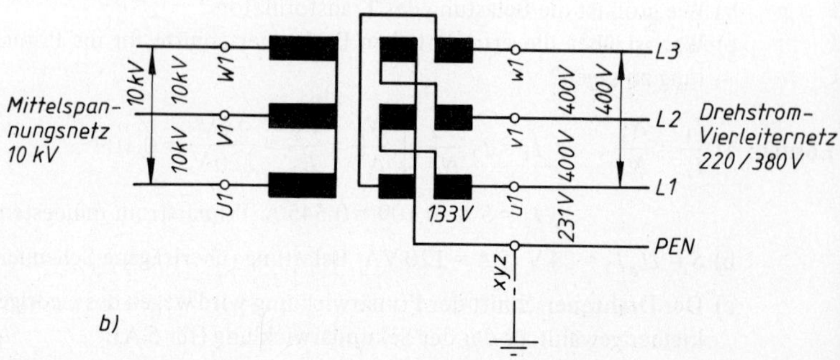

Bild II.15
Drehstromtransformator
a) Aufbau,
b) Schaltbild eines in Stern-Zickzack geschalteten Verteilungstransformators zur Speisung des Drehstrom-Vierleiternetzes

4.5. Spartransformator

Der Spartransformator bringt bei kleinen Unterschieden zwischen Primär- und Sekundärspannung (z. B. 250/220 V) große Ersparnisse an Baugröße, Eisen und Kupfer. Seine Wicklung besteht aus einem Teil mit dickem Querschnitt (zwischen a und b) und einem Teil mit schwächerem Draht (zwischen b und c). Der Hauptnachteil des Spartransformators besteht darin, daß der Sekundärkreis nicht vom Außenleiter getrennt ist.

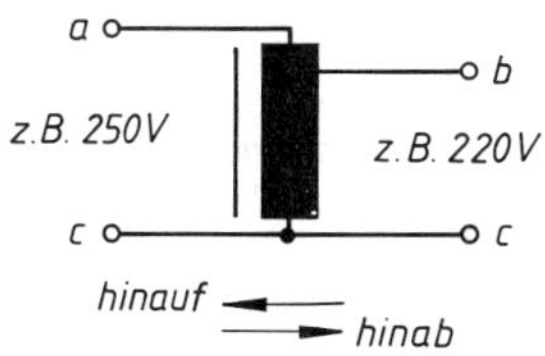

Bild II.16. Spartransformator

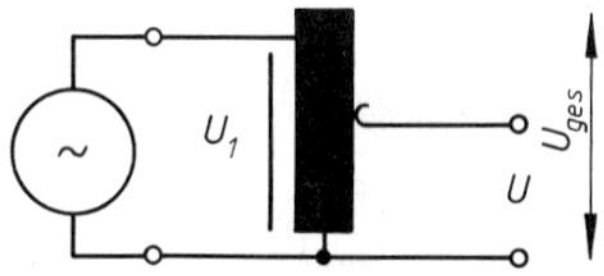

Bild II.17. Stelltransformator (hier in Sparschaltung)

4.6. Stelltransformator

Der Stelltransformator gestattet eine fast stufenlose Änderung von Null bis U_{ges}, auch über die Primärspannung U_1 hinaus. Ähnlich wie beim Schiebewiderstand gleitet ein Schleifer auf der blank gekratzten Wicklung. Wenn Trennung vom Außenleiter erforderlich ist, verwendet man anstelle des im Bild dargestellten billigeren Spartransformators einen solchen mit getrennter Primär- und Sekundärwicklung.

4.7. Streufeldtransformatoren

Im Gegensatz zum Normaltransformator, bei dem man belastungsabhängige Spannungsverluste durch Belastungszunahme vermeiden möchte, sollen beim *Streufeldtransformator* möglichst starke Streufelder auftreten, um den Innenwiderstand zu vergrößern; denn das ist die Vorraussetzung für eine unbedingte Kurzschlussfestigkeit. (Kurzschlussspannung $u_{k\%} \leq 100\ \%$). Im Kurzschlussfall und bei großer Belastung fließen nur kleine Ströme. Dadurch wird eine Zerstörung des Transformators unterbunden.

Mit Hilfe eines Streujochs besteht die Möglichkeit, die Höhe der Kurzschlussspannung einzustellen.

Anwendung finden Streufeldtrafos als Klingel,- Spielzeug,- Schutz- und Zündtransformator.

Außerdem werden sie wegen der erforderlichen Hochspannung für Leuchtröhrenanlagen eingesetzt. In der Praxis sind das meist Streufeldtransformatoren für 7500 V, mit geerdetem Mittelpunkt 2 × 3750 V. Hier haben sie auch die Aufgabe, nach der Röhrenzündung den Strom zu begrenzen.

Prinzip des Streufeldtransformators:
Kleine Streuung, hohe Lastspannung, großer Laststrom.
Große Streuung, kleine Lastspannung, kleiner Laststrom.

4.8. Meßwandler

Der Spannungswandler (Bild II.18) trennt den Meßkreis von der Hochspannung. Er erzeugt sekundär die Meßspannung (max. 100 V), die proportional der zu messenden Hochspannung ist. Der Meßkreis muß geerdet sein, damit gefahrloses Hantieren am Instrument gewährleistet ist.

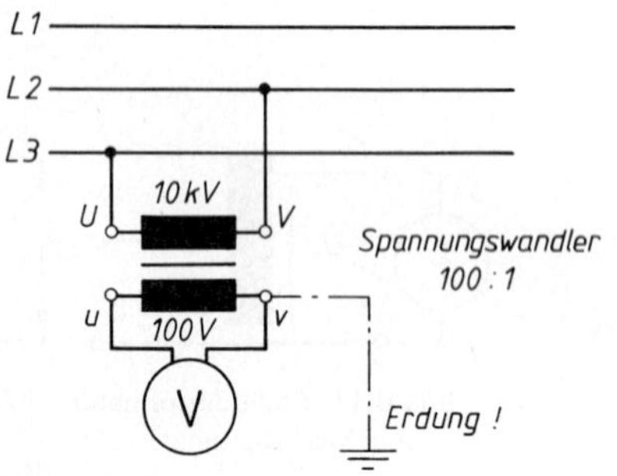

Bild II.18. Spannungswandler

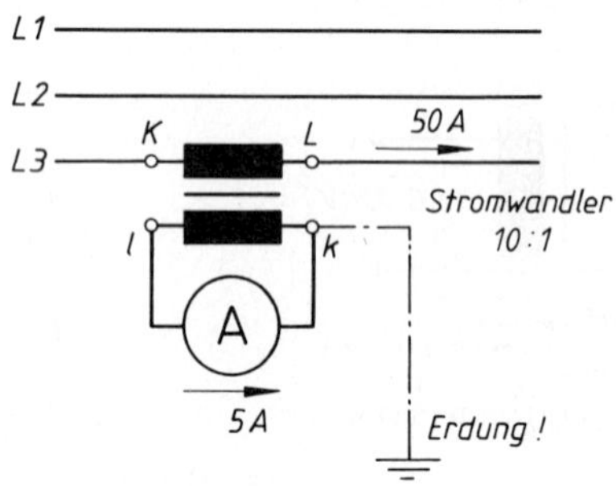

Bild II.19. Stromwandler

Der Stromwandler (Bild II.19) kann zur Trennung des Meßkreises von Hochspannung und zur Herabsetzung sehr hoher Ströme (auf max. 5 A) verwendet werden. Auch hierbei muß der Meßkreis geerdet sein. Beim Auswechseln des Instrumentes muß der Stromwandler sekundär kurzgeschlossen werden, weil er sonst zu heiß wird.

Die besonderen Eigenschaften, die ein Wandler haben muß, sind:

1. Möglichst kleiner Betragsfehler, d.h. konstantes und genau bekanntes Übersetzungsverhältnis bei allen Spannungen bzw. Strömen.
2. Möglichst kleiner Winkelfehler, d.h. kein Phasenunterschied (bzw. genau 180° Verschiebung) zwischen Primär- und Sekundärspannung bzw. -strom.

5. Gleichstrommaschine als Generator

5.1. Spannungserzeugung in der Gleichstrommaschine

Die Gleichstrommaschine (Bild II.20a) ist eine Außenpolmaschine, bei der die Ankerwicklung im Magnetfeld der feststehenden Pole gedreht wird (Generatorbetrieb) oder sich dreht (Motorbetrieb). Dieselbe Maschine ist zugleich Generator als auch Motor.

Die Gleichspannung U_g an den Bürstenklemmen *A1, A2* (Bild II.20b) kommt folgendermaßen zustande: In der Ankerwicklung wird durch Drehung im Magnetfeld eine Wechselspannung induziert (siehe I.8.1). Diese wird durch den Stromwender (Kollektor, Kommutator) in Bezug auf die Bürsten gleichgerichtet, indem sich die Stege des Stromwenders jeweils in dem Augenblick unter die andere Bürste schieben, in dem die Spulenwechselspannung $U_{g\,sp}$ ihre Polarität ändert (Bild II.20c). Dadurch entsteht an den Bürstenklemmen *A1, A2* die Gleichspannung U_g, die bei einem Anker mit nur einer einzigen Spule allerding sehr stark pulsiert.

Zur Verringerung des Pulsierens bringt man auf dem Anker viele Spulen unter und gibt dem Stromwender entsprechend viele Stege. Die Ankerspulen werden alle in Reihe geschaltet, indem das Ende der einen und der Anfang der nächsten gemeinsam an den gleichen Stromwendersteg gelötet werden.

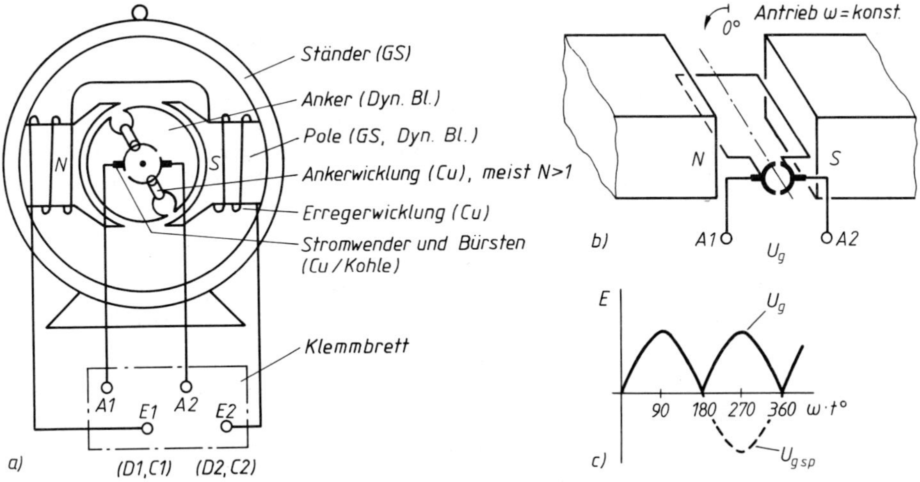

Bild II.20. Gleichstrommaschine. a) Aufbauschema, b) Wirkungsschema, c) Spannungsverlauf

Die Größe der induzierten Spannung U_g hängt ab von der Ankerwindungszahl N der Maschine, ihrer magnetischen Erregung Φ und ihrer Drehzahl n:

$$U_g = k_g \, \Phi \, n$$

(Generatorgleichung)

k_g Generatorkonstante der Maschine (abhängig von Ankerwindungszahl und Bauabmessungen der Maschine).

Die Spannungseinstellung im Betrieb erfolgt durch Ändern der Erregung Φ, indem man den Erregerstrom durch einen Feldstellwiderstand ändert (siehe Bild II.21).

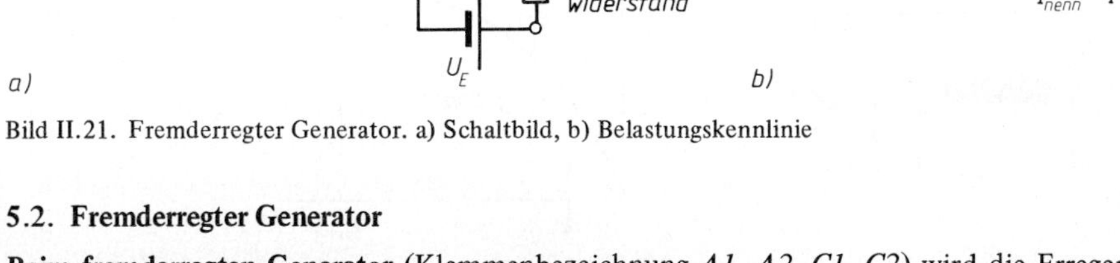

Bild II.21. Fremderregter Generator. a) Schaltbild, b) Belastungskennlinie

5.2. Fremderregter Generator

Beim fremderregten Generator (Klemmenbezeichnung *A1, A2, C1, C2*) wird die Erregerwicklung von einer besonderen Erregerspannungsquelle (z.B. Batterie, Gleichstromnetz oder Erregermaschine) magnetisch erregt (Bild II.21a). Die Erregerwicklung muß für die Erregerspannung U_e bemessen sein.

Bei Belastung der Maschine bis zum Nennstrom I_{nenn} sinkt ihre Klemmenspannung U nur wenig ab (Bild II.21b). Dieser Spannungsrückgang läßt sich am Feldsteller durch Erhöhen des Erregerstromes I_e wieder ausgleichen. Angewendet wird die Fremderregung dort, wo Unabhängigkeit der Erregung von der Belastung erwünscht ist (siehe II.5.3 und II.5.6).

5.3. Nebenschluß-Generator

Beim Nebenschluß-Generator (Klemmen *A1, A2, E1, E2*) ist die hochohmige Erregerwicklung *E1, E2* (viele Windungen, dünner Draht) über einen Feldsteller an die Bürstenklemmen *A1, A2* der Maschine gelegt. Die Gleichspannung *U* der Maschine wird also zur Selbsterregung benutzt. Diese kommt dadurch zustande, daß die Ankerwicklung beim Antreiben des Generators zunächst im Restmagnetismus des Stahlgußständers gedreht wird. Die dabei induzierte kleine Spannung verstärkt die Erregung, so daß der Generator auf die Klemmenspannung *U* kommt.

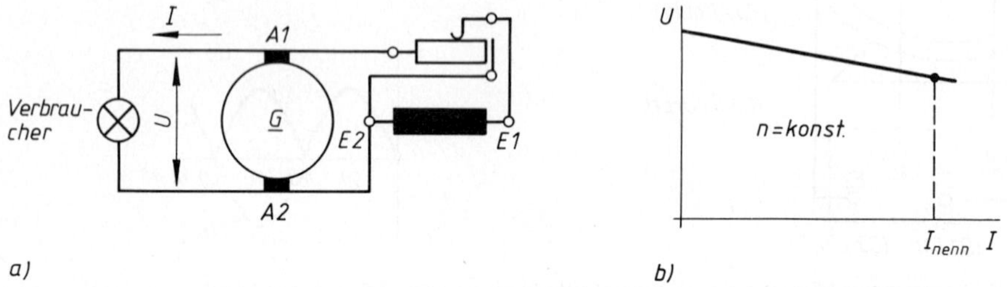

Bild II.22. Nebenschluß-Generator. a) Schaltbild, b) Belastungskennlinie

Bei Belastung geht die Klemmenspannung *U* stärker zurück als bei Fremderregung, weil der Erregerstrom I_e von *U* abhängt und somit bei Belastung auch die Erregung etwas geschwächt wird. Ausgleich des Spannungsrückganges ist wieder durch den Feldsteller möglich. Angewendet wird der Nebenschlußgenerator bei kleinen bis mittleren Leistungen (z. B. Auto-Lichtmaschine, Erregermaschine für fremderregten Generator).

5.4. Reihenschluß-Generator

Beim Reihenschluß-Generator (Klemmen *A1, A2, D1, D2*) sind Anker- und Erregerwicklung in Reihe geschaltet mit dem Verbraucher. Der Verbraucherstrom *I* dient gleichzeitig zur Erregung der Maschine. Die Erregerwicklung *D1, D2* ist niederohmig (wenige Windungen dicker Draht), damit *I* an ihr nur wenig Spannungsfall verursacht. Die Selbsterregung tritt beim RS-Generator erst nach Anschluß eines Verbrauchers auf. Ohne Belastung wird in der leerlaufenden Maschine vom Restmagnetismus nur die sehr geringe Spannung U_0 induziert.

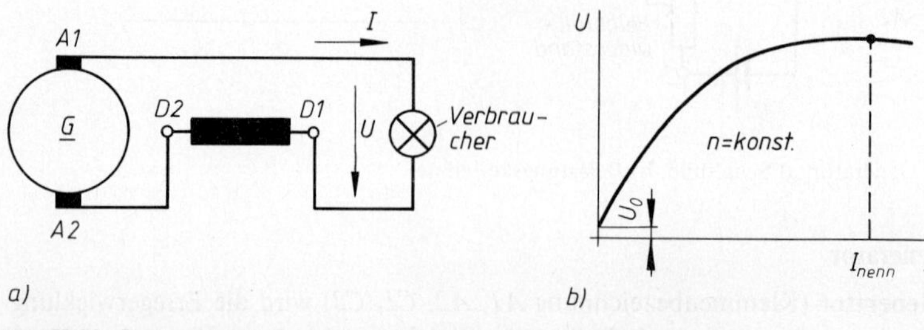

Bild II.23. Reihenschluß-Generator. a) Schaltbild, b) Belastungskennlinie

Bei Belastung steigt die Klemmenspannung *U* sehr stark an, weil der Verbraucherstrom *I* die Maschine erregt. Wegen des starken Spannungsanstiegs bei Belastung wird die Reihenschlußerregung beim Generator nur selten allein angewendet. Sie kommt jedoch häufig in Verbindung mit der Nebenschluß-Erregung vor (siehe II.5.5).

5.5. Doppelschluß-Generator

Beim Doppelschluß-Generator (Klemmen *A1, A2, D1, D2, E1, E2*) werden NS- und RS-Erregung gleichzeitig angewendet (Verbundmaschine). Die RS-Wicklung gleicht bei Belastung den Spannungsrückgang der NS-Kennlinie wieder aus, so daß die Klemmenspannung U praktisch unabhängig ist von der Belastung I (Bild II.24b). Der Feldsteller dient zur Festlegung der richtigen Größe von U. Angewendet wird der DS-Generator dort, wo die Spannung trotz starker Belastungsschwankungen konstant bleiben soll (Gleichstromnetze) oder wo kurzzeitige Überlastungen vorkommen (Speisung der Gleichstrommotoren für Walzenantriebe).

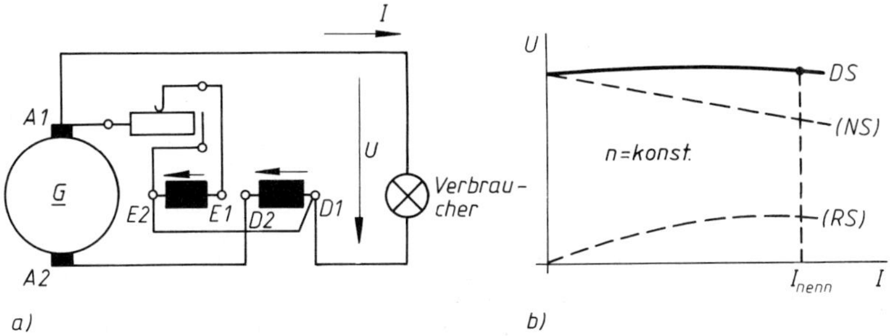

Bild II.24. Doppelschluß-Generator. a) Schaltbild, b) Belastungskennlinie

5.6. Gleichstrom-Schweißgenerator

Beim Gleichstrom-Schweißgenerator kann man die Fremderregung mit einer Gegen-Reihenschlußerregung verbinden (Klemmen *A1, A2, D1, D2, C1, C2*). Dadurch erreicht man, daß der Schweißstrom begrenzt wird, auch wenn man die Schweißelektroden beim Ziehen des Lichtbogens kurzschließt. Je stärker der Schweißstrom I ist, desto mehr schwächt er durch die Wicklung *D1, D2* die Fremderregung der Maschine. Dadurch ergibt sich ein starkes Absinken der Klemmenspannung U bei Belastung (Bild II.25b). Am Feldsteller läßt sich die gewünschte Schweißstromstärke einstellen. Die Drossel erleichtert das Ziehen des Lichtbogens.

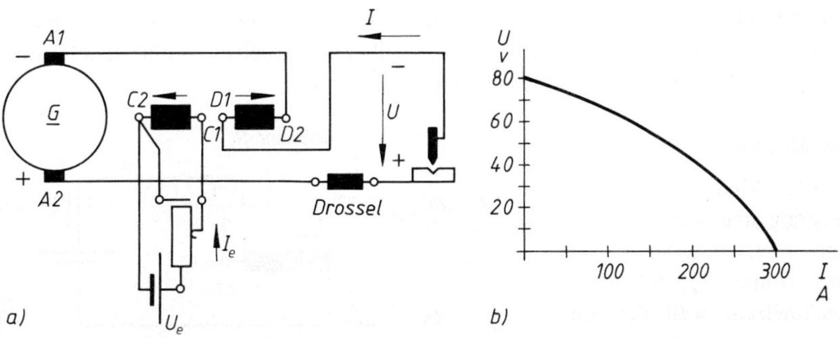

Bild II.25. Gleichstrom-Schweißgenerator. a) Schaltbild, b) Belastungskennlinie

6. Gleichstrommaschine als Motor

Dieselbe Maschine, die bei mechanischem Antrieb als Generator elektrische Leistung abgibt, liefert als Motor bei Anschluß an eine Spannungsquelle mechanische Leistung. Aufbau der Gleichstrommaschine siehe Bild II.20a.

6.1. Wirkungsweise eines Motors

Das Drehmoment M kommt beim Motor folgendermaßen zustande: Man schickt Strom durch die Ankerwicklung, die sich dadurch mit magnetischen Feldlinien umgibt. Diese erzeugen in Bild II.26a zusammen mit denen des Erregerfeldes Φ links oben und rechts unten Ballung (siehe 1.6.6). Auf die stromdurchflossenen Ankerdrähte wird vom Erregerfeld das Kräftepaar F ausgeübt, das ein linksdrehendes Moment M ergibt und den Anker mit der Winkelgeschwindigkeit ω treibt. Der Stromwender bewirkt eine fortlaufende Drehung des Ankers, indem er den Strom in den Ankerdrähten jeweils im richtigen Augenblick umpolt. Wenn nur eine einzige Ankerwicklung vorhanden ist, dann pulsiert das Drehmoment sehr stark (Bild II.26b). Das Pulsieren von M wird wieder durch Anordnen vieler Spulen auf dem Anker und entsprechende Unterteilung des Stromwenders verringert (siehe II.5.1).

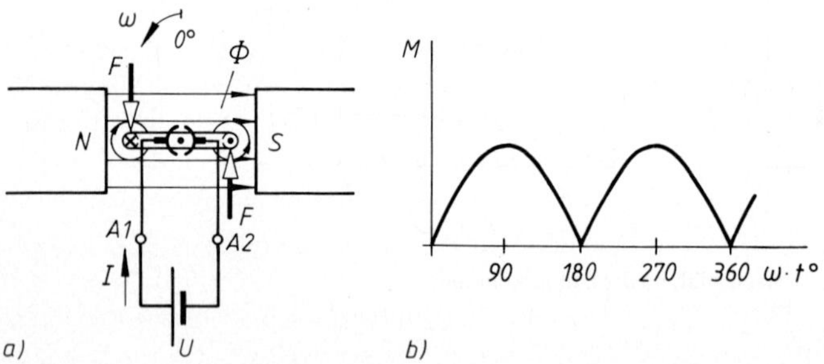

Bild II.26
Gleichstrommotor
a) Wirkungsschema
b) Verlauf des Drehmoments

Die Größe des Drehmoments M hängt ab von der Ankerwindungszahl N der Maschine, ihrer magnetischen Erregung Φ und dem Ankerstrom I:

$$M = k_m \Phi I$$

(Motorgleichung)

k_m Motorkonstante der Maschine (abhängig von Ankerwindungszahl und Bauabmessungen).

Die Belastung eines Motors ist gegeben durch das Drehmoment, das man an seiner Welle abnimmt. Je größer das Drehmoment ist, das dem Motor von der anzutreibenden Arbeitsmaschine abgefordert wird, desto größer muß nach Gl. (II.15) seine Stromaufnahme I sein.

6.2. Anlassen eines Motors

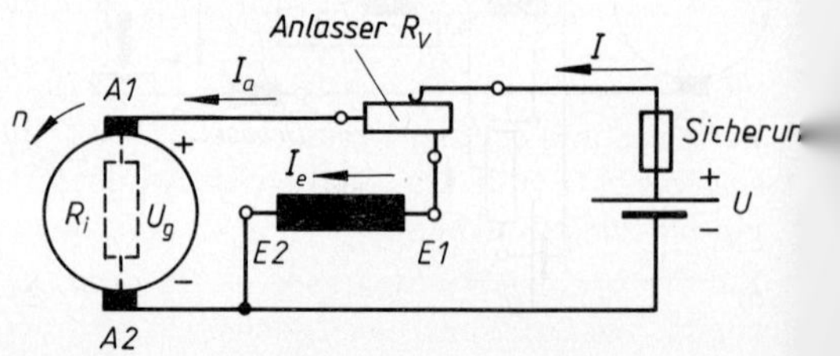

Bild II.27. Anlassen eines Gleichstrommotors

Beim Anlassen werden Motoren von mehr als 2 kW Nennleistung über einen Anlaßwiderstand R_v ans Netz geschaltet. Bei Direkt-Einschaltung (ohne R_v) würde die Sicherung durchschmelzen, weil der Einschaltstrom wegen des niedrigen Ankerwiderstandes R_i der Maschine sehr groß wäre. Bei Einschaltung über den Anlasser R_v wird die Höhe des Einschaltstromes begrenzt und der Motor läuft an, ohne daß die Sicherung auslöst oder die Netzspannung zu stark absinkt (Lichtschwankungen!). Wenn der Motor läuft, dann wird in seiner Ankerwicklung genau wie beim Generator die Spannung U_g induziert. Diese ist der angelegten Spannung U entgegengerichtet und wird daher als innere Gegenspannung U_g bezeichnet. Je schneller der Motor läuft, desto höher wird die Gegenspannung U_g, desto kleiner die

Spannungsdifferenz $U - U_g$ (Gegeneinanderschaltung!) und desto kleiner die Stromaufnahme des Ankers. *Ankerstrom I_a eines Motors:*

$$I_a = \frac{U - U_g}{R_i + R_v} \tag{II.17}$$

U angelegte Netzspannung; U_g im Motor induzierte Gegenspannung; R_i Widerstand des Ankerstromzweiges; R_v Anlaßwiderstand.

In Betrieb wird der Anlaßwiderstand R_v kurzgeschlossen ($R_v = 0$), so daß der Motor dann direkt am Netz liegt. Bei Leerlauf steigt die Drehzahl auf einen Wert n_0 an, bei dem $U_g \approx U$ und damit I_0 sehr klein wird. Bei Nennlast bremst die angetriebene Maschine den Motor, so daß seine Drehzahl und seine Gegenspannung etwas zurückgehen und die Stromaufnahme auf I_{nenn} ansteigt. Bei Überlastung (zuviel Drehmoment abgefordert) sinken n und U_g zu stark, so daß I zu groß und die Wicklung zu heiß wird.

Der Anlasser besteht meistens aus mehreren in Reihe geschalteten Einzelwiderständen, die über Schaltkontakte geschaltet werden. Zur Steuerung der Drehzahl darf der normale Anlasser nicht verwendet werden, weil er zu heiß wird. Für diesen Zweck ist ein Steueranlasser mit besonders großer Kühlfläche zu verwenden. Auch für häufiges Schalten reicht der normale Anlasser nicht aus.

6.3. Nebenschlußmotor

Beim Nebenschlußmotor (*A1, A2, E1, E2*) ist die hochohmige Erregerwicklung *E1, E2* über den Anlasser an die Netzspannung U angeschlossen (Bild II.28a). Diese treibt einen kleinen Erregerstrom durch *E1, E2,* der nicht von der Belastung des Motors abhängt. Die Erregung ist also konstant.

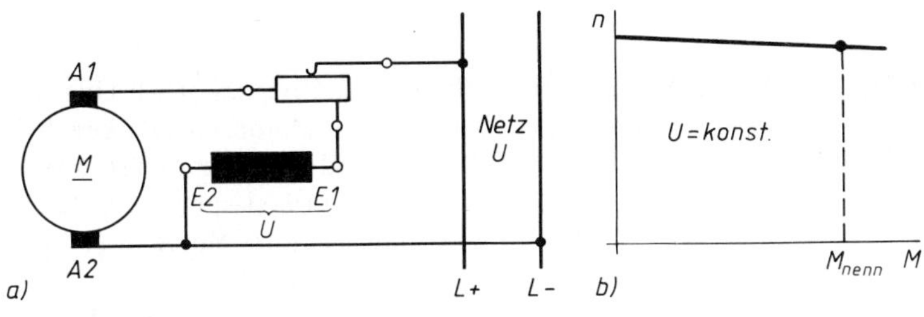

Bild II.28. Nebenschlußmotor. a) Schaltbild, b) Belastungskennlinie

Bei Belastung bis zum Nennmoment geht die Drehzahl nur wenig zurück, weil die Erregung konstant bleibt (Bild II.28b). Angewendet wird der Nebenschlußmotor dort, wo die Drehzahl unabhängig von der Belastung sein soll, z. B. bei Werkzeugmaschinen.

Zur Drehzahlsteuerung ist der Nebenschlußmotor besonders geeignet (siehe II.11.2). Die vollkommenste Steuerung von Drehmoment und Drehzahl ermöglicht der Gleichstrom-Nebenschlußmotor in Verbindung mit einer Steuerung der Gleichstromversorgung (siehe II.11.3).

6.4. Reihenschlußmotor

Beim Reihenschlußmotor (*A1, A2, D1, D2*) wird die niederohmige Erregerwicklung *D1, D2* vom Motorstrom I durchflossen. Dieser hängt von der jeweiligen Belastung des Motors ab (siehe II.6.2) und erzeugt eine lastabhängige Erregung. Dadurch sinkt die Drehzahl mit wachsender Belastung stark ab (Bild II.29b). Bei niedriger Drehzahl ergibt sich ein kräftiges Drehmoment (siehe Gl. II.15), weil dann sowohl I als auch Φ groß sind. Angewendet wird der Reihenschlußmotor als Fahrzeug- und Bahnmotor wegen seines weiten Drehzahlbereichs und seines kräftigen Anfahrmoments. Bei Leerlauf geht der Reihenschlußmotor durch!

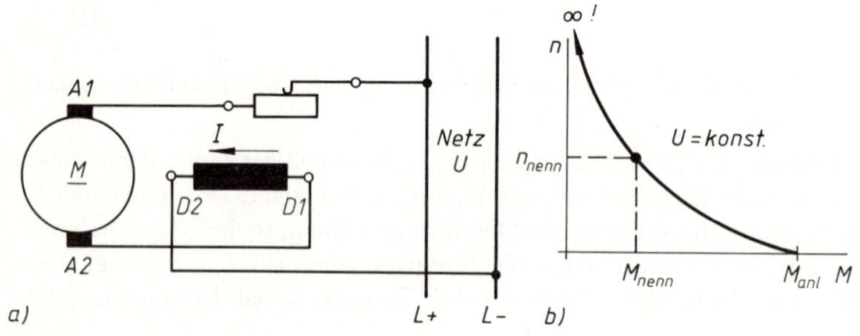

Bild II.29. Reihenschlußmotor. a) Schaltbild, b) Belastungskennlinie

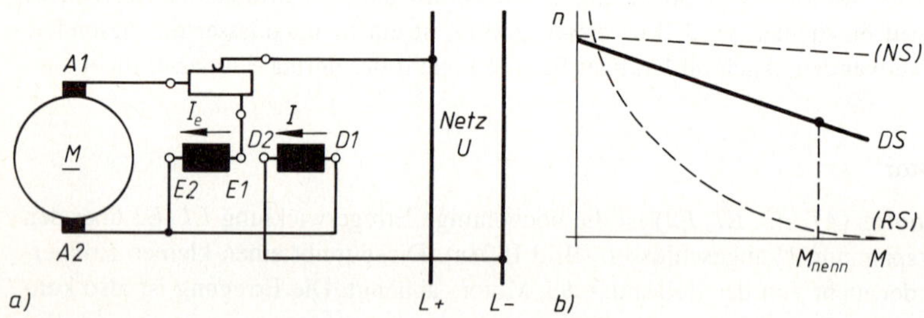

Bild II.30. Doppelschlußmotor. a) Schaltbild, b) Belastungskennlinie

6.5. Doppelschlußmotor

Beim Doppelschlußmotor (*A1, A2, D1, D2, E1, E2*) werden NS- und RS-Erregung gleichzeitig angewendet (Verbundmaschine). Die RS-Wicklung liefert bei Belastung des Motors eine stärkere Erregung, so daß die Drehzahl etwas stärker zurückgeht. Gleichzeitig wird das Anlaufdrehmoment verbessert. Angewendet wird der Doppelschlußmotor dort, wo kurzzeitige Überlastungen mit Leerlauf abwechseln, wie z.B. beim Antrieb von Walzen. Bei Überlastung zieht der Motor wegen der RS-Erregung kräftig durch, bei Leerlauf geht er wegen der NS-Erregung nicht durch.

6.6. Umkehr der Drehrichtung

Zur Umkehr der Drehrichtung polt man die Bürstenklemmen *A1, A2* um, ohne daß die Erregung umgepolt wird. Bei Vertauschen der Netzanschlüsse würde der Motor die gleiche Drehrichtung beibehalten.

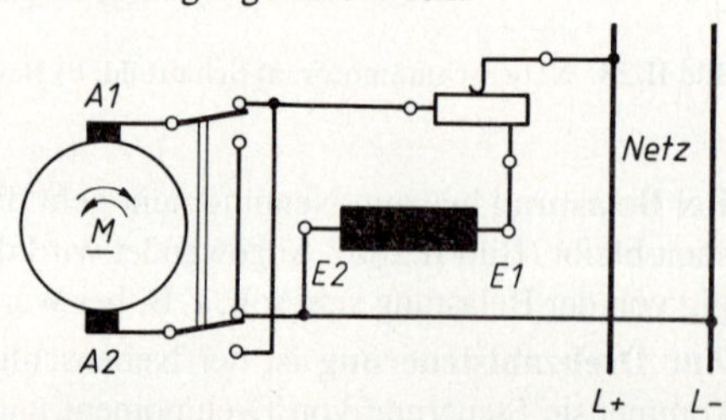

Bild II.31. Umkehr der Drehrichtung beim Gleichstrommotor

6.7. Ankerrückwirkung

Als Ankerrückwirkung bezeichnet man bei allen elektrischen Maschinen (Gleichstrom-, Wechselstrom-, -motor, -generator) die magnetische Rückwirkung des stromdurchflossenen Ankers (Ankerquerfeld) auf das Gesamtfeld der Maschine. Bei der Gleichstrommaschine verursacht die Ankerrückwirkung unter anderem ein starkes Feuern der Bürsten (starker Verschleiß). Beim Generator ergibt sich außerdem ein stärkerer Spannungsrückgang.

Zur Verringerung der Ankerrückwirkung bzw. ihrer unerwünschten Folgen wendet man bei kleineren Maschinen und konstanter Last die Bürstenverschiebung an, bei der die Bürsten um einen bestimmten Winkel verdreht werden, beim Generator in Drehrichtung, beim Motor entgegen.

Bei größeren Maschinen und veränderlicher Last ordnet man zur Aufhebung der Ankerrückwirkung *Wendepole* an. Diese sitzen in den Lücken zwischen den Hauptpolen und tragen niederohmige Wicklungen aus wenigen Windungen dicken Drahtes, die vom Ankerstrom durchflossen werden. Der Wickelsinn der Wendepole ist entgegengesetzt wie der des Ankers, so daß bei Gleichheit beider AW-Zahlen das Ankerquerfeld vom Wendepolfeld aufgehoben wird. Ähnlich wirkt auch eine *Kompensationswicklung*, die in Nuten der Erregerpole liegt. Das Vorhandensein von Wendepolen erkennt man daran, daß in der Klemmenbezeichnung irgendwo der Buchstabe *B1* oder *B2* auftaucht.

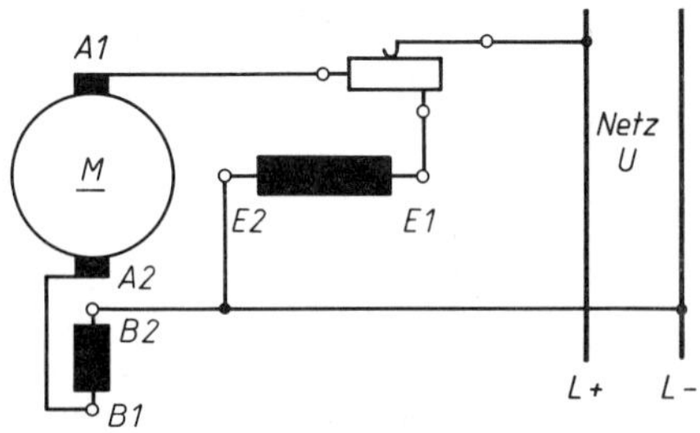

Bild II.32. Gleichstrom-Nebenschlußmotor mit Wendepolen

7. Drehstrommaschine als Motor

7.1. Drehfeld

Der Ständer des normalen Drehstrommotors ist der gleiche wie der beim Drehstromgenerator beschriebene (siehe I.9.1). Schaltet man die drei Ständerwicklungen in ⅄ oder △ an das Drehstromnetzt, dann erzeugen die drei um 120° phasenverschobenen Ströme in den drei um 120° versetzten Wicklungen ein Drehfeld. Dieses hat in jedem Augenblick die gleiche Größe (ist also ein Gleichfeld), ändert aber seine Lage in der Maschine mit der synchronen Drehzahl n_s. (In Gl. (I.44) setze man $n = n_s$). Die Drehung kommt bei den verschiedenen Drehstrommotoren dadurch zustande, daß deren Läufer vom Drehfeld mitgenommen werden, beim Synchronmotor mit der gleichen Drehzahl, mit der das Drehfeld umläuft, beim Käfig-, Stromverdrängungs- und Schleifringläufer etwas langsamer (Asynchronmotoren).

7.2. Synchronmotor

Als Synchronmotor wird dieselbe Maschine verwendet, die in I.9.1 als Drehstromgenerator beschrieben worden ist (Bild I.61a). Verkettet man deren Wicklungen in ⅄ oder △ und schaltet die Wicklungsanfänge *U1, V1, W1* an das Drehstromnetz, dann entsteht im Ständer ein Drehfeld (Bild II.33), das das Polrad mitnimmt, nachdem dieses irgendwie auf die synchrone Drehzahl gebracht worden ist. Das Polrad läuft dann „synchron", d.h. seine Drehzahl ist gleich der des Drehfeldes. Der Synchronmotor *läuft nicht von selbst an*. Er muß daher ohne Belastung von einer besonderen Antriebsmaschine auf die synchrone Drehzahl gebracht werden, z.B. dadurch, daß man seine angeflanschte kleine Erregermaschine über Gleichrichter aus dem Drehstromnetz als Motor betreibt und damit die Hauptmaschine hochfährt. Bei größeren Maschinen ist zur Vermeidung von Kurzschlüssen eine besondere Synchronisierschaltung erforderlich, die den richtigen Augenblick für das Anschalten des Ständers an das Drehstromnetz anzeigt. Selbstanlaufende Synchronmotoren haben in Nuten des Polrades einen sogenannten Dämpferkäfig, mit dem sie asynchron hochlaufen (wie

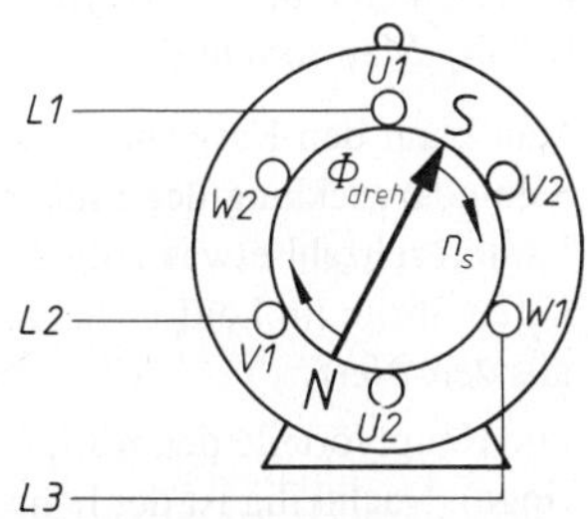

Bild II.33. Ständer einer Drehstrommaschine

Käfigläufer) und dann von selbst in Synchronismus fallen. Der Käfig dämpft zugleich Drehschwingungen des Polrades, die bei plötzlicher Laständerung auftreten können.

Der Synchronmotor hat eine völlig belastungsunabhängige Drehzahl, die ebenso konstant ist wie die Netzfrequenz. Bei Überlastung fällt er „außer Tritt" und bleibt stehen. Durch Übererregen des Polrades nimmt er kapazitiven Blindstrom aus dem Netz und läßt sich daher zur Phasenkompensation benutzen (siehe I.8.8). Angewendet wird er dort, wo es auf besonders starre Drehzahl ankommt oder wo bei konstanter mechanischer Dauerlast gleichzeitig Phasenkompensation für andere Verbraucher erzielt werden soll.

7.3. Käfigläufer

Beim Käfigläufer wird als Läufer ein in sich kurzgeschlossener Käfig aus Kupfer (Messing) oder Aluminium (eingegossen) verwendet, der in Nuten des aus Blechen bestehenden Läufereisens liegt. Das Drehfeld Φ_{dreh} läuft durch diesen Kurzschlußkäfig hindurch und induziert darin den Läuferstrom I_l (Induktionsmotor). Φ_{dreh} übt auf I_l ein Drehmoment aus, das den Läufer in Drehrichtung des Feldes mitnimmt (siehe I.6.5 und I.6.6). Die Läuferdrehzahl n ist dabei stets etwas niedriger als die Drehfeldzahl n_s (Schlupf). Ohne Schlupf würde Φ_{dreh} den Läufer nicht überholen. könnte dann auch keinen Strom induzieren und kein Drehmoment auf ihn ausüben (siehe Gl. (II.15)).

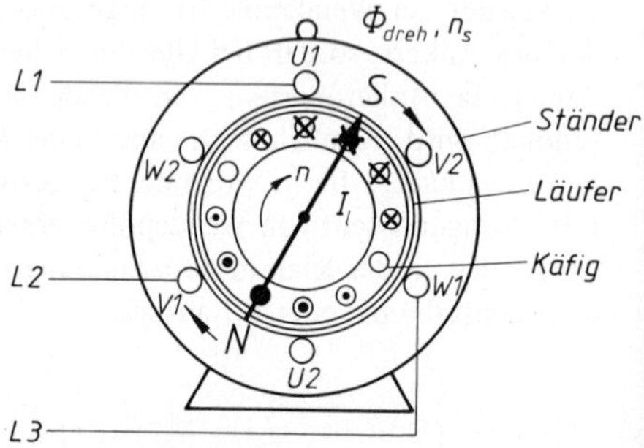

Bild II.34. Aufbau- und Wirkungsschema des Käfigläufers

Schlupf s eines *Asynchronmotors:*

$$s = \frac{n_s - n}{n_s} \cdot 100\,\% \tag{II.18}$$

Je stärker der Motor belastet wird, desto größer sind Schlupf, induzierter Strom und Drehmoment. Bei *Nennlast* liegt der Schlupf zwischen 10 % (bei kleinen) und 3 % (bei großen Maschinen). Die Nenndrehzahlen von Asynchronmotoren liegen daher etwas unter den Drehzahlen der Reihe 3000, 1500 und 1000 1/min usw. Wegen des nur geringen Drehzahlrückgangs bei Belastung gilt als Belastungskennlinie des Asynchronmotors etwa die des Gleichstrom-Nebenschlußmotors (siehe Bild II.28b). Man spricht daher vom Nebenschlußcharakter der Asynchronmotoren.

Man kann den Käfigläufermotor als *sekundär kurzgeschlossenen Transformator* betrachten, dessen Sekundärwicklung der Flußänderung ausweichen kann, indem sie mitläuft. Bei *Belastung* geht die Läuferdrehzahl etwas zurück (größerer Schlupf), das Drehfeld überholt rascher und induziert stärkeren Strom im Läufer (Sekundärwicklung), und der Ständer (Primärwicklung) nimmt mehr Strom aus dem Netz.

Die Hauptvorteile des Käfigläufers sind niedriger Preis und hohe Betriebssicherheit (keine Schleifringe). Nachteilig ist der hohe Einschaltstrom, sowie bei Motoren über 2,2 kW, die über ⅄△ angelassen werden müssen, das geringe Anlaufmoment (siehe II.7.5). Diese sind höchstens für Halblast-Anlauf geeignet.

Einfachkäfigläufer bei Direktanlauf:

$$I_{\text{ein}} \approx 7\ I_{\text{nenn}}$$
$$M_{\text{anl}} \approx 1{,}5\,M_{\text{nenn}}$$

bei ⅄△-Anlauf:

$$I_{\text{ein}} \approx 2{,}3\,I_{\text{nenn}}$$
$$M_{\text{anl}} \approx 0{,}5\,M_{\text{nenn}}$$

Anwendung des Käfigläufers überall dort, wo ein Motor mit lastunabhängiger Drehzahl bei Leichtanlauf (unter 2,2 kW auch bei Vollastanlauf) gebraucht wird.

7.4. Stromverdrängungsläufer

Die Stromverdrängungsläufer haben einen kleineren Einschaltstrom als der Einfach-Käfigläufer. Sie unterscheiden sich von diesem durch die Anordnung bzw. die Form der Käfigstäbe.

Beim Doppelkäfigläufer befinden sich zwei Kurzschlußkäfige im Läufer, innen der Arbeitskäfig mit dicken Stäben, außen der Anlaufkäfig mit dünnen Stäben.

Bei Anlauf tritt der Stromverdrängungseffekt auf, der bewirkt, daß der Strom fast nur im außenliegenden Anlaufkäfig mit verhältnismäßig hohem Widerstand fließt und daher klein bleibt (gute Anlaufeigenschaften). Bei Betrieb verteilt sich der Strom mit gleicher Dichte über beide Käfige (niedriger Widerstand, hoher Wirkungsgrad).

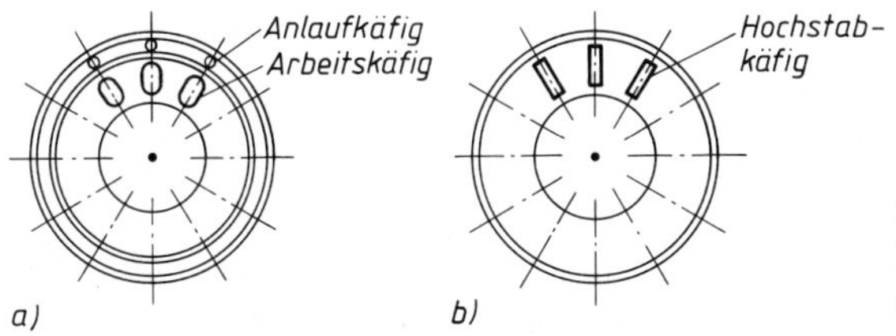

Bild II.35
Läufer von Stromverdrängungsläufermotoren
a) Doppelkäfigläufer, b) Hochstabläufer

Doppelkäfigläufer bei Direktanlauf:

$$I_{\text{ein}} \approx 5 \quad I_{\text{nenn}}$$
$$M_{\text{anl}} \approx 2{,}3\, M_{\text{nenn}}$$

bei ⅄ Δ-Anlauf:

$$I_{\text{ein}} \approx 1{,}7 \quad I_{\text{nenn}}$$
$$M_{\text{anl}} \approx 0{,}75\, M_{\text{nenn}}$$

Der Doppelkäfigläufer ist für mittelschweren Anlauf und Hochfahren kleinerer Schwungmassen geeignet.

Auch beim Hochstabläufer (Tiefnut-, Wirbelstromläufer) tritt die Stromverdrängung auf (I fließt bei Anlauf häuptsächlich in den äußeren Stabteilen), so daß er ähnliche Anlaufeigenschaften hat wie der Doppelkäfigläufer.

Hochstabläufer bei Direktanlauf:

$$I_{\text{ein}} \approx 4{,}8\, I_{\text{nenn}}$$
$$M_{\text{anl}} \approx 1{,}5\, M_{\text{nenn}}$$

bei ⅄ Δ-Anlauf:

$$I_{\text{ein}} \approx 1{,}6\, I_{\text{nenn}}$$
$$M_{\text{anl}} \approx 0{,}5\, M_{\text{nenn}}$$

7.5. Stern-Dreieck-Anlauf

In Lichtnetzen schreiben die E-Werke bei Einfachkäfigläufern von 2,2 ... 4 kW und bei Stromverdrängungsläufern von 4 ... 5,5 kW das Anlassen über Stern-Dreieckschalter vor. Bei noch größeren Leistungen ist ein Statoranlasser oder ein Anlaßtransformator vorgeschrieben. Der Grund für diese

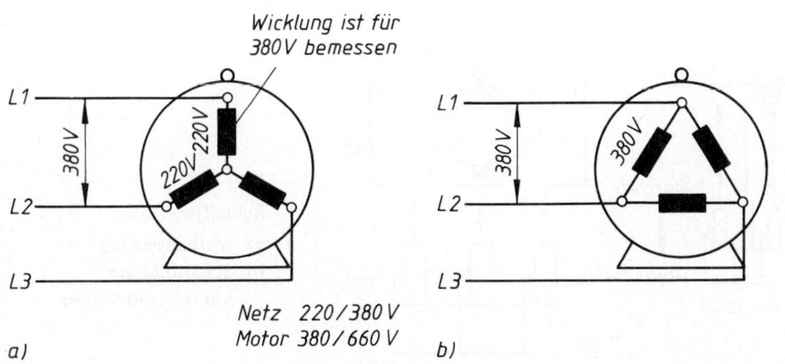

Bild II.36
Stern-Dreieck-Anlauf
a) Anlaßschaltung Stern
b) Betriebsschaltung Dreieck

Vorschriften liegt darin, daß die hohen Einschaltstromstöße der Käfigläufermotoren (siehe II.7.3 und II.7.4) kurzzeitige Spannungsschwankungen im Lichtnetz verursachen würden und dadurch die Helligkeit des Lichts schwankte.

> Für ⅄△-Anlauf muß die Nennspannung des Motors eine Gruppe höher gewählt werden als die des Netzes, z.B. Motor 380/660 V für Netze 220/380 V.

Zum Anlaufen wird der Motor in ⅄ ans Netz gelegt (Bild II.36a). Jede seiner Wicklungen, die z.B. für 380 V bemessen sind, erhält dabei nur 220 V, so daß der Motor mit verringerter Spannung ($U/\sqrt{3}$) und kleinerem Einschaltstrom ($I_{ein}/3$) anläuft. Nachteilig ist dabei der Rückgang des Anlaufdrehmoments M_{anl} auf ein Drittel.

Zum Betrieb wird der Motor mit dem ⅄ △-Schalter auf △ umgeschaltet und erhält damit die volle Spannung, so daß er dann voll belastet werden darf.

7.6. Schleifringläufer

Beim Schleifringläufer liegt auch in den Läufernuten eine meist dreiphasige Wicklung, die in Stern geschaltet ist. Die Anfänge *u1, v1, w1* dieser Wicklung sind an Schleifringe geführt, die über die Bürsten mit einem dreiphasigen Anlaßwiderstand verbunden sind.

Der Läuferstrom wird wie beim Käfigläufer vom Drehfeld induziert (Induktions-, Asynchronmotor). Beim Anlaufen sind die drei ohmschen Widerstände R voll in den Läuferstromkreis eingeschaltet, so daß der Einschaltstrom klein bleibt. R kann so groß gewählt werden, daß $I_{ein} = I_{nenn}$ wird und damit kein hoher Einschaltstromfluß auftritt. Trotzdem ist dabei $M_{anl} = M_{nenn}$, so daß der Motor für Vollastanlauf geeignet ist. In Betrieb ist der Anlasser kurzgeschlossen, so daß der Läufer auch beim Schleifringläufer im Kurzschluß arbeitet. Er verhält sich daher in Betrieb genauso, wie der Käfigläufer (Nebenschlußcharakter). Für Dauerbetrieb werden die drei Wicklungen mittels Hebels oder Fliehkraftschalters im Läufer kurzgeschlossen und die Bürsten abgehoben. Angewendet wird der Schleifringläufer dort, wo entweder Vollastanlauf bei größeren Leistungen vorliegt (M_{anl} bis 2,5 M_{nenn}) oder weiches Anfahren erwünscht ist (großer Anlaßwiderstand) oder große Schwungmassen hochgefahren werden müssen oder häufig geschaltet wird (Anlaufwärme tritt außerhalb des Motors im Anlasser auf). Anwendungsbeispiele: Lastaufzug, Kran, Kolbenpumpe (Vollastanlauf); Fahrstuhl (weiches Anfahren); Zentrifuge, Gebläse (große Schwungmassen); Fahrstuhl, Kran (häufiges Schalten). Der Hauptnachteil des Schleifringläufers ist der Anlaßvorgang von Hand oder über eine Automatik sowie sein höherer Preis.

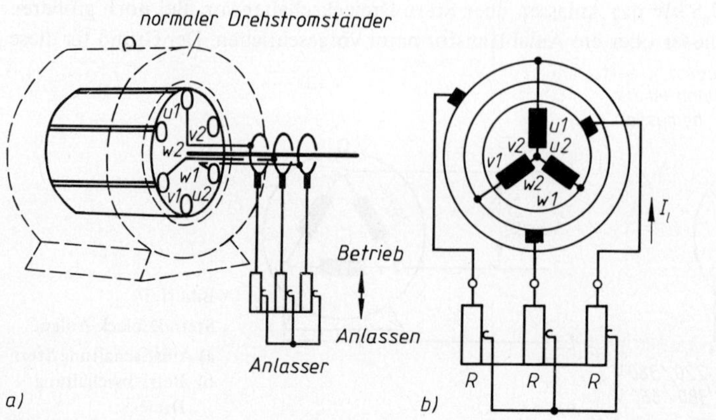

Bild II.37
Schleifringläufer
a) Aufbauschema
b) Schaltbild des Läuferstromkreises

7.7. Umkehr der Drehrichtung

Zur Umkehr der Drehrichtung vertauscht man am Klemmbrett des Ständers zwei Leitungsanschlüsse nach Bild II.38.

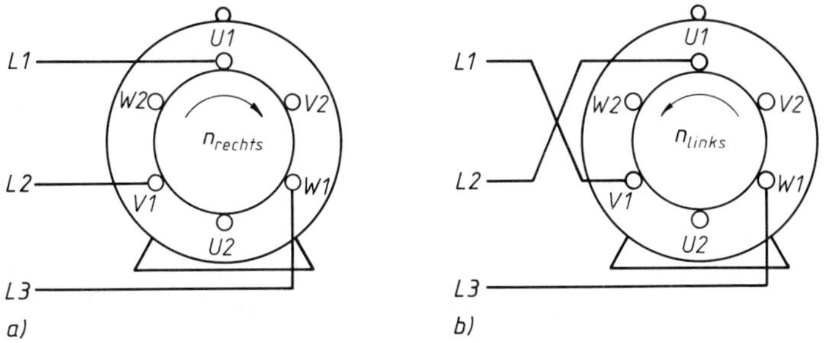

Bild II.38
Anschaltung des Ständers
a) bei Rechtslauf
b) bei Linkslauf eines Drehstrommotors

8. Einphasen-Wechselstrommotoren

8.1. Einphasen-Reihenschlußmotor

Der Einphasen-Reihenschlußmotor ist eine Kollektormaschine und ist ebenso geschaltet, wie der für Gleichstrom (Bild II.29). Sein Ständer besteht jedoch nicht aus Gußstahl, sondern zur Verringerung der Wirbelströme aus Dynamoblechen. Angewendet wird er bei kleinen Leistungen als Universalmotor (≅) z.B. für Haushaltsgeräte (Staubsauger), und bei großen Leistungen z.B. als Lokomotivmotor (meist für $16\frac{2}{3}$ Hz).

Der Repulsionsmotor ist ähnlich aufgebaut und hat ebenfalls Reihenschlußcharakter. Er unterscheidet sich vom Reihenschlußmotor dadurch, daß nur seine Erregerwicklung am Netz liegt, seine Bürsten kurzgeschlossen und gegenüber dem Kollektor verdrehbar sind.

8.2. Einphasen-Käfigläufer

Beim Einphasenkäfigläufer mit Hilfswicklung befindet sich im Ständer die Hauptwicklung *U1, U2* und die dagegen um 90° versetzte Hilfswicklung *Z1, Z2*. Diese wird mit dem Hilfsstrom I_2 gespeist, der mit Hilfe eines zusätzlichen Schaltelements (meist Kondensator, aber auch Drossel oder ohmscher Widerstand) gegenüber dem Hauptstrom I_1 um möglichst 90° in der Phase verschoben wird. Dadurch bildet sich ein Drehfeld, das den Käfig mitnimmt. Der Kondensator kann in Anlauf- und Betriebskondensator unterteilt sein (siehe II.8.3), wobei der Anlaufkondensator im Betrieb abgeschaltet werden muß. Die Hilfswicklung muß bei manchen Motoren in Betrieb abgeschaltet werden (wenn ihr Drahtquerschnitt nur für den kurzen Anlaufvorgang bemessen ist). Der Motor läuft dann trotzdem weiter, weil das übrigbleibende Wechselfeld als Resultierende aus zwei gegensinnig umlaufenden Drehfeldern aufgefaßt werden kann, wovon das eine den Läufer mitnimmt.

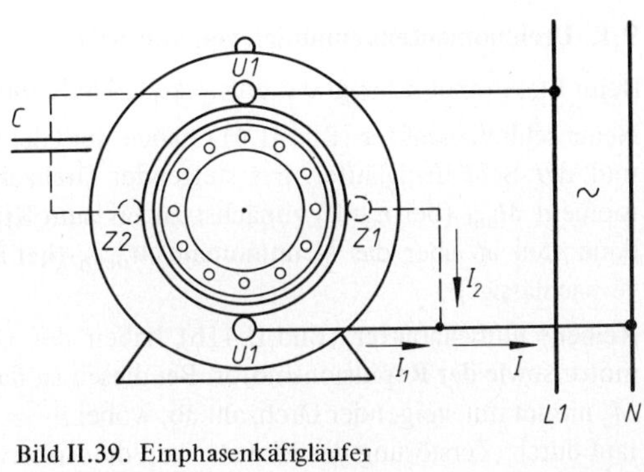

Bild II.39. Einphasenkäfigläufer

Beim Anwurfmotor (ohne Hilfswicklung) muß der Läufer in der gewünschten Drehrichtung angeworfen werden, weil er nicht von selbst anläuft. Er wird dann von dem in Anwurfrichtung laufenden Drehfeld mitgenommen. Umkehr der Drehrichtung beim Motor mit Hilfswicklung durch Verbindung von *Z2* mit *V2* und *U1* mit *Z1* über Kondensator. Beim Spaltpol-Motor, der für kleinste Leistungen (unter 100 W) angewendet wird, sind die Erregerpole gespalten und zur Hälfte mit Kurzschlußringen aus Kupfer umgeben, mit deren Hilfe ein Drehfeld erzeugt wird. Als Läufer dient ebenfalls ein Käfig. Die Eigenschaften der Einphasen-Käfigläufer sind ebenso wie beim entsprechenden Drehstrommotor (siehe II.7.3). Angewendet werden sie bei kleineren Leistungen am Einphasenwechselstromnetz (z. B. Haushaltsgeräte).

8.3. Einphasenbetrieb von Drehstrommotoren

Die normalen Drehstrommotoren lassen sich nach Bild II.40 am einphasigen Wechselstromnetz betreiben, indem man den Strom in einer Wicklung durch einen Betriebskondensator C_b in seiner Phasenlage verschiebt, so daß ein Drehfeld entsteht. Der Motor darf dabei bis zu 80 % seiner Drehstromnennleistung abgeben. Bei Vollastanlauf ist ein Anlaufkondensator C_a erforderlich, der in Betrieb abgeschaltet werden muß. Als Richtwert für die erforderlichen Kapazitätswerte gilt:

bei 220 V 50 Hz $C_b \approx 75\ \mu F$ je kW Drehstrom-Nennleistung
bei 380 V 50 Hz $C_b \approx 25\ \mu F$ je kW Drehstrom-Nennleistung

Als Anlaufkondensator nimmt man $C_a = 2\ C_b$. Die Betriebsspannung der Kondensatoren muß 1,25 U sein. Drehrichtungsumkehr durch Vertauschen der Zuleitungen an *V1* und *W1*. Anwendung bei Geräten, die vorwiegend für Drehstrom ausgelegt werden, bei denen aber auch einphasiger Anschluß vorkommen kann.

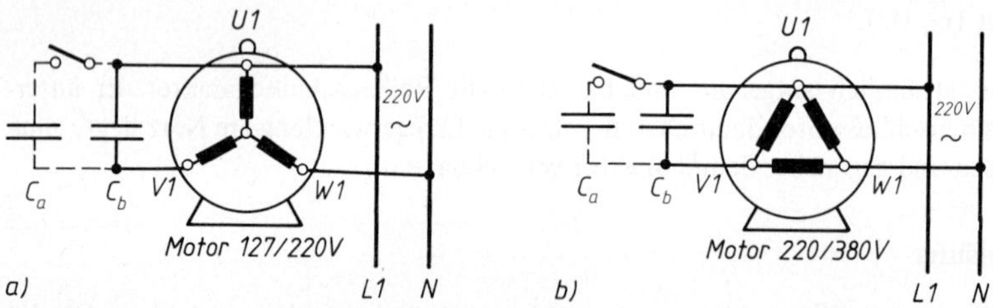

Bild II.40. Einphasenbetrieb von Drehstrommotoren
a) in Sternschaltung, b) in Dreieckschaltung

9. Wechselwirkung zwischen Elektromotor und Arbeitsmaschine

9.1. Drehmomentenkennlinien von Motoren

Beim Elektromotor hängt das entwickelte Drehmoment M_e von seiner jeweiligen Drehzahl n ab.

Nebenschlußcharakter (Bild II.41) haben der Gleich- und Drehstromnebenschlußmotor, alle Käfig- und der Schleifringläufer. Bei steigender Drehzahl nimmt dabei das Drehmoment vom Anlaufmoment M_{anl} (bei $n = 0$) zunächst zu bis zum Kippmoment M_{kipp} ($\approx 2 ... 2{,}5\ M_{nenn}$), und sinkt dann steil ab über das Nennmoment M_{nenn} (bei n_{nenn}) auf $M_e = 0$ (bei $n = n_s$, Reibungsverluste vernachlässigt).

Reihenschlußcharakter (Bild II.41b) haben der Gleich-, Wechsel- und Drehstrom-Reihenschlußmotor sowie der Repulsionsmotor. Bei diesen ist das Anlaufmoment M_{anl} am größten ($\approx 3\ M_{nenn}$). M_e nimmt mit steigender Drehzahl ab, wobei $n \to \infty$ geht (theoretisch), d. h. der Motor geht im Leerlauf durch (Zerstörung des Motors, weil die Ankerwicklung durch Fliehkraft herausfliegt).

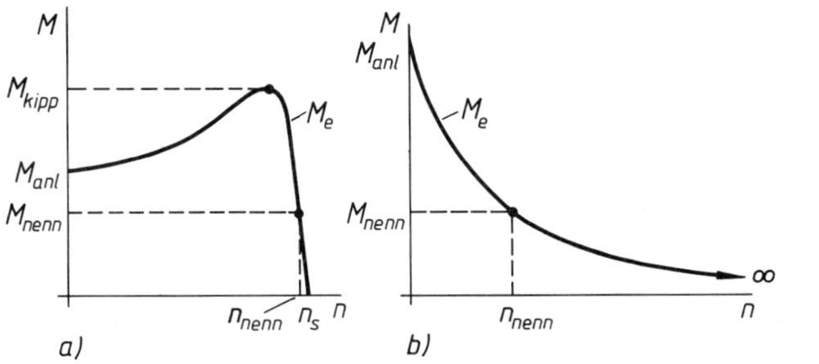

Bild II.41
Drehmomentenkennlinien von Elektromotoren
a) Nebenschlußkennlinie (eines Käfigläufers)
b) Reihenschlußkennlinie

9.2. Drehmomentenkennlinien von Arbeitsmaschinen

Bei jeder Drehzahl gleichbleibendes Antriebsmoment (Bild II.42a) ist erforderlich bei Aufzügen, Kranen, Kolbenpumpen und Getrieben sowie bei Hobel-, Dreh- und Fräsmaschinen bei konstantem Spanquerschnitt und Drehdurchmesser. Das Antriebsmoment M_t setzt sich zusammen aus dem Reibungsmoment M_r und dem Nutzmoment M_1. Das Reibungsmoment wird bei Anlauf von der Ruhereibung bestimmt (M_{r0}) und ist größer als in Betrieb. Die erforderliche Antriebsleistung P steigt bei diesen Maschinen linear mit der Drehzahl n.

Mit der Drehzahl quadratisch ansteigendes Antriebsmoment (Bild II.42b) ist erforderlich bei Lüftern, Gebläsen, Kreiselpumpen und Rührwerken sowie beim Luftwiderstand von Fahrzeugen, Bahnen und Fördermaschinen hoher Geschwindigkeit. Das Antriebsmoment M_t für diese Maschinen setzt sich zusammen aus dem drehzahlunabhängigen Reibungsmoment M_r (bzw. M_{r0}) und einem Moment $M_1 \sim n^2$. Die erforderliche Antriebsleistung P steigt bei diesen Maschinen mit der dritten Potenz der Drehzahl n.

Mit der Drehzahl linear abnehmendes Antriebsmoment ist erforderlich bei Wickelantrieben, bei denen Materialzug und -geschwindigkeit konstant gehalten werden, sowie beim Plandrehen mit konstantem Spanquerschnitt. Die erforderliche Antriebsleistung P bleibt dabei konstant.

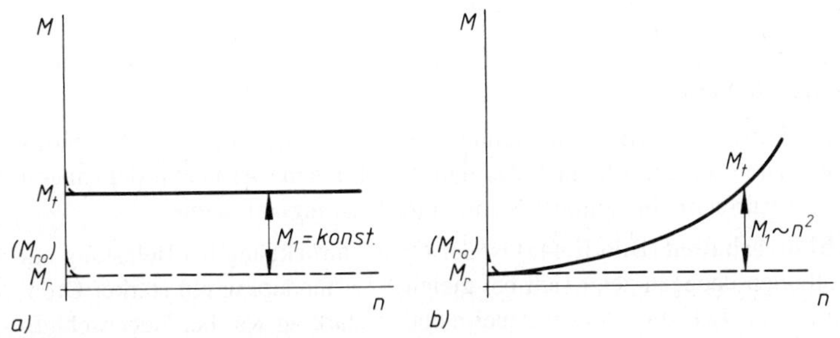

Bild II.42. Drehmomentenkennlinie von Arbeitsmaschinen
a) erforderliches Antriebsmoment unabhängig von der Drehzahl
b) erforderliches Antriebsmoment steigt mit n^2

9.3. Anlaufvorgang

Bei Leeranlauf wird das ganze vom Motor entwickelte Drehmoment dazu benutzt, die Schwungmassen des Motors zu beschleunigen. Die Motordrehzahl steigt dabei rasch auf die Leerlaufdrehzahl, der Anlaufvorgang mit seinem hohen Anlaufstrom dauert nur kurze Zeit und im Motor entsteht nur wenig Wärme.

Beim Hochfahren einer Arbeitsmaschine mit konstantem Antriebsmoment (Bild II.43a) wird der Motor schon im Stillstand mit dem vollen Drehmoment M_t belastet. Die Differenz M_b zwischen dem vom Motor entwickelten Moment M_e und dem von der anzutreibenden Maschine geforderten Moment M_t dient zur Beschleunigung der Schwungmassen von Motor und Maschine. Wegen des kleineren Beschleunigungsmoments M_b und der zusätzlichen Schwungmassen der Maschine dauert der Anlaufvorgang länger und der Motor wird daher wärmer als bei Leeranlauf. In Betrieb stellt sich diejenige Betriebsdrehzahl n ein, bei der $M_e = M_t$ ist. ⅄ Δ-Anlauf wäre im dargestellten Falle (etwa Vollastanlauf) nicht möglich, weil der Motor in ⅄ (gestrichelte Drehmomentenkennlinie) nicht genügend Anlaufmoment entwickelt. Wenn das erforderliche Antriebsmoment der Maschine *quadratisch* mit n ansteigt (Bild II.43b), ist bei niedrigen Drehzahlen das beschleunigende Differenzmoment M_b größer. Bei nicht zu großen Schwungmassen dauert der Anlaufvorgang nicht zu lange, so daß der Motor nicht zu heiß wird. Auch ⅄ Δ-Anlauf ist dabei möglich. Die Betriebsdrehzahl n ergibt sich wieder bei $M_e = M_t$.

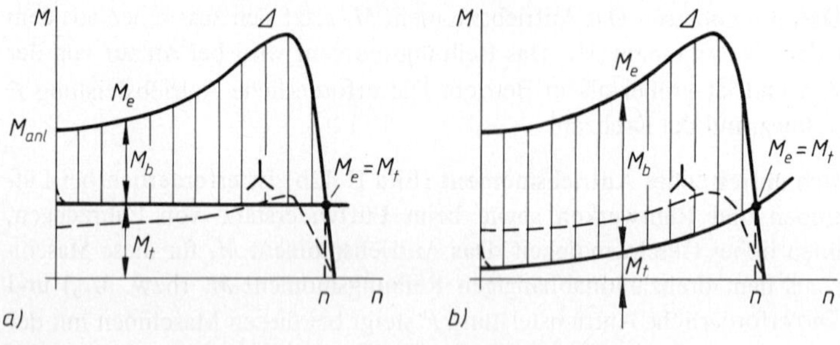

Bild II.43. Anlaufvorgang in den Drehmomentenkennlinien
a) Käfigläufer und Arbeitsmaschine mit konstantem Antriebsmoment
b) Käfigläufer und Arbeitsmaschine mit quadratisch ansteigendem Antriebsmoment

9.4. Verhalten im Betrieb

> Die Größe des von einem Motor abgegebenen Drehmoments wird nur von der angetriebenen Arbeitsmaschine bestimmt.

Das Drehmoment, das zum Betrieb der Arbeitsmaschine erforderlich ist, wirkt auf den Motor bremsend. Dadurch geht die Drehzahl zurück, und das damit verbundene Absinken der inneren Gegenspannung (siehe II.6.2) verursacht eine erhöhte Strom- und Leistungsaufnahme.

Beim Motor mit Nebenschlußverhalten (Bild II.44a) ist der Drehzahlrückgang bei Belastung nur gering, bei Reihenschlußverhalten dagegen zeigt sich bei gleicher Laständerung ein starker Drehzahlrückgang. Stromaufnahme und Leistung steigen dabei nicht so stark an wie bei Nebenschlußcharakter.

Bei Überlastung des Motors (z. B. mit 1,75 M_{nenn}) bleibt dieser nicht stehen, sondern gibt (bis zum Kippmoment) das geforderte Überlastmoment an die angetriebene Maschine ab. Er nimmt dabei mehr Strom auf, als für seine Wicklungen zulässig ist und wird dadurch im Dauerbetrieb zu heiß (Wicklungsisolation wird zerstört). Um zu starke Erwärmung der Motoren infolge mechanischer Überlastung zu vermeiden, werden sie über Motorschutzschalter angeschlossen, die genau auf den zulässigen Dauerstrom I_{nenn} des Motors eingestellt werden. Bei länger andauernder Überschreitung von I_{nenn} wird z. B. ein Bimetallstreifen so stark aufgeheizt, daß er infolge seiner Durchbiegung den Schalter allpolig öffnet. Dieser läßt sich erst nach einiger Zeit wieder einschalten, wenn Bimetall und Motor sich genügend abgekühlt haben.

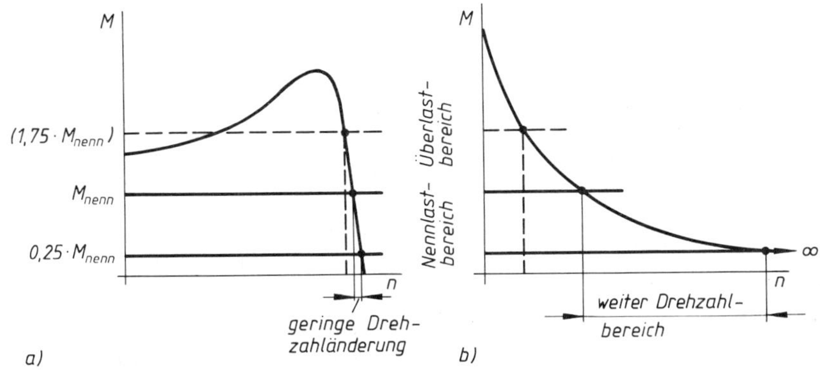

Bild II.44. Betriebsverhalten von Motoren bei verschiedenen Belastungen
a) Motor mit Nebenschlußcharakter, b) mit Reihenschlußcharakter

9.5. Bremsung

Die Stillsetzung von Motor und Arbeitsmaschine erfolgt am einfachsten durch Abschalten des Motors. Das Aggregat läuft dann von selbst aus. Wenn besonders rasches Stillsetzen erwünscht ist, kann elektrisch gebremst werden, wobei allerdings meist der letzte Rest mechanisch weggebremst werden muß, weil die Wirksamkeit der elektrischen Bremsung mit fallender Drehzahl abnimmt (Induktionsvorgang). Folgende Arten des elektrischen Bremsens sind gebräuchlich:

Widerstandsbremsen: *Gleichstrommotoren* werden vom Netz getrennt und auf Lastwiderstände geschaltet. Die kinetische Energie der Schwungmassen treibt die Maschine dabei als Generator an. Die mechanische Energie wird unter Abbremsung der Massen in elektrische verwandelt, die den Lastwiderstand erwärmt. *Beispiel:* Straßenbahn.

Drehstrommotoren (z.B. Käfigläufer) werden vom Drehstromnetz getrennt und ihre Ständerwicklung wird an Gleichspannung gelegt. Das dabei entstehende magnetische Gleichfeld induziert im Käfig Wirbelströme, die die kinetische Energie aufzehren und im Läufer in Wärme verwandeln.

Gegenstrombremsen: Der Motor wird vom Netz getrennt, auf Drehrichtungsumkehr geschaltet und unter Einschaltung eines Vorwiderstandes (beim Schleifringläufer in den Läuferkreis) wieder ans Netz gelegt. Das Gegendrehmoment des Motors wirkt dabei bremsend. *Beispiele:* Gegenstrombremsen bei Straßenbahn, Senkbremsen bei Hebezeugen.

Nutzbremsen: *Kollektormotoren* (für Gleich-, Wechsel- und Drehstrom) werden durch die kinetische Energie der abzubremsenden Massen auf eine Drehzahl gebracht, bei der die elektromotorische Gegenspannung höher ist als die angelegte Netzspannung. Die Stromrichtung kehrt dabei um und die Maschine liefert als Generator elektrische Energie ins Netz zurück. *Beispiel:* Talfahrt von Bahnen.

Asynchronmotoren werden mit übersynchroner Drehzahl von den Massen angetrieben und wirken dabei unter Rücklieferung von elektrischer Energie als *Asynchrongeneratoren.* Diese Art der Nutzbremsung wird häufig bei polumschaltbaren Motoren (siehe II.11.4) angewendet, indem man sie fortlaufend auf die nächst niedrigere Drehzahlstufe schaltet und somit durch die abzubremsende Arbeitsmaschine übersynchron antreiben läßt. *Beispiel:* Stillsetzen von Zentrifugen.

9.6. Betriebs- und Schutzarten, Kühlung und Bauformen

Dauerbetrieb DB: Die Betriebsdauer bei Nennleistung ist so lang, daß der Motor auf seine zulässige Endtemperatur kommt.

Kurzzeitbetrieb KB: Die Betriebsdauer bei KB-Nennleistung ist so kurz, daß die zulässige Endtemperatur nicht erreicht wird. Die Pausen zwischen den Einschaltungen sind so lang, daß der Motor sich wieder auf die Temperatur seiner Umgebung (Lufttemperatur) abkühlt.

Aussetzbetrieb AB: Die Betriebsdauer bei AB-Nennleistung ist so kurz, daß die zulässige Endtemperatur nicht erreicht wird. Die Pausen sind ebenfalls kurz, so daß die Maschine sich nicht auf die Umgebungstemperatur abkühlen kann.

Durchlaufbetrieb mit Kurzzeitbelastung DKB: Der Unterschied zu KB liegt darin, daß die Maschine in den Pausen nicht abgeschaltet ist, sondern leerläuft. Sie kühlt sich in den Pausen auf ihre Leerlauftemperatur ab.

Durchlaufbetrieb mit Aussetzbelastung DAB: Der Unterschied zu AB liegt ebenfalls im Leerlauf während der Belastungspausen.

Für KB, AB, DKB und DAB kann die Maschine kleiner gebaut werden als für DB.

Die *prozentuale Einschaltdauer* (ED in %) bezieht sich normalerweise auf eine Spieldauer von 10 min. ED = 40 % bedeutet dabei: Die Maschine oder das Gerät darf höchstens 4 min eingeschaltet und muß anschließend mindestens 6 min ausgeschaltet bleiben. Bei großen Maschinen kann die maximale Spieldauer länger, bei sehr kleinen Geräten auch kürzer sein.

Für den Schaltbetrieb, bei dem sehr häufig ein- und ausgeschaltet wird, muß die Maschine größer bemessen werden, als ihrer DB-Nennleistung entsprechen würde.

Die *Schutzarten* gegen Berührung gefährlicher Spannungen und gegen Eindringen von Fremdkörpern (Staub, Wasser) sowie Explosions- und Schlagwetterschutz sind nach DIN 40 050 genormt.

Die *Kühlung* erfolgt als Selbstkühlung (kein Lüfter) oder Mantelkühlung (bei geschlossenen Bauarten), besser und häufiger jedoch durch Eigenbelüftung (eigener Lüfter) oder Fremdbelüftung (besonderes Lüfteraggregat).

Die *Bauformen* der Motoren (Art der Befestigung, der Lager, der Anordnung) sind nach DIN IEC 34 T 7 genormt.

10. Stromrichter

Stromrichter gibt es als Gleichrichter, Wechselrichter und Umrichter. Gleichrichter formen Wechsel- oder Drehstrom in Gleichstrom um. Wechselrichter formen Gleichstrom in Wechsel- oder Drehstrom um. Umrichter(-schaltungen) erzeugen aus einem vorhandenem Wechselstromsystem ein anderes mit gleicher oder geänderter Phasenzahl, Frequenz und Spannung.

10.1. Halbleiterbauelemente

10.1.1. Diode

Dieses Bauelement hat als Anschlüsse Anode und Kathode. Die Diode besitzt einen PN- Übergang und kann Strom nur in einer Richtung übertragen (Ventilwirkung).
Wird an die Anode eine positive und an die Kathode eine negative Spannung angelegt, ist die Diode in Durchflussrichtung geschaltet. Bei Umpolung der angelegten Spannung ist sie in Sperrrichtung geschaltet (siehe Halbleiter S. 657). Eingesetzt wird die Diode z. B. in Stromrichterschaltungen und Transistorschaltungen. Sie wird auch als Gleichrichter oder Überspannungsschutz verwendet. Die

gebräuchlichsten Gleichrichterschaltungen sind Einweg,- Mittelpunkt- und Brückenschaltung für kleinere Leistungen und Sechsphasenschaltung für größere Leistungen. Bei der Einwegschaltung pulsieren die Momentanwerte u_- der gleichgerichteten Spannung mit der Netzfrequenz f zwischen Null und u (Scheitelwert). Der Mittelwert U_- der Gleichspannung ist dabei $U_- = 0{,}45\ U_\sim$.

Bei der Brückenschaltung und der Mittelpunktschaltung pulsiert u_- mit der doppelten Netzfrequenz $2f$. Der Mittelwert ist $U_- = 0{,}9\ U_\sim$ (0,45 und 0,9 sind Tabellenwerte nach DIN VDE 0558). Bild II.45b zeigt die Wirkungsweise dieser Schaltung, die auch als Grätz-Schaltung bekannt ist. Die beiden in den Bildern II.45a und II.45b angegebenen Grundschaltungen lassen sich entsprechend auch bei Drehstrom anwenden.

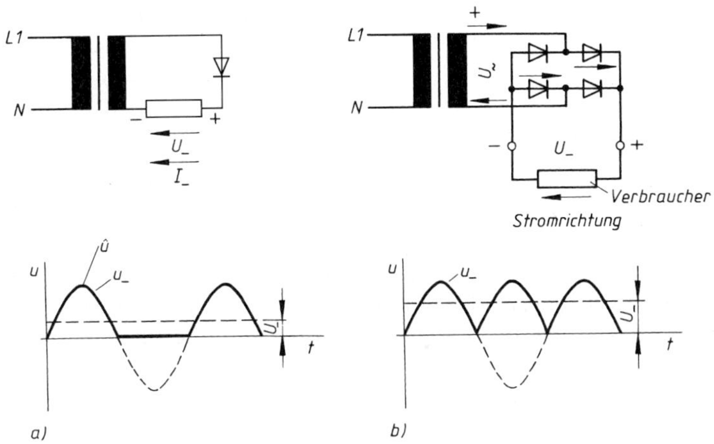

Bild II.45
Beispiele für Gleichrichterschaltungen und Verlauf der gleichgerichteten Spannung
a) Einphaseneinwegschaltung
b) Brückenschaltung

10.1.2. Transistor

Gegenüber einer Diode ist ein Transistor (transfer-übertragen, resistor-Widerstand) über die Basis (B) steuerbar. Der Emitter (E) sendet die Ladungsträger und der Kollektor (C) sammelt sie.

Bipolare Transistoren haben 2 PN-Übergänge und arbeiten nur mit Gleichstrom. Zwischen Basis und Emitter wird der PN-Übergang in Durchlassrichtung und der zwischen Basis und Kollektor in Sperrrichtung geschaltet.

Berechnungen: $I_E = I_B + I_C$
$U_{CE} = U_{CB} + U_{BE}$
B (Gleichstromverstärkung) $= I_C / I_B$

In der Leistungselektronik, in der mit Hilfe von Halbleiterbauelementen Ströme gesteuert, geschaltet und umgeformt werden, wird der NPN-Transistor (Silizium) hauptsächlich als schneller Schalter genutzt, da er mit einem geringen Steuerstrom einen sehr großen Strom steuern kann. Mit einem schwachen Steuerstrom kann man Stromdurchgang oder Sperrzustand hervorrufen (I_B steuert I_C):

Keine Spannung zwischen Basis und Emitter → großer Transistorwiderstand → Transistor als Schalter geöffnet. Spannung zwischen Basis und Emitter → minimaler Widerstand → Schalterzustand geschlossen.

Verstärkerverhalten: Ein kleiner Basisstrom führt zu einem hohen Kollektorstrom (Schaltströme bis 500 A). Die jeweiligen Kenndaten entnimmt man aus den mitgelieferten Datenblättern.

Von den drei Transistorgrundschaltungen (Basis-, Emitter-, Kollektorschaltung) wird die Emitterschaltung (Bild II.46) am häufigsten gebraucht. Der Emitter liegt gemeinsam an Ein- und Ausgang. Spannung-, Strom- und Leistungsverstärkung sind sehr hoch.

Außerdem ist der Transistor in dieser Schaltung der einfachste Inverter (Wechselrichter).

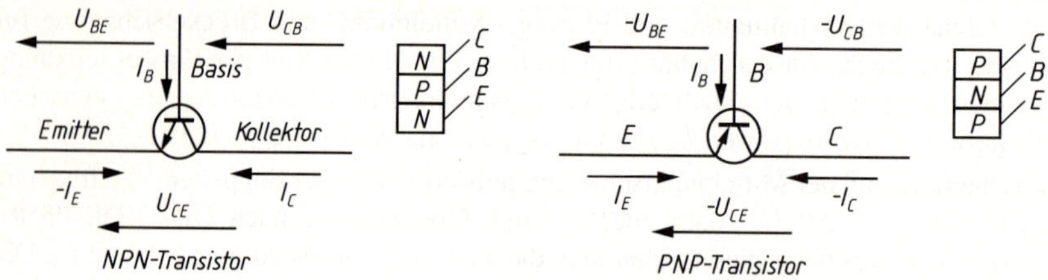

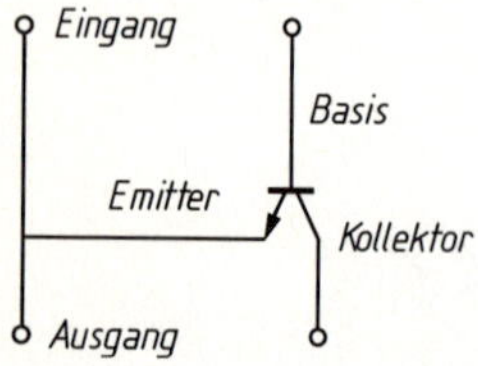

Bild II.46 Emitterschaltung

10.1.3. Thyristor

Das steuerbare Halbleiterbauelement Thyristor hat mindestens 4 unterschiedliche Halbleiterzonen und damit 3 PN-Übergänge (Sperrschichten). Am häufigsten wird der PNPN-Thyristor wegen seiner Leistungsstärke (Schalten von Strömen bis 1000 A) gebraucht. Thyristoren können als Wechsel-, Gleich- und Umrichter genutzt werden.

Soll z. B. ein Gleichstrommotor mit Drehstrom gespeist werden, können Thyristoren die Steuerung und das Gleichrichten übernehmen.

Rückwärtssperre: 2 PN-Übergänge in Sperrrichtung geschaltet.

Vorwärtssperre: 1 PN-Übergang in Sperrrichtung geschaltet.

Funktionsweise: Liegt am Gate keine Spannung (Steueranschluss offen), zündet der Thyristor bei der Nullkippspannung $U_{(B0)0}$. Mit Steuerspannung zündet er vor $U_{(B0)0}$. Steuerstrom und Steuerspannung sind abhängig von der Spannung U_{AK} (Bild II.48).

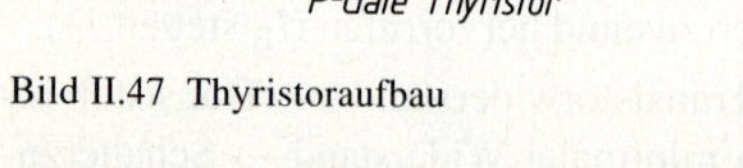

Bild II.47 Thyristoraufbau

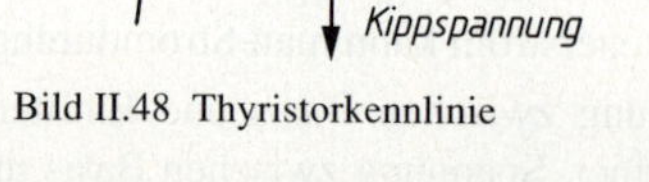

Bild II.48 Thyristorkennlinie

Zündung: Ohne Steuerstrom sperrt der Thyristor. Liegt aber eine Steuerspannung am Gate, bekommt der mittlere PN-Übergang durch den Steuerstrom soviel freie Ladungsträger, dass die Sperrschicht abgebaut wird und der Thyristor zünden kann. Er sperrt erst wieder, wenn der entstandene Haltestrom I_H unterschritten wird oder bei Wechselstrom während jeder negativen Halbperiode. Erst bei erneuter Zündung kann die Sperrung aufgehoben werden und auch wieder Strom fließen. Ein Thyristor kann durch Gleich- und Wechselstrom und durch Impulse gezündet werden. Nur bei Impulszündung arbeitet er exakt.

10.1.4. Triac (Zweirichtungsthyristor)

Zwei gegeneinander parallel geschaltete Thyristoren ergeben einen Triac (Triode ac – Triodenwechselstromschalter). Der Triac kann im Gegensatz zum Thyristor in beiden Richtungen zünden (vorwärts und rückwärts).

Die negative Halbperiode wird also auch durchgelassen. Die Zündung erfolgt mit positivem oder negativem Gatestrom. Kein Steuerstrom ergibt eine Sperrung in beiden Richtungen. Verwendung z. B. beim Dimmer und bei der Leistungssteuerung von Motoren.

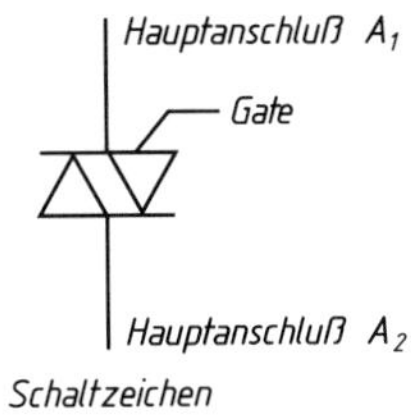

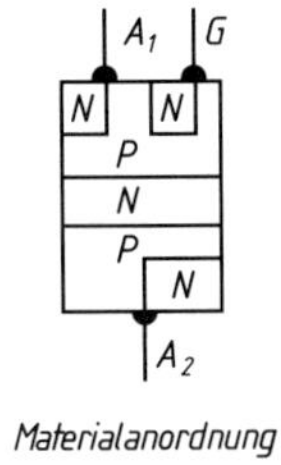

11. Steuerung von Drehzahl und Drehmoment bei Motoren

11.1. Steueranlasser

Eine Herabsetzung der Drehzahl läßt sich am einfachsten durch einen Anlaßwiderstand erreichen, der so groß gebaut sein muß, daß er während der Dauer der Drehzahlverringerung nicht zu heiß wird: *Steueranlasser.* Beim Gleichstrommotor wird dieser nach Bild II.28 und II.29 in den Ankerstromkreis eingeschaltet. Die Spannung am Anker ist dabei um den Spannungsfall am Anlaßwiderstand geringer als die Netzspannung, so daß innere Gegenspannung und Drehzahl kleiner sind als bei voller Spannung. Beim *Käfigläufer* wird ein dreiphasiger Steueranlasser im Ständerstromkreis verwendet, der den Schlupf des Läufers (siehe II.7.3) bei Belastung vergrößert. Schlupfsteuerung. Auch beim *Schleifringläufer* kann man eine Schlupfsteuerung durch Steueranlasser im Läuferstromkreis erzielen. Die Vorteile des Steueranlassers sind: kleiner Aufwand und niedriger Preis. Als Nachteile ergeben sich schlechter Wirkungsgrad durch Erwärmung des Anlassers und starke Lastabhängigkeit der Drehzahl.

11.2. Feldstellwiderstand

Eine Erhöhung der Drehzahl ist beim Gleichstrommotor durch Schwächung der Erregung mittels Feldstellwiderstand zu erreichen. Bei verringerter Erregung muß der Motor schneller laufen, damit seine elektromotorische Gegenspannung wieder ungefähr gleich der angelegten Netzspannung wird. Bei Nennlast läßt sich auf diese Weise die Drehzahl etwa zwischen 0,9 … 1,2 n_{nenn} steuern. Bei geringer Belastung oder gar Leerlauf läßt sich n auf ein Mehrfaches von n_{nenn} bringen, weil das Drehmoment dabei trotz Erregungsschwächung noch ausreicht. Beim Gleichstrom-Reihenschlußmotor wird der Feldsteller parallel zur Erregerwicklung *E1, E2* geschaltet.

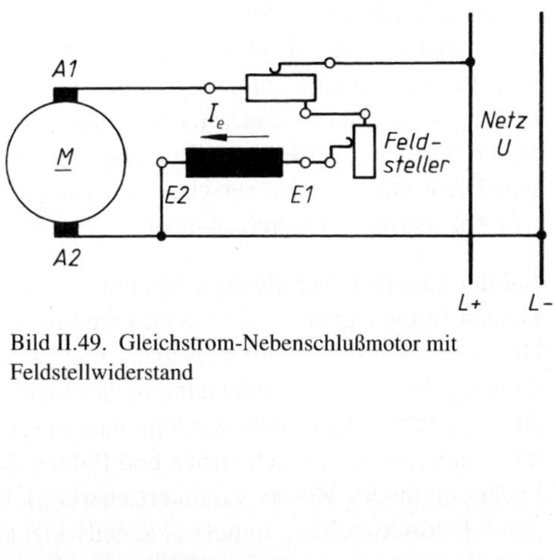

Bild II.49. Gleichstrom-Nebenschlußmotor mit Feldstellwiderstand

11.3. Gleichstrom-Nebenschlußmotor mit gesteuerter Gleichstromversorgung

Der Gleichstrom-Nebenschlußmotor (oder fremderregte Maschine) bietet besonders in Verbindung mit einer Steuerung der Gleichstromversorgung eine sehr weite Steuermöglichkeit der Drehzahl. Der Motor wird dabei aus dem Wechsel- oder Drehstromnetz entweder über Gleichrichter oder über Umformer gespeist. Dabei sind folgende Steuerungsarten der Stromversorgung gebräuchlich:

Steuertransformatoren (Bild II.50) versorgen sowohl den Anker- als auch den Feldgleichrichter mit je einer getrennt einstellbaren Wechselspannung $U_{a\sim}$ bzw. $U_{e\sim}$. Dadurch entstehen hinter den betreffenden Gleichrichtern die Anker- und die Erregergleichspannung U_{a-} bzw. U_{e-}, die in einem starren Verhältnis zu den angelegten Wechselspannungen stehen (siehe II.10.3). Der *Ankergleichrichter* gestattet ähnlich wie der Steueranlasser (siehe II.11.1) eine Herabsetzung der Drehzahl unter n_{nenn} (Ankersteuerbereich), vermeidet jedoch dessen Nachteile (den schlechten Wirkungsgrad und die starke Lastabhängigkeit der Drehzahl). Der *Feldgleichrichter* steuert ähnlich wie der Feldstellwiderstand (siehe II.11.2) oberhalb n_{nenn} durch Feldschwächung (Feldsteuerbereich).

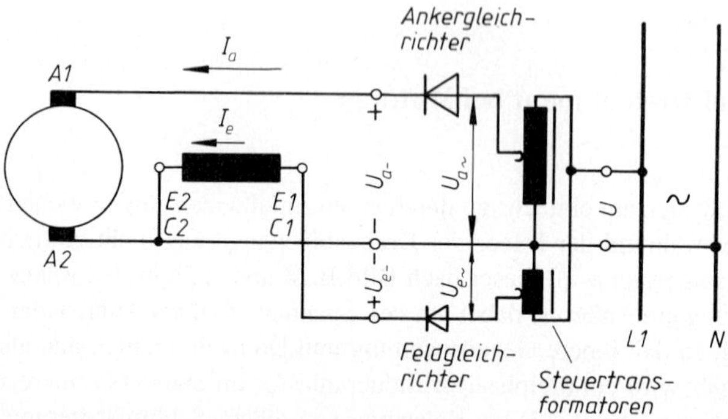

Bild II.50.
Prinzipschaltbild für den Betrieb eines drehzahlgesteuerten Gleichstrom-Nebenschlußmotors über Gleichrichter aus dem Wechselstromnetz

Transduktoren werden oft anstelle der Steuertransformatoren zur Versorgung der Gleichrichter mit steuerbaren Wechselspannungen $U_{a\sim}$ bzw. $U_{e\sim}$ verwendet. Die Wirkungsweise des Transduktors ist die einer Eisenkerndrossel (Blind-Vorwiderstand X_L), deren Induktivität L (und damit auch X_L) mit einem schwachen Hilfsgleichstrom durch Vormagnetisierung des Eisenkerns gesteuert wird (auch automatisch bei Regelschaltungen).

Gesteuerte Gleichrichter werden mit festen Wechselspannungen $U_{a\sim}$ bzw. $U_{e\sim}$ gespeist. Gesteuert wird dabei die Durchlaßdauer der Gleichrichter, so daß die Mittelwerte der Gleichspannungen U_{a-} bzw. U_{e-} mehr oder weniger hoch sind. In Gebrauch sind gesteuerte Halbleitergleichrichter (Thyristoren), bei denen die Dauer der Durchlässigkeit durch eine Spannung an einer dritten Elektrode gesteuert wird. Mit gesteuerten Gleichrichtern lassen sich bei konstanter Ankerspannung lastunabhängige Drehzahlkennlinien verschiedener Höhe einstellen (z. B. für Werkzeugmaschinen), bei konstantem Ankerstrom auch drehzahlunabhängige Drehmomentenkennlinien (z. B. für Wickelantriebe).

Bei der Leonard-Schaltung treibt ein beliebiger Antriebsmotor 1 (meist ein Drehstrommotor) den kleinen Erregergenerator 2 (Nebenschlußmaschine) und den Generator 3 (fremderregte Maschine). Dieser versorgt den Motor 4 (Nebenschluß- oder fremderregte Maschine) mit der Ankergleichspannung U_a. Der Feldstellwiderstand R_g des Generators kann eine Mittelanzapfung haben, so daß sich damit nicht nur die Größe, sondern auch die Richtung des Generator-Erregerstromes I_{eg} verändern läßt. Dadurch ändern sich Größe und Polung der Ankerspannung U_a und damit auch Drehzahl und Drehrichtung des Motors 4 (Ankersteuerung). Eine Drehzahlerhöhung über n_{nenn} hinaus ergibt sich durch Feldschwächung mittels Feldstellwiderstand R_m des Motors (Feldsteuerung). Die Größe der Erregerspannung U_e wird am Feldstellwiderstand R_e des Erregergenerators eingestellt. Für selbsttätige Regelung der Drehzahl läßt sich als Erregergenerator eine Amplidyne-(Verstärker-)Maschine verwenden, deren Hilfswicklung zur Regelung herangezogen wird.

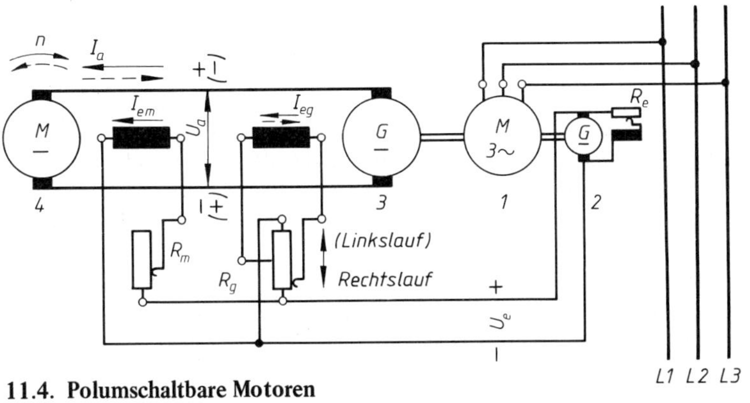

Bild II.51
Leonard-Schaltung

11.4. Polumschaltbare Motoren

Eine stufenweise Drehzahlsteuerung ist bei polumschaltbaren Motoren möglich. Diese sind Drehstrom-Käfigläufer mit mehreren Ständerwicklungen je Strang, die so verkettet werden, daß sich ein oder mehrere Polpaare im Ständer bilden (siehe Gl. (I.44)). Bei der Dahlander-Schaltung lassen sich folgende Drehzahlstufen des Drehfeldes mit je zwei Ständerwicklungen erreichen (in U/min): a) 500–1000–1500, b) 750–1000–1500, c) 1000–1500–3000, d) 500–750–1000–1500. Wegen des Schlupfes liegen die Nenndrehzahlen etwas darunter. Polumschaltbare Motoren haben meist schlechteren Wirkungsgrad und Leistungsfaktor als andere.

11.5. Drehstrom-Kommutatormaschinen

Eine stufenlose Drehzahlsteuerung ist bei den Drehstrom-Kommutatormotoren möglich. Diese haben im Ständer eine dreiphasige Wicklung und im Anker eine Gleichstromwicklung, die an einen Kollektor angeschlossen ist. Auf dem Kollektor schleifen 3 oder 6 Bürsten, die zwecks Anlauf und Drehzahlsteuerung gegenüber dem Kollektor verdrehbar angeordnet sind. Der Drehstrom-Reihenschlußmotor hat Reihenschlußcharakter wie die entsprechende Gleichstromtype, der Drehstrom-Nebenschlußmotor hat Nebenschlußcharakter (siehe II.9.1). Angewendet werden sie dort, wo eine gute Steuerbarkeit der Drehzahl erforderlich ist und andere Steueranordnungen (gesteuerte Gleichrichter oder Maschinensätze) noch teurer wären als die an sich schon nicht besonders billigen Kommutatormaschinen.

12. Sondererscheinungen der Elektrizität

12.1. Thermoelektrizität

Thermoelektrizität tritt auf, wenn sich 2 verschiedene Leiterwerkstoffe berühren und zwischen der Berührungsstelle (z. B. verlötet, verschweißt) und den Anschlußpunkten ein Temperaturunterschied herrscht. Die Größe der Thermospannung U hängt ab von dieser Temperaturdifferenz und von der Art der Leiterwerkstoffe. Die gebräuchlichsten Werkstoffkombinationen für Thermoelemente sind Kupfer-Konstantan (bis 400 °C), Eisen-Konstantan (bis 700 °C), Nickelchrom-Nickel (bis 1000 °C) und Platinrhodium-Platin (bis 1300 °C). Bei den drei erstgenannten beträgt die Thermospannung etwa 5 mV/100 K, beim letztgenannten etwa $\frac{1}{10}$ davon.

Ein Kühl-Effekt tritt an der Berührungsstelle auf, wenn man einen Strom in der gleichen Richtung durch ein Thermoelement schickt, wie er bei heißer Berührungsstelle und Belastung mit einem Widerstand fließen würde. Anwendung beim Halbleiter-Kühlelement zur Kühlung auf kleinem Raum.

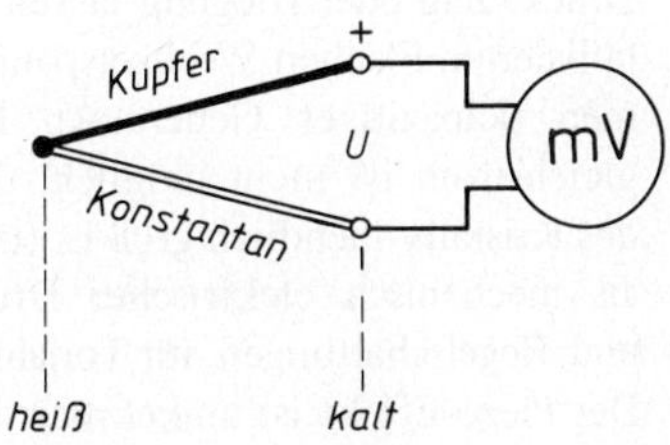

Bild II.52. Thermoelement

12.2. Optoelektronische Bauelemente

12.2.1. Fotowiderstand

Eine spezielle Halbleiterschicht ermöglicht diesem Bauelement, das im Gegensatz zu Fotoelementen eine Außenspannung benötigt, bei Lichteinfall seinen Widerstand zu ändern: Mit wachsender Beleuchtungsstärke E nimmt der Widerstand ab. Trifft Licht (UV bis IR-Bereich) auf das Halbleitermaterial, zerreißen die festen Bindungen im Kristallgitter. Dadurch entstehen frei bewegliche Ladungsträger (Elektronen und Löcher), die zur Erhöhung der Leitfähigkeit beitragen. Da sie innerhalb des Materials bleiben, wird dieser Vorgang auch innerer Fotoeffekt genannt.

Genutzt werden diese Eigenschaften beim lichtabhängigen Steuern, z. B. Ein-Aus-Transistorschaltungen und Dämmerungsschalter. Vorteilhaft ist die sehr hohe Lichtempfindlichkeit, nachteilig das träge Verhalten bei Helligkeitsänderung. Fotowiderstände werden auch als LDR (Light Dependant Resistor – lichtabhängiger Widerstand) bezeichnet.

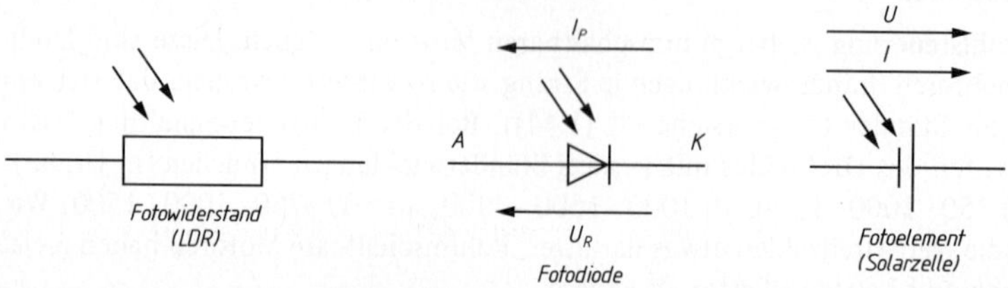

Bild II.53 Schaltung und Wirkungsweise einer Fotozelle

12.2.2. Fotodiode, Fotoelement, Solarzelle

Der Aufbau der Fotodiode ähnelt dem normaler Halbleiterdioden. Fällt Licht auf die Sperrschicht, entstehen frei bewegliche Ladungsträger (Elektronen und Löcher). In Sperrrichtung betrieben erfolgt eine starke Erhöhung des Sperrstroms. Dieser Fotostrom I_P verhält sich annähernd proportional zur Beleuchtungsstärke E. Vorteilhaft ist das schnelle Reagieren bei Helligkeitsänderungen im Gegensatz zum Fotowiderstand U_R. Nachteilig sind die geringe Lichtempfindlichkeit und die Abhängigkeit des Fotostroms von der Temperatur der Sperrschicht.

Als Fotoelement wird eine Fotodiode ohne Außenspannung bezeichnet. Lichtenergie wird in elektrische Energie umgewandelt. Trifft Licht auf die N-dotierte Schicht des Bauteils, zerreißen feste Bindungen im Kristallgitter. Es entstehen frei bewegliche Elektronen und Löcher. Die Diffusionsspannung treibt die Elektronen zur N-Schicht (Material ist negativ aufgeladen) und die Löcher zur P-Schicht (Material ist positiv aufgeladen). Dadurch entsteht zwischen den Anschlüssen der Diode eine Spannung. Spannung und Stromstärke sind abhängig von der Beleuchtungsstärke. Durch Zusammenschalten mehrerer Fotoelemente erhält man eine Solarzelle, z. B. zur Energiegewinnung aus Sonnenlicht.

12.3. Kristallelektrizität

An einigen Kristallen (z.B. Quarz und Seignettesalz) treten bei mechanischem Druck, Zug oder Biegung elektrische Ladungen an gegenüberliegenden Flächen auf (Piezo-Effekt). Bei *wechselndem* Druck, Zug oder Biegung lassen sich zwischen den metallisierten Flächen Wechselspannung und -strom abnehmen (kapazitiver Generator). Entnahme von Dauergleichstrom ist nicht möglich, da der Innenwiderstand des Kristalls unendlich groß ist (theoretisch). Anwendung als mechanisch elektrischer Druckwandler für Steuer- und Regelschaltungen, für Tonabnehmer und Mikrofone. Der Piezo-Effekt ist umkehrbar: Bei Anlegen einer Spannung verformt sich der Kristall (Kristall-Lautsprecher).

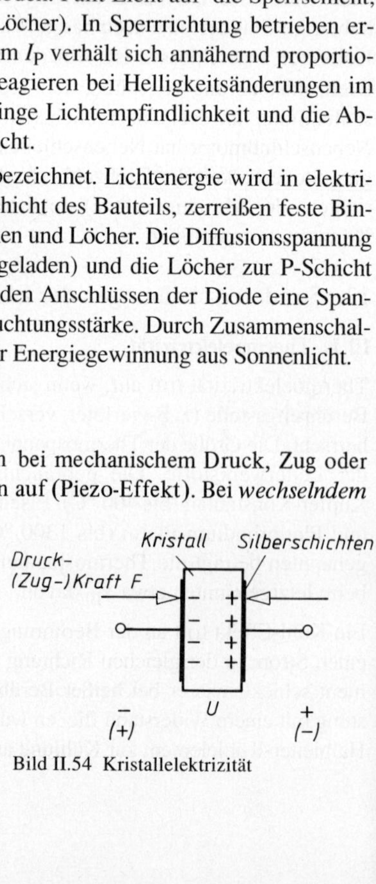

Bild II.54 Kristallelektrizität

13. Elektrische Meßgeräte

13.1. Allgemeines über elektrische Meßgeräte

Ein Meßgerät besteht aus dem eigentlichen Meßwerk und den Zusatzeinrichtungen (Vor- und Nebenwiderstände, Meßbereichschalter usw.). Die meisten elektrischen Meßwerke arbeiten nach dem Prinzip der Federwaage. Ein von den zu messenden elektrischen Größen Strom oder Spannung abhängiges Drehmoment wird durch eine Drehmomenten-Federwaage ausgewogen und angezeigt.

Die Angaben auf der Skala eines Meßgerätes kennzeichnen a) die *Art* des Meßwerks durch ein Sinnbild (Drehspul-, Dreheisen- usw.), b) die *Gebrauchslage* durch ein Zeichen (senkrecht, waagerecht, schräg usw.), c) die *Güteklasse* durch Angabe der prozentualen Meßunsicherheit bezogen auf Vollausschlag (± 0,1 ... ± 2,5 %), d) die *Prüfwechselspannung* in kV in einem Stern (ohne Zahl 500 V, sonst Angabe 2 ... 50 kV).

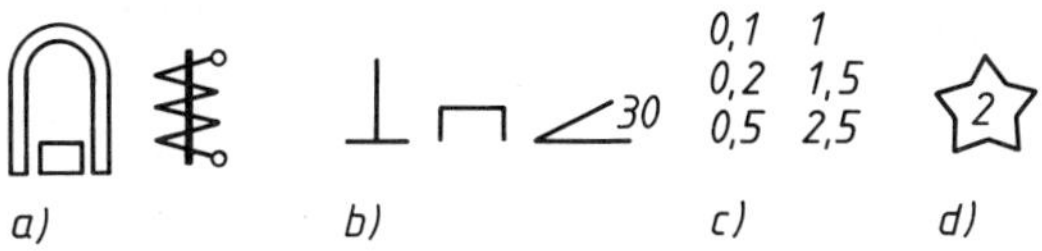

Bild II.55
Angaben auf der Skala eines Meßgerätes

13.2. Drehspul-Meßgerät

Beim Drehspulmeßwerk wird eine drehbare Spule bei Stromfluß im Felde eines Dauermagneten abgelenkt. Den Aufbau zeigt Bild II.56, das Sinnbild zeigt Bild II.55a links. Die Eigenschaften des Drehspul-Instruments sind: nur für Gleichstrom und -spannung; geringer Eigenverbrauch; sehr empfindlich und sehr genau herstellbar; Skala linear geteilt. Angewendet wird es zur Gleichstrom- und -spannungsmessung sowie unter Vorschaltung eines Gleichrichters auch zur Wechselstrom- und -spannungsmessung (Gleichrichterinstrument). Die sehr verbreiteten Vielfach-Instrumente enthalten ein Drehspulmeßwerk und einen Gleichrichter, Vor- und Nebenwiderstände (siehe II.14.1 und 2), sowie einen Meßbereichumschalter, mit dem die verschiedenen Gleich- und Wechselstrom- und -spannungsmeßbereiche eingestellt werden.

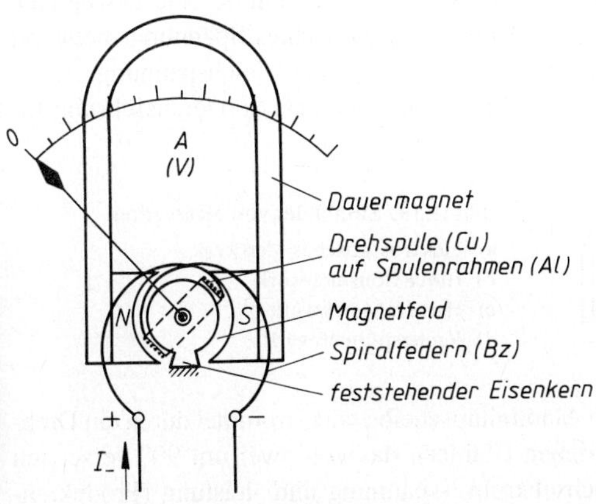

Bild II.56. Aufbau eines Drehspulmeßwerks

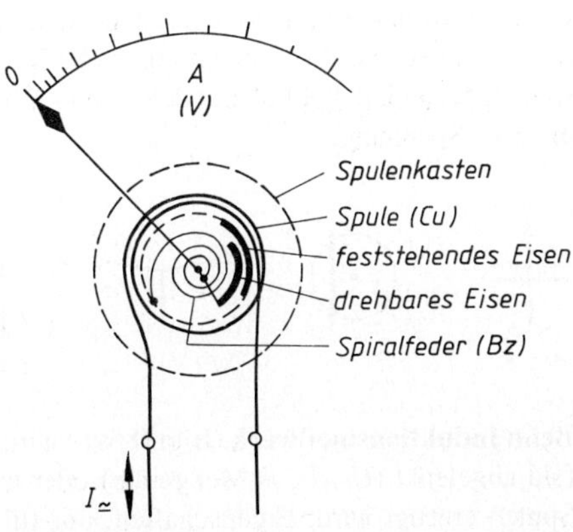

Bild II.57. Aufbau eines Dreheisen-Meßwerks

13.3. Dreheisen-Meßgerät

Beim Dreheisenmeßwerk stoßen sich ein feststehendes und ein drehbares Eisen in einer feststehenden Spule ab. Den Aufbau zeigt Bild II.57, das Sinnbild zeigt Bild II.55a rechts. Die Eigenschaften des Dreheisen-Instruments sind: für Gleich- und Wechselstrom und -spannung; billig herstellbar; mechanisch und elektrisch besonders robust; größerer Eigenverbrauch; geringere Empfindlichkeit; Skala quadratisch geteilt. Angewendet wird es wegen seiner Überlastbarkeit und seines niedrigen Preises als Betriebs- und Schalttafelinstrument, aber auch als genaues Laborinstrument.

13.4. Elektrodynamisches Meßgerät

Beim Dynamometer wird eine drehbare Spule im Magnetfeld einer feststehenden Spule abgelenkt. Den Aufbau und das Sinnbild zeigt Bild II.58. Die Schaltung als Leistungsmesser wird in II.14.4 erläutert. Die Eigenschaften des Dynamometers sind: für Gleich- und Wechselstrom, -spannung und -leistung; Produktenmeßwerk (multipliziert z.B. UI, daher als Leistungsmesser geeignet); größerer Eigenverbrauch und geringere Empfindlichkeit; sehr genau herstellbar; Skala bei U- und I-Messung quadratisch, bei P-Messung linear. Angewendet hauptsächlich als Leistungsmesser bei Gleich- und Wechselstrom, aber auch als Strom- und Spannungsmesser.

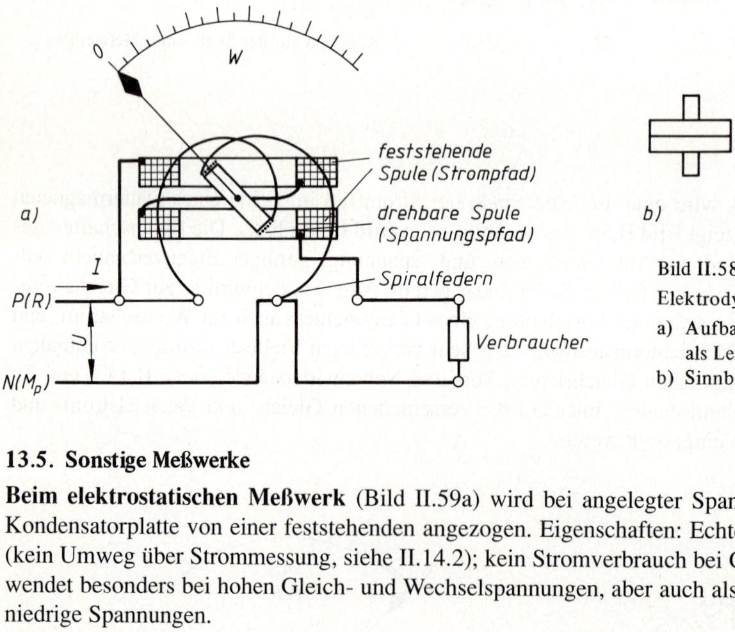

Bild II.58
Elektrodynamisches Meßwerk
a) Aufbau und Schaltung als Leistungsmesser
b) Sinnbild

13.5. Sonstige Meßwerke

Beim elektrostatischen Meßwerk (Bild II.59a) wird bei angelegter Spannung eine bewegliche Kondensatorplatte von einer feststehenden angezogen. Eigenschaften: Echtes Spannungsmeßgerät (kein Umweg über Strommessung, siehe II.14.2); kein Stromverbrauch bei Gleichspannung. Angewendet besonders bei hohen Gleich- und Wechselspannungen, aber auch als Sonderausführung für niedrige Spannungen.

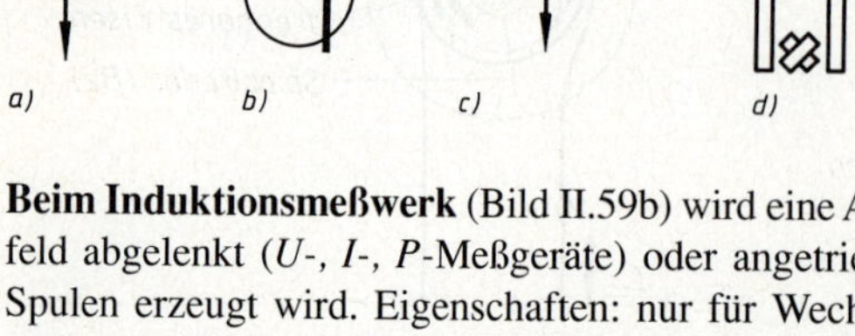

Bild II.59. Sinnbilder von Meßwerken
a) elektrostatisches Meßwerk
b) Induktionsmeßwerk
c) Hitzdrahtmeßwerk
d) Kreuzspulmeßwerk

Beim Induktionsmeßwerk (Bild II.59b) wird eine Aluminiumscheibe oder -trommel durch ein Drehfeld abgelenkt (U-, I-, P-Meßgeräte) oder angetrieben (Zähler), das von zwei um 90° versetzten Spulen erzeugt wird. Eigenschaften: nur für Wechselstrom, -spannung und -leistung (Produktenmeßwerk). Angewendet hauptsächlich beim Wechselstromzähler (Induktionszähler).

Beim Hitzdrahtmeßwerk (Bild II.59c) verlängert sich ein vom Meßstrom durchflossener Draht durch Stromwärme. Besonders schlechte Eigenschaften, daher selten verwendet.

Beim Kreuzspulmeßwerk (Bild II.59d) befinden sich zwei von Gleichstrom durchflossene Spulen im Feld eines Dauermagneten. Haupteigenschaft und -anwendung: Quotientenmeßwerk (bildet z. B. Quotienten $U:I$), daher besonders geeignet zur Widerstandmessung ($R = U:I$).

14. Elektrische Messungen

14.1. Strommessung

Zur Strommessung wird der Verbraucherstromkreis aufgetrennt und ein Strommesser mit dem Verbraucher in Reihe geschaltet (Bild II.60a).

Der Strommesserwiderstand muß so klein wie möglich sein.

Wenn der Strommesserwiderstand r nur etwa 1 % des Verbraucherwiderstandes R beträgt, wird der Strom bereits um etwa 1 % zu klein gemessen!

Zur Meßbereicherweiterung (Bild II.60b) wird bei Strommessern meist ein Nebenwiderstand R_n verwendet (siehe I.3.4). *Nebenwiderstand* R_n *zur Erweiterung des Strommeßbereichs:*

$$R_n = \frac{i_{max}\, r}{I_{max} - i_{max}} \qquad \text{(II.19)}$$

R_n Nebenwiderstand zur Meßbereicherweiterung; r Widerstand des Meßwerkzweiges; I_{max} Höchststrom des gewünschten Meßbereichs; i_{max} Vollausschlagstrom des Meßwerks.

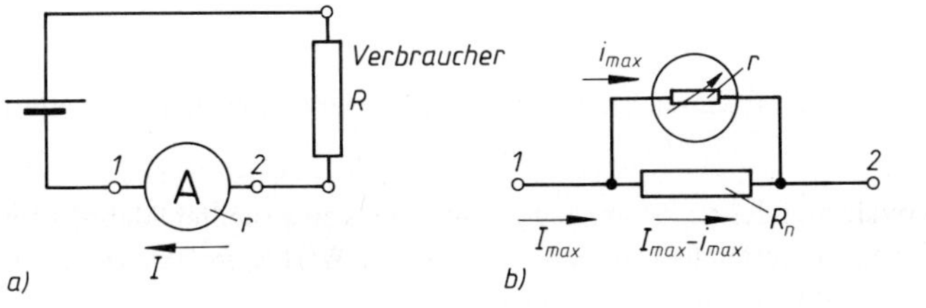

Bild II.60
a) Schaltung zur Strommessung
b) Meßbereicherweiterung bei Strommessung

Beispiel: Ein Meßwerk hat $r = 50\ \Omega$ Widerstand und schlägt bei $i_{max} = 3$ mA voll aus. Sein Meßbereich soll auf $I_{max} = 5$ A erweitert werden. Welcher Nebenwiderstand $R_n = ?$ ist zu verwenden.

Lösung: $R_n = \frac{i_{max}\, r}{I_{max} - i_{max}} = \frac{0{,}003\ \text{A} \cdot 50\ \Omega}{4{,}997\ \text{A}} \approx 0{,}03\ \Omega$

Bei *Wechselstrom* wird der Meßbereich auch oft durch Stromwandler erweitert (siehe II.4.8).

14.2. Spannungsmessung

Zur Spannungsmessung wird der Spannungsmesser an die beiden Meßpunkte angelegt, zwischen denen die Spannung gemessen werden soll (Bild II.61a).

Der Spannungsmesserwiderstand muß so groß wie möglich sein.

Bei zu kleinem Spannungsmesserwiderstand R_u geht die zu messende Spannung U zurück infolge zu starker Stromentnahme durch das Voltmeter, und der angezeigte Wert ist zu niedrig.

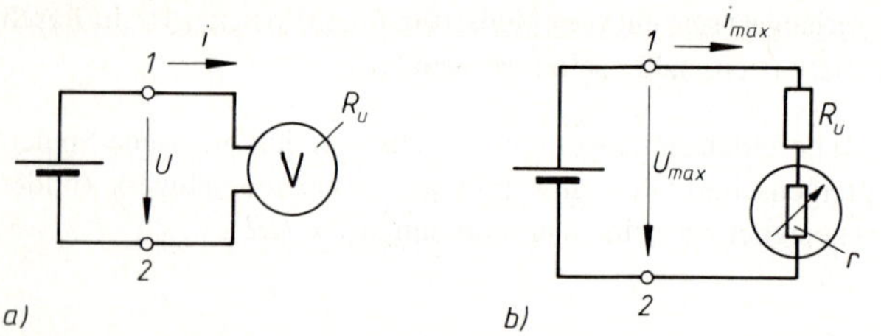

Bild II.61
a) Schaltung zur Spannungsmessung
b) Meßbereicherweiterung bei Spannungsmessung

Als Spannungsmesser werden meist Strommeßwerke mit kleinem Stromverbrauch verwendet, die über einen größeren Vorwiderstand R_v an die zu messende Spannung angelegt werden (Bild II.61b). Nach dem Ohmschen Gesetz ist die angezeigte Stromstärke $i = U/(R_v + r)$, so daß das Meßgerät direkt in Volt geeicht werden kann. Der *Vorwiderstand* R_v (siehe I.3.2) wird zur Meßbereicherweiterung beim Spannungsmesser verwendet. *Vorwiderstand* R_v *zur Erweiterung des Spannungsmeßbereichs:*

$$R_v = \frac{U_{max}}{i_{max}} - r \qquad \text{(II.20)}$$

R_v Vorwiderstand zur Meßbereicherweiterung; U_{max} Höchstspannung des gewünschten Meßbereichs; r Widerstand des Meßwerks; i_{max} Vollauschlagstrom des Meßwerks.

■ **Beispiel:** Ein Strommeßwerk mit $r = 60\ \Omega$ Widerstand und $i_{max} = 1$ mA Vollauschlagstrom soll mittels Vorwiderstand zur Spannungsmessung bis $U_{max} = 150$ V eingerichtet werden. Welcher Vorwiderstand muß verwendet werden?

Lösung: $R_v = \frac{U_{max}}{i_{max}} - r = \frac{150\ \text{V}}{0{,}001\ \text{A}} - 60\ \Omega = 149\,940\ \Omega$

Bei *Wechselspannung* wird der Meßbereich auch oft durch Spannungswandler erweitert (siehe II.4.8).

Die Größe des Spannungsmesserwiderstandes R_u ist abhängig vom jeweils eingestellten Meßbereich U_{max}. Sie ergibt sich aus dem für das betreffende Voltmeter angegebenen Wert r_u *in Ohm pro Volt*, der für alle Meßbereiche gleich ist. *Spannungsmesserwiderstand*

$$R_u = U_{max}\, r_u \qquad \text{(II.21)}$$

R_u Gesamtwiderstand des Spannungsmessers; U_{max} Höchstspannung des eingestellten Meßbereichs; r_u Widerstand pro Volt Meßbereich.

■ **Beispiel:** Ein Spannungsmesser wird mit 1000 Ω/V angegeben. Wie groß ist sein Widerstand R_u beim Meßbereich $U_{max} = 150$ V?

Lösung: $R_u = U_{max}\, r_u = 150\ \text{V} \cdot 1000\ \frac{\Omega}{\text{V}} = 150\,000\ \Omega$

14.3. Widerstandsmessung

Bei der Strom-Spannungsmethode (Bild II.62a) legt man den zu messenden Widerstand R_x an die Spannung U und mißt diese sowie den dabei fließenden Strom I. Bei kleinen Widerständen R_x legt man den Spannungsmesser an Meßpunkt 1, bei großen an Punkt 2 (bei 1 : Voltmeterstrom mitgemessen, bei 2 : Amperemeterspannungsfall). In beiden Fällen ergibt sich die Größe des zu messenden Widerstandes zu $R_x \approx U/I$.

Bei der Widerstands-Meßbrücke (Wheatstone-, Schleifdrahtbrücke) gleicht man z.B. durch Verschieben eines Schleifers auf einem Schleifdraht von der Länge $a + b$ den Strom i, der durch das Nullinstrument fließt, auf Null ab (Bild II.62b). Bei abgeglichener Brücke gilt $R_x = R_N \cdot a/b$. Bei handelsüblichen Brücken wird der Schleifdraht als Dreh-Spannungsteiler ausgeführt und in Verhältniswerten a/b geeicht. Der Normalwiderstand R_N ist dekadisch umschaltbar (z.B. 1, 10, 100, 1000 Ω), so daß sich der Wert R_x aus dem abgelesenen Verhältnis a/b mal dem eingestellten R_N ergibt.

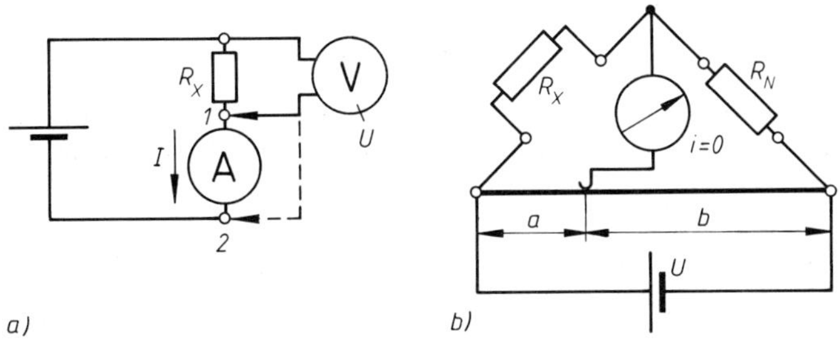

Bild II.62
Widerstandsmessung
a) nach der Stromspannungsmethode
b) mit der Meßbrücke

Beim Ohmmeter wird R_x als zusätzlicher Vorwiderstand zu einem Drehspulspannungsmesser eingeschaltet. Dadurch geht der Strom, der durch das Anzeigeinstrument fließt, zurück und es zeigt weniger an. Die Skala ist dabei in Ohm geeicht, so daß R_x direkt abgelesen werden kann.

Bei der Stromvergleichsmethode wird der Strom I_N, der durch einen veränderbaren geeichten Normalwiderstand R_N fließt, durch Einstellen von R_N und Ablesen eines Strommessers auf den gleichen Wert I_x eingestellt, der bei Einschaltung von R_x anstelle von R_N fließt. Wenn $I_N = I_x$ eingestellt ist, dann ist $R_x = R_N$, d.h. ebenso groß wie der abgelesene Ohmwert des Normalwiderstandes.

14.4. Leistungsmessung

Bei Gleichstrom läßt sich die Leistung P entweder durch Strom- und Spannungsmessung nach $P = UI$ bestimmen oder durch einen elektrodynamischen Leistungsmesser (vgl. auch Bild II.58a), der selbsttätig U mit I multipliziert und damit P anzeigt (Schaltung entsprechend Bild II.63).

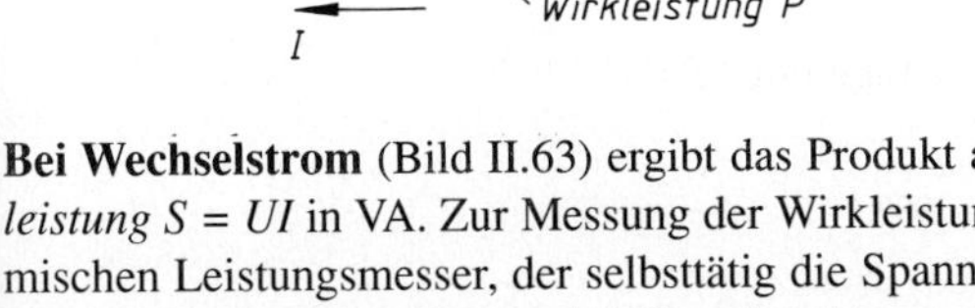

Bild II.63
Schaltung zur Wirk- und Scheinleistungsmessung bei Wechselstrom

Bei Wechselstrom (Bild II.63) ergibt das Produkt aus Spannungs- und Strommessung die *Scheinleistung* $S = UI$ in VA. Zur Messung der Wirkleistung P in Watt verwendet man einen elektrodynamischen Leistungsmesser, der selbsttätig die Spannung U mit dem Wirkstrom $I \cos \varphi$ multipliziert und damit P anzeigt. Dabei wird U an den Spannungspfad gelegt (drehbare Spule) und I durch den Strompfad geschickt (feststehende Spule) (siehe Bild II.58a). Auch der Leistungsfaktor $\cos \varphi$ läßt sich nach Bild II.63 aus der Wirk- und der Scheinleistungsmessung bestimmen zu

$$\cos \varphi = \frac{P}{S} = \frac{P}{UI}$$

14.5. Arbeitsmessung

Zur Messung der elektrischen Arbeit werden *Zähler* verwendet. Diese registrieren auf einem Zählwerk die Arbeit $W_e = Pt$, indem sie die Leistung $P = U_{-} I_{-}$ bzw. $P = UI \cos\varphi$ mit der Zeit t malnehmen. Der Zähler hat wie das elektrodynamische Meßwerk einen *Strom-* und einen *Spannungspfad* und wird daher ebenso geschaltet, wie der in den Bildern II.58a und II.63 gezeigte Leistungsmesser. Die Wirkungsweise der am häufigsten verwendeten Wattstundenzähler beruht darauf, daß auf den Läufer des Zählers ein Triebmoment M_t ausgeübt wird, das proportional der Leistung P des Verbrauchers ist. Der Läufer wird durch eine Wirbelstrombremse mit dem Bremsmoment $M_b \sim n$ gebremst, so daß er jeweils diejenige Drehzahl n annimmt, bei der $M_b = M_t$ ist. Damit ist auch $n \sim P$, und die ausgeführte Anzahl z der Umdrehungen ist $\sim Pt$ bzw. $\sim W_e$. Die vom Verbraucher entnommene elektrische Arbeit W_e läßt sich am Zählwerk ablesen oder bei kleineren Beträgen aus der Anzahl z der Zählerscheibenumdrehungen und der *Zählerkonstante* C ermitteln.

Elektrische Arbeit W_e aus Zählerkonstante

$$W_e = \frac{z}{C} \qquad \text{(II.22)}$$

W_e	C	z
kWh	$\frac{1}{\text{kWh}}$	1

C Zählerkonstante = Anzahl der Umdrehungen, die die Zählerscheibe bei 1 kWh macht.

Beim Gleichstrom-Motorzähler wird das Triebmoment wie bei einem Gleichstrommotor erzeugt, wobei der Strompfad des Zählers die feststehende Erregerwicklung und der Spannungspfad die drehbare Ankerwicklung darstellt, die über Kollektor und Bürsten mit Strom versorgt wird. Das für $n \sim P$ erforderliche Bremsmoment wird durch eine Wirbelstrombremse (Aluminiumscheibe im Feld eines Dauermagneten) erzeugt.

Beim Wechselstrom-Induktionszähler wird das Triebmoment ähnlich wie beim Käfigläufermotor durch ein Drehfeld erzeugt, das eine drehbare Aluminiumscheibe (statt Käfig) mitnimmt (Induktionsmotor). Das Bremsmoment wird auch hier durch Wirbelströme geliefert, die ein Bremsmagnet in der gleichen Aluminiumscheibe erzeugt. Der Induktionszähler läßt sich so schalten, daß er entweder nur die Wirkarbeit Pt in kWh registriert, oder nur die Blindarbeit Qt in kvar (sogenannter „Blindstromzähler").

Bei Drehstrom wird ebenfalls der Induktionszähler verwendet, indem man entweder nur ein Triebwerk (bei symmetrischer Last) oder zwei Triebwerke (Aron-Schaltung bei unsymmetrisch belasteten Dreileiteranlagen) oder aber meist drei Triebwerke (bei unsymmetrischer Last und Drei- oder Vierleiteranlagen) verwendet. Bei mehreren Triebwerken wirken diese alle auf die gleiche Welle; das Zählwerk ist dann in Gesamtarbeit aller drei Stränge geeicht.

Literatur

[1] *Herhahn / Winkler,* Elektroinstallation nach DIN VDE 0100, Vogel 1998

[2] *Krämer,* Elektrotechnik im Maschinenbau, Vieweg 1991

[3] *Reth, Kruschwitz,* Grundlagen der Elektrotechnik, Vieweg 1989

[4] *Zastrow,* Elektrotechnik, Vieweg 1997

Spanlose Fertigung

Wolfgang Böge/Ulrich Borutzki

I. Urformen

Unter Urformen versteht man das Fertigen eines festen Körpers aus formlosem Stoff. Formlose Stoffe sind Gase, Flüssigkeiten, Pulver, Granulate und Späne.

Einzelne Urformverfahren:

Gießen:	Stoff in flüssigem oder breiigem Zustand wird in eine geometrische Form gebracht.
Sintern: (Pulvermetallurgie)	Formloser Stoff in festem Zustand (Pulver) wird gemischt und durch Pressen und nachfolgende Wärmebehandlung in eine geometrische Form gebracht (s. Werkstoffkunde, Abschnitt V.11).

1. Gießverfahren

Beim Gießen wird ein Hohlraum – die Form – mit flüssigem oder teigig-plastischem Metall gefüllt. Der Hohlraum entspricht in allen Einzelheiten der beabsichtigten äußeren Körperform des Gußstückes. Um das zu erreichen, ist zu beachten:

a) Das flüssig vergossene Metall zieht sich beim Erkalten zusammen, es schwindet. Deshalb muß die Form um die *Abkühlungsschwindung* größer sein als das kalte Werkstück (Tafel I.1).

b) Flächen des Gußteiles, die nachfolgend spangebend zu bearbeiten sind, erhalten eine *Bearbeitungszugabe* (Tafel I.2).

c) Wanddicken des Gußteiles sollen so gleichmäßig dick gewählt werden, daß eine gleichschnelle Abkühlung des Werkstückes an allen Stellen gewährleistet ist. Bei ungleichmäßiger Abkühlung können erhebliche Spannungen und Hohlstellen (Lunker) im zuletzt abgekühlten Teil entstehen.

d) Die Form muß steigend zu füllen sein, denn bei Kaskadensprüngen zerstört das fallende Metall die Formwandungen.

Die formbildende Masse kann mineralisch (Sandform) oder metallisch (Kokille) sein.

Die gießfertige Form wird gefüllt:

a) Beim Standguß durch die Schwerkraft des flüssigen Metalls,
b) beim Schleuderguß durch die Fliehkraft des flüssigen Metalls,
c) beim Druckguß durch äußeren Druck auf das flüssige oder teigige Metall.

Tafel I.1. Abkühlungsschwindung gegossener Metalle

Gußwerkstoff	Abkühlungsschwindung in %	Gießtemperatur in °C
GG	1	1300 … 1500
GGG ungeglüht	1,2	1300 … 1450
GGG geglüht	0,5	1300 … 1450
GS	2	1500 … 1700
G-Al	0,5 … 1,3	650 … 830
G-Mg	0,4 … 1,4	620 … 740
G-Zn	0,5 … 1,2	390 … 430
G-Cu	1 … 2	920 … 1300

Tafel I.2. Bearbeitungszugaben für Gußstücke

Werkstoff	Zugabe in mm zum		
	Schleifen	Drehen, Fräsen an Gußstücken in der Größe bis 800 mm	über 800 mm
GG	0,1 … 1	2 … 5	6 … 20
GT	0,3 … 1	2 … 3	–
GS	–	3 … 8	3 … 30 1)
Metallguß	0,3	2 … 3	4 … 10

1) Zusätzlich sind die Maßabweichungen nach Tafel I.4 zu berücksichtigen

2. Modelle und Kokillen

Modelle werden aus leicht bearbeitbaren Werkstoffen hergestellt. Sie sollen glatte Oberflächen mit Aushebeschrägen haben und müssen als Modell erkennbar sein (DIN 1511). Diesen Anforderungen genügen:

Gipsmodelle für ein- bis dreimaliges Einformen mittelgroßer Teile oder für wiederholtes Einformen kleiner Massenteile.
Holzmodelle, je nach Modellqualität bis zu 50 Einformungen ohne Instandsetzung.
Metallmodelle für häufig wiederholtes Einformen (Serienfertigung).
Styropormodelle für Einzelabguß. Der Formwerkstoff verbrennt beim Einguß ohne Rückstand.

2.1. Holzmodelle

Verwendete Hölzer sollen gesunden Wuchs mit wenig Ästen haben. Mittlere Holzqualität ist ausreichend, wenn Härteunterschied zwischen Frühjahrs- und Herbstringen klein ist. Vor dem Verleimen soll das Holz auf 6 … 10 % Feuchtigkeitsgehalt getrocknet sein.

2.1.1. Holzmodellbau. Die Auswahl der Holzqualität und fasergerechtes Verleimen bestimmen die Modellgüteklasse. DIN 1511 unterscheidet drei Güteklassen:

Güteklasse I: Sehr gute Holzmodelle für serienweise Abgüsse
Güteklasse II: Gute Holzmodelle für 10 … 30 Abgüsse
Güteklasse III: Brauchbare Holzmodelle für 1 … 5 Abgüsse

Dicke Holzklötze bekommen beim Austrocknen *Schwindrisse*, deshalb werden dickwandige Modelle *abgesperrt* verleimt. Einzelbrettdicke abgesperrter Klötze 12 … 40 mm. Im Modell ist so viel Hohlraum vorzusehen, wie die Festigkeit des Modells zuläßt.

Abzurundende Körperkanten lassen sich gut einformen, deshalb werden am Modell alle scharfen Übergänge gerundet. Hohlkehlen bis $R = 8$ mm lassen sich billig aus Kitt herstellen, Hohlkehlradien $R = 8 \ldots 12$ mm formt man am Modell durch Leder- oder Kunststoffeinlagen. Hohlradien $R \geq 12$ mm lassen sich nur durch Holzleisten formen; sie sollten wegen der hohen Herstellungskosten für das Modell möglichst vermieden werden.

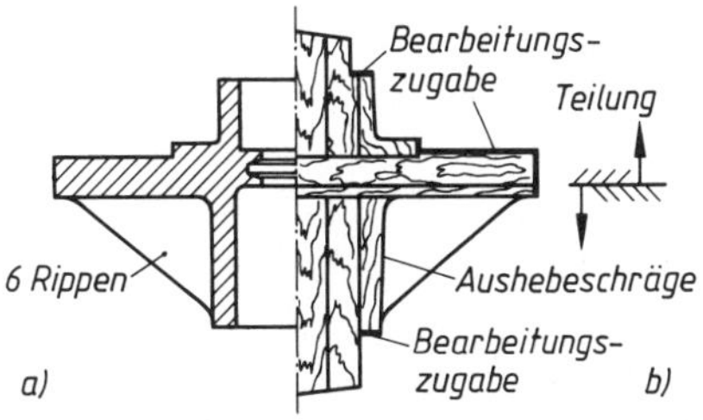

Bild I.1 Geteiltes Kernmodell
a) Werkstattzeichnung
b) Modellaufriß
Teilfuge liegt außerhalb der Scheibenmitte, Rippen verstärken den Flansch der unteren Modellhälfte

Nach der Werkstattzeichnung wird ein Modellaufriß gefertigt (Bild I.1), aus dem die Modellteilung und der Verleimungsaufbau ersichtlich sind.

Es wird unterschieden nach Naturmodell und Kernmodell.

Ein *Naturmodell* gleicht dem Gußkörper. Es ist nur um die Abkühlungsschwindung und die Bearbeitungszugabe größer.

Hohlräume im Gußkörper werden durch *Kerne* geformt. Kernmodelle können ungeteilt oder geteilt (Bild I.1) ausgeführt sein.

2.2. Kerne

Zylindrische Kerne werden von langen, auf einer Kerndrehmaschine hergestellten Kernstangen abgeschnitten (billigstes Herstellverfahren). Nicht zylindrische Kerne, auch solche, die nur einen dünneren Teil haben, müssen im Kernkasten geformt werden. Für jeden nicht zylindrischen Hohlraum im Gußteil ist ein besonderer Kernkasten zu bauen.

2.3. Schablonen

Rotationssymmetrische Körper oder lange Körper gleichen Querschnittes werden mit profilierten Brettern – *Schablonen* genannt – eingeformt, um teuere Modelle zu sparen. Bild I.2 zeigt die Formherstellung eines rotationssymmetrischen Körpers mittels Schablone, die an einer Säule (Rohr oder Stahlwelle) drehbar befestigt ist. Zur Herstellung langer Körper gleicher Querschnitte wird die Schablone – hier Ziehbrett genannt – an Ziehleisten geführt (Bild I.3). Werden statt der geraden Ziehleisten gebogene verwendet, können auch Rohrkrümmer oder ähnliche Formen aus der Formmasse herausgearbeitet werden.

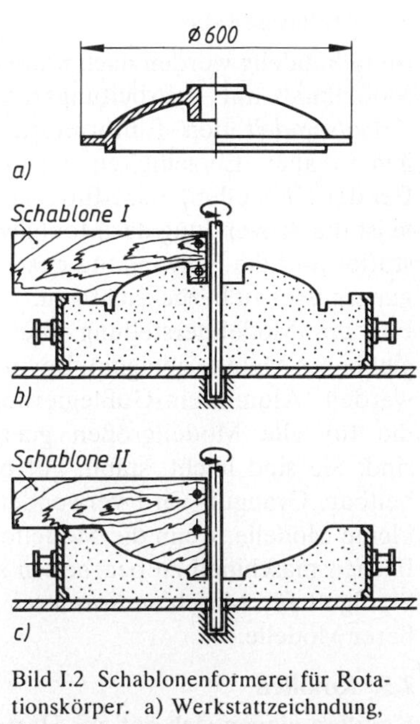

Bild I.2 Schablonenformerei für Rotationskörper. a) Werkstattzeichndung, b) mit Schablone I geformte Innenkontur im Unterkasten, c) mit Schablone II geformte Außenkontur im Oberkasten

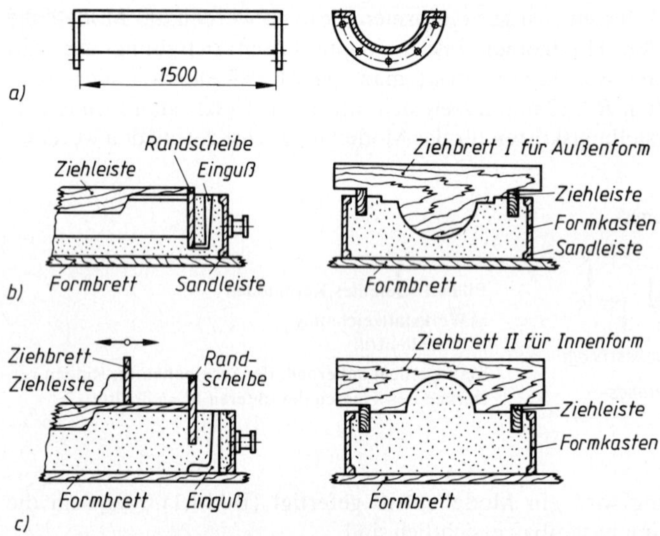

Bild I.3 Schablonenformerei mit Ziehleisten.
a)Werkstattzeichnung
b)Einformen der Außenkonturen mit Ziehbrett I, Ziehleisten und Randscheiben
c) Einformen der Innenkonturen mit Ziehbrett II, Ziehleisten und Randscheiben

Vorgesehene Verrippungen müssen mit *Hilfsmodellen* -- das sind keine vollen Modelle – von Hand eingeformt werden.

2.4. Metallmodelle

Metallmodelle werden nach *Muttermodellen* aus Holz oder Gips gegossen und allseitig auf Modellmaß mit Bearbeitungszugabe spangebend bearbeitet, damit das *Tochter-* oder *Arbeitsmodell* den Einformforderungen in allen Einzelheiten entspricht. Bei der Herstellung der Muttermodelle ist die Schwindung des Modellwerkstoffes *und* die Schwindung des Fertigungsgusses zu berücksichtigen.

Für die Modellherstellung sind alle gießbaren Metalle geeignet. Bevorzugt werden Aluminium-Gußlegierungen, die für alle Modellgrößen geeignet sind. Sie sind leicht, stabil, gut bearbeitbar. Grauguß wird verwendet für kleine Modelle, wenn die Modelloberflächen maschinell zu bearbeiten sind, Stahlguß für Maschinenformerei größerer Modelle.

2.5. Kokillen

Kokillen eignen sich gut zur Hartgußherstellung, weil die Gießmasse außen schnell abkühlt. Bild I.4 zeigt die Her-

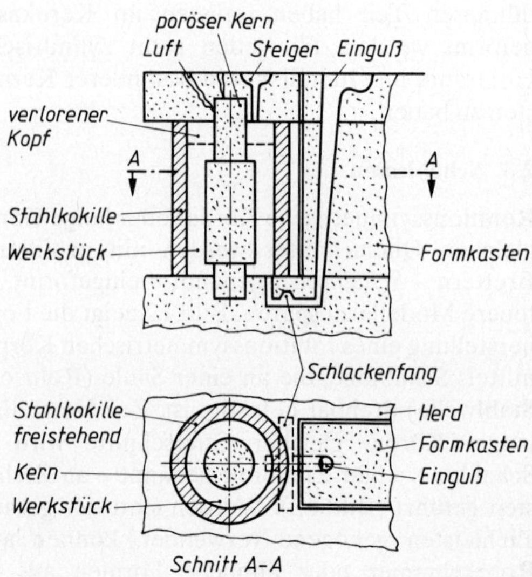

Bild I.4 Kokillenguß, Stahlkokille für eine Hartgußwalze

stellung einer Hartgußwalze in einer Stahlkokille, meist wassergekühlt. Auch ohne Wasserkühlung bildet sich eine dünne, harte Haut am Gußstück, die durch nachträgliches Erwärmen und anschließende langsame Abkühlung normalisiert werden muß, falls sie die weitere Bearbeitung stört.

Vorteile des Kokillengusses: Maßgenaue Werkstücke mit kleinen Bearbeitungszugaben, glatte saubere Oberflächen ohne *anhaftende Sandkörner*, wichtig für hydraulische Bremsanlagen z.B. im Kraftfahrzeug.

3. Formerei

Die in der Formerei hergestellte Sandform muß *standfest* gegen den Druck des flüssigen Metalles, *beständig* gegen die hohen Gießtemperaturen, *gasdurchlässig* für die Luft aus dem Formraum und sich entwickelnde Gase sein.

Zur Formherstellung werden Form- und Formhilfsstoffe zum *Modellsand* (Formmasse) gemengt. Der Modellsand soll *bildsam* und *feinkörnig* sein. Bildsamer Modellsand paßt sich gut der Modellform an, feinkörniger Modellsand liefert glatte Gußstückoberflächen (Korngröße 0,5 mm für allgemeine Zwecke; 0,2 mm und kleiner für glatte Gußstückoberflächen). *Kernsand* für Hohlräume muß den Anforderungen wie Modellsand entsprechen und zusätzlich nach dem Guß rieselförmig zerfallen.

Formstoffe sind: feuerfester Sand (Quarzsand), Ton und Lehm. Formhilfsstoffe sind: Steinkohlenstaub, Holzkolbenstaub, Graphit und Formpuder.

Zum Modellsand der Graugießerei wird 35 % Neusand, 8 ... 30 % Ton, 5 ... 15 % Steinkohlenstaub, Rest aufbereiteter Altsand, mit Wasser erdfeucht angemengt.

Für Kleinteile wählt man Modellsand mit Tongehalt bis 15 % und gießt, wenn die Form noch feucht ist, *Guß in grüne Formen* oder *Naßguß*. Formen für große Gußstücke müssen wegen des hohen Tongehalts trocken sein: *Trockenguß*. Die normale Trockenzeit von 8 ... 10 Tagen wird auf 4 ... 6 Stunden abgekürzt durch Trocknen in Trockenöfen oder mittels Warmluft. Beim schnellen Trocknen wird die Form rissig und gasdurchlässig, behält aber ihre Standfestigkeit.

Herdformerei zum Einformen einteiliger Modelle für Gußstücke mit untergeordnetem Verwendungszweck z.B. Roststäbe in Großkesseln, Maschinenfundamentplatten, Ausgleichsgewicht u.a.

a) *Offene Herdformerei.* Das Modell formt man in der Formsandaufschüttung (bis 1,5 m hoch) auf dem Fußboden der Gießerei, dem *Herd* ein, formt von Hand einen Einguß und Überlauf und gießt. Die Oberfläche der Gußstücke kühlt an der Luft schnell ab, wird dabei hart, blasig und uneben.

b) *Geschlossene Herdformerei.* Die im Herd eingedrückte Form wird mit einem sandgefüllten Kasten abgedeckt. Das Gußstück kühlt gleichmäßig ab, die Gußstückoberfläche wird brauchbar, enthält aber Blasen.

Vorteil der Verfahren a) und b): billige Gußstücke.

Kastenformerei zum Einformen geteilter Modelle mit und ohne Kerne, für saubere Abgüsse, bequemer durchführbar als Herdformerei.

Formkästen sind Rahmen ohne Deckel und Boden aus Grauguß gegossen oder aus Stahlblech gefertigt, in Sonderfällen auch Holzrahmen (Brandgefahr). Sandleisten halten die Formmasse im Kasten fest. Für jede Modellhälfte ist ein Formkasten nötig, weil die Modellteilfuge in der Trennebene der Kästen liegen muß. Das Einformen von Einguß, Steiger und Schlackenfang bedingt zusätzliche Formerarbeit (Bild I.3).

Gußputzerei. Von den *ausgepackten* Gußstücken werden in der Gußputzerei Steiger und Einguß abgeschlagen; anhaftender Formsand und vorhandener Gießgrat wird entfernt.

3.1. Zementformerei

Der Modellsand wird aus Quarzsand und 12 % Portlandzement unter Zugabe von etwa 10 % Wasser erdfeucht angemengt. Diese Formmasse trägt man etwa 3 cm dick auf das Modell auf. Die Former müssen mit Gummihandschuhen arbeiten, weil Zement ätzt.

Vorteile der Zementformerei: Die Gußstücke haben sehr glatte, sandfreie Oberflächen, modellgetreue Maße, die Bearbeitungszugaben können kleiner gehalten werden als beim Sandformguß (Zementmasse legt sich gut an das Modell, quillt wenig auf). Schadstellen der Form lassen sich leichter ausbessern als bei Sandformen, Füllsand braucht nicht aufgestampft werden, Mischen der Formmasse dauert nur 5 Minuten.

3.2. Maskenformerei (Croning-Verfahren)

Wird angewendet, wenn bei Serienabgüssen hohe Anforderungen an die Werkstückoberfläche bezüglich Gestalttreue und Oberflächengüte gestellt werden oder wenn kleine Bearbeitungszugaben und kleine Maßtoleranzen einzuhalten sind, z.B. bei Werkzeugmaschinengehäusen, Bremstrommeln für Kraftfahrzeuge, Armaturengehäuse, Kühlrippenzylinder für Motoren.

Um eine Formmaske herzustellen (Bild I.5), sind Metallmodelle nötig, die mit den Einlaufkanälen auf eine metallische Modellplatte festverschraubt sind (bei kleinen Modellen wird die Modellplatte mit Einlaufkanälen und Modellen aus einem Stück gearbeitet). Mittels Preßstempel und Preßrahmen wird die Formmaskenmasse – das ist feingemahlener Quarzsand mit feinkörnigem Kunststoff – fest gegen die beheizte Modellplatte gedrückt. Infolge der Wärmewirkung verklebt die Kunststoffmasse den Quarzsand zu einer scharf ausgeprägten, formhaltenden Schicht von etwa 5 mm Dicke zur Formmaske. Nicht verklebte Formmaskenmasse wird vor dem Herausnehmen der Formmaske aus dem Preßrahmen abgeschüttet und wieder verwendet. Die verklebte Formmaske wird in Öfen getrocknet, damit die Kunststoffmaske feuerfest gasdurchlässig wird.

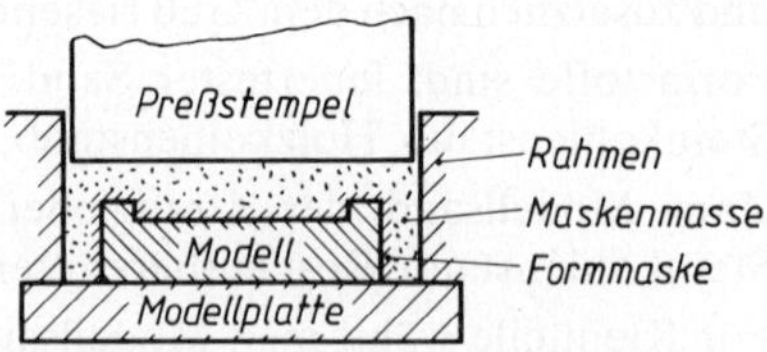

Bild I.5 Herstellen einer Formmaske. Modell und Modellplatte müssen heizbar sein.

Soll das Gußstück in einem allseitig maskengeformten Hohlraum gegossen werden, sind mindestens zwei Formmasken nötig. Hohlräume im Gußstück können durch Formmaskenkerne gestaltet werden.

Es lassen sich kleine Bearbeitungszugaben (< 1 mm) und enge Maßtoleranzen einhalten (± 0,5 mm bei Teilen bis etwa 100 mm Länge).

4. Herstellung der Schmelze

Um eine Schmelze in geforderter Zusammensetzung zu erhalten, werden die Feststoffe für die Beschickung des Schmelzofens *gattiert* (art- und mengenmäßig ausgewählt). Beimengungen der Feststoffe (z.B. Phosphor und Schwefel im Roheisen oder Aschenteile im Koks), die nicht in die Schmelze gelangen dürfen, werden im Ofen *abgebaut* (sie verbrennen) oder *gebunden*. Sie schmelzen und sammeln sich als flüssige Schlacke auf dem geschmolzenen Metall oder gehen in die Ausmauerung des Ofens über.

Für die Gießereien verwendet man folgende Schmelzöfen:

Kupolöfen (Bild I.6) sind einfache, feuerfest ausgemauerte Schachtöfen mit Koks- oder Ölfeuerung. Zusätzliche Luftvorwärmung oder Vorherd erhöhen die Leistung.

Elektroöfen mit Widerstandserwärmung (Bild I.7). Elektroden (große Kohlestäbe, an denen eine elektrische Spannung liegt) ragen in die Füllmasse (Charge) des Ofens (Roheisen, Stahlschrott und Gangarten, das sind erdige Silicium- und Manganverbindungen).

Der von Elektrode zu Elektrode fließende elektrische Strom findet in der Füllmasse großen Widerstand, so daß die elektrische Energie in Wärme umgewandelt wird. Der Strom bleibt so lange eingeschaltet, bis die ganze Ofenfüllung geschmolzen ist.

Elektro-Lichtbogen-Öfen (Bild I.8). Unter elektrischer Spannung stehende Kupfer-Graphitstäbe (Elektroden) berühren die Füllmasse des Ofens. Durch vorsichtiges Abheben der Elektroden wird ein Lichtbogen zwischen Füllmasse und Elektrode gezogen, in dessen hoher Temperatur die Füllmasse nach und nach schmilzt. Der Lichtbogen wird durch Nachschieben der Elektroden gehalten, bis die Füllmasse restlos geschmolzen und die Gießtemperatur erreicht ist.

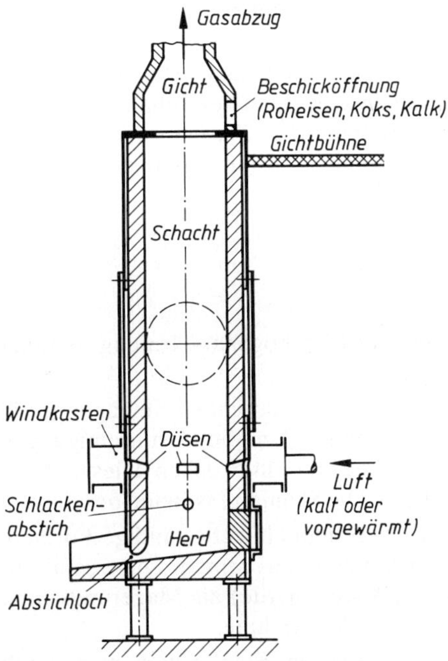

Bild I.6 Kupolofen ohne Vorherd

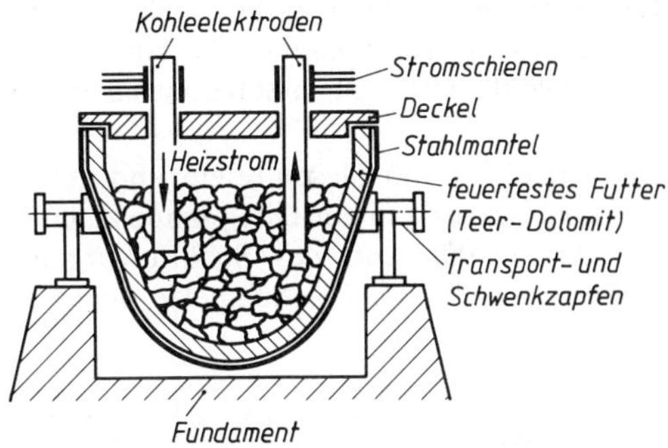

Bild I.7 Elektroofen mit Widerstandserwärmung

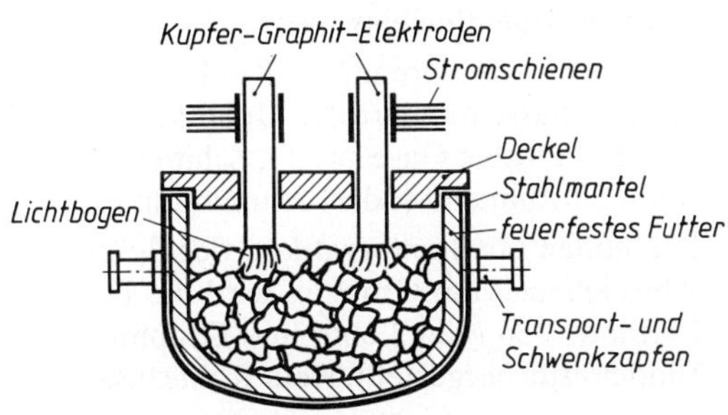

Bild I.8 Elektro-Lichtbogen-Ofen

Hochfrequenz-Elektro-Öfen (Bild I.9). Durch eine Kupferdrahtspule fließt ein Wechselstrom hoher Frequenz. Jede Spannungsänderung in der Spule erzeugt in der Ofenfüllmasse eine Spannung, die einen Stromfluß innerhalb der Füllmasse hervorruft. Es treten Wirbelströme auf, deren elektrische Energie in Wärme umgesetzt wird. Hochfrequenz-

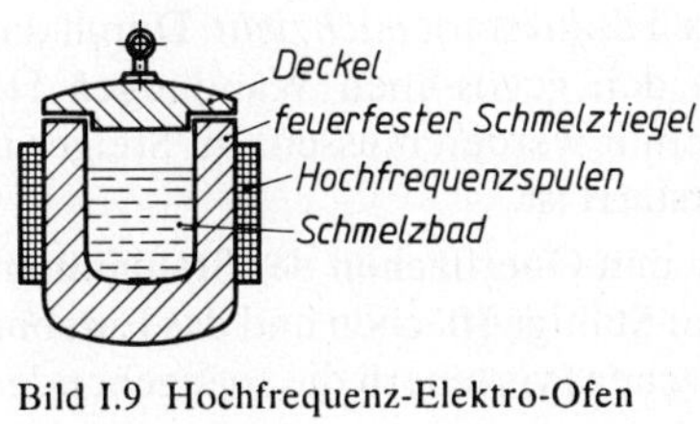

Bild I.9 Hochfrequenz-Elektro-Ofen

Elektro-Öfen eignen sich besonders zum Schmelzen feinkörniger Füllmassen (Graugußspäne, Granulat).

Tiegelöfen werden hauptsächlich zum Schmelzen von Qualitätsguß eingesetzt. Die Füllmasse wird in *Tiegeln* (erdige, feuerfeste, etwa eimergroße Gefäße) eingesetzt. Koks-, Gas- oder Ölbrenngase streichen an den verdeckelten Tiegeln vorbei und erwärmen die Füllmasse auf Gießtemperatur. Man erhält eine besonders schwefelarme Schmelze, weil die Heizgase mit dem Schmelzgut nicht in Berührung kommen. Der Wirkungsgrad dieser Öfen ist schlecht, so daß überhöhter Brennstoffverbrauch nötig ist.

4.1. Grauguß

Ausgangswerkstoff: Mit Zuschlägen gattiertes Hütten- oder Koksroheisen.

Zuschläge: Gußbruch, Stahlschrott, Ferrosilicium, Ferromangan, Spiegeleisen u.a.

Schmelzöfen: Kupolöfen mit Koksheizung, heute Hochfrequenz-Elektro-Öfen zum Schmelzen von Graugußspänen.

Die Schmelze erstarrt in der gießfertigen Form normalerweise unter lamellenartiger Ausscheidung des Kohlenstoffs. Soll der Kohlenstoff *Kugelgraphit* im Grauguß bilden (Sphäroguß), wird die Schmelze nach dem Abstich in der Gießpfanne *geimpft* (Magnesiumzusatz).

Zur Erzielung von blasenfreiem und gefügedichtem Guß setzt man Ferrosilicium und Ferromangan erst in der Gießpfanne zu und schüttelt anschließend den Inhalt der Pfanne gut durch. Während des Schüttelvorganges verbrennen die Zusätze unter starker Wärmeentwicklung. Die Schmelze kocht brodelnd dabei, wird gut durchgemischt und völlig gasfrei.

4.2. Stahlguß

Ausgangswerkstoffe: Stahlschrott, Stahlroheisen.

Schmelzöfen: Meist Elektro-Öfen mit Widerstands- oder Lichtbogenerwärmung, seltener werden Tiegelöfen eingesetzt.

Beim Schmelzen brennt der Kohlenstoff um etwa 5 % ab. Unerwünschte Beimengungen in der Füllmasse mindern die Qualität des Stahlgusses erheblich. Um die Verunreinigungen und die gelösten Gase aus der Schmelze zu treiben, muß sie brodelnd kochen. Dies tritt ein, wenn Silicium und (oder) Aluminium zugesetzt werden. Die Schmelze ist dann *beruhigt*.

Die hohen Gießtemperaturen des Stahles verlangen besonders hitzebeständige Formen. Abweichend vom Grauguß wird die Formmasse für Stahlguß aus reinem Quarzsand mit frischem Ton oder Lehm und Graphit oder Kaolin (Porzellanerde) als Magerungs- und Bindemittel hergestellt. Kein Kohlezusatz, da Gefahr der Aufkohlung.

Gute mechanische Eigenschaften bei feinkörnigem Gefüge im Stahl erzielt man durch gesteuerte Abkühlung.

Steiger- und Eingußquerschnitte sind 15 … 25 mal so groß auszubilden wie beim Grauguß, weil Stahl stark *nachzieht*. Durch die 5 %ige Erstarrungsschwindung des Stahles entstehen in den gegossenen Wandungen Hohlräume (Lunker), die durch nachfließenden Stahl gefüllt werden müssen. Im Steiger muß Stahl noch flüssig sein, wenn Gußwandung schon erstarrt ist.

In den Oberflächen der Stahlgußteile eingebettete Sandkörner, erhebliche Unebenheiten der Stahlgußflächen und das Einebnen der Steiger- und Eingußtrennflächen (Brennschnittflächen) verteuern die spangebende Bearbeitung der Stahlgußstücke.

Soll der aufgenommene Wasserstoff schnell aus dem Gußstück entfernt werden (wenn die natürliche Alterung zeitlich nicht abgewartet werden kann), muß man bei 100 ... 400 °C künstlich altern (glühen).

4.3. Metallguß

Alle Nichteisen- und Leichtmetalle sind sowohl in Sand als auch in Kokillen gießbar. Gießtemperaturen: Messing 1000 ... 1050 °C, Bronze (Rotguß) 1100 ... 1200 °C; Aluminium-Legierungen 680 ... 780 °C; Neusilber (Cu-Ni-Zn) 1200 ... 1250 °C.

Die Metalle werden in Tiegelöfen oder in Elektroöfen mit induktiver Erwärmung (z.B. Hochfrequenz-Elektro-Öfen) geschmolzen.

Die Schmelzvorgänge sind für die einzelnen Legierungen unterschiedlich. So können schwer schmelzende Legierungsbestandteile vor dem Einbringen des übrigen Metalls im Schmelzofen oder in einem Sonderofen geschmolzen werden, die Oxydationszugaben müssen der Legierung angepaßt sein. Phosphorbronze ist z.B. eine mit Phosphor *desoxydierte* Bronze. Der Phosphor verbrennt restlos in der gießfertigen Schmelze, bringt sie zum brodelnden Kochen, wobei alle Verunreinigungen an die Oberfläche der Schmelze steigen und die eingeschlossenen Gase entweichen.

Die Oxidhäute der fertigen Gußstücke beizt man mit Salpeter- oder Schwefelsäure ab (Blankbrennen); sie würden die nachfolgende spangebende Bearbeitung empfindlich stören. Die Beizgase sind gesundheitsschädlich (Lungengifte).

4.4. Temperguß (GT)

Zum Tempern – das ist eine Warmbehandlung zur Verbesserung der Werkstoffeigenschaften – eignen sich nur solche Graugußstücke, deren Werkstoffgefüge weiß erstarrt ist, also ohne Graphitausscheidungen. Soll weiß erstarrtes Gefüge erzielt werden, muß die Schmelze vorwiegend aus *Temperroheisen* gattiert sein. Werden weiß erstarrte Graugußstücke nach dem Erkalten langzeitig (4 ... 6 Tage) bei 850 ... 1000 °C geglüht (*getempert*), steigert sich die Dehnfähigkeit des Werkstoffes. Der Werkstoff kann dann Zug- und Biegespannungen aufnehmen und ist in geringen Grenzen sogar schmied- und kaltformbar.

4.4.1. Weißer Temperguß (GTW). Zum Glühvorgang werden die weiß erstarrten Graugußstücke in Sauerstoff abgebende Glühmittel (Erze) eingepackt und 4 ... 6 Tage auf Glühtemperatur gehalten. Der vom Glühmittel abgegebene Sauerstoff verbindet sich mit dem ausscheidenden kristallinen Kohlenstoff zu gasförmigem Kohlenoxid oder -dioxid. Die Gase müssen entweichen können. Nur kristallin gebundener Kohlenstoff – nicht der als Graphit ausgeschiedene – verbindet sich mit dem Sauerstoff des Glühmittels. Die Entkohlung beginnt an der Werkstückoberfläche und dringt langsam zur Mitte vor. In der Mitte dicker Wandungen (bei dünnwandigen, wenn der Glühvorgang vorzeitig abgebrochen wurde) ist unzerlegtes Ledeburit (Gußgefüge) vorhanden, das an der großschuppigen Bruchfläche zu erkennen ist. Um diesen Kern hat sich ein Mantel aus Perlit mit Temperkohle ausgebildet, sein Bruchgefüge sieht grau aus. Die weiß schillernden Außenränder zeigen deutlich den ferritischen Gefügeaufbau.

Dünnwandige Werkstücke mit reinem ferritischen Querschnitt sind schweißbar.

4.4.2. Schwarzer Temperguß (GTS). Die weiß erstarrten Graugußstücke werden in neutralen Sand eingepackt, 4 ... 6 Tage geglüht. Während des Glühens spalten sich die harten Eisencarbide (Fe_3C) in Eisen-(Fe_2) und Kohlenstoffmoleküle (C_2). Der gesamte Kohlenstoff verbleibt im Gefüge. Die Bruchflächen des schwarzen Tempergusses sind über den ganzen Querschnitt gleichbleibend schwarz, aber feinkörnig. Aus der Struktur der

Bruchflächen des GTS kann man nicht in allen Fällen eine sichere Grundlage für Beanstandungen herleiten.
GTS ist *nicht* schweißbar, da beim Erwärmen auf Schweißtemperatur die Temperkohle *ausfällt*, d.h. die Temperkohle wandert, bedingt durch die sehr hohen Temperaturen, an die Korngrenzen, kristallisiert dort lammellar aus oder oxydiert unter Luft- oder Schweißsauerstoffaufnahme.
GTW und GTS sind vergütbar. Erreichbare Grenzwerte: Bruchfestigkeit $R_m = 600$ N/mm², Dehnung $\delta = 5 \ldots 30$ %, von der Wanddicke abhängig. Genaue Angaben enthält DIN 1692.
Konstruktionsmerkmale für Tempergußstücke. Nach dem Ergebnis einer sorgfältig durchgeführten Festigkeitsberechnung entwirft man unter Berücksichtigung der gießtechnischen Belange. Blasenfreies Füllen der Form muß gewährleistet sein, die Aushebeschräge und die Kerne müssen so ausgebildet werden, daß keine unterschiedlichen Wanddicken auftreten können und die Mindestwanddicke – allgemein 5 mm – nicht unterschritten wird. Zu fordern sind möglichst dünnwandige Gußstücke unter Vermeidung einseitiger Massenanhäufung und scharfer Übergänge.
Dünnwandige Stücke von gleicher Wanddicke erhalten in kurzer Glühzeit ein einwandfreies Tempergefüge, für das eine hohe zulässige Spannung in die Festigkeitsrechnung aufgenommen werden darf. Große Abrundungen und große Hohlkehlen an Stelle scharfer Übergänge mindern die Rißbildung beim Anwärmen zum Glühen.
Modelle und Kerne, die diesen Anforderungen entsprechen, sind oft erheblich teurer als für einfache Abgüsse. Auch die Kosten für das Tempern sind schon bei der Konstruktion zu berücksichtigen (koksbeheizte Glühöfen verbrauchen das 1,2 … 1,8fache Gewicht des

Tafel I.3. Maßabweichungen für Tempergußstücke

Toleranzgruppe	Maßgruppe	Nennmaß in mm					
		bis 6	6 … 18	18 … 50	50 … 180	180 … 500	über 500
A	Außenmaße	–	+ 2 … – 1	+ 3 … – 2	+ 5 … – 3,5	+ 7 … – 5	+ 9 … – 7
	Innenmaße Mittenabstände	–	+ 1 … – 2	+ 2 … – 3	+ 3,5 … – 5	+ 5 … – 7	+ 7 … – 9
	Dicken der Wände, Rippen und Stege	± 1,5	± 2,5	± 3,5	± 4,5	–	–
B	Außenmaße	–	+ 1,2 … – 1	+ 2 … – 3	+ 4 … – 2,5	+ 6 … – 3,5	+ 8 … – 5
	Innenmaße Mittenabstände	–	+ 1 … – 1,2	+ 1,5 … – 2	+ 2,5 … – 4	+ 3,5 … – 6	+ 5 … – 8
	Dicke der Wände, Rippen und Stege	± 1	± 2	± 2,5	± 3,5	–	–
			bis 18	18 … 30	50 … 80	120 … 200	über 200
C	Außenmaße	–	+ 0,9 … – 0,7	+ 1,1 … – 1,8	+ 1,5 … – 1,2	+ 2,1 … – 1,9	+ 3,8 … – 3
	Innenmaße Mittenabstände	–	+ 0,7 … – 0,9	+ 0,8 … – 1,1	+ 1,2 … – 1,5	+ 1,9 … – 2,1	+ 3 … – 3,8
	Dicke der Wände, Rippen und Stege	+ 0,9 … – 0,8	+ 1,4 … – 1,1	+ 1,7 … – 1,3	–	–	–

Unebenheiten, Unrunden und Verzug der Tempergußstücke sollen innerhalb dieser Abweichungen liegen.
Toleranzgruppe A: Nach Holzmodellen der Güteklasse II handgeformte Gußstücke.
Toleranzgruppe B: Nach Holzmodellen der Güteklasse I oder nach Metallmodellen hand- oder maschinengeformte Gußstücke.
Toleranzgruppe C: Nach besten Metall- oder Kunststoffmodellen maschinell geformte Massenteile unter Verwendung von teuren Sonderformmitteln.
Die Toleranzen verlangen genaue Nennmaßkennzeichnung nach DIN 1511, ob Aushebescräge positiv, negativ oder gemittelt zum Nennmaß liegen soll.

eingesetzten Graugusses an Koks, für gasbeheizte Glühöfen rechnet man: erforderliches Gasgewicht etwa Einsatzgewicht des Graugusses. Die Tempergußstücke weichen beachtlich von den Sollmaßen ab, vgl. Tafel I.3.

5. Strangguß

Mit Strangguß bezeichnet man die Herstellung von profiliertem Stangenmaterial aus flüssigem Metall durch Gießen.

5.1. Stahlstrangguß (Lotrechguß). Stranggießbar sind nur beruhigte Stähle. Bei unberuhigten Stählen treten während des Stranggießens Lunker im Inneren des Werkstoffes und Blasen an den Werkstückoberflächen auf.

Ablauf des Verfahrens (Bild I.10). Aus einer 10 ... 100 t fassenden Gießpfanne wird flüssiger Stahl in einen Zwischenbehälter gegossen und fließt von dort durch die eigene Schwere formgebenden Kokillen zu. Da gleichmäßiger Durchsatz in den Kokillen einzuhalten ist, arbeitet man auch mit 2 Zwischenbehältern oder 2 Stopfenpfannen auf Dreh- oder Schiebevorrichtungen. Die wassergekühlten Kokillen bewegen sich sehr schnell auf und ab, um Haften des Stranges an den Kokillenwänden zu verhindern. Bis zu 8 Kokillen können nebeneinander angeordnet sein. In den Kokillen erstarrt eine etwa 20 mm dicke Randschicht, während das Innere noch flüssig ist. Unter den Kokillen durchlaufen die Stahlstränge eine 2 ... 10 m hohe Kühlkammer, in der sie durch Wasserbrausen entsprechend den Abkühlungsgesetzen für Stahl bis zum völligen Erstarren abkühlen. Stützrollen führen den rotwarmen Strang unter Verhinderung jeglichen Verzuges, damit keine inneren Strangschäden auftreten können. Außerhalb der Kühlkammer sorgt ein Rollengang für gleichmäßige und richtige Stranggeschwindigkeit. Die rotwarmen Stränge werden mittels Trennvorrichtung (Pendelsäge, Brennschneidmaschine o.a.) abgelängt. Dem Gießen kann sich sofort der erste Walzvorgang anschließen.

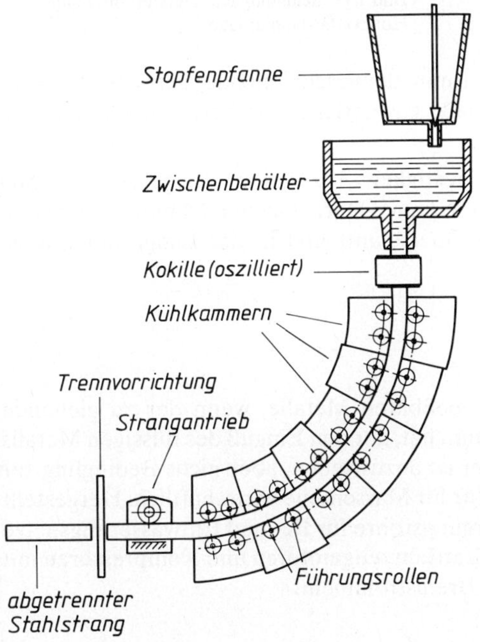

Bild I.10
Schematische Darstellung einer Strahlstrang-Gießanlage

Stranggegossene Stahlstäbe haben Rechteckquerschnitt von maximal 140 × 250 mm. Diese Vorbrammen, 500 ... 1500 mm lang, verarbeitet man auf Feinstahlstraßen, in Großschmieden oder in Strangpreßwerken.

Dieses Verfahren hat das Blockgießverfahren fast völlig verdrängt. Es hat folgende Vorteile: geringerer Abstand während der Weiterverarbeitung (95 % statt etwa 85 %), geringerer Energieaufwand, steuerbare Abkühlungsgeschwindigkeit, Kokillenverschleiß ist billiger als Blockwalzenverschleiß, größerer Werkstoffdurchsatz, der den Stoßbetrieb des Stahlwerkes glatt auffängt, Personaleinsparung.

5.2. Graugußstränge (Horizontalguß), Bild I.11. Zur Herstellung langer Graugußstangen gleichbleibender Qualität fließt aus einem Warmhalteofen flüssiges Gußeisen durch zwei kurze wassergekühlte Kokillen. Der Warmhalteofen wird alle 20 min mit flüssigem Gußeisen nachgefüllt und durch eine Heizanlage auf gleicher Temperatur gehalten. Die Kokillen formen volle Querschnitte der Stränge (meist rund oder quadratisch, in Sonderfällen auch beliebig), dabei wird der Werkstoff auf 900 °C abgekühlt. Die Stränge werden mit einem Rollengang oder durch Zangen aus den Kokillen herausgezogen, um einen gleichmäßigen und schnellen Gießfluß einzuhalten. Gießgeschwindigkeit bei 25 mm Stangendurchmesser etwa 50 m/h, bei dem z.Z. größten gießbaren Durchmesser 205 mm etwa 6 m/h. Hohlprofile können noch nicht stranggegossen werden (Kühlungsschwierigkeiten bei den innenformgebenden Werkzeugen).

Die Stränge werden in gewünschter Stangenlänge (meist 4 m) ohne Unterbrechung des Gießvorganges abgetrennt.

Die harten Außenwandungen der runden Stangen werden vom Stangenhersteller abgeschält, quadratische oder beliebig geformte Stangen gehobelt oder gefräst.

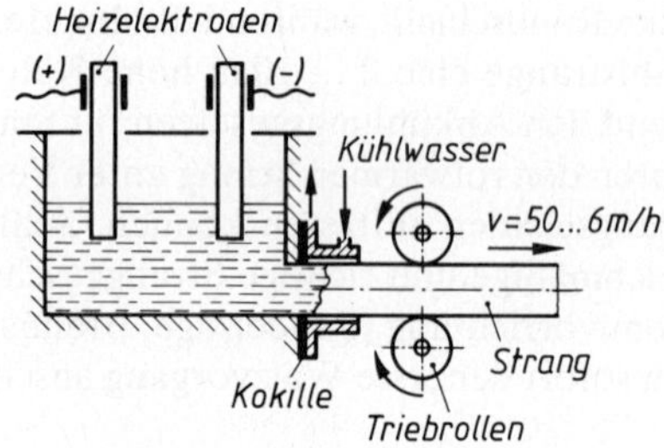

Bild I.11 Schematische Darstellung einer Horizontal-Gießanlage

Maßabweichungen der gegossenen Stangen ± 1 mm, der geschälten oder gefrästen Stangen ± 0,05 mm vom Sollmaß. Diese kleinen Abmaße gewährleisten sicheres Spannen in den Spannzeugen der Stangenautomaten.

Werkstoffqualität der Graugußstangen: Zugfestigkeit 320 N/mm^2; Biegefestigkeit 560 N/mm^2; Härte 210 ± 20 HB; E-Modul 1,3 · 10^5 N/mm^2; Durchbiegung 14 mm des 600 mm langen Stabes von 30 mm Durchmesser; im Querschnitt und in der Länge der Stange gleichbleibend.

6. Schleuderguß

Schleudergießbar sind alle in feste Formen gießbaren Metalle, wenn der zu gießende Körper einen rotationssymmetrischen Hohlraum hat, der den Einguß des flüssigen Metalls gestattet. Rotationssymmetrische Körperform ist anzustreben, aber nicht Bedingung für die Schleudergießbarkeit des Werkstückes. Nur für Massenteile wirtschaftlich. Hergestellt in Schleuderguß werden aus *Grauguß:* Versorgungsrohre für Be- und Entwässerungsnetze bis 200 mm Innendurchmesser, Zylinder für Kraftfahrzeugmotoren und Kompressoren mit und ohne Kühlrippen, Kolbenringe, Seil- und Bremstrommeln.

Stahl: Radkörper für Zahn- und Kegelräder.

NE-Metall: Buchsen, Lagerschalen, Schneckenräder und Schneckenradkränze.

Ablauf des Verfahrens: In eine rotierende Kokille mit waagerecht oder senkrecht angeordneter Rotationsachse wird flüssiger Werkstoff eingegossen. Durch die Reibung an der glatten Kokillenwand wird der Werkstoff nach und nach auf die Drehfrequenz der Kokille beschleunigt. Bei waagerecht angeordneter Rotationsachse muß die Fliehkraft des rotierenden flüssigen Metalls größer sein als die Erdanziehung (Gewichtskraft), sonst tropft in der höchsten Stellung Werkstoff aus. Waagerecht angeordnete Kokillenachsen sind für lange Gußkörper günstig, weil sich eine gleichmäßige Wanddicke von selbst einstellt. Dabei ist zu beachten, daß beim Rotieren schlanker Massen dynamische Unwuchten besonders stark hervortreten, zu deren Dämpfung sehr kräftig ausgebildete Gießmaschinen nötig sind. Schematische Darstellung einer Schleuderkokille mit waagerechter Achse zeigt Bild I.12.

In Kokillen mit senkrecht angeordneter Rotationsachse steigt das rotierende flüssige Füllgut an der glatten Kokillenwand hoch, wodurch im *Freischleuderverfahren* nach oben dünnerwerdende Wanddicken entstehen.

Im *Begrenzungsschleuderverfahren* gewährleisten Steigbegrenzer eine Mindestwanddicke des oberen Werkstoffrandes. Schleudergegossene Werkstücke haben keine Lunker (sie werden durch die Fliehkraft der Werkstoffteilchen zugedrückt) und keine Schlackeneinschlüsse (die leichtere Schlacke wird zum Innenradius zurückgedrängt, wo sich eine dünne Schlackenhaut bildet). Eine dünne Schlackenhaut auf den Innenwandungen schleudergegossener Rohre ist dann erwünscht, wenn hohe Korrosionsbeständigkeit gefordert wird. Im Schleudergußverfahren können Gußstücke bis zu einer Masse von 5000 kg gefertigt werden.

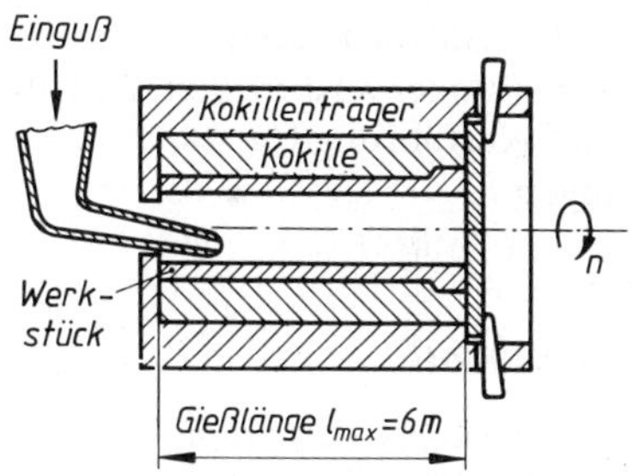

Bild I.12 Schleudergießverfahren mit waagerechter Rotationsachse

Bei zu erwartenden großen Unwuchten schleudert man mit der Drehfrequenz ω_{min}, bei der *Austropfen* sicher vermieden wird:

$$\omega_{min} = \sqrt{\frac{g}{r}}$$

ω_{min}	g	r
$\frac{1}{s}$	$\frac{m}{s^2}$	m

g Fallbeschleunigung, *r* Innenradius

Wenn möglich, schleudert man mit großer Drehfrequenz, um dichte Gußgefüge mit feinkörniger, korrosionsbeständiger und verschleißfester Außenhaut zu bekommen.

Beispiel: Welche kleinste Drehfrequenz ω_{min} ist zum Schleudergießen von Graugußrohren mit 180 mm Innendurchmesser bei waagerecht angeordneter Kokillenachse erforderlich?

Lösung: $\omega_{min} = \sqrt{\frac{g}{r}} = \sqrt{\frac{10 \text{ m/s}^2}{0{,}09 \text{ m}}} = 10{,}5 \frac{1}{s} \approx 630 \text{ min}^{-1}$.

6.1. Schleuderverbundguß dient zum Ausgießen von vorgefertigten Lagerschalen (meist aus Stahl) mit Lagermetall.

Das Lagermetall wird in Lagerschalen ohne Haltenuten oder Schwalbenschwänze

a) bei großer Drehzahl der vorgewärmten zylindrischen Lagerkörper im flüssigen Zustand eingegossen oder

b) als feste Metallzugabe (Granulat, also Metall in Körnerform) vor dem Schleudern in die Lagerschale gegeben (Bild I.13). Die Lagerschale und mit ihr das Granulat erwärmt man während des Schleuderns mittels Brenner oder elektro-induktiv. Ist das Lagermetall geschmolzen, wird die Wärmezufuhr unterbrochen und so lange geschleudert, bis Erstarrung eintritt.

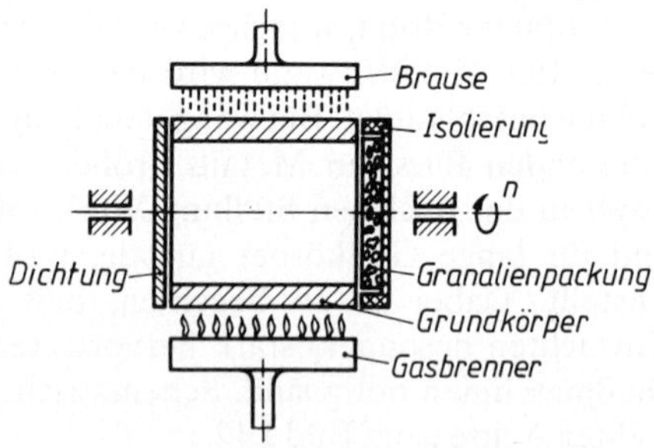

Bild I.13 Schleuderverbundguß mit Granalienpackung

In beiden Fällen kann das Lagefutter sehr dünn gehalten werden (3 mm). Das Lagermetall ist durch den Schleudervorgang besonders verschleißfest geworden und so fest mit dem Grundmetall verbunden, daß es auch bei starken, betriebsverursachten Formänderungen nicht reißt oder ausbröckelt. Das Verfahren verlangt viel Erfahrung, so daß es ratsam ist, mit der Ausführung Hersteller zu beauftragen, die über entsprechende Sonderwerkstätten verfügen.

7. Druckguß

Beim *Druckguß-Verfahren* wird flüssiges Metall unter hohem Druck in geteilte Metallformen gedrückt, wobei während des Erstarrungsvorganges des gegossenen Metalls der Druck aufrechterhalten bleibt. Durch dieses Verfahren können dünnwandige Werkstücke mit komplizierten Formen mit hoher Oberflächengüte und engen Toleranzen hergestellt werden.

Das *Spritzguß-Verfahren* ist dem Druckguß-Verfahren sehr ähnlich. Hier wird jedoch Kunststoff unter Druck gegossen (siehe Werkstoffkunde, Abschnitt 6.2).

Druckgußwerkstoffe siehe Werkstoffkunde, Abschnitt V.10.

Druckgußteile können nach dem Warmkammer- und dem Kaltkammerverfahren hergestellt werden.

Beim *Warmkammerverfahren* befinden sich Preßkolben und Zylinder in dem mit flüssigem Metall gefüllten Werkstoffbehälter.

Fertigungsdaten:

Arbeitsdruck	(100 … 3500) bar
Einströmquerschnitt	(0,5 … 8) mm
Strömungsgeschwindigkeit	(10 … 70) m/s
Formfüllzeit	(0,1 … 0,3) s

Mit Hilfe dieses Verfahrens können nur solche Materialien gegossen werden, die Preßkolben und Zylinder nicht angreifen, also z.B. Magnesium-, Zinn- oder Zinklegierungen.

Beim *Kaltkammerverfahren* befinden sich Preßkolben und Zylinder außerhalb des mit flüssigem Metall gefüllten Werkstoffbehälters.

Fertigungsdaten:

Arbeitsdruck	(20 ... 100) bar
Einströmquerschnitt	(0,1 ... 1) mm
Strömungsgeschwindigkeit	(12 ... 70) m/s
Formfüllzeit	(0,05 ... 0,2) s

Mit Hilfe dieses Verfahrens können nun solche Materialien gegossen werden, die Preßkolben und Zylinder angreifen würden, also z.B. Aluminium- und Kupferlegierungen.

Gußteile aus Aluminiumlegierungen können bis zu einer Masse von ca. 45 kg hergestellt werden. Bei anderen Werkstoffen liegt die wirtschaftliche Obergrenze bei ca. 25 kg.

Konstruktionshinweise für Druckgußteile: Wanddicken sollten zwischen 0,5 mm und 4 mm ausgelegt werden (Tafel I.4). Übergänge werden zur Vermeidung von Kerbrissen abgerundet ($R \approx 1$ ... 1,5 mm). Hinterschneidungen sollten ganz vermieden werden. Zur Stabilität von Druckgußteilen können Verrippungen eingeplant werden. Kerne, die für den Mitguß von Bohrungen eingearbeitet werden, müssen einen Mindestdurchmesser von 1 mm (Zink), 2 mm (Mg-Leg.) oder 2,5 mm (Al-Leg.) haben.

Vorteile der Druckgußfertigung:

- große mengenmäßige Leistung
- wirtschaftliche Ausnutzung des Werkstoffes
- gute Maßhaltigkeit

Tafel I.4. Toleranz- und Wanddickenrichtwerte

Legierung Festigkeit im Teil Gießtemperatur	kleinste Wanddicke in mm	Toleranz für die Wanddicke Maßtoleranz der Längen	kleinste Bohrungsdurchmesser d größte Tiefe t bei Grundlöchern	kleinste Gewinde außen	innen
Blei $R_m = 50$ N/mm^2 ≈ 260 °C	0,7 ... 2	0,7 ... 5 mm ≈ 0,005 mm über 5 mm ≈ 0,1 %	$d = 0{,}6$ mm $t = 3\,d$	M 5	M12
Zinn D Sn Al4 $R_m = 250$ N/mm^2 ≈ 400 °C	0,5 ... 2	0,5 ... 10 mm ≈ 0,005 mm über 10 mm ≈ 0,05 %	$d = 0{,}6$ mm $t = 3\,d$	M 5	M12
Aluminium DIN 1725 (T2) $R_m = 250$ N/mm^2 ≈ 700 °C	0,8 ... 3	0,8 ... 15 mm ≈ 0,03 mm über 15 mm ≈ 0,2 %	$d = 2$ mm $t = 3\,d$	M 12	M 20
Magnesium DIN 1729 (T2) $R_m = 140$ ... 170 N/mm^2 (Elektron) ≈ 770 °C	0,8 ... 3	0,8 ... 12 mm ≈ 0,02 mm über 12 mm ≈ 0,15 %	$d = 2$ mm $t = 3\,d$	M 10	M 15
Kupfer R_m abhängig von der Kaltverfestigung ≈ 1000 °C (teigig)	1,5 ... 4	1,5 ... 15 mm ≈ 0,15 mm über 15 mm ≈ 0,4 %	$d = 4$ mm $t = 2\,d$	M 15	vermeiden

- geringe Bearbeitungszugaben
- sehr gute Oberflächen
- durch große Stückzahlen geringe Herstellungskosten

Nachteile der Druckgußfertigung:

- kleine Lufteinschlüsse im Abguß sind unvermeidlich
- Lebensdauer der Druckgußformen ist durch starke Erosion begrenzt
- Schwingungsbeanspruchung während des Abgusses kann zu einer größeren Sprödigkeit der Druckgußwerkstücke führen

8. Feinguß (Schalenformverfahren)

Modellherstellung: Die verlorenen Modelle für den Feinguß bestehen aus Wachs oder Thermoplasten und werden im Spritzgußverfahren hergestellt. Sehr kleine Modelle werden zu Modelltrauben zusammengesetzt (Bild I.14).

Fertigungsablauf: Das Modell wird in eine zähflüssige keramische Masse mit Äthylsilikat getaucht und sofort anschließend besandet. Dieser Vorgang wird solange wiederholt, bis sich eine selbsttragende Keramikform gebildet hat. Anschließend wird die Wachs- oder Kunststoffmasse mit Heißdampf bei einer Temperatur von 170 °C und einem Druck von ungefähr 6 bar ausgeschmolzen. Nach dem Brennen der Form bei 1000 °C (Brennzeit ca. 10 ... 12 h) muß sie eventuell durch Hinterfüllen mit Sand oder Zement verstärkt werden.

Die so entstandene Form wird meistens durch statisches Gießen (Gießen unter Schwerkraft) ausgegossen. Zur Steigerung des Formfüllungsvermögens und zur Vermeidung gasförmiger Einschlüsse kann auch bei Unterdruck oder im Vakuum gegossen werden.

Nach der Abkühlung des Metalls wird die Form zerstört und die Gußwerkstücke vom Speisungssystem durch Schleifen abgetrennt.

Grenzen und Genauigkeiten des Verfahrens: Abmessungen der Gußwerkstücke bis zu 500 mm, bei Teilen aus Leichtmetall bis 800 mm. Gießmassen sind von 0,5 g bis 50 kg möglich. Die Maßabweichungen sind für gegossene Werkstücke sehr gering (Tafel I.5).

Bild I.14 Fertigungsablauf von Feinguß-Werkstücken

Tafel I.5. Toleranzen von Feingußwerkstücken

Nennmaß in mm	Maßabweichung in %
bis 10	± 1
bis 100	± 0,6
bis 500	± 0,4

Als *Gußwerkstoffe* können alle Werkstoffe mit einer genügend hohen Fließfähigkeit verwendet werden. Beispiele hierfür sind unlegierte und legierte Vergütungs- und Werkzeugstähle, Kupferlegierungen und Leichtmetallegierungen auf Magnesium-, Aluminium- oder Titanbasis.

Anwendungsbeispiele für Feingußteile sind Dampfturbinenschaufeln, Turboladerrotoren, medizinische Geräte, Werkzeugbau, Luft- und Raumfahrt.

II. Trennen und Umformen

Aus den Halbzeugen *Blech* und den ähnlichen Halbzeugen *Blechband* und *Flachmaterial* lassen sich vielgestaltige Maschinen- und Gerätebauteile herstellen. Die gewünschte Größe der Bauteile erhält man durch *Zerteilen* (Trennen). Man zerteilt durch: Scherschneiden, Keilschneiden mit den Untergruppen Messerschneiden und Beißschneiden, Reißen, Brechen (Tafel II.1). In der industriellen Fertigung wird Scher- und Messerschneiden zum Abschneiden mit offener Schnittlinie, Auschneiden, Lochen mit geschlossener Schnittlinie am häufigsten angewendet. Durch *Umformen* werden Form, Oberfläche und Werkstoffeigenschaften eines Werkstücks gezielt verändert. Dabei bleiben Masse und Stoffzusammenhang bestehen (Übersicht über Umformverfahren in Tafel II.4).

DIN 8588[1] legt fest: *Scherschneiden* (kurz Schneiden) ist Zerteilen von Werkstoff zwischen zwei Schneiden, die sich aneinander vorbeibewegen und bei dem der Werkstoff voneinander abgeschert wird. *Messerschneiden* ist Keilschneiden mit *einer* Schneide, deren Keil den Werkstoff auseinanderdrängt.

1. Trennverfahren

Tafel II.1. Übersicht über Trennverfahren (Auszug)

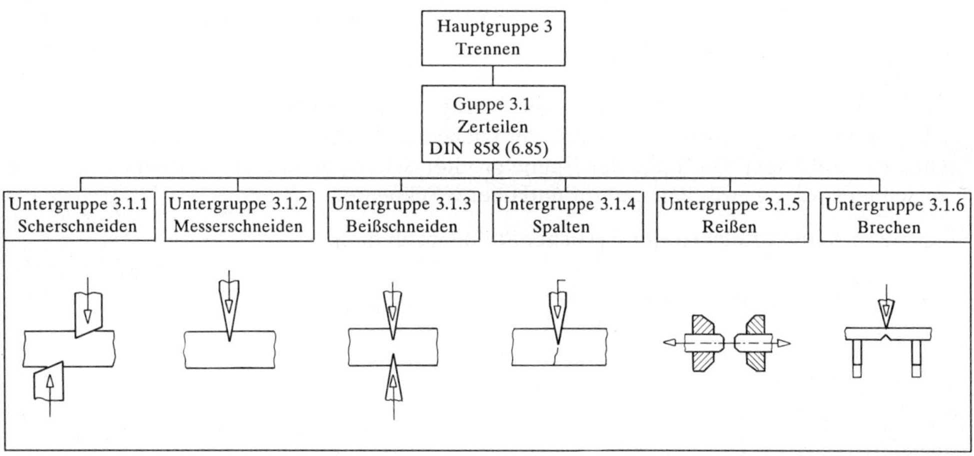

1.1. Abschneiden

Abschneidbar sind: Pappe, Papier, Leder, Textilien, Dichtungsstoffe, alle gewalzten Halbzeuge der Metalle und Kunststoffe. Größte schneidbare Stahlblechdicke 120 mm, größte schneidbare Walzdicke 230 mm im Quadrat, schneidbare Qualitäten bis R_m = 1200 N/mm^2.

[1] Entsprechend DIN 8588 sind alle Begriffe am Werkzeug mit Schneid, alle Begriffe am Werkstück mit Schnitt bezeichnet.

Abschneiden ist vollständiges Trennen des Werkstückes vom Rohteil längs einer offenen (d.h. einer in sich nicht geschlossenen) Schnittlinie. Die Schnittlinie braucht nicht gerade zu sein. Die Schnittflächen sind uneben, schuppig und wenig maßhaltig (kleinste Maßtoleranz ± 0,2 mm), die Werkstücke durch den Schneidvorgang verbogen.

1.1.1. Der Schneidvorgang. Durch Druck auf den Werkstoff werden so hohe Scherspannungen im Werkstoff erzeugt, daß ein Quetschriß eintritt. Diese Scherspannungen lassen sich nicht auf die Trennlinie begrenzen, sondern pflanzen sich, schnell abnehmend, einige Millimeter tiefer in den Werkstoff fort. Scharfe Schneiden halten den Streifen erhöhter Scherspannungen schmal. Das ist wichtig, weil erhöhte Scherspannungen Werkstoffversprödungen hervorrufen.

1.1.1.1. Schneiden mit Keilmesser (Messerschneiden) zum Trennen weicher Werkstoffe wie: Pappe, Papier. Textilien Dichtungsstoffe oder dünn ausgewalztes Metall in Form von Blei-, Aluminium-, Zinn- oder Messingfolien.

Beim Messerschneiden wird der *ideale Spannungszustand* nahezu erreicht (d.h. die Scherspannungen treten nur in der Scherebene auf), wenn die Schneidkeilmitten senkrecht zur Werkstoffoberfläche angeordnet sind.

1.1.1.2. Scherschneiden zum Trennen von Blechen und Profilen aller knetbaren Metalle, Platten und Stangen aus Kunststoff mit hoher Dehnung (in besonderen Fällen kann Erwärmen der Werkstoffe nötig sein).

Beim Scherschneiden erzielt man im Werkstoff einen *technisch günstigen* Spannungsverlauf dadurch, daß nicht die Keilmitte – wie beim Messerschneiden – sondern eine Schneidfläche (meist die Druckfläche im Bild II.3) senkrecht in den zu trennenden Werkstoff eindringt. Dabei bildet sich eine Ebene maximaler Scherspannungen heraus, die schräg zur Werkstückoberfläche liegt. Die Schräglage dieser Ebene größter Scherspannungen ist von der Kaltverformbarkeit und der Dicke des Werkstoffes, sowie von der Güte der Schneiden abhängig. Die Lage der Ebene größter Scherspannungen bestimmt die Größe des Schneidspalts u zwischen unterer und oberer Schneide.

Zum Schneiden mittelharter und weicher Stähle wählt man:

$$\text{Schneidspalt } u \approx \frac{\text{Blechdicke}}{25} \approx \frac{s}{25} \quad \text{Blechdicke in mm}$$

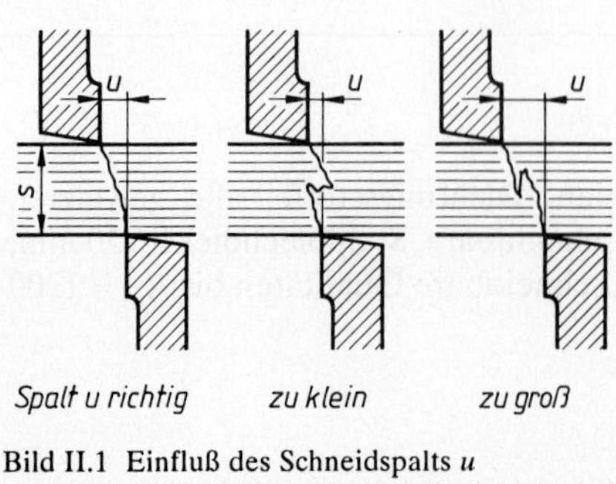

Bild II.1 Einfluß des Schneidspalts u der Schneiden auf die Güte der Schnittflächen

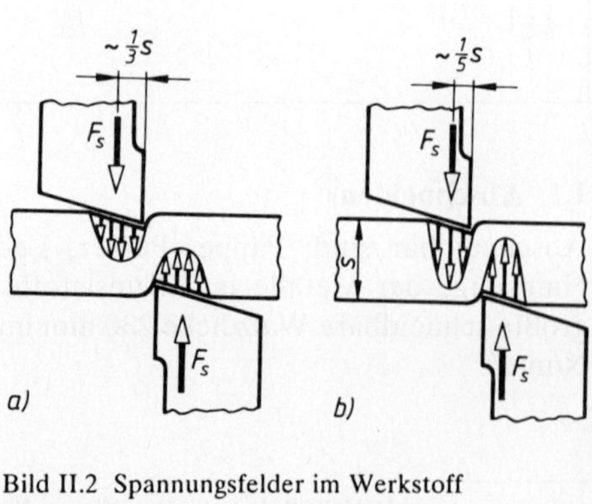

Bild II.2 Spannungsfelder im Werkstoff a) im weichen Stahl, b) im harten Stahl

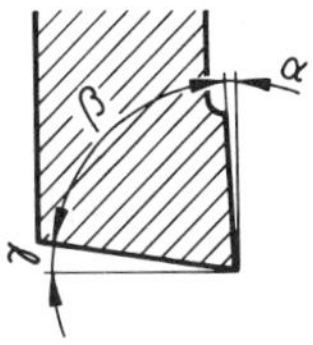

α Freiwinkel 0 ... 6°
β Keilwinkel 77 ... 85°
γ Druckwinkel 0 ... 10°
entspricht dem Spanwinkel der spangebenden Fertigung

Bild II.3 Winkel am Schneidmesser, $\alpha + \beta + \gamma = 90°$

Die Größe des Schneidspalts ist richtig gewählt, wenn die von beiden Schneiden ausgehenden Quetschrisse in einer Ebene liegen (stulpenfreie Schnittflächen), Bild II.1.

Die Schnittkräfte F_s (Bild II.2) rufen im gedrückten Werkstoff *Spannungsfelder* hervor. Diese Spannungsfelder sind klein, aber aus großen Spannungen aufgebaut in harten Werkstoffen; groß, aber aus kleinen Spannungen aufgebaut in weichen Werkstoffen.

Je größer der Druckwinkel γ gewählt wird, um so eindeutiger bildet sich die Trennbruch- oder Scherbene heraus bei schmaler Spannungs-(Versprödungs-)zone. Keilwinkel β so groß wie möglich gewählt, ergibt kräftige Schneidwerkzeuge für große Schnittkräfte und lange Standzeiten der Schneide.

Schnittkraft beim Schneiden: Das bewegliche Messer einer Schere wird durch die *Schnittkraft* F_s belastet. Ihre erforderliche Größe wird bestimmt durch die Größe des *Schnitt-Querschnitts* S und der *größten Scherfestigkeit* $\tau_{aB\,max}$ des zu trennenden Werkstoffes:

$$F_s = S\,\tau_{aB\,max} \qquad \text{(II.1)}$$

F_s	S	$\tau_{ab\,max}$
N	mm²	$\frac{N}{mm^2}$

Schnitt-Querschnitt S ist:

a) ein *Rechteck*, wenn die Schneidkanten parallel sind (Bild II.4)

$$S = s\,l \qquad \text{(II.2)}$$

b) ein *Dreieck*, wenn die Schneidkanten einen Öffnungswinkel λ bilden und große Längen zu schneiden sind (Bild II.5), und beim Schneiden mit Rollenscheren (Messer sind kreisförmig, vereinfachte Berechnung, Bild II.6).

$$S = 0{,}5\,s^2 \cot\lambda \qquad \text{(II.3)}$$

S	s	$\cot\lambda$
mm²	mm	1

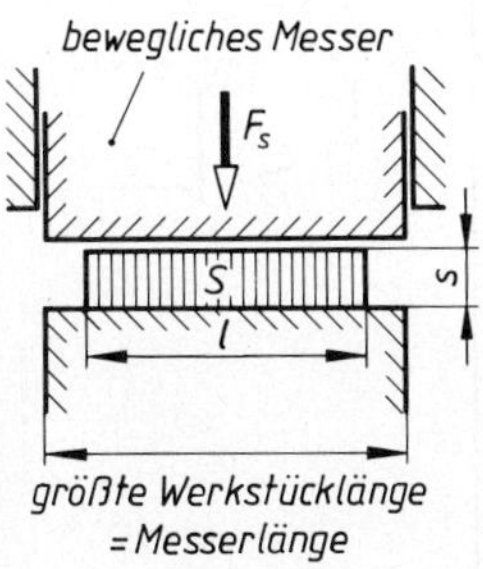

Bild II.4 Trennen mit parallelen Schneiden

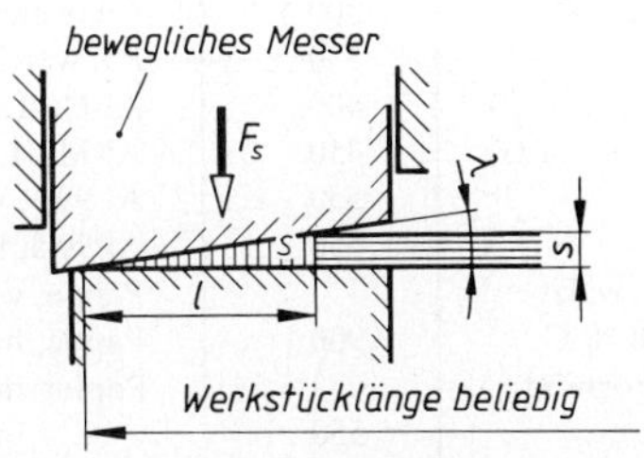

Bild II.5 Die Schneiden bilden den Messeröffnungswinkel λ, der *Schnitt-Querschnitt* ist ein Dreieck

c) ein *Trapez*, wenn die Schneidkanten einen Öffnungswinkel λ bilden und kurze Längen (Flachstahl) zu schneiden sind (Bild II.7)

$$S = sl - 0{,}5\,l^2 \tan\lambda \qquad \begin{array}{c|c|c} S & s,\,l & \tan\lambda \\ \hline \mathrm{mm}^2 & \mathrm{mm} & 1 \end{array} \tag{II.4}$$

Der Schnitt-Querschnitt ist ein Trapez für die *Schnittlänge*

$$l < s \cot\lambda \tag{II.5}$$

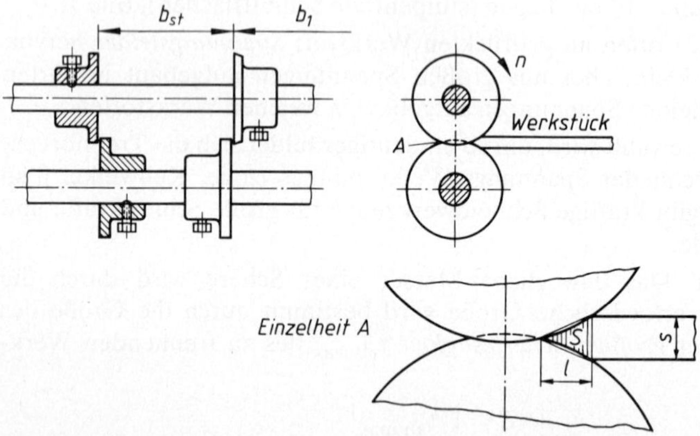

Bild II.6 Trennen mit kreisförmigen Schneiden (Rollenscheren) Streifenbreite b_{st}, Abfallbreite b_1 ... einstellbar durch Verschieben der Rollenmesser. Schnitt-Querschnitt $S = sl/2$ vereinfacht als Dreieck angenommen.

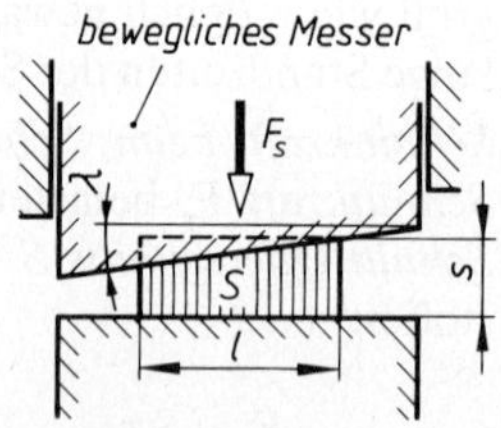

Bild II.7 Die Schneiden bilden den Messeröffnungswinkel λ. der *Schnitt-Querschnitt* ist ein *Trapez*

Diese Werte schwanken um ± 15 % je nach Walzhärte und Oberflächenbeschaffenheit. Sie gelten nur für scharfe Schneiden.

Scherfestigkeit $\tau_{aB\,max}$ bezeichnet die Scherfestigkeit der am schwersten zu trennenden Werkstoffteile, die beim Schneiden sicher getrennt werden müssen.

Tafel II.2 Richtwerte für Scherfestigkeit verschiedener Werkstoffe beim Zerteilen

Werkstoff		$\tau_{aB\,max}$ N/mm²	Werkstoff	$\tau_{aB\,max}$ N/mm²
Stahl	St 34, St 37	300	Cu, weich	250
	St 42	350	Pb, weich	25
	St 52 (0,2 % C)	400	Al-Cu-Legierungen	250
	St 50 (0,3 % C)	450	Al-Mg-Legierungen	200
	St 60	550	Al 99,5, weich	80
	St 70	650	Al 99,5, hart gewalzt	150
	hart gewalzt		Pappe, weich	20
	mit 0,8 % C	900	Pappe, hart, holzfrei	40
	nicht rostend		Papier in 20 Lagen	20
	weich	550	in 10 Lagen	25
Ms58, weich		280	in 5 Lagen	50
Ms63, weich		400	in 1 Lage	150

Es ist zu unterscheiden zwischen der garantierten Scherfestigkeit τ_{aB} für Festigkeitsberechnungen und der größten Scherfestigkeit $\tau_{aB\,max}$ für Schneiden und Trennen. Größenangaben für $\tau_{aB\,max}$ sind selten in Normen und Lieferbedingungen aufgeführt.

Tafel II.2 enthält Richtwerte der Scherfestigkeit $\tau_{aB\,max}$, die aus Schnittkraftversuchen ermittelt wurden.

Beispiel: Zwischen parallelen Messern soll Flachstahl 5 mm dick, 32 mm breit aus St 34 senkrecht zur Walzrichtung geschnitten werden. Zu ermitteln ist die erforderliche Schnittkraft F_s.

Lösung: Schnitt-Querschnitt $S = sl = 5\text{ mm} \cdot 32\text{ mm} = 160\text{ mm}^2$.
Mit $\tau_{aB\,max} = 300\text{ N/mm}^2$ aus Tafel II.2 ist die erforderliche Schnittkraft
$F_s = S\,\tau_{aB\,max} = 160\text{ mm}^2 \cdot 300\text{ N/mm}^2 = 48\,000\text{ N}$.

Beispiel: Auf einer Tafelschere, deren Messer einen Messeröffnungswinkel von 4° bilden, soll 6 mm dickes Stahlblech der Qualität St 60 geschnitten werden. Zu ermitteln ist die erforderliche Schnittkraft F_s.

Lösung: Schnitt-Querschnitt $S = 0{,}5\,s^2 \cot\lambda = 0{,}5 \cdot 6^2\text{ mm}^2 \cdot \cot 4° = 258\text{ mm}^2$.
Mit $\tau_{aB\,max} = 550\text{ N/mm}^2$ aus Tafel II.2 ist die erforderliche Schnittkraft
$F_s = S\,\tau_{aB\,max} = 258\text{ mm}^2 \cdot 550\text{ N/mm}^2 = 142\,000\text{ N}$.

Beispiel: Der Öffnungswinkel der Schermesser einer Handhebelschere beträgt 10°. Die Schere ist für eine maximale Schnittkraft von 62 000 N ausgelegt. Auf dieser Schere soll Flachstahl 8 mm dick der Qualität St 50 verschiedener Breiten geschnitten werden. Bis zu welche Breite ist ein sicheres Trennen möglich?

Lösung: Für Stahl St 50 ist nach Tafel II.2: $\tau_{aB\,max} = 450\text{ N/mm}^2$. Damit wird der trennbare Schnitt-Querschnitt

$$S = \frac{F_s}{\tau_{aB\,max}} = \frac{62\,000\text{ N}}{450\,\frac{\text{N}}{\text{mm}^2}} = 138\text{ mm}^2$$

Ist der Schnitt-Querschnitt ein Dreieck entsprechend Bild II.5, so ergibt sich für die gegebenen geometrischen Bedingungen:

$$S = 0{,}5\,s^2 \cot\lambda = 0{,}5 \cdot 8^2\text{ mm}^2 \cdot \cot 10° = 181{,}5\text{ mm}^2.$$

Eine Dreieckfläche ist zu groß, folglich liegen die Schnittbedingungen nach Bild II.7 vor (Trapez). Die größtmögliche Schnittlänge l ist nach Umstellen von (II.4):

$$l_{1,2} = \frac{s}{\tan\lambda} \pm \sqrt{\frac{s^2}{\tan^2\lambda} - \frac{2S}{\tan\lambda}} = \frac{8\text{ mm}}{\tan 10°} \pm \sqrt{\frac{64\text{ mm}^2}{\tan^2 10°} - \frac{2 \cdot 138\text{ mm}^2}{\tan 10°}}$$

$$l_1 = 67{,}6\text{ mm}; \quad l_2 = 23{,}2\text{ mm}.$$

Welche der beiden Längen schneidbar ist, ergibt sich nach (II.5):

$$l < s\cot\lambda < 8\text{ mm} \cdot \cot 10° < 45{,}4\text{ mm}.$$

Danach ist die größte schneidbare Breite der Flachstähle 23,2 mm.

1.2. Ausschneiden und Lochen

Zum Ausschneiden und Lochen eignen sich alle Werkstoffe, die durch Zerteilen (hier vorwiegend Scher- und Messerschneiden) trennbar sind. Größte Werkstoffdicken: *Lochen* bis 45 mm Walzstahldicke, aber nicht dicker als Schneidstempeldurchmesser; *Auschneiden* bis 15 mm Walzstahldicke, wenn Schneidstempel und Schneidplatte ausreichend stabil gebaut werden können.

Ausschneiden und Lochen ist Schneiden in einem beliebig geformten aber geschlossenem Linienzug, *Ausschneiden* dient zur Herstellung der Außenform am Werkstück, *Lochen* zur Herstellung der Innenform am Werkstück.

Vorteile des Ausschneidens gegenüber dem Abschneiden: Der Schnittgrat liegt nur auf einer Seite des Schnitteils, das Schnitteil nimmt die Oberflächengüte der Druckfläche des Schneidstempels an.

Nachteile: Es entsteht höherer Werkstoffverschnitt, das ist der durch den Ausschnittrand bedingt Werkstoffverlust (Bild II.8). Für Ausschneiden und Lochen benötigt man ein Schneidwerkzeug (früher Schnitt genannt, z.B. Plattenführungs*schnitt*). Schneidwerkzeuge sind nur zur Herstellung des Werkstückes verwendbar, für das sie gebaut sind; sie können aber zum gleichzeitigen Ausschneiden und Lochen eingerichtet sein.

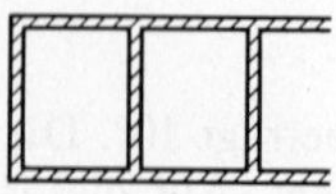

Bild II.8
Werkstoffverlust durch Ausschnittrand

Die Schneiden eines Schneidwerkzeuges können ausgeführt sein in:

a) *Parallelanschliff* (Bild II.9). Die Schneiden des Schneidstempels sind denen der Schneidplatte parallel. Häufigste Ausführungsart, da Herstellung und Nachschliff einfach sind; die Presse wird stoßartig belastet.

Beim Ausschneiden und Lochen mit Parallelanschliff ist die Größe des Schnitt-Querschnitts S abhängig vom Umfang U des oder der Schneidstempel und von der Werkstoffdicke s.

Schnitt-Querschnitt

$$S = sU \qquad \text{(II.6)}$$

S	s, U	F_s	$\tau_{aB\,max}$
mm^2	mm	N	$\frac{N}{mm^2}$

Schnittkraft für Parallelanschliff

$$F_s = sU\tau_{aB\,max} \qquad \text{(II.7)}$$

b) *Schräganschliff der Schneidplatte* (Bild II.10). Die größte erforderliche Schnittkraft sinkt auf etwa 0,7 der Schnittkraft für Parallelanschliff.

Schnittkraft für Schräganschliff

$$F_{ss} = 0{,}7\, sU\tau_{aB\,max} \qquad \text{(II.8)}$$

Das Schneidwerkzeug schneidet weich an, die Presse wird geschont, aber die *gelochten Streifen sind verbogen, deshalb nur für Ausschneiden geeignet.*

c) *Schräganschliff der Schneidstempeldruckfläche* (Bild II.11). Die erforderliche Schnittkraft erhält man durch (II.8). *Die herausfallenden Butzen sind verbogen, deshalb nur für Lochen geeignet.*

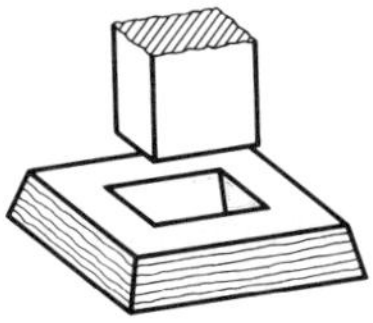

Bild II.9 Schneidwerkzeug mit Parallelanschliff

Bild II.10 Schneidwerkzeug mit Schräganschliff der Schneidplatte

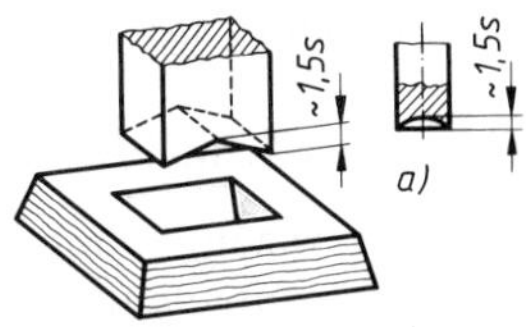

Bild II.11 Schneidwerkzeug mit Schräganschliff des Schneidstempels
a) Hohlanschliff eines runden Schneidstempels

Tafel II.3. Schneidspalte bei Schneidwerkzeugen ($2 \times u$, Bild II.12)

Werkstoffdicke s mm	Stahlblech Kupfer Messing weich mm	Stahlblech mittelhart mm	Stahlblech hart mm	Aluminium mm	Aluminium-legierungen mm
0,25	0,01	0,015	0,02	0,02	0,02
0,5	0,025	0,03	0,035	0,05	0,08
0,75	0,04	0,045	0,05	0,07	0,1
1,0	0,05	0,06	0,07	0,1	0,15
1,25	0,06	0,075	0,09	0,12	0,18
1,5	0,075	0,09	0,1	0,15	0,2
1,75	0,09	0,1	0,12	0,17	0,3
2,0	0,1	0,12	0,14	0,2	0,35
2,5	0,13	0,15	0,18	0,25	0,4
3,0	0,15	0,18	0,21		
4,0	0,2	0,24	0,28		
5,0	0,25	0,3	0,36		

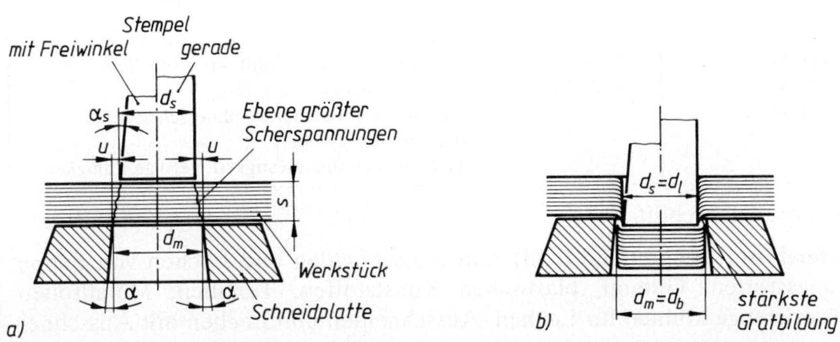

Bild II.12 Schneiden mit Schneidwerkzeugen
a) vor dem Schnitt, b) nach dem Schnitt

d_s Schneidstempelmaß (Durchmesser)
d_m Maß des Schneidplattendurchbruchs (Durchmesser)
u Schneidspalt
$d_m = d_s + 2u$

α Freiwinkel im Schneidplattendurchbruch } 0,5 ... 2°
α_s Freiwinkel am Schneidstempel } 0,5 ... 2°
d_b Butzenmaß (Durchmesser)
d_l Lochmaß (Durchmesser)
$s \leq d_s$ 000

Schneidplattendurchbruch und Schneidstempel (Bild II.12).
Zwischen den Schneiden von Schneidplatte und Schneidstempel muß ein Schneidspalt u vorhanden sein, dessen Größe bestimmt wird von der zu trennenden Werkstoffsorte (Richtwerte siehe Tafel II.3) und seiner Dicke.

1.3. Aufbau der Schneidwerkzeuge

Die Schneidwerkzeug-Ober- und Unterteile werden für die verschiedenen Schnittaufgaben unterschiedlich aufgebaut. Ihre Bauelemente sind genormt.

Einspannzapfen DIN 9859; Stempelköpfe (Einspannzapfen mit Kopfplatte, Druckplatten und Stempelplatten) DIN 9866; Runde Schneidstempel, Seitenschneider und Anschläge dazu, runde Suchstifte DIN 9861 ... 9864; Schneidkästen DIN 9867 (dort als Schnittkästen bezeichnet); Säulengestelle DIN 9812 ... 9825. Die folgende Tabelle gibt einen Überblick über gebräuchliche Werkzeug-Werkstoffe:

Werkstoffe für Schneidplatten und -stempel

Werkstoff-Gruppe	Werkstoff Bezeichnung	Arbeits-härte (HRC)	einsetzbar für
ölhärtende Stähle	100 Cr6 90 Mn Cr V8 105 W Cr6	54 ... 62	Stempel, Schneidplatten, schlanke Lochstempel, Suchstifte, Schneiden von Al- und Cu-Legierungen bei kleinen Fertigungsmengen
	60 W Cr V7	50 ... 58	wie oben, aber größere Zähigkeit für das Schneiden großer Wanddicken
	X45 Ni Cr Mo4	48 ... 55	für sehr große Wanddicken
Chrom-stähle	X210 Cr W 12	58 ... 63	zusammengesetzte Stempel und Schneidstempel, Kaltfließpreßwerkzeuge hohe Verschleißfestigkeit, geringer Maßverzug beim Härten
	X155 CrVMo121	56 ... 62	wie X210 Cr W 12, aber mit größerer Zähigkeit
Schnell-arbeits-stähle	S 6-5-2 S 18-1-2-5 S 18-1-2-15	60 ... 66	Kaltfließpreßstempel, dünne Lochstempel, hohe Verschleißfestigkeit und Zähigkeit, für Feinschneiden geeignet
Hart-metalle	GT 20 GT 30 GT 40	1100 ... 1400 HV	Hochleistungs-Stanztechnik für große Serien mit hartmetalltauglichen Pressen Stahl bis 3 mm Blechdicke ohne Schnittschlag-dämpfung schneidbar sehr hohe Verschleißfestigkeit, geringe Zähigkeit

1.3.1. Messerschneidwerkzeuge (Bild II.13) zum Ausschneiden und Lochen von Pappe, Papier, Dichtungsstoffen, Gummi, plastischen Kunststoffen, Textilien, Metallfolien. Messerschneidwerkzeuge können für Lochen, Ausschneiden und Lochen mit Ausschneiden gebaut sein.

1.3.2. Freischneidwerkzeuge (Bild II.14) zum Ausschneiden und Lochen von Papier in dickeren Lagen, starker Pappe, Kunststoffen und Metallen.

Kleinste erreichbare Maßabweichungen ± 0,2 mm vom Nennmaß der Lochweiten und Außenlängen.

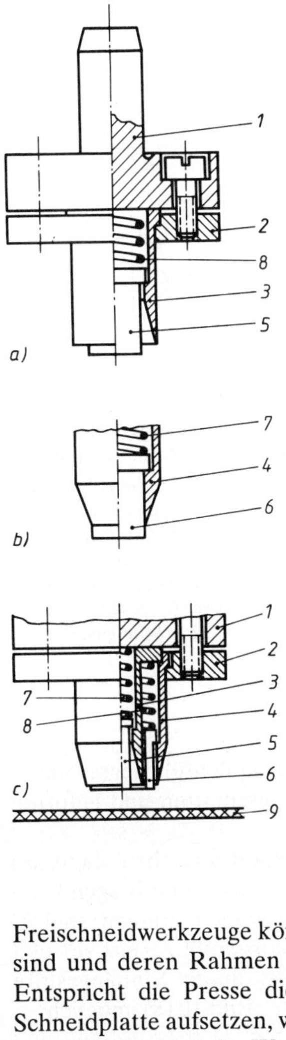

Bild II.13
Aufbau der Messerschneidwerkzeuge
a) für Lochen
b) für Ausschneiden
c) für Ausschneiden und Lochen
1 Stempelkopf
2 Stempelplatte
3 Schneidstempel für Lochen
4 Schneidstempel für Ausschneiden
5 Auswerfer für Lochen
6 Auswerfer für Ausschneiden
7 und 8 Auswerferfedern
9 Schneidplatte (Hartpappe, Vulkanfiber)

Freischneidwerkzeuge können nur in Pressen verwendet werden, deren Stößel eng geführt sind und deren Rahmen sich unter der Wirkung der Schnittkraft nur wenig aufbiegen. Entspricht die Presse diesen Anforderungen nicht, kann der Schneidstempel auf die Schneidplatte aufsetzen, wobei der Schneidstempel, die Schneidplatte oder beide ausbrökkeln (Totalverlust des Werkzeuges).

Freischneidwerkzeuge sind mit Auswerfern und Abstreifern (Bild II.14) auszurüsten.

1.3.3. Plattenführungsschneidwerkzeuge (Bild II.15) zum Ausschneiden *und* Lochen von Kunststoffen und Metallen. Kleinste erreichbare Maßabweichungen ± 0,1 mm vom Nennmaß der Lochweiten und Außenlängen.

Die geschlossene Bauweise der *Schneidkästen* läßt keine Beobachtung der Schneidkanten zu. Schneidkästen sind jedoch unfallsicher. In Plattenführungsschneidwerkzeugen können nur zugemessene Blechstreifen oder -band verarbeitet werden.

1.3.4. Säulenführungsschneidwerkzeuge. Schnittaufgaben und erreichbare Maßgenauigkeit wie bei Plattenführungsschneidwerkzeugen.

Das Auswechseln der Schneidelemente und ihre Funktionsprüfung kann außerhalb der Presse vorgenommen werden. Säulengestelle verlangen keine genauen Stößelführungen.

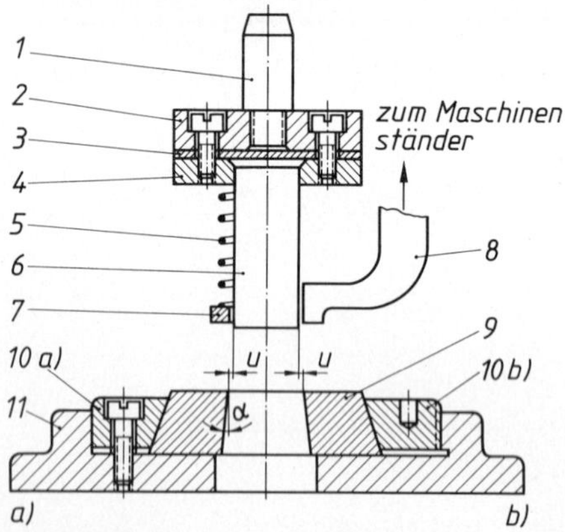

Bild II.14 Aufbau eines Freischneidwerkzeuges
a) mit federbelastetem Abstreifer
b) mit festem Abstreifer

1 Einspannzapfen, 2 Kopfplatte, 3 Druckplatte, 4 Stempelplatte, 5 Abstreiferfeder, 6 Schneidstempel, 7 federbelasteter Abstreifer, 8 fester Abstreifer, 9 Schneidplatte, 10a Spannring oder 10b Spannmutter, 11 Einspannplatte

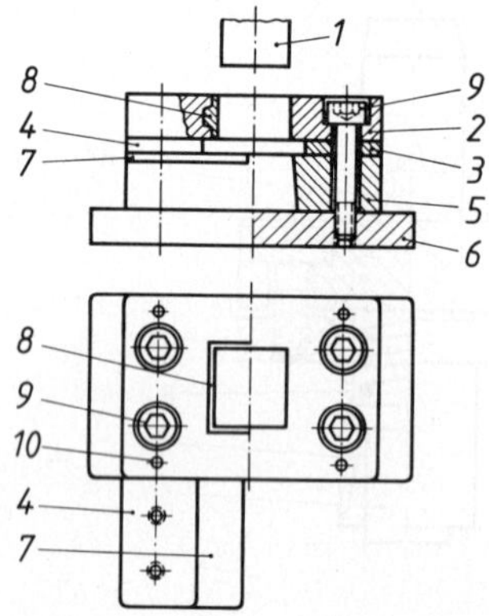

Bild II.15 Aufbau eines Schneidkastens für Plattenführungsschneidwerkzeug

1 Schneidstempel (bleibt beim Schneiden in 2 geführt), 2 Führungsplatte, 3 kurze Zwischenlage, 4 lange Zwischenlage, 5 Schneidplatte, 6 Einspannplatte, 7 Auflageblech, 8 eingegossene Schneidstempelführung (nur für große Stückzahlen wirtschaftlich), 9 Innensechskantschraube, 10 Stift

1.4. Mehrzweckschneidwerkzeuge

Setzt man mehrere Schneid- und Biegestempel in Platten- oder Säulenführungsschneidwerkzeuge ein, wird je Pressenhub ein Werkstück gelocht, ausgeschnitten und geformt. Man unterscheidet Folge- und Gesamtschneidwerkzeuge.

1.4.1. Folgeschneidwerkzeuge führen in zwangsweiser Folge zuerst das Lochen, dann das Ausschneiden und zuletzt das Verformen, meist nur Biegen, aus. Lochen und Biegen kann in mehrere Stufen aufgeteilt sein. Getrennt gefertigte Lochgruppen können sowohl gegeneinander als auch gegenüber dem Werkstoffrand um die Vorschubtoleranz versetzt sein (kleinste Maßtoleranz ± 0,1 mm). Vorschubbegrenzung ist durch Einhängestifte (Bild II.16), Seitenschneideranschläge (Bild II.17), oder Suchstifte (Bild II.18), möglich.

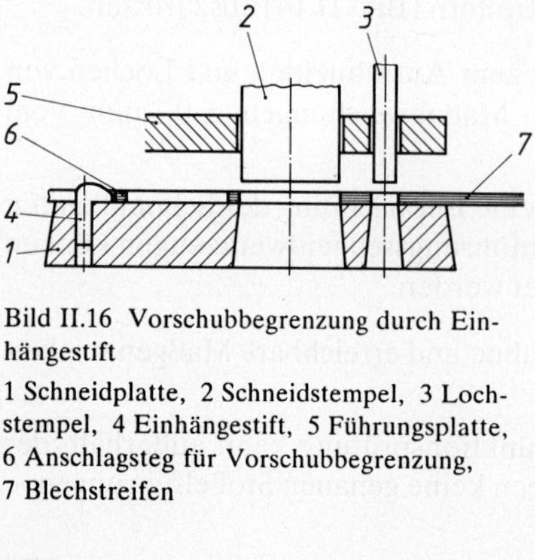

Bild II.16 Vorschubbegrenzung durch Einhängestift

1 Schneidplatte, 2 Schneidstempel, 3 Lochstempel, 4 Einhängestift, 5 Führungsplatte, 6 Anschlagsteg für Vorschubbegrenzung, 7 Blechstreifen

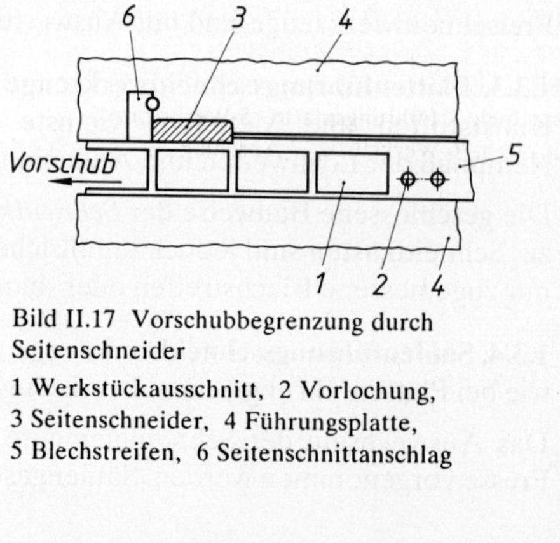

Bild II.17 Vorschubbegrenzung durch Seitenschneider

1 Werkstückausschnitt, 2 Vorlochung, 3 Seitenschneider, 4 Führungsplatte, 5 Blechstreifen, 6 Seitenschnittanschlag

Die Stempelköpfe dürfen beim Schneiden nicht einseitig belastet werden, um den Einspannzapfen nicht auf Biegung zu beanspruchen.

1.4.2. Gesamtschneidwerkzeuge. Lochen und Ausschneiden wird im Gesamtschneidwerkzeug ohne Vorschub des Streifens an gleicher Stelle ausgeführt, um genaue Lage der Lochungen zueinander und im Stück zu bekommen. Die Maßtoleranzen sind kleiner als 0,05 mm.

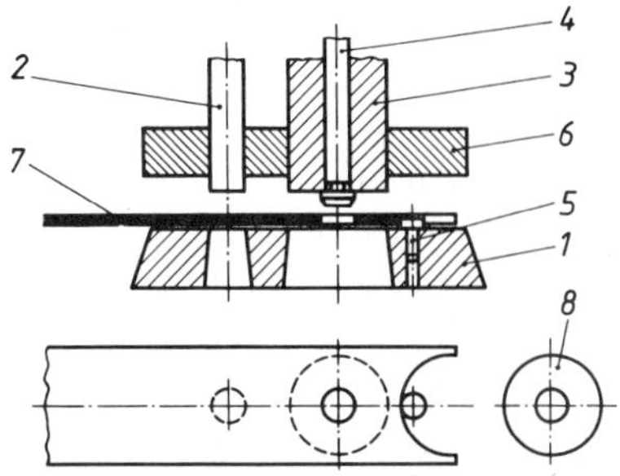

Bild II.18 Vorschubbegrenzung durch Suchstift

1 Schneidplatte, 2 Lochstempel, 3 Schneidstempel, 4 Suchstift, 5 Einhängestift zur ungefähren Vorschubbegrenzung, 6 Führungsplatte, 7 Blechstreifen, 8 Werkstück

1.5. Sonderschneidverfahren

1.5.1. Trennschneiden mit Schneidwerkzeugen (Bild II.19). Anwendbar zum gleichzeitigen Lochen und Trennen solcher Werkstücke aus Blechband oder flachen Walzprofilen, deren Seitenkanten roh bleiben können.

1.5.2. Beschneiden (Bild II.20). Durch Beschneiden wird überschüssiger Werkstoff an Biege- oder Tiefziehteilen abgetrennt. Die Lage des Werkstückes im Werkzeug bestimmt eine Ziehkante oder eine Lochung.

1.5.3. Feinstanzen (Bild II.21). Durch Feinstanzen erhält man Schnittflächen mit hoher Oberflächengüte (Profilrauhtiefe $R_z \approx 3$ µm).

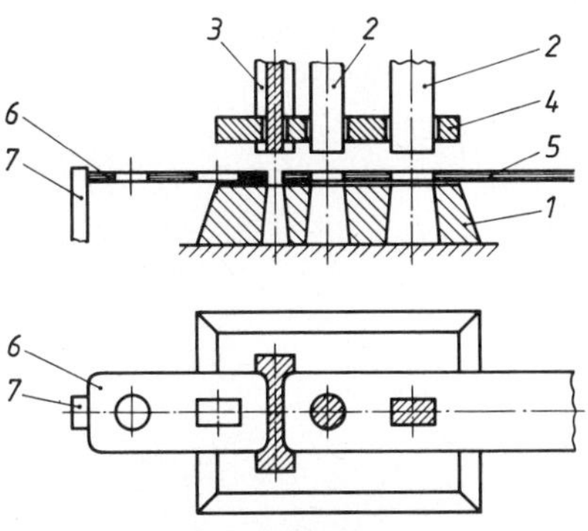

Bild II.19 Trennschneiden mit Schneidwerkzeug im Folgeschneidwerkzeug

1 Schneidplatte, 2 Lochstempel, 3 Trennstempel, 4 Führungsplatte, 5 Werkstoffstreifen, 6 Werkstück, 7 Anschlag

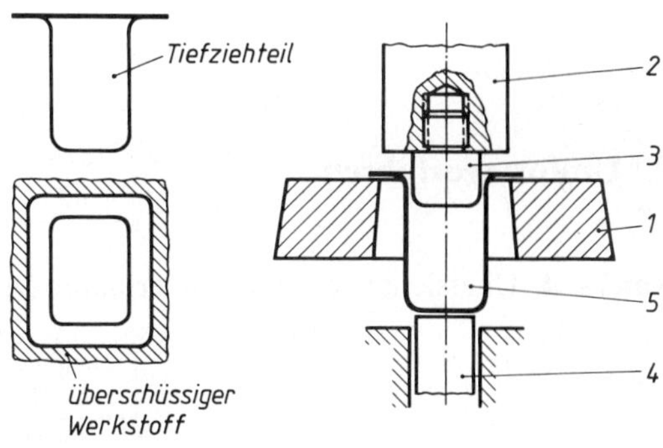

Bild II.20 Beschneiden von Werkstücken

1 Schneidplatte, 2 Schneidstempel, 3 Werkstückzentrierung, 4 Auswerfer, 5 Werkstück (Tiefziehteil)

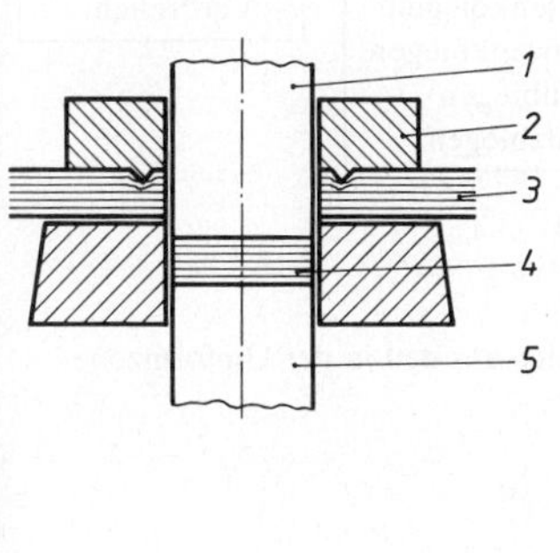

Bild II.21 Feinstanzen
1 Schneidstempel
2 Druckring
3 Werkstoffstreifen
4 Werkstück
5 Gegendruckstempel zugleich Auswerfer

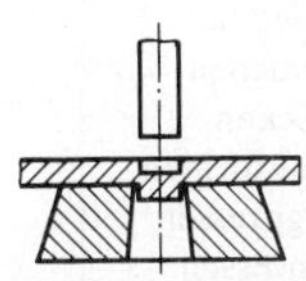

Bild II.22 Durchsetzen mit Schneidstempel und Schneidplatte

Der Streifen oder das für ein Werkstück zugeschnittene Rohteil wird durch einen Druckring mit so großer Kraft auf die Schneidplatte gedrückt, daß der Werkstoff kaltverfestigt wird. Die Kaltverfestigung wirkt sich günstig auf die Oberflächengüte der Schnittkanten aus.

Die Pressen müssen mit Zusatzeinrichtungen für die Druckringbetätigung ausgerüstet sein. Die erforderliche Schnittkraft muß 2,5 … 3 so groß sein wie beim herkömmlichen Ausschneiden. Feinstanzen eignet sich gut für das Durchsetzen, also Werkstoffverlagerung ohne Trennung mittels Stempel (Bild II.22).

1.5.4. Nachschneiden (Bild II.23) ist ein spangebendes Fertigungsverfahren mit Schneidwerkzeug (auch Schaben genannt).

Mit geringem Übermaß (etwa 10 % der Werkstoffdicke) ausgeschnittene Werkstücke oder entsprechend kleiner gelochte werden durch die Schneidkanten des Stempels oder der Schneidplatten auf genaues Maß geschnitten.

1.5.5. Einschneiden (Bild II.24) für nachfolgendes Verformen (Biegen).

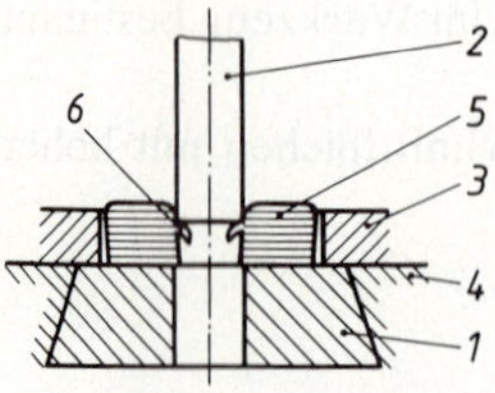

Bild II.23 Nachschneiden einer Bohrung mit Schneidstempel
1 Schneidplatte
2 Schneidstempel
3 Werkstückaufnahme (beweglich, arretierbar)
4 Einspannplatte
5 Werkstück
6 Span

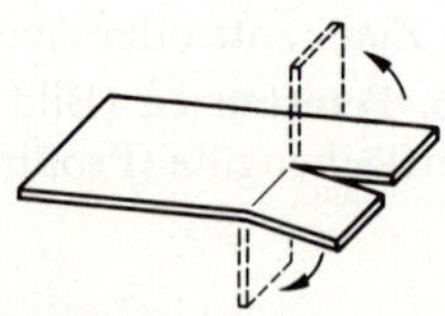

Bild II.24 Einschneiden zum Biegen

2. Umformverfahren

Tafel II.4. Übersicht über Umformverfahren (Auszug)

Hauptgruppe 2 Umformen

Gruppe 2.1 Druckumformen	Gruppe 2.2 Zugdruckumformen	Gruppe 2.3 Zugumformen	Gruppe 2.4 Biegeumformen	Gruppe 2.5 Schubumformen
Flachwalzen Gewindewalzen Schmieden: Stauchen Recken Gesenkformen Strangpressen Fließpressen	Durchziehen Tiefziehen Drücken Knickbauchen	Streckrichten Weiten mit Gummi oder Druckflüssigkeit Tiefen z.B. durch Streckziehen oder Sicken	Freibiegen Gesenkbiegen Schwenkbiegen Rollbiegen Walzbiegen	Verschieben Verdrehen

Die Unterteilung der Umformverfahren in den Gruppen 2.1 bis 2.5 ergibt sich aus den in der Umformzone überwiegend wirksamen Spannungen.

Zum Umformen auf Preßmaschinen eignen sich alle plastisch verformbaren Metalle und Kunststoffe.

Werkstoffumformungen mittels Ober- und Unterstempel ist nach DIN 6932 mit Stanzen zu bezeichnen.

Die erforderliche Zuschnittlänge (gestreckte Länge) umzuformender Werkstücke wird für einfache Ausführungen berechnet, für genaue Ausführungen (Längentoleranzen $\leq \pm 0{,}2$ mm) durch Versuche ermittelt. Beschneiden auf Maß wird wegen der hohen Kosten selten angewendet.

2.1. Biegen und Abkanten

Je nach Härte des Werkstoffes wendet man freies, halbfreies oder zwangsweises Biegen an. Gebogene Werkstücke federn zurück. Anhaltswerte für die Rückfederung gibt Tafel II.5.

Tafel II.5. Rückfederung nach dem Kaltbiegen zum Winkel von 90°

Werkstoff		Rückfederung bei einem Innenradius r =		
Werkstoffsorte	Werkstoffdicke s in mm	s in °	1 … 5 s in °	über 5 s in °
Stahlblech bis $R_m = 400$ N/mm^2	0,5	5	6	8
	1	3	4	7
	1,5	2	3	6
	2	2	2	4
	2,5	1	2	4
	3	1	1	3
	4	0	1	3
	5	0	1	3
Stahlblech $R_m = 400 \ldots 550$ N/mm^2	0,5	6	9	12
	1	5	7	9
	1,5	4	5	7
	2	3	5	7
	2,5	2	4	6
	3	2	4	6
	4	2	3	4
	5	2	3	4
Messingblech Ms 63 weich geglüht	0,5	4	5	6
	1	2	4	5
	1,5	2	3	4
	2	2	3	4
	2,5	1	2	3
	3	1	2	3
	4	0	1	2
	5	0	1	2

Löcher in Nähe der Abkantung – Entfernung etwa $r + s/2$ – werden elliptisch mit großer Achse senkrecht zur Biegelinie.

a) *Biegestanzen.* Abkantungen bis 200 mm Länge biegt man in Biegewinkel von 0 … 179° im *Stanzwerkzeug* (Bild II.25). Beim Biegen unter hartem Schlag (mit Exzenter-, Kniehebel- oder hydraulischen Pressen) ist für die Auswahl der Preßmaschinengröße die Größe der gepreßten Fläche, nicht die erforderliche Biegekraft nach (II.17) maßgebend.

b) *Abkanten.* Die Herstellung von Abkantungen über 200 mm bis 6 m Abkantlänge wird auf Abkantbänken (Handbetätigung für Blechdicken bis 1 mm und Abkantlängen bis 1 m) und Abkantmaschinen (elektrischer Antrieb für Blechdicken bis 20 mm und Abkantlängen bis 6 m) ausgeführt.

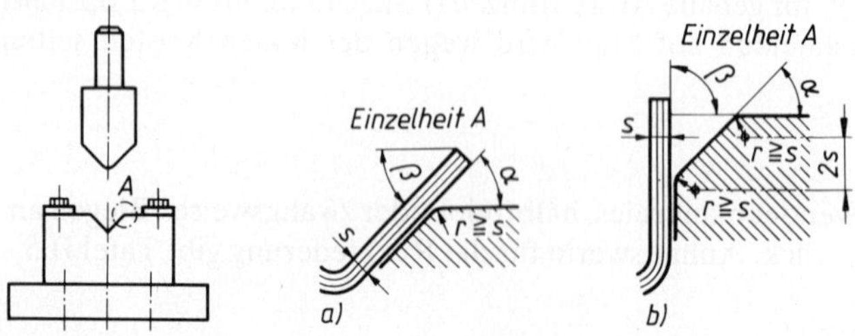

Bild II.25
Biegestanze und Ausführung der Einlaufkante bei *A*
a) Einlaufkante für Biegewinkel $\beta \leq \alpha$
b) Einlaufkante für Biegewinkel $\beta > \alpha$
$\alpha = 30 \ldots 45°$

2.1.1. Berechnung der Zuschnittlänge. Die Schicht im Werkstoff, die beim Biegen weder gereckt noch gestaucht wird, heißt neutrale Faser. Sie ist nicht immer die Schwerachse des Werkstückquerschnitts, weil beim Biegen in kleinen Radien plastische Werkstoffe mehr gereckt als gestaucht werden. Dieses Verhalten des Werkstoffes muß man beim Bemessen der Zuschnittlängen berücksichtigen.

a) *Einfache Winkel.* Nach Bild II.26 ist Zuschnitt*länge L, Bogenlänge* l_b und Fertigungs*radius* r_f

$$L = l_1 + l_b + l_2 \qquad \text{(II.9)}$$

$$l_b = \frac{\pi r_f \alpha°}{180°} \qquad \text{(II.10)}$$

$$r_f = r + x \qquad \text{(II.11)}$$

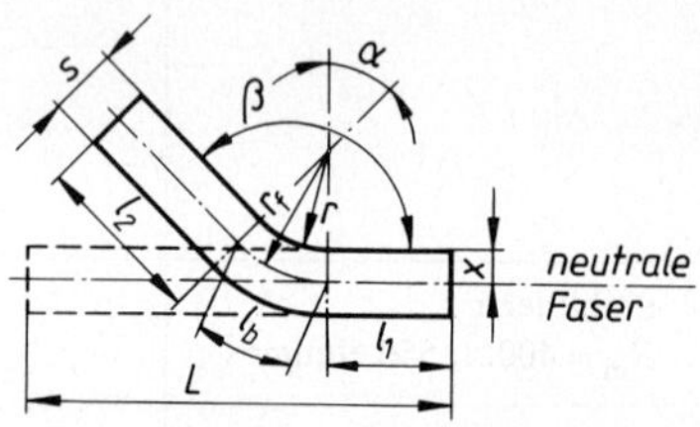

Bild II.26 Zuschnittlänge *L* für Biegeteile

l_1, l_2 gegebene Fertigungslängen; x Abstand der neutralen Faser vom Innenradius; $x = s/2$, wenn Biegewinkel $\alpha \leq 30°$; $x = s/3$, wenn Biegewinkel $\alpha > 30°$; r Innenbiegeradius $\geq$ Blechdicke s; β Innenwinkel $= 180° - \alpha$.

Wenn die Bemaßung vom *Winkelscheitel* bis zu den Werkstückenden (Bild II.27) angegeben ist, wird die *Zuschnittlänge*

$$L = l_3 + l_4 - v_1 \qquad \text{(II.12)}$$

l_3, l_4 gegebene Fertigungsmaße vom Winkelscheitel bis Werkstückenden; v_1 Verkürzung der gegebenen Maßsumme $l_3 + l_4$.

$$v_1 = \frac{2(r+s)}{\tan(\beta/2)} - \pi r \left(1 - \frac{\beta°}{180°}\right) \qquad \text{(II.13)}$$

Fertigungsradius r_f nach (II.11), $x = s/2$, wenn $\beta \geq 150°$; $x = s/3$, wenn $\beta < 150°$.

Wenn die Bemaßung von den *Bogentangenten* bis zu den Werkstückenden (Bild II.28) angegeben ist, wird die *Zuschnittlänge*

$$L = l_5 + l_6 - v_2 \qquad \text{(II.14)}$$

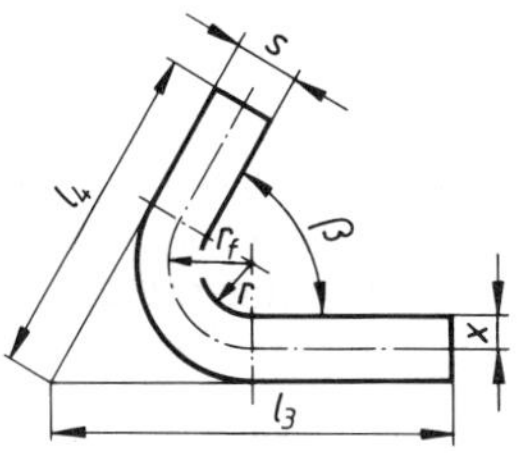

Bild II.27 Biegeteil mit Maßangabe bis Winkelscheitel

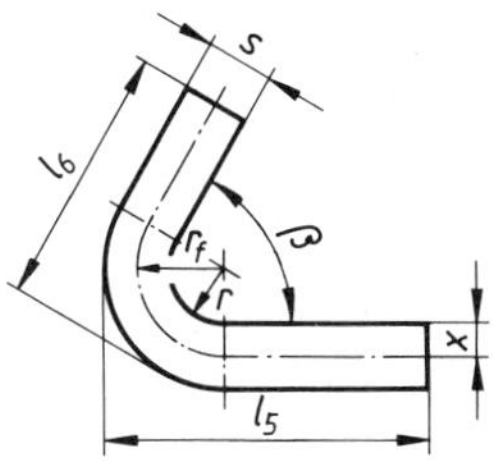

Bild II.28 Biegeteil mit Maßangabe bis Bogentangente

l_5, l_6 gegebene Fertigungsmaße von den Bogentangenten bis zu den Werkstückenden; v_2 Verkürzung der gegebenen Maßsumme $l_5 + l_6$,

$$v_2 = 2\,(r + s) - \pi\, r_f \left(1 - \frac{\beta^\circ}{180^\circ}\right) \qquad \text{(II.15)}$$

Fertigungsradius r_f nach (II.11), $x = s/2$, wenn $\beta \geq 150°$; $x = s/3$, wenn $\beta < 150°$.

b) *Doppelbiegeteil* (U-Stanzen). Nach Bild II.29 beträgt die *Zuschnittlänge*

$$L = l_7 + l_{b1} + l_8 + l_{b2} + l_9 \qquad \text{(II.16)}$$

l_7, l_8, l_9 gegebene Fertigungslängen; l_{b1} Länge des Bogens 1; l_{b2} Länge des Bogens 2. *Bogenlänge* l_b nach (II.10), *Fertigungsradius* r_f nach (II.11), aber $x = s/3$, wenn $\beta > 90°$; $x = s/4$, wenn $\beta \leq 90°$.

Beispiel: Für das skizzierte Biegeteil nach Bild II.30, ist die Zuschnittlänge L zu berechnen.

Lösung: Es liegt ein einfaches Biegeteil mit einem Biegewinkel $\alpha = 180° - 45° = 135°$ vor. Die neutrale Faser liegt $s/3$ vom Innenradius entfernt, weil $\alpha > 30°$ ist.
Nach (II.11) wird Fertigungsradius $r_f = r + x = r + s/3 = (12 + 9/3)$ mm $= 15$ mm.
Die Bogenlänge l_b wird nach II.10:

$$l_b = \frac{\pi\, r_f\, \alpha^\circ}{180^\circ} = \frac{\pi \cdot 15\ \text{mm} \cdot 135^\circ}{180^\circ} = 35{,}4\ \text{mm}$$

und die Zuschnittlänge nach (II.9):

$$L = l_1 + l_b + l_2 = (40 + 35{,}4 + 60)\ \text{mm} = 135{,}4\ \text{mm}.$$

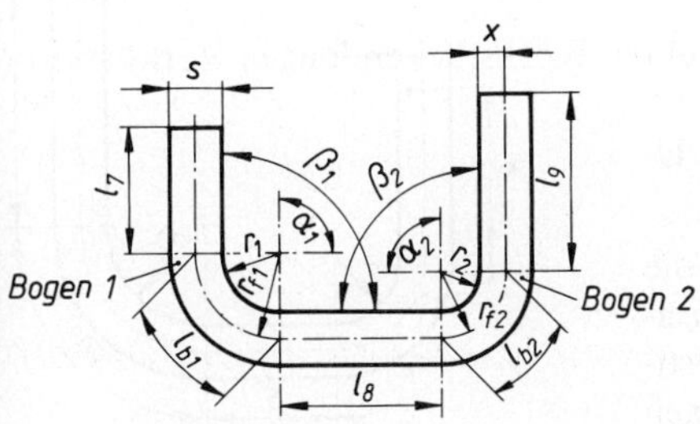

Bild II.29 Doppelbiegeteil

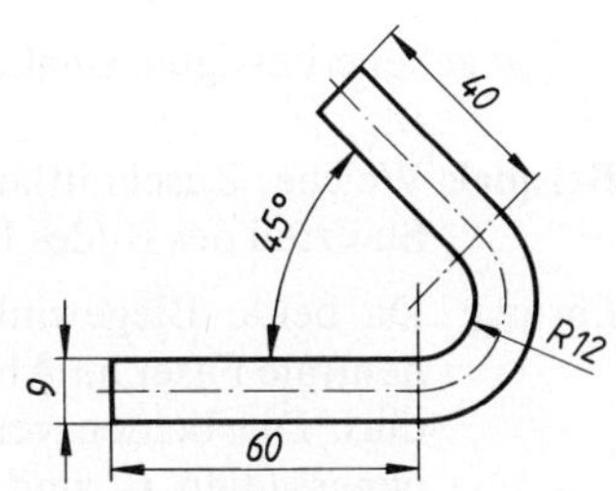

Bild II.30 Biegeteil

Beispiel: Das skizzierte Biegeteil im Bild II.31 ist vom Winkelscheitel bis zu den Werkstückenden bemaßt. Zu berechnen ist die Zuschnittlänge L.

Lösung: Aus der Bemaßung ist zu schließen, daß die Lage des Biegeteils zum Winkelscheitel wichtig ist, folglich muß nach (II.12) gerechnet werden. Die neutrale Faser liegt in $s/3$, da $\beta < 150°$. Nach (II.11) wird der Fertigungsradius

$r_f = r + x = r + s/3 = (12 + 9/3)$ mm $= 15$ mm.

Nach (II.13) ist die Verkürzung $v_1 = \dfrac{2(r+s)}{\tan(\beta/2)} - \pi r_f \left(1 - \dfrac{\beta°}{180°}\right) =$

$$= \frac{2\,(12 \text{ mm} + 9 \text{ mm})}{\tan(135°/2)} - \pi\, 15 \text{ mm} \left(1 - \frac{45°}{180°}\right) = 65{,}8 \text{ mm}.$$

Zuschnittlänge $L = l_4 + l_5 - v_1 = (90{,}6 + 110{,}6 - 65{,}8)$ mm $= 135{,}4$ mm.

Beispiel: Zu berechnen ist die Zuschnittlänge L für das im Bild II.32 dargestellte Biegeteil.

Lösung: Die Bemaßung ist von den Bogentangenten ausgehend vorgenommen, diese Maße sind unbedingt einzuhalten. Es muß nach (II.14) gerechnet werden. Die neutrale Faser liegt, da der Innenwinkel $\beta < 150°$ ist, im Abstand $s/3$ vom Innenradius. Nach (II.11) wird der Fertigungsradius

$r_f = r + s/3 = (12 + 9/3)$ mm $= 15$ mm.

Nach (II.15) wird die Verkürzung $v_2 = 2\,(r + s) - \pi r_f \left(1 - \dfrac{\beta°}{180°}\right) =$

$$= 2 \cdot 21 \text{ mm} - \pi \cdot 15 \text{ mm} \left(1 - \frac{45°}{180°}\right) = (42 - 35{,}4) \text{ mm} = 6{,}6 \text{ mm}.$$

$L = l_5 + l_6 - v_2 = (61 + 81 - 6{,}6)$ mm $= 135{,}4$ mm.

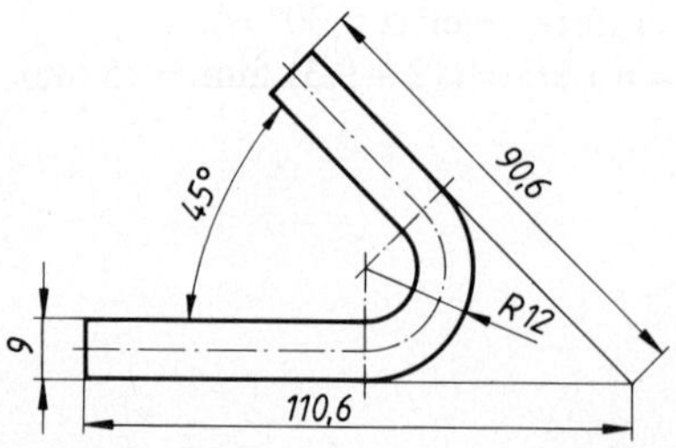

Bild II.31 Biegeteil

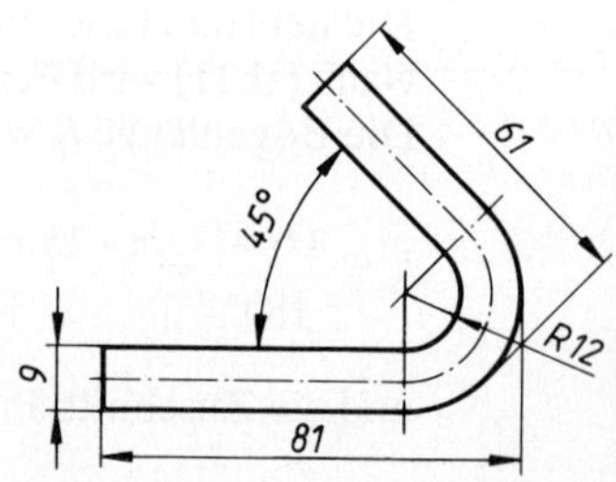

Bild II.32 Biegeteil

Beispiel: Welche Zuschnittlänge L ist für das U-Stanzteil des Bildes II.33 erforderlich?

Lösung: Da beide Biegewinkel 90° sind, liegt die neutrale Faser im Abstand $s/4$ vom Innenradius. Die beiden verschiedengroßen Fertigungsradien r_{f1} und r_{f2} ergeben sich nach (II.11)

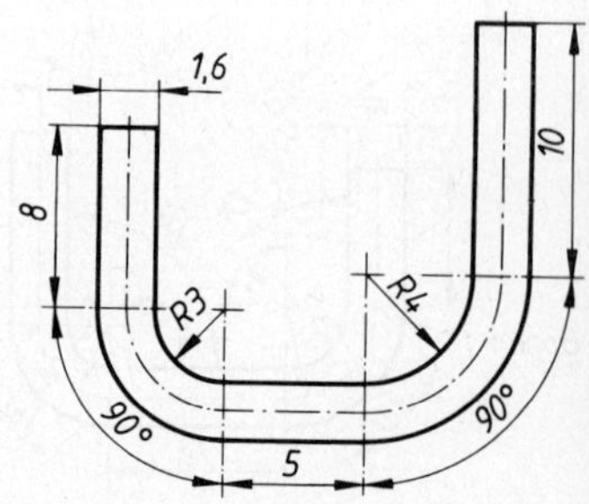

Bild II.33 U-Stanzteil

für Bogen 1:

$$r_{f1} = r_1 + \frac{s}{4} = \left(3 + \frac{1{,}6}{4}\right) \text{mm} = 3{,}4 \text{ mm};$$

für Bogen 2:

$$r_{f2} = r_2 + \frac{s}{4} = \left(4 + \frac{1{,}6}{4}\right) \text{mm} = 4{,}4 \text{ mm}.$$

Nach (II.10) erhält man

für Bogen 1:

$$l_{b1} = \frac{\pi r_{f1} \alpha^\circ}{180^\circ} = \frac{\pi \cdot 3{,}4 \text{ mm} \cdot 90^\circ}{180^\circ} = 5{,}34 \approx 5{,}3 \text{ mm};$$

für Bogen 2:

$$l_{b2} = \frac{\pi r_{f2} \alpha^\circ}{180^\circ} = \frac{\pi \cdot 4{,}4 \text{ mm} \cdot 90^\circ}{180^\circ} = 6{,}92 \approx 6{,}9 \text{ mm}.$$

$$L = l_7 + l_{b1} + l_8 + l_{b2} + l_9 = (8 + 5{,}3 + 5 + 6{,}9 + 10) \text{ mm} = 35{,}2 \text{ mm}.$$

2.1.2. Berechnung der Biegekräfte. Mit den Bezeichnungen nach Bild II.34 wird die *Biegekraft*

$$F_b = \frac{2 l_b s^2 R_m \varepsilon}{3 l_a} \qquad \text{(II.17)}$$

F_b	l_b	s	l_a	R_m	ε
N	mm			$\frac{\text{N}}{\text{mm}^2}$	1

Der Beiwert ε berücksichtigt die Wirksamkeit des Schlages. Man wählt $\varepsilon = 2{,}5$ beim Biegen von Werkstücken mit geringen Dickentoleranzen (± 0,1 mm) und $\varepsilon = 3{,}5$ beim Biegen warmgewalzten Flachmaterials oder bei abgenutzten Werkzeugen zum Biegen maßhaltiger Stücke.

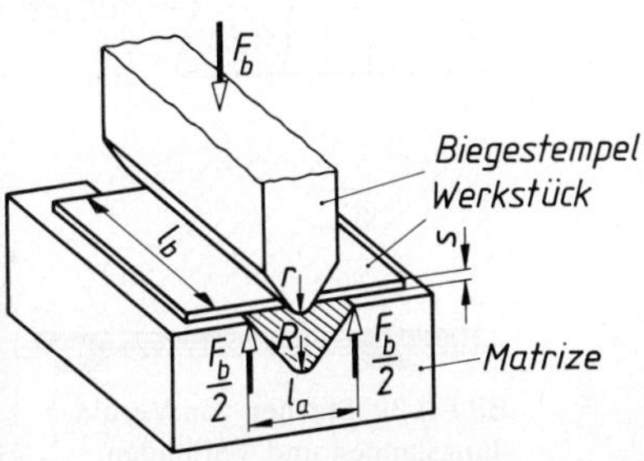

Bild II.34 Die Größen für die Berechnung der Biegekraft F_b
$R_{min} = r + s$, $r_{min} = s$

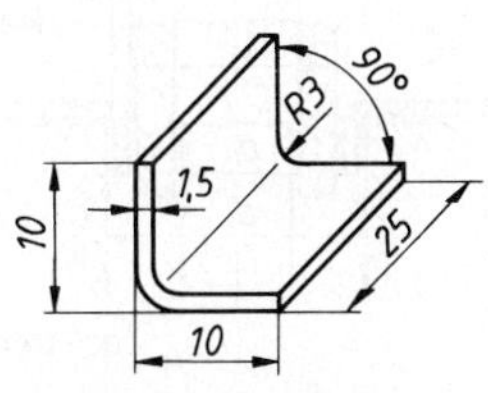

Bild II.35 Biegeteil

Beispiel: Zu berechnen ist die erforderliche Pressenkraft für das Biegen des im Bild II.35 dargestellten Blechwinkels aus 1,5 mm dickem Ziehblech mit $R_m = 330$ N/mm² in einer vorhandenen Biegestanze mit einer Auflageweite l_a von 30 mm.

Lösung: Die Dickenabweichung des Ziehbleches wird zu ± 0,1 mm angenommen. Dieser Wert ist den Lieferbedingungen zu entnehmen. Dann ist nach (II.17) mit $\varepsilon = 2{,}5$:

$$F_b = \frac{2 l_b s^2 R_m \varepsilon}{3 l_a} =$$

$$= \frac{2 \cdot 25\ \text{mm} \cdot 1{,}5^2\ \text{mm}^2 \cdot 330\ \frac{\text{N}}{\text{mm}^2} \cdot 2{,}5}{3 \cdot 30\ \text{mm}} = 1031\ \text{N}$$

Nach Tafel II.5 sind 3° Aufbiegung zu erwarten.

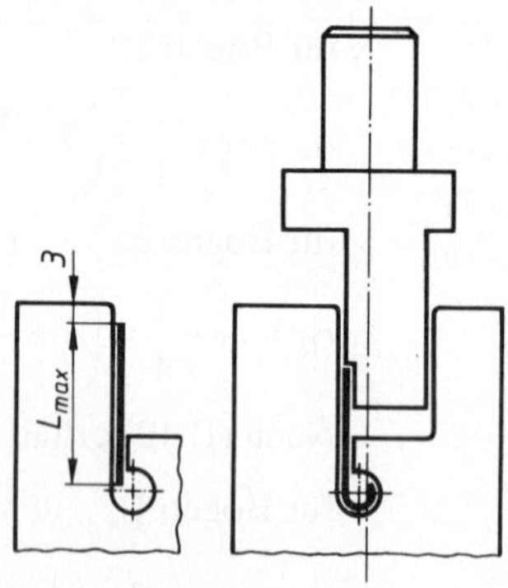

Bild II.36 Rollstanzen im Werkzeug-Unterteil

2.2. Rollen (Bild II.36)

Blechkanten werden gerollt, wenn man einen verstärkten Rand oder ein Scharnierauge fertigen will. Vor dem Rollen soll die Rollkante angekippt sein.

Die neutrale Faser liegt in der Mitte des gerollten Teiles. Die Zuschnittlänge des Rollrandes wird nach (II.10) ermittelt. Die Größe des Biegewinkels ermittelt man nach genauer Zeichnung oder durch Versuche.

2.3. Durchziehen (Bild II.37)

Weiche Werkstoffe (Stahl bis 500 N/mm² Zugfestigkeit) werden zum Einschneiden von Gewinde oder zur Ausbildung einer Lagerstelle mit kleinem Durchmesser vorgelocht und dann der überschüssige Werkstoff aus der Blechebene herausgezogen.
Durchziehen ohne Vorlochen ist möglich (Bild II.38).

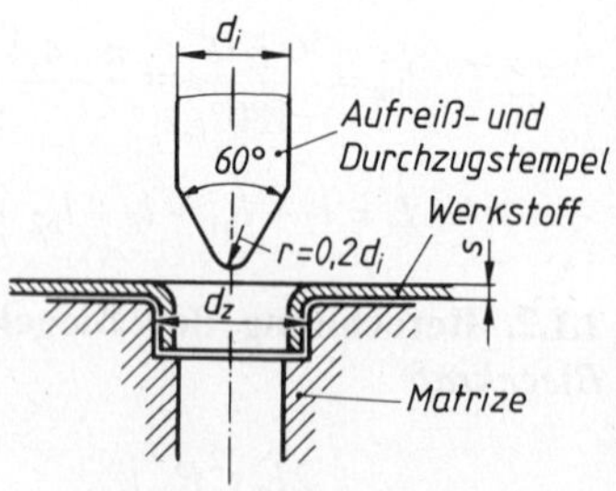

Bild II.38 Durchziehen ohne Lochung, d_i Innendurchmesser, d_z Durchzugdurchmesser, s Werkstoffdicke

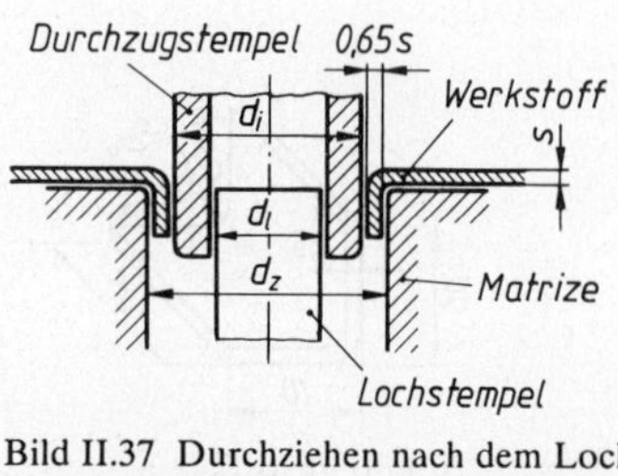

Bild II.37 Durchziehen nach dem Lochen d_l Lochdurchmesser, d_i Innendurchmesser = Stempeldurchmesser, d_z Durchzugdurchmesser = $d_i + 2 \cdot 0{,}65\, s$, s Werkstoffdicke

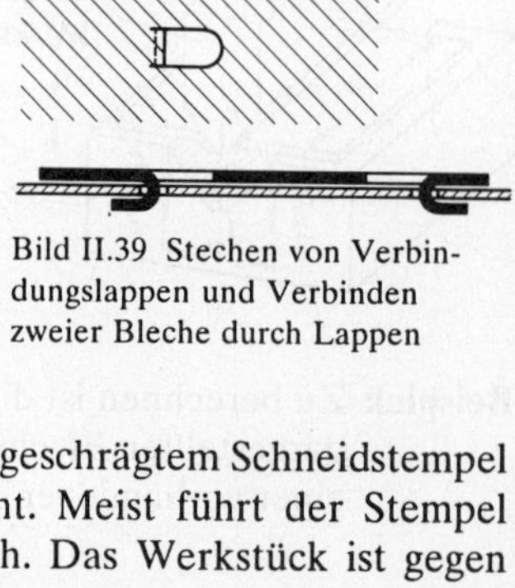

Bild II.39 Stechen von Verbindungslappen und Verbinden zweier Bleche durch Lappen

2.3.1. Stechen

2.3.1. Stechen (Bild II.39). Beim Stechen wird mit einseitig abgeschrägtem Schneidstempel das Blech in einem nicht geschlossenen Linienzug getrennt. Meist führt der Stempel gleichzeitig die Verformung des ausgetrennten Steges durch. Das Werkstück ist gegen

Verschieben beim Schnitt zu sichern. Der Stempel muß sehr eng geführt sein, wenn ein Ausweichen, besonders bei dünnen Stempeln vermieden werden soll.

2.4. **Falzen** (Bild II.40)

Falzen ist das Verbinden dünner Bleche durch Ineinanderhaken umgebogener Ränder. Falzbar sind alle Bleche von 0,28 ... 1,25 mm Dicke, deren Werkstoff um 180° ohne Rißbildung zu biegen ist. Dabei darf der Abkantknick bei Zink- und Elektronblechen nicht parallel zur Walzrichtung liegen, bei Stahlblechen kann er beliebig zur Walzfaser liegen. Falzverbindungen sind staub- und regenwasserdicht (Dacheindeckungen). Durch Löten des fertigen Falzes oder durch Dichtungszwischenlagen aus Gummi oder Papier wird die Falzverbindung so dicht, daß sie höchsten Ansprüchen auf Luft- und Wasserdichtheit genügt (Konservendosen).

Falzverbindungen kann man von Hand, maschinell oder vollautomatisch herstellen.

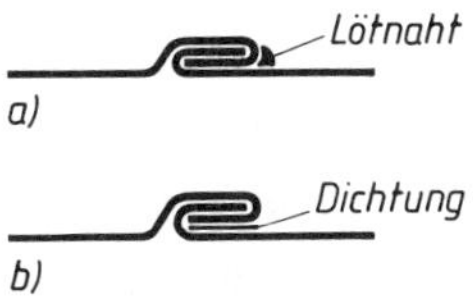

Bild II.40 Falzverbindung a) mit Lötnaht, b) mit eingelegter Dichtung

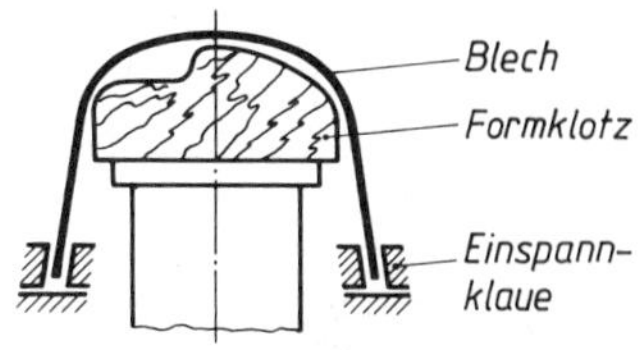

Bild II.41 Streckziehen (schematisch)

2.5. **Streckziehen** (Bild II.41)

Aus Blech zu formende Großteile geringer Stückzahl (etwa 200 im Monat) sind durch Streckziehen wirtschaftlich herstellbar (Lastwagenkotflügel bis 2 mm Blechdicke).

Das in Klauen eingespannte Blech wird durch den Formklotz gestreckt, wenn er mit der Streckziehkraft F_z nach oben bewegt wird. Beim Strecken paßt sich das Blech den erhabenen Formen des Formklotzes an. Den Vertiefungen des Formklotzes wird das Blech durch Nachstrecken von außen oder durch Einpoltern von Hand angeformt.

Streckziehanlagen sind billig. Formklötze aus druckfestem Holz (Buche, Nußbaum), Einspannklauen und Aufspannrahmen können in einfach eingerichteten Werkstätten gefertigt werden, während man für die Erzeugung der Streckziehkraft handelsübliche Hydraulikzylinder und -pumpen mit Hand-, Fuß- oder elektrischem Antrieb verwendet. Es ist jedoch zu empfehlen, Streckzieharbeiten von geschulten Fachkräften ausführen zu lassen. Gute Schmierung zwischen Formklotz und Blech muß die Reibung niedrig halten, sonst reißt das Blech in den Zonen der größten Streckung.

Streckziehen wird in der Großserienfertigung auf Doppelpressen durchgeführt (Kraftwagenkarosserieteile). Die Einspannklauen sind hier durch Halteränder ersetzt (Bild II.42).

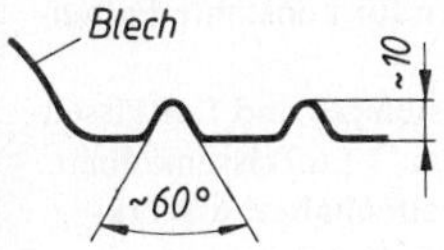

Bild II.42
Halteränder zum Streckziehen in der Großserienfertigung

2.6. Tiefziehen

Durch Tiefziehen werden Blechzuschnitte aller Metalle, Plattenzuschnitte aus plastischen oder thermoplastischen Kunststoffen, Papier oder Pappe zu Hohlkörpern mit prismatischen Wandungen geformt (Bild II.43).

Tiefziehen ist nur für Großserien (etwa ab 1000 Stück) wirtschaftlich, weil immer ein Ziehsatz nach Bild II.44 erforderlich ist. Tiefgezogenen Körpern gibt man durch *Ausbauchen* und *Einziehen* (Abschnitt 2.7) der prismatischen Wandung zweckvollere Formen.

Bei jedem Tiefziehen ist das *Zieh-* oder *Schlagverhältnis* einzuhalten, dessen Größe von der Ziehfähigkeit des Werkstoffs abhängt (Größe der Ziehverhältnisse siehe Tafel II.6). Der erste Umformvorgang eines ebenen Zuschnitts zu einem Topf heißt: *Anschlagzug*; die weiteren Umformungen zu Töpfen mit kleinerem Durchmesser, aber größerer Wandhöhe: *Weiterzug* oder *-schlag*.

Das *Ziehverhältnis* m für den Anschlagzug wird als Quotient „neuer Durchmesser“ d zu „Ausgangsdurchmesser“ D ausgedrückt:

$$m = \frac{d}{D} \qquad \text{(II.18)}$$

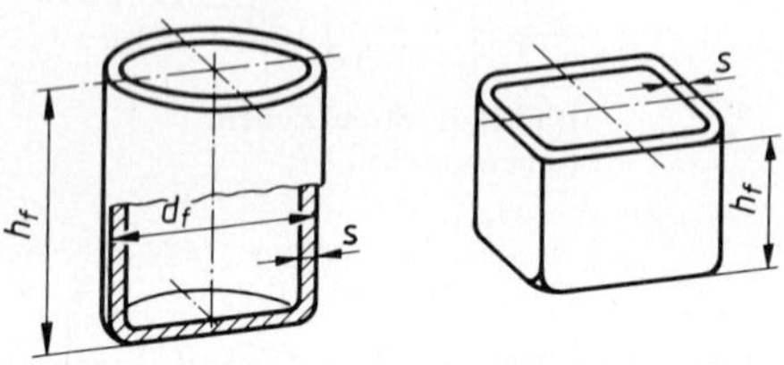

Bild II.43 Tiefziehteile

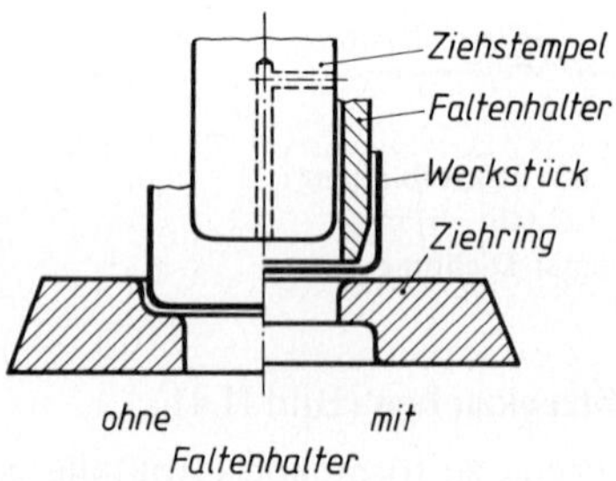

Bild II.45 Weiterzug eines gezogenen Topfes, *ohne* und *mit* Faltenhalter
Zentrierung: ohne Faltenhalter im Ziehring, mit Faltenhalter durch den Faltenhalter

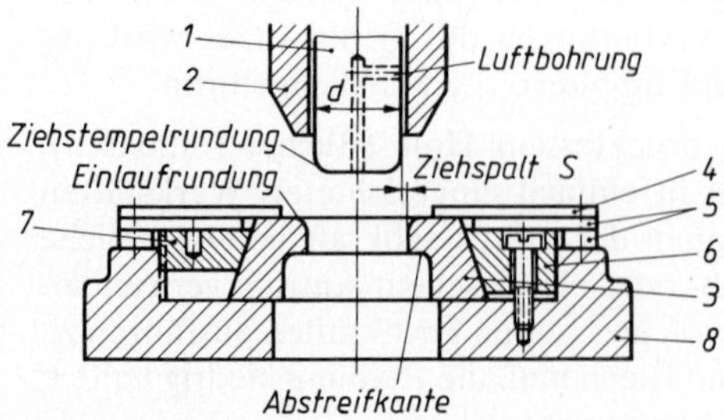

Bild II.44 Aufbau eines Ziehsatzes
1 Ziehstempel aus gehärtetem Stahl, selten aus Hartmetall, 2 Faltenhalter aus Stahl, 3 Ziehring aus gehärtetem Stahl oder Hartmetall, 4 Aufnahme, 5 Ausfutterung, 6 Spannring mit Schrauben oder 7 Spannring als Spannringmutter, 8 Einspannplatte (Frosch) aus Baustahl oder Grauguß

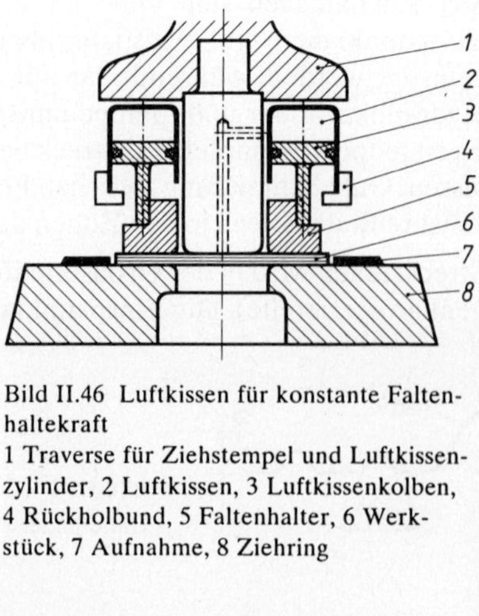

Bild II.46 Luftkissen für konstante Faltenhaltekraft
1 Traverse für Ziehstempel und Luftkissenzylinder, 2 Luftkissen, 3 Luftkissenkolben, 4 Rückholbund, 5 Faltenhalter, 6 Werkstück, 7 Aufnahme, 8 Ziehring

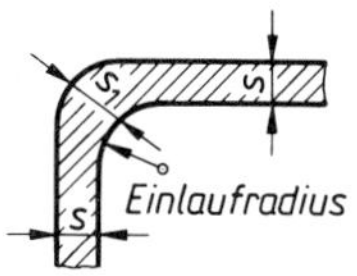

Bild II.47 Werkstoffverdickung während des Zuges
s Ausgangswerkstoffdicke,
s_1 Werkstoffverdickung im Ziehbogen,
$s_1 = 1{,}5 \ldots 1{,}66\, s$

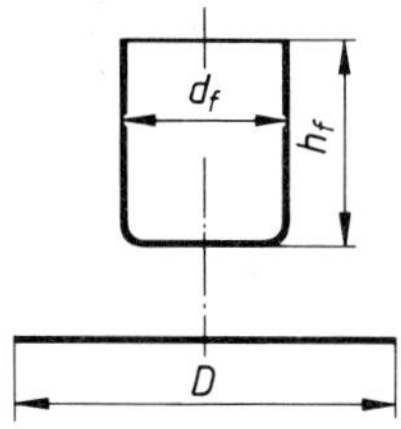

Bild II.48 Zuschnittberechnung für verlustloses Tiefziehen

Das *Weiterschlagverhältnis* m_1 kann für alle Durchmesserverkleinerungen gleichgroß angenommen werden (in Wirklichkeit wird das Weiterschlagverhältnis nach jeden Schlag größer und nähert sich dem Wert 1) und durch den Quotienten „neuer Durchmesser" zum „zugehörigen Ausgangsdurchmesser" ausgedrückt werden:

$$m_1 = \frac{d_1}{d} = \frac{d_2}{d_1} = \frac{d_3}{d_2} = \frac{d_4}{d_3} = \cdots \qquad \text{(II.19)}$$

Weiterzüge können *mit* und *ohne* Faltenhalter erfolgen (Bild II.45).

Um die Faltenhaltekraft F_f über den gesamten Ziehweg konstant zu halten, verwendet man öldruck- oder luftkissengesteuerte Faltenhalter (Bild II.46).

Die drei Tiefziehverfahren

a) *Das Topfziehen* oder verlustlose Tiefziehen. Die gezogene Topfwandung hat die Dicke des Ausgangswerkstoffes (Bild II.47), dadurch ergibt sich für das Topfziehen:

Oberfläche des Rohteils = Oberfläche des Fertigteils.

Für einen Topf mit zylindrischer Hohlwandung nach Bild II.48 errechnet sich der *Zuschnittdurchmesser D* für die Ausgangsronde (kreisrunde Blechscheibe) zum Ziehen eines Topfes mit dem Fertigdurchmesser d_f und der Fertighöhe h_f zu:

$$D = \sqrt{d_f^2 + 4 d_f h_f} \qquad \text{(II.20)}$$

Die Zahl der erforderlichen Züge beeinflußt die Zuschnittberechnung nicht.

Die Größe der Ziehpresse bestimmt man nach überschlägig errechneter Zugkraft F_z und der ebenso bestimmten *Faltenhaltekraft* F_f:

$$F_z \approx s\,U\,R_m\,\kappa_z \qquad \text{(II.21)}$$

F_z	s, U	R_m	κ_z
N	mm	$\frac{\text{N}}{\text{mm}^2}$	1

$U s$ ist die in Umformung befindliche Fläche, vereinfacht aus Stempelumfang U und Blechdicke s ermittelt; R_m Zugfestigkeit; κ_z Tiefzieh-Korrekturfaktor, siehe Tafel II.7.

$$F_f \approx A_f\, p \qquad \text{(II.22)}$$

F_f	A_f	p
N	mm^2	$\frac{\text{N}}{\text{mm}^2}$

A_f niederzuhaltende Fläche in mm², für den Anschlagzug $\pi/4\,(D^2 - d^2)$; D Rondendurchmesser, d Durchmesser des 1. Topfes; p Faltenhalterdruck in N/mm². Werte für p siehe Tafel II.6.

Tafel II.6. *Tiefziehverhältnisse* und *Faltenhalterdruck* für Bleche bis 2 mm Dicke und Tiefziehen mit Faltenhalter

	Anschlagzugverhältnis $m = \frac{d}{D}$	Weiterzugverhältnis $m_1 = \frac{d_1}{d} = \frac{d_2}{d_1} \cdots$	Anzuwendender Faltenhalterdruck p N/mm²
Karosserieblech	0,55	0,75	2
Tiefziehblech	0,58	0,78	2,5
Ziehblech	0,6	0,8	2,8
Stahlblech bis R_m = 500 N/mm²	0,6	–	3
nichtrostender Stahl mit 12 ... 14 % Cr	0,55	0,8	3
Weißblech	0,6	0,88	3
Kupferblech, weich	0,5	0,85	2
Messingblech Ms 63	0,55	0,8	2
Messingblech Ms 67	0,63	0,75	1,8
Zinkblech	0,65	0,85	1,5
Zink-Legierung Zn-Cu	0,6	0,85	1,5
Aluminium 99,5 %	0,53	0,8	1,2
Al-Cu-Legierungen	0,55	0,9	1,5
Al-Mg-Legierungen	0,5	0,8	1,2

Zugkraft F_z und Faltenhaltekraft F_f ergeben die von der Presse aufzubringende *Gesamtziehkraft*

$$F_{ges} = F_z + F_f \qquad \text{(II.23)}$$

Die Gesamtziehkraft F_{ges} wirkt nur während des *Nutzhubes* der Presse, also nur dann, wenn die Wandhöhe h geformt wird. Daraus ergibt sich die annähernd aufzubringende *Nutzarbeit* W zu:

$$W \approx F_{ges}\, h\, \kappa_p \qquad \begin{array}{c|c|c|c} W & F_{ges} & h & \kappa_p \\ \hline \text{Nm} & \text{N} & \text{m} & 1 \end{array} \qquad \text{(II.24)}$$

κ_p Umform-Korrekturfaktor ist vom Ziehverhältnis m abhängig, Werte für κ_p siehe Tafel II.7.

Für bestimmte Ziehaufgaben kann es nötig sein, den erforderlichen Kraftaufwand genau zu kennen, z.B. bei der Klärung von Beanstandungen nach aufgetretenen Bodenreißern. In solchen Fällen setzt man Meßdosen zwischen Ziehstempel und Pressenstößel, die die Stößelkraft genau anzeigen.

Tafel II.7. *Tiefziehkorrekturfaktoren* für die Tiefziehverhältnisse m und m_1

Tiefziehverhältnis m oder m_1	Tiefziehfaktor κ_z	Umformfaktor κ_p
0,5	1	0,8
0,55	0,9	0,8
0,6	0,83	0,8
0,65	0,7	0,74
0,7	0,6	0,7
0,75	0,5	0,67
0,8	0,4	0,65
0,9	0,2	0,64
1,0	0,1	0,64

Beispiel: Zu berechnen ist der Zuschnittdurchmesser D der Ausgangsronde für verlustloses Tiefziehen eines Topfes aus 0,8 mm dickem Tiefziehstahlblech mit dem Fertigungsdurchmesser $d_f = 40$ mm und der Fertighöhe $h_f = 60$ mm.

Lösung: Nach (II.20) ist unter Vernachlässigung der geringen Wanddicke $s = 0{,}8$ mm:

$$D = \sqrt{d_f^2 + 4 d_f h_f}$$

$$= \sqrt{(40^2 + 4 \cdot 40 \cdot 60)\ \text{mm}^2}$$

$$D = 105{,}8\ \text{mm}$$

Auszuführen ist der Zuschnittdurchmesser $D = 106$ mm.

Beispiel: Aus 1 mm dicken Ziehblech mit $R_m = 320$ N/mm^2 Festigkeit sollen Töpfe mit einem Fertigdurchmesser $d_f = 25$ mm und einer Fertighöhe $h_f = 50$ mm tiefgezogen werden. a) Wieviel Züge (Schläge) sind erforderlich? b) Welche Stößelkraft F_{ges} muß die Presse haben?

Lösung: a) Zur Ermittlung der Anzahl der Züge muß der Ausgangsdurchmesser D der Ronde bekannt sein, er errechnet sich nach (II.20) zu:

$$D = \sqrt{d_f^2 + 4 d_f h_f} = \sqrt{(25^2 + 4 \cdot 25 \cdot 50)\ \text{mm}^2} = 75\ \text{mm}$$

Für den Anschlagzug kann nach Tafel II.6 für Ziehblech $m = 0{,}6$ gewählt werden. Damit wird der Topfdurchmesser d des Anschlagzuges nach (II.18):

$$d = m D = 0{,}6 \cdot 75\ \text{mm} = 45\ \text{mm}$$

Für die Weiterzüge ist aus Tafel II.6 mit dem für Ziehblech angegebenen Weiterzugverhältnis $m_1 = 0{,}8$ gerechnet. Damit ergeben sich nach (II.19):

$$d_1 = m_1 d \ = 0{,}8 \cdot 45\ \text{mm} = 36\ \text{mm}$$
$$d_2 = m_1 d_1 = 0{,}8 \cdot 36\ \text{mm} = 28{,}8\ \text{mm}$$
$$d_3 = m_1 d_2 = 0{,}8 \cdot 29\ \text{mm} = 23{,}2\ \text{mm}$$

Der geforderte Fertigdurchmesser d_f ist in vier Zügen zu fertigen mit den gerundeten Ziehdurchmessern 45, 36, 30, 25 mm.

b) Die aufzubringende Gesamtziehkraft F_{ges} ist nach (II.23): $F_{ges} = F_z + F_f$. Die Ziehkraft F_z wird nach (II.21) ermittelt, der fehlende Tiefzieh-Korrekturfaktor κ_z für das angewendete Anschlagziehverhältnis $m = 0{,}6$ aus Tafel II.7 entnommen zu: $\kappa_z = 0{,}83$

$$F_z \approx U s R_m \kappa_z = 45\ \text{mm} \cdot \pi \cdot 1\ \text{mm} \cdot 320 \frac{\text{N}}{\text{mm}^2} \cdot 0{,}83 = 37\,600\ \text{N}$$

Nach (II.22) wird die Faltenhaltekraft $F_f \approx A_f p$ ermittelt. Die niederzuhaltende Fläche beträgt $A_f = \pi/4\,(D^2 - d^2) = \pi/4\,(7{,}5^2 - 4{,}5^2)\ \text{cm}^2 = 28{,}3\ \text{cm}^2$. Der Faltenhalterdruck ist in Tafel II.6 für Ziehblech mit $p = 2{,}8$ N/mm^2 ausgewiesen. Mit diesen Werten ergibt sich die Faltenhaltekraft

$$F_f \approx A_f p = 2830\ \text{mm}^2 \cdot 2{,}8 \frac{\text{N}}{\text{mm}^2} = 7920\ \text{N} \quad \text{und}$$

$$F_{ges} = F_z + F_f = 37\,600\ \text{N} + 7920\ \text{N} = 45\,520\ \text{N}$$

Für die Herstellung der verlangten Töpfe im Tiefziehverfahren ist eine Ziehpresse mit 50 000 N Stößelkraft einzusetzen.

b) *Polierziehen* wird angewendet, um im Tiefziehverfahren geformte Hohlwandungen zu glätten und maßhaltige Oberflächen zu bekommen. Die polierten Außenoberflächen der Hohlwandungen erhält man, wenn ein Ziehsatz verwendet wird, dessen Ziehspalt genau der Ausgangswanddicke des Werkstoffes entspricht.

c) *Tiefziehen mit Wandschwächung.* Aus gut ziehfähigen Metallen (Stahlblech in Tiefzieh- oder Karosseriegüte; Aluminium; weiches Messing, Kupfer) wird im verlustlosen Tiefziehen ein dickwandiger Topf mit niedriger Wandhöhe hergestellt. Die niedrige Wandhöhe zieht man durch einen Ziehsatz, dessen Ziehspalt kleiner als die Wanddicke s ist. Hierbei kann man beim ersten Zug die Wanddicke um 30 %, bei allen Weiterzügen um 25 % vermindern.

Fehler beim Tiefziehen

Fehler	Ursachen	Änderungsvorschlag
Doppelungen im Werkstoff	Oxid- oder Sandeinschlüsse im Werkstoff	Vor dem Umformen Ultraschallprüfung durchführen. Blechqualität verbessern.
Betonte Walzstruktur (Textur) führt zu Zipfelungen	Walzen des Bleches ergibt Zeilenstruktur. Mechanische Eigenschaften des Werkstoffs stark abhängig von der Walzrichtung.	Normalglühen des Bleches bei 900 ... 950 °C ergibt sehr feines Gefüge. Walzstruktur geht verloren. Die mechanischen Eigenschaften des Werkstoffs sind nach dem Glühprozeß richtungsunabhängig.
Blechdicken-abweichungen	Abgenutzte Walzen	Gewünschte maximale Blechdicken-abweichung vorschreiben
Bodenreißer (häufiger Fall)	Ziehverhältnis zu groß	Zugabstufung wählen: Durch größere Anzahl der Züge vermindert sich der Verformungsgrad pro Zug! Blechqualität verbessern.
Bodenabriß (seltener Fall)	Ziehwerkzeug falsch ausgelegt	Werkzeuggestaltung generell überarbeiten.
Ziehriefen in der Oberfläche des Ziehteils	Übermäßiger Verschleiß des Ziehwerkzeugs	Hartverchromen der dem stärksten Verschleiß ausgesetzten Werkzeugoberflächen (Stempel, Matrize).

2.7. Ausbauchen und Einziehen

Die Hohlwandungen tiefgezogener Töpfe werden durch Ausbauchen oder Einziehen von der geraden Ausbildung in beliebige Gebrauchsformen gebracht.

Man *baucht aus* mit Gummikissen oder Druckflüssigkeit (Bild II.49) oder mit Spreizwerkzeugen (Bild II.50). Man *zieht ein* mit Stempel und Einziehringen (Bild II.51). Die formgebende Matrize ist geteilt, um das Auspacken der fertigen Werkstücke zu ermöglichen oder zu erleichtern. Ausbauchmatrizen sollen wegen des häufigen Bewegens von Hand so leicht wie möglich sein. Eingezogene Wandungen steigen am Einziehring hoch und vergrößern die Wandhöhe.

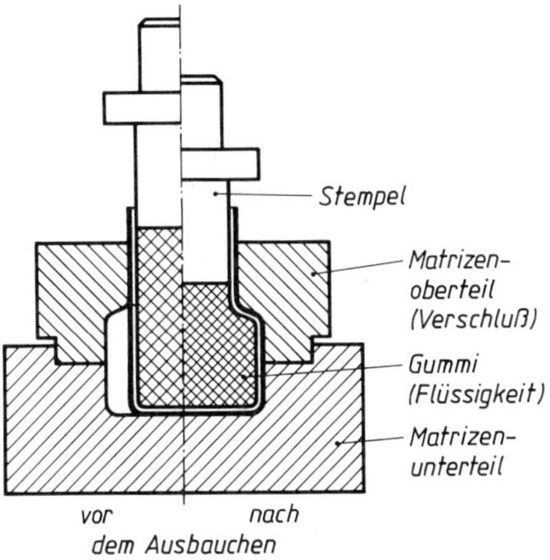

Bild II.49 Ausbauchen mit Gummikissen oder Druckflüssigkeit

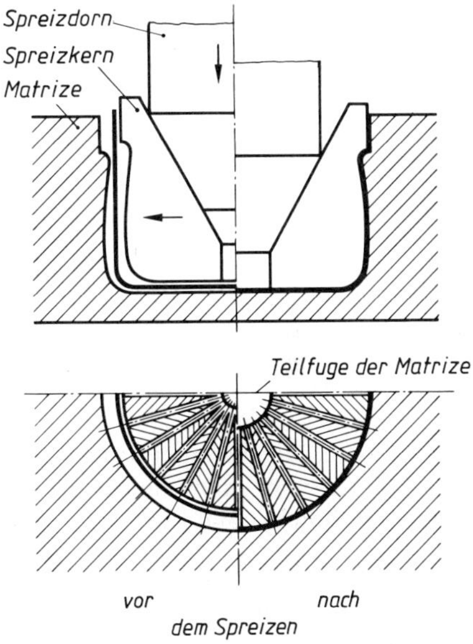

Bild II.50 Ausbauchen mit Spreizkernen

2.8. Drücken

Durch Drücken können nur kreisrunde, in Ausnahmefällen ovale, Rotationskörper aus tiefziehfähigem Stahl- oder Weißblech (bis 1 mm dick), Aluminiumblech (bis 4 mm dick), Kupfer-, Messing- oder Zinkblech (bis 2 mm dick) hergestellt werden.

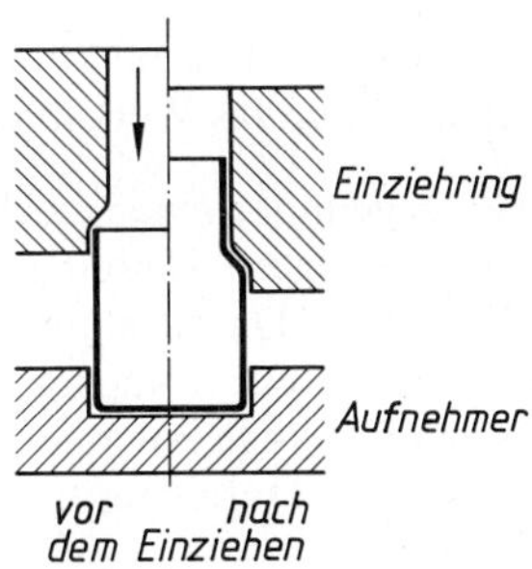

Bild II.51 Einziehen tiefgezogener Töpfe

2.9. Sicken

Eine *Sicke* soll die Steifheit eines ebenen Bleches erhöhen. Sicken werden auf Sickenmaschinen eingewalzt (gesickt). Breite und Höhe der Sicken paßt man dem Verwendungszweck und der Dehnung des Werkstoffes an.

2.10. Fließpressen

Beim Fließpressen wird Werkstoff unter hohem Druck zum Fließen gebracht und durch eine vom Preßstempel und Werkzeug gebildete Öffnung gepreßt.

Kaltfließpressen liegt vor, wenn die Umformung unterhalb der Rekristallisationstemperatur stattfindet. Dabei verzerren sich die einzelnen Kristalle. Der Formänderungswiderstand des Werkstoffs vergrößert sich.

Warmfließpressen liegt vor, wenn die Umformung oberhalb der Rekristallisationstemperatur stattfindet. Dabei verzerren sich die Kristalle nicht und der Formänderungswiderstand bleibt gleich.

2.10.1. Fließpreßverfahren

Beim *Rückwärtsfließpressen* – auch indirektes Fließpressen genannt – fließt der Werkstoff gegen die Bewegungsrichtung des Stempels (Bild II.52). Er wird in Form einer Platine in das Werkzeugunterteil gelegt. Während der Stempel auf die Platine drückt, steigt der Werkstoff in entgegengesetzter Richtung empor. Die so erreichbaren Wanddicken sind im Verhältnis zum Durchmesser sehr klein.

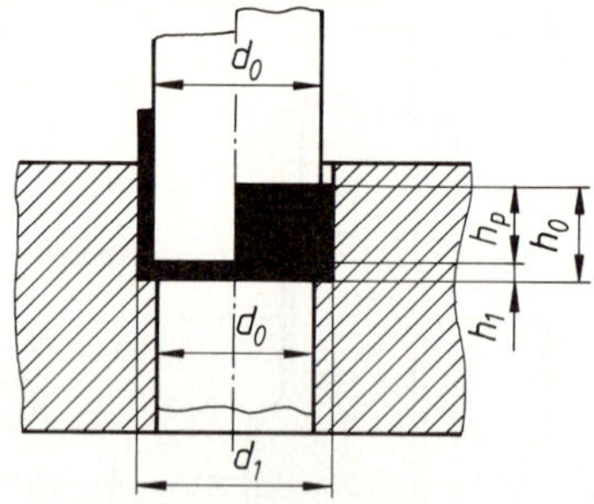

Bild II.52 Rückwärtsfließpressen

Beim *Vorwärtsfließpressen* – auch direktes Fließpressen genannt – fließt der Werkstoff in Richtung der Stempelbewegung. Als Rohling ist ein Napf erforderlich. Der Stempel drückt auf die Stirnseite des Napfes und preßt den Werkstoff durch die Matrizenöffnung (Bild II.53).

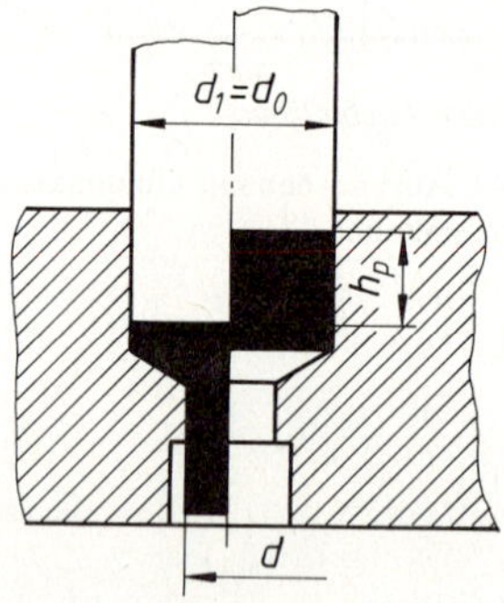

Bild II.53 Vorwärtsfließpressen

Das *Koldflo-Verfahren* ist eine Kombination aus direktem und indirektem Fließpressen. Hier bewegen sich zwei Stempel gegeneinander. Als Rohlinge werden Näpfe eingelegt. Dieses Verfahren wird häufig beim Fließpressen von Stahl eingesetzt (Bild II.54).

Beim *hydrostatischen Fließpressen* wird grundsätzlich vorwärts gepreßt. Die Druckkraft wird über eine Flüssigkeit (Hydrauliköl in besonderer Zusammensetzung) auf das Werkstück übertragen.

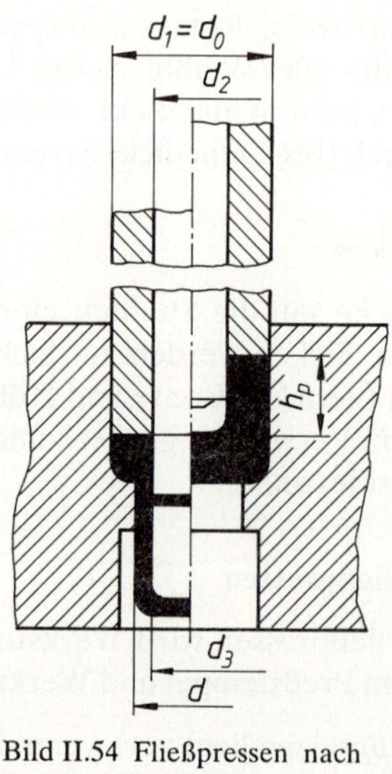

Bild II.54 Fließpressen nach dem Koldflo-Verfahren

Vorteile gegenüber einer mechanischen Kraftübertragung: Geringere Reibung zwischen Werkstück und Werkzeug. Durch kleinere Matrizenöffnungswinkel verläuft der Umformprozeß gleichmäßiger. Es können Rohlinge mit einem größeren Verhältnis von Länge zum Durchmesser umgeformt werden.

Nachteilig können sich die Abdichtungsschwierigkeiten an den Stempelführungen infolge der hohen Preßdrücke auswirken.

Müssen spröde Werkstoffe wie z.B. Chrom, Molybdän oder Beryllium verarbeit werden, kann *hydrostatisch mit Gegendruck* fließgepreßt werden. Da hier der Flüssigkeitsdruck allseits auf das Werkstück wirkt, ist die Gefahr des Aufreißens während des Umformvorganges geringer als beim normalen hydrostatischen Fließpressen.

Gegenüber der mechanischen Kraftübertragung macht die Bestimmung der erforderlichen Fließpreßkraft große Schwierigkeiten. Die Druckflüssigkeit muß für jeden Fließpreßvorgang neu eingefüllt werden und der Umformvorgang selbst läuft sehr langsam ab.

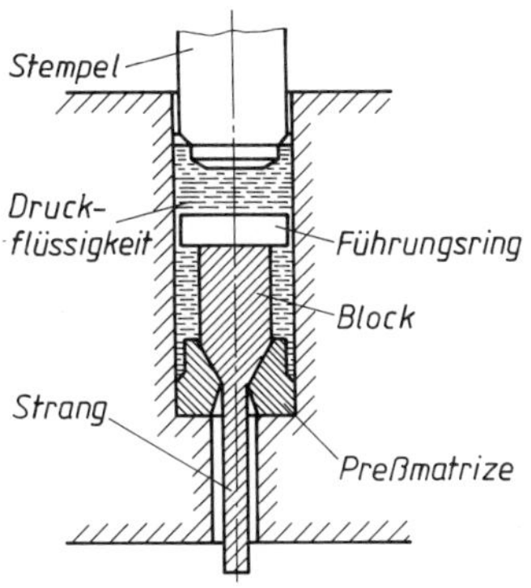

Bild II.55 Hydrostatisches Fließpressen

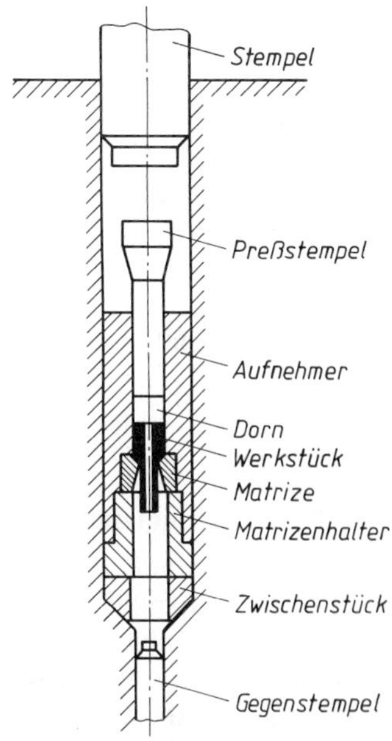

Bild II.56 Hydrostatisches Fließpressen mit Gegendruck

2.10.2. Fließpreßbare Werkstoffe

Alle Werkstoffe mit einem guten Formänderungsvermögen sind zum Fließpressen geeignet. Neben den Nichteisenmetallen lassen sich auch bestimmte Stahlsorten fließpressen. In der Praxis wird für jeden Werkstoff eine Fließkurve ermittelt. Als Kriterien werden neben der Härte, der Streckgrenze und der Bruchdehnung vor allem die Fließspannung k_f und der Umformgrad φ herangezogen (Bild II.57).

In einem Werkstoff wird die *Fließspannung* k_f erreicht, wenn eine bleibende Formänderung erzielt wird:

$$k_f = \frac{F}{A} \qquad \text{(II.25)}$$

k_f	F	A
$\frac{N}{mm^2}$	N	mm^2

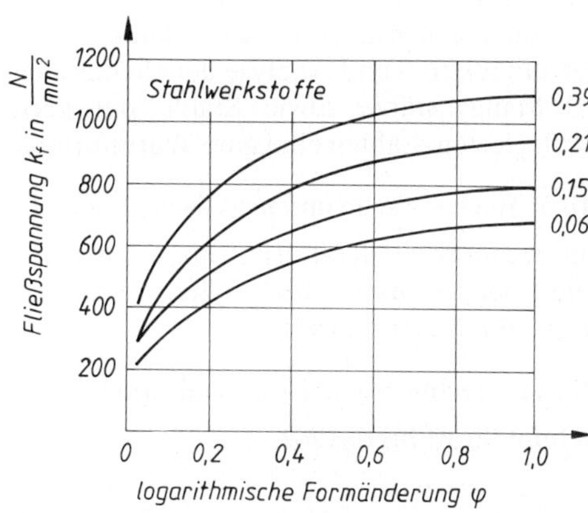

Bild II.57 Fließkurven einiger Werkstoffe bei 20 °C

Der *Umformgrad* φ – auch logarithmische Formänderung genannt – ergibt sich aus dem logarithmischen Verhältnis der Ausgangs- zur Augenblickshöhe:

$$\varphi = \ln \frac{h_1}{h_0} \qquad \text{(II.26)}$$

Grenzen des Verfahrens: Werkstoffe, bei denen die größte Formänderung unter 25 % liegt, sollten nicht fließgepreßt werden. Werkstoffe, die Fließpreßwerkzeuge mit einer Flächenpressung > 2500 N/mm^2 belasten würden, sollten nicht fließgepreßt werden, da die Wirtschaftlichkeit dieser Werkzeuge nicht mehr gegeben ist.

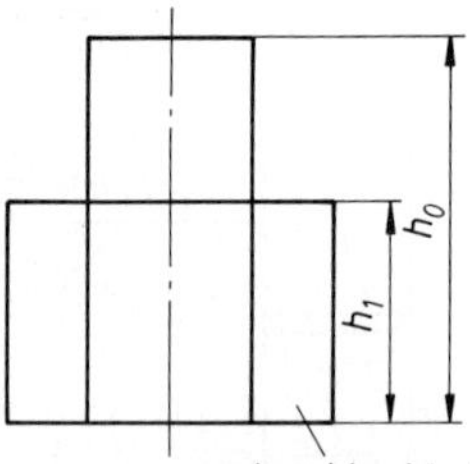

Bild II.58
Stauchvorgang

2.10.2.1. Nichteisenmetalle

Das Fließpressen von NE-Metallen ist problemlos und sehr weit verbreitet. Hauptsächlich werden Werkstoffe wie Aluminium, Kupfer, Blei, Zinn, Zink und deren Legierungen verarbeitet.

2.10.2.2. Eisenmetalle

Stahl kann *unterhalb* der Rekristallisationstemperatur (kalt) fließgepreßt werden, wenn die einzelnen Kristallite bei der auftretenden Druckbeanspruchung gleiten können, ohne daß der Zusammenhang der gleitenden Schichten verlorengeht. Spröde, also für das Fließpressen ungeeignete Werkstoffe lassen sich durch Kegelstauchproben aussondern.

Die chemische Zusammensetzung des Stahles hat einen großen Einfluß auf seine Kaltverformbarkeit. Mit steigendem Kohlenstoffgehalt und zunehmenden Legierungsbestandteilen nimmt das Formänderungsvermögen ab. Die Umformgrenze liegt bei einem Kohlenstoffgehalt von 0,45 %.

Bei *warmfließpreßbaren* Stählen wird die Warmformänderungsfähigkeit durch den gleichen Versuchsablauf wie bei den kaltfließpreßbaren Stählen festgestellt: Stauchprobe, Warmfließkurve und Analyse der chemischen Zusammensetzung. Niedriglegierte Nickel – und Manganstähle sowie Stähle mit geringem Kohlenstoffgehalt haben gegenüber hochlegierten Stählen eine gute Warmformbarkeit.

2.10.3. Rechnerische und praktische Fließkraftermittlung

Eine rechnerische Kraftermittlung ist nur bei sehr einfachen Fließvorgängen möglich. Für kompliziert geformte Fließpreßteile werden auf Versuchsmaschinen Kraft-Weg-Diagramme erstellt und ausgewertet.

2.10.3.1. Rechnerische Kraftermittlung

Fließpreßkraft für das *Rückwärtsfließpressen* (siehe Bild II.52):

$$F = A_{d1} \frac{k_f \varphi_{rm}}{\eta_F} \qquad \text{(II.27)}$$

F	k_f	A	φ_{rm}, φ_g, η_F
N	$\frac{N}{mm^2}$	mm^2	1

Fließpreßkraft für das *Vorwärtsfließpressen* (siehe Bild II.53):

von Vollkörpern

$$F = A_{d1} \frac{k_f \varphi_g}{\eta_F} \qquad \text{(II.28)}$$

von Hohlkörpern

$$F = (A_{d1} - A_{d2}) \frac{k_f \varphi_g}{\eta_F} \qquad \text{(II.29)}$$

φ_g logarithmische Formänderung

$$\varphi_g = \ln \frac{A_{d1}}{A_d} \tag{II.30}$$

φ_{rm} mittlerer radialer Formänderungsgrad

$$\varphi_{rm} = \ln \frac{d_0}{d_1 - d} - 0{,}16 \tag{II.31}$$

φ_F Formänderungswirkungsgrad

für Rückwärtsfließpressen $\eta_F = 0{,}3 \cdots 0{,}7$
für Vorwärtsfließpressen $\eta_F = 0{,}4 \cdots 0{,}6$

2.10.3.2. Praktische Kraftermittlung

Zunächst muß der für die Fertigung eines bestimmten Fließpreßwerkstücks zweckmäßigste Pressentyp festgelegt werden. Anschließend wird die maximal auftretende Fließpreßkraft und ihr Kraftangriffspunkt auf dem Stempelweg ermittelt. Die so aufgenommenen Werte werden mit der Preßkraftkennlinie der vorher festgelegten Presse überlagert.

Das beispielhafte Kraft-Weg-Diagramm (Bild II.59) zeigt, daß die maximale Preßkraft innerhalb der Grenzkurve der Pressenkennlinie liegt. Da jedoch ungefährt 50° vor dem unteren Totpunkt des Stempels eine Kraftspitze auftritt, die über die Grenzkurve der Presse hinausgeht, kommt eine Verwendung dieses Pressentyps nicht in Betracht.

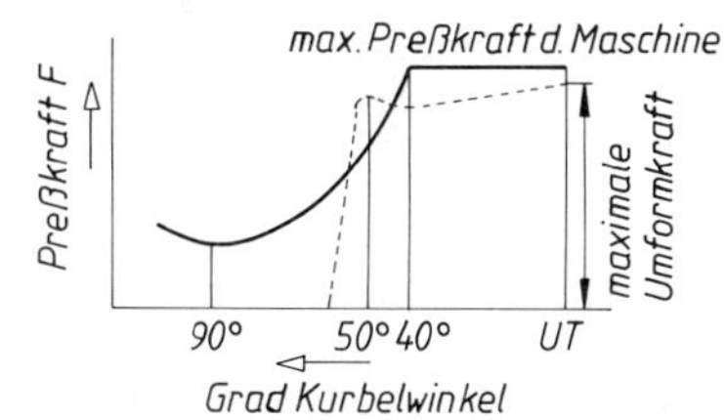

Bild II.59 Pressenkennlinie und Fließpreßkraft

2.10.4. Werkzeugkonstruktion

2.10.4.1. Werkzeug-Werkstoffe

Beim Fließpressen mit den unter 2.10.2 beschriebenen Werkstoffen ist eine Druckspannung $\sigma_{d\,zul} \leq 2500\ \text{N/mm}^2$ zulässig. Diese zulässige Druckspannung kann noch erhöht werden, wenn durch Preßvorgänge wie Setzen, Stauchen oder Kalibrieren eine Verfestigung der Werkzeug-Werkstoffe auftritt.

Auswahl geeigneter Werkzeug-Werkstoffe:

Stempeldruckplatte	X210Cr12
Fließpreßstempel	X210Cr46
Preßbüchse	X210Cr46
	oder 50NiCr13
Gegenstempel	X210Cr46
Preßbüchsen-Druckplatte	X145Cr6

2.10.4.2. Stempel- und Matrizenkonstruktion

Durch hohe Druckkräfte besteht für den Stempel Knickgefahr. Deshalb sollte die

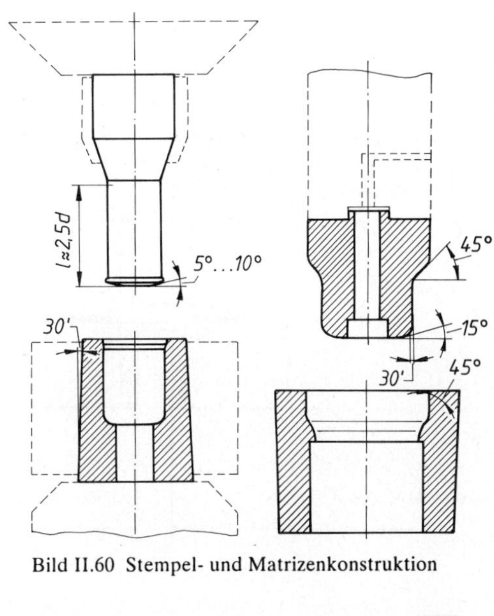

Bild II.60 Stempel- und Matrizenkonstruktion

Napftiefe oder die abzustreckende Länge nicht größer als das 2,5 ... 3fache des Stempeldurchmessers sein. Der zylindrische Teil des Stempels wird beim Rückwärtsfließpressen möglichst kurz gehalten und geht über einen Kegel in den Schaft über (Bild II.60).

Beim Vorwärtsfließpressen werden Stempel und Schaft getrennt gefertigt, da der Stempel als eigentliches Verschleißteil sehr oft ausgewechselt werden muß. Um ein optimales Fließen des Werkstoffes erreichen zu können, beträgt der Preßbüchsenwinkel mindestens 45°. Für beide Verfahren wird die Preßbüchse mit ungefähr 30′ konisch geschliffen, um Armierungen besser aufpressen zu können.

2.10.4.3. Vorspannung von Fließpreßwerkzeugen

Bei der Umformung durch Fließpressen treten sehr hohe Drücke in axialer und in radialer Richtung auf. Der axiale Druck wird von der Presse aufgenommen, der radiale Druck wirkt auf die Preßbüchse. Bei schwer preßbaren Werkstoffen wird die nach außen wirkende positive Radialspannung so groß, daß eine entgegengesetzt gerichtete negativ wirkende Radialspannung geschaffen werden muß. Die Resultierende beider Spannungen darf während des Fließvorganges eine positive Radialspannung von 2500 N/mm^2 nicht

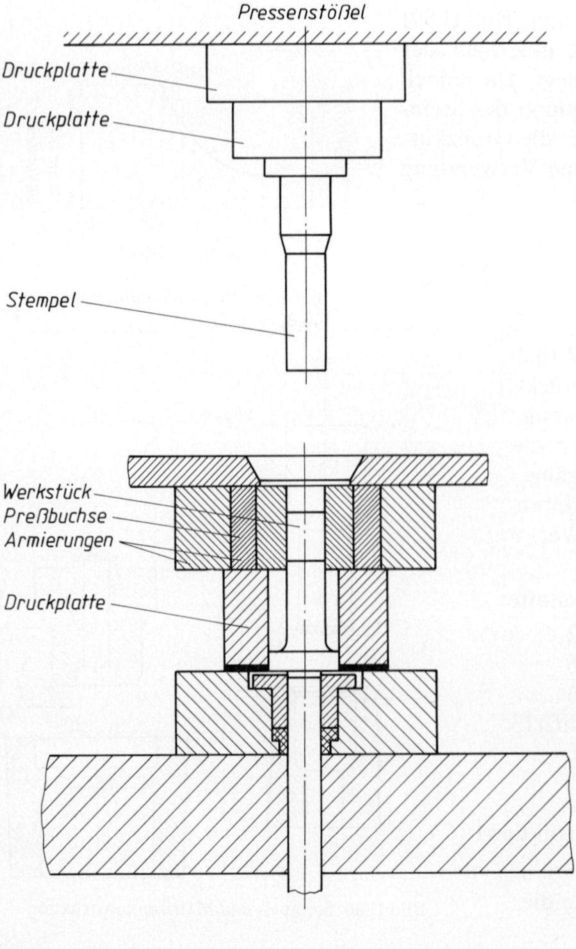

Bild II.61

Fließpreßwerkzeuge mit Armierungen

überschreiten. Eine negative Radialspannung (Vorspannung) kann durch Teilung der Matrize und Aufschrumpfen äußerer Ringe auf die Preßbüchse erreicht werden (Bild II.61).

2.10.5. Schmierung

Der Schmierung kommt beim Fließpressen große Bedeutung zu. Günstige Schmierverhältnisse lassen die Umformkräfte sinken, die Standzeit vergrößern und die Oberfläche des Werkstückes verbessern. Normale Öle und Fette können nicht verwendet werden, weil die große Flächenpressung den Öl- oder Fettfilm abquetscht, so daß sich die Wirkflächen berühren können. Auch Ölzusätze, meist Sulfid-, Phosphid- oder Nitridverbindungen, die bei hohen Temperaturen Salze bilden und so ein Verschweißen von Metallen verhindern, sind nicht sehr wirkungsvoll.

Molybdändisulfid MoS_2 ist eine chemische Verbindung von Molybdän und Schwefel. MoS_2 wird wegen seiner besonders guten Schmiereigenschaften auch beim Fließpressen von Stahl verwendet.

2.11. Schmieden

Durch Schmieden können Werkstücke getrennt, umgeformt und auch gefügt werden.
Zum Trennen gehören die Verfahren Abschneiden, Lochen, Abschroten, Einschroten und Schlitzen.

Durch Dorne, Durchlochen, Hohldornen oder Massivlochen werden Hohlräume erzeugt.
Querschnittsveränderungen erreicht man durch Recken, Breiten, Stauchen oder Anstauchen.

Mehrere Schmiedeteile einer Baugruppe können durch Schrumpfen oder Schweißen gefügt werden.

Beim Warmschmieden werden die Rohteile so weit erwärmt, daß nach dem Schmieden keine bleibende Verfestigung des Werkstoffs auftritt. Bei Stahl muß bis oberhalb der Rekristallisationstemperatur (850 ... 1200 °C) erwärmt werden.

Kaltgeschmiedet wird beim Kalibrieren, Prägen oder Stauchen. Die Umformung von meist kleineren Teilen aus Stahl oder Nichteisenmetallen findet bei Raumtemperatur statt.

2.11.1. Freiformschmieden

Frei geformte Schmiedewerkstücke haben sehr große Fertigungstoleranzen und müssen meist spanend nachbearbeitet werden. Durch das Freiformen werden nur einzelne Werkstücke hergestellt oder Gesenkschmiedeteile vorgeformt. Freiformschmiedeteile können Massen zwischen 1 kg und 250 t haben.

2.11.2. Gesenkschmieden

Beim Gesenkschmieden wird der Werkstoff über mehrere Stufen in eine allseitig geschlossene Form geschlagen. Die Form besteht aus einem Ober- und einem Untergesenk (Bild II.62).

Der auf Schmiedetemperatur erwärmte Werkstoff des Rohlings wird umgeformt und fließt in die Richtung der Gratbahn. In der Gratbahn kühlt er sehr schnell ab. Dadurch wird verhindert, daß weiterer Werkstoff nachfließen kann. Also erhöht sich in der letzten Umformphase der Druck im Gesenk sehr stark und es können die letzten Feinheiten wie z.B. kleinere Radien ausgeformt werden.

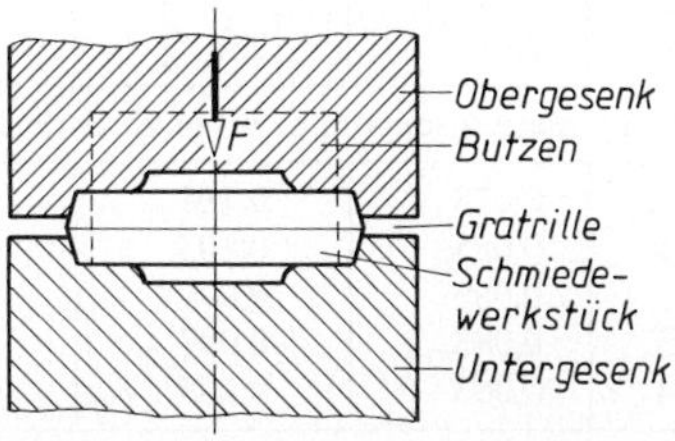

Bild II.62 Ober- und Untergesenk

Die Umformung kann durch Stauchen oder Steigen des Werkstoffs erfolgen (Bild II.63).

2.11.3. Stauchkraft und Staucharbeit

Eine der wichtigsten Größen zur Ermittlung der für die Umformung erforderlichen Stauchkraft und Staucharbeit ist die Fließspannung k_f (siehe Abschnitt 2.10.2). Sie ist beim Schmieden abhängig vom Werkstoff des Schmiedeteils, der Umformtemperatur und der Werkzeuggeschwindigkeit

$$k_f = k_{f0} \left(\frac{v}{h_1}\right)^n \qquad \text{(II.32)}$$

k_f, k_{f0}	v	h_1	n
$\frac{N}{mm^2}$	$\frac{m}{s}$	m	1

k_{f0} Fließspannung bei festgelegten Umformtemperaturen nach Tabelle II.8
v Werkzeuggeschwindigkeit (entspricht Umformgeschwindigkeit)
h_1 Endhöhe des Schmiedeteils nach der Stauchung
n Formänderungsexponent

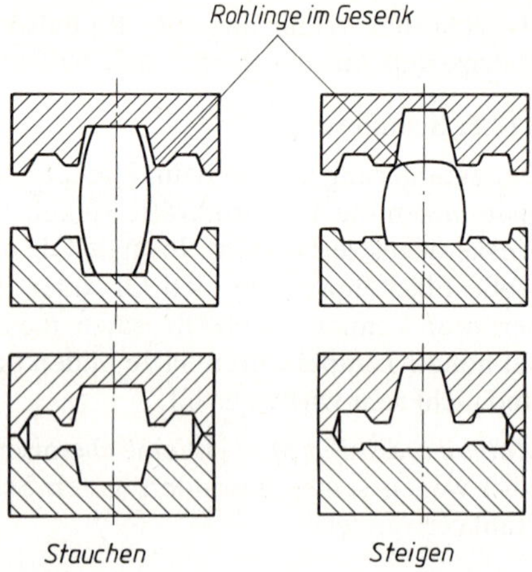

Bild II.63 Füllvorgänge beim Gesenkschmieden

Tabelle II.8. Fließspannung k_{f0} und Verformungsexponent n

Fließspannung k_{f0} in $\frac{N}{mm^2}$ von C45 für $\frac{v}{h_0} = 1\,s^{-1}$ bei veränderlicher Temperatur in °C						
φ	700 °C	750 °C	800 °C	900 °C	1000 °C	1100 °C
0,05	250	180	179	106	79	56
0,1	252	209	203	132	95	66
0,2	256	239	234	160	108	74
0,3	255	251	249	173	111	76
0,4	259	256	249	174	109	76
Formänderungsexponent n bei veränderlicher Temperatur in °C						
0,05	0,078	0,102	0,08	0,089	0,1	0,175
0,1	0,085	0,103	0,082	0,103	0,125	0,168
0,2	0,086	0,099	0,086	0,108	0,128	0,167
0,3	0,083	0,097	0,083	0,11	0,162	0,18
0,4	0,083	0,103	0,105	0,134	0,173	0,188

Wie die Tabelle II.8 zeigt, ist k_{f0} abhängig von der Größe der Formänderung φ (Abschnitt 2.10.2). Die Fließspannungen für unterschiedliche Werkstoffe weichen stark voneinander ab. Deshalb können die Werte für C45 nicht auf andere Stähle übertragen werden.

Stauchkraft für einen kreisförmigen Querschnitt

$$F_{\text{erf}} = S\, k_{\text{f0}} \left(\frac{v}{h_1}\right)^{\text{n}} \left(1 + \frac{1}{3}\frac{\mu d_1}{h_1}\right) \qquad \text{(II.33)}$$

Stauchkraft für einen rechteckförmigen Querschnitt

$$F_{\text{erf}} = b_1\, l_1\, k_{\text{f0}} \left(\frac{v}{h_1}\right)^{\text{n}} \left(1 + \frac{1}{3}\frac{\mu\, l_1}{h_1}\right) \qquad \text{(II.34)}$$

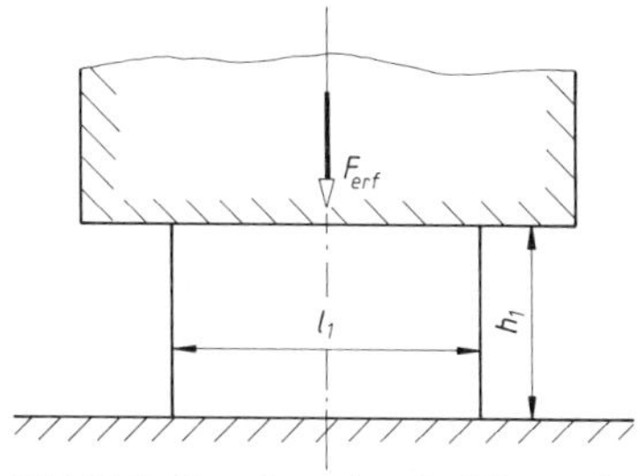

Bild II.64 Stauchen eines Rohlings mit Rechteckquerschnitt

k_f, k_{f0}	S	v	h_1, b_1, d_1, l_1	μ, n
$\frac{\text{N}}{\text{mm}^2}$	mm^2	$\frac{\text{m}}{\text{s}}$	m	1

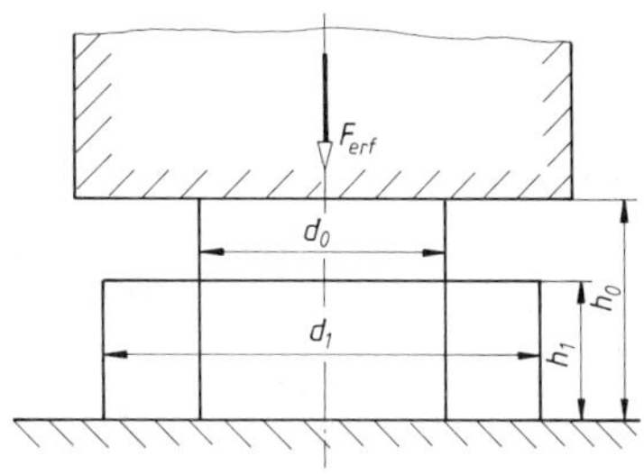

Bild II.65 Stauchen eines Rohlings mit Kreisquerschnitt

F_{erf} Stauchkraft
S Querschnittsfläche des Werkstücks,
v Werkzeuggeschwindigkeit
h_1 Höhe nach dem Stauchvorgang
d_1 Durchmesser nach dem Stauchvorgang
b_1 Breite nach dem Stauchvorgang
l_1 Länge nach dem Stauchvorgang
n Formänderungsexponent
μ Gleitreibzahl

Staucharbeit für das Stauchen eines prismatischen Körpers mit Kreisquerschnitt

$$W_{\text{erf}} = \left(V\, k_{\text{f0}} \frac{v}{h_1}\right)^{\text{n}} \left[\ln \frac{h_0}{h_1} + \frac{\mu}{4{,}5}\left(\frac{d_1}{h_1} - \frac{d_0}{h_0}\right)\right] \qquad \text{(II.35)}$$

W_{erf}	k_{f0}	V	v	h_0, h_1, d_0, d_1	μ, n
Nmm	$\frac{\text{N}}{\text{mm}^2}$	mm^3	$\frac{\text{m}}{\text{s}}$	m	1

Beispiel: Ein zylindrisches Werkstück aus C45 soll durch Hammerschmieden von einer Ausgangshöhe von 13,5 cm auf eine Endhöhe von 10 cm gestaucht werden. Der Durchmesser des Rohlings beträgt 10 cm. Bei Stauchbeginn beträgt die Schmiedetemperatur 900 °C. Um die für diesen Schmiedevorgang erforderliche Preßmaschine auswählen zu können, müssen folgende Fragen gelöst werden:

1. Mit welcher Fließspannung muß bei einer Auftreffgeschwindigkeit von 5 m/s des Hammers und gleichbleibender Umformtemperatur gerechnet werden?
2. Wie groß ist die mittlere Werkzeuggeschwindigkeit bei einer Werkstückhöhe von 11,75 cm?
3. Welche erforderliche Umformarbeit ist bei einer geschätzten Reibzahl $\mu = 0{,}35$ für den Stauchvorgang aufzubringen?
4. Wie groß wird die erforderliche Stauchkraft?

Lösung: 1. Fließspannung k_f

Fließspannung k_f nach (II.32) bei $v = 5$ m/s und gleichbleibender Umformtemperatur:

$$k_f = k_{f0}\left(\frac{v}{h_1}\right)^n$$

mit $k_{f0} =$ 173 N/mm² nach Tabelle II.8
bei $\varphi = \ln(h_0/h_1) = \ln 1{,}35 = 0{,}3001$ und $\vartheta = 900$ °C
Formänderungsexponent $n = 0{,}11$ bei $\varphi = 0{,}3$

$$k_f = 173\,\frac{\text{N}}{\text{mm}^2}\cdot\left(\frac{5\ \text{m/s}}{0{,}135\ \text{m}}\right)^{0{,}11} = 257{,}4\,\frac{\text{N}}{\text{mm}^2}$$

2. Mittlere Werkzeuggeschwindigkeit v_m bei $h = 11{,}75$ cm

$$\varphi = \ln\frac{13{,}5\ \text{cm}}{11{,}75\ \text{cm}} = 0{,}1388$$

$k_{f0} = 140$ N/mm² bei $\varphi = 0{,}1388$ und $\vartheta = 900$ °C aus Tabelle II.8.

$$k_f = \frac{257\ \text{N/mm}^2 + 140\ \text{N/mm}^2}{173\ \text{N/mm}^2} = 208\ \text{N/mm}^2$$

$$k_f = k_{f0}\left(\frac{v_m}{h}\right)^n;\quad \left(\frac{v_m}{h}\right)^n = \frac{k_f}{k_{f0}}$$

$$\ln\frac{v_m}{h} = \frac{\ln k_f - \ln k_{f0}}{n} = 3{,}59905$$

$$\frac{v_m}{h} = 36{,}56354\ \text{m/s};\quad v_m = 4{,}3\ \text{m/s}$$

3. Umformarbeit W_{erf} nach (II.35)

$$W_{erf} = V k_f\left[\ln\frac{h_0}{h_1} + \frac{\mu}{4{,}5}\left(\frac{d_1}{h_1} - \frac{d_0}{h_0}\right)\right]$$

Volumen des Schmiedeteils $V = S h_0 = 78{,}54\ \text{cm}^2 \cdot 13{,}5\ \text{cm} = 1060{,}3\ \text{cm}^3$. Die Grundfläche S_1 des Werkstücks nach dem Stauchvorgang ergibt sich aus $S_1 = V/h_1 = 106{,}03\ \text{cm}^2$. Damit läßt sich der dann wirksame Durchmesser d_1 berechnen:

$$d_1 = \sqrt{\frac{4S_1}{\pi}} = 11{,}62\ \text{cm}$$

Mit diesen Werten kann nun die erforderliche Umformarbeit errechnet werden:

$$W_{erf} = 1060{,}3\ \text{cm}^3\cdot 25740\ \text{N/cm}^2\cdot\left[\ln\frac{13{,}5\ \text{cm}}{10\ \text{cm}} + \frac{0{,}35}{4{,}5}\cdot\left(\frac{11{,}62\ \text{cm}}{10\ \text{cm}} - \frac{10\ \text{cm}}{13{,}5\ \text{cm}}\right)\right]$$

$$W_{erf} = 9{,}085\cdot 10^6\ \text{Ncm} = 9{,}085\cdot 10^4\ \text{Nm} = 9{,}085\cdot 10^4\ \text{J}$$

4. Stauchkraft F_{erf} nach (II.33)

$$F_{erf} = S_1 k_{f0} \left(1 + \frac{1}{3} \frac{\mu d_1}{h_1}\right)$$

$$F_{erf} = 106{,}03\ \text{cm}^2 \cdot 25740\ \text{N/cm}^2 \cdot \left(1 + \frac{0{,}35 \cdot 11{,}62\ \text{cm}}{10\ \text{cm}}\right) = 3{,}84 \cdot 10^6\ \text{N}$$

2.11.4. Konstruktionshinweise

Stark unterschiedliche Wandstärken sollten vermieden werden, da sonst bei Abkühlung Spannungsrisse auftreten können.

Um Kerbrisse ausschließen zu können, müssen scharfe Übergänge vermieden werden.

Schmiedewerkstücke mit Rippen oder geringen Wanddicken können nur im Gesenk geschmiedet werden.

Gesenkschmiedewerkstücke müssen nach DIN 7523 mit Aushebeschrägen versehen werden.

Hinterschneidungen wegen der erheblichen höheren Werkzeugkosten vermeiden.

2.12. Oberflächenbehandlung von Umformwerkzeugen

Beim Umformen tritt Reib- und Adhäsionsverschleiß auf. Auf Werkzeugen und Werkstükken bilden sich Riefen. Die Riefenbildung kann verzögert werden, wenn das Werkzeug mit einer verschleißfesten, eisenfreien Schicht überzogen wird. Je höher der Schmelzpunkt und die Härte der Schicht, desto geringer ist der abrasive Verschleiß bzw. die Neigung zur Riefenbildung.

Nitrieren (Gasnitrieren)
Bildung der Nitrierschicht bei 450 … 550 °C
Schichtdicken liegen zwischen 50 µm und 150 µm
Härte der Nitrierschicht: 1000 … 1400 HV 0,05
Vorteile: Durch engen Verbund der Nitrierschicht mit dem Grundwerkstoff können auch Werkzeuge mit engen Radien oder Kanten behandelt werden. Nitrieren ist ein billiges Beschichtungsverfahren.
Nachteile: Änderungen oder Reparaturen an nitrierten Werkzeugen sind nur unter erhöhtem Aufwand möglich, z.B. muß nach Schweißarbeiten am Werkzeug nachnitriert werden.

Hartverchromen
Bildung der Chromschicht bei 50 °C
Schichtdicken liegen zwischen 30 µm und 40 µm
Härte der Chromschicht: 1100 HV
Vorteile: Beim Hartverchromen treten keinerlei Gefüge- oder Maßveränderungen auf. Das Verfahren ist fast unabhängig von der Größe und der Geometrie des Werkzeugs.
Nachteile: An kleinen Radien oder scharfen Kanten kann die Chromschicht abblättern. Nach Reparaturen oder Änderungen am Werkzeug kann – nach einer Entchromung – wieder verchromt werden.
Das Verfahren ist ungefähr 60 % teurer als das Nitrieren.

Titancarbidbeschichtung
Bildung der TiC-Schicht bei 1100 °C
Schichtdicken liegen zwischen 6 µm und 12 µm
Härte der TiC-Schicht: 4100 HV 0,05
Vorteile: Sehr gute Haftung am Grundwerkstoff des Werkzeugs. Der Verschleiß ist durch die große Härte von Titancarbid sehr gering.

Nachteile: Es können nur kleine Werkzeuge oder Werkzeugeinsätze beschichtet werden (Ofengröße).
Nach Reparaturen oder Werkzeugänderungen kann nicht nachbeschichtet werden; eine Neuanfertigung ist erforderlich.
Das Verfahren ist ungefähr 300 % teurer als das Nitrieren.

3. Stahlbleche und ihre Verarbeitung

3.1. Abmessungen der Stahlbleche

3.1.1. Walzdicke der Stahlbleche. Die drei Gütegruppen der Stahlbleche sind: *Grobbleche* (4,76 mm dick oder dicker), *Mittelbleche* (3 ... 4,75 mm dick), *Feinbleche* (unter 3 mm dick). Bleche unter 3 mm Dicke mit Walzmustern (Riffeln, Tonnen, Warzen) und bearbeitete Bleche (gepreßte Böden, Rauchrohrböden und sonstige Teile für den Kessel- und Behälterbau) gelten als Mittelbleche.

3.1.2. Tafelgrößen der Stahlbleche. Stahlbleche *mit* und *ohne* Oberflächenschutz (verzinnt, verzinkt) werden in Lagergrößen (Lagerformaten) und in *festen Maßen* geliefert. Lagergrößen der Stahlbleche

530 mm · 760 mm	für Qualitäts- und Weißbleche ab 0,18 mm Dicke
500 mm · 1000 mm 600 mm · 1200 mm 700 mm · 1400 mm	nach Anfrage lieferbare Zwischengrößen
800 mm · 1600 mm	für Blechdicken bis 0,75 mm
1000 mm · 2000 mm	für Blechdicken 0,5 mm und darüber (Normalformat)
1250 mm · 2500 mm	für Blechdicken 0,75 mm und darüber (Mittelformat)
1500 mm · 3000 mm	für Blechdicken 1,0 mm und darüber (Großformat)

Bleche in *festen Maßen* werden vom Hersteller auf Bestellung zugeschnitten.

3.2. Blechaufteilung

Für die Herstellung von Werkstücken aus Blech werden die Blechtafeln in Streifen aufgeteilt.

Aufteilung der Blechtafeln in lange Streifen ist wirtschaftlicher als in kurze, weil weniger Scherenarbeit nötig ist und das Ausschneiden auf Pressen flüssiger abläuft.

Zu beachten ist, daß in Stahlblechen die Walzfasern parallel zur langen Tafelkante verlaufen.

Werkstücke aus Blech sind wirtschaftlich günstig gefertigt, wenn die größte Stückzahl bei geringstem Blechverbrauch, den niedrigsten Werkzeug- und Lohnkosten erreicht wird.

Das Gewicht der Tafeln und die Länge der Streifen erschweren die Scherenarbeit. Zweckmäßig werden zwei Mann als Bedienung für die Tafelschere eingeteilt zum Schneiden vor:

a) Blechtafeln über 3 mm dick in Streifen über 1 m lang,
b) Blechtafeln unter 0,5 mm dick in Streifen über 1,4 m lang.

Für Massenteile aus Blech wird kaltgewalztes Blechband bevorzugt, wenn die höheren Kosten für das Blechband durch Automatisierung des Fertigungsverfahrens auszugleichen sind. Über Lieferbedingungen (Preis, Breiten- und Dickenabweichungen, Oberflächengüte, Werkstoffeigenschaften am Bandanfang und am Bandende) geben die Bandhersteller Auskunft.

3.2.1. Verwendung der Reststreifen von Blechtafeln. Anfallende Reststreifen aus der Blechaufteilung oder herausfallende Ausschnittstücke beim Ausschneiden sind vor dem Entstehen in die Fertigung einzuplanen und sofort zu verarbeiten. Wenn aus der sofortigen Verarbeitung des Abfalls kein wirtschaftlicher Nutzen erzielt werden kann, ist es ratsam, die Reststreifen, Ausfallteile und Streifenreste sofort aus dem Betrieb zu entfernen (Schrottverkauf).

3.2.2. Werkstücke im Blechstreifen. Mehrere Werkstückreihen im Blechstreifen sind vorteilhaft in bezug auf die Höhe des Verschnitts, aber die Streifenbreite b_{st} (Abschnitt 3.2.3) darf nicht zu groß gewählt werden, sonst wird die Weiterverarbeitung der Streifen durch schwierige Handhabung und große Werkzeuge verteuert.

Man unterscheidet:

1-Lochstreifen (Bild II.66); 2-Loch- oder Wendestreifen (Bilder II.67 und II.68), – Wendestreifen sind solche Streifen, die nach dem Ausschneiden der ersten Lochreihe gewendet werden müssen (umgeschlagen wie eine Buchseite), zum Ausschneiden der zweiten Werkstückreihe –; 3-Lochstreifen (Bild II.69). Streifen für mehr als drei Werkstückreihen (Mehrlochstreifen) werden wegen ihrer schwierigen Verarbeitung selten verwendet.

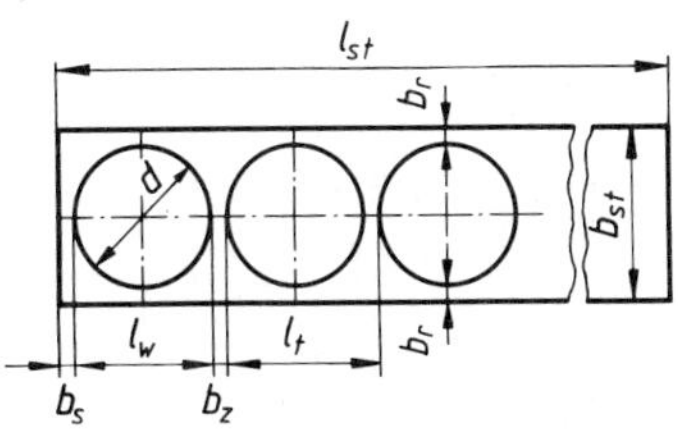

Bild II.66 1-Lochstreifen für Ronden

l_{st} Streifenlänge
l_w Länge des Werkstücks
l_t anteilige Streifenlänge für ein Werkstück $= l_w + b_z$
b_r Randstegbreite
b_s Seitenstegbreite
b_z Zwischenstegbreite
b_{st} Streifenbreite

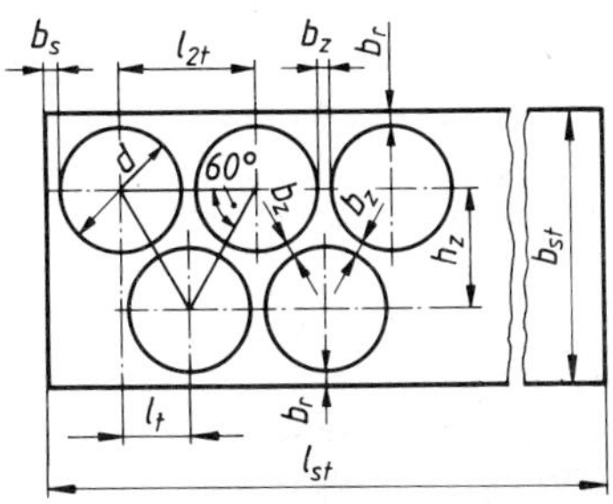

Bild II.67 2-Lochstreifen für Ronden
l_{st}, l_t, b_r, b_s, b_z, b_{st}, siehe Bild II.66
l_{2t} anteilige Streifenlänge für zwei Werkstücke

$h_z = \frac{d + b_z}{2} \sqrt{3}$ = Zwischenhöhen der Werkstückreihen

Voraussetzung für einen wirtschaftlich arbeitenden Stanzereibetrieb sind ausschneidegerecht konstruierte Werkstücke, wobei oft die spätere Verwendung zu beachten ist, Bild II.70.

3.2.3. Streifenbreite. Aus der Lage der Werkstücke im Blechstreifen, der Breite der Stege zwischen den Werkstücken und den Rändern sowie zwischen den Werkstückreihen ergibt sich die Streifenbreite b_{st}.

Für Überschlagsrechnungen setzt man: $b_r = b_s = b_z = b$ (Bild II.71).

Stegbreite	für $b_{st} \leq 70$ mm bei $s \geq 0{,}5$ mm	$b = 0{,}4\, s + 0{,}8$ mm	(II.36)
Stegbreite	für $b_{st} \leq 70$ mm bei $s < 0{,}5$ mm	$b = 2$ mm $- 2\, s$	(II.37)

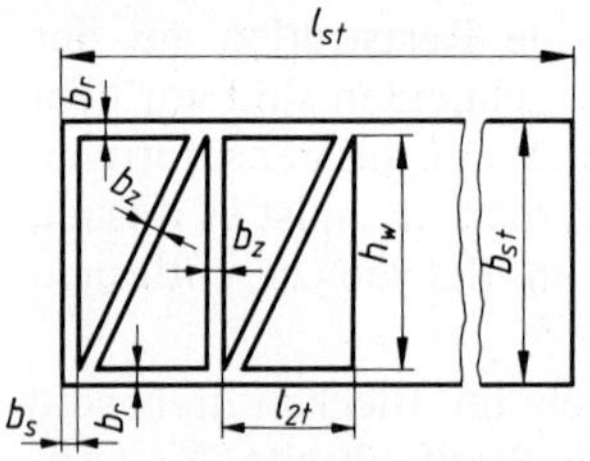

Bild II.68 2-Loch-Wendestreifen
Zeichenerklärung siehe Bild II.66 und II.67
h_w Werkstückhöhe

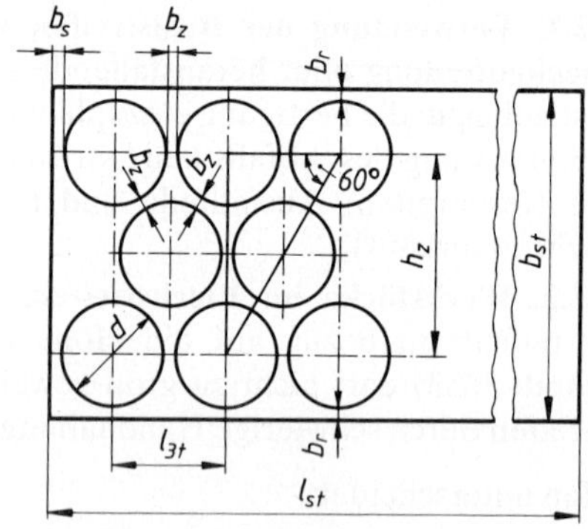

Bild II.69 3-Lochstreifen für Ronden
Zeichenerklärung siehe Bild II.66, l_{3t} anteilige Streifenlänge für drei Werkstücke $h_z = (d + b_z)\sqrt{3}$ = Zwischenhöhe der äußeren Werkstückreihen

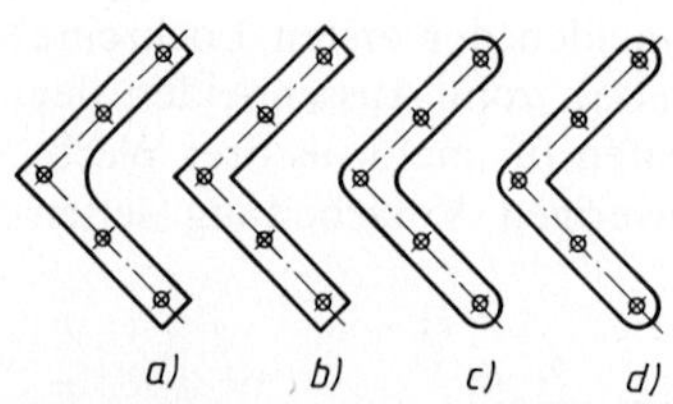

Bild II.70 Fertigung von Eckenwinkel für Fensterrahmen

a) ungünstig; teures Werkzeug, viel Werkstoffverschnitt
b) möglichst vermeiden; scharfe Ecken begünstigen Härterisse in der Schneidplatte
c) günstig
d) besonders günstig für den Verbraucher, weil die Oberfräse der Tischlerei die innere Winkelkante scharfkantig ausschneidet

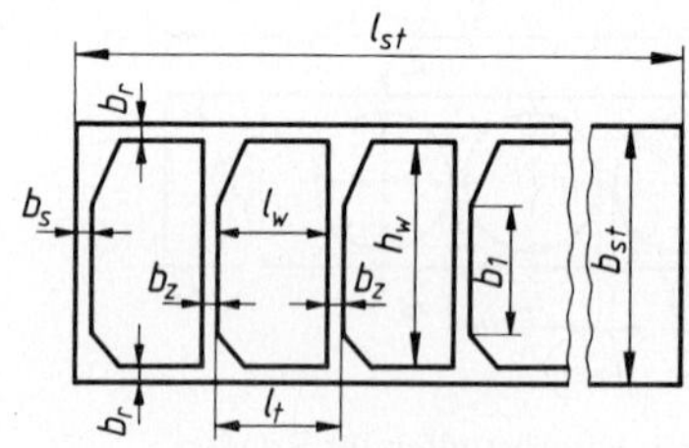

Bild II.71 Streifenbreite b_{st} und Stückzahl pro Streifen n_{st}
$l_{st}, l_w, b_r, b_s, b_z$ siehe Bild II.66
h_w Werkstückhöhe
b_1 Trennsteglänge, wichtig für Bemessung von b_z

Stegbreite für $b_{st} > 70$ mm bei $s \geq 0{,}5$ mm $\qquad b = 1{,}5\,(0{,}4\,s + 0{,}8\text{ mm})$ (II.38)

Stegbreite für $b_{st} > 70$ mm bei $s < 0{,}5$ mm $\qquad b = 1{,}5\,(2\text{ mm} - 2\,s)$ (II.39)

3.2.4. Anzahl der Werkstücke je Blechstreifen. An einem Blechstreifen der Länge l_{st} lassen sich n_{st} Werkstücke von der anteiligen Streifenlänge für 1 Werkstück $l_t = l_w + b$ ausschneiden (Bild II.71). Anzahl der Werkstücke je Streifen

$$n_{st} = \frac{l_{st} - b}{l_t} \qquad (II.40)$$

n_{st}	l_{st}, b, l_t
$\frac{\text{Werkstücke}}{\text{Streifen}}$	mm

Die anteilige Streifenlänge l_t für ein oder bei Wendestreifen für zwei und mehr Werkstücke läßt sich durch Rechnung oft sehr schwer bestimmen. In solchen Fällen empfiehlt es sich, sie aus einer genauen Skizze in möglichst großem Maßstab abzumessen (Bild II.72).

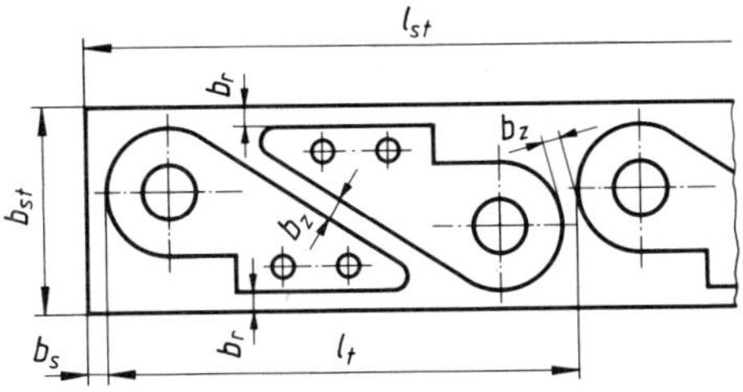

Bild II.72 Anteilige Streifenlänge für zwei Werkstücke l_{st} nach Zeichnung ermittelt

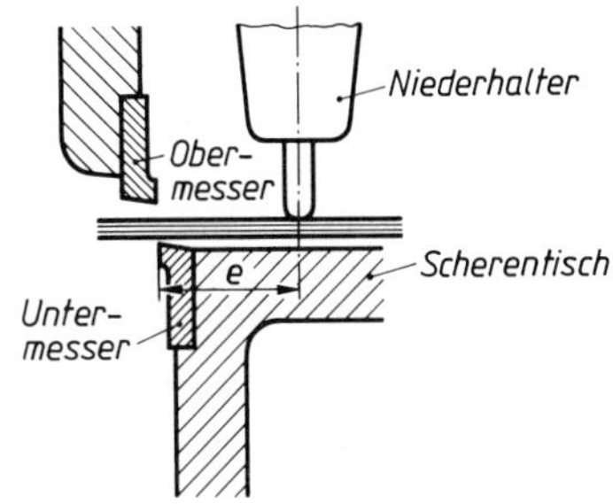

Bild II.73 Niederhalterabstand e bei Tafelscheren

3.2.5. Anzahl der Blechstreifen je Blechtafel. Zum Ausschneiden von Werkstücken, die länger als breit sind, kann man eine Blechtafel *mit* oder *ohne* Anschnitt – Geradeschneiden der meist rauhen Blechkante – entweder in lange schmale, in lange breite, in kurze schmale oder in kurze breite Streifen aufteilen. Sind die zu schneidenden Streifen schmaler als der Niederhalterabstand e der Tafelschere (Bild II.73), bleibt von jeder Blechtafel ein nicht verwendbarer Reststreifen übrig, dessen Breite zwischen e und $e + b_{st}$ liegt.

Bei einer Aufteilung in lange schmale Streifen nach Bild II.74 erhält man die Anzahl der Streifen je Blechtafel

$$n_s = \frac{B_t - b_a - e}{b_{st}} \qquad \text{(II.41)}$$

n_s	B_t, b_a, e
$\frac{\text{Streifen}}{\text{Blechtafel}}$	mm

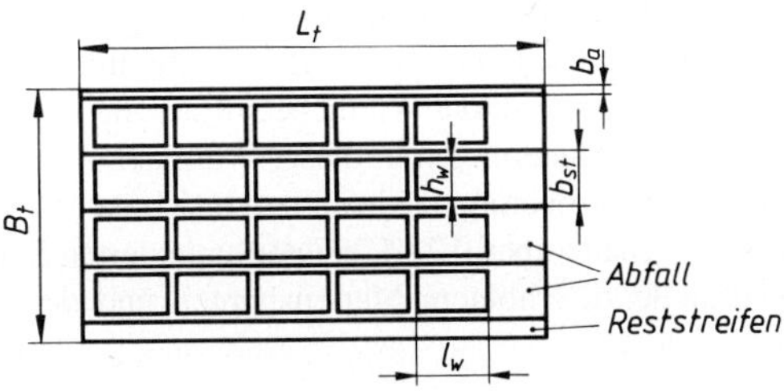

Bild II.74 Blechtafel in lange schmale Streifen geteilt

Anschnittbreite b_a nur einsetzen, wenn die Blechtafel mit Anschnitt verarbeitet wird. Niederhalterabstand e der Tafelschere darf nur berücksichtigt werden, wenn die Streifenbreite $b_{st} < e$ ist.
Soll eine Blechtafel in eine andere Streifenart geteilt werden, verfährt man sinngemäß unter Ansatz der zugehörigen Maße.

3.3. Materialverschnitt bei Blechtafelaufteilungen

Blechtafelverschnitt ist nicht mehr verwendbarer Abfall in Form von Reststreifen, kleinen Abfallstücken und Ausfallteilen. Auf die hergestellten Werkstücke einer Blechtafel oder eines Auftrages wird zur Deckung der eigenen Werktoffkosten der Anteil des Verschnitts prozentual aufgeschlagen. Bei gleicher Blechdicke erhält man den Materialverschnitt

$$m_v = \frac{\text{Bruttofläche} - \text{Nettofläche}}{\text{Nettofläche}} \cdot 100 \text{ in } \% \qquad \text{(II.42)}$$

$$m_v = \frac{A_{\text{Brutto}} - A_{\text{Netto}}}{A_{\text{Netto}}} \cdot 100 = \left(\frac{A_{\text{Brutto}}}{A_{\text{Netto}}} - 1\right) \cdot 100 \text{ in } \%$$

III. Verbindende Verfahren

Einzelteile werden zu Baugruppen lösbar oder unlösbar gefügt. Zum lösbaren Fügen erforderliche Verbindungsmittel wie Schrauben, Bolzen oder Keile sind im Abschnitt Maschinenelemente erläutert. In der Regel lassen sich lösbare Verbindungen ohne Schädigung der Einzelteile oder der Verbindungsmittel wiederholt trennen und fügen.

Durch Schweißen, Löten, Kleben, Nieten oder Falzen entstehen unlösbare Verbindungen, deren Trennen das Zerstören der Einzelteile oder Verbindungsmittel erfordert.

1. Schweißen

Beim Schweißen wird mit oder ohne Anwendung von Schweißzusätzen ein stofflicher Zusammenhalt geschaffen, der dem Fügeteilwerkstoff vergleichbare mechanische Gütewerte aufweist. Nach dem physikalischen Ablauf beim Schweißen unterscheidet DIN 1910 das Schmelzschweißen und das Pressschweißen.

1.1. Schmelzschweißen

1.1.1. Grundlagen

1.1.1.1. Wärmewirkung und Schweißnahtbildung

Durch Erwärmen der Fügestelle werden die Schweißteilkanten auf- und dann ineinander geschmolzen. An der Fügestelle erfolgt das Einformen des flüssigen Schweißgutes durch Oberflächenspannung, Schlacke oder Zwangsformung zur Schweißnaht, die vom festen Werkstoffufer ausgehend durch Kristallisation entsteht. Gleichzeitig mit der Nahtbildung bewirkt der Wärmeabfluss aus dem Schweißgut eine starke Wärmebeeinflussung des angrenzenden Grundwerkstoffs. Dadurch werden Eigenschaftsänderungen in dieser Wärmeeinflusszone verursacht, von denen die Gussstruktur und die Kornvergröberung zu den unerwünschten Erscheinungen zählen (Bild III.1). Auch können Kohlenstoffgehalte über 0,22% bei den unlegierten Stählen in Verbindung mit raschem Auskühlen der Fügestelle zu erhöhtem Martensitanteil und damit zu verschlechterten Zähigkeitswerten führen.

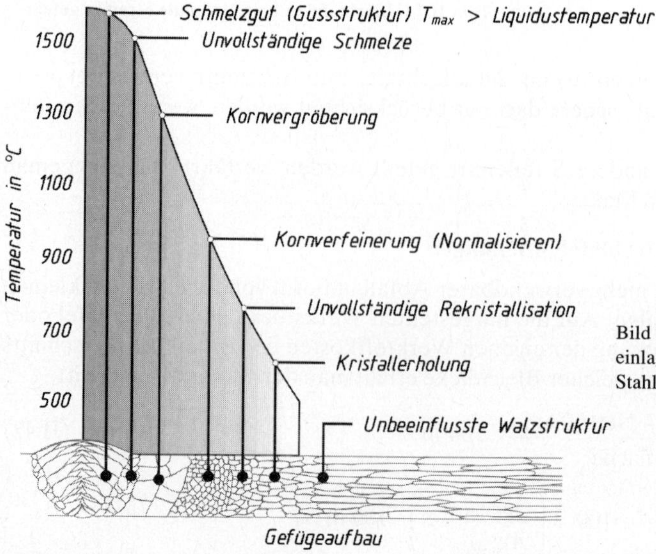

Bild III.1 Gefügeaufbau einer einlagigen Schweißnaht an unlegiertem Stahl mit ca. 0,2 % Kohlenstoff

Hinweise zur Schweißeignung ausgewählter Baustähle nach DIN EN 10025 enthält der Abschnitt Werkstofftechnik, Tafel IV.5. Die mit dem Kristallisieren und Abkühlen der Schweißnähte einhergehende Schrumpfung wird durch angrenzende Werkstoffbereiche behindert. Auf diese Weise stellen sich in der Schweißnaht erhebliche Zugspannungen ein (Bild III.2). Schweißgeeignete Werkstoffe bauen die Spannungen teilweise durch plastische Verformung ab. In dünnwandigen, schmelzgeschweißten Konstruktionen können die entstehenden Schrumpfspannungen erhebliche Verwerfungen bewirken. Mit der Wahl der Querschnittsform (z. B. X-Naht statt V-Naht), zweckmäßigem Nahtaufbau oder durch festes Einspannen beim Schweißen (plastischer Spannungsabbau) lassen sich die Schrumpfungen kontrollieren. Durch Richten können Verformungen korrigiert und durch Wärmebehandlung die beim Schweißen auftretenden Gefügeveränderungen eingeschränkt oder beseitigt werden.

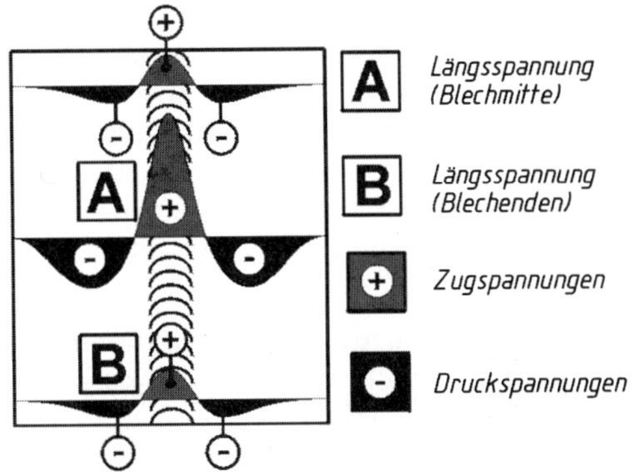

Bild III.2 Längsspannungen an einer Stumpfnaht

Die sich in der Stumpfnaht einstellenden Zugspannungen rufen im angrenzenden Werkstoff Druckspannungen längs und quer zur Schweißnaht hervor. Im Bild III.2 sind nur die Längsspannungen dargestellt. Die auch vorhandenen Dickenspannungen sind vernachlässigbar klein.

1.1.1.2. Schweißnahtvorbereitung

Das vollständige Durchschweißen stumpf gestoßener Bleche ist mit Verfahren geringerer Leistungsdichte (G, E) nur möglich, wenn die zu fügenden Werkstückkanten vollständig über die gesamte Blechdicke angeschmolzen werden. Wünschenswert ist das Schweißen einer I-Naht, weil dann oft ohne zusätzlichen Schweißzusatz und mit geringerer Wärmeeinbringung gearbeitet werden kann. Reicht die Prozessenergie für das Durchschweißen nicht aus, müssen die Werkstückkanten, auch Fugenflanken genannt, eine spezielle Form erhalten (Tafel III.1) und die Schweißnaht wird in mehreren Lagen gefertigt. Weitere Einzelheiten zur Wahl der Fugenformen enthält die DIN EN 29692.

Tafel III.1 Fugenformen zum Schmelzschweißen von Stahl

Bezeichnung	Symbol	Blechdicke t in mm	Schweißverfahren	Darstellung
I-Naht	II	$t \leq 4$	G, E, WIG	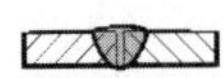
		$t \leq 8$	MIG, MAG	
		$t \leq 20 / 100$	La / EB	
V-Naht	V	$3 \geq t \geq 10$	G, WIG	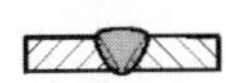
		$3 \geq t \geq 40$	MIG, MAG	
DV-Naht	X	$t > 10$	E, MIG, MAG	

1.1.1.3. Energiequellen zum Schweißen

Beim Gasschweißen wird heute fast ausschließlich als Brenngas Acetylen (C_2H_2) und als Oxidationsmittel Sauerstoff genutzt. Gelegentlich empfohlene andere Brenngase (H_2, Propan, Butan, Stadtgas und Gemische) haben punktuell Zweckmäßigkeit bewiesen, sich aber in der Breite nicht durchgesetzt. Alle Gase werden an Kleinabnehmer in Druckgasflaschen geliefert. Großabnehmer beziehen Acetylen in Flaschenbündeln oder Gascontainern, den Sauerstoff in flüssiger Form (Vergasung beim Nutzer).

Für das Lichtbogenschweißen werden Wandler benötigt, die aus der Netzenergie die hohen Spannungen und niedrigen Ströme zu schweißtechnisch geeigneten Kleinspannungen bei hohen Schweißströmen formen. Für das Wechselstromschweißen verwendet man fast ausschließlich Transformatoren, für das Gleichstromschweißen Transformatoren mit nachgeschaltetem Gleichrichter, als Kompakteinheit auch als Schweißgleichrichter bezeichnet. Das Steuern des Schweißstromes kann durch primär- oder sekundärseitig vom Transformator geschaltete Leistungstransistoren erfolgen (primär oder sekundär getaktete Schweißstromquellen). Die jüngste Generation am Markt, Inverterstromquellen, nutzen das in der Elektrotechnik bekannte Umrichterprinzip (Bild III.3).

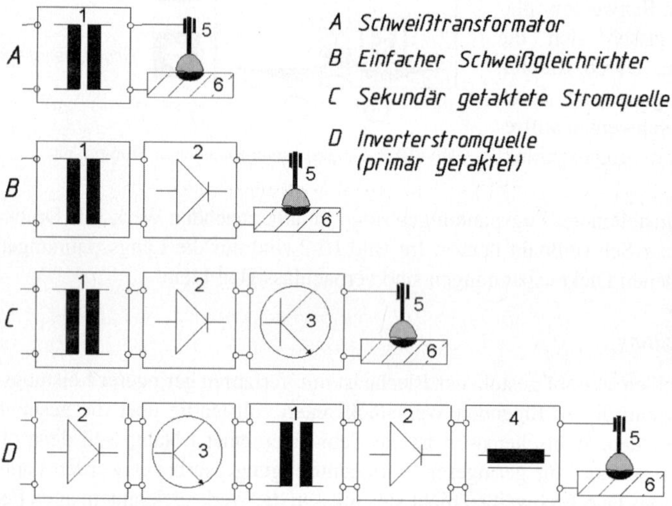

Bild III.3 Stromquellen für das Lichtbogenschweißen
1 Transformator
2 Gleichrichter
3 Schalttransistoren (bis 200kHz)
4 Glättungsdrossel
5 Schweißlichtbogen
6 Werkstück

1.1.2. Gasschmelzschweißen (G)

Verfahrensprinzip

Beim Gasschmelzschweißen erwärmt eine Brenngas-Sauerstoffflamme die zu schweißenden Werkstoffe bis auf Schmelztemperatur und schützt gleichzeitig die Schweißzone vor dem Zutritt der atmosphärischen Gase Stickstoff und Sauerstoff (Bild III.4). Als Brenngas wird vorzugsweise Acetylen (C_2H_2) verwendet. Beide Gase werden erst im Schweißbrenner zu einem brennbaren Gemisch zusammengeführt. Die Ausströmgeschwindigkeit des zündfähigen Gemisches aus der Düse des

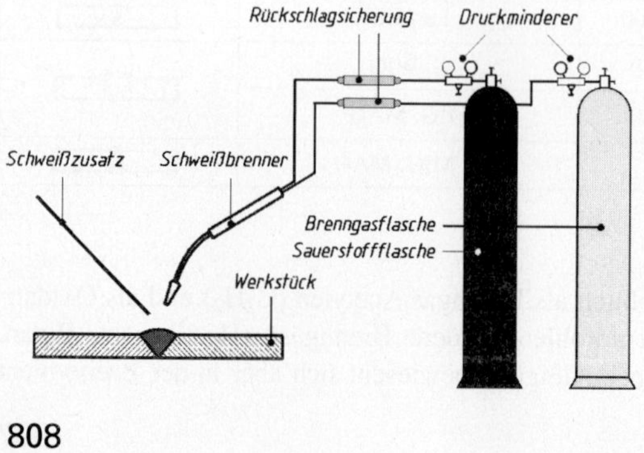

Bild III.4 Gasschmelzschweißen
Das Acetylen ist in gelben und der Sauerstoff in blauen Gasflaschen gespeichert. Rückschlagsicherungen in den Gasleitungen verhindern mögliche Flammenrücktritte aus dem Brenner über die Schläuche bis zu den Gasflaschen. Der Zusatzwerkstoff (Schweißzusatz) wird manuell zugeführt.

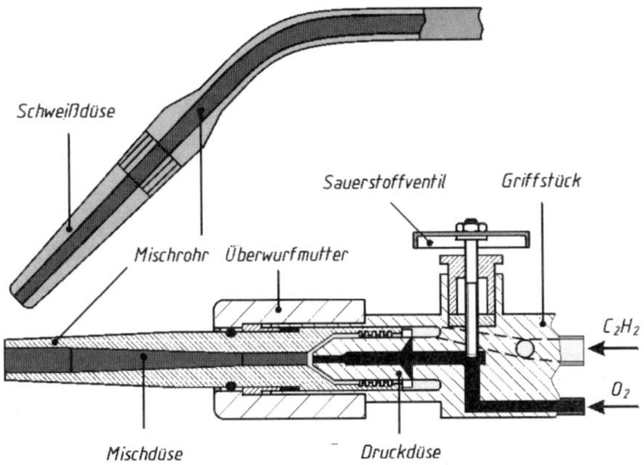

Bild III.5 Aufbau eines Injektorbrenners

Das Sauerstoffventil wird zur Inbetriebnahme des Brenners zuerst geöffnet. Der aus der Druckdüse austretende Gasstrahl erzeugt einen Unterdruck und saugt das Acetylen an. Dann wird der Brenner gezündet. Das Schließen der Ventile erfolgt in umgekehrter Reihenfolge.

Schweißeinsatzes (Bild III.5) muss größer als die Zündgeschwindigkeit eingestellt sein, um so das Zurückschlagen der Flamme in den Schweißbrenner zu unterbinden. Das Mischen von Acetylen und Sauerstoff zu etwa gleichen Teilen ergibt eine chemisch neutrale Flamme, die sich besonders zum Schweißen von Stahl und Stahlguss sowie zum Löten und Wärmebehandeln eignet. Mit reduzierender Atmosphäre (Acetylenüberschuss) schweißt man Aluminium und Grauguss und die oxidierende Flamme (O_2-Überschuss) kann beim Werkstoff Messing vorteilhaft sein.

Anwendungsbereich

Abmessungen: maximale Blechdicke $s = 6$ mm (bis 10 mm möglich, aber unwirtschaftlich)
Werkstoffe: unlegierter und niedrig legierter Stahl, Stahlguss, Grauguss, Nichteisenmetalle
Erzeugnisse: Dünnblechschweißen, Reparatursektor, Rohrleitungsbau, Installationstechnik, Baustellenarbeiten

Arbeitstechnik – Leistungskennwerte

Das Gasschweißen wurde aus wirtschaftlichen Gründen von neueren Schweißverfahren im Anwendungsumfang zurückgedrängt. Wesentliche Gründe dafür sind auch die mit der erheblichen Wärmeeinbringung verbundene Grobkornbildung, der Verzug der Werkstücke und die geringe Schweißgeschwindigkeit v_S (Tafel III.2).

Tafel III.2 Leistungsdaten beim Gasschweißen

Blechdicke s in mm	2	4	6
Fugenform (nach Tafel III.1)	I – Naht	V - Naht	V - Naht
v_S in cm/min	8,5	5,6	4,3
Abschmelzleistung an Stahl	0,3 kg / h		

1.1.3. Lichtbogenhandschweißen (E)

Verfahrensprinzip

Zwischen einer abschmelzenden Elektrode und dem Werkstück brennt ein elektrischer Lichtbogen, dessen Wärmeentwicklung die Elektrode ab- und die zu fügenden Werkstücke anschmilzt (Bild III.6). Das aus Werkstück- und Elektrodenwerkstoff gebildete Schweißgut kristallisiert beim Erkalten zur Schweißnaht. Das Lichtbogenhandschweißen wird fast ausschließlich manuell und überwiegend mit Gleichstrom ausgeführt, Wechselstromschweißen ist beim Verwenden geeigneter Schweißelektroden möglich. Zum Zünden des Lichtbogens wird die Elektrode kurzzeitig am An-

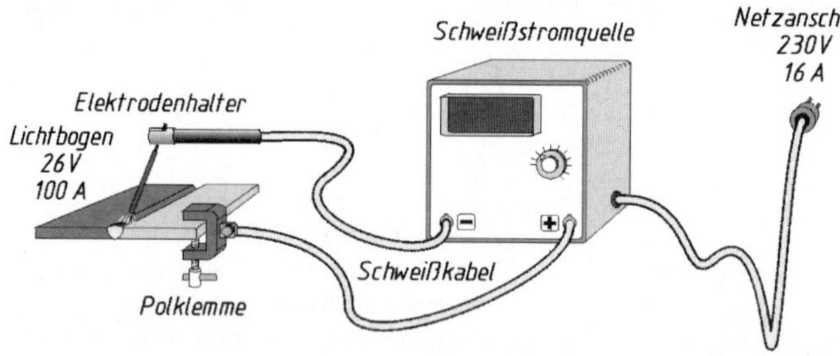

Bild III.6 Lichtbogenhandschweißen

fang der Schweißnaht auf das Werkstück „getupft". Dabei sinkt im Kurzschluss die Spannung auf nahe Null ab und es fließt der Kurzschlussstrom. Alle Schweißstromquellen gestatten diesen Kurzschlussbetrieb zum Zweck des Zündens. Nach dem Abheben der Elektrode bildet sich der elektrische Lichtbogen aus. Die Höhe des einzustellenden Stromes wird hauptsächlich von der zu schweißenden Blechdicke und der konkreten Schweißaufgabe bestimmt. Kleinere Ströme stellt man bei dünnen Blechen, Wurzel-, Heft- und Zwangslagenschweißungen ein, höhere Werte gelten für dickere Bleche, Füll- und Decklagen oder für das Auftragsschweißen. Die Fülllagen können auch zur Wärmebehandlung genutzt werden. So kann z.B. die nächste Lage das Gefüge der vorhergehenden verfeinern (Bild III.7). Der Werkstoffübergang erfolgt grundsätzlich von der Elektrode

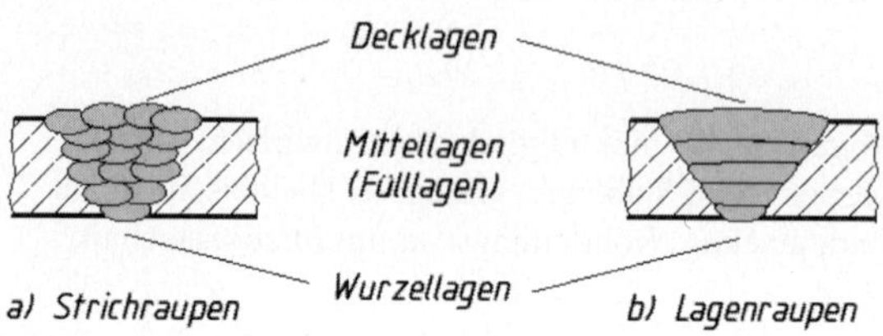

Bild III.7
Lagentechniken beim Schmelzschweißen

zum Werkstück (auch beim Überkopfschweißen). Die Tropfengröße und damit die Feinschuppigkeit der Naht steigt mit der Stromstärke an und wird darüber hinaus sehr stark von der chemischen Charakteristik der Elektrodenumhüllung und deren Dicke beeinflusst. Es werden vier Elektrodengrundtypen unterschieden (Tafel III.3):

Tafel III.3 Eigenschaften von Stabelektrodentypen

Merkmal	Elektrodentyp			
	(A) sauer umhüllt[1])	(R) Rutil umhüllt	(B) basisch umhüllt	(C) Zellulose umhüllt
Tropfengröße	sehr klein (d) bis klein (m)	klein (d) bis mittel (m)	mittel bis groß	mittelgroß
Schlackenentfernbarkeit	sehr gut	leicht	gut	keine Schlacke
Schweißguteigenschaft	mittel	gut	sehr hoch	gut
Nahtschuppung	glatt, feingezeichnet	glatt (d)	deutlich	gering überwölbt, mittelschuppig
Werkstofffluß	schnellfließend („heißgehend")	geringer als A	zähflüssig („kaltgehend")	mittel bis zähflüssig
Stromart / Polung	= (+,–) / ~	= (·) / ~	= (+)	= (+,–) / ~
Vorzugseignung	leichte Handhabung bei Kehlnähten in w-Position	Universalelektroden mit guter Abschmelzcharakteristik	rissfeste, kaltzähe Nähte im Kessel-, Behälter- und Pipelinebau	Fallnahtschweißung
(m) mitteldick umhüllt, (d) dick umhüllt, [1]) werden als reiner A-Typ nicht mehr angeboten				

1. Sauer umhüllte Elektroden (Kennzeichnung **A**)
   sind durch sehr dünnflüssiges Schweißgut und hohe Abschmelzleistungen gekennzeichnet. Wegen der nur mäßigen Gütewerte des Schweißgutes und der Warmrissempfindlichkeit werden sie kaum noch angewendet.
2. Rutil umhüllte Elektroden (Kennzeichnung **R**)
   Ausgezeichnete Schweißeigenschaften bei zufrieden stellenden mechanischen Gütewerten. Allzweckelektrode.
3. Basisch umhüllte Elektroden (Kalk: **B**)
   Beste mechanische Gütewerte. Aufwändigere Verarbeitung.
4. Zellulose umhüllte Elektroden (**C**)
   Gute Spaltüberbrückbarkeit, spezielle Fallnahtelektrode.

Anwendungsbereich

Abmessungen: Blechdicke $s = 2$ bis 100 mm
Werkstoffe: un-, niedrig und hoch legierter Stahl, Stahlguss, Grauguss, bedingt Nichteisenmetalle
Erzeugnisse: Verbindungs-, Auftrags- und Reparaturschweißungen in allen Bereichen der Metallverarbeitung

Arbeitstechnik – Leistungskennwerte

Das Lichtbogenhandschweißen wird heute vorzugsweise beim Schweißen hoch legierter Stähle angewendet. Es ist nach dem Metall-Schutzgasschweißen das wichtigste Schweißverfahren in der industriellen und besonders der handwerklichen Fertigung. Größere Anwendungsfelder sind der Schiffbau (Hellingfertigung), der Rohrleitungsbau (Pipelinebau), der Stahlbau (hohe Verfahrensflexibilität) und der Energieanlagenbau. Lichtbogenhandschweißen wird auch häufig dann bevorzugt, wenn auf der Baustelle Spalte zu überbrücken sind oder wenn verschlissene Schichten aufgetragen werden sollen (Auftragsschweißen).

Tafel III.4 Leistungsdaten beim Lichtbogenhandschweißen

Blechdicke s in mm	2	5	10
Fugenform (nach Tafel III.1)	II	V - Naht	V - Naht
Anzahl der Lagen (nach Bild III.7)	1	2	3
v_S in cm/min	28	16[1])	3[1])
Abschmelzleistung an Stahl	bis maximal 4,0 kg / h		

[1]) Mittelwert aus den Lagenschweißungen

1.1.4. Schutzgasschweißen (SG)

Bei den Schutzgasschweißverfahren übernimmt ein Gas oder ein Gasgemisch den Schutz von Vorder- und ggf. auch Rückseite der Schweißstelle vor den Wirkungen der Atmosphäre (Stickstoffaufnahme, Oxidation). Verschiedene Gaszusammensetzungen sowie die Art der Schweißelektrode und die Brennerkonstruktion führten zur Entwicklung sehr leistungsfähiger Schweißverfahren (Bild III.8).

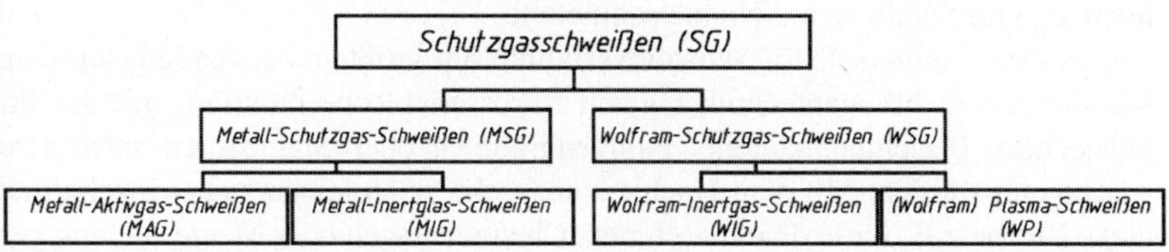

Bild III.8 Einteilung der Schutzgasschweißverfahren (vereinfacht nach DIN 1910 T4)

1.1.4.1. Metall-Schutzgas-Schweißen (MSG)

Verfahrensprinzip

Beim Metall-Schutzgas-Schweißen (Bild III.9) besteht der Schweißzusatz aus einem auf Korbspulen aufgewickelten Schweißdraht, den ein Vorschubmechanismus mit konstanter Elektrodenvorschubgeschwindigkeit v_E dem Lichtbogen zuführt. Unmittelbar vor dem Lichtbogen wird über einen Schleifkontakt (1) der Schweißstrom in den Schweißdraht geleitet. Typische Drahtdurchmesser sind d_E = 0,8 – 1,6 mm (2). Die konzentrisch zum Draht angeordnete Düse gewährleistet den Schutzgaskegel (3), vorzugsweise aus CO_2+Ar-Mischgas, über dem Lichtbogen und dem Schweißbad (4) sowie über den schützenswerten Werkstückbereichen (5). Im Bild nicht dargestellte Prozesseinrichtungen wie Stromquelle oder Gasversorgung sind mit dem Schweißbrenner über Schutzgaszufuhr (6), Kühlwasserzu- und -abfuhr (7), Steuer- und Messleitungen (8), Schweißstromzufuhr (9), Prozess START/STOP (10) und Polklemme (11) verbunden. Wegen der bei einer Drahtvorschubgeschwindigkeit v_E um 9 m/min kurzen Verweilzeit des Drahtes im Bereich der stromdurchflossenen freien Elektrodenlänge l_E („stick out") ist dessen Erwärmung gering. Die dadurch möglichen hohen Schweißströme gestatten größere Abschmelzleistungen und ein tieferes Eindringen des Lichtbogens in das Werkstück als beim E-Schweißen. Das Schutzgas kann völlig oder in seiner wesentlichen Wirkung inert sein (MIG) oder mit dem Werkstoff reagieren (MAG). Aktive Gaskomponente ist vorzugsweise CO_2. Der O_2-Anteil im Schutzgas führt zur Oxidation von Legierungselementen. Dieser Verlust wird durch entsprechend hohe Legierungsgehalte im Schweißdraht kompensiert. Zum Schutzgasschweißen bewährte Gase und Gasgemische und ihre Wirkung beim Schweißen sind in DIN EN 439 aufgeführt.

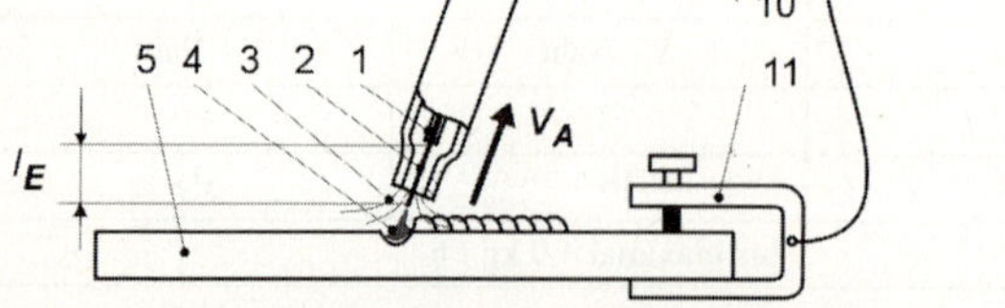

v_E - *Vorschubgeschwindigkeit Schweißelektrode*
v_A - *Abschmelzgeschwindigkeit der Schweißelektrode*

Bild III.9 MAG-Schweißen
Dargestellt ist das teilautomatische Schweißen, bei dem der Schweißbrenner von Hand geführt wird. Das Verfahren wird verbreitet auch mit Schweißrobotern praktiziert.

Anwendungsbereich MAG

Abmessungen:	Blechdicke s = 0,8 bis 20 mm
Werkstoffe:	un- und niedrig legierte Stähle, Kessel-, Röhren und Schiffbaustähle, bedingt hoch legierte Stähle, keine Nichteisenmetalle
Erzeugnisse:	Gegenwärtig universellstes Schweißverfahren mit größtem Anwendungsumfang. Mit der Kurzlichtbogentechnik können Karosseriebleche repariert, mit der Impulstechnik Maschinenbauteile, Fahrzeugrahmen oder Stahlbauten spritzerfrei geschweißt werden. Mit dem Hochleistungsschweißen lassen sich wirtschaftlich dicke Bleche z.B. für Erdbaumaschinen, Chemieanlagen oder Meerestechnik verbinden.

Anwendungsbereich MIG

Abmessungen: Blechdicke s = 3 bis 20 mm
Werkstoffe: niedrig und hoch legierte Stähle, Aluminium, Magnesium, Kupfer, Nickel und andere Nichteisenmetalle
Erzeugnisse: Charakteristisches Verfahren für Hochleistungsschweißungen an Leichtmetallkonstruktionen im Schienenfahrzeug- und Schiffbau

Arbeitstechnik – Leistungskennwerte

Aus dem Schutzgasschweißen ging eine Vielzahl von Verfahrensvarianten mit ganz speziellen Anwendungsbereichen hervor. Dazu zählen:

Kurzlichtbogentechnik (MAG) für das Schweißen dünner Bleche (s = 0,8 – 3 mm), Wurzel- und Zwangslagenschweißen. Ein stetiger Wechsel von Kurzschluss und Lichtbogenausbildung gestattet einen stabilen Lichtbogen bei Arbeitswerten bis herunter zu 19-17 V und 100-70 A.

Impulstechnik (MAG und MIG) nutzt einen geringen Grundstrom, kombiniert mit überlagerten Schweißstromimpulsen. Wichtigste Ziele der Impulstechnik sind das spritzerfreie Schweißen und ein gesteuerter Wärmeeintrag. Die Impulstechnik erfordert spezielle Schweißstromquellen.

„T.I.M.E.“-Schweißen (MAG) ist ein patentiertes Verfahren, bei dem die Elektrodenvorschubgeschwindigkeit bis 45 m/min gesteigert wird und der Lichtbogen mit Schweißstromstärken I_S über 400 A und Schweißspannungen $U_S > 40$ V unter Verwendung spezieller Mischgase (Ar-He-CO_2-O_2) brennt. Das sehr leistungsfähige Verfahren empfiehlt sich für dicke Bleche an Maschinen-, Schiff- und Stahlbaukonstruktionen.

Fülldrahtschweißen (MAG) nutzt mit Pulver gefüllte Schweißdrähte. Die Pulver übernehmen den Umhüllungen beim E-Schweißen vergleichbare Funktionen. Eine neuere, zukunftsträchtige Variante ist das Fülldrahtschweißen ohne Schutzgas (selbstschützende Drähte). Das Schweißen ohne Gasversorgung ist vor allem auf Baustellen von Bedeutung.

Tafel III.5 Leistungsdaten beim MAG-Schweißen von Stahl

Blechdicke s in mm	2	5	10
Fugenform (nach Tafel III.1)	II	II	V - Naht
Anzahl der Lagen (nach Bild III.7)	1	1	2
v_S in cm/min	40	100	16[1])
Abschmelzleistung an Stahl	bis maximal 4,0 kg / h		

[1]) Mittelwert aus den Lagenschweißungen

1.1.4.2. Wolfram-Inertgas-Schweißen (WIG)

Verfahrensprinzip

Beim Wolfram-Inertgas-Schweißen (Bild III.10) brennt ein elektrischer Lichtbogen unter inertem Gasschutz zwischen einer nichtabschmelzenden Wolframelektrode (5) und dem Werkstück (7). Der Lichtbogen schmilzt die zu schweißenden Werkstückkanten auf und den ggf. seitlich zugeführten Schweißzusatz (6) ab. Das Inertgas (2) zum Schutz von Wolframelektrode und Schweißnaht entströmt einer konzentrisch um die Elektrode angeordneten Düse und wird dem Brenner über ein Schlauchpaket ebenso zugeführt wie Kühlwasser (3) und Schweißenergie (4). Ist die Elektrode verschmutzt oder angeschmolzen, wird sie gewechselt (1). Zuverlässiges berührungsfreies Zünden des Lichtbogens erreicht man durch dem Schweißprozess überlagerte Hochspannungsimpulse und Elektroden mit geringem Thoriumoxidgehalt (radioaktiv). Die DIN EN 26848 enthält thoriumfreie Wolframelektroden mit vergleichbaren Schweißeigenschaften.

Das WIG-Schweißen wird mit Gleichstrom (Stahlschweißung) oder Wechselstrom (Al, Mg) ausgeführt. Manuelles Schweißen und maschinelle Techniken sind in Gebrauch.

Anwendungsbereich

Abmessungen:	Verbindungsschweißen an Blechen mit s = 0,5 bis 10 mm, Wurzelschweißen an dicken Blechen
Werkstoffe:	un-, niedrig und hoch legierte Stähle, Al, Mg, Cu, Ni, Ti und andere NE-Metalle
Erzeugnisse:	Verfahren für Präzisionsschweißungen in allen Bereichen der Metallverarbeitung, Luft- und Raumfahrt, Schienen- und Straßenfahrzeuge, Behälterbau, Schankanlagen, Elektroanlagen, Haushaltgeräte

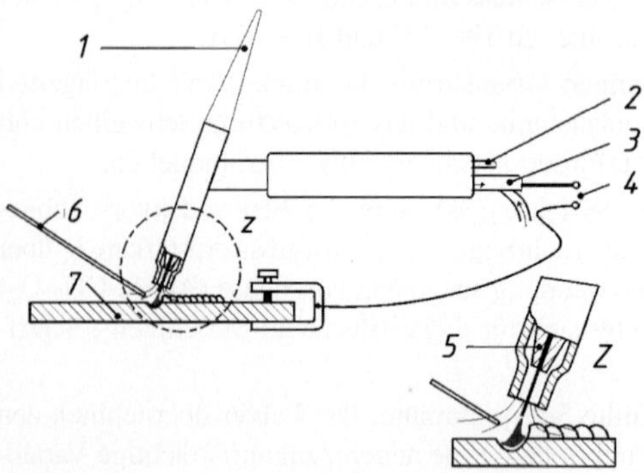

Bild III.10 WIG-Schweißen

Dargestellt ist das manuelle Schweißen, bei dem der Schweißbrenner von Hand geführt wird. Die Zufuhr des Schweißzusatzes erfolgt von der Seite. Maschinelle Brennerführung und Zufuhr des Schweißzusatzes werden bei langen Schweißnähten und Präzisionsschweißungen praktiziert.

Arbeitstechnik – Leistungskennwerte

1. Schweißen von Al, Mg und deren Legierungen

   Diese Werkstoffe sind wegen der ihrer Oberfläche stets anhaftenden Oxidschicht für die Lichtbogenausbildung nicht hinreichend leitfähig. Erforderlich ist daher

   - vorherige mechanische und/oder chemische Oxidbeseitigung,
   - spezielle Fugen- und Elektrodenform,
   - Schweißen mit Wechselstrom.

   Beim Wechselstromschweißen reißen die aus dem Schmelzbad austretenden Elektronen während der positiven Halbwelle die Oxidhäute auf, belasten dabei aber thermisch die Elektrode. Diese ist daher nicht spitz, sondern abgerundet (Bild III.11). Geschweißt wird mit einfach aufgebauten Schweißtransformatoren (preiswert) oder transistorisierten Stromquellen (Abschnitt III.1.1.3) mit rechteckförmigem Stromverlauf und ggf. einstellbarer Phasenbalance, die kleinere positive Halbwellen ermöglicht. Dadurch können die thermische Elektrodenbelastung gesenkt und der Schweißprozess stabiler geführt werden.

   Vereinzelt wird auch mit Gleichstrom unter Helium als Schutzgas geschweißt. Wegen dessen höherer Ionisationsspannung wird der Lichtbogen heißer und die Oxidhaut thermisch zerstört. Die schwierigere Prozessführung begrenzt das Verfahren auf das mechanisierte Schweißen.

2. Schweißen von hoch legiertem Stahl

   Zum Schweißen hoch legierter Stähle, vorzugsweise der Chrom-Nickel-Stähle, ist das WIG-Schweißen seit seiner Entwicklung das prädestinierte Verfahren. Der inerte Argonschutz, verbunden mit zusätzlichem Schutz der Nahtrückseite (Wurzel) ermöglicht in weiten Grenzen anlauffarbenfreie Schweißnähte. Geschweißt wird mit Gleichstrom, Elektrode am Minuspol.

Stromart und Polung der Elektrode beim WIG-Schweißen

Werkstoff	Gleichstrom + Pol	Gleichstrom - Pol	Wechselstrom
Stahl (un- und niedrig legiert)	0	2	1
Rost-, säure- und hitzebeständige Stähle	0	2	1
Kupfer und Kupferlegierungen	0	2	1
Nickel und Nickellegierungen	0	2	1
Aluminiumbronze	0	1	2
Aluminium und Aluminiumlegierungen)	(1)	0	2
Magnesium und Magnesiumlegierungen)	(1)	0	2

2 - gut geeignet; 1 - bedingt anwendbar; ( ) - bis max 0,5mm; 0 - nicht geeignet

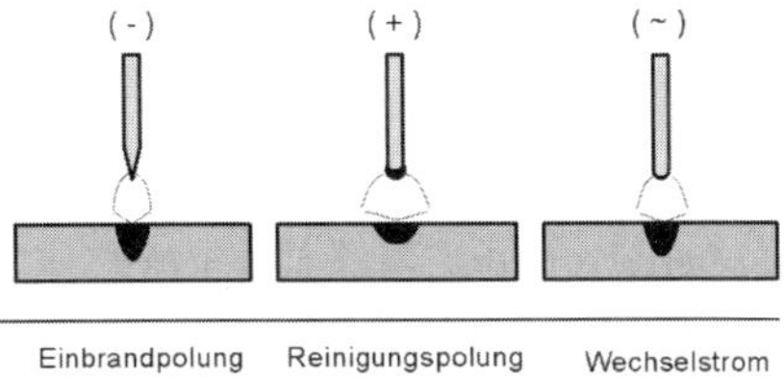

Fugenvorbereitung beim WIG-Schweißen von Al und Aluminiumlegierungen

Falsch:
Die in der Schweißfuge haftenden Oxidschichten werden nicht vollständig ausgeschwemmt und bilden eine Wurzelkerbe

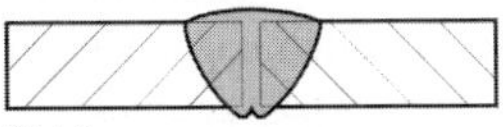

Richtig:
Angefaste Kanten führen zur korrekten Ausbildung der Nahtrückseite

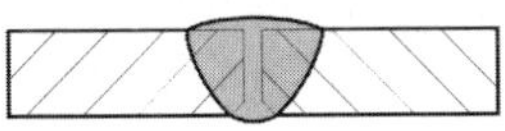

Arbeitstechnik

Nach-links-Schweißen beim WIG-Verfahren

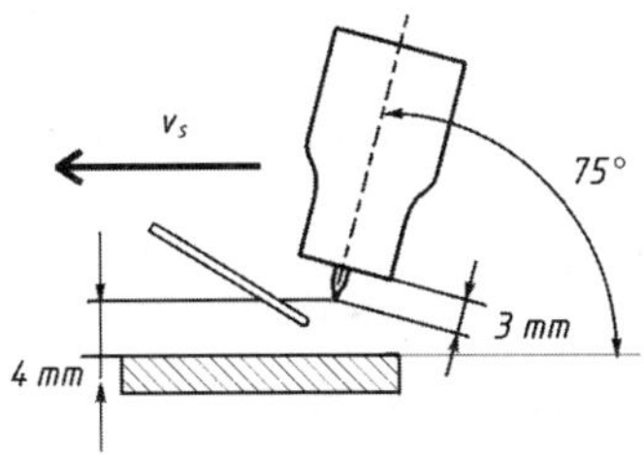

Bild III.11 Technologische Angaben zum WIG-Schweißen

Zumischen von Wasserstoff mit 2 % bis 5 % wird in einigen Fällen des maschinellen Schweißens praktiziert. Wasserstoff wirkt als Wärmeträger, fördert die Benetzung und damit das zuverlässige Schweißen dünner Bleche (z. B. beim Längsnahtschweißen dünnwandiger Rohre) und gestattet metallisch blanke Nähte durch seine reduzierende Wirkung.

3. Schweißen weiterer NE-Metalle

Nichteisenmetalle und ihre Legierungen, die schmelzmetallurgisch hergestellt wurden, lassen sich in der Regel auch mit dem WIG-Verfahren schweißen. Zu diesen Werkstoffen zählen Cu und seine Legierungen, Ni und Legierungen, Titan und Tantal. Dabei gilt, dass der inerte Gasschutz besonders bei den reaktionsfreudigen Werkstoffen durch zusätzliche Maßnahmen sicher gewährleistet werden muss. Das können Vor- und Nachlaufbrausen, gasdurchströmte Vorrichtungen, Schweißzelte oder Vakuumkammern sein, die nach dem Evakuieren mit dem Schutzgas gefüllt werden. Das Beschicken der Kammern erfolgt durch Schleusen und das Schweißen über Manipulatoren.

Die Geräteentwicklung zum an sich sehr einfachen Verfahren hat heute ein Anspruchsniveau, zu dem folgende Merkmale zählen:

- wahlweise HF- oder Liftarc-Zündung (HF: Hochfrequente Hochspannungsimpulse zünden berührungsfrei, Liftarc: selbständiges Zurückziehen der Elektrode bei Kurzschlusszündung)
- programmierbare Schweißparameter
  Startstromwahl mit Anstieg zum Nennstrom (Up-Slope-Zeit)
  Absenkstrom bei Schweißende zur Kraterfüllung (Down-Slope-Zeit)
  Gasvor- und -nachströmzeit (Schutz von Werkstück und Elektrode)
- Kontrolle weiterer Prozessfunktionen
  Schutzgaswahl und Durchflusskontrolle
  Kühlwasserüberwachung

Tafel III.6 Leistungsdaten beim WIG-Schweißen von Stahl

Blechdicke s in mm	2	5	10
Fugenform (nach Tafel III.1)	II	II	V
Anzahl der Lagen (Bild III.7)	1	1	3
v_S in cm/min	20	12	2[1])
Abschmelzleistung an Stahl	bis maximal 0,5 kg / h		

[1]) Mittelwert aus den Lagenschweißungen

1.1.4.3. Plasmaschweißen (Pl)

Verfahrensprinzip

Wird ein elektrischer Lichtbogen in den Randzonen gekühlt, verliert er dort seine Leitfähigkeit, der Strompfad wird eingeschnürt und der Lichtbogen nadelförmig. In der Schweißtechnik bezeichnet man dieses Phänomen als Plasmalichtbogen. Er erzeugt beim Schweißen sehr schmale Nähte. Bild III.12 zeigt schematisch die konstruktiven Details des Plasmabrenners. Die Wolframelektrode sitzt hinter der Plasmadüse (3) und zwischen beiden brennt permanent ein Hilfslichtbogen kleiner Energie. Dieser erzeugt ein Hilfsplasma, welches durch das Plasmagas aus der Düse gedrückt wird und die Lichtbogenstrecke vorionisiert. So kann das Arbeitsplasma durch Zuschalten des Hauptschweißstromes jederzeit berührungsfrei gezündet werden. Als Plasmagas wird Argon verwendet.

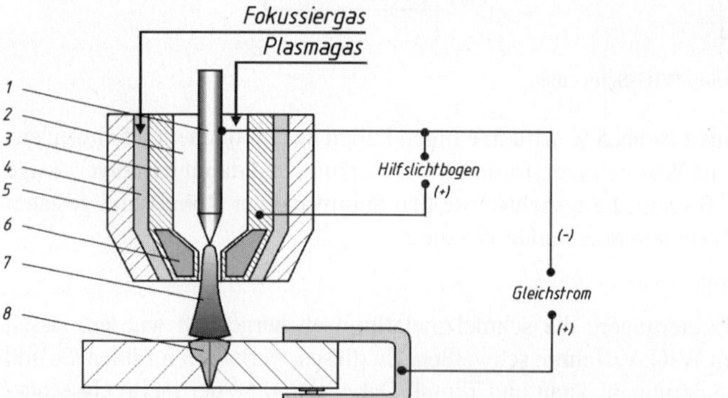

Bild III.12 Plasmaschweißen
1 Wolframelektrode
2 Kanal für Plasmagas
3 Plasmadüse
4 Kanal für Fokussier-/Schutzgas
5 Schutzgasdüse
6 Wasserkühlung
7 Plasmastrahl
8 Schweißnaht im Werkstück

Das Fokussierungsgas, das gleichzeitig den Schutz der Schweißstelle übernimmt, kann bei der Stahlschweißung ein $Ar+H_2$-Mischgas sein. Andere Brennerkonstruktionen und Gaskompositionen sind in Gebrauch. Das Plasmaschweißen wurde aus dem WIG-Verfahren heraus entwickelt und gestattet schmalere Schweißnähte und höhere Schweißgeschwindigkeiten.Wegen der hohen Präzision und den hohen Schweißgeschwindigkeiten wird überwiegend maschinell geschweißt.

In der Regel kommt das Plasmaschweißen ohne Zusatzwerkstoff aus, die Fugenflanken werden als I-Naht vorbereitet. Das Verwenden von Schweißzusatz, z. B. zum Ausgleich von Toleranzen, ist möglich.

Anwendungsbereich

Abmessungen: Verbindungsschweißen an Blechen mit s = 0,1 bis 10 mm

Werkstoffe: un-, niedrig und hoch legierte Stähle, Cu, Ni, Ti und andere NE-Metalle, Al, Mg und deren Legierungen ungebräuchlich

Erzeugnisse: Längs- und Rundnahtschweißungen an Rohren und Blechsektionen, Behälterbau

Arbeitstechnik – Leistungskennwerte

Der Plasmalichtbogen lässt sich mannigfaltig variieren. So gingen aus dem klassischen Verfahren Varianten hervor wie

Mikroplasmaschweißen

Beim Mikroplasmaschweißen lassen stabile Lichtbögen von 1A Stromstärke Präzisionsschweißungen an Feinblechen und Folien bis unter 0,1mm Dicke zu. Mit dem Verfahren werden Hüllrohre für Kernbrennstäbe oder Schlitzrohre mit 0,15 mm Wanddicke geschweißt sowie Wellrohrkompensatoren und Druckmessdosen hergestellt. Ferner können auch Erzeugnisse aus Draht wie Zahnprothesen, Drahtnetze (Papierindustrie) oder Thermoelemente mit dem Verfahren gefertigt werden.

Plasmaschweißen mit Bogenablenkung

Der Plasmalichtbogen übt bei steigender Energie, die für höhere Schweißgeschwindigkeiten gebraucht wird, auch einen höheren Druck auf das Schmelzbad aus und durchbricht dieses. Um das zu vermeiden und bei hohen Geschwindigkeiten dünne Bleche zu schweißen, lenkt man den Lichtbogen in Schweißrichtung magnetisch aus (Schweißen von Blechsektionen im Schienenfahrzeugbau).

Plasmaschweißen mit Stichlocheffekt

Ab etwa 3 mm Blechdicke kann durch Energiesteigerung der Plasmastrahl das Werkstück durchstechen, es bildet sich ein schlüssellochförmiger Durchbruch, der mit dem Plasmastrahl in Schweißrichtung wandert und hinter dem die Fugenflanken zusammenfließen. Die Wärme wird vom Plasmastrahl nicht an die Blechoberfläche, sondern an die Stichlochflanken abgegeben. Dadurch kann die Schweißgeschwindigkeit gegenüber dem Wärmeleitungsschweißen (WIG, Mikroplasma) deutlich gesteigert werden.

Plasmaauftragsschweißen

Durch seitlich zugeführten Schweißdraht oder direkt durch den Brenner geförderte Pulver lassen sich verschlissene Schichten auftragen oder spezielle Hartstoffschichten (Ni-Basis mit Cr, Co, W oder Wolframcarbid) erzeugen.

Tafel III.7 Leistungsdaten beim Plasmaschweißen

Blechdicke s in mm	2	5	10
Fugenform (nach Tafel III.1)	II	II	II
Anzahl der Lagen (nach Bild III.7)	1	1	2
v_S in cm/min	90	50	40[1])
Abschmelzleistung an Stahl[2])	bis maximal 0,5 kg / h		

[1]) Mittelwert aus den Lagenschweißungen
[2]) bei Kaltdrahtzufuhr, Steigerung durch Heißdraht möglich

1.1.4.4. Laserschweißen (La)

Verfahrensprinzip

Beim Laserschweißen wird die in einem Lasermedium (Kristall, Gasentladung, Halbleiter) erzeugte energiereiche Strahlung durch ein Linsensystem auf die Schweißstelle gebündelt. Das Laserlicht ist monochromatisch, kohärent und parallel und gestattet daher bei seiner Fokussierung Energiedichten über 10^6 W/cm^2. Damit können alle technischen Werkstoffe geschmolzen oder verdampft werden. In jedem Fall muss die Energie des Laserstrahls zunächst einmal als elektrische Energie dem Lasergenerator zugeführt werden. Im Fall des Festkörperlasers (Bild III.13) erfolgt die erste

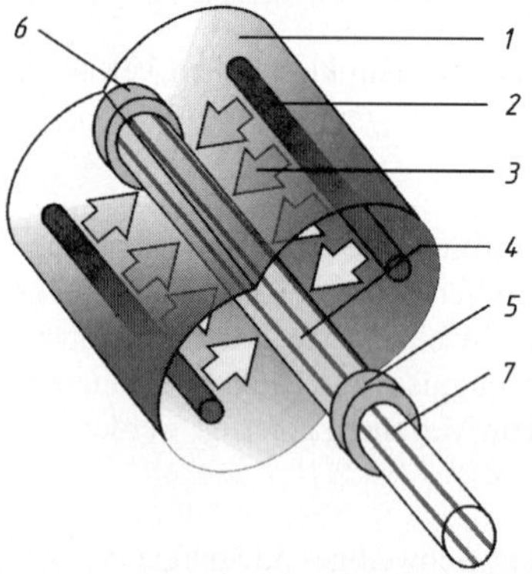

Bild III.13 Laserschweißen
1 elliptische Reflektoren
2 Blitz- oder Bogenlampen strahlen die Energie als anregendes Licht in den Resonator
3 in den Laserkristall eingestrahltes Licht
4 Laserstab (Nd:YAG-Kristall)
5 halbdurchlässiger Auskoppelspiegel
6 hinterer Resonatorspiegel
7 ausgekoppelter Laserstrahl (vor der Optik noch ungebündelt)

Umwandlung in Licht über die Blitzlampen und schließlich die zweite Umwandlung in das Laserlicht. Die bei diesem Vorgang entstehende erhebliche Verlustwärme muss durch ein wirksames Kühlsystem abgeführt werden und ist Ursache für den durchweg sehr schlechten Verfahrenswirkungsgrad aller Laser. Während bislang die geometrischen Abmessungen der Laserresonatoren vom klassischen Kristallstab beim Festkörperlaser (rund) oder Entladungsrohr (rund) beim Gaslaser bestimmt waren, gewinnen kompakte Konstruktionen, genannt Slab-Laser (Slab = Platine, Platte), an Bedeutung.
Von den heute existierenden zahlreichen Lasertypen werden zum Schweißen CO_2-Gaslaser, Neodym: YAG-Laser und Halbleiterlaser verwendet. Diese drei Lasertypen haben außerordentlich verschiedene Eigenschaften, woraus auch ganz spezifische Einsatzfelder resultieren (Tafel III.8). Wegen der hohen Präzision des Laserstrahls wird das Verfahren fast ausschließlich mechanisiert ausgeführt, andere Entwicklungen (Kehlnahtschweißen mit handgeführtem Schweißkopf an Leichtbauprofilen oder manuelles Laserpunktschweißen in der Dentaltechnik) sind bekannt.

Tafel III.8 Ausgewählte Verfahrensmerkmale von Laserschweißverfahren

Arbeitsgröße	Einheit	Diodenlaser	Nd:YAG	CO_2-Gaslaser
Wellenlänge	mm	0,32 … 32	1,06	10,6
max. Ausgangsleistung	kW	4	6	25
max v_S	m / min	1	5	10
Energieübertragung	–	Lichtwellenleiter	Lichtwellenleiter	Spiegelsystem
schweißbare Blechdicke am Beispiel CrNi-Stahl	mm	1	4,0	10

Anwendungsbereich

Abmessungen: Verbindungsschweißen an Blechen mit s = 0,1 bis 10 mm
nach oben gegenwärtig durch Laserleistung und die damit verbundenen Anlagenkosten begrenzt

Werkstoffe: un-, niedrig und hoch legierte Stähle, Mg, Cu, Ni, Ti und andere Nichteisenmetalle. Metall-Keramik-Verbindungen. Für Al, Mg und deren Legierungen nach jüngsten Erkenntnissen besonders geeignet

Erzeugnisse: Präzisionsschweißungen im Feingerätebau, Maschinenbauteile, Behälter- und Anlagenbau, Straßen- und Schienenfahrzeugbau, neuerlich auch Stahl- und Schiffbau mit dem Schweißen von Dickblechen und Schweißnahtlängen über 10 m

Arbeitstechnik – Leistungskennwerte

Die Anwendungsgrenzen für das Laserschweißen sind wegen der noch immer im Fluss befindlichen Geräteentwicklung unscharf. Bei Präzisionsbauteilen ist das Verfahren meist durch mechanische Grenzwerte eingeschränkt. So beträgt die zulässige Abweichung von der spaltfreien Anlage beim Stumpfschweißen etwa 10 % der Blechdicke, das sind bei einem 0,1 mm dicken Blech 10 µm. Im oberen Leistungsbereich beträgt die maximale Schweißgeschwindigkeit etwa 10 m/min (Tafel III.9).

Diodenlaser

Das schon seit längerem bekannte Prinzip des Diodenlasers konnte erst Ende der 90er Jahre zu nennenswerten Ausgangleistungen geführt und damit für schweiß- und schneidtechnische Aufgaben nutzbar gemacht werden. Der große Brennfleck von 2 mm × 4mm schränkt seine Verwendbarkeit für Präzisionsaufgaben ein, die erzielbare Energiekonzentration von $5 \cdot 10^5$ W/cm^2 ist aber für das Schweißen vieler Aufgaben vollkommen ausreichend. Der Diodenlaser ist für das Kunststoffschweißen besonders geeignet, obgleich einige Kunststoffe (amorphe) von dem nahe dem Infrarot liegenden Strahl durchdrungen werden. Der Diodenlaser ist besonders klein und kompakt (so erzielt man 2 kW Strahlleistung aus einem 30 cm × 18 cm × 13 cm Gehäuse) und ist daher problemarm im technologischen Prozess integrierbar. Auch sein elektrischer Wirkungsgrad von 40-50 % (Nd:YAG 3 %) weist neue Wege in der Laserschweißtechnologie.

Anwendung: Kleinteileschweißen, Schankanlagen, CrNi-Stahlbleche, Elektroblech, Behälter aus chromatiertem Al.

Nd:YAG-Festkörperlaser

Der YAG-Laser erfordert im Gegensatz zum CO_2-Laser kein Arbeitsgas und sein Licht lässt sich durch Lichtwellenleiter (LWL) an die Schweißstelle führen. Das Licht des YAG-Lasers mit 1,06 µm Wellenlänge wird von metallischen Werkstoffen wesentlich besser absorbiert als das des CO_2-Lasers und präferiert ihn daher vor allem wegen des günstigen Strahlhandlings durch LWL, für das Schweißen an kleineren Bauteilen bei geringstem Wärmeeintrag. Sein Wirkungsgrad ist wegen des lichtgepumpten Kristalls gering.

CO_2-Gaslaser

Der CO_2-Laser gestattet wegen seiner energetisch günstigsten Konstruktion die höchsten Ausgangsleistungen. Das umgewälzte und zu kühlende Prozessgas muss anteilig erneuert werden, der Verbrauch beträgt z. B. bei einem 8 kW-Laser 60 l/h (80 % He, 26 % N_2, 2% CO_2). Hinzu kommt technologisch bedingtes Gas zum Schutz der Schweißstelle. Da der CO_2-Laserstrahl nicht über LWL geführt werden kann, sind aufwändige Spiegelsysteme erforderlich. Zum Schweißen von Dicken über 5 mm ist der CO_2-Laser gegenwärtig die einzige lasertechnische Lösung (Tafel III.9). Trotz des günstigeren elektrischen Wirkungsgrades ist der Gesamtwirkungsgrad auch einer CO_2-Laserschweißanlage gering. So werden für 6 kW Laserstrahlleistung etwa 100 kW Anschlussleistung benötigt.

Tafel III.9 Leistungsdaten beim Laserschweißen

Blechdicke s in mm	2	5	10
Fugenform (nach Tafel III.1)	II	II	II
Anzahl der Lagen (nach Bild III.7)	1	1	1
v_S in cm/min	750	100	1000
Abschmelzleistung an Stahl[1])	bis maximal 0,5 kg / h		

[1]) Bei Kaltdrahtzufuhr, Steigerung durch Heißdraht möglich

1.1.4.5. Weitere Schmelzschweißverfahren

Für besondere Bauteilgeometrien, z. B. sehr dick oder dünn, für spezielle Werkstoffe oder zum Schweißen mit besonders hoher Produktivität werden weitere Schmelzschweißverfahren in der industriellen und handwerklichen Praxis eingesetzt (Tafel III.10).

Tafel III.10 Weitere Schmelzschweißverfahren (Auswahl)

Verfahren	Prinzip	Anwendung
Aluminothermes Schweißen (AS)	Chemische Reaktion zwischen Al und Eisenoxid	Gieß-Schweißverfahren zum Schweißen von Schienen und Massivprofilen. In den mit speziellen Formteilen modellierten Schweißstoß fließt im Schmelztiegel erzeugter Stahl.
Elektroschlackeschweißen (ES)	Stromdurchflossene Schlacke schmilzt Draht und Werkstoff auf	$s \geq 12$ mm, alle Stähle und Stahlguss, steigende Nähte an Dickblechen im Stahl-, Behälter- und Schiffbau.
Elektronenstrahlschweißen (EB)	Freier Elektronenstrahl trifft im Vakuum auf Werkstück	Wenige µm $\geq s \geq 100$ mm. Alle Stähle, NE-Metalle außer solche mit Verdampfungsneigung (Zink). Höchste Präzisionsschweißungen auch an sehr dicken Bauteilen. Werkstücke müssen in eine Vakuumkammer. Einziges Verfahren zum Al-Schweißen bis 100 mm Dicke.
Magnetisch bewegter Lichtbogen (MBS)	Lichtbogen zwischen Werkstück und Hilfselektrode	$s \geq 2$ mm, alle Stähle, Cu und seine Legierungen. Spezielles Verfahren für das Schweißen von Massenteilen aus Dünnblech, Automatischer Prozeß bei sehr kurzer Schweißzeit.
Unterpulverschweißen (UP)	Lichtbogenschutz unter einer Pulverschicht	$s = 2$ bis 100 mm, alle Stähle und Stahlguss, höchste Abschmelzleistung aller Schweißverfahren, hoch produktiv bei dicken Blechen und Schweißnähten über 100 cm Länge.

1.2. Pressschweißen

1.2.1. Widerstandspunktschweißen (RP)

Verfahrensprinzip

Das Widerstandspunktschweißen wird vorzugsweise zum Verbinden von überlappt angeordneten Blechen und auch Drähten genutzt (Bild III.14). Zwei mechanisch betätigte Elektroden (2) pressen die Bleche (1) aufeinander, bis ein definierter Widerstand erreicht ist. Über diesen erzeugt ein kurzer Stromimpuls an der Schweißstelle die Widerstandswärme (Joulesche Wärme), die durch Wärmestau vorwiegend zwischen den Blechen entsteht und dort zum Ausbilden der Schweißlinse (3) führt.

Hinreichend große Elektrodenkräfte halten die Bleche bis zum Erkalten und Verfestigen der Schweißlinse unter Druck. Der Schweißstrom in Höhe mehrerer kA wird den beweglichen Elektroden über flexible Kupferbänder (4) zugeführt. Bei wachsender Bedeutung der Gleichstromschweißung wird heute noch fast ausschließlich mit Wechselstrom geschweißt, der von speziellen einphasig angeschlossenen Schweißtransformatoren bereitgestellt wird.

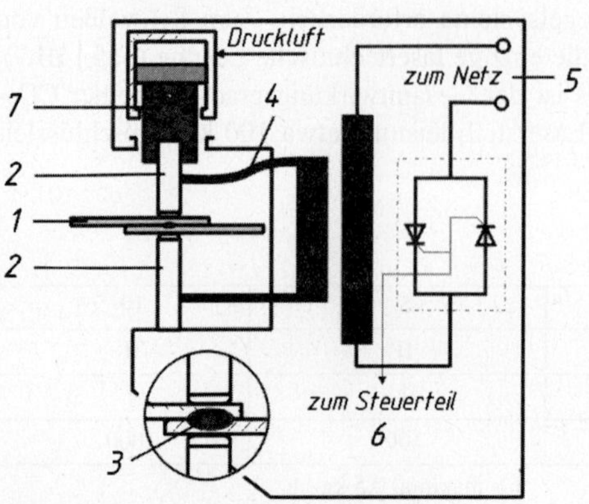

Bild III.14 Widerstandspunktschweißen

Der Verlauf von Schweißstrom I_S und Elektrodenkraft F_E beim Einzelpunktschweißen ist in Bild III.15 (oben links) dargestellt. Zum Schweißen werden stationäre Maschinen, prozessintegrierte Schweißstationen oder mobile Schweißzangen, besonders robotergeführte, benutzt. Die Schweißelektroden bestehen aus härtegesteigerten Cu-Legierungen (CuCrZr) und werden wassergekühlt.

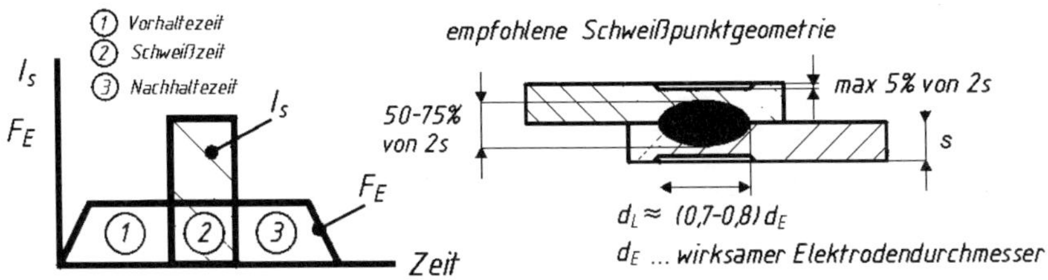

Arbeitswert für	hoch legierten Stahl	unlegierten Stahl	Al und Legierungen
d_E in mm	$4\sqrt{s}$	$5\sqrt{s}$	$10\sqrt{s}$
I_S in kA	$8\sqrt{s}$	$10s$	$30s$
t_S in Perioden	$5\sqrt{s}$	$8s$	$7s$
F_E in kN	$5s$	$2,5s$	$2s$

Bild III.15
Arbeitsgrößen beim Widerstandspunktschweißen

Anwendungsbereich

Abmessungen: s = 0,4 bis 4 (8) mm Einzelblechdicke, Stumpf- oder Kreuzdrahtschweißungen mit Durchmessern von 3 bis 10 mm

Werkstoffe: Stahl und Nichteisenmetalle, sehr viel Werkstoffkombinationen, unverträgliche Werkstoffe lassen sich mit zwischengelegter Folie schweißen

Erzeugnisse: Fahrzeug- und Flugzeugbau, Universalverfahren in der Blechbearbeitung, Haushaltgeräte, Kreuzdrahtschweißen von Bewehrungsstahl im Bauwesen

Arbeitstechnik – Leistungskennwerte

Neben dem klassischen Punktschweißen mit gegenüberliegenden Elektroden sind bauteilbedingt Sonderkonstruktionen in Gebrauch, z. B. das einseitige Punktschweißen (Bild III.16) oder das Kondensatorimpulsschweißen. Die hohen Schweißströme (1 … 1000 kA) werden heute überwiegend primärseitig durch Thyristoren geschaltet, beim Gleichstromschweißen wird das Umrichterprinzip angewendet (siehe Abschnitt Elektrotechnik). Die Schweißspannungen im Bereich von 3 … 10 V bleiben aus Sicherheitsgründen klein und werden als Einstellgröße nicht verändert. Die Schweißzeit, allgemein in Perioden der Netzfrequenz (Per) angegeben, wird sehr kurz eingestellt. Dadurch kann die Wärme aus der Schweißzone nicht abwandern und die Elektrodeneindrücke bleiben klein. Neben dem zuverlässigen Einstellen der Elektrodenkräfte, blechdickenabhängig sind 0,5 … 10 kN erforderlich, ist das Nachsetzverhalten der meist pneumatischen Kraftsysteme eine ganz wesentliche Maschineneigenschaft. Zu geringe Elektrodenkräfte oder zu langsames Nachsetzen führen zu ausspritzendem Werkstoff. Zu große Elektrodenkräfte bewirken anwachsende Eindrücke der Schweißelektroden. Saubere Werkstückoberflächen und gleichbleibende Werkstoffqualität sind Voraussetzung für eine hohe Schweißpunktqualität. Die Werkstücke müssen frei von Oxidschichten und Verunreinigungen sein, sonst besteht die Gefahr des Klebens (Anschweißen) der Elektroden an der Werkstückoberfläche. Weitere Verfahrensmerkmale zeigt Bild III.16. Um das Abfließen des Schweißstromes über benachbarte Schweißpunkte (Nebenschluss) einzuschränken, sind Mindestabstände erforderlich. Punktschweißverbindungen werden überwiegend technologischen Prüfungen unterzogen, zu denen die so genannte „Ausknöpfprobe" zählt (ISO 1044). Über Abrollvorrichtungen oder mittels Meißel wird die Punktschweißung einer Schälbeanspruchung unterworfen. Knöpft dabei der Schweißpunkt aus einem Blech aus, so gilt die Verbindung als gut. Punktschweißverbindungen sollen vorzugsweise auf Schub, nicht auf Zug und niemals auf Abschälen beansprucht werden.

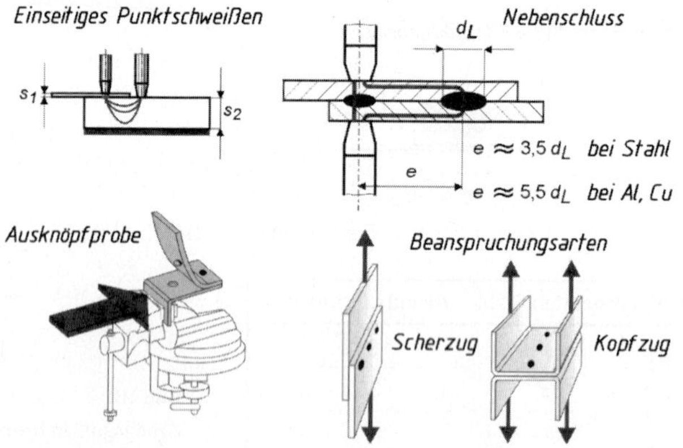

Bild III.16
Verfahrensmerkmale beim Widerstandspunktschweißen

Tafel III.11 Leistungsdaten beim Widerstandspunktschweißen

Werkstoff	unlegierter Stahl C < 0,2 %		rost- und säurebeständiger Stahl		Aluminimum	
Blechdicke s in mm	0,4	3	0,4	3,0	0,5	3
Elektrodenkraft in kN	1	7,5	1,6	12	2,25	6,6
Schweißzeit in Per	4	21	4	17	6	11
Schweißstrom in kA	5	19	2,8	18	27	49

1.2.2. Widerstandsbuckelschweißen (RB)

Verfahrensprinzip

Das Widerstandsbuckelschweißen (Bild III.17) wurde aus dem Widerstandspunktschweißen entwickelt. Der Schweißstrom wird an Stelle der punktförmigen Elektroden durch Plattenelektroden (1) vergleichbaren Werkstoffs dem Bauteil zugeführt und über im Bauteil ausgeprägte Buckel (2) auf mehrere Schweißstellen gleich verteilt. Die gleichzeitig zu schweißenden Buckel erfordern entsprechend höhere Ströme und Elektrodenkräfte bis zu 40 kN. Die Buckel werden beim Schweißen in die Bleche zurückgedrückt, daher sind hohe Anforderungen an trägheitsarme Elektrodenkraftsysteme (4) zum raschen Nachsetzen der Elektroden zu stellen. Der Schweißablauf wird über Prozesssteuerungen (5) koordiniert und überwacht. Für den Buckelabstand und den Randabstand der Buckel zur Werkstückkante gelten dem Punktschweißen vergleichbare Regeln (DVS-Merkblatt 2902).

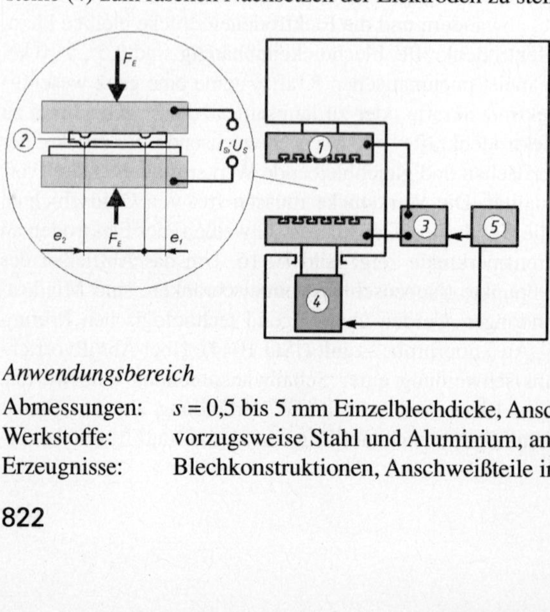

Bild III.17 Buckelschweißen

Anwendungsbereich

Abmessungen:	s = 0,5 bis 5 mm Einzelblechdicke, Anschweißen massiver Teile an dünnere Bleche
Werkstoffe:	vorzugsweise Stahl und Aluminium, andere Werkstoffe möglich
Erzeugnisse:	Blechkonstruktionen, Anschweißteile im Fahrzeugbau

Arbeitstechnik – Leistungskennwerte

Die Schweißbuckel (DIN 8519) werden in vorgelagerten umformtechnischen Arbeitsgängen hergestellt oder sind bei Zulieferteilen, z.B. Anschweißmuttern, Bestandteil der Teilegeometrie. Neben dem wirtschaftlichen Vorteil, dass beim Buckelschweißen der Vorschub von Punkt zu Punkt entfällt und die Buckel gleichzeitig geschweißt werden, sind auch besonders günstige Konstruktionen möglich (Bild III.18). Ausrüstungen zum Teilehandling, koordiniert durch übergeordnete Prozesssteuerungen, komplettieren Buckelschweißmaschinen zu hocheffektiven Fertigungseinrichtungen. Buckelschweißen wird auch an beschichteten Blechen durchgeführt, sofern die Beschichtung leitfähig ist.

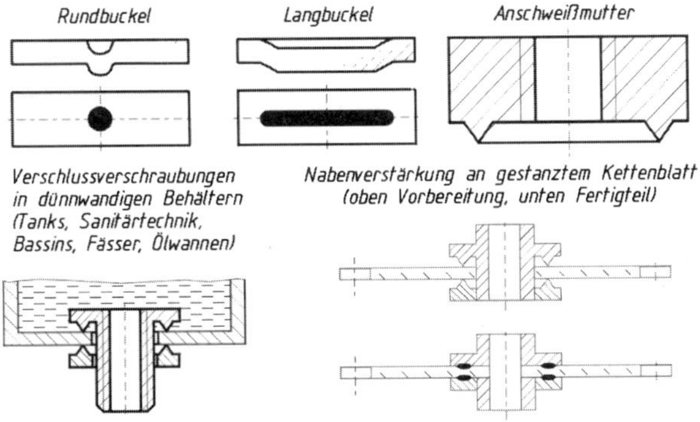

Bild III.18 Konstruktionsformen beim Buckelschweißen

Tafel III.12 Leistungsdaten beim Buckelschweißen

Blechdicke s in mm	1	3	5
Buckelhöhe in mm	0,75	1,25	1,75
Elektrodenkraft in kN	1,05	3,0	5,8
Schweißstrom in kA	5,5	10	14
Schweißzeit in Per	8	25	40

1.2.3. Weitere Pressschweißverfahren

Das elektrische Widerstandsschweißen hat von allen Fügeverfahren die breiteste Variation erfahren und reicht vom Mikrokontaktieren (Bonden) in der Elektronik bis zum Abbrennstumpfschweißen von Ankerkettengliedern. Darüber hinaus sind auch die Grenzen zu anderen Fertigungsverfahren fließend. So bildet sich z. B. beim Aufschweißen elektrischer Silberkontakte auf kupferne Schaltmesser ein Eutektikum, das unter dem Schmelzpunkt beider Partner liegt. Definitionsgemäß ist dies ein eutektisches Löten und kein Schweißen. Den Anwendungsbereich weiterer Pressschweißverfahren mit nennenswerter praktischer Bedeutung für Bleche mit $s >$ 1mm zeigt Tafel III.13.

Tafel III.13 Weitere Pressschweißverfahren

Verfahren	Prinzip	Anwendung
Preßstumpfschweißen	Stoßstelle elektrisch oder durch Gasflamme erwärmt und durch Druck gefügt	Bedeutung hat nur noch das elektrische Stumpfschweißen, bei dem die Erwärmung über einen Lichtbogen erfolgt; Anwendung: 1. Anschweißen von Bolzen mit und ohne Gewinde 2. Fügen von Hohl- und Vollprofilen
Kaltpreßschweißen	Fügen nur durch Druck ohne jegliche Wärme	Verfahren zum Herstellen schwieriger Werkstoffkombinationen, z. B. von Al-Cu-Verbindungen; Schweißen von Drähten in Drahtziehanlagen und Fügen von Fahrleitungsdrähten
Reibschweißen	Erwärmung durch rotierende und aneinander reibende Werkstücke	Hochproduktives Verfahren in der Massenfertigung von rotationssymmetrischen Teilen, z. B. geschmiedeter Gabelkopf mit Gelenkwelle, Reduzierung der Zerspanungsarbeit an Rundteilen
Ultraschallschweißen	Fügen ohne Wärme nur durch Ultraschallschwingungen	Anwendbar für Metalle und Kunststoffe (viele Werkstoffkombinationen), für kleinere Teile wegen begrenzter Energie, sehr verbreitet für Kunststoffteile, keine Beeinträchtigung der Werkstückoberfläche

2. Thermisches und nichtthermisches Schneiden

2.1. Grundlagen

Alle Schmelzschweißverfahren können bei zweckentsprechender Parameterwahl den Werkstoff auch trennen. Aus dieser Tatsache heraus wurden durch spezielle Geräteentwicklungen die thermischen Schneidverfahren geschaffen. Nachfolgend wird auf die wesentlichsten Verfahren zum thermischen Schneiden nach DIN 2310-6 eingegangen.

Werkstoffe lassen sich thermisch trennen, indem gesteigerte Wärmezufuhr die strukturellen Bindungskräfte aufhebt. Die Prozessenergie kann durch das Verbrennen des zu trennenden Werkstoffs gewonnen werden (Gasbrennschneiden) oder sie wird von außen zugeführt (Plasma- oder Laserschneiden). Neben der thermischen Energie ist bei allen thermischen Schneidverfahren die mechanische Energie eines Gasstrahls erforderlich, um die abgetrennten Werkstoffpartikel aus der Schnittfuge zu treiben. Wird die mechanische Strahlenergie drastisch erhöht, so kann ohne nennenswerte Wärmewirkung ebenfalls sehr effektiv geschnitten werden. Industriell genutzt wird dieses Prinzip beim Wasserstrahlschneiden (Abschnitt III.2.5).

2.2. Autogenes Brennschneiden

Verfahrensprinzip

Beim Gasbrennschneiden (autogenes Brennschneiden) wird der Werkstoff zunächst durch eine Acetylen-Sauerstoffflamme auf Entzündungstemperatur vorgeheizt. Ein zusätzlicher Sauerstoffstrahl aus der Zentrumsbohrung (Bild III.19) trifft auf das Werkstück, verbrennt den Werkstoff und treibt die Verbrennungsprodukte aus der Schnittfuge. Im weiteren Prozessablauf übernimmt die aus der Verbrennung freigesetzte Wärme überwiegend das Vorheizen. Wird die Schneidgeschwindigkeit größer als der Wärmevorlauf, ist die Leistungsgrenze des Verfahrens erreicht.

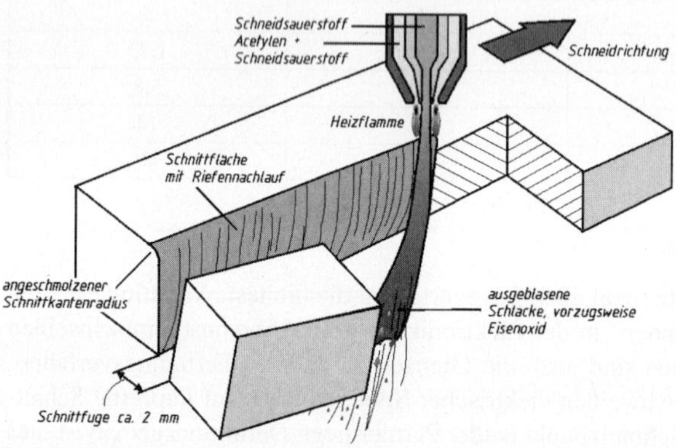

Bild III.19 Autogenes Brennschneiden

Das Verfahren setzt folgende Eigenschaften des zu schneidenden Werkstoffs voraus:

1. Der Werkstoff muss brennbar sein
2. Entzündungstemperatur < Schmelztemperatur
3. Schmelztemperatur des Oxids < Schmelztemperatur des Werkstoffs
4. Möglichst große Verbrennungswärme
5. Möglichst kleine Wärmeleitfähigkeit

Anwendungsbereich

Abmessungen:	Blechdicke $s > 5$ mm (nach oben unbegrenzt)
Werkstoffe:	un- und niedrig legierter Stahl, Stahlguss
Erzeugnisse:	Schrott- und Qualitätsschnitte in allen Bereichen der Metallverarbeitung, Schweißkantenvorbereitung

Arbeitstechnik – Leistungskennwerte

Brennschneiden wird manuell, mechanisiert und auf CNC-gesteuerten Brennschneidmaschinen ausgeführt. Beim Zuschneiden großer Blechtafeln gewährleisten Brennschneidpläne (Bild III.20) maximale Werkstoffausnutzung und maßgenaue Teile durch Berücksichtigung des Wärmeverzugs. Die dabei erreichbaren Schnittqualitäten werden durch Riefennachlauf (0,3 … 25 mm), Riefentiefe (0,1 … 2 mm), Unebenheit der Schnittflächen (0,1 … 3 mm) und den Radius der angeschmolzenen Schnittkante (0,2 … 4) mm beschrieben und in Gütestufen nach DIN EN 13920 klassifiziert.

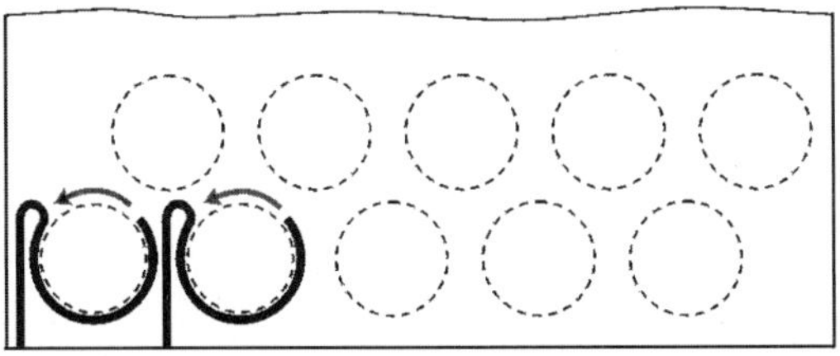

Bild III.20 Brennschneidplan

Werden die Grenzen der Schneideignung nach Tafel III.14 überschritten, können Werkstoffe ggf. noch getrennt werden, indem mit Hilfe spezieller Schneidbrenner dem Sauerstoffstrahl mineralische Pulver oder Eisenpulver beigemischt werden. Diese unterstützen thermisch oder mechanisch den Trennvorgang und erweitern so den Einsatzbereich des Verfahrens.

Tafel III.14 Grenzwerte für das autogene Brennschneiden von Stahl

Werkstoff	Schneideignung			Bemerkung
	gut schneidgeeignet	bedingt schneidgeeignet	nicht schneidgeeignet	
C-Stähle	max. 0,3 % C	von 0,3-2 % C)*	über 3 % C	)* Vorwärmen 250-400 °C, Normalglühen
Mn-legierte Stähle	max. 1,3 % C max. 13 % Mn	max. 1,3 % C 13-18 % Mn)*	über 1,3 % C über 18 % Mn	)* Vorwärmen auf 300 °C
Si-legierte Stähle	max. 0,2 % C max. 2,5 % Si	max. 0,4 % C max. 3,8 % Si)*	max. 0,4 % C über 3,8 % Si	)* Verringern der Schneidgeschwindigkeit
Ni-legierte Stähle	max. 7 % Ni	max. 0,3 % C max. 35 % Ni)*	über 0,3 % C über 35 % Ni	)* Vorwärmen auf 260 °C bis 315 °C Wärmenachbehandlung
Cr-legierte Stähle	max. 1,5 % Cr	über 1,5 % Cr)*	über 8 % Cr bis 10 % Ni	)* Vorwärmen auf 300 °C und Wärmenachbehandluung, Cr-Stähle härten leicht

Tafel III.15 Leistungsdaten beim autogenen Brennschneiden

Blechdicke s in mm	3	5	10	300
Schneidgeschwindigkeit in m/min	0,8	0,8	0,70	0,1
Acetylenverbrauch in m³/h	0,4	0,4	0,4	0,9
Heizsauerstoffverbrauch in m³/h	0,5	0,5	0,5	1,1
Schneidsauerstoffverbrauch in m³/h	0,4	0,5	1,2	33
Schnittfugenbreite in mm	0,8	0,9	2,0	6,0

2.3. Plasmaschneiden

Verfahrensprinzip

Beim Plasmaschneiden schmilzt ein gebündelter elektrischer Lichtbogen den zu schneidenden Werkstoff auf. Der aus dem Plasmabrenner zentrisch austretende Gasstrahl bläst das Schmelzgut aus der Schnittfuge. Mit dem Plasmaschneiden lassen sich alle elektrisch leitfähigen Werkstoffe trennen. Die an der Werkstückoberfläche durch den Plasmabogen entwickelte Wärme wird durch den Gasdruck in die Schnittfuge getrieben und mit deren Tiefe zunehmend an die Fugenflanken abgegeben. Dadurch ist beim Schneiden dickerer Bleche die Winkligkeit der Schnittfuge charakteristisch, Bild III.21. Als Plasmagas wird bei hoch legierten Stählen vorzugsweise Argon, beim Schneiden von allgemeinen Baustählen und Aluminium Luft verwendet. Unter Anwesenheit von Luft verschleißen Plasmadüse und Kathode stärker als unter Argon und werden daher aus Kupfer gefertigt und leicht auswechselbar gestaltet.

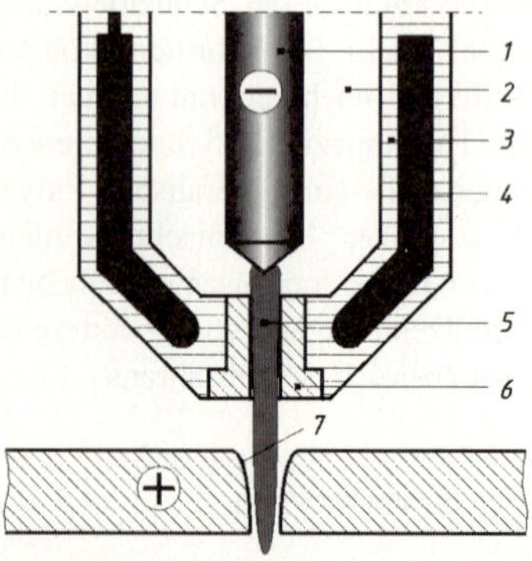

Bild III. 21 Plasmaschneiden
1 Wolframelektrode
2 Plasmagaskanal
3 Gasdüse
4 Wasserkühlung
5 Plasmastrahl (eingeschnürter Lichtbogen)
6 Plasmadüse (auswechselbares Verschleißteil)
7 winklige Schnittkanten mit Kantenradius

Anwendungsbereich

Abmessungen: Blechdicke s = 1 bis 100 mm
Werkstoffe: un-, niedrig und hoch legierter Stahl, Stahlguss, Grauguss, Nichteisenmetalle
Erzeugnisse: Schrott- und Qualitätsschnitte in allen Bereichen der Metallverarbeitung, Schweißkantenvorbereitung, einziges Schneidverfahren für Al und CrNi-Stahl bei Dicken über 20 mm

Arbeitstechnik – Leistungskennwerte:

Lichtbogenenergie und Gasausströmgeschwindigkeit sind beim Plasmaschneiden hoch und Lärm, UV-Strahlung sowie Gase, Rauche und Dämpfe wirken umweltbelastend. Daher werden industriell die zu schneidenden Bleche oft auf wassergefluteten Schneidtischen einige Zentimeter unter der Wasseroberfläche bearbeitet und derart die Schadstoffe sowie Strahlung und Lärm gebunden. Das zunächst für nicht autogen schneidbare Werkstoffe genutzte Plasmaverfahren wird heute auch für dünnere unlegierte Stahlbleche wegen der gegenüber dem Gasbrennschneiden deutlich höheren Schneidgeschwindigkeit eingesetzt. Dem Gasbrennschneiden unterlegen ist die Schnittqualität des Plasmaverfahrens. Für die meisten Zuschnitte, besonders im Dünnblechbereich, kommt man jedoch ohne spanende Nachbearbeitung bei hinreichender Schnittqualität aus.

Tafel III.16 Leistungsdaten beim Druckluft-Plasmaschneiden an Baustahl, 40 kW Strahlleistung

Blechdicke s in mm	3	5	8	10
Schneidgeschwindigkeit in m/min	5	4	3,5	3,0
Schnittfugenbreite in mm	3,5	4,5	5,5	6,5

2.4. Laserschneiden

Verfahrensprinzip

Zum Schneiden werden Halbleiter-, Festkörper- und Gaslaser verwendet. Großtechnisch genutzt wird jedoch vorzugsweise der CO_2-Gaslaser, weil nur dieser gegenwärtig die zum Schneiden dickerer Bleche erforderlichen Leistungen ermöglicht. Zum Weiterleiten des CO_2-Laserstrahles erfor-

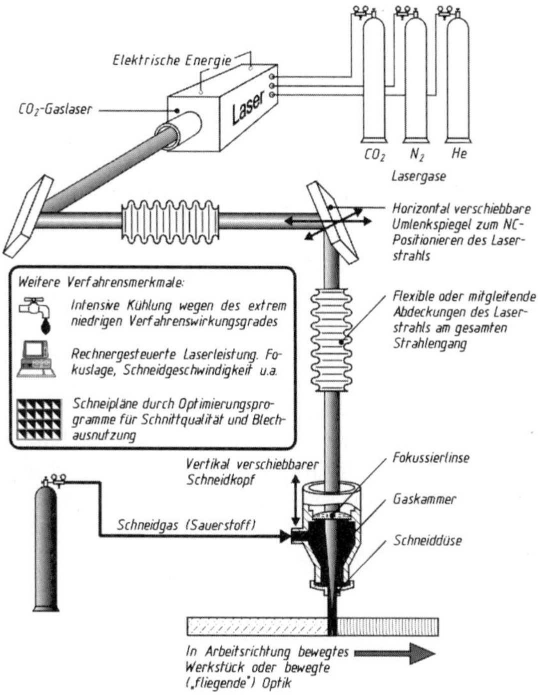

Bild III.22 Laserschneiden

dern CO_2-Laserschneidanlagen einen beträchtlichen mechanischen Aufwand für die mit den Vorschubmechanismen zu führenden Spiegelsysteme, Bild III.22. Der Laser schmilzt und verdampft den Werkstückwerkstoff und ein Gasstrahl bläst die Schnittfuge frei. Als Schneidgas ist Sauerstoff gebräuchlich, weil durch die exotherme Reaktion die Schneidgeschwindigkeit sich beträchtlich steigern lässt. Der Gasstrahl hat ferner die Aufgabe, die sehr empfindliche Laseroptik vor Spritzern und Metalldampf zu schützen. Sollen die Schnittkanten oxidfrei sein, müssen Edelgase oder Stickstoff als Schneidgas eingesetzt werden. Das so genannte Sublimierschneiden, bei dem der Werkstoff vom festen Zustand unmittelbar in den dampfförmigen übergeht, wird vorzugsweise beim Bearbeiten von Kleinstbauteilen oder zum Bohren bei impulsförmigem Energieeintrag genutzt.

Anwendungsbereich

Abmessungen: Blechdicke s = 0,1 bis 20 mm
Werkstoffe: Metalle, Nichtmetalle, Gläser, Kunststoffe, textile Werkstoffe
Erzeugnisse: Präzisionsschnitte in allen Industriebereichen

Arbeitstechnik – Leistungskennwerte

Mit dem Laserstrahl lassen sich die meisten Konstruktionswerkstoffe schneiden. Einschränkungen bestehen bei einzelnen Kunststoffen, Natursteinen und Baustoffen sowie bei beschichteten und extrem wärmeempfindlichen Werkstoffen. Der universellen Nutzung stehen nur die hohen Anlagenkosten und gegenwärtig noch ab etwa 20 mm Blechdicke aufwärts die Leistungsgrenze des Laserstrahls entgegen. Das Laserschneiden wird fast ausnahmslos auf CNC-Anlagen ausgeführt, die technologische Kopplung mit mechanischen Trenn- und Umformverfahren (Stanzen, Nibbeln, Biegen) in Bearbeitungszentren ist gebräuchlich und gestattet die Komplettbearbeitung von Blechteilen auf einer Anlage. Geringe Schnittfugenbreite, hohe Schnittqualität und Schneidgeschwindigkeit favorisieren das Laserschneiden fast immer bei hohen Stückzahlen und dünnen bis mitteldicken Blechen gegenüber allen anderen Schneidverfahren.

Tafel III.17 Leistungsdaten beim Laserstrahlbrennschneiden an Baustahl, 1500 W Strahlleistung

Blechdicke s in mm	1	3	5	10
Schneidgeschwindigkeit in m/min	10	5	3	1
Schnittfugenbreite in mm	0,1	0,25	0,4	0,6

2.4. Wasserstrahlschneiden

Verfahrensprinzip

Wasserstrahlen, die bei Drücken bis 4000 bar aus einer Schneiddüse mit einem Durchmesser von 0,3 mm und Förderströmen von 4 l/min austreten, zerstören technische Werkstoffe am Auftreffpunkt mit scharf abgegrenzten Konturen. Bewegt man den Strahl über das Werkstück hinweg, so entstehen präzise Schnittfugen mit etwa 1,2 mm Breite (Bild III.23). Der Primärdruck einer Ölhydraulik (1) von etwa 200 bar wird im Druckübersetzer (2) auf den Arbeitsdruck gebracht. Der Druckspeicher (3) formt den diskontinuierlichen Druck aus dem Kolbenverdichter zu einem weitgehend stoßfreien Arbeitsdruck um. Üblich sind bewegte Schneidköpfe (4), die den Strahl entlang der Werkstückkontur führen. Kunststoffe werden mit reinem Wasser geschnitten. Zum Schneiden von Metallen erfolgt das Zumischen von abrasiv wirkenden Pulvern (4.1). Das hochverdichtete Wasser (4.2) wird von der Schneiddüse (4.3) zum Strahl geformt, der in einer Mischkammer (4.4) nach dem Injektorprinzip das Abrasivmittel ansaugt und sich mit diesem zum Abrasivstrahl vereinigt (4.5). Ein Fokussierröhrchen (4.6) bündelt schließlich den Abrasivstrahl auf das Werkstück.

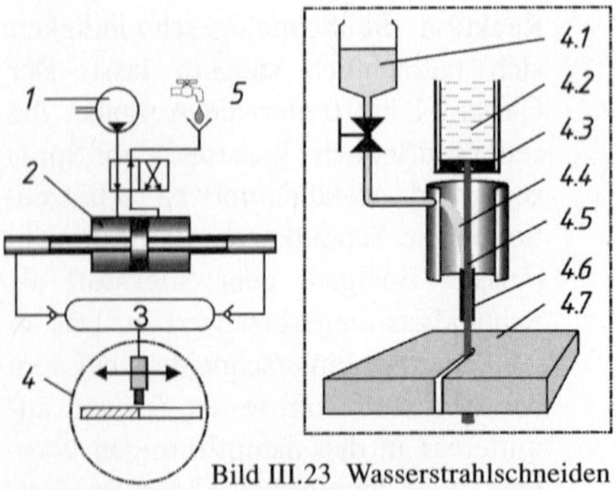

Bild III.23 Wasserstrahlschneiden

Anwendungsbereich

Abmessungen: Blechdicke $s = 1$ bis 40 mm an Stahl
$s = 1$ bis 100 mm an Aluminium

Werkstoffe: Metalle, Nichtmetalle, Gläser, Kunststoffe

Erzeugnisse: Präzisionsschnitte an wärmeempfindlichen Werkstücken

Arbeitstechnik – Leistungskennwerte

Das Wasserstrahlschneiden ermöglicht an Metallen ein grat- und anlauffarbenfreies Schneiden mit nahezu rechtwinkligen Schnittkanten bis etwa $s = 10$ mm. Beim Schneiden mit Abrasivstrahlen sind die Schnittflächen charakteristisch rauh jedoch eben.

Neben dem „kalten Schnitt" ermöglicht das Verfahren scharfe Außenkonturen (kein Anschmelzen schmaler Kanten) und das verzugsfreie Schneiden gehärteter Werkstoffe.

Problematisch beim Wasserstrahlschneiden ist der entstehende Schneidschlamm, der sich im Arbeitstisch ansammelt und mit Umweltauflagen entsorgt werden muss. Neuere Anlagen verfügen über Schneidstoffaufbereitungseinrichtungen, die aus dem Schneidschlamm bis zu 80 % des Abrasivmittels zurückgewinnen und dem Prozess direkt wieder zuführen. An der Wasseraufbereitung mit dem Ziel geschlossener Prozesskreisläufe wird derzeit gearbeitet.

Im Vergleich zu den thermischen Schneidverfahren hat das Wasserstrahlschneiden nur eine geringe Schneidleistung. An einem 10 mm dicken Baustahlblech lassen sich beim Trennen etwa 15 cm/min erzielen. Ist das Ziel ein nacharbeitsfreier Qualitätsschnitt, so sinkt die Schneidgeschwindigkeit auf 5 cm/min (Tafel III.18).

Tafel III.18 Leistungsdaten beim abrasiven Wasserstrahlschneiden

Blechdicke s in mm	1	3	5	10
Schneidgeschwindigkeit in m/min	0,5	0,3	0,2	0,15
Schnittfugenbreite in mm	1	1,0	1,2	1,2

3. Löten

3.1. Grundlagen

Löten ist das Fügen von Werkstoffen durch ein Lot, dessen Schmelztemperatur unterhalb derjenigen beider Grundwerkstoffe liegt. Die zum Löten erforderliche Energie wird der Lötstelle von außen zugeführt oder durch Widerstandserwärmung an der Lötstelle erzeugt. Während der schmelzflüssigen Phase des Lotes bilden sich durch Diffusion von Lot- und Grundwerkstoffbestandteilen neue Legierungen im Lötspalt. Auf diese Weise kann die Festigkeit der Lötverbindung deutlich über der des Lotes liegen und beim Hartlöten jene des Grundwerkstoffs erreichen. Voraussetzung für einen sachgerechten Lötvorgang ist das zuverlässige Benetzen des Bauteilwerkstoffs durch das Lot. In Folge der Benetzung breitet sich das Lot aus, dringt vollständig in die Lötspalte ein und haftet an der Werkstoffoberfläche.

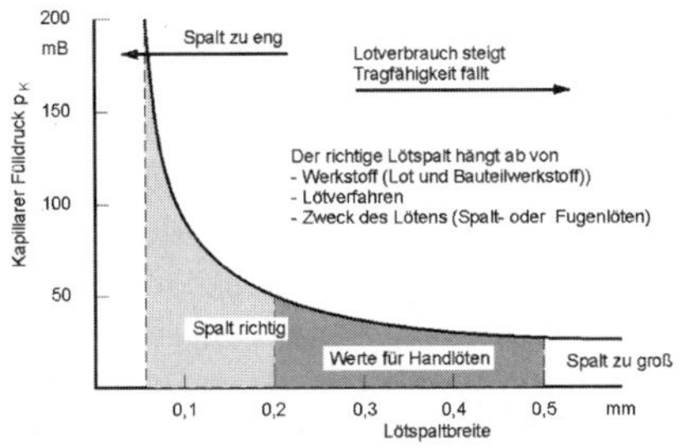

Lötspaltbreite beim Weich- und Hartlöten

Grundwerkstoff	SnPb-Lot	Kupferhartlot	Messinghartlot	Silberhartlot
Stahl (unlegiert)	0,05 - 0,20 mm	0,05 - 0,15 mm	0,10 - 0,30 mm	0,05 - 0,20 mm
Stahl (legiert)	0,10 - 0,25 mm	0,10 - 0,20 mm	0,10 - 0,35 mm	0,10 - 0,25 mm
Cu u. Cu-Leg.	0,05 - 0,20 mm	-	-	0,05 - 0,25 mm
Hartmetall	-	0,30 - 0,50 mm	-	0,30 - 0,50 mm

Bild III.24 Lötspalte

Neben dem richtigen Bemessen der Lötspalte (Bild III.24) sind für das Benetzen metallisch reine Oberflächen (frei von Fetten und anderen Ablagerungen) sowie das Auflösen von Oxidschichten und das Absenken der Oberflächenspannung durch Flussmittel unerlässlich. Bei richtiger Kombination von Lot und Grundwerkstoff lassen sich fast alle metallischen Werkstoffe, auch Aluminium, löten. Typische Kombinationen sind in Tafel III.19 aufgeführt, Einzelheiten zu Loten für das Hart-, Weich- und Fugenlöten enthält DIN EN 677. Die DIN 8505 unterscheidet bei den Lötverfahren nach geometrischen, thermischen und technologischen Merkmalen. Die Unterscheidung nach der Löttemperatur in Weichlöten ($\leq$ 450 °C), Hartlöten (> 450 °C) und Hochtemperaturlöten ($\geq$ 1200 °C) orientiert sich dabei an charakteristischen Werkstofftemperaturen des Stahls.

3.2. Weichlöten

Umfangreich genutzt wird das Weichlöten in der Elektrotechnik und der Elektronik. Für die Massenfertigung gibt es automatisierte Verfahrensabläufe auf erzeugnisspezialisierten Anlagen. Hocheffiziente Technologien wie die SMD-Technik (surface mounted devices) zur Bestückung von Leiterplatten sind ebenso in Anwendung wie das traditionelle Kolbenlöten, vorzugsweise auf dem Reparatursektor. Weichlötverbindungen übertragen nur geringe Kräfte, sind bedingt temperaturbeständig und neigen unter Last zum Kriechen.

Tafel III.19 Lote zum Hart- und Weichlöten

Kombination von Grundwerkstoff / Flußmittel / Lot zum Fügen von Metallen					
Lotgrundtyp ⟶		Zinnlot	Silberlot	Phosphorlot	Messinglot
Lot ⟶		LSn50	LAg40Cd20	LCuPB	LMs60
geeignet für:					
Stahl	/ Hartmetall	+	+	−	+
	/ Cu	+	+	−	+
	/ Ms	+	+	−	−
Kupfer	/ Kupfer	+	+	+	+
	/ Ms	+	+	+	−
	/ Nickel	+	+	−	+
Ms	/Ms	+	+	+	−
	/ Nickel	+	+	−	−

Wegen der einfachen Handhabung und der geringen Arbeitstemperatur ist das Weichlöten in der Installationstechnik (Wasserleitungen) und bei Klempnerarbeiten (Titanzink) ebenso verbreitet wie in der Dentaltechnik, bei der Herstellung von Schmuck und beim Bau wissenschaftlicher Geräte.

3.3. Hart- und Hochtemperaturlöten

Beim Löten über 450 °C muss die Löttemperatur besonders sorgfältig auf den Grundwerkstoff abgestimmt werden, da mit einer signifikanten Gefügebeeinflussung zu rechnen ist. Mit dem Hartlöten werden Festigkeitswerte erzielt (Bild 3.25), die denen des Schweißens vergleichbar sind. Die mit dem Hochtemperaturlöten ausgeführten Verbindungen (Verwendung von Nickelbasisloten) sind zudem warmfest.

Werden Flussmittel eingesetzt, so ist beim Hartlöten deren durchgängig korrodierende Wirkung zu beachten. Rückstände dieser Flussmittel müssen nach dem Löten durch geeignete Nachbehandlung entfernt werden. Techniken dazu sind Bürsten, Waschen in warmem Wasser oder Beizen in 5-10%iger Schwefelsäure bei Schwermetallen bzw. in 10%iger Salpetersäure bei Leichtmetallen. Flussmittelhersteller bieten zu diesem Zweck auch Reinigungsmittel an.

Unabhängig von Lot, Grundwerkstoff und Lötverfahren ist folgender Ablauf beim Löten charakteristisch:

1. Vorbereiten der Werkstücke (Rauheit, Lötspalt)
2. Säubern der Werkstücke von Fremdschichten (mechanisches Säubern, Bad- oder Dampfreinigen, Ultraschallbäder)
3. Fixieren der Werkstücke (Lagefixierung und Lotdeponie)
4. Erwärmen der Werkstücke auf Arbeitstemperatur
5. Aktivieren der Lötstelle durch Flussmittel
6. Zuführen, Fließen und Binden des Lotes
7. Abkühlen der Lötstelle (erschütterungsfreies Kristallisieren des Lotes)
8. Nachbehandeln und ggf. Prüfen

Als Wärmequellen werden zum Löten die klassische Gasflamme sowie Widerstands- und Induktionslötgeräte, Lötöfen, Lötbäder und zunehmend der Laserstrahl genutzt.

Zug- und Scherfestigkeit ausgewählter Hartlötverbindungen nach DIN 8525

Hartlot nach DIN 8513	Arbeitstemperatur °C	Zugfestigkeit in N/mm² (Lötspalt 0,1mm)				Abscherfestigkeit τ_{aB} in N/mm² (Lötspalt 01,mm)	
		S235JR	E295	E335	18/8-Stahl	St 37	St 60
LAg40Cd	610	410	540	640	520	190	250
L-Ag30Cd	680	380	470	480	510	200	240
LAg44	730	390	n.b.	520	530	205	280
L-Ag20Cd	750	370	n.b.	440	500	170	260
LAg12	830	370	460	480	440	170	200
L-CuZn40	900	350-370	405	410	n.b.	200-240	260

Konstruktive Empfehlungen

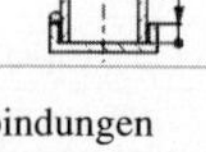	Entlüftungsbohrung zum Entweichen der Flussmitteldämpfe. Diese drücken so das einschießende Lot nicht zurück.	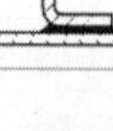	Bei Rohr-Rohr-Verbindungen selbstzentrierend, mit Normal- und Schubspannungen konstruieren. Ggf. mit Schäftung arbeiten.
	Vom eingelegten Lotformteil steigt das Lot auf und verdrängt das Flussmittel. Sichtkontrolle ist durch austretendes Lot möglich.		Lötgerecht gestalteter hoch beanspruchbarer Rohrflansch.
	Rohreinsteckverbindungen nicht wesentlich tiefer als 1,5s wählen. Darüber hinaus kein Sicherheitszuwachs.		Universalkonstruk-tion für Ecken, Stützen, Rippen, Gehäuse. Nachteilig ist die Schälwirkung.

Bild III.25 Konstruktive Empfehlungen für Hartlötverbindungen

Literatur

Schuler, V.: Schweißtechnisches Konstruieren und Fertigen. Vieweg Verlag, Braunschweig, 1992.
Behnisch, H.: Kompendium der Schweißtechnik. DVS-Verlag, Düsseldorf 1997.
Richter, H.: Fügetechnik-Schweißtechnik. DVS-Verlag, Düsseldorf 1995.

Zerspantechnik

Wolfgang Böge

I. Drehen und Grundbegriffe der Zerspantechnik[1)]

1. Bewegungen

Bei allen Zerspanvorgängen (Drehen, Hobeln, Fräsen ...) sind die Bewegungen *Relativbewegungen* zwischen Werkstück und Werkzeugschneide. Man unterteilt in Bewegungen, die unmittelbar die Spanbildung bewirken (*Schnitt-*, *Vorschub-* und resultierende *Wirkbewegung*), und solche, die nicht unmittelbar zur Zerspanung führen (*Anstell-*, *Zustell-* und *Nachstellbewegung*). Alle Bewegungen sind auf das ruhend gedachte Werkstück bezogen (Bild I.1). Schnitt- und Vorschubbewegung können sich aus mehreren Komponenten zusammensetzen, z.B. die Vorschubbewegung beim Drehen eines Formstückes aus Längs- und Planvorschubbewegung.

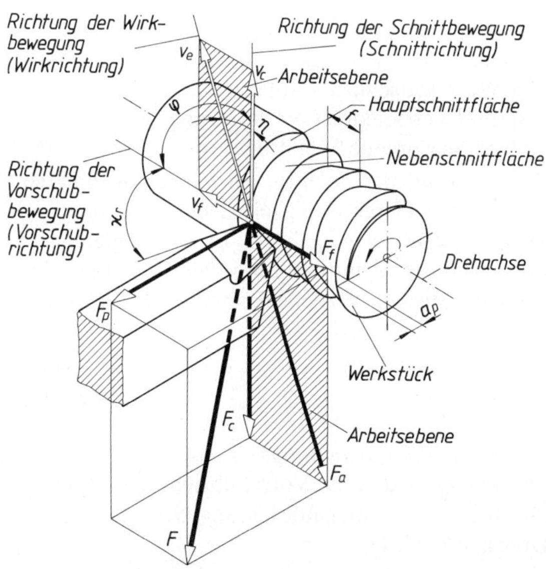

Bild I.1. Bewegungen, Geschwindigkeiten und Kräfte beim Drehen; Größenverhältnisse willkürlich angenommen; Kräfte in bezug auf das Werkzeug

- F Zerspankraft
- F_a Aktivkraft
- F_c Schnittkraft
- F_f Vorschubkraft
- F_p Passivkraft
- v_c Schnittgeschwindigkeit
- v_f Vorschubgeschwindigkeit
- v_e Wirkgeschwindigkeit
- f Vorschub
- a_p Schnittiefe
- κ_r Einstellwinkel
- φ Vorschubrichtungswinkel (beim Drehen 90°)
- η Wirkrichtungwinkel

Bei einem Einstellwinkel $\kappa_r = 45°$ ist das Verhältnis der Kräfte etwa $F_c : F_p : F_f = 5:2:1$.

---

1) Begriffe der Zerspantechnik in DIN 6580, DIN 65581, DIN 6584.

Beim *Drehen* führt die umlaufende Bewegung des Werkstückes zur *Schnittbewegung*, die geradlinige (fortschreitende) Bewegung des Werkzeuges zur *Vorschubbewegung*. Die resultierende Bewegung aus Schnitt- und Vorschubbewegung heißt *Wirkbewegung*: sie führt zur Spanabnahme, beim normalen Drehen zur *stetigen* Spanabnahme. Die eingestellte Schnittiefe a_p bleibt dann bei einem Arbeitsvorgang konstant; damit auch der eingestellte *Spanungsquerschnitt* $A = a_p f$ (Bild I.2). Diese günstigen Schnittbedingungen führten zu umfangreichen Forschungsergebnissen, die zum großen Teil auch auf andere Zerspanvorgänge übertragen werden können. Drehen wird deshalb hier ausführlich behandelt.

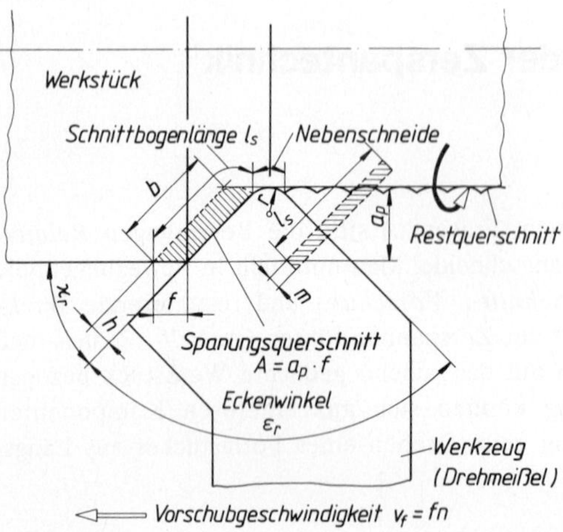

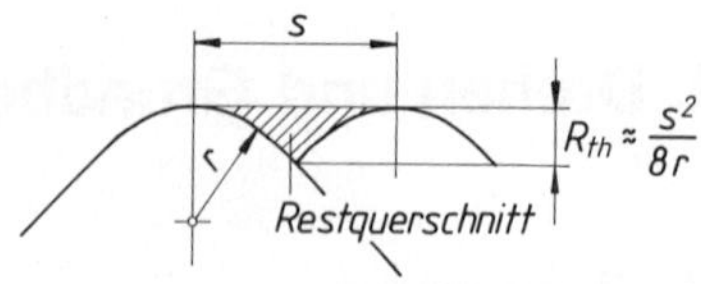

Bild I.2. Schnittgrößen und Spanungsgrößen

f Vorschub
a_p Schnittiefe
b Spanungsbreite
h Spanungsdicke
A Spanungsquerschnitt
l_s Schnittbogenlänge
m Bogenspandicke
R_{th} theoretische Rauhtiefe

Mit Hilfe der *Anstellbewegung* wird der Drehmeißel vor dem Zerspanen an das Werkstück herangeführt, durch die *Zustellbewegung* wird vor dem Schnitt die Dicke der abzunehmenden Werkstoffschicht festgelegt. Durch die *Nachstellbewegung* lassen sich die während des Schnittes auftretenden Veränderungen korrigieren (z.B. Werkzeugverschleiß, zu groß oder zu klein gewordene Schnittiefe usw.).

Entsprechend der *Schnitt-*, der *Vorschub-* und der *Wirk*bewegung wird auch zwischen den zugehörigen Geschwindigkeiten unterschieden:

Die *Schnittgeschwindigkeit* v_c ist die momentane Geschwindigkeit des betrachteten Schneidenpunktes in Schnittrichtung (Bild I.1). Beim Drehen ist v_c die Umfangsgeschwindigkeit eines Punktes am Werkstückumfang. Mit Werkstückdurchmesser d und Drehzahl n wird:

$$v_c = d\,\pi\,n \qquad \text{(I.1)}$$

v_c	d	n
$\frac{\text{m}}{\text{min}}$	m	min^{-1}

Die *Vorschubgeschwindigkeit* v_f ist die momentane Geschwindigkeit des betrachteten Schneidenpunktes in Vorschubrichtung. Beim Drehen stehen v_f und v_c senkrecht aufeinander. Der Vorschubrichtungswinkel ist dann $\varphi = 90°$ (Bild I.1). Mit Vorschub f und Drehzahl n wird

$$v_f = fn \qquad \text{(I.2)}$$

v_f	f	n
$\frac{\text{mm}}{\text{min}}$	$\frac{\text{mm}}{U}$	min^{-1}

Die *Wirkgeschwindigkeit* v_e ist die momentane Geschwindigkeit des betrachteten Schneidenpunktes in Wirkrichtung: sie ist die resultierende Geschwindigkeit aus Schnitt-und Vorschubgeschwindigkeit. In den meisten Fällen ist (wie beim Drehen) das Verhältnis υ_f/υ_c so klein, daß $\upsilon_e = \upsilon_c$ angesehen werden kann. So ist z.B. bei $\upsilon_c = 50$ m/min und $\upsilon_f = f n = 0{,}1$ mm/U $\cdot$ 500 min^{-1} = 0,050 m/min der *Wirkrichtungswinkel* $\eta \approx 3'$ (mit $\tan \eta = \upsilon_f/\upsilon_c = 0{,}05/50 = 0{,}001$). Das Beispiel gilt für Drehen, also für $\varphi = 90°$, sonst siehe Gl. (IV.1).

2. Zerspangeometrie

Wichtigste Bezugsebene für die Zerspangeometrie ist die sogenannte *Arbeitsebene* (Bild I.1). Es ist diejenige gedachte Ebene, die Schnitt- und Vorschubrichtung des betrachteten Schneidenpunktes enthält. In ihr vollziehen sich alle an der Spanbildung beteiligten Bewegungen. Alle in der Arbeitsebene liegenden Kraftkomponenten der Zerspankraft F sind an der Zerspanleistung beteiligt (siehe Zerspanleistung).

2.1. Schnitt- und Spanungsgrößen

Schnittgrößen sind z.B. *Vorschub f* und *Schnittiefe* a_p, also solche Größen, die zur Spanabnahme unmittelbar oder mittelbar eingestellt werden müssen.

Spanungsgrößen sind z.B. *Spanungsbreite b, Spanungsdicke h* und *Spanungsquerschnitt A*. Im Gegensatz dazu nennt man diejenigen Größen, die die Abmessungen der tatsächlich entstehenden Späne enthalten: *Spangrößen.*

Spanungsquerschnitt A, Schnittiefe a_p, Vorschub f, Spanungsdicke h, Spanungsbreite b und Einstellwinkel κ_r der Hauptschneide hängen nach Bild I.2 beim *Drehen* in folgender Weise voneinander ab:

$$A = a_p f = b h = m l_s \qquad \text{(I.3)}$$

$$h = f \sin \kappa_r \qquad \text{(I.4)}$$

$$b = \frac{a_p}{\sin \kappa_r} \qquad \text{(I.5)}$$

A	f	a_p, h, b, m, l_s	κ_r
mm^2	$\frac{\text{mm}}{\text{U}}$	mm	°

Der *Spanungsquerschnitt A* ist der Querschnitt des abzunehmenden Spanes senkrecht zur Schnittrichtung.

Die im Schnitt befindliche *Schnittbogenlänge* l_s ist angenähert:

$$l_s = f + \frac{a_p}{\sin \kappa_r} \qquad \text{(I.6)}$$

Denkt man sich die Schnittbogenlänge l_s einschließlich des Schneidenbogens mit Radius r *gestreckt*, so läßt sich ein rechteckiger Spanungsquerschnitt vorstellen, dessen Länge l_s und dessen Breite die sogenannte *Bogenspandicke m* ist (Bild I.2):

$$m = \frac{A}{l_s} = \frac{a_p f}{l_s} \text{ in } \frac{\text{mm}^2 \text{ Spanungsquerschnitt}}{\text{mm Schneidenlänge}} \qquad \text{(I.7)}$$

Anders aufgefaßt ist die Bogenspandicke $m = A/l_s$ in mm^2/mm die von 1 mm Schneidenlänge abgespante Fläche, vorstellbar als *spezifische Schneidenbelastung*. Nomogramm zur Ermittlung der Bogenspandicke in AWF 121.

Beispiel: Berechne die Spanungsdicke h_1, h_2 für Vorschub $f = 1$ mm/U und $\kappa_{r1} = 60°$, $\kappa_{r2} = 10°$.

Lösung: $h_1 = f \sin \kappa_{r1} = 1 \frac{\text{mm}}{\text{U}} \cdot \sin 60° = 0{,}866$ mm

$h_2 = f \sin \kappa_{r2} = 1 \frac{\text{mm}}{\text{U}} \cdot \sin 10° = 0{,}174$ mm

Beachte: Das axiale Widerstandsmoment W des Spanungsquerschnittes wächst mit der Spanungsdicke h quadratisch ($W = b\,h^2/6$; siehe Festigkeitslehre), d.h. bei 3fachem h entsteht 9facher Aufbiegungswiderstand!

Beispiel: Berechne die Bogenspandicke m für Einstellwinkel $\kappa_{r1} = 90°$, $\kappa_{r2} = 45°$, $\kappa_{r3} = 5°$ bei Vorschub $f = 1$ mm/U und Schnittiefe $a_p = 3$ mm.

Lösung:
$$l_{s1} = f + \frac{a_p}{\sin\kappa_{r1}} = 1\text{ mm} + \frac{3\text{ mm}}{\sin 90°} = 4\text{ mm}$$

$$l_{s2} = 1\text{ mm} + \frac{3\text{ mm}}{\sin 45°} = 5{,}24\text{ mm}$$

$$l_{s3} = 1\text{ mm} + \frac{3\text{ mm}}{\sin 5°} = 35{,}4\text{ mm}$$

$$\text{Bogenspandicke } m_1 = \frac{A}{l_{s1}} = \frac{3\text{ mm}^2}{4\text{ mm}} = 0{,}75\frac{\text{mm}^2\text{ Spanungsquerschnitt}}{\text{mm Schneidenlänge}}$$

$$m_2 = \frac{A}{l_{s2}} = \frac{3\text{ mm}^2}{5{,}24\text{ mm}} = 0{,}57\frac{\text{mm}^2\text{ Spanungsquerschnitt}}{\text{mm Schneidenlänge}}$$

$$m_3 = \frac{A}{l_{s3}} = \frac{3\text{ mm}^2}{35{,}4\text{ mm}} = 0{,}0847\frac{\text{mm}^2\text{ Spanungsquerschnitt}}{\text{mm Schneidenlänge}}$$

Wird 0,75 mm^2/mm = 100 % gesetzt, so ergibt sich für 0,57 mm^2/min = 76 % und für 0,0847 mm^2/min = 11,3 %, d.h. die spezifische Schneidenbelastung sinkt mit abnehmendem Einstellwinkel κ_r.

2.2 Schneiden, Flächen und Winkel am Drehmeißel[1)]

Die geometrische Grundform der Schneide an spanenden Werkzeugen ist der *Keil*. Er erscheint sowohl bei Haupt- als auch bei Nebenschneiden. Schneiden und Flächen sind in Bild I.3 dargesellt.

Hauptschneide ist jede Schneide, deren *Wirk-Freiwinkel* (siehe unten) bei Vergrößerung des Vorschubes und damit Vergrößerung des Wirkrichtungswinkels η (Bild I.1) kleiner wird. Der Keil der Hauptschneidet weist während des Schnittes etwa in Richtung der Vorschubbewegung (Ausnahme z.B. beim Gleichlauffräsen).

Nebenschneide ist jede Schneide, die nicht Hauptschneide ist. Grenze zwischen Haupt- und Nebenschneide bei gekrümmter Schneide liegt dort, wo der Einstellwinkel κ_r gegen Null geht.

Spanfläche ist die Fläche am Schneidkeil, über die der Span abläuft. Die Breite der Spanflächenfase wird mit $b_{f\gamma}$ bezeichnet (Bild I.3).

Freiflächen sind die Flächen am Schneidkeil, die den entstehenden Schnittflächen zugekehrt sind. Die Breite der Freiflächenfase wird mit bf_a bezeichnet (Bild I.3).

An der *Schneidenecke* treffen Haupt- und Nebenschneide zusammen. Sie ist bei Drehmeißeln meist mit Radius r gerundet (Bild I.4). Die *Winkel an der Schneide* müssen in zwei verschiedenen Bezugssystemen gemessen werden. Man unterscheidet danach:

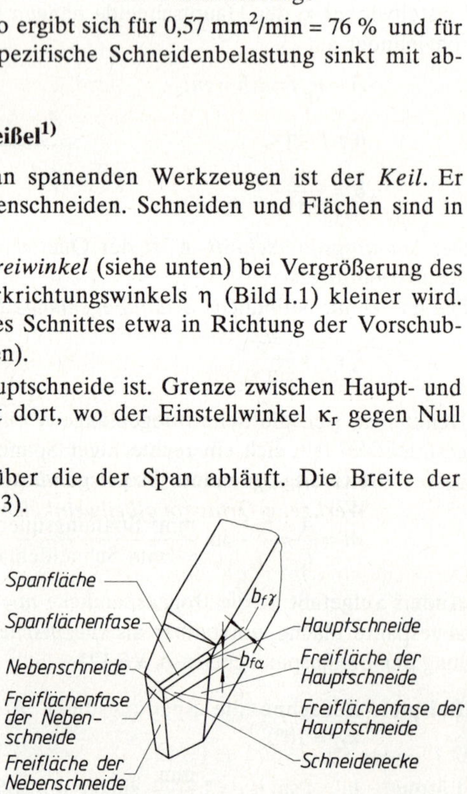

Bild I.3. Bezeichnung der Schneiden und Flächen an einem Drehmeißel

1) Nach DIN 6581.

Wirkwinkel (im Wirk-Bezugssystem gemessen), die von der Stellung Schneidwerkzeug zu Werkstück, von den Schnittgrößen und von der geometrischen Form des Werkstückes abhängig sind. Sie sind für die Beurteilung des Zerspanvorganges wichtig.

Werkzeugwinkel (im Werkzeug-Bezugssystem gemessen), die maßgeblich sind für Herstellung und Instandhaltung der Schneidwerkzeuge.

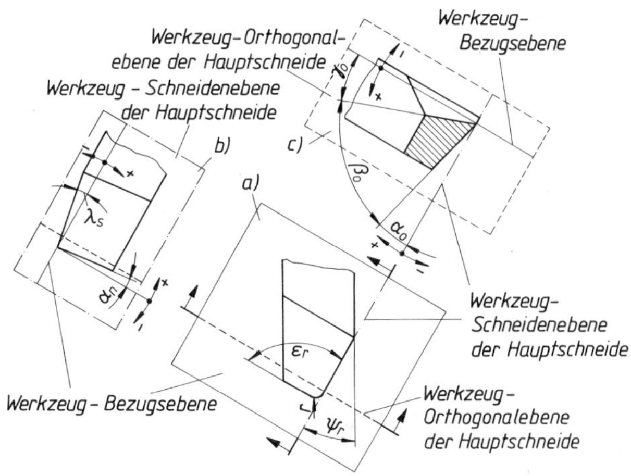

Bild I.4. Lage der Werkzeugwinkel an einem Drehmeißel ohne Fase
—— Werkzeug.-Bezugsebene (a)
–·–·– Werkzeug-Schneidenebene (b)
- - - - Werkzeug-Orthogonalebene (c)

Das *Wirk-Bezugssystem* hat als Hauptachse die *Wirkrichtung* (Bild I.1) und besteht aus den drei senkrecht aufeinander stehenden Ebenen:

Wirk-Bezugsebene steht senkrecht zur Richtung der *Wirkbewegung* (Bild I.1).

Schnittebene ist die Tangentialebene an die momentan entstehende *Schnittfläche*, z.B. Hauptschnittfläche in Bild I.1.

Wirk-Meßebene steht senkrecht auf den beiden anderen Ebenen.

Das *Werkzeug-Bezugssystem* hat als Hauptachse die *Schnittrichtung* (Bild I.1) und besteht aus den drei senkrecht aufeinander stehenden Ebenen:

Werkzeug-Bezugsebene steht senkrecht zur Richtung der *Schnittbewegung* (Bilder I.1 und I.4); bei Dreh- und Hobelmeißeln liegt sie parallel zur Auflagefläche der Werkzeuge, bei Fräsern und Bohrern geht sie durch die Drehachse und den betrachteten Schneidenpunkt, bei Räumwerkzeugen senkrecht zur Längsachse des Werkzeuges; in anderen Fällen muß sie bezüglich der zu erwartenden Schnittrichtung besonders festgelegt werden.

Werkzeug-Orthogonalkeilweinkelebene β_0 steht senkrecht auf den beiden anderen Elementen.

Die *Werkzeugwinkel an einem Drehmeißel ohne Fase* zeigt Bild I.4. Werte für Wirkwinkel können nicht allgemeingültig angesehen werden. Richtwerte aus AWF-Betriebsblatt 158 oder nach den Angaben der Werkzeughersteller oder aus neuesten Forschungsarbeiten.

Die folgenden geometrischen Angaben beziehen sich auf die *Werkzeug*winkel (Lage der Winkel) nach Bild I.4, die physikalischen (technologischen) Hinweise dagegen auf die Winkel als *Wirk*winkel:

Orthogonalfreiwinkel α_0 (Bild I.4) – weiterhin Freiwinkel genannt – ist Winkel zwischen der Freifläche und der Werkzeug-Schneidenebene, bestimmt in der Werkzeug-Orthogonalebene. Er muß als Wirkwinkel stets positiv sein und beeinflußt die Reibung zwischen Schnittfläche am Werkstück und Freifläche am Werkzeug. Er ist um so größer zu machen, je sauberer die

Schnittfläche sein soll, desgleichen bei weichen, plastischen Werkstoffen, und je größer Drehdurchmesser d und Vorschub f sind. $\alpha_0 \approx 4 \dots 6°$ für Hartmetall und $6 \dots 8°$ für Schnellschnittstahl (bei Stahlbearbeitung).

Orthogonalkeilwinkel β_0 (Bild I.4) – weiterhin Keilwinkel genannt – ist Winkel zwischen Frei- und Spanfläche, gemessen in der Werkzeug-Orthogonalebene. Er beeinflußt die Schneidfähigkeit der Werkzeugschneide. Großer Keilwinkel für spröde Werkstoffe und dicke Späne. Kleinerer Keilwinkel ergibt geringere Zerspankraft (Keil dringt leichter ein), schlechtere Wärmeabfuhr (Wärmestau) und damit höhere Schneidentemperatur und geringere Standzeit, Schneide hakt leichter ein. Deshalb $\beta_0 \approx 40 \dots 50°$ für weiche, dehnbare Werkstoffe; $\beta_0 \approx 55 \dots 75°$ für zähfeste Werkstoffe (Baustahl); $\beta_0 \approx 75 \dots 85°$ für spröde, hochfeste Werkstoffe. Richtwerte für verschiedene Werkstoffe siehe AWF-Blatt 158.

Orthogonalspanwinkel γ_0 (Bild I.4) – weiterhin Spanwinkel genannt – ist Winkel zwischen der Spanfläche und der Werkzeug-Bezugsebene, bestimmt in der Werkzeug-Orthogonalebene. Er ist der wichtigste Winkel an der Schneide und beeinflußt den Spanablauf und die Spanbildung (Reißspan, Fließspan) und die Zerspankraft. Je größer γ_0, um so besser läuft der Span ab (vibrieren wird vermieden) und um so geringer ist die Zerspankraft. Kleine γ_0 ergeben mehr schabende Wirkung, verringern aber die Bruchgefahr an der Schneidenecke. Negative Spanwinkel nach Bild I.5 (nur an Hartmetallschneiden!) sind bei hohen Schnittgeschwindigkeiten und sogenanntem unterbrochenen Schnitt (z.B. bei Gußhaut) und bei festen Werkstoffen wie Mangan-Hartstahl oder Hartguß günstig. Sie erhöhen in diesen Fällen die Standzeit u.U. erheblich, setzen jedoch starre, kräftige Maschinen mit hoher Antriebsleistung voraus.

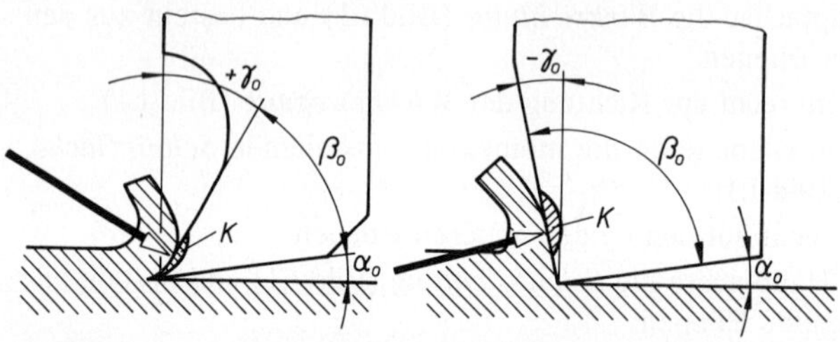

Bild I.5. Positiver und negativer Spanwinkel γ_0 (schematisch dargestellt)

Wie die schematische Darstellung in Bild I.5 zeigt, trifft der Span bei $-\gamma_0$ die Spanfläche in größerer Entfernung von der Schneidenspitze. Eine mögliche Auskolkung K ist weniger gefährlich.

Für die Werkzeug-Winkel α_0, β_0, γ_0 gilt stets: $\alpha_0 + \beta_0 + \gamma_0 = 90°$.

Eckenwinkel ε_r (Bild I.4) ist Winkel zwischen zwei zusammengehörigen Haupt- und Nebenschneiden, bestimmt in der Werkzeug-Bezugsebene. Er beeinflußt die Standzeit. Bei kleinem ε_r kann die Wärme nicht genügend gut nach hinten abfließen, weil der Querschnitt zu klein ist. Die Temperatur der Schneidenecke kann unzulässig hoch ansteigen. $\varepsilon_r = 90°$ hat sich bei Vorschüben $f < 1$ mm/U bewährt. Bei größerem f kann ε_r entsprechend größer gewählt werden.

Schneidenwinkel ψ_r ist Winkel zwischen der Werkzeug-Schneidenebene und der Hauptachse des Werkzeuges.

Einstellwinkel κ_r ist Winkel zwischen der Arbeitsebene und der Schnittebene, bestimmt in einer Ebene senkrecht zur Schnittrichtung (Bild I.1). Beim Einstechmeißel ist $\kappa_r = 0°$. Es beeinflußt die Verteilung der Zerspankraft-Komponente in der Ebene senkrecht zur Schnittrichtung (Bild I.1), die Spanform und damit die Standzeit. Bild I.6 soll schematisch, ohne Berücksichtigung der tatsächlichen Kraftgrößen, in Verbindung mit dem folgenden Beispiel die Verhältnisse erläutern.

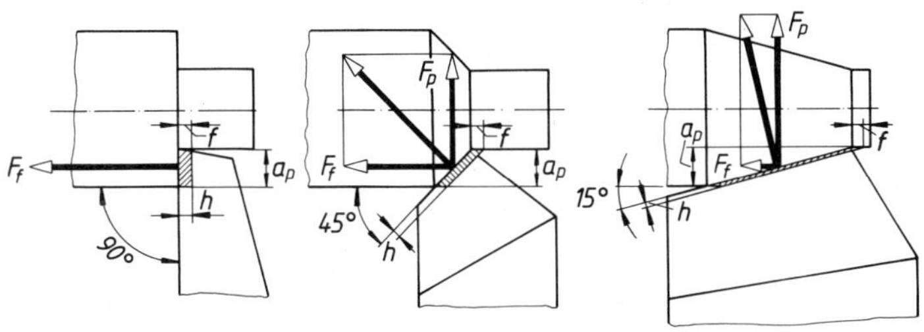

Bild I.6. Vorschubkraft F_f und Passivkraft F_p in Abhängigkeit vom Einstellwinkel κ_r (schematisch dargestellt)

Beispiel: Gegeben: Schnittiefe $a_p = 3$ mm, Vorschub $f = 1$ mm/U; damit Spanungsquerschnitt $A = a_p f = 3\ \text{mm}^2$ = konstant für die drei Fälle des Bildes I.6. $\kappa_{r1} = 90°$, $\kappa_{r2} = 45°$, $\kappa_{r3} = 15°$.
Gesucht: Spanungsdicke h, Schnittbogenlänge l_s, Bogenspandicke m, Spanungsbreite b und Widerstandsmoment W für die drei Spanungsquerschnittsformen.

Lösung:

$$h_1 = f \sin \kappa_{r1} = 1\ \text{mm} \cdot \sin 90° = 1\ \text{mm} \qquad h_2 = f \sin \kappa_{r2} = 1\ \text{mm} \cdot \sin 45° = 0{,}707\ \text{mm} \qquad h_3 = f \sin \kappa_{r3} = 1\ \text{mm} \cdot \sin 15° = 0{,}258\ \text{mm}$$

$$l_{s1} = f + \frac{a_p}{\sin \kappa_{r1}} = 1\ \text{mm} + \frac{3\ \text{mm}}{\sin 90°} = 4\ \text{mm} \qquad l_{s2} = f + \frac{a_p}{\sin \kappa_{r2}} = 1\ \text{mm} + \frac{3\ \text{mm}}{\sin 45°} = 5{,}24\ \text{mm} \qquad l_{s3} = f + \frac{a_p}{\sin \kappa_{r3}} = 1\ \text{mm} + \frac{3\ \text{mm}}{\sin 15°} = 12{,}6\ \text{mm}$$

$$m_1 = \frac{A}{l_{s1}} = 0{,}75\ \frac{\text{mm}^2}{\text{mm}} \qquad m_2 = \frac{A}{l_{s2}} = 0{,}57\ \frac{\text{mm}^2}{\text{mm}} \qquad m_3 = \frac{A}{l_{s3}} = 0{,}24\ \frac{\text{mm}^2}{\text{mm}}$$

$$b_1 = \frac{a_p}{\sin \kappa_{r1}} = 3\ \text{mm} \qquad b_2 = \frac{a_p}{\sin \kappa_{r2}} = 4{,}24\ \text{mm} \qquad b_3 = \frac{a_p}{\sin \kappa_{r3}} = 11{,}6\ \text{mm}$$

$$W_1 = \frac{b_1 h_1^2}{6} = 0{,}5\ \text{mm}^3 \qquad W_2 = \frac{b_2 h_2^2}{6} = 0{,}35\ \text{mm}^3 \qquad W_3 = \frac{b_3 h_3^2}{6} = 0{,}13\ \text{mm}^3$$

Angenommen: $0{,}5\ \text{mm}^3 = 100\ \%$, dann sind $0{,}35\ \text{mm}^3 = 70\ \%$ und $0{,}13\ \text{mm}^3 = 26\ \%$.
Zusammenfassung (Bild I.6).

$\kappa_r = 90°$: Span ist dick und schmal, Schnittbogenlänge l_s klein, Widerstandsmoment W sehr groß und damit Verformungswiderstand groß, d.h. auch große Reibung auf der Spanfläche, hohe Erwärmung und geringere Standzeit. Da Passivkraft $F_p = 0$ ist (keine durchbiegende Komponente!) wählt man große Einstellwinkel für dünne bzw. dünnwandige Werkstücke, die sich leicht durchbiegen, jedoch *nur* für solche Fälle. Der Werkstattbrauch, immer mit großem κ_r zu arbeigen, führt zu hohen Werkzeugkosten, weil die spezifische Schneidenbelastung bei $\kappa_r = 90°$ am größten ist!

$\kappa_r = 15°$: Span ist dünn und breit, Schnittbogenlänge l_s also groß, Widerstandsmoment W klein (nur 26 % von $\kappa_r = 90°$) und damit Verformungswiderstand klein, d.h. geringere Reibung und Erwärmung und größere Standzeit. Durch die größere Trennlänge wird jedoch die Zerspankraft erhöht. Kleine Einstellwinkel deshalb z.B. für das Schruppdrehen von Hartgußwalzen ($\kappa_r \approx 5°$). Die Passivkraft F_p wird groß, dadurch größere Durchbiegung des Werkstückes möglich, eventuell Maßungenauigkeit, Rattermarken.

Beachte: Nicht dargestellt und berücksichtigt wurde die Veränderung der Zerspankraft und damit der Schnittkraft, die ebenso wie die Passivkraft mit kleiner werdendem κ_r ansteigt. Die Vorschubkraft wird zwar mit kleiner werdendem κ_r ebenfalls kleiner, sinkt aber nicht ganz auf Null ab. Vorteilhaft sind Einstellwinkel $\kappa_r = 45 \dots 75°$.

Neigungswinkel λ_s ist Winkel zwischen der Hauptschneide und der Werkzeug-Bezugsebene (Bild I.4), bestimmt in der Werkzeug-Schneidenebene. λ_s ist positiv, wenn die Schneidenecke der Hauptschneide in Schnittrichtung vorauseilt, anderenfalls negativ. Eine geneigte Schneide beeinflußt die Spanablaufrichtung und vermindert durch Entstehung eines ziehenden Schnittes die Belastung des Schneidkeils.

Bei spanender Bearbeitung mit unterbrochenem Schnitt ist ein negativer λ_s sinnvoll, weil der immer wiederkehrende Anschnitt dann nicht an der Schneidenecke erfolgt.

Geneigte Schneiden bewirken bei positivem λ_s eine Verringerung und bei negativem λ_s eine Vergrößerung der Passivkraft F_p.

2.3. Werkzeugstellung und Wirkwinkel

Gegenüber der Normalstellung verändert jede andere Stellung des Werkzeuges die Schneidenwinkel. Bild I.7 zeigt den Einfluß einer *Schneidenüberhöhung* h auf Freiwinkel α_0 und Spanwinkel γ_0 beim Außendrehen (beim Innendrehen sind die Verhältnisse umgekehrt):

Meißelstellung über Mitte:

Wirk-Freiwinkel $\alpha_0' = \alpha_0 - \varphi$

und $\gamma_0' = \gamma_0 + \varphi$

Meißelstellung unter Mitte:

Wirk-Freiwinkel $\alpha_0' = \alpha_0 + \varphi$

und $\gamma_0' = \gamma_0 - \varphi$

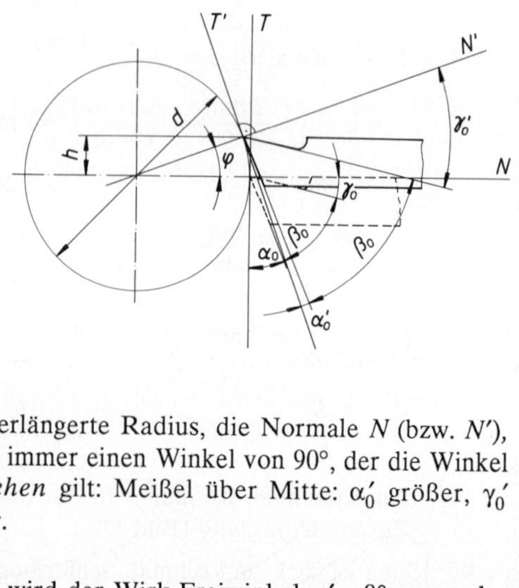

Bild I.7
Einfluß der Schneidenüberhöhung h auf Freiwinkel α_0 und Spanwinkel γ_0

Beachte: Der über die Hauptschneide hinaus verlängerte Radius, die Normale N (bzw. N'), bildet mit der zugehörigen Tangente T (bzw. T') immer einen Winkel von 90°, der die Winkel $\alpha_0 + \beta_0 + \gamma_0 = 90°$ einschließt. Beim *Innendrehen* gilt: Meißel über Mitte: α_0' größer, γ_0' kleiner; Meißel unter Mitte: α' kleiner, γ' größer.

Beispiel: Bei welcher Schneidenüberhöhung h wird der Wirk-Freiwinkel $\alpha_0' = 0°$, wenn der Winkel $\alpha_0 = 5°$ in Normalstellung beträgt und Durchmesser $d = 15$ mm ist?

Lösung: Bei $\alpha_0' = 0°$ ist Winkel φ = Winkel α_0 und damit

$$h = \frac{d}{2} \sin \alpha_0 = \frac{15\text{ mm}}{2} \cdot \sin 5° = 0{,}65\text{ mm}$$

Meistens wird $h = 1$ bis $2\,d/100$ gemacht (über Mitte) und damit α_0 um 1° bis 2° verkleinert und γ_0 um 1° bis 2° vergrößert. Beim Ein-und Abstechen ist die Schneide genau auf Mitte zu stellen.

Bei *Schrägstellung* des Drehmeißels nach Bild I.8 ändern sich die Wirkwinkel trotz genauer Mittenstellung der Schneide in der angegebenen Weise.

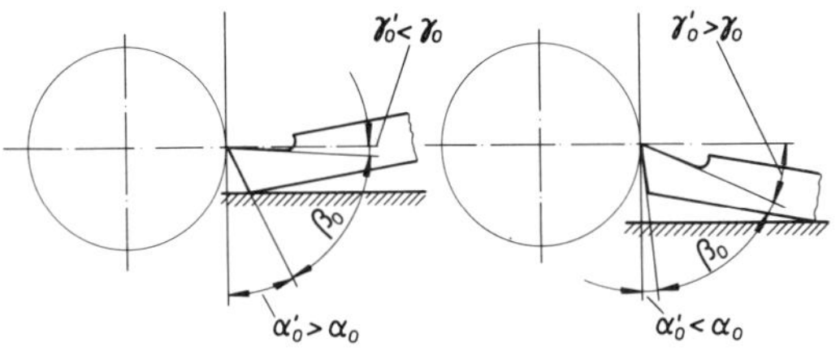

Bild I.8. Einfluß der Schrägstellung des Drehmeißels auf Freiwinkel α_0 und Spanwinkel γ_0

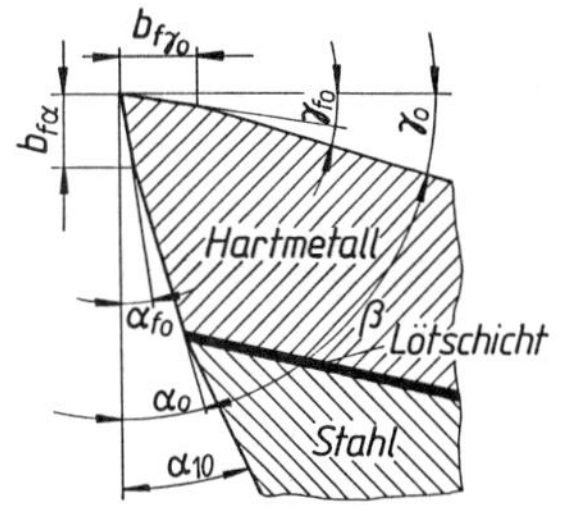

Bild I.9. Winkel an einer Hartmetallschneide

2.4. Winkel an der Hartmetallschneide

Mit zunehmendem Spanwinkel γ_0 nehmen Schnittkraft und damit Antriebsleistung beträchtlich ab. Andererseits wird die Standzeit kleiner. Zur Standzeiterhöhung trotz größerer Spanwinkel wird deshalb der eigentliche Schneidkeil an der Spitze durch eine Fase verstärkt (Bild I.9). Es wird $\gamma_{f0} < \gamma_0$ gemacht; bei zerspantechnisch schwierigen Arbeiten wird $\gamma_{f0} = 0°$ oder sogar negativ empfohlen, ebenso $\alpha_{f0} < \alpha_0$; gewöhnlich wählt man die 90°-Fase mit $\alpha_{f0} = 0°$ und $\gamma_{f0} = 0°$. Die Fase wird zweckmäßig geläppt. $b_{f\alpha_0} = 0{,}5 \ldots 2f$; α_f etwa 2° kleiner als α_0. Für das Nachschleifen der Freifläche $\alpha_{10} \approx 2°$ größer als α_0.

3. Kräfte und Leistungen[1)]

Die beim Schnitt auftretenden Widerstände (Verformung, Reibung) erzeugen die *Zerspankraft F,* die nach Bild I.1 in Richtung auf das Werkzeug wirkend betrachtet wird.

Jede in einer beliebigen Richtung oder in einer beliebigen Ebene (Arbeitsebene, Wirk-Bezugsebene ...) gesuchte Komponente der Zerspankraft F ergibt sich durch Projektion von F auf diese Richtung oder auf diese Ebene. Für die Praxis sind besonders von Bedeutung die Komponenten in der Arbeitsebene und in der Ebene senkrecht zur Schnittrichtung (Bild I.1): *Schnittkraft* F_c, *Vorschubkraft* F_f und *Passivkraft* F_p. Beim Drehen ist F_c meist groß gegenüber F_f und F_p. Die Schnittkraft F_c wird mit Schnittkraftmeßgeräten bestimmt und daraus für Vergleiche die *spezifische Schnittkraft* k_c angegeben. k_c ist hauptsächlich abhängig vom Vorschub f, wie Bild I.10 zeigt. Siehe auch AWF 158.

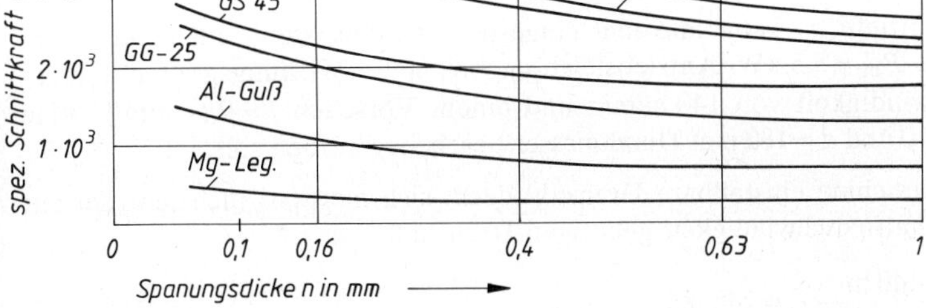

Bild I.10
Spezifische Schnittkraft k_c einiger Werkstoffe in Abhängigkeit vom Vorschub f und einem Einstellwinkel $\kappa_r = 45°$ (nach Prof. Dr.-Ing. *O. Kienzle* und AWF 158)

1) Siehe auch DIN 6584.

Die Kurven gelten genau nur für ganz bestimmte Verhältnisse. Sie sind daher mit Vorsicht zu verwerten. Das Studium der laufend veröffentlichten Versuchsergebnisse ist unerläßlich.

Die *spezifische Schnittkraft* k_c ist diejenige Schnittkraft, die erforderlich ist, um einen Span mit der Spanungsdicke h abzuheben.

Daraus läßt sich mit k_c und Spanungsquerschnitt A die *Schnittkraft* F_c berechnen:

$$F_c = k_c \cdot A \qquad (I.8)$$

F_c	k_c	A
N	$\frac{N}{mm^2}$	mm^2

k_c wächst mit der Festigkeit des Werkstoffes (Bild I.10), bei Stahl also mit zunehmendem C-Gehalt. Phosphor und Schwefel dagegen verringern k_c (Automatenstähle!).

Von größtem Einfluß ist die Form der Schneide: Großer Spanwinkel γ_0 setzt k_c stark herab, Verringerung des Einstellwinkels κ_r vergrößert k_c wegen der wachsenden Trennlänge.

Zunehmende Schnittgeschwindigkeit verringert k_c etwas bis zu einem Grenzwert, umgekehrte Veränderung nur bei Magnesium- und Zinklegierungen.

Schmiermittel setzen k_c herab, im Gegensatz zu Kühlmitteln. Mit wachsendem Spanungsquerschnitt (Vorschub) fällt k_c bei den verschiedenen Werkstoffen verschieden stark ab (Bild I.10). Auch das Verhältnis f/a_p beeinflußt k_c: Je kleiner f/a_p ist, um so größer wird k_c.

Beachte: Die angegebenen Veränderungen setzen voraus, daß alle anderen Einflußgrößen konstant gehalten werden.

Nach der allgemeinen Leistungsdefinition ist Leistung P = Kraft F mal Geschwindigkeit υ. Damit ergibt sich für den Zerspanvorgang mit Schnittgeschwindigkeit υ_c die *Schnittleistung*

$$P_c = \frac{F_c \upsilon_c}{60\,000}$$

$$P_c = \frac{k_c A \upsilon_c}{60\,000} \qquad (I.9)$$

P_c	F_c	υ_c	k_c	A
kW	N	$\frac{m}{min}$	$\frac{N}{mm^2}$	mm^2

Ist die Motorleistung P_m in kW angegeben, so rechnet man unter Berücksichtigung des *Wirkungsgrades* η der Drehmaschine (η = 0,6 ... 0,95) mit der zugeschnittenen Größengleichung:

$$P_m = \frac{k_c A \upsilon_c}{60\,000\,\eta}$$

$$\upsilon_c = \pi d n \qquad (I.10)$$

P_m	k_c	A	υ_c	d	n
kW	$\frac{N}{mm^2}$	mm^2	$\frac{m}{min}$	m	min^{-1}

Beachte: Die sich als Produkt aus Vorschubkraft F_f und Vorschubgeschwindigkeit $\upsilon_f = fn$ ergebende *Vorschubleistung* P_f ist wegen der geringen Vorschubgeschwindigkeit υ_f vernachlässigbar klein (siehe Beispiel).

Beispiel: Welche Schnittiefe a_p kann maximal eingestellt werden, wenn auf einer Drehmaschine mit P_m = 5,5 kW Antriebsleistung bei 80 % Wirkungsgrad mit einer Schnittgeschwindigkeit von 140 m/min und einem Vorschub f = 0,16 mm/U eine Welle aus St70 und d = 180 mm Durchmesser bearbeitet werden soll?

Lösung: Die an der Maschine einstellbare Drehzahl deckt sich meistens nicht mit der zur gewählten Schnittgeschwindigkeit gehörigen Drehzahl. Hier ist

$$n = \frac{\upsilon_c}{\pi d} = \frac{140\ \text{m}}{\text{min} \cdot \pi \cdot 0{,}18\ \text{m}} = 248\ \text{min}^{-1}$$

Eingestellt wird die nächstniedere Drehzahl $n = 224\ \text{min}^{-1}$ (Lastdrehzahlen siehe Abschnitt Werkzeugmaschinen). Damit wird die tatsächlich vorhandene Schnittgeschwindigkeit

$$v_c = \pi d n = \pi \cdot 0{,}18\ \text{m} \cdot 224\ \text{min}^{-1} = 127\ \text{m/min}$$

Die spezifische Schnittkraft beträgt nach Bild I.10: $k_c \approx 4300\ \text{N/mm}^2$.
Mit Spanungsquerschnitt $A = a_p f$ wird nach Gl. (I.10) die Schnittiefe

$$a_p = \frac{P\eta\, 60\,000}{k_c \cdot v_c \cdot f}\ \text{mm} = \frac{5{,}5 \cdot 0{,}8 \cdot 60\,000}{4300 \cdot 127 \cdot 0{,}16}\ \text{mm} = 3\ \text{mm}$$

Beispiel: Es wird angenommen, daß im vorhergehenden Beispiel die Vorschubkraft F_f etwa 50 % der Schnittkraft F_c beträgt. Zu berechnen ist die Vorschubleistung F_f.

Lösung: Mit $k_c = 4300\ \text{N/mm}^2$, $a_p = 3\ \text{mm}$, $f = 0{,}16\ \text{mm/U}$, $n = 224\ \text{min}^{-1}$ wird die Schnittkraft $F_c = k_c\, a_p f = 4300\ \text{N/mm}^2 \cdot 3\ \text{mm} \cdot 0{,}16\ \text{mm} = 2064\ \text{N}$.

Vorschubkraft $F_f = 0{,}5\, F_c = 1032\ \text{N}$.

Vorschubleistung $P_f = F_f \cdot v_f = 1032\ \text{N} \cdot 224\ \text{min}^{-1} \cdot 0{,}16\ \text{mm/U} = 36\,987\ \text{Nmm/min}$

$P_f = 0{,}00062\ \text{kW}$

Die Vorschubleistung ist demnach vernachlässigbar klein.

4. Wahl der Schnittgeschwindigkeit

Die Vielzahl der Einflußgrößen macht es unmöglich, allgemeingültige Angaben über die „richtige“ Schnittgeschwindigkeit vorzulegen. Richtwerttafeln über einzustellende Schnittgeschwindigkeiten sind nur mit größter Umsicht auszuwerten, weil sie nur für ganz bestimmte Fälle gelten. Zu empfehlen sind die in AWF-Schriften niedergelegten Richtwerte (siehe Tafel I.1), die für die verschiedenen Werkstoffe nach Vorschub gestufte Mittelwerte ohne Kühlung (keine Bestwerte) angeben. Darüber hinaus sollten die Richtwerttafeln der Schneidstoffhersteller ausgewertet werden, z.B. für Hartmetall-Schneidstoffe die Angaben der Firma Friedr. Krupp Widia-Fabrik Essen.
v_{c60} ist Schnittgeschwindigkeit bei 60 min Standzeit, entsprechend v_{c240} für 240 min Standzeit. Man wählt v_{c60} für einfache, leicht auswechselbare Drehmeißel; v_{c240} für einfache Werkzeugsätze mit gegenseitiger Abhängigkeit (z.B. auf Revolvermaschinen); v_{c480} für kompliziertere Werkzeugsätze, deren Auswechseln wegen der gegenseitigen Abhängigkeit und Genauigkeit der Schneiden längere Zeit erfordert (z.B. auf Vielschnittmaschinen, Drehautomaten). Gleiche Überlegungen gelten im Hinblick auf die Instandhaltung der Werkzeuge. Für Transferstraßen sind u.U. noch höhere Standzeiten vorteilhaft. Allgemein gilt: Höhere Schnittgeschwindigkeit gibt zeitgünstiges, niedrigere Schnittgeschwindigkeit gibt kostengünstigeres Zerspanen.

4.1. Einflüsse auf die Schnittgeschwindigkeit v_c

Standzeit T ist die Zeitspanne in Minuten, in der die Schneide Schnittarbeit verrichtet, bis zum nötigen Wiederanschliff. Sie hat größte wirtschaftliche Bedeutung. T ist bei gleichem Werkstoff um so kleiner, je höher v_c gewählt wird, z.B. nur wenige Minuten bei $v_c \approx 2000$ m/min. Verschiedenartige Werkstoffe erfordern zu gleicher T verschiedene v_c. Alle Betrachtungen dieser Art setzen voraus, daß die übrigen Schnittbedingungen konstant gehalten werden (Werkstoff-, Werkzeug- und Einstellbedingungen). Ändert sich auch nur eine der Bedingungen, muß auch v_c geändert werden, um zur gleichen T zu kommen. Deshalb haben nur solche Schnittgeschwindigkeitstabellen einen Sinn, aus denen möglichst sämtliche Schnittbedingungen ersichtlich sind (siehe AWF Richtwerttabellen).

Tafel I.1. Richtwerte für Schnittgeschwindigkeit v_c in m/min beim Drehen mit Schnellschnittstahl (SS) und Hartmetall
(Auszug aus VDF 8799, Gebr. Boehringer GmbH, Göppingen)

Werkstoff	Zugfestigkeit R_m in $\frac{N}{mm^2}$	Schneidstoff 3)	Vorschub f in mm/U und Einstellwinkel κ_r 1) 2)																													
			0,063			0,1			0,16			0,25			0,4			0,63			1			1,6			2,5		
			45°	60°	90°	45°	60°	90°	45°	60°	90°	45°	60°	90°	45°	60°	90°	45°	60°	90°	45°	60°	90°	45°	60°	90°	45°	60°	90°
St 34, St 37, St 42, C 22	bis 500	SS							50	40	31,5	45	35,5	28	35,5	28	22,4	28	22,4	18	25	20	16	20	16	12,5	16	12,5	10
		P 10	250	236	224	224	212	200	200	190	180	180	170	160	160	150	140	140	132	125	125	118	112	112	106	100			
St 50 C 35	500…600	SS							45	35,5	28	35,5	28	22,4	28	22,4	18	25	20	16	20	16	12,5	16	12,5	10	12,5	10	8
		P 10	224	212	200	200	190	180	180	170	160	160	150	140	140	132	125	125	118	112	112	106	100	100	95	90			
St 60 C 45	600…700	SS							35,5	28	22,4	28	22,4	18	25	20	16	20	16	12,5	16	12,5	10	12,5	10	8	10	8	6,3
		P 10	212	200	190	190	180	170	170	160	150	150	140	132	132	125	118	118	112	106	106	100	95						
St 70 C 60	700…850	SS							28	22,4	18	25	20	16	20	16	12,5	16	12,5	10	12,5	10	8	10	8	6,3	8	6,3	5
		P 10	180	170	160	160	150	140	140	132	125	125	118	112	106	100	95	95	90	85	85	80	75						
Mn-, CrNi-,	700…850	SS							25	20	16	20	16	12,5	16	12,5	10	12,5	10	8	11	9	7	9	7	5,6	7,5	6	4,5
		P 10	180	170	160	160	150	140	140	132	125	125	118	112	106	100	95	95	90	85	85	80	75						
CrMo- u. a.	850…1000	SS							20	16	12,5	16	12,5	10	12,5	10	8	10	8	6,3	8	6,3	5	7,1	5,6	4,5	5,6	4,5	3,6
		P 10	140	132	125	125	118	112	100	95	90	90	85	80	71	67	63	63	60	56	56	53	50						
leg. Stähle	1000…1400	SS							14	11	9	11	9	7	9	7	5,6	7	5,6	4,5	5,6	4,5	3,6	4,5	3,6	2,8	3,6	2,8	2,2
		P 10	80	75	71	71	67	63	63	60	56	56	53	50	50	47,5	45	45	42,5	40	35,5	33,5	31,5						
Nichtrost. St.	600…700	P 10	80	75	71	71	67	63	56	53	50	50	47,5	45	45	42,5	40	35,5	33,5	31,5	31,5	30	28						
Werkz.-St.	1500…1800	SS							9	7	5,6	5,6	4,5	3,6	4	3,2	2,5												
		P 10	45	42,5	40	40	37,5	35,5	35,5	33,5	31,5	28	26,5	25	25	23,6	22	22	21	20	18	17	16						
Mn-Hartstahl		P 10	35,5	33,5	31,5	31,5	30	28	28	26,5	25	22	21	20	20	19	18	18	17	16									
GS-45	300…500	SS							45	35,5	28	35,5	28	22	31,5	25	20	25	20	16	20	16	12,5	16	12,5	10	12,5	10	8
		P 10	150	140	132	118	112	106	106	100	95	95	90	85	85	80	75	75	71	67	67	63	60						
GS-52	500…700	SS							28	22	18	25	20	16	20	16	12,5	16	12,5	10	12,5	10	8	11	9	7	9	7	5,6
		P 10	106	100	95	95	90	85	85	80	75	75	71	67	67	63	60	60	56	53	53	50	47,5						
GG-15	HB…2000	SS							45	40	31,5	31,5	28	22	22	20	16	18	16	12,5	12,5	11	9	11	10	8	9	8	6,3
		K 20	125	118	112	112	106	100	100	95	90	90	85	80	75	71	67	67	63	60	60	56	53	53	50	47,5			
GG-25	HB 2000…2500	SS							28	25	20	20	18	14	14	12,5	10	11	10	8	9	8	6,3	7,5	6,7	5,3	6	5,3	4,25
		K 10	95	90	85	85	80	75	75	71	67	67	63	60	60	56	53	53	50	47,5	47,5	45	42,5	42,5	40	37,5			
GTS-35		SS							37,5	35,5	33,5	28	26,5	25	22	21	20	18	17	16	12,5	12	11	11	10	10	9	8,5	8
GTW-40		K10/P10	95	90	85	85	80	75	75	71	67	67	63	60	60	56	53	53	50	47,5	47,5	45	42,5	42,5	40	37,5			
Hartguß	RC 420…570	K 10	19	18	17	17	16	15	15	14	13,2	13,2	12,5	11,8	11,8	11,2	10,6	10,6	10	9,5	9	8,5	8	8	7,5	7,1			
Gußbronze DIN 1705		SS							53	50	47,5	47,5	45	42,5	42,5	40	37,5	37,5	35,5	33,5	31,5	30	28	28	26,5	25	25	23,6	22,4
		K 20	315	300	280	280	265	250	250	236	224	224	212	200	200	190	180	180	170	160	160	150	140	140	132	125			
Rotguß DIN 1705		SS							75	71	67	63	60	56	50	47,5	45	40	37,5	35,5	31,5	30	28	28	26,5	25	25	23,6	22,4
		K 20	425	400	375	400	375	355	355	335	315	335	315	300	300	280	265	265	250	236	250	236	224	236	224	212			
Messing DIN 1709	HB 800…1200	SS							112	106	100	90	85	80	67	63	60	50	47,5	45	37,5	35,5	33,5	26,5	25	23,6			
		K 20	500	475	450	475	450	425	450	425	400	400	375	355	355	335	315	335	315	300	300	280	265	280	265	250			
Al-Guß DIN 1725	300…420	SS	125	118	112	100	95	85	75	71	67	56	53	50	42,5	40	37,5	31,5	30	28	25	23,6	22,4						
		K 20	250	236	224	224	212	200	200	190	180	180	170	160	160	150	140	140	132	125	125	118	112	118	112	106	100	95	90
Mg-Leg. DIN 1729		SS	850	800	750	800	750	710	750	710	670	670	630	600	630	600	560	600	560	530	600	560	530	560	530	500	530	500	475
		K 20	1600	1500	1400	1400	1320	1250	1250	1180	1120	1120	1060	1000	1000	950	900	900	850	800	800	750	710	710	670	630	630	600	560

1) Die eingetragenen Werte gelten für Spanungstiefe a_p bis 2,24 mm. Über 2,24 mm bis 7,1 mm sind die Werte um 1 Stufe der Reihe R10 um angenähert 20 % zu kürzen. Über 7,1 mm bis 22,4 mm sind die Werte um 1 Stufe der Reihe R5 um angenähert 40 % zu kürzen.

2) Die Werte v_c müssen beim Abdrehen einer Kruste, Gußhaut oder bei Sandeinschlüssen um 30 … 50 % verringert werden.

3) [illegible] P 10, K 10, K 20 … 240 min; für Schnellstahl SS = 60 min.

Richtwerte aus AWF 158 und Thiele-Staelin Betriebstechnisches Praktikum abgeleitet.

Werkstoff: Bei bestimmter Standzeit ändert sich v_c für jeden Werkstoff in Abhängigkeit vom Spanungsquerschnitt verschieden. Eine Verdoppelung des Spanungsquerschnittes setzt z.B.bei Messing v_c stärker herab als bei Grauguß. Schnittgeschwindigkeitstabellen für verschiedene Werkstoffe ohne Angabe der zugehörigen Spanungsquerschnitte sind also nutzlos.

Schneidstoff: Bei bestimmter Standzeit kann v_c vergrößert werden, wenn der Schneidstoff eine höhere zulässige Schneidentemperatur besitzt. Stufung: Werkzeugstahl, Schnellstahl, Hartmetall, Diamant. Siehe Werkstoffkunde.

Spanungsquerschnitt A: Die Schnittgeschwindigkeit wird sowohl von der *Größe* als auch von der *Form* (Verhältniss f/a_p) des Spanungsquerschnittes beeinflußt. Je größer A, um so kleiner muß v_c werden, bei gleicher T. Je kleiner f/a_p, um so größer kann bei gleicher T die Schnittgeschwindigkeit v_c sein. Mit f/a_p hängt der Einstellwinkel κ_r zusammen. Bei gleicher T kann v_c um so größer sein, je kleiner κ_r ist. Trotzdem wird häufig mit $\kappa_r = 90°$ gearbeitet, was zu hohem Schneidstoffverbrauch führt. $\kappa_r = 90°$ ist nur dann zulässig, wenn bei kurzer Drehlänge anschließend ohne Umspannen plangezogen werden soll. In Richtwerttafeln werden die Schnittgeschwindigkeiten in Abhängigkeit vom Vorschub f aufgetragen, weil die Schnitttiefe im allgemeinen die v_c-Werte weniger beeinflußt.

Maschinenleistung: Sie kann um so eher ausgenutzt werden, je niedriger v_c und je größer A gewählt wird, weil der geringeren v_c ein größerer A entspricht, der außerdem wegen der absinkenden spezifischen Schnittkraft k_c noch weiter vergrößert werden kann.

Kühlung und Schmierung erhöhen bei gleicher T die Schnittgeschwindigkeit unter Umständen erheblich.

a) *Schneidenkühlung* mit Kühlmittel wie Soda- und Seifenwasser sowie Bohrölemulsionen (bis 1:10 verdünnt, Menge ca. 10 *l*/min) nach DIN 6558, erhöhen die Standzeit (5...10fach) oder v_c (um 40 %) durch Einhaltung bestimmter Schneidentemperaturen; besonders beim Schruppen mit Schnellstahl zweckmäßig. Bei Hartmetallen besteht Gefahr der Rißbildung infolge ungleichmäßiger Abkühlung der Schneidflächen.

b) *Schmierung* und Kühlung mit Schneidölen (Rüböl, Sonderöle usw. nach DIN 6557) verringern den Kraftbedarf und den Verschleiß an der Schneide, erhöhen die Oberflächengüte, schützen Werkstück und Maschine gegen Rosten, besonders zu empfehlen für harte und zähe Werkstoffe, für Schlichtarbeiten, für das Drehen mit Formstählen, für das Gewindeschneiden, für die Zahnflankenbearbeitung und für Arbeiten auf Automaten und Revolverdrehmaschinen.

Beachte: Unterbrochene Schnitte haben auch Kühlwirkung. Öle begünstigen die Bildung der Aufbauschneide. Für Kupfer und Kupferlegierungen dürfen wegen der hierbei auftretenden Fleckenbildung keine mit Schwefel behandelten Öle verwendet werden. Bei Magnesiumlegierungen. darf wegen der Brandgefahr kein Wasser verwendet werden.

5. Berechnung der Hauptnutzungszeit t_h

Die Hauptnutzungszeit ist reine Schnittzeit; Rücklaufzeiten werden als Nebenzeiten berücksichtigt.

Hauptnutzungszeit t_h *beim Langdrehen* (Bild I.11)

$$t_h = \frac{L}{nf} i \qquad \text{(I.11)}$$

$$L = l_s + l_a + l_w + l_ü \qquad \text{(I.12)}$$

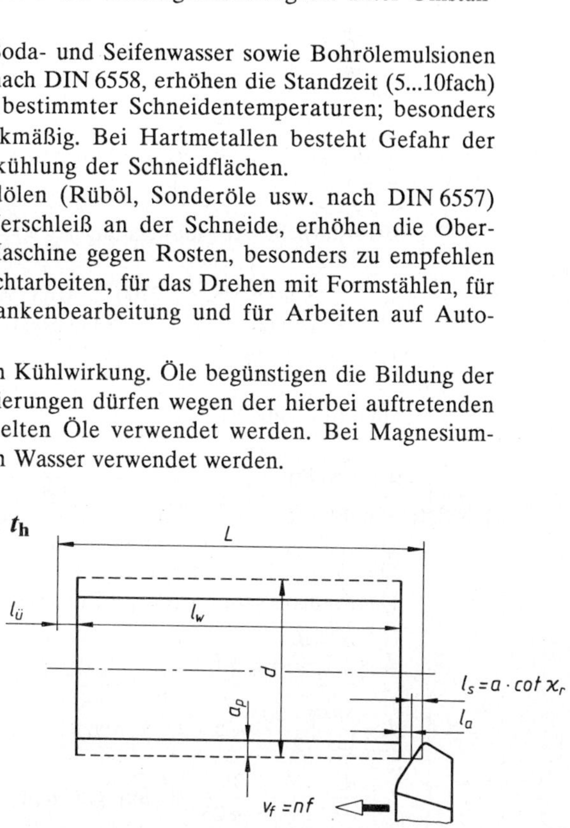

Bild I.11. Zur Berechnung der Hauptnutzungszeit beim Langdrehen

Hauptnutzungszeit t_h beim Plandrehen (Bild I.12)

$$t_h = \frac{L}{nf} i \qquad \text{(I.13)}$$

$$L = \frac{D_a - D_i}{2} = \frac{d_1 - d_2}{2} + l_a + l_s + l_ü \qquad \text{(I.14)}$$

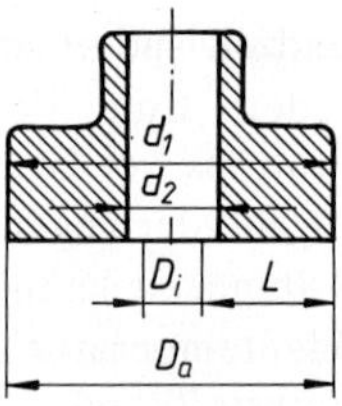

Bild I.12
Zur Hauptnutzungszeitberechnung beim Plandrehen

d, d_1	Außendurchmesser	mm	L	Vorschubweg	mm
d_2	Innendurchmesser	mm	l_a	Anlaufweg	mm
v_c	Schnittgeschwindigkeit	m/min	$l_ü$	Überlaufweg	mm
n	Drehzahl = $318 \cdot v_c/D_a$	min^{-1}	l_s	Schneidenzugabe	mm
f	Vorschub	mm/U	i	Anzahl der Schnitte	mm

Beispiel: Eine Welle aus St 70 mit $l_w = 350$ mm, $d = 90$ mm soll mit Einstellwinkel $\kappa_r = 60°$, Vorschub $f = 0{,}63$ mm/U, Schnittiefe $a_p = 5$ mm mit Hartmetallwerkzeug P10 in einem Schnitt langgedreht werden. Der Wirkungsgrad sei $\eta = 0{,}8$.
Gesucht: Schnittgeschwindigkeit v_{c240}, einzustellende Drehzahl n, spezifische Schnittkraft k_c, Schnittkraft F_c, erforderliche Antriebsleistung P_m, Hauptnutzungszeit t_h.

Lösung: Schnittgeschwindigkeit $v_{c240,\,\kappa = 60°}$ nach Tafel I.1 $v_{c240} = 90$ m/min

Einzustellende Drehzahl $n = \frac{v_{c240}}{\pi d} = \frac{90 \text{ m}}{\text{min} \cdot 0{,}09 \text{ m} \cdot \pi} = 318 \text{ min}^{-1}$

eingestellt $n_e = 315 \text{ min}^{-1}$ nach Maschinenkarte.
Spezifische Schnittkraft $k_c = 2700 \text{ N/mm}^2$ nach Bild I.10
Schnittkraft $F_c = k_c \cdot a_p \cdot f = 2700 \text{ N/mm}^2 \cdot 5 \text{ mm} \cdot 0{,}63 \text{ mm}$
$F_c = 8505$ N

Erforderliche Antriebsleistung $P_m = \frac{k_c a_p f \, v_c}{\eta \, 60\,000}$

$$P_m = \frac{k_c a_p f d \pi n_e}{\eta \cdot 60\,000 \cdot 1000} = \frac{2700 \cdot 5 \cdot 0{,}63 \cdot 90 \cdot \pi \cdot 315}{0{,}8 \cdot 60\,000 \cdot 1000} \text{ kW}$$

$P_m = 15{,}781$ kW

Hauptnutzungszeit $t_h = \frac{L}{nf} i = \frac{l_s + l_a + l_w + l_ü}{n_e s} i = \left(\frac{3 + 4 + 350 + 3}{315 \cdot 0{,}63} \cdot 1\right) \text{mm}$

$t_h = 1{,}81$ min

Beispiel: Ein Flansch von 850 mm Außen- und 200 mm Innendurchmesser soll mit einer Drehzahl $n = 15 \text{ min}^{-1}$ und mit einem Vorschub $f = 0{,}25$ mm/U plangedreht werden. Die Schnittiefe beträgt $a_p = 3$ mm, der Einstellwinkel $\kappa_r = 45°$. Bestimme die Hauptnutzungszeit t_h für $l_a = 5$ mm und $l_ü = 3$ mm!

$$L = \frac{d_1 - d_2}{2} + l_a + l_s + l_ü$$

$$L = \left(\frac{850 - 200}{2} + 5 + 3 + 3\right) \text{mm} = 336 \text{ mm}$$

$$t_h = \frac{L}{nf} i = \left(\frac{336}{15 \cdot 0{,}25} \cdot 1\right) \text{min} = 89{,}6 \text{ min}$$

II. Hobeln und Stoßen

1. Bewegungen[1)]

Im Gegensatz zum Drehen ist die Schnittbewegung bei Maschinen mit hin- und hergehender Bewegung *nicht gleichförmig* (Hobel-, Stoß- und Räummaschinen). Die *mittlere Rücklaufgeschwindigkeit* υ_{mr} ist meist größer als die *mittlere Geschwindigkeit beim Arbeitshub* υ_{ma}, z.B. beim Antrieb durch schwingende Kurbelschleife (υ_m: υ_{ma} etwa 1,4 ... 1,8). Außerdem sind die Geschwindigkeiten in Hubmitte größer als gegen Ende des Hubes. Beschleunigung und Verzögerung durch Umsteuern und An- und Auslauf sind besonders bei kleinen Hublängen zu berücksichtigen. Es wird mit der *mittleren Geschwindigkeit* υ_m gerechnet:

$$\upsilon_m = 2\frac{\upsilon_{ma}\,\upsilon_{mr}}{\upsilon_{ma} + \upsilon_{mr}} \qquad \text{(II.1)}$$

Mit n = Anzahl der Doppelhübe je min (DH/min) und $L \triangleq$ Hublänge in mm ergeben sich außerdem die zugeschnittenen Größengleichungen:

$$\upsilon_m = \frac{2Ln}{1000} \qquad n = \frac{\upsilon_m\,1000}{2L} \qquad \text{(II.2)}$$

υ_m	L	n
$\frac{\text{m}}{\text{min}}$	mm	min^{-1}

Herleitung der Gleichung: Mit t_a = Zeit für einen Arbeitshub in min, t_r = Zeit für einen Rückhub in min, t_L = Zeit für einen Doppelhub in min, L = Hublänge in mm wird:

$$t_a = \frac{L}{\upsilon_{ma}}; \quad t_r = \frac{L}{\upsilon_{mr}}; \quad t_L = \frac{2L}{\upsilon_m}; \quad t_L = t_a + t_r$$

$$t_L = \frac{L}{\upsilon_{ma}} + \frac{L}{\upsilon_{mr}} = \frac{2L}{\upsilon_m} \quad \text{und daraus: } \upsilon_m = 2\frac{\upsilon_{ma}\,\upsilon_{mr}}{\upsilon_{ma} + \upsilon_{mr}}$$

Beispiel: Bestimme die mittlere Geschwindigkeit υ_m einer Langhobelmaschine, wenn für einen Doppelhub eine Zeit von 14,6 s mit der Stoppuhr gemessen wurde (Zeit für einen Arbeitshub, einen Rücklauf und zwei Umsteuerungen). Hublänge L = 2200 mm.

Lösung: $t_L = \frac{14{,}6}{60}\,\text{min} = 0{,}243\,\text{min}$

$$\upsilon_m = \frac{2L}{t_L\,1000} = \frac{2\cdot 2200}{0{,}243\cdot 1000}\,\frac{\text{m}}{\text{min}} = 18{,}1\,\frac{\text{m}}{\text{min}}$$

Beispiel: Bestimme die mittlere Geschwindigkeit υ_m, wenn mit der Stoppuhr die Anzahl der Doppelhübe in einer Minute aufgenommen wurde: $n = 4{,}1\,\text{min}^{-1}$, L = 2200 mm.

Lösung: $\upsilon_m = \frac{2Ln}{1000} = \frac{2\cdot 2200\cdot 4{,}1}{1000}\,\frac{\text{m}}{\text{min}} = 18\,\frac{\text{m}}{\text{min}}$

1) Siehe allgemeine Hinweise über Bewegungen, Geschwindigkeiten, Schnitt- und Spanungsgrößen beim Drehen

2. Zerspangeometrie[1)]

Die Spanabnahme ist beim Drehen, Hobeln und Stoßen gleichartig, es gelten daher die im entsprechenden Kapitel für Drehen gemachten Angaben. Zweckmäßige Winkelwerte: Freiwinkel $\alpha_0 = 8°$; Spanwinkel γ_0 meist 20°, Neigungswinkel $\lambda_0 = 10°$. Vorschübe beim Schruppen bis 3 mm/DH (bei SS-Stahl höher), beim Breitschlichten bis 10 mm/DH. Hartmetalle müssen beim Rückhub angehoben werden.

3. Kräfte und Leistungen[1)]

Es gelten die entsprechenden Angaben unter I. Drehen.

4. Wahl der Schnittgeschwindigkeit

Es gelten die entsprechenden Angaben unter I. Drehen. Mit den üblichen Bauarten der Hobelmaschinen sind höhere Werte als $v_c = 60 \ldots 80$ m/min nicht erreichbar; bei Waagerecht- und Senkrechtstoßmaschinen etwa $v_c = 25 \ldots 30$ m/min.

5. Berechnung der Hauptnutzungszeit t_h

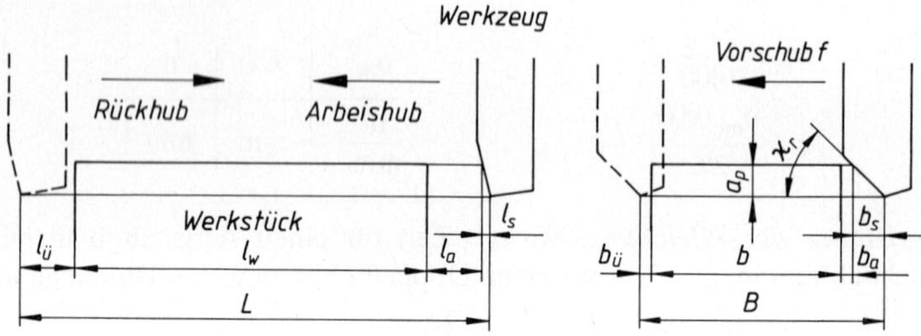

Bild II.1
Kenngrößen zur Hauptnutzungszeitberechnung

$$t_h = \frac{2LB}{1000\, v_m f} i = \frac{B}{nf} i \qquad l_a = (10 \ldots 30)\text{ mm}$$

$$L = l_w + l_a + l_s + l_ü \qquad l_s = \frac{a_p \tan\lambda_s}{\sin\kappa_r} \text{ für } \lambda_s < 0°$$

$$l_s = 0 \text{ für } \lambda_s \geq 0°$$

$$B = b_w + b_a + b_s + b_ü \qquad b_a = (3 \ldots 5)\text{ mm}$$

$$v_m = 2\frac{v_{ma}\, v_{mr}}{v_{ma} + v_{mr}} \qquad b_s = a_p \cot\kappa_r$$

L	Hublänge	mm
B	Hobelbreite (Vorschubweg)	mm
a_p	Schnittiefe	mm
f	Vorschub	mm/DH
n	Anzahl der Doppelhübe je min (min^{-1}), bei Stoßmaschinen gleich Drehzahl der Antriebskurbel	
v_m	mittlere Geschwindigkeit des Tisches oder Stößels	m/min
v_{ma}	mittlere Geschwindigkeit beim Arbeitshub	m/min
v_{mr}	mittlere Rücklaufgeschwindigkeit	m/min
i	Anzahl der Schnitte	

1) Siehe allgemeine Hinweise über Bewegungen, Geschwindigkeiten, Schnitt- und Spanungsgrößen, Kräfte und Leistungen beim Drehen.

Beispiel: Auf einer Langhobelmaschine wird eine rechteckige Platte aus St 50 bearbeitet. $B = 1000$ mm. Hublänge des Tisches mit An- und Überlauf $L = 2200$ mm. Vorschub $f = 1{,}5$ mm/DH, mittlere Arbeitsgeschwindigkeit $\upsilon_{ma} = 12$ m/min, mittlere Rücklaufgeschwindigkeit $\upsilon_{mr} = 36$ m/min, Schnittiefe $a_p = 10$ mm, Schnittzahl $i = 2$. Bestimme Schnittkraft, Schnittleistung und Hauptnutzungszeit.

Lösung: a) Schnittkraft F_c wie beim Drehen aus der spezifischen Schnittkraft k_c und Spanungsquerschnitt

$A = a_p f$; $k_c = 2 \cdot 10^3$ N/mm² (geschätzt aus weitergeführter Kurve in Bild I.10),

Spanungsquerschnitt $A = a_p k_c = 10 \text{ mm} \cdot 1{,}5 \text{ mm} = 15 \text{ mm}^2$

Schnittkraft $F_c = k_c A = 2 \cdot 10^3 \text{ N/mm}^2 \cdot 15 \text{ mm}^2 = 30 \cdot 10^3 \text{ N} = 30 \text{ kN}$

b) Schnittleistung P_c aus der Schnittkraft F_c und der mittleren Geschwindigkeit υ_m:

mittlere Geschwindigkeit $\upsilon_m = 2 \dfrac{\upsilon_{ma}\, \upsilon_{mr}}{\upsilon_{ma} + \upsilon_{mr}}$

$$\upsilon_m = 2 \frac{12 \cdot 36}{12 + 36} \frac{\text{m}}{\text{min}} = 18 \frac{\text{m}}{\text{min}}$$

Schnittleistung $P_c = F_c\, \upsilon_m = 30 \cdot 10^3 \text{ N} \cdot \dfrac{18 \text{ m}}{60 \text{ s}}$

$P_c = 9 \cdot 10^3 \text{ W} = 9 \text{ kW}$

Hauptnutzungszeit $t_h = \dfrac{2LB}{1000\, \upsilon_m f} i = \dfrac{2 \cdot 2200 \cdot 1000}{1000 \cdot 18 \cdot 1{,}5} \cdot 2 \text{ min}$

$t_h = 326$ min

III. Räumen

1. Bewegungen[1)]

Verzahnte stangenförmige (Innenräumer, Räumnadel) oder plattenförmige (Außenräumer) Werkzeuge, deren Zähne vom Anschnitt nach hinten ansteigen, werden durch die Bohrung des Werkstückes gezogen oder gestoßen oder an der Außenfläche des Werkstückes vorbeibewegt. Dadurch wird am vorgearbeiteten Werkstück das gewünschte Innen- oder Außenprofil mit vorgeschriebener Maßtoleranz (meist ISO-Qualität 7) und Oberflächengüte hergestellt. Die Vorschubbewegung entfällt, sie liegt durch die Konstruktion des Werkzeuges fest. Das Profil wird meist in einem Hub gewonnen; nur bei sehr großer Spantiefe wird die gesamte Zerspanarbeit auf mehrere Werkzeuge aufgeteilt.

1) Siehe allgemeine Hinweise über Bewegungen, Geschwindigkeiten, Schnitt- und Spanungsgrößen, Kräfte und Leistungen beim Drehen.

Bei schraubenförmigem Profil (Steigungswinkel = 45 ... 90°) kreist Werkzeug oder Werkstück beim Durchziehen. Bei Steigungswinkel = 45 ... 70°) ist zwangsläufige Drehung erforderlich, darüber hinaus kann ohne zwangsläufige Drehung geräumt werden.

2. Zerspangeometrie[1)]

Eine *Räumnadel* mit festen Zähnen nach DIN 1415 zeigt Bild III.1. Das Werkzeug wird am Schaft vom Zugorgan der Räummaschine aufgenommen und in der Ringnute verriegelt. Der Zubringerkopf der Maschine nimmt das Endstück auf. Die Aufnahme am Werkzeug soll das Werkstück zentrieren, das Führungsstück führt es beim Durchgang der letzten Schneiden.

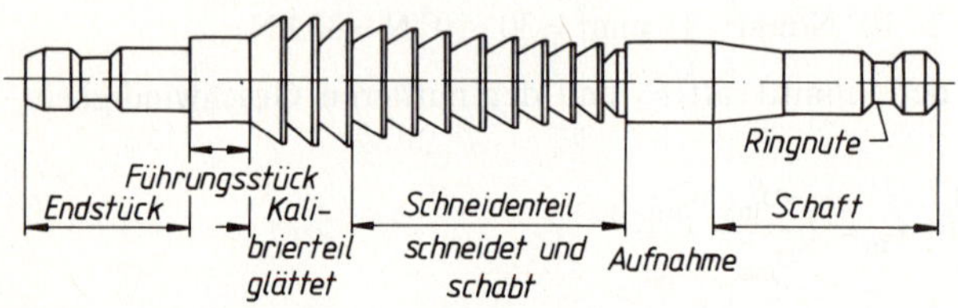

Bild III.1. Räumnadel (schematisch) nach DIN 1415

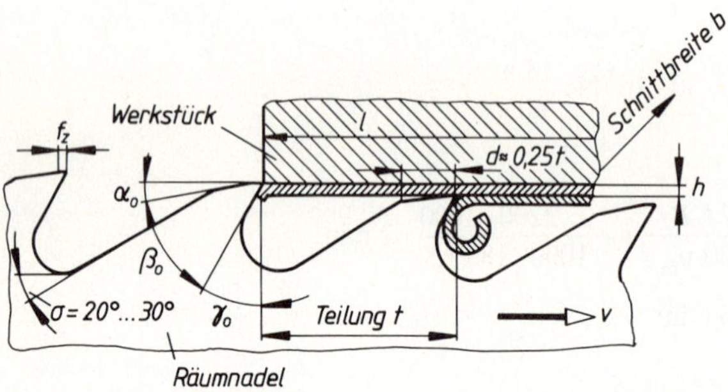

Bild III.2. Zähne der Räumnadel

t Zahnteilung
l Räumlänge
h Spanungsdicke
f_z Fase
a_p Schnittbreite

Die *Zähne* der Räumnadel sind wie Fräserzähne ausgebildet (Bild III.2); ebenso wie dort müssen große, gut gerundete Spankammern die Aufnahme des Spanvolumens ohne Zwängen sichern, da freier Spanablauf selten möglich ist. Das Spanvolumen ist mindestens dreimal so groß wie das Ursprungsvolumen.

Die *Zahnteilung* t ist außer vom Werkstoff, Profil und Zahntiefe hauptsächlich von der Räumlänge l abhängig. Erfahrungswert: $t = (1{,}7 \dots 1{,}8)\sqrt{l}$; sonst $t = 3\sqrt{lhx}$ mit h Spanungsdicke in mm/Zahn, Räumlänge l in mm und Werkstoffaktor $x = 3 \dots 5$ für bröckelige Späne, $x = 5 \dots 8$ für langspanenden Werkstoff. Außerdem sollen mindestens zwei Zähne im Eingriff sein, u.U. werden mehrere Werkstücke hintereinander gespannt, jedoch steigt die Durchzugskraft mit der Zähnezahl. Schräg zur Zugrichtung verlaufende Zähne arbeiten ruhiger. Spannuten bei breiten Zähnen teilen die Späne auf. Beim Schruppen soll Zahnteilung gleichmäßig sein, beim Schlichten um ± 20 % schwankend.

Freiwinkel α_0 wird beim Schruppen 2 ... 3°, beim Schlichten 0,5° und für zylindrische Endzähne (Kalibrierzähne) ebenfalls 0,5° gewählt. *Spanwinkel* γ_0 siehe Tafel III.1.

Die *Fasenbreite* f_z für Schruppen 0 ... 0,1 mm, für Schlichten 0,1 mm, für zylindrische Endzähne 0,2 ... 0,3 mm.

---

1) Siehe allgemeine Hinweise über Bewegungen, Geschwindigkeiten, Schnitt- und Spanungsgrößen, Kräfte und Leistungen beim Drehen.

Tafel III.1. Mittelwerte für Räumen

Werkstoff	Spanungsdicke h in mm/Zahn für Räumen	Schlicht-räumen	Schrupp-räumen	Schnitt-geschwindig-keit in m/min	Spanwinkel	spezifische Schnitt-kraft k_c in N/mm²
St 40 ... 60	0,025 ... 0,06	0,004 ... 0,015	bis 0,1	4 ... 8	15 ... 20°	4000
St 60 ... 85	0,03 ... 0,065	0,004 ... 0,015	bis 0,12	3 ... 6	12 ... 15°	5000
GG 12 ... 30	0,05 ... 0,12	0,004 ... 0,015	bis 0,25	4 ... 8	4 ... 8°	2300
Messing	0,03 ... 0,1	0,004 ... 0,015	bis 0,2	5 ... 10	0 ... 5°	2000
Al-Leg.	0,025 ... 0,1	0,004 ... 0,015	bis 0,2	8 ... 15	15 ... 25°	1160

3. Schnittkraft (Räumkraft)

Die Schnittkraft F_c wird um so größer, je größer Spanungsquerschnitt A und spezifische Schnittkraft k_c sind. k_c-Werte in Tafel III.1.

Mit Spanungsdicke h (je Zahn), Schnittbreite b der Spanschicht und Anzahl der im Schnitt stehenden Zähne $z_e = l/t$ (= Räumlänge l/Teilung t) wird der *Spanungsquerschnitt*

$$A = b h z_e = b h \frac{l}{t} \qquad \text{(III.1)}$$

A	b, h, l, t	z
mm²	mm	1

Damit ergibt sich die Schnittkraft

$$F_c = A k_c = b h z_e k_c$$

$$F_c = b h k_c \frac{l}{t} \qquad \text{(III.2)}$$

F_c	A	k_c
N	mm²	$\frac{\text{N}}{\text{mm}^2}$

Die erforderliche *Durchzugskraft* F_{max} der Maschine ist um den Faktor 1,3 (für Fasenreibung) größer. Ergibt sich durch Kraftmessung ein größerer Faktor, so ist das Werkzeug zu schärfen.

$$F_{max} = 1{,}3\, F_c \qquad \text{(III.3)}$$

Der *gefährdete Querschnitt* A_{gef} des Räumwerkzeuges wird auf Zug beansprucht. Mit $\sigma_z = F_{max}/A_{gef}$ und $F_{max} = 1{,}3\, b h z_e k_c$ wird die *Zugspannung*

$$\sigma_z = 1{,}3 \frac{b h z_e k_c}{A_{gef}} \leq \sigma_{z\,zul} \qquad \text{(III.4)}$$

σ_z, k_c	b, h, l, t	z	A_{gef}
$\frac{\text{N}}{\text{mm}^2}$	mm	1	mm²

Da die *Zahnteilung* $t = l/z$ ist, wird auch

$$t_{erf} = 1{,}3 \frac{b h k_c l}{A_{gef}\, \sigma_{z\,zul}} \qquad \text{(III.5)}$$

4. Wahl der Schnittgeschwindigkeit

Die Schnittgeschwindigkeit v_c ist wegen des schwierigen Zerspanvorganges bei allen Werkstoffen niedrig und zwar um so niedriger, je geringer die Zerspanbarkeit des Werkstoffes ist, je verwickelter das zu räumende Profil und je größer die Räumlänge l ist. Richtwerte aus Tafel III.1.

Standzeit und Oberflächengüte werden durch geeignete Schneidflüssigkeit stark beeinflußt: Erprobung ist zweckmäßig. Schneidöle lassen höhere Standzeit, Emulsionen bessere Oberfläche erwarten. Für schwierige Profile und Werkstoffe werden geschwefelte Schneidöle empfohlen.

Räumwerkzeuge besitzen gegenüber anderen Zerspanwerkzeugen höhere Standzeit und Lebensdauer wegen der niedrigeren Schnittgeschwindigkeit und wegen des geringeren Arbeitsaufwandes je Zahn.

5. Berechnung der Hauptnutzungszeit t_h

Mit Hublänge L und mittlerer Geschwindigkeit υ_m wird die Hauptnutzungszeit

$$t_h = \frac{2L}{\upsilon_m 1000}$$

t_h	L	υ_m
min	mm	$\frac{\text{m}}{\text{min}}$

(III.6)

Ermittlung von υ_m siehe Hobeln und Stoßen.

Beispiel: Die Innennute einer GG-Buchse (Schnittbreite $b = 12$ mm, Tiefe 3,7 mm, Länge $l = 100$ mm) wird auf einer Waagerecht-Räummaschine hergestellt. Hublänge $L = 1000$ mm, $\upsilon_a = 3$ m/min, $\upsilon_r = 4$ m/min.
Bestimme spezifische Schnittkraft k_c, Zahnteilung t, Schnittkraft F_c, Durchzugskraft F_{max} und Hauptnutzungszeit t_h!

Lösung: a) Spezifische Schnittkraft $k_c = 2300$ N/mm² nach Tafel III.1

b) Spanungsdicke $h = 0{,}12$ mm nach Tafel III.1

c) Zahnteilung $t = 3\sqrt{hlx} = 3\sqrt{0{,}12\,\text{mm} \cdot 100\,\text{mm} \cdot 4} = 20{,}8$ mm

d) Zähnezahl z_e je Räumlänge l: $z_e = \frac{l}{t} = \frac{100\,\text{mm}}{20{,}8\,\text{mm}} = 4$

e) Spanungsquerschnitt $A = bhz_e = 12\,\text{mm} \cdot 0{,}12\,\text{mm} \cdot 4 = 5{,}76\,\text{mm}^2$

f) Schnittkraft $F_c = Ak_c = 5{,}76\,\text{mm}^2 \cdot 2300\,\text{N/mm}^2 = 13{,}2 \cdot 10^3$ N

g) Durchzugskraft $F_{max} = 1{,}3\,F_c = 1{,}3 \cdot 13{,}2 \cdot 10^3\,\text{N} = 17{,}2 \cdot 10^3$ N

h) Mittlere Geschwindigkeit des Räumwerkzeuges

$$\upsilon_m = 2\frac{\upsilon_a \upsilon_r}{\upsilon_a + \upsilon_r} = 2 \cdot \frac{3 \cdot 4}{3+4}\,\text{m/min} = 3{,}43\,\text{m/min}$$

i) Hauptnutzungszeit $t_h = \frac{2L}{\upsilon_m 1000} = \frac{2 \cdot 1000}{3{,}43 \cdot 1000}\,\text{min} = 0{,}59$ min

IV. Fräsen

1. Bewegungen[1)]

Es gelten die unter I. Drehen dargelegten Grundbegriffe der Zerspantechnik in Verbindung mit den Bildern IV.1, IV.2 und IV.6. Beim *Fräsen* führt die umlaufende Bewegung des Werkzeuges (des Fräsers) zur *Schnittbewegung* mit der *Schnittgeschwindigkeit* υ_c und die

1) Siehe allgemeine Hinweise über Bewegungen, Geschwindigkeiten, Schnitt- und Spanungsgrößen unter I. Drehen.

geradlinige (fortschreitende) Bewegung des Werkstückes (des Tisches) zur *Vorschubbewegung* mit der *Vorschubgeschwindigkeit* υ_f. Die resultierende Bewegung ist wieder die *Wirkbewegung* mit der *Wirkgeschwindigkeit* υ_e (Bild IV.6); sie führt zur Spanabnahme und ist die momentane Geschwindigkeit des betrachteten Schneidenpunktes in Wirkrichtung.

Im Gegensatz zum Drehen mit $\varphi = 90°$ ändert sich beim Fräsen der *Vorschubrichtungswinkel* φ während des Schneidvorganges des einzelnen Zahnes laufend (Bilder IV.1 und IV.2). Beim *Gegenlauffräsen* ist $\varphi < 90°$, beim Gleichlauffräsen dagegen ist $\varphi > 90°$, wie Bild IV.6 deutlich zeigt. Der *Wirkrichtungswinkel* η ist wieder der Winkel zwischen Wirk- und Schnittrichtung. Im allgemeinen Falle ($\varphi \gtrless 90°$), wie beim Fräsen ist

$$\tan \eta = \frac{\sin \varphi}{\dfrac{\upsilon_c}{\upsilon_f} + \cos \varphi} \tag{IV.1}$$

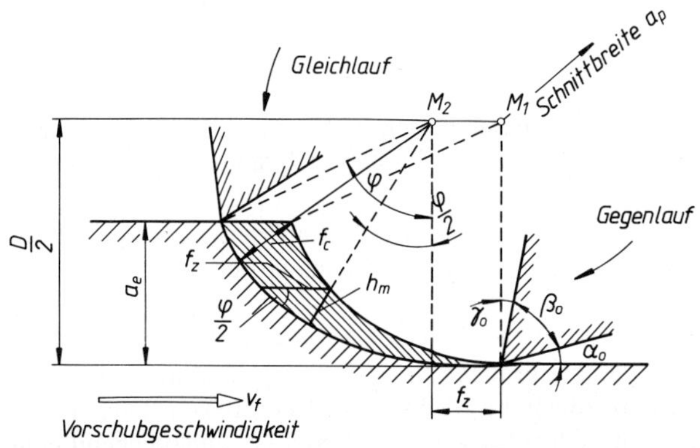

Bild IV.1. Walzen mit Walzenfräser, dargestellt in der Arbeitsebene
$\overline{M_1 M_2}$ ergibt Zahnvorschub f_z
h_m Mittenspanungsdicke beim halben Vorschubrichtungswinkel $\varphi/2$
a_e Schnittiefe
f_c Schnittvorschub

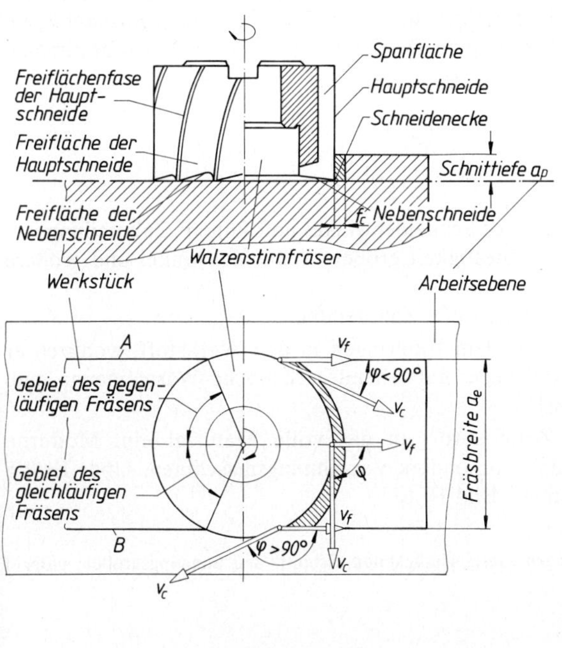

Bild IV.2. Stirnen mit Walzenstirnfräser bei symmetrischer Einstellung des Werkzeuges
a_p Schnittiefe
a_e Schnittbreite
φ Vorschubrichtungswinkel
υ_c Schnittgeschwindigkeit
υ_f Vorschubgeschwindigkeit

Beim Drehen ist $\varphi = 90°$ und damit $\tan \eta = \upsilon_f/\upsilon_c$ (siehe Drehen). Auch beim Fräsen ist in den meisten Fällen das Verhältnis υ_f/υ_c so klein, daß mit $\upsilon_e = \upsilon_c$ gerechnet werden kann.

Mit Fräserdurchmesser d, Fräserdrehzahl n und Vorschub f je Fräserumdrehung, Zahnvorschub f_z und Zähnezahl z werden *Schnitt-* und *Vorschubgeschwindigkeit* errechnet:

$$\upsilon_c = \pi d n \qquad \text{(IV.2)}$$

υ_c	d	n
$\frac{\text{m}}{\text{min}}$	m	min^{-1}

$$\upsilon_f = n f = n f_z z \qquad \text{(IV.3)}$$

υ_f	n	f	f_z	z
$\frac{\text{mm}}{\text{min}}$	min^{-1}	$\frac{\text{mm}}{\text{U}}$	$\frac{\text{mm}}{\text{Zahn}}$	1

2. Zerspangeometrie[1)]

Es gelten grundsätzlich die beim Drehen angegebenen Begriffsbestimmungen. Wichtigste Bezugsebene ist auch hier die *Arbeitsebene*, in der sich alle an der Spanbildung beteiligten Bewegungen vollziehen.

Sowohl beim *Walzen* (mit Walzen-. Scheiben-, Schaft- und Formfräsern) als auch beim *Stirnen* (mit Walzstirnfräsern und Messerköpfen) wird die Zerspanarbeit durch die Umfangszähne aufgebracht, die Stirnzähne reiben und glätten nur. Walzenfräsen mit scheibenartigen hartmetallbestückten Messerköpfen wird deshalb auch als *Umfangsfräsen* bezeichnet.

Beim *Walzen* (Bild IV.1) entsteht ein kommaförmiger Span mit ungleichförmiger Querschnittsbelastung der Schneide. Der Schnittwiderstand wächst im Gegensatz zum Drehen von Null bis auf einen Höchstwert und fällt dann plötzlich wieder auf Null ab, entsprechend dem laufend veränderten Vorschubrichtungswinkel φ (beim Drehen ist $\varphi = 90° =$ konstant). Die Schnittkraftschwankungen werden vermindert durch schräge Zähne, wenn zugleich mehrere Zähne im Eingriff stehen und Zähnezahl z, Fräserdurchmesser d und Neigungswinkel λ_s im bestimmten Verhältnis zur Schnittbreite a_p stehen. Der Neigungswinkel läßt sich bestimmen aus:

$$\cot \lambda_s = \frac{a_p z}{d \pi} \qquad \text{(IV.4)}$$

Allgemein gilt:

Für harte Werkstoffe und Schlichten kleinerer Schneidenwinkel und feinere Zahnteilung,
für Maschinenbaustähle bis 700 N/mm² Zugfestigkeit größere Schneidenwinkel und größere Zahnteilung,
für Leichtmetalle große Schneidenwinkel und große Zahnteilung.

Beim *Gegenlauffräsen* reibt der Zahn vor dem Eindringen in den Werkstoff, wodurch er leichter abstumpft. Die während des Reibweges entstehende erhebliche Wärmemenge muß durch reichliches Kühlen abgeführt werden.

Beim *Gleichlauffräsen* dringt der Zahn sofort in das volle Material ein. Moderne Walzfräsmaschinen arbeiten im Gleichlauf, besonders Verzahnungsmaschinen. Über Kräfte beim Gegen- und Gleichlauffräsen orientiert Bild IV.6.

---

1) Siehe allgemeine Hinweise über Bewegungen, Geschwindigkeiten, Schnitt- und Spanungsgrößen unter I. Drehen.

Der *Vorschubrichtungswinkel* φ beim *Walzfräsen* (Bild IV.1) läßt sich bestimmen aus:

$$\cos \varphi = \frac{d/2 - a_e}{d/2} = 1 - \frac{2a_e}{d} \qquad \text{(IV.5)}$$

oder mit Hilfe der geometrischen Beziehung

$$\sin \frac{\varphi}{2} = \frac{\sqrt{a_e(d - a_e)}}{\sqrt{a_e(d - a_e) + (d - a_e)^2}}$$

und nach einigen Umformungen aus

$$\sin \frac{\varphi}{2} = \sqrt{\frac{a_e}{d}} \qquad \text{(IV.6)}$$

Für $\varphi \le 60°$ ergibt er sich auch aus

$$\varphi° = \frac{360°}{\pi} \sqrt{\frac{a_e}{d}} \qquad \text{(IV.7)}$$

Beim *Stirnen* (Bild IV.2) ist der Spanungsquerschnitt wie beim Drehen ein Rechteck oder Parallelogramm. Auch der Schlankheitsgrad des abgenommenen Spanes ist ähnlich, so daß wesentliche Erkenntnise vom Drehen übernommen werden können. Allerdings ändert sich beim Stirnfräsen wie beim Walzfräsen der Schnittvorschub f_c fortlaufend; beim Stirnfräsen jedoch geringfügiger als beim Walzfräsen. Daher ist beim Stirnen die Querschnittsbelastung der Schneide gleichmäßiger als beim Walzen.

Infolge des größeren Vorschubrichtungswinkels φ sind beim Stirnfräsen mehr Zähne im Eingriff. Die spezifische Spanungsleistung ist größer als beim Walzfräsen; Stirnen ist daher wirtschaftlicher.

Die Entscheidung zwischen Gegen- und Gleichlauffräsen ist beim Stirnfräsen nicht nötig, weil nach Bild IV.2 im gleichen Schnitt sowohl gegen- als auch gleichläufiges Fräsen auftritt, jedenfalls solange die Fräserachse zwischen Eintritts- und Austrittsebene (*A*–*B*) liegt.

Der *Vorschubrichtungwinkel* φ beim symmetrischen *Stirnfräsen* läßt sich bestimmen aus:

$$\sin \frac{\varphi}{2} = \frac{a_e/2}{d/2} = \frac{a_e}{d} \qquad \text{(IV.8)}$$

2.1. Schnitt- und Spanungsgrößen

Zu den beim Drehen gemachten Angaben kommen noch folgende Begriffsbestimmungen hinzu:

Zahnvorschub f_z ist der Vorschubweg zwischen zwei unmittelbar nacheinander entstehenden Schnittflächen, also der Vorschub je Zahn oder je Schneide (Bild IV.1).

Mit z Anzahl der Zähne des Fräsers und f Vorschubweg je Fräserumdrehung ist der *Zahnvorschub*

$$f_z = \frac{f}{z} \qquad \text{(IV.9)}$$

f_z	f	z
$\frac{\text{mm}}{\text{Zahn}}$	$\frac{\text{mm}}{\text{U}}$	1

Der *Schnittvorschub* f_c ist der Abstand von zwei unmittelbar nacheinander entstehenden Schnittflächen, gemessen in der Arbeitsebene und senkrecht zur Schnittrichtung (Bilder IV.1 und IV.2).

Annähernd wird mit Zahnvorschub f_z und Vorschubrichtungswinkel φ der *Schnittvorschub*

$$f_c = f_z \cdot \sin \varphi \qquad \text{(IV.10)}$$

Beim Drehen und Hobeln war $\varphi = 90°$ und damit auch $f_c = f_z$ und mit Gl. (IV.9) mit $z = 1$ auch $f_c = f_z = f$.

Schnittiefe a_p bzw. *Schnittbreite* a_e ist die Tiefe bzw. Breite des Eingriffs der Hauptschneide *senkrecht zur Arbeitsebene* gemessen (Bilder IV.1 und IV.2). Arbeitsebene ist die gedachte Ebene, die Schnitt- und Vorschubbewegung des betrachteten Schneidenpunktes enthält (Bilder IV.1 und IV.6).

Beim *Walzenfräsen* entspricht a_p der *Breite* des Eingriffs (Schnittbreite) nach Bild IV.2.

Beim *Stirnfräsen* entspricht a_p der *Tiefe* des Eingriffs (Schnittiefe) nach Bild IV.2.

Schnittbreite a_e ist die Größe des Eingriffs der Schneide (des Zahnes) je Umdrehung, *gemessen in der Arbeitsebene und senkrecht zur Vorschubrichtung* (Bilder IV.1 und IV.2).

Spanungsquerschnitt A ist der Querschnitt des abzunehmenden Spanes senkrecht zur Schnittrichtung. In den meisten Fällen gilt

$$A = a_p \cdot f_c = bh, \quad b \text{ Spanungsbreite}, \quad h \text{ Spanungsdicke.} \qquad \text{(IV.11)}$$

Beachte: Der Spanungsquerschnitt A ergibt sich stets als Produkt aus der Schnittiefe bzw. Schnittbreite a_p und dem Schnittvorschub f_c. Da f_c *in* der Arbeitsebene (bzw. parallel zu ihr) gemessen wird, muß die Schnittiefe senkrecht zur Arbeitsebene gemessen werden. Die Schnittbreite darf nicht mit der Schnittiefe verwechselt werden; sie steht senkrecht zur Schnittiefe und senkrecht zur Vorschubrichtung (siehe Bild IV.2).

Wichtige Bezugsgröße für die mittlere spezifische Schnittkraft k_c ist die sogenannte *Mittenspanungsdicke* h_m (Bild IV.1). Für Walz- und Stirnfräsen gilt bei $a_e/d \leq 0{,}3$

$$h_m = f_z \sqrt{\frac{a_e}{d}} \sin \kappa_w$$

$$h_m = \frac{v_f}{nz} \sqrt{\frac{a_e}{d}} \sin \kappa_w$$

h_m, a_e, d	f_z	v_f	n	z	κ_w
mm	$\frac{mm}{Zahn}$	$\frac{mm}{min}$	min^{-1}	1	°

Darin ist beim Walzfräsen $\kappa_w = 90° - \lambda_s$, mit λ_s = Neigungswinkel.

Der Begriff Mittenspanungsdicke ist in DIN 6580 nicht enthalten, läßt sich jedoch mit Gl. (IV.10) als Schnittvorschub f_c berechnen, wenn für φ der maximale Vorschubrichtungswinkel eingesetzt wird (Bild IV.1):

$$h_m = f_c \sin \kappa_w = f_z \sin \frac{\varphi}{2} \sin \kappa_w$$

Beispiel: Walzfräsen im Gleichlauf mit Fräserdurchmesser $d = 110$ mm ergibt nach Tafel IV.3 die Zähnezahl 8. Für eine Schnittbreite $a_p = 60$ mm ergibt sich aus

$$\cot \lambda_s = \frac{a_p z}{d\pi} = \frac{60 \text{ mm} \cdot 8}{110 \text{ mm} \cdot \pi} = 1{,}4 \quad \text{ein Neigungswinkel } \lambda_s \approx 35°.$$

Tafel IV.2 gibt für Stahl den Zahnvorschub $f_z = 0{,}1 \ldots 0{,}25$ mm an; gewählt für Schnittiefe $a_e = 4$ mm wird Zahnvorschub $fz = 0{,}2$ mm/Zahn.

Lösung: Mittenspanungsdicke

$$h_m = f_z \sqrt{\frac{a_e}{d}} \sin \kappa_w = 0{,}2 \text{ mm} \sqrt{\frac{4 \text{ mm}}{110 \text{ mm}}} \sin 55° = 0{,}0312 \text{ mm}$$

Vorschubrichtungswinkel

$$\varphi = \frac{360°}{\pi} \sqrt{\frac{a_e}{d}} = \frac{360°}{\pi} \sqrt{\frac{4 \text{ mm}}{110 \text{ mm}}} \approx 22°; \quad \text{aus} \quad \cos \varphi = 1 - \frac{2a_e}{d} = 0{,}927; \quad \varphi = 22°$$

Vorschubweg je Fräserumdrehung $f = f_z \cdot z = 0{,}2 \text{ mm} \cdot 8 = 1{,}6 \frac{mm}{U}$

Spanungsquerschnitt bei $\frac{\varphi}{2}$: $A = a_p \cdot f_c = a_p \cdot h_m = 60 \text{ mm} \cdot 0{,}031 \text{ mm} = 1{,}86 \text{ mm}^2$

2.2. Flächen und Winkel am Fräserzahn

Es gelten die unter I.2.2 dargelegten Begriffe.

Beim Stirnfräsen lassen sich die Begriffe vom Drehmeißel leicht auf die Schneide des Zahnes übertragen.

Grundsätzlich wird nach Bild IV.3 unterschieden zwischen Fräsern mit geschliffener oder gefräster Freifläche und Fräsern mit hinterdrehter Freifläche (Formfräser). Letztere haben vielfach Spanwinkel von 0°, der beim Scharfschleifen eingehalten werden muß, weil sonst Profilverzerrung auftritt.

Steigungshöhe h beim Formfräser ist die Höhe der Hinterdrehkurve, die wegen konstantem Steigungswinkel logarithmische Spirale ist. Nach Bild IV.3 ergibt sich aus dem Dreieck *ABC*: $\tan \alpha_0 = hz/d\pi$ und daraus

$$h = \frac{\pi d \tan \alpha_0}{z} \tag{IV.14}$$

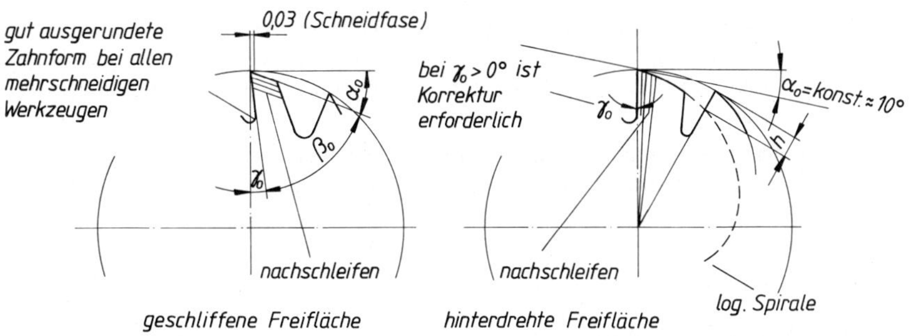

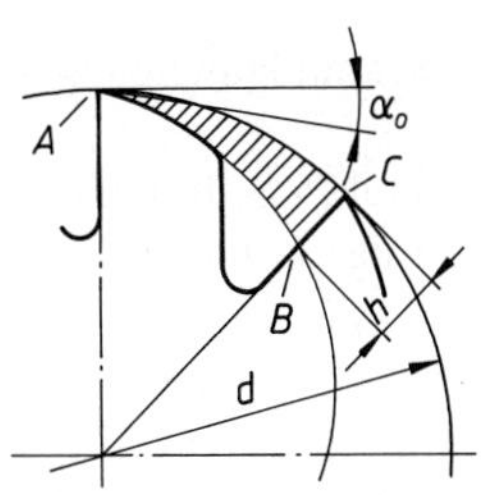

Bild IV.3
Fräser mit geschliffener und hinterdrehter Freifläche

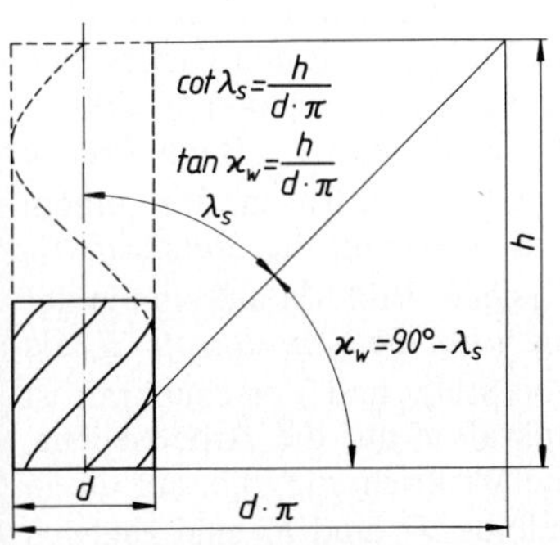

Bild IV.4. Neigungswinkel λ_s und Steigungswinkel κ_w beim schrägverzahnten Fräser

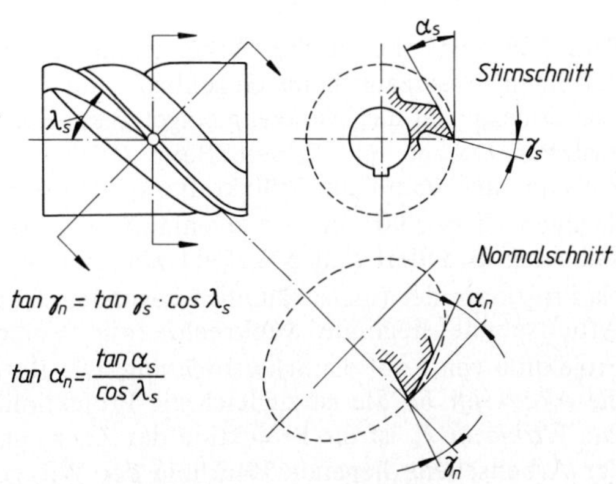

Bild IV.5. Freiwinkel α und Spanwinkel γ (Werkzeugwinkel) im Normal- und Stirnschnitt

Beim *schrägverzahnten Walzenfräser* sind die Zähne um den *Neigungswinkel* λ_s gegenüber der Fräserachse geneigt. Steigungswinkel $\kappa_w = 90° - \lambda_s$. Das Abwicklungsdreieck in Bild IV.4 zeigt

$$\cot\lambda_s = \frac{h}{d\pi} \quad \text{(IV.15)} \qquad \tan\kappa_w = \frac{h}{d\pi} \quad \text{(IV.16)}$$

Wegen der Neigung der Zähne ist zwischen den Schneidwinkeln im Normalschnitt (Index n) und im Stirnschnitt (Index s) zu unterscheiden (Bild IV.5). Für Spanwinkel γ und Freiwinkel α gilt:

$$\tan\gamma_n = \tan\gamma_s \cos\lambda_s$$

$$\tan\alpha_n = \frac{\tan\alpha_s}{\cos\lambda_s} \quad \text{(IV.17)}$$

Bei Fräsern mit geraden Zähnen ist $\lambda_s = 0°$.

2.3. Wahl der Werkzeugwinkel

Freiwinkel α_0 und *Spanwinkel* γ_0 hängen vom zu bearbeitenden Werkstoff und Fräserart ab. Wirtschaftlich ist bei SS-Werkzeugen Beschränkung auf Freiwinkel $\alpha_0 = 5° \ldots 8°$ und Spanwinkel $\gamma_0 = 10° \ldots 15°$ für GG, GT, GS, Bz und St bis $R_m = 900$ N/mm². Beim Gleichlauffräsen etwa doppelt so große Werte.

Formfräser werden normal mit Spanwinkel $\gamma_0 = 0°$ ausgeführt. Zerspanungstechnisch besser ist wenigstens kleiner positiver Spanwinkel $\gamma_0 = 2° \ldots 5°$ bei entsprechend korrigiertem Profil. Spanwinkel $\gamma_0 \neq 0°$ müssen auf dem Fräser vermerkt und beim Scharfschleifen eingehalten werden, um Profilverzerrungen zu vermeiden. Formfräser können so oft an der Spanfläche nachgeschliffen werden (Bild IV.3), solange sie festigkeitsmäßig den Schnittwiderstand aufnehmen.

Neigungswinkel $\lambda_s = 20° \ldots 40°$, je nach Werkstoff.

Für *Messerköpfe* mit Hartmetallschneiden $\alpha_0 = 3° \ldots 8°$, $\gamma_0 = 6° \ldots 15°$, Schneidenneigungswinkel $\lambda_s = 7°$ für leicht und 12° für schwer bearbeitbare Stähle.

Richtwerte für *Zahnvorschub* f_z siehe Tafel IV.2, für *Zähnezahl* z siehe Tafel IV.3. Je kleiner die Fräserzähnezahl, um so kleiner ist der Kraftaufwand, um so größer ist der Zahnvorschub f_z und um so niedriger ist spezifische Schnittkraft.

3. Kräfte und Leistungen[1)]

Bild IV.6 zeigt die in der Arbeitsebene liegenden Geschwindigkeiten und Kräfte am einzelnen Fräserzahn beim Gegenlauf- und Gleichlauffräsen mit Walzenfräser. Die Kräfte sind in bezug auf das Werkzeug eingetragen. Ein Vergleich mit Bild I.1 zeigt den Unterschied zwischen Drehen und Fräsen. Beim *Drehen* ist der Vorschubrichtungswinkel $\varphi = 90°$ = konstant und damit die Stützkraft F_{st} identisch mit der der Schnittkraft F_c. Beim *Fräsen* dagegen ist $\varphi < 90°$ beim Gegenlauffräsen, $\varphi > 90°$ beim Gleichlauffräsen. Bei einem Zahneingriff ändert sich φ laufend während des Schneidens. Es erscheint die *Stützkraft* F_{st} als Projektion der (meist räumlich liegenden) Zerspankraft F (siehe Bild I.1) auf eine in der Arbeitsebene liegende Senkrechte zur Vorschubrichtung *und* die *Schnittkraft* F_c als Projektion von F auf die Schnittrichtung. Die Resultierende von Stütz- und Vorschubkraft ist die *Aktivkraft* F_a. Sie ist zugleich die Projektion der Zerspankraft F auf die Arbeitsebene. Die *Wirkkraft* F_e ist die Projektion der Zerspankraft F auf die Wirkrichtung, d.h. auf die in der Arbeitsebene liegende Wirklinie der Wirkgeschwindigkeit v_e, F_c und F_e sind zugleich

1) Siehe auch DIN 6584

Komponenten der Aktivkraft F_a (Bild IV.6). Die *Stützkraft* F_{st} versucht beim *Gegen*lauffräsen das Werkstück von seiner Unterlage abzuheben („Ansaugen" des Fräsers), beim *Gleich*lauffräsen dagegen preßt die Stützkraft F_{st} das Werkstück auf den Tisch und den Tisch auf seine Führung. Der Fräser versucht dabei auf das Werkstück zu „klettern". Vorsicht bei dünnwandigen oder schlecht zu spannenden Werkstücken!

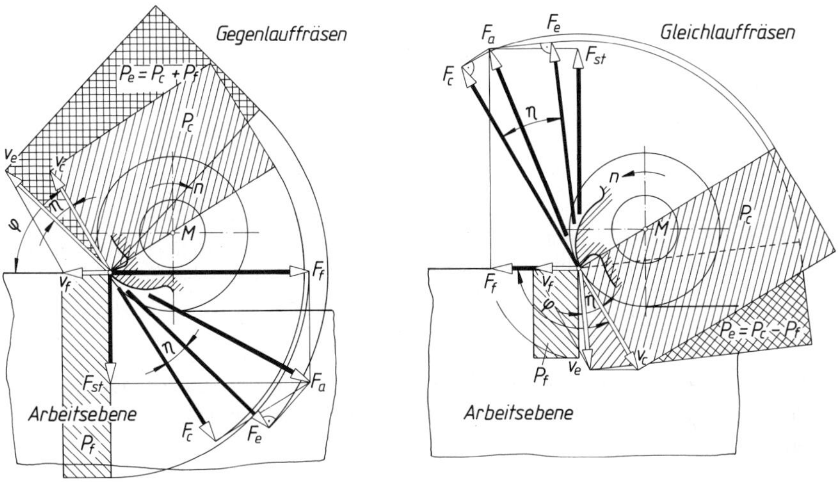

Bild IV.6. Kräfte, Leistungsflächen und Geschwindigkeiten in der Arbeitsebene beim Walzenfräsen im Gegen- und Gleichlauf; Kräfte in bezug auf den Fräser; Größenverhältnisse willkürlich angenommen; P_e Wirkleistung, P_c Schnittleistung, P_f Vorschubleistung

Die *Vorschubkraft* F_f wirkt beim *Gegen*lauffräsen der Vorschubrichtung entgegen, beim *Gleich*lauffräsen dagegen *in* Vorschubrichtung. Die Wirkleistung P_e ist damit auch beim Gegenlauffräsen gleich der *Summe* aus Schnittleistung P_c und Vorschubleistung P_f; beim Gleichlauffräsen dagegen ist die Wirkleistung P_e die *Differenz* der beiden Leistungen (Bild IV.6). Das ergibt beim Gleichlauffräsen eine Ersparnis bis etwa 15 % von der Gesamtleistung. Der gleiche Richtungssinn von Vorschubkraft und Vorschubgeschwindigkeit beim Gleichlauffräsen macht spielfreie Anordnung der Tischvorschubspindel und wegen Keilwirkung („Klettern" des Fräsers) sicheres Festspannen von Werkstück und Spannvorrichtung erforderlich.

Zur *Bestimmung der Kräfte* werden Vorschubkraft F_f und Stützkraft F_{st} mit Meßgeräten bestimmt. Sie können zur resultierenden *Aktivkraft* F_a zusammengesetzt werden:

$$F_a = \sqrt{F_f^2 + F_{st}^2} \qquad \text{(IV.18)}$$

Obwohl der Betrag der Komponenten gemessen werden kann, ist der Angriffspunkt der Schnittkraft noch nicht bekannt. Dazu wird das Drehmoment M gemessen. Daraus ergibt sich mit dem Fräserdurchmesser d die mittlere Schnittkraft F_c (= Umfangskraft) zu

$$F_c = \frac{2M}{d} \qquad M = F_c \frac{d}{2} \qquad \text{(IV.19)}$$

F_c	M	d
N	Nmm	mm

Aus der Schnittleistung P_c und der Schnittgeschwindigkeit υ_c läßt sich F_c ebenfalls berechnen:

$$F_c = 60\,000\,\frac{P_c}{\upsilon_c} \qquad (IV.20)$$

F_c	P_c	υ_c
N	kW	$\frac{m}{min}$

Damit läßt sich auch die auf den Fräsermittelpunkt M wirkende Radialkraft F_r berechnen (in Bild IV.6 nicht eingetragen):

$$F_r = \sqrt{F_a^2 - F_c^2} \qquad (IV.21)$$

Bei Fräsern mit Neigung der Schneiden ergibt sich die Zerspankraft F aus den drei Komponenten in Richtung des räumlichen Achsenkreuzes

$$F = \sqrt{F_{st}^2 + F_f + F_p^2} \qquad (IV.22)$$

Die *Passivkraft* F_p (siehe Bild I.1) ist nach Bild IV.7 aus der Schnittkraft F_c und dem Neigungwinkel λ_s bestimmt:

$$F_p = F_c \tan\delta \qquad (IV.23)$$

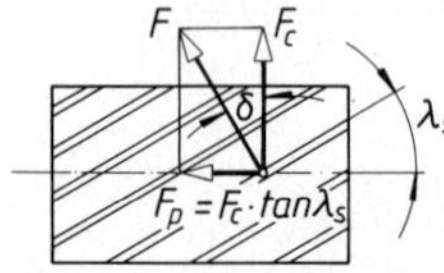

Bild IV.7. Passivkraft F_p (Axialkraft) und Neigungswinkel λ_s beim Fräser mit schrägen Zähnen

Die mittlere *Schnittleistung* P_c an der Frässpindel ist abhängig von der spezifischen Schnittkraft k_c (Bild IV.8), von Schnittbreite a_e und Schnittiefe a_p sowie von der Vorschubgeschwindigkeit υ_f:

$$P_c = \frac{k_c\, a_p\, a_e\, \upsilon_f}{6 \cdot 10^7} \qquad (IV.24)$$

P_c	k_c	a_p, a_e	υ_f
kW	$\frac{N}{mm^2}$	mm	$\frac{mm}{min}$

Die *Antriebsleistung* P_m ist um den Wirkungsgrad η größer als P_c. $\eta = 0{,}6 \ldots 0{,}9$; $P_m = P_c/\eta$.
Die *spezifische Schnittkraft* k_c ist abhängig vom zu fräsenden Werkstoff, von der Zerspangeometrie und von der Mittenspanungsdicke h_m. Richtwerte siehe Bild IV.8.

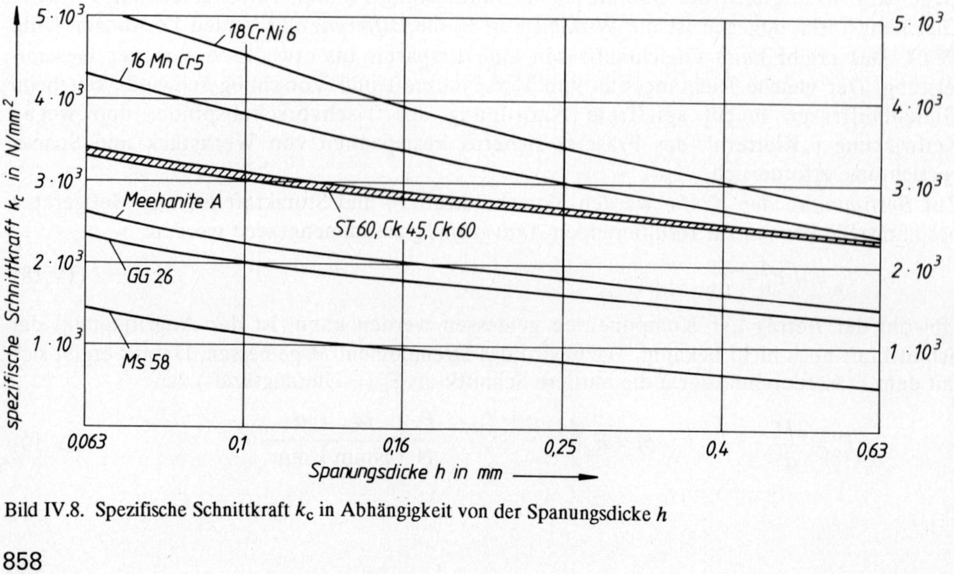

Bild IV.8. Spezifische Schnittkraft k_c in Abhängigkeit von der Spanungsdicke h

Es ist $h_m = f_z \sqrt{a_e/d}$ d.h. je größer d, um so kleiner h_m, damit aber auch k_c größer, also ungünstiger.
Eine *vereinfachte Berechnung der Schnittleistung* P_c ist möglich mit Richtwerten für das spezifische (zulässige) Spanungsvolumen V_{spez} in cm³/kW min. V_{spez} ist dasjenige Spanungsvolumen in cm³, das mit 1 kW Leistung in einer Minute erzielt werden kann:

$$V_{spez} = \frac{a_p a_e v_f}{1000 \cdot P_c} \qquad \text{(IV.25)}$$

V_{spez}	a_p, a_e	v_f	P_c
$\frac{cm^3}{kW min}$	mm	$\frac{mm}{min}$	kW

Darin ist das *Spanungsvolumen V* je Minute:

$$V = \frac{a_p a_e v_f}{1000} \qquad \text{(IV.26)}$$

und damit die Schnittleistung

$$P_c = \frac{V}{V_{spez}} \qquad \text{(IV.27)}$$

P_c	V	V_{spez}
kW	$\frac{cm^3}{min}$	$\frac{cm^3}{kW min}$

Richtwerte für das spezifische Spanungsvolumen V_{spez} siehe Tafele IV.4.

4. Wahl der Schnittgeschwindigkeit und Grundregeln für Fräsen

Richtwerte siehe Tafel IV.1 mit Bemerkungen. Durch zu hohe Schnittgeschwindigkeit v_c werden die Schneiden übermäßig erwärmt und Standzeit vermindert.
Grundregeln: Schnittgeschwindigkeit v_c beim Schruppen klein, beim Schlichten größer (siehe Tafel IV.1); Vorschubgeschwindigkeit v_f beim Schruppen stabiler Werkstücke durch Maschinenleistung und zulässige Schnittkräfte, beim Schlichten durch Oberflächengüte begrenzt, siehe Tafel IV.2; Walzen möglichst vermeiden, Stirnen ist wirtschaftlicher, dem Drehen ähnlich; auf guten Rundlauf der Fräser achten; Fräser dicht am Spindelkopf oder am Fräsdornstützlager befestigen; mit Kühlflüssigkeit „schwemmen"; möglichst kleiner Fräserdurchmesser und großer Fräsdorndurchmesser; Schneidenwinkel richtig wählen; Fräser oft schärfen.

Beispiel: Es soll Werkstoff St 60 mit Walzenfräser von 110 mm Durchmesser, $z = 8$ Zähne (Tafel IV.3) gefräst werden. Gewählt:

$$v_c = 16 \frac{m}{min} \text{ (Tafel IV.1)}, \quad f_z = 0{,}25 \frac{mm}{Zahn} \text{ (Tafel IV.2)}$$

Schnittiefe $a_e = 3$ mm, Schnittbreite $a_p = 120$ mm.

Lösung: Fräserdrehzahl $n = \frac{v_c}{\pi d} = \frac{16 \text{ m}}{\text{min} \cdot \pi \cdot 0{,}11 \text{ m}} = 46{,}3 \text{ min}^{-1}$

eingestellt $n = 45 \text{ min}^{-1}$

Vorschub je Fräserumdrehung $f = f_z z = 0{,}25 \cdot 8 \text{ mm} = 2\text{mm}$

Vorschubgeschwindigkeit $v_f = fn = 2 \cdot 45 \frac{mm}{min} = 90 \frac{mm}{min}$

eingestellt $v_f = 90 \frac{mm}{min}$

Mittenspanungsdicke $h_m = f_z \sqrt{\frac{a_e}{d}} = 0{,}25 \cdot \sqrt{\frac{3}{110}}$ mm

$h_m = 0{,}0412 \text{ mm} \approx 0{,}040 \text{ mm}$

Mittlere spezifische Schnittkraft $k_c = 4{,}4 \cdot 10^3 \dfrac{\text{N}}{\text{mm}^2}$

Antriebsleistung $P_m = \dfrac{P_c}{\eta} = \dfrac{k_c a_p a_e v_f}{60 \cdot 10^6 \eta} = \dfrac{4400 \cdot 120 \cdot 3 \cdot 90}{60 \cdot 10^6 \cdot 0{,}8} \text{kW} = 2{,}97 \text{ KW}$

Spanungsvolumen $V = \dfrac{a_p a_e v_f}{1000} = \dfrac{3 \cdot 120 \cdot 90}{1000} \dfrac{\text{cm}^3}{\text{min}} = 32{,}4 \dfrac{\text{cm}^3}{\text{min}}$

Spezifisches Spanungsvolumen $V_{spez} = 14 \dfrac{\text{cm}^3}{\text{kWmin}}$ (Tafel IV.4)

Schnittleistung $P_c = \dfrac{V}{V_{spez}} = \dfrac{32{,}4}{14} \text{kW} = 2{,}31 \text{ kW}$

Antriebsleistung $P_m = \dfrac{P_c}{\eta} = \dfrac{2{,}31}{0{,}8} \text{kW} = 2{,}9 \text{ kW}$

Mittlere Schnittkraft $F_c = 6 \cdot 10^4 \dfrac{P_c}{\eta} = 6 \cdot 10^4 \cdot \dfrac{2{,}31}{16} \text{ N} = 8680 \text{ N}$

Tafel IV.1. Richtwerte für Schnittgeschwindigkeiten v_c in m/min mit Schnellarbeitsstahl und Hartmetall beim Gegenlauffräsen

Werkzeug	Werkstoffe Stahl	GG	Al-Leg. ausgehärtet	Mg-Leg.
Walzen- und Walzenstirnfräser	10... 25	10... 22	150... 350	300... 500
hinterdrehte Formfräser	15... 24	10... 20	150... 250	300... 400
Kreissägen	35... 40	20... 30	200... 400	300... 500
Messerkopf mit SS	15... 30	12... 25	200... 300	400... 500
Messerkopf mit HM	100... 200	30... 100	300... 400	800... 1000

Niedere Werte für Schruppen; für Stirnfräser etwas höhere Werte als für Walzenfräser zulässig; Frästiefe 3 mm bzw. 5 mm bei Walzen- bzw. Stirnfräser, bei Messerkopf bis 8 mm. Höhere Werte für Schlichten. Für Gewindefräsen: Langgewinde 1,3 × Wert für hinterdrehte Formfräser, Kurzgewinde 1,5 × Wert für hinterdrehte Formfräser. Für Gleichlauffräser Werte × 1,75.

Tafel IV.2. Richtwerte für Zahnvorschub f_z in mm/Zahn für Schnellarbeitsstahl und Hartmetall beim Gegenlauffräsen

Werkzeug	Werkstoffe Stahl	GG	Al-Leg. ausgehärtet	Mg-Leg.
Walzen- und Walzenstirnfräser	0,1 ... 0,25	0,1 ... 0,25	0,05 ... 0,08	0,1 ... 0,15
hinterdrehte Formfräser	0,03 ... 0,04	0,02 ... 0,04	0,02	0,03
Messerkopf mit SS	0,3	0,1 ... 0,3	0,1	0,1
Messerkopf mit HM	0,1	0,15 ... 0,2	0,06	0,06

Werte gelten für Frästiefen: 3 mm bei Walzenfräsern, 5 mm bei Walzenstirnfräsern, bis 8 mm bei Messerköpfen, bei Kreissägen für 3 mm Blattbreite bei 10 mm Schnittiefe, Werte für Messerköpfe mit HM bei St und GG verdoppeln, wenn Maschinenleistung hoch genug ist.

Tafel IV.3. Richtwerte für Zähnezahlen an Schnellstahlfräsern

Werkzeug	Fräserdurchmesser d in mm										
	10	40	50	60	75	90	110	130	150	200	300
Walzenfräser		6	6	6	6	8	8	10	10		
Walzenstirnfräser		8	8	8	10	12	12	14	16		
Scheibenfräser			8	8	10	12	12	14	16	18	
hinterdreht Formfräser		8	10	10	10	12	14	16	18		
Schaftfräser	4	6									
Messerköpfe							8	10	10	12	16

Zähnezahlen gelten für normale Werkstoffe. Bei zähen und harten Werkstoffen obige Werte etwa × 1,5; bei Leichtmetallen etwa × 0,8

Tafel IV.4. Richtwerte für spezifisches Spanungsvolumen V_{spez}

Werkstoff	V_{spez} in $\frac{cm^3}{kW\ min}$	Werkstoff	V_{spez} in $\frac{cm^3}{kW\ min}$
St 50	14 ... 18	GG-26	20 ... 30
St 60	12 ... 16	Sphäroguß	20 ... 25
St 70	10 ... 12	Messing	35 ... 50
Cr-Ni-Stahl	10 ... 12	Duralumin	45 ... 65

5. Berechnung der Hauptnutzungszeit t_h

5.1. Walzfräsen und Stirnfräsen

$$t_h = \frac{L}{v_f} i = \frac{L}{nf} i \qquad \text{(IV.28)}$$

$$v_f = nf$$

$$f = f_z z$$

$$i = \frac{h}{a_e} \text{ beim Walzen}$$

$$i = \frac{h}{a_p} \text{ beim Stirnen} \qquad \text{(IV.29)}$$

$$n = 318 \frac{v_c}{d}$$

$$l_a = \sqrt{a_e(d - a_e)} \qquad \text{(IV.30)}$$

für Walzen nach Bild IV.9

$$l_a \geq 0{,}5(d - \sqrt{d^2 - a_p^2}) \qquad \text{(IV.31)}$$

für Stirnen

a_e	Schnittiefe	mm
a_p	Schnittbreite	mm
d	Fräserdurchmesser	mm
h	Werkstoffzugabe	mm
i	Anzahl der Schnitte	mm
l_a	Fräseranschnittweg	mm
$l_ü$	Fräserüberlaufweg	mm
L	Arbeitsweg = $l_a + l + l_ü$	mm
n	Fräserdrehzahl	min^{-1}
f	Vorschub	mm/U
f_z	Zahnvorschub	mm/Zahl
v_f	Vorschubgeschwindigkeit	mm/min
v_c	Schnittgeschwindigkeit	m/min
z	Zähnezahl des Fräsers	

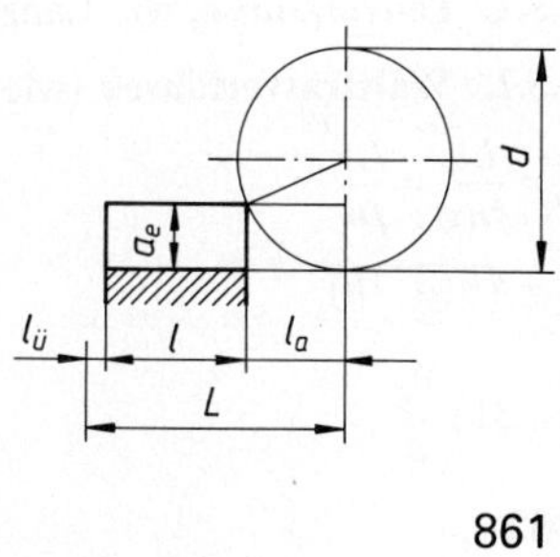

Bild IV.9
Fräseranschnittweg l_a
beim Walzenfräsen

5.2. Nutenfräsen

$$t_n = \frac{t}{v_{f1}} + \frac{L}{v_{f2}} i \qquad \text{(IV.32)}$$

$$i = \frac{t}{a_e}$$

$$L = l - d \qquad \text{(IV.33)}$$

(IV.32) und (IV.33) für Schaftfräser, sonst wie beim Walzen

l Nutenlänge (Außenmaß) mm
v_{f1} Tiefenvorschubgeschwindigkeit mm/min
v_{f2} Längsvorschubgeschwindigkeit mm/min
t Nutentiefe mm

5.3. Rundfräsen

$$t_h = \frac{a_e}{v_{f1}} + \frac{\pi d_1}{v_{f2}} \approx \frac{(1{,}2 \ldots 1{,}25)\,\pi d_1}{v_{f2}} \qquad \text{(IV.34)}$$

$$l_a = \sqrt{a_e(d - a_e)} \qquad \text{(IV.36)}$$

für tangentialen Anschnitt

a_e Schnittiefe mm
v_{f1} Radialvorschubgeschwindigkeit mm/min
v_{f2} Rundvorschubgeschwindigkeit (= Umfangsgeschwindigkeit des Werkstücks) mm/min
d_1 Werkstückdurchmesser mm
l_a Fräseranschnittweg mm
d Fräserdurchmesser mm

5.4. Gewinde-und Schneckenfräsen

5.4.1. Langgewinde mit Scheibenfräser

$$t_h = \frac{L}{v_f} g \qquad \text{(IV.37)}$$

$$L = \frac{\pi d_1 l}{h} \qquad \text{(IV.38)}$$

für kleine Steigung

$$L = \frac{\pi d_1 l}{\cos\alpha h} = \frac{l\sqrt{\pi^2 d_1^2 + h^2}}{h} \qquad \text{(IV.39)}$$

für große Steigung

$$\tan\alpha = \frac{h}{d_1 \pi} \qquad \text{(IV.40)}$$

d_1 Gewindedurchmesser (genauer mit d_2 = Flankendurchmesser) mm
g Gangzahl des Gewindes
h Steigung mm
l Gewindelänge (Zeichnungsmaß) mm
v_f Umfangsvorschubgeschwindigkeit am Durchmesser d mm/min
L Arbeitsweg (Länge der Schraubenlinie) mm
α Steigungswinkel der Schraubenlinie

5.4.2. Kurzgewinde mit Rillenfräser

t_h-Formel wie oben

$$L = 3{,}7\, d_1 \qquad \text{(IV.41)}$$

L Arbeitsweg = 7/6 mal Schraubganglänge bei Berücksichtigung des Anschnittes mm

5.5. Zahnradfräsen

5.5.1. Teilverfahren, wie Langfräsen

5.5.2. Wälzfräsverfahren (wie Bild IV.10)

$$t_h = \frac{Lz}{fng} = \frac{Li}{fn} \qquad \text{(IV.42)}$$

$$l_a = \sqrt{h(d - h)} \qquad \text{(IV.43)}$$

$$n = 318\,\frac{v_c}{d} \qquad \text{(IV.44)}$$

d Fräserdurchmesser mm
g Gangzahl des Fräser
h Zahnhöhe mm
l Breite des Zahnrades mm
l_a Fräseranschnittweg mm

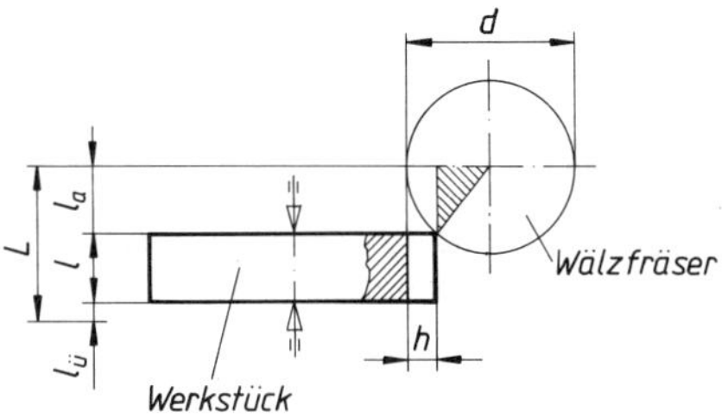

Bild IV.10. Fräseranschnittweg l_a beim Abwälzfräsen

5.6. **Schneckenradfräsen** (Wälzverfahren)

5.6.1. **Radialfräsen** (Tauchfräsen)

$$t_h = \frac{a_f z}{f_r n g} \qquad \text{(IV.45)}$$

5.6.2. **Axialfräsen**

$$t_h = \frac{a_w z}{f_a n g} \qquad \text{(IV.46)}$$

L	Arbeitsweg des Wälzfräsers in Zahnrichtung	mm
m	Modul des Zahnrades	mm
n	Fräserdrehzahl	min^{-1}
f	Vorschub je Zahnradumdrehung	mm/U
$i = z/g$ =	Übersetzungsverhältnis von Zahnradrohling/Frässchnecke	
v_c	Schnittgeschwindigkeit des Wälzfräsers	m/min
z	Zähnezahl des Zahnrades	
g	Gangzahl des Wälzfräsers	
f_a	Axialvorschub je Radumdrehung	mm/U
f_r	Radialvorschub je Radumdrehung	mm/U
a_f	Radialzustellung	mm
a_w	Axialzustellung	mm
l_a	Fräseranschnittweg	mm

Beispiel: Eine Fläche von 600 mm Länge und 180 mm Breite (Fräsbreite) soll mit Stirnmesserkopf von 200 mm Durchmesser in drei Schnitten gefräst werden. Werkstoff GG-26. SS-Werkzeug. Schnittiefe $a_p = 5$ mm. Gesucht: Hauptnutzungszeit t_h und erforderliche Schnittleistung P_c überschlägig.

Lösung: Schnittgeschwindigkeit $v_c = 20 \frac{m}{min}$ nach Tafel IV.1

Zahnvorschub $f_z = 0{,}2 \frac{mm}{Zahn}$ nach Tafel IV.2

Drehzahl des Messerkopfes $n = 318 \frac{v_c}{d} = 318 \cdot \frac{20}{200} min^{-1} = 31{,}8 min^{-1}$

Zähnezahl des Messerkopfes $z = 12$ nach Tafel IV.3

Vorschub je Fräserumdrehung $f = f_z z = 0{,}2 \cdot 12 \frac{mm}{U} = 2{,}4 \frac{mm}{U}$

Vorschubgeschwindigkeit $v_f = nf = 31{,}8 \cdot 2{,}4 \frac{mm}{min} = 76{,}3 \frac{mm}{min}$

Fräseranschnittweg $l_a = 0{,}5(d - \sqrt{d^2 - a_e^2}) = 0{,}5 \cdot (200 - \sqrt{200^2 - 180^2})$ mm = 56,5 mm

Arbeitsweg $L = l_a + l + l_ü = 56{,}5$ mm + 600 mm + 3,5 mm = 660 mm

Hauptnutzungszeit $t_h = \frac{L}{v_f} i = \frac{660}{76{,}3} \cdot 3$ min = 26 min

Spezifisches Spanungsvolumen $V_{spez} = 30 \frac{cm^3}{kWmin}$ nach Tafel IV.4

Spanungsvolumen $V = \frac{cm^3}{min} = \frac{5 \cdot 180 \cdot 76{,}3}{1000} \frac{cm^3}{min} = 68{,}7 \frac{cm^3}{min}$

Schnittleistung $P_c = V/V_{spez} = (68{,}7/30)\, kW = 2{,}28\, kW$

V. Bohren

1. Bewegungen[1]

Die umlaufende Bewegung des Werkzeuges führt zur *Schnittbewegung*, seine in Achsrichtung fortschreitende Bewegung ergibt die *Vorschubbewegung*. Beide Bewegungen stehen wie beim Drehen unter dem *Vorschubrichtungswinkel* $\varphi = 90°$ (Bild V.1). Beide Bewegungen ergeben wieder die unter dem *Wirkrichtungswinkel* η zur Schnittrichtung geneigte *Wirkbewegung*. Entsprechend der *Schnitt-*, *Vorschub-* und *Wirk*bewegung ist auch hier zu unterscheiden zwischen *Schnittgeschwindigkeit* v_c, *Vorschubgeschwindigkeit* v_f und *Wirkgeschwindigkeit* v_e.
Mit Bohrerdurchmesser d, Drehzahl n und Vorschub f wird

$$v_c = \pi d n \qquad v_f = ns \qquad \text{(V.1)}$$

v_c	d	n	v_f	s
$\frac{\text{m}}{\text{min}}$	m	min^{-1}	$\frac{\text{mm}}{\text{min}}$	$\frac{\text{mm}}{\text{U}}$

Bei dem meist sehr kleinen Verhältnis v_f/v_c kann auch hier $v_e = v_c$ gesetzt werden.
Alle Bewegungen liegen wiederum in der sogenannten Arbeitsebene (Bild V.1).
Bohren ist auch der Sammelbegriff für Senken, Reiben, Gewindeschneiden, Bohren mit Drehmeißel u.a., so daß eine Vielzahl von Werkzeugen und Maschinen zu diesem Zerspanvorgang gehören, z.B. Ständer-, Reihen-, Radial-, Koordinaten-, Gelenkspindel-, Vielspindel-, Sonderbohrmaschinen, Horizontalbohrwerke, Lehrenbohrwerke, Tieflochbohrmaschinen, CNC-Fräsmaschinen.

2. Zerspangeometrie[1]

Das Bohren mit dem *Spiralbohrer* ist Schruppen mit der Stirnseite eines zweischneidigen Werkzeugs ($z = 2$); daher sind nur geringe Anforderungen an Formgenauigkeit und Maßhaltigkeit der Bohrungen und an die Oberflächengüte möglich. Höhere Oberflächengüte wird durch anschließendes Reiben erreichbar.
Die Bezeichnungen und Lage der Schneiden, Flächen, Werkzeugwinkel, Geschwindigkeiten und Kräfte zeigt Bild V.1. Der Zerspanvorgang an den beiden Hauptschneiden ähnelt dem Drehen. Jede Hauptschneide wird bei vertikal stehendem Werkzeug schräg nach unten (in Wirkrichtung) unter dem Wirkrichtungswinkel η vorgeschoben.
Mit *Vorschub* f und *Werkzeug-Durchmesser* d wird $\tan\eta = f/(d\pi)$. Der *Werkzeug-Spanwinkel* γ_0 des Spiralbohrers liegt durch den *Neigungswinkel* fest. Da dieser nach der Bohrermitte hin abnimmt, wird auch γ_0 zur Seele hin kleiner. Der *Wirk-Spanwinkel* hängt außerdem vom *Wirkrichtungswinkel* η ab, wie bei jedem Zerspanvorgang. Mit kleiner werdendem Durchmesser d (nach Bohrermitte zu) wird η immer größer. Dadurch verändern sich *Wirk-Freiwinkel* α_0 und *Wirk-Spanwinkel* γ_0. Sollen beide Winkel an jeder Durchmesserstelle gleich groß sein, so muß der *Hinterschliffwinkel* an der Freifläche zur Mitte zu größer werden. Üblich ist ein Hinterschliffwinkel von 6° am Außendurchmesser, zur Spitze zu auf über 20° ansteigend. Exakte Ausführung ist daher nur auf Spiralbohrer-Schleifmaschinen möglich, nicht von Hand.
Spitzenwinkel und *Neigungswinkel* sind für die verschiedenen Werkstoffe aus der Erfahrung heraus festgelegt worden, z.B. für Stahl $\sigma = 118°$ Spitzenwinkel. Der *Querschneidenwinkel* ψ ist abhängig von der Art des Hinterschliffes. Günstig ist ein Winkel $\psi = 55°$. Jede andere Lage der Querschneide vergrößert die Vorschubkraft F_f, ohne das Drehmoment wesentlich zu verändern.

---
1) Siehe auch allgemeine Hinweise beim Drehen, ebenso DIN 6580.

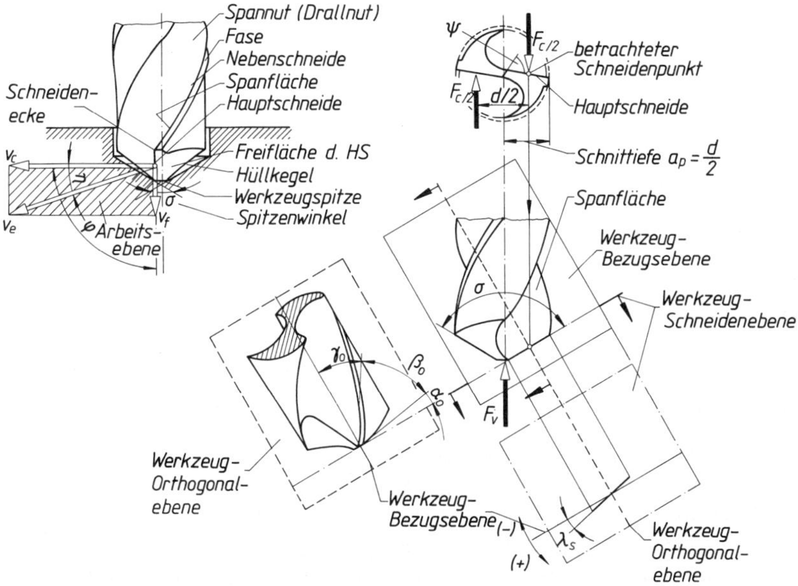

Bild V.1. Flächen, Schneiden, Werkzeugwinkel, Geschwindigkeiten und Kräfte am Spiralbohrer
φ Vorschubrichtungswinkel, η Wirkrichtungswinkel, v_c Schnittgeschwindigkeit, v_f Vorschubgeschwindigkeit, v_e Wirkgeschwindigkeit

Die ungünstigen Zerspanverhältnisse unter der Querschneide (mehr „Reiben" als „Schneiden") erfordern bei Stahl und zähen Werkstoffen *Ausspitzen* der Bohrerspitze, so daß die Querschneide verkürzt wird. Dadurch kann die *Vorschubkraft* F_f (Axialkraft) bis auf ein Drittel verringert werden.

Für zähe und harte Werkstoffe ist Verjüngung des Bohrers nach dem Schaft zu nötig, etwa 0,1 ... 0,15 mm auf 100 mm Länge, sonst besteht Gefahr des Anfressens der Fasen, der Bohrer knirscht.

Der *Spanungsquerschnitt A* für *eine* Hauptschneide ergibt sich auch beim Bohrern aus *Schnittiefe* a_p und *Vorschub f*:

$$A = a_p f_s = \frac{d}{2} \cdot \frac{f}{2} = \frac{df}{4} \tag{V.3}$$

Die obige Gleichung ergibt sich wieder aus der für alle Zerspanvorgänge gültigen Begriffsbestimmung der Schnittiefe als derjenigen Tiefe des Eingriffes der Hauptschneide, die *senkrecht zur Arbeitsebene gemessen* wird. Nach Bild V.1 ist demnach $a_p = d/2$, und mit $f_s = f_z \sin \varphi$ (Gl. (IV.10)) wird bei $\varphi = 90°$, $f_c = f_z = f/2$ (siehe unter Fräsen). Für *beide* Hauptschneiden wird dann $2A = df/2$.

Der *Spanungsquerschnitt A* je Hauptschneide ergibt sich auch aus der Berechnung des minutlich gebohrten Spanungsvolumens *V*. Mit Vorschubgeschwindigkeit $v f = n f$ und Bohrerdurchmesser *d* ist das *Spanungsvolumen*

$$V = \frac{d^2\pi}{4} v_f = \frac{d^2\pi}{4} n f \tag{V.4}$$

Außerdem ist V auch das Produkt aus dem je Hauptschneide erzeugten Spanungsquerschnitt A und der am halben Bohrerdurchmesser herrschenden Schnittgeschwindigkeit υ_{cm}:

$$V = 2A\,\upsilon_{cm} = 2A\,\frac{d}{2}\,\pi n \qquad \upsilon_{cm} = \frac{\pi d n}{2} \tag{V.5}$$

Werden beide Gleichungen gleichgesetzt, so ergibt sich für den *Spanungsquerschnitt A* je Hauptschneide:

$$\frac{\pi d^2}{4}\,n f = 2\pi A\,\frac{d}{2}\,n \qquad A = \frac{df}{4}$$

In Bild V.1 wurden von der die Hauptschneide und die Bohrerachse enthaltenden Werkzeug-Bezugsebene ausgehend die Ansichten des Werkzeuges in den anderen Ebenen entwickelt. Siehe auch Bild I.4 und Erläuterngen unter I. Drehen.

3. Kräfte und Leistungen

Für das Bohren ins Volle mit ausgespritzen Spiralbohrern geben die Bohrmaschinenhersteller die Bohrleistungen und Kräfte an. Drehmomente und Vorschubkräfte werden mit Hilfe besonderer Meßeinrichtungen durch Versuche bestimmt. Der Berechnung liegen folgende vom Drehen hergeleitete Überlegungen zugrunde.
Mit der *spezifischen Schnittkraft k_c beim Bohren* wird wie beim Drehen die *Schnittkraft* $F_c = 2A\,k_c = 2\,\frac{df}{4}\,k_c$ und daraus

$$F_c = \frac{df}{2}\,k_c \tag{V.6}$$

F_c	d	f	k_c
N	mm	$\frac{\text{mm}}{\text{U}}$	$\frac{\text{N}}{\text{mm}^2}$

Werte für die spezifische Schnittkraft k_c beim Bohren können mit ausreichender Genauigkeit Bild I.10 entnommen werden.
Die *Vorschubkraft F_f* läßt sich nicht in gleicher Weise wie die *Schnittkraft F_c* bestimmen, weil der Spanungsquerschnitt unter der Querschneide geometrisch schwer zu erfassen ist und F_f stark von der Geometrie der Querschneide abhängt. Man rechnet deshalb mit versuchsmäßig aufgestellten Gleichungen, z.B. für St 50 in Abhängigkeit vom Bohrerdurchmesser d in mm nach (Gl. (V.11), siehe unten): $F_f = 108\,d\sqrt[3]{d}$.
Greift die Schnittkraft F_c nach Bild V.1 je zur Hälfte an der Mitte der Hauptschneiden an, so ergibt sich das für die Schnittleistung P_c maßgebende *Drehmoment (Bohrmoment)*:

$$M = \frac{F_c}{2}\cdot\frac{d}{2} = \frac{F_c d}{4}$$

$$F_c = \frac{4M}{d} \tag{V.7}$$

M	F_c	d
Nmm	N	mm

Mit Gl. (V.6) ergibt sich auch

$$M = \frac{df}{2}\,k_c\,\frac{d}{4} = \frac{d^2 k_c f}{8} \tag{V.8}$$

Aus der allgemeinen Beziehung: Leistung P = Drehmoment $M \times$ Winkelgeschwindigkeit ω kann die zugeschnittene Größengleichung für die *Schnittleistung* P_c entwickelt werden:

$$P_c = \frac{Mn}{9{,}55 \cdot 10^6} = \frac{F_c \upsilon_{cm}}{6 \cdot 10^4}$$

P_c	M	n	F_c	υ_{cm}
kW	Nmm	min^{-1}	N	$\frac{m}{min}$

(V.9)

Die *Vorschubleistung* P_f ergibt sich aus der Vorschubkraft F_f und der Vorschubgeschwindigkeit $\upsilon_f = nf$ zu

$$P_f = \frac{F_f nf}{6 \cdot 10^7}$$

P_f	F_f	n	f
kW	N	min^{-1}	$\frac{mm}{U}$

(V.10)

Da die Vorschubgeschwindigkeit $\upsilon_f = nf$ meist sehr klein ist, kann die Vorschubleistung P_f vernachlässigt werden. Die Antriebsleistung kann dann unter Berücksichtigung des Wirkungsgrades η allein aus der Schnittleistung berechnet werden.

Da die Schnittkraft von vielen Faktoren abhängt, insbesondere von der noch nicht genügend erforschten spezifischen Schnittkraft, werden nachstehend einige empirisch gewonnene Gleichungen zur Berechnung der Kräfte, Momente und Leistungen angegeben (M in Nmm, F_f in N, P_c in kW, d in mm):

$$M = 44\, d^2 \sqrt[3]{d} \quad \text{(für St 50)}$$
$$M = 21\, d^2 \sqrt[3]{d} \quad \text{(für GG)}$$
$$F_f = 108\, d \sqrt[3]{d} \quad \text{(für St 50)}$$
$$F_f = 49\, d \sqrt[3]{d} \quad \text{(für GG)} \qquad \text{(V.11)}$$
$$P_c = 0{,}052\, d \sqrt[3]{d} \quad \text{(für St 50)}$$
$$P_c = 0{,}018\, d \sqrt[3]{d} \quad \text{(für GG)}$$

Eine Übersicht über die prozentualen Anteile von Drehmoment M und Vorschubkraft Ff gibt die folgende Zusammenstellung:

	Anteil in % mit steigendem Vorschub M	F_f
Hauptschneiden	70 ... 90	50 ... 40
Querschneiden	10 ... 5	45 ... 58
Fasen- und Spanreibudng	20 ... 5	5 ... 2

Der erhebliche Anteil der Querschneide an der Vorschubkraft muß durch Ausspitzen oder Vorbohren vermindert werden.

4. Wahl von Schnittgeschwindigkeit und Vorschub

Richtwerte für allgemeine Bohrarbeiten werden folgender Tafel V.1 entnommen.

Tafel V.1. Richtwerte für allgemeine Bohrarbeiten (Werkzeuge aus Schnellarbeitsstahl)

Werkstoff	Arbeitsstufe	Art des Werkzeuges	Schnittgeschwindigkeit v_c in m/min	Vorschübe f in mm/U – Werkzeugdurchmesser in mm: 5	6,3	8	10	12,5	16	20	25	31,5	40	50	63	80
Grauguß bis GG 22	Bohren ins Volle	Spiralbohrer	28 … 18	0,16	0,18	0,2	0,22	0,25	0,28	0,32	0,36	0,4	0,45	0,5	0,56	0,63
	Senken	Senker	20 … 16	0,25	0,28	0,28	0,32	0,32	0,36	0,36	0,4	0,4	0,45	0,45	0,5	0,5
	Abflächen	Abflächmesser oder Zapfensenker	12,5 … 10	0,05	0,056	0,06	0,07	0,08	0,09	0,1	0,11	0,12	0,14	0,16	0,18	0,2
	Reiben	Reibahle	12,5 … 10	0,8	0,8	0,9	0,9	1,0	1,0	1,12	1,12	1,25	1,25	1,4	1,4	1,6
	Ausbohren, Schruppen	Bohrstange	20	–	–	–	–	–	–	–	–	0,28	0,32	0,32	0,36	0,36
	Ausbohren, Schlichten	mit eing. Stählen	25	–	–	–	–	0,18	0,2	0,22	0,25	0,28	0,32	0,36	0,4	0,45
	Feinbohren		31,5	–	–	–	–	0,16	0,18	0,18	0,2	0,2	0,22	0,22	0,25	0,25
St 60	Bohren ins Volle	Spiralbohrer	28 … 25	0,11	0,12	0,14	0,16	0,18	0,2	0,22	0,25	0,28	0,32	0,36	0,4	0,45
	Senken	Senker	22,4	0,36	0,36	0,4	0,4	0,45	0,45	0,5	0,5	0,56	0,56	0,63	0,63	0,7
	Abflächen	Abflächmesser oder Zapfensenker	12,5 … 10	0,05	0,056	0,06	0,07	0,08	0,09	0,1	0,11	0,12	0,14	0,16	0,18	0,2
	Reiben	Reibahle	8 … 6,3	0,4	0,45	0,5	0,56	0,63	0,71	0,8	0,9	1,0	1,1	1,25	1,4	1,6
	Ausbohren, Schruppen	Bohrstange	31,5	–	–	–	–	–	–	–	–	0,28	0,32	0,32	0,36	0,36
	Ausbohren, Schlichten	mit eing. Stählen	40	–	–	–	–	0,14	0,16	0,18	0,2	0,22	0,25	0,28	0,32	0,36
	Feinbohren		50	–	–	–	–	0,12	0,14	0,16	0,18	0,2	0,22	0,22	0,25	0,26
Messing, Rotguß, Kupfer, Bronze	Bohren ins Volle	Spiralbohrer	56 … 35,5	0,12	0,14	0,16	0,18	0,2	0,22	0,25	0,28	0,32	0,36	0,4	0,45	0,5
	Senken	Senker	31,5	0,36	0,36	0,4	0,4	0,45	0,45	0,5	0,5	0,56	0,56	0,63	0,63	0,7
	Abflächen	Abflächmesser oder Zapfensenker	25 … 20	0,05	0,056	0,06	0,07	0,08	0,09	0,1	0,11	0,12	0,14	0,16	0,18	0,2
	Reiben	Reibahle	14	0,8	0,8	0,9	0,9	1,0	1,0	1,12	1,12	1,25	1,25	1,4	1,4	1,6
	Ausbohren, Schruppen	Bohrstange	50	–	–	–	–	–	–	–	0,28	0,28	0,32	0,32	0,36	0,36

Tafel V.1. (Fortsetzung)

Werkstoff	Arbeitsstufe	Art des Werkzeuges	Schnitt-geschwin-digkeit v_c in m/min	Vorschübe f in mm/U												
				Werkzeugdurchmesser in mm												
				5	6,3	8	10	12,5	16	20	25	31,5	40	50	63	80
Leicht-metall, Al-Leg.	Bohren ins Volle	Spiralbohrer	160 … 125	0,16	0,18	0,2	0,22	0,25	0,28	0,32	0,36	0,4	0,45	0,5	0,56	0,63
	Senken	Senker	80 … 63	0,25	0,28	0,28	0,32	0,32	0,36	0,36	0,4	0,4	0,45	0,45	0,5	0,5
	Abflächen	Abflächmesser oder Zapfensenker	50 … 28	0,05	0,056	0,06	0,07	0,08	0,09	0,1	0,11	0,12	0,14	0,16	0,18	0,2
	Reiben	Reibahle	25	0,8	0,8	0,9	0,9	1,0	1,0	1,12	1,12	1,25	1,25	1,4	1,4	1,6
	Ausbohren, Schruppen	Bohrstange	140 … 125	–	–	–	–	–	–	0,25	0,25	0,28	0,28	0,32	0,32	0,36
	Ausbohren, Schlichten	mit eing. Stählen	80 … 63	–	–	–	–	0,14	0,16	0,18	0,2	0,22	0,25	0,28	0,32	0,36
	Feinbohren		140 … 125	–	–	–	–	0,12	0,14	0,16	0,18	0,2	0,2	0,22	0,22	0,22

Bei der Drehzahlermittlung sind für die kleinen Bohrerdurchmesser die hohen, für die großen Bohrerdurchmesser die niedrigen Schnittgeschwindigkeiten zugrunde zu legen.
Beim Bohren tiefer Löcher sind die Vorschübe nach folgender Aufstellung herabzusetzen.

Bohrerdurchmesser	Bohrtiefe bis zum	Bohrtiefe vom	Bohrtiefe über
bis 20 mm	≈ 5fachen Bohrerdurchmesser	5 … 8fachen Bohrerdurchmesser	8fachen Bohrerdurchmesser
bis 32 mm	≈ 4fachen Bohrerdurchmesser	4 … 6,3fachen Bohrerdurchmesser	6,3fachen Bohrerdurchmesser
bis 50 mm	≈ 3,15fachen Bohrerdurchmesser	3,15 … 5fachen Bohrerdurchmesser	5fachen Bohrerdurchmesser
bis 80 mm	≈ 2,5fachen Bohrerdurchmesser	2,5 … 4fachen Bohrerdurchmesser	4fachen Bohrerdurchmesser
	(1facher Vorschubwert)	(0,8facher Vorschubwert)	(0,5facher Vorschubwert)

5. Berechnung der Hauptnutzungszeit t_h (Maschinenlaufzeit)

$$t_h = \frac{L}{v_f} i = \frac{L}{nf} i \qquad \text{(V.12)}$$

für gestufte Drehzahlreihe

$$t_h = \frac{d\pi}{v_c} \cdot \frac{L}{f} i \qquad \text{(V.13)}$$

für stufenlosen Antrieb

L	Arbeitsweg = $l_a + l_w + l_ü$ (einschließlich An- und Überlauf)	mm
n	Drehzahl	min^{-1}
f	Vorschub	mm/U
v_c	Schnittgeschwindigkeit	m/min
d	Bohrerdurchmesser	m
i	Schnittzahl	
v_f	Vorschubgeschwindigkeit	mm/min

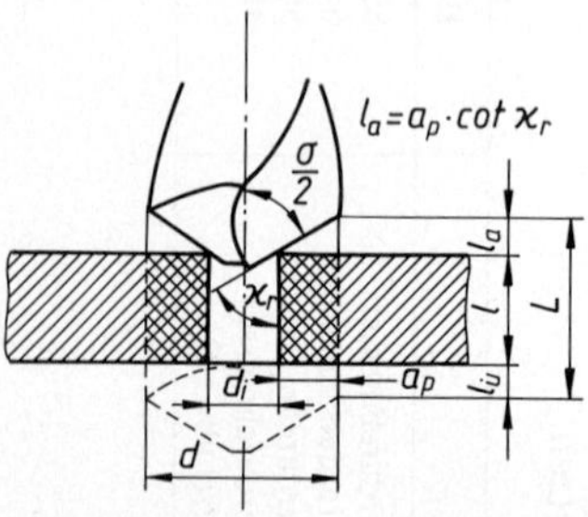

Bild V.2

Stoff	σ	κ_r	cot κ_r	$l_a = a_p \cot \kappa_r$
Stahl und GG	118°	59°	0,6	$\frac{1}{3}(d - d_i)$
Alu-Leg.	140°	70°	0,365	$\frac{1}{5}(d - d_i)$
Mg.-Leg.	100°	50°	0,839	$\frac{1}{2}(d - d_i)$
Marmor	80°	40°	1,192	$\frac{2}{3}(d - d_i)$
Hartgummi	30°	15°	3,732	$2\,(d - d_i)$

Zur Bestimmung des Arbeitsweges L sind folgende Zuschläge für An- und Überlaufweg bei durchgehenden Bohrungen zu machen:

Arbeitsvorgang	An- und Überlaufweg
Bohren mit Spiralbohrer ins Volle	$\frac{1}{3}$ Bohrerdurchmesser + 2 mm
Senken oder Aufbohren	$\frac{1}{10}$ Werkzeugdurchmesser + 2 mm
Reiben mit Maschine	Länge des Führungsteiles der Reibahle
Gewindeschneiden mit Maschine	Länge des Gewindeteiles des Bohrers
Ausbohren mit Meißel	3 … 4 mm

Beispiel: Es ist ein Sackloch von 30 mm Durchmesser und 45 mm Tiefe aus dem Vollen in GG zu bohren. Hauptnutzungszeit und Schnittleistung sind zu bestimmen.

Lösung: Vorschub $f = 0{,}4\,\frac{\text{mm}}{\text{U}}$, nach Tafel V.1

Schnittgeschwindigkeit $v_c = 22\,\frac{\text{m}}{\text{min}}$, gewählt nach Tafel V.1

Drehzahl $n = 318\,\frac{v_c}{d} = 318 \cdot \frac{22}{30}\,\text{min}^{-1} = 233\,\text{min}^{-1}$, einstellbar

$n = 250\,\text{min}^{-1}$ nach Drehzahlreihe

Arbeitsweg $L = l_a + l_w + l_ü = 10\,\text{mm} + 45\,\text{mm} + 2\,\text{mm} = 57\,\text{mm}$

Hauptnutzungszeit $t_h = \frac{L}{nf} = \frac{57}{0{,}4 \cdot 250}\,\text{min} = 0{,}57\,\text{min} \approx 0{,}6\,\text{min}$

Schnittleistung $P_c = 0{,}018\,d\sqrt[3]{d} = 0{,}018 \cdot 30 \cdot \sqrt[3]{30}\,\text{kW} = 1{,}68\,\text{kW}$

Bohrmoment $M = 21\,d^2\sqrt[3]{d} = 21 \cdot 30^2 \cdot \sqrt[3]{30}\,\text{Nmm} = 58\,727\,\text{Nmm}$

Vorschubkraft $F_f = 49\,d\sqrt[3]{d} = 49 \cdot 30 \cdot \sqrt[3]{30}\,\text{N} = 4567\,\text{N}$

VI. Schleifen

1. Bewegungen

Ähnlich wie beim Fräsen führt auch beim Schleifen ein umlaufendes Werkzeug (die Schleifscheibe) die *Schnittbewegung* aus. Viele am Umfang der Scheibe verteilte, geometrisch nicht bestimmbare Schneiden (die Ecken der Schleifkörner) nehmen dabei vom Werkstück kleine kommaförmige Späne ab. Schleifen ist daher mit Fräsen vergleichbar. Tiefenzustellung und *Vorschubbewegung* werden je nach Bauart der Maschine vom Werkstück oder Werkzeug ausgeführt. Aufbau, Form der Schleifwerkzeuge, Körnung, Bindemittel und Kennzeichnung sind den Katalogen der Herstellerfirmen zu entnehmen.

2. Zerspangeometrie

Vereinfacht kann die Spanbildung nach Bild VI.1 erklärt werden. Die Schleifscheibe läuft mit der Drehzahl n_s, das Werkstück mit n_w um. Das momentan schneidende Umfangskorn der Scheibe besitzt die Umfangsgeschwindigkeit v_c (Schnittgeschwindigkeit). Es tritt im Punkt E (Bild VI.1) in das Werkstück ein und verläßt es bei A wieder. In der gleichen Zeit ist Punkt A nach B gewandert. Der abgeschliffene Span hat angenähert die Form ABE. Er wird um so feiner sein, je höher die *Schleifscheibengeschwindigkeit* v_c, je niedriger die *Werkstückgeschwindigkeit* v_w und je kleiner die Schnittiefe (Zustellung) a_e ist (Bild VI.1). Wichtig beim Schleifen ist demnach das *Geschwindigkeitsverhältnis* $q = v_c/v_w$.

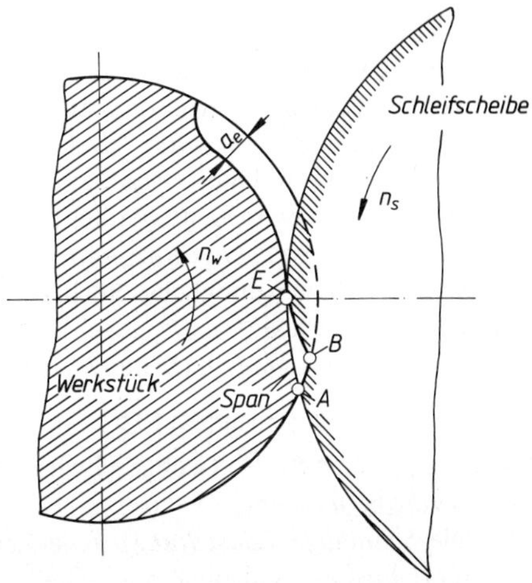

Bild VI.1. Spanbildung beim Rundschleifen (schematisch)

Der momentane *Spanungsquerschnitt* A wächst beim Rundschleifen mit steigendem Längsvorschub f_l (Seitenvorschub), mit steigender Zustellung a_e, mit wachsender Umfangsgeschwindigkeit des Werkstückes v_w und mit fallender Umfangsgeschwindigkeit v_c der Schleifscheibe:

$$A = a_e f_l \frac{v_w}{v_c} \qquad \text{(VI.1)}$$

A	a_e	f_l	$v_w\, v_c$
mm^2	mm	$\frac{\text{mm}}{\text{U}}$	$\frac{\text{m}}{\text{s}}$

3. Schleifkraft und Schleifleistung

Bestimmende Größe ist die *Tangentialkraft* F_t an der Schleifscheibe. Sie wird aus der *spezifischen Schleifkraft* k_c in N/mm² und dem *Spanungsquerschnitt* A in mm² bestimmt:

$$F_t = k_c A = k_c a_e f_l \frac{v_w}{v_c} \qquad \text{(VI.2)}$$

Die *spezifische Schleifkraft* k_c[1)] in N/mm² läßt sich aus den folgenden Versuchsgleichungen berechnen:

$$\begin{aligned} k_c &= 8{,}55\, \tau_s A^{-0{,}55} && \text{für Schleifscheibe 80 K} \\ k_c &= 12\, \tau_s A^{-0{,}6} && \text{für Schleifscheibe 60 L} \\ k_c &= 18\, \tau_s A^{-0{,}73} && \text{für Schleifscheibe 46 L} \end{aligned} \qquad \text{(VI.3)}$$

1) Nach *E. Salje*: Kennzahlen und Gesetzmäßigkeiten beim Schleifen, Forschungsbericht aus dem Institut für Werkzeugmaschinen und Betriebslehre der Technischen Hochschule Aachen.

Darin ist τ_s die Schubfestigkeit des Werkstoffes in N/mm² und A der Spanungsquerschnitt in mm² nach Gl. (VI.1).

Die *Schnittleistung* P_c ergibt sich damit aus der Zahlenwertgleichung:

$$P_c = \frac{F_t v_c}{1000} \qquad \begin{array}{c|c|c} P_c & F_t & v_c \\ \hline \text{kW} & \text{N} & \frac{\text{m}}{\text{s}} \end{array} \tag{VI.4}$$

4. Wahl von Geschwindigkeit, Vorschub und Zustellung

Die *Umfangsgeschwindigkeit* v_c der Schleifkörper ist wegen der Unfallgefahr nach oben begrenzt nach den Richtlinien des Deutschen Schleifscheibenausschusses (DSA). Richtwerte siehe Tafel VI.1. Allgemein gilt: Außenrundschleifen von Stahl mit $v_c = 35$ m/s, bei Grauguß zu hohes v_c unnötig, daher $v_c = 25$ m/s. Bei Innenrundschleifen wird v_c begrenzt durch höchstmögliche Drehzahl der Schleifspindel, was ungünstige Verhältnisse ergeben kann. Höchstzulässige Umfangsgeschwindigkeit kann mit Genehmigung des DSA überschritten werden. Schleifkörper muß dann festgelegten Vermerk tragen.

Mit wachsendem v_c wirkt jede Schleifscheibe härter, umgekehrt wirken harte Scheiben mit sinkender v_c weicher. Abnutzungsgrad und Schleifscheibengeschwindigkeit müssen daher aufeinander abgestimmt werden (Drehzahl ändern).

Die *Umfangsgeschwindigkeit* v_w des Werkstückes ist beim Außenrundschleifen und Schrupparbeiten möglichst hoch zu wählen; Zustellung a_e kann dann klein sein. Richtwerte siehe Tafel VI.2.

Der *Längsvorschub* f_l (Seitenvorschub) richtet sich nach der *Schleifscheibenbreite* b:

für Schruppen (0,6 … 0,75) b; für Schlichten (0,25 … 0,5) b.

Längsvorschub f_l, Tischgeschwindigkeit v_t und Werkstückdrehzahl n_w sind voneinander abhängig: $f_l = v_t/n_w$.

Die *Schnittiefe (Zustellung)* a_e je Längshub oder je Umdrehung wird je nach Stabilität des Werkstückes, Körnung der Scheibe und geforderter Oberflächengüte und Passung ausgewählt:

für Schruppen 10 … 30 µm; für Schlichten 5 … 25 µm.

Tafel VI.1. Richtwerte für Schleifscheibengeschwindigkeit v_c (Schnittgeschwindigkeit) in m/s

Schleifart	Stahl	Grauguß	Hartmetall	Leichtmetall
Außenschleifen	30	25	8	35
Innenschleifen	25	25	8	20
Flächenschleifen	25	20	8	25
Werkzeugschleifen	25		22 von Hand 12 maschinell	

Tafel VI.2. Richtwerte für Werkstückgeschwindigkeit v_w in m/min

Schleifart	Stahl				GG	Ms	Alu
	weich	hart	eingesetzt	legiert			
Rundschleifen							
Schruppen	12…15	14…18	15…18	14…18	12…15	18…21	30…40
Schlichten	8…12	8…12	10…13	10…14	9…12	15…18	24…30
Innenschleifen	18…21	21…24	21…24	20…25	21…24	21…27	30…40
Flächenschleifen	6…40					15…40	

Zu großes a_e gibt größeren Verschleiß der Scheibe. Bei grober Körnung der Scheibe und hartem Werkstoff kann großes a_e zum Ausbrechen der Körner führen. Große Werkstückdurchmesser erfordern wegen der größeren Flächenberührung kleineres a_e.

5. Oberflächen-Rauhtiefen

Durch die Fertigungsverfahren Drehen, Hobeln, Räumen, Fräsen, Bohren und Schleifen lassen sich unterschiedliche Oberflächen-Rauhtiefen erreichen.

Unter Rauhtiefe R_t in µm versteht man den Abstand zwischen der Hüllinie und der Grundlinie innerhalb einer festgelegten Bezugsstrecke (Bild VI.2).

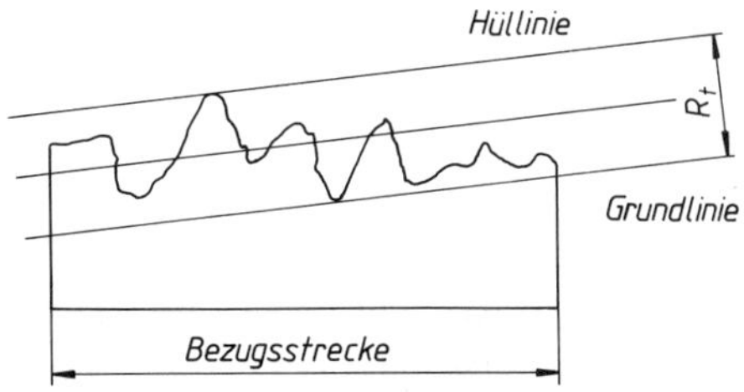

Bild VI.2. Rauhtiefe am Profilausschnitt

Tafel VI.3. Richtwerte der Zuordnung von ISO-Toleranzreihe, Bearbeitungsverfahren und Rauhtiefe R_t

ISO-Toleranzreihe (II)	Bearbeitungsverfahren	etwa erreichbare Rauhtiefe in µm
IT 4	Feinstläppen, Schwingziehschleifen	0,06
IT 5	Polieren	0,06
IT 6	Läppen, Ziehschleifen, Feinstschleifen	0,12
IT 7 und IT 8	Rollieren, Feinziehen, Schleifen, Diamantdrehen, Feinräumen, Reiben	0,5 ... 1,0
IT 8 und IT 9	Feindrehen, Feinstfräsen, Ziehen, Kaltwalzen	1,0 ... 2,0
IT 10	Drehen, Fräsen, Räumen	4,0
IT 11	Schaben, Prägen	7,0 ... 9,0
IT 12 und IT 13	Hobeln, Senken, Sandstrahlen, Warmwalzen, Genauschmieden, Bohren	12,0
IT 14	Pressen	24,0

6. Berechnung der Hauptnutzungszeit t_h (Maschinenlaufzeit)

6.1. Längsschleifen (Außen- und Innenrundschleifen)

$$t_h = \frac{l}{n_w f_l} i \qquad \text{(VI.5)}$$

$$i = \frac{z}{2a_e} \qquad \text{(VI.6)}$$

$$t_h = \frac{l z}{2a_e n_w f_l} \qquad \text{(VI.7)}$$

$$n_w = 318 \frac{v_w}{d} \qquad \text{(VI.8)}$$

t_h	Hauptnutzungszeit	min
a_e	Schnittiefe	mm
b	Schleifscheibenbreite	mm
d	Werkstückdurchmesser	mm
i	Anzahl der Schnitte	
l	Arbeitsweg (Werkstücklänge)	mm
n_w	Werkstückdrehzahl	min^{-1}
f_l	Längsvorschub (Seitenvorschub)	mm/U
f_t	Tauchvorschub	mm/min
z	Schleifzugabe im Durchmmeser	mm
B	Schleifbreite	mm
n	Anzahl Doppelhübe	min^{-1}

6.2. Rundschleifen (Einstechen)

$$t_h = \frac{z}{2f_t} \qquad \text{(VI.9)}$$

6.3. Flachschleifen, längs

$$t_h = \frac{B}{nf_l} \qquad \text{(VI.10)}$$

Da das System Werkzeug/Maschine nicht starr ist, muß Oberflächengüte und Genauigkeit des Werkstückes durch „Ausfeuern“ verbessert werden, d.i. Schleifen ohne Zustellung. Für Ausfeuerhübe ist deshalb ein Zuschlag von 10 ... 20 % zu t_h zu machen.

Beispiel: Längsschleifen eines Bolzens (τ_s = 500 N/mm2) von 250 mm Länge und 80 mm Durchmesser mit Schleifscheibe 80 K von 40 mm Breite bei Schnittiefe (Zustellung) a_e = 20 µm, Schleifscheibengeschwindigkeit υ_c = 25 m/s und Werkstückgeschwindigkeit υ_w = 10 m/min, Schleifzugabe z = 0,8 mm.

Gesucht: Schleifkraft (Umfangskraft), Schleifleistung, Hauptnutzungszeit.

Lösung: Längsvorschub $f_l = 0{,}6\, b = 0{,}6 \cdot 40 \frac{\text{mm}}{\text{U}} = 24 \frac{\text{mm}}{\text{U}}$

Spanungsquerschnitt $A = a_e f_l \frac{\upsilon_w}{\upsilon_c} = 0{,}02 \cdot 24\ \text{mm}^2 \frac{10\ \text{m/min}}{25 \cdot 60\ \text{m/min}} = 3{,}2 \cdot 10^{-3}\ \text{mm}^2$

Spezifische Schleifkraft $k_c = 8{,}55\, \tau_s A^{-0{,}55} = 8{,}55 \cdot 500 \left(\frac{1000}{3{,}2}\right)^{0{,}55} = 10^5 \frac{\text{N}}{\text{mm}^2}$

Schleifkraft $F_t = k_c A = 10^5 \cdot 3{,}2 \cdot 10^{-3}\ \text{N} = 320\ \text{N}$

Schleifleistung $P_c = \frac{F_t \upsilon_c}{1000} = \frac{320 \cdot 25}{1000}\ \text{kW} = 8\ \text{kW}$

Anzahl der Schnitte $i = \frac{z}{2a_e} = \frac{0{,}8\ \text{mm}}{2 \cdot 0{,}02\ \text{mm}} = 20$

Werkstückdrehzahl $n_w = 318 \frac{\upsilon_w}{d} = 318 \cdot \frac{10}{80}\ \text{min}^{-1} = 40\ \text{min}^{-1}$

Hauptnutzungszeitt $t_h = \frac{l}{n_w f_l}\, i = \frac{250}{40 \cdot 24} \cdot 20\ \text{min} = 5{,}3\ \text{min}$

Zuschlag für Ausfeuern ≈ 10 %, damit $t_h \approx 6$ min

Literatur

Betriebshütte, 6. Auflage, Verlag Wilhelm Ernst & Sohn, Berlin.

M. Kronenberg: Grundzüge der Zerspanungslehre; Springer-Verlag.

H. Klein: Das Fräsen; Werkstattbücher, Springer-Verlag.

Betriebsblatt AWF 158 (Arbeitsausschuß für wirtschaftliche Fertigung, e.V.), Beuth-Vertrieb, Berlin.

F. Riegel: Rechnen an spanabhebenden Werkzeugmaschinen; Springer-Verlag.

DIN 6580, Begriffe der Zerspantechnik, Beuth-Vertrieb, Berlin.

DIN 6581 und 6584.

Werkzeugmaschinen

Walter Schlemmer, Wolfgang Böge

I. Werkstück- und Werkzeugträger

Begriffsbestimmung: Träger nehmen das Werkstück oder das Werkzeug auf und vermitteln ihm die für die Bearbeitung erforderlichen Bewegungen.

1. Spindeln

Anwendungsbeispiele: Sie sind Werkstückträger an Dreh- und Rundschleifmaschinen, Werkzeugträger an Bohr-, Fräs- und Schleifmaschinen.

Aufbau: Werkstück- und Werkzeugspindeln sollen statisch und dynamisch starr sein, denn Formänderungen und Schwingungen im Betrieb vermindern Genauigkeit und Oberflächengüte des Werkstücks. Statische Starrheit (geringe Formänderung unter der Einwirkung der Betriebskräfte) wird durch großes Trägheitsmoment und kleine Länge erreicht. Arbeitsspindeln sind darum immer wesentlich dicker als die Getriebewellen. Dynamische Starrheit (Unempfindlichkeit gegen Schwingungen) erfordert darüber hinaus möglichst kleine Masse. Darum sind z.B. die Arbeitsspindeln von Drehmaschinen hohl.

Der Spindelkopf ist der Teil der Spindel, der aus dem Spindelkasten herausragt. Er nimmt entweder das Werkzeug oder einen Werkzeug- bzw. Werkstückspanner auf. Die Abmessungen der Spindelköpfe sind weitgehend genormt, damit Werkzeuge und Spanner für eine Maschinenart möglichst auswechselbar sind.

Die Spindel wird von einem meist sehr großen Stirnrad („Bodenrad") oder einer Riemenscheibe angetrieben. Mitunter gebraucht man auch beide Möglichkeiten; dann überträgt das Bodenrad die niedrigen Drehzahlen, die ruhiger laufende Riemenscheibe die hohen (bei Schlichtarbeiten mit kleinen Zerspankräften). Die Spindel läuft noch ruhiger, wenn die Riemenscheibe im Spindelkasten gesondert gelagert ist, denn dann wird die von den Riemenzugkräften verursachte Wechselbiegebelastung von der Spindel ferngehalten (siehe Bild III.8).

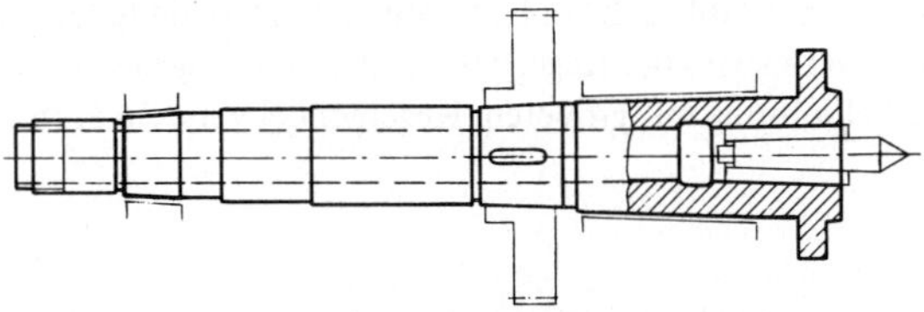

Bild I.1. Arbeitsspindel einer Spitzendrehmaschine

Drehspindeln übertragen die drehende Schnittbewegung auf das Werkstück. Sie haben eine durchgehende Bohrung mit großem Durchmesser, die häufig Teile von hand- oder kraftbetätigten Spanneinrichtungen aufnimmt und durch die bei Stangenarbeit der Werkstoff zugeführt wird (Bild I.1). Die Spindelkopfabmessungen sind genormt. Bei der älteren Ausführung nach DIN 800 (Bild I.2) wird das Spannfutter auf den Gewindezapfen 2 aufgeschraubt und durch den zylindrischen Führungszapfen 1 zentriert. Nachteile sind das unvermeidbare Spiel in der Zentrierung und der Umstand, daß schwere Futter

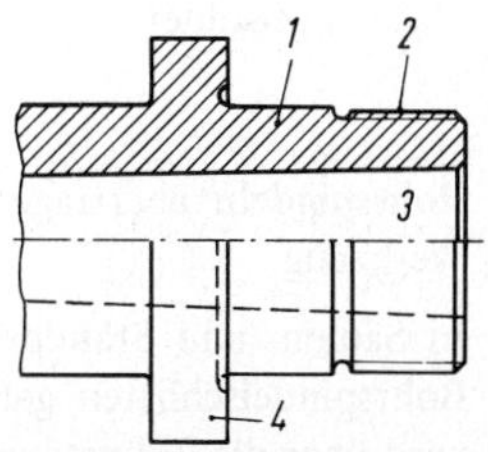

Bild I.2. Drehspindelkopf nach DIN 800
1 Führungszapfen
2 Gewindezapfen
3 Morsekegel
4 Anlagebund für Futterflansch

beim Bremsen vom Gewinde ablaufen können. Die Ausführung nach DIN 55022 (Bild I.3) vermeidet diese Nachteile. Die Stehbolzen 6 des Futterflansches 5 werden durch die Bohrungen im Spindelflansch 2 und die Schlitze in der Bajonettscheibe 1 durchgesteckt, die Bajonettscheibe um einen kleinen Winkel gedreht und die Bundmuttern 7 festgezogen. Dadurch wird der Futterflansch 5 spielfrei auf dem Kurzkegel 4 (Kegel 1 : 4) zentriert und zugleich axial festgelegt. Das Drehmoment wird durch den Mitnehmer 3 auf den Futterflansch übertragen, wenn der Kurzkegel über 60 mm Durchmesser hat. Weitere Normen: DIN 812 (Spindelflansche) und DIN 55021 (Spindelkopf mit Zentrierkegel und Flansch). Mitunter findet man auch die amerikanische Form mit Kurzkegel und Camlock-Spannung für den Futterflansch (Bild I.4). Hier sind die Stehbolzen 4 des Futterflansches 2 segmentförmig angefräst. In diese Anfräsungen fassen Exzenterbolzen 3 im Spindelflansch und ziehen das Spannfutter auf den Kurzkegel.

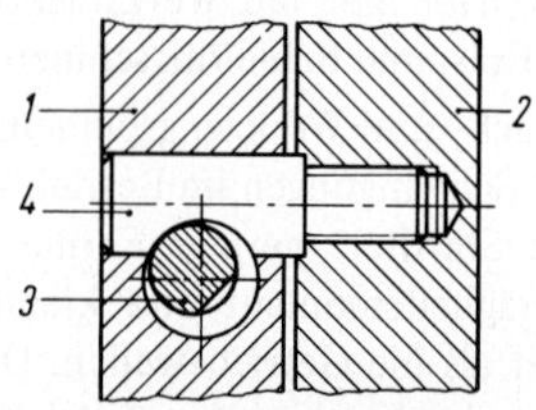

1 Spindelflansch
2 Futterflansch
3 Exzenter-Spannbolzen
4 Stehbolzen des Futterflansches

Bild I.4. Spannprinzip für Spindelkopf nach Camlock

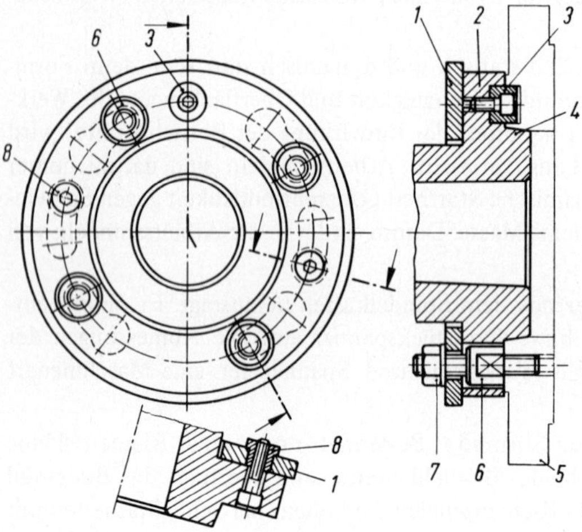

Bild I.3. Drehspindelkopf nach DIN 55 022
1 Bajonettscheibe, 2 Spindelflansch, 3 Mitnehmer, 4 Kurzkegel zum Zentrieren des Futterflansches, 5 Futterflansch, 6 Stehbolzen, 7 Bundmutter, 8 Führungsbuchse für Bajonettscheibe

Drehspindeln nehmen im Kopf die Drehspitze auf (Bilder I.1 ... I.3). Aus diesem Grunde ist die Spindelbohrung im Kopfteil kegelig (Morse- oder metrischer Kegel). Werden Spannzangen verwendet, dann ist (meist zusätzlich) eine kurze Kegelbohrung mit größerem Kegelwinkel vor dem Morsekegel angeordnet.

Bohrspindeln übertragen die drehende Schnitt- *und* die geradlinige Vorschubbewegung auf das Werkzeug.

In Säulen- und Ständerbohrmaschinen werden sie in einer Bohrspindelhülse (Pinole) oder einem Bohrspindelschlitten gelagert (Bild I.5). Der Hülse 4 (oder dem Schlitten) mit der Bohrspindel 5 wird über die Zahnstange 6 die Vorschubbewegung erteilt. Die Drehbewegung erhält nur die Spindel 5 vom Zahnrad 3 über ihren langen genuteten Zapfen 1, der während der Vorschubbewegung in der Buchse 2 gleitet. Von Sonderausführungen abgesehen haben Bohrspindeln im Kopf eine Kegelbohrung 9 (Morsekegel) für den Bohrerschaft oder den Kegeldorn des Bohrfutters. Für den Kegelaustreiber ist ein Querschlitz 8 vorhanden. Bei dieser und der Anordnung nach Bild I.6 ist die Spindel schlank, weil der Hülsendurchmesser mit Rücksicht auf die Abmessungen der Maschine nicht zu groß werden darf.

In Bohrwerken erhält die axial nicht verschiebbare Bohrspindelhülse 1 (Bild I.6) den Drehantrieb vom Bodenrad 3. Die Bohrspindel 4 wird über die Federn 2 mitgenommen. Die Vorschubspindel 7 bewegt über die Mutter 6 die Buchse oder den Schlitten 5, in dem die Bohrspindel 4 drehbar gelagert ist, und schiebt sie in der Bohrspindelhülse vor.

Am einfachsten ist die Überlagerung der beiden Bewegungen bei den Bohreinheiten gelöst (Bild I.7). Hier kann die Bohrspindel 1 mitsamt Motor 3, Getriebe und Spindelkasten 2 von einem außen angeordneten Hydraulikkolben 4, einer Zahnstange oder einer Gewindespindel längsverschoben werden. Die Bohrspindel ist bei dieser Anordnung kurz und gedrungen und dadurch sehr starr.

Frässpindeln übertragen die drehende Schnittbewegung auf das Werkzeug. An manchen Fräsmaschinen muß sich die Spindel zusätzlich axial bewegen können. Dann ist sie wie eine Bohrspindel in einer Hülse ge-

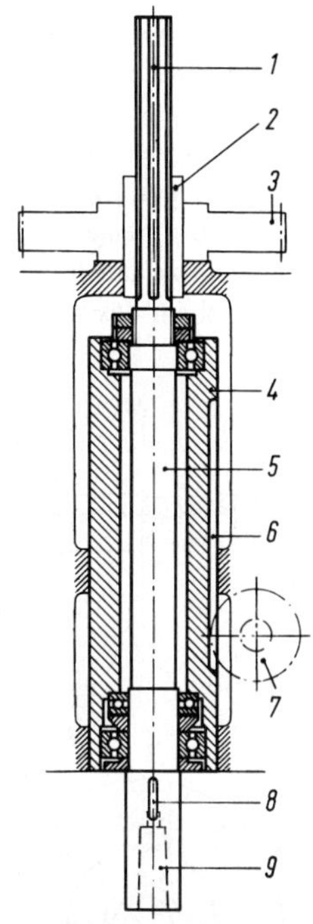

Bild I.5. Bohrspindel einer Säulenbohrmaschine

1 genuteter Antriebszapfen, 2 Führungsbuchse, 3 Zahnrad, 4 Bohrspindelhülse (Pinole), 5 Bohrspindel, 6 Zahnstange an der Pinole, 7 Vorschubritzel, 8 Austreiberschlitz, 9 Aufnahmekegel

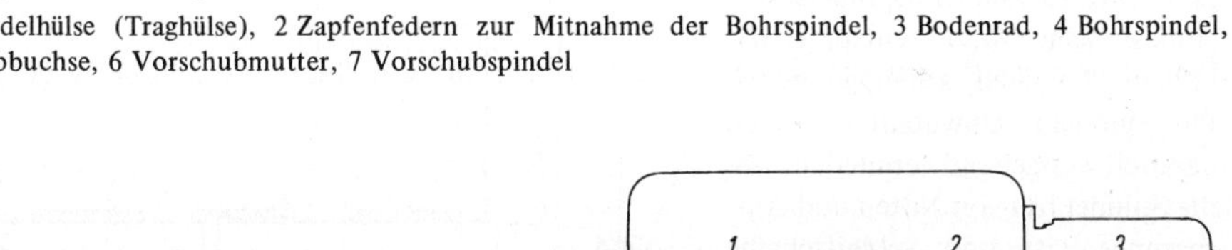

Bild I.6. Spindel eines Waagerecht-Bohr- und Fräswerkes

1 Bohrspindelhülse (Traghülse), 2 Zapfenfedern zur Mitnahme der Bohrspindel, 3 Bodenrad, 4 Bohrspindel, 5 Vorschubbuchse, 6 Vorschubmutter, 7 Vorschubspindel

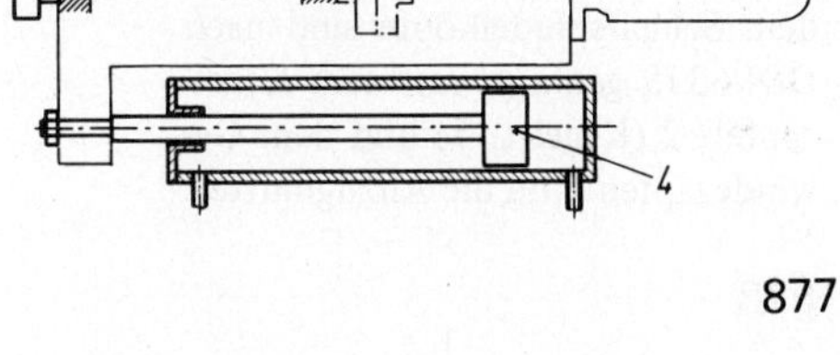

Bild I.7. Bohrspindel einer Bohreinheit

1 Bohrspindel, 2 Spindelkasten, 3 Motor, 4 Hydraulikkolben

lagert. Frässpindeln haben eine durchgehende Längsbohrung von wesentlich geringerem Durchmesser als Drehspindeln (Bild I.8). Durch diese Bohrung wird von hinten die Spannstange 2 hindurchgeführt, die den Spanner fest auf oder in den Spindelkopf 3 zieht. Die in Bild I.8 dargestellte Spindel hat die ältere Kopfform nach DIN 2201. Der Innenmorsekegel 6 nimmt Schaftfräser oder Fräserdorne auf. Zwischen zwei parallelen Flächen 5 wird der Messerkopfmitnehmer mitgenommen. Messerköpfe nimmt der Außenkegel 4 (Kegel 3 : 10) auf. Bild I.9 zeigt die neuere Form des Frässpindelkopfes nach DIN 2079. Der Morsekegel ist durch den Steilkegel 5 (ISO-Kegel 3,5 : 12 nach DIN 729) ersetzt. Die Kegelschäfte der Dorne und Werkzeuge lösen sich dadurch leichter beim Werkzeugwechsel. Messerköpfe werden gegen die Stirnfläche des Spindelkopfes geschraubt (Gewindelöcher 2) und außen auf dem Spindelkopf bei 3 oder mit einem Kegeldorn von innen zentriert. Die beiden Mitnehmersteine 4 sind in Radialnuten der Stirnfläche eingeschraubt und fassen in Schlitze am Messerkopf oder Werkzeugkegelschaft. Sie übertragen das Drehmoment von der Spindel auf das Werkzeug.

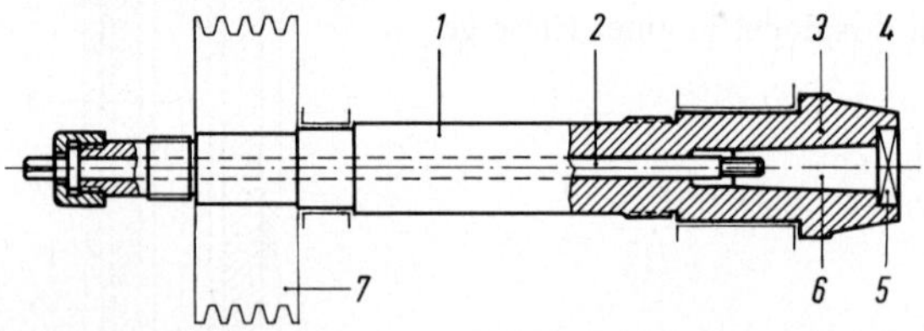

Bild I.8. Frässpindel mit Kopf nach DIN 2201

1 Frässpindel, 2 Spannstange, 3 Spindelkopf, 4 Aufnahmekegel für Messerköpfe, 5 Mitnehmerflächen, 6 Morsekegel zur Aufnahme von Schaftfräsern und Fräserdornen, 7 Antriebsriemenscheibe

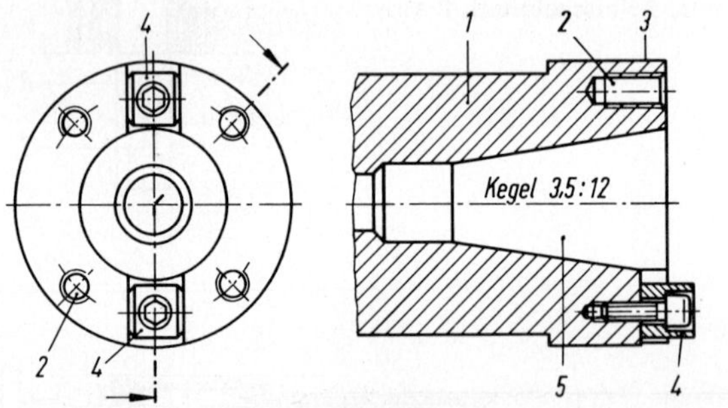

Bild I.9. Frässpindelkopf nach DIN 2079

1 Spindelkopf, 2 Befestigungslöcher für Messerkopf, 3 Zentrierzylinder für Messerkopf, 4 Mitnehmersteine, 5 ISO-Steilkegel nach DIN 729 für Fräser- und Fräserdornschaft

Schleifspindeln übertragen die drehende Schnittbewegung auf das Werkzeug. Sie haben meistens einfache Formen (Bild I.10). Zum Spindelantrieb ist gewöhnlich kein Stufengetriebe erforderlich. Das führt zu kleinen Spindelstockabmessungen und entsprechend kurzen, kräftigen, schwingungssteifen Spindeln. Unwuchten werden dadurch weitgehend vermieden, daß die Spindel frei von Nuten und Aussparungen ist und Schleifscheibe und Antriebsriemenscheibe auf je einem Kegelzapfen zentriert werden. Schleifspindelköpfe sind nach DIN 6375 genormt mit dem Kegelzapfen 2 (Kegel 1 : 5) und dem Gewindezapfen 1 für die Anzugmutter.

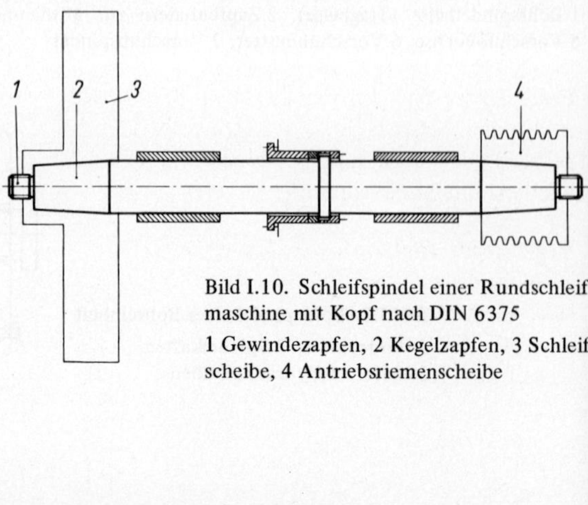

Bild I.10. Schleifspindel einer Rundschleifmaschine mit Kopf nach DIN 6375

1 Gewindezapfen, 2 Kegelzapfen, 3 Schleifscheibe, 4 Antriebsriemenscheibe

Werkstückspindeln an Rundschleifmaschinen haben eine durchgehende Längsbohrung für Teile der Spanneinrichtungen. Eine Kegelbohrung im Kopf nimmt den Werkstückspanner auf. Die Antriebsriemenscheibe ist gesondert im Spindelstock gelagert (ähnlich Bild III.8) und treibt den Werkstückmitnehmer an. Zum Schleifen mit drehenden Spitzen wird die Spindel mit dem Mitnehmer gekuppelt. Zum Schleifen zwischen „toten" Spitzen kann die Spindel stillgesetzt werden.

2. Werkstücktische

Anwendungsbeispiele: Die Werkstückträger von fast allen Werkzeugmaschinen sind Tische (nicht bei Dreh- und Rundschleifmaschinen). Bei Pressen nimmt der Tisch auch das Werkzeugunterteil mit dem Werkstückrohteil auf.

Aufbau und Wirkungsweise: Abmessungen und Aufbau der Tische sind je nach Maschinenart und -type sehr unterschiedlich. Sie haben jedoch eine Reihe gemeinsamer Merkmale. Die Aufspannfläche für das Werkstück ist viereckig oder rund und soll eben und sorgfältig bearbeitet sein. Fast immer hat sie sehr genau gearbeitete T-Nuten nach DIN 650, die parallel oder bei runden Tischen auch radial verlaufen und in denen mit Spannschrauben entweder Vorrichtungen, Maschinenschraubstöcke oder andere Spanner für das Werkstück (Spanneisen usw.) befestigt werden.

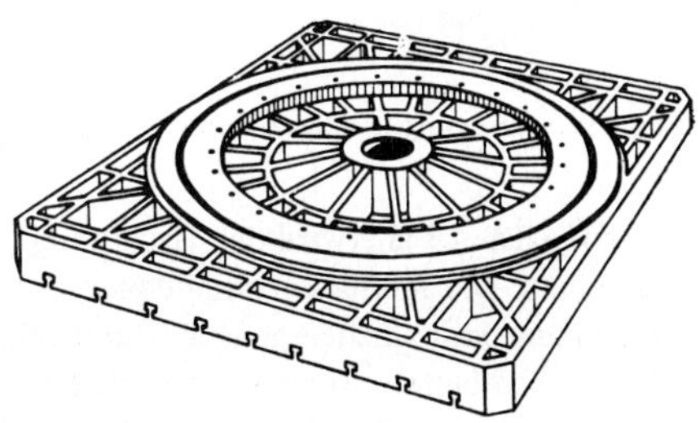

Bild I.11. Drehtisch eines Waagerecht-Bohr- und Fräswerkes (Unteransicht)
(Wotan-Werke, Düsseldorf)

Der Tisch muß die Bearbeitungskräfte und die Werkstückgewichtskraft auf dem Gestell abstützen und soll sich dabei möglichst wenig verformen. Wo mit periodisch schwankenden Bearbeitungskräften zu rechnen ist (z.B. an Fräsmaschinen), soll er aber auch schwingungssteif, d.h. möglichst leicht sein. Er hat darum oft einen kastenförmigen, innen verrippten Hohlquerschnitt (meist aus GG, seltener aus Stahl geschweißt), (Bild I.11). Es gibt feste, verstellbare und bewegliche Tische. Verstellbare und bewegliche Tische haben auf ihrer Unterseite Führungsbahnen und meist auch Antriebsteile.

Feste Tische sind fest mit dem Maschinengestell verbunden, z.B. an Räummaschinen, Radialbohrmaschinen, Scheren und Pressen. Das Werkstück wird von Hand in die richtige Lage zum Werkzeug gebracht. Diese Arbeit wird häufig durch Anschläge oder vorher eingerichtete Vorrichtungen erleichtert und beschleunigt.

Verstellbare Tische. Das Werkstück wird auf der Aufspannfläche befestigt und erst dann mit dem Tisch in die richtige Lage zum Werkzeug gebracht (eingerichtet). Der Tisch kann dabei senkrecht oder waagerecht verschoben oder um eine senkrechte oder zwei waagerechte Achsen gedreht werden (Bild I.12). Das Werkstück kann um so leichter eingerichtet werden, je mehr Verstellmöglichkeiten der Tisch hat. Das erreicht man durch Anordnung mehrerer Tischschlitten übereinander.

In nur einer Richtung (1,2 oder 3 nach Bild I.12) sind manche Pressentische verschiebbar. Auf Drehtischen (4) können mehrere Werkstücke gleichzeitig gespannt und nacheinander in Arbeitsstellung gedreht werden. Zwei Verstellrichtungen haben Tische von Säulenbohrmaschinen (1 + 4), drei (1 + 2 + 3) manche Ständerbohrmaschinentische.

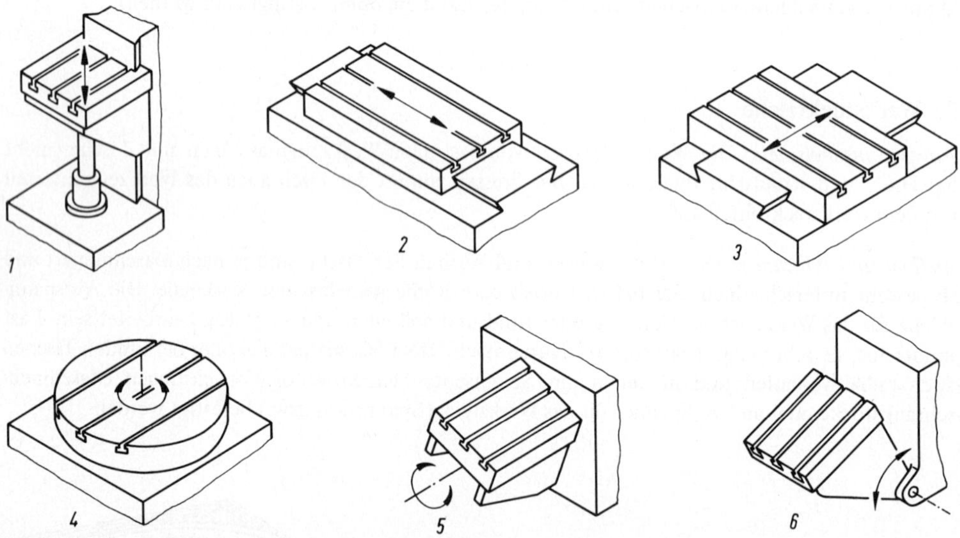

Bild I.12. Bewegungsmöglichkeiten von Werkstücktischen

Im einfachsten Falle wird der Tisch unmittelbar mit der Hand verstellt, z.B. bei vielen Säulenbohrmaschinen. Die meistens vorhandenen Verstellantriebe mit Gewindespindel, Zahnstange oder Hydrozylinder ermöglichen genauere und feinfühligere Verstellung. Das Werkstück wird sauberer und genauer bearbeitet, wenn die beweglichen Teile des Tisches nach dem Einrichten gegeneinander festgeklemmt werden. Das geschieht mit Klemmschrauben und -hebeln oder Keilen mechanisch oder hydraulisch.

Bewegliche Tische führen *während der Bearbeitung* mit dem Werkstück die Schnitt- oder die Vorschubbewegung aus. Dazu allein genügt *eine* der Bewegungsmöglichkeiten nach Bild I.12,

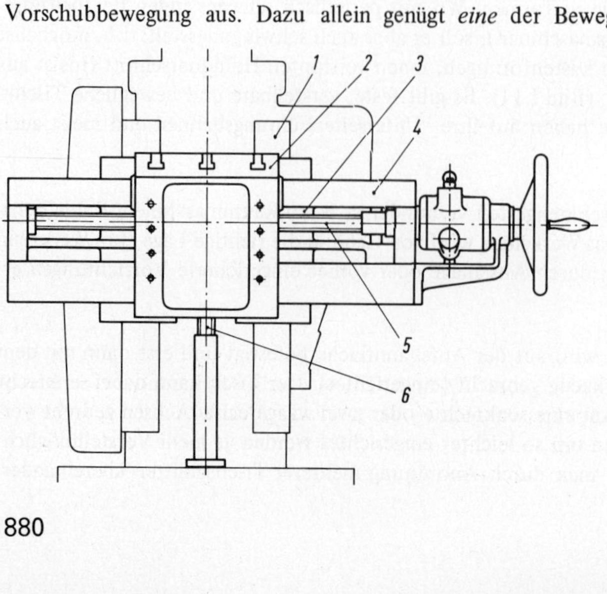

Bild I.13. Werkstücktisch einer Waagerecht-Stoßmaschine (Klopp-Werke, Solingen)

1 Führungsbahn am Gestell für den Senkrechtschlitten, 2 Aufspanntisch, 3 Senkrechtschlitten („Support"), 4 Führungsbahn am Support für den Aufspanntisch, 5 Tischvorschubspindel, 6 Höhenspindel für den Senkrechtschlitten

z.B. (2) bei Hobel- und bei Langfräsmaschinen oder (4) bei Senkrechtdreh- und Rundtischfräsmaschinen. Meistens sind die Tische aber zum genauen Einrichten zusätzlich in einer oder mehreren Richtungen verstellbar. Zwei Bewegungsrichtungen haben sie z.B. an Waagerecht-Stoßmaschinen (1 + 2), (Bild I.13) und Flächenschleifmaschinen (2 + 3, „Kreuztisch"), drei an Konsolfräsmaschinen (1 + 2 + 3), Waagerecht-Stoßmaschinen (1 + 2 + 5, „Schwenktisch"), Senkrecht-Stoßmaschinen und Waagerecht-Bohr- und Fräswerken (2 + 3 + 4, „Kreuz- und Drehtisch"). In vier Richtungen kann der Tisch der Universal-Fräsmaschine bewegt werden (1 + 2 + 3 + 4), (Bild I.14). Tische von Werkzeugfräsmaschinen haben oft alle sechs Bewegungsmöglichkeiten.

Die beweglichen Tische werden mit Zahnstange, Gewindespindel oder Hydrozylinder angetrieben.

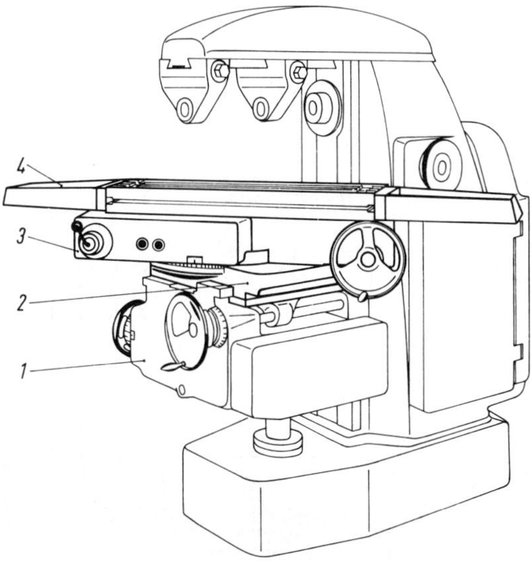

Bild I.14
Werkstücktisch einer Universal-Fräsmaschine
1 Konsole (auf und ab)
2 Querschlitten (vor und zurück)
3 Drehteil
4 Aufspanntisch oder Längsschlitten (links und rechts)

3. Werkzeugschlitten

Anwendungsbeispiele: Werkzeugschlitten sind die geradlinig verschiebbaren Werkzeugträger der Dreh-, Hobel-, Räummaschinen und Scheren. *Spindel*schlitten sind verschiebbare Spindelkästen an Ständer- und Radialbohrmaschinen, Senkrecht- und Langfräsmaschinen, Waagerecht-Bohr- und Fräswerken und Schleifmaschinen.

Aufbau und Wirkungsweise: Der Werkzeugschlitten stützt die am Werkzeug wirkenden Bearbeitungskräfte am Maschinengestell ab. Er muß darum wie der Tisch starr sein. Er muß außerdem mit dem fest eingespannten Werkzeug die notwendigen Einstell- und Arbeitsbewegungen ermöglichen.

Eine Bewegungsrichtung haben die Werkzeugschlitten von Scheren und Räummaschinen, weil bei beiden der Arbeitsvorgang nur eine einzige Bewegung des Werkzeuges gegen das Werkstück erfordert. Am einfachsten sind die Messerschlitten der Scheren aufgebaut. Sie sind platten- oder balkenförmig und werden auf Leisten geführt, die ganz außen auf der Rückseite angeschraubt sind. Das Obermesser wird auf die Vorderseite geschraubt. An zwei weit außen liegenden Punkten wird der Messerschlitten mit einem Kurbel- oder Kniehebelgetriebe angetrieben.

Den Schlitten einer Senkrecht-Außenräummaschine zeigt Bild I.15. In der senkrechten Nut der Aufspannfläche wird das Werkzeug ausgerichtet, die flache Quernut stützt über eine Paßfeder die Schnittkräfte ab. Das Werkzeug wird in den querliegenden T-Nuten festgeschraubt. Der Schlitten muß das Werkzeug auf seiner ganzen Länge unterstützen und ist darum sehr lang.

Innenräummaschinen brauchen wegen ihrer Arbeitsweise zwei Werkzeugschlitten, einen vor und einen hinter dem Werkstück. Beide sind verhältnismäßig kurz und einfach gebaut. Sie werden getrennt hydraulisch oder mit einer Gewindespindel angetrieben. Der Zuführungsschlitten vor dem Werkstück trägt in seinem Haltekopf die Räumnadel an ihrem Endstück vor Beginn des Arbeitshubes. Er führt sie mit ihrem Schaftende durch die Werkstückbohrung hindurch bis in den Ziehkopf des Ziehschlittens hinein. Dieser zieht dann die Nadel ganz durch das Werkstück hindurch und der Zuführungsschlitten gibt sie frei, damit nach dem Hub das Werkstück entnommen werden kann.

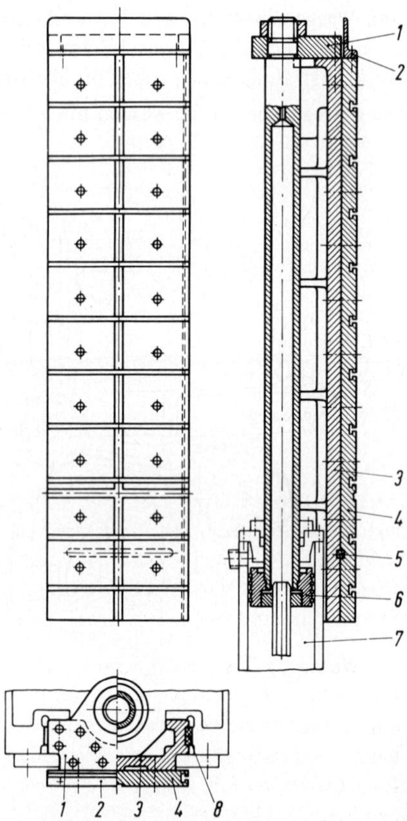

Bild I.15

Werkzeugschlitten einer Senkrecht-Außenräummaschine (Karl Klink, Niefern)

1 Halteplatte
2 Spritzschutz
3 Räumschlitten
4 Aufspannplatte
5 Paßfeder zum Abstützen der Längskraft zwischen Räumschlitten und Aufspannplatte
6 Hydraulikkolben
7 Hydraulikzylinder
8 Kunststoff-Führungsplatte

Mehrere Bewegungsrichtungen haben die Werkzeugschlitten („Supporte") der Hobel- und Drehmaschinen. Bild I.16 zeigt den Querbalkensupport einer Hobelmaschine. Der Grundschlitten 1 gleitet auf dem Querbalken 2 in Vorschubrichtung. Der Oberschlitten 9 kann rechtwinklig dazu im Drehteil 7 verschoben werden. Dieses ist um den Hohlzapfen 3 schwenkbar, so daß auch schräg gehobelt werden kann. Es wird mit Schrauben in der Ringnut 6 festgeklemmt. Auf dem Oberschlitten sitzt der Klappenhalter 10, der um den Zapfen 12 geschwenkt werden kann. Er trägt die Meißelklappe 11. Sie wird beim Rücklauf des Tisches um den Bolzen 13 nach oben geschwenkt und hebt dadurch den Meißel vom Werkstück ab. Bei einer anderen Ausführung wird der Meißel auf einen Schlitten gespannt, der bei jedem Rückhub selbsttätig nach oben gleitet.

Die Querbewegung erhält der Grundschlitten 1 über die Gewindespindel 5. Die obere Spindel treibt den zweiten Querbalkensupport an. Der Oberschlitten 9 wird von der genuteten Welle 4 über Kegelräder und Gewindespindel 8 angetrieben. Wird der Grundschlitten beim Arbeitshub automatisch auf dem Querbalken festgeklemmt, dann vermindert das die Schwingungen und verbessert die Arbeitsgüte.

Ständersupporte sind genauso aufgebaut, nur werden ihre Grundschlitten an den senkrechten Maschinenständern geführt. Mit ihnen werden die Seitenflächen des Werkstückes bearbeitet.

Bild I.16
Querbalkensupport einer Zweiständer-Hobelmaschine (Boehringer, Göppingen)
1 Grundschlitten
2 Querbalken
3 Hohlzapfen
4 Schaftwelle für Senkrecht-Vorschub
5 Quervorschubspindel
6 Ringnut
7 Drehteil
8 Senkrecht-Vorschubspindel
9 Oberschlitten
10 Klappenhalter
11 Meißelklappe
12 Schwenkzapfen
13 Klappenbolzen

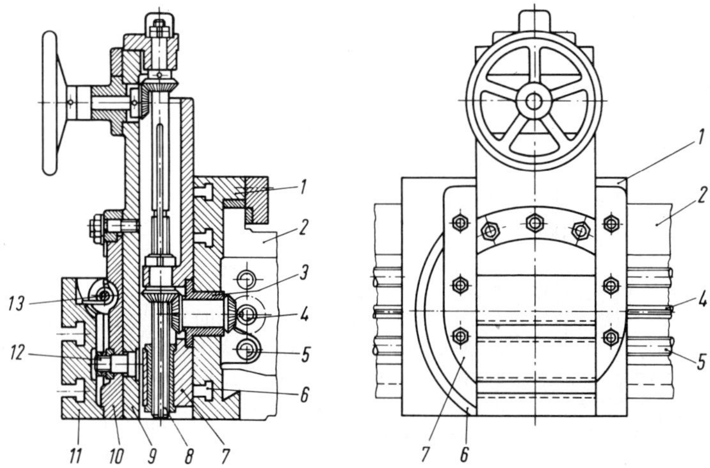

Auf der Drehmaschine führt das Werkstück wie bei der Hobelmaschine nur die Schnittbewegung aus. Die Werkzeugschlitten müssen darum bei beiden Maschinenarten die gleichen Bewegungsmöglichkeiten haben. An Senkrecht-Drehmaschinen ähnelt der Schlitten dem der Hobelmaschine. Der Oberschlitten, oft als „Stößel" bezeichnet, ist nur erheblich länger, weil er den Längsvorschub ausführen muß, und an die Stelle der Meißelklappe tritt meist ein Revolverkopf.

Der Werkzeugschlitten der Spitzendrehmaschine (Bild I.17) liegt mit seinem Bettschlitten 1 auf den Führungsbahnen des Bettes auf. Die weit nach beiden Seiten ausladenden Führungsholme sichern eine einwandfreie Geradführung und verringern den Winkel, um den der ganze Schlitten „ecken" kann. Im Bettschlitten 1 wird der Planschlitten 2 rechtwinklig zur Werkstückachse verschoben. Er trägt das Drehteil 3, mit dem der Meißel in beliebigem Winkel gegen das Werkstück angestellt werden kann. Im Drehteil wird der Oberschlitten 4 mit dem Meißelhalter 5 durch die Gewindespindel 6 verschoben.

Vorn unter dem Bettschlitten sitzt der Schloßkasten 8 mit dem Bettschlittengetriebe. Es überträgt die Bewegung der Zugspindel 11 auf das Zahnstangenritzel 9 für den Längsvorschub oder auf die Gewindespindel 7 für den Planvorschub. Das Ritzel wälzt sich auf der Zahnstange am Maschinenbett ab und nimmt dabei den Werkzeugschlitten in Längsrichtung mit. Beim Gewindeschneiden wird der Schlitten von der Leitspindel 10 (Gewindespindel mit sehr genauer Steigung) über die Schloßmutter angetrieben.

Die Werkzeugschlitten der Vielmeißel-, Kopier- und Kopf- oder Plandrehmaschinen sind gleich oder ähnlich in Aufbau und Antrieb. Kopierschlitten werden jedoch oft in einer oder beiden Vorschubrichtungen (längs und plan) hydraulisch angetrieben. Die Schlitten der Drehautomaten führen gewöhnlich nur Planbewegungen aus.

Revolverdrehmaschinen haben längsbewegliche Bettschlitten und darin drehbar gelagert den Revolver, der mehrere Werkzeuge für aufeinander folgende Arbeitsgänge aufnehmen kann. Oft sitzt er auch auf einem zusätzlichen Planschlitten. Beim Zurückziehen des Schlittens wird der Revolver geschwenkt und dadurch das nächste Werkzeug in Arbeitsstellung gebracht.

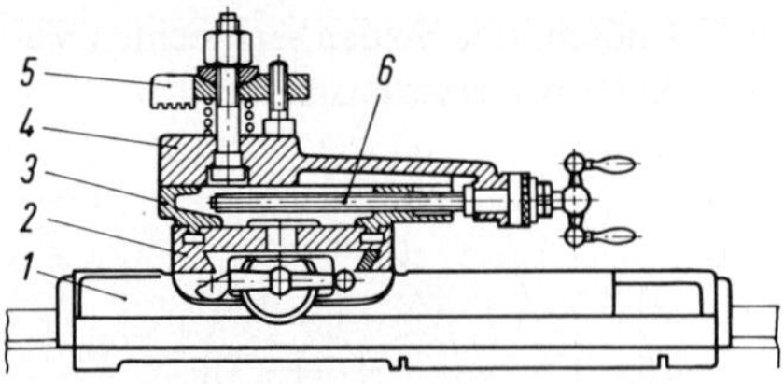

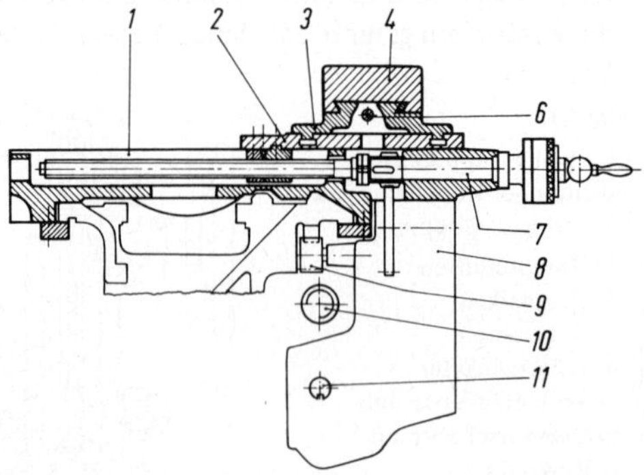

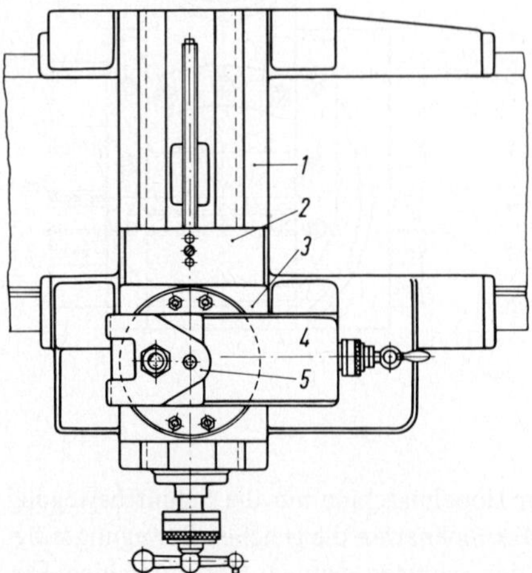

Bild I.17. Werkzeugschlitten einer Leit- und Zugspindel-Drehmaschine (Heyligenstaedt, Gießen)

1 Bettschlitten
2 Planschlitten
3 Drehteil
4 Oberschlitten
5 Herzklauen-Meißelhalter
6 Oberschlitten-Spindel
7 Planvorschubspindel
8 Schloßkasten
9 Zahnstangenritzel für Längsvorschub
10 Leitspindel
11 Zugspindel

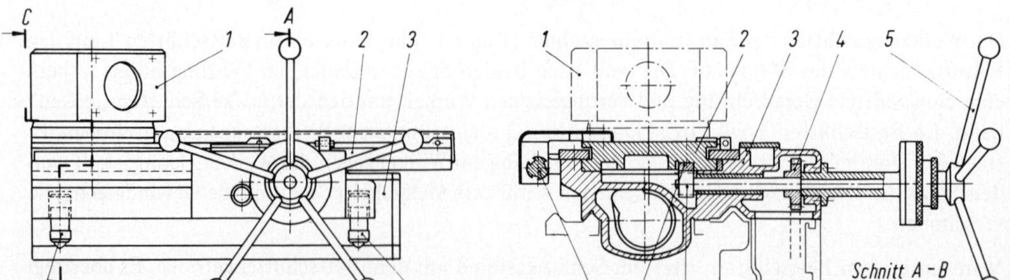

Bild I.18. Revolverschlitten (Heidenreich und Harbeck, Hamburg)

1 Revolver, 2 Vorschubschlitten, 3 Bettschlitten, auf dem Bett festklemmbar, 4 Antriebsstirnrad für selbsttätigen Vorschub, 5 Handrad für Handvorschub, 6 Vorschubritzel, 7 Zahnstange im Bettschlitten, 8 Anschlagwalze, 9 Klemmstücke

Der Sternrevolver wird mit senkrechter oder waagerechter Schwenkachse ausgeführt (Bild I.18). Er nimmt die Werkzeuge auf seiner Mantelfläche sternförmig auf. Die Achse des Trommelrevolvers liegt immer parallel zur Werkstückachse. Die Werkzeuge werden in der ebenen Stirnfläche aufgenommen. Bei dem in Bettmitte laufenden Trommelrevolver ohne Planschlitten liegt das obere Werkzeugloch immer genau in Spindelhöhe. Zwei Werkzeuglöcher sind zu einem Langloch vereinigt. Längere Werkstücke werden beim Abstechen durch dieses Loch hindurchgesteckt. Die Planbewegung wird durch Drehen des Revolverkopfes um seine Achse erreicht.

Spindelschlitten sind Spindelkästen, die aus verschiedenen Gründen verschiebbar sein müssen. Mit wenigen Ausnahmen haben sie nur *eine* Verschieberichtung. Soll der Schlitten nur eine Zustell- oder Einstechbewegung ausführen wie bei der Rundschleifmaschine, dann genügt ein kleiner Verschiebeweg. Sind größere Unterschiede in den Werkstückhöhen auszugleichen, wie bei der Ständerbohrmaschine, dann müssen längere Verschiebewege möglich sein. Auf Radialbohrmaschinen, Langfräsmaschinen und Bohr- und Fräswerken muß die Spindel mit dem Werkzeug an beliebige Bearbeitungsstellen eines meist großen Werkstückes herangefahren werden können. Hier sind große Verschiebewege erforderlich. In manchen Fällen ist der Spindelkasten dann zusätzlich auf einer Platte schwenkbar, damit z.B. schräge Flächen gefräst oder Löcher mit schräger Achse gebohrt werden können.

4. Stößel

Anwendungsbeispiele: Stößel sind die Werkzeugträger der Senkrecht- und Waagerecht-Stoßmaschinen und der Pressen. Sie führen in *stetigem, raschem* Wechsel Arbeits- und Rückhübe aus und unterscheiden sich dadurch von den Werkzeugschlitten.

Aufbau und Wirkungsweise: An der **Senkrecht-Stoßmaschine** ist der Stößel ein langer, schmaler gußeiserner Hohlkörper (Bild I.19). Er ist durch Innenrippen versteift, weil er von der exzentrisch angreifenden Zerspankraft biegebeansprucht wird. Seine seitlichen Führungsleisten 7 gleiten in Führungsbahnen am Maschinenständer, die mitunter zum Schrägstoßen um einen kleinen Winkel nach vorn und nach beiden Seiten geschwenkt werden können.

In den senkrechten Nuten der Vorderfläche des Stößels 3 wird entweder der Meißelhalterkopf 2 oder ein Stoßmeißelhalter befestigt. Der Meißel kann durch Schwenken der Meißelhalterklappe 1 beim Rücklauf abgehoben werden.

Der Stößel nach Bild I.19 wird hydraulisch angetrieben. Hublänge und -lage werden auf der Leiste 5 mit Anschlägen 6 eingestellt, welche die Bewegung selbsttätig umschalten. An kleinen Maschinen wird auch die Schubkurbel (siehe IV.2.3), an großen die umlaufende Kurbelschleife als Stößelgetriebe verwendet. Die Hublänge ist dann von der einstellbaren Kurbelexzentrizität abhängig. Die Hublage wird mit einer Gewindespindel verstellt, die den Stößel auf der festklemmbaren Stößelmutter verschiebt wie in Bild I.20.

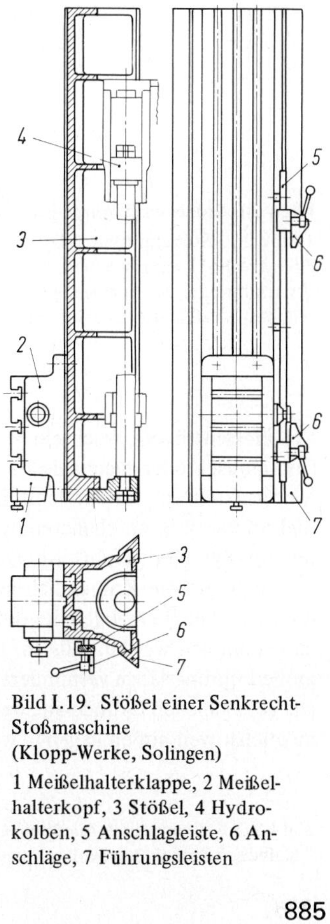

Bild I.19. Stößel einer Senkrecht-Stoßmaschine (Klopp-Werke, Solingen)

1 Meißelhalterklappe, 2 Meißelhalterkopf, 3 Stößel, 4 Hydrokolben, 5 Anschlagleiste, 6 Anschläge, 7 Führungsleisten

An der **Waagerecht-Stoßmaschine** greift die Zerspankraft noch weiter außerhalb der Stößelachse an. Das größere Biegemoment erfordert hier höhere Stößelquerschnitte. Die Flach- oder Schwalbenschwanz-Führungsbahnen liegen auf der Unterseite des Stößels 1 (Bild I.20). An der Stirnseite trägt der Stößel einen Support, der wie ein Hobelsupport aufgebaut ist und deshalb auch die gleichen Meißelbewegungen zuläßt. Auf einem kurzen Zylinder am Stößelkopf kann das Drehteil 3 nach einer Winkelteilung um 45° bis 60° nach beiden Seiten geschwenkt werden. Im Drehteil wird der Senkrechtschieber 4 durch die Spindel 8 verschoben. Auf dem Schieber ist der Klappenhalter 5 festgeschraubt. Er kann im Bogenschlitz zusätzlich geschwenkt werden. Die Meißelklappe 6 wird beim Rücklauf um den Klappenbolzen 7 geschwenkt und hebt dadurch den Meißel vom Werkstück ab. Der Waagerecht-Stößel wird von einer schwingenden Kurbelschleife angetrieben, deren Kulissenhebel die Stößelmutter 2 bewegt. Auch der Hydrozylinder wird als Getriebe verwendet. Hublänge und -lage werden wie beim Senkrecht-Stößel verstellt. Der Vorschub des Senkrechtschiebers wird entweder mit dem obenliegenden Handrad 9 betätigt oder durch die Drehachse des Drehteils hindurch über die Welle 11 und ein Kegelräderpaar in die Spindel 8 eingeleitet.

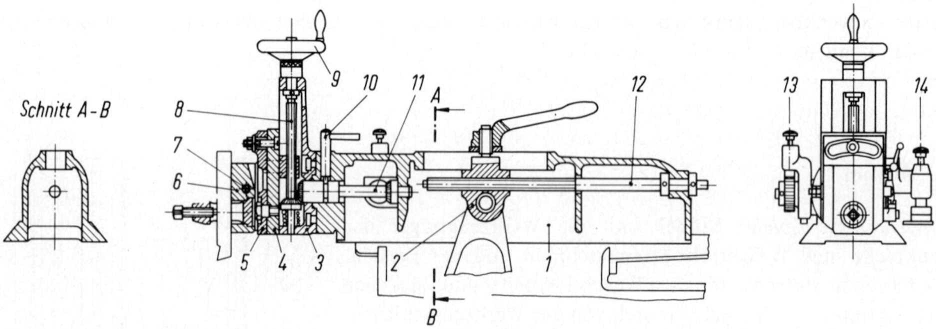

Bild I.20. Stößel einer Waagerecht-Stoßmaschine (Klopp-Werke, Solingen)
1 Stößel, 2 Stößelmutter, 3 Drehteil, 4 Senkrechtschieber, 5 Klappenhalter, 6 Meißelklappe, 7 Klappenbolzen, 8 Senkrecht-Vorschubspindel, 9 Handrad, 10 Exzenterbolzen zum Einkuppeln des Kegelrades, 11 Senkrecht-Vorschubwelle, 12 Hublagen-Stellspindel, 13 Sperrad und -hebel zum Antrieb des selbsttätigen Senkrechtvorschubes, 14 Meißelabhebeeinrichtung

Bei **Pressenstößeln** wechseln je nach Größe der Maschine (Preßkraft) und Antrieb (hydraulisch oder mechanisch) die Formen und vor allem die Abmessungen in sehr weiten Grenzen. Im einfachsten Falle ist der Pressenkolben zugleich Antriebsglied und Stößel (z.B. an kleineren hydraulischen Richt- und Prägepressen, Bild I.21), der nur im Zylinder geführt ist. Dann werden aber nur bei genau mittig angreifender Stempelkraft die Kolbendichtungen nicht zusätzlich belastet. Bei außermittig belastetem Stößel erzeugen die Betriebskräfte große Momente, die von den Führungen aufgenommen werden müssen. Die Beanspruchung der Führungsbahnen kann durch große Führungslänge vermindert werden. Breite Stößel von schweren Pressen werden aus dem gleichen Grunde an zwei oder vier Punkten aufgehängt und angetrieben, die möglichst weit außen liegen (Zwei- bzw. Vierpunktpressen).

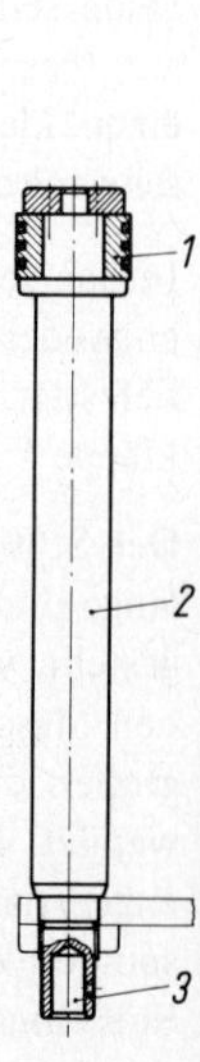

Bild I.21. Stößel einer hydraulischen Tischpresse für 100 kN Preßkraft (Hyprema, Ingelheim)
1 Kolben, 2 Stößel, 3 Stößelbohrung für Werkzeugzapfen

Die Werkzeuge (Schnittstempel, Obergesenke) werden auf der unteren Stößelfläche in einer Bohrung (nach DIN 810) oder in T-Nuten so befestigt, daß die resultierende Stößelkraft möglichst in Stößelmittel wirkt.

Die Stößel der hydraulischen Pressen werden von einem oder mehreren Kolben angetrieben. Hublänge und -lage können durch verstellbare Steueranschläge für die Kolbenbewegung verändert werden. An mechanischen Pressen sind für den Stößelantrieb Gewindespindeln, Exzenter- und Schubkurbelgetriebe üblich. Zwischen Kurbel und Stößel sind mitunter noch Kniehebel, Schwinghebel oder andere Hebelsysteme eingebaut. Die Hublänge wird durch Verändern der Kurbelexzentrizität eingestellt, die Hublage mit einer Stellspindel, die in die Schubstange eingeschraubt ist (Bild I.22).

An Spindelpressen wird der Hub nicht verstellt. Bild I.23 zeigt den Oberbalken einer Abkantpresse. Er ist eine Stahlplatte, deren große Höhe die Durchbiegung verringern soll. Er wird an zwei Punkten mit je einer Kurbel oder einem Hydrozylinder angetrieben. Das Werkzeug wird an der unteren Stirnseite in einer hakenförmigen Nut aufgenommen und mit einer Schiene festgeklemmt.

Weil in der äußeren Totlage ihres Stößels die Preßkraft unzulässig groß werden kann, haben Kurbel- und Exzenterpressen eine Überlastsicherung in Form eines mit einem Überdruckventil abgesicherten Ölpolsters oder einer Brechplatte, welche die Schubstangenkraft auf den Stößel überträgt und beim Überschreiten einer bestimmten Kraft abgeschert wird (Bild I.22).

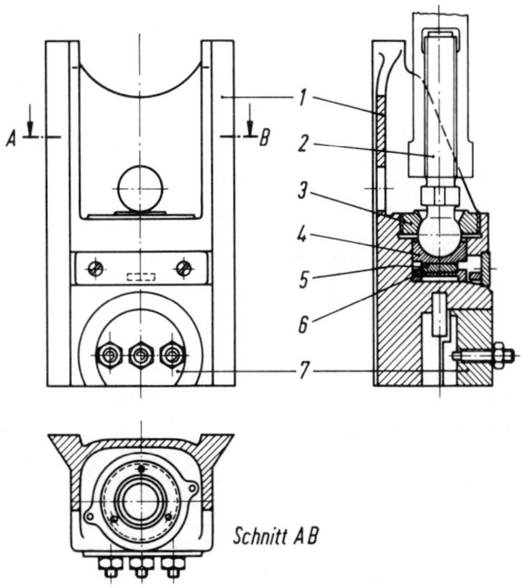

Bild I.22
Stößel einer Exzenterpresse für 150 kN Preßkraft (Eisenwerk Hensel, Bayreuth)
1 Stößel, 2 Stellspindel zum Einstellen der Hublage, 3 Kugeldeckel, 4 Kugelpfanne, 5 Scherplatte, 6 Brechplatte, 7 Klemmplatte für den Werkzeugzapfen

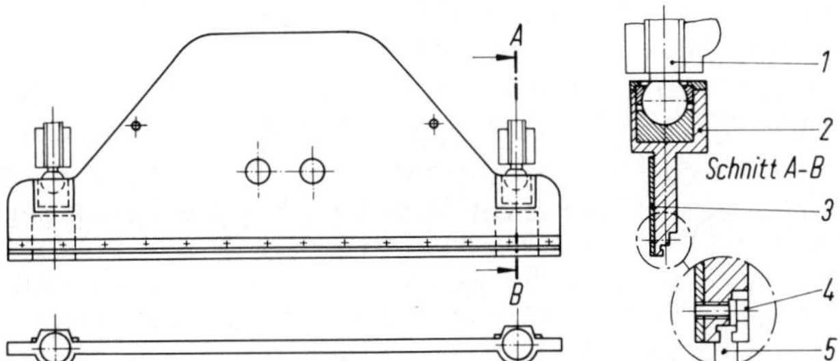

Bild I.23
Oberbalken einer Abkantpresse (Brück KG., Düren)
1 Stellspindel
2 Oberbalken
3 Auflageflächen für die Führungsleisten
4 Klemmschiene
5 Abkantwerkzeug

5. Bäre

Anwendungsbeispiele: Als Bäre bezeichnet man die Werkzeugträger der Hämmer.

Aufbau und Wirkungsweise: Der Bär nimmt beim Schlag große Kräfte auf und wird deshalb aus hochwertigem Schmiedestahl, z.T. vergütet, oder aus Sonderstahlguß hergestellt.

Die Schlagenergie zum Verformen des Werkstückes bringt der Hammerbär durch freien Fall aus einer bestimmten Höhe auf (beim Fallhammer), oder er wird beim Fall durch Druckluft oder

Dampf zusätzlich von oben angetrieben. Er hat je nach Hammergröße 50... 5000 kg Masse, bei sehr kleinen Hämmern auch weniger, bei schwersten bis 10000 kg. Fallhammerbäre haben die Form eines prismatischen Klotzes (Bild I.24). An der Oberseite wird das Hubelement (Riemen, Kette, Brett, Blattfeder beim mechanischen, dünne Kolbenstange beim ölhydraulischen Fallhammer) befestigt, Lufthammerbäre haben Zylinderform mit oben angesetztem flachem Kolben („Plungerbär"), (Bild I.25). Bei Luftgesenkhämmern geht der Zylinderschaft nach unten in einen prismatischen Kopf über, der in einem Korb geführt wird (Bild I.26). Schmiedesättel und Gesenkoberteile werden in der schwalbenschwanzähnlichen Fuge auf der unteren Stirnseite des Bäres mit zwei Keilen befestigt. Große und breite Bäre haben eine Aufspannfläche mit T-Nuten.

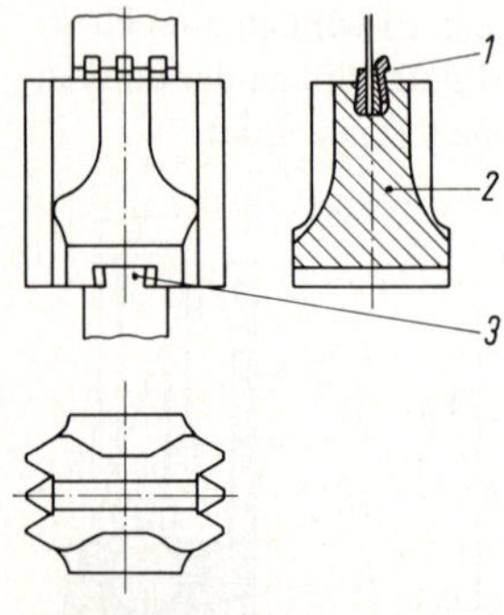

Bild I.24
Bär eines Riemen-Fallhammers
(Bêché & Grohs, Hückeswagen)
1 Hubriemen mit Befestigungskeilen
2 Bär
3 Fuge mit Werkzeug

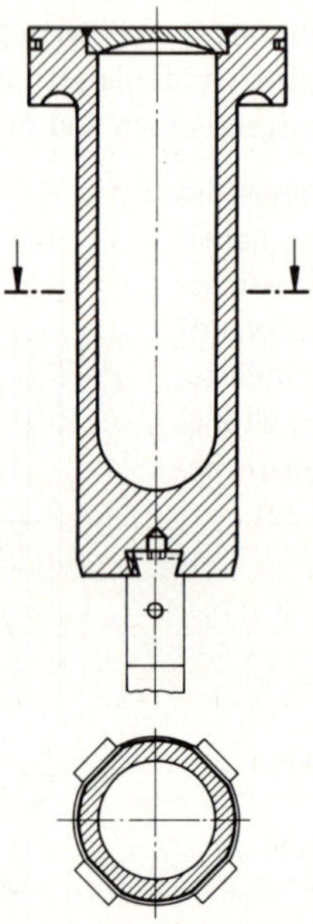

Bild I.25. Schnitt durch den Plungerbär eines Lufthammers
(Bêché & Grohs, Hückeswagen)

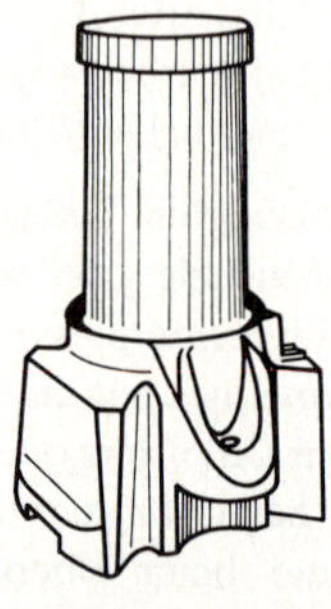

Bild I.26. Oberbär eines Gegenschlag-Gesenkhammers
(Bêché & Grohs, Hückeswagen)

Plungerbäre haben am Schaft eine, zwei oder vier Flächen zur Führung und Sicherung gegen Verdrehen (Bild I.25). Prismatische Bäre werden in Ein- oder Mehrfach-V-Bahnen auf beiden Seiten geführt, oder die Führungsflächen liegen an zwei gegenüberliegenden oder an allen vier Ecken (Bilder I.24 und III.21). Um den Verschleiß zu vermindern, werden die Führungsflächen auch oberflächengehärtet oder hartverchromt. Gute Führung ist vor allem bei Gesenkhämmern wichtig, weil Ober- und Untergesenk bei jedem Schlag genau aufeinanderpassen müssen.

II. Werkstück- und Werkzeugspanner

Begriffsbestimmung: Spanner verbinden das Werkstück oder das Werkzeug mit dem Werkstück- oder Werkzeugträger während der Bearbeitung. Oft stützen sie nicht nur die Bearbeitungskräfte ab, sondern bringen außerdem das Werkstück oder Werkzeug selbsttätig beim Spannvorgang in eine bestimmte, zur einwandfreien Bearbeitung erforderliche Lage, sie „bestimmen" oder „zentrieren" es. Ein Spanner ist stets für verschiedene Formen und Abmessungen von Werkstücken oder Werkzeugen innerhalb eines bestimmten Bereiches verwendbar. Spanneinrichtungen, die nur für eine bestimmte Werkstückform mit immer gleichen Abmessungen bestimmt sind, heißen „Vorrichtungen". Eine klare Trennung hinsichtlich der Form und des Aufbaues ist zwischen Werkstück- und Werkzeugspannern nicht möglich, wohl aber mit wenigen Ausnahmen zwischen umlaufenden und festen Spannern.

1. Umlaufende Werkstückspanner

1.1. Spitzen

Anwendungsbeispiele: Zwischen zwei Spitzen werden beim Drehen, Außenrundschleifen und bei manchen Teilkopfarbeiten solche Werkstücke gespannt, die im Verhältnis zu ihren Querschnittsabmessungen lang sind. Die Spannkraft wirkt axial auf beide Werkstückstirnflächen, die Zentrierbohrungen (nach DIN 332) haben müssen, in denen sie von den Spitzen aufgenommen werden.

Aufbau und Wirkungsweise: Die **einfache Spitze** (Bild II.2a) wird mit ihrem Kegelschaft oder mit einer Einsatzhülse in den Spindelkopf eingesetzt und durch Reibung mitgenommen. Bei Rundschleifmaschinen wird sie mitunter in einer spannzangenähnlichen Hülse gespannt. Der Spitzenwinkel beträgt 60° (DIN 806). Die Gegenspitze hat die gleiche Form. Sie wird in der Pinole 2 des Reitstockes aufgenommen (Bild II.1) und zur groben Einstellung auf die Werkstücklänge mit dem Reitstock auf seiner Führung oder auf dem Tisch verschoben. Der Reitstock wird dann mit dem Querhaupt 8 auf seiner Bettführung festgeklemmt. Mit Handrad 6 und Spindel 4 wird die Pinole 2 mit der Spitze 1 so weit verschoben, daß das Werkstück mit der erforderlichen Kraft zwischen beiden Spitzen eingespannt ist. Damit die Pinole während der Arbeit nicht zurückweicht, wird sie mit dem Hebel 3 in ihrer Führung festgeklemmt. Die Schraube des Hebels 3 drückt dabei über den Kolben 11 auf das Gummi- oder Kunststoffpolster 12. Dieses weicht nach beiden Seiten aus und verschiebt die linke Klemmbacke 13 nach rechts und die rechte über die Zugstange 10 nach links. Auf der Führungsleiste 9 kann das Reitstockoberteil zum Drehen schlanker Kegel quer zur Bettachse verschoben werden. Hydraulisch oder pneumatisch betätigte Pinolen spannen schneller und

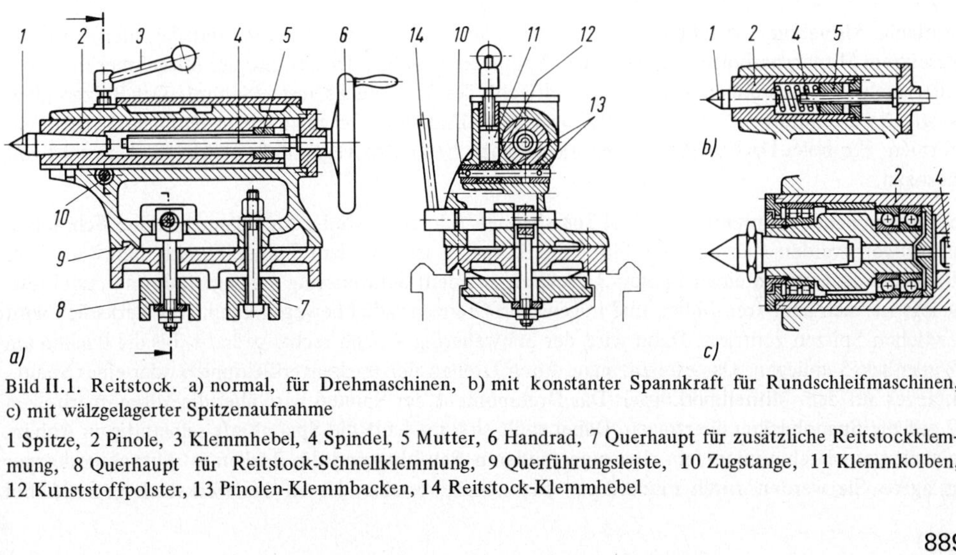

Bild II.1. Reitstock. a) normal, für Drehmaschinen, b) mit konstanter Spannkraft für Rundschleifmaschinen, c) mit wälzgelagerter Spitzenaufnahme

1 Spitze, 2 Pinole, 3 Klemmhebel, 4 Spindel, 5 Mutter, 6 Handrad, 7 Querhaupt für zusätzliche Reitstockklemmung, 8 Querhaupt für Reitstock-Schnellklemmung, 9 Querführungsleiste, 10 Zugstange, 11 Klemmkolben, 12 Kunststoffpolster, 13 Pinolen-Klemmbacken, 14 Reitstock-Klemmhebel

halten die für jeden Bearbeitungsgang genau einstellbare Spannkraft konstant, auch wenn das Werkstück sich infolge Erwärmung dehnt oder die Spannung nachzulassen droht, wenn die Spitze nach einiger Zeit in der Zentrierbohrung eingelaufen ist („nachfassende" Spannung). Dieselbe Wirkung hat eine in die Pinole eingebaute Feder (Bild II.1b). Bei hohen Drehzahlen und großen Schnittkräften erwärmt sich die feststehende Reitstockspitze stark. Sie verschleißt dann vorzeitig oder die Zentrierbohrung im Werkstück läuft aus und die Arbeit wird ungenau.

Die **mitlaufende Spitze** vermeidet diesen Nachteil (Bild II.2c). Sie kragt jedoch weiter aus als die einfache Spitze und biegt sich infolgedessen unter Belastung stärker durch. Auch der selbst bei guter Lagerung unvermeidbare Rundlauffehler ist ein Nachteil. Beides wird aber z.T. ausgeglichen, wenn die Wälzlagerung für die Spitze von vornherein in die Pinole eingebaut ist (Bild II.1c).

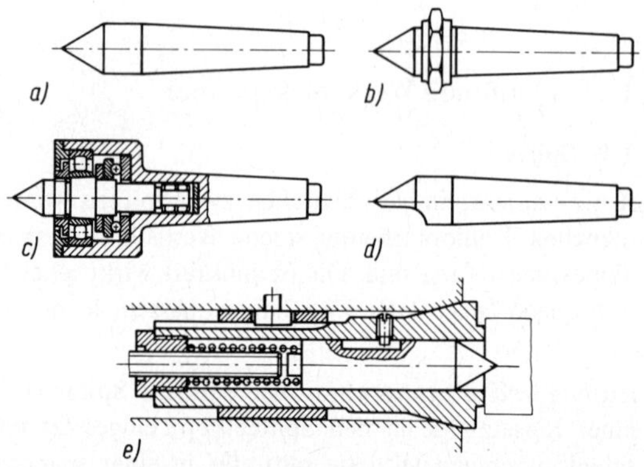

Bild II.2. Spitzen. a) einfache Spitze (Körnerspitze) nach DIN 806, b) Spitze mit Abdrückmutter, c) mitlaufende Spitze, d) halbe Spitze, e) federnde Spitze

Die **federnde Spitze** in der Spindel wird dann verwendet, wenn das Werkstück auch axial bestimmt werden muß, wie beim Kopierdrehen. Mit der einfachen Spitze ist das nicht möglich, weil die Zentrierbohrungen unterschiedlich tief sind und die Werkstücke infolgedessen verschieden weit auf die Spitze geschoben werden. Das Werkstück wird von der Reitstockpinole so weit gegen die Spindel geschoben, daß es an der Stirnfläche der Anschlaghülse anliegt (Bild II.2e). Dabei schiebt es die Spitze gegen die einstellbare Federkraft in die Hülse und bleibt zuverlässig zentriert.

Die **halbe Spitze** im Reitstock (Bild II.2d) wird benutzt, wenn die Stirnfläche des Werkstücks bis an die Zentrierbohrung mitbearbeitet werden muß.
Zwischen Spitzen kann ein Werkstück nur axial und radial *festgelegt* werden. Die Drehbewegung überträgt ein Mitnehmer.

Einfache Mitnehmer bestehen aus zwei getrennten Teilen. Die Mitnehmerscheibe, meist mit eingesetztem Mitnehmerbolzen, wird auf den Spindelkopf aufgeschraubt und der Mitnehmer mit einer oder mehreren Schrauben auf der Mantelfläche des Werkstücks festgeklemmt. Der Bolzen überträgt das Drehmoment zwischen beiden Teilen. Bild II.3a... c zeigt einige einfache Mitnehmerformen. Für hohe Drehzahlen werden die Formen b) und c) wegen ihrer geringeren Unwucht vorgezogen.

Selbstspannende Mitnehmer (Bild II.3d) spannen schneller, weil zum Spannen keine Schrauben angezogen werden müssen. Der Mitnehmerkörper 1 ist auf dem Spindelflansch befestigt. Drei Backen 2 sind, um je einen Zapfen 3 drehbar, auf dem Schwebering 4 gelagert, der nur axial festgelegt ist, sich aber frei drehen und in gewissen Grenzen radial bewegen kann. Das Werkstück wird zwischen Spitzen zentriert. Dann wird der Schwebering 4 nach rechts gedreht, bis die Backen am Werkstück 5 anliegen. Das erreicht man durch Drehen der Backenverkleidung 6 oder eines Spannkranzes auf dem Mitnehmerkörper. Das Drehmoment der Spindel wird über die Mitnehmerbolzen 7 auf die Spannbacken übertragen. Dabei stellt sich im Lauf die Spannkraft selbsttätig in Abhängigkeit vom Drehmoment ein. Bei einer anderen Bauform sind die Backen im Mitnehmerkörper gelagert. Sie werden durch Fliehkörper unabhängig voneinander an das Werkstück gepreßt. Bei beiden Bauformen passen sich die Backen der Werkstückform an, so daß auch rohe Schmiedestücke gespannt werden können. Jeder Spannbackensatz spannt nur einen bestimmten Durchmesserbereich. Mit auswechselbaren Backensätzen wird der Mitnehmer auf verschiedene Spannbereiche umgestellt.

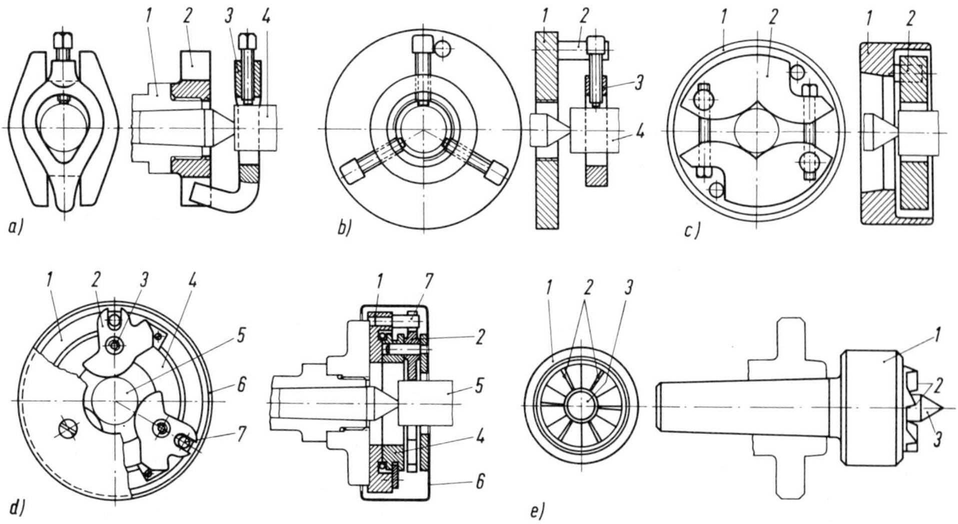

Bild II.3. Mitnehmer

a) Drehherz; 1 Spindelkopf, 2 Mitnehmer, 3 Drehherz, 4 Werkstück
b) Mitnehmerring; 1 Mitnehmerflansch, 2 Mitnehmerbolzen, 3 Mitnehmerring, 4 Werkstück
c) Klemmbackenmitnehmer (Dubied, Neuchatel); 1 Sicherheits-Mitnehmerflansch, 2 Klemmbacken
d) Selbstspannender Mitnehmer (G. Fischer, Schaffhausen); 1 Mitnehmerkörper, 2 Spannbacke, 3 Zapfen, 4 Schwebering, 5 Werkstück, 6 Backenverkleidung, 7 Mitnehmerbolzen
e) Stirnseitenmitnehmer; 1 Mitnehmerkörper, 2 Mitnehmerschneiden, 3 federnde Drehspitze

Stirnseitenmitnehmer (Bild II.3e) werden verwendet, wenn das Werkstück auf seiner ganzen Länge in einer Aufspannung bearbeitet werden soll. Um es beim Arbeiten sicher mitzunehmen, muß es von der Reitstockspitze mit einer bestimmten Kraft auf die Mitnehmerschneiden gedrückt werden. Stirnseitenmitnehmer sind deshalb nur gemeinsam mit einem Reitstock verwendbar, dessen Pinolenkraft pneumatisch, hydraulisch oder mechanisch genau eingestellt und selbsttätig konstant gehalten werden kann. Die Spitze federt beim Andrücken des Werkstückes gegen die Schneiden zurück. Sie muß aber durch eine Feder oder andere Vorrichtung so stark gegen die Zentrierbohrung gedrückt werden, daß sie die Querkräfte bei der Arbeit aufnimmt, ohne auszuweichen.

1.2. Spanndorne

Anwendungsbeispiele: Auf Dornen werden beim Drehen und Außenrundschleifen Werkstücke in ihrer vor- oder fertigbearbeiteten Bohrung gespannt. Die Spannkraft wirkt radial von innen nach außen.

Aufbau und Wirkungsweise: **Einfache Drehdorne** sind nach DIN 523 genormt. Sie haben einen schwach kegeligen Schaft, auf den das Werkstück so weit aufgeschoben wird, bis es festsitzt. Dadurch ergibt sich für jedes Werkstück beim Spannen eine andere axiale Lage und eine begrenzte Rundlaufgenauigkeit. Jeder Dorn ist nur für einen bestimmten Durchmesser verwendbar. Er wird mit dem Werkstück zwischen Spitzen gespannt („Spitzendorn“).

Spreizdorne sind durchbohrt und mehrfach geschlitzt. Der vordere Teil der Bohrung ist kegelig und nimmt den Spannbolzen auf (Bild II.4a). Das Werkstück wird bis zum Anschlag aufgeschoben und der Spannbolzen mit einer Spannstange (siehe 1.6) in die Kegelbohrung gezogen. Die Lappen des Dornes spreizen sich auseinander und spannen das Werkstück radial, ohne es axial zu verschieben. Der Spannbolzen kann auch von vorn eingeschraubt oder -geschlagen werden. Spreizdorne werden meist mit einem Kegelzapfen in die Spindelbohrung eingesetzt oder mit einem Flansch auf den Spindelkopf geschraubt.

Bei einer anderen Bauart nimmt eine von beiden Seiten geschlitzte Hülse das Werkstück auf, die von einer Spannmutter auf den kegeligen Spannzapfen geschoben wird und sich dadurch an beiden Enden aufspreizt (Bild II.4b). Solche Dorne sind für Hülsen verschiedenen Außendurchmessers verwendbar. Sie legen aber das Werkstück axial nicht fest.

Der Spreizdorn nach Bild II.4c wird zwischen Spitzen gespannt. Die Axialkraft der Reitstockspitze spreizt den zylindrischen Teil des Dorns, so daß das Werkstück an beiden Bohrungsenden gespannt wird.

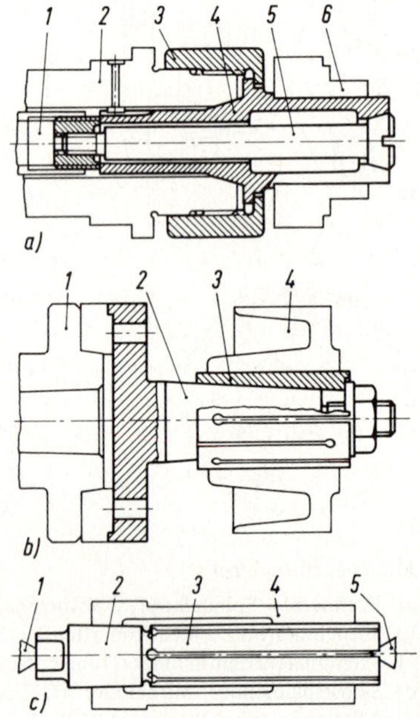

Bild II.4. Spreizdorne

a) mit Spannbolzen; 1 Spannstange, 2 Spindelkopf, 3 Überwurfmutter, 4 Dornkörper, 5 Spannbolzen, 6 Werkstück
b) mit Spreizhülse (Tobler, Berlin); 1 Spindelkopf, 2 Kegeldorn (Kegel 1 : 10), 3 Spreizhülse, 4 Werkstück
c) Spitzen-Spreizdorn; 1 Drehspitze, 2 kegelige Werkstückaufnahme, 3 geschlitzte zylindrische Werkstückaufnahme, 4 Werkstück, 5 Reitstockspitze

Dehndorne wirken ähnlich wie Spreizdorne, haben aber größere Rundlaufgenauigkeit. Die Spannkraft wirkt radial gleichmäßig nach allen Seiten. Dadurch werden auch dünnwandige Teile sicher aufgenommen, ohne daß sie verspannt werden. Die zylindrischen Spannkörper haben vor dem Spannen einen kleineren Durchmesser als die Aufnahmebohrung des Werkstückes. Sie werden hydraulisch oder mechanisch gleichmäßig nach allen Seiten radial aufgeweitet und zentrieren und spannen das Werkstück auf ihrer ganzen Länge. Da hierbei nur elastische Verformung zulässig ist, beträgt der maximale radiale Spannweg nur etwa zwei Tausendstel des Spanndurchmessers.

Je nach Bauart und Spanndurchmesser des Dorns müssen darum die Toleranzen der Aufnahmebohrungen der Werkstücke innerhalb IT 11 bis IT 6 liegen. Die durch Reibung übertragbaren Drehmomente genügen den Anforderungen der Feinbearbeitung. Alle Bauarten werden als fliegende Dorne mit Kegelzapfen oder Flansch und als Spitzendorne gebaut.

Der *Hofer-Dorn* ist ein hydraulischer Dehndorn. Er hat eine geschlossene dünnwandige Spannbuchse, die für abgesetzte Bohrungen auch abgestufte Durchmesser haben kann (Bild II.5a). Zum Spannen wird die Mutter 6 angezogen. Sie preßt den Kolben 5 auf die eingeschlossene plastische Masse 4 (einfacher abzudichten als Öl!), und diese weitet die Spannbuchsen 2 auf.

Der *Stieber-Dorn* hat einen Dornkörper, der mechanisch gedehnt wird (Bild II.5b). In seiner kegeligen Bohrung (Kegel 1 : 50) ist der Spannkegel 2 auf mehreren Reihen von Stahlrollen 3 gelagert, die in einem Käfig geführt werden und deren Achsen um $1° 10'$ gegen die Dornachse geneigt sind.

Dadurch schraubt sich beim Rechtsdrehen der Spannkegel 2 in den Dornkörper 1 hinein und weitet ihn über die Rollen gleichmäßig radial auf. Infolge der rollenden Reibung kann man mit kleinen Drehmomenten sehr große Spannkräfte erzielen und die Spannung ist ebenso leicht und schnell wieder zu lösen. Sonderausführungen können mit Kraftspannantrieben betätigt werden (siehe 1.6).

Der *Ringspann-Dorn* (Bild II.5c) nimmt das Werkstück mit einem Paket von sechs bis zwölf Ringspannscheiben 2 auf. Sie sitzen spielfrei unter Spannung auf dem Grunddorn 5 und stützen sich an ihrer Bohrung axial gegen den Schulterring 1 ab. Der Grunddorn kann innerhalb eines bestimmten Bereiches Scheibensätze mit beliebigem Außendurchmesser aufnehmen. Zieht man die Mutter an, dann drückt der Druckring 3 das Scheibenpaket flach und dadurch vergrößert sich dessen Außendurchmesser. Dabei wird das Werkstück gespannt und gleichzeitig gegen den Schulterring gezogen. Lange Werkstücke werden von je einem Scheibenpaket an beiden Bohrungsenden aufgenommen, die auch unterschiedliche Durchmesser haben dürfen. Die Scheiben müssen stets so auf dem Grunddorn sitzen, daß sie sich weder beim Spannen noch beim Lösen auf ihrem Sitz verschieben. Zum Lösen darf es auch nicht erforderlich sein, daß die Scheiben *am Werkstück* gleiten, weil sonst die Spannung nur mit Gewalt gelöst werden kann. Ringspann-Dorne können auch mit Zugstange von Hand oder mit Kraftspannantrieben gespannt werden (siehe 1.6). Für größere Spanndurchmesser bis 300 mm sind Ringspann-Flachdorne geeignet (Bild II.5d). Der Spannkörper 2 ist ähnlich wie die Ringspannscheiben von innen und außen her radial geschlitzt. Er stützt sich mit seinem Rand auf der Aufnahme 1 ab. Wird das Druckstück 3 nach rechts verschoben, verformt sich der Spannkörper 2 kegelig und vergrößert dabei seinen Außendurchmesser.

Der *Spieth-Dorn* besteht aus dem Grundkörper 1, der Spannhülse 2 und der Spannmutter 4 (Bild II.5e). Die Spannhülse ist ein Hohlzylinder mit ebenen Stirnflächen und tiefen, breiten radialen

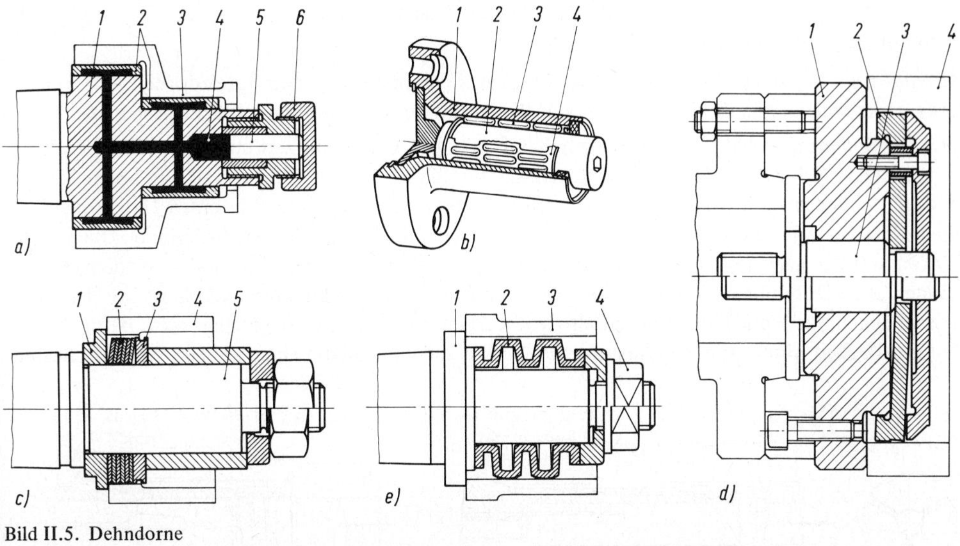

Bild II.5. Dehndorne

a) Hofer-Dorn; 1 Dornkörper, 2 Spannbuchsen, 3 Werkstück, 4 plastische Masse, 5 Kolben, 6 Spannmutter
b) Stieber-Dorn; 1 Dornkörper, 2 Spannkegel, 3 Stahlrollen, 4 Käfig
c) Ringspann-Dorn; 1 Schulterring, 2 Ringspannscheiben, 3 Druckring, 4 Werkstück, 5 Grunddorn
d) Ringspann-Flachdorn; 1 Aufnahme für den Spannkörper, 2 Spannkörper, 3 Druckstück, 4 Werkstück
e) Spieth-Dorn; 1 Grundkörper, 2 Spannhülse, 3 Werkstück, 4 Spannmutter

(Bei c, d und e zeigt die obere Hälfte den entspannten, die untere Hälfte den gespannten Zustand des Dornes)

Einstichen von innen und außen. Wird sie von der Spannmutter axial zusammengepreßt, dann wird infolge der elastischen Verformung ihr Außendurchmesser größer und der Innendurchmesser kleiner. Auch diese Dorne werden für Hand- und Kraftspannung gebaut.

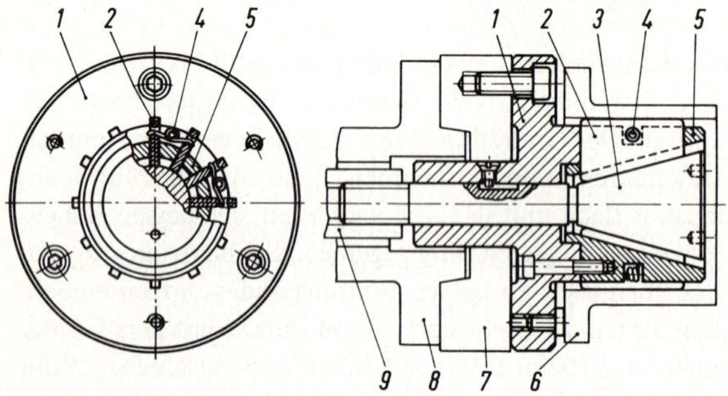

Bild II.6. Lamellen-Spanndorn (Schüder, Gerlingen)

1 Dornkörper mit Flansch
2 Spannlamellen
3 Spannkegel
4 Haltefeder
5 Lamellenkopf
6 Werkstück
7 Zwischenflansch
8 Spindelkopf
9 Zugstange

Lamellen-Spanndorne (Bild II.6) haben einen größeren Spannbereich als Dehndorne (bis 8 mm). Der Lamellenkopf 5 hat mehrere gleichmäßig am Umfang verteilte Längsschlitze, in denen keilförmige, flache Spannkörper 2 radial geführt sind. Der Spannbolzen 3 wird zum Spannen nach links verschoben und drückt mit seinem Kegel die Spannkörper nach außen. Auch hier ist Hand- und Kraftspannung möglich.

1.3. Spannzangen

Anwendungsbeispiele: Spannzangen werden auf kleineren Drehmaschinen, auf Revolver-, Kopierdrehmaschinen und Drehautomaten sowie auf Rundschleifmaschinen verwendet. Bei Dreharbeiten von der Stange werden sie bevorzugt eingesetzt. Kurze Werkstücke werden fliegend gespannt, längere mit der Reitstockspitze zusätzlich an der freien Stirnfläche abgestützt. Sie werden für Spanndurchmesser von ca. 0,5 ... 80 mm gebaut.

Aufbau- und Wirkungsweise: Spannzangen sind das Gegenstück zu den Spreizdornen. Die Spannkraft wirkt radial von außen nach innen, das Werkstück wird auf der Mantelfläche gespannt.

Die **Zug-Spannzange** hat einen kegeligen Kopf mit drei Längsschlitzen und einen dünnwandigen zylindrischen Schaft mit einem Gewindeansatz für die Zugstange (Bild II.7a). Die Spannflächen sind glatt oder gezahnt. Zum Spannen wird die Zugstange von Hand über einen Hebel oder mit einem Kraftspannantrieb betätigt. Sie zieht die Zange in die Kegelbohrung der Spindel. Die Spannbacken werden nach innen gedrückt und spannen das Werkstück. Der Spannweg ist klein und es können nur Durchmesserunterschiede von wenigen Zehntelmillimetern gespannt werden. Die Spannflächen der Werkstücke müssen also vorbearbeitet, gezogen oder geschält sein. Beim Schließen der Backen nimmt die Zug-Spannzange das Werkstück axial um einen kleinen Weg mit, dessen

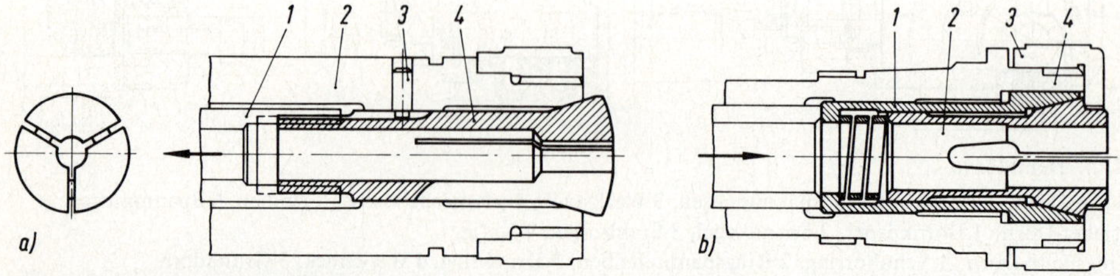

Bild II.7. Spannzangen-Grundformen

a) Zugspannzange; 1 Zugstange, 2 Spindel, 3 Verdrehsicherung, 4 Spannzange

b) Druckspannzange; 1 Druckhülse, 2 Spannzange, 3 Schulterring, 4 Spindelkopf

Betrag vom Werkstückdurchmesser und von der Zugstangenkraft abhängt. Der Spannkegelwinkel wird zwischen 16° und 40° ausgeführt. Dann löst sich die Zange selbsttätig, wenn die Zugkraft nicht mehr wirkt (Kegelwinkel > 2 · Reibwinkel). Es gibt auch Ausführungen mit Morsekegel, die nicht selbst öffnen. Ist eine bestimmte Zugstangenkraft vorgegeben (z.B. bei Handbetätigung), dann spannt die Zange umso fester, je kleiner ihr Kegelwinkel ist. Spannzangenkörper mit auswechselbaren Einsatzbacken können für verschiedene Durchmesser und Spannquerschnittsformen verwendet werden.

Die **Druck-Spannzange** (Bild II.7b) liegt mit einer Schulter gegen den Schulterring 3, der auf den Spindelkopf aufgeschraubt ist. Die Druckhülse 1 umschließt die Zange 2 und wird beim Spannen nach rechts verschoben. Infolge der Reibung an der Schulter spannt sie bei gleicher Längskraft nicht so fest wie eine Zug-Spannzange. Sie läuft wegen des Spieles zwischen Druckhülse und Bohrung auch nicht so genau rund. Dafür wird das Werkstück beim Spannen aber nicht wie bei der Zugspannzange axial verschoben.

Sonderbauformen. Von den vielen Sonderformen zeigt Bild II.8a und b eine Spannzange mit vergrößertem Spanndurchmesser, aber kleiner Einspanntiefe, und eine Stufenspannzange für flache Werkstücke, die für mehrere Spanndurchmesser geeignet ist.

Die kraftbetätigte Spannzange nach Bild II.9a hat einen Backenhub von fast 5 mm und schon beinahe die Form eines Futters. Die Backen gleiten in zylindrischen Bohrungen, deren Achsen die Spindelachse schneiden. Auswechselbare Backeneinsätze vergrößern den Spanndurchmesserbereich. Der größte Spanndurchmesser beträgt 150 mm. Die Lamellen- oder Segmentspanner (Bild II.9b) stehen ebenfalls auf der Grenze zwischen Zange und Futter. Beim Spannen wird die Spannbüchse 3 nach links gezogen. Der Zangenkörper 2 drückt dabei die Lamellen 5 (bis 24 Stück) in den Schlitzen des Spannkorbes 4 nach innen. Der größere Spannhub der Lamellen gestattet größere Toleranzen des Spanndurchmessers am Werkstück als bei normalen Spannzangen. Auswechselbare Spannkörbe vergrößern den Durchmesserbereich des Lamellenspanners.

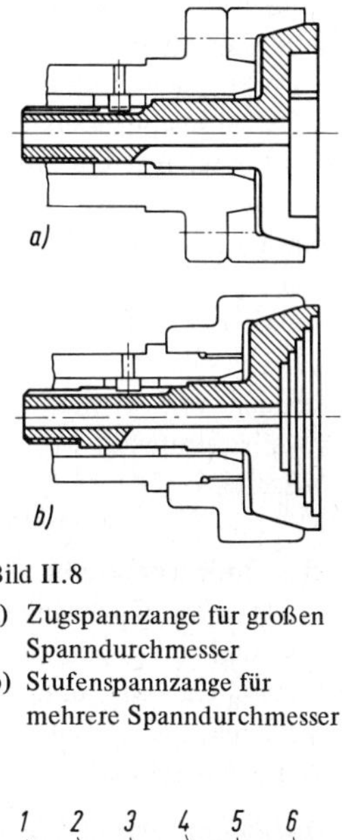

Bild II.8
a) Zugspannzange für großen Spanndurchmesser
b) Stufenspannzange für mehrere Spanndurchmesser

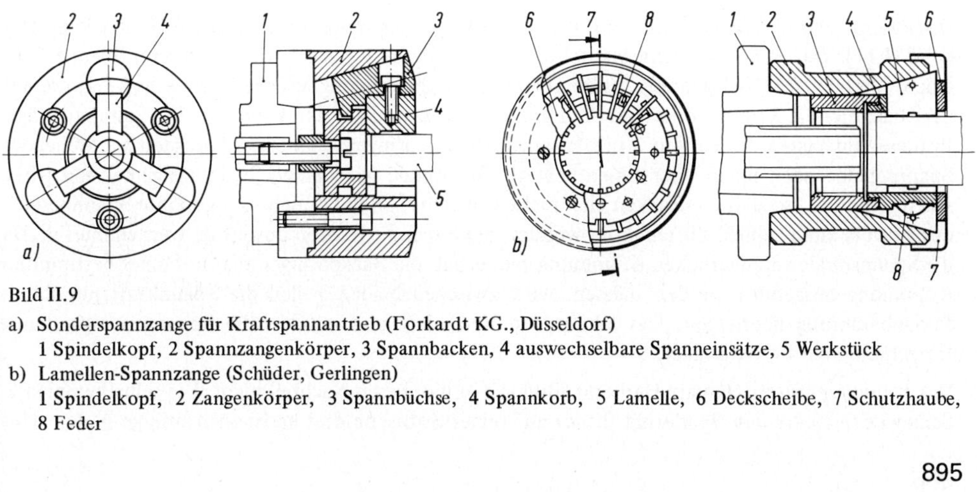

Bild II.9
a) Sonderspannzange für Kraftspannantrieb (Forkardt KG., Düsseldorf)
1 Spindelkopf, 2 Spannzangenkörper, 3 Spannbacken, 4 auswechselbare Spanneinsätze, 5 Werkstück
b) Lamellen-Spannzange (Schüder, Gerlingen)
1 Spindelkopf, 2 Zangenkörper, 3 Spannbüchse, 4 Spannkorb, 5 Lamelle, 6 Deckscheibe, 7 Schutzhaube, 8 Feder

1.4. Spannfutter

Anwendungsbeispiele: Mit Spannfuttern spannt man Werkstücke einseitig („fliegend") auf Dreh-, Tiefbohr- und Schleifmaschinen und bei Teilkopfarbeiten.

Aufbau und Wirkungsweise: Die Futterkörper sind meistens aus Stahl, mitunter aus Grauguß und für hohe Drehzahlen auch aus Leichtmetall. Die Backen und gleitenden Teile sind aus gehärtetem Stahl. Spannfutter spannen das Werkstück meist auf der Mantelfläche, Drei-, Vierbackenfutter und Planscheibe auch in der Bohrung. Bei allen Backenfuttern wirkt die Spannkraft radial, bei den Magnetfuttern axial und bei der Planscheibe radial und axial.

Das **Zweibackenfutter** (Bild II.10) besteht aus dem zylindrischen Futterkörper 1, den Grundbacken 3 und der Spindel 2 mit je einem Rechts- und Linksgewinde. Beim Spannen werden von der Gewindespindel beide Backen gleichzeitig nach innen gezogen und das Werkstück wird zentriert und gespannt. Das Gewinde ist selbsthemmend, so daß sich die Spannung nicht löst. Auf die Grundbacken 3 werden auswechselbare Aufsatzbacken 4 geschraubt, deren Form dem Werkstück angepaßt ist. Mit Zweibackenfuttern werden vorwiegend unrunde, aber symmetrische Teile gespannt, wie Vier- und Sechskantstangen und Armaturen. Kraftbetätigte Zweibackenfutter werden nach Bild II.15 ausgeführt.

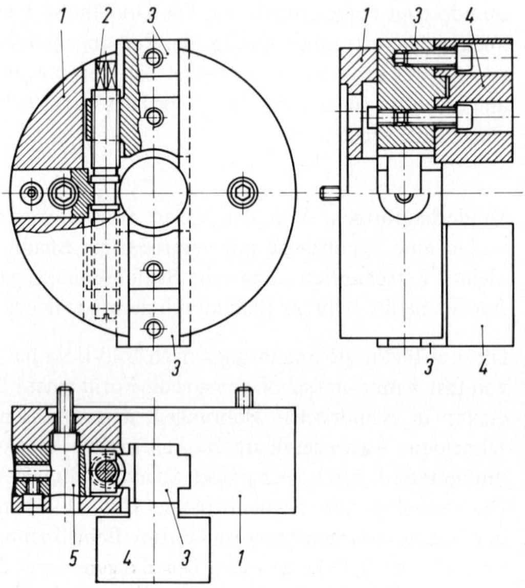

Bild II.10. Handbetätigtes Zweibackenfutter (Forkardt KG., Düsseldorf)
1 Futterkörper, 2 Backen-Antriebsspindel, 3 Grundbacken, 4 Aufsatzbacken, 5 Spindelhalter
(In der Hauptansicht sind die Aufsatzbacken 4 nicht mitgezeichnet)

Das **Dreibackenfutter** ist am weitesten verbreitet. Bei den *handbetätigten* Bauarten sind drei verschiedene Backenantriebe gebräuchlich. Alle drei Antriebe bewegen die Backen gleichzeitig und zentrieren das Werkstück selbsttätig.

Das *Planspiralfutter* (Bauart Cushman) ist das älteste und am weitesten verbreitete Dreibackenfutter (Bild II.11). Das Ritzel 4 ist im Mantel des Futterkörpers 1 gelagert und wird zum Spannen mit einem Vierkantschlüssel gedreht. Es überträgt die Drehbewegung auf die Spannscheibe 2, die auf der Rückseite als Kronen- oder Kegelrad ausgebildet ist und auf der Stirnseite eine Spiralnut trägt. In diese Nut fassen die Backen 3 mit kammähnlichen ,,Fingern" hinein. Sie werden bei drehender Spannscheibe nach innen oder außen bewegt. Die Spirale hat kleinen Steigungswinkel und wirkt selbsthemmend, so daß die Backen sich nicht von selbst lösen können. Der gesamte Spannbereich des Futters kann schnell durchfahren werden, ohne daß die Backen umgesetzt werden müssen. Da die Spannspirale veränderlichen Krümmungsradius hat, die Backenfinger aber mit einer bestimmten Krümmung ausgeführt werden müssen, wird zwischen beiden Teilen die Spannkraft nur durch Linienberührung übertragen. Das erhöht den Verschleiß und mindert die Spanngenauigkeit mit fortschreitender Betriebsdauer.

Das *Plankurvenfutter* (Bauart Herbert) (Bild II.12) hat diesen Nachteil nicht. Die selbsthemmende Schnecke 7 treibt den Spannring 2, der auf seiner Stirnseite drei kreisbogenförmige Nuten oder

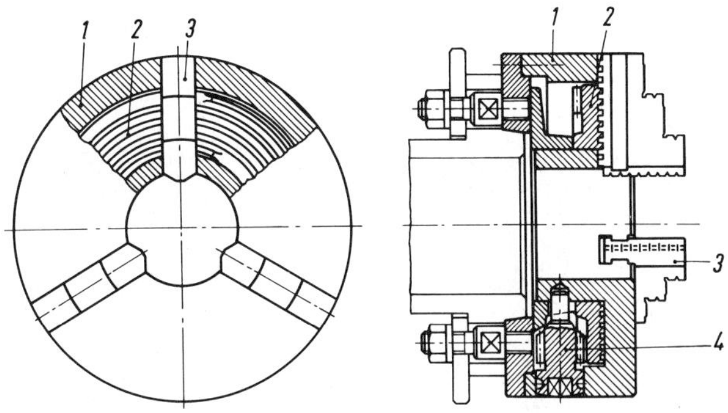

Bild II.11. Planspiralfutter, Bauart Cushman (Röchling-Buderus, Wetzlar)

1 Futterkörper
2 Spannscheibe mit Planspirale und Verzahnung
3 Spannbacken
4 Spannritzel (3 Stück am Umfang)

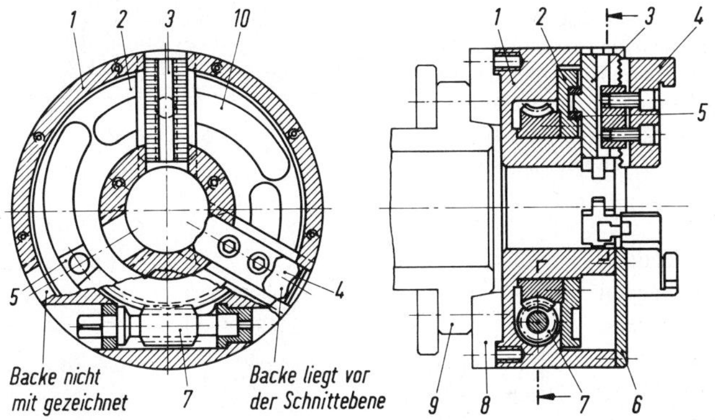

Bild II.12. Plankurvenfutter, Bauart Herbert

1 Futterkörper
2 Spannring
3 Grundbacke
4 Aufsatzbacke, auf der Grundbacke versetzbar
5 Gleitstein
6 Abdeckplatte (drei sektorförmige Teilstücke)
7 Schnecke
8 Futterflansch
9 Spindelkopf
10 Spannkurve

Stege (Spannkurven) mit versetzten Mittelpunkten trägt. In jede Nut greift eine Backe 3 mit einem passenden Gleitstein 5, der auf der Backenrückseite auf einem Zapfen drehbar ist. Da die Krümmungsmittelpunkte der Spannkurven 10 nicht auf der Achse des Futters liegen, bewegen sich die Backen radial, wenn sich der Spannring dreht. Der Backenhub ist aber nur klein und bei größeren Unterschieden der Spanndurchmesser müssen die Aufsatzbacken auf den Grundbacken versetzt werden (siehe Bild II.14). Dieses Futter wird deshalb vorwiegend in der Mengenfertigung verwendet, wo die Spanndurchmesser für große Stückzahlen gleich bleiben.

Beim *Keilstangenfutter* (Bauart Forkardt) (Bild II.13) verschiebt die im Futterkörper 1 gelagerte Gewindespindel 6 eine Keilstange 5, die schrägliegende Zähne auf der Stirnseite hat und ebenfalls im Futterkörper geführt ist. Die Backe 7 faßt mit einem Gegenprofil in diese Zähne und wird dadurch radial in ihrer Führung verschoben. Jede der drei Keilstangen hat auf ihrer Rückseite einen flachen, zylindrischen Zapfen 3. Dieser faßt in einen Gleitstein 4, der in einem Radialschlitz des Treibringes 2 beweglich ist. Der Treibring wird von der angetriebenen Keilstange auf der Nabe des Futterkörpers gedreht und überträgt die Bewegung auf die beiden anderen Keilstangen. Flächenpressung und Verschleiß sind wegen der großen, ebenen Kraftübertragungsflächen gering. Der Spannhub der Backen ist zwar klein, aber die Backen können schnell auf einen anderen Spanndurchmesserbereich versetzt werden. Dazu wird die Gewindespindel 6 bis zum Anschlag nach links gedreht. Dann ist die Verzahnung außer Eingriff und man kann die Backen um einen Zahn oder mehrere Zähne verschieben. Zum Innenspannen können sie umgedreht werden.

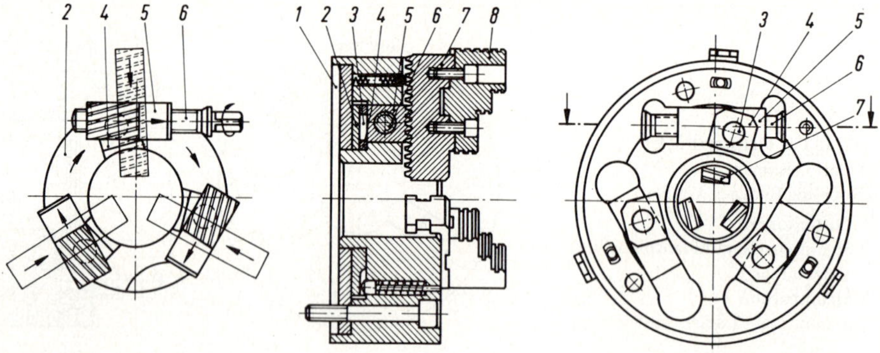

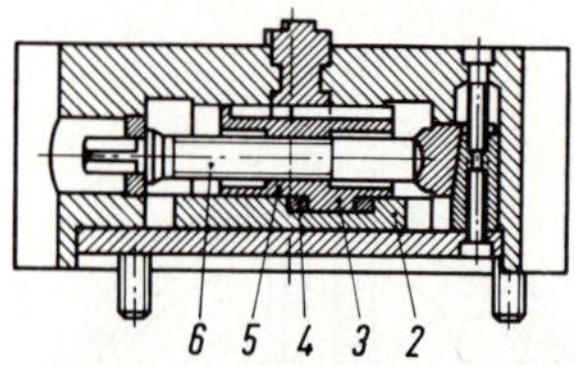

Bild II.13. Keilstangenfutter, Bauart Forkardt (Forkardt KG., Düsseldorf)

Mitte: Längsschnitt; links: Ansicht von vorn auf Keilstangen mit Gewindespindel, Gleitsteinen und Treibring (die dünn gezeichneten Backen liegen vor der Zeichenebene); rechts oben: Rückansicht ohne Deckel und Treibring; rechts unten: Längsschnitt durch die Antriebskeilstange

1 Futterkörper, 2 Treibring, 3 Zapfen an der Keilstangen-Rückseite, 4 Gleitstein, 5 Keilstange, 6 Gewindespindel, 7 Grundbacke, 8 Aufsatzbacke

Die beschriebenen Dreibackenfutter können mit verschiedenen Arten von Spannbacken ausgerüstet werden. Harte (gehärtete) Backen sind zum Spannen auf rohen Guß- oder Schmiedeflächen geeignet und meistens an den Spannflächen gezahnt. Sie werden als ungeteilte oder geteilte Stufenbacken (bestehend aus harten Grund- und Aufsatzbacken) ausgeführt (Bild II.14). Sofern sie nicht umgedreht werden können, braucht man zwei Sätze: „Drehbacken" mit der höchsten Stufe außen und „Bohrbacken" mit der höchsten Stufe innen. Weiche Backen verwendet man zum Spannen auf vorbearbeiteten Flächen. Sie werden als Aufsatzbacken auf die harten Grundbacken aufgeschraubt und genau der Form der Spannstelle am Werkstück entsprechend im gespannten Zustande ausgedreht bzw. -geschliffen. Dadurch verteilt sich die Spannkraft auf große Flächen, man schont die Werkstückoberfläche und erzielt größere Rundlaufgenauigkeit.

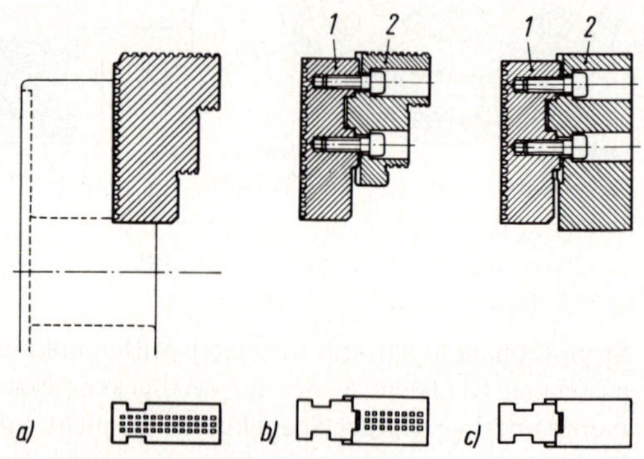

Bild II.14. Spannbackenformen
a) ungeteilte harte Stufenbacke
b) geteilte Stufenbacke; 1 harte Grundbacke, 2 harte Aufsatzbacke
c) geteilte Backe; 1 harte Grundbacke, 2 weiche Aufsatzbacke

Bei den *kraftbetätigten* Dreibackenfuttern gebraucht man zwei verschiedene Backenantriebe:

Das *Winkelhebel-Futter* zeigt Bild II.15. Die Spannmuffe 2 wird von der Zugstange 1 nach links gezogen. Über den Winkelhebel 3 angetrieben bewegen sich die Backen 4 radial nach innen.

Das *Keilkolbenfutter* (Bild II.16) hat im zylindrischen Kolben 1 drei schräge Führungsflächen 2, auf denen je eine Gegenfläche der Grundbacken 3 gleitet. Der Kolben wird vom Spannantrieb nach links gezogen und die Backen bewegen sich dadurch radial nach innen.

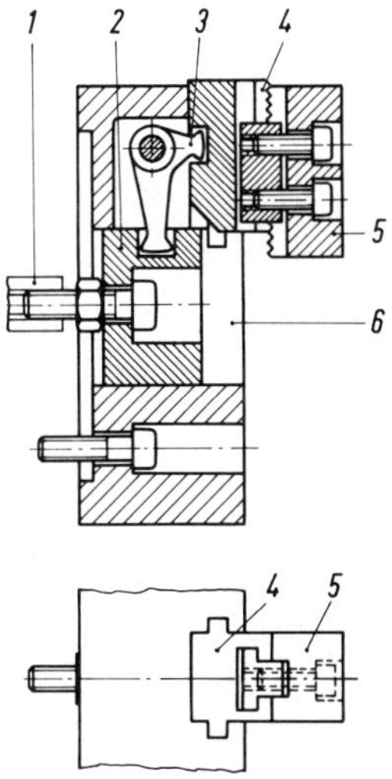

Bild II.15. Dreibacken-Winkelhebelfutter
1 Spannstange, 2 Spannmuffe, 3 Winkelhebel, 4 Grundbacke, 5 Aufsatzbacke, 6 Futterkörper

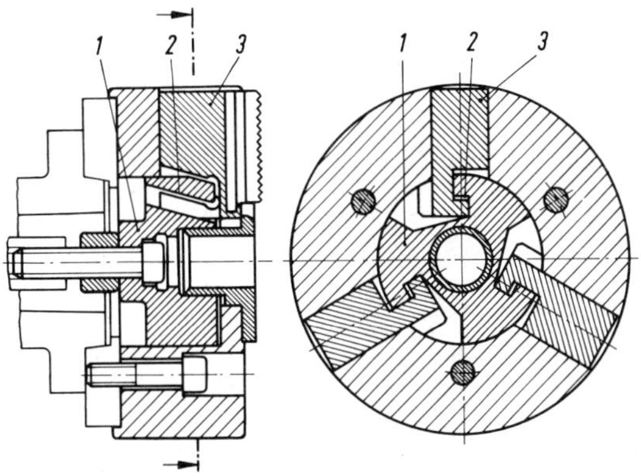

Bild II.16. Keilkolbenfutter (Forkardt KG., Düsseldorf)
1 Spannkolben, 2 Führungsfläche, 3 Grundbacke (Aufsatzbacke ist nicht gezeichnet)

Beide Bauarten haben nur einen kleinen Backenhub. Zum Anpassen an verschiedene Spanndurchmesser werden die Aufsatzbacken 5 auf der Stirnverzahnung der Grundbacken versetzt.

Das **Vierbackenfutter** wird seltener verwendet. Es gleicht in Aufbau und Wirkungsweise den Dreibackenfuttern. Bei manchen Bauarten können je zwei gegenüberliegende Backen gemeinsam zentrisch verstellt werden, bei anderen Bauarten werden alle vier Backen gemeinsam verschoben und sind außerdem einzeln einstellbar.

Die **Planscheibe** (Bild II.17) ähnelt den Backenfuttern. Im Gegensatz zu diesen kann man damit aber Werkstücke beliebiger Form spannen. Da die Planscheibe das Werkstück nicht selbsttätig zentriert, ist das Spannen und Ausrichten oft sehr umständlich und zeitraubend. Der auf der Rückseite verrippte Scheibenkörper ist aus Grauguß oder Stahlguß. Die Aufspannfläche ist sorgfältig eben bearbeitet und hat außer den Klauenführungen Radialnuten, in denen das Werkstück zusätzlich mit Spanneisen axial gespannt werden kann (siehe 3.4). Die Klauen (Backen) sind für Innenspannung umkehrbar, auswechselbar und können auch ganz herausgenommen werden. Große Planscheiben haben häufig Klauenkästen, die zum groben Einstellen auf die Werkstückabmessungen von Hand oder mit steilgängigen Gewindespindeln verschoben werden. Gespannt wird dann mit feingängigen Spindeln, welche die Klauen in den Kästen verschieben. Die Planscheibe wird auf dem Spindelflansch befestigt. Ihre Mittelbohrung läßt die Drehspitze frei, so daß sie auch als Mitnehmer gebraucht werden kann, wenn große Werkstücke zwischen Spitzen gedreht werden. Sie wird an Leit- und Zugspindeldrehmaschinen und an Plandrehmaschinen gebraucht aber auch die runden Aufspanntische der Senkrecht-(Karussell-)Drehmaschinen werden als Planscheiben bezeichnet. Die Planscheibe des Waagerecht-Bohr- und Fräswerkes ist kein Werkstückspanner, sondern ein Werkzeugträger. Sie ist auch anders aufgebaut.

Weil die Unwucht bei unsymmetrisch gespannten Werkstücken sich auch durch aufgespannte Gegengewichtskörper nicht ganz beseitigen läßt, wird von den Herstellern für jede Planscheibe nur eine bestimmte Höchstdrehzahl zugelassen.

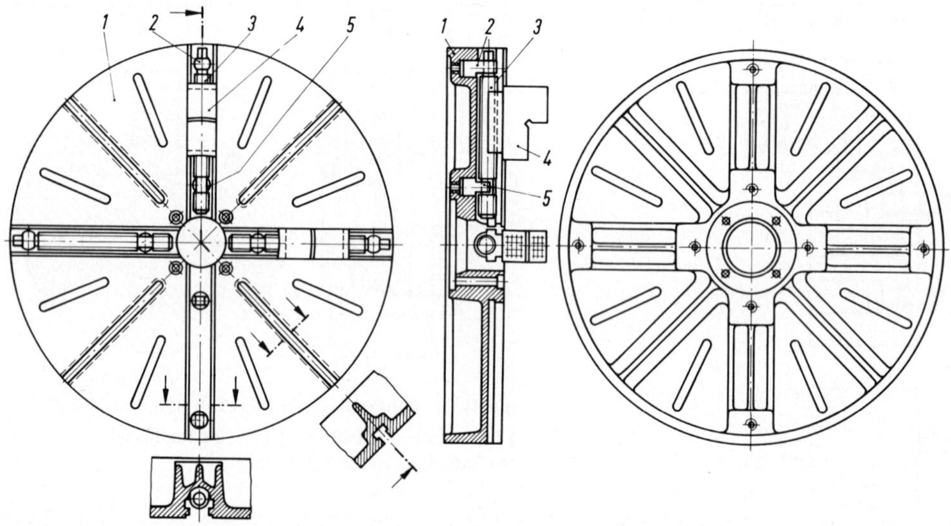

Bild II.17. Planscheibe (Werner-Werke KG., Dillenburg)
1 Planscheibe, 2 äußeres Spindellager, 3 Gewindespindel, 4 Spannklaue, 5 inneres Spindellager
(in der Vorderansicht sind in der linken und der unteren Klauenführung die Klaue bzw. Klaue und Gewindespindel nicht gezeichnet)

Schrumpffutter werden für dünnwandige Werkstücke verwendet, die nicht verspannt werden dürfen, und wenn besonders hohe Rundlaufgenauigkeit erreicht werden soll. Sie wirken wie die Dehndorne und haben auch die gleichen Anwendungsgrenzen, nur werden ihre Spannkörper außen abgestützt und verformen sich nach innen. Bild II.18 zeigt ein Stieber- und ein Ringspannfutter. Zum Spannen wird beim Stieberfutter der Spannring, beim Ringspannfutter die Spannmutter gedreht. Schrumpffutter werden auch nach den Systemen Hofer und Spieth gebaut (siehe 1.2).

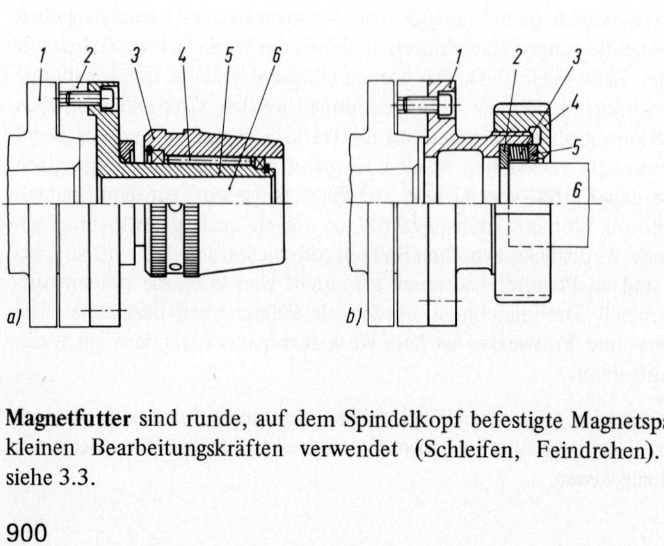

Bild II.18. Schrumpffutter
a) Stieber-Spannfutter
1 Spindelflansch, 2 Futterflansch, 3 Spannring, 4 Spannrolle, 5 Spannkörper, 6 Werkstückaufnahme
b) Ringspann-Futter
1 Futterhülse, 2 Anschlagring, 3 Ringspannscheiben, 4 Spannmutter, 5 Druckring, 6 Werkstück

Magnetfutter sind runde, auf dem Spindelkopf befestigte Magnetspannplatten. Sie werden nur bei kleinen Bearbeitungskräften verwendet (Schleifen, Feindrehen). Aufbau und Wirkungsweise siehe 3.3.

1.5. Teileinrichtungen

Anwendungsbeispiele: Teileinrichtungen stehen auf der Grenze zwischen den Werkstückträgern und den Werkstückspannern. Wenn sie nicht fest mit der Maschine verbunden sind, werden sie auf dem Maschinentisch befestigt und nehmen auf oder in ihrer Spindel den eigentlichen Werkstückspanner auf. Sie werden für Arbeiten auf Fräs-, Schleif-, Bohr- und Stoßmaschinen gebraucht, bei denen am Werkstück genaue Teilungen auszuführen sind, d.h. wenn das Werkstück nach einem Werkzeugdurchlauf zum Weiterbearbeiten um einen bestimmten Winkel weitergedreht werden muß, ohne daß es dabei ausgespannt wird (z.B. Zahnräder fräsen und schleifen, Lochteilungen bohren, Keilnutprofile stoßen). Mit manchen Teileinrichtungen kann man während der Bearbeitung das Werkstück zusätzlich zur Längsbewegung drehen und dadurch schraubenförmig umlaufende Nuten herstellen.

1.5.1. Teilscheibe

Aufbau und Wirkungsweise: Die Teilscheibe nach Bild II.19 besteht aus der Grundscheibe 1, die auf der Spindel befestigt ist, der Rastenscheibe 3 mit dem Mitnehmerbolzen 4 für das Werkstück und dem Sperriegel 2. Die Rastenscheibe hat auf ihrem Umfang gleichmäßig verteilt 12 (oder 24) Rasten. Während der Arbeit ist der Sperriegel in eine Raste eingelegt. Zum Teilen wird er zurückgeschwenkt und die Rastenscheibe von Hand um die erforderliche Anzahl Rasten weitergedreht. Mit solchen Teilscheiben kann man die Teilungen 2, 3, 4, 6 und 12 (8, 24) ausführen.

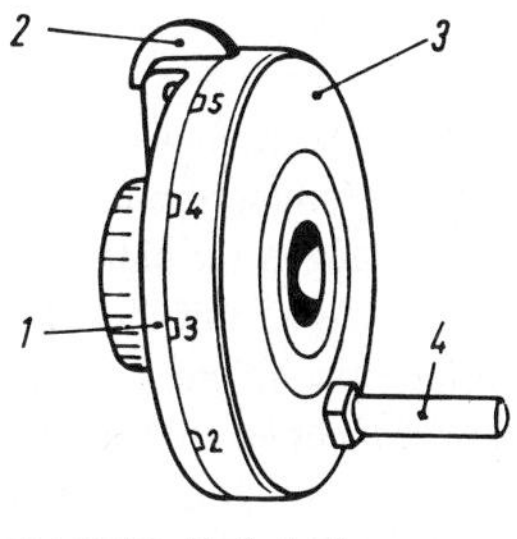

Bild II.19. Teilscheibe
1 Grundscheibe, 2 Sperriegel, 3 Rastenscheibe, 4 Mitnehmerbolzen

1.5.2. Universal-Teilkopf

Aufbau und Wirkungsweise: Bild II.20 zeigt einen Universal-Teilkopf und sein Antriebsschema. Zum Teilen wird mit der Kurbel 7 über das Stirnräderpaar 5 und das Schneckengetriebe 1–2 die Teilkopfspindel 4 gedreht, auf der das Werkstück mit Spitze und Mitnehmer, Spannzange, Dorn, Zwei- oder Dreibackenfutter gespannt ist. Die Stirnradübersetzung ist 1 : 1, die Schneckenübersetzung 40 : 1, selten 60 : 1. Die Teilgenauigkeit beträgt 45″ ... 90″. Fest auf der Teilkopfspindel

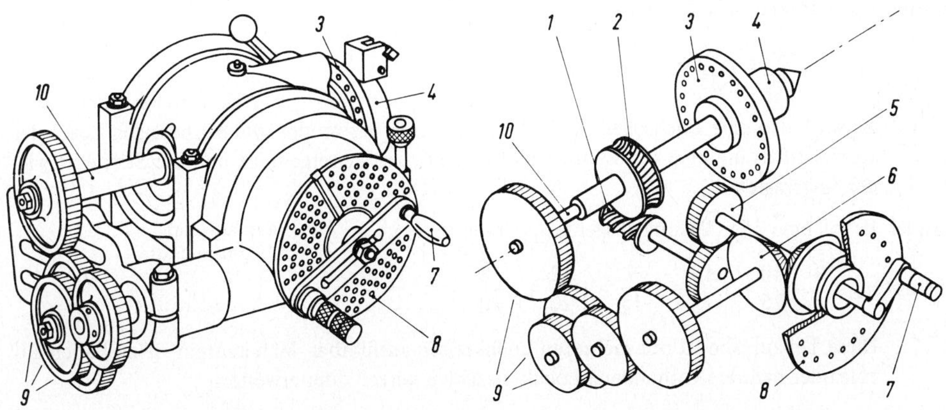

Bild II.20. Der Universal-Teilkopf und sein Antriebsschema
1 Schnecke, 2 Schneckenrad, 3 Teilscheibe zum unmittelbaren Teilen, 4 Teilkopfspindel, 5 Stirnräder ($i = 1:1$), 6 Kegelräder für Lochscheibenantrieb ($i = 1:1$), 7 Teilkurbel, 8 auswechselbare Lochscheibe mit mehreren Lochkreisen, 9 Wechselräder, 10 Ausgleichteilbolzen

sitzt die Teilscheibe 3 mit 24 Rastlöchern und häufig einer 360°-Winkelskala zum Teilen beliebiger Winkel von Hand (Teilgenauigkeit ≈ 3'). Der Ausgleichteilbolzen 10 wird nur beim Ausgleichteilen in die Teilkopfspindel eingeschraubt, damit die Wechselräder 9 für den Lochscheibenantrieb aufgesteckt werden können. Je nach auszuführender Teilung werden verschiedene Teilverfahren angewendet.

Zum **unmittelbaren Teilen** braucht man keine Wechselräder und die Schnecke muß ausgeschwenkt werden. Die Teilkopfspindel wird mit der Teilscheibe 3 um die erforderliche Lochzahl weitergedreht und der Raststift in das entsprechende Rastloch eingeschoben. Scheibe, Spindel und Werkstück können sich dann nicht mehr drehen. Dieses Verfahren ist auf die Teilungen 2, 3, 4, 6, 8, 12 und 24 beschränkt, wenn die Teilscheibe 24 Löcher hat.

Zum **Einfachteilen** wird der Raststift der Teilscheibe gelöst und die Schnecke wird eingeschwenkt. Auf der Außenfläche der Kegelradnabe, die sich frei auf der Kurbelwelle drehen läßt, wird eine Lochscheibe mit mehreren Lochkreisen befestigt und durch einen Haltestift am Gehäuse festgehalten. Die Teilbewegung wird mit der Kurbel über das Schneckengetriebe ausgeführt (Bild II.21). Die Gesamtübersetzung zwischen Kurbel und Teilkopfspindel ist 40:1. Folglich sind 40 Kurbelumdrehungen für eine Werkstückumdrehung erforderlich. Für *t Teilungen am Werkstück* muß das Schneckenrad mit Teilkopfspindel und Werkstück für jeden Teilschritt $n_w = 1/t$ Umdrehungen ausführen. Mit *Schneckenübersetzung* i_s = *Kurbeldrehzahl* n_k: *Werkstückdrehzahl* $1/t$ wird die *Kurbeldrehzahl* für einen Teilschritt

$$n_k = \frac{i_s}{t} \qquad \text{(II.1)}$$

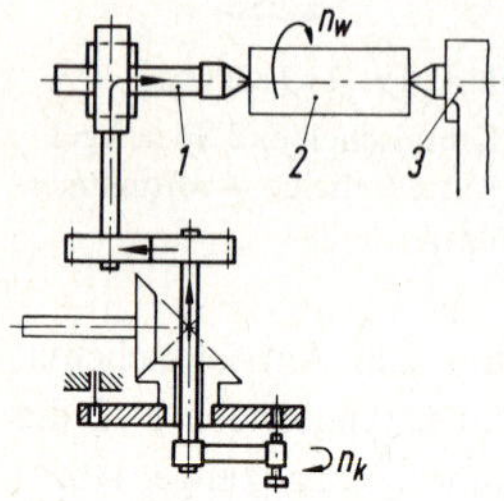

Bild II.21. Getriebeplan des Teilkopfes beim Einfachteilen
1 Teilkopfspindel, 2 Werkstück (fest auf Spindel), 3 Reitstock
Bewegungsfluß: Teilkurbel-Stirnräderpaar-Schneckengetriebe-Teilkopfspindel mit Werkstück. Lochscheibe und Kegelräder stehen still.

- **Beispiel:** Ein Zahnrad mit 37 Zähnen soll im Teilverfahren gefräst werden. Wieviele Kurbelumdrehungen sind für den Teilschritt erforderlich?

Lösung: Die Kurbeldrehzahl ist nach (II.1)

$$n_k = \frac{i_s}{t} = \frac{40}{37} = 1\,\frac{3}{37} \text{ Umdrehungen.}$$

Es wird also eine Lochscheibe mit 37er Lochkreis verwendet, die Kurbel nach Lösen des Kurbelstiftes um eine Umdrehung und drei Löcher weitergedreht und der Stift dort wieder eingerastet.

- **Beispiel:** Es soll eine 25er Teilung ausgeführt werden.

Lösung: $n_k = \frac{i_s}{t} = \frac{40}{25} = 1\,\frac{15}{25} = 1\,\frac{9}{15} = 1\,\frac{12}{20} = 1\,\frac{18}{30} \ldots$

Diese Teilaufgabe ist mit mehreren Lochkreisen ausführbar. Man kann in vielen Fällen auf eine oder mehrere vorhandene Lochkreiszahlen kürzen oder erweitern.

Die Zahl der ausführbaren Teilungen hängt beim Einfachteilen nur von der Anzahl der vorhandenen Lochkreise ab. Die meisten Teilköpfe haben 3 Lochscheiben mit 15 bis 24 Lochkreisen. Es können nicht nur gleichmäßige Umfangsteilungen, sondern auch beliebige Winkelteilungen im Einfachteilverfahren ausgeführt werden.

Das **Ausgleichteilen** wird angewendet, wenn bei großen Teilzahlen, insbesondere Primzahlen, das Einfachteilen versagt. Der Haltestift für die Lochscheibe wird gelöst, weil sie sich beim Teilen mitdrehen muß (Bild II.22). Man wählt eine in der Nähe der auszuführenden Teilung liegende *Hilfsteilzahl* x und berechnet damit wie beim Einfachteilen die *Kurbeldrehzahl* n_{kx} und den Lochkreis, d.h. es wird $n_{kx} = i_s/x$. Tatsächlich ist aber für den Teilschritt die Kurbeldrehzahl $n_k = i_s/t$ erforderlich. Der entstehende Fehler wird dadurch ausgeglichen, daß sich die Lochscheibe, über die Wechselräder angetrieben, während des Teilvorganges um die Differenz $n_l = n_k - n_{kx}$ dreht. Die Teilkopfspindel dreht sich um $n_w = 1/t$. Die Kegelräder vor der Lochscheibe sind gleich groß, so daß die *Wechselräderübersetzung* $i_w = n_w/n_l = 1/t\, n_l$ ist. Mit $i_w = z_2 z_4/z_1 z_3$ und $n_l = i_s/t - i_s/x$ wird $z_1 z_3/z_2 z_4 = t(i_s/t - i_s/x) = (i_s x - i_s t)/x$, und daraus ergibt sich die *Wechselrädergleichung für das Ausgleichteilen*

$$\frac{z_1 z_3}{z_2 z_4} = \frac{i_s}{x}(x - t) \qquad \text{(II.2)}$$

Bei $x > t$ muß sich die Lochscheibe *mit* der Kurbel, bei $x < t$ *gegen* die Kurbel drehen (Zwischenrad erforderlich!).

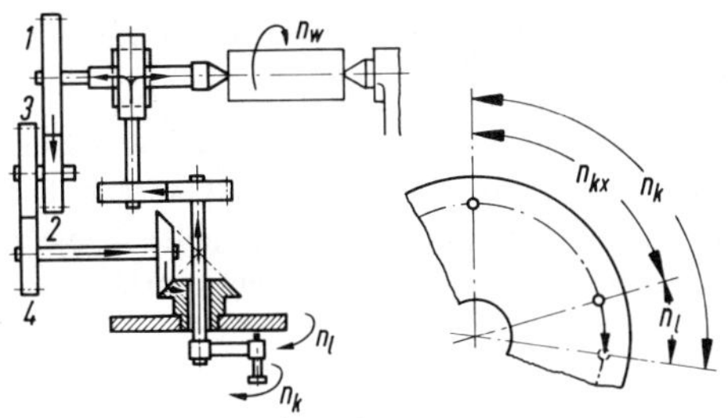

Bild II.22. Getriebeplan des Universalteilkopfes beim Ausgleichteilen

1 ... 4 Wechselräder für Lochscheibenantrieb

Bewegungsfluß: Teilkurbel-Stirnräderpaar-Schneckengetriebe- (hier teilt sich der Bewegungsfluß) nach rechts: Teilkopfspindel mit Werkstück, nach links: Wechselräder-Kegelräderpaar-Lochscheibe

■ **Beispiel:** Die Teilung 83 soll ausgeführt werden. Ein 83er Lochkreis ist nicht vorhanden.

Lösung: Hilfsteilzahl $x = 85$ gewählt. Dann ist die erforderliche Kurbeldrehzahl $n_{kx} = i_s/x = 40/85 = 8/17$, d.h. die Kurbel muß auf dem 17er Lochkreis um 8 Löcher weitergedreht werden. Nach (II.2) sind die Zähnezahlen der Wechselräder

$$\frac{z_1 z_3}{z_2 z_4} = \frac{i_s}{x}(x - t) = \frac{40}{85}(85 - 83) = \frac{80}{85} = \frac{8 \cdot 10}{5 \cdot 17} = \frac{40 \cdot 50}{25 \cdot 85}$$

d.h. es müssen Wechselräder mit den Zähnezahlen $z_1 = 40$, $z_2 = 25$, $z_3 = 50$ und $z_4 = 85$ Zähne aufgesteckt werden. Ein Zwischenrad ist nicht erforderlich. (Weiteres über Wechselräder siehe IV.1.2.2.1.)

Nach dem Ausgleichteilverfahren lassen sich alle praktisch vorkommenden Teilungen ausführen.

Drallfräsen, Spiralfräsen, Rundschalten. Darunter versteht man die Verwendung des Universal-Teilkopfes zum Werkstückantrieb beim Fräsen schraubenförmiger Nuten. Zwischen Vorschubspindel des Fräsmaschinentisches und Kegelradwelle des Teilkopfes werden Wechselräder eingebaut. Der Raststift der Lochscheibe wird gelöst und der Kurbelstift in ein Loch der Lochscheibe eingerastet (Bild II.23). Abhängig vom Tischvorschub wird über

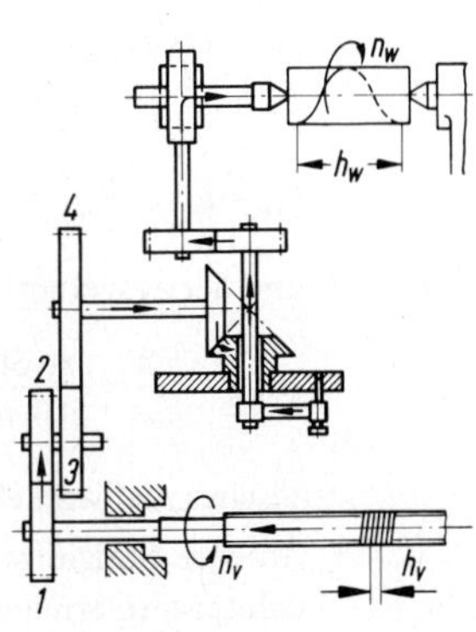

Bild II.23. Getriebeplan des Universalteilkopfes beim Drallfräsen

1 ... 4 Wechselräder zwischen Tischvorschubspindel und Kegelradwelle des Teilkopfes

Bewegungsfluß: Tischspindel-Wechselräder-Kegelräder-Lochscheibe-Teilkurbel-Stirnräder-Schneckengetriebe-Teilkopfspindel

Wechselräder (Übersetzung i_w), Kegelräder (Übersetzung 1:1), Lochscheibe, Kurbel und Schneckengetriebe (Übersetzung i_s) das Werkstück gedreht. Bezeichnen n_v die Drehzahl und h_v die Gewindesteigung der Vorschubspindel, n_w die Drehzahl des Werkstückes und h_w die Steigung der zu erzeugenden Schraubenlinie, dann ist die Gesamtübersetzung $i_{ges} = i_w i_s = n_v/n_w = h_w/h_v$. Setzt man wieder für i_w die Zähnezahlen der Wechselräder, so wird die *Wechselrädergleichung für das Drallfräsen*

$$\frac{z_1 z_3}{z_2 z_4} = i_s \frac{h_v}{h_w} \tag{II.3}$$

Damit die Schraubenlinie an der Arbeitsstelle genau in Vorschubrichtung verläuft, muß beim Arbeiten mit Scheibenfräsern der Tisch mit Teilkopf und Werkstück um den *Tischverstellwinkel* λ (Komplementwinkel des Steigungswinkels α am Werkstück) geschwenkt werden. Er wird bei unbekanntem Steigungswinkel aus Werkstückdurchmesser d und Werkstücksteigung h_w berechnet (bei kegeligen Werkstücken ist für d der mittlere Kegeldurchmesser zu setzen):

$$\tan\lambda = \frac{\pi d}{h_w} = \cot\alpha \tag{II.4}$$

Sind mehrere Schraubennuten mit gleichmäßiger Umfangsteilung am Werkstück herzustellen, dann ist das nur möglich, wenn im Einfachteilverfahren geteilt werden kann.

■ **Beispiel:** In den Mantel eines Zylinders sollen $t = 7$ flache schraubenförmige Nuten mit einem Steigungswinkel $\alpha = 72°48'$ und einem Flankendurchmesser $d = 50$ mm gefräst werden. Die Steigung der Vorschubspindel ist $h_v = 6$ mm. Mit welchem Lochkreis ist zu teilen? Welche Wechselräder werden benötigt? Um welchen Winkel λ muß der Tisch geschwenkt werden?

Lösung: Kurbeldrehzahl für Einfachteilen nach (II.1)

$n_k = \frac{i_s}{t} = \frac{40}{7} = 5\frac{5}{7} = 5\frac{15}{21}$ Umdrehungen, d.h. es müssen 5 ganze Umdrehungen und 15 Löcher auf dem 21er Lockreis geteilt werden.

Werkstücksteigung nach (II.4)

$$h_w = \pi \frac{d}{\cot\alpha} = \pi \frac{50\ \text{mm}}{\cot 72°48'} = 507{,}44\ \text{mm}.$$

Wechselräder nach (II.3)

$$\frac{z_1 z_3}{z_2 z_4} = \frac{i_s h_v}{h_w} = \frac{40 \cdot 6\ \text{mm}}{507{,}44\ \text{mm}}\ (= 0{,}47296) = \frac{8 \cdot 240\ \text{mm}}{8 \cdot 507{,}44\ \text{mm}} = \frac{1920}{4059{,}5} \approx \frac{40 \cdot 48}{52 \cdot 78}\ (= 0{,}47337),$$

d.h. die Wechselräder erhalten $z_1 = 40$, $z_2 = 52$, $z_3 = 48$ und $z_4 = 78$ Zähne.

Die Wechselräderübersetzung weicht von der erforderlichen um rund 0,087 % ab. Die wirklich ausgeführte Steigung beträgt

$$h_w = i_s h_v \frac{z_2 z_4}{z_1 z_3} = 40 \cdot 6\ \text{mm} \cdot \frac{52 \cdot 78}{40 \cdot 48} = 507{,}00\ \text{mm}$$

und der ausgeführte Steigungswinkel nach (II.4)

$$\cot\alpha = \frac{\pi d}{h_w} = \frac{\pi \cdot 50\ \text{mm}}{507\ \text{mm}} = 0{,}30982; \quad \alpha = 72°47'9{,}2''$$

Tischverstellwinkel $\lambda = 90° - \alpha = 90° - 72°47{,}15' = 17°12{,}85'$

Größere Steigungs- und Steigungswinkelgenauigkeit kann mit drei (statt zwei) Wechselräderpaaren erreicht werden.

1.5.3. Optischer Teilkopf

Die Teilkopfspindel wird mit der Kurbel unmittelbar über das Schneckengetriebe angetrieben. Lochscheiben und Wechselräder sind nicht erforderlich, denn die Einstellung wird mit einem Mikroskop auf einer genauen Winkelteilung im Innern des Gehäuses auf etwa 30″ genau abgelesen. Der optische Teilkopf ist nicht zum Drallfräsen geeignet.

1.5.4. Elektrisch-automatischer Teilkopf

Statt der Lochscheibe werden nur Wechselräder verwendet. Der Teilvorgang wird durch einen Druckknopf oder Endschalter ausgelöst. Der elektrisch-automatische Teilkopf ist vor allem zur Verwendung auf programmgesteuerten Maschinen bestimmt.

1.5.5. Rundtisch

Aufbau und Wirkungsweise: Rundtische sind entweder fest in die Maschine eingebaut, oder sie werden auf dem Maschinentisch festgeschraubt. Sie sind für unmittelbares Teilen mit Rastenscheibe oder Winkelskala und für Einfachteilen mit Lochscheibe, Kurbel und Schneckengetriebe eingerichtet. Das Schneckenrad hat 90 oder 180 Zähne, die Schnecke ist eingängig. (Berechnung siehe 1.5.2, Einfachteilen.) Während der Bearbeitung des Werkstückes wird die Aufspannplatte, in deren T-Nuten das Werkstück gespannt ist, auf dem Tischkörper festgeklemmt, um das Schneckengetriebe zu entlasten und eine starre Abstützung der Bearbeitungskräfte zu erreichen.

Statt mit Lochscheibe und Kurbel wird auch mit Handrad und Teiltrommel mit 240 Teilstrichen geteilt. Bei 180 Zähnen am Schneckenrad entspricht ein Teilstrich einem Winkel von 30″. Der Nonius hat 30 Striche auf 29 Teilstriche der Teiltrommel. Ein Noniusstrich entspricht also einer Tischdrehung von 1″. Es gibt auch optische Rundtische, bei denen die Kreisteilung eines Teilringes auf einen Bildschirm projiziert wird und die Tischstellung mit 1″ Genauigkeit abgelesen werden kann. Die Teilgenauigkeit der Rundtische beträgt etwa 5″.

1.6. Kraftspannantriebe

Anwendungsbeispiele: An Dreh- und Rundschleifmaschinen werden Winkelhebel-, Keilkolben- und Fingerfutter, Spannzangen, Spreiz- und Dehndorne mit Kraftspannantrieben betätigt.

Aufbau und Wirkungsweise: Der **Druckölzylinder** (Bild II.24) wird mit dem Flansch 6 auf dem hinteren Ende der Arbeitsspindel 7 befestigt und läuft mit ihr um. In die kurze Stange 4 des Flachkolbens 3 wird die Zugstange 5 eingeschraubt, die den Spanner (z.B. Futter) betätigt. Das Drucköl

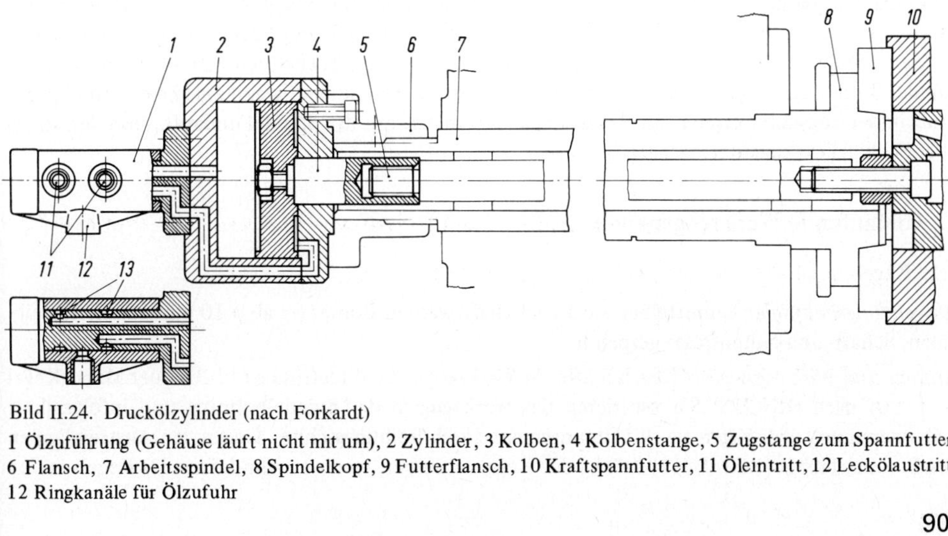

Bild II.24. Druckölzylinder (nach Forkardt)

1 Ölzuführung (Gehäuse läuft nicht mit um), 2 Zylinder, 3 Kolben, 4 Kolbenstange, 5 Zugstange zum Spannfutter, 6 Flansch, 7 Arbeitsspindel, 8 Spindelkopf, 9 Futterflansch, 10 Kraftspannfutter, 11 Öleintritt, 12 Leckölaustritt, 12 Ringkanäle für Ölzufuhr

(15 ... 25 bar) wird mit zwei Schläuchen in die nicht mit umlaufende Ölzuführung 1 geleitet und gelangt von da über Ringkanäle und Bohrungen vor oder hinter den Kolben 3, der nach beiden Seiten mit fast der gleichen Kraft auf die Kolbenstange wirken kann. Ein mechanisch oder elektromagnetisch betätigter Vierwegehahn leitet jeweils in den einen Schlauch das Drucköl und verbindet den anderen mit dem Auslaß. Die gebräuchlichen Kolbendurchmesser liegen zwischen 75 mm und 200 mm.

Der **Preßluftzylinder** ist genauso aufgebaut. Der geringere Druck der Preßluft (6 bar Überdruck) erfordert für gleiche Spannkraft aber größere Kolbendurchmesser als beim Druckölzylinder (bis 400 mm) oder Tandemzylinder mit zwei hintereinander angeordneten Kolben. Dadurch wird das Schwungmoment größer (größere Bremszeit!). Deswegen und wegen der unvermeidbaren Unwucht sind bei Preßluftzylindern die zulässigen Drehzahlen bei gleicher Spannkraft kleiner als beim Druckölzylinder.

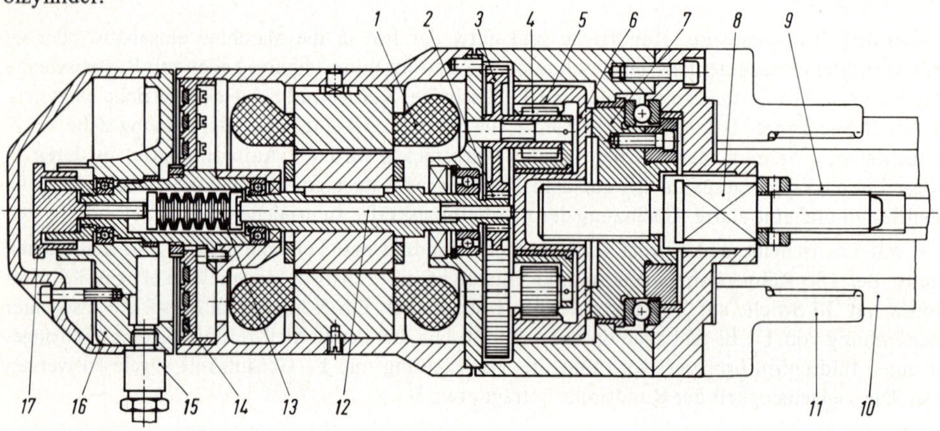

Bild II.25. Elektrospanner (Forkardt KG., Düsseldorf)

1 Spannmotor, 2, 3, 4 Stirnräder, 5 Innenzahnkranz der Überschnappkupplung, 6 Überschnappkupplung, 7 Spannmutter (Kupplungsscheibe), 8 Gewindespindel, 9 Zugstange zum Werkstück- oder Werkzeugspanner, 10 Schwanzende der Arbeitsspindel, 11 Zwischenflansch, 12 Druckstift für Überschnappkupplung, 13 Tellerfederpaket, 14 Schleifring, 15 Stromzuführung, 16 feststehender Schild, 17 Scheibe zum Einstellen des Federdruckes (Drehmomentbegrenzung)

Beim **Elektrospanner** (Bild II.25) treibt der Spannmotor 1 über die Stirnräder 2, 3, 4 auf den Innenzahnkranz 5 der Überschnappkupplung 6. Diese wird mit einstellbarer Federkraft gegen die Spannmutter 7 gedrückt und nimmt sie mit ihren Kupplungszähnen mit. Dadurch wird über die Gewindespindel 8 die Zugstange 9 axial bewegt. Die Kupplung schnappt über, wenn eine bestimmte Spannkraft in der Zugstange erreicht ist. Da das Spannergehäuse mit der Spindel umläuft, muß der Strom über Schleifringe zugeführt werden.

2. Umlaufende Werkzeugspanner

2.1. Kegel

Anwendungsbeispiele: Unmittelbar am Kegelschaft werden Bohrer (≈ ab ϕ 10 mm), Senker, Reibahlen, Schaft- und Nutenfräser gespannt.

Aufbau und Wirkungsweise: Kegelschäfte an Werkzeugen sind metrische (1 : 20) oder Morse-Kegel (≈ 1 : 20) nach DIN 228. Sie zentrieren das Werkzeug in der Spindelbohrung und infolge ihrer Selbsthemmung übertragen sie das Drehmoment durch Reibungsschluß. Gegen den Austreiblappen des Bohrerschaftes (Bild II.26a) drückt der Kegelaustreiber, wenn er zum Lösen des Kegels in den

Querschlitz der Bohrspindel eingetrieben wird. Fräserschäfte haben stattdessen ein Anzuggewinde für die Spannstange, die den Fräser fest in die Kegelaufnahme der Spindel zieht (Bild II.26b). Zum Austreiben des Kegels genügt ein Schlag gegen das Ende der Spannstange.

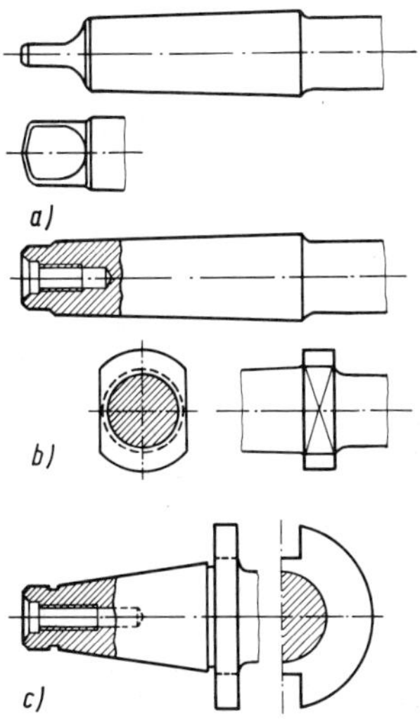

Bild II.26. Werkzeugkegel

a) Morse- bzw. metrischer Kegel mit Austreiblappen nach DIN 228
b) derselbe Kegel mit Anzuggewinde nach DIN 228
c) ISO-Steilkegel mit Anzuggewinde und Flansch nach DIN 2080

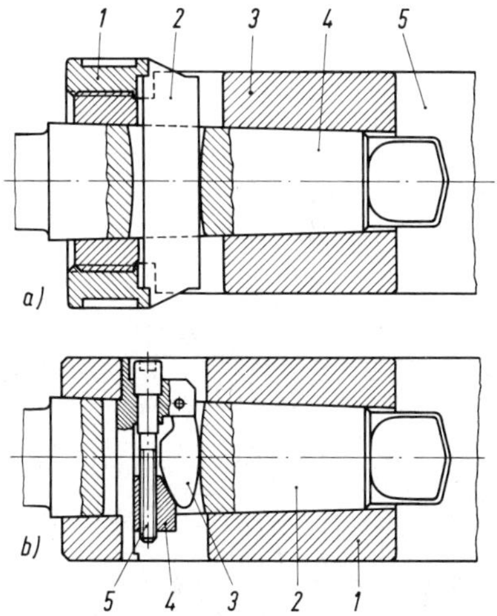

Bild II.27. Werkzeug-Einziehkeile

a) mit Ringmutter (Scharmann & Co., Rheydt); 1 Ringmutter, 2 Querkeil, 3 Spindel, 4 Werkzeugkegel, 5 Austreibschlitz
b) mit Anzugschraube (Wotan-Werke, Düsseldorf); 1 Spindel, 2 Werkzeugkegel, 3 Klemmhebel, 4 Keilstück, 5 Anzugschraube

Bei großen Drehmomenten sichern Mitnehmerflächen an Spindelkopf und Kegel (Bilder II.26b und I.8) oder ein Querkeil die Verbindung gegen Lösen. Nach Bild II.27a wird der Querkeil zur Schonung der Spindel nicht eingeschlagen, sondern mit einer Ringmutter verschoben. Beim Einziehkeil nach Bild II.27b wird mit der Anzugschraube 5 das Keilstück 4 nach innen gezogen. Dadurch schwenkt der Klemmhebel 3 aus und drückt den Kegelschaft in die Aufnahme.

Fräserschäfte werden auch mit dem nicht selbsthemmenden und darum leicht lösbaren ISO-Steilkegel 3,5 : 12 nach DIN 729 ausgeführt. Er muß stets mit einem Anzuggewinde axial gehalten werden. Das Drehmoment wird von den Mitnehmersteinen des Spindelkopfes auf Schlitze im Flansch des Werkzeugkegels übertragen (Bild II.26c).

Mit Reduzierhülsen kann man kleine Kegelschäfte in größeren Kegelbohrungen oder Morse- und metrische Kegel in ISO-Steilkegelbohrungen aufnehmen. Ihr Außenkegel paßt zur Aufnahmebohrung der Spindel, ihre Bohrung zum Kegelschaft des Werkzeuges.

2.2. Dorne

Anwendungsbeispiele: Dorne werden an Fräsmaschinen und Bohr- und Fräswerken verwendet. Als Dorne kann man auch die Aufsteckhalter für Senker und Reibahlen ansehen.

Aufbau und Wirkungsweise: Auf dem **Fräserdorn** mit Morsekegel oder ISO-Steilkegel (DIN 2081 ... 87, 6062, 6354/55/60) werden Walzen- und Scheibenfräser gespannt (Bild II.28a). Die Spannstange zieht den Aufnahmekegel in die Spindelbohrung. Die Mitnehmersteine des Spindelkopfes übertragen das Drehmoment auf die Nuten des Dornflansches. Der Fräser wird auf den Dorn aufgeschoben und von einer Paßfeder mitgenommen. Seine axiale Lage wird mit Ringen verschiedener Breite bestimmt. Es können auch mehrere Fräser gleichzeitig aufgenommen werden (Satzfräser). Mit einer Mutter werden Ringe und Fräser axial gespannt. Die Laufbüchse stützt den Fräserdorn im Gegenhalterlager ab.

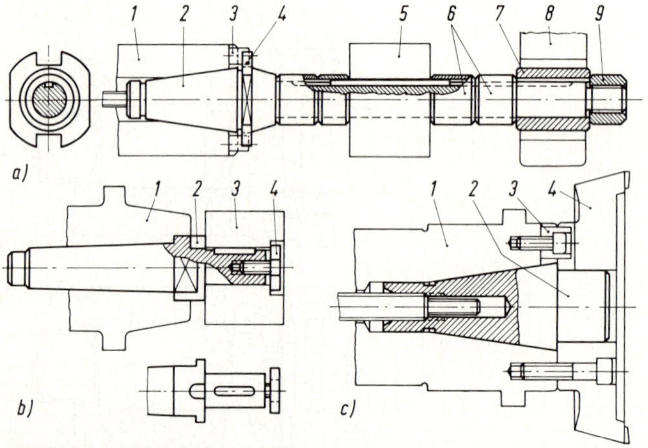

Bild II.28. Dorne

a) Fräserdorn; 1 Spindelkopf, 2 Aufnahmekegel (ISO), 3 Mitnehmerstein, 4 Dornflansch, 5 Fräser, 6 Distanzringe, 7 Laufbuchse, 8 Gegenhalterlager, 9 Spannmutter
b) Aufsteckfräserdorn; 1 Spindelkopf, 2 Radialnut für Mitnehmerring, 3 Fräser, 4 Spannschraube
c) Messerkopf-Zentrierdorn; 1 Spindelkopf, 2 Zentrierdorn, 3 Mitnehmerstein, 4 Messerkopf

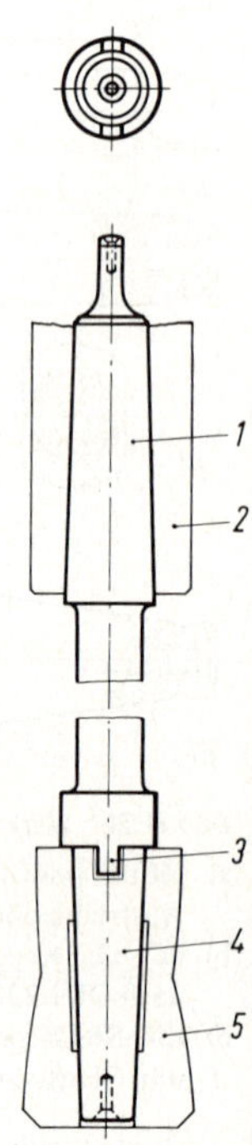

Bild II.29. Aufsteckhalter für Reibahlen und Senker nach DIN 217
1 Morsekegelschaft, 2 Spindelkopf, 3 Mitnehmer, 4 Aufnahmekegel (Steigung 1 : 30), 5 Aufstecksenker

Auf dem **Aufsteckfräserdorn** (DIN 886, 2087, 6360/61) werden Stirn- und Walzenfräser aufgesteckt und mit einer Spannschraube axial gespannt. Der Dorn wird fliegend in die Spindel gespannt. Der Mitnehmerring oder die Paßfeder übertragen je nach Fräserform das Drehmoment auf den Fräser (Bild II.28b).

Mit dem **Zentrierdorn** (Bild II.28c) werden Messerköpfe zentriert. Der Messerkopf wird gegen die Stirnfläche des Spindelkopfes geschraubt. Das Drehmoment übertragen die Mitnehmer im Spindelkopf.

Der **Dehndorn** wird anstelle des Aufsteck- oder des Zentrierdornes verwendet. Der Fräser wird durch radiales Aufweiten des Dornes gespannt und dabei auch selbst gedehnt. Da er meist durchgehärtet und kerbempfindlich ist, soll er keine Nuten haben und auch nicht zu kurz sein. Die großen Drehmomente können nicht mit Sicherheit durch Reibung an der Spannstelle übertragen werden. Man benutzt deshalb zusätzlich Mitnehmerringe entsprechend Bild II.28b. Aufbau und Wirkungsweise siehe 1.2.

Bild II.29 zeigt einen *Aufsteckhalter* (DIN 217) für Senker mit Morse- oder metrischem Kegelzapfen für die Bohrspindel und einem Kegelzapfen für das Werkzeug. Das Drehmoment überträgt der Mitnehmer auf zwei Radialnuten des Senkers.

2.3. Spannzangen

Anwendungsbeispiele: Mit Spannzangen werden Schaftfräser mit zylindrischem Einspannschaft bis 30 mm Durchmesser gespannt. Spannzangen*futter* werden für Bohrer verwendet.

Aufbau und Wirkungsweise: Zug-Spannzangen werden unmittelbar oder mit einer Zwischenhülse in die Spindelbohrung eingesetzt und mit der Spannstange gespannt (siehe auch 1.3). Das Spannzangenfutter nach Bild II.30 wird mit dem Kegel 1 in die Bohrspindel eingesetzt. Zum Spannen wird die Überwurfmutter 4 gedreht und dadurch die Spannzange 3 in ihren Kegelsitz hineingedrückt. Spannzangenfutter für Fräser haben lediglich andere, dem Frässpindelkopf entsprechende Kegelabmessungen.

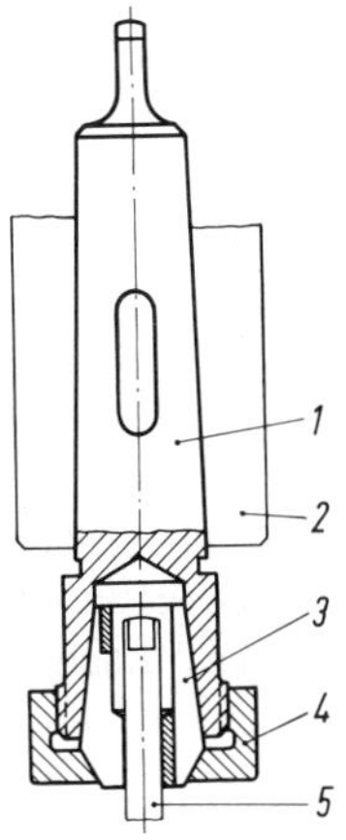

Bild II.30
Spannzangenfutter

1 Werkzeugkegel
2 Bohrspindel
3 Druckspannzange
4 Überwurfmutter
5 Werkzeugschaft

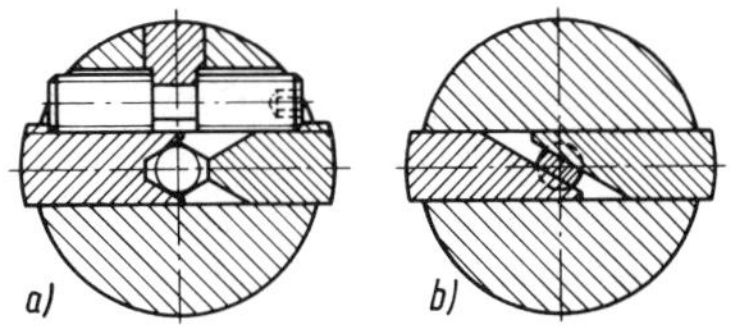

Bild II.31
a) Zweibacken-Bohrfutter
b) Zweibacken-Bohrfutter mit Drehmoment-Übertragung am Mitnehmerlappen des Bohrerschaftes

2.4. Spannfutter

Anwendungsbeispiele: Mit Spannfuttern spannt man Bohrer auf Bohrmaschinen, im Drehmaschinenreitstock und im Revolverkopf von Drehautomaten, sowie Fräserdorne.

Aufbau und Wirkungsweise: **Zweibacken-Bohrfutter** (Bild II.31). Seine Backen sind an den V-förmigen Spannflächen wechselseitig ausgefräst, so daß sie wie Zähne ineinander greifen können. Sie werden mit einer Gewindespindel verstellt (Unwucht!) und übertragen das Drehmoment durch Reibung. Bei Ausführung b) wird der Bohrer an seinem Mitnehmerlappen zusätzlich mitgenommen.

Das **Dreibacken-Bohrfutter** (Bild II.32) hat schrägliegende zylindrische, an den Spannflächen keilförmig abgefräste Backen 6 mit Gewinde auf einem Teil ihrer Außenfläche. Die Spannhülse 3 mit der innen liegenden Mutter 5 wird von Hand oder mit einem Schlüssel an ihrem Zahnkranz gedreht und verschiebt über das konische Muttergewinde die Backen.

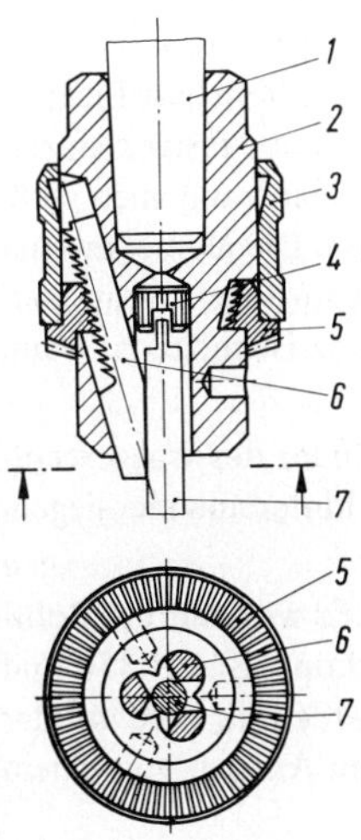

Bild II.32. Dreibacken-Bohrfutter mit Zahnkranz
1 Bohrfutterkegel
2 Futterkörper
3 Spannhülse
4 eingepreßter Mitnehmer
5 Spannmutter mit Zahnkranz
6 Backe
7 Bohrer

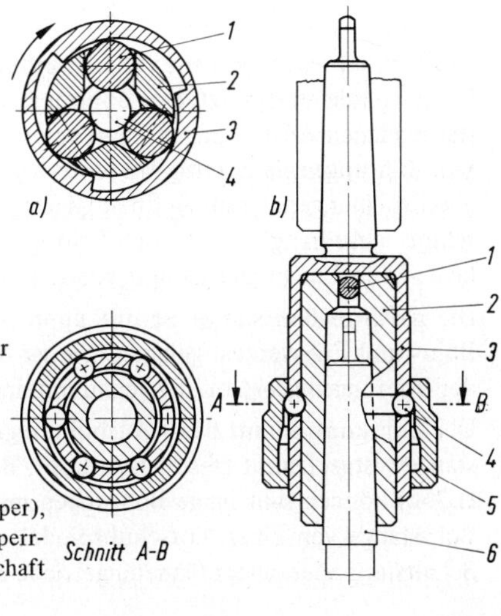

Bild II.33. Schnellwechsel-Bohrfutter
a) mit Rollenbacken
1 Rollenbacke, 2 Futterkörper, 3 Spannring, 4 Bohrerschaft
b) mit Wechselhülse
1 Mitnehmerstift (fest im Futterkörper), 2 Wechselhülse, 3 Futterkörper, 4 Sperrkugeln, 5 Kugelhaltering, 6 Bohrerschaft

Im **Schnellwechsel-Bohrfutter** kann der Bohrer bei laufender Spindel gewechselt werden. Bei der Ausführung a) nach Bild II.33 werden die drei Rollenbacken 1 in Schlitzen des Futterkörpers 2 geführt und vom Spannring 3 umschlossen. Eine Feder verbindet den Spannring mit dem Futterkörper und dreht ihn nach rechts, bis seine inneren Kurvenflächen die Backen an den Bohrerschaft andrücken. Mit zunehmendem Drehmoment spannt das Futter selbsttätig fester. Beim Lösen wird der Spannring mit der Hand festgehalten und die Kurven geben die Backen frei. Eine andere Bauart wirkt ähnlich wie der selbstspannende Mitnehmer nach Bild II.3d. Beim Futter nach Bild II.33b wird der Bohrer in die Hülse 2 eingesteckt, die vom Querstift 1 mitgenommen wird. Zum Wechseln wird bei laufender Spindel der Ring 5 so weit angehoben, bis die Sperrkugeln 4 nach außen ausweichen können. Dann kann man das Werkzeug mit der Hülse leicht herausziehen und eine andere Hülse einsetzen.

Schrumpffutter der Bauart Stieber (Bild II.18) verwendet man in Verbindung mit einem Schnellwechsel-Fräserdorn. Das Futter wird im Frässpindelkonus aufgenommen und spannt den Fräserdorn in der bekannten Weise auf einem zylindrischen Zapfen. Eine Quernut am Grunde der Futterbohrung überträgt das Drehmoment auf einen Mitnehmerlappen an der Stirnseite des Fräserdorn-Spannzapfens.

2.5. Bohrstangen

Anwendungsbeispiele: Mit Bohrstangen werden vorgebohrte oder gegossene Löcher ausgebohrt. Man verwendet sie auf Bohrwerken, Radialbohrmaschinen und mit kleineren Abmessungen auch auf Drehmaschinen.

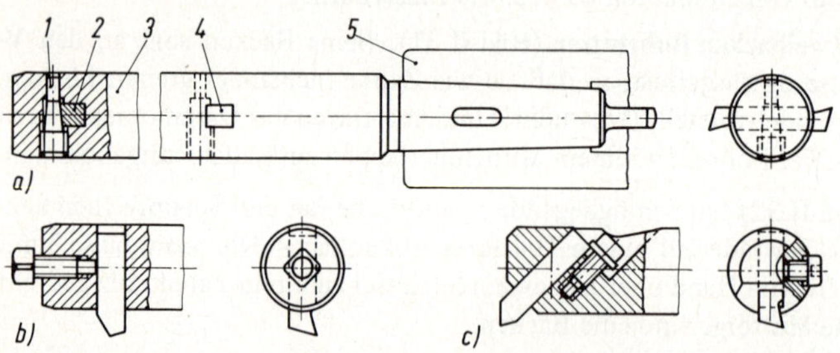

Bild II.34. Kopfbohrstange
a) mit doppelseitig schneidendem Bohrmeißel und mehreren Werkzeugaufnahmen (Raboma, Berlin); 1 Spannschraube, 2 Meißel, 3 Bohrstange, 4 Werkzeugaufnahme, 5 Bohrspindel
b) mit einseitig schneidendem Meißel für durchgehende Bohrungen
c) mit feinverstellbarem Meißel für Sacklöcher

Aufbau und Wirkungsweise: Die **Kopfbohrstange** nach Bild II.34 wird mit dem Kegelschaft fliegend in die Spindel eingesetzt. Der Bohrmeißel ist in der Querbohrung mit einer Schraube festgeklemmt. Bei manchen Ausführungen kann er mit einer Schraube feinverstellt werden. Man kann auch mehrere Bohrungen gleichzeitig mit hintereinander angeordneten Meißeln bearbeiten. Die Meißel müssen aber in einer gemeinsamen Ebene liegen, weil die Bohrstange sonst bei ungleichmäßigem Spanquerschnitt abgedrängt wird. Auch Schruppen und Schlichten in einem Durchgang ist möglich, wenn beide Meißel nicht gleichzeitig, sondern nacheinander arbeiten.

Die **geführte Bohrstange** ist mit ihrem freien Ende im Setzstock (Gegenständer des Waagerecht-Bohr- und Fräswerkes) gelagert. Sie ist besonders zum Bearbeiten mehrerer hintereinander liegender Bohrungen geeignet, die genau miteinander fluchten müssen.

Der **Bohrkopf** nimmt beim Ausbohren *großer Durchmesser* den Meißel auf. Er wird auf der Bohrstange festgeklemmt (fester Bohrkopf, Bild II.35a). Mit dem Vorschub-Bohrkopf (Bild II.35b und II.35c) können sehr lange Bohrungen mit großem Durchmesser bearbeitet werden. Er wird auf der Bohrstange von einer Vorschubspindel selbsttätig axial verschoben, die ihren Antrieb von einem Schaltstern oder einem Planetengetriebe erhält.

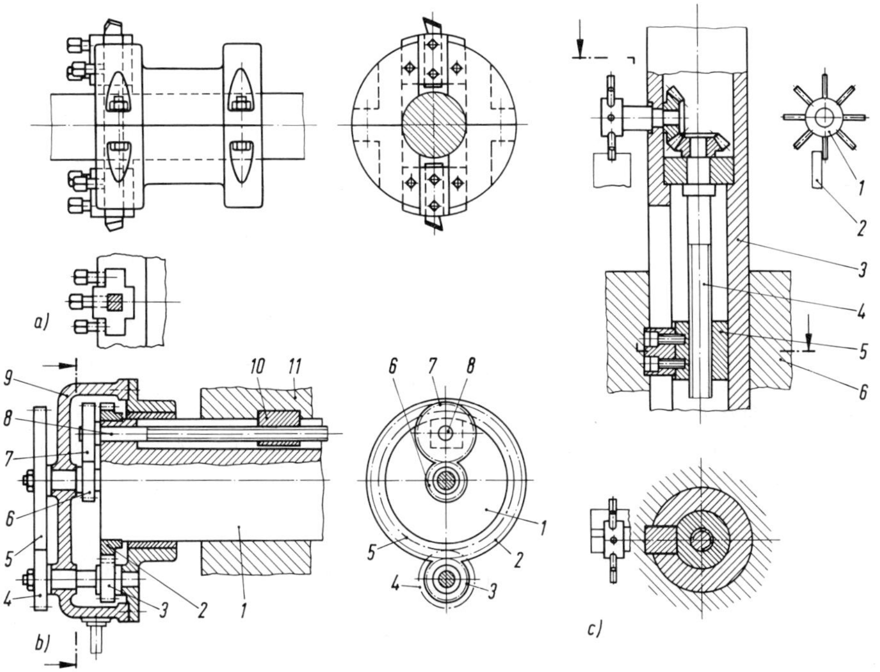

Bild II.35. Bohrköpfe

a) fester Bohrkopf
b) Vorschub-Bohrkopf mit Planetengetriebe; 1 Bohrspindel, 2 Antriebszahnkranz, 3 Zahnrad, 4, 5 Wechselräder zum Verändern des Vorschubes, 6 Sonnenrad, 7 Planetenrad, 8 Vorschubspindel, 9 Getriebegehäuse (mit Anschlag festgehalten), 10 Spindelmutter, 11 Bohrkopf
c) Vorschub-Bohrkopf mit Schaltsternantrieb (Raboma, Berlin); 1 Schaltstern, 2 Anschlag, 3 Bohrstange, 4 Vorschubspindel, 5 Spindelmutter, 6 Bohrkopf

2.6. Schleifscheibenaufnahmen

Aufbau und Wirkungsweise: Kleine Schleifscheiben mit kleiner Bohrung werden auf einen Bleiring aufgeschoben, der auf dem zylindrischen Spindelzapfen sitzt, und zwischen zwei gleich großen Stahlflanschen mit einer Mutter axial festgespannt. Zwischen Flansche und Schleifscheibe werden Pappscheiben oder andere weiche Zwischenlagen gelegt, damit die Spannkraft sich gleichmäßig auf die ganze Fläche verteilt und örtliche hohe Pressungen vermieden werden (Bild II.36a). Größere Scheiben werden außerhalb der Maschine zwischen Aufnahmeflansch 1 und Gegenflansch 2 einer Schleifscheibenaufnahme (DIN 6375) gespannt (Bild II.36b) und mit Hilfe der Auswuchtkörper 3 ausgewuchtet, die in den Ringnuten der beiden Flansche festgeklemmt werden. Dann erst wird die Scheibe mit der Mutter auf den Kegelzapfen der Schleifspindel gespannt.

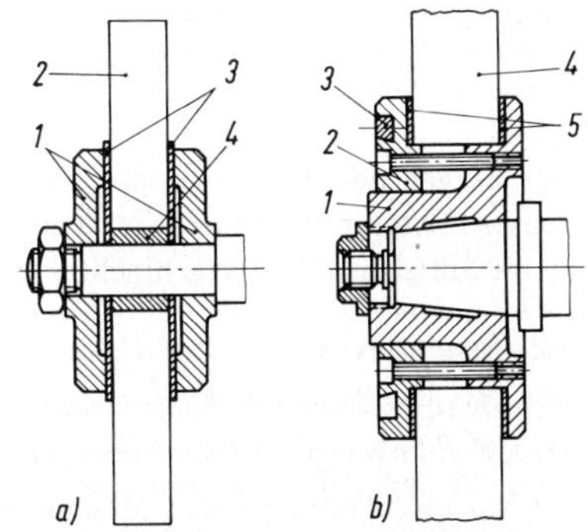

Bild II.36. Schleifscheibenaufnahmen

a) einfache Schleifscheibenaufnahme 1 Flansche, 2 Schleifscheibe, 3 Pappscheiben, 4 Bleiring
b) Schleifscheibenaufnahme nach DIN 6375 (Karstens, Ruit); 1 Aufnahmeflansch, 2 Gegenflansch, 3 Auswuchtkörper, 4 Schleifscheibe, 5 weiche Zwischenlagen

3. Feste Werkstückspanner

3.1. Setzstöcke

Anwendungsbeispiele: Mit Setzstöcken (Lünetten) werden lange, dünne, zwischen Spitzen gespannte Werkstücke auf Dreh- und Rundschleifmaschinen abgestützt.

Aufbau und Wirkungsweise: Der **feste Setzstock** (Bild II.37) wird mit einer Spannpratze auf den Bettführungsbahnen festgeklemmt und ändert seine Stellung während der Bearbeitung des Werkstückes nicht. Er hat drei einzeln verstellbare Pinolen mit eingesetzten Gleit- oder Rollenbacken, die an das Werkstück angestellt werden und es abstützen. Sein Oberteil ist aufklappbar. Für Rundschleifmaschinen wird er auch offen ähnlich Bild II.38 ausgeführt.

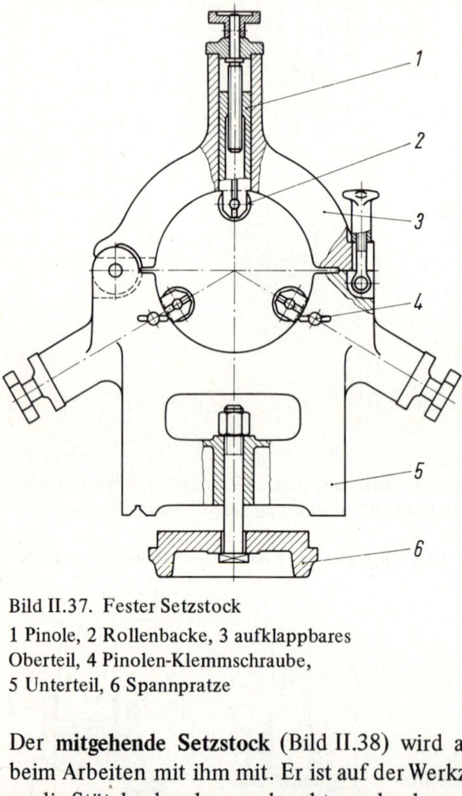

Bild II.37. Fester Setzstock
1 Pinole, 2 Rollenbacke, 3 aufklappbares Oberteil, 4 Pinolen-Klemmschraube, 5 Unterteil, 6 Spannpratze

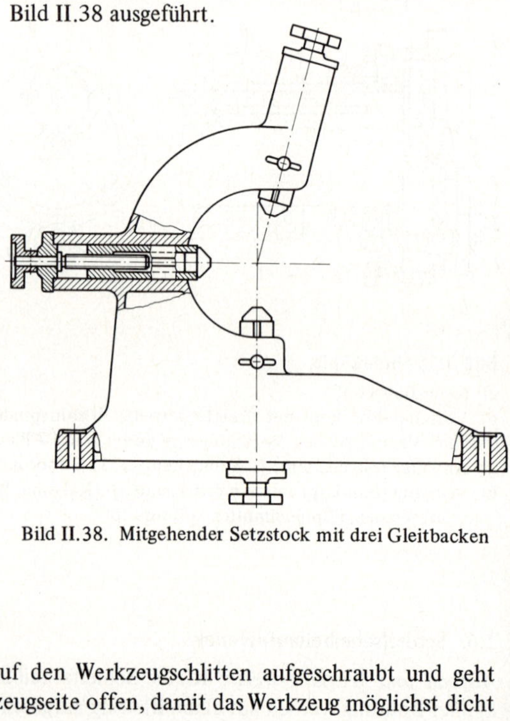

Bild II.38. Mitgehender Setzstock mit drei Gleitbacken

Der **mitgehende Setzstock** (Bild II.38) wird auf den Werkzeugschlitten aufgeschraubt und geht beim Arbeiten mit ihm mit. Er ist auf der Werkzeugseite offen, damit das Werkzeug möglichst dicht an die Stützbacken herangebracht werden kann.

3.2. Spannstöcke

Anwendungsbeispiele: Spannstöcke (Maschinenschraubstöcke) benutzt man auf Bohr-, Fräs-, Schleif- und Waagerecht-Stoßmaschinen.

Aufbau und Wirkungsweise: **Maschinenschraubstöcke** spannen das Werkstück zwischen einer festen und einer beweglichen Backe, die mit einer Gewindespindel betätigt wird. Das Unterteil wird mit Spannschrauben in den T-Nuten des Maschinentisches festgespannt. Die Bearbeitungskräfte sollen das Werkstück gegen die feste Backe drücken. Die bewegliche Backe soll möglichst lang geführt sein, damit sie unter der Wirkung der Spannkraft nicht kippt. Aus dem gleichen Grunde liegt die Spindel des Maschinenschraubstockes in Bild II.39 in Höhe der Spannbacken. Dadurch erhält aber der feste Backenkörper ein Biegemoment. Dieser Schraubstock ist auf seiner Grundplatte um 360° schwenkbar. Universal-Spannstöcke können um eine weitere, waagerechte Achse geschwenkt werden. Beim Unterzug-Spannstock zieht die Spindel die ihr abgewandte Backe gegen die feste Backe.

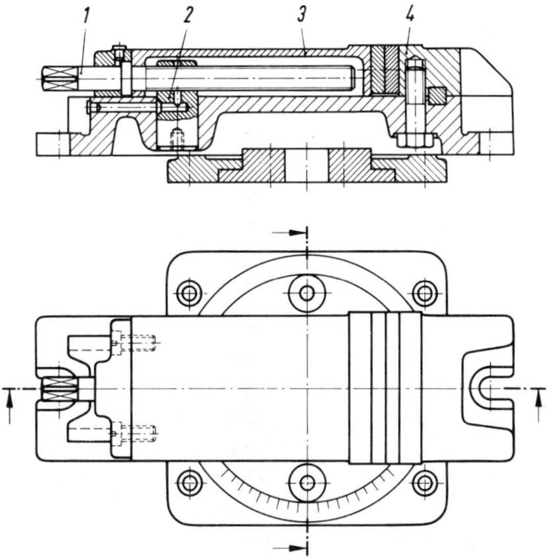

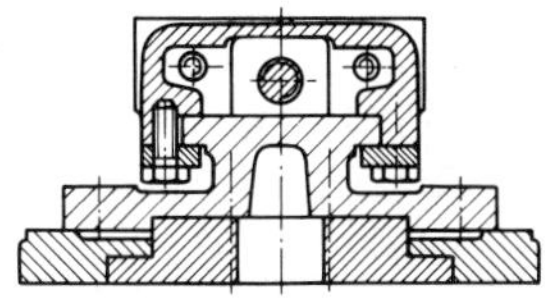

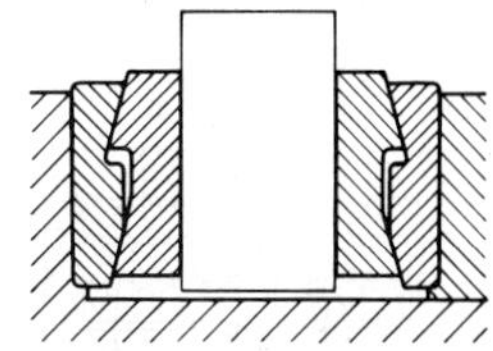

Bild II.40. Tiefspannbacken

Bild II.39. Maschinenschraubstock (Gack, Mühlacker)
1 Spindel, 2 Spindelmutter, 3 bewegliche Backe, 4 feste Backe

Tief- oder Niederspannbacken sind zweiteilig (Bild II.40). Die senkrechte Komponente der Normalkraft auf den Keilflächen schiebt beim Spannen die Innenbacken nach unten und drückt dadurch das Werkstück auf die Unterlage.

Schnellspannstöcke sollen die Spannzeit verkürzen. Es gibt zahlreiche Ausführungen davon. Allen gemeinsam ist der meist sehr kleine Backenhub. Zum Anpassen an größere Unterschiede in den Werkstückabmessungen werden die Backen entweder versetzt oder mit einer Gewindespindel verschoben, wie beim *Preßluft-Spannstock* nach Bild II.41. Den Spannhub von 5 ... 10 mm betätigt hier ein Preßluftkolben.

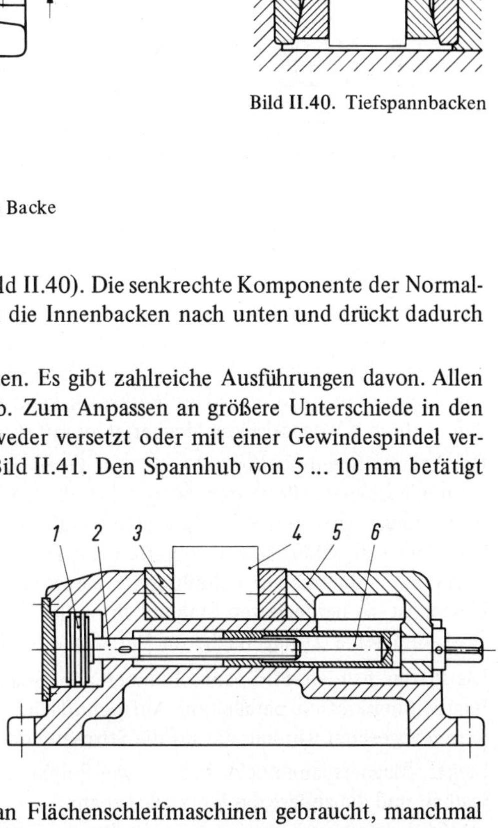

Bild II.41. Preßluft-Spannstock
1 Preßluftkolben, 2 Kolbenstange, 3 feste Spannbacke, 4 Werkstück, 5 bewegliche Spannbacke, 6 Gewindehülse zum Einstellen der Spannweite

3.3. Magnetspanner

Anwendungsbeispiele: Sie werden vorwiegend an Flächenschleifmaschinen gebraucht, manchmal auch an Fräs-, Hobel- oder Stoßmaschinen. Ohne Zusatzgeräte kann man auf ihnen nur ferromagnetische Werkstücke spannen. Besonders gut geeignet sind sie für flache, ebene Werkstücke, die in anderen Spannern leicht verspannt werden können.

Aufbau und Wirkungsweise: Magnetspanner sind rechteckige oder runde Platten.

Elektro-Magnetspanner werden am meisten verwendet. Die in das Gehäuse eingebetteten Erregerwicklungen werden von Gleichstrom (24, 110 oder 220 V) durchflossen und erzeugen magnetische Felder, welche die Polplatte abwechselnd in Nord- und Südpole unterteilen. Die Pole sind durch eingelegte Messingstreifen voneinander getrennt (Bild II.42). Legt man ein Werkstück auf zwei oder

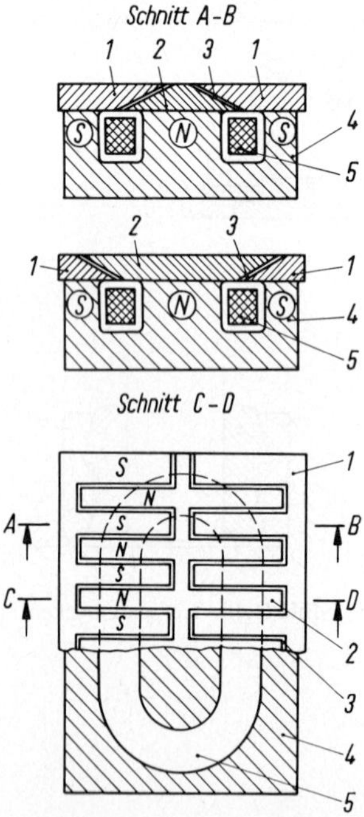

Bild II.42
Prinzip der Elektromagnet-Spannplatte mit Pendelpolteilung
(Binder Magnete KG., Villingen)
1 Südpolteil der Polplatte
2 Nordpolteil der Polplatte
3 unmagnetische Zwischenlagen aus Messing
(1, 2 und 3 bilden gemeinsam die Polplatte)
4 Magnetgehäuse
5 Erregerwicklung

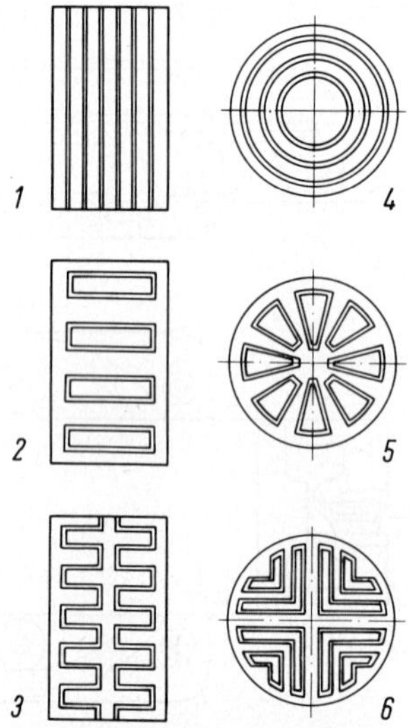

Bild II.43. Polteilungsarten der Magnetspannplatten
(Binder Magnete KG., Villingen)
1 Längs-, 2 Quer-, 3 Pendel-, 4 Ring-, 5 Radial-, 6 Sternpolteilung

mehrere ungleichnamige Pole auf, so wird es von den magnetischen Kraftlinien durchflossen und fest auf die Polplatte gezogen. Nach dem Abschalten muß mit einem Umpolschalter die Stromrichtung kurzzeitig umgekehrt werden. Dadurch verschwindet der Restmagnetismus und das Werkstück kann abgenommen werden. Das Werkstück kann in einem besonderen Gerät entmagnetisiert werden, das durch Wechselstrom Magnetfelder mit ständig wechselnder Richtung erzeugt.

Rechteckige Spannplatten haben Längs-, Quer- oder Pendelpolteilung (Bild II.43). Längspolteilung kann mit kleinstem Polabstand ausgeführt werden (ca. 4 mm) und ist dadurch für kleine Werkstückabmessungen geeignet. Pendelpolteilung ergibt größte Haltekraft. Die Haltekraft hängt aber auch von Werkstoff, Oberflächenbeschaffenheit, Dicke und Größe des Werkstückes und seiner Auflagefläche im Verhältnis zur Polteilung ab. Sie ist bei Grauguß kleiner als bei Kohlenstoffstählen, noch kleiner ist sie bei legierten Stählen. Je rauher die Auflagefläche, je dünner und kleiner das Werkstück und seine Auflagefläche im Verhältnis zur Polteilung ist, desto kleiner wird die Haltekraft.

Die Platten werden mit Spannschrauben oder Spanneisen in den Tischnuten befestigt. Bei größeren Bearbeitungskräften parallel zur Aufspannfläche können die Werkstücke zusätzlich mit Anschlagleisten abgestützt werden, die auf die Stirnseite der Spannplatte geschraubt werden.

Elektro-Magnetspannblöcke haben zwei Polplatten, von denen die eine den Block auf dem Tisch festhält und die andere das Werkstück spannt.

Permanent-Magnetspannplatten spannen mit eingebauten Dauermagneten, brauchen also keinen Gleichstromanschluß. Die Spannkraft ist kleiner als bei Elektro-Magnetplatten. Zum Lösen des Werkstückes wird die Platte mit einem Hebel „ausgeschaltet", der die Magnete im Innern verschiebt und dadurch kurzschließt.

3.4. Spanneisen

Anwendungsbeispiele: Sie können auf allen Maschinentischen mit T-Nuten verwendet werden. Man benutzt sie besonders zum Aufspannen großer Werkstücke und in der Einzelfertigung, wenn sich eine Vorrichtung nicht lohnt.

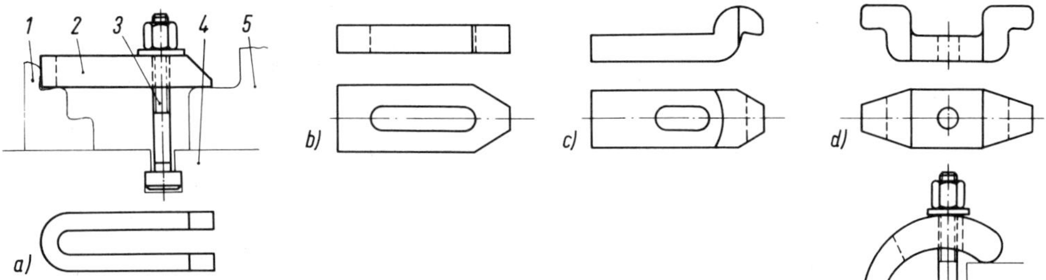

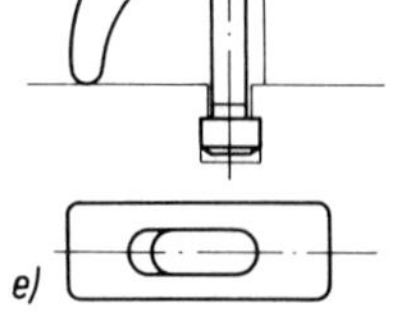

Bild II.44. Spanneisen

a) Gabelspanneisen; 1 Spannunterlage (kleiner Treppenbock), 2 Gabelspanneisen, 3 Spannschraube, 4 Werkstücktisch, 5 Werkstück

b) flaches Spanneisen, c) gekröpftes Spanneisen, d) doppelt gekröpftes Spanneisen, e) Spannklaue

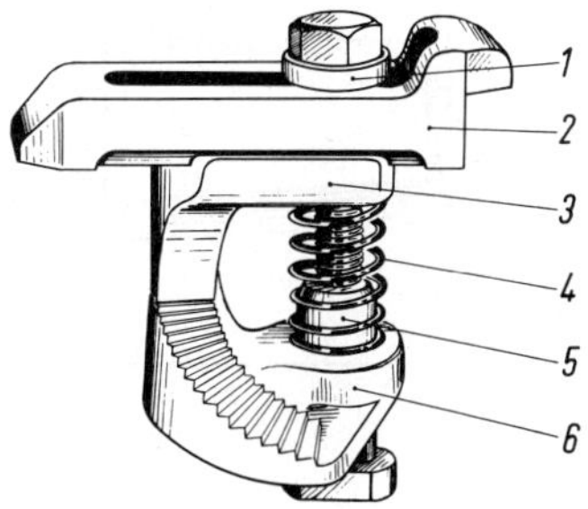

Bild II.45. Stufenpratze (Feinmechanik GmbH., Weilheim)
1 Spannschraube, 2 Spanneisen
3 Spannunterlage, 4 Feder,
5 Gewindehülse, 6 Unterteil

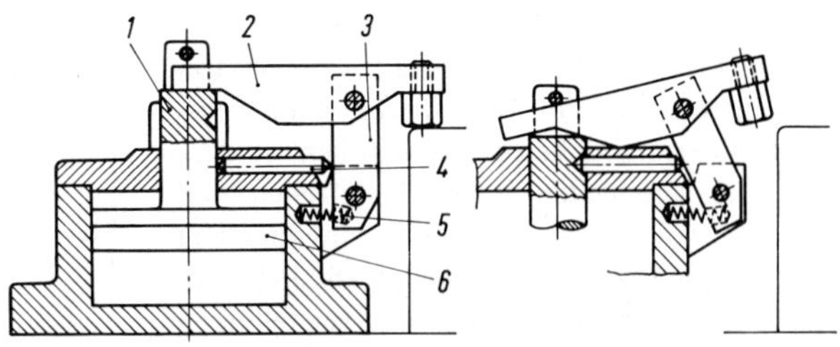

Bild II.46. Preßluft-Spanneisen (links: gespannt, rechts: gelöst)
1 Kolbenstange, 2 Spannhebel, 3 Schwenkhebel, 4 Schwenkbolzen, 5 Feder, 6 Kolben

Aufbau und Wirkungsweise: Spanneisen sind genormt, werden aber auch in vielfach abgewandelter Form verwendet (Bild II.44).

Gabelspanneisen (DIN 6315) sind leichter, steifer, billiger und schneller zu handhaben als *flache Spanneisen* (DIN 6314). *Einfach gekröpfte Spanneisen* (DIN 6316) sind zweckmäßig, wenn die Spannmutter nicht nach oben überstehen darf, *doppelt gekröpfte* (DIN 6317) zum gleichzeitigen Spannen nebeneinander liegender Werkstücke. Die *Spannklaue* benötigt für kleine Spannhöhen keine Spannunterlage. Die Spannschrauben mit Vierkant- oder Rundkopf mit Schlüsselflächen (DIN 787) sind wegen der starken Beanspruchung aus hochfestem Stahl. Aus dem gleichen Grunde sind die Spannmuttern sehr hoch.

Die *Stufenpratze* (Bild II.45) vereinigt Spanneisen, -schraube und -unterlage miteinander. Auf der schraubenförmigen Rastentreppe des Unterteiles 6 stützt sich die Spannunterlage 3 ab, in deren Schlitz das Spanneisen 2 verschoben werden kann. Die Feder 4 drückt beide nach oben. Die Spannhöhe läßt sich auf der Treppe feinstufig einstellen. Zum Spannen wird die Spannschraube 1 in die Gewindehülse 5 eingeschraubt, deren unteres Ende als Nutenstein ausgebildet ist. Der Verstellbereich beträgt je nach Größe 30 mm bis 120 mm, die größte Spannhöhe 320 mm.

Das *Preßluft-Spanneisen* (Bild II.46) wird auf dem Tisch festgespannt. In der gelösten Stellung drückt die Feder 5 den Schwenkhebel 3 zurück. Der Schwenkbolzen 4 liegt in der Raste der Kolbenstange 1. Beim Spannen drückt die Preßluft den Kolben 6 nach oben, der Schwenkbolzen 4 wird aus der Raste geschoben und richtet den Schwenkhebel 3 auf, der dadurch den Spannhebel 2 über das Werkstück schwenkt. Dann erst spannt der Spannhebel das Werkstück nach unten. Mit einem gemeinsamen Steuerhahn können beliebig viele Spanneisen gleichzeitig bedient werden. Der Spannmechanismus verklemmt leicht durch Späne.

3.5. Spannunterlagen

Anwendungsbeispiele: Mit Spannunterlagen werden Spanneisen und Werkstücke beim Spannen auf Maschinentischen abgestützt.

Aufbau und Wirkungsweise: Bild II.47 zeigt einige stufenweise verstellbare Spannunterlagen. Der *Treppenbock* ist nach DIN 6318 in mehreren Größen bis 365 mm Höhe genormt. Jede Größe hat sechs Stufen mit einem Höhenunterschied von je 7,5 mm. Der *Zahnbock* ist in feineren Stufen verstellbar. *Stufen-Spannunterlagen* sind in verschiedenen Formen in Gebrauch.

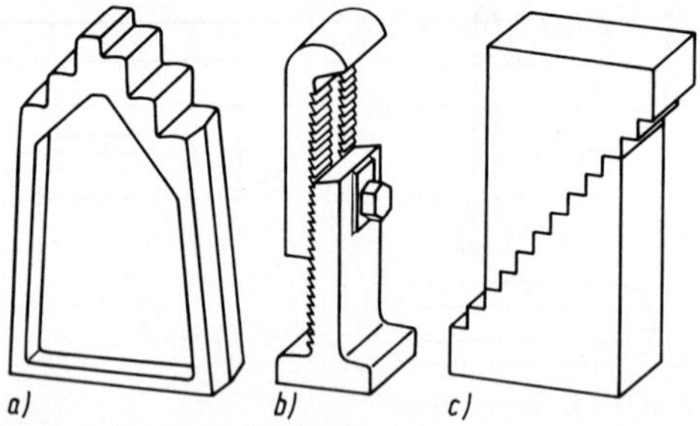

Bild II.47. Spannunterlagen
a) Treppenbock; b) Zahnbock (Maier, Fellbach); c) Stufen-Spannunterlage

Verstellbare Spannunterlagen nach DIN 6326 bestehen aus Unterteil und Oberteil, die beide auf ihrer Schrägfläche unter 3,5° zur Waagerechten verzahnt sind. Das Oberteil kann beliebig versetzt und außerdem verschoben werden. Mit drei verschieden hohen Unterteilen und zwei Oberteilen lassen sich alle Spannhöhen von 25 ... 145 mm stufenlos einstellen (Bild II.48a). Mit dem ebenfalls stufenlos verstellbaren *Schraubbock* werden meistens Werkstücke abgestützt.

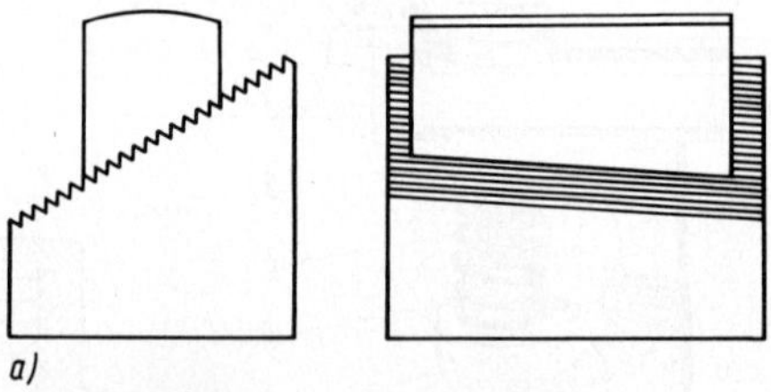

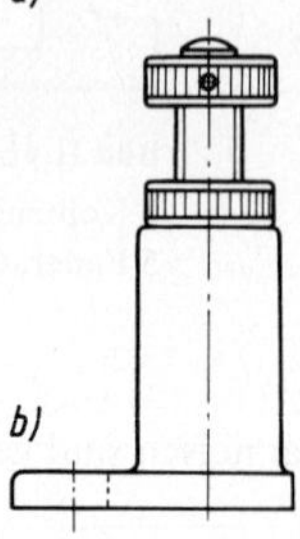

Bild II.48
Stufenlos verstellbare Spannunterlagen
a) verstellbare Spannunterlage
b) Schraubbock

3.6. Kloben

Anwendungsbeispiele: Mit Kloben werden auf Tischen gespannte Werkstücke zusätzlich gegen Verschieben gesichert. Flache Werkstücke spannt man damit, wenn kein Spanner von oben angebracht werden kann.

Aufbau und Wirkungsweise: Spannkloben (Bild II.49) sind Stahlklötze mit einer waagerechten Spannschraube. Sie werden mit ihrem Fuß einfach in die Tischnut eingesetzt. Nur hohe Spannkloben spannt man fest. Die Spannkraft wirkt parallel zur Tischebene und beansprucht infolgedessen – besonders bei hohen Kloben – den Tisch auf Biegung. *Anschlagkloben* (Bild II.49) bilden die Gegenlager der Spannkloben. Sie werden in der Tischnut festgespannt.

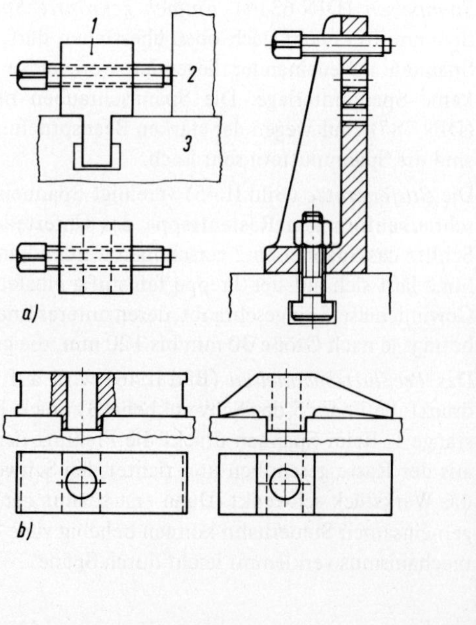

Bild II.49. Kloben
a) niedriger und hoher Spannkloben; 1 Spannkloben, 2 Werkstück, 3 Tisch
b) Anschlagkloben

4. Feste Werkzeugspanner

4.1. Drehmeißelhalter

Herzklauen-Meißelhalter (Bild II.50a) gehören zur Normalausrüstung vieler Spitzendrehmaschinen. Die Meißelhalterschraube 3 sitzt fest im Oberschlitten 5. Der Meißel 2 wird mit Unterlegblechen auf die Werkstückmitte eingerichtet, die Herzklaue 1 mit der Stellschraube 4 auf die Meißelhöhe eingestellt und dann mit der Mutter festgezogen.

Doppel-Spanneisen (Bild II.50b) sind für schwere Schrupparbeiten auf Hochleistungsdrehmaschinen geeignet.

Einfach- und Doppelmeißelhalter nach Bild II.51 werden mit Spannschrauben in den T-Nuten des Supportes festgeklemmt. Der Meißel wird mit mehreren Spannschrauben festgespannt und kann mit einer Schraube feinfühlig längsverstellt werden.

Meißelhalter mit Höheneinstellung (Bild II.52) stellen den Meißel ohne Unterlagen auf die richtige Höhe. Bei den Ausführungen a) und b) wird der Keil verschoben und dabei der Meißel gehoben oder gesenkt. Nach c) wird der Meißel mit einer Segmentscheibe geschwenkt. Dadurch werden aber Frei- und Spanwinkel verändert.

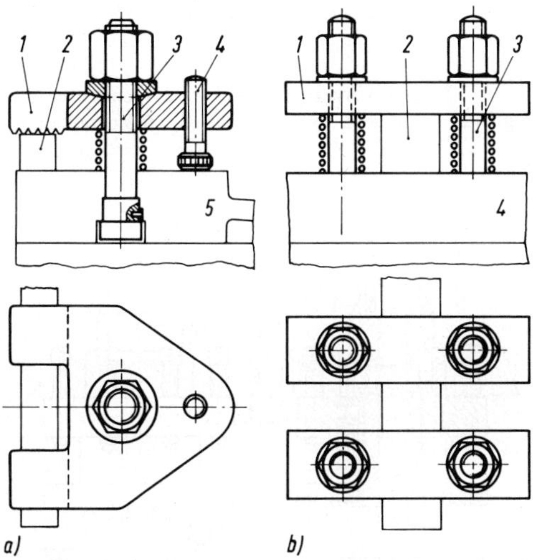

Bild II.50
a) Herzklauen-Meißelhalter
1 Herzklaue, 2 Drehmeißel, 3 Meißelhalterschraube, 4 Stellschraube, 5 Oberschlitten
b) Doppel-Spanneisen
1 Spanneisen, 2 Drehmeißel 3 Meißelhalterschraube, 4 Oberschlitten

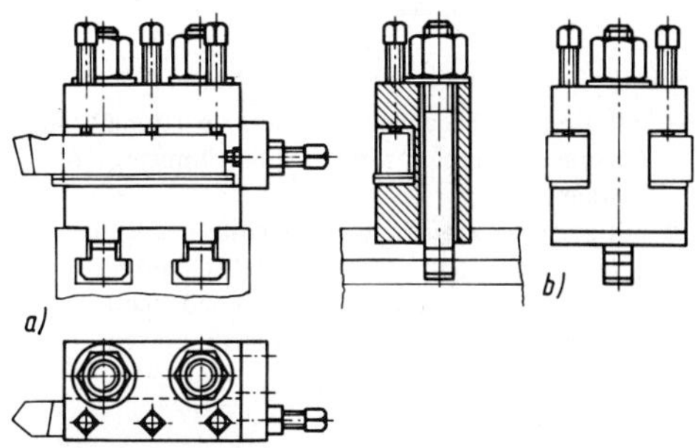

Bild II.51. Meißelhalter mit Längs-Feinverstellung
a) einfach, b) doppelt

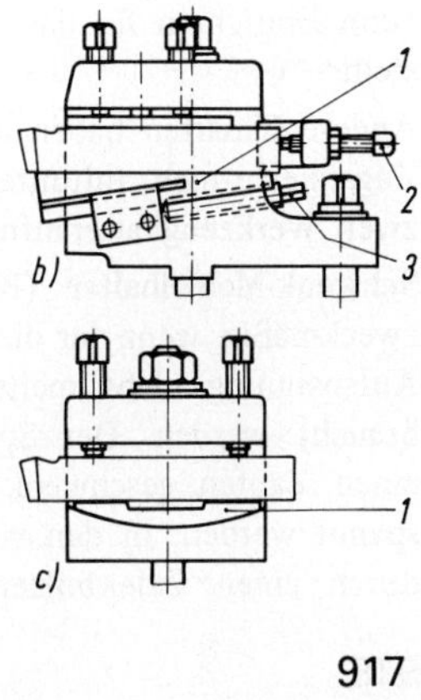

Bild II.52. Meißelhalter mit Höhenverstellung
a) mit Keil (G. Boley, Eßlingen)
1 Höhenstellkeil 2 Höhenfeinstellschraube
b) mit Keil und zusätzlicher Längs-Feinverstellung (Gildemeister, Bielefeld)
1 Höhenstellkeil (durch Gewinde auf der Unterseite verschiebbar), 2 Längs-Feinstellschraube, 3 Höhen-Feinstellschraube (im Meißelhalterkörper drehbar, aber nicht verschiebbar)
c) mit Segmentscheibe (G. Boley, Eßlingen); 1 Segmentscheibe

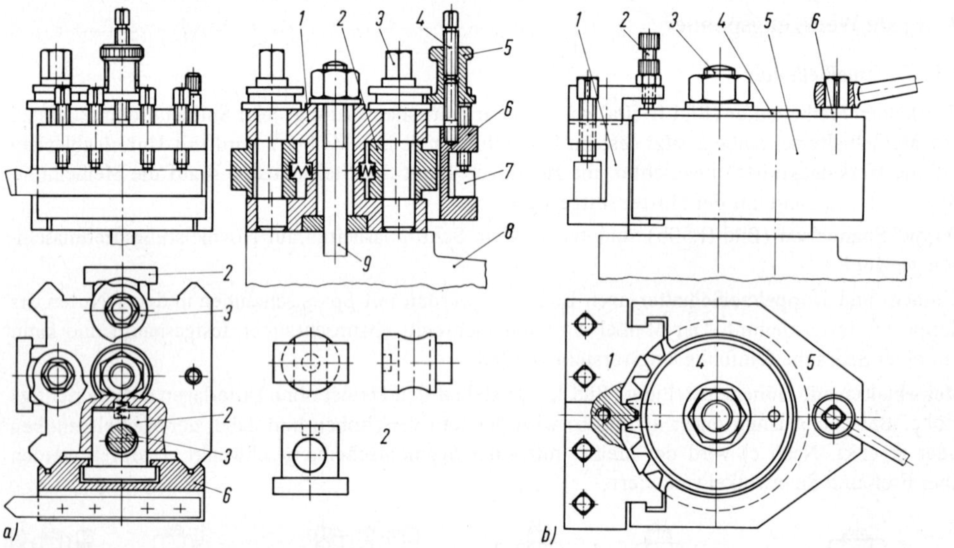

Bild II.53. Schnellwechsel-Meißelhalter

a) mit drei Werkzeughalteraufnahmen (Hamül, Marktredwitz); 1 Grundkörper, 2 Zuganker, 3 Spannexzenter, 4 Konterschraube, 5 Höheneinstellmutter, 6 Werkzeughalter, 7 Meißel, 8 Oberschlitten, 9 Meißelhalterschraube

b) mit einer Werkzeughalteraufnahme;
1 Werkzeughalter, 2 Höheneinstellschraube,
3 Meißelhalterschraube 4 feststehende Säule,
5 schwenkbarer Spannbügel 6 Spannbolzen

Schnellwechsel-Meißelhalter (Bild II.53a). Der Grundkörper 1 wird auf dem Schlitten festgespannt. Auf seine seitlichen Führungen werden auswechselbare Werkzeughalter 6 mitsamt dem gespannten Werkzeug rechtwinklig oder parallel zur Werkstückachse von oben aufgeschoben. Mit einem Schlüssel wird über einen Exzenter 3 im Grundkörper der Zuganker 2 nach innen gezogen und der Werkzeughalter festgeklemmt. Die Höhe des Meißels wird mit der Mutter 5 beim Einrichten für das erste Werkstück eingestellt.

Andere Bauarten haben andere Führungs- und Zugankerformen, mitunter auch nur eine oder zwei Werkzeughalteraufnahmen (Bild II.53b). **Schwenk-Meißelhalter** (Bild II.54) sind dann zweckmäßig, wenn für die Bearbeitung in einer Aufspannung nicht mehr als vier Meißel gebraucht werden. Der Spannkörper kann um einen Zapfen geschwenkt und wieder festgespannt werden. In den vier Stellungen wird er durch einen Indexbolzen, bei größerer Um-

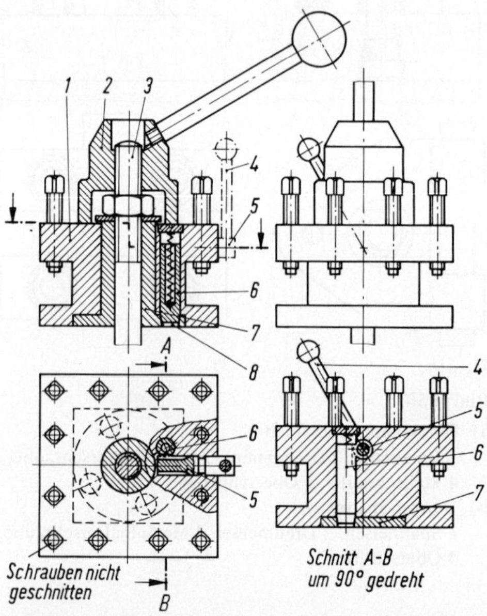

Bild II.54. Schwenk-Meißelhalter (Hamül, Marktredwitz)

1 Schwenkkörper mit 4 Meißelaufnahmen, 2 Klemmmutter, 3 Meißelhalterschraube, 4 Indexbolzenhebel, 5 Ritzel zum Anheben des Indexbolzens beim Schwenken, 6 federnder Indexbolzen mit kurzem Außen-Zahnstangenprofil, 7 feststehender Mittelzapfen, 8 Indexlöcher (4 Stück) in der Grundplatte des Mittelzapfens

schlaggenauigkeit mit einer Stirnverzahnung festgelegt. Es gibt auch Schwenk-Meißelhalter mit waagerechter Schwenkachse.

Auf Revolver- und Automaten-Drehmaschinen gebraucht man überwiegend Sonder-Meißelhalter in vielfältigen Formen.

4.2. Hobelmeißelhalter

Gewöhnlich wird der Hobelmeißel mit zwei bügelförmigen Meißelhaltern auf die Meißelklappe des Hobelschlittens gespannt. Mit Doppel-Meißelhaltern kann man zwei Meißel nebeneinander spannen. Beide Halterformen werden mit ihren T-Füßen in die Spannuten der Meißelklappe eingeführt und durch das Spannen des Meißels in den Nuten festgezogen. Für große Schnittkräfte werden Spanneisen verwendet (Bild II.55).

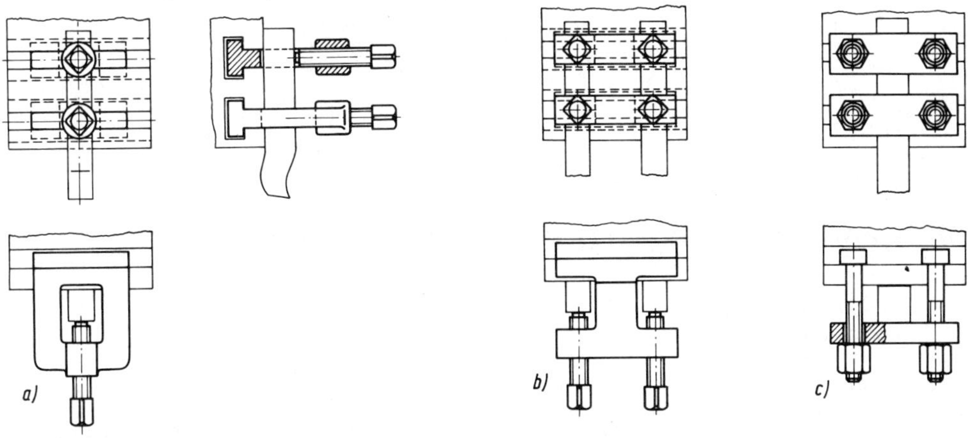

Bild II.55. Hobelmeißelhalter. a) Bügelmeißelhalter; b) Doppelmeißelhalter; c) Spanneisen

4.3. Stoßmeißelhalter

An *Waagerecht-Stoßmaschinen* verwendet man die gleichen Bügel-Meißelhalter wie an Hobelmaschinen (siehe 4.2). Für kleine Schnittkräfte wird auch der Meißelhalter nach Bild II.56 gebraucht. Die Schraube spannt den Meißel 2 auf die Unterlage 3, die geriffelt ist, damit der Meißel besser festgehalten wird. An *Senkrecht-Stoßmaschinen* kann der Meißel nur dann mit Bügelhaltern unmittelbar auf den Stößel gespannt werden, wenn das Werkstück den Stößel nicht beim Hub behindert. Sonst wird der Meißel in starre Vierkant- oder Rundmeißelhalter ähnlich den Bohrstangen (siehe 2.5) gespannt, die in der Länge verstellbar und z.T. auch drehbar sind. Sie werden mit Spanneisen oder Bügelhaltern auf dem Stößelkopf festgespannt.

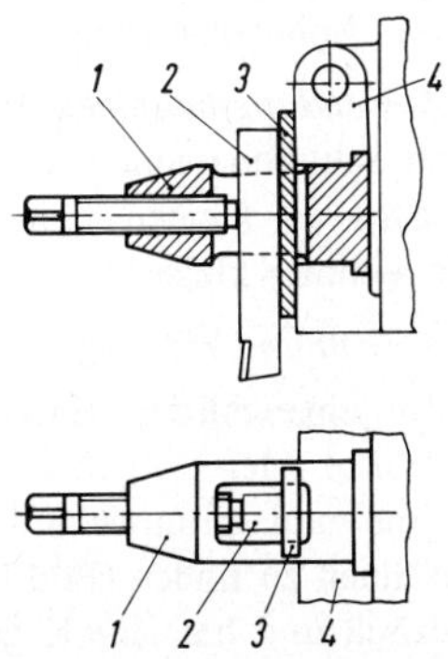

Bild II.56. Meißelhalter einer Waagerecht-Stoßmaschine

1 Meißelhalter, 2 Meißel, 3 Unterlage, 4 Meißelhalterklappe

4.4. Werkzeugspanner an Scheren, Pressen und Hämmern

Ober- und Untermesser der *Schere* werden unmittelbar am Messerbalken (Schlitten) bzw. an der hinteren Tischkante festgeschraubt. Kleine und mittlere *Pressen* haben in der Aufspannfläche des Stößels eine zylindrische Bohrung für den Einspannzapfen des Werkzeuges (DIN 810) und eine Klemmplatte (Bild II.57). Auf mittleren und großen Pressen werden Ober- und Unterwerkzeuge mit Spannschrauben oder Spanneisen in den T-Nuten von Tisch und Stößel gespannt. In einer hakenförmigen Nut nimmt der Abkantpressenstößel den Stempelfuß auf (Bild I.23).

Bär und Schabotte des *Hammers* haben eine breite, nach innen erweiterte Nut („Fuge"), in der das Werkzeug mit Keilen befestigt wird (Bild I.25).

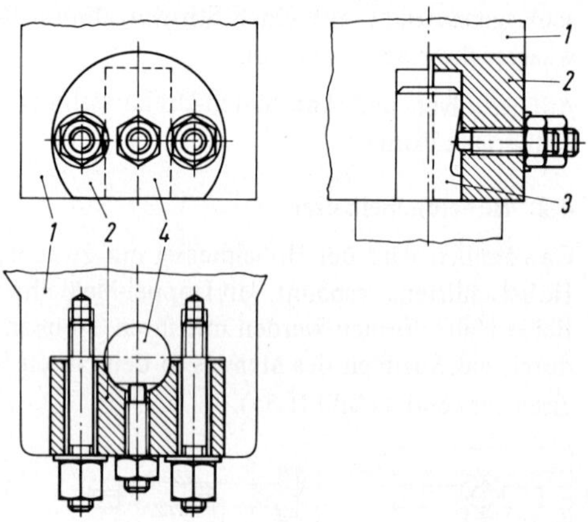

Bild II.57. Werkzeugbefestigung an Pressen (Eisenwerk Hensel, Bayreuth)

1 Stößel, 2 Klemmplatte, 3 Einspannzapfen des Werkzeuges, 4 Stößelbohrung

III. Spindellagerungen und Geradführungen

1. Spindellagerungen

Begriffsbestimmung: Spindellagerungen stützen die Werkstück- und Werkzeugspindeln gegen die radialen und axialen Betriebskräfte ab. Sie sollen möglichst fehlerfreien Rundlauf der Spindeln gewährleisten und sie gegen axiale Verschiebung in beiden Richtungen sichern.

1.1. Spindellagerungen mit Gleitlagern

Anwendungsbeispiele: Reine Gleitlagerungen sind an Schleifmaschinen weit verbreitet. Sie sind seltener an kleinen Feindrehmaschinen und Fräsmaschinen kleiner Leistung zu finden.

Aufbau und Wirkungsweise:

Die **ungeschlitzte einteilige Gleitlagerbuchse** aus Bronze oder Rotguß ist die einfachste Gleitlagerform und mitunter im Hauptlager von Drehmaschinen zu finden (Bild III.1a). Sie ist außen zylindrisch und hat eine Kegelbohrung. Zum Ein- und Nachstellen des Lagerspieles wird entweder die Buchse mit Hilfe der beiden Nutmuttern oder die Spindel axial verschoben. Axialkräfte werden nicht in der Kegelbohrung, sondern wie bei den meisten Spindellagerungen in gesonderten Axiallagern aufgenommen. Bei dieser Bauart wird das Radialspiel vom Axialspiel beeinflußt.

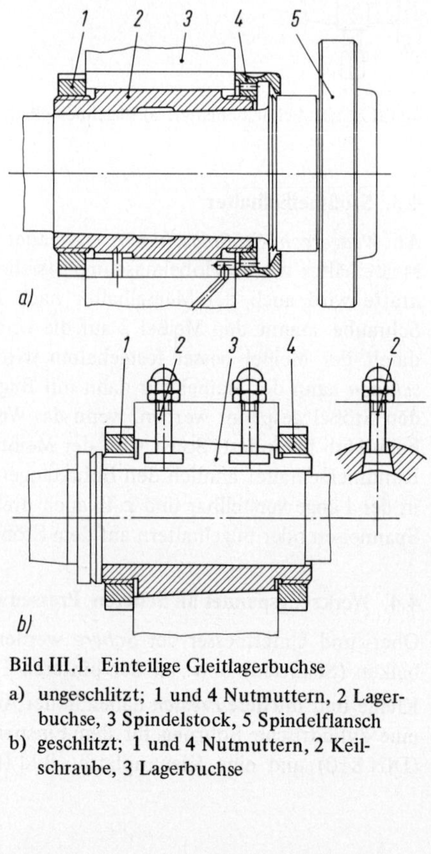

Bild III.1. Einteilige Gleitlagerbuchse

a) ungeschlitzt; 1 und 4 Nutmuttern, 2 Lagerbuchse, 3 Spindelstock, 5 Spindelflansch
b) geschlitzt; 1 und 4 Nutmuttern, 2 Keilschraube, 3 Lagerbuchse

Die **geschlitzte einteilige Gleitlagerbuchse**, häufig an Schleifmaschinen eingebaut, hat eine zylindrische Lauffläche und kegeligen Mantel (Bild III.1b). Zum Nachstellen werden die Mutter 1 und die Keilschrauben 2 gelöst. Mit der Mutter 4 wird die Buchse 3 in die Kegelbohrung des Spindelstockes gezogen und dadurch ihre Bohrung radial verengt. Dann werden die Keilschrauben im Schlitz der Buchse fest angezogen, so daß die Buchse wieder gleichmäßig gegen die Kegelbohrung gepreßt wird, und schließlich wird die Mutter 1 angezogen.

Das **Mackensen-Lager** (Bild III.2b) hat eine infolge der tiefen Längsnuten sehr elastische Lagerbuchse, die sich beim Einziehen in die kegelige Aufnahmebohrung verformt. Dadurch bilden sich zwischen den Stegen drei Taschen, in denen sich beim Umlauf ein Schmierkeil bildet, der selbsttätig Schmiermittel (Spindelöl oder Petroleum) nachsaugt und die Spindel zentriert, so daß ein Radialspiel von etwa 3 μm erreicht wird. Es ist nur für geringe Belastung und kleinen Drehzahlbereich geeignet und wird nur an Schleifmaschinen verwendet.

Auch das **Precifilm-Gleitlager** (Bild III.3) wird nur an Schleifmaschinen verwendet. Es hat drei Lagerbacken, die sich auf je zwei Kugelflächen radial und tangential so abstützen, daß sich zwischen Backe und Spindel im Betrieb ein Schmierkeil bildet. Zwei Backen liegen radial fest, mit der dritten wird mit Hilfe einer Druckschraube das Radialspiel eingestellt. Die Backen passen sich der Biegelinie der Spindel an. Dadurch vermeidet man Kantenpressung im Lager. Das Lager wird mit Drucköl geschmiert und ist nur für *eine* Drehrichtung geeignet.

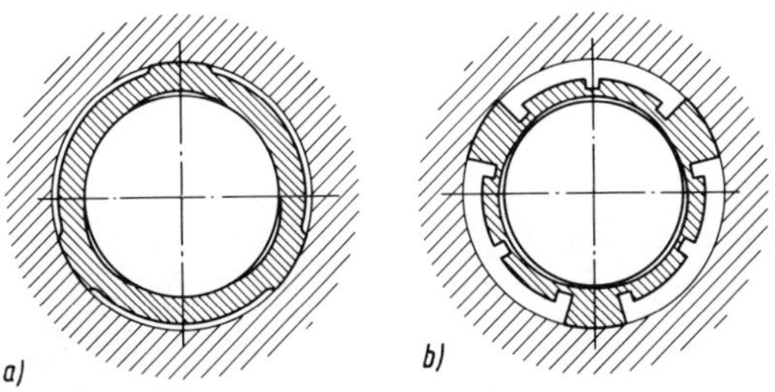

Bild III.2
a) VDF-Spindellager für Drehmaschinen (Heidenreich & Harbeck, Hamburg)
b) Mackensenlager für Schleifmaschinen

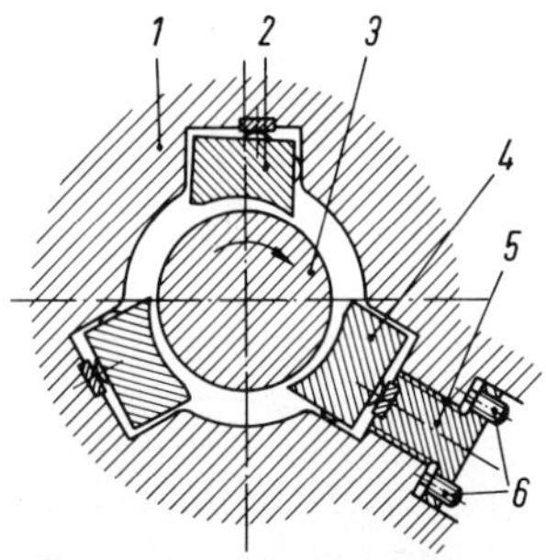

Bild III.3. Precifilm-Gleitlager
1 Spindelstock, 2 feste Lagerbacke, 3 Schleifspindel, 4 einstellbare Lagerbacke, 5 Druckschraube, 6 Konterschrauben

Gleitlager laufen geräuschlos und schwingungsfrei und haben hohe Lebensdauer. Sie werden deshalb besonders da verwendet, wo es auf hohe Maß- und Formgenauigkeit und Oberflächengüte der Werkstücke ankommt. Ihr größter Nachteil ist jedoch das unvermeidbare Lagerspiel, das *bei jedem Betriebszustand* je nach Maschine 5 ... 10 ... 15 μm betragen soll. Spindel und Lagerbuchse erwärmen sich jedoch während des Betriebes, und zwar um so mehr, je größer die Verlustleistung im Lager (proportional der Schnittleistung!) ist. Die Spindel dehnt sich aus, die Buchse wird daran aber von dem starren Spindelkasten gehindert und wächst nach innen: das Lagerspiel wird zu klein, wenn es nicht im kalten Zustande genügend groß eingestellt wurde. Das bedeutet aber, daß es bei kleiner Schnittleistung (z.B. beim Schlichten) zu groß ist, um eine gleichbleibend gute Arbeit zu gewährleisten. Darüber hinaus fallen Spindel- und Lagerachse nicht zusammen und ihre Lage zueinander ändert sich in Abhängigkeit von der Belastung. Die beschriebenen Lager findet man deshalb nur dort, wo die Schnittleistung annähernd konstant ist oder keine allzu großen Ansprüche an die Arbeitsgüte gestellt werden.

Bei den beiden folgenden *Ausdehnungs*gleitlagern ist das Lagerspiel praktisch temperaturunabhängig.

Das **VDF-Spindellager** von Heidenreich & Harbeck (Bild III.2a), an Drehmaschinen verwendet, liegt in der Bohrung des Spindelstockes nur mit drei schmalen Stegen an. Zwischen ihnen kann sich die Buchse frei dehnen, wenn sie sich erwärmt. Die Aussparungen der schwach kegeligen Lauffläche an den Stegen vermeiden, daß die bei Erwärmung größer werdende Spindel an diesen Stellen frißt. Sie bilden keilförmige Schmierspalte, in denen sich ein hoher Öldruck aufbaut, der die Spindel beim Lauf zentriert. Durch geeignete Werkstoffwahl für Spindel und Buchse bleibt das Lagerspiel im Betriebstemperaturbereich praktisch konstant.

Das **FAG-Hydrolager** (Kugelfischer) hat eine kegelige Lauffläche, die nicht geschlossen ist, sondern aus mehreren „Gleitkufen" gebildet wird. Zwei solche Lager werden durch Tellerfedern axial gegeneinander verspannt. Im Betrieb stellt sich ein von der Vorspannkraft abhängiges sehr kleines radiales und axiales Lagerspiel ein, das sich auch bei Erwärmung wegen der elastischen Vorspannung praktisch nicht verändert.

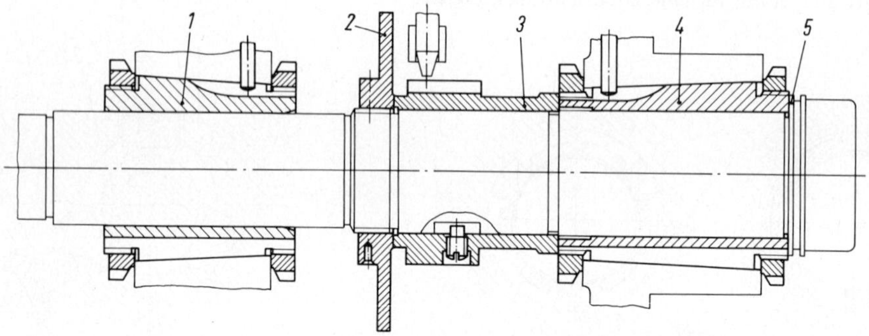

Bild III.4. Gleitlagerung der Werkstückspindel einer Rundschleifmaschine (Karstens, Ruit)
1 Stützlager, 2 Mutter zum Einstellen des Axialspieles, 3 Laufring, 4 Hauptlager, 5 Spindelbund

Die *Axialkräfte* werden bei Gleitlagerungen an den Stirnflächen des Hauptlagers oder von einem Axialgleitlager zwischen den beiden Radiallagern aufgenommen. Bild III.4 zeigt als Beispiel die reine Gleitlagerung der Werkstückspindel einer Rundschleifmaschine mit zwei nachstellbaren Mackensenlagern 1 und 4. Das Axialspiel wird mit der als Ölspritzscheibe ausgebildeten Mutter 2 zwischen dem Laufring 3 und dem Spindelbund 5 eingestellt. Bei größeren Axialkräften unterstützen Keiltaschen in den Laufflächen die Bildung eines tragfähigen Schmierfilmes.

1.2. Spindellagerungen mit Wälzlagern

Anwendungsbeispiele: Der weit überwiegende Teil aller Drehspindeln, fast alle Bohr- und Frässpindeln und viele Schleifspindeln laufen in Wälzlagern.

Aufbau und Wirkungsweise: Der entscheidende Vorteil gegenüber den Gleitlagern ist die durch geringere Reibung bedingte geringere Erwärmung und Formänderung im Betrieb. Wälzlager gewährleisten gleichbleibend genauen Lauf der Spindel selbst bei sehr unterschiedlichen Schnittleistungen. Es werden nur Genauigkeitslager (z.B. nach der C-Klassifikation) verwendet.

Mit Lagerspiel eingebaute Wälzlager, insbesondere Kugellager, verformen sich *unter Last* stärker als Gleitlager. Man verwendet deshalb überwiegend *vorgespannte* Zylinderrollenlager oder Kegelrollenlager. Vor allem die ersteren sollen hinsichtlich Verformung unter Last und Schwingungsdämpfung einem guten Gleitlager gleichwertig sein. Radial- und Axiallagerfunktion werden meist getrennt. Dann können die Spiele bzw. Vorspannungen in beiden Richtungen unabhängig voneinander eingestellt werden und sie beeinflussen sich nicht gegenseitig. Für die Anordnung der einzelnen Lager gibt es verschiedene Möglichkeiten. Die statisch bestimmte zweifache Radiallagerung mit dem Hauptlager am Spindelkopf und dem Stützlager am Schwanzende der Spindel wird jedoch der statisch unbestimmten dreifachen Lagerung meistens vorgezogen.

Die **zweifache Lagerung mit Axiallager vorn** wird in Bohrmaschinen bevorzugt und ist auch an Dreh-, Flächenschleif- und Fräsmaschinen zu finden. Bei der Bohrspindellagerung nach Bild III.5 sind Haupt- und Stützlager wegen der kleinen Radialkräfte Rillenkugellager. Die Axialkraft wird von einem Axial-Rillenkugellager weit vorn aufgenommen, damit die Spindel nicht knickbeansprucht wird.

Die **zweifache Lagerung mit Axiallager hinten** wird vorwiegend an Drehmaschinen, aber auch an manchen Fräs- und Flächenschleifmaschinen verwendet (Bild III.6). Die Vorspannung in den beiden Zylinderrollenlagern wird einzeln mit den Muttern 1 und 3 eingestellt, die Vorspannung für beide Axial-Rillenkugellager gemeinsam mit der Mutter 2.

Die **dreifache Lagerung** von Dreh- und Frässpindeln verringert die Durchbiegung der Spindel. Sie läuft dadurch ruhiger. Die beiden Stützlager 3 der Frässpindel nach Bild III.7 nehmen als Schrägkugellager Radial- und Axialkräfte auf und werden gemeinsam mit der hinteren Mutter 4 eingestellt. Es werden aber auch getrennte Axiallager vorn oder hinten, seltener in der Mitte, verwendet.

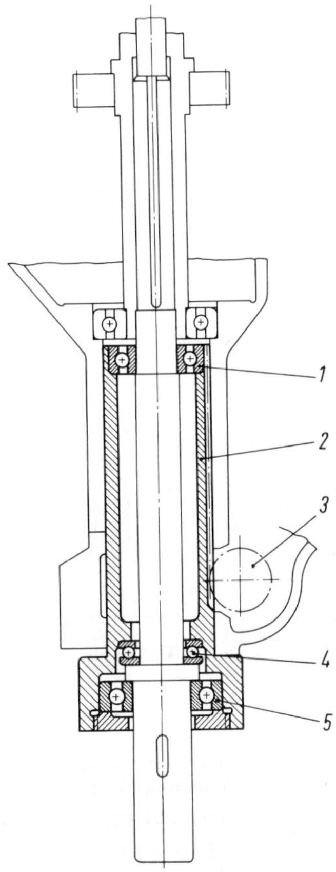

Bild III.5. Spindellagerung einer Säulenbohrmaschine
1 Stützlager, 2 Pinole, 3 Vorschubritzel, 4 Axiallager, 5 Hauptlager

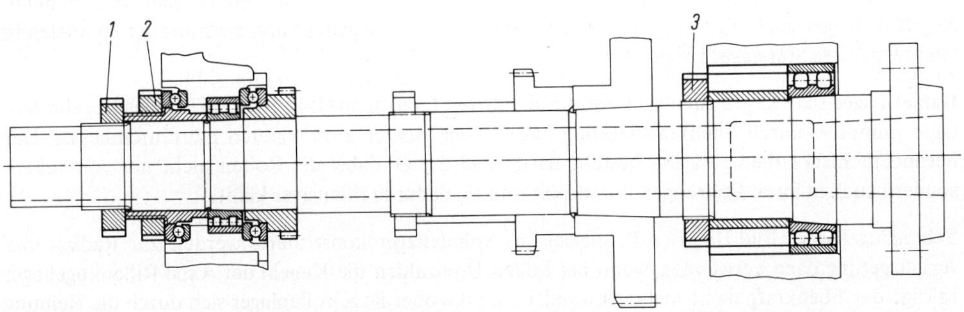

Bild III.6. Zweifache Wälzlagerung einer Drehspindel mit Axiallager hinten (Heyligenstaedt, Gießen)
1 Einstellmutter für Stützlager, 2 für Axiallager, 3 für Hauptlager

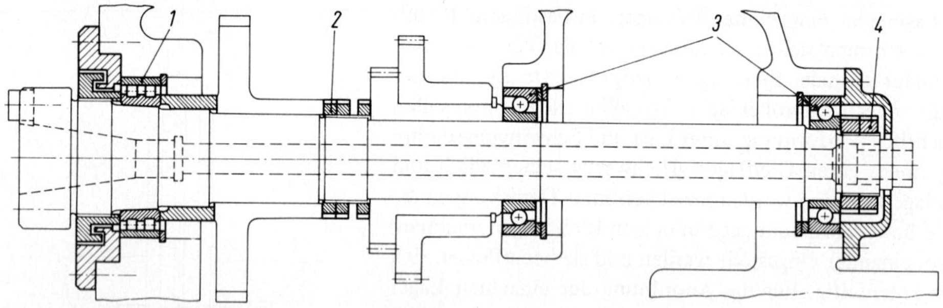

Bild III.7. Dreifache Wälzlagerung einer Fräsmaschinenspindel (Wanderer-Werke, Haar)
1 Hauptlager, 2 Einstellmuttern für Hauptlager, 3 Stützlager, 4 Einstellmuttern für beide Stützlager

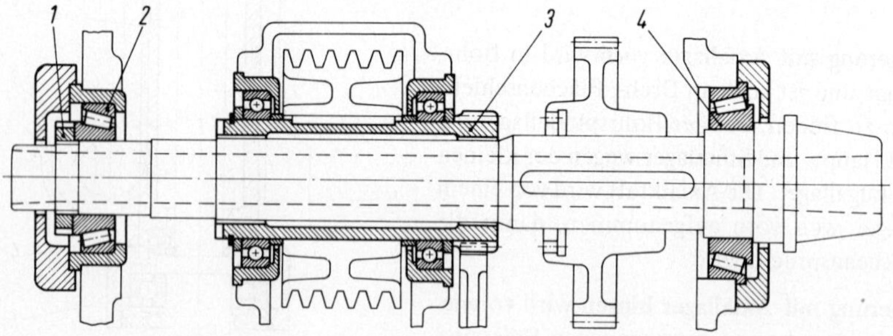

Bild III.8. Kegelrollenlagerung der Spindel einer Spitzendrehmaschine mit gesonderter Lagerung der Riemenscheibe zur Entlastung der Spindel von den Riemenzugkräften
1 Einstellmutter, 2 Stützlager, 3 Antriebs-Hohlwelle, 4 Hauptlager

Zylinderrollenlager mit konischer Bohrung (Bilder III.6 und III.7) werden vorgespannt, so daß sie sich unter Last nicht so stark verformen. Wenn sich die Spindel infolge Erwärmung verlängert, verschieben sich Laufring und Rollen im Lager zwangfrei gegeneinander, ohne daß das Radialspiel dadurch beeinflußt wird.

Kegelrollenlager gestatten einen sehr einfachen Lageraufbau (Bild III.8). Radial- und Axialvorspannung werden mit einer einzigen Mutter eingestellt. Beide beeinflussen sich jedoch gegenseitig, und wenn Spindel und Lager sich erwärmen, kann sich die Vorspannung ändern. Deshalb werden beide Kegelrollenlager auch als Hauptlager mit kurzem Abstand eingebaut und am hinteren Spindelende ein gesondertes Stützlager vorgesehen.

Gamet-Lager sind Kegelrollenlager mit durchbohrten Laufrollen (Bild III.9). Wie jedes Kegelrollenlager pumpt es durch Fliehkraftwirkung das Öl vom inneren zum äußeren Laufdurchmesser. Der besondere Effekt dieses Lagers besteht darin, daß das Öl dabei die Rollen nicht nur von außen, sondern auch in ihren Bohrungen durchspült und sie dadurch intensiver kühlt.

Schrägkugellager (Bild III.7) (z.T. speziell als Spindellager konstruiert) werden zur Radial- *und* Axiallagerung dann verwendet, wenn bei hohen Drehzahlen die Kugeln der Axial-Rillenkugellager infolge der Fliehkraft nicht mehr einwandfrei laufen oder Kegelrollenlager sich durch die Reibung der Rollen an der Schulter des Innenringes zu stark erwärmen würden.

Axial-Schrägkugellager sind für doppelt so hohe Drehzahlen geeignet wie Axial-Rillenkugellager.

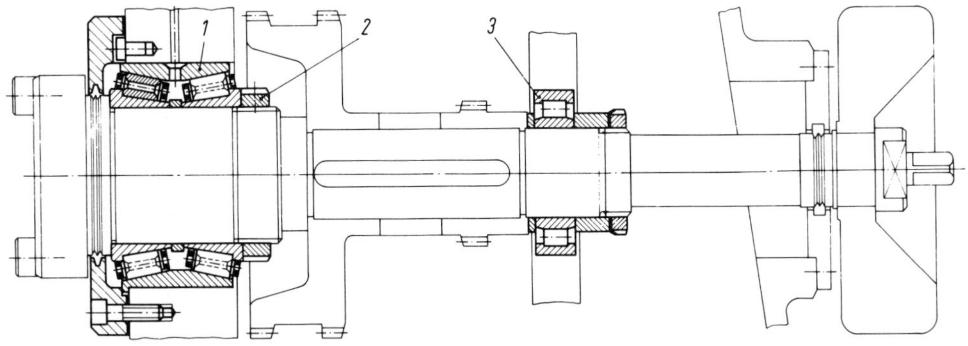

Bild III.9. Spindellagerung einer Waagerecht-Fräsmaschine (Union, Oldentrup)
1 Gametlager als Hauptlager, 2 Einstellmutter für Radial- und Axialspiel, 3 Stützlager

Radial-Rillenkugellager erwärmen sich im Betrieb wegen ihrer geringen Reibung am wenigsten. Sie verformen sich unter Last aber stärker als Rollenlager und werden deshalb vorwiegend in Bohr- und Schleifspindellagerungen eingebaut, wo die Radialkräfte klein sind. An Schleifspindeln erübrigt sich meistens eine zusätzliche Axiallagerung. Hier bilden manchmal drei bis vier solcher Lager das Haupt- bzw. Stützlager und machen dadurch die Spindel sehr starr.

1.3. Spindellagerungen mit Gleit- und Wälzlagern

Anwendungsbeispiele: Diese Bauform trifft man fast nur an Drehmaschinen an.

Aufbau und Wirkungsweise: Das Hauptlager ist ein Gleitlager in einer der Ausführungen nach 1.1. Das Stützlager ist meistens ein Zylinderrollenlager. Die Axialkräfte werden von zwei Axial-Rillenkugellagern am hinteren Spindelende aufgenommen. Selten sind die Axiallager vorn, weil dann der Aufbau des Hauptlagers komplizierter wird. Bild III.10 zeigt die bevorzugte Ausführung mit kegeliger Hauptlagerbohrung. Wegen der axialen Festlegung hinten dehnt sich die Spindel nach vorn, wenn sie sich erwärmt. Das Spiel im Hauptlager würde dadurch größer werden. Die radiale Dehnung der Spindel bewirkt aber eine Verkleinerung des Spieles, so daß sich beide Einflüsse praktisch ausgleichen.

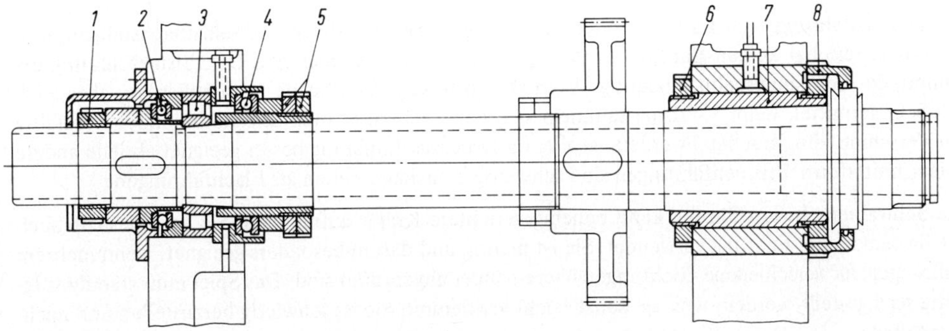

Bild III.10. Drehspindel mit Gleit- und Wälzlagerung (Boehringer, Göppingen)
1 Einstellmutter für Stützlager, 2 hinteres Axiallager, 3 Stützlager, 4 vorderes Axiallager, 5 Einstellmuttern für Axiallager, 6 und 8 Einstellmuttern für Hauptlager, 7 ungeschlitzte einteilige Gleitlagerbuchse als Hauptlager

2. Geradführungen

Begriffsbestimmung: Geradführungen sind diejenigen Flächen, auf denen Werkstück- und Werkzeugträger bzw. ihre Teile oder Teile des Maschinengestells (Ständer, Betten) gegeneinander geradlinig verschoben werden. Sie sollen die Gewichts- und Bearbeitungskräfte formschlüssig auf dem Gestell abstützen und unabhängig von Betrag und Richtung dieser Kräfte die Lage des geführten Maschinenteiles in jedem Punkte seiner Bewegungsbahn möglichst eindeutig bestimmen.

2.1. Gleitführungen

Anwendungsbeispiele: Gleitführungen werden an allen Werkzeugmaschinenarten verwendet.

2.1.1. Grundformen

Die fünf Grundformen der Führungsbahnquerschnitte zeigt Bild III.11. Gleitführungen haben zwei, seltener drei oder vier Führungsbahnen mit gleichen oder verschiedenen Querschnittsformen, die nach folgenden Gesichtspunkten ausgewählt sein können.

Der geringste Reibungswiderstand ergibt sich, wenn die Wirkebene der Resultierenden aller Betriebskräfte senkrecht auf beiden Führungsbahnen steht und die Richtführung – das ist die Führungsbahn, welche die seitlichen Kraftkomponenten aufnimmt – möglichst lang ist. Je länger die Richtführung, um so kleiner wird auch der Winkel, um den sich das bewegte Teil schrägstellen („ecken") kann. Durch Verschleiß vergrößert sich bei manchen Querschnittsformen das Führungsspiel, bei manchen nicht. Er verursacht außerdem eine Verlagerung des geführten Teiles, die je nach der Form des Führungsquerschnittes die Arbeitsgenauigkeit mehr oder weniger beeinträchtigt.

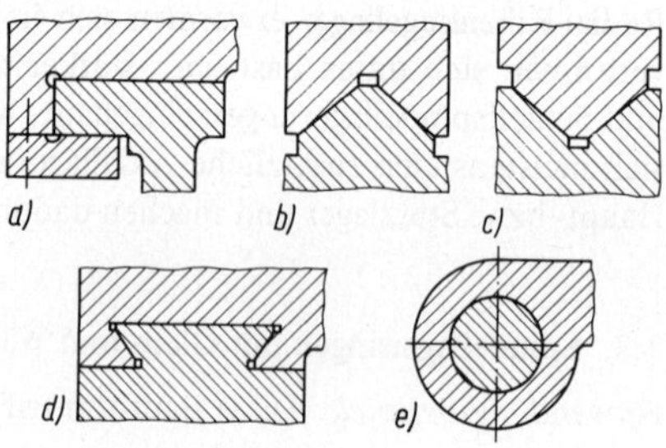

Bild III.11. Grundformen der Führungsbahnquerschnitte
a) Flachführung, b) Dachführung,
c) V-Führung, d) Schwalbenschwanzführung,
e) Zylinderführung

Die **Flachführung** ist einfach herzustellen und nachzuarbeiten. Für Kraftkomponenten parallel zur Hauptführungsebene sind seitliche Führungsflächen vorhanden. Das Führungsspiel muß ein- bzw. nachgestellt werden. Wie bei allen Führungen mit Spiel ist die Bahn des bewegten Teiles nicht eindeutig bestimmt.

Die **Prismenführung** wird als Dach- oder V-Führung ausgeführt. Beide sind selbstnachstellend, d.h. der Verschleiß hat keinen Einfluß auf den spielfreien Gang der Führung. Die Prismenführung bestimmt die Bewegungsbahn eindeutig. Vom Dachprisma gleiten Späne nach außen ab, aber auch das Schmiermittel. Beim V-Prisma sammeln sich beide innen. Es muß deshalb besonders sorgfältig vor Verschmutzung geschützt werden, ist aber für Druckölschmierung besser geeignet als jede andere Querschnittsform. Prismenführungen sind schwieriger nachzuarbeiten als Flachführungen.

Die **Schwalbenschwanzführung** kann beliebig gerichtete Kräfte aufnehmen. Sie wird deshalb auch oft für senkrechte Führung verwendet. Sie ist niedrig und darum besonders geeignet, wenn mehrere Führungen für verschiedene Richtungen übereinander angeordnet sind. Das Spiel muß ständig sorgfältig nachgestellt werden, weil sie sonst leicht verklemmt. Sie ist schwierig herzustellen und nachzuarbeiten.

Die **Zylinderführung** kann einfach und sehr genau hergestellt werden. Sie nimmt beliebig gerichtete Kräfte auf. Dennoch wird sie nur beschränkt verwendet, denn große Kräfte quer zur Achse und große Führungslängen erfordern große Durchmesser, damit die Durchbiegung des Zylinders klein bleibt. Das Spiel ist ein- und nachstellbar. Die Führungszylinder können mit geringstem Aufwand genau nachgearbeitet oder ausgewechselt werden.

2.1.2. Maßnahmen zur Verringerung des Verschleißes

Lange und breite Führungsbahnen haben geringe Flächenpressung und dadurch auch geringen Verschleiß. Die gebräuchlichen Werte für die Flächenpressung liegen bei 0,3 ... 0,6 N/mm^2, in Ausnahmefällen bis herab auf 0,1 N/mm^2, bei Druckölumlaufschmierung bis 1,5 N/mm^2.

Die **Werkstoffpaarung** beeinflußt den Verschleiß mehr als die Wahl eines bestimmten Werkstoffes an sich. Gleicher Werkstoff gleicher Härte für beide Führungsflächen ergibt großen Verschleiß. Man vermeidet diese Paarung; und wenn gleicher Werkstoff verwendet wird, dann mit unterschiedlicher Härte (z.B. feste Führung: GG mit H_B = 2100 N/mm^2, bewegliche Führung: GG mit H_B = 1800 N/mm^2). Grauguß für beide Bahnen ist am häufigsten, denn die meisten Maschinengestelle und Werkstück- bzw. Werkzeugträger sind daraus hergestellt und die Führungsbahnen meist unmittelbar in die Teile hineingearbeitet. Man führt bei der Paarung die feste Führung so aus, daß sie weniger verschleißt als die bewegliche, weil sich diese einfacher nacharbeiten läßt. Nach Bild III.12 ist auf die Flachführungsbahn ein auswechselbares, kaltgewalztes Federstahlband mit Deckleisten

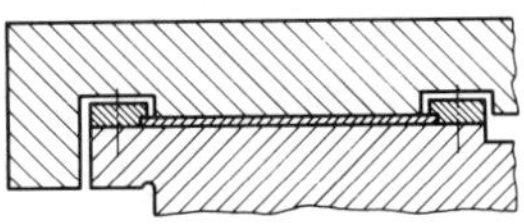

Bild III.12. Bettführungsbahn eines Waagerecht-Bohr- und Fräswerkes mit aufgelegtem Federstahlband und Deckleisten (Scharmann & Co., Rheydt)

aufgeschraubt, nach Bild III.15 sind gehärtete und geschliffene Stahlleisten in das Bett eingelegt. Die Führungsbahnen des geführten Teiles werden bei starkem Schmutz- und Staubanfall (an Schmiedepressen) manchmal mit Bronzeplatten ausgekleidet. In zunehmendem Maße werden an schweren Maschinen Preßstoffplatten aus Textilgewebeschnitzeln mit Phenolharz oder Polyamiden aufgeklebt, verschraubt und anschließend geschabt. Diese Platten haben während der Einlaufzeit den gleichen, später aber wesentlich geringeren Verschleiß als ungehärtete GG-Führungen. Sie vermindern den Verschleiß der festen Führungsbahn erheblich, haben ausgezeichnete Notlaufeigenschaften, wirken schwingungsdämpfend und haben mit GG oder St eine kleinere Reibzahl als Metalle.

Oberflächen- und Wärmebehandlung können den Verschleiß ebenfalls beeinflussen. Ungehärtete GG-Führungen werden meistens geschabt, damit sie auf der ganzen Fläche gleichmäßig tragen. Harte Führungsbahnen verschleißen weniger als weiche. Deshalb werden häufig die Führungsbahnen von GG-Betten gegen Kokillen gegossen. Auch induktions- oder flammengehärtete Führungsbahnen sind nicht selten, erfordern aber entsprechenden Werkstoff (z.B. Perlit-, Sphäro-, Stahlguß). In einzelnen Fällen werden an Hämmern hartverchromte Stahlführungsleisten verwendet. Gehärtete Führungsflächen werden geschliffen.

Zur **Schmierung** der Führungsbahnen wird Öl verwendet. Ausreichende Schmierung ist wichtig, weil besonders stark belastete Flächen bei Ölmangel trotz bester Oberflächengüte, Härte und günstigster Werkstoffpaarung leicht fressen. In die Führungsbahnen des bewegten Teiles sind meistens Ölnuten und -taschen eingearbeitet. Die Gleitgeschwindigkeit ist gewöhnlich zu klein für das Zustandekommen flüssiger Reibung. Nur an Flach- und V-Führungen ist in manchen Fällen eine Druckölumlaufschmierung vorhanden. Solche Führungen verschleißen kaum. Bei den anderen Querschnittsformen ist das ablaufende Öl schwierig aufzufangen. An hydraulisch angetriebenen

Schleifmaschinen wird mitunter das Hydraulik-Rücköl zur Schmierung verwendet. V- und Flachbahnen werden auch mit Tauchrollen (Bild III.13) geschmiert, die in Ölkästen laufen und von einer Feder gegen die Führungsbahn gedrückt werden. In den übrigen Fällen ist meistens die Dochtschmierung zu finden (Bild III.14). Der Docht saugt Öl aus einem Vorratsbehälter und benetzt damit die Gleitflächen. Der Behälter wird von einer mechanisch angetriebenen oder handbetätigten Pumpe nachgefüllt. Schließlich kann mit Ölpresse und Schmiernippel von Hand geschmiert werden.

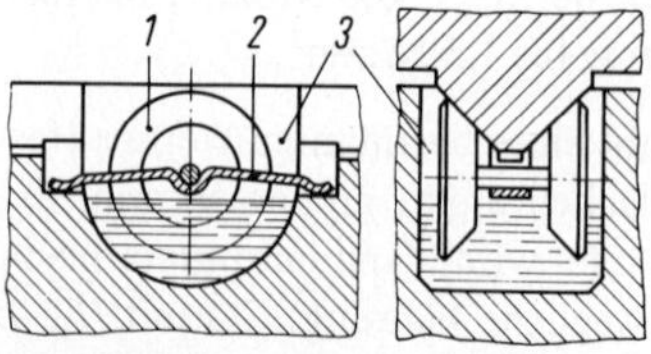

Bild III.13. Tauchrollenschmierung
1 Tauchrolle, 2 Feder, 3 Ölkasten

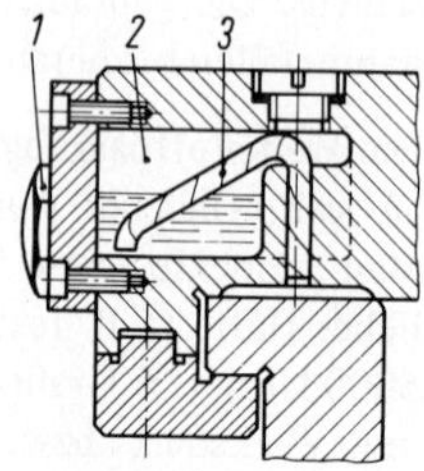

Bild III.14. Dochtschmierung (SIG, Neuhausen, Schweiz)
1 Schauglas, 2 Ölbehälter, 3 Docht

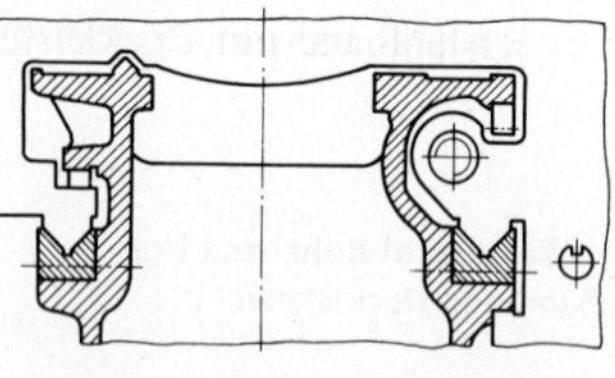

Bild III.15. Zum Schutz gegen Späne heruntergezogene Führungsbahnen mit Stahlführungsleisten am Bett einer Drehmaschine (IWK, Karlsruhe)

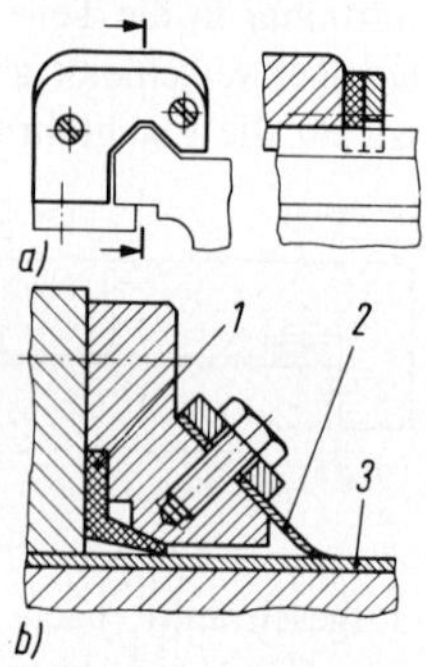

Bild III.16. Abstreiferbauarten
a) einfacher Vulkollanabstreifer mit Deckplatte; b) kombinierter Abstreifer am Bettschlitten eines Waagerecht-Bohr- und Fräswerkes; 1 Kunststoffabstreifer, 2 Stahlblechabstreifer, 3 Federstahlband (s. Bild III.12)

Schutz gegen Späne, Staub und Schmutz kann den Verschleiß ebenfalls verringern. Ziehharmonikaähnliche *Faltenbälge* aus Leder oder Kunststoff auf beiden Seiten des geführten Teiles dichten sehr gut ab, werden aber von eingeklemmten scharfkantigen Spänen leicht beschädigt. Sie sind deshalb vorwiegend an Schleifmaschinen zu finden und an Fräsmaschinen, wo wegen der geringen Vorschubgeschwindigkeiten die Späne entfernt werden können, bevor sie eingeklemmt werden. Unempfindlicher gegen Späne sind *Teleskopbleche,* die genau wie Faltenbälge den ganzen offenen Raum zwischen den Führungsbahnen zu beiden Seiten des beweglichen Teiles abdecken. Einfacher sind *Schürzen* aus Leder oder Kunststoffen, z.T. mit Stahlleisten verstärkt. Sie sind an beiden Stirnseiten des geführten Teiles befestigt und hängen zu beiden Seiten über die Führungsbahn herab. Sie bedecken ebenfalls die ganze Führungsbreite oder nur eine einzelne Führungsbahn. In ähnlicher Weise werden dicht auf der Führungsbahn aufliegende *Federstahlbänder* wie ein endloses Band um die Enden der festen Führung herumgeführt und auf beiden Seiten des bewegten Teiles befestigt. Bettschlitten an Drehmaschinen haben auf der Spindelstockseite starre Abdeckungen, die nur den Teil der Führungsbahn schützen, der gerade durch fallende Späne gefährdet ist.

Besonders wirksam sind die Führungsbahnen dann geschützt, wenn sie so angeordnet sind, daß Späne sie nicht erreichen können (Bild III.15). Späne, die trotz der Schutzmaßnahmen auf die Führungsbahnen gelangen, werden von *Abstreifern* entfernt, bevor sie zwischen die gleitenden Teile gelangen. Das sind Filz- oder Vulkollanplatten, die mit einer Metallplatte gegen die Stirnseite des bewegten Teiles geschraubt werden. Auch Abstreifer aus Federstahl oder Messing werden verwendet. Bild III.16 zeigt eine Kombination von Blech- und Kunststoffabstreifern an einem Waagerecht-Bohr- und Fräswerk.

2.1.3. Maßnahmen zum Ausgleichen des Verschleißes

Der unvermeidbare Verschleiß der Führungsbahnen vergrößert bei Flach-, Schwalbenschwanz- und Zylinderführungen das ursprünglich eingestellte Führungsspiel. Arbeitsgüte und -genauigkeit der Maschine hängen aber auch von diesem Spiel ab. Es muß darum nachgestellt werden können.

Prismatische Nachstelleisten (Bild III.17a und b) werden mit Druckschrauben eingestellt. Es ist schwierig, sie so einzustellen, daß sie auf der ganzen Länge gleichmäßig tragen. Sie nutzen sich infolgedessen auch ungleichmäßig ab.

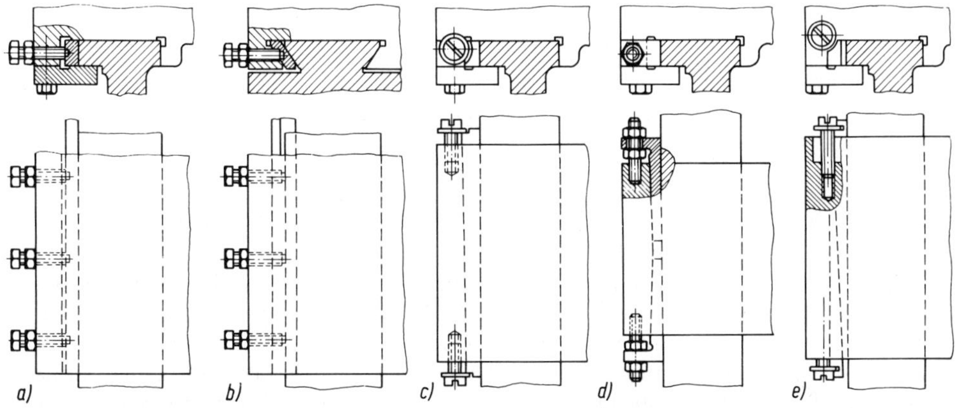

Bild III.17. Nachstelleisten an Führungen
a) und b) prismatische Nachstelleisten mit Druckschrauben, c), d), e) Keilleisten

Keilleisten (Bild III.17c ... e) sind einfacher einzustellen und tragen gleichmäßig, wenn sie genau hergestellt wurden. Sie werden mit einer oder zwei Schrauben verstellt. Beim Nachstellen wird die ursprüngliche Lage des geführten Teiles gegenüber dem festen einseitig geändert. Ist dies nicht zulässig, sind Nachstelleisten auf beiden Seiten vorhanden. Mit Keilen quer zur Führungsrichtung werden häufig die in den Maschinenständer eingesetzten Bärführungsleisten an Hämmern nachgestellt (Bild III.21). In anderen Fällen werden die Ständer mit Keilen verschoben.

Mit **geschlitzten Hülsen** ähnlich Bild III.1 kann das Spiel in Zylinderführungen nachgestellt werden.

2.1.4. Die gebräuchlichen Gleitführungsbauarten

Eine Gleitführung besteht meist aus zwei Führungsbahnen. Soll die Bewegungsbahn des geführten Teiles nicht überbestimmt sein, dann dürfen die Seitenkräfte nur von *einer* Führungsbahn, der *Richt*führung, aufgenommen werden. Die andere Bahn ist eine reine *Trag*führung, d.h. sie stützt nur Normalkräfte ab. Sehr breite Schlitten und Tische haben mitunter drei Führungsbahnen, aber auch nur *eine* Richtführung, die möglichst lang und schmal sein soll.

Die **zweifache Flachführung** (Bild III.18) wird überwiegend für Verstellbewegungen verwendet, bei denen nur Gewichtskräfte von schweren Maschinenteilen oder Werkstücken abzustützen sind, z.B. an Waagerecht-Bohr- und Fräswerken für Tisch-, Ständer- und Spindelschlitten. An Hobel- und Fräsmaschinen ist sie zu finden, wenn die Seitenkräfte klein gegenüber den senkrechten Kräften sind. Die Messerschlitten der Scheren laufen meist in einer zweifachen Flachführung.

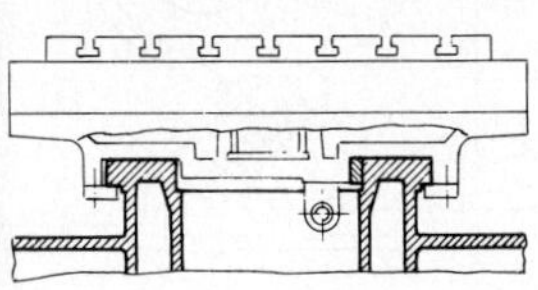

Bild III.18. Querschlittenführung des Tisches eines Waagerecht-Bohr- und Fräswerkes (Collet & Engelhard, Offenbach)

Die **zweifache Dachführung** (Bild III.19) wird fast ausschließlich für den Bettschlitten der Spitzendrehmaschine verwendet. Sie ist zwar statisch überbestimmt. Unter normalen Betriebsbedingungen ist jedoch das vordere Prisma eindeutig die Richtführung. Der Hauptanteil der Betriebskräfte verteilt sich auf die hinteren Schrägflächen *beider* Prismen. Flächenpressung und Verschleiß und die dadurch verursachte waagerechte Abweichung des Schlittens von der geradlinigen Bahn sind geringer als bei nur einem Prisma oder der senkrechten Führungsfläche einer Flachführung. Besonders diese waagerechte Abweichung verursacht aber bei dem in Längsrichtung unvermeidbar ungleichmäßigen Verschleiß einen ungleichmäßigen Werkstückdurchmesser.

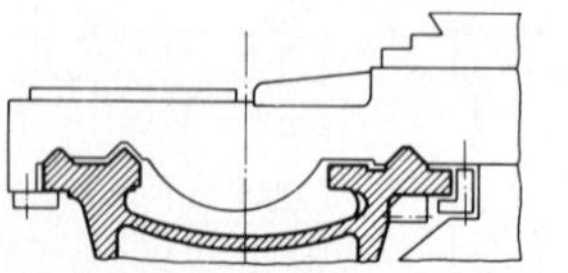

Bild III.19. Bettschlittenführung einer Spitzendrehmaschine (Boehringer, Göppingen)

Die **zweifache V-Führung** (Bild III.15) hat die gleichen Eigenschaften. Manche Dreh-, Schleif- und Hobelmaschinen sind mit ihr ausgestattet.

Die V- bzw. Dachform wird an Pressen und Hämmern fast ausschließlich zur Führung der Stößel und Bäre verwendet. Gewichts- und Bearbeitungskräfte wirken hier zwar parallel zur Führung. Außerhalb der Wirklinie der resultierenden Antriebskraft wirkende („exzentrische") Verformungskräfte verkanten den Werkzeugträger aber und belasten die Führungsbahnen mit Kräften, die nach Betrag und Richtung schwer bestimmbar sind. Bei den oftmals breiten Werkzeugträgern kommt es deshalb hier besonders auf lange Führungsbahnen an, um die Führungskräfte beim Verkanten klein zu halten. Bild III.20 zeigt die Ecke eines Pressenstößels mit schräger, nachstellbarer Führungsleiste. Je zwei dieser Leisten bilden in jeder Richtung ein V. Die auswechselbaren Führungsleisten der Hammerbärführung nach Bild III.21a werden mit Querkeilen nachgestellt. Die Führungsflächen der Ausführung b) bilden ebenfalls nach jeder Richtung ein V. Sie liegen aber in zwei Ebenen, die durch die Bärachse gehen. Die Wärmedehnung des Bäres kann sich dadurch nicht auf das Führungsspiel auswirken.

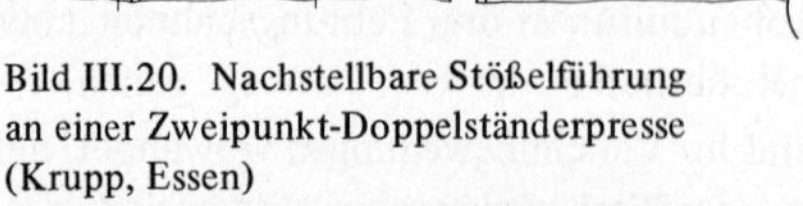

Bild III.20. Nachstellbare Stößelführung an einer Zweipunkt-Doppelständerpresse (Krupp, Essen)

1 Stößel, 2 Führungsleiste, 3 Ständer

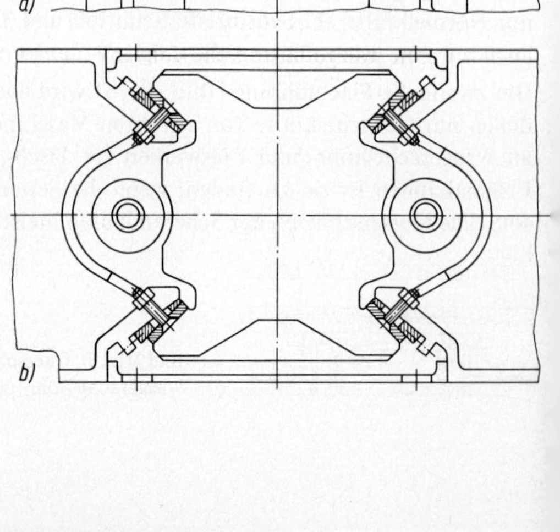

Bild III.21. Hammerbärführungen

a) Auswechselbare Führungsleisten mit Nachstellkeilen an einem Kettenfallhammer (Eumuco, Leverkusen);
b) durch die Bärachse gehende Führungsebenen an einem Gegenschlaghammer (Bêché & Grohs, Hückeswagen)

Die **zweifache Zylinderführung** ist ebenfalls überbestimmt. Sie wird überwiegend für senkrechte Bewegungen verwendet. Pressenstößel werden mitunter auch auf vier Zylindern (Säulen) geführt.

Die **Flach-Dach-Führung** (Bild III.22a) ist statisch bestimmt. Das Dachprisma ist Richtführungsbahn, die Flachbahn ist Tragführung, also ist auch die Bewegung eindeutig bestimmt. Man verwendet sie vorwiegend für den Drehmaschinenreitstock. Wird der Bettschlitten der Drehmaschine damit geführt, dann liegt die Prismenbahn vorn und ist meist unsymmetrisch ausgeführt. Damit soll vermieden werden, daß der Schlitten unter der Wirkung großer Seitenkräfte auf seiner Führungsbahn „klettert“, d.h. sich seitlich nach oben schiebt. Wenn nicht große Gewichtskräfte der geführten Teile in jedem Betriebszustand eine sichere Auflage auf den Führungsbahnen gewährleisten, sind Unterleisten als Abhebesicherung vorgesehen.

Die **Flach-V-Führung** (Bild III.22b) wird an Hobel- und Schleifmaschinentischen bevorzugt. Wo nur kleine Seitenkräfte auftreten, kann das Prisma sehr flach ausgeführt werden.

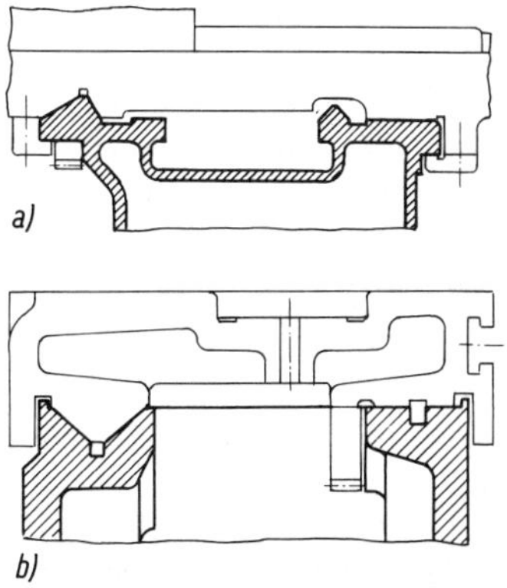

Bild III.22
a) Bettschlittenführung einer Spitzendrehmaschine;
b) Tischführung einer Außenrundschleifmaschine (Schaudt, Stuttgart)

Die **Flach-Schwalbenschwanzführung** wird vor allem dann gebraucht, wenn das bewegte Teil nicht unterstützt, sondern an einer Seitenfläche einseitig „aufgehängt“ wird, wie der Hobelsupport (Bild I.16) oder der Tisch der Waagerecht-Stoßmaschine. Der Schwalbenschwanz sichert gegen Abheben und gestattet einfaches Nachstellen in waagerechter und senkrechter Richtung.

2.2. Wälzführungen

Anwendungsbeispiele: Wälzführungen sind fast nur an Schleifmaschinen zu finden. An anderen Maschinen werden sie vereinzelt nur dann verwendet, wenn eine spielfreie Richtführung oder kleinster Verschiebewiderstand für genaueste Einstellbewegungen erforderlich ist, z.B. an Bohrwerkstischen und Kopierfrässchlitten.

Aufbau und Wirkungsweise: Die Grundformen der Führungsflächen und ihre Eigenschaften sind die gleichen wie bei den Gleitführungen. Die Flächen berühren sich aber nicht, sondern rollen über Kugeln, Rollen oder Nadeln aufeinander ab. Mitunter treten an die Stelle der einen Führungsfläche normale Wälzlager. Der Rollwiderstand ist klein und in Ruhe und Bewegung gleich groß. Man kann infolgedessen wälzgeführte Schlitten und Tische aus der Ruhe heraus um kleinste Wege genau verstellen, weil hier der „stick-slip“-Effekt der Gleitführung, der auf dem Unterschied zwischen Haft- und Gleitreibung beruht, nicht auftreten kann. Die Führungsflächen sind gehärtet, der Verschleiß daher gering und die Lebensdauer groß. Voraussetzung dafür sind allerdings sehr genau hergestellte Führungsbahnen und Wälzkörper, deren Durchmesser nur um wenige μm voneinander abweichen, damit alle gleichmäßig tragen. Kugelführungen können wegen der Punktberührung nur wesentlich kleinere Kräfte aufnehmen als Rollen- und Nadelführungen.

2.2.1. Wälzlagerführung

Kugel- oder Rollenlager am festen oder geführten Teil rollen auf der Führungsbahn des anderen Teiles ab (Bild III.23). Sind sie auf Exzenterbolzen gelagert, dann kann die Führung spielfrei eingestellt oder vorgespannt werden. Meist werden die Lager mit senkrechter Achse als Richtführung eingebaut, auch in Verbindung mit Gleit-Tragführungen. Die Wälzlagerführung kann nur verhältnismäßig kleine Kräfte aufnehmen, weil sich sonst die wenigen belasteten Wälzkörper zu sehr verformen und die Genauigkeit der Führung darunter leidet.

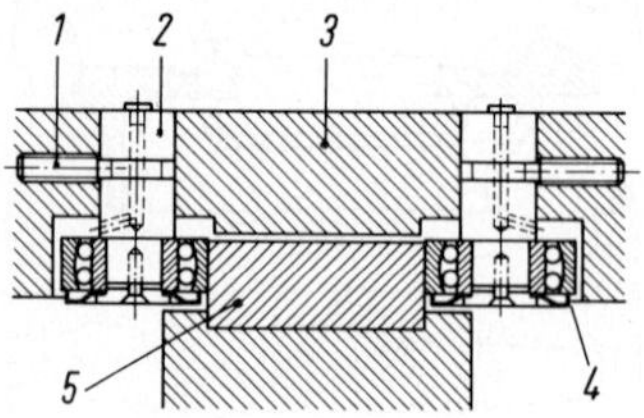

Bild III.23. Wälzlager mit exzentrischem Lagerzapfen als Richtführung an einem Bohrwerkstisch (Scharmann & Co., Rheydt)
1 Feststellschraube, 2 Exzenterbolzen, 3 Tisch, 4 Pendelkugellager, 5 Führungsschiene

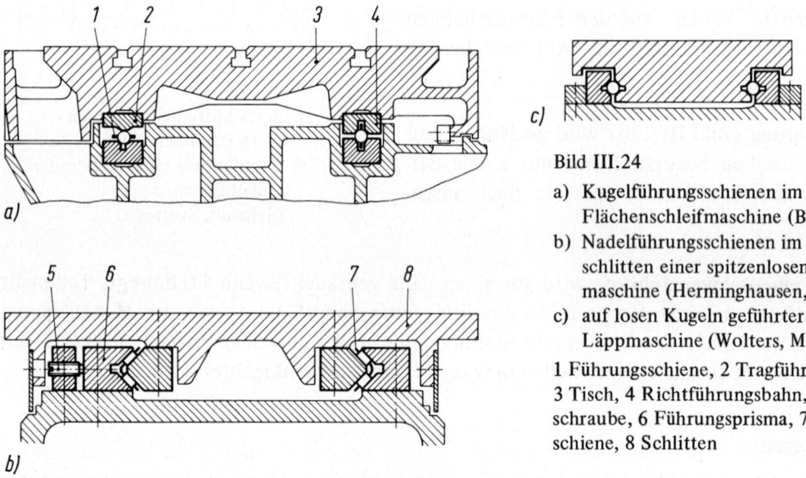

Bild III.24
a) Kugelführungsschienen im Tisch einer Flächenschleifmaschine (Blohm, Hamburg);
b) Nadelführungsschienen im Regelscheibenschlitten einer spitzenlosen Rundschleifmaschine (Herminghausen, Hannover);
c) auf losen Kugeln geführter Tisch einer Läppmaschine (Wolters, Mettmann)

1 Führungsschiene, 2 Tragführungsbahn, 3 Tisch, 4 Richtführungsbahn, 5 Einstellschraube, 6 Führungsprisma, 7 Führungsschiene, 8 Schlitten

2.2.2. Gerade Führungsschiene

Sie ist ein langer, starrer Käfig, der die Wälzkörper so führt, daß sie sich nicht gegenseitig berühren. Die Schiene wird in die Führungsbahn des festen Teiles eingelegt und das geführte Teil wird aufgesetzt oder -geschoben (Bild III.24). Sie bewegt sich halb so schnell wie das geführte Teil mit hin und her. Wenn sie in keiner Stellung überstehen soll, muß sie also kürzer sein als die Führungsbahn. Der Schlitten kragt infolgedessen immer über den letzten Wälzkörper nach einer oder beiden Seiten aus und die Länge der festen Führung wird nur zum Teil als Stützlänge ausgenützt. Sind Führungsschiene und untere Führungsbahn gleichlang, dann fährt die Schiene bei jedem Hub mit einem Teil der Wälzkörper aus der unteren Führung aus und die Stützlänge ist die gleiche wie bei einer Gleitführung. Manchmal laufen die Wälzkörper auch ohne Käfig lose zwischen den Führungsbahnen (Bild III.24c).

2.2.3. Umlaufende Führungskette

Die Wälzkörper laufen einzeln in Käfiggliedern, die gelenkig miteinander zu einer endlosen Kette verbunden sind. Ähnlich wie die Wälzlager unter 2.2.1 wird die Umlaufschiene der Kette am festen oder am beweglichen Maschinenteil befestigt, für das sich dann eine besondere Führungsbahn erübrigt (Bild III.25). Die Stützlänge ist immer gleichbleibend wie bei den Wälzlagerführungen, es

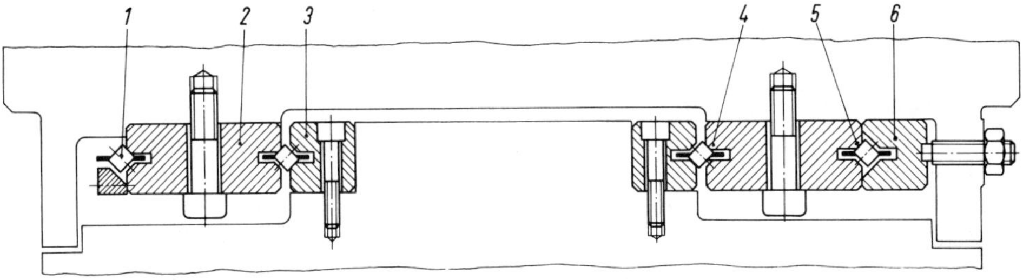

Bild III.25. Schlittenführung mit Kreuzrollenketten (nach Schneeberger, Roggwyl, Schweiz)
1 Kreuzrollenkette, 2 Umlaufschiene, 3 gerade Schiene, 4 Führungsbahn, 5 Rücklaufbahn, 6 Einstellschiene

sind aber höhere Belastungen zulässig, weil mehr Wälzkörper tragen. Die Rollenachsen der dargestellten Kreuzrollenkette sind abwechselnd um 90° versetzt, so daß auch Abhebekräfte aufgenommen werden. Die Kette wird mit einer Umlenkrolle gespannt, über welche die Rollen unbelastet auf die Rücklaufbahn laufen.

2.2.4. Kugelbüchse

Sie wird in Zylinderführungen verwendet. Eine gehärtete, zum Einstellen des Spieles oder zum Vorspannen geschlitzte Stahlhülse enthält mehrere Käfige, in denen Kugeln lose umlaufen (Bild III.26). Hülse und Käfig sind so gestaltet, daß die Kugeln nur dann am Führungszylinder tragen, wenn sie in der Tragbahn der Büchse laufen. In der Rücklaufbahn sind sie durch die Käfigwand vom Zylinder getrennt.

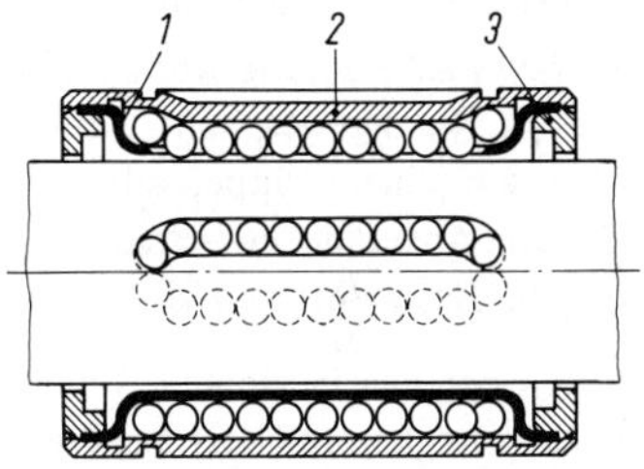

Bild III.26. Kugelbüchse (Deutsche Star Kugelhalter, Schweinfurt)
1 Käfig, 2 Hülse, 3 Haltering (in der Mitte ist der hinter dem Führungszylinder liegende Käfig mit gezeichnet)

IV. Getriebe

Begriffsbestimmung: Getriebe übertragen die Leistung des Antriebsmotors auf Werkstück- und Werkzeugträger oder bewegliche Teile des Gestelles und erteilen ihnen die für die Bearbeitung erforderlichen Bewegungen.

1. Getriebe für Drehbewegungen

Drehbewegungen benötigt man an den Arbeitsspindeln, aber auch an den Antriebsgliedern der meisten Getriebe für geradlinige Bewegungen (siehe 2). Liefert das Getriebe bei konstanter Antriebsdrehzahl an seiner Abtriebswelle nur eine einzige Drehzahl, dann ist es einstufig. Stufengetriebe haben mehrere Abtriebsdrehzahlen („Stufen"), und mit stufenlosen Getrieben können alle Drehzahlen innerhalb eines Drehzahlbereiches eingestellt werden. Die Leistung wird mit Zahnrädern, Riemen, Ketten, Reibrädern oder durch Drucköl übertragen.

1.1. Einstufige Getriebe

1.1.1. Zahnrädergetriebe

Anwendungsbeispiele: Es wird verwendet im Bettgetriebe der Hobelmaschinen, im Vorschubgetriebe von Hobel- und Stoßmaschinen, zum Antrieb der Kurbelwelle an Scheren und Pressen, als Zwischengetriebe an Fall- und Lufthämmern.

Aufbau und Wirkungsweise: Die meisten Werkzeugmaschinengetriebe müssen zwei Hauptbedingungen erfüllen: Sie sollen klein sein, weil oft nur wenig Raum zur Verfügung steht, und sie sollen – vor allem bei zerspanenden Werkzeugmaschinen – ruhig und schwingungsfrei laufen, damit eine saubere Werkstückoberfläche erzielt wird. Für Zahnräder und Wellen werden deshalb hochwertige Stähle verwendet und die Zahnflanken werden meistens gehärtet und geschliffen. Außerdem vermeidet man Räderpaare mit großer Übersetzung ($i_{max} = 4:1$, weil sonst das Getriebe zu sperrig wird) und möglichst auch Übersetzungen ins Schnelle (unruhiger Lauf). Beim einstufigen Getriebe stehen die Räder ständig im Eingriff. Sie werden deshalb häufig schrägverzahnt (größere Laufruhe). In der Hauptsache soll das einstufige Getriebe die Motordrehzahl übersetzen. Für Übersetzungen über 4 : 1 erhält es zwei oder mehrere hintereinandergeschaltete Räderpaare. Bei großen Übersetzungen wird es auch hinter einem Riemengetriebe angeordnet, weil ein zweites Riemengetriebe bei den kleineren Drehzahlen der zweiten Welle zu große Abmessungen erhalten müßte (siehe 1.1.2).

1.1.2. Riemengetriebe

Anwendungsbeispiele: Man findet es an Werkzeugmaschinen aller Art.

Aufbau und Wirkungsweise: Das Riemengetriebe wird mit Flach- oder Keilriemen ausgeführt. Damit der Riemen gespannt werden kann, ist der Motor auf seiner Grundplatte verschiebbar, oder er steht auf einer Wippe, oder es ist eine Spannrolle vorhanden. Das Riemengetriebe überbrückt größere Abstände zwischen An- und Abtriebswelle, es läuft leise und dämpft Stöße und Schwingungen. Besonders an Feinbearbeitungsmaschinen wird es deshalb bevorzugt.

Wegen der relativ kleinen Riemenzugkräfte können große Leistungen aber nur bei hohen Riemengeschwindigkeiten übertragen werden. Das erfordert große Scheibendurchmesser, die bei Werkzeugmaschinen oft nicht möglich sind, oder hohe Drehzahlen. Das Riemengetriebe wird deshalb meist im Bereiche der hohen Drehzahlen verwendet, z.B. zur Übertragung der Schlichtdrehzahlen auf Arbeitsspindeln oder für die erste Übersetzung zwischen Antriebsmotor und nachgeschaltetem Rädergetriebe.

1.1.3. Kettengetriebe

Anwendungsbeispiele: Das Kettengetriebe ist an Werkzeugmaschinen nicht so verbreitet wie Zahnradgetriebe oder Riemengetriebe. Es wird als Hauptspindelgetriebe an Drehautomaten und Gewindeschneidmaschinen eingebaut, ferner zur Ableitung der Antriebsbewegung vom Hauptgetriebe zum Vorschubgetriebe an Produktionsdrehmaschinen und Fräsmaschinen und zum Antrieb der Regelscheibe an spitzenlosen Rundschleifmaschinen verwendet.

Aufbau und Wirkungsweise: Es werden nur Rollen- oder Zahnketten in Werkzeugmaschinen eingebaut, weil sie geräusch- und reibungsarm laufen und einen guten Wirkungsgrad haben. Die Rollenkette wird vorgezogen, denn sie ist leichter, weil ihre Laschen nur zugbeansprucht, die der Zahnkette hingegen biegebeansprucht sind. Die Ölfilme in den vielen Gelenken dämpfen Stöße. Das Spiel in diesen Gelenken beeinträchtigt allerdings die Gleichförmigkeit der Übersetzung, zumal die Ketten mit Laufspiel (also ohne Vorspannung) eingebaut werden müssen, damit sie nicht heißlaufen und vorzeitig verschleißen.

Der Hauptgrund für die Verwendung des Kettengetriebes in der Werkzeugmaschine liegt darin, daß man größere Wellenabstände überbrücken und wegen der großen Belastbarkeit der Kette auch bei kleinen Kettengeschwindigkeiten und geringem Raumbedarf größere Leistungen übertragen kann als mit dem Riemengetriebe. Allerdings ist hier die Geschwindigkeit *nach oben* begrenzt (≈ 15 m/s), weil sonst die Zugspannung infolge der Fliehkraft beim Umlenken zu groß wird.

Die Kette läuft über das Kettenrad wie über ein Vieleck (Bild IV.1). Dadurch schwankt die Kettengeschwindigkeit mit jedem neuen Zahneingriff zwischen zwei Grenzwerten. Sie übersetzt also nicht gleichförmig. Außerdem schwingt das Kettentrum ständig quer zur Laufrichtung um daß Maß x. Die Ungleichförmigkeit nimmt mit zunehmender Zähnezahl des Kettenrades ab. Größere Zähnezahl verringert auch den Verschleiß der Kettengelenke, denn bei jedem Auf- und Ablauf am Kettenrad schwenkt das Gelenk um einen Winkel, der mit zunehmender Zähnezahl abnimmt.

Die Kette muß genau rechtwinklig zu beiden Wellen laufen und darf nicht in sich verdreht werden. Sonst entstehen Kantenpressungen und starker Verschleiß in den Gelenken. Die Wellen müssen also genau parallel sein, die Kettenräder miteinander fluchten und weder axiales Spiel noch axialen Schlag haben. Auch radialer Schlag vergrößert durch schwankende Kettenspannung den Verschleiß. Verschlissene Ketten sollen stets gemeinsam mit beiden Kettenrädern ausgetauscht werden.

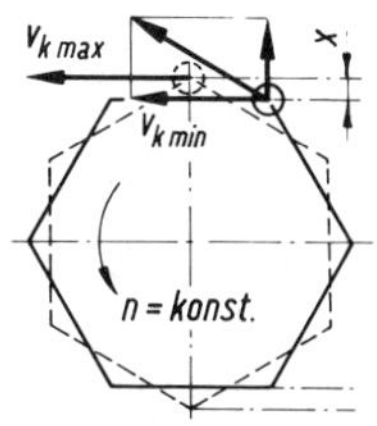

Bild IV.1. Vieleckeffekt am Kettenrad

1.1.4. Reibradgetriebe

Anwendungsbeispiele: Es ist der übliche Antrieb der Spindelpressen. Außerdem wird es an einigen Fräs- und Waagerecht-Stoßmaschinen anstelle eines Riemengetriebes zwischen Antriebsmotor und Hauptgetriebe verwendet.

Aufbau und Wirkungsweise: Das Reibradgetriebe besteht aus Reibrad und Gegenrad, die gegeneinandergepreßt werden. Sie übertragen die Leistung durch Reibung. Ein Reibbelag (Bandage) auf einem der beiden Räder erhöht die Reibzahl. Dadurch werden Anpreßkraft, Lagerkräfte und Verschleiß geringer, der Wirkungsgrad entsprechend besser.

Die gebräuchlichen Prinzipien der Anordnung beider Räder an Spindelpressen zeigt Bild IV.2. Bei Ausführung a) sitzt die Schwungscheibe (Reibrad) auf der senkrechten Gewindespindel, die sich im Muttergewinde des Ständers auf- oder abwärts bewegt, wenn sie gedreht wird. Die beiden Seitenscheiben werden mit ihrer gemeinsamen Welle über ein Riemengetriebe angetrieben. Beim Auf- und beim Abwärtsgang des Stößels werden sie wechselweise gegen das Reibrad gepreßt. Dabei bewegt sich das Reibrad radial über die Planfläche der Seitenscheibe, so daß sich die Übersetzung während der Bewegung ändert. Das ist beim Abwärtsgang vorteilhaft, denn der Stößel tritt mit größter Geschwindigkeit auf das Werkstück. Beim Aufwärtsgang dagegen verursacht es größeren Verschleiß.

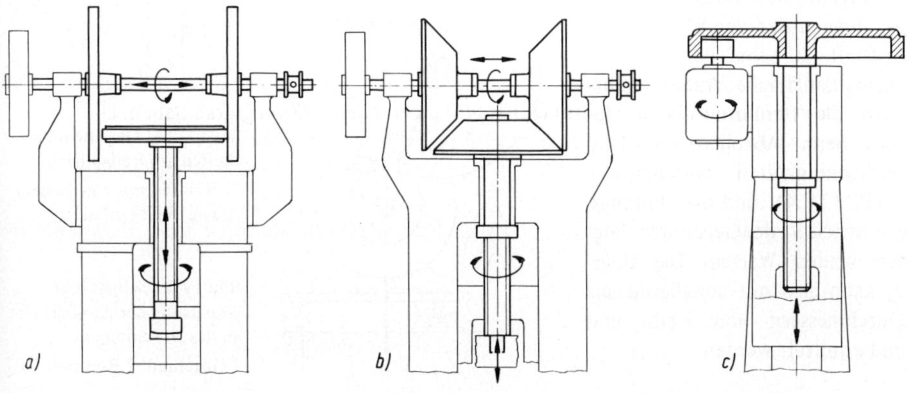

Bild IV.2. Reibradantrieb an einer a) Dreischeiben-, b) Vincent-, c) Einscheiben-Spindelpresse

Bei den Ausführungen b) und c) ist das Muttergewinde im Stößel. Die Übersetzung ist konstant, weil sich die Spindel nicht axial bewegt. Ihre Drehrichtung wird bei b) durch wechselweises Anpressen der seitlichen Kegelreibräder umgekehrt, bei c) wird der Motor umgepolt.

An zerspanenden Werkzeugmaschinen nutzt man vor allem den ruhigen Lauf des Reibradgetriebes und den Umstand, daß auch Übersetzungen über 4 : 1 auf kleinem Raum ausgeführt werden können. Die erforderlichen Anpreßkräfte sind jedoch erheblich größer als beim Riemengetriebe. Um ausreichende Leistungen übertragen zu können, werden darum im Rahmen der zulässigen Drehzahlen größtmögliche Umfangsgeschwindigkeiten angestrebt. Das Reibradgetriebe ist deshalb unmittelbar am Motor angeordnet.

Alle elastischen Reibbeläge verformen sich in der Belastungszone, und die Formänderungsarbeit setzt sich im Belag in Wärme um, die den Verschleiß fördert. Wird die zulässige Anpreßkraft oder die zulässige Drehzahl überschritten (= größeres Ausmaß oder häufigerer Wechsel der Verformung = größere Formänderungsarbeit), so kann das durch die größere Wärmeentwicklung zu vorzeitigem Verschleiß führen. Aber auch bei niedriger Anpreßkraft darf die Drehzahl nicht beliebig erhöht werden, weil durch die Fliehkraft zu hohe Zugspannungen im Reibbelag entstehen. Andererseits darf man auch bei niedrigen Drehzahlen die Anpreßkraft nicht beliebig vergrößern, denn zu hohe Druckspannungen zerstören den Belag ebenfalls.

Das Getriebe wird deshalb meist so angeordnet, daß die Anpreßkraft selbsttätig vom Abtriebsdrehmoment gesteuert wird (Bild IV.3). Das Reibrad 2 wird im Leerlauf mit der Federkraft F so gegen das Gegenrad 1 gedrückt, daß dieses sicher von der Reibung mitgenommen wird. Dann sind Gewichtskraft G, Federkraft F, Anpreßkraft F_a und Umfangsreibkraft F_R im Gleichgewicht. Wird das Gegenrad 1 von der Abtriebsseite her durch ein größeres Drehmoment belastet, dann wird die Umfangsreibkraft größer und schwenkt die Wippe mit dem Motor nach links. Dadurch wird die Anpreßkraft F_a größer – bis wieder Gleichgewicht herrscht – so daß nun bei Bedarf wieder eine größere Reibkraft aufgebracht werden kann. Das Gegenrad wird dann bei allen Belastungen gleichmäßig sicher bei kleinstmöglicher Anpreßkraft mitgenommen, wenn die Verbindungsgerade Wippendrehpunkt-Berührungspunkt mit der Wirklinie der Anpreßkraft ungefähr den Reibwinkel ρ einschließt. Unnötig große Anpreßkraft vergrößert auch die Lagerkräfte und verschlechtert dadurch den Wirkungsgrad, der je nach Reibzahl der Scheibenpaarung und Verhältnis zwischen erforderlicher und vorhandener Anpreßkraft zwischen 0,75 und 0,95 schwankt.

Bewegungsverhältnisse: Reibradgetriebe mit elastischem Belag laufen mit Schlupf, denn unter der Wirkung der Umfangskraft „kriecht“ der Belag auf der Gegenradlauffläche. Außerdem bewegt sich die Berührungsfläche des Reibrades beim Abrollen mit Umfangsgeschwindigkeiten zwischen v_1 und v_1' (Bild IV.4), und die Umfangsgeschwindigkeit v_2 des Gegenrades liegt zwischen beiden Werten. Die Übersetzung kann also nur annähernd aus den Durchmessern von Reib- und Gegenrad ermittelt werden.

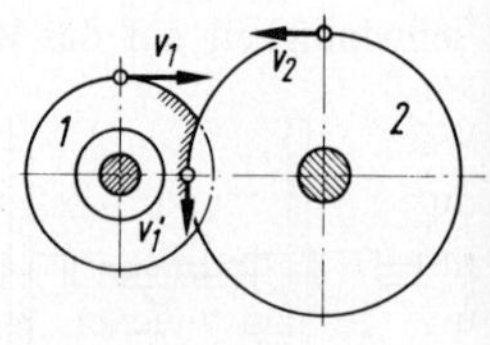

Bild IV.4. Geschwindigkeiten am Reibgetriebe
1 Reibrad mit elastischem Belag, 2 Gegenrad

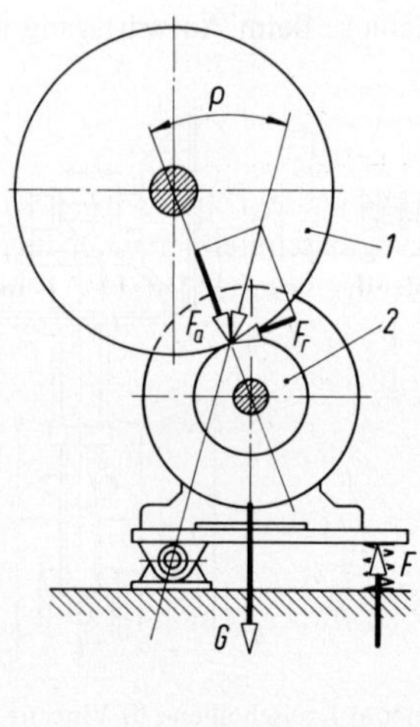

Bild IV.3. Selbsttätige Anpassung der Anpreßkraft an das Drehmoment
1 Gegenrad, 2 Reibrad

1.2. Stufengetriebe

1.2.1. Allgemeines

1.2.1.1. Drehzahlbereich und Stufenzahl. Auf fast jeder zerspanenden Werkzeugmaschine muß mit unterschiedlichen Schnittgeschwindigkeiten gearbeitet werden. Sie werden u.a. bestimmt vom Werkstoff des Werkstückes und des Werkzeuges sowie vom Spanungsquerschnitt (siehe Zerspantechnik). Das erfordert Hauptgetriebe, die mit mehreren Abtriebsdrehzahlen einen Drehzahl*bereich* überdecken. An Maschinen mit drehender Schnittbewegung ist der erforderliche Bereich wegen der wechselnden Werkstück- bzw. Werkzeugdurchmesser z.T. noch erheblich größer als an gradlinig zerspanenden Maschinen. So ist bei Hobelmaschinen der Drehzahlbereich $B = n_z/n_1 = 6:1 \dots 10:1$ (n_z größte Drehzahl bei z Drehzahlstufen, n_1 kleinste Drehzahl), bei Konsolfräsmaschinen (10...) 50:1, bei Spitzendrehmaschinen 50(... 200):1. Ständer- und Säulenbohrmaschinen kommen wegen des kleineren Durchmesserbereiches mit $B = 5:1 \dots 25:1$ aus. An Radialbohrmaschinen findet man Bereiche bis 150:1, an Bohr- und Fräswerken gar bis 400:1. Je größer der Drehzahlbereich, desto größer ist der Arbeitsbereich der Maschine hinsichtlich Schnittgeschwindigkeit und Arbeitsdurchmesser.

Für den wirtschaftlichen Einsatz einer Maschine ist jedoch in gleichem Maße die Anzahl der Drehzahlstufen (= einstellbare Drehzahlen) entscheidend. Je größer die Stufenzahl z, desto näher kommt man im Durchschnitt aller Bearbeitungsfälle der wirtschaftlichen Schnittgeschwindigkeit. Das Getriebe ist dann aber auch größer und teurer. Säulen- und Ständerbohrmaschinen haben je nach Durchmesserbereich 3 ... 9 Stufen, Stoßmaschinen 4 ... 12, Hobelmaschinen 6 ... 9, Werkstückspindeln an Rundschleifmaschinen 8 ... 10, Dreh- und Fräsmaschinen 12 ... 18, Radialbohrmaschinen und Bohr- und Fräswerke bis zu 36 Stufen.

1.2.1.2. Drehzahlstufung. Die Lastdrehzahlreihen an Werkzeugmaschinen sind in der Regel geometrisch gestuft. Nach DIN 804 ist die *Grundreihe* der Lastdrehzahlen die Normzahlreihe R 20 mit dem Stufensprung $\varphi = \sqrt[20]{10} = 1{,}122018 \dots \approx 1{,}12$. Alle Zahlen dieser Reihe sind „Normdrehzahlen" (Tafel IV.1). Eine derart eng gestufte Drehzahlreihe findet man aber an keiner Werkzeugmaschine, weil die dafür erforderlichen Getriebe zu aufwendig sein würden. Bei einem Drehzahlbereich von 50 : 1 wären beispielsweise 35 Stufen erforderlich, bei 400 : 1 gar 55 Stufen (vgl. mit den üblichen Stufenzahlen in 1.2.1.1). Die Maschinen haben gröber gestufte Drehzahlreihen, die dadurch entstehen, daß nur jedes 2., 3., 4. oder 6. Glied aus der Grundreihe ausgewählt wird. Diese Reihen heißen *abgeleitete Reihen.* Tafel IV.1 zeigt die Grundreihe und alle daraus ableitbaren Reihen mit dem 2., 3., 4. oder 6. Glied. Nach DIN 804 sollen die abgeleiteten Reihen aber so gebildet werden, daß sie die Zahlen 1400 oder 2800 enthalten, weil dies die Nenndrehzahlen der meisten an Werkzeugmaschinen verwendeten Drehstrommotoren sind. Diese Drehzahlreihen sind in Tafel IV.1 durch den Raster hervorgehoben. Für den Einsatz der Maschine in der Fertigung und die Berechnung und die Konstruktion des Getriebes ist diese Forderung der Norm jedoch ohne Bedeutung, und deshalb weichen Werkzeugmaschinenhersteller nicht selten von DIN 804 ab und ziehen eine andere abgeleitete Normzahlreihe vor (in Tafel IV.1 nicht hervorgehoben). Die Normzahlen der Reihe R 20 sind aus den Genauwerten der geometrischen Reihe auf- oder abgerundet. Die Stufung erscheint darum an einigen Stellen arithmetisch, z.B. ... 140–160–180–200 ... . Auch die Stufensprünge sind gerundete Werte. Sie können nur als Wurzeln oder mit Hilfe ihrer Logarithmen exakt dargestellt werden.

Der Logarithmus des Stufensprunges der Grundreihe R 20 ist $\lg \varphi_{R\,20} = \frac{1}{20} \lg 10 = 0{,}05$. In den abgeleiteten Reihen sind dann die Logarithmen der Stufensprünge 2-, 3-, 4- bzw. 6mal so groß. Das ist besonders für die genaue Berechnung der Übersetzungen wichtig (siehe 1.2.1.4).

Tafel IV.1. Zahlenreihen für die Stufung von Drehzahlen und Vorschüben an Werkzeugmaschinen

Grundreihe R 20. Stufensprung $\varphi = \sqrt[20]{10} = 1{,}122018 \ldots \approx 1{,}12$; $\lg \varphi = 0{,}05$

10 – 11,2 – 12,5 – 14 – 16 – 18 – 20 – 22,4 – 25 – 28 – 31,5 – 35,5 – 40 – 45 – 50 – 56 – 63 – 71 – 80 – 90 – 100 – 112 – 125 – 140 – 160 – 180 – 200 – 224 – 250 – 280 – 315 – 355 – 400 – 450 – 500 – 560 – 630 – 710 – 800 – 900 – 1000 – 1120 – 1250 – 1400 – 1600 – 1800 – 2000 – 2240 – 2500 – 2800 – 3150 – 3550 – 4000 – 4500 – 5000 – 5600 – 6300 – 7100 – 8000 – 9000 – 10000

Abgeleitete Reihen R 20/2. Stufensprung $\varphi = \sqrt[10]{10} = 1{,}258925 \ldots \approx 1{,}25$; $\lg \varphi = 0{,}1$

10 – 12,5 – 16 – 20 – 25 – 31,5 – 40 – 50 – 63 – 80 – 100 – 125 – 160 – 200 – 250 – 315 – 400 – 500 – 630 – 800 – 1000 – 1250 – 1600 – 2000 – 2500 – 3150 – 4000 – 5000 – 6300 – 8000 – 10000

oder

11,2 – 14 – 18 – 22,4 – 28 – 35,5 – 45 – 56 – 71 – 90 – 112 – 140 – 180 – 224 – 280 – 355 – 450 – 560 – 710 – 900 – 1120 – 1400 – 1800 – 2240 – 2800 – 4500 – 5600 – 7100 – 9000 – 11200

Abgeleitete Reihen R 20/3. Stufensprung $\varphi = \sqrt[20]{10^3} = 1{,}412537 \ldots \approx 1{,}4$; $\lg \varphi = 0{,}15$

10 – 14 – 20 – 28 – 40 – 56 – 80 – 112 – 160 – 224 – 315 – 450 – 630 – 900 – 1250 – 1800 – 2500 – 3550 – 5000 – 7100 – 10000

oder

11,2 – 16 – 22,4 – 31,5 – 45 – 63 – 90 – 125 – 180 – 250 – 355 – 500 – 710 – 1000 – 1400 – 2000 – 2800 – 4000 – 5600 – 8000 – 11200

oder

12,5 – 18 – 25 – 35,5 – 50 – 71 – 100 – 140 – 200 – 280 – 400 – 560 – 800 – 1120 – 1600 – 2240 – 3150 – 4500 – 6300 – 9000 – 12500

Abgeleitete Reihen R 20/4. Stufensprung $\varphi = \sqrt[5]{10} = 1{,}584893 \ldots \approx 1{,}6$; $\lg \varphi = 0{,}2$

10 – 16 – 25 – 40 – 63 – 100 – 160 – 250 – 400 – 630 – 1000 – 1600 – 2500 – 4000 – 6300 – 10000

oder

11,2 – 18 – 28 – 45 – 71 – 112 – 180 – 280 – 450 – 710 – 1120 – 1800 – 2800 – 4500 – 7100 – 11200

oder

12,5 – 20 – 31,5 – 50 – 80 – 125 – 200 – 315 – 500 – 800 – 1250 – 2000 – 3150 – 5000 – 8000 – 12500

oder

14 – 22,4 – 35,5 – 56 – 90 – 140 – 224 – 355 – 560 – 900 – 1400 – 2240 – 3550 – 5600 – 9000 – 14000

Abgeleitete Reihen R 20/6. Stufensprung $\varphi = \sqrt[20]{10^6} = 1{,}995262 \ldots \approx 2$; $\lg \varphi = 0{,}3$

10 – 20 – 40 – 80 – 160 – 315 – 630 – 1250 – 2500 – 5000 – 10000

oder

11,2 – 22,4 – 45 – 90 – 180 – 355 – 710 – 1400 – 2800 – 5600 – 11200

oder

12,5 – 25 – 50 – 100 – 200 – 400 – 800 – 1600 – 3150 – 6300 – 12500

oder

14 – 28 – 56 – 112 – 224 – 450 – 900 – 1800 – 3550 – 7100 – 14000

oder

16 – 31,5 – 63 – 125 – 250 – 500 – 1000 – 2000 – 4000 – 8000 – 16000

oder

18 – 35,5 – 71 – 140 – 280 – 560 – 1120 – 2240 – 4500 – 9000 – 18000

Alle diese Reihen können nach oben oder unten erweitert werden, wenn man die Zahlen mit 10 oder 100 multipliziert oder durch 10 oder 100 dividiert.

Für Säulen- und Ständerbohrmaschinen haben die Drehzahlreihen meistens den Stufensprung 2 oder 1,6, für die Werkstückspindeln der Rundschleifmaschinen 1,4, für Drehmaschinen 1,4 oder 1,25, für Fräsmaschinen 1,25. Feiner sind die Reihen selten gestuft, und zwar nur bei sehr kleinem Drehzahlbereich B oder sehr großer Stufenzahl z.

1.2.1.3. Vorschubstufung. Die Vorschubreihen sind nach DIN 803 genormt. Grundreihe ist wie bei den Lastdrehzahlreihen die Normzahlreihe R 20. Abgeleitete Reihen werden auch bei den Vorschüben aus jedem 2., 3., 4. oder 6. Glied der Grundreihe gebildet. Geometrisch gestufte Vorschubreihen können aus Tafel IV.1 gewonnen werden, wenn man die Zahlenwerte durch 10, 100 oder 1000 dividiert. Nach DIN 803 sind aber nur diejenigen Reihen genormt, die den Zahlenwert 1 (in mm/Umdr., mm/Hub oder mm/min) enthalten. Um solche Reihen zu verwirklichen, müssen die Vorschubgetriebe an ihren Abtriebswellen geometrisch gestufte Drehzahlen liefern. Die Stufenzahl und damit der Umfang des Getriebes hängen von der Maschinenart ab. Säulen- und Ständerbohrmaschinen haben 3 ... 8, Radialbohrmaschinen 6 ... 18, Fräsmaschinen 8 ... 24 Vorschübe. Bei Drehmaschinen variiert die Anzahl der Vorschübe je nach Bauart in weiten Grenzen. Produktions-, Revolver- und Plandrehmaschinen kommen meist mit weniger als 10 Vorschüben aus. Senkrechtdrehmaschinen haben 10 ... 20 Vorschübe. Das umfangreichste und komplizierteste Vorschubgetriebe haben die Leit- und Zugspindel-Drehmaschinen. Hier sind 24 ... 66 normale Vorschubstufen die Regel. Hinzu kommen die Steigungsvorschübe für das Schneiden der verschiedenartigen Gewinde, die nicht über die Zugspindel, sondern über Leitspindel und Schloßmutter auf den Werkzeugschlitten übertragen werden.

1.2.1.4. Germar-Schaubild. Die Gesamtübersetzung von der Motordrehzahl zur kleinsten Drehzahl der Abtriebswelle des Getriebes ist häufig sehr groß. Bei einer Motordrehzahl von 1400 min^{-1} und einer Abtriebsdrehzahl von 11,2 min^{-1} beträgt es z.B. 125 : 1. Es muß in mindestens vier Teilübersetzungen aufgeteilt sein, wenn keine größer als 4 : 1 sein darf. Das ergibt vier hintereinanderliegende Getriebegruppen mit fünf Wellen. Hat jede Gruppe zwei Räderpaare mit verschiedenen Übersetzungen, so vervielfacht sich die Anzahl der möglichen Drehzahlen von Welle zu Welle mit dem Faktor 2, und an der fünften Welle stehen $2^4 = 16$ Drehzahlstufen zur Verfügung. Da die Drehzahlreihe geometrisch gestuft ist, nehmen die Gesamtübersetzungen mit jeder nächst größeren Abtriebsdrehzahl im Verhältnis des Stufensprunges ab, d.h. es ist die größte Gesamtübersetzung $i_1 = i_2\varphi^1 = i_3\varphi^2 = \ldots = i_z\varphi^{z-1}$. Jede dieser Übersetzungen entsteht durch Hintereinanderschalten von vier der acht Räderpaare. Deren Einzelübersetzungen müssen so gewählt sein, daß sich in den 16 möglichen Schaltkombinationen der Räderpaare 16 Gesamtübersetzungen ergeben, welche die obige Forderung genau erfüllen. Es gibt für diese Aufgabe viele Lösungen, die jedoch mathematisch schwer zu ermitteln sind. Die Germar-Schaubilder (Drehzahlbild und Aufbaunetz) erleichtern diese Arbeit sehr und vermitteln mit geringem Aufwand einen Überblick über alle möglichen Lösungen. Beim Entwurf eines Getriebes sind sie darum eine unentbehrliche Grundlage, und der Getriebeaufbau läßt sich mit ihnen einfach erläutern.

Im *Drehzahlbild* stellt die Abszissenachse die Abtriebswelle des Getriebes dar (Bild IV.5). Sie wird in beliebigem Maßstabe logarithmisch geteilt. Markiert man entsprechend diesem Maßstabe auf dieser „Welle" ihre Drehzahlen (z.B. 4, 8, 16, 32 min^{-1}), so haben die Drehzahlpunkte gleiche Abstände, weil die Drehzahlen eine geometrische Reihe darstellen. Der Abstand des Drehzahlpunktes n_1 vom Nullpunkt ist dann gleich $\lg n_1$, der Abstand der Drehzahlpunkte voneinander ist gleich $\lg\varphi$, denn wenn nach dem Gesetz der geometrischen Reihe $n_2/n_1 = \varphi$ ist, dann ist auch

$\lg n_2 - \lg n_1 = \lg \varphi$. Die Antriebswelle (und alle übrigen Getriebewellen) werden als Geraden mit beliebigem Abstand parallel zur Abtriebswelle eingezeichnet und ihre Drehzahlen werden ebenfalls als Punkte markiert (z.B. $n_a = 64\ \text{min}^{-1}$ in Bild IV.5). Der Teilungsnullpunkt und -maßstab ist für alle Wellen gleich, so daß gleiche Drehzahlen auf verschiedenen Wellen senkrecht übereinander stehen. Die Gerade 1–2 von n_a nach n_1 stellt das Räderpaar 1–2 dar, das die Übersetzung der Drehzahl n_a der Welle I in die Drehzahl n_1 der Welle II bewirkt.

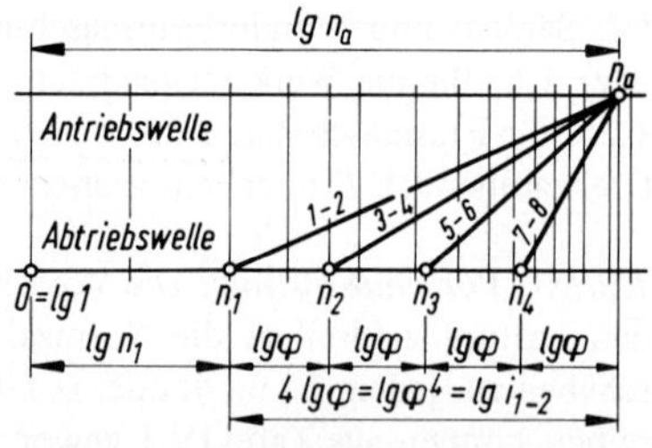

Bild IV.5. Drehzahlbild (nach Germar)

Aus dem Schaubild kann man ablesen, daß $\lg n_a - \lg n_1 = 4 \lg \varphi = \lg \varphi^4$ ist. Entlogarithmiert ergibt sich $n_a/n_1 = \varphi^4$. Das ist aber die Übersetzung i_{1-2} des Räderpaares 1–2. Die Projektion einer Räderlinie (1–2, 3–4, 5–6, 7–8) auf die Abtriebswelle des Drehzahlbildes ist also der Logarithmus der Übersetzung des Räderpaares. Nach Bild IV.5 ist folglich $i_{3-4} = \varphi^3$, $i_{5-6} = \varphi^2$ und $i_{7-8} = \varphi^1$. Ist die Antriebsdrehzahl niedriger als eine Abtriebsdrehzahl, so ist z.B. nach Bild IV.6b die Übersetzung des Räderpaares 7–8: $i_{7-8} = n_a/n_4$, folglich auch $\lg i_{7-8} = \lg n_a - \lg n_4 = -1{,}5 \lg \varphi = \lg \varphi^{-1,5}$, und damit $i_{7-8} = \varphi^{-1,5}$. Man erhält die Übersetzung eines Räderpaares *aus dem Drehzahlbild*, wenn man die Projektion seiner Räderlinie auf die Abtriebswelle in Stufensprüngen auszählt und dann den Stufensprung φ mit dieser Zahl potenziert. Der Exponent erhält positives Vorzeichen, wenn ins Langsame, negatives wenn ins Schnelle übersetzt wird.

In der Praxis sind die Lage des Teilungs-Nullpunktes und der Teilungs-Maßstab ohne Bedeutung. Man zeichnet einfach eine Schar paralleler Drehzahllinien mit beliebigem, aber gleichem Abstand und rechtwinklig dazu die Geraden für die Wellen. In dieses Netz werden die Räderlinien eingezeichnet (BildIV.6a). Stellt man sich nun die Räderlinien als Gummibänder vor, und wandert man mit der Antriebsdrehzahl nach links bis in die Mitte zwischen größter und kleinster Abtriebsdrehzahl, dann entsteht ein symmetrisches Bild, das *Aufbaunetz* (Bild IV.6b). Beim Getriebeentwurf wird umgekehrt vorgegangen: erst wird das Aufbaunetz gezeichnet und daraus das Drehzahlbild entwickelt.

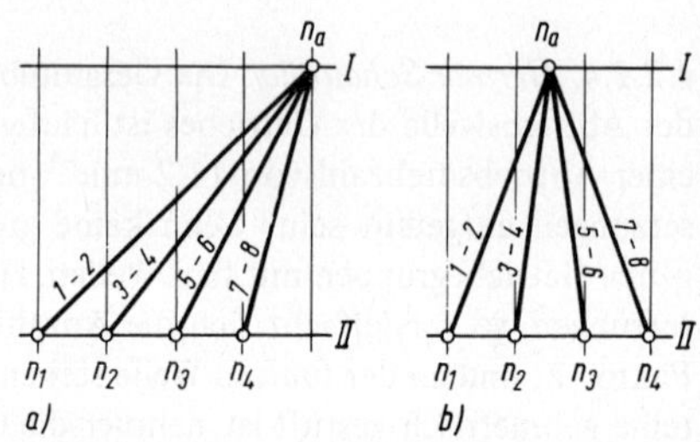

Bild IV.6
a) Praktisch übliche Darstellung des Drehzahlbildes nach Bild IV.5 und
b) Aufbaunetz dazu

Bild IV.7 zeigt das Aufbaunetz und zwei Drehzahlbilder eines 12-stufigen Vierwellengetriebes (IV-12-Getriebe; darin bedeuten IV die Wellenanzahl und 12 die Stufenzahl). Die Getriebegruppe I–II hat die drei Räderpaare 1–2, 3–4 und 5–6, die Gruppen II–III und III–IV je zwei Räderpaare 7–8 und 9–10 sowie 11–12 und 13–14. Zu beachten ist, daß nicht nur das *ganze* Aufbaunetz symmetrisch in bezug auf die senkrechte n_a-Linie ist, sondern auch jede Getriebegruppe ein symmetrisches *Teil*-Aufbaunetz haben muß (dicke Linien). Die Räderlinien der nachfolgenden Gruppen II–III und III–IV erscheinen entsprechend ihrer Verwendung in den verschiedenen Schaltkombinationen mehrfach im Aufbaunetz. Aus dem Aufbaunetz können beliebig viele Drehzahlbilder entwickelt werden. Man braucht sich dazu wieder nur die Räderlinien als Gummibänder, die Wellen I, II und III als waagerecht verschiebbare Schienen vorzustellen, auf denen die Bänder mit den im Aufbaunetz festgelegten Abständen befestigt sind. Zunächst muß die Welle I so weit verschoben werden, bis ihr Drehzahlpunkt n_a auf der Drehzahllinie der Antriebsdrehzahl des Getriebes liegt. Im Beispiel nach Bild IV.7 ist $n_a = n_{12}\varphi^2$. Die Gesamtübersetzungen sind dann $n_a/n_1 = \varphi^{13}$ bis $n_a/n_{12} = \varphi^2$. Die Zwischenwellen II und III kann man nun beliebig verschieben und

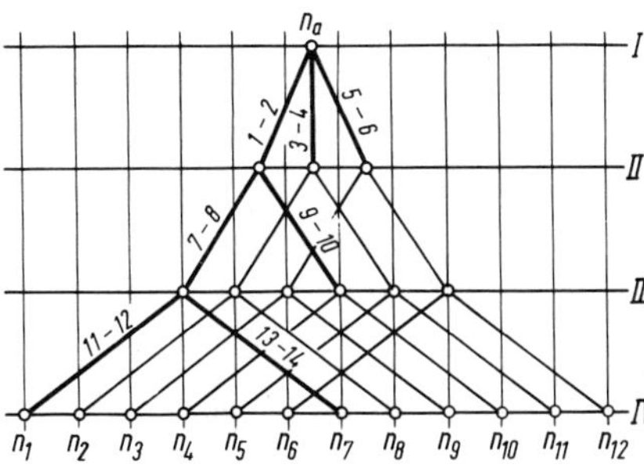

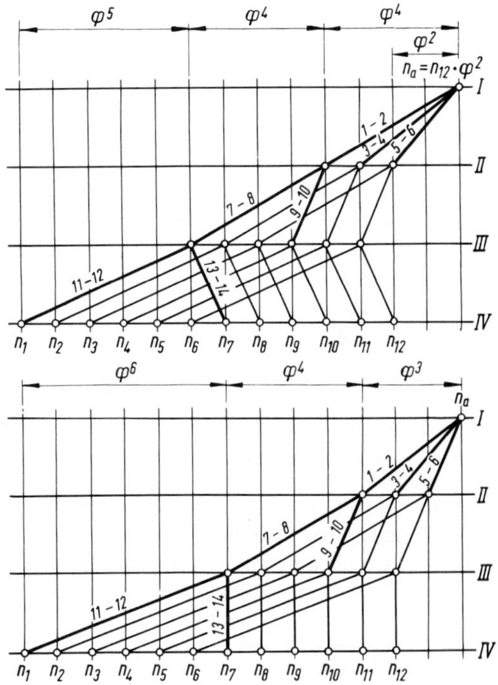

Bild IV.7
Ein Aufbaunetz und zwei Drehzahlbilder für ein zwölfstufiges Vierwellengetriebe

dadurch die *größte* Gesamtübersetzung nach Wunsch aufteilen. Damit sind dann aber die Übersetzungen für *alle* Räderpaare festgelegt. Teilt man sie gleichmäßig auf die drei Getriebegruppen auf (hier also $\varphi^{4^1/_3}\,\varphi^{4^1/_3}\,\varphi^{4^1/_3}$), dann erhält man theoretisch kleinste Wellenabstände und kleinste Gesamtzähnezahl für das Getriebe. Die erste Aufteilung nach Bild IV.7 ($\varphi^4\,\varphi^4\,\varphi^5$) ergibt in der letzten Gruppe für das Räderpaar 13–14 eine Übersetzung ins Schnelle. Die zweite Aufteilung ($\varphi^3\,\varphi^4\,\varphi^6$) vermeidet dies, hat aber eine größere Übersetzung für das Räderpaar 11–12. Außerdem erhalten die Wellen II und III höhere Drehzahlen, dadurch kleinere Drehmomente und möglicherweise geringere Durchmesser. Diese Einflüsse gegeneinander abzuwägen und die optimale Lösung für das Getriebe zu suchen, ist die Aufgabe des Konstrukteurs.

1.2.2. Zahnrad-Stufengetriebe

1.2.2.1. Wechselrädergetriebe

Anwendungsbeispiele: Am bekanntesten ist das Wechselrädergetriebe als Zwischengetriebe zwischen Haupt- und Vorschubgetriebe an der Leit- und Zugspindeldrehmaschine. Es wird aber auch verwendet zum Hauptspindelantrieb an Revolverdrehmaschinen, Ein- und Mehrspindelautomaten und Planfräsmaschinen, zum Vorschubantrieb an kleinen Fertigdrehmaschinen, Ein- und Mehrspindelautomaten, Hinterdreh- und Planfräsmaschinen, zum Steuerwellenantrieb an Drehautomaten und als Teilgetriebe an Teilköpfen und Verzahnmaschinen.

Aufbau und Wirkungsweise: An- und Abtriebswelle haben einen bestimmten, festliegenden Abstand. Die Wechselräder werden auf beide Wellen aufgesteckt und verbinden sie dann miteinander. Die Übersetzung zwischen beiden Wellen wird durch Auswechseln der Räder geändert. Bei gleichem Modul können nur Räder mit gleicher Zahnsumme verwendet werden, denn es ist der Wellenabstand

$$l = \frac{d_1}{2} + \frac{d_2}{2} = \frac{d_3}{2} + \frac{d_4}{2} = \ldots = z_1\,\frac{m}{2} + z_2\,\frac{m}{2} = z_3\,\frac{m}{2} + z_4\,\frac{m}{2} = \ldots$$

(d Teilkreisdurchmesser, z Zähnezahl, m Modul).

Daraus folgt die Zahnsummenbedingung: *Zahnsumme*

$$S = z_1 + z_2 = z_3 + z_4 = \ldots = \text{konstant} \tag{IV.1}$$

Die Anzahl der möglichen Übersetzungen ist begrenzt und ihre Beträge liegen durch die Zahnsumme von vornherein fest.

Die Wechselräderschere (Bild IV.8) vermeidet diesen Nachteil. Sie ist um die Abtriebswelle III schwenkbar. In ihrem geraden Schlitz kann eine kurze Zwischenwelle II (Räderbolzen) an beliebiger Stelle festgeklemmt werden. Die Welle II erhält entweder ein Zwischenrad oder zwei Räder, so daß die Übersetzung von Welle I nach Welle III mit zwei Teilübersetzungen ausgeführt wird. Dadurch wird die Zahnsummenbedingung umgangen und die Anzahl der möglichen Übersetzungen vergrößert.

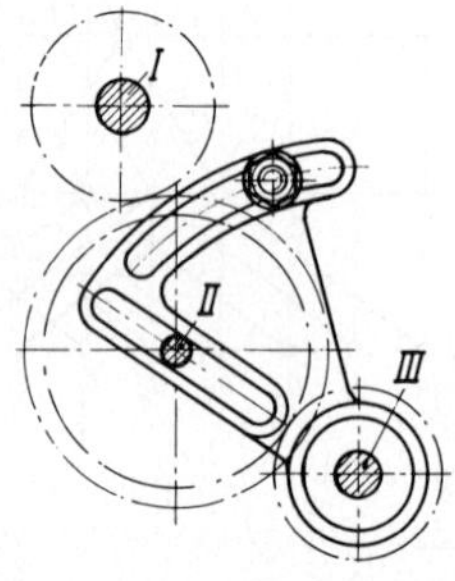

Bild IV.8. Wechselräderschere

Bewegungsverhältnisse: Bei konstanter Antriebsdrehzahl n_1 ändert sich die Abtriebsdrehzahl n_2 beim Räderwechsel im umgekehrten Verhältnis der Übersetzungen. Es ist die *Wechselräderübersetzung*

$$i_w = \frac{n_1}{n_2} = \frac{z_2}{z_1} \cdot \frac{z_4}{z_3} \tag{IV.2}$$

Daraus folgt die *Abtriebsdrehzahl*

$$n_2 = n_1 \frac{z_1 z_3}{z_2 z_4} \tag{IV.3}$$

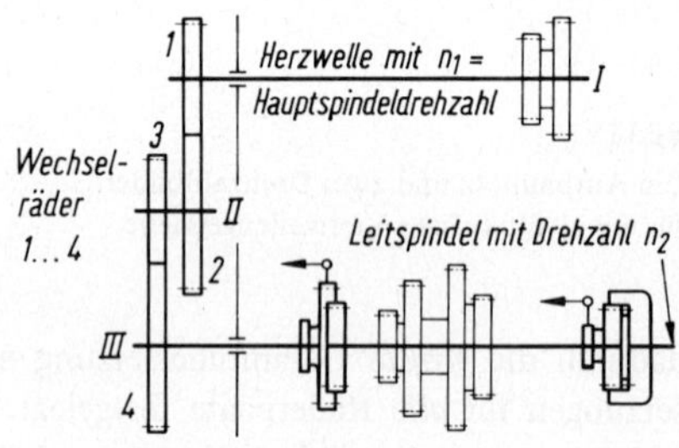

Bild IV.9. Wechselrädergetriebe beim Gewindeschneiden *ohne* Gewindegetriebe

Wird beim Gewindeschneiden auf der Drehmaschine die Leitspindel unter Umgehung des Vorschub- und Gewindegetriebes unmittelbar von den Wechselrädern angetrieben, dann erhält das Werkstück die gleiche Gewindesteigung wie die Leitspindel, wenn die Gesamtübersetzung zwischen Hauptspindel und Leitspindel $i = 1$ ist. Soll die Steigung am Werkstück kleiner sein, dann muß sich die Leitspindel im Verhältnis der beiden Steigungen langsamer drehen, d.h. es ist die

Gesamtübersetzung i = Werkstückdrehzahl n_1 : Leitspindeldrehzahl n_2
= Leitspindelsteigung h_2: Steigung am Werkstück h_1.

In der Schaltstellung für Normalgewinde ist die Übersetzung zwischen Hauptspindel und Welle I („Herzwelle") $i_1 = 1:1$ (Bild IV.9), so daß also Wechselräderübersetzung i_w = Gesamtübersetzung $i = h_2/h_1 = z_2 z_4 / z_1 z_3$. Daraus ergeben sich die erforderlichen *Zähnezahlen der Wechselräder*

$$\frac{z_1 z_3}{z_2 z_4} = \frac{h_1}{h_2} \tag{IV.4}$$

Die Räder 2 und 3 dürfen nicht zu groß sein, weil sonst die Wellen III bzw. I beim Einbau im Wege sind. Als Faustregel gilt, daß die Räder eingebaut werden können, wenn $z_1 + z_2 > z_3 + 15$ und $z_4 + z_3 > z_2 + 15$.

■ **Beispiel:** Auf einer Drehmaschine mit $h_2 = 12$ mm Leitspindelsteigung soll Whitworthgewinde $1\frac{1}{4}''$ geschnitten werden (7 Gang auf 1 Zoll). Die Wechselräder sind zu berechnen.

Lösung: Nach (IV.4) ergeben sich die Zähnezahlen

$$\frac{z_1 z_3}{z_2 z_4} = \frac{h_1}{h_2} = \frac{\frac{1}{7}''}{12\text{ mm}} = \frac{1 \cdot 25{,}4\text{ mm}}{7 \cdot 12\text{ mm}} = \frac{2 \cdot 12{,}7}{7 \cdot 12} = \frac{20}{70} \cdot \frac{127}{120}.$$

Für $\frac{1}{7}''$ wird zunächst 25,4 mm/7 gesetzt, dann 25,4 durch $2 \cdot 12{,}7$ ersetzt (weil der Wechselrädersatz für diesen Fall ein Rad mit 127 Zähnen enthält), und schließlich werden die beiden Teilbrüche so erweitert, daß im Zähler und im Nenner Zähnezahlen stehen, die im Rädersatz vorhanden sind.

Da $20 + 70 < 127 + 15$ ist, wird beim Einbau des Rades 3 die Welle I im Wege sein. Die beiden Räder im Zähler werden darum vertauscht, und damit wird $z_1 = 127$ Zähne, $z_2 = 70$ Zähne, $z_3 = 20$ Zähne, $z_4 = 120$ Zähne.

Auf den meisten modernen Leitspindeldrehmaschinen werden solche normalen Gewindesteigungen aber mit dem Vorschub- und Gewindegetriebe geschaltet, und die Wechselräder werden nur dann ausgewechselt, wenn eine Steigung nicht mit dem Gewindegetriebe ausgeführt werden kann. Es wird dann eine Steigung im Getriebe geschaltet, die in der Nähe der gewünschten Steigung liegt. Das Zähnezahlverhältnis der aufgesteckten Normalwechselräder (zwei Räder mit Zwischenrad) wird mit dem Verhältnis der gewünschten Steigung h_1 zur eingestellten Steigung h_1' multipliziert. Aus dem so gewonnenen Quotienten werden die neuen Wechselräder wie oben ermittelt.

Beispiel: Es soll ein Gewinde mit $h_1 = 15$ mm Steigung geschnitten werden. Mit dem Gewindegetriebe können $h_1' = 14, 16, 18 \ldots$ mm eingestellt werden. Die Normalwechselräder auf Welle I und III haben je 71 Zähne, Welle II trägt ein Zwischenrad mit beliebiger Zähnezahl.

Lösung: Am Gewindegetriebe wird die Steigung $h_1' = 16$ mm eingestellt. Der erforderliche Wechselräderquotient ist dann

$$\frac{z_1 z_3}{z_2 z_4} = \frac{71}{71} \cdot \frac{h_1}{h_1'} = \frac{71}{71} \cdot \frac{15\text{ mm}}{16\text{ mm}} = \frac{71 \cdot 75}{71 \cdot 80} = \frac{71 \cdot 75}{80 \cdot 71},$$

d.h. die beiden Normalwechselräder bleiben als Räder 1 und 4 unverändert, und das Zwischenrad wird ersetzt durch die Räder 2 und 3 mit 80 und 75 Zähnen.

1.2.2.2. Schieberäder- und Kupplungsgetriebe

Anwendungsbeispiele: Sie sind die am weitesten verbreitete Bauart der Zahnrad-Stufengetriebe und an fast allen zerspanenden Werkzeugmaschinen als Haupt-, an vielen auch als Vorschubgetriebe zu finden.

Aufbau und Wirkungsweise: Das Getriebe enthält in einer oder mehreren hintereinander angeordneten Gruppen für jede Teilübersetzung ein Räderpaar.

Im **Schieberädergetriebe** sind die treibenden oder die getriebenen Räder einer jeden Getriebegruppe zu einem oder zwei, selten mehr, Räderblöcken zusammengefaßt (Bild IV.10a). Beim Schalten wird der Block verschoben und das jeweils benötigte Räderpaar in Eingriff gebracht. Es sind also immer nur die zur Leistungsübertragung benötigten Zahnräder im Eingriff. Das Getriebe ist einfach und erfordert außer der Schmierung keine Wartung.

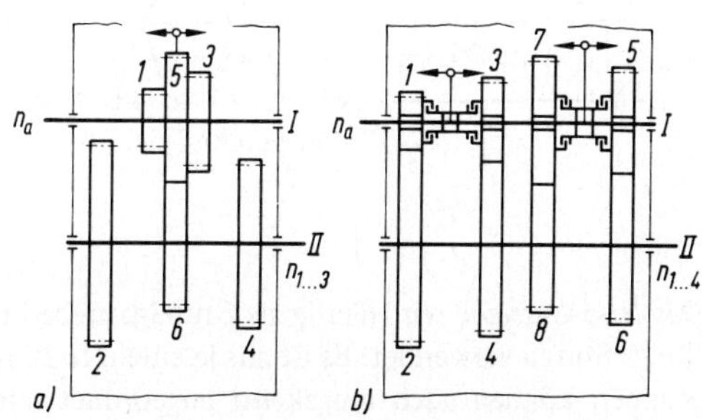

Bild IV.10
a) Getriebeplan eines Schieberädergetriebes
b) Getriebeplan eines Kupplungsgetriebes

Es darf aber nur im Stillstand oder im Auslauf geschaltet werden, und das bedeutet Zeitverlust, wenn während des Arbeitsablaufes die Drehzahl gewechselt werden muß (z.B. bei Automaten).

Im **Kupplungsgetriebe** sind alle Räderpaare ständig im Eingriff (Bild IV.10b). Die treibenden oder die getriebenen Räder jeder Gruppe laufen lose auf ihrer Welle. Beim Schalten wird eines der losen Räder mit einer Kupplung (meist mechanische oder elektromagnetische Mehrscheibenkupplung, selten Klauenkupplung) mit seiner Welle gekuppelt. Die Klauenkupplung ist einfach, kann aber nur im Stillstand oder Auslauf geschaltet werden. Mit Mehrscheibenkupplungen wird das Getriebe komplizierter und die Kupplungen müssen von Zeit zu Zeit nachgestellt werden. Das Getriebe kann aber unter Last geschaltet werden, wenn die Kupplungen ausreichend bemessen sind.

Manche Getriebe enthalten sowohl Schieberäder als auch Kupplungen.

Die Anzahl der hintereinander liegenden Getriebegruppen und damit der Wellen und der Räderpaare hängt von der größten Gesamtübersetzung und der Stufenzahl ab (siehe 1.2.1.4). Jede Gruppe kann zwei bis vier Räderpaare haben. Nur selten – besonders in Vorschubgetrieben – sind es mehr, vor allem dann, wenn sich die Übersetzungen der nebeneinander liegenden Räderpaare nur geringfügig voneinander unterscheiden.

Zweiwellengetriebe sind selten, denn ihre größte Gesamtübersetzung ist nur 4 : 1 (siehe 1.1.1), und sie haben selten mehr als vier Drehzahlstufen. Mit einem polumschaltbaren Motor – d.h. also mit zwei oder drei Antriebsdrehzahlen – kann die Stufenzahl allerdings verdoppelt oder verdreifacht werden.

Dreiwellengetriebe entstehen, wenn 2 Zweiwellengetriebe als Getriebegruppen so hintereinandergeschaltet werden, daß die Abtriebswelle der ersten Gruppe zugleich Antriebswelle der zweiten Gruppe ist. Die Stufenzahl ist das Produkt der Stufenzahlen beider Gruppen. Die Gesamtübersetzungen sind die Produkte der hintereinander liegenden Einzelübersetzungen. Dreiwellengetriebe sind als III-4-, III-6-, III-8- und III-9-Getriebe gebräuchlich (III = Anzahl der Getriebewellen, 4, 6, 8, 9 = Stufenzahl).

Das III-4-Getriebe ist aus zwei II-2-Getrieben aufgebaut. Die beiden Aufbaunetze nach Bild IV.11 lassen erkennen, daß die Drehzahlen n_2 und n_3 durch verschiedene Übersetzungspaarungen erreicht werden können: n_2 über die Räderpaare 1–2/7–8 und n_3 über 3–4/5–6, oder n_2 über 3–4/5–6 und n_3 über 1–2/7–8. Jede dieser Schaltfolgen ergibt ein Aufbaunetz.

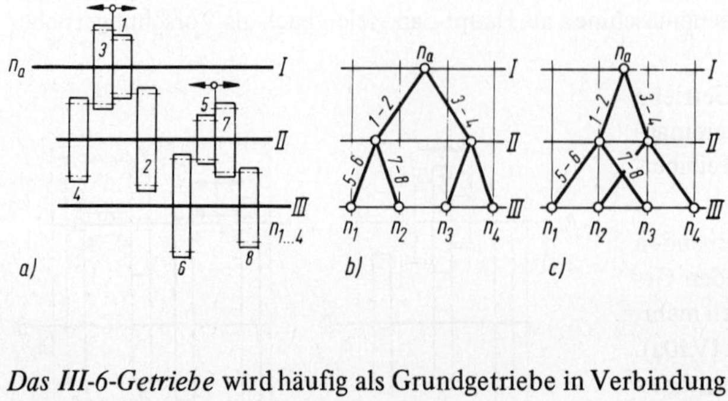

Bild IV.11. Das III-4-Getriebe
a) Getriebeplan des III-4-Getriebes
b) und c) die beiden Aufbaunetze des Getriebes

Das III-6-Getriebe wird häufig als Grundgetriebe in Verbindung mit einem Vorgelege (siehe 1.2.2.3) für 12 Stufen verwendet. Es ist aus je einem II-2- und II-3-Getriebe aufgebaut. Die beiden Getriebegruppen können auch umgekehrt angeordnet sein. Dadurch ergeben sich hier vier verschiedene Aufbaunetze (Bild IV.12). Die Netze d) und f) werden oft vorgezogen, weil die Übersetzungen der ersten Gruppe enger beieinander liegen und dadurch die Drehzahlen der Welle II meistens höher liegen können, ohne daß in der zweiten Getriebegruppe ins Schnelle getrieben werden muß.

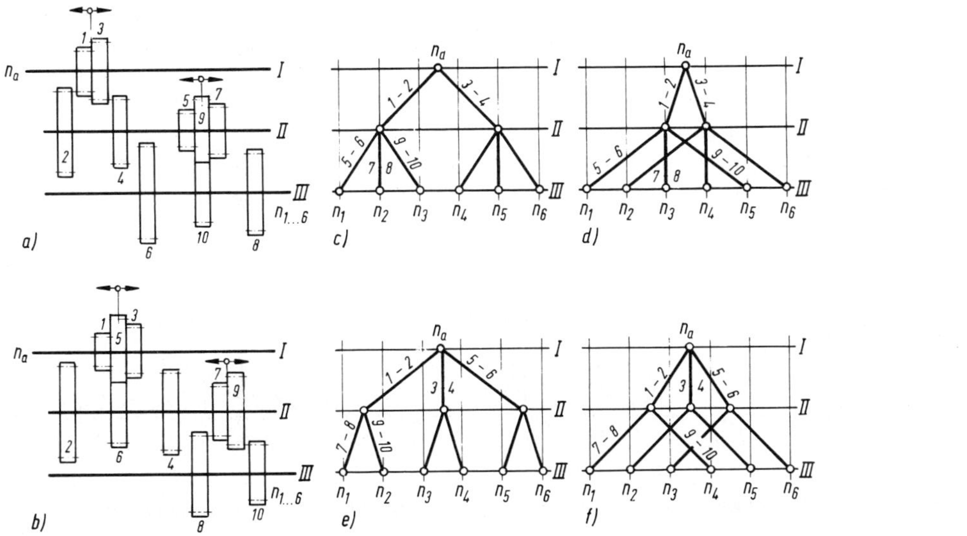

Bild IV.12. Das III-6-Getriebe. a) und b) die beiden Getriebepläne des III-6-Getriebes; c) ... f) die vier Aufbaunetze des Getriebes

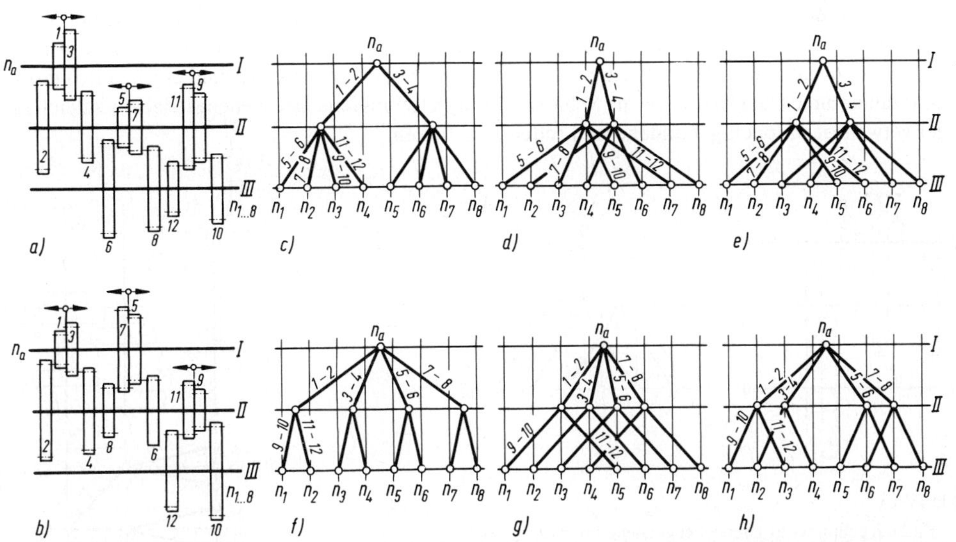

Bild IV.13. Das III-8-Getriebe. a) und b) die beiden Getriebepläne des III-8-Getriebes; c) ... h) die sechs Aufbaunetze des Getriebes

Im III-8-Getriebe bilden ein II-2- und ein II-4-Getriebe in dieser Reihenfolge oder umgekehrt die beiden Getriebegruppen. Die Schieberäder der vierstufigen Gruppe werden meist zu 2 zweirädrigen Blöcken zusammengefaßt, weil das Getriebe dann erheblich kürzer wird als mit einem Viererblock. Für dieses Getriebe sind sechs Aufbaunetze möglich (Bild IV.13).

Das III-9-Getriebe entsteht aus zwei hintereinanderliegenden II-3-Getrieben. Hier sind nur zwei Aufbaunetze möglich (Bild IV.14). Die häufig unerwünschte Übersetzung ins Schnelle ist beim III-9- und beim III-8-Getriebe nur zu vermeiden, wenn der Stufensprung nicht größer als 1,25 ist. Lediglich bei III-8-Getrieben nach den Aufbaunetzen c und g in Bild IV.13 ist das auch noch mit dem Stufensprung 1,4 möglich.

III-12-(= II-3 + II-4-)Getriebe und III-16-(= II-4 + II-4-)Getriebe sind zwar theoretisch möglich, werden aber wegen der unvermeidbaren Übersetzungen ins Schnelle nicht gebaut.

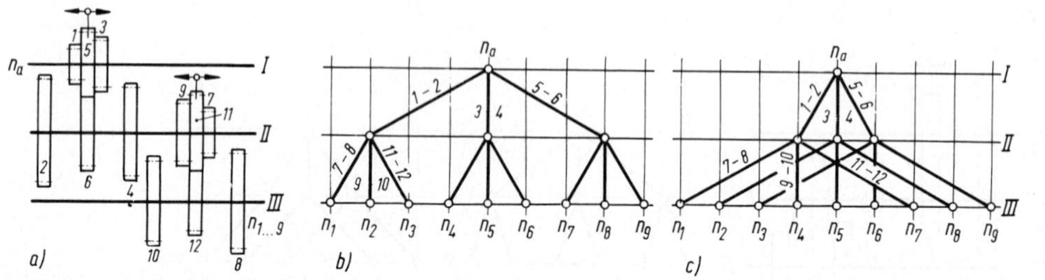

Bild IV.14. Das III-9-Getriebe. a) Getriebeplan des III-9-Getriebes; b) und c) die beiden Aufbaunetze des Getriebes

Gebunde Dreiwellengetriebe. Im normalen, „ungebundenen" Getriebe hat jedes Rad nur *ein* Gegenrad. Im gebundenen Getriebe sind ein oder zwei Abtriebsräder der ersten Getriebegruppe zugleich Antriebsräder der zweiten Gruppe. Sie haben also *zwei* Gegenräder. Beim einfach gebundenen Getriebe hat *ein* Zahnrad diese Doppelfunktion, beim doppelt gebundenen *zwei* Zahnräder (Bild IV.15). Dadurch werden Zahnräder eingespart und das Getriebe wird kürzer. Die Bindungsräder werden aber stärker beansprucht. Bei großem Stufensprung und hoher Antriebsdrehzahl ergeben sich große Zähnezahlen und Übersetzungen ins Schnelle. Einfach gebundene Dreiwellengetriebe werden häufiger verwendet, doppelt gebundene sind seltener zu finden.

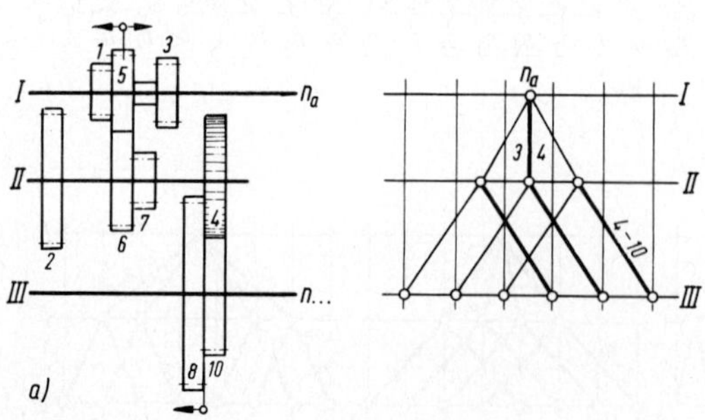

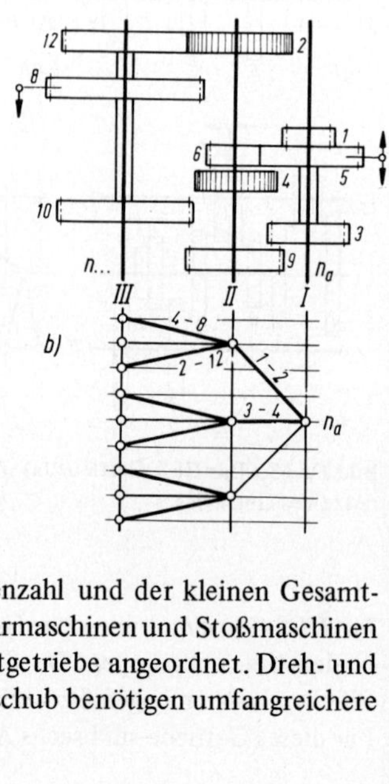

Bild IV.15

a) Einfach gebundenes Dreiwellengetriebe im Hauptgetriebe einer Hochleistungs-Spitzendrehmaschine (Bindungsrad 4)
b) Doppelt gebundes Dreiwellengetriebe im Hauptgetriebe einer Radialbohrmaschine (Bindungsräder 2 und 4)

Zwei- und Dreiwellengetriebe werden wegen ihrer geringen Stufenzahl und der kleinen Gesamtübersetzungen und Drehzahlbereiche nur in Säulen- und Ständerbohrmaschinen und Stoßmaschinen verwendet. In Hobelmaschinen werden sie zwischen Motor und Bettgetriebe angeordnet. Dreh- und Fräsmaschinen mit ihren großen Stufenzahlen für Spindel und Vorschub benötigen umfangreichere Getriebe.

Mehrwellengetriebe ist die Sammelbezeichnung für diese Getriebe. Mit jeder zusätzlichen Welle kann die größte Gesamtübersetzung theoretisch auf das Vierfache vergrößert werden. Will man nur das erreichen und werden nicht mehr als neun Drehzahlstufen gebraucht, dann genügt es, dem Dreiwellengetriebe eine oder mehrere Getriebegruppen mit je einem nicht schaltbaren Räderpaar vor-, zwischen- oder nachzuschalten. Zur Vergrößerung der Stufenzahl werden *zwei*stufige Zweiwellengetriebe als Gruppen angehängt (Bild IV.7). In erster Linie wird der Umfang eines Zahnräder-Stufengetriebes also von der Stufenzahl und der größten Gesamtübersetzung bestimmt. Darüber hinaus spielen aber auch die Bewegungsverhältnisse innerhalb des Getriebes eine Rolle: Übersetzungen ins Schnelle beeinträchtigen die Laufruhe und werden bei Feinbearbeitungsmaschinen möglichst vermieden. Sie ergeben sich jedoch zwangsläufig in vielen Fällen aus Aufbaunetz, Antriebs- und Abtriebsdrehzahlen und sind dann oft nur durch zusätzliche Wellen und Räderpaare zu vermeiden.

Bewegungsverhältnisse: Wenn für das Getriebe ein Aufbaunetz, die Antriebs- und Abtriebsdrehzahlen festgelegt sind, dann sind seine Bewegungsverhältnisse schon weitgehend bestimmt. Nach 1.2.1.4 kann beim Entwickeln des Drehzahlbildes nur noch die Übersetzung für *ein* Räderpaar in jeder Getriebegruppe gewählt werden. Der Spielraum hierfür ist aber eng begrenzt. Denn keine Einzelübersetzung soll größer als 4 : 1 sein, und die festliegende größte Gesamtübersetzung muß erreicht werden. Ist der Spielraum für die Beeinflussung der Bewegungsverhältnisse zu klein, so daß z.B. Übersetzungen ins Schnelle nicht vermeidbar sind, dann kann er nur durch eine oder mehrere zusätzliche Getriebegruppen erweitert werden. Nach dem Drehzahlbild werden die erforderlichen Übersetzungen für alle Räderpaare berechnet. Meist wird die größte Gesamtübersetzung nach ganzen oder halben Stufensprüngen auf die Getriebegruppen aufgeteilt, und es ergeben sich alle Einzelübersetzungen als einfache Potenzen des Stufensprunges, z.B. $\varphi^{0,5}$, φ^1, $\varphi^{1,5}$, φ^2 usw. Sie sind also irrationale Zahlen, die sich durch die (ganzen) Zähnezahlen der Räderpaare nur annähernd darstellen lassen. Überdies muß für die Räderpaare jeder Getriebegruppe die Zahnsummenbedingung (Gl. IV.1) eingehalten werden, sofern die Verzahnung nicht korrigiert wird. Hat man für *eine* Übersetzung eine günstige Zähnezahlpaarung gefunden, so liegt damit die Zahnsumme für die ganze Gruppe fest, und man kann nur noch *diese* Zahnsumme entsprechend den geforderten Übersetzungen auf die übrigen Räderpaare der Gruppe aufteilen. Aus der Übersetzungsgleichung $i = z_2/z_1$ ergibt sich $z_2 = z_1 i$. Setzt man diesen Wert in die Zahnsummengleichung $S = z_1 + z_2$ ein, dann wird $S = z_1(1 + i)$, und die *Zähnezahl des treibenden Rades*

$$z_1 = \frac{S}{1+i} \qquad \text{(IV.5)}$$

und die *Zähnezahl des getriebenen Rades*

$$z_2 = S - z_1 \qquad \text{(IV.6)}$$

Infolge der Auf- oder Abrundung auf ganze Zahlen können erhebliche Abweichungen der tatsächlichen Übersetzungen von den erforderlichen auftreten. Als Folge davon weicht die tatsächliche Drehzahlreihe eines Zahnrad-Stufengetriebes von der theoretischen ab. DIN 804 läßt für die Nachrechnung des Getriebes Abweichungen von ± 2 % von den Genauwerten der Normzahlreihen zu (Tafel IV.1, Grenzwerte für mechanische Toleranz). Als Motor-Lastdrehzahlen müssen dabei 710, 1410 oder 2820 min^{-1} in die Rechnung eingesetzt werden. Die im Betrieb unter voller Last an der Arbeitspindel *gemessenen* Drehzahlen müssen innerhalb der Grenzwerte der letzten beiden Spalten (mechanische + elektrische Toleranz) liegen.

■ **Beispiel:** Die Arbeitsspindel einer Leit- und Zugspindeldrehmaschine soll 12 Drehzahlstufen zwischen $n_1 = 11{,}2$ und $n_{12} = 500\ \text{min}^{-1}$ erhalten. Der Antriebsmotor wird an die erste Getriebewelle angeflanscht und hat eine Lastdrehzahl $n_a \approx 1400\ \text{min}^{-1}$. Die Anzahl der erforderlichen Getriebegruppen und die Zähnezahlen aller Zahnräder sollen berechnet werden.

Lösung: Für 12 Drehzahlstufen braucht man ein Mehrwellengetriebe mit mindestens drei Getriebegruppen, z.B. II-2 + II-3 + II-2 = IV-12. Die größte Gesamtübersetzung beträgt

$$i_{g\max} = \frac{n_a}{n_1} = \frac{1400 \text{ min}^{-1}}{11{,}2 \text{ min}^{-1}} = 125 : 1.$$

Die größte Übersetzung für jede der drei vorgesehenen Getriebegruppen wäre dann bei gleichmäßiger Aufteilung

$i_{\max} = \sqrt[3]{125} = 5:1$, es ist also zu groß.

Es ist eine vierte Getriebegruppe notwendig, die aber nur *ein* Räderpaar zu haben braucht, weil die Stufenzahl bereits ausreicht. Sie wird als letzte Gruppe vorgesehen und treibt von der Welle IV auf das Bodenrad der Hauptspindel V. Diese beiden Räder werden nicht geschaltet, können also schrägverzahnt werden (größere Laufruhe!). Bei gleichmäßiger Aufteilung der größten Gesamtübersetzung ergibt sich jetzt für jede Gruppe

$i_{\max} = \sqrt[4]{125} = 3{,}35:1.$

Der Stufensprung der Reihe ist nach dem Gesetz der geometrischen Reihe für z Glieder

$$\varphi = \sqrt[z-1]{\frac{n_z}{n_1}} = \sqrt[12-1]{\frac{500 \text{ min}^{-1}}{11{,}2 \text{ min}^{-1}}} = \sqrt[11]{44{,}6} = 1{,}4125,$$

es ist also die Lastdrehzahlreihe R 20/3 (nach Tafel IV.1) vorzusehen.

Nun wird das Aufbaunetz festgelegt. Man erweitert dabei einfach die bekannten Netze der Dreiwellengetriebe. Nach der oben gewählten Reihenfolge der Gruppen werden an das Aufbaunetz d) nach Bild IV.12 eine zweistufige und eine einstufige Gruppe angehängt (Bild IV.16). Im Drehzahlbild können nun Drehzahlreihe und Antriebsdrehzahl auf den Wellen V und I eingetragen werden. Da $n_a/n_{12} = 1400 \text{ min}^{-1}/500 \text{ min}^{-1} = 2{,}8 \approx 1{,}4^3$ ist, liegt der Antriebsdrehzahlpunkt drei Stufensprünge über n_{12}. Die größte Gesamtübersetzung wird mit φ^{14} ausgezählt. Teilt man sie gleichmäßig auf die vier Gruppen auf, dann ist die größte Übersetzung in den Gruppen $i_{\max} = \varphi^{3,5}$, und die größte Drehzahl der Welle IV ist $n_a \varphi^{0,5} = 1660 \text{ min}^{-1}$, also größer als n_a. Will man das vermeiden, darf die letzte Übersetzung i_{15-16} höchstens φ^3 sein. Die Restübersetzung wird nach Bild IV.16 aufgeteilt: die Gruppen III und II erhalten die Höchstübersetzung φ^4, und für Gruppe I bleibt φ^3 übrig. Es ist klar, daß die Übersetzung ins Schnelle unvermeidbar ist, denn in der III. Gruppe besteht keine Möglichkeit für eine günstigere Aufteilung.

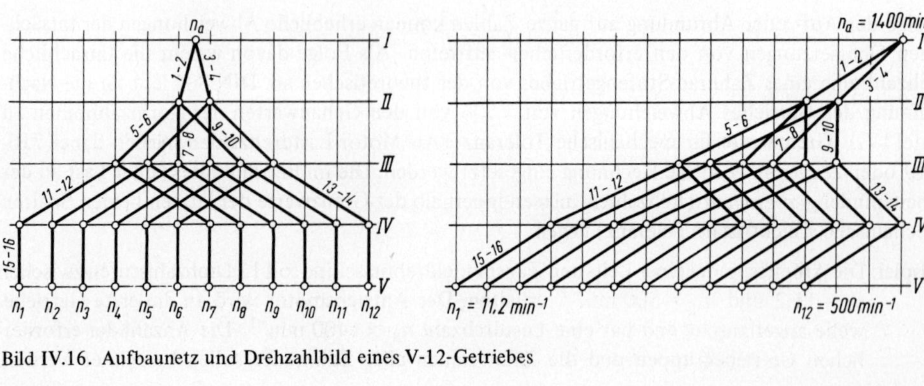

Bild IV.16. Aufbaunetz und Drehzahlbild eines V-12-Getriebes

Aus dem Drehzahlbild werden die Übersetzungen der Räderpaare bestimmt:

$$i_{1-2} = \varphi^3 = 2{,}82;\quad i_{3-4} = \varphi^2 = 2;\quad i_{5-6} = \varphi^4 = 3{,}98;\quad i_{7-8} = \varphi^2 = 2;\quad i_{9-10} = \varphi^0 = 1;$$

$$i_{11-12} = \varphi^4 = 3{,}98;\quad i_{13-14} = \varphi^{-2} = 0{,}5;\quad i_{15-16} = \varphi^3 = 2{,}82.$$

Damit kann man die Zähnezahlen festlegen, und zwar wegen der Zahnsummenbedingung (Gl. IV.1) für jede Getriebegruppe gesondert.

I. Gruppe: Man sucht mit dem Rechner ein Zahlenpaar, dessen Quotient gleich der Übersetzung i_{1-2} ist. Man findet z.B. $59/21 \approx 62/22 \approx 2{,}82$. Das erste Paar ergibt als Zahnsumme 80, das zweite 84 Zähne. Nach (IV.5) erhält das treibende Rad des Räderpaares 3–4

$$z_3 = \frac{S}{1 + i_{3-4}} = \frac{80}{1+2} = 26{,}67 \text{ Zähne bzw. } z_3 = \frac{84}{1+2} = 28{,}0 \text{ Zähne.}$$

Die Übersetzungen der I. Gruppe können also mit der Zahnsumme 84 genauer dargestellt werden als mit 80 Zähnen. Es wird festgelegt für $z_1 = 22$, $z_2 = 62$, $z_3 = 28$ und $z_4 = 56$ Zähne.

II. Gruppe: Die Übersetzung 3,98 : 1 läßt sich erst mit Zahnsummen um 250 genau verwirklichen (z.B. 199 : 50). Bei den üblichen Zahnsummen (bis ≈ 100) wird sie 4 : 1 ausgeführt. Wählt man für $z_5 = 18$ Zähne, dann wird $z_6 = 4 \cdot 18 = 72$ Zähne und die Zahnsumme $S = 90$ Zähne. Es ergeben sich weiter

$$z_7 = \frac{S}{1 + i_{7-8}} = \frac{90}{1+2} = 30 \text{ Zähne und } z_8 = S - z_7 = 60 \text{ Zähne, sowie}$$

$$z_9 = \frac{S}{1 + i_{9-10}} = \frac{90}{1+1} = 45 \text{ Zähne und } z_{10} = S - z_9 = 45 \text{ Zähne.}$$

III. Gruppe: Wie in der II. Gruppe erhält das erste Räderpaar $z_{11} = 18$ Zähne und $z_{12} = 72$ Zähne. Die Zahnsumme ist also ebenfalls 90.

Daraus ergibt sich

$$z_{13} = \frac{S}{1 + i_{13-14}} = \frac{90}{1+0{,}5} = 60 \text{ Zähne und } z_{14} = S - z_{13} = 30 \text{ Zähne.}$$

IV. Gruppe: Die Zähnezahlen werden wieder mit $z_{15} = 22$ Zähnen und $z_{16} = 62$ Zähnen festgelegt, mit denen die geforderte Übersetzung 2,82 : 1 recht genau verwirklicht wird.

Abschließend sind die wirklichen Drehzahlen so zu berechnen, wie sie sich mit den ermittelten Zähnezahlen ergeben. Es ist

$$n_1 = n_a \frac{z_1}{z_2}\frac{z_5}{z_6}\frac{z_{11}}{z_{12}}\frac{z_{15}}{z_{16}} = 1410 \frac{22 \cdot 18 \cdot 18 \cdot 22}{62 \cdot 72 \cdot 72 \cdot 62} \text{ min}^{-1} = 11{,}11 \text{ min}^{-1}$$

$$n_2 = n_a \frac{z_3}{z_4}\frac{z_5}{z_6}\frac{z_{11}}{z_{12}}\frac{z_{15}}{z_{16}} = 1410 \frac{28 \cdot 18 \cdot 18 \cdot 22}{56 \cdot 72 \cdot 72 \cdot 62} \text{ min}^{-1} = 15{,}64 \text{ min}^{-1} \text{ usw.}$$

Es ergeben sich weiter für

$n_3 = 22{,}19 \text{ min}^{-1}$	$n_6 = 62{,}54 \text{ min}^{-1}$	$n_9 = 177{,}5 \text{ min}^{-1}$
$n_4 = 31{,}27 \text{ min}^{-1}$	$n_7 = 88{,}77 \text{ min}^{-1}$	$n_{10} = 250{,}2 \text{ min}^{-1}$
$n_5 = 44{,}38 \text{ min}^{-1}$	$n_8 = 125{,}1 \text{ min}^{-1}$	$n_{11} = 355{,}1 \text{ min}^{-1}$
		$n_{12} = 500{,}3 \text{ min}^{-1}$

Diese Drehzahlen sollen nach DIN 804 nicht mehr als ± 2 % von den *Genauwerten* der Reihe R 20 abweichen. Diese Bedingung ist hier erfüllt.

Wenn eine Werkzeugmaschine voll ausgenutzt werden soll, müssen die *Leistungen und Drehmomente* bekannt sein, die an der Abtriebswelle des Hauptgetriebes zur Verfügung stehen. Die verfügbare Leistung hängt von der Motorleistung ab und ist $P = P_{mot}\eta$ (P maximale Leistung an der Abtriebswelle, P_{mot} Leistung des Antriebsmotors, η Getriebewirkungsgrad). Sie ist für alle Abtriebsdrehzahlen konstant, das Drehmoment jedoch nicht. Es ergibt sich aus der Beziehung $M = 9550\,P/n$ (M Drehmoment in Nm an der Abtriebswelle bei der Drehzahl n in min^{-1}, P Abtriebsleistung in kW). Es ist also bei der kleinsten Drehzahl am größten und fällt mit zunehmender Drehzahl nach dem Gesetz der Hyperbel ab. Ist das Getriebe für dieses maximale Drehmoment berechnet, dann stehen an der Abtriebswelle konstante Leistung und die Drehmomente entsprechend den dicken Linien in Bild IV.17 zur Verfügung. Um kleinere Abmessungen für das Getriebe zu erhalten, wird in vielen Fällen das maximale Drehmoment auf einen kleineren Wert begrenzt. Die Drehzahl, bei der dieses maximale Drehmoment bei Ausnutzung der vollen Leistung abgegeben wird, heißt die Vollastdrehzahl (Kenndrehzahl) $n_v = 9550\,P/M_{max}$. Bei den kleineren Drehzahlen darf nur das maximale Drehmoment abgenommen werden. Das bedeutet, daß die Leistung an der Abtriebswelle unterhalb der Vollastdrehzahl proportional mit der Drehzahl abnimmt (dünne Linien in Bild IV.17).

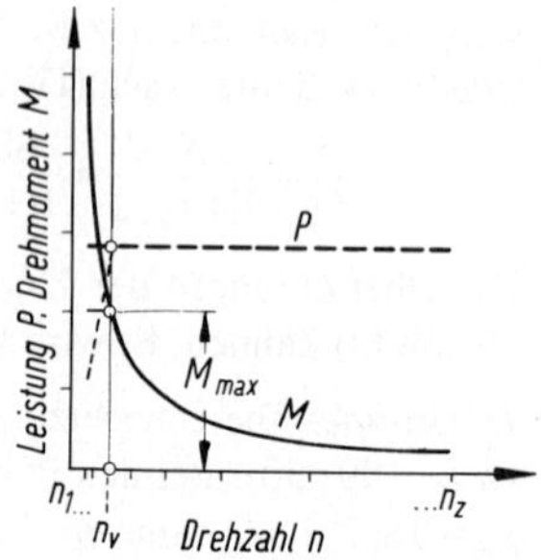

Bild IV.17. Leistungs- und Drehmoment-Kennlinien des Zahnrad-Stufengetriebes

1.2.2.3. Vorgelege

Anwendungsbeispiele: Das Vorgelege findet man vorwiegend im Hauptgetriebe von Dreh-, Fräs- und Bohrmaschinen.

Aufbau und Wirkungsweise: Es ist ein Dreiwellengetriebe, dessen Abtriebswelle in Verlängerung der Antriebswelle liegt (Bild IV.18). Das *einfache Vorgelege* hat je ein Räderpaar zwischen beiden Wellenpaaren. Ein Räderpaar (zweckmäßigerweise das letzte) ist ständig im Eingriff. Mit dem Schiebeblock wird entweder das andere Räderpaar geschaltet oder die Antriebswelle mit der Abtriebswelle gekuppelt. Die Abtriebswelle hat also zwei Drehzahlstufen.

Das seltenere *doppelte Vorgelege* hat neben der Kupplung zwei schaltbare Räderpaare und demzufolge drei Drehzahlstufen.

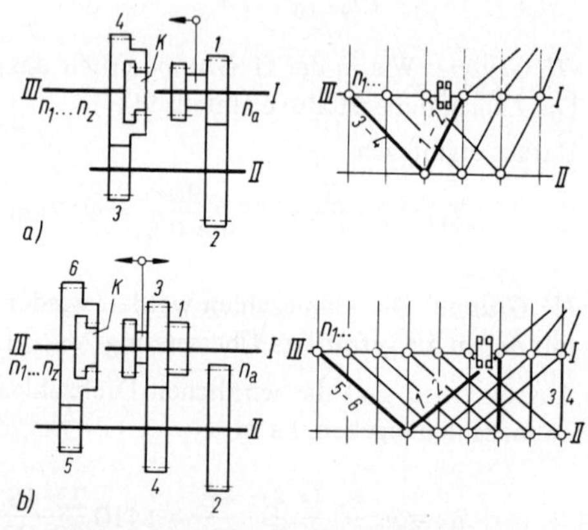

Bild IV.18. a) Einfaches und b) doppeltes Vorgelege mit Drehzahlbildern (*K* Kupplung)

Vorgelege werden nicht als selbständige Getriebe verwendet, sondern nur als letzte oder vorletzte Gruppe eines Zahnrad-Stufengetriebes oder hinter einem Stufenscheibengetriebe.

Bewegungsverhältnisse: Die Antriebswelle des Vorgeleges ist letzte Welle des vorgeschalteten Stufengetriebes und hat mehrere Drehzahlen. Diese Drehzahlreihe wird entweder über Kupplung unverändert auf die Abtriebswelle geleitet oder durch die Vorgelegeräder übersetzt, so daß die Stufenzahl der Abtriebswelle verdoppelt bzw. verdreifacht wird. Die Gesamtübersetzung des einfachen Vorgeleges muß $i_v = \varphi^{z/2}$ sein, wenn eine ununterbrochene Abtriebsdrehzahlreihe mit z Stufen und dem Stufensprung φ entstehen soll. Beim doppelten Vorgelege sind die Gesamtübersetzungen $\varphi^{z/3}$ und $\varphi^{2z/3}$ (Bild IV.18). Mit der größten zulässigen Einzelübersetzung von 4 : 1 ist eine Vorgelegeübersetzung bis 16 : 1 möglich.

1.2.2.4. Getriebe mit Windungsstufen

Anwendungsbeispiele: Es wird als Hauptgetriebe in Fräsmaschinen verwendet, ist jedoch viel seltener als die Schieberäder- und Kupplungsgetriebe und Vorgelege.

Aufbau und Wirkungsweise: In Bild IV.19 ist ein sechsstufiges Getriebe mit zwei Windungsstufen dargestellt. Es hat zwei Wellen, zwei Kupplungen und vier Räderpaare. Die Räderblöcke 1, 7 und 4, 6, 8 laufen lose auf den Wellen und sind axial festgelegt. Rad 2 und Block 3, 5 werden auf Keilwellen verschoben.

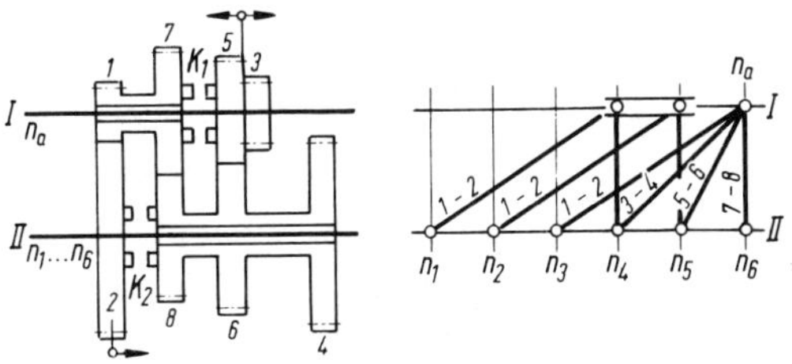

Bild IV.19. Getriebe mit zwei Windungsstufen im Hauptgetriebe einer Werkzeugfräsmaschine (Deckel, München).
1, 7 und 4, 6, 8 lose auf der Welle laufende, nicht verschiebbare Räderblöcke, 2, 3, 5 Schieberäder, K_1 und K_2 Kupplungen

Bewegungsverhältnisse: Die vier hohen Drehzahlen $n_3 \ldots n_6$ werden durch die vier Räderpaare unmittelbar von Welle I auf Welle II erreicht: n_a-K_1-1-2-n_3, n_a-3-4-K_2-n_4, n_a-5-6-K_2-n_5 und n_a-K_1-7-8-K_2-n_6. Bei den beiden niedrigen Drehzahlen läuft die Bewegung von Welle II zurück zur Welle I und dann erneut zur Welle II: n_a-3-4-8-7-1-2-n_1 und n_a-5-6-8-7-1-2-n_2. Auf diese Weise können zwischen zwei Wellen Übersetzungen über 4 : 1 verwirklicht werden, ohne daß eine Einzelübersetzung größer als 4 : 1 ist. Die Stufenzahl des Getriebes hängt von der Anzahl der Räderpaare ab. Jedes zusätzliche Räderpaar auf den Blöcken 3, 5 und 4, 6, 8 vergrößert sie um zwei Stufen. Ist r die Anzahl der Räderpaare, dann ist die *Stufenzahl des Getriebes mit Windungsstufen*

$$z = 2r - 2 \qquad \text{(IV.7)}$$

Die Stufenzahl wird oft durch einen polumschaltbaren Motor vergrößert. Dann läßt sich aber nicht immer eine durchgehende Lastdrehzahlreihe nach Tafel IV.1 erreichen.

1.2.2.5. Nortongetriebe

Anwendungsbeispiele: Das Nortongetriebe ist Teil des Vorschub- und Gewindegetriebes an vielen Leit- und Zugspindeldrehmaschinen.

Aufbau und Wirkungsweise: Bild IV.20 zeigt das Nortongetriebe einer Leit- und Zugspindeldrehmaschine. Die Antriebswelle trägt nur das Zahnrad 1. Die elf Gegenräder sind dicht nebeneinander zu einem Räderkegel zusammengebaut, der sich auf Welle C frei drehen kann. Beim Schalten der Stufen wird die Nortonschwinge mit dem Antriebsrad 1 in die Schaltstellung verschoben und so weit nach oben geschwenkt, daß der Haltebolzen in das Rastloch einschnappt. Dann ist Rad 1 über das in der Schwinge gelagerte Schwenkrad 2 mit einem der Räder 3 ... 12 des Kegels verbunden. In der äußersten linken Schaltstellung sind die Räderpaare 1–2 und 13–14 in Eingriff. Das Getriebe ist leicht zu bedienen und zwischen den zwei Wellen kann eine große Zahl von Übersetzungen auf kleinem Raum untergebracht werden. Das Gehäuse ist aber wegen der Schwinge schlecht abzudichten, und der Zahneingriff des Rades 2 mit den Rädern des Kegels ist mangelhaft, weil durch die Schwingenkonstruktion die Wellenabstände nicht genau eingehalten werden können. Das Getriebe kann deshalb nur kleine Leistungen übertragen.

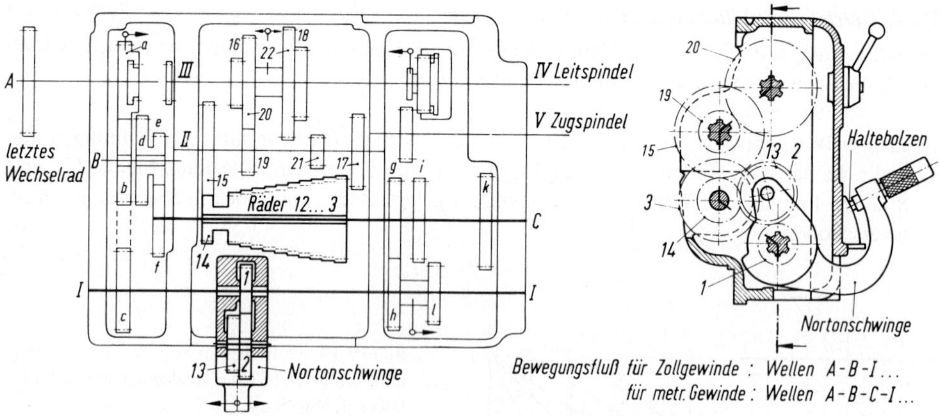

Bild IV.20. Nortonkasten einer Leit- und Zugspindeldrehmaschine (Boehringer, Göppingen).
1 Schieberad, 2 und 13 Schwenkräder, 3 ... 12 Räderkegel (1 ... 14 bilden das Nortongetriebe), 15 ... 22 Erweiterungsgetriebe, d ... f Umwandlungsgetriebe und g ... l Ergänzungsgetriebe für metrische Gewinde

Bewegungsverhältnisse: Das Nortongetriebe ist das Kernstück des Gewindegetriebes. Die Gewindesteigungen sind nicht geometrisch gestuft. In Tafel IV.2 sind die gebräuchlichen Gangzahlen der Zollgewinde zusammengestellt.

Tafel IV.2. Gangzahlen der Zollgewinde (Gg./″)

Gangzahl										Übersetzung im Erweiterungsgetriebe
2	$2\frac{1}{4}$	$2\frac{3}{8}$	$2\frac{1}{2}$	$2\frac{5}{8}$	$2\frac{3}{4}$	$2\frac{7}{8}$	3	$3\frac{1}{4}$	$3\frac{1}{2}$	1 : 1
4	$4\frac{1}{2}$	$4\frac{3}{4}$	5	$5\frac{1}{4}$	$5\frac{1}{2}$	$5\frac{3}{4}$	6	$6\frac{1}{2}$	7	2 : 1
8	9	$9\frac{1}{2}$	10	$10\frac{1}{2}$	11	$11\frac{1}{2}$	12	13	14	4 : 1
16	18	19	20	21	22	23	24	26	28	8 : 1

Hat die Leitspindel (Welle IV) $\frac{1}{2}$″ Steigung (= 2 Gg./″), dann erhält das Werkstückgewinde dieselbe Steigung, wenn Leitspindel- und Hauptspindeldrehzahl gleichgroß sind. Die Übersetzung von der Hauptspindel zur Norton-Antriebswelle ist 1 : 1. Infolgedessen muß auch die Übersetzung des Räderpaares 1–12, das für 2 Gg./″ geschaltet wird, gleich 1 : 1 sein. Die Übersetzungen der weiteren Räderpaare – und damit also die Zähnezahlen der Räder 11 ... 3 – müssen nun proportional mit den Gangzahlen steigen. Bei 32 Zähnen für die Räder 1 und 12 sind das 36, 38, 40, 42, 44, 46, 48, 52 und 56 Zähne. Damit können alle Gangzahlen der ersten Zeile der Tafel IV.2 verwirklicht werden. Die Gangzahlen der drei unteren Zeilen ergeben sich, wenn man die Werte der vorhergehenden Reihe verdoppelt. Dem Nortongetriebe wird ein vierstufiges Erweiterungsgetriebe mit dem Antriebsrad 14 und den Übersetzungen 1 : 1, 2 : 1, 4 : 1 und 8 : 1 nachgeschaltet und damit die gesamte Steigungsreihe der Tafel IV.2 verwirklicht.

Für die Zollsteigungen wird die Drehzahl des letzten Wechselrades 1 : 1 auf die Antriebswelle des Nortongetriebes übersetzt. Die für metrische Steigungen erforderlichen Zusatzübersetzungen werden mit dem Umwandlungs- und dem Ergänzungsgetriebe erzielt, die zwischen den Wechselrädern und Welle I des Nortongetriebes liegen.

1.2.3. Stufenscheibengetriebe

Anwendungsbeispiele: Es wird als Hauptgetriebe in kleinen Fertigdreh-, Schleif- und Säulenbohrmaschinen verwendet. In Verbindung mit nachgeschaltetem Vorgelege, Schieberäder- oder Kupplungsgetriebe wird es an Dreh-, Bohr- und Fräsmaschinen gebraucht.

Aufbau und Wirkungsweise: Antriebs- und Abtriebswelle tragen je eine Stufenscheibe, d.h. eine abgesetzte Flach- oder Keilriemenscheibe mit 2 bis 5 verschiedenen Durchmessern. Oft haben beide Scheiben gleiche Abmessungen (Bild IV.21). Der Riemen läuft auf einem Scheibenpaar und wird von Hand auf ein anderes Paar umgelegt, wenn die Drehzahl gewechselt werden soll. Das ist umständlich und zeitraubend. Steife und nicht zu breite Flachriemen werden auch mit Hilfe von mechanischen Umlegevorrichtungen mit Hebelbedienung umgelegt. Die Anzahl der Drehzahlstufen ist gleich der Stufenzahl der Scheiben. Sie kann mit einem polumschaltbaren Motor verdoppelt oder verdreifacht werden.

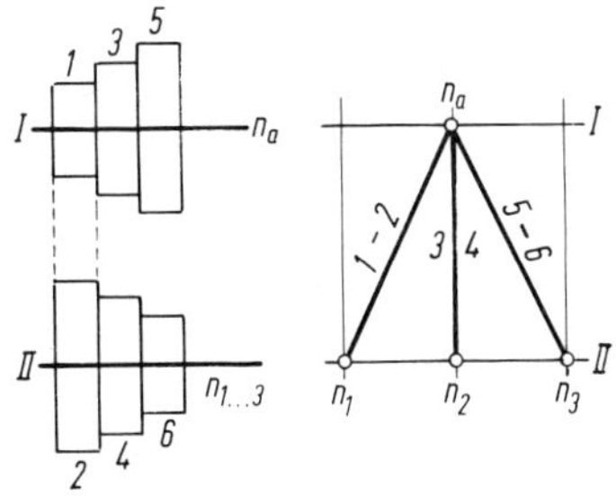

Bild IV.21. Getriebeplan und Aufbaunetz eines dreistufigen Flachriemen-Stufenscheibengetriebes

Bewegungsverhältnisse: Grundlage zur Untersuchung der Bewegungsverhältnisse sind Aufbaunetz und Drehzahlbild (siehe 1.2.1.4). Sie gleichen denen der entsprechenden Zweiwellen-Zahnrad-Stufengetriebe (Bild IV.21). Werden gleiche Stufenscheiben verwendet, dann liegt mit der Drehzahlreihe zugleich die Antriebsdrehzahl fest, denn die gleichen Abmessungen ergeben spiegelgleiche Übersetzungen ins Langsame und ins Schnelle. Liegen Antriebs- und Abtriebsdrehzahlen von vornherein fest, dann sind die Stufenscheiben meistens ungleich groß.

Der Riemen soll in allen Lagen gleichmäßig gespannt sein. Das bedeutet, daß die erforderliche Riemenlänge für alle Durchmesserpaarungen gleich ist. Das ist dann annähernd der Fall, wenn die Durchmessersumme der miteinander laufenden Scheibenpaare konstant ist:

Durchmessersumme der Scheibenpaare

$$S = d_1 + d_2 = d_3 + d_4 = d_5 + d_6 \ldots = \text{konstant.} \tag{IV.8}$$

Außerdem darf der Umschlingungswinkel in allen Riemenlagen nur wenig von 180° abweichen. Diese Bedingung ist erfüllt, wenn der Abstand der beiden Stufenscheiben mindestens das Zehnfache der Differenz zwischen größtem und kleinstem Scheibendurchmesser beträgt.

Beispiel: Die Spindel einer Säulenbohrmaschine wird mit einem Keilriemen-Stufenscheibengetriebe angetrieben und soll mit den Drehzahlen 355, 710, 1400 und 2800 min^{-1} laufen. Beide Stufenscheiben sollen gleiche Abmessungen haben und der kleinste Scheibendurchmesser mindestens 50 mm betragen. Welche Drehzahl muß die Antriebswelle haben, und wie groß sind die Scheibendurchmesser?

Lösung: Bild IV.22 zeigt den Getriebeplan a und das Aufbaunetz b, das wegen der gleichen Scheibenabmessungen zugleich Drehzahlbild ist. Die Antriebsdrehzahl ist danach $n_a = n_1 \varphi^{1,5}$. Die Drehzahlreihe ist mit $\varphi = 2$ nach Tafel IV.1 gestuft. Folglich ist die Antriebsdrehzahl $n_a = 355 \cdot 2^{1,5}\ \text{min}^{-1} = 1000\ \text{min}^{-1}$.

Aus dem Drehzahlbild ergeben sich die Übersetzungen der Scheibenpaare mit

$$i_{1-2} = \varphi^{1,5} = 2{,}82; \quad i_{3-4} = \varphi^{0,5} = 1{,}41; \quad i_{5-6} = \varphi^{-0,5} = \frac{1}{1{,}41}; \quad i_{7-8} = \varphi^{-1,5} = \frac{1}{2{,}82}.$$

Daraus ergeben sich die Scheibendurchmesser. Es ist

$d_2 = d_1 i_{1-2} = 50\ \text{mm} \cdot 2{,}82 = 141\ \text{mm}$. Hierfür wird der genormte Keilriemenscheiben-Durchmesser $d_2 = 140$ mm gewählt (DIN 2217).

Die Durchmessersumme ist $S = d_1 + d_2 = 190$ mm.

Sie wird nun im Verhältnis der Übersetzung i_{3-4} aufgeteilt entsprechend (IV.5):

$$d_3 = \frac{S}{1 + i_{3-4}} = \frac{190 \text{ mm}}{1 + 1{,}41} = 79 \text{ mm}, \text{ und}$$

$$d_4 = S - d_3 = 190 \text{ mm} - 79 \text{ mm} = 111 \text{ mm}.$$

Genormte Scheibendurchmesser sind $d_3 = 80$ mm und $d_4 = 112$ mm. Man hat nun die Wahl, die genormten Werte auszuführen und damit den Riemen in den verschiedenen Lagen unterschiedlich zu spannen, oder mit $d_4 = 110$ mm bei gleichmäßiger Riemenspannung einen nicht genormten Scheibendurchmesser zu verwenden.

Für die beiden übrigen Scheibenpaare wiederholen sich die Durchmesser in umgekehrter Reihenfolge:

$$d_5 = d_4,\ d_6 = d_3,\ d_7 = d_2,\ d_8 = d_1.$$

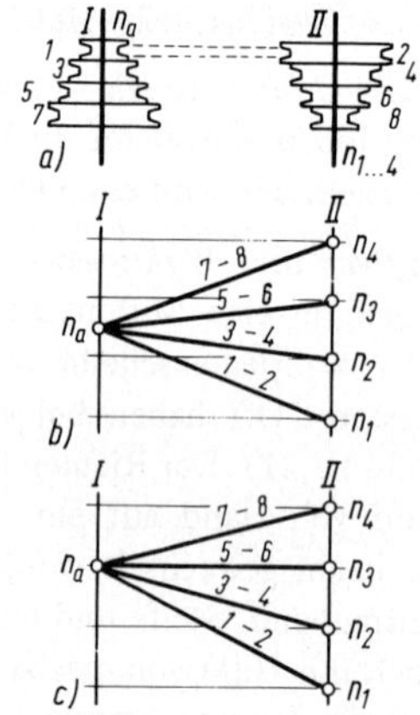

Bild IV.22
Vierstufiges Keilriemen-Stufenscheibengetriebe

Die Nachrechnung der wirklichen Abtriebsdrehzahlen ergibt:

$$n_1 = \frac{n_a d_1}{d_2} = 1000 \text{ min}^{-1} \cdot \frac{50 \text{ mm}}{140 \text{ mm}} = 357{,}1 \text{ min}^{-1}, \quad n_2 = 1000 \text{ min}^{-1} \cdot \frac{80 \text{ mm}}{112 \text{ mm}} = 714{,}3 \text{ min}^{-1}$$

$$n_3 = 1000 \text{ min}^{-1} \cdot \frac{112 \text{ mm}}{80 \text{ mm}} = 1400 \text{ min}^{-1}, \quad n_4 = 1000 \text{ min}^{-1} \cdot \frac{140 \text{ mm}}{50 \text{ mm}} = 2800 \text{ min}^{-1}$$

Alle Drehzahlen liegen innerhalb des Toleranzbereichs von ± 2 % von den Genauwerten der Reihe.

■ **Beispiel:** Welche Scheibendurchmesser muß das oben berechnete Getriebe erhalten, wenn die Antriebsstufenscheibe wie üblich auf der Motorwelle sitzt? Die Motordrehzahl ist 1400 min^{-1}.

Lösung: Bild IV.22c zeigt die neuen Übersetzungen, die sich ergeben, weil die Antriebsdrehzahl jetzt gleich n_3 ist. Es sind

$$i_{1-2} = \varphi^2 = 3{,}98:1; \quad i_{3-4} = \varphi^1 = 2:1; \quad i_{5-6} = \varphi^0 = 1:1; \quad i_{7-8} = \varphi^{-1} = 1:2.$$

Danach wird der Scheibendurchmesser

$d_2 = d_1 i_{1-2} = 50 \text{ mm} \cdot 3{,}98 = 199 \text{ mm} \approx 200 \text{ mm}$, und die Durchmessersumme $S = d_1 + d_2 = 250$ mm.

Daraus erhält man nun für

$$d_3 = \frac{S}{1 + i_{3-4}} = \frac{250 \text{ mm}}{1 + 2} = 83{,}33 \text{ mm} \text{ und } d_4 = S - d_3 = 166{,}67 \text{ mm}.$$

Die genormten Durchmesser 80 mm und 160 mm können nicht ausgeführt werden, weil ihre Durchmessersumme zu klein ist. Es wird also festgelegt:

$d_3 = 83$ mm und $d_4 = 167$ mm.

Für die dritte Übersetzung wird $d_5 = d_6 = 125$ mm ($i_{5-6} = 1$), und in der vierten Stufe ergeben sich die gleichen Durchmesser wie in der zweiten in umgekehrter Reihenfolge:

$d_7 = 167$ mm und $d_8 = 83$ mm.

Die Nachrechnung der wirklichen Drehzahlen ergibt 352,5, 700,8, 1410 und 2837 min^{-1}.

Die übertragbare Leistung wird durch die Riemenzugkraft begrenzt (siehe DIN 2218 für Keilriemen und Angaben der Riemenhersteller). Für die an Werkzeugmaschinen üblichen Riemengeschwindigkeiten kann man mit etwa gleichbleibender zulässiger Riemenzugkraft rechnen. Das bedeutet auch konstante Umfangsreibkraft an der Riemenscheibe. Daraus folgt, daß die Leistung mit wachsender Riemengeschwindigkeit nach der Beziehung $P = Fv = F\pi d n_a$ bei steigender Abtriebsdrehzahl proportional mit dem Antriebsscheibendurchmesser zunimmt (Bild IV.23). Das Abtriebsdrehmoment ändert sich proportional mit dem Abtriebsscheibendurchmesser, da $M = Fd/2$ (P Abtriebsleistung, M Abtriebsdrehmoment, F Umfangsreibkraft, v Riemengeschwindigkeit, d Scheibendurchmesser, n_a Antriebsdrehzahl).

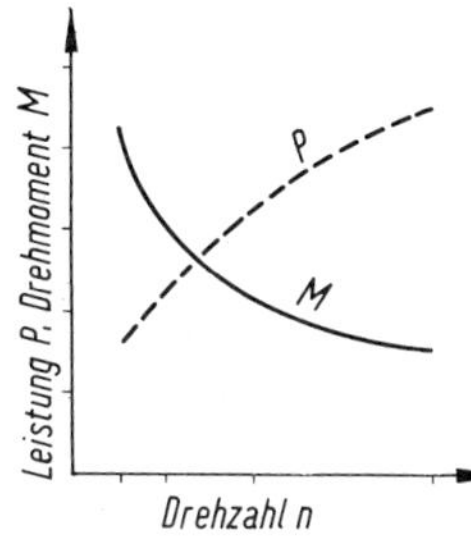

Bild IV.23. Leistungs- und Drehmoment-Kennlinien des Stufenscheibengetriebes

1.3. Stufenlose Getriebe

1.3.1. Allgemeines

Für jeden Bearbeitungsfall gibt es optimale Arbeitsbedingungen, die von der Werkzeugmaschine möglichst genau eingehalten werden sollen. Dazu gehören Schnitt- und Vorschubgeschwindigkeiten sowie Spantiefen an den zerspanenden Maschinen, Stößelgeschwindigkeiten an Pressen. Im Gegensatz zu Stufengetrieben, die sich innerhalb ihres Bereiches nur stufenweise anpassen können, kann man mit stufenlosen Getrieben die optimalen Bedingungen in jedem Falle erfüllen. Ihr Drehzahlbereich liegt meist zwischen 3 : 1 und 10 : 1. Mit zusätzlichen Stufengetrieben wird er in vielen Fällen erweitert.

Fast alle stufenlosen Getriebe übertragen die Leistung kraftschlüssig, und zwar mechanisch durch Riemen, Kette oder Reibrad oder hydraulisch durch Öl und andere Hydraulikflüssigkeiten. Auch die elektrischen *Antriebe* mit stufenlos verstellbarer Drehzahl sollen hier betrachtet werden, obwohl sie keine *Getriebe* sind.

1.3.2. Stufenlose Riemengetriebe

Anwendungsbeispiele: Man gebraucht sie zum Spindelantrieb an Bohr- und Kopierfräsmaschinen und als Regelscheibengetriebe an spitzenlosen Rundschleifmaschinen.

Aufbau und Wirkungsweise: Der Kegel mit veränderlichem Laufdurchmesser ist Grundprinzip der Drehzahlverstellung an mechanischen stufenlosen Getrieben. Das stufenlose Riemengetriebe hat eine geteilte Keilriemenscheibe, deren Hälften axial gegeneinander verschiebbar sind (Bild IV.24). Die Scheibenhälften haben auf ihren Kegelflächen breite radiale Öffnungen, damit sie ineinandergeschoben werden können. Eine Feder drückt die Scheibenhälften zusammen und erzeugt die Anpreßkraft am Riemen. Zur Drehzahlverstellung wird der Antriebsmotor auf einem Schlitten oder mit einer Wippe verschoben. Dabei ändert sich der Wellenabstand und der Riemen wird mehr oder weniger tief in die Spreizscheibe hineingezogen. Erhalten beide Wellen je eine Spreizscheibe, dann ist eine Scheibe federbelastet, und die Hälften der anderen werden mechanisch axial verstellt.

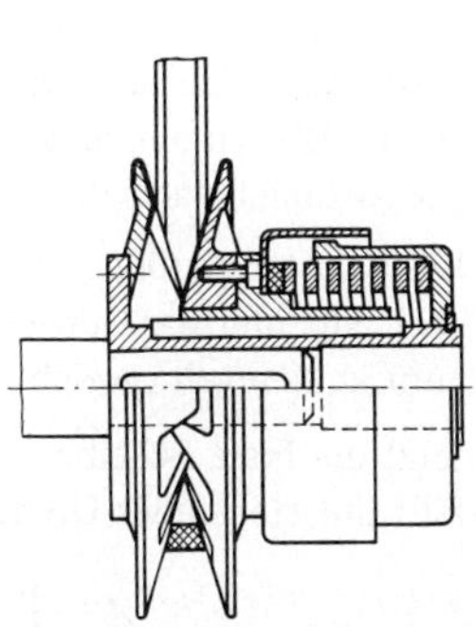
Bild IV.24. Spreizscheibe eines stufenlosen Riemengetriebes (Berges, Marienheide)

Die Bauarten mit geschlossener Riemenlauffläche auf den Kegeln, deren Spreizscheiben nicht ineinander geschoben werden können, haben einen Breitkeilriemen, weil der Verstellbereich sonst zu klein wäre. Rillen auf der Riemenunterseite erhöhen die Biegsamkeit und verringern die Walkarbeit und die Erwärmung im Betrieb. Die Bauarten mit Breitkeilriemen unterscheiden sich nur durch die Art der Scheibenanpressung voneinander.

Bewegungsverhältnisse: Sitzt die Spreizscheibe auf der Antriebswelle und die feste Scheibe auf der Abtriebswelle, dann wird beim Verstellen mit zunehmendem Achsabstand und abnehmendem Laufdurchmesser auf der Spreizscheibe die Riemengeschwindigkeit kleiner: die Abtriebsdrehzahl sinkt. Sind die Scheiben umgekehrt angeordnet, bleibt die Riemengeschwindigkeit konstant, und mit abnehmendem Laufdurchmesser auf der Abtriebsseite steigt die Drehzahl der Abtriebswelle. Man kann bei beiden Anordnungen durch entsprechende Wahl der Scheibendurchmesser ins Langsame oder ins Schnelle übersetzen. Der maximale Verstellbereich (Drehzahlbereich) ist etwa 3 : 1.

Bei Getrieben mit zwei Spreizscheiben sinkt die Riemengeschwindigkeit mit abnehmendem Antriebsdurchmesser ebenfalls. Gleichzeitig wird der Abtriebsdurchmesser größer: die Drehzahl fällt. Der Verstellbereich ist etwa 10 : 1. Es *muß* ins Langsame *und* ins Schnelle getrieben werden, weil eine Übersetzung 10 : 1 zu kleinen Umschlingungswinkel oder zu großen Achsabstand zur Folge hätte. Mit einem polumschaltbaren Motor oder einem Stufenrädergetriebe kann der Drehzahlbereich erweitert werden (Bild IV.25). Das stufenlose Getriebe liegt dann *vor* dem Zahnrad-Stufengetriebe, also im Bereich der hohen Drehzahlen, denn mit abnehmender Drehzahl läßt es sich schwerer und langsamer verstellen und die übertragbare Leistung sinkt. Das Getriebe kann nur im Lauf verstellt werden.

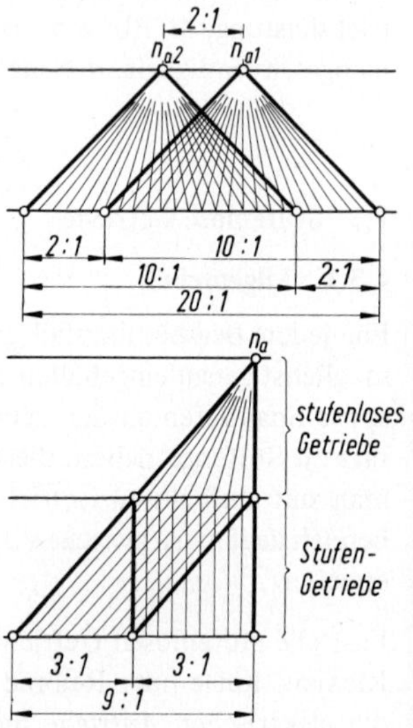

Bild IV.25. Vergrößerung des Drehzahlbereiches eines stufenlosen Getriebes

oben: durch polumschaltbaren Motor,
unten: durch Anhängen eines Zahnrad-Stufengetriebes

Setzt man eine über den ganzen Verstellbereich konstante zulässige Riemenzugkraft voraus – was den praktischen Verhältnissen annähernd entspricht – so ist bei Getrieben mit fester *Ab*triebsscheibe das Drehmoment an der Abtriebswelle konstant. Mit zunehmender Drehzahl steigt dann die Leistung proportional nach der Beziehung $P = Mn/9550$ (Bild IV.26a).

Bei Belastungsstößen zieht sich der Riemen in die Spreizscheibe am Antrieb ein, die Abtriebsdrehzahl fällt und das Getriebe regelt erst bei abnehmendem Drehmoment wieder auf die alte Drehzahl zurück: es regelt „weich“.

Sitzt die feste Scheibe auf der *An*triebswelle, dann ist die Leistung konstant und das Drehmoment fällt mit steigender Drehzahl nach der Beziehung $M = 9550\,P/n$ (Bild IV.26b). Die Kennlinien sind

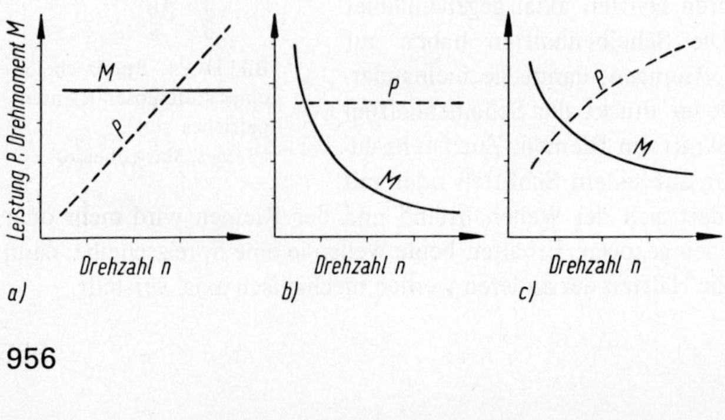

Bild IV.26

Leistungs- und Drehmoment-Kennlinien des stufenlosen Riemengetriebes

a) feste Scheibe auf Abtriebswelle, Spreizscheibe auf Antriebswelle;
b) feste Scheibe auf Antriebswelle, Spreizscheibe auf Abtriebswelle;
c) Spreizscheiben auf An- und Abtriebswelle

denen des Zahnrad-Stufengetriebes ähnlich (Bild IV.17). Bei Belastungsstößen zieht sich der Riemen in die Spreizscheibe am Abtrieb ein. Dadurch *steigt* die Drehzahl. Gleichzeitig fällt die Motordrehzahl infolge der größeren Leistungsabgabe: das Getriebe regelt schnell und „hart" auch bei steigender Belastung auf die eingestellte Drehzahl zurück.

Bei Getrieben mit zwei Spreizscheiben steigt mit zunehmender Drehzahl die Leistung infolge der wachsenden Riemengeschwindigkeit. Gleichzeitig sinkt das Drehmoment infolge des abnehmenden Abtriebsscheibendurchmessers. Leistung und Drehmoment sind direkt bzw. indirekt proportional der Quadratwurzel aus dem zugehörigen Drehzahlverhältnis (Bild IV.26c).

1.3.3. Stufenlose Kettengetriebe

Anwendungsbeispiele: Sie werden im Hauptgetriebe von Dreh-, Bohr-, Kreissägemaschinen, im Vorschubgetriebe von Revolverdreh-, Langfräs-, Tiefbohrmaschinen und Waagerecht-Bohr- und Fräswerken und zum Regelscheibenantrieb an spitzenlosen Rundschleifmaschinen verwendet.

Aufbau und Wirkungsweise: Stufenlose Kettengetriebe sind die P.I.V.-Getriebe, System A und RH. Ihre Verstellelemente sind zwei gleichgroße, geteilte, flache Kegelscheiben, deren Hälften über ein Gestänge gleichzeitig auf ihren Wellen axial verschoben werden können (Bild IV.27).

Beim System A haben die Kegel auf ihren Laufflächen flache, radial verlaufende Zähne, und zwar so, daß sich Zahn und Lücke auf beiden Hälften gegenüberstehen. Die Leistungen von 0,8 kW bis 20 kW werden von einer Lamellenkette übertragen (Bild IV.28). Jedes Kettenglied enthält in einem Blechkäfig 1 eine Anzahl dünner, verschiebbarer Stahllamellen 2. Wenn die Kette auf die Scheibe 3 aufläuft, wird von jedem Zahn ein Teil der Lamellen in die gegenüberliegende Zahnlücke geschoben. Die Dicke des „Lamellenzahnes" paßt sich so der Zahnteilung an. Das Getriebe scheint formschlüssig zu sein, läuft aber dennoch mit einem geringen Schlupf. A-Getriebe werden nur mit waagerechten Wellen gebaut und können nur im Lauf verstellt werden.

P.I.V.-Getriebe, System RH, haben glatte Kegelscheiben. Die Leistungen von 5,5 kW bis 175 kW werden mit einer Zylinderrollenkette übertragen. Jede Kettenlasche enthält zwei frei drehbare, flache Rollen, die sich beim Auflaufen der Kette auf die Kegelscheibe rollend zwischen die Scheibenhälften einziehen und dabei sehr große Normalkräfte erzeugen. Beim Ablaufen lösen sie sich leicht wieder aus der Keilrille (Bild IV.29). RH-Getriebe werden mit waagerechten oder senkrechten Wellen eingebaut und können auch im Stillstand verstellt werden.

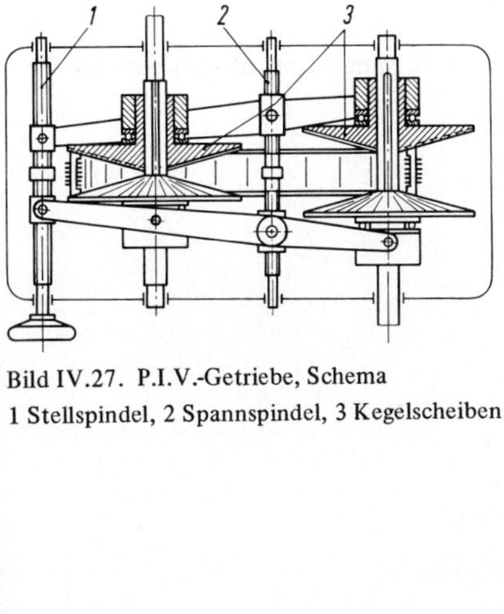

Bild IV.27. P.I.V.-Getriebe, Schema
1 Stellspindel, 2 Spannspindel, 3 Kegelscheiben

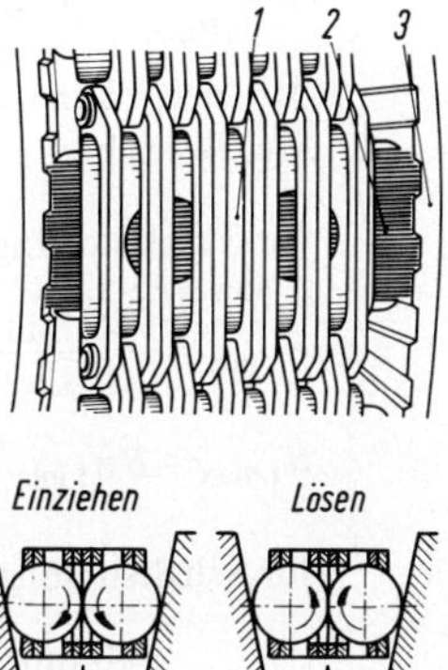

Bild IV.28. Lamellen-Gliederkette des P.I.V.-Getriebes, System A
1 Blechkäfig
2 Stahllamellen
3 Kegelscheibe

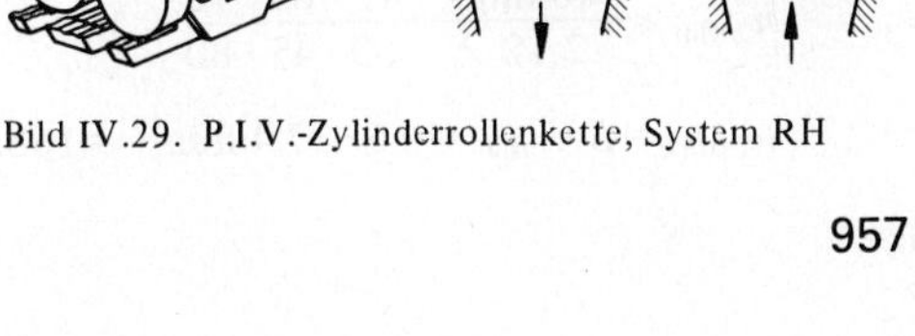

Bild IV.29. P.I.V.-Zylinderrollenkette, System RH

Bewegungsverhältnisse: P.I.V.-Getriebe treiben wegen ihrer gleichen Scheibendurchmesser ins Langsame und ins Schnelle. Getriebe nach dem System A haben einen Verstellbereich bis $B = 6:1$, nach dem System RH bis $B = 10:1$. Die größte Übersetzung ins Langsame ist $i_{max} = \sqrt{B}:1$, die größte ins Schnelle $i_{min} = 1:\sqrt{B}$. Die Antriebsdrehzahl ist das geometrische Mittel der größten und der kleinsten Abtriebsdrehzahl:

$$n_a = \sqrt{n_{min}\, n_{max}} \tag{IV.9}$$

Bei den meisten P.I.V.-Getrieben ist die zulässige Antriebsdrehzahl kleiner als die Motordrehzahl. Dann wird zwischen Motor und P.I.V.-Getriebe ein einstufiges Getriebe angeordnet. Der Drehzahlbereich wird häufig mit Stufen- oder Planetengetrieben erweitert.

■ **Beispiel:** Ein Waagerecht-Bohr- und Fräswerk hat den Getriebeplan nach Bild IV.30. Der Antriebsmotor hat die Lastdrehzahl $n_a = 940\ \text{min}^{-1}$. Er ist an die Antriebswelle des P.I.V.-Getriebes angeflanscht, dessen Verstellbereich 4,5:1 ist. Zur Erweiterung des Drehzahlbereiches ist ein vierstufiges Vierwellengetriebe hinter dem P.I.V.-Getriebe angeordnet. Welcher Drehzahlbereich kann an der Antriebswelle stufenlos eingestellt werden?

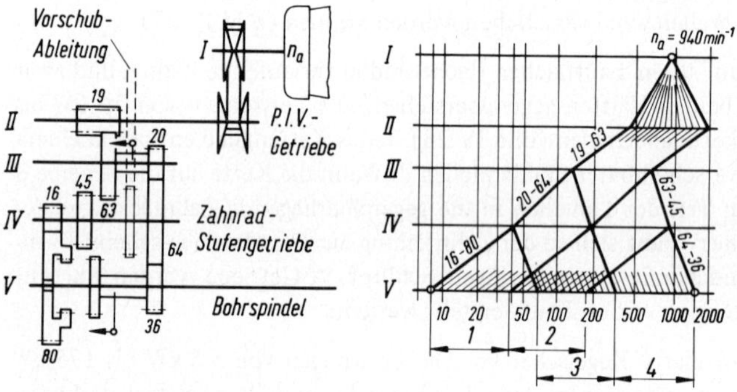

Bild IV.30
Getriebeplan und Drehzahlbild für das Hauptgetriebe eines Waagerecht-Bohr- und Fräswerkes mit einem stufenlosen Drehzahlbereich 185:1 (Collet & Engelhard, Offenbach)
1, 2, 3, 4 Drehzahlbereiche in den vier Schaltstellungen des Stufengetriebes
Zahlen an den Zahnrädern sind Zähnezahlen

Lösung: Die größte Übersetzung des P.I.V.-Getriebes ins Langsame ist

$$i_{max} = \sqrt{B}:1 = \sqrt{4{,}5} \approx 2{,}12.$$

Der Drehzahlbereich, der in jeder Schaltstellung des Stufengetriebes mit dem P.I.V.-Getriebe eingestellt wird, ist

$$B = \frac{n_{max}}{n_{min}} = 4{,}5.$$

Mit den Zähnezahlen des Stufengetriebes ergeben sich folgende Grenzdrehzahlen für die vier Bereiche:

für Schaltstellung 1:

$$n_{1\,min} = \frac{940\ \text{min}^{-1}}{2{,}12} \cdot \frac{19 \cdot 20 \cdot 16}{63 \cdot 64 \cdot 80} = 8{,}35\ \text{min}^{-1}$$

$$n_{1\,max} = B n_{1\,min} = 4{,}5 \cdot 8{,}35\ \text{min}^{-1} = 37{,}6\ \text{min}^{-1}$$

für Schaltstellung 2:

$$n_{2\,min} = \frac{940\ \text{min}^{-1}}{2{,}12} \cdot \frac{19 \cdot 63 \cdot 16}{63 \cdot 45 \cdot 80} = 37{,}4\ \text{min}^{-1}$$

$$n_{2\,max} = B n_{2\,min} = 4{,}5 \cdot 37{,}4\ \text{min}^{-1} = 168{,}4\ \text{min}^{-1}$$

für Schaltstellung 3:

$$n_{3\,\text{min}} = \frac{940\ \text{min}^{-1}}{2{,}12} \cdot \frac{19 \cdot 20 \cdot 64}{63 \cdot 64 \cdot 36} = 74{,}2\ \text{min}^{-1}$$

$$n_{3\,\text{max}} = B n_{3\,\text{min}} = 4{,}5 \cdot 74{,}2\ \text{min}^{-1} = 334{,}1\ \text{min}^{-1}$$

für Schaltstellung 4:

$$n_{4\,\text{min}} = \frac{940\ \text{min}^{-1}}{2{,}12} \cdot \frac{19 \cdot 63 \cdot 64}{63 \cdot 45 \cdot 36} = 332{,}6\ \text{min}^{-1}$$

$$n_{4\,\text{max}} = B n_{4\,\text{min}} = 4{,}5 \cdot 332{,}6\ \text{min}^{-1} = 1497\ \text{min}^{-1}$$

Die Bereiche überdecken sich so, daß alle Drehzahlen zwischen 8,3 und 1500 min^{-1} stufenlos eingestellt werden können (Bild IV.30).

1.3.4. Stufenlose Reibradgetriebe

Anwendungsbeispiele: Sie werden nur für Leistungen bis etwa 3,5 kW im Hauptgetriebe von Dreh-, Bohr-, Fräs-, Schleif-, Hon- und Sägemaschinen und als Regelscheibengetriebe an spitzenlosen Rundschleifmaschinen verwendet.

1.3.4.1. Reibgetriebe mit kegeligem Reibring

Aufbau und Wirkungsweise: Die Hauptteile des *Prym-PK-Getriebes* sind Antriebskegel 1, elastischer Reibring 2 und Schwinge 3 mit dem einstufigen Zahnradgetriebe 4 (Bild IV.31). Der Antriebskegel sitzt auf der Motorwelle I. Die als Getriebegehäuse ausgebildete Schwinge ist um die Abtriebswelle III schwenkbar und stützt sich einerseits mit dem Lager auf der Welle III, andererseits mit dem Reibring auf dem Antriebskegel ab. Dieser ist als Lüfter ausgebildet, um die Wärme abzuführen, die durch die ständige Verformung im Reibring entsteht. Zur Drehzahlverstellung wird der Motor mit dem Antriebskegel axial verschoben. Dadurch schwenkt die Schwinge mehr oder weniger weit um die Welle III, und der Berührungskreis des Reibrings am Kegel wird kleiner oder größer. Im Stillstand wird der Reibring nur durch die Gewichtskraft der Schwinge an den Kegel gepreßt.

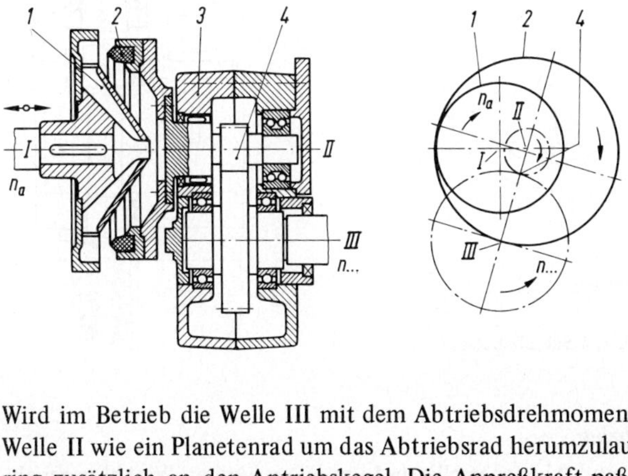

Bild IV.31
Reibradgetriebe mit kegeligem Reibring (PK-Getriebe, Prym, Stolberg)
1 Antriebskegel, mit Motor axial verschiebbar
2 Reibring mit schmaler, elastischer Kegellauffläche
3 Schwinge, um Abtriebswelle III schwenkbar
4 einstufiges Zahnradgetriebe

Wird im Betrieb die Welle III mit dem Abtriebsdrehmoment belastet, dann versucht das Ritzel der Welle II wie ein Planetenrad um das Abtriebsrad herumzulaufen und die Zahnkraft preßt den Reibring zusätzlich an den Antriebskegel. Die Anpreßkraft paßt sich also mit der wechselnden Zahnkraft selbsttätig dem Abtriebsdrehmoment an. Die Drehrichtung des Motors darf selbstverständlich nicht umgekehrt werden.

Das *SH-Getriebe* hat zwei hintereinander liegende Reibradpaare. Abtriebsreibring des ersten und Antriebskegel des zweiten Paares sind exzentrisch in einer drehbaren Trommel gelagert. Sie sind durch eine Gewindespindel mit steilem Rechts- und Linksgewinde miteinander verbunden, die sie im Lauf mit einer vom Drehmoment abhängigen Kraft auseinander drückt. Die Trommel kann mit einem Handrad von außen gedreht werden. Infolge ihrer exzentrischen Lagerung verschieben sich dabei die beiden inneren Reibkörper und verändern die Laufdurchmesser beider Reibradpaare. Das SH-Getriebe kann in beiden Richtungen laufen und auch im Stillstand verstellt werden.

Bewegungsverhältnisse: Beide Getriebe übersetzen nur ins Langsame, weil der Durchmesser des Antriebskegels kleiner ist als der des Reibringes. Der Verstellbereich des PK-Getriebes ist bis 5 : 1, der des SH-Getriebes bis 10 : 1.

Die übertragbare Leistung wird begrenzt von der höchstzulässigen Anpreßkraft. Das maximale Drehmoment am Reibring des PK-Getriebes ist infolgedessen für alle Abtriebsdrehzahlen konstant (Bild IV.32), und die Leistung steigt proportional mit der Drehzahl. Das Getriebe wird immer unmittelbar hinter dem Motor angeordnet, um bei hohen Drehzahlen die größtmögliche Leistung zu übertragen. Rädergetriebe zur Vergrößerung der Übersetzung oder zur Erweiterung des Drehzahlbereichs liegen *hinter* dem PK-Getriebe.

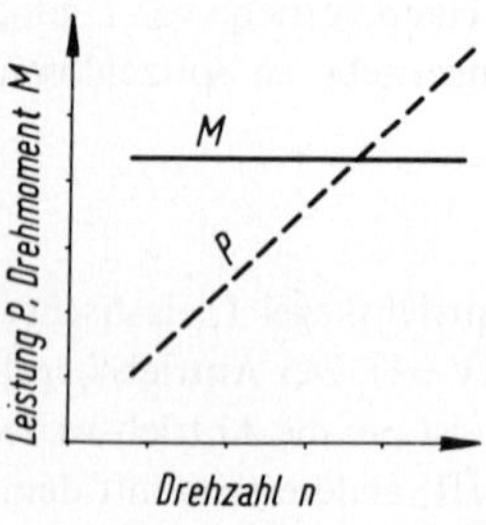

Bild IV.32. Leistungs- und Drehmoment-Kennlinien von stufenlosen Reibradgetrieben

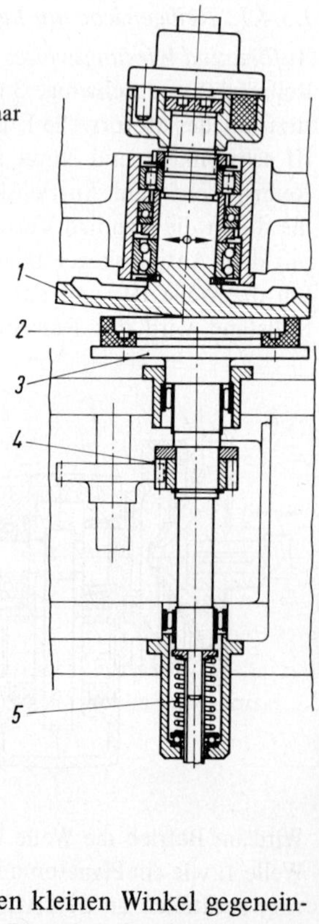

Bild IV.33. Reibradgetriebe mit ebenem Reibring (EL-Getriebe) im Hauptgetriebe einer Ständerbohrmaschine (Webo, Düsseldorf)

1 Antriebskegel
2 Reibring mit ebener, elastischer Lauffläche
3 Abtriebsscheibe
4 schrägverzahntes Stirnräderpaar
5 Anpreßfeder

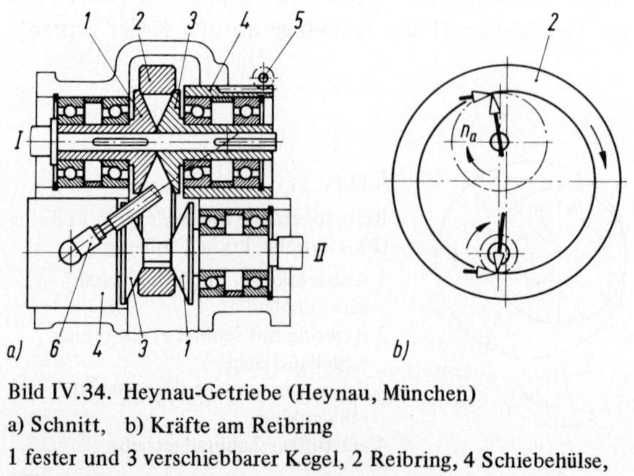

Bild IV.34. Heynau-Getriebe (Heynau, München)
a) Schnitt, b) Kräfte am Reibring
1 fester und 3 verschiebbarer Kegel, 2 Reibring, 4 Schiebehülse, 5 Verstellritzel, 6 Verspannvorrichtung

1.3.4.2. Reibgetriebe mit ebenem Reibring

Aufbau und Wirkungsweise: Antriebs- und Abtriebswelle sind um einen kleinen Winkel gegeneinander geneigt. Der Kegelwinkel des Antriebskegels 1 beträgt fast 180°. Die Abtriebsscheibe 3 trägt einen elastischen Reibring 2, der mit seiner ebenen Stirnfläche von einer Schraubenfeder gegen den

Antriebskegel 1 gedrückt wird (Bild IV.33). Ein unmittelbar nachgeschaltetes schrägverzahntes Stirnräderpaar 4 steuert im Betrieb mit seiner Axialkraft die Anpreßkraft der Scheibe in Abhängigkeit vom Abtriebsdrehmoment. Es ist darum *nur eine* Drehrichtung möglich. Die Drehzahl wird durch radiale Verschiebung des Motors verstellt.

Bewegungsverhältnisse: Der Durchmesser des Antriebskegels ist etwas größer als der des Reibrings. Deshalb treibt das Getriebe mit einer kleinen Übersetzung (≈ 1:1,3) ins Schnelle und mit einer größeren ins Langsame, und zwar innerhalb eines maximalen Verstellbereiches von 5:1. Für die übertragbaren Leistungen und Drehmomente gilt dasselbe wie beim PK-Getriebe (Bild IV.32).

1.3.4.3. Ganzstahl-Reibgetriebe

Aufbau und Wirkungsweise: Die Hauptteile des *Heynau-Getriebes* („H-Trieb“) sind je ein Kegelpaar auf An- und Abtriebswelle und ein Stahlring, der beide Kegelpaare umschließt (Bild IV.34). Die beiden Kegel 1 sind im Gehäuse, die Kegel 3 in axial verschiebbaren Führungshülsen gelagert. Eine Verspannvorrichtung verbindet die Kegel 3 miteinander und drückt sie gegen den Stahlring 2, der dadurch den notwendigen Reibungsschluß erhält. Infolge der reinen Abwälzbewegung der Teile läuft das Getriebe fast geräuschlos. Zur Drehzahlverstellung wird mit einem Handrad die obere Hülse mit ihrem Kegel verschoben, über die Verspannvorrichtung nimmt sie die untere Hülse in gleicher Richtung mit. Dadurch wird der Laufdurchmesser auf einem Kegelpaar kleiner und auf dem anderen größer: die Übersetzung ändert sich. Die Reibkräfte, welche die Drehmomente an den Berührungsstellen des Ringes erzeugen, ziehen ihn in die Keilrille zwischen den Kegeln hinein. Mit zunehmendem Drehmoment wird hierdurch die Anpreßkraft selbsttätig vergrößert. Ring und Kegel laufen im Ölbad. Sie können auch im Stillstand verstellt werden. Infolge der hohen Pressung an den Übertragungsstellen sind die Laufflächen gegen Stöße empfindlich. Das Getriebe hat deshalb eine Rutschkupplung als Überlastungssicherung.

Bewegungsverhältnisse: Da beide Kegelpaare gleiche Abmessungen haben, treibt das Getriebe mit gleichen Übersetzungen ins Schnelle und ins Langsame. Der Verstellbereich ist 9:1. Für die Beziehungen zwischen Antriebsdrehzahl und Abtriebsdrehzahlen gilt Gl. (IV.9). Das Getriebe ist für eine Antriebsdrehzahl von 1400 min^{-1} ausgelegt und kann über den ganzen Drehzahlbereich mit konstanter Leistung betrieben werden. Das ergibt mit steigender Drehzahl abnehmendes Drehmoment entsprechend Bild IV.26b.

1.3.5. Hydrostatische Getriebe

Anwendungsbeispiele: Sie werden selten angewendet und sind im Hauptgetriebe von Drehmaschinen und im Vorschubgetriebe von Fräs-, Schleif- und Tiefbohrmaschinen zu finden.

1.3.5.1. Allgemeines

Aufbau und Wirkungsweise: In hydraulischen Getrieben wird die Leistung durch Flüssigkeiten – meistens mineralische Hydrauliköle – übertragen. Hydro*dynamische* Getriebe nutzen dabei die *Wucht* des mit großer Geschwindigkeit strömenden Öles, hydro*statische* Getriebe den *Druck* des langsamer fließenden Öles zur Übertragung aus. In Werkzeugmaschinen werden nur hydrostatische Getriebe verwendet. Sie bestehen aus Hydropumpe und Hydromotor. Beide sind meistens gleichartig aufgebaut und durch eine Ölleitung miteinander verbunden. Sie können in einem gemeinsamen Getriebegehäuse untergebracht oder voneinander getrennt als Einzelaggregate eingebaut sein. Im *offenen Kreislauf* fließt das Öl vom Hydromotor in den Ölbehälter zurück und wird dann von der Hydropumpe wieder angesaugt. Ein *geschlossener Kreislauf* entsteht, wenn das Öl vom Hydromotor über eine Rücklaufleitung der Pumpe unmittelbar wieder zufließt. In diesem Falle werden die Leckölverluste von einer Hilfspumpe ausgeglichen, oder die Hydropumpe saugt ihren zusätzlichen Ölbedarf automatisch über ein Rückschlagventil in der Rücklaufleitung an.

Bewegungsverhältnisse: Ein Elektromotor treibt die Hydropumpe mit konstanter Drehzahl an. Sie fördert bei jeder Umdrehung eine bestimmte Ölmenge, das „Hubvolumen" V_p. Läuft sie mit n_p Umdrehungen je Minute um, dann ist der *Volumenstrom*

$$\dot{V} = V_p\, n_p \qquad \text{(IV.10)}$$

$\dot{V}$	V_p	n_p
$\frac{l}{\min}$	l	$\min^{-1}$

Der Hydromotor hat ein Hubvolumen V_m und die Drehzahl n_m. Also ist sein *Volumenstrom*

$$\dot{V} = V_m\, n_m \qquad \text{(IV.11)}$$

Sieht man von Leckölverlusten ab, dann muß der Hydromotor den gleichen Volumenstrom aufnehmen, den die Hydropumpe abgibt. Da also $V_p n_p = V_m n_m$ ist, wird an der Hydromotorwelle die *Abtriebsdrehzahl*

$$n_m = n_p \frac{V_p}{V_m} \qquad \text{(IV.12)}$$

Die Leckölverluste verringern jedoch den Volumenstrom auf dem Wege zum Hydromotor, und die tatsächliche Abtriebsdrehzahl ist kleiner.

Ist das Hubvolumen der Hydropumpe oder des Hydromotors oder sind beide verstellbar, dann kann die Abtriebsdrehzahl verstellt werden.

1.3.5.2. Flügelzellengetriebe

Aufbau und Wirkungsweise: Das *Boehringer-Sturm-Ölgetriebe* ist innen beaufschlagt, d.h. das Öl wird der Hydropumpe und dem Hydromotor von innen durch die Leitachse 6 zugeführt (Bild IV.35). Die Kolbentrommel 4 der Pumpe sitzt fest auf der Antriebswelle 1. In ihren tiefen Axialschlitzen sind die Flügel 3 radial frei beweglich. Sie werden vom Umlaufgehäuse 2 der Pumpe umschlossen, das im Schlitten 5 drehbar gelagert ist. Dieser kann mit einem Handrad oder einem anderen Verstellantrieb von außen quer zur Getriebeachse verschoben werden. Die Kolbentrommel 4 umschließt die Leitachse 6, die sich nicht mit dreht und deren Kanäle 7 und 8 die Pumpe mit dem Motor verbinden. Dieser ist etwas größer als die Pumpe, hat aber denselben Aufbau.

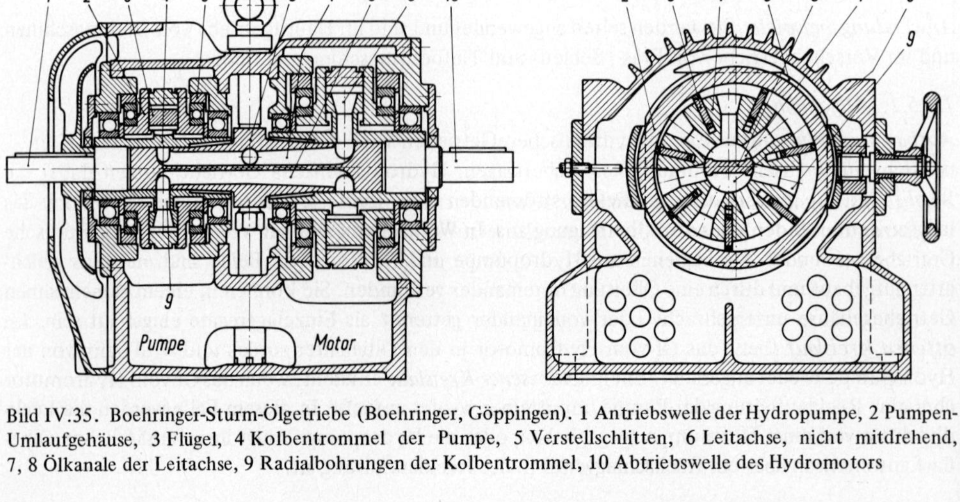

Bild IV.35. Boehringer-Sturm-Ölgetriebe (Boehringer, Göppingen). 1 Antriebswelle der Hydropumpe, 2 Pumpen-Umlaufgehäuse, 3 Flügel, 4 Kolbentrommel der Pumpe, 5 Verstellschlitten, 6 Leitachse, nicht mitdrehend, 7, 8 Ölkanale der Leitachse, 9 Radialbohrungen der Kolbentrommel, 10 Abtriebswelle des Hydromotors

Die Antriebswelle dreht die Kolbentrommel der Pumpe, die Flügel werden von der Fliehkraft nach außen gedrückt und außerdem durch Abstützringe außen gehalten und bilden dadurch die Zellen. Die Reibung an den äußeren Flügelenden nimmt das Umlaufgehäuse in Drehrichtung mit. Steht das Umlaufgehäuse exzentrisch zur Kolbentrommel, dann ändert jede Zelle während des Umlaufes ihr Volumen. Bei rechtsdrehender Pumpe nach Bild IV.35 wird im oberen Teil der Umlaufbahn infolge der Zunahme des Zellenvolumens Öl aus dem Rücklaufkanal 7 durch die Radialbohrungen 9 der Kolbentrommel in die Zellenräume gesaugt. In der unteren Hälfte der Umlaufbahn verkleinert sich das Zellenvolumen wieder, und das Öl wird nun durch die gleichen Radialbohrungen in den Druckkanal zum Motor gedrückt. Dort gelangt es durch die Radialbohrungen der Kolbentrommel in die unteren Zellenräume und verursacht mit seinem Druck auf die Flügel Tangentialkräfte an der Motor-Kolbentrommel. Da jede Zelle von zwei ungleich großen Flügelflächen begrenzt wird, muß sich die Kolbentrommel in Richtung der größeren Fläche in Bewegung setzen. Sind Motor und Pumpe in der gleichen Richtung exzentrisch verstellt, so dreht sich der Motor also links herum. In der oberen Umlaufhälfte wird dann das Öl infolge der kleiner werdenden Zellenräume wieder durch den Rücklaufkanal zur Pumpe zurückgeführt, und der Kreislauf ist geschlossen.

Das *Forst-Enor-Druckölgetriebe* (Bild IV.36) ist außen beaufschlagt, d.h. das Öl fließt der Pumpe und dem Motor von außen zu. Sein Kreislauf ist ebenfalls geschlossen. Antriebs- und Abtriebswelle sind im Getriebegehäuse 4 gelagert. Die beiden Kolbentrommeln 1 und 3 haben ein gemeinsames Verstellgehäuse 2, das nicht mit umläuft. Zur Verringerung der Reibung sind aber die Flügel seitlich mit Gleitsteinen in umlaufenden Ringen geführt, welche die Fliehkräfte aufnehmen. Die Zellenräume werden mit dünnen, in die Flügelstirnseiten eingelegten Dichtungsbändern abgedichtet. Die Wirkungsweise ist ähnlich wie beim Boehringer-Sturm-Ölgetriebe.

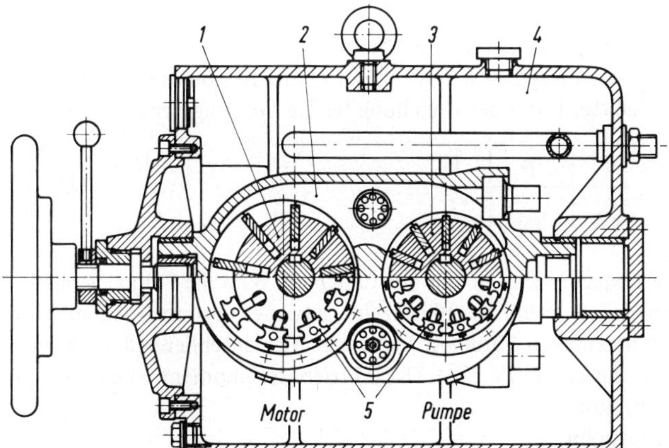

Bild IV.36. ENOR-Druckölgetriebe (Forst, Solingen)
1 Kolbentrommel des Hydromotors
2 Verstellgehäuse
3 Kolbentrommel der Pumpe
4 Getriebegehäuse
5 Gleitsteine der Flügel

Bewegungsverhältnisse: Beim *Boehringer-Sturm-Ölgetriebe* wird mit beiden Schlitten 5 (Bild IV.35) die Exzentrizität der beiden Kolbentrommeln verstellt, und zwar bei der Pumpe aus der Mitte nach beiden Seiten, beim Motor nach einer Seite. Dadurch ändert sich das Hubvolumen und nach Gl. (IV.12) die Abtriebsdrehzahl. Die größte Drehzahl wird erreicht, wenn die Pumpe größte Exzentrizität (größtes Hubvolumen = größter Volumenstrom) und der Motor kleinste Exzentrizität (kleinstes Hubvolumen) hat. Man kann die Exzentrizität des Motors aber nicht beliebig verkleinern, um etwa noch höhere Drehzahlen zu erreichen. Sein Wirkungsgrad geht sonst gegen Null, weil das vom Öldruck verursachte Drehmoment kleiner wird als das zur Eigenbewegung notwendige Leerlaufdrehmoment. Um die Drehzahl zu verringern, wird zuerst die Motorexzentrizität bis auf ihren Höchstwert vergrößert. Infolge des größeren Hubvolumens nimmt er den konstant bleibenden

Volumenstrom mit weniger Umdrehungen auf. Verkleinert man anschließend die Exzentrizität der Pumpe, dann wird ihr Hubvolumen und damit ihr Volumenstrom kleiner: die Drehzahl des Hydromotors nimmt weiter ab. Steht die Pumpe konzentrisch, dann werden Volumenstrom und Abtriebsdrehzahl bei unverändert weiter laufenden Antriebsmotor Null. Wird nun das Pumpengehäuse in entgegengesetzter Richtung verstellt, dann kehrt der Ölstrom seine Richtung um, und der Hydromotor läuft wieder mit zunehmender Drehzahl, aber umgekehrter Drehrichtung. Die Höchstdrehzahl wird schließlich wieder erreicht, wenn der Hydromotor in seine kleinste Exzentrizität verschoben wird.

Das Getriebe übersetzt ins Langsame. Nur die kleinen Baugrößen übersetzen auch bis 1 : 1,2 ins Schnelle. Theoretisch ist der Verstellbereich unendlich groß. Drehzahlen unter 30 ... 60 min^{-1} an der Abtriebswelle werden aber wegen des schlechten Wirkungsgrades und des ungleichmäßigen Laufes vermieden, so daß der praktisch ausnutzbare Verstellbereich zwischen 25 : 1 und 30 : 1 liegt. Für den Hauptspindelantrieb an zerspanenden Werkzeugmaschinen wird er noch weiter verkleinert. Der Drehzahlbereich und die Übersetzungen werden dann mit einem Stufengetriebe vergrößert.

Die übertragbare Leistung steigt mit dem Öldruck und dem Volumenstrom der Pumpe. Sie ist das Produkt aus der Kraft F und der Geschwindigkeit v, mit welcher der Ölstrom bewegt wird, also $P = Fv$. Die Förderkraft F ist das Produkt aus Öldruck p und Leitungsquerschnitt A, so daß $P = pA\,v$. Setzt man hierin für $v = s/t$, worin s die Länge der geförderten Ölsäule und t die Förderzeit 1 min ist, dann wird $P = pA\,s/t$. As ist aber das geförderte Ölvolumen und $A\,s/t$ der Volumenstrom $\dot{V}$ der Pumpe je Minute. Damit ist also $P = p\dot{V}$. Setzen wir in dieser Gleichung den Druck p in $\text{N/m}^2 = \text{Pa}$ und den Volumenstrom $\dot{V}$ in m^3/min ein, dann ergibt sich für die Leistung P die Einheit Nm/min. Zur Umwandlung in Watt = Nm/s muß der Zahlenwert des Produkts $p\dot{V}$ durch 60 dividiert werden: $P = p\dot{V}/60$. Wird jetzt der Druck p in bar $= 10^5$ Pa und der Volumenstrom $\dot{V}$ in $l/\text{min} = 10^{-3}\,\text{m}^3/\text{min}$ eingesetzt, so muß der Zahlenwert zusätzlich mit $10^5 \cdot 10^{-3} = 10^2$ multipliziert werden: $P = 10^2\,p\dot{V}/60$. Zur Umwandlung in kW muß dieser Quotient noch durch 10^3 dividiert werden, und man erhält die endgültige Form der Gleichung für die *Leistung der Hydropumpe*

$$P = \frac{p\dot{V}}{600} \qquad \text{(IV.13)}$$

P	p	$\dot{V}$
kW	bar	$\frac{l}{\text{min}}$

In der Nullstellung (Pumpengehäuse konzentrisch) ist die Leistung Null. Wird die Pumpe verstellt, dann steigt sie bei konstantem Öldruck (ca. 16 bar bei Flügelzellengetrieben) proportional mit der Abtriebsdrehzahl, bis die Pumpe den maximalen Förderstrom liefert. Wird anschließend der Motor verstellt, dann bleibt die Leistung konstant (Bild IV.37a). Das Abtriebsdrehmoment hängt von der Umfangskraft im Motor ab. Es bleibt konstant, solange er nicht verstellt wird, also im unteren Drehzahlbereich, wenn mit der Pumpe verstellt wird. Wird im oberen Drehzahlbereich die Exzentrizität des Motors verkleinert, dann verringert sich die Differenz der Flügelflächen in den Zellen und damit auch die Umfangskraft: das Drehmoment nimmt ab. Wird das Getriebe bei niedrigen Drehzahlen mit höherem Öldruck gefahren, dann ergibt sich in diesem Bereich ein größeres Drehmoment und ein steilerer Leistungsanstieg (Bild IV.37a, dünne Linien).

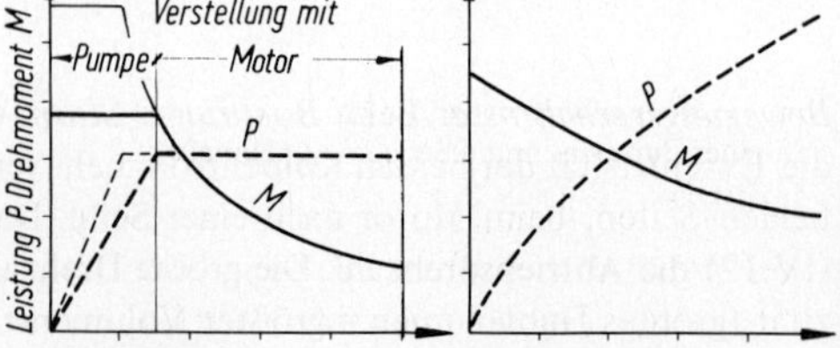

Bild IV.37. Leistungs- und Drehmoment-Kennlinien für Flügelzellengetriebe.

a) bei getrennter Verstellung von Pumpe und Motor,
b) bei gleichzeitiger Verstellung

Der Wirkungsgrad erreicht in einem großen Drehzahlbereich etwa 75 %. Er hängt von verschiedenen Einflüssen ab: Die Leckverluste innerhalb des Ölkreislaufes verursachen einen Drehzahlabfall. Außerdem entstehen Reibungsverluste im Öl und mechanische Reibungsverluste (Erwärmung!). Bei niedrigen Drehzahlen sinkt der Wirkungsgrad ab, das volle Drehmoment bleibt jedoch bis zur Abtriebsdrehzahl Null erhalten.

Beim *Enor-Getriebe* (Bild IV.36) ist die gezeichnete Nullstellung der Pumpe die Grenzstellung des Getriebes: die Abtriebsdrehzahl ist Null. Wird mit dem Handrad das Verstellgehäuse nach rechts verschoben, dann nimmt die Exzentrizität der Pumpe zu, die des Motors wird kleiner. Die Abtriebsdrehzahl steigt. Die Drehrichtung kann nur durch Umpolen des Antriebsmotors geändert werden.

Da Hydropumpe und Hydromotor gleichzeitig in Richtung auf höhere Drehzahl verstellt werden, steigt die Drehzahl schneller als die Leistung. Dadurch ergibt sich die Kennlinie nach Bild IV.37b. Das Drehmoment ist in der Nullstellung am größten und nimmt mit steigender Drehzahl ab.

1.3.5.3. Radialkolbengetriebe

Aufbau und Wirkungsweise: Das *Pittler-Sterngetriebe* nach Bild IV.38 ist ähnlich wie das Boehringer-Sturm-Ölgetriebe aufgebaut. Pumpe und Motor sind gleich groß. Sie sind durch zwei Ölkanalpaare 2 und 3 im feststehenden Mittelzapfen 1 miteinander verbunden. Die Zylindersterne 4 sitzen fest auf An- und Abtriebswelle und haben zylindrische Radialbohrungen 5. Darin gleiten kleine Kolben 6. Sie stützen sich mit je einem Rollenpaar 7 auf den Laufringen der mitlaufenden Trommeln 8 ab. Die Trommeln sind in zwei quer verschiebbaren Schlitten 10 drehbar gelagert, mit denen durch ein Handrad die Exzentrizität verstellt wird. Die Fliehkraft treibt die Kolben der laufenden Pumpe nach außen, so daß die Rollen an den Laufringen anliegen. Bei Rechtslauf vergrößern sich nach Bild IV.38 in der oberen Umlaufhälfte die Zylinderräume und die Kolben saugen Öl aus den oberen Kanälen an. In der unteren Hälfte drücken es die Kolben mit einem Druck von 70 ... 90 bar durch die unteren Kanäle zum Hydromotor. Dort entstehen in der unteren Umlaufhälfte Druckkräfte, welche die Kolben nach außen drücken. Die Rollen setzen sich dadurch auf den Laufringen wie auf einer schiefen Ebene nach rechts in Bewegung und nehmen den Zylinderstern im Linksdrehsinne mit. In der oberen Umlaufhälfte wird das Öl in die oberen Kanäle zurückgedrückt.

Bewegungsverhältnisse: Für Drehzahlverstellung, Leistungs- und Drehmomentverhalten gilt dasselbe wie für das Boehringer-Sturm-Ölgetriebe (siehe 1.3.5.2).

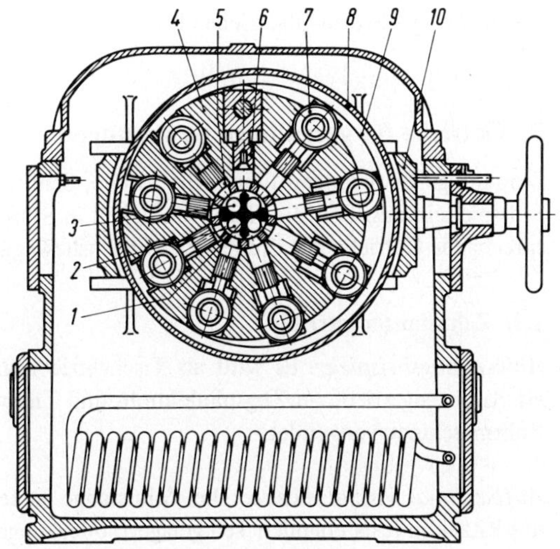

Bild IV.38. Pittler-Sterngetriebe
(Hanauer Pumpen- und Getriebebau, Hanau)
1 Mittelzapfen
2, 3 Ölkanalpaare im Mittelzapfen
4 Zylinderstern
5 Zylinderbohrung
6 Kolben
7 Stützrollen
8 umlaufende Trommel
9 Laufring
10 Verstellschlitten

1.3.5.4. Axialkolbengetriebe

Aufbau und Wirkungsweise: Pumpe und Motor gleichen sich auch bei diesen Getrieben. Sie sind aber fast immer voneinander getrennt und arbeiten mit offenem Kreislauf. Auf der Antriebswelle 1 der Pumpe sitzt der Antriebsflansch 2 (Bild IV.39). In seiner Stirnfläche sind die Kugelköpfe der Kolbenstangen 3 gelagert. Die Kolben 5 gleiten in den Bohrungen des Zylinderkörpers 6, der über das Kreuzgelenk 4 vom Antriebsflansch angetrieben wird. Die Zylinderräume 7 stehen über bogenförmige Kanäle im Boden des schwenkbaren Steuerkörpers 8 je nach ihrer Stellung in Verbindung mit der Saug- oder Druckölleitung, die durch die Schwenkzapfen des Steuerkörpers herausgeführt werden. Wird der Antriebsflansch gedreht, dann führen die Kolben auf ihrem Wege aus der unteren in die obere Stellung einen Saughub, bei der nächsten halben Umdrehung einen Druckhub aus (bis ca. 180 bar). Im Hydromotor drückt das Öl auf die Kolbenflächen. Die Kolben weichen unter der Druckkraft aus und nehmen dabei die Abtriebsscheibe mit.

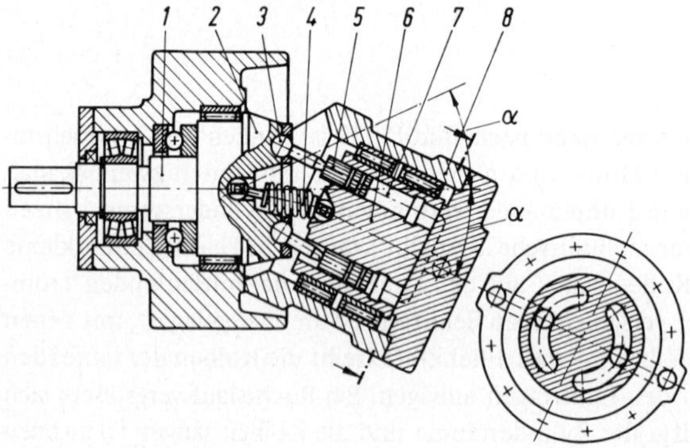

Bild IV.39. Axialkolbenpumpe
1 Antriebswelle
2 Antriebsflansch
3 Kolbenstange
4 Kreuzgelenk zum Antrieb des Zylinderkörpers
5 Kolben
6 Zylinderkörper
7 Zylinder
8 schwenkbarer Steuerkörper

Bewegungsverhältnisse: Die Drehzahl wird durch Schwenken des Steuerkörpers verstellt. Bei maximalem Schwenkwinkel α liefert die Pumpe den größten Volumenstrom. Er nimmt mit kleiner werdendem Schwenkwinkel ab und erreicht bei $\alpha = 0$ den Wert Null. Damit wird auch die Hydromotordrehzahl Null. Wird über die Nullstellung hinausgeschwenkt, dann kehren sich Förder- und Abtriebsdrehrichtung um. Die Drehzahl kann aber auch gemeinsam oder allein mit dem Steuerkörper des Ölmotors verändert werden. Für das Leistungs- und Drehmomentverhalten gilt dasselbe wie für das Boehringer-Sturm-Ölgetriebe (1.3.5.2).

2. Getriebe für geradlinige Bewegungen

Geradlinige Bewegungen führen die Tische, Schlitten, Stößel und Bäre, aber auch viele Bohr- und Frässpindeln aus. Soll die Geschwindigkeit in Stufen oder stufenlos verändert werden, werden entsprechende Getriebe mit drehender Abtriebsbewegung vorgeschaltet.

2.1. Zahnstangengetriebe

Anwendungsbeispiele: Es wird als Tischgetriebe an Hobelmaschinen und Bohr- und Fräswerken, als Schlittengetriebe an Zugspindeldreh- und Tiefbohrmaschinen und für den Spindelvorschub an Bohrmaschinen verwendet.

Aufbau und Wirkungsweise: Die Zahnstange ist fest mit dem bewegten Machinenteil verbunden, das Ritzel im feststehenden Teil gelagert, oder umgekehrt.

Das Tischgetriebe der Hobelmaschine hat wegen der größeren Laufruhe meist Schrägverzahnung und ein Ritzel mit großer Zähnezahl. In Vorschubgetrieben werden wegen der kleinen Vorschubgeschwindigkeiten oft Ritzel mit sehr kleiner Zähnezahl verwendet, die dann mit Profilverschiebung ausgeführt werden, um Unterschneidung zu vermeiden und die Eingriffsverhältnisse zu verbessern. Zum Umsteuern der Bewegungsrichtung sind besondere Einrichtungen erforderlich (Wendemotor, -kupplung, -getriebe). Bei kleinen Geschwindigkeiten muß die große Übersetzung zwischen Antriebsmotor und Zahnstange durch mehrere Räderpaare oder Schneckengetriebe überbrückt werden.

Bewegungsverhältnisse: Abgesehen vom An- und Auslauf ist die Geschwindigkeit v der Zahnstange konstant. Sie ist gleich der Umfangsgeschwindigkeit v_u im Teilkreis des Ritzels (Bild IV.40): $v = v_u = \pi d n/1000$. Setzt man für den Teilkreisdurchmesser d = Zähnezahl z mal Modul m, dann ist die *Geschwindigkeit der Zahnstange*

$$v = \frac{\pi z m n}{1000} \qquad \text{(IV.14)}$$

v	z	m	n
$\frac{\text{m}}{\text{min}}$	–	mm	min^{-1}

Ist das Zahnstangenritzel nur ein Zwischenrad, dann können in diese Gleichung Zähnezahl, Modul und Drehzahl des Rades eingesetzt werden, welches das Ritzel antreibt.

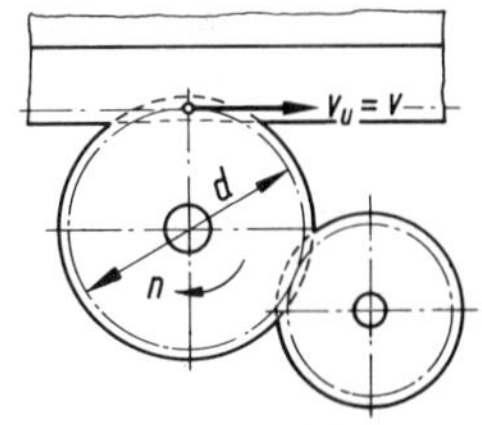

Bild IV.40. Geschwindigkeiten am Zahnstangengetriebe

2.2. Schraubgetriebe

Anwendungsbeispiele: Mit dem Schraubgetriebe werden die Schlitten von Räum- und Tiefbohrmaschinen, die Stößel der Spindelpressen, die Werkzeugschlitten von Hobel-, Leitspindel- und Senkrechtdrehmaschinen und die Werkstücktische von Stoß- und Fräsmaschinen angetrieben.

Aufbau und Wirkungsweise: Die Trapezgewindespindel ist im Maschinengestell gelagert und verschiebt durch ihre Drehbewegung die Mutter mit dem beweglichen Maschinenteil (z.B. Leitspindel), oder die Mutter ist fest am Gestell und die Spindel schraubt sich mitsamt dem beweglichen Teil hindurch (z.B. Pressenspindel). Soll das Spiel zwischen Mutter und Spindel einstellbar oder zum Ausgleichen des Verschleißes nachstellbar sein, oder muß es wie beim Gleichlauffräsen ganz ausgeschaltet werden, dann besteht die Mutter aus zwei axial gegeneinander verschiebbaren Teilen (Bild IV.41a und b). Der Leitspindelantrieb von Drehmaschinen hat eine längsgeteilte „Schloßmutter", deren Hälften auseinandergeklappt oder -geschoben werden (Bild IV.41c).

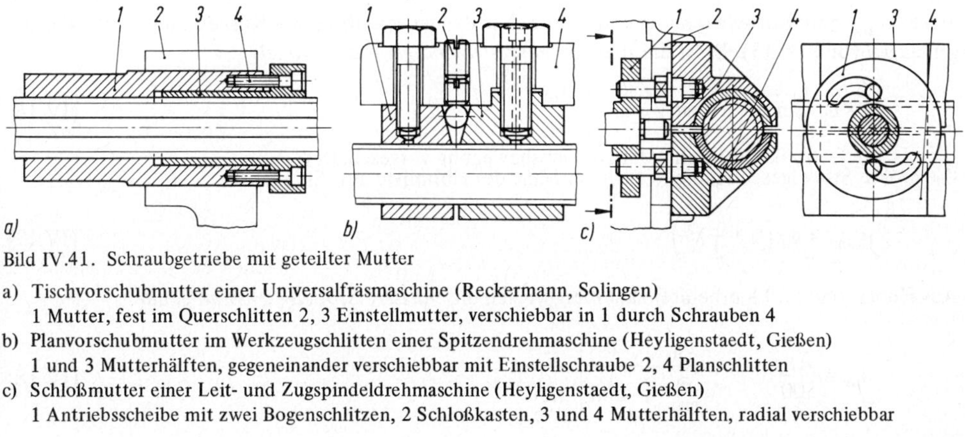

Bild IV.41. Schraubgetriebe mit geteilter Mutter

a) Tischvorschubmutter einer Universalfräsmaschine (Reckermann, Solingen)
   1 Mutter, fest im Querschlitten 2, 3 Einstellmutter, verschiebbar in 1 durch Schrauben 4

b) Planvorschubmutter im Werkzeugschlitten einer Spitzendrehmaschine (Heyligenstaedt, Gießen)
   1 und 3 Mutterhälften, gegeneinander verschiebbar mit Einstellschraube 2, 4 Planschlitten

c) Schloßmutter einer Leit- und Zugspindeldrehmaschine (Heyligenstaedt, Gießen)
   1 Antriebsscheibe mit zwei Bogenschlitzen, 2 Schloßkasten, 3 und 4 Mutterhälften, radial verschiebbar

Die Verschiebewege können genauer als beim Zahnstangengetriebe begrenzt werden. Zum Umsteuern der Bewegungsrichtung sind besondere Einrichtungen notwendig (siehe 2.1). Der Wirkungsgrad der Schraubspindel ist schlecht. Hochbelastete Spindeln laufen deshalb im Ölbad. Die Drehfederung sehr langer Spindeln kann – besonders bei schwankendem Drehmoment – ungleichmäßigen Vorschub verursachen (ungünstig beim Gewindeschneiden!) Diesen Nachteil vermeidet die *Schneckenzahnstange,* die z.B. zum Antrieb des Tisches von Langfräsmaschinen und des Bettschlittens von langen Drehmaschinen verwendet wird. Die lange Zahnstange ersetzt die Mutter und die kurze Schnecke die Spindel. Das Spiel wird mit zwei axial gegeneinander verschiebbaren Schnecken eingestellt. Die *Kugelspindel* vermeidet Gleitreibung und ist für feinfühlige und genaueste Verstellung geeignet (Koordinatenbohrwerke, numerisch gesteuerte Maschinen).

Bewegungsverhältnisse: Bei einer Spindel- bzw. Schneckenumdrehung wird als Weg die Gewindeganghöhe h zurückgelegt. Bei n Umdrehungen in der Minute ergibt sich die *Geschwindigkeit am Schraubgetriebe*

$$v = h\,n \qquad \text{(IV.15)}$$

v	h	n
$\frac{\text{mm}}{\text{min}}$	mm	min^{-1}

2.3. Schubkurbelgetriebe

Anwendungsbeispiele: Es wird verwendet als Messergetriebe an Scheren, Stößelgetriebe an Pressen, Senkrechtstoß- und Kegelradhobelmaschinen, als Schlittengetriebe an Bügelsägemaschinen.

Aufbau und Wirkungsweise: Die gleichförmig umlaufende Kurbelscheibe 1 trägt den Kurbelzapfen 2. Die Schubstange 3 verbindet den Kurbelzapfen mit dem Stößel 4, der meistens gerade geführt ist. Muß die Hublänge verstellbar sein, dann kann der Kurbelzapfen mit einer Gewindespindel in einer Radialnut 5 der Kurbelscheibe verschoben werden (Bild IV.42). An Exzenterpressen wird die Hublänge durch Drehen der Exzenterbuchse verstellt. Kurbelpressen haben unveränderliche Hublänge.

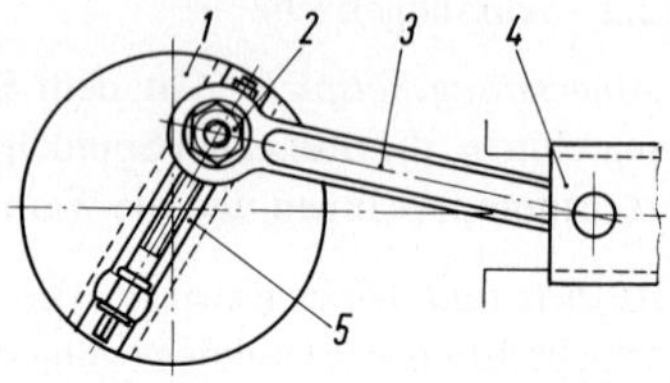

Bild IV.42. Verstellbare Schubkurbel
1 Kurbelscheibe, 2 Kurbelzapfen, 3 Schubstange, 4 Stößel, 5 Stellnut

Die Bewegungsrichtung wechselt selbsttätig ohne besondere Einrichtungen. Die Umkehrpunkte werden bei jedem Hub sehr genau eingehalten.

Bewegungsverhältnisse (siehe auch Abschnitt Mechanik): Die Stößelbewegung ist ungleichmäßig beschleunigt bzw. verzögert. Die Stößelgeschwindigkeit hängt ab von der Kurbelumlaufgeschwindigkeit v_u, vom Kurbelwinkel φ und vom Schubstangenverhältnis λ = Kurbelradius r: Schubstangenlänge l (Bild IV.43). Es ist die *Augenblicksgeschwindigkeit des Stößels*

$$v = v_u \left(\sin\varphi + \frac{1}{2}\lambda \sin 2\varphi\right) \qquad \text{(IV.16)}$$

Die größte Stößelgeschwindigkeit tritt in Nähe der Hubmitte auf. Sie ist

$$v_{max} = v_u \left(1 + \frac{1}{2}\lambda^2\right) \qquad \text{(IV.17)}$$

Aus Hublänge h und Kurbeldrehzahl n ergibt sich die *mittlere Stößelgeschwindigkeit*

$$v_m = \frac{h\,n}{500} \qquad \text{(IV.18)}$$

v_m	h	n
$\frac{\text{m}}{\text{min}}$	mm	min^{-1}

Bild IV.43 zeigt den Geschwindigkeits- und Beschleunigungsverlauf über dem Stößelweg, aufgetragen für ein Schubstangenverhältnis $\lambda = 1:3{,}2$. Mit zunehmender Schubstangenlänge wandert der v_{max}-Punkt immer mehr zur Hubmitte und der Scheitelpunkt der Beschleunigungskurve rückt näher zum inneren Totpunkt. Er erreicht ihn bei $\lambda = 1:3{,}8$.

Der Leerlaufanteil ist groß, denn Vor- und Rücklaufzeit sind gleich und vom Vorlauf kann bei Schnittbewegungen wegen des ungleichförmigen Bewegungsverlaufes nur ein Teil zur Arbeit ausgenutzt werden.

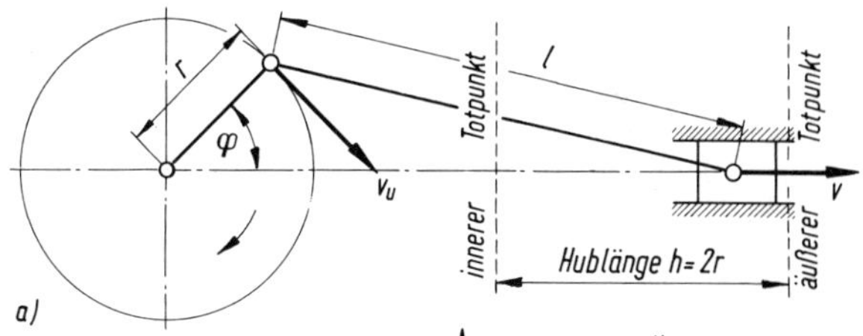

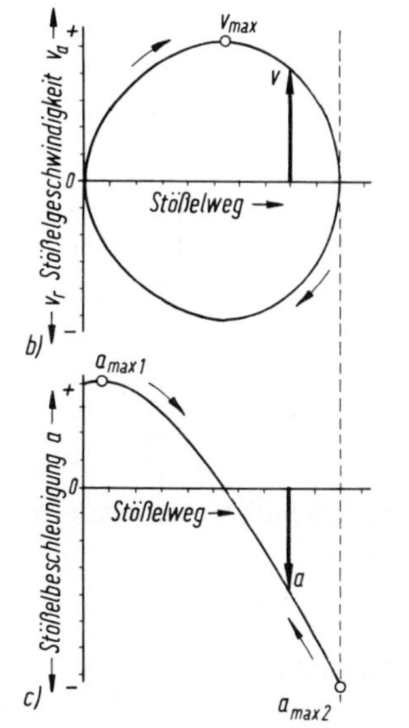

Bild IV.43. Bewegungsverhältnisse am Schubkurbelgetriebe
a) Getriebeschema,
b) Geschwindigkeits-Weg-Schaubild (positiv aufgetragene Geschwindigkeiten sind am Stößel nach rechts gerichtet),
c) Beschleunigungs-Weg-Schaubild (positiv aufgetragene Beschleunigungen sind nach rechts gerichtet)
(Die eingezeichnete Geschwindigkeit v und Beschleunigung a gelten für die unter a) gezeichnete Kurbelstellung)

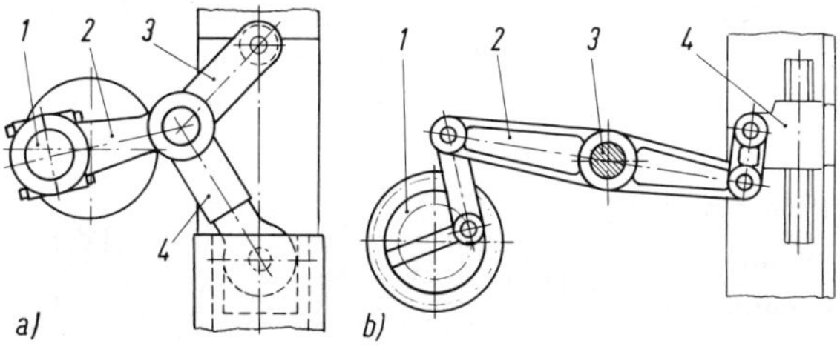

Bild IV.44
a) Kniehebelkurbel zum Antrieb eines Pressenstößels
1 Kurbelzapfen, 2 Schubstange, 3 Schwinghebel, 4 Druckstange
b) Kurbelschwinge als Stößelgetriebe an einer Senkrecht-Stoßmaschine
1 Kurbelscheibe, 2 Schwinge, 3 Schwingenwelle, im Maschinengestell gelagert, 4 Stößelmutter

Sonderbauformen sind die Kniehebelkurbel als Pressenstößelgetriebe und die Kurbelschwinge als Stößelgetriebe für Senkrecht- und Zahnradstoßmaschinen (Bild IV.44).

2.4. Schwingende Kurbelschleife

Anwendungsbeispiele: Sie wird als Stößelgetriebe an Waagerecht- und Zahnrad-Stoßmaschinen verwendet.

Aufbau und Wirkungsweise (Bild IV.45): Das Kulissenrad 2 trägt den Kurbelzapfen 3. Dieser greift in die Bohrung des Schiebers 4, der in der Führung 5 des Kulissenhebels 6 (Schwinge) gleitet. Am oberen Ende ist der Kulissenhebel an den Gewindebolzen der Klemmutter 1 angelenkt. Das untere Ende gleitet zum Längenausgleich auf der Gleitbuchse 7, die sich um den Schwenklagerzapfen dreht. Die Stößelhublänge wird verstellt, indem man den Kurbelzapfen mit einer Gewindespindel in einer Führung im Kulissenrad radial verschiebt. Die Bewegungsrichtung wechselt selbsttätig ohne besondere Einrichtungen. Die Umsteuerpunkte werden bei jedem Hub genau eingehalten.

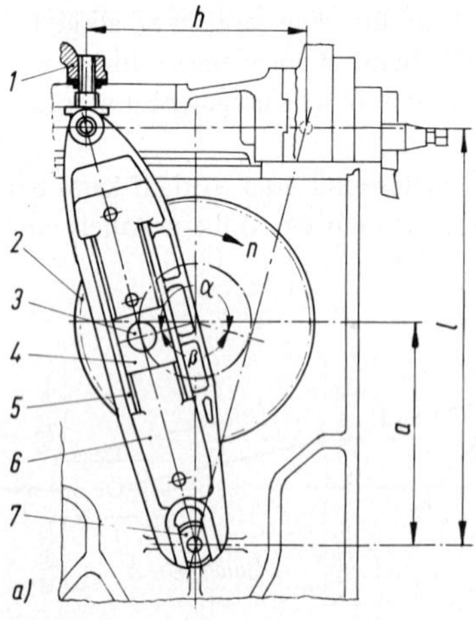

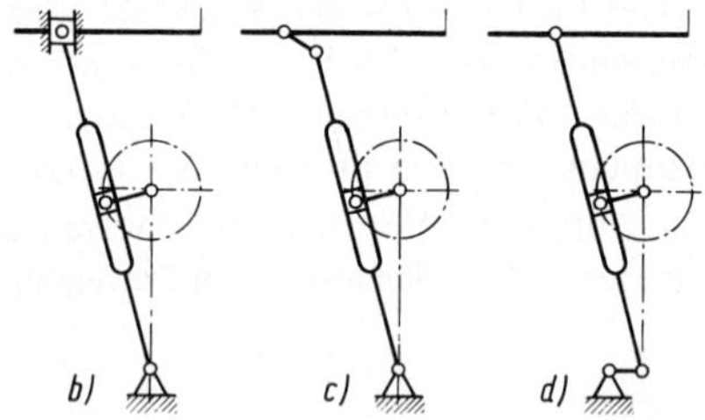

Bild IV.45

a) Schwingende Kurbelschleife als Stößelgetriebe an einer Waagerecht-Stoßmaschine (Klopp, Solingen)
1 Klemmutter, 2 Kulissenrad, 3 Kurbelzapfen, 4 Schieber, 5 Kulissenführung, 6 Kulissenhebel („Schwinge"), 7 Gleitbuchse mit Schwenklager

b) c) d) andere Möglichkeiten für den Längenausgleich

Bewegungsverhältnisse: Das Kulissenrad wird vom vorgeschalteten Stufengetriebe gleichförmig angetrieben. Der Kurbelzapfen bewirkt über den Schieber am Kulissenhebel eine ungleichförmige Pendelbewegung um das Schwenklager (Bild IV.45a). Der Kulissenhebel erteilt dem Stößel über die Klemmutter eine ungleichförmige, hin- und hergehende Bewegung. Die mittleren Stößelgeschwindigkeiten sind von den Winkeln α und β abhängig, die der Kurbelradius während des Arbeits- bzw. Rückhubes überstreicht. Es ist $\cot(\beta/2) = h/2\,l$ und $\alpha = 360° - \beta$ (h Hublänge, l Höhe des Kulissenhebelgelenks über dem Schwenklager). Mit n als Kulissenraddrehzahl ist die *mittlere Arbeitsgeschwindigkeit*

$$v_{am} = \frac{360°\,h\,n}{\alpha} \qquad \text{(IV.19)}$$

v_{am}, v_{rm}	h	n	α, β
$\frac{m}{min}$	m	min^{-1}	°

und die *mittlere Rücklaufgeschwindigkeit*

$$v_{rm} = \frac{360°\,h\,n}{\beta} \qquad \text{(IV.20)}$$

Bei größtem Stößelhub ist das Verhältnis $v_{rm}/v_{am} = 1{,}4 \ldots 2$.

Die größte Geschwindigkeit hat der Stößel in der Hubmitte. Es ist die *größte Arbeitsgeschwindigkeit*

$$v_{a\,max} = 2\pi n \frac{l\,h \sin\frac{\beta}{2}}{2\,l + h \sin\frac{\beta}{2}} \qquad \text{(IV.21)}$$

$v_{a\,max}, v_{r\,max}$	l, h	n	β
$\frac{m}{min}$	m	min^{-1}	°

und die *größte Rücklaufgeschwindigkeit*

$$v_{r\,max} = 2\pi n \frac{l\,h \sin\frac{\beta}{2}}{2\,l - h \sin\frac{\beta}{2}} \qquad \text{(IV.22)}$$

2.5. Hydrozylinder

Anwendungsbeispiele: Mit Hydrozylindern werden Pressenstößel, Räumschlitten und Schleifmaschinentische und -schlitten bewegt. Auch der Vorschubantrieb von Drehautomaten, Kopierdreh-, Vielspindelbohr- und Kreissägemaschinen, der Stößelantrieb an Waagerecht-Stoßmaschinen und der Tischantrieb mancher Hobelmaschinen werden mit Hydrozylindern betätigt. Die Bäre von Luft- und Dampfhämmern werden von luft- oder dampfgetriebenen Kolben bewegt.

Aufbau und Wirkungsweise: Der Zylinder ist am feststehenden, der Kolben am beweglichen Teil befestigt oder umgekehrt. Ölleitungen (bei Pressen auch Wasserleitungen) verbinden die Zylinderräume vor und hinter dem Kolben mit dem Flüssigkeitskreislauf. Eine Pumpe wird von einem Elektromotor angetrieben und fördert Drucköl in den Kreislauf. Durch Steuerventile und -schieber wird es abwechselnd vor und hinter den Kolben geleitet und bewirkt dadurch eine hin- und hergehende Kolbenbewegung. Dabei muß die Ölsäule, die der Kolben im Zylinder vor sich herschiebt, über dieselben oder andere Ventile in die Rückölleitung abgeführt werden. Entsprechend dem Arbeitswiderstand F entsteht im Zylinder der Druck $p = F/A$ (A Kolbenfläche), der die Ölsäule zwar geringfügig, aber doch meßbar zusammendrückt, und zwar um so mehr, je länger die Ölsäule ist. Wird der Arbeitswiderstand plötzlich kleiner, dann sinkt der Druck, die Ölsäule dehnt sich aus und der Kolben „springt" ein kleines Stück nach vorn. Deswegen ist der Hydrozylinder für Arbeiten mit stark schwankenden Betriebskräften (z.B. Fräsmaschinenvorschub) ungeeignet. Dieser Effekt wird gemildert, wenn das Öl nicht drucklos, sondern über ein Gegendruckventil in die Rücklaufleitung abfließt. Das verschlechtert aber den Wirkungsgrad.

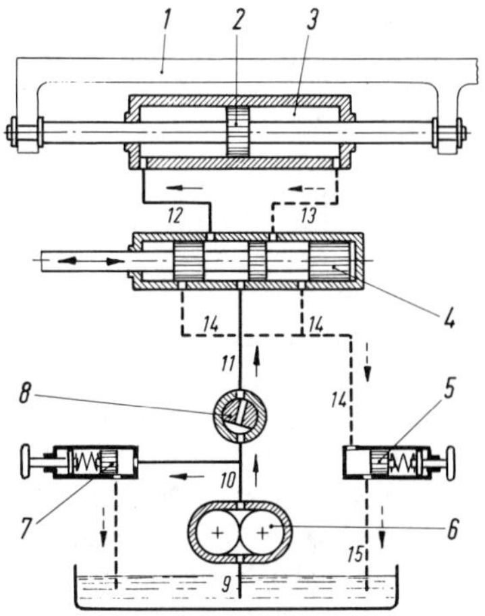

Bild IV.46. Schema eines einfachen Kreislaufes mit Drosselsteuerung

1 angetriebener Maschinentisch
2 Hydrokolben, 3 Hydrozylinder,
4 Steuerschieber für die Bewegungsumkehr, 5 Gegendruckventil,
6 Pumpe mit konstantem Volumenstrom, 7 Überdruckventil, 8 Drosselventil, 9 ... 15 Ölleitungen

Die Kolbengeschwindigkeit wird von der zuströmenden Ölmenge bestimmt, die mit einem Drosselventil oder einer Verstellpumpe verändert wird.

Beim *Kreislauf mit Drosselsteuerung* (Bild IV.46) saugt eine Pumpe 6 mit gleichbleibendem Volumenstrom durch die Leitung 9 Öl aus dem Behälter an und fördert es in die Druckleitung 10 zum Drosselventil 8, das nur die eingestellte Ölmenge durchfließen läßt. Die überschüssige Ölmenge strömt durch das Überdruckventil 7, an dem der gewünschte Öldruck eingestellt wird, in den Behälter zurück. Vom Drosselventil 8 gelangt das Drucköl durch die Leitung 11 zum Steuerschieber 4, der es über die Leitung 12 zur Vorderseite des Kolbens 2 leitet. Dieser wird nach rechts verschoben und drückt das Öl von seiner Rückseite durch die Leitung 13 zum Steuerschieber 4. Von da gelangt es über die Leitung 14 zum Gegendruckventil 5, öffent es gegen die einstellbare Federkraft und fließt drucklos über die Leitung 15 in den Behälter ab. Wird der Steuerschieber 4 nach links verschoben, dann werden die Leitungen 11 und 13 sowie 12 und 14 miteinander verbunden und die Bewegungsrichtung des Kolbens kehrt sich um. Drossel-, Überdruck- und Gegendruckventil verursachen hohe Verluste (starke Ölerwärmung!). Die Drosselsteuerung ist aus diesem Grunde nur für kleine Leistungen zweckmäßig.

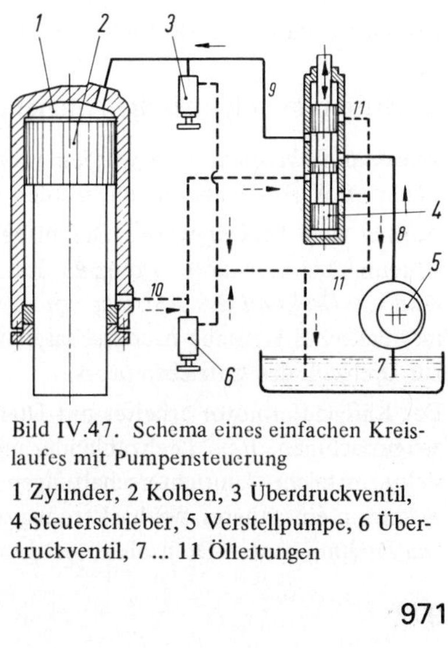

Bild IV.47. Schema eines einfachen Kreislaufes mit Pumpensteuerung

1 Zylinder, 2 Kolben, 3 Überdruckventil,
4 Steuerschieber, 5 Verstellpumpe, 6 Überdruckventil, 7 ... 11 Ölleitungen

Im *Kreislauf mit Pumpensteuerung* (Bild IV.47) wird das Öl von einer Pumpe mit verstellbarem Volumenstrom 5 (beschrieben unter 1.3.5) durch die Leitung 7 angesaugt und über Druckleitung 8, Steuerschieber 4 und Leitung 9 zur Kolbenoberseite geführt. Das Überdruckventil 3 begrenzt den Arbeitsdruck. Das Rücköl gelangt über Leitung 10, Steuerschieber 4 und Rückölleitung 11 in den Behälter zurück. Damit auch beim Rückhub der Höchstdruck nicht überschritten wird, ist die Leitung 10 durch ein Überdruckventil 6 abgesichert.

Außer diesen einfachsten Kreisläufen werden oft wesentlich kompliziertere, z.T. mit mehreren Pumpen, Ventilen und Schiebern, angewendet, mit denen man die Laufeigenschaften des Getriebes in bestimmter Weise beeinflußt.

Bewegungsverhältnisse: Der in einer Minute in den Zylinder geförderte Volumenstrom $\dot{V}$ ist das Produkt aus der Kolbenfläche A und dem in einer Minute zurückgelegten Kolbenweg (Kolbengeschwindigkeit). Daraus ergibt sich die *Kolbengeschwindigkeit*

$$v = \frac{10\,\dot{V}}{A} \qquad \begin{array}{c|c|c} v & \dot{V} & A \\ \hline \frac{\text{m}}{\text{min}} & \frac{l}{\text{min}} & \text{cm}^2 \end{array} \qquad \text{(IV.23)}$$

Kolben mit beiderseits gleichen Flächen (Bild IV.46) haben also bei konstantem Volumenstrom für Vor- und Rücklauf gleiche Geschwindigkeit. Ungleiche Kolbenflächen (Bild IV.47) führen zu ungleichen Geschwindigkeiten. Das nutzt man häufig für einen schnelleren Rückhub aus. Gemeinsam mit der Geschwindigkeitsverstellung durch den Volumenstrom ergeben sich nicht selten stufenlose Geschwindigkeitsbereiche über 100 : 1. Der Hydrozylinder läuft erschütterungsfrei und steuert in den Endpunkten stoßfrei und sehr schnell um, weil keine rotierende Massen abzubremsen und zu beschleunigen sind. Die Umsteuergenauigkeit beträgt bei kleineren bewegten Massen und entsprechenden Maßnahmen im Steuerungssystem an Schleifmaschinen etwa 0,01 mm, bei Hobelmaschinen mit schweren Lasten ± 5 mm.

Der Öldruck im Zylinder steigt automatisch mit dem Arbeitswiderstand. Dadurch verringert sich die Druckdifferenz an der Drossel und ihre Durchflußmenge wird kleiner. Das bedeutet, daß bei unveränderter Drosselstellung die im Zylinder nutzbare Ölmenge mit zunehmendem Arbeitswiderstand abnimmt, d.h. die Kolbengeschwindigkeit ändert sich in Abhängigkeit vom Arbeitswiderstand. Auch die Öltemperatur beeinflußt die Kolbengeschwindigkeit: mit zunehmender Temperatur (= abnehmender Viskosität) fließt durch die Drossel bei unveränderter Einstellung mehr Öl.

Bei Verstellpumpen wachsen mit zunehmendem Druck die Leckölverluste. Dadurch nimmt der nutzbare Volumenstrom im Zylinder ab, und die Geschwindigkeit sinkt ebenfalls. Es entspricht also bei beiden Verstellprinzipien einer bestimmten Stellung der Verstellorgane *nicht* auch eine *bestimmte,* unter allen Betriebsverhältnissen konstante Kolbengeschwindigkeit.

3. Stufenlose elektrische Antriebe

Anwendungsbeispiele: Sie werden verwendet für Haupt- und Vorschubantriebe an numerisch gesteuerten Werkzeugmaschinen, Kopier- und Wälzfräs-, Rund- und Flächenschleifmaschinen.

Aufbau und Wirkungweise: Die bisher beschriebenen Getriebe verändern die Abtriebsdrehzahl stufenlos bei konstanter Drehzahl des Antriebsmotors. Bei den stufenlosen elektrischen Antrieben wird die *Drehzahl des Antriebsmotors* stufenlos verändert. Sofern noch ein dahinter angeordnetes mechanisches Getriebe nachgeschaltet werden muß, ändert sich die Abtriebsdrehzahl proportional zur Drehzahl des Antriebsmotors.

Der **Käfigläufermotor** arbeitet mit Drehstrom. Er eignet sich für den Hauptantrieb an allen Werkzeugmaschinen. Eine Drehzahländerung wird durch die Regelung der Ständerfrequenz über Umrichter erreicht. Umrichterschaltungen wandeln ein vorhandenes Wechselstrom- oder Drehstromsystem in ein anderes Wechselstromsystem mit anderer Frequenz, Phasenzahl oder Spannung um. Die Drehmomenten-Drehzahlkurve des Käfigläufermotors kann damit stufenlos parallel zur Drehzahlachse verschoben werden. So wird bei konstantem Magnetfluß über den gesamten Drehzahlbereich ($n_{max}/n_{min} = 25$) ein gleichbleibendes Drehmoment erreicht (Bild IV.48).

Die größte Stromaufnahme liegt ungefähr 30 % über dem Nennstrom bei einem Leistungsbereich zwischen 4 kW und 200 kW.

Der **Schleifringläufermotor** arbeitet ebenfalls mit Drehstrom. Bei kleinen Anlaufströmen und großen Anlaufdrehmomenten eignet er sich für Hauptantriebe von Werkzeugmaschinen mit Leistungsanforderungen bis zu 30 MW. Der Schleifringläufermotor wird häufig als Antrieb für schwere Pressen mit Schwungrädern eingesetzt, weil bei einem Abfall der Motordrehzahl die gespeicherte Energie im Schwungrad genutzt werden kann.

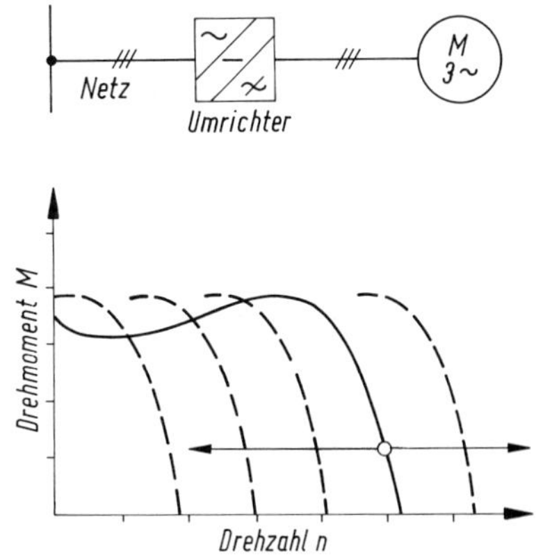

Bild IV.48. Drehmoment-Kennlinien eines Käfigläufermotors im Umrichterbetrieb

Der **Drehstrom-Nebenschlußmotor** eignet sich für Antriebsleistungen bis 100 kW. Seine Drehzahl bleibt bei Belastungsänderung nahezu konstant. Das Anzugsdrehmoment kann bis zum 2,5fachen des Nenndrehmomentes betragen. Der Einschaltstrom ist beim Anfahren auf die niedrigste mögliche Drehzahl gering. Auch das Drehmoment ist über den gesamten Verstellbereich (n_{max}/n_{min} = 3 ... 20) annähernd konstant. Regelbar sind Drehzahlen im Bereich von 80 min^{-1} bis 1600 min^{-1}.

Der **Drehstrom-Reihenschlußmotor** kann für Nennleistungen bis zu 600 kW eingesetzt werden. Der Drehzahlverstellbereich beträgt $n_{max}/n_{min} = 3$. Bei hohem Anzugsdrehmoment ist dieser Motortyp nur für Maschinen geeignet, die keine völlige Entlastung während des Arbeitsprozesses zulassen. Drehstrom-Reihenschlußmotore werden in Pressenantrieben eingesetzt.

Der **Drehstrom-Asynchron-Linearmotor** wird in Vorschubantrieben, Koordinaten-Meßgeräten und Plasma-Schweißanlagen eingesetzt. Es sind Positionierungen bis zu ± 0,005 möglich.

Bauarten: *Einzelkamm-Linearmotore* (Bild IV.49) bestehen aus einem Blechpaket mit Drehstromwicklung (Primärteil) und dem Kurzschlußkäfig mit Eisenkern (Sekundärteil).

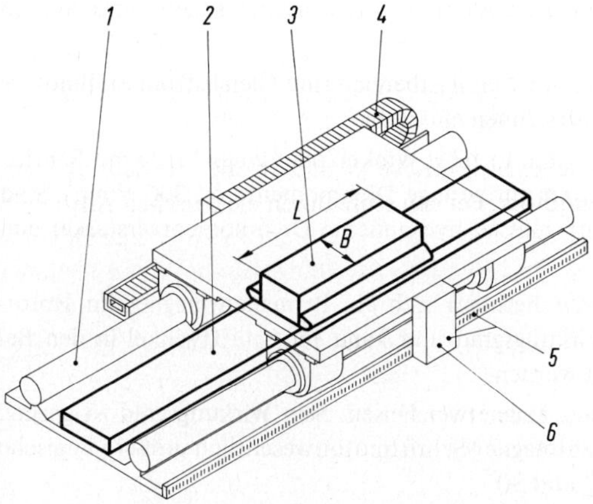

Bild IV.49.
Einzelkamm-Linearmotor
1 Schlittenführung
2 Sekundärteil
3 Primärteil
4 Kabelschlepp
5 Lineares Wegmeßsystem mit
6 Lesekopf

Diese Motore können Spitzenschubkräfte von bis zu 40 kN/m^2 Eisenfläche aufbringen. Die aktive Eisenfläche ergibt sich aus der Grundfläche des Primärteils. Geschwindigkeits- und lagegeregelte Antriebe werden über Mikrorechner und Pulsumrichter verwirklicht (Bild IV.50).

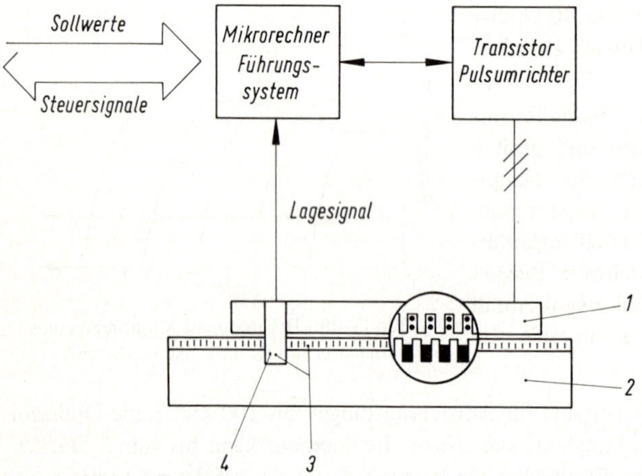

Bild IV.50.
Steuerungssystem für Geschwindigkeits- oder Lageregelung
1 Primärteil
2 Sekundärteil
3 Lineares Wegmeßsystem mit
4 Lesekopf

Doppelkamm-Linearmotore haben zwei sich gegenüberliegende Primärteile und ein dazwischen liegendes Sekundärteil. So ergibt sich die doppelte Eisenfläche und damit auch eine Verdoppelung der Schubkraft gegenüber dem Einzelkamm-Linearmotor. Diese Motorbauart wird in Schwingungserregern und für zwangsgekoppelte oszillierende Vorschubachsen eingesetzt.

Der **Gleichstromnebenschlußmotor** wird für Wellenleistungen von 25 W bis 1 MW gebaut. Stromrichter ermöglichen die stufenlose Regelung der Drehzahl und des Drehmomentes. Der Verstellbereich liegt bei $n_{max}/n_{min} > 50$. Bei niedrigen Drehzahlen ist wegen der starken Erwärmung des Motors Fremdkühlung erforderlich.

Der **Gleichstrom-Stellmotor** wird in Vorschubantrieben eingesetzt. Eine Drehzahländerung wird durch die Änderung der Ankerspannung erreicht. Der Verstellbereich beträgt $n_{max}/n_{min} = 1000$; dabei ist die kleinste Drehzahl bis auf 1 min^{-1} regelbar.

Bauarten: *Langsamläufer* haben hohe Polzahlen bei Drehzahlen zwischen 1 min^{-1} bis 1400 min^{-1}. Sie eignen sich für direkte Vorschubantriebe ohne Zwischenschaltung eines mechanischen Getriebes.

Stabläufer sind Schnelläufer mit Drehzahlen bis zu 5000 min^{-1}. Ein mechanisches Getriebe muß nachgeschaltet werden.

Wegen der sehr geringen Drehzahlabweichungen im Nennlastbereich sind Gleichstrom-Stellmotore für Vorschubantriebe in bahngesteuerten CNC-Maschinen einsetzbar.

Der **Schrittmotor** arbeitet ebenfalls mit Gleichstrom. Er führt Winkel- oder Wegschritte mit Schrittweiten ab 0,01 mm aus. Schrittmotore übertragen nur geringe Drehmomente (< 300 Nmm). Sind größere Drehmomente erforderlich (bis 60 Nm), müssen hydraulische Drehmomentverstärker eingesetzt werden.

Bauarten: Bei *Permanentmagnet-Schrittmotoren* befindet sich ein Permanentmagnet im Rotorkörper. Dieser Motortyp hat einen großen Wirkungsgrad und kann für Schrittwinkel in den Bereichen von 1,8°–2,5° und 15°–30° eingesetzt werden.

Der *Drehfeld-Schrittmotor* hat einen Rotor aus Magnetweicheisen. Sein Wirkungsgrad ist gering. Die Schrittfrequenz ist gegenüber dem Permanentmagnet-Schrittmotor wesentlich größer. Typische Schrittwinkel liegen in den Bereichen 7,5°, 15° und 30°.

V. Gestelle

Begriffsbestimmung: Gestelle nehmen die Werkstück- und die Werkzeugträger mit ihren Lagerungen, Führungen und Getrieben in oder an sich auf. Sie verbinden alle Baugruppen zu einem Ganzen, stützen die Gewichtskräfte der Baugruppen und der Werkstücke auf den Fundamenten ab und sollen den Fluß der Bearbeitungskräfte zwischen Werkzeug und Werkstück möglichst innerhalb der Maschine so schließen, daß die Verformung der Gestellteile klein bleibt.

1. Allgemeines

1.1. Grundformen

Form und Abmessungen eines Gestells hängen von den Abmessungen des größten zu bearbeitenden Werkstückes und von der Art der Bearbeitung ab. Die Grundformen sind das Bett (flaches, liegendes Maschinenunterteil), der Ständer (aufrecht stehend), die Säule (stehend, zylindrisch), der Rahmen (stehend, mit Arbeitsöffnung zwischen den Seitenteilen), die Konsole (senkrecht an Ständer verschiebbar, mit obenliegenden Tischführungsbahnen), der Ausleger (an Ständer oder Säule senkrecht verschiebbar, um Säule auch drehbar, mit seitlichen Schlittenführungsbahnen), der Querbalken (zwischen zwei Ständern senkrecht verschiebbar), die Traverse (festes Verbindungsstück zur Versteifung zweier Ständer) (Bild V.1).

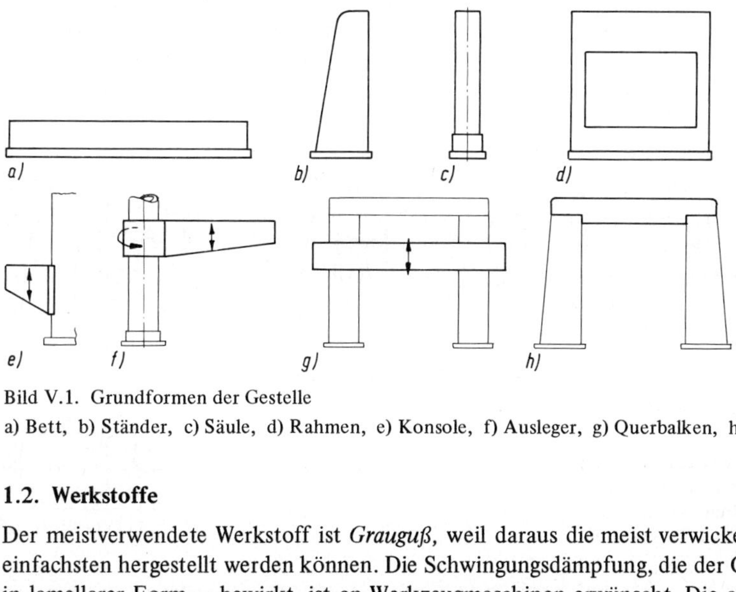

Bild V.1. Grundformen der Gestelle
a) Bett, b) Ständer, c) Säule, d) Rahmen, e) Konsole, f) Ausleger, g) Querbalken, h) Traverse (Joch)

1.2. Werkstoffe

Der meistverwendete Werkstoff ist *Grauguß,* weil daraus die meist verwickelten Gestellformen am einfachsten hergestellt werden können. Die Schwingungsdämpfung, die der Graphit – insbesondere in lamellarer Form – bewirkt, ist an Werkzeugmaschinen erwünscht. Die angegossenen Führungsbahnen haben gute Gleiteigenschaften, und sie können gegen Kokillen gegossen werden, wenn sie härter als die übrigen Gestellteile sein sollen. Oberflächengehärtete Führungsbahnen setzen perlitischen Grauguß voraus. Auch legierter Grauguß wird verwendet.

Aus *Stahlguß* sind Pressenständer, wenn sie möglichst leicht sein sollen. Die Betriebskräfte rufen aber hohe Spannungen und entsprechend große Verformungen hervor. Die Arbeitsgenauigkeit ist infolgedessen geringer. Auch die Ständer von Gesenkhämmern, bei denen mit großen Stoßbelastungen bei Prellschlägen gerechnet werden muß, sind häufig aus Stahlguß. *Stahl* wird für Scheren- und Pressengestelle wegen seiner großen Festigkeit verwendet. In den wenigen Fällen, in denen Gestelle von zerspanenden Maschinen aus Stahl hergestellt werden, will man durch geringere Masse eine größere dynamische Starrheit erreichen.

1.3. Anforderungen

Die meisten Gestelle haben große Querschnittsabmessungen und sind durch Rippen, Zwischenwände oder Zellen versteift, denn die Hauptforderung, die sie erfüllen müssen, ist möglichst kleine Verformung unter allen Betriebsbedingungen. Jede Verformung verändert die Lage der Führungsbahnen. Werkstück, Werkzeug oder beide weichen von der vorgeschriebenen Bewegungsbahn ab, und die Folge sind Maß- und Formfehler am Werkstück. Je größer die von der Maschine verlangte Arbeitsgenauigkeit ist, desto starrer müssen ihre Gestellteile sein. Es wird auch hier zwischen statischer und dynamischer Starrheit unterschieden.

Die *statische Starrheit* kennzeichnet das Verhalten des Gestelles gegenüber einer gleichbleibenden Kraft. Vergleichswert ist der statische Starrheitsgrad, das ist diejenige Kraft in N, die eine Verformung von 1 μm hervorruft (z.B. Drehmaschinenbett 250 ... 500 N/μm).

Dynamisch starr ist ein Gestell, wenn es sich durch periodisch schwankende Kräfte, z.B. Schnittkräfte beim Walzenfräsen, nicht zum Mitschwingen anregen und wenn es durch den Bearbeitungsvorgang aufgezwungene Schwingungen rasch wieder abklingen läßt, sie also „dämpft“ (auch Schwingen ist Formänderung!).

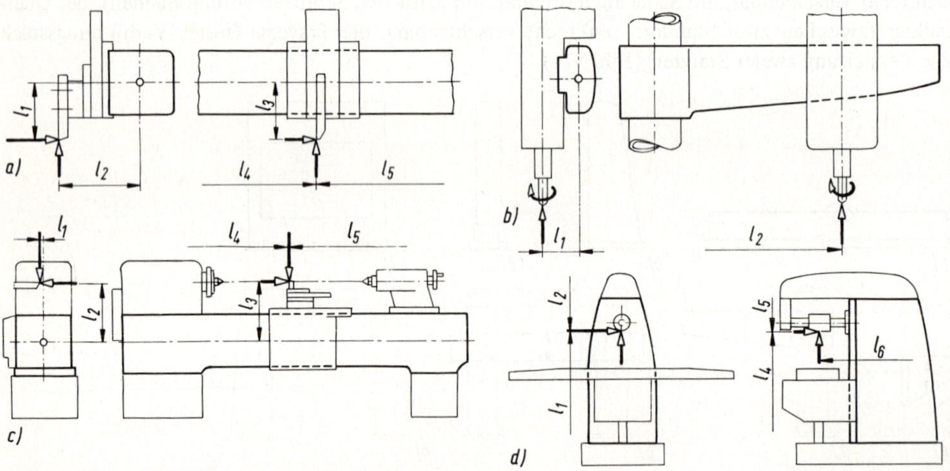

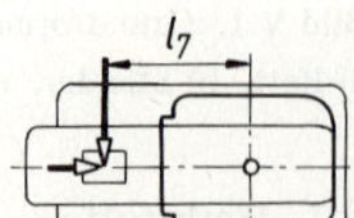

Bild V.2. Lage der Bearbeitungskräfte in bezug auf das Gestell (vereinfachte Darstellung)

a) am Querbalken einer Zweiständer-Hobelmaschine,
b) am Ausleger einer Radialbohrmaschine,
c) am Bett einer Spitzendrehmaschine,
d) am Ständer einer Universal-Fräsmaschine

Statisch werden die meisten Gestelle auf Biegung beansprucht, viele zusätzlich auf Verdrehung. Nennenswerte Zugbeanspruchung tritt bei Pressen und Hämmern auf. Bild V.2 zeigt schematisch und vereinfacht die Lage der Bearbeitungskräfte am Werkzeug in bezug auf die Gestelle verschiedener Maschinen. Jede der drei Schnittkraftkomponenten verbiegt das Gestell, zwei bzw. eine von ihnen wirkt außerdem verdrehend. Am größten werden die Biegemomente, wenn das Gestell als Freiträger angesehen werden kann. Durch eine zweite Abstützung können sie in manchen Fällen bei unveränderten Bearbeitungskräften beträchtlich verkleinert werden. In Bild V.3 sind mehrere Möglichkeiten hierzu schematisch dargestellt. An Waagerecht-Konsolfräsmaschinen wird beim Arbeiten mit Walzenfräsern der Gegenhalter mit der Konsole durch eine Schere verbunden, so daß ein geschlossener Rahmen aus Gegenhalter, Ständer, Konsole und Schere entsteht (Bild V.3a). An

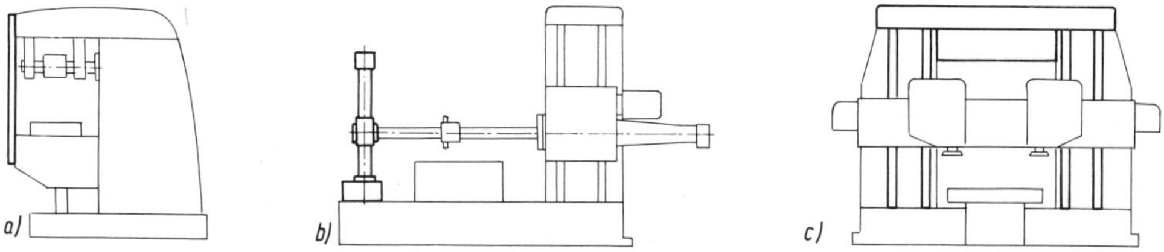

Bild V.3. Zusätzliche Abstützung zur Verringerung der Biegemomente durch a) Schere an Konsolfräsmaschine, b) Setzstock an Bohr- und Fräswerk, c) Traverse und zweiseitige Querbalkenführung an Bettfräs- und Hobelmaschine

Waagerecht-Bohr- und Fräswerken wird die Bohrstange an ihrem fliegenden Ende im Setzstock gelagert (Bild V.3b). An Zweiständer-Bettfräs- und -Hobelmaschinen werden die Ständer am Kopf durch eine Traverse miteinander verbunden, und der Querbalken wird an beiden Ständern geführt (Bild V.3c).

Die statische Starrheit eines Gestells ist um so größer, je größer die axialen Trägheitsmomente seines Querschnittes in den verschiedenen Biegeebenen und sein Drillungswiderstand sind (der Drillungswiderstand nichtkreisförmiger Querschnitte entspricht dem polaren Trägheitsmoment des kreisförmigen Querschnittes). Die großen Höhen vieler Gestellquerschnitte sollen also die Biegesteifigkeit vergrößern. Die Verdrehsteifigkeit hängt entscheidend davon ab, daß der Querschnitt auf der ganzen Länge des Gestells geschlossen ist, eine Forderung, die praktisch kaum zu erfüllen ist. Bei der Drehmaschine der herkömmlichen Bauart z.B. muß das Bett Durchbrüche zum Abführen der Späne haben, Fräsmaschinenständer brauchen Öffnungen zur Montage der Getriebe.

Dynamische Beanspruchungen haben ihre Ursache in schwankenden Schnittkräften, ungleichförmigem Lauf der Getriebeteile und auch im Spiel der Lager und Führungen. Die Gestelle sollen eine gute Dämpfung besitzen. Sie ist nicht allein vom Werkstoff, sondern auch von der Konstruktion abhängig. Man erreicht sie durch Verwendung von Grauguß oder durch Scheuerplatten (Bild V.10), die fest aufeinandergepreßt zusammengeschweißt sind und deren Oberflächen beim Schwingen aufeinander reiben und dadurch dämpfen. Die dynamische Starrheit wächst mit zunehmender Eigenschwingungszahl des Gestells. Das ist gleichbedeutend mit abnehmender Masse. Durch hohe Eigenschwingungszahl werden Resonanzschwingungen vermieden. Das kann aber auch mit *sehr* niedriger Eigenfrequenz – also mit großer Masse – erreicht werden. In der Praxis benutzt man beide Wege: Schleifmaschinengestelle werden z.B. meistens sehr schwer und aus Grauguß hergestellt, mitunter aber auch als sehr leichte, geschweißte Stahlzellenkonstruktion. Der Einfluß der Führungsspiele wird durch Klemmvorrichtungen ausgeschaltet, die möglichst alle Baugruppen und Teile der Maschine gegeneinander festklemmen, die sich bei der Bearbeitung nicht gegeneinander bewegen müssen. Die Reibung an den Klemmstellen wirkt wie zwischen Scheuerplatten schwingungsdämpfend.

Auch *äußere Einflüsse* können die Genauigkeit der Maschine beeinträchtigen. Viele Maschinengestelle werden auf dem *Fundament* ausgerichtet und durch Steinschrauben fest mit ihm verbunden. Verlagert oder verzieht sich das Fundament im Laufe der Zeit, dann wird das Gestell verformt. Sehr lange Betten und Gestelle von Maschinen hoher Arbeitsgenauigkeit werden deshalb auf verstellbare Keile gesetzt und von Zeit zu Zeit neu ausgerichtet.

Bei solchen Maschinen muß auch der Einfluß ungleichmäßiger *Erwärmung* beachtet werden. Heiße Späne müssen schnell abgeführt, die Gestelle dürfen nicht als Behälter für Hydrauliköl verwendet werden. Selbst einseitige Sonnenbestrahlung kann die Lage der Führungsbahnen unzulässig verändern.

2. Gegossene Gestelle

2.1. Offener Träger

Der offene Träger ist überall dort geeignet, wo nur Biegemomente und keine oder nur verhältnismäßig kleine Torsionsmomente wirken, wie beim Bett der Hobel-, der Langfräs- und der Schleifmaschine. Obwohl ein beträchtliches Torsionsmoment aufzunehmen ist, wird aber auch das Bett der Drehmaschine herkömmlicher Bauart noch in vielen Fällen als offener Träger gebaut, denn die Späne müssen zwischen den Wangen nach unten durchfallen können (Bild V.4). Die Diagonalrippen der Peters-Verrippung versteifen den Träger gegen die Biegebeanspruchung infolge der Passivkraft und gegen die Torsionsbeanspruchung. Rippen rechtwinklig zu den Wangen sind unzweckmäßig, weil sie keinen Einfluß auf die Verdrehsteifigkeit haben. Außerhalb des Spänebereiches werden auch diese Betten als Kastenträger ausgebildet.

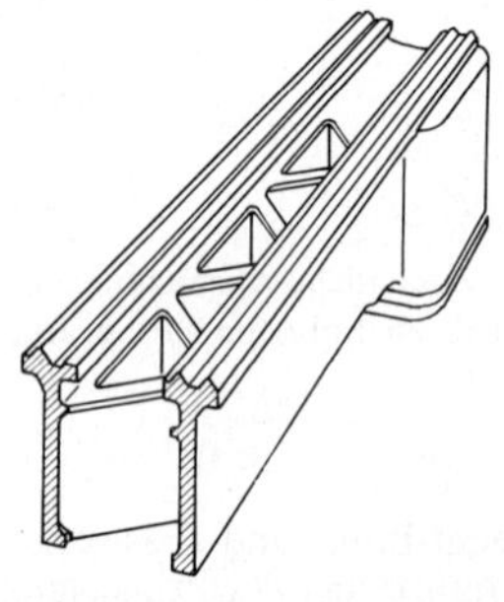

Bild V.4. Drehmaschinenbett als offener Träger mit Diagonalrippen (Peters-Verrippung)

Der Hammerständer nach Bild V.5 ist biegesteif in beiden senkrechten Ebenen, in denen bei Eckschlägen Biegemomente auftreten. Mögliche Torsionsmomente bleiben klein, weil die Wirklinien der Führungskräfte, durch die sie hervorgerufen werden, nur kleinen Abstand vom Schwerpunkt des Ständerquerschnittes haben.

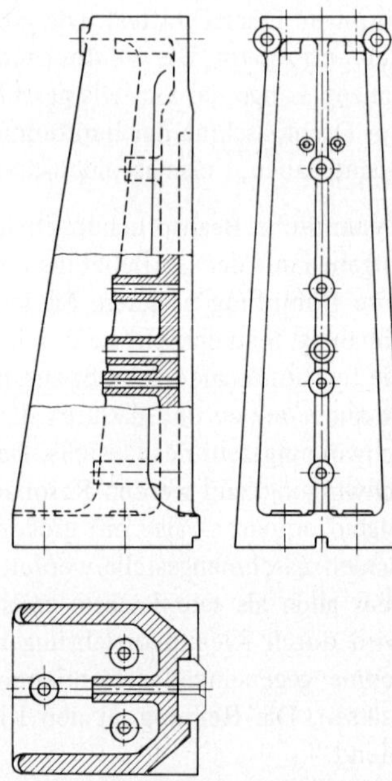

Bild V.5. Ständer eines Gesenkschmiedehammers, als offener Träger ausgeführt

2.2. Kastenträger

Der Kastenträger ist die Grundform der meisten Gestelle. Durch den großen Abstand der Werkstoffquerschnitte von seinen Schwerachsen ist er biegesteif in beiden Richtungen. Der geschlossene Außenmantel macht ihn zusätzlich außerordentlich verdrehsteif. Die Vorderwange 1 des Drehmaschinenbettes nach Bild V.6a ist ein Kastenträger. Die Hinterwange 3 hat mehrere rechteckige Durchbrüche 2 für die Späne. Sie ist mit der Vorderwange durch dachförmige Rippen 4 verbunden, auf denen die Späne in die Ausfallöffnungen rutschen. Das Bett der automatischen Drehmaschine nach Bild V.6b hat auch diese Öffnungen nicht mehr. Der Kasten ist auf der ganzen Länge geschlossen und innen mit schräg zur Bettachse liegenden Rippen zusätzlich versteift. Die Späne fallen vor dem Bett nach unten.

Am Ausleger der Radialbohrmaschine nach Bild V.7 kann man an der Form deutlich erkennen, für welche Beanspruchungen er konstruiert wurde. Der hohe Querschnitt ist sehr starr gegenüber dem Biegemoment, das von der Vorschubkraft am Bohrer herrührt. Das ist notwendig, weil das Biegemoment beim Bohren mit großer Ausladung sehr groß wird (Freiträger!). Der zweifach geschlossene Kastenquerschnitt ist im rechteckigen Teil doppelt diagonalverript. Das deutet auf die hohe Torsionsbeanspruchung hin, die ebenfalls von der Vorschub-

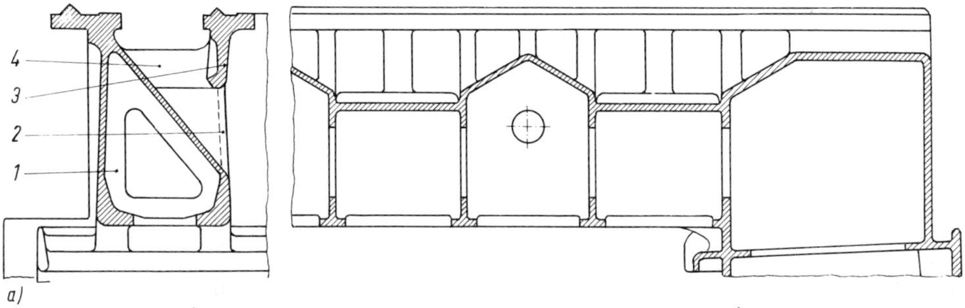

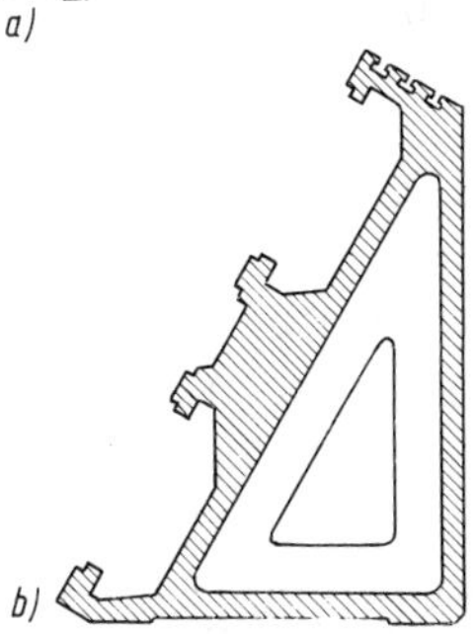

Bild V.6. Kastenträger als Maschinengestell

a) Bett einer Hochleistungs-Spitzendrehmaschine (Heyligenstaedt, Gießen) 1 Vorderwange, 2 Durchbruch für Späne, 3 Hinterwange, 4 dachförmige Querrippen
b) Bett einer automatischen Produktionsdrehmaschine

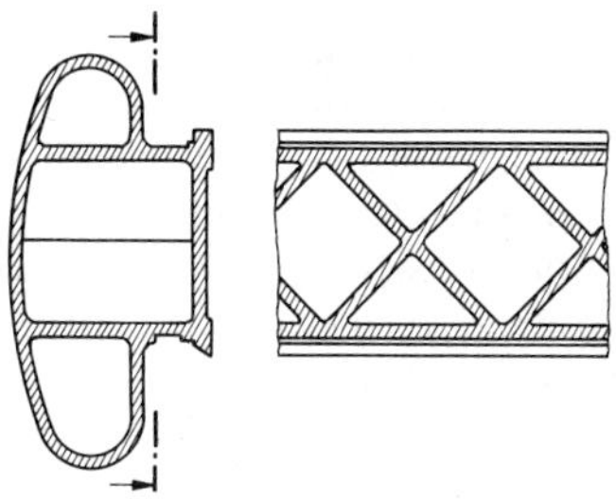

Bild V.7. Schnitt durch den Ausleger einer Radialbohrmaschine (Raboma, Berlin)

kraft verursacht wird, da sie außerhalb der Schwerachse des Auslegers wirkt. Beim Arbeiten mit großer Ausladung würde der Verdrehwinkel des Auslegers zu groß werden, wenn der Ausleger nicht verdrehsteif genug wäre.

Bild V.8 zeigt den Ständer eines Waagerecht-Bohr- und Fräswerkes als typisches Beispiel eines verrippten Kastenträgers. Die Außenwand ist völlig geschlossen, wie das Querschnittsbild zeigt, und dadurch verdrehsteif. Die Rippen vergrößern besonders die Biegesteifigkeit in *beiden* Richtungen, weil hier Biegemomente in beiden Ebenen auftreten können. Nur selten ist aber eine so günstige Form möglich, denn häufig müssen in den Ständern Getriebe und Bedienungseinrichtungen untergebracht werden. Dann müssen für Montage und Wartung Öffnungen vorhanden sein, welche die Verdrehsteifigkeit verringern.

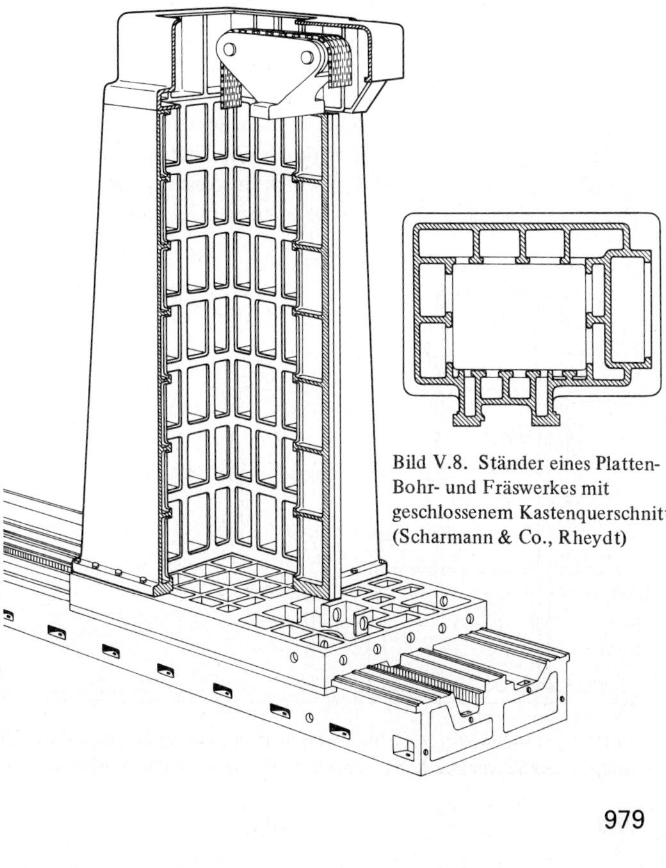

Bild V.8. Ständer eines Platten-Bohr- und Fräswerkes mit geschlossenem Kastenquerschnitt (Scharmann & Co., Rheydt)

3. Geschweißte Gestelle

3.1. Zellenbauweise

Die Zellenbauweise, für Gestelle mancher zerspanender Werkzeugmaschinen angewendet, baut sehr leicht. Die Außenwand wird aus 5 ... 10 mm dicken Stahlplatten zusammengeschweißt. Der Innenraum wird, soweit möglich, mit eingeschweißten 3 ... 5 mm dicken Blechen in Zellen aufgeteilt. Auf diese Weise entstehen außerordentlich biege- und verdrehsteife Kastenträger mit sehr kleiner Masse, d.h. also sehr hoher Eigenschwingungszahl. Sind Führungen aus Stahl mit in das Gestell eingeschweißt, dann werden sie gehärtet. Es werden aber auch aufgeschraubte GG-Führungen verwendet. Bild V.9 zeigt in Zellenbauweise geschweißte Gestellteile einer Flächenschleifmaschine.

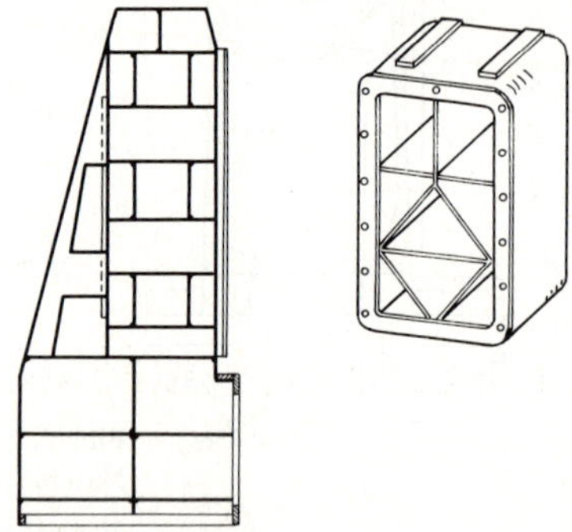

Bild V.9. In Zellenbauweise geschweißte Gestellteile einer Flächenschleifmaschine

3.2. Plattenbauweise

Sie wird für Pressen- und Scherengestelle angewendet. Der Pressenständer nach Bild V.10a wird von der Stößelkraft zug- und biegebeansprucht. Die vordere Ständerplatte erhält die Höchstspannung (größte resultierende Zugspannung) und ist deswegen am dicksten. Bei der Scheuerplattenbauweise c) werden mehrere Bleche aufeinander geschichtet und an allen Außen- und Durchbruchskanten miteinander verschweißt. Über die ganze Plattenfläche verteilt werden Bolzen eingepreßt und mit den äußeren Blechen verschweißt. Durch die Schrumpfspannungen in den Schweißnähten werden die Einzelplatten mit großer Kraft aufeinander gepreßt. Wird nun die Schichtplatte gebogen, verdreht oder in Schwingungen versetzt, dann behindert die Reibung zwischen den Schichten die Formänderung. Auf diese Weise werden Schwingungen viel stärker gedämpft als bei einer gleich dicken massiven Platte. Diese Wirkung unterstützen noch die Bolzen, die beim Verformen Schubspannungen aufnehmen. Bei geschickter Ausnutzung dieser Reibwirkung können höhere Dämpfungswerte erreicht werden als bei massiver GG-Bauweise.

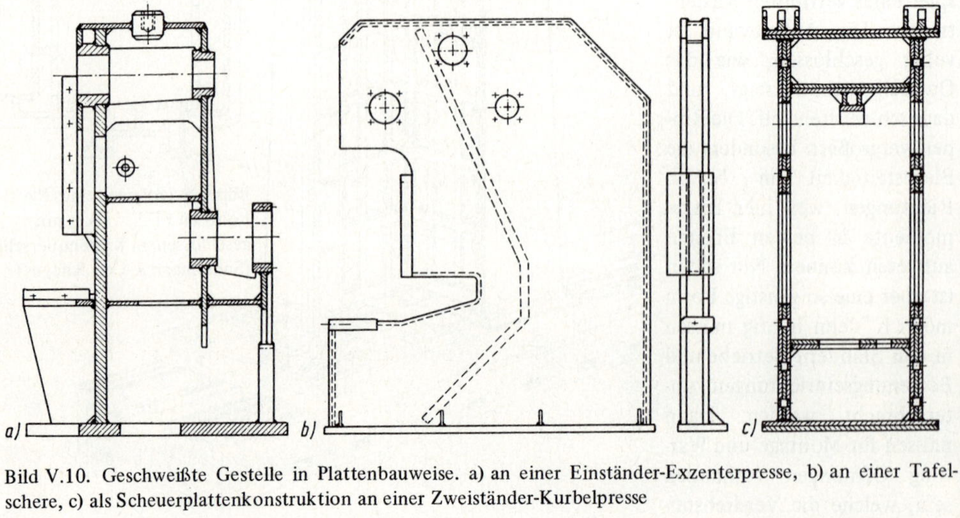

Bild V.10. Geschweißte Gestelle in Plattenbauweise. a) an einer Einständer-Exzenterpresse, b) an einer Tafelschere, c) als Scheuerplattenkonstruktion an einer Zweiständer-Kurbelpresse

Betriebswirtschaftslehre

Karl-Heinz Degering, Siegfried Rackwitz

I. Betriebsorganisation

1. Übersicht

Unter Betriebsorganisation versteht man die planmäßige Gestaltung der Arbeitsabläufe (Ablauforganisation) und das geregelte Zusammenwirken der Stellen eines Betriebes (Aufbauorganisation). Organisieren heißt also: Ordnen und Festlegen oder auch Plan und Regel schaffen. Dabei kann zuviel (Überorganisation) oder zuwenig (Unterorganisation) getan werden.

Wird ein Organisationsplan festgelegt, so sind neben der Betriebs- oder Fabrikationsart auch die beteiligten Menschen zu berücksichtigen. Es ist dabei zu überlegen, ob sie bezüglich ihrer Ausbildung, Fähigkeiten, Fertigkeiten usw., auch den zu erwartenden Anforderungen gewachsen sind. Bei Betriebswachstum oder -rückgang muß der Organisationsplan den neuen Bedingungen angepaßt werden.

2. Merkmale der Gliederung von Aufbauorganisationen

Mittels der Aufbauorganisation wird die Gesamtaufgabe eines Betriebes auf verschiedene Stellen aufgeteilt und die Zusammenarbeit dieser Stellen geregelt. Bild I.1 zeigt die Gliederung einer Aufbauorganisation.

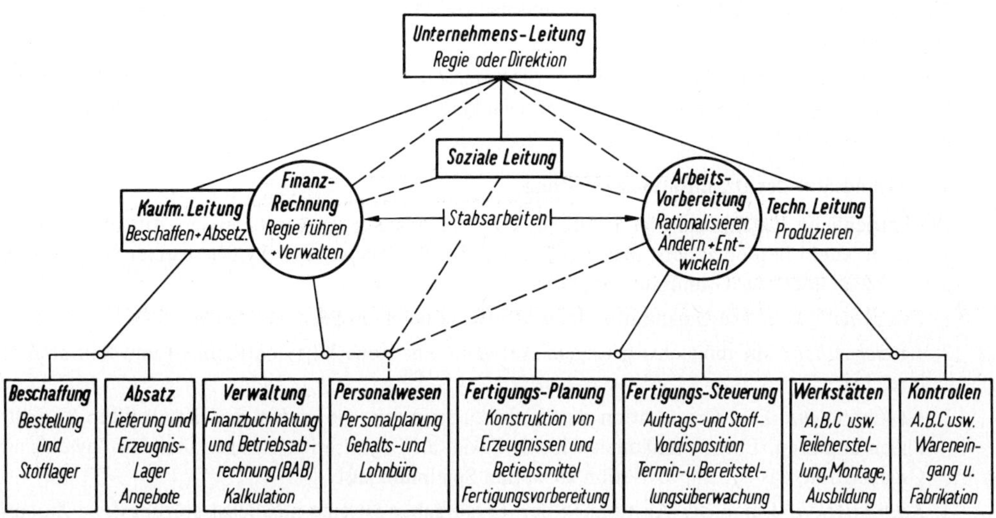

Bild I.1. Gliederung der Aufbauorganisation eines Betriebes

2.1. Systeme zur Gliederung der Organisation nach Rangordnung

Abhängig von der Art der Kommunikation der Betriebsstellen untereinander, ergibt sich eine Rangordnung. Stellen sind Instanzen mit Entscheidungs- und Anordnungsrecht, für das sie die Verantwortung tragen.

Grundsatz: Aufgabe, Kompetenz und Verantwortung jeder Stelle müssen einander entsprechen und eine Einheit bilden.

Bild I.2 zeigt drei Möglichkeiten der Gliederungen nach Rangordnung.

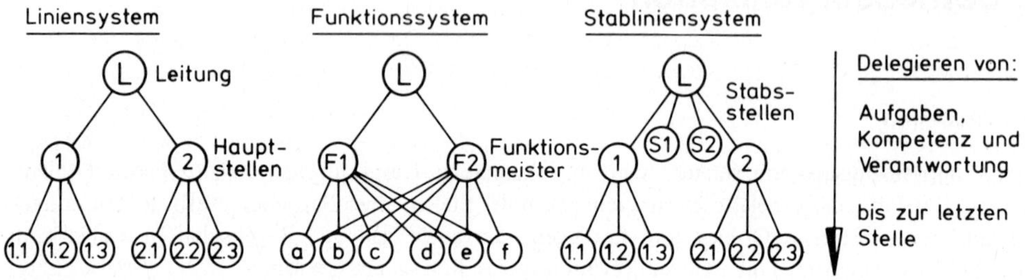

Bild I.2. Systeme zur Gliederung der Organisation nach Rangordnung

2.1.1. Liniensystem. Die Aufgabenverteilung erfolgt von oben nach unten. Informationen und Anfragen fließen liniengemäß von unten nach oben, also unter „Einhaltung des Dienstweges“.

Vorteile: Straffe Aufgabendurchführung mit klarem Anordnungsrecht und geregelter Verantwortung.

Nachteile: Langwierige Wege und Arbeitsverdichtung in den oberen Instanzen.

2.1.2. Funktionssystem. Jeder Mitarbeiter erhält von mehreren Funktionsmeistern (Spezialisten) seine Weisung. Der Informationsaustausch auf gleicher Ebene ist möglich und erwünscht.

Vorteile: Große Beweglichkeit und Anpassungsfähigkeit.

Nachteile: Kompetenzüberschneidungen und mangelhafte Information der leitenden Stellen führen zu Reibungen.

2.1.3. Stabliniensystem. Den leitenden Stellen werden zur Beratung Stabsstellen angegliedert. Im Einzelfall können den Stabsstellen für Spezialaufgaben auch zeitlich befristete Anordnungsbefugnisse erteilt werden.

2.2. Grundsätze der Organisationsgestaltung

Die betriebliche Organisation ist aufgrund der verschiedenartig zu erfüllenden Aufgaben, naturgemäß in jedem Betrieb anders. Man sollte jedoch bei der Analyse und Synthese einer Organisation die nachfolgenden vier Grundsätze beachten:

1. *Zweckmäßigkeit:* Die Organisation muß dem Unternehmensziel entsprechen.
2. *Wirtschaftlich:* Mit möglichst geringem Aufwand eine hohe Wirtschaftlichkeit und Rentabilität erreichen.
3. *Gleichgewicht:* Eine Organisation darf nicht zu starr sein, sie muß sich den jeweiligen Verhältnissen anpassen. Ebenso schädlich wie ein Zuviel an Organisation ist aber auch ein Zuwenig an Organisation, das der Improvisation zu weiten Spielraum läßt.
4. *Koordination:* Durch das Abstimmen der Teilaufgaben ist eine möglichst störungsfreie Zusammenarbeit der Stellen eines Betriebes anzustreben.

II. Aufgaben der Betriebsabteilungen

1. Materialwirtschaft

Die Begriffe Beschaffung, Einkauf, Logistik und Materialwirtschaft kennzeichnen bestimmte Funktionen im Organisationsplan eines Unternehmens.

Die Beschaffung als betriebliche Grundfunktion bedeutet: Versorgung des Unternehmens mit Kostengütern. Das sind Roh-, Hilfs- und Betriebsstoffe, Teile, für den Absatz bestimmte Handelswaren, Energien, Anlagegüter, Fremdleistungen, Kapital, Informationen und Rechte.

Der Einkauf umschließt alle Tätigkeiten, die darauf gerichtet sind, dem Unternehmen alle zur Erfüllung seiner Aufgaben benötigten, aber nicht selbst erzeugten Sachgüter, Energien und Leistungen aus den Beschaffungsmärkten zu den wirtschaftlichsten Bedingungen verfügbar zu machen.

Zur Logistik gehören alle planenden, steuernden und durchführenden Tätigkeiten. Diese dienen einer bedarfsgerechten, nach Art, Menge, Raum und Zeit abgestimmten Bereitstellung von Materialien und Erzeugnissen, zur Erfüllung der betrieblichen Produktions- und Absatzaufgaben.

Die Materialwirtschaft erfüllt die Funktionen: Einkauf, Bevorratung, Bereitstellung und Entsorgung aller zum Erreichen des Unternehmenszweckes notwendigen Güter, Leistungen und Energien.

1.1. Betriebswirtschaftliche Bedeutung der Materialwirtschaft

Drei Kostenkategorien im Unternehmen werden durch die Materialwirtschaft bestimmt.

a) Materialkosten

Dies sind die Kosten für die Beschaffung von Roh-, Hilfs- und Betriebsstoffen, Halb- und Fertigfabrikaten einschließlich der Bezugskosten. Sie bilden in der verarbeitenden Industrie den größten Kostenblock innerhalb der Materialwirtschaftskosten.

Der Ergebniseinfluß der Materialwirtschaft ist in einem Unternehmen umso größer, je höher der Materialkostenanteil ist (Bild II.1).

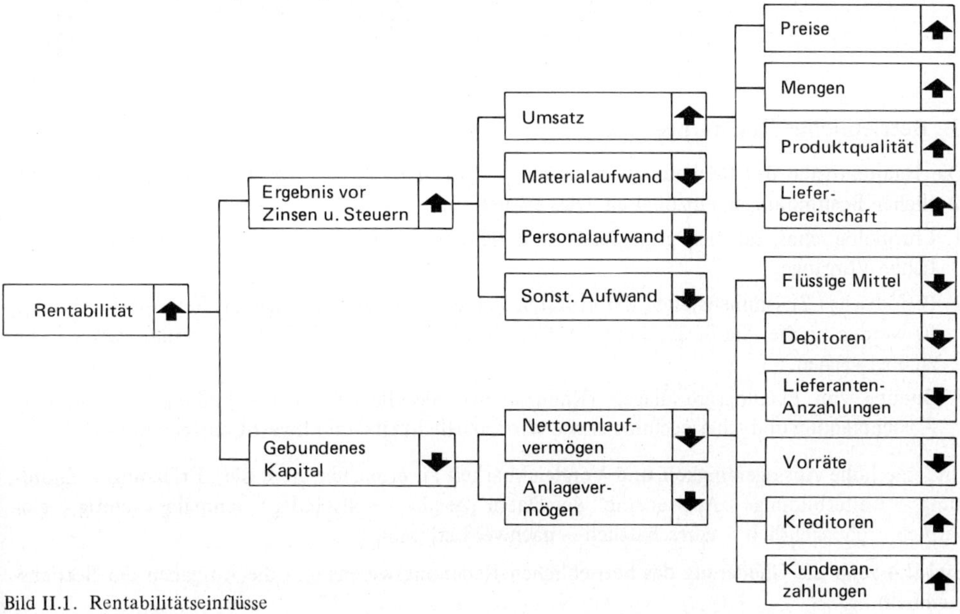

Bild II.1. Rentabilitätseinflüsse

b) Kapitalbindungskosten

Diese umfassen vor allem die Zinsen für das in den Beständen gebundene Kapital sowie Abschreibungen für Wertberichtigungen auf Lagergüter, sowie Kosten der Lagerhaltung.

c) Gemeinkosten

Hierbei handelt es sich um Kostenstellenkosten aller Teilbereiche innerhalb der Materialwirtschaft einschließlich Transportkosten und Verpackungsmittel, EDV-Kosten und Entsorgungskosten.

2. Absatz und Erzeugnislager

Die *Absatzvorbereitung* besteht aus Marktanalyse, Werbung, Statistik der Bestelleingänge und dem Zusammenstellen des Fertigungsprogrammes unter Berücksichtigung kommender Aufträge.

Kundenabnahmeschwankungen sind durch Vorratsaufträge abzufangen (Bild II.2) und Kunden-Gemischtbestellungen sind in artgleiche Sammelaufträge zu wandeln (Bild II.3). Eine rationelle Erzeugung setzt eine gleichmäßig hohe Abnahme ohne Sonderwünsche voraus, mit Lieferterminen, die der normalen Betriebskapazität angepaßt sind.

Die *Versandaufgaben* sind: Erzeugnis- und Ersatzteillager verwalten, sowie Verpackungs- und Rechnungsabteilung führen.

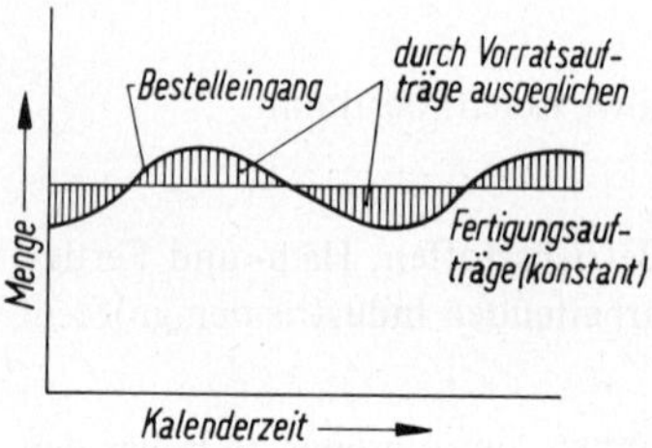

Bild II.2. Bildung des Fabrikationsprogrammes

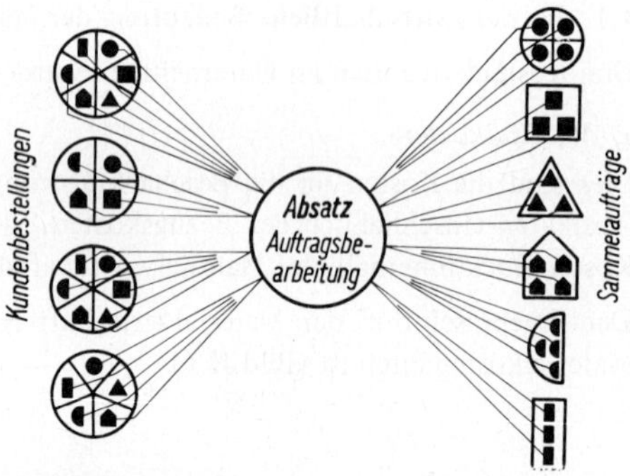

Bild II.3. Bildung von Sammelaufträgen

3. Betriebliches Rechnungswesen

Die Hauptaufgabe des Rechnungswesens ist es, dem betrieblichen Zweck zu erfüllen und die gesetzlichen Bestimmungen einzuhalten. Dies erfolgt durch:

1. Chronologisches, sachlich gegliedertes und richtiges Erfassen aller werteverändernden betrieblichen Vorgänge.
2. Periodisches Zusammenstellen der erfaßten Zahlen als Bilanz und/oder als Betriebsabrechnung. Es werden hierbei die Bestände und Erfolge ermittelt, um die Wertbewegung und -veränderung zu überwachen.
3. Bildung von Planungsgrundlagen (Kennzahlen). Sie dienen zur Preisbildung und -prüfung, Kostenplanung und -überwachung sowie Wirtschaftlichkeits- und Investitionsrechnungen.

Um eine hohe Aussagefähigkeit und Vergleichbarkeit zu erreichen, muß die „Erfassung – Zuordnung – Weiterbildung – Auswertung" der Daten „genau – vollständig – einmalig – stetig – einheitlich – übersichtlich – wirtschaftlich – nachweisbar" sein.

Bild II.4 zeigt die Gliederung des betrieblichen Rechnungswesens und die Aufgaben der Betriebsbuchhaltung.

Bild II.4. Gliederung des betrieblichen Rechnungswesens

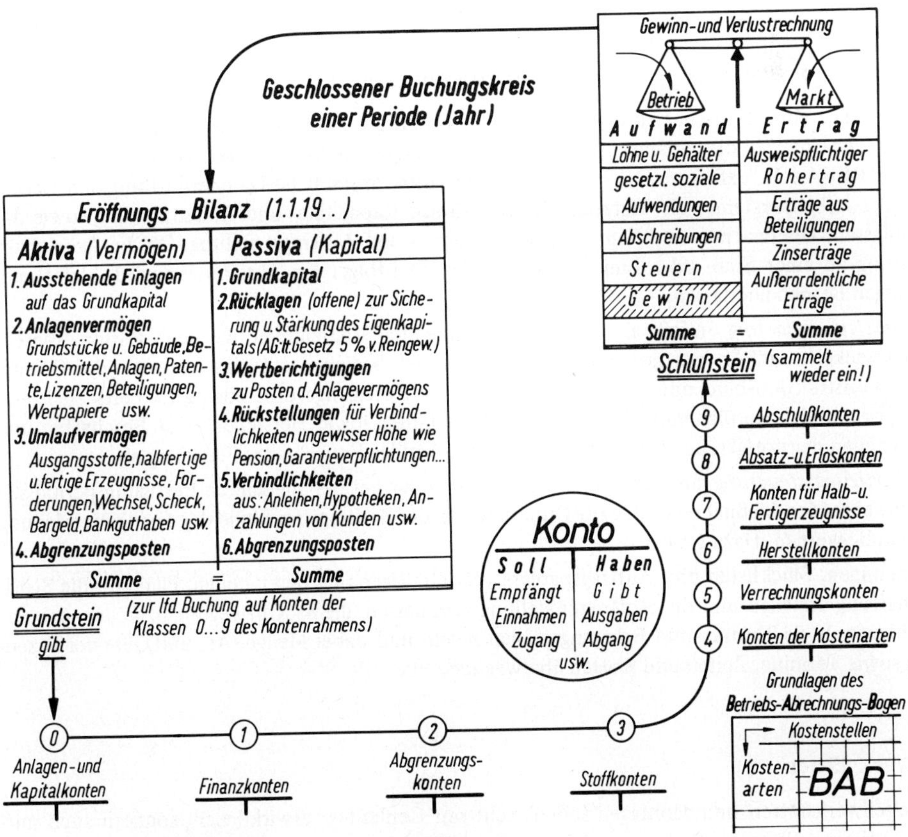

Bild II.5. Buchungsperiode der Konto-Korrent-Buchführung

Aufgabe der *Finanzbuchhaltung* ist es, den Kapitaleinsatz so rentabel wie möglich zu gestalten. Sie registriert deshalb laufend alle Geschäftsvorgänge, die Vermögens- und Kapitalveränderungen bewirken. Bild II.5 zeigt den abgeschlossenen Buchungskreis eines Jahres. Er beginnt mit der Bilanz zur laufenden Buchung (Konto-Korrent) und endet mit der Gewinn- und Verlustrechnung.

Bei der Eröffnung der laufenden Buchhaltungsperiode übergibt das Kapitalkonto das Vermögen den verschiedenen Einzelkonten. Beim Abschluß sammelt es das Vermögen wieder ein und übernimmt gleichzeitig den Gewinn oder Verlust, der sich im Laufe des Jahres ergeben hat.

Der *Betriebsbuchhaltung* obliegt die Selbstkostenermittlung und Kostenüberwachung. Die Aufgaben sind je nach der Betriebsart, Kostenstruktur oder erforderlichen Genauigkeitsgrad, mehr oder weniger umfangreich.

4. Soziale Leitung und Personalwesen

Neben der Behandlung juristischer Fragen tritt die Pflege und Abstimmung der zwischenmenschlichen Beziehungen in den Vordergrund. Auf die Personalplanung, also auf Einstellungen und Entlassungen, sowie den Lohneinstufungen wird von hier aus in Zusammenarbeit mit dem Betriebsrat beratend eingewirkt.

Bezüglich Gehalts- und Lohnzahlung ist das Personalwesen selbst an die Finanzrechnung angeschlossen.

5. Arbeitsvorbereitung – AV (Fertigungsorganisation)

Um die Ziele eines Betriebes zu erreichen, muß die Fertigung entsprechend organisiert sein. Diese Aufgabe übernimmt die Arbeitsvorbereitung (Fertigungsorganisation). Der Verband für Arbeitsstudien REFA e.V. definiert: Die Fertigungsorganisation umfaßt die Datenermittlung und Gestaltung der Arbeitssysteme, die Material-, Informations-, Kapazitäts- und Ablaufplanung sowie das Veranlassen, Überwachen und Sichern der Programm- und Auftragserfüllung. Ob die Arbeitsvorbereitung zu einer Stab- oder Linienstelle, mit den nachfolgenden Abteilungen wird, bleibt dem jeweiligen Betrieb überlassen.

Die *Fertigungsplanung* umfaßt alle einmalig zu treffenden Maßnahmen, die beim Rationalisieren, Neuentwickeln und Ändern notwendig werden und sich beziehen auf: das Gestalten der Erzeugnisse (Konstruktionsbüro mit Versuchswerkstatt), die Fertigungsvorbereitung (Arbeits-, Fristen-, Transport- und Lagerplanung), das Planen und Gestalten sowie Herstellen oder Beschaffen und Bereitstellen der nötigen Betriebsmittel und schließt mit der Freigabe der Fertigung ab.

Die *Fertigungssteuerung* umfaßt alle bei jedem Los oder bei der fließenden Fertigung periodisch wiederkehrenden Maßnahmen, die zur Durchführung der Aufträge im Sinne der Fertigungsplanung notwendig werden. Dazu gehört:

Zeichnungen, Stücklisten und Auftragspapiere vervielfältigen und bereitstellen, Pläne für die Stoffbeschaffung erstellen und die Stoffbereitstellung veranlassen, die Stoffbewegung bzw. den Arbeitsdurchlauf mittels Termin- und Belegungsplänen regeln und dabei Menge, Art und Güte der Erzeugung sowie Termine, Zeiten und Kosten überwachen.

6. Werkstätten

Einzelteilwerkstätten und Montagen sollen nicht nur Geplantes verwirklichen, sondern auch mithelfen, bessere Wege zu finden, denn am „grünen Tisch“ sieht alles anders aus als in der Praxis.

7. Kontrollen

Die Wareneingangs- und die Fabrikationskontrolle sind fachlich der Qualitätssicherung zugeordnet, somit der Unternehmensleitung. Mit zunehmender Vereinheitlichung internationaler, den Qualitätsbegriff betreffende Normen, haben sich Inhalt und Ausmaß einzelner Begriffe sehr verändert. So wird vom Qualitätsmanagement statt der bisher üblichen Qualitätssicherung gesprochen. Nach DIN ISO 8402 ist das Qualitätsmanagement als übergeordneter Begriff der Qualitätssicherung zu verstehen. Zufriedenstellende Qualität als das erstrebenswerte Ziel einer rationalen Arbeit anzusehen, ist eine Voraussetzung für jedes Unternehmen.

III. Kosten- und Preisermittlung

1. Zweck

Sowohl für künftige, als auch für ausgeführte Betriebsleistungen werden zur Festsetzung von Preisen oder zur Bewertung von Leistungseinheiten Kostenkalkulationen durchgeführt. Sie dienen zur Vorkalkulation oder zur Nachkalkulation.

Die Grundformel für eine Kostenkalkulation lautet:

$$\frac{\text{Kosten}}{\text{Einheit}} = \frac{\Sigma\ \text{Kosten}}{\Sigma\ \text{Einheiten}}$$

Voraussetzung ist: Die Einheiten sind einander gleich und erfordern jeweils den gleichen Fertigungsaufwand, d.h. daß sich Kosten und produzierte Einheiten proportional zueinander verhalten.

Sind diese Bedingungen gegeben, dann kann mit der Divisionskalkulation gerechnet werden.

Kommen weitere abgewandelte Produkte zum Fertigungsprogramm hinzu, so wird die Proportionalität gestört und die Grundformel ist nicht mehr anwendbar. Da der Grund für die Störung bei den Einheiten zu suchen ist, wird zur Wiederherstellung der Proportionalität die Äquivalenzziffer eingeführt und damit kalkuliert.

Treten weitere Störungen auf, wird das angewendete Kalkulationsschema immer so erweitert, bis eine annehmbare Proportionalität wiederhergestellt ist.

Im Bild III.1 ist die Entwicklung als Systematik wiedergegeben.

Verfahren	Divisionskalkulation (meist ohne BAB) einfache	mit Äquivalenzzahlen	Zuschlagskalkulation (ein Betriebsabrechnungsbogen ist erforderlich) normale	mit Maschinen – Stunden – Sätzen
Rang	A	B	C	D ... Z
Rechnung	$k = \frac{\text{Kosten/Periode}}{\text{Menge/Periode}}$	$k = \frac{\text{Kosten/Periode}}{\text{Äquivalenzmenge/Periode}}$	Kosten zerlegt in: MK + FK + VVGK = SK	Erweiterte Kostenzerlegung nach dem Verursacherprinzip
Sachlage	Produzierten Einheiten (Stück) können als gleich gelten.	Verschiedene Sorten einer Erzeugnisart sind ähnlich, aber nicht mehr gleich.	Der unterschiedliche Kostenaufbau der Produkte zwingt zur Kostenzerlegung.	Mechanisierung oder Automatisierung der Fertigung, für Produkte mit unterschiedlichem Kostenaufbau, zwingt zur weiteren Kostenzerlegung.
Erklärung und Bemerkungen	Die Kosten verhalten sich zu den produzierten Einheiten proportional.	Die gestörte Proportionalität wird durch Äquivalenzzahlen ausgeglichen.	Zerlegt man die Selbstkosten (SK) in Materialkosten (MK), Fertigungskosten (FK) und Verwaltungs- und Vertriebsgemeinkosten (VVGK), so wird gruppenweise die nötige Proportionalität wieder hergestellt.	Unterschiedlich kapitalintensive Betriebsmittel machen es erforderlich, daß wesentliche Kosten wie: Maschinen-, Werkzeug-, Vorrichtungs- und sonstige Kosten, aus den Fertigungsgemeinkosten soweit herausgenommen werden, daß die verbleibenden Restgemeinkosten (RGK) ≤ 300 % der Fertigungslohnkosten (FLK) sind.

Bild III.1. Kalkulationsverfahren – in Rangordnung des nötigen Berechnungsaufwandes

Anwendungsbeispiele (Bild III.1)

A. Einfache Divisionskalkulation

A.1. Divisionskalkulation als Gesamtkalkulation
(oft ohne besonderen Betriebsabrechnungsbogen – BAB)

Fallbeschreibungen:

a) In einem Betrieb wird nur ein Erzeugnis in M Mengeneinheiten (ME = hl, kg, Stunden usw.) je Periode (Periode = Monat, Quartal, Jahr) hergestellt.

Hierbei entstehen $K = \frac{\text{DM}}{\text{Periode}}$ Kosten.

Es sind dann die

Kosten je ME: $k = \frac{K}{M} \approx \tilde{k}$ *Plankosten je ME*

$k \approx \tilde{k}$	K	M
$\frac{\text{DM}}{\text{ME}}$	$\frac{\text{DM}}{\text{Periode}}$	$\frac{\text{ME}}{\text{Periode}}$

Anmerkung: Weil bei einer Division oft lange oder unendliche Dezimalzahlen entstehen, und die Berechnung von Monat zu Monat zwar ähnliche, aber doch andere Werte ergibt, rechnet man bei der Anwendung mit gerundeten durchschnittlichen Kosten. Diese nennt man, wenn es zur Unterscheidung nötig ist, auch Plankosten. Die Kostensymbole werden als Plankosten mit dem Kopfzeichen ~ (sprich: „Tilde" oder „Plan") versehen.

b) In einer Brauerei werden $M = 15\,000 \frac{\text{hl}}{\text{Monat}}$ Bier gebraut. Hierbei fallen $K = 1\,200\,000 \frac{\text{DM}}{\text{Monat}}$ Kosten an.

Es sind damit die

Kosten je ME: $$k = \frac{K}{M} = \frac{1\,200\,000 \frac{\text{DM}}{\text{Monat}}}{15\,000 \frac{\text{hl}}{\text{Monat}}} = 80{,}00 \frac{\text{DM}}{\text{hl}} = \underline{\underline{0{,}80 \frac{\text{DM}}{\text{l}}}}$$

Die Kosten für eine Flasche Bier mit $V = 0{,}5 \frac{\text{l}}{\text{Flasche}}$ Inhalt sind also:

Kosten je Flasche: $$k_{\text{Fl}} = V \cdot k = 0{,}5 \frac{\text{l}}{\text{Flasche}} \cdot 0{,}80 \frac{\text{DM}}{\text{l}} = \underline{\underline{0{,}40 \frac{\text{DM}}{\text{Flasche}}}}$$

c) In einer Gießerei werden ähnliche Gußstücke mit etwa gleichem Schwierigkeitsgrad gegossen. Dabei sind beim Gießen von $M = 100\,000 \frac{\text{kg}}{\text{Monat}}$, $K = 210\,000 \frac{\text{DM}}{\text{Monat}}$ Kosten angefallen.

Es sind also die

Kosten je ME: $$k = \frac{K}{M} = \frac{210\,000 \frac{\text{DM}}{\text{Monat}}}{100\,000 \frac{\text{kg}}{\text{Monat}}} = \underline{\underline{2{,}10 \frac{\text{DM}}{\text{kg}}}}$$

Die Kosten für ein Gußstück mit $G = 5 \frac{\text{kg}}{\text{Stück}}$ Gewicht sind demnach:

Kosten je Gußteil: $$k_{\text{G}} = G \cdot k = 5 \frac{\text{kg}}{\text{Stück}} \cdot 2{,}10 \frac{\text{DM}}{\text{kg}} = \underline{\underline{10{,}50 \frac{\text{DM}}{\text{Stück}}}}$$

A.2. Divisionskalkulation als Teil einer Kalkulation
(z.B. bei der Stundensatzermittlung)

In den Betrieben wird mit zwei verschiedenen Zeitarten gerechnet:

Lohnarbeit mit IST-Zeiten (T_i), also mit Stunden (h) oder Minuten (min), die der Uhrzeit entsprechen.

Akkordarbeit mit SOLL-Zeiten (T), d.h. mit Vorgabestunden (Vh) oder Vorgabeminuten (VM), zu denen dann periodisch der

Zeitgrad $Z = \dfrac{\Sigma T}{\Sigma T_i} = \dfrac{\text{Vorgabezeit je Periode}}{\text{verbrauchte Zeit je Periode}}$ ca. $1{,}2 \ldots 1{,}25 \dfrac{\text{Vh}}{\text{h}} = \underline{120 \ldots 125\,\%}$ errechnet wird.

Bei einschichtiger Arbeit ergibt sich damit eine durchschnittliche monatliche Beschäftigung, der sogenannten *Planbeschäftigung* von

$$\widetilde{M} \approx 12\,000 \frac{\text{VM}}{\text{Monat}} = 200 \frac{\text{Vh}}{\text{Monat}} = 160 \ldots 170 \frac{\text{h}}{\text{Monat}} = 20 \ldots 21 \frac{\text{Tage}}{\text{Monat}}$$

Fallbeschreibungen:

In dem Betrieb, für den der im Bild III.4 aufgezeigte Betriebsabrechnungsbogen (BAB) geführt wurde, werden verschiedene Kostensätze durch Division ermittelt. Gegeben sind die Kosten für Maschine oder Arbeitsplatz (KM), die Fertigungskosten (Fk), die Menge (M) und die Vorgabestunden (Vh). Man ermittelt die:

Kosten je Vh für Maschine oder Arbeitsplatz:

$$kM = \frac{KM \text{ in } \dfrac{\text{DM}}{\text{Monat}}}{M \text{ in } \dfrac{\text{Vh}}{\text{Monat}}} \approx \widetilde{kM} \text{ (Plankosten je Vh)}$$

Fertigungskosten je Vh:

$$Fk = \frac{FK \text{ in } \dfrac{\text{DM}}{\text{Monat}}}{M \text{ in } \dfrac{\text{Vh}}{\text{Monat}}} \approx \widetilde{Fk} \text{ (Fertigungsplankosten je Vh)}$$

Ein Auszug aus dem Betriebsabrechnungsbogen (Bild III.4), ist mit Ergänzungen, als Beispiel der Stundensatzberechnung, in Bild III.2 wiedergegeben.

a) Die durch Division ermittelten Stundensätze werden dann wie folgt in der Auftragskalkulation verwendet:

Die Fertigungskosten (FK) für einen Auftrag, der $M = T = 6 \dfrac{\text{Vh}}{\text{Auftrag}}$ Montagearbeitszeit erfordert, sind in der „Schlosserei und Montage"

$$FK = \widetilde{Fk} \cdot T = 25{,}00 \frac{\text{DM}}{\text{Vh}} \cdot 6 \frac{\text{Vh}}{\text{Auftrag}} = \underline{\underline{150{,}00 \frac{\text{DM}}{\text{Auftrag}}}}$$

Die Maschinenkosten (KM) für den gleichen Auftrag, der $M = T = 10 \dfrac{\text{Vh}}{\text{Auftrag}}$ Maschinenarbeitszeit in der „Mechanischen Werkstatt" erfordert, sind

$$KM = \widetilde{kM} \cdot T = 12{,}00 \frac{\text{DM}}{\text{Vh}} \cdot 10 \frac{\text{Vh}}{\text{Auftrag}} = \underline{\underline{120{,}00 \frac{\text{DM}}{\text{Auftrag}}}}$$

b) In gleicher Weise wie in Bild III.2 lassen sich die Kosten je Vh für Werkzeuge und Vorrichtungen (kWV) des in Bild III.4 dargestellten Betriebsabrechnungsbogens (Zeile 1.5) für die Kostenstellen „Mechanische Werkstatt" und „Schlosserei und Montage" berechnen.

Mechanische Werkstatt:

$$kWV = \frac{KWV}{M} = \frac{1\,590\,\dfrac{\text{DM}}{\text{Monat}}}{5\,100\,\dfrac{\text{Vh}}{\text{Monat}}} = \underline{\underline{0{,}312\,\frac{\text{DM}}{\text{Vh}}}} \approx 0{,}31\,\frac{\text{DM}}{\text{Vh}} = \widetilde{k}WV \text{ (Plankosten)}$$

Schlosserei und Montage:

$$kWV = \frac{KWV}{M} = \frac{7\,760\,\dfrac{\text{DM}}{\text{Monat}}}{14\,900\,\dfrac{\text{Vh}}{\text{Monat}}} = \underline{\underline{0{,}521\,\frac{\text{DM}}{\text{Vh}}}} \approx 0{,}52\,\frac{\text{DM}}{\text{Vh}} = \widetilde{k}WV \text{ (Plankosten)}$$

c) Die Kosten je Monat für die „Arbeitsvorbereitung" $\left(KVA = 20\,000\,\frac{\text{DM}}{\text{Monat}}\right)$ werden für die beiden Kostenstellen „Mechanische Werkstatt" sowie „Schlosserei und Montage" einheitlich auf die Summe der Vorgabestunden $\left(\Sigma M = 5\,100 + 14\,900 = 20\,000\,\frac{\text{Vh}}{\text{Monat}}\right)$ umgelegt. Es ergeben sich durch Division dann die

Kosten je Vh für die Arbeitsvorbereitung:

$$kAV = \frac{KAV}{\Sigma M} = \frac{20\,000\,\dfrac{\text{DM}}{\text{Monat}}}{20\,000\,\dfrac{\text{Vh}}{\text{Monat}}} = \underline{\underline{1{,}00\,\frac{\text{DM}}{\text{Vh}}}} \approx \widetilde{k}VA \text{ (Plankosten)}$$

Mechanische Werkstatt: $\quad KAV = M \cdot kAV = 5\,100\,\frac{\text{Vh}}{\text{Monat}} \cdot 1{,}00\,\frac{\text{DM}}{\text{Vh}} = \underline{\underline{5\,100\,\frac{\text{DM}}{\text{Monat}}}}$

Schlosserei und Montage: $\quad KAV = M \cdot kAV = 14\,900\,\frac{\text{Vh}}{\text{Monat}} \cdot 1{,}00\,\frac{\text{DM}}{\text{Vh}} = \underline{\underline{14\,900\,\frac{\text{DM}}{\text{Monat}}}}$

B. Divisionskalkulation mit Äquivalenzzahlen

In einer Abfüllanlage wurden in drei verschieden große Flaschen (oder Sorten) Getränke abgefüllt. Hierbei entstanden $20\,000\,\frac{\text{DM}}{\text{Monat}}$ an Kosten. Die Aufteilung dieser Kosten soll nach dem Verursacherprinzip erfolgen. Es sollen nicht die Flascheninhalte, sondern die durch eine Zeitaufnahme ermittelten Abfüllzeiten für die Anlagennutzung, als Wertgröße (*WG*) verwendet werden.

Im Bild II.8 sind zunächst im oberen Tabellenteil die technischen Daten zusammengefaßt, im unteren Tabellenteil wird dann gezeigt, wie nach dem Eintragen der monatlichen Kosten (*K*) und nach dem Übertragen der erzeugten Mengen (*M*) sowie der gewählten Wertgröße (*WG*), die Kostenaufteilung schrittweise erreicht und kontrolliert wird.

Bei der Kostenzerlegung wird in folgenden Schritten vorgegangen:

1. Schritt: Äquivalenzzahl ermitteln.

$\ddot{A}Z = \dfrac{WG}{BG}$	Äquivalenzzahl ($\ddot{A}Z$)	Wertgröße (WG)	Bezugsgröße (BG)
	$\dfrac{\text{Äquivalenzeinheit } (\ddot{A}E)}{\text{Herstelleinheit } (HE)}$	$\dfrac{\text{Werteinheit } (WE)}{\text{Herstelleinheit } (HE)}$	$\dfrac{\text{Werteinheit } (WE)}{\text{Äquivalenzeinheit } (\ddot{A}E)}$

Dabei ist die Bezugsgröße (*BG*) so zu wählen, daß möglichst einfache Äquivalenzzahlen ($\ddot{A}Z$) entstehen.

2. Schritt: Äquivalenzmenge ermitteln und addieren.

	Äquivalenzmenge ($\ddot{A}M$)	erzeugte Menge (M)	Äquivalenzzahl ($\ddot{A}Z$)
$\ddot{A}M = M \cdot \ddot{A}Z$	$\frac{\text{Äquivalenzeinheiten } (\ddot{A}E)}{\text{Periode}}$	$\frac{\text{Herstellmenge } (HE)}{\text{Periode}}$	$\frac{\text{Äquivalenzeinheit } (\ddot{A}E)}{\text{Herstelleinheit } (HE)}$

3. Schritt: Kosten je Äquivalenzeinheit und Herstelleinheit errechnen.

Kosten je $\ddot{A}E - k_{\ddot{A}} = \dfrac{K}{AM}$

Kosten je $HE - k_e = \ddot{A}Z \cdot k_{\ddot{A}}$

$k_{\ddot{A}}$	K	k_e
$\frac{\text{DM}}{\text{ÄE}}$	$\frac{\text{DM}}{\text{Periode}}$	$\frac{\text{DM}}{\text{HE}}$

Damit ist in vielen Fällen schon das Ziel der Rechnung erreicht. Man muß nur noch kontrollieren und evtl. Fehler, die durch das Runden entstehen, ausgleichen.

4. Schritt: Kosten je Periode und Sorte ($K_1 \dots K_3$) zwecks Kontrolle und Rundungsfehlerausgleich nach zwei Möglichkeiten ermitteln.

Es müssen gleich sein: $K_{1\dots3} = M_{1\dots3} \cdot k_{e1\dots3}$ und $K_{1\dots3} = \ddot{A}M_{1\dots3} \cdot k_{\ddot{A}1\dots3}$

Ein Rundungsfehlerausgleich wird meist dann notwendig, wenn die Äquivalenzzahlen ($\ddot{A}Z$) und/oder die Kosten je Äquivalenzeinheit ($k_{\ddot{A}}$) gerundete Zahlen sind. Im Beispiel (Bild III.3) entfällt dieser Vorgang.

C ... Z. Normale und erweiterte Zuschlagskalkulation

Die im Bild III.5 als Ergänzung zu Bild III.1 aufgeführte Kostengliederung erfordert:

- bei der normalen *Zuschlagskalkulation* die Ermittlung der Gemeinkostensätze g für den Materialbereich g_M, den Fertigungsbereich g_F sowie den Verwaltungs- und Vertriebsbereich g_{VV}.
- bei der *erweiterten Zuschlagskalkulation* die Berechnung der Kostensätze, also die Kosten je Mengeneinheit k, wie z.B. die Stundensätze für Maschine oder Platz *kM*, Werkzeuge und Vorrichtungen *kWV* und evtl. auch für die Arbeitsvorbereitung *kAV*. Weiterhin die Ermittlung der Gemeinkostensätze g für die Restgemeinkosten zum Fertigungsbereich g_{RFGK} sowie die weitere Aufgliederung des Verwaltungs- und Vertriebsbereiches in den Verwaltungsbereich g_{Vw} und Vertriebsbereich g_{Vt}.

Weil die Gemeinkosten (*GK*), im Gegensatz zu den Einzelkosten (*EK*), nur in größeren Zeiträumen (Periode = Monat, Quartal, Jahr) korrekt erfaßt und überwacht werden können, ist die periodische Aufstellung eines Betriebs-Abrechnungs-Bogen (BAB) erforderlich. Der Betriebsabrechnungsbogen wird zwar überwiegend nach den „Zahlen der Buchhaltung" aufgestellt, unterliegt aber nicht den finanzamtlichen Vorschriften der Steuerbemessung, die bei der Bilanz zu beachten sind. Er dient als innerbetrieblicher Rechenschaftsbericht in erster Linie zur Erforschung des Kostenverhaltens.

Das im Bild III.4 gezeigte BAB-Modell, hat folgende Spalten und Zeilen:

Spalten für die *Kostenbereiche* (*AH-BELA*), mit den vorhandenen *Kostenstellen* (a ... h):

(A) *Allgemeiner Bereich,* zur Umlage der Kosten auf alle übrigen
  a) Bereiche wie Grundstück und Gebäude (*GG*), Versorgungsanlagen für Strom, Gas, Preßluft, Wasser und Heizung sowie soziale, sanitäre und sicherheitstechnische Einrichtungen.

(H) *Hilfsbereiche der Fertigung,* zur Kostenumlage auf den Fertigungsbereich (*F1* und *F2*).
  b) Werkserhaltung (*WE*) mit Werkzeugausgaben usw. sowie
  c) Arbeitsvorbereitung (*AV*) mit Arbeitsstudium, Fertigungsplanung und -steuerung.

(B) *Beschaffungs- oder Materialbereich* (*M*)
  d) Einkauf, Eingangsprüfung, Lagerung und Bereitstellung des Materials.

Ⓔ *Erzeugungs- oder Fertigungsbereich* (*F1 und F2*)
e) Mechanische Werkstatt (*F1*) oder Dreherei, Fräserei, Stanzerei usw. sowie
f) Schlosserei (Tischlerei, Klempnerei usw.) und Montageabteilungen (*F2*).

Ⓛ *Leitung des Unternehmens* mit Verwaltungsbereich (*Vw*)
g) Finanzplanung, Personalwesen und allgemeine Verwaltung einschließlich Buchhaltungen.

Ⓐ *Absatz- oder Vertriebsbereich* (*Vt*)
h) Marktforschung und Werbung, Vertreternetz, Fertiglager und Versand der Erzeugnisse.

Zeilen für die Gruppen 1 ... 3 der *Kostenarten* und der unter 4. aufgeführten *Auswertung.*

① *Grund-Gemein-Kosten* (*GGK* = „*KREIS*")
Eine Abgrenzung ist nur für die „erweiterte Zuschlagskalkulation" erforderlich. Es wird eine getrennte Berechnung der Kosten für Maschine oder Platz *KM* vorgenommen, die im Bedarfsfall auch auf die Kosten für Werkzeuge *KW* und/oder Vorrichtungen *KV* bzw. *KWV*, sowie auf die Kosten der Arbeitsvorbereitung *KAV*, ausgedehnt werden kann, die aber dann den Grundgemeinkosten zugeschlagen werden müßten. Im Fertigungsbereich wird der wirkliche, also der Real- oder Ist-Verbrauch ($\Sigma_1 = GGK$) dem Plan- oder Soll-Verbrauch ($\tilde{\Sigma}_1 = M \cdot k$) gegenübergestellt und die Soll-Ist-Abweichung als ± Kostenübertrag den Restgemeinkosten zugeschlagen. Der Soll-Verbrauch ist das Ergebnis der vom Lohnbüro festgestellten Zeit (Menge) *M* in Stunden, multipliziert mit den, entweder über die Kostenstellenrechnung ermittelten, oder auch frei kalkulierten Stundensätzen *k* in DM/Stunde.

1.1. Ⓚ*apitalkosten* sind Annuitäten (Jahreskosten) für die Abschreibung und Verzinsung des Anlagenkapitals. Die Abschreibung bezieht sich auf die technische Veralterung und den Verschleiß. Sie ist im BAB eine Rücklage für die Erneuerung der Anlagen, um sie nach der jeweils abgelaufenen Lebensdauer in Jahren *L*, wiederbeschaffen zu können. Der Wiederbeschaffungswert *W*, der jährlich neu zu berechnen ist, dient dabei als Grundlage.

1.2. Ⓡ*aumkosten-Umlage oder Miete* für Grundstücke und Gebäude, unter Einschluß der dazugehörigen Nebenkosten für Dienstleistungen von Pförtner, Werkschutz, Feuerwehr, Gärtner usw. sowie der sanitären Einrichtungen, Kantine, Treppenhäuser, Fahrstühle, Parkplätze usw. Als Umlagebasis sollte dabei die vorhandene Menge *M* in m² der Fläche bzw. des Raumes für Büro-, Lager- und Fabrikationsräume dienen. Der Raumkostensatz im Betriebsabrechnungsbogen (Bild III.4) wurde zur Kostenaufteilung wie folgt berechnet:

$$\text{Raum-Kostensatz } kR = \frac{KR}{M} = \frac{\dfrac{\text{Raumkosten}}{\text{Monat}}}{\text{Menge des Raumes in m}^2} = \frac{14\,000\,\dfrac{\text{DM}}{\text{Monat}}}{2000\ \text{m}^2} = \underline{\underline{7{,}00\,\frac{\text{DM}}{\text{m}^2 \cdot \text{Monat}}}}$$

Weil zu einem Raum (Büro-, Lager- oder Fabrikationsraum) jeweils ein anderer Kostensatz gehört, ist es manchmal sinnvoll, die Berechnung der Raumkosten-Umlage über die Äquivalent-m²-Menge (*ÄM* in Äm²) mittels geschätzter Äquivalenzzahlen (*ÄZ*) vorzunehmen, so wie es in Bild III.6 gezeigt wird.

1.3. Ⓔ*nergiekosten* für Strom, Kohle, Gas, Preßluft usw. Hierbei sind die verschiedenen Vertragsabschlüsse (Nachtstrom usw.) zu beachten. Bei Eigenerzeugung ist eine besondere Kostenstelle zu bilden, deren Kosten nach einem Verbraucherschlüssel umzulegen sind.

1.4. Ⓘ*nstandhaltekosten-Umlage.* Sie wird nach Auftragsbelegen vorgenommen und zwar für die Pflege, die Reparatur und die oft nötige Anpassung der Anlagen an den technischen Fortschritt. Für die Erledigung dieser Arbeiten wird entweder eine eigene Betriebsabteilung (Werkserhaltung) oder eine fremde Firma beauftragt.

Zeile / Bemerkung und Rechnung / Kostenstelle	$\Sigma_1 = GG\,K$ IST-Kosten $KM \frac{DM}{Monat} \hat{=} K$	$\Sigma_K = FK$ IST-Kosten $FK \frac{DM}{Monat} \hat{=} K$	Umlagebasis: Vorgabezeit $M = T \frac{Vh}{Monat}$	Kosten für Maschine oder Arbeitsplatz (KM): Stundensätze $\frac{DM}{Vh}$ $kM = \frac{KM}{M} \approx \tilde{k}M$	Kosten für Maschine oder Arbeitsplatz (KM): Plankosten $\frac{DM}{Monat}$ $\tilde{K}M = \tilde{k}M \cdot M$	Kosten für Maschine oder Arbeitsplatz (KM): Über- oder Unterdeckung $\frac{DM}{Monat}$	Fertigungskosten (FK): Stundensätze $\frac{DM}{Vh}$ $Fk = \frac{FK}{M} \approx \tilde{F}k$	Fertigungskosten (FK): Plankosten $\frac{DM}{Monat}$ $\tilde{F}K = \tilde{F}k \cdot M$	Fertigungskosten (FK): Über- oder Unterdeckung $\frac{DM}{Monat}$
e. Mechanische Werkstatt	60 600	185 900	5 100	11,88 ≈ 12,00	61 200	+ 600	36,45 ≈ 36,50	186 150	+ 250
f. Schlosserei und Montage	59 760	372 100	14 900	4,01 ≈ 4,00	59 600	- 160	24,97 ≈ 25,00	372 500	+ 400

Bild III.2. Auszug aus dem BAB (Bild III.4) mit Ergänzungen für die Stundensatzberechnung

Technische Daten		①	②	③	Wird als Index verwendet:
	Flaschengröße oder Sorten-Nr.	①	②	③	Wird als Index verwendet:
	Abfüllmenge „M" (Flaschen je Monat)	$M_1 = 200\,000 \frac{Flaschen}{Monat}$	$M_2 = 180\,000 \frac{Flaschen}{Monat}$	$M_3 = 100\,000 \frac{Flaschen}{Monat}$	Marktabhängige „erzeugte Menge"
	Flascheninhalt „V" (Liter je Flasche)	$V_1 = 0{,}33 \frac{Liter}{Flasche}$	$V_2 = 0{,}50 \frac{Liter}{Flasche}$	$V_3 = 1{,}0 \frac{Liter}{Flasche}$	Preiswirksame Größe
	Abfüllzeiten „t_e" (Minuten je Flasche)	$t_{e1} = 0{,}04 \frac{Minuten}{Flasche}$	$t_{e2} = 0{,}05 \frac{Minuten}{Flasche}$	$t_{e3} = 0{,}08 \frac{Minuten}{Flasche}$	Kostenwirksam, also „Wertgröße"

Sorten-Nr.	1. Schritt: ÄZ = ?			2. Schritt: ÄM = ?			3. Schritt: k_e = ?			4. Schritt: Kosten K ermitteln und Rundungsfehler ausgleichen					
	WG	/ BG	= ÄZ	M	· ÄZ	= ÄM	ÄZ	· $k_Ä$	= k_e	M	· k_e	= K oder	ÄM	· $k_Ä$	= K
	Wertgröße	Bezugsgröße	Äquivalenzzahl	erzeugte Menge / Periode	Äquivalenzzahl	Äquivalenzmenge / Periode	Äquivalenzzahl	Kosten / ÄE	Kosten / HE	erzeugte Menge / Periode	Kosten / HE	Kosten / Periode	Äquivalenzmenge / Periode	Kosten / ÄE	Kosten / Periode
	$t_e \frac{WE}{HE}$	$\frac{WE}{ÄE}$	$\frac{ÄE}{HE}$	$\frac{HE}{Periode}$	$\frac{ÄE}{HE}$	$\frac{ÄE}{Periode}$	$\frac{ÄE}{HE}$	$\frac{DM}{ÄE}$	$\frac{DM}{HE}$	$\frac{HE}{Periode}$	$\frac{DM}{HE}$	$\frac{DM}{Periode}$	$\frac{ÄE}{Periode}$	$\frac{DM}{ÄE}$	$\frac{DM}{Periode}$
1	0,04	0,05	0,8	200 000	0,8	160 000	0,8	0,04	0,032	200 000	0,032	6 400	160 000	0,04	6 400
2	0,05		1,0	180 000	1,0	180 000	1,0		0,040	180 000	0,040	7 200	180 000		7 200
3	0,08		1,6	100 000	1,6	160 000	1,6		0,064	100 000	0,064	6 400	160 000		6 400
Kosten Ⓚ = 20 000 $\frac{DM}{Periode}$				(geteilt durch)	ΣÄM	500 000	= $k_Ä$	= 0,04	$\frac{DM}{ÄE}$	Summe	Ⓚ	= 20 000 =	Summe	Ⓚ	= 20 000
Zeichenerklärung:				Herstelleinheit HE		= Flasche	Periode	= Monat		Werteinheit WE	= Minuten		Äquivalenzeinheit = ÄE		

Bild III.3. Technische Daten und die Zerlegung der Kosten je Periode oder Monat mittels Äquivalenzzahlen

Nr.	BAB für Zeitraum Januar 19.. / Kosten-Bereiche / Stellen	Allgemein: Grundstück und Gebäude	Hilfe für die Fertigung: Werks-Erhaltung	Hilfe für die Fertigung: Arbeits-Vorbereitung	Variator	Beschaffung oder Material: Einkauf + Stofflager	Erzeugung oder Fertigung (1 + 2): Mechanische Werkstatt	Erzeugung oder Fertigung (1 + 2): Schlosserei u. Montage	Leitung: Planung + Buchhaltung	Absatz: Versand, Lager, Werbung
		Umlage-Gemeinkosten							Verwaltung und Vertrieb	
	Kostenarten (Gruppe 1 ... 3) Auswertung; Umlagebasis M (m²)	Σ = 2000	200	100		300	600	600	100	100
	Umlagebasis M (Vh/Mon.)	–	–	Σ = 20 000		–	5 100	14 900	–	–
①	**Grund-Gemein-Kosten (GGK)** Spalte	a (GG)	b (WE)	c (AV)	(v)	d (M)	e (F1)	f (F2)	g (Vw)	h (Vt)
1.1.	(K)apitalkosten (Abschreibung und Zinsen)	8 000	1 246	600	0,1	200	17 310	9 410	344	1 118
1.2.	(R)aumkosten-Umlage oder Miete (K R)	14 000	1 400	700	0,0	2 100	4 200	4 200	700	700
1.3.	(E)nergiekosten (Strom, Kohle, Gas usw.)	310	4 800	525	0,9	119	16 990	18 590	510	418
1.4.	(I)nstandhaltekosten (Pflege und Reparatur) 1.4.1. eigene Fa.	–	36 640	–	0,6	–	19 160	17 480	–	–
	1.4.2. fremde Fa.	610	1 100	125	0,6	–	1 350	2 320	–	–
1.5.	(S)onstige Kosten für z.B. Werkzeuge, Vorrichtungen	–	1 028	–	0,8	324	1 590	7 760	–	–
Σ_1	Summe der Grundgemeinkosten = Ist-Verbrauch	8 920	9 574	1 950		2 743	60 600	59 760	1 557	2 236
②	**Rest-Gemein-Kosten (RGK)** $\tilde{\Sigma}_1$ =	Kostendeckung: Maschinenkosten = $M \frac{Vh}{Mon.} \cdot 12.00 \frac{DM}{Vh}$					61 200	59 600	$M \frac{Vh}{Mon.} \cdot 4,00 \frac{DM}{Vh}$ = Platzkosten	
2.1.	(S)oll-Ist-Abweichung = ± Kostenübertrag	Überdeckung verringert (−), Unterdeckung erhöht (+) die RGK					− 600	+ 160	(nur Spalte e + f)	
2.2.	(A)rbeitsvorbereitung (Umlage „c")	–	–	20 000		–	5 100	14 900	–	–
2.3.	(R)isiko für Betriebsleistungen (Mehrkosten)	–	–	200		100	506	502	–	2 001
2.4.	(G)ehälter, GK-Löhne und Lohnnebenkosten	3 880	16 399	15 950		8 507	54 199	130 413	33 903	22 593
2.5.	(A)usgaben für Werbung, Post, Steuern usw.	1 000	1 325	850		360	485	485	84 880	10 240
2.6.	(B)etriebs- und Büromaterial usw.	200	9 342	1 050		290	14 010	17 040	3 000	3 510
Σ_2	Summe der Restgemeinkosten (RGK)	5 080	27 066	18 050		9 257	73 700	163 500	121 783	38 344
Σ_G	= $\Sigma_1 + \Sigma_2$ = gesamte Gemein-Kosten (GK)	14 000 (Umlage nach m²)	36 640 (Umlage nach Belege)	20 000 (Umlage nach Vh/Mon)		12 000 (MK)	134 900 (FK)	223 100 (FK)	123 340 (HK)	40 580 (HK)
③	**Bezugs-Kosten**	„d" = Material-Einzel-K.	„e + f" = Fertigungs-Lohn-K.	„g + h" = Herstellkosten		250 000	51 000	149 000	820 000	820 000
Σ_K	Gesamt-Kosten	„d" = Material-K.	„e + f" = Fertigungs-K.	„g + h" = Verwaltungs- und Vertriebs-GK.		262 000	185 900	372 100	Σ = 163 920 (VVGK)	

④ Auswertung								
4.1. Gemeinkosten-Sätze	$g = \frac{\text{Gemeinkosten}}{\text{Bezugskosten}}$	4.1.1.	g (errechnet) = Σ_G/③ =	4,8 % (MEK)	264,5 % (FLK)	149,7 % (FLK)	15,0 % (HK)	4,9 % (HK)
		4.1.2.	$\tilde{g}$ (kalkulatorisch gerundet)	$\tilde{g}_M$ = 5 % (MEK)	$\tilde{g}_{F1}$ = 265 % (FLK)	$\tilde{g}_{F2}$ = 150 % (FLK)	$\tilde{g}_{Vw}$ = 15 % (HK)	$\tilde{g}_{Vt}$ = 5 % (HK)
4.2. Kosten vergleich	4.2.1.	Kalkulatorische Kosten(deckung)	K = [4.1.2] · ③ =	12 500	135 150	223 500	123 000	41 000
	4.2.2.	Abweichung: (+) Überdeckung, (-) Unterdeckung	Σ = + 1230 DM/Mon.	+ 500	+ 250	+ 400	- 340	+ 420
4.3. Zusätzliche Auswertung	4.3.1.	Rest-Fertigungs-Gemeinkostensatz =	g_{RFGK} = RFGK/FLK ≈ $\tilde{g}_{RFGK}$ %		1,445 ≈ 145 %	1,097 ≈ 110 %	4.3.3	g_{VV} = VVGK/HK
	4.3.2.	Fertigungskosten-(Stunden-)Satz =	k_F = FK/M ≈ $\tilde{k}_F$ DM/Mon.		36,45 ≈ 36,50	24,97 ≈ 25,00		$\tilde{g}_{VV}$ ≈ 20 % (HK)

4.4. Aufstellung der Zeitraumkosten im Kalkulationsschema

Nr.	Sp.	Zeile		Kostenbereiche der Kostenarten			DM/Mon.	DM/Mon.
I	d	Σ_3	3	Materialkosten MK	Materialeinzelkosten	MEK	250 000	
			Σ_G		Materialgemeinkosten	MGK	12 000	262 000
II	e	Σ_3	3	Fertigungskosten FK (Mechanische Werkstatt)	Fertigungslohnkosten	FLK	51 000	
			Σ_G		Fertigungsgemeinkosten	FGK	134 900	185 900
	f	Σ_3	3	Fertigungskosten FK (Schlosserei + Montage)	Fertigungslohnkosten	FLK	149 000	
			Σ_G		Fertigungsgemeinkosten	FGK	223 100	372 100
III	g/h	3		Herstellkosten HK = MK + $FK_{(e)}$ + $FK_{(f)}$ =				820 000
IV	g/h	Σ_3		+ Verwaltungs- und Vertriebs-Gemeinkosten VVGK				163 920
V	g/h	6/7		= Selbstkosten SK = HK + VVGK =				983 920

Gewinn- oder Verlustermittlung

Wertposten		DM/Mon.
Erlös oder Ertrag	E	1 200 000
- Selbstkosten	SK	983 920
= Gewinn oder Verlust	± G'	+ 216 080

11 % E als Mehrwertsteuer = 132 000 an das Finanzamt abgeführt

4.5. Der BAB im System der Kalkulationsarten

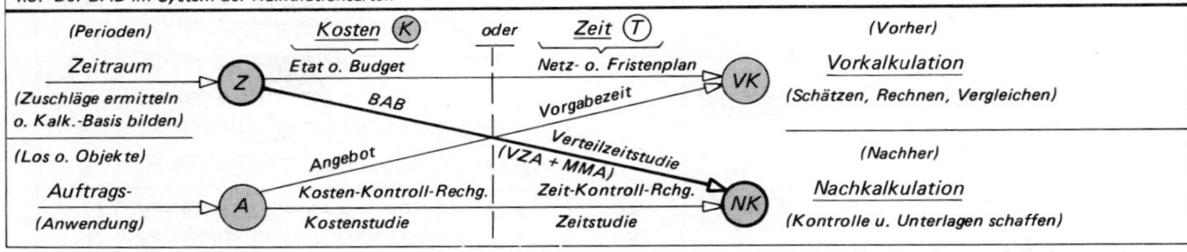

Nebenstehend wird die Verknüpfung der Kosten- oder Zeitkalkulationsarten dargestellt, innerhalb der, der Betriebs-Abrechnungs-Bogen = BAB eine ZKNK = Zeitraum-Kosten-Nachkalkulation ist.

Bild III.4. Modell eines Betriebs-Abrechnungs-Bogens (BAB) mit seiner Darstellung im System der Kalkulationsarten

	Kostenarten der Auftragskalkulation	a, b, ...	I, II, ...
I	Material-Kosten		
a)	Material-Einzel-Kosten (Bezugskosten)	MEK	
b)	Material-Gemein-Kosten = $g_M \cdot MEK$ =	MGK	MK
II	Fertigungs-Kosten		
a)	Fertigungs-Lohn-Kosten (Bezugskosten)	FLK	
b)	Fertigungs-Gemein-Kosten = $g_F \cdot FLK$ =	FGK	FK
III	Herstell-Kosten (Bezugskosten f. VVGK)		HK
IV	Verwaltungs- und Vertriebs-Gemein-Kosten = $g_{VV} \cdot HK$ =		VVGK
V	Sonder-Einzelkosten		
a)	Sonder-Einzelkosten der Fertigung	SEF	
b)	Sonder-Einzelkosten der Herstellung	SEH	
c)	Sonder-Einzelkosten des Vertriebes	SEV	SE
VI	Selbst-Kosten (Bezugskosten f. Gewinn)		SK
VII	kalkulat. Gewinnzuschlag = $g_z \cdot SK$ =		G
VIII	Erlös oder Nettopreis		E
IX	Mehrwertsteuer = 11 % E =		MWST
X	Verbraucherpreis (Angebotspreis)		P

	Weitere wahlweise Aufgliederung der Kosten	a, b, ...	I, II, ...
II	Fertigungs-Kosten		
a)	Fertigungs-Lohn-Kosten (Bezugskosten)	FLK	
b)	Kosten für Maschine oder Platz	KM	
c)	Kosten für Werkzeuge (KWV)	KW	
d)	Kosten für Vorrichtungen (KWV)	KV	
e)	Kosten für Arbeits-Vorbereitung	KAV	
f)	Rest-Fertigungs-Gemein-Kosten = $g_{RFGK} \cdot FLK$ =	RFGK	FK
VI	Verwaltungs- und Vertriebs-Gemein-Kosten		
a)	Verwaltungs-Gemein-Kosten = $g_{Vw} \cdot HK$ =	VwGK	
b)	Vertriebs-Gemein-Kosten = $g_{Vt} \cdot HK$ =	VtGK	VVGK

Anm.: Die VwGK können evtl. auch auf die FK bezogen werden!

Die Sonder-Einzelkosten (SE) werden als Selbstkosten berechnet für:
a) Fertigung: Spezialvorrichtungen, -werkzeuge usw.
b) Herstellung: zusätzl. Entwicklung, Neukonstruktion
c) Vertrieb: Verpackung, Zustellgebühren usw.

Die Mehrwertsteuer (11 % E) wird nur vom Verbraucher bezahlt. In allen Zwischenstationen liegt die Ware zum Nettopreis auf Lager, denn die Mehrwertsteuer wird hier mit dem Finanzamt zurückverrechnet.

Bild III.5. Normale und erweiterte Zuschlagskalkulation mit zusätzlich möglichen Kostenaufgliederungen

Sorte ≙ Spalte, Kostenstelle			Raumkosten über M (m^2): M_{a-h}	· kR	= KR_{a-h}	Berechnung der ÄM: M_{a-h}	· ÄZ	= $ÄM_{a-h}$	Raumkosten über ÄM ($Äm^2$): $ÄM_{a-h}$	· $kR_Ä$	= KR_{a-h}		kR_{a-h} = 6,25 · ÄZ
b	Werkserhaltung		200	7,00	1400	200	1,15	230	230	6,25		1437,50	7,1875
c	Arbeitsvorbereitung		100		700	100	1,00	100	100			625,00	6,25
d	Beschaffung	Büroräume	300		2100	80	1,00	80	80		500	1600,00	6,25
		Lagerräume				220	0,80	176	176		1100		5,00
e	Mechanische Werkstatt		600		4200	600	1,25	750	750			4687,50	7,81
f	Schlosserei und Montage		600		4200	600	1,20	720	720			4500,00	7,50
g	Verwaltung, Büroräume		100		700	100	1,00	100	100			625,00	6,25
h	Vertrieb	Büroräume	100		700	20	1,00	20	20		125	525,00	6,25
		Lagerräume				80	0,80	64	64		400		5,00
a	Σ aller Gebäuderäume		2000		14000	2000	(1,12)	2240	2240			14000,00	7,00

Raum-Kostensatz der Äquivalenzmenge $kR_Ä = \frac{KR}{ÄM} = \frac{\text{Raum-Kosten/Mon.}}{\text{Äquivalenzmenge}} = \frac{14\,000 \text{ DM/Mon.}}{2\,240 \text{ Äm}^2} = 6{,}25 \frac{\text{DM}}{\text{Äm}^2 \cdot \text{Mon.}}$ — wirksamer Kostensatz

Bild III.6. Berechnung der Raumkostenumlage über „M“ und „AM“ in Gegenüberstellung

1.5.Ⓢ*onstige Kosten* für universelle Werkzeuge und Vorrichtungen (*KWV*), die auch getrennt erfaßt und kalkuliert werden können. Die Kosten für spezielle Werkzeuge und Vorrichtungen werden meist als Sonder-Einzelkosten der Fertigung (*SEF*) in Rechnung gesetzt.

Σ_1 = *Summe der Grundgemeinkosten* als Ist-Verbrauch. Wird die Summe der Grundgemeinkosten, wie in BAB (Bild III.4) getrennt ermittelt, so wird sie gegenübergestellt und verglichen mit der

$\tilde{\Sigma}_1$ = *Summe des Plan- oder Soll-Verbrauchs* der Fertigungskostenstellen *F1* und *F2*.

②. *Rest-Gemein-Kosten* (*RGK* ≙ „*SARG-AB*")

Dies sind alle noch nicht erfaßten Gemeinkosten, die für die Ermittlung der gesamten Gemeinkosten, den Kostenstellen noch zugeschlagen werden müssen. Mit ihnen können die Rest-Fertigungs-Gemein-Kostensätze g_{RFGK1} und g_{RFGK2} in Spalte e und f ermittelt werden.

2.1.Ⓢ*oll-Ist-Abweichung* als ± Kostenübertrag, die durch Methoden- oder Beschäftigungsgradänderung, durch Runden und Durchschnittswertbildung und auch durch Fehleinschätzung, entsteht.

2.2.Ⓐ*rbeits-Vorbereitungs-Kosten* (*KAV*), die als Umlage für die Kosten der technischen Leitung, mit der Planung und Steuerung der Arbeit, auf die Summe der Fertigungsstunden ($M = T$ in Vh/Monat) bezogen werden.

2.3.Ⓡ*isiko für Betriebsleistungen,* also für Planung, Beschaffung, Erzeugung und Vertrieb. Erfaßt werden sollen die angefallenen „Mehrkosten" für falschen Einkauf, Fehler der Arbeitsvorbereitung, Ausschuß und Nacharbeit im Betrieb, Garantieleistungen, nicht absetzbare Erzeugnisse, nicht oder nur teilweise zahlende Kunden usw.

2.4.Ⓖ*ehälter, Gemeinkostenlöhne und Lohnnebenkosten,* die meist ⩾ 50 % der Löhne und Gehälter sind. Sie setzen sich zusammen aus den Arbeitgeberbeiträgen für Renten- und Arbeitslosenversicherung, Krankenkasse und Berufsgenossenschaft mit der Unfall- und Ausgleichskasse, Urlaubs-, Feiertags- und Weihnachtsgelder (13. Monatsgehalt), Überstundenzuschläge, Kantinen- und Fortbildungszuschüsse usw.

2.5.Ⓐ*usgaben* für Steuern, Reisen, Telefon, Beiträge für Berufsverbände und Vereine, Werbung, Vertreternetz, Verpackung und Zustellgebühren. Verpackung und Zustellgebühren werden häufig als Sonder-Einzelkosten des Vertriebes (*SEV*) gesondert berechnet.

2.6.Ⓑ*etriebs- und Büromaterial* einschließlich der sofort abschreibbaren Ausstattungen.

Σ_2 = *Summe der Rest-Gemein-Kosten* (*RGK*) für die evtl. Berechnung der Rest-Fertigungs-Gemein-Kosten g_{RFGK1} und g_{RFGK2} der Fertigungskostenstellen *F1* und *F2* in Spalte e und f. Diese Gemeinkostensätze werden nur in der erweiterten Zuschlagskalkulation benötigt.

Σ_G = $\Sigma_1 + \Sigma_2$ = *Gesamte Gemein-Kosten* (*GK*), als Umlagesumme in den Spalten a ... c, sowie zur Berechnung der Gemeinkostensätze in den Spalten d ... h.

③. *Bezugs-Kosten* (*BK*). Das sind die Kosten, auf die die Gemeinkosten in den Spalten d ... h bezogen werden. Im einzelnen sind es die

- *Materialeinzelkosten* (*MEK* – Spalte d) = Summe der von der Materialbuchhaltung, durch Addition der bewerteten Materialentnahmescheine, ermittelten Kosten.
- *Fertigungslohnkosten* (*FLK* – Spalte e und f) = Summe der Kosten, die von der Lohnbuchhaltung, durch Addition der laut Lohn- und Akkordscheine angefallenen Fertigungslohnkosten, ermittelt werden.
- *Herstellkosten* (*HK* – Spalte g und h) = Materialkosten (Materialeinzelkosten + Materialgemeinkosten) plus Fertigungskosten (Fertigungslohnkosten + Fertigungsgemeinkosten).

Σ_K = *Gesamten Kosten* (Spalten d ... h) sind: Spalte d die Material-Kosten, in Spalte e und f die Fertigungskosten der Kostenstellen *F1* und *F2* und in Spalte g und h die Summe der Verwaltungs- und Vertriebsgemeinkosten.

④ *Auswertung* zur Gemeinkostenberechnung, -bewertung und -überwachung.

Sie dient zunächst der Berechnung der Gemeinkostenzuschlagssätze g in %. Weiterhin werden die Kostensätze in k (z.B. in DM/Stunde) ermittelt. Die errechneten Daten werden mit den früheren Durchschnittswerten bzw. marktorientierten Sätzen verglichen. Über eine Vergleichs- oder Kontrollrechnung wird dann die ±-Kostenabweichung, die durch Anwendung dieser Sätze eingetreten ist, festgestellt und beurteilt.

Als Grundlage der Zuschlagsermittlung dient der

Gemeinkostenzuschlagssatz $g = \frac{GK}{BK} \approx \tilde{g}$ Gemeinkostenplansatz

als Verhältniszahl oder als

Gemeinkostenprozentsatz $g\,\% = \frac{GK}{BK} \cdot 100\,\% = \tilde{g}\,\%$ Gemeinkostenplansatz in %

GK Gemeinkosten in $\frac{\text{DM}}{\text{Periode oder Los}}$

BK Bezugskosten in $\frac{\text{DM}}{\text{Periode oder Los}}$

Periode Monat, Quartal oder Jahr
Los Teilmenge bis Gesamtauftrag

4.1. *Ermittlung der Gemeinkostensätze*

$$g = \frac{GK}{BK} = \frac{\text{Zeile } \Sigma_G}{\text{Zeile 3}} \text{ im BAB (Bild III.4).}$$

Zu den Kostenstellen der nachfolgend aufgeführten Spalten werden folgende Gemeinkostenzuschlagssätze errechnet:

Spalte d: *Einkauf und Stofflager* als Kostenstelle des Beschaffungs- oder Materialbereiches (*M*).

$$\text{MGK-Zuschlagssatz: } g_M = \frac{\text{Materialgemeinkosten } (MGK) - \text{Zeile } \Sigma_G}{\text{Materialeinzelkosten } (MEK) - \text{Zeile 3}}$$

$$g_M = \frac{12\,000 \frac{\text{DM}}{\text{Monat}}}{250\,000 \frac{\text{DM}}{\text{Monat}}} = 0{,}048 \mathrel{\hat{=}} 4{,}8\,\% \approx \underline{\underline{5\,\% \text{ als Plansatz}}}$$

Spalte e: *Mechanische Werkstatt* als Kostenstelle im Fertigungsbereich (*F1*)

$$\text{FGK-Zuschlagssatz: } g_{F1} = \frac{\text{Fertigungsgemeinkosten 1 } (FGK\ 1) - \text{Zeile } \Sigma_G}{\text{Fertigungslohnkosten 1 } (FLK\ 1) - \text{Zeile 3}}$$

$$g_{F1} = \frac{134\,900 \frac{\text{DM}}{\text{Monat}}}{51\,000 \frac{\text{DM}}{\text{Monat}}} = 2{,}645 \mathrel{\hat{=}} 264{,}5\,\% \approx \underline{\underline{265\,\% \text{ als Plansatz}}}$$

Spalte f: *Schlosserei und Montage* als Kostenstelle im Fertigungsbereich (*F2*).

FGK-Zuschlagssatz: $$g_{F2} = \frac{\text{Fertigungsgemeinkosten 2 } (FGK\ 2) - \text{Zeile } \Sigma_G}{\text{Fertigungslohnkosten 2 } (FLK\ 2) - \text{Zeile 3}}$$

$$g_{F2} = \frac{223\,100 \dfrac{\text{DM}}{\text{Monat}}}{149\,000 \dfrac{\text{DM}}{\text{Monat}}} = 1{,}497 \mathrel{\hat{=}} 149{,}7\,\% \approx \underline{\underline{150\,\% \text{ als Plansatz}}}$$

Spalte g: *Planung und Buchhaltung* als Kostenstelle des Verwaltungsbereiches (*Vw*).

VwGK-Zuschlagssatz: $$g_{Vw} = \frac{\text{Verwaltungsgemeinkosten } (VwGK) - \text{Zeile } \Sigma_G}{\text{Herstellkosten } (HK) - \text{Zeile 3}}$$

$$g_{Vw} = \frac{123\,340 \dfrac{\text{DM}}{\text{Monat}}}{820\,000 \dfrac{\text{DM}}{\text{Monat}}} = 0{,}15 \mathrel{\hat{=}} 15\,\% \approx \underline{\underline{15\,\% \text{ als Plansatz}}}$$

Anmerkung: Teilweise werden auch die Fertigungskosten als reale Kostenverursacher der Verwaltungsgemeinkosten verwendet.

Spalte h: *Versand, Lager und Werbung* als Kostenstelle des Vertriebsbereiches (*Vt*).

VtGK-Zuschlagssatz: $$g_{Vt} = \frac{\text{Vertriebsgemeinkosten } (VtGK) - \text{Zeile } \Sigma_G}{\text{Herstellkosten } (HK) - \text{Zeile 3}}$$

$$g_{Vt} = \frac{40\,580 \dfrac{\text{DM}}{\text{Monat}}}{820\,000 \dfrac{\text{DM}}{\text{Monat}}} = 0{,}049 \mathrel{\hat{=}} 4{,}9\,\% \approx \underline{\underline{5\,\% \text{ als Plansatz}}}$$

4.2. *Durchführung des Kostenvergleiches* mit der zu beurteilenden Berechnung der ± Abweichung der Gemeinkosten:

$$\pm \Delta GK = \text{Plangemeinkosten} - \text{Istgemeinkosten}$$
$$\pm \Delta GK = \tilde{g} \cdot BK - GK$$

oder im einzelnen zu den Kostenstellen in den Spalten d ... h = Material (*M*), Fertigung (*F1* und *F2*), Verwaltung (*Vw*) und Vertrieb (*Vt*).

$$M\ : \Delta MGK = \tilde{g}_M \cdot MEK - MGK = 0{,}05 \cdot 250\,000 - 12\,000 = +\,500 \frac{\text{DM}}{\text{Monat}}$$

$$F1 : \Delta FGK1 = \tilde{g}_{F1} \cdot FLK1 - FGK1 = 2{,}65 \cdot 51\,000 - 134\,900 = +\,250 \frac{\text{DM}}{\text{Monat}}$$

$$F2 : \Delta FGK2 = \tilde{g}_{F2} \cdot FLK2 - FGK2 = 1{,}50 \cdot 149\,000 - 223\,100 = +\,400 \frac{\text{DM}}{\text{Monat}}$$

$$Vw : \Delta VwGK = \tilde{g}_{Vw} \cdot HK - VwGK = 0{,}15 \cdot 820\,000 - 123\,340 = -\,340 \frac{\text{DM}}{\text{Monat}}$$

$$Vt : \Delta VtGK = \tilde{g}_{Vt} \cdot HK - VtGK = 0{,}05 \cdot 820\,000 - 40\,580 = +\,420 \frac{\text{DM}}{\text{Monat}}$$

4.3. In einer *zusätzlichen Auswertung* werden für die erweiterte Zuschlagskalkulation außerdem folgende Sätze ermittelt:

Rest-Fertigungs-Gemein-Kostensatz (g_{RFGK})

$$g_{RFGK} = \frac{\text{Restfertigungs-Gemeinkosten } (RFGK)}{\text{Fertigungslohnkosten } (FLK)} \approx \tilde{g}_{RFGK} \text{ als Plansatz}$$

Im einzelnen für die Fertigungskostenstellen *F1* und *F2*

$$F1\text{: } g_{RFGK1} = \frac{RFGK1 \text{ (Zeile } \Sigma_2)}{FLK1 \text{ (Zeile 3)}}$$

$$g_{RFGK1} = \frac{73\,700 \frac{\text{DM}}{\text{Monat}}}{51\,000 \frac{\text{DM}}{\text{Monat}}} = 1{,}445 \mathrel{\hat{=}} \underline{\underline{145\,\%}} \text{ (auch als Plansatz)}$$

$$F2\text{: } g_{RFGK2} = \frac{RFGK2 \text{ (Zeile } \Sigma_2)}{FLK2 \text{ (Zeile 3)}}$$

$$g_{RFGK2} = \frac{163\,500 \frac{\text{DM}}{\text{Monat}}}{149\,000 \frac{\text{DM}}{\text{Monat}}} = 1{,}097 \mathrel{\hat{=}} \underline{\underline{110\,\%}} \text{ (auch als Plansatz)}$$

Fertigungskosten-Stundensatz (kF)

$$kF = \frac{\text{Fertigungskosten } (FK)}{\text{Menge } (M)} \approx \widetilde{kF} \text{ als Plansatz}$$

Im einzelnen für die Fertigungskostenstellen *F1* und *F2*:

$$F1\text{: } kF_1 = \frac{FK1 \text{ (Zeile } \Sigma_K)}{M1 \text{ (Kopfzeile)}}$$

$$kF_1 = \frac{185\,900 \frac{\text{DM}}{\text{Monat}}}{5\,100 \frac{\text{Stunden}}{\text{Monat}}} = 36{,}45 \approx \underline{\underline{36{,}50 \frac{\text{DM}}{\text{Stunden}}}} \text{ als Plansatz}$$

$$F2\text{: } kF_2 = \frac{FK2 \text{ (Zeile } \Sigma_K)}{M1 \text{ (Kopfzeile)}}$$

$$kF_2 = \frac{372\,100 \frac{\text{DM}}{\text{Monat}}}{14\,900 \frac{\text{DM}}{\text{Monat}}} = 24{,}97 \approx \underline{\underline{25{,}00 \frac{\text{DM}}{\text{Stunden}}}} \text{ als Plansatz}$$

Verwaltungs- und Vertriebsgemeinkostensatz (g_{VV}) wird auf die Herstellkosten bezogen

$$\text{VVGK-Zuschlagssatz: } g_{VV} = \frac{\text{Verwaltungs- u. Vertriebsgemeinkosten } (VVGK) - \text{Zeile } \Sigma_K}{\text{Herstellkosten } (HK) - \text{Zeile 3}}$$

$$g_{VV} = \frac{163\,920 \frac{\text{DM}}{\text{Monat}}}{820\,000 \frac{\text{DM}}{\text{Monat}}} = 0{,}199 \mathrel{\hat{=}} \underline{\underline{20\,\%}} \text{ (auch als Plansatz)}$$

4.4. Die *Aufstellung der Zeitraumkosten* im Zuschlagsschema mit der Gewinn- oder Verlustermittlung, bringt eine leicht vergleichbare monatliche Übersicht. Zu beachten ist hierbei, daß der wirkliche, reale oder Rein-Gewinn (G'), der sich aus der Differenz zwischen Erlös (E) und Selbstkosten (SK) errechnet, nicht übereinstimmt mit dem kalkulatorischen Gewinn $G = g_Z \cdot SK$ in der Zuschlagskalkulation, obwohl letzterer auch nur im Hinblick auf den nach Angebot und Nachfrage sich ergebenden Erlös gewählt werden konnte.

Grund: der Verbrauch an Material und Zeit wurde falsch eingeschätzt, die Gemeinkosten veränderten sich

- in der *Fertigung* (*FGK*) durch Ausschuß und/oder Nacharbeit, andere Beschäftigungsgrade bzw. Nutzung der Betriebsmittel, d.h. ein Beschäftigungs-Gewinn oder -Verlust tritt auf.
- im *Vertrieb* (*VtGK*) durch Garantieleistung, nicht verkaufte oder nicht bezahlte Waren.

4.5. Den Verbrauch an Kosten oder Zeit kann man für einen Zeitraum (Periode = Tag, Woche, Monat, Jahr) oder einen Auftrag (Los oder Objekt) vor- oder nachkalkulieren. Als Orientierungshilfe zu diesen Kombinationsmöglichkeiten ist deshalb, teilweise im Vorgriff, das „*System der Kalkulationsarten*" schematisch dargestellt.

Kostenstudie mittels Kostenanalyse

Vor- und Nachkalkulation dienen immer dem SOLL-IST-Vergleich zur Studie des Kosten- und/oder Zeitverhaltens. Die dabei entdeckten Fehler werden behoben und entsprechende Verbesserungsvorschläge erarbeitet. Weil die Gemeinkosten einen erheblichen Anteil der Selbstkosten bilden, werden sie immer häufiger vorkalkuliert, d.h., es wird ein Etat, Budget oder Haushaltsplan aufgestellt und in einer zusätzlichen Spalte je Kostenstelle, neben den ermittelten Ist-Gemeinkosten, als Soll-Gemeinkosten aufgeführt.

Beim SOLL-IST-Vergleich ist zu beachten, daß sich die Kosten, zerlegen lassen in:

- Proportionale Kosten, wie z.B. Kosten für Stückzeiten, Energie, Material, Verschleiß usw.
- Feste oder fixe Kosten, das sind meist Kosten für Abschreibung und Verzinsung des Anlagenkapitals.
- Progressive Kosten, es steigen oft die Lagerhaltungskosten pro Erzeugnis mit größer werdender Auflage.
- Degressive Kosten, die Ausgangsstoffe können z.B. in größeren Mengen billiger eingekauft werden.
- Regressive Kosten, fixe Kosten können kleiner werden, wenn mit der Erhöhung des Beschäftigungsgrades eine Erhöhung der Umlaufgeschwindigkeit eintritt.

5. Bestimmen der „Optimalen Losgröße m_0"

Auf der Beschaffungs- und Absatzseite des Betriebes sowie auch oft zwischen den Arbeitsgängen sind Lager vorhanden. Die Kosten für das Lagern steigen oft proportional zur Losgröße m (Teilauftragsmenge) an.

Für die Lagerung und den Zinsdienst (gebundenes Kapital) werden die Kosten meist in p % oder mit $p = \frac{p\,\%}{100\,\%}$ (als Verhältniswert) zum Wert des Lagergutes ermittelt.

Wie Bild III.7 zeigt, ist die

$$\textit{durchschnittliche Lagermenge} = f \cdot m \text{ Einheiten}$$

wobei für den Losfaktor $f = 0{,}5 \ldots 0{,}6$ je Los zu setzen ist. Meist wird der zu beurteilende Sicherheitsbestand vernachlässigt und es wird für $f = 0{,}5$ je Los eingesetzt.

Damit sind die proportional zur Losgröße wachsenden

$$\textit{jährlichen Lagerkosten} = m \cdot f \cdot p \text{ Einstandsdaten je Einheit}$$

und wenn man, n = Lagerumsatz in Einheiten je Jahr setzt, werden die

$$\textit{Lagerkosten je Einheit} = \frac{m \cdot f \cdot p}{n} \cdot \text{Einstandskosten je Einheit}$$

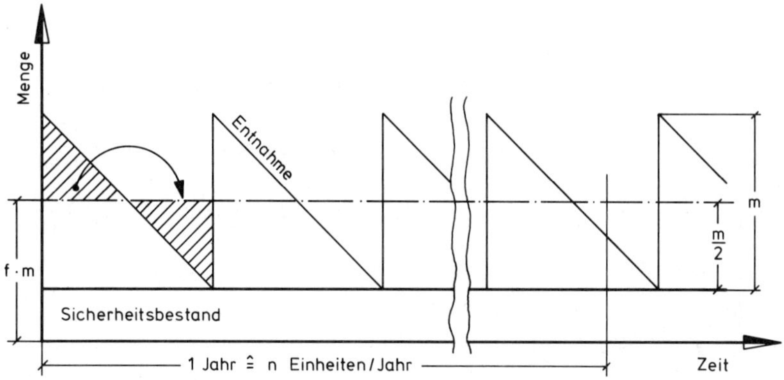

Bild III.7. Lagerbewegung

Mit zunehmender Losgröße (Menge) werden aber andererseits die Einstandskosten je Einheit kleiner. Es sind

$$\text{Einstandskosten je Einheit} = \frac{k}{F \cdot m}$$

k Kosten je Einheit, ohne den Anteil einmaliger Kosten je Los.

F Losfixe Kosten wie z.B.: Kosten für den Bestellvorgang, einschließlich Kosten für Annahme und Einordnen in das Lager oder
Rüstkosten in der Fertigung, also das Einrichten des Arbeitsplatzes.

Weiterhin sind die

$$\frac{\text{Gesamtkosten}}{\text{Einheit}} \quad K_e = \frac{\text{Einstandskosten}}{\text{Einheit}} + \frac{\text{Lagerkosten}}{\text{Einheit}}$$

$$K_e = k + \frac{F}{m} + \frac{m \cdot f \cdot p}{n} \left(k + \frac{F}{m}\right)$$

Geordnet ergibt sich:

$$K_e = k + \frac{p \cdot f \cdot F}{n} + m \cdot \frac{k \cdot p \cdot f}{n} + \frac{F}{m}$$

gleichbleibend steigend fallend

Differenziert man diese Gleichung, so erhält man die Gleichung zur Ermittlung der „Optimalen Losgröße":

$$m_0 = \sqrt{\frac{F \cdot n}{k \cdot p \cdot f}}$$

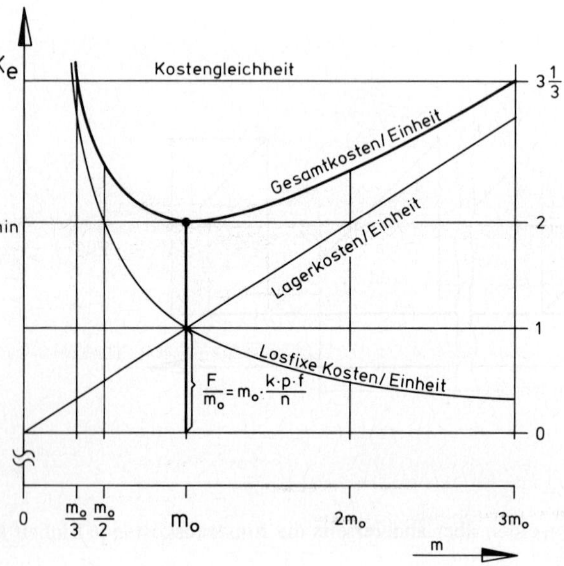

Bild III.8. Darstellung der Gleichung für K_e

m_0 Optimale Losgröße in $\frac{\text{Einheiten}}{\text{Los}}$

F Losfixe Kosten in $\frac{\text{DM}}{\text{Los}}$

n Lagerumsatz in $\frac{\text{Einheiten}}{\text{Jahr}}$

k Kosten (ohne F) in $\frac{\text{DM}}{\text{Einheit}}$

p Lagerumsatz = 0,1... 0,3 $\frac{1}{\text{Jahr}}$

f Losfaktor = 0,5 ... 0,6 in $\frac{1}{\text{Los}}$

Weil $m_0 \cdot \frac{k \cdot p \cdot f}{n} = \frac{F}{m_0}$ ist (Bild III.8), wird das Minimum der Gesamtkosten je Einheit)

$$K_{\text{e min}} = k + \frac{p \cdot f \cdot F}{n} + 2\,\frac{F}{m_0}$$

Die Gleichung der Gesamtkosten K_e vereinfacht sich, wenn man für $m = x\,m_0$ einsetzt. Es wird

$$K_e = k + \frac{p \cdot f \cdot F}{n} + x\,m_0 \cdot \frac{k \cdot p \cdot f}{n} + \frac{F}{x\,m_0}$$

$$K_e = k + \frac{p \cdot f \cdot F}{n} + \left(x + \frac{1}{x}\right)\frac{F}{m_0}$$

Das heißt aber auch, wenn man von m_0 abweicht, wird die Kostenzunahme

$$\Delta K = \left(x + \frac{1}{x} - 2\right)\frac{F}{m_0}$$

Hierin ist $x = \frac{m_0}{m}$ oder $\frac{1}{x} = \frac{m}{m_0}$

Den Rechnungsgang zeigt das folgende Beispiel:

Gegeben: $F = 405{,}00\,\frac{\text{DM}}{\text{Los}}$; $\quad n = 2400\,\frac{\text{Stück}}{\text{Jahr}}$

$k = 2{,}50\,\frac{\text{DM}}{\text{Stück}}$; $\quad p = 0{,}2\,\frac{1}{\text{Jahr}}$

$f = 0{,}6\,\frac{1}{\text{Los}}$

Nach einer Faustregel ist $m = 200\,\frac{\text{Stück}}{\text{Los}}$ (Monatsbedarf).

1. Schritt: $m_0 = \sqrt{\frac{F \cdot n}{k \cdot p \cdot f}} = \sqrt{\frac{405 \cdot 2400}{2{,}5 \cdot 0{,}2 \cdot 0{,}6}} = \underline{\underline{1800\,\frac{\text{Stück}}{\text{Los}}}}$

2. Schritt: $K_{\text{e min}} = k + \frac{p \cdot f \cdot F}{n} + 2\,\frac{F}{m_0}$

$$K_{\text{e min}} = 2{,}50 + \frac{0{,}2 \cdot 0{,}6 \cdot 405}{2400} + 2\,\frac{405}{1800} = \underline{\underline{2{,}97\,\frac{\text{DM}}{\text{Stück}}}}$$

3. Schritt: Bei $m = 200$ wird

$$\Delta K = \left(x + \frac{1}{x} - 2\right)\frac{F}{m_0} \qquad \Delta K = (9 + 0{,}11 - 2)\,\frac{405}{1800} = \underline{\underline{1{,}60\,\frac{\text{DM}}{\text{Stück}}}}$$

4. Schritt: Entscheidung treffen.

Da die Losgröße infolge des flachen Verlaufs der Summenkurve in einem gewissen Streubereich liegt (Bild III.8), wird häufig folgende Faustformel verwendet:

$$\frac{m_0}{2} < m_{\text{gewählt}} < m_0 .$$

Die gewählte Losgröße sollte nicht kleiner als die halbe und nicht größer als die doppelte rechnerisch ermittelte optimale Losgröße sein.

Schwierig wird die Ermittlung der optimalen Losgröße bei Eigenfertigung dann, wenn viele Arbeitsvorgänge mit sehr unterschiedlichen Rüstzeiten erforderlich sind. Wenn keine Zwischenlagerung erfolgt, kann entweder ein bestimmter charakteristischer Arbeitsvorgang ausgewählt werden, der dann die Daten für die Rechnung mit der Losgrößenformel liefert, oder es wird die Summe der anfallenden Rüstkosten zur Ermittlung verwendet. Häufig sind vor allem bei der Eigenfertigung noch ganz andere Gesichtspunkte für die Bildung der Losgrößen ausschlaggebend.

Deshalb kann das Ergebnis der Berechnung der optimalen Losgröße nicht mehr als eine Entscheidungshilfe sein.

IV. Rationalisierungsaufgaben

1. Sinn und Ziel der Rationalisierung

Die Wirtschaftsunternehmen und -betriebe haben als Teil der Gesamtwirtschaft die Aufgabe, Sach- und Dienstleistungen zur volkswirtschaftlichen Bedarfsdeckung zu erbringen. Im Rahmen dieser Aufgabe und aufgrund der Konkurrenz auf dem Absatzmarkt sind die Betriebe gezwungen, laufend zu rationalisieren. Dies bedeutet, daß der Betrieb wirtschaftlich zu gestalten ist, dabei aber der Gesichtspunkt der Humanisierung nicht außer Ansatz bleiben darf. Die Rationalisierung darf auf keinen Fall eine Kostensenkung um jeden Preis bezwecken. Sie soll durch technische und organisatorische Maßnahmen die Arbeit für den Menschen erleichtern.

2. Rationalisierung durch Normung, Typen- und Sortenbeschränkung

Normung heißt, weitgestufte geeignete gleiche Lösungen für sich wiederholende Aufgaben zu suchen.

Ziele der Normung sind:

- Begriffe definieren
- Ordnungsrichtlinien aufstellen (z.B.: Symbole, Kennzeichnungs-, Nummern- und Buchstabensysteme)
- Auf wenige Größen beschränken
- Kombinier- und Austauschbarkeit anstreben

Die *Typisierung* ist eine Fortsetzung, manchmal aber auch eine Vorstufe, der Normung innerhalb einer Produktionsgemeinschaft. Sie bezieht sich auf Art, Sorte und Größe der Erzeugnisse. Unter Typenbeschränkung versteht man eine verdichtete Gestaltung des Sortiments. Denn ein zu großes Sortiment führt zur Selbstkonkurrenz und verhindert damit die Wirksamkeit von Rationalisierungsmaßnahmen. Im Bild IV.1 ist das Streuvolumen mit den Koordinaten – Größe, Form und Farbe – eines Sortiments veranschaulicht.

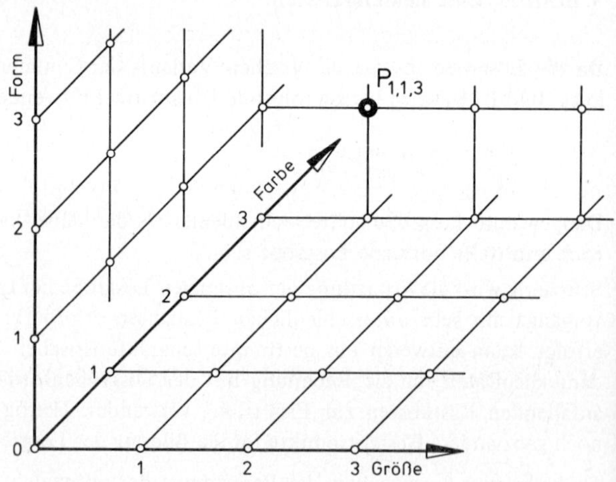

Bild IV.1

Durch eine Sortimentsbeschränkung erhöht sich die Zahl der gleichartig herzustellenden Erzeugnisse. Damit verbunden ist in den meisten Fällen eine Wirtschaftlichkeit, das heißt, es tritt eine Kostensenkung durch eine entsprechende Serien- oder Massenfertigung ein.

Trotzdem können die Erzeugnisse aus verschiedenen Bauteilen mittels eines Baukastensystems so zusammengesetzt werden, daß sie der Vielfalt der Kundenwünsche entsprechen. Nach dem Baukastensystem konstruieren heißt, die vom Kunden gewünschte Erzeugnisvielfalt dadurch zu erreichen, daß man mit Hilfe eines Anschlußmaßsystems, sich häufig wiederholen kann, kombinierbare und austauschbare Bauteile oder Baugruppen schafft.

Eine in wohlabgewogenem Maße durchgeführte Normung ist Schrittmacher und Wegbereiter der Rationalisierung. Denn durch eine Beschränkung auf wenige Erzeugnisse innerhalb eines Sortiments, die ihrerseits wiederum nach dem Baukastensystem aus typisierten oder genormten Bauteilen zusammengesetzt sein sollten, gelangt man von der Einzelfertigung zur rationellen Serien- oder Massenfertigung.

3. Schwerpunktsaufgaben der Betriebe

Will man einen Betrieb beurteilen oder rationalisieren, so sollte man sich erst darüber klar sein, welche Kostenart (Stoff-, Arbeits- oder Anlagekosten usw.) am stärksten hervortritt. Diese Kostenart ist dann unter anderem für die Wahl der richtigen Organisationsform und der vordringlichen Rationalisierungsmaßnahmen entscheidend.

Diesbezüglich gruppiert man die Betriebe in:

3.1. Stoffbedingte Betriebe

mit überwiegendem Stoffkostenanteil. Schwerpunkte: Wirtschaftliche Stoffausnutzung und gut organisierte Beschaffung preisgünstiger Stoffe in optimalen Bestellosen.

3.2. Arbeitsbedingte Betriebe

mit hohem Lohnkostenanteil. Schwerpunkte: Wirtschaftliche Arbeitsgestaltung und Einsatz von Arbeitskräften zu niedrigen Tarifen.

3.3. Anlagenbedingte Betriebe

mit sehr hohen Kapitalinvestierungen. Schwerpunkte: Gute Betriebsmittel und zeitlich sowie technisch wirtschaftliche Anlagennutzung bei niedrigen Amortisationskosten durch die Beschaffung langfristig zu tilgender Kredite und niedrigen Zinssätzen.

3.4. Absatzbedingte Betriebe

mit überwiegendem Vertriebskostenanteil. Schwerpunkte: Absatzplanung mittels Marktanalyse und wirksamer Werbung und gut aufgebautem Vertreternetz. Geordnete Lagerhaltung und wirtschaftliches Versandwesen.

V. Organisation des Arbeitsablaufes

1. Anstoß zur Fertigung

Die Herstellung von Erzeugnissen können veranlassen:

Der Betrieb selbst, und zwar bei allgemein gebräuchlichen Erzeugnissen wie: Auto, Rundfunkgeräten, Haushaltgeräten usw.

Der Kunde, er wünscht ein Angebot, z.B. die Projektierung einer Anlage, die seinen Verhältnissen angepaßt ist.

Gibt der Betrieb den Anstoß zur Produktion, so kann er auch Konstruktion, Betriebsmittel, Typenzahl und Termine frei und rationell selbst wählen; die Käufer muß er jedoch erst durch Werbung für die Erzeugnisse interessieren und gewinnen. Sein Rationalisierungsziel ist die Massenfertigung weniger Typen mit Spezial-Betriebsmittel und schnellem Stofffluß. Der anzustrebende Endzustand ist die automatische Fabrik.

Wünscht der Kunde eine Spezialanfertigung, so werden Konstruktion und Änderungen, sowie Termine vom Kunden diktiert. Der Betrieb versucht diese Wünsche zu erfüllen, auch wenn er dadurch gezwungen wird, aufgrund von Engpässen auf unwirtschaftliche Herstellverfahren oder auch auf übergroße und teure Werkstoffe auszuweichen. Um trotzdem rationell arbeiten zu können, müssen hierfür universell verwendbare Vorrichtungen und Werkzeuge geschaffen werden, wie: verstellbare Bohrvorrichtungen, Schnitt- und Ziehringsätze usw. Desgleichen sind in größeren Mengen herstellbare Bauelemente zu schaffen, aus denen dann das Erzeugnis, den Wünschen des Kunden entsprechend zusammengesetzt werden kann.

Das Angebot sollte klar die durch Sonderwünsche entstandenen Mehrkosten erkennen lassen. Mit kaufmännischem Geschick muß darüber hinaus versucht werden, diese Sonderwünsche auf ein Mindestmaß einzuschränken, denn nur ein möglichst gleichmäßiger Fertigungsrhythmus entlastet und gibt den nötigen Ansporn zur weiteren Rationalisierung.

Um Klarheit für die Planung der Fertigung zu schaffen, stellt man sich zweckmäßig folgende sechs „W-Fragen".

Die 6 vorbereiteten W-Fragen	Verursacher
1. Was und für wen soll gefertigt werden?	Erzeugnis und Kunde
2. Wie und wieviel soll gefertigt werden?	Verfahren und Stückzahl
3. Wann und wie lange soll gefertigt werden?	Termin und Zeit
4. Wer soll fertigen?	geeignete Mitarbeiter
5. Wo und womit soll gefertigt werden?	Räume und Mittel
6. Woraus soll gefertigt werden?	Stoff bzw. Material

2. Gestaltung eines Erzeugnisses

Die Gestaltungsart (Konstruktionsbüro) und die Wahl des dazugehörigen wirtschaftlichsten Fertigungsverfahrens (Fertigungsvorbereitung) ist abhängig von:

dem *Verwendungszweck,* der Beanspruchung usw.;

der *Mode,* bzw. der inneren Einstellung der Verbraucher zum Erzeugnis, angepaßt an Fortschritt und neuen Erkenntnissen;

der *Fertigungsstückzahl,* abhängig von Marktlage, Reklame usw. sowie von den vorhandenen Betriebsmitteln, den Fähigkeiten der Werker usw.

und soll sein: fertigungs-, transport-, lager-, kosten- und verkaufsgerecht.

In diesem Punkte müssen Konstruktionsbüro, Fertigungsvorbereitung und Vertrieb (Erfahrungen des Kundendienstes) Hand in Hand und nicht gegeneinander arbeiten. Bei gänzlich neuen Erzeugnissen sollten, vor endgültiger Festlegung der Arbeitspläne, die Erprobungsergebnisse der Abteilung Versuch abgewartet werden. Aber auch während der schon laufenden Produktion sollten Verbesserungsvorschläge der Werkstatt bzw. aller Betriebsstellen geprüft werden, ob ihre sofortige oder spätere Einführung wirtschaftlich ist (Umstellungen kosten auch Geld!), oder ob diese für ähnliche, später vorkommende Fertigungen vorgemerkt werden sollen. In allen nutzbringenden Fällen sollten als Anreiz Prämien gezahlt werden.

Die in Bild V.1 gezeigte Griffmutter könnte z.B. wie folgt hergestellt werden.

a) Aus dem Vollen durch Zerspannung; hoher Stoffverlust, Rohteil: 50 × 75 × 180 mm.
b) Flügel an Rundstahl anschweißen; Gefügeveränderungen und Spannungen müßten evtl. durch Glühen beseitigt werden.
c) Von Hand schmieden; Rohling: 50 × 50 × 75 mm.
d) Im Gesenk schmieden; nur bei Massenfertigung wirtschaftlich.

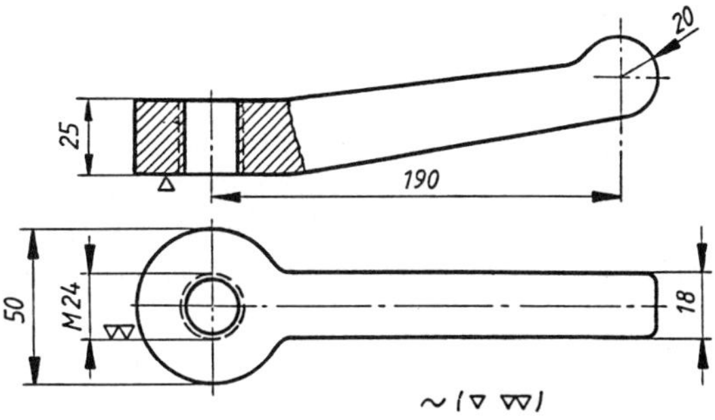

Bild V.1. Griffmutter

3. Gliederung des Fertigungsauftrages

Der Fertigungsauftrag wird in Bereitstell-, Bearbeitungs-, Förder- und Zusammenbau-Aufträge unterteilt. Der Begriff Auftrag schließt die Mengengröße q = HE/Los (HE Herstelleinheiten) mit ein. Der *Arbeitsablauf* eines Fertigungsauftrages kann betrachtet werden unter den Gesichtspunkten der 3 M (Mensch, Mittel, Material) und führt, *im arbeitstechnischen Sinne* gesehen, zur Bestimmung der Methode, der Arbeitsform oder des Arbeitsgeschehens; also *was und wie etwas zu tun ist* und *im organisatorischen Sinne* studiert, zur Festlegung des zeitlichen und örtlichen Hinter- und Nebeneinander; also *was, in welcher Reihenfolge, wo und wann zu tun ist.*

Der Begriff *Arbeitsfolge* schließt nur das Hinter- und Nebeneinander der Ablaufabschnitte ein. Gliederung und Aufteilung der Arbeit für den Arbeitsablauf eines Erzeugnisses:

Ablaufabschnitte:	Teile eines Arbeitsablaufes; wobei man unterscheidet:
Gesamtablauf:	Gesamter Arbeitsablauf, der zur Herstellung eines Erzeugnisses erforderlich ist.
Teilablauf:	Mehrere Ablaufstufen.
Ablaufstufe:	Folge von Vorgängen.
Vorgang:	Abschnitt eines Arbeitsablaufes, der in der Ausführung an einer Mengeneinheit eines Arbeitsauftrages besteht.
Teilvorgang:	Mehrere Vorgangsstufen.
Vorgangsstufen:	Abschnitte eines Teilvorganges.
Vorgangselemente:	Teile einer Vorgangsstufe, die weder in ihrer Beschreibung noch in ihrer zeitlichen Erfassung weiter unterteilt werden können.

4. Art- und Mengenteilung der Arbeit

Die Möglichkeiten der Arbeitsteilung zwecks Rationalisierung und Terminhaltung sind: *Artteilung* (Teilarbeit): Mehrere Arbeiter erledigen hintereinander je einen Arbeitsvorgang an der gesamten Menge (Auftragsstückzahl).

Mengenteilung (Teilmenge): Mehrere Arbeiter erledigen parallel, d.h. meist gleichzeitig, jeweils die gesamte Arbeit an einer Teilmenge (Teilstückzahl).

Erzeugungsart und Auftragsgröße, Werkstattgröße und Einrichtungen sowie Betriebsorganisation und sonstige Einflüsse bestimmen, ob es rationell ist, eine Mengenteilung, eine Artteilung oder eine Kombination beider Teilungsarten vorzunehmen. Sache des Arbeitsgestalters ist es, nachfolgend aufgeführte Vor- und Nachteile gegeneinander abzuwägen.

4.1. Vorteile der Artteilung (entsprechen den Nachteilen der Mengenteilung)

a) Der *begrenzte, kleine Arbeitsinhalt* der Arbeitsvorgänge (wenige Griffe) führt bei Hilfskräften zu kurzen Einarbeitungszeiten bzw. zur größeren Routine (kurze Griffzeiten), zur schnelleren Körpergewöhnung und geistigen Entlastung, denn es ist keine körperliche und gedankliche Umstellung auf andere Arbeitsverrichtungen nötig.

b) Beim *Arbeitseinsatz* kann die Veranlagung des Menschen, besonders beim Einsatz von Hilfskräften (niedrige Lohngruppe) besser berücksichtigt werden, denn Anlernzeit und Einarbeitungszeit verkürzt sich.

c) *Betriebsmittel, Arbeitsplatz und Arbeitsablauf* können speziell und besser gestaltet und damit Qualität und Gleichmäßigkeit der Arbeit gehoben werden.

4.2. Nachteile der Artteilung (entsprechen den Vorteilen der Mengenteilung)

a) Durch die *Gleichförmigkeit,* Eintönigkeit (Monotonie) der Arbeit werden besonders Fachkräfte einseitig beansprucht, deshalb tritt schnellere Ermüdung von Körper und Geist ein, die zur Gleichgültigkeit und damit zur Qualitätsminderung führen kann. Ferner wird das Umstell- und Anpassungsvermögen des Arbeiters geringer.

b) *Zusätzliche Griff- und Förderzeiten* entstehen durch häufigeres in die Hand nehmen. Zusätzliche Zwischenkontrollen können nötig werden um den Verursacher von Fehlarbeit feststellen zu können.

c) Der Aufwand an Auftrags- und Lohnscheinen und die damit verbundenen Kostenermittlungsarbeiten können größer werden.

d) Terminüberwachung sowie Lohn- und Auftragsabrechnung vereinfachen sich, weil alle Arbeiter die gleiche Stückzahl abliefern.

Zum besseren Verständnis dient das in Bild V.2 gezeigte Beispiel.

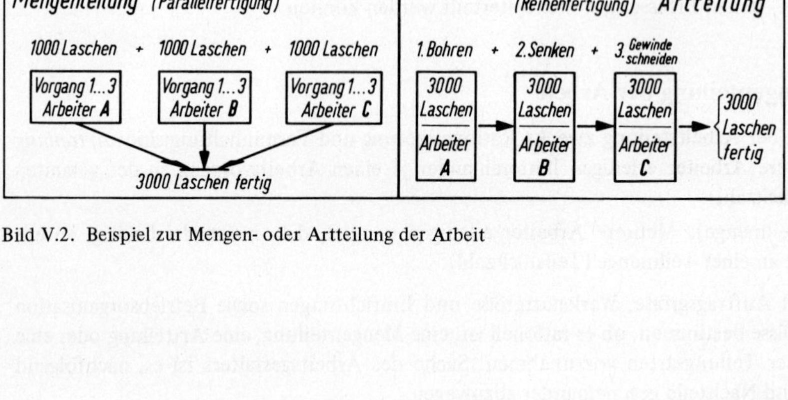

Bild V.2. Beispiel zur Mengen- oder Artteilung der Arbeit

5. Arten der Arbeitsplätze

Arbeitsplatz = Platz an dem der Arbeitende mit Hilfe der ihm zur Verfügung gestellten Betriebsmittel seine Arbeit ausführt.

Man unterscheidet:

Ortsfeste Arbeitsplätze: Betriebsmittel bzw. Maschinen sind fest am Platz gebunden, das trifft also auch bei der Mehrmaschinenbedienung zu.

Ortsverändernde Arbeitsplätze: Der Arbeitsplatz verschiebt sich am großen Arbeitsgegenstand wie z.B. beim Streichen einer Zimmerwand, Pflastern einer Straße usw.

6. Prinzipien der Arbeitsplatzanordnung

6.1. **Verrichtungsprinzip** (Werkstättenfertigung)

Arbeitsplätze werden gruppiert in: Dreherei, Fräserei, Stanzerei usw.

Die Voraussetzungen sind hierfür gegeben, wenn:

a) verschiedene Werkstücke mit verschiedenen Arbeitsläufen zu fertigen sind;

b) ausgesprochene Einzelfertigungen oder Einzelreparaturen vorliegen;

c) gleichartige Arbeitsvorgänge besonderen Kontrollen (Spezialisten) unterstehen müssen, also Spezialarbeiten wie Optiken usw.;

d) mit großem Aufwand errichtete technische Einrichtungen nicht mit einem Erzeugnis ausgelastet sind (Schweißanlagen, besondere Bohrstraßen usw.);

e) Arbeitsvorgänge aus Belästigungsgründen räumlich abgetrennt sein müssen, wie Schmiede (Lärm, Hitze), Härterei (Gase), Sandstrahlerei (Staub) usw.

Vorteile: Krisen und Schwankungen der Fertigung werden besser ausgeglichen. Bei Personalausfall kann ein eiliger Auftrag besser auf einen anderen Mitarbeiter übertragen werden.

6.2. **Flußprinzip** (Fließfertigung)

Arbeitsplätze werden in der Reihenfolge der auszuführenden Arbeiten angeordnet. Ein Fließband als Fördermittel ist nicht unbedingt erforderlich.

Das Flußprinzip ist der Idealfall für die Massenfertigung und sollte deshalb angestrebt werden.

Vorteile:

a) Es werden geringe Durchlaufzeiten der Werkstücke durch kleine Liege- und Förderzeiten erzwungen. Der schnelle Stofffluß verringert Umlaufkapital und damit den Zinsdienst. Der Raumbedarf wird durch geringe Zwischenlagerung kleiner.

b) Die Zwangsläufigkeit zwingt alle Beteiligten ohne Aufpasser zur Mitarbeit.

c) Weitgehende Arbeitsunterteilung und Bestgestaltung des Arbeitsplatzes wird dadurch möglich, daß nur ein und derselbe Arbeitsweg vorhanden ist und dadurch Fehler und sonstige Zusammenhänge besser erkannt werden können.

Meist ist die teilweise Durchführung beider Prinzipien wirtschaftlich. In Bild V.3 wird die teilweise Umstellung einer Fabrikation vom Verrichtungsprinzip auf das Flußprinzip gezeigt.

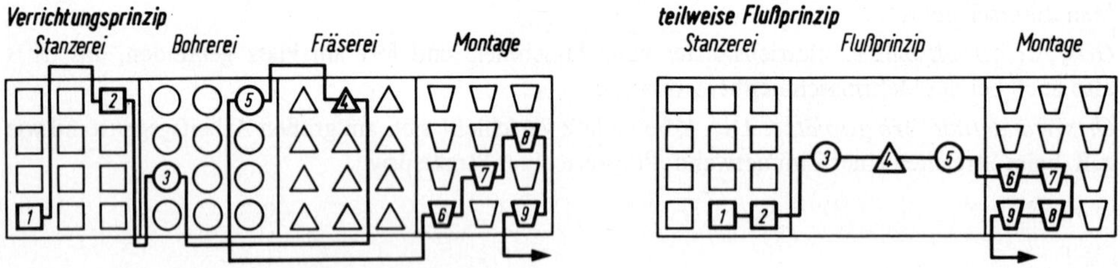

Bild V.3. Beispiel zum Verrichtungs- und Flußprinzip

Erst durch **Takten** (Abstimmen) wird die Fließfertigung vollkommen. Nötig ist dazu: straffe Organisation, gründliche Arbeitsvorbereitung, und hierfür wiederum: große Stückzahl auf lange Sicht, damit sich der Aufwand lohnt. In der Probiergleichung:

$$\text{Taktzeit} = \frac{\text{tägl. Arbeitszeit}}{\text{tägl. Sollmenge}} = \text{Zeit des längsten Arbeitsvorganges (Engpaß)}$$

läßt sich beeinflussen: die tägl. Sollmenge durch Werbung, die tägl. Arbeitszeit durch Mehr- oder Kurzarbeit, auch durch zeitweilige Außerbetriebnahme der Taktstraße.

Die Art- und Mengenteilung der Arbeitsabläufe muß unter Berücksichtigung der nötigen Verteil- und Erholzeiten sowie der verschiedenen Leistungen der Arbeiter (Leistungsgrade) so vorgenommen werden, daß die Durchführzeit für die Arbeitsvorgänge ganzzahlig, d.h. 1, 2, 3, ... mal Taktzeit ist. Dies kann erreicht werden durch:

a) Erhöhung oder Verminderung der Arbeitsinhalte der Arbeitsvorgänge, evtl. auch Änderung des zeitlichen Ablaufes.

b) Mehrfache Besetzung von Arbeitsplätzen, d.h. Mengenteilung durch parallelgeschaltete Arbeitsplätze.

c) Arbeitszeitverkürzung durch bessere Betriebsmittel. (Zeitverkürzung an Engpaßstellen bewirkt eine Zeiteinsparung bei allen Arbeitsvorgängen.)

d) Einsetzen eines Arbeiters mit der zum Arbeitsinhalt passenden d.h. größeren oder kleineren Leistung (Leistungsgrad).

e) Konstruktive Änderung des Werkstückes so, daß ein Takten möglich wird.

Diese Leistungsabstimmung (Bild V.4) stellt hohe Anforderungen an den Arbeitsgestalter.

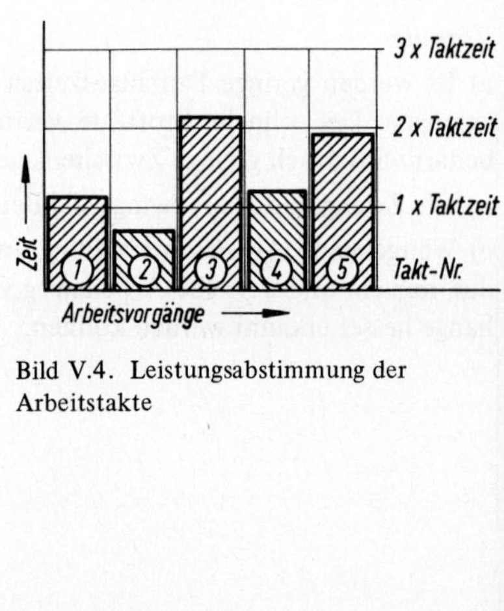

Bild V.4. Leistungsabstimmung der Arbeitstakte

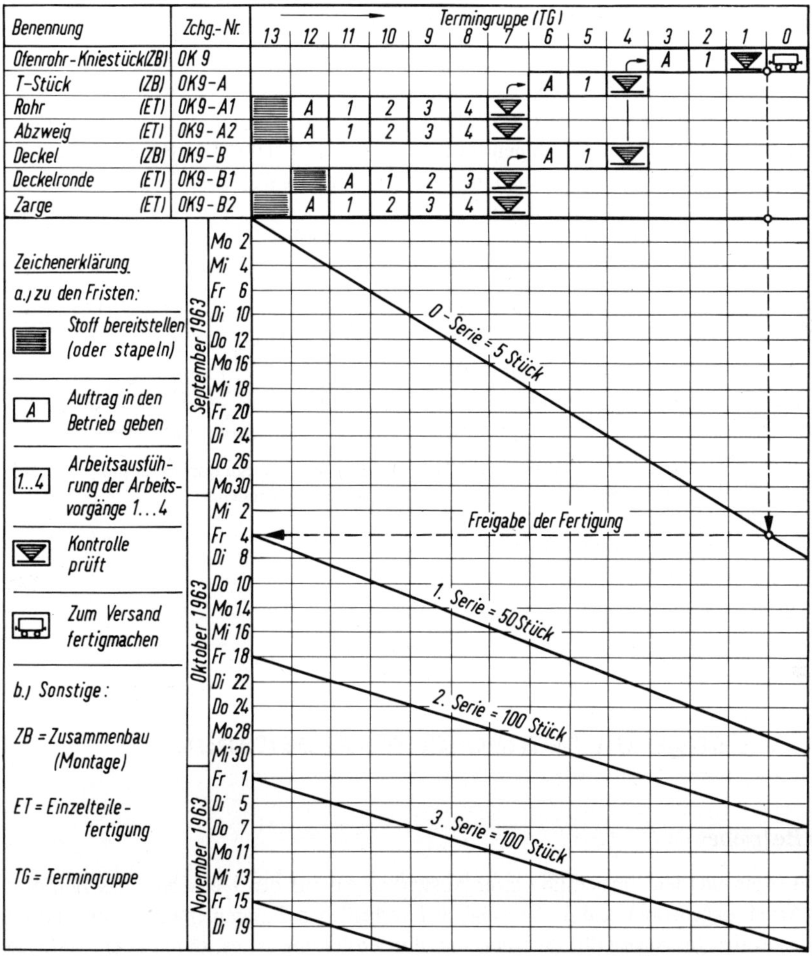

Bild V.5. Fristenplan für Reihen- oder Serienfertigung eines Ofenrohrkniestücks OK 9

Benennung		Zchg.-Nr.	Stoff bereit-stellen	Auftrag i. Betrieb geben	Arbeitsvorgänge im Betrieb fertig				Kontrolle fertig	Versand fertig
					1	2	3	4		
Ofenrohr-Kniestück	(ZB)	OK9	–	4.11.	5.11.	–	–	–	6.11.	7.11.
T-Stück	(ZB)	OK9-A	–	30.10.	31.10.	–	–	–	1.11.	–
Rohr	(ET)	OK9-A1	21.10.	22.10.	23.10.	24.10.	25.10.	28.10.	29.10.	–
Abzweig	(ET)	OK9-A2	21.10.	22.10.	23.10.	24.10.	25.10.	28.10.	29.10.	–
Deckel	(ZB)	OK9-B	–	30.10.	31.10.	–	–	–	1.11.	–
Deckelronde	(ET)	OK9-B1	22.10.	23.10.	24.10.	25.10.	28.10.	–	29.10.	–
Zarge	(ET)	OK9-B2	21.10.	22.10.	23.10.	24.10.	25.10.	28.10.	29.10.	–

Bild V.6. Terminliste zum Ofenrohrkniestück OK 9, Serie 2

7. Fristen-, Termin- und Betriebsmittelbelegungsplan

Durch zuverlässige Terminhaltung wird außerhalb des Betriebes eine Werbewirkung und innerhalb des Betriebes ein geordneter Arbeitsablauf dann erreicht, wenn die Durchlauffristen mit den Maschinen-Belegungsplänen gut abgestimmt sind. Während man unter Termin einen Zeitpunkt, Tag oder Stunde versteht, stellt die Frist eine Zeitspanne, von ... bis, dar.

In Bild V.5 wird ein Fristenplan für Reihen- oder Serienfertigung dargestellt, aus dem sich dann der Terminverfolger eine Terminliste erstellt (Bild V.6).

Die hier aufgeführten Termine sind Endpunkte der jeweiligen Fristen. Die Bildung von Termingruppen (TG) soll durch Zusammenfassung von Terminen eine Vereinfachung der Terminverfolgung bringen. Mittels eines Werkstatt- oder besser eines Platz-Belegungsplanes (Bild V.7) kann man im voraus Terminschwierigkeiten erkennen und die erforderlichen Maßnahmen zu ihrer Behebung rechtzeitig treffen.

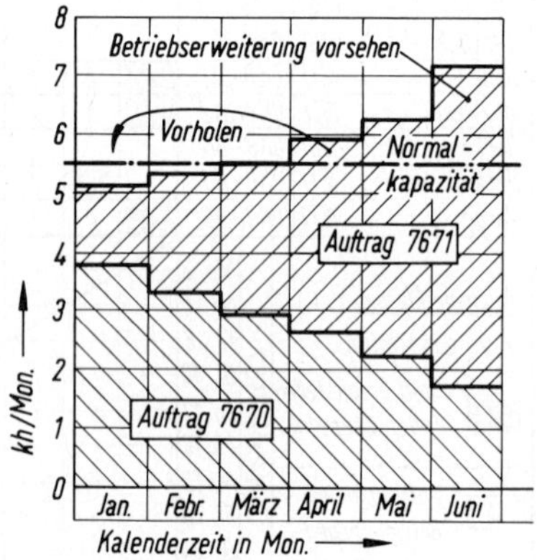

Bild V.7. Belegungsplan für die Abteilung Dreherei

VI. Zeit und Menge im betrieblichen Arbeitsablauf

1. Zeiten des Betriebes

Alle Zeitbetrachtungen werden hinsichtlich ihrer Auswirkungen auf den Menschen, das Betriebsmittel und den Arbeitsgegenstand und deren möglichst verlustlosen Zusammenwirken im Betrieb und innerhalb des Auftrages angestellt. Aufgabe der Betriebsleitung ist es, durch entsprechende Maßnahmen zu erreichen, daß die Aktionszeiten von Mensch und Betriebsmittel möglichst so groß werden wie die Schichtzeit des Betriebes.

2. Zeitermittlung (Grund-, Verteil- und Erholungszeiten)

Es gibt Zeiten, die man für den Auftrag direkt ermitteln kann, das sind die *Grundzeiten*, also Zeiten die beim Auftrag *planmäßig* auftreten. Weiterhin gibt es Zeiten, die man nur in einem großen Zeitraum (z.B. Woche oder Monat) vollständig erfassen kann, die *Verteilzeiten*, die beim Auftrag *unplanmäßig* auftreten.

Aus dem Verhältnis dieser beiden für einen Monat ermittelten Zeitgruppen erhält man dann den

$$\text{Verteilzeitzuschlag } z_v = \frac{\text{Verteilzeiten}}{\text{Grundzeiten}} = \frac{V \frac{\text{min}}{\text{Mon}}}{G \frac{\text{min}}{\text{Mon}}} \hat{=} \frac{t_v \frac{\text{VM}}{\text{HE}}}{t_g \frac{\text{VM}}{\text{HE}}}$$

$$\text{oder die Verteilzeit } t_v = z_v \cdot t_g \text{ in } \frac{\text{VM}}{\text{HE}}$$

Die unterschiedlichen Symbole sollen sicherstellen, daß man klar zwischen Verteilzeiten (V) oder Grundzeiten (G) in Minuten/Monat und Verteilzeiten (t_v) oder Grundzeiten (t_g) in Vorgabeminuten/Herstelleinheiten, als auf den Auftrag bezogene Zeit, unterscheiden kann.

Erholungszeiten benötigt der Mensch, um die durch seine Tätigkeit aufgetretene Ermüdung abzubauen. Im Rahmen der Verteilzeitaufnahme kann man die vom Mitarbeiter beanspruchten Erholungszeiten (Er) mit feststellen und den Erholungszeitzuschlag wie folgt errechnen:

$$\text{Erholungszeitzuschlag } z_{er} = \frac{Er \frac{\text{min}}{\text{Mon}}}{G \frac{\text{min}}{\text{Mon}}} \mathrel{\hat{=}} \frac{t_{er} \frac{\text{VM}}{\text{HE}}}{t_g \frac{\text{VM}}{\text{HE}}}$$

Diese Vorgehensweise kann jedoch sehr ungenau sein und man hat deshalb folgende Ermittlungsmethoden entwickelt:

- *Feststellen des Kalorienbedarfs* durch Messen des O_2-Verbrauchs oder anhand von Kalorienverbrauchstabellen. Die für den Arbeitseinsatz normal geltenden 8 373 600 Joule/Tag = 1 046 700 Joule/Stunde werden aber meist nur bei körperlicher Schwerstarbeit überschritten, so daß ein Erholungszeitzuschlag ermittelt werden kann.
- *Messen der Pulsfrequenz* und Feststellen der Arbeitspulse: Arbeitspulse = gemessene Pulse – Ruhepuls.
- *Beurteilen der analytisch festgestellten Teilbelastung* mit der Zusammenfassung zum Erholungszeitzuschlag z_{er}. Der jeweils endgültig ermittelte Erholungszeitzuschlag z_{er} sollte mit dem Betriebs- oder Personalrat und dem Mitarbeiter besprochen werden.

2.1. Verteilzeitaufnahme

Vor der Aufnahme ist zu klären, welche und wieviel Arbeitskräfte beobachtet werden sollen. Es sind genau die Arbeitsbedingungen einschließlich Betriebsmittel, die Abteilung, in der die Aufnahme durchgeführt wird, die Mitarbeiter, sowie Tag und Stunde des Aufnahmebeginns, zu beschreiben. Mitarbeiter, Meister und Betriebsrat sind vor dem Vorhaben in Kenntnis zu setzen.

Es ist dabei die gesamte gesetzlich und tariflich festgelegte Arbeitszeit, also ohne die nicht bezahlten Pausen (P) als

$$\textit{Aufnahmezeit } AZ = G + Er + (V_{sv} + V_{sk} + V_p) + N + F = \begin{cases} \text{IST-Zeiten} \\ \text{je Zeitraum} \end{cases}$$

zu erfassen.

G *Grundzeiten,* das ist die Summe aller während der Aufnahmezeit angefallenen Zeiten für die Ausführung planmäßiger Ablaufabschnitte.

Er *Erholungszeiten,* das ist die Summe aller während der Aufnahmezeit angefallenen, vom Mitarbeiter beanspruchten Zeiten für Erholen.

V_{sv} *sachliche, variable Verteilzeiten,* das ist die Summe aller während der Aufnahmezeit angefallenen oder festgesetzten Zeiten für die Ausführung *auftragsabhängiger* Ablaufabschnitte. Es handelt sich hierbei um die Ablaufarten „zusätzliche Tätigkeiten“ und „störungsbedingtes Unterbrechen“. *Beispiele:* Kurze Störungen an Betriebsmitteln, Werkzeuge und Einrichtungen beseitigen, kurze Dienstgespräche und Wartezeiten, Behinderung durch Mitarbeiter.

V_{sk} *sachliche, konstante Verteilzeiten,* das ist die Summe aller während der Aufnahmezeit angefallenen oder festgesetzten Zeiten für die Ausführung *auftragsunabhängiger, schicht- oder wochenkonstanter* Ablaufabschnitte. Es handelt sich auch hier um die Ablaufarten „zusätzliche Tätigkeiten“ und „störungsbedingtes Unterbrechen“. *Beispiele:* Arbeitsplatz schichtbedingt vorbereiten und räumen, Anlaufzeit der Betriebsmittel bei Arbeitsbeginn und nach Pausen, planmäßiges Abschmieren und Warten der Betriebsmittel.

V_p *persönliche Verteilzeiten,* das ist die Summe aller während der Aufnahmezeit angefallenen oder festgesetzten Zeiten für persönlich bedingtes Unterbrechen. *Beispiele:* Austreten und andere persönliche Verrichtungen, Heizung, Belüftung oder Beleuchtung regeln, gegebenenfalls Beschaffen von Speisen und Getränken. Trinken, sofern dies nicht Erholungszeit ist. Lohn empfangen und prüfen sind auch schichtbedingte Zeiten.

N *nicht zu verwendende Zeiten,* das ist die Summe aller während der Aufnahmezeit angefallenen Zeiten für durch die Arbeitsperson verursachten zusätzlichen Tätigkeiten und für willkürliches persönliches Unterbrechen der Tätigkeiten. *Beispiele:* Nichteinhalten der Arbeitszeit, selbst verschuldete Mehrarbeit, Privatgespräche und sonstige Untätigkeit.

F *fallweise auftretende Zeiten,* das ist die Summe aller während der Aufnahmezeit angefallenen Zeiten für zusätzliche Tätigkeiten und für außer Einsatz infolge länger dauernder, außergewöhnlicher Störungen des Ablaufes. *Beispiele:* Lange Wartezeiten bei Störungen aller Art sowie alle nach Tarifverträgen oder Gesetz anfallenden Ausfallzeiten.

Die Aufteilung der Verteilzeit V in V_{sv}, V_{sk} und V_p ist nach REFA notwendig, um genaue Zuschlagssätze zu erhalten. Während V_{sv} sich proportional zu den ermittelten Grundzeiten verhält, sind V_{sk} und V_p schichtabhängig. Wir müssen daher immer fragen, wie wäre die größtmögliche Grundzeit gewesen, wenn keine N- und F-Zeiten angefallen wären.

Es ist die

größtmögliche Grundzeit $G' = G + N + F = AZ - V - Er$

und man errechnet den

sachlich variablen Verteilzeitprozentsatz $\left.\right\} z_{sv} = \dfrac{V_{sv} \cdot 100\,\%}{G}$ (arbeitsabhängig)

sachlich konstanten Verteilzeitprozentsatz $\left.\right\} z_{sk} = \dfrac{V_{sk} \cdot 100\,\%}{AZ - (V + Er)}$ (schichtabhängig)

persönlichen Verteilzeitprozentsatz $\left.\right\} z_p = \dfrac{V_p \cdot 100\,\%}{AZ - (V + Er)}$ (schichtabhängig)

Damit ist der Verteilzeitprozentsatz

$$z_v = z_{sv} + z_{sk} + z_p$$

2.2. Gekürztes Beispiel einer Verteilzeitermittlung

Arbeitsaufgabe:	Grundplatte 905 montieren und schweißen.
Arbeitsbedingungen:	Kleine Teile beanspruchen die Augen und große Fingerfertigkeit.
Betriebsmittel:	Schweiß- und Montagevorrichtung sowie eine kleine elektrische Schweißanlage.
Abteilung:	Montage 703
Mitarbeiter:	Herren Meyer, Schmidt, Aue, Schulze; schon 3 Jahre mit ähnlichen Arbeiten beschäftigt.
Aufnahmezeit:	Alle 20 Arbeitstage im Monat Februar 19.., täglich von 7.30 Uhr bis 16.00 Uhr.

Nr.	Vorgangsfolge	Fortschrittszeit in Minuten	Einzelzeit in Minuten	Sortier-Spalten der Zeitarten								Bemerkung
				G	(P)	V_{sk}	V_{sv}	V_p	Er	F	N	
1	Verspäteter Beginn (statt 7.30)	2,0	2,0								2,0	
2	Arbeitsplatz vorbereiten	5,0	3,0			3,0						Schichtabh.
3	montieren und schweißen	40,5	35,5	35,5								
4	kurze Entspannung	42,5	2,0						2,0			
5	Fenster öffnen zum Lüften	44,0	1,5					1,5				
6	montieren und schweißen	60,0 + 5,0	21,0	21,0								
7	Schweißbrille putzen	7,5	2,5				2,5					Funkenschmutz
8	Meister hat eine Rückfrage	12,0	4,5				4,5					
9	montieren und schweißen	28,0	16,0	16,0								
10	vereinbartes Hände waschen	30,0	2,0				2,0					
11	Frühstückspause (9.00 bis 9.15)	45,0	15,0		15,0							
12	montieren und schweißen	60,0 + 3,0	18,0	18,0								
13	Zigarette rauchen	10,0	7,0					7,0				
14	montieren und schweißen	30,0	20,0	20,0								
15	Schweißelektrode reparieren	35,0	5,0				5,0					
16	geht austreten	41,0	6,0					6,0				
17	montieren und schweißen	60,0 + 2,0	21,0	21,0								
18	Gespräch über Fußball	9,0	7,0								7,0	
19	montieren und schweißen	40,0	31,0	31,0								
20	Fenster schließen (es wird kalt)	41,5	1,5					1,5				
21	kurze Entspannung	43,0	1,5						1,5			
22	montieren und schweißen	60,0 + 15,0	32,0	32,0								
23	kurze Entspannung	17,0	2,0						2,0			
24	Putzlappen empfangen	19,0	2,0			2,0						wöchentlich
25	montieren und schweißen	51,0	32,0	32,0								
26	kurze Entspannung	53,0	2,0						2,0			
27	Teilekästen in Ordnung bringen	58,0	5,0				5,0					
28	vereinbartes Hände waschen	60,0 + 0,0	2,0				2,0					
29	Mittagspause (12.30 bis 13.00)	30,0	30,0		30,0							
30	Betriebsversammlung (bis 13.30)	60,0 + 0,0	30,0							30,0		monatlich
31	montieren und schweißen	39,5	39,5	39,5								
32	kurze Entspannung	42,0	2,5						2,5			
33	montieren und schweißen	60,0 + 22,5	40,5	40,5								
34	Zigarette rauchen	29,5	7,0					7,0				
35	montieren und schweißen	60,0 + 7,0	37,5	37,5								
36	kurze Entspannung	9,0	2,0						2,0			
37	montieren und schweißen	39,0	30,0	30,0								
38	Tagesaberechnung machen	42,0	3,0			3,0						täglich
39	Arbeitsplatz räumen	45,0	3,0			3,0						täglich
40	Summe am 1. Tag (7.30 bis 16.15)	–	525,0	374,0	45,0	11,0	21,0	23,0	12,0	30,0	9,0	–
41	Übertrag weiterer 19 Tage	–	9975,0	7539,0	855,0	199,0	329,0	233,0	384,0	45,0	391,0	–
42	Monatssumme Februar 19..	–	10500,0	7913,0	900,0	210,0	350,0	256,0	396,0	75,0	400,0	–

Bild VI.1. Verteilzeitaufnahme mit Sortierspalten der Zeitarten

Auswertung:

1. Aufnahmezeit $AZ = 20\,\frac{\text{Tage}}{\text{Monat}} \cdot 8\,\frac{\text{Stunden}}{\text{Tag}} \cdot 60\,\frac{\text{Minuten}}{\text{Stunde}} = 9\,600\,\frac{\text{Minuten}}{\text{Monat}}$

2. Sachlich variabler Verteilzeitprozentsatz $\left.\right\} z_{sv} = \frac{V_{sv} \cdot 100\,\%}{G} = \frac{350 \cdot 100\,\%}{7913} = 4{,}42\,\%$

3. Sachlich konstanter Verteilzeitprozentsatz $\left.\right\} z_{sk} = \frac{V_{sk} \cdot 100\,\%}{AZ - (V + Er)} = \frac{210 \cdot 100\,\%}{8388} = 2{,}50\,\%$

4. Persönlicher Verteilzeitprozentsatz $\left.\right\} z_p = \frac{V_p \cdot 100\,\%}{AZ - (V + Er)} = \frac{256 \cdot 100\,\%}{8388} = 3{,}05\,\%$

5. Verteilzeitzuschlagssatz

$$z_v = z_{sv} + z_{sk} + z_p = 4{,}42\,\% + 2{,}50\,\% + 3{,}05\,\% = 9{,}97\,\% \approx 10\,\%$$

6. Den Erholungszeitzuschlag sollte man hierbei zur Kontrolle immer mitberechnen, wenn er auch durch eine besondere Berechnung ermittelt wird.

Erholungszeitzuschlagsprozentsatz $\left.\right\} z_{er} = \frac{Er \cdot 100\,\%}{G} = \frac{396 \cdot 100\,\%}{7913} = 5{,}00\,\%$

3. Menschlicher Leistungsgrad

Weil bei der Zeitaufnahme (ZA) nur selten mit der Normalleistung gearbeitet wird, obliegt es dem Arbeitsstudienmann, die jeweilige beobachtete Istleistung prozentual zur Normalleistung zu beurteilen. Mit diesem Wert, dem sogenannten *menschlichen*

$$\textit{Leistungsgrad } L = \frac{\text{beobachtete Leistung}}{\text{Normalleistung}}$$

wird die Istgrundzeit in die Normalgrundzeit gewandelt. Zu beachten ist dabei, daß der Arbeitsablauf nicht immer die volle Leistungsentfaltung des Arbeiters zuläßt. Der Arbeiter muß, z.B. wenn die Maschine mit automatischem Vorschub läuft, oft ablaufbedingt warten oder kann während dieser Zeit nur eine geringere Leistung als normal (100 %) vollbringen. Diese dann vom Arbeitsablauf dem Arbeiter aufgezwungene Minderleistungszeit, das ist eine Wartezeit die einen Erholwert besitzt, wird nach REFA zugunsten des Arbeiters mit dem Normal-Leistungsgrad $L_N = 100\,\% = 1{,}0$ VM/min abgegolten, d.h. es ist die Warte-Normalzeit oder kurz

$$\textit{Wartezeit } t_w = L_N\, t_{wi} = t_{wi} = \textit{Warte-Istzeit}$$

(Arbeiter A arbeitet während der Wartezeit genauso schnell wie Arbeiter B!)

Daraus folgt, daß eigentlich nur die Tätigkeits-Istzeit t_{ti}, das ist eine Zeit mit freier Leistungsentfaltung ($L \gtrless 100\,\%$) oder eine Zeit mit im Arbeitszwangslauf höher als normal geforderten Leistung ($L \geqslant 100\,\%$) mit dem Leistungsgrad korrigiert werden muß. Um herauszustellen, daß bei gleicher Arbeit für Arbeiter A und Arbeiter B auch die gleiche Normalzeit ermittelt werden soll, schreibt man: Tätigkeits-Normalzeit oder kurz

$$\textit{Tätigkeitszeit } t_t = \underbrace{L_A\, t_{tiA}}_{\text{Arbeiter A}} = \underbrace{L_B\, t_{tiB}}_{\text{Arbeiter B}} = \text{konstant bei gleicher Arbeit}$$

Hierbei wird vernachlässigt, daß auch einem guten Leistungsgrad-Beurteiler eine Beurteilungstoleranz von ± 5 % zugebilligt werden muß.

3.1. Leistungsgrad-Beurteilen

Mittels Synthese verschiedener Beobachtungserkenntnisse, die sich nicht in einer mathematischen Beziehung ausdrücken lassen, wird der Leistungsgrad bestimmt. Um hierbei *subjektive* Einflüsse möglichst auszuschalten, sollen Erfahrungen, die durch häufiges Üben, Kontrollieren und Berichtigen gewonnen werden, schließlich ein *objektives* Urteil ermöglichen.

Aufgrund der menschlichen Unzulänglichkeit ist erst durch Mittelwertbildung von mehr als 5 Leistungsgrad-Beurteilungen ein befriedigendes Urteil zu erwarten. Voraussetzung hierfür ist zunächst die Kenntnis der Merkmale des menschlichen Leistungsgrades (Bild VI.2) und die Kenntnis der Bezugsgröße „Normalleistung", die man wie folgt definieren kann:

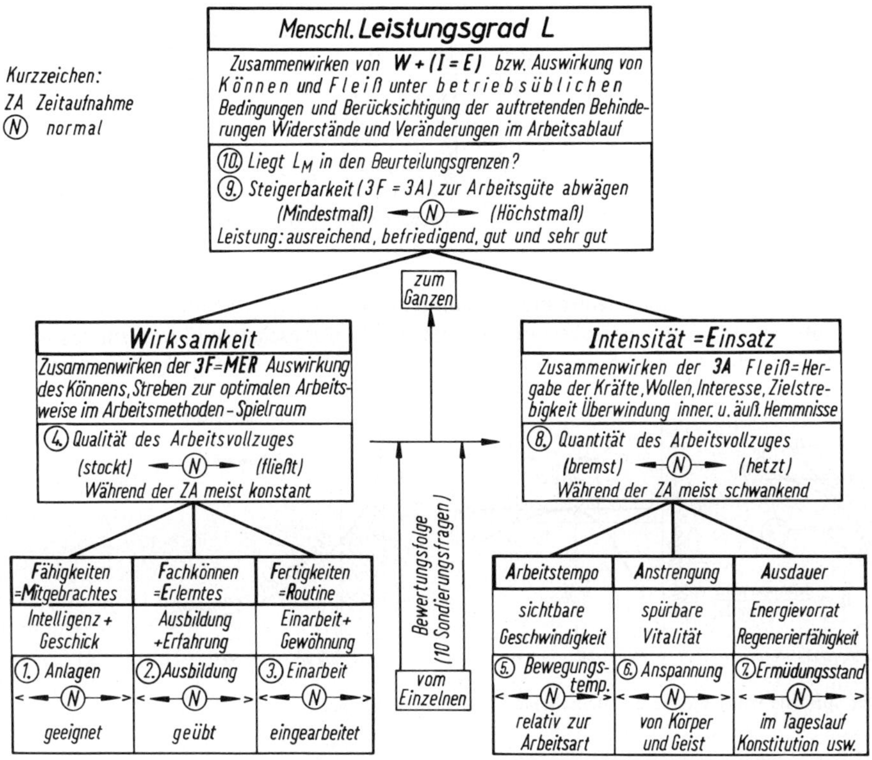

Bild VI.2. Merkmale des menschlichen Leistungsgrades

3.2. Normalleistung

ist diejenige befriedigende Arbeitsleistung des Menschen, die unter betriebsüblichen Bedingungen von jedem Mitarbeiter mit normaler Wirksamkeit (Können) und normaler Intensität (Fleiß) erreicht werden kann, der die Arbeitszeit so ausnutzt, daß er unnötige Arbeitsverzögerungen und -unterbrechungen vermeidet, aber innerhalb der Vorgabezeit notwendige Verteil- und Erholzeit findet, um seine Arbeitskraft ohne Gesundheitsschädigung voll zu erhalten. Normale Wirksamkeit wird von jedem normal geeigneten, geübten und eingearbeiteten Arbeiter erreicht; normale Intensität setzt voraus, daß Arbeitstempo, Anstrengung und Ausdauer normal sind.

Die *normale Wirksamkeit* bezieht sich auf die normal zu erwartende Routinebildung und ändert sich deshalb mit der Losgröße oder Auftragsmenge q und mit der Häufigkeit und Folgedichte gleicher oder gleichartiger Aufträge. Als Faustformel gilt, daß die auftragseigene normale Wirksamkeit nach Erledigung von $\frac{1}{3}$ der Losmenge $(q/3)$ eingetreten ist. In Bild VI.3 wird veranschaulicht, daß es richtig ist, etwa bei $q/3$ Zeitaufnahmen durchzuführen.

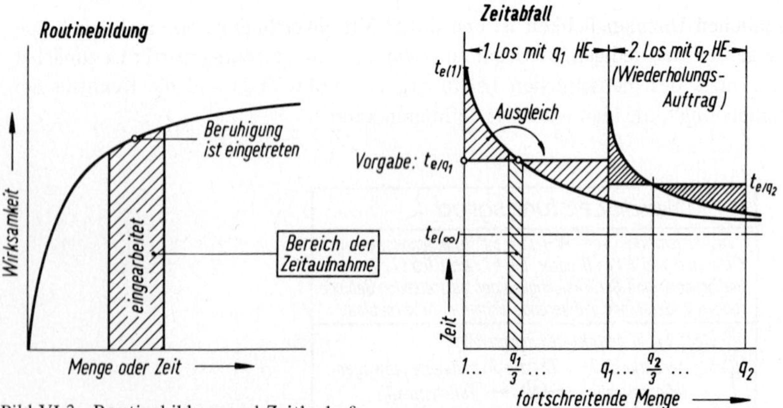

Bild VI.3. Routinebildung und Zeitbedarf

Eine *normale Intensität* wird vom Beobachter mitempfunden, wenn der Arbeiter mit optimalem Wirkungsgrad η_0 arbeitet und die Ausdauer durch evtl. notwendiges Einschalten kurzer Erholpausen vergrößert. Bild VI.4 soll diese Beziehungen darstellen.

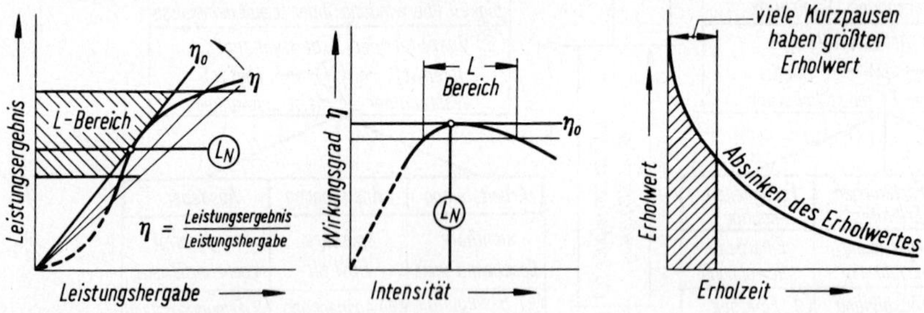

Bild VI.4. Der optimale Wirkungsgrad des Menschen und die Pausenwirkung

Als grobe Richtlinie dient die in Tafel VI.1 gezeigte Leistungsgrad-Beurteilungstabelle.

Tafel VI.1. Leistungsgrad-Tabelle

Leistungsstufe (begrifflich)	Leistungsgrad
äußerst hoch, nicht lange Zeit durchhaltbar	140 % ≙ 1,4 VM/min
sehr hoch, kaum dauernd durchhaltbar	130 % ≙ 1,3 VM/min
hoch, frisch, noch dauernd möglich	120 % ≙ 1,2 VM/min
gut, besser, freudig fließend, bejahend	110 % ≙ 1,1 VM/min
normal, befriedigend, noch steigerungsfähig	100 % ≙ 1,0 VM/min
mäßig, unbefriedigend, schwach	90 % ≙ 0,9 VM/min
sehr schwach, langsam, uninteressiert	80 % ≙ 0,8 VM/min

Um das Leistungsgrad-Beurteilen so objektiv wie möglich zu gestalten, werden bei REFA-Übungen mit Sondierungsfragen zunächst die Leistungsmerkmale einzeln überprüft. Es wird dabei jeweils erwogen, ob die Merkmale kleiner oder größer als normal zu werten sind. Über die gruppenweise Zusammenfassung der Ergebnisse sucht man dann ein (gefühlsmäßiges, kein rechnerisches) Gesamturteil zu finden, das wiederum überprüft wird, ob Steigerbarkeit bezüglich Arbeitsgüte möglich ist und ob der vorliegende Leistungsgrad auch in den Beurteilbarkeitsgrenzen liegt.

H. Dauber hat die in der Praxis vorkommenden Abweichungen untersucht und das von ihm gefundene Ergebnis mit dem in Bild VI.5 wiedergegebenen Schaubild in den REFA-Nachrichten 1958, Heft 5, veröffentlicht.

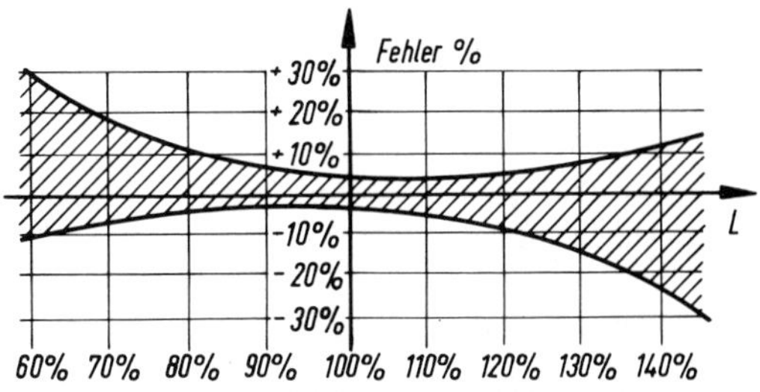

Bild VI.5. Streubereich der Leistungsgrad-Beurteilung

3.3. Täuschungsmöglichkeiten

Sie können auftreten bei

1. Wirksamkeit: Bedächtiges, zielbewußtes Arbeiten wird meist unterschätzt.

2. Intensität: Der Einfluß von Art, Form, Größe, Gewicht, Raumlage und Stoffart von Arbeitsgegenstand und Wirkmittel, sowie Art und Gleichmäßigkeit des Arbeitsablaufes fördern oder hemmen die individuellen Bemühungen bezüglich:

a) Arbeitstempo: Geschwinde Bewegungen können „Fummeleien" sein, behutsame können z.B. in der Feinmechanik wegen der erforderlichen Präzision nötig sein und schließlich kann z.B. beim Hämmern erst ab einer bestimmten Geschwindigkeit ein wirksamer Schlag erreicht werden usw.

b) Anstrengung: Quälend erscheinende Kraftanspannung wird oft überschätzt, spielend erscheinende unterschätzt. Geistige Anspannung wie Aufmerksamkeit, Sorgfalt, Gewissenhaftigkeit, Vorsicht, Umsicht, Mitdenken und Selbständigkeit werden oft zu wenig beachtet.

c) Ausdauer: Verkrampftes Arbeiten erweckt den Eindruck, daß große Erholzeiten, gelockertes Arbeiten, daß keine Erholzeiten erforderlich seien.

3.4. Leistungsgradschwankungen durch Mensch, Arbeit und Umwelt

Mensch: Entwicklungs-, Ausbildungs-, Gesundheits- und Ernäherungszustand verändern Wollen und Können in großen Zeiträumen; die inneren Vorgänge wie Verdauung, Ermüdung (Verschlakkung) und Erholung (Regenerierung) verursachen kurzzeitige Leistungsschwankungen, wie die in Bild VI.6 gezeigte Tageslaufkurve veranschaulicht.

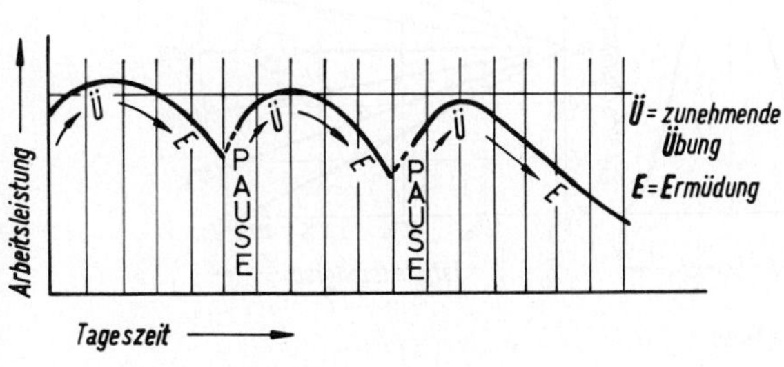

Bild VI.6
Die Tagesleistungskurve des Menschen

Arbeit: Monotonie oder Vielgestalt beeinflussen Arbeitslust und Routinebildung. Störungen oder Änderungen im Arbeitsablauf beeinflussen die Anforderungen an den Menschen durch Ungleichheit von Stoff und Mittel, Ergreifbarkeit, Schneidhaltigkeit und Maßhaltigkeit. Simultaneinflüsse bei Mehrglieder- z.B. 2-Hand-Arbeit, sowie bei Mehrmann- oder Gruppenarbeit, lassen Engpässe zum Schrittmacher werden.

Umwelt: Betriebsklima, Beleuchtung, Hitze, Kälte, Schmutz, Lärm, Unfallgefahr usw. fördern oder hemmen die Entfaltung der inneren Antriebe des Menschen.

Der ruhende Pol der Leistungsgrad-Beurteilung während der Zeitaufnahme ist im allgemeinen, bis auf gewisse Störungen, die Wirksamkeit. Der Arbeitsstudienmann kann sich also dadurch entlasten, daß er die Wirksamkeit als Ausgangsbasis vorher beurteilt, und sich während der Zeitaufnahme hauptsächlich auf die meist schwankende Intensität konzentriert.

4. Zeitgrad des Menschen

Der Zeitgrad Z (meist in % angegeben), ist im Gegensatz zum Leistungsgrad L, der eine momentane, beurteilte Leistung darstellt, die errechnete und bezahlte Durchschnittsleistung im Abrechnungszeitraum (Woche oder Monat):

$$Z = \frac{\text{Auftrags-Vorgabezeiten im Abrechnungszeitraum } \frac{\text{VM}}{\text{Mon}}}{\text{Akkordarbeitszeiten im Abrechnungszeitraum } \frac{\text{min}}{\text{Mon}}}$$

Auf diese Durchschnittsleistung können sich neben Wirksamkeit und Intensität noch auswirken:

a) *Dispositions- und Organisationsgabe*, z.B.: während Wartezeiten werden am gleichen oder anderen Auftrag, Entgrate- oder ähnliche Arbeiten durchgeführt; der Gang zur Werkzeugausgabe wird nicht nur dann erledigt, wenn sie frei ist, sondern auch gleichzeitig mit einem anderen Weg (z.B. persönl. Bedürfnisse) verbunden usw.

b) *Übersteigerter Fleiß* führt zum Verzicht auf persönliche Bedürfnisse und Erholung, zur Verkürzung von Pausen, zur Mißachtung von Unfallverhütungsvorschriften usw.

c) *Falsche Vorgabezeiten* und genauere oder ungenauere Arbeitsausführung als vorgesehen verändern den Zeitgrad.

d) Der Arbeitsablauf kann durch zwangsläufig eingeschlossene Wartezeiten den Arbeiter daran hindern, immer seine volle Leistung zu entfalten.

Im Bild VI.7 werden die beiden Ansichten zur Wartezeitbewertung mit $L_N = 100\,\%$ und mit dem Durchschnittsleistungsgrad L_ϕ gegenübergestellt und ihr Einfluß auf den Mischungs- und Zeitgrad Z_{Mi} gezeigt.

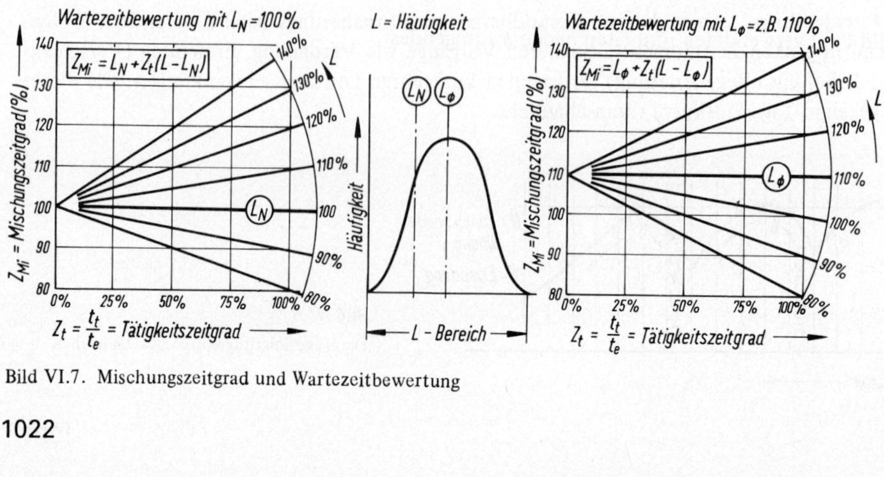

Bild VI.7. Mischungszeitgrad und Wartezeitbewertung

Der Zeitgrad dient ferner als Grundlage der betrieblichen Leistungsstatistik (Bild VI.8).

a) Übersicht der Zeitgrade

Name	Lohnwoche 1	2	3	4	5	6	usw.
Schmidt	115	117	114	116	119	118	
Krüger	130	133	132	135	136	134	
Schulze	124	123	122	125	124	122	

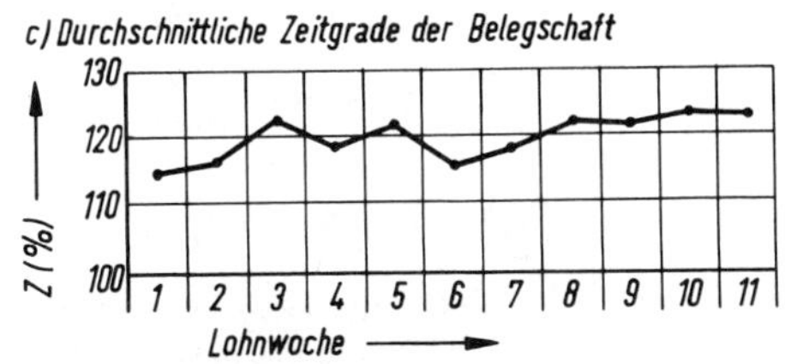

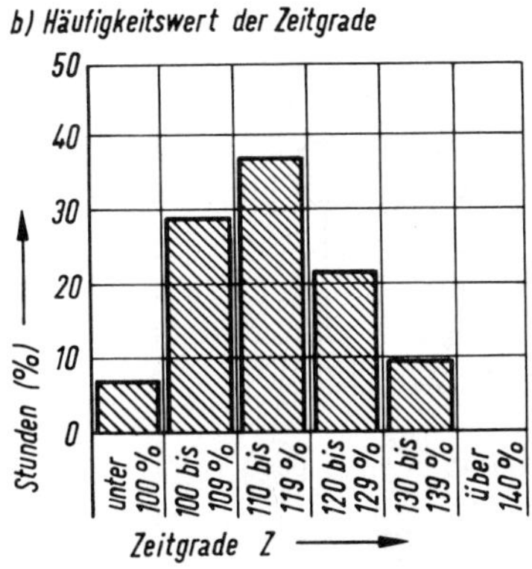

Bild VI.8. Betriebliche Leistungsstatistik

5. Gliederung der Auftragszeit

Die Auftragszeit T setzt sich zunächst aus der Rüstzeit t_r und der Ausführungszeit t_a zusammen, wobei die Ausführungszeit $t_a = m \cdot t_e$ ist.

Man kann daher folgende Gleichung aufstellen:

$$T = t_r + t_a = t_r + m \cdot t_e$$

T	t_r	t_a	m	t_e
$\frac{\text{VM}}{\text{Los}}$	$\frac{\text{VM}}{\text{Los}}$	$\frac{\text{VM}}{\text{Los}}$	$\frac{\text{HE}}{\text{Los}}$	$\frac{\text{HE}}{\text{HE}}$

Dazu folgende Rundungsregeln:

t_r und t_a sollten immer ganze VM/Los sein.

t_e sollte auf ± 1 % gerundet werden, alle Vorgängerzeiten (t_{er}, t_v, t_g, t_t, t_w) werden nicht gerundet.

Die im Bild IV.9 verwendeten Einheiten bedeuten folgendes:

VM *Vorgabeminuten:* Eine Vorgabeminute ist die Arbeitseinheit, die der Mitarbeiter bei Bezugsleistung (z.B. REFA-Normalzeit) erledigt.

Los *Teilauftragsmenge,* bei sich laufend wiederholenden Aufträgen (z.B. Serienaufträgen).

HE *Herstelleinheit,* die nach Fertigstellung des Auftrages m-mal abgeliefert wird.

Die Anwendung der weiteren Zeitgliederung (Bild VI.9) wird an nachfolgenden Beispielen erläutert:

1. Die Zeit je Einheit t_e ist für den Arbeitsvorgang „Bolzen drehen" zu ermitteln.

   Aus Planzeittafeln wurde festgestellt, daß die Zeit für Spannen, Span anstellen und Messen, als *Tätigkeitszeit* t_t = 0,8 VM/HE ist.

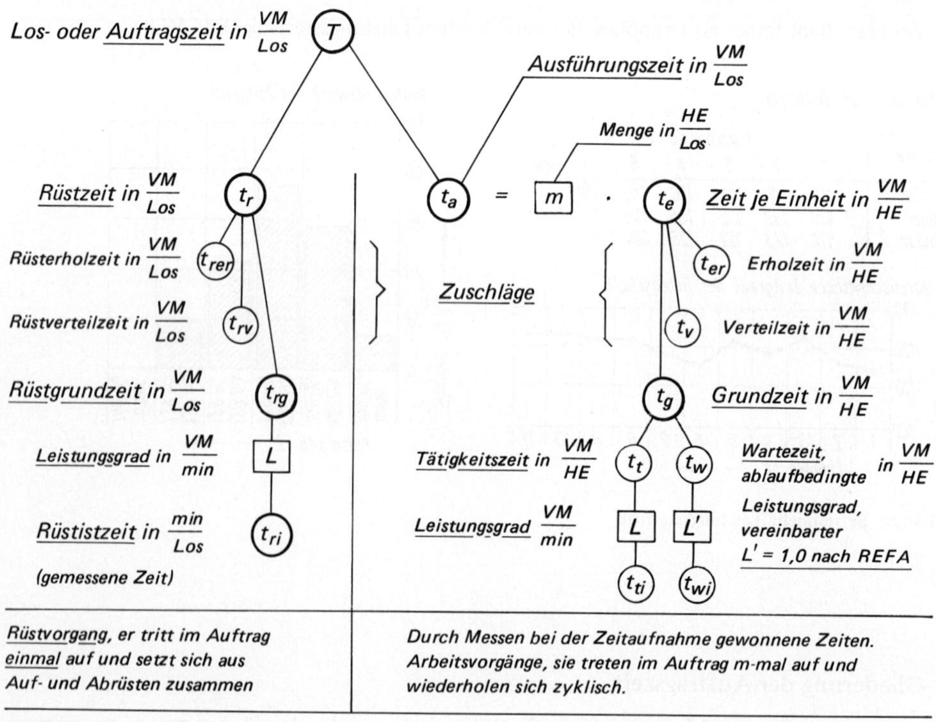

Bild VI.9. Gliederung der Auftragszeit

Die Prozeßzeit wurde mittels Hauptzeitgliederung $t_h = L/n \cdot s$, als arbeitsablaufbedingte Wartezeit $t_w = 2{,}7$ VM/HE, errechnet. Die berechneten oder vereinbarten Zuschläge sind $z_{er} = 5\,\% = 0{,}05$ und $z_v = 10\,\% = 0{,}10$, bezogen auf die Grundzeit.

a) *Errechnung der Grundzeit* t_g

Tätigkeitszeit	$t_t = 0{,}8 \frac{VM}{HE}$
+ arbeitsablaufbedingte Wartezeit	$t_w = 2{,}7 \frac{VM}{HE}$
= Grundzeit	$t_g = 3{,}5 \frac{VM}{HE}$

b) *Errechnung der Zuschläge*

Erholungszeit $t_{er} = z_{er} \cdot t_g = 0{,}05 \cdot 3{,}5 \frac{VM}{HE} = 0{,}175 \frac{VM}{HE}$

Verteilzeit $t_v = z_v \cdot t_g = 0{,}10 \cdot 3{,}5 \frac{VM}{HE} = 0{,}350 \frac{VM}{HE}$

c) *Errechnung der Zeit je Einheit* t_e

Zeit je Einheit $t_e = t_g + t_v + t_{er}$

$$t_e = 3{,}5 \frac{VM}{HE} + 0{,}35 \frac{VM}{HE} + 0{,}175 \frac{VM}{HE} = 4{,}025 \frac{VM}{HE} \approx 4{,}03 \frac{VM}{HE}$$

2. Die Auftragszeit T ist für 100 Gleitsteine – G 7711 zum Arbeitsvorgang „Gleitsteine fräsen" zu ermitteln. Die dazu durchgeführte Zeitaufnahme lieferte folgende Zeitmeßwerte:

Prozeßzeit bei selbständigem Vorschub, also Warteistzeit $t_{wi} = 4{,}89$ min/HE. Handzeiten, für die ein durchschnittlicher Leistungsgrad von $L = 110\,\% \mathrel{\hat{=}} 1{,}1$ VM/min festgestellt wurde, also mittlere Tätigkeitszeit $t_{ti} = 1{,}8$ min/HE und als Rüstzeit $t_{ri} = 26{,}0$ min/Los.

a) *IST- in SOLL-Zeiten umwandeln*

Wartezeit $t_w = t_{wi} \cdot L' = 4{,}89 \frac{\text{min}}{\text{HE}} \cdot 1{,}0 \frac{\text{VM}}{\text{min}} = 4{,}89 \frac{\text{VM}}{\text{HE}}$

Tätigkeitszeit $t_t = t_{ti} \cdot L' = 1{,}80 \frac{\text{min}}{\text{HE}} \cdot 1{,}1 \frac{\text{VM}}{\text{min}} = 1{,}98 \frac{\text{VM}}{\text{HE}}$

Rüstgrundzeit $t_{rg} = t_{ri} \cdot L' = 23{,}7 \frac{\text{min}}{\text{Los}} \cdot 1{,}1 \frac{\text{VM}}{\text{min}} = 26{,}07 \frac{\text{VM}}{\text{Los}}$

b) *Berechnung der Zeit je Einheit*

Grundzeit $t_g = t_w + t_t = 4{,}89 + 1{,}98 = 6{,}87 \frac{\text{VM}}{\text{HE}}$

+ Erholungszeit $t_{er} = z_{er} \cdot t_g = 0{,}05 \cdot 6{,}87 = 0{,}3435 \frac{\text{VM}}{\text{HE}}$

+ Verteilzeit $t_v = z_v \cdot t_g = 0{,}10 \cdot 6{,}87 = 0{,}687 \frac{\text{VM}}{\text{HE}}$

= Zeit je Einheit $t_e = t_g + t_{er} + t_v = 7{,}9005 \approx 7{,}9 \frac{\text{VM}}{\text{HE}}$

c) *Berechnung der Rüstzeit*

Rüstgrundzeit $t_{rg} = 26{,}07 \frac{\text{VM}}{\text{Los}}$

+ Rüsterholungszeit $t_{rer} = z_{rer} \cdot t_{rg} = 0{,}05 \cdot 26{,}07 = 1{,}3035 \frac{\text{VM}}{\text{Los}}$

+ Rüstverteilzeit $t_{rv} = z_{rv} \cdot t_{rg} = 0{,}10 \cdot 26{,}07 = 2{,}607 \frac{\text{VM}}{\text{Los}}$

= Rüstzeit $t_r = t_{rg} + t_{rer} + t_{rv} = 29{,}9805 \approx 30 \frac{\text{VM}}{\text{Los}}$

d) *Berechnung der Auftragszeit T*

$$T = t_r + m \cdot t_e = 30 \frac{\text{VM}}{\text{Los}} + 100 \frac{\text{HE}}{\text{Los}} \cdot 7{,}9 \frac{\text{VM}}{\text{HE}} = 820 \frac{\text{VM}}{\text{Los}}$$

VII. Arbeitsgestaltung, Zeit- und Lohnermittlung

1. Gestaltung der Arbeit

Eine Zeit- oder Kostenermittlung wird erst möglich, wenn Klarheit über die Gestaltung der Arbeit besteht. Arbeit gestalten heißt, einen Bestzustand anstreben. Dabei kann es sich um eine Arbeitsneugestaltung oder um eine rationalisierende Arbeitsumgestaltung handeln. Während bei der Arbeitsneugestaltung nur ein rationeller Arbeitsablauf mit den dazugehörigen Arbeitsfolgen, Arbeitsvorgängen und Arbeitselementen entwickelt werden braucht, muß bei der Arbeitsumgestaltung nach dem Grundsatz „Durch Klarheit zur Wahrheit" in vier Stufen vorgegangen werden.

1.1. Vier-Stufen-Methode der Arbeitsumgestaltung[1])

Stufe 1: Istzustand bzw. bestehende Arbeitsmethode[2]) festhalten. Jeder Teilvorgang usw. ist zu notieren, während die Arbeit beobachtet wird. Dann sind alle Mängel, also Störungen und Schwierigkeiten festzustellen: am Arbeitsverfahren oder an der Arbeitsmethode, an der Art der Arbeitsteilung, an dem Prinzip der Arbeitsplatzanordnung, am Betriebsmittel und am Arbeitsgegenstand. Ferner sind Arbeitsanforderungen, Umgebungseinflüsse und Organisationstypus festzustellen und aufzuschreiben. Unter Umständen sind Arbeitsplatz-, Betriebsmittel-, Werkstoff- und Bewegungsstudien durchzuführen.

Stufe 2: Kritik des Istzustandes mit Folgerungen für den anzustrebenden Sollzustand unter Ausschöpfung aller betrieblichen Möglichkeiten.

Es ist zu fragen:

1. Was wird getan? Warum? Wozu? Ist das nötig?
2. Wann und wo könnte man das besser tun? Warum dann? Warum dort?
3. Wer könnte das besser tun? Warum?
4. Womit und wie könnte man das besser tun? Warum?

Es ist mit Tatsachen, Erfahrungen, Ursachen und Gründen zu arbeiten und nicht mit Meinungen, Scheinwirkungen usw.

Stufe 3: Sollzustand entwickeln und verbesserte Arbeitsmethode festlegen. Gefundene Einfälle kritisch durchdenken, brauchbare auswerten, überflüssig gewordene Teilarbeiten ausschalten, nötige Arbeiten richtig aufteilen und vereinfachen. Dann verbesserte Arbeitsmethode gründlich erproben, begutachten lassen und schriftlich festlegen.

Stufe 4: Einführung der verbesserten Arbeitsmethode. Das ist die schwerste aber auch wichtigste Stufe[3]), die sehr viel Diplomatie erfordert, denn die meisten betroffenen Mitarbeiter sträuben sich gegen Neuerungen[4]). Es sind deshalb brauchbare Vorschläge der Mitarbeiter zu verwenden und unbrauchbare besonders eingehend begründet abzulehnen. Ferner ist der Erfolg der neuen Arbeitsmethode durch gründliche und richtige Arbeitsunterweisung zu sichern, sowie der Erfolgsnachweis schriftlich niederzulegen.

---

[1]) REFA schlägt eine „6-Stufen-Methode der Systemgestaltung" vor, die sich allerdings in der Praxis noch nicht voll durchgesetzt hat.

[2]) Arbeitsmethode, das ist eine schriftlich oder nach „Brauch und Sitte" festgelegte Art der Arbeitsausführung, im Gegensatz zur Arbeitsweise, das ist die innerhalb des verbleibenden Spielraums dem Arbeiter eigene, individuelle Art der Arbeitsausführung.

[3]) Der Aufwand für eine Arbeitsuntersuchung rechtfertigt sich nur, wenn die gefundenen Verbesserungen auch eingeführt werden.

[4]) Weitere Gründe siehe Zeitaufnahme.

Bei der Ermittlung von Verbesserungen sollte berücksichtigt werden:

Der Mitarbeiter. Ist er für diese Arbeit geeignet? Ist er an ihr interessiert? „Kann" er die Arbeit? Hat er genügend Erfahrung und Übung? Ist er vollständig unterwiesen? Versteht er den Zweck seiner Arbeit? Stehen ihm nötige Arbeitsschutzmittel zur Verfügung?

Das Arbeitsverfahren. Sind alle Unfallschutzvorschriften berücksichtigt und bekanntgegeben? Kann ohne Kraftverschwendung und mit beiden Händen gleichzeitig gearbeitet werden? Wird die Arbeit in günstiger Höhenlage, möglichst im Sitzen und ohne Unterbrechung des Bewegungsflusses ausgeführt? Können Rückstände, Engpässe und Doppelarbeit vermieden werden? Kann die fertige Arbeitsmenge leicht übersehen und erfaßt werden?

Die Werkzeuge und Maschinen. Wird von technischen Hilfsmitteln genügend Gebrauch gemacht, um Handarbeit einzusparen und unnötige Ermüdung zu vermeiden? Sind Werkzeuge, Vorrichtungen sowie Bedienungselemente der Maschine übersichtlich und griffgerecht angeordnet?

Der Arbeitsplatz. Ist der Arbeitsplatz übersichtlich, hygienisch, freundlich und richtig beleuchtet, oder wird der Arbeitserfolg durch Umwelteinflüsse wie Zugluft, Lärm, Temperatur usw. beeinträchtigt? Ist der Arbeitsplatz so gestaltet, daß nicht ein Arbeiter den anderen behindert und ist das Arbeits- und Sehfeld des Menschen genügend berücksichtigt?

Der Transport. Sind die Transportmittel den örtlichen und räumlichen Verhältnissen angepaßt, zweckmäßig und unfallsicher? Können Wartezeiten der Fördermittel und Förderwege verkürzt werden? Wird Handtransport und rückläufiges Fördern vermieden? Ist das Fördermittel verschleißfest, schont es das Fördergut und ist seine Geschwindigkeit an den Arbeitstakt angepaßt? Läßt sich häufiges Umladen etwa dadurch vermeiden, daß auf dem Fördermittel gearbeitet werden kann?

Die Werkstoffe bzw. der Arbeitsgegenstand. Kann der Abfall verringert oder notwendiger Abfall produktiv wiederverwendet werden? Sind leichter verarbeitbare, billigere und leichter beschaffbare Stoffe verwendbar? Können Beschädigungen durch bessere Lagerung vermieden werden?

1.2. Die Arbeitsunterweisung

Ist ein weiteres Mittel zur Arbeitsbestgestaltung; sie kann schriftlich oder mündlich gegeben werden. Weil eine Unterweisung immer etwas zu Lernendes vermitteln soll, heißt es das Lernen so zu leiten, daß der erstrebte Lernerfolg richtig, sicher, möglichst einfach und planmäßig erreicht wird. Man unterscheidet folgende drei Lernformen:

Neulernen: Erlernen einer neuen Einzelarbeit oder eines neuen Berufes. Hierbei sind Angehörige fremder Berufe oft besser geeignet als Angehörige verwandter Berufe, denn sie lernen von Grund auf neu und müssen sich alte Gewohnheiten nicht erst abgewöhnen.

Zulernen: Beherrschen lernen eines zusätzlichen Arbeitsgebietes oder durch Arbeitsverfahrens mit anderen Hilfsmitteln oder anderen Werkstoffen.

Umlernen: Erst nachdem alte Gewohnheiten zerstört wurden, kann neu aufgebaut werden. Umlernen ist deshalb oft schwieriger als Neulernen, denn es besteht die Gefahr des Halblernens.

2. Vorkalkulation der Arbeitszeit durch Schätzen, Vergleichen und Rechnen

Für alle betrieblichen Planungen muß man die benötigte Zeit schon vor der Arbeitsausführung kennen. Ermittlungsverfahren und zu erreichende Genauigkeit sind abhängig von den vorhandenen Kalkulationsunterlagen und vom vertretbaren Zeitaufwand des Kalkulators, der sich wiederum richtet

a) nach *dem Verwendungszweck*; Planungszeiten brauchen nicht so genau zu sein wie Vorgabezeiten zum Zwecke der Entlohnung.

b) nach *der Auftragsmenge;* mit steigender Fertigungsmenge vervielfacht sich der begangene Fehler und damit steigt das Kalkulationsrisiko.

Als Grundverfahren, die bei der Zeit-Vorkalkulation von Arbeitsvorgängen meist gemischt angewendet werden, gelten:

Schätzen, d.h. Vergleichen und Abwägen nach Erinnerungswerten:

a) *erlebnisbedingt* und damit subjektiv. Der Schätzer erlebt den Arbeitsablauf in seiner Vorstellung mit und überlegt, wieviel er selbst zu dieser Arbeit Zeit benötigen würde, oder zu einem früheren Zeitpunkt benötigt hat. Dabei kann ihm der Fehler unterlaufen, daß er die Arbeit, die ihm selbst nicht liegt, überschätzt, oder umgekehrt, ihm leichtfallende Arbeit unterschätzt.

b) *kenntnisbedingt,* d.h. der Schätzer hat sich aufgrund der bei seiner Tätigkeit gemachten Erfahrung ein Zahlengedächtnis angeeignet, das er laufend auf Objektivität kontrolliert und dadurch mit genügender Sicherheit anwendet.

Vergleichen und Interpolieren, d.h. Bilden von Vergleichs- oder auch Zwischenwerten nach vorhandenen Aufzeichnungen (Vergleichswertkarteien) oder Zeitnormen für form- und arbeitsähnliche Teile.

Rechnen mit Erfahrungswerten, die in Zeitermittlungsformeln eingesetzt werden.

Neben der summarischen sich auf den ganzen Arbeitsvorgang beziehenden Zeitermittlung durch Schätzen oder Vergleichen wird das Zusammensetzverfahren angewendet. Dieses Verfahren sieht zunächst die Zerlegung des Arbeitsvorganges in solche Ablaufabschnitte vor, die man leicht und sicher schätzen oder berechnen kann, oder in solche, zu denen Vergleichsunterlagen, die sich möglichst auf frühere Zeitaufnahmen stützen, vorhanden sind. Es endet mit der Addition der meist nach verschiedenen Grundverfahren (Schätzen, Vergleichen oder Rechnen) ermittelten Zeitelemente. Beachten muß man hierbei jedoch, daß die so zusammengefügten Zeitelemente sich nicht gegenseitig überschneiden oder zwischen ihnen Lücken entstehen oder gar ganze Zeitelemente vergessen werden. Man hofft ferner, daß sich die Fehler durch zu große und zu kleine Teilzeiten gegenseitig ausgleichen.

Das Zusammensetzen der Zeitelemente, das gleichzeitig zum genauen Durchdenken des Arbeitsablaufes zwingt, kann erfolgen:

chronologisch, d.h. genau im zeitlichen Ablauf oder

gruppiert nach rechenwirtschaftlichen Gesichtspunkten. Es werden gleichartig zu ermittelnde Teilvorgänge zusammengefaßt, wie z.B. bei der Hauptzeit: „i“ Schnitte, bei der Nebenzeit: „i“-mal Tisch oder Support bewegen, sowie sonstige begrifflich und organisch zusammengehörige Einleite- und Ausleitearbeiten wie: Ein- und Ausspannen, Maschine aus- und einrücken, Auf- und Abrüsten usw.

2.1. Arbeitszeitermittlung durch Schätzen

Bezüglich Genauigkeit und Zeitaufwand unterscheidet man:

Gesamtschätzen (Zeiten schießen).

Unterteiltes Schätzen (Zusammensetzverfahren).

Kontrolliertes Schätzen; das durch „Unterteiltes Schätzen“ gefundene Ergebnis wird mit dem am besten vorher gesamtgeschätzten (geschossenen) Wert verglichen und anschließend durch Abwägen der Fehlermöglichkeiten ein endgültiges Ergebnis gefunden.

Beispiel: Zeitermittlung durch „Kontrolliertes Schätzen“.

a) *Arbeitsgegenstand:* Winkel (Bild VII.1), Zeichnungs-Nr.: W 30-8, Losgröße: 20 Stück.

b) *Ausgangsstoff:* Flachstahl 30 · 3, St34, Einsatzgewicht: 45 g/Winkel.

c) *Arbeitsplatz:* Bauschlosserei, hier werden immer ähnliche Arbeiten verrichtet.

d) *Arbeitsbedingungen:* Bohrer bis 12 mm ⌀ gehören zum Werkzeugsatz des Arbeitsplatzes, Auftragspapiere und Zeichnungen werden übergeben. Werkzeug- und Stoffausgabestelle sowie Abgabestelle und Kontrolle sind etwa 50 m entfernt. Bohrmaschine, Schere usw. befinden sich im Umkreis von etwa 5 m.

e) *Arbeitsvorgang:* Zuschneiden, Biegen, Bohren und Fertigstellen.

f) *Gesamtschätzung* (zur Kontrolle des Ergebnisses): $T = t_r + 20\, t_e \approx 120$ VM/Los.

g) *Unterteilte Schätzung:*

Arbeitsunterteilung	t_{rg} VM/Los	t_g VM/HE
1. Rüsten allgemein: a) Zeichnung lesen, Akkordschein ausfüllen b) Werkzeug besorgen und abgeben c) Stoff besorgen, Teile abgeben	11	
2. Zuschneiden (Anschlag einstellen)	4	0,1
3. Richten und entgraten	3	1,0
4. Anreißen zum Biegen	2	0,1
5. Im Schraubstock biegen	3	1,0
6. Löcher anreißen und ankörnen	2	0,3
7. Bohren 2 mal 10 mm ⌀	3	1,0
8. Löcher entgraten (Spitzsenker)	1	0,5
Summe der Grundzeiten	29	4,0

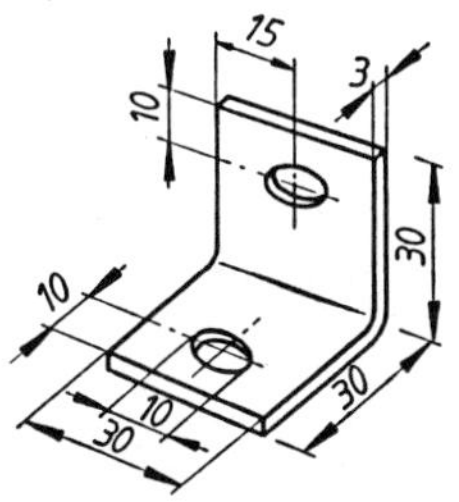

Bild VII.1
Winkel W 30–8

h) *Vorgabezeiten* bei Verteilzeitzuschlag $z_v = 10\,\% = 0{,}1$

Rüstzeit: $t_r = (1 + z_v)\, t_{rg} = 1{,}1 \cdot 29 \approx 32$ VM/Los (auf volle VM gerundet)

Zeit/HE: $t_e = (1 + z_v)\, t_g = 1{,}1 \cdot 4{,}0 = 4{,}4$ VM/He (± 1 % gerundet)

Auftragszeit: $T = t_r + 20\, t_e = 32 + 20 \cdot 4{,}4 = 120$ VM/Los (auf die VM genau)

i) Gesamtschätzung und „Unterteilte Schätzung" sind gleich!

2.2. Arbeitszeitermittlung durch Vergleichen (Einflußgrößenrechnung)

Zum Vergleichen dienen Aufzeichnungen, meist Auszüge wiederkehrender Zeitelemente in Tabellenform, die der planmäßig arbeitende Kalkulator sich laufend aus einer großen Zahl von Zeitaufnahmen und sonstigen genauen Zeitermittlungen erarbeitet und so nach Teilefamilien ordnet, daß sie als Richtwerte oder zur Richtwertbildung dienen können.

Ein Zeitvergleich kann sich beziehen auf Vorgabezeiten ganzer Erzeugnisse oder Erzeugnisteile, auf Vorgabe- oder Grundzeiten von Arbeitsvorgängen sowie auf Normalzeiten von Teilvorgängen oder Arbeitselementen. Vergleichen kann man aber auch Kalkulationsgrundwerte wie Emaillierkosten je m^2, Fertigungskosten je kg Guß, die Grundwerte der Kostenanalyse in der Betriebsabrechnung also Bereitschaftskosten je Stunde oder Stück oder auch sonstige Versuchsergebnisse in Abhängigkeit von ihren Einflußgrößen.

Der Vergleich fußt auf der Annahme, daß sich die Zielgröße (Zeit, Kosten usw.) meist proportional bzw. linear aber bestimmt funktional mit ein oder zwei Einflußgrößen (Länge, Gewicht usw.) ändert. Man spricht von einer

Interpolation, wenn die gebildeten Zwischenwerte innerhalb bekannter Punkte liegen (hohe Sicherheit) und von einer

Extrapolation, wenn man Außenwerte zur Punktwolke, analog dem Funktionsverlauf bildet, die aber noch innerhalb der Gültigkeitsgrenzen liegen müssen.

Die **Gültigkeitsgrenzen** kann nur der Fachmann bestimmen, der die noch zulässige Ungenauigkeit durch Störungseinflüsse, abwägen kann und weiß wo durch Methodenänderung sich der Funktionsverlauf oft sprunghaft ändert, wie z.B. beim Spannen: mit Pinzette, von Hand oder mit einem zweiten Mann (Bild VII.7).

Das Inter- oder Extrapolieren kann wiederum geschehen durch Schätzen oder auch gefühlsmäßiges Abwägen und Rangieren, durch Rechnen, unter der Annahme, daß eine lineare Beziehung vorliegt, oder durch Zeichnen von Schaubildern. Das Schaubild macht die funktionalen Beziehungen sichtbar und erleichtert die richtige Beurteilung sowie das Ausgleichen der vorhandenen Streuungen, die auch den durch Zeitaufnahmen gewonnenen Zeiten aufgrund des beurteilten Leistungsgrades (± 5 %) anhaften.

Jede Richtwerttafel sollte graphisch überprüft und von unlogischen Streuungen befreit werden, wobei Arbeitsinhalt und Anwendungsbereich genau abgegrenzt sein müssen. Durch Zusammenfassen von Spalten oder Zeilen zu je einer Funktionslinie, erfaßt man die dabei auftretende zweite Veränderliche mittels Linienschar in einer sogenannten Parameterdarstellung.

Beispiele:

1. Inter- und Extrapolieren der Vorgabezeit für das Drehen von Ansatzbolzen.

a) *Durch-Schätzen* (Bild VII.2), Voraussetzung: D/d und $d_1/l_1 = d_2/l_2 = d_3/l_3$ = konstant.

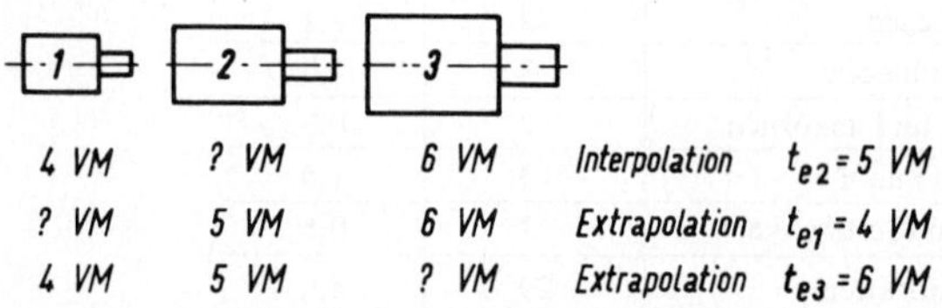

Bild VII.2
Inter- und Extrapolieren durch Schätzen

b) *Durch einfache graphische Darstellung* (Bild VII.3), nur der Zapfendurchmesser d gilt als Einflußgröße, die Vorgabezeit t_e (VM/HE) als Zielgröße. Dazu die lineare Funktion:

allgemein $y = ax + b$

und zum Bild V.3 $t_e = t_{ep}\,d + t_{ef}$

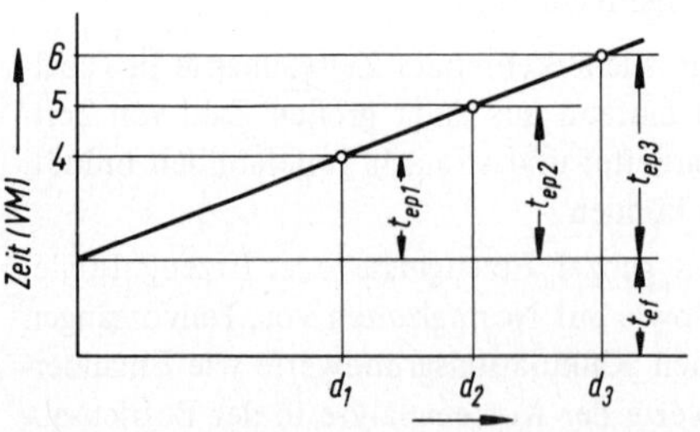

Bild VII.3. Zeichnerisches Inter- und Extrapolieren

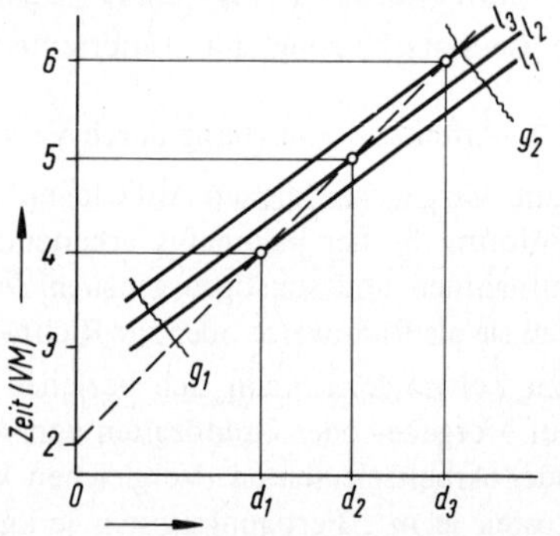

Bild VII.4. Graphische Parameterdarstellung

t_{ep} proportionale Zeitanteile/HE, das sind größenabhängige Zeiten wie Zerspanen usw.

t_{ef} fixe Zeitanteile/HE, z.B. Zeitanteile der Arbeitselemente: Spannen, Maschine ein- und ausrücken, Span anstellen, Messen usw.

c) *Durch graphische Parameterdarstellung* (Bild VII.4). Bei nicht konstantem Verhältnis d/l, wird die zweite Veränderliche l durch eine Linienschar zum Ausdruck gebracht. Im Schaubild, Bild VII.4, stellen g_1 und g_2 die Grenzlinien der Gültigkeit dar, denn außerhalb dieser Grenzen ändert sich die gewählte Arbeitsmethode. So könnte z.B. unterhalb g_1 der Zapfen durch Einstechen (Formdrehen) und nicht durch mehrfaches Langdrehen usw. erzeugt werden, und oberhalb g_2 könnte durch Überschreiten des Verhältnisses $l/d \geqslant 10$ (unstabil) das Arbeiten mit Reitstockspitze und evtl. sogar mit Lünette erforderlich werden.

Anmerkung zu 1a... c): Nur zwei Angaben (Funktionspunkte) täuschen immer einen linearen, d.h. geraden Verlauf der Funktionslinie vor, lassen Plus- und Minusabweichungen unerkannt bleiben und sind deshalb unsicher. Für viele Beziehungen dürfte jedoch die Zerlegung in feste und proportionale Zeitanteile richtig sein. Um die Ablesegenauigkeit zu erhöhen sollte nur der im Untersuchungsbereich liegende Schaubildausschnitt, dafür aber recht groß, gezeichnet werden.

2. Ausgleichen und Beurteilen der Gesetzmäßigkeiten der durch Zeitaufnahmen gewonnenen Zeitelemente.

Neben dem schon im ersten Beispiel gezeigten proportionalen bzw. linearen Funktionsverlauf können sich mit zunehmender Zahl von Einflußgrößen die in den Bildern VII.5 ... VII.8 gezeigten *Kurvenformen* ergeben.

Streuungen können hervorgerufen sein durch individuell andere Arbeitsweisen verschiedener Arbeiter, die vom Arbeitsstudienmann nicht richtig mit dem Leistungsgrad ausgeglichen wurden, oder von Gütetoleranzen die beim Werkstoff, Werkzeug usw. auftreten können.

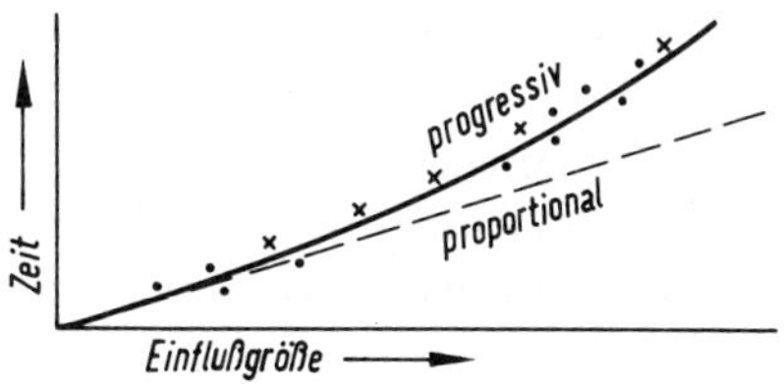

Bild VII.5. Progressiver Kurvenverlauf der Zeitfunktionen

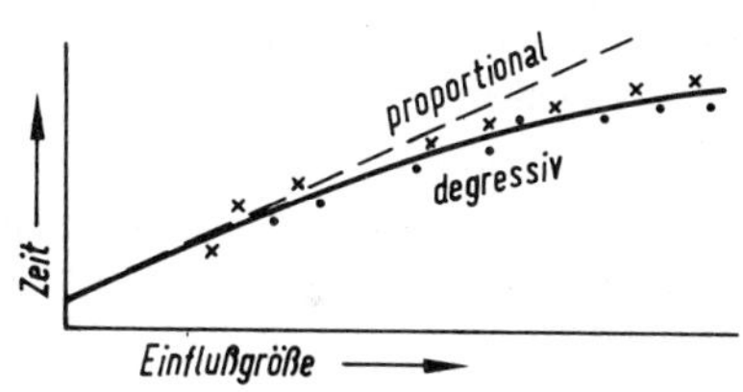

Bild VII.6. Degressiver Kurvenverlauf der Zeitfunktionen

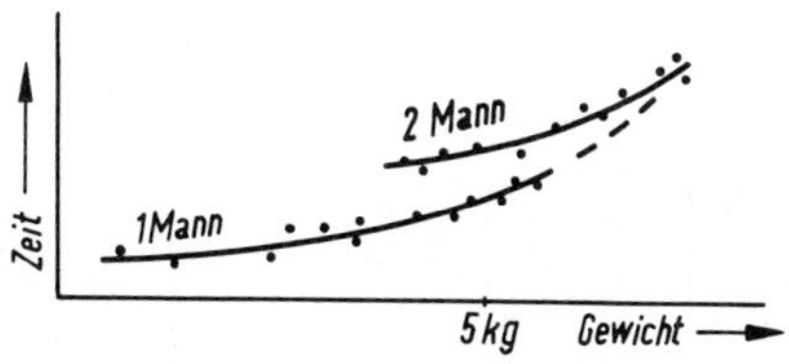

Bild VII.7. Unterbrochener Kurvenverlauf bei Änderung der Arbeitsmethode z.B. beim Spannen oder Bewegen großer Teile mittels Hebezeuge oder durch zwei Mann

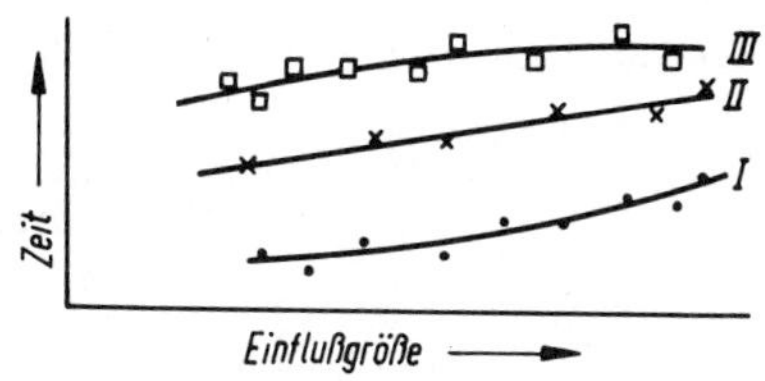

Bild VII.8. Parameterkurven oder Kurvenschar für verschiedene Feilarten bzw. Genauigkeitsgraden

Kurve I: Schruppen

Kurve II: Schlichten

Kurve III: Feinschlichten

2.3. Arbeitszeitvorrechnung

Unter Arbeitszeitvorrechnung versteht man die Vorausbestimmung der Vorgabezeit mittels der drei Grundverfahren Schätzen, Vergleichen und Rechnen, meist auf einem entsprechenden Zweckvordruck ausgeführt. Arbeitsrechtlich gesehen muß jede ermittelte Zeit rekonstruierbar sein, d.h. es müssen auf der Arbeitszeitvorrechnung verwendete Kalkulationsunterlagen z.B. Richtwerttafeln, Drehzahlen usw. sowie das Ermittlungsverfahren angegeben sein.

3. Technik und Auswertung der Zeitaufnahme

Die Zeitaufnahme ist das praxisnahe Bindeglied, das die Grundlage aller Zeitermittlungserkenntnisse vermittelt. Sie dient zur Zeitermittlung in der Massenfertigung, zur Schaffung von Kalkulationsunterlagen und zur Klärung von Akkordstreitigkeiten.

3.1. Voraussetzung für die Zeitaufnahme

Der Arbeitsstudienmann darf sich nicht mit der vorgefundenen Arbeitsausführung zufrieden geben, er muß vielmehr den Arbeitsvorgang erst nach den Regeln der Arbeitsgestaltung durchdenken, bestgestalten und die gefundene Arbeitsmethode schriftlich festlegen. Dies hat folgende Gründe:

a) ist es unwirtschaftlich, halbe Arbeit zu leisten,

b) erschüttern zu oft erforderliche Zeitaufnahmen das Vertrauen und

c) ist eine einmal gemachte Zeitaufnahme für beide Teile verbindlich und kann eigentlich nur wiederholt werden, wenn Fehler nachgewiesen werden oder sich die Arbeitsmethode geändert hat.

3.2. Menschliche Probleme bei der Zeitaufnahme

a) *Der Arbeiter fürchtet* eine Beschneidung seiner Freiheit während der Zeitaufnahme sowie eine Schmälerung der Verdienstchancen und zwar auch dadurch, daß Neuerungen eingeführt werden sollen.

b) *Der Betriebsvorgesetzte argwöhnt,* daß seine Leute unzufrieden werden, seine eigene Handlungsfreiheit durch straffe zeitliche Erfassung eingeschränkt wird und er manches tun muß, was seine Bequemlichkeit stört.

c) *Die Kollegen des Arbeiters* bangen um den Besitzstand guter Vorgabezeiten.

d) *Der Betriebsrat,* der für die Akkord- und Lohngestaltung ein Mitbestimmungsrecht besitzt, kann auf Grund mangelnder Sach- und Fachkenntnisse ungeschickt eingreifen und weitere Spannungen erzeugen.

3.3. Hilfsmittel bei der Zeitaufnahme (Bild VII.9)

Fremdaufschreibung. Bei Fremdaufschreibungen verwendet man in der Regel Zeitmeßgeräte mit $\frac{1}{100}$-Minutenteilung (cmin). Es werden in diesem Rahmen Einzelstoppuhren mit Schleppzeiger zur Fortschrittszeitmessung oder Mehrfachuhrensysteme zur Einzelzeitmessung verwendet.

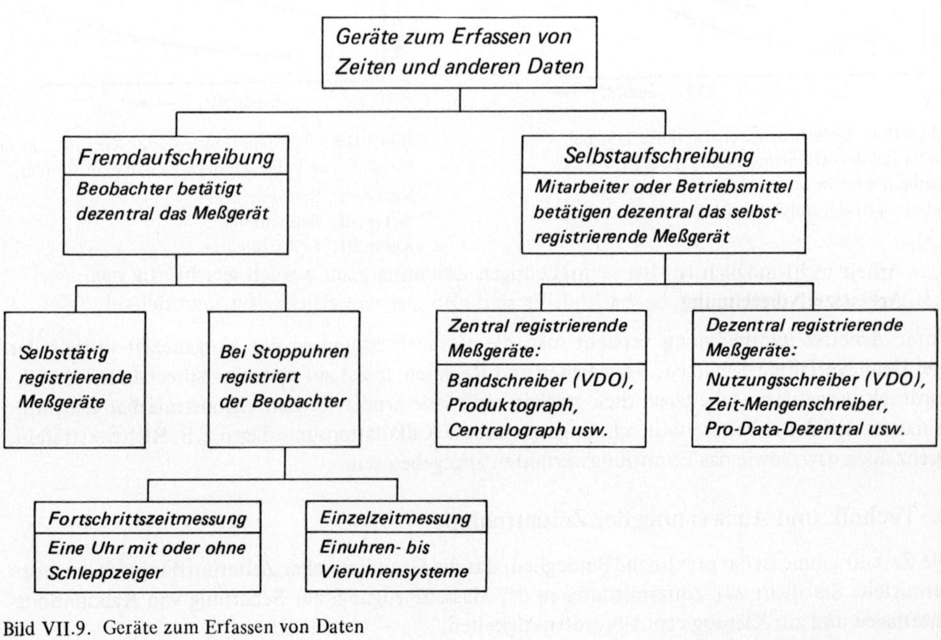

Bild VII.9. Geräte zum Erfassen von Daten

Weiterhin benötigt man folgende *Schreibutensilien*: Geeignete Vordrucke als Beobachtungsbogen, Schreibunterlage (meist mit Uhrenbefestigung und Traggurt) und einen urkundenechten Stift (Kugelschreiber, Füller oder Kopierstift). *Meßgeräte* wie Metermaß, Schiebelehre, Tourenzähler usw. werden zur Feststellung der Maschinendaten und Werkstückabmessungen benötigt.

Selbstaufschreibung. Uhrensysteme können auch vom arbeitenden Menschen oder vom Betriebsmittel über Druckknöpfe, Lichtschranken usw. betätigt werden. Die dadurch ausgelösten Impulse können entweder *dezentral* im Gerät oder durch eine *zentrale* Leit- oder Überwachungsstelle registriert werden.

3.4. Arten von Zeitaufnahmen

Abhängig von der im Bild VII.10 gezeigten Verkettung der Arten der Arbeitsabläufe mit der Paarung von Arbeiter und Stellenzahl, unterscheidet man:

Vorausbestimmbare ein- oder mehrgliedrige Zeitaufnahmen und nicht vorausbestimmbare ein- oder mehrgliedrige Zeitaufnahmen.

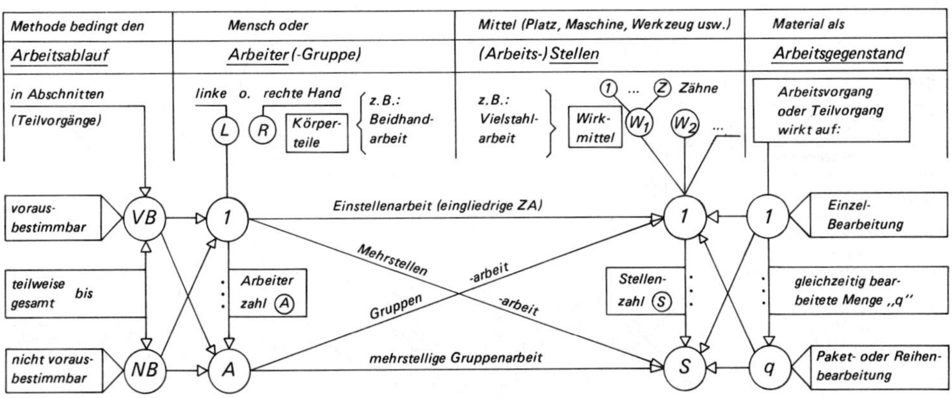

Bild VII.10. Verkettung der Arbeitsablauf- und Bearbeitungsarten mit der Paarung von Mitarbeiter- und Stellenzahl

Bei vorausbestimmbaren Zeitaufnahmen ist eine gute Vorbereitung mit kleinsten Arbeitselementen möglich. Dagegen muß man sich bei den teilweise bis gesamt nicht vorausbestimmbaren Arbeitsabläufen (z.B. Reparaturarbeiten) mit der Unterteilung in größere Elementgruppen zufrieden geben, weil sonst durch den Arbeitsstudienmann eine zwischenzeitlich notwendige Beschreibung der Arbeit nicht möglich ist. Bei mehrgliedrigen Zeitaufnahmen werden gleichzeitig mehrere Mitarbeiter oder Arbeitsstellen beobachtet. Es sind also mehrere gleichzeitig auszufüllende Beobachtungsbogen erforderlich.

Bei den Arbeiten die innerhalb eines Arbeitsvorganges oder Teilvorganges gleichzeitig auf mehrere (q) Arbeitsgegenstände wirken, muß bei der Auswertung die registrierte Zeit t_{iq} auf die Herstelleinheit (HE) bezogen werden.

Es ist dann:

$$\text{IST-Zeit je HE } t_i = \frac{t_{iq}}{q}$$

t_{iq}	q
$\frac{\text{min}}{\text{Paket}}$	$\frac{\text{HE}}{\text{Paket}}$

Beispiele: In Paketen werden q Arbeitsgegenstände gebohrt, gehobelt oder gefräst; eine Tafel wird erst in Streifen (Plattenpakete) und dann in Platten (HE) geschnitten usw.

3.5. Reproduzier- und Vergleichbarkeit von Zeitaufnahmen

Um eine Zeitaufnahme nachprüfbar zu machen, müssen ihre Ablaufabschnitte für ähnliche Arbeitsvorgänge verwendbar oder vergleichbar sein. Um dies zu erreichen, ist eine genaue Beschreibung der sieben Systembegriffe: Mensch und Betriebsmittel, Arbeitsaufgabe, Arbeitsablauf und Umwelteinflüsse sowie der Eingabe und erzielten Ausgabe des Arbeitssystems (Bild VII.11) erforderlich.

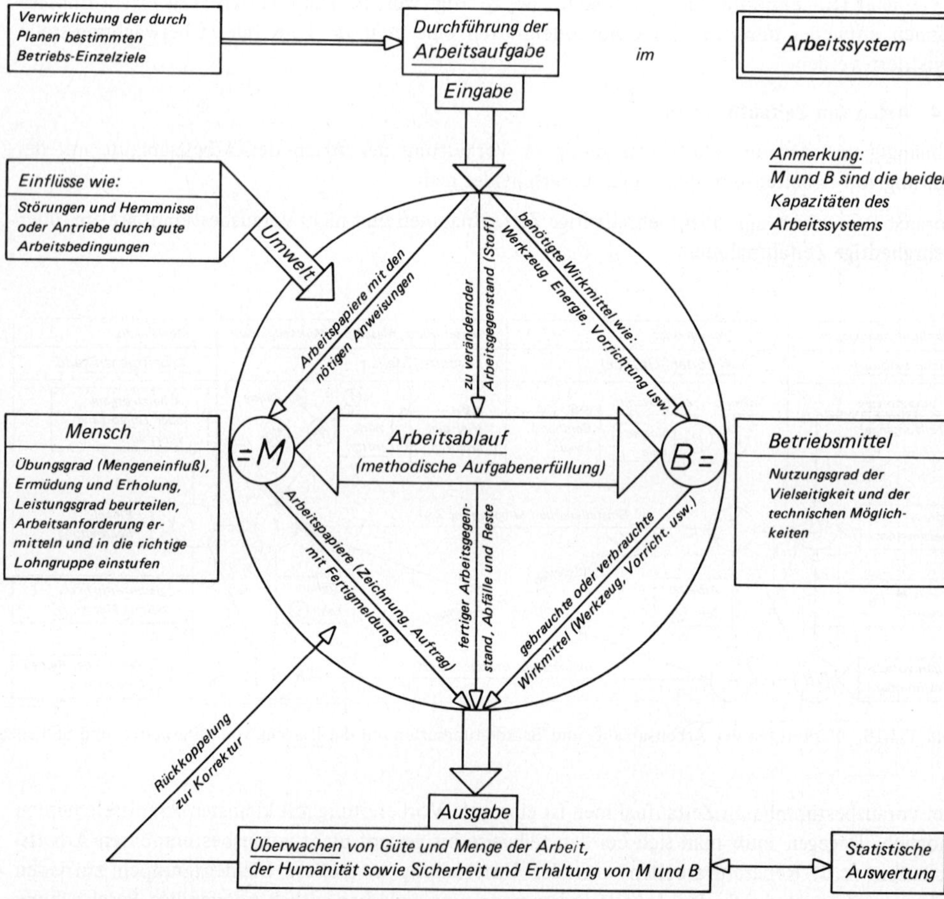

Bild VII.11. Das Arbeitssystem eines Arbeitsplatzes

3.6. Ablauf einer vorausbestimmbaren eingliedrigen Zeitaufnahme mit Einzelstoppuhr

Nach einer gründlichen Beschreibung des Arbeitssystems, auf der Vorderseite des Beobachtungsbogens, wird auf der Rückseite die eigentliche Zeitaufnahme (Bild VII.12) wie folgt durchgeführt:

a) Markante Kurzbeschreibung, der durch akustische oder visuelle Meßpunkte abzugrenzenden Teilvorgänge, auf dem Beobachtungsbogen notieren.

b) Die mittels abgestoppten Schleppzeiger angezeigten Fortschrittszeiten F, sind für mindestens 5 ... 20 Teile aufzuschreiben. Dabei ist gleichzeitig der Leistungsgrad L zu beurteilen und einzutragen. Unplanmäßig auftretende Zeiten, wie z.B. Verteilzeiten, sind als Unterbrechungen zu notieren. Dem Mitarbeiter ist ferner die zu registrierende Aufnahmezeit, also Beginn und Ende der eigentlichen Zeitaufnahme, bekanntzugeben.

Aufteilung		Zy-Nr.	1. Teil 1	2	3	4	5	2. Teil 1	2	3	4	5	3. Teil 1	2	3	4	5	der Zeitaufnahme (ZA)			
Lfd. Nr	Arbeitsablauf in Teilvorgängen	Teil-Nr.	46	47	48	49	50	101	102	103	104	105	206	207	208	209	210	Summe	$\bar{L}$[1]	Soll-Zeit	
		Zy-Nr.	1	2	3	4	5	6	7	8	9	10	11	12	13	14	15	t_i	Anzahl	t VM/HE	Art
a	Teil einlegen, Gewindebohrer einführen und schalten		←						R_{14} = 6								→				
		L	110		115		120		120		125		130		120		120	420	120 %	0,36	t_t
		t_i	(33)	31	29	—	30	29	28	32	31	29	(27)	30	30	29	32		1 · 14		
		F	33	82	127	—	221	391	436	484	533	579	701	747	794	941	989				
b	Gewinde M 8 × 10 vollautomatisch schneiden, mit: n = 200; s = 1,25 u. l = 40		←						R_{14} = 2								→				
		L																238	(100 %)	0,17	t_w
		t_i	18	16	17	47	18	17	(16)	(18)	17	17	16	17	18	16	17		1 · 14		
		F	51	98	144	191	239	408	452	502	550	596	717	764	812	957	1006				
c	Nach je 5 Stück Gewindebohrer zum Entleeren ein- und ausspannen	L					110					110					110	240	110 %	0,176	t_t
		t_i					81					78					81		3 · 5		
		F					362					674					1087				

Zeitaufnahme	am: 20/8. ..	durch: John		
Abteilung: 703	bei: Müller, Gerd 703-25			
Teil-ZA	Beginn	10^{10}	10^{18}	10^{28}
	Ende	10^{14}	10^{21}	10^{32}
Kontrollbefund:	i.O.	21/8. ...	Siegmann	

Lfd. Nr.	Zy-Nr.	Unterbrechungen	von	bis				
						Summe	0,706	t_g
a	4	Stoppen verpaßt	144	191	47	+ 10 % t_g	0,0706	t_v
c	5	Nase geputzt	320	362	42	+ 3,3 % t_g	0,0233	t_{er}
						Summe	0,7999	t_e
Kontrollsumme = letzte F-Zeit					1087	Vorgabe	≈ 0,8	t_e

			1	2	3	4	5	6	7	8	9	10	11	12	13	14	15		
$\bar{z} = \bar{R}_5/\bar{t}_z = 5{,}7/47 = 12{,}1\ \%$		R_5	5					6					6					Σ = 17	$\bar{R}_5 = \Sigma R_5/k = 17/3 = 5{,}7$
$v = s/\bar{t}_z = 2{,}14/47 = 4{,}6\ \%$		ΔQ	16	0	1	0	1	1	9	9	1	1	16	0	1	4	4	Q = 64	$s = \sqrt{64/14} = 2{,}14$
$\epsilon' = 2{,}0\ \%$	$\epsilon_z = 2{,}9\ \%$[3]	$n' \approx 29$ / t_z[2]	(51)	47	(46)	47	48	46	(44)	(50)	48	46	(43)	47	48	45	(49)	Σ = 705	$\bar{t}_z = \Sigma t_z/n = 705/15 = 47$

[1]) *Gewogener Mittelwert.* [2]) *Zykluszeit t_z wurde nur für die Teilvorgänge „a" und „b" ermittelt.* [3]) *ϵ_z ist zu $\bar{z}$ ermittelt.*

Bild VII.12. Abgekürzte Form einer dreiteiligen Zeitaufnahme mit statistischer Auswertung zur Zykluszeit t_z

c) Weil die Routinebildung, besonders bei Handarbeiten, auf die gemessene Zeit einen Einfluß hat, ist in der oberen Zeile des Beobachtungsbogens, die während der Zeitaufnahme gefertigte Teil-Nr. anzugeben. Die mittlere Routinezeit liegt bei etwa $\frac{1}{3}$ der Auftragsmenge m. Um die nachteilige Wirkung einer Klumpenstichprobe zu mindern, sollte jede Zeitaufnahme dreiteilig sein. Bei der Zeitaufnahme Bild V.12 wurden z.B. die Teile-Nr.: 46 ... 51, 101 ... 105 und 206 ... 210 aufgenommen.

d) Die Auswertung der Zeitaufnahme soll in einer anderen Farbe, meist rot, durchgeführt werden. Es werden zunächst die einzelnen Istzeiten t_i als Differenzbetrag der Fortschrittszeiten F ermittelt. Danach wird aus den Ist-Zeiten t_i jedes Teilvorganges der auf die Herstelleinheit HE bezogenen arithmetische Mittelwert $\overline{t_i}$ (sprich: t_i quer) gebildet. Dieser Wert multipliziert mit dem durchschnittlichen Leistungsgrad $\overline{L}$ (sprich: L quer), ergibt den jeweiligen Teil (t_t oder t_w) der Soll- bzw. Grundzeit. Bei Mehrfach- oder Paketzeiten t_{iq} (Teilvorgang c – Bild VII.12) darf nicht vergessen werden, durch die Mehrfach- oder Paketmenge q zu teilen. Die Prüfung auf Additionsfehler wird in der Summenspalte gezeigt. Es muß die Summe der Ist-Grundzeiten plus Unterbrechungszeiten, gleich letzte Fortschrittszeit sein. Addiert man zur Summe der Soll-Grundzeiten t_g, noch die Verteilzeit t_v und Erholungszeit t_{er}, so erhält man die Zeit je Einheit t_e. Diese auf ± 1 % gerundet, wird dann als Vorgabezeit verwendet.

e) Für die während der Zeitaufnahme durchgeführten Arbeiten ist ein Kontrollbefund einzuholen. Der Kontrollierende muß dann die ordnungsgemäße Arbeitsausführung auf dem Beobachtungsbogen bestätigen, in dem er z.B. „in Ordnung" mit Datum und Unterschrift einträgt.

3.7. Statistische Prüfung der durch die Zeitaufnahme gefundenen Zeiten

Die durch Zeitaufnahmen ermittelten einzelnen Istzeiten t_i streuen um ihren arithmetischen Mittelwert $\overline{t}_i$. Die *Streuungsursachen* sind: Stoppfehler (Beobachter und Uhr), Förderwege, Störungen beim Spannen (Späne, Vorrichtung klemmt, Spanngriff in verschiedener Lage), verschiedene An- und Überlaufwege, Rohzustand der Arbeitsgegenstände in Form und Oberfläche (Toleranzen) oder Bearbeitbarkeit (Härte, Lunker).

Die *Streuungen* der einzelnen Istzeiten t_i, der Teilvorgänge „a" und „b" der Zeitaufnahme (Bild VII.12), sowie der Zykluszeit t_z, sind in Histogrammen (Bild VII.13), als Spannweite R zur auftretenden Häufigkeit, dargestellt.

Die Spannweite R ist, als Differenz zwischen dem Maximal- und Minimalwert, ein Maß für die absolute Streuung einer Stichprobe. Durch die verschiedenen Markierungen der drei Zeitaufnahmeteile wird erkennbar, daß mit zunehmender Anzahl der Beobachtungen (Stichprobengröße n), sich das Bild der Histogramme dem der Gaußschen Normalverteilung nähert.

Die (Gaußsche) *Normalverteilung* wird deshalb zur Beurteilung aller möglichen (Meß-)Stichproben herangezogen. Die Einflußgröße wird hier mit „x" bezeichnet und damit ist der

arithmetische Mittelwert $\overline{x} = \sum_{i=1}^{n} \frac{x_i}{n}$
(sprich: x quer)

Als Beurteilungsgröße dient die

Standardabweichung $s = \sqrt{\frac{Q}{n-1}} \approx \frac{3\,R_5}{7}$

mit der

Quadratsumme $Q = \sum_{i=1}^{n} (x_i - \overline{x})^2$
(der Abweichungen von $\overline{x}$)

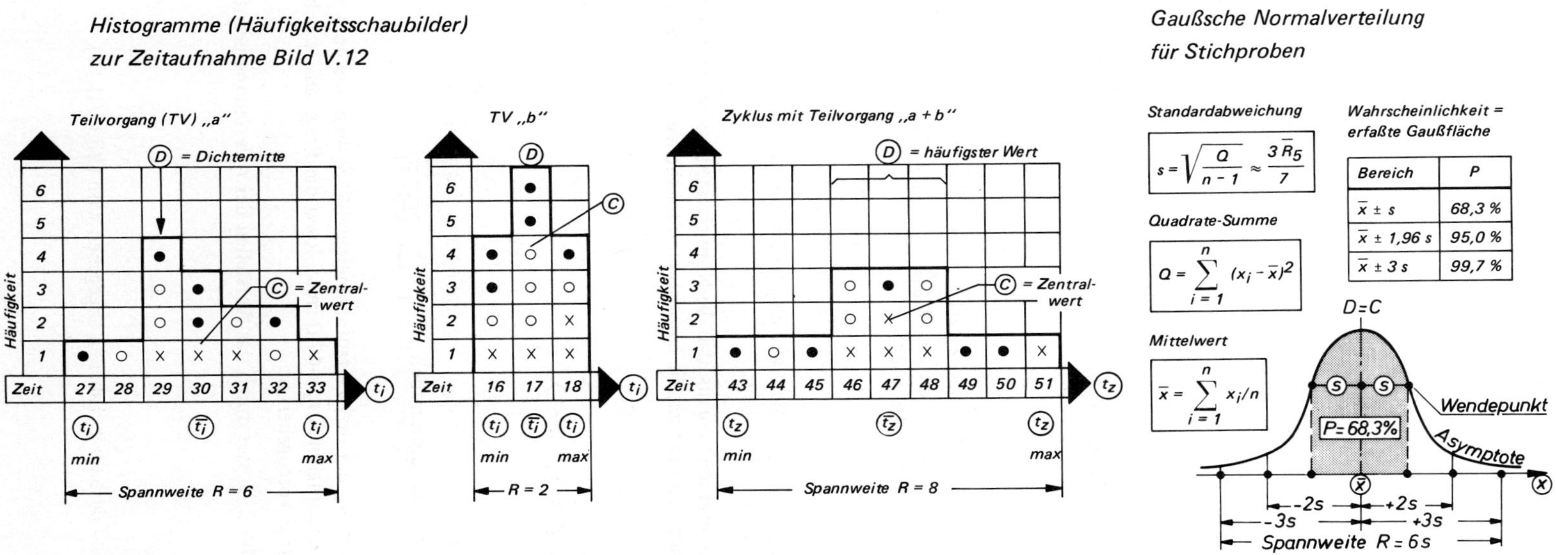

Symbole für die Zeitaufnahme-Teile: 1. Teil ×, 2. Teil ○ und 3. Teil ●

Bild VII.13. Histogramme (Häufigkeits-Schaubilder) der Istzeiten t_i der Teilvorgänge „a“ und „b“ und ihrer Zykluszeit t_z im Vergleich zur Gaußschen Normalverteilung mit der Unbekannten x für t_i oder t_i usw.

Der arithmetische Mittelwert von mindestens 3 ... k Fünfer-Spannweiten R_5, ist die Spannweite $R = x_{\max} - x_{\min}$ von fünf Meßwerten, die in einer zufällig und repräsentativ vorgenommenen Reihenfolge festgestellt wurden.

Man nennt diesen Mittelwert

$$\textit{mittlere Fünfer-Spannweite } \bar{R}_5 = \sum_{3}^{k} \frac{R_5}{k}$$

Anwendungsbeispiele zu t_z aus der Zeitaufnahme (Bild VII.12)

1. $\bar{t}_z = \dfrac{\sum t_z}{n} = \dfrac{51 + 47 + 46 + ... + 49}{15} = \dfrac{705}{15} = 47{,}0 \text{ cmin}$

2. $Q = \sum (t_z - \bar{t}_z)^2 = 16 + 0 + 1 + ... + 4 = 64{,}0 \text{ cmin}^2$

3. $s = \sqrt{\dfrac{Q}{n-1}} = \sqrt{\dfrac{64}{15-1}} = 2{,}14 \text{ cmin}$

4. $\bar{R}_5 = \dfrac{\sum R_5}{k} = \dfrac{5 + 6 + 6}{3} = 5{,}7 \text{ cmin}$

Die Wahrscheinlichkeit P (dargestellte Graufläche) zeigt an, ob eine Stichprobe in bestimmten Grenzen liegt, nämlich im Wahrscheinlichkeitsbereich $x_{\text{unten}}^{\text{oben}} = x_{\text{oben}} \ldots x_{\text{unten}}$, der durch die Standardabweichung s gegeben ist (Tabelle im Bild V.13).

Zur Zykluszeit t_z der Zeitaufnahme (Bild VII.13) ist z.B. bei $P = 95\,\%$, der Wahrscheinlichkeitsbereich $x_{\text{un}}^{\text{ob}} = t_{\text{zun}}^{\text{ob}} = \bar{t}_z \pm 1{,}96\text{ s} = 47{,}0 \pm 1{,}96 \cdot 2{,}14 = 43 \ldots 51 \text{ cmin}$

Es ist also $t_{z\max} = t_{z\,\text{ob}}$ und $t_{z\min} = t_{z\,\text{un}}$. Man kann also feststellen, daß das t_z-Histogramm genau im Bereich der Wahrscheinlichkeit $P = 95\,\%$ liegt.

Bei statistischen Auswertungen setzt man voraus, daß die Normalverteilung der Stichprobe, ähnlich der Normalverteilung der Grundgesamtheit ist, die zur insgesamt möglichen Menge N gehört.

Es ist dann der

$$\textit{Mittelwert der Grundgesamtheit } \mu = \sum_{i=1}^{N} \frac{x_i}{N}$$

und die

$$\text{Standardabweichung der Grundgesamtheit } \sigma = \sqrt{\sum_{i=1}^{N} \frac{(x_i - \mu)^2}{(N-1)}}$$

Die unterschiedlichen Mittelwerte $\bar{t}_z$ der drei Zeitaufnahmeteile: 47,8; 46,8 und 46,4 cmin, sowie der Mittelwert der gesamten Zeitaufnahmen $\bar{t}_z = 47{,}0$ cmin, lösen die Frage aus, welcher Wert als Mittelwert der Grundgesamtheit μ vorzugeben ist.

Diese Frage wurde 1908 von *W. S. Gosset* durch das Aufstellen der t-Verteilung beantwortet. Zu dieser t-Verteilung gehört die

$$\textit{Prüfgröße } t = \frac{\bar{x} - \mu}{(\pm)\, s} \sqrt{n}$$

die von n und P abhängig ist und deshalb in Tabellen angegeben wird (Bild VII.14).

Löst man diese Gleichung nach μ auf, so erhält man die Grenzen zum

$$\textit{Mittelwert der Grundgesamtheit}\ \mu = \bar{x} \pm s\frac{t}{\sqrt{n}} \mathrel{\hat{=}} \mu_{\text{un}}^{\text{ob}}$$

als *Vertrauensbereich.*

Man kann auch für den

$$\textit{absoluten Fehler} = \pm\, s\frac{t}{\sqrt{n}} = \pm\,\epsilon \cdot \bar{x}$$

setzen und erhält so die gesuchte Gleichung für den

$$\textit{relativen Fehler}\ \pm\epsilon = \pm\frac{s}{\bar{x}} \cdot \frac{t}{\sqrt{n}} \quad \text{als Verhältniszahl}$$

oder den

$$\textit{relativen Fehler}\ \pm\epsilon = \pm\, 100\,\%\frac{s}{\bar{x}} \cdot \frac{t}{\sqrt{n}} = v \cdot f_{(\text{n})} \quad \text{als Prozentzahl}$$

In der obigen Gleichung ist ferner die Funktion von n und $P = f_{(\text{n})} = t/\sqrt{n}$ (in der Tabelle – Bild V.14 – für 95 % angegeben) und die Variationszahl $v = 100\,\%\ s/\bar{x}$, als Streuungskennzahl der Stichprobe.

Zwischen der Variationszahl $v = s/\bar{x}$ und der mittleren Streuzahl $\bar{z} = \bar{R}_5$, besteht für $n = 15 \ldots \infty$ die Beziehung $v \approx \bar{z} \cdot \frac{3}{7}$. Es wird also die

$$\textit{Genauigkeit}\ \epsilon = f_{(\text{n})} \cdot v \approx f_{(\text{n})} \cdot \bar{z} \cdot \tfrac{3}{7} = \bar{k}_{\text{n}} \cdot \bar{z}$$

D.h., es ist $\bar{k}_{\text{n}} \approx f_{(\text{n})} \cdot \frac{3}{7}$ und kann in Tabellen (Bild V.14) angegeben werden.

Für kleinere Stichproben mit $n = 5 \ldots 14$ Beobachtungen, hat man zur einfachen Streuzahl $z = R/\bar{x}$ ebenfalls Näherungswerte für den Faktor k_{n} ermittelt, die in der Tabelle – Bild V.14 – wiedergegeben sind.

Man kann also rechnen:

$$\textit{relativer Fehler oder Genauigkeit}\ \pm\epsilon = \bar{z} \cdot \bar{k}_{\text{n}} \quad (\text{für } n = 15 \ldots \infty)$$
$$\text{oder}\quad \pm\epsilon = z \cdot k_{\text{n}} \quad (\text{für } n = 5 \ldots 14)$$

Anwendungsbeispiele zur Zeitaufnahme (Bild VII.12)

1. Für die Zykluszeit t_z wurde ermittelt: $\bar{z} = 12{,}1\,\%$ und $v = 4{,}6\,\%$. Gesucht ist ϵ und der Vertrauensbereich $\mu_{\text{un}}^{\text{ob}}$ zur Sicherheit bzw. Wahrscheinlichkeit von $P = 95\,\%$.

   Lösung: $\epsilon \approx \bar{z} \cdot \bar{k}_{\text{n}} = 12{,}1\,\% \cdot 0{,}24 = 2{,}9\,\%$

   $$\mu_{\text{un}}^{\text{ob}} = \bar{x} \pm \epsilon \cdot \bar{x} = 47{,}0 \pm 0{,}029 \cdot 47{,}0 = 41{,}0 \pm 1{,}36 = \underline{\underline{45{,}64 \ldots 48{,}36\ \text{cmin}}}$$

2. Für den Teilvorgang „a" ist bekannt: $R_{14} = 6$ cmin und $\bar{t}_{\text{i}} = 30$ cmin. Wie groß ist ϵ?

   $$\epsilon = k_{\text{n}} \cdot z = k_{\text{n}} \cdot \frac{R_{14}}{\bar{t}_{\text{i}}} = 0{,}17 \cdot \frac{6}{30} = 0{,}034 = \underline{\underline{3{,}4\,\%}}$$

   Nach dem *Fehlerausgleichsgesetz* ist der

   $$\textit{relative Fehler}\ \text{bei}\ t_z \approx \frac{\text{relativer Fehler bei } t_{\text{i}}}{\sqrt{\text{Anzahl von } t_{\text{i}} \text{ in } t_z}} = \frac{3{,}4\,\%}{\sqrt{2}} = \underline{\underline{2{,}4\,\%}}$$

Es war zu erwarten, daß ϵ beim Teilvorgang „a" größer ist, als beim Zyklus mit den Teilvorgängen „a und b", denn die vorhandenen Fehler gleichen sich zum Teil gegenseitig aus.

Normalverteilung der Stichprobengröße „n"

Beliebige Spannweite $R = x_{max} - x_{min}$

95 %-Spannweite $R_{95\,\%} = x_{ob} - x_{un} \hat{=} \bar{x} \pm 1{,}96\,s$

mittlere Fünfer-Spannweite $\bar{R}_5 = \sum_{i=1}^{k} R_{5i}/k$

Fünfer-Gruppenzahl $k = 3 \ldots \infty$

Wahrscheinlichkeitsbereich $x_{un}^{ob} = \bar{x} \pm 1{,}96\,s$

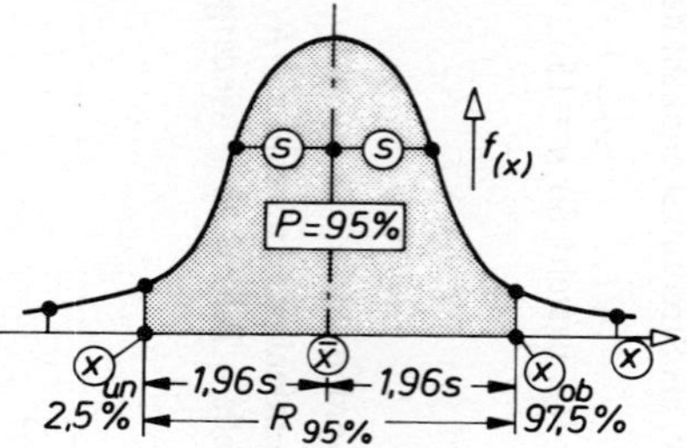

Streuungs-Kennzahlen

$v = \frac{s}{\bar{x}} \cdot 100\,\%$ Variationszahl

$z = \frac{R}{\bar{x}} \cdot 100\,\%$ einfache Streuzahl

$\bar{z} = \frac{\bar{R}_5}{\bar{x}} \cdot 100\,\%$ mittlere Streuzahl

Schluß vom Mittelwert $\bar{x}$ *auf den wahren Mittelwert* μ *mit P % Wahrscheinlichkeit*

t-Verteilung (für die Lage aller Mittelwerte zu $\bar{x}$*)*

mit der Prüfgröße $t = \frac{\bar{x} - \mu}{(\pm)\,s} \sqrt{n}$ *oder* $\mu = \bar{x} \pm s \frac{t}{\sqrt{n}}$

$\mu = \sum_{i=1}^{N} x_i/N$ = *Mittelwert der Grundgesamtheit*

N Größe der Grundgesamtheit (alle möglichen Meßwerte)

$t_{(n,\,95\,\%)}$ = *Tabellenwert für* $n = 2 \ldots \infty$ *und* $P = 95\,\%$

Vertrauensbereich $\mu_{un}^{ob} = \mu_{un} \ldots \mu_{ob} = \bar{x} \pm \epsilon_{\bar{x}} = \bar{x} \pm s \frac{t}{\sqrt{n}}$

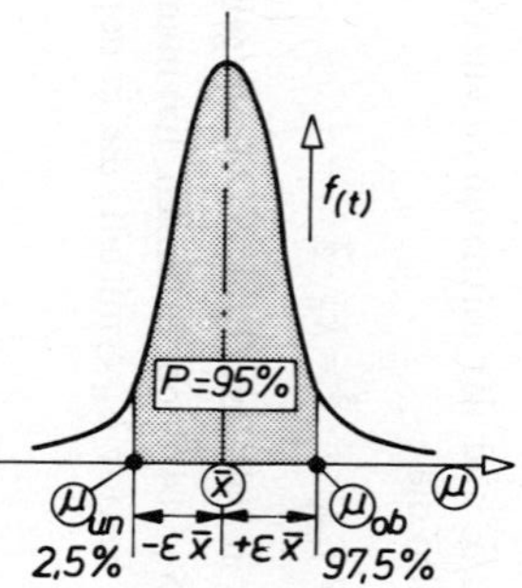

ε relativer Fehler oder Genauigkeit

$\epsilon = f_{(n)} \cdot v$ für $n = 2 \ldots \infty$

$\epsilon = k_n \cdot z$ für $n = 5 \ldots 14$

$\epsilon = \bar{k}_n \cdot \bar{z}$ für $n = 15 \ldots \infty$

$f_{(n)} = \frac{t}{\sqrt{n}} \approx \frac{7}{3}\bar{k}_n \approx \frac{1{,}96}{\sqrt{n - 2{,}5}}$ zu $\begin{cases} P = 95\,\% \\ n = 4 \ldots \infty \end{cases}$

Ist erforderl. Genauigkeit $\epsilon' < \epsilon$*, so ermittelt man die erforderl. Stichprobengröße n'*

$n' = (n - 2{,}5)\,(\epsilon/\epsilon')^2 + 2{,}5$

P	(n)	2	3	4	5	6	7	8	9	10	11	12	13	14	15	20	25	30	35	40	50	60	120	∞
↓	t	12,7	4,3	3,18	2,78	2,57	2,45	2,36	2,31	2,26	2,23	2,20	2,13	2,16	2,13	2,09	2,06	2,05	2,03	2,02	2,01	2,00	1,98	1,96
95	$f_{(n)}$	9,00	2,49	1,59	1,24	1,06	0,95	0,85	0,77	0,71	0,68	0,64	0,61	0,58	0,56	0,47	0,41	0,37	0,34	0,32	0,28	0,25	0,18	$1{,}96/\sqrt{n-2{,}5}$
%	$\bar{k}_n$	—	—	—	(0,53)	—	—	—	—	(0,31)	—	—	—	—	0,24	0,20	0,18	0,16	0,15	0,14	0,12	0,11	0,08	$0{,}84/\sqrt{n-2{,}5}$
	k_n	–	–	–	0,53	0,40	0,33	0,29	0,26	0,23	0,21	0,19	0,18	0,17	(0,16)	–	–	–	–	–	–	–	–	–

Erforderliche Genauigkeit ϵ' *bei: Massenfertigung* $\epsilon' \leqslant 3\,\%$*, Großserie* $\epsilon' = 3 \ldots 5\,\%$ *und Kleinserie* $\epsilon' = 5 \ldots 10\,\%$

Bild VII.14. Zusammenstellung der Gesetzmäßigkeiten von Normal- und t-Verteilung mit der zugehörigen Tabelle für t, $f_{(n)}$, $\bar{k}_n$ und k_n

3. Man will für den Teilvorgang „c“ mit $n = 3$ Beobachtungen, ϵ ermitteln, so muß man rechnen:

Quadratsumme $Q = 1 + 4 + 1 = \underline{6 \text{ cmin}}$

Standardabweichung $s = \sqrt{\frac{Q}{n-1}} = \sqrt{\frac{6}{3-1}} = \underline{1{,}73 \text{ cmin}}$

Variationszahl $v = \frac{s}{t_i} = \frac{1{,}73}{80} = 0{,}022 = \underline{2{,}2\,\%}$

Damit ist die

Genauigkeit $\epsilon = v \cdot f_{(n)} = 2{,}2 \cdot 2{,}49 = \underline{\underline{5{,}5\,\%}}$

Schlußfolgerung: Je kleiner n ist, um so größer wird ϵ.

Die in Tabelle (Bild VII.14) angegebene Bedingung, daß die erforderliche Genauigkeit $\epsilon' \leqslant 3\,\%$ sein soll, ist bei t_z erfüllt. Es könnten aber tarifvertragliche bzw. betriebliche Regelungen bestehen, daß $\epsilon' \leqslant 2\,\%$ sein soll. Um das zu erreichen, muß man die erforderliche Stichprobengröße n' ermitteln. Dies ist möglich, wenn man davon ausgeht, daß die Variationszahl v in der Stichprobe genau so groß ist wie in der Grundgesamtheit und wenn man für

$$f_{(n)} \approx \frac{1{,}96}{\sqrt{n - 2{,}5}} \quad \text{setzt}$$

Es wird dann:

$$\epsilon = v \cdot \frac{1{,}96}{\sqrt{n - 2{,}5}} \quad \text{und} \quad \epsilon' = v \cdot \frac{1{,}96}{\sqrt{n' - 2{,}5}}$$

oder nach v aufgelöst,

$$v = \epsilon \cdot \frac{\sqrt{n - 2{,}5}}{1{,}96} = \epsilon' \cdot \frac{\sqrt{n' - 2{,}5}}{1{,}96}$$

Löst man nun die beiden letzten Gleichungsteile nach n' auf, so erhält man die

erforderliche Stichprobengröße $n' = (n - 2{,}5) \cdot \left(\frac{\epsilon}{\epsilon'}\right)^2 + 2{,}5$

Anwendungsbeispiel zur Zykluszeit t_z der Zeitaufnahme (Bild VII.12)

Es sind: $n = 15$ Beobachtungen, $\epsilon = 2{,}9\,\%$ und es wird $\epsilon' \leq 2{,}0\,\%$ gefordert. Wie groß ist n'?

Erforderliche Stichprobengröße $n' = (n - 2{,}5) \cdot \left(\frac{\epsilon}{\epsilon'}\right)^2 + 2{,}5$

$$= (15 - 2{,}5) \cdot \left(\frac{2{,}9}{2{,}0}\right)^2 + 2{,}5 = \underline{\underline{29 \text{ Beobachtungen}}}$$

Um diese Forderung zu erfüllen, sind also nochmals drei Teil-Zeitaufnahmen mit je fünf Beobachtungen, also zusammen 15 Beobachtungen, bei gleicher Arbeit, durchzuführen. Wegen der Fünfer-Gruppen werden $n' = 30$ Beobachtungen nötig.

Würde sich wiederum eine mittlere Streuzahl von $\bar{z} = 12{,}1\,\%$ bei $n' = 30$ Beobachtungen ergeben, so wäre die

Genauigkeit $\pm\, \epsilon = \bar{z} \cdot \bar{k}_n = 12{,}1 \cdot 0{,}16 = \underline{\underline{1{,}936\,\% < 2{,}0\,\%}}$

D.h., es ist nunmehr auch diese Forderung von $\epsilon' \leq 2{,}0\,\%$ erfüllt.

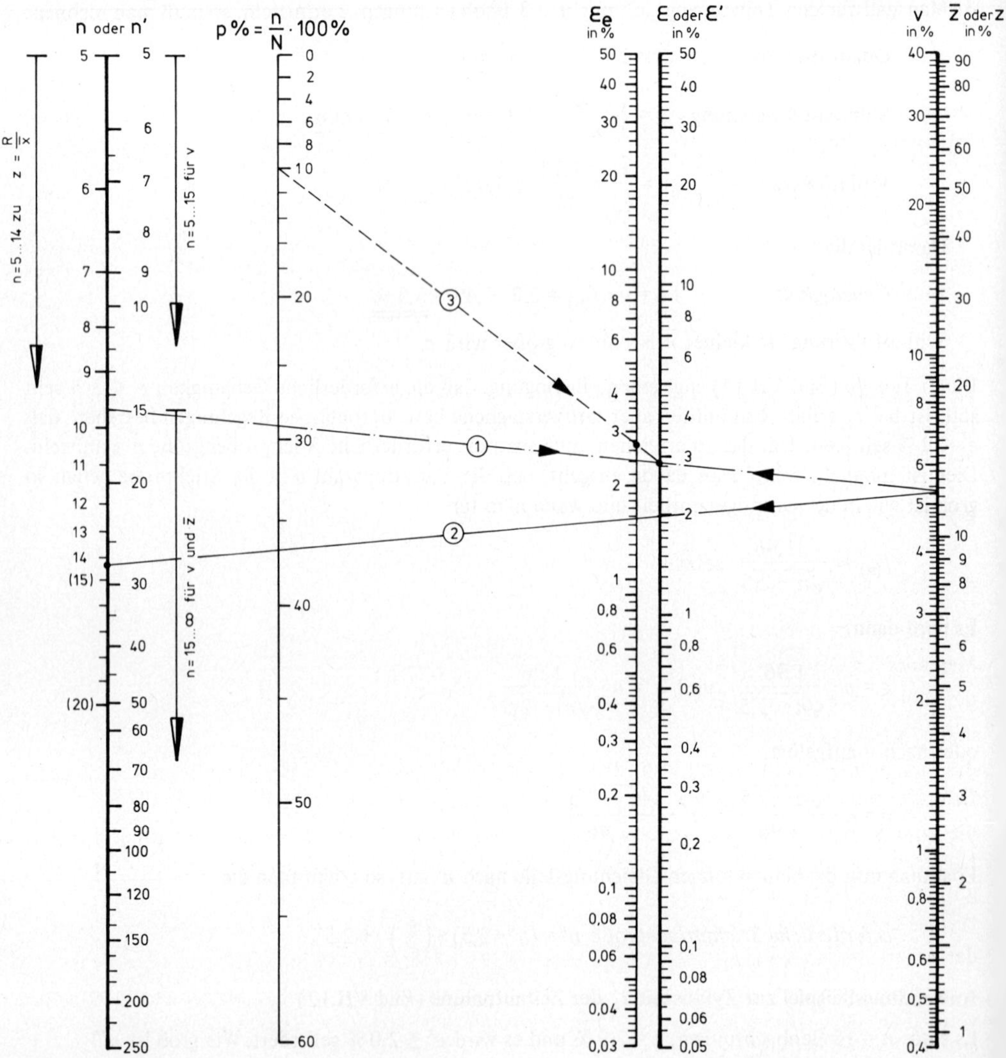

Beispiele: ① n = 15 und z = 12,1 % ⟶ ε = 2,9 %

② z = 12,1 % und ε' = 2 % ⟶ n' = 30 (gewählt)

③ p = 10 % und ε = 2,9 % ⟶ ε_e = 2,75 %

Bild VII.15. Leitertafel zur Ermittlung der Genauigkeit ϵ und ϵ_e

Ist die insgesamt herzustellende Menge, also die Menge der Grundgesamtheit *N* im Verhältnis zur Stichprobengröße *n* sehr klein, so ist die ermittelte Grundgenauigkeit noch mit dem

$$\textit{Endlichkeitsfaktor} = \sqrt{1 - \frac{n}{N}}$$

zu korrigieren. Es ist dann die

$$\text{endlichkeitsbezogene Genauigkeit } \epsilon_e = \epsilon \sqrt{1-\frac{n}{N}} = \epsilon\sqrt{1-p}$$

Die Verhältniszahl $p = n/N$ kann auch als Prozentzahl $p\,\% = 100\,\%\; n/N$ angegeben werden. *Beispiel:* 10 % der Erzeugnisse zu prüfen. Es ist dann $p = p\,\%/100\,\% = 10\,\%/100\,\% = 0{,}1$.

Anwendungsbeispiel für die Zykluszeit t_z zur Zeitaufnahme (Bild VII.12)

Wäre die insgesamt herzustellende Menge (Auftragsgröße) $N = 150$ Stück und die mittels Zeitaufnahme beobachtete Menge $n = 15$ Stück, für die eine Genauigkeit von $\epsilon = 2{,}9\,\%$ errechnet wurde, so ist die

$$\text{endlichkeitsbezogene Genauigkeit } \epsilon_e = \epsilon \sqrt{1-\frac{n}{N}} = 2{,}9 \sqrt{1-\frac{15}{150}} = \underline{\underline{2{,}75\,\%}}$$

Nachdem man v, $\bar{z}$ oder z auf dem Zeitaufnahmebogen berechnet hat, muß man zur weiteren Ermittlung der Genauigkeit ϵ, aus Tabellen die Faktoren $f_{(n)}$, $\bar{k}_n$ oder k_n entnehmen. Man kann sich aber die weiteren Rechnungen ersparen, wenn man statt dieser Tabellen gleich die im Bild V.15 gezeigte Leitertafel verwendet. Das auf dieser Leitertafel eingetragene Ablesebeispiel entspricht den hier für t_z durchgerechneten Anwendungsbeispielen.

4. Lohn und Entlohnungssysteme

Lohn ist Zeit mal Geldfaktor.

Man unterscheidet *bezüglich der Zeit*:

den *Zeitlohn* (gebrauchte Zeit wird bezahlt), den *Akkordlohn* (Vorgabezeit wird bezahlt),

und *bezüglich des Geldfaktors*:

die *Ausbildungsentlohnung*, je nach der Ausbildung (ungelernt, angelernt, gelernt oder hochqualifiziert) wird dem Arbeiter ein Geldfaktor tariflich zugeordnet;

die *Lohngruppenentlohnung*, je nach Anforderungen (Fachkönnen, Belastung, Verantwortung und Umgebungseinflüsse) die die Arbeit an den Arbeiter stellt, wird die jeweilige Arbeit einer Lohngruppe (LG) zugeordnet, zu der dann ein tariflich vereinbarter Geldfaktor gehört.

Durch das *Lohngruppensystem* soll erreicht werden: im Betrieb, die arbeitswertmäßige Lenkung der Arbeit; beim Arbeiter, das Streben zur Weiter- und Fortbildung.

Zusätzlich können in allen Entlohnungssystemen noch Prämien gewährt werden für Einsparung von Kohle, Öl, Strom und sonstige Verbrauchsstoffe; für Vermeidung von Ausschuß und Abfällen sowie für Verbesserungsvorschläge usw.

5. Anwendung der Vorgabezeiten im Betrieb

Die mit erheblichem Zeitaufwand vorausbestimmten Vorgabezeiten müssen, ohne sie zu verwässern, so in die Wirklichkeit umgesetzt werden, daß sie zur vollen Leistungsentfaltung des Arbeiters führen. Dabei sind folgende Gefahrenquellen zu beachten:

a) *Die Bekanntgabe* gerecht empfundener Vorgabezeiten und Lohngruppen, mit klar und eindeutig umrissenem Arbeitsumfang, muß *vor Beginn der Arbeit* erfolgen.

b) *Lohn- zwischen Akkordarbeit* sollte vermieden oder scharf abgegrenzt werden.

c) *Beantragte einmalige Zuschläge* für härteren oder größeren Werkstoff, kleinere Losgröße, leistungsschwächere Betriebsmittel, Einstellen- statt Mehrstellenarbeit, Einarbeitung, schlechtere Vorarbeit u.ä. sind genauso gewissenschaft wie die Vorgabezeiten zu bearbeiten und mittels Mehrkostenscheine auf die Gemeinkosten zu verrechnen.

d) *Reklamierte Vorgabezeiten* sind nicht ohne Prüfung zu erhöhen, sondern der Arbeiter ist bezüglich Arbeitsausführung bestgestaltend zu beraten und zu unterweisen, sowie an Hand von Kalkulationsunterlagen oder wenn dieselben ungenügend sind, durch eine Zeitaufnahme (Bilden von Kalkulationsunterlagen) von der Richtigkeit der Vorgabezeit zu überzeugen. Ein Festhalten an fehlerhaft kurzen Vorgabezeiten aus Prestigegründen ist zu verwerfen.

e) *Das Risiko für selbstverschuldete Fehlarbeit* (Ausschuß oder Nacharbeit) kann durch die Differenz vom Stunden- zum Akkordlohn oder in manchen Fällen durch höhere Verteilzeiten als abgegolten betrachtet werden, wenn nicht aus sozialen Gründen (Aufsichtspflicht des Betriebsvorgesetzten) Mindestlohn gezahlt wird. Unverschuldete Fehlarbeit wird bezahlt, sofern sie nicht mit der Verteilzeit abgegolten wurde.

Literatur

Grundlagen des Arbeits- und Zeitstudiums, Carl Hanser Verlag, München

Band 1: Einführung in das Arbeits- und Zeitstudium (*Börs/Bramesfeld/Euler/Pentzlin*).

Band 2: Die betriebswirtschaftlichen Grundlagen und die Grundbegriffe des Arbeits- und Zeitstudiums (*Euler*).

Band 3: Praktisch-psychologischer und arbeits-physiologischer Leitfaden für das Arbeitsstudium (*Bramesfeld/Graf*).

Band 4: Arbeitsrationalisierung (*Pentzlin*).

Band 5: Arbeitsablauf- und Bewegungsstudien (*Kaminsky/Schmidtke*).

Band 6: Entwicklung, Verfahren und Probleme der Arbeitsbewertung (*Wibbe*).

Band 7: Statistische Verfahren für das Arbeitsstudium (*Kregeloh*).

Band 8: Beiträge zur Frage des Leistungsgrades und der Vorgabezeit (*Kupke*).

Band 9: Arbeitsstudium bei Fließarbeit (*Faensen/Hofmann*).

REFA – Methodenlehre des Arbeitsstudiums, Carl Hanser Verlag, München

Teil 1: Grundlagen

Teil 2: Datenermittlung

Teil 3: Kostenrechnung, Arbeitsgestaltung

Teil 4: Anforderungsermittlung (Arbeitsbewertung)

Teil 5: Lohndifferenzierung

Teil 6: Arbeitsunterweisung

REFA – Methodenlehre der Planung und Steuerung, Carl Hanser Verlag, München

Teil 1: Grundlagen

Teil 2: Planung

Teil 3: Steuerung

S. Rackwitz: Betriebsorganisation – Teil 1: Grundlagen, Carl Hanser Verlag, München, Wien 1976

Kraft- und Arbeitsmaschinen

Wolfgang Böge / Manfred Ristau

Formelzeichen und Einheiten

A	m^2, mm^2	Fläche, Querschnitt
a	1	Hubverhältnis
B	kg/h	Kraftstoffverbrauch
b_{eff}	g/kWh	spezifischer Kraftstoffverbrauch
c	kJ/kg K	spezifische Wärmekapazität
c	m/s	Wassergeschwindigkeit
d	mm	Zylinderdurchmesser
f	1/min	Zündfunkenfrequenz
g	m/s^2	Fallbeschleunigung
H_o, H_u	kJ/kg	Verbrennungswärme, unterer Heizwert
H, h	m	Fallhöhe
h	kJ/kg	spezifische Enthalpie
k	kJ/m^2 h K	Wärmedurchgangskoeffizient
L	m^3/kg	Luftbedarf
L_r	kg/m^2 h	Rostbelastung
l	mm	Kanalhöhe, radiale Schaufelhöhe
M	kg/kmol	Molekülmasse
M	Nm	Motordrehmoment
m	kg	Masse, Ladungsmasse
$\dot{m}$	kg/s	Massenstrom, Ladungsdurchsatz
$\dot{m}_B$	kg/h	Brennstoffdurchsatz
n	1	Polytropenexponent, Luftüberschußzahl
O_{min}	m^3/kg	Sauerstoffmindestbedarf
P	kW, W	Leistung
P_H	kW/dm^3	Hubraumleistung
p	Pa, bar	Druck
p_{eff}	bar	effektiver Kolbendruck
p_i	bar	indizierter Druck
Q	kJ, J	Wärmemenge
$\dot{Q}$	kJ/s, W, kW	Wärmestrom
q_r	kJ/m^2 h	Rostwärmebelastung
q_f	kJ/m^3 h	Feuerraumwärmebelastung
r	kJ/kg	spezifische Verdampfungswärme
r	m, mm	Kurbelradius
S	kJ/K	Entropie
s	kJ/kg K	spezifische Entropie
s	m, mm	Wanddicke, Kolbenhub
T_c	K	Verdichtungsendtemperatur
t	°C	Temperatur
t	s	Ventilöffnungszeit, Unterbrecherkontakt-Schließzeit
u	m/s	Umfangsgeschwindigkeit (Kreisbahn)
V	cm^3	Volumen
V	m^3/s	Volumenstrom, Durchsatz
V_c	cm^3	Verdichtungsraum
V_h	cm^3	Zylinderhubraum
V_b	cm^3	Verbrennungsraum
V_H	cm^3	Motorhubraum
v	m^3/kg	spezifisches Volumen
v_m	m/s	mittlere Kolbengeschwindigkeit
w	m/s	relative Geschwindigkeit
z	1	Anzahl, Stückzahl, Zylinderzahl
z	1/min	Schmieröl- oder Kühlwasserumlaufzahl
α	°	Winkel
α	kJ/m^2 h K	Wärmeübergangskoeffizient
β	°	Winkel
τ	°	Zündabstandswinkel
η	1	Wirkungsgrad, Liefergrad
η_{eff}	1	Nutzwirkungsgrad
η_g	1	Gütegrad
η_m	1	mechanischer Motorwirkungsgrad
η_i	1	indizierter Wirkungsgrad
κ	1	Adiabatenexponent
ϵ	1	Verdichtungsverhältnis
λ	1	Luftverhältnis
λ	kJ/m^2 h K	Wärmeleitfähigkeit
π_c	1	Ladedruckverhältnis
Φ	kJ/kg	Wärmemengenverbrauch
σ	1	Thomasche Kavitationszahl
φ	1	Düsenreibwert
φ	1	Kanal- oder Schaufelreibwert

I. Feuerungstechnik

1. Brennstoffe

Brennstoffe werden fest, flüssig und gasförmig genutzt. Festbrennstoffe werden gefunden als Holz, Torf, Braun- und Steinkohle, Flüssigbrennstoff als Erdöl und Gasbrennstoff als Erdgas.

Aus diesen natürlichen Brennstoffen lassen sich durch Veredelung hochwertigere Brennstoffe erzeugen.

1.1. Feste Brennstoffe

Feste Brennstoffe enthalten neben den brennbaren Elementen Kohlenstoff (C), Wasserstoff (H) und Schwefel (S) die unbrennbaren Balaststoffe Wasser und Asche. Durch Elementaranalysen, deren Untersuchungsmethoden nach DIN 51 701 bis 51 729 genormt sind, können die brennbaren und unbrennbaren Massenanteile fester Brennstoffe ermittelt werden.

Kohle wird im Feuerraum erwärmt. Feuchtigkeit und flüchtige Bestandteile entweichen, wobei sich Form und Zustand des Kohlekörpers verändern. Es entsteht so die Schrumpfung, Aufblähung, Zusammenbacken und Kokung. Steinkohlen werden nach dem Gehalt an flüchtigen Bestandteilen im Brennbaren in zehn Klassen unterteilt.

Klasse	0	1	2	3	4	5	6	7	8	9
fl. B. %	0 ... 3	3 ... 10	10 ... 14	14 ... 20	20 ... 28	28 ... 33	33 ... 41	33 ... 44	35 ... 50	42 ... 50
Benennung	Meta Anthrazit	Anthrazit	Magerkohle	geringbituminöse Kohle	mittelbituminöse Kohle	hochbituminöse Kohle				
(früher)	Anthrazit		Mager-	Eß-	Fett-	Gas-		Gasflammkohle		

Mittelwerte von Asche- und Feuchtigkeitsgehalt einiger Kohlensorten zeigt Tafel I.1.

Tafel I.1. Feste Brennstoffe

Sorte	Brennstoff hat Asche %	Wasser %	Sorte	Brennstoff hat Asche %	Wasser %
Anthrazit	3 ... 6	1 ... 3	Gas- und Gasflammkohle	8 ... 10	1 ... 3
Magerkohle	8 ... 10	1 ... 3	Koks	7 ... 11	3 ... 8
Eßkohle	8 ... 10	1 ... 3	Braunkohle	3 ... 8	45 ... 60
Fettkohle	8 ... 10	1 ... 3	Brikett	5 ... 11	15

Bei der Braunkohle unterscheidet man zwischen Rohkohle und Brikett. Briketts sind wasserärmer und aschereicher als Rohbraunkohle.

1.2. Flüssige Brennstoffe

Das Rohöl (Erdöl, Teer u.a.) wird gereinigt und durch Destillation in Benzine (bis 180 °C), Leuchtöle (150 ... 300 °C), Gasöle (300 ... 350 °C) und Heiz- und Schweröle (über 300 °C) getrennt.

Sie sind Gemische aus Kohlenwasserstoffmolekülen, d.h. Verbindungen der Elemente Kohlenstoff (C) und Wasserstoff (H). Reihen sich die Kohlenstoffatome eines Kohlenwasserstoffmoleküls kettenförmig aneinander, spricht man von Paraffinen (Methan CH_4, Äthan C_2H_6, usw.). Sind dagegen die Kohlenstoffatome eines Moleküls ringförmig angeordnet, wie z.B. beim Benzol C_6H_6, spricht man von Aromaten (vgl. Werkstoffkunde, Grundlagen der Kohlenstoffchemie).

Große Paraffin- und Aromatenmoleküle werden durch das Cracken in kleinere Moleküle „zerbrochen". Beim Cracken verarbeitet man vorwiegend mittelschwere und schwere Destillate, z.B. Heizöle, durch Behandlung bei erhöhter Temperatur und erhöhtem Druck zu Benzinen.

Flüssige Brennstoffe werden unter Zerstäubung in den Feuerraum eingebracht. Hierfür ist die Dichte und die Zähigkeit des Brennstoffes maßgebend. Durch die Feuerraumwärme wird der zerstäubte Brennstoff verdampft, mit Luft vermischt, gezündet und verbrannt. Kennzeichnend für die Brenneigenschaften flüssiger Brennstoffe sind die Siedeverläufe und die Flammpunkte.

Tafel I.2 zeigt in einer Übersicht die Mittelwerte von Elementanteilen und die Eigenschaften der wichtigsten flüssigen Brennstoffe.

Tafel I.2. Flüssige Brennstoffe

		Benzin	Gasöl (Diesel)	Heizöl L (leicht)	Heizöl M (mittel)	Heizöl S (schwer)	
Elemente	C	86	87	86 ... 87	85 ... 87	84 ... 88	%
	H	14	13	13 ... 14	12 ... 13	11 ... 12	%
	O + N	–	–	–	1 ... 2	1 ... 3	%
Zähigkeit	bei 20 °C	–	2 ... 10	10 ... 17	–	–	cSt [1]
	bei 50 °C	–	–	–	20 ... 75	80 ... 700	cSt [1]
Siedeverlauf							
Erwärmung bis:		200	350	300	300	300	°C
bringt Destillatmenge:		95	95	90	70 ... 85	40 ... 70	Vol.-%
Flammpunkt		20	55 ... 60	55 ... 70	65 ... 80	65 ... 100	°C

Die Heizöle M und S erfordern Vorwärmung.

[1]) cSt = Zentistokes (kinematische Viskosität) nach DIN 51 603

1.3. Gasförmige Brennstoffe

Als natürliches Gas wird Erdgas oft bei Erdölbohrungen mit erbohrt. Durch Entgasung wird aus Kohle Schwelgas, Stadtgas und Koksofengas gewonnen. Durch Vergasung von Koks, Halbkoks, Anthrazit, wird je nach Vergasungsmittel Luftgas, Generatorgas und Wassergas hergestellt. Beim Hochofenbetrieb entsteht Gichtgas. Gase sind Mischungen aus Wasserstoff (H), Kohlenoxid (CO), schweren Kohlenwasserstoffen (C_nH_m), Kohlendioxid (CO_2), Sauerstoff (O_2) und Stickstoff (N_2). Davon ist CO_2, O_2 und N_2 Ballast. Tafel I.3 zeigt die Zusammensetzungen der technisch wichtigsten Gase.

Tafel I.3. Gasbrennstoffe

	Raumprozente						
Gasart	CO	H_2	CH_4	C_2H_6	C_2H_4	CO_2	(O + N)
Erdgas	–	–	93 ... 96	1 ... 4	–	–	2 ... 6
Koksofengas	5,5	57	24	–	1,5	2	10
Mischgas	22	51	17	–	2	4	4
Wassergas	40	50	–	–	–	5	5
Generatorgas	29	11	–	–	–	5	55
Gichtgas	31	2	–	–	–	9	58

2. Verbrennungswärme (Heizwert) und Verbrennungsluft

2.1. Verbrennungswärme und unterer Heizwert

Die Verbrennungswärme H_o (oberer Heizwert) ist die Wärme (Wärmemenge), die bei einer vollständigen Verbrennung von 1 kg Brennstoff unter Abkühlung der entstehenden Brenngase auf Ausgangstemperatur abgegeben wird.

Die Bestimmung der Verbrennungswärmen verschiedener Brennstoffe erfolgt im Kalorimeter.

Da jedoch bei der Verbrennung Wasserdampf entsteht, der mit den Abgasen entweicht, muß zur Ermittlung der tatsächlich verwertbaren Wärme die Verbrennungswärme H_o um die Verdampfungswärme r des Wasserdampfes gekürzt werden. Die Verdampfungswärme von 1 kg Wasserdampf bei 20 °C Bezugstemperatur beträgt $r = 2450$ kJ/kg. Hat der Brennstoff h % Wasserstoff, so entstehen daraus bei der Verbrennung 9 h % Wasserdampf und w % Feuchtigkeit (Wasser). Damit ergibt sich der untere Heizwert H_u für feste und flüssige Brennstoffe aus

$$H_u = H_o - r(w + 9\,h) \qquad \begin{array}{c|c} H_u, H_o, r & h, w \\ \hline \frac{\text{kJ}}{\text{kg}} & \% \end{array} \qquad \text{(I.1)}$$

Verbrennungswärme H_o und Heizwert H_u gasförmiger Brennstoffe errechnen sich als Summe der Heizwertanteile H'_u der im Gasgemisch enthaltenen Gassorten. Alle Verbrennungswärme- bzw. Heizwertangaben von Gasen beziehen sich auf das Normvolumen 1 m³ (0 °C; 1,01325 bar nach DIN 1343). Damit ergibt sich der untere Heizwert H_u aus

$$H_u = H'_u \cdot \text{CO} + H'_u \cdot \text{H}_2 + \Sigma(H'_u \cdot \text{C}_n\text{H}_m) \qquad \begin{array}{c|c} H_u & \text{CO, H}_2\text{, C}_n\text{H}_m \\ \hline \frac{\text{kJ}}{\text{m}^3} & \frac{\text{m}^3}{\text{m}^3} \end{array} \qquad \text{(I.2)}$$

Verbrennungswärmen H_o und untere Heizwerte H_u einiger fester, flüssiger und gasförmiger Brennstoffe sind in Tafel I.4 zusammengefaßt.

Tafel I.4. Verbrennungswärme H_o und unterer Heizwert H_u in kJ/kg bzw. kJ/m³

Feste Brennstoffe	H_o	H_u	Flüssige Brennstoffe	H_o	H_u	Gasförmige Brennstoffe	H_o	H_u
Anthrazit	$33{,}4 \cdot 10^3$	$32{,}5 \cdot 10^3$	Benzin	$46{,}1 \cdot 10^3$	$43{,}5 \cdot 10^3$	Erdgas	$40{,}2 \cdot 10^3$	$36{,}4 \cdot 10$
Magerkohle	$32{,}2 \cdot 10^3$	$31{,}4 \cdot 10^3$	Gasöl (Diesel)	$44{,}8 \cdot 10^3$	$41{,}9 \cdot 10^3$	Koksofengas	$18{,}8 \cdot 10^3$	$16{,}7 \cdot 10$
Eßkohle	$32{,}2 \cdot 10^3$	$31{,}2 \cdot 10^3$	Heizöl (leicht)	$44{,}8 \cdot 10^3$	$41{,}9 \cdot 10^3$	Mischgas	$17{,}4 \cdot 10^3$	$15{,}5 \cdot 10$
Fettkohle	$32{,}1 \cdot 10^3$	$31{,}0 \cdot 10^3$	Heizöl (mittel)	$44{,}0 \cdot 10^3$	$41{,}0 \cdot 10^3$	Wassergas	$11{,}6 \cdot 10^3$	$10{,}5 \cdot 10$
Gasflamm-kohle	$31{,}1 \cdot 10^3$	$29{,}9 \cdot 10^3$	Heizöl (schwer)	$43{,}1 \cdot 10^3$	$39{,}8 \cdot 10^3$	Generator-gas	$5{,}2 \cdot 10^3$	$4{,}9 \cdot 1$
Koks	$28{,}4 \cdot 10^3$	$28{,}1 \cdot 10^3$				Gichtgas	$4{,}3 \cdot 10^3$	$4{,}2 \cdot 10$
Braunkohle	$10{,}7 \cdot 10^3$	$9{,}8 \cdot 10^3$						
Brikett	$21{,}4 \cdot 10^3$	$20{,}1 \cdot 10^3$						

2.2. Verbrennungsluft

Die Verbrennung ist die vollständige Oxydation der Elemente Kohlenstoff (C), Wasserstoff (H) und Schwefel (S). Die Oxydationsvorgänge werden durch die Verbrennungsgleichungen (Gl. (I.3)) deutlich gemacht.

Die Rechnungen werden über die Mengeneinheit kmol durchgeführt. Die eingesetzten Zahlenwerte stehen für das Molvolumen in m^3 bei Gasen bzw. die Atom- oder Molekülgewichte in kg bei festen Stoffen. Für C, S, H_2 und O_2 gelten abgerundet (vgl. Werkstoffkunde, Abschnitt I.2):

$M_c = 12$ kg; $M_s = 32$ kg; $M_h = 2$ kg; $M_o = 32$ kg; Molvolumen für Sauerstoff $V_{Mo} = 22{,}4\ m^3$.

$$\begin{aligned} C + O_2 &= CO_2 \rightarrow 12\ kg\ C + 22{,}4\ m^3\ O_2 = 22{,}4\ m^3\ CO_2 \\ S + O_2 &= SO_2 \rightarrow 32\ kg\ S + 22{,}4\ m^3\ O_2 = 22{,}4\ m^3\ SO_2 \\ H_2 + O &= H_2O \rightarrow 2\ kg\ H_2 + 22{,}4\ m^3\ O_2 = 22{,}4\ m^3\ H_2O \end{aligned} \tag{I.3}$$

1 kg C verlangt demnach $\frac{22{,}4}{12}\ m^3 = 1{,}87\ m^3$ Sauerstoff

1 kg S verlangt demnach $\frac{22{,}4}{32}\ m^3 = 0{,}7\ m^3$ Sauerstoff

1 kg H verlangt demnach $\frac{22{,}4}{4}\ m^3 = 5{,}6\ m^3$ Sauerstoff

Damit benötigt 1 kg Brennstoff zur Verbrennung seiner Anteile C %, H %, S % und O % den Sauerstoffmindestbedarf

$$O_{min} = 1{,}87\ C\,\% + 5{,}6\ H\,\% + 0{,}7\ S\,\% - 0{,}7\ O\,\% \tag{I.4}$$

O_{min}	V_{Mo}	M_c, M_s, M_h, M_o	C, H, S, O
$\frac{m^3}{kg}$	m^3	kg	%

Wird als Verbrennungsluft trockene Luft normaler Zusammensetzung mit 21 Vol.-% Sauerstoff vorausgesetzt, ergibt sich für 1 kg Brennstoff der Luftmindestbedarf

$$L_{min} = 4{,}76 \cdot O_{min} \tag{I.5}$$

L_{min}, O_{min}
$\frac{m^3}{kg}$

In der Praxis reicht der Luftmindestbedarf zur vollständigen Verbrennung des Brennstoffes nicht aus, da es je nach Verbrennungsart mehr oder weniger schwierig ist, Brennstoff und Verbrennungsluft optimal miteinander zu vermischen. Der Luftmindestbedarf L_{min} muß also noch mit der Luftüberschußzahl n multipliziert werden. Dann ergibt sich der tatsächliche Luftbedarf

$$L = L_{min} \cdot n \tag{I.6}$$

L, L_{min}	n
$\frac{m^3}{kg}$	1

Richtwerte für die Luftüberschußzahl n sind

bei Handfeuerung $n = 1{,}5 \ldots 1{,}8$;
bei mechanischer Rostfeuerung $n = 1{,}4 \ldots 1{,}6$;
bei Kohlenstaub- und Ölfeuerungen $n = 1{,}2 \ldots 1{,}4$;
bei Gasfeuerung $n = 1{,}1 \ldots 1{,}2$;

3. Verbrennungskontrolle

Die beste Brennstoffnutzung erfolgt dann, wenn mit dem kleinsten Luftüberschuß alles Brennbare des Brennstoffs vollständig verbrannt wird. Dies erkennt man an den Abgasen. Sie sollen kein brennbares H_2- oder CO-Gas enthalten. Durch genügend Luftüberschuß wird dies erreicht. Noch größerer Luftüberschuß vergrößert die abziehende Abgasmenge und dadurch auch die darin enthaltene Wärmeenergie. Außerdem sinkt die Verbrennungstemperatur. Man mißt die Gasanteile im abziehenden Schornsteingas mit Orsatapparat oder besser mit selbstanzeigenden Zeigergeräten. Es sollen die CO % und die H_2 % Nullwert sein. Bei diesem Nullwerteintritt hat dann der CO_2-Gasanteil seinen Größtwert und der Sauerstoffanteil seinen Kleinstwert (kleinster Luftüberschuß). Bei derartiger vollkommener Verbrennung mit Luftüberschuß läßt sich die Zusammensetzung der abziehenden Rauchgase aus den Verbrennungsgleichungen und dem Luftbedarf errechnen. Kohle- und Schwefelgehalt des Brennstoffs erzeugen CO_2- und SO_2-Gas. Ihr Molvolumen ist $V'_M = 22{,}26\ m^3$ für CO_2 und $V''_M = 21{,}89\ m^3$ für SO_2-Gas. Die Feuchtigkeit des Brennstoffs und sein Wasserstoffgehalt erzeugen Wasserdampf, der $V_{Md} = 22{,}4\ m^3$ und $M_d = 18{,}016$ kg hat. Gebundener Stickstoffgehalt im Brennstoff wird durch die Verbrennung gasförmig frei und hat $V_{Mn} = 22{,}4\ m^3$ mit $M_n = 28{,}016$ kg. Jedes kg Brennstoff erzeugt bei Vollverbrennung den Rauchgasanteil

$$V'_R = \underbrace{\underset{CO_2}{\frac{V'_M}{A_c}\,C\,\%} + \underset{SO_2}{\frac{V''_M}{A_s}\,S\,\%} + \underset{N_2}{\frac{V_{Mn}}{M_n}\,N\,\%}}_{\text{trockenes Rauchgas}} + \underbrace{\frac{V_{Md}}{M_h}\,H\,\% + \frac{V_{Md}}{M_d}\,F\,\%}_{\text{Wasserdampf}} \qquad (I.7)$$

V'_R	$V'_M, V''_M, V_{Mn}, V_{Md}$	M_c, M_s, M_n, M_h, M_d	C, S, N, H, F
$\frac{m^3}{kg}$	m^3	kg	%

Insgesamt entweicht bei Vollverbrennung je kg Brennstoff das *Rauchgasvolumen*

$$V_R = V'_R + L - O_{min} \qquad \frac{V_R,\ V'_R,\ L,\ O_{min}}{\frac{m^3}{kg}} \qquad (I.8)$$

Es enthält den überschüssigen Sauerstoff $O_2 = (n-1)\,O_{min}$ und den Stickstoffanteil der Luft $N_2 = 0{,}79\,L$ in m^3/kg. (Genauere Anteile sind: 78,05 % Stickstoff, 0,92 % Argon und 0,03 % Kohlendioxid.) Alle Gasanteile können in % vom Rauchgasvolumen V_R umgerechnet werden.

Da bei Überwachungsmessung der Rauchgase die Gasprobe abkühlt, zeigt die Messung nur die Prozentwerte des trockenen Rauchgases, also ohne den Wasserdampfanteil von V'_R. Bei Messung mit dem Orsatapparat wird wegen der gleichzeitigen Absorption des SO_2-Gases mit dem CO_2-Gas ihr gemeinsamer Prozentanteil vom trockenen Rauchgas gemessen.

Sinkt die Temperatur der Heizgase unter den Taupunkt, so schlägt sich der Wasserdampf an den Heizflächen nieder und bildet u.U. konzentrierte Säurelösungen bei Schwefelgehalt im Brennstoff, die starke Korrosionswirkung zur Folge haben. Deshalb ist die Mindesttemperatur der Heizgase während des Heizganges zu beachten und zu überwachen.

4. Feuerungsarten

Die Brennstoffe verbrennen im Feuerraum. Man unterscheidet liegende Verbrennung auf Rostanlagen für stückige Festbrennstoffe oder schwebende Verbrennung bei Kohlenstaub, Öl und Gas.

4.1. Rostanlagen

Die tragende Rostfläche A_r wird von auswechselbaren Roststäben gebildet. Sie liegen mit Spaltabstand nebeneinander und bilden eine Stabgruppe, mehrere Stabgruppen ergeben den Rost. Durch die Spaltabstände entsteht die Spaltfläche A_s für die Unterluftzufuhr. Die Roststäbe sind genormt nach DIN 2911 und können Plan- oder Formstäbe sein (siehe Bild I.1). Die Spaltlänge beim Formstab ist größer als seine Stablänge, so daß bei kleiner Spaltweite doch ausreichende Spaltfläche entsteht, wodurch feinkörnige Brennstoffe ohne großen Durchfallverlust getragen werden können. Das Spaltverhältnis A_s/A_r kennzeichnet die Zufuhr der Unterluft. Auf der Rostfläche A_r werden stündlich $\dot{m}_B$ kg Brennstoff vom Heizwert H_u kJ/kg verbrannt. Die Rostbelastung $L_r = \dot{m}_B/A_r$ in kg/m²h und die Rostwärmebelastung $q_r = \dot{m}_B H_u/A_r$ in kJ/m²h kennzeichnen die Leistung einer Rostanlage.

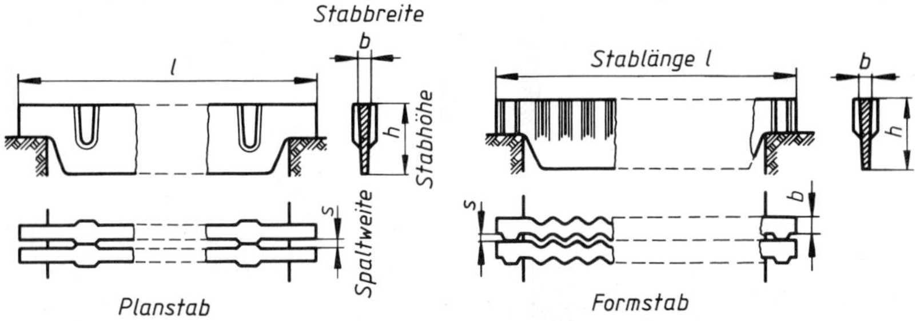

Bild I.1. Roststäbe

4.2. Planrost im Flammrohr

Nach Bild I.2 liegen die Stabgruppen im vorderen Teil eines gewellten Flammrohres zwischen der Schürplatte und der Brücke, die den Rost und den Aschenraum nach hinten begrenzt und abschließt. Der Brennstoff wird entweder von Hand oder durch Wurfschaufelmechanik mit Motorantrieb zugeführt. Die Rostbelastung ist 80 ... 100 kg/m²h und das Spaltverhältnis je nach Brennstoffart 0,2 ... 0,5 m²/m². Die Rostbreite ist vom genormten Flammrohrdurchmesser (siehe DIN-Blatt 2904) abhängig. Roststabgruppen werden meist nicht mehr als drei hintereinander im Flammrohr gebaut.

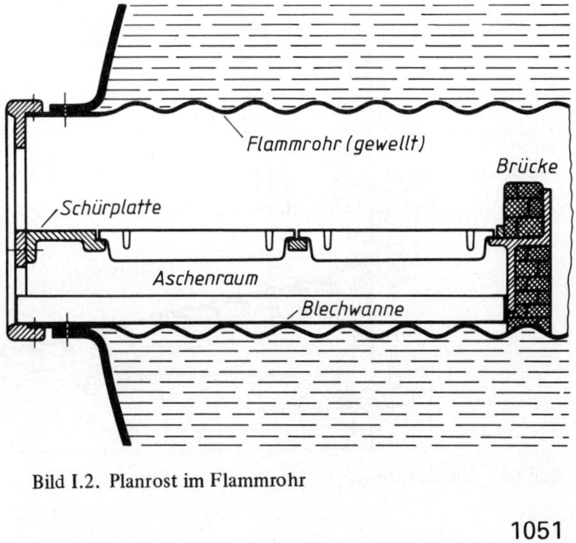

Bild I.2. Planrost im Flammrohr

4.3. Unterschubrost

Er besteht aus Mittel- und Seitenrostflächen. Sie werden von schmalen Rostplatten gebildet, die mit senkrechtem Spaltabstand unter gegenseitiger Stufenüberdeckung liegen. Die waagerechten Luftspalte können weit gebaut werden, große Spaltflächen sind möglich. Nach Bild I.3 wird der Brennstoff durch eine Konusschnecke mit Motorantrieb unter die Mittelrostglut geschoben, wo seine Entgasung sofort beginnt. Diese Gase durchströmen mit der zugeführten Brennluft die darüber liegende Glutschicht und werden dadurch sicher gezündet. Durch den nachfolgenden Brennstoffschub quillt der fast entgaste Brennstoff auf die schwach geneigten Seitenrostflächen, wo er schließlich als Koksrest ausbrennt. Die Rostbelastung ist bei Flammrohranlagen ähnlich wie beim Planrost. Bei Anlagen mit größerem Feuerraum kann sie aber je nach Brennstoffart bis zu 250 kg/m^2h gesteigert werden, weil die waagerechte Luftspaltart großes Spaltverhältnis bis 0,7 m^2/m^2 und damit große Unterluftzufuhr für dicke Brennstoffschichten zuläßt.

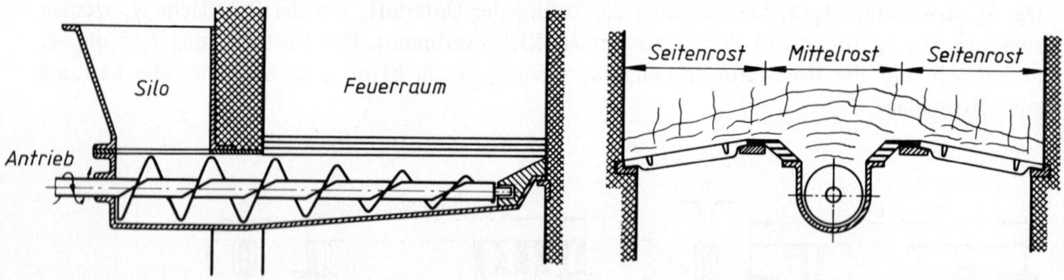

Bild I.3. Unterschubrost

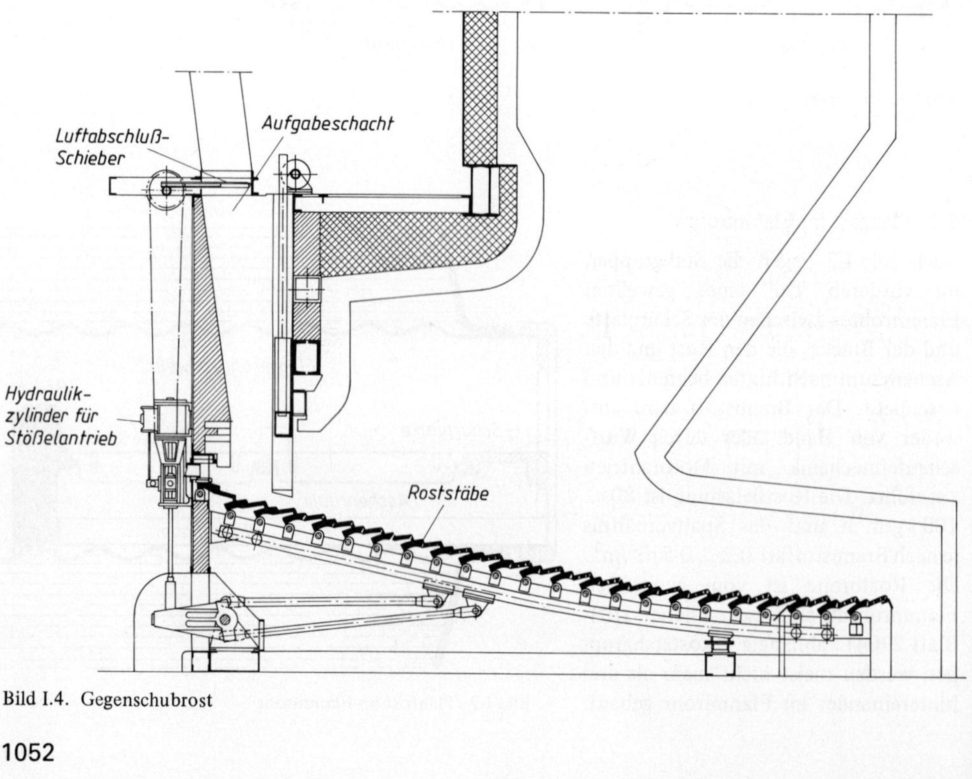

Bild I.4. Gegenschubrost

4.4. Gegenschubrost

Ein Gegenschubrost besteht aus zwei parallelen Rostplattenreihen. Eine Rostplattenreihe bewegt sich zum Rostende hin, die andere bewegt sich in Gegenrichtung. Der Antrieb erfolgt über bewegliche Rostrahmen, die sich auf Kugellagern abstützen. Durch die Gegenschubbewegung wird eine sehr gute Schürwirkung erreicht. Der Raum unter dem Rost ist in mehrere, voneinander getrennte Zonen unterteilt, um – je nach Abbrand – mehr oder weniger Verbrennungsluft zugeben zu können. Als Brennstoffe werden Braunkohle (Bild I.4), Holzabfälle, Torf oder Müll eingesetzt.

4.5. Zonenwanderrost

Die Flanken seiner Roststäbe sind gerillt, damit große Kühlfläche entsteht. Die Stabgruppen bilden aneinandergekettet ein endloses Band (siehe Bild I.5). Das Oberband trägt auf Schienen laufend den Brennstoff in den Feuerraum. Ein Motorantrieb wirkt auf die Vorderwelle, deren Kettenräder das Rostband bewegen. Am hinteren Umlenkende des Bandes oft keine Welle mit Radkörper, sondern nur eine Umlenkbahn der Laufschienen. Die Stabgruppen klaffen hier auseinander, Schlacken- und Aschenreste fallen ab (u.U. Abklopfer). Das Staupendel am Feuerbahnende staut den Brennstoff und zwingt zum Ausbrand. Der Schuppenwanderrost hat kippbare Rostplatten, die schuppenartig mit Luftspalt einander überdecken. Am Umlenkende kippen sie auseinander und werfen die Rückstände ab. Lange Rostbahnen verlangen Unterluftzufuhr, aufgeteilt in Zonen für unterschiedliche Unterluftmenge, die dem Brennablauf bei der Schichtwanderung angepaßt wird. Zonenwanderrost. Die einzelnen Zonen werden durch seitlich austragende Transportschnecken von Asche entleert. Auf Wanderrosten können mindere wie auch hochwertige Brennstoffe verbrannt werden. Die Rostwärmebelastung beträgt je nach Brennstoffgüte $q_r = (2{,}9 \ldots 5{,}9) \cdot 10^9$ kJ/m^{2}h = $= (0{,}81 \ldots 1{,}64) \cdot 10^9$ W/m^2.

Für mittel- und hochflüchtige Kohlensorten mit hohem Feinkornanteil werden Wanderrostfeuerungen mit Wurfbeschickung gebaut. Die Wurfbeschickung sorgt bei sonst gleicher Bauweise des Rostes für eine wesentlich größere Laststeigerungsgeschwindigkeit als bei der herkömmlichen Bauweise.

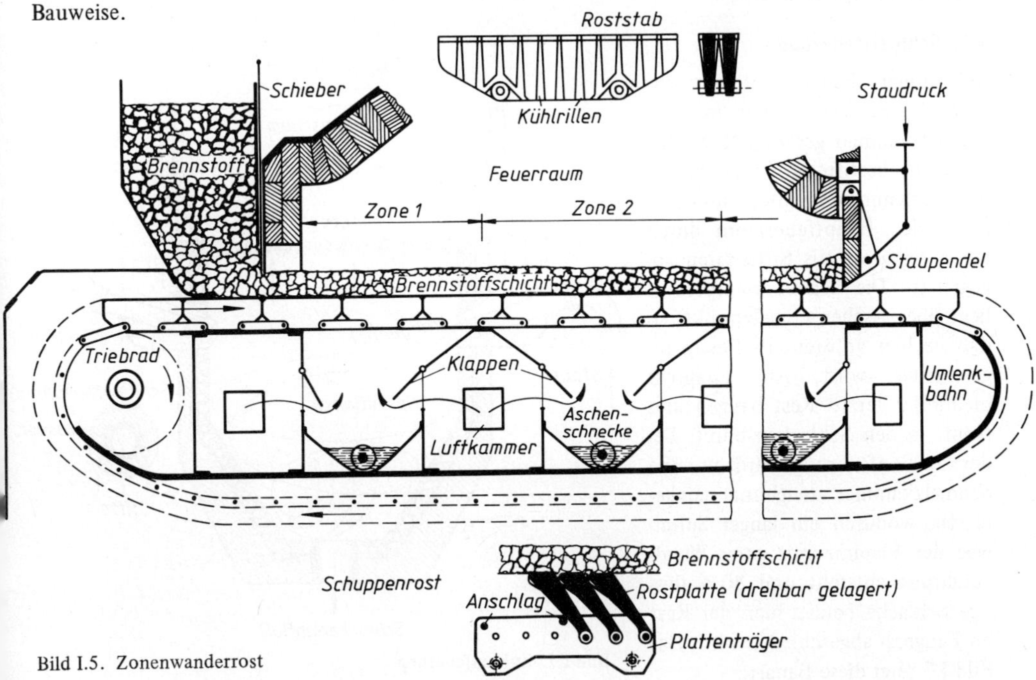

Bild I.5. Zonenwanderrost

4.6. Kohlenstaubfeuerung

Der Brennstoffstaub verbrennt schwebend im Feuerraum V_f ohne Rost. Die Feuerraum-Wärmebelastung $q_f = \dot{m}_B H_u / V_f$ in kJ/m³ drückt die Anlageleistung aus. Richtwerte sind $q_f = (0{,}63 \dots 1{,}2)\,10^9$ kJ/m²h = $(0{,}18 \dots 0{,}33)\,10^9$ W/m². Der Feuerraum ist mit senkrechten Wasserrohrwänden ausgekleidet, die von der frei brennenden Flamme bestrahlt und nicht berührt werden (vgl. Strahlungskessel). Braunkohle wird nach Bild I.6 durch schnelläufige Einblasmühlen (Schlagrad mit Ventilator) gemahlen, durch rückgesaugtes Rauchgas getrocknet (Mahltrocknung), gesichtet, eingeblasen und mit vorgewärmter Zweitluft verbrannt. Zündluftzugabe zur Mühle sichert die Staubzündung beim Eintritt in den Feuerraum. Steinkohle wird ähnlich verarbeitet. Langsame Trommel- und Kugelmühlen verlangen stärkere Windleistung für Trägerluft zum Staubtransport. Bei wasserreichem Brennstoff wird in einem Zwischenbunker der Brüden abgesogen, damit das Staub-Luftgemisch zündfähig wird. Die Asche sinkt aus der Flamme teigig (oder als Tropfen) nach unten, wird von den unteren Wasserrohrwänden abgeschreckt und sammelt sich im Aschentrichter des Feuerraums (vgl. Bild II.10).

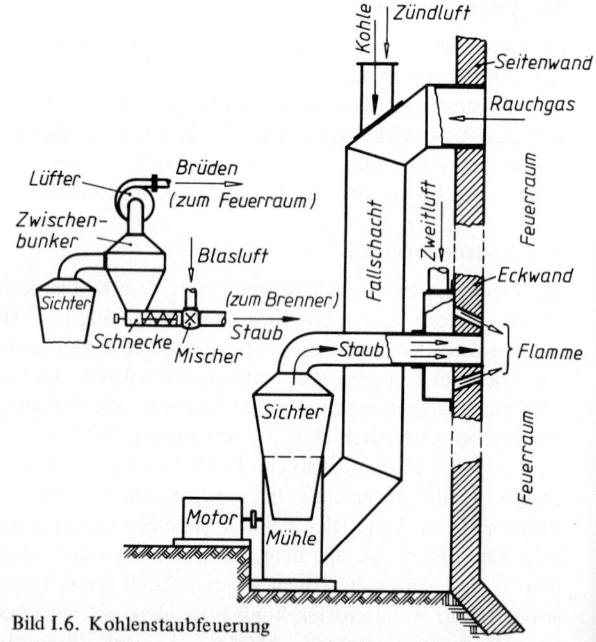

Bild I.6. Kohlenstaubfeuerung

4.7. Schmelzfeuerung

Bei hoher Feuerraumtemperatur wird die Schlacke flüssig in einer Schmelzkammer gesammelt. Sie besteht aus bestifteten Wasserrohren mit Schamottenmantel und ist gegen den Hauptfeuerraum durch einen Fangrost aus Stiftrohren abgegrenzt. Die Kammertemperatur liegt über Aschenschmelzpunkt, so daß sie hier größtenteils flüssig abgeschieden wird. Am Fangrost bleibt der letzte Rest hängen und tropft in den Schlackensumpf. Bei der Zyklonfeuerung wird in eine Schmelzkammer tangential eingeblasen, wodurch ein langer Spiralweg der Flamme mit guter Wandberührung entsteht und 80 % flüssige Schlacke bereits hier, der Rest im Fangrost abgeschieden wird. Das Bild I.7 zeigt diese Bauart.

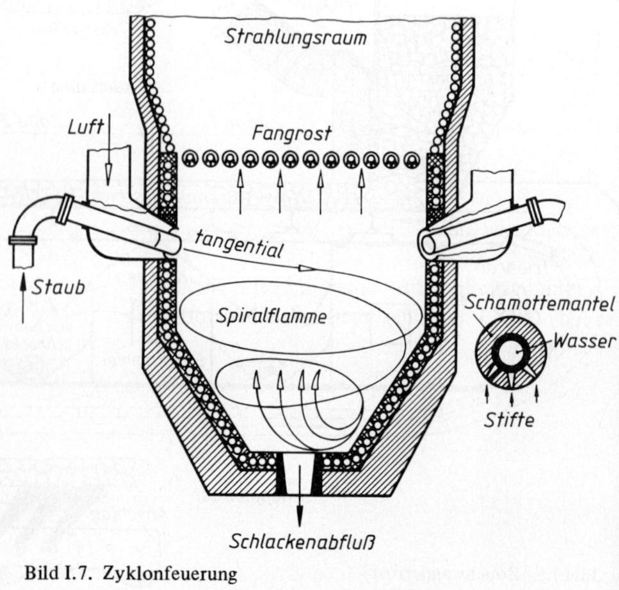

Bild I.7. Zyklonfeuerung

4.8. Druckölfeuerung

Das über Vorwärmer erwärmte Heizöl wird unter Druck der verschiebbaren Drucköllanze zugeführt (Bild I.8). Hier wird das Öl vernebelt, mit der Verbrennungsluft verwirbelt und gezündet. Es entsteht ein Feuerwirbel in Form eines Kegelmantels.

Die Rauchgase konzentrieren sich im Innern des Wirbels und werden aus dem Feuerraum abgesaugt.

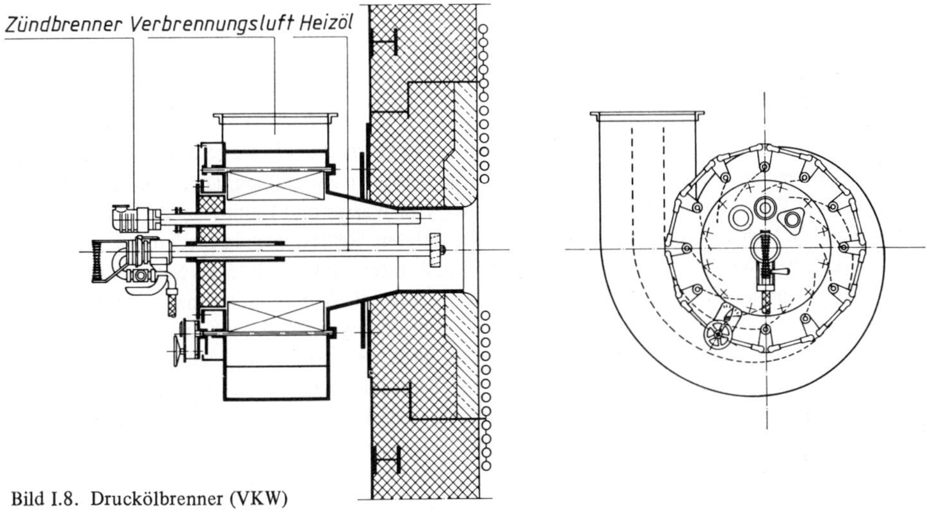

Bild I.8. Druckölbrenner (VKW)

4.9. Wirbelschichtfeuerung

Beim Wirbelschichtverfahren (Bild I.9) strömt Verbrennungsluft über eine Verteilerplatte in die Brennkammer und verwirbelt das Bettmaterial aus Kohlenstoff, Asche und Kalkstein. Die Kohlenstoffkonzentration liegt unter 1 %. Im Wirbelbett reagiert der Kohlenstoff der eingebrachten Kohle mit dem Sauerstoff der Verbrennungsluft. Die Temperatur im Wirbelbett wird zwischen 800 und 900 °C gehalten. In das Wirbelbett tauchen Wärmetauscher ein, die einen großen Teil der freiwerdenden Wärme aufnehmen. Konvektive Heizflächen werden nachgeschaltet, um die Rauchgastemperatur zu senken.

Als Brennstoffe kommen Kohlenarten geringer Qualität mit hohem Asche- und Schwefelgehalt, Ölschiefer, Petrolkoks und Abfälle in Frage. Durch die niedrige Verbrennungstemperatur entsteht kein Stickoxid (NO_x) und die meisten Schadstoffe bleiben in der Achse enthalten.

Wird die Luft mit Kohlenstaub durchsetzt, erhält man Kombinationsbrenner für Staub-Öl-Feuerungen. Werden die Rohr- und Düsenquerschnitte für Gasbrennstoff und seinen Betriebsdruck umgestaltet (vergrößert), so arbeitet diese Brennart als Gasbrenner für Gasfeuerungen.

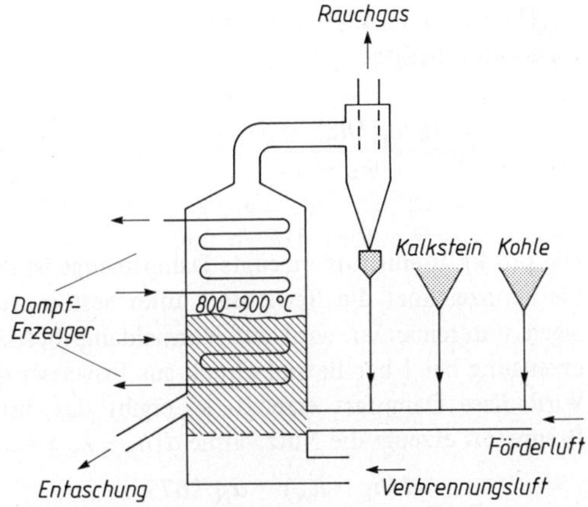

Bild I.9. Wirbelschichtfeuerung

II. Dampferzeugung

Im Dampferzeuger (Dampfkessel) wird Wasser durch die heißen Feuergase auf Siedetemperatur erwärmt und verdampft. Es entsteht Sattdampf, der sich im Dampfraum über dem siedenden Wasser sammelt. Die Siedetemperatur ist vom Druckzustand abhängig. Der eingeschlossene Dampf hat Überdruck und damit Druckenergie.

1. Dampfarten

Die Vorgänge bei der Dampferzeugung gliedern sich in Wassererwärmung auf Siedetemperatur im Wasservorwärmer, Verdampfung im Kessel und danach Erwärmung über Siedetemperatur im Überhitzer. Die VDI-Wasserdampftafeln geben eine Übersicht der Zusammenhänge von Siededruck, Siedetemperatur, Wärmeaufwand, Dichte und Wichte von Wasser und Dampf bei der Dampferzeugung. Die Tafel II.1 ist ein Auszug daraus mit abgerundeten Werten. Neben Siededruck und -temperatur ist das spezifische Volumen und der Wärmeinhalt oder die Enthalpie des Sattdampfes angegeben. Dieser Wärmeinhalt enthält die Wasserwärme h' und die Verdampfwärme r. Sattdampf hat die Enthalpie $h'' = h' + r$ in kJ/kg. Meist durchströmt der erzeugte Sattdampf die beheizten Rohre eines Überhitzers, wo er bei gleichbleibendem Druck über Siedetemperatur erwärmt und als überhitzter Dampf oder Heißdampf entnommen wird. Sein Wärmeinhalt ist um $h_ü$ auf den Wert $h_h = h'' + h_ü$ angestiegen. Diese Werte sind in den VDI-Tafeln enthalten und auch in Tafel II.1 aufgeführt. Bei Wärmeverlust wird Sattdampf durch Teilkondensation seiner Moleküle feucht und heißt dann Naßdampf. Dies geschieht meist bei gleichbleibendem Druck ohne Temperaturveränderung. Ist pro kg Sattdampf der Wärmeverlust h_v, so hat der entstandene Naßdampf die Enthalpie $h_n = h'' - h_v$ in kJ/kg. Die Wärmemenge h_v wurde der Verdampfwärme r entzogen. Also ist der Feuchtigkeitsanteil im Dampf $f = h_v/r$ oder in Prozent ausgedrückt: $f\,\% = (h_v/r)\,100$.

2. Kesselwirkungsgrad, Verdampfziffer

Verarbeitet eine Kesselfeuerung den Brennstoffdurchsatz $\dot{m}_B$ in kg/s und hat der Brennstoff den unteren Heizwert H_u in kJ/kg, so entsteht die Feuerwärme $\dot{m}_B \cdot H_u$ in kJ/s (kW).
Sie erzeugt aus Wasser vom Wärmeinhalt h_w die Dampfmenge $\dot{m}_D$ in kg/s bei dem Betriebsdruck p in bar meist als Heißdampf vom Wärmeinhalt h_h. Damit wird der Anlage die Nutzwärme $\dot{m}_D (h_h - h_w)$ in kJ/s (kW) entnommen. Aus dem Verhältnis Nutzen/Aufwand erhält man den Kesselwirkungsgrad

$$\eta_K = \frac{\dot{m}_D (h_h - h_w)}{\dot{m}_B H_u} \qquad \text{(II.1)}$$

$\dot{m}_D, \dot{m}_B$	h_h, h_w	η_K
$\frac{kg}{s}$	$\frac{kJ}{kg}$	1

Die pro kg Brennstoff erzeugte Dampfmenge ist die Bruttoverdampfziffer $d = \dot{m}_D/\dot{m}_B$ der Anlage. Sie kennzeichnet die Betriebsart unter bestimmten Betriebsbedingungen. Zum Vergleich der Anlagen untereinander wird auf Normaldampfbetrieb bezogen. Darunter versteht man Sattdampferzeugung bei 1 bar Betriebsdruck aus Eiswasser von 0 °C mit dem Wärmeinhalt $h'' = 2675$ kJ/kg. Wird diese Dampfart erzeugt, so ergibt das die Nettoverdampfziffer $d_N = \dot{m}_{DN}/\dot{m}_B$. Jedes kg Brennstoff erzeugt die Nutzwärme $d(h_h - h_w) = d_N \cdot 2675$; also gilt auch als Wirkungsgrad

$$\eta_K = \frac{d(h_h - h_w)}{H_u} = \frac{d_N\, 2675}{H_u}$$

Tafel II.1. Dampftafel (Auszug)

Sattdampf						Heißdampf (h_h in kJ/kg)									
p bar	t °C	h' kJ/kg	r kJ/kg	h'' kJ/kg	v'' m³/kg	250 °C	290 °C	330 °C	370 °C	400 °C	420 °C	440 °C	460 °C	480 °C	500 °C
1	99,1	415	2257	2675	1,725	2973	3052	3132	3211	3274	3316	3358	4000	3442	3483
2	120	502	2202	2705	0,902	2968	3048	3128	3211	3274	3312	3354	4000	3442	3483
3	133	557	2165	2721	0,617	2964	3048	3128	3207	3270	3312	3354	3396	3437	3483
4	143	599	2135	2734	0,471	2964	3044	3123	3207	3270	3312	3354	3396	3437	3479
5	151	636	2110	2747	0,382	2960	3040	3123	3207	3266	3308	3349	3396	3437	3479
6	158	666	2089	2755	0,321	2956	3040	3119	3203	3266	3308	3349	3391	3437	3479
7	164	691	2068	2759	0,278	2952	3035	3119	3203	3266	3308	3349	3391	3433	3479
8	170	716	2051	2768	0,245	2948	3031	3115	3199	3262	3303	3349	3391	3433	3475
9	175	737	2035	2772	0,219	2948	3031	3115	3199	3262	3303	3345	3387	3433	3475
10	179	759	2018	2776	0,198	2943	3027	3111	3195	3257	3303	3345	3387	3429	3475
11	183	779	2001	2780	0,181	2939	3023	3111	3195	3257	3299	3345	3387	3429	3475
14	194	825	1964	2788	0,144	2927	3014	3102	3190	3253	3295	3341	3383	3425	3471
21	214	917	1884	2801	0,0968	2901	2998	3086	3178	3241	3287	3329	3375	3416	3463
26	225	963	1838	2801	0,0785	2885	2981	3077	3165	3232	3278	3324	3366	3412	3458
30	233	1005	1800	2805	0,0680	2860	2968	3065	3161	3228	3274	3316	3362	3408	3454
35	241	1043	1758	2801	0,0582	2834	2952	3056	3149	3220	3266	3312	3358	3404	3446
40	249	1080	1721	2801	0,0508	–	2931	3040	3156	3211	3257	3303	3349	3395	3442
50	263	1147	1645	2793	0,0402	–	2897	3015	3119	3195	3241	3291	3337	3383	3433
60	274	1206	1578	2784	0,0331	–	2847	2985	3098	3174	3228	3278	3324	3370	3421
70	284	1260	1511	2772	0,0279	–	2800	2956	3077	3157	3211	3262	3312	3362	3408
80	294	1311	1449	2759	0,0240	–	–	2918	3052	3140	3195	3245	3295	3349	3396
90	302	1357	1390	2747	0,0210	–	–	2885	3027	3119	3178	3232	3283	3337	3387
100	310	1398	1327	2726	0,0185	–	–	2839	3002	3098	3161	3216	3270	3324	3375
150	341	1599	1017	2617	0,0107	–	–	–	2839	2981	3061	3132	3195	3257	3316
200	364	1809	632	2441	0,0062	–	–	–	2554	2835	2939	3031	3111	3182	3253

3. Heizteile

Dampferzeugung aus Wasser gliedert sich in Wassererwärmung, Verdampfung und Überhitzung. Deshalb ist eine Kesselanlage in mehrere Heizteile aufgeteilt. Der Wasservorwärmer erwärmt das Wasser auf fast Siedetemperatur. Er besteht aus Blöcken in Reihe geschalteter Wasserrohre mit oder ohne Rippen, durch die das Wasser gegen Betriebsdruck gepumpt wird und die von außen durch die Feuergase turbulent berührt und beheizt werden. Bild II.1 zeigt ein Baubeispiel.

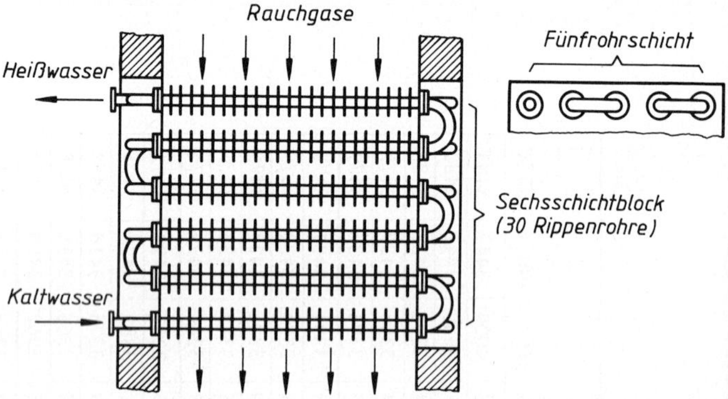

Bild II.1. Wasservorwärmer

Im Verdampfer, der Hauptheizfläche, wird das Wasser unter Betriebsdruck bei Siedetemperatur verdampft und im Dampfraum der Dampf gesammelt. Im Überhitzer wird der entstandene Sattdampf auf Heißdampftemperatur erwärmt. Er besteht aus Gruppen paralleler Rohrschlangen, wie Bild II.2 als Baubeispiel zeigt. Sie werden vom Dampf durchströmt und durch die Feuergase beheizt. Verdampfer und Überhitzer werden je nach Feuerungsanlage mit Berührungs- oder Strahlungsheizung betrieben.

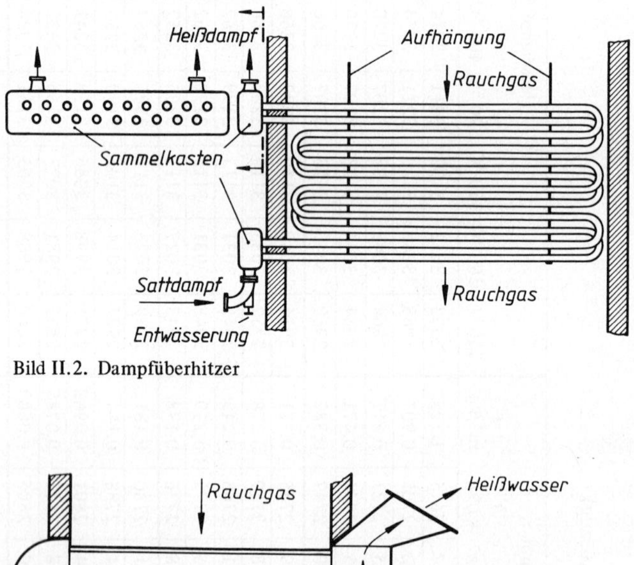

Bild II.2. Dampfüberhitzer

Der Luftvorwärmer nutzt den letzten Teil der Feuerwärme aus und erwärmt die Brennluft. Er besteht meist aus Gruppen paralleler Blechkanäle von schmalem Rechteckquerschnitt, die mit Berührungsheizung unter Kreuzströmung von Luft und Feuergas betrieben werden. Bild II.3 zeigt als Beispiel den Plattenlufterhitzer.

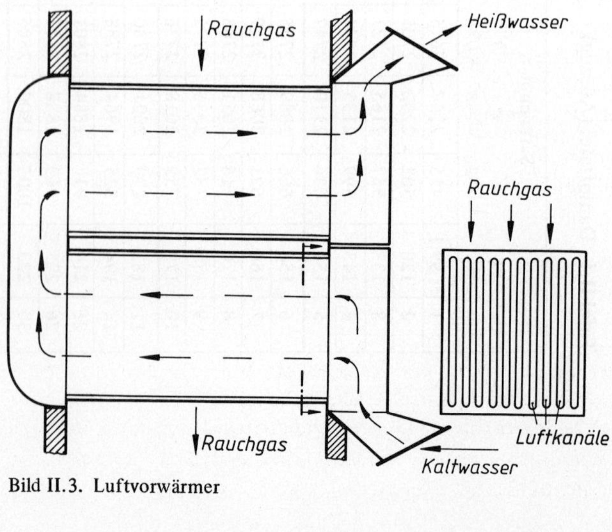

Bild II.3. Luftvorwärmer

4. Wärmeaustausch

Energie (Wärme) kann durch Wärmeleitung, Wärmeübergang oder Wärmestrahlung übertragen werden.

Wärmeleitung kennzeichnet den Energietransport (Wärmestrom) innerhalb eines Stoffes mit unterschiedlichen Temperaturen (vgl. Wärmelehre, IV. Wärmeübertragung).

Wärmeleitfähigkeit λ in J/hmK oder in W/(m · K) für einige feste, flüssige und gasförmige Stoffe siehe Wärmelehre, Tafel IV.1.

Wärmeübergang kennzeichnet den Energietransport zwischen verschiedenen Stoffen mit unterschiedlichen Temperaturen (vgl. Wärmelehre, IV. Wärmeübertragung).

Wärmeübergangskoeffizienten α in J/hm^2K und in $W/(m^2 \cdot K)$ für Dampferzeuger bei normalen Betriebsbedingungen sind in Tafel II.2 zusammengefaßt.

Tafel II.2. Wärmeübergangskoeffizienten α

	$\frac{J}{hm^2K}$	$\frac{W}{m^2K}$
Wasservorwärmer:		
zwischen Feuergas und Rohrwand	$6{,}3 \dots 12{,}6 \cdot 10^4$	17,5 ... 35
zwischen Rohrwand und Wasser	$2{,}1 \dots 3{,}3 \cdot 10^7$	5830 ... 9170
Verdampfer:		
zwischen Feuergas und Wand	$8{,}4 \dots 20{,}9 \cdot 10^4$	23 ... 58
zwischen Wand und Wasser	$2{,}1 \dots 4{,}2 \cdot 10^7$	5830 ... 11 700
Überhitzer:		
zwischen Rohrwand und Feuergas oder Dampf	$12{,}6 \dots 20{,}9 \cdot 10^4$	35 ... 58
Lufterhitzer:		
zwischen Blechwand und Luft oder Feuergas	$4{,}2 \dots 8{,}4 \cdot 10^4$	12 ... 23

Weitere Mittelwerte für den Wärmeübergangskoeffizienten α siehe Wärmelehre, Tafel IV.2.

Wärmedurchgang kennzeichnet den Energietransport von durch Wände getrennten Flüssigkeiten oder Gasen unterschiedlicher Temperatur. Bei Heizwandoberflächen als Trennwände wird die Energie zwischen dem Heiz- und dem Wärmgut durch Wärmeleitung und Wärmeübergang transportiert (vgl. Wärmelehre, IV. Wärmeübertragung).

Wärmedurchgangskoeffizient k wird aus dem Wärmeübergangskoeffizienten α und der Wärmeleitfähigkeit λ bestimmt. Mit der Dicke s für eine einschichtige, ebene Trennwand wird k:

$$k = \frac{1}{\frac{1}{\alpha_1} + \frac{s}{\lambda} + \frac{1}{\alpha_2}} \qquad \text{(II.2)}$$

k, α	λ	s
$\frac{J}{hm^2K}$	$\frac{J}{hmK}$	m

Sind die Heizwände auf der Heizseite durch Asche, Flugkoks und Ruß oder auf der Wasser- bzw. Dampfseite durch Kesselstein verschmutzt, treten mehrere Leitvorgänge auf. Der Wärmedurchgang wird schlechter als bei reiner (einschichtiger) Heizwand, weil nun die Energie durch mehrere Wandschichten transportiert werden muß und Ruß, Kohle und Kesselstein schlechte Wärmeleiter sind. Für mehrschichtige Trennwände wird $k = 1/(1/\alpha_1 + 1/\alpha_2 + \Sigma s/\lambda)$.

Tafel II.3. Wärmedurchgangskoeffizient k

	$\frac{J}{h\,m^2\,K}$	$\frac{W}{m^2\,K}$
Wasservorwärmer	$4{,}1 \ldots 12{,}6 \cdot 10^4$	$11{,}4 \ldots 35$
Verdampferheizfläche	$8{,}4 \ldots 20{,}9 \cdot 10^4$	$23{,}3 \ldots 58$
Überhitzer	$8{,}4 \ldots 25{,}1 \cdot 10^4$	$23{,}3 \ldots 69{,}7$

Die Größe der Heizflächen eines Dampferzeugers läßt sich aus der Wärmeleistung $\dot{Q}$ (Wärmemenge/Zeit), dem Wärmedurchgangskoeffizienten k und der Temperaturdifferenz Δt errechnen. Die Heizfläche A ergibt sich aus der Gleichung:

$$A = \frac{\dot{Q}}{k\,\Delta t} \qquad \text{(II.3)}$$

A	$\dot{Q}$	k	Δt
m^2	kW	$\frac{J}{h\,m^2\,K}$; $\frac{W}{m^2\,K}$	K

Die gesamte Wärmeleistung teilt sich auf in die Wasservorwärmleistung $\dot{Q}_{VW}$, die Verdampferwärmeleistung $\dot{Q}_V$ und die Überhitzerwärmeleistung $\dot{Q}_Ü$.

Die Teilwärmeleistungen errechnen sich aus

$$\begin{aligned} \dot{Q}_{VW} &= \dot{m}_D\,(h' - h_w) \\ \dot{Q}_V &= \dot{m}_D\,r \\ \dot{Q}_Ü &= \dot{m}_D\,(h_h - h'') \end{aligned} \qquad \text{(II.4)}$$

$\dot{Q}_{VW}, \dot{Q}_V, \dot{Q}_Ü$	h', h'', h_w, h_h, r	$\dot{m}_D$
$\frac{kJ}{s} = kW$	$\frac{kJ}{kg}$	$\frac{kg}{s}$

5. Kesselbauarten

Von den heute noch häufig anzutreffenden Großwasserraum-Kesseln wie den Flammrohr-, Heizrohr- und Rauchrohrkesseln wird nur noch der Dreizugkessel als Kombination aus Flamm- und Rauchrohrkessel gebaut. Daneben kommen Naturumlauf- und Zwangsumlaufkessel zur Anwendung. Die wichtigsten Bauformen sind:

5.1. Dreizugkessel

Der Dreizugkessel (Bild II.4) setzt sich zusammen aus dem Grundrahmen mit Kesselstühlen, Öl- oder Gasbrenner mit Verbrennungsluftgebläse, Flammrohren und Rauchrohren, hinterer und vorderer Wendekammer und dem Überhitzer.

Das Flammrohr als Brennkammer hat gewellte oder glatte Rohre und eignet sich gut zum Einbau von Drucköl- oder Gasbrennern. Es ist im unteren Teil des Wasserraumes untergebracht. Dadurch werden Wärmeaustausch und Wasserumlauf gefördert.

Kesselleistungen über 9 MW erfordern den Einbau von zwei Flammrohren.

In der hinteren Wendekammer werden die Rauchgase umgelenkt und auf die Rauchrohre des zweiten Kesselzuges verteilt. Das gleiche geschieht in der vorderen Wendekammer, die die Rauchgase vom zweiten in den dritten Kesselzug umleitet.

Im Überhitzer wird die vom Betriebsdruck abhängige Sattdampftemperatur bis auf maximal 450 °C erhöht. Die Lage des Verdichters richtet sich nach der erforderlichen Dampftemperatur. Möglich ist der Einbau des Überhitzers in der vorderen Wendekammer, in einem vergrößerten Rauchrohr des zweiten Kesselzuges (Bypass-Überhitzer) oder direkt hinter dem Flammrohr.

Dreizugkessel werden eingesetzt zur Erzeugung von Warm- oder Heißwasser und in Heizkraftwerken zur Erzeugung von Heißdampf.

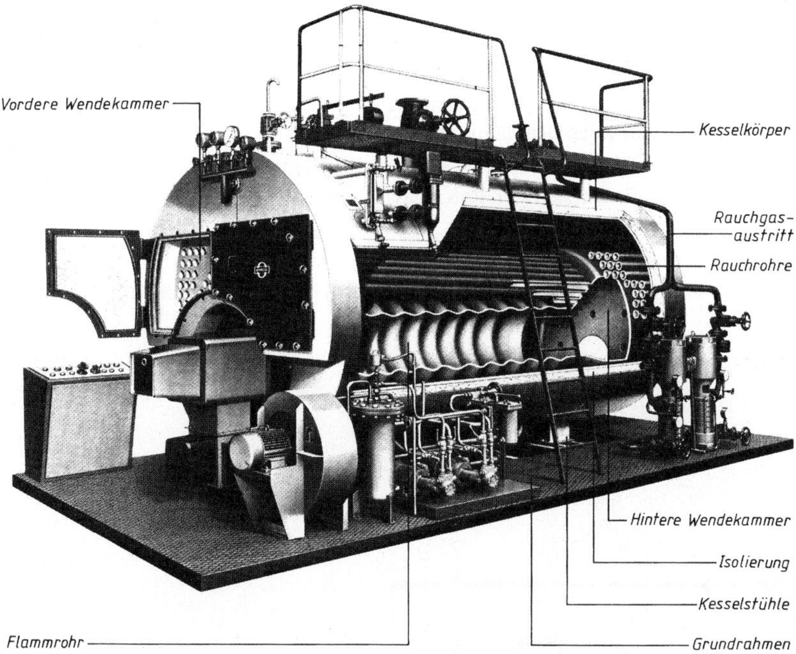

Bild II.4. Dreizugkessel (Omnical)

5.2. Naturumlauf-Dampferzeuger

Bei dem natürlichen Umlauf des Wassers bilden sich in den beheizten Siederohren Dampfblasen. Die Dichte des Wasser-Dampfgemisches sinkt gegenüber der Wasserdichte in den Fallrohren. Deshalb entsteht am unteren Ende der Fallrohre ein Überdruck, der das Wasser-Dampfgemisch in den Siederohren nach oben drückt.

5.2.1. Steilrohrkessel. Die Wasserrohre münden in eine Obertrommel, in der sich der aufsteigende Dampf sammelt und in eine unbeheizte, durch das Wasser der Fallrohre gefüllte Untertrommel (Bild II.5). Überhitzer-, Wasser- und Luftvorwärmer liegen in den Temperaturzonen der Brenngase. Die Trommeln sind unbeheizt, aber gegen Wärmeverlust isoliert.

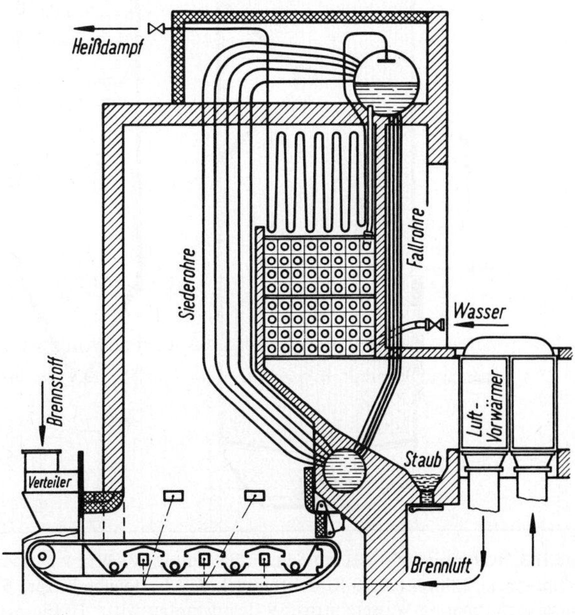

Bild II.5. Steilrohrkessel

5.2.2. **Strahlungskessel.** Der Feuerraum ergibt durch großflächige Rostanlagen eine starke Strahlungswirkung. Deshalb wird er mit Wasserrohrwänden ausgekleidet, die, wie die nachgeschalteten Verdampferheizflächen des Strahlraumes, ihre Wärme hauptsächlich durch Strahlung aufnehmen. Der Überhitzer wird als Strahlungs- und Berührungsheizteil ausgeführt. Dazwischen ist eine Wassereinspritzung zur Temperaturregelung des Heißdampfes vorgesehen.

Strahlungskessel werden als Einzug-, Eineinhalbzug- und Zweizugdampferzeuger gebaut. Bei Zweizugdampferzeugern (Bild II.6) befindet sich der Rauchgasaustritt unten. Sie benötigen mehr Platz als Einzugdampferzeuger, bauen jedoch niedriger.

Naturumlauf-Dampferzeuger erreichen Dampfleistungen bis zu 380 kg/s bei Dampfdrücken bis zu 195 bar. Als Brennstoffe werden Steinkohle, Braunkohle, Gicht- und Erdgas und Schweröl eingesetzt.

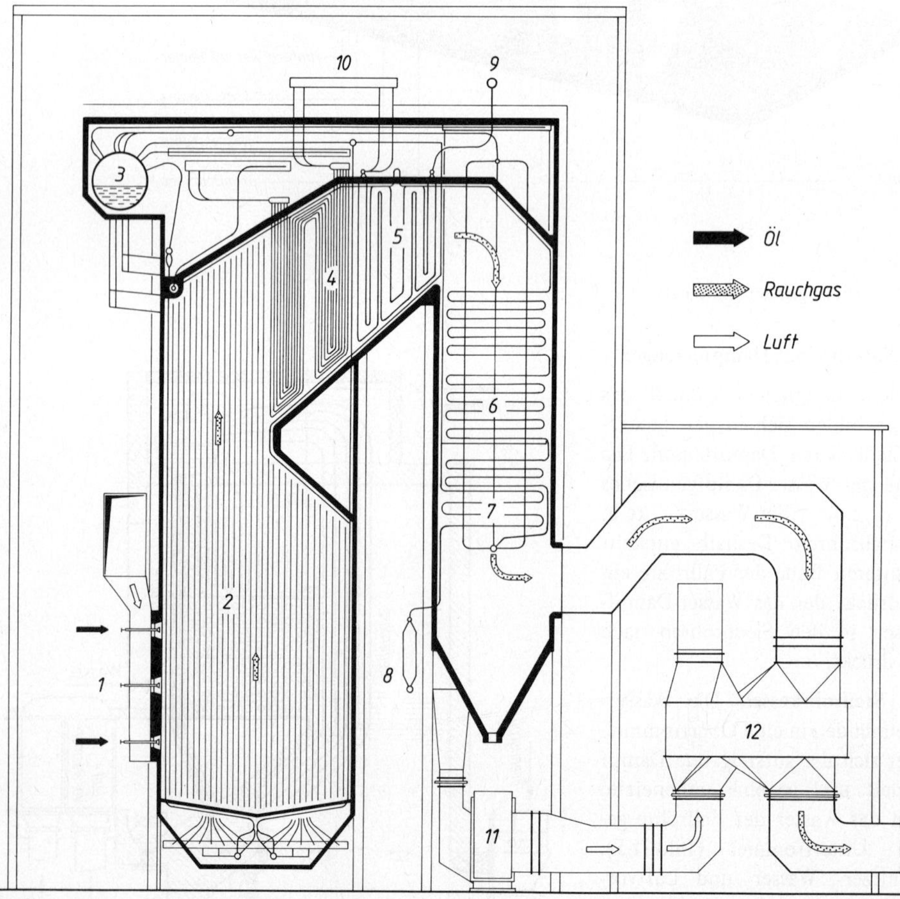

Bild II.6. Naturumlaufkessel mit Schwerölfeuerung (VKW)
1 Ölbrenner, 2 Strahlteil, 3 Kesseltrommel, 4 Schottenüberhitzer, 5 Endüberhitzer, 6 Vorüberhitzer, 7 Speisewasservorwärmer, 8 Wassereintritt, 9 Heißdampfaustritt, 10 Einspritzkühler, 11 Frischluftgebläse, 12 Regenerativluftüberhitzer

5.3. Zwangsdurchlauf-Dampferzeuger

Bei einem Dampfdruck über 100 bar wird der Unterschied zwischen Dampf- und Wasserdichte so gering, daß der natürliche Wasserkreislauf träge wird. Dann werden Umlaufpumpen zwischen die Fall- und Steigrohre gesetzt, die das Wasser durch die Steigrohre pumpen. Nun können auch engere Wasserrohre (32 mm Innendurchmesser) verwendet werden. Steigrohre können in starken Windungen auf- und abwärtsgeführt werden. Man spricht dann von einer Mäanderbandwicklung.

Bild II.7. Bensonkessel mit Schwerölfeuerung (VKW)
1 Druckölbrenner, 2 Verdampfer, 3 Vorüberhitzer, 4 Endüberhitzer, 5 Vorüberhitzer, 6 Speisewasservorwärmer, 7 Luftvorwärmer, 8 Frischluftgebläse, 9 Einspritzkühler, 10 Kamin, 11 Feuerraumboden

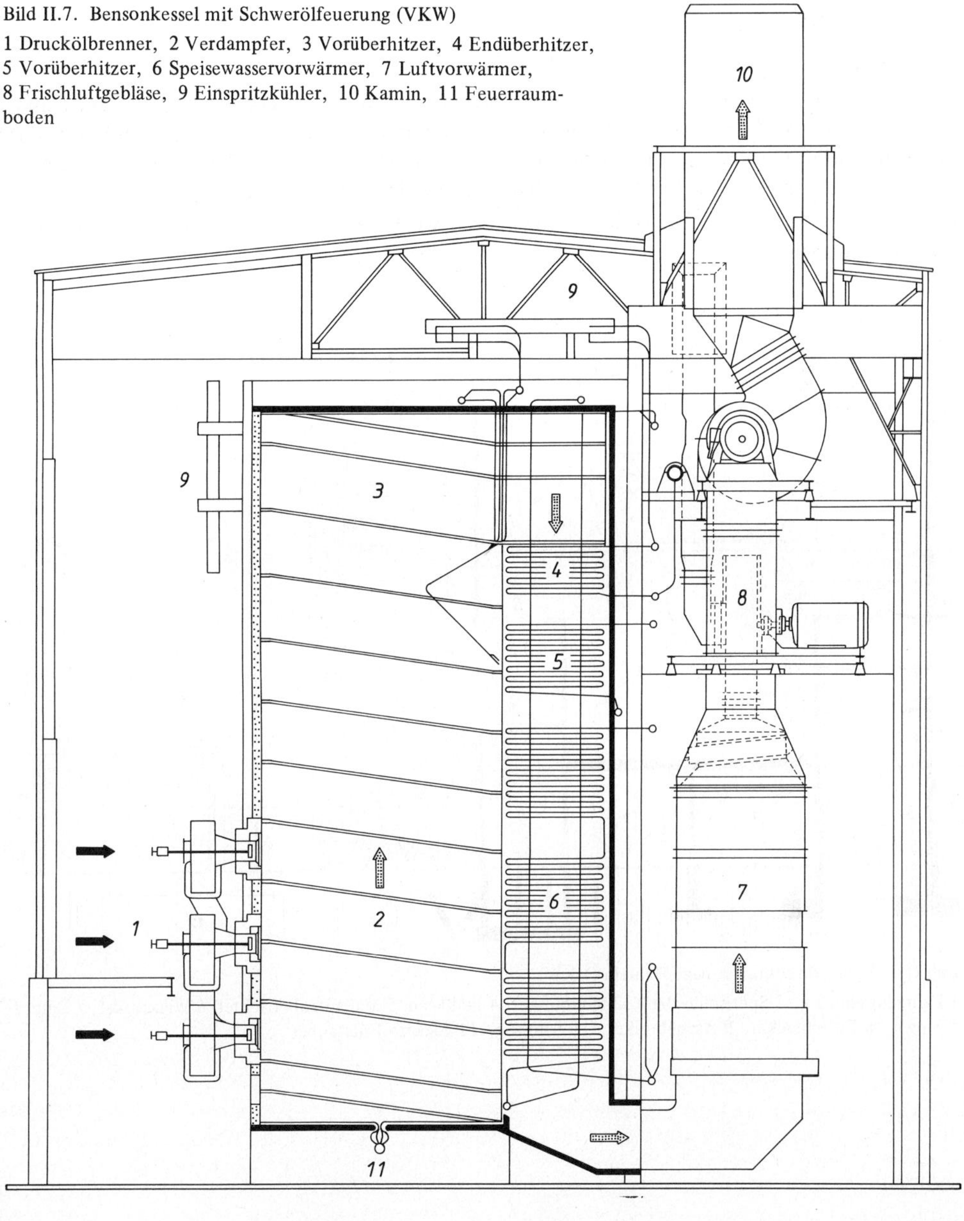

Die bekannteste Bauart ist der Bensonkessel (Bild II.7). Er hat keine Dampfscheidetrommel, sondern man schaltet nach dem strahlungsbeheizten Verdampfer einen Nachverdampfer in den Kreislauf, der vor der Dampfüberhitzung liegt. Die Speisepumpen drücken das Kondensat durch den Wasservorwärmer zum Verdampfer bis zum Nachverdampfer. Die Pumpen arbeiten gegen den Betriebsdruck und müssen auch die beträchtlichen Strömungswiderstände überwinden. Da bei Dampflastabnahme die Strömung in allen Heizteilen abnimmt, muß die Heizwärme durch Brennstoffregelung angepaßt werden.

Bensonkessel erreichen Dampfleistungen bis 550 kg/s und Dampfdrücke von 220 bar. Die Brennstoffe entsprechen denen der Feuerungen von Naturumlaufkesseln.

5.4. Dampferzeugung durch Müllverbrennung

Der Abfall wird auf Rostfeuerungen (Walzen- oder Treppenroste) verbrannt. Die starke Verschmutzung der Roste wird durch große Ausbrandräume vermindert. Der Dampferzeuger im Bild II.8 ist ein Steilrohr-Strahlrohrkessel mit natürlichem Wasserumlauf. Die Dampfleistung der Anlage beträgt 8 kg/s bei einem Dampfdruck von 49 bar und einer Dampftemperatur von 450 °C.

Der erzeugte Dampf von Müllverbrennungsanlagen wird meistens in das Dampfnetz von Kraftwerken eingespeist.

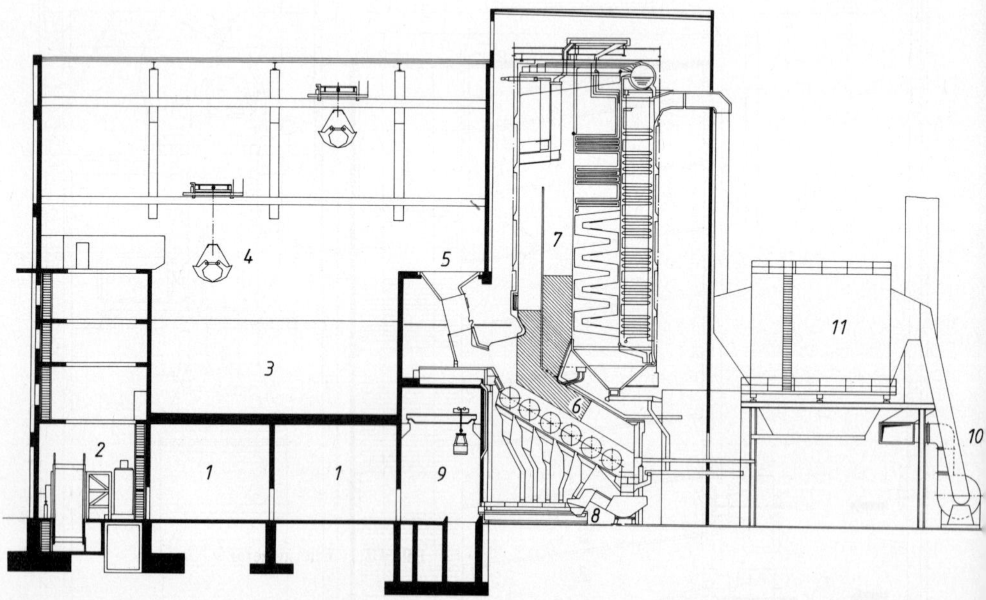

Bild II.8. Müllverbrennungsanlage Hameln (VKW)

1 Fahrzeugschleuse, 2 Sperrmüllschere, 3 Müllbunker, 4 Müllkran, 5 Müllaufgabetrichter, 6 Walzenrost, 7 Dampferzeuger, 8 Entschlacker, 9 Aschebunker, 10 Saugzug, 11 Elektro-Entstauber

III. Dampfturbinen

1. Erzeugung der kinetischen Energie

1.1. Dampfgeschwindigkeit

Der im Dampferzeuger unter Druck stehende Dampf besitzt potentielle Energie. Dieser Dampf strömt unter Druckminderung durch düsenförmige Leiteinrichtungen, wobei die potentielle Energie des Dampfes in kinetische Energie umgesetzt wird. Die Druckminderung von p_1 auf p_2 entspricht einer Enthalpieänderung von $\Delta h = h_1 - h_2$ in kJ/kg. Aus der Beziehung $E_{pot} = E_{kin}$ erhält man mit $m = 1$ kg die Gleichung $\Delta h = c_s^2/2$ und daraus die theoretische Dampfgeschwindigkeit am Düsenaustritt $c_s = \sqrt{2\,\Delta h}$ in m/s. Die Reibung des Dampfes an den Düsenwandungen verringert die Dampfgeschwindigkeit. Düsenreibzahl $\varphi = 0{,}93 \ldots 0{,}98$. Zusammengefaßt wirkt am Düsenaustritt die Dampfgeschwindigkeit

$$c = \varphi\sqrt{2 \cdot \Delta h} \qquad \text{(III.1)}$$

c	Δh	φ
$\frac{m}{s}$	$\frac{J}{kg} = \frac{Nm}{kg} = \frac{m^2}{s^2}$	1

Die Enthalpiewerte h_1 und h_2 entnimmt man der Dampftafel (Tafel II.1), nämlich h_1 für p_1, T_1 und h_2 für p_2, $T_2 = T_1(p_1/p_2)^{\frac{\kappa-1}{\kappa}}$. Einfacher wird das Energiegefälle Δh aus der Entropietafel (Tafel III.1) als Differenz zwischen den beiden Drucklinien p_1 und p_2 abgelesen, beginnend mit der Temperatur t_1 und dem Druck p_1, wie auch Bild III.1 zeigt. Die Dampfreibung innerhalb der Düse bedeutet Erwärmung und damit Entropiezunahme des Dampfes, wodurch sich die Enthalpiedifferenz Δh um $h_r = (1 - \varphi^2)\,\Delta h$ verkleinert und das Nutzgefälle $\Delta h_c = \varphi^2\,\Delta h$ ist (Bild III.1).

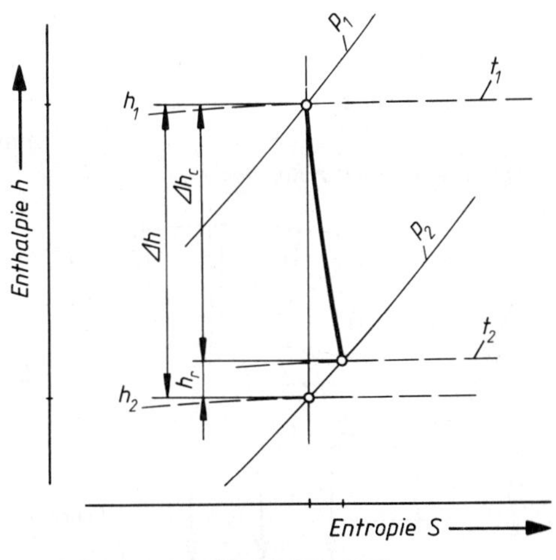

Bild III.1. Energiegefälle Δh

1.2. Kritisches Druckgefälle

Solange die Dampfströmung in der Düse nicht die Schallgeschwindigkeit für Dampf erreicht, darf der Düsenkanal stetige Querschnittsverkleinerung bis zum Dampfaustritt aufweisen, wie im Bild III.2 für Einfachdüsen dargestellt ist. Bei großem Energiegefälle wird aber die Schallgrenze überschritten. Dann muß eine erweiterte Düse (Lavaldüse) angewandt werden, deren Erweiterungswinkel höchstens 10° sein soll (siehe Bild III.2; Lavaldüse). Bis zum engsten Querschnitt A_{min} wird das kritische Druckverhältnis p_k/p_1 verarbeitet und danach im Erweiterungsteil das restliche Druckgefälle von p_k auf p_2. Das kritische Druckverhältnis ist für Heißdampf 0,546 und für Sattdampf 0,577. Man erkennt, daß Lavaldüsen nötig sind, wenn das verarbeitete Druckverhältnis p_1/p_2 bei Heißdampf größer als 1,83 ist.

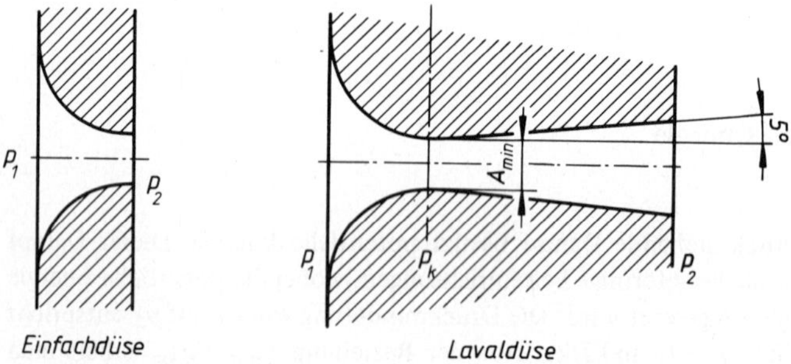

Bild III.2. Düsenarten

1.3. Düsenquerschnitt

Düsenkanäle haben meist Rechteckquerschnitt und werden nebeneinander als Düsensegment in die Gehäusewand der Turbine vor dem Laufrad eingebaut. Das Bild III.3 läßt erkennen, wie die mittlere Bogenstrecke B des Segmentes durch z Kanäle in die Teilungsstrecke $t = B/z$ aufgeteilt ist. Der Dampfeintritt in die Kanäle erfolgt unter 90° zur Gehäusewand (... axial). Die Kanalverengung entsteht durch Abwinkelung der Kanalwände auf den Austrittswinkel α_1 (15° ... 22°). Unter diesem Winkel strömt der Dampf gegen die Schaufeln des Laufrades. Er gilt daher auch als Zuströmwinkel α_1. Mit der Kanalwanddicke s entsteht am Düsenende die Austrittweite $b_a = t \sin\alpha_1 - s$. Bei einer Kanalhöhe l ergeben z Düsenkanäle den Austrittsquerschnitt

$$A = l b_a z \qquad (III.2)$$

A	l	b_a	z
mm²	mm	mm	1

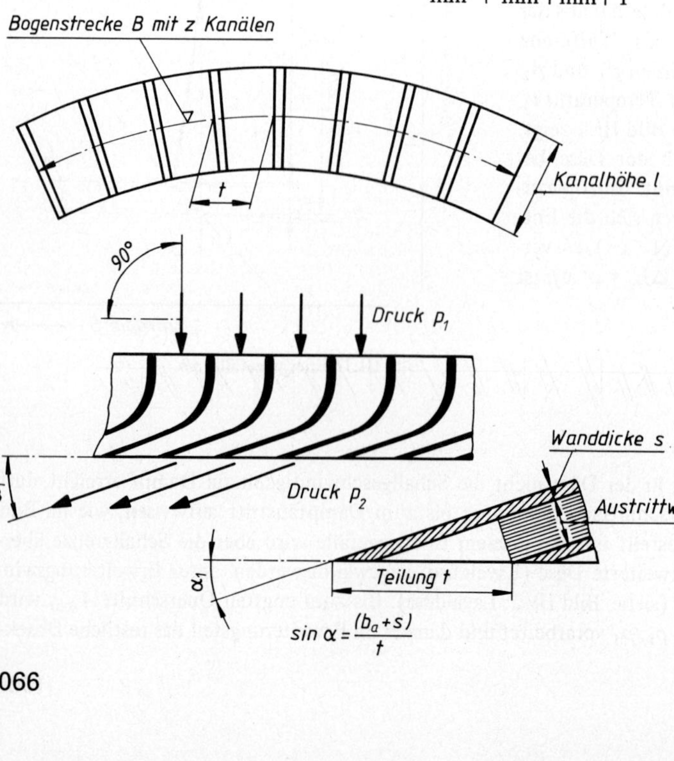

Bild III.3
Einfachdüsensegment

Tafel III.1. Entropietafel für Wasserdampf

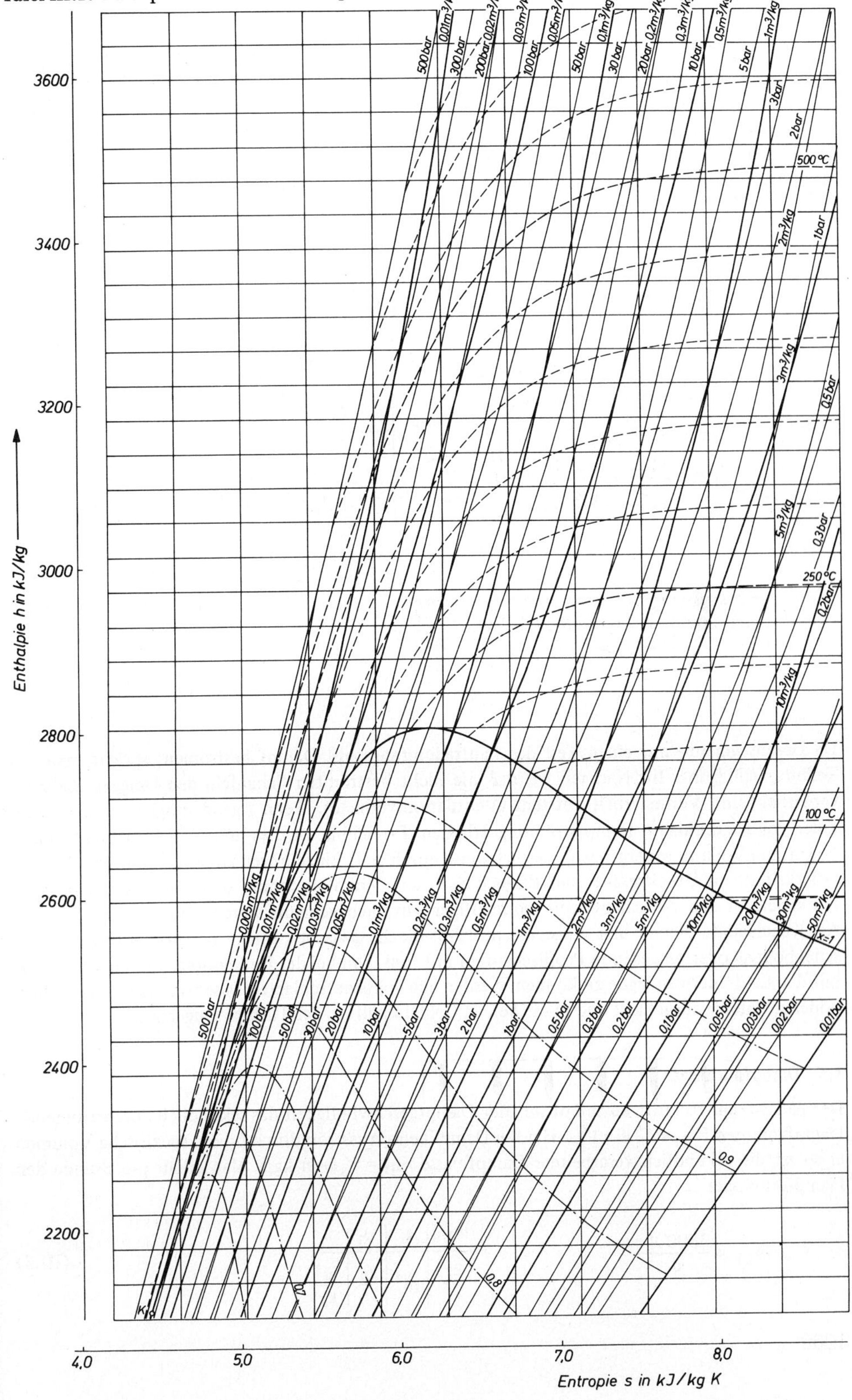

1.4. Düsenbauart

Düsensegmente werden gegossen oder bei großem Druckgefälle aus Düsenbogen, Deckbogen und Anpreßbogen zusammengebaut. Im Düsenbogen sind die Kanäle aus dem Vollen herausgefräst, so daß die Kanalwände stehen bleiben, die der Deckbogen abdeckt. Düsen- und Deckbogen werden in die Gehäusewand vom Anpreßbogen durch Preßschrauben dampfdicht eingebaut. Das Bild III.4 zeigt diese Bauart als Lavaldüsen mit Kleinstweite b_{min} und dem Erweiterungswinkel.

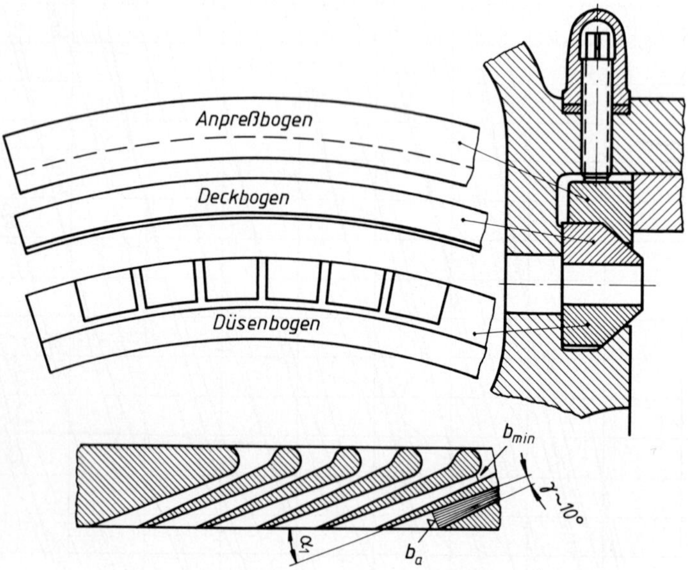

Bild III.4
Lavaldüsensegment (dreiteilig)

Da Düsensegmente nur einen Teil des Laufradumfangs mit Dampf beströmen, spricht man von Teilbeaufschlagung. Ihr Nachteil ist, daß die nicht beströmten Schaufeln den Umgebungsdampf verwirbeln und Verlustarbeit entsteht (Ventilationsverluste). Wenn irgend möglich, sollen Laufräder vollbeaufschlagte Dampfströmung erhalten. Erreichbar ist dies, indem sich mehrere Einzelbögen zum Vollumfang ergänzen, beispielsweise durch acht Einzelbögen zu je 45° Bogenwinkel. Bei unterkritischem Druckgefälle sind Einfachdüsen auf dem Vollumfang angeordnet, die dann auch Leitkanäle in den Zwischenböden mehrstufiger Turbinen genannt werden (vgl. Zoellyturbinen). Als Kanalwände dienen hier eingegossene Ni-St-Bleche zwischen Innen- und Außenring des Zwischenbodens oder eingesetzte Profilschaufeln mit Fuß. Um bei der Endmontage die Turbinenwelle mit den Laufrädern einlegen zu können, werden alle vollbeaufschlagten Düsenwände und Zwischenböden zweiteilig ausgeführt und in die beiden Gehäusehälften der Turbine eingebaut.

1.5. Dampfdurchsatz

Der Austrittsquerschnitt bestimmt mit der Dampfgeschwindigkeit das sekundlich durchströmende Dampfvolumen $\dot{V} = A c_1$ in m^3/s. Hat der Dampf beim Ausströmdruck p_2 das spezifische Volumen v, so ist die sekundlich verarbeitete Dampfmasse $\dot{m}_D = V_s/v$ in kg/s. Man erhält pro Stunde den Dampfdurchsatz

$$\dot{m}_{Dh} = \frac{3600\, A c_1}{v} \qquad (III.3)$$

$\dot{m}_{Dh}$	A	c_1	v
$\frac{kg}{h}$	m^2	$\frac{m}{s}$	$\frac{m^3}{kg}$

2. Nutzung der kinetischen Energie

Der aus den Düsen austretende Dampf strömt auf die Schaufeln des Laufrades. Die Schaufeln bilden gekrümmte Kanäle mit konstanter Kanalweite, in denen die durchströmende Dampfmasse abgelenkt wird. Um konstante Kanalweite zu erhalten, werden Profilschaufeln verwendet, wie es in Bild III.5 dargestellt ist. Der erzeugte Ablenkdruck wirkt als Triebkraft F am Radumfang und treibt die Radschaufeln mit der Umlaufgeschwindigkeit u an, wodurch sich die Triebleistung $P = Fu$ ergibt. Der Druckzustand des Dampfes ist vor und hinter dem Laufrad gleich groß. Das Laufrad arbeitet als Gleichdruckrad, die Turbine gilt als Gleichdruckturbine. Der im Bild III.5 aufgezeigte Geschwindigkeitsverlauf der Dampfströmung im Radkanal läßt die Energienutzung erkennen.

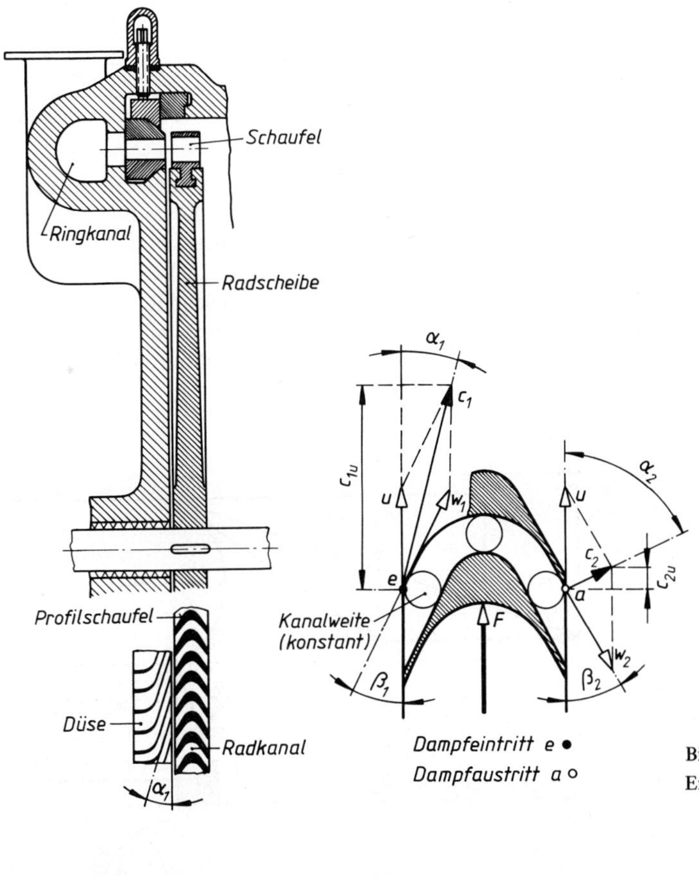

Bild III.5
Energienutzung im Radkanal

2.1. Dampfeintritt

Vor dem Radkanal hat der Dampf die Geschwindigkeit c_1 und den Zuströmwinkel α_1 zur Umlaufrichtung der Radkanäle, deren Eintrittskanten (Schaufelkanten) die Umlaufgeschwindigkeit u haben. Aus beiden Geschwindigkeiten ergibt sich die relative Geschwindigkeit w_1 unter dem Richtungswinkel β_1, die der Dampf gegenüber der umlaufenden Eintrittskante des Radkanals hat. Die Kanalwand (Schaufelwand) muß baumäßig diesen Richtungswinkel β_1 am Kanalanfang haben, damit der Dampf ohne Strömungsstörung an die Wand mit w_1 angleitet und stoßfreier Dampfeintritt in den Radkanal erfolgt.

2.2. Dampfaustritt

Im umlaufenden Radkanal wird der Dampf durch die Wandkrümmung abgelenkt. Während dieser Ablenkung sinkt die relative Dampfgeschwindigkeit durch Reibung der Dampfmoleküle auf $w_2 = \psi w_1$, Schaufelbeiwert $\psi = 0{,}95 \ldots 0{,}8$ (je nach Größe des Ablenkungsgrades). Mit dieser Geschwindigkeit w_2 verläßt der Dampf die umlaufende Kanalwand unter Wandneigungswinkel β_2. Da die Kanalwand die Geschwindigkeit u hat, entsteht aus w_2 und u hinter dem Radkanal die absolute Dampfgeschwindigkeit c_2 unter dem Abströmwinkel α_2 zur Umlaufrichtung geneigt, wie es die Austrittseite am Laufrad im Bild III.5 zeigt. Tafel III.2 zeigt Reibzahlwerte ψ abhängig vom Ablenkgrad.

Tafel III.2. Schaufelbeiwerte

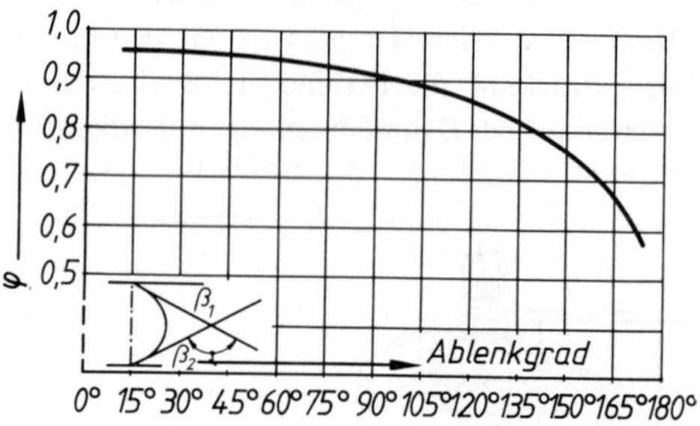

2.3. Triebkraft und Leistung am Radumfang

Die Geschwindigkeiten am Ein- und Austritt des Radkanals zeigen zwei Geschwindigkeitsdreiecke, die zusammengefaßt den Geschwindigkeitsplan der Energienutzung ergeben, der im Bild III.6 dargestellt ist, wobei oft beide Dreiecke nebeneinander gezeichnet werden. Betrachtet man in diesem Plan die Komponenten der Dampfströmung in Radlaufrichtung, so ist vor Radkanal $c_{1u} = c_1 \cos\alpha_1$ und nachher $c_{2u} = c_2 \cos\alpha_2$ als Komponente zu erkennen. Die in Radlaufrichtung wirkende Triebgeschwindigkeit des Dampfes nimmt während der Ablenkung im Radkanal um $\Delta c_u = c_{1u} - c_{2u}$ ab. Damit entsteht der Triebimpuls $Ft = m\,\Delta c_u$ in Ns und mit der sekundlich durchströmenden Dampfmasse $\dot{m}_D$ ist am Radumfang die Triebkraft

$$F = \dot{m}_D\,\Delta c_u = \dot{m}_D\,(c_{1u} - c_{2u}) \qquad \text{(III.4)}$$

F	$\dot{m}_D$	c_{1u}, c_{2u}
N	$\frac{\text{kg}}{\text{s}}$	$\frac{\text{m}}{\text{s}}$

Bei der Umlaufgeschwindigkeit u des Radkanals (Schaufel) ist dann als sekundliche Triebarbeit des Dampfes am Radumfang die Umfangsleistung

$$P_u = Fu = \dot{m}_D\,u\,(c_{1u} - c_{2u}) \qquad \text{(III.5)}$$

P	$\dot{m}_D$	u, c_{1u}, c_{2u}
W	$\frac{\text{kg}}{\text{s}}$	$\frac{\text{m}}{\text{s}}$

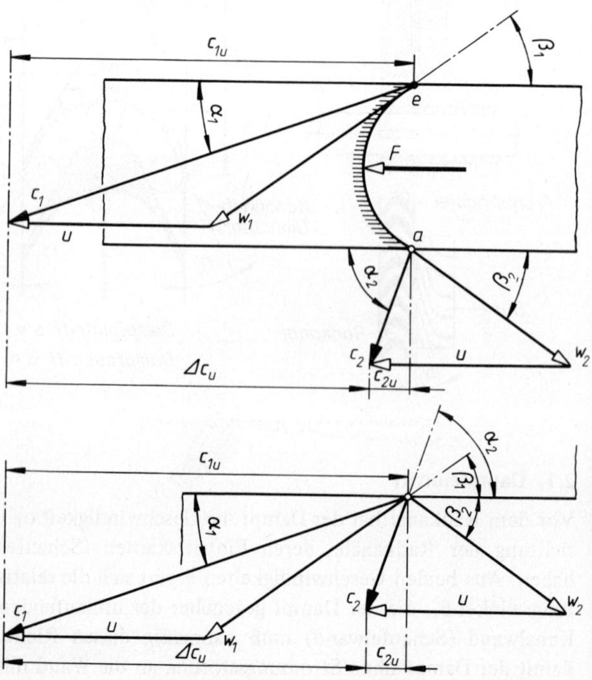

Bild III.6. Geschwindigkeitsplan

2.4. Turbinengleichung, Bestnutzung

Jedes kg Dampfmasse gibt im Radkanal den Energiebetrag $\dot{E} = u(c_{1u} - c_{2u})$ in J/kg an das Laufrad der Turbine ab. Diese Gesetzmäßigkeit wird als allgemeine Turbinengleichung $\dot{E} = u(c_1 \cos\alpha_1 \pm c_2 \cos\alpha_2)$ bezeichnet. Hierbei ist zu beachten, daß die Komponenten c_{1u} und c_{2u} gleiche oder gegensinnige Richtung haben, denn ihr Änderungsbetrag bestimmt die Größe des Triebimpulses und damit Radtriebkraft und Radleistung. Die beste Energienutzung am Laufrad entsteht dann, wenn der Zuströmwinkel α_1 möglichst klein gehalten wird und der Abströmwinkel $\alpha_2 = 90°$ beträgt, damit der Abströmdampf keine Rotationsenergie enthält. Setzt man vereinfacht $w_2 = w_1$ und baut gleiche Wandwinkel $\beta_1 = \beta_2$, so erreicht man 90° Abströmwinkel, wenn $u = w_2 \cos\beta_2 = \cos\beta_1 w_1$ ist. Dann wird auch $c_{1u} = 2u$, wie es im Bild III.7 der Geschwindigkeitsplan für Bestnutzung zeigt. Man erkennt, daß dafür die Umlaufgeschwindigkeit $u = c_{1u}/2 = (c_1/2)\cos\alpha_1$ die Bestlaufbedingung ist.

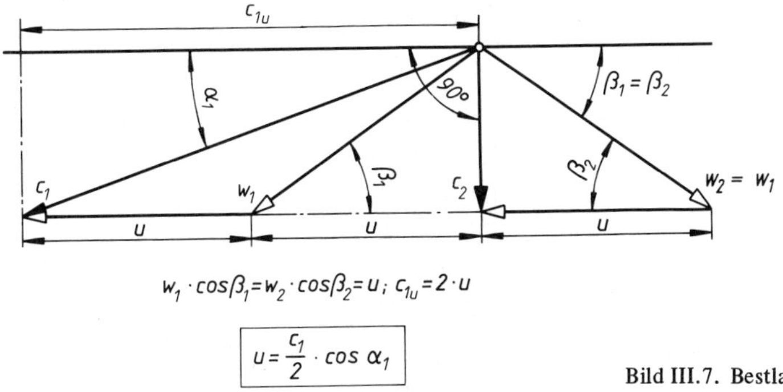

Bild III.7. Bestlaufregel

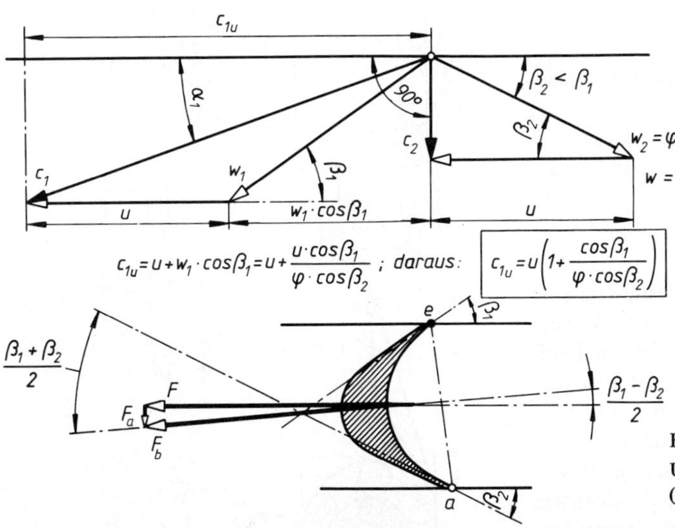

Bild III.8
Unsymmetrische Schaufel
(β_2 kleiner β_1)

2.5. Schaufelprofile

Durch die Dampfreibung im Radkanal wird $w_2 < w_1$. Soll der Abströmwinkel 90° erreicht werden, so baut man vielfach unsymmetrisches Schaufelprofil mit $\beta_2 < \beta_1$, um gute Laufbedingung $c_{1u} = u[1 + \cos\beta_1/(\psi \cos\beta_2)]$ zu erhalten, wie es Bild III.8 erkennen läßt. Hierbei wirkt die Bahnkraft F_b

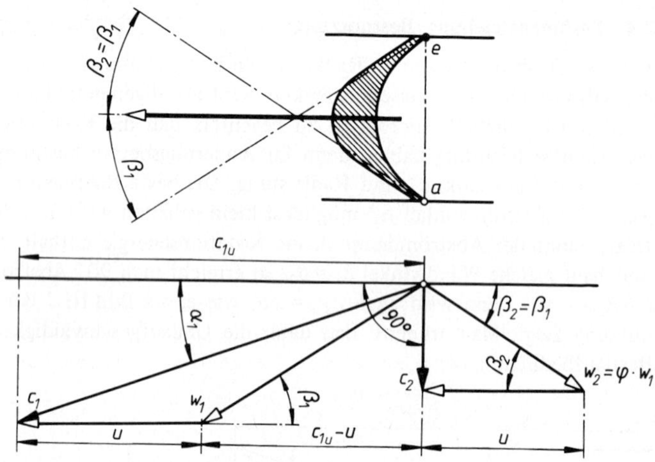

Bild III.9
Symmetrische Schaufel
($\beta_2 = \beta_1$)

$$\cos\beta_1=\frac{c_{1u}-u}{w_1}=\cos\beta_2=\frac{u}{\varphi\cdot w_1};\quad \frac{c_{1u}}{u}=\frac{1}{\varphi}+1$$

$$\boxed{u=c_{1u}\,\frac{\varphi}{\varphi+1}}$$

unter Winkelneigung $(\beta_1-\beta_2)/2$ zur Radlaufrichtung und hat neben der Triebkomponente F eine kleine Axialkomponente $F_a = F\tan[(\beta_1-\beta_2)/2]$.

Diesen Nachteil vermeidet man bei symmetrischem Schaufelprofil mit $\beta_1=\beta_2$ nach Bild III.9. Der dort aufgestellte Geschwindigkeitsplan zeigt, daß dann für Bestnutzungslauf die Umlaufgeschwindigkeit $u=c_{1u}\,\dfrac{\psi}{\psi+1}$ sein muß.

Eine weitere Maßnahme für Bestnutzung ist bei vollbeaufschlagten Rädern die Anwendung eines kleinen Druckgefälles im Laufradkanal, dessen Energiebetrag gerade die Reibverluste aufhebt, wodurch $w_2 = w_1$ erhalten wird und mit Symmetrieschaufel ($\beta_1 = \beta_2$) nach Bild III.7 die Umlaufgeschwindigkeit $u = (c_1/2)\cos\alpha_1$ sein muß. Derartige Radkanäle haben Düsenform mit Verengungskanal, das Rad hat Überdruckschaufeln, wie es Bild III.10 zeigt. Der Schaufelkranz des Rades erhält dann Labyrinthdichtung gegen Gehäusewand durch Laufkämme am Deckband, damit der am Rad wirkende Überdruck

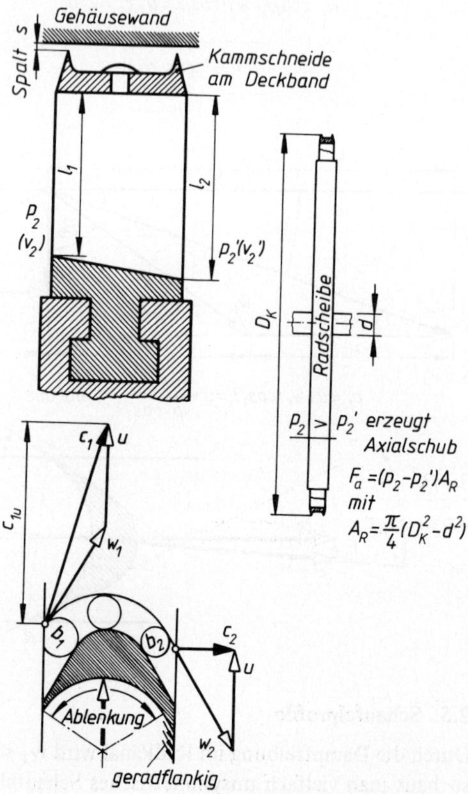

Bild III.10. Überdruckschaufel (b_1 größer b_2)

sich dort nicht ausgleicht (Spaltverluste werden klein gehalten). Der Überdruck auf die Radfläche A_R erzeugt eine Axialkraft $F_a = (p_2 - p_2') A_R$, die zu berücksichtigen ist. Die Radkanalhöhe (Schaufellänge l) muß am Dampfaustritt größer als am Eintritt sein, da bei p_2' das spezifische Volumen v_2' größer als v_2 beim Druckzustand p_2 ist und die sekundlich durchströmende Dampfmasse (vgl. Gl. III.3) $\dot{m}_D = V_{se}/v_2 = V_{sa}/v_2'$ beträgt. Mit der Radkanalzahl z und $w_1 = w_2$ muß dann $\frac{b_1 l_1}{v_2} = \frac{b_2 l_2}{v_2'}$ sein und demnach das Höhenverhältnis $\frac{l_2}{l_1} = \frac{b_1 v_2'}{b_2 v_2}$. Am Dampfaustritt sorgt das geradflankige Kanalende für gute Dampfabströmung unter dem gewollten Wandwinkel.

3. Geschwindigkeitsstufung (Curtisrad)

Die Umlaufgeschwindigkeit bestimmt die Fliehkraftwirkung auf die Schaufeln und deren Festigkeitsbeanspruchung. Für bestes Schaufelmaterial gilt als erträglicher Höchstwert $u = 300$ m/s. Dafür kann die Dampfgeschwindigkeit $c_1 = 2u = 600$ m/s durch ein Energiegefälle $\Delta h = (600^2/2) =$ 180 kJ/kg in der Düse erzeugt werden. In Lavaldüsen werden aber meist mehr als 419 kJ/kg als Energiegefälle verarbeitet, dessen Energiebetrag dann nur mehrstufig am Rad ausgenutzt werden kann. Man verwendet ein mehrkränziges Laufrad, das Curtisrad (Curtisturbine). Praktisch werden hauptsächlich zweikränzige Räder (2C-Räder) angewandt, selten dreikränzige. Zwischen den beiden Radkränzen greift der am Gehäuse befestigte Leitschaufelkranz ein, dessen Kanäle den Austrittsdampf des ersten Radkranzes wieder in Laufrichtung zum zweiten Radkranz umleiten. Als Nachteil entsteht in drei Kanälen mehr Reibverlust als bei einstufiger Energienutzung, wodurch Curtisräder schlechten Wirkungsgrad aufweisen. Es treten drei verschiedene Kanalreibzahlen ψ', ψ_m und ψ'' auf, deren Gesamtprodukt $\psi_g = \psi' \psi_m \psi''$ ist. Für Symmetrieschaufeln erhält man durch ähnliche Überlegungen wie am Einkranzrad nach Bild III.9 hier beim 2C-Rad die Bestlaufbedingung $c_{1u}/u = f(\psi', \psi'', \psi_g)$. Vorläufig geschätzte Reibzahlen bestimmen nach dieser Bestlaufbedingung die Umlaufgeschwindigkeit des 2C-Rades für dessen Betriebswerte $\dot{m}_D$, Δh, φ, α_1. Die Schaufelprofile der Kränze werden unter Beachtung der wirklichen Kanalreibzahlen durch den Geschwindigkeitsplan ermittelt und festgelegt und der Strömungsverlauf im 2C-Rad erkannt. Das Beispiel vom Bild III.11 (Kleinturbine; $n = 6000$ U/min) zeigt die Anwendung der erkannten Zusammenhänge.

3.1. Übungsbeispiel (2C-Rad)

Betriebswerte:

Dampfmenge je Sekunde am Düsenausgang $\dot{m}_D = 1\,\frac{\text{kg}}{\text{s}}$

Spezifisches Volumen $v = 0{,}9\,\frac{\text{m}^3}{\text{kg}}$

Enthalpiedifferenz $\Delta h = 419\,\frac{\text{kJ}}{\text{kg}}$

Lavaldüsen mit Düsenreibzahl $\varphi = 0{,}95$

Zuströmwinkel $\alpha_1 = 17°$

Drehzahl $n = 6000\ \text{min}^{-1}$

Düsensegment:

Ausströmvolumen je Sekunde $\dot{V} = \dot{m}_D\, v = 0{,}9\,\frac{\text{m}^3}{\text{s}}$

Düsenaustrittsgeschwindigkeit $c_1 = \varphi \sqrt{2\,\Delta h} = 869\,\frac{\text{m}}{\text{s}}$

Gesamte Düsenaustrittsfläche $A_d = \frac{\dot{V}}{c_1} = 1035\ \text{mm}^2$

Düsenzahl $z = 15$
Kanalwanddicke $s = 2$ mm } (gewählt)

Kanalquerschnitt $\frac{A_d}{z} = 69$ mm²; Kanalhöhe $l_d = 7{,}2$ mm
Kanalweite $b_a = 9{,}6$ mm

Düsenteilung $t = \frac{b_a + s}{\sin \alpha_1} = 39{,}8$ mm

Bogenlänge $B = z\,t = 597$ mm (vgl. Bilder III.3 und III.4)

Laufkranz I:

Zuströmgeschwindigkeit $c_1' = 869 \frac{m}{s}$ = Düsenaustrittsgeschwindigkeit c_1

Umlaufkomponente $c_{1u}' = c_1' \cos \alpha_1' = 831 \frac{m}{s}$

Axialkomponente $c_{1a}' = c_1' \sin \alpha_1' = 254 \frac{m}{s}$

Kanalreibzahl der Laufkränze (geschätzt) $\psi' = 0{,}8$, $\psi'' = 0{,}9$

Kanalreibzahl im Leitkranz $\psi_m = 0{,}85$

Umlaufgeschwindigkeit $u = \frac{c_{1u}'}{f(\psi', \psi'', \psi_g)}$ mit $\psi_g = \psi' \psi_m \psi''$ und

$$f(\psi', \psi'', \psi_g) = 5{,}35$$

$$u = 155 \frac{m}{s}$$

Umfang $U = \frac{u}{n} = 1{,}55$ m; Laufdurchmesser $D = \frac{U}{\pi} = 0{,}494$ m

Beaufschlagung $\frac{B}{U} = \frac{0{,}597}{1{,}55} = 0{,}385 \mathrel{\hat{=}} 38{,}5\,\%$

Profilwinkel (Symmetrieschaufel) $\beta_1' = \beta_2'$ aus $\tan \beta_1' = \frac{c_{1a}'}{c_{1u}' - u}$

$$\tan \beta_1' = \frac{254}{831 - 155} = 0{,}376; \quad \beta_1' = 20{,}6°$$

Profilwinkel $\beta_1' = \beta_2' = 20{,}6°$ ergibt mit Umlenkung um 139,2° nach Tafel III.2 die Kanalreibzahl $\psi' = 0{,}8$ (wie geschätzt)

Relative Geschwindigkeiten $w_1' = \frac{c_{1a}'}{\sin \beta_1'} = 721 \frac{m}{s}$

$$w_2' = w_1' \psi' = 577 \frac{m}{s}$$

Umlaufkomponente $c_{2u}' = w_2' \cos \beta_2' - u = 385 \frac{m}{s}$

Abströmwinkel α_2' aus $\tan \alpha_2' = \frac{w_2' \sin \beta_2'}{c_{2u}'} = 0{,}53$; $\alpha_2' = 28°$

Abströmgeschwindigkeit $c_2' = \frac{c_{2u}'}{\cos \alpha_2'} = 436 \frac{m}{s}$

Triebkraft $F' = \dot{m}_D (c_{1u}' - c_{2u}') = 446$ N

Ablenkbreite $a = 10$ mm, Kranzbreite $k = 1{,}1 \cdot a = 11$ mm (gewählt)

Schaufel- bzw. Kanalzahl $z = \frac{U}{t} = \frac{4\,U \sin \beta \cos \beta}{a} = 204{,}3$, gewählt

$$z' = 205 \text{ mit } t' = \frac{U}{z'} = 7{,}56 \text{ mm Teilung}$$

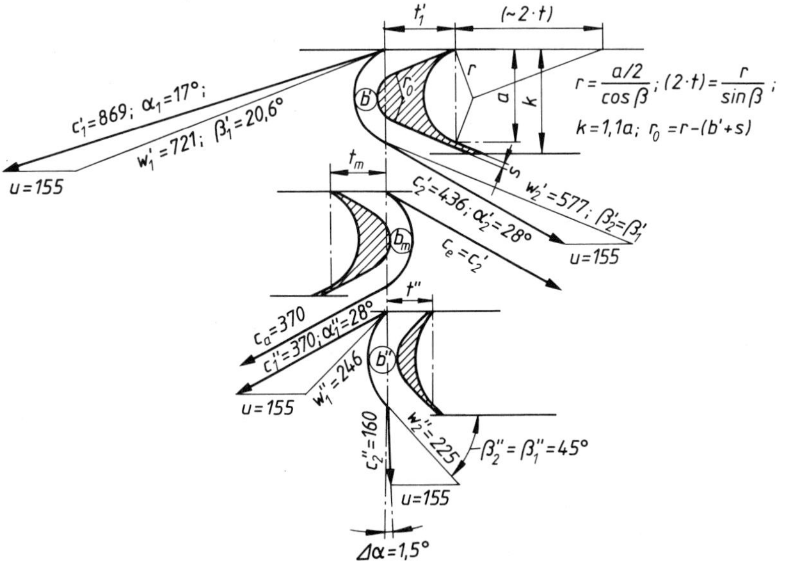

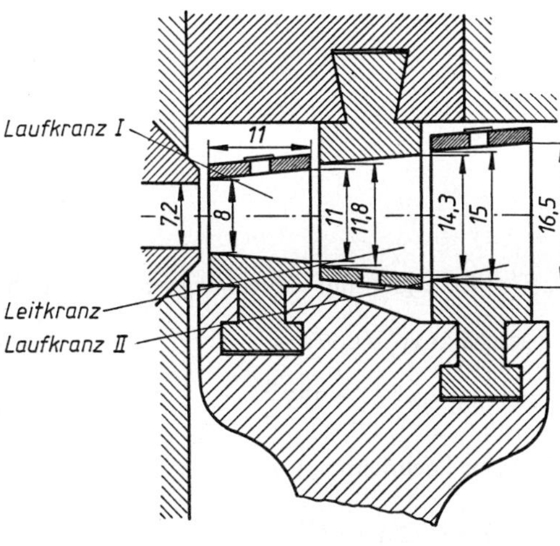

Bild III.11. Zweikränziges Curtisrad zum Übungsbeispiel

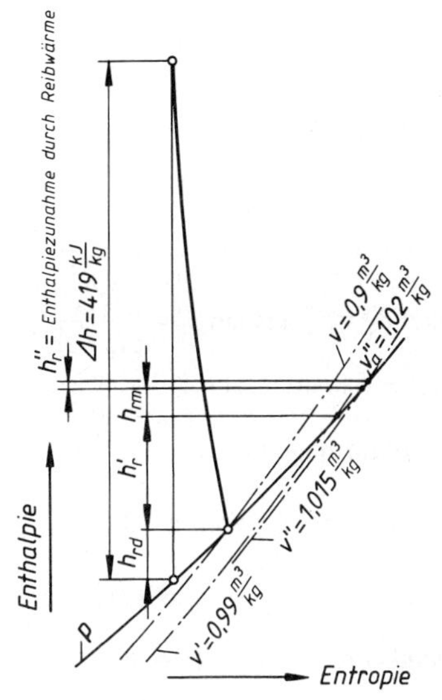

Kanaleintritt:

Kanaleintrittsquerschnitt $\dfrac{\dot{V}}{w_1'\left(\dfrac{B}{t'}\right)} = 21{,}16\ \text{mm}^2$

Kanalhöhe $l_1' = 8$ mm, Kanalweite $b' = 2{,}65$ mm, Endwanddicke $s = 0{,}3$ mm

Kanalaustritt:

Kanalhöhe $l_2' = l_1'\left(\dfrac{w_1'}{w_2'}\right)\left(\dfrac{v'}{v}\right) = 11$ mm

Leitkranz:

Profilwinkel $\beta_m = \alpha_2' = 28°$ ergibt mit Umlenkung um 124° nach Tafel III.2 Kanalreibzahl $\psi_m = 0{,}85$ (wie geschätzt)

Zuströmgeschwindigkeit $c_e = c_2' = 436 \frac{m}{s}$

Abströmgeschwindigkeit $c_a = \psi_m c_e = 370 \frac{m}{s}$

Schaufelzahl $z_m = f(U, \beta_m, a) = 257{,}3$, gewählt $z_m = 250$ mit $t_m = 6{,}2$ mm Teilung

Kanaleintritt:

Kanalhöhe $l_{1m} = 11{,}8$ mm, Kanalweite $b_m = 2{,}65$ mm, Endwanddicke $s_m = 0{,}5$ mm

Kanalaustritt:

Kanalhöhe $l_{2m} = \left(\frac{l_{1m}}{\psi_m}\right)\left(\frac{v''}{v'}\right) = 14{,}3$ mm

$\dot{V}' = 0{,}99 \frac{m^3}{s}$ am Eintritt nimmt durch Erwärmung zu auf $\dot{V}'' = 1{,}015 \frac{m^3}{s}$

Laufkranz II:

Zuströmgeschwindigkeit $c_1'' = c_a = 370 \frac{m}{s}$

Zuströmwinkel $\alpha_1'' = \alpha_2' = 28°$

Umlaufkomponente $c_{1u}'' = c_1'' \cos\alpha_1'' = 327 \frac{m}{s}$

Axialkomponente $c_{1a}'' = c_1'' \sin\alpha_1'' = 174 \frac{m}{s}$

Profilwinkel $\beta_1'' = \beta_2''$ aus $\tan\beta_1'' = \frac{c_{1a}''}{c_{1u}'' - u} = 1{,}01$; $\beta_1'' = 45°$ ergibt mit Ablenkung von 90° nach Tafel III.2 die Kanalreibzahl $\psi'' = 0{,}915$ (statt wie geschätzt $\psi'' = 0{,}9$!)

Relative Geschwindigkeiten $w_1'' = \frac{c_{1a}''}{\sin\beta_1''} = 246 \frac{m}{s}$ und $w_2'' = \psi'' w_1'' = 225 \frac{m}{s}$

Umlaufkomponente $c_{2u}'' = w_2'' \cos\beta_2'' - u = 4{,}07 \frac{m}{s}$ (gegen Triebrichtung)

Abweichwinkel $\Delta\alpha$ von 90° aus $\tan\Delta\alpha = \frac{c_{2u}''}{w_2'' \sin\beta_2''} = 0{,}026$, $\Delta\alpha = 1{,}5°$

Abströmwinkel $\alpha_2'' = 90° - \Delta\alpha = 88{,}5°$

Abströmgeschwindigkeit $c_2'' = \frac{c_{2u}''}{\sin\Delta\alpha} = 157 \frac{m}{s}$

Triebkraft $F'' = \dot{m}_D (c_{1u}'' - c_{2u}'') = 331$ N

Schaufelzahl $z'' = f(U, \beta'', a) = 310$ mit $t'' = 5$ mm Teilung

Kanaleintrittsquerschnitt $\frac{\dot{V}''}{w_1''\left(\frac{B}{t''}\right)} = 34{,}6\ mm^2$

Kanaleintritt:

Kanalhöhe $l_1'' = 15$ mm, Kanalweite $b'' = 2{,}3$ mm, Endwanddicke $s = 0{,}9$ mm

Kanalaustritt:

Kanalhöhe $l_2'' = 16{,}4$ mm

Austrittsvolumen $\dot{V}_a = 1{,}02 \frac{m^3}{s}$

Spezifisches Volumen $v_a = 1{,}02 \frac{m^3}{kg}$

Leistung $P_u = (F' + F'')u = 120435 \frac{Nm}{s} = 120{,}44$ kW

3.2. Wirkungsgrad

Die Dampfleistung wird ohne Berücksichtigung von Wärmeverlusten nach der Gleichung $P_0 = \dot{m}_D \Delta h = (\dot{m}_D/2) c_0^2$ ermittelt. Hinter der Düse ergibt sich die tatsächliche Dampfleistung aus $P_1 = (\dot{m}_D/2) c_1^2$. Daraus läßt sich der Düsenwirkungsgrad $\eta_d = P_1/P_0 = (c_1/c_0)^2 = \varphi^2$ bestimmen. Ebenso läßt sich der Kanal- oder Schaufelwirkungsgrad festlegen:

$$\eta_s = \frac{P_u}{P_1} = \frac{2 P_u}{\dot{m}_D c_1^2} \qquad \text{(III.6)}$$

η_s	P_u	$\dot{m}_D$	c_1
1	W	$\frac{kg}{s}$	$\frac{m}{s}$

Das Produkt beider Einzelwirkungsgrade ergibt den Gesamtwirkungsgrad am Radumfang, den Umfangswirkungsgrad $\eta_u = P_u/P_0 = P_u/\dot{m}_D \Delta h$. Teilbeaufschlagte Räder haben Leistungsverluste P_v durch Ventilation, die durch Schutzringe (vgl. Bild III.13) gering gehalten werden können. Vollbeaufschlagte Räder mit Überdruckwirkung in den Kanälen (vgl. Bild III.10) haben Spaltverluste P_s, weil Dampf durch die Laufspalte an den Kranzkanälen vorbeiströmt. Die Leistungsverluste $P_{v,s}$ betragen 3 ... 5 % von P_0 und verschlechtern den Umfangswirkungsgrad auf den Innenwirkungsgrad $\eta_i = (0{,}95 \dots 0{,}97)\,\eta_u$.

4. Druckstufung (Zoellyturbine)

Hohe Dampfgeschwindigkeit und großer Ablenkgrad im Radkanal erzeugt große Reibverluste und schlechten Wirkungsgrad (siehe 2C-Rad). Wird großes Energiegefälle in mehrere Teilgefälle unterteilt verarbeitet, so erhält man kleinere Dampfgeschwindigkeiten, kleinere Reibverluste und besseren Wirkungsgrad. Derartige Energieverarbeitung heißt Druckstufung. Sie findet Anwendung in der Zoellyturbine, die als Reihenschaltung mehrerer Gleichdruckturbinen angesehen werden kann. In jeder Stufe wird möglichst das gleiche Teilgefälle Δh verarbeitet, das in den düsenförmigen Leitkanälen des Zwischenbodens Energie erzeugt, die im nachfolgenden Gleichdruckrad triebmäßig ausgenutzt wird. Die Leitkanäle jeder Folgestufe verarbeiten als Düse ihr Druckgefälle und die ungenutzte Abströmenergie der vorhergehenden Stufe. Bei gleichem Energierestbetrag in jeder Folgestufe ist die erzeugte Energie in diesen Folgestufen gleich groß. Abströmverlust erhält nur die letzte Stufe. Ein Übungsbeispiel nach Bild III.12 zeigt die Zusammenhänge.

4.1. Übungsbeispiel (5 Gleichdruckstufen)

Betriebswerte:

Dampfmenge je Sekunde $\dot{m}_D = 20 \frac{kg}{s}$

Summe der Teilenergiegefälle $\Delta h_g = 419 \frac{kJ}{kg}$

Teilenergiegefälle $\Delta h = 83{,}8 \frac{kJ}{kg}$ (5 Stufen)

Turbinendrehzahl $n = 3000$ min^{-1}

Düsenreibzahl $\varphi = 0{,}96$ bei einem Zuströmwinkel $\alpha_1 = 17°$

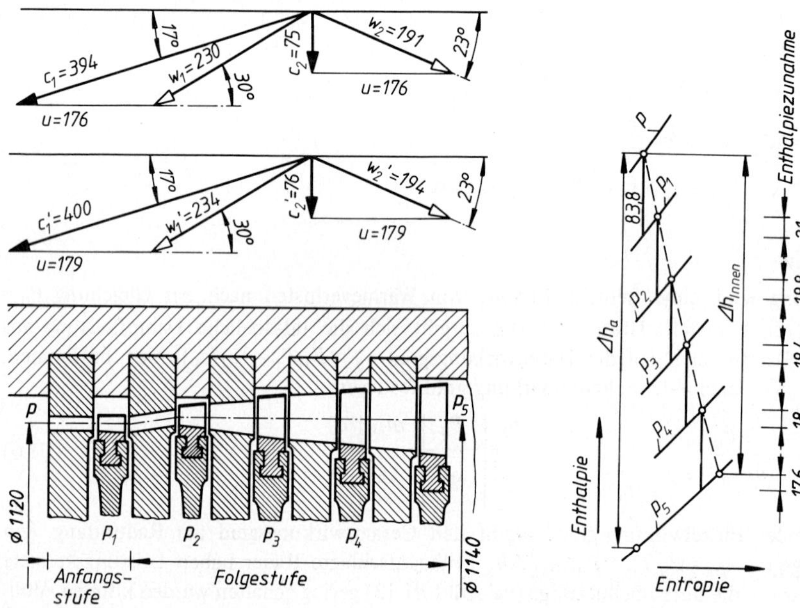

Bild III.12. Fünfstufige Gleichdruckturbine

Anfangsstufe:

Düsenaustrittsgeschwindigkeit $c_1 = \varphi\sqrt{2\,\Delta h} = 394\ \frac{\text{m}}{\text{s}}$

Umlaufkomponente $c_{1u} = c_1 \cos\alpha_1 = 376\ \frac{\text{m}}{\text{s}}$

Axialkomponente $c_{1a} = c_1 \sin\alpha_1 = 115\ \frac{\text{m}}{\text{s}}$

Profilwinkel β_1 mit $u < \frac{c_{1u}}{2}$ und mit $\tan\beta_1 = \frac{c_{1a}}{c_{1u} - u}$, $\beta_1 = 30^\circ$ (gewählt)

Umlaufgeschwindigkeit $u = c_{1u} - \frac{c_{1a}}{\tan\beta_1} = 176\ \frac{\text{m}}{\text{s}}$

Laufdurchmesser $D = \frac{u}{\pi\, n} = 1{,}12$ m

Kanalreibzahl $\psi = 0{,}83$ (geschätzt)

Profilwinkel β_2 aus $\cos\beta_2 = \frac{\cos\beta_1\, u}{\psi(c_{1u} - u)} = 0{,}918$, $\beta_2 = 23^\circ$ (Bestlaufregel nach Bild III.8)

Ablenkung 127° nach Tafel III.2 für $\psi = 0{,}83$

Relative Geschwindigkeiten $w_1 = \frac{c_{1a}}{\sin\beta_1} = 230\ \frac{\text{m}}{\text{s}}$, $w_2 = \psi\, w_1 = 191\ \frac{\text{m}}{\text{s}}$

Abströmgeschwindigkeit $c_2 = u\, \tan\beta_2 = 75\ \frac{\text{m}}{\text{s}}$

Abströmwinkel $\alpha_2 = 90^\circ$

Restenergie $h_r = \frac{c_2^2}{2} = 2{,}81\ \frac{\text{kJ}}{\text{kg}}$ (aus $c_2 = \sqrt{2\,h_r}$)

Triebkraft $F_I = \dot{m}_D\, c_{1u} = 7520$ N

Umfangsleistung $P_{uI} = F_I\, u = 1323520$ W

Folgestufen:

Austrittsgeschwindigkeit an der Zwischenbodendüse $c_1' = \varphi \sqrt{2(\Delta h + h_r)} = 400 \frac{m}{s}$

Umlaufkomponente $c_{1u}' = 382 \frac{m}{s}$ ($\alpha_1 = 17°$)

Axialkomponente $c_{1a}' = 117 \frac{m}{s}$

Umlaufgeschwindigkeit $u' = c_{1u} - \dfrac{c_{1a}}{\tan\beta_1'} = 179 \frac{m}{s}$ ($\beta_1' = 30°$)

Laufdurchmesser $D' = \dfrac{u'}{\pi n} = 1{,}14$ m

Profilwinkel $\beta_2' = 23°$ nach $f(\beta_1', \psi, u, c_{1u})$

Relative Geschwindigkeiten $w_1' = \dfrac{c_{1a}'}{\sin\beta_1'} = 234 \frac{m}{s}$, $w_2' = \psi\, w_1' = 194 \frac{m}{s}$

Abströmgeschwindigkeit $c_2' = u \tan\beta_2' = 76 \frac{m}{s}$ bei $\alpha_2' = 90°$

Triebkraft $F_{II} = c_{1u}'\, \dot{m}_D = 7640$ N

Umfangsleistung $P_{uII} = F_{II}\, u = 1367560$ W

Restenergie $h_r' = \dfrac{c_2'^2}{2} = 2{,}888 \dfrac{kJ}{kg}$

Austrittsgeschwindigkeit aus der folgenden Zwischendüse $c_1'' = \varphi \sqrt{2(\Delta h + h_r')} = 400 \frac{m}{s}$

In den folgenden Stufen ergeben sich die gleichen Geschwindigkeiten!

4.2. Wirkungsgrad

Der Wirkungsgrad der Zoellyturbine wird anhand der im Übungsbeispiel ermittelten Werte bestimmt. Die Anfangsstufe hat den Umfangswirkungsgrad η_u

$$\eta_u = \frac{P_{uI}}{\dot{m}_D\, \Delta h} = \frac{c_{1u}\, u}{\Delta h} = 0{,}79$$

In jeder Folgestufe beträgt der Umfangswirkungsgrad η_u'

$$\eta_u' = \frac{c_{1u}'\, u'}{\Delta h} = 0{,}816$$

Für alle Stufen erhält man den gesamten Umfangswirkungsgrad η_{ug}

$$\eta_{ug} = \frac{\Delta h(0{,}79 + 4 \cdot 0{,}817)}{\Delta h_g} = 0{,}8107$$

Für Spalte und Radscheiben werden Leistungsverluste von 3 % ... 4 % geschätzt, so daß mit einem Innenwirkungsgrad $\eta_{ig} = 0{,}78$ gerechnet werden kann. Zum Vergleich beträgt für das 2C-Rad (Übungsbeispiel 3.1) der Innenwirkungsgrad $\eta_i = 0{,}54$. Damit ist erwiesen, daß durch Druckstufung eine bessere Energienutzung als bei Geschwindigkeitsstufung möglich ist. Allerdings ist der Bauaufwand der Druckstufung gegenüber C-Rädern wesentlich größer.

5. Überdruckstufung

Durch genügend große Stufenzahl wird der Druckunterschied an den Zwischenböden klein (ca. 20 ... 30 N/mm²). Dann können die Düsenkanäle ähnlich wie die Leitkanäle beim mehrkränzigen Curtisrad gebaut werden. Als düsenförmige Leitkränze greifen sie zwischen die Laufschaufelkränze, die alle auf einem gemeinsamen Trommelkörper sitzen.

Die Zwischenböden mit ihren Labyrinthdichtungen werden ebenso wie die vielen Radscheiben eingespart, wie es das Bild III.13 zeigt. Der kräftige Trommelkörper gestattet kleine radiale Laufspalte der Leit- und Laufschaufeln, deren Enden ohne Abdeckband zugeschärft werden, damit beim möglichen Anstreifen an Gehäuse- oder Trommelumfang nur geringer Abschliff entsteht. Zweckmäßig wird in den Laufschaufelkränzen ebenfalls Druckgefälle verarbeitet, wodurch eine mehrstufige Überdruckturbine entsteht, die bei mehrteiligen Turbinenanlagen als Parsonsteil bezeichnet wird. Das Energiegefälle wird meist im Leit- und Laufkranz gleich groß, als Reaktionsgrad (vgl. Wasserturbinen) also $r = 0{,}5$ festgelegt. Als Bestlaufregel gilt für Überdruckturbinen $u = (0{,}8 \ldots 1) c_{1u}$. Die Durchrechnung der Stufenprofile und Geschwindigkeitspläne ist ähnlich wie im Druckstufungsbeispiel 4.1, jedoch wird oft auf Abströmwinkel $\alpha_2 = 90°$ verzichtet und $\beta_2 = \alpha_1$ sowie $\beta_1 = \alpha_2$ angestrebt.

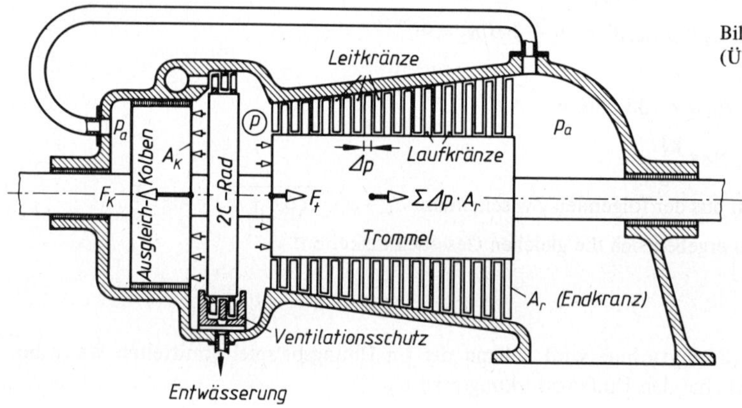

Bild III.13. Trommelturbine (Überdruckstufung)

5.1. Ausgleichkolben

Der an jeder Laufkranzringfläche A_r wirkende Überdruck Δp erzeugt eine Kraft in Richtung des Druckgefälles. Die Summe dieser Kräfte und der Dampfkraftunterschied F_t auf die Ringflächen des Trommelkörpers wirken an der Welle als Axialkraft $F_a = F_t + \Sigma \Delta p A_r$. Diese Kraft wird durch einen Ausgleichkolben aufgehoben, dessen Labyrinthdichtung meist das ganze Überdruckgefälle $(p - p_a)$ absperrt. Seine wirksame Überdruckfläche A_k wird so bemessen, daß die Kolbenkraft $F_k = (p - p_a) A_k$ die Axialkraft F_a aufhebt, wie es im Bild III.13 angedeutet ist. Vor dem Parsonsteil arbeitet ein teilbeaufschlagtes 2C-Rad, dessen Ventilationsverluste durch einen Schutzring gemildert werden.

6. Labyrinthdichtung

Der Laufspalt zwischen Welle und Gehäuse (Zwischenboden) verlangt Abdichtung durch Labyrinthkammern. In die Welle werden Blechstreifen eingestemmt (Stemmdraht), deren zugeschärfte Kammschneiden in Ausdrehungen der Gehäusewand (oder Stopfbuchsenwand) hineinragen oder umgekehrt. Es entstehen viele Spaltkammern mit Dichtstellen. Aus dem Vollen hergestellte Dichtstellen sind sehr wirksam, aber teuer. Zwischenböden erhalten meist eingesetzte Kammschneiden gegenüber der glatten Laufradnabe. Kondensatorseitige Labyrinthdichtung wird mit Sperrdampf beschickt, der Außenluft nicht eintreten läßt (Vakuumhaltung des Kondensators). Das Bild III.14 zeigt die wichtigsten Dichtungsbauformen.

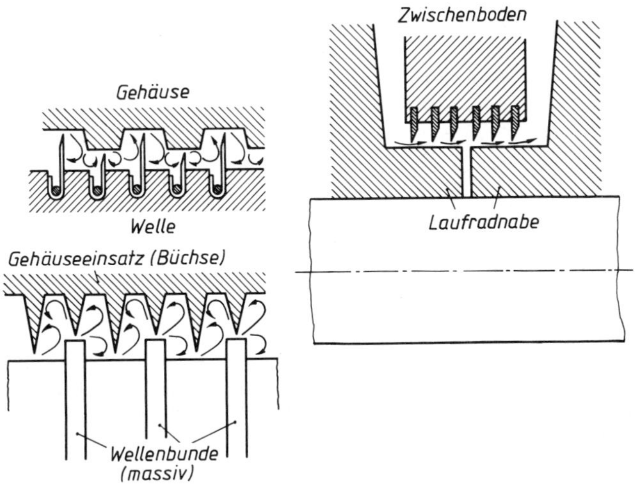

Bild III.14
Labyrinthdichtungen

7. Regelung

Konstante Drehzahlhaltung bei Laständerung verlangt Regelung der Energiezufuhr. Man unterscheidet Mengen- und Drosselregelung. Drosselung ist Dampfdruckabfall ohne Enthalpieänderung (vgl. Wärmelehre). Der Druckabfall entsteht in einem Drosselventil. Das Bild III.15 zeigt den Vorgang als waagerechte Verlaufslinie in der i, s-Tafel. Das Energiegefälle der Turbine wird verkleinert, weil $\Delta h' < \Delta h$ wird. Sie ist unwirtschaftlich, denn der Energienutzungsgrad wird schlechter ($\eta_{th} = \Delta h'/h_1 < \Delta h/h_1$). Bei der Mengenregelung (Füllungsregelung) sind die Eintrittsdüsen in mehrere Kammern angeordnet, die ihre Dampfzufuhr je über ein Kammerventil (Düsenventil) erhalten, wie es Bild III.16 zeigt. Bei Vollast sind alle Ventile offen (voller Dampfdurchsatz), bei Teillast nur soviel, daß die zur Teilleistung erforderliche Dampfmasse zuströmen kann. Mit vier Kammerventilen kann in Stufen zu je $\frac{1}{4}$ Vollast heruntergeregelt werden. Kleinere Lastschwankungen zwischen den Laststufen werden von einem der Kammerventile als Drosselventil geregelt. Die Steuerung der Kammerventile geschieht hydraulisch.

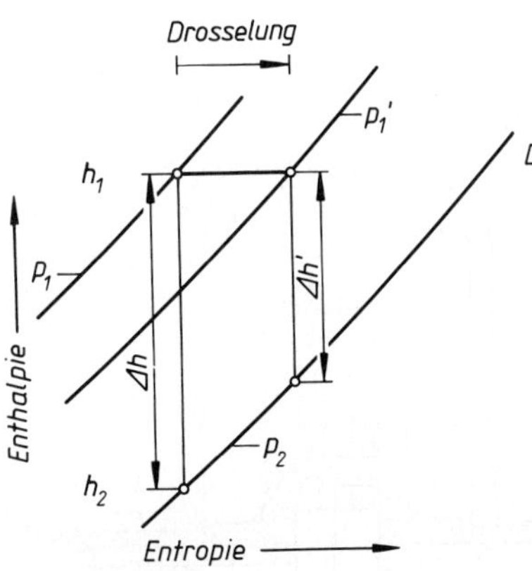

Bild III.15. Drosselungsvorgang im *i, s*-Diagramm

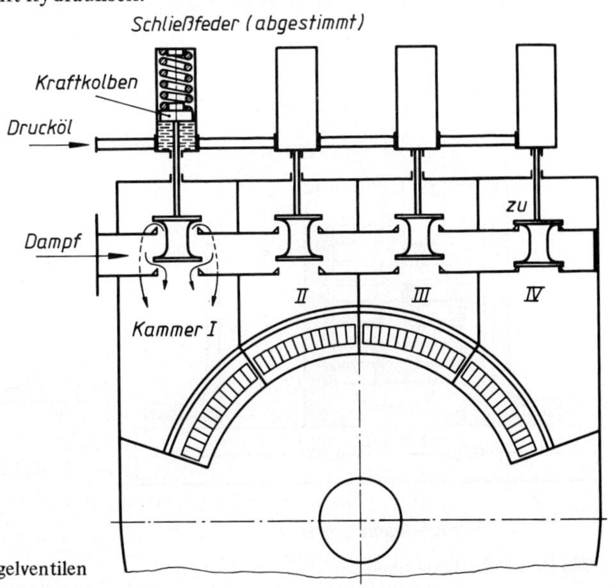

Bild III.16. Düsenkammern mit Regelventilen

Bei plötzlicher Entlastung (Elektrizitätswerke) verhütet ein Sicherheitsregler unzulässige Drehzahlzunahme. Ein Fliehkraftbolzen (oder Ring) entriegelt die Sperrung des Hauptventils der Dampfzufuhr, das dann durch Federkraft zuschlägt, wie Bild III.17 erkennen läßt.

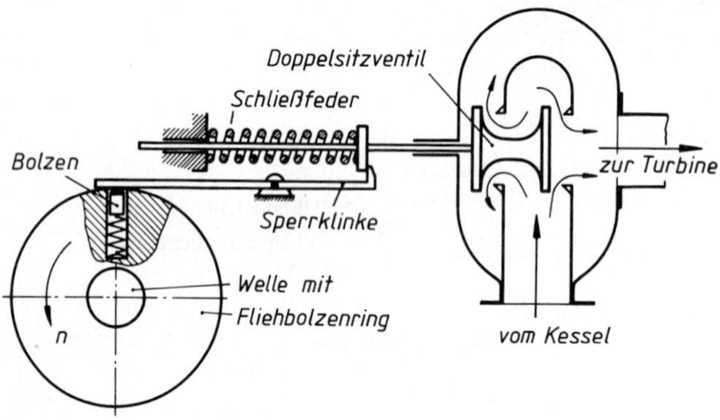

Bild III.17. Sicherheitsregelung mit Schnellschlußventil

8. Radialturbinen

Die Dampfströmung ist radial senkrecht zur Welle gerichtet. Die mehrstufige Arbeitsart kann Gleichdruckstufung sein, ist aber meist als Überdruckstufung ausgeführt, weil dann die Zwischenböden fortfallen. Die Einfach-Radialturbine (Siemens) hat feststehende Leitkränze, die zwischen die Laufradkränze greifen. Die Durchströmung ist wechselnd innen- und außenläufig. Durch vorgeschaltetes Gleichdruckrad (oder 2C-Rad) kann kleiner Betriebsdruck im Turbinengehäuse erreicht werden. Die Doppelt-Radialturbine (Ljungström) arbeitet mit gegenläufigen Radscheiben, deren Kränze gegenseitig ineinandergreifen. Beide Kranzgruppen sind gleichartig. Die Laufschaufeln einer Radscheibe sind gleichzeitig die Leitschaufeln für die andere Radscheibe. Durch den Gegenlauf der Scheiben verarbeiten zwei aufeinander folgende Kränze soviel Energiegefälle, wie sonst in vier Laufradkränzen üblicher Überdruckstufung verarbeitet werden. Man erkennt den wesentlichen Bauvorteil. Das Bild III.18 zeigt beide Bautypen.

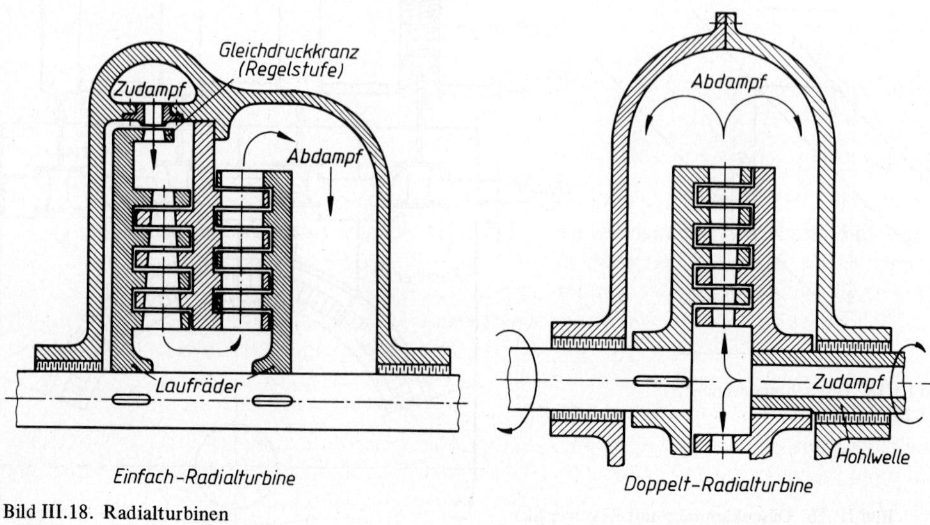

Bild III.18. Radialturbinen

9. Turbinenanlagen

Großturbinen der Kraftwerke (Elektrizitätserzeugung) bestehen meist aus Hoch-, Mittel- und Niederdruckteil mit Kondensatoranlage und verarbeiten großes Energiegefälle. Erreicht der Dampf 8 % ... 10 % Dampfnässe, so muß vor weiterer Nutzung Zwischenüberhitzung einsetzen. Sie erfolgt in einem mit Frischdampf beheizten Zwischenüberhitzer neben der Turbine oder im Zwischenüberhitzer des Kessels, wozu Hin- und Rücklaufrohre des Dampfes zwischen Turbine und Kessel erforderlich sind (Nachteil). Kondensatoranlagen entziehen durch Wasserrohrkühlung dem Abdampf die Verdampfwärme bei Unterdruck (Vakuum). Das entstehende Kondenswasser wird dem Dampferzeuger wieder zugeführt (Kreislaufbetrieb). Die Kühlwassermassen werden bei Frischwasserkühlung einem Flußlauf (oder Brunnen) entnommen. Ihre Kühlwirkung erreicht bis 0,03 bar Abdampfdruck im Kondensator. Bei Frischwassermangel muß das Kühlwasser in Kühltürmen rückgekühlt werden, wobei nur bis ca. 0,1 bar Abdampfdruck im Kondensator erreicht werden kann.

Für Industriezwecke sind Gegendruck-, Entnahme- und Abdampfturbinen gebräuchlich. Gegendruckturbinen verarbeiten nur das obere Energiegefälle, der Rest dient anderen industriellen Heiz- und Wärmezwecken. Bei Entnahmeturbinen wird vor dem Mittel- oder Niederdruckteil Dampfströmung für andere Zwecke abgezweigt. Abdampfturbinen werden mit Abdampf niederen Druckes anderer Energie- oder Industriedampfanlagen gespeist.

IV. Wasserturbinen

1. Stauanlagen

Gestaut wird durch Wehr oder Staumauer, wodurch nutzbarer Höhenunterschied der Energielage des Wassers entsteht. Diese Höhendifferenz wirkt als Wasserdruckgefälle in der Turbinenanlage.

1.1. Niederdruckanlage

Flußanlagen haben meist kleine Höhendifferenz und sind daher Niederdruckanlagen. Das Wasser fließt vom Einstaugebiet oberhalb des Wehrs durch den Obergraben zur Turbine und danach in den Untergraben ab. Bei natürlichen Gräben wird je nach Bodenbeschaffenheit 0,2 ... 1,0 m/s Zulaufgeschwindigkeit im Obergraben gewählt. Gemauerte oder betonierte Kanäle gestatten größere Werte, jedoch ist dann der größere Fallhöhenverlust zu beachten. Rechen und Kiesfang sorgen für Wasserreinheit. Überläufe (Übereich) vermeiden Überschwemmung bei Hochwasseranfall. Turbine und Obergraben können für Reparatur oder Kontrolle durch Haupt- und Leerlaufschütze wasserfrei gemacht werden. Das Bild IV.1 zeigt ein Anlagebeispiel.

Bei Flußanlagen im Flachgelände liegt die Turbinenkammer direkt am Wehr ohne Obergraben. Wenn nötig, erhalten die Stauanlagen eine Schleusenkammer für den Schiffsverkehr mit Ober- und Unterkanal, wie im Anlagebeispiel vom Bild IV.2 zu erkennen ist.

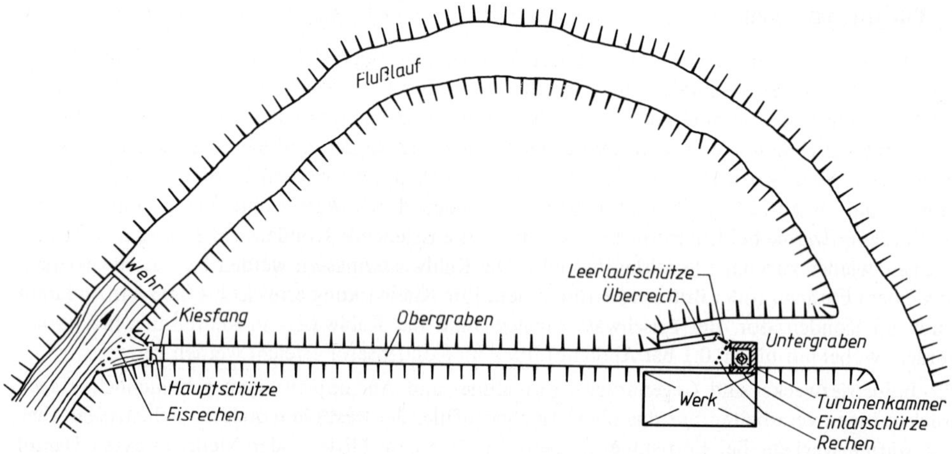

Bild IV.1. Niederdruckanlage mit Obergraben

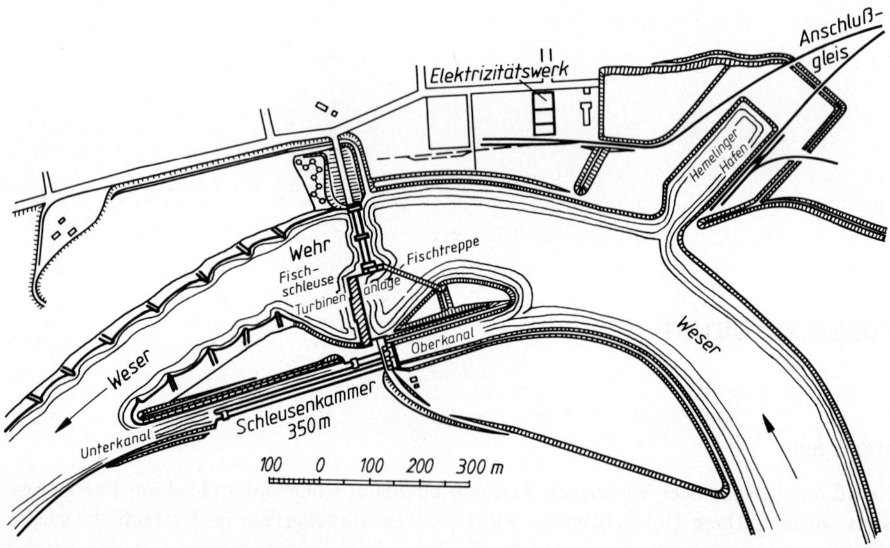

Bild IV.2. Niederdruckanlage am Wehr

1.2. Hochdruckanlage

Anlagen mit Staumauer als Talsperre erschaffen einen Stausee. Solche Stauseeanlagen haben große Höhendifferenz und gelten als Hochdruckanlagen. Vom Stausee führt ein Kanal oder Stollen das Wasser zum Wasserschloß. Von diesem fließt das Wasser durch Rohrleitungen zur Turbine und danach in den Untergraben ab. Das Bild IV.3 zeigt eine derartige Anlage. Absperrorgane der Rohrleitungen sind Absperrschieber. Der Rohrquerschnitt wird für 1 ... 3 m/s Wassergeschwindigkeit ausgelegt, wobei für lange Rohrstrecken der auftretende Strömungswiderstand (Verlusthöhe) zu beachten ist. Die Rohrwandstärke wird für den auftretenden Wasserdruck bemessen.

Gute Lagerung, Bettung und Verankerung der Rohre ist erforderlich, besonders an Steilhängen mit großem Baugefälle. Die Linienführung der Rohrstrecke soll möglichst gerade sein. Längenänderungen an langen Rohrsträngen durch Temperaturschwankungen werden von Rohrstopfbuchsen aufgefangen.

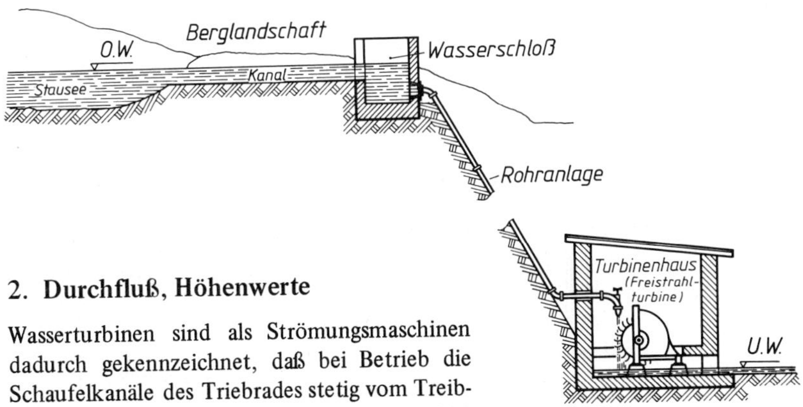

Bild IV.3. Hochdruckanlage

2. Durchfluß, Höhenwerte

Wasserturbinen sind als Strömungsmaschinen dadurch gekennzeichnet, daß bei Betrieb die Schaufelkanäle des Triebrades stetig vom Treibwasser durchströmt werden. Nach DIN 4323 gelten nachfolgende Begriffe und Bezeichnungen.

Das sekundlich durch die Turbine strömende Wasservolumen heißt Durchfluß oder Wasserstrom $\dot{V}$ und wird in m^3/s gemessen.

Die Fallhöhe H ergibt sich aus der Bernoullischen Druckhöhengleichung (vgl. Mechanik, Dynamik der Flüssigkeiten)

$$\frac{p_1}{\rho g} + \frac{c_1^2}{2g} + z_1 = \frac{p_2}{\rho g} + \frac{c_2^2}{2g} + z_2 \qquad \text{(IV.1)}$$

p	c	z	g	ρ
$\frac{N}{m^2} = Pa$	$\frac{m}{s}$	m	$\frac{m}{s^2}$	$\frac{kg}{m^3}$

Nach Bild IV.4 errechnet sich die Fallhöhe $H (p_1 = p_2)$ aus

$$H = z_1 + \frac{c_1^2}{2g} - z_2 - \frac{c_2^2}{2g}$$

$$H = z_1 - z_2 + \frac{c_1^2 - c_2^2}{2g}$$

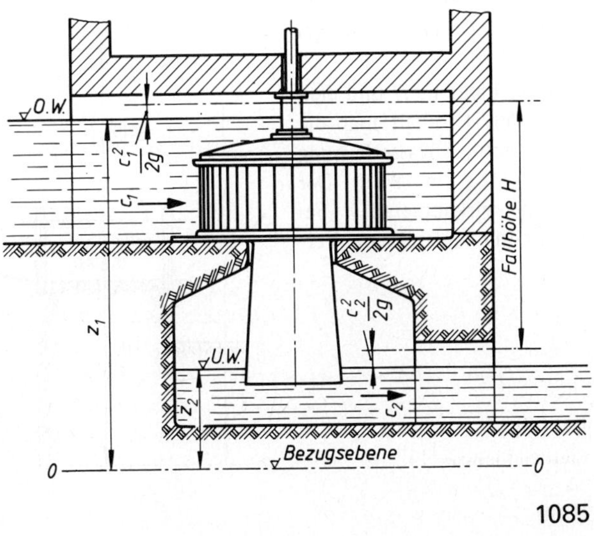

Bild IV.4. Turbine mit offenem Ober- und Unterwasserspiegel

Für die Spiralturbine nach Bild IV.5 errechnet sich die Fallhöhe $H\,(p_1 \neq p_2)$ aus

$$H = z_1 + \frac{p_1}{\rho g} + \frac{c_1^2}{2g} - z_2 - \frac{c_2^2}{2g}$$

$$H = z_1 - z_2 + \frac{p_1}{\rho g} + \frac{c_1^2 - c_2^2}{2g}$$

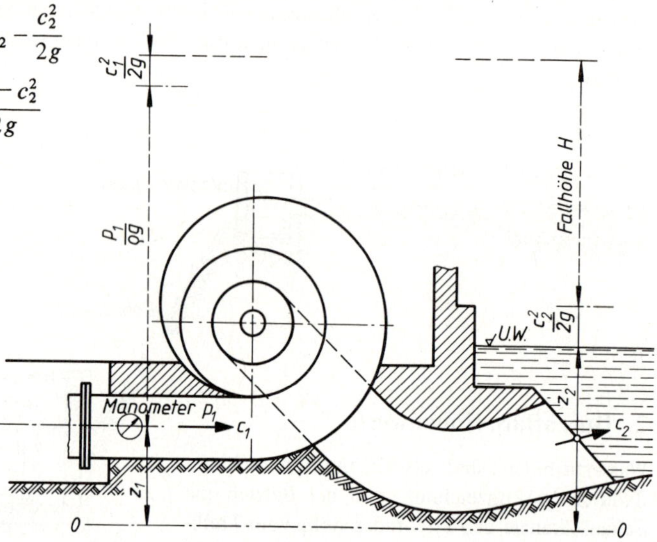

Bild IV.5
Spiralturbine mit Rohrzufluß

3. Freistrahlturbinen

Sie arbeiten an Hochdruckanlagen mit großer Fallhöhe. In den Rohranlagen wirkt am unteren Rohrende die ganze Energiehöhe als Druckenergie auf den Rohrabschluß. Die dort angebaute Düse wandelt Druckenergie in Strömungsenergie um. Die Energie des so erzeugten freien Wasserstrahls wird durch Ablenkung an der umlaufenden Radschaufel ausgenutzt. Die Turbine arbeitet als Gleichdruckturbine, weil das Wasser vor und hinter der Schaufel gleichen Druck hat. Die Beaufschlagung ist partiell, weil nur einige Schaufeln vom Strahl gleichzeitig getroffen werden. Mehrdüsige Bauart ist möglich, wodurch größere Drehzahl und Beaufschlagung erhalten wird.

3.1. Turbinenleistung

Im Bild IV.6 ist die Betriebslage der Turbine zwischen Ober- und Unterwasserspiegel dargestellt.

Aus der Fallhöhe H und dem Durchfluß $\dot{V}$ erhält man die theoretische Wasserleistung $P_{th} = \dot{V} H \rho g$ in Watt. Der Turbinenwirkungsgrad berücksichtigt auftretende Verluste.

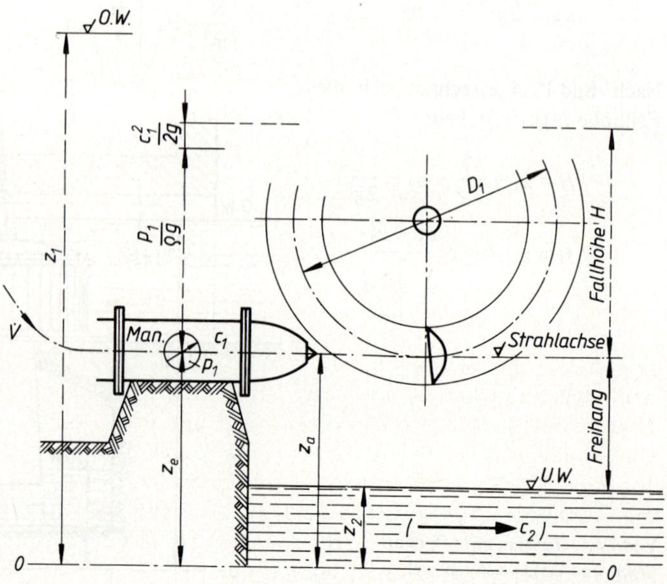

Bild IV.6
Freistrahlturbine

Damit ist die Turbinenleistung an der Welle

$$P = \eta \dot{V} H \rho g \qquad \text{(IV.2)}$$

P	$\dot{V}$	ρ	H
W	$\frac{m^3}{s}$	$\frac{kg}{m^3}$	m

3.2. Düse, Düsennadel

Verarbeitet die Düse die Druckhöhe $h_D = p/\rho g$, so entsteht nach dem Energiesatz mit der Geschwindigkeitszahl φ = ca. 0,98 die Strahlgeschwindigkeit

$$c_1 = \varphi \sqrt{2 g h_D} \qquad \text{(IV.3)}$$

c_1	g	h_D	φ
$\frac{m}{s}$	$\frac{m}{s^2}$	m	1

Nach dem Strömungsgesetz wird mit dem Durchfluß $\dot{V}$ der Strahlquerschnitt

$$A_1 = \frac{\dot{V}}{c_1} \qquad \text{(IV.4)}$$

A_1	$\dot{V}$	c_1
m^2	$\frac{m^3}{s}$	$\frac{m}{s}$

Aus $A_1 = d_1^2 \pi/4$ erhält man den Strahldurchmesser d_1. Die Düse enthält die Düsennadel. Sie regelt bei Lastschwankungen die Turbinenleistung und verhütet unzulässigen Drehzahlanstieg. Die Anordnung der Nadel in der Düse zeigt das Bild IV.7 im Längsschnitt ebenso wie die Profilierung von Nadel und Düsenwand. Wird die Nadel vorgeschoben, so verkleinert sich der Austrittsquerschnitt des Wassers am Düsenmund und damit auch der Strahlquerschnitt. Der Durchfluß wird kleiner und dadurch die Leistung durch Mengenregelung der Last angepaßt. Bei Vollöffnung für Volleistung

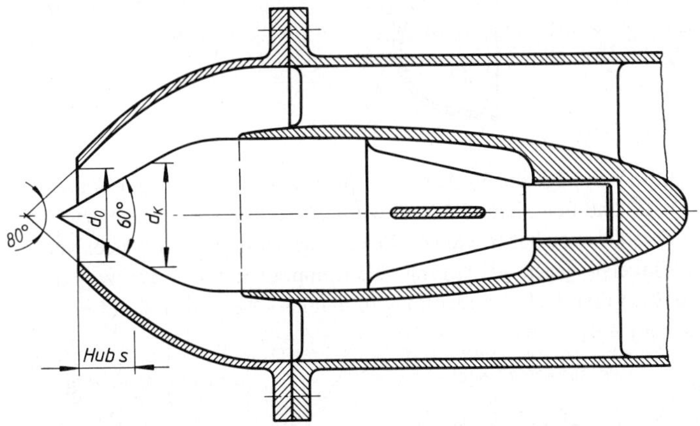

Bild IV.7
Düsen- und Nadelprofil einer Freistrahlturbine

ragt die Nadelspitze aus den Düsenmund, so daß ringförmiger Austrittsquerschnitt vorliegt und der Strahldurchmesser d_1 bei Vollast immer kleiner als Munddurchmesser d_0 ist. Düsenwand- und Nadelkopfprofil sind so geformt, daß bei allen Nadelstellungen des Regelhubes in der Düse der Querschnitt in Fließrichtung abnimmt, das Wasser also stets beschleunigt wird. Die Nadelspitze hat meist Kegelform. Ihr größter Kegeldurchmesser d_k muß größer als der Munddurchmesser d_0 sein, dann sind obige Arbeitsbedingungen der Nadel erfüllt. Der Spitzenwinkel des Wandprofils beträgt ca. 60 ... 80°. Die Betätigung der Nadel erfolgt durch hydraulische Kräfte, die durch einen Fliehkraftregler eingeleitet und gesteuert werden.

3.3. Radschaufel

Der freie Wasserstrahl trifft die umlaufende Radschaufel. Sie hat Doppelschalenform mit Trennschneide und wird auch Doppellöffel, Doppelbecher genannt. Der Strahldurchmesser d_1 bestimmt die Schaufelgröße. Richtwerte sind: Breite b = Länge $l \approx (3 \dots 4)\,d_1$; Tiefe $t \approx (0{,}9 \dots 1{,}0)\,d_1$; Ausschnittbreite $a \approx 1{,}2\,d_1$. Die Schneide teilt den Strahl beim Wassereintritt. Das Bild IV.8 zeigt den dadurch auftretenden Geschwindigkeitswinkel β_1 beim Wassereintritt, der je nach Schneidenschärfe 6 ... 8° beträgt. Die Schaufelkrümmung erzeugt Wasserumlenkung. Wegen der nachfolgenden Schaufel am Rad wird nur auf $180° - \beta_2$ umgelenkt. Der Winkel β_2 wird je nach Bedarf 8 ... 15°, jedoch so klein wie möglich gestaltet.

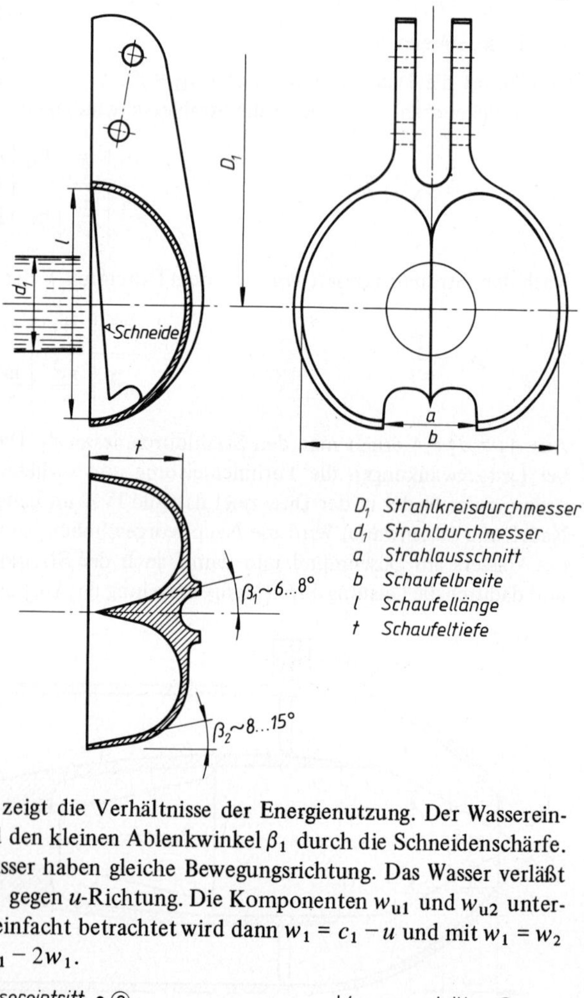

Bild IV.8
Radschaufel der Freistrahlturbine

3.4. Energienutzung

Der Geschwindigkeitsplan im Bild IV.9 zeigt die Verhältnisse der Energienutzung. Der Wassereintritt hat den Zuströmwinkel $\alpha_1 = 0°$ und den kleinen Ablenkwinkel β_1 durch die Schneidenschärfe. Die Schaufelschneide und das Strahlwasser haben gleiche Bewegungsrichtung. Das Wasser verläßt die Schalenwand mit kleinem Winkel β_2 gegen u-Richtung. Die Komponenten w_{u1} und w_{u2} unterscheiden sich wenig von w_1 und w_2. Vereinfacht betrachtet wird dann $w_1 = c_1 - u$ und mit $w_1 = w_2$ (ohne Reibzahl ψ) auch $c_2 = u - w_1 = c_1 - 2w_1$.

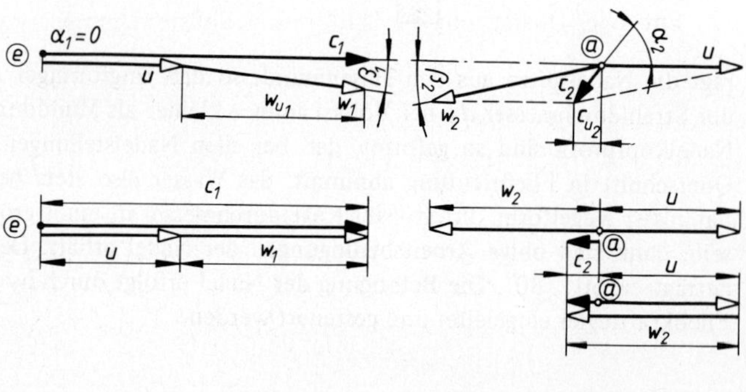

Bild IV.9. Geschwindigkeitsplan der Freistrahlturbine

Die beste Energienutzung entsteht dann, wenn (vereinfacht) $w = u = c_1/2$ wird mit $c_2 = 0$ (genauer mit c_2 als Kleinstwert bei Winkel $\alpha_2 = 90°$). Wie bei Dampfturbinen wird im Geschwindigkeitsplan die Komponentendifferenz $\Delta c_u = c_{u1} - c_{u2}$ in Triebrichtung erkannt und mit der sekundlichen Durchflußmasse erhält man die Radtriebkraft

$$F = \dot{V} \rho \, \Delta c_u \qquad \text{(IV.5)}$$

F	$\dot{V}$	ρ	Δc_u
N	$\frac{m^3}{s}$	$\frac{kg}{m^3}$	$\frac{m}{s}$

Mit der Umlaufgeschwindigkeit u ist in allgemeiner Form die Radleistung

$$P_u = F u \qquad \text{(IV.6)}$$

P_u	F	u
W	N	$\frac{m}{s}$

Die Radscheibengröße wird durch den Strahlkreisdurchmesser D_1 festgelegt. Als Kleinstwert hierfür kann $D_{1\,min} \approx 10 d_1$ gebaut werden. Im Geschwindigkeitsplan gilt als Umlaufgeschwindigkeit der Schaufel $u = D_1 \pi n/60$ bei der Raddrehzahl n.

3.5. Strahlablenker

Im Bild IV.10 ist die Wirkungsweise der Strahlablenker dargestellt. Bei plötzlicher Entlastung auf Leerlauf darf die Düsennadel nicht schlagartig den Durchfluß sperren, da hierdurch Wasserdruckstöße im Zuflußrohr und Düse entstehen und sie gefährden. Der sofort einschwenkende Ablenker leitet den Strahl (oder Teilstrahl) aus seiner Richtung derart ab, daß die Schaufeln nicht mehr getroffen werden. Nachfolgend regelt die Nadel langsam auf Neulast ein, wobei der Strahl allmählich vom Ablenker wieder frei gegeben wird. Nadel und Ablenker sind mechanisch oder hydraulisch gekoppelt und aufeinander abgestimmt.

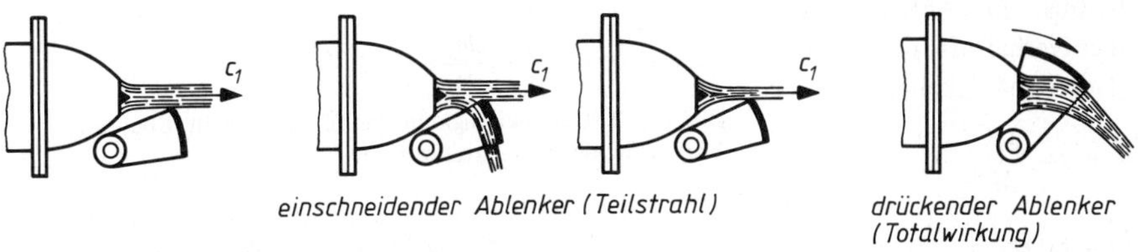

Bild IV.10. Strahlablenker der Freistrahlturbine

3.6. Betriebsverhalten

Jede Ent- oder Überlastung der Turbine bei Vollstrahlbetrieb erzeugt eine Drehzahländerung und damit schlechtere Energienutzung des Strahlwassers am Rad. Bei Kleinturbinen für mechanische Arbeitsleistung wird dieser Nachteil manchmal geduldet und nur für längere Minderlastfahrt die Wassermenge durch Handverstellung der Nadel der Last angepaßt. Bei Großanlagen, vor allem bei Elektrizitätserzeugung, muß gleichbleibende Drehzahl bei Laständerung gehalten werden.

3.6.1. Regelbetrieb. Die Mengenregelung des Strahlwassers hält die Turbine für jede Last zwischen Leerlauf und Vollast auf konstanter Drehzahl. Die Strahl- und Umlaufgeschwindigkeit bleibt dabei erhalten, so daß im Geschwindigkeitsplan bei bester Energienutzung auch die Komponentendifferenz Δc_u gleich bleibt. Die Triebkraft am Radumfang $F = \dot{V} \rho \, \Delta c_u$ nimmt nur proportional mit dem Durchfluß $\dot{V}$ ab. Die Regelung zeigt Triebmomentanpassung bei gleichbleibender Winkelgeschwindigkeit. Da hierbei kein zusätzlicher Energieverlust des Wassers auftritt, haben Freistrahlturbinen über weiten Lastbereich einen guten, fast gleichbleibenden Wirkungsgradverlauf, wie das Beispiel in Bild IV.11 erkennen läßt.

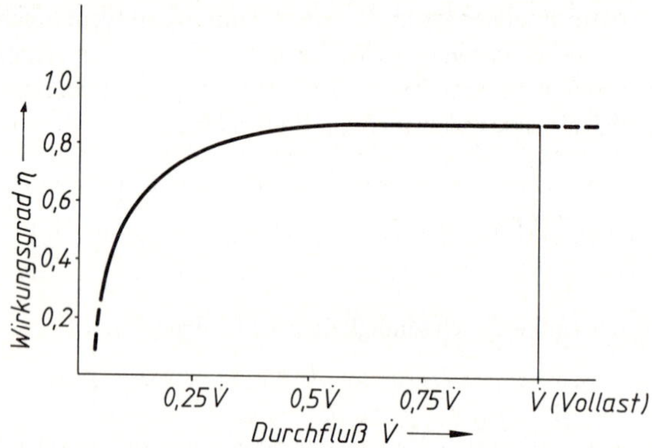

Bild IV.11. Wirkungsgradverlauf der Freistrahlturbine

3.6.2. Überlastung. Bei Überlastung durch größeres Lastmoment M' als das Vollastmoment M sinkt die Drehzahl und die Leistung. In der Schaufel entsteht nicht mehr beste Energienutzung. Das austretende Wasser hat noch Bewegungsenergie, c_2' hat keinen Kleinstwert, wie der vereinfachte Geschwindigkeitsplan im Bild IV.12 erkennen läßt. Das Verhältnis Überlast- zu Vollastmoment M'/M entspricht dem Triebkraftverhältnis F'/F und dem Verhältnis der Komponentendifferenz $\Delta c_u'/\Delta c_u$ im Geschwindigkeitsplan. Mit dieser vereinfachten Betrachtung ($w_2 = w_1$ und $\beta_1 = \beta_2 = 0$) erhält man für das Drehzahl- und Leistungsverhältnis in Abhängigkeit vom Momentverhältnis nach Bild IV.13 die Gesetzmäßigkeiten:

$$\frac{n'}{n} = 2 - \frac{M'}{M} \qquad \text{(IV.7a)}$$

$$\frac{P'}{P} = M'M\left(2 - \frac{M'}{M}\right) \text{(IV.7b)}$$

Man erkennt, daß bei zweifachem Vollastmoment Drehzahl und Leistung Null wird. Praktisch tritt dieser Stillstand bereits bei $M'/M = 1{,}9$ ein.

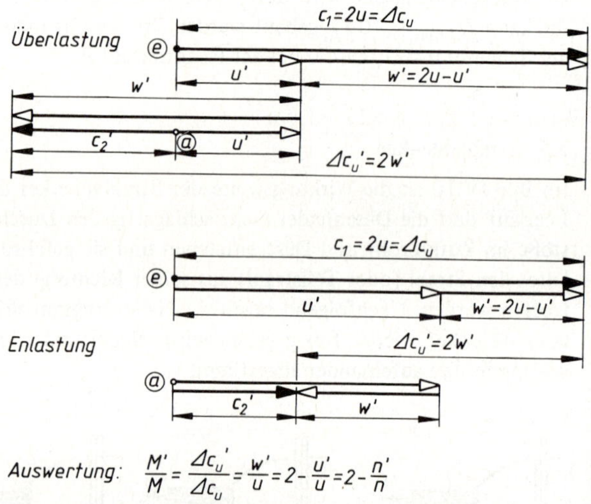

Bild IV.12. Geschwindigkeitsplan für ungeregelte Über- und Entlastung einer Freistrahlturbine

3.6.3. Durchgangsdrehzahl. Wird die Turbine ohne Regelung entlastet, so entsteht Drehzahlanstieg mit Leistungs- und Triebmomentabnahme. Die Strahlenenergie wird nur teilweise am Rad ausgenutzt,

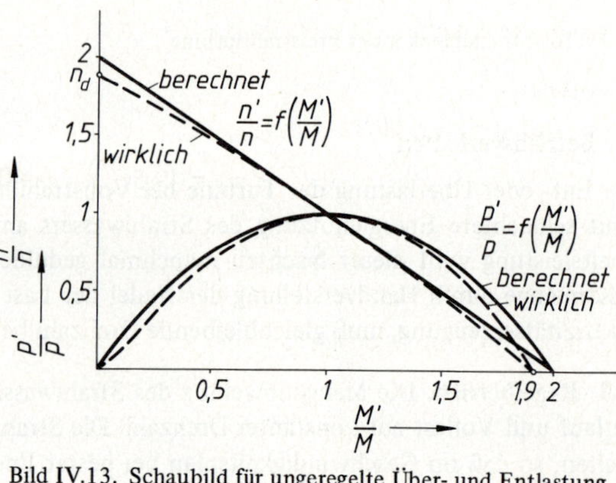

Bild IV.13. Schaubild für ungeregelte Über- und Entlastung einer Freistrahlturbine

das vom Rad ablaufende Wasser hat noch Bewegungsenergie. Die Betriebsverhältnisse und deren Gesetzmäßigkeiten sind hierbei ähnlich wie bei Überlastung, wie in den Bildern IV.12 und IV.13 mit dargestellt wird. Die bei ungeregelter Entlastung auftretende Höchstdrehzahl heißt Durchgangsdrehzahl n_d. Sie liegt praktisch bei 1,9facher Vollastdrehzahl, rechnerisch nach den vereinfachten Gesetzmäßigkeiten bei zweifachem Wert. Aus Sicherheitsgründen muß die Turbine (und der Generator) diese Drehzahl ertragen können, auch wenn eine Regelanlage vorhanden ist.

3.6.4. Abschaltdruck. Jede Durchflußänderung der Wasserströmung erzeugt Druckänderung im Wasser. Beim Abschaltvorgang entsteht Druckanstieg. Der Übergang vom Strömungsdruckzustand p_e bis zum Ruhedruckzustand p_{e0} verläuft als Druckschwingung, wie es Bild IV.14 darstellt. Der größte hierbei auftretende Abschaltdruck $p_{e\,max}$ ist für Rohr- und Düsenfestigkeit maßgebend.

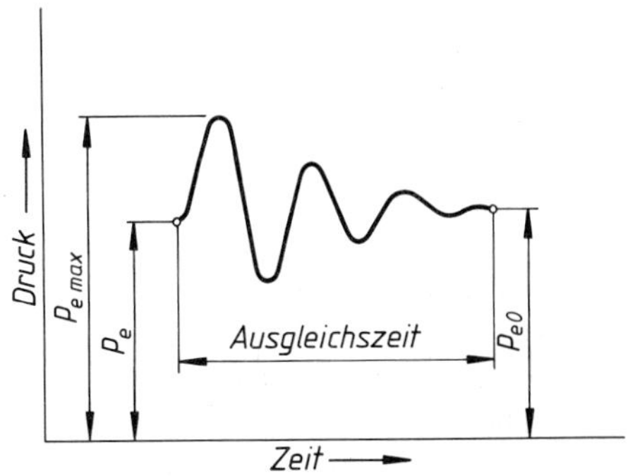

Bild IV.14. Druckverlauf bei Abschaltung einer Freistrahlturbine

3.7. Übungsbeispiel (Freistrahlturbine)

Betriebswerte:

Wasserdurchfluß $\dot{V} = 18\,\frac{m^3}{s}$ über 6 Düsen

Druckgefälle in den Düsen 54 bar

Drehzahl des Laufrades $n = 360\ min^{-1}$

Düsenwerte:

Wasserstrom je Düse $\dot{V}_1 = \frac{\dot{V}}{6} = 3\,\frac{m^3}{s}$

Düsenreibzahl $\varphi = 0{,}97$

Strahlgeschwindigkeit $c_1 = \varphi\sqrt{2gh_D} = 0{,}97\sqrt{19{,}6\cdot 540}\,\frac{m}{s} = 100\,\frac{m}{s}$

Strahlquerschnitt $A_1 = \frac{\dot{V}_1}{c_1} = 30\,000\ mm^2$, Strahldurchmesser $d_1 = 196$ mm

Laufradwerte:

Umlaufgeschwindigkeit $u = \frac{c_1}{2} = 50\,\frac{m}{s}$

Strahlkreisdurchmesser $D_1 = 2{,}653$ m

Löffelbreite $b = 3{,}5\,d_1 = 686$ mm

Außenranddurchmesser $D_a = D_1 + l = 3339$ mm ($l = b$)

Radleistung:

Relative Geschwindigkeiten $w_1 = (c_1 - u)\sin 82° = 50{,}5\,\frac{m}{s}$ $(\beta_1 = 8°)$

$$w_2 = \varphi' w_1 = 49{,}5\,\frac{m}{s} \quad (\varphi' = 0{,}98)$$

$$w_{u2} = w_2\cos\beta_2 = 48{,}8\,\frac{m}{s} \quad (\beta_2 = 10°)$$

Umlaufkomponente $c_{u2} = u - w_{u2} = 1{,}2\,\frac{m}{s}$

Umlaufkomponentendifferenz $\Delta c = c_1 - c_{u2} = 98{,}8\,\frac{m}{s}$

Leistung am Radumfang $P_u = \dot{m}\,\Delta c\,u = \dot{V}\rho\,\Delta c\,u$

$$P_u = 18000\cdot 98{,}8\cdot 50\ W = 88\,920\,000\ W$$

Wirkungsgrad $\eta = \frac{P_u}{\dot{V}\rho g h_D} = 0{,}933$

4. Francisturbinen

Sie arbeiten an Hoch- und Niederdruckanlagen bis zu kleinen Fallhöhen herunter ($H = 1 \dots 400$ m) bei großem Durchfluß $\dot{V}$. An Hochdruckanlagen mündet der Rohrzufluß im Spiralgehäuse der Turbine, bei Niederdruck ist meist offener Zufluß, wie im Bild IV.15 dargestellt wird (vgl. auch Bild IV.4).

4.1. Leitrad

Vor dem Laufrad durchströmt das Wasser drehbare Leitschaufeln, die für die Zuströmrichtung unter Winkel α_1 sorgen und zur Regelung der Durchflußmenge $\dot{V}$ dienen. Ihre Kanäle zeigen schwache Düsenform, um den Fallhöhenanteil h_1 in Strömungsenergie umzuwandeln ($c_0 = \sqrt{2gh_1}$). Die Zuströmung ist vollbeaufschlagt.

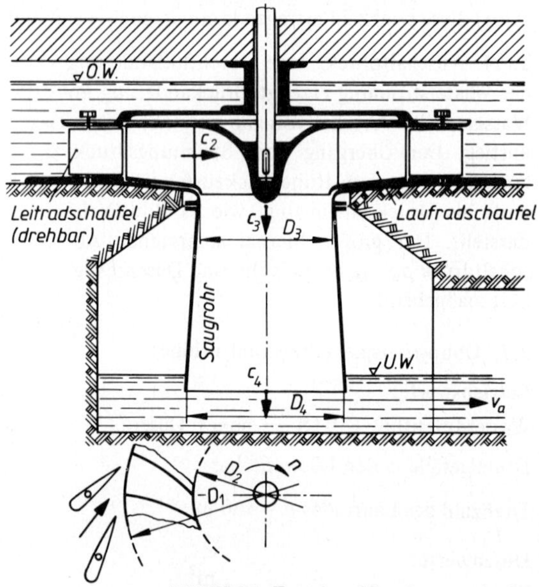

Bild IV.15. Francisturbine, Langsamläufer

4.2. Laufrad

Im Laufrad wird der größere Fallhöhenanteil $h_ü$ verarbeitet. Die Laufradschaufeln bilden düsenförmige Strömungskanäle mit Ablenkkrümmung, so daß gleichzeitig Energie erzeugt und genutzt wird. Am Laufrad wirkt Überdruck, der den Fliehkraftdruck überwindet und Energiezunahme um $\dot{V}\rho/2(w_2^2 - w_1^2)$ erzeugt. Das Verhältnis $h_ü/H$ heißt Reaktionsgrad. Die Turbine arbeitet als Überdruckturbine.

4.3. Saugrohr

Durch das Saugrohr kann die Turbine über den Unterwasserspiegel hochgesetzt werden, ohne daß wirksame Fallhöhe verloren geht. Es dient auch zum Rückgewinn hoher Austrittsenergie des Laufradwassers. Das Wasser wird von c_3 auf c_4 verlangsamt, indem der Rohrquerschnitt von A_3 auf A_4 erweitert wird. Für gute Strömung und gute Rückgewinnwirkung muß der Erweiterungswinkel kleiner als 12° sein. Große Querschnittsänderung $A_4/A_3 = c_3/c_4$ verlangt dann große Baulängen des Rohres, wodurch bei kleiner Saughöhe abgekrümmte Rohre mit langem waagerechten Auslaufteil notwendig sind, wie es das Baubeispiel im Bild IV.16 aufzeigt. Als Saughöhe H_s gilt die Entfernung vom Unterwasserspiegel bis Leitradunterkante oder bis Mitte vom Spiralgehäuse.

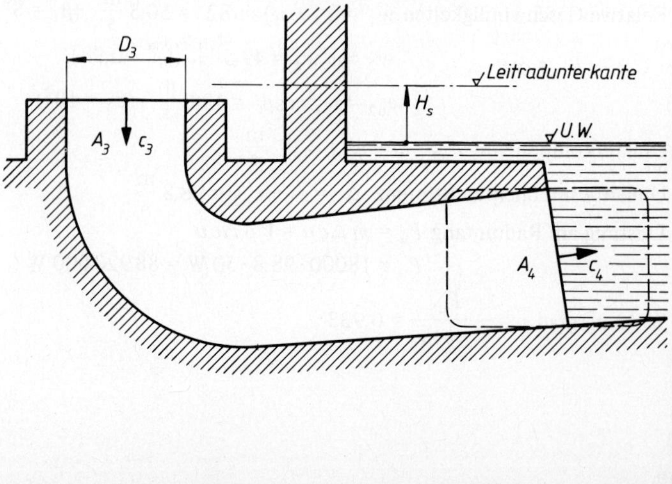

Bild IV.16
Abgekrümmtes Saugrohr

4.4. Energienutzung, Turbinengleichung

Im Bild IV.17 ist ein Laufradkanal mit den Verhältnissen der Wasserströmung dargestellt. Der Wassereintritt am Rad erfolgt mit c_1 unter den Zuströmwinkel α_1. Stoßfreier Wassereintritt verlangt Winkel β_1 bei Umlaufgeschwindigkeit u_1 (vgl. III. Dampfturbinen). Am Wasseraustritt wird wieder optimale Energienutzung erreicht, wenn das Wasser mit einem Kleinstwert c_2 unter dem Winkel $\alpha_2 = 90°$ austritt. Winkel β_2 ist ca. 20° ... 30° bei normaler Bauart.

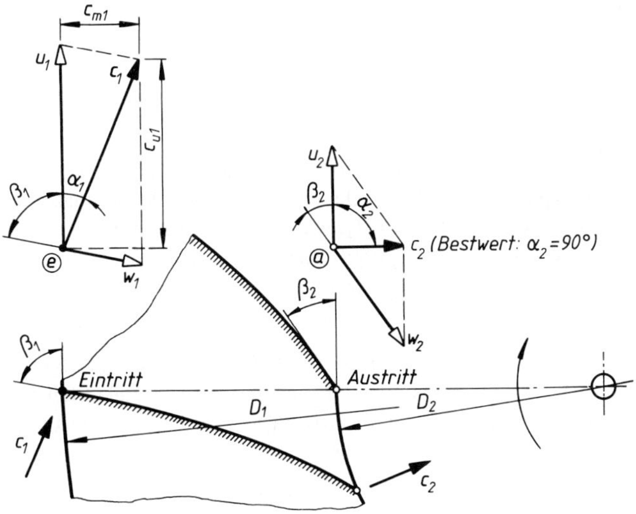

Bild IV.17
Geschwindigkeitsplan der Francisturbine (Langsamläufer)

Die im Radkanal zwischen Ein- und Austritt auftretenden Energiedifferenzen der sekundlichen Wassermasse ergeben summiert die Radleistung P_u. Es gilt:

$$P_u = \frac{\dot{m}}{2} \cdot [(c_1^2 - c_2^2) + (u_1^2 - u_2^2) + (w_2^2 - w_1^2)]$$

oder umgestellt

$$P_u = \frac{\dot{m}}{2} \cdot [\underbrace{(c_1^2 + u_1^2 - w_1^2)}_{\text{Eintritt}} - \underbrace{(c_2^2 + u_2^2 - w_2^2)}_{\text{Austritt}}]$$

Das Austrittsdreieck zeigt $c_2^2 + u_2^2 - w_2^2 = 0$; am Eintrittsdreieck ist nach dem Cosinussatz $c_1^2 + u_1^2 - w_1^2 = 2u_1 c_1 \cos\alpha_1$; dann ist mit $c_1 \cos\alpha_1 = c_{u1}$ eingesetzt die Radleistung

$$P_u = \dot{m} u_1 c_{u1} \qquad \text{(IV.8)}$$

$\dot{m}$	u, c_{u1}	P_u
$\frac{kg}{s}$	$\frac{m}{s}$	$\frac{Nm}{s}$

Wird P_u und ηP_{th} gleichgesetzt, so ist $\dot{m} u_1 c_{u1} = \dot{m} g H \eta$ und gekürzt entsteht die allgemein gebräuchliche Turbinengleichung

$$g H \eta = u_1 c_{u1} \qquad \text{(IV.9)}$$

H	g	u_1, c_{u1}	η
m	$\frac{m}{s^2}$	$\frac{m}{s}$	1

Sie zeigt, daß bei vorliegender Fallhöhe H um so größere Umlaufgeschwindigkeit am Rad auftritt, je kleiner der Wert $c_{u1} = c_1 \cos\alpha_1$ wird. Dies erreicht man durch kleine Druckhöhe h_1 im Leitrad und großen Überdruck $h_ü$ im Laufrad. Man erkennt: Überdruck erzeugt Schnelläufigkeit der Turbinen. Ist am Wasseraustritt der Abströmwinkel nicht 90°, so entsteht die Geschwindigkeitskomponente c_{u2} und es gilt als Turbinengleichung $g\,h\,\eta = u_1\,c_{u1} - u_2\,c_{u2}$. Für die Durchströmung im Rad gilt $\dot{V} = A_1\,c_{m1} = A_2\,c_{m2}$, wobei A_1 und A_2 der Eintritts- bzw. Austrittsquerschnitt des Rades ist und c_{m1} bzw. c_{m2} die radialen Geschwindigkeitskomponenten (d.h. in Meridianrichtung) von c_1 und c_2 sind. Bei Abströmwinkel $\alpha_2 = 90°$ wird $c_{m2} = c_2$ und $c_{u2} = 0$.

4.5. Radformen

Je näher die Schaufelflächen zur Radmitte gebaut werden, um so größere Raddrehzahl kann erreicht werden. Man unterscheidet drei Typen. Liegen die Flächen nur im radialen Strömungsgang, so spricht man vom Langsamläufer. Hier ist D_1 größer als D_2, wie es Bild IV.15 bereits aufzeigt und wie auch im Bild IV.18 dargestellt ist. Beim Normalläufer liegen die Schaufelflächen im Umlenkteil der Strömung mit radialer Zuströmungsebene zur Eintrittskante der Schaufel (c_{m1}) und mit axialer Abströmung c_{m2} von der Austrittskante.

Die Raddurchmesser D_1, D_2 und D_3 sind annähernd gleich groß. Die Schaufelflächen sind doppelt gekrümmt, also schwerer herstellbar als beim Langsamläufer. Wird nur der untere Umlenkteil der Strömung durch Schaufelflächen besetzt, so entsteht der Schnelläufer. Die Eintritts- und Austrittskante der Schaufelflächen haben fast gleichen mittleren Durchmesser D_m. Sämtliche drei Bautypen sind im Bild IV.18 zum Vergleich dargestellt.

Wird bei den Rädern der Austrittsquerschnitt A_2 klein gestaltet, so erhält man kleine Raddurchmesser und damit hohe Drehzahl der Turbine. Aus $A_2 = \dot{V}/c_{m2}$ oder bei $\alpha_2 = 90°$ auch $A_2 = \dot{V}/c_2$ folgt, daß man kleine Durchmesser durch große c_2-Werte erreichen kann. Deshalb wird die Austrittsenergie des Wassers relativ groß gewählt, die dann im Saugrohr durch Verlangsamen wiedergewonnen wird. Richtwerte sind: $c_2^2/2g = H/10$ für Normalläufer, $c_2^2/2g = H/5$ für Schnelläufer und $c_2^2/2g = H/20$ für Langsamläufer.

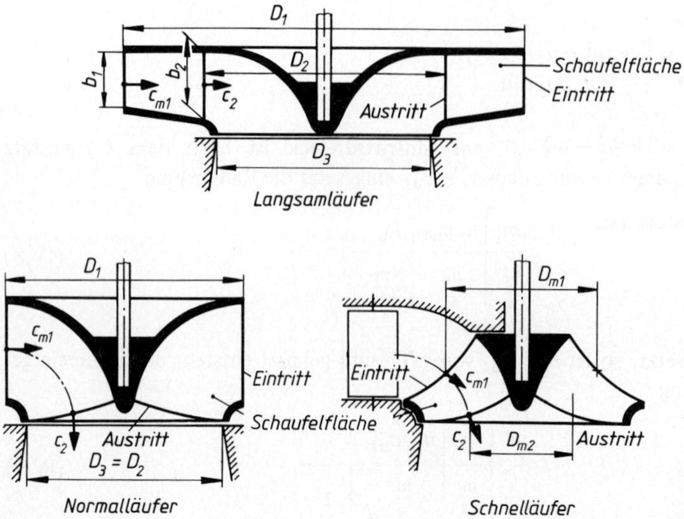

Bild IV.18
Radformen der Francisturbinen

4.6. Regelung

Die Verdrehung der Leitschaufeln verkleinert den Austrittsquerschnitt des Leitrades und damit auch den Durchfluß $\dot{V} = c_0 A_0$. Hierdurch entsteht Mengenregelung für die Lastanpassung. Dabei wird die Richtung von c_1 zum Laufrad geändert und am Wassereintritt entsteht bei gleicher Raddrehzahl (u_1 = konstant) eine kleinere Relativgeschwindigkeit w'_1 mit Stoßkomponente w_s, die entweder Bremswirkung hat oder Turbulenz im Radkanal erzeugt. Auch der Wasseraustritt erfolgt unter anderem Winkel α'_2, wodurch c'_2 eine Rotationskomponente c'_{u2} erhält. Diese Rotationsenergie des Austrittswassers läßt sich im Saugrohr nicht zurückgewinnen und ist Energieverlust. Das Bild IV.19 zeigt obige Folgeerscheinungen der Regelung. Die Nachteile sind: Stoßeintritt und Turbulenz oder Bremswirkung, größere Austrittsverluste durch Rotationsenergieminderung, Wirkungsgradverschlechterung der Turbine.

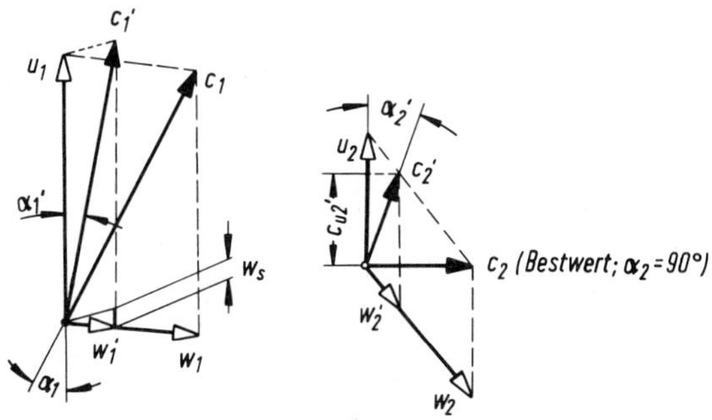

Bild IV.19. Geschwindigkeitsplan der Francisturbine bei Regelung für konstante Drehzahl

4.7. Betriebsverhalten

Lastschwankungen im praktischen Betrieb verlangen Regelung der Turbine für konstante Betriebsdrehzahl. Die geschilderten Regelungsnachteile ergeben einen schlechteren Wirkungsgradverlauf bei Francisturbinen als bei Freistrahlturbinen. Das Bild IV.20 zeigt das Betriebsverhalten bei Durchflußregelung zwischen Leerlauf bis 1,5fachen Vollastdurchfluß bei n = konstant. Man erkennt einen brauchbaren Wirkungsgradverlauf im Regelbereich von 0,6 ... 1,4 $\dot{V}$ ($\dot{V}$ Vollastdurchfluß mit Bestnutzung). Für diesen Leistungsbereich werden Francisturbinen vorausgeplant und gebaut. Außerhalb dieses vorgesehenen Leistungsbereichs muß der schlechtere Wirkungsgrad geduldet werden.

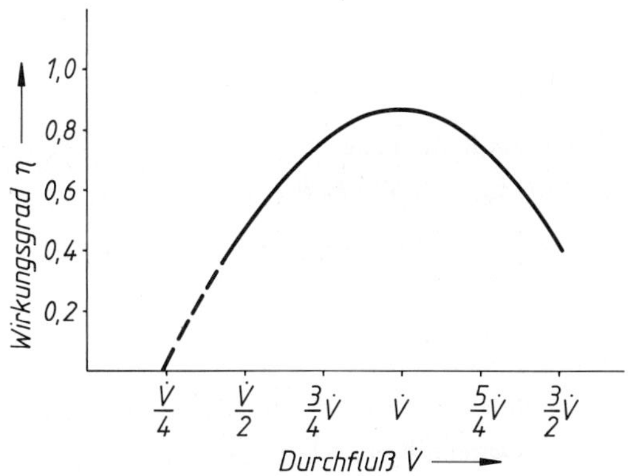

Bild IV.20. Wirkungsgradverlauf der Francisturbine

4.8. Übungsbeispiel (Francisturbine)

Betriebswerte:

Wasserdurchfluß $\dot{V} = 2\ \frac{\mathrm{m}^3}{\mathrm{s}}$

Druckgefälle 14 bar, Turbinendruckhöhe h = 140 m

Drehzahl des Turbinenrades $n = 750\ \mathrm{min}^{-1}$

Laufradumrisse:

Wandwinkel am Wasseraustritt $\beta_2 = 26°$ (gewählt)

Wasseraustrittsgeschwindigkeit $c_2 = \sqrt{0{,}08\, g\, h} = 10{,}5\ \frac{\mathrm{m}}{\mathrm{s}}$ (aus $\frac{c_2^2}{2g} = 0{,}04\, h$)

Umlaufgeschwindigkeit $u_2 = \dfrac{c_2}{\tan \beta_2} = 21{,}5\ \dfrac{\text{m}}{\text{s}}$

Laufraddurchmesser $D_2 = \dfrac{u_2}{\pi n} = 0{,}548$ m, gewählt $D_2 = 550$ mm mit

$$u_2 = 21{,}6\ \frac{\text{m}}{\text{s}} \text{ und } c_2 = 10{,}54\ \frac{\text{m}}{\text{s}}$$

Wasseraustrittsquerschnitt $A_2 = \dfrac{\dot{V}}{c_2} = 0{,}189\ \text{m}^2$

Austrittshöhe der Radkanäle $b_2 = \dfrac{1{,}15\, A_2}{D_2 \pi} = 0{,}126$ m, mit 15 % Schaufelwandeinfluß aus $1{,}15\, A_2 = D_2 \pi\, b_2$ ermittelt

Relative Geschwindigkeit $w_2 = \dfrac{c_2}{\sin \beta_2} = 24{,}1\ \dfrac{\text{m}}{\text{s}}$

Geschwindigkeitszahl für die Leit- und Laufradkanäle $\varphi = 0{,}93$ (gewählt)

Umlaufgeschwindigkeit u_1 mit $\beta_1 = 90°$ und $u_1 = c_{u1}$ nach der Turbinengleichung $u_1\, c_{u1} = \varphi^2\ g\, h$

$u_1 = 34{,}5\ \dfrac{\text{m}}{\text{s}}$

Laufraddurchmesser $D_2 = 0{,}878$ m

Zuströmwinkel $\alpha_1 = 16{,}8°$ nach $c_{m1} = c_2$ und $\tan \alpha_1 = \dfrac{c_{m1}}{u_1}$

Wassereintrittsgeschwindigkeit $c_1 = \dfrac{c_{m1}}{\sin \alpha_1} = 36{,}3\ \dfrac{\text{m}}{\text{s}}$

Relative Geschwindigkeit $w_1 = c_{m1} = 10{,}5\ \dfrac{\text{m}}{\text{s}}$

Eintrittshöhe der Radkanäle $b_1 = b_2\, \dfrac{D_2}{D_1} = 79$ mm

Leistung am Radumfang:

$P_u = \dot{m}\, u_1\, c_{u1} = 2\,380\,500$ W

Wirkungsgrad am Radumfang $\eta = \dfrac{P_u}{\dot{V} \rho\, g\, h} = 0{,}867$

Saugrohr:

Saugrohrdurchmesser $D_3 = 500$ mm (gewählt) mit $A_3 = 0{,}196\ \text{m}^2$

Saugrohrquerschnitt $A_4 = 1\ \text{m}^2$ (gewählt)

Saugrohrgeschwindigkeiten $c_3 = \dfrac{\dot{V}}{A_3} = 10{,}2\ \dfrac{\text{m}}{\text{s}}$

$$c_4 = c_3\, \frac{A_3}{A_4} = 2\ \frac{\text{m}}{\text{s}} \text{ (ohne Saugrohrwirkungsgrad)}$$

5. Kaplanturbinen

Um den nachteiligen Stoßeintritt und die Rotationskomponente c_{u2} der Francisturbine bei Regelung zu vermeiden, werden die Schaufeln des Laufrades verstellbar gebaut. Hohe Drehzahl des Laufrades erreicht man mit großer Austrittsenergie des Wassers aus dem Laufrad (vgl. Abs. 4.5). Es wird $c_2^2/2g = 0{,}3 \ldots 0{,}4\, H$ gewählt, wodurch für Verlangsamung des Wassers große Baulängen des Saugrohres auftreten können.

5.1. Leitrad

Das Leitrad hat gleiche Bauart und Regelwirkung wie bei Francisturbinen. Die Leitschaufeln führen das Wasser tangential in den schaufelfreien Umlenkraum, wo es zusätzliche Fallströmung erhält. Das Bild IV.21 läßt den Umlenkraum vor dem Laufrad erkennen.

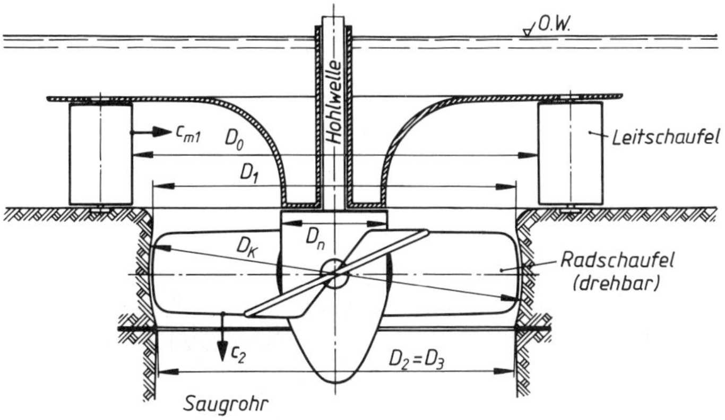

Bild IV.21. Kaplanturbine

5.2. Laufrad

Die flügelförmigen Schaufeln sind drehbar in der Radnabe gelagert. Ihr Verstelltrieb wird durch die hohle Radwelle zugeführt. Die Gehäusedurchmesser sind meist fast gleich dem Saugrohrdurchmesser $D_3 \sim D_2 \sim D_1$. Der Nabendurchmesser ist $D_n = 0{,}3 \ldots 0{,}5\, D_k$, worin D_k = Kugeldurchmesser des mittleren Gehäuseteils ist.

5.3. Doppelregelung

Bei der Mengenregelung für Lastanpassung mit konstanter Drehzahl werden Leit- und Radschaufeln gleichzeitig verstellt. Der geringere Durchfluß $\dot{V}'$ verlangt am Rad bei konstantem u kleinere Werte c'_m und c'_2, weil $\dot{V}' = A_1 c'_m = A_2 c'_2$ kleiner ist als $\dot{V} = A_1 c_{m1} = A_2 c_2$. Hierbei soll der Abströmwinkel $\alpha_2 = 90°$ erhalten bleiben, wie es im Bild IV.22 dargestellt ist, damit im Saugrohr das Wasser keine Rotationsenergie aufweist, weil diese dort nicht zurückgewonnen werden kann. Die genaue Abstimmung beider Schaufelverstellungen auf diese guten Austrittsbedingungen ist anzustreben.

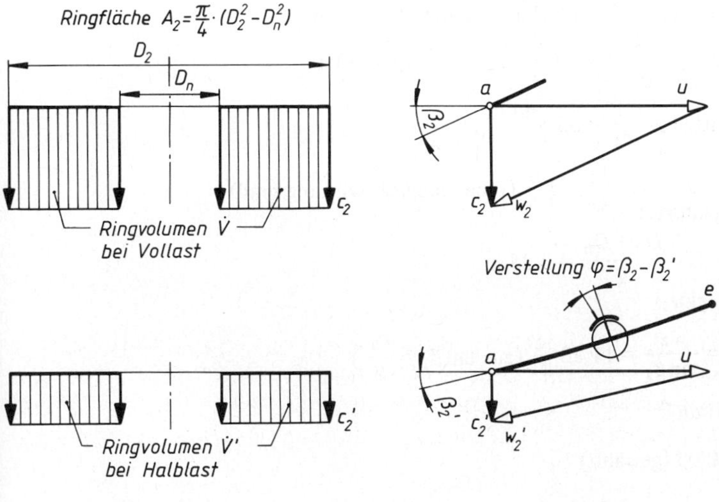

Bild IV.22
Radschaufelverstellung
bei Regelung
der Kaplanturbine

Durch diese Doppelregelung wird über weitem Lastbereich ein guter Wirkungsgradverlauf erzielt ähnlich wie bei Freistrahlturbinen. Das angeführte Beispiel im Bild IV.23 zeigt zwischen 0,3 ... 1,6 $\dot{V}$ brauchbaren Regelbereich mit guten Wirkungsgraden.

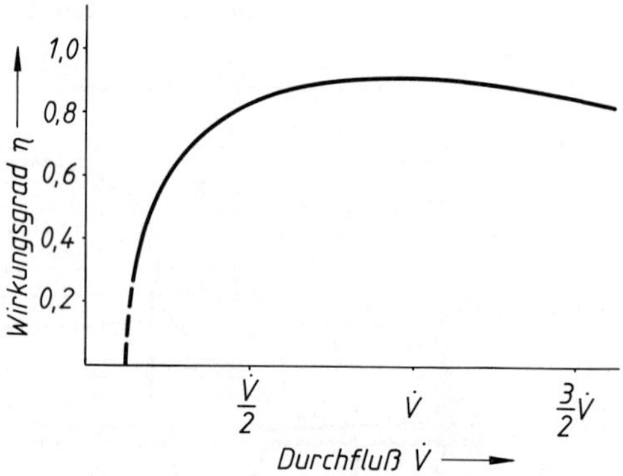

Bild IV.23
Wirkungsgradverlauf der Kaplanturbine

5.4. Übungsbeispiel (Kaplanturbine)

Betriebswerte:

Wasserdurchfluß $\dot{V} = 67\ \frac{m^3}{s}$

Nutzgefälle $h = 3{,}5$ m

Laufradumrisse:

Wasseraustrittsgeschwindigkeit $c_2 = \sqrt{0{,}8\,g\,h} = 5{,}24\ \frac{m}{s}$ (aus $\frac{c_2}{2g} = 0{,}4\,h$)

Wasseraustrittsquerschnitt $A_2 = \frac{\dot{V}}{c_2} = 12{,}79\ m^2$

Bauverhältnisse $D_1 = D_2 = D_3 = D_k, D_n = 0{,}444\,D_3$ (gewählt)

Gehäusedurchmesser $D_3 = \sqrt{\frac{4\,A_2}{\pi\,0{,}803}} = 4{,}5$ m (aus $A_2 = \frac{\pi}{4}\,(D_3^2 - D_n^2)$)

Nabendurchmesser $D_n = 0{,}444\,D_3 = 2$ m

Flügellänge $l_f = \frac{D_3 - D_n}{2} = 1{,}25$ m

Querschnittserweiterung auf $A_3 = 15{,}9\ m^2$ über Baulänge $l_n = 2{,}2$ m

Saugrohrgeschwindigkeiten $c_3 = \frac{\dot{V}}{A_3} = 4{,}21\ \frac{m}{s}$, $c_4 = 2\ \frac{m}{s}$ (gewählt)

Saugrohraustrittsquerschnitt $A_4 = \frac{\dot{V}}{c_4} = 33{,}5\ \frac{m}{s}$

Geschwindigkeiten in Flügelmitte:

Mittlerer Laufdurchmesser $D = \frac{D_3 + D_n}{2} = 3{,}25$ m

Flügelwinkel $\beta_2 = 24°$ (gewählt)

Umlaufgeschwindigkeit $u = \frac{c_2}{\tan\beta_2} = 11{,}78\ \frac{m}{s}$ (aus $\tan\beta_2 = \frac{c_2}{u}$)

Raddrehzahl $n = \frac{u}{\pi D} = 69\ min^{-1}$

Geschwindigkeitszahl $\varphi = 0{,}95$ (gewählt)

Umlaufkomponente $c_{u1} = \frac{30{,}9}{u} = 2{,}62\,\frac{m}{s}$ aus der Turbinengleichung

$$u\,c_{u1} = \varphi^2 g\,h = 30{,}9\,\frac{m^2}{s^2}$$

Zuströmwinkel $\alpha_1 = 63{,}5°$ nach $c_{m1} = c_2$ und $\tan\alpha_1 = \frac{c_{m1}}{c_{u1}}$

Wassereintrittsgeschwindigkeit $c_1 = \frac{c_{m1}}{\sin\alpha_1} = 5{,}85\,\frac{m}{s}$

Flügelwinkel $\beta_1 = 30°$ (nach $\tan\beta_1 = \frac{c_{m1}}{u - c_{u1}} = 0{,}572$)

Relative Geschwindigkeiten $w_1 = \frac{c_{m1}}{\sin\beta_1} = 10{,}5\,\frac{m}{s}$, $w_2 = \frac{c_2}{\sin\beta_2} = 12{,}9\,\frac{m}{s}$

Leistung am Radumfang:

$P_u = \dot{m}\,u\,c_{u1} = 2067861$ W

Wirkungsgrad am Radumfang $\eta = \frac{P_u}{\dot{V}\rho\,g\,h} = 0{,}899$

6. Spezifische Drehzahl

Die Turbinenarten unterscheiden sich hauptsächlich durch die Radschaufelformen, die als Doppelschalen, einfach oder doppelt gekrümmte Blattflächen und als Flügel auftreten. Zur Kennzeichnung der Turbinenart benutzt man diejenige Drehzahl der Turbine, die an 1 m Fallhöhe mit einem Durchfluß $\dot{V} = 1\ m^3/s$ arbeitet. Diese Drehzahl heißt spezifische Drehzahl n_q. Räder für andere Fallhöhen und anderen Durchfluß sind formähnlich, haben aber andere Abmessungen und andere Drehzahl. Ihr Zusammenhang mit der spezifischen Drehzahl zeigt das Ähnlichkeitsgesetz, dem folgende Überlegungen zugrunde liegen. Mit Abnahme der Fallhöhe H auf 1 m nimmt bei gleichbleibender Leitradöffnung der Turbine der Fallhöhenanteil h_1 proportional mit H auf $h_1' = h_1/H$ ab. Der Geschwindigkeitsplan im Bild IV.24 läßt erkennen, daß dadurch alle Geschwindigkeitswerte im Verhältnis $1 : \sqrt{H}$ abnehmen und die Turbinendrehzahl auf $n' = n/\sqrt{H}$ absinkt.

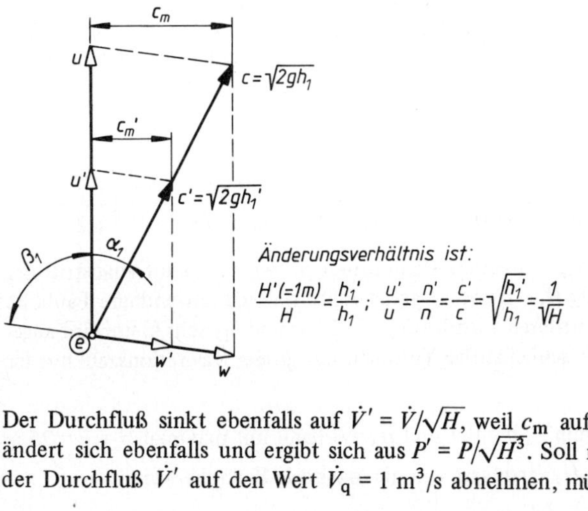

Bild IV.24. Geschwindigkeitsplan einer Francisturbine bei Fallhöhenänderung mit Bestnutzung

Der Durchfluß sinkt ebenfalls auf $\dot{V}' = \dot{V}/\sqrt{H}$, weil c_m auf $c_m' = c_m/\sqrt{H}$ abnimmt. Die Leistung ändert sich ebenfalls und ergibt sich aus $P' = P/\sqrt{H^3}$. Soll nun an 1 m Fallhöhe bei gleichem c_m' der Durchfluß $\dot{V}'$ auf den Wert $\dot{V}_q = 1\ m^3/s$ abnehmen, müssen die Strömungsquerschnitte geändert werden. Für den Wassereintritt wird $A_0 = \dot{V}'/c'_m$ auf $A_{0q} = \dot{V}_q/c'_m$ verändert. Aus $A_0/A_{0q} = D^2/D_q^2 = n_q^2/n'^2$ folgt $n_q = n/\sqrt{H}$ sowie $\dot{V}' = \dot{V}/\sqrt{H}$. Eingesetzt ergibt sich daraus das Ähnlichkeitsgesetz

$$n_q = \frac{n}{\sqrt{H}}\sqrt{\frac{\dot{V}}{\sqrt{H}}} \qquad \text{(IV.10)}$$

n_q, n	H	$\dot{V}$
min^{-1}	m	$\frac{\mathrm{m}^3}{\mathrm{s}}$

Richtwerte sind:

Freistrahlturbine, 1 Düse	$n_q = 0 \ldots 9$;	$H = 2000$ m
4 Düsen	$n_q = 9 \ldots 18$;	
Francisturbine, Langsamläufer	$n_q = 15 \ldots 45$;	$c_2^2/2g = H/20$
Francisturbine, Normalläufer	$n_q = 45 \ldots 75$;	$c_2^2/2g = H/10$
Francisturbine, Schnelläufer	$n_q = 75 \ldots 120$;	$c_2^2/2g = H/4$
Kaplanturbine	$n_q = 130 \ldots 300$;	$c_2^2/2g = H/2$

7. Kavitation

An kleinen Fallhöhen erhöht Saugwirkung die Strömungsgeschwindigkeit, so daß kleiner Bauquerschnitt mit hoher Turbinendrehzahl erreicht wird. Für 2 m Fallhöhe ist ohne Saugwirkung $v = \sqrt{2g\,2} = 6{,}3$ m/s, kann aber theoretisch auf $v' = \sqrt{2g(2+B)} = \sqrt{2g(2+10)} = 15{,}5$ m/s gesteigert werden, wenn der Luftdruck 1 bar beträgt.

Ausnutzungsgrenze der Saugwirkung ist der Dampfdruck p_D des Wassers, der von der Wassertemperatur abhängig ist.

Übersichtstabelle:

Temperatur ϑ in °C	0	10	20	30	40	50
Dampfdruck p_D in Pa	611	1228	2337	4241	7374	12340

Sinkt durch Saugwirkung der Wasserdruck unter Dampfdruck, so entstehen Dampfblasen, die nachfolgend an Stellen mit höheren Druck in der Strömung schlagartig kondensieren und zusammenbrechen (Schlaggeräusch!). Diese Erscheinung heißt Hohlraumbildung oder Kavitation. Sie erzeugt Energieverlust und Wandzerstörung.

Die Stelle kleinsten Druckes in der Strömung liegt meist am Laufradaustritt. Hier muß der Druck noch so groß sein, daß sich die Strömung nicht von der Schaufel- oder Führungswand ablöst, weil sonst Kavitation (Hohlraum) entstehen würde. Dieser sogenannte Haftdruck h_0 wird für die Turbinenarten durch Versuch ermittelt. Auf 1 m Fallhöhe umgerechnet erhält man die Thomasche Kavitationszahl $\sigma = h_0/H$.

Übersichtstabelle (Richtwerte):

Spezifische Drehzahl n_q in min^{-1}	15	30	60	90	120	150	180	210	240	270
Kavitationszahl σ	0,03	0,05	0,1	0,2	0,3	0,4	0,6	0,8	1,0	1,2

Mit dem Luftdruck p_L, dem Saugdruck p_S und dem Dampfdruck p_D wird am Laufradaustritt der kleinstmögliche Druck $\sigma p_{min} = p_L - \rho g H_s - \rho g h_D$. Daraus ergibt sich die anwendbare Fallhöhe aus $H = p_L/\rho g - H_s - h_D$. Bei einem mittleren Luftdruck $p_L = 1$ bar und h_D sehr klein wird angenähert $\sigma H = 10 - H_s$. Daraus folgt, daß schnelläufige Turbinen mit großer Kavitationszahl nur für kleinere Fallhöhen geeignet sind.

Beispiel: Kaplanturbine mit $n_q = 150\ \mathrm{min}^{-1}$, $\sigma = 0{,}4$ und $H_s = 0$ kann mit maximal $H = \frac{1}{\sigma} = 25$ m Fallhöhe arbeiten. Durch die Saughöhe H_s verringert sich die maximale Fallhöhe weiter.

V. Windkraftanlagen

1. Nutzung der kinetischen Energie

Windkraftanlagen können bei Windgeschwindigkeiten ab 5 m/s Strom erzeugen. Die Nennleistung wird bei Windgeschwindigkeiten in Nabenhöhe von 12 ... 16 m/s erreicht, was ungefähr der Windstärke 7 entspricht.

Probleme ergeben sich durch stark wechselnde Windgeschwindigkeiten. Dadurch ist das Energieangebot so unterschiedlich, daß die durch den Wind produzierte Energie meist nur in das vorhandene Stromnetz eingespeist werden kann. Ein gleichmäßigeres Energieangebot kann durch Zusammenfassung von Windkraftanlagen zu Windparks erreicht werden. Durch den Einfluß von Sturmwinden oder Böen können Windkraftanlagen schwer beschädigt werden. Deshalb erfolgt bei ca. 16 m/s ein Strömungsabriß an den Rotorblättern (Bild V.1). Bei ca. 25 m/s wird der Rotor abgeschaltet. Die maximale Sicherheitsgeschwindigkeit der Winkraftanlage liegt bei ca. 60 m/s Windgeschwindigkeit.

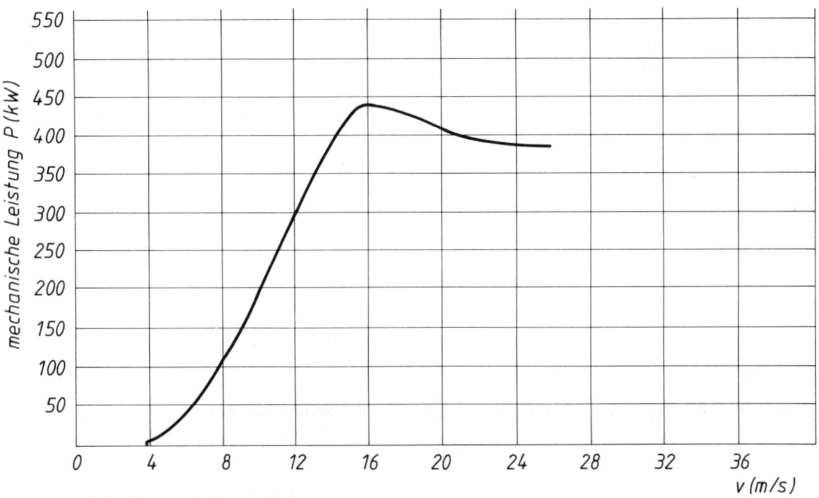

Bild V.1. Windgeschwindigkeit in Nabenhöhe

2. Aufbau einer Windkraftanlage

2.1. Rotor

Bild V.2 zeigt den Aufbau der Gondel, die den gesamten Triebwerkskopf aufnimmt.

Die Rotoren werden meist immer als Dreiblatt-Luvläufer ausgelegt. Bei Luvläufern befindet sich der Rotor – in Richtung des anblasenden Windes gesehen – vor dem Turm der Anlage. Bei drehendem Wind erfolgt die Nachführung des Rotors automatisch.

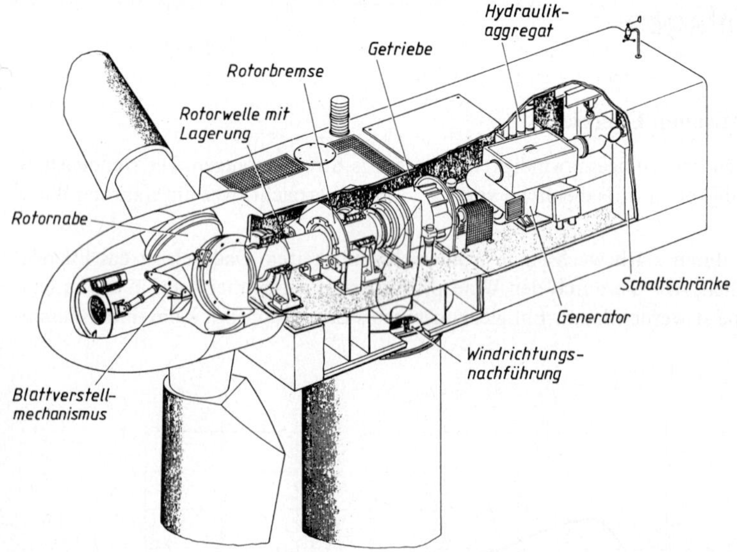

Bild V.2. Gondel einer Windkraftanlage (MAN)

Die Rotordurchmesser sind abhängig von der geplanten Nennleistung und den durchschnittlichen Windgeschwindigkeiten. Anhaltswerte für Rotordurchmesser zeigt Bild V.3.

Die Leistungsregelung erfolgt über die Verstellung der Rotorblätter.

Werkstoffe für Rotoren sind glasfaser- oder kohlefaserverstärkte Kunststoffe.

2.2. Bremse

Die Rotorbremse begrenzt eine mögliche Rotor-Überdrehzahl z.B. durch Sturm oder durch Lastabwurf bei Netzstörungen. Sie wirkt über zwei voneinander unabhängig arbeitende hydraulische Bremssysteme.

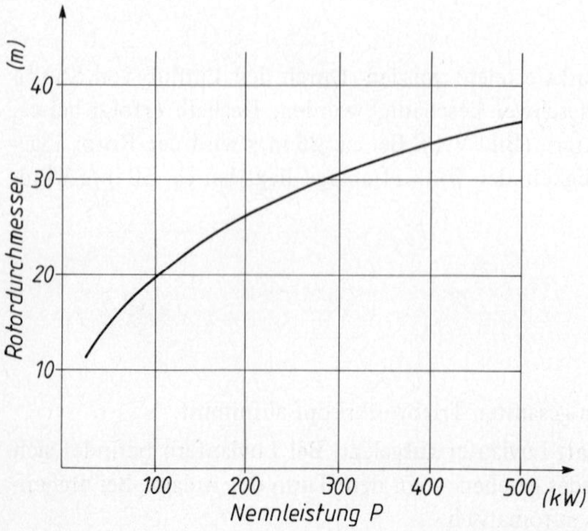

Bild V.3

Rotordurchmesser in Abhängigkeit von der Nennleistung

2.3. Getriebe und Generator

Bei den Getrieben werden zwei- oder dreistufige Planetengetriebe mit elastischen Kupplungen zur Generatorseite hin eingesetzt. Bei den Generatoren handelt es sich hauptsächlich um asynchrone Wellengeneratoren, die bei Nennleistungen über 200 kW auch hintereinander geschaltet werden, um – je nach Windstärke – einen breiteren Leistungsbereich abdecken zu können.

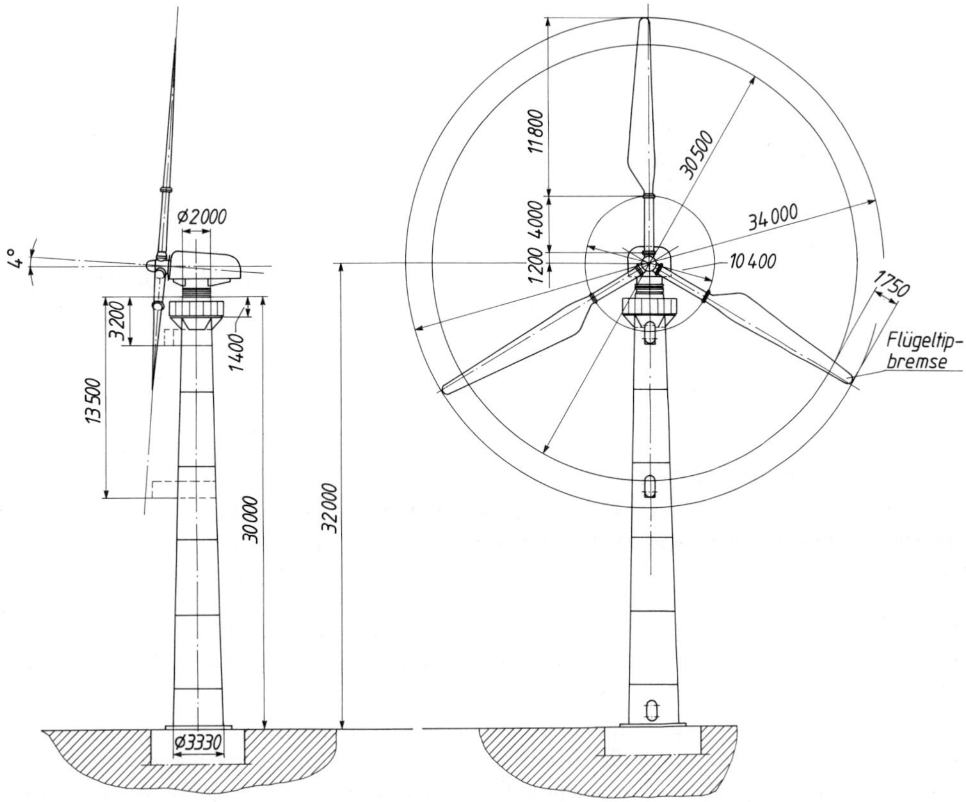

Bild V.4. Windkraftanlage mit einer Nennleistung von 400 kW (Dorstener)

VI. Verbrennungsmotoren

1. Grundlagen

Verbrennungsmotoren sind Wärmekraftmaschinen, die als Energiequelle Flüssigkraftstoff oder Gas verwenden. Die Umsetzung der im Kraftstoff enthaltenen chemischen Wärmeenergie wird durch Verbrennung im Zylinderraum vor dem Kolben vorgenommen (innere Verbrennung) und durch Expansion sofort über ein Kurbeltriebwerk in mechanische Energie umgesetzt. Die expandierten Verbrennungsgase werden durch Frischgase ausgetauscht (Ladungswechsel) und der Prozeß zyklisch fortgeführt. Wegen des kürzeren Energieweges vom Kraftstoff bis zur Triebwerkswelle, der hohen Prozeßtemperaturen und Druckverhältnisse, arbeiten Verbrennungsmotoren mit besserem thermischen Wirkungsgrad als andere Wärmekraftmaschinen.

Die Ausführungsformen und Bauarten der Verbrennungsmotoren sind vielfältig. Sie lassen sich nach verschiedenen Kriterien einteilen:

- nach der Art des Ladungswechsels (Zweitakt-, Viertaktmotoren)
- nach der Gemischbildung (Ottomotoren-äußere, Dieselmotoren-innere)
- nach der Verbrennungseinleitung des Kraftstoff-Luft-Gemisches (Ottomotor-Fremdzündung, Dieselmotor-Selbstzündung)
- nach der Anordnung der Motorzylinder (Reihen-, V-, Boxer-, Gegenkolben-, Sternmotoren)
- nach der Kühlung (Flüssigkeits-, Luftkühlung)
- nach dem Bewegungsablauf (Hubkolben-, Kreiskolbenmotor, Gasturbine)
- nach der Drehrichtung
- nach dem Drehzahlbereich
- nach der Frischgaszufuhr (Saug-, Ladermotoren)

1.1. Thermodynamische Grundlagen

Während eines Arbeitsspiels durchläuft der Gasinhalt des Zylinders immer wieder dieselben thermodynamischen Zustandsänderungen (Kreisprozeß).

Für Ottomotoren kann dazu als Idealprozeß der *Gleichraumprozeß* (Bild VI.1a) mit adiabatischer (isentroper) Verdichtung, isochorer Wärmezufuhr Q_z, adiabater Expansion und isochorer Wärmeabgabe Q_a herangezogen werden. Für Dieselmotoren wird als Idealprozeß der *Gleichdruckprozeß* (Bild VI.1b) mit adiabater Verdichtung und Expansion, isobarer Wärmezufuhr Q_z und isochorer Wärmeabgabe Q_a, verwendet.

In der Praxis arbeiten weder der Ottomotor, noch der Dieselmotor nach diesen Idealprozessen, da die Verbrennung des eingespritzten Kraftstoffes im Dieselmotor nicht bei gleichbleibendem Druck erfolgt und auch die beim Gleichraumprozeß vorausgesetzte, unendlich große Verbrennungsgeschwindigkeit nicht auftritt.

Der *Seiligerprozeß* (Bild VI.1c), als Überlagerung von Gleichdruck- und Gleichraumprozeß, berücksichtigt noch am besten die realen Arbeitsprozesse von Otto- und Dieselmotor.

Die thermodynamische Wärmebilanz der Vergleichsprozesse zeigt den theoretisch erreichbaren *Idealwirkungsgrad* η_v des vollkommenen Motors. Mit den im Bild VI.1 gezeigten Idealdiagrammen werden die Idealwirkungsgrade:

$$\eta_v = 1 - \frac{\Delta t_a}{\Delta t_z} \quad \text{für den Gleichraumprozeß} \qquad \text{(VI.1)}$$

$$\eta_v = 1 - \frac{\Delta t_a}{\kappa \Delta t_z} \quad \text{für den Gleichdruckprozeß, } \kappa \text{ Adiabatenexponent} \qquad \text{(VI.2)}$$

$$\eta_v = 1 - \frac{\Delta t_a}{\Delta t_{z1} + \kappa \Delta t_{z2}} \quad \text{für den Seiligerprozeß} \qquad \text{(VI.3)}$$

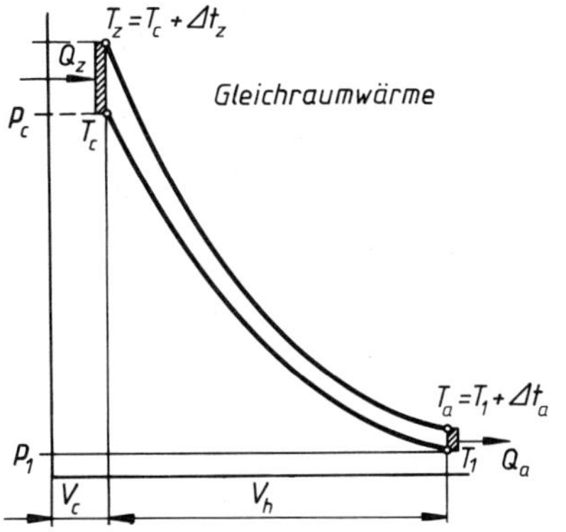

a) Gleichraumprozeß

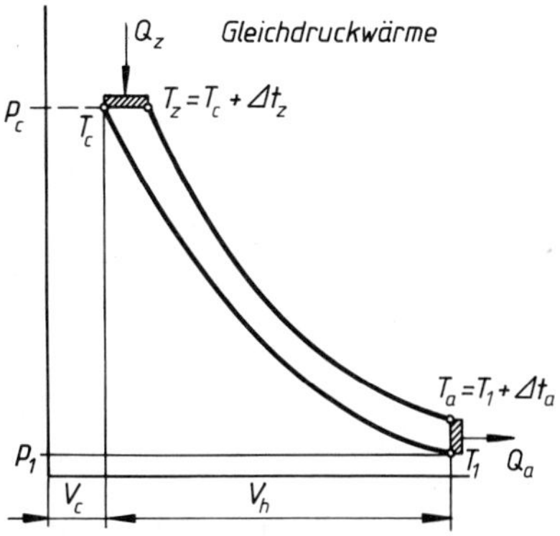

b) Gleichdruckprozeß

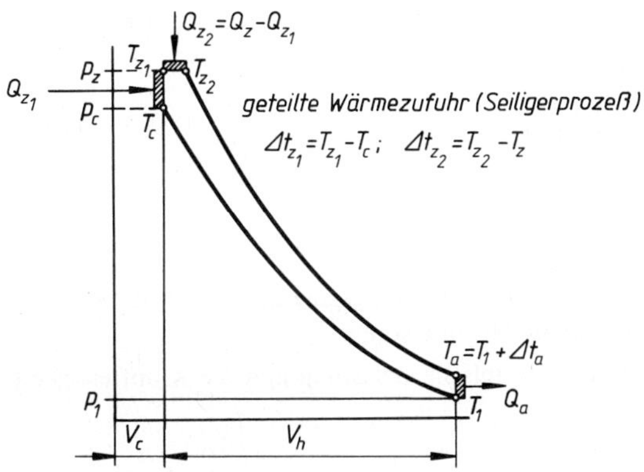

c) Seiligerprozeß

Bild VI.1

Vergleichsprozesse

V_h	= Zylinderhubraum
V_c	= Verdichtungsraum
p_1	= Anfangsdruck
T_1	= Anfangstemperatur
p_c	= Verdichtungsenddruck
T_c	= Verdichtungsendtemperatur
p_z	= Druck nach Wärmezufuhr Q_z
T_z	= Temperatur nach Wärmezufuhr Q_z
T_a	= Temperatur bei Wärmeabgabe Q_a
Δt_z	= Temperaturerhöhung durch Wärmezufuhr Q_z
Δt_a	= Temperaturverringerung durch Wärmeabgabe Q_a
Q_a	= Wärmeabgabe
Q_z	= Wärmezufuhr

Der *innere (indizierte) Wirkungsgrad* η_i des wirklichen Motors ist jedoch geringer, da Strömungs- und Ladungsverluste, unvollkommene Verbrennung und Wärmeverluste an den Wandungen auftreten.

Der *Gütegrad* η_g kennzeichnet das Verhältnis des praktischen zum idealen Wirkungsgrad η_v

$$\eta_g = \frac{\eta_i}{\eta_v} \qquad \text{(VI.4)}$$

Richtwerte: $\eta_g \approx 0{,}7 \dots 0{,}9$

Durch die Berücksichtigung der mechanischen Reibungsverluste im Motor (Triebwerk, Öl-, Wasserpumpe, Generator, Gebläse usw.) ergibt sich der *mechanische Motorwirkungsgrad*

$$\eta_m = \frac{P_{eff}}{P_i} \qquad \text{(VI.5)}$$

P_{eff} Effektivleistung (Kupplungsleistung)
P_i Innenleistung

Richtwerte: für Ottomotoren $\eta_m \approx 0{,}8 \dots 0{,}9$
für Dieselmotoren $\eta_m \approx 0{,}75 \dots 0{,}85$

Die Innenleistung P_i unterscheidet sich von der Effektivleistung P_{eff} durch die Reibleistung P_r ($P_i = P_{eff} + P_r$).

Der *effektive-* oder *Nutzwirkungsgrad* η_{eff} des Verbrennungsmotors beträgt

$$\eta_{eff} = \eta_i \eta_m \quad \text{oder} \quad \eta_{eff} = \eta_v \eta_g \eta_m \tag{VI.6}$$

1.2. Grundlegende Berechnungen und Bezeichnungen am Hubkolbenmotor

Mit dem Zylinderdurchmesser d und dem Kolbenhub s errechnet sich der *Hubraum* V_h eines Zylinders

$$V_h = \frac{d^2 \pi s}{4} \tag{VI.7}$$

V_h	d	s
cm^3	cm	cm

Mit z Zylindern beträgt der *Motorhubraum*

$$V_H = V_h z \tag{VI.8}$$

Der Raum über dem Kolben im oberen Totpunkt (einschließlich der Nebenbrennräume bei Dieselmotoren) ist der Verdichtungsraum V_c.

Das Verhältnis von Verbrennungsraum $V_b = V_h + V_c$ zum *Verdichtungsraum* V_c ist das *Verdichtungsverhältnis* ϵ

$$\epsilon = \frac{V_h + V_c}{V_c} \tag{VI.9}$$

V_h	V_c	ϵ
cm^3	cm^3	1

Richtwerte: für Ottomotoren $\epsilon = 7 \dots 11$
für Dieselmotoren $\epsilon = 14 \dots 24$

ϵ ist ein wichtiger Kennwert für Leistung und thermischen Wirkungsgrad eines Motors. Verdichtungserhöhung ergibt höheren Arbeitsdruck und höhere Motorleistung.

Grenzen der Verdichtungserhöhung sind durch die thermische Belastung und die Klopffestigkeit des Kraftstoffes gegeben.

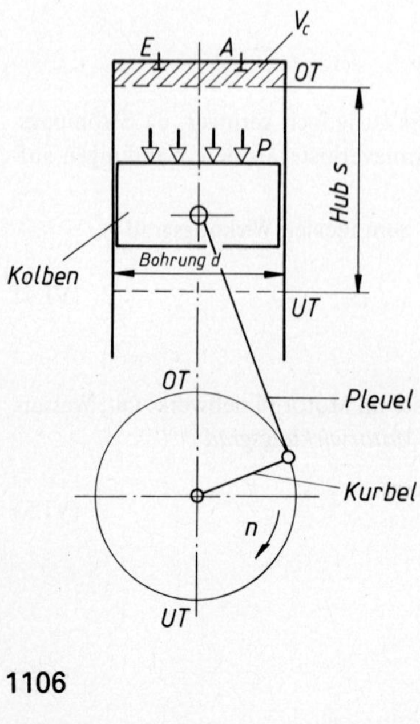

OT Oberer Totpunkt
UT Unterer Totpunkt
E Einlaßventil
A Auslaßventil
V_c Verdichtungsraum
p Innendruck

Bild VI.2
Bezeichnungen am Zylinder

Der *Verdichtungsenddruck* p_c der Luft oder des Kraftstoff-Luft-Gemisches ergibt sich mit dem Ausgangsdruck der Zylinderfüllung p_0, dem Verdichtungsverhältnis ϵ und dem Polytropenexponenten n (1,35 ... 1,38 für Luft).

$$p_c = p_0 \epsilon^n \qquad (VI.10)$$

p_c	p_0	ϵ
bar	bar	1

Richtwerte: für Ottomotoren $p_c = 10 \dots 15$ bar
für Dieselmotoren $p_c = 24 \dots 50$ bar

Die *Verdichtungsendtemperatur* T_c ergibt sich mit der Ausgangstemperatur T_0 der Luft oder des Gemisches

$$T_c = T_0 \epsilon^{n-1} \qquad (VI.11)$$

T_0	T_c	ϵ
K	K	1

Richtwerte: mit $t_c = T_c - 273{,}15$ K für Ottomotoren $t_c = 400 \dots 500$ °C
für Dieselmotoren $t_c = 700 \dots 900$ °C

Das *Hubverhältnis*

$$a = \frac{s}{d} \qquad (VI.12)$$

a	s	d
1	mm	mm

kennzeichnet die Motoren als Kurzhub- ($a < 1$), Langhub- ($a > 1$) oder Quadrathubmotoren ($a = 1$). Übliche Werte bei Otto- und Dieselmotoren liegen bei $a = 0{,}75 \dots 1{,}25$.

Aus Kurbelwellendrehzahl n und dem Kolbenhub s wird die *mittlere Kolbengeschwindigkeit* v_m nach der Zahlenwertgleichung

$$v_m = \frac{sn}{30} \qquad (VI.13)$$

v_m	s	n
m/s	m	1/min

Die *maximale Kolbengeschwindigkeit* v_{max} beträgt ca. 1,62 v_m bei einem Pleuelstangenverhältnis $\lambda_{PL} = 0{,}25$ nach Gleichung (VI.28).

Richtwerte: für Ottomotoren $v_m = 9 \dots 15$ m/s
für Dieselmotoren $v_m = 8 \dots 14$ m/s

Der *Liefergrad* λ_L kennzeichnet das Verhältnis der angesaugten Ladung m_z zur theoretisch möglichen Ladung m_{th}

$$\lambda_L = \frac{m_z}{m_{th}} \qquad (VI.14)$$

λ_L	m_z	m_{th}
1	kg	kg

Richtwerte: für Saugmotoren $\lambda_L = 0{,}7 \dots 0{,}9$
für Ladermotoren $\lambda_L = 1{,}2 \dots 1{,}6$

Die angesaugte Gemischmasse und damit die Größe von λ_L ist abhängig von der Drosselung und Erwärmung beim Ansaugen und von der Motordrehzahl. Durch Aufladung (Kap. VI.13), Mehrventiltechnik und lange Ventilöffnung kann λ_L verbessert werden. Beim Arbeitshub wirkt am Kolben der Expansionsdruck p und die Kolbenkraft $F_K = pA$ (Bild VI.3). Während des Hubes s ändern sich p und damit auch die Kolbenkraft F_K ständig.

Man rechnet mit einem *mittleren Kolbendruck*

$$p_m = \frac{\text{Summe}\,(p_{ü1} \dots p_{üz})}{\text{Teilzahl}\ z}$$

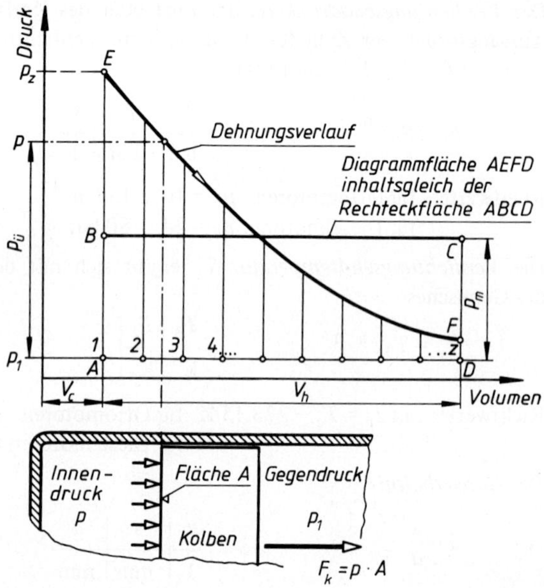

Bild VI.3
Dehnarbeit am Kolben

Die Kolbenarbeit während des Hubes beträgt $W = p_m A s = p_m V_h$, die im Druckverlaufsdiagramm als Rechteckfläche inhaltsgleich der Diagrammfläche erscheint. Der Verdichtungshub benötigt einen Teil dieser Dehnarbeit, der Rest wirkt als Nutzarbeit am Kolben. Durch einen Indikator (Druckschreiber) wird der Druckverlauf im Zylinder während eines Arbeitsspiels (4 oder 2 Takte) aufgezeichnet. Dieses *Indikatordiagramm* zeigt die innere Nutzarbeit am Kolben als Diagrammfläche. Der sich daraus ergebende mittlere Nutzdruck heißt *indizierter Druck* p_i (Bild VI.4)

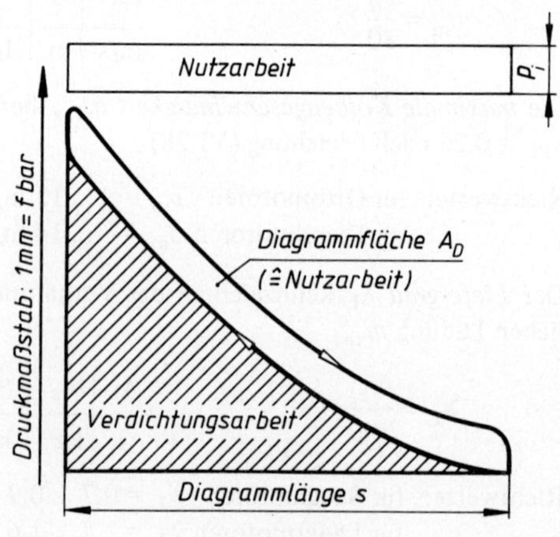

Bild VI.4. Indikatordiagramm

$$p_i = \frac{\text{Diagrammfläche } A_D}{\text{Diagrammlänge } s \times \text{Druckmaßstab } f}$$

Die Diagrammfläche wird mit dem Planimeter ausgemessen oder durch Streifenrechnung ermittelt. Den Druckmaßstab liefert die Indikatorfeder (1 mm Diagrammhöhe entspricht f bar). Die durch den Gasdruck p_i an den Kolben abgegebene Leistung ist die indizierte Leistung P_i (Innenleistung). Setzt man in $P = F v$ für $F = A p_i$ und für v die mittlere Kolbengeschwindigkeit $v_m = sn/30$, so wird $P_i = A p_i sn/30$. Bei z Zylindern und unter Berücksichtigung, daß beim Viertaktmotor jeder vierte, beim Zweitaktmotor jeder zweite Takt ein Arbeitstakt ist, beträgt die *indizierte Leistung* eines Motors

$$P_i = \frac{A s z p_i n}{2} \quad \text{für Viertaktmotoren}$$

$$P_i = A s z p_i n \quad \text{für Zweitaktmotoren} \qquad \text{(VI.15)}$$

P_i	A	s	p_i	n	z
W	m^2	m	$\frac{N}{m^2}$	$\frac{1}{s}$	1

Als Zahlenwertgleichung:

$$P_i = \frac{A s z p_i n}{x} \qquad \text{(VI.16)}$$

P_i	A	s	n	p_i	z
kW	cm^2	m	1/min	bar	1

$x = 12\,000$ für Viertaktmotoren und $x = 6000$ für Zweitaktmotoren

Faßt man Asz zum Motorhubraum V_H in dm^3 zusammen, so ergibt sich

$$P_i = \frac{V_H p_i n}{y} \qquad \text{(VI.16a)}$$

P_i	V_H	p_i	n
kW	dm^3	bar	1/min

$y = 1200$ für Viertaktmotoren und $y = 600$ für Zweitaktmotoren

Die Nutzleistung oder *Effektivleistung* P_{eff} eines Motors wird durch Bremsmessungen auf dem Motorenprüfstand (Wasserwirbelbremse oder elektrische Bremse) ermittelt. Sie ist um die Reibleistung P_r geringer als die Innenleistung P_i. Den Unterschied drückt der mechanische Wirkungsgrad $\eta_m = P_{eff}/P_i$ aus, siehe Gleichung (VI.5).

Aus dem Motordrehmoment M und der Winkelgeschwindigkeit ω der Kurbelwelle wird die effektive Leistung $P_{eff} = M\omega$. Gebräuchlich ist die Zahlenwertgleichung mit der Motordrehzahl n:

$$P_{eff} = \frac{Mn}{9550} \qquad \text{(VI.17)}$$

P_{eff}	M	n
kW	Nm	1/min

Aus dieser Leistung kann durch Umstellen von (VI.16a) mit geänderten Indizes der *mittlere effektive Kolbendruck* p_{eff} berechnet werden. Er wird häufig als Vergleichsgröße zur Motorenbeurteilung herangezogen.

$$p_{eff} = \frac{y P_{eff}}{V_H n} \qquad \text{(VI.18)}$$

p_{eff}	P_{eff}	V_H	n
bar	kW	dm^3	1/min

$y = 1200$ für Viertaktmotoren, $y = 600$ für Zweitaktmotoren

Ein weiterer Motorvergleichswert ist der *spezifische Kraftstoffverbrauch* b_{eff}, der die leistungs- und zeitbezogene Kraftstoffverbrauchsmenge angibt. Mit dem *Kraftstoffverbrauch B* und der effektiven Leistung P_{eff} wird

$$b_{eff} = \frac{B\,1000}{P_{eff}} \qquad \text{(VI.19)}$$

b_{eff}	B	P_{eff}
$\frac{g}{kWh}$	$\frac{kg}{h}$	kW

Wird die Nutzleistung mit dem Wärmeenergieaufwand verglichen, der in dem zugeführten Kraftstoff enthalten ist, so erhält man für den Nutzwirkungsgrad

$$\eta_{eff} = \frac{3600\,P_{eff}}{B H_u} \qquad \text{(VI.20)}$$

P_{eff}	B	H_u	η_{eff}
kW	$\frac{kg}{h}$	$\frac{kJ}{kg}$	1

Für H_u wird der *spezifische Kraftstoffheizwert* eingesetzt.

Tafel VI.1 Auslegungswerte und Anwendungsgebiete für Verbrennungsmotoren (Kolbenschmidt)

Anwendungsgebiet	Arbeitsverfahren [1])	Zylinder-Ø d mm	Leistung P_{eff} kW	Drehzahl n min^{-1}	Hubraumleistung P_H kW/dm^3	mittlere Kolbengeschwindigkeit v_m m/s bei $P_{eff\,max}$	Mitteldruck p_m bar bei $P_{eff\,max}$	Verdichtungsverhältnis ϵ 1	Zünddruck p_x bar
Motorrad	2-T O 4-T O	40 ... 80 40 ... 80	5 ... 40 5 ... 80	5000 ... 12000 5000 ... 10000	50 ... 150 50 ... 100	10 ... 20 15 ... 20	5 ... 10 7 ... 12 [3])	7 [2]) 9 ... 11	40 70
Personenwagen	4-T O 4-T IDI (ATL)	60 ... 100 80 ... 95	30 ... 180 30 ... 85	5000 ... 7000 4000 ... 5000	40 ... 60 [3]) 25 (31)	9 ... 15 11 ... 14	7 ... 11 [3]) 6 ... 7 (8,5)	8 ... 11 20 ... 23	70 85 (120)
Lieferwagen [4])	4-T IDI/DI (ATL)	80 ... 110	30 ... 75	2200 ... 4500	15 ... 25 (31)	7 ... 13	7 (10)	20 (16)	85 (120)
Lastwagen [5])	4-T DI (ATL/LLK)	90 ... 150	75 ... 300	2000 ... 4000	15 ... 20 (25)	7 ... 12	6 ... 9 (14) [5])	17 (15)	95 (140)
Lokomotive/ Schnellboot [6])	2/4-T DI ATL/LLK	140 ... 280	500 ... 5000	1000 ... 2000	10 ... 33	7 ... 12	13 ... 25	12 ... 15	140
Seeschiffe/ Kraftstationen	4-T DI ATL/LLK 2-T DI ATL/LLK	250 ... 620 400 ... 1000	... 11000 ... 40000	400 ... 1000 60 ... 300	7 ... 15 2 ... 5	8 ... 10 5 ... 7	15 ... 23 12 ... 18	10 ... 12 12	140 120

[1]) Abkürzungen: 2-T = Zweitakt, 4-T = Viertakt, O = Otto, IDI = Kammerdiesel, DI = Direkteinspritz-Diesel, ATL = Abgasturboaufladung (wenn eingeklammert: häufig, aber nicht grundsätzlich eingesetzt), LLK = Ladeluftkühlung.

[2]) Effektives Verdichtungsverhältnis bei Zweitaktmotoren (entspricht 10 ... 14 geometrischem Verdichtungsverhältnis je nach Steuerzeiten).

[3]) Hohe Werte gelten für 4-Ventil-Motoren.

[4]) Große Spanne für Auslegungsdaten, da Lieferwagenmotoren von PKW- oder LKW-Motoren abgeleitet sein können.

[5]) Bei M_{max} bis zu 20 % (Höchstleistungsmotoren) bzw. 50 % (Konstantleistungsmotoren) p_m-Überhöhung gegenüber Wert bei $P_{eff\,max}$.

[6]) Große Spanne für Auslegungsdaten je nach Wartungsanspruch, Lebensdaueranforderung usw.

Mit dem spezifischen Kraftstoffverbrauch b_{eff} wird

$$\eta_{eff} = \frac{3600 \cdot 1000}{b_{eff} H_u}$$

b_{eff}	H_u	η_{eff}
$\frac{g}{kWh}$	$\frac{kJ}{kg}$	1

(VI.21)

Richtwerte: für Ottomotoren $\eta_{eff} = 0{,}2 \ldots 0{,}28$, $b_{eff} = 250 \ldots 380 \frac{g}{kWh}$

für Großdiesel $\eta_{eff} = 0{,}36 \ldots 0{,}43$, $b_{eff} = 210 \ldots 250 \frac{g}{kWh}$

für Fahrzeugdiesel $\eta_{eff} = 0{,}27 \ldots 0{,}34$, $b_{eff} = 240 \ldots 290 \frac{g}{kWh}$

Als Motorvergleichswert wird oft die *Hubraumleistung* P_H (Literleistung) verwendet.

$$P_H = \frac{P_{eff}}{V_H}$$

P_H	P_{eff}	V_H
$\frac{kW}{dm^3}$	kW	dm^3

(VI.22)

■ **Beispiel:** Von einem 6-Zylinder Viertakt-Dieselmotor für einen LKW sind folgende Daten bekannt: Bohrung 98 mm, Hub 127 mm, $V_c = 56{,}3\ cm^3$ (durch Auslitern ermittelt), mittlerer innerer Kolbendruck (aus Indikatordiagramm ermittelt) $p_i = 8{,}4$ bar, mechanischer Wirkungsgrad (mittlerer Wert angenommen) $\eta_m = 0{,}87$, Motornenndrehzahl $n = 2660$ 1/min, spezifischer Kraftstoffverbrauch $b_{eff} = 230$ g/kWh bei der Nenndrehzahl.

Zu ermitteln sind:

a) Zylinderhubraum
b) Motorhubraum
c) Verdichtungsverhältnis
d) mittlere Kolbengeschwindigkeit
e) mittlere Kolbenkraft bei p_i
f) Motorinnenleistung P_i
g) Motornutzleistung P_{eff}
h) Verlustleistung P_r
i) Motordrehmoment bei Nenndrehzahl
j) Hubverhältnis
k) Nutzwirkungsgrad
l) Innenwirkungsgrad

Lösung:

a) $V_h = \frac{d^2 \pi s}{4} = \frac{(9{,}8\ cm)^2 \cdot \pi \cdot 12{,}7\ cm}{4} = 957{,}47\ cm^3$ Zylinderhubraum

b) $V_H = V_h z = 957{,}47\ cm^3 \cdot 6\ Zyl = 5744{,}92\ cm^3$ Motorhubraum

c) $\epsilon = \frac{V_h + V_c}{V_c} = \frac{957{,}47\ cm^3 + 56{,}3\ cm^3}{56{,}3\ cm^3} = 18$ geschrieben 18 : 1

d) $v_m = \frac{sn}{30} = \frac{0{,}127 \cdot 2660}{30} = 11{,}26\ \frac{m}{s}$

(Mittlere Kolbengeschwindigkeit bei der Nenndrehzahl)

e) Mit $F = p_i A$ wird $F = \frac{9{,}81\ \text{N/cm}^2}{\text{bar}} \cdot 8{,}4\ \text{bar} \cdot \frac{(9{,}8\ \text{cm})^2\ \pi}{4} = 6225{,}24\ \text{N}$

f) $P_i = \frac{V_H p_i n}{1200} = \frac{5{,}74 \cdot 8{,}4 \cdot 2660}{1200} = 106{,}88\ \text{kW}$

g) Mit (VI.5) $\eta_m = \frac{P_{eff}}{P_i}$ wird $P_{eff} = P_i\, \eta_m = 106{,}88\ \text{kW} \cdot 0{,}87 = 92{,}99\ \text{kW}$

h) Da $P_i = P_{eff} + P_r$ (VI.5) ist, wird $P_r = P_i - P_{eff} = 106{,}88\ \text{kW} - 92{,}99\ \text{kW} = 13{,}89\ \text{kW}$

i) Aus (VI.17) $P_{eff} = \frac{Mn}{9550}$ wird $M = \frac{P_{eff}\, 9550}{n} = \frac{92{,}99 \cdot 9550}{2660} = 333{,}85\ \text{Nm}$

j) $a = \frac{s}{d} = \frac{127\ \text{mm}}{98\ \text{mm}} = 1{,}29$ (typischer LKW-Langhubmotor)

k) Aus (VI.21) wird mit dem gewählten Heizwert (Diesel) $H_u = 42\,000\ \frac{\text{kJ}}{\text{kg}}$

$$\eta_{eff} = \frac{3600 \cdot 1000}{230 \cdot 42\,000} = 0{,}37$$ – ein sehr guter Wirkungsgrad

l) $\eta_i = \frac{\eta_{eff}}{\eta_m} = \frac{0{,}37}{0{,}87} = 0{,}43$

2. Bauteile der Verbrennungsmotoren

Verbrennungsmotoren bestehen aus den Hauptbaugruppen *Motorgehäuse, Kurbeltriebwerk* und *Motorsteuerung*. Hinzu kommen die Baugruppen und Aggregate, die für den Betrieb erforderlich sind, wie *Kraftstoffsystem, Abgasanlage, Motorelektrik, Kühl-* und *Schmiersystem*.

Motorgehäuse bestehen aus dem Zylinderblock oder aus Einzelzylindern, dem Zylinderkopf, der Zylinderkopfhaube, der Zylinderkopfdichtung und der Ölwanne.

Zylinder führen den Kolben, leiten die Verbrennungswärme ab und nehmen den Verbrennungsdruck auf. Das Kurbelgehäuseoberteil mit der Kurbelwellenlagerung wird bei wassergekühlten Motoren mit dem Zylinderblock in einem Stück gegossen. Es dient als Anbauteil für die Motoraufhängung und die Nebenaggregate (Starter, Generator usw.). Die verschraubte Ölwanne bildet den unteren Abschluß. Nach oben bildet der Zylinderkopf mit dem Zylinder den Verbrennungsraum. Einzelzylinder von luftgekühlten Motoren sind mit Kühlrippen versehen

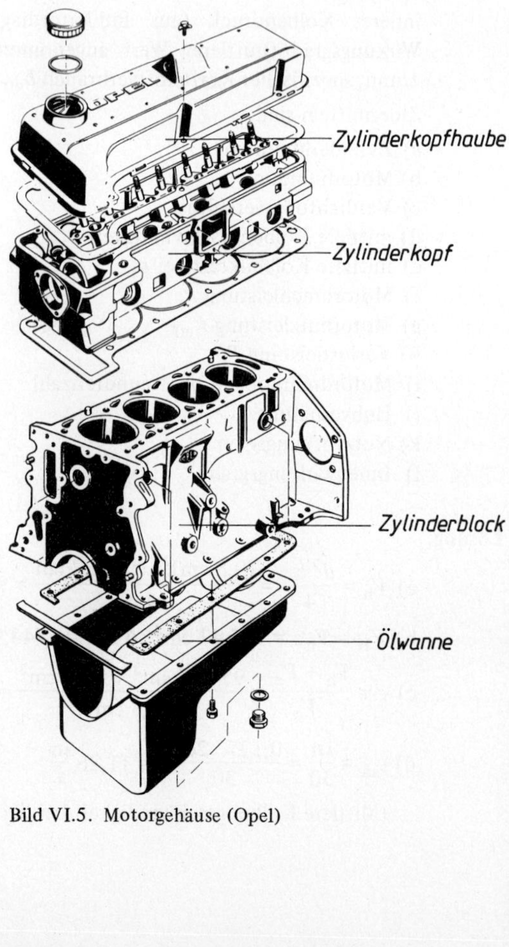

Bild VI.5. Motorgehäuse (Opel)

und werden mit dem Kurbelgehäuse einzeln verschraubt. Als Werkstoff werden entweder Al-Legierungen (z.B. GK-AlSi17Cu4Mg) verwendet, oft mit spezieller Laufflächenbehandlung (hartverchromt) oder eingegossenen Buchsen (Alfin, Rauguß) oder Gußeisenwerkstoffe.

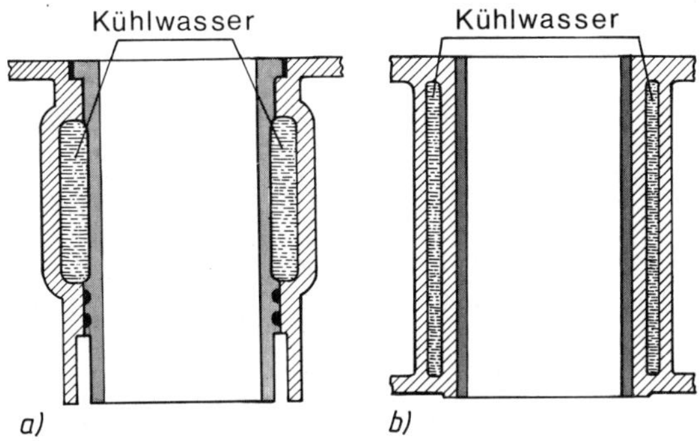

Bild VI.6. Zylinderlaufbuchsen
a) nasse Laufbuchse, b) trockene Laufbuchse

Zylinderblöcke (Gußeisen- oder Al-Legierungen) haben eingearbeitete Bohrungen, und nasse oder trockene Laufbuchsen. *Nasse Laufbuchsen* (Wanddicke 5 ... 8 mm) werden direkt vom Kühlwasser umspült und sind bei Laufflächenverschleiß ohne Motorausbau leicht zu wechseln (Bohrung fertig bearbeitet). Die Abdichtung zum Wasserraum erfolgt über Gummidichtringe, zum Zylinderkopf über die Zylinderkopfdichtung (Buchsenüberstand 0,05 ... 0,1 mm).

Trockene Laufbuchsen (Wanddicke 1,5 ... 2 mm) werden in die Zylinderbohrung eingepreßt und sind nicht vom Kühlwasser umspült. Die Lauffläche muß oft noch bearbeitet werden. Als Werkstoff wird Schleuderguß verwendet. Durch Honen der Laufflächen werden Motoreinlaufzeit und Verschleiß verringert.

Die **Kurbelgehäuseentlüftung** führt die an den Kolben vorbei streichenden Verbrennungsgase und Öldämpfe zum Zylinderkopf. Dort werden sie mit der Ansaugluft gemischt und der Verbrennung zugeführt.

Die **Ölwanne** nimmt beim Viertaktmotor die Ölfüllung auf und bildet den unteren Abschluß des Kurbelgehäuses. Sie wird aus Stahlblech oder Al-Guß hergestellt. Bei Zweitaktmotoren bildet sie den Vorverdichtungsteil.

Der **Zylinderkopf** enthält bei Ottomotoren die Zündkerzen, die Ein- und Auslaßventile (Viertakt) mit den Ventilsteuersystemen und bei Dieselmotoren Vor- oder Wirbelkammer, Glühkerzen und Einspritzdüsen. Er bildet den oberen Teil des Verbrennungsraumes, enthält die Gaswechselkanäle und trägt durch die Brennraumgestaltung entscheidend zur Verbrennungsbeeinflussung und Gemischbildung bei. Brennräume werden kugel-, keil- oder wannenförmig ausgebildet (von der Ventilanordnung abhängig). Beim Heron-Brennraum befindet sich der größte Brennraumteil in einer Kolbenmulde (gute Gemischverwirbelung). Beim *Querstromzylinderkopf* liegen Ein- und Auslaßkanal einander gegenüber, der Kopf wird quer durchströmt.

Beim *Gegenstromzylinderkopf* liegen Ein- und Auslaß auf derselben Kopfseite untereinander (kurze Gaswechselwege). Als Werkstoffe werden bei Otto- und PKW-Dieselmotoren wegen der besseren Wärmeleitfähigkeit und der geringeren Masse vorwiegend Al-Legierungen, bei LKW Grauguß, verwendet.

Die *Zylinderkopfdichtung* verhindert Brennraum-Druckverluste sowie Schmier- und Kühlmittelverluste. Sie wird aus Metall-Asbest-Geweben gefertigt. Metalleinfassungen verstärken die Durchgangsöffnungen für Brennraum, Wasser- und Ölkanäle und Verschraubungen.

Das **Kurbeltriebwerk** besteht aus Kolben, Kolbenringen, Kolbenbolzen, Pleuelstange und Kurbelwelle mit Lagern und Schwungrad. Das Triebwerk formt die hin- und hergehende Kolbenbewegung in eine Drehbewegung an der Kurbelwelle um.

Kräfte und Bewegungsverhältnisse am Kurbeltriebwerk

Durch den Verbrennungsdruck p (veränderlich mit der Kolbenstellung) wird die sich ständig ändernde Kolbenkraft F_K erzeugt. Mit dem mittleren effektiven Druck p_{eff} wird die *mittlere Kolbenkraft* berechnet:

$$F_K = p_{eff} A \qquad \text{(VI.23)}$$

F_K	p_{eff}	A
N	$\frac{N}{cm^2}$	cm^2

Sie wird über den Kolbenbolzen in eine *Pleuelstangenkraft* F_S und eine senkrecht zur Zylinderwand wirkende *Kolbenseitenkraft* F_N zerlegt. Mit dem Kurbelwinkel α und dem Pleuelstangenwinkel β wird

$$F_S = \frac{F_K}{\cos\beta} \qquad \text{(VI.24a)}$$

$$F_N = F_K \tan\beta \qquad \text{(VI.24b)}$$

Die Pleuelstangenkraft F_S greift am Pleuelzapfen der Kurbelwelle an und kann in die *Tangentialkraft* F_T und die *Radialkraft* F_R zerlegt werden.

$$F_T = F_K \frac{\sin(\alpha+\beta)}{\cos\beta} \quad \text{und mit } F_S \qquad \text{(VI.25)}$$

$$F_T = F_S \sin(\alpha+\beta)$$

sowie:

$$F_R = F_K \frac{\cos(\alpha+\beta)}{\cos\beta} \quad \text{und mit } F_S \qquad \text{(VI.26)}$$

$$F_R = F_S \cos(\alpha+\beta)$$

Die Tangentialkraft F_T erzeugt am Pleuelzapfen der Kurbelwelle das *Motordrehmoment*

$$M = F_T r \qquad \text{(VI.27)}$$

M	F_T	r
Nm	N	m

Mit dem *Pleuelstangenverhältnis* $\lambda_{PL} = r/l$
(Richtwerte: PKW-Motoren $\lambda_{PL} = 0{,}2 \ldots 0{,}3$
LKW-Motoren $\lambda_{PL} = 0{,}25 \ldots 0{,}33$)

kann aus dem jeweiligen *Kurbelwinkel* α der *Pleuelstangenwinkel* β berechnet werden:

$$\sin\beta = \lambda_{PL} \sin\alpha \qquad \text{(VI.28)}$$

$$\cos\beta = \sqrt{1-(\lambda_{PL}\sin\alpha)^2} \qquad \text{(VI.29)}$$

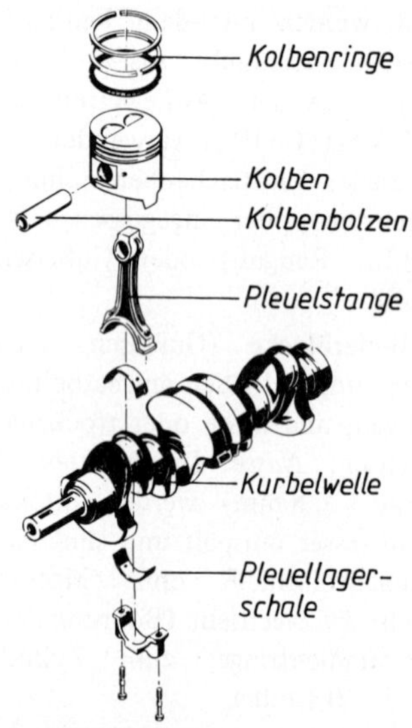

Bild VI.7. Kurbelgetriebe (Opel)

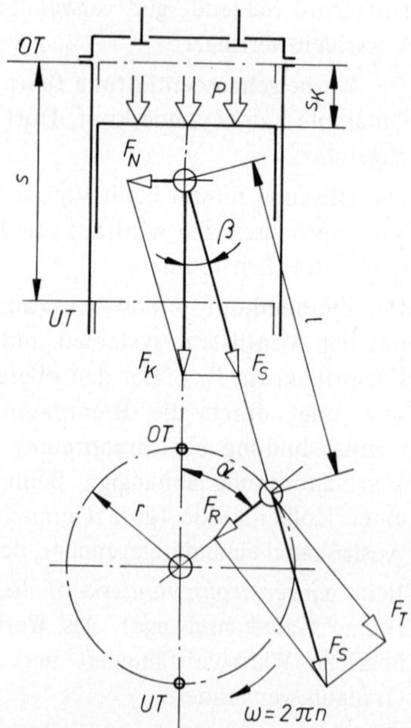

Bild VI.8. Kräfte am Kurbeltrieb

p = Verbrennungsdruck
r = Kurbelradius
s = Kolbenhub ($s = 2r$)
l = Pleuelstangenlänge
α = Kurbelwinkel = ωt
β = Pleuelstangenwinkel
s_K = Kolbenweg
n = Kurbelwellendrehzahl

Der jeweils zurückgelegte Weg s_K kann mit einer Näherungsformel berechnet werden:

$$s_K = r(1-\cos\alpha) \pm l(1-\cos\beta) \qquad + \text{Kolbenbewegung von OT nach UT}$$

sowie:

$$s_K = r\left(1-\cos\alpha \pm \frac{1}{2}\lambda_{PL}\sin^2\alpha\right) \qquad - \text{Kolbenbewegung von UT nach OT} \qquad \text{(VI.30)}$$

Die Kolbenbewegung ist ungleichmäßig beschleunigt und verzögert. Die *Kolbengeschwindigkeit* v ergibt aus $\omega = 2\pi n = \text{konst.}$ (Winkelgeschwindigkeit des Kurbelzapfens), Kurbelwellendrehzahl n und Umfangsgeschwindigkeit der Kurbelwelle $v_u = r\omega$

$$v = v_u\left(\sin\alpha \pm \frac{1}{2}\lambda_{PL}\sin 2\alpha\right) \qquad \text{sowie mit } \alpha = \omega t$$

$$v = r\cdot\omega\left(\sin\omega t \pm \frac{1}{2}\lambda_{PL}\sin 2\,\omega t\right) \qquad t \text{ Zeit in s} \qquad \text{(VI.31)}$$

Für Überschlagsrechnungen verwendet man die mittlere Kolbengeschwindigkeit $v_m = s\,n/30$ (VI.13).

Die *Kolbenbeschleunigung* a beträgt:

$$a = \frac{v_u^2}{r}(\cos\alpha \pm \lambda_{PL}\cos 2\alpha)$$

sowie

$$a = r\,\omega^2(\cos\omega t \pm \lambda_{PL}\cos 2\omega t) \qquad \text{(VI.32)}$$

a	v_u	r	ω	t	t	λ_{PL}
$\frac{m}{s^2}$	$\frac{m}{s}$	m	$\frac{1}{s}$	s	s	1

Der Kolben überträgt den Druck des Arbeitsgases auf das Triebwerk. Er steuert beim Zweitaktmotor den Gaswechsel und trägt bei Otto- und Dieselmotoren durch die Einbeziehung als Brennraumbestandteil wesentlich zur Gemischaufbereitung und zum Verbrennungsablauf bei.

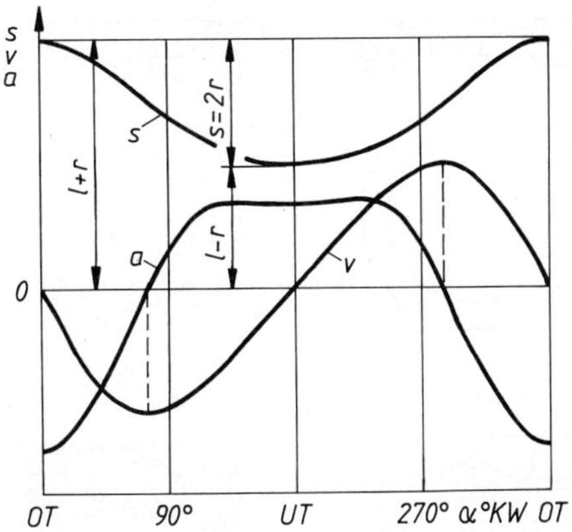

s	Kolbenhub
v	Kolbengeschwindigkeit
a	Kolbenbeschleunigung
°kW	Grad Kurbelwinkel

Bild VI.9
Verlauf von Kolbenweg s, Kolbengeschwindigkeit v und Kolbenbeschleunigung a über dem Kurbelwinkel α (Kolbenschmidt)

Anforderungen an den Kolben: Geringe Masse (Trägheitskräfte), bei gleichzeitig hoher Belastbarkeit, gute Abdichtung, geringer Verschleiß und Ölverbrauch, geringe Reibung.

Den Kolbenaufbau, eingeteilt nach Bauzonen, zeigt Bild VI.10.

Auf dem Kolbenboden sind neben Kolbendurchmesser und Einbauspiel auch die Einbaurichtung eingeschlagen.

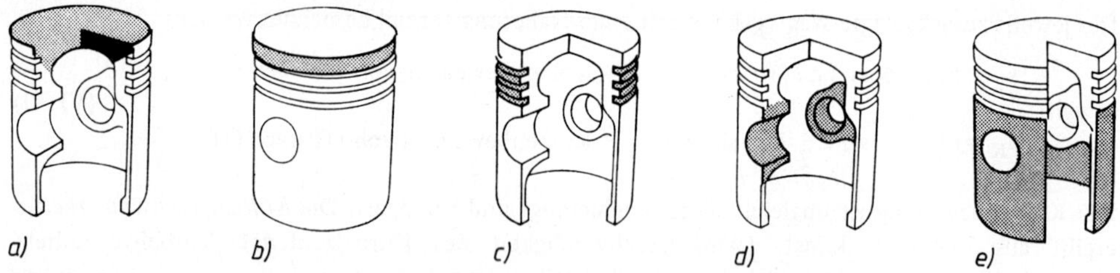

Bild VI.10. Kolben eingeteilt nach Bauzonen
a) Kolbenboden, b) Feuersteg, c) Ringzone, d) Kolbenbolzennaben, e) Kolbenschaft

Kolbenbauarten

Eine Auswahl oft verwendeter Kolbenbodenformen zeigt Bild VI.11. Die erste Reihe zeigt Kolben für Ottomotoren, die zweite für PKW- und LKW-Dieselmotoren.

Gegossene Einmetallkolben aus eutektischen AlSi-Legierungen, auf die oft eine 0,02 mm Eisen- oder Chromschicht aufgebracht wird (anschließend verzinnt), werden für Ottomotoren mit Al-Zylindern verwendet. Für höchste Beanspruchungen werden im Warmfließpreß-Verfahren hergestellte Kolben eingebaut.

Zur Erfüllung der Forderungen nach geringem Gewicht, geringer Reibung und geringem Ölverbrauch, werden *Regelkolben* eingesetzt. Sie erhalten eingegossene Stahlstreifen im Bolzenaugenbereich oder eingegossene Stahlringe im Schaftbereich (Bild VI.12). Dadurch gelingt es, die durch hohe Temperaturen in Laufrichtung auftretenden Ausdehnungen zu verringern und in Richtung der Bolzenachse umzulenken. Weiterhin erzielt man durch besondere Kolbenformgebung (Kopf konisch, Schaft ballig, Durchmesserform oval) wesentlich kleinere Laufspiele als bei ungeregelten Kolben.

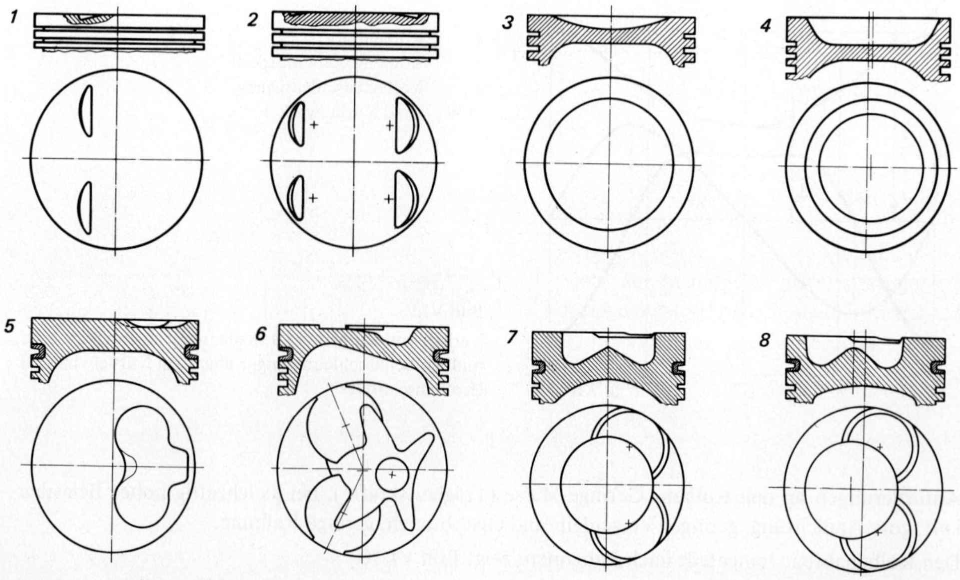

Bild VI.11. Kolbenbodenformen
1 ... 4 für Ottomotoren, 5 und 6 für PKW-Dieselmotoren, 7 und 8 für NKW-Dieselmotoren (Kolbenschmidt)

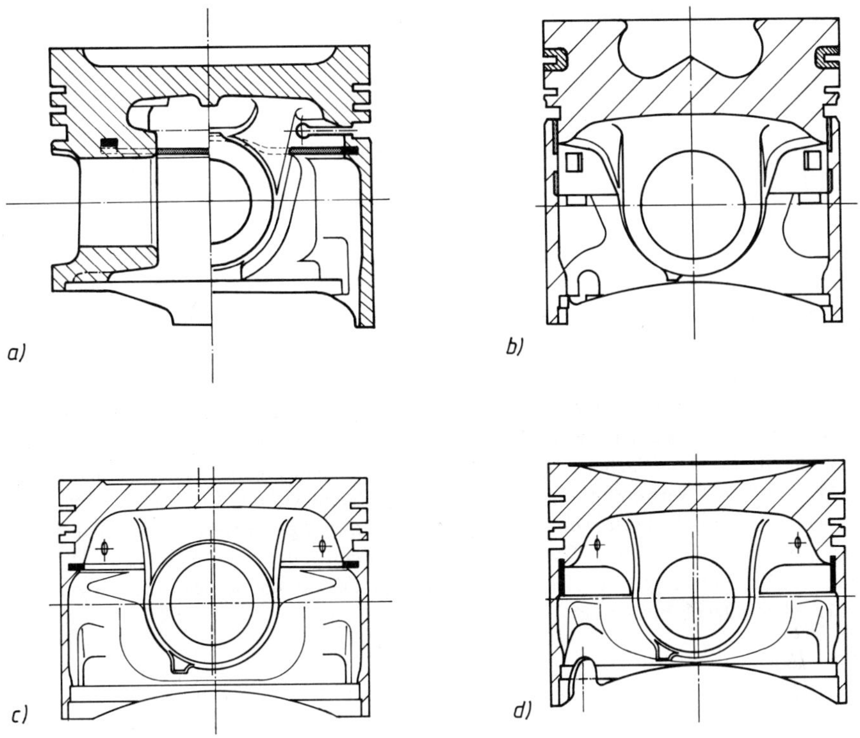

Bild VI.12. Regelkolben (Kolbenschmidt)
a) Geschlitzter Ringstreifenkolben (Ottomotor)
b) Segmentstreifenkolben mit eingegossenem Ringträger (Dieselmotor)
c) Ungeschlitzter Ringstreifenkolben (Ottomotor)
d) Segmentstreifenkolben mit nicht angeschnittenem Segmentstreifen (Ottomotor)

Gegen die hohen mechanischen und thermischen Beanspruchungen im Kolbenbodenbereich wird bei hochbelasteten Dieselmotoren ein Ringträger aus austenitischem Gußeisen (Niresist) eingegossen und die Kolbenkühlung durch *Kühlkanalkolben* mit Ölspritzdüsen vorgenommen (Bild VI.13).

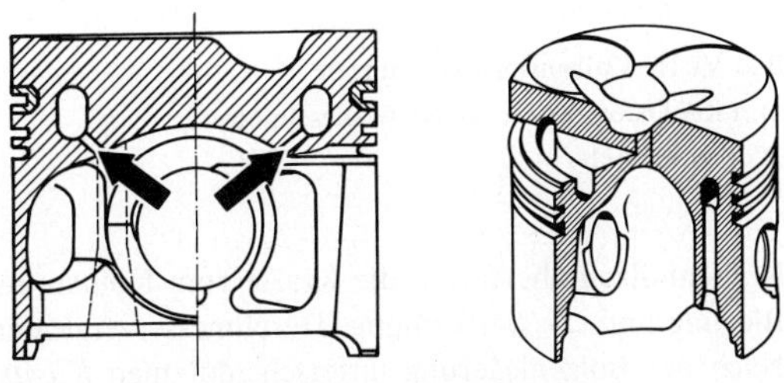

Bild VI.13. Kühlkanalkolben (Daimler-Benz)

Insbesondere während der Start- und Warmlaufphase kommt es oft zu Mischreibungszuständen zwischen Kolben und Zylinderwand. Notlaufeigenschaften erhalten Kolben durch dünne (1 ... 10 μm) Beschichtungen (verbleien, verzinnen, phosphatieren, graphitieren).

Neuere Entwicklungen verwenden Kolben mit *Klopfschutzschichten* für Ottomotoren, und mit Verstärkungen aus Aluminiumoxid-Fasern für Kolbenboden und Ringpartie. Für Dieselmotoren werden *Kolbenbodeneinsätze* aus Keramik oder Aluminiumtitanat verwendet.

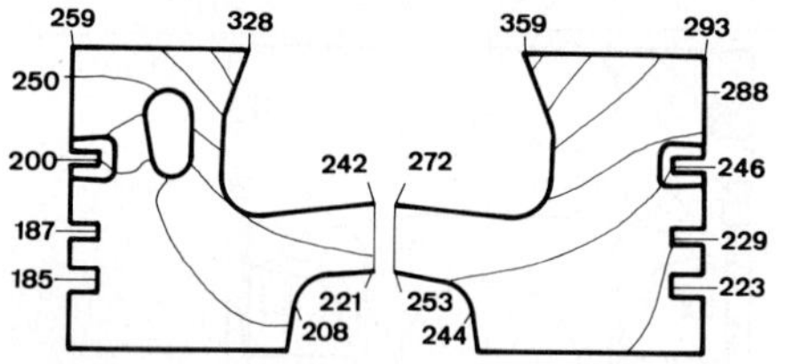

Bild VI.14
Temperaturfelder (°C) eines NKW-Kolbens mit (links) und ohne Kühlkanal (rechts) bei gleicher Belastung (Kolbenschmidt)

Kolbenringe sollen die Gas- und Ölabdichtung des Verbrennungsraumes gegenüber dem Kurbelgehäuse (Kompressionsringe), das Abstreifen des Schmieröls von den Laufflächen (Ölabstreifringe), sowie den Wärmetransport vom Kolben an die gekühlte Zylinderwand vornehmen. Die Ringe liegen unter radialer Vorspannung an der Zylinderwandung an. Zum Dehnungsausgleich muß im eingebauten Zustand ein Stoßspiel von 0,2 ... 0,7 mm vorhanden sein. Zweitaktmotoren mit Mischungsschmierung erhalten keine Ölabstreifringe.

In der ersten Kolbenringnut werden meist *Rechteck-* oder *Minutenringe* (Bild VI.15) eingesetzt, die oft mit beschichteten Laufflächen (Molybdän, verchromt, phosphatiert, ferrooxidiert) versehen sind. Als Werkstoff verwendet man Gußeisen oder hochlegierten CrMo-Stahl. Für den zweiten Ring werden unbeschichtete *Trapez-* oder *Nasenminutenringe* verwendet. Als Ölabstreifringe kommen *Dachfasen-, Ölschlitz-, Schlauchfeder-* und *Lamellenringe* zum Einsatz. Die Ölabstreifringnut ist mit Bohrungen versehen, durch die das Öl auf die Kolbenschaftinnenseite gedrückt wird (Kolbenbolzenschmierung).

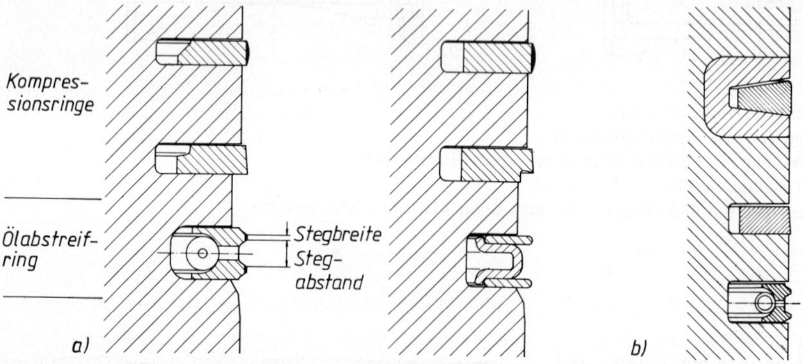

Bild VI.15 Kolbenringanordnungen
a) PKW-Ottomotor b) NKW-Dieselmotor
(Kolbenschmidt)

Kolbenbolzen übertragen die Kräfte vom Kolben auf das Pleuel. Sie werden auf Flächenpressung, Biegung und Ovalverformung (Durchmesservergrößerung quer zur Belastungsrichtung) beansprucht. Nach der Bolzenlagerung unterscheidet man *Klemmpleuel* und *schwimmende Lagerung*, bei der der Bolzen sich frei in der Bolzenaugen- und Pleuelbohrung drehen kann. Sicherungs- oder Drahtsprengringe sichern in aixaler Richtung (Bild VI.16a). Die Lagerung ist freßsicher und verschleißarm. Die Schmierung erfolgt über die Ölbohrung im Pleuel.

Beim Klemmpleuel (Bild VI.16b) sitzt der Kolbenbolzen mit Schrumpfsitz in der Pleuelstange und hat eine Spielpassung in der Bolzennabe. Axiale Sicherungselemente können entfallen. Zur Verringerung ihrer Masse werden Kolbenbolzen hohl ausgeführt (Ausnahme: bei Zweitaktmotoren zur Vermeidung von Spülverlusten, einseitig oder mittig geschlossen). *Werkstoffe:* Einsatz- und

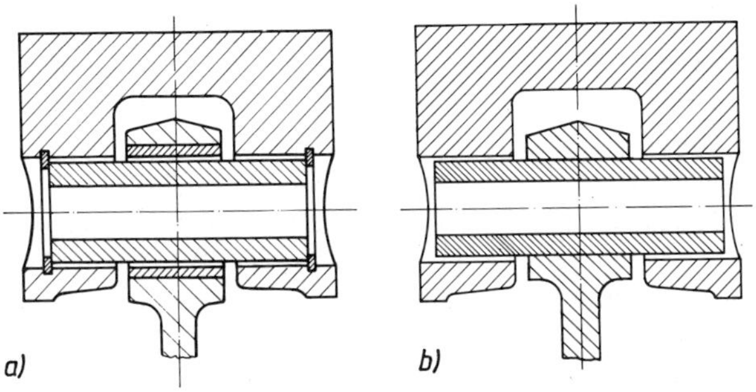

Bild VI.16. Kolbenbolzenlagerung (Spiel übertrieben dargestellt)
a) Schwimmende Lagerung
b) Klemmpleuel (Kolbenschmidt)

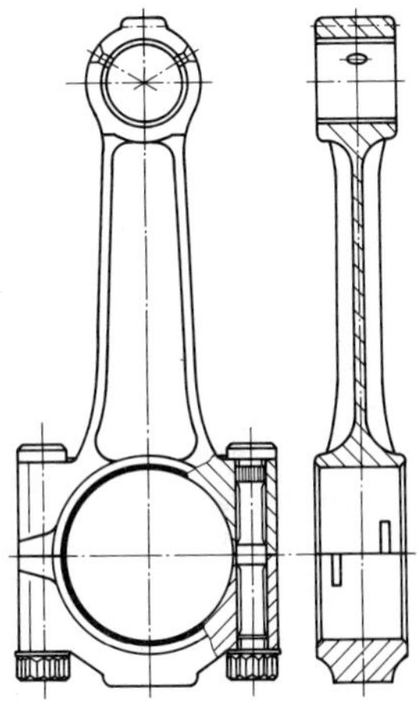

Bild VI.17. Pleuelstange (Porsche)

Nitrierstähle (z.B. 15Cr3; 41CrAlMo7), die nach dem Oberflächenhärten durch Schleifen und Kurzhubhonen (Superfinish) feinbearbeitet werden.

Die *Pleuelstange* (Bild VI.17) wird durch den Verbrennungsdruck auf Knickung und Druck, durch die Massenträgheitskräfte des Kolbens im oberen Totpunkt auf Zug und durch die Fliehkräfte bei höheren Drehzahlen auf Biegung beansprucht. Sie besteht aus dem Pleuelkopf mit Gleitlagerbuchse für den Kolbenbolzen (bei Zweitaktmotoren meist Nadellager), I-förmigem Pleuelschaft und dem gerade- oder schräg geteilten (große Diesel) Pleuelfuß mit Pleueldeckel. *Ungeteilte Pleuel* werden für Einzylindermotoren mit zusammengesetzter Kurbelwelle verwendet. Sie erhalten *Nadellagerbuchsen*.

Die Schmierung der Pleuelbuchse wird entweder durch Tropföl über eine Senkung im Pleuelauge oder, bei Hochleistungsmotoren, durch Druckölschmierung über längsdurchbohrte Pleuel oder Ölspritzdüsen ausgeführt.

Der Pleuellagerdeckel wird mittels *Paßdehnschrauben, Dehnschrauben* und *Paßhülsen* oder durch *Kerbverzahnung* zwischen Lagerdeckel und Pleuelfuß paßgenau verschraubt. Als Werkstoffe werden überwiegend im Gesenk geschmiedete Vergütungsstähle oder Temperguß und Kugelgraphitguß verwendet.

Dehnschrauben an Zylinderköpfen, Pleuel- und Kurbelwellenlagern werden nach dem Streckgrenzverfahren (Drehmomentschlüssel) oder Drehwinkelverfahren angezogen.

Die **Kurbelwelle** ist im Kurbelgehäuse gelagert. Die Gestalt wird von der Zylinderanordnung (Reihen-, V-, Boxermotor), der Zylinderanzahl, der Lage- und Anzahl der Hauptlager, vom Kolbenhub und der Zündfolge (Einspritzfolge) des Motors bestimmt. Kurbelwellen werden auf Torsion, Biegung (Massenträgheits- und Pleuelstangenkräfte) und durch Wechselbeanspruchung der mechanischen Drehschwingungen beansprucht. Diese setzen sich aus den umlaufenden Massenkräften von Kurbelwange und Kurbelzapfen, den oszillierenden Massenkräften des Kolbens und der Pleuelstange und durch den Pleuelstangenanteil an den rotierenden und oszillierenden Massenkräften zusammen.

Die Größe der verbleibenden Massenkräfte und -momente ist von der Anordnung der Kurbelwellenkröpfungen und der Zündabstände abhängig. Ein vollkommener *Massenausgleich* ergibt sich bei 6-Zylinder-Reihen-, 6-Zylinder-Boxer- und V12-Viertaktmotoren.

Kurbelwellen von 4-Zylinder-Reihenmotoren sind durch die um 180° Kurbelwinkel versetzten Kröpfungen und durch die Ausgleichsgewichte mit statischer und dynamischer Auswuchtung für Kräfte und Momente 1. Ordnung ausgeglichen.

Es treten jedoch noch Massenkräfte 2. Ordnung auf. Sie werden durch die oszillierenden Massen des Kurbeltriebwerks und durch die ungleichförmigen Gaskräfte des Viertaktverfahrens hervorgerufen. Die Massenkräfte 2. Ordnung laufen mit der doppelten Kurbelwellendrehzahl um und können nicht durch Auswuchten oder Ausgleichsgewichte an der Kurbelwelle beseitigt werden. Abhilfe schaffen hier vereinzelt verwendete Ausgleichssysteme mit zwei Ausgleichswellen, die mit doppelter Kurbelwellendrehzahl umlaufen (Lanchester-Ausgleich).

Kurbelwellenlager liegen bei Otto- und Dieselmotoren meist hinter jeder Kurbelwellenkröpfung. Die Kurbelwangen können so angeordnet sein, daß für jeden Zapfen ein- oder zwei Gegengewichte vorhanden sind (Bild VI.18). Zur Ölversorgung sind Pleuellagerzapfen und Kurbellagerzapfen durch diagonale Bohrungen miteinander verbunden.

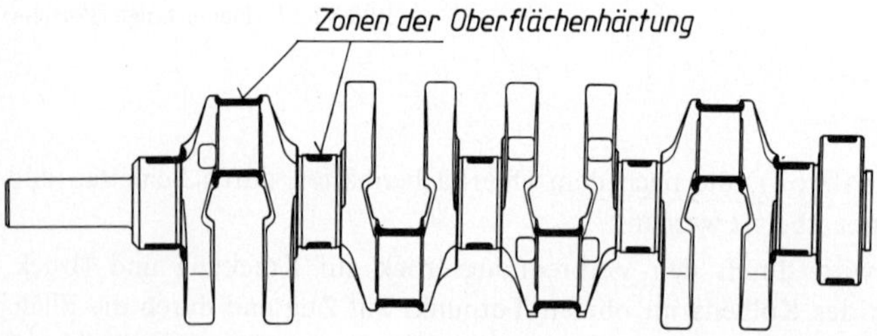

Bild VI.18
Kurbelwelle eines Vierzylinder-Ottomotors mit zwei Ausgleichsgewichten pro Kurbelzapfen (Daimler-Benz)

Zur Dämpfung der sich überlagernden schädlichen Dreh- und Biegeschwingungen werden auf der dem Schwungrad gegenüberliegenden Seite *Drehschwingungsdämpfer* angeordnet, die als Viskose-, Feder- oder Gummidämpfer in Riemenscheibe oder Steuerzahnrad integriert sind.

Statisches- und dynamisches Auswuchten der Kurbelwelle erfolgt durch Anbohren der Ausgleichsgewichte. Die Lagerzapfen werden induktiv oberflächengehärtet und geschliffen. Die Radien zwischen Lagerzapfen und Kurbelwangen, werden zur Erhöhung der Gestalt- und Dauerfestigkeit durch Rollieren oberflächenverdichtet. Kurbelwellen werden im Gesenk oder durch Freiformschmieden (günstiger Faserverlauf) hergestellt. Als Werkstoff wird Vergütungsstahl oder Nitrierstahl (z.B. 40CrNiMo4 oder 36CrAlMo7) verwendet. Gegossene Kurbelwellen werden aus Kugelgraphitguß (Schwingungsdämpfend) hergestellt. Kurbelwellen von Einzylindermotoren werden oft aus Einzelteilen gefügt (Schrumpfverbindungen oder Hirth-Verzahnung).

Während eines Arbeitsspiels treten an der Kurbelwelle ungleichförmige Geschwindigkeiten durch Überwindung der Totpunktlagen und Leertakte auf, die durch das *Schwungrad* als Energiespeicher gemindert werden. Es dient weiter zur Aufnahme der Kupplung und des Starterzahnkranzes und enthält meist Markierungen für die Motorsteuerung (Totpunktlagen, Zündungs- oder Förderbeginn). Die Einbaulage ist durch Paßstifte fixiert. Massenausgleich erfolgt durch gemeinsames Auswuchten mit der Kurbelwelle.

Für **Kurbelwellen-** und **Pleuellager** werden bei Viertakt-Otto- und Dieselmotoren geteilte Axial- und Radialgleitlager verwendet. Axiallager (Paß- oder Führungslager) mit seitlichen Anlaufscheiben oder Bund übernehmen die Axialkräfte, die durch Kupplungsbetätigung auftreten. Radial- und Axiallager werden meist als *Dreischicht-Gleitlager* ausgeführt. *Aufbau:* Stützschale aus Stahl, Tragschicht aus CuSn-Legierung (ca. 0,3 ... 0,7 mm) mit Notlaufeigenschaften, Laufschicht aus Weißmetall (PbSn-Legierung, ca. 0,1 mm). Zur Vermeidung von Diffusion ist zwischen Trag- und

Laufschicht eine Nickelschicht (0,001 mm) aufgalvanisiert. Lagerschalen erhalten Haltenasen als Verdrehsicherung. Kurbelwellenlager besitzen Ringnuten zur Ölaufnahme und Ölbohrungen zum Öltransport in das Lager.

Motorsteuerung der Viertaktmotoren

Die Motorsteuerung vollzieht die Gaswechselsteuerung der Frischgase und Abgase. Sie besteht aus den Ein- und Auslaßventilen mit Federn, den Betätigungselementen und der Nockenwelle mit Übertragungsteilen (Bild VI.20). Nach der Ventil-Schließbewegung unterscheidet man *obengesteuerte* (Bild VI.19b–f) und *untengesteuerte Motoren* (Bild VI.19a).

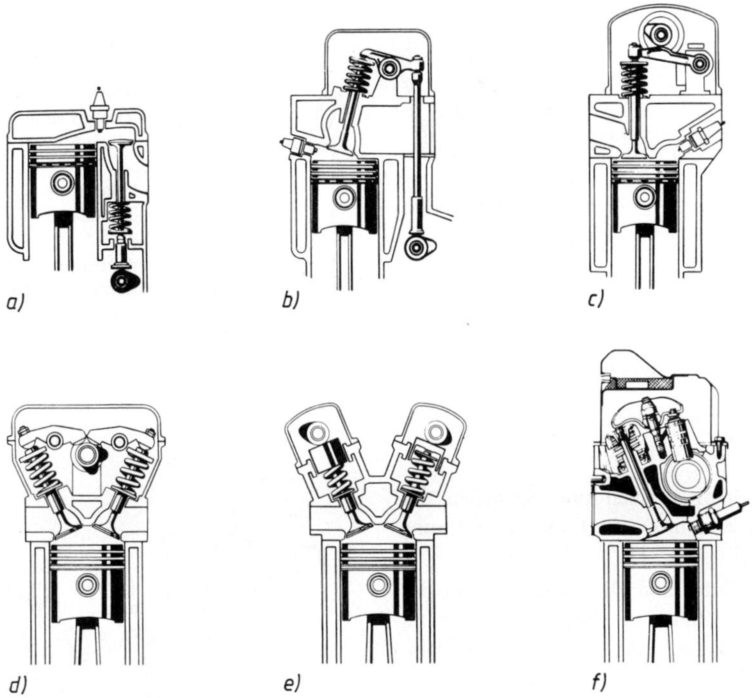

Bild VI.19. Bauarten der Motorsteuerung (Opel)

Nach der Lage der Nockenwelle:

a) *sv-Motoren* (side valve) – untengesteuert, mit stehenden Ventilen; ist nicht mehr gebräuchlich

b) *ohv-Motoren* (over head valves) – mit untenliegender Nockenwelle und Stößelstangen zu den Kipphebeln (Nutzfahrzeug-Dieselmotoren und ältere Ottomotorkonstruktionen)

c) und d) *ohc-Motoren* (over head camshaft) – mit obenliegender Nockenwelle und Ventilbetätigung über Schwinghebel (c), Kipphebel (d) oder Tassenstößel – durch geringe Massenbeschleunigungen schnelle Betätigung möglich

e) *dohc-Motoren* (double overhead camshaft) – mit je einer Nockenwelle für Ein- und Auslaßventilreihe, direkte Ventilbetätigung über Tassenstößel, für Hochleistungsmotoren (auch für Drei- oder Vier-Ventiltechnik pro Zylinder)

f) *cih-Motoren* (cam in head) – mit seitlich im Zylinderkopf gelagerter Nockenwelle

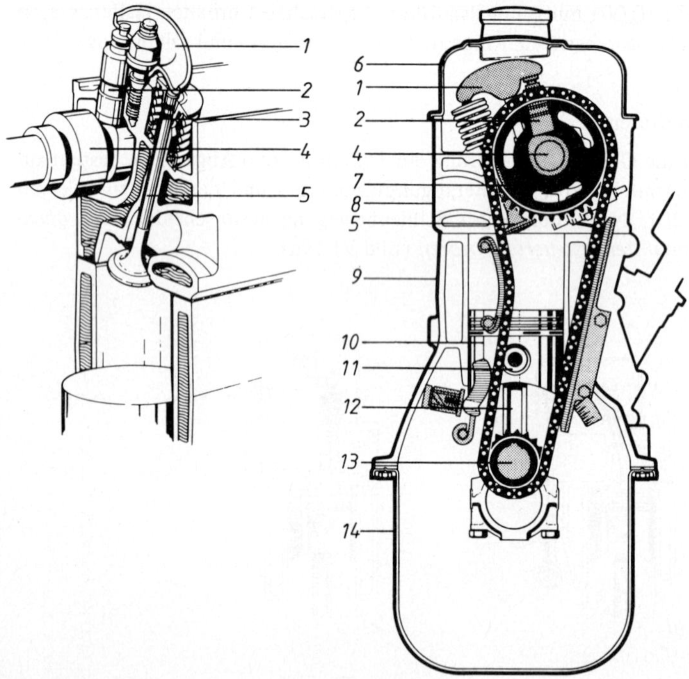

1 Kipphebel
2 Ventilstößel
3 Ventilfeder
4 Nockenwelle
5 Tellerventil
6 Zylinderkopfhaube
7 Zahnrad des Steuergetriebes
8 Zylinderkopf
9 Zylinderblock
10 Kolben
11 Kolbenbolzen
12 Pleuelstange
13 Kurbelwelle
14 Ölwanne

Bild VI.20. Bauteile der Motorsteuerung (Opel)

Die *Nockenwelle* bestimmt Öffnen und Schließen der Ventile zum richtigen Zeitpunkt, die Dauer der Öffnung und den Öffnungshub (Bild VI.21).

Sie läuft bei Viertakt Otto- und Dieselmotoren mit der halben Kurbelwellendrehzahl um und besitzt entsprechend der Zündfolge angeordnete Ein- und Auslaßnocken. Untenliegende Nockenwellen enthalten Antriebsexzenter, oder Ritzel zum Antrieb von Kraftstofförderpumpe, Zündverteiler, Ölpumpe und Diesel-Einspritzpumpe. Der Antrieb von der Kurbelwelle erfolgt über *Steuerzahnräder* (ohv). *Einfach-* oder *Doppelrollenketten* (Bild VI.20) mit Kettenspannern (hydraulisch oder federbelastet) oder *Zahnriemenantrieb* (geräuscharm) für obenliegende Nockenwellen. Nockenwellen sind zur Ölversorgung ihrer Lagerstellen (Gleitlager) längsdurchbohrt. Sie werden aus legiertem Stahl geschmiedet oder aus Schalenhartguß, Temperguß und Kugelgraphitguß hergestellt. Lagerstellen und Nocken sind oberflächengehärtet. Von der Nockenform werden der Ventilhub und die Steuerung der Öffnungs- und Schließvorgänge bestimmt. *Harmonische, flache Nocken* ergeben langsame Ventilbetätigungen bei kürzeren Öffnungszeiten (Normalmotoren), *Tangenten-*

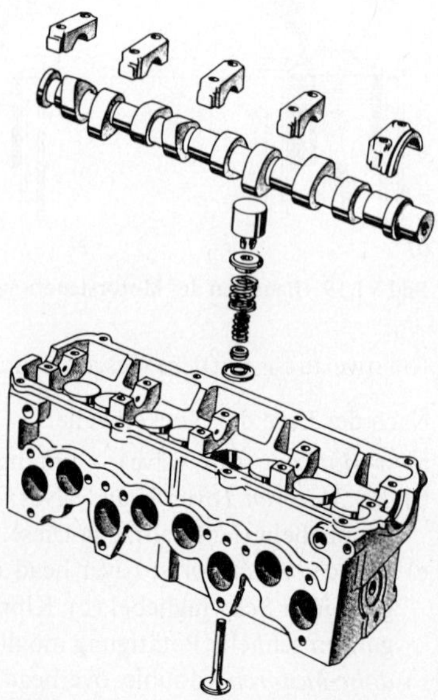

Bild VI.21. Zylinderkopf mit Nockenwelle und Ventiltrieb für einen PKW-Dieselmotor (Volkswagen)

nocken ergeben lange Ventilöffnungszeiten und gute Zylinderfüllungen bei hoher Ventilbeschleunigung (Hochleistungsmotoren).

Die Bauteile der Ventilsteuerung zeigt Bild VI.20. Das Öffnen der Ventile erfolgt, über die Nockenwelle gesteuert, durch *Schwinghebel, Kipphebel* oder *Tassenstößel*. Geschlossen werden die Ventile kraftschlüssig durch eine oder zwei *Ventilfedern*. Jeder Zylinder ist mit je einem Ein- und Auslaßventil versehen (bei Hochleistungsmotoren zunehmend je zwei Ventile), deren Anordnung entscheidend die Brennraumform beeinflußt. Austauschbare *Ventilführungen* aus CuZn-Legierungen werden in Al-Zylinderköpfen eingepreßt und ermöglichen eine gute Wärmeableitung. Eine *Ventilschaftabdichtung* verhindert zu großen Öltransport in den Verbrennungsraum.

Einlaßventile (Betriebstemperatur ca. 500 °C) werden meist als *Einmetallventil* aus hochlegierten CrSi-Stählen mit gehärteten Sitzflächen und Schaftenden hergestellt. Der Tellerdurchmesser ist größer als bei Auslaßventilen (bessere Zylinderfüllung). *Auslaßventile* werden thermisch hoch belastet (Betriebstemperatur ca. 800 °C) und sind als *Bimetallventile* (Kopfstück warmfester CrMn-Stahl mit Schaft aus CrSi-Stahl stumpf verschweißt) oder als innengekühlte, natriumgefüllte *Hohlventile* ausgeführt. Die geschmolzene Natriumfüllung senkt durch Wärmetransport die Betriebstemperatur um ca. 100 °C. Auslaßventil-Sitzflächen werden oft mit Hartmetall gepanzert. Der Ventilsitzwinkel beträgt 45°, selten 30°. Ventilteller sollen so groß wie möglich gestaltet werden, um die Gasdurchtrittsgeschwindigkeit niedrig zu halten und die Füllung zu verbessern. Bei ca. 70 m/s tritt merkliche Drosselung des Gasstromes ein.

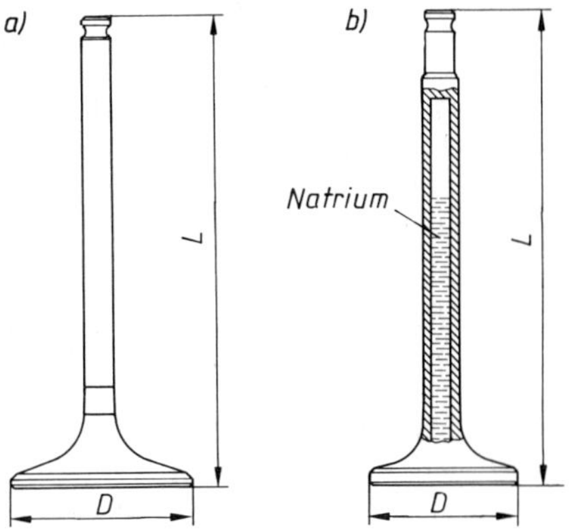

Bild VI.22. Ventile
a) Einmetallventil
b) Hohlventil mit Natriumfüllung (Daimler-Benz)

Nach der Kontinuitätsgleichung berechnet sich mit der Kolbenfläche A, der mittleren Kolbengeschwindigkeit v_m und der Ventilöffnungsfläche A_V, die *mittlere Gasgeschwindigkeit im Ventilquerschnitt*

$$v_G = \frac{A v_m}{A_V} \qquad (VI.33)$$

A, A_V	v_m, v_G
cm^2	$\frac{m}{s}$

Richtwerte für mittlere Gasgeschwindigkeiten: Einlaßventil $v_G \approx 70$ m/s
Auslaßventil $v_G \approx 110$ m/s

Für Entwurfsberechnungen kann zur Berechnung des Ventilöffnungsquerschnitts A_V näherungsweise mit dem Ventiltellerdurchmesser d anstatt des Gaskanaldurchmessers gerechnet werden (Bild VI.23). Mit dem Ventilhub l (0,1 ... 0,25 d) und dem Ventilsitzwinkel α wird näherungsweise der *Ventilöffnungsquerschnitt*

$$A_V \approx d \pi l \sin \alpha \qquad (VI.34)$$

A_V	d	l
cm^2	cm	cm

Die Ventilsitzfläche wird je nach Betriebstemperatur breiter oder schmaler ausgeführt. Schmale Flächen (Einlaßventil) ergeben dichten Sitz (hohe Flächenpressung), aber geringere Wärmeableitung als breite Ventilsitze (Auslaßventil).

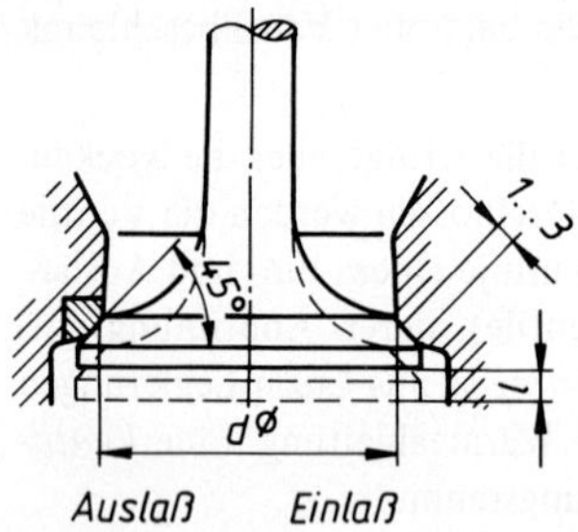

Bild VI.23
Ventil und Ventilsitz

Ventilsitzringe aus Gußeisen oder Sintermetall, werden in Al-Zylinderköpfe eingeschrumpft.

Ventilfedern müssen die Ventile bei Unterdruck (Ansaugen ca. 0,9 bar) dicht schließen, die Reibung des Stößels beim Schließen überwinden und während der Ventilöffnungszeit die Trägheitskräfte der beschleunigten Ventil- und Steuerungsteilmassen abfangen. Die maximale Federkraft F_{max} wird mit der Masse m von Ventil- und Steuerungsteilen sowie der Ventilbeschleunigung a_{max} berechnet:

$$F_{max} = 1 \dots 1{,}5\, m a_{max} \qquad (VI.35)$$

F_{max}	m	a_{max}
N	kg	$\frac{m}{s^2}$

Die Ventilbeschleunigung hängt von der Nockenform ab. Federschwingbruch wird durch veränderliche Federsteigung vermieden.

Die Steuerzeiten werden als Öffnungs- und Schließwinkel der Ventile, bezogen auf die Totpunkte, im *Steuerdiagramm* dargestellt.

Der Zündzeitpunkt, die Öffnungs- und Schließpunkte der Ventile, sowie beim Dieselmotor der Förderbeginn, werden in Grad Kurbelwinkel (°kW) angegeben und als Steuermarkierung auf Schwungrad oder Riemenscheibe eingeschlagen. Nach Bild VI.24 errechnet sich der *Öffnungswinkel* α_E *des Einlaßventils:*

$$\alpha_E = EÖ° + 180° + ES° \qquad (VI.36)$$

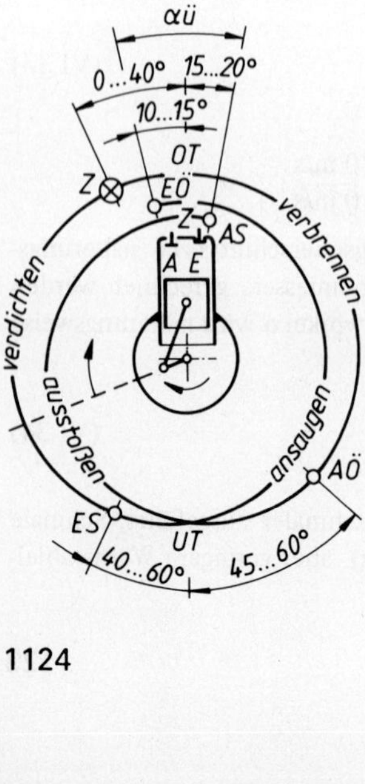

αÜ Ventilüberschneidung
AÖ Auslaß öffnet
AS Auslaß schließt
EÖ Einlaß öffnet
ES Einlaß schließt
OT oberer Totpunkt
UT unterer Totpunkt
Z Zündzeitpunkt

Bild VI.24
Steuerdiagramm des Viertaktmotors

der *Öffnungswinkel* α_A *des Auslaßventils:*

$$\alpha_A = AÖ^\circ + 180^\circ + AS^\circ \qquad (VI.37)$$

und der *Ventilüberschneidungswinkel* $\alpha_Ü$:

$$\alpha_Ü = EÖ^\circ + AS^\circ \qquad (VI.38)$$

Der Abstand l_B der Markierungspunkte auf der Schwungscheibe von OT beträgt

$$l_B = \frac{d \pi \alpha}{360^\circ} \qquad (VI.39)$$

l_B, d	α
mm	°kW

Die *Öffnungszeit t* der Ventile ist abhängig vom Öffnungswinkel α und von der Motordrehzahl *n:*

$$t = \frac{\alpha\, 60}{n\, 360^\circ} \qquad (VI.40)$$

t	n	α
s	$\frac{1}{\text{min}}$	°kW

Im Betrieb dehnen sich die Ventile aus. Mit der Temperaturdifferenz ϑ, der Ausgangslänge l_0 und dem Ausdehnungskoeffizienten α des Ventilwerkstoffes beträgt die *Längenausdehnung*

$$\Delta l = l_0\, \alpha\, \vartheta \qquad (VI.41)$$

$\Delta l, l_0$	α	ϑ
mm	$\frac{1}{K}$	K

Damit sicheres Schließen gewährleistet wird, muß die Längenänderung durch ein Ventilspiel oder durch hydraulischen Spielausgleich kompensiert werden.

Ist das *Ventilspiel zu klein*, so schließt das Ventil nicht bei Betriebstemperatur (Leistungsverlust, Verbrennen des Ventiltellers, Vergaserbrand).

Ist das *Ventilspiel zu groß*, so wird infolge kürzerer Öffnung die Füllung verschlechtert (Leistungsverlust, geräuschvoller Lauf). Das Ventilspiel wird durch Einstellschrauben (Schwing- und Kipphebelbetätigung) oder Ausgleichsscheiben zwischen Tassenstößel und Nockenwelle, eingestellt.

Ventilstößel werden durch seitliches Versetzen von Nocken- und Stößelmitte in geringe Drehung versetzt (gleichmäßige Belastung). *Stößelstangen* (Stahlrohr) sind am Ende als Kugelkopf (Stößel) und als Kugelpfanne (Kipphebel), ausgebildet.

Hydraulische Stößel (Bild VI.25) ermöglichen eine spielfreie Ventilsteuerung ohne Ventilspielnachstellen und sie gleichen die Längenausdehnung selbsttätig aus. Hydrostößel,

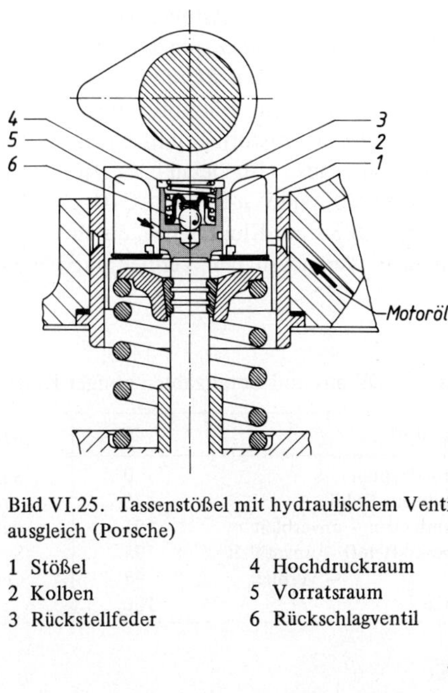

Bild VI.25. Tassenstößel mit hydraulischem Ventilspielausgleich (Porsche)

1 Stößel
2 Kolben
3 Rückstellfeder
4 Hochdruckraum
5 Vorratsraum
6 Rückschlagventil

Hydrotassenstößel und Spielausgleichselemente sind an den Motorölkreislauf angeschlossen und gleichen über ein Öldrucksystem mit Spielausgleichsfeder das Spiel aus. *Kipp- und Schwinghebel* werden aus Stahlblech oder Leichtmetall gepreßt oder geschmiedet. *Tassenstößel* aus Stahl werden durch Kalt- oder Warmfließpressen hergestellt. Ventildrehvorrichtungen versetzen Ventile bei jeder Betätigung in eine kleine Drehung. Die thermische Belastung sinkt, Ablagerungen durch Verbrennungsrückstände (Öl, Kraftstoff) werden vermindert.

3. Kraftstoffe

Verbrennungsmotoren beziehen ihre Energie aus der chemischen Energie des Kraftstoffes. Neben Otto- und Dieselkraftstoff werden heute Alkohole, Flüssiggase und Wasserstoff als alternative Kraftstoffe verwendet. Die herkömmlichen Kraftstoffe sind Kohlenwasserstoffverbindungen und werden fast ausschließlich aus Erdöl hergestellt.

Anforderungen an die Kraftstoffe: Einfache und schnelle Bildung eines brennbaren Gemisches, schnelle und sichere Zündung, rückstandsfreie Verbrennung, hoher Heizwert und sichere Transportmöglichkeiten.

Ottokraftstoffe bestehen aus Kohlenwasserstoffen mit 4 ... 11 C-Atomen im Siedebereich zwischen 30 ... 215 °C. Für den motorischen Betrieb sind Klopffestigkeit, Flüchtigkeit (Siedeverhalten), Reinheit (Wassergehalt, feste Fremdstoffe), Kraftstoffzusammensetzung und Zusätze von Bedeutung.

Die *Klopffestigkeit* wird durch die *Oktanzahl* ausgedrückt und kennzeichnet die Widerstandsfähigkeit gegenüber Selbstentzündung. Unter klopfender Verbrennung (Bild VI.26) versteht man die ungesteuerte Zündung im verdichteten, aber noch nicht brennenden Gemischrest. Der Druck steigt schlagartig steil an. Das Gemisch hat eine hohe Verbrennungsgeschwindigkeit (300 ... 500 m/s gegenüber 20 m/s). Folge: Hohe thermische und mechanische Triebwerksbelastung. Unterschieden werden *Beschleunigungsklopfen* und *Hochgeschwindigkeitsklopfen*. Die Oktanzahl wird in einem Prüfmotor durch Vergleichen des Kraftstoffes mit einem Bezugsgemisch aus Iso-Octan C_8H_{18} (Oktanzahl = 100) und n-Heptan C_7H_{16} (Oktanzahl = 0) bis zur Klopfgrenze, durch fortlaufendes Verändern der Verdichtung gemessen.

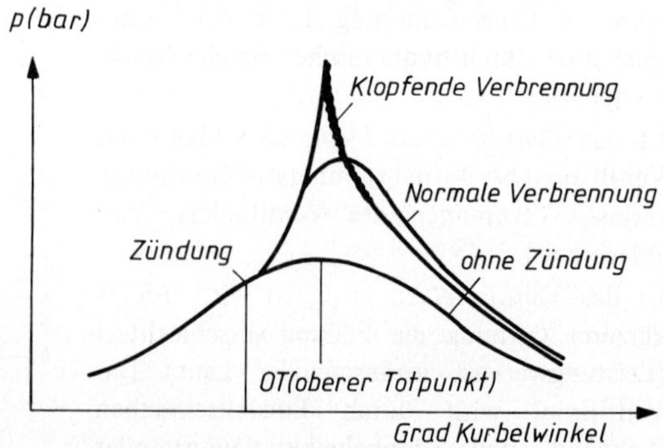

Bild VI.26. Verbrennung im Ottomotor (Shell)

Tafel VI.2. Oktan- und Cetanzahlen einiger Kraftstoffe

Kraftstoff	OZ	Kraftstoff	CZ
Normalheptan	0	Schwelöl	45
Benzin aus Erdöl	70	Großdieselöl	45
Normbenzin – unverbleit	91	Fahrzeugdieselöl	55
Superkraftstoff – unverbleit	95	Synthetisches Gasöl	90
– verbleit	98	Cetan	100
Oktan	100		

Ermittelt wird nach der ROZ (Research-Methode, n = 600 1/min, keine Gemischvorwärmung) und der MOZ (Motor-Methode, n = 900 1/min, Gemischvorwärmung 150 °C), vorgenommen. Nach der Klopffestigkeit werden Normal- und Superkraftstoffe unterschieden. Wegen des Einsatzes von Abgaskatalysatoren werden verbleite und unverbleite Versionen hergestellt. In der Bundesrepublik wird seit dem 1.1.1988 nur unverbleiter Normalkraftstoff abgegeben.

Dieselkraftstoffe bestehen aus Kohlenwasserstoffen mit 11 ... 18 C-Atomen im Siedebereich von 170 ... 370 °C. Für den Einsatz in Verbrennungsmotoren sind insbesondere Zündwilligkeit, Kälteverhalten, Reinheit und Schwefelgehalt von Bedeutung. Die *Zündwilligkeit* kennzeichnet beim Dieselmotor die Kraftstoffgüte. Sie ist die Bereitwilligkeit des Kraftstoffes zur Selbstentzündung während der Einspritzung in den Brennraum. Als Maß für die Zündwilligkeit wird die *Cetanzahl* CZ in Prüfmotoren festgestellt. Dies geschieht durch Messen des *Zündverzugs* (Zeit zwischen Einspritzung und Verbrennungsbeginn ca. 0,001 s) gegenüber einem Bezugsgemisch. Dieselmotoren verlangen einen leicht siedenden, zündwilligen Kraftstoff. Bei großem Zündverzug ist bereits eine größere Menge Kraftstoff eingespritzt, die dann unter großer Triebwerksbelastung verbrennt. Damit sind Verbrauchserhöhung, Leistungseinbußen und große Geräuschemission, verbunden (Bild VI.27). Cetanzahl CZ und Oktanzahl OZ laufen in ihrer Wirkung einander entgegen. Sie können berechnet werden mit:

$$OZ = 120 - 2\,CZ \qquad \text{(VI.42)}$$

Der für den Betrieb in Verbrennungsmotoren verwendete Bereich liegt zwischen 45 ... 55 CZ. Verringert man beispielsweise das Verdichtungsverhältnis um eins, so sinkt die erforderliche Oktanzahl eines Ottomotors um 15, bei einem Dieselmotor steigt die Cetanzahl um 10.

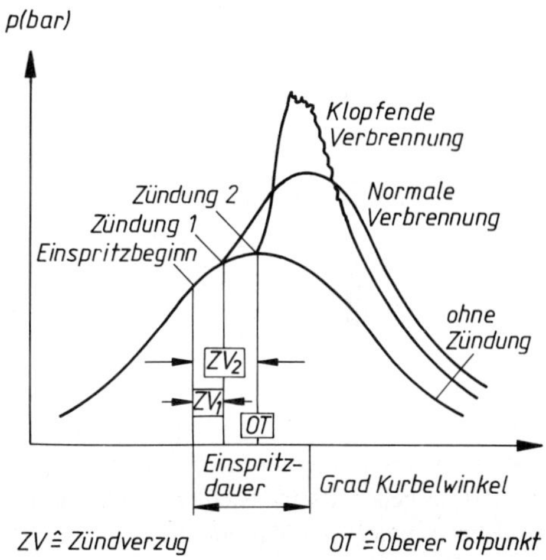

Bild VI.27. Verbrennung im Dieselmotor (Shell)

Für den Winterbetrieb ist das Kälteverhalten von Dieselkraftstoff von Bedeutung, da Paraffinausscheidungen zu Filterverstopfungen führen können. Winterdiesel ist bis −15 °C (Superdiesel bis −22 °C) filtrierbar. Sommerdiesel nur bis 0 °C. Bei tieferen Temperaturen ist für den ungestörten Betrieb der Zusatz von Fließverbesserern, Benzin oder Petroleum erforderlich. Diese Mischungen setzen meist die Zündwilligkeit herab.

Alternative Kraftstoffe

Flüssiggas (Autogas) ist ein Gemisch aus den bei der Erdölverarbeitung anfallenden Gasen Butan und Propan, die bei 5 ... 15 bar flüssig werden. Für den Betrieb in Vergaser-Ottomotoren kann Flüssiggas neben dem Benzinbetrieb verwendet werden. Flüssiggas ist hochkopffest (ROZ > 100) und verbrennt sehr schadstoffarm. Gegenüber Benzin etwas erhöhter Verbrauch bei geringerer Leistung. Flüssiggas wird oft als Kombination mit Benzinbetrieb verwendet (von Gas auf Benzin umschaltbarer Betrieb).

Methanol (Methylakohol) und Äthanol (Äthylalkohol aus pflanzlichem Material) kann aus kohlenstoffhaltigen Rohstoffen einfach hergestellt werden. Methanol besitzt im Vergleich zu Benzin eine hohe Klopffestigkeit, geringe Schadstoffemissionen, jedoch nur einen geringen spezifischen Heizwert H_u (ca. 49 % von Benzin). Nachteilig wirken sich der niedrige Dampfdruck, der höhere Siedepunkt und Korrosionsprobleme gegenüber bestimmten Legierungen aus. Großversuche wurden bereits mit Fahrzeugen im Mischkraftstoffbetrieb (Benzin/Methanol – 85 %: 15 %) durchgeführt.

Wasserstoff ist als Kraftstoff technisch bereits erprobt, die Herstellung ist jedoch nur mit schlechtem Wirkungsgrad möglich. Für den Transport besteht die Möglichkeit, Wasserstoff an Metalllegierungen (TiFe oder Mg) gebunden als Metallhydrid zu speichern, da das Mitführen von verflüssigtem Wasserstoff in Fahrzeug-Druckbehältern (−250 °C) schwierig ist.

4. Kraftstoff-Förderanlage

Die Kraftstofförderanlage hat den Vergaser oder die Einspritzanlage mit Kraftstoff zu versorgen. Sie besteht aus Kraftstoffbehälter, Kraftstofförderpumpe, Leitungen und Kraftstoffilter. *Kraftstoffbehälter* werden aus korrosionsbeständig behandeltem Stahlblech oder aus Kunststoff hergestellt. Sie sind mit einem Be- und Entlüftungssystem ausgestattet. Verdampfende Kraftstoffanteile werden bei Motorstillstand oft in einen Aktivkohlebehälter geleitet, wo die gasförmigen Kohlenwasserstoffe festgehalten werden. Bei laufendem Motor werden die Dämpfe abgesaugt und dem Vergaser zugeführt.

Kraftstoffilter sind meist Papierfilter, die vor der Schwimmerkammer des Vergasers, oder der Druckregeleinrichtung der Einspritzanlage angebracht sind. Als *Kraftstofförderpumpen* werden mechanisch, elektrisch oder pneumatisch angetriebene Pumpen verwendet.

Mechanische Membranpumpen mit Siebfilter, werden von der Motornockenwelle angetrieben. Elektrische Rollenzellenpumpen für Einspritzanlagen werden als Inline- oder Intankpumpe eingesetzt. Pneumatische Pumpen werden durch die Druckdifferenz im Kurbelgehäuse von Zweitaktmotoren zwischen Vorverdichten und Überströmen angetrieben.

5. Luftfilter

Die im Verbrennungsmotor benötigte Luft kann mit Staubanteilen von unterschiedlicher Konzentration belastet sein. Richtwerte: 1 mg Staub/m^3 Ansaugluft im Straßenbetrieb, bis 35 mg/m^3 in Baumaschinen und Mähdrescher.

Dieser Staubanteil würde den Verschleiß von Kolben und Zylinder erheblich erhöhen. Luftfilter übernehmen neben der Ansaugluftreinigung die Dämpfung der Ansauggeräusche sowie die Regulierung der Ansauglufttemperatur (Bild VI.28). *Trockenluftfilter* haben auswechselbare Papier-Feinfilterpatronen.

Mit zunehmender Verschmutzung steigt der Durchflußwiderstand, so daß die Standzeit von den Einsatzbedingungen abhängt. Für Nutzfahrzeuge werden bei hohem Staubanteil *Zyklon-Vorabscheider* vorgeschaltet. Die angesaugte Luft wird durch Leitbleche in Drehung versetzt und die

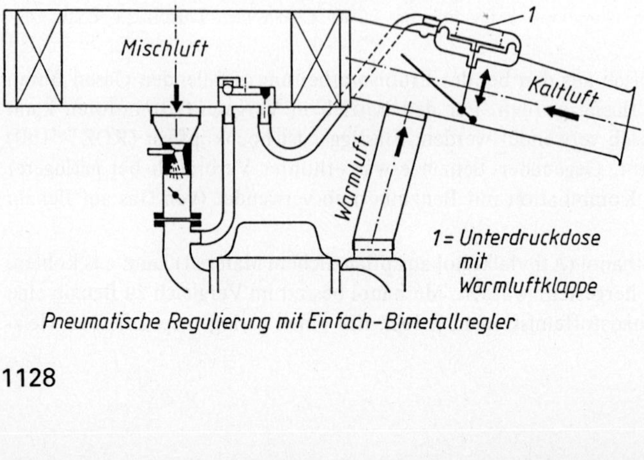

Bild VI.28
PKW-Trockenluftfilter mit Ansaugluftvorwärmung (Mann)

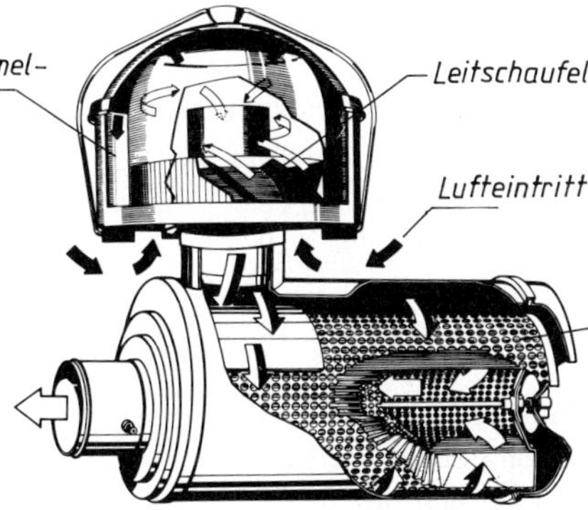

Bild VI.29
Luftfilter mit Zyklon-Vorabscheider für Nutzkraftwagen (Mann)

schweren Staubteilchen durch die Fliehkraft entweder ins Freie oder in einen Staubsammelbehälter getragen (Bild VI.29). *Kombinationsluftfilter* (Vorabscheider und Feinfilterpatrone in einem Gehäuse) erreichen auch bei hohem Staubanteil gute Standzeiten (Nutzfahrzeuge, Schlepper, Mähdrescher). Sie sind oft mit einer Sicherheitspatrone versehen. Sie soll Staubeintritt während des Filterwechsels oder bei beschädigtem Hauptfilter vermeiden.

Beim *Ölbadluftfilter* (für Nutzfahrzeuge meist in Verbindung mit Zyklon-Vorabscheider) strömt die angesaugte Luft über ein Ölbad, wird umgelenkt und durch Fliehkraftwirkung vorgereinigt.

Die aufwärtsströmende Luft reißt Öltröpfchen mit, die den Filtereinsatz benetzen und damit den Staub binden. Die gesättigten Tropfen fallen in das Ölbad zurück. Der Staub sinkt als Schlamm ab. Zur Wartung muß der Filtereinsatz in Kraftstoff ausgewaschen und die Ölfüllung erneuert werden. Ölbadluftfilter werden zunehmend durch die wartungsfreundlicheren Trockenluftfilter verdrängt.

Naßluftfilter werden bei geringem Staubanteil (z.B. für Stationärmotoren und Schiffsdiesel) verwendet. Die Luft durchströmt einen ölbenetzten Einsatz aus Metallwolle oder Naturfasern, an dem sich die Staubteilchen ablagern.

6. Vergaseranlagen

6.1. Arbeitspiel des Otto-Viertaktmotors

Das Arbeitspiel des Viertaktmotors umfaßt zwei KW-Umdrehungen oder vier Kolbenhübe (Takte). Beim Zweitaktmotor eine KW-Umdrehung und zwei Kolbenhübe. Im *ersten Takt* saugt der Kolben durch Bewegung von OT nach UT Gemisch an. Um eine gute Füllung zu erreichen (Liefergrad), öffnet das EV bereits 10 ... 30° vor OT und schließt erst ca. 30 ... 60° nach UT. Im *zweiten Takt* wird die Zylinderfüllung auf 10 ... 16 bar verdichtet, wodurch die Temperatur auf 400 ... 500 °C ansteigt. Etwa 40 ... 0° vor OT wird das Gemisch gezündet. Der Verbrennungsdruck steigt bis ca. 60 bar an. Es wird eine Verbrennungstemperatur von ca. 2500 °C erreicht. Durch die Expansion im *dritten Takt* wird Arbeit verrichtet. Bereits 40 ... 60° vor UT öffnet das AV und läßt die Abgase mit hoher Strömungsgeschwindigkeit und ca. 600 ... 900 °C in das Auspuffsystem ausströmen (Voröffnung vermeidet Staudruck in UT). Im *vierten Takt* ist zum Ausschieben der Abgase zwischen UT und OT nur noch ein geringer Spüldruck notwendig. Das Auslaßventil schließt erst 5 ... 30° nach OT. Dies ergibt eine Ventilüberschneidung durch gemeinsame Öffnung von EV und AV zwischen dem vierten und ersten Takt.

6.2. Gemischbildung

Das Gemischbildungssystem des Ottomotors soll für zündfähiges Kraftstoff-Luft-Gemisch sorgen. Ein zündfähiges Gemisch ist nur innerhalb bestimmter Mischungsverhältnisse zu erzielen.

Die vollständige Verbrennung von 1 kg Kraftstoff (Normalbenzin) erfordert 14,7 kg Luft (stöchiometrisches Verhältnis)

Das *Luftverhältnis* λ kennzeichnet das Verhältnis des tatsächlichen zum theoretischen Luftbedarf

$$\lambda = \frac{\text{zugeführte Luftmenge}}{\text{theoretischer Luftbedarf}} = \frac{L}{L_{min}} \qquad \begin{array}{c|c} \lambda & L, L_{min} \\ \hline 1 & \text{kg} \end{array} \qquad \text{(VI.43)}$$

λ = 1 → stöchiometrisches Verhältnis
λ < 1 → fettes Gemisch, weniger Luftanteil
λ > 1 → mageres Gemisch, Luftüberschuß

Zum Kaltstart wird ein sehr fettes Gemisch (Anreicherung), im Teillastbereich ein mageres Gemisch (für geringen Verbrauch) benötigt. Vollast und Leerlauf erfordern ein fettes Gemisch. Die Abhängigkeit der Schadstoffemissionen, der Leistung und des spezifischen Kraftstoffverbrauchs zeigt Bild VI.30. Da kein Luftverhältnis in der Lage ist, alle Faktoren zu optimieren, muß man versuchen, über eine genau dosierte Kraftstoffmenge und eine genaue Mengenermittlung der Ansaugluft, den für die Praxis zweckmäßigsten Wert (λ = 0,9 ... 1,1) in engen Grenzen einzuhalten. Es werden Vergaser und Einspritzsysteme verwendet. Beim *Vergaser* wird das Gemisch durch Zerstäubung im Saugrohr des Vergasers gebildet. In den gasförmigen Zustand gelangt der Kraftstoff durch Verwirbelung im Zylinder während der Verdichtung und durch die Wandungswärme von Saugrohr und Zylinder. Beim *Einspritzsystem* wird der Kraftstoff von einem Einspritzventil fein zerstäubt vor das Einlaßventil (*K*-, *L*-Jetronic) oder vor die Drosselklappe (Mono-Jetronic) gespritzt.

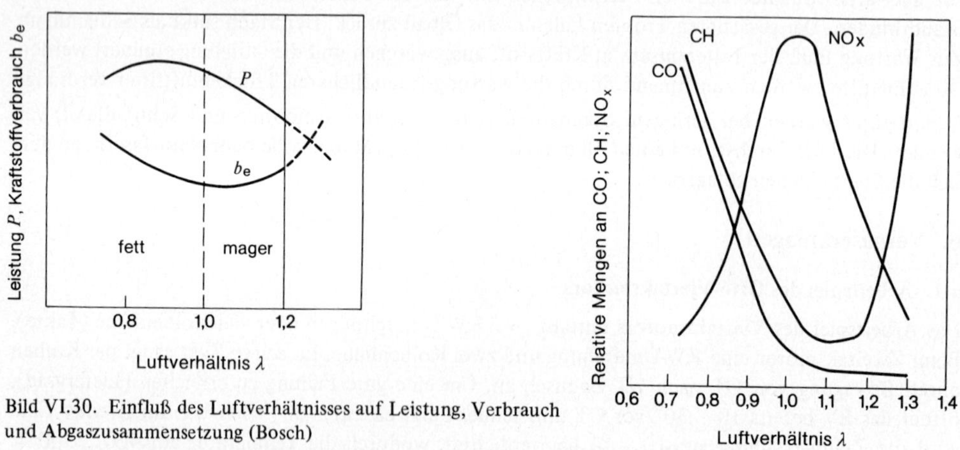

Bild VI.30. Einfluß des Luftverhältnisses auf Leistung, Verbrauch und Abgaszusammensetzung (Bosch)

Ansaugluftvorwärmung (Bild VI.28) und Saugrohrbeheizung durch Abgaswärme oder Wasserbeheizung ermöglicht nach dem Kaltstart eine kürzere Warmlaufphase bei besserem Motorlauf und geringerem spezifischen Kraftstoffverbrauch. Elektrische Heizelemente im Saugrohr oder Vergaser oder auch Kombinationen beider Systeme ergeben temperaturkonstante Ansaugluft.

6.3. Vergaserbauarten

Nach der Strömungsrichtung des Kraftstoff-Luft-Gemisches unterscheidet man Fall-, Flach- und Steigstromvergaser. Motoren mit hohem Leistungsniveau werden mit Doppel- und Mehrfachvergasern oder Register (Stufen)- und Doppelregistervergasern ausgestattet. Membranvergaser und Schiebervergaser werden bei Zweitakt-Kleinmotoren verwendet.

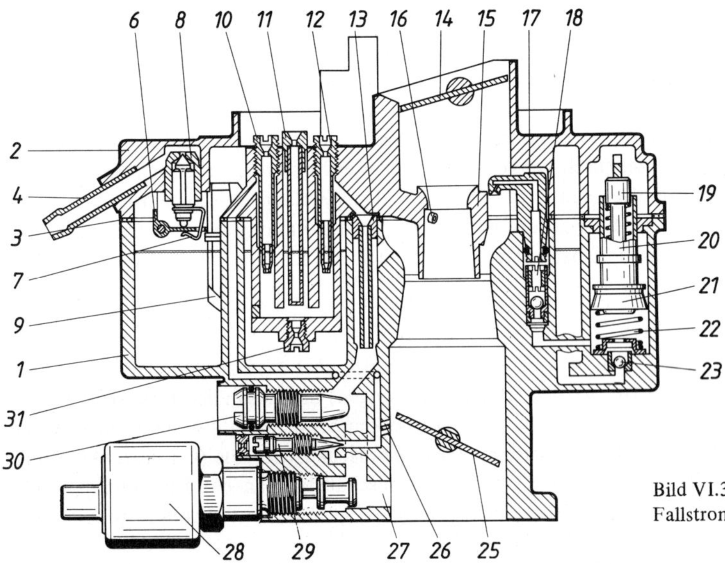

Bild VI.31. Hauptschema eines Fallstromvergasers (Pierburg)

1 Vergasergehäuse
2 Vergaserdeckel
3 Vergaserdeckeldichtung
4 Kraftstoffanschluß
6 Schwimmerhebel
7 Drahtbügel
8 Schwimmernadelventil
9 Schwimmer
10 Leerlaufkraftstoff-Luftdüse
11 Luftkorrekturdüse mit Mischrohr
12 Zusatzkraftstoff-Luftdüse
13 Mischrohr für Zusatzgemisch
14 Starterklappe
15 Vorzerstäuber
16 Hauptgemischaustritt
17 Spritzrohr
18 Pumpendruckventil
19 Pumpenstößel
20 Pumpenkolben
21 Pumpenmanschette
22 Pumpenfeder
23 Pumpensaugventil
25 Drosselklappe
26 Übergangsbohrungen
27 Leerlaufgemischaustritt
28 Leerlaufabschaltventil
29 Grundleerlauf-Gemischregulierschraube
30 Zusatzgemisch-Regulierschraube
31 Hauptdüse

Fallstromvergaser (Bild VI.31)

Schwimmereinrichtung

Über die Kraftstofförderpumpe gelangt der Kraftstoff zum Schwimmergehäuse. Der Zufluß und damit das Kraftstoffniveau in der Schwimmerkammer wird durch den Schwimmerauftrieb und das Schwimmernadelventil gesteuert. Über die Hauptdüse fließt der Kraftstoff in den Mischrohrschacht und füllt ihn im Normalbetrieb bis auf Schwimmerkammerniveau. Durch die Schwimmerkammerinnenbelüftung wird ein Druckausgleich zwischen Mischrohr und Schwimmergehäuse erreicht.

Starteinrichtung

Der kalte Motor benötigt zum Start ein sehr fettes Gemisch, da sich ein Teil des Kraftstoffes an den kalten Wandungen niederschlägt. Die Starteinrichtung sorgt für dieses fette Gemisch über die Starterklappe, die manuell über einen Seilzug oder als Startautomatik über eine Bimetallfeder selbsttätig bewegt wird. Durch Fahrpedalbetätigung wird die Bimetallfeder entriegelt. Sie zieht sich zusammen und schließt die Starterklappe je nach Außentemperatur. Gleichzeitig wird die Drosselklappe etwas geöffnet (Drosselklappenspalt). Beim Anlassen wird durch den Unterdruck Kraftstoff angesaugt. Nach dem Starten wirkt der erhöhte Unterdruck über die Unterdruckleitung auf die Pulldown-Membran, die über ein Gestänge die Starterklappe etwas aufzieht, um ein überfetten zu verhindern. Der kalte Motor läuft mit erhöhter Leerlaufdrehzahl. Mit zunehmender Motorerwärmung wird die Starterklappe über die sich aufrollende Bimetallfeder langsam geöffnet.

Das Gemisch magert langsam ab, bis die Starterklappe senkrecht steht. Damit gelangt auch die Drosselklappe in ihre Normalstellung. Die Bimetallfeder ist über das Gehäuse an den Kühlmittelkreislauf angeschlossen oder wird elektrisch beheizt. Eine Kombination beider Heizungsarten wird auch verwendet.

Beim Leerlauf ist die Drosselklappe fast geschlossen. Das Leerlaufgemisch wird aus dem Grundleerlaufgemisch und dem Zusatzgemisch gebildet, da der Unterdruck nicht ausreicht, um aus dem Hauptdüsensystem anzusaugen. Der Kraftstoff wird über den Leerlaufgemischaustritt dicht unter der Drosselklappe angesaugt. Die Leerlaufdrehzahl kann mit der Zusatzgemisch-Regulierschraube eingestellt werden. Mit dem Leerlaufabschaltventil wird nach Ausschalten der Zündung ein Nachlaufen des Motors verhindert.

Übergangssystem

Beim Übergang von Leerlauf auf Teillast wird die Drosselklappe über das Fahrpedal etwas geöffnet, so daß die Übergangsbohrungen frei werden (Bypass-Bohrungen) und zusätzlich Kraftstoff aus den Bypass-Bohrungen angesaugt wird, bis bei weiterer Drosselklappenöffnung das Hauptdüsensystem wirksam wird. Der Kraftstoff tritt nun aus dem Hauptgemischaustritt aus (Unterdruck geringer als im Leerlaufsystem), der Leerlauf- und Übergangsgemischaustritt an der Drosselklappe wird unterbrochen. Bei zunehmender Drosselklappenöffnung sorgt eine unterdruckgesteuerte Teillastanreicherung für den erhöhten Kraftstoffbedarf.

Beschleunigungseinrichtung

Beim Beschleunigen muß dem Motor zusätzlich Kraftstoff über die Beschleunigungspumpe zugeführt werden. Die mechanisch betätigte Beschleunigungspumpe wird als Kolbenpumpe (Bild VI.31) oder als Membranpumpe ausgeführt. Sie leitet über das Spritzrohr zusätzlich Kraftstoff zu. Bei hoher Teillast oder bei Vollast (Drosselklappe ganz geöffnet) sorgt ein zusätzliches Volllastanreicherungsrohr für zusätzliche Kraftstoffanreicherung. Die Teillastanreicherung ist gleichzeitig mit dem Hauptsystem in Betrieb.

Vergaserzusatzeinrichtungen sind Höhenkorrektur (luftdruckabhängige Kraftstoffdrosselung durch eine Druckdose) und Gemischvorwärmung (gegen Vereisung). Durch Schubabschaltung erfolgt Kraftstoffersparnis durch Schließen der Drosselklappe im Schiebebetrieb (über die Zündung gesteuert).

Sind der Hubraum V_h eines Zylinders, die maximale Motordrehzahl n und die Zylinderanzahl bekannt, so kann der erforderliche *Vergaserdurchmesser* d (Saugrohrdurchmesser) berechnet werden (Solex):

$$d = k\sqrt{V_h\, n} \qquad (VI.44)$$

d	V	k	n
cm	cm^3	1	$\frac{1}{min}$

mit $k = 0{,}0026$ für 1 bis 4 Zylinder je Vergaser
$k = 0{,}031$ für 6 Zylinder je Vergaser
$k = 0{,}036$ für 8 Zylinder je Vergaser

Fallstrom-Registervergaser

Der Register(Stufen)-Vergaser verfügt über zwei Mischkammern, die zwei verschiedene Querschnitte aufweisen und in ein gemeinsames Ansaugrohr münden. Stufe I arbeitet als Vergaser mit den zuvor beschriebenen Teilsystemen für Kaltstart, Teillast, Teillastanreicherung und Beschleunigungseinrichtung. Die zweite Vergaserstufe (größerer Querschnitt) wird über ihre Drosselklappe belastungsabhängig durch eine Unterdruckdose zugeschaltet, damit im oberen Teillast- und Volllastbereich eine größere Gemischmenge zur Verfügung steht. Es werden Vergaser mit einem oder zwei Schwimmersystemen gebaut. Einsatz in Motoren mit großem Drehzahlbereich und gehobenen Leistungsanforderungen meist mit Startautomatik und Schubabschaltung.

Doppelregistervergaser werden für 6 ... 8-Zylindermotoren verwendet. Hierbei sind zwei Registervergaser zu einem Vergaser mit meist gemeinsamer Schwimmerkammer in einer Baugruppe vereint. Die Drosselklappen der I. Stufen sind mechanisch miteinander verbunden, die II. Stufen werden mechanisch oder unterdruckgesteuert zugeschaltet. Je eine I.- und II.-Stufe versorgt die Hälfte der Zylinder.

Doppelvergaser verwenden zwei Mischkammern gleichen Querschnitts. Die Drosselklappen werden gemeinsam betätigt. Je eine Mischkammer versorgt die Hälfte der Zylinder. Es wird nur eine Schwimmerkammer, eine Start- und Beschleunigungseinrichtung verwendet (für Motoren mit großem V_H).

Flachstrom-Gleichdruckvergaser arbeiten mit konstantem Unterdruck in der Mischkammer. Mit nur einem variablen Düsensystem im Zusammenwirken mit dem Luftsteuerkolben, wird der Gemischbedarf stufenlos von Leerlauf bis Vollast geregelt. Die Kolbensteuerung und die Steuerung des Nadeldüsenquerschnittes, erfolgt durch Unterdruck in Abhängigkeit von der Drosselklappenstellung, der Motordrehzahl und der Motorbelastung.

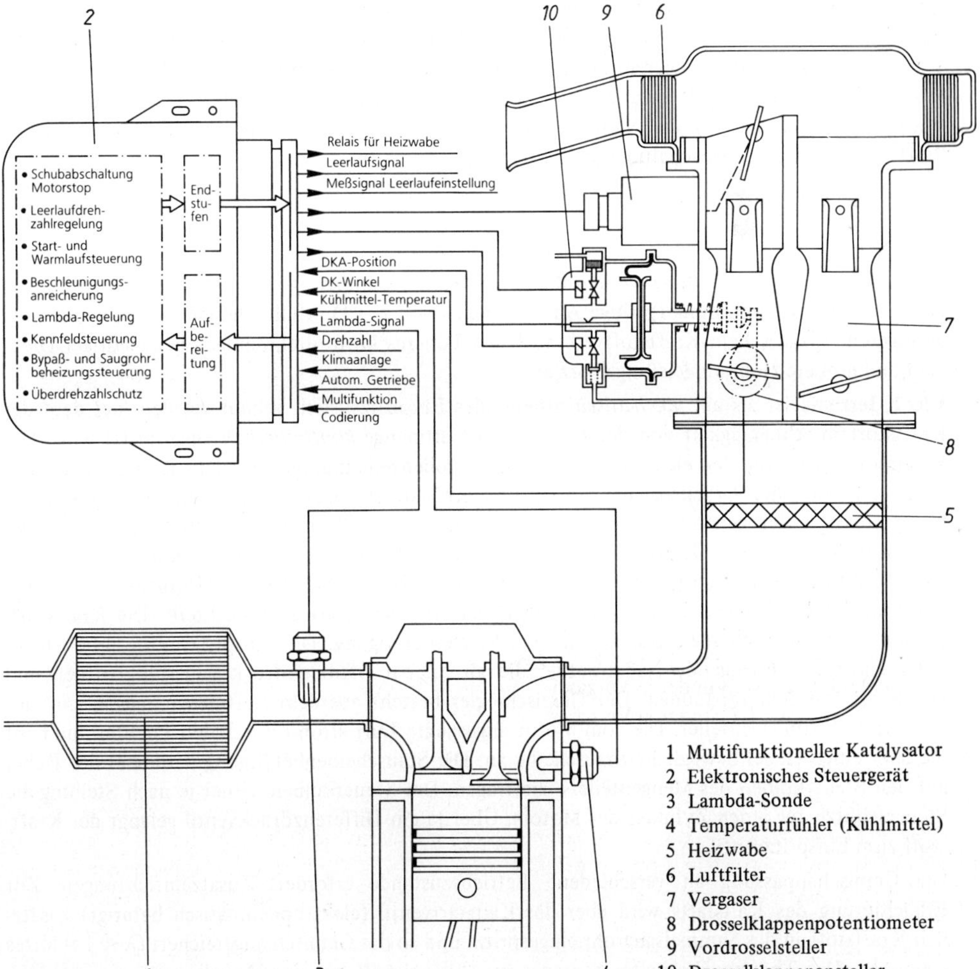

1 Multifunktioneller Katalysator
2 Elektronisches Steuergerät
3 Lambda-Sonde
4 Temperaturfühler (Kühlmittel)
5 Heizwabe
6 Luftfilter
7 Vergaser
8 Drosselklappenpotentiometer
9 Vordrosselsteller
10 Drosselklappenansteller

Bild VI.32. Elektronischer Vergaser (Pierburg)

Der **elektronisch geregelte Vergaser** (Bild VI.32) ist ein elektronisches Gemischbildungssystem. Er besteht aus einem bis auf seine Grundsysteme reduzierten Vergaser (Fallstrom-Register) mit Stellelementen, einem elektronischen Steuergerät und Sensoren zur Meßwerterfassung. Das Steuergerät verarbeitet Signale der Drosselklappenstellung, der Kühlmitteltemperatur, der Motordrehzahl, der Lambdasonde, der Klimaanlage und dem automatischen Getriebe.

Die Signale werden vom Steuergerät verarbeitet und kennfeldgesteuert als Steuergrößen den Vergaseranbaukomponenten zur Gemischbeeinflussung zugeführt.

Das System bietet die Möglichkeit der Selbstdiagnose, indem Abweichungen während des Betriebes erfaßt, gespeichert und aus dem Fehlerspeicher, abgerufen werden können. Die Beibehaltung der Vergasergrundfunktionen ermöglicht bei einem Ausfall der Motorelektrik Notlaufeigenschaften.

Die herkömmlichen Vergasereinrichtungen für Start, Warmlauf, Beschleunigung und Anreicherung entfallen und werden durch elektronisch beeinflußte Stellglieder ersetzt.

Vergaseranbaukomponenten des elektronischen Vergasers

Das Drosselklappenpotentiometer erfaßt die Stellungen und Bewegungsabläufe der Drosselklappe und meldet sie als Signal dem Steuergerät. Der Vordrosselschalter (Stellmotor) steuert über die Vordrosselklappe und die Leerlaufkorrekturdüse, das Mischungsverhältnis bei Kaltstart, Warmlauf, Beschleunigung, Lambda-Regelung und Überdrehzahlschutz. Der Drosselklappenansteller beeinflußt elektropneumatisch die Stellung der Drosselklappe zur Füllungssteuerung bei Leerlauf, Start, Warmlauf, Schubabschaltung und Motorstop.

7. Benzineinspritzung

Durch Benzineinspritzsysteme werden die Anforderungen an geringe Schadstoffemissionen durch genaue Kraftstoffzumessung (geringe Abweichungen von $\lambda = 1$) erfüllt. Darüber hinaus werden bei geringerem spezifischem Kraftstoffverbrauch ein höheres Motordrehmoment bei niedriger Drehzahl und größere Hubraumleistungen erzielt.

Die **K-Jetronic** ist als ein *mechanisch* arbeitendes Einspritzsystem gebaut worden, bei dem der Kraftstoff in Abhängigkeit von der angesaugten Luftmenge *kontinuierlich* eingespritzt wird. Der Kraftstoff wird von der elektrisch betriebenen Rollenzellenpumpe aus dem Kraftstoffbehälter angesaugt und über Druckspeicher, Filter und Kraftstoffmengenteiler zu den Einspritzventilen an jedem Zylinder geleitet, die kontinuierlich vor die Einlaßventile Kraftstoff zerstäuben. Der Kraftstoffdruck wird im Kraftstoffmengenteiler durch den Systemdruckregler konstant gehalten. Zuviel geförderter Kraftstoff geht in den Tank zurück. Nach Abstellen des Motors hält der Kraftstoffspeicher das System unter Druck, um einen erneuten Start zu erleichtern. Die Kraftstoffpumpe läuft aus Sicherheitsgründen nur bei Starterbetätigung. Die Einspritzventile arbeiten als federbelastete, schwingende Nadelventile, die ab 3,3 bar Öffnungsdruck selbsttätig öffnen und den Kraftstoff fein zerstäuben. Der Gemischregler besteht aus dem Luftmengenmesser und aus dem Kraftstoffmengenteiler. Die vom Motor angesaugte Luft strömt durch den Trichter und hebt die über einen Hebel bewegliche Stauscheibe an. Die Stauscheibenbetätigung wird über den Hebel auf den Steuerkolben des Mengenteilers übertragen. Der Steuerkolben öffnet je nach Stellung die Steuerschlitze für jeden Zylinder des Motors. Über je ein Differenzdruckventil gelangt der Kraftstoff zum Einspritzventil.

Die Gemischanpassung an verschiedene Betriebszustände erfordert Zusatzeinrichtungen. Zur Erleichterung des Kaltstarts wird über das Kaltstartventil (elektropneumatisch betätigt) zusätzlich Kraftstoff in das Sammelsaugrohr eingespritzt und so das Gemisch angereichert ($\lambda < 1$ = fettes Gemisch). Der Thermozeitschalter begrenzt in Abhängigkeit von der Motortemperatur, der Umgebungstemperatur und der Eigenheizung die Einspritzzeit. In der Warmlaufphase erfolgt eine

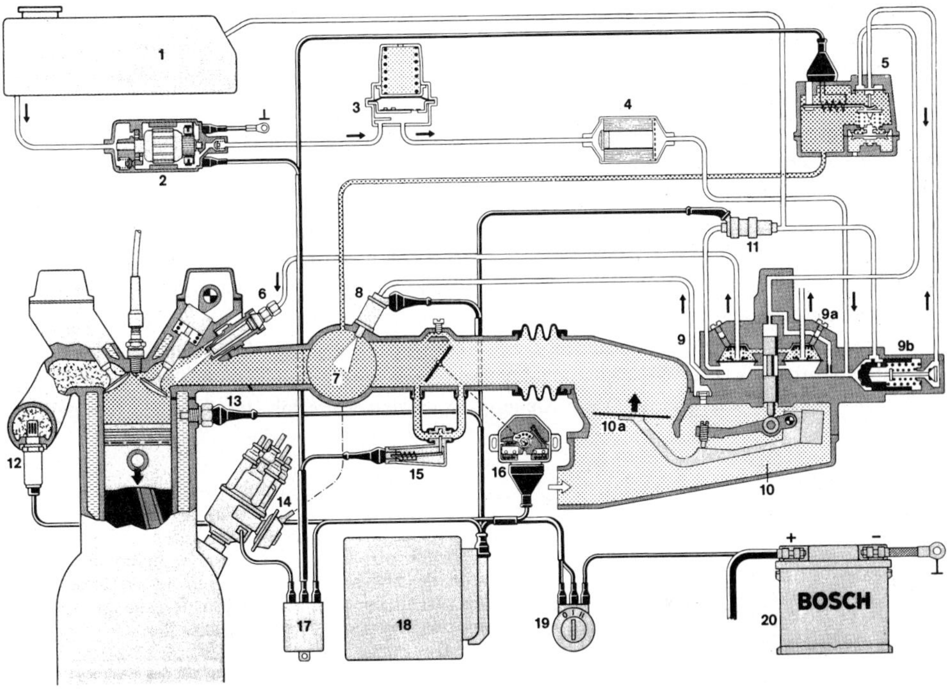

Bild VI.33. K-Jetronic-Anlagenschema (Bosch)

1 Kraftstoffbehälter
2 Elektrokraftstoffpumpe
3 Kraftstoffspeicher
4 Kraftstoffilter
5 Warmlaufregler
6 Einspritzventil
7 Sammelsaugrohr
8 elektrisches Startventil
9 Gemischregler
9a Kraftstoffmengenteiler
9b Systemdruckregler
10 Luftmengenmesser
10a Stauscheibe
11 Taktventil
12 Lambda-Sonde
13 Thermozeitschalter
14 Zündverteiler
15 Zusatzluftschieber
16 Drosselklappenschalter
17 Steuerrelais
18 Steuergerät
19 Zünd-Start-Schalter
20 Batterie

Gemischanreicherung durch den Warmlaufregler. Die erhöhte Leerlaufdrehzahl wird in der Warmlaufphase durch den Zusatzluftschieber erzielt, der unter Drosselklappenumgehung eine Zusatzluftmenge für den einwandfreien Motorlauf zuführt.

Zum Betrieb eines Dreiwege-Katalysators ist das mechanische System nicht genau genug. Ein elektronisches Steuergerät, dessen wesentliches Eingangssignal von der Lambdasonde kommt, steuert über das Taktventil den Differenzdruck über den Steuerschlitzen und damit die Einspritzmenge (Luftkraftstoff-Verhältnis nur gering von $\lambda = 1$ abweichend).

Die **KE-Jetronic** ist die Weiterentwicklung der K-Jetronic. Das mechanisch-hydraulische Grundprinzip der K-Jetronic bleibt erhalten. Zur Verbesserung der Gemischanpassung, insbesondere während der Warmlaufphase und beim Lastwechsel werden von einem *elektronischen Steuergerät* zusätzliche, von Sensoren erfaßte Daten verarbeitet.

Der wesentliche Unterschied besteht im Wegfall des Warmlaufreglers. Dessen Aufgabe und zusätzliche Steuerfunktionen übernimmt der elektrohydraulische Drucksteller. Das Steuergerät verarbeitet die Signale, die von der Zündung (Motordrehzahl), Motortemperaturfühler, Stauscheiben-Potentiometer (angesaugte Luftmenge), Drosselklappenschalter (Gaspedalstellung),

Starterschalter und Lambda-Sonde kommen und gibt sie als Steuersignale an den elektrohydraulischen Drucksteller weiter. Damit können neben Start-, Vollast- und Beschleunigungsanreicherung, Schubabschaltung, Drehzahlbegrenzung, Lambdaregelung und Höhenkorrektur verwirklicht werden.

Die **L-Jetronic** ist eine *elektronisch* gesteuerte Benzineinspritzung mit Luftmengenmessung und *intermittierender* Einspritzung (Bild VI.34).

Der Kraftstoff wird von der Pumpe aus dem Tank gesaugt und über das Filter und dem Verteilerrohr dem Druckregler zugeführt. Der sorgt für gleichmäßigen Kraftstoffdruck (2,5 bar) an den elektromagnetisch betätigten Einspritzventilen. Jeder Zylinder ist mit einem Einspritzventil versehen, die alle gleichzeitig, unabhängig von der Einlaßventilstellung, je Kurbelwellenumdrehung einmal betätigt werden (intermittierend). Die Einspritzmenge wird über die Öffnungsdauer der Einspritzventile vom Steuergerät beeinflußt. Die Ansaugluft bewegt eine federbelastete Stauklappe im Luftmengenmesser. Die Winkelstellung der Stauklappe wird über ein Potentiometer als Signal an das Steuergerät weitergeleitet. Vom Steuergerät werden weiterhin die Ansauglufttemperatur

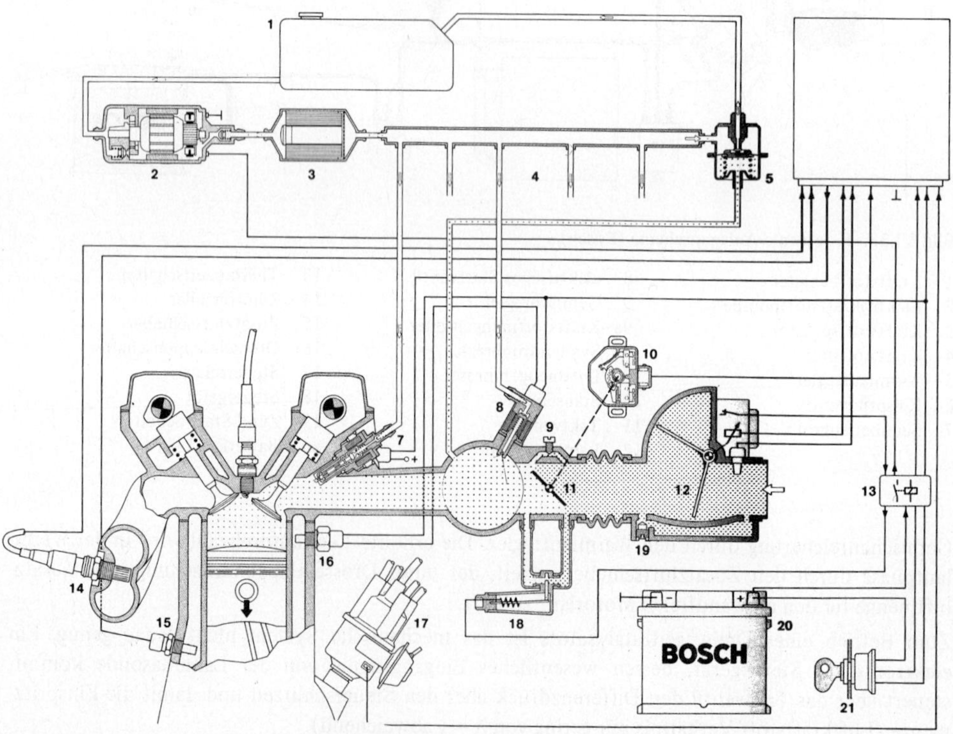

Bild VI.34. L-Jetronic-Anlagenschema (Bosch)

1 Kraftstoffbehälter
2 Elektrokraftstoffpumpe
3 Kraftstoffilter
4 Verteilerrohr
5 Druckregler
6 Steuergerät
7 Einspritzventil
8 Kaltstartventil
9 Leerlaufdrehzahl-Einstellschraube
10 Drosselklappenschalter
11 Drosselklappe
12 Luftmengenmesser
13 Relaiskombination
14 Lambda-Sonde
15 Motortemperaturfühler
16 Thermozeitschalter
17 Zündverteiler
18 Zusatzluftschieber
19 Leerlaufgemisch-Einstellschraube
20 Batterie
21 Zünd-Start-Schalter

im Luftmengenmesser, die Motordrehzahl und der Einspritzzeitpunkt über die Zündanlage, die Motortemperatur über den Temperaturfühler und die Stellung der Drosselklappe über den Drosselklappenschalter (Belastungssignal), verarbeitet. Die Funktionen des Zusatzluftschiebers, des elektrischen Kaltstartventils und des Thermozeitschalters, entsprechen denen bei der K-Jetronic beschriebenen.

Als weitere Funktionen sind Schubabschaltung im Schiebebetrieb, sowie Drehzahlbegrenzung bei maximaler Motordrehzahl möglich. Die Signale der Lambda-Sonde werden vom Steuergerät zur Gemischänderung über die Öffnungsdauer der Einspritzventile verarbeitet.

Die **LH-Jetronic** ist die Weiterentwicklung der L-Jetronic. Zur Messung der angesaugten Luftmenge wird statt des Klappen-Luftmengenmessers ein *Hitzdraht-Luftmassenmesser* verwendet. Die Ansaugluft wird über einen beheizten Platindraht geleitet, der auf konstanter Temperatur gehalten wird. Die Veränderung des Heizstromes zur Temperaturkonstanthaltung wird als Maß für die angesaugte Luftmasse verwendet.

Das digitale Steuergerät steuert das Gemisch über ein Last-Drehzahl-Motorkennfeld. Gemischbeeinflussender Faktor ist die Einspritzdauer der Einspritzventile. Statt des Zusatzluftschiebers besitzt die LH-Jetronic einen Leerlaufsteller, mit dem eine Leerlauffüllungsregelung zur Regelung und Stabilisierung der Leerlaufdrehzahl erreicht wird.

Die **Zentraleinspritzung** (Bild VI.35) ist eine elektronische Einspritzanlage, die im Gegensatz zur K- und L-Jetronic nur ein Einspritzventil zur intermittierenden Einspritzung (synchron zum Ansaugtakt) vor der Drosselklappe verwendet (Mono-Jetronic). Durch die hohe Luftgeschwindigkeit

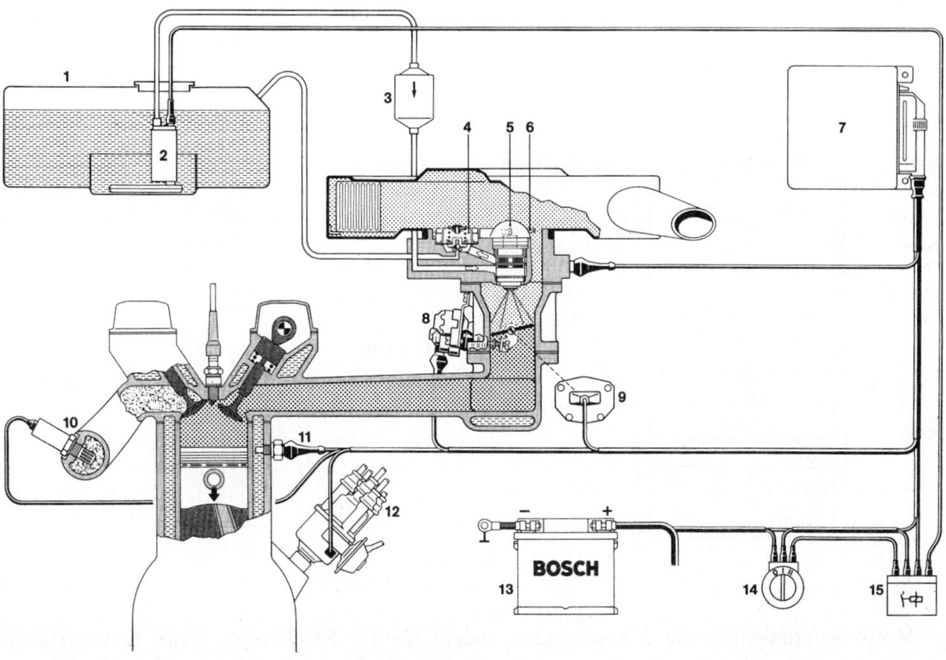

Bild VI.35. Zentraleinspritzung Mono-Jetronic (Bosch)

1 Kraftstoffbehälter
2 Elektrokraftstoffpumpe
3 Kraftstoffilter
4 Systemdruckregler (1 bar)
5 Einspritzventil
6 Luft-Temperaturfühler
7 Steuergerät
8 Drosselklappenstellmotor
9 Drosselklappenpotentiometer
10 Lambda-Sonde
11 Motor-Temperaturfühler
12 Zündverteiler
13 Batterie
14 Zünd-Start-Schalter
15 Relais

und die Spritzkegelausformung wird eine gute Gemischaufbereitung erzielt. Die Gemischverteilung erfolgt wie beim Vergaser über das Saugrohr zu den einzelnen Zylindern.

Das digitale Steuergerät mit Mikrocomputer und Kennfeldspeicher, verarbeitet Signale des Lufttemperaturfühlers, des Drosselklappenpotentiometers, des Motortemperaturfühlers, der Lambda-Sonde, sowie der Zündung und berechnet hieraus die Einspritzdauer des zentralen Einspritzventils als Maß für die jeweilige Gemischzusammensetzung.

Hauptsteuergrößen sind die *Drosselklappenstellung* und die *Motordrehzahl*. Zur Kaltstartanreicherung und zum Warmlauf erfolgt Mehreinspritzung. Leerlauf-Drehzahlsteuerung erfolgt über den Drosselklappenstellmotor (Mehrluftmengenzufuhr). Teillast, Vollast, Beschleunigung und Schiebebetrieb werden aus dem Drosselklappensignal erkannt und auf die Einspritzdauer umgerechnet.

Die K- und L-Jetronic-Systeme, einschließlich der Zentraleinspritzung optimieren im weitesten Sinne nur die Gemischzusammensetzung.

Die **Motronic** verbindet die Einzelsysteme der Benzineinspritzung und der elektronischen Zündung zu einem digitalen Motorsteuerungssystem.

Diese Steuerung basiert auf gespeicherten *Kennfeldern* (Zünd-, Einspritz-, Schließwinkel-, Lambdaregelungs- und Warmlaufkennfeld), deren Parameter z.B. abhängig von Drehzahl, Belastung und Batteriespannung sind.

In einem Mikrocomputer werden die durch Sensoren übermittelten Daten in Steuergrößen für den günstigsten Zündzeitpunkt (Zündwinkel, Schließwinkel), die optimale Kraftstoffeinspritzmenge (λ = 1-Regelung über Einspritzdauer) und Leerlaufregelung (Leerlaufsteller) umgerechnet und über Leistungsendstufen verstärkt an die entsprechenden Stellglieder angelegt (Bild VI.36). Der Mikrocomputer kann die Einspritzmenge und den Zündzeitpunkt genau an die verschiedenen Betriebszustände anpassen. Vorteil: Geringe Schadstoffemission, geringer Kraftstoffverbrauch und hohe Hubraumleistung.

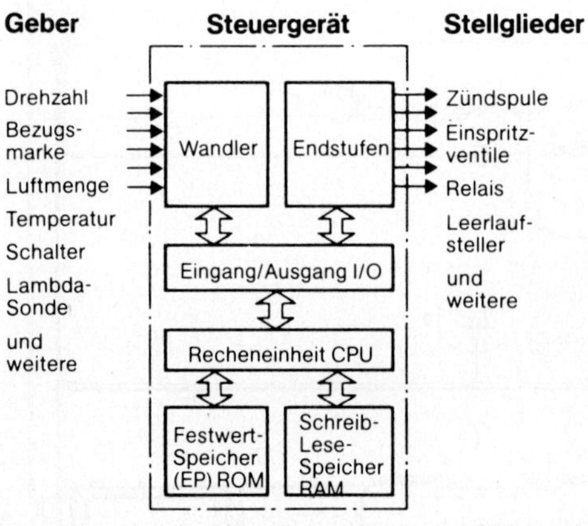

Bild VI.36
Steuergrößen des Motronic-Steuergerätes (Bosch)

Die Motronic ermöglicht die *Eigendiagnose*, indem die im Fahrbetrieb gespeicherten Daten beim Service ausgegeben werden können. Bei Bedarf werden Drehzahlbegrenzung, Klopfregelung, Ladedruckregelung bei Turbomotoren, Start-Stop-Betrieb, Getriebesteuerung bei Automatikgetrieben, Zylinderabschaltung und Geschwindigkeitsregelung mit der Motronic realisiert.

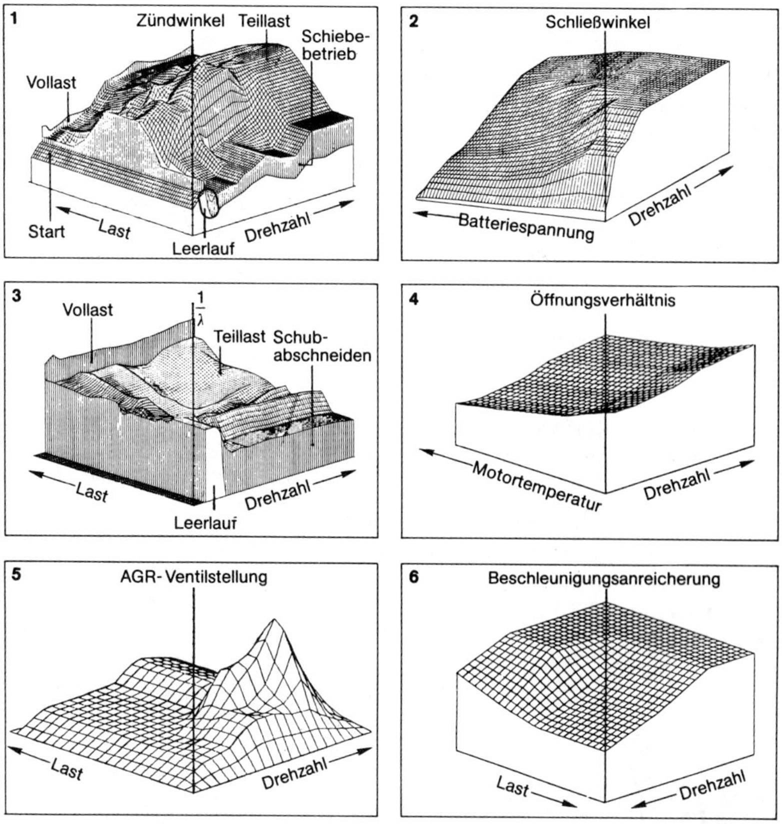

Bild VI.37. Kennfelder des Motronic-Systems (Bosch).
1 Zündwinkel, 2 Schließwinkel, 3 Lambda-Kehrwert, 4 Öffnungsverhältnis des Leerlaufstellers, 5 Ventilstellung der Abgasrückführung, 6 Beschleunigungsanreicherung

8. Dieselmotoren

Fahrzeug-Dieselmotoren arbeiten nach dem Viertaktverfahren, Großdiesel (Schiffsdiesel) vorwiegend nach dem Zweitaktverfahren. Der Dieselmotor arbeitet mit innerer Gemischbildung und Selbstzündung. Er saugt im ersten Takt über den Luftfilter Luft an und verdichtet sie im zweiten Takt mit $\epsilon = 14 \dots 24$ auf 28 ... 50 bar, wobei sie sich auf 750 ... 900 °C erwärmt. Etwa 15 ... 30° vor OT wird mit einem Druck von 100 ... 150 bar (Vor- und Wirbelkammermotoren) und 200 ... 350 (... 1000) bar (Direkteinspritzung) in die verdichtete Luft Kraftstoff eingespritzt. Der Einspritzvorgang endet 5 ... 20° nach OT. Die Zeit, in der sich der Kraftstoff dabei mit der Luft vermischt, verdampft und dann selbstentzündet, wird als Zündverzug bezeichnet. Er beträgt ca. 0,001 s. Er ist abhängig von der Cetanzahl, der Lufttemperatur und der Zerstäubungsintensität. Größerer Zündverzug ist unerwünscht und macht sich als harte, geräuschvolle Verbrennung (oft als Nageln bezeichnet-Kaltstart) bemerkbar. Der Druck steigt im Arbeitstakt auf 60 ... 80 bar an, wobei die Verbrennungstemperatur 2000 ... 2500 °C erreicht. Durch die Gasexpansion wird Arbeit verrichtet.

Dieselmotoren arbeiten mit Direkteinspritzung (luftverteilende und wandverteilende Einspritzung) und mit indirekter Einspritzung nach dem Vor- und Wirbelkammerverfahren.

Bei der **luftverteilenden Direkteinspritzung** wird der Kraftstoff über eine Mehrlochdüse direkt in den durch Kolbenmulde und Zylinderkopf gebildeten Brennraum gespritzt. Die Luft wird durch den drallförmigen Einlaßkanal und die Kolbenmuldenform in Drehung versetzt (gute Gemischbildung, geringer spezifischer Kraftstoffverbrauch, gutes Kaltstartverhalten), Einsatz in den meisten LKW-Motoren. Die **wandverteilende Direkteinspritzung** nach dem MAN-M-Verfahren (Bild VI.38), ist gekennzeichnet durch den kugelförmigen, im Kolbenboden eingelassenen Brennraum, in den der Kraftstoff eingespritzt wird. Nur etwa 5 % des Kraftstoffs zerstäuben und zünden (Zündstrahl); 95 % treffen auf die Brennraumwand, wo sie als Kraftstoffilm schichtweise abdampfen, sich mit der Luft vermischen und vom Zündstrahl entzündet werden (weiche, zeitlich kontrollierte Verbrennung, geringer Kraftstoffverbrauch). Beide Direkteinspritzverfahren benötigen keine Kaltstarthilfen durch Glühkerzen.

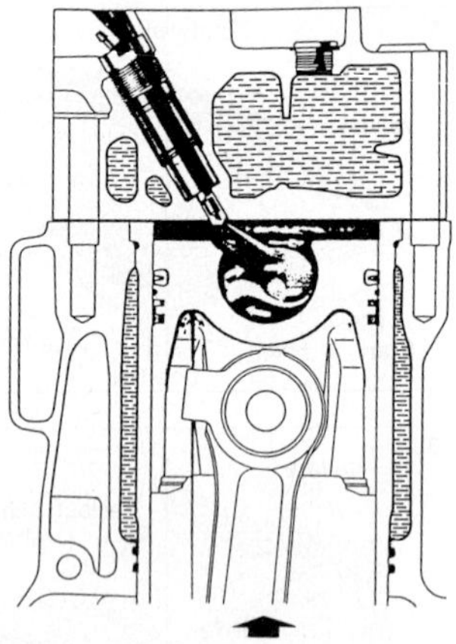

Bild VI.38. Direkteinspritzung nach dem MAN-M-Verfahren (MAN)

Vorkammerverfahren: Der Kraftstoff wird mit einer Zapfendüse (100 ... 130 bar) in die durch Bohrungen (Schußkanäle) mit dem Brennraum verbundene, Vorkammer eingespritzt. Durch die geringe Luftmenge in der Kammer (0,3 V_c) verbrennt nur ein kleiner Kraftstoffanteil.

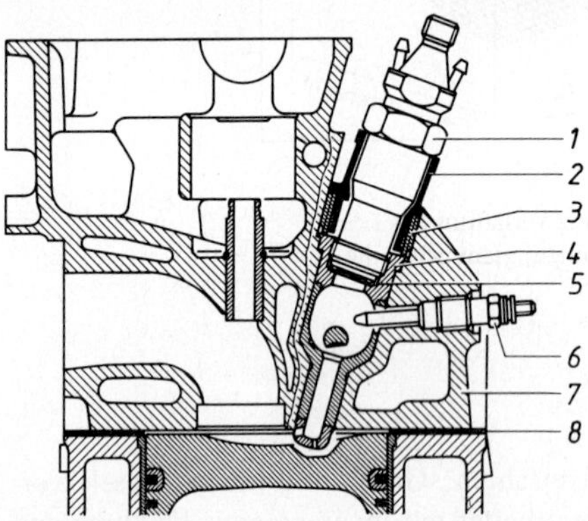

Bild VI.39. Vorkammerverfahren (Daimler-Benz)

1 Düsenhalter, 2 Abdichthülse, 3 Gewindering, 4 Vorkammereinsatz, 5 Dichtplatten, 6 Glühkerze, 7 Zylinderkopf, 8 Zylinderkopfdichtung

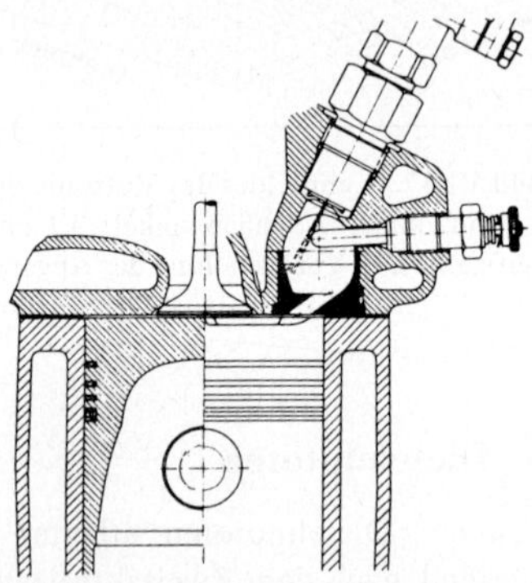

Bild VI.40. Wirbelkammerverfahren (Opel)

Durch den Druckanstieg wird verdampfender Kraftstoff mit hoher Geschwindigkeit in den Verbrennungsraum gedrückt, wo er sich mit der Luft mischt und verbrennt.

Wirbelkammerverfahren: Der Kraftstoff wird über eine Zapfendüse (110 ... 130 bar) in eine, mit dem Zylinder durch einen großen tangentialen Schußkanal verbundene, kugelförmige Wirbelkammer (0,5 V_c) gespritzt. Er entzündet sich an der stark verwirbelten Luft. Die Verbrennung geht in den Hauptbrennraum über.

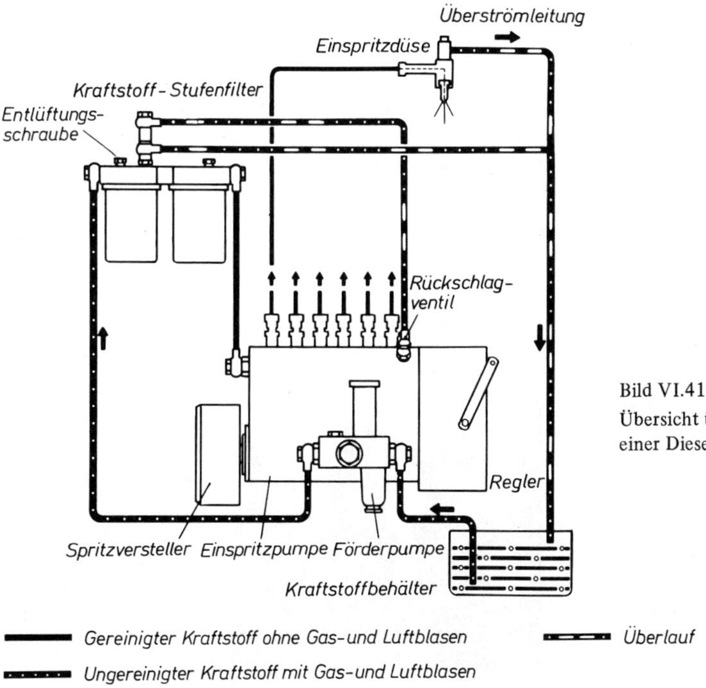

Bild VI.41
Übersicht über den Kraftstoffumlauf in einer Diesel-Einspritzanlage (Bosch)

Kennzeichen: Hohe Drehzahlen möglich, Einsatz in PKW-Motoren, Starthilfe durch Glühkerzen nötig, relativ weicher Motorlauf.

Die Komponenten einer Dieseleinspritzanlage zeigt Bild VI.41.

Die **Kraftstofförderpumpe** fördert den Kraftstoff aus dem Tank durch ein Vorreinigungssieb über das Filter zur Einspritzpumpe. Bei Falltankanlagen kann die Förderpumpe entfallen. Je nach Förderleistung werden einfach- oder doppeltwirkende Kolbenförderpumpen verwendet, die meist an der Reihen-Einspritzpumpe befestigt sind. Über einen Exzenter werden sie von der Einspritzpumpennockenwelle angetrieben. Förderhub und Fördermenge stellen sich je nach Druck in der Förderleitung über die Kolbenfeder von selbst ein. Die Handpumpe dient zum Füllen und Entlüften der Einspritzanlage.

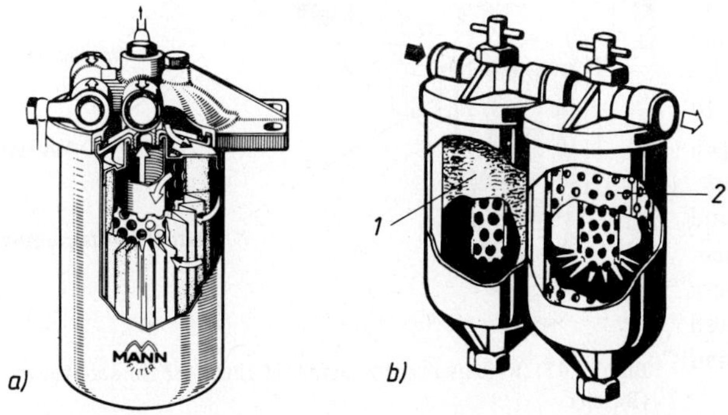

Bild VI.42
Dieselkraftstoffilter (Mann)
a) Wechselfilterelement
b) Doppelfilter (Stufenfilter mit Vorfilterstufe (1) und Feinfilter (2)

Als **Kraftstoffilter** für Dieselmotoren werden Wechselfilter oder Filtereinsätze aus Filz, meist aber Papier verwendet (Filterbox mit Filterdeckel). Filterdeckel können mit einer Handpumpe versehen sein. Einspritzpumpenelemente und Einspritzdüsen sind mit hoher Genauigkeit gefertigt. Hohe Filterqualität (Filtrierfähigkeit 0,015 mm) und Einhaltung der Wechselintervalle tragen entscheidend zur Funktionsfähigkeit und Lebensdauer der Einspritzanlage bei. Eine Überströmdrossel am Filter sichert einen gleichbleibenden Druck im Saugraum der Einspritzpumpe und entlüftet gleichzeitig den Filter und den Saugraum der Einspritzpumpe. Filterdeckel können mit Einrichtungen zur Kraftstoffvorwärmung (gegen Paraffinausscheidung) versehen werden.

Einspritzpumpe

In der Einspritzpumpe wird der Kraftstoff belastungs- und drehzahlabhängig auf den Einspritzdruck verdichtet. Über die Einspritzleitungen wird er zu den Enspritzdüsen gefördert, die ihn in den Verbrennungsraum einspritzen. Verwendet werden Reihen- und Verteilereinspritzpumpen, sowie Pumpen für Vielstoffmotoren. Die Reiheneinspritzpumpe wird über Zahnräder, Zahnriemen oder Steuerketten mit Nockenwellendrehzahl (Viertaktmotor) von der Kurbelwelle angetrieben. Zur Schmierung der Pumpennockenwelle ist entweder eine eigene Ölversorgung oder der Anschluß an den Motorölkreislauf vorgesehen.

Aufbau: Die **Reiheneinspritzumpe** (Bild VI.43) hat für jeden Zylinder des Motors ein Pumpenelement, das aus einem Pumpenzylinder (meist Zweilochelement mit Zulauf- und Steuerbohrung) und einem Pumpenkolben besteht. Der Kolben wird durch einen Nocken der Pumpennockenwelle über Rollenstößel gehoben und durch eine Feder gesenkt. Der Kolben ist mit ca. 0,003 mm Spiel ohne Dichtelement in den Zylinder eingepaßt. Feinabdichtung und Schmierung erfolgt nur durch den Kraftstoff. Da der Kolbenhub unveränderlich ist, wird die Fördermenge durch Drehen des Kolbens verändert. Die über das Fahrpedal betätigte Regelstange verdreht über einen Zahnkranz und eine Regelhülse alle Kolben der Einspritzpumpe. Der Kolben ist mit einer Längsnut und einer schrägen Steuerkante versehen. Durch die Längsnut ist der Druckraum über dem Kolben mit dem Raum unterhalb der Steuerkante verbunden (Bild VI.44).

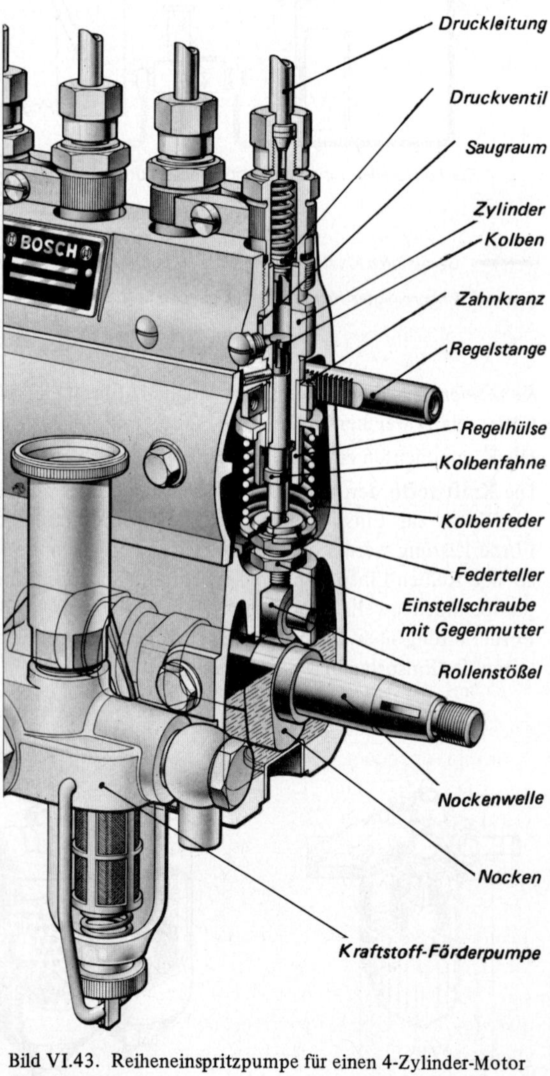

Bild VI.43. Reiheneinspritzpumpe für einen 4-Zylinder-Motor (Bosch)

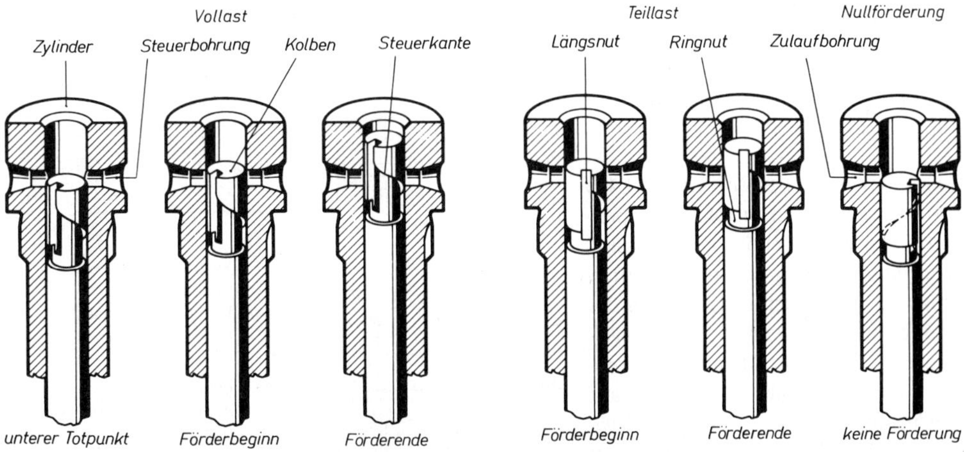

Bild VI.44. Kraftstoffregelung durch Drehkolben (Bosch)

Sobald die Kolbenoberseite die Zulaufbohrung verschließt, beginnt die Förderung. Sie endet, wenn die Steuerkante die Steuerbohrung freigibt. Je nach Drehung des Kolbens (Fahrpedalstellung) geschieht dies früher oder später (Teillast oder Vollast). Förderbeginn ist immer im gleichen Zeitpunkt, das Förderende ist variabel. Das Abstellen des Motors (Nullförderung) wird durch Kolbenverdrehung in die Stellung vollzogen, in der die Längsnut vor der Steuerbohrung steht. Ein Regelstangenanschlag begrenzt den Weg der Regelstange und damit die Vollastmenge. Um bei Förderende ein schnelles Schließen der Einspritzdüse zu erreichen und ein Nachtropfen von Kraftstoff in den Verbrennungsraum zu verhindern, muß der Druck in der Druckleitung etwas sinken. Das *Druckventil* schließt bei Förderende den Druckraum gegenüber der Einspritzleitung ab und sorgt für ein sicheres Schließen der Einspritzdüse ohne Nachtropfen.

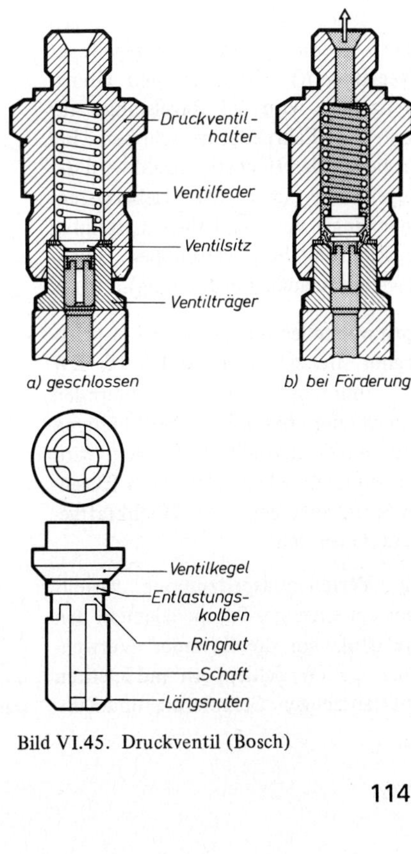

Bild VI.45. Druckventil (Bosch)

Drehzahlregler

Dieselmotoren sollen entweder eine bestimmte Drehzahl unabhängig von der jeweiligen Belastung einhalten oder einen Drehzahlbereich nicht über- oder unterschreiten. Die Anforderung wird durch Verändern der Einspritzmenge mittels Regelstangenverschiebung erfüllt. In Fahrzeugmotoren (PKW, LKW) dient der Regler zur Sicherung der Leerlauf und Höchstdrehzahl. *Alldrehzahlregler* wirken über den gesamten Drehzahlbereich (Schlepper, LKW mit Nebenantrieben, Schiffsantriebe). *Fliehkraftregler* arbeiten drehzahlabhängig, *pneumatische Regler* sind Alldrehzahlregler und arbeiten in Abhängigkeit vom Unterdruck im Ansaugrohr.

Elektronische Regeleinrichtungen verarbeiten in einem Steuergerät mehrere Eingangssignale und wandeln diese kennfeldgesteuert in Regelstangenverschiebungen um.

Beim *Pneumatikregler* (Bild VI.46) wird über ein Venturirohr (Klappenstutzen) mit Drosselklappe im Ansaugrohr ein belastungsabhängiger Unterdruck zu einem Membranblock an der Einspritzpumpe geführt. Die Regelstange ist mit einer Membran verbunden, die von einer Regelfeder auf Vorspannung gehalten wird. Die Regelung wird wirksam, sobald der durch die Motordrehzahl hervorgerufene Unterdruck die Regelfederspannung überwinden kann und umgekehrt.

Der *Fliehkraftregler* wird von der Pumpennockenwelle angetrieben (Bild VI.47). Er besitzt zwei umlaufende Fliehgewichte, die über ein Hebelsystem mit der Regelstange verbunden sind. Jedes Fliehgewicht arbeitet gegen eine Leerlauf- und Endregelfeder (Regelfedern). Zwischen den Grenzdrehzahlen wird die Regelstange nur über das Fahrpedal verschoben. Bei Erreichen der Höchstdrehzahl wird die Regelstange über das Hebelsystem unabhängig von der Fahrpedalstellung in Richtung Stop verschoben (Fliehgewichte in äußerster Stellung).

Spritzversteller verlegen den Einspritzbeginn drehzahlabhängig bis 16 °KW vor, um den leistungsmindernden Zündverzug besonders bei höheren Drehzahlen auszugleichen. Dazu wird die Pumpennockenwelle durch Exzenter-Spritzversteller (fliehkraftgesteuert) verdreht.

Die **Verteilereinspritzpumpe** verteilt über ein einzelnes Pumpenelement den Kraftstoff auf die Zylinder. Verwendung in PKW, Schleppern und leichten Nutzfahrzeugen. Schmierung und Küh-

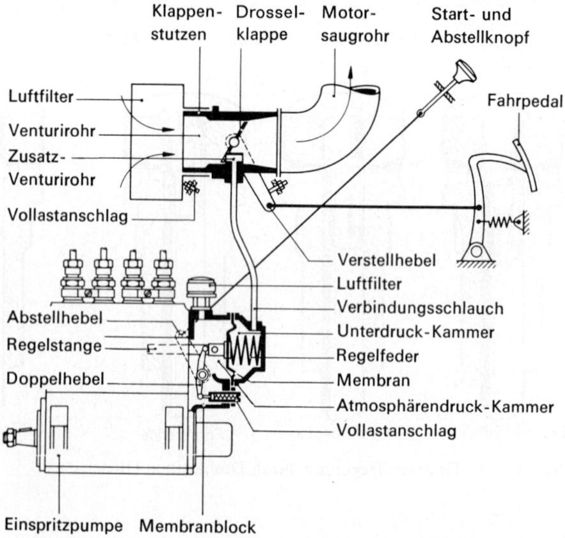

Bild VI.46. Pneumatikregler. Funktionsschema in Ruhelage (Bosch)

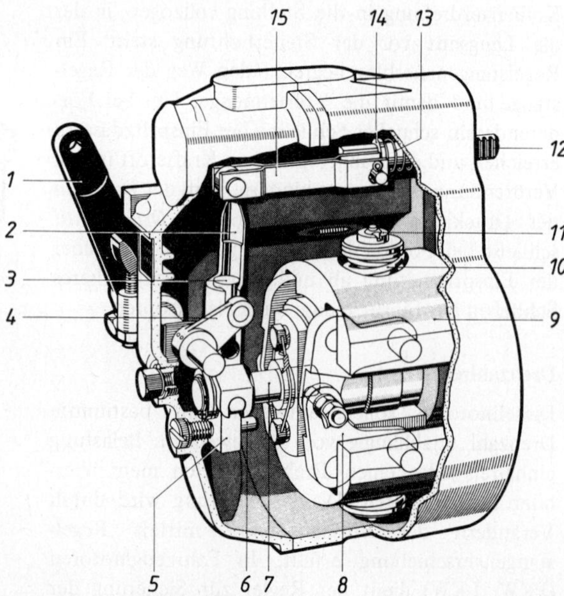

Bild VI.47. Fliehkraftregler (Bosch)

1 Verstellhebel, 2 Regelhebel, 3 Kulissenstein, 4 Lenkhebel, 5 Gleitstein, 6 Führungsbolzen, 7 Verstellbolzen, 8 Winkelhebel, 9 Fliehgewichte, 10 Regelfedern, 11 Einstellmutter, 12 Regelstange, 13 Spielausgleichsfeder, 14 Federteller, 15 Gelenkgabel

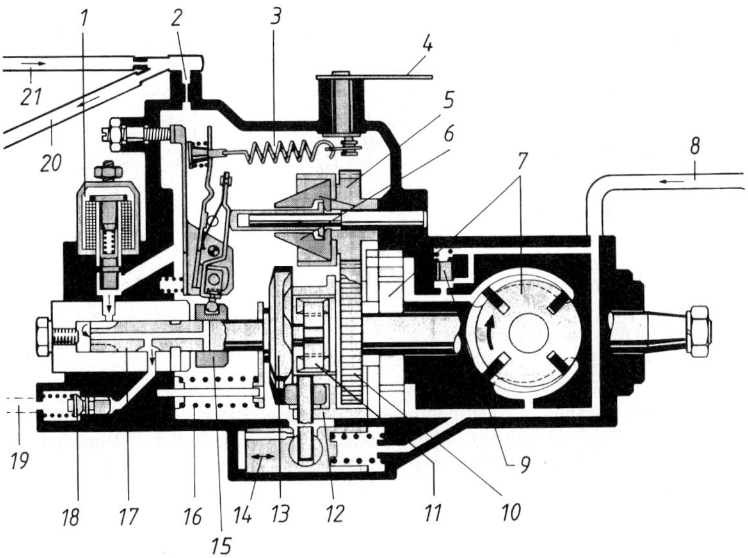

1 Magnetventil (Abstellventil)
2 Überströmdrossel
3 Regelfeder
4 Verstellhebel
5 Reglergruppe
6 Fliehgewichte
7 Förderpumpe (Flügelzellenpumpe)
8 vom Filter
9 Drucksteuerventil
10 Reglerantrieb
11 Klauenkupplung
12 Rollenring
13 Hubscheibe
14 Spritzversteller
15 Regelschieber
16 Kolbenrückholfeder
17 Verteilerkolben
18 Druckventil
19 zur Einspritzdüse
20 Überstromleitung
21 zum Tank

Bild VI.48. Verteilereinspritzpumpe mit Fliehkraftregler (Volkswagen)

lung erfolgt nur durch Kraftstoff. Die Baugruppen zeigt Bild VI.48. Die Kraftstofförderpumpe (Flügelzellenpumpe) ist im Gehäuse der Verteilerpumpe untergebracht. Sie fördert den Kraftstoff in den Pumpeninnenraum. Über ein Drucksteuerventil wird der Pumpeninnendruck drehzahlabhängig reguliert und nicht benötigter Kraftstoff zum Tank zurück befördert. Vereinzelt wird zusätzlich eine Vorförderpumpe (Membranpumpe von Motornockenwelle angetrieben) eingesetzt. An der angetriebenen Hubscheibe ist der Verteilerkolben befestigt. Die Nockenanzahl der Hubscheibe entspricht der Zylinderzahl. Die Nocken wälzen sich auf dem Rollenring ab und bewirken über eine Dreh-Hubbewegung des Verteilerkolbens, die Verteilung und Förderung des Kraftstoffs zu den einzelnen Einspritzdüsen. Der Verteilerkolben besitzt Verteilernuten (Anzahl = Zylinderzahl), der Verteilerkopf Auslaßbohrungen, die zu den Druckventilen führen. Während der Dreh-Hubbewegung überschneiden die Verteilernuten während des Druckhubs die Auslaßbohrungen (Förderbeginn). Das Förderende und damit die Einspritzmenge wird durch die Stellung des beweglichen Regelschiebers bewirkt, der die Absteuerbohrung freigibt.

Die Verteilerpumpe ist mit einem *Fliehkraftregler* (Leerlauf-Enddrehzahlregler oder Alldrehzahlregler) ausgerüstet, der von der Antriebswelle über einen Zahntrieb angetrieben wird. Die Fliehgewichte verschieben über einen federbelasteten Hebelmechanismus die Position des Regelschiebers auf dem Verteilerkolben. Motorabstellen erfolgt entweder durch ein Magnetventil (Kraftstoffzufuhr sperren) oder durch einen mechanischen Absteller (Regler betätigen). Der *hydraulische Spritzversteller* verdreht in Abhängigkeit vom Pumpeninnendruck mit steigender Drehzahl den Rollenring entgegen der Hubscheibendrehrichtung auf Früheinspritzung.

Durch die **Einspritzdüse** wird der Kraftstoff fein zerstäubt und gerichtet im Brennraum verteilt. Über den *Düsenhalter* wird die Einspritzdüse im Zylinderkopf befestigt. Er besitzt Anschlüsse für den Zulauf (Pumpe) und Rücklauf (Lecköl). Über den Druckbolzen wird die Düsennadel mit einer vorgespannten Druckfeder (Vorspannung bestimmt Öffnungsdruck) gegen die Dichtfläche des Düsenkörpers gepreßt.

Einspritzbeginn: Die Düsennadel hebt gegen den Federdruck von ihrem Sitz ab.

Förderende: Die Federkraft übersteigt die Druckkraft an der Düsennadel und schließt das Ventil. Der Düsenöffnungsdruck wird durch Ausgleichsscheiben oder Einstellschrauben eingestellt.

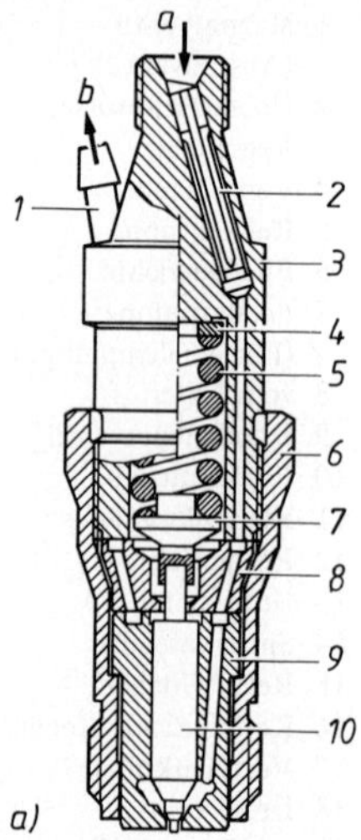

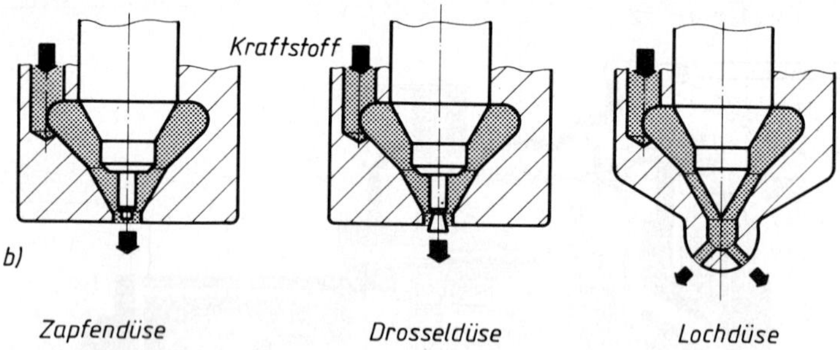

Bild VI.49. Einspritzdüsen
a) Düsenhalter mit Einspritzdüse (Daimler-Benz),
b) Einspritzdüsen-Bauarten (Opel)
1 Leckölanschluß, 2 Zulaufbohrung mit Stabfilter, 3 Haltekörper, 4 Ausgleichsscheibe (Druckeinstellung), 5 Druckfeder, 6 Düsenspannmutter, 7 Druckbolzen, 8 Zwischenscheibe, 9 Düsenkörper, 10 Düsennadel, a Kraftstoffzulauf, b Leckkraftstoff-Rücklauf

Lochdüsen werden für Direkteinspritzmotoren (Öffnungsdruck 175 ... 250 bar), *Zapfendüsen* für Vor- und Wirbelkammermotoren (Öffnungsdruck 110 ... 140 bar) verwendet.

Sonderbauarten von Dieselmotoren können als *Mehrstoffmotoren* (Benzin, Petroleum usw.) betrieben werden. Zusatzeinrichtungen schaffen die Anpassung an die jeweilige Betriebsart.

Kaltstarthilfen für Dieselmotoren

Bei niedrigen Temperaturen reicht die Verdichtungswärme zur Kraftstoffselbstentzündung nicht aus (Wärmeleitverluste). Motoren mit Direkteinspritzung zeigen ein besseres Kaltstartverhalten als Vor- und Wirbelkammermotoren.

Starthilfseinrichtungen für Direkteinspritzmotoren

Ein *Heizflanschelement* mit elektrisch beheizten Drähten (900 ... 1100 °C) im Saugrohr zwischen Luftfilter und Zylinderkopf erwärmt die beim Start angesaugte Luft.

Bei *Flammstartanlagen* wird die Ansaugluft durch Verbrennen von Kraftstoff erwärmt. Der Kraftstoff wird vom Filter- oder dem Einspritzpumpenrücklauf über ein Magnetventil einer Flammglühkerze im Ansaugrohr zugeführt. Hier verdampft er an einem Verdampferrohr, entzündet sich an einem Glühstift und wärmt die Ansaugluft an. Zur Verbesserung der Warmlaufeigenschaften werden Einrichtungen mit temperaturgesteuertem Nachflämmen verwendet.

Starthilfseinrichtungen für Vor- und Wirbelkammermotoren

Bei Vor- und Wirbelkammermotoren werden *Glühkerzen* (Draht-, Stiftglühkerzen) verwendet, die in den Nebenbrennraum ragen, die Luft darin erwärmen und beim Startvorgang den auf sie gespritzten Kraftstoff verdampfen und entzünden. Selbstregelnde Stiftglühkerzen erreichen die Entflammungstemperatur bereits nach 5 ... 10 s (Heizwendel in der Spitze aus CrAlFe-Legierung, Regelwendel aus Nickel in Reihe geschaltet) ohne die maximal zulässige Temperatur zu überschreiten. Durch Nachglüheinrichtungen in Abhängigkeit von der Motortemperatur werden die Warmlaufeigenschaften verbessert.

Stiftglühkerzen sind einpolig und parallel zueinander geschaltet (Drahtglühkerzen in Reihe). Der Vorglühvorgang wird durch Relaisschaltungen oder elektronisch gesteuert. Die Startbereitschaft wird nach dem Vorglühen durch eine Kontrollampe angezeigt.

Zündwilliger Kraftstoff, der in das Ansaugrohr gesprüht wird, ergibt eine sichere Starthilfe für alle Dieselmotorbauarten (Startpilot).

9. Zweitaktmotoren

Zweitakt-Ottomotoren werden als Einzylindermotoren für Zweiräder, Bootsmotoren, Rasenmäher und Kettensägen, als Mehrzylindermotoren in Krafträdern, selten in PKW verwendet. Großmotoren werden als Zweitakt-Dieselmotoren gebaut.

Zweitakt-Ottomotoren arbeiten ohne Ventilsteuerung. Der Gaswechsel erfolgt durch Einlaß-, Auslaß- und Überströmkanäle in den Zylinderwandungen. Bei Zweitakt-Dieselmotoren werden zur Abgassteuerung Ventile verwendet.

Das Arbeitsspiel umfaßt eine Kurbelwellenumdrehung oder zwei Kolbenhübe. Während des Kolbenhubes nach UT gibt der Kolben den Rand der Auslaßschlitze *A* (Bild VI.50) frei. Die Expansion wird unterbrochen und ein plötzlicher Druckabfall (Vorauspuff) entsteht. Ist der Druck auf den Spüldruck abgesunken, gibt der Kolben die *Überströmkanäle Ü* (Spülkanäle) frei. Im Kurbelgehäuse vorverdichtetes Gemisch strömt in den Zylinder und spült durch eine gerichtete Strömung die Abgase über die *Auslaßschlitze* heraus. Die Spülung dauert über UT hinweg solange an, bis bei der Bewegung des Kolbens in Richtung OT zuerst die Überströmschlitze *Ü* und danach die Auslaßschlitze *A* geschlossen werden und die Verdichtung beginnt. Im Kurbelgehäuse entsteht unterhalb des Kolbens durch Volumenvergrößerung ein Unterdruck.

Über den sich öffnenden *Einlaßkanal E* strömt ein Kraftstoff-Luftölgemisch in das Kurbelgehäuse (Mischungsschmierung). Kurz vor OT erfolgt die Fremdzündung des Gemisches (Ottomotor) über eine Zündkerze oder Selbstzündung (Dieselmotor) des eingespritzten Kraftstoffes. Der Kolben bewegt sich von OT nach UT, verrichtet Arbeit und verdichtet gleichzeitig das im Kurbelgehäuse befindliche Gemisch.

Der Zweitaktmotor hat im Gegensatz zum Viertaktmotor einen *offenen Gaswechsel*, d.h. es treten Frischgasverluste und Vermischungen von Frisch- und Abgas auf, was den Wirkungsgrad beträchtlich mindert. Der *Spülgrad* λ_S beeinflußt die Leistung des Zweitaktmotors. Er errechnet sich als Verhältnis der Frischladung $\dot{m}_z$ im Zylinder zur gesamten Ladungsmasse (Frischgase $\dot{m}_z$ + Restgase $\dot{m}_r$) zu

$$\lambda_S = \frac{\dot{m}_z}{\dot{m}_z + \dot{m}_r} \qquad \text{(VI.45)}$$

$\dot{m}_z$	$\dot{m}_r$	λ_S
$\frac{kg}{s}$	$\frac{kg}{s}$	1

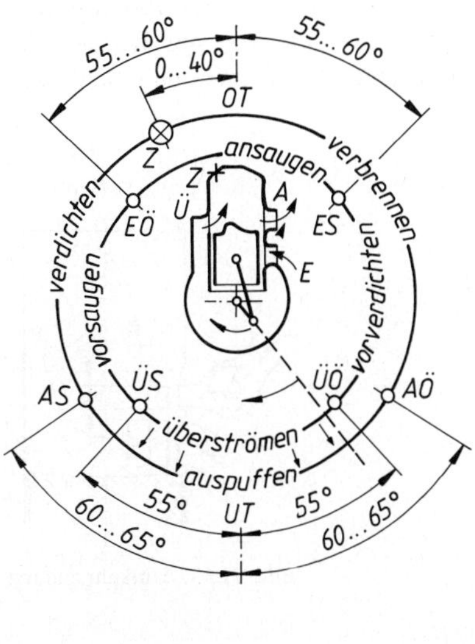

Bild VI.50
Steuerdiagramm des Zweitaktmotors
AÖ Auslaß öffnet
AS Auslaß schließt
EÖ Einlaß öffnet
ES Einlaß schließt
OT Oberer Totpunkt
UT Unterer Totpunkt
ÜÖ Überströmkanal öffnet
ÜS Überströmkanal schließt
Ü Überströmschlitz
A Auslaßschlitz
E Einlaßschlitz
Z Zündzeitpunkt

Bei günstigen Spülverhältnissen lassen sich Spülgrade von $\lambda_S = 0{,}8 \ldots 0{,}9$ bei Ottomotoren und $\lambda_S = 1$ bei Dieselmotoren mit Spülgebläsen (Rootsgebläse) erzielen.

Die Art des Spülverfahrens beeinflußt die Verluste. Man unterscheidet **Gleichstromspülung** mit gleicher Strömungsrichtung von Frisch- und Abgas durch den Zylinder (nur bei Zweitakt-Dieselmotoren – ergibt unsymmetrisches Steuerdiagramm) und **Gegenstromspülung** mit unterschiedlicher Strömungsrichtung innerhalb des Zylinders. Hierbei werden *Querstrom-* und *Umkehrspülung* unterschieden.

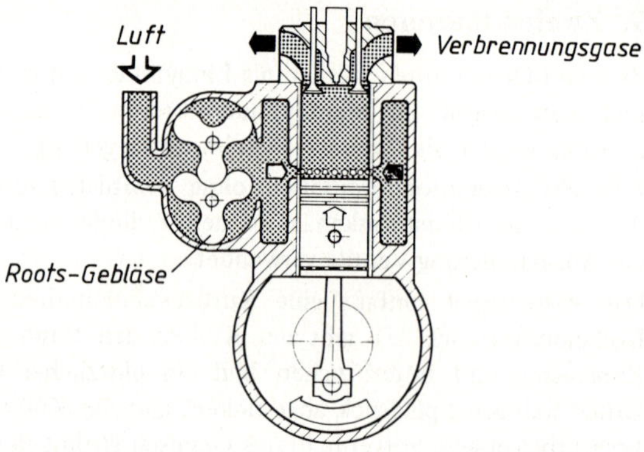

Bild VI.51. Zweitakt-Dieselmotor mit Aufladung (Opel)

Bei der Gleichstromspülung mit gesteuertem Auslaßventil (Bild VI.51) und Roots-Spülgebläse an einem Zweitakt Dieselmotor bildet sich durch tangentialen Spülstromeintritt eine rotierende Strömung aus. Eine Nachexpansion wird durch Schließen der Auslaßventile vor den Einlaßschlitzen vermieden. Durch Gleichstromspülung beim Doppelkolbenmotor mit gabelförmiger Pleuelstange, wird durch Voröffnung des Auslaßschlitzes Vorexpansion erzielt. Durch spätes Schließen des Einlaßschlitzes wird gute Füllung erreicht. Bei der *Querstromspülung* liegen Überström- und Auslaßschlitz einander gegenüber (Bild VI.52). Die Frischgase werden durch einen Nasenkolben abgelenkt und strömen quer durch den Zylinder. Hoher Restgasanteil, hoher Kraftstoffverbrauch.

Bei der *Umkehrspülung* sind die Auslaßschlitze auf derselben Zylinderseite über den Einlaßschlitzen untergebracht (Bild VI.53 – Prinzip MAN-Umkehrspülung, Nachladeschieber im Auslaßkanal – für Dieselmotoren) oder die Einlaß- bzw. Überstromschlitze liegen versetzt (90 ... 110°) am Umfang des Zylinders in gleicher Höhe (Prinzip-Schnürle Umkehrspülung). Hoher Spülgrad, geringer Kraftstoffverbrauch, meist angewendetes Verfahren.

Die Gaswechselsteuerungen mittels Kolben ergeben *symmetrische* Steuerdiagramme (Steuerwinkel für Einlaß-, Auslaß und Überströmen liegen symmetrisch zu OT bzw. UT (s. Bild VI.50)). *Unsymmetrische* Steuerdiagramme ergeben eine Überschneidung von Überströmwinkel und Auslaß. Dadurch hoher Spülgrad und geringer spezifischer Kraftstoffverbrauch. Moderne Zweitaktmotoren verwenden kolbenunabhängige *Membransteuerungen* (Flatterventile) oder von der Kurbelwelle angetriebene *Platten-* oder *Walzendrehschieber-Steuerungen* (gesteuertes Öffnen und Schließen des Einlaßkanals).

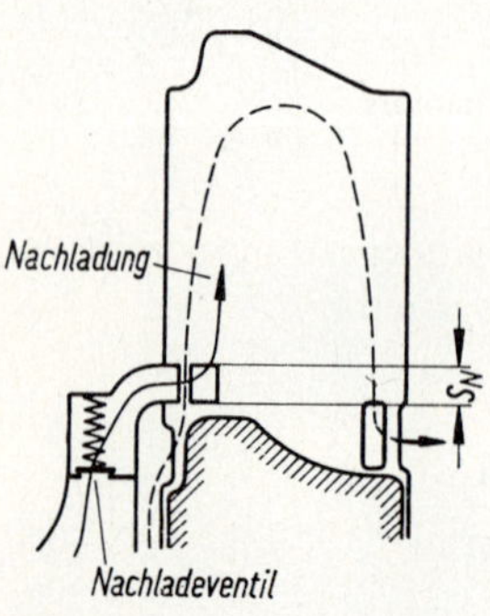

Bild VI.52. Querstromspülung

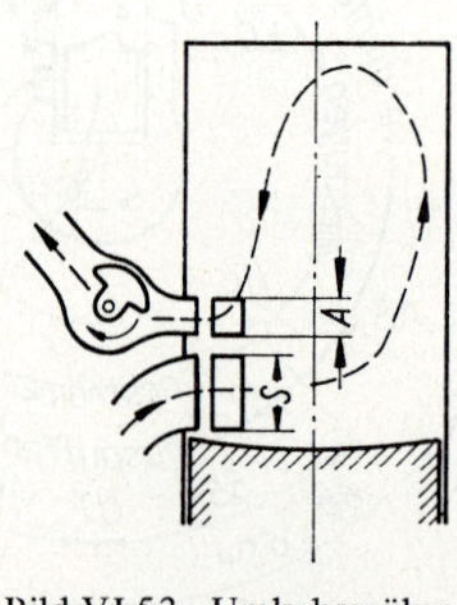

Bild VI.53. Umkehrspülung

10. Motorschmierung

Das Motoröl hat die Aufgabe:

– die Reibung und den Verschleiß zwischen den bewegten Motorteilen zu verringern,
– die Reibungswärme der Lager und ein Teil der Verbrennungswärme abzuführen,
– die Feinabdichtung zwischen Kolben, Kolbenringen und Zylinderwandung vorzunehmen,
– den Motor vor Korrosion zu schützen,
– metallische Abriebteile von den Lagern abzuführen,
– Ruß und Fremdstoffe in Schwebe zu halten.

Die **Viskosität** (Zähflüssigkeit) des Schmiermittels ist für die Wirksamkeit der Schmierung von Bedeutung. Das Öl darf bei niedrigen Temperaturen nicht zu zähflüssig sein (hoher Startwiderstand), bei hohen Temperaturen jedoch noch zähflüssig genug sein, damit der Schmierfilm nicht unterbrochen wird. Nach ihrer Viskosität werden Motor- und Getriebeöle von der *SAE* (Society of Automotive Engineers) in Viskositätsklassen eingeteilt:

Tafel VI.3. Beispiele für SAE-Viskositätsklassen von Motoröl (Aral-Ölfibel)

SAE-Viskositätsklasse	Einsatz	kinematische Viskosität bei 100 °C in mm²/s min	max
SAE 5 W	Einbereichswinteröl	3,8	–
SAE 10 W	(Zusatz W = für	4,1	–
SAE 15 W	Winterbetrieb geeignet)	5,6	–
SAE 20 W		5,6	–
SAE 20	Einbereichssommeröl	5,6	< 9,3
SAE 30	Einbereichssommeröl	9,3	< 12,5
SAE 10 W-30	Mehrbereichsöl	4,1	< 12,5
SAE 15 W-40	Mehrbereichsöl	5,6	< 16,3

Mehrbereichsöle decken mehrere Viskositätsbereiche ab. Das Öl SAE 15 W-40 erfüllt bei −18 °C die Viskositätsanforderung des *Einbereichsöls* SAE 15 W und bei 100 °C die Viskosität des Einbereichsöls SAE 40). Sie gewinnen daher als ganzjährig zu verwendendes Öl immer mehr an Bedeutung.

Neben der SAE-Klasseneinteilung werden Motorenöle durch das *API-Klassifizierungssystem* (American Petroleum Institute) nach ihrer Einsatzart gekennzeichnet.

Beispiele:

von Klasse API-SA bis API-SF (S = Service Klasse, überwiegend für Ottomotoren)

z.B. *API-SE:* Service Klasse E für Ottomotoren ab Baujahr 1972, höherer Schutz gegen Temperaturablagerungen und Korrosion als in den Klassen SC oder SD.

oder API-CA bis API-CD (C = Commercial Klasse, überwiegend für Dieselmotoren)

z.B. *API-CC:* Commercial Klasse C für leicht aufgeladene Dieselmotoren mittlere bis schwere Betriebsbedingungen oder Ottomotoren mit schweren Betriebsbedingungen.

Die zugesicherten Anforderungen steigen von der Klasse SA bis SF bzw. CA bis CD an.

Schmiersysteme

Die *Druckumlaufschmierung* ist die meistverwendete bei Viertaktmotoren. Das Öl wird von der Ölpumpe über den Ölsaugkorb aus der Ölwanne angesaugt. Das Überdruckventil innerhalb des Pumpengehäuses begrenzt den maximalen Öldruck (4 ... 8 bar) und leitet das überschüssige Öl in

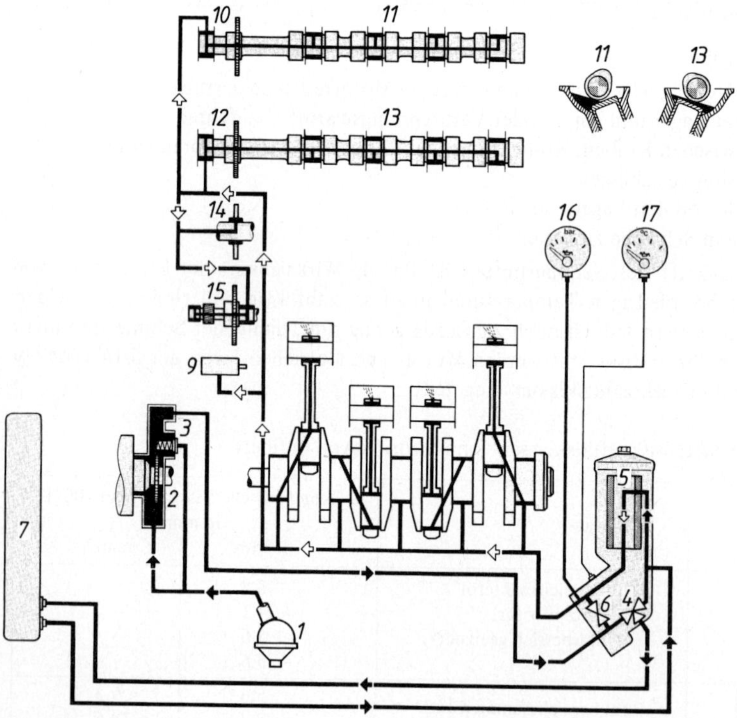

Bild VI.54. Druckumlaufschmierung für einen 4-Zylinder-Ottomotor mit 16 Ventilen (Daimler-Benz)

1 Ölsaugkorb
2 Ölpumpe
3 Ölüberdruckventil
4 Thermostat im Filtergehäuse
5 Ölfiltereinsatz
6 Umgehungsventil
7 Luftölkühler
9 Kettenspanner
10 Nockenwellenrad-Auslaß
11 Nockenwelle-Auslaß
12 Nockenwellenrad-Einlaß
13 Nockenwelle-Einlaß
14 Umlenkrad
15 Zwischenradwelle
16 Öldruckanzeige
17 Öltemperaturanzeige

den Ansaugkanal der Pumpe zurück. Das Öl gelangt zum Ölfiltergehäuse. Wenn das System mit thermostatisch gesteuertem Ölkühler (Luftölkühler oder Kühlwasserwärmetauscher) versehen ist, so leitet der Thermostat bei zu warmen Öl zunächst zum Ölkühler um, bevor der Filter durchlaufen wird. Wenn infolge Filterverstopfung oder zu kaltem Öl der Differenzdruck zwischen Filterzulauf und -ablauf zu groß wird, öffnet das Umgehungsventil und leitet das Öl unter Filterumgehung zum Ölhauptkanal im Motorgehäuse. Hier ist ein Öldruckschalter angebracht, der abfallenden Öldruck über eine Warnleuchte anzeigt oder ein Öldruckgeber gibt über eine Öldruckanzeige den Öldruck an. Vom Hauptkanal gelangt das Öl durch Querbohrungen zu den Kurbelwellenhauptlagern und über die Kurbelwellen-Schrägbohrungen zu den Pleuellagern. Hier tritt das Öl meist seitlich aus und das Schleuderöl schmiert die Zylinderwandungen und die Kolbenbolzenlager. Hochleistungsmotoren erhalten längs durchbohrte Pleuel (Bild VI.54) oder Ölspritzdüsen (Bild VI.55), die für die Schmierung und die Kolbenkühlung sorgen.

Vom Hauptölkanal führt ein Ölkanal zum Zylinderkopf und schmiert dort die Nockenwellenlagerstellen und die Stößel (Hydrostößel) oder Kipphebellagerstellen. Ventile und Ventilführungen werden durch Spritzöl der Nockenwellenschmierung versorgt. Vom Steigkanal werden Ölströme für die Kettenspanner, Steuerketten oder Steuerräder abgezweigt.

Reiheneinspritzpumpen von Dieselmotoren und Abgasturbolader sind meist in den Kreislauf einbezogen. Ein Kugelrückschlagventil im Steigkanal verhindert Ölrückfluß nach dem Motorabstellen.

Bei der *Trockensumpfschmierung* befindet sich das Öl in einem separatem Öltank außerhalb des Motors. Durch eine Rückförderpumpe wird das von den Schmierstellen zurückfließende Öl sofort in den Tank geleitet. Eine Druckölpumpe saugt aus diesem Behälter an und arbeitet weiter wie bei der Druckumlaufschmierung. Verwendung bei Sportwagen und Geländefahrzeugen, um bei schnellen Kurvenfahrten oder starker Schräglage des Motors ausreichende Schmierung zu gewährleisten.

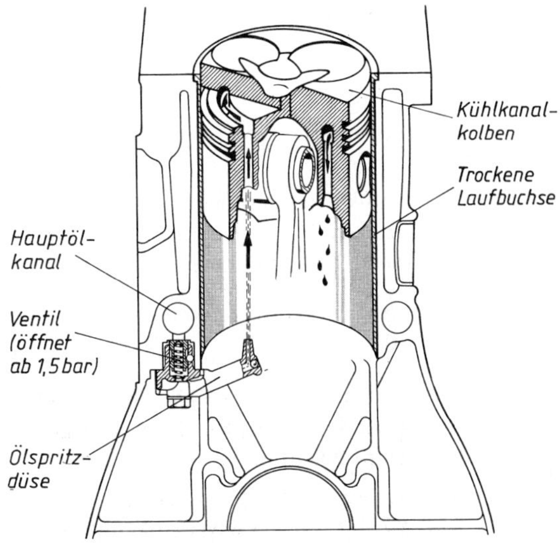

Bild VI.55. Ölspritzdüse zur Kolbenkühlung für einen aufgeladenen PKW-Dieselmotor (Daimler-Benz)

Mischungsschmierung wird bei Zweitaktmotoren durch den Zusatz von Schmieröl zum Kraftstoff im Verhältnis 1 : 25 ... 1 : 50 verwendet. Im Vergaser entsteht ein Kraftstoff-Luft-Ölgemisch. Das Öl benetzt die Zylinderwandungen und die Motorteile im Kurbelgehäuse. Nachteil: Umweltbelastung durch unverbranntes Öl, hoher Ölverbrauch.

Frischölautomatik: Kraftstoff und Öl befinden sich in getrennten Behältern. Das Öl wird im Vergaser, direkt nach der Hauptdüse, durch eine Dosierpumpe, drehzahl- und lastabhängig, dem Kraftstoff Luftgemisch zugeführt. Der Schmierölverbrauch wird bei Zweitaktmotoren dadurch beträchtlich gesenkt.

Ölpumpen dienen zur Förderung des Ölstroms und zum Aufbau des Öldrucks im Motorschmiersystem. Die Fördermenge der Ölpumpen liegt je nach Motorgröße zwischen 8 ... 60 kg/min, bei mittlerer Motordrehzahl.

Die *Fördermenge* $\dot{m}$ einer Motorölpumpe wird mit der Ölfüllmenge V des Motors, der Dichte ρ des Öls und der Zeit t für einen Schmierölumlauf:

$$\dot{m} = \frac{60\,V\rho}{t} \qquad \text{(VI.46)}$$

$\dot{m}$	V	ρ	t
$\frac{\text{kg}}{\text{min}}$	dm^3	$\frac{\text{kg}}{\text{dm}^3}$	s

Die *Umlaufzahl* z des Schmieröls gibt an, wie oft der gesamte Motorölinhalt pro Minute umgewälzt wird

$$z = \frac{\dot{m}}{V\rho} \qquad \text{(VI.47)}$$

z	$\dot{m}$	V	ρ
$\frac{1}{\text{min}}$	$\frac{\text{kg}}{\text{min}}$	dm^3	$\frac{\text{kg}}{\text{dm}^3}$

Richtwerte: $z = 2{,}5 \ldots 5$ 1/min

Der *Schmierölverbrauch* B_S eines Verbrennungsmotors wird durch Fahrversuche oder auf dem Prüfstand ermittelt.

Der *spezifische Schmierölverbrauch* b_S ist die leistungs- und zeitbezogene, verbrauchte Schmierölmenge:

$$b_S = \frac{V_P \rho}{P_{eff}\, t_P} \qquad (VI.48)$$

b_S	V_P	ρ	P_{eff}	t_P
$\frac{g}{kWh}$	cm^3	$\frac{g}{cm^3}$	kW	h

Richtwerte: Otto-Viertaktmotoren: 1,1 ... 2,0 g/kWh
Otto-Zweitaktmotoren: 4,2 ... 6,5 g/kWh
Diesel-Viertaktmotoren: 1,4 ... 3,2 g/kWh

V_P ist die verbrauchte Ölmenge, ρ die Öldichte, P_{eff} die Motornutzleistung und t_P die Prüfzeit des Versuchsmotors.

■ **Beispiel:** Die Ölfüllmenge eines 66 kW PKW-Dieselmotors beträgt 5,5 Liter (ρ Öl = 0,91 kg/dm^3) Der Motor verbraucht bei einem 30 Minuten Vollast-Testlauf (mit Nennleistung) 72 cm^3 Öl. Zu ermitteln sind:

a) Die Fördermenge der Ölpumpe
b) Die Zeit für einen Schmierölumlauf, wenn das Öl ca. 4,5 1/min umgewälzt werden soll
c) Der spezifische Schmierölverbrauch

Lösung: a) $\dot{m} = z\, V \rho = 4{,}5\ 1/\text{min} \cdot 5{,}5\ dm^3 \cdot 0{,}91\ \frac{kg}{dm^3} = 22{,}52\ \frac{kg}{min}$

b) $t = \frac{60\, V \rho}{\dot{m}} = \frac{60 \cdot 5{,}5 \cdot 0{,}91}{22{,}52} = 13{,}33\ s$

c) $b_S = \frac{V_P\, \rho}{P_{eff}\, t_P} = \frac{72\ cm^3 \cdot 0{,}91\ g/cm^3}{66\ kW \cdot 0{,}5\ h} = 1{,}99\ \frac{g}{kWh}$

Ölpumpenbauarten

Zahnradpumpen werden über Ketten oder Stirnräder von der Kurbelwelle angetrieben. Das Öl wird durch die Rotation der Zahnräder in den Zahnlücken an der Gehäusewand entlang von der Saug- zur Druckseite befördert. Die Berührungslinie der Zahnflanken bildet die Abdichtung zwischen Saug- und Druckraum. Einfacher, preiswerter Aufbau, meist verwendete Bauart.

Zahnradsichelpumpen besitzen ein innenverzahntes Zahnrad, das mit einem exzentrisch angeordneten außenverzahntem Zahnrad arbeitet. Dieses wird über die Kurbelwelle angetrieben. Der Saug- und Druckraum wird durch eine sichelförmige Gehäusescheibe getrennt. In den Zahnlücken ober- und unterhalb der Sichelscheibe wird das Öl transportiert. Geräuscharmer Lauf und hohe Förderleistung schon bei niedrigen Drehzahlen.

Rotorpumpen. Im Gehäuse arbeitet ein angetriebener, exzentrischer Außenrotor mit einem Innenrotor zusammen, der einen Zahn weniger als der Außenrotor aufweist. Rotorpumpen arbeiten geräuscharm und sind für hohe Drücke geeignet.

Ölfilter entfernen Metallabrieb, Verbrennungsrückstände und Verunreinigungen aus dem Ölstrom. Nach der Anordnung der Filter im Ölstrom unterscheidet man zwischen Hauptstrom-, Nebenstrom- sowie Kombinationen von Haupt- und Nebenstromfiltern (Bild VI.56).

Hauptstromfilter filtern den gesamten von der Ölpumpe kommenden Ölstrom bei jedem Umlauf. Sichere und am häufigsten angewendete Filteranordnung mit mittelfeiner Filterwirkung. Umgehungsventil notwendig.

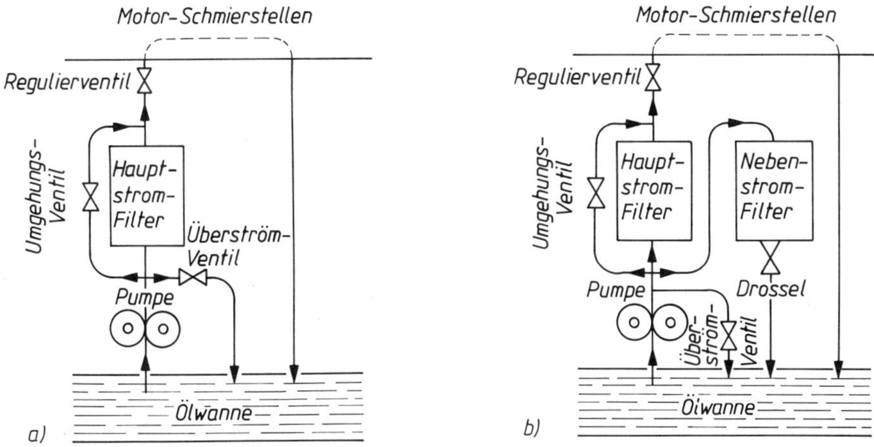

Bild VI.56. Ölfilteranordnung (Mann)
a) Hauptstromfilter
b) Haupt- und Nebenstromfilter

Nebenstromfilter filtern nur etwa 5 ... 15 % der umlaufenden Ölmenge. Der Rest geht ungefiltert zu den Schmierstellen. Das gesamte Öl wird erst im Verlauf mehrerer Umläufe gefiltert, daher ist sehr feine Filterung möglich.

Kombinationen von Haupt- und Nebenstromfiltern werden gerade im Nutzfahrzeugbereich verwendet und erzielen die beste Filterwirkung.

Ein Teil des Ölstroms wird vor dem Hauptstromfilter abgezweigt und durch das als Feinfilter arbeitende Nebenstromfilter geleitet. Bei mehreren Umläufen wird das gesamte Öl feingefiltert.

Ölfilter-Bauarten: Zur Anwendung kommen hauptsächlich *Wechselfilter* im Hauptstrom (Bild VI.57), bei denen Filtergehäuse und Filterpatrone fest miteinander verbunden sind. *Siebfilter* und *Spaltfilter* werden im Fahrzeugbau nur noch selten verwendet.

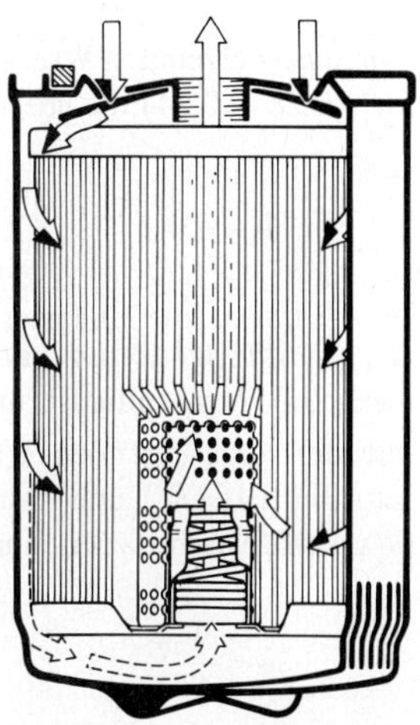

Bild VI.57. Ölfilter-Wechselpatrone (Mann)

Freistrahlzentrifugen werden als Nebenstromfilter in Nutzfahrzeugen bei schweren Belastungen verwendet. Der Öldruck versetzt den Rotor in Drehung. Die im Öl enthaltenen schwereren Schmutzteile setzen sich an der Rotorwandung ab.

Mit Permanentmagnet versehene Ölablaßschrauben für magnetischen Metallabrieb dienen zur Unterstützung der vorhandenen Filterelemente.

Ölkühler haben die Aufgabe, bei thermisch hochbelasteten Motoren (z.B. mit Abgasturbolader), für die Erhaltung der Schmierfähigkeit durch ausreichende Kühlung zu sorgen. Im Normalfall ist die Ölwanne durch ihre Anordnung im Fahrtwind zur Kühlung ausreichend.

Ölkühler werden als *Luftölkühler* (Öffnung für Öldurchlaß zum Kühler ab ca. 100 °C) thermostatisch geregelt (Bild VI.54) oder als *Wärmetauscher* (Kühlwassergekühlt) gebaut. Hier wird meist keine thermostatische Regelung verwendet und das Öl ständig durch den Ölkühler gedrückt. In der Warmlaufphase wird dadurch die Betriebstemperatur des Motors schneller erreicht. Nach Öffnung des Kühlwasserthermostates findet eine Umkehrung des Wärmeaustausches (Kühlung des Schmiermittels durch das Kühlmittel) statt.

Kontrolleinrichtungen: Zur Kontrolle der ausreichenden Ölmenge werden *Peilstäbe* oder in der Ölwanne angebrachte *elektrische Ölstandsgeber* verwendet (Schwimmer mit Permanentmagnet öffnet bei Minimalstand einen Reedkontakt, der eine Kontrolleuchte schaltet).

Der Öldruck wird entweder über einen *Öldruckmesser* angezeigt oder über einen Öldruckschalter in Verbindung mit einer Kontrolleuchte überwacht.

Die Öltemperatur kann über einen *Temperaturfühler* (NTC-Widerstand) an einem Meßinstrument angezeigt werden.

11. Motorkühlung

Die Motorkühlung hat die Aufgabe, einen Teil der Verbrennungswärme abzuführen, um die Schmierfähigkeit des Öls zu erhalten, die Warmfestigkeit der Motorbauteile nicht zu überschreiten und um den Verbrennungsprozeß kontrolliert ablaufen zu lassen. Durch die Notwendigkeit der Prozeßkühlung werden ca. 28 ... 34 % ($f = 0{,}28 \dots 0{,}34$) der im Kraftstoff enthaltenen Energie abgeführt. Die Wärme wird entweder indirekt über eine Wasserkühlung oder direkt an die Außenluft abgegeben. Die im Motor erzeugte *Wärmemenge* Φ berechnet sich mit dem Kraftstoffverbrauch B und dem spezifischem Heizwert des Kraftstoffes H_u:

$$\Phi = B H_u \qquad \text{(VI.49)}$$

Φ	B	H_u
$\frac{kJ}{h}$	$\frac{kg}{h}$	$\frac{kJ}{kg}$

Mit dem spezifischen Kraftstoffverbrauch b_{eff} und der Motornutzleistung P_{eff} wird

$$\Phi = \frac{b_{eff} H_u P_{eff}}{1000} \qquad \text{(VI.50)}$$

Φ	b_{eff}	H_u	P_{eff}
$\frac{kJ}{h}$	$\frac{g}{kWh}$	$\frac{kJ}{kg}$	kW

Von dieser erzeugten Wärmemenge wird unter Berücksichtigung des Wärmeflußfaktors f ($f = 0{,}28 \dots 0{,}34$) die über den Kühler *abzuführende Wärmemenge:*

$$\Phi_{ab} = \Phi f \qquad \text{(VI.51)}$$

Φ_{ab}	Φ	f
$\frac{kJ}{h}$	$\frac{kJ}{h}$	1

Der *Kühlflüssigkeitsdurchsatz* $\dot{m}$ ist die auf die Leistung bezogene, zeitabhängige Kühlflüssigkeitsmenge, die notwendig ist, um die Wärmemenge über den Kühler abzuleiten.

Mit der abzuführenden Wärmemenge Φ_{ab}, der Temperaturdifferenz ΔT zwischen Kühltemperatur-Eintritt (T_1) und -Austritt (T_2) und der spezifischen Wärmekapazität c des Kühlmediums (Wasser-Frostschutz-Mischungen), wird

$$\dot{m} = \frac{\Phi_{ab}}{\Delta T c} \qquad \text{(VI.52)}$$

$\dot{m}$	ΔT	c	Φ_{ab}
$\frac{kg}{h}$	K	$\frac{kJ}{kg \cdot K}$	$\frac{kJ}{h}$

Richtwerte: $\Delta T = 5 \dots 10$ K

Die *Kühlmittel-Umlaufzahl* z gibt an, wie oft die vorhandene Kühlmittelmenge m_K je Zeiteinheit umzuwälzen ist, um die erforderliche Wärmemenge Φ_{ab} abzuführen:

$$z = \frac{\Phi_{ab}}{\Delta T c m_K} = \frac{\dot{m}}{m_K}$$

z	Φ_{ab}	ΔT	c	m_K	$\dot{m}$
$\frac{1}{h}$	$\frac{kJ}{h}$	K	$\frac{kJ}{kg\,K}$	kg	$\frac{kg}{h}$

(VI.53)

Mit $t = 60/z$ ergibt sich die Zeit für einen Kühlmittelumlauf in Minuten.

■ **Beispiel:** Ein PKW-Ottomotor hat bei einer Nennleistung von 74 kW einen mittleren spezifischen Kraftstoffverbrauch $b = 310$ g/kWh. Für den Wärmeflußfaktor wird als mittlerer Wert $f = 0{,}31$ gewählt. Für H_u ist 42 000 kJ/kg und für die spezifische Wärmekapazität des Wassers $c = 4{,}18$ kJ/kg K anzunehmen. Zu ermitteln sind:

a) Die über den Kühler abzuführende Wärmemenge

b) Die Kühlflüssigkeitsmenge $\dot{m}$, die für eine Abkühlung von $\Delta T = 7$ K notwendig ist.

c) Die Anzahl der Kühlwasserumläufe je Stunde, bei 8 Liter Kühlsysteminhalt.

Lösung: a) $\Phi_{ab} = \Phi f = \frac{b_{eff} H_u P_{eff} f}{1000} = \frac{310 \cdot 42\,000 \cdot 74 \cdot 0{,}31}{1000} = 298\,678{,}8 \, \frac{kJ}{h}$

b) $\dot{m} = \frac{\Phi_{ab}}{\Delta T c} = \frac{298\,678{,}8 \text{ kJ/h}}{7 \text{ K} \cdot 4{,}18 \text{ kJ/kgK}} = 10\,207{,}75 \, \frac{kg}{h}$

c) $z = \frac{\dot{m}}{m_K} = \frac{10\,207{,}75 \text{ kg/h}}{8 \text{ kg}} = 1275{,}97$ Kühlwasserumläufe pro Stunde

Wasserkühlung: Zylinderblock und Zylinderkopf sind gießtechnisch mit Hohlräumen versehen, durch das Kühlwasser zur Wärmeabfuhr geleitet wird. Bei der pumpenlosen *Wärmeumlaufkühlung* (Thermosyphon-Kühlung) wird der Strömungsvorgang durch den Dichteunterschied des wärmeren Kühlwassers gegenüber dem abgekühlten Kühlwasser hervorgerufen. Wegen des langsamen Umlaufs und der erforderlichen Kühlergröße keine Bedeutung mehr.

Bei der *Pumpenumlaufkühlung* (Bild VI.58) wird das Kühlwasser von der meist riemengetriebenen (Keil- oder Zahnriemen) Kühlwasserpumpe, thermostatisch gesteuert, in zwei Kreisläufen um-

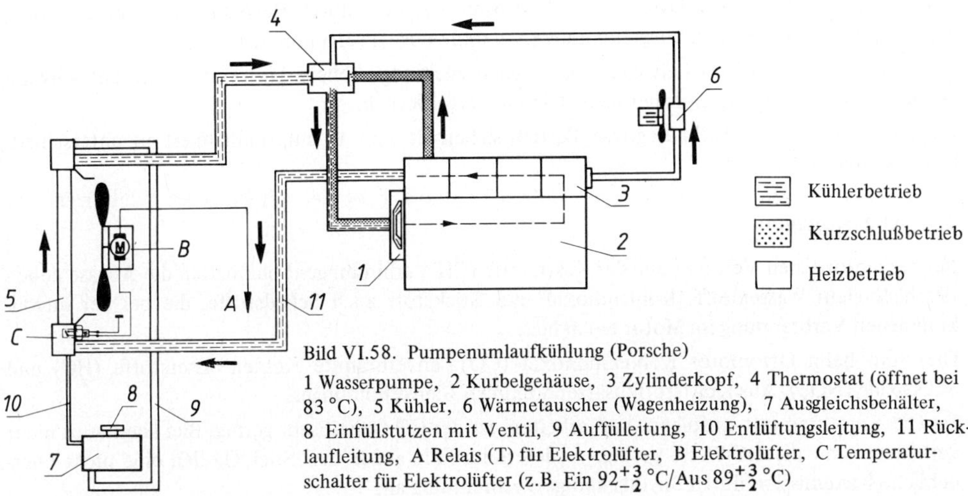

Bild VI.58. Pumpenumlaufkühlung (Porsche)
1 Wasserpumpe, 2 Kurbelgehäuse, 3 Zylinderkopf, 4 Thermostat (öffnet bei 83 °C), 5 Kühler, 6 Wärmetauscher (Wagenheizung), 7 Ausgleichsbehälter, 8 Einfüllstutzen mit Ventil, 9 Auffülleitung, 10 Entlüftungsleitung, 11 Rücklaufleitung, A Relais (T) für Elektrolüfter, B Elektrolüfter, C Temperaturschalter für Elektrolüfter (z.B. Ein 92^{+3}_{-2} °C/Aus 89^{+3}_{-2} °C)

gepumpt. Damit der kalte Motor schnell seine Betriebstemperatur erreicht, wird das Wasser ungekühlt nur innerhalb des Motors umgepumpt (Kurzschlußkreislauf). Das Thermostatventil schließt den Kühlerzulauf solange ab, bis das Wasser die Betriebstemperatur (≈ 80 °C) erreicht hat. Dann öffnet sich das Ventil langsam und gibt den Kühlerkreislauf frei. Bei vollständiger Öffnung ist der Kurzschlußkreislauf geschlossen. Als Kühler verwendet man Lamellen- oder Röhrenkühler (CuZn-Rohre mit Kühlrippen aus Cu- oder Al-Legierungen, Wasserkästen aus Stahlblech oder Kunststoff). Bei Querstromkühlern fließt die Flüssigkeit nicht von oben nach unten (Normalfall), sondern durch waagerechte Röhren zu den seitlichen Wasserkästen. Der Kühlerverschlußdeckel ist zum Druckausgleich mit einem Überdruck- (höhere Wassertemperaturen) und Unterdruckventil (Abkühlungsausgleich) ausgestattet.

Thermostatventile enthalten Dehnstoffelemente oder sie werden als Faltenbalgthermostate (nicht für Überdrucksysteme geeignet) gebaut.

Der übliche Regelbereich (Öffnungsbereich) der Kühlwasserthermostate liegt bei 10 ... 15 °C. *Geschlossene Kühlanlagen* haben einen im Nebenstrom angeordneten Überdruckausgleichsbehälter (Bild VI.58), um Ausdehnung ohne Wasserverluste und die Entlüftung des Kühlsystems zu ermöglichen. Durch den Überdruck wird die Siedetemperatur des Wassers heraufgesetzt. Die Kühlwirkung wird wesentlich von der den Kühler durchströmenden Luftmenge bestimmt. Starr angetriebene Lüfter sind meist auf der Wasserpumpenwelle befestigt. Energieverlust (ca. 5 %) und oft zu große Kühlwirkung bei hoher Drehzahl, bringen zuschaltbare Lüfter zum Einsatz, die neben dem Leistungsgewinn die Betriebstemperatur schneller erreichen lassen.

Lüfter mit thermostatisch geregelter Ein- und Ausschaltung werden als Elektromotor-Lüfter oder als Lüfter mit elektromagnetischer Lüfterkupplung gebaut. Thermostatisch geregelte, stufenlose Lüfterleistung wird durch Lüfter mit Viskose-Kupplung erzielt.

Luftkühlung

Bei der Luftkühlung wird die Wärme an die den Zylinder umströmende Luft direkt abgegeben. Hierzu wird die Oberfläche von Zylinderkopf und Zylinder durch Kühlrippen vergrößert. Durch Verwendung von Werkstoffen mit großer Wärmeleitfähigkeit wird die Wärmeabführung verbessert.

Der Luftstrom kann durch *Fahrtwind* (Zweiräder) oder durch Gebläse an den Zylinder herangeführt werden. Bei der *Gebläsekühlung* (Leistungsaufwand ca. 5 ... 7 % der Motorleistung) führen riemengetriebene Radial- oder Axialgebläse die Kühlluft über Leitbleche zu den einzelnen Zylindern. Um schneller die Betriebstemperatur zu erreichen, kann die Luftzufuhr thermostatisch geregelt verändert werden. Dies wird über Drosselringe oder durch Regelung der Gebläseleistung über eine hydraulische Strömungskupplung (Nutzfahrzeuge), vorgenommen.

Nachteile der Luftkühlung: Größere Geräuschentwicklung, höhere Motortemperaturen, schwankende Betriebsbedingungen, daher meist Ölkühler erforderlich.

Vorteile: Einfacherer Aufbau, große Betriebssicherheit und Unempfindlichkeit in unterschiedlichen Klimazonen.

12. Abgasanlagen

Bei der motorischen Verbrennung der Kraftstoffe (CH-Verbindungen) beinhalten die Abgase neben unschädlichem Wasserstoff, Kohlendioxid und Stickstoff auch Schadstoffe, die bei der unvollkommenen Verbrennung im Motor entstehen.

Dies sind beim Ottomotor Kohlenmonoxid (CO), unverbrannte Kohlenwasserstoffe (HC) und Stickoxide (NO_x). Aus Kraftstoffzusätzen kommen Bleiverbindungen.

Da Dieselmotoren mit Luftüberschuß arbeiten, ist der CO-Gehalt sehr gering, Blei überhaupt nicht vorhanden und die HC-Werte gering. Andererseits fällt außer den Stick-Oxiden eine nicht unerhebliche Rußemission durch unvollständige Verbrennung an.

Die Verminderung der Abgasschadstoffe bei Ottomotoren und die dabei zugelassenen Grenzwerte für Abgasemissionen, sind durch gesetzliche Regelungen der verschiedenen Länder gekennzeichnet. In den USA und Japan bestehen sei Mitte der 70-er Jahre strenge Abgasnormen. Für einige europäische Länder sind ebenfalls strenge Abgasvorschriften erlassen worden.

Maßnahmen zur Verminderung der Abgasschadstoffe

Bei Vergasermotoren wird dies durch die Herstellung eines gleichbleibend günstigen Kraftstoff-Luft-Gemisches mittels Zusatzeinrichtungen für Leerlauf- und Schiebebetrieb (Schubabschaltung) angestrebt. Aus Bild VI.33 ist zu ersehen, daß für günstigen Kraftstoffverbrauch und geringe HC- und CO-Werte $\lambda = 1{,}1$ günstig wäre, die NO_x Werte hier aber ihr Maximum aufweisen. Im Fahrbetrieb stellen sich zur Belastungsanpassung λ-Werte zwischen 0,8 und 1,15 ein.

Motoren mit Benzineinspritzung erreichen hierbei eine günstigere Betriebsanpassung. Konstruktive Maßnahmen wie Brennraumgestaltung und Ansaugrohranordnung ergeben wegen der intensiven Gemischverwirbelung günstigere Abgaswerte.

Auch Maßnahmen wie Verändern des Zündzeitpunktes, der Ventilsteuerzeiten und des Verdichtungsverhältnisses erreichen jedoch keinen so hohen Reinigungsgrad wie die Verringerung der Schadstoffe durch Abgaskatalysatoren.

Katalysatortechnik

Durch den Katalysator im Abgassystem werden vereinfacht gesehen Kohlenwasserstoffe und Kohlenmonoxid durch *Oxidation* umgewandelt,

$$2\,CO + O_2 \rightarrow 2\,CO_2$$

$$2\,C_2H_6 + 7\,O_2 \rightarrow 4\,CO_2 + 6\,H_2O$$

während die Beseitigung der Stickoxide durch *Reduktion* über das CO als Reduktionsmittel erfolgt: $2NO + 2CO \rightarrow N_2 + 2CO_2$.

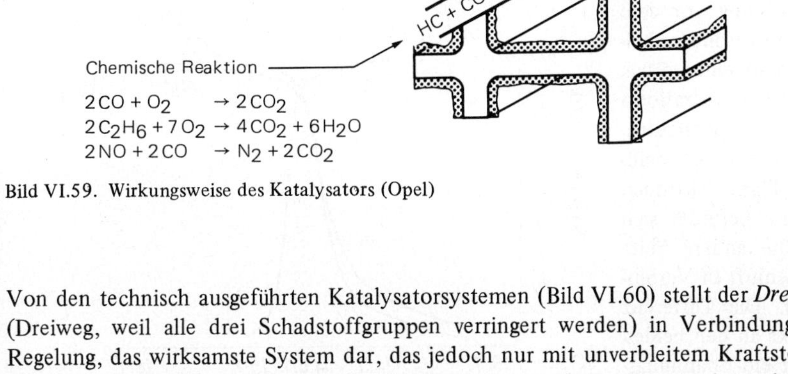

Bild VI.59. Wirkungsweise des Katalysators (Opel)

Von den technisch ausgeführten Katalysatorsystemen (Bild VI.60) stellt der *Dreiwege-Katalysator* (Dreiweg, weil alle drei Schadstoffgruppen verringert werden) in Verbindung mit einer $\lambda = 1$ Regelung, das wirksamste System dar, das jedoch nur mit unverbleitem Kraftstoff betrieben werden darf. Die Schadstoffreduzierung, als *Wirkungsgrad* des Katalysators bezeichnet, kann bis 90 % betragen (Bild VI.62).

Der *Keramik-Monolith-Katalysator* (von allen europäischen Herstellern verwendet), besteht aus einem Blechgehäuse und dem zylindrischen oder ovalen Körper aus hochtemperaturbeständigem MgAl-Silikat (z.B. $2 MgO_2 Al_2O_3 5 SiO_2$) der in Strömungsrichtung von parallelen Kanälen durchzogen ist (Bild VI.61). Die katalytisch wirkende Beschichtung des Trägerkörpers besteht aus Platin und Rhodium, die auf einer Zwischenschicht (wash-coat) aus Al_2O_3 eingebettet ist, um eine größere spezifisch wirksame Oberfläche (Vergrößerungsfaktor ≈ 7000) zu erhalten. Platin ist für die Oxidation der CO und HC-Konzentration, Rhodium für die NO_x-Reduktion erforderlich. *Schüttgut-* oder *Granulat Katalysatoren*, sowie *Metall-Monolith Katalysatoren* sind ohne Bedeutung. Wichtigste Voraussetzung für den Wirkungsgrad des Dreiwege-Katalysators ist die Einhaltung einer Gemischzusammensetzung, die eng um $\lambda = 1$ liegt (Bild VI.62). Die Einhaltung dieses engen Bereiches (schraffierte Fläche), wird durch den *Lambda-Regelkreis* realisiert, bei dem durch die Messung des Restsauerstoffgehaltes im Abgas mittels *Lambda-Sonde*, die Kraftstoffzufuhr ständig angepaßt wird.

Die in die Abgasleitung vor dem Katalysator eingebaute Sonde arbeitet nach dem Prinzip einer galvanischen Sauerstoffkonzentrationszelle mit einem Festkörperelektrolyten (Zirkonoxid) und ist beidseitig mit porösen Platinelektroden versehen. Eine Seite befindet sich im Abgasstrom, die andere Seite steht mit der Außenluft in Verbindung (Bild VI.63). Die Differenz des O_2-Partialdrucks an den beiden Elektroden erzeugt ein Spannungssignal, das als Regelimpuls an das Steuergerät einer elektronischen

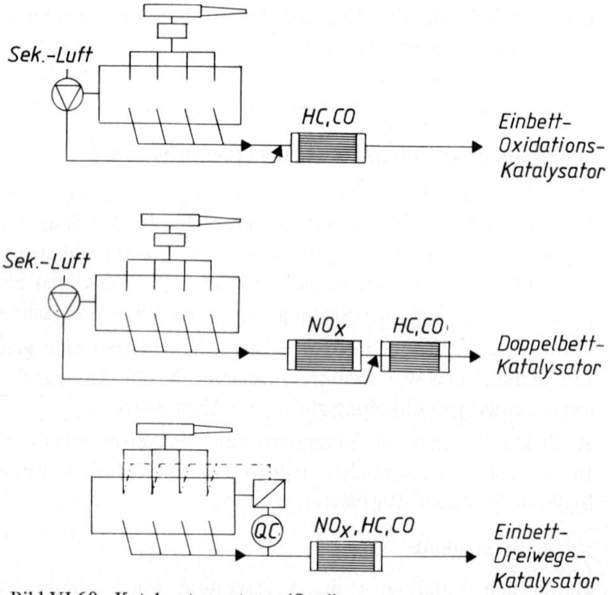

Bild VI.60. Katalysatorsysteme (Opel)

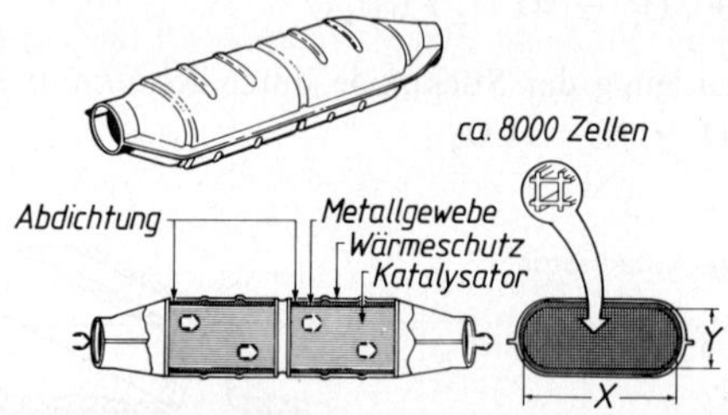

Bild VI.61. Aufbau des Keramik-Monolith-Katalysators (Opel)

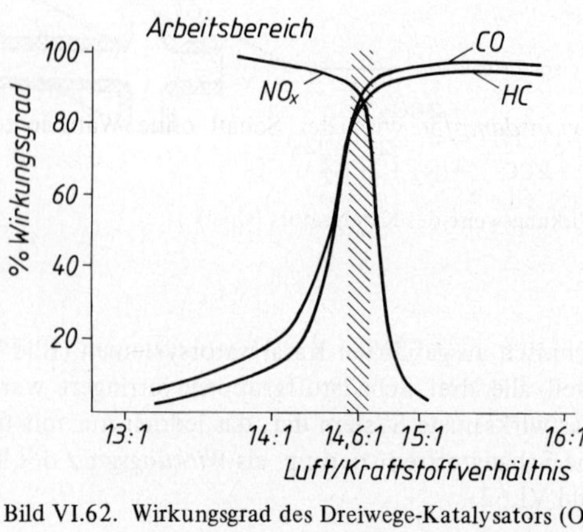

Bild VI.62. Wirkungsgrad des Dreiwege-Katalysators (Opel)

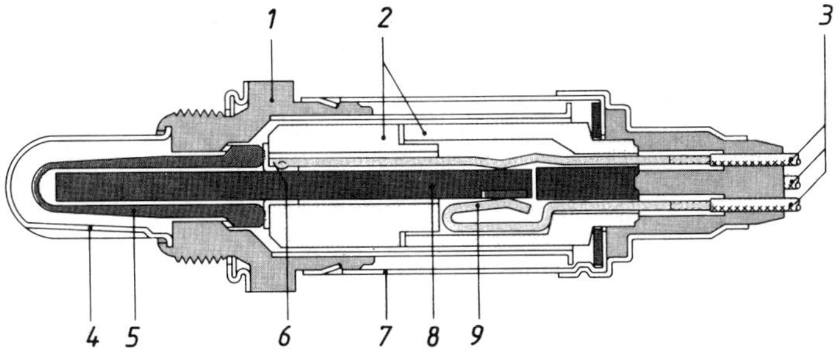

1 Sondengehäuse
2 keramisches Stützrohr
3 Anschlußkabel
4 Schutzrohr mit Schlitzen
5 aktive Sondenkeramik
6 Kontaktteil
7 Schutzhülse
8 Heizelement
9 Klemmanschlüsse für Heizelement

Bild VI.63. Beheizte Lambda-Sonde (Bosch)

Einspritzanlage oder eines elektronisch geregelten Vergasers weitergegeben wird. Von dort wird es als Signal zur Gemischanfettung bzw. -abmagerung verarbeitet. Unter 250 °C Sondentemperatur werden keine Signale abgegeben. Die erforderliche Arbeitstemperatur liegt bei ca. 600 °C. Um die ungeregelte Zeit (Motorwarmlaufphase) zu überbrücken, werden beheizte Sonden verwendet, die bereits 20 ... 30 s nach dem Kaltstart des Motors eine Regelung zulassen.

Ungeregelte Katalysatoren, die keine Einwirkungsmöglichkeit auf die Gemischzusammensetzung haben, weisen nur etwa 50 % Schadstoffreduzierung auf.

Abgasrückführung

Die NO_x-Emission kann durch Senkung der Verbrennungstemperaturen reduziert werden (bis zu 60 %). Dies wird durch die Rückführung von ca. 15 % der Abgasmenge in das Ansaugsystem des Motors über ein Abgasrückführungsventil erreicht. Durch Steuergeräte muß das Aufschalten des Ventils den Betriebsbedingungen angepaßt werden (sonst schlechter Motorlauf, hoher Verbrauch usw.).

Magermotorkonzepte verfolgen das Ziel, durch extreme Abmagerung des Gemisches (bis $\lambda = 1{,}2$), die Schadstoffemissionen ohne Katalysator zu reduzieren.

Schalldämpferanlage

Die Abgasanlage (auch Schalldämpfer genannt) soll die austretende Gasströmung bei geringstem Leistungsverlust (Strömungswiderstand) auf einen geringen Schallpegel dämpfen. Die üblichen Schalldämpfer beruhen auf der Absorption (Schallschlucken) oder der Reflexion (Schallbrechen).

Beim *Absorptionsdämpfer* wird der Schall durch Reibung an schallabsorbierenden, wärmebeständigen Stoffen, auf Silicium- oder Metallbasis in Wärme umgewandelt. Absorptionsdämpfer sind für hohe Schallfrequenzen geeignet (> 500 Hz).

Beim *Reflexionsdämpfer* wird der Schall ohne Wärmeerzeugung durch in Reihe oder seitlich angeordnete Schallwellenwiderstände gedämpft. Reihenwiderstände dämpfen die Schallfrequenzen oberhalb ihrer Eigenfrequenz und lassen die tiefen Frequenzen durch. Abzweigfilter (seitlich) dämpfen den Schall in seinem Eigenfrequenzbereich und lassen die hohen Frequenzen durch. Die Kfz-Schalldämpferanlagen bestehen oft aus *kombinierten Absorptions-Reflexions*-Schalldämpfern, welche die Vorzüge der einzelnen Systeme in sich zu vereinen suchen. Mehrzylinder-Viertaktmotoren besitzen meist Zweitopfanlagen mit Vorschalldämpfer (für Leistungsabstimmung des Motors) und Hauptschalldämpfer (Schalldämpfung). Als Werkstoffe werden Al-beschichtete, verzinkte oder nichtrostende CrNi-Stähle verwendet.

Leistungsverluste treten bei Mehrzylindermotoren durch Strömungsverluste (ca. 4 %), bei Einzylinder-Zweitaktmotoren durch Strömungs- und Trägheitswiderstände (ca. 2 % bei richtigem

Gegendruck, sonst Spülverluste) auf. Bei richtiger Abstimmung der Abgasanlage herrscht ein Schwingungsunterdruck in der Abgasleitung, der bis zu 5 % Leistungsgewinn durch Unterstützung der Zylinderentleerung ergibt.

13. Aufladung von Verbrennungsmotoren

Leistungssteigerung von Verbrennungsmotoren

Nach Gl. (VI.16a) $P_i = V_H p_i n/y$ ist die Innenleistung eines Verbrennungsmotor proportional zum mittleren indizierten Druck, zum Hubraum und zur Motordrehzahl.

Eine Leistungserhöhung durch Erhöhung der Motordrehzahl hat gleichzeitig eine Erhöhung der mittleren Kolbengeschwindigkeit v_m zur Folge. Durch die damit steigende Triebwerksbelastung (Massenkräfte, Drosselverluste, Verschleiß) sind jedoch Grenzen auferlegt ($v_{m\,max}$ ca. 16 m/s). Eine Hubraumvergrößerung führt zu größeren und damit teureren Motoren. Die Erhöhung des mittleren indizierten Druckes p_i kann durch die Erhöhung des Verdichtungsverhältnisses ϵ (Grenzen durch klopfende Verbrennung beim Ottomotor und zulässige Spitzendrücke beim Dieselmotor) oder durch die Erhöhung der Zylinderfüllung mittels Aufladung erzielt werden. Durch Füllung des Zylinders mit Ladeluft (Gemisch) vom Ladedruck p größer als Atmosphärendruck, wird die Fülluftmasse vergrößert. Die Ladeluftmasse $m = V\rho$ ist größer als die Ansaugluftmasse $m_h = V_h\,\rho$ mit Atmosphärendruck. Der *Liefergrad* $\lambda_L = m/m_h$ (größer 1) kennzeichnet die Verbesserung. Im Zylinder steht mit größerer Luftmasse auch mehr Sauerstoff zur Verfügung, kann mehr Kraftstoff verbrannt werden und die Leistung wird gesteigert.

Mit dem *Ladedruckverhältnis*

$$\pi_c = \frac{p_2}{p_1} \qquad \begin{array}{c|c} p_1, p_2 & \pi_c \\ \hline \text{bar} & 1 \end{array} \tag{VI.54}$$

(Index 2 = Ladedruck, Index 1 = Atmosphärendruck, π_c-Werte bis 3,5 möglich) steigen beim Verdichten auch die Lufttemperaturen, die wiederum den Liefergrad verschlechtern und die thermische Motorbelastung steigern. Die Verdichtung führt zu einem Anstieg der *Ladelufttemperatur* auf

$$T_2 = T_1 \left(\frac{p_2}{p_1}\right)^{(n-1)/n} \tag{VI.55}$$

mit T_1 der Atmosphärenlufttemperatur, T_2 der Ladelufttemperatur, p_1 dem Atmosphärenluftdruck, p_2 dem Ladeluftdruck und n dem Polytropenexponent (1,3 ... 1,7 für Luft).

Bei π_c-Werten $>$ 1,3 ... 1,5 wird durch *Ladeluftkühler* hinter dem Verdichter die Ladeluft zurückgekühlt. Damit wird eine zusätzliche Leistungssteigerung durch Dichterückgewinn, eine Kraftstoffverbrauchssenkung und eine Minderung der thermischen Belastung durch Innenkühlung, erzielt. Man unterscheidet Fremdaufladung und Selbstaufladesysteme. Bei der Fremdaufladung wird der Verdichter nicht vom Motor selbst angetrieben. Praktisch keine Bedeutung.

Bei der Selbstaufladung wird die Aufladeleistung vom Motor erzeugt. Es wird Abgasturboaufladung, mechanische- und Druckwellenaufladung unterschieden.

Abgasturbolader bestehen aus dem Verdichter und der Gasturbine, die auf einer Welle mit der gleichen Drehzahl rotieren. Die Gasturbine setzt die Strömungsenergie der Abgase in Rotationsenergie um und treibt den Verdichter an, der Gemisch oder Frischluft ansaugt und vorverdichtet zu den einzelnen Zylindern fördert.

Bei der *Stauaufladung* werden die Abgase aller Zylinder zu einem Sammelrohr geleitet, von wo aus sie mit nahezu konstantem Druck die Turbine antreiben. Bei der *Stoßaufladung* werden die Abgase der einzelnen Zylinder durch getrennte Leitungen oder je nach Zündfolge zusammengefaßte Leitungen (6-Zylinder und mehr), zur Turbine geführt, wodurch die Abgasenergie durch

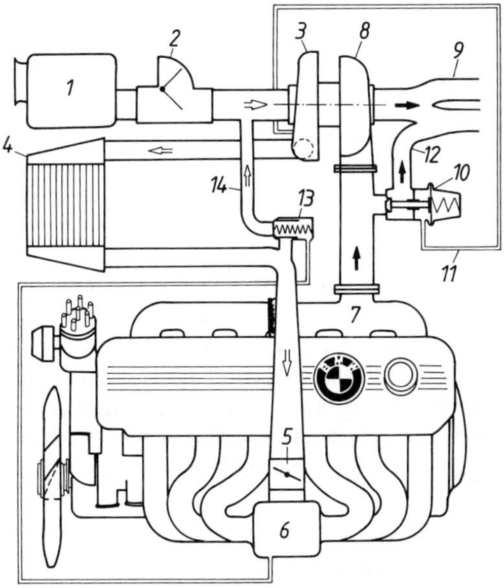

Bild VI.64

Funktionsschema der Abgasturboaufladung für einen Ottomotor (BMW)

1 Luftfilter
2 Luftmengenmesser
3 Verdichter
4 Ladeluftkühler
5 Drosselklappe
6 Luftverteiler
7 Auspuffkrümmer
8 Abgasturbine
9 vordere Auspuffrohre
10 Ladeluftregelventil
11 Steuerleitung
12 Abgas-Bypassleitung
13 Umluftventil
14 Umluft-Bypassleitung

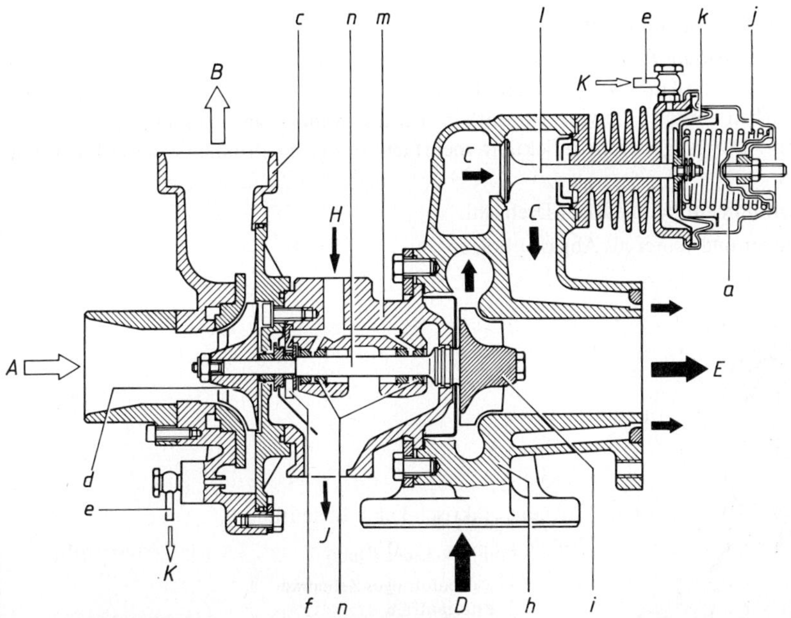

Bild VI.65. KKK-Abgasturbolader mit Ladedruckregelventil für einen PKW-Dieselmotor (Daimler-Benz)

a Ladedruckregelventil
c Verdichtergehäuse
d Verdichterrad
e Steuerleitung
f Axiallager
g Lagerbuchse
h Turbinengehäuse

i Turbinenrad
j Membranfeder
k Membran
l Ventil
m Ladergehäuse
n Welle

A Frischlufteintritt (vom Luftfilter)
B Verdichtete Luft (zum Motor)
C Bypasskanal/Ladedruckregelventil
D Abgaseintritt
E Abgasaustritt
H Motorölzulauf
J Ölablauf
K Steuerdruck

Druckwellenbildung besser ausgenutzt wird. Da mit steigender Turbinendrehzahl (*n* bis 150 000 1/min) auch der Ladedruck ansteigt, kann bei steigenden Motordrehzahlen der Ladedruck durch ein *Ladedruckregelventil* (Diesel maximal 0,7 bar, Ottomotor maximal 1,9 bar) konstant gehalten werden. Dabei wird ein Teil des Abgasstroms (Ladedruck öffnet Regelventil) an der Turbine vorbei geleitet (Bild VI.64). Als weitere Sicherheitseinrichtung befindet sich am Ansaugkrümmer ein *Abblasventil*, das bei Überschreiten des Ladedruckes öffnet und Ansaugluft zur Ansaugseite des Laders zurückführt. Das Turbinenrad wird aus einer hochwarmfesten Ni-Legierung, die Welle aus Vergütungsstahl und das Verdichterrad aus einer Al-Legierung hergestellt. Die Laufeinheit wird in schwimmenden Gleitlagerbuchsen gelagert, die Schmierung erfolgt durch Anschluß an den Motorölkreislauf. Verdichtergehäuse werden aus Al-Legierungen, Turbinengehäuse aus GGG hergestellt.

Eine größere Leistungssteigerung läßt sich erreichen, wenn die verdichtete Luft (ca. 110 °C) in einem, meist *luftgekühlten Ladeluftkühler*, auf ca. 50 °C abgekühlt wird. Wird die abgekühlte Luft vor Motoreintritt in *Resonanzrohre* oder -kammern geleitet, so werden infolge periodischer Erregung durch die Ansaugtakte im Resonanzsystem periodische Druckschwingungen erzeugt. Diese führen zu einer weiteren Ladungserhöhung in einem bestimmten Drehzahlbereich (z.B. zur Drehmomentsteigerung bei LKW-Dieselmotoren).

Bei **mechanischen Aufladesystemen** wird der Lader über Riemen- oder Zahntrieb über ein festes Übersetzungsverhältnis vom Motor angetrieben (Leistungsverlust, vereinzelt bei Dieselmotoren). Es werden Sternkolbengebläse, Drehkolbengebläse (Rootsgebläse, KKK-Ro-Lader) und Verdrängerlader (VW-G-Lader) verwendet.

Vorteil: Einfacher Aufbau ohne Eingriff in das Abgassystem.

Bei der *Druckwellenaufladung* (Comprex-Lader) wird der mit hoher Geschwindigkeit pulsierende Abgasstrom in ein von der Kurbelwelle angetriebenes Zellenrad geleitet, das viele achsparallele, wabenförmige Schächte enthält, die von den seitlichen Kapselwänden abwechselnd geöffnet und verschlossen werden. Der Abgasstrom reflektiert mehrfach an der einströmenden Frischluft und verdichtet sie dabei.

Vorteil: Hohes Drehmoment bei niedriger Drehzahl.

Nachteil: Aufwendiger und teurer als Abgasturbolader.

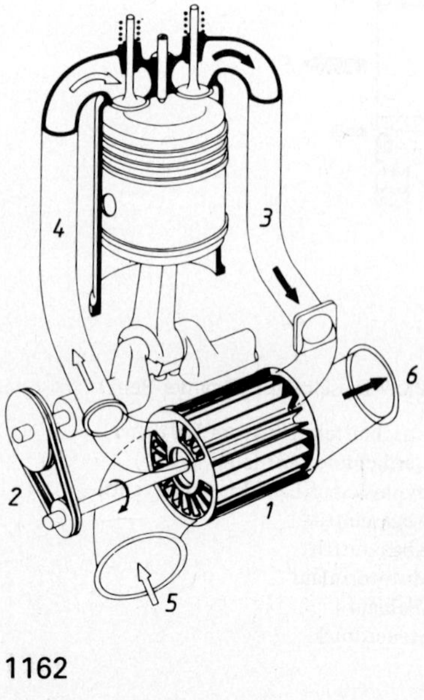

Bild VI.66

Comprex-Lader (Opel)

1 walzenförmiges Zellenrad
2 Rotorantrieb
3 pulsierende Auspuffgase
4 verdichtete Frischladung
5 unverdichtete Ansaugluft
6 Abgasleitung

14. Zündanlagen

Bei Ottomotoren muß die Verbrennung des verdichteten Kraftstoff-Luft-Gemisches durch Fremdzündung über einen Zündfunken eingeleitet werden. Der Zündfunken muß von hinreichender Temperatur und Brenndauer und zum richtigen Zeitpunkt von der Zündanlage bereitgestellt werden (um Klopfen zu verhindern, Kraftstoffverbrauch und Schadstoffemissionen gering zu halten und um eine hohe Leistung zu erzielen (Bild VI.67)).

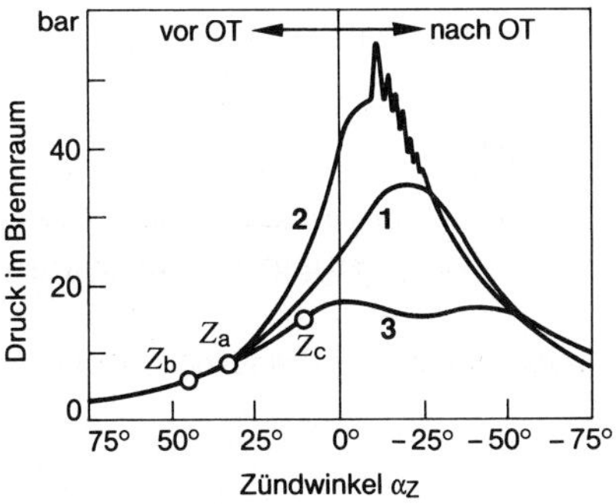

Bild VI.67

Druckverlauf im Brennraum bei unterschiedlicher Frühzündung (Bosch)

1 Zündung (Z_a) im richtigen Zündzeitpunkt
2 Zündung (Z_b) zu früh
3 Zündung (Z_c) zu spät

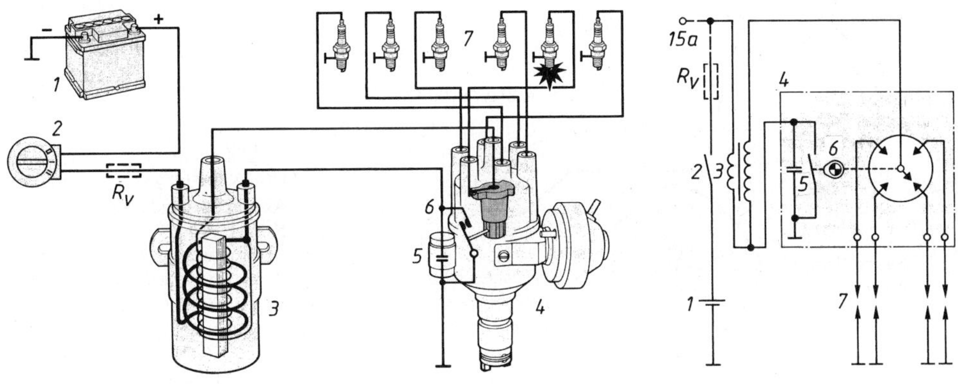

Bild VI.68. **Funktionsschema und Schaltplan einer Spulenzündanlage (Bosch)**

1 Batterie, 2 Zünd-Start-Schalter, 3 Zündspule, 4 Zündverteiler, 5 Zündkondensator, 6 Unterbrecher, 7 Zündkerzen, R_V Vorwiderstand zur Startspannungsanhebung (nicht generell eingebaut)

Konventionelle Spulenzündanlage (Bild VI.68)

Bei betätigtem Zünd-Startschalter und geschlossenem Unterbrecherkontakt wird durch den Batterie- oder Generatorstrom in der Primärwicklung der Zündspule ein starkes Magnetfeld aufgebaut. Der Primärstromkreis wird zum Zündzeitpunkt durch Öffnen des Unterbrecherkontaktes unterbrochen. Das Magnetfeld induziert in der Sekundärwicklung der Zündspule einen Hochspannungsimpuls, der als Zündspannung über den Verteiler zur jeweiligen Zündkerze geleitet wird. Durch den erzeugten Zündfunken sinkt die Sekundärspannung rasch auf Null ab. Der Unterbrecherkontakt schließt wieder, lädt die Zündspule erneut auf und der sich drehende Verteilerläufer überträgt entsprechend der Motorzündfolge einem anderen Zylinder (Zündkerze) die Zündenergie. Um zu verhindern, daß am sich öffnenden Unterbrecherkontakt ein Lichtbogen entsteht (Abbrand), wird ein Zündkondensator parallel geschaltet, der durch den Primärstrom aufgeladen wird.

Aufgaben und Aufbau der Bauteile

Die **Zündspule** besitzt einen Eisenkern mit aufgewickelter Sekundärwicklung (10 000 ... 30 000 Windungen). Darüber ist im Windungsverhältnis von ca. 1 : 100 die Primärwicklung (100 ... 300 Windungen) aufgebracht. Je ein Ende ist miteinander verbunden und als Anschluß an den Unterbrecherkontakt gelegt.

Das freie Ende der Sekundärwicklung wird zum Hochspannungsanschluß an den Zündverteiler, das der Primärwicklung an den Eingangsanschluß geführt. Zur Isolierung der Wicklungen untereinander ist die Zündspule ausgegossen.

Hochleistungszündspulen sind für höhere Zündspannungen ausgelegt als Standardspulen (15 ... 25 kV). *Vorwiderstände* zur Start-Spannungsanhebung werden beim Starten überbrückt, so daß trotz vorübergehenden Absinkens der Batteriespannung eine ausreichende Zündspannung ansteht.

Der **Zündverteiler** für Mehrzylindermotoren besteht aus dem Verteilerläufer, der Verteilerwelle (von Nockenwelle angetrieben) mit Unterbrechernocken, dem Unterbrecherkontakt, dem Fliehkraft- und Unterdruckversteller, dem Zündkondensator und der Verteilerkappe mit Anschlüssen für die Hochspannungsleitungen.

Der *Unterbrecherkontakt* wird vom Unterbrechernocken (Nockenzahl = Zylinderzahl) betätigt. Er unterbricht und schließt den Primärstromkreis.

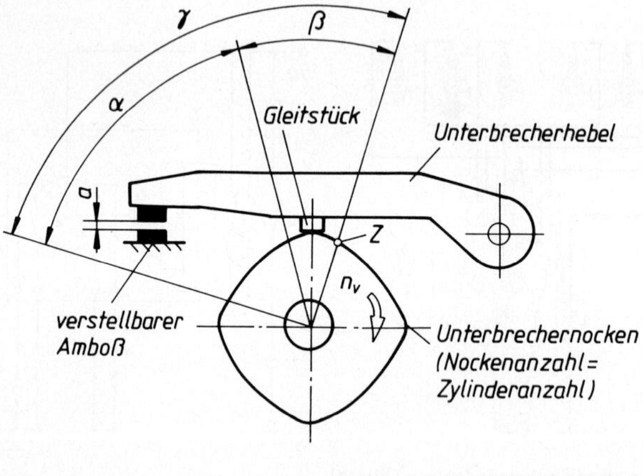

Bild VI.69
Unterbrecherkontakt

a Kontaktabstand
α Schließwinkel
β Öffnungswinkel
γ Zündabstandswinkel
n_V Verteilerwellendrehzahl
Z Zündzeitpunkt

Der *Schließwinkel* α gibt den Verteilerwellendrehwinkel mit geschlossenem, der *Öffnungswinkel* β den Verdrehwinkel mit geöffneten Kontakten an. Der Abstand zwischen zwei Zündungen ist der *Zündabstandswinkel* γ der Verteilerwelle:

$$\gamma = \alpha + \beta \tag{VI.56}$$

Bei Viertaktmotoren erfordert ein Arbeitsspiel zwei Kurbelwellenumdrehungen (720°) und eine Verteilerwellenumdrehung (360°). Mit z Zylindern wird der *Zündabstand der Verteilerwelle:*

$$\gamma = \frac{360°}{z} \tag{VI.57}$$

Der Schließwinkel α wird auch in Prozent von γ als *relativer Schließwinkel* angegeben ($\gamma = 100\,\%$):

$$\alpha\,\% = \frac{100\,\% \cdot z\,\alpha}{360°} \tag{VI.58}$$

Die erforderliche *Funkenanzahl f* pro Minute, ist abhängig von der Zylinderzahl z und Verteilerwellendrehzahl n_V:

$$f = n_V z$$

f, n_V	z
$\frac{1}{\text{min}}$	1

(VI.59)

Bei Viertaktmotoren: $n_V = 0{,}5\,n$ (Motordrehzahl); bei Zweitaktmotoren: $n_V = n$. Der verstellbare *Kontaktabstand a* beeinflußt Schließwinkel α und Zündabstand:

Vergrößerung von $a \to \alpha$ kleiner, Zündzeitpunkt später
Verkleinerung von $a \to \alpha$ größer, Zündzeitpunkt früher

Die *Schließzeit t* des Unterbrecherkontaktes ist vom Schließwinkel α und der Motordrehzahl n abhängig. Aus $t = 2\,\alpha\;60/n\;360°$ wird nach dem Kürzen die Zahlenwertgleichung

$$t = \frac{\alpha}{3°n} \quad \text{für Viertaktmotoren}$$

$$t = \frac{\alpha}{6°n} \quad \text{für Zweitaktmotoren}$$

t	n
s	$\frac{1}{\text{min}}$

(VI.60)

■ **Beispiel:** Für einen 4 Zylinder Viertaktmotor sind für die Motornenndrehzahl $n = 5280$ 1/min und einem Schließwinkel $\alpha = 54°$ folgende Werte zu ermitteln.

a) Der Zündabstand γ der Verteilerwelle,
b) Öffnungswinkel β,
c) Funkenfrequenz f,
d) Schließzeit t in s,
e) relativer Schließwinkel α in %.

Lösung: a) $\gamma = \frac{360°}{z} = \frac{360°}{4} = 90°$

b) $\beta = \gamma - \alpha = 90° - 54° = 36°$

c) $f = n_V z = 0{,}5\,n \cdot 4 = 5280\ 1/\text{min} \cdot 0{,}5 \cdot 4 = 10\,560\ 1/\text{min}$

d) $t = \frac{\alpha}{3°n} = \frac{54°}{3° \cdot 5280} = 0{,}0034\ \text{s}$

e) $\alpha\,\% = \frac{100\,\% \cdot z\,\alpha}{360°} = \frac{100\,\% \cdot 4 \cdot 54°}{360°} = 60\,\%$

Zündversteller sorgen für die belastungsabhängige (Unterdruckversteller) und drehzahlabhängige (Fliehkraftversteller) Verstellung des Zündzeitpunktes in bezug auf den OT, gemessen in Grad Kurbelwinkel (° KW); Frühzündung liegt vor OT, Spätzündung nach OT.

Fliehkraftversteller verdrehen drehzahlabhängig über Fliehgewichte den Unterbrechernocken in Drehrichtung der Verteilerwelle. Der Verdrehwinkel entspricht der Zündzeitpunktvorverlegung.

Unterdruckversteller verdrehen belastungsabhängig (Saugrohrunterdruck wirkt auf eine oder zwei Membrandosen) die Unterbrecherscheibe mit Unterbrecherkontakt gegen die Drehrichtung der Verteilerwelle.

Unterdruck- und Fliehkraftversteller arbeiten unabhängig voneinander.

Die *Verteilerwelle* wird meist über ein Schneckenrad oder eine Kupplung direkt von der Motornockenwelle angetrieben. In der Verteilerkappe wird die Zündspannung durch eine gefederte Schleifkohle (Mittenanschluß) über den von der Verteilerwelle angetriebenen Verteilerläufer (Läuferelektrode), auf die Festelektroden geführt. Von hier werden über Zündleitungen die Zündkerzen versorgt.

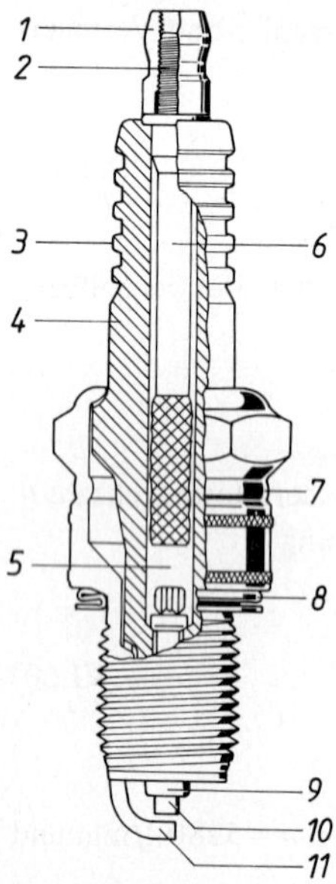

Bild VI.70

Aufbau der Zündkerze (Bosch)

1 Anschlußmutter
2 Anschlußgewinde
3 Kriechstrombarriere
4 Isolator (Al_2O_3)
5 elektrisch leitende Glasschmelze
6 Anschlußbolzen
7 Stauch- und Warmschrumpfzone
8 unverlierbarer äußerer Dichtring (bei Flachdichtsitz)
9 Isolatorfußspitze
10 Mittelelektrode
11 Masseelektrode

Zündkerzen (Bild VI.70) zünden das Gemisch im Verbrennungsraum durch Funkenübersprung an den Elektroden ($U > 10\,000$ V). Sie sind im Betrieb hohen elektrischen, thermischen und mechanischen Belastungen ausgesetzt. Die Werkstoffauswahl für die hochbelasteten Teile trägt diesen Beanspruchungen Rechnung. Der Isolator besteht aus AlO und die Elektroden aus Nickel-, Silberlegierungen oder Platin, oft mit Kupferkern zur besseren Wärmeableitung. Der *Wärmewert* einer Zündkerze ist ein Vergleichswert (Wärmewertkennzahl) für die thermische Belastbarkeit. Elektroden und Isolatorfuß müssen im Betrieb die Selbstreinigungstemperatur (400 ... 850 °C) erreichen, um Verbrennungsrückstände (Ölkohle, Ruß) auf dem Isolatorfuß wegbrennen zu können. Oberhalb 850 °C können Glühzündungen auftreten. Hohe Wärmewertkennzahlen bedeuten großes Wärmeaufnahmevermögen und geringe Wärmeableitung. Niedrige Kennzahlen bedeuten großen Widerstand gegen Glühzündungen (großes Wärmeableitungsvermögen).

Mehrbereichskerzen mit Mittelelektroden aus Platin oder Nickel mit Kupferkern passen sich unterschiedlichsten Betriebsbedingungen auch bei mageren, zündunwilligen Gemischen besser an.

Die elektrische und mechanische Schaltleistung der Unterbrecherkontakte (Verschleiß durch Abbrand mit Zündzeitpunktverstellung) in der konventionellen Spulenzündung ist den hohen Anforderungen bezüglich Zündenergie und Hochspannung in modernen Motoren nicht mehr gewachsen.

Als Leistungsschalter zur Primärstromunterbrechung werden anstatt des Unterbrechers daher *Transistoren* (Transistorzündung) oder *Tyristoren* (Hochspannungs-Kondensatorzündung) verwendet.

Transistorzündanlagen

Kontaktgesteuerte Transistorzündanlagen werden zur Nachrüstung von konventionellen Spulenzündanlagen verwendet.

Der Unterbrecher schaltet hier nicht mehr den großen Primärstrom (I ca. 9 A), sondern einen geringen Steuerstrom (I ca. 0,5 A) für den Transistor, über den der Primärstromkreis fließt. Dadurch wird der Abbrand am Unterbrecherkontakt und die damit verbundene Zündzeitpunktverstellung sehr klein. Der Kondensator kann entfallen.

Kontaktlose Transistorzündungen (TSZ) ersetzen den nockenbetätigten Unterbrecher, durch kontaktlos arbeitende (verschleißfrei), elektronische Zündauslöser. Es werden erheblich höhere Zündspannungen und Zündenergien erreicht, die über die Endstufen des Steuergerätes verschleißfrei geschaltet werden. Schließwinkelregelung und Primärstrombegrenzung werden in Abhängigkeit von der Batteriespannung und der Motordrehzahl durchgeführt. Nach der Steuergeräteansteuerung unterscheidet man Anlagen mit induktiver (TSZ-I)-Auslösung und Anlagen mit Auslösung nach dem Hallprinzip (TSZ-H). Fliehkraft- und Unterdruckverstellung bleiben erhalten.

Transistorzündung mit Induktionsgeber (TSZ-I)

Der Induktionsgeber ist entweder im Verteiler (Bild VI.71) oder am Schwungrad des Motors untergebracht (vgl. Motronic). Durch Drehung des Rotors (Impulsgeberrad) auf der Verteilerwelle, wird der Luftspalt zwischen dem Rotor und dem Stator mit Induktionswicklung periodisch verändert. Die magnetische Feldänderung induziert eine einphasige Wechselspannung in der Induktionswicklung (Bild VI.71), deren Scheitelspannung von der Drehzahl abhängt ($U = 0{,}5 \ldots 100$ V). Der Spannungsimpuls wird vom Steuergerät zur kontaktlosen Zündungsauslösung verarbeitet. Entfernen sich Rotor und Stator voneinander, so wechselt die Spannung sprunghaft ihre Richtung (= Zündzeitpunkt). Die Frequenz der Spannung entspricht der Funkenzahl pro Minute (VI.59).

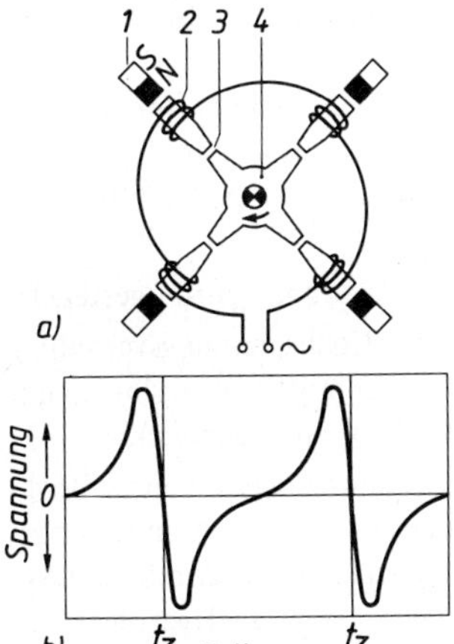

Bild VI.71
Zündverteiler mit Induktionsgeber (Bosch)
a) Funktionsprinzip
1 Dauermagnet
2 Induktionswicklung mit Kern
3 unveränderlicher Luftspalt
4 Rotor
b) Verlauf der Induktionsspannung

Transistorzündung mit Hallgeber (TSZ-H)

Der von der Verteilerwelle angetriebene Blendenrotor bewegt sich durch eine feststehende Magnetschranke mit Hall-IC. Durch das Ein- und Austauchen der Blende in die Magnetschranke, werden Spannungsimpulse erzeugt. Taucht die Blende in den Luftspalt ein, fließt der Primärstrom, verläßt die Blende den Luftspalt, so wird der Primärstrom unterbrochen (= Zündzeitpunkt).

Das erzeugte Geberspannungssignal wird im Steuergerät zur Primärstromschaltung und damit zur Zündungsauslösung verwendet. Die Steuergeräte sind meist in Hybridtechnik aufgebaut (geringe Abmessungen und Gewicht) und werden zur Kühlung direkt an die Karosserie oder am Zündverteiler angebaut.

Elektronische Zündanlagen werden zusammen mit elektronischen Benzineinspritzanlagen eingesetzt und ersetzen die fliehkraft- und unterdruckgesteuerte Zündzeitpunktverstellung durch Signalgeber für die Drehzahl (induktiv am Schwungrad) und die Motorbelastung (Saugrohrdruck).

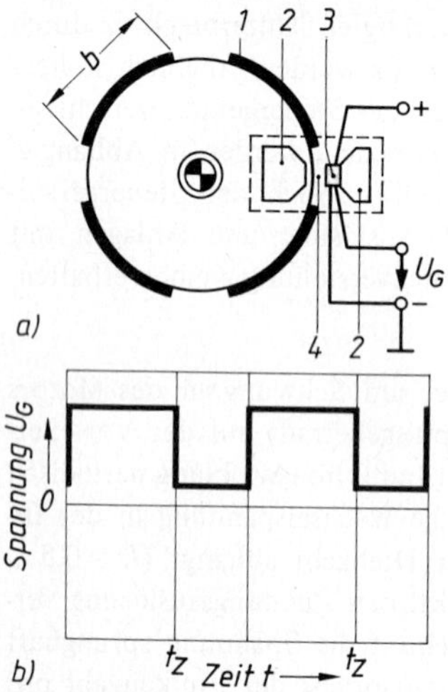

Bild VI.72

Zündverteiler mit Hallgeber (Bosch)

a) Funktionsprinzip
   1 Blende mit Breite *b*
   2 weichmagnetische Leitstücke mit Dauermagnet
   3 Hall-IC
   4 Luftspalt

b) Verlauf der Geberspannung U_G (umgeformte Hallspannung)

Diese Signale werden im Steuergerät kennfeldgesteuert in die erforderlichen Impulse zur Zündzeitpunktverstellung umgewandelt.

Weitere Signale sind die Drosselklappenstellung, die Motor- und Ansauglufttemperatur und die Batteriespannung. Zur Vermeidung von Motorklopfen kann auch eine Klopfregelung über einen Klopfsensor realisiert werden. Der Hochspannungsverteiler (nur noch ein Verteilerläufer vorhanden) wird meist direkt von der Nockenwelle angetrieben.

Bei dem System Motronic werden Einspritzsystem und elektronische Zündung zentral gesteuert.

Bei **vollelektronischen Zündanlagen** entfällt der Verteilerläufer. Die Hochspannungsverteilung wird elektronisch vorgenommen. Verwendet werden Zweifunkenspulen, die je zwei Zylinder mit einer Zündspule versorgen oder Systeme mit je einer Zündspule und Endstufe pro Zündkerze.

Die **Hochspannungs-Kondensatorzündung** (HKZ-Tyristorzündung) wird für hochdrehende Hochleistungsmotoren verwendet. Die Zündenergie wird im elektrischen Feld eines Kondensators gespeichert. Der Kondensator wird durch ein Ladeteil mit 400 V aufgeladen. Im Zündzeitpunkt entlädt sich der Kondensator, vom Tyristor als Leistungsschalter angesteuert, schlagartig in die Primärwicklung des Zündtransformators, wodurch in der Sekundärwicklung eine hohe Zündspannung induziert wird. Ist der Kondensator entladen, sperrt der Tyristor und der Kondensator wird wieder aufgeladen.

Merkmale: Sehr kurze Funkendauer (0,1 ... 0,3 ms), unempfindlich gegen Nebenschluß im Zündkreis.

Magnetzündanlagen erzeugen den Zündstrom unabhängig von Batterie oder Generator selbst.

Verwendung in Zweitakt- und Viertakt-Ottomotoren für leichte Zweiräder, Rasenmäher, Bootsmotoren, Kettensägen.

Eingesetzt werden Magnetzünder-Generatoranlagen mit kontaktgesteuertem und kontaktlos gesteuertem Zündimpulsgeber. Ein umlaufendes Polrad, mit Permanentmagneten an der Kurbelwelle befestigt, dient gleichzeitig als Teil der Motorschwungmasse. Die feststehende Ankerplatte enthält den Zündanker (mit Primär- und Sekundärwicklung), den Generatoranker, sowie Kondensator, Unterbrecher und Hochspannungsanschluß. Durch den Polradumlauf wird in der Primärwicklung des Zündankers eine Spannung induziert, die bei geschlossenen Unterbrecherkontakten ein wechselndes Magnetfeld erzeugt. Wenn das Magnetfeld sein Maximum aufweist, unterbricht der Unterbrecherkontakt. Durch die schnelle Feldänderung wird in der Sekundärwicklung eine hohe Spannung induziert, die den Zündfunken auslöst. Zur Lichtstromerzeugung wird ein zusätzlicher Generatoranker (Wechselstromerzeugung) eingebaut. Es sind auch Anlagen mit Zündanker, Generatoranker und außenliegender Zündspule üblich. Zum Motorabstellen dient ein Kurzschlußschalter.

Kontaktlose Magnet-Hochspannungs-Kondensatorzündanlagen oder kontaktlose Magnet-Transistorzündanlagen werden bei größerer Lichtleistung, Batteriebetrieb und zusätzlich aufgeschalteten Verbrauchern verwendet.

15. Generator

Verbrennungsmotoren benötigen zu ihrem Betrieb eine Stromversorgung, die beim Start von der Batterie (Starterbatterie als Blei-Schwefelsäure-Akkumulatoren) und bei laufendem Motor von dem angetriebenen Generator geliefert wird. Der Generator lädt gleichzeitig die Batterie auf.

Früher verwendete *Gleichstromgeneratoren* sind durch leistungsfähigere *Drehstromgeneratoren* abgelöst worden. Merkmale: Leistungsabgabe schon bei Leerlaufdrehzahl, verschleißarm, kleines Leistungsgewicht, elektronische Gleichrichtung durch Dioden.

Der Generator wird über Keilriemen von der Motorkurbelwelle angetrieben, oft gemeinsam mit der Wasserpumpe. Da Generatoren Wechselspannungen erzeugen, muß diese durch Gleichrichter und Regler auf eine drehzahlunabhängige, konstante Gleichspannung gebracht werden, damit die Batterie aufgeladen werden kann. Es werden *Klauenpol-Synchrongeneratoren* (für PKW und LKW) (Bild VI.73) und *Einzelpolgeneratoren* (für Großfahrzeuge mit hohem Leistungsbedarf) für 12 V und 24 V Bordnetzspannungen gebaut.

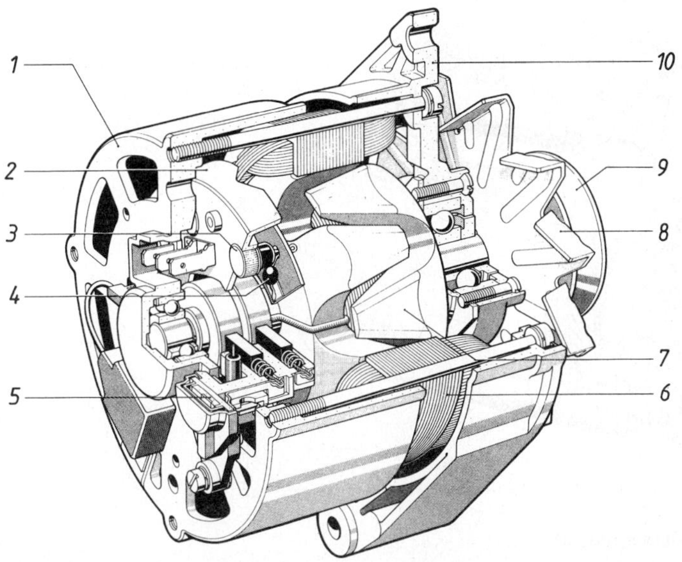

1 Schleifringlagerschild
2 Gleichrichter
3 Leistungsdiode
4 Erregerdiode
5 Regler, Bürstenhalter und Kohlebürsten
6 Ständer
7 Läufer
8 Lüfter
9 Riemenscheibe
10 Antriebslagerschild

Bild VI.73. Drehstromgenerator (Bosch)

Aufbau und Funktion des Drehstromgenerators: In dreiphasigen, um 120° versetzten Ständerwicklungen (Stern- oder Dreieckschaltung), wird bei Drehung des Läufers ein Dreiphasen-Wechselstrom (Drehstrom) induziert. Der Läufer trägt die Antriebsriemenscheibe und das Lüfterrad und ist mit Magnetpolen, der Erregerwicklung und zwei Schleifringen für die Erregerstromzufuhr versehen. Ein Teil des erzeugten Drehstroms wird abgezweigt (Erregerstromkreis), über Erregerdioden gleichgerichtet und durch Kohlebürsten über die Schleifringe zur Erregerwicklung geführt (Regelung der induzierten Wechselspannung).

Beim Anlauf muß über die Ladekontrollampe mit Batteriestrom erst vorerregt werden (Vorerregerstromkreis; nach Verlöschen der Lampe Selbsterregung). Der Hauptstromanteil wird durch die Leistungsdioden gleichgerichtet und in das Bordnetz für Batterie und Verbraucher abgegeben. Die Generatorspannung ist von der Erregerstromhöhe, der Drehzahl und der Belastung durch Verbraucher abhängig.

Durch die Regelung des Erregerstromes (Ein- und Ausschalten über Z-Dioden, Steuer- und Leistungstransistor), wird die Generatorspannung drehzahl- und belastungsunabhängig gleich hoch gehalten, der Ladestrom dem Ladezustand der Batterie angepaßt und der Generator vor Überlastung geschützt.

Als *Regler* werden elektronische Feld- oder Transistorregler, selten Kontaktregler verwendet.

16. Starter

Verbrennungsmotoren können nicht aus eigener Kraft anlaufen (innere Reibung, Verdichtungswiderstände). Sie benötigen eine Startanlage, um die Mindeststartdrehzahl (Ottomotor 60 ... 110 1/min, Dieselmotor 70 ... 200 1/min) zu erreichen. Kleinere Motoren werden mittels Seilzug oder Hebeleinrichtungen, größere Motoren (Kraftfahrzeuge, Eisenbahn- und Kleinschiffsdiesel) durch elektrische Startermotoren und Großdieselmotoren (Schiffsanlagen) durch direkte Druckluftbeaufschlagung gestartet.

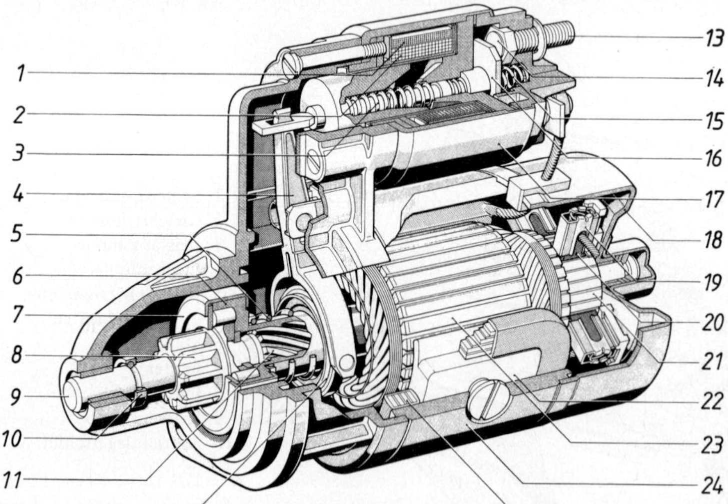

Bild VI.74. Schub-Schraubtrieb-Starter (Bosch)

1 Haltewicklung
2 Einzugswicklung
3 Rückstellfeder
4 Einrückhebel
5 Einspurfeder
6 Mitnehmer
7 Rollenfreilauf
8 Ritzel
9 Ankerwelle
10 Anschlagring
11 Steilgewinde
12 Führungsring
13 Elektrischer Anschluß
14 Kontakt
15 Kontaktabschaltfeder
16 Kontaktbrücke
17 Einrückrelais
18 Kommutatorlage
19 Bürstenhalter
20 Kohlebürste
21 Kommutator
22 Pohlschuh
23 Anker
24 Polgehäuse
25 Erregerwicklung

Startermotoren arbeiten wegen des hohen Anlaufwiderstand-Drehmomentes als *Gleichstrom-Reihenschluß-* oder *Doppelschlußmotoren* mit 12 V (selten 6 V) bei PKW Anlagen. LKW und Busse arbeiten mit 24 V, Bahn- und Schiffsdieselanlagen bis 110 V Nennspannung.

Bei Betätigung des Startschalters führt ein *Einspursystem* das Starterritzel in den Zahnkranz des Schwungrades ($i = 9:1 \dots 18:1$), um das Anlaufdrehmoment und die Startdrehzahl aufzubringen. Da nach dem Anspringen des Motors mit eingespurtem Ritzel der Läufer mit hoher Drehzahl angetrieben werden würde, schützt ein *Freilaufsystem* den Startermotor vor Zerstörung. Nach öffnen des Startschalters wird das Ritzel durch Federkraft aus den Zahnkranz gespurt. Nach der Art des Einspursystems werden Starteranlagen unterschieden in

- *Schraubtriebstarter* für Motorräder. Das Ritzel wird über ein Steilgewinde mit voller Drehzahl eingespurt. Kein Freilauf, Ausspuren erfolgt über das Steilgewinde.
- *Schub-Schraubtriebstarter* für PKW und kleine Nutzfahrzeuge, mit und ohne Planetenvorgelege zur Drehmomenterhöhung. Das Ritzel wird durch ein Einrückrelais (Magnetschalter) bei gleichzeitiger Schraubbewegung über ein Steilgewinde in den Zahnkranz geschoben (Schub-Schraub-Bewegung). Erst nach dem Einspuren erfolgt volle Ankerdrehung. Rollenfreilauf als Überlastungsschutz, Rückstellen von Anker und Ritzel erfolgt über Rückstellfeder und Steilgewinde.
- *Schubankerstarter* für LKW und Busse. Das Ritzel wird über das Einrückrelais mit dem Anker langsam drehend in den Zahnkranz eingespurt, bevor der Starter durchdreht. Lamellenkupplung als Freilauf, Rückspuren erfolgt über eine Feder.
- *Schubtriebstarter* für große Leistungen (6 ... 21 kW) mit mechanischer- und elektromotorischer Ritzelverdrehung, Einspuren über Einrückrelais bei langsamer Ankerdrehung zur Einspurerleichterung bevor der Starter durchdreht. Lamellenkupplung als Freilauf.

Bei Kleinmotoren mit Magnetzündanlage werden Starter-Generator-Kombinationen verwendet, die direkt an die Kurbelwelle angeflanscht sind (Seilzug- und Kickstarter).

17. Alternative Verbrennungsmotoren

Gasturbinen sind wegen des schlechten Wirkungsgrades und des hohen Kraftstoffverbrauchs, besonders im Teillastbereich, im Vergleich zu den Hubkolbenmotoren, kaum für den Einsatz im Fahrzeugbereich geeignet. Ihr Einsatz erfolgt vorwiegend für große Triebwerksleistungen (Flugzeug- und Schiffsantriebe).

Während beim Hubkolbenmotor der Kreisprozeß im Zylinder zeitlich nacheinander abläuft, laufen die Zustandsänderungen bei der Gasturbine räumlich getrennt gleichzeitig ab. Bei der Zweiwellen-Fahrzeuggasturbine (Bild VI.75) wird die Luft vom Radialverdichter angesaugt und in die Brennkammer geleitet (3 ... 5 bar). Dort wird kontinuierlich eingespritzter Kraftstoff verbrannt. Die heißen Gase werden mit hoher Geschwindigkeit auf die Turbinenschaufeln geleitet, die in Drehung versetzt werden. Die *Verdichterturbine* zum Verdichterantrieb und die *Antriebsturbine* zum Fahrzeugantrieb sind nicht durch Wellen verbunden (n Antrieb bis 50 000 1/min).

Die Abgase werden einem Wärmetauscher zugeführt, in dem die angesaugte Luft vorgewärmt und damit der Wirkungsgrad erhöht wird. Die Antriebsdrehzahl wird in einem Zwischengetriebe untersetzt. Durch die über das Fahrpedal verstellbaren *Leitschaufeln* kann im Teillastbereich der Verbrauch gesenkt werden.

Kreiskolbenmotor

Der Wankel-Kreiskolbenmotor arbeitet nach dem Viertaktprinzip und hat keine hin- und hergehenden Massen. Ein exzentrisch gelagerter Kreiskolben übernimmt die Funktion des Hubkolben-Kurbeltriebwerks beim Ottomotor.

Die Steuerung des Gaswechsels geht im Vergleich zum Hubkolbenmotor einfacher vor sich. Während der einzelnen Arbeitstakte bewegt sich die Gasfüllung im Gehäuse und kommt ständig mit

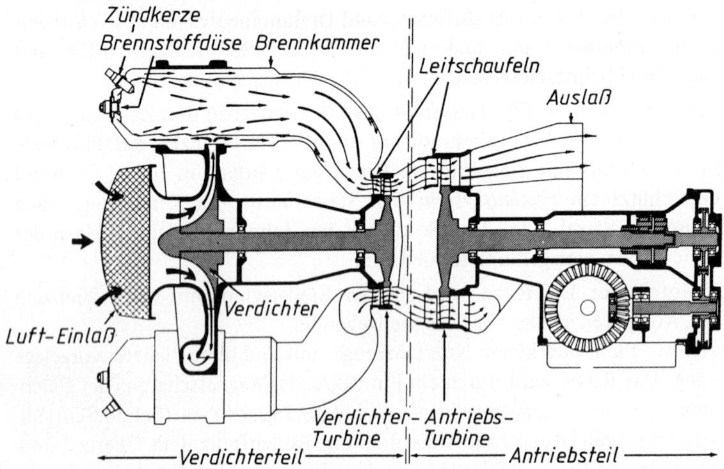

Bild VI.75. Schnitt durch eine Gasturbine (Opel)

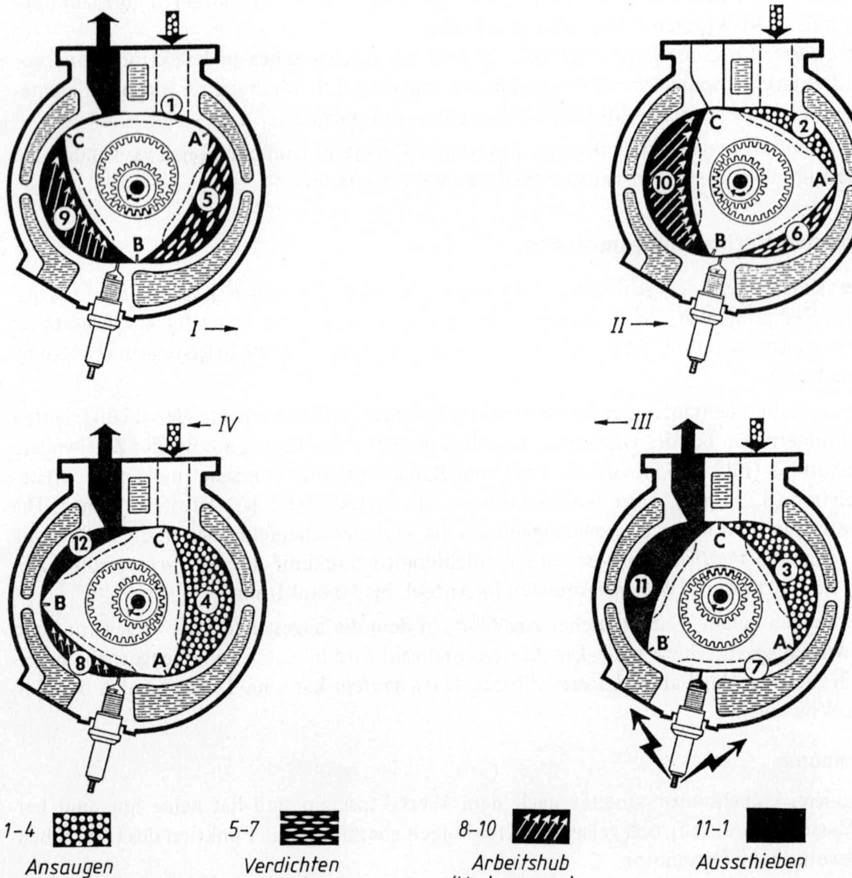

Bild VI.76. Wirkungsweise des Kreiskolbenmotors

gekühlten Wandungsflächen in Berührung (geringe Klopfneigung). Der Läufer (Kreiskolben) hat die Querschnittsform eines Bogendreiecks. Er ist auf einer Exzenterwelle gelagert und rotiert mit 2/3 der Wellendrehzahl in entgegengesetzter Richtung, also mit 1/3 der Wellendrehzahl bezogen auf das feststehende Gehäuse. Hierdurch ergeben sich geringere Gleitgeschwindigkeiten. Bei der Drehbewegung bleiben die drei Dichtkanten (A, B, C) dauernd mit der Wand des bogenförmigen Gehäuses (Epitrochoide) in Berührung und erzeugen dabei Hubräume wechselnder Größe für die einzelnen Arbeitstakte. Ein vollständiges Viertakt-Arbeitsspiel ergibt sich bei einer Kreiskolbendrehung oder drei Exzenterwellenumdrehungen. Durch Aneinanderreihen der Kreiskolben und Gehäusemantelteile (durch Zwischenteile getrennt) auf einer verlängerten Exzenterwelle lassen sich Mehrscheibenmotoren bauen.

Arbeitsweise

Das Volumen 1 wächst während des Ansaugens in der Läuferstellung 2 bis 3, wobei der Ansaugkanal geöffnet ist. In Stellung 4 ist der Ansaugtakt beendet. Anschließende Verdichtung erfolgt in den Stellungen 5, 6 und 7. In Stellung 7 wird das Gemisch gezündet. Die Arbeitsabgabe an die Welle geschieht während des Ausdehnungshubes in Stellung 8, 9 und 10. Der Auslaßkanal wird bei 10 geöffnet. Das Ausschieben der verbrannten Gase erfolgt während der Stellung 11 bis 12. Bei 1 beginnt das Arbeitsspiel wieder.

Neuere Konzeptionen verwenden zwei nebeneinander liegende Zündkerzen. Elektronische Benzineinspritzung, Dreiwege-Katalysator und Abgasturboaufladung sind genauso üblich wie bei Hubkolbenmotoren.

Vorteile: Gedrungene, leichte Bauweise, wenig Bauelemente, ruhiges schwingungsarmes Laufverhalten.

Nachteile: Höherer Kraftstoffverbrauch, höherer Bauaufwand und ungünstige Brennraumform.

Der **Stirlingmotor** (Heißgasmotor) ist ein Hubkolbenmotor. Er arbeitet in einem geschlossenen Kreisprozeß (Sterling), da das Arbeitsmedium (Wasserstoff oder Helium) ständig im Kreislauf verbleibt. Dem Arbeitsgas wird über die äußere Verbrennung eines Kraftstoff-Luft-Gemisches Wärme zugeführt, wodurch es sich ausdehnt und über einen Arbeitskolben Arbeit an das Kurbeltriebwerk abgibt. Durch den Verdrängerkolben wird das Arbeitsgas zyklisch über Kühler und Regenerator in den Erhitzer zurückbefördert. Arbeitskolben und Verdrängerkolben sind über einen Rhombentrieb zwangsgesteuert.

Vorteil: leiser Lauf, hoher Wirkungsgrad.

Nachteil: aufwendige Bauweise.

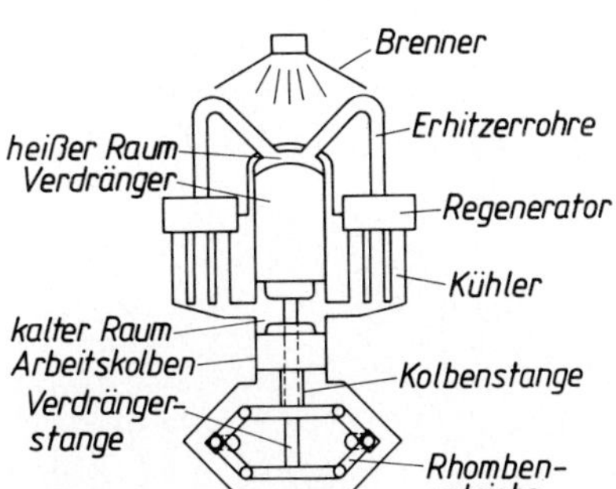

Bild VI.77
Prinzip des Stirlingmotors (Opel)

Arbeitsweise

1. Der Verdrängerkolben bleibt in OT-Lage, der Arbeitskolben verdichtet durch Bewegung nach oben kaltes Gas.
2. Der Arbeitskolben bleibt stehen, der Verdrängerkolben schiebt das Gas über Kühler, Regenerator und Erhitzer in den heißen Raum.
3. Das Gas expandiert und schiebt den Verdichter- und Arbeitskolben nach unten, wobei Arbeit aufgebracht wird.
4. Der Verdrängerkolben bewegt sich nach oben (Arbeitskolben bleibt unten) und schiebt das heiße Gas über Erhitzer, Regenerator und Kühler in den kalten Raum. Der Prozeß beginnt neu.

Beim **Dampfmotor** wird durch ein kontinuierlich verbrennendes Kraftstoff-Luft-Gemisch in einem Boiler Heißdampf (ca. 350 °C) erzeugt, der einen Mehrzylinder-Kolbendampfmotor antreibt. Der Abdampf wird in einem Kondensator heruntergekühlt und zum Dampferzeuger zurückgeführt.

Nachteil: Schlechter Wirkungsgrad, zu große Anlagenmasse.

Der **Hybridantrieb** ist eine Mischantriebsart, bei der zumeist die Kombination Elektromotor-Verbrennungsmotor zum Antrieb von Fahrzeugen verwendet wird. In Nutzfahrzeugen wird z.B. im Stadtbereich und zum Anfahren Elektrobetrieb über Batteriepakete und bei Überlandfahrt Verbrennungsmotorbetrieb eingesetzt. Der Verbrennungsmotor lädt hier gleichzeitig die Batterien auf (E-Motor als Generator betrieben). Das umweltfreundliche Konzept scheitert an zu großer Batteriemasse und der vergleichsweise geringen Speicherkapazität der Batterieblöcke.

Literatur

Kalide, W., Kolben- und Strömungsmaschinen, Hanser-Verlag, München 1974

Kraemer/Jungbluth, Bau und Berechnung von Verbrennungsmotoren, Springer-Verlag, Berlin 1983

Kraftfahrtechnisches Taschenbuch, Robert Bosch GmbH, Vertrieb: VDI-Verlag, Düsseldorf 1985

Küttner, K. H., Kolbenmaschinen, Teubner-Verlag, Stuttgart 1984

Staudt, W., Kraftfahrzeugtechnik, Vieweg-Verlag, Braunschweig/Wiesbaden 1988

Schriftenreihe Technische Unterrichtung, Hrsg. Robert Bosch GmbH, Stuttgart, div. Jahrgänge

Wagner, H., Strömungs- und Kolbenmaschinen, Vieweg-Verlag, Braunschweig/Wiesbaden 1986

Waldmann/Seidel, Kraft- und Schmierstoffe, Sonderdruck der ARAL-AG Bochum aus dem Automobiltechnischen Handbuch, de Gruyter-Verlag, Berlin 1979

VII. Pumpen

Pumpen fördern Flüssigkeiten auf ein höher gelegenes Niveau. Pumpen sind Arbeitsmaschinen, weil ihnen mechanische Energie zugeführt wird. Diese mechanische Energie wird umgewandelt in Druck- und kinetische Energie.

1. Fördermenge, Förderhöhe

Als Fördermenge (Förderstrom, Durchsatz) wird nur das nutzbare Flüssigkeitsvolumen je Zeiteinheit $\dot{V}$ in m^3/s bezeichnet.

Entlastungs-, Leck- und entnommene Kühlflüssigkeiten für die Pumpenanlage zählen nicht zum Förderstrom.

Die Förderhöhe h in m (Bild VII.1) wird als Nutzförderhöhe bezeichnet. Zunächst muß in der Saugleitung durch die Pumpe ein Unterdruck erzeugt werden, damit die Flüssigkeit aus der Lage z_1 über die Saugleitung bis zur Pumpe gelangen kann. Dann wird ein Überdruck erzeugt, damit die Flüssigkeit über die Druckleitung auf die Lage z_2 transportiert werden kann (Bild VII.1).

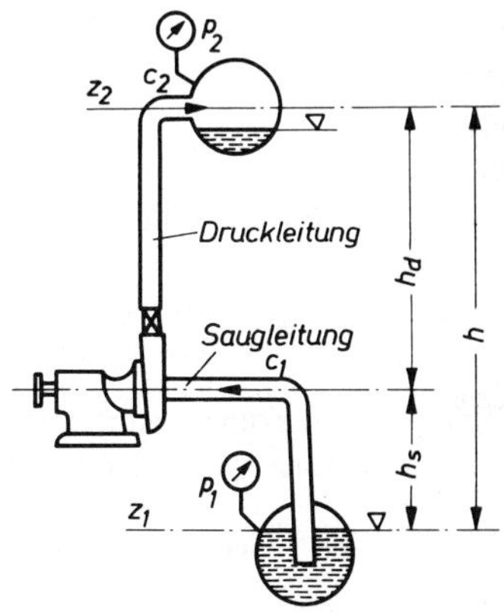

Bild VII.1. Pumpenanlage

Die Nutzförderhöhe setzt sich zusammen aus der Saughöhe h_s und der Druckhöhe h_d:

$$h = h_s + h_d \qquad \text{(VII.1)}$$

Ausschlaggebend für die Saugwirkung ist bei allen Pumpen der atmosphärische Druck bei offenem Saugbehälter oder der Druck p_1 bei geschlossenem Saugbehälter. Bei einem atmosphärischem Druck von ca. 1 bar könnte theoretisch die Saughöhe für Wasser als Förderflüssigkeit 10 m betragen. Die praktisch erreichbare Saughöhe ist allerdings wesentlich geringer, da der tatsächliche Barometerstand, die Wassertemperatur und die am Ende der Saugleitung vorhandene Geschwindigkeitsenergie des Wassers berücksichtigt werden muß. Durch diese Umstände läßt sich für Wasser eine nutzbare Saughöhe von maximal 7 m erreichen.

Bei Wassertemperaturen über 70 °C muß auf das Ansaugen ganz verzichtet werden; man läßt in diesem Fall das Wasser der Pumpe zulaufen.

Neben der nutzbaren Saughöhe h_s und der Druckhöhe h_d müssen noch sämtliche Widerstände in der Saug- und Druckleitung, in Armaturen, Krümmern, Meßgeräten und Filtern überwunden werden. Widerstände treten auch durch Geschwindigkeitsänderungen infolge Querschnittsunterschieden in den Leitungen auf.

Daraus ergibt sich die erforderliche Förderhöhe h_{erf} ($h_{erf} > h$):

$$h_{erf} = h + \frac{p_2 - p_1}{\rho g} + \frac{c_2^2 - c_1^2}{2g} + h_v \qquad \text{(VII.2)}$$

h_{erf}, h, h_v	p_1, p_2	ρ	g	c_1, c_2
m	$\frac{N}{m^2}$	$\frac{kg}{m^3}$	$\frac{m}{s^2}$	$\frac{m}{s}$

h	nutzbare Förderhöhe	$\frac{c_2^2 - c_1^2}{2g}$	Geschwindigkeitshöhe
$\frac{p_2 - p_1}{\rho g}$	Druckhöhe	h_v	Widerstandshöhe

2. Pumpenleistung und Wirkungsgrad

Die Nutzleistung einer Pumpe ergibt sich aus der Fördermenge $\dot{V}$ und der Förderhöhe h_{erf}:

$$P_n = \dot{V}\, h_{erf}\, \rho\, g \qquad \text{(VII.3)}$$

P_n	$\dot{V}$	h_{erf}	ρ	g
W, kW	$\frac{m^3}{s}$	m	$\frac{kg}{m^3}$	$\frac{m}{s^2}$

Die Wellenleistung P_a an der Kupplung muß größer sein, da Leck-, Wirbel-, Radreibungs-, Gleitflächen- und Spaltverluste auftreten können ($P_a > P_n$).

Durch das Verhältnis von P_a zu P_n wird der Wirkungsgrad η_p bestimmt:

$$\eta_p = \frac{P_n}{P_a} \qquad \text{(VII.4)}$$

η_p ist außerdem das Produkt aus mechanischem Wirkungsgrad η_m und hydraulischem Wirkungsgrad η_h:

$$\eta_p = \eta_m\, \eta_h \qquad \text{(VII.5)}$$

Der Gesamtwirkungsgrad η_{ges} ergibt sich als Produkt der Wirkungsgrade des Antriebsmotors η_{mot}, der Steigleitung η_l und der Pumpe η_p:

$$\eta_{ges} = \eta_{mot}\, \eta_l\, \eta_p \qquad \text{(VII.6)}$$

Der hydraulische Wirkungsgrad η_h schwankt je nach Druckhöhe in der Saug- und Druckleitung zwischen $\eta_h = 0{,}82$ bei niedrigen und $\eta_h = 0{,}97$ bei hohen Drücken.

Der Wirkungsgrad des Antriebsmotors $\eta_{mot} \approx 0{,}84 \ldots 0{,}95$, je nach Antriebsart.

Der Wirkungsgrad der Saug- und Druckleitung η_l berücksichtigt die Widerstandshöhe h_v:

$$\eta_l = \frac{h}{h_{erf}} \qquad \text{(VII.7)}$$

3. Kolbenpumpen

Die Saug- und Druckwirkung der Kolbenpumpen beruht auf dem Verdrängungsprinzip. Bild VII.2 zeigt schematisch den Aufbau einer einfachwirkenden Druckpumpe mit Tauchkolben in liegender Bauweise.

Der Tauchkolben drückt beim Druckhub das Wasser durch das selbsttätig öffnende Druckventil (5) hindurch in die Druckleitung. Es wird nur bei jedem zweiten Hub (Druckhub) Wasser gefördert. Beim Saughub wird das Wasser infolge des atmosphärischen Druckes durch das sich selbsttätig öffnende Saugventil (7) dem Pumpenkolben nachgedrückt. Die durch die hin- und hergehende Bewegung des Tauchkolbens auftretende pulsierende Förderung kann durch Anordnung von mehreren phasenversetzt arbeitenden Tauchkolben weitgehend ausgeglichen werden. Bei Dreifachwirkung (mit 120° Phasenversetzung an der Kurbel) wird ein praktisch konstanter Förderstrom erzielt. Zum Ausgleich der Bewegungen der Druckwasser- und der Saugwassersäule dienen jedoch vor allem die Druckwindkessel (3) und Saugwindkessel (10). Der zum Teil mit Luft gefüllte Druckwindkessel nimmt beim Druckhub Wasser auf. Dabei wird die Luft zusammengedrückt; Wasserstand und Druck im Kessel steigen an. Bei Abnahme der Wassergeschwindigkeit und während des Hubwechsels gibt der Druckwindkessel wieder Wasser ab; Wasserstand und Druck sinken.

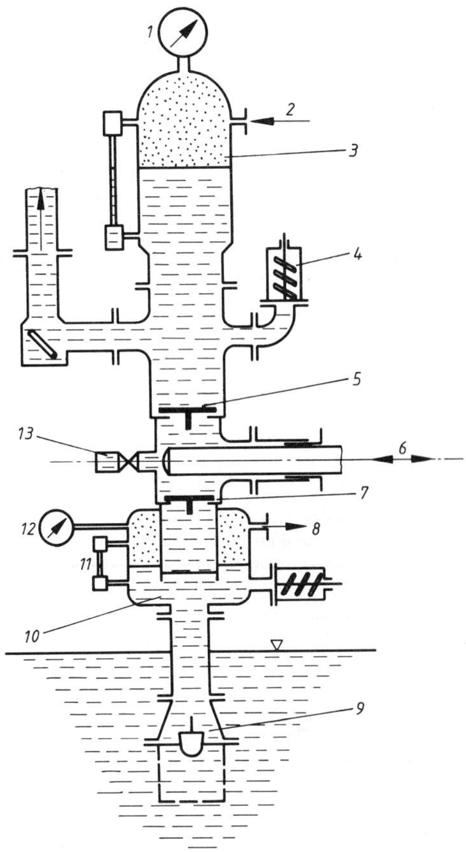

Bild VII.2. Schematischer Aufbau einer einfachwirkenden Druckpumpe mit Tauchkolben in liegender Bauweise

1 Manometer
2 Druckluftzufuhr
3 Druckwindkessel
4 Sicherheitsventil
5 Druckventil
6 Tauchkolben
7 Saugventil
8 Ejektor
9 Filterventil
10 Saugwindkessel
11 Wasserstandsmesser
12 Vakuummeter
13 Schnüffelventil

Das Luftkissen des Druckwindkessels wird vom Druckwasser laufend aufgezehrt und muß von Zeit zu Zeit ergänzt werden. Dies kann mit Hilfe des Schnüffelventils (13) geschehen. Bei Förderdrücken über 15 bar wird der Betrieb mit dem Schnüffelventil aber unwirtschaftlich. Der Druckwindkessel muß dann über einen entsprechenden Anschluß (2) immer wieder mit Druckluft aufgefüllt werden. Der unter dem Saugventil liegende Saugwindkessel (10) dient ebenfalls als Ausgleicher.

Mit Hilfe eines Ejektors (8) kann die Luft aus Saugwindkessel und Saugleitung abgesaugt werden, so daß die Pumpe auch trocken ansaugen kann. Zur Drucküberwachung sind am Saugwindkessel ein Vakuummeter und am Druckwindkessel ein Manometer angebracht. Die Sicherheitsventile (4) schützen die Pumpe vor zu hohem Druckanstieg: Würde z.B. ein in der Druckleitung befindliches Absperrorgan versehentlich abgesperrt und die Pumpe weiter angetrieben, so könnte der entstehende hohe Druck die Pumpe sprengen. Auch der Druck im Saugwindkessel könnte beim Füllen mit Wasser unzulässig hoch ansteigen.

Die theoretische Fördermenge $\dot{V}_{th}$ in m^3/s kann ermittelt werden aus der Kolbenfläche A, dem Kolbenhub s und der Drehzahl n der Kurbelwelle:

$$\dot{V}_{th} = \frac{A\,s\,n}{60} \qquad \text{(VII.8)}$$

$\dot{V}_{th}$	A	s	n
$\frac{m^3}{s}$	m^2	m	min^{-1}

Aus Gl. (VII.8) geht hervor, daß die Veränderung des Förderstromes am einfachsten über die Regelung der Drehzahl möglich ist.

3.1. Schwungradlose Pumpen

In wärmewirtschaftlichen und in explosionsgefährdeten Betrieben werden häufig schwungradlose Pumpen, Simplex- und Duplexpumpen verwendet. Sie zeichnen sich durch Anspruchslosigkeit, geringen Raumbedarf, niedrige Anschaffungskosten und einfache Regelbarkeit aus. Bei diesen Pumpen, die durch Dampf oder Druckluft angetrieben werden, ist der Kolbenhub nicht zwangsläufig festgelegt; er wird durch besondere Steuerungen begrenzt. Bei den einachsigen Simplexpumpen wird der antreibende Dampf-(Druckluft-)Zylinder von seiner eigenen Kolbenstange gesteuert.

Duplexpumpen (Bild VII.3) sind Zwillingspumpen, bei denen Antriebs- und Pumpenkolben durch eine Kolbenstange verbunden sind und bei denen die Kolbenbewegung der einen Maschinenseite jeweils die Kolbenbewegung der anderen steuert. Simplex- und Duplexpumpen eignen sich auch zur Förderung von kalten und heißen Ölen sowie leicht verdampfenden Flüssigkeiten, besonders in gestängeloser Bauform, bei der die Steuerschieber durch Dampfdruckimpulse betätigt werden.

Bild VII.3 zeigt eine stehende Duplex-Dampfpumpe (Ruhrpumpen GmbH, Witten-Annen), die direkt und vierfach wirkend arbeitet. Die Pumpe ist mit einer außenliegenden Gelenksteuerung ausgerüstet. Als Steuerungselement dienen Dampfschieber, die als Flachschieber ausgebildet sind. Die übereinanderliegenden Saug- und Druckventile der Pumpe (19 und 23) sind federbelastete Tellerringventile.

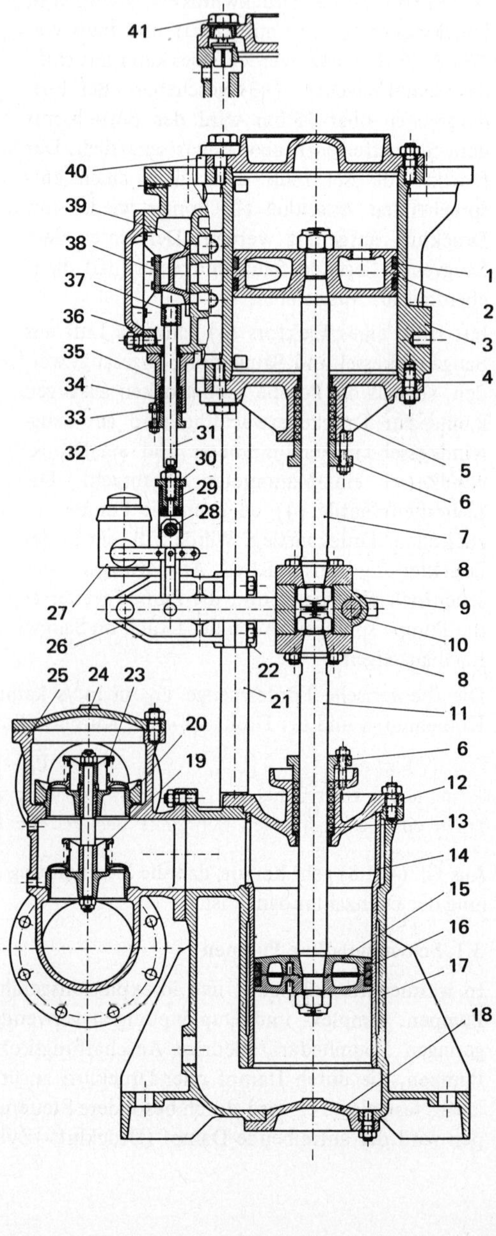

Bild VII.3
Stehende Duplex-Dampfpumpe
Typ RDV, Ruhrpumpen GmbH,
Witten-Annen

1 Kolbenring
2 Dampfkolben
3 Dampfzylinder
4 Stopfbüchsdeckel mit Grundbüchse
5 Stopfbüchspackung für Dampfkolbenstange
6 Stopfbüchsbrille
7 Dampfkolbenstange
8 Kupplungsflansch
9 Kreuzkopf
10 Steuerbolzen
11 Pumpenkolbenstange
12 Stopfbüchsdeckel mit Grundbüchse
13 Stopfbüchspackung für Pumpenkolbenstange
14 Laufbüchse
15 Pumpenkolben
16 Canvasring
17 Pumpenzylinder
18 Pumpenzylinderdeckel
19 Saugventil
20 Andrückflansch
21 Steuerstrebe
22 Steuerbockdeckel
23 Druckventil
24 Ventilkastendeckel
25 Ventilkasten
26 Steuerbock
27 Schmierpumpe
28 Lenkstange mit Büchse
29 Gabelkopf
30 Gewindebüchse mit Vierkantmutter
31 Schieberstange
32 Stopfbüchsbrille
33 Stopfbüchse mit Schieberstange
34 Stopfbüchspackung für Schieberstange
35 Grundbüchse
36 Schieberkastendeckel
37 Stangenkopf
38 Gleitstück mit Feder
39 Flachschieber
40 Dampfzylinderdeckel
41 Kompressionsventil

3.2. Membranpumpen

Die Membran- oder Diaphragmapumpen, die ähnlich wie die Kolbenpumpen arbeiten, besitzen an Stelle des Kolbens eine Membrane (Diaphragma) aus Gummi oder Kunststoff, die am äußeren Umfange dicht mit dem Pumpengehäuse verbunden ist. Die Membrane wird durch eine Kolbenstange auf und nieder bewegt und so die Verdrängungswirkung hervorgerufen. Die Membranpumpen werden sowohl als Saugpumpen wie auch als Druckpumpen gebaut. Die Maschinenteile kommen mit der Förderflüssigkeit nicht in Berührung, so daß ein Verschleiß und ein Verstopfen der Pumpe vermieden werden. Die Membranpumpen eignen sich daher besonders für die Förderung sand- und schlammhaltigen Wassers. Durch die gute Abdichtung der Pumpe können Saughöhen bis zu 7 m erreicht werden.

3.3. Schraubenspindelpumpen

Bei diesen werden durch zwei oder mehr ineinandergreifende Schraubenspindeln, die gegeneinander und gegen das Gehäuse abdichten, Kammern gebildet, die das Fördergut aufnehmen und in axialer Richtung bewegen. Die Schraubenspindelpumpen können mit hohen Drehzahlen gefahren werden und eignen sich daher für den direkten Antrieb durch schnellaufende Antriebsmaschinen. Anwendung: Kühlmittel- und Schmierölpumpen sowie als Druckölpumpen für ölhydraulische Antriebe (Bild VII.4).

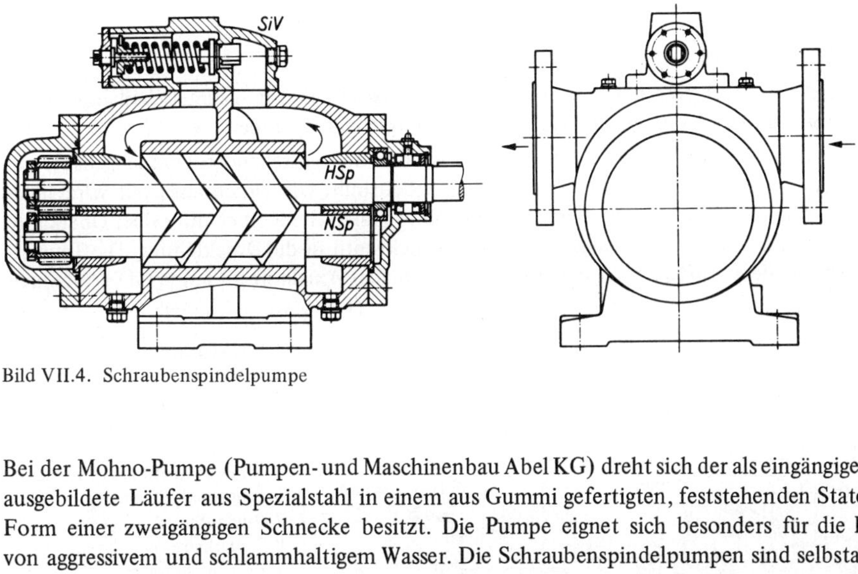

Bild VII.4. Schraubenspindelpumpe

Bei der Mohno-Pumpe (Pumpen- und Maschinenbau Abel KG) dreht sich der als eingängige Schnecke ausgebildete Läufer aus Spezialstahl in einem aus Gummi gefertigten, feststehenden Stator, der die Form einer zweigängigen Schnecke besitzt. Die Pumpe eignet sich besonders für die Förderung von aggressivem und schlammhaltigem Wasser. Die Schraubenspindelpumpen sind selbstansaugend.

3.4. Zahnradpumpen

Zahnradpumpen sind ebenso wie die Kolbenpumpen Verdrängerpumpen. Sie werden entweder als einfache Zahnradpumpen mit einem ineinandergreifenden Zahnradpaar oder als Mehrfach-Zahnradpumpen mit außen- und innenverzahnten Rädern sowie als Zahnringpumpen gebaut. Im Saugraum der Pumpe werden die Zahnlücken mit der Förderflüssigkeit gefüllt; sie fördern entlang der Gehäusewand die Flüssigkeit auf die Druckseite, wo durch das Ineinandergreifen der Zähne die eigentliche Drucksteigerung erfolgt. Die Zahnradpumpen eignen sich für die Förderung von Drucköl, Schneid- und Bohröl und als Hydraulikpumpe.

Bild VII.5 zeigt eine Präzisions-Hochdruck-Zahnradpumpe der Firma Plessey Maschinen Elemente, Neuß/Rhein, die in verschiedenen Größen hergestellt wird: Förderströme 1,2 ... 19 l/min bei 1000 1/min, maximale Antriebsdrehzahl bis 3500 1/min, maximaler Betriebsdruck je nach Größe 105 ...175 bar. Die Pumpe besitzt Leichtmetallgehäuse und selbstnachstellende Wellenlager, die durch eine Niederdruckschmierung mit Drucköl versorgt werden.

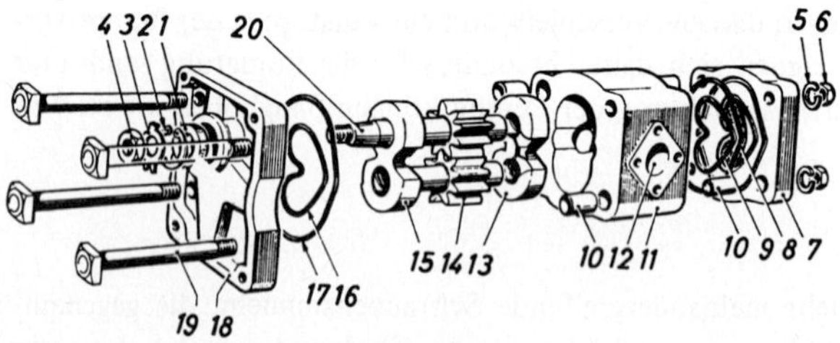

Bild VII.5. Hochdruckzahnradpumpe, Plessey (Deutschland) GmbH, Neuß/Rhein

1 Wellendichtring
2 Sicherungsring
3 Sicherungsblech
4 Wellenmutter
5 Federring
6 Deckelmutter
7 Deckel
8 O-Ring (äußerer)
9 O-Ring (innerer)
10 Zentrierhülse
11 Gehäuse
12 Einlaßöffnung
13 unteres Lager
14 getriebenes Zahnrad
15 oberes Lager
16 O-Ring (innerer)
17 O-Ring (äußerer)
18 Flansch
19 Schraube
20 Antriebszahnrad X-Type

3.5. Axialkolbenpumpen

Je nach der Art der Erzeugung der Kolbenbewegung unterscheidet man Taumelscheibenpumpen, Schwenktrommelpumpen (Schrägtrommelpumpen), Schrägscheibenpumpen.

Bei der Taumelscheibenpumpe (Bild VII.6) sind die Kolben im feststehenden Pumpengehäuse gelagert und erhalten durch eine Taumelscheibe den Arbeitshub. Die Druckflüssigkeit wird beim Rückwärtshub der Kolben angesaugt. Beim Vorwärtshub schließt der Kolben mit seiner Oberkante seinen Füllraum und drückt die Flüssigkeit über das Druckventil in die Druckleitung. Die Taumelscheibenpumpe ist dem Aufbau nach die einfachste unter den Axialkolbenpumpen. Die hat einen

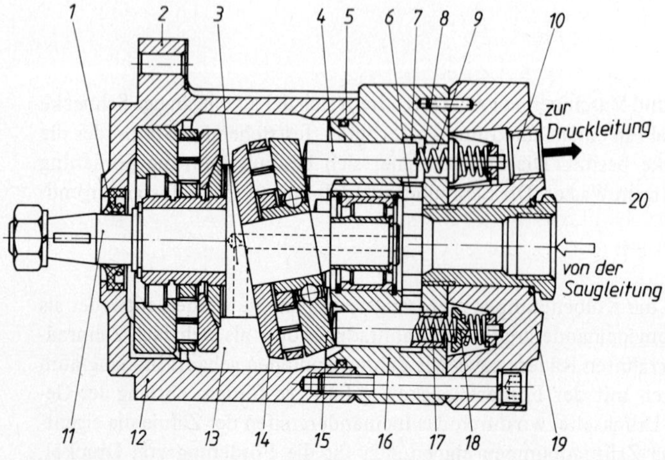

Bild VII.6 Taumelscheibenpumpe, Bosch, Hildesheim

1 Radial-Dichtring
2 Befestigungsflansch
3 Bohrungen für Schmierung und Kühlung
4 Kolben
5 Ring-Abdichtung des Gehäuses
6 Ringkanal (Saugraum)
7 Ringnut
8 Steuerkante
9 Kolben-Hubraum
10 Druckraum
11 Antriebswelle
12 Gehäuse
13 Lagerraum
14 Taumelscheibe
15 Druckscheibe
16 Pumpenkörper
17 Kolbenfeder
18 Druckventil
19 Anschlußplatte
20 Abdichtung des Saugstutzens

guten Wirkungsgrad und erreicht Drücke bis zu 250 bar. Die Fördermenge ist bei konstanter Drehzahl unveränderlich. Die Pumpe kann in beliebiger Richtung angetrieben werden, ohne daß sich die Richtung des Förderstromes ändert. Die Taumelscheiben-Axialkolbenpumpen können in entsprechender Bauweise auch als Motor verwendet werden.

Die Schwenktrommelmaschinen (Bild VII.7) sind ebenfalls sowohl als Pumpe als auch als Motor verwendbar (siehe auch Abschnitt Werkzeugmaschinen). Hier werden die Kolben samt der Schwenktrommel von der Triebscheibe über die Kolbenstangen mitgenommen und erzeugen auf diese Weise die Pumpbewegung.

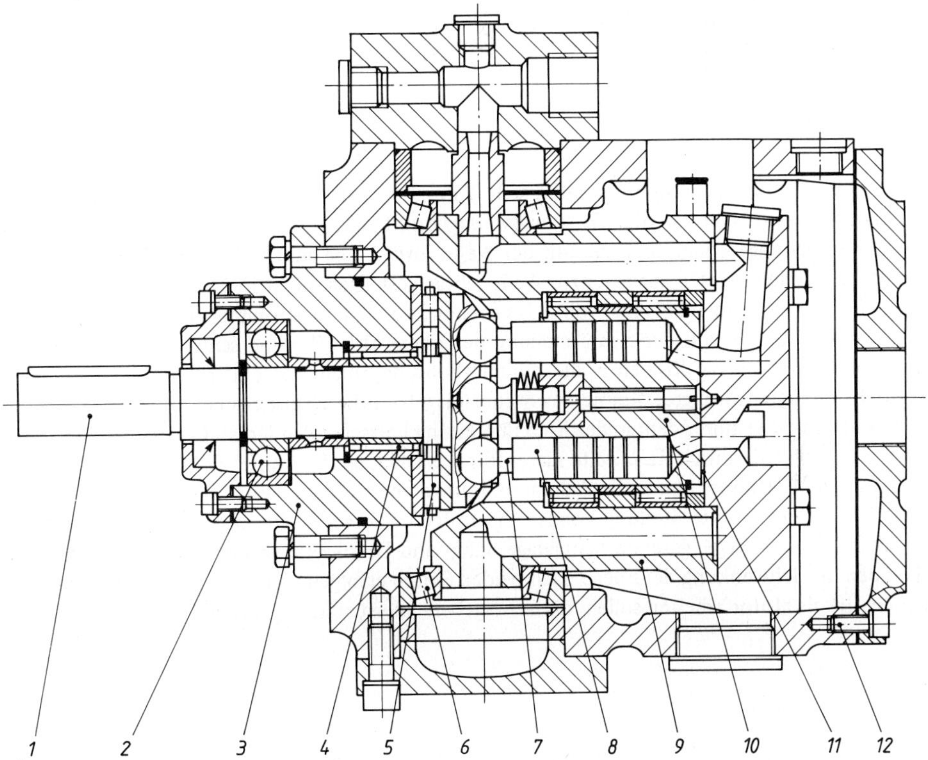

Bild VII.7. Schwenktrommelpumpe, Stahlwerke Brüninghaus, Horb/Neckar

1 Triebflansch	4 Triebflanschlager	7 Kolbenstange	10 Zylinderblock
2 Stützlager	5 Axial-Zylinderrollenlager	8 Kolben	11 Steuerfläche
3 Lagerflansch	6 Schwenklager	9 Zylindergehäuse	12 Gehäuse

Gewöhnlich wird der Förderstrom bei dem größten Ausschwenkwinkel – im allgemeinen $\alpha_{max} = 25°$ – (siehe Bild VII.8) angegeben. Dann ergibt sich der Förderstrom bei einem beliebigen Schwenkwinkel α:

$$\dot{V} = \dot{V}_{max} \frac{\sin \alpha}{\sin 25°} \qquad \text{(VII.9)}$$

Wird die Trommel nach beiden Seiten aus der Mittellage geschwenkt, so wird auch die Richtung des Ölstromes dabei umgekehrt. Die Schwenktrommelpumpe erzeugt Drücke bis zu 350 bar und wird in der Öl-Hydraulik angewendet.

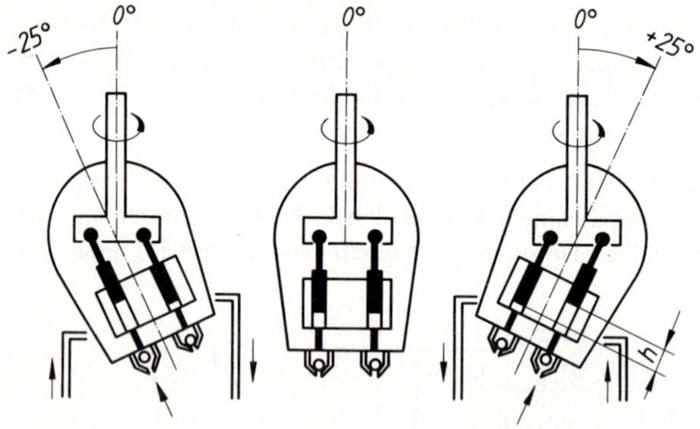

Bild VII.8
Schwenktrommelpumpe – Veränderung des Förderstromes

Auch mit der Schrägscheibenpumpe (Bild VII.9) können Drücke bis 300 bar bei sehr guten Wirkungsgraden erreicht werden. Ihre Wirkungsweise beruht darauf, daß die Kolben axial in einer Zylindertrommel angeordnet sind, die mit der Welle rotiert. Die aus der Trommel herausragenden Kolbenstangenenden werden auf einer zur Welle schräg gestellten, nicht rotierenden Ebene geführt. Dadurch führt jeder Kolben bei einer vollen Umdrehung der Zylindertrommel einen Hin- und Rückhub aus, dessen Länge von der Schrägstellung der Ebene (bis 17°) und seinem Abstand von der Welle abhängt. Werden die Kolben in die Zylinderbohrung hineingedrückt, fördern sie die Flüssigkeit durch die nierenförmige Öffnung des Steuerspiegels in die Druckleitung, werden die Kolben auf der anderen Seite unter dem in der Rückflußleitung herrschenden Druck (Speisedruck) herausgedrückt, so lassen sie durch die zweite nierenförmige Öffnung (Saugseite) des Steuerspiegels Flüssigkeit aus der Rückflußleitung in die Zylinderbohrungen einströmen. Durch Schwenken der Ebene in die zur Welle senkrechte Stellung können die Kolbenhübe auf Null gebracht werden und durch Schwenken in die entgegengesetzte Schräglage Saug- und Druckseite vertauscht werden. Während bei Pumpen die Schwenkung der Ebene nach beiden Seiten erfolgen kann, wird bei Schrägscheibeneinheiten, die als Motor arbeiten sollen, die Schrägebene meist starr angeordnet.

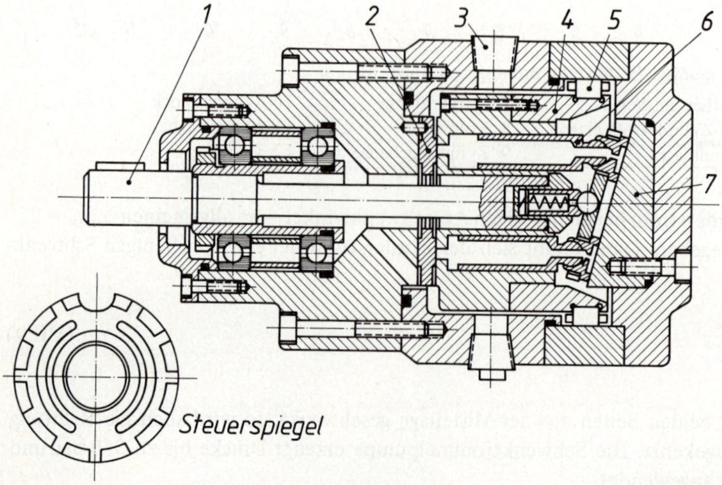

Bild VII.9
Schrägscheibenpumpe
1 Antriebswelle
2 Steuerspiegel
3 Leckölanschluß
4 Zylinderkörper
5 Rollenlager
6 Kolben
7 schräge Hubplatte

3.6. Radialkolbenpumpen

Bei Radialkolbenpumpen sind die Zylinderbohrungen radial angeordnet. Durch eine Exzentrizität der Innentrommel gegenüber der Außentrommel wird eine Hubbewegung der Kolben in den radialen Zylinderbohrungen bewirkt. Eine Änderung der Exzentrizität hat bei konstanter Antriebsdrehzahl eine stufenlose Mengenregelung zur Folge. Bei manchen Ausführungen wird der Förderstrom von einem zentralen Steuerkörper, um den sich der Läufer dreht und der gleichzeitig die Saug- und Druckkanäle aufnimmt, geregelt.

3.7. Drehflügelpumpen (Flügelzellenpumpen)

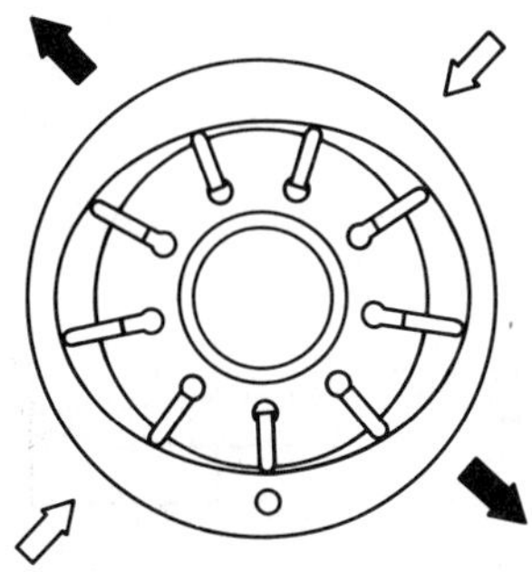

Bild VII.10. Drehflügelpumpe, Aufbau-Schema

Bild VII.10 zeigt den Aufbau einer Drehflügelpumpe. Danach ist das wesentliche Konstruktionsmerkmal dieser Pumpen der zylindrische, mit radial liegenden Schlitzen versehene Rotor, der in einer mit zwei sich gegenüberliegenden Erhebungskurven versehenen feststehenden Hubscheibe umläuft. In den Rotorschlitzen befinden sich Flügel, die sich auf der Hubkurve, von der Fliehkraft nach außen gedrückt, abstützen. In den den Arbeitsraum in axialer Richtung abschließenden Seitenscheiben sind Steuerschlitze angeordnet, durch die das Öl angesaugt und ausgepreßt wird. Die beiden Druck- und Saugräume liegen einander diametral gegenüber, so daß sich die Radialdruckkräfte gegenseitig aufheben. Die Flügelzellenpumpen werden für Förderströme bis 60 l/min und kurzzeitig zulässige Spitzendrücke von 150 bar gebaut. Die Vorteile dieser Pumpenbauart liegen in ihren kleinen Abmessungen bei vergleichsweise hohen Förderleistungen, äußerst pulsationsarmen Förderströmen und einer weitgehenden Unempfindlichkeit gegen Schmutz und Fremdkörper.

3.8. Schwimmerpumpen

Schwimmerpumpen arbeiten als periodisch wirkende Druckluftpumpen nach dem Verdrängerprinzip. Bei der in Bild VII.11 gezeigten Saug- und Druckpumpe mit Magnetsteuerung wird das Wasser mit Hilfe eines Injektors in den Pumpenkessel gesaugt. Das einströmende Wasser hebt den Schwimmer und damit den Steuerhebel an. In der höchsten Schwimmerlage wird der Steuerhebel

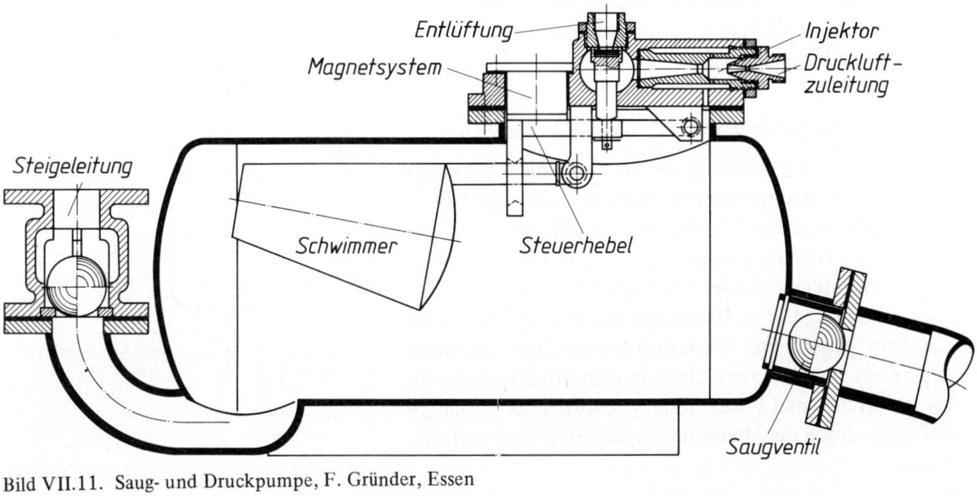

Bild VII.11. Saug- und Druckpumpe, F. Gründer, Essen

schlagartig vom Magnetsystem angezogen, wodurch die Entlüftungsleitung abgesperrt, die Druckluft in den Pumpenkessel geleitet und Wasser in die Steigleitung gedrückt wird. Mit fallendem Wasserspiegel wird in der tiefsten Schwimmerlage der Steuerhebel durch das Schwimmergewicht vom Magnetsystem abgerissen. Dadurch wird die Entlüftung mit Hilfe des Injektors eingeleitet und wieder Wasser in den Kessel gesaugt.

3.9. Strahlpumpen

Bei Strahlpumpen erzeugt nach Bild VII.12 aus der Treibdüse (T) austretender Treibmittelstrahl vor der Mündung der Druck- oder Fangdüse (D) einen Unterdruck. Durch diesen Unterdruck wird dem Saugrohr (S) das Fördergut angesaugt und in der Mischkammer (M) mit dem Treibmittelstrahl vereinigt. Dabei gibt der Treibmittelstrahl einen Teil seiner Energie an das Fördergut ab. Das Gemisch aus Treibmittel und Fördergut verläßt durch den Diffusor (D_i) die Strahlpumpe.

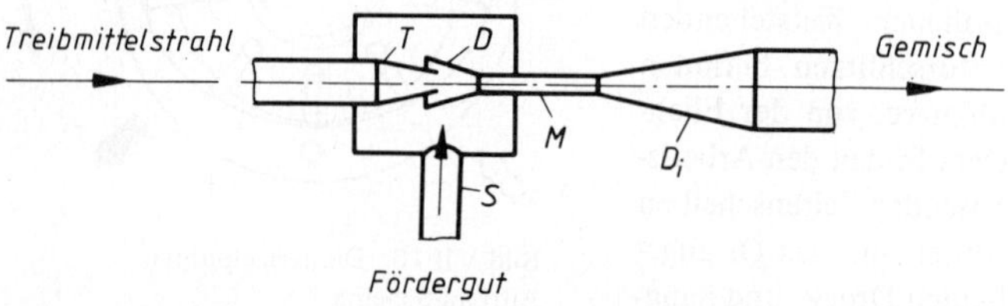

Bild VII.12
Schema einer Wasserstrahlpumpe

Nach der Art des verwendeten Treibmittels unterscheidet man Wasserstrahlpumpen, Luftstrahlpumpen und Dampfstrahlpumpen. Bei den Dampfstrahlpumpen werden Ejektoren (Ausspritzer) und Injektoren (Einspritzer) unterschieden. Sie werden als Injektoren in mehrstufiger Bauart zur Förderung des Speisewassers in Dampfkessel benutzt.

Die stoßweise arbeitenden Wasserstrahlpumpen (Stoßheber oder hydraulische Widder) fördern durch Ausnutzung der Strömungsenergie einen Teil der Flüssigkeit auf größere Höhen.

Die Strahlpumpen arbeiten mit verhältnismäßig geringen Wirkungsgraden (bis ca. 35 %), sie bieten aber als Vorteile: geringe Anschaffungskosten, Wartungslosigkeit und Unempfindlichkeit gegen verschmutzte und sandhaltige Saug-Flüssigkeiten.

3.10. Mammutpumpen (Mischluftwasserheber)

Durch diese können sehr große Wassermengen gefördert werden. Die Mammutpumpe besteht nach Bild VII.13 aus einem weiten Förderrohr, das in das Wasser eintaucht und einem parallel laufenden engeren Luftrohr, das etwas über dem unteren offenen Ende des Förderrohres in dieses einmündet. Die eindringende Druckluft mischt sich mit dem Wasser. Das Wasserluftgemisch, das spezifisch leichter ist als das Wasser, steigt in dem Förderrohr hoch. Die zu erreichende Förderhöhe wird durch die Eintauchtiefe und durch die Menge der zugeführten Druckluft bestimmt.

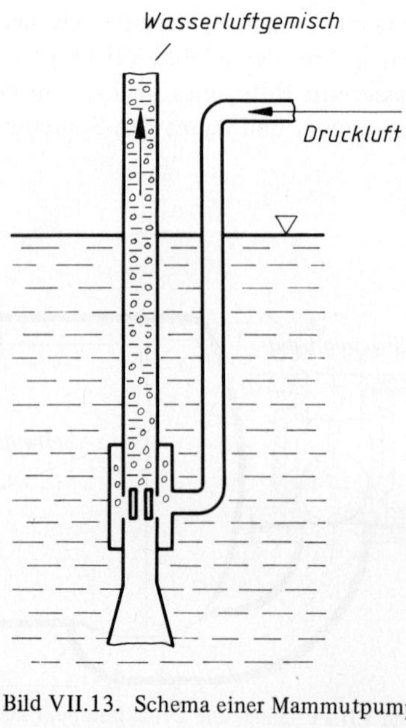

Bild VII.13. Schema einer Mammutpumpe

Mit Rücksicht auf die Reibungsverluste soll die Strömungsgeschwindigkeit in der Förderleitung 2 m/s nicht überschreiten. Der Wirkungsgrad der Mammutpumpen, der je nach Eintauchtiefe und Förderhöhe zwischen 5 % und 20 % liegt, läßt die Verwendung der Mammutpumpe für ständige Wasserförderung nicht zu. Die Pumpen sind für die Förderung von verschmutztem und sandhaltigem Wasser gut geeignet; sie werden deshalb auch zur Sümpfung im Bergbau, bei Gründungsarbeiten und zur Kiesgewinnung aus Wasserläufen verwendet.

4. Kreiselpumpen

Bei Kreiselpumpen treten mit umgekehrtem Vorzeichen die gleichen Bewegungsverhältnisse wie bei Francisturbinen auf (vgl. Abschnitt IV.4, Wasserturbinen). Bei Francisturbinen wird die kinetische Energie des Wassers in mechanische Energie umgewandelt; bei Kreiselpumpen wird die zugeführte mechanische Energie in Druckenergie und kinetische Energie umgewandelt. Auch bei Kreiselpumpen unterscheidet man je nach Konstruktionsmerkmalen der Räder in Langsamläufer, Normalläufer und Schnelläufer.

Bild VII.14 zeigt den Aufbau einer Niederdruckkreiselpumpe mit Spiralgehäuse und einseitigem Einlauf. Bei dieser Pumpe tritt das Wasser axial in das Laufrad der Pumpe ein, durchströmt infolge der Fliehkraftwirkung nahezu radial von innen nach außen die Schaufelkanäle des Rades und wird am äußeren Umfang abgeschleudert.

Das vom Laufrad mit hoher Geschwindigkeit abgeschleuderte Wasser wird im Leitrad oder im Spiralgehäuse (Diffusor) verzögert. Hierdurch wird Geschwindigkeitsenergie in Druckenergie verwandelt. Für die Aufrechterhaltung der Strömung in Pumpe und Leitung behält das Wasser aber noch einen Rest an Geschwindigkeitsenergie.

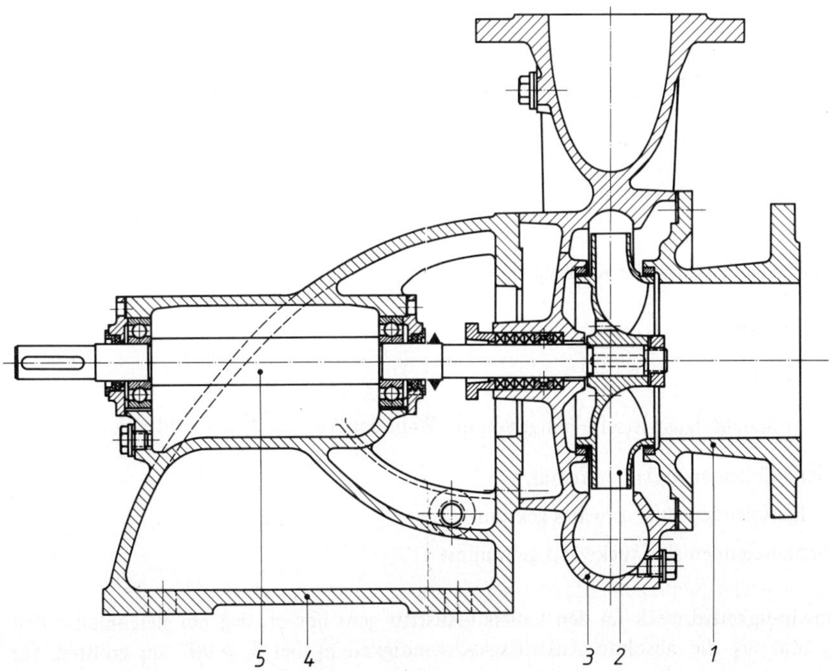

Bild VII.14. Niederdruckkreiselpumpe mit Spiralgehäuse, einflutig
1 Saugdeckel, 2 Laufrad, 3 Spiralgehäuse, 4 Lagerstuhl, 5 Welle

4.1. Strömung im Laufrad

Die im wesentlichen radial verlaufenden Schaufelkanäle des Laufrades werden gegenseitig durch die Laufschaufeln abgegrenzt. Bei den Schaufeln sind die Eintritts- und Austrittskanten zu unterscheiden: Am Eintritt sind die Schaufeln so gekrümmt, daß sie beim Lauf des Rades im vorgesehenen Drehsinn in das zuströmende Wasser einschneiden. An der Austrittsstelle können die Schaufelenden grundsätzlich radial verlaufen (I), vorwärts gekrümmt (II) oder rückwärts gekrümmt (III) sein (Bild VII.15).

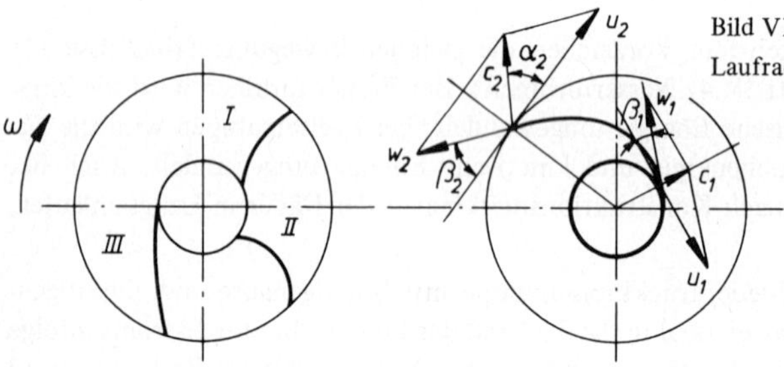

Bild VII.15
Laufradform und Geschwindigkeitsparallelogramm

Mit den im Bild VII.15 dargestellten Geschwindigkeitsverhältnissen und nach Abschnitt IV.4.4 errechnet sich die theoretische Förderhöhe h_{th} aus der Gleichung

$$h_{th} = \frac{u_2^2 - u_1^2 + w_1^2 - w_2^2 + c_2^2 - c_1^2}{2g}$$

Mit Hilfe des Cosinussatzes ergibt sich aus den Geschwindigkeitsdreiecken am Radeintritt und Radaustritt (Bilder VII.17 und VII.15):

$$w_1^2 = c_1^2 + u_1^2 - 2\,c_1 u_1 \cos\alpha_1$$

$$w_2^2 = c_2^2 + u_2^2 - 2\,c_2 u_2 \cos\alpha_2$$

Daraus folgt die Hauptgleichung der Kreiselpumpe

$$h_{th} = \frac{c_2 u_2 \cos\alpha_2 - c_1 u_1 \cos\alpha_1}{g} \qquad \text{(VII.10)}$$

Die Gestaltung der Schaufelaustrittseite hängt von der Wahl des Winkels β_2 ab (Bild VII.15):

I. $\beta_2 = 90°$ Schaufelenden verlaufen radial,

II. $\beta_2 > 90°$ Schaufelenden sind vorwärts gekrümmt,

III. $\beta_2 < 90°$ Schaufelenden sind rückwärts gekrümmt.

Aus dem Geschwindigkeitsdreieck für den Laufrad-Austritt geht hervor, daß bei gleichbleibenden Werten für u_2 und w_2 die absolute Austrittsgeschwindigkeit c_2 bei $\beta_2 > 90°$ am größten, für $\beta_2 < 90°$ am kleinsten wird. Man erreicht also mit Laufrädern, die vorwärts gekrümmte Schaufelenden besitzen, eine größere Förderhöhe als bei Rädern mit rückwärts gekrümmten Schaufelenden.

Da aber bei Schaufelwinkeln $\beta_2 > 90°$ die Stromführung in den Laufkanälen verschlechtert und die Wirbelungs- und Reibungsverluste durch die Zunahme der absoluten Austrittsgeschwindigkeit erhöht werden, sinkt bei diesen Rädern der Wirkungsgrad. In der Praxis werden daher die Pumpen mit rückwärts gekrümmten Schaufelenden bevorzugt. (Übliche Werte: $\beta_2 = 20 \ldots 40°$.)

4.2. Drosselkurve und Betriebsverhalten

Kreiselpumpen zeigen bei konstanter Drehzahl einen veränderlichen, mit zunehmender Förderhöhe abnehmenden Förderstrom. Dieses Verhalten wird durch die Drosselkurve ($\dot{V}$, h-Linie) dargestellt. Diese Kennlinie, die graphisch die Abhängigkeit der Förderhöhe h von der Fördermenge $\dot{V}$ bei konstanter Drehzahl n zeigt, wäre unter der Voraussetzung einer reibungsfreien Strömung und für stoßfreien Eintritt des Förderstromes in die Verschaufelung eine waagerechte Gerade. Für $\beta_2 < 90°$, d.h. bei rückwärts gekrümmten Schaufelenden, fällt diese Gerade mit zunehmenden Werten für $\dot{V}$ ab (Bild VII.16).

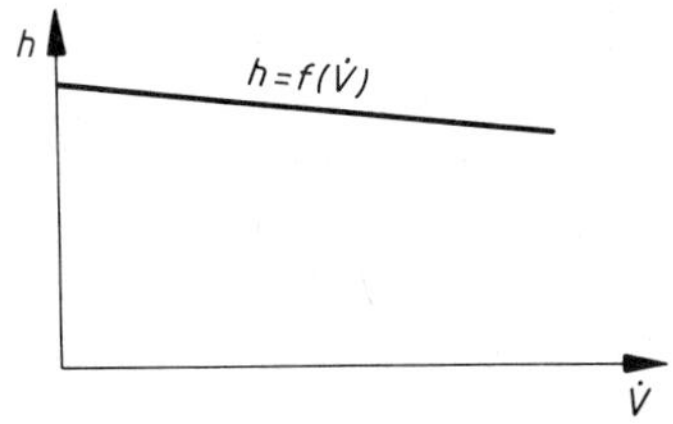

Bild VII.16
Förderhöhen in Abhängigkeit vom Förderstrom $\dot{V}$ bei rückwärts gekrümmten Schaufeln, stoßfreiem Laufrad-Eintritt und reibungsfreier Strömung

Zur Berücksichtigung der Kanalreibung sind die entsprechenden Verlusthöhen abzuziehen. Sie steigen annähernd mit dem Quadrat der Geschwindigkeit, also mit dem Quadrat der Fördermenge (Bild VII.17).

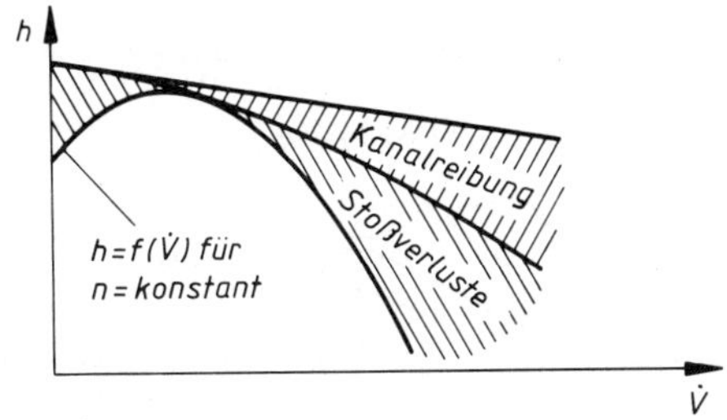

Bild VII.17. Entstehung der Drosselkurve

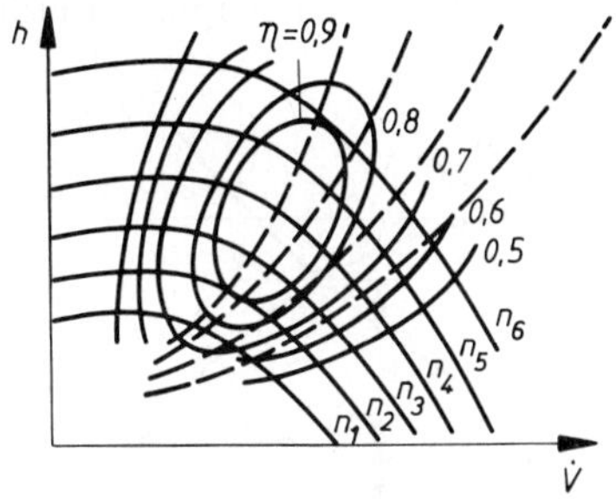

Bild VII.18. Kennfeld einer Kreiselpumpe für verschiedene Drehzahlen

Stoßfreier Eintritt in das Laufrad bzw. Verringerung der Stoßverluste auf ein Minimum liegt nur bei tangentialer Einströmung vor. Dieser stoßfreie Eintritt ist nur für eine bestimmte Fördermenge $\dot{V}$ gewährleistet. Jede Abweichung von dieser Fördermenge läßt auch die Stoßverluste mit dem Quadrat der Änderung des Förderstromes anwachsen. Die entsprechenden Verlusthöhen sind ebenfalls in Abzug zu bringen. Die sich so ergebende Drosselkurve der Kreiselpumpe ist eine Parabel. Die gleiche Kreiselpumpe liefert bei verschiedenen Drehzahlen verschiedene Drosselkurven. Zeichnet man die Drehzahllinien in das Diagramm ein und verbindet außerdem die Punkte gleichen Wirkungsgrades durch entsprechende Kurven, so erhält man das Kennfeld der Kreiselpumpe (Bild VII.18).

Zeichnet man zur Kennlinie einer Kreiselpumpe in gleicher Darstellungsweise die Kennlinie der zugehörigen Rohrleitung, so erhält man mit dem Schnittpunkt der beiden Kennlinien den Betriebspunkt der Pumpe. Eine engere Rohrleitung oder eine Verengung der Rohrleitung durch ein in die Leitung eingebautes regelbares Drosselventil ergibt bei kleineren Fördermengen größere Widerstände und damit steiler verlaufende Rohrleitungskennlinien.

Zwischen den Drosselkurven einer Kreiselpumpe, die verschiedenen Drehzahlen entsprechen, besteht eine Ähnlichkeit, die durch die Beziehungen zwischen den Größen $\dot{V}$, h und n gekennzeichnet ist:

$$\frac{\dot{V}_1}{\dot{V}_2} = \frac{n_1}{n_2}; \quad \frac{h_1}{h_2} = \frac{n_1^2}{n_2^2}; \quad \frac{P_1}{P_2} = \frac{n_1^3}{n_2^3} \tag{VII.11}$$

Diese Beziehungen gelten stets gleichzeitig und erlauben bei Vorliegen einer Kennlinie für eine Drehzahl n_1 die Ableitung der Kennlinien für andere Drehzahlen n_2, n_3 usw.

Der vom Scheitelpunkt S nach links abfallende Teil der Kennlinie (Bild VII.19) ist labil und ist dadurch gekennzeichnet, daß hier bereits geringe Druckschwankungen unter Umständen große Änderungen und Schwingungen des Förderstromes bis zum Aussetzen der Förderung nach sich ziehen können. Der Betriebspunkt B der Pumpe (Schnittpunkt der $\dot{V}$, h-Linie mit der Rohrleitungskennlinie) sollte im stabilen Bereich, also rechts vom Scheitelpunkt S liegen. Die zu überwindende Förderhöhe besteht aus dem statischen, von der Fördermenge $\dot{V}$ unabhängigen Anteil h und der mit dem Quadrat der Fördermenge ansteigenden Widerstandshöhe h_v (Verlusthöhe). Arbeitet die Pumpe gegen einen veränderlichen statischen Druck, fördert sie also z.B. in einen Druckkessel. so wandert die Rohrleitungskennlinie bei zu geringer Entnahme aus diesem Kessel immer höher und tangiert schließlich in einem Punkte die $\dot{V}$, h-Linie (Punkt P). Hier setzt die Förderung der Pumpe aus und das Rückschlagventil hinter der Pumpe schließt sich. Sie arbeitet im toten Wasser leer weiter. Der gleiche Betriebszustand kann aber auch bei einem Absinken der Betriebsdrehzahl eintreten: Die Pumpe fällt dann ab und fördert nicht mehr, weil der Leitungsdruck den Pumpendruck übersteigt.

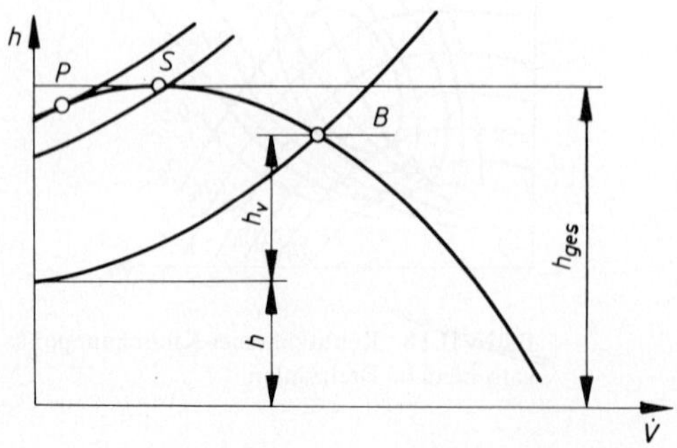

Bild VII.19. Labiler und stabiler Betriebsbereich

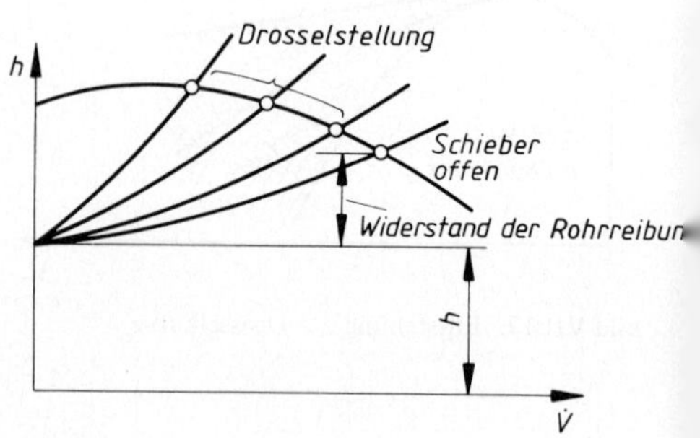

Bild VII.20. Drosselregelung

Der Einfluß der Betriebsbedingungen auf Fördermenge und Förderhöhe soll nachstehend an einigen wichtigen Betriebsfällen gezeigt werden:

4.2.1. Regelung der Fördermenge durch Drosselung (Bild VII.20). Jeder Stellung des Drosselschiebers der Rohrleitung entspricht eine neue Kennlinie der Rohrleitung. Damit ergibt sich bei gleichbleibender Drehzahl auch jeweils ein neuer Betriebspunkt. Eine zunehmende Drosselwirkung kann auch durch Inkrustierung der Rohre entstehen, was eine Abnahme der Fördermenge zur Folge hat.

4.2.2. Drehzahlregelung (Bild VII.21). Den Schnittpunkten der $\dot{V}, h$-Linien für die verschiedenen Drehzahlen mit der Rohrleitungskennlinie entsprechen die einzelnen Betriebspunkte (B_1, B_2, B_3): Der Betriebspunkt wandert bei Drehzahländerung auf der Rohrleitungskennlinie.

4.2.3. Änderung der Förderhöhe bei flacher und bei steiler $\dot{V}, h$-Linie (Bild VII.22). Flach verlaufende $\dot{V}, h$-Linien bedingen, daß bei Schwankungen der Förderhöhe die Fördermenge stark schwankt. Bei steilen $\dot{V}, h$-Linien können dagegen schwankende Förderhöhen nur geringe Veränderungen der Fördermenge nach sich ziehen. Die $\dot{V}, h$-Linie einer Pumpe ist um so flacher, je geringer ihre spezifische Drehzahl ist (siehe Abschnitt 4.3).

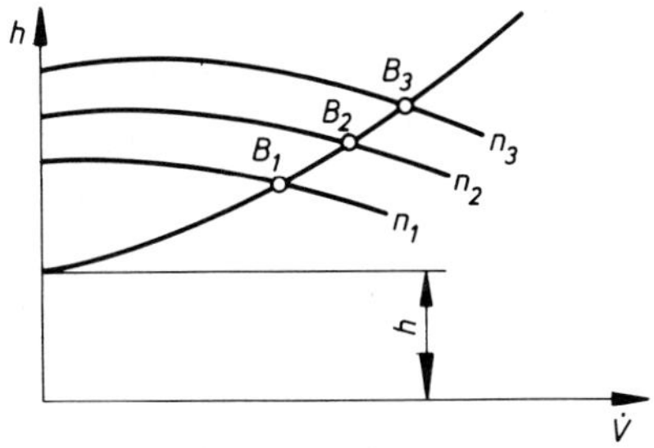

Bild VII.21. Drehzahlregelung

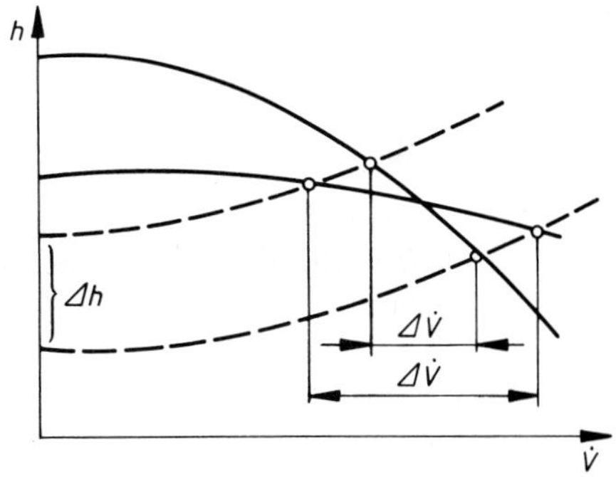

Bild VII.22. Flache und steile $\dot{V}, h$-Linie

4.2.4. Parallelschaltung mehrerer Kreiselpumpen (Bild VII.23). Wenn mehrere Kreiselpumpen in die gleiche Rohrleitung fördern, ist aus den $\dot{V}, h$-Linien der einzelnen Pumpen zunächst die „gemeinsame" $\dot{V}, h$-Linie zu bilden: Man addiert dazu die Fördermengen der einzelnen Pumpen bei jeweils konstanter Förderhöhe. Der Schnittpunkt der „gemeinsamen" $\dot{V}, h$-Linie mit der Rohrleitungskennlinie ergibt den Betriebspunkt (B).

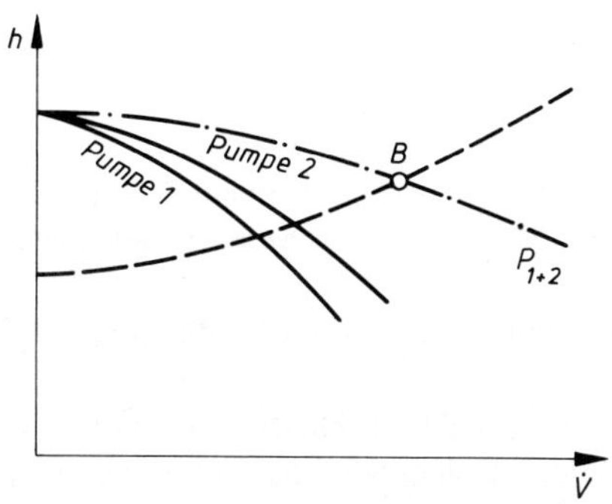

Bild VII.23. Parallelschaltung mehrerer Kreiselpumpen

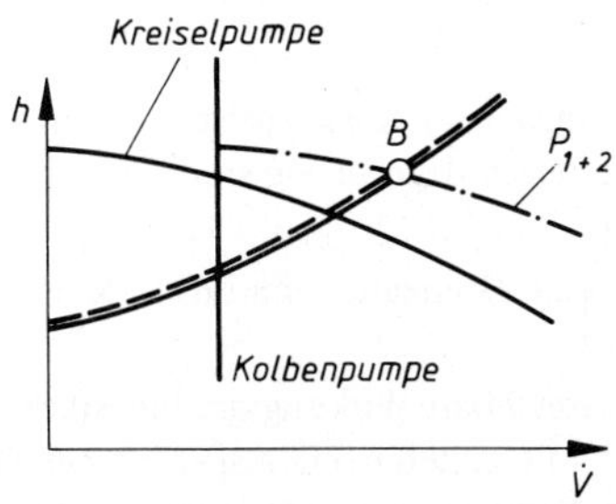

Bild VII.24. Parallelschaltung von Kolben- und Kreiselpumpe

4.2.5. Parallelschaltung von Kolbenpumpe und Kreiselpumpe (Bild VII.24). Die Kennlinie der Kolbenpumpe in $\dot{V}, h$-Diagramm ist eine Parallele zur h-Achse. Die „gemeinsame" $\dot{V}, h$-Linie wird hier wieder durch Addition der zur gleichen Förderhöhe gehörenden Fördermengen der beiden Pumpen gefunden.

4.2.6. Parallelschaltung von mehreren Rohrleitungen (Bild VII.25). Wenn eine oder mehrere Pumpen in zwei oder mehr parallel geschaltete Rohrleitungen fördern, ist aus den einzelnen Rohrleitungskennlinien zunächst die „gemeinsame" Rohrleitungskennlinie zu bilden: Man addiert die Fördermengen der einzelnen Rohrleitungen bei jeweils gleicher Widerstandshöhe. Der Schnittpunkt der „gemeinsamen" Rohrleitungskennlinie mit der $\dot{V}, h$-Linie ergibt den Betriebspunkt (B).

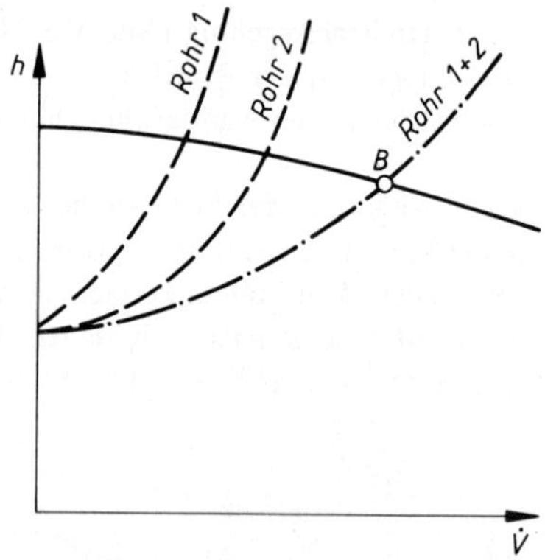

Bild VII.25. Parallelschaltung von mehreren Rohrleitungen

4.3. Spezifische Drehzahl

Zur Kennzeichnung der Pumpentypen benutzt man diejenige Drehzahl einer der aufgeführten Pumpe geometrisch ähnlichen ideellen Pumpe, die in einer Stufe auf 1 m Förderhöhe $\dot{V} = 1\,\mathrm{m^3/s}$ liefert. Diese Drehzahl heißt spezifische Drehzahl n_q der Pumpe.

Die spezifische Drehzahl folgt aus den Daten des ausgeführten Pumpenlaufrades:

$$n_q = n\,\frac{\sqrt{\dot{V}}}{h^{\frac{3}{4}}} = \sqrt[4]{\frac{\dot{V}^2}{h^3}} \qquad \text{(VII.12)}$$

n_q, n	h	$\dot{V}$
$\mathrm{min^{-1}}$	m	$\frac{\mathrm{m^3}}{\mathrm{s}}$

Zwischen den verschiedenen Laufradtypen und den spezifischen Drehzahlen besteht folgende Zuordnung:

Hochdruckräder	$n_q =$	$25 \ldots 90\,\mathrm{min^{-1}}$
Mitteldruckräder	$n_q =$	$40 \ldots 145\,\mathrm{min^{-1}}$
Niederdruckräder	$n_q =$	$70 \ldots 225\,\mathrm{min^{-1}}$
Schraubenräder	$n_q =$	$150 \ldots 565\,\mathrm{min^{-1}}$
Propellerräder	$n_q =$	$300 \ldots 1100\,\mathrm{min^{-1}}$

Wasserhaltungs- und Kesselspeisepumpen werden vorwiegend als radiale Pumpen ausgeführt, Propellerräder zeigen dagegen ein stark labiles Betriebsverhalten und sind daher als Kesselspeisepumpen ungeeignet.

Die spezifische Drehzahl beeinflußt die $\dot{V}, h$-Linie: Sie wird um so steiler, je größer die spezifische Drehzahl ist.

Auch der erreichbare Wirkungsgrad ist stark von der spezifischen Drehzahl abhängig: Der Wirkungsgrad steigt mit zunehmender spezifischer Drehzahl. Im Interesse eines wirtschaftlichen Betriebes sind daher Pumpen mit extrem niedrigen spezifischen Drehzahlen zu vermeiden; dies führt zur Wahl mehrstufiger Pumpen.

4.4. Aufbau der Kreiselpumpen

4.4.1. Niederdruckpumpen. Bild VII.26 zeigt den Aufbau einer einstufigen Niederdruck-Kreiselpumpe in einflutiger Bauart mit Lagerbock. Das fliegend auf der Welle angeordnete und sorgfältig

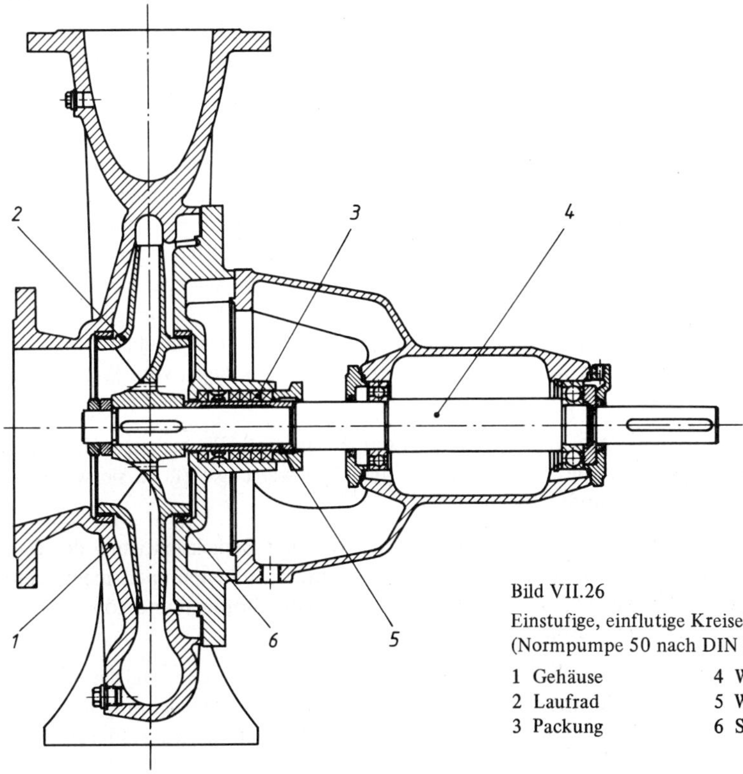

Bild VII.26

Einstufige, einflutige Kreiselpumpe mit Lagerbock (Normpumpe 50 nach DIN 24 255)

1 Gehäuse	4 Welle
2 Laufrad	5 Wellenschutzhülse
3 Packung	6 Spaltringe

ausgewuchtete Laufrad (2) ist durch Ausgleichbohrungen hydraulisch entlastet, wodurch der Axialhub ausgeglichen wird. Die Pumpe hat keine Innenlager, die Welle ist so ausgeführt, daß der Läufer selbst bei den hierbei üblichen Drehzahlen bis 3500 min^{-1} vibrationsfrei bleibt. Die Abdichtung im Gehäuse erfolgt durch auswechselbare Spaltringe (6). Die Sperringbuchse kann mit Druckwasser, Fremdwasser oder Sperrfett beaufschlagt werden, um den Laufradraum vom Eindringen der Luft abzuriegeln, während gleichzeitig die Wellenschutzhülse an der Packungsstelle geschmiert wird. Niederdruckpumpen dieser Bauart sind für einen Druckbereich bis etwa 100 m und je nach Größe für Fördermengen von 100 ... 20 000 l/min zu verwenden; die erforderlichen Antriebsleistungen liegen zwischen 0,07 kW und 160 kW. Der weitgesteckte Bereich der Daten ermöglicht eine vielseitige Verwendbarkeit der Niederdruckpumpen, allerdings sind dabei Grenzen gesetzt hinsichtlich der zulässigen Temperatur, der Drücke, der Wellenabdichtung und der Art des Fördergutes.

Einstufige Kreiselpumpen, die bei großer Fördermenge einen möglichst hohen Wirkungsgrad besitzen und weitgehend axialschubfrei arbeiten sollen, werden in zweiflutiger Bauart ausgeführt.

4.4.2. Hochdruck-Kreiselpumpen. Bei Hochdruck-Kreiselpumpen wird der zu erzeugende Druck durch die Hintereinanderschaltung mehrerer Laufräder erreicht. Nach jedem Laufrad ist ein Nachleitapparat mit Rückführschaufeln angeordnet, durch die das Wasser radial nach innen, bis zum folgenden Laufradeintritt, geleitet wird. Durch diese mehrstufige Bauweise können Hochdruckpumpen mit verhältnismäßig kleinen Durchmessern und nicht allzu hohen Drehzahlen gebaut werden. Der Axialschub wird entweder durch eine Entlastungsscheibe ausgeglichen oder durch eine hydraulische Entlastung mittels Bohrungen in den Laufrädern. Um bei Höchstdrücken und bei großen Saughöhen eine sichere Abdichtung zu erzielen, werden die Stopfbüchsen auf der Druckseite entlastet und auf der Saugseite mit einem Druckwasserverschluß versehen. Auch die Zwischengehäuse sind beim Durchgang der Welle durch auswechselbare Drosselbüchsen abgedichtet. Die mehrstufigen Pumpen werden heute auch in zweiflutiger Bauart ausgeführt.

4.4.3. Sonderbauarten. Unterwasserpumpen sind vertikale Kreiselpumpen, die mit dem Unterwassermotor, einem wasserfesten Drehstrom-Kurzschlußmotor, gekuppelt sind. Das gesamte Aggregat hängt an der Steigrohrleitung und arbeitet unterhalb des Wasserspiegels. Der Motor erhält seine Energie durch ein Unterwasser-Spezialkabel, das am Steigrohr befestigt wird. Bei dem mit einem „Naßläufer" arbeitenden Motor wird auf jede Schutzeinrichtung gegen das Eindringen von Wasser in den Motor verzichtet. Der Motor wird vor dem Einsetzen des Pumpen-Aggregates in den Brunnen mit sauberem Wasser gefüllt. Die Spezialgleitlager werden durch dieses Wasser geschmiert, und die Wicklung mit nicht alternder, wasserabweisender Isolation wird von dem gleichen Wasser gekühlt. Verunreinigungen werden durch wartungslose, dauerhafte Vorrichtungen vom Motorinnern ferngehalten.

Da die Pumpe unter dem Wasserspiegel arbeitet, läuft ihr das zu fördernde Wasser zu, so daß Saugschwierigkeiten vermieden werden. Die Pumpe arbeitet praktisch wartungsfrei, da sie wassergeschmierte Lager besitzt und keine Stopfbuchse benötigt.

Die Unterwasserpumpen finden vor allem dort Verwendung, wo unter Berücksichtigung der Wasserspiegelabsenkung die zulässige Saughöhe normaler Kreisel- oder Kolbenpumpen nicht mehr ausreicht. Sie dienen daher vornehmlich zur Wasserförderung aus tiefen Brunnen und können dank ihrer schlanken Bauweise auch in enge Bohrbrunnen eingesetzt werden.

Heute ist auch die einstufige, einflutige Kreiselpumpe ein vielseitiges Förderelement, das in vielen Fällen vor völlig verschiedenartige Aufgaben gestellt wird. Durch besondere Gestaltung des Laufrades wird die Pumpe den Verhältnissen angepaßt. Bild VII.27 zeigt einflutige Laufräder mit verschiedenen Schaufelformen.

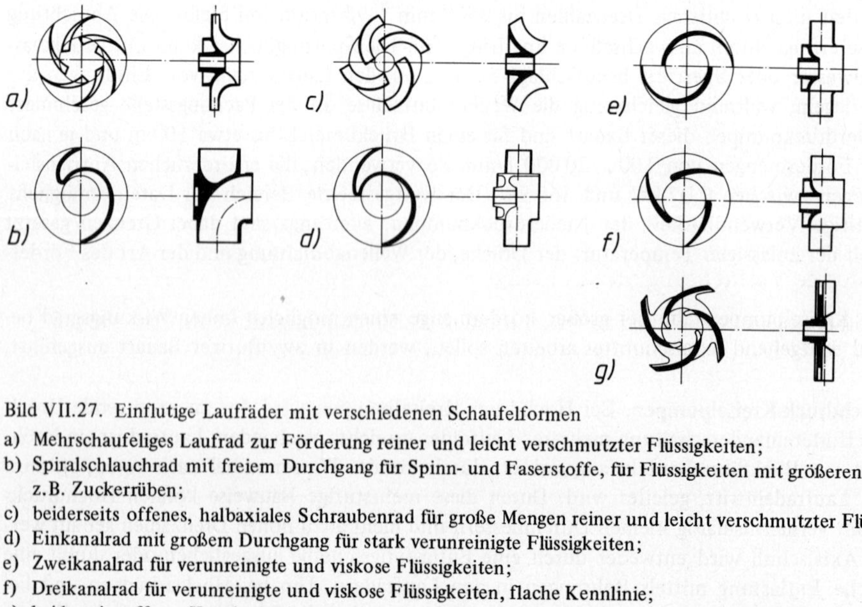

Bild VII.27. Einflutige Laufräder mit verschiedenen Schaufelformen

a) Mehrschaufeliges Laufrad zur Förderung reiner und leicht verschmutzter Flüssigkeiten;
b) Spiralschlauchrad mit freiem Durchgang für Spinn- und Faserstoffe, für Flüssigkeiten mit größeren Festteilen, z.B. Zuckerrüben;
c) beiderseits offenes, halbaxiales Schraubenrad für große Mengen reiner und leicht verschmutzter Flüssigkeiten;
d) Einkanalrad mit großem Durchgang für stark verunreinigte Flüssigkeiten;
e) Zweikanalrad für verunreinigte und viskose Flüssigkeiten;
f) Dreikanalrad für verunreinigte und viskose Flüssigkeiten, flache Kennlinie;
g) beiderseits offenes Kanalrad mit reduzierter Schaufelzahl für gashaltige und breiartige Stoffe.

5. Vergleich zwischen Kolben- und Kreiselpumpen

Kolben- und Kreiselpumpen weisen grundlegende Unterschiede in ihren Betriebseigenschaften auf, wodurch sich verschiedene Verwendungsgebiete für die eine oder andere Pumpenart ergeben:

Bei Kolbenpumpen ist der Förderstrom pulsierend und begrenzt auf $\dot{V} \approx 0{,}055\ m^3/s$; sie erreichen auch bei großen Förderhöhen einen hohen Wirkungsgrad, der von dem Verhältnis $\dot{V}/h$ praktisch unabhängig ist; ihre Drehzahlen sind niedrig (bis 300 1/min) was bei der Auswahl des Antriebes berücksichtigt werden muß, ebenso die Tatsache, daß ihr Anfahrmoment fast ebensogroß wie das Betriebsdrehmoment ist; sie können selbst ansaugen; die Förderhöhe paßt sich selbständig dem herrschenden Gegendruck an und ist unabhängig von einer Veränderung der Fördermenge.

Bei Kreiselpumpen erzielt man einen gleichbleibenden Förderstrom, der praktisch in der Größe nicht begrenzt ist; die Förderhöhe dagegen ist von der Drehzahl abhängig und nur mit größeren Stufenzahlen sind große Drücke erreichbar; dabei ist der Wirkungsgrad der Pumpe stark von Förderhöhe und Fördermenge abhängig: Bei kleinem Verhältnis $\dot{V}/h$ sind nur geringe Wirkungsgrade erreichbar; $\dot{V}$ und h beeinflussen sich wechselseitig (Kennlinie); bei normaler Bauweise kann die Luft aus der Saugleitung nicht abgesaugt werden und die Saugleitung muß vor der Inbetriebnahme entlüftet oder aufgefüllt werden; das Anfahrmoment ist gering und die Bauweise ermöglicht auch bei großen Leistungen die Verwendung von leichten, platzsparenden und relativ billigen Einheiten.

VIII. Verdichter

Verdichter fördern im Gegensatz zu den „Flüssigkeitspumpen" Gase, d.h. kompressible Medien; dabei ist eine Drucksteigerung der Gase mit einer Temperaturerhöhung oder einer Wärmeabgabe sowie mit einer Volumenverringerung verbunden.

Da Gase im Vergleich mit Flüssigkeiten eine weitaus geringere Wichte besitzen, können die Gasgeschwindigkeiten bei den Verdichtern viel höher liegen (bis ca. 100 m/s) als die Wassergeschwindigkeiten in Pumpen (bis ca. 2 m/s).

Theoretische Grundlagen über Zustandsänderungen von Gasen (isotherme, adiabatische, polytropische Verdichtung usw.) werden vorausgesetzt (vgl. Technische Wärmelehre).

1. Mehrstufige Verdichtung und Kühlung

Um die isothermische Verdichtung zu erreichen, muß die Verdichtungsarbeit als Wärme abgeführt, d.h. die Maschine gekühlt werden. Die unvollkommene Kühlung der Kompressoren (kleine Wärmeübertragungsflächen, Schnelläufigkeit) bewirkt, daß sich die Verdichtung der Adiabate nähert. Eine Verringerung der hierdurch entstehenden adiabatischen Mehrarbeit kann durch stufenweise Verdichtung mit Zwischenkühlung erreicht werden.

Beispiel: Zweistufige Luftkompression (Bild VIII.1).

Die Luft wird in der ersten Stufe von p_1 auf den Zwischendruck p_z adiabatisch verdichtet. Dabei steigt ihre Temperatur von T_1 auf T_2. Im Zwischenkühler wird die Luft bei nahezu konstant bleibendem Zwischendruck p_z abgekühlt – im Idealfall bis auf die Anfangstemperatur T_1. In der zweiten Stufe erfolgt die wiederum adiabatische Verdichtung vom Zwischendruck p_z auf den Enddruck p_2.

Durch mehrstufige Verdichtung mit Zwischenkühlung kann mit zunehmender Unterteilung des Verdichtungsvorganges dieser dem isothermischen Prozeß genähert werden.

Außer der Verringerung der adiabatischen Mehrarbeit bietet die zwei- oder mehrstufige Verdichtung mit Zwischenkühlung den Vorteil einer Erniedrigung der Endtemperatur der Luft. Endtemperatur möglichst nicht über 200 °C!

Für den mehrstufigen Verdichter wird der Arbeitsbedarf am geringsten, wenn das Druckverhältnis in allen n-Stufen gleich groß gewählt wird:

$$\frac{p_2}{p_1} = \sqrt[n]{\frac{p}{p_1}} \qquad \text{(VIII.1)}$$

p_1 Anfangsdruck, p_2 Zwischendruck (zwischen Stufe 1 und 2), p Enddruck, n Stufenzahl.

Bei Hochleistungsverdichtern bleibt man im allgemeinen mit dem Verdichtungsverhältnis in einer Stufe unter $\frac{1}{3}$; d.h. $p_2/p_1 = 3$.

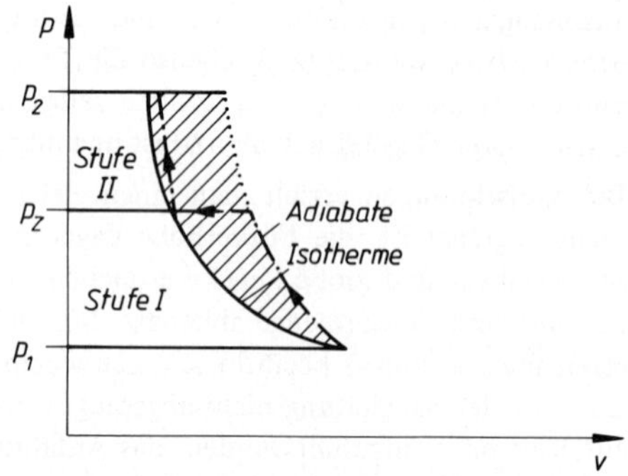

Bild VIII.1. Zweistufige Kompression mit Zwischenkühlung

Bei der Erzeugung von Druckluft ist die Feuchtigkeit der angesaugten atmosphärischen Luft zu berücksichtigen: Während der Verdichtung verringert sich die relative Feuchtigkeit der Luft infolge der starken Temperaturerhöhung. Bei der Abkühlung kann die relative Feuchtigkeit jedoch stark ansteigen und der Taupunkt überschritten werden. Zwischen- und Nachkühler sind daher mit Entwässerungseinrichtungen zu versehen.

Die Kühlung der Luft – insbesondere im Nachkühler – verfolgt deshalb auch den Zweck, die erzeugte Druckluft zu entwässern bzw. zu trocknen.

2. Verdichterleistung und Wirkungsgrad

Die theoretische Verdichterleistung ergibt sich bei isothermischer bzw. adiabatischer Verdichtung aus der Gleichung

$$P_{\text{is/ad}} = \dot{V}\, W_{\text{t is/ad}} \qquad \text{(VIII.2)}$$

$P_{\text{is/ad}}$	$\dot{V}$	$W_{\text{t is/ad}}$
kW	$\frac{\text{m}^3}{\text{s}}$	$\frac{\text{Nm}}{\text{m}^3}$

Der mechanische Wirkungsgrad η_m eines Verdichters vergleicht die innere Leistung P_i mit der zugeführten Leistung P_e und berücksichtigt Leistungsverluste durch Reibung an den Gleitflächen:

$$\eta_m = \frac{P_i}{P_e} \qquad \text{(VIII.3)}$$

Der isothermische Wirkungsgrad η_{is} vergleicht die theoretisch optimale Leistung P_{is} mit der Antriebsleistung des Verdichters P_e:

$$\eta_{is} = \frac{P_{is}}{P_e} \qquad \text{(VII.4)}$$

3. Kolbenverdichter

Nach den Druckbereichen werden unterschieden:

Kompressoren mit Enddrücken bis ca. 10 bar Überdruck,
Hochdruckverdichter mit Enddrücken über 10 bar Überdruck,
Vakuumpumpen; ihr Ansaugedruck liegt unter 1 bar absolutem Druck.

Die mehrstufige Kompression bedingt eine Mehrzylinderbauweise. Bei dieser setzt sich, insbesondere bei kleinen Maschinen, immer mehr die V- und W-Bauart gegenüber der Reihenmaschine durch. Die früher üblichen langsamlaufenden, liegenden Großkolbenmaschinen für große Liefermengen werden immer stärker durch schneller laufende, kleinere Maschinen in L- und Boxer-Bauart verdrängt (Bild VIII.2).

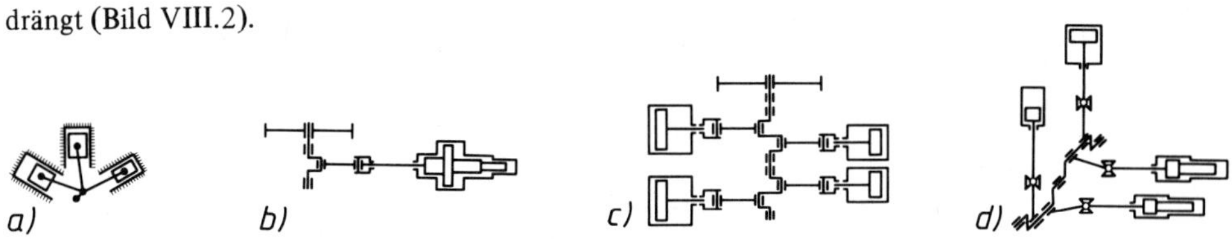

Bild VIII.2. Gegenüberstellung verschiedener Triebwerksformen von Kolbenverdichtern
a) luftgekühlte Kolbenverdichter in W- oder V-Bauart
b) Kolbenverdichter in liegender, einkurbelliger Bauart
c) Kolbenverdichter in doppelter Boxerbauart
d) Kolbenverdichter in doppelter Winkelbauart

3.1. *p*, *v*-Diagramm (Indikatordiagramm)

Der Druckverlauf im Zylinder eines Kolbenverdichters während eines Arbeitsspieles wird durch einen Indikator in Abhängigkeit vom Hub aufgezeichnet. Dieses Indikatordiagramm oder p, v-Diagramm (Bild VIII.3) zeigt:

I Die Ansauglinie; sie liegt infolge der Druckverluste in den Saugleitungen und in den Ventilen unter dem Druck des Saugraumes bzw. der freien Atmosphäre.

II Die Kompressionslinie (Adiabate bzw. Polytrope, im „Idealfall" eine Isotherme).

III Die Ausschublinie; sie liegt entsprechend den zu überwindenden Leitungswiderständen über dem Druck des Leitungsnetzes bzw. des zu füllenden Druckluftbehälters.

IV Die Rückexpansionslinie; sie zeigt die Rückexpansion der im „schädlichen Raum" befindlichen Luft auf den atmosphärischen Druck.

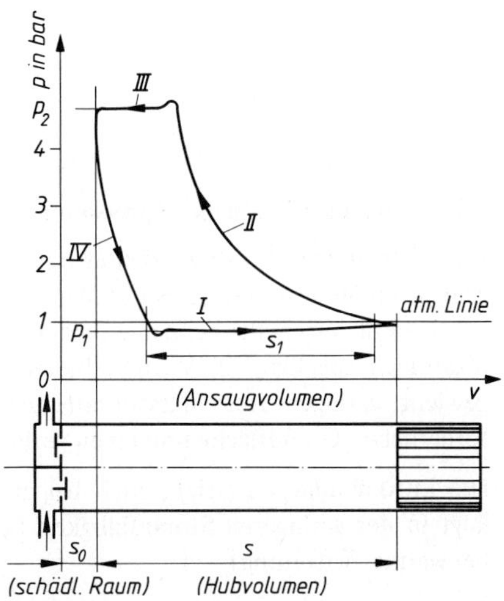

Bild VIII.3. p, v-Diagramm (Indikatordiagramm)

3.1.1. Volumetrischer Wirkungsgrad η_V. Das auf den Zustand des Saugraumes bezogene Ansaugvolumen $\dot{V}_a$ ist kleiner als das Hubvolumen $\dot{V}_h$. Dies ist bedingt durch

a) die Rückexpansion der im schädlichen Raum verdichteten Restluft,
b) die Unterexpansion der Luft während des Ansaugens,
c) die Erwärmung der Luft während des Ansaugens durch die heißen Zylinderwände.

Das Verhältnis des Ansaugvolumens $\dot{V}_a$ zum Hubvolumen $\dot{V}_h$ nennt man den volumetrischen Wirkungsgrad oder Füllungsgrad η_V:

$$\eta_V = \frac{\dot{V}_a}{\dot{V}_h} \qquad \text{(VIII.5)}$$

Nach den VDI-Verdichterregeln kann der volumetrische Wirkungsgrad aus dem Indikatordiagramm eines Kolbenverdichters bestimmt werden:

$$\eta_V = \frac{s_1}{s} \qquad \text{(VIII.6)}$$

Der volumetrische Wirkungsgrad kann zur Berechnung der angesaugten Luftmenge $\dot{V}_a$ benutzt werden:

$$\dot{V}_a = \frac{\eta_V\, A\, s\, n\, i}{60} \qquad \text{(VIII.8)}$$

A Kolbenfläche in m^2
s Hub in m
n Drehzahl in min^{-1}
i Zylinderanzahl
$\dot{V}_a$ Luftmenge in $\frac{m^3}{s}$

3.1.2. Liefergrad λ. Die auf den Ansaugezustand bezogene tatsächliche Fördermenge eines Kolbenverdichters $\dot{V}_{eff}$ ist infolge der Undichtheiten (Kolben, Ventile usw.) geringer als die angesaugte Luftmenge.

Mit dem Liefergrad λ gilt:

$$\dot{V}_{eff} = \lambda\, \dot{V}_h$$

$$\dot{V}_{eff} = \frac{\lambda A\, s\, n\, i}{60} \qquad \text{(VIII.7)}$$

$\dot{V}_{eff}$	A	s	n
$\frac{m^3}{s}$	m^2	m	min^{-1}

3.2. Aufbau der Kolbenkompressoren

Der Aufbau der Kolbenverdichter hat sich in den letzten Jahren stark gewandelt. Bei den Kleinkolbenverdichtern trat an Stelle der Reihenbauweise die V- und W-Bauart; bei den Großkolbenverdichtern haben die schnellaufenden *L*- und Boxermaschinen die langsamlaufenden, liegenden Maschinen abgelöst. Als Vorteile bieten die schnellaufenden Maschinen ein günstigeres Leistungsgewicht, geringere freie Massenkräfte und damit leichtere Fundamente, eine Verringerung der erforderlichen Grundfläche und einen geringeren Anschaffungspreis.

Die Luftkühlung setzt sich, auch bei größeren Aggregaten, immer mehr durch. Ihr Hauptvorteil liegt in der geringeren Störanfälligkeit (keine Frostschäden, einfachere Wartung, kein Heißlaufen bei warmer Witterung).

Beim Kolbenkompressor ET 6 (Atlas Copco) erfolgt die Regelung in drei Stufen durch Entlastungskolben, die die Saugventile offen halten (Leerlauf–Halblast–Vollast). Die von dem Kühlgebläse des Zwischen- und Nachkühlers gelieferte Warmluft (ca. 50 °C) kann für Heizzwecke benutzt werden. Der Kompressor wird durch thermostatregulierte Öldruckschalter geschützt: Bei zu niedrigem Öldruck oder zu hoher Drucklufttemperatur wird der Kompressor automatisch stillgesetzt. Er liefert ca. 30 m^3/min Druckluft von 7 bar Überdruck – höchster Betriebsdruck 8,8 bar –, seine Drehzahl liegt bei 485 1/min, die erforderliche Antriebsleistung beträgt 160 kW.

Bild VIII.4 zeigt die schematischen Darstellungen der wichtigsten Bauarten der Hubkolbenverdichter.

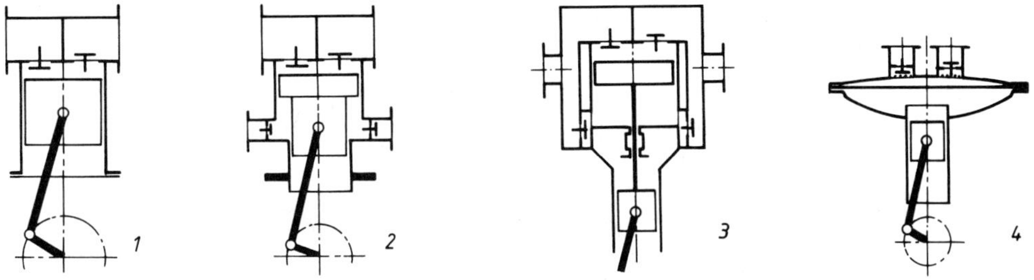

Bild VIII.4. Schematische Darstellungen der wichtigsten Bauarten der Hubkolbenverdichter
1 einfachwirkender Hubkolbenverdichter 2 doppeltwirkender Hubkolbenverdichter mit Stufenkolben
3 doppeltwirkender Hubkolbenverdichter mit Scheibenkolben und Kreuzkopf 4 Membrane-Kolbenverdichter

3.3. Regelung der Kolbenverdichter

Ein konstanter Betriebsdruck im Druckluftnetz oder Druckluftbehälter, der aus betrieblichen Gründen angestrebt wird, bedingt bei konstanter Liefermenge des Kompressors eine gleichbleibende Entnahme. Da in den meisten Fällen aber die Entnahme unregelmäßig erfolgt, muß die Liefermenge des Kompressors geregelt werden. Dies kann erfolgen durch:

a) Drehzahlregelung: Ist nur bei hierfür geeigneten Antriebsmaschinen (z.B. Kolbenkraftmaschinen, regelbare Gleichstrommaschinen) möglich.

b) Stillsetzung: Wird meist bei elektrischen Antrieben in Verbindung mit einer Automatik verwendet, die den Kühlwasserstrom ab- und wieder anstellt und ein unbelastetes Anfahren des Verdichters durch Anheben der Saugventile ermöglicht.

c) Leerlaufregelung:
Durch Offenhalten der Saugventile (angesaugte Luft wird wieder ausgeschoben).
Durch Absperrung der Saugleitung (Kompressor arbeitet im Vakuum).

d) Zuschaltung von „schädlichen Räumen".

e) Stufenlose Mengenregelung: Die Saugventile werden über das Hubende hinaus während einer beliebig einstellbaren Zeit offen gehalten. Dadurch wird ein Teil der angesaugten Luft wieder in die Saugleitung zurückgeschoben. Die Regelung der Liefermenge kann bis auf den Leerlauf hinunter erfolgen (gänzliches Offenhalten der Saugventile). Die Betätigung der Saugventile kann dabei durch Drucköl, Druckluft oder elektromagnetisch erfolgen.

3.4. Drehkolbenverdichter

Man unterscheidet einwellige und zweiwellige Drehkolbenverdichter.

Einwellige Drehkolbenverdichter. Bei diesen bilden die in einer exzentrisch gelagerten Walze verschiebbar angeordneten Schieber oder Lamellen einzelne Kammern, die bei der Walzendrehung ihr Volumen verändern (Bild VIII.5). Die Verdichter besitzen ein kleines Schwungmoment und eignen sich daher besonders zur Ausrüstung mit selbsttätigen Anlaß- und Stillsetzvorrichtungen.

Bild VIII.5. Drehkolbenverdichter, einwellige Bauart

Zweiwellige Drehkolbenverdichter. Das Roots-Gebläse (Bild VIII.6) arbeitet nach dem Prinzip einer Zahnradpumpe. Die als Lemniskaten ausgebildeten gegenläufigen Rotoren werden zwangsläufig durch ein außerhalb des Druckraumes befindliches Zahnradpaar geführt. Die beiden Lemniskaten bewegen sich mit engem Spiel im Gehäuse und berühren sich gegenseitig gasdicht.

Ebenfalls nach dem Verdrängungsprinzip arbeiten die Kapselgebläse, bei denen ein Drehkörper das Drehmoment überträgt, der andere gegenläufige Drehkörper nur steuert.

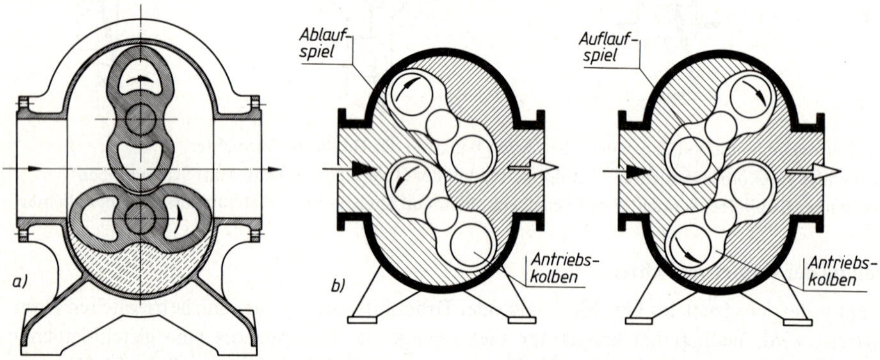

Bild VIII.6. Drehkolbenverdichter, Roots-Gebläse; a) Querschnitt durch ein Drehkolbengebläse, b) Ablauf- und Auflaufspiel der Drehkolben

Die Schraubenverdichter (Bild VIII.7) sind besonders für die ölfreie Verdichtung von Gasen aller Art geeignet. Da bei leichten Gasen die untere Grenze des Anwendungsbereiches von Turbomaschinen über $\dot{V} = 2{,}8\ m^3/s$ liegt und Kolben- und andere Rotationsverdichter normalerweise das Fördermedium mit Schmieröl in Verbindung bringen, bilden die Schraubenverdichter eine notwendige Ergänzung der Verdichterbauarten. Fördermengen liegen zwischen $0{,}14\ m^3/s$ und $7{,}5\ m^3/s$.

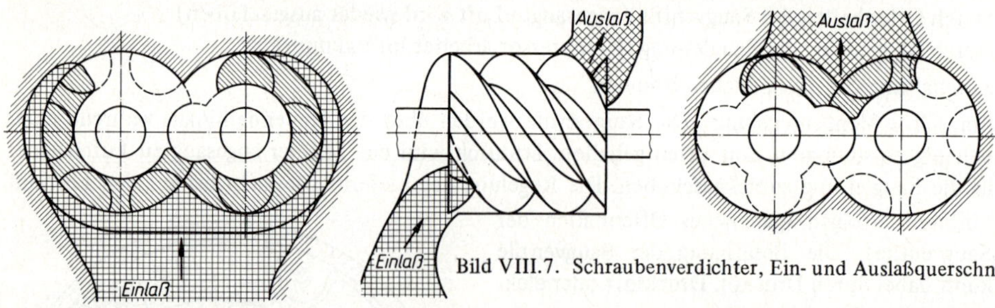

Bild VIII.7. Schraubenverdichter, Ein- und Auslaßquerschnitte

Beim Lysholm-Schraubenverdichter besitzt der Hauptläufer vier, der Nebenläufer sechs Zähne. Der Synchronlauf wird durch ein Zahnradpaar mit entsprechendem Übersetzungsverhältnis erreicht. Das Gas tritt von unten in das Gehäuse und strömt axial in die Lückenräume ein. Mit der Drehung der Läufer öffnen sich die Zahnlückenräume fortschreitend von der Saugseite nach der Druckseite hin. Dieser Vorgang gleicht dem Saughub des Kolbenverdichters. Nach Füllung der Zahnlücken wird durch weitere Drehung der Läufer der Ansaugraum abgeschlossen, die eingeschlossene Luft wandert weiter bis zur Oberseite der Stirnwand des Gehäuses. Durch den jetzt beginnenden Eingriff der Zähne werden die Zahnlückenräume verkürzt und das eingeschlossene Gas verdichtet. Diese Verdichtung hält an bis die Zahnspitzen und Zahnflanken die Steuerkanten am Druckstutzen überstreichen. Von da an wird das Gas durch weitere Verkürzung der Zahnlückenräume restlos durch den Druckstutzen ausgeschoben. Dieser Vorgang wiederholt sich in jeder aufeinanderfolgenden Zahnlücke der beiden Läufer.

4. Kreiselverdichter (Turboverdichter)

Bei Kreiselverdichtern wird der Welle Energie zugeführt und über die Beschaufelung an das strömende Medium übertragen. Dementsprechend ähneln die Bauformen der Kreiselverdichter denen der Kreiselpumpen.

Nach dem erreichbaren Druck unterscheidet man:

a) Kompressoren: Vielstufige Verdichter mit hohen Enddrücken.
b) Gebläse: Sie erreichen mittlere Enddrücke und sind ein- bis dreistufig ausgeführt.
c) Ventilatoren oder Lüfter: Sie dienen der Förderung sehr großer Luftmengen bei kleinen Drucksteigerungen, die meist nur die Strömungswiderstände überwinden sollen.

Im Gegensatz zu der unmittelbaren Drucksteigerung der nach dem Verdrängerprinzip arbeitenden Kolbenverdichter arbeiten die Turboverdichter mit einer doppelten Energieumwandlung:

1. Die an der Verdichterwelle zugeführte mechanische Energie wird im Laufrad teils als Druckenergie infolge der Fliehkraftwirkung, teils als Geschwindigkeitsenergie auf das Gas oder die Luft übertragen.
2. In der dem Laufrad nachgeschalteten Leitvorrichtung wird die Geschwindigkeitsenergie in Druckenergie umgesetzt.

Infolge der doppelten Energieumwandlung haben die Turbokompressoren größere Verluste und schlechtere isothermische Wirkungsgrade als die Kolbenverdichter. Die Turboverdichter sind für große Fördermengen besonders gut geeignet, weniger für die Erzielung hoher Drücke.

4.1. Radialverdichter

Der Aufbau der Radialverdichter entspricht dem der Kreiselpumpen. Die zur Druckerzeugung notwendigen hohen Umfangsgeschwindigkeiten erfordern hohe Drehzahlen. Dabei haben hochtourige Läufer mit entsprechend geringen Durchmessern den Vorteil, daß sie geringeren Fliehkräften ausgesetzt sind. Sie werden meist mit Schaufeln, die aus dem vollen Laufradmaterial herausgefräst sind, versehen; hierdurch lassen sich besonders steife Läufer bauen, die unter Umständen unterkritisch laufen können.

Die theoretisch erreichbare Förderhöhe und Drucksteigerung ist aus der Hauptgleichung der Strömungsmaschinen zu errechnen, vgl. Gl. (VII.10).

Bei drallfreiem Eintritt in das Laufrad ist c_1 radial gerichtet, also $\alpha_1 = 90°$ bzw. $\cos\alpha_1 = 0$:

$$h_{th} = \frac{c_2 u_2 \cos\alpha_2}{g} \qquad \text{(VIII.9)}$$

h_{th}	u_2, c_2	g
m	$\frac{m}{s}$	$\frac{m}{s^2}$

Radiale Schaufeln werden nur auf Zug beansprucht; es können Umfangsgeschwindigkeiten bis 400 m/s erreicht werden. Dabei wird wegen der hohen Fliehkräfte vielfach die Deckscheibe der Laufräder weggelassen, was allerdings an dem zwischen Verschaufelung und Gehäuse bestehenden Spalt zu Leckverlusten und Rückströmung vom Druckraum zum Saugraum führen kann. Rein radiale Schaufeln werden bei Fahrzeugverdichtern, z.B. Flugmotorenaufladern, wo es auf hohe Drücke und geringe Abmessungen ankommt, verwendet.

Die Luft wird im Verdichter einmal „adiabatisch“ (bzw. polytropisch), entsprechend dem Verdichtungsvorgang erwärmt, zum anderen aber auch durch die Wärme, die durch die Strömungsverluste (Luft- und Radreibung) erzeugt wird. Diese Wärme erhöht unmittelbar, noch während der Zustandsänderung, die Temperatur der Luft und vergrößert ständig das zu verdichtende Volumen. Hierdurch wird die erforderliche Antriebsleistung erhöht. Will man die Verdichtung dem isothermischen Vorgang annähern, so ist eine weitaus stärkere Kühlung als bei den Kolbenkompressoren erforderlich.

Als Richtwerte können für den notwendigen Kühlwasserverbrauch bei Verdichtung von 1 bar auf 6 bar gelten:

Kolbenkompressor: ca. 3 000 l Kühlwasser je 1000 m^3 Luft
Turboverdichter: ca. 10 000 l Kühlwasser je 1000 m^3 Luft

Entsprechend der relativ geringen Drucksteigerung in einer Stufe erfordert der Turboverdichter eine höhere Stufenzahl als der Kolbenkompressor. Um z.B. von p_1 = 1 bar auf p_e = 6 bar zu verdichten, muß der Turbokompressor bereits mit vier Stufen arbeiten, wenn die Umfangsgeschwindigkeiten begrenzt bleiben sollen. Die mehrstufige Bauart erfordert hinter jeder Stufe eine Umlenkung des Fördermittels, was eine Verringerung des Wirkungsgrades zur Folge hat.

Die Kennlinie des Radialverdichters – im Prinzip gleicht sie der Kennlinie einer Kreiselpumpe (vgl. Bild VII.17) – verläuft flach; bei Rädern mit radial verlaufenden Schaufeln ist sie flacher als bei Rädern mit rückwärts gekrümmten Schaufeln.

Die flache Kennlinie des Radialverdichters ergibt einen größeren stabilen Betriebsbereich, allerdings bei mäßigeren Wirkungsgraden als beim Axialverdichter, der eine steilere Kennlinie, kleineren stabilen Betriebsbereich und höheren Wirkungsgrad besitzt. Ob danach in einem Bedarfsfalle die radiale oder axiale Bauart vorteilhafter ist, hängt von dem Verlauf der Betriebswiderstandslinie (vgl. Rohrleitungskennlinien der Kreiselpumpenanlagen), dem erforderlichen Regelbereich und von den Herstellungskosten der verschiedenen Verdichter ab. Dabei ist zu beachten, daß mit wachsendem Ansaugvolumen der Kapitalaufwand für den Axialverdichter im Vergleich zu dem für den Radialverdichter geringer wird.

Die mechanischen Reibungsverluste der Radialverdichter sind, wie bei allen Turboverdichtern, sehr gering; sie erreichen einen hohen mechanischen Wirkungsgrad (bis 99 %).

Der isothermische Wirkungsgrad, der wie bei den Kolbenverdichtern das Verhältnis der isothermischen Kompressorleistung zur tatsächlichen Antriebsleistung darstellt, ist wegen der hohen Radreibungs und Wirbelungsverluste in der Luft schlechter als bei Kolbenverdichtern. Je nach Größe und Ausführung der Maschine kann mit η_{is} = 0,6 ... 0,73 gerechnet werden.

Bei niedrigen Druckverhältnissen – bis 1:3 – werden Radialkompressoren auch als ungekühlte Maschinen gebaut. Als Vergleich dient dann der adiabatische Wirkungsgrad, der je nach Größe und Ausführung der Maschine η_{ad} = 0,75 ... 0,9 beträgt.

4.1.1. Regelung. Bei der Regelung der Turboverdichter wird in den meisten Fällen ein gleichbleibender Betriebsdruck angestrebt, da zum Betrieb von Druckluftwerkzeugen und Maschinen ein möglichst gleichbleibender Luftdruck erwünscht ist.

Drehzahlregelung. Bei veränderlicher Fördermenge kann der Druck durch entsprechende Veränderung der Drehzahl konstant gehalten werden. Dabei ist aber zu berücksichtigen, daß mit zunehmender Fördermenge die Luftgeschwindigkeit wächst und der Rohrleitungswiderstand mit dem Quadrat der Strömungsgeschwindigkeit zunimmt. Der Verdichter muß also mit zunehmender Fördermenge einen höheren Druck liefern, was auch mit einer Drehzahlerhöhung und daher mit einer Einengung des Regelbereiches verbunden ist. Die Drehzahlregelung erfordert Antriebsmaschinen mit veränderlicher Drehzahl. Sie ist dann eine sehr einfach und wirtschaftlich durchführbare Regelungsart.

Drosselregelung. Von ihr wird Gebrauch gemacht, wenn mit Rücksicht auf den Antrieb eine Drehzahlregelung nicht möglich ist. Man drosselt entweder in der Saug- oder in der Druckleitung. Die Drosselregelung ist unwirtschaftlicher als die Drehzahlregelung, da eine Drosselung stets mit Energieverlusten verbunden ist, die bei der Drosselung der Saugleitung allerdings geringer sind, als bei der Drosselung der Druckleitung.

Aussetzerregelung. Der Verdichter wird bei steigendem Druck selbsttätig abgeschaltet und bei abgesunkenem Druck wieder eingeschaltet. Dabei lassen sich kleinere oder größere Druckschwankungen nicht vermeiden; ihre Größe und Dauer hängt von der Speicherfähigkeit des Netzes und der Größe der Veränderung der Entnahme ab. Die Druckschwankungen sind um so kleiner, je flacher die Verdichterkennlinie verläuft. Die Aussetzer- oder Leerlaufregelung wird oft bei Turbokompressoren, die an der Pumpgrenze arbeiten, angewendet.

Abblaseverfahren. Dabei wird die zuviel erzeugte Druckluft durch ein von Hand betätigtes oder druckgesteuertes Ventil ins Freie abgeblasen, wenn durch Absinken des Druckluftverbrauches die Gefahr eintritt, daß die Pumpgrenze unterschritten wird. Da das Verfahren durch den Verlust der überschüssig erzeugten Druckluft unwirtschaftlich ist, sollte es nur dort angewendet werden, wo die Pumpgrenze tief liegt und entsprechend den Betriebsverhältnissen mit einem nur kurzzeitigen Absinken des Luftverbrauches unter die Pumpgrenze zu rechnen ist.

4.1.2. Aufbau. Turbokompressoren erfordern für höhere Drücke, insbesondere bei leichten Gasen, höhere Stufenzahlen. Bei großen Stufenzahlen werden die Tuboverdichter auch mehrgehäusig gebaut. Der einseitige Einlauf ergibt einen Axialschub, der ausgeglichen oder durch entsprechende Lager aufgenommen werden muß. Der Ausgleich des Axialschubes kann durch einen Ausgleichkolben, der auf der Innenseite unter dem Druck der letzten Stufe, auf der Außenseite unter dem Atmosphärendruck steht, erfolgen. Die von Stufe zu Stufe dichtere Luft bedingt, daß die Laufräder ebenfalls von Stufe zu Stufe schmaler ausgeführt sind. Auch die Raddurchmesser der letzten Stufen werden verringert, um die Radreibung der in der hochverdichteten Luft laufenden Räder zu verkleinern.

Turboverdichter mit durchgehender Laufradwelle ergeben bei höheren Enddrücken nur dann günstigere Wirkungsgrade, wenn sie für große Fördermengen ausgelegt sind. Bei kleineren Fördermengen ergeben die mit gleicher Drehzahl laufenden Räder der mehrstufigen Verdichter mit durchgehender Laufradwelle in den letzten Stufen ungünstige Strömungsverhältnisse. Dieser Nachteil wird durch abgestufte Drehzahl der Laufräder der einzelnen Stufen vermieden, wie dies z.B. bei dem vierstufigen Getriebe-Turboverdichter der DEMAG (Bild VIII.8) der Fall ist. Hier werden die erforderlichen hohen Drehzahlen durch eine Rädervorlage erzielt, wobei die Ritzel der 1. und 2. Stufe eine kleinere Drehzahl der Laufräder, die Ritzel der 3. und 4. Stufe eine größere Drehzahl bewirken. Die vier Laufräder sind fliegend eingebaut, wodurch ein strömungstechnisch günstiger Einlauf erzielt werden kann. Durch die paarweise entgegenwirkenden Laufräder wird deren Axialschub aufgehoben. Die Verdichterspiralgehäuse dienen der Druckumsetzung hinter den Laufrädern. Wegen des großen Verdichtungsverhältnisses der einzelnen Stufen ist nach jeder Stufe ein Zwischenkühler angeordnet; Zwischenkühler bilden mit Kompressor und Getriebe eine Baueinheit.

Der vierstufige DEMAG-Getriebe-Turboverdichter wird serienmäßig zur Verdichtung von Luft und ähnlichen Gasen, wie z.B. Stickstoff, gebaut. Durch elf geometrisch gestufte Baugrößen wird ein Ansaugemengenbereich zwischen 2,7 m³/s und 27 m³/s überdeckt, wobei die Enddrücke zwischen 5 bar und 10 bar betragen. Der Verdichter kann direkt mit dem Elektromotor gekuppelt werden.

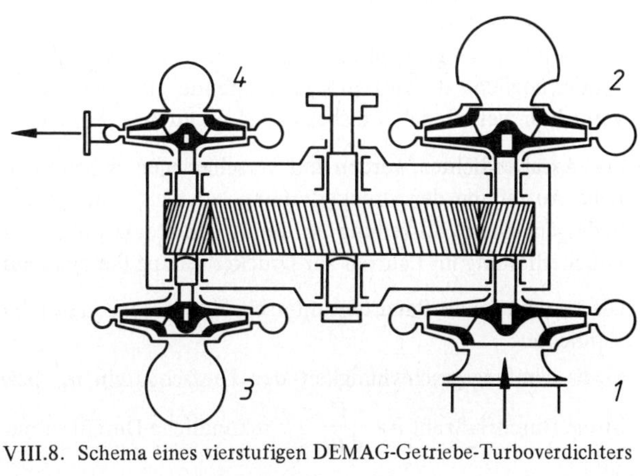

Bild VIII.8. Schema eines vierstufigen DEMAG-Getriebe-Turboverdichters

4.2. Axialverdichter

Beim Axialverdichter verläuft die Strömung hauptsächlich parallel zur Welle des Laufrades. Jede Stufe des Axialverdichters besteht aus einer Laufschaufelreihe und einer Leitschaufelreihe (Bild VIII.9). In der Laufschaufelreihe wird die Strömung in Umfangsrichtung abgelenkt in der Leitschaufelreihe wird diese Ablenkung wieder zurückgeführt. Im Laufrad wird die Relativströmung, im Leitrad die Absolutströmung verzögert und dadurch eine Drucksteigerung bewirkt. Da die Druckerzeugung nur durch Umlenkungen hervorgerufen wird, treten Verluste nur vor der ersten Stufe als „Zuströmverluste" und hinter der letzten Stufe als „Austrittsverluste" auf.

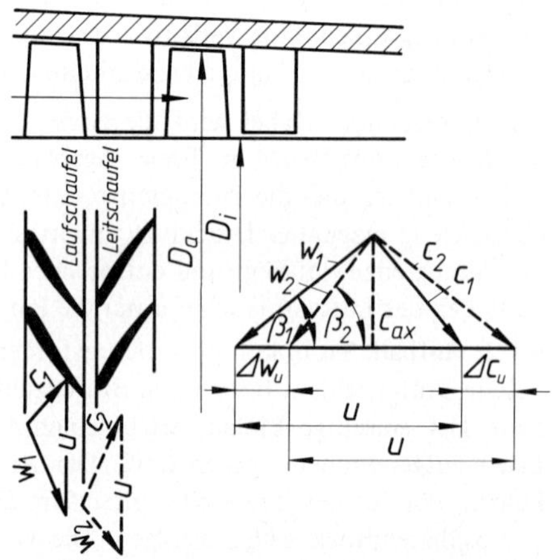

Bild VIII.9. Axialverdichter: Beschaufelung (schematisch) und Geschwindigkeitsdreiecke

Die in einer Stufe erreichbare Druckerhöhung ist beim Axialverdichter nur gering: Aus der Hauptgleichung der Strömungsmaschinen folgt die in einer Stufe bei verlustloser Verdichtung theoretisch erreichbare Druckhöhe:

$$h_{th} = \frac{u_m}{g}(c_{2u} - c_{1u}) \quad \text{oder}$$

$$h_{th} = \omega \frac{D_m}{2g}(c_{2u} - c_{1u}) \qquad \text{(VIII.10)}$$

h_{th}	D_m	ω	c_{1u}, c_{2u}, u_m
m	m	$\frac{1}{s}$	$\frac{m}{s}$

Zur Erzielung höherer Drücke müssen daher viele Stufen vorgesehen werden. Dabei wirkt sich, im Gegensatz zum Radialverdichter, die Zwischenkühlung nachteilig aus. Mit jeder Zwischenkühlung wird die axiale Strömung unterbrochen und der Wirkungsgrad durch die zusätzlichen Ein- und Austrittsverluste verschlechtert. Der Nutzen einer mehrfachen Zwischenkühlung wird durch die mehrfachen Ein- und Austrittsverluste zum großen Teil wieder aufgezehrt. Diese Verluste können nur durch eine mehrgehäusige Bauart mit strömungsgünstig gestalteten Stutzen verringert werden.

Der ungekühlte Axialverdichter ist dem Radialverdichter im Wirkungsgrad überlegen. Die Abmessungen des Gehäuses des Axialverdichters sind nur wenig größer als der äußere Durchmesser des Laufrades. Dadurch sind die Abmessungen des Axialverdichters sowie sein Gewicht und sein Preis, insbesondere bei großem Ansaugevolumen, günstiger als bei der radialen Bauart. Die höhere Drehzahl ermöglicht als Antrieb schnellaufende Turbinen, die ebenfalls kleiner und billiger sind. Axialverdichter werden daher insbesondere für größere Ansaugevolumen (ab. ca. 5,5 m^3/s) gebaut.

Die Axialverdichter werden mit verschiedenen Schaufelwinkeln ausgeführt, die eine unterschiedliche Aufteilung der Druckerhöhung auf Laufschaufelkranz und feststehenden Leitschaufelkranz bedingen. Diese Aufteilung ist durch den Reaktionsgrad gekennzeichnet, d.i. das Verhältnis der Druckerhöhung im Laufrad zur Druckerhöhung der aus Lauf- und Leitrad gebildete Stufe.

Die verschiedenen Bauarten unterscheiden sich auch durch die weiteren wichtigen Kennzahlen der Verdichter:

a) die Umfangsgeschwindigkeit der Laufschaufeln u_i, bezogen auf den Nabendurchmesser D_i;

b) die Durchflußzahl $\nu = \frac{\dot{V}}{A\, u_i}$ ($\dot{V}$ sekundliche Durchflußmenge; A Durchflußquerschnitt);

c) die Druckzahl $\mu = \frac{H}{u_i^2}$;

d) den Wirkungsgrad.

Durchflußzahl und Druckzahl bestimmen die Kennlinie des Verdichters.

Die Kennlinie des Axialverdichters zeigt die Abhängigkeit des Förderdruckes h vom Fördervolumen $\dot{V}$.

Die Kennlinie des Axialverdichters verläuft steiler als die des Radialverdichters; demzufolge ist der stabile Arbeitsbereich gering (Bild VIII.10).

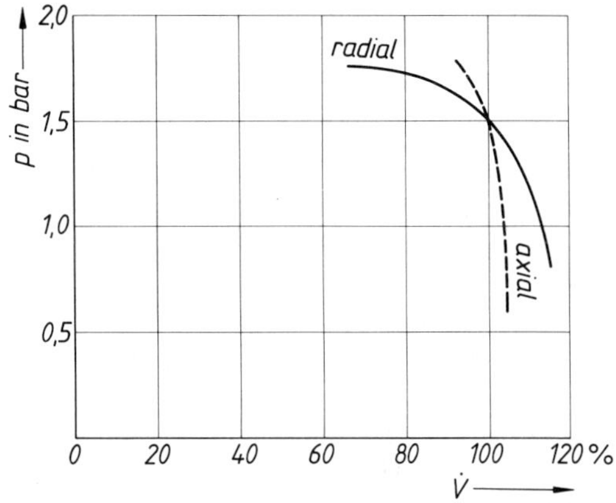

Bild VIII.10. Kennlinien des Axial- und des Radialverdichters

Arbeitet der Verdichter mit einem Ansaugvolumen, das unter dem Auslegungspunkt liegt, so tritt ein Ablösen der Strömung von der Profiloberfläche der Schaufel ein. Diese Erscheinung kann beim Axialverdichter bereits bei einer Verminderung des Fördervolumens auf ca. 90 % des Auslegungswertes auftreten. Die Folge hiervon können Schaufelbrüche und die Zerstörung des Verdichters sein. Die Ablösung der Strömung tritt dann ein, wenn der relative Anstellwinkel der Strömung zum Flügelprofil zu groß wird. Diese Vergrößerung des Anstellwinkels α folgt aus der Verzögerung der Fördermenge und der sich daraus ergebenden Verkleinerung der Axialgeschwindigkeit (Bild VIII.11). Die Abreißgrenze macht sich durch plötzliches Absinken der Förderhöhe und des Wirkungsgrades bemerkbar (Bild VIII.12).

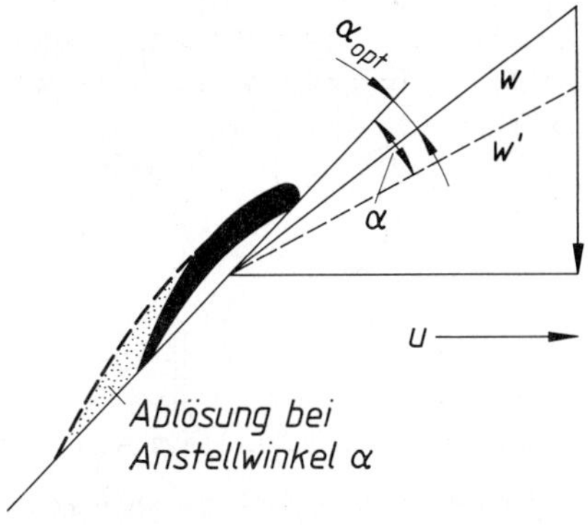

Bild VIII.11. Anströmung des Schaufelprofils bei verschiedenen Durchsatzmengen

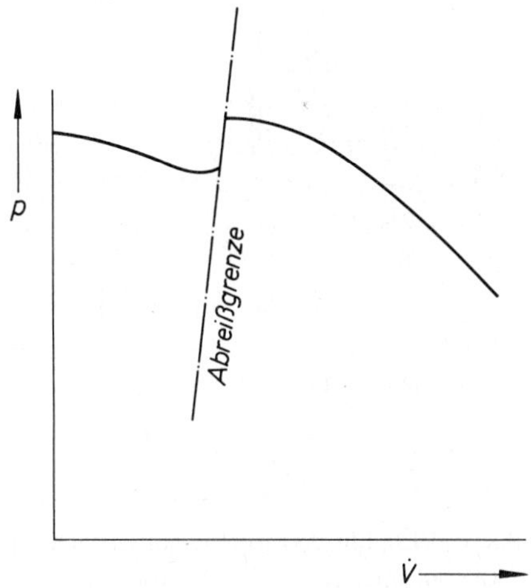

Bild VIII.12. Axialverdichter: Abreißgrenze

Eine größere Verringerung der Fördermenge sollte beim Axialverdichter daher nur durch Änderung der Drehzahl vorgenommen werden.

Die Steilheit der Kennlinie des Axialverdichters hängt von der Druckzahl μ ab: Je kleiner diese ist, um so steiler verläuft im Bestpunkt die Kennlinie. Eine Erhöhung der Druckzahl und damit flachere Kennlinie kann durch eine stärkere Wölbung der Schaufelprofile erreicht werden.

Der steile Kennlinienverlauf kann allerdings nicht als grundsätzlicher Nachteil des Axialverdichters angesehen werden: In Sonderfällen kann es nämlich erwünscht sein, daß die Änderung des Gegendruckes nur kleine Änderungen der Fördermenge nach sich zieht.

4.2.1. Regelung. Wegen der steilen Kennlinie und der hohen Pumpgrenze eignet sich der Axialverdichter nur in einem sehr engen Bereich zur Mengenregelung, insbesondere bei konstanter Antriebsdrehzahl, z.B. bei elektrischem Antrieb. Bei niedriger Entnahme kann man sich dann durch Abblasen der überschüssigen Luftmenge helfen, deren Energie in Expansionsturbinen genützt werden kann.

Eine ideale Regelung des Axialgebläses mit konstant bleibender Antriebsdrehzahl wird durch die Ausführung mit verstellbaren Leitschaufeln erzielt.

4.2.2. Aufbau. Bei der mehrstufigen Bauweise besteht der Axialverdichter aus dem Rotor, der die Laufschaufeln trägt und dem Stator, der zu jeder Laufschaufelreihe eine Leitschaufelreihe besitzt. Am Eintritt wird der ersten Laufschaufelreihe eine Leitschaufelreihe vorgeschaltet.

Bild VIII.13 zeigt das Schnittbild eines BBC-Axialgebläses mit verstellbaren Leitschaufeln in allen Reihen.

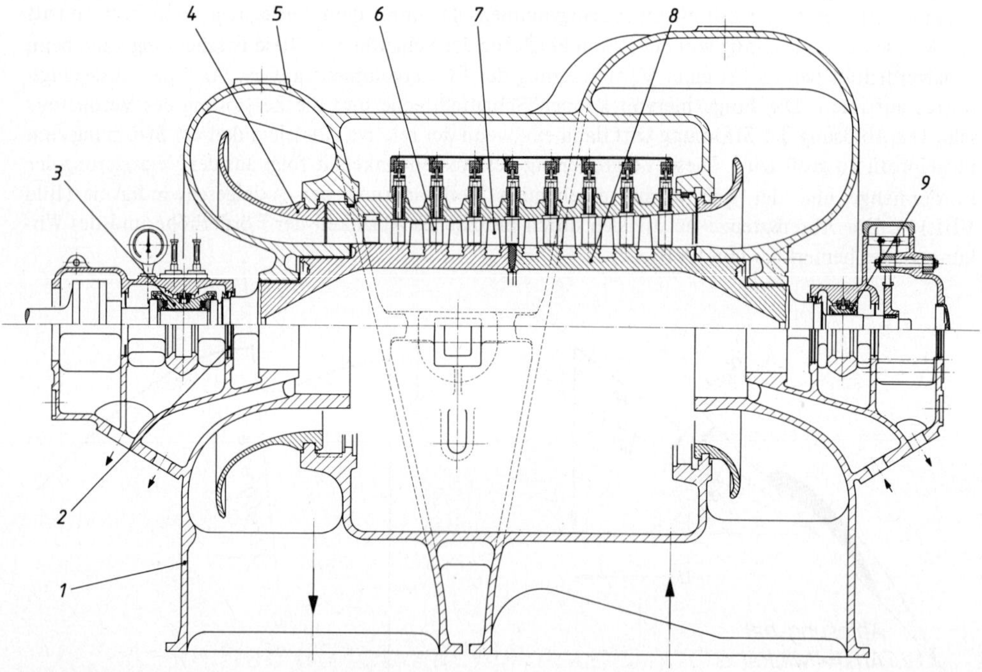

Bild VIII.13. BBC-Axialgebläse mit verstellbaren Leitschaufeln in allen Reihen

1 Gehäuseunterteil
2 Ölabstreifbleche
3 Kannenlager
4 Diffusor
5 Gehäuseoberteil
6 verstellbare Leitschaufel
7 Laufschaufel
8 Welle
9 Traglager

Literatur

Baehr, H. D.: Thermodynamik, Verlag Springer, Hamburg.

Schneider, G.: Verbrennungsmaschinen, Verlag Hanser, München 1967.

Winter, F. W.: Technische Wärmelehre, Verlag Girardet, Essen 1967.

Fördertechnik

Johannes Sebulke

Formelzeichen und Einheiten

A	m^2, cm^2, mm^2	Fläche
E	$\frac{N}{m^2}$	Elastizitätsmodul
F	N	Kraft
G	N	Gewichtskraft
J	kgm^2	Trägheitsmoment (Massenmoment 2. Grades)
L	h	Lebensdauer
M	Nm	Drehmoment
P	W, kW	Leistung
S	N	Seilzugkraft
T	s	Periodendauer
V	m^3, cm^3, mm^3	Volumen
W	J = Nm = Ws	Arbeit, Energie
a	$\frac{m}{s^2}$	Beschleunigung
d	m, cm, mm	Durchmesser
f	$\frac{1}{s}$	Frequenz
g	$\frac{m}{s^2}$	Fallbeschleunigung
i	1	Übersetzung
l	m, cm, mm	Länge
m	kg, t	Masse, Fördermenge
$\dot{m}$	$\frac{kg}{s}, \frac{kg}{h}, \frac{t}{h}$	Förderstrom (Massendurchsatz) = Masse pro Zeiteinheit
m'	$\frac{kg}{m}, \frac{t}{m}$	Masse pro Längeneinheit
n	min^{-1}	Drehzahl
p	1	Polpaarzahl
r	m, cm, mm	Radius
s	m, cm, mm	Weg
t	s, h	Zeit
t_k	m, mm	Kettenteilung
v	$\frac{m}{s}, \frac{km}{h}$	Geschwindigkeit
w	1	Widerstandsbeiwert
x	m	Weggröße
α	°	Steigungswinkel ≙ Förderrichtung
ϵ	1	Dehnung
η	1	Wirkungsgrad
μ	1	Reibzahl
ρ	$\frac{kg}{m^3}, \frac{t}{m^3}$	Dichte
φ	1	Stufensprung, Beiwert
ψ	1	Beiwert

I. Überblick über das Gesamtgebiet der Fördertechnik

1. Begriffsbestimmung und Abgrenzung

Die Fördertechnik befaßt sich mit allen Fragen innerbetrieblicher Materialtransporte sowie mit der Organisation des gesamten betrieblichen Materialflusses. Die Hebetechnik ist ein Teilgebiet der Fördertechnik. Die Materialflußtechnik in der Produktion und die eng damit verbundene Warenlager- und -verteiltechnik (auch Kommissionier- oder Distributionstechnik genannt) sind wichtige Teilgebiete. Die Umschlagtechnik in Häfen und Güterbahnhöfen sowie die Beförderung von Bergbauprodukten auf Förderbändern manchmal über mehrere 100 Kilometer sind weitere Beispiele.

Tafel I.1. Gliederung der Fördertechnik und angrenzende Bereiche

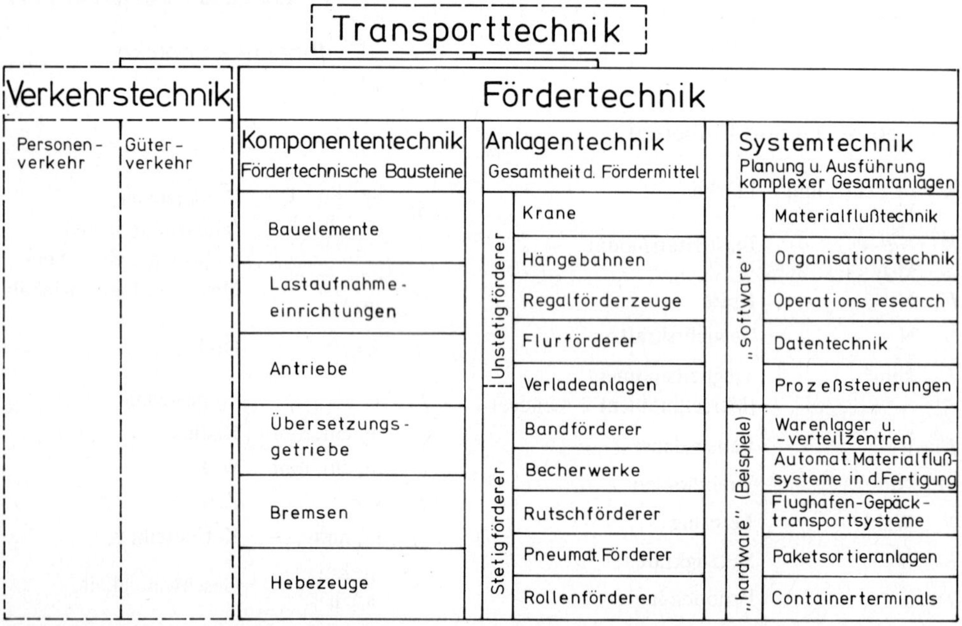

Nicht mehr zur Fördertechnik gehören die außerbetriebliche Güterbeförderung, wie z.B. durch Eisenbahn und Lkw, sowie die gesamte Personenbeförderung (Tafel I.1).

Die Abgrenzungen sind jedoch fließend, und es gibt Überschneidungen, wie z.B. die Aufzugstechnik oder ein sogenanntes „integriertes Transportsystem", d.h. die Verwendung von genormten Behältern („Containern") *und* entsprechende organisatorische Maßnahmen, um diese auf Schiff, Bahn, Lkw *und* innerbetrieblich gleich rationell verwenden zu können.

Der allgemeine Fortschritt der Technik, der Zwang zur Rationalisierung, Automatisierung und die ständig steigenden Personalkosten der Unternehmen eröffnen der Fördertechnik stets neue Aufgaben.

2. Einteilung der Fördermittel

a) Nach der zeitlichen Arbeitsweise der Fördermittel unterscheidet man:
aussetzend arbeitende Förderer (Unstetigförderer), wie z.B. Krane, Bagger;
stetig arbeitende Förderer (Stetig- oder Dauerförderer), z.B. Förderbänder.

b) Nach den bedienten Freiheitsgraden unterscheidet man:
linienbedienende Fördermittel (1 Freiheitsgrad), z.B. Schachtförderanlage, Förderbänder, Kreisförderer, Hängebahn;
flächenbedienende Fördermittel (2 Freiheitsgrade), z.B. Elektrokarren (waagerechte Fläche), Regalförderzeuge (senkrechte Fläche);
raumbedienende Fördermittel (3 Freiheitsgrade), z.B. Laufkrane mit Katze, Turmdreh- und -wippkrane, Gabelstapler.

c) Nach Lastweg und Förderrichtung unterscheidet man im Bergbau:
waagerechte (söhlige) und schwach geneigte Förderer;
stark geneigte Förderer;
senkrechte (seigere) Förderer oder Hubförderer.

Nach Umfang und Schwierigkeitsgrad unterscheidet man nach Tafel I.1:

Komponenten (Bauteile oder Baugruppen für Fördermittel, die in Serie hergestellt werden können, aber für sich allein meist noch keine Förderaufgaben erfüllen können;

Anlagen (große, umfangreiche Fördermittel, wie z.B. Verladeanlagen, die nicht mehr in Serie gefertigt werden können);

Fördertechnische Systeme (umfangreiche Fördermittel, bei denen neben dem reinen Fördervorgang eine organisatorische Funktion – z.B. Sortieren, Verteilen, Kommissionieren, Lagern von Stückgut eine maßgebliche Bedeutung hat). Bei Fördersystemen ist praktisch immer vorab eine Untersuchung des Materialflusses und der jeweiligen Zusatzfunktionen erforderlich, um das geeignetste Fördermittel oder die günstigste Kombination von Fördermitteln zu finden.

3. Transportarbeit, Transportleistung

3.1. Physikalische Transportarbeit

Mit Transportarbeit W wird diejenige Arbeit bezeichnet, die aufzuwenden ist, um eine bestimmte Last von einem Punkt im Raum zu einem anderen zu bewegen:

$$W = F s = F v t$$

W	F	s	v	t	P
Nm = J	N	m	$\frac{m}{s}$	s	$\frac{Nm}{s} = W$

Für die Leistung gilt entsprechend:

$$P = \frac{W}{t} = F v$$

Die Kraft F setzt sich zusammen aus

a) der Kraft F_R zur Überwindung der Roll- und Gleitreibung

$$F_R = m g \mu \cos\alpha$$

b) der Kraft F_H für die Überwindung von Steigungen

$$F_H = m g \sin\alpha$$

F_R, F_H, F_B	m	g, a	μ
N	kg	$\frac{m}{s^2}$	1

$\alpha > 0$ Steigung; $\alpha = 0$ Ebene; $\alpha < 0$ Gefälle; $\alpha = 90°$, d.h. $\sin\alpha = 1$ Senkrechtförderung

c) der Beschleunigungskraft

$$F_B = m a$$

Die Transportleistung P wird dann

$$P = (F_R + F_H + F_B) v$$

In der Regel sind die drei Kraftanteile während des Fördervorganges nicht konstant. So tritt z.B. die Beschleunigungskraft nur beim Anfahren und Bremsen auf. Dann kann man für überschlägige Rechnungen die Förderstrecke in Abschnitte aufteilen, für die man die Teilkräfte kennt, und die Transportarbeit bzw. -leistung stückweise ermitteln. Oft überwiegt auch eine Teilkraft so stark, daß man die anderen vernachlässigen kann.

3.2. Technische Transportleistung

Bei stetigen und unstetigen Fördermitteln wird unter Transportleistung meist diejenige Menge an Fördergut verstanden, die das Fördermittel unter den vorgesehenen Betriebsbedingungen umschlagen bzw. befördern kann, z.B. t/h bei Gurtförderern oder Verladeanlagen. Anstelle der Fördergutmenge können auch andere charakteristische Größen treten, z.B. Paletten/h (Rollenförderer), Arbeitsspiele/h (Krane, Regalförderzeuge).

3.3. Arbeitsphysiologische Transportarbeit

Arbeitsphysiologische Transportarbeit ist die bei Handtransporten vom Körper aufzuwendende Energie. Bei der Schaufelarbeit haben z.B. die Einsticharbeit, die Beschaffenheit des Schaufelgutes und die Wurfhöhe den größten Einfluß.

Handtransporte sind in Industrieländern weitgehend auf Lasten unter 10 kg und kurze Wege beschränkt. Beispiele dieser Handtransporte sind das Einspannen von Werkstücken in Werkzeugmaschinen, das Heben von Kisten auf Werktische und das Verladen und Verpacken von Kartons, soweit dieser Bereich durch Kleinhebezeuge, Manipulatoren oder Industrieroboter noch nicht mechanisiert oder automatisiert ist.

II. Die Baukastensystematik in der Fördertechnik

1. Begriffsbestimmungen

In der Fördertechnik wird kaum ein größerer Einsatzfall so dem anderen gleichen, daß man zwei Anlagen nach denselben Zeichnungen fertigen kann. Konstruktionszeiten, Rüst- und Umstellungszeiten der Fertigung sind hoch; der Kunde muß bei Einzelanfertigung lange Lieferzeiten in Kauf nehmen. In der Fördertechnik haben sich daher Baukastenprinzip, Standardisierung und die Konstruktion von Erzeugnisreihen weitgehend durchgesetzt.

Baukastenprinzip heißt, daß ein Erzeugnis so lange nach Bild II.1 in Baugruppen, Untergruppen und Einzelteile „aufgelöst" wird, bis die Erzeugnisteile genügend oft verwendet und daher in Serie gefertigt werden können. Natürlich müssen die einzelnen Baugruppen miteinander kombinierbar sein. Der Konstrukteur kann dann die vom Kunden gewünschte Lösung weitgehend aus vorhandenen „Bausteinen" zusammensetzen.

Standardisierung von Erzeugnissen oder Bauteilen bedeutet, daß man nicht mehr das Erzeugnis oder das Bauteil für jeden speziellen Einsatzfall neu auslegt, sondern das Erzeugnis nur in einigen häufig vorkommenden, oft genormten Größen fertigt. Der Kunde kann sich dann z.B. ein kostengünstiges, in Serie gefertigtes Laufrad nach Liste aussuchen, und braucht sich kein teures in Einzelfertigung „maßschneidern" zu lassen.

Eine *Reihenbildung* von Erzeugnissen oder Bauteilen liegt vor, wenn die Standardisierung in gesetzmäßigen Abstufungen erfolgt (Bild II.2). Der Faktor, mit dem man die maßgebliche Größe (z.B. Hauptmaße, Drehmomente, Leistungen) einer Stufe multiplizieren muß, um die nächste Stufe zu erhalten, heißt Stufensprung φ. Als Zahlenwerte für den Stufensprung nimmt man Normzahlen nach DIN 323.

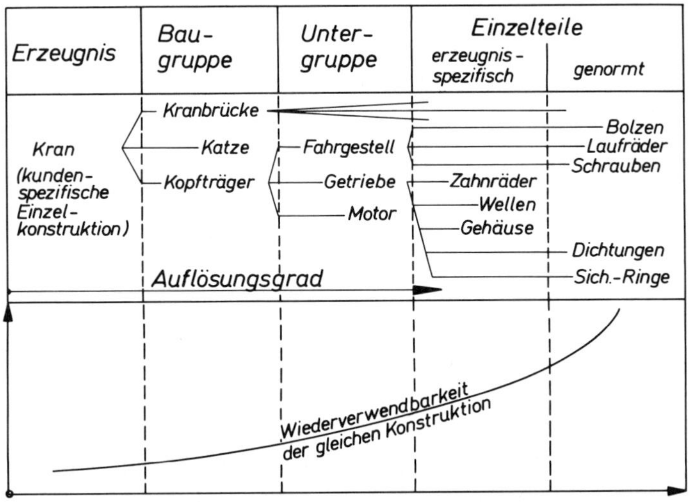

Bild II.1. Auflösung eines Kranes in Baugruppen, Untergruppen und Einzelteile (Mannesmann Dematik)

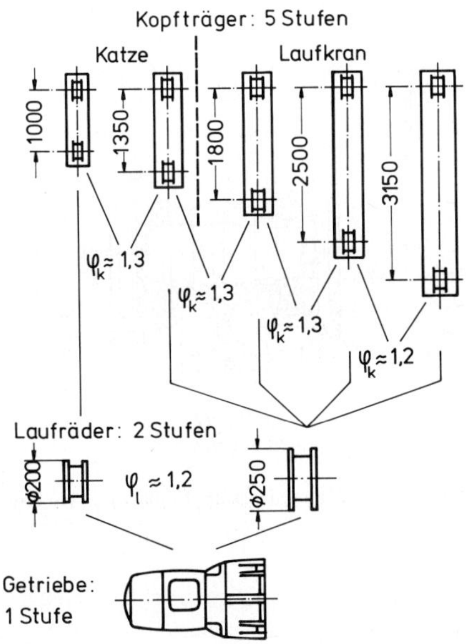

Bild II.2.
Kopfträgerreihe für Laufkatzen und Laufkrane;
Stufensprunge φ_k und φ_l
(Mannesmann Dematik)

2. Nutzen des Baukastenprinzips für die Betreiber und Hersteller fördertechnischer Anlagen

Der Betreiber bekommt eine auf seinen Bedarf zugeschnittene Anlage, deren Bauteile aber in der Serie erprobt und bewährt sind. Die Ersatzteilhaltung ist wegen hoher Mehrfachverwendbarkeit der Bauteile geringer, die Austauschbarkeit ist größer, Kundendienst und Reparatur werden einfacher.

Anwendungsbeispiel für einen fördertechnischen Baukasten:

Das Bild VI.3. zeigt Baugruppen eines Elektrozugbaukastens, die sich zu den verschiedensten kundenspezifischen Elektrozügen zusammensetzen lassen. Die Baugruppen selbst sind wieder in einfache Wiederholteile aufgelöst.

3. Komponenten der Fördertechnik

Dem Baukastenprinzip eng verwandt ist das Arbeiten mit Komponenten. Komponenten sind in der Fördertechnik maschinenbauliche und elektrotechnische Bauteile und Baugruppen, die der Hersteller fördertechnischer Anlagen komplett beziehen und für seine speziellen Zwecke einsetzen kann.

So können z.B. Hersteller von Kranen oder sonstigen schienenbeweglichen Fördermitteln den Fahrantrieb nach Bild II.3, bestehend aus speziell für Fahrantriebe ausgelegtem Motor und Getriebe, komplett beziehen und einfach auf die Laufradwelle aufflanschen.

Für eine Greifer-Umschlagsanlage können der Greifer, Umlenkrollen, das komplette Hubwerk und die Fahrantriebe als Komponenten bezogen werden. Der Anlagenhersteller konzentriert sich in diesem Fall auf kundenspezifische Auslegung, Konstruktion und Lieferung der neuen Gesamtanlage und kann sicher sein, daß alle Komponenten seit langem bewährt sind.

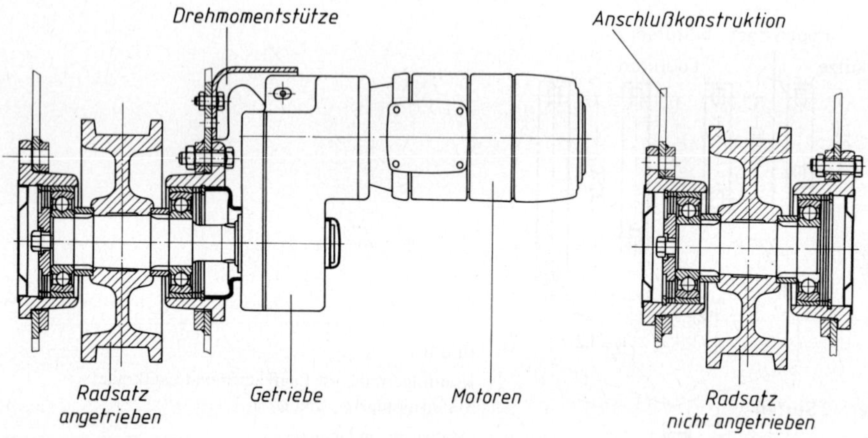

Bild II.3. Beispiel eines kompletten Fahrantriebes, der in einer gestuften Baureihe zum Einbau in beliebige fördertechnische Anlagen zur Verfügung steht.
(Mannesmann Dematik)

III. Bauelemente der Fördertechnik

Es sind dies im wesentlichen Elemente der Seiltriebe, der Kettentriebe und Lastaufnahmeeinrichtungen.

Seile und Ketten können nur Zugkräfte aufnehmen. In den meisten Fällen wählt man als Zugorgane Seile wegen ihrer hohen Zugfestigkeit, Preisgünstigkeit und Sicherheit gegen plötzlichen Bruch. Ketten kommen als Huborgan wegen ihres hohen Eigengewichts nur für begrenzte Hubhöhen (bis ca. 10 m) in Frage. Man verwendet sie, wo Seile zu empfindlich sind (z.B. beim Eintauchen von Lasten in Bäder, bei starker Verschmutzung wie in Kettenkratzförderern), oder wo es auf geringe Umlenkradien ankommt (kompakte Kleinhebezeuge). Das Hauptanwendungsgebiet der Ketten in der Fördertechnik ist die Zugübertragung beim Antrieb von Fördermaschinen (z.B. Kreisförderer, Plattenförderer).

1. Bauelemente der Seiltriebe

1.1. Seile

Die Sicherheit gegen Lastabsturz, ein störungsfreier Betrieb und eine befriedigende Aufliegezeit (= „Lebensdauer“) der Seile setzen sachgemäße Behandlung, sorgfältige Pflege und regelmäßige Überwachung voraus. Nach Möglichkeit werden alle schädlichen Einwirkungen, wie z.B. Wasser, Dämpfe, Säuren, von den Seilen ferngehalten.

Konstruktion der Drahtseile

In den DIN 3051–3071 sind alle Normen über Drahtseile zusammengefaßt. Die Normen gelten für Hebezeuge und Fördermittel, für die Schiffahrt und für den Bergbau (außer Förderseile).

Die Bruchkräfte und die zulässigen Zugkräfte werden mittels verschiedener empirisch festgestellter Faktoren vom Seildurchmesser abgeleitet.

Die Normen „Drahtseile aus Stahldrähten“ sind in folgender Weise gegliedert.

DIN 3051 Teil 1 gibt eine Übersicht über die genormten Seile und ihre Aufteilung auf die einzelnen Normblätter.

DIN 3051 Teil 2 erläutert die Seilarten und die in der Seiltechnik vorkommenden Begriffe.

In DIN 3051 Teil 3 sind die Berechnungsgrundlagen sowie die anzuwendenden Faktoren zusammengestellt. Es sind die Faktoren des metallischen Querschnitts (Füllfaktor), für den Verseilverlust (Verseilfaktor) und für das Seilgewicht (Gewichtsfaktor) angegeben, getrennt nach Seilkonstruktionen sowie danach, ob die Seile eine Faserseele oder eine Stahleinlage haben.

DIN 3051 Teil 4 enthält die Technischen Lieferbedingungen für Drahtseile.

Die Normen DIN 3052 bis DIN 3071 sind die Maßnormen der Seile; sie enthalten die Seil-Nenndurchmesser, die Seilgewichte, die rechnerischen Bruchkräfte und die Mindestbruchkräfte. Die rechnerische Bruchkraft ist auf Draht-Nennfestigkeiten von 1570 N/mm^2 und 1770 N/mm^2 bezogen. Es können auch nichtgenormte Sonderseile angefertigt und geliefert werden. Eine Übersicht über vorwiegend gebräuchliche Seilkonstruktionen, Normen, wesentliche Merkmale und Durchmesser gibt Tafel III.1. Die wichtigste Gruppe sind Rundlitzenseile, bei denen die aus Stahldrähten gefertigten Litzen links- oder rechtsgängig um eine in Fett getränkte Fasereinlage

Tafel III.1. Übersicht über gebräuchliche Seilkonstruktionen, Normen, wesentliche Konstruktionsmerkmale und Seildurchmesserbereiche nach DIN 3051

Seilarten	DIN	Anzahl der Litzen	Anzahl der Drähte in 1 Litze	Anzahl aller Drähte	Bezeichnung der Verseilungsart der Litzen	Art der Einlage	Seil-Nenndurchmesser von	Seil-Nenndurchmesser bis	Bild III.3 Nr.
Spiralseile (Rundlitzen)	3052	–	–	7	–	–	0,6	16	1
	3053	–	–	19	–	–	1	25	2
	3054	–	–	37	–	–	3	36	3
Einlagige Rundlitzenseile	3055	6	7	42	–	1 Faser- oder 1 Stahleinlage	2	40	4
	3056	8	7	56	–	1 Faser- oder 1 Stahleinlage	4	24	5
	3057	6	19 + 6 F	114	Filler	1 Faser- oder 1 Stahleinlage	8	44	6
	3058	6	19	114	Seale	1 Faser- oder 1 Stahleinlage	6	36	7
	3059	6	19	114	Warrington	1 Faser- oder 1 Stahleinlage	6	36	8
	3060	6	19	114	Standard	1 Faser- oder 1 Stahleinlage	3	56	9
	3061	8	19 + 6 F	152	Filler	1 Faser- oder 1 Stahleinlage	10	56	10
	3062	8	19	152	Seale	1 Faser- oder 1 Stahleinlage	10	44	11
	3063	8	19	152	Warrington	1 Faser- oder 1 Stahleinlage	10	44	12
	3064	6	36	216	Warrington-Seale	1 Faser- oder 1 Stahleinlage	12	56	13
	3065	6	35	210	Warrington gedeckt	1 Faser- oder 1 Stahleinlage	8	56	14
	3066	6	37	222	Standard	1 Faser- oder 1 Stahleinlage	6	64	15
	3067	8	36	288	Warrington-Seale	1 Faser- oder 1 Stahleinlage	16	68	16
	3068	6	24	144	Standard	7 Fasereinlagen	6	56	17
Mehrlagige Rundlitzenseile	3069	18	7	126	drehungsarm	1 Faser- oder 1 Stahleinlage	4	28	18
	3071	36	7	252	drehungsarm	1 Faser- oder 1 Stahleinlage	12	40	19
Flachlitzenseil	3070	10	10	100	drehungsfrei	1 Faser- oder 1 Stahleinlage	12	32	20

Bild III.1
Gleichschlagseil, rechtsgängig

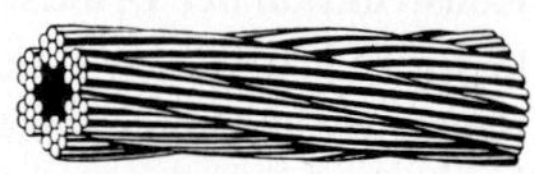

Bild III.2
Kreuzschlagseil, rechtsgängig

geschlagen werden. Haben die Drähte in den Litzen dieselbe Schlagrichtung wie die Litzen im Seil, nennt man das Seil Gleichschlagseil (Bild III.1), bei entgegengesetzter Schlagrichtung Kreuzschlagseil (Bild III.2).

Das Seil wird handelsüblich blank in Kreuzschlag (K) und rechtsgängig (Z) geliefert. Wird das Seil verzinkt, im Gleichschlag (G), linksgängig (S) oder spannungsarm benötigt, so muß das in der Bestellung angegeben werden.

Gleichschlagseile sind biegsamer und liegen in den Rillen der Rollen und Trommeln besser auf. Die Flächenpressung ist deshalb geringer, die Aufliegezeit größer. Da aber das Gleichschlagseil sich in belastetem Zustand leichter aufdreht, wird es nur für geführte Lasten (z.B. Aufzug) verwendet. Im Kranbau werden Kreuzschlagseile – in der Regel rechtsgängig – verwendet.

Es stehen mehrere Seilmacharten zur Verfügung, insbesondere Filler (= Fülldraht)-, Seale-, Warrington- und Standardmachart (Bild III.3). Die Skizzen in Bild III.3 Nr. 1–20 sind in Tafel III.1, Zeile 1–20 beschrieben und erläutert.

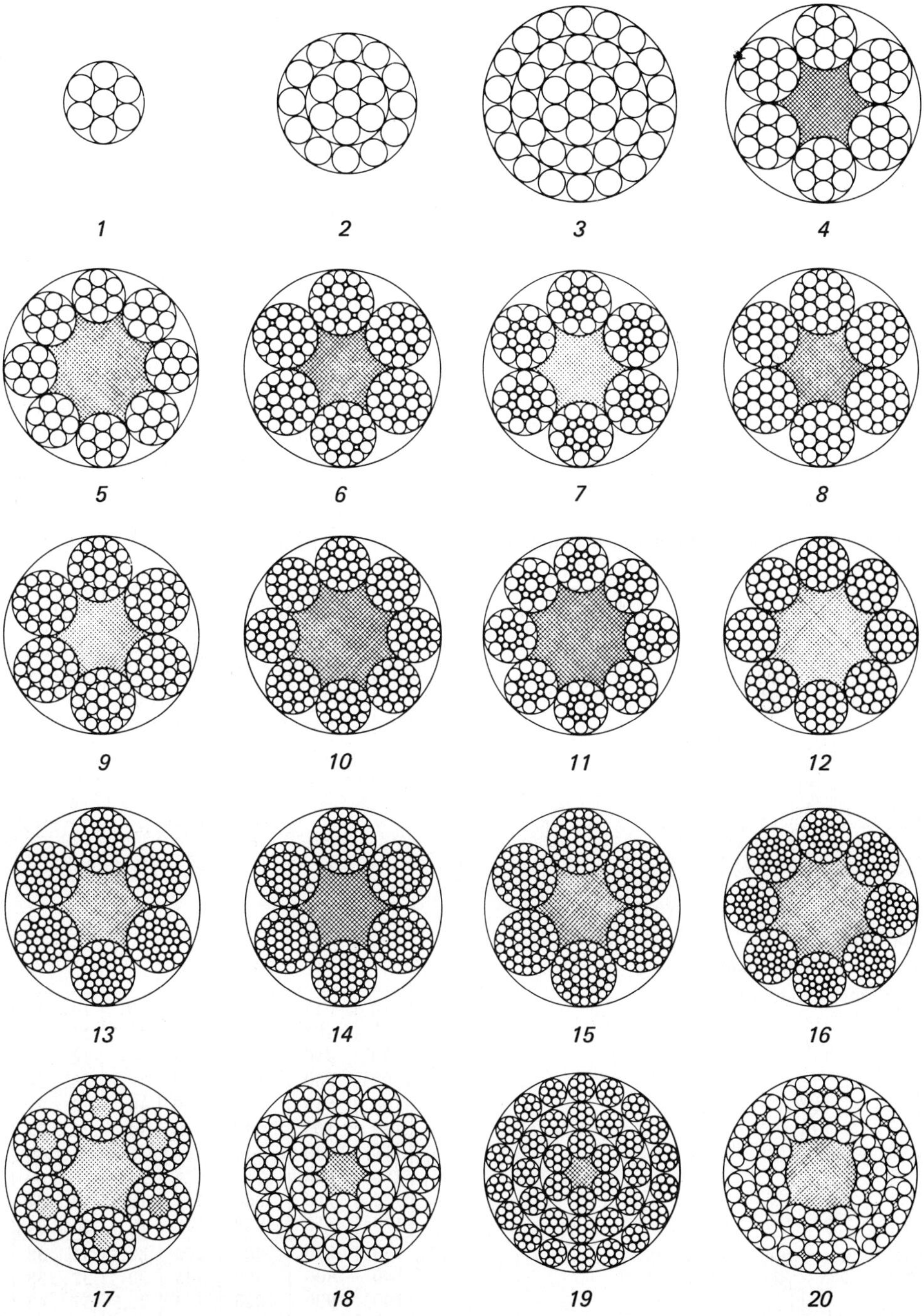

Bild III.3. Übersicht zu gängigen Seilkonstruktionen nach DIN 3051/Teil 1
Fillermachart Nr. 6–10, Sealemachart Nr. 7 und 11, Warringtonmachart Nr. 8, 12, 14, Standardmachart Nr. 9, 15, 17
Weitere Erläuterungen siehe Tafel III.1, Zeile 1–20.

Die Konstruktion eines Drahtseiles wird im allgemeinen durch eine Kurzbezeichnung entsprechend den Haupttiteln der Normen DIN 3052 bis DIN 3071 beschrieben, die folgende Angaben enthält:

a) Seilart (z.B. Rundlitzenseil).
b) Produkt aus Anzahl der Litzen im Seil und Anzahl der Drähte in einer Litze (z.B. 6 × 19).
c) Bezeichnung der Verseilungsart der Litzen, soweit erforderlich (z.B. Seale).
d) Hinweis auf besondere Eigenschaften, soweit zutreffend (z.B. drehungsarm).
e) Hinweis auf Art und Anzahl der Einlagen, soweit erforderlich (z.B. + 7 Fasereinlagen).

1.2. Seilrollen und Seiltrommeln

Seilrollen (Tafeln III.2 und III.3) dienen zum Leiten und Umlenken der Seile. Die Rillenprofile sind nach DIN 15061 Teil 1 genormt.

Geschmiedete oder gegossene Seilrollen werden in Baureihen (siehe II.1) serienmäßig hergestellt. Sie haben fast ausschließlich Wälzlagerung. Geschweißte Seilrollen in Ronden-(A) oder Speichenausführung (B) werden, mit Gleit- oder Wälzlagerung, hauptsächlich für Sonderkonstruktionen verwendet.

Tafel III.2 Seilrollen in Graugußausführung mit Rillenkugellager (Beispiele)

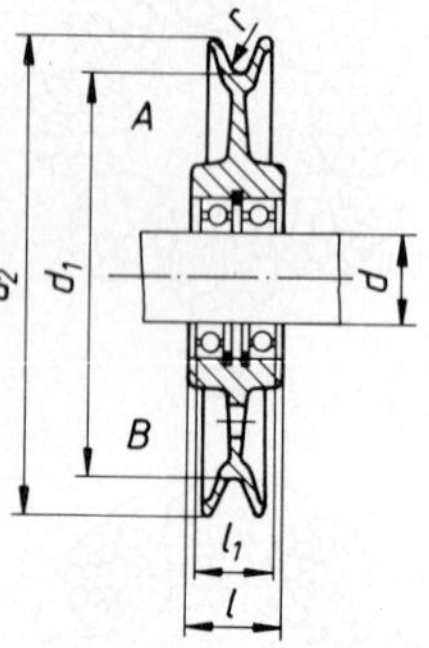

Ausführung	d	d_1	d_2	l	l_1	r		Seil-Ø	
A	30	112	131	20	20	3,5	–	6,5	–
	45	160	186	32	34,5	3,5	4,8	6,5	9
	50	225	263	43	43	4,8	6,8	9	13
	60	280	328	48	48	6,8	8,4	13	16
B	70	355	415	65	65	8,4		16	

Tafel III.3
Seilrollen in Schweißausführung mit Rillenkugellager (Beispiele)

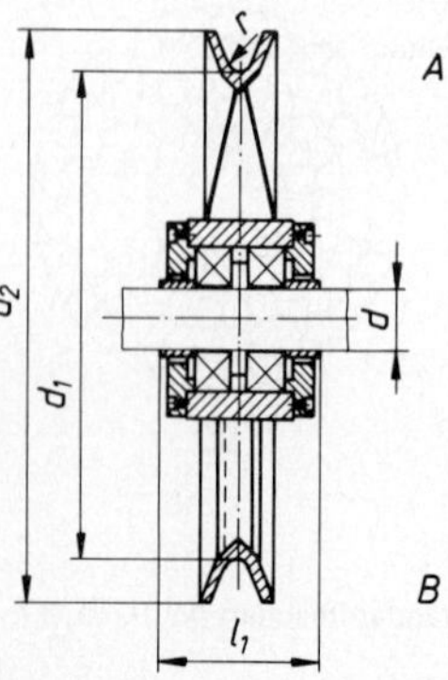

Ausführung	d	d_1	d_2	l_1	r[1]	Seil-Ø
A	70	355	410	100	9	14 ... 17
	70	400	460	100	10	16 ... 19
	80	450	520	105	11	18 ... 21
	90	500	575	110	12,5	20 ... 24
	100	560	640	120	14	22 ... 27
	140	560	640	120	14	22 ... 27
	110	630	715	130	16	26 ... 30
	150	630	715	125	16	26 ... 30
	120	710	800	135	18	30 ... 34
	170	710	800	140	18	30 ... 34
B	130	800	905	135	20	32 ... 38
	180	800	905	145	20	32 ... 38
	200	900	1020	155	22,5	37 ... 43
	220	1000	1135	165	25	40 ... 48
	240	1120	1255	165	25	40 ... 48
	260	1250	1385	190	25	40 ... 48

[1]) Kranz, kalibriert, daher Radius maßhaltig und geglättet

Seiltrommeln dienen dem Antrieb und dem Speichern des Seils. In die Trommel sind in der Regel Rillen nach DIN 15061 Teil 2 zur besseren Führung und Schonung des Seils eingefräst (Bild IV.3). Die Trommel wird also nur in einer Lage bewickelt. Ausnahmen bilden nur Handwinden, Schrapper oder sonstige Maschinen, bei denen eine geringe Aufliegezeit des Seils in Kauf genommen wird. Berechnung von Trommeln nach III.1.4.

1.3. Seilverbindungen

Für die Verbindung zweier Drahtseilenden oder das Anschließen eines Drahtseiles an ein festes Konstruktionsteil wurden im Hebezeugbau unterschiedliche Seilverbindungen entwickelt. Die älteste Art ist das Spleißen, die einfachste Art ist das Zusammenklemmen mit Drahtseilklemmen.

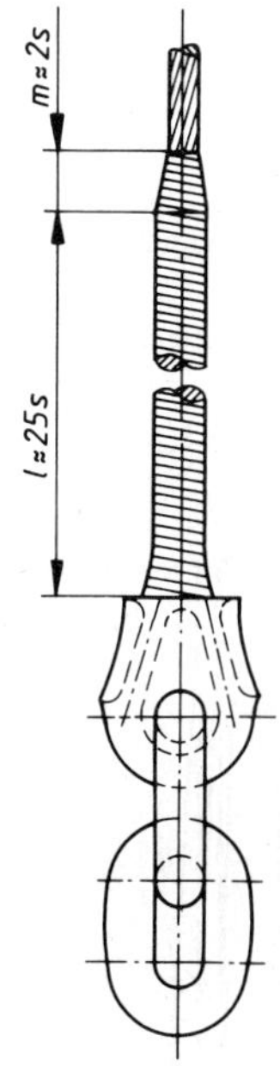

Bild III.4. Gespleißtes Seilende mit Spleißlängen nach DIN 655 und DIN 656. *s* Seildurchmesser (Mannesmann Dematik)

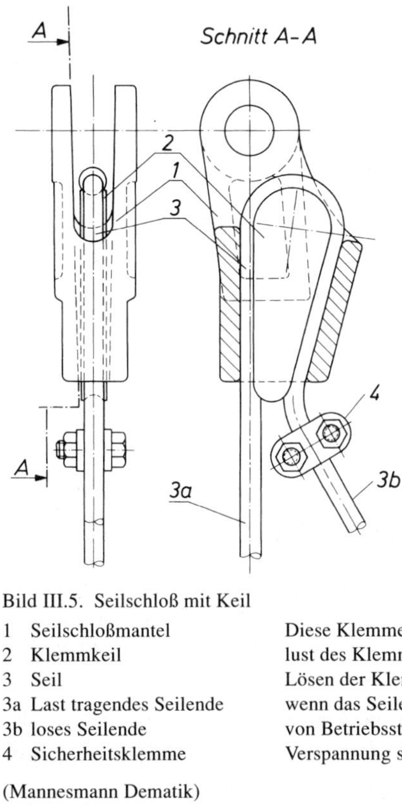

Bild III.5. Seilschloß mit Keil

1 Seilschloßmantel
2 Klemmkeil
3 Seil
3a Last tragendes Seilende
3b loses Seilende
4 Sicherheitsklemme

Diese Klemme verhindert den Verlust des Klemmkeils und damit das Lösen der Klemmverbindung, wenn das Seilende 3a auf Grund von Betriebsstörungen einmal ohne Verspannung sein sollte.

(Mannesmann Dematik)

Beide Arten werden jedoch nur für untergeordnete Einsätze verwendet. Meist kommt es auf hohe Festigkeit an, auf schnelle und leichte Lösbarkeit der Verbindung, auf gleichmäßige Krafteinleitung und auf Rollengängigkeit der Verbindung. In diesen Fällen sind Keilschloß- und Vergußbirnenverbindungen vorteilhaft.

Keilschloß (Bild III.5). Mit dem Keilschloß werden Seile mit tragenden Konstruktionsteilen verbunden. Unter Belastung zieht sich das um den Keil geführte Seil in die Tasche hinein und ergibt eine feste Verbindung. Durch einfaches Herausschlagen des Keils kann diese Verbindung wieder gelöst werden.

Vergußbirnen. In Vergußbirnen werden die Seilenden nach von den Herstellern genau angegebenen Verfahren aufgefächert und mit Spezialmaterial vergossen. Die Vergußbirnen zweier Seilenden werden mit Seilschäkeln nach Bild III.7 verbunden und so ausgelegt, daß die Verbindungsstelle auch über Seilrollen laufen kann (Bild III.6).

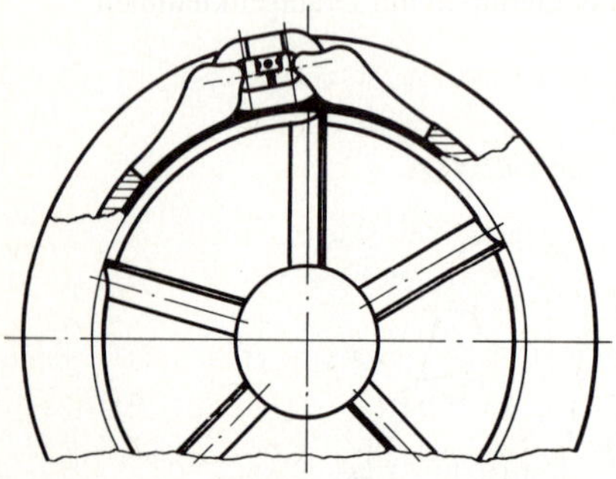

Bild III.6. Rollengängige Seilverbindung mit Vergußbirnen und Schäkel

(Mannesmann Dematik)

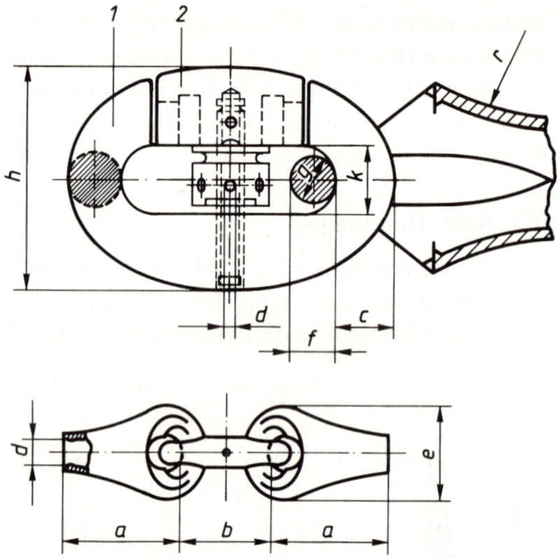

Bild III.7. Schäkel für Seilverbindung mit Vergußbirnen
1 Bügel, 2 Schäkelschloß mit Federmutter

a, b, c, d, e, f, g, h, k Baumaße nach Herstellertabelle für verschiedene Seilrollendurchmesser *r*

(Mannesmann Dematik)

1.4. Berechnung von Seiltrieben

1.4.1. Flaschenzugübersetzung. Ein Flaschenzug besteht aus einer Kombination „fester" und „loser" Rollen, wobei die festen Rollen zur „festen Flasche" und die losen Rollen zur „losen Flasche" zusammengefaßt werden.

Wesentlich ist, daß die Last an mehr Strängen hängt, als angezogen werden (Bild III.8). Die Flaschenzugübersetzung errechnet sich abhängig von der Lastaufhängung zu

$$i_{Fl} = \frac{n_L}{n_A} = \frac{\text{Anzahl der Stränge, an denen die Last hängt}}{\text{Anzahl der angezogenen Stränge}}$$

Ein Beispiel zeigt Bild III.8.

Die erforderliche Geschwindigkeit der Zugseile beträgt:

$$v_A = v_H\, i$$

v_A Geschwindigkeit der angezogenen Seile, v_H Geschwindigkeit des Hakens.

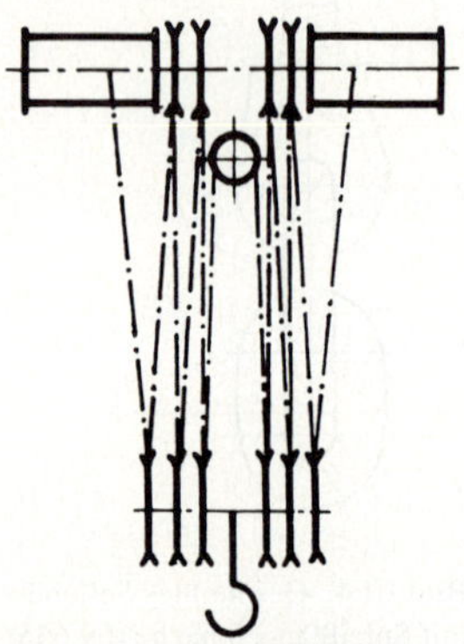

Bild III.8. Doppelflaschenzug, bestehend aus zwei jeweils 6-strängigen Flaschenzügen $n = 6$ mit je drei losen Rollen, je zwei festen Rollen, je einer Trommel sowie einer festen Ausgleichsrolle zwischen den beiden Flaschenzügen. Zwischen Trommel und Flaschenzug befindet sich hier keine feste Seilrolle ($i = 0$)

$$i_{Fl} = \frac{\text{Last an 12 Strängen}}{\text{2 angezogene Stränge}} = \frac{12}{2} = 6$$

oder je Einzelflaschenzug:

$$i_{Fl} = \frac{6}{1} = 6$$

(Mannesmann Dematik)

Die Seilzugkraft F der angezogenen Seile beträgt, wenn G die Gewichtskraft an der Unterflasche aus deren Eigengewicht sowie der Nutzlast ist,

$$F = \frac{G}{i_{Fl}} \cdot \frac{1}{\eta_S}$$

η_S ist der nach DIN 15020 Blatt 1 zu errechnende Wirkungsgrad des Seiltriebes. Nach dieser Norm gilt:

$$\eta_S = (\eta_R)^i \cdot \eta_F = (\eta_R)^i \cdot \frac{1}{n} \cdot \frac{1-(\eta_R)^n}{1-\eta_R}$$

i Anzahl der festen Seilrollen zwischen Seiltrommel und Flaschenzug bzw. Last (z.B. bei Hubwerken von Auslegerkranen)

n Anzahl der Seilstränge in *einem* Flaschenzug. *Ein* Flaschenzug ist die Gesamtheit aller Seilstränge und Seilrollen für *ein* auf eine Seiltrommel auflaufendes Seil (siehe Bild III.8).

η_F Wirkungsgrad des Flaschenzuges

$$\eta_F = \frac{1}{n} \cdot \frac{1-(\eta_R)^n}{1-\eta_R}$$

η_R Wirkungsgrad *einer* Seilrolle

η_S Wirkungsgrad des Seiltriebes

Der Wirkungsgrad einer Seilrolle ist außer von der Art ihrer Lagerung (Gleitlagerung oder Wälzlagerung) auch vom Verhältnis Seilrollendurchmesser:Seildurchmesser ($D:d$), von der Seilkonstruktion und der Seilschmierung abhängig. Sofern keine genaueren Werte durch Versuche nachgewiesen sind, soll gerechnet werden

bei Gleitlagerung mit $\eta_R = 0{,}96$

bei Wälzlagerung mit $\eta_R = 0{,}98$

Mit diesen Werten sind die Wirkungsgrade nach Tafel III.4 errechnet.

Für Ausgleichrollen braucht kein Wirkungsgrad berücksichtigt zu werden.

Tafel III.4. Wirkungsgrad von Flaschenzügen

	n	2	3	4	5	6	7	8	9	10	11	12	13	14
η_F	Gleitlagerung	0,98	0,96	0,94	0,92	0,91	0,89	0,87	0,85	0,84	0,82	0,81	0,79	0,78
	Wälzlagerung	0,99	0,98	0,97	0,96	0,95	0,94	0,93	0,92	0,91	0,91	0,90	0,89	0,88

Soll die Nutzlast mit einer Hubgeschwindigkeit v angehoben werden, so ist die an den angezogenen Seilen aufzubringende Leistung

$$P = \frac{1}{\eta_S} \cdot G \cdot v$$

P	G	v	η_S
$W = \frac{\text{Nm}}{\text{s}}$	N	$\frac{\text{m}}{\text{s}}$	1

Um die erforderliche Motorleistung zu ermitteln, ist diese Leistung noch durch die Wirkungsgerade von Trommel und Getriebe zu dividieren und mit einem Sicherheitsfaktor für dynamische Beanspruchungen zu multiplizieren.

1.4.2. Berechnung der Seiltriebe nach DIN 15020. Der folgende Rechengang gilt für Krane und Serienhebezeuge aller Art, bei denen die Seile über Seilrollen geführt und auf Seiltrommeln aufgewickelt werden. Für besondere Betriebsverhältnisse (z.B. Baggerbetrieb, Aufzüge, Schiffskrane, Bergwerke, Abspannseile) gelten besondere Rechenvorschriften.

Die Einzeldrähte der Seile werden bei der Herstellung und im Betrieb auf Zug, Biegung und Verdrillung (Torsion) beansprucht. Die Berechnungsverfahren haben sich aus Versuchen und aus der Praxis entwickelt.

Tragkraft und Aufliegezeit von Drahtseilen hängen im wesentlichen ab

1. von der Zugfestigkeit der Einzeldrähte,
2. von der Betriebsweise des Seiltriebes,
3. von dem Durchmesser der Seiltrommeln, Seilrollen und Ausgleichsrollen,
4. von der Bemessung der Seilrillen.

Die Lebensdauer der Seile hängt ferner ab von der Anzahl der Biegewechsel. Ein Biegewechsel liegt vor, wenn das Seil einmal von der Geraden in eine gekrümmte Bahn gelenkt wird und umgekehrt, z.B. Auflauf des Seiles auf eine Seilrolle = 1 Biegewechsel, Ablauf des Seils von einer Seilrolle = 1 Biegewechsel.

Zu 1: Die Zugfestigkeit der Einzeldrähte von in der Fördertechnik verwendeten Seilen ist in Tafel III.5 angegeben. Die Zugfestigkeit der Förderseile beträgt wegen Biegungen und Quetschungen nur etwa 90 % der genannten Werte.

Zu 2: Der erforderliche Seildurchmesser errechnet sich zu

$$d \geq c\sqrt{F_S}$$

d	c	F_S
mm	$\frac{\text{mm}}{\sqrt{\text{N}}}$	N

d Seildurchmesser, c Beiwert für die Betriebsweise, F_S Seilzugkraft

Die Triebwerksgruppe wird nach Tafel III.6 abhängig von der mittleren Laufzeit pro Tag (Zeile 2) und der durchschnittlichen Belastung (= Lastkollektiv) ermittelt. Man erkennt, daß ein Triebwerk, daß z.B. nur ca. 2 ... 4 Std. am Tag in Betrieb ist und nahezu ständig die höchstzulässige Last transportiert, in die gleiche Triebwerksgruppe 3 m eingestuft wird, wie ein Triebwerk, was viel länger in Betrieb ist (z.B. 8 ... 16 Std.), aber dafür nur selten Höchstlast transportiert.

Mit dem aus Tafel III.6 ermittelten Triebwerksgruppenwert kann man aus Tafel III.5 den Beiwert c für verschiedene Seile entnehmen und damit den Seildurchmesser nach obiger Gleichung berechnen.

Zu 3: Eine ausreichende Aufliegezeit des Seils wird erreicht, wenn Seiltrommeln, Seilrollen und Ausgleichsrollen zumindest den Durchmesser haben:

$$D_{min} = h_1 h_2 d_{min}$$

D_{min}, d_{min}	h_1, h_2
mm	1

D_{min} Rollen- und Trommeldurchmesser

h_1 Beiwert nach Tafel III.7, abhängig von der Machart des Seils und von der Triebwerksgruppe

h_2 Beiwert, abhängig von der Anordnung der Seiltriebe; $h_2 = 1$ für Seiltrommeln, $h_2 = 1 ... 1{,}25$ für Flaschenzüge je nach Anzahl und Gegen- oder Gleichsinnigkeit der Umlenkrollen. Für Seilrollen in Greifern und Serienhebezeugen kann stets $h_2 = 1$ gesetzt werden

d_{min} Seildurchmesser

Zu 4: Der Seilrillenradius r soll dem Seildurchmesser d möglichst gut angepaßt sein; empfohlen wird die Berechnung durch die Gleichung

$$r = 0{,}525\, d$$

r	d
mm	mm

Tafel III.5. Beiwerte c zur Berechnung des zulässigen Seildurchmesser nach DIN 15 020

Triebwerkgruppe	c in mm/$\sqrt{N}$ für übliche Transporte und nicht drehungsfreie Drahtseile					übliche Transporte und drehungsfreie bzw. drehungsarme Drahtseile 1)			gefährliche Transporte 2) und nicht drehungsfreie Drahtseile			gefährliche Transporte 2) und drehungsfreie bzw. drehungsarme Drahtseile 1)		
Nennfestigkeit der Einzeldrähte in N/mm²	1570	1770	1960	2160 3)	2450 3)	1570	1770	1960	1570	1770	1960	1570	1770	1960
$1E_m$	–	0,0670	0,0630	0,0600	0,0560	–	0,0710	0,0670	–			–		
$1D_m$	–	0,0710	0,0670	0,0630	0,0600	–	0,0750	0,0710	–			–		
$1C_m$	–	0,0750	0,0710	0,0670		–	0,0800	0,0750	–			–		
$1B_m$	0,0850	0,0800	0,0750	–		0,0900	0,0850	0,0800	–			–		
$1A_m$	0,0900	0,0850		–		0,0950		0,0900	0,0950			0,106		
2_m	0,0950			–		0,106			0,106			0,118		
3_m	0,106			–		0,118			0,118			–		
4_m	0,118			–		0,132			0,132			–		
5_m	0,132			–		0,150			0,150			–		

Bei den Triebwerksgruppen $1E_m$, $1D_m$ und $1C_m$ ist durch Auflegen entsprechender Seile dafür zu sorgen, daß zusätzlich das Verhältnis der rechnerischen Seilbruchkraft zur rechnerischen Seilzugkraft nicht kleiner ist als 3,0.

1) Bei Serienhebezeugen dürfen für drehungsfreie bzw. drehungsarme Drahtseile die gleichen Beiwerte c benutzt werden wie für nicht drehungsfreie Drahtseile, wenn durch die Wahl der Seilkonstruktion eine ausreichende Aufliegezeit erreicht wird.

2) Z.B Befördern feuerflüssiger Massen, Befördern von Reaktor-Brennelementen.
Bei Serienhebezeugen kann auf diese Einstufung verzichtet werden, wenn unter Beibehaltung von Drahtseil-, Seiltrommel- und Seilrollen Durchmesser die Seilzugkraft auf $\frac{2}{3}$ des Wertes für übliche Transporte herabgesetzt wird.

3) Besonders Drahtseile von 2160 und 2450 N/mm² Nennfestigkeit müssen von solcher Konstruktion sein, daß sie für den vorliegenden speziellen Anwendungsfall geeignet sind.

Tafel III.6. Triebwerkgruppen nach Laufzeitklassen und Lastkollektiven nach DIN 15 020

Laufzeitklasse			Kurzzeichen	V_{006}	V_{012}	V_{025}	V_{05}	V_1	V_2	V_3	V_4	V_5
			mittlere Laufzeit je Tag in h, bezogen auf 1 Jahr	bis 0,125	über 0,125 bis 0,25	über 0,25 bis 0,5	über 0,5 bis 1	über 1 bis 2	über 2 bis 4	über 4 bis 8	über 8 bis 16	über 16
Lastkollektiv	Nr.	Benennung	Erklärung	Triebwerkgruppe								
	1	leicht	geringe Häufigkeit der größten Last	$1\,E_m$	$1\,E_m$	$1\,D_m$	$1\,C_m$	$1\,B_m$	$1\,A_m$	2_m	3_m	4_m
	2	mittel	etwa gleiche Häufigkeit von kleinen, mittleren und größten Lasten	$1\,E_m$	$1\,D_m$	$1\,C_m$	$1\,B_m$	$1\,A_m$	2_m	3_m	4_m	5_m
	3	schwer	nahezu ständig größte Lasten	$1\,D_m$	$1\,C_m$	$1\,B_m$	$1\,A_m$	2_m	3_m	4_m	5_m	5_m

Bei einer Dauer eines Arbeitsspieles von 12 Minuten oder mehr darf der Seiltrieb um 1 Triebwerkgruppe niedriger gegenüber der Triebwerkgruppe eingestuft werden, die aus Laufzeitklasse und Lastkollektiv ermittelt wird.

Tafel III.7. Beiwerte h_1 zur Berechnung von Mindestrollen- und -trommeldurchmessern für Seiltriebe nach DIN 15 020

Triebwerkgruppe	h_1 für Seiltrommel und		Seilrolle und		Ausgleichsrolle und	
	nicht drehungsfreie Drahtseile	drehungsfreie bzw. drehungsarme 1) Drahtseile	nicht drehungsfreie Drahtseile	drehungsfreie bzw. drehungsarme 1) Drahtseile	nicht drehungsfreie Drahtseile	drehungsfreie bzw. drehungsarme 1) Drahtseile
$1E_m$	10	11,2	11,2	12,5	10	12,5
$1D_m$	11,2	12,5	12,5	14	10	12,5
$1C_m$	12,5	14	14	16	12,5	14
$1B_m$	14	16	16	18	12,5	14
$1A_m$	16	18	18	20	14	16
2_m	18	20	20	22,4	14	16
3_m	20	22,4	22,4	25	16	18
4_m	22,4	25	25	28	16	18
5_m	25	28	28	31,5	18	20

Seilrollen in Greifern dürfen unabhängig von der Einstufung des übrigen Seiltriebes nach Triebwerkgruppe $1B_m$ bemessen werden.

1) Bei Serienhebezeugen dürfen für drehungsfreie bzw. drehungsarme Drahtseile die gleichen Beiwerte h_1 benutzt werden wie für nicht dehnungsfreie Drahtseile, wenn durch die Wahl der Seilkonstruktion eine ausreichende Aufliegezeit erreicht wird.

2. Bauelemente für Kettentriebe

Ketten haben den Vorteil der Handlichkeit, Beweglichkeit und Anpassungsfähigkeit nach allen Richtungen. Als Nachteil stehen gegenüber: großes Gewicht, geringe Elastizität, Empfindlichkeit gegen Stoß und Schlag. Man unterscheidet Rundgliederketten und Gelenkketten.

2.1. Rundgliederketten (Bild III.9)

Tafel III.8 gibt eine Übersicht der wichtigsten Normblätter.

Werkstoff: Ketten der Normalgüte aus St 35.2 und St 35.2 E (einsatzgehärtet in verschleißfester Ausführung). – Vergütete Ketten aus St 35.2 H. – Hochfeste Ketten aus Stählen mit Zusätzen von Mangan, Chrom, Nickel, Molybdän, Vanadin. – Ketten mit besonderen Werkstoffeigenschaften aus Sonderstählen (z.B. säure-, hitze-, korrosionsbeständig, antimagnetisch).

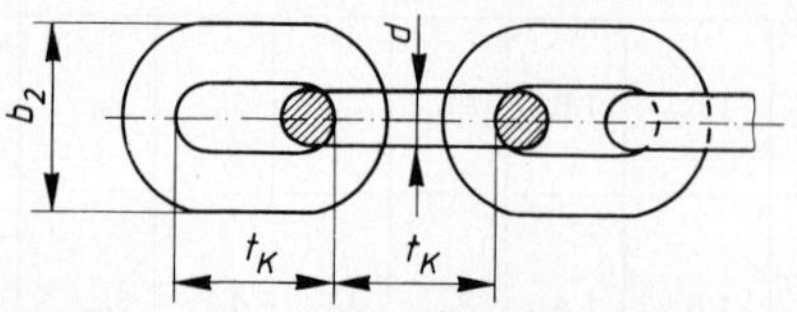

Bild III.9
Kenngrößen des Kettengliedes
b Breite, d Drahtdurchmesser, t_K Teilung

Berechnung des Kettengliedes: Jedes Kettenglied wird über seinen ganzen Umfang durch einen mehrachsigen Spannungszustand beansprucht, da es nicht nur aus geraden, sondern auch aus gebogenen Abschnitten besteht.

Ähnlich wie bei den Drahtseilen wurden daher die zulässigen Beanspruchungen in Forschung und Praxis ermittelt und als Erfahrungswerte in den DIN festgelegt.

Tafel III.8. Übersicht über die wichtigsten Normblätter für Rundstahlketten

DIN	Verwendungsart
685	Rundstahlketten, Richtlinien für die Anforderungen
766	Rundstahlketten für allgemeine Zwecke und Hebezeuge
5684	hochfeste Rundstahlketten für Hebezeuge
762	Rundstahlketten für Stetigförderer – langgliedrig
764	Rundstahlketten für Stetigförderer – halblanggliedrig
22252	hochfeste Rundstahlketten für Bergbau
5685	Rundstahlketten: Handelsgüte
691	Spannketten
695	Hefenketten, Ringketten (Anschlagketten)

Kettencharakteristik (Bild III.10). Für die Beurteilung einer Kette werden folgende Kriterien herangezogen:

Recklast. Das Kraft-Verlängerungsschaubild läßt durch den Knick in der Kraftkurve die Kraft F_R ablesen, mit der Ketten nach dem Vergüten belastet werden, damit sie maßhaltig bleiben. Bis zu dieser Belastung ist die Kette auch bei wiederholten Belastungen praktisch nur elastisch verformbar.

Bruchdehnung. Die Bruchdehnung ist die relative Verlängerung $\Delta l/l$ der Kette, bei der sie bricht.

Verfestigungsfähigkeit. Sie drückt sich im Bereich der plastischen Verformung durch den Anstieg der Kraft von F_R auf F_B aus.

In Bild III.10 ist eine Kette von 17 mm Rundstahldurchmesser und 840 mm Länge mit einer Recklast von F_R = 206 kN wiedergegeben, bis zu der sie sich nur elastisch verformt. Näherungsweise gilt in diesem Bereich das Hookesche Gesetz, d.h. mit Einführung eines ideellen Moduls der Kette E_K kann gesetzt werden:

$$\sigma = \epsilon E_K = \frac{\Delta l}{l_0} E_K$$

ϵ Dehnung
Δl Verlängerung
l_0 Ausgangslänge der Kette

Die Grenze der elastischen Verformung ist von der Recklast abhängig, an den folgenden Entlastungskurven kann man erkennen, daß der Bereich der elastischen Verformung durch Erhöhung der Recklast z.B. auf F_1 = 220 kN bzw. auf F_2 = 332 kN erhöht wird.

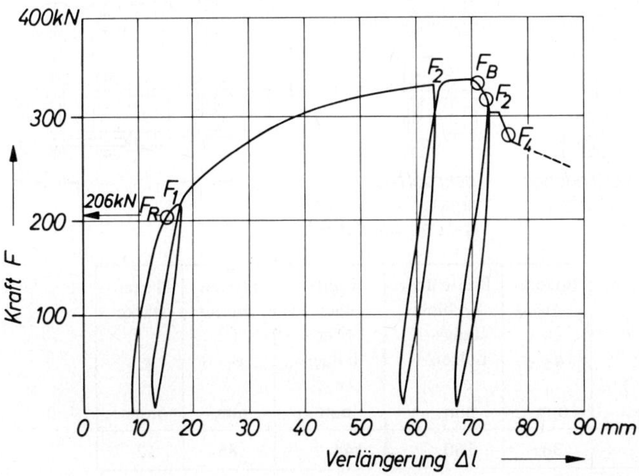

Bild III.10
Kraft-Verlängerungsschaubild einer 17-mm-Rundstahlkette

Die Bruchlast beträgt $F_B = 338$ kN und als Bruchdehnung wird bei der Einspannlänge von $l_0 = 840$ mm, $\delta = \Delta l/l_0 = 70/840 = 0{,}083 = 8{,}3$ % ermittelt.

In den DIN wurden die Anforderungen, denen Rundstahlketten in bezug auf Werkstoffe, Bruchdehnung, Bruchkraft, Oberflächenhärte und Maßhaltigkeit genügen müssen, festgelegt.

Die Aufliegezeit (= Lebensdauer) wird durch die höchstzulässige Längung durch Verschleiß begrenzt. Diese beträgt z.B. für Hebezeugketten maximal 5 % über eine Teilung t_K nach DIN 685 und maximal 2 % über eine Länge von 11 t_K bei motorischem Antrieb, bei Handantrieb 3 %.

2.2. Gelenkketten (Bilder III.11 und III.12)

Die Gelenk- oder Laschenketten werden nach ihrem Erfinder auch Gallsche Ketten genannt. Gall-Ketten nach DIN 8150. Sie werden aus geraden oder gekröpften Laschen gefertigt, die durch Bolzen gelenkig miteinander verbunden sind (Bild III.11). Die Bolzen sind an beiden Enden abgesetzt und werden entweder vernietet oder versplintet. Sie laufen auf verzahnten Kettenrädern.

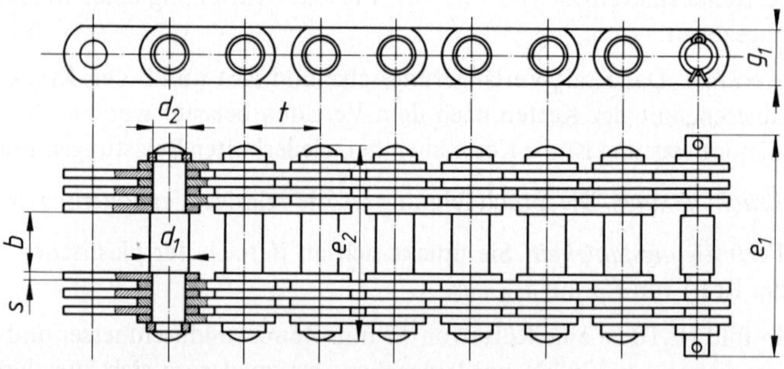

Bild III.11
Gallkette nach DIN 8150, 90 mm Teilung

garantierte Tragkraft	Mindest-Bruchkraft	Teilung t_K	lichte Weite b	Bolzen-ϕ d_1	Zapfen-ϕ d_2	Breite über Verbindungsbolzen e_1	Breite über Nietbolzen e_2	Plattenbreite g_1	Plattenstärke s	Anzahl der Platten pro Glied
kN	kN	mm	mm	mm	mm	mm	mm	mm	mm	
150	750	90	70	40	36	199	183	70	7	6

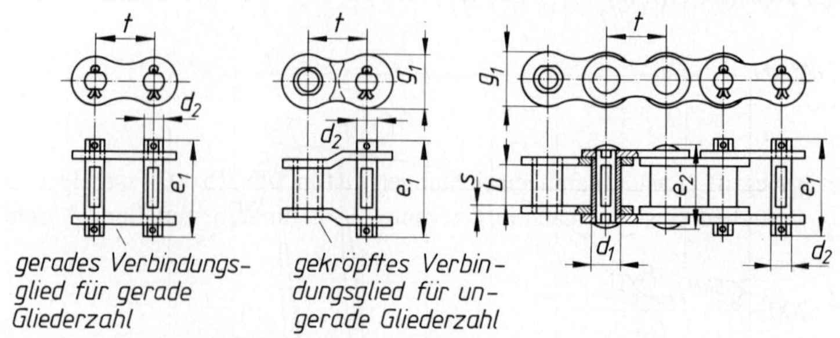

Bild III.12
Buchsenkette nach DIN 8164, 90 mm Teilung

Mindest-Bruchkraft	Teilung t	lichte Weite b	Buchsen-ϕ d_1	Bolzen-ϕ d_2	Breite über Verbindungsbolzen e_1	Breite über Nietbolzen e_2	Plattenbreite g_1	Plattenstärke s
kN	mm	mm	mm	mm	mm	mm	mm	mm
400	90	80	50	36	160	144	85	12

Förderketten im schweren Einsatz bedürfen einer sorgfältigen Wartung und Verschleißkontrolle.

Eine mindestens 5fache Sicherheit wird bei der angegebenen Tragkraft garantiert. Kettengeschwindigkeiten von 0,3 m/s bis 4,0 m/s, je nach Kettentyp.

Als Kraftübertragungsketten für höhere Geschwindigkeiten ($v > 4$ m/s) sind Stahlgelenkketten in der Form von Buchsenketten nach DIN 8164 und Rollenketten nach DIN 8180 und DIN 5188 verfügbar.

2.3. Kettenrollen und Kettentrommeln

Kettenrollen für unkalibrierte Gliederketten werden unverzahnt ausgeführt, wenn sie zur Umlenkung dienen. Der Rollendurchmesser – von Mitte bis Mitte Kette gemessen – beträgt $D = 20–25\,d$ (d Kettendrahtdurchmesser). Die kalibrierten Ketten erfordern verzahnte Antriebsrollen, deren Durchmesser klein gewählt werden können, jedoch soll die Zähnezahl mindestens 5 betragen.

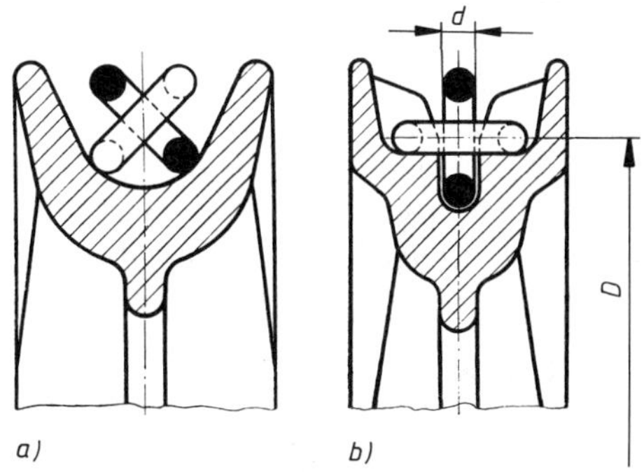

Bild III.13. Ausführung von Kettenrollen
a) als Umlenkrolle, b) als Umlenkrolle und als Antriebsrolle

Bezeichnet t_k die Teilung, z die Zähnezahl, d die Kettendrahtdurchmesser, dann wird der Teilkreisdurchmesser D:

$$D = \sqrt{\left(\frac{t_k}{\sin\frac{90°}{z}}\right)^2 + \left(\frac{d}{\cos\frac{90°}{z}}\right)^2}$$

D, t_k, d	z
mm	1

Bei $z \geq 6$ und $d \geq 16$ mm kann das zweite Glied unter der Wurzel vernachlässigt werden.

Kettentrommeln für Gliederketten haben nur eine untergeordnete Bedeutung. Die Oberfläche erhält eingedrehte Rillen für einlagiges Aufwickeln. Zwei Sicherheitswindungen müssen zusätzlich Platz haben. Werkstoff ist Grauguß, seltener Stahlguß oder St37 für geschweißte Ausführungen.

3. Lastaufnahmeeinrichtungen und Ladehilfsmittel

Hier werden alle Konstruktionsteile, Hilfsgeräte oder Hilfsmittel zusammengefaßt, die der geeigneten Verbindung des Transportgutes mit dem Fördernmittel und der guten Transportierbarkeit dienen.

Der Begriff „Lastaufnahmeeinrichtungen" ist in DIN 15 003 festgelegt. Die Lastaufnahmeeinrichtungen gliedern sich danach in Tragmittel, Lastaufnahmemittel und Anschlagmittel.

Tragmittel sind zum Hebezeug gehörende Hubeinrichtungen zum Aufnehmen der Last einschließlich der Seil- und Kettentriebe, wie z. B. Lasthaken, Unterflasche, Seile.

Lastaufnahmemittel sind nicht zum Hebezeug gehörende, zum Aufnehmen der Last dienende Einrichtungen, die ohne besondere Um- oder Einbaumaßnahmen mit dem Tragmittel verbunden werden können, wie z. B. Magnete, Greifer, Zangen oder Kübel.

Anschlagmittel sind nicht zum Hebezeug gehörende, die Verbindung zwischen Tragmittel und Nutzlast herstellende Einrichtungen, wie z. B. Anschlagseile, -ketten oder -gurte.

Ladehilfsmittel sind Einrichtungen, mit deren Hilfe besonders Stückgut zu transportfreundlichen, meist genormten Ladeeinheiten zusammengefaßt werden kann, wie z.B. Paletten, Container.

Von der zweckmäßigen Konstruktion der Lastaufnahmeeinrichtungen und Ladehilfsmittel für die jeweiligen Einsatzfälle hängt die schonende Behandlung des Transportgutes, die Sicherheit und die Wirtschaftlichkeit der Fördereinrichtung weitgehend ab. Bei der Konstruktion sind Art, Form, Größe, Gewicht, Oberflächenbeschaffenheit des Gutes bzw. der Verpackung von besonderer Bedeutung, außerdem die Lagerung (stehend – liegend – geordnet – ungeordnet – verpackt – in Behältern) und die Umschlagmenge.

Die Last wird durch Kraftschluß oder Formschluß aufgenommen, gelegentlich auch durch Haftschluß.

Beim Kraftschluß werden Klemm- oder Spreizkräfte erzeugende Geräte benutzt. Beim Anheben der Last schließen sich die Backen des Gerätes fest um das Gut. Sobald der Gegenstand abgesetzt wird, öffnen sich die Backen. Beim Formschluß wird das Gut allein durch Auflegen oder Anschlagen aufgenommen, wobei die Aufnahmemittel der jeweiligen Form weitgehend angepaßt sein müssen[1]). Bei den Haftgeräten handelt es sich um Lasthebemagnete und Vakuumheber. Bei Hebemagneten werden die Haftkräfte elektro-magnetisch erzeugt, beim Vakuumheber pneumatisch.

3.1. Lasthaken

Eine einfache und schnelle Lastaufnahme geschieht durch Einhängen der Lasthaken in Ösen der Anschlagmittel oder der zu transportierenden Güter. Anschlagketten in der Ausführung als Ring-, Haken-, Kranz- oder Spreizketten sind dabei gebräuchliche Hilfsmittel, ebenso werden Anschlagseile aus Stahldraht als Öse-, Haken- oder Schlingseile verwendet. Abmessungen für Einfach- und Doppelhaken, Ösenhaken und Haken für Lastketten, sowie Angaben über Beanspruchung, Werkstoffe und Prüfungen siehe DIN 15401–15407.

Berechnungsgrundlage: Der Haken wird im Zapfenquerschnitt auf Zug, in den stark gekrümmten Teilen auf Biegung und Zug berechnet. Der Hakenquerschnitt wird als Trapez mit abgerundeten Ecken ausgeführt. Der Haken ist drehbar gelagert. Als Gewinde wählt man Rundgewinde, Sägen- oder Trapezgewinde. Die Hakenmutter ist zu sichern.

Um bei etwaiger Schlaffseilbildung ein Herausspringen der Anschlagseile aus dem Haken zu vermeiden, kann dieser karabinerartig mit einer Sperrklinke versehen werden.

Bei Lasten über 15 t überwiegen Doppelhaken. In Verbindung mit einem Flaschenzug nimmt man Hakengeschirre oder Hakenflanschen (Bild III.14).

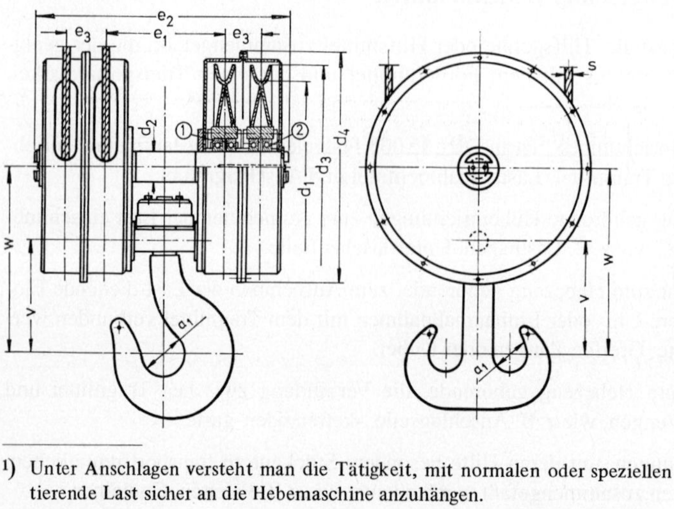

Bild III.14
Vierrollige Unterflasche für Einfach- oder Doppelhaken für 40 ... 160 t. Seildurchmesser s 22 ... 48 mm, Rollendurchmesser d_3 575 ... 1385 mm. Buchstaben sind kennzeichnende Abmessungen nach Herstellertabelle für die verschiedenen Größen der Baureihe.

(Mannesmann Demathik)

1) Unter Anschlagen versteht man die Tätigkeit, mit normalen oder speziellen Anschlagmitteln die zu transportierende Last sicher an die Hebemaschine anzuhängen.

Tafel III.9. Ausführungen von Lasthaken

a) Maße für den einfachen Haken nach DIN 15 401 (Maße in mm)

Traglast (Masse) in $t = 10^3$ kg	Schaftdurchmesser			Maul-weite	Querschnitte								
	d	d_1	d_2	a	h	b_1	b_2	h'	b'_1	b'_2	f_1	f_2	f
5	45	48	53	90	90	78	30	75	60	30	85	55	200
7,5	58	60	65	100	110	95	40	95	75	45	105	70	245
10	64	67	72	120	130	110	45	110	90	55	115	75	260
15	70	73	78	140	160	135	50	140	110	60	130	80	315
20	83	86	95	160	170	145	55	150	120	65	150	95	370
25	96	98	105	180	190	160	65	165	135	75	160	110	410
30	103	106	116	200	205	170	70	180	145	80	170	115	430
40	118	120	130	220	230	200	70	205	170	90	210	130	500
50	128	130	140	240	255	220	80	225	190	160	220	145	525

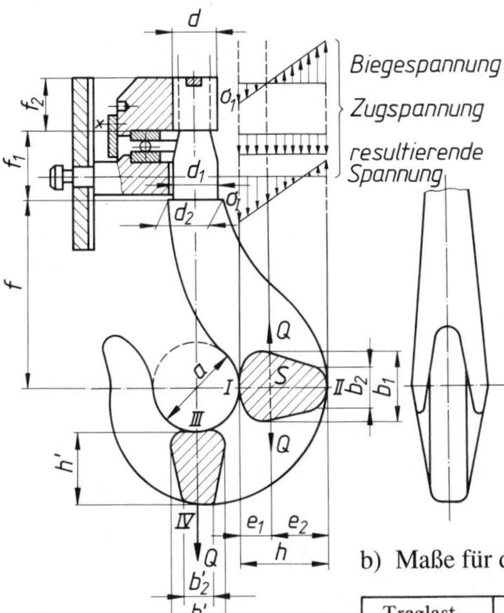

a)

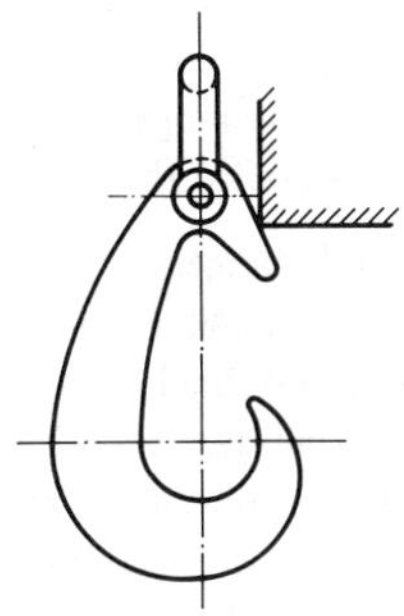

c) Haken mit Abweiser

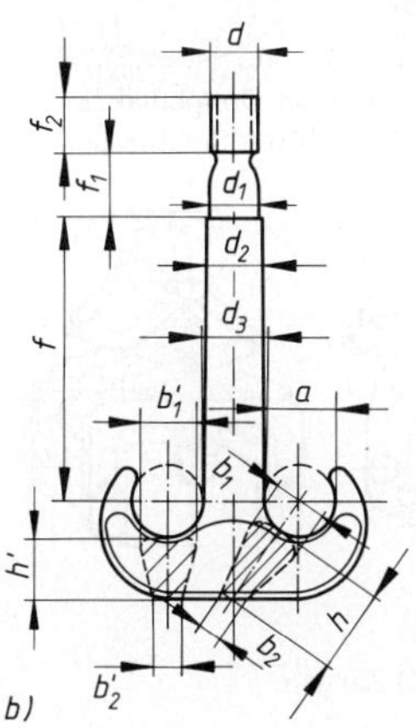

b)

b) Maße für den Doppelhaken nach DIN 15 402 (Maße in mm)

Traglast (Masse) in $t = 10^3$ kg	Schaft-durch-messer d_3	Maul-weite a	h	b_1	b_2	h'	b'_1	b'_2
5	53	80	89	60	25	70	55	25
7,5	65	95	103	70	30	80	65	30
10	72	110	116	90	35	90	80	35
15	78	130	143	100	40	115	95	40
20	105	150	158	110	45	120	105	45
25	115	160	180	130	50	140	115	50
30	125	180	194	140	55	150	125	55
40	140	200	218	150	60	170	135	60
50	155	220	244	170	65	190	150	65
60	170	240	268	185	75	210	165	75
75	195	270	306	215	85	240	185	85
100	225	300	345	240	100	270	210	100

Maße d, d_1, d_2, f, f_1, f_2 wie beim einfachen Haken

Schäkel (Bild III.15). Für größere Lasten ($m \geq 50$ t) werden auch geschlossene Lastbügel (Schäkel) benutzt, die entweder aus einem Stück geschmiedet oder aus Zugbändern mit Querstück zusammengesetzt sind. Alle Schäkel erschweren das Anschlagen der Last durch Seile oder Ketten, dafür haben sie den Vorteil, daß sie bei gleicher Tragkraft leichter sind als Haken.

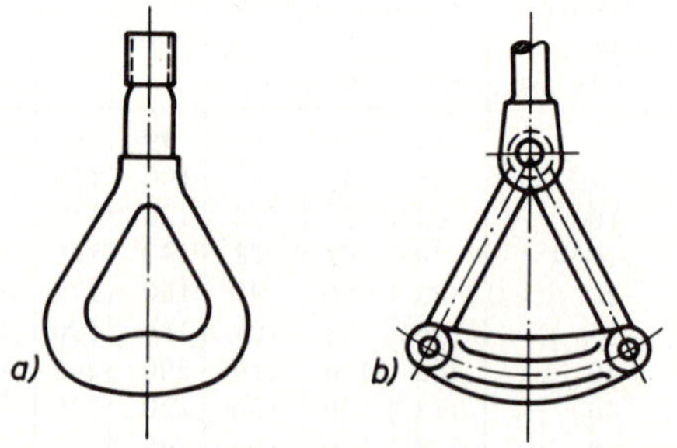

Bild III.15
Ausführungen von Schäkeln
a) einfacher Lastbügel
b) mehrteiliger Lastbügel

3.2. Anschlagmittel, Brooken, Zangen

Anschlagmittel sind Anschlagseile (DIN 3088) und -ketten. Zangen, Kübel, Gehänge sind einfache *Lastaufnahmemittel.* Diese gibt es in den verschiedensten Formen. Für Behälter und Kübel eignen sich selbstzentrierende Gehänge. Gehänge mit beweglichen Greifarmen werden oft mit einem Antrieb zur Ausführung der Greifbewegung gebaut.

Bei den Klemmen und Zangen wirken die Klemmkräfte zwischen zwei gegeneinander beweglichen Arben, an denen Klemmbacken angebracht sind. Für ein sicheres Arbeiten ist ein genügend großer Reibwert zwischen Klemmbacken und Last erforderlich, dieser Wert μ kann durch entsprechende Reibbeläge verbessert werden. Durch das Gewicht der Zange schließen sich die Backen, und durch das Gewicht der Last werden sie über eine Hebelübersetzung fest an das Fördergut gepreßt. Es ist möglich, durch Einrasten die geöffnete Maulstellung festzusetzen. Für die verschiedenen Industriezweige gibt es Spezialausführungen, so daß für jeden Transportfall die optimale Konstruktion ausgewählt werden kann.

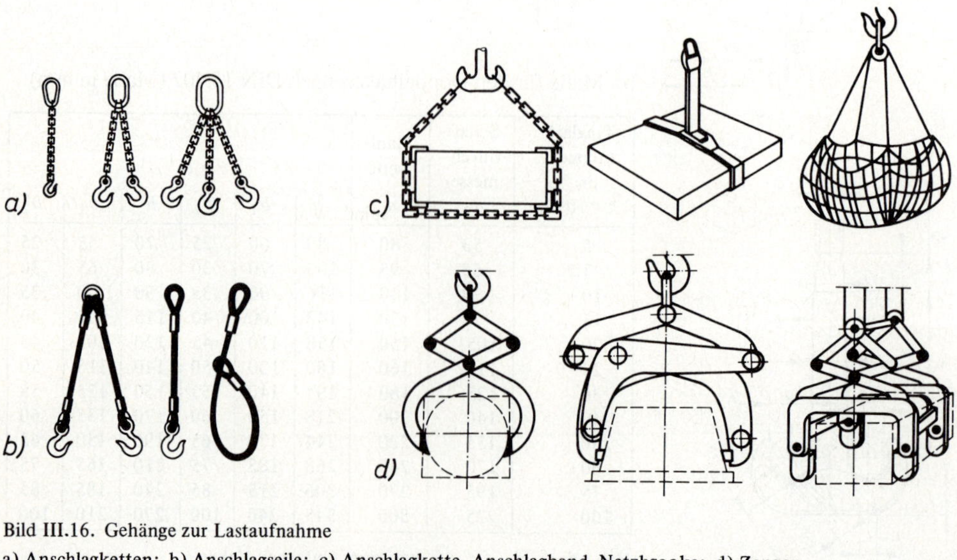

Bild III.16. Gehänge zur Lastaufnahme
a) Anschlagketten; b) Anschlagseile; c) Anschlagkette, Anschlagband, Netzbrooke; d) Zangen

3.3. Greifer

Greifer dienen dem Umschlag von Schüttgütern. Sie lassen sich auf Grund ihrer Wirkungsweise in zwei Hauptgruppen einordnen.

a) *Einseilgreifer* hängen nur an einem Seil an einer Eintrommelwinde. Das Öffnen und Schließen erfolgt mit einem im Greifer eingebauten Motor (Motorgreifer).

b) *Mehrseilgreifer* haben getrennte Schließ- und Halteseile, die eine Winde mit zwei Seiltrommeln erfordern.

Ein bestimmtes Mindestgewicht des Greifers darf nicht unterschritten werden, damit der Greifer das Fördergut beim Aufsetzen noch trennen kann. Die erforderliche Schließkraft – die von der Schalenschneide ausgeübte Horizontalkraft – wird vom Trennwiderstand und der Verlagerungsarbeit des Gutes im Greifer bestimmt. Während des Füllens bleibt der Schließwiderstand, den das aufzunehmende Gut den Schalen entgegengesetzt, nicht konstant: bei Beginn des Schließvorganges ist er am kleinsten, mit zunehmender Füllung wird er größer.

Die Greifer werden nach ihrem Verwendungszweck in vier Baureihen aufgeteilt (Tafel III.10).

Das Füllgewicht der genormten Greifer aller Baureihen ist ungefähr gleich dem Greifereigengewicht.

Die örtlichen Verhältnisse machen es notwendig, daß der Greifer entweder in Richtung des Auslegers oder quer dazu öffnet. Mit Rücksicht auf eine ausreichende Standfestigkeit wird eine tiefe Schwerpunktslage angestrebt, daher schwere Greiferschalen und große Greiferbreite. Der Zweischalengreifer ist der ideale Mehrzweckgreifer für alle Schüttgüter.

Im Entladen von Schiffen hat sich der Trimmgreifer bewährt. Für den Umschlag von gestapeltem Rundholz, Getreide, Schrott usw. sind Sondergreifer entwickelt worden. Mehrschalengreifer werden z. B. für Stahlspäne und Müll eingesetzt.

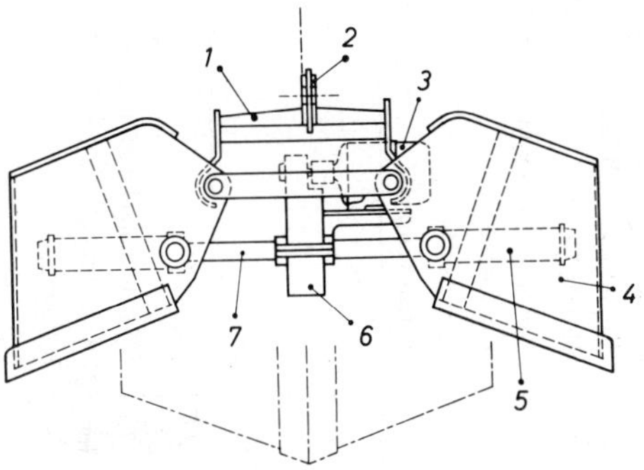

Bild III.17

Motorgreifer mit Spindelantrieb

1 Greiferkopf
2 Aufhängung
3 Verschiebeläufer-Motor
4 Schale
5 Rohr mit Trapez-Innengewinde
6 Getriebekasten
7 Spindelwelle

Motorgreifer benötigen kein zweites Schließseil, sondern lediglich eine Stromzuführung. Motorgreifer können daher mit Kranen oder Elektrozügen betrieben werden. Der Motorgreifer (Bild III.17) wird am Greiferkopf in den Lasthaken gehängt. Gehoben und gesenkt wird der Greifer durch das vom Eintrommelwindwerk ablaufende Hubseil, geöffnet und geschlossen durch den eingebauten Motor. Die Schließkraft des Motorgreifers ist nicht wie bei den Mehrseilgreifern von der Seilkraft und damit vom Greifergewicht abhängig, sondern allein von der Motorkraft. Die Kraft vom Motor zu den Greiferschalen kann über eine Flaschenzugwinde, über eine Spindel oder hydraulisch übertragen werden.

Tafel III.10. Beispiel von Baureihen von Zweischalen-Stangengreifern (Mannesmann Dematik)

		Fassungsvermögen ($V_1 + V_2$) in m³																					
		0,63	0,8	1	1,25	1,6	1,75	2	2,25	2,5	3	3,5	4	4,5	5	5,5	6	6,5	7	8	10	12,5	14
Eigengewicht in t	Baureihe I	–	1,35	1,4	1,65	1,7	1,75	1,95	2,05	2,1	2,3	2,4	2,8	–	4,25	–	4,5	–	–	4,85	6,5	8,0	9,0
	Baureihe II	–	–	1,5	1,8	2,05	2,25	2,3	2,4	3,4	3,55	3,9	4,35	4,95	5,2	6,7	7,8	8,0	8,5	–	–	–	–
	Baureihe III	1,8	–	2,6	–	4,0	–	5,0	–	6,3	7,3	–	9,5	–	–	–	–	–	–	–	–	–	–
	Baureihe IV	–	–	–	4,5	5,5	–	6,5	–	8,1	9,75	–	–	–	–	–	–	–	–	–	–	–	–

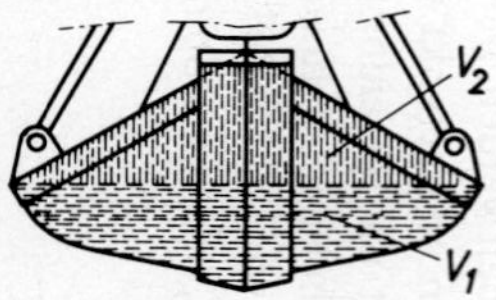

Schüttgewichte von Massengütern für Baureihe I

Material	t/m³	Material	t/m³
Kohle	0,8	Braunkohle – Briketts	0,8
Fein- und Nußkohle	0,85 ... 1,0	Holzkohle	0,2
Schlammkohle, lose und trocken	1,0	Koks, bis Faustgröße	0,45
		Koksasche	0,7 ... 0,9
Lignit und Braunkohle	0,75	Kesselasche	1,0
Staubkohle	0,7	Schlackensand	0,9

u.ä. bis zu einem Schüttgewicht von ca. 1,2 t/m³

Schüttgewichte von Massengütern für Baureihe II

Material	t/m³	Material	t/m³
Sand und Kies	1,6 ... 1,8	Gips	1,25
Kalkstein, kleinstückig bis 30 mm	1,6 ... 2,0	Steinsalz, lose geschüttet	1,2
Zement	1,7	Rohphosphat	1,5
Zement-Klinker	1,8	Amoniak	0,9
Kalk, gebr. stückig	1,2	Kali	1,2
Kalk, gelöscht	1,2	Soda	1,0
Formsand	1,6	Kunstdünger	1,0

u.ä. bis zu einem Schüttgewicht von ca. 2,0 t/m³

Schüttgewichte von Massengütern für Baureihe III

Material	t/m³	Material	t/m³
Minette	1,8	Martinschlacke ohne Eisen	2,1
Erze fein bis mittelgrob	2,0 ... 2,5	Kalkstein über 50 mm	2,0
Steinschotter	1,8	Gipsstein	1,9
Basaltschotter	2,0	Quarz	1,8 ... 2,4

u.ä. bis zu einem Schüttgewicht von ca. 2,6 t/m³

Schüttgewichte von Massengütern für Baureihe IV

Material	t/m³	Material	t/m³
Erze schwer	2,5 ... 3,5	Magnesit	2,2
Schwefelkies, grob	3,5	Schwerspat	2,5 ... 3,0
Basaltsplit	3,2	Zinkblende	1,8 ... 2,0
Kalkstein, grob	2,0		

u.ä. bis zu einem Schüttgewicht von ca. 4,0 t/m³

3.4. Lasthebemagnete

Zum Heben und Bewegen von Stahl- und Eisenteilen bieten sich die Lasthebemagnete als selbsttätige Lastaufnahmemittel an. Zeitraubendes Anschlagen entfällt. In Walz- und Hüttenwerken und in der Maschinen- und Stahlindustrie werden Lasthebemagnete für Umschlagarbeiten auch größerer und sperriger Stücke verwendet. Auch zur Förderung von Spänen sind Magnete gut geeignet.

Bauarten: Rundmagnet mit 700 ... 1000 mm ϕ mit einer Traglast von 4 ... 30 t. Zum Transport von Blechen werden 2 ... 50 Kleinmagnete in 1-, 2- oder 3teiliger Anordnung an entsprechende Traversen gehängt. Heiße Stahlstücke werden noch bis 500 °C aufgenommen, bei 700 °C ist Stahl nicht mehr magnetisierbar, ebenfalls nicht kalter Stahl mit 7 % Mn-Gehalt.

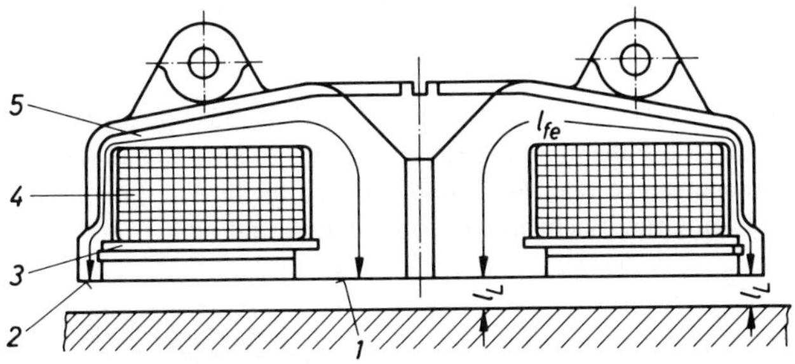

Bild III.18
Lasthebemagnet (schematisch)

1 Innenpol
2 Außenpol
3 Abdeckplatte
4 Spule
5 Gehäuse
l_{Fe} Eisenlänge
l_L Luftspaltlänge

Die Leistungsfähigkeit von Lasthebemagneten hängt nicht nur von der gemessenen Abreißkraft, sondern auch stark vom Luftspalt zwischen Magnet und Last, und damit von der Art und der Zusammensetzung des Fördergutes ab (z.B. Bleche, Rohre, Schrott, Kleineisen, Gußtrauben).

Einzelmagnete und Magnettraversen können an jeden Elektrozug oder Kran mit ausreichender Tragfähigkeit angehängt werden (Bild III.19).

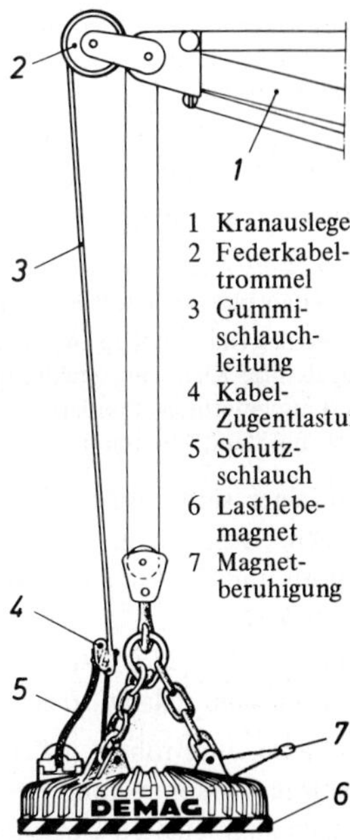

1 Kranausleger
2 Federkabeltrommel
3 Gummischlauchleitung
4 Kabel-Zugentlastung
5 Schutzschlauch
6 Lasthebemagnet
7 Magnetberuhigung

Bild III.19. Anordnungsschema für einen Lasthebemagneten am Kranausleger

3.5. Vakuumheber

Vakuumheber (= Saugheber) sind Haftgeräte, bei denen die Haftkräfte pneumatisch erzeugt werden. Im Heber wird durch eine Pumpe ein Vakuum zwischen Saugteller und Last erzeugt. Der atmosphärische Druck bewirkt dann, daß der Heber gegen das Gut gepreßt wird.

Vakuumheber sind besonders zur Aufnahme von Glas, Holzplatten und Kunststoffen geeignet, aber auch für Metalle, die durch Magnete nicht aufnehmbar sind.

Eine exakte Aussage, ob ein bestimmtes Gut, z.B. Schaumgummi, durch Vakuumheber aufgenommen werden kann, ist nur nach Probeversuchen möglich.

3.6. Frachtbehälter, Paletten, Container

Seit langem werden Schüttgüter und flüssige Stoffe in genormten Behältern, wie z.B. Fässern, transportiert.

Man ist aber auch bestrebt, auch Stückgüter der verschiedensten Arten in oder auf genormten Ladehilfsmitteln zu transportieren. Die Ladeeinheit soll sich für den innerbetrieblichen Transport, für die Lagerung und für den außerbetrieblichen Transport auf Lkw, Bahn oder Schiff eignen. Kleinere Ladeeinheiten sollen miteinander zu größeren kombinierbar sein (Modulsystem). Förder-, Transport- und Umschlagseinrichtungen braucht man dann nicht mehr für die sehr vielen verschiedenen Fördergüter zu konzipieren, sondern nur noch für die genau festgelegten Behältergrößen. Man erzielt dadurch einen großen Rationalisierungseffekt und eine Vereinfachung und Beschleunigung aller Lager- und Transportvorgänge.

Man kann die Behälter unterteilen in
Stapelbare Behälter für Stückgut, Paletten, Container, Schüttgutbehälter.

Stapelbehälter sind so konstruiert, daß sie formschlüssig aufeinander gestellt werden können. Größere Stapelbehälter dienen in der Fertigung dem Transport und der Lagerung von Kleinteilen (Zahnräder, Wellen, Rohteile u.a.). Die Behälter werden von Gabelstaplern oder Kranen aufgenommen und von einer Bearbeitungsstelle zur anderen transportiert.

Paletten (Bild III.20) sind Plattformen genormter Größen (DIN 15 141 bis 15 155), die stapelbare Güter aufnehmen können. Paletten haben stets Füße mit einer Höhe von ca. 100 mm, so daß sie von den Gabeln von Flurförderzeugen, Krangehängen oder Regalförderzeugen leicht unterfahren und angehoben werden können. Die häufigsten Grundflächenmaße von Paletten sind 800 × 1000 mm, 800 × 1200 mm und 1000 × 1200 mm.

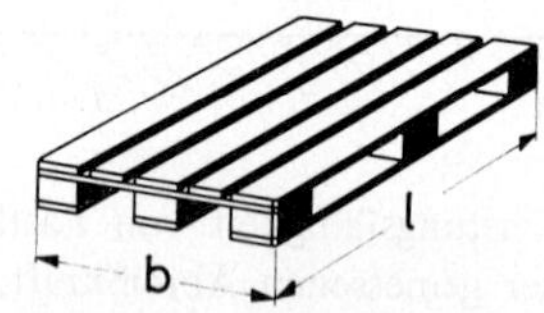

Bild III.20

Flachpalette; dargestellt ist eine „Vierwegpalette", die ihren Namen daher hat, daß sie von allen vier Seiten durch die Gabeln eines Förderzeuges aufgenommen werden kann, im Gegensatz zur „Zweiwegpalette"

Die Größe 1000 × 1200 mm paßt am besten in den meisten bisher gebauten Transport- und Lagersysteme sowie in die Verkehrsträger Bahn-, Lkw und Schiff.

Flachpaletten lassen sich in beladenem Zustand nur dann aufeinanderschichten, wenn das Fördergut dem Druck der darübergestapelten Paletten standhält, ansonsten werden sie zweckmäßig in Regalen untergebracht.

Sonderpaletten (DIN 15145, Nr. 17–23) sind solche mit Zusatzeinrichtungen, wie z.B. Seitenwänden für nicht stapelfähige Kleinteile, Stahlrungen für Stangenmaterial oder Spezialhalterungen z.B. für die Aufnahme von Pkw-Austauschmotoren. Sonderpaletten werden meist stapelbar ausgeführt. Paletten sind meist aus Holz, oft aber auch aus Stahl, Aluminium, Preßpappe oder Kunststoff.

Container sind Großfrachtbehälter, die in allen Einzelheiten und Abmessungen den ISO-Empfehlungen entsprechen, und in der Reihe 1 der DIN 15190, Blatt 1–102, in Bezug auf ihre Abmessungen und die konstruktive Ausführung festgelegt wurden. Der größte Container hat die Außenmaße $b \cdot l \cdot h = 2435 \times 12190 \times 2435$ mm und 30,48 t zulässige Bruttomasse. Der nächstkleinere Container hat 25,4 t zulässige Bruttomasse und den gleichen Querschnitt 2435 × 2435 mm; er ist aber nur halb so lang, so daß zwei kleinere Container den gleichen Platzbedarf haben wie ein großer.

Container sind robust gebaut und genügend widerstandsfähig, um wiederholte Verwendung durch mehrere Verkehrs- und Fördermittel ohne Umladen des Inhalts zu gestatten. Sie haben Einrichtungen zum leichten Umschlagen von einem Beförderungsmittel in das andere.

Für bestimmte Fördergüter gibt es Spezialcontainer, so z.B.

Isoliercontainer mit wärmedämmenden Schichten an den Wänden, jedoch ohne Kühlaggregat.

Kühlcontainer mit ein- oder angebauten Kühlaggregaten mit eigenem Antrieb.

Open-Top-Container, oben offener Container zum Beladen mit schwerem Stückgut von oben. Er kann mit Planen abgedeckt werden.

Pa-Behälter sind Container, die auch ohne Krane durch Rollböcke umgesetzt und verladen werden können. Sie eignen sich besonders für den kombinierten Verkehr Bahn-Lkw.

Tank-Container zum Transport von Flüssigkeiten oder Gasen.

IV. Antriebe

Alle Antriebsarten, wie

- Handantrieb
- Elektromotoren
- Pneumatische Antriebe
- Hydraulische Antriebe
- Verbrennungsmotoren
- Dampfmaschinen

werden in der Fördertechnik verwendet. Ihre Auswahl richtet sich nach den jeweiligen Betriebsbedingungen und den lokalen Möglichkeiten (z.B. Stromanschluß).

Zwischen Antriebsmotor und der angetriebenen Welle ist in der Regel ein mechanisches Getriebe oder ein hydraulischer Drehmomentwandler zwischengeschaltet, um die Drehzahl zu mindern und das Antriebsmoment zu erhöhen (Hand-, Elektro-, Verbrennungsmotor-, pneumatische Antriebe). Bei Verbrennungsmotoren muß zusätzlich eine betriebsmäßig lösbare Kupplung zwischengeschaltet werden, da diese Motoren nicht aus dem Stand heraus unter Last anlaufen können. Dampfmaschinen arbeiten in der Regel direkt auf die anzutreibende Welle. Bei hydrostatischen Antrieben sind die drehzahl- und drehmomentwandelnden Systemteile (Regelpumpe, Hydraulikleitungen, Ventile) *vor* dem eigentlichen Hydraulikmotor angeordnet.

1. Handantrieb

Handantrieb wird bei seltenem Betrieb und bei kleinen Betätigungskräften bzw. -momenten verwendet.

Typische Anwendungen sind Lauf- und Hubwerksantriebe von Kleinhebezeugen und Antriebe von Winden und Hebeböcken.

Handantriebselemente sind Kurbeln, Ratschen, Handräder und für über Flur befindliche Fördergeräte Haspelketten. Die aufzubringende Handkraft an der Kurbel oder Haspelkette soll 350 N nicht überschreiten. Bild IV.1 zeigt ein Kettenhebezeug mit Handantrieb (siehe auch Bild VI.2).

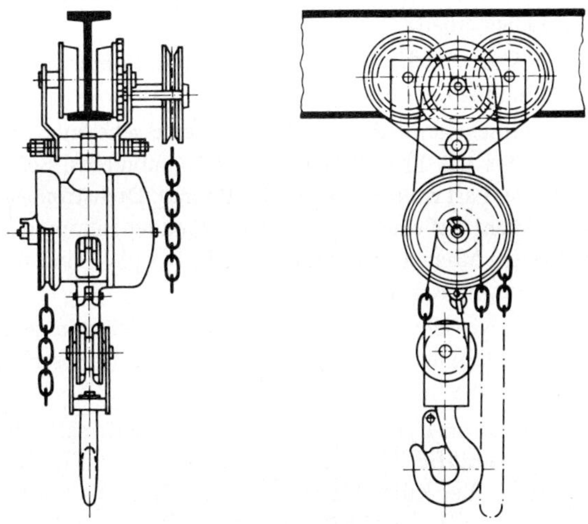

Bild IV.1. Kettenhebezeug für Traglasten bis 10 t; Hub- und Fahrantrieb durch Haspelketten (GEDI)

2. Elektrische Antriebe

Elektromotoren sind einfach, robust und betriebssicher. Energiezufuhr und Steuerung ist meist durch Kabel leicht möglich. Elektromotoren kann man wirtschaftlich als Einzelantriebe einsetzen, d.h. Laufräder, Drehwerk und Hubwerke erhalten separate Motoren. E-Motoren sind besonders umempfindlich gegenüber dem in der Fördertechnik häufigen Aussetzbetrieb, können gut regelbar hergestellt werden und können unterschiedliche, für die jeweiligen Einzsatzfälle besonders geeignete Drehzahl-Drehmoment-Charakteristiken erhalten.

Der E-Motor ist stets sofort betriebsbereit. Er ist leicht umsteuerbar und hat einen guten Wirkungsgrad in allen Lastbereichen. Der E-Motor läßt sich einfach mit anderen Funktionselementen, wie Bremsen oder Getrieben, kombinieren.

In der Fördertechnik verwendet man Drehstrom-Motoren mit und ohne Schleifringläufer, Gleichstrom-Reihenschlußmotoren und Gleichstrom-Nebenschlußmotoren.

Nach Möglichkeit wird der Drehstrom-Asynchronmotor mit Kurzschlußläufer eingesetzt, da dieser am einfachsten gebaut ist und das für ihn erforderliche Drehstromnetz fast überall zur Verfügung steht.

Ein geeigneter Antrieb für schwere Hubwerke ist der Gleichstrom-Reihenschlußmotor, da dieser seine Drehzahl der Momentenbelastung selbsttätig anpaßt. Der Antrieb ist aber nur wirtschaftlich, wenn sich wegen einer größeren Anzahl von Gleichstromverbrauchern der Aufbau eines eigenen Gleichstromnetzes lohnt (Hütten- und Walzwerke, Großhäfen).

2.1. Drehstrom-Asynchronmotoren

Drehstrommotoren haben eine feste Nenndrehzahl, die von der Netzfrequenz und der Polpaarzahl des Motors abhängt

$$n_n = \frac{60 f}{p}$$

n_n	f	p
min^{-1}	Hz	1

n_n Nenndrehzahl, f Frequenz, p Polpaarzahl

Drehstrommotoren können polumschaltbar gemacht werden, wodurch man verschiedene Abtriebsdrehzahlen erhält.

Die wirkliche Drehzahl liegt um den Schlupf unter der Nenndrehzahl. Dieser beträgt, abhängig vom Motormoment, bis etwa 7 %.

Beim Einschalten haben die Motoren eine sehr hohe Stromaufnahme. Das Anzugsmoment beträgt dann etwa das 1,5 ... 3,5fache des Nennmoments. Bei übersynchronen Drehzahlen infolge durchziehender Last wirkt der Motor als Bremse. Drehstromasynchronmotoren werden überall eingesetzt, wo es nicht auf eine feine Drehzahlregelung ankommt, und wo die Drehzahl unabhängig vom abverlangten Moment konstant sein soll. Beispiele sind der Aufzugbau, Antrieb von Stetigförderern, Elektrozügen, Kranfahrantrieben.

Oft ist es wirtschaftlicher, ein unter Umständen störendes ruckartiges Anlaufverhalten durch mechanische Maschinenelemente (Rutschkupplungen, Beschleunigungsmassen) auszugleichen, als teurere Regelantriebe zu verwenden.

Bei Drehstromasynchronmotoren mit Schleifringläufern kann die Drehzahl-Momentenkennlinie durch abgestufte Widerstände verändert werden. Der Motor kann weich anlaufen und ist ähnlich robust wie der Kurzschlußläufer, er ist daher als Fördermittelantrieb sehr umfassend verwendbar.

2.2. Gleichstrommotoren

Beim *Gleichstrom-Reihenschlußmotor* ist die Drehzahl stark vom abverlangten Moment abhängig:
hohes Moment ergibt niedrige Drehzahl,
kleines Moment ergibt hohe Drehzahl.

(Bei völlig fehlender Momentenbelastung wird die Drehzahl theoretisch ∞, d.h. der Motor „geht durch".)

Der Gleichstrom-Reihenschlußmotor wird dort eingesetzt, wo dieses Regelverhalten erwünscht ist. Bei Hafenkranen z.B. werden durch einen Gleichstrom-Reihenschlußmotor leichtere Lasten schneller gehoben, die Spielzeit verkürzt sich.

Wo es auf momentunabhängige Geschwindigkeiten ankommt, oder wo eine bestimmte Drehzahl nicht überschritten werden soll, kann der Gleichstrom-Reihenschlußmotor nur mit zusätzlichen Regel- bzw. Sicherheitsmaßnahmen betrieben werden.

Beim *Gleichstrom-Nebenschlußmotor* bleibt die Drehzahländerung auch bei größeren Schwankungen des abverlangten Momentes klein. Der Motor kann nicht unzulässig hohe Drehzahlen annehmen („durchgehen"). Der Motor wird ebenfalls mit Widerständen geregelt.

Die Drehmoment-Drehzahlcharakteristik ist dem oberen Ast der Kennlinie des Drehstrom-Asynchronmotors ähnlich.

Anwendung findet der Gleichstrom-Nebenschlußmotor in Fällen, bei denen es auf eine möglichst momentunabhängige gleichmäßige Drehzahl ankommt, wie z.B. bei Einzelfahrantrieben von Kranen in Werken mit Gleichstromnetz.

2.3. Getriebemotoren

Elektromotoren, besonders die häufigen Drehstrom-Asynchronmotoren, geben bei wirtschaftlicher Auslegung nur ganz bestimmte, eng begrenzte Drehzahlen und Drehmomente an den Motorwellen ab. Der Motor wird daher oft mit einem Zahnradgetriebe und gegebenenfalls auch mit einer Bremse zu einer kompletten Einheit kombiniert.

Als Bremse empfiehlt sich eine Kegelreibungsbremse oder eine elektrisch gelüftete Scheiben- oder Doppelbackenbremse.

Die Hersteller bauen Getriebe- und Getriebebremsmotore nach der Baukastensystematik. Dem Konstrukteur fördertechnischer Maschinen steht auf diese Weise eine variantenreiche Vielzahl an Antriebseinheiten zur Verfügung, aus der er entsprechend dem speziellen Einsatzfall die geeignetste nach

- Motor- und Getriebetyp
- Leistung, Einschaltdauer und Betriebsverhältnissen
- Drehmoment und Drehzahl
- Konstruktions- und Befestigungselementen (Füße, Flansch u.a.)

auswählt.

3. Pneumatische Antriebe

Druckluftantriebe werden in zwei Formen in der Fördertechnik eingesetzt.

a) Druckluft dient als Fördermedium (siehe VIII.6), d.h. sie wird in feinkörniges Fördergut (z.B. Getreide) eingeblasen, um dieses fließfähig zu machen. Das Luft-Fördergutgemisch wird dann durch Rohre geleitet, wodurch ein schneller und sauberer Umschlag erzielt wird.

b) Druckluft dient nur zur Energieübertragung und treibt über Turbinen Fördermaschinen für vielfältige Zwecke an.

   Der Antrieb erfolgt weich; die Antriebsmaschinen sind sehr kompakt. Pneumatische Antriebe werden bevorzugt in explosionsgefährdeten Räumen eingesetzt, wo man Elektromotoren z.B. wegen der Gefahr der Funkenbildung bei Beschädigung der Stromleitungen vermeiden möchte, wie z.B. im Bergbau oder beim Umgang mit gefährlichen Chemikalien.

4. Hydrostatische Antriebe

Hydrostatische Antriebe bestehen aus einer Hydraulikpumpe (die von einer nicht hydraulischen Kraftmaschine angetrieben werden muß), den Übertragungsleitungen und dem eigentlichen Hydraulikmotor. Hydrostatische Antriebe sind feinfühlig regelbar. Die Motore sind sehr kompakt.

Die Leitungen lassen sich leicht verlegen, die Pumpe kann, wo gerade Platz ist, angeordnet werden. Rücklaufventile in den Leitungen ersparen separate Standbremsen. Nachteilig sind Dichtungsprobleme und der gegenüber einfachen Elektromotoren erhöhte Aufwand bei der Fertigung, bei den Anschaffungskosten und bei der Wartung.

Hydrostatische Antriebe treten oft an die Stelle mechanischer Kraftübertragungssysteme mit Getrieben und Kardanwellen, wie z.B. bei hydrostatischen Fahrantrieben von Baggern und Autokranen.

Hydraulikzylinder werden eingesetzt wo die Förderhöhen noch mit diesen bewältigt werden können (Hubtische, Hubstapler, kleine Autokrane), oder wo die feinfühlige Regelbarkeit den Ausschlag gibt.

5. Verbrennungsmotoren und Dampfmaschinen

Dampfmaschinen werden wegen der Nachteile, Unsauberkeit, lange Anlaufzeit, großer Raumbedarf, kaum verwendet. Ausnahmen sind, wo Kohle billig zur Verfügung steht, wo die Arbeitskräfte billig sind, oder wo Mangel an sonstigen Energiequellen dazu zwingt..

Verbrennungsmotoren werden hauptsächlich in mobilen Fördergeräten eingebaut, die unabhängig von ortsgebundenen Energiequellen arbeiten sollen (Autokrane, mobile Förderbänder). Wegen ihrer schlechten Regelbarkeit (Gefahr des Abwürgens) werden Verbrennungsmotoren bei größeren Fördergeräten oft nur zum Antrieb von Hydraulikpumpen oder Generatoren eingesetzt, die dann besser regelbare hydraulische oder elektrische Einzelantriebe mit Energie versorgen.

V. Bremsen und Rücklaufsperren

Bremsen sind in der Fördertechnik Geräte zur Reduzierung der Fördergeschwindigkeit. In Hebezeugen haben *Bremsen* z. B. die Aufgabe, die Senkgeschwindigkeit der Last auf den gewünschten Wert zu vermindern (Stillstand oder begrenzte Senkgeschwindigkeit), wenn der Antrieb abgeschaltet wird. Rücklaufsperren haben die Aufgabe, ein Rückdrehen der Sperrwelle gegen Antriebsrichtung von vornherein auszuschließen.

1. Reibungsbremsen

Nach dem Verwendungszweck unterscheidet man Regelbremsen, Haltebremsen und Stoppbremsen, nach der Bauart Trommelbremsen, Bandbremsen, Scheibenbremsen und Lamellenbremsen. Bremsen bilden einen wichtigen Bestandteil aller Fördermaschinen und sind besonders sorgfältig zu entwerfen und auf Sicherheit zu berechnen, um Unfälle im Betrieb zu vermeiden.

1.1. Trommelbremsen (Bild V.1)

Trommelbremsen werden in der Fördertechnik mit außenliegenden Bremsbacken gebaut. Die Bremsbacken sind mit einem meist aufgeklebten Bremsbelag ($\mu \approx 0{,}3 \ldots 0{,}4$) für eine zulässige Temperatur von mindestens 150 °C ausgerüstet.

Die Konstruktion der Norm-Bremsen erlaubt die Kombination mit allen auf dem Markt befindlichen Bremslüftgeräten. Die Bremskraft wird durch eine Feder – innen- oder außenliegend – hervorgerufen. Beim Lüften heben sich die Bremsbacken um einen Lüftweg von der Bremsscheibe ab. Beim Abschalten des Bremslüfters schließt die Bremse wieder selbsttätig.

Meistens werden Trommelbremsen mit elektrohydraulisch arbeitenden Bremslüftgeräten („Eldrogeräten") eingesetzt (Bild V.1).

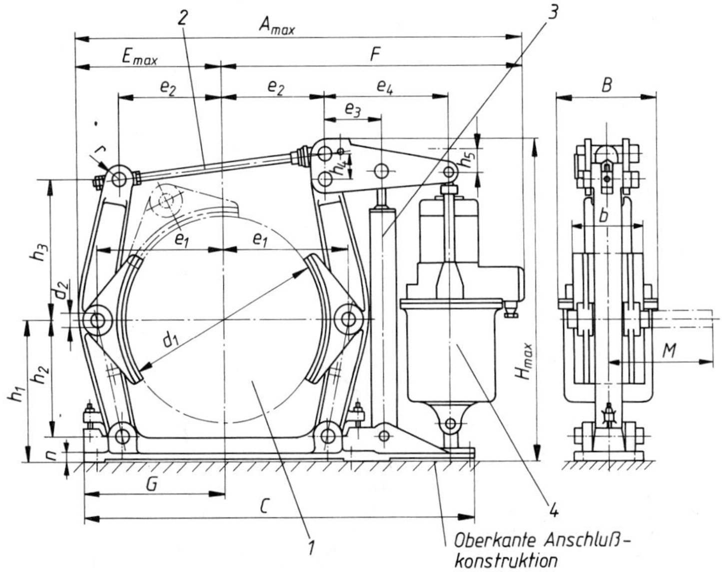

1 Bremstrommel
2 Zugstab
3 Bremsfeder
4 Bremslüftgerät
Buchstaben:
Konstruktionsmaße nach untenstehender Tabelle bzw. Herstellertabelle

Bild VI.1. Trommelbremse nach DIN 15434 mit außenliegenden Bremsbacken und selbsttätigen Bremsbelag-verschleiß-Nachstellung für Fördereinrichtungen. (Siegerland-Bremsen)

Alle Maße in mm									Momente in Nm
Bremstrommel-durchmesser	Hebellängen				Umrißmaße				Bremsmomente bei einem Reibwert von $\mu \approx 0{,}3$
d_1	h_2	h_3	h_4	e_4	A_{max}	H_{max}	B	M	M_B
200	125	230	49	218	585 ... 608	475	160	120	0 ... 155
250	150	274	42	218	689 ... 703	520 ... 580	160 ... 190	135	0 ... 325
315	185	240 ... 308	48	245	780 ... 817	565 ... 615	160 ... 190	185	0 ... 250 100 ... 700
400	230	276 ... 415	55 ... 70	280	907 ... 967	645 ... 800	190 ... 216	230	100 ... 1420
500	283	340	61	318	1109 ... 1132	780	225	285	300 ... 2850
630	354	425	69	348	1295 ... 1302	960	265	345	700 ... 5000
710	398	478	73	375	1420 ... 1427	1072	300	390	800 ... 5720

Das Gerät besteht im Prinzip aus der Bremsfeder, die die Bremse im Ruhezustand geschlossen hält, sowie einem gegen die Federkraft arbeitenden Hubkolben mit zugehöriger Fliehkraftpumpe mit elektrischem Antriebsmotor. Nach Einschalten des Motors drückt die Pumpe das über dem Hubkolben befindliche Öl unter den Kolben. Sobald die hydraulische Druckkraft am Kolben größer geworden ist als die Kraft der Bremsfeder, hebt sich der Kolben und lüftet über das Bremsgestänge die Bremse. Wird der Motor abgeschaltet, gleitet der Kolben in seine Ausgangsstellung zurück. Das Öl fließt wieder zurück und dämpft dabei den Rückgang des Kolbens so, daß die Bremse zwar sofort, aber sanft und stoßfrei schließt.

Berechnung von Doppelbackenbremsen (Bild V.2)

Stets muß das abzubremsende Moment M_B an der Welle kleiner sein als das größtmögliche Bremsmoment:

$$M_B < 2 F_B \frac{d}{2} \mu = F_B \, d \, \mu$$

$$F_B = F_H \frac{l_2}{l_1}$$

$$F_H = F_z \frac{l_4}{l_3}$$

daraus

$$F_z > \frac{M_B}{d} \cdot \frac{1}{\mu} \cdot \frac{l_1}{l_2} \cdot \frac{l_3}{l_4}$$

F_z	M_B	μ	d, l_1, l_2, l_3, l_4
N	Nm	1	m

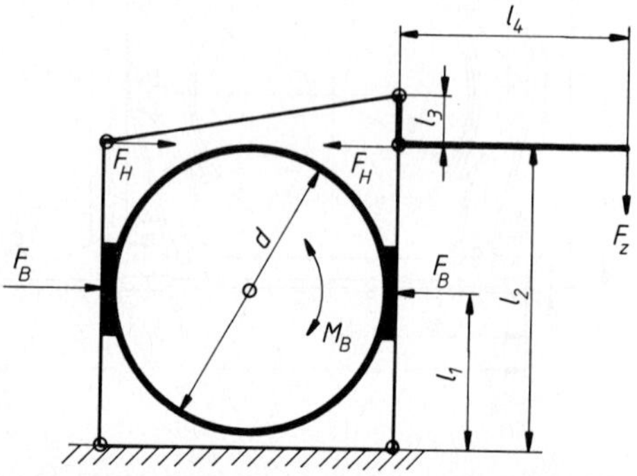

Bild V.2. Berechnungsskizze für Trommelbremsen
M_B abzubremsendes Moment; F_B, F_N, F_z Kräfte; l_1, l_2, l_3, l_4 Hebellängen; d Bremsscheibendurchmesser

F_z erforderliche Kraft der Bremsfeder; M_B abzubremsendes Moment an der Bremswelle, μ Reibzahl ($\mu \approx 0{,}3 \ldots 0{,}4$ bei der Paarung Bremsbelag–Stahl); $l_{1,2,3,4}$ Hebellängen nach Bild V.2.

Das abzubremsende Moment M_B muß aus den statischen und dynamischen Kräften und Momenten der Förderanlage oder -maschine berechnet werden.

Nach DIN 15 434 Teil 1 sind ferner nachzuprüfen

- die Flächenpressung p an den Bremsbelägen,
- die Gleitgeschwindigkeit v_1 an den Bremsbelägen,
- der im speziellen Einsatzfall erreichbare Reibwert μ.

Alle drei Größen werden zum Parameter $(p \, v_1 \, \mu)_{zul}$ zusammengefaßt. Als Richtwert gilt nach DIN 15434:

Bremsscheibendurchmesser d_1 in mm	Zulässiger Wert $(p \, v_1 \, \mu)_{zul}$ $\frac{N}{mm^2} \cdot \frac{m}{s} \cdot 1 = \frac{W}{mm^2}$
200	0,75
250	0,8
315	0,9
400	1,0
500	1,1
630	1,25
710	1,35

■ **Beispiel:** Für eine Förderanlage wird eine Trommelbremse nach DIN 15 434 mit außenliegenden Bremsbacken mit elektrohydraulischer Bremsbelüftung (Eldrogerät) für ein Bremsmoment von 4000 Nm benötigt. Reibwert $\mu = 0{,}3$. Technische Daten nach Bild V.1.

Frage: 1. Welcher Bremsscheibendurchmesser wird benötigt?
2. Welche Bremskraft muß die im Bremslüftgerät eingebaute Bremsfeder mindestens haben?

Lösung: Nach der Leistungstabelle Bild V.1 muß zur Übertragung eines Bremsmomentes von 4000 Nm ein Bremsscheibendurchmesser von 630 mm gewählt werden. Dann gilt mit den Bildern V.1 und V.2 für die Bremsfederkraft F_2:

$$l_1 = h_2 = 354 \text{ mm}$$

$$l_2 = h_2 + h_3 = 354 + 425 = 779 \text{ mm}$$

$$l_3 = h_4 = 69 \text{ mm}$$

$$l_4 = e_4 = 348 \text{ mm}$$

$$F_2 \geqslant \frac{4000}{0{,}630} \cdot \frac{1}{0{,}3} \cdot \frac{0{,}354}{0{,}779} \cdot \frac{0{,}069}{0{,}348} = 1906 \text{ N} \approx 2000 \text{ N}$$

Die Bremsfeder muß also für eine Zugkraft von mindestens 2000 N ausgelegt sein.

Die Lösekraft des Eldrogerätes muß ca. 20 % über der max. Bremsfederkraft liegen.

Das für eine Fördermaschine erforderliche Bremsmoment ist sorgfältig entsprechend dem jeweiligen Einsatzfall aus Lastmoment und Verzögerungsmomenten nach DIN 15 434 Teil 1 zu berechnen. Es gilt

$$M_{\text{B erf}} = M_{\text{L}} + M_{\text{R}} + M_{\text{T}}$$

$M_{\text{B erf}}$, erforderliches Bremsmoment in Nm; M_{L} Moment der ruhenden Last und der Widerstände, z. B. aus Reibung (–) und Wind (+), bezogen auf die Bremswelle, in Nm; M_{R}, M_{T}, Verzögerungsmomente aus umlaufenden Massen (Rotation) und aus geradlinig bewegten Massen (Translation) in Nm.

Bei Hubwerksbremsen gilt für das Lastmoment

$$M_{\text{L}} = \frac{S\, d_{\text{T}}\, \eta}{2\, i}$$

mit

S Summe der an der Seiltrommel angreifenden Seilkräfte nach DIN 15 020 Teil 1 (vgl. Bild III.8), in N

d_{T} Trommeldurchmesser in m

i Gesamtübersetzung zwischen Bremse und Trommel; sind Trommel und Bremse auf derselben Achse fest verbunden, gilt $i = 1$

η mechanischer Wirkungsgrad des Getriebes zwischen Trommel und Bremse. Der Wirkungsgrad steht im Zähler und vermindert das rechnerische Lastmoment, da die durch den Wirkungsgrad berücksichtigten Widerstände beim Bremsen helfen.

Für das Verzögerungsmoment M_{R} für die rotierenden Massen und M_{T} für die geradlinig bewegten Massen gilt:

$$M_{\text{R}} = \Sigma J \cdot \frac{\Delta\omega}{t_{\text{B}}}$$

$$M_{\text{T}} = \frac{S}{g} \cdot \frac{\Delta v}{t_{\text{B}}} \cdot \frac{d_{\text{T}}}{2} \cdot \frac{\eta}{i}$$

mit

ΣJ Summe der Trägheitsmomente aller rotierenden Massen, die mit abzubremsen sind, reduziert auf die Bremsenwelle in kgm^2 (siehe Teil Mechanik, Reduktion von Trägheitsmomenten).

$\Delta\omega$, Δv Winkelgeschwindigkeitsdifferenz in 1/s bzw. Hubgeschwindigkeitsdifferenz in m/s vor und nach dem Bremsvorgang. Bei Bremsungen bis zum Stillstand ist für $\Delta\omega$ die Winkelgeschwindigkeit der Bremstrommelwelle bei Beginn des Bremsvorganges und für Δv die Senkgeschwindigkeit der Last einzusetzen.

t_B Bremszeit in s. Man erkennt, daß das Verzögerungsmoment M_R um so größer ist, je kürzer die zulässige Bremszeit ist.

Eine für den Bergbau interessante Sonderkonstruktion einer elektrohydraulisch arbeitenden Backenbremse ist die ortsfest angeordnete Förderwagenbremsanlage. Arbeitsschema nach Bild V.4.

Das elektrohydraulische Aggregat besteht aus Elektromotor (1) und Zahnradpumpe (2), dem elastischen Speicher (3), dem Vierwege-Steuerschieber (4), dem Überdruckventil (5), dem Minimal-Maximaldruckschalter (6) und den Arbeitszylindern (7). Bei Inbetriebnahme füllt das Pumpenaggregat (1 und 2) den Hydrospeicher (3) über Rückschlagventile und Vierwege-Steuerschieber (4) bis zu einem bestimmten Fahrdruck auf. Die Kolbenstangen der Arbeitszylinder (7) fahren aus und schließen die Bremse.

Aus Sicherheitsgründen laufen die Förderwagen in die geschlossene Bremse ein, die nur für den Moment des Ablaufs geöffnet wird. Bei geschlossener Bremse liegt über Steuerschieber (4) der volle Speicherdruck auf den Kolbenflächen. Die einlaufenden Förderwagen drücken die Bremse auseinander. Dabei wird ein Teil des Druckmittels aus den Zylindern gleichzeitig über den Steuerschieber (4) und die Entlastungsleitung (8) in den Speicher (3) gedrängt, der durch seine Stickstoffblase den Stoß elastisch aufnimmt. Zu hohe Stoßspitzen werden durch das Überdruckventil (5) abgefangen.

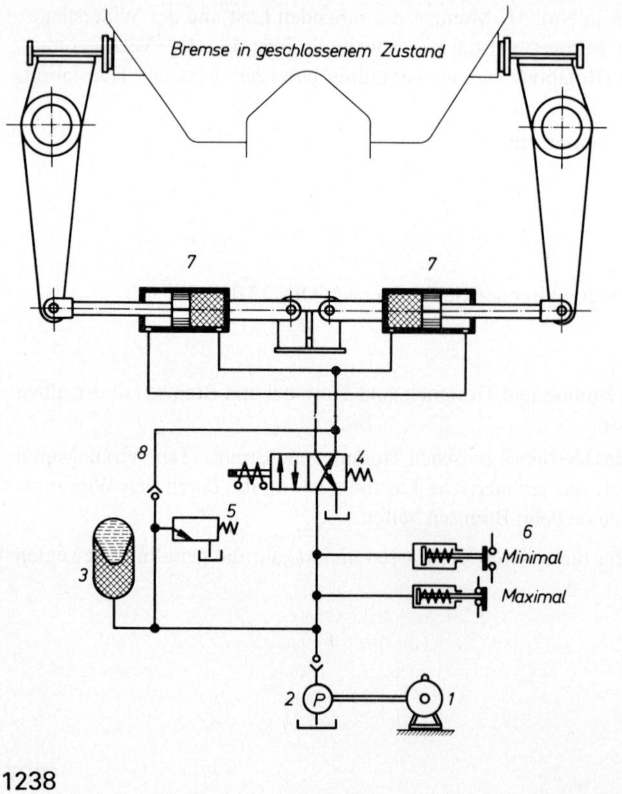

Bild V.3
Arbeitsschema einer elektrohydraulischen Förderwagenbremse

1 Elektromotor
2 Zahnradpumpe
3 Speicher
4 Vierwege-Steuerschieber
5 Überdruckventil
6 Minimal-Maximal-Druckschalter
7 Arbeitszylinder
8 Entlastungsleitung

Durch Umsteuern des Schiebers (4) wird die Kolbenringfläche vom Speicherdruck beaufschlagt und die Kolbenseite mit dem Rücklauf verbunden; die Bremse öffnet sich. Sinkt durch den Ölverbrauch der einzelnen Spiele der Druck auf den eingestellten Minimalwert, so schaltet der Druckschalter (6) das Pumpenaggregat (1 und 2) wieder und und fördert, bis der eingestellte Betriebsdruck erreicht ist.

1.2. Bandbremsen

Bandbremsen sind weich steuerbar und einfach im Aufbau. Ihr Nachteil ist eine Biegebelastung der Welle. Bandbremsen werden hauptsächlich als Haltebremsen eingesetzt. Als Betriebsbremse wird meist die Scheibenbremse eingesetzt, die eine bessere Abführung der Reibungswärme ermöglicht.

Der Bandzug vergrößert sich, wie in Bild V.4a dargestellt, über den Umschlingungswinkel von F_1 auf F_2. Für die Zugkräfte F_1 und F_2 gelten die Beziehungen

$$F_1 = \frac{2\,M_B}{d} \cdot \frac{1}{(e^{\mu\alpha} - 1)}$$

$$F_2 = \frac{2\,M_B}{d} \cdot \frac{e^{\mu\alpha}}{(e^{\mu\alpha} - 1)}$$

F_1, F_2	M_B	d	e, μ	α
N	Nm	m	1	rad

M_B abzubremsendes Moment

e Basis der natürlichen Logarithmen (e = 2,718)

μ Reibzahl

α Umschlingungswinkel im Bogenmaß

Werte für $e^{\mu\alpha}$ siehe Abschnitt Mechanik (Statik)

Aus dem Momentengleichgewicht um den Drehpunkt P ergibt sich für die Zugkraft F_z am Handhebel

$$F_z = \frac{2\,M_B}{d} \cdot \frac{1}{l_4} \cdot \frac{1}{(e^{\mu\alpha} - 1)} (l_3 \mp x\, e^{\mu\alpha})$$

mit $x = 0$ für Bild V.4a, (–) Minuszeichen für Bild V.4b und (+) Pluszeichen für Bild V.5c.

F_z Handzugkraft, d Bremsscheibendurchmesser, l_4, l_3, x Hebellängen nach Bild V.4.

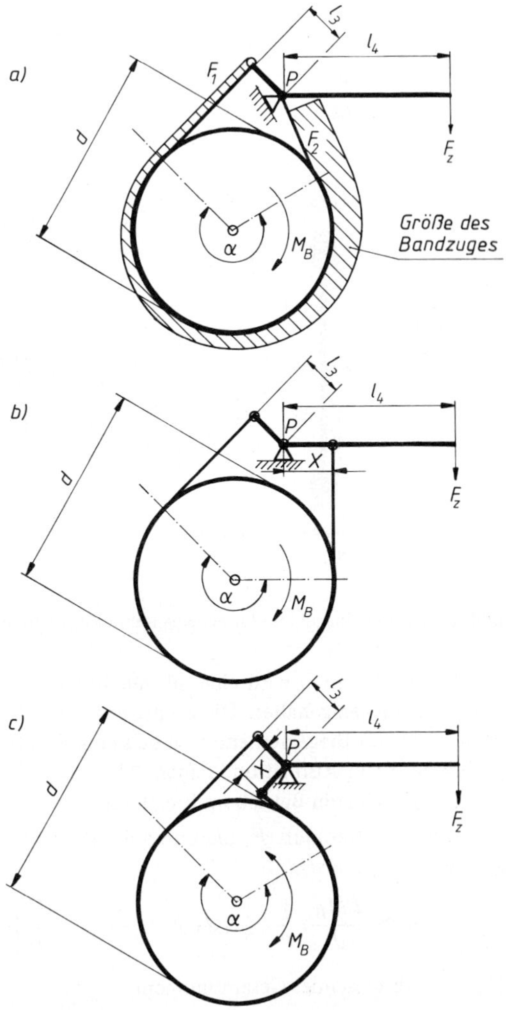

Bild V.4. Skizzen verschiedener Bandbremsen

a) einfache Bandbremse

b) Differentialbandbremse

c) drehrichtungsunabhängige Bandbremse

M_B abzubremsendes Moment; α Umschlingungswinkel; F_1, F_2 Bremsbandzugkräfte; F_3 Handhebelzugkraft; d, l_3, l_4, x geometrische Abmessungen

Man kann den Abstand x nach Bild V.4b so groß wählen, daß die Bremse selbsttätig sperrt, ohne daß noch eine Zugkraft Z aufgebracht werden muß.

Wenn die Bremse in beiden Drehrichtungen gleich gut arbeiten soll, so wird eine Anordnung nach Bild V.4c mit $x = l_3$ gewählt, bei der F_1 und F_2 an gleichen Hebelarmen angreifen.

1.3. **Kegelbremsen, Scheibenbremsen** (Bild V.5)

Bei diesen Bremsen werden stets drehende, mit der Bremswelle drehfest verbundene Bremsscheiben axial gegen stehende, mit dem Gehäuse verbundene Gegenflächen gedrückt. Bei Kegelreibungsbremsen wird die Welle samt Bremsteller axial verschoben und in einen Innenkegel gepreßt. Die Kegelreibungsbremse erreicht bei sonst gleichen Abmessungen ein größeres Bremsmoment als eine Flachscheibenbremse, da der Kegelwinkel die axiale Bremskraft verstärkt.

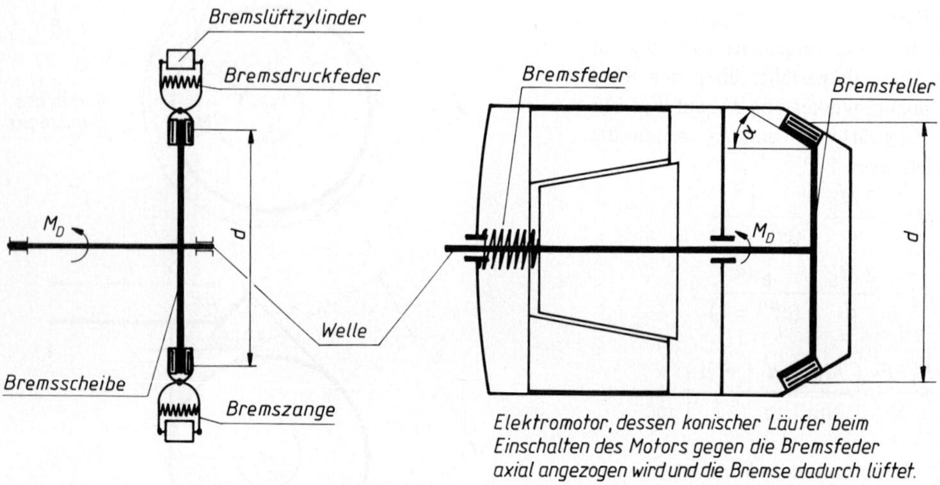

Bild V.5. Berechnungsskizze für Scheiben- und Kegelreibungsbremsen

Bei Scheibenbremsen wird eine mit der Bremswelle fest verbundene Scheibe durch eine oder mehrere Bremszangen gehalten. Die Bremszangen werden zweckmäßig symmetrisch angeordnet, um die Welle nicht mit Biegemomenten zu belasten. Scheibenbremsen sind vergleichsweise unempfindlich, einfach in ihrem Aufbau und haben eine große, die Reibungswärme ableitende Fläche. Sie eignen sich daher auch zum Betrieb im Freien und zu Dauerbremsungen.

Die axiale Anpreßkraft F, die durch die Bremsfedern z zwischen Bremsbelägen und Reibflächen erzeugt wird, muß sein:

$$F \geqslant \frac{2\,M_B}{d} \cdot \frac{1}{\mu} \cdot \frac{1}{n} \cdot \sin\alpha$$

F	M_B	d	μ, n	α
N	Nm	m	1	°

M_B abzubremsendes Gesamtmoment

d mittlere Reibflächendurchmesser

μ Reibzahl an den Bremsflächen

n Anzahl der Reibflächen; bei Scheibenbremsen $n = 2$ je Bremszange, bei Kegelreibungsbremsen stets $n = 1$

α Kegelwinkel; $\alpha = 90°$, $\sin\alpha = 1$ bei Scheibenbremsen; $\alpha \approx 20°$, $\sin\alpha \approx 0{,}34$ bei Kegelreibungsbremsen

2. Rücklaufsperren

Rücklaufsperren sind mechanische, selbsttätig eingreifende Maschinenteile, die ein Zurückdrehen der Sperrwelle unter dem Einfluß eines Lastmomentes verhindern, wenn der Antrieb abgeschaltet oder unterbrochen wird. Nach ihrer Wirkungsweise unterscheidet man Zahn(Klinken-)-Gesperre und stufenlos arbeitende Freiläufe.

Die *Zahngesperre* haben besonders geformte Zahnräder, in deren Lücken die Sperrklinke einrastet. Zahngesperre arbeiten formschlüssig, aber naturgemäß nicht stufenlos. Weiterhin verursachen sie während der gesamten Leerlaufzeit ein störendes Klickergeräusch. Sie werden daher nur für Handantriebe sowie für langsame untergeordnete Einsatzfälle verwendet.

Bei den reibschlüssigen Rücklaufsperren unterscheidet man Klemmkörperfreiläufe (Bild V.6) und Rollenfreiläufe (Bild V.7).

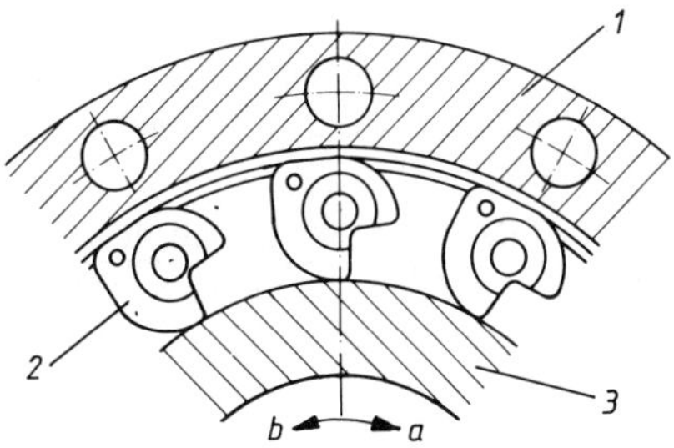

Bild V.6. Klemmkörper-Freilauf als Rücklaufsperre für Fördereinrichtungen

1 Außenring (drehfest mit dem Gehäuse des Getriebes oder der Fördereinrichtung verbunden)

2 Klemmkörper; die Klemmkörper sind in Leerlaufposition gezeichnet, bei der sie unter Einwirkung der Fliehkraft vom stillstehenden Außenring abheben. Bei Stillstand gelangen sie unter der Einwirkung der nicht gezeichneten Anfederung wieder in Eingriff, so daß ein Zurückdrehen der Welle in Richtung *a* ausgeschlossen ist.

3 Innenring, mit der zu sperrenden Welle verbunden
a) gesperrte Drehrichtung
b) freie Drehrichtung

(RINGSPANN)

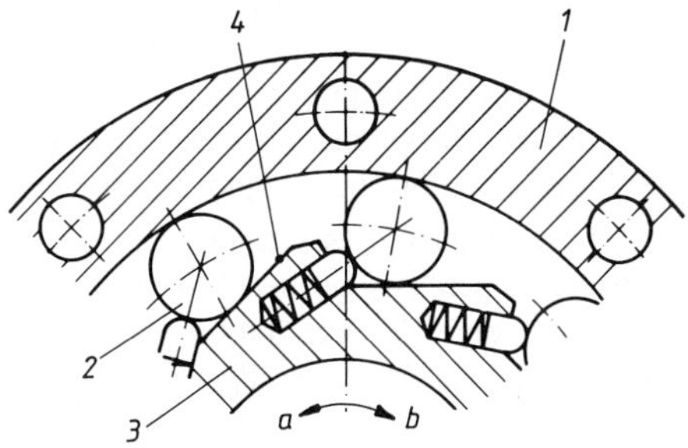

Bild V.7. Rollenfreilauf als Rücklaufsperre für Fördereinrichtungen

1 Außenring

2 Klemmrollen

3 Innenring mit Klemmrampen (Innenstern)

4 Klemmrampen
a) gesperrte Drehrichtung
b) freie Drehrichtung

(RINGSPANN)

Die Klemmkörperfreiläufe werden aus den konzentrisch angeordneten Innen- und Außenringen und den dazwischen befindlichen, leicht angefederten Klemmkörpern gebildet. Letztere gleiten bei „Freilaufbetrieb" auf dem Innenring. Im „Mitnahmebetrieb" verklemmen sie sich zwischen Innen- und Außenring, so daß Drehmoment übertragen werden kann.

Damit der Freilauf auch klemmt und nicht durchrutscht, muß der Tangens des Abstützwinkels der Klemmkörper („Klemmwinkel ϵ") stets kleiner sein als der Reibwert μ.

$$\tan \epsilon < \mu$$

Da Rücklaufsperren an Fördereinrichtungen den größten Teil ihrer Betriebszeit in Freilaufrichtung laufen, spielen die Maßnahmen zur Vermeidung von Verschleiß und damit zur Erhöhung der Lebensdauer eine große Rolle. Bei Rücklaufsperren ist meist Fliehkraftabhebung möglich. Man unterscheidet:

– Fliehkraftabhebung bei umlaufendem Außenring. Der Schwerpunkt der Klemmkörper ist so gelegt, daß sie unter der Einwirkung der Fliehkraft vom stillstehenden Innenring abheben. Dadurch wird Gleitverschleiß unterbunden.
– Fliehkraftabhebung bei umlaufendem Innenring (Bild V.6). Die Klemmkörper laufen mit dem Innenring um und stützen sich an einem speziell ausgebildeten Käfig so ab, daß sie vom stillstehenden Außenring abheben. Diese Konstruktion ermöglicht eine elegantere Bauweise, da der drehende Innenring direkt mit der Welle und der stehende Außenring direkt mit dem Gehäuse verbunden werden kann.

Wo Fliehkraft, z.B. wegen geringer Drehgeschwindigkeit im Leerlauf, nicht angewandt werden kann, ist P-Schliff angebracht. Hierbei wird der Außenring nicht rund, sondern leicht polygonal geschliffen. Die Klemmkörper stehen dadurch bei ihrem langsamen Wandern am Umfang manchmal „steiler", manchmal „flacher". Die Berührungslinie wandert dadurch auf dem Klemmkörper, das Verschleißvolumen wird größer, die Lebensdauer erheblich länger.

Bei Rollenfreiläufen verklemmt sich eine Rolle zwischen dem runden Außenring und dem mit „Klemmrampen" versehenen Innenring („Innenstern") (Bild V.7). Klemmrollenfreiläufe werden eingesetzt, wenn Fliehkraftabhebung nicht möglich ist, oder wenn umfangreiche Branchenerfahrungen mit dieser Bauart vorliegen.

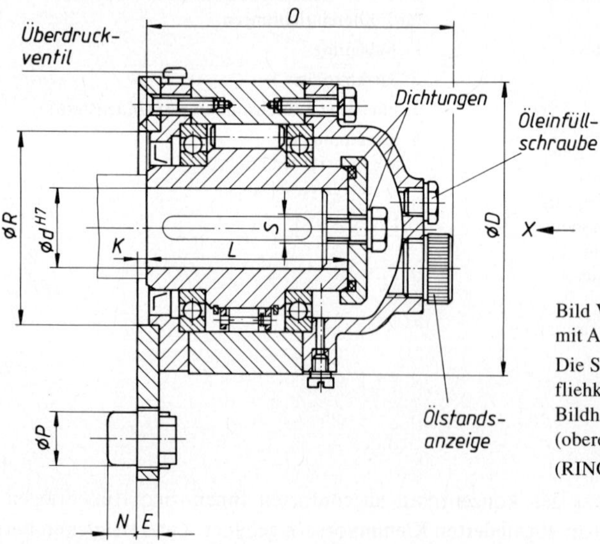

Bild V.8. Rücklaufsperre als Außensperre mit Abstützhebel für das Rückdrehmoment. Die Sperre kann je nach Betriebsdrehzahl mit fliehkraftabhebenden Klemmkörpern (untere Bildhälfte) oder in Rollenbauart mit Innenstern (obere Bildhälfte) geliefert werden. (RINGSPANN)

VI. Hebezeuge

1. Handhebezeuge

Unter dem Sammelbegriff „Handhebezeuge" werden solche Kleinhebezeuge zusammengefaßt, die meist Handantrieb haben, aber auch mit Motorantrieb ausgeführt sein können. Handhebezeuge erfüllen vielfätige Aufgaben in Montage, Reparatur und in Fällen, wo große Lasten nur selten zu heben sind (vgl. IV.1).

Die gebräuchlichsten Kleinhebezeuge einfacher Art sind Winden:

Zahnstangenwinden – genormte Bauweise für 1,5 t, 3 t, 5 t, 10 t, 15 t und 25 t Tragfähigkeit (Bilder VI.1).

Schraubenwinden – die Last wird durch eine Schraubenspindel gehoben.

Die Betätigung erfolgt mit einem Handhebel, oft unter Zwischenschaltung einer Ratsche. Bei Teleskopwinden sind mehrere Schraubenspindeln ineinandergebaut. Die Tragfähigkeit beträgt bis ca. 6000 kg.

Hebeböcke – für schwere Lasten von 20 ... 300 t. Die Last wird hydraulisch oder durch Spindeln angehoben bei Hubhöhen bis zu ca. 3 m.

Handhebezeuge sind ferner Kettenhebezeuge mit Flaschenzügen nach Bild VI.2. In allen Fällen, in denen Kettenhebezeuge häufiger gebraucht werden, werden Elektroantriebe verwendet.

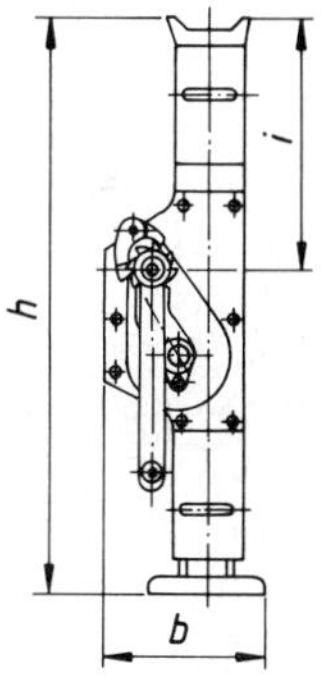

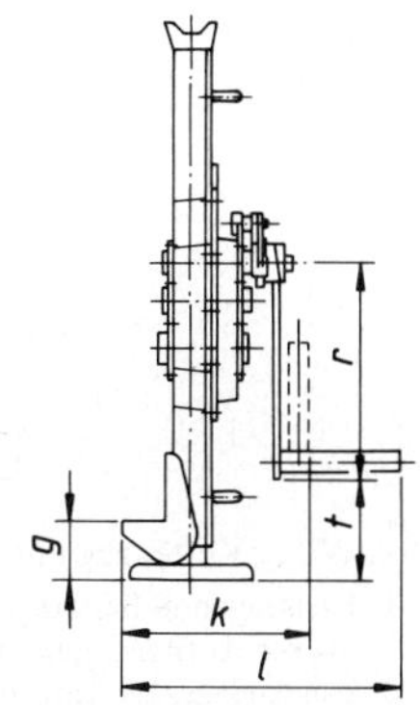

Bild VI.1

Zahnstangenwinde für 1,5 ... 10 t Traglast, Hub ca. 300 ... 350 mm, Kurbeldruck 250 N, bei 10 t Traglast 500 N, g, k, l, t, r Abmessungen je nach Baugröße der Baureihen

(Gebr. Dickertmann)

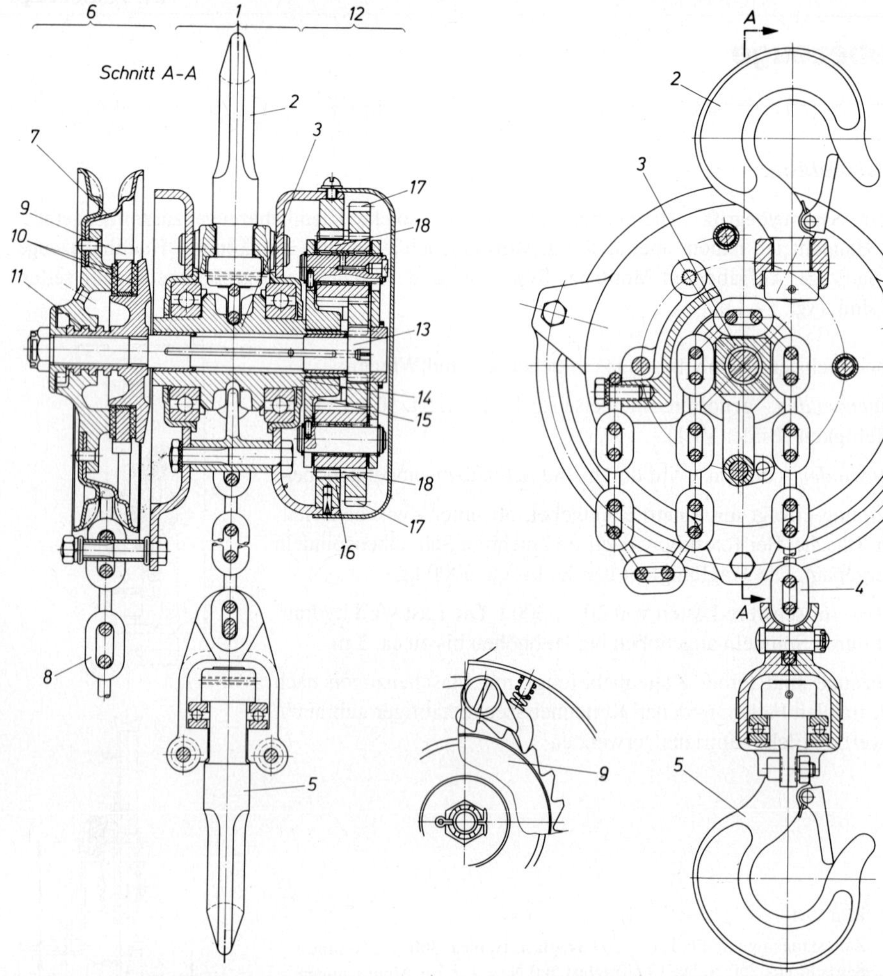

Bild VI.2. Kettenzug mit Handantrieb

1 Lasttragende Baugruppe, bestehend aus:
2 oberer Aufhängehaken
3 kugelgelagertes Kettenrad für Rundstahlkette
4 lasttragende Rundstahlkette
5 Lasthaken mit Axialkugellager, damit sich die Last frei drehen kann, ohne die Rundstahlkette zu verdrillen.
6 Baugruppe mit Haspelantrieb und Lastdruckbremse, mit:
7 Abtriebskettenrad für Haspelkette
8 Haspelkette für Heben und Senken von Hand
9 Klinkenrad mit Sperrklinke
10 Reibbeläge
11 Lastdruckgewinde. Im Ruhezustand erzeugt das Lastmoment durch das Gewinde einen lastabhängigen Druck auf die Reibbeläge 10 und das gesperrte Klinkenrad 9. Dadurch wird die Last gehalten.
Beim Heben dreht sich das Klinkenrad 9 mit, die Sperrklinke ratscht durch.
Beim Senken wird das Haspelrad gegen das Reibmoment am gesperrten Klinkenrad in Senkrichtung gedreht. Das Lastdruckgewinde wird dadurch etwas gelöst. Ist der Druck an den Reibbelägen dadurch so gering geworden, daß das Gesamtreibmoment kleiner ist als das Lastmoment, so dreht das Lastmoment „nach", – wobei die Last sinkt, bis das Reibmoment wieder gleich oder größer wie das Lastmoment ist.
12 Planetengetriebe zur Erzielung hoher Übersetzungen bei geringem Raumbedarf mit:
13 Antriebwelle mit Antriebsritzel
14 Abtriebshohlwelle mit Kettenrad 3
15 Planetenradträger, drehfest mit der Abtriebshohlwelle verbunden.
16 Sonnenrad, mit dem Gehäuse drehfest verbunden.
17, 18 Planetenräder
Bei Verdrehung des Planetenrades 17 durch das Antriebsritzel 13 muß sich das Planetenrad 18 am stillstehenden Sonnenrad 16 abwälzen. Dabei wird der Planetenradträger 15 mit dem Lastkettenrad 3 verdreht. Die Räder 17 und 18 laufen also um („Planetenräder").

(Yale, Velbert)

2. Elektroseilzüge

Elektroseilzüge sind Hebemaschinen nach Bild VI.3, bei denen die Baugruppen Seiltrommel, Getriebe, Antriebsmotor und Bremse in einer kompakten Einheit kombiniert sind. Elektrozüge werden durchweg nach dem Baukastenprinzip in vielen Varianten hergestellt (Bild VI.4) und werden angepaßt an die geforderte Traglast, Hubgeschwindigkeit und die Betriebsbedingungen geliefert (vgl. VI. 2.2).

Der Elektrozug wird für Traglasten von 160...80 000 kg hergestellt. Er kann auch mit einem Feingang ausgerüstet werden.

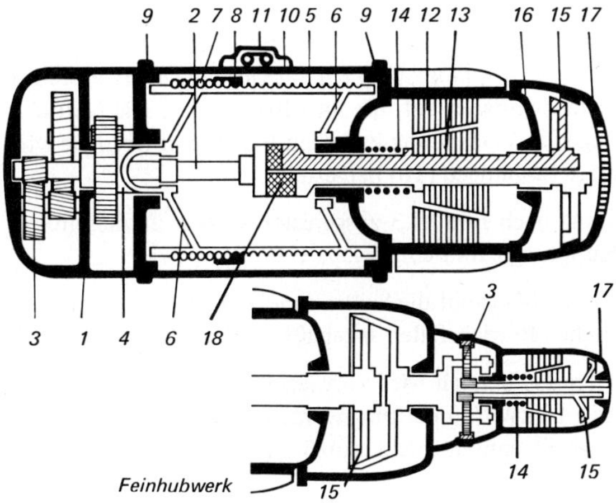

Bild VI.3. Prinzipskizze eines Elektroseilzuges (Mannesmann Dematik)

1 Getriebegehäuse
2 Antriebswelle
3 Getrieberäder
4 Hohlwelle
5 Seiltrommel
6 Trommelstege
7 Drahtseil
8 Seilführung
9 Tragflansche mit Füßen
10 Mantel
11 Mantelseiltaschen mit Seilkeil
12 Ständer mit Wicklung
13 Verschiebeläufer
14 Bremsfeder
15 Brems- und Lüfterscheibe
16 Lagerschilde
17 Bremshaube
18 Dreh- und axialelastische Kupplung

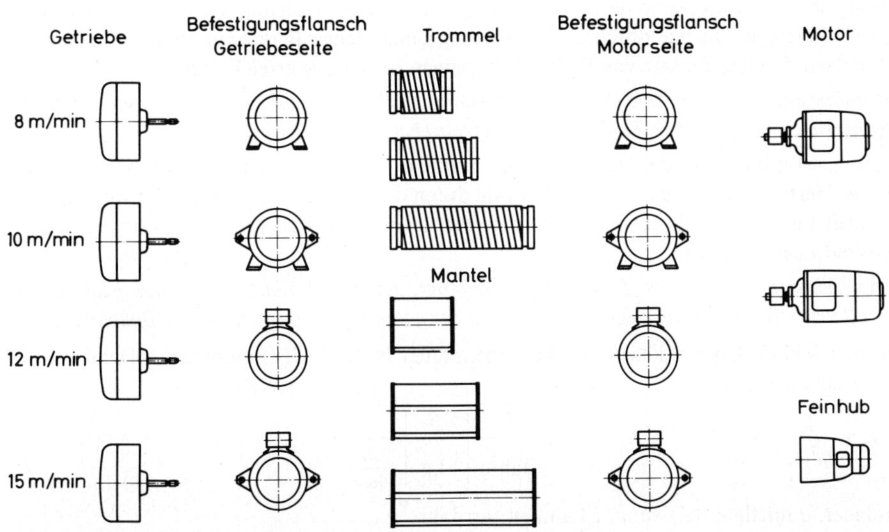

Bild VI.4. Verschiedene, jeweils miteinander kombinierbare Baugruppen eines Serienelektrozugs, die eine gute Anpassung des Hebezeuges an die jeweiligen Einsatzfälle ermöglichen.
(Mannesmann Dematik AG)

Größere Elektrozüge werden über Schütze gesteuert. Sie sind das Herzstück vieler Anlagen, wie z.B. Standard-Laufkrane, Hängekrane und Hängebahnen.

2.1. Prinzip eines Elektroseilzuges (Bild VI.3)

Der Antrieb ist als Aggregat aus Elektromotor und Bremse nach dem Verschiebeläufer-Prinzip gebaut. Im abgeschalteten Zustand (untere Hälfte) drückt die Bremsfeder (14) den konischen Verschiebeläufer (13) mit der Kegelbremsscheibe (15) gegen die Bremshaube (17), im eingeschalteten Zustand (obere Bildhälfte) bewirkt die Axialkraft des Läufers eine Lüftung der Bremse. Die Rippen des Gehäuses werden von der Bremsscheibe, die hier gleichzeitig als Lüfter ausgebildet ist, angeblasen, um die entstehende Wärme nach außen abzuführen.

Die kegelige Bremsscheibe ist durch Verzahnung mit der Motorwelle verbunden. Das Drehmoment des Elektromotors wird durch eine axialelastische Kupplung (18) auf das Getriebe übertragen. Ein geschlossenes Getriebegehäuse (1) nimmt alle Zahnräder auf, die im Ölbad laufen. Die Getriebestufen sind teilweise schrägverzahnt. Die tragende Verbindung zwischen Motor und Getriebe wird durch Trageflansche und ein Mantelgehäuse aus Stahlblech (10) hergestellt.

Der Elektrozug kann auch mit einem Feingang nach Bild VI.3 ausgerüstet werden. In diesem Fall wirkt die Bremse des Haupthubmotors als Kupplung zum Feingang.

Eine aus dem Getriebe herausgeführte Hohlwelle (4) treibt die Seiltrommel (5) an. Durch verschiedene Seilabläufe kann der Elektrozug praktischen Betriebsfällen angepaßt werden.

Als Hubmotor für Elektrozüge im unteren Traglastbereich wird vorwiegend der Drehstrom-Asynchron-Kurzschlußläufer verwendet. Über etwa 10 kW Nennleistung werden die Elektrozüge oft mit Schleifringläufermotoren ausgestattet, um das Stromnetz nicht durch zu hohe Anlaufströme zu belasten.

2.2. Einteilung der Elektroseilzüge nach FEM und DIN 15 020[1])

Die FEM (Federation Europeene de la Manutention) ist eine Vereinigung europäischer Hersteller von Elektrohebezeugen, die u.a. durch die Erarbeitung gemeinsamer Berechnungsregeln für Herstellung und wirtschaftlichen Einsatz von Elektrohebezeugen Bedeutung erreicht hat.

Die Berechnungsregeln bezwecken eine Dimensionierung aller Bauteile nach der späteren betrieblichen Beanspruchung, die durch Traglast und Laufzeit charakterisiert wird.

Diese wichtigen Einflüsse auf die Nutzungsdauer, *mittlere Traglast* und *Laufzeit*, müssen daher sowohl bei der Herstellung als auch bei der Auswahl durch den Betreiber berücksichtigt werden. Nur so erhält man für den jeweiligen Einsatzfall den wirtschaftlichsten Elektrozug mit ausreichender Sicherheit und Lebensdauer.

Harter Dauereinsatz – schwerer Elektrozug; seltener, leichter Einsatz – leichter Elektrozug. Derartige „Betriebsfestigkeitsüberlegungen" sind für die gesamte Fördertechnik von Bedeutung.

Zwischen den wichtigsten Einflüssen auf die Lebensdauer besteht näherungsweise folgender rechnerischer Zusammenhang

$$L \sim \frac{1}{q^3\, t}$$

L	q	t
Jahre	kg	$\frac{\text{h}}{\text{Jahr}}$

L Lebensdauer, q mittlere Belastung, t Laufzeit pro Jahr

[1]) DIN 15 020 – Berechnung von Seiltrieben, und FEM – Elektrozug-Regeln machen vergleichbare Aussagen. DIN 15 020 erfaßt zusätzlich noch landwirtschaftliche und sonstige Winden, während die FEM-Regeln nicht nur die Seiltriebe, sondern den gesamten Elektrozug behandeln.

Ein Elektrozug, der jedes Jahr nur die halbe Zeit t im Einsatz ist als ein anderer, wird also auch entsprechend weniger verschleißen und kann also bei gleicher Lebensdauer ($L = 10$) entsprechend leichter konstruiert und damit billiger sein. Andererseits braucht man die mittlere Belastung q nur um 20 % (d.h. auf das 0,8-fache) zu senken, um einen sonst gleichen Zug doppelt solang benützen zu können ($0{,}8^3 = 0{,}5$).

Definition der Elektroseilzuggruppen nach Laufzeitklassen und Belastungsarten (= Lastkollektiven), vgl. Tafel III.6

Laufzeitklassen $V_{0,25} \dots V_5$. Tafel VI.1 zeigt in den einzelnen Spalten, welche Zeit ein Elektroseilzug im Mittel je Tag, Jahr oder 10-Jahres-Zeitraum laufen muß, um der entsprechenden Laufzeitklasse zugeordnet zu werden. Meist wird die mittlere Laufzeit je Tag geschätzt und danach die Laufzeitklasse bestimmt.

Belastungsarten. 1 leicht – 2 mittel – 3 schwer (Tafeln VI.2 und VI.3).

Leicht: Elektroseilzüge, die selten die höchstzulässige Last, und meistens kleinere Lasten heben, z.B. im Kraftwerks- oder Montagebetrieb (Belastungskennzahl $k \leqslant 0{,}53$).

Mittel: Elektroseilzüge, die etwa gleichmäßig die höchste Traglast sowie größere und kleinere Traglasten heben, beispielsweise im Stückgutbetrieb ($0{,}53 < k \leqslant 0{,}67$).

Schwer: Elektroseilzüge, die hauptsächlich Lasten in der Nähe der höchstzulässigen Last (Traglast) heben, beispielsweise Greiferbetrieb ($0{,}67 < k$).

Tafel VI.1. Bestimmung der Laufzeitklasse für Serienhebezeuge

Laufzeitklasse	$V_{0,25}$	$V_{0,5}$	V_1	V_2	V_3	V_4	V_5
mittl. Laufzeit je Tag (Stunden)	bis 0,5	0,5 bis 1	1 bis 2	2 bis 4	4 bis 8	8 bis 16	über 16
Rechenwert	0,32	0,63	1,25	2,5	5,0	10	20
mittl. Laufzeit je Jahr (Stunden)	80	160	320	630	1250	2500	5000
Laufzeit in 10 Jahren (Std.)	800	1600	3200	6300	12500	25000	50000

Tafel VI.2. Gruppenstufung der Triebwerke von Elektroseilzügen nach DIN 15 020

Belastungskollektiv		Laufzeitklasse						
		$V_{0,25}$	$V_{0,5}$	V_1	V_2	V_3	V_4	V_5
	kubischer Mittelwert k	mittlere Laufzeit je Tag in Stunden						
		$\leqslant 0{,}5$	$\leqslant 1$	$\leqslant 2$	$\leqslant 4$	$\leqslant 8$	$\leqslant 16$	> 16
1	$k \leqslant 0{,}53$			I_b	I_a	II	III	IV
2	$0{,}53 < k \leqslant 0{,}67$		I_b	I_a	II	III	IV	V
3	$0{,}67 < k \leqslant 0{,}85$	I_b	I_a	II	III	IV	V	V

Tafel VI.3. Beispiel eines Elektroseilzugprogramms aus 8 Baureihen (Mannesmann Dematik)

Die Baugröße ist bestimmt durch die Belastungsart, mittlere Laufzeit, Traglast und Einscherungsart.

Belastungsart:

1 leicht
Hubwerke, die selten die höchste Traglast und meistens kleinere Teillasten heben.

2 mittel
Hubwerke, die etwa gleichmäßig die höchste Traglast sowie größere und kleinere Teillasten heben

3 schwer
Hubwerke, die hauptsächlich Lasten in der Nähe der höchsten Traglast heben.

4 sehr schwer
Hubwerke, die nur Lasten der höchsten Traglast mit sehr großer Totlast heben.

Aus Laufzeit und Belastungsart wird die Gruppe bestimmt.											
Belastungsart						Mittlere Laufzeit je Arbeitstag in Stunden					
1	**leicht**					bis 2	2–4	4–8	8–16	über 16	–
2	**mittel**					bis 1	1–2	2–4	4–8	8–16	über 16
3	**schwer**					bis 0,5	0,5–1	1–2	2–4	4–8	8–16
4	**sehr schwer (FEM)**					bis 0,25	0,25–0,5	0,5–1	1–2	2–4	4–8
Gruppe nach FEM/DIN 15020						1 B_m	1 A_m	2_m	3_m	4_m	5_m
Einscherungsart [1]) bei einrilliger Trommel					Baureihe	Elektroseilzug-Baugrößen					
1/1	2/1	4/1	6/1	8/1							
Traglast in kg											
160	320	630	–	–							P 116
200	400	800	–	–						P 120	
250	500	1000	–	–					P 125		
320	630	1250	–	–				P 132			P 203
400	800	1600	–	–			P 140			P 204	
500	1000	2000	–	–	100	P 150			P 205		
630	1250	2500	–	–				P 206			P 406
800	1600	3200	–	–			P 208			P 408	
1000	2000	4000	6300	8000	200	P 210			P 410		P 610
1250	2500	5000	8000	10000		P 212		P 412		P 612	
1600	3200	6300	10000	12500			P 416		P 616		P 1016
2000	4000	8000	12500	16000	400	P 420		P 620		P 1020	
2500	5000	10000	16000	20000		P 425	P 625		P 1025	P 1225	P 1625
3200	6300	12500	20000	25000	600	P 632		P 1032	P 1232	P 1632	
4000	8000	16000	25000	32000			P 1040	P 1240	P 1640	P 2040	
5000	10000	20000	32000	40000	1000	P 1050	P 1250	P 1650	P 2050		
6300	12500	25000	40000	50000	1200	P 1263	P 1663	P 2063			
8000	16000	32000	50000	63000	1600	P 1680	P 2080				
–	20000	40000	63000	80000	2000	P 2100					

[1]) Der Fachbegriff „Einscherungsart" sagt aus, an wieviel Seilen die Last hängt, und wieviel Seile durch ein Hubwerk direkt angezogen werden. So sagt beispielsweise die Einscherungsart 4/1 aus, daß die Last an 4 Seilen hängt, wovon eines motorisch angezogen wird. Die Traglast ist also 4 mal so groß wie bei Einscherungsart 1/1, die Hubgeschwindigkeit aber nur 1/4 derjenigen bei Einscherungsart 1/1.

Kann man die Belastungsart nicht schätzen, so muß man aus Meßwerten das „Lastkollektiv" des entsprechenden Einsatzfalles ermitteln und daraus die Belastungskennzahl *k* (kubischer Mittelwert der Belastung) errechnen. Ein Lastkollektivdiagramm gibt an, wie häufig, verteilt auf die gesamte Laufzeit, die Belastung des Hebezeugs mit Höchstlast, mittlerer bzw. kleiner Last ist.

Elektroseilzugruppen (FEM-Gruppen). Mit den nunmehr ermittelten Laufzeitklassen bzw. Belastungsarten kann man nach Tafel VI.2 die Elektroseilzeug-Gruppe bestimmen. Die Hersteller geben für jeden Elektroseilzugtyp die zulässigen Traglasten in den einzelnen Gruppen an. Die Betreiber sind in der Lage, je nach Laufzeit und Betriebsbedingungen den jeweils wirtschaftlichsten aus dem Programm auszuwählen (Tafel VI.3).

2.3. Windwerke

Windwerke sind Hebemaschinen nach Bild VI.5 bei denen die Hauptbaugruppen Antriebsmotor – Bremse – Getriebe – Seiltrommel nicht in einer Maschine kombiniert, sondern „offen" hintereinander geschaltet sind. Windwerke werden nicht serienmäßig hergestellt, sondern stets für Sonderfälle gebaut, die in bezug auf Traglast, Hubgeschwindigkeit, Hakenweg oder Lebensdauer von den Elektroseilzügen nicht abgedeckt werden (Bild VI.6).

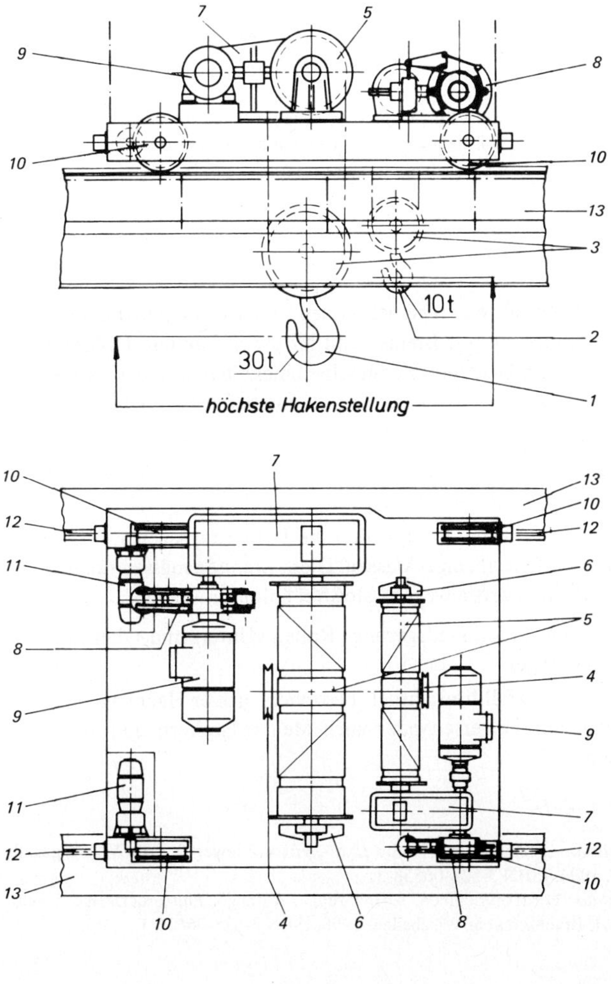

Bild VI.5

Laufkatze mit offenem Windwerk

1 Haupthub, z.B. 30 t
2 Hilfshub, z.B. 10 t
3 Unterflaschen
4 Oberflaschen
5 Seiltrommeln
6 Trommellager
7 Hubgetriebe
8 Doppelbackenbremsen
9 Hubmotore
10 Katzlaufräder
11 Fahrmotore
12 Fahrschiene
13 Kranträger

(Mannesmann Dematik)

Bild VI.6 zeigt die Traglastbereiche abhängig von der FEM-Gruppe, die

a) von Elektroseilzügen
b) von Elektroseilzugdoppelhubwerken
c) von Windwerken

überstrichen werden.

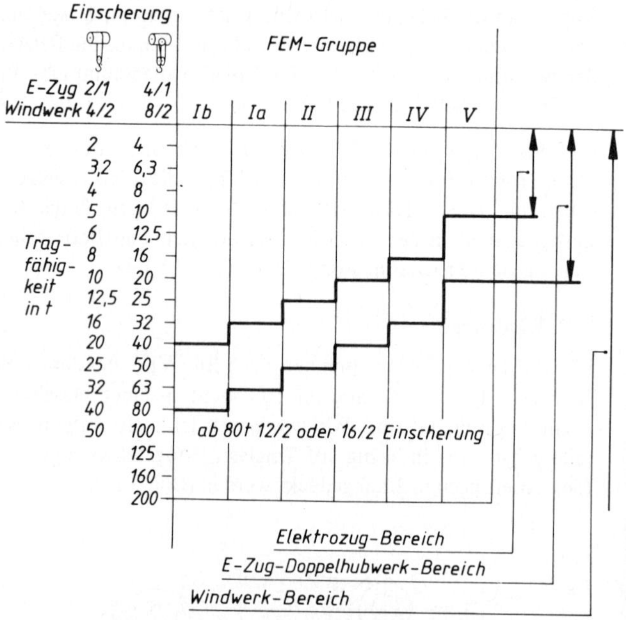

Bild VI.6. Traglastbereiche für Elektroseilzüge in den einzelnen FEM-Gruppen und für Windwerke (Mannesmann Dematik)

Im Überschneidungsbereich sind bei normalen Einsatzfällen meist Elektroseilzüge wirtschaftlicher. Es können aber auch hier besondere Einsatzbedingungen, wie Mehrseilgreiferbetrieb, den Einsatz eines Windwerkes erzwingen. Die Baugruppen eines Windwerks sind:

Hubmotor. Als Hubmotor des Windwerkes wird bevorzugt ein Drehstrom-Schleifringläufermotor verwendet. Bei Antriebsleistungen über 20 kW ist deren Einsatz aus Gründen der Netzbelastung (niedrigere Anlaufströme) unvermeidlich. Der Vorteil des Windwerkes liegt aber auch darin, daß alle anderen Bauarten von Elektromotoren eingesetzt werden können, z.B. Gleichstrommotoren.

Hubgetriebe. In der Regel sind alle Getriebestufen im gemeinsamen Gehäuse im Ölbad zusammengefaßt. Das Hubgetriebe ist über eine Kupplung mit Bremse und Motor verbunden. Es läßt einen weiten Spielraum bei der Auswahl der gewünschten Hubgeschwindigkeiten durch verschiedene Übersetzungsverhältnisse der Getriebestufen und manchmal auch durch fernbetätigte Umschaltstufen zu.

Hubwerksbremse. Die Hubwerksbremse ist meist eine Doppelbackenbremse mit elektromechanischem oder elektrohydraulischem Bremslüftgerät (vgl. V.1.1).

Bei einigen speziellen Bedarfsfällen wird aus Sicherheitsgründen die Forderung nach Einbau einer zweiten Bremse erhoben, z.B. beim Heben feuerflüssiger Massen. Diese Bremsen müssen unabhängig voneinander wirken und die Last aus der Aufwärtsbewegung stoßfrei abfangen können.

Seiltrieb. Dieser besteht aus Trommel und Trommellagerung, Rollen (Unter- und Oberflaschen) und Drahtseil mit verschiedenen Einscherungen.

Die Seiltrommel kann dem speziellen Einsatzfall hinsichtlich besonders großer Hakenwege, mehrrilliger Ausführung für das Anhängen von Traversen oder auch Mehrseilgreifern und ähnlichen Lastaufnahmemitteln angepaßt werden.

Literatur

Martin Scheffler. Grundlagen der Fördertechnik, – Elemente und Triebwerke –. Friedr. Vieweg & Sohn Verlagsgesellschaft mbH, Braunschweig/Wiesbaden, 1994. ISBN 3-528-06558-3.

Martin Scheffler, Klaus Feyrer, Karl Matthias. Fördermaschinen, – Hebezeuge, Aufzüge, Flurförderzeuge. Friedr. Vieweg & Sohn Verlagsgesellschaft mbH, Braunschweig/Wiesbaden, 1998. ISBN 3-528-06626-1.

Maschinenelemente

Alfred Böge/Wolfgang Böge

I. Normzahlen, Toleranzen, Passungen

Normen (Auswahl)

DIN 323	Normzahlen, Hauptwerte, Genauwerte, Rundwerte
DIN 3141	Oberflächenzeichen in Zeichnungen, Zuordnung der Rauhtiefen
DIN 3142	Kennzeichnung von Oberflächen in Zeichnungen durch Rauhheitsmaße
DIN 4760	Begriffe für die Gestalt von Oberflächen
DIN 4761	Begriffe, Benennungen und Kurzzeichen für den Oberflächencharakter
DIN 4766	Herstellverfahren und Rauhheit von Oberflächen, Richtlinien für Konstruktion und Fertigung
DIN 5425	Toleranzen für den Einbau von Wälzlagern
DIN 7150	ISO-Toleranzen und ISO-Passungen
DIN 7151	ISO-Grundtoleranzen
DIN 7154	ISO-Passungen für Einheitsbohrung
DIN 7155	ISO-Passungen für Einheitswelle
DIN 7157	Passungsauswahl, Toleranzfelder, Abmaße, Paßtoleranzen
DIN 7182	Toleranzen und Passungen, Grundbegriffe
DIN 7184	Form- und Lagetoleranzen; Begriffe, Zeichnungseintragungen
DIN 58700	Toleranzfeldauswahl für die Feinwerktechnik

1. Normzahlen

Vor allem wegen der Kosten ist es sinnvoll, sich beim Festlegen von Maßen aller Art auf Vorzugszahlen zu beschränken (Baugrößen, Drehzahlen, Drehmomente, Leistungen, Drücke usw.). Man verwendet dazu eine geometrisch gestufte Zahlenfolge (siehe Abschnitt Mathematik).

Bild I.1 zeigt, daß bei der geometrischen Stufung die Werte im unteren Bereich fein, im oberen grob gestuft sind. Das ist nicht nur technisch sinnvoll.

Bei den *Normzahlen* (DIN 323) sind die Dezimalbereiche nach *vier Grundreihen* geometrisch gestuft. Der *Stufensprung q* ist das konstante Verhältnis einer Normzahl zur vorhergehenden. Der Buchstabe R weist auf *Renard* hin, der die Normzahlen entwickelt hat.

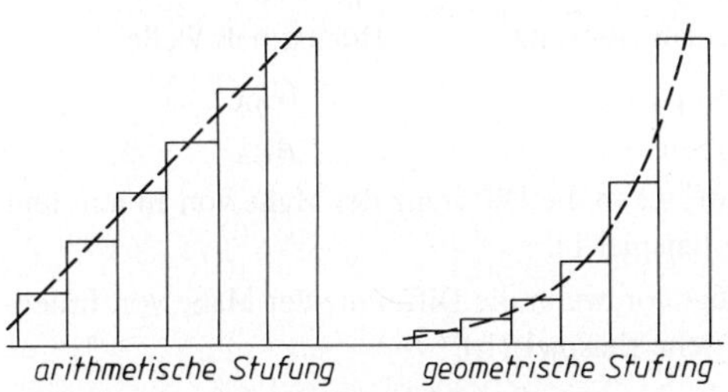

Bild I.1. Schematische Darstellung von arithmetischer und geometrischer Stufung

Tafel I.1. Stufensprung der vier Grundreihen

Reihe	Stufensprung	Rechenwert	Genauwert	Mantisse
R5	$q_5 = \sqrt[5]{10}$	1,58	1,5849...	200
R10	$q_{10} = \sqrt[10]{10}$	1,26	1,2589...	100
R20	$q_{20} = \sqrt[20]{10}$	1,12	1,1220...	050
R40	$q_{40} = \sqrt[40]{10}$	1,06	1,0593...	025

Tafel I.2. Normzahlen

Reihe R5	1,00	1,60	2,50	4,00	6,30	10,00						
Reihe R10	1,00	1,25	1,60	2,00	2,50	3,15	4,00	5,00	6,30	8,00	10,00	
Reihe R20	1,00	1,12	1,25	1,40	1,60	1,80	2,00	2,24	2,50	2,80	3,15	3,55
	4,00	4,50	5,00	5,60	6,30	7,10	8,00	9,00	10,00			
Reihe R40	1,00	1,06	1,12	1,18	1,25	1,32	1,40	1,50	1,60	1,70	1,80	1,90
	2,00	2,12	2,24	2,36	2,50	2,65	2,80	3,00	3,15	3,35	3,55	3,75
	4,00	4,25	4,50	4,75	5,00	5,30	5,60	6,00	6,30	6,70	7,10	7,50
	8,00	8,50	9,00	9,50	10,00							

Die Zahlen sind gerundete Werte. Die Wurzelexponenten 5, 10, 20, 40 geben die Anzahl der Glieder im Dezimalbereich an, z.B. hat die Reihe R5 (Wurzelexponent 5) fünf Glieder: 1 1,6 2,5 4,0 6,3. Für Dezimalbereiche unter 1 und über 10 wird das Komma jeweils um eine oder mehrere Stellen nach links oder rechts verschoben, z.B. für die Reihe R5: 0,01 0,016 0,025 0,04 0,063 0,1 oder 10 16 25 40 63 100.

2. ISO-Passungen

2.1. Grundbegriffe

Bezeichnungen:

N Nennmaß, G_o Höchstmaß, G_u Mindestmaß, I Istmaß, A_o oberes Grenzabmaß, A_u unteres Grenzabmaß, T Maßtoleranz, P_s Spiel, $P_ü$ Übermaß, P_o Höchstpassung, P_u Mindestpassung.

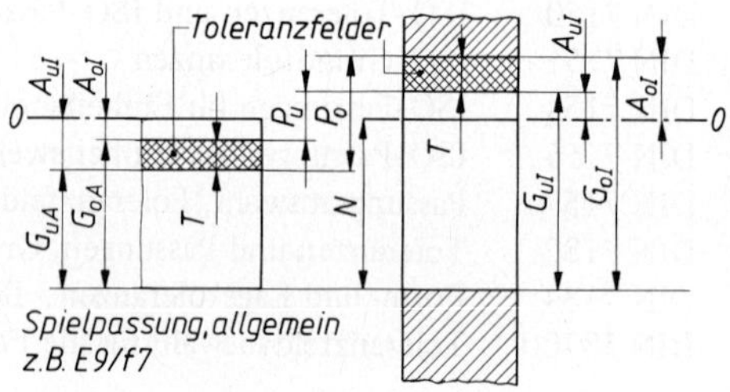

Bild I.2. Darstellung der wichtigsten Passungsgrundbegriffe

Berechnungen oberes Grenzabmaß = Höchstmaß − Nennmaß

$$A_o = G_o - N$$

unteres Grenzabmaß = Mindestmaß − Nennmaß

$$A_u = G_u - N$$

Höchstpassung = Höchstmaß Bohrung − Mindestmaß Welle

$$P_o = G_{oI} - G_{uA}$$

$$P_o = A_{oI} - A_{uA}$$

Mindestpassung = Mindestmaß Bohrung − Höchstmaß Welle

$$P_u = G_{uI} - G_{oA}$$

$$P_u = A_{uI} - A_{oA}$$

Spiel P_s (positive Passung) liegt vor, wenn die Differenz der Maße von Innen- und Außenpaßfläche positiv ist (siehe Beispiel 1).

Übermaß $P_ü$ (negative Passung) liegt vor, wenn die Differenz der Maße von Innen- und Außenpaßfläche negativ ist (siehe Beispiel 1b).

2.2. Toleranzsystem

2.2.1. Toleranzeinheit. Ein genaues Einhalten des Nennmaßes ist aus Herstellungsgründen nicht möglich und meistens auch nicht erforderlich. Die Toleranzgröße (Qualität) ist abhängig von der Abmessung des Werkstückes und dem Verwendungszweck und ist ein Vielfaches der Toleranzeinheit i:

$$i = 0{,}45\,\sqrt[3]{D} + 0{,}001\,D \qquad \begin{array}{c|c} i & D \\ \hline \mu m & mm \end{array} \qquad (I.1)$$
$$D = \sqrt{D_1 \cdot D_2}$$

D geometrisches Mittel des Nennmaßbereiches nach Tafel I.3.

Nach DIN 7151 sind 20 ISO-Qualitäten vorgesehen: IT 01 (kleinste Toleranz = größte Genauigkeit) bis IT 18 (größte Toleranz = kleinste Genauigkeit), IT = ISO-Toleranz.

Jeder Qualität entspricht eine bestimmte Anzahl Toleranzeinheiten, deren Zunahme ab IT 5 nach der geometrischen Reihe R 5 mit dem Stufungsfaktor $q_5 \approx 1{,}6$ erfolgt (Tafel I.3).

Beispiel: Nennmaßbereich 50 mm bis 80 mm

$$D = \sqrt{D_1 \cdot D_2} = \sqrt{(50 \cdot 80)\,mm} = 63{,}245\,...\,mm$$
$$i = 0{,}45 \cdot \sqrt[3]{D} + 0{,}001 \cdot D = (0{,}45 \cdot \sqrt[3]{63{,}245\,...} + 0{,}001 \cdot 63{,}245\,...)\,\mu m$$
$$i = 1{,}856\,...\,\mu m$$

Grundtoleranz T für IT 10: $T = 64 \cdot i = 64 \cdot 1{,}856\,...\,\mu m = 118{,}793\,...\,\mu m$

$T \approx 120\,\mu m$ (siehe Tafel I.3)

Tafel I.3. Grundtoleranzen der Nennmaßbereiche in μm

Qualität	ISO Toleranz	Nennmaßbereich in mm 1 bis 3	über 3 bis 6	über 6 bis 10	über 10 bis 18	über 19 bis 30	über 30 bis 50	über 50 bis 80	über 80 bis 120	über 120 bis 180	über 180 bis 250	über 250 bis 315	über 315 bis 400	über 400 bis 500	Toleranzen in i
01	IT 01	0,3	0,4	0,4	0,5	0,6	0,6	0,8	1	1,2	2	2,5	3	4	
0	IT 0	0,5	0,6	0,6	0,8	1	1	1,2	1,5	2	3	4	5	6	
1	IT 1	0,8	1	1	1,2	1,5	1,5	2	2,5	3,5	4,5	6	7	8	–
2	IT 2	1,2	1,5	1,5	2	2,5	2,5	3	4	5	7	8	9	10	–
3	IT 3	2	0,5	2,5	3	4	4	5	6	8	10	12	13	15	–
4	IT 4	3	4	4	5	6	7	8	10	12	14	16	18	20	–
5	IT 5	4	5	6	8	9	11	13	15	18	20	23	25	27	≈ 7
6	IT 6	6	8	9	11	13	16	19	22	25	29	32	36	40	10
7	IT 7	10	12	15	18	21	25	30	35	40	46	52	57	63	16
8	IT 8	14	18	22	27	33	39	46	54	63	72	81	89	97	25
9	IT 9	25	30	36	43	52	62	74	87	100	115	130	140	155	40
10	IT 10	40	48	58	70	84	100	120	140	160	185	210	230	250	64
11	IT 11	60	75	90	110	130	160	190	220	250	290	320	360	400	100
12	IT 12	90	120	150	180	210	250	300	350	400	460	520	570	630	160
13	IT 13	140	180	220	270	330	390	460	540	630	720	810	890	970	250
14	IT 14	250	300	360	430	520	620	740	870	1000	1150	1300	1400	1550	400
15	IT 15	400	480	580	700	840	1000	1200	1400	1600	1850	2100	2300	2500	640
16	IT 16	600	750	900	1100	1300	1600	1900	2200	2500	2900	3200	3600	4000	1000
17	IT 17	–	–	1500	1800	2100	2500	3000	3500	4000	4600	5200	5700	6300	1600
18	IT 18	–	–	–	2700	3300	3900	4600	5400	6300	7200	8100	8900	9700	2500

2.2.2. Lage der Paßtoleranzfelder. Die Paßtoleranzfeldlage wird durch Buchstaben gekennzeichnet: Große Buchstaben für Innenmaße, kleine Buchstaben für Außenmaße.

Für Bohrungen: A B C D E F G H I J K L M N O P Q R S T U V W X Y Z ZA ZB ZC
Für Wellen: a b c d e f g h i j k l m n o p q r s t u v w x y z za zb zc

Nach Bild I.3 haben die A(a)-Felder bzw. Z(z)-Felder den größten Abstand zur Nullinie, wobei für Bohrungen das A-Feld oberhalb, das Z-Feld unterhalb der Nullinie liegt. Die Toleranzfelder für Wellen liegen entsprechend umgekehrt.

Die Abstände der Paßtoleranzfelder von der Nullinie sind nach DIN 7150 festgelegt. Eine Auswahl nach DIN 7157 zeigt Tafel I.4.

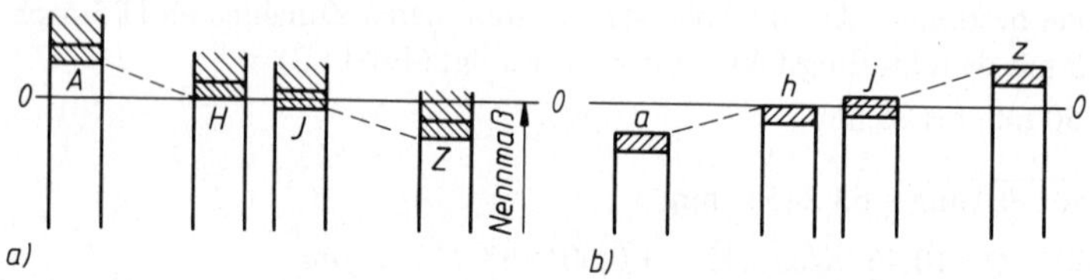

Bild I.3
Lage der Paßtoleranzfelder
a) bei Bohrungen
b) bei Wellen

2.3. Paßsysteme Einheitsbohrung und Einheitswelle

2.3.1. Einheitsbohrung. Im Paßsystem Einheitsbohrung (EB) ist das *untere* Abmaß aller Bohrungen gleich Null ($A_{uI} = 0$).

Die verschiedenen Passungen ergeben sich durch die Wahl verschiedener Toleranzfeldlagen der Wellen und der oberen Abmaße der Bohrungen (A_{oI}).

Passungsbeispiele: H7/s6, H8/f7, H8/e8.

Beachte: EB ist erkennbar am Buchstaben H; die untere Begrenzung des Paßtoleranzfeldes der Bohrung deckt sich mit der Nullinie.

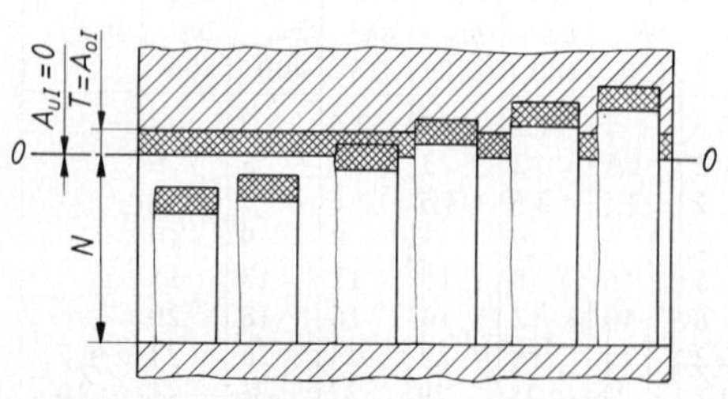

Bild I.4. Paßtoleranzfeldlagen im Paßsystem Einheitsbohrung

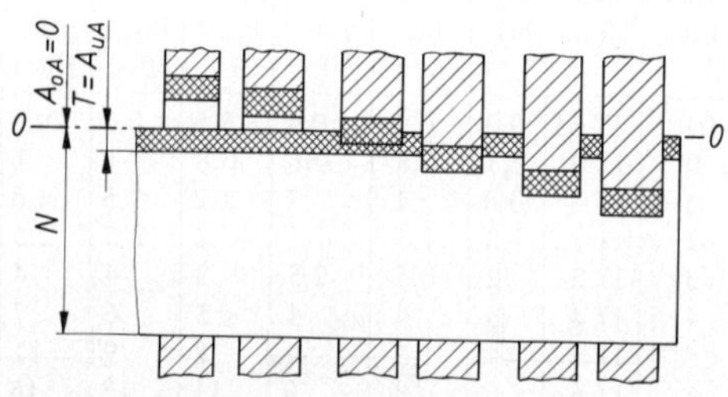

Bild I.5. Paßtoleranzfeldlagen im Paßsystem Einheitswelle

2.3.2. Einheitswelle. Im Paßsystem Einheitswelle (EW) ist das *obere* Abmaß aller Wellen gleich Null ($A_{oA} = 0$).

Die verschiedenen Passungen ergeben sich durch die Wahl verschiedener Toleranzfeldlagen der Bohrungen und der unteren Abmaße der Wellen (A_{uA}).

Passungsbeispiele: G7/h6, F8/h6, D10/h9.

Beachte: EW ist erkennbar am Buchstaben h; die obere Begrenzung des Toleranzfeldes der Welle deckt sich mit der Nullinie.

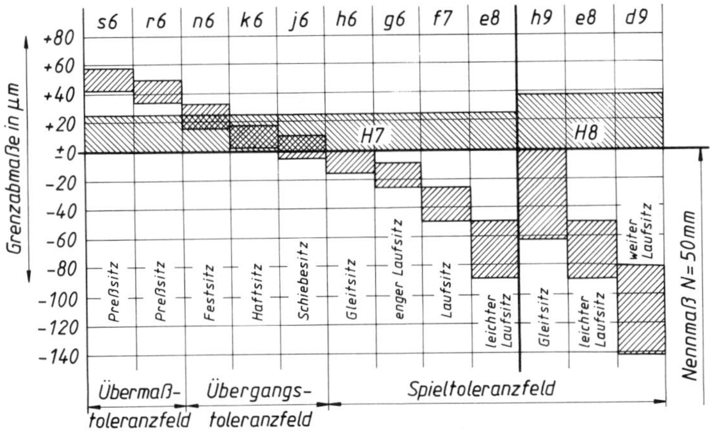

Bild I.6
Toleranzfeldauswahl für Einheitsbohrung, dargestellt für das Nennmaß 50 mm

3. Maßtoleranzen

Grundsätzlich läßt sich jedes Maß mit einem Passungskurzzeichen versehen. Dies ist jedoch unzweckmäßig bei Maßen, die keine große Genauigkeit erfordern, in keiner Beziehung zu anderen Teilen stehen oder sich mit Rachenlehren oder Grenzlehrdornen nicht messen lassen. In diesen Fällen werden Maßtoleranzen vorgesehen. Hierbei werden zum Nennmaß die Grenzabmaße in mm hinzugefügt. Beispiele zeigt Bild I.7. Maße ohne Toleranzangabe unterliegen den Vorschriften nach DIN 7168 über Freimaßtoleranzen.

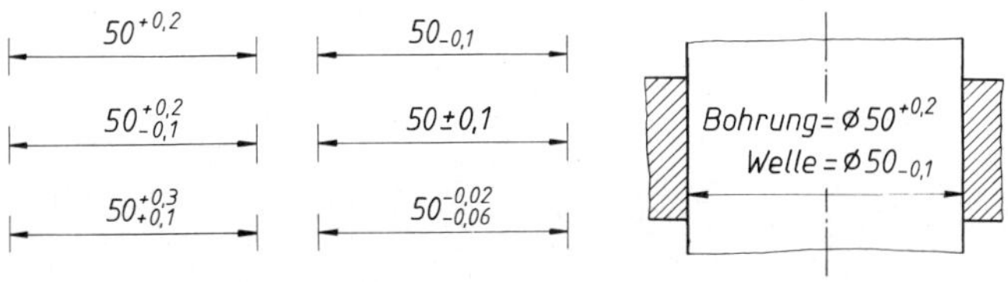

Bild I.7
Eintragung von Grenzabmaßen

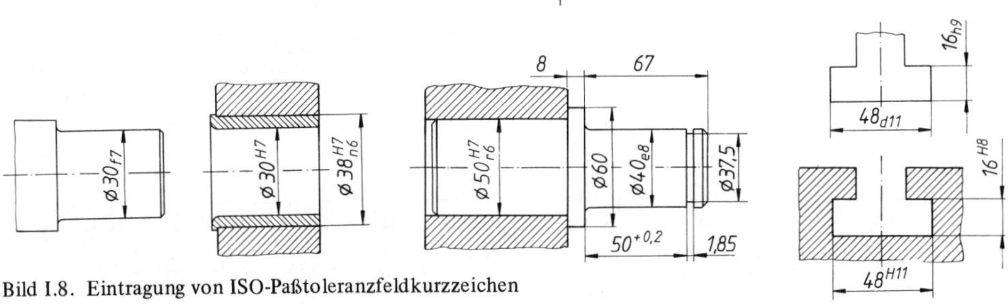

Bild I.8. Eintragung von ISO-Paßtoleranzfeldkurzzeichen

4. Eintragung von Toleranzen in Zeichnungen

Die Maßeintragung in Zeichnungen ist in DIN 406 festgelegt:

1. Grenzabmaße und ISO-Paßtoleranzfeldkurzzeichen sind hinter der Maßzahl des Nennmaßes einzutragen (Bilder I.7 und I.8).
2. Bei Grenzabmaßen steht das obere Grenzabmaß höher, das untere Grenzabmaß tiefer als das Nennmaß.
3. ISO-Paßtoleranzfeldkurzzeichen für Innenmaße stehen über denen für Außenmaße.

Tafel I.4. Paßtoleranzfelder und Grenzabmaße (in μm) für das System Einheitsbohrung (H)

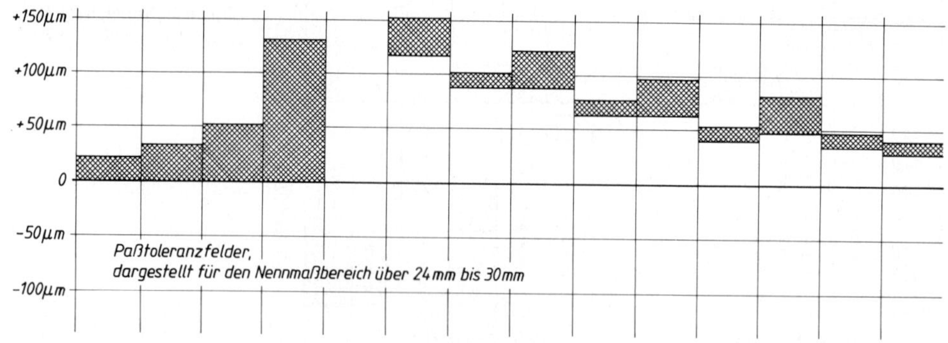

Nennmaß-bereich mm	H 7	H 8	H 9	H 11	za 6	za 8	z 6	z 8	x 6	x 8	u 6[1]) / t 6	u 8	s 6	r 6
über 1 bis 3	+ 10 0	+ 14 0	+ 25 0	+ 60 0	+ 38 + 32	–	+ 32 + 26	+ 40 + 26	+ 26 + 20	+ 34 + 20	+ 24 + 18	–	+ 20 + 14	+ 16 + 10
über 3 bis 6	+ 12 0	+ 18 0	+ 30 0	+ 75 0	+ 50 + 42	–	+ 43 + 35	+ 53 + 35	+ 36 + 28	+ 46 + 28	+ 31 + 23	–	+ 27 + 19	+ 23 + 15
über 6 bis 10	+ 15 0	+ 22 0	+ 36 0	+ 90 0	+ 61 + 52	+ 74 + 52	+ 51 + 42	+ 64 + 42	+ 43 + 34	+ 56 + 34	+ 37 + 28	–	+ 32 + 23	+ 28 + 19
über 10 bis 14	+ 18 0	+ 27 0	+ 43 0	+ 110 0	+ 75 + 64	+ 91 + 64	+ 61 + 50	+ 77 + 50	+ 51 + 40	+ 67 + 40	+ 44 + 33	–	+ 39 + 28	+ 34 + 23
über 14 bis 18					+ 88 + 77	+ 104 + 77	+ 71 + 60	+ 87 + 60	+ 56 + 45	+ 72 + 45				
über 18 bis 24	+ 21 0	+ 33 0	+ 52 0	+ 130 0	–	+ 131 + 98	+ 86 + 73	+ 106 + 73	+ 67 + 54	+ 87 + 54	+ 54 + 41	–	+ 48 + 35	+ 41 + 28
über 24 bis 30						+ 151 + 118	+ 101 + 88	+ 121 + 88	+ 77 + 64	+ 97 + 64	+ 54 + 41	+ 81 + 48		
über 30 bis 40	+ 25 0	+ 39 0	+ 62 0	+ 160 0	–	+ 187 + 148	+ 128 + 112	+ 151 + 112	+ 96 + 80	+ 119 + 80	+ 64 + 48	+ 99 + 60	+ 59 + 43	+ 50 + 34
über 40 bis 50						+ 219 + 180	–	+ 175 + 136	+ 113 + 97	+ 136 + 97	+ 70 + 54	+ 109 + 70		
über 50 bis 65	+ 30 0	+ 46 0	+ 74 0	+ 190 0	–	+ 272 + 226	–	+ 218 + 172	+ 141 + 122	+ 168 + 122	+ 85 + 66	+ 133 + 87	+ 72 + 53	+ 60 + 41
über 65 bis 80						+ 320 + 274		+ 256 + 210	+ 165 + 146	+ 192 + 146	+ 94 + 75	+ 148 + 102	+ 78 + 59	+ 62 + 43
über 80 bis 100	+ 35 0	+ 54 0	+ 87 0	+ 220 0	–	+ 389 + 335	–	+ 312 + 258	+ 200 + 178	+ 232 + 178	+ 113 + 91	+ 178 + 124	+ 93 + 71	+ 73 + 51
über 100 bis 120						–		+ 364 + 310	+ 232 + 210	+ 264 + 210	+ 126 + 104	+ 198 + 144	+ 101 + 79	+ 76 + 54
über 120 bis 140	+ 40 0	+ 63 0	+ 100 0	+ 250 0	–	–	–	+ 428 + 365	+ 273 + 248	+ 311 + 248	+ 147 + 122	+ 233 + 170	+ 117 + 92	+ 88 + 63
über 140 bis 160								+ 478 + 415	+ 305 + 280	+ 343 + 280	+ 159 + 134	+ 253 + 190	+ 125 + 100	+ 90 + 65
über 160 bis 180								–	+ 335 + 310	+ 373 + 310	+ 171 + 146	+ 273 + 210	+ 133 + 108	+ 93 + 68
über 180 bis 200	+ 46 0	+ 72 0	+ 115 0	+ 290 0	–	–	–	–	+ 379 + 350	+ 422 + 350	+ 195 + 166	+ 308 + 236	+ 151 + 122	+ 106 + 77
über 200 bis 225									+ 414 + 385	+ 457 + 385	–	+ 330 + 258	+ 159 + 130	+ 109 + 80
über 225 bis 250									+ 454 + 425	+ 497 + 425		+ 356 + 284	+ 169 + 140	+ 113 + 84
über 250 bis 280	+ 52 0	+ 81 0	+ 130 0	+ 320 0	–	–	–	–	+ 507 + 475	+ 556 + 475	–	+ 396 + 315	+ 190 + 158	+ 126 + 94
über 280 bis 315									+ 557 + 525	+ 606 + 525		+ 431 + 350	+ 202 + 170	+ 130 + 98
über 315 bis 355	+ 57 0	+ 89 0	+ 140 0	+ 360 0	–	–	–	–	+ 626 + 590	+ 679 + 590	–	+ 479 + 390	+ 226 + 190	+ 144 + 108
über 355 bis 400									+ 696 + 660	–		+ 524 + 435	+ 244 + 208	+ 150 + 114

[1]) u 6 bei Nennmaß bis 24 mm, t 6 darüber

Tafel I.4. (Fortsetzung)

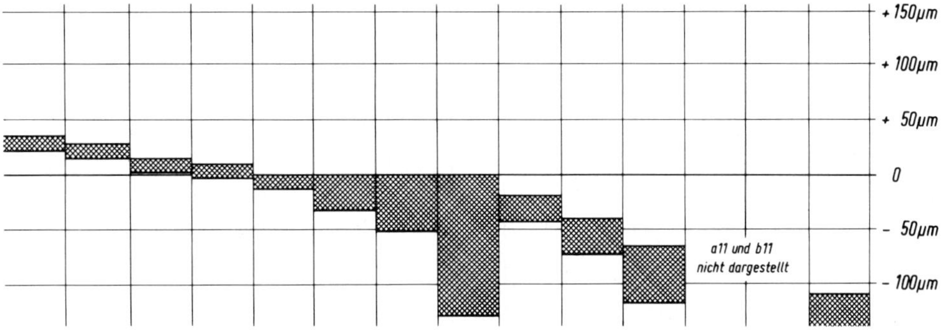

p6	n6	k6	j6	h6	h8	h9	h11	f7	e8	d9	a11	b11	c11	Nennmaß-bereich mm
+ 12 + 6	+ 10 + 4	+ 6 0	+ 4 − 2	0 − 6	0 − 14	0 − 25	0 − 60	− 6 − 16	− 14 − 28	− 20 − 45	− 270 − 330	− 140 − 200	− 60 − 120	über 1 bis 3
+ 20 + 12	+ 16 + 8	+ 9 + 1	+ 6 − 2	0 − 8	0 − 18	0 − 30	0 − 75	− 10 − 22	− 20 − 38	− 30 − 60	− 270 − 345	− 140 − 215	− 70 − 145	über 3 bis 6
+ 24 + 15	+ 19 + 10	+ 10 + 1	+ 7 − 2	0 − 9	0 − 22	0 − 36	0 − 90	− 13 − 28	− 25 − 47	− 40 − 76	− 280 − 370	− 150 − 240	− 80 − 170	über 6 bis 10
+ 29 + 18	+ 23 + 12	+ 12 + 1	+ 8 − 3	0 − 11	0 − 27	0 − 43	0 − 110	− 16 − 34	− 32 − 59	− 50 − 93	− 290 − 400	− 150 − 260	− 95 − 205	über 10 bis 14 über 14 bis 18
+ 35 + 22	+ 28 + 15	+ 15 + 2	+ 9 − 4	0 − 13	0 − 33	0 − 52	0 − 130	− 20 − 41	− 40 − 73	− 65 − 117	− 300 − 430	− 160 − 290	− 110 − 240	über 18 bis 24 über 24 bis 30
+ 42 + 26	+ 33 + 17	+ 18 + 2	+ 11 − 5	0 − 16	0 − 39	0 − 62	0 − 160	25 − 50	50 − 89	− 80 − 142	− 310 − 470	− 170 − 330	− 120 − 280	über 30 bis 40
											− 320 − 480	− 180 − 340	− 130 − 290	über 40 bis 50
+ 51 + 32	+ 39 + 20	+ 21 + 2	+ 12 − 7	0 − 19	0 − 46	0 − 74	0 − 190	− 30 − 60	− 60 − 106	− 100 − 174	− 340 − 530	− 190 − 380	− 140 − 330	über 50 bis 65
											− 360 − 550	− 200 − 390	− 150 − 340	über 65 bis 80
+ 59 + 37	+ 45 + 23	+ 25 + 3	+ 13 − 9	0 − 22	0 − 54	0 − 87	0 − 220	− 36 − 71	− 72 − 126	− 120 − 207	− 380 − 600	− 220 − 440	− 170 − 390	über 80 bis 100
											− 410 − 630	− 240 − 460	− 180 − 400	über 100 bis 120
+ 68 + 43	+ 52 + 27	+ 28 + 3	+ 14 − 11	0 − 25	0 − 63	0 − 100	0 − 250	− 43 − 83	− 85 − 148	− 145 − 245	− 460 − 710	− 260 − 510	− 200 − 450	über 120 bis 140
											− 520 − 770	− 280 − 530	− 210 − 460	über 140 bis 160
											− 580 − 830	− 310 − 560	− 230 − 480	über 160 bis 180
+ 79 + 50	+ 60 + 31	+ 33 + 4	+ 16 − 13	0 − 29	0 − 72	0 − 115	0 − 290	− 50 − 96	− 100 − 172	− 170 − 285	− 660 − 950	− 340 − 630	− 240 − 530	über 180 bis 200
											− 740 − 1030	− 380 − 670	− 260 − 550	über 200 bis 225
											− 820 − 1110	− 420 − 710	− 280 − 570	über 225 bis 250
+ 88 + 56	+ 66 + 34	+ 36 + 4	+ 16 − 16	0 − 32	0 − 81	0 − 130	0 − 320	− 56 − 108	− 110 − 191	− 190 − 320	− 920 − 1240	− 480 − 800	− 300 − 620	über 250 bis 280
											− 1050 − 1370	− 540 − 860	− 330 − 650	über 280 bis 315
+ 98 + 62	+ 73 + 37	+ 40 + 4	+ 18 − 18	0 − 36	0 − 89	0 − 140	0 − 360	− 62 − 119	− 125 − 214	− 210 − 350	− 1200 − 1560	− 600 − 900	− 360 − 720	über 315 bis 355
											− 1350 − 1710	− 680 − 1040	− 400 − 760	über 355 bis 400

Tafel I.5. Passungsauswahl, empfohlene Paßtoleranzen, Spiel-, Übergangs- und Übermaßtoleranzfelder in µm

Passung / Nennmaßbereich mm	H8/x8 u8 1)	H7 s6	H7 r6	H7 n6	H7 k6	H7 j6	H7 h6	H8 h9	H11 h9	H11 h11	G7 h6 H7 g6
über 1 bis 3	− 6 − 34	− 4 − 20	0 − 16	+ 6 − 10	–	+ 12 − 4	+ 16 0	+ 39 0	+ 85 0	+ 120 0	+ 18 + 2
über 3 bis 6	− 10 − 46	− 7 − 27	− 3 − 23	+ 4 − 16	–	+ 13 − 7	+ 20 0	+ 48 0	+ 105 0	+ 150 0	+ 24 + 4
über 6 bis 10	− 12 − 56	− 8 − 32	− 4 − 28	+ 5 − 19	+ 14 − 10	+ 17 − 7	+ 24 0	+ 58 0	+ 126 0	+ 180 0	+ 29 + 5
über 10 bis 14	− 13 − 67	− 10 − 39	− 5 − 34	+ 6 − 23	+ 17 − 12	+ 21 − 8	+ 29 0	+ 70 0	+ 153 0	+ 220 0	+ 35 + 6
über 14 bis 18	− 18 − 72										
über 18 bis 24	− 21 − 87	− 14 − 48	− 7 − 41	+ 6 − 28	+ 19 − 15	+ 25 − 9	+ 34 0	+ 85 0	+ 182 0	+ 260 0	+ 41 + 7
über 24 bis 30	− 15 − 81										
über 30 bis 40	− 21 − 99	− 18 − 59	− 9 − 50	+ 8 − 33	+ 23 − 18	+ 30 − 11	+ 41 0	+ 101 0	+ 222 0	+ 320 0	+ 50 + 9
über 40 bis 50	− 31 − 109										
über 50 bis 65	− 41 − 133	− 23 − 72	− 11 − 60	+ 10 − 39	+ 28 − 21	+ 37 − 12	+ 49 0	+ 120 0	+ 264 0	+ 380 0	+ 59 + 10
über 65 bis 80	− 56 − 148	− 29 − 78	− 13 − 62								
über 80 bis 100	− 70 − 178	− 36 − 93	− 16 − 73	+ 12 − 45	+ 32 − 25	+ 44 − 13	+ 57 0	+ 141 0	+ 307 0	+ 440 0	+ 69 + 12
über 100 bis 120	− 90 − 198	− 44 − 101	− 19 − 76								
über 120 bis 140	− 107 − 233	− 52 − 117	− 23 − 88								
über 140 bis 160	− 127 − 253	− 60 − 125	− 25 − 90	+ 13 − 52	+ 37 − 28	+ 51 − 14	+ 65 0	+ 163 0	+ 350 0	+ 500 0	+ 79 + 14
über 160 bis 180	− 147 − 273	− 68 − 133	− 28 − 93								
über 180 bis 200	− 164 − 308	− 76 − 151	− 31 − 106								
über 200 bis 225	− 186 − 330	− 84 − 159	− 34 − 109	+ 15 − 60	+ 42 − 33	+ 59 − 16	+ 75 0	+ 187 0	+ 405 0	+ 580 0	+ 90 + 15
über 225 bis 250	− 212 − 356	− 94 − 169	− 38 − 113								
über 250 bis 280	− 234 − 396	− 106 − 190	− 42 − 126	+ 18 − 66	+ 48 − 36	+ 68 − 16	+ 84 0	+ 211 0	+ 450 0	+ 640 0	+ 101 + 17
über 280 bis 315	− 269 − 431	− 118 − 202	− 46 − 130								
über 315 bis 355	− 301 − 479	− 133 − 226	− 51 − 144	+ 20 − 73	+ 53 − 40	+ 75 − 18	+ 93 0	+ 229 0	+ 500 0	+ 720 0	+ 111 + 18
über 355 bis 400	− 346 − 524	− 151 − 244	− 57 − 150								

1) bis Nennmaß 24 mm: x 8; über 24 mm Nennmaß: u 8

Tafel I.5. (Fortsetzung)

H 7 f 7	F 8 h 6	H 8 f 7	F 8 h 9	H 8 e 8	E 9 h 9	H 8 d 9	D10 h 9	H11 d 9	D10 h11	C11 h 9	C11 H11 h11 c11	A11 H11 h11 a11
+ 26 + 6 + 34 + 10 + 43 + 13	+ 28 + 6 + 36 + 10 + 44 + 13	+ 30 + 6 + 40 + 10 + 50 + 13	+ 47 + 6 + 58 + 10 + 71 + 13	+ 42 + 14 + 56 + 20 + 69 + 25	+ 64 + 14 + 80 + 20 + 97 + 25	+ 59 + 20 + 78 + 30 + 98 + 40	+ 85 + 20 + 108 + 30 + 134 + 40	+ 105 + 20 + 135 + 30 + 166 + 40	+ 120 + 20 + 153 + 30 + 188 + 40	+ 145 + 60 + 175 + 70 + 206 + 80	+ 180 + 60 + 220 + 70 + 260 + 80	+ 390 + 270 + 420 + 270 + 460 + 280
+ 52 + 16	+ 54 + 16	+ 61 + 16	+ 86 + 16	+ 86 + 32	+ 118 + 32	+ 120 + 50	+ 163 + 50	+ 203 + 50	+ 230 + 50	+ 248 + 95	+ 315 + 95	+ 510 + 290
+ 62 + 20	+ 66 + 20	+ 74 + 20	+ 105 + 20	+ 106 + 40	+ 144 + 40	+ 150 + 65	+ 201 + 65	+ 247 + 65	+ 279 + 65	+ 292 + 110	+ 370 + 110	+ 560 + 300
+ 75 + 25	+ 80 + 25	+ 89 + 25	+ 126 + 25	+ 128 + 50	+ 174 + 50	+ 181 + 80	+ 242 + 80	+ 302 + 80	+ 340 + 80	+ 342 + 120 + 352 + 130	+ 440 + 120 + 450 + 130	+ 630 + 310 + 640 + 320
+ 90 + 30	+ 95 + 30	+ 106 + 30	+ 150 + 30	+ 152 + 60	+ 208 + 60	+ 220 + 100	+ 294 + 100	+ 364 + 100	+ 410 + 100	+ 404 + 140 + 414 + 150	+ 520 + 140 + 530 + 150	+ 720 + 340 + 740 + 360
+ 106 + 36	+ 112 + 36	+ 125 + 36	+ 177 + 36	+ 180 + 72	+ 246 + 72	+ 261 + 120	+ 347 + 120	+ 427 + 120	+ 480 + 120	+ 477 + 170 + 487 + 180	+ 610 + 170 + 620 + 180	+ 820 + 380 + 850 + 410
+ 123 + 43	+ 131 + 43	+ 146 + 43	+ 206 + 43	+ 211 + 85	+ 285 + 85	+ 308 + 145	+ 405 + 145	+ 495 + 145	+ 555 + 145	+ 550 + 200 + 560 + 210 + 580 + 230	+ 700 + 200 + 710 + 210 + 730 + 230	+ 960 + 460 + 1020 + 520 + 1080 + 580
+ 142 + 50	+ 151 + 50	+ 168 + 50	+ 237 + 50	+ 244 + 100	+ 330 + 100	+ 357 + 170	+ 470 + 170	+ 575 + 170	+ 645 + 170	+ 645 + 240 + 665 + 260 + 685 + 280	+ 820 + 240 + 840 + 260 + 860 + 280	+ 1240 + 660 + 1320 + 740 + 1400 + 820
+ 160 + 56	+ 169 + 56	+ 189 + 56	+ 267 + 56	+ 272 + 110	+ 370 + 110	+ 401 + 190	+ 530 + 190	+ 640 + 190	+ 720 + 190	+ 750 + 300 + 780 + 330	+ 940 + 300 + 970 + 330	+ 1560 + 920 + 1690 + 1050
+ 176 + 62	+ 187 + 62	+ 208 + 62	+ 291 + 62	+ 303 + 125	+ 405 + 125	+ 439 + 210	+ 580 + 210	+ 710 + 210	+ 800 + 210	+ 860 + 360 + 900 + 400	+ 1080 + 360 + 1120 + 400	+ 1920 + 1200 + 2070 + 1350

5. Verwendungsbeispiele für Passungen

Passungs-bezeichnung	Kennzeichnung, Verwendungsbeispiele, sonstige Hinweise
	Übermaß- und Übergangstoleranzfelder
H 8/x8 H 7/s6 H 7/r6	*Preßsitz:* Teile unter großem Druck mit Presse oder durch Erwärmen/Kühlen fügbar; Bronzekränze auf Zahnradkörpern, Lagerbuchsen in Gehäusen, Radnaben, Hebelnaben, Kupplungen auf Wellenenden; zusätzliche Sicherung gegen Verdrehen nicht erforderlich.
H 7/n6	*Festsitz:* Teile unter Druck mit Presse fügbar; Radkränze auf Radkörpern, Lagerbuchsen in Gehäusen und Radnaben, Laufräder auf Achsen, Anker auf Motorwellen, Kupplungen und Wellenenden; gegen Verdrehen sichern.
H 7/k6	*Haftsitz:* Teile leicht mit Handhammer fügbar; Zahnräder, Riemenscheiben, Kupplungen, Handräder, Bremsscheiben auf Wellen; gegen Verdrehen zusätzlich sichern.
H 7/j 6	*Schiebesitz:* Teile mit Holzhammer oder von Hand fügbar; für leicht ein- und auszubauende Zahnräder, Riemenscheiben, Handräder, Buchsen; gegen Verdrehen zusätzlich sichern.
	Spieltoleranzfelder
H 7/h6 H 8/h9	*Gleitsitz:* Teile von Hand noch verschiebbar; für gleitende Teile und Führungen, Zentrierflansche, Wechselräder, Reitstock-Pinole, Stellringe, Distanzhülsen.
H 7/g6 G 7/h6	*Enger Laufsitz:* Teile ohne merkliches Spiel verschiebbar; Wechselräder, verschiebbare Räder und Kupplungen.
H 7/f7	*Laufsitz:* Teile mit merklichem Spiel beweglich; Gleitlager allgemein, Hauptlager an Werkzeugmaschinen, Gleitbuchsen auf Wellen.
H 7/e8 H 8/e8 E 9/h9	*Leichter Laufsitz:* Teile mit reichlichem Spiel; mehrfach gelagerte Welle (Gleitlager), Gleitlager allgemein, Hauptlager für Kurbelwellen, Kolben in Zylindern, Pumpenlager, Hebellagerungen.
H 8/d9 F 8/h9 D 10/h9 D 10/h11	*Weiter Laufsitz:* Teile mit sehr reichlichem Spiel; Transmissionslager, Lager für Landmaschinen, Stopfbuchsenteile, Leerlaufscheiben.

II. Festigkeit und zulässige Spannung

Die Begriffe Festigkeit, Dauerfestigkeit, Gestaltfestigkeit und Kerbwirkung werden ausführlich im Abschnitt Festigkeitslehre behandelt, ebenso die Ermittlung der zulässigen Spannung für ruhende (statische) und schwingende (dynamische) Belastung (siehe I.8 und I.9 im Abschnitt Festigkeitslehre).

Dort sind auch Festigkeitswerte für verschiedene Werkstoffe und Anhaltswerte für Kerbwirkungszahlen zu finden.

Zusätzliche Informationen zum Thema Festigkeit und zulässige Spannung bringt der Abschnitt Werkstoffkunde – Prüfung metallischer Werkstoffe –, zum Beispiel über Zugversuch, Spannungs-Dehnungs-Diagramm, Werkstoffkennwerte, Kerbschlagversuch, Dauerschwingversuch und Dauerfestigkeitsschaubild.

III. Klebverbindungen

Normen (Auswahl)

DIN 16920	Klebstoffe
DIN 53281 T1	Behandlung der Klebflächen
T2	Herstellung der Proben
T3	Kenndaten des Klebvorganges
DIN 53282 T1	Winkelschälversuch
DIN 53283 T1	Zugscherversuch
DIN 53284 T1	Zeitstandsversuch
DIN 53285 T1	Dauerschwingversuch
DIN 53286 T1	Temperaturabhängigkeit
DIN 53287 T1	Beständigkeit gegenüber Flüssigkeiten
DIN 53288 T1	Zugversuch
DIN 53289 T1	Rollenschälversuch
DIN 54452 T1	Druckschälversuch
DIN 54455 T1	Torsionsschälversuch

1. Allgemeines

Unter **Kleben** versteht man das Verbinden von Teilen aus gleichen oder verschiedenartigen Werkstoffen mit nichtmetallischen Klebstoffen. Normalerweise entsteht eine Klebverbindung bei Raumtemperatur ohne Druckeinwirkung. Die Verarbeitung einiger Klebstoffe setzt jedoch auch höhere Drücke und Temperaturen bis ca. 150 °C voraus.

Die Festigkeit einer Klebverbindung wird durch die Haftung eines Klebstoffes an der Werkstückoberfläche (Adhäsion) und seine Bindekräfte zwischen den Klebstoffmolekülen (Kohäsion) bestimmt.

Durch Entwicklung von Klebern hoher Bindefestigkeit wird das Kleben als Verbindungselement im zunehmenden Maße verwendet, insbesondere im Leichtmetallbau, im Flugzeugbau für Tragflächen, Rumpfblechversteifungen, Tür- und Fensterrahmen, in der Elektrotechnik für magnetische Spannplatten, Transformatoren- und Statorbleche, Geräte und Apparate, im Kraftfahrzeugbau für Reibbeläge bei Kupplungen und Bremsen, ferner in der Kunststoffindustrie, bei Spiel-, Leder- und Verpackungswaren und im Bauwesen für Wand- und Fußbodenplatten.

Vorteile gegenüber anderen Verbindungselementen: Verbinden verschiedenartigster Werkstoffe; keine Werkstoffbeeinflussung; keine Schwächung der Bauteile durch Niet- oder Schraubenlöcher.

Nachteile: Geringere spezifische Festigkeit gegenüber Schweißen oder Nieten; geringe Schälfestigkeit; Stumpfstöße kaum möglich; teilweise längere Aushärtungszeiten.

2. Klebstoffe

Klebstoffe werden hauptsächlich auf Kunstharzbasis in der Form von Phenol- und Epoxydharzen oder auf Kautschukbasis als Lösungsmittelklebstoffe hergestellt. Nach DIN 16920 und der VDI-Richtlinie 2229 teilt man sie nach der Art des Abbindens ein:

Physikalisch abbindende Klebstoffe sind Klebstoffe mit Lösungsmitteln, die vor dem Fügen oder Erstarren der Klebstoffschmelze zum größten Teil ablüften (verdunsten). Diese Klebstoffe sind zur Verbindung von Metallen mit porösen Werkstoffen wie z.B. Kork, Holz, Leder oder auch durchlässigen Kunststoffen geeignet. Zu den physikalisch abbindenden Klebstoffen gehören Kontakt-Schmelzklebstoffe sowie Plastisole.

Kontaktklebstoffe (Basis Kautschuk) werden beidseitig auf die zu klebenden Flächen aufgetragen, abgelüftet und unter kurzem starken Druck gefügt.

Schmelzklebstoffe werden auf ca. 150 °C erhitzt und in geschmolzenem Zustand vor dem Erstarren des Klebstoffes gefügt.

Plastisole (Basis Polyvinilchlorid) sind lösungsmittelfrei und werden in teigigem Zustand aufgetragen. Sie binden bei Temperaturen zwischen 140 °C und 200 °C ab.

Chemisch abbindende Klebstoffe (Reaktionsklebstoffe) sind Klebstoffe auf Kunstharzbasis, die nur durch geeignete Reaktionsstoffe (Katalysatoren) hohe Haftfestigkeit und innere Festigkeit erreichen. Sie werden auch als Zwei-Komponenten-Klebstoffe (Bindemittel-Härter) bezeichnet. Abbindereaktionen werden durch den Härter, erhöhte Temperaturen, Luftfeuchtigkeit oder Entzug von Sauerstoff (anaerob) herbeigeführt. Da bei chemisch abbindenden Klebstoffen oft große Abbindezeiten (bis zu mehreren Tagen) einzuhalten sind, wird als dritte Komponente vielfach ein Beschleuniger zur Verkürzung der Abbindezeit zugegeben.

Es gibt kalt- und warmabbindende Klebstoffe. **Kalthärtende** Klebstoffe (Kalthärter) härten bei Raumtemperatur oder erhöhten Temperaturen aus. **Warmhärtende** Klebstoffe (Warmhärter) härten nur bei erhöhten Temperaturen aus. Tafel III.1 zeigt eine Zusammenstellung einiger kalt- und warmabbindender Klebstoffe.

3. Herstellung der Klebverbindung

3.1. Vorbehandlung

Nur wenn die zu verklebenden Flächen sauber und fettfrei sind, kann eine Klebverbindung die erforderliche Festigkeit und Beständigkeit erreichen.

Säubern von Schmutz, Farbresten, Oxidschichten usw. geschieht meist mechanisch durch Bürsten, Schmirgeln oder Strahlen.

Entfetten von Öl-, Fett- oder Wachsresten erfolgt durch organische Lösungsmittel wie Perchloräthylen, Methylchlorid oder Aceton.

Beizen (Ätzen) vor allem von Metallklebeflächen in verdünnter Schwefelsäure und – bei Leichtmetallen – nachfolgende anodische Oxidation.

Tafel III.1. Auswahl von Kalt- und Warmklebern

Kalthärter	Basis	Aushärtung	Zugscher-festigkeit τ_{KB} in N/mm²	temperatur-beständig bis	Anwendung
Agomet M	Acrylharz	20 °C ... 24 h 50 °C ... 1 h	22 ... 32	80 °C	Stahl, Leichtmetalle Hartkunststoffe
Araldit AV 138	Epoxydharz	20 °C ... 30 h 120 °C ... 1 h 150 °C ... 0,5 h	22 ... 32	60 °C	Metalle, Glas, Keramik, Duroplaste
Sicomet 85	Cyanacrylat	23 °C 5 s ... 5 min	18 ... 26	110 °C	Metalle, nichtporöse Stoffe
Bostik 788	Polyesterharz	20 °C 48 h ... 170 h	15 ... 18	80 °C	Metalle

Warmhärter	Basis	Aushärtung	Zugscher-festigkeit τ_{KB} in N/mm²	temperatur-beständig bis	Anwendung
Araldit AT1	Epoxydharz	110 °C ... 30 h 200 °C ... 0,5 h	17 ... 32	150 °C	Metalle, Keramik, Glas, gehärte Kunststoffe
Redux 64	Phenolharz/ Polyvinyl-formal	145 °C ... 0,5 h 180 °C ... 0,1 h	30 ... 40	300 °C	Metalle, Bremsbeläge
Scotch Klebefilm AF 42	Nylon-Epoxydharz	175 °C ... 1 h 230 °C ... 30 s	13 ... 30	120 °C	Metalle, Keramik, Glas, glasfaserver-stärkter Kunststoff

Der Umfang der erforderlichen Oberflächenbehandlung richtet sich nach der Beanspruchung der Klebverbindung:

Niedrige Beanspruchung für Zugscherfestigkeit bis 5 N/mm². Kein Kontakt mit Wasser; Einsatz in geschlossenen Räumen. Anwendungsgebiete: Modellbau, Möbelbau, Elektrotechnik/Elektronik.

Mittlere Beanspruchung für Zugscherfestigkeit bis 10 N/mm². Kontakt mit Öl und Treibstoffen zulässig. Anwendungsgebiete: Maschinen- und Fahrzeugbau.

Hohe Beanspruchung für Zugscherfestigkeit über 10 N/mm². Kontakt mit Lösungsmitteln, Ölen und Treibstoffen zulässig. Anwendungsgebiete: Schiffbau, Behälterbau, Flugzeugbau.

Vorschläge für Oberflächenbehandlungen verschiedener zu klebender Werkstoffe nach Tafel III.2.

3.2. Klebvorgang

Beim Auftragen des Klebstoffes müssen Herstellerangaben genau eingehalten werden. Wichtig ist ein gleichmäßig dicker Auftrag mit Pinsel oder Zahnspachtel auf die Klebflächen.

Tafel III.2. Vorbehandlung von Klebflächen

Werkstoff	Behandlungsfolgen für niedrige Beanspruchung	mittlere Beanspruchung	hohe Beanspruchung
Stahl	Reinigen, Entfetten, Spülen, Trocknen	Reinigen, Schleifen, Entfetten, Spülen, Trocknen	Reinigen, Strahlen, Entfetten, Spülen, Trocknen
Stahl, verzinkt	Reinigen, Entfetten, Spülen, Trocknen	Reinigen, Entfetten, Spülen, Trocknen	Reinigen, Entfetten, Spülen, Trocknen
Titan	Reinigen, Entfetten, Spülen, Trocknen	Reinigen, Schleifen, Entfetten, Spülen, Trocknen	Reinigen, Strahlen, Entfetten, Spülen, Trocknen
Gußeisen	Gußhaut entfernen	Schleifen, Bürsten	Strahlen
Aluminium-legierung	Reinigen, Entfetten, Spülen, Trocknen	Reinigen, Beizen, Schleifen, Spülen, Trocknen	Reinigen, Strahlen, Beizen, Spülen, Trocknen
Magnesium	Reinigen, Entfetten, Spülen, Trocknen	Reinigen, Entfetten, Schleifen, Spülen, Trocknen	Reinigen, Strahlen, Entfetten, Beizen, Spülen, Trocknen
Kupfer-legierung	Reinigen, Entfetten, Spülen, Trocknen	Reinigen, Schleifen, Entfetten, Spülen, Trocknen	Reinigen, Strahlen, Entfetten, Spülen, Trocknen

Bei **Lösungsmittelklebstoffen** ist der richtige Zeitpunkt des Fügens unter Druck nach dem Verdunsten des Lösungsmittels und Abbinden des Klebstoffes entscheidend für die Festigkeit der Verbindung.

Bei **Reaktionsklebstoffen** wird nur eine der Klebflächen durch Streichen, Spachteln, Aufstreuen oder Auflegen von Klebefolien beschichtet. Danach können die Teile sofort gefügt werden.

4. Berechnung

Eine Klebverbindung sollte nur auf Schub und/oder Druck beansprucht werden (Bild III.1).

Biege- und Zugbeanspruchungen sollten vermieden werden. Läßt sich eine Schälbeanspruchung nicht vermeiden, kann durch zusätzliches Nieten, Punktschweißen oder Falzen eine Abschwächung der Schälbeanspruchung erreicht werden.

Die wichtigste Kenngröße zur Berechnung von Klebverbindungen ist die **Bindefestigkeit** τ_{KB} (Zugscherfestigkeit). Sie wird an Prüfkörpern (Bild III.2) mit einschnittiger Überlappung in Abhängigkeit vom Klebstoff, der Klebschichtdicke und Oberflächen- oder Temperatureinflüssen ermittelt.

$$\tau_{KB} = \frac{F}{A_{Kl}} = \frac{F}{l_ü b} \qquad \text{(III.1)}$$

τ_{KB}	F	A_{Kl}	$l_ü, b$
$\frac{N}{mm^2}$	N	mm^2	mm

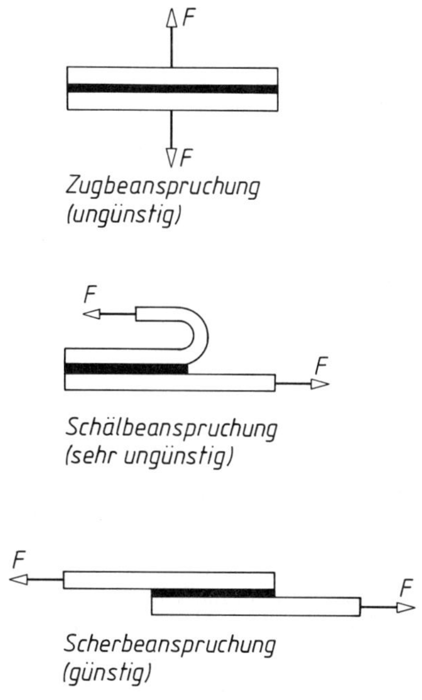

Bild III.1.
Beanspruchungsarten von Klebverbindungen

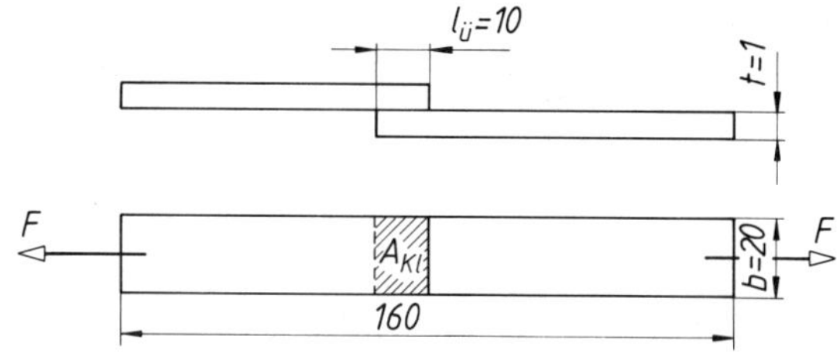

Bild III.2. Prüfkörper zur Ermittlung der Bindefestigkeit

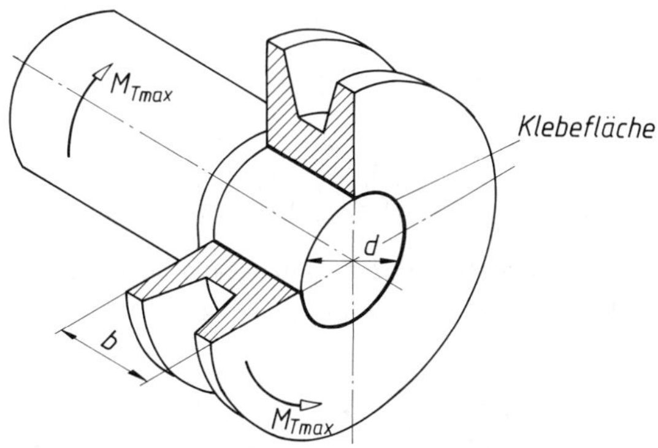

Bild III.3. Torsionsbeanspruchung der Klebschicht

Zugscherfestigkeiten einiger Klebstoffe nach Tafel III.1. Mit der Sicherheit ν ergibt sich als zulässige Spannung

$$\tau_{K\,zul} = \frac{\tau_{KB}}{\nu} \qquad \text{(III.2)}$$

$\tau_{K\,zul}$	τ_{KB}	ν
$\frac{N}{mm^2}$	$\frac{N}{mm^2}$	1

$\nu \approx 4 \dots 5$ bei wechselnder Beanspruchung
$\nu \approx 3$ bei schwellender Beanspruchung
$\nu \approx 2$ bei ruhender Beanspruchung

Die maximale **Scherkraft** ergibt sich nach Bild III.2 aus

$$F_{max} \leqslant A_{Kl}\,\tau_{K\,zul} = b\,l_ü\,\tau_{K\,zul} \qquad \text{(III.3)}$$

F_{max}	A_{Kl}	$\tau_{K\,zul}$	$b, l_ü$
N	mm^2	$\frac{N}{mm^2}$	mm

Das maximale **Torsionsmoment** nach Bild III.3 aus

$$M_{T\,max} \leqslant 0{,}5\,\pi\,d^2\,b\,\tau_{K\,zul} \qquad \text{(III.4)}$$

$M_{T\,max}$	$\tau_{K\,zul}$	b, d
Nmm	$\frac{N}{mm^2}$	mm

■ **Beispiel**: Zwei mit Araldit AV 138 verklebte Stahlrohre (Bild III.4) übertragen wechselnd ein Torsionsmoment $M_{T\,max} = 32$ Nm. Im Betrieb tritt höchstens eine Umgebungstemperatur von 25 °C auf. Es soll nachgerechnet werden, ob die vorgesehene Überlappungslänge $b = 25$ mm ausreicht.

Gegeben:

Überlappungslänge	$b = 25$ mm
Torsionsmoment	$M_T = 32$ Nm
Rohrdurchmesser	$d = 30$ mm
Bindefestigkeit	$\tau_{KB} = 18$ N/mm² (gewählt nach Tafel III.1)
Sicherheit bei wechselnder Beanspruchung	$\nu = 4$ (gewählt)

Lösung: Zulässige Spannung nach Gleichung (III.2)

$$\tau_{K\,zul} = \frac{\tau_{KB}}{\nu} = \frac{18\ \text{N/mm}^2}{4} = 4{,}5\ \text{N/mm}^2$$

$$b \geqslant \frac{M_{T\,max}}{0{,}5\,\pi d^2\,\tau_{K\,zul}} = \frac{32\,000\ \text{Nmm}}{0{,}5 \cdot \pi \cdot 30^2\ \text{mm}^2 \cdot 4{,}5\ \text{N/mm}^2} = 5{,}03\ \text{mm}$$

Die Überlappungslänge $b = 25$ mm kann also noch reduziert werden, wenn nicht andere Gründe dagegen sprechen.

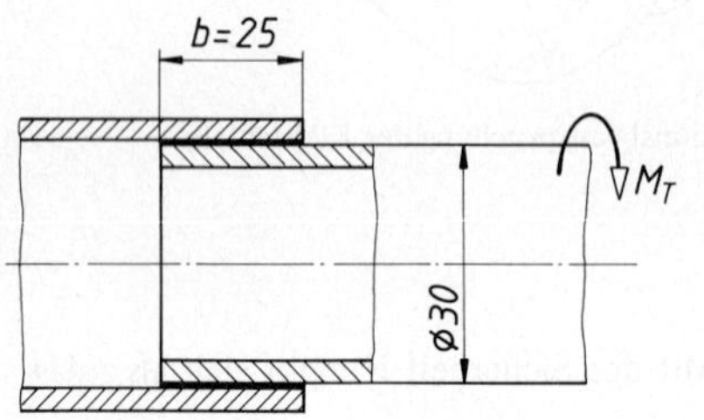

Bild III.4. Verdrehbeanspruchte, geklebte Rohrverbindung

5. Gestaltungshinweise

Eine klebgerechte Konstruktion sollte sich nach folgenden Gestaltungsregeln richten:

Stumpfstöße können wegen der zu kleinen Klebfläche nicht angewendet werden. Eine geschäftete Verbindung ist möglich, aber teuer in der Herstellung.

Genügend große Klebflächen erhält man durch Überlappungsverbindungen. Dabei sind gefalzte oder doppelte Überlappungen der einfachen oder abgesetzten Doppellaschenverbindung vorzuziehen.

Bei Rohrverbindungen sollten die Rohre ineinandergesteckt oder mit Muffen versehen werden (größere Klebfläche).

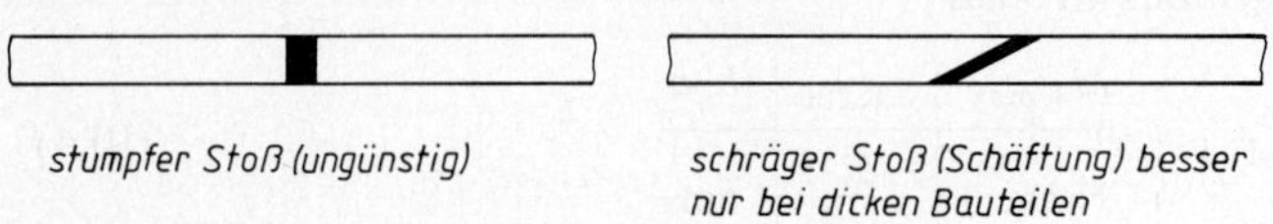

Bild III.5

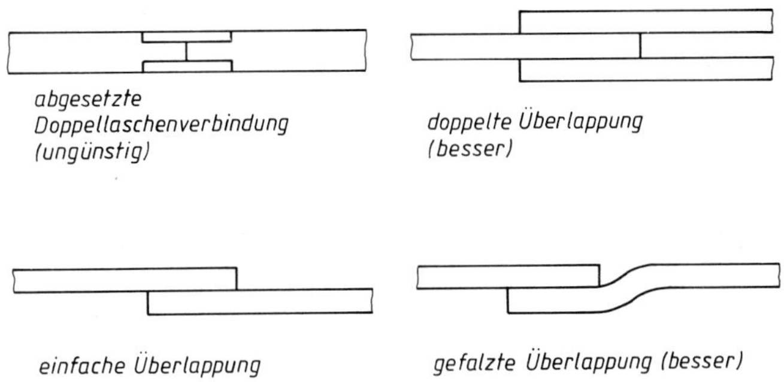

Bild III.6

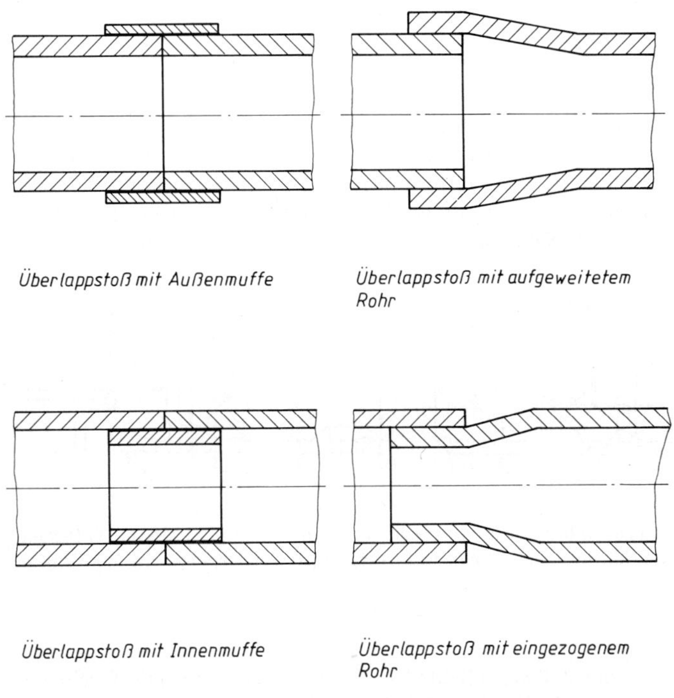

Bild III.7

IV. Lötverbindungen

Über Lotarten, Lötverfahren, Festigkeitseigenschaften und die Gestaltung von Lötverbindungen wird ausführlich im Abschnitt Spanlose Fertigung – Verbindende Fertigungsverfahren – berichtet. Weitere Angaben über Lote sind im Abschnitt Werkstoffkunde zu finden.

V. Schweißverbindungen

Normen (Auswahl)

DIN 1910 Schweißen; Begriffe, Einteilung der Schweißverfahren
DIN 1912 T1 Zeichnerische Darstellung, Schweißen, Löten; Begriffe und Benennung für Schweißstöße, -fugen, -nähte
T2 Zeichnerische Darstellung, Schweißen, Löten; Schweißpositionen, Nahtneigungswinkel, Nahtdrehwinkel
T3 Metallschweißen; Schmelzschweißen, Auftragsschweißen
T5 Zeichnerische Darstellung Schweißen, Löten; Grundsätze für Schweiß- und Lötverbindungen, Symbole
T6 Zeichnerische Darstellung; Schweißen, Löten, Grundsätze für die Bemaßung

DIN-Taschenbuch, Band 8: Schweißtechnik 1 sowie Band 65: Schweißtechnik 2, Beuth-Vertrieb GmbH, Berlin/Köln/Frankfurt

1. Schweißnahtarten

1.1. Stumpfnaht

Die Bauteile stoßen stumpf gegeneinander. Stumpfnähte sind bei gleicher Dicke den Kehlnähten überlegen, besonders bei dynamischer Belastung: Glatter Kraftfluß und bessere Prüfungsmöglichkeiten z.B. durch Ultraschall oder Röntgenstrahlen. Die Nahtform richtet sich nach der Dicke der Bauteile, z.B. Bördelnaht (Bild V.1a), und I-Naht (Bild V.1b) für Blechdicken bis 4 mm; V-Naht (Bilder V.1c und V.1d) bei 5...12 mm Dicke; X- und U-Naht (Bilder V.1e und V.1f) über 12 mm Dicke.

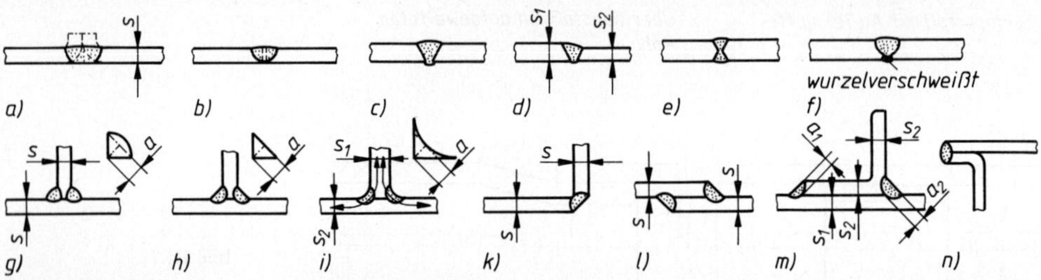

Bild V.1. Schweißnahtarten und -formen; a) Bördelnaht, b) I-Naht, c) und d) V-Nähte, e) X-Naht, f) U-Naht, g) Vollkehlnaht (Wölbnaht), h) Flachkehlnaht, i) Hohlkehlnaht, k) Ecknaht, l) Überlappungsnaht, m) Flankenkehlnaht, n) Stirnnaht

1.2. Kehlnaht

Anwendung bei T-förmig gegeneinander stoßenden Bauteilen. Häufigste Nahtform ist die Flachkehlnaht (Bild V.1h). Die Vollkehlnaht oder Wölbnaht (Bild V.1g) ist ungünstig und zu vermeiden. Festigkeitsmäßig am besten ist die Hohlkehlnaht (Bild V.1i) durch günstigen Kraftfluß und besonders bei nachträglicher Bearbeitung.

1.3. Stirnnaht

Verwendung bei dünneren, bündig aufeinanderliegenden Blechen (Bild V.1n).

1.4. Nahtdicke

Die Nahtdicke a ist bei durchgeschweißten Stumpfnähten gleich der Dicke des dünnsten verschweißten Bleches: $a = s_{min}$ (Bild V.1d).

Bei Kehlnähten setzt man allgemein $a \approx 0{,}7\ s_{min}$ (Bilder V.1g, V.1h, V.1.i).

2. Schweißverbindungen im Stahlbau

2.1. Allgemeine Richtlinien

Maßgebende Richtlinien enthalten DIN 1050 (Stahl im Hochbau), DIN 4100 (Geschweißte Stahlbauten) und DIN 4101 (Geschweißte stählerne Straßenbrücken).

Erlaubt sind nur zum Schmelzschweißen geeignete Stähle, besonders St 37 und St 52 als beruhigte Stähle, wie RSt 37-2 und St 52-3.

2.2. Berechnung der Schweißverbindungen

2.2.1. Beanspruchung auf Zug, Druck oder Schub. Für zug-, druck- oder schubbeanspruchte Nähte (Bilder V.2a und V.2b) gilt für die *vorhandene Spannung* in der Naht

$$\left.\begin{matrix}\sigma_w\\ \tau_w\end{matrix}\right\} = \frac{F}{A_w} = \frac{F}{\Sigma(a\,l)} \leq \left\{\begin{matrix}\sigma_{w\,zul}\\ \tau_{w\,zul}\end{matrix}\right. \qquad (V.1)$$

σ_w, τ_w	F	A_w	a, l, L
$\frac{N}{mm^2}$	N	mm^2	mm

F Zug-, Druck- oder Schubkraft für die Naht; $A_w = \Sigma(a\,l)$ rechnerische, nutzbare Schweißnahtfläche; a Nahtdicke, siehe 1.4; l rechnerische, nutzbare Nahtlänge, die allgemein der Gesamtlänge der Schweißnaht entspricht; bei Stumpfnähten gilt: Nahtlänge L gleich Breite b der Bauteile, wenn kraterfreie Ausführung der Nahtenden gewährleistet; bei Flankenkehlnähten von Stabanschlüssen sind für die Einzellängen einzuhalten: $l \leq 100\,a$ allgemein bei Anschlüssen aller Art, $l \geq 15\,a$ bei alleinigen Flankennähten, $l \geq 10\,a$ bei zusätzlichen Stirnnähten; zulässige Schweißnahtspannung $\sigma(\tau)_{w\,zul}$ nach Tafel V.1. Index w von englisch: to weld (schweißen).

2.2.2. Beanspruchung auf Biegung. Bei vorwiegend biegebeanspruchten Schweißverbindungen (Bild V.2c) ergibt sich die *Biegespannung* in der Naht

$$\sigma_{wb} = \frac{M_b}{W_w} \leq \sigma_{w\,zul} \qquad (V.2)$$

σ_w	M_b	W_w
$\frac{N}{mm^2}$	Nmm	mm^3

M_b Biegemoment für die Naht; W_w rechnerisches, nutzbares Widerstandsmoment der Naht (gegebenenfalls Endkrater beachten!), für die umlaufende Naht (Bild V.2c) ist $W_w = (b_1 \cdot h_1^3 - b_2 h_2^3)/6\,h_1$. Nahtdicke a wird in die Anschlußebene geklappt; $\sigma_{w\,zul}$ nach Tafel V.1.

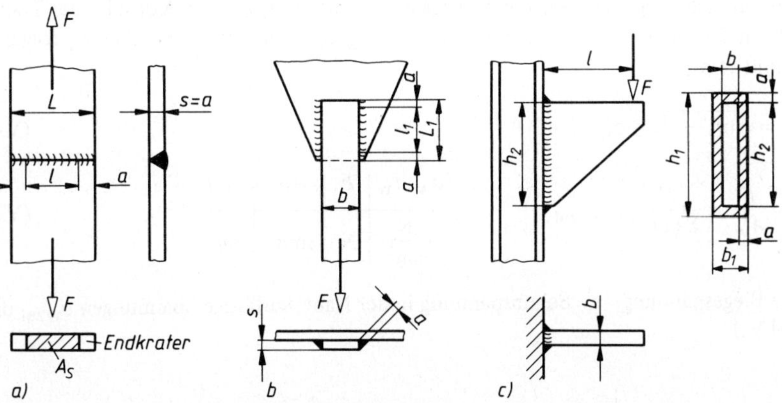

Bild V.2. Berechnung der Schweißnähte, a) zugbeanspruchte Stumpfnaht-Verbindung, b) schubbeanspruchte Kehlnaht-Verbindung, c) biege- und schubbeanspruchte Kehlnaht-Verbindung

Tafel V.1. Zulässige Spannungen in N/mm^2 für Schweißverbindungen im Stahlbau (Auszug aus DIN 4100)

Zeile	Nahtart	Nahtgüte	Spannungsart	Stahlsorte St 37 Lastfall H	St 37 Lastfall HZ	St 52 Lastfall H	St 52 Lastfall HZ
1	Stumpfnaht, K-Naht mit Doppelkehlnaht (durchgeschweißte Wurzel), K-Stegnaht mit Doppelkehlnaht, HV-Naht mit Kehlnaht (gegengeschweißte Kapplage)	alle Nahtgüten	Druck u. Biegedruck	160	180	240	270
2		Freiheit von Rissen, Binde- und Wurzelfehlern nachgewiesen	Zug und Biegezug quer zur Nahtrichtung	160	180	240	270
3		Nahtgüte nicht nachgewiesen		135	150	170	190
4	HV-Stegnaht mit Kehlnaht, Kehlnaht	alle Nahtgüten	Druck und Biegedruck, Zug und Biegezug, Vergleichsspannung	135	150	170	190
5	alle Nähte		Schub	135	150	170	190

Die Spannungen nach Zeile 2 sind nur dann zulässig, wenn der Nachweis der fehlerfreien Ausführung erbracht ist, d.h. wenn die Nähte in ihrer Gesamtlänge durchstrahlt und ggf. ausgebessert sind.

2.2.3. Beanspruchung auf Biegung und Zug (Druck). Bei dieser zusammengesetzten Beanspruchung darf die *resultierende Spannung* in der Naht die zulässige nicht überschreiten:

$$\sigma_{w\,max} = \sigma_{wb} + \sigma_{wz(d)} \leq \sigma_{w\,zul} \tag{V.3}$$

2.2.4. Beanspruchung auf Biegung und Schub. Neben der Biegebeanspruchung tritt fast immer eine zusätzliche Schubbeanspruchung auf, die jedoch häufig vernachlässigbar klein ist. Wird in der Anschlußnaht des Konsolbleches (Bild V.2c) der Abstand l der Kraft F sehr klein, so werden Biegemoment und damit Biegespannung relativ zur Schubspannung ebenfalls klein. Die Schubspannung kann nicht mehr vernachlässigt werden. Für so beanspruchte Nähte, z.B. bei Konsol- oder Trägeranschlüssen, müssen für die vorhandene Vergleichsspannung σ_{wv} und Schubspannung τ_w folgende Bedingungen erfüllt sein:

1. $$\sigma_{wv} = \sqrt{\sigma_w^2 + \tau_w^2} \leq \sigma_{w\,zul} \tag{V.4}$$

2. $$\tau_w = \frac{F}{A_w} = \frac{F}{\Sigma(a\,l)} \leq \tau_{w\,zul} \tag{V.5}$$

σ_w, τ_w	F	A_w	a, l
$\frac{N}{mm^2}$	N	mm^2	mm

σ_{wb} vorhandene Biegespannung, τ_w Schubspannung in der Naht; zulässige Spannungen $\sigma_{w\,zul}$ und $\tau_{w\,zul}$ nach Tafel V.1.

3. Schweißverbindungen im Maschinenbau

Die schweißgerechte Konstruktion ist im Maschinenbau in vielen Fällen wichtiger als die Berechnung der Verbindung, die dann meist als Nachprüfung konstruktiv gestalteter Nähte durchgeführt wird.

3.1. Beanspruchung auf Zug, Druck, Schub, Biegung

Zug-, druck- und schubbeanspruchte Nähte werden nach Gleichung (V.1), biegebeanspruchte nach Gleichung (V.2) berechnet. Wegen der zulässigen Schweißnahtspannungen siehe 3.3.

3.2. Beanspruchung auf Biegung und Verdrehung

Bei zusammengesetzter Beanspruchung auf Biegung und Torsion, wie bei der Naht des geschweißten Wellenzapfens (Bild V.3), muß die *Vergleichsspannung* sein:

$$\sigma_{wv} = \sqrt{\sigma_{wb}^2 + 3(\alpha_0\, \tau_{wt})^2} \leq \sigma_{w\,zul} \qquad (V.6)$$

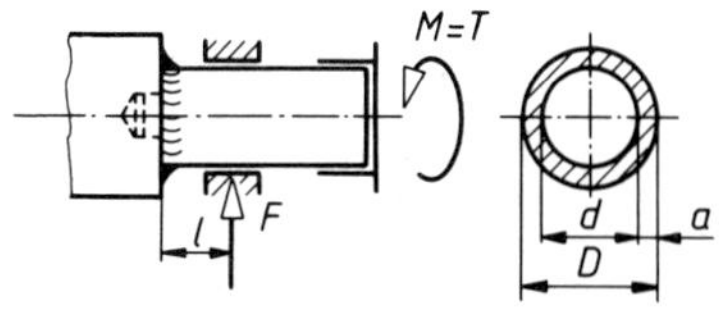

Bild V.3. Geschweißter Wellenzapfen bei Biege- und Torsionsbeanspruchung

$\sigma_{wb} = M_b/W_w$ vorhandene Biegespannung in der Naht,
für die Naht, Bild V.3: $M_b = Fl$, $W_w \approx (D^4 - d^4)/10\,D$.

$\tau_{wt} = T/W_{wp}$ vorhandene Torsionsspannung in der Naht (T = Torsionsmoment = M = Drehmoment); für die Naht, Bild V.3: $W_{wp} \approx (D^4 - d^4)/5\,D$.

α_0 ist das Anstrengungsverhältnis, siehe Festigkeitslehre Abschnitt III.3.1.
Man setzt $\alpha_0 = \sigma_D/(1{,}7\,\tau_D)$, mit σ_D und τ_D nach 3.3.

Zulässige (Biege-)Spannung für die Naht nach Gleichung (V.7).

3.3. Zulässige Schweißnahtspannung

Bei der im Maschinenbau überwiegend auftretenden dynamischen Belastung wird die zulässige Nahtspannung in Abhängigkeit von der Dauerfestigkeit σ_D und τ_D des geschweißten Bauteiles angesetzt. Alle die Festigkeit der Naht beeinflussenden Größen, wie Nahtform, Beanspruchungsart, Kerbwirkung und dergleichen werden durch den Minderungsbeiwert b_1 (Tafel V.2), alle die Güte der Schweißnaht betreffenden Voraussetzungen durch den Gütebeiwert b_2 berücksichtigt. Güteklasse I: $b_2 = 1$ (höchste Anforderungen, Naht geprüft), Güteklasse II: $b_2 = 0{,}8$ (normale Anforderungen, Naht nicht geprüft), Güteklasse III: $b_2 = 0{,}5$ (geringe Anforderungen). Die zulässige Schweißnahtspannung wird damit:

$$\sigma_{w\,zul}\ (\text{oder } \tau_{w\,zul}) = \frac{\sigma_D\ (\text{oder } \tau_D)\, b_1 b_2}{\nu} \qquad (V.7)$$

$\sigma_w, \tau_w, \sigma_D$	b_1, b_2, ν
$\frac{N}{mm^2}$	1

σ_D, τ_D bedeutet die Dauerfestigkeit des Grundwerkstoffes; entsprechend der Beanspruchungs- und Belastungsart setzt man $\sigma_{z\,Sch}$, σ_{bW}, τ_{tSch} usw. aus den Dauerfestigkeitsschaubildern (Abschnitt Festigkeitslehre, Tafeln I.7 bis I.9). Je nach Häufigkeit der Höchstlast wählt man für die Sicherheit ν:

bei 100 % $\nu \approx 2{,}5$, bei 50 % $\nu \approx 2$, bei 25 % $\nu \approx 1{,}5$.

Bei gleichzeitigem Auftreten mehrerer Beanspruchungen wird der zur überwiegenden Beanspruchung gehörende σ_D (τ_D)- und b_1-Wert gewählt.

Tafel V.2. Minderungsbeiwerte b_1 zur Ermittlung der zulässigen Spannung für Schweißverbindungen im Maschinenbau

a) bei vorwiegend *dynamischer* Belastung

Zeile	Nahtart	Nahtform	Nahtbild	Beiwert b_1 (dynamisch) Zug Druck	Biegung	Schub Verdrehung
1	Stumpfnaht	I-Naht		0,45	0,55	0,4
2		V- und HV-Naht	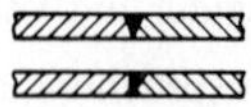	0,55	0,65	0,5
3		X-Naht		0,65	0,75	0,55
4		Y- und U-Naht		0,6	0,7	0,55
5	Kehlnaht	einseitige Flachkehlnaht	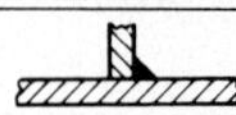	0,35	0,2	0,35
6		einseitige Hohlkehlnaht	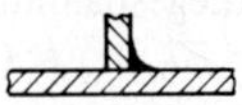	0,4	0,2	0,4
7		zweiseitige (auch umlaufende Flachkehlnaht)	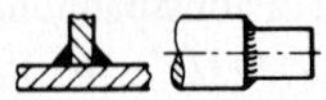	0,55	0,7	0,55
8		zweiseitige (auch umlaufende Hohlkehlnaht)	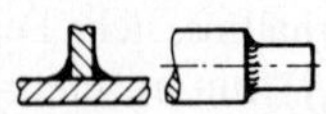	0,65	0,8	0,65
9		HV- und K-Naht	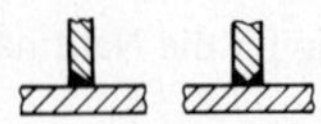	0,7	0,9	0,7
10		Ecknaht (äußere Kehlnaht)	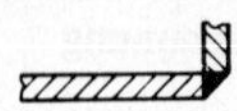	0,35	0,2	0,35
11		zweiseitige Ecknaht	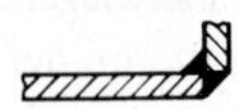	0,55	0,7	0,55

Bei eingeebneten und allseitig bearbeiteten Naht- und Bauteiloberflächen kann b_1 um ≈ 10 % erhöht werden, ebenso bei Stumpfnähten (z.B. V- und U-Nähten) mit Kapplage.

b) bei vorwiegend *statischer* Belastung

Nahtart, Nahtform	Beiwert b_1 (statisch) Zug	Druck	Biegung	Schub Verdrehung
alle	0,75	0,85	0,8	0,6

4. Gestaltung der Schweißverbindungen

4.1. Allgmeine Richtlinien

Wichtig ist die *schweißgerechte Ausführung* einer Konstruktion: Nachahmungen genieteter oder geschraubter Konstruktionen vermeiden; einfache Bauelemente (Flach- und Profilstäbe, Bleche und dergleichen) verwenden; Stumpfnähte gegenüber Kehlnähten bevorzugen (glatter Kraftfluß!); Nahtanhäufungen vermeiden; dynamisch belastete Kehlnähte als Hohlnähte ausführen; Nahtwurzeln nicht in Zugzonen legen; Nähte gut zugänglich anordnen; geringe Nahtlängen (Heftschweißung) anstreben.

Tafel V.3. Darstellung der Nahtformen (Auszug aus DIN 1912) und Kennzahlen für Schweiß- und Lötverfahren (DIN 4063)

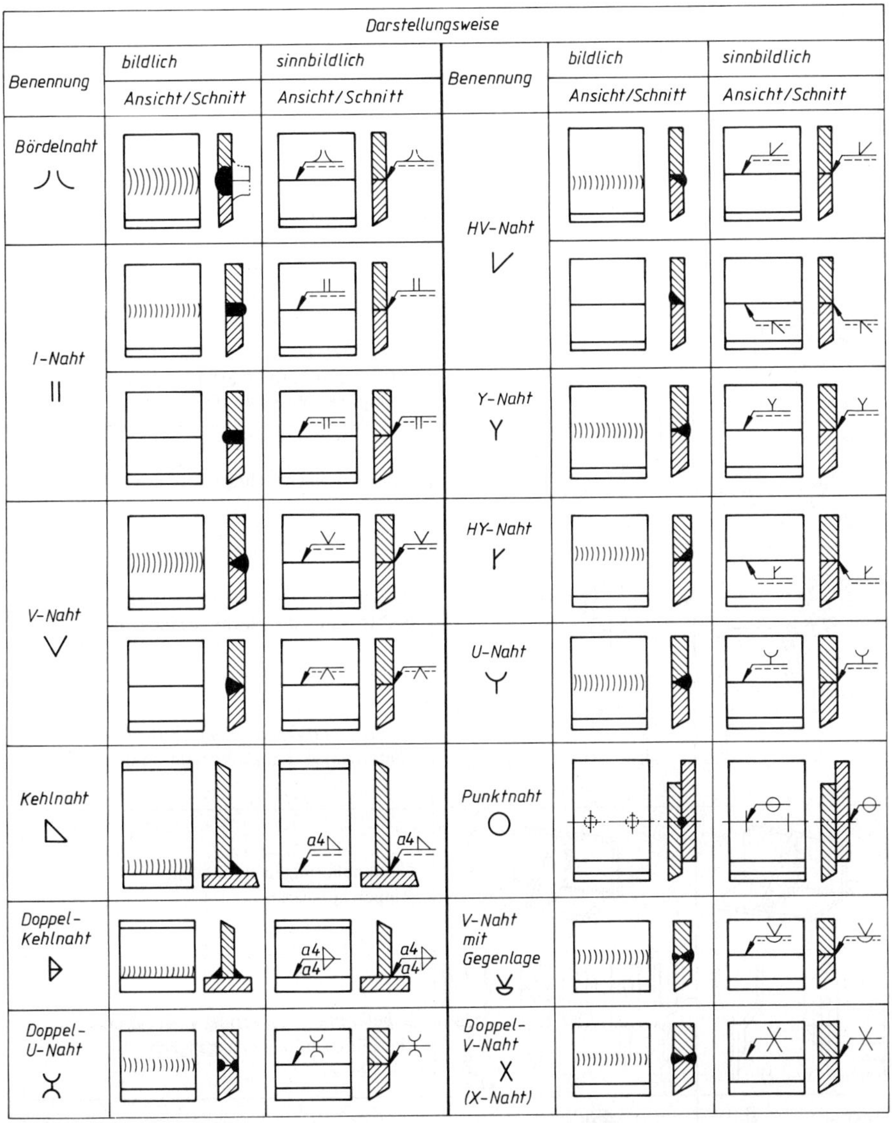

Kennzahl	Verfahren	Kennzahl	Verfahren
1	Lichtbogenschmelzschweißen	24	Abbrennstumpfschweißen
11	Metallichtbogenschweißen	25	Preßstumpfschweißen
111	Lichtbogenhandschweißen	3	Gasschmelzschweißen
12	Unterpulverschweißen	311	Gasschweißen mit Sauerstoff-Acetylen-Flamme
13	Metall-Schutzgasschweißen	4	Preßschweißen
131	Metall-Inertgasschweißen	41	Ultraschallschweißen
135	Metall-Aktivgasschweißen	42	Reibschweißen
141	Wolfram-Inertgasschweißen	751	Laserstrahlschweißen
2	Widerstandsschweißen	76	Elektronenstrahlschweißen
21	Widerstandspunktschweißen	91	Hartlöten
22	Rollennahtschweißen	94	Weichlöten

4.2. Darstellung der Nähte

Für die Darstellung, Kennzeichnung und Bemaßung ist DIN 1912 maßgebend. Nähte bildlich oder durch Sinnbilder (Tafel V.3) darstellen. Maße direkt oder in Kurzform eintragen. Schweißverfahren durch Kennzahlen für Schweißverfahren nach DIN ISO 4063 angeben. Angabe der Güteklasse: Güteklasse II setzt sorgfältige, fachgerechte Schweißung durch geprüfte Schweißer voraus, Güteklasse I zusätzlich den Nachweis fehlerfreier Ausführung (z.B. durch Röntgenprüfung).

4.3. Gestaltungsbeispiele (siehe Tafel V.4)

Tafel V.4. Gestaltungsbeispiele für Schweißkonstruktionen

Zeile	ungünstig	besser	Hinweise
1	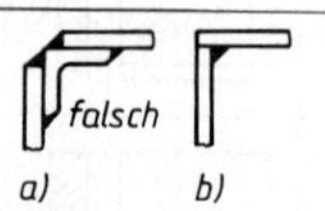	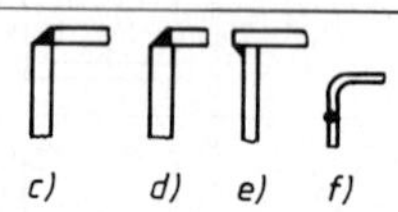	*Eckstöße:* Bei a) ist die Nietverbindung nachgeahmt. Dünne Bleche abkanten und stumpf verschweißen (f)
2	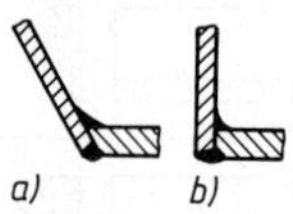	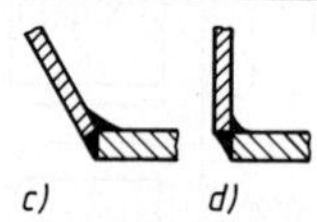	Vorarbeiten (Abschrägungen usw.) einsparen
3	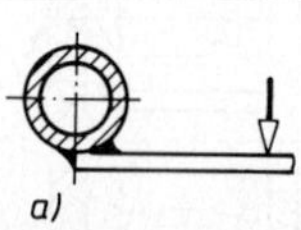	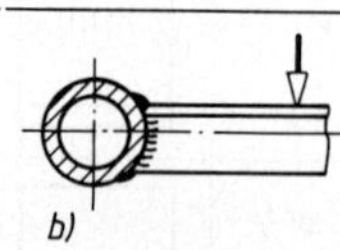	Ausführung a) ist festigkeitsmäßig ungünstig, rechte Naht ist schlecht zugänglich
4	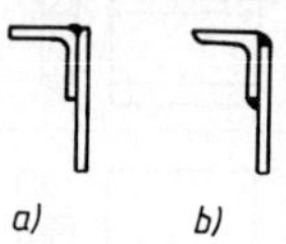	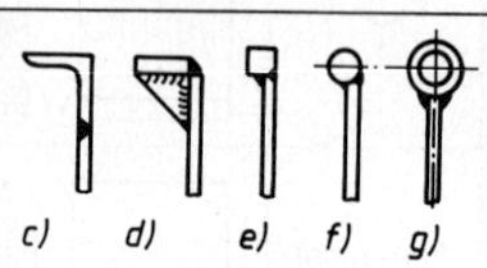	*Randversteifungen:* Auch hierbei nicht die Nietkonstruktion als Vorbild wählen
5	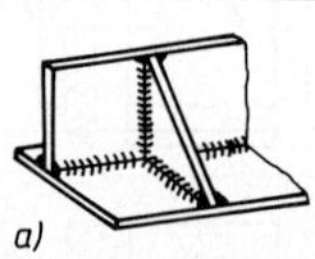	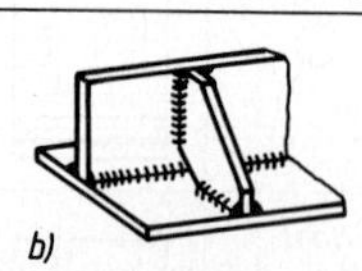	Nahtanhäufungen vermeiden, Rippen aussparen
6	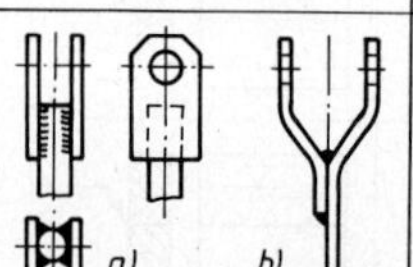	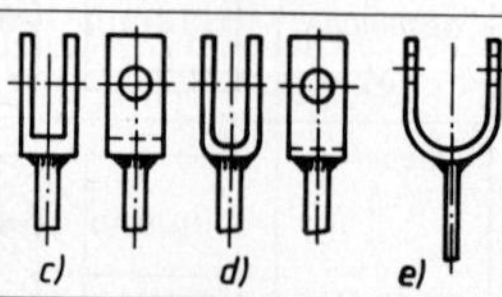	*Gabelköpfe:* Ausführung a) ist falsch, die Nähte sind kaum zugänglich
7	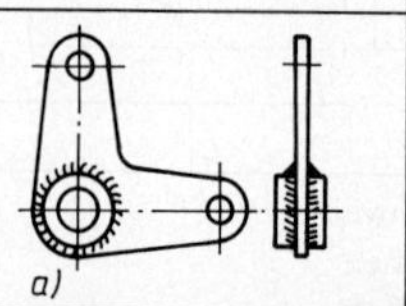	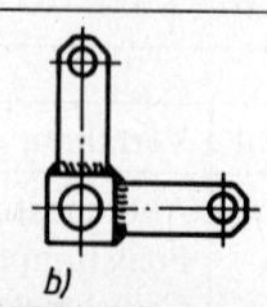	*Hebel:* Ausführung a) ist festigkeitsmäßig gut, aber teuer; b) ist schweißgerecht ausgeführt, billig und einfach
8	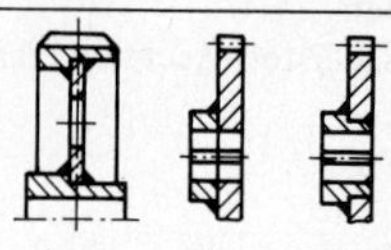	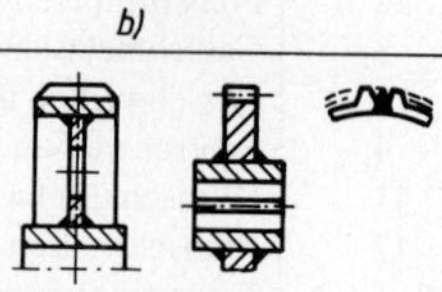	*Radkörper:* Vorarbeiten (Abdrehen der Naben bei a) und c) einsparen. Zentrierung der Nabe bei b) ist schwierig, ferner ist die Bohrung durch Fuge unterbrochen

■ **Beispiel**: Ein gebrochener Wellenzapfen aus St 50 ist durch einen neuen geschweißten Zapfen ersetzt worden (Bild V.4). Gewählt ist eine Hohlkehlnaht $a = 6$ mm, bearbeitet und spannungsfrei geglüht. Güteklasse II. Lagerkraft $F = 22\,000$ N, zu übertragendes Drehmoment $M = 1{,}1 \cdot 10^6$ Nmm (schwellend). Häufigkeit der Höchstbelastung 50 %. Die Naht ist nachzuprüfen.

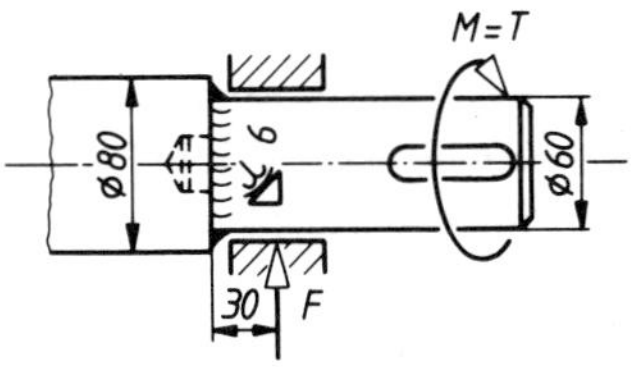

Bild V.4
Geschweißter Wellenzapfen

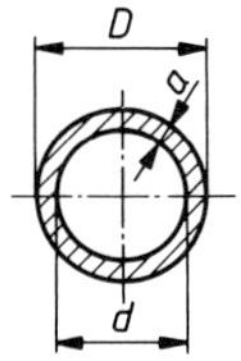

Bild V.5
Nahtfläche

Lösung: Die Schweißnaht wird durch die Lagerkraft F wechselnd auf Biegung und Schub, durch das Drehmoment M = Torsionsmoment T schwellend auf Torsion beansprucht. Schub kann erfahrungsgemäß vernachlässigt werden. Es liegt also dynamische Belastung vor. Nachprüfung nach Gleichung (V.6):

$$\sigma_{wv} = \sqrt{\sigma_{wb}^2 + 3\,(\alpha_0\,\tau_{wt})^2} \leq \sigma_{w\,zul}$$

Vorhandene Biegespannung $\sigma_{wb} = M_b/W_w$; $M_b = F\,l = 22\,000\,\text{N} \cdot 30\,\text{mm} = 660 \cdot 10^3$ Nmm. Für die Kreisringfläche (Bild V.5) ist das axiale Widerstandsmoment

$$W_w = \frac{D^4 - d^4}{10\,D} = \frac{72^4\,\text{mm}^4 - 60^4\,\text{mm}^4}{10 \cdot 72\,\text{mm}} \approx 19\,000\,\text{mm}^3$$

damit $$\sigma_{wb} = \frac{660 \cdot 10^3\,\text{Nmm}}{19\,000\,\text{mm}^3} \approx 35\,\frac{\text{N}}{\text{mm}^2}$$

Vorhandene Torsionsspannung $\tau_{wt} = T/W_{wp}$; $T = M = 1{,}1 \cdot 10^6$ Nmm (gegeben). Für die Kreisringfläche ist das polare Widerstandsmoment

$$W_{wp} = \frac{D^4 - d^4}{5\,D} = \frac{72^4\,\text{mm}^4 - 60^4\,\text{mm}^4}{5 \cdot 72\,\text{mm}} = 38 \cdot 10^3\,\text{mm}^3 \quad (W_{wp} = 2\,W_w\,!)$$

damit $$\tau_{wt} = \frac{1{,}1 \cdot 10^6\,\text{Nmm}}{38 \cdot 10^3\,\text{mm}^3} = 28{,}95\,\frac{\text{N}}{\text{mm}^2} \approx 29\,\frac{\text{N}}{\text{mm}^2}$$

In der Gleichung für die Nahtspannung σ_{wv} steht das Anstrengungsverhältnis α_0. Nach 3.2 ist $\alpha_0 = \sigma_D/(1{,}7\,\tau_D)$. σ_D entspricht hier der Biegewechselfestigkeit $\sigma_{bW} = 260\,\text{N/mm}^2$, nach Tafel I.8 (Festigkeitslehre). τ_D entspricht der Torsionsschwellfestigkeit $\tau_{tSch} = 210\,\text{N/mm}^2$. Damit wird

$$\alpha_0 = \frac{\sigma_D}{1{,}7 \cdot \tau_D} = \frac{\sigma_{bW}}{1{,}7 \cdot \tau_{t\,Sch}} = \frac{260\,\frac{\text{N}}{\text{mm}^2}}{1{,}7 \cdot 210\,\frac{\text{N}}{\text{mm}^2}} = 0{,}73$$

und es wird

$$\sigma_{wv} = \sqrt{\left(35\,\frac{\text{N}}{\text{mm}^2}\right)^2 + 3\left(0{,}73 \cdot 29\,\frac{\text{N}}{\text{mm}^2}\right)^2} = 50{,}7\,\frac{\text{N}}{\text{mm}^2}$$

Die zulässige Schweißnahtspannung ist nach Gleichung (V.7) $\sigma_{w\,zul} = \sigma_D\,b_1 b_2/\nu$.
Mit Sicherheit $\nu = 2$, $b_1 = 0{,}8 + 10\,\% = 0{,}88$, $b_2 = 0{,}8$ wird

$$\sigma_{w\,zul} = \frac{260\,\frac{\text{N}}{\text{mm}^2} \cdot 0{,}88 \cdot 0{,}8}{2} = 91{,}5\,\frac{\text{N}}{\text{mm}^2}$$

Damit ist $\sigma_{wv} = 50{,}7\,\text{N/mm}^2 < \sigma_{w\,zul} = 91{,}5\,\text{N/mm}^2$, die Naht ist dauerbruchsicher. Es ist zu prüfen, ob mit Nahtdicke $a = 5$ mm die Bedingung $\sigma_{wv} \leq \sigma_{w\,zul}$ erreicht werden kann.

VI. Nietverbindungen

1. Allgemeines

Nietverbindungen sind unlösbare Verbindungen von Bauteilen aus beliebigen Werkstoffen. Je nach Verwendungsart unterscheidet man: feste Verbindungen (Stahlbau), feste und dichte Verbindungen (Kesselbau) und dichte Verbindungen (Behälterbau). Außer im Leichtmetallbau werden heute Nietverbindungen häufig durch Schweißverbindungen ersetzt.

Vorteile, besonders gegenüber dem Schweißen: Keine Werkstoffbeeinflussung; kein Verzug der Bauteile; Verbindungen von Teilen aus verschiedenartigen Werkstoffen; leichte Herstellung auf Baustellen; sichere Kontrollmöglichkeiten. *Nachteile*: Schwächung der Bauteile durch Nietlöcher, dadurch größere Querschnitte; keine Stumpfstöße sondern nur Überlappungs- oder Laschenverbindungen; im allgemeinen höherer Arbeitsaufwand.

2. Nietformen

Man unterscheidet die Niete nach ihrer Kopfform: Halbrundniete, Senkniete, Linsenniete usw. (Tafel VI.1). Sonderformen wie Sprengniete oder Blindniete werden dort verwendet, wo die Nietstelle schwer oder nur von einer Seite zugänglich ist.

Tafel VI.1. Die gebräuchlichen Nietformen

Bild	Bezeichnung	DIN	Abmessungen in mm	Verwendungsbeispiele
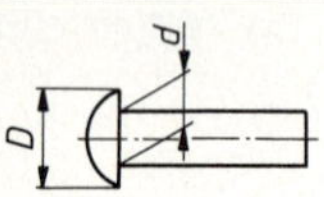	Halbrundniet	123	$d = 10 \ldots 36$ $D \approx 1{,}8\,d$	Kessel- und Großbehälterbau
		124	$d = 10 \ldots 36$ $D \approx 1{,}6\,d$	Stahlbau
		660	$d = 1 \ldots 9$ $D \approx 1{,}75\,d$	Blechschlosserei, Leichtmetallbau
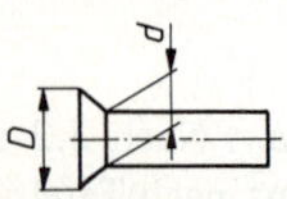	Senkniet	302	$d = 10 \ldots 36$ $D \approx 1{,}5\,d$	Stahlbau, Kesselbau, Behälterbau
		661	$d = 1 \ldots 9$ $D \approx 1{,}75\,d$	Blechschlosserei, Leichtmetallbau
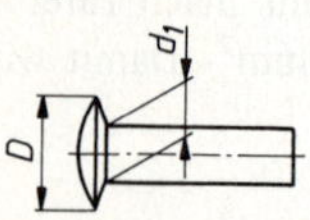	Linsenniet	662	$d_1 = 1{,}7 \ldots 8$ $D = 2\,d_1$	für Leisten, Beschläge, Schilder, als Ziemiet, im Leichtmetallbau
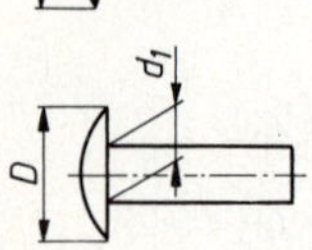	Flachrundniet	674	$d_1 = 1 \ldots 8$ $D \approx 2{,}25\,d_1$	für Beschläge, Feinbleche, Leder, Plaste, Pappen

3. Nietwerkstoffe

Im Stahlbau werden Niete aus USt36-1 für Bauteile aus St37 und Niete aus RSt44-2 für Bauteile aus St52 verwendet. Im Kesselbau sind je nach Blechwerkstoff die Nietstähle USt36-1, RSt36-1 und RSt44-2 vorgesehen. Festigkeitseigenschaften und chemische Zusammensetzung der Nietstähle nach DIN 17110.

Außer Stahl kommen als Nietwerkstoffe noch Kupfer, Aluminium und deren Legierungen in Frage.

4. Herstellen der Nietverbindungen

Niete im Stahl- und Kesselbau werden bei Hellrot- bis Weißglut geschlagen; dadurch fast vollkommene Lochausfällung und hoher Reibungsschluß zwischen den Bauteilen nach Erkalten und Schrumpfen der Niete. Stahlniete unter 8 ... 10 mm Durchmesser und solche aus Nichteisenmetallen werden kalt geschlagen; dabei nur geringer Reibungsschluß erreichbar. Niete werden dann im wesentlichen auf Abscheren und Lochleibungsdruck beansprucht (ungünstig bei dynamischer Belastung).

Die *Rohniet-Schaftlänge* l ist abhängig von den Dicken s der vernieteten Bauteile, vom Nietdurchmesser d und der Form des Schließkopfes (Bild VI.1):

$$l = \Sigma s + l_{ü} \qquad \text{(VI.1)}$$

Überstand $l_{ü} \approx 1{,}4 \ldots 1{,}6\, d$ für Halbrundkopf; $l_{ü} \approx 0{,}6 \ldots 1\, d$ für Senkkopf. Die höheren Werte für $l_{ü}$ bei größeren Klemmlängen Σs. Als endgültige Schaftlänge ist die nächstliegende Normlänge zu wählen (Tafel VI.2).

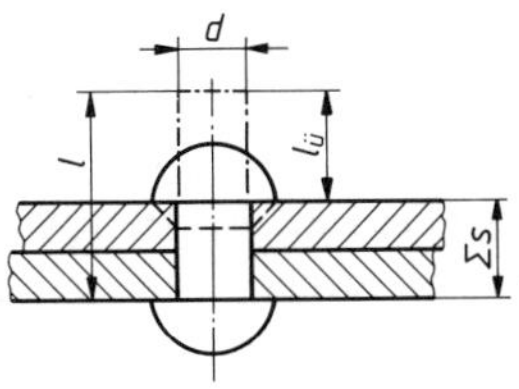

Bild VI.1. Rohnietlängen

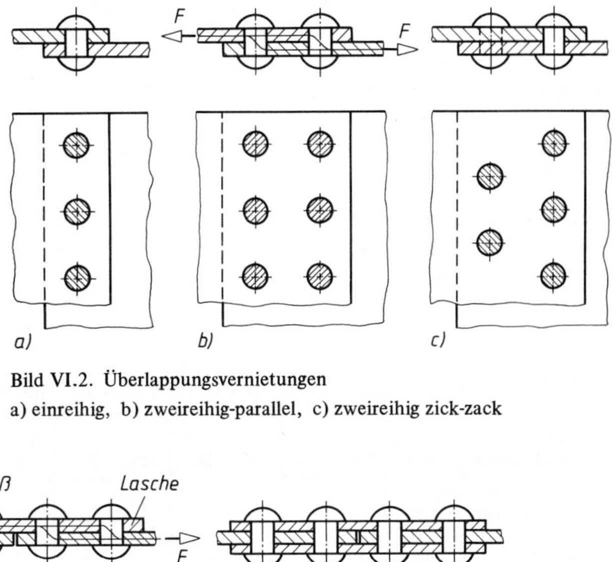

Bild VI.2. Überlappungsvernietungen
a) einreihig, b) zweireihig-parallel, c) zweireihig zick-zack

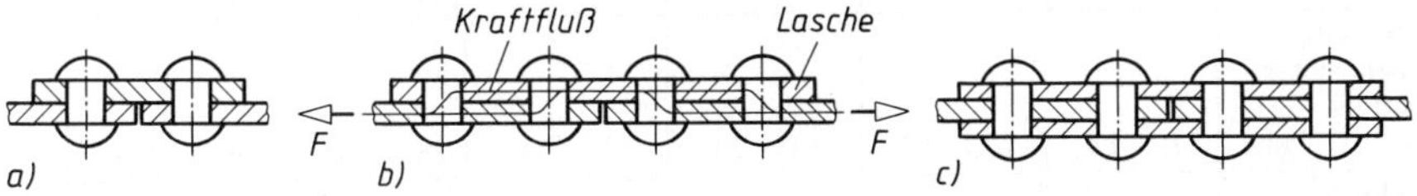

Bild VI.3. Laschennietungen, a) einseitig, einreihig, b) einseitig, zweireihig, c) Doppellaschen, zweireihig

5. Verbindungsarten, Schnittigkeit

Man unterscheidet *Überlappungsnietungen* (Bild VI.2), angewendet vorwiegend im Stahlbau, und *Laschennietungen* (Bild VI.3) hauptsächlich für Kessel- und Behälterbau. Für die Berechnung ist die Anzahl der kraftübertragenden Nietreihen wichtig, worunter man die senkrecht zur Kraftrichtung stehenden versteht. Sie sind sicher mit Hilfe des „Kraftflusses" zu erkennen: Bild VI.3b ist danach eine zweireihige (*nicht* vierreihige) Verbindung, d.h., die Kraft wird von zwei (nicht von vier) Reihen übertragen.

Ferner ist die *Schnittigkeit* zu beachten. Das ist die Anzahl der von *einem* Niet beanspruchten Querschnitte. Die Nietverbindung in Bild VI.2 ist damit einschnittig, die in Bild VI.3c ist zweischnittig. Angenommen, jede Nietreihe habe fünf Niete, so tragen in der Verbindung (Bild VI.3c) zwei Reihen mit je fünf zweischnittigen Nieten also 20 Nietquerschnitte.

6. Nietverbindungen im Stahlbau

6.1. Allgemeine Richtlinien

Für Berechnung und Konstruktion sind im *Stahlhochbau* die Richtlinien nach DIN 1050, für den *Kranbau* die nach DIN 15 018 und für den *Brückenbau* nach DIN 1073 und 1079 maßgebend.
Für die Lastannahme sind die *Lastfälle* H und HZ vorgesehen: Lastfall H erfaßt die Summe aller Hauptlasten, das sind ständige Last (Eigengewichtskraft), Verkehrslast, Schneelast, Lagerstoffe, Massenkräfte von Maschinen. Lastfall HZ erfaßt Haupt- und Zusatzlasten wie Windkräfte, Wärmewirkungen und Bremskräfte.

Maßgebend ist der Lastfall, der die größten Stabquerschnitte ergibt. Er ist durch Proberechnungen zu ermitteln, wenn er nicht schon erfahrungsgemäß erkannt wird:

$$\text{Lastfall H, wenn } \frac{F_{\mathrm{H}}}{\sigma_{\mathrm{H\,zul}}} > \frac{F_{\mathrm{HZ}}}{\sigma_{\mathrm{HZ\,zul}}}; \qquad \text{Lastfall HZ, wenn } \frac{F_{\mathrm{HZ}}}{\sigma_{\mathrm{HZ\,zul}}} > \frac{F_{\mathrm{H}}}{\sigma_{\mathrm{H\,zul}}}$$

Zeiger H und HZ kennzeichnen die dem betreffenden Lastfall zugeordneten Größen. Belastungsänderungen, Stöße und dergl. werden durch Erhöhung der äußeren Lasten um Stoßzahlen (zwischen 1,1 ... 2) und Schwingungsbeiwerte (zwischen 1,02 ... 1,64) berücksichtigt. Die zulässigen Spannungen bleiben unverändert.

6.2. Berechnung der Niete

6.2.1. Nietdurchmesser. Bei Form- und Stabstählen, wie L-, U-, I-Stählen usw. ist der Nietdurchmesser d nach DIN 997 zu wählen. Bei Blechen und Breitflachstählen rechnet man erfahrungsgemäß: $d \approx \sqrt{50\,s} - 2$ in mm, oder bei mittleren Dicken $s \approx 5 \ldots 10$ mm: $d \approx s + 8 \ldots 10$ mm (siehe auch Tafel VI.2).

Tafel VI.2. Niete für Stahl- und Kesselbau nach DIN 124 und DIN 123

Rohniet-durchmesser d mm	10	12	(14)	16	(18)	20	22	24	27	30	(33)	36
Durchmesser des geschlagenen Nietes, Nietlochdurchmesser d_1 mm	11	13	15	17	19	21	23	25	28	31	34	37
Nietquerschnitt $A_1 = \frac{d_1^2 \pi}{4}$ mm²	95	133	177	227	284	346	415	491	616	755	908	1080
Blechdicken s mm	4 ... 6		> 6 ... 8		> 8 ... 12		> 12 ... 18		> 18			
zugehörige Sechskantschrauben nach DIN 7990	M10	M12	–	M16	–	M20	M22	M24	M27	M30	M33	M36

Größen in ( ) möglichst vermeiden
Stufung der Nietlänge l: 10 12 14 usw. bis 40, dann 42 45 48 50 usw. bis 80, dann 85 90 95 usw. bis 150 mm

6.2.2. Nietzahl. Die Niete werden auf *Abscheren* und *Lochleibungsdruck* berechnet, da der Reibungsschluß zwischen den Bauteilen nicht sicher ist. Unter der Annahme einer gleichmäßigen Kraftverteilung auf alle Niete muß für die Nachprüfung einer Nietverbindung (Bild VI.4) die *vorhandene Scherspannung* sein:

$$\tau_a = \frac{F}{A_1\, n\, m} \leq \tau_{a\,zul} \qquad \text{(VI.2)}$$

τ_a	F	A_1	n, m
$\frac{N}{mm^2}$	N	mm^2	1

und der *vorhandene Lochleibungsdruck*

$$\sigma_l = \frac{F}{d_1\, s\, n} \leq \sigma_{l\,zul} \qquad \text{(VI.3)}$$

σ_l	F	d_1, s	n
$\frac{N}{mm^2}$	N	mm	1

F von der Nietverbindung aufzunehmende Kraft; $A_1 = d_1^2\,\pi/4$ Nietquerschnitt (siehe auch Tafel VI.2); n Nietzahl; m Schnittigkeit; d_1 Durchmesser des geschlagenen Nietes gleich Lochdurchmesser (Tafel VI.2); s Dicke des spezifisch am stärksten beanspruchten Bauteiles, bei einschnittigen Verbindungen Dicke des schwächsten Bauteiles.

$\tau_{a\,zul}$, $\sigma_{l\,zul}$, zulässige Scherspannung und zulässiger Lochleibungsdruck nach DIN 1050 und DIN 15 018 (siehe Abschnitt Festigkeitslehre, Tafel II.15).

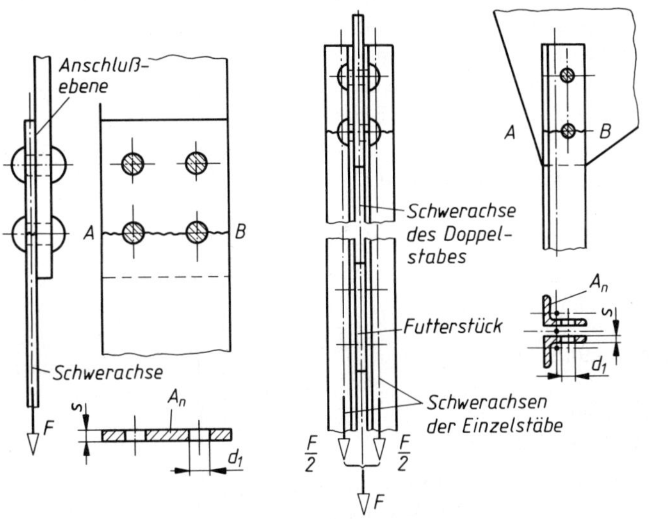

Bild VI.4
Mittig angeschlossene Zugstäbe

Aus den Gleichungen (VI.2) und (VI.3) ergibt sich nach Umformen die erforderliche *Nietzahl auf Grund der zulässigen Scherspannung*

$$n_a = \frac{F}{A_1\, \tau_{a\,zul}\, m} \qquad \text{(VI.4)}$$

F	A_1	$\tau_{a\,zul}$	m
N	mm^2	$\frac{N}{mm^2}$	1

und die erforderliche *Nietzahl auf Grund des zulässigen Lochleibungsdruckes*

$$n_l = \frac{F}{d_1\, s\, \sigma_{l\,zul}} \qquad \text{(VI.5)}$$

F	d_1, s	$\sigma_{l\,zul}$
N	mm	$\frac{N}{mm^2}$

Es ist die aus beiden Gleichungen sich ergebende größere, stets aufzurundende Nietzahl zu wählen. Je Stabanschluß sind sicherheitshalber mindestens zwei Niete vorzusehen. In Kraftrichtung hintereinander sollen nicht mehr als fünf Niete gesetzt werden, weil sonst die Kraftverteilung zu ungleichmäßig wird.

6.3 Berechnung genieteter Bauteile

6.3.1. Mittig angeschlossene Zugstäbe. Die Schwerachse des Stabes geht durch die Anschlußebene hindurch oder fällt nur wenig aus dieser heraus wie bei Flachstahlanschlüssen oder Doppelstäben (Bild VI.4). Seitliches Ausbiegen der Stäbe ist vernachlässigbar klein oder wird durch Futterstücke oder Laschen verhindert. Beanspruchung praktisch nur auf Zug.

Für den geschwächten Querschnitt $A-B$ muß die *vorhandene Zugspannung* sein

$$\sigma_z = \frac{F}{A_n} \leq \sigma_{z\,zul} \qquad \text{(VI.6)}$$

σ_z	F	A_n
$\frac{N}{mm^2}$	N	mm^2

F Zugkraft; $A_n = A - (d_1\, s\, z)$ nutzbarer Stabquerschnitt, A ungeschwächter Stabquerschnitt, d_1 Lochdurchmesser, s Stabdicke, z Anzahl der den Querschnitt schwächenden Löcher; $\sigma_{z\,zul}$ zulässige Zugspannung, siehe Abschnitt Festigkeitslehre.

Für die *Vorwahl des Stabes* wird der erforderliche Querschnitt ermittelt aus $A = F/(v\,\sigma_{zul})$; $v \approx 0{,}8$ Verschwächungsverhältnis zur Berücksichtigung der zunächst nicht erfaßbaren Schwächung des Querschnittes durch Nietlöcher.

6.3.2. Außermittig angeschlossene Zugstäbe. Bei diesen fällt die Stab-Schwerachse erheblich aus der Anschlußebene heraus wie bei einseitig angeschlossenen Profilstählen (Bild VI.5). Durch Moment $M_b = F e$ biegt der Stab seitlich aus. Neben Zugspannung entsteht zusätzliche Biegespannung. Die maximale Zugspannung tritt in der Biegezugfaser auf, in der sich Zugspannung und Biegezugspannung addieren.

Es ist nachzuweisen, daß die maximale *resultierende Spannung*

$$\sigma_{max} = \sigma_z + \sigma_b = \frac{F}{A_n} + \frac{F e^2}{I} \leq \sigma_{zul} \qquad \text{(VI.7)}$$

σ	F	A_n	e	I
$\frac{N}{mm^2}$	N	mm^2	mm	mm^4

e Schwerachsenabstand von der Zugfaser;
I Flächenmoment 2. Grades für die Biegeachse $x-x$.

Vorwahl des Stabes wie bei mittig angeschlossenen Stäben, jedoch mit Verschwächungsverhältnis $v \approx 0{,}5 \ldots 0{,}6$ (siehe Abschnitt Festigkeitslehre II.4.1).

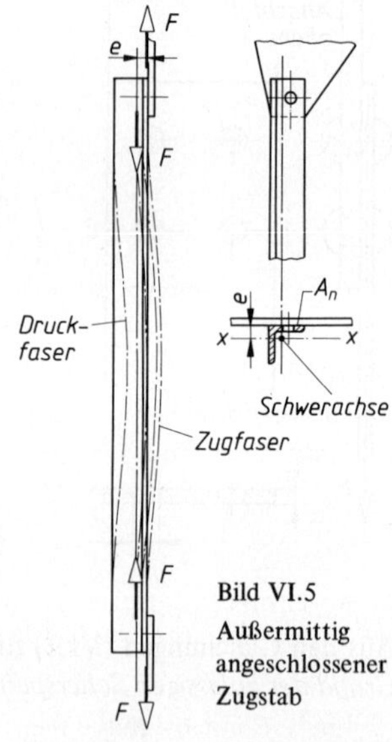

Bild VI.5
Außermittig angeschlossener Zugstab

6.3.3. Druckstäbe. Berechnung nach dem ω-Verfahren (siehe Abschnitt Festigkeitslehre II.3.6).

6.4. Gestaltung der Nietverbindungen

Darstellung der Niete in Zeichnungen durch Sinnbilder nach DIN 407.

Bei Profilstählen ist die Anordnung der Niete nach DIN 997 bis DIN 999 zu wählen oder auch der Tafel VI.3 zu entnehmen.

Bei Stabfachwerken sollen sich die Netzlinien (Systemlinien) mit den Schwerachsen der Stäbe decken (Bild VI.7). Nur bei kleineren Fachwerken können die Netzlinien mit den Lochrißlinien zusammenfallen, wodurch sich günstigere Knotenpunktgestaltungen ergeben.

Tafel VI.3. Richtwerte für Niet-(und Schrauben-)Abstände im Stahlbau (Bild VI.6)

Maße in mm

Nietdurchmesser d	Lochdurchmesser d_1	Randabstand in der Kraftrichtung e_1	Randabstand senkrecht zur Kraftrichtung e_2	Nietabstand a bei Kraftnieten üblich	Kraftnieten max. Abstand	Heftnieten (max. Abstand) bei Stäben	bei Blechen mit Dicke 4 ... 6	> 6 ... 8	> 8 ... 12	> 12 ... 18
10	11	25	20	35	80	130	120	–	–	–
12	13	30	20	45	100	150	120	–	–	–
16	17	35	25	55	135	200	120	150	200	–
20	21	45	35	65	165	250	–	150	200	250
22	23	50	35	70	180	270	–	–	250	270
24	25	50	40	75	200	300	–	–	–	300
27	28	60	45	85	220	330	–	–	–	330
30	31	60	45	95	245	370	–	–	–	–
36	37	75	55	115	300	440	–	–	–	–

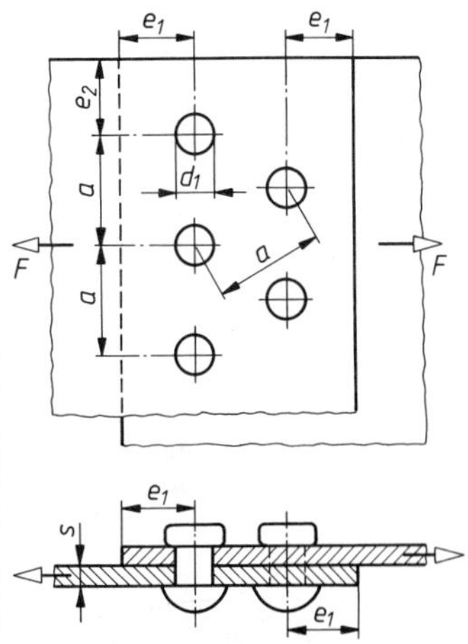

Bild VI.6. Anordnung der Niete

■ **Beispiel**: Der Stab S_1 eines Hochbau-Fachwerkes hat eine Zugkraft F_1 = 104 000 N (Lastfall H) aufzunehmen (Bild VI.7). Bauteile aus St 52. Zu berechnen: a) erforderlicher ungleichschenkliger Winkelstahl für Stab S_1; b) Vernietung des Stabes mit dem 8 mm dicken Knotenblech.

Lösung: a) Der Stab wird auf Zug und wegen einseitigen Anschlusses zusätzlich auf Biegung beansprucht; es handelt sich also um einen außermittig angeschlossenen Zugstab.

Vorwahl des Stabes mit $A \approx F_1/(\sigma_{z\,zul}\,v)$; $\sigma_{z\,zul} = 240\ \text{N/mm}^2$ für St 52, Lastfall H; Verschwächungsverhältnis $v = 0{,}5$ geschätzt (Festigkeitslehre II.4.1), damit $A \approx 104\,000\ \text{N}/(240\ \text{N/mm}^2 \cdot 0{,}5)$ $A \approx 870\ \text{mm}^2$. Hierfür wird zunächst gewählt: ∟ 100 × 50 × 6 mit $A = 873\ \text{mm}^2$ (fehlende Größen siehe Festigkeitslehre und „Arbeitshilfen..." Band 1).

Der Winkel wird nun nach Gleichung (VI.7) auf Zug und Biegung nachgeprüft.

$$\sigma_{max} = \sigma_z + \sigma_b = \frac{F_1}{A_n} + \frac{F_1\,e^2}{I} \leq \sigma_{zul}$$

Nutzbarer Stabquerschnitt $A_n = A - d_1\,s$; für die Schenkelbreite 100 mm – der breite Schenkel wird zweckmäßig angeschlossen, um die Biegung klein zu halten – wird gewählt: Nietdurchmesser d = 22 mm, Lochdurchmesser d_1 = 23 mm; mit s = 6 mm wird $A_n = 873\ \text{mm}^2 - 23\ \text{mm} \cdot 6\ \text{mm} = 735\ \text{mm}^2$. Randabstand $e \mathrel{\hat=} e_y = 10{,}4$ mm. Flächenmoment $I \mathrel{\hat=} I_y = 15{,}3 \cdot 10^4\ \text{mm}^4$.

Damit wird

$$\sigma_{max} = \frac{104\,000\ \text{N}}{735\ \text{mm}^2} + \frac{104\,000\ \text{N} \cdot (10{,}4\ \text{mm})^2}{15{,}3 \cdot 10^4\ \text{mm}^4} = 141{,}5\ \frac{\text{N}}{\text{mm}^2} + 73{,}5\ \frac{\text{N}}{\text{mm}^2}$$

$$= 215\ \frac{\text{N}}{\text{mm}^2} < \sigma_{zul} = 240\ \frac{\text{N}}{\text{mm}^2}$$

Damit wird endgültig gewählt: ∟ 100 × 50 × 6.

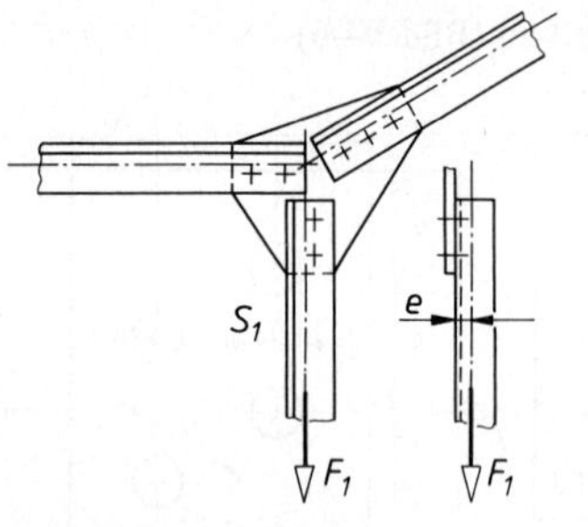

Bild VI.7. Knotenpunkt eines Traggerüstes

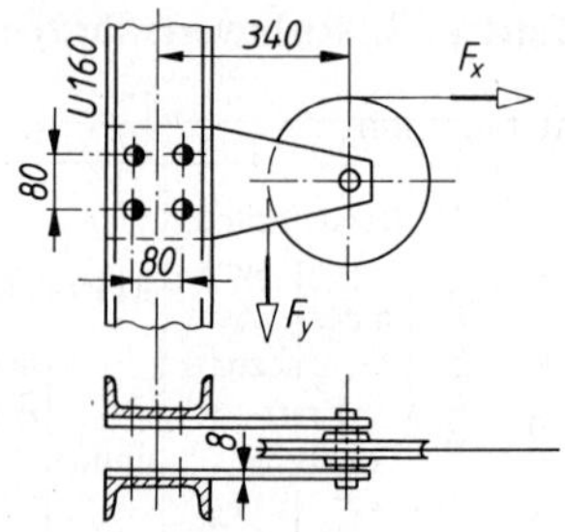

Bild VI.8. Lagerbleche für eine Seilrolle

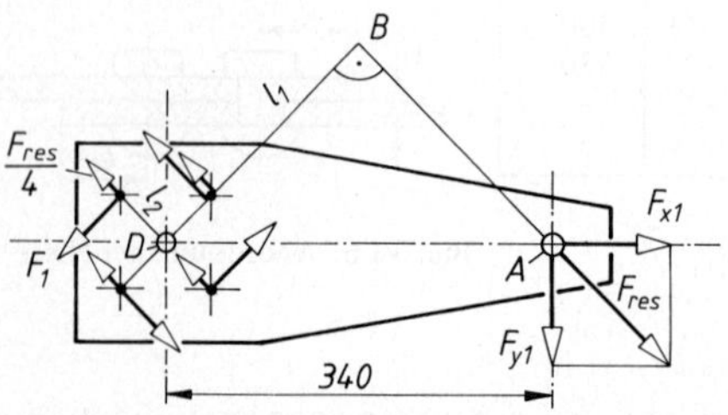

Bild VI.9. Kräfte am Lagerblech

b) Nietdurchmesser bereits unter a) gewählt: $d = 22$ mm, $d_1 = 23$ mm. Erforderliche Nietzahl auf Grund der zulässigen Scherspannung nach Gleichung (VI.4):

$$n_a = \frac{F_1}{A_1 \tau_{a\,zul}\, m}$$

Querschnitt des geschlagenen Nietes nach Tafel VI.2: $A_1 = 415\ \text{mm}^2$; $\tau_{a\,zul} = 210\ \text{N/mm}^2$ und $m = 1$, da Verbindung einschnittig, damit

$$n_a = \frac{104\,000\ \text{N}}{415\ \text{mm}^2 \cdot 210\ \dfrac{\text{N}}{\text{mm}^2} \cdot 1} = 1{,}19$$

Erforderliche Nietzahl auf Grund des zulässigen Lochleibungsdruckes nach Gleichung (VI.5):

$$n_l = \frac{F_1}{d_1\, s\, \sigma_{l\,zul}}$$

Durchmesser des geschlagenen Nietes $d_1 = 23$ mm; Dicke des schwächsten Bauteiles gleich Stabdicke $s = 6$ mm; $\sigma_{l\,zul} = 420\ \text{N/mm}^2$; damit

$$n_l = \frac{104\,000\ \text{N}}{23\ \text{mm} \cdot 6\ \text{mm} \cdot 420\ \dfrac{\text{N}}{\text{mm}^2}} = 1{,}8$$

gewählt werden 2 Niete mit $d = 22$ mm.

- **Beispiel**: Zur Vernietung der Lagerbleche einer Umlenk-Seilrolle an der Säule eines Wanddrehkranes sind je vier Niete $d = 16$ mm vorgesehen (Bild VI.8). Höchste Seilzukraft $F_x = F_y = 22\,000$ N. Bauteile aus St37.

Lösung: Die Nietverbindung ist *exzentrisch* belastet, d.h. die äußere Kraft geht nicht durch den Schwerpunkt der Nietverbindung, die damit auf Biegung (Drehung) und Schub beansprucht wird. An Stelle von F_x und F_y wird mit deren Resultierenden F_{res}, angreifend im Mittelpunkt A der Rollenachse, gerechnet. Die Nietkräfte müssen F_{res} das Gleichgewicht halten (Bild VI.9).

Für *ein* Lagerblech wird $F_{res} = F_{x1}\sqrt{2} = 11\,000\,\text{N} \cdot \sqrt{2} \approx 15\,560\,\text{N}$.

Der Schwerpunkt des Nietsystems liegt im Punkt D in Bild VI.9. Dazu hat die Wirklinie der Resultierenden F_{res} den Wirkabstand l_1. Aus dem gleichschenkligen Dreieck DAB erkennt man

$$l_1 = \frac{l}{\sqrt{2}} = \frac{340\,\text{mm}}{\sqrt{2}} = 240\,\text{mm}\,.$$

Ebenso ergibt sich aus den gleichschenkligen Dreiecken am Punkt D

$$l_2 = 40\,\text{mm} \cdot \sqrt{2} = 56{,}6\,\text{mm}\,.$$

Die Nietkraft F_1 kann nun aus der Momentengleichgewichtsbedingung berechnet werden

$$\Sigma M_{(D)} = 0 = 4\,F_1\,l_2 - F_{res}\,l_1$$

$$4\,F_1\,l_2 = F_{res}\,l_1$$

$$F_1 = \frac{F_{res}\,l_1}{4\,l_2} = \frac{15\,560\,\text{N} \cdot 240\,\text{mm}}{4 \cdot 56{,}6\,\text{mm}} = 16\,495\,\text{N}\,.$$

Aus der Bedingung $\Sigma F = 0$ folgt, daß an jedem Niet noch die Kraft $F_{res}/4 = 15\,560\,\text{N}/4 = 3890\,\text{N}$ entgegen F_{res} angreifen muß. Die größte resultierende Nietkraft ergibt sich, wie aus Bild VI.9 ersichtlich, für den rechten oberen Niet

$$F = F_1 + \frac{F_{res}}{4} = 16\,495\,\text{N} + 3890\,\text{N} = 20\,385\,\text{N}\,.$$

Mit $A_1 = 227\,\text{mm}^2$ nach Tafel VI.2 wird die vorhandene Abscherspannung für den rechten oberen Niet

$$\tau_a = \frac{F}{A_1} = \frac{20\,385\,\text{N}}{227\,\text{mm}^2} = 89{,}8\,\frac{\text{N}}{\text{mm}^2}\,.$$

Für den angenommenen Lastfall H beträgt die zulässige Abscherspannung $\tau_{a\,zul} = 112\,\text{N/mm}^2$ (siehe Festigkeitslehre Tafel II.16). Es ist also

$$\tau_a = 89{,}8\,\frac{\text{N}}{\text{mm}^2} < \tau_{a\,zul} = 112\,\frac{\text{N}}{\text{mm}^2}\,.$$

Mit $d_1 = 17\,\text{mm}$ und $s = 7{,}5\,\text{mm}$ Stegdicke für den Profilstahl U 160 wird der vorhandene Lochleibungsdruck

$$\sigma_l = \frac{F_1}{d_1\,s} = \frac{20\,385\,\text{N}}{17\,\text{mm} \cdot 7{,}5\,\text{mm}} = 160\,\frac{\text{N}}{\text{mm}^2}\,.$$

Da der zulässige Lochleibungsdruck $\sigma_l = 280\,\text{N/mm}^2$ beträgt, ist auch hier

$$\sigma_l = 160\,\frac{\text{N}}{\text{mm}^2} < \sigma_{l\,zul} = 280\,\frac{\text{N}}{\text{mm}^2}\,.$$

VII. Schraubenverbindungen

Normen (Auswahl) und Bezugsliteratur

DIN 13 Metrisches ISO-Gewinde
DIN 74 Senkungen
DIN 78 Gewindeenden, Schraubenüberstände
DIN 103 Metrisches ISO-Trapezgewinde
DIN 259 Whitworth-Rohrgewinde
DIN 475 Schlüsselweiten

[1] VDI-Richtlinie 2230; Systematische Berechnung hochbeanspruchter Schraubenverbindungen. VDI-Verlag GmbH, Düsseldorf

[2] *Kübler, K.-H.*: Vereinfachtes Berechnen von Schraubenverbindungen. Mitteilung aus den KAMAX-Werken, „Verbindungstechnik" (1978)

[3] *Illgner, K.-H.* und *Blume, D.*: Schraubenvademecum. Bauer & Schaurte Karcher GmbH, Neuß 1980

[4] *Galwelat, M.* und *Beitz, W.*: Gestaltungsrichtlinien für unterschiedliche Schraubenverbindungen. Konstruktion 33 (1981) Heft, 6, S. 213–218

1. Allgemeines

Einteilung der Schrauben nach ihrem Verwendungszweck in *Befestigungsschrauben* für lösbare Verbindungen von Bauteilen, *Bewegungsschrauben* zur Umwandlung von Drehbewegungen in Längsbewegungen, *Dichtungsschrauben* für Ein- und Auslauföffnungen, z.B. bei Ölwannen, *Einstellschrauben, Spannschrauben* u.a.

2. Gewinde

Die Gewinde werden durch ihr Profil (Dreieck, Trapez), die Steigung, Gangzahl (ein- oder mehrgängig) und den Windungssinn (rechts- oder linkssteigend) bestimmt. Die gebräuchlichsten Profilformen zeigt Bild VII.1.

2.1. Gewindearten

Metrisches ISO-Gewinde, DIN 13 Blatt 1; Gewindedurchmesser von 1 mm bis 68 mm; Anwendungen für Befestigungsschrauben und Muttern aller Art; Abmessungen siehe Tafel VII.7.

Metrisches ISO-Feingewinde, DIN 13, Blätter 2 bis 12; Gewindedurchmesser von 1 mm bis 300 mm; Anwendung als Befestigungsgewinde, als Dichtungsgewinde, für Meß- und Einstellschrauben.

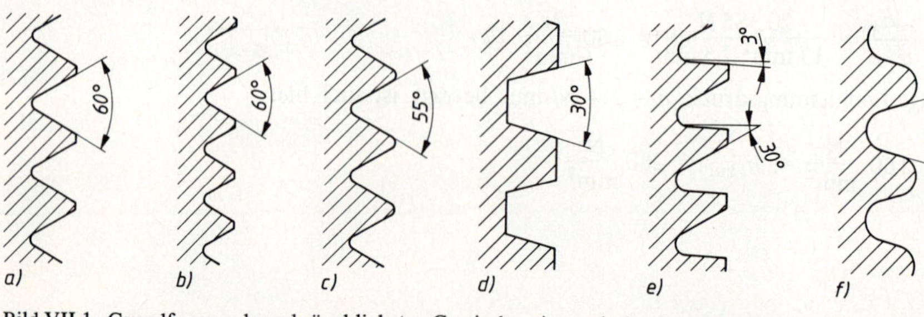

Bild VII.1. Grundformen der gebräuchlichsten Gewinde, a) metrisches Regelgewinde, b) metrisches Feingewinde, c) Whitworth-Rohrgewinde, d) Trapezgewinde, e) Sägengewinde, f) Rundgewinde

Metrisches ISO-Trapezgewinde, DIN 103; Gewindedurchmesser von 8 mm bis 300 mm; Anwendung als Bewegungsgewinde bei Spindeln an Drehmaschinen, Schraubstöcken, Ventilen, Pressen usw.; Abmessungen siehe Tafel VII.8.

Whitworth-Rohrgewinde, DIN 259 und DIN 2999; Flankenwinkel 55°; Anwendung nur als Dichtungsgewinde bei Rohren und Rohrteilen; Bezeichnung nach Nennweite (Innendurchmesser) des Rohres, auf das das Gewinde als Außengewinde vorgesehen ist.

Rundgewinde, DIN 405; Anwendung als Bewegungsgewinde bei rauhem Betrieb, z.B. Kupplungsspindeln.

Metrisches Sägengewinde, DIN 513; Anwendung als Bewegungsgewinde bei hohen einseitigen Belastungen, z.B. bei Hubspindeln.

2.2. Gewindeabmessungen

Aus der Abwicklung eines Gewindeganges (Bild VII.2) ergibt sich der *Steigungswinkel* α, bezogen auf den Flankendurchmesser d_2 aus dem rechtwinkligen Dreieck:

$$\tan\alpha = \frac{P}{d_2\,\pi} \qquad \text{(VII.1)}$$

P Gewindesteigung, für die bei mehrgängigem Gewinde $P = zP$ zu setzen ist. Dann ist P die Gewindeteilung (Abstand zweier Gänge im Längsschnitt), z Gangzahl (siehe Tafel VII.8).

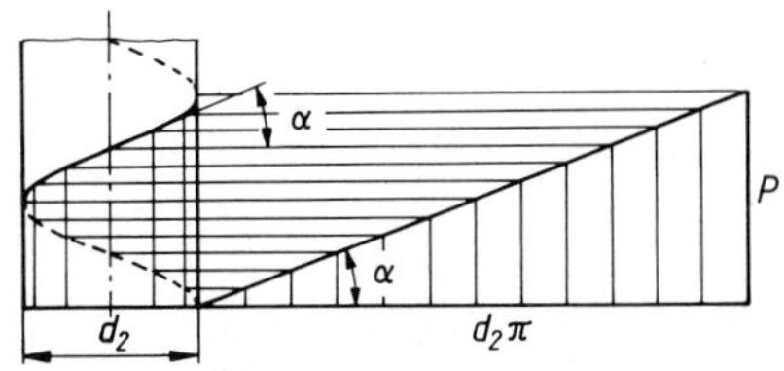

Bild VII.2. Entstehung der Schraubenlinie

3. Schrauben und Muttern

3.1. Schraubenarten

Unterscheidung hauptsächlich durch die Form ihres Kopfes. Ausführliche Übersicht siehe DIN-Taschenbuch 10 des Deutschen Normenausschuß. Gebräuchliche Schraubenarten siehe Bild VII.3 Hauptabmessungen von Sechskantschrauben siehe Tafel VII.12.

Sechskantschrauben, DIN 558, 601, 931, 7990, sind die am häufigsten verwendeten; Ausführung mit metrischem Regelgewinde, teilweise auch mit metrischem Feingewinde. *Innensechskantschrauben*, DIN 912, 6912; platzsparend durch versenkten Kopf mit Innensechskant; gefälliges Aussehen; Ausführung vielfach aus hochfesten Stählen. *Halbrund-*, *Senk-*, *Zylinder-* und *Linsenschrauben* mit Schlitz oder Kreuzschlitz werden vielseitig im Maschinen-, Fahrzeug-, Apparate- und Gerätebau verwendet. *Stiftschrauben*, DIN 833 bis 836 und DIN 938 bis 940 dienen vorwiegend zu Verschraubungen von Gehäuseteilen bei Getrieben, Turbinen, Motoren, usw.;

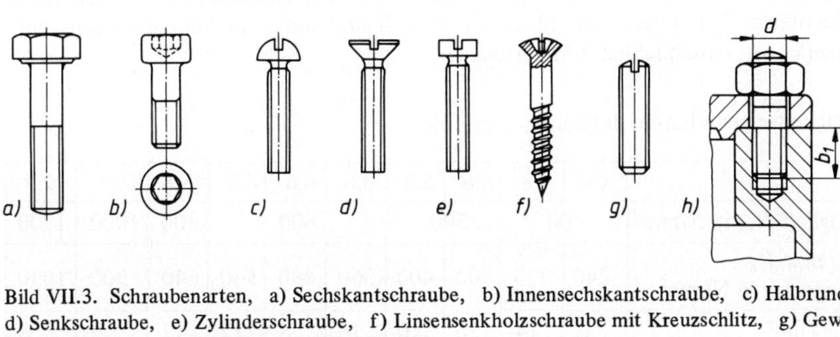

Bild VII.3. Schraubenarten, a) Sechskantschraube, b) Innensechskantschraube, c) Halbrundschraube, d) Senkschraube, e) Zylinderschraube, f) Linsensenkholzschraube mit Kreuzschlitz, g) Gewindestift mit Kegelkuppe, h) Stiftschraube (Einbauspiel)

Einschraubende b_1 richtet sich nach dem Werkstoff, in den dieses eingeschraubt ist: $b_1 \approx d$ bei St, GS und Bz, $b_1 \approx 1{,}25\,d$ bei GG, $b_1 \approx 2\,d$ bei Al-Legierungen, $b_1 \approx 2{,}5\,d$ bei Weichmetallen. *Gewindestifte* mit Zapfen, Ringschneide, Spitze oder Kegelkuppe werden zum Befestigen von Naben, Buchsen, Radkränzen und dergleichen verwendet.

3.2. Mutterarten

Einige gebräuchliche Arten zeigt Bild VII.4. Am häufigsten verwendet werden *Sechskantmuttern* mit normaler Höhe ($m \approx 0{,}8\,d$), DIN 555 und 934; flache Sechskantmuttern ($m \approx 0{,}5\,d$), DIN 439 und 936, bei kleineren Schrauben und metrischem Feingewinde. *Vierkantmuttern*, DIN 557 und 562, werden vorwiegend mit Flachrundschrauben (Schloßschrauben) zum Verschrauben von Holzteilen verwendet. *Hutmuttern*, DIN 917 und 1587, schützen das Schraubengewinde vor Beschädigungen und verhüten Verletzungen. *Nut-* und *Kreuzlochmuttern*, DIN 1804 und 1816, mit Feingewinde dienen vielfach zum Befestigen von Wälzlagern auf Wellen. *Schlitz-* und *Zweilochmuttern* werden als Senkmuttern verwendet. *Kronenmuttern*, DIN 936, *Sicherungsmuttern* und *selbstsichernde Muttern* dienen der Sicherung von Schraubenverbindungen, siehe auch 4.2.

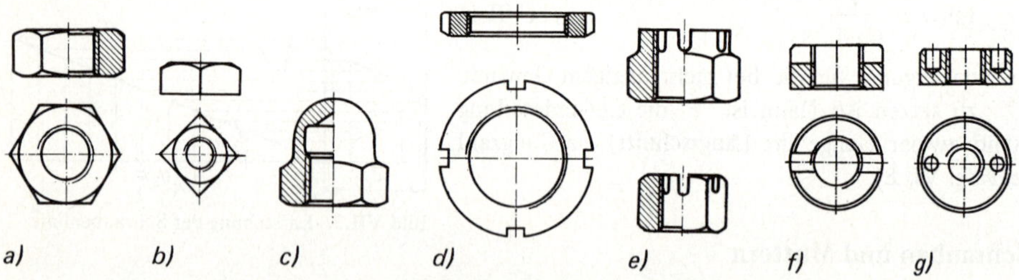

Bild VII.4. Muttern, a) Sechskantmutter, b) Vierkantmutter, c) Hutmutter (hohe Form), d) Nutmutter, e) Kronenmuttern, f) Schlitzmutter, g) Zweilochmutter

3.3. Ausführung und Werkstoffe

Für Maßgenauigkeit, Oberflächenbeschaffenheit, Werkstoffeigenschaften und Prüfung sind die Bedingungen nach DIN 267 maßgebend.

Toleranzklassen: fein (f) für große Genauigkeit bei geringem Spiel, mittel (m) für normale Verwendung, grob (g) für rauhen Betrieb. Die Toleranzklasse m braucht bei Bestellungen nicht angegeben zu werden.

Als Werkstoff kommen insbesondere Stahl, Messing und Al-Legierungen in Frage. Bezeichnungen und Festigkeitseigenschaften der Schraubenstähle siehe Tafel VII.1. Werkstoff-Kennzeichen z.B. 5.8 bedeutet: 5 Kennzahl der Mindestzugfestigkeit (500 N/mm²); 8 Kennzahl für das Verhältnis $(R_e/R_m) \cdot 10$. Hochfeste Schrauben (und Muttern) ab 6.6 sind auf dem Schraubenkopf entsprechend gekennzeichnet, einschließlich Firmenzeichen.

Tafel VII.1. Festigkeitseigenschaften der Schraubenstähle

Kennzeichen	4.6	4.8	5.6	5.8	6.6	6.8	6.9	8.8	10.9	12.9
Mindest-Zugfestigkeit R_m in N/mm²	400		500		600			800	1000	1200
Mindest-Streckgrenze R_e oder $R_{p0,2}$-Dehngrenze in N/mm²	240	320	300	400	360	480	540	640	900	1080
Bruchdehnung A_5 in %	25	14	20	10	16	8	12	12	9	8

4. Schraubensicherungen

4.1. Kraft-(reib-)schlüssige Sicherungen

Gebräuchliche Sicherungen siehe Bilder VII.5a bis VII.5f. *Federring*, DIN 127 und 7980; *Fächerscheibe*, DIN 6798; *Zahnscheibe*, DIN 6797 und *Federscheibe*, DIN 137, erzeugen teils durch ihre Federwirkung hohe Reibung im Gewinde und an der Auflagefläche, teils durch Eindrücken in die Oberflächen noch zusätzlichen Formschluß. Zu beachten ist, daß damit wohl die Mutter, aber nicht unbedingt die Schraube und damit die Verbindung ausreichend gesichert ist. Reine Reibschlußsicherungen sind die *Gegenmutter*, heute meist durch die wirksamere und platzsparende *Sicherungsmutter*, DIN 7967, ersetzt; ferner die *selbstsichernde Mutter*, DIN 985 und 986, mit einem sich in das Schraubengewinde einpressenden Fiber- oder Kunststoffring und die *geschlitzte Mutter*, bei der die an der Schlitzstelle, versetzten" Gewindegänge beim Aufschrauben sich federnd in das Schraubengewinde pressen.

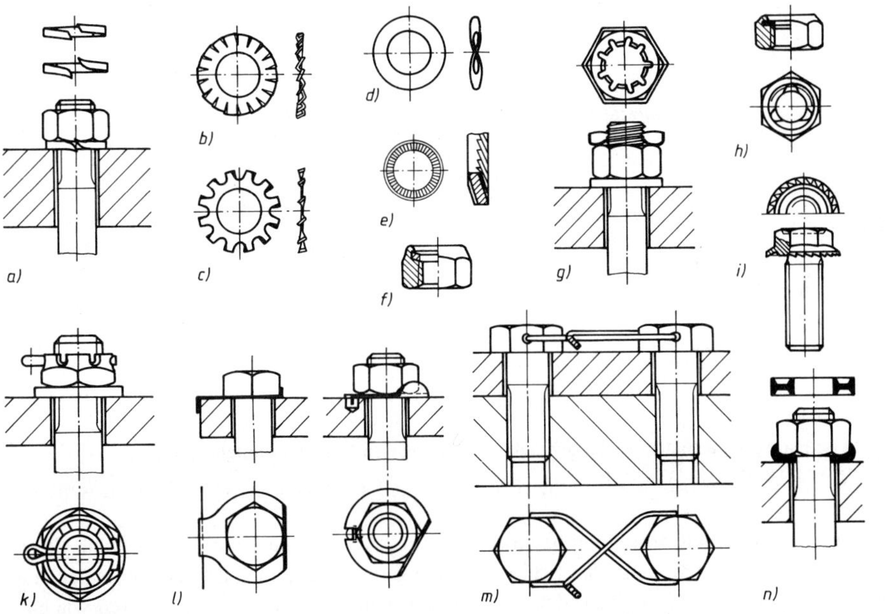

Bild VII.5. Schraubensicherungen. a) Federring, b) Fächerscheibe, c) Zahnscheibe, d) Federscheibe, e) Schnorr-Sicherung, f) selbstsichernde Sechskantmutter, g) Sicherungsmutter, h) Spring-Stopp Sechskantmutter, i) TENSILOCK Sicherungsschraube, k) Kronenmutter mit Splint, l) Sicherungsbleche, m) Drahtsicherung, n) Kunststoffsicherungsring (Dubo-Sicherung)

4.2. Formschlüssige Sicherungen

Als häufigste Sicherung gegen Lösen und Verlieren dient die *Kronenmutter*, DIN 935, 937 und 979, mit Splint (Bild VII.5k), bei der Schraube *und* Mutter gleichzeitig gesichert sind. *Sicherungsbleche* verschiedener Ausführung (Bild VII.5*l*) sind als Muttersicherung nicht unbedingt ausreichend für die ganze Verbindung. Dicht zusammensitzende Schrauben können gegenseitig durch *Drahtbügel* gesichert werden. Hochfeste Schraubenverbindungen (ab Festigkeitsklasse 8.8) erhalten keine Sicherungen.

5. Scheiben

Sie sollen nur dann verwendet werden, wenn die Oberfläche der verschraubten Teile weich oder uneben ist oder auch zum Beispiel poliert ist und nicht beschädigt werden soll.

6. Berechnung von Befestigungsschrauben

6.1. Kräfte und Verformungen in vorgespannten Schraubenverbindungen bei axial wirkender Betriebskraft F_A (Verspannungsschaubild)

Eine Schraubenverbindung besteht aus der Schraube, der Mutter und den aufeinanderzupressenden Teilen (Platten), zum Beispiel zwei Flanschen. Diese Verbindung kann im Betrieb eine axial wirkende *Betriebskraft* F_A oder eine Querkraft F_Q oder beide gemeinsam aufzunehmen haben. Beispiele: Die Schraubenverbindungen am Zylinkerkopf haben eine in Achsrichtung wirkende Betriebskraft F_A aufzunehmen, hervorgerufen durch den Gasdruck im Zylinder. Die Schraubenverbindung am Tellerrad des Ausgleichsgetriebes dagegen muß ein Drehmoment übertragen, dessen Kräftepaar quer zur Schraubenachse wirkt.

Das Kräftespiel mit den Formänderungen bei axial wirkender Betriebskraft F_A macht man sich mit dem *Verspannungsschaubild* klar (Bild VII.6). Es entsteht, wenn über den elastischen Formänderungen (Verlängerung und Verkürzung) der Schraube und der verspannten Teile die axial wirkenden Kräfte aufgetragen werden.

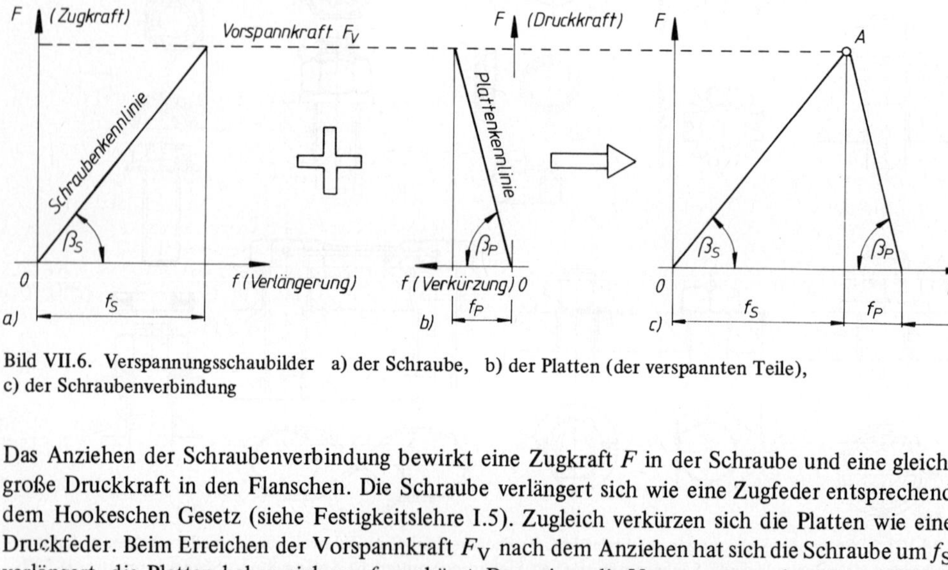

Bild VII.6. Verspannungsschaubilder a) der Schraube, b) der Platten (der verspannten Teile), c) der Schraubenverbindung

Das Anziehen der Schraubenverbindung bewirkt eine Zugkraft F in der Schraube und eine gleichgroße Druckkraft in den Flanschen. Die Schraube verlängert sich wie eine Zugfeder entsprechend dem Hookeschen Gesetz (siehe Festigkeitslehre I.5). Zugleich verkürzen sich die Platten wie eine Druckfeder. Beim Erreichen der Vorspannkraft F_V nach dem Anziehen hat sich die Schraube um f_S verlängert, die Platten haben sich um f_P verkürzt. Das zeigen die Verspannungsschaubilder VII.6 a) und b). Die „Druckfläche" der Platten ist größer als die „Zugfläche" in der Schraube, daher ist stets $f_P < f_S$ und $\beta_P > \beta_S$. Man kann auch sagen: Die „Zugfeder Schraube" ist weicher als die „Druckfeder Platten". Es fördert das Verständnis für die Formänderungsvorgänge, wenn man sich die Schraube als Schraubenzugfeder, die Platten als Schraubendruckfeder vorstellt, die beide parallelgeschaltet ineinander greifen (Federmodell der Verbindung, siehe auch IX.2.4). Das übliche Verspannungsschaubild einer Schraubenverbindung (Bild VII.6c) entsteht durch Zusammenfügen der beiden Schaubilder a) und b) für Schraube und Platten. Die Winkel β_S und β_P sind die Neigungswinkel der beiden Kennlinien (Federkennlinien, siehe Abschnitt IX.2).

Nach dem Anziehen der Schraubenverbindung wirkt die Vorspannkraft F_V als Zugkraft in der Schraube, als Druckkraft in den verspannten Platten (Flanschen). Im Betrieb hat die Verbindung die axiale Betriebskraft F_A aufzunehmen, hervorgerufen beispielsweise durch den ansteigenden Druck der Verbrennungsgase im Zylinder eines Verbrennungsmotors. Sie bewirkt folgendes (Bild VII.7): Die Schraube wird zusätzlich zugbelastet und um den Längenbetrag Δf verlängert.

Dabei steigt die Zugkraft in der Schraube von der Vorspannkraft F_V (Punkt A) längs der Schraubenkennlinie auf die Schraubenkraft F_S an (Punkt B). Wenn die Schraube um Δf verlängert wird, können sich die Platten um den gleichen Längenbetrag wieder ausdehnen (Vorstellung: Federmodell). Dabei sinkt die Druckkraft in den Platten vom Betrag der Vorspannkraft F_V (Punkt A) längs der Plattenkennlinie auf die theoretisch übrig bleibenden Klemmkraft F_{K1} (Punkt C). Sinkt nun die axiale Betriebskraft auf Null ab, dann stellt sich der ursprüngliche Kraft-Verformungszustand wieder ein (Punkt A).

Die Oberflächenrauhigkeiten der zusammengepreßten Flächen einer Schraubenverbindung (Gewindegänge, Kopf- und Mutterauflage, Trennfugen der Platten) verformen sich schon beim Anziehen plastisch (bleibend). Dieses „Setzen" vermindert die elastische Längenänderung $f_S + f_P$ um den Setzbetrag f_Z, auch wenn es sich nur um wenige μm handelt. Damit vermindert sich auch die tatsächlich wirksame Vorspannkraft F_V um die *Setzkraft* F_Z (Bild VII.7). Im Betrieb steht dann auch nicht mehr die theoretische Klemmkraft F_{K1} zur Verfügung, sondern die *Klemmkraft* $F_K = F_{K1} - F_Z$, zum Beispiel als Dichtkraft.

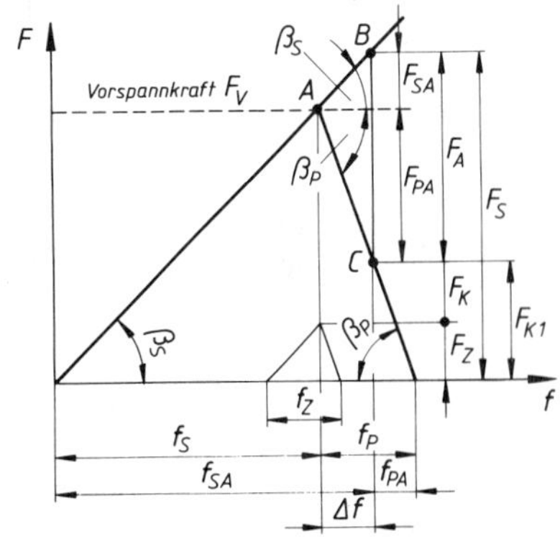

F_V	Vorspannkraft der Schraube	F_{PA}	Axialkraftanteil der verspannten Teile
F_A	axiale Betriebskraft	f_S	Verlängerung der Schraube nach der Montage
F_K	Klemmkraft (Dichtkraft)	f_P	Verkürzung der verspannten Teile nach der Montage
F_{K1}	theoretische Klemmkraft	f_{SA}, f_{PA}	entsprechende Formänderungen nach Aufbringen der Betriebskraft F_A
F_Z	Vorspannkraftverlust durch Setzen während der Betriebszeit	f_Z	Setzbetrag (bleibende Verformung durch „Setzen")
F_S	Schraubenkraft	Δf	Längenänderung nach dem Aufbringen von F_A
F_{SA}	Axialkraftanteil (Betriebskraftanteil) der Schraube	β_S, β_P	Neigungswinkel der Kennlinie

Bild VII.7. Verspannungsschaubild einer vorgespannten Schraubenverbindung nach dem Aufbringen der axialen Betriebskraft F_A

Im allgemeinen Betriebsfall wird die axiale Betriebskraft nach Bild VII.8 bis zu einem Maximalwert $F_{A\,max}$ aufgebaut und fällt dann auf den kleineren Wert $F_{A\,min}$ ab und so fort (dynamisch schwellende Belastung). Die Schraubenbelastung schwingt also mit der *Ausschlagkraft* F_a um eine gedachte Mittelkraft F_m.

$F_{SA\,max}$ und $F_{SA\,min}$ sind die Axialkraftanteile in der Schraube.

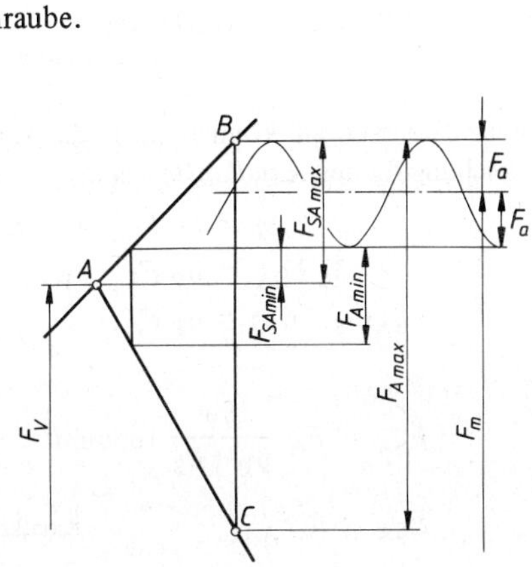

Bild VII.8. Ausschnitt aus dem Verspannungsschaubild

6.2. Herleitung der Kräfte- und Formänderungsgleichungen

Zur Herleitung der Gleichungen für die Berechnung einer Schraubenverbindung bei axial wirkender Betriebskraft wird das Verspannungsschaubild VII.9 ausgewertet. Die Betriebskraft F_A ist durch die Betriebsbedingungen bekannt (z.B. über den Öldruck in einem Hydraulikzylinder). Außerdem muß eine Mindestklemmkraft $F_{K\,erf}$ bekannt sein oder angenommen werden, zum Beispiel als erforderliche Dichtkraft.

Betriebskraft F_A und erforderliche Klemmkraft $F_{K\,erf}$ sind daher die Ausgangsgrößen für die Berechnung vorgespannter Schraubenverbindungen.

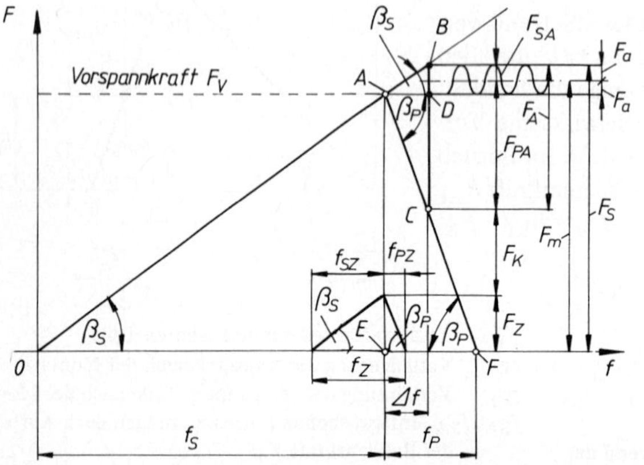

Bild VII.9
Verspannungsschaubild der vorgespannten und durch eine axial wirkende Betriebskraft F_A belasteten Schraubenverbindung

Zunächst wird als Hilfsgröße die *Nachgiebigkeit* δ (Delta) definiert: Sie ist das Verhältnis der Längenänderung (Verlängerung, Verkürzung) zur jeweiligen Zug- oder Druckkraft und damit zugleich der Kehrwert der *Federsteifigkeit* $C = 1/\delta$ (früher: Federrate C, siehe auch IX.2.2). Es gilt also für die Schraube $\delta_S = f_S/F_V$ und $\delta_P = f_P/F_V$. Dieser Quotient ist in den rechtwinkligen Dreiecken, O, E, A und A, D, B sowie E, F, A und A, C, D der Kotangens (= 1/Tangens) der Neigungswinkel β_S und β_P. Damit lassen sich Gleichungen für die *Nachgiebigkeiten* δ_S und δ_P aufstellen:

$$\delta_S = \frac{f_S}{F_V} = \frac{\Delta f}{F_{SA}} = \frac{1}{C_S} \quad \text{(VII.2)} \qquad \delta_P = \frac{f_P}{F_V} = \frac{\Delta f}{F_{PA}} = \frac{\Delta f}{F_A - F_{SA}} = \frac{1}{C_P} \quad \text{(VII.3)}$$

Nachgiebigkeit der Schraube — Nachgiebigkeit der Platten
nach Aufbringen der Vorspannkraft F_V

Beide Gleichungen können nach Δf aufgelöst und gleichgesetzt werden. Daraus läßt sich eine Gleichung für den *Axialkraftanteil* F_{SA} in der Schraube entwickeln:

$$\Delta f = \delta_S F_{SA} = \delta_P (F_A - F_{SA})$$

$$\delta_S F_{SA} = \delta_P F_A - \delta_P F_{SA}$$

$$F_{SA}(\delta_S + \delta_P) = \delta_P F_A$$

$$F_{SA} = F_A \frac{\delta_P}{\delta_P + \delta_S} \quad \text{und mit} \quad \frac{\delta_P}{\delta_P + \delta_S} = \Phi$$

$$F_{SA} = \Phi F_A \qquad \text{Axialkraft in der Schraube} \qquad \text{(VII.4)}$$

Der Quotient $\delta_P/(\delta_P + \delta_S)$ aus den Nachgiebigkeiten spielt als Kenngröße bei Schraubenberechnungen eine Rolle. Nach Gleichung (VII.4) ist er das Verhältnis des Axialkraftanteils F_{SA} zur Axialkraft (Betriebskraft) F_A. Er heißt daher *Kraftverhältnis* Φ (Phi):

$$\Phi = \frac{\delta_P}{\delta_P + \delta_S} = \frac{F_{SA}}{F_A} \qquad \text{Kraftverhältnis der Schraubenverbindung (siehe auch 6.3.3)} \qquad \text{(VII.5)}$$

Das Verspannungsschaubild zeigt $F_{PA} = F_A - F_{SA}$. Nach Gleichung (VII.5) ist $F_{SA} = F_A \, \Phi$. Das ergibt eine Gleichung für den *Axialkraftanteil* F_{PA} in den verspannten Platten (Flanschen):

$$F_{PA} = F_A (1 - \Phi) \qquad \text{Axialkraftanteil in den Platten} \qquad \text{(VII.6)}$$

Die Neigungswinkel β_S und β_P der Kennlinien treten auch in den beiden kleinen rechtwinkligen Dreiecken mit der Setzkraft F_Z auf. Analog zu den Gleichungen (VII.2) und (VII.3) wird damit:

$$\delta_S = \frac{f_{SZ}}{F_Z} \text{ und } \delta_P = \frac{f_{PZ}}{F_Z} \Longrightarrow f_{SZ} = \delta_S F_Z \text{ und } f_{PZ} = \delta_P F_Z$$

Die Summe der beiden Teilsetzbeträge ist gleich dem *Setzbetrag* F_Z, also wird

$$f_Z = f_{SZ} + f_{PZ}$$

$$f_Z = \delta_S F_Z + \delta_P F_Z = F_Z (\delta_P + \delta_S)$$

Die Summe der Nachgiebigkeiten $(\delta_P + \delta_S)$ kann nach Gleichung (VII.5) durch δ_P/Φ ausgedrückt und damit eine Gleichung für die *Setzkraft* F_Z entwickelt werden. Die Setzkraft F_Z ist der Vorspannungskraftverlust durch Setzen während der Betriebszeit:

$$F_Z = f_Z \frac{\Phi}{\delta_P} \qquad \text{Setzkraft} \qquad \text{(VII.7)}$$

Nach Bild VII.9 ist die *Klemmkraft* $F_K = F_V - F_Z - F_{PA}$. In Verbindung mit Gleichung (VII.6) wird dann:

$$F_K = F_V - F_Z - F_A (1 - \Phi) \qquad \text{Klemmkraft} \qquad \text{(VII.8)}$$

Kann die Klemmkraft als bekannt vorausgesetzt werden, zum Beispiel durch die Annahme einer notwendigen Dichtkraft, dann läßt sich die *Vorspannkraft* F_V ermitteln:

$$F_V = F_Z + F_K + F_A (1 - \Phi) \qquad \text{Vorspannkraft} \qquad \text{(VII.9)}$$

Zur Bestimmung der größten Zugbeanspruchung in der Schraube wird die größte Zugkraft, die *Schraubenkraft* F_S, gebraucht. Unter Zuhilfenahme des Verspannungsschaubildes VII.9 und der Gleichungen (VII.4) und (V.9) ergibt sich:

$$F_S = F_V + F_{SA} \qquad \text{(VII.10)}$$

$$F_S = F_V + \Phi F_A \qquad \text{(VII.11)}$$

$$\underbrace{F_S}_{\text{Schraubenkraft}} = \overbrace{\underbrace{F_Z}_{\text{Setzkraft}} + \underbrace{F_K}_{\text{Klemmkraft}} + \underbrace{(1 - \Phi) F_A}_{\text{Axialkraftanteil der verspannten Teile}}}^{\text{Vorspannkraft } F_V} + \underbrace{\Phi F_A}_{\text{Axialkraftanteil der Schraube}} \qquad \text{(VII.12)}$$

(Die Summe $(1 - \Phi) F_A + \Phi F_A$: axiale Betriebskraft F_A)

In dynamisch schwellend belasteten Schraubenverbindungen muß die Dauerfestigkeit der Schraube bestätigt werden. Ausgangsgröße für diese Berechnungen ist die *Ausschlagkraft* F_a, die um die *Mittelkraft* F_m schwingt. Im Hinblick auf die axiale Betriebskraft F_A können zwei unterschiedliche Betriebsbedingungen auftreten:

Fällt die Betriebskraft F_A immer wieder auf den Wert Null zurück, dann gilt nach Bild VII.9 in Verbindung mit Gleichung (VII.4):

$$F_a = \frac{F_{SA}}{2} \qquad \text{(VII.13)}$$

Ausschlagkraft

$$F_a = \frac{\Phi}{2} F_A \qquad \text{(VII.14)}$$

$$F_m = F_V + F_a \qquad \text{Mittelkraft} \qquad \text{(VII.15)}$$

Schwankt die axiale Betriebskraft dagegen zwischen einem Größtwert $F_{A\,max}$ und einem Kleinstwert $F_{A\,min} \neq 0$, dann läßt sich aus Bild VII.8 ablesen:

$$F_a = \frac{F_{SA\,max} - F_{SA\,min}}{2} \qquad \text{(VII.16)}$$

Nach Gleichung (VII.4) ist $F_{SA} = \Phi F_A$. Folglich gilt auch $F_{SA\,max} = \Phi F_{A\,max}$ und $F_{SA\,min} = \Phi F_{A\,min}$. Dies in Gleichung (VII.16) eingesetzt und das Kraftverhältnis Φ ausgeklammert führt zu

$$F_a = \frac{\Phi}{2}(F_{A\,max} - F_{A\,min}) \qquad \text{Ausschlagkraft} \qquad \text{(VII.17)}$$

$$F_m = F_V + \Phi F_{A\,min} + F_a \qquad \text{Mittelkraft} \qquad \text{(VII.18)}$$

6.3. Berechnung der Nachgiebigkeiten δ und des Kraftverhältnisses Φ

Für die elastische Formänderung von Zug- und Druckstäben gilt das Hookesche Gesetz, also auch für die Schraube und die Platten (Flansche) einer vorgespannten Schraubenverbindung (siehe Festigkeitslehre, II.1.2.1). Schreibt man das Hookesche Gesetz in der Form $\Delta l/F = l_0/(A\,E)$ und setzt anstelle der allgemeinen die speziellen Bezeichnungen für die Schraubenverbindung ein, dann erhält man zwei Gleichungen für die *Nachgiebigkeiten* δ_S und δ_P:

$$\sigma = \epsilon E$$

$$\frac{F}{A} = \frac{\Delta l}{l_0} E$$

$$\frac{\Delta l}{F} = \frac{l_0}{A\,E} = \delta$$

F Zug- oder Druckkraft $\mathrel{\hat{=}} F_V$
A Zug- oder Druckfläche $\mathrel{\hat{=}} A_S$ und A_P
Δl elastische Verlängerung oder Verkürzung $\mathrel{\hat{=}} f_S$ und f_P
E Elastizitätsmodul
l_0 federnde Länge $\mathrel{\hat{=}} l_S$ und l_P

$$\delta_S = \frac{f_{SV}}{F_V} = \frac{l_S}{A_S\,E_S} \qquad \text{(VII.19)}$$

Nachgiebigkeit (allgemein) der Schraube

$$\delta_P = \frac{f_{PV}}{F_V} = \frac{l_P}{A_P\,E_P} \qquad \text{(VII.20)}$$

Nachgiebigkeit (allgemein) der Platten

Die Gleichungen für die Nachgiebigkeiten δ_S und δ_P enthalten noch Größen, die eine genauere Betrachtung erfordern. Das soll für Schraube und Platten gesondert geschehen.

6.3.1. Nachgiebigkeit δ_S der Schraube

An einer Sechskantschraube (Bild VII.10) gibt es die Dehnlänge l_1 mit dem *Schaftquerschnitt* A und die Dehnlänge l_2 mit dem *Spannungsquerschnitt* A_S nach Tafel VII.7. Als zusätzliche Dehnlänge im Mutter- und Kopfbereich legt man aus der Erfahrung heraus $l_3 = 0{,}4\,d$ fest und als zugehörigen Querschnitt vereinfachend den Spannungsquerschnitt A_S.

Das entsprechende Federmodell besteht also aus drei hintereinander geschalteten Zugfedern, deren Einzel-Nachgiebigkeiten sich addieren: $\delta_S = \delta_{S1} + \delta_{S2} + 2 \cdot \delta_{S3}$. Entsprechend Gleichung (VII.19) ist $\delta_{S1} = l_1/(A\,E_S)$, $\delta_{S2} = l_2/(A_S\,E_S)$ und $\delta_{S3} = 2\,l_3/(A_S\,E_S) = 2 \cdot 0{,}4\,d/(A_S\,E_S)$. Damit kann eine zusammenfassende Gleichung für die *Nachgiebigkeit* δ_S für die Sechskantschraube entwickelt werden.

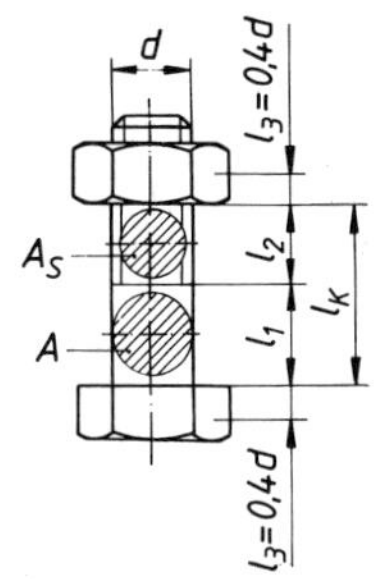

Bild VII.10. Dehnquerschnitte und Dehnlängen an der Sechskantschraube

$$\delta_S = \delta_{S1} + \delta_{S2} + 2 \cdot \delta_{S3}$$

$$\delta_S = \frac{l_1}{A\,E_S} + \frac{l_2}{A_S\,E_S} + 2 \cdot \frac{0{,}4\,d}{A_S\,E_S}$$

$$\delta_S = \frac{\dfrac{l_1}{A} + \dfrac{l_2 + 0{,}8\,d}{A_S}}{E_S} \qquad \text{(VII.21)}$$

Nachgiebigkeit einer Sechskantschraube

δ_S	l_1, l_2, d	A, A_S	E_S
$\frac{mm}{N}$	mm	mm^2	$\frac{N}{mm^2}$

Die Nachgiebigkeit einer *Dehnschraube* wird auf die gleiche Art ermittelt. Konstruktionsformen, Verhalten, Vor- und Nachteile von Dehnschrauben werden eingehend in der Bezugsliteratur [3] behandelt.

6.3.2. Nachgiebigkeit der Platten (Flansche)

Die federnde Länge l_P der druckbelasteten Plattenzonen ist die Klemmlänge l_K der Schraubenverbindung ($l_P = l_K$). Nicht so einfach ist es, die Druckfläche A_P des federnden Druckkörpers in den Platten zu finden. Bei der Schraube sind die federnden Teile eindeutig begrenzte Kreiszylinder, innerhalb der Platten dagegen sind die Druckzonen tonnenförmig nicht eindeutig erfaßbar (Bild VII.11).

Ersatzweise arbeitet man daher mit der Vorstellung von einem Ersatz-Hohlzylinder, dessen Kreisringquerschnitt als Ersatzquerschnitt $A_P = A_{ers}$ bezeichnet wird. Nach Forschungsergebnissen gilt heute mit den Bezeichnungen in Bild VII.11:

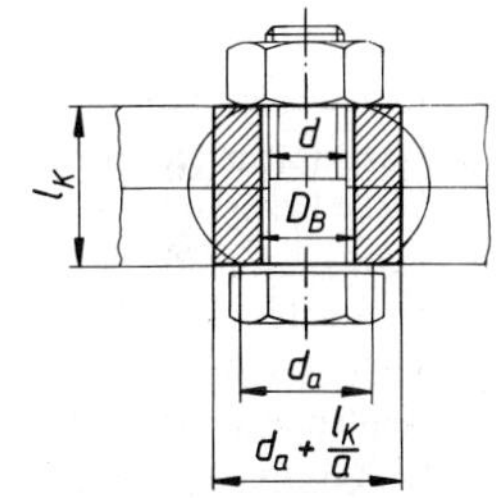

Bild VII.11. Druckkörper und Ersatz-Hohlzylinder in den Platten

$$A_{ers} = \frac{\pi}{4}\left[\left(d_a + \frac{l_K}{a}\right)^2 - D_B^2\right] \qquad \begin{array}{r} \text{für Stahl } a = 10 \\ \text{für GG } a = 8 \\ \text{für Al-Legierung } a = 6 \end{array} \qquad \text{(VII.22)}$$

Ersatzquerschnitt der Platten (Flansche)

d_a Außendurchmesser der Kopf- oder Mutterauflage nach Tafel VII.5
D_B Durchmesser der Durchgangsbohrung nach Tafel VII.5
l_K Klemmlänge
a Werkstoffkennwert

Nach Gleichung (VII.20) kann nun mit den Bezeichnungen $l_P = l_K$ und $A_P = A_{ers}$ die Gleichung zur Berechnung der *Nachgiebigkeit* δ_P der Platten (Flansche) geschrieben werden:

$$\delta_P = \frac{l_K}{A_{ers}\,E_P} \qquad \text{Nachgiebigkeit der Platten (Flansche)} \qquad \text{(VII.23)}$$

Mit den beiden Nachgiebigkeiten δ_S und δ_P, der Vorspannkraft F_V und der axialen Betriebskraft F_A läßt sich das Verspannungsschaubild maßstäblich aufzeichnen.

6.3.3. Berechnung des Kraftverhältnisses Φ

Mit den Gleichungen für die Nachgiebigkeiten und für den Ersatzquerschnitt (VII.21), (VII.22) und (VII.23) läßt sich eine Gleichung entwickeln, die zur direkten Berechnung des *Kraftverhältnisses* Φ für Sechskantschrauben nach Bild VII.10 verwendet werden kann (siehe auch 6.5.6):

$$\Phi = \frac{\delta_P}{\delta_P + \delta_S} = \frac{F_{SA}}{F_A} \qquad \text{(VII.24)}$$

$$\Phi = \frac{\dfrac{l_K}{A_{ers} E_P}}{\dfrac{l_K}{A_{ers} E_P} + \dfrac{\dfrac{l_1}{A} + \dfrac{l_2 + 0{,}8\,d}{A_S}}{E_S}}$$

$$\Phi = \frac{l_K}{l_K + \dfrac{A_{ers} E_P}{E_S}\left(\dfrac{l_1}{A} + \dfrac{l_2 + 0{,}8\,d}{A_S}\right)}$$

$$\Phi = \frac{1}{1 + \dfrac{\pi E_P\left[\left(d_a + \dfrac{l_K}{a}\right)^2 - D_B^2\right]}{4 \cdot l_K E_S}\left(\dfrac{l_1}{A} + \dfrac{l_2 + 0{,}8\,d}{A_S}\right)} = \frac{F_{SA}}{F_A} \qquad \text{(VII.25)}$$

l_K Klemmlänge nach Bild VII.10
E_P Elastitizätsmodul der Platten (siehe Festigkeitslehre Tafel I.2)
E_S Elastizitätsmodul der Schraube für Stahl ist $E_S = 21 \cdot 10^4\,\text{N/mm}^2$
d_a Außendurchmesser der Mutter- oder Kopfauflage nach Tafel VII.5
a Werkstoffkennwert nach Gleichung (VII.22)
D_B Durchmesser der Durchgangsbohrung nach Tafel VII.5
l_1, l_2 Teillängen der Schraube nach Tafel VII.5
d Gewindenenndurchmesser nach Tafel VII.7
A Schaftquerschnitt der Schraube nach Tafel VII.7
A_S Spannungsquerschnitt der Schraube nach Tafel VII.7

6.3.4. Berechnungsbeispiele für das Kraftverhältnis Φ

1. Für eine bereits ausgelegte Schraubenverbindung (Gewinde M12) soll das Kraftverhältnis Φ berechnet werden.

Gegeben:

$l_K = 60\,\text{mm}$	$l_1 = 50\,\text{mm}$
$E_P = E_S = 21 \cdot 10^4\,\text{N/mm}^2$	$l_2 = 10\,\text{mm}$
$d_a = 19\,\text{mm}$	$d = 12\,\text{mm}$
$a = 10$	$A = 113\,\text{mm}^2$
$D_B = 13{,}5\,\text{mm}$	$A_S = 84{,}3\,\text{mm}^2$

Lösung: Da die Elastizitätsmoduln gleich groß sind ($E_P = E_S = 21 \cdot 10^4\,\text{N/mm}^2$ für Stahl), können die beiden Größen in Gleichung (VII.25) gekürzt werden:

$$\Phi = \frac{1}{1 + \dfrac{\pi\left[\left(19\,\text{mm} + \dfrac{60\,\text{mm}}{10}\right)^2 - 13{,}5^2\,\text{mm}^2\right]}{4 \cdot 60\,\text{mm}}\left(\dfrac{50\,\text{mm}}{113\,\text{mm}^2} + \dfrac{10\,\text{mm} + 0{,}8 \cdot 12\,\text{mm}}{84{,}3\,\text{mm}^2}\right)}$$

$$\Phi = 0{,}204$$

2. Das Kraftverhältnis Φ soll für den Fall berechnet werden, daß die Flansche der Schraubenverbindung aus GG bestehen ($E_P = 10^5$ N/mm^2).

Lösung: Mit den geänderten Größen $E_P = 10^5$ N/mm^2 und $a = 8$ für GG erhält man

$$\Phi = 0{,}314 > 0{,}204$$

Das Kraftverhältnis ist bei GG-Flanschen größer als bei Stahlflanschen. Da Φ einerseits das Verhältnis F_{SA}/F_A ist, andererseits aber die Ausschlagkraft $F_a = F_{SA}/2$ ist, bedeutet ein größeres Kraftverhältnis auch eine größere Ausschlagkraft F_a. Das läßt sich am Verspannungsschaubild erkennen (Bild VII.8). Die Sicherheit gegen Dauerbruch wird kleiner.

3. Es soll untersucht werden, wie sich das Kraftverhältnis Φ gegenüber dem Ergebnis im Beispiel 1 ändert, wenn eine Schraube mit dem Gewinde M10 unter sonst gleichen Bedingungen verwendet wird.

Lösung: Für die Schraube mit dem Gewinde M10 lassen sich folgende Größen ermitteln:

$$d = 10 \text{ mm} \qquad d_a = 17 \text{ mm}$$
$$A = 78{,}5 \text{ mm}^2 \qquad D_B = 11 \text{ mm}$$
$$A_S = 58 \text{ mm}^2$$

Die Rechnung ergibt

$$\Phi = 0{,}165 < 0{,}204$$

Das Kraftverhältnis $\Phi = F_{SA}/F_A$ für die Schraube mit dem Gewinde M10 ist demnach kleiner als im Beispiel 1 mit M12, weil die Dehnquerschnitte A und A_S kleiner sind und damit die Nachgiebigkeit δ_S größer wird. Die Kennlinie der Schraube ist flacher geneigt. Nach den Erläuterungen im Beispiel 2 wird die Sicherheit gegen Dauerbruch hier größer.

6.4. Krafteinleitungsfaktoren n (Tafel VII.2) und Kraftverhältnis Φ_n

Bei der Besprechung der Kräfte und Formänderungen in einer vorgespannten Schraubenverbindung (Abschnitt 6.1) war stillschweigend angenommen worden, daß die axiale Betriebskraft F_A unter dem Schraubenkopf und in der Mutterauflagefläche angreift. Das Verspannungsschaubild VII.7 zeigt die dadurch hervorgerufene Längenänderung Δf, um die sich die Schraube zusätzlich dehnt. Um den gleichen Betrag können sich die zusammengedrückten Platten wieder entspannen, und zwar auf der gesamten Klemmlänge l_K.

Untersuchungen an ausgeführten Schraubenverbindungen zeigen dagegen, daß die Betriebskraft F_A häufiger zwischen zwei Punkten *innerhalb* der Klemmlänge l_K angreift, wodurch sich die Kraft- und Formänderungsverhältnisse ändern. Tafel VII.2 zeigt schematisiert vier angenommene Fälle für die Einleitung der Betriebskraft F_A (I, II, III und IV).

Im Unterschied zum Einleitungsfall I, bei dem sich die Platten über der ganzen Klemmlänge l_K entspannen, federn sie in den anderen Fällen nur in den *längsgestrichenen* Bereichen der Klemmlänge zurück (Bilder in der Tafel VII.2). Diese Teillänge wird mit $l_{K1} = n\, l_K$ bezeichnet, wobei n der *Krafteinleitungsfaktor* ist. Er ist stets kleiner als Eins ($n < 1$, z.B. $n = \frac{1}{2}$ im Einleitungsfall III).

Im Bereich der *quergestrichenen* Plattenzonen dagegen bewirkt die dort eingeleitete Betriebskraft F_A kein Entspannen, sondern ein weiteres Zusammenpressen.

Daraus folgt:

Der Schraube sind beim allgemeinen Krafteinleitungsfall (II, III oder IV) federnde Plattenzonen vorgeschaltet. Ein entsprechendes Schraubenfedermodell besteht aus zwei hintereinandergeschalteten Schraubenfedern, die die gleiche Kraft zu übertragen haben, die Betriebskraft F_A, allerdings einmal als Druckkraft (in den quergestrichenen Plattenzonen) und einmal als Zugkraft (in der

Schraube). Der „Zugfeder" Schraube ist eine „Druckfeder" entsprechend den quergestrichenen Plattenzonen vorgeschaltet. Im Abschnitt IX.2.4. wird nachgewiesen, daß zwei hintereinandergeschaltete Federn „weicher" sind als jede der beiden Einzelfedern. Die Kennlinie eines solchen Federsystems verläuft flacher, weil bei gleicher Belastung der Federweg größer ist. Im Verspannungsbild in der Tafel VII.2 ist das an der gestrichelten Kennlinie erkennbar. Die Nachgiebigkeit δ zweier hintereinandergeschalteten Federn, das heißt nach Gleichung (VII.2) die Verlängerung je Krafteinheit (f/F), ist also in den Fällen II, III, IV größer als im Einleitungsfall I. Man nennt die Nachgiebigkeit unter diesen Betriebsbedingungen die Betriebsnachgiebigkeit δ_{SB}. Gegenüber dem Krafteinleitungsfall I mit der Nachgiebigkeit δ_S ist also stets $\delta_{SB} > \delta_S$.

Für die längsgestrichenen Plattenzonen (Tafel VII.2), die sich beim allgemeinen Krafteinleitungsfall teilweise entspannen, ist die federnde Länge kürzer als im Einleitungsfall I mit den Angriffspunkten unter dem Schraubenkopf und der Mutterauflage ($n\, l_K < l_K$). Nach Gleichung (VII.20) ergibt diese Änderung auch eine Verringerung der Nachgiebigkeit der Platten. Es ist also stets die Betriebsnachgiebigkeit $\delta_{PB} < \delta_P$. Im Verspannungsschaubild verläuft die Kennlinie der Platten steiler. Es gilt die gestrichelte Linie im Verspannungsschaubild in Tafel VII.2. Die Veränderung $\delta_{SB} > \delta_S$ der Schraube führt zu $f_{SB} > f_{SV}$. Entsprechend folgt aus $\delta_{PB} < \delta_P$ der Platten $f_{PB} < f_{PV}$.

Abschließend ist darauf hinzuweisen, daß die Betriebskräfte in Schraubenverbindungen ebenso wie in anderen technischen Bauteilen nie punktförmig angreifen. Vielmehr werden sie durch ein räumliches Spannungs- und Formänderungssystem in den Teilen weitergeleieitet.

Mit dem Krafteinleitungsfaktor $n < 1$ wird die Klemmlänge l_K entsprechend den Bildern in Tafel VII.2 aufgeteilt

in die Teillänge $l_{K1} = n\, l_K$ für die Plattenzonen, die durch die axiale Betriebskraft etwas entlastet werden und

in die restliche Teillänge l_{K2} für die Plattenzonen, die noch stärker zusammengedrückt werden, als sie es nach dem Anziehen schon waren.

Die Summe beider Teillängen ergibt die Schraubenklemmlänge $l_K = l_{K1} + l_{K2}$. Daraus folgt mit

$$l_{K1} = n\, l_K$$

$$l_{K2} = l_K - n\, l_K \tag{VII.26}$$

$$l_{K2} = l_K\,(1 - n) = (1 - n)\, l_K \tag{VII.27}$$

Wie die Gleichungen (VII.19) und (VII.20) zeigen, ist die Nachgiebigkeit δ von Zug- oder Druckfedern bei sonst gleichbleibenden Größen der federnden Länge proportional (größere Federlänge ergibt größere Nachgiebigkeit und umgekehrt).

Für die *Betriebsnachgiebigkeit* δ_{PB} der entlasteten Plattenzonen mit der federnden Länge $l_{K1} = n\, l_K$ gilt daher die Proportion

$$\frac{\delta_P}{\delta_{PB}} = \frac{l_K}{n\, l_K} \quad \Longrightarrow \quad \delta_{PB} = n\, \delta_P \tag{VII.28}$$

Für die *Betriebsnachgiebigkeit* $\delta_{PB\,rest}$ der restlichen Plattenzonen mit der federnden Länge $l_{K2} = (1 - n)\, l_K$ wird

$$\frac{\delta_P}{\delta_{PB\,rest}} = \frac{l_K}{(1 - n)\, l_K} \quad \Longrightarrow \quad \delta_{PB\,rest} = (1 - n)\, \delta_P \tag{VII.29}$$

Tafel VII.2. Krafteinleitungsfaktoren n

Krafteinleitungsfall	*I*	*II*	*III*	*IV*
entlastete Klemmlänge	l_k; $n = 1$	$\frac{3}{4} l_k$; $n = \frac{3}{4}$	$\frac{1}{2} l_k$; $n = \frac{1}{2}$	$\frac{1}{4} l_k$; $n = \frac{1}{4}$
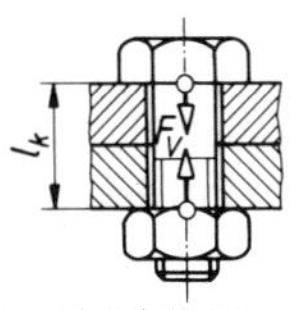 *Krafteinleitung Durchsteckschraube*	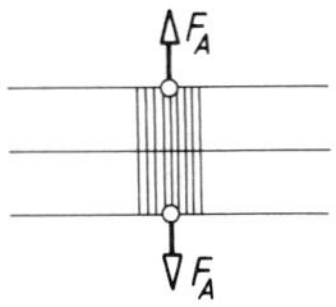	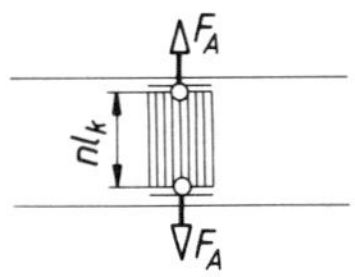	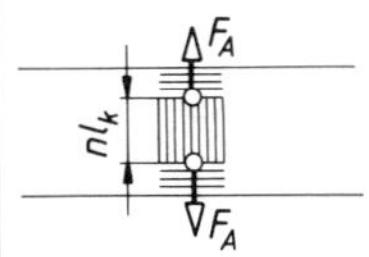	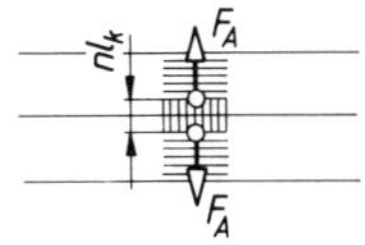
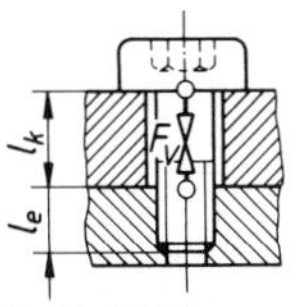 *Krafteinleitung Kopfanziehschraube*	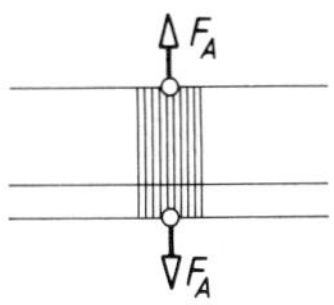	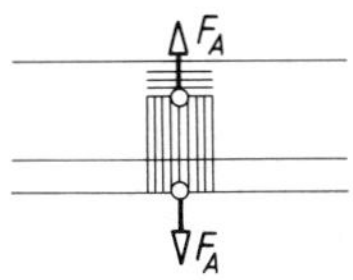	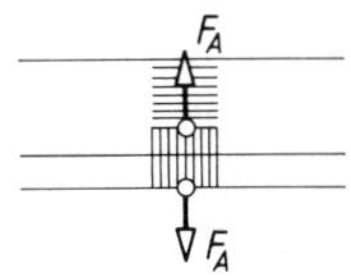	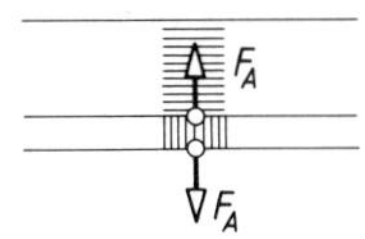
schematisiertes Konstruktions-beispiel	*seltener Fall*	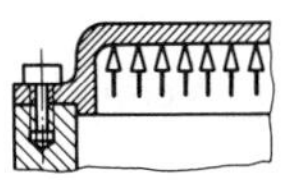	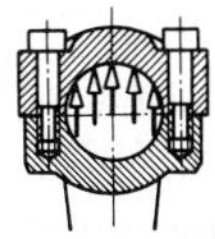	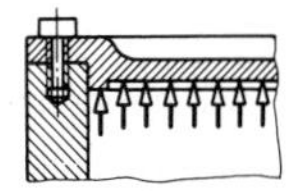
Kraftverhältnisse $\Phi_n = n \cdot \Phi$	$1 \cdot \Phi$	$\frac{3}{4} \cdot \Phi$	$\frac{1}{2} \cdot \Phi$	$\frac{1}{4} \cdot \Phi$
Verspannungs-Schaubilder ohne Berück-sichtigung der Setzkraft	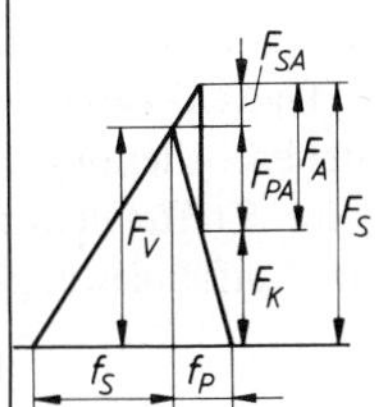 $F_{SA} = F_A \dfrac{\delta_P}{\delta_P + \delta_S} = F_A \Phi$ $F_{PA} = F_A \left(1 - \dfrac{\delta_P}{\delta_P + \delta_S}\right)$ $F_{PA} = F_A (1 - \Phi)$	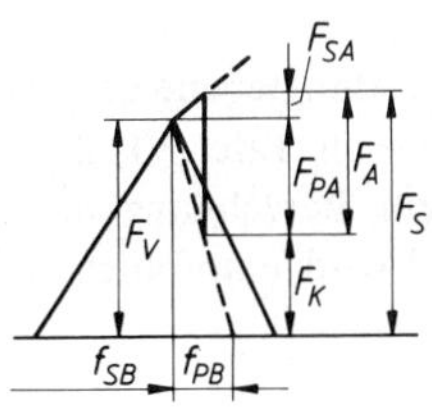 $\delta_{SB} = \delta_S + (1-n)\,\delta_P$ $\delta_{PB} = n\,\delta_P$	$F_{SA} = F_A \dfrac{\delta_{PB}}{\delta_{PB} + \delta_{SB}} = F_A n \Phi$ $F_{PA} = F_A \left(1 - \dfrac{\delta_{PB}}{\delta_{PB} + \delta_{SB}}\right) = F_A (1 - n\Phi)$ C_{SB} *Betriebsnachgiebigkeit der spannenden Teile* C_{PB} *Betriebsnachgiebigkeit der durch die Betriebskraft entlasteten Teile* *Die gestrichelten Kennlinien für Schraube und Teile kennzeichnen die Krafteinleitungsfälle für n<1*	
Längen-änderungen f	$f_S = F_V \delta_S$; $f_P = F_V \delta_P$	$f_{SB} = F_V \delta_{SB}$; $f_{PB} = F_V \delta_{PB}$		

Anmerkung: Das Produkt $n \cdot l_K$ gibt an, in welchem Klemmlängenanteil die verspannten Teile von der Axialkraft entlastet sind. Im Fall III beispielsweise ist die Hälfte der Flanschendicke entlastet, d.h. der Abstand der axialen Betriebskräfte beträgt $n = l_K/2$.

Die tatsächliche Lage der Krafteinleitungsebenen kann nur durch Messungen an der ausgeführten Konstruktion ermittelt werden. Zur Berechnung einer Schraubenverbindung wird $n = \frac{1}{2}$ empfohlen.

Vorteilhaft sind Konstruktionen mit Krafteinleitungsebenen, die in Höhe der Trennebene liegen (Fall IV). Weitere Gestaltungsrichtlinien in [4].

Die *Betriebsnachgiebigkeit* δ_{SB} der Schraube ist die Summe aus der Nachgiebigkeit δ_S der Schraube nach Gleichung (VII.21) und der Betriebsnachgiebigkeit $\delta_{PB\,rest}$, weil sich die Nachgiebigkeiten hintereinandergeschalteter Federn addieren (siehe Federn, Abschnitt 2.4):

$$\delta_{SB} = \delta_S + \delta_{PB\,rest}$$

$$\delta_{SB} = \delta_S + (1 - n)\,\delta_P \qquad \text{(VII.30)}$$

Das *Betriebskraftverhältnis* Φ_n für den allgemeinen Krafteinleitungsfall wird aus den Betriebsnachgiebigkeiten δ_{SB} und δ_{PB} ermittelt, wie das bereits für den Einleitungsfall I in Gleichung (VII.5) geschehen ist:

$$\Phi_n = \frac{\delta_{PB}}{\delta_{PB} + \delta_{SB}} = \frac{F_{SA}}{F_A} \qquad \text{(VII.31)}$$

Mit Hilfe der Gleichungen (VII.28) und (VII.29) erhält man außerdem eine Beziehung zwischen dem Betriebskraftverhältnis Φ_n und dem Kraftverhältnis Φ nach Gleichung (VII.5):

$$\Phi_n = \frac{n\,\delta_P}{n\,\delta_P + \delta_S + (1 - n)\,\delta_P} = \frac{n\,\delta_P}{n\,\delta_P + \delta_S + \delta_P - n\,\delta_P}$$

$$\Phi_n = n\,\frac{\delta_P}{\delta_P + \delta_S} = n\,\Phi = \frac{F_{SA}}{F_A} \qquad \text{(VII.32)}$$

Aus der vorstehenden Gleichung läßt sich in Verbindung mit dem gestrichelt gezeichneten Verspannungsschaubild in Tafel VII.2 ablesen:

Je kleiner der Krafteinleitungsfaktor n wird, um so kleiner wird auch das Kraftverhältnis F_{SA}/F_A, das ist das Verhältnis der zusätzlich von der Schraube aufzunehmenden Kraft (Axialkraftanteil) zur axialen Betriebskraft F_A. Im Falle $n = 0$ hat die Schraube überhaupt keine Zusatzkraft F_{SA} aufzunehmen, wenn die Betriebskraft wirkt. Die höchste Zugkraft in der Schraube, die Schraubenkraft F_S, ist dann gleich der Vorspannkraft $F_V = F_S$. Krafteinleitungsfaktor $n = 0$ bedeutet, daß die Krafteinleitungsebenen mit der Teilungsebene der Flansche (Platten) zusammenfällt. In diesem Sinne sind die Konstruktionsbeispiele in Tafel VII.2 zu verstehen. Allerdings liegen noch keine Untersuchungsergebnisse vor, die zur Berechnung der Lage der Krafteinleitungsebenen führen könnten. In der Bezugsliteratur [3] wird empfohlen, mit dem Krafteinleitungsfaktor $n = \frac{1}{2}$ zu rechnen.

6.5. Zusammenstellung der Berechnungsformeln für vorgespannte Schraubenverbindungen bei axial wirkender Betriebskraft F_A

Die Schraubenverbindung hat äußere Kräfte aufzunehmen, die zu einer statisch oder dynamisch auftretenden Betriebskraft F_A in der Schraube führen. Die Betriebskraft wirkt als Schraubenlängskraft (axial). Die Verbindung wird mit einer Montagevorspannkraft F_{VM} angezogen, die in der Schraubenachse wirkt. Die Funktion der Verbindung soll durch eine erforderliche Klemmkraft $F_{K\,erf}$ sichergestellt werden. Eine senkrecht zur Schraubenachse wirkende Querkraft F_Q (Betriebskraft) tritt nicht auf.

Gegebene Größen: axiale Betriebskraft F_A
erforderliche Klemmkraft $F_{K\,erf}$
Festigkeitsklasse der Schraube

Die zu wählenden oder anzunehmenden Größen werden in den folgenden Abschnitten besprochen.

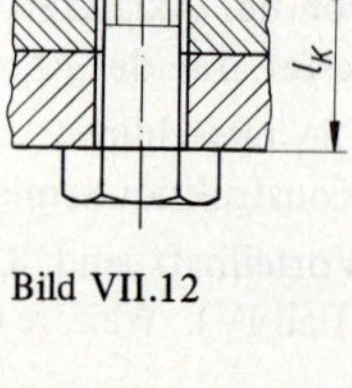

Bild VII.12

6.5.1. Spannungsquerschnitt A_S und Festlegen des Gewindes

Beim Anziehen wird die Schraube durch die Vorspannkraft F_V auf Zug, durch das Gewindereibmoment M_{RG} auf Torsion beansprucht. Beide Größen können erst später berechnet werden. Aus diesem Grund wird zunächst reine Zugbeanspruchung angenommen, hervorgerufen durch die Zugkraft (Schraubenkraft) $F_S = F_{K\,erf} + F_A$ (siehe Verspannungsschaubild Tafel VII.2).

Die zulässige Zugspannung $\sigma_{z\,zul}$ setzt man gleich dem ν-fachen (mit $\nu < 1$) der 0,2-Dehngrenze des Schraubenwerkstoffes ($\sigma_{z\,zul} = \nu R_{p\,0,2}$). Die Zug-Hauptgleichung

$$\sigma_z = \frac{F}{A} = \frac{(F_{K\,erf} + F_A)}{A_S} = \nu R_{p\,0,2}$$

führt dann mit dem Anziehfaktor α_A zu der Gleichung für den *erforderlichen Spannungsquerschnitt* A_S der Schraube:

$$A_{S\,erf} = \frac{\alpha_A (F_{K\,erf} + F_A)}{\nu R_{p\,0,2}} \qquad \text{(VII.33)}$$

$A_{S\,erf}$	$F_{K\,erf}, F_A$	α_A, ν	$R_{p\,0,2}$
mm^2	N	1	$\frac{N}{mm^2}$

$A_{S\,erf}$ erforderlicher Spannungsquerschnitt nach Tafel VII.7
α_A Anziehfaktor
$F_{K\,erf}$ erforderliche Klemmkraft (zum Beispiel Dichtkraft)
F_A axiale Betriebskraft
ν Ausnutzungsbeiwert für die Streckgrenze R_e oder für die 0,2-Dehngrenze $R_{p\,0,2}$, zweckmäßig wird $\nu = 0{,}6...0{,}8$ gesetzt (Erfahrungswert)
$R_{p\,0,2}$ 0,2-Dehngrenze nach Tafel VII.1

Mit dem *Anziehfaktor* α_A wird die Streuung der Vorspannkraft bei den verschiedenen Anziehverfahren berücksichtigt. In der Bezugsliteratur werden Richtwerte angegeben:

$\alpha_A = 1$ bei genausten Anziehverfahren (geringste Streuung des Anziehdrehmomentes M_A) wie beim Winkelanziehverfahren (Drehwinkel ist Maß für Schraubenverlängerung)
$\alpha_A = 1{,}25...1{,}8$ beim Anziehen mit Drehmomentschlüssel[1]) oder Drehschrauber
$\alpha_A = 1{,}6...2$ beim Anziehen mit Schlagschrauber mit Einstellkontrolle[1])
$\alpha_A = 3...4$ beim Anziehen mit Schlagschrauber ohne Einstellkontrolle

[1]) kleinere Werte für kleinere, größere Werte für größere Reibzahlen

Aus der Gewindetafel VII.7. wählt man das metrische ISO-Gewinde mit einem Spannungsquerschnitt, der annähernd so groß ist wie der berechnete erforderliche Spannungsquerschnitt ($A_{S,\,Tabelle} \approx A_{S\,erf}$). Nach der Festlegung des Gewindes sollten alle Größen aus den Tafeln VII.5 und VII.7 zusammengestellt werden, die für die weiteren Berechnungen erforderlich sind. Dazu kann man nach der folgenden Aufstellung vorgehen:

6.5.2. Zusammenstellung geometrischer Größen der Schraube

Aus Tafel VII.5		*Aus Tafel VII.7*	
Bezeichnung der Schraube		Gewindedurchmesser	d
Außendurchmesser der Mutter- oder Kopfauflage	d_a	Flankendurchmesser	d_2
Schraubenlänge	l	Steigungswinkel	α
Gewindelänge	b	Spannungsquerschnitt	A_S
Durchgangsbohrung	D_B	Schaftquerschnitt	A
Kopfauflagefläche	A_p	polares Widerstandsmoment	W_{pS}

6.5.3. Nachgiebigkeit δ_S der Schraube

Zur Berechnung der *Nachgiebigkeit* δ_S einer Sechskantschraube wird die in 6.3.1 hergeleitete Gleichung (VII.21) verwendet:

$$\delta_S = \frac{\frac{l_1}{A} + \frac{l_2 + 0{,}8\,d}{A_S}}{E_S} \qquad \text{(VII.34)}$$

δ_S	E_S	A, A_S	l_1, l_2
$\frac{mm}{N}$	$\frac{N}{mm^2}$	mm^2	mm

E_S Elastizitätsmodul des Schraubenwerkstoffes nach Abschnitt Festigkeitslehre, Tafel I.2 ($E_{Stahl} = 21 \cdot 10^4\,N/mm^2$)

A Schaftquerschnitt der Schraube nach Tafel VII.7

A_S Spannungsquerschnitt nach Tafel VII.7

l_1, l_2 federnde Teillängen an der Schraube nach Tafel VII.5

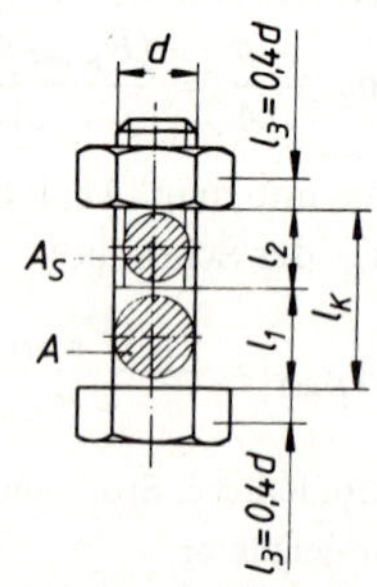

Bild VII.13. Schraubenlängen und Schraubenquerschnitte

Mit den Angaben in Tafel VII.5 gilt für Durchsteckschrauben:

$$l_1 = l - b \quad \text{und} \quad l_2 = l_K - l_1$$

6.5.4. Querschnitt A_{ers} des Ersatz-Hohlzylinders der Platten (Flansche)

Für den *Ersatzquerschnitt* A_{ers}, der zur Berechnung der Nachgiebigkeit δ_P der Platten gebraucht wird, steht die in 6.3.2 hergeleitete Gleichung zur Verfügung:

$$A_{ers} = \frac{\pi}{4}\left[\left(d_a + \frac{l_K}{a}\right)^2 - D_B^2\right] \qquad \text{(VII.35)}$$

d_a Außendurchmesser der Kopf- oder Mutterauflage nach Tafel VII.5

D_B Durchmesser der Durchgangsbohrung nach Tafel VII.5

l_K Klemmlänge

$a = 10$ für Stahl, $a = 8$ für Grauguß, $a = 6$ für AL-Legierungen

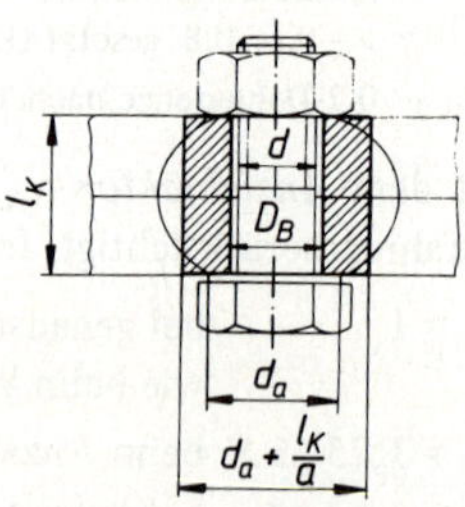

Bild VII.14. Geometrische Größen am Ersatz-Hohlzylinder der Platten (Flansche)

6.5.5. Nachgiebigkeit δ_P der Platten (Flansche)

Es gilt die in 6.3.2 hergeleitete Gleichung für die *Nachgiebigkeit* δ_P der aufeinandergepreßten Flansche:

$$\delta_P = \frac{l_K}{A_{ers}\,E_P} \qquad \text{(VII.36)}$$

δ_P	E_P	A_{ers}	l_K
$\frac{mm}{N}$	$\frac{N}{mm^2}$	mm^2	mm

E_P Elastizitätsmodul der verspannten Teile (siehe Abschnitt Festigkeitslehre, Tafeln I.2 und I.3)

l_K Klemmlänge

A_{ers} Querschnitt des Ersatz-Hohlzylinders

6.5.6. Kraftverhältnis Φ und $\Phi_n = n\,\Phi$

$$\Phi = \frac{\delta_P}{\delta_P + \delta_S} \qquad \text{(VII.37)}$$

n Krafteinleitungsfaktor nach Tafel VII.2

empfohlener Richtwert: $n = 0{,}5$

$$\Phi_n = n\,\Phi$$

Zur Kontrolle des Kraftverhältnisses Φ kann für Sechskantschrauben auch die in 6.3.3 hergeleitete Gleichung (VII.25) verwendet werden. Mit dieser Gleichung wurden die folgenden

Überschlagswerte für Stahlflansche mit $E_P = 21 \cdot 10^4$ N/mm² und GG 30-Flansche (Klammerwerte) mit $E_P = 12 \cdot 10^4$ N/mm² in Abhängigkeit von l_K/d berechnet:

$l_K/d =$	1	2	3	4	5	6	7	8	9	10
$\Phi =$	0,21 (0,31)	0,23 (0,32)	0,22 (0,30)	0,20 (0,28)	0,19 (0,26)	0,18 (0,24)	0,16 (0,22)	0,15 (0,20)	0,14 (0,19)	0,13 (0,17)
$l_K/d =$	11	12	13	14	15	16	17	18	20	
$\Phi =$	0,12 (0,16)	0,11 (0,15)	0,10 (0,14)	0,097 (0,13)	0,091 (0,12)	0,086 (0,11)	0,081 (0,105)	0,076 (0,099)	0,068 (0,088)	

Berechnet nach Gleichung (VII.25) mit den Vereinfachungen: $d_a = 1{,}6\,d$; $D_B = 1{,}1\,d$; $d_S = 0{,}85\,d$ (für A_S); $l_1 = 0{,}7\,l_K$; $l_2 = 0{,}3\,l_K$

6.5.7. Setzkraft F_Z

Es gilt die in Abschnitt 6.2 hergeleitete Gleichung (VII.7). Mit dem Setzbetrag f_Z (bleibende Verformung durch Setzen), dem Kraftverhältnis Φ und der Nachgiebigkeit δ_P der Platten wird die *Setzkraft* F_Z (Vorspannkraftverlust durch Setzen):

$$F_Z = \frac{\Phi}{\delta_P} f_Z \qquad \text{(VII.38)}$$

Richtwerte für den *Setzbetrag* f_Z in mm in Abhängigkeit vom Klemmlängenverhältnis l_K/d sind zum Beispiel in der Bezugsliteratur [2] für drei bis sieben Trennfugen zu finden:

$l_K/d = 1$	2,5	5	10
$f_Z = 0{,}003$	0,005	0,006	0,008

6.5.8. Montagevorspannkraft F_{VM}

Wie das Verspannungsschaubild VII.9 zeigt, ist die Vorspannkraft F_V die Summe aus der Setzkraft F_Z, der Klemmkraft F_K und dem Axialkraftanteil $F_{PA} = F_A\,(1 - \Phi)$ nach Gleichung (VII.6). Es ist also $F_V = F_Z + F_K + F_A\,(1 - \Phi)$. Die *Montagevorspannkraft* F_{VM} ist gegenüber der (theoretischen) Vorspannkraft F_V um den *Anziehfaktor* $\alpha_A > 1$ größer ($F_{VM} = \alpha_A\, F_V$), um bei den unterschiedlichen Anziehverfahren sicher zu gehen, daß die gewünschte Vorspannkraft tatsächlich erreicht wird. Entsprechend den Erläuterungen in Abschnitt 6.4 in Verbindung mit Tafel VII.2 muß anstelle des Kraftverhältnisses Φ mit dem *Krafteinleitungsfaktor* n gerechnet werden, also mit $\Phi_n = n\,\Phi$:

$$F_{VM} = \alpha_A\,[F_Z + F_{K\,erf} + F_A\,(1 - n\,\Phi)] \qquad \text{(VII.39)}$$

α_A Anziehfaktor nach 6.5.1 einsetzen

n Krafteinleitungsfaktor nach Tafel VII.2; empfohlen wird $n = 0{,}5$.

6.5.9. Schraubenkraft F_S

Die Schraubenkraft F_S ist die größte Zugkraft in der Schraube (siehe Verspannungsschaubild VII.9 und andere). Sie ist um den Axialkraftanteil $F_{SA} = \Phi\,F_A$ größer als die Montagekraft F_V (siehe Gleichungen (VII.4) und (VII.12)). Gleichung (VII.39), für die Montagevorspannkraft F_{VM}, muß daher ebenfalls den Summanden $n\,\Phi\,F_A = F_{SA}$ erhalten:

$$F_S = F_{VM} + \overbrace{n\,\Phi\,F_A}^{F_{SA}} \qquad \text{(VII.40)}$$

$$F_S = \alpha_A\,[F_Z + F_{K\,erf} + F_A\,(1 - n\,\Phi)] + n\,\Phi\,F_A \qquad \text{(VII.41)}$$

6.5.10. Kräftevergleich $F_S \leqslant F_{0,2}$

Zur ersten Festigkeitskontrolle wird die größte Schraubenzugkraft, die Schraubenkraft F_S, der *Streckgrenzkraft* $F_{0,2}$ gegenübergestellt. Das ist diejenige Zugkraft in der Schraube, bei der die Zugspannung σ_z im Spannungsquerschnitt A_S gerade die Streckgrenze R_e oder die 0,2-Dehngrenze $R_{p\,0,2}$ nach Tafel VII.1 erreicht. Mit $F_{0,2} = A_S\, R_{p\,0,2}$ muß dann gewährleistet sein:

$$F_S \leqslant A_S\, R_{p\,0,2} \qquad \text{(VII.42)}$$

A_S Spannungsquerschnitt nach Tafel VII.7

$R_{p\,0,2}$ 0,2-Dehngrenze nach Tafel VII.1

Ist diese Bedingung nicht erfüllt, muß die Rechnung mit dem nächstgrößeren Schraubendurchmesser d wiederholt werden.

6.5.11. Anziehdrehmoment M_A

Um die Montagevorspannkraft F_{VM} nach Gleichung (VII.39) aufzubringen, ist es erforderlich, zum Beispiel mit dem Drehmomentenschlüssel ein entsprechendes *Anziehdrehmoment* M_A einzuleiten. Die Gleichung für M_A wird im Abschnitt Mechanik I.8.7.4 eingehend hergeleitet.

$$M_A = F_{VM}\left[\frac{d_2}{2}\tan(\alpha+\rho') + \mu_A \cdot 0{,}7\, d\right] \qquad \text{(VII.43)}$$

M_A	F_{VM}	d_2, d	μ_A
Nmm	N	mm	1

F_{VM} Montagevorspannkraft

d_2 Flankendurchmesser am Gewinde nach Tafel VII.7

d Gewindedurchmesser nach Tafel VII.7

α Steigungswinkel am Gewinde nach Tafel VII.7

ρ' Reibwinkel am Gewinde

μ_A Gleitreibzahl der Kopf- oder Mutterauflagefläche nach Abschnitt Statik, Tafel I.2

$\mu_A \approx 0{,}1$ für St/St, trocken ($\approx 0{,}05$ geölt)

$\mu_A \approx 0{,}15$ für St/GG, trocken ($\approx 0{,}05$ geölt)

Richtwerte für Reibzahlen μ' und Reibwinkel ρ' für metrisches ISO-Regelgewinde

Reibungsverhältnisse / Behandlungsart	trocken μ'	trocken ρ'	geschmiert μ'	geschmiert ρ'	MoS_2-Paste μ'	MoS_2-Paste ρ'
ohne Nachbehandlung	0,16	9°	0,14	8°		
phosphatiert	0,18	10°	0,14	8°		
galvanisch verzinkt	0,14	8°	0,13	7,5°	0,1	6°
galvanisch verkadmet	0,1	6°	0,09	5°		

6.5.12. Montagevorspannung σ_{VM}

Beim Anziehen der Schraubenverbindung tritt im Spannungsquerschnitt A_S die *Montagevorspannung* σ_{VM} auf. Sie ist der Quotient aus der Montagevorspannkraft F_{VM} und dem Spannungsquerschnitt A_S:

$$\sigma_{VM} = \frac{F_{VM}}{A_S} \qquad \text{(VII.44)}$$

σ_{VM}	F_{VM}	A_S
$\frac{N}{mm^2}$	N	mm^2

6.5.13. Torsionsspannung τ_t

Das Anziehdrehmoment M_A nach Gleichung (VII.43) setzt sich zusammen aus dem Gewindereibmoment $M_{RG} = F_{VM}\, d_2 \tan(\alpha + \rho')/2$ und dem Mutterauflagereibmoment $M_{RA} = F_{VM}\, \mu_A \cdot 0{,}7\, d$ (siehe Abschnitt Mechanik I.8.7.4). Das Gewindereibmoment M_{RG} ruft in der Schraube die *Torsionsspannung* τ_t hervor:

$$\tau_t = \frac{M_{RG}}{W_{ps}}$$

$$\tau_t = \frac{F_{VM}\, d_2 \tan(\alpha + \rho')}{2\, W_{ps}} \qquad \text{(VII.45)}$$

τ_t	F_{VM}	d_2	W_{ps}
$\frac{N}{mm^2}$	N	mm	mm^3

M_{RG} Gewindereibmoment
d_2 Flankendurchmesser
$W_{ps} = \frac{\pi}{16} d_s^3$ polares Widerstandsmoment der Schraube
d_s Durchmesser des Spannungsquerschnittes A_S nach Tafel VII.7
α Steigungswinkel des Gewindes aus $\tan \alpha = P/\pi\, d_2$
P Gewindesteigung
ρ' Reibwinkel nach 6.5

6.5.14. Vergleichsspannung σ_{red} (reduzierte Spannung)

Das beim Anziehen in der Schraube auftretende räumliche Spannungssystem wird ersetzt durch die *Vergleichsspannung* σ_{red} entsprechend der Hypothese der größten Gestaltänderungsenergie (siehe Abschnitt Festigkeitslehre III.3.1):

$$\sigma_{red} = \sqrt{\sigma_{VM}^2 + 3\,\tau_t^2} \leqslant 0{,}9 \cdot R_{p\,0,2} \qquad \text{(VII.46)}$$

$R_{p\,0,2}$ 0,2-Dehngrenze nach Tafel VII.1

Ist die Bedingung $\sigma_{red} \leqslant 0{,}9 \cdot R_{p\,0,2}$ nicht erfüllt, muß die Schraubenberechnung mit einem größeren Schraubendurchmesser d oder mit einer höheren Festigkeitsklasse wiederholt werden.

6.5.15. Ausschlagkraft F_a

Zur Ermittlung der bei dynamisch wirkender Betriebskraft F_A in der Schraube auftretenden Ausschlagspannung σ_a wird die *Ausschlagkraft* F_a gebraucht. Hierzu können die in Abschnitt 6.2 entwickelten Gleichungen verwendet werden:

$$F_a = \frac{F_{SA\,max} - F_{SA\,min}}{2} = \frac{F_{A\,max} - F_{A\,min}}{2}\, n\, \Phi \qquad \text{(VII.47)}$$

$$F_a = \frac{F_{SA}}{2} \quad \text{bei } F_{SA\,min} = 0 \qquad \text{(VII.48)}$$

Beachte: Nach Gleichung (VII.40) ist $F_{SA} = n\, \Phi\, F_A$.

6.5.16. Ausschlagspannung σ_a

Die *Ausschlagspannung* σ_a ist der Quotient aus der Ausschlagkraft F_a und dem Spannungsquerschnitt A_S. Sie soll gleich oder kleiner sein als 90% der *Ausschlagfestigkeit* σ_A des Schraubenwerkstoffes:

$$\sigma_a = \frac{F_a}{A_S} \leqslant 0{,}9 \cdot \sigma_A \qquad \text{(VII.49)}$$

Ausschlagfestigkeit $\pm\sigma_A$ in N/mm^2

Festigkeitsklasse	Gewinde < M8	M8...M12	M14...M20	> M20
4.6 und 5.6	50	40	35	35
8.8 bis 12.9	60	50	40	35
10.9 und 12.9 schlußgerollt	100	90	70	60

Eingehende Betrachtungen und Untersuchungen zur Dauerhaltbarkeit von Schraubenverbindungen in [3].

6.5.17. Flächenpressung *p*

In der Kopf- und Mutterauflagefläche tritt Flächenpressung auf. Daher ist der Nachweis erforderlich, daß die *Flächenpressung p* in der gepreßten *Auflagefläche* A_p (Tafel VII.5) gleich oder kleiner ist als die *Grenzflächenpressung* p_G. Maßgebend ist die größte Zugkraft in der Schraube, die Schraubenkraft F_S:

$$p = \frac{F_S}{A_p} \leqslant p_G \qquad \text{(VII.50)}$$

p, p_G	F_S	A_p
$\frac{N}{mm^2}$	N	mm^2

Richtwerte für die Grenzflächenpressung p_G

Anziehart	Grenzflächenpressung p_G in N/mm^2 bei Werkstoff der Teile St37 St42	St50 St60	C45	Stahl, vergütet	Stahl, einsatzgehärtet	GG-25 GG-30	GK-AlSiCu
motorisch	200	350	600	–	–	500	120
von Hand (drehmomentgesteuert)	300	500	900	ca. 1000	ca. 1500	750	180

6.6. Berechnungsbeispiel einer dynamisch belasteten Flanschverschraubung mittels Schaftschraube

Die beiden Flansche einer dynamisch axial belasteten, vorgespannten Schraubenverbindung sollen mit Durchsteckschrauben verbunden werden (Schaftschrauben mit metrischem ISO-Regelgewinde). Die Berechnung soll dem Arbeitsplan nach 6.5 folgen.

Gegeben: axiale Betriebskraft $F_{A\,max} = 6$ kN

$F_{A\,min} = 0$

Mindestklemmkraft $F_{K\,erf} = 6$ kN

Belastungsart dynamisch schwellen

Krafteinleitungsfaktor $n = 0{,}5$ (angenommen)

Festigkeitsklasse 8.8

Flanschwerkstoff GG30 mit $E_P = 12 \cdot 10^4\ N/mm^2$

Klemmlänge $l_K = 40$ mm

Anziehen der Schraube mit Drehmomentenschlüssel (Anziehfaktor $\alpha_A = 1{,}4$ angenommen),

Gewinde ohne Nachbehandlung, trocken.

Lösung:

1. *Erforderlicher Spannungsquerschnitt $A_{S\,erf}$ und Gewindedurchmesser d*

$$A_{S\,erf} = \frac{\alpha_A (F_{K\,erf} + F_A)}{\nu R_{p\,0,2}}$$

$$A_{S\,erf} = \frac{1{,}4\,(6000\,\text{N} + 6000\,\text{N})}{0{,}7 \cdot 660\,\frac{\text{N}}{\text{mm}^2}}$$

$$A_{S\,erf} = 36{,}4\ \text{mm}^2$$

$\alpha_A = 1{,}4$ (angenommen)
$F_A = 6000$ N
$F_{K\,erf} = 6000$ N
$\nu = 0{,}7$ (gewählt)
$R_{p\,0,2} = 660\ \text{N/mm}^2$ nach Tafel VII.1

Nach Tafel VII.7 wird das Gewinde M8 gewählt mit $A_S = 36{,}6\ \text{mm}^2 \approx A_{S\,erf} = 36{,}4\,\text{mm}^2$.

2. *Zusammenstellung geometrischer Größen der Schraube* (Tafeln VII.5 und VII.7)

Gewindedurchmesser	$d = 8\,\text{mm}$	Bezeichnung der Schraube: M8 x 50 DIN 931 –8.8	
Flankendurchmesser	$d_2 = 7{,}188\,\text{mm}$	Durchmesser der Kopfauflage	$d_a = 13\ \text{mm}$
Steigungswinkel	$\alpha = 3{,}17°$	Schraubenlänge (gewählt)	$l = 50\ \text{mm}$
Spannungsquerschnitt	$A_S = 36{,}6\,\text{mm}^2$	Gewindelänge	$b = 22\ \text{mm}$
Schaftquerschnitt	$A = 50{,}3\,\text{mm}^2$	Durchgangsbohrung	$D_B = 9\ \text{mm}$
polares Widerstandsmoment	$W_{pS} = 62{,}46\,\text{mm}^3$	Kopfauflagefläche	$A_p = 69{,}1\,\text{mm}^2$

3. *Nachgiebigkeit δ_S der Schraube*

$$\delta_S = \frac{\frac{l_1}{A} + \frac{l_2 + 0{,}8\,d}{A_S}}{E_S}$$

$$\delta_S = \frac{\frac{28\,\text{mm}}{50{,}3\,\text{mm}^2} + \frac{12\,\text{mm} + 0{,}8 \cdot 8\,\text{mm}}{36{,}6\,\text{mm}^2}}{21 \cdot 10^4\,\frac{\text{N}}{\text{mm}^2}}$$

$$\delta_S = 5 \cdot 10^{-6}\,\frac{\text{mm}}{\text{N}}$$

$l_1 = l - b = (50 - 22)\text{mm} = 28$ mm
$l_2 = l_K - l_1 = (40 - 28)\text{mm} = 12$ mm
$A = 50{,}3\ \text{mm}^2$
$A_S = 36{,}6\ \text{mm}^2$
$E_S = 21 \cdot 10^4\ \text{N/mm}^2$

4. *Querschnitt A_{ers} des Ersatz-Hohlzylinders der Flansche*

$$A_{ers} = \frac{\pi}{4}\left[\left(d_a + \frac{l_K}{a}\right)^2 - D_B^2\right]$$

$$A_{ers} = \frac{\pi}{4}\left[\left(13\ \text{mm} + \frac{40\ \text{mm}}{8}\right)^2 - (9\ \text{mm})^2\right]$$

$$A_{ers} = 191\ \text{mm}^2$$

$d_a = 13$ mm
$l_K = 40$ mm
$a = 8$ für GG
$D_B = 9$ mm

5. *Nachgiebigkeit δ_P der Flansche*

$$\delta_P = \frac{l_K}{A_{ers} E_P} = \frac{40\ \text{mm}}{191\ \text{mm}^2 \cdot 12 \cdot 10^4\,\frac{\text{N}}{\text{mm}^2}} = 1{,}75 \cdot 10^{-6}\,\frac{\text{mm}}{\text{N}}$$

6. *Kraftverhältnis Φ*

$$\Phi = \frac{\delta_P}{\delta_P + \delta_S} = \frac{1{,}75 \cdot 10^{-6}\,\frac{\text{mm}}{\text{N}}}{(1{,}75 + 5) \cdot 10^{-6}\,\frac{\text{mm}}{\text{N}}} = 0{,}259$$

$$\Phi_n = n\,\Phi = 0{,}5 \cdot 0{,}259 = 0{,}123$$

7. *Setzkraft F_Z*

$$F_Z = f_Z \frac{\Phi}{\delta_P} = 0{,}006\,\text{mm}\,\frac{0{,}259}{1{,}75 \cdot 10^{-6}\,\frac{\text{mm}}{\text{N}}}$$

Für $l_K/d = 40\,\text{mm}/8\,\text{mm} = 5$ ist nach 6.5.7 der Setzbetrag $f_Z = 0{,}006$ mm .

$$F_Z = 888\,\text{N}$$

8. *Montagevorspannkraft F_{VM}*

$$F_{VM} = \alpha_A\left[F_Z + F_{K\,erf} + F_A\,(1 - n\,\Phi)\right] = 1{,}4\left[888\,\text{N} + 6000\,\text{N} + 6000\,\text{N}\,(1 - 0{,}5 \cdot 0{,}259)\right]$$

$$F_{VM} = 16\,955\,\text{N} \approx 17\,\text{kN}$$

9. *Schraubenkraft F_S*

$$F_S = F_{VM} + n\,\Phi\,F_A = 16\,955\,\text{N} + 0{,}5 \cdot 0{,}259 \cdot 6000\,\text{N}$$

$$F_S = 17\,732\,\text{N} \approx 17{,}7\,\text{kN}$$

10. *Kräftevergleich $F_S \leqslant F_{0,2}$*

$$F_{0,2} = A_S\,R_{p\,0,2} = 36{,}6\,\text{mm}^2 \cdot 660\,\frac{\text{N}}{\text{mm}^2} = 24\,156\,\text{N} \approx 24{,}2\,\text{kN}$$

$$F_S = 17{,}7\,\text{kN} < 24{,}2\,\text{kN}\ \text{(Bedingung erfüllt)}$$

11. *Anziehdrehmoment M_A*

$$M_A = F_{VM}\left[\frac{d_2}{2}\tan(\alpha + \rho') + \mu_A \cdot 0{,}7\,d\right]$$

$$M_A = 16\,955\,\text{N}\left[\frac{7{,}188\,\text{mm}}{2}\tan(3{,}17° + 9°) + 0{,}1 \cdot 0{,}7 \cdot 8\,\text{mm}\right]$$

$$M_A = 22\,636\,\text{Nmm} \approx 22{,}6\,\text{Nm}$$

$d_2 = 7{,}188$ mm
$\alpha = 3{,}17°$
$\rho' = 9°$
$\mu_A = 0{,}1$
$d = 8$ mm

12. *Montagevorspannung σ_{VM}*

$$\sigma_{VM} = \frac{F_{VM}}{A_S} = \frac{16\,955\,\text{N}}{36{,}6\,\text{mm}^2} = 463\,\frac{\text{N}}{\text{mm}^2}$$

13. *Torsionsspannung τ_t*

$$\tau_t = \frac{F_{VM}\,d_2\,\tan(\alpha + \rho')}{2\,W_{pS}} = \frac{16\,955\,\text{N} \cdot 7{,}188\,\text{mm}\,\tan(3{,}17° + 9°)}{2 \cdot 62{,}46\,\text{mm}^3} = 210\,\frac{\text{N}}{\text{mm}^2}$$

14. *Vergleichsspannung σ_{red}*

$$\sigma_{red} = \sqrt{\sigma_{VM}^2 + 3\,\tau_t^2} = \sqrt{\left(463\,\frac{\text{N}}{\text{mm}^2}\right)^2 + 3\left(210\,\frac{\text{N}}{\text{mm}^2}\right)^2} = 589\,\frac{\text{N}}{\text{mm}^2}$$

$$\sigma_{red} = 589\,\frac{\text{N}}{\text{mm}^2} < 0{,}9\,R_{p\,0,2} = 0{,}9 \cdot 660\,\frac{\text{N}}{\text{mm}^2} = 594\,\frac{\text{N}}{\text{mm}^2}\ \text{(Bedingung erfüllt)}$$

15. Ausschlagkraft F_a

$$F_a = \frac{F_{SA}}{2} = \frac{n\,\Phi\,F_A}{2} \qquad F_{SA} = n\,\Phi\,F_A \text{ nach Gleichung (VII.40)}$$

$$F_a = \frac{0{,}5 \cdot 0{,}259 \cdot 6000\,\text{N}}{2} = 389\,\text{N}$$

16. Ausschlagspannung σ_a

$$\sigma_a = \frac{F_a}{A_S} = \frac{389\,\text{N}}{36{,}6\,\text{mm}^2} = 10{,}6\,\frac{\text{N}}{\text{mm}^2}$$

$$\sigma_a = 10{,}6\,\frac{\text{N}}{\text{mm}^2} < 0{,}9\,\sigma_A = 0{,}9 \cdot 50\,\frac{\text{N}}{\text{mm}^2} = 45\,\frac{\text{N}}{\text{mm}^2} \text{ (Bedingung erfüllt)}$$

17. Flächenpressung p

$$p = \frac{F_S}{A_p} = \frac{17\,732\,\text{N}}{69{,}1\,\text{mm}^2} = 257\,\frac{\text{N}}{\text{mm}^2}$$

$$p = 257\,\frac{\text{N}}{\text{mm}^2} < p_G = 750\,\frac{\text{N}}{\text{mm}^2} \text{ (Bedingung erfüllt)}$$

6.7. Berechnung vorgespannter Schraubenverbindungen bei Aufnahme einer Querkraft

Die Schraubenverbindung überträgt die gesamte statisch oder dynamisch wirkende Querkraft $F_{Q\,ges}$ allein durch Reibungsschluß: Reibkraft $F_R = F_{Q\,ges}$. Die erforderliche Vorspannkraft F_V (Schraubenlängskraft) setzt sich zusammen aus der erforderlichen Klemmkraft $F_{K\,erf}$ und der Setzkraft F_Z. Eine axiale Betriebskraft F_A tritt nicht auf ($F_A = 0$).

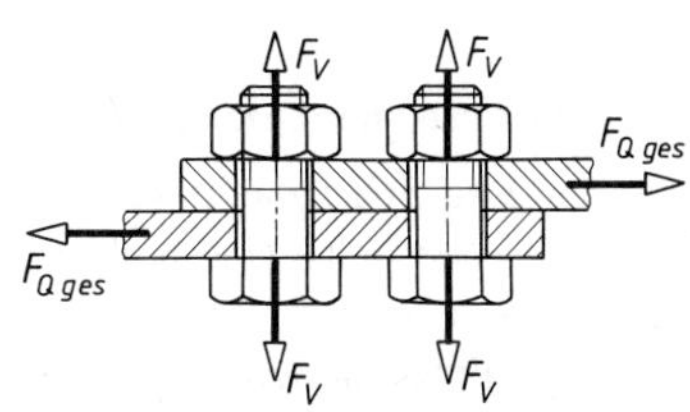

Bild VII.15. Querbeanspruchte Schraubenverbindung

6.7.1. Erforderliche Klemmkraft $F_{K\,erf}$ je Schraube

Die Reibkraft F_R zwischen den verspannten Platten (Flansche) muß gleich oder größer sein als die gesamte Querkraft $F_{Q\,ges}$, die von der Verbindung zu übertragen ist ($F_R \geqslant F_{Q\,ges}$). Ist n die *Anzahl der Schrauben*, dann hat jede Schraube $F_{Q\,ges}/n$ aufzunehmen. Die dazu erforderliche Reibkraft ist das Produkt aus der Normalkraft (hier Vorspannkraft F_V) und der Reibzahl μ (siehe Mechanik I.8). Wie das Verspannungsbild VII.7 zeigt, setzt sich bei $F_A = 0$ die Vorspannkraft F_V aus der Klemmkraft F_K und der Setzkraft F_Z zusammen. Diese läßt sich aber erst ermitteln, wenn der Gewindedurchmesser und die Nachgiebigkeit δ_P der Platten bekannt sind, wie Gleichung (VII.38) zeigt. Daher wird zunächst nur die erforderliche Klemmkraft $F_{K\,erf}$ berechnet und auch zur Ermittlung des erforderlichen Spannungsquerschnittes $A_{S\,erf}$ verwendet (6.7.3). Als Reibzahl wird zur Sicherheit mit der *Gleitreibzahl* μ_A zwischen den Bauteilen gerechnet.

Mit $F_{K\,erf}\,\mu_A \geqslant F_{Q\,ges}/n$ ergibt sich die *erforderliche Klemmkraft* $F_{K\,erf}$:

$$F_{K\,erf} \geqslant \frac{F_{Q\,ges}}{n\,\mu_A} \qquad \text{(VII.51)}$$

$F_{K\,erf}$, $F_{Q\,ges}$	n, μ_A
N	1

μ_A nach Tafel I.2 im Abschnitt Statik
n Anzahl der Schrauben

Hat die Schraubenverbindung ein *Drehmoment* M zu übertragen (siehe Berechnungsbeispiel 6.8), so gelten die gleichen physikalischen Überlegungen wie bei der Herleitung der Gleichung (VII.1). Darüber hinaus hilft die Vorstellung weiter, daß das Drehmoment M durch die am Lochkreis tangential wirkende Querkraft $F_{Q\,ges}$ weitergeleitet wird. Der Wirkabstand ist der Lochkreisradius $r_L = d_L/2$ und damit $M = F_{Q\,ges}\, d_L/2$. Löst man diese Gleichung nach $F_{Q\,ges}$ auf und setzt den gefundenen Ausdruck in Gleichung (VII.51) ein, so erhält man auch für den Fall der Drehmomentenübertragung eine Gleichung für die *erforderliche Klemmkraft* $F_{K\,erf}$:

$$F_{K\,erf} \geqslant \frac{2M}{n\,\mu_A\,d_L} \qquad \text{(VII.52)}$$

$F_{K\,erf}$	M	d_L	$n,\ \mu_A$
N	Nmm	mm	1

6.7.2. Spannungsquerschnitt A_S und Festlegen des Gewindes

Grundsätzlich gelten die im Abschnitt 6.5.1 angestellten Überlegungen und damit auch die Gleichung (VII.33), wenn berücksichtigt wird, daß bei der vorliegenden Schraubenverbindung keine axiale Betriebskraft auftritt ($F_A = 0$). Damit ergibt sich für den *erforderlichen Spannungsquerschnitt* $A_{S\,erf}$:

$$A_{S\,erf} = \frac{\alpha_A\, F_{K\,erf}}{\nu\, R_{p\,0,2}} \qquad \text{(VII.53)}$$

Erläuterungen und Tafelhinweise in Abschnitt 6.5.1.

6.7.3. Fortgang der Berechnung

Die gewählte Schraube (Gewindenenndurchmesser d und Festigkeitsklasse) wird nun nach Abschnitt 6.5 überprüft. Wegen der fehlenden axialen Betriebskraft gelten die Gleichungen mit $F_A = 0$. Beispielsweise wird die Montagevorspannkraft nach Gleichung (VII.39): $F_{VM} = \alpha_A\,(F_Z + F_{K\,erf})$; siehe auch Berechnungsbeispiel 6.8.

6.8. Berechnungsbeispiel einer querbeanspruchten Schraubenverbindung

Das Tellerrad an einem Ausgleichsgetriebe soll mit Schaftschrauben mit metrischem ISO-Regelgewinde befestigt werden.[1])

Gegeben:

zu übertragendes Drehmoment $M = 2300$ Nm
Lochkreisdurchmesser $d_L = 130$ mm
Anzahl der Schrauben $n = 12$ (angenommen)
Klemmlänge $l_K = 20$ mm
Festigkeitsklasse 12.9
Werkstoff der verspannten Teile Stahlguß
Anziehen der Schrauben von Hand mit Drehmomentenschlüssel

Gesucht sind alle wichtigen Größen der vorgespannten Schraubenverbindung unter der Bedingung, daß eine axial wirkende Betriebskraft nicht auftritt ($F_A = 0$).

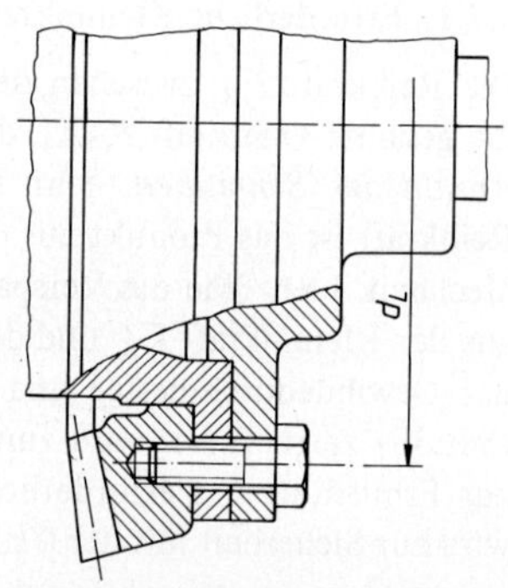

Bild VII.16. Tellerradverbindung am Kraftfahrzeug

[1]) Aufgabe entnommen: *A. Böge*, Arbeitshilfen und Formeln für das technische Studium, Band 2, Konstruktion, Vieweg 1983.

Lösung:

1. *Erforderliche Klemmkraft $F_{K\,erf}$ je Schraube*

$$F_{K\,erf} = \frac{2\,M}{n\,\mu_A\,d_L}$$

$$F_{K\,erf} = \frac{2 \cdot 2300 \cdot 10^3\,\text{Nmm}}{12 \cdot 0{,}1 \cdot 130\,\text{mm}} = 29\,490\,\text{N}$$

$M = 2300 \cdot 10^3$ Nmm
$n = 12$
$d_L = 130$ mm
$\mu_A = 0{,}1$ für St/St (angenommen)

2. *Erforderlicher Spannungsquerschnitt $A_{S\,erf}$ und Schraubendurchmesser d*

$$A_{S\,erf} \geqslant \frac{\alpha_A\,F_{K\,erf}}{\nu\,R_{p\,0,2}}$$

$$A_{S\,erf} \geqslant \frac{1{,}6 \cdot 29\,490\,\text{N}}{0{,}6 \cdot 1100\,\frac{\text{N}}{\text{mm}^2}} = 71{,}5\,\text{mm}^2$$

$\alpha_A = 1{,}6$ nach 6.5.1
$R_{p\,0,2} = 1100$ N/mm² (Tafel VII.1)
$\nu = 0{,}6$ nach 6.5.1 (angenommen)

Nach Tafel VII.7 wird das Gewinde M12 gewählt mit $A_S = 84{,}3\,\text{mm}^2 > A_{S\,erf} = 71{,}5\,\text{mm}^2$.

3. *Nachgiebigkeit δ_S der Schraube*

$$\delta_S = \frac{\frac{l_1}{A} + \frac{l_2 + 0{,}8\,d}{A_S}}{E_S}$$

$l_1 =$ 15 mm (angenommen)
$l_2 =$ 5 mm
$A = 113$ mm²

$$\delta_S = \frac{\frac{15\,\text{mm}}{113\,\text{mm}^2} + \frac{5\,\text{mm} + 0{,}8 \cdot 12\,\text{mm}}{84{,}3\,\text{mm}^2}}{21 \cdot 10^4\,\frac{\text{N}}{\text{mm}^2}} = 1{,}46 \cdot 10^{-6}\,\frac{\text{mm}}{\text{N}}$$

4. *Querschnitt A_{ers} des Ersatz-Hohlzylinders*

$$A_{ers} = \frac{\pi}{4}\left[\left(d_a + \frac{l_K}{a}\right)^2 - D_B^2\right] = \frac{\pi}{4}\left[\left(19\,\text{mm} + \frac{20\,\text{mm}}{10}\right)^2 - 13{,}5^2\,\text{mm}^2\right] = 203{,}2\,\text{mm}^2$$

Zu den eingesetzten Größen siehe 6.5.4.

5. *Nachgiebigkeit δ_P der verspannten Teile*

$$\delta_P = \frac{l_K}{A_{ers}\,E_P} = \frac{20\,\text{mm}}{203{,}2\,\text{mm}^2 \cdot 21 \cdot 10^4\,\frac{\text{N}}{\text{mm}^2}} = 0{,}47 \cdot 10^{-6}\,\frac{\text{mm}}{\text{N}}$$

6. *Kraftverhältnis Φ*

$$\Phi = \frac{\delta_P}{\delta_P + \delta_S} = \frac{0{,}47 \cdot 10^{-6}\,\frac{\text{mm}}{\text{N}}}{(0{,}47 + 1{,}46) \cdot 10^{-6}\,\frac{\text{mm}}{\text{N}}} = 0{,}244$$

7. *Setzkraft F_Z*

$$F_Z = f_Z \frac{\Phi}{\delta_P}$$

f_Z in Abhängigkeit von l_K/d nach 6.5.7

$$F_Z = 0{,}004\,\text{mm} \cdot \frac{0{,}244}{0{,}47 \cdot 10^{-6}\,\frac{\text{mm}}{\text{N}}}$$

$$\frac{l_K}{d} = \frac{20\,\text{mm}}{12\,\text{mm}} = 1{,}7 \Rightarrow f_Z \approx 0{,}004\,\text{mm}$$

$$F_Z = 2077\,\text{N}$$

8. *Montagevorspannkraft F_{VM}*

$$F_{VM} = \alpha_A\,[F_{\text{Kerf}} + F_Z + (1 - n\,\Phi)F_A]$$

$$F_{VM} = 1{,}6 \cdot (29\,490\,\text{N} + 2077\,\text{N}) = 50\,507\,\text{N}$$

Beachte: $F_A = 0$!

9. *Schraubenkraft F_S*

$F_S = F_{VM} + n\,\Phi\,F_A$ mit $F_A = 0$ wird daraus

$$F_S = F_{VM} = 50\,507\,\text{N}$$

10. *Kraftnachweis zur ersten Kontrolle*

Mit $F_S = F_{VM}$ sowie $R_{p\,0,2} = 1100\,\text{N/mm}^2$ erhält man:

$$F_{0,2} = A_S\,R_{p\,0,2} = 84{,}3\,\text{mm}^2 \cdot 1100\,\frac{\text{N}}{\text{mm}^2} = 92\,730\,\text{N}$$

$$F_S = F_{VM} = 50\,507\,\text{N} < F_{0,2} = 92\,730\,\text{N}$$

Die Rechnung zeigt, daß die größte Schraubenzugkraft $F_S = F_{VM}$ kleiner ist als die Streckgrenzkraft $F_{0,2}$ für die Festigkeitsklasse 12.9 der Schraube. Das gewählte Gewinde M12 kann also beibehalten werden.

11. *Erforderliches Anziehdrehmoment M_A*

$$M_A = F_{VM}\left[\frac{d_2}{2}\tan(\alpha + \rho') + \mu_A \cdot 0{,}7\,d\right]$$

$$M_A = 50\,507\,\text{N}\left[\frac{10{,}863\,\text{mm}}{2} \cdot \tan(2{,}94^\circ + 9^\circ) + 0{,}1 \cdot 0{,}7 \cdot 12\,\text{mm}\right] = 100\,436\,\text{Nmm}$$

$$M_A \approx 100\,\text{Nm}$$

12. *Spannungen und Flächenpressung*

Die folgenden Größen werden wie im Beispiel 6.6 berechnet. Man erhält:

Montagevorspannung $\sigma_{VM} = 599\,\frac{\text{N}}{\text{mm}^2}$ Torsionsspannung $\tau_t = 266\,\frac{\text{N}}{\text{mm}^2}$

Vergleichsspannung $\sigma_{\text{red}} = 756\,\frac{\text{N}}{\text{mm}^2} < 0{,}9\,R_{p\,0,2} = 990\,\frac{\text{N}}{\text{mm}^2}$

Flächenpressung $p = 361\,\frac{\text{N}}{\text{mm}^2} < p_G = 500\,\frac{\text{N}}{\text{mm}^2}$

Die Rechnung zeigt, daß unter den gegebenen Bedingungen die gewählte Schraube M12 beibehalten werden kann.

7. Berechnung der Bewegungsschrauben

7.1. Überschlägige Berechnung

Für *kurze* Bewegungsschrauben (Spindeln) mit überwiegender Zug- oder Druckbeanspruchung ergibt sich der *erforderliche Kernquerschnitt*

$$A_3 = \frac{F}{\sigma_{z(d)zul}}$$ (VII.54)

A_3	F	$\sigma_{z(d)zul}$
mm^2	N	$\frac{N}{mm^2}$

F Zug-(Druck-)kraft in der Spindel;
$\sigma_{z(d)zul}$ zulässige Zug-(Druck-)spannung.

Man setzt

bei vorwiegend ruhender Belastung $\sigma_{z(d)zul} \approx \frac{R_e}{1{,}5}$

bei Schwellbelastung $\sigma_{z(d)zul} \approx \frac{\sigma_{z(d)Sch}}{2}$

bei Wechselbelastung $\sigma_{z(d)zul} \approx \frac{\sigma_{z(d)W}}{2}$

Bei *langen druckbeanspruchten Spindeln,* bei denen die Gefahr des Ausknickens besteht, ergibt sich aus der Euler-Knickformel der *erforderliche Kerndurchmesser*

$$d_{3\,erf} = \sqrt[4]{\frac{64\,\nu\,F\,l_k^2}{E\,\pi^3}}$$ (VII.55)

d_3, l_k	F	E	ν
mm	N	$\frac{N}{mm^2}$	1

F Druckkraft
$\nu \approx 8...10$ Sicherheit
l_k freie Knicklänge, je nach knickfall, siehe Festigkeitslehre II.3
E Elastizitätsmodul des Spindelwerkstoffes (für St: $E \approx 21 \cdot 10^4\,N/mm^2$)

7.2. Spannungsnachweis

Die mit den Gleichungen (VII.54) und (VII.55) berechneten Schrauben (Spindeln) sind auf Zug oder Druck und Torsion nachzuprüfen. Es ist nachzuweisen, daß die *Vergleichsspannung*

$$\sigma_{red} = \sqrt{\sigma_{z(d)}^2 + 3\,\tau_t^2} \leqslant \sigma_{zul}$$ (VII.56)

$\sigma_{z(d)} = F/A_3$ vorhandene Zug-(Druck-)spannung
$\tau_t = T/W_p$ vorhandene Torsionsspannung mit $T = M_{RG}$ nach 6.5.13 und $W_p \approx 0{,}2\,d_3^3$
σ_{zul} zulässige (Normal-)Spannung, bei überwiegend ruhender Belastung wird $\sigma_{zul} \approx R_e/1{,}5$; bei Schwellbelastung $\sigma_{zul} \approx \sigma_{z\,Sch}/2$; bei Wechselbelastung $\sigma_{zul} \approx \sigma_{z(d)W}/2$

7.3. Nachprüfung auf Knicksicherheit

Lange, knickgefährdete Spindeln sind zusätzlich auf Knicksicherheit zu prüfen (siehe auch Kapitel Knickung im Abschnitt Festigkeitslehre). Für den *elastischen Knickbereich,* d.h. für den Schlankheitsgrad $\lambda > 105$ für St37 und $\lambda > 89$ für St50 ist die *Knickspannung nach Euler*

$$\sigma_K = \frac{E\,\pi^2}{\lambda^2}$$ (VII.57)

σ_K, E	λ
$\frac{N}{mm^2}$	1

$\lambda = l_K/i$, mit Trägheitsradius $i = \sqrt{I/A_3}$ wird, für $I = \pi d_3^4/64$ und $A_3 = d_3^2\pi/4$ gesetzt, der *Schlankheitsgrad* für Spindeln

$$\lambda = \frac{4\, l_K}{d_3} \qquad \begin{array}{c|c} \lambda & l_K, d_3 \\ \hline 1 & \text{mm} \end{array} \qquad \text{(VII.58)}$$

Die vorhandene *Knicksicherheit* ν soll sein

$$\nu = \frac{\sigma_K}{\sigma_v} \approx 3 \ldots 6 \text{ mit zunehmendem Schlankheitsgrad } \lambda \qquad \text{(VII.59)}$$

Für den *unelastischen Knickbereich* ergibt sich für St37 bei $\lambda < 105$ und für St50 bei $\lambda < 89$ die *Knickspannung nach Tetmajer*

$$\begin{aligned} \sigma_K &= 310 - 1{,}14\,\lambda \quad \text{(für St37)} \\ \sigma_K &= 335 - 0{,}62\,\lambda \quad \text{(für St50)} \end{aligned} \qquad \begin{array}{c|c} \sigma_K & \lambda \\ \hline \frac{\text{N}}{\text{mm}^2} & 1 \end{array} \qquad \text{(VII.60)}$$

Vorhandene Knicksicherheit nach Gleichung (VII.59) soll hier $\nu \approx 4 \ldots 2$ mit abnehmendem λ sein.

7.4. Spindelführung

Die *Länge der Spindelführung* ergibt sich auf Grund einer zulässigen Flächenpressung der Gewindeflanken aus

$$l_1 = \frac{F\,P}{p_{zul}\, d_2\, \pi\, H_1} \qquad \begin{array}{c|c|c} l_1, P, d_2, H_1 & F & p_{zul} \\ \hline \text{mm} & \text{N} & \frac{\text{N}}{\text{mm}^2} \end{array} \qquad \text{(VII.61)}$$

F Längskraft in der Spindel
P Gewindeteilung (Steigung bei eingängigem Gewinde)
p_{zul} zulässige Flächenpressung nach Tafel VII.3: d_2 Flankendurchmesser
H_1 Tragtiefe des Gewindes bei ISO-Regelgewinde und ISO-Trapezgewinde (Tafeln VII.7 und VII.8)

Tafel VII.3. Richtwerte für die zulässige Flächenpressung bei Bewegungsschrauben

Werkstoff		p_{zul} in
Schraube (Spindel)	Mutter (Spindelführung)	N/mm²
Stahl	Stahl	8
Stahl	Gußeisen	5
Stahl	CuZn und CuSn-Legierung	10
Stahl, gehärtet	CuZn und CuSn-Legierung	15

Tafel VII.4. Reibungszahlen und Reibungswinkel für Trapezgewinde

Gewinde	trocken		geschmiert	
	μ'	ρ'	μ'	ρ'
Spindel aus Stahl, Mutter aus Gußeisen	0,22	12°		
Spindel aus Stahl, Mutter aus CuZn- und CuSn-Legierungen	0,18	10°		
Aus vorstehenden Werkstoffen	–	–	0,1	6°

7.5. Berechnungsbeispiel einer Bewegungsschraube

Die Spindel der Handspindelpresse (Bild VII.17) ist zu berechnen, die Länge der Führungsmutter festzulegen. Maximale Druckkraft $F = 120\,000$ N, Spindellänge $l = 1250$ mm. Material: St50 für die Spindel, CuZn-Legierung für die Führungsmutter.

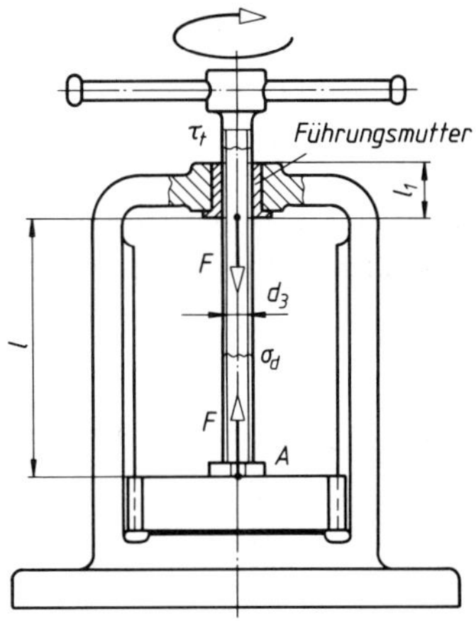

Bild VII.17. Handspindelpresse

Lösung: Die Spindel soll ein nichtselbsthemmendes, mehrgängiges metrisches ISO-Trapezgewinde erhalten. Die Vorwahl des Gewinde-Kerndurchmessers der auf Druck und damit auch auf Knickung beanspruchten Spindel erfolgt nach Gleichung (VII.55):

$$d_{3\,\mathrm{erf}} = \sqrt[4]{\frac{64\,\nu\,F\,l_k^2}{E\,\pi^3}}$$

Mit Sicherheit $\nu = 9$, Knicklänge $l_K \approx 0{,}75\,l = 0{,}75 \cdot 1250\,\mathrm{mm} = 937{,}5$ mm, $E = 21 \cdot 10^4\,\mathrm{N/mm^2}$ wird

$$d_{3\,\mathrm{erf}} = \sqrt[4]{\frac{64 \cdot 9 \cdot 120\,000\,\mathrm{N} \cdot 937{,}5^2\,\mathrm{mm}^2}{21 \cdot 10^4\,\frac{\mathrm{N}}{\mathrm{mm}^2} \cdot \pi^3}} = 55\,\mathrm{mm}$$

Nach Tafel VII.8 hat der nächstliegende Kerndurchmesser $d_3 = 54$ mm bei einem Gewindedurchmesser $d = 65$ mm, die Bezeichnung: Tr65 X 30P10 bei dreigängigem Gewinde, Kernquerschnitt $A_3 = 2290\,\mathrm{mm}^2$.

Der Spannungsnachweis wird mit Gleichung (VII.56) geführt:

$$\sigma_{\mathrm{red}} = \sqrt{\sigma_d^2 + 3\,\tau_t^2} \leqslant \sigma_{\mathrm{zul}}$$

$\sigma_d = \dfrac{F}{A_3} = \dfrac{120\,000\,\mathrm{N}}{2290\,\mathrm{mm}^2} \approx 52{,}4\,\dfrac{\mathrm{N}}{\mathrm{mm}^2}$ ist die vorhandene Druckspannung,

$\tau_t = \dfrac{M_{\mathrm{RG}}}{W_p}$ die auftretende Torsionsspannung. Das Gewindereibmoment nach Gleichung (VII.45) errechnet sich mit $d_2 = 60$ mm, $\alpha = 3 \cdot 3{,}04° = 9{,}12°$ (bei drei Gängen) und $\rho' = 6°$ nach Tafel VII.4 zu: $M_{\mathrm{RG}} = F r_2 \tan(\alpha + \rho') = 120\,000\,\mathrm{N} \cdot 30\,\mathrm{mm} \cdot \tan 15{,}12° = 972\,703$ Nmm und das polare Widerstandsmoment zu $W_p \approx 0{,}2\,d_3^3 = 0{,}2 \cdot 54^3\,\mathrm{mm}^3 = 31\,493\,\mathrm{mm}^3$; damit

$$\tau_t = \frac{972\,703\,\mathrm{Nmm}}{31\,493\,\mathrm{mm}^2} \approx 31\,\frac{\mathrm{N}}{\mathrm{mm}^2}$$

$$\sigma_{\mathrm{red}} = \sqrt{52{,}4^2\left(\frac{\mathrm{N}}{\mathrm{mm}^2}\right)^2 + 3 \cdot 31^2\left(\frac{\mathrm{N}}{\mathrm{mm}^2}\right)^2} \approx 75\,\frac{\mathrm{N}}{\mathrm{mm}^2}$$

Bei überwiegend ruhender Belastung wird

$$\sigma_{\mathrm{zul}} \approx \frac{R_e}{1{,}5} = \frac{300\,\frac{\mathrm{N}}{\mathrm{mm}^2}}{1{,}5} = 200\,\frac{\mathrm{N}}{\mathrm{mm}^2} > \sigma_{\mathrm{red}}$$

Die Nachprüfung auf Knicksicherheit beginnt mit der Berechnung des Schlankheitsgrades der Spindel nach Gleichung (VII.58). Danach ist

$$\lambda = \frac{4\, l_K}{d_3} = \frac{4 \cdot 937{,}5\ \text{mm}}{54\ \text{mm}} \approx 69$$

Für St50 beträgt der Grenzschlankheitsgrad $\lambda_0 = 89$. Da $\lambda < \lambda_0$, handelt es sich um unelastische Knickung, die Knickspannung ist nach Tetmajer (Gleichung (VII.60)) zu ermitteln. Damit wird

$$\sigma_K = 335 - 0{,}62\,\lambda = (335 - 0{,}62 \cdot 69)\,\frac{\text{N}}{\text{mm}^2} = 292\,\frac{\text{N}}{\text{mm}^2}$$

und nach Gleichung (VII.59) die vorhandene Knicksicherheit

$$\nu = \frac{\sigma_K}{\sigma_{red}} = \frac{292\,\frac{\text{N}}{\text{mm}^2}}{75\,\frac{\text{N}}{\text{mm}^2}} = 3{,}89$$

Nach Gleichung (VII.59) soll die Knicksicherheit um unelastischen Bereich $\nu \approx 4 \ldots 2$ betragen. Diese Forderung ist erfüllt und damit können die vorgewählten Spindeldaten als endgültig angesehen werden.

Die Berechnung der Länge l_1 der Führungsmutter erfolgt nach Gleichung (VII.61)

$$l_1 = \frac{F\,P}{p_{zul}\, d_2\, \pi\, H_1}$$

Für eine CuZn-Legierung beträgt die zulässige Flächenpressung bei Bewegungsschrauben nach Tafel VII.3 $p_{zul} \approx 10\,\text{N/mm}^2$, Flankendurchmesser $d_2 = 60\,\text{mm}$, Tragtiefe $H_1 = 5\,\text{mm}$, damit wird

$$l_1 = \frac{120\,000\,\text{N} \cdot 10\,\text{mm}}{10\,\frac{\text{N}}{\text{mm}^2} \cdot 60\,\text{mm} \cdot \pi \cdot 5\,\text{mm}} = 127\ \text{mm}$$

gewählt: $l_1 = 130\ \text{mm}$.

Tafel VII.5. Geometrische Größen an Sechskantschrauben
Bezeichnung einer Sechskantschraube M10, Länge l = 90 mm, Festigkeitsklasse 8.8:
Sechskantschraube M10 × 90 DIN 931–8.8

Maße in mm, Kopfauflagefläche A_p in mm²

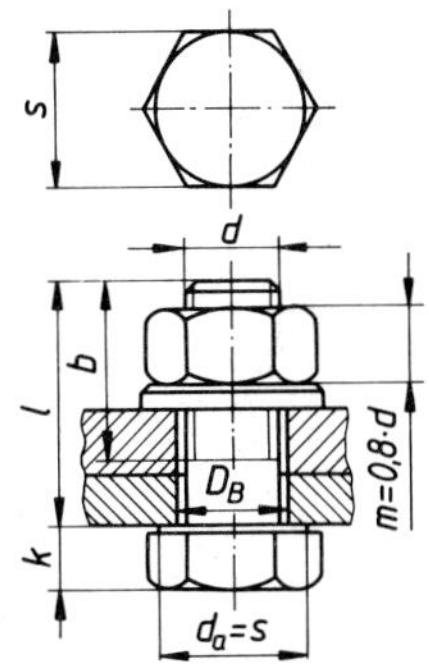

Gewinde	$d_a \hat{=} s$	k	l-Bereich 1)	b 2)	b 3)	D_B fein	D_B mittel	A_p 4)	A_p 5)
M5	8	3,5	22 ... 80	16	22	5,3	5,5	26,5	30
M6	10	4	28 ... 90	18	24	6,4	6,6	44,3	41
M8	13	5,5	35 ... 110	22	28	8,4	9	69,1	64
M10	17	7	45 ... 160	26	32	10,5	11	132	100
M12	19	8	45 ... 180	30	36	13	13,5	140	93
M14	22	9	45 ... 200	34	40	15	15,5	191	134
M16	24	10	50 ... 200	38	44	17	17,5	212	185
M18	27	12	55 ... 210	42	48	19	20	258	244
M20	30	13	60 ... 220	46	52	21	22	327	311
M22	32	14	60 ... 220	50	56	23	24	352	383
M24	36	15	70 ... 220	54	60	25	26	487	465
M27	41	17	80 ... 240	60	66	28	30	613	525
M30	46	19	80 ... 260	66	72	31	33	806	707

1) gestuft: 18, 20, 25, 28, 30, 35, 40,
2) für $l \leq 125$ mm
3) für $l > 125$ mm ... 200 mm
4) für Sechskantschrauben
5) für Innen-Sechskantschrauben

Anmerkung: Die Kopfauflagefläche A_p für 4) wurde als Kreisringfläche berechnet mit $A_p = \pi/4\,(d_a^2 - D_{B\,mittel}^2)$, für 5) aus den Maßen nach DIN. Aussenkungen der Durchgangsbohrungen (D_B) verringern die Auflagefläche A_p unter Umständen erheblich.

Tafel VII.6. Maße an Senkschrauben mit Schlitz und an Senkungen für Durchgangsbohrungen

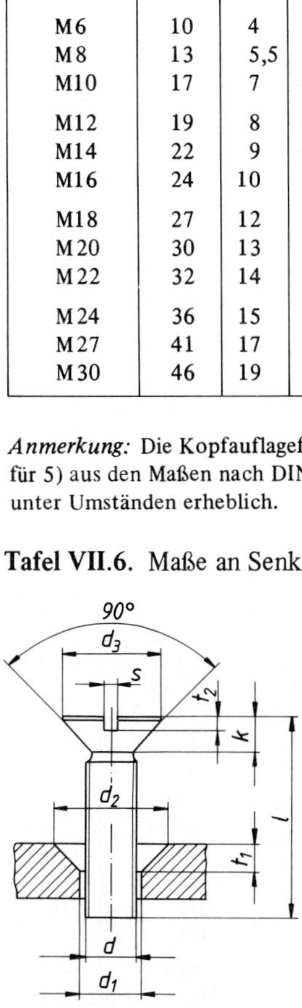

Bezeichnung einer Senkschraube M10
Länge l = 20 mm, Festigkeitsklasse 5.8:
Senkschraube M10 × 20 DIN 963–5.8
Bezeichnung der zugehörigen Senkung der Form A mit Bohrungsausführung mittel (m):
Senkung A m 10 DIN 74

Maße in mm

Gewindedurchmesser	$d = M$ ...	1	1,2	1,4	1,6	2	2,5	3	4	5	6	8	10	12	16	20
	k_{max}	0,6	0,72	0,84	0,96	1,2	1,5	1,65	2,2	2,5	3	4	5	6	8	10
	d_3	1,9	2,3	2,6	3	3,8	4,7	5,6	7,5	9,2	11	14,5	18	22	29	36
	$t_{2\,max}$	0,3	0,35	0,4	0,45	0,6	0,7	0,85	1,1	1,3	1,6	2,1	2,6	3	4	5
	s	0,25	0,3	0,3	0,4	0,5	0,6	0,8	1	1,2	1,6	2	2,5	3	4	5
	d_1	1,2	1,4	1,6	1,8	2,4	2,9	3,4	4,5	5,5	6,6	9	11	14	18	22
	d_2	2,4	2,8	3,3	3,7	4,6	5,7	6,5	8,6	10,4	12,4	16,4	20,4	24,4	32,4	40,4
	t_1	0,6	0,7	0,8	0,9	1,1	1,4	1,6	2,1	2,5	2,9	3,7	4,7	5,2	7,2	9,2

Tafel VII.7. Metrisches ISO-Gewinde nach DIN 13

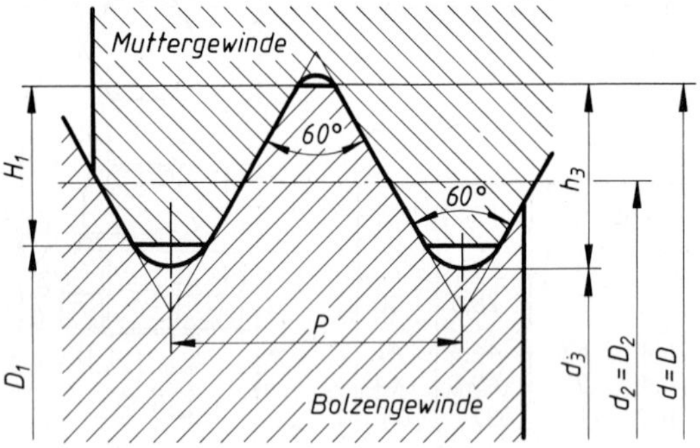

Bezeichnung des metrischen Regelgewindes z.B.

M12 Gewinde-Nenndurchmesser $d = D = 12$ mm

Maße in mm

Gewinde-Nenndurchmesser $d = D$ Reihe 1	Reihe 2	Steigung P	Steigungswinkel α in Grad	Flankendurchmesser $d_2 = D_2$	Kerndurchmesser d_3	D_1	Gewindetiefe [1] h_3	H_1	Spannungsquerschnitt A_S mm²	polares Widerstandsmoment W_{pS} mm³	Schaftquerschnitt A mm²
3		0,5	3,40	2,675	2,387	2,459	0,307	0,271	5,03	3,18	7,07
	3,5	0,6	3,51	3,110	2,764	2,850	0,368	0,325	6,78	4,98	9,62
4		0,7	3,60	3,545	3,141	3,242	0,429	0,379	8,73	7,28	12,6
	4,5	0,75	3,40	4,013	3,580	3,688	0,460	0,406	11,3	10,72	15,9
5		0,8	3,25	4,480	4,019	4,134	0,491	0,433	14,2	15,09	19,6
6		1	3,40	5,350	4,773	4,917	0,613	0,541	20,1	25,42	28,3
8		1,25	3,17	7,188	6,466	6,647	0,767	0,677	36,6	62,46	50,3
10		1,5	3,03	9,026	8,160	8,376	0,920	0,812	58,0	124,6	78,5
12		1,75	2,94	10,863	9,853	10,106	1,074	0,947	84,3	218,3	113
	14	2	2,87	12,701	11,546	11,835	1,227	1,083	115	347,9	154
16		2	2,48	14,701	13,546	13,835	1,227	1,083	157	554,9	201
	18	2,5	2,78	16,376	14,933	15,294	1,534	1,353	192	750,5	254
20		2,5	2,48	18,376	16,933	17,294	1,534	1,353	245	1082	314
	22	2,5	2,24	20,376	18,933	19,294	1,534	1,353	303	1488	380
24		3	2,48	22,051	20,319	20,752	1,840	1,624	353	1871	452
	27	3	2,18	25,051	23,319	23,752	1,840	1,624	459	2774	573
30		3,5	2,30	27,727	25,706	26,211	2,147	1,894	561	3748	707
	33	3,5	2,08	30,727	28,706	29,211	2,147	1,894	694	5157	855
36		4	2,18	33,402	31,093	31,670	2,454	2,165	817	6588	1020
	39	4	2,00	36,402	34,093	34,670	2,454	2,165	976	8601	1190
42		4,5	2,10	39,077	36,479	37,129	2,760	2,436	1120	10574	1390
	45	4,5	1,95	42,077	39,479	40,129	2,760	2,436	1300	13222	1590
48		5	2,04	44,752	41,866	42,587	3,067	2,706	1470	15899	1810
	52	5	1,87	48,752	45,866	46,587	3,067	2,706	1760	20829	2120
56		5,5	1,91	52,428	49,252	50,046	3,374	2,977	2030	25801	2460
	60	5,5	1,78	56,428	53,252	54,046	3,374	2,977	2360	32342	2830
64		6	1,82	60,103	56,639	57,505	3,681	3,248	2680	39138	3220
	68	6	1,71	64,103	60,639	61,505	3,681	3,248	3060	47750	3630

[1] H_1 ist die Tragtiefe zur Berechnung der Flächenpressung im Gewinde

Tafel VII.8. Metrisches ISO-Trapezgewinde nach DIN 103

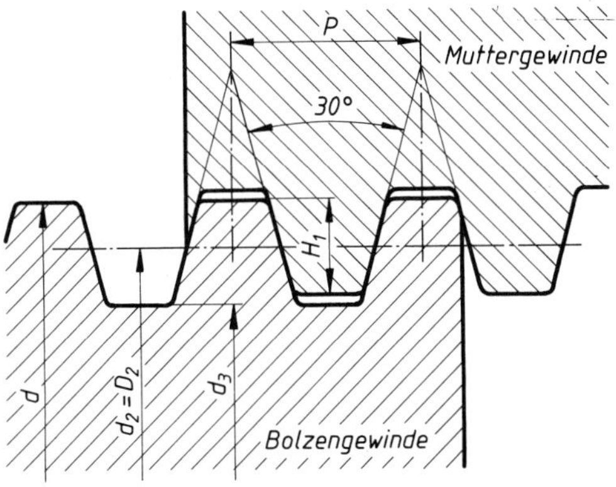

Bezeichnung für

a) eingängiges Gewinde z.B.

Tr75 X 10

Gewindedurchmesser d = 75 mm,
Steigung P = 10 mm = Teilung

b) zweigängiges Gewinde z.B.

Tr75 X 20P10

Gewindedurchmesser d = 75 mm,
Steigung P_h = 20 mm
Teilung P = 10 mm

$$\text{Gangzahl } z = \frac{\text{Steigung } P_h}{\text{Teilung } P} = \frac{20 \text{ mm}}{10 \text{ mm}} = 2$$

Gewinde-durchmesser d	Steigung P	Steigungswinkel α in Grad	Tragtiefe H_1 $H_1 = 0{,}5\,P$	Flanken-durchmesser $D_2 = d_2$ $D_2 = d - H_1$	Kern-durchmesser d_3	Kern-querschnitt $A_3 = \frac{\pi}{4} d_3^2$ mm²	polares Widerstandsmoment $W_p = \frac{\pi}{16} d_3^3$ mm³
8	1,5	3,77	0,75	7,25	6,2	30,2	46,8
10	2	4,05	1	9	7,5	44,2	82,8
12	3	5,20	1,5	10,5	9	63,6	143
16	4	5,20	2	14	11,5	104	299
20	4	4,05	2	18	15,5	189	731
24	5	4,23	2,5	21,5	18,5	269	1243
28	5	3,57	2,5	25,5	22,5	398	2237
32	6	3,77	3	29	25	491	3068
36	6	3,31	3	33	29	661	4789
40	7	3,49	3,5	36,5	32	804	6434
44	7	3,15	3,5	40,5	36	1018	9161
48	8	3,31	4	44	39	1195	11647
52	8	3,04	4	48	43	1452	15611
60	9	2,95	4,5	55,5	50	1963	24544
65	10	3,04	5	60	54	2290	30918
70	10	2,80	5	65	59	2734	40326
75	10	2,60	5	70	64	3217	51472
80	10	2,43	5	75	69	3739	64503
85	12	2,77	6	79	72	4071	73287
90	12	2,60	6	84	77	4656	89640
95	12	2,46	6	89	82	5281	108261
100	12	2,33	6	94	87	5945	129297
110	12	2,10	6	104	97	7390	179203
120	14	2,26	7	113	104	8495	220867

VIII. Bolzen, Stiftverbindungen und Sicherungselemente

1. Allgemeines

Bolzen und Stifte dienen der gelenkigen oder festen Verbindung von Bauteilen, der Lagesicherung, Zentrierung, Führung usw. Bei losen Verbindungen müssen die Bolzen, Stifte oder Bauteile gegen Verschieben gesichert werden, z.B. durch Stellringe, Splinte und Querstifte. Formen und Abmessungen dieser Verbindungselemente sind weitgehend genormt.

2. Bolzen

2.1. Formen und Verwendung

Bolzen ohne Kopf, DIN 1433, Bolzen mit kleinem oder großem Kopf, DIN 1434 bis 1436, werden als Gelenkbolzen verwendet, zum Beispiel bei Laschenketten, Stangenverbindungen und Ketten.

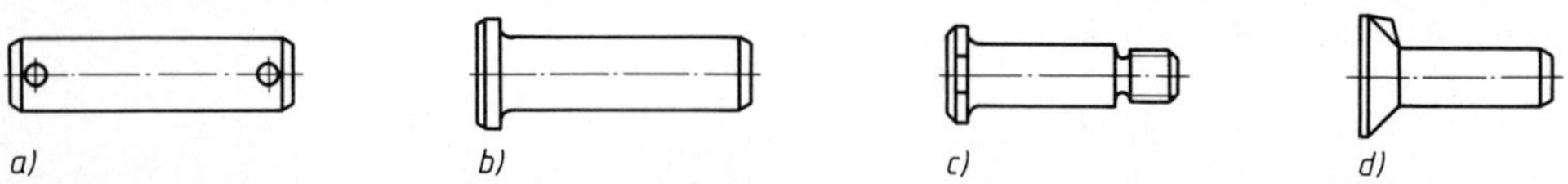

Bild VIII.1. Bolzen. a) Bolzen ohne Kopf (mit Splintlöchern) b) Bolzen mit Kopf c) Bolzen mit Gewindezapfen d) Senkbolzen mit Nase

Bolzen mit Gewindezapfen, DIN 1445 (Bild VIII.1c), und Senkbolzen mit Nase (Bild VIII.1d), werden als festsitzende Lager- und Achsbolzen z.B. bei Laufrollen und Türscharnieren benutzt.

Für die Bolzen wird als Toleranz h 11, für die Bohrung H8 bis H11 empfohlen, andere Toleranzen sind jedoch für besondere Fälle zulässig.

2.2. Berechnung der Bolzenverbindungen

Bolzenverbindungen werden normalerweise auf Biegung und Flächenpressung berechnet, die Abscherbeanspruchung ist meist vernachlässigbar klein.

Im gefährdeten Querschnitt A–B des Bolzens (Bild VIII.2) muß die *vorhandene Biegespannung* sein:

$$\sigma_b = \frac{M_b}{W} \leq \sigma_{b\,zul} \qquad \text{(VIII.1)}$$

σ_b	M_b	W
$\frac{N}{mm^2}$	Nmm	mm^3

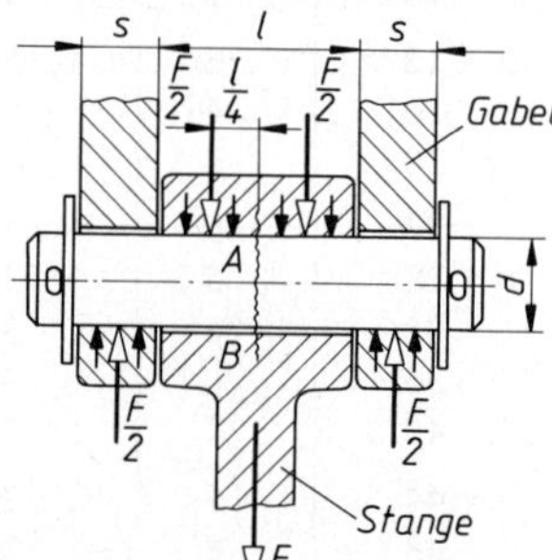

Bild VIII.2. Kraftwirkungen am Bolzen

M_b maximales Biegemoment für den Bolzen, das sich im vorliegenden Fall bei Streckenlast ergibt aus $M_b = F/2(s/2 + l/4)$; $W = \pi\, d^3/32$ axiales Widerstandsmoment; $\sigma_{b\,zul}$ zulässige Biegespannung (siehe Festigkeitslehre I.9).

Ferner darf die *vorhandene Flächenpressung* die zulässige nicht überschreiten:

$$p = \frac{F}{A_{proj}} \leq p_{zul}$$

p	F	A_{proj}
$\frac{N}{mm^2}$	N	mm^2

Tafel VIII.1. Richtwerte für zulässige Beanspruchungen bei Bolzen- und Stiftverbindungen bei annähernd ruhender Beanspruchung (Werte gelten für nicht gleitende Flächen oder nur geringe Bewegungen)

Werkstoff	Art des Bolzens, Stiftes, Bauteils	zulässige Beanspruchungen in N/mm²		
		p_{zul}	$\sigma_{b\,zul}$	$\tau_{a\,zul}$
St37 ... 50, 9S 20K	Kegel-, Zylinderstifte, Bolzen, Wellen	160	130	90
St60, St70, 6.8	Bolzen, Kerbstifte, Wellen	240	200	140
Federstahl	Spannstifte, Spiralstifte	–	–	300
GS	Naben	120	–	–
GG	Naben	90	–	–

F Stangenzug-(druck-)Kraft; A_{proj} projizierte Bolzenfläche, für den Stangenkopf: $A_{proj} = d\,l$, für die Gabel: $A_{proj} = 2\,d\,s$, für die Nachprüfung ist die kleinere Fläche maßgebend; p_{zul} zulässige Flächenpressung nach Tafel VIII.1 oder Tafel XI.1.

Bei Schwellbelastung sind die Werte mit ≈ 0,7, bei Wechselbelastung mit ≈ 0,4 malzunehmen. Für gleitende Flächen siehe Tafel XIII.8.

3. Stifte

3.1. Kegelstifte

Kegelstife, DIN 1 (Bild VIII.3a), werden hauptsächlich zur Lagesicherung und Zentrierung von Bauteilen, zum Beispiel im Vorrichtungsbau verwendet. Die Verbindung ist form- und reibschlüssig. Sie ist teuer, da Löcher aufgerieben und Stifte eingepaßt werden müssen, hat aber den Vorteil, daß auch bei häufigem Ausbau die Lagezentrierung wieder genau hergestellt wird.

Kegelstifte mit Gewindezapfen und Lösemutter, DIN 7977 (Bild VII.3b), werden bei Sacklöchern verwendet. Werkstoff normal St50K oder 9S20K.

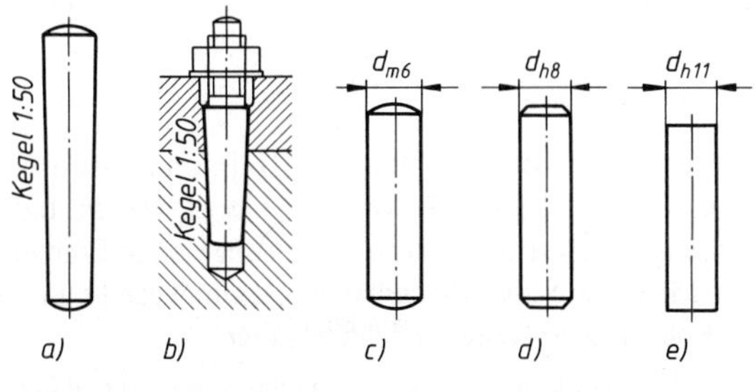

Bild VIII.3
Kegel- und Zylinderstifte
a) Kegelstift
b) Kegelstift mit Gewindezapfen
c) bis e) Zylinderstifte

3.2. Zylinderstifte

Zylinderstifte werden ähnlich wie Kegelstifte verwendet. Ungehärtete Stifte, DIN 7 (Bilder VIII.3c bis VIII.3e), sind mit Toleranz m6 für feste Verbindungen, mit h8 und h11 für lose Verbindungen vorgesehen (beachte Kuppenform!). Gehärtete Zylinderstifte, DIN 6325, mit Toleranz m6 werden hauptsächlich bei hochbeanspruchten Teilen im Werkzeugmaschinen- und Vorrichtungsbau verwendet. Werkstoffe wie für Kegelstifte: St50K oder 9S20K.

3.3. Kerbstifte, Kerbnägel

Kerbstifte haben am Umfang mehrere Wulstkerben und ermöglichen dadurch einen festen Sitz auch in normal gebohrten Löchern. Verschiedene Ausführungen zeigen die Bilder VIII.4a bis VIII.4e. Anwendung wie Kegel- und Zylinderstifte bei geringeren Ansprüchen an Genauigkeit, vielfach auch als Lager- und Gelenkbolzen.

Bild VIII.4. Kerbstifte und Kerbnägel
a) Kegelkerbstift DIN 1471
b) Paßkerbstift DIN 1472
c) Zylinderkerbstift DIN 1473
d) Steckkerbstift DIN 1474
e) Knebelkerbstift DIN 1475
f) Halbrundkerbnagel DIN 1476
g) Senkkerbnagel DIN 1477

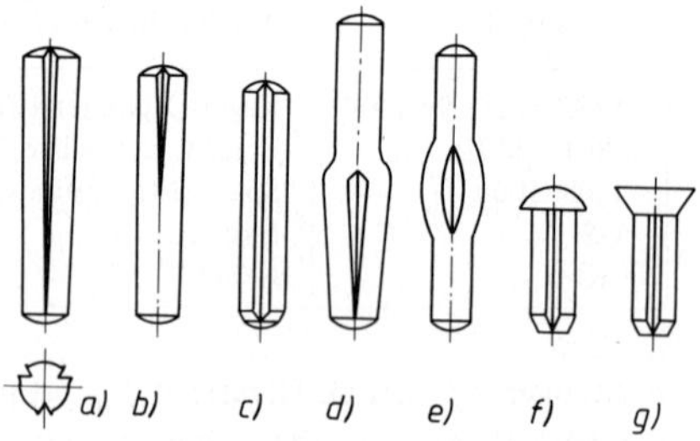

Kerbnägel Bilder VIII.4f und VIII.4g) dienen zur einfachen und schnellen Befestigung von Teilen wie Rohrschellen und Schilder.
Als Werkstoff ist für Kerbstifte der Schraubenstahl 6.8, für Kerbnägel 4.6 vorgesehen.

3.4. Spannstifte

Spannstifte (Spannhülsen), DIN 1481 (schwere Ausführung) und DIN 7346 (leichte Ausführung), sind längsgeschlitzte Hülsen aus Federstahl (Bild VIII.5a) und ergeben durch größeres Übermaß (≈ 0,2...0,5 mm) einen kräftigen Festsitz in normalen Bohrungen. Anwendung ähnlich wie Kerbstifte, besonders zur Aufnahme hoher Scherkräfte.

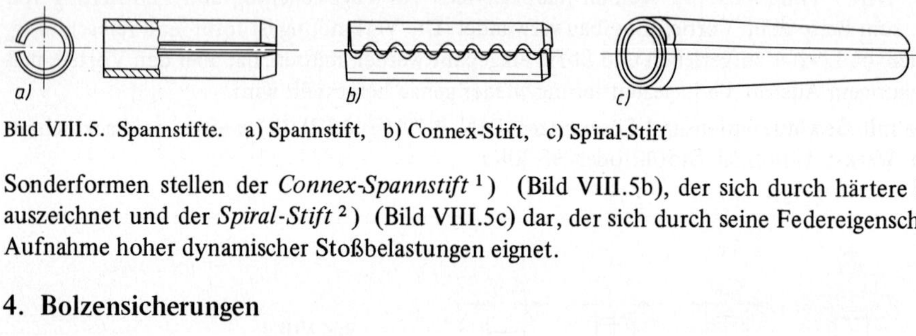

Bild VIII.5. Spannstifte. a) Spannstift, b) Connex-Stift, c) Spiral-Stift

Sonderformen stellen der *Connex-Spannstift* [1]) (Bild VIII.5b), der sich durch härtere Federung auszeichnet und der *Spiral-Stift* [2]) (Bild VIII.5c) dar, der sich durch seine Federeigenschaften zur Aufnahme hoher dynamischer Stoßbelastungen eignet.

4. Bolzensicherungen

Sicherungsringe für Wellen, DIN 471, und für Bohrungen, DIN 472 (Bilder VIII.6a und VIII.6b), dienen zur Sicherung von Bauteilen gegen axiales Verschieben, z.B. von Wälzlagern, Naben und Buchsen. Durch ihre besondere Form bleiben die aus Federstahl bestehenden Ringe beim Einbau (Auf- oder Zusammenbiegen) rund und pressen sich in die Nuten gleichmäßig fest ein. Wegen hoher Kerbwirkung durch die Nuten möglichst nur an Bolzen- oder Wellenenden anordnen.

Sprengringe, DIN 5417 (Bild VIII.6c), werden dort verwendet, wo ein gleichbleibender Ringquerschnitt aus Einbaugründen erforderlich ist, z.B. bei Kugellageraußenringen (Bild VIII.11).

Bei kleinen Bolzen in der Feinmechanik werden *Sicherungsscheiben*, DIN 6799 (Bild VIII.6d), bevorzugt, z.B. bei Plattenspielern.

Splinte, DIN 94 (Bild VIII.6e), werden besonders bei losen Bolzenverbindungen und zur Sicherung von Kronenmuttern verwendet.

[1]) Hersteller: Gebr. Eberhardt, Ulm
[2]) Hersteller: W. Prym GmbH, Stollberg (Rhld.)

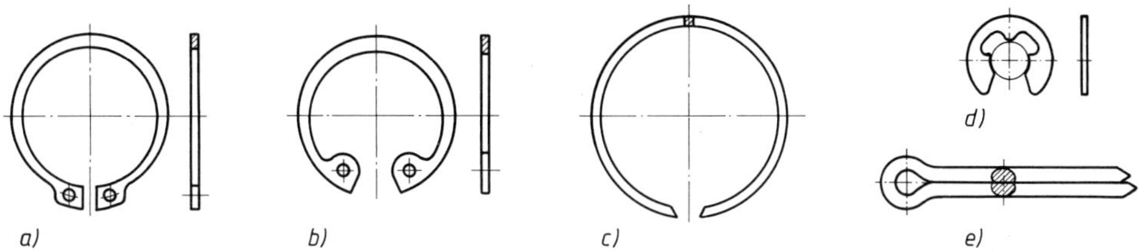

Bild VIII.6. Sicherungselemente. a) Außensicherung, b) innensicherung, c) Sprengring, d) Sicherungsscheibe, e) Splint

Stellringe, DIN 705 (Bild VIII.7), sollen das axiale Spiel von Bolzen und Wellen begrenzen oder bewegliche Teile (Hebel, Räder) seitlich führen. Befestigung durch Gewindestift oder bei schweren Ringen durch Kegelstift.

Achshalter, DIN 15 058, sichern Achsen und Bolzen gleichzeitig gegen Verschieben und Drehen (siehe Bild VIII.8).

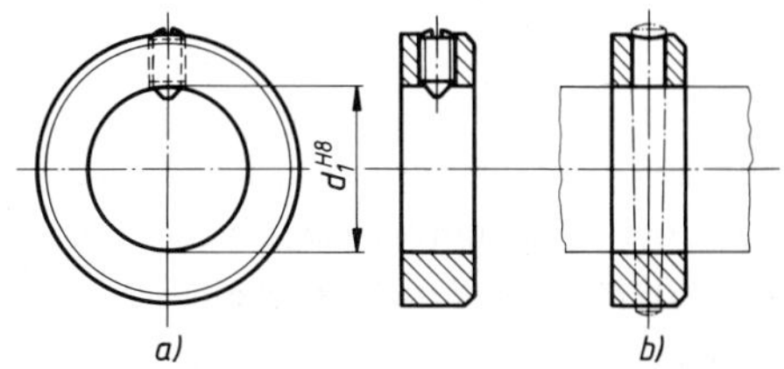

Bild VIII.7 Stellringe
a) Stellring mit Gewindestift, b) mit Kegelstift

5. Gestaltung der Bolzen- und Stiftverbindungen

Rollenlagerung (Bild VIII.8): Bolzensicherung durch beidseitige Achshalter, entgegen der Kraftübertragungsstelle angeordnet. Toleranzen z.B.: Bolzen d9, Bohrungen H8.

Hebellagerung (Bild VIII.9): Bolzensicherung durch Stellringe mit Kegelstift. Der Bolzen sitzt in beiden Teilen lose. Passung z.B. H9/h11.

Laufradlagerung (Bild VIII.10): Der Knebelkerbstift sitzt fest in der Nabenbohrung und lose in der Gabel. Alle Bohrungen können ohne Nacharbeit mit Spiralbohrer gebohrt werden.

Wälzlagerung (Bild VIII.11): Der Sprengring sichert das Kugellager gegen axiales Verschieben im Gehäuse. Der Innenring ist auf der Welle durch einen Sicherungsring festgelegt.

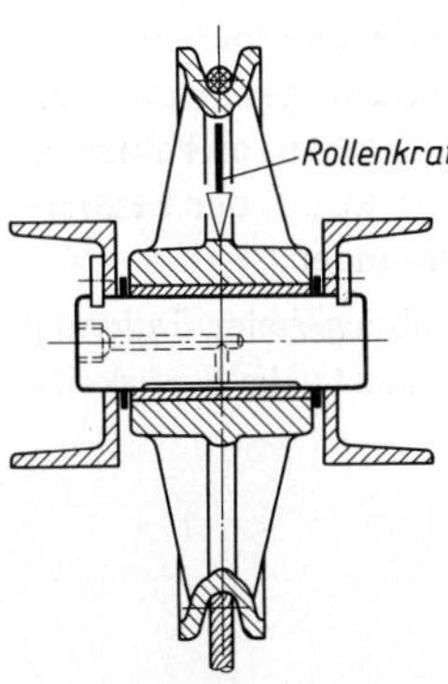

Bild VIII.8. Gleitlagerung einer Seilrolle

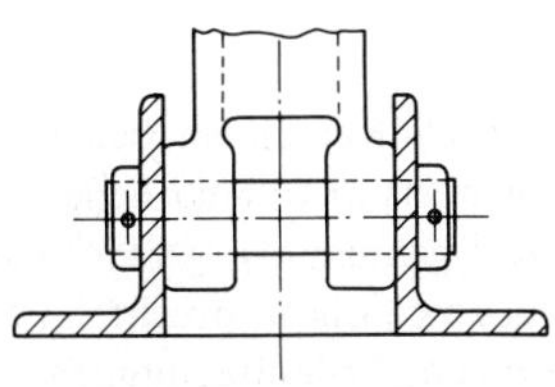

Bild VIII.9. Hebellagerung

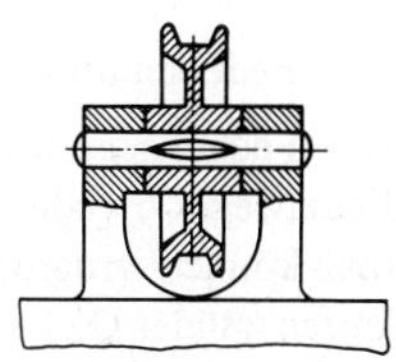

Bild VIII.10. Laufradlagerung

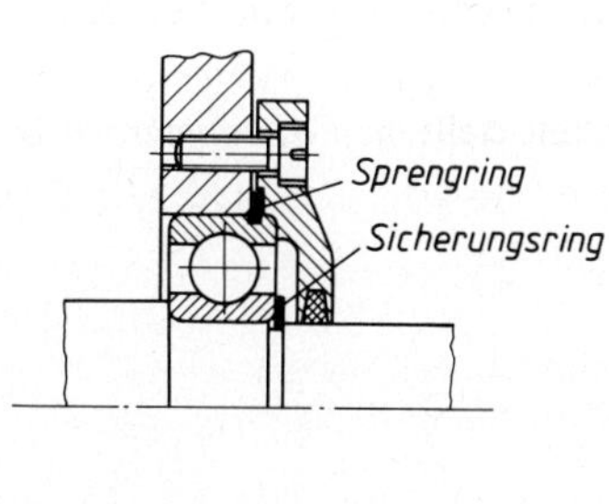

Bild VIII.11. Wälzlagerung

IX. Federn

Normen (Auswahl) und Richtlinien

DIN 2088	Zylindrische Schraubenfedern aus runden Drähten und Stäben, Berechnung und Konstruktion von Drehfedern (Schenkelfedern)
DIN 2089	Zylindrische Schraubenfedern aus runden Drähten und Stäben, Berechnung und Konstruktion von Druck- und Zugfedern
DIN 2090	Zylindrische Schraubendruckfedern aus Flachstahl, Berechnung
DIN 2091	Drehstabfedern, Berechnung und Konstruktion
DIN 2092	Tellerfedern, Berechnung
DIN 2093	Tellerfedern, Maße und Güteeigenschaften
DIN 2095	Zylindrische Druckfedern aus Runddraht, kaltgeformt
DIN 2097	Zylindrische Zugfedern aus Runddraht
VDI-Richtlinie 2005	Gestaltung und Anwendung von Gummifedern, VDI-Verlag GmbH, Düsseldorf

1. Allgemeines

Mit Federn werden elastische Verbindungen hergestellt. Sie verformen sich unter Einwirkung äußerer Kräfte, speichern dabei Energie und geben diese bei Entlastung durch Rückfederung wieder ab. Anwendung als Arbeitsspeicher, zur Stoß- und Schwingungsdämpfung, als Rückholfedern, zur Kraftmessung und als Spannelemente. Nach ihrer Gestalt unterscheidet man z.B. Blatt-, Schrauben-, Teller-, Stab-, Spiral-, Ring-, Hülsen- und Scheibenfedern, nach der Beanspruchung unterteilt man in Zug-, Druck-, Biege- und Drehfedern.

2. Kenngrößen an Federn

2.1. Federkennlinien

Die Federeigenschaften werden nach Kennlinien beurteilt. Diese zeigen die Abhängigkeit des Federweges f (oder des Verdrehwinkels φ) von der Federkraft F (oder dem Federdrehmoment M) und können progressiv (ansteigend gekrümmt), gerade oder degressiv (abfallend gekrümmt) verlaufen (Bilder IX.1 und IX.2). Bei torsionsbeanspruchten Federn (z.B. Drehstabfedern im Fahrzeugbau) entspricht der Federkraft F das Federdrehmoment M und dem Federweg f der Verdrehwinkel φ.

Federn aus Werkstoffen, für die das Hookesche Gesetz gilt, zeigen bei reibungsfreier Federung lineare (gerade) Kennlinien; Federweg f und Federkraft F sind proportional (siehe Festigkeitslehre II.1.2).

Die Fläche unter der Kennlinie stellt die *Federungsarbeit* W dar.

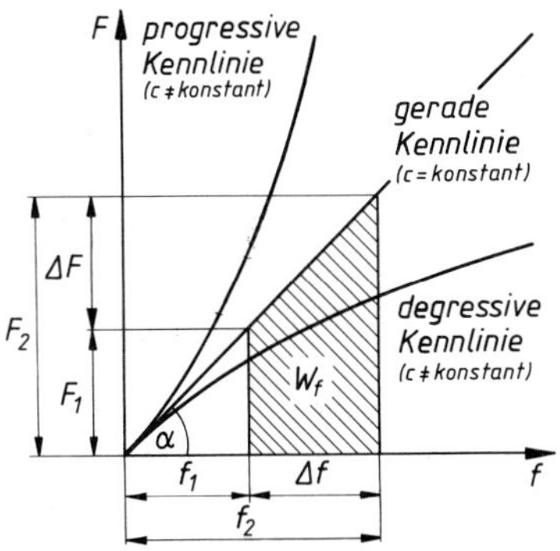

F Federkraft, *f* Federweg

Bild IX.1. Federkennlinien und Federungsarbeit *W* von zug-, druck- oder biegebeanspruchten Federn

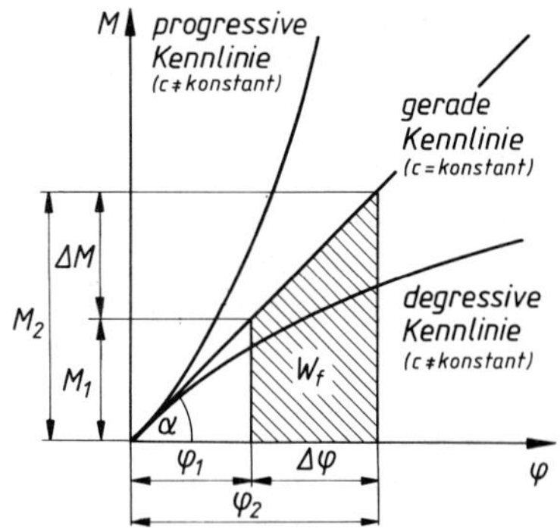

M Federdrehmoment, φ Verdrehwinkel

Bild IX.2. Federkennlinien und Federungsarbeit W_t von torsionsbeanspruchten Federn

2.2. Federsteifigkeit *c* (Federrate), Federnachgiebigkeit δ und Federungsarbeit *W*

Das Steigungsmaß der Federkennlinie ist der Tangens ihres Neigungswinkels α, also der Quotient aus der Federkraft F (oder dem Federdrehmoment M) und dem Federweg f (oder dem Verdrehwinkel φ). Für Federn mit *gerader* Kennlinie gilt daher: $\tan\alpha = F/f = F_1/f_1 = F_2/f_2$ oder $\tan\alpha = M/\varphi = M_1/\varphi_1 = M_2/\varphi_2$ (siehe Bilder IX.1 und IX.2). Dieser Quotient heißt *Federsteifigkeit* c (nach DIN 2089 Federrate c). Sie hat die Einheit N/mm oder N/m.

Der Kehrwert der Federsteifigkeit wird als *Nachgiebigkeit* $\delta = 1/c$ bezeichnet; sie hat daher die Einheit mm/N.

$$c = \frac{F}{f} = \frac{F_1}{f_1} = \frac{F_2}{f_2} = \frac{F_2 - F_1}{f_2 - f_2} = \frac{\Delta F}{\Delta f} \tag{IX.1}$$

$$\delta = \frac{1}{c} = \frac{f}{F} = \frac{f_1}{F_1} = \frac{f_2}{F_2} = \frac{f_2 - f_1}{F_2 - F_1} = \frac{\Delta f}{\Delta F} \tag{IX.2}$$

c Federsteifigkeit (Federrate)

δ Federnachgiebigkeit für Zug-, Druck- und Biegefedern

$$c_t = \frac{M}{\varphi} = \frac{M_1}{\varphi_1} = \frac{M_2}{\varphi_2} = \frac{M_2 - M_1}{\varphi_2 - \varphi_1} = \frac{\Delta M}{\Delta\varphi} \tag{IX.3}$$

$$\delta_t = \frac{1}{c_1} = \frac{\varphi}{M} = \frac{\varphi_1}{M_1} = \frac{\varphi_2}{M_2} = \frac{\varphi_2 - \varphi_1}{M_2 - M_1} = \frac{\Delta\varphi}{\Delta M} \tag{IX.4}$$

c_t Federsteifigkeit (Federrate)

δ_t Federnachgiebigkeit für Drehfedern

Definitionsgemäß gibt die Federsteifigkeit c an, welche äußere Belastung (Federkraft F oder Federdrehmoment M) für eine bestimmte Formänderungsdifferenz (Federweg f oder Verdrehwinkel φ) zwischen zwei Angriffsstellen der Belastung erforderlich ist.

Beispielsweise bedeutet $c = 50$ N/mm, daß sich eine zug-, druck- oder biegebeanspruchte Feder bei einer Federkraft $F = 50$ N um $f = 1$ mm zwischen zwei Kraftangriffsstellen verformt.

Von zwei Federn mit den Federsteifigkeiten $c_1 = 50\,\text{N/mm}$ und $c_2 = 20\,\text{N/mm}$ ist die erste Feder „härter“ (steilere Kennlinie), die zweite Feder „weicher“ (flachere Kennlinie). Es ist hier $c_1 = \tan\alpha_1 > c_2 = \tan\alpha_2$.

Die Federungsarbeit W entspricht der Fläche unter der Federkennlinie (Bilder IX.1 und IX.2). Sie ist ein Maß für das Vermögen der Feder, mechanische Arbeit aufzunehmen oder abzugeben. Für die Federungsarbeit zwischen zwei Belastungszuständen (F_1 und F_2 oder M_1 und M_2) läßt sich dann für die in Bild IX.1 schraffierte Trapezfläche ablesen:

$$W = \frac{F_1 + F_2}{2}\Delta f$$

$F_1 = c f_1$; $F_2 = c f_2$; $\Delta f = f_2 - f_1$ eingesetzt:

$$W = \frac{c f_1 + c f_2}{2}(f_2 - f_1)$$

$$W = \frac{c}{2}(f_2 + f_1)(f_2 - f_1)$$

und wegen $(f_2 + f_1)(f_2 - f_1)$, siehe Mathematik II.5.2.1:

$$W = \frac{c}{2}(f_2^2 - f_1^2) \qquad \text{(IX.5)}$$

W	c	f_1, f_2
Nmm	$\frac{\text{N}}{\text{mm}}$	mm

Federungsarbeit einer Zug-, Druck- oder Biegefeder

Entsprechend ergibt die Entwicklung nach Bild IX.2:

$$W_t = \frac{c_t}{2}(\varphi_2^2 - \varphi_1^2) \qquad \text{(IX.6)}$$

W_t	c_t	φ_1, φ_2
Nmm	$\frac{\text{Nmm}}{\text{rad}}$	rad

Federungsarbeit einer Drehfeder

Soll die Federungsarbeit W vom entlasteten Federzustand aus berechnet werden, dann vereinfachen sich die Gleichungen. Die Fläche unter der Kennlinie ist dann eine Dreieckfläche:

$$W = \frac{F f}{2} = \frac{F^2}{2c} = \frac{c}{2} f^2 \qquad \text{(IX.7)}$$

$$W_t = \frac{M\varphi}{2} = \frac{M^2}{2c_t} = \frac{c_t}{2}\varphi^2 \qquad \text{(IX.7)}$$

2.3. Nutzungsgrad η_A der Feder

Im Abschnitt Festigkeitslehre II.1.2.3 wird für Zug- oder Druckstäbe die Gleichung für die Formänderungsarbeit $W = \sigma^2 V/2E$ hergeleitet. Sie gilt allgemein für Stäbe mit *gleichmäßiger* Spannungsverteilung in den Querschnitten der federnden Länge. Entsprechend gilt für *Zug- und Druckfedern* mit *gleichmäßiger* Spannungsverteilung für die *Federungsarbeit W*:

$$W = \frac{\sigma^2 V}{2E} \qquad \text{Federungsarbeit für Zug- und Druckfedern} \qquad \text{(IX.9)}$$

Auf dem gleichen Wege wie für Zug- und Druckstäbe wird im Abschnitt Festigkeitslehre II.5.1.3 die Gleichung $W = \tau_t^2 V/4G$ für torsionsbeanspruchte Stäbe mit Kreisquerschnitt hergeleitet. Die Torsionsspannung ist *nicht* gleichmäßig über dem Querschnitt verteilt, sondern linar (Festigkeitslehre II.5.1.2). Im Nenner der Formänderungsarbeit W erscheint hier eine 4 anstelle der 2 in Gleichung (IX.9) für Stäbe mit gleichmäßiger Spannungsverteilung im Querschnitt. Solche Abweichungen von Gleichung (IX.9) ergeben sich auch bei Federn anderer Gestalt, zum Beispiel Dreieckblattfedern.

Zum Federvergleich hat man daher als Kenngröße den *Nutzungsgrad* η_A (Ausnutzungsgrad) definiert und schreibt die Gleichungen für die Federungsarbeit für Federn mit *ungleichmäßiger* Spannungsverteilung über den Querschnitten und der federnden Länge in der Form:

$$W = \eta_A \frac{\sigma^2 V}{2E} \qquad \text{Federungsarbeit für Biegefedern} \qquad \text{(IX.10)}$$

$$W_t = \eta_A \frac{\tau_t^2 V}{2G} \qquad \text{Federungsarbeit für Drehstabfedern} \qquad \text{(IX.11)}$$

In den vorstehenden Gleichungen ist σ die Normalspannung (Zug-, Druck- oder Biegespannung), τ_t die Torsionsspannung, V das Volumen der Feder, E der Elastizitätsmodul, G der Schubmodul und η_A der Nutzungsgrad (nach DIN 5485).

Für Zug- und Druckfedern nach Gleichung (IX.9) ist der Nutzungsgrad $\eta_A = 1$.

Als weitere Kenngröße zum Vergleich von Federn verwendet man die *volumenbezogene* Federungsarbeit:

$$\frac{W}{V} = \eta_A \frac{\sigma^2}{2E} \qquad \text{(IX.12)}$$

W, W_t	V	σ, τ_t	η_A
Nmm	mm³	$\frac{N}{mm^2}$	1

$$\frac{W_t}{V} = \eta_A \frac{\tau_t^2}{2G} \qquad \text{(IX.13)}$$

2.4. Resultierende Federsteifigkeit c_0 und Federnachgiebigkeit δ_0 bei parallel- und hintereinandergeschalteten Federn

Bei bestimmten federungstechnischen Aufgaben kann es zweckmäßig sein, zwei oder mehr Federn parallel- oder hintereinanderzuschalten (meist Schraubenfedern). Die Kennlinien in den Bildern IX.3 und IX.4 lassen erkennen, wie aus den gegebenen Federsteifigkeiten c_1 und c_2 zweier Federn die resultierende Federsteifigkeit c_0 einer gedachten „Ersatzfeder" ermittelt werden kann. Wie in der Statik die resultierende Kraft, hat hier die Ersatzfeder die gleiche Wirkung wie die Einzelfedern zusammen.

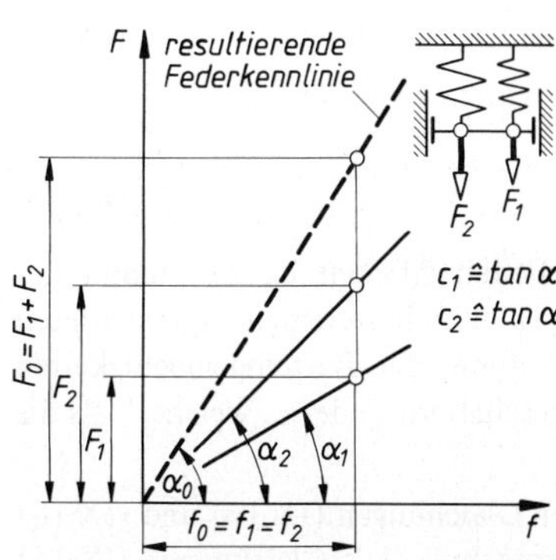

Bild IX.3. Federnkennlinien von zwei parallelgeschalteten Federn und deren Ersatzfeder

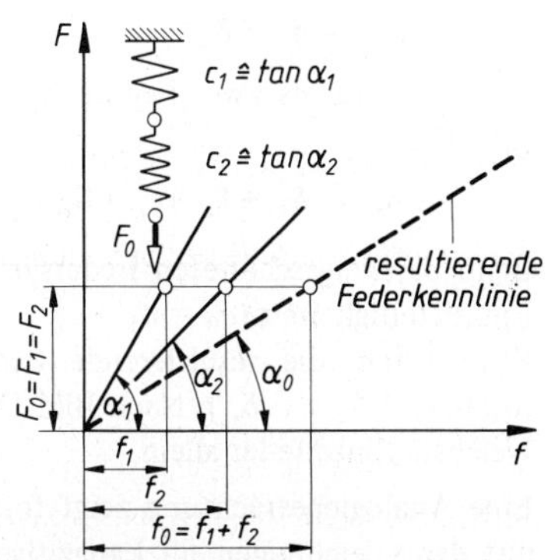

Bild IX.4. Federkennlinien von zwei hintereinandergeschalteten Federn und deren Ersatzfeder

Beim Federsystem aus zwei *parallelgeschalteten* Federn (Bild IX.3) ist die *resultierende Federkraft* F_0 die Summe der Einzelfederkräfte, also $F_0 = F_1 + F_2$. Dagegen sind die Federwege f_1 und f_2 für die beiden Einzelfedern und der Federweg f_0 der gedachten Ersatzfeder gleich groß: $f_0 = f_1 = f_2$. Mit diesen Bedingungen wird die *resultierende Federsteifigkeit* c_0 mit Gleichung (IX.1):

$$c_0 = \frac{F_0}{f_0} = \frac{F_1 + F_2}{f_0} = \frac{F_1}{f_1} + \frac{F_2}{f_2} = c_1 + c_2$$

$$c_0 = c_1 + c_2 = \tan\alpha_0 \qquad \text{(IX.14)}$$

Demnach ist die resultierende Federsteifigkeit c_0 die Summe der Einzelfedersteifigkeiten. Parallelgeschaltete Federn wirken also „härter" als die härteste der beiden Einzelfedern.

Werden mehr als zwei Federn parallelgeschaltet, dann gilt in Erweiterung von Gleichung (IX.14):

$$c_0 = c_1 + c_2 + \ldots + c_n \qquad \text{(IX.15)}$$

Mit $\delta = 1/c$ nach Gleichung (IX.2) wird für die *resultierende Federnachgiebigkeit* δ_0 von zwei *parallelgeschalteten* Federn:

$$\frac{1}{\delta_0} = \frac{1}{\delta_1} + \frac{1}{\delta_2} \quad \text{oder} \qquad \text{(IX.16)}$$

$$\delta_0 = \frac{\delta_1 \delta_2}{\delta_1 + \delta_2} \qquad \text{(IX.17)}$$

Beim Federsystem aus zwei *hintereinandergeschalteten* Federn (Bild IX.4) ändert sich der physikalische Sachverhalt. In jedem Schnitt senkrecht zur Federachse wirkt die *resultierende Federkraft* $F_0 = F_1 = F_2$, während der Federweg f_0 der Ersatzfeder die Summe der Einzelfederwege ist: $f_0 = f_1 + f_2$. Die *resultierende Federsteifigkeit* c_0 ergibt sich daher aus:

$$c_0 = \frac{F_0}{f_0} = \frac{F_0}{f_1 + f_2} \qquad \frac{1}{c_0} = \frac{f_1 + f_2}{F_0} = \frac{f_1}{F_1} + \frac{f_2}{F_2}$$

$$\frac{1}{c_0} = \frac{1}{c_1} + \frac{1}{c_2} \quad \text{oder} \qquad \text{(IX.18)}$$

$$c_0 = \frac{c_1 c_2}{c_1 + c_2} = \tan\alpha_0 \qquad \text{(IX.19)}$$

Da $1/c = \delta$ ist, wird mit Gleichung (IX.18) die *resultierende Federnachgiebigkeit* δ_0 hintereinandergeschalteter Federn:

$$\delta_0 = \delta_1 + \delta_2 \qquad \text{(IX.20)}$$

Werden mehr als zwei Federn hintereinandergeschaltet, dann gilt in Erweiterung von Gleichung (IX.20):

$$\delta_0 = \delta_1 + \delta_2 + \ldots + \delta_n \qquad \text{(IX.21)}$$

Beim parallelgeschalteten Federsystem war die resultierende Feder*steifigkeit* c_0 die Summe der Einzelsteifigkeiten ($c_0 = c_1 + c_2 + \ldots c_n$). Im Unterschied dazu ist beim hintereinandergeschalteten Federsystem die resultierende Feder*nachgiebigkeit* δ_0 die Summe der Einzelnachgiebigkeiten ($\delta_0 = \delta_1 + \delta_2 + \ldots \delta_n$). Nach Bild IX.4 wirken hintereinandergeschaltete Federn „weicher" als die weichste Einzelfeder allein.

Eine Analogiebetrachtung zeigt formale Übereinstimmung der Gleichungen (IX.14) und (IX.18) mit den Gleichungen für kapazitive Widerstände in der Elektrotechnik, Die Gleichungen (IX.16) und (IX.20) dagegen mit den Gleichungen für ohmsche Widerstände.

Die Gleichungen (IX.18) und (IX.21) werden bei den Formänderungsbetrachtungen an vorgespannten Schraubenverbindungen gebraucht (Abschnitt VIII.6.2).

3. Federwerkstoffe

Federwerkstoffe sind meist hochlegierte Stähle, DIN 17 221 bis DIN 17 225, DIN 2076 und DIN 2077, DIN 1570 und DIN 4620, siehe Tafel IX.1.

Nichteisenmetalle nur bei besonderen Anforderungen, zum Beispiel an Korrosionsbeständigkeit oder magnetische Eigenschaften, DIN 17 741 (Ni-Be-Legierung), DIN 17 600 bis 17 663 (Cu-Legierungen). Nichtmetallische Federn, hauptsächlich aus Gummi, zur Schwingdämpfung, als Kupplungsglieder oder in Schnittwerkzeugen.

4. Zug- und druckbeanspruchte Metall-Federn

4.1. Zug- oder Druckstäbe

Mit dem Hookeschen Gesetz (Festigkeitslehre I.5) läßt sich eine Gleichung für die *Federsteifigkeit c* von Zug- oder Druckstäben entwickeln:

$$\sigma = \epsilon E \rightarrow \frac{F}{A} = \frac{\Delta l}{l_0} E$$ (Hookesches Gesetz)

l_0 Federlänge l, Δl Federweg f

A	E	l
mm²	$\frac{N}{mm^2}$	mm

$$c = \frac{AE}{l} \qquad \text{(IX.22)}$$

Dain ist A Federquerschnitt, E Elastizitätsmodul (für Stahl ist $E = 21 \cdot 10^4$ N/mm²) und l Federlänge.

Wegen der sehr großen Federsteifigkeit werden Zug- oder Druckstäbe als Federn nur in wenigen speziellen Fällen verwendet.

4.2. Ringfedern

Ringfedern bestehen aus abwechselnd zug- und druckbeanspruchten Ringen mit konischen Preßflächen. Infolge der elastischen Verformung schieben sich die Ringe ineinander, wobei im Außenring Zugspannungen, im Innenring Druckspannungen auftreten. Infolge der Reibungsarbeit beim Aufeinandergleiten der Ringe ist die Dämpfung sehr groß (bis 70 %).

Die Kennlinie verläuft als Gerade, aber bei Belastung anders als bei Entlastung. Die Rückfederung beginnt erst bei einer bestimmten Federkraft F_E. Die Berechnung erfolgt zweckmäßig nach Herstellerangaben. Wegen der hohen Dämpfung sind Ringfedern besonders als Pufferfedern und zur Stoßdämpfung bei Pressen geeignet.

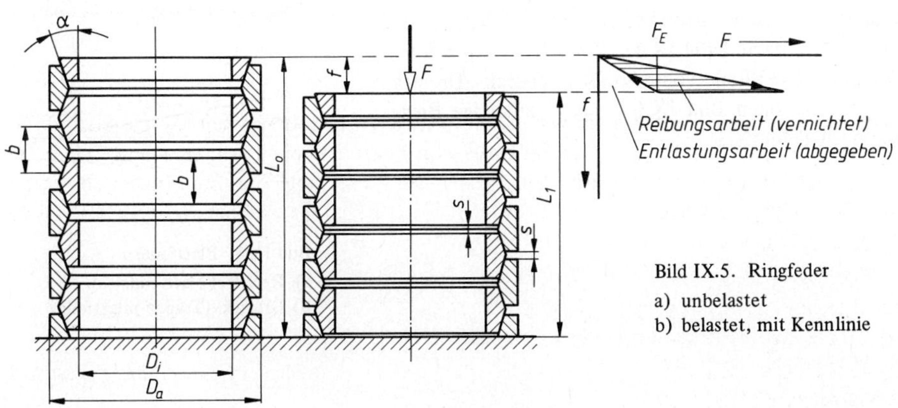

Bild IX.5. Ringfeder
a) unbelastet
b) belastet, mit Kennlinie

5. Biegebeanspruchte Metall-Federn

5.1. Rechteck- und Dreieckfedern

Die einfache Rechteckfeder wird als Freiträger mit Höchstbeanspruchung an der Einspannstelle betrachtet. Die Werkstoffausnutzung ist schlecht. Anwendung als Kontakt- oder Rastfeder usw. Die Dreieckfeder als Träger gleicher Spannung (siehe im Abschnitt Festigkeitslehre II.2.5 und Tafel II.3) bietet bessere Werkstoffausnutzung, läßt sich aber praktisch schlecht ausführen; besser ist die Trapezfeder und die aus dieser entwickelte Mehrschicht-Blattfeder. Die Kennlinie ist eine Gerade.

Berechnung: Für die Federn nach Bild IX.6 gilt für die *Biegespannung*

$$\sigma_b = \frac{M_b}{W} = \frac{6\,F\,l}{b\,h^2} \leqslant \sigma_{b\,zul} \qquad \text{(IX.23)}$$

σ_b	F	l, b, h
$\frac{N}{mm^2}$	N	mm

Durchbiegung f bei Federkraft F und *maximale Durchbiegung* f_{max} ergeben sich aus

$$f = q_1 \frac{l^3\,F}{b\,h^3\,E} \qquad \text{(IX.24)}$$

f, l, b, h	F	E, σ_b	q_1, q_2
mm	N	$\frac{N}{mm^2}$	1

$$f_{max} = q_2 \frac{l^2\,\sigma_b}{h\,E} \qquad \text{(IX.25)}$$

Die *maximale Federungsarbeit* wird

$$W = q_3\,V\,\frac{\sigma_b^2}{E} \qquad \text{(IX.26)}$$

V	σ_b	E	q_3
mm^3	$\frac{N}{mm^2}$	$\frac{N}{mm^2}$	1

Für Rechteckfeder: $q_1 = 4,\ q_2 = \frac{2}{3},\ q_3 = \frac{1}{18};$

für Dreieckfeder: $q_1 = 6,\ q_2 = 1,\ q_3 = \frac{1}{6};$

für Trapezfeder: $q_1 \approx 4 \frac{3}{2 + b'/b};\ q_2 \approx \frac{2}{3} \frac{3}{2 + b'/b};$

$q_3 \approx \frac{1}{9} \frac{3}{2 + b'/b} \frac{1}{1 + b'/b};$

l Federlänge, h Federblattdicke, E Elastizitätsmodul des Federwerkstoffes nach Tafel IX.1; $V = b\,h\,l$, $V = b\,h\,l/2$, $V = \frac{1}{2}\,b\,h\,l\,(1 + b'/b)$ Federvolumen für Rechteck-, Dreieck- bzw. Trapezfeder nach Bild IX.6. $\sigma_{b\,zul}$ zulässige Biegespannung nach Tafel IX.1.

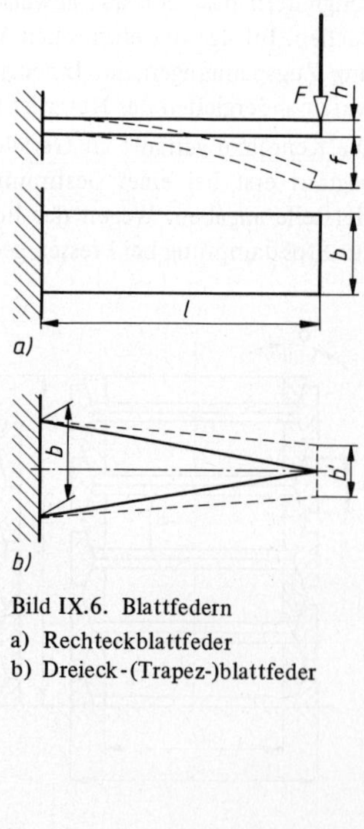

Bild IX.6. Blattfedern
a) Rechteckblattfeder
b) Dreieck-(Trapez-)blattfeder

Tafel IX.1. Festigkeits-Richtwerte von Federwerkstoffen in N/mm^2

Federart	Werkstoff und Behandlungszustand	E-Modul G-Modul	statische Festigkeitswerte	dynamische Festigkeitswerte
Blattfedern	Federstahl, DIN 17 221, gehärtet und angelassen 51 Si 7, 65 Si 7	E-Modul 210 000	R_m R_e 1300 ... 1500 1100	$\sigma_m \pm \sigma_A$
	Walzhaut			$\sigma_{bD} = 500 \pm 120 ... 300$
	Walzhaut entfernt, vergütet			$\sigma_{bD} = 500 \pm 300$
	geschliffen			$\sigma_{bD} = 500 \pm 400$
			$\sigma_{b\,zul} \approx 0{,}7\, R_m$	$\sigma_{b\,zul} \approx \sigma_m + 0{,}75\, \sigma_A$
Drehfedern (Schenkelfedern)	Federstahldraht A, B, C, II, DIN 2076, Federstahl DIN 17 223, Nichtrostender Stahl DIN 17 224	E-Modul 210 000 200 000	abhängig vom Drahtdurchmesser $\sigma_{b\,zul}$ siehe Bild IX.7	nach Angaben der Hersteller
Spiralfedern (Uhrwerksfedern)	Federstahl, DIN 17 222, gehärtet und angelassen MK 101, 71 Si 7	E-Modul 210 000	R_m R_e 1800 ... 2400 1700 1900 ... 2400 1800 $\sigma_{b\,zul}$ siehe 5.4	nach Angaben der Hersteller
Drehstabfedern	Federstahl, DIN 17 221, gehärtet und angelassen 66 Si 7 bei $d < 25$	G-Modul 80 000	τ_B τ_S 850 ... 950 700	$\tau_m \pm \tau_A$ $\tau_{tD} = 500 \pm 150$
	67 SiCr 5 bei $d < 40$		900 ... 1000 800	$\tau_{tD} = 500 \pm 200$
	50 CrV 4 bei $d < 40$		800 ... 1000 700	
			$\tau_{t\,zul} \approx 0{,}5\, \tau_B$	$\tau_{t\,zul} \approx 500 + 0{,}75\, \tau_A$
Schraubenfedern Zugfedern	Federstahldraht, DIN 2076; Federstahl, DIN 17 223	G-Modul 83 000	abhängig vom Drahtdurchmesser $\tau_{i\,zul}$ s. Bild IX.14	
Druckfedern			$\tau_{i\,zul}$ siehe Bild IX.15	$\tau_{t\,zul}$ siehe Dfkt.-Schaubilder IX.17, IX.18 und IX.19
unmagnetische Federn	NiBe 2 DIN 17 741 (Nickel-Beryllium-Legierung)	E-Modul 200 000 G-Modul 75 000	R_m 1500 ... 1800 σ_{zul}, τ_{zul} nach Angaben der Hersteller	nach Angaben der Hersteller
Messingfedern	CuZn 37 (Ms 63) [1] DIN 17 660	E-Modul 100 000	R_m 500 ... 600 $\sigma_{b\,zul} \approx 250$ $\tau_{t\,zul} \approx 150$	schwellend wechselnd $\sigma_{b\,zul} \approx 150$ 80 $\tau_{t\,zul} \approx 80$ 40
Bronzefedern	CuSn 6 Zn (MSnBz 6) [1] DIN 17 662	G-Modul 35000		
korrosionsbeständige Federn	CuNi 18 Zn 20, DIN 17 663 (Neusilber)	E-Modul 120 000 G-Modul 45 000	$R_m \approx 620$ $\sigma_{b\,zul} \approx 350$ $\tau_{t\,zul} \approx 250$	schwellend wechselnd $\sigma_{b\,zul} \approx 250$ 100 $\tau_{t\,zul} \approx 150$ 80
Gummifedern	Weichgummi, Shore-Härte 40 ... 70	E-Modul 2 ... 8 G-Modul 0,4 ... 1,4	R_m 5 ... 30 $\sigma_{z\,zul} \approx 1 ... 2$ $\sigma_{d\,zul} \approx 3 ... 5$ $\tau_{zul} \approx 1 ... 2$	$\sigma_{z\,zul} \approx 0{,}5 ... 1$ $\sigma_{d\,zul} \approx 1 ... 1{,}5$ $\tau_{zul} \approx 0{,}3 ... 0{,}8$

[1]) bisherige Bezeichnungen in ( )

5.2. Mehrschicht-Blattfedern

Die Entwicklung aus der doppelseitigen Trapezfeder zeigt Bild IX.7. Die Feder wird in gleichbreite Streifen zerlegt, diese werden aufeinandergeschichtet und in der Mitte durch Spannbügel, Bunde oder ähnliche Elemente zusammengehalten. Verwendung hauptsächlich zur Federung von Kraft- und Schienenfahrzeugen.

Die Kennlinie ist wegen der Reibung zwischen den Blättern nur angenähert eine Gerade. Die abgegebene Arbeit ist kleiner als die aufgenommene (Dämpfung!).

Eine genaue *Berechnung* ist wegen der kaum erfaßbaren Reibung zwischen den Blättern nicht möglich. Unter Vernachlässigung der Reibung wird die *Breite der Mehrschichtfeder* $b_0 = b/z$, worin b die maximale Breite der Trapezfeder, z die Blattzahl bedeuten. Erfahrungsgemäß ist jedoch die tatsächliche Tragkraft je nach Blattzahl $\approx 2 \dots 12\,\%$ höher als die rechnerische.

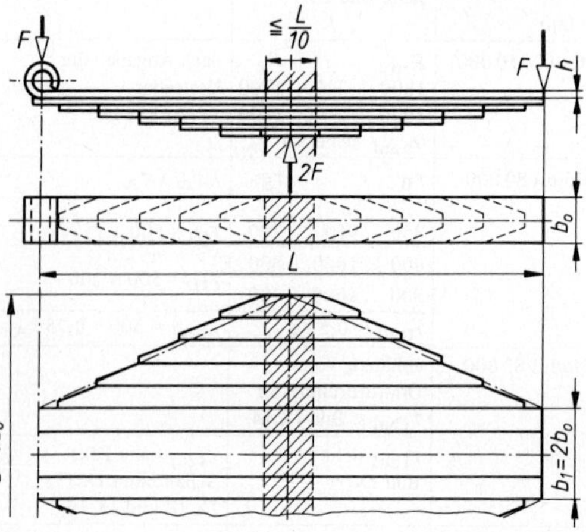

Bild IX.7. Mehrschicht-Blattfeder. Entwicklung aus der Trapezfeder

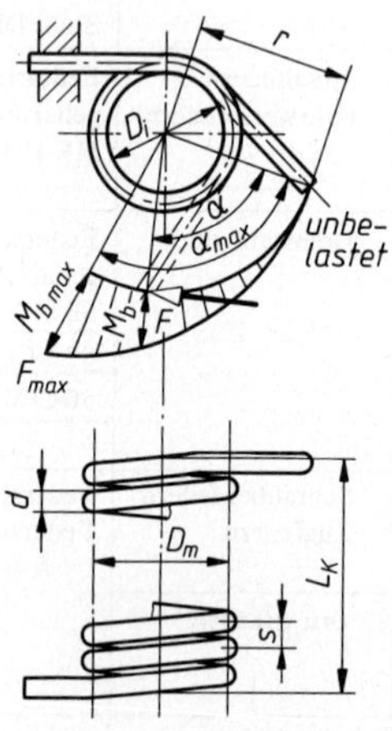

Bild IX.8. Drehfeder

5.3. Drehfedern (Schenkelfedern)

Verwendung vorwiegend als Rückhol- oder Andrückfedern in der Feinmechanik (Bild IX.8). Die Kennlinie ist eine Gerade.

Das Moment soll so wirken, daß sich die Windungen zusammenziehen. Dabei verändern sich Windungszahl, Federdurchmesser und Schenkelstellung. Unter Berücksichtigung der Spannungserhöhung durch Drahtkrümmung und Schenkeldurchbiegung gelten bei eingespannten Federenden für die *Biegespannung* und den *Verdrehwinkel*

$$\sigma_b = \frac{k M_b}{W} \approx \frac{k F r}{0{,}1\, d^3} \le \sigma_{b\,zul} \qquad \text{(IX.27)}$$

$$\alpha^\circ = \frac{180^\circ}{\pi} \cdot \frac{M_b\, l}{E I} \approx 3700\, \frac{F r D_m i_f}{E d^4} \qquad \text{(IX.28)}$$

σ_b	F	r, d, D_m	α	E	i_f, k
$\frac{N}{mm^2}$	N	mm	°	$\frac{N}{mm^2}$	1

Die *gestreckte Länge der Windungen* ergibt sich

$$l \approx i_f \sqrt{(D_m \pi)^2 + s^2} \qquad \text{(IX.29)}$$

l, s, D_m	i_f
mm	1

Die Länge des unbelasteten Federkörpers ist $L_K \approx (i_f s) + d$.

F Federkraft; r Hebelarm der Federkraft; d Drahtdurchmesser; D_m mittlerer Windungsdurchmesser; i_f Anzahl der federnden Windungen; s Windungssteigung; E Elastizitätsmodul des Federwerkstoffes nach Tafel IX.1; zulässige Biegespannung $\sigma_{b\,zul}$ nach Schaubild IX.9; k Beiwert zur Berücksichtigung der Spannungserhöhung durch die Drahtkrümmung nach Bild IX.18.

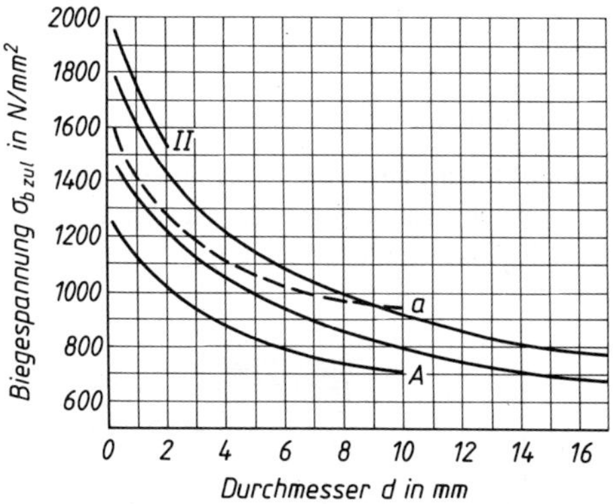

Bild IX.9. Zulässige Biegespannung für kaltgeformte Drehfedern (Schenkelfedern) aus Federstahldraht II, A, B und C nach DIN 2076 und ölvergütetem Federstahl (Kurve a) nach DIN 717 223

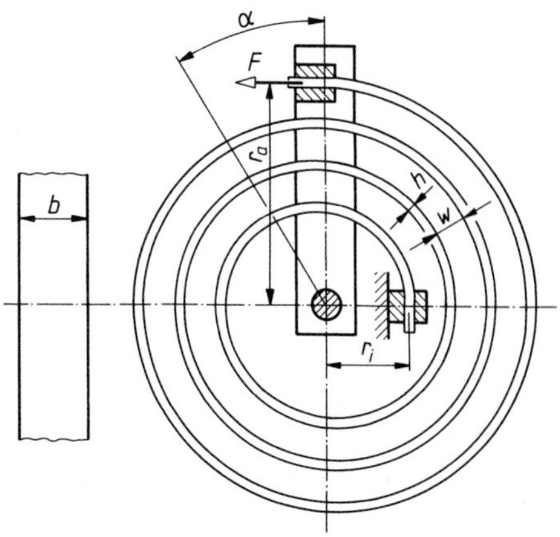

Bild IX.10. Spiralfeder

5.4. Spiralfedern

Die meist aus rechteckigem Federstahl hergestellten Spiralfedern (Bild IX.10) werden hauptsächlich als Rückstellfedern bei Instrumenten, als Uhrwerkfedern und bei drehelastischen Kupplungen verwendet.

Berechnung ähnlich wie bei Drehfedern. Für die *Biegespannung* und den *Verdrehwinkel* gelten

$$\sigma_b = \frac{M_b}{W} = \frac{6\,F\,r_a}{b\,h^2} \leq \sigma_{b\,zul} \qquad \text{(IX.30)}$$

$$\alpha^\circ = \frac{180^\circ}{\pi} \cdot \frac{M_b\,l}{E\,I} \approx 690\,\frac{F\,r_a\,l}{E\,b\,h^3} \qquad \text{(IX.31)}$$

σ_b	F	r_a, b, h, l	E	α
$\frac{N}{mm^2}$	N	mm	$\frac{N}{mm^2}$	°

Bei überall gleichem Windungsabstand w, dem äußeren Radius r_a und inneren Radius r_i wird die *gestreckte Federlänge*

$$l \approx \frac{\pi\,(r_a^2 - r_i^2)}{h + w} \qquad \text{(IX.32)}$$

Die von der Feder aufzuspeichernde maximale *Federungsarbeit* ist

$$W = \frac{1}{6}\,V\,\frac{\sigma_b^2}{E} \qquad \text{(IX.33)}$$

W_f	V	σ_b, E
Nmm	mm^3	$\frac{N}{mm^2}$

$V = b\,h\,l$ Federvolumen; zulässige Biegespannung $\sigma_{b\,zul} \approx 1100\ N/mm^2$ bei $h \leq 1$ mm; $\approx 950\ N/mm^2$ bei $h \approx 1 \ldots 3$ mm, $\approx 800\ N/mm^2$ bei $h > 3$ mm.

5.5. Tellerfedern

Tellerfedern sind scheibenförmige Biegefedern (Bild IX.11). Abmessungen sind nach DIN 2093 genormt. Auszug aus SCHNORR-Handbuch für Tellerfedern siehe Tafel IX.2.

Der Verlauf der Kennlinien ist weitgehend vom Verhältnis $h:s$ abhängig und kann degressiv und progressiv sein. Harte Federn mit $h:s \approx 0{,}4$ und weiche Federn mit $h:s \approx 0{,}75$ nach DIN 2093 zeigen angenähert gerade Kennlinien.

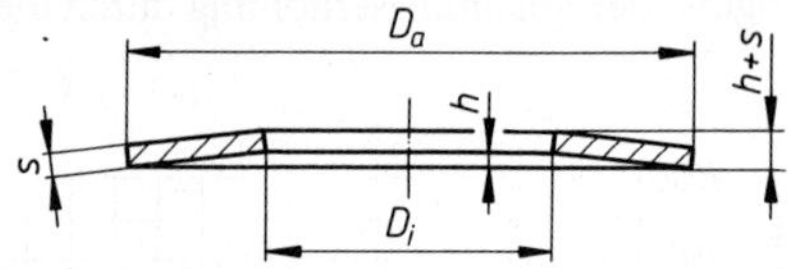

Bild IX.11. Tellerfeder

Einzelne Federn reichen für die gestellten Forderungen meist nicht aus; man schichtet sie daher zu *Federpaketen* (gleichsinnig geschichtet) oder *Federsäulen* (gegensinnig geschichtet) zusammen, wodurch sich Federkraft und Federweg weitgehend beeinflussen lassen (Bild IX.12).

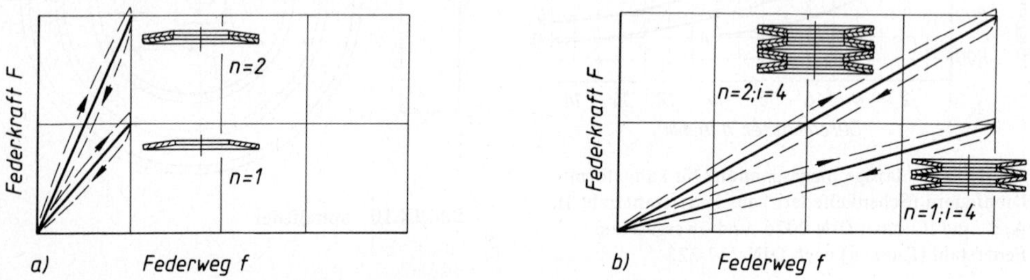

Bild IX.12. Kennlinien geschichteter Tellerfedern a) Federpaket, b) Federsäule

Tellerfedern sind geeignet für große Federkräfte bei kleinen Federwegen, z.B. zur Wegbegrenzung bei Pressen, Stanzen usw. Einbau möglichst unter Vorlast von $\approx 15\,\%$ der Höchstlast, um ein Verrutschen der Teile zu verhindern.

Berechnung: Federkraft F und Federweg f für Einzelfedern nach Tafel IX.2. Ohne Berücksichtigung der Reibung ergeben sich für ein Federpaket von n Einzelfedern die *Gesamtfederkraft* F_{ges} und der *Gesamtfederweg* f_{ges}:

$$F_{ges} = n F \quad \text{(IX.34)} \qquad \text{und} \qquad f_{ges} = f \quad \text{(IX.35)}$$

Für eine Federsäule von i Einzeltellern werden

$$F_{ges} = F \quad \text{(IX.36)} \qquad \text{und} \qquad f_{ges} = i f \quad \text{(IX.37)}$$

Bei wechselsinniger Schichtung von i Federpaketen aus je n Einzelfedern sind

$$F_{ges} = n F \quad \text{(IX.38)} \qquad \text{und} \qquad f_{ges} = i f \quad \text{(IX.39)}$$

Bei Federpaketen wird durch die Reibung zwischen den Tellern (Schmierung!) die tatsächliche Federkraft gegenüber der rechnerischen je Schicht bei Belastung um $\approx 2{,}5\,\%$ höher, bei Entlastung entsprechend geringer, wenn gleiche Federwege erreicht werden sollen. Um die Reibung klein zu halten, soll die Länge der Federsäule bzw. des Federpaketes möglichst klein, der Tellerdurchmesser D_a möglichst groß sein. Richtwert für die *Länge der unbelasteten Federsäule*:

$$L_0 = i(h + n s) \leq 3 D_a \quad \text{(IX.40)}$$

Tafel IX.2. Normen der Original-SCHNORR-Tellerfedern

für harte Federn: $\frac{h}{s} \approx 0{,}4$ und weiche Federn: $\frac{h}{s} \approx 0{,}75$

Größe						Federkraft F in N, Federweg f in mm und Spannung σ in N/mm² bei $f = 0{,}75\,h$				bei $f = h$			
D_a	D_i	s	h	$h+s$	$\frac{h}{s}$	F	f	σ_I	σ_{II}	F	f	σ_I	σ_{II}
8	4,2	0,3	0,25	0,55	0,833	120	0,187	2364	1312	144	0,250	2943	1625
8	4,2	0,4	0,20	0,60	0,500	212	0,150	2188	1199	273	0,200	2796	1516
10	5,2	0,4	0,30	0,70	0,750	212	0,225	2335	1286	260	0,300	2923	1598
10	5,2	0,5	0,25	0,75	0,500	330	0,187	2197	1185	424	0,250	2796	1502
12,5	6,2	0,5	0,35	0,85	0,700	295	0,262	2109	1143	366	0,350	2659	1399
12,5	6,2	0,7	0,30	1,00	0,428	665	0,225	2266	1174	863	0,300	2904	1496
14	7,2	0,5	0,40	0,90	0,800	283	0,300	2011	1109	342	0,400	2522	1373
14	7,2	0,8	0,30	1,10	0,375	804	0,225	2021	1074	1050	0,300	2600	1379
16	8,2	0,6	0,45	1,05	0,750	414	0,337	2041	1117	507	0,450	2560	1388
16	8,2	0,9	0,35	1,25	0,389	1025	0,262	2041	1086	1334	0,350	2629	1391
18	9,2	0,7	0,50	1,20	0,715	574	0,375	2060	1125	709	0,500	2590	1399
18	9,2	1,0	0,40	1,40	0,400	1275	0,300	2060	1097	1654	0,400	2659	1399
20	10,2	0,8	0,55	1,35	0,690	758	0,412	2080	1128	942	0,550	2619	1411
20	10,2	1,1	0,45	1,55	0,409	1536	0,337	2060	1103	1991	0,450	2649	1409
22,5	11,2	0,8	0,65	1,45	0,813	716	0,487	2031	1089	865	0,650	2541	1364
22,5	11,2	1,25	0,50	1,75	0,400	1942	0,375	2060	1066	2541	0,500	2649	1360
25	12,2	0,9	0,70	1,60	0,778	869	0,525	1962	1030	1060	0,700	2453	1280
25	12,2	1,5	0,55	2,05	0,367	2943	0,412	2158	1100	3855	0,550	2786	1409
28	14,2	1,0	0,80	1,80	0,800	1118	0,600	2011	1099	1354	0,800	2511	1355
28	14,2	1,5	0,65	2,15	0,433	2874	0,487	2099	1115	3728	0,650	2698	1419
31,5	16,3	1,25	0,90	2,15	0,720	1933	0,675	2168	1197	2394	0,900	2737	1482
31,5	16,3	1,75	0,70	2,45	0,400	3924	0,525	2060	1107	5101	0,700	2659	1412
35,5	18,3	1,25	1,00	2,25	0,800	1717	0,750	1962	1079	2090	1,000	2462	1333
35,5	18,3	2,00	0,80	2,80	0,400	5258	0,600	2119	1139	6847	0,800	2727	1452
40	20,4	1,5	1,15	2,65	0,767	2649	0,862	2099	1148	3237	1,150	2629	1387
40	20,4	2,25	0,90	3,15	0,400	6553	0,675	2099	1125	8535	0,900	2717	1435
45	22,4	1,75	1,30	3,05	0,744	3679	0,975	2148	1158	4513	1,300	2698	1434
45	22,4	2,5	1,00	3,50	0,400	7799	0,750	2050	1068	10144	1,000	2639	1362
50	25,4	2,0	1,40	3,40	0,700	4807	1,050	2119	1148	5965	1,400	2668	1431
50	25,4	3,0	1,10	4,10	0,367	12106	0,825	2158	1142	15794	1,100	2796	1464
56	28,5	2,0	1,60	3,60	0,800	4513	1,200	2011	1099	5445	1,600	2521	1355
56	28,5	3,0	1,30	4,30	0,433	11527	0,975	2099	1115	14931	1,300	2698	1419
63	31	2,5	1,75	4,25	0,700	7259	1,312	2080	1099	8996	1,750	2619	1371
63	31	3,5	1,40	4,90	0,400	15206	1,050	2050	1059	19718	1,400	2639	1350
71	36	2,5	2,00	4,50	0,800	6798	1,500	1962	1060	8240	2,000	2453	1318
71	36	4,0	1,60	5,60	0,400	20797	1,200	2109	1119	26978	1,600	2717	1427
80	41	3,0	2,30	5,30	0,767	10644	1,725	2099	1148	13008	2,300	2629	1429
80	41	5,0	1,70	6,70	0,340	34041	1,275	2158	1143	44537	1,700	2796	1467
90	46	3,5	2,50	6,00	0,715	14421	1,875	2060	1118	17756	2,500	2590	1403
90	46	5,0	2,00	7,00	0,400	31784	1,500	2060	1097	41398	2,000	2649	1399
100	51	3,5	2,80	6,30	0,800	13224	2,100	1933	1060	16030	2,800	2423	1313
100	51	6,0	2,20	8,20	0,367	48560	1,650	2158	1152	63373	2,200	2796	1476
112	57	4,0	3,20	7,20	0,800	17952	2,400	2011	1167	21778	3,200	2511	1355
112	57	6,0	2,50	8,50	0,417	44145	1,875	2011	1065	57389	2,500	2580	1356
125	64	5,0	3,50	8,50	0,700	30411	2,625	2129	1246	37572	3,500	2678	1445
125	64	8,0	2,60	10,60	0,325	87113	1,950	2148	1138	114188	2,600	2786	1461
140	72	5,0	4,00	9,00	0,800	28253	3,000	2011	1197	34237	4,000	2521	1357
140	72	8,0	3,20	11,20	0,400	86328	2,400	2178	1171	112325	3,200	2806	1494
160	82	6,0	4,50	10,50	0,750	41594	3,375	2041	1197	50816	4,500	2560	1388
160	82	10,0	3,50	13,50	0,350	140283	2,625	2227	1186	183055	3,500	2874	1517
180	92	6,0	5,10	11,10	0,850	38063	3,825	1903	1128	45617	5,100	2374	1289
180	92	10,0	4,00	14,00	0,400	127138	3,000	2060	1097	165495	4,000	2659	1399
200	102	8,0	5,60	13,60	0,700	77499	4,200	2129	1226	95746	5,600	2668	1430
200	102	12,0	4,20	16,20	0,350	185409	3,150	2060	1091	242307	4,200	2649	1396

- **Beispiel:** Für eine Druckkraft $F_2 \approx 45\,000$ N und einen Federweg $f_2 \approx 20$ mm ist eine Federsäule aus Tellerfedern zu berechnen. Für den Führungsbolzen ist ein Durchmesser $d = 30$ mm vorgesehen.

Lösung: Für Bolzendurchmesser $d = 30$ mm kommen nach Tafel IX.2 in Frage: Harte Feder mit $D_a = 63$ mm, $D_i = 31$ mm, $F = 15\,206$ N, $f = 1{,}05$ mm oder weiche Feder mit $D_a = 63$ mm, $D_i = 31$ mm, $F = 7259$ N, $f = 1{,}312$ mm.

Kraft $F_2 = 45\,000$ N kann nur durch ein Federpaket erreicht werden. Es werden harte Tellerfedern unter $f = 0{,}75$ h gewählt, um möglichst wenige Federn zum Paket zusammenschichten zu müssen. Anzahl der Einzelteller nach Gleichung (IX.34): $n = F_2/F = 45\,000\,\text{N}/15\,206\,\text{N} = 2{,}96$, gewählt $n = 3$. Ohne Berücksichtigung der Reibung wird die Kraft je Einzelteller: $F_1 = F_2/n = 45\,000\,\text{N}/3 = 15\,000\,\text{N}$. Der Federweg f des Einzeltellers gleich Federweg des Paketes f_{ges} ergibt sich aus $F/f = F_1/f_1$, $f_1 = f_{ges} = F_1 f/F = 15\,000\,\text{N} \cdot 1{,}05\,\text{mm}/15\,206\,\text{N} = 1{,}04$ mm. Unter Berücksichtigung der Reibung würde dieser Federweg durch eine Kraft erreicht, die um $\approx n \cdot 2{,}5\,\% \approx 3 \cdot 2{,}5\,\% = 7{,}5\,\%$ größer als F_2 ist. Da $F_2 = 45\,000$ N nicht überschreitet, wird der Federweg entsprechend kleiner:

$$f'_{ges} = f_{ges} - 0{,}075 \cdot f_{ges} = 1{,}04\,\text{mm} - 0{,}078\,\text{mm} = 0{,}96\,\text{mm}$$

Hiermit wird die Anzahl der wechselsinnig geschichteten Federpakete ermittelt, um den verlangten Federweg $f_2 = 20$ mm zu erreichen nach Gleichung (IX.39):

$$i = \frac{f_2}{f'_{ges}} = \frac{20\,\text{mm}}{0{,}96\,\text{mm}} \approx 21$$

Länge der unbelasteten Federsäule nach Gleichung (IX.40):

$$L_0 = i(h + ns) = 21\,(1{,}4\,\text{mm} + 3 \cdot 3{,}5\,\text{mm}) = 250\,\text{mm}$$

Länge der belasteten Federsäule:

$$L_2 = L_0 - f_2 = 250\,\text{mm} - 20\,\text{mm} = 230\,\text{mm}$$

6. Drehbeanspruchte Metall-Federn

6.1. Drehstabfedern

Drehstabfedern sind gerade, auf Torsion (Verdrehung) beanspruchte Stäbe mit meist rundem, seltener quaratischem Querschnitt oder auch Bündel von Federbändern. Verwendung bei Kraftfahrzeugen zur Achsfederung (Bild IX.13), für Drehmoment-Schraubenschlüssel und zur Drehkraftmessung.

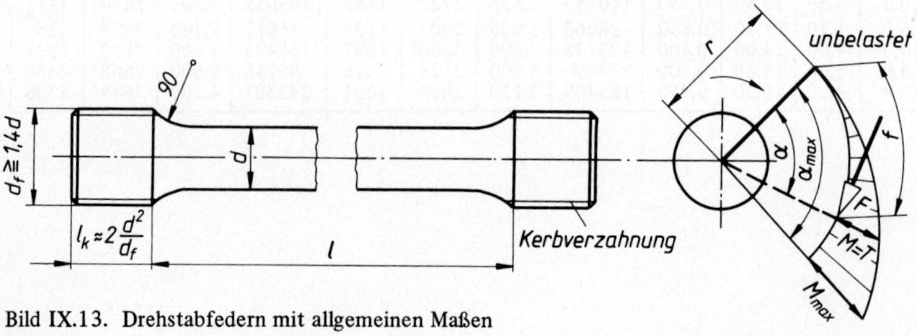

Bild IX.13. Drehstabfedern mit allgemeinen Maßen

Berechnung: Genormt nach DIN 2091. Für die durch ein Torsionsmoment T beanspruchte Stabfeder mit Durchmesser d nach Bild IX.13 gilt für die *Torsionsspannung*

$$\tau_t = \frac{T}{W_p} = \frac{T}{0{,}2\,d^3} \leq \tau_{t\,zul} \qquad \text{(IX.41)}$$

τ_t	T	d
$\frac{N}{mm^2}$	Nmm	mm

im Abstand l ergibt sich ein *Verdrehwinkel*

$$\alpha = \frac{180°}{\pi} \cdot \frac{T\,l}{I_p\,G} \qquad \text{(IX.42)}$$

α	T	l, d	G
°	Nmm	mm	$\frac{N}{mm^2}$

Zulässige Torsionsspannung $\tau_{t\,zul}$ und Schubmodul G siehe Tafel IX.1. Mit $T = F\,r$ ergibt sich ein *Federweg* gleich der von F beschriebenen Bogenlänge $f = r\,\alpha$, worin $\alpha = T\,l/(I_p\,G)$.

Für die *Federsteifigkeit* c gilt bei Drehstabfedern $c = T/\alpha$.

6.2. Schraubenfedern

6.2.1. Allgemeines. Schraubenfedern, als Zug- und Druckfedern, sind die am meisten verwendeten Federn. Sie sind als schraubenförmig gewundene Drehstabfedern aufzufassen, meist aus Rund-, seltener aus Quadrat- oder Rechteckstäben hergestellt.

Verwendete Federstähle siehe Tafel IX.1. Drahtdurchmesser nach DIN 2076: d = 0,5 0,56 0,63 0,7 0,8 0,9 1,0 1,25 1,4 1,6 1,8 2,0 2,25 2,5 2,8 3,2 3,6 4,0 4,5 5,0 5,6 6,3 7,0 8,0 9,0 10 11 12,5 14 16 mm für kaltgeformte Federn; nach DIN 2077: d = 16 18 20 22,5 25 28 32 36 40 45 50 mm für warmgeformte Federn.

Anwendung sehr vielseitig, z.B. als Ventilfedern, Spannfedern, Achsfedern bei Fahrzeugen, Polsterfedern usw.

6.2.2. Ausführung der Schraubenfedern mit Kreisquerschnitt

Zugfedern, Richtlinien für die Ausführung nach DIN 2097. Zugfedern werden allgemein rechtsgewickelt und bis d = 17 mm kaltgeformt mit aneinanderliegenden Windungen (Vorspannung!).

Federn mit $d > 17$ mm werden warmgeformt, wobei die Windungen einen vom Wickelverhältnis $w = D_m/d$ abhängigen Abstand haben. Ösenformen nach DIN 2097; die gebräuchlichste „ganze deutsche Öse" zeigt Bild IX.14.

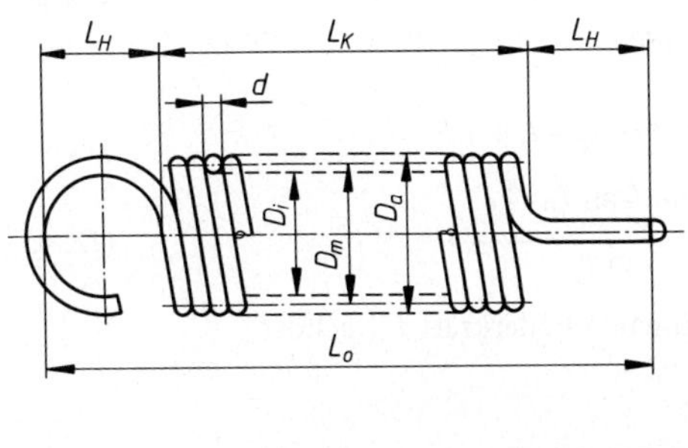

Bild IX.14
Ausführung einer Schrauben-Zugfeder

Tafel IX.3. Ermittlung der Summe der Mindestabstände nach DIN 2095 bei kaltgeformten Druckfedern

Drahtdurchmesser d in mm	Berechnungsformel für S_a in mm	x-Werte in 1/mm bei Wickelverhältnis w			
		4 ... 6	>6...8	>8...12	> 12
0,07 ... 0,5	$S_a = 0{,}5 \cdot d + x \cdot d^2 \cdot i_f$	0,50	0,75	1,00	1,50
über 0,5 ... 1,0	$0{,}4 \cdot d + x \cdot d^2 \cdot i_f$	0,20	0,40	0,60	1,00
über 1,0 ... 1,6	$0{,}3 \cdot d + x \cdot d^2 \cdot i_f$	0,05	0,15	0,25	0,40
über 1,6 ... 2,5	$0{,}2 \cdot d + x \cdot d^2 \cdot i_f$	0,035	0,10	0,20	0,30
über 2,5 ... 4,0	$1 + x \cdot d^2 \cdot i_f$	0,02	0,04	0,06	0,10
über 4,0 ... 6,3	$1 + x \cdot d^2 \cdot i_f$	0,015	0,03	0,045	0,06
über 6,3 ... 10	$1 + x \cdot d^2 \cdot i_f$	0,01	0,02	0,030	0,04
über 10 ... 17	$1 + x \cdot d^2 \cdot i_f$	0,005	0,01	0,018	0,022

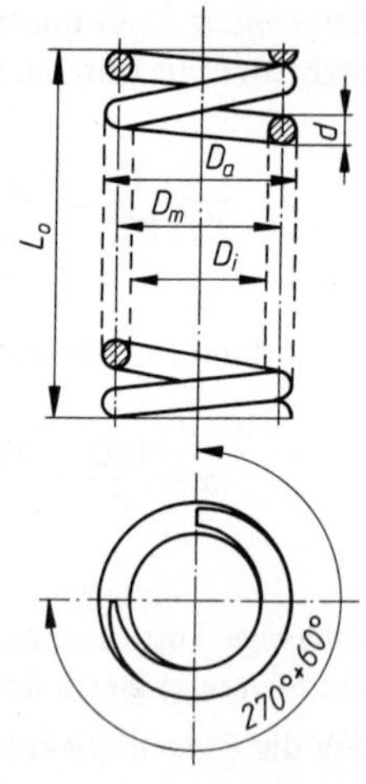

Bild IX.15. Ausführung einer Schrauben-Druckfeder

Druckfedern. Ausführungsrichtlinien für kaltgeformte Federn ($d \leq 17$ mm) nach DIN 2095, für warmgeformte nach DIN 2096. Druckfedern werden normal rechtsgewickelt. Die Drahtenden werden bei $d > 0{,}5$ mm plangeschliffen (Bild IX.15). Die Windungssteigung ist so zu wählen, daß auch bei Höchstlast noch ein Mindestabstand zwischen den Windungen vorhanden ist, der vom Drahtdurchmesser d und Wickelverhältnis w abhängig ist. Die Summe der Mindestabstände S_a errechnet sich bei kaltgeformten Federn nach Tafel IX.3, bei warmgeformten Druckfedern beträgt die Summe der Mindestabstände nach DIN 2096 $S_a \approx 0{,}17\, d\, i_f$.

Für die Festlegung der Bauabmessungen ist die Länge der Feder bei aneinanderliegenden Windungen, die Blocklänge L_{Bl} und die Länge der unbelasteten Feder L_0 wichtig. Bei kaltgeformten Federn mit plangeschliffenen Enden beträgt:

$$L_{Bl} \approx (i_f + 1{,}5)\, d + 0{,}5\, d \approx i_g\, d \qquad \frac{L_{Bl}, d \mid i_f, i_g}{\text{mm} \mid 1} \qquad \text{(IX.43)}$$

Bei warmgeformten Federn, deren Enden ausgeschmiedet und geschliffen werden, ist:

$$L_{Bl} \approx (i_f + 1)\, d + 0{,}2\, d \approx (i_g - 0{,}3)\, d \qquad \frac{L_{Bl}, d \mid i_f, i_g}{\text{mm} \mid 1} \qquad \text{(IX.44)}$$

i_g Gesamtzahl der Windungen:

für Gleichung (IX.43) $i_g = i_f + 2$, für Gleichung (IX.44) $i_g = i_f + 1{,}5$

$$L_0 = L_{Bl} + f_n + S_a \qquad \frac{L_0, L_{Bl}, f_n, S_a}{\text{mm}} \qquad \text{(IX.45)}$$

Unter f_n ist der Federweg zu verstehen, der zur maximalen Federkraft F_n gehört.

6.2.3. Berechnung der Schrauben-Zugfedern. Die Berechnung ist nach DIN 2089 genormt. Ohne Berücksichtigung der Spannungserhöhung durch die Drahtkrümmung ergibt sich die *ideelle Torsionsspannung*

$$\tau_i = \frac{8\,F\,D_m}{\pi\,d^3} \leq \tau_{i\,zul} \qquad \text{(IX.26)}$$

τ_i	F	d, D_m
$\frac{N}{mm^2}$	N	mm

D_m mittlerer Windungsdurchmesser

$\tau_{i\,zul}$ zulässige ideelle Torsionsspannung nach Schaubild IX.16.

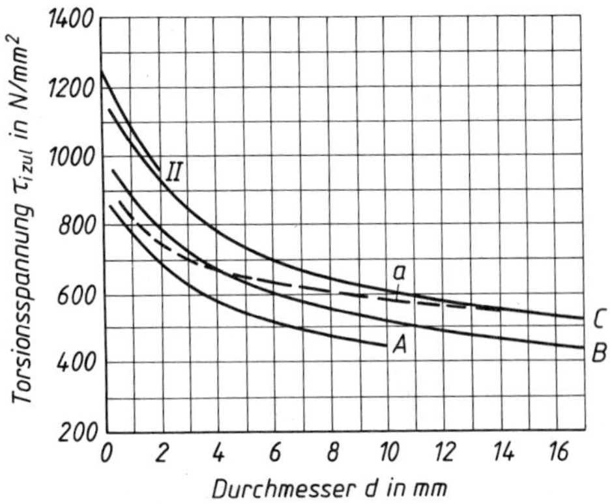

Bild IX.16. Zulässige Torsionsspannung für kaltgeformte Zugfedern aus Federstahldraht II, A, B und C nach DIN 2076 und ölvergütetem Federstahl (Kurve a) nach DIN 17223

Überschlägige Ermittlung des Drahtdurchmessers d nach Leiter, Bild IX.23.

Bei Federn, die ohne innere Vorspannung gewickelt sind, ergibt sich der *Federweg*

$$f = \frac{8\,D_m^3\,i_f\,F}{G\,d^4} \qquad \text{(IX.47)}$$

f, D_m, d	F	G	i_f
mm	N	$\frac{N}{mm^2}$	1

i_f Anzahl der federnden Windungen; G Schubmodul des Federwerkstoffes nach Tafel IX.1.

Bei Federn mit innerer Vorspannung ist für F die Differenz $F - F_0$ zu setzen. Die zum Öffnen der aneinanderliegenden Windungen bei vorgespannten Federn erforderliche *innere Vorspannkraft* ergibt sich aus

$$F_0 = F - \frac{G\,d^4\,f}{8\,D_m^3\,i_f} \qquad \text{(IX.48)}$$

F_0, F	G	d, f, D_m	i_f
N	$\frac{N}{mm^2}$	mm	1

Hiermit ist nachzuprüfen, daß die *innere Torsionsspannung*

$$\tau_{i0} \approx \frac{F_0\,D_m}{0{,}4\,d^3} \leq \tau_{i0\,zul} \qquad \text{(IX.49)}$$

τ_{i0}	F_0	D_m, d
$\frac{N}{mm^2}$	N	mm

Werte für $\tau_{i0\,zul}$ nach Tafel IX.4.

Tafel IX.4. Richtwerte für die innere Torsionsspannung $\tau_{i0\,zul}$ für Federstahldraht nach DIN 2076 und ölvergütetem Federstahl nach DIN 17223

Herstellungsverfahren		Wickelverhältnis $w = \frac{D_m}{d} = 4 \dots 10$	Wickelverhältnis $w = \frac{D_m}{d}$ über $10 \dots 15$
kaltgeformt	auf Wickelbank	$0{,}25\,\tau_{izul}$	$0{,}14\,\tau_{izul}$
	auf Automat	$0{,}14\,\tau_{izul}$	$0{,}07\,\tau_{izul}$

Die *Federsteifigkeit* c ergibt sich aus

$$c = \frac{F}{f} = \frac{F - F_0}{f} = \frac{G\,d^4}{8\,D_m^3\,i_f}$$ (IX.50)

c	F, F_0	f, d, D_m	G	i_f
$\frac{N}{mm}$	N	mm	$\frac{N}{mm^2}$	1

Die *Gesamtzahl der Windungen* bei Federn mit aneinanderliegenden Windungen wird

$$i_g = \frac{L_K}{d} - 1$$ (IX.51)

i_g	L_K, d
1	mm

L_K Länge des unbelasteten Federkörpers.

Bei Federn ohne bzw. mit innerer Vorspannung ist die *Federungsarbeit*

$$W_f = \frac{F\,f}{2} \quad \text{bzw.} \quad W_f = \frac{(F + F_0)\,f}{2}$$ (IX.52)

W_f	F, F_0	f
Nmm	N	mm

Die vorstehende Berechnung gilt für vorwiegend ruhend belastete, kaltgeformte Federn. Bei warmgeformten Federn soll $\tau_{izul} \approx 600\ N/mm^2$ nicht überschreiten. Schwingend belastete Zugfedern sind zu vermeiden, da deren Dauerfestigkeit weitgehend von der Ösenform und deren Übergang zum Federkörper abhängt und nur schwer zu erfassen ist.

6.2.4. Berechnung der Schrauben-Druckfedern. Die Berechnung ist wie die der Zugfedern nach DIN 2089 genormt. Es gelten die gleichen Berechnungsgleichungen, da Zug- und Druckfedern im Federungs- und Festigkeitsverhalten weitgehend übereinstimmen. Jedoch liegen für Druckfedern umfangreiche Dauerfestigkeitswerte vor. Die im folgenden benutzten Formelzeichen stimmen mit denen für die Berechnung der Zugfedern überein.

Für überwiegend *ruhend* belastete Druckfedern gilt für die *ideelle Torsionsspannung*

$$\tau_i \approx \frac{F\,D_m}{0{,}4\,d^3} \leq \tau_{izul}$$ (IX.53)

Werte für $\tau_{i\,zul}$ nach Schaubild IX.17. Überschlägige Ermittlung des Drahtdurchmessers d nach Leiter Bild IX.23.

Bei überwiegend *schwingend* belasteten Federn wird unter Berücksichtigung der durch die Drahtkrümmung entstehenden Spannungserhöhung die

Torsionsspannung $$\tau_k \approx k\,\frac{F\,D_m}{0{,}4\,d^3} \leq \tau_{k\,zul}$$ (IX.54)

und die

Hubspannung $$\tau_{kh} \approx k\,\frac{\Delta F\,D_m}{0{,}4\,d^3} \leq \tau_{kH}$$ (IX.55)

Beiwert k berücksichtigt die Spannungserhöhung durch die Drahtkrümmung; Werte, abhängig vom Wickelverhältnis $w = D_m/d$ nach Schaubild IX.18. Werte für $\tau_{k\,zul}$ und τ_{kH} nach Dauerfestigkeitsschaubildern IX.19 bis IX.21.

Der *Federweg* f, die *Federsteifigkeit* c und die *Federungsarbeit* W ergeben sich aus:

$$f = \frac{8\,D_m^3\,i_f\,F}{G\,d^4}$$ (IX.56)

$$c = \frac{F}{f} = \frac{\Delta F}{\Delta f} = \frac{G\,d^4}{8\,D_m^3\,i_f}$$ (IX.57)

$$W = \frac{F\,f}{2}$$ (IX.58)

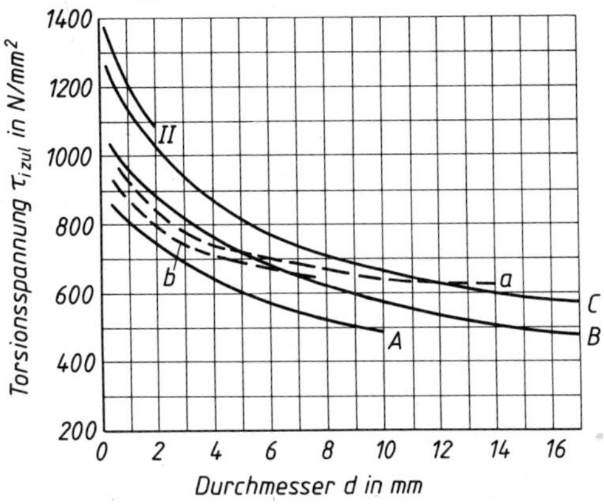

Bild IX.17. Zulässige Torsionsspannung für kaltgeformte Druckfedern aus Federstahldraht II, A, B und C nach DIN 2076, ölvergütetem Federstahl (Kurve a) und ölvergütetem Ventilfederdraht (Kurve b) nach DIN 17 223

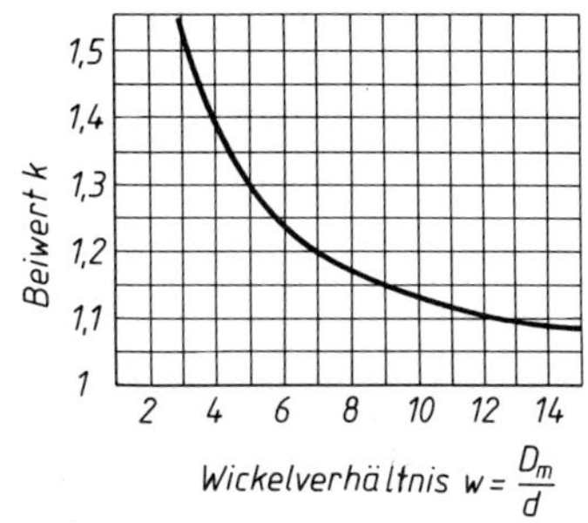

Bild IX.18. Beiwert k in Abhängigkeit vom Wickelverhältnis w

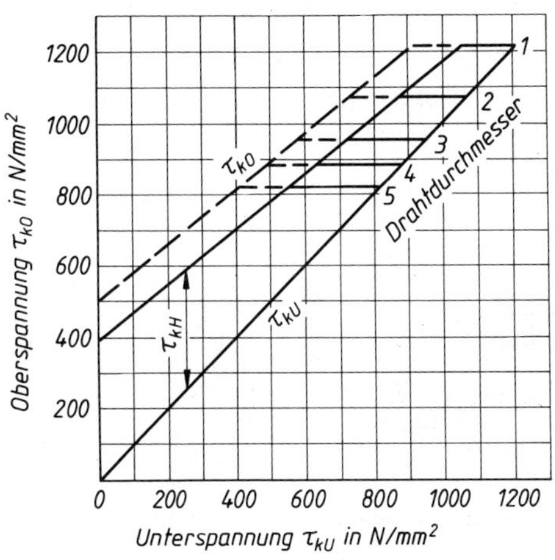

Bild IX.19. Dauerfestigkeitsschaubild für kaltgeformte Druckfedern aus Federstahldraht C nach DIN 2076

nicht gestrahlt (ausgezogene Linien)

gestrahlt (gestrichelte Linien

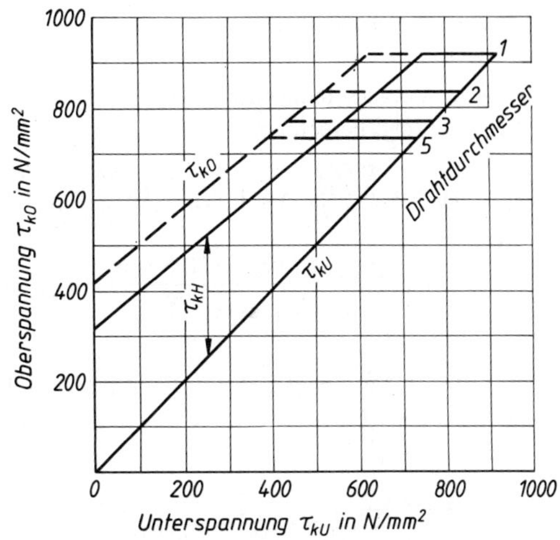

Bild IX.20. Dauerfestigkeitsschaubild für kaltgeformte Druckfedern aus ölvergütetem Federstahldraht nach DIN 17 223

nicht gestrahlt (ausgezogene Linien)

gestrahlt (gestrichelte Linien)

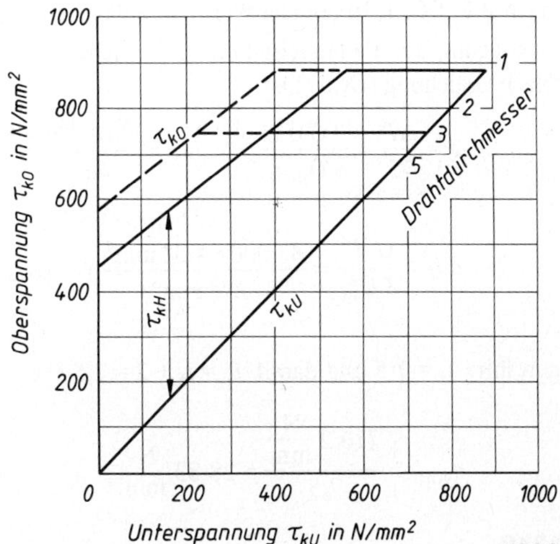

Bild IX.21. Dauerfestigkeitsschaubild für kaltgeformte Druckfedern aus ölvergütetem Ventilfederdraht nach DIN 17 223

nicht gestrahlt (ausgezogene Linien)

gestrahlt (gestrichelte Linien)

Bei längeren Federn ist die Knicksicherheit zu prüfen. Ein seitliches Ausknicken tritt nicht ein, wenn die Kurven im Schaubild IX.22 nicht überschritten werden. Maßgebend sind der Schlankheitsgrad L_0/D_m und die Federung f_{max}/L_0 100 in %.

Längere Federn sind in einer Hülse oder auf einem Dorn zu führen.

- **Beispiel:** Es ist eine zylindrische Schrauben-Druckfeder (Ventilfeder) mit unbegrenzter Lebensdauer aus ölvergütetem, gestrahltem Ventilfederdraht nach DIN 17 223 für die Federkräfte $F_1 = 350$ N, $F_2 = 700$ N, bei einem Hub $h \mathrel{\hat{=}} \Delta f = 12$ mm, zu berechnen. Der innere Windungsdurchmesser D_i darf 20 mm nicht unterschreiten.

Lösung: Berechnung auf Dauerfestigkeit, Belastung: allgemein dynamisch, schwellend. Bei der Betrachtung des Dauerfestigkeitssschaubildes IX.21 stellt man fest, daß die ertragbare Hubspannung τ_{kH} nahezu konstant und von der Vorspannung $\tau_{k1} \mathrel{\hat{=}} \tau_{kv}$ fast unabhängig ist. $\tau_{kH} \approx 500\,\text{N/mm}^2$, gewählt: $\tau_{kH\,zul} = 325\,\text{N/mm}^2$, die Wahl des Wickelverhältnisses w ist für die Größe der Spannungserhöhung an der Innenseite durch den Faktor k entscheidend; $w = D_m/d = 6 \mathrel{\hat{=}} k = 1{,}27$ nach Bild IX.18.

Mit diesen Voraussetzungen läßt sich der Drahtdurchmesser d nach den Gleichungen (IX.54) und (IX.55) wie folgt berechnen:

$$\text{Aus} \quad \tau_k \approx k\,\frac{F\,D_m}{0{,}4\,d^3} \quad \text{wird } \tau_{kh} \approx k\,\frac{\Delta F\,D_m}{0{,}4\,d^3} \approx k\,\frac{\Delta F\,6\,d}{0{,}4\,d^3} \leq \tau_{kH\,zul}$$

$$d \approx \sqrt{1{,}27\,\frac{(700\text{ N} - 350\text{ N}) \cdot 6}{0{,}4 \cdot 325\,\frac{\text{N}}{\text{mm}^2}}} = 4{,}53\text{ mm}, \quad \text{gewählt: } d = 4{,}5\text{ mm}$$

$$D_m = 6\,d = 6 \cdot 4{,}5\text{ mm} = 27\text{ mm}, \quad D_i = D_m - d = 27\text{ mm} - 4{,}5\text{ mm} = 22{,}5\text{ mm}$$

Überprüfung auf Dauerhaltbarkeit:

$$\tau_{k1} \approx 1{,}27\,\frac{350\text{ N} \cdot 27\text{ mm}}{0{,}4 \cdot 4{,}5^3\text{ mm}^3} = 329{,}3\,\frac{\text{N}}{\text{mm}^2}$$

$$\tau_{k2} = \tau_{k1} \cdot \frac{F_2}{F_1} = 329{,}3\,\frac{\text{N}}{\text{mm}^2}\,\frac{700\text{ N}}{350\text{ N}} = 658{,}6\,\frac{\text{N}}{\text{mm}^2}$$

$$\tau_{kh} = \tau_{k2} - \tau_{k1} = 658{,}6\,\frac{\text{N}}{\text{mm}^2} - 329{,}3\,\frac{\text{N}}{\text{mm}^2} = 329{,}3\,\frac{\text{N}}{\text{mm}^2}$$

nach Bild IX.21 liegen alle Werte im zulässigen Bereich.

Festlegung der Federsteifigkeit c, der federnden Windungen i_f und der Gesamtwindungszahl i_g. Nach Gleichung (IX.57) ist:

$$c = \frac{\Delta F}{\Delta f} = \frac{G\,d^4}{8\,D_m^3\,i_f}; \qquad c = \frac{F_2 - F_1}{\Delta f} = \frac{700\text{ N} - 350\text{ N}}{12\text{ mm}} = 29{,}17\,\frac{\text{N}}{\text{mm}}$$

$$c\,i_f = \frac{G\,d^4}{8\,D_m^3} = \frac{83\,000 \cdot 4{,}5^4\text{ mm}^4}{8 \cdot 27^3\text{ mm}^3} = 216{,}2\,\frac{\text{N}}{\text{mm}}; \qquad i_f = \frac{216{,}2\,\frac{\text{N}}{\text{mm}}}{29{,}17\,\frac{\text{N}}{\text{mm}}} = 7{,}4$$

gewählt: $i_f = 7{,}5$ und damit $i_g = i_f + 2 = 7{,}5 + 2 = 9{,}5$ Windungen nach Gleichung (IX.43).

$$c_{vorh} = \frac{216{,}2\,\frac{\text{N}}{\text{mm}}}{7{,}5} = 28{,}83\,\frac{\text{N}}{\text{mm}}$$

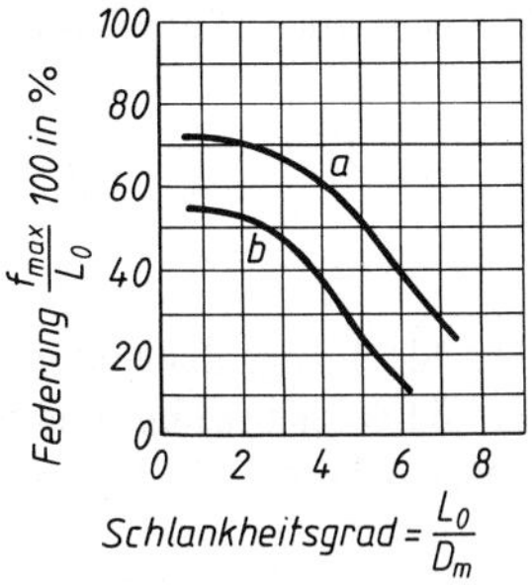

Bild IX.22. Ausknickung von Schrauben-Druckfedern
Kurve a: Für Federn mit geführten Einspannenden
Kurve b: Für Federn mit veränderlichen Auflagebedingungen

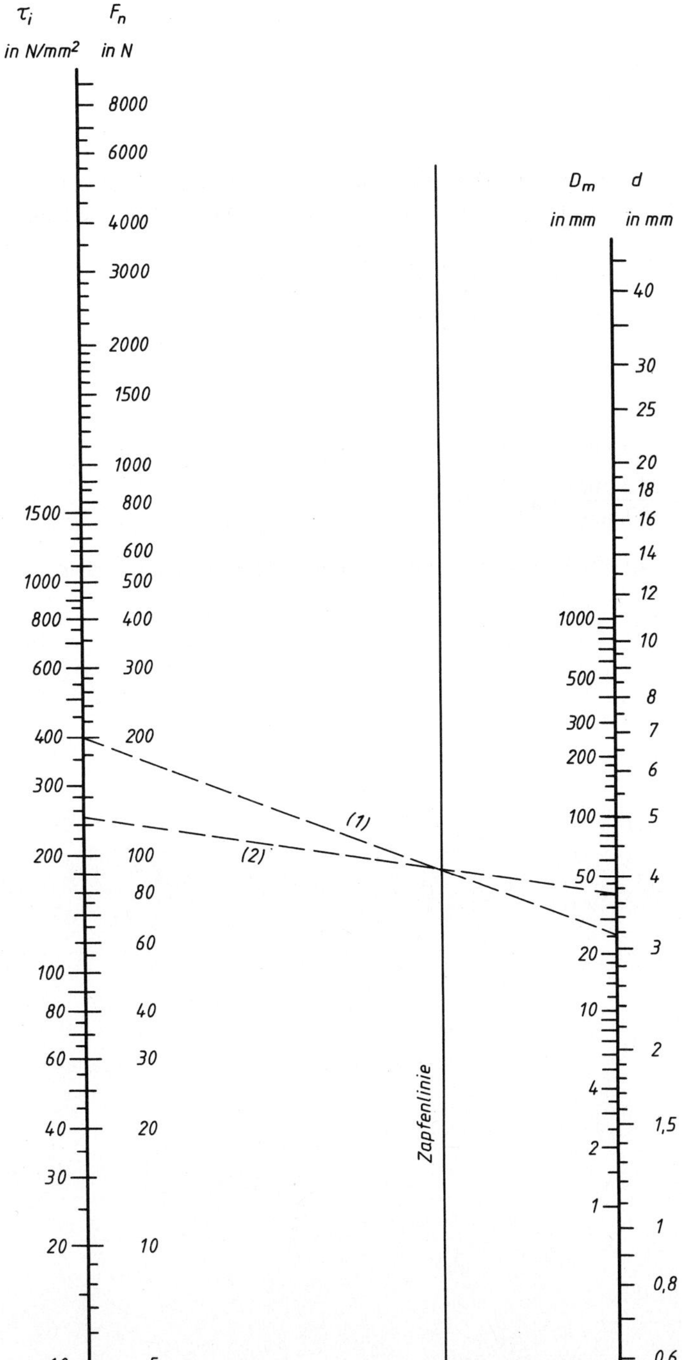

Gegeben: F_n, τ_i
Gewählt: D_m

Linie (1) von D_m zu F_n ergibt Schnittpunkt auf Zapfenlinie. Linie (2) durch diesen Schnittpunkt zu τ_i ergibt *d*.

Beispiel: F_n = 600 N,
τ_i = 700 N/mm²,
D_m = 25 mm

Linie (1) von 25 mm zu 600 N, Linie (2) durch Schnittpunkt der Linie (1) mit Zapfenlinie zu 700 N/mm² ergibt
$d \approx 3{,}8$ mm

Bild IX.23. Leitertafel zur Entwurfsberechnung zylindrischer Schraubenfedern

die endgültigen Federwege betragen:

$$f_1 = \frac{F_1}{c_{\text{vorh}}} = \frac{350\ \text{Nmm}}{28{,}83\ \text{N}} = 12{,}1\ \text{mm}, \quad f_2 = \frac{F_2}{c_{\text{vorh}}} = \frac{700\ \text{Nmm}}{28{,}83\ \text{N}} = 24{,}3\ \text{mm}$$

$$\Delta f \approx 12{,}2\ \text{mm}$$

Die Blocklänge der Feder wird nach Gleichung (IX.43): $L_{\text{Bl}} \approx i_g\, d = 9{,}5 \cdot 4{,}5\ \text{mm} = 42{,}8\ \text{mm}$. Unter Berücksichtigung eines Mindestabstandes zwischen den einzelnen Windungen wird die Länge der unbelasteten Feder: $L_0 = L_{\text{Bl}} + f_2 + S_a$; S_a nach Tafel IX.3:

$$S_a \approx 1 + x\, d^2\, i_f = 1 + 0{,}015 \cdot 4{,}5^2 \cdot 7{,}5 = 3{,}3\ \text{mm},$$

$$L_0 \approx 42{,}8\ \text{mm} + 24{,}3\ \text{mm} + 3{,}3\ \text{mm}, \quad L_0 \approx 70{,}0\ \text{mm}$$

Abschließend ist die Knicksicherheit zu prüfen:

$$\text{Schlankheitsgrad}\ \frac{L_0}{D_m} = \frac{70\ \text{mm}}{27\ \text{mm}} = 2{,}6$$

$$\text{Federung}\ \frac{f_2}{L_0}\, 100\,\% = \frac{24{,}3\ \text{mm}}{70\ \text{mm}} \cdot 100\,\% = 35\,\%$$

mit diesen Werten wird keine der Kurven in Bild IX.22 erreicht, d.h., die Feder ist knicksicher.

X. Achsen, Wellen und Zapfen

Normen (Auswahl)

DIN 509	Freistiche
DIN 668, 670, 671	Blanker Rundstahl
DIN 669	Blanke Stahlwellen
DIN 748	Zylindrische Wellenenden
DIN 1448, 1449	Kegelige Wellenenden mit Außen-, Innengewinde
DIN 59360, 59361	Geschliffen-polierter Rundstahl

1. Allgemeines

Achsen dienen zum Tragen und Lagern von Laufrädern, Seilrollen, Hebeln usw. und werden hauptsächlich auf Biegung beansprucht. Sie übertragen kein Drehmoment. *Feststehende Achsen* werden nur ruhend oder schwellend auf Biegung beansprucht, sind also festigkeitsmäßig günstiger als *umlaufende Achsen*, bei denen die Biegung wechselnd auftritt. *Wellen* laufen ausschließlich um. Sie übertragen über Riemenscheiben, Zahnräder, Kupplungen usw. Drehmomente, werden also auf Verdrehung und meist zusätzlich auf Biegung beansprucht.

Zapfen sind die zum Tragen und Lagern, meist abgesetzten Achsen- und Wellenenden oder auch Einzelelemente (Spurzapfen, Kurbelzapfen).

Alle Grundlagen zur Berechnung von Achsen, Wellen und Zapfen sind im Abschnitt Festigkeitslehre ausführlich behandelt, einschließlich des Mohrschen Verfahrens zur Bestimmung der Durchbiegung. Vor allem können die umfangreichen Tafeln alle erforderlichen Rechnungen übersichtlicher und einfacher machen. Für Entwurfsrechnungen geben die Nomogramme im Abschnitt V. (Festigkeitslehre) eine gute Hilfe.

2. Werkstoffe, Normen

Für normal beanspruchte Achsen und Wellen von Getrieben, Hebezeugen, Werkzeugmaschinen usw. werden die Baustähle, DIN 17100, z.B. St50 und St60, verwendet; für höhere Beanspruchungen, bei Kraftfahrzeugen, Motoren, Turbinen, schweren Werkzeugmaschinen usw., die Vergütungsstähle, DIN 17210, z.B. C15, 18CrNi8. Gegebenenfalls sind bei der Werkstoffwahl noch zu beachten: Schweißbarkeit, Schmiedbarkeit, Korrosionsverhalten, magnetische Eigenschaften und Lieferform (Blöcke, Stangen). Siehe auch Abschnitt Werkstoffkunde.

Normen: Rundstähle nach DIN 668 mit Toleranz h11, nach DIN 670 mit Toleranz h8 und DIN 671 mit Toleranz h9; Oberfläche kaltgezogen und geschält oder geschliffen. Stahlwellen, DIN 669, mit Toleranz h9, Oberfläche kaltgezogen und poliert. Bei anderen Toleranzen und teils unbearbeiteter Oberfläche wird warmgewalzter Rundstahl, DIN 1013, verwendet.

Achsen und Wellen größerer Abmessungen oder besonderer Formen, zum Beispiel Achsen von Kraftfahrzeugen oder Kurbelwellen, werden gepreßt, vorgeschmiedet oder auch gegossen.

3. Berechnung der Achsen

Beanspruchung auf Biegung; zusätzliche Schubbeanspruchung ist meist gering und wird vernachlässigt. Für die vorhandene *Biegespannung* σ_b gilt

$$\sigma_b = \frac{M_b}{W} \leq \sigma_{b\,zul} \qquad \text{(X.1)}$$

σ_b	M_b	W
$\frac{N}{mm^2}$	Nmm	mm^3

M_b Biegemoment; W axiales Widerstandsmoment; mit $W \approx 0{,}1\,d^3$ wird der erforderliche *Durchmesser* d für Vollachsen:

$$d \geq \sqrt[3]{\frac{M_b}{0{,}1\,\sigma_{b\,zul}}} \qquad \text{(X.2)}$$

d	M_b	$\sigma_{b\,zul}$
mm	Nmm	$\frac{N}{mm^2}$

Zulässige Biegespannung $\sigma_{b\,zul}$ je nach Belastungsfall, siehe Festigkeitslehre 9.

4. Berechnung der Wellen

4.1. Torsionsbeanspruchte Wellen

Reine Torsionsbeanspruchung tritt selten auf, z.B. bei direkt mit Motor gekuppelten Wellen von Lüftern oder Kreiselpumpen. Vorhandene *Torsionsspannung*

$$\tau_t = \frac{T}{W_p} \leq \tau_{t\,zul} \qquad \text{(X.3)}$$

τ_t	T	W_p
$\frac{N}{mm^2}$	Nmm	mm^3

T zu übertragendes Torsionsmoment; bei gegebener Leistung P in kW und Drehzahl n in min^{-1} ist $T = 9{,}55 \cdot 10^6\,P/n$, W_p polares Widerstandsmoment. Mit $W_p \approx 0{,}2\,d^3$ wird der erforderliche *Wellendurchmesser*

$$d \geq \sqrt[3]{\frac{T}{0{,}2\,\tau_{t\,zul}}} \qquad \text{(X.4)}$$

d	T	$\tau_{t\,zul}$
mm	Nmm	$\frac{N}{mm^2}$

Zulässige Torsionsspannung $\tau_{t\,zul}$ je nach Belastungsfall, siehe Festigkeitslehre I.9.

4.2. Torsions- und biegebeanspruchte Wellen

Gleichzeitige Torsions- und Biegebeanspruchung liegt bei Wellen am häufigsten vor, z.B. bei Wellen mit Zahnrädern, Riemenscheiben, Hebeln u.dgl. Durch die Zahn-, Riemenzug- und sonstigen Kräfte treten Biegespannungen und noch meist vernachlässigbar kleine Schubspannungen auf (Bild X.1). Häufig ist das Biegemoment vorerst nicht bekannt. Der *Wellendurchmesser* wird dann überschlägig berechnet aus

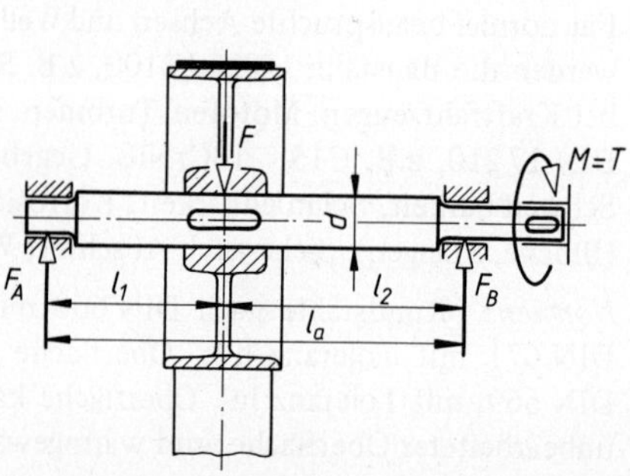

Bild X.1. Welle mit gleichzeitiger Torsions- und Biegebeanspruchung

$$d \approx c_1 \sqrt[3]{T} \approx c_2 \sqrt[3]{\frac{P}{n}} \qquad \text{(X.5)}$$

d	c_1, c_2	T	P	n
mm	1	Nmm	kW	min^{-1}

Beiwerte c_1 und c_2 abhängig von der zulässigen Torsionsspannung; man setze: $c_1 = 0{,}69$ bzw. $c_2 = 146$ bei St37, St42, $c_1 = 0{,}625$ bzw. $c_2 = 133$ bei St50, St60 und jeweils vergleichbaren Stählen, $c_1 = 0{,}58$ bzw. $c_2 = 123$ für Stähle höherer Festigkeit.

Nach überschlägiger Berechnung nach (X.5) lassen sich die erforderlichen Abmessungen (Radabstände, Lagerabstände usw.) genügend genau festlegen, und damit die Biegemomente und Biegespannungen ermitteln. Die Welle wird dann auf Biegung und Torsion nachgeprüft.

Dabei muß die *Vergleichspannung* σ_v sein:

$$\sigma_v = \sqrt{\sigma_b^2 + 3(\alpha_0 \tau_t)^2} \leq \sigma_{b\,zul} \qquad \text{(X.6)}$$

$\sigma_v, \sigma_b, \tau_t$	α_0
$\frac{N}{mm^2}$	1

σ_b vorhandene Biegespannung, τ_t vorhandene Torsionsspannung; Anstrengungsverhältnis $\alpha_0 = \frac{\sigma_{b\,zul}}{1{,}73\,\tau_{t\,zul}}$. Man setzt $\alpha_0 \approx 1{,}0$ wenn σ_b und τ_t im gleichen Belastungsfall (z.B. beide wechselnd) auftreten, $\alpha_0 \approx 0{,}7$ wenn σ_b wechselnd und τ_t schwellend oder ruhend auftritt (häufigster Fall). $\sigma_{b\,zul}$ zulässige Biegespannung je nach Belastungsfall, siehe Abschnitt Festigkeitslehre I.9.

Sind Torsionsmoment und Biegemoment bekannt, dann läßt sich der Wellendurchmesser mit dem *Vergleichsmoment* M_v berechnen:

$$M_v = \sqrt{M_b^2 + 0{,}75(\alpha_0 T)^2} \qquad \text{(X.7)}$$

M_v, M_b, T	α_0
Nmm	1

Mit M_v ergibt sich der *Wellendurchmesser*

$$d \geq \sqrt[3]{\frac{M_v}{0{,}1\,\sigma_{b\,zul}}} \qquad \text{(X.8)}$$

d	M_v	$\sigma_{b\,zul}$
mm	Nmm	$\frac{N}{mm^2}$

4.3. Lange Wellen

Bei langen Wellen, zum Beispiel bei Transmissionswellen und Fahrwerkwellen von Kranen ist meist die *Formänderung* für die Berechnung maßgebend. Erfahrungsgemäß soll der Verdrehwinkel $\varphi = 0{,}25 \ldots 0{,}5°$ je m Wellenlänge nicht überschreiten. Ein größerer Verdrehwinkel ergibt eine kleine kritische Drehzahl und führt damit leicht zu Schwingungen. Aus der Berechnungsgleichung für den *Verdrehwinkel*

$$\varphi = \frac{180°}{\pi} \cdot \frac{l\,\tau_t}{r\,G} \leq 0{,}25° \qquad \text{(X.9)}$$

ergibt sich für $\varphi = 0{,}25°$, $l = 1000$ mm, $r = \frac{d}{2}$, $\tau_t = \frac{T}{0{,}2\,d^3}$ und $G = 80\,000\ \frac{N}{mm^2}$ der *Wellendurchmesser*

$$d \approx 2{,}33\,\sqrt[4]{T} \approx 130\,\sqrt[4]{\frac{P}{n}} \qquad \text{(X.10)}$$

d	T	P	n
mm	Nmm	kW	min^{-1}

T zu übertragendes Torsionsmoment; P zu übertragende Leisung; n Drehzahl der Welle. Die mit Gleichung (X.10) berechnete Welle ist zweckmäßig auf Festigkeit mit den Gleichungen (X.3) bzw. (X.6) zu prüfen je nach vorliegender Beanspruchung.

Beachte: Die Verwendung eines Stahles hoher Festigkeit zum Erreichen eines kleinen Verdrehwinkels bringt keinen Gewinn, da die Formänderung vom Schubmodul G abhängig ist, der für alle Stähle annähernd gleich groß ist. Der *Lagerabstand* bei langen Wellen wird erfahrungsgemäß gewählt: $l_a \approx 300\sqrt{d}$ in mm, d Wellendurchmesser in mm.

5. Auszuführende Achsen- und Wellendurchmesser

Die endgültigen Durchmesser der nach vorstehenden Gleichungen berechneten Achsen und Wellen sind nach Normzahlen (Tafel I.2) festzulegen. Dabei sind genormte Abmessungen von Lagern, Stellringen, Dichtungen usw. sowie etwaige Nuten, Eindrehungen und sonstige Querschnittsverminderungen zu berücksichtigen.

Der endgültige Durchmesser ist so zu wählen, daß nach Abzug der zugehörigen Nut- und Eindrehungstiefen der berechnete Durchmesser als „Kerndurchmesser" übrigbleibt (Bild X.2). Wellennuttiefe t_1 nach Tafel XI.6.

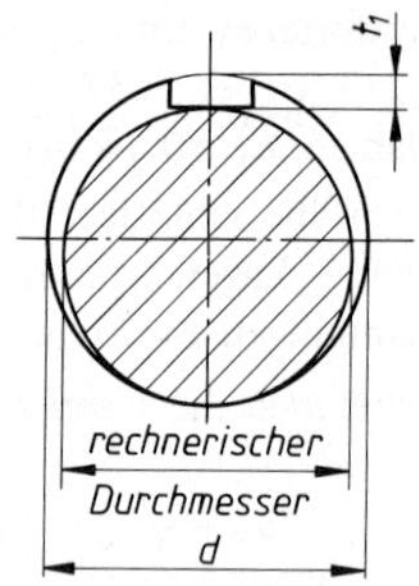

Bild X.2. Rechnerischer Wellendurchmesser

6. Berechnung der Zapfen

6.1. Achszapfen

Achszapfen werden auf Biegung beansprucht, und zwar Lagerzapfen umlaufender Achsen wechselnd, Tragzapfen feststehender Achsen ruhend oder schwellend. Zapfendurchmesser werden meist konstruktiv festgelegt und dann nachgeprüft. Für den gefährdeten Querschnitt *A–B* (Bild X.3) muß die *Biegespannung* σ_b sein:

$$\sigma_b = \frac{M_b}{W} = \frac{F \cdot \frac{l}{2}}{0{,}1\, d_1^3} \leq \sigma_{b\,zul} \qquad \text{(X.11)}$$

σ_b	F	l, d_1
$\frac{N}{mm^2}$	N	mm

zulässige Biegespannung $\sigma_{b\,zul}$ je nach Belastungsfall, siehe Abschnitt Festigkeitslehre I.9.

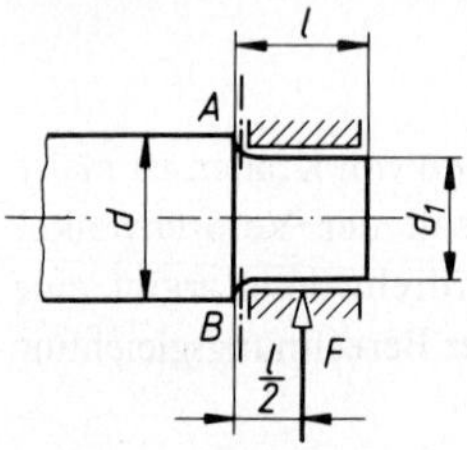

Bild X.3. Achszapfen

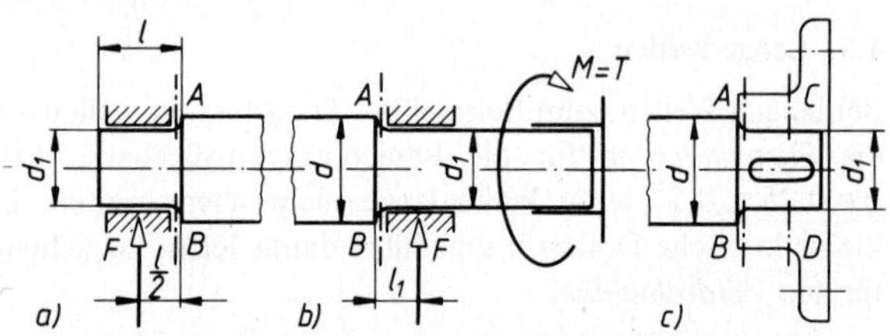

Bild X.4. Wellenzapfen. a) biegebeansprucht, b) torsions- und biegebeansprucht, c) torsionsbeansprucht

6.2. Wellenzapfen

Die zur Lagerung dienenden Wellenzapfen (*Lagerzapfen,* Bild X.4a) werden fast ausschließlich wechselnd auf Biegung beansprucht; Berechnung wie Achszapfen nach (X.11). *Antriebszapfen* nach Bild X.4b werden auf Biegung und Verdrehung beansprucht; für den gefährdeten Querschnitt *A–B* ist die Vergleichsspannung sinngemäß nach (X.6) nachzuprüfen. Antriebszapfen nach Bild X.4c übertragen nur ein Drehmoment; gefährdete Querschnitte sind *A–B* und *C–D*; Nachprüfung auf Verdrehung sinngemäß nach (X.3) praktisch nur für nutgeschwächten Querschnitt *C–D*; beachte „Kerndurchmesser" (Bild X.2).

Normen: Zylindrische Wellenenden nach DIN 748; kegelige Wellenenden mit langem Kegel (1 : 10) und Gewindezapfen nach DIN 749, mit kurzem Kegel und Gewindezapfen nach DIN 1448 (Tafel XI.3).

7. Gestaltung

7.1. Allgemeine Richtlinien

Gedrängte Bauweise mit kleinen Rad- und Lagerabständen anstreben, dadurch kleine Biegemomente und kleinere Wellendurchmesser.

Zapfenübergänge gut runden: $r \approx d/10 \ldots d/20$ (Bild X.5a). Nuten nicht bis an Übergänge heranführen (Kerbwirkung!). Festigkeitsmäßig am günstigsten sind Korbbogen-Übergänge: $r \approx d/20$, $R \approx d/5$ (Bild X.5b). Bei geschliffenen Flächen Freistiche vorsehen (Bilder X.5c und X.5d).

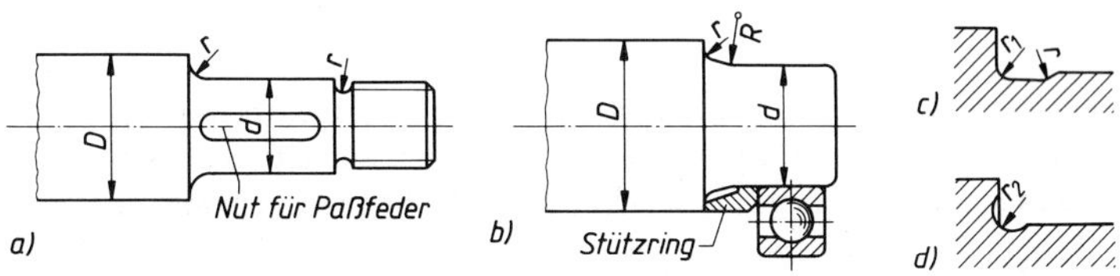

Bild X.5
Gestaltung der Zapfenübergänge
a) normaler Übergang
b) Korbbogenübergang
c) und d) Freistiche

Räder und Scheiben gegen axiales Verschieben durch Distanzhülen oder Wellenschultern sichern (Bilder X.6a und X.6b), nicht durch Sicherungsringe (Kerbwirkung!). Nuten immer kürzer als Naben (Abstand a), wegen Ausgleich von Einbauungenauigkeiten und im Zusammenfallen der „Kerbebenen" zu vermeiden.

Möglichst Fertigwellen verwenden (siehe unter 2.), um Bearbeitung zu ersparen.

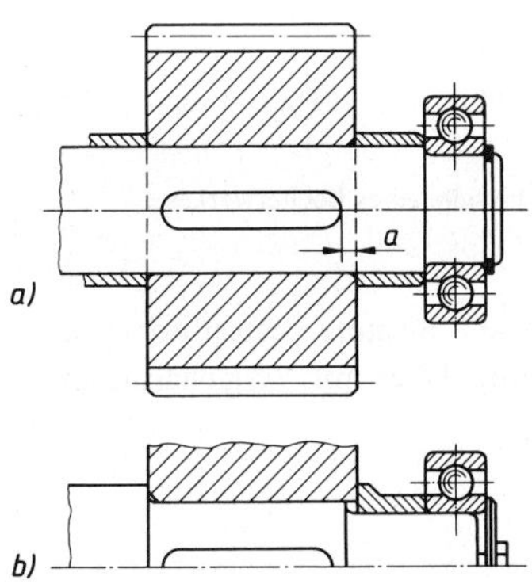

Bild X.6. Festlegung von Rädern und Scheiben
a) durch Distanzhülsen,
b) durch Wellenschultern

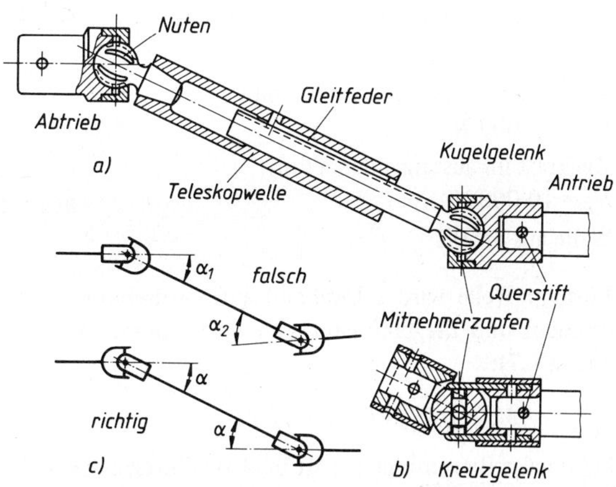

Bild X.7. Gelenkwelle, a) mit Kugelgelenken, b) Kreuzgelenk, c) falsche und richtige Anordnung der Gelenke

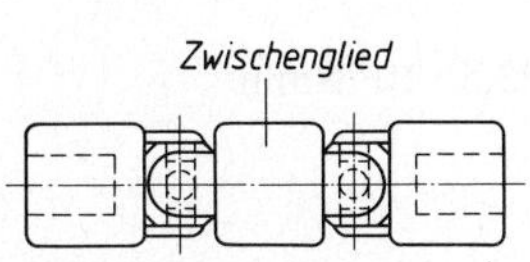

Bild X.8. Doppel-Gelenk

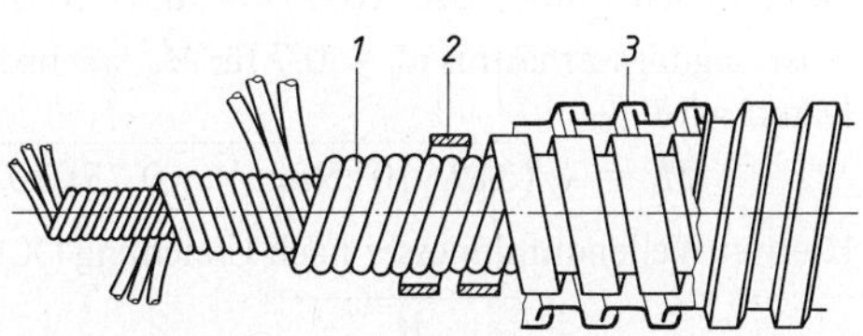

Bild X.9. Biegsame Welle mit Metallschutzschlauch

7.2. Sonderausführungen

Gelenkwellen: Anwendung zum Verbinden von nicht fluchtenden, in der Lage veränderlichen Wellenteilen, z.B. bei Fräsmaschinen, Mehrspindelbohrmaschinen, Kraftfahrzeugen. Für kleinere Drehmomente Ausführung mit Kugelgelenken (Bilder X.7a und X.7b). Richtige Anordnung der Gelenke beachten (Bild X.7c), um ungleichförmigen Lauf der Abtriebswelle zu vermeiden.

Zum Verbinden zweier zueinander geneigter Wellen dienen Doppelgelenke (Bild X.8). Das Zwischenglied hat dabei die Funktion der Zwischenwelle.

Normen: Einfach- und Doppel-Kreuzgelenke, DIN 7551, mit Ablenkwinkel bis 45° bzw. 90° für allgemeine Zwecke; Wellengelenke, DIN 808, vorwiegend für Werkzeugmaschinen. Ausführung ähnlich den in Bild X.7 dargestellten.

Biegsame Wellen: Anwendung hauptsächlich zum Antrieb ortsveränderlicher Elektrowerkzeuge mit kleineren Leistungen (Bild X.9). Schraubenförmig in mehreren Lagen gewickelte Stahldrähte (1) sind vielfach noch durch gewundenen Flachstahl (2) verstärkt und von beweglichem Metallschutzschlauch (3) umhüllt.

Normen: Biegsame Wellen, DIN 44 713; Anschlüsse (Lötmuffen), DIN 42 995.

■ **Beispiel**: Der Durchmesser der Antriebswelle eines Becherwerkes, Bild X.10, ist zu berechnen.

Antriebsleistung $P = 6{,}6$ kW
Drehzahl $n = 80\ \text{min}^{-1}$
Gurtscheibendurchmesser $D_S = 800$ mm
Lagerabstand $l_a = 580$ mm
Zugkraft im aufsteigenden Trumm
$F_1 = 12\,000$ N
Zugkraft im absteigenden Trum
$F_2 = 10\,000$ N
Welle aus St50K

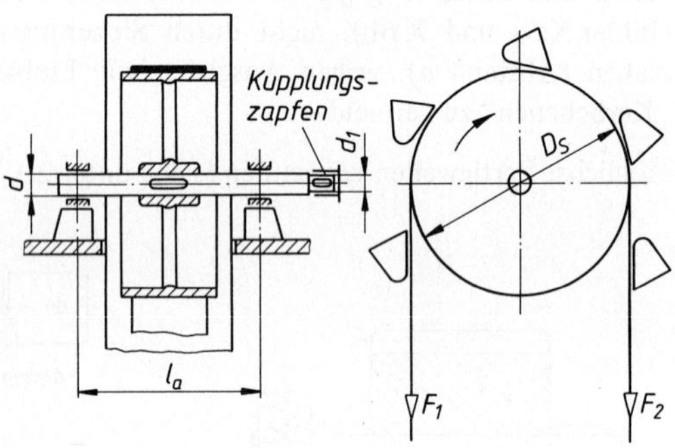

Bild X.10. Antriebswelle eines Becherwerkes

Lösung: Welle wird schwellend auf Verdrehung und wechselnd auf Biegung beansprucht. Drehmoment und Biegemoment können bestimmt werden, Berechnung daher mit Vergleichsmoment nach (X.7):

$$M_v = \sqrt{M_b^2 + 0{,}75\,(\alpha_0\,T)^2}$$

Maximales Biegemoment tritt in Mitte Gurtscheibe auf.
Scheibenkraft $F = F_1 + F_2 = 12\,000\ \text{N} + 10\,000\ \text{N} = 22\,000\ \text{N}$;
Lagerkräfte $F_A = F_B = F/2 = 11\,000\ \text{N}$ (Bild X.11).
Hiermit $M_b = F_A\,l_a/2 = 11\,000\ \text{N} \cdot 290\ \text{mm} = 319 \cdot 10^4\ \text{Nmm}$.
Drehmoment $M = 9{,}55 \cdot 10^6\,P/n = 78{,}8 \cdot 10^4\ \text{Nmm}$ = Torsionsmoment T.
Anstrengungsverhältnis $\alpha_0 \approx 0{,}7$ für M_b wechselnd und T schwellend, siehe zu Gleichung (X.6).
Damit wird

$$M_v = \sqrt{(319 \cdot 10^4\ \text{Nmm})^2 + 0{,}75\,(0{,}7 \cdot 78{,}8 \cdot 10^4\ \text{Nmm})^2} = 323{,}5 \cdot 10^4\ \text{Nmm}$$

Hiermit Wellendurchmesser nach Gleichung (X.8):

$$d = \sqrt[3]{\frac{M_v}{0{,}1\ \sigma_{b\,zul}}}$$

Zulässige Biegespannung bei dynamischer Belastung und bekannter Kerbwirkung, siehe Abschnitt Festigkeitslehre I.9.

$$\sigma_{b\,zul} = \frac{\sigma_G}{\nu} = \frac{\sigma_{bW}}{\beta_k\,\nu}\,b_1\,b_2$$

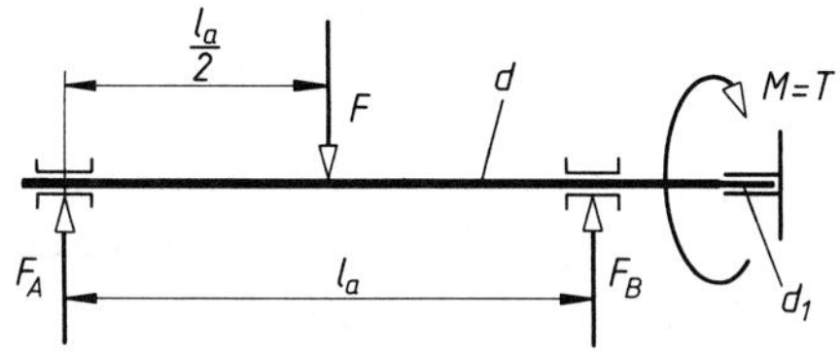

Bild X.11. Kräfte an der Antriebswelle

Für St50 nach Dauerfestigkeitsschaubild: $\sigma_{bw} = 260\ \text{N/mm}^2$; Sicherheit $\nu = 1{,}5$ gewählt; Oberflächenbeiwert für gezogene (entspricht etwa geschliffene) Oberfläche: $b_1 \approx 0{,}9$; Größenbeiwert für geschätzten Durchmesser ≈ 80 mm: $b_2 \approx 0{,}75$; Kerbwirkungszahl für Paßfedernut: $\beta_k \approx 1{,}7$; damit wird

$$\sigma_{b\,zul} = \frac{260\,\frac{\text{N}}{\text{mm}^2}}{1{,}7\cdot 1{,}5}\cdot 0{,}9\cdot 0{,}75 \approx 68\,\frac{\text{N}}{\text{mm}^2} \quad \text{und hiermit}$$

$$d = \sqrt[3]{\frac{323{,}5\cdot 10^4\ \text{Nmm}}{0{,}1\cdot 68\,\frac{\text{N}}{\text{mm}^2}}} = \sqrt[3]{476{,}4\cdot 10^3\ \text{mm}^3} \approx 78\ \text{mm}$$

Unter Berücksichtigung der Nuttiefe wird nach Gleichung (X.5) gewählt: d = 90 mm. Hierfür beträgt die Nuttiefe nach Tafel XI.4: t_1 = 9 mm. Der „Kerndurchmesser" wird damit

$$d - t_1 = 90\ \text{mm} - 9\ \text{mm} = 81\ \text{mm} > 78\ \text{mm}\ \ \text{(rechnerischer Durchmesser)}$$

Tafel X.1. Zylindrische Wellenenden nach DIN 748

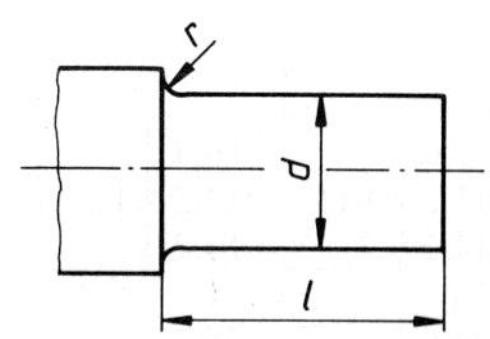

Maße in mm

Durchmesser d		6	7	8	9	10	11	12	14	16	19	20	22	24	25	28
Länge l	lang	16		20		23		30		40		50			60	
	kurz					15		18		28		36			42	
Toleranz [1]		k6														
Rundungsradius r [2]		0,6													1	
Durchmesser d		30	32	35	38	40	42	45	48	50	55	60	65	70	75	80
Länge l	lang	80				110						140				170
	kurz	58				82						105				130
Toleranz		k6									m6					
Rundungsradius r		1								1,6						

[1] Die Rundungsradien sind maximale Werte; an Stelle der Rundungen können auch Freistiche nach DIN 509 vorgesehen werden.

[2] Andere Toleranzen sind in der Bezeichnung anzugeben.

Bezeichnung eines Wellenendes mit d = 40 mm Durchmesser und l = 110 mm Länge: Wellenende 40 × 110 DIN 748 oder z. B. Wellenende 40 r6 × 110 DIN 748

Tafel X.2. Sicherungsringe für Wellen und Bohrungen

Maße für den Sicherungsring

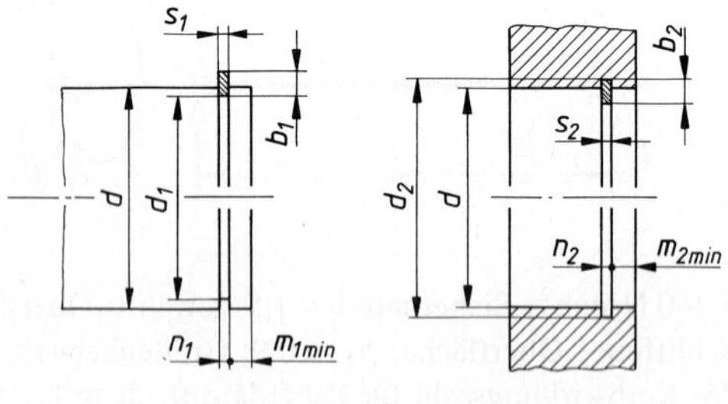

Maße für die Nut

Bezeichnung eines Sicherungsringes für Wellendurchmesser $d = 50$ mm und Dicke $s_1 = 2$ mm:

Sicherungsring 50 × 2 DIN 471

Bezeichnung eines Sicherungsringes für Bohrungsdurchmesser $d = 50$ mm und Dicke $s_2 = 2$ mm:

Sicherungsring 50 × 2 DIN 472

Der Nutgrund ist scharfkantig auszuführen

Maße in mm

d	d_1		d_2		s_1 (h11)	s_2	b_1 ≈	b_2 ≈	n_1 (H13)	n_2	$m_{1\,min}$	$m_{2\,min}$	größte Axialkraft 1) in kN (Welle)	(Bohrung)
10	9,6		10,4				1,8	1,4			0,6	0,6	1,5	1,6
12	11,5	h11	12,5	H11	1	1	1,8	1,7	1,1	1,1	0,75	0,75	2,3	2,4
15	14,3		15,7				2,2	2			1,1	1,1	4	4,2
20	19		21		1,2		2,6	2,3	1,3		1,5	1,5	7,7	7,8
25	23,9		26,2			1,2	3	2,7		1,3	1,7	1,8	10,6	12
30	28,6		31,4		1,5		3,5	3	1,6		2,1	2,1	16,2	13,7
35	33		37			1,5	3,9	3,4		1,6	3	3	26,7	26,9
40	37,5		42,5				4,4	3,9					38,1	40,5
45	42,5		47,5		1,75	1,75	4,7	4,3	1,85	1,85	3,8	3,8	43	43,1
50	47		53				5,1	4,6					57	60,7
55	52	h12	58	H12	2	2	5,4	5	2,15	2,15			63	63,5
60	57		63				5,8	5,4			4,5	4,5	69	62,1
65	62		68				6,3	5,8					75	78,2
70	67		73				6,6	6,2					80,5	84,2
75	72		78		2,5	2,5	7	6,6	2,65	2,65			86	90
80	76,5		83,5				7,4	7					107	112
90	86,5		93,5		3	3	8,2	7,6	3,15	3,15	5,3	5,3	121	126
100	96,5		103,5				9	8,4					135	140
110	106		114				9,6	9					170	176
120	116		124				10,2	9,7			6	6	185	192
140	136		144				11,2	10,7	4,15	4,15			217	223
160	155	h13	165	H13	4	4	12,2	11,6					310	319
180	175		185				13,5	13,2			7,5	7,5	345	345
200	195		205				14	14					319	325

1) für schwellende Belastung (ohne Sicherheit), scharfkantig anliegendes Bauteil und Wellen- oder Bohrungswerkstoff mit $R_e \geq 300\ N/mm^2$

Tafel X.3. Zusammenstellung wichtiger Normen für den Konstruktionsentwurf einer Getriebewelle

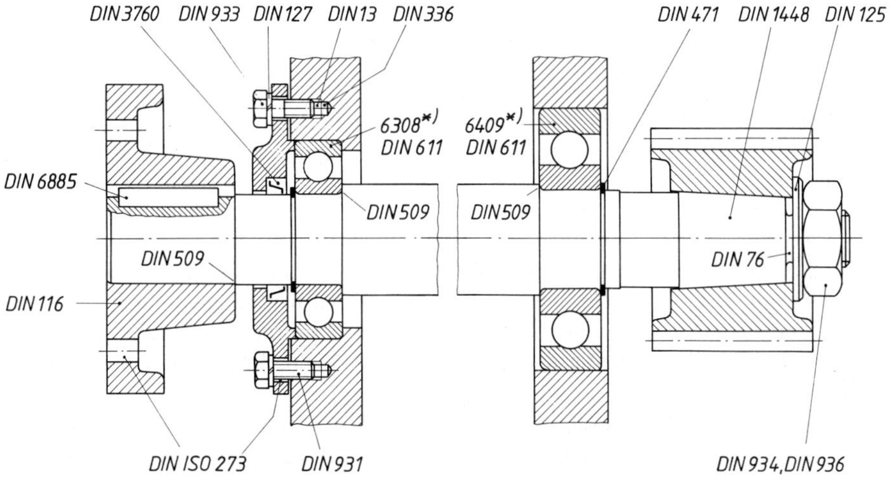

*) 6308 und 6409 sind die Bezeichnungen für die Wälzlager

DIN 13 Teil 1	Metrisches ISO-Gewinde, Regelgewinde
DIN 76 Teil 1	Gewindeausläufe; Gewindefreistiche für Metrisches ISO-Gewinde
DIN 116	Antriebselemente; Scheibenkupplungen, Maße, Drehmomente, Drehzahlen
DIN 125	Scheiben
DIN 127	Federringe
DIN ISO 273	Durchgangslöcher für Schrauben
DIN 336 Teil 1	Durchmesser für Bohrwerkzeuge für Gewindekernlöcher
DIN 471 Teil 1	Sicherungsringe für Wellen
DIN 509	Freistiche
DIN 611	Wälzlagerteile, Wälzlagerzubehör und Gelenklager
DIN 931, DIN 933	Sechskantschrauben
DIN 1448 Teil 1	Kegelige Wellenenden mit Außengewinde
DIN 3760	Radial-Wellendichtringe
DIN 6885 Teil 1	Paßfedern, Nuten

XI. Nabenverbindungen

1. Übersicht

Die Hauptaufgabe einer Welle ist das Weiterleiten von Drehmomenten. Das geschieht über aufgesetzte Maschinenelemente wie Zahnräder, Riemenscheiben, Kupplungsscheiben, Hebel aller Art und andere Bauteile. Das Verbindungssystem zwischen der Welle und dem angeschlossenen Maschinenelement zur Weiterleitung des Drehmoments heißt *Nabenverbindung*. Die Nabe ist der Teil des Zahnrades, der Scheibe oder des Hebels, der die Drehmomentenübernahme von der Welle zu gewährleisten hat. Technische Bauteile können Kräfte und Drehmomente durch den Reibungseffekt zwischen festen Körpern, durch das Ineinandergreifen der beteiligten Bauteile oder durch einen verbindenden Stoff erhalten (Klebstoffe aller Art). Läßt man die Klebverbindungen außer acht, dann kann man die Vielzahl der inzwischen gängigen Elemente zum Verbinden von Welle und Nabe in zwei Gruppen einteilen.

Die eine Gruppe umfaßt alle Nabenverbindungen, die durch *Haftreibung* zwischen Welle und Nabe das zu übertragende Drehmoment weiterleiten. Das sind die *kraftschlüssigen* oder reibschlüssigen Verbindungen. Zur zweiten Gruppe gehören diejenigen Nabenverbindungen, bei denen Welle und angeschlossenes Bauteil ineinandergreifen. Das sind die *formschlüssigen* Verbindungen.

Die bekanntesten *kraftschlüssigen* Nabenverbindungen sind: zylinderische oder keglige Preßverbindungen (Preßsitzverbindungen), Klemmsitzverbindungen, Keilsitzverbindungen und Spannverbindungen.

Zu den *formschlüssigen* Nabenverbindungen gehören: Stiftverbindungen, Paßfederverbindungen und Profilwellenverbindungen.

Eine Übersicht mit Anwendungsbeispielen geben die Tafeln XI.1 und XI.2.

Tafel XI.1. Kraftschlüssige (reibschlüssige) Nabenverbindungen (Beispiele)

Hauptvorteil: Spielfreie Übertragung wechselnder Drehmomente

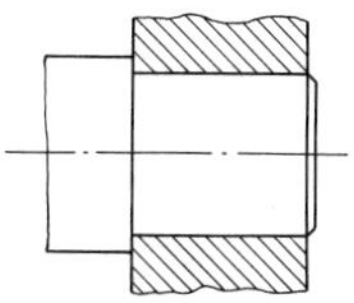 zylindrischer Preßverband	Preßverband (Preßsitzverbindung)	Vorwiegend für nicht zu lösende Verbindung und zur Aufnahme großer, wechselnder und stoßartiger Drehmomente und Axialkräfte. *Verbindungsbeispiele:* Riemenscheiben, Zahnräder, Kupplungen, Schwungräder, im Großmaschinenbau, aber auch in der Feinwerktechnik. Ausführung als Längs- und Querpreßverband (Schrumpfverbindung). Besonders wirtschaftliche Verbindungsart.
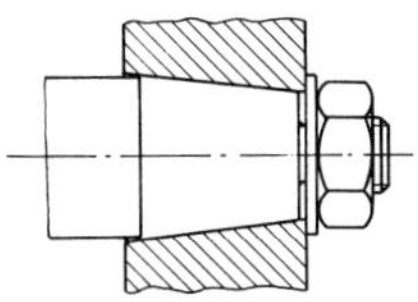 kegliger Preßverband (Wellenkegel)		Leicht lösbare und in Drehrichtung nachstellbare Verbindung auf dem Wellenende zur Aufnahme großer, wechselnder und stoßartiger Drehmomente. *Verbindungsbeispiele:* Wie beim zylindrischen Preßverband, außerdem bei Werkzeugen und in den Spindeln von Werkzeugmaschinen und bei Wälzlagern mit Spannhülse und Abziehhülse. Wegen der Herstellwerkzeuge und der Lehren möglichst genormte Kegel verwenden (siehe keglige Wellenenden mit Kegel 1 : 10 nach DIN 1448). Die Naben werden durch Schrauben oder Muttern aufgepreßt, die Werkzeuge durch die Axialkraft beim Fertigen (zum Beispiel Bohrer). Kegelbuchsen sind meist geschlitzt.
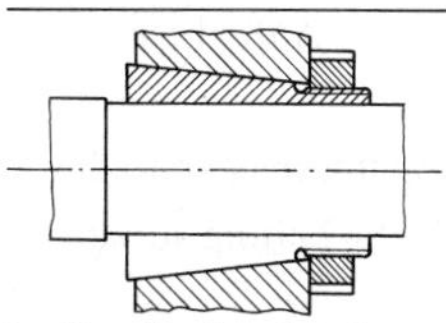 kegliger Preßverband (Kegelbuchse)		
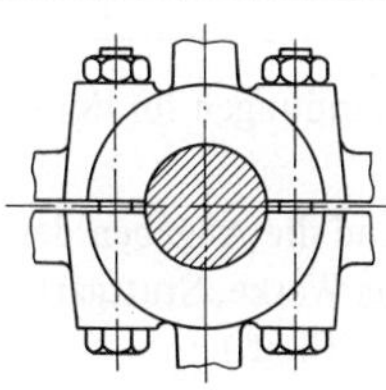 geteilte Nabe	Klemmsitzverbindung	Leicht lösbare und in Längs- und Drehrichtung nachstellbare Verbindung zur Aufnahme wechselnder kleinerer Drehmomente. Bei größerer Drehmomentenaufnahme werden zusätzlich Paßfedern oder Tangentkeile angebracht. *Verbindungsbeispiele:* Riemen- und Gurtscheiben, Hebel auf glatten Wellen. Die Nabe ist geschlitzt oder geteilt.
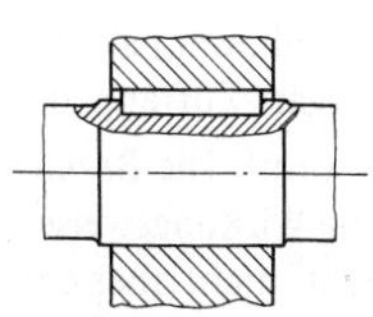 Einlegekeil	Keilsitzverbindung	Lösbare Verbindung zur Aufnahme wechselnder Drehmomente. Kleinere Drehmomentaufnahme beim Flach- und Hohlkeil, große und stoßartige Drehmomentenaufnahme beim Tangentkeil. Die Keilneigung beträgt meistens 1 : 100. *Verbindungsbeispiele:* Schwere Scheiben, Räder und Kupplungen, im Bagger- und im Landmaschinenbau, insgesamt bei schwererem und rauhem Betrieb. Die Verbindung mit dem Hohlkeil ist nachstellbar.
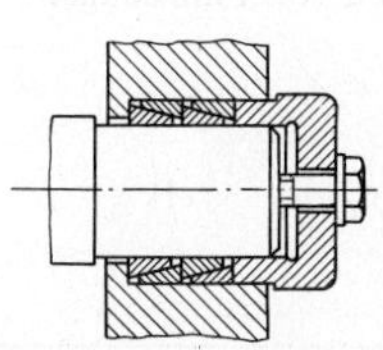 Ringfederspannelement	Ringfeder-Spannverbindung	Leicht lösbare und in Längs- und Drehrichtung nachstellbare Verbindung zur Aufnahme großer, wechselnder und stoßartiger Drehmomente. Das übertragbare Drehmoment ist abhängig von der Anzahl der Spannelemente. Hierzu sind die Angaben der Herstellerfirmen zu beachten, zum Beispiel Fa. Ringfeder GmbH, Krefeld-Uerdingen.

Tafel XI.2. Formschlüssige Nabenverbindungen (Beispiele)

Hauptvorteil: Lagesicherung

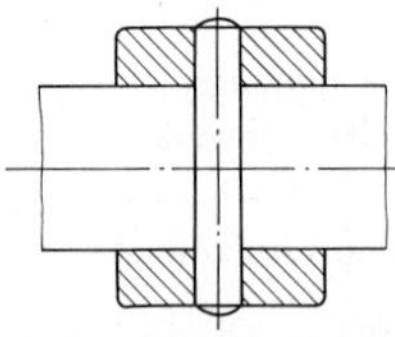 Querstiftverbindung 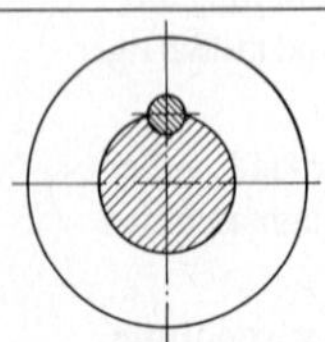 Längsstiftverbindung	Stiftverbindung	Lösbare Verbindung zur Aufnahme meist richtungskonstanter kleinerer Drehmomente. *Verbindungsbeispiele:* Bunde an Wellen, Stellringe, Radnaben, Hebel, Buchsen. Verwendet werden Kegelstifte nach DIN 1 mit Kegel 1 : 50, Zylinderstifte nach DIN 7, für hochbeanspruchte Teile auch gehärtete Zylinderstifte nach DIN 6325. Hinzu kommen Kerbstifte und Spannhülsen.
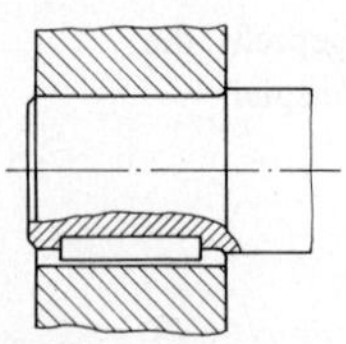 Einlegepaßfeder	Paßfederverbindung	Leicht lösbare und verschiebbare Verbindung zur Aufnahme richtungskonstanter Drehmomente. *Verbindungsbeispiele:* Riemenscheiben, Kupplungen, Zahnräder. Gegen axiales Verschieben ist eine zusätzliche Sicherung vorzusehen (Wellenbund, Axialsicherungsring). *Gleitpaßfedern* werden zum Beispiel bei Verschieberädern in Getrieben verwendet.
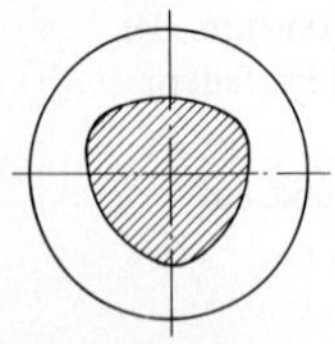 Polygonprofil 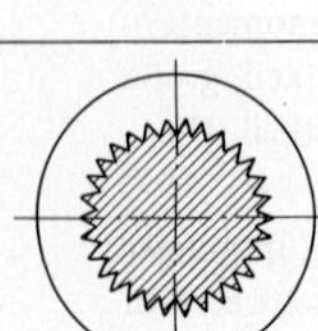 Kerbzahnprofil  Vielnutprofil	Profilwellenverbindung	Profilwellenverbindungen sind Formschlußverbindungen für hohe und höchste Belastungen. Das *Polygonprofil* ist nicht genormt. Hierzu sind die Angaben der Hersteller zu verwenden, zum Beispiel: Fortuna-Werke, Stuttgart-Bad Cannstadt oder Fa. Manurhin, Mühlhausen (Elsaß). Das *Kerbzahnprofil* ist nach DIN 5481 genormt. Die Verbindung ist leicht lösbar und feinverstellbar. Verwendung zum Beispiel bei Achsschenkeln und Drehstabfedern an Kraftfahrzeugen. Ein Sonderfall ist die Stirnverzahnung (Hirthverzahnung) als Plan-Kerbverzahnung. Hersteller: A. Hirth AG, Stuttgart-Zuffenhausen. Das *Vielnutprofil* ist als „Keilwellenprofil" genormt. Die Bezeichnung „Keilwellenprofil" ist irreführend, weil die Wirkungsweise der Paßfederverbindung (Formschluß) entspricht, nicht aber der Keilverbindung. Die Verbindung ist leicht lösbar und verschiebbar. Verwendung zum Beispiel bei Verschieberädergetrieben, bei Kraftfahrzeugkupplungen und Antriebswellen von Fahrzeugen.

2. Zylindrische Preßverbände

Normen (Auswahl)

DIN 7190 Berechnung und Anwendung von Preßverbänden
DIN 4768 Ermittlung der Rauhheitsmeßgrößen R_a, R_z, R_{max}

2.1. Begriffe an Preßverbänden

Preßverband ist eine kraftschlüssige (reibschlüssge) Nabenverbindung ohne zusätzliche Bauteile wie Paßfedern und Keile.

Außenteil (Nabe) und Innenteil (Welle) erhalten eine *Preß*passung, sie haben also vor dem Fügen immer ein Übermaß $P_ü$. Nach dem Fügen stehen sie unter einer Normalspannung σ mit der Fugenpressung p_F in der Fuge.

Preßpassung ist eine Passung, bei der stets ein Übermaß $P_ü$ vorhanden ist. Das Höchstmaß der Bohrung G_o ist also stets kleiner als das Mindestmaß der Welle G_u ($G_o < G_u$). Zur Preßpassung zählt auch der Fall $P_ü = 0$.

Herstellen von Preßverbänden (Fügeart)

durch Einpressen (Längseinpressen des Innenteils): Längspreßverband

durch Erwärmen des Außenteils (Schrumpfen des Außenteils)
durch Unterkühlen des Innenteils (Dehnen des Innenteils)
durch hydraulisches Fügen und Lösen (Dehnen des Außenteils)
} Querpreßverbände

Durchmesserbezeichnungen und Fugenlänge l_F

- d_F Fugendurchmesser (ungefähr gleich dem Nenndurchmesser der Passung)
- d_{Ii} Innendurchmesser des Innenteils I (Welle)
- d_{Ia} Außendurchmesser des Innenteils I, $d_{Ia} \approx d_F$
- d_{Aa} Außendurchmesser des Außenteils A
- d_{Ai} Innendurchmesser des Außenteils A (Nabe), $d_{Ai} \approx d_F$
- l_F Fugenlänge ($l_F < 1{,}5\, d_F$)

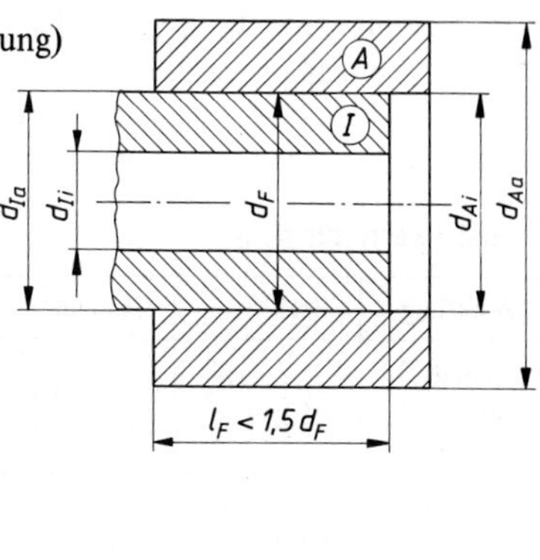

Durchmesserverhältnis Q

$$Q_A = \frac{d_F}{d_{Aa}} < 1 \qquad Q_I = \frac{d_{Ii}}{d_F} < 1$$

Übermaß $P_ü$ ist die Differenz des Außendurchmessers des Innenteils I und des Innendurchmessers des Außenteils A:

$$P_ü = d_{Ia} - d_{Ai}$$

Glättung G ist der Übermaßverlust $\Delta P_ü = G$, der beim Fügen durch Glätten der Fügeflächen auftritt:

$$G \approx 0{,}8\,(R_{zAi} + R_{zIa})$$ R_z gemittelte Rauhtiefe nach DIN 4768 Teil 1

Wirksames Übermaß Z (Haftmaß) ist das um $G = \Delta P_ü$ verringerte Übermaß, also das Übermaß nach dem Fügen:

$$Z = P_ü - G$$

Fugenpressung p_F ist die nach dem Fügen in der Fuge auftretende Flächenpressung.

Fasenlänge l_e und Fasenwinkel φ

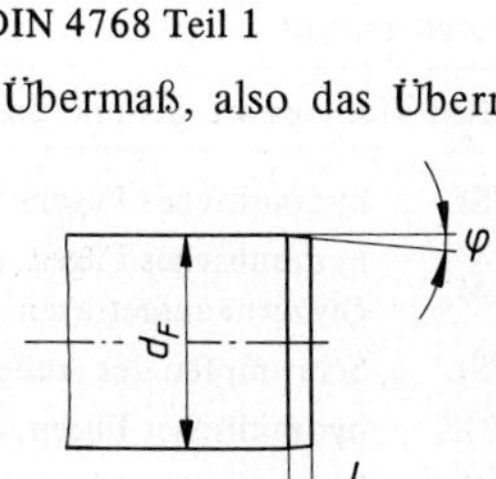

$$l_e = \sqrt[3]{d_F}$$

2.2. Zusammenstellung der Berechnungsformeln für zylindrische Preßverbände

2.2.1. Erforderliche Fugenpressung p_F

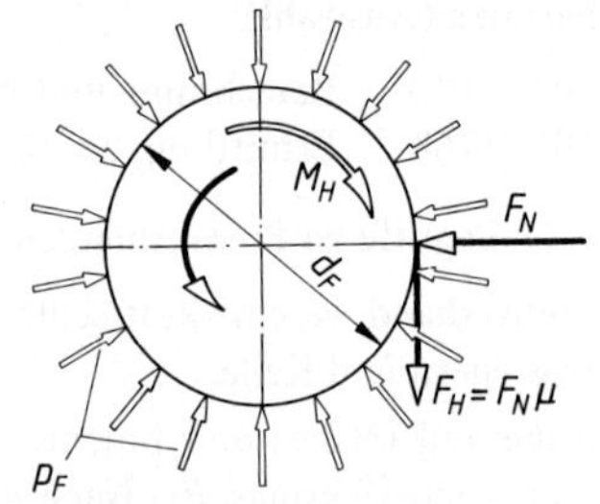

M Drehmoment, M_H Haftmoment
F_N Normalkraft, F_H Haftkraft (Reibkraft)

Die Fugenpressung p_F zwischen Außenteil (Nabe) und Innenteil (Welle) ist gleichmäßig über der Fugenfläche $A_F = \pi d_F l_F$ verteilt. Wie bei der Flächenpressung p (Festigkeitslehre II.6) ergibt sich die Normalkraft $F_N = p_F A_F = p_F \pi d_F l_F$. Im Hinblick auf die Haftkraft F_H kann sie an jedem beliebigen Punkt des Kreisumfangs angesetzt werden, beispielsweise so, wie es das Bild zeigt.

Als Reibkraft ist die Haftkraft $F_H = F_N \mu = p_F \pi d_F l_F \mu$ (siehe Statik I.8).

Das Haftmoment ergibt sich aus $M_H = F_H d_F/2$. Es wirkt dem eingeleiteten Drehmoment M entgegen und muß mindestens gleich dem zu übertragenden Drehmoment sein ($M_H \geqslant M$). Zusammenfassend führt diese Entwicklung zu einer Gleichung für die erforderliche Fugenpressung p_F:

$$M_H = F_H \frac{d_F}{2} = \frac{\pi}{2} p_F d_F^2 l_F \mu \geqslant M$$

$$p_F \geqslant \frac{2M}{\pi d_F^2 l_F \mu} \leqslant p_{zul} \qquad \text{(XI.1)}$$

p_F	M	d_F, l_F	μ
$\frac{N}{mm^2}$	Nmm	mm	1

Das Drehmoment M in Nmm kann aus der Wellenleistung P in kW und der Wellendrehzahl n in min^{-1} berechnet werden. Die zulässige Flächenpressung p_{zul} wird aus der Elastizitätsgrenze R_e, der 0,2-Dehngrenze $R_{p\,0,2}$ oder der Zugfestigkeit R_m ermittelt. Sie kann ebenso wie der Haftbeiwert μ den folgenden Zusammenstellungen entnommen werden:

Anhaltswerte für p_{zul}

Belastung	Stahl	Grauguß
ruhend und schwellend	$p_{zul} = \frac{R_e}{1,5}$	$p_{zul} = \frac{R_m}{3}$
wechselnd und stoßartig	$p_{zul} = \frac{R_e}{2,5}$	$p_{zul} = \frac{R_m}{4}$

R_e (oder $R_{p\,0,2}$) sowie R_m aus den Dauerfestigkeitsschaubildern (Festigkeitslehre Tafel I.7)

Haftbeiwert μ und Rutschbeiwert μ_e (Mittelwerte)

Der Rutschbeiwert μ_e wird zur Berechnung der Einpreßkraft F_e gebraucht.

Längspreßverband

Werkstoffe Welle/Nabe	Haftbeiwert μ (Rutschbeiwert μ_e) trocken	geschmiert
St/St St/GS	0,1 (0,1)	0,08 (0,06)
St/GG	0,12 (0,1)	0,06
St/G-AlSi12	0,07 (0,03)	0,05

Querpreßverband

Werkstoffe, Fügeart, Schmierung		Haftbeiwert μ
St/St	hydraulisches Fügen, Mineralöl	0,12
St/St	hydraulisches Fügen, entfettete Fügeflächen, Glyzerin aufgetragen	0,18
St/St	Schrumpfen des Außenteils	0,14
St/GG	hydraulisches Fügen, Mineralöl	0,1
St/GG	hydraulisches Fügen, entfettete Fügeflächen	0,16

2.2.2. Formänderungs-Hauptgleichung für Preßverbände

Die folgende Gleichung beschreibt die Formänderung von zwei Hohlzylindern unterschiedlicher Werkstoffe (Hohlwelle und Nabe), die durch Preßsitz miteinander verbunden sind. Sie kann hier nur angegeben werden. Die Entwicklung dieser Gleichung ist zum Beispiel in dem Buch „Festigkeitslehre" von *M. M. Filonenko-Boroditsch* (Verlag Technik, Ausgabe 1952, Band 2) zu finden.

$$Z = p_F\, d_F \left[\frac{1}{E_A} \left(\frac{1+Q_A^2}{1-Q_A^2} + \nu_A \right) + \frac{1}{E_I} \left(\frac{1+Q_I^2}{1-Q_I^2} - \nu_I \right) \right] \qquad \text{(XI.2)}$$

Z, d_F	p_F, E_A, E_I	Q_A, Q_I, ν_A, ν_I
mm	$\frac{N}{mm^2}$	1

Z wirksames Übermaß nach dem Fügen (auch Haftmaß genannt)
p_F Fugenpressung (Flächenpressung in den Fügeflächen)
l_F Fugenlänge
E_A, E_I Elastizitätsmodul des Außenteils A (Nabe) und des Innenteils I (Welle)
ν_A, ν_I Querdehnzahl des Außenteils A (Nabe) und des Innenteils I (Welle)
Q_A, Q_I Durchmesserverhältnis: $Q_A = d_F/d_{Aa} < 1$ $\quad Q_I = d_{Ii}/d_F < 1$

Die Querdehnzahl ν ist das Verhältnis der Querdehnung ϵ_q eines zugbeanspruchten Stabes zur Längsdehnung ϵ ($\nu = \epsilon_q/\epsilon$) und hat somit die Einheit 1 (siehe Festigkeitslehre I.5). Die Querdehnung ist stets kleiner als die Längsdehnung, folglich ist stets $\nu < 1$ (Beispiel: $\nu_{stahl} \approx 0{,}3$). Nach DIN 1304 steht der griechische Buchstabe μ sowohl für die Querdehnzahl als auch für die Reibungszahl an erster Stelle. Zur Unterscheidung wird hier der Buchstabe ν für die Querdehnzahl verwendet. Er wird in DIN 1304 als zweites Formelzeichen vorgeschlagen.

Elastizitätsmodul E und Querdehnzahl ν (Mittelwerte):

Werkstoff	Elastizitätsmodul E $\frac{N}{mm^2}$	Querdehnzahl ν Einheit 1
Stahl	210 000	0,3
GG-20	105 000	0,25
GGG-50	150 000	0,28
Bronze, Rotguß	80 000	0,35
Al-Legierungen	70 000	0,33

2.2.3. Formänderungsgleichungen für Preßverbände mit Vollwelle

Setzt sich der Preßverband aus *Vollwelle* und Nabe zusammen, dann wird das Durchmesserverhältnis $Q_I = d_{Ii}/d_F = 0$, weil der Innendurchmesser d_{Ii} des Innenteils (Welle) gleich Null ist. Bei unterschiedlichen Werkstoffen beider Verbindungselemente vereinfacht sich Gleichung (XI.2) mit $Q_{Ii} = 0$ und man erhält für das *wirksame Übermaß Z* die Form:

$$Z = p_F\, d_F \left[\frac{1}{E_A} \left(\frac{1+Q_A^2}{1-Q_A^2} + \nu_A \right) + \frac{1}{E_I} (1 - \nu_I) \right] \qquad \text{(XI.3)}$$

Z, d_F	p_F, E_A, E_I	Q_A, ν_A, ν_I
mm	$\frac{N}{mm^2}$	1

Bestehen *Vollwelle* und Nabe aus gleichelastischen Werkstoffen, zum Beispiel aus Stahl, dann sind die Elastizitätsmoduln gleich groß ($E_A = E_I = E$) und die Formänderungs-Hauptgleichung (XI.2) für das *wirksame Übermaß Z* vereinfacht sich weiter:

$$Z = \frac{2\, p_F\, d_F}{E(1 - Q_A^2)} \qquad \text{(XI.4)}$$

Z, d_F	p_F, E	Q_A
mm	$\frac{N}{mm^2}$	1

2.2.4. Übermaß $P_{ü}$ und Glättung G

Mit den Gleichungen (XI.2) bis (XI.4) kann je nach vorliegendem Fall das Übermaß Z errechnet werden, mit dem die zur Drehmomentenübertragung erforderliche Fugenpressung p_F erreicht wird. Nun wird beim Einpressen (Fügen) der beiden Fügeteile die Oberfläche von Welle und Nabenbohrung geglättet, was zu einem Übermaßverlust $\Delta P_{ü}$ führt. Diese nur schätzbare *Glättung* G muß also dem gewünschten wirksamen Übermaß Z hinzugezählt werden, wenn man das erforderliche *Übermaß* $P_{ü}$ haben will:

$$P_{ü} = Z + G \qquad \text{(XI.5)}$$

gemessenes Übermaß vor dem Fügen	=	wirksames Übermaß (Haftmaß)	+	Glättung (Übermaßverlust $\Delta P_{ü}$ beim Fügen der Teile)

$$G = 0{,}8\,(R_{z\,Ai} + R_{zIa}) \qquad \text{(XI.6)}$$

R_z gemittelte Rauhtiefe nach DIN 4768 Teil 1

Beispiele für G (Mittelwerte):

polierte Oberfläche	$G = 0{,}002$ mm	=	2 μm
feingeschliffene Oberfläche	$G = 0{,}005$ mm	=	5 μm
feingedrehte Oberfläche	$G = 0{,}010$ mm	=	10 μm

2.2.5. Einpreßkraft F_e

Beim Fügen des Preßverbandes muß die Reibung F_R zwischen Innen- und Außenteil überwunden werden. Die Gleichungen für die Fugenfläche A_F und für die Reibkraft F_R wurden bereits in Abschnitt 2.2.1 hergeleitet. Damit wird für die *Einpreßkraft* F_e:

$$F_e = p_{Fg}\,\pi\,d_F\,l_F\,\mu_e \qquad \text{(XI.7)}$$

F_e	p_{Fg}	d_F, l_F	μ_e
N	$\frac{N}{mm^2}$	mm	1

p_{Fg} größte vorhandene Fugenpressung
d_F Fugendurchmesser
l_F Fugenlänge
μ_e Rutschbeiwert nach 2.2.1

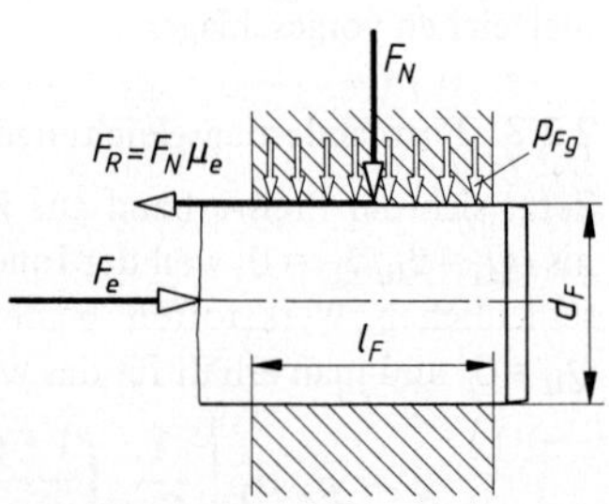

Herleitung der Gleichung:

$F_R = F_N\,\mu_e$; $F_N = p_{Fg}\,A_F$

$A_F = \pi\,d_F\,l_F$

$F_e = F_R = p_{Fg}\,\pi\,d_F\,l_F\,\mu_e$

2.2.6. Spannungsverteilung und Spannungsgleichungen

Das Spannungsbild zeigt die tatsächliche und die vereinfachte Spannungsverteilung im Innen- und Außenteil eines Preßverbandes aus Hohlwelle und Nabe. Für Überschlagsrechnungen reicht es aus, eine gleichmäßige Spannungsverteilung über den Querschnitten anzunehmen.

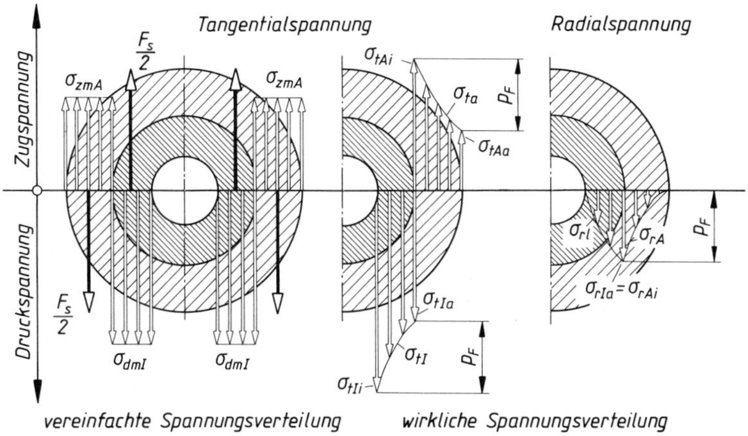

Spannungsbild eines Preßverbandes

σ_{zmA} **mittlere tangentiale Zugspannung im Außenteil**
σ_{dmI} mittlere tangentiale Druckspannung im Innenteil
F_S Nabensprengkraft
σ_{tA} Tangentialspannung im Außenteil — σ_{rA} Radialspannung im Außenteil
σ_{tI} Tangentialspannung im Innenteil — σ_{rI} Radialspannung im Innenteil

Tangentialspannung σ_t		Radialspannung σ_r	
Außenteil	Innenteil	Außenteil	Innenteil
$\sigma_{tAi} = p_F \dfrac{1+Q_A^2}{1-Q_A^2}$	$\sigma_{tIi} = p_F \dfrac{2}{1-Q_I^2}$	$\sigma_{rAi} = p_F$	$\sigma_{rIi} = 0$
$\sigma_{tAa} = p_F \dfrac{2\,Q_A^2}{1-Q_A^2}$	$\sigma_{tIa} = p_F \dfrac{1+Q_I^2}{1-Q_I^2}$	$\sigma_{rAa} = 0$	$\sigma_{rIa} = p_F$

(XI.8)

2.2.7. Mittlere tangentiale Zugspannung σ_{zmA} und Druckspannung σ_{dmI}

Bei Annahme einer gleichmäßigen Spannungsverteilung gilt die Zug- und die Druck-Hauptgleichung. Mit den Gleichungen für den jeweiligen Querschnitt und der Nabensprengkraft $F_S = p_F\, d_F\, l_F$ ergeben sich die folgenden Spannungsgleichungen:

$$\sigma_{zmA} = \frac{F_S}{A_{Nabe}} = \frac{p_F\, d_F\, l_F}{(d_{Aa} - d_{Ai})\, l_F}$$

$$\sigma_{zmA} = \frac{p_F\, d_F}{d_{Aa} - d_{Ai}} \approx \frac{p_F\, d_F}{d_{Aa} - d_F} \qquad \text{(XI.9)}$$

$$\sigma_{dmI} = \frac{F_S}{A_{Welle}} = \frac{p_F\, d_F\, l_F}{(d_F - d_{Ii})\, l_F}$$

$$\sigma_{dmI} = \frac{p_F\, d_F}{d_F - d_{Ii}} \qquad \text{(XI.10)}$$

Für die *Voll*welle gilt mit $d_{Ii} = 0$:

$$\sigma_{dmI} = \frac{p_F\, d_F}{d_F - 0} = p_F \qquad \text{(XI.11)}$$

2.2.8. Fügetemperatur Δt für Schrumpfen

$$\Delta t = \frac{P_ü + P_s}{\alpha\, d_F}$$ (XI.12)

$P_ü$ Größtübermaß in mm
P_s erforderliches Fügespiel in mm
α Längenausdehnungskoeffizient des Werkstoffes:
$\alpha_{Stahl} = 11 \cdot 10^{-6}\ 1/°C$
$\alpha_{GG} = 9 \cdot 10^{-6}\ 1/°C$

$$P_s \geqslant \frac{d_F}{1000}$$ (XI.13)

Herleitung einer Gleichung:

Mit dem Längenausdehnungskoeffizienten α in m/(m °C) = 1/°C beträgt die Verlängerung Δl eines Metallstabes der Ursprungslänge l_0 bei seiner Erwärmung um die Temperaturdifferenz Δt:

$$\Delta l = \alpha\, \Delta t\, l_0 \,.$$

Für das Außenteil (Nabe) eines Preßverbandes ist $\Delta l = P_ü + P_s$ und $l_0 = d_F$. Damit wird analog zu $\Delta l = \alpha\, \Delta t\, l_0$:

$$P_ü + P_s = \alpha\, \Delta t\, d_F$$

und daraus die obige Gleichung für Δt.

2.2.9. Festlegen der Preßpassung

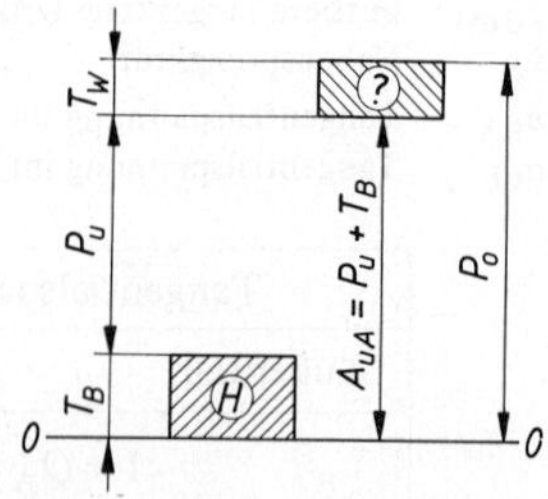

Bei Einzelfertigung kann man die Nabenbohrung ausführen und nach deren Istmaß die Welle für das errechnete Übermaß $P_ü$ fertigen. Bei Serienfertigung müssen größere Toleranzen zugelassen werden. Man muß also eine Preßpassung festlegen. Eine Auswahl der ISO-Toleranzlagen und -Qualitäten zeigt Tafel I.4 für das im Maschinenbau übliche System der Einheitsbohrung.

Da sich kleinere Toleranzen bei Wellen leichter einhalten lassen als bei Bohrungen, wählt man zweckmäßig:

Bohrung H7 mit Wellen der Qualität 6
Bohrung H8 mit Wellen der Qualität 7 usw.

Hat man sich für ein Toleranzfeld für die Bohrung entschieden, zum Beispiel Bohrung H7, dann findet man das Toleranzfeld für eine Welle folgendermaßen:

Man setzt das errechnete Übermaß gleich dem Kleinstübermaß P_u und addiert die Toleranz der Bohrung T_B. Damit hat man das vorläufige untere Abmaß A_{uA} der Welle:

$$A_{uA} = P_u + T_B \qquad P_u = P_ü$$

Mit diesem Wert geht man in der Tafel I.4 in die Zeile für den vorliegenden Nennmaßbereich und wählt dort für die vorher festgelegte Qualität ein Toleranzfeld für die Welle, bei dem das angegebene untere Abmaß dem errechneten am nächsten kommt (siehe Beispiele).

■ **Beispiel:**

Nennmaßbereich 35 mm
Toleranzfeld für die Bohrung H7
Qualität für die Welle 6
Toleranz der Bohrung $T_B = 25\ \mu m$
errechnetes Übermaß $P_ü = 60\ \mu m = P_u$
unteres Abmaß der Welle: $A_{uA} = P_u + T_B = 60\ \mu m + 25\ \mu m = 85\ \mu m$
Toleranzfeld der Welle: x6 mit $A_{uA} = 80\ \mu m$ und $A_{oA} = 96\ \mu m$

Damit können die Höchstpassung P_o und die Mindestpassung P_u berechnet werden:

$$P_o = A_{uI} - A_{oA} = 25\ \mu m - 80\ \mu m = -55\ \mu m$$
$$P_u = A_{oI} - A_{uA} = 0 - 96\ \mu m = -96\ \mu m$$

2.3. Berechnungsbeispiel eines zylinderischen Preßverbandes

In einem Getriebe sollen Vollwelle und Zahnrad als Längspreßverband gefügt werden. Der Konstrukteur soll dazu die erforderliche Preßpassung festlegen. Es ist schwellende Belastung zu erwarten. Die Rechnungen werden nach Abschnitt 2.2 durchgeführt.

Gegeben:

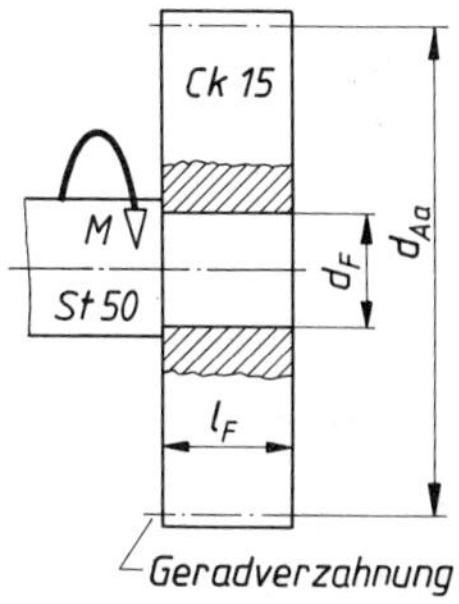

Wellendrehmoment $M = 2000$ Nm
Fugendurchmesser $d_F = 63$ mm
Fugenlänge $l_F = 50$ mm
Außendurchmesser des Außenteils $d_{Aa} = 160$ mm
Wellenwerkstoff: St50
Zahnradwerkstoff: Einsatzstahl Ck15
Fügeflächen mit den gemittelten Rauhtiefen $R_{zAi} = R_{zIa} = 6\ \mu m$

Lösung:

1. Erforderliche Fugenpressung p_F

$$p_F = \frac{2M}{\pi d_F^2 l_F \mu} \leqslant p_{zul}$$

$M = 2000$ Nm $= 2 \cdot 10^3$ Nm
$M = 2 \cdot 10^6$ Nmm
$d_F = 63$ mm
$l_F = 50$ mm

$\mu_{St/St} = 0{,}08$ angenommen nach 2.2.1 für geschmierte Oberflächen

$$p_{zul,St50} = \frac{R_{e(St50)}}{1{,}5} = \frac{300\ \frac{N}{mm^2}}{1{,}5} = 200\ \frac{N}{mm^2}$$

$$p_F = \frac{2 \cdot 2 \cdot 10^6\ Nmm}{\pi \cdot 63^2\ mm^2 \cdot 50\ mm \cdot 0{,}08} = 80{,}2\ \frac{N}{mm^2}$$

$$p_F = 80{,}2\ \frac{N}{mm^2} < p_{zul,St50} = 200\ \frac{N}{mm^2}$$

2. Durchmesserverhältnis Q_A

$$Q_A = \frac{d_F}{d_{Aa}} = \frac{63\ mm}{160\ mm} = 0{,}394 \approx 0{,}4$$

3. Wirksames Übermaß Z (nach Gleichung (XI.4))

$$Z = \frac{2 p_F d_F}{E(1-Q_A^2)} = \frac{2 \cdot 80{,}2\ \frac{N}{mm^2} \cdot 63\ mm}{21 \cdot 10^4\ \frac{N}{mm^2}(1-0{,}394^2)} = 0{,}057\ mm = 57\ \mu m$$

4. Übermaß $P_ü$

Das erforderliche Übermaß $P_ü$ setzt sich zusammen aus dem wirksamen Übermaß Z und der Glättung G:

$P_ü = Z + G$ $\qquad G = 0{,}8\,(R_{zAi} + R_{zIa}) = 0{,}8\,(6\ \mu m + 6\ \mu m)$

$P_ü = 57\ \mu m + 10\ \mu m = 67\ \mu m$ $\qquad G = 9{,}6\ \mu m \approx 10\ \mu m$

Sind alle in den Rechnungen gegebenen und angenommenen Größen tatsächlich vorhanden, vor allem auch der Haftbeiwert μ, dann würde der Preßverband das Drehmoment $M = 2000\,\text{Nm}$ übertragen können, wenn vor dem Fügen das Übermaß $P_{ü} = 67\,\mu\text{m}$ vorliegt.

Nach den Erläuterungen in Abschnitt 2.2.9 wird aus Tafel I.4 die Preßpassung H7/x6 gewählt:

$A_{uI} = 0$ $\qquad$ $A_{uA} = 122\,\mu\text{m}$

$A_{oI} = 30\,\mu\text{m}$ $\qquad$ $A_{oA} = 141\,\mu\text{m}$

Damit ergeben sich:

Mindestpassung $P_u = A_{uI} - A_{oA} = 0 - 141\,\mu\text{m} = -141\,\mu\text{m}$

Höchstpassung $P_o = A_{oI} - A_{uA} = 30\,\mu\text{m} - 122\,\mu\text{m} = -92\,\mu\text{m}$

Die Höchstpassung $P_o = 92\,\mu\text{m}$ liegt um ca. 37 % über dem errechneten Übermaß $P_{ü} = 67\,\mu\text{m}$. Folglich kann bei Vorliegen der Höchstpassung der Preßverband das Drehmoment $M = 2750\,\text{Nm}$ übertragen, immer vorausgesetzt, alle Annahmen waren richtig.

6. Spannungsnachweise (siehe 2.2.6. Spannungsbild)

Den hier verwendeten Formänderungsgleichungen (XI.2) und (XI.4) liegt das Hookesche Gesetz $\sigma = \epsilon E$ zugrunde. Sie gelten alo nur im sogenannten elastischen Bereich. Die größte vorhandene Normalspannung σ_{vorh} darf also die Proportionalitätsgrenze nicht überschreiten. Praktisch kann als Grenzspannung die Streckgrenze R_e oder die 0,2-Dehngrenze $R_{p0,2}$ (bei Werkstoffen ohne ausgeprägte Streckgrenze, z.B. bei Vergütungsstählen) herangezogen werden. Für die Werkstoffe St50 für die Welle und Ck15 für die Nabe (Zahnrad) zeigen die Dauerfestigkeitsschaubilder gleiche Werte an:

$$R_{e(St50)} = 300\,\frac{\text{N}}{\text{mm}^2} \qquad R_{e(Ck15)} = 300\,\frac{\text{N}}{\text{mm}^2}$$

Ausgangsgrößen für die Berechnung der vorhandenen Spannungen sind das größte wirksame Übermaß Z_g und die sich dabei einstellende größte Fugenpressung p_{Fg}.

6.1. Größtes wirksames Übermaß Z_g

$$Z_g = P_u - G = 141\,\mu\text{m} - 10\,\mu\text{m} = 131\,\mu\text{m} = 0{,}131\,\text{mm}$$

6.2. Größte Fugenpressung p_{Fg}

$$p_{Fg} = \frac{Z_g E (1 - Q_A^2)}{2\,d_F}$$

$Z_g = 0{,}131\,\text{mm}$

$E = 210\,000\,\text{N/mm}^2$

$Q_A = 0{,}394$

$d_F = 63\,\text{mm}$

$$p_{Fg} = \frac{0{,}131\,\text{mm} \cdot 210\,000\,\frac{\text{N}}{\text{mm}^2} \cdot (1 - 0{,}394^2)}{2 \cdot 63\,\text{mm}}$$

$$p_{Fg} = 184\,\frac{\text{N}}{\text{mm}^2} < p_{zul} = 200\,\frac{\text{N}}{\text{mm}^2}$$

6.3. Tangentialspannungen σ_t und Radialspannungen σ_r

$$\sigma_{tAi} = p_{Fg} \frac{1+Q_A^2}{1-Q_A^2} = 184 \frac{N}{mm^2} \cdot \frac{1+0{,}394^2}{1-0{,}394^2} = 252 \frac{N}{mm^2}$$

$$\sigma_{tAa} = p_{Fg} \frac{2\,Q_A^2}{1-Q_A^2} = 184 \frac{N}{mm^2} \cdot \frac{2 \cdot 0{,}394^2}{1-0{,}394^2} = 68 \frac{N}{mm^2}$$

Kontrollrechnung:

$\sigma_{tAi} - \sigma_{tAa} = p_{Fg}$

(siehe Spannungsbild)

$(252-68)\frac{N}{mm^2} = 184 \frac{N}{mm^2}$

$$\sigma_{tIi} = p_{Fg} \frac{2}{1-Q_I^2} = p_{Fg} \frac{2}{1-0} = 2\,p_{Fg} = 2 \cdot 184 \frac{N}{mm^2} = 368 \frac{N}{mm^2} > R_{e(I)} = 300 \frac{N}{mm^2}$$

$$\sigma_{tIa} = p_{Fg} \frac{1+Q_I^2}{1-Q_I^2} = p_{Fg} \frac{1+0}{1-0} = p_{Fg} = 184 \frac{N}{mm^2}$$

$$\sigma_{rAi} = p_{Fg} = 184 \frac{N}{mm^2} \qquad \sigma_{rAa} = 0 \qquad \sigma_{rIi} = 0 \qquad \sigma_{rIa} = p_{Fg} = 184 \frac{N}{mm^2}$$

6.4. Mittlere tangentiale Zugspannung σ_{zmA}

$$\sigma_{zmA} = \frac{p_{Fg}\,d_F}{d_{Aa}-d_F} = \frac{184 \frac{N}{mm^2} \cdot 63\,mm}{160\,mm - 63\,mm} = 120 \frac{N}{mm^2}$$

6.5. Mittlere tangentiale Druckspannung σ_{dmI}

$$\sigma_{dmI} = p_{Fg} = 184 \frac{N}{mm^2}$$

7. Spannungsvergleiche und festigkeitstechnische Anmerkungen

a) Die größten Tangentialspannungen treten an den Innenseiten der Fügeteile auf:
tangentiale Zugspannung $\sigma_{tAi} = 252 \frac{N}{mm^2} > \sigma_{tAa} = 68 \frac{N}{mm^2}$
tangentiale Druckspannung $\sigma_{tIi} = 368 \frac{N}{mm^2} > \sigma_{tIa} = 184 \frac{N}{mm^2}$.

b) Die Spannung σ_{tIi} ist größer als die Streckgrenze $R_e = 300\,N/mm^2$ für die Werkstoffe von Welle und Nabe. Die Werkstoffteilchen in den entsprechenden Ringzonen der Fügeteile verformen sich also nicht mehr nach dem Hookeschen Gesetz elastisch sondern plastisch.

c) Die hier errechneten Spannungen treten bei Größtübermaß auf. In diesem Falle sind Überschreitungen der Streckgrenze zulässig, solange der Werkstoff in diesen Ringzonen nicht geschädigt wird. Das ist hier nicht der Fall, denn es ist

$$\sigma_{tIi} < R_m \approx 500 \frac{N}{mm^2} \text{ (Zugfestigkeit der Werkstoffe)}.$$

8. Größte Einpreßkraft F_e

$$F_e = p_{Fg}\,\pi\,d_F\,l_F\,\mu_e$$

$$F_e = 184 \frac{N}{mm^2} \cdot \pi \cdot 63\,mm \cdot 50\,mm \cdot 0{,}06$$

$$F_e = 109\,252\,N \approx 109\,kN$$

$p_{Fg} = 184\,N/mm^2$
$d_F = 63\,mm$
$l_F = 50\,mm$
$\mu_e = 0{,}06$ (nach 2.2.1 für St/St, geschmiert)

3. Keglige Preßverbände (Kegelsitzverbindungen)

Normen (Auswahl)

DIN 254	Kegel
DIN 1448, 1449	Kegelige Wellenenden
DIN 7178	Kegeltoleranz- und Kegelpaßsystem
ISO 3040	Eintragung von Maßen und Toleranzen für Kegel

3.1. Begriffe am Kegel

Kegelmaße:

Kegel im technischen Sinne sind kegelige Werkstücke mit Kreisquerschnitt (spitze Kegel und Kegelstümpfe).

Bezeichnung eines Kegels mit dem Kegelwinkel $\alpha = 30^\circ$: Kegel 30°

Bezeichnung eines Kegels mit dem Kegelverhältnis $C = 1:10$: Kegel 1:10

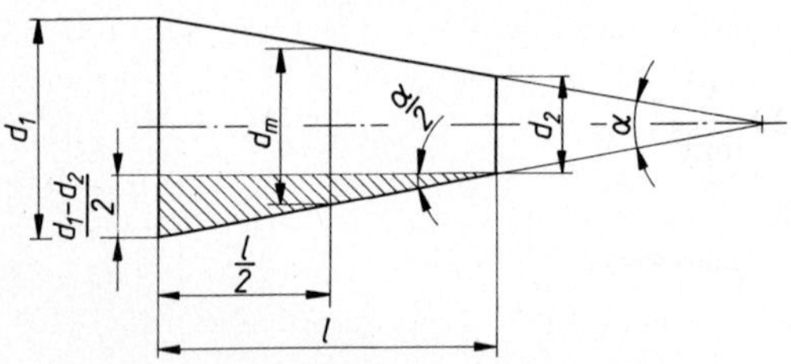

d_1, d_2 Kegeldurchmesser

$d_m = \frac{d_1 + d_2}{2}$ mittlerer Kegeldurchmesser

l Kegellänge

α Kegelwinkel

$\frac{\alpha}{2}$ Einstellwinkel zum Fertigen und Prüfen des Kegels

Kegelverhältnis *C*:

$$C = \frac{d_1 - d_2}{l}$$

$$C = 1:x = \frac{1}{x}$$

$$d_2 = d_1 - C\,l$$

Das Kegelverhältnis C wird in der Form $C = 1:x$ angegeben, zum Beispiel $C = 1:5$

Kegelwinkel α und Einstellwinkel $\alpha/2$:

Aus dem schraffierten rechtwinkligen Dreieck läßt sich ablesen:

$$\tan\frac{\alpha}{2} = \frac{d_1 - d_2}{2\,l} \Rightarrow C = 2\tan\frac{\alpha}{2}$$

$$\frac{\alpha}{2} = \arctan\frac{C}{2}$$

$$\alpha = 2\arctan\frac{C}{2}$$

$$d_2 = d_1 - 2\,l\tan\frac{\alpha}{2}$$

Vorzugswerte für Kegel:

Kegelverhältnis $C = 1 : x$	Kegelwinkel α	Einstellwinkel $\frac{\alpha}{2}$
1 : 0,2886751	120°	60°
1 : 0,5	90°	45°
1 : 1,8660254	30°	15°
1 : 3	18°55′29″ ≈ 18,925°	9°27′44″
1 : 5	11°25′16″ ≈ 11,421°	5°42′38″
1 : 10	5°43′29″ ≈ 5,725°	2°51′45″
1 : 20	2°51′51″ ≈ 2,864°	1°25′56″
1 : 50	1° 8′45″ ≈ 1,146°	34′23″
1 : 100	34′22″ ≈ 0,573°	17′11″

Werkzeugkegel und Aufnahmekegel an Werkzeugmaschinenspindeln, die sogenannten Morsekegel (DIN 228), haben ein Kegelverhältnis von ungefähr 1 : 20.

3.2. Zusammenstellung der Berechnungsformeln für keglige Preßverbände

Die erforderliche Fugenpressung p_F wird durch das Anziehen der Mutter hervorgerufen. Für die Untersuchung des Kräftegleichgewichts in der Preßverbindung ist es erlaubt, sich einen einzigen Angriffspunkt A an der Welle oder an der Nabe herauszugreifen, weil auch die Reibkraft $F_R = F_N \mu$ von Größe und Form der Berührungsfläche unabhängig ist (siehe Statik I.8). Es sind zwei Zustände zu untersuchen: Beim Aufpressen der Nabe auf das keglige Wellenende, bei dem sich am freigemachten Wellenteilchen W das Kräftesystem an der schiefen Ebene einstellt (siehe Statik I.8.6) und der Betriebszustand, bei dem die Reibkraft $F_{Ru} = F_R$ in tangentialer Richtung wirkt.

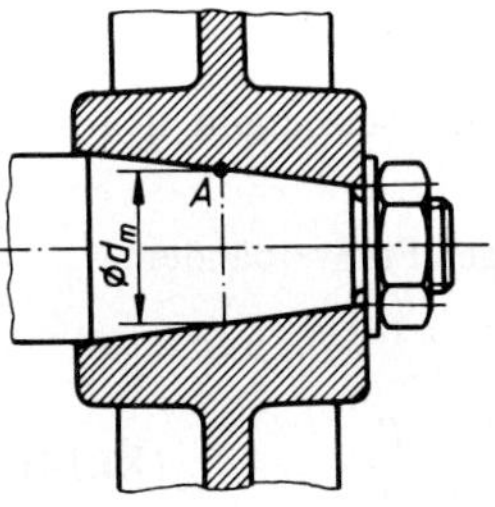

Kegliges Wellenende

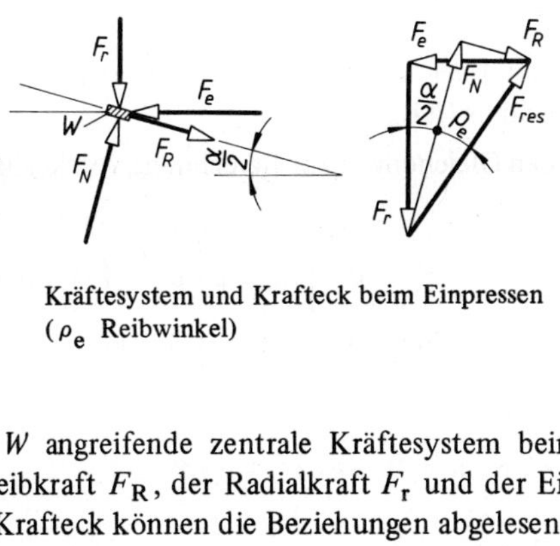

Kräftesystem und Krafteck beim Einpressen (ρ_e Reibwinkel)

Reibkraft F_{Ru} im Betriebszustand

Das am Wellenteilchen W angreifende zentrale Kräftesystem beim Einpressen besteht aus der Normalkraft F_N, der Reibkraft F_R, der Radialkraft F_r und der Einpreßkraft F_e. Aus den rechtwinkligen Dreiecken im Krafteck können die Beziehungen abgelesen werden:

$$\sin\left(\frac{\alpha}{2} + \rho_e\right) = \frac{F_e}{F_{res}} \Rightarrow F_e = F_{res} \sin\left(\frac{\alpha}{2} + \rho_e\right)$$

$$\cos \rho_e = \frac{F_N}{F_{res}} \Rightarrow F_{res} = \frac{F_N}{\cos \rho_e}$$

Mit der Einsetzungsmethode erhält man daraus:

$$F_e = F_N \frac{\sin\left(\frac{\alpha}{2} + \rho_e\right)}{\cos \rho_e}$$

Für den Betriebsfall würde an Stelle des Rutschbeiwertes μ_e der Haftbeiwert μ wirksam. Sicherheitshalber wird aber auch hier mit dem Rutschbeiwert μ_e gerechnet, also mit $F_R = F_N \mu_e$.

$$M = F_R \frac{d_m}{2} = F_N \mu_e \frac{d_m}{2} \Longrightarrow F_N = \frac{2M}{\mu_e d_m}$$

$$F_e = \frac{2M}{\mu_e d_m} \cdot \frac{\sin(\frac{\alpha}{2} + \rho_e)}{\cos \rho_e}$$

Für übliche Reibwinkel ρ_e wird $\cos \rho_e \approx 1$, so daß vereinfacht werden kann:

$$F_e = \frac{2M}{\mu_e d_m} \cdot \sin\left(\frac{\alpha}{2} + \rho_e\right)$$

Mit der Fugenpressung p_F und der Fugenfläche A_F wird die Normalkraft $F_N = p_F A_F$. Die Fugenfläche A_F kann nach der Guldinschen Regel ausgedrückt werden durch

$$A_F = 2\pi \frac{d_m}{2} \cdot \frac{l_F}{\cos(\frac{\alpha}{2})} = \frac{\pi d_m l_F}{\cos(\frac{\alpha}{2})}$$

Bringt man außerdem $F_N = 2M/\mu_e d_m$ ein, dann ergibt sich:

$$\frac{2M}{\mu_e d_m} = \frac{p_F \pi d_m l_F}{\cos(\frac{\alpha}{2})}$$

und daraus die Gleichung für die Fugenpressung

$$p_F = \frac{2M \cos(\frac{\alpha}{2})}{\pi \mu_e d_m^2 l_F}$$

Beachte: Für den Fall $\cos(\alpha/2) = 0$ liegt der zylindrische Preßverband vor. Dann ergibt sich mit $\cos 0° = 1$ und $d_m = d_F$ die Gleichung (XI.1).

Die Herleitung ergibt die folgenden Gleichungen zur Berechnung von kegligen Preßverbänden:

Erforderliche Einpreßkraft F_e

$$F_e = \frac{2M}{d_m \mu_e} \cdot \sin\left(\frac{\alpha}{2} + \rho_e\right) \qquad \text{(XI.14)}$$

F_e	M	d_m, l_F	μ_e	P	n	p
N	Nmm	mm	1	kW	min^{-1}	$\frac{N}{mm^2}$

$$M = 9{,}55 \cdot 10^6 \frac{P}{n} \qquad \text{(XI.15)}$$

vorhandene Fugenpressung p_F

$$p_F = \frac{2M \cos(\frac{\alpha}{2})}{\pi \mu_e d_m^2 l_F} \leqslant p_{zul} \qquad \text{(XI.16)}$$

Einpreßkraft F_e für eine bestimmte Fugenpressung p_F

$$F_e = \pi p_F d_m l_F \cdot \sin\left(\frac{\alpha}{2} + \rho_e\right) \qquad \text{(XI.17)}$$

M	Drehmoment	ρ_e	Reibwinkel aus $\tan \rho_e = \mu_e$	l_F	Fugenlänge
P	Wellenleistung		$\rho_e = \arctan \mu_e$	p_{zul}	nach 2.2.1
n	Drehzahl	μ_e	Rutschbeiwert aus 2.2.1		
$\frac{\alpha}{2}$	Einstellwinkel	d_m	mittlerer Kegeldurchmesser		

3.3. Berechnungsbeispiel eines kegligen Preßverbandes

Die skizzierte Kegelverbindung eines Zahnrades mit dem Wellenende einer Getriebewelle ist zu berechnen. Es ist schwellende Belastung anzunehmen.

Gegeben:

Wellendrehmoment	M	= 2000 Nm
Wellendurchmesser	d_1	= 63 mm
Fugenlänge	l_F	= 50 mm
Wellenwerkstoff		Ck 45
Zahnradwerkstoff		Ck 15
Kegelverhältnis	C	= 1 : 10

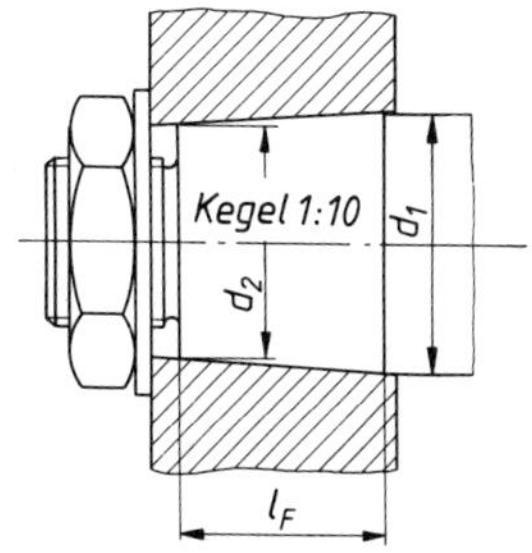

Lösung:

1. Wellendurchmesser d_2

$$d_2 = d_1 - Cl = d_1 - Cl_F = 63\ \text{mm} - \frac{1}{10} \cdot 50\ \text{mm}$$

$$d_2 = 58\ \text{mm}$$

2. Mittlerer Kegeldurchmesser d_m

$$d_m = \frac{d_1 + d_2}{2} = \frac{63\ \text{mm} + 58\ \text{mm}}{2} = 60{,}5\ \text{mm}$$

3. Einstellwinkel $\frac{\alpha}{2}$

$$\frac{\alpha}{2} = \text{arc tan}\ \frac{C}{2} = \text{arc tan}\ \frac{1}{10 \cdot 2} = 2{,}862\,405\,226° = 2°51'45''$$

4. Einpreßkraft F_e

$$F_e = \frac{2M}{d_m\ \mu_e} \sin\left(\frac{\alpha}{2} + \rho_e\right)$$

Für den Rutschbeiwert μ_e wird nach 2.2.1 festgelegt: $\mu_e = 0{,}1$
Damit wird der Reibwinkel ρ_e ermittelt:
$\rho_e = \text{arc tan}\ \mu_e = \text{arc tan}\ 0{,}1 = 5{,}7°$

$$F_e = \frac{2 \cdot 2000 \cdot 10^3\ \text{Nmm}}{60{,}5\ \text{mm} \cdot 0{,}1} \cdot \sin(2{,}9° + 5{,}7°)$$

$$F_e = 98\,866\ \text{N} = 98{,}9\ \text{kN}$$

(Ausgangsgröße zur Berechnung des Anziehdrehmomentes M_A für die Mutter)

5. Fugenpressung p_F

$$p_F = \frac{2M\cos(\frac{\alpha}{2})}{\pi\mu_e d_m^2\ l_F} = \frac{2 \cdot 2000 \cdot 10^3\ \text{Nmm} \cdot \cos 2{,}9°}{\pi \cdot 0{,}1 \cdot 60{,}5^2\text{mm}^2 \cdot 50\ \text{mm}} = 69{,}5\ \frac{\text{N}}{\text{mm}^2}$$

6. Pressungsvergleich

Der Werkstoff mit der niedrigeren Streckgrenze R_e oder 0,2-Dehngrenze $R_{p0,2}$ ist hier der Zahnradwerkstoff Ck 15 mit $R_e = 300\ \text{N/mm}^2$ (siehe Dauerfestigkeitsschaubild für Zug-Druck-Beanspruchung in Abschnitt Festigkeitslehre, Tafel I.7).

Die zulässige Flächenpressung wird nach 2.2.1 für schwellende Belastung angenommen:

$$p_{\text{zul, Ck 15}} = \frac{R_{\text{e, Ck 15}}}{1{,}5} = \frac{300\ \frac{\text{N}}{\text{mm}^2}}{1{,}5} = 200\ \frac{\text{N}}{\text{mm}^2}\ ;\ \text{folglich ist}$$

$$p_F = 69{,}5\ \frac{\text{N}}{\text{mm}^2} < p_{\text{zul}} = 200\ \frac{\text{N}}{\text{mm}^2}$$

Tafel XI.3. Maße für keglige Wellenenden mit Außengewinde

Bezeichnung eines langen kegligen Wellenendes mit Paßfeder und Durchmesser d_1 = 40 mm:

Wellenende 40 × 82 DIN 1448

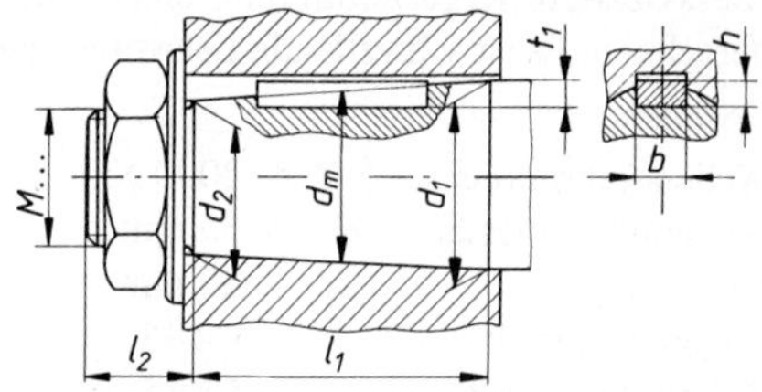

Maße in mm

Durchmesser d_1	6	7	8	9	10	11	12	14	16	19	20	22	24	25	28
Kegellänge l_1 lang	10		12		15		18		28		36			42	
Kegellänge l_1 kurz	–		–		–		–		16		22			24	
Gewindelänge l_2	6		8		8		12				14			18	
Gewinde	M4		M6				M8 × 1		M10 × 1,25		M12 × 1,25			M16 × 1,5	
Paßfeder[1]) $b \times h$						2 × 2		3 × 3		4 × 4			5 × 5		
Nuttiefe t_1 lang	–					1,6	1,7	2,3	2,5	3,2	3,4		3,9	4,1	
Nuttiefe t_1 kurz	–					–	–	–	2,2	2,9	3,1		3,6	3,6	
Durchmesser d_1	30	32	35	38	40	42	45	48	50	55	60	65	70	75	80
Kegellänge l_1 lang	58				82						105				130
Kegellänge l_1 kurz	36				54						70				90
Gewindelänge l_2	22				28						35				40
Gewinde	M20 × 1,5			M24 × 2			M30 × 2		M36 × 3		M42 × 3		M48 × 3		M56 × 4
Paßfeder $b \times h$	5 × 5	6 × 6			10 × 8		12 × 8			14 × 9	16 × 10		18 × 11		20 × 12
Nuttiefe t_1 lang	4,5	5			7,1					7,6	8,6		9,6		10,8
Nuttiefe t_1 kurz	3,9	4,4			6,4					6,9	7,8		8,8		9,8

[1]) Paßfeder nach Tafel XI.6.

Tafel XI.4. Richtwerte für Nabenabmessungen

Verbindungsart	Nabendurchmesser d_{Aa} Naben aus GG	Nabendurchmesser d_{Aa} Naben aus St oder GS	Nabenlänge l GG	Nabenlänge l St oder GS
zylindrische und keglige Preßverbände und Spannverbindungen	2,2 ... 2,6 d	2 ... 2,5 d	1,2 ... 1,5 d	0,8 ... 1 d
Klemmsitz- und Keilsitzverbindungen	2 ... 2,2 d	1,8 ... 2 d	1,6 ... 2 d	1,2 ... 1,5 d
Keilwelle, Kerbverzahnung	1,8 ... 2 d_1	1,6 ... 1,8 d_1	0,8 ... 1 d_1	0,6 ... 0,8 d
Paßfederverbindungen	1,8 ... 2 d	1,6 ... 1,8 d	1,8 ... 2 d	1,6 ... 1,8 d
längsbewegliche Naben	1,8 ... 2 d	1,6 ... 1,8 d	2 ... 2,2 d	1,8 ... 2 d
lose sitzende (sich drehende) Naben	1,8 ... 2 d	1,6 ... 1,8 d	2 ... 2,2 d	

d Wellendurchmesser

Die Werte für Keilwelle und Kerbverzahnung sind Mindestwerte (d_1 „Kerndurchmesser"). Bei größeren Scheiben oder Rädern mit seitlichen Kippkräften ist die Nabenlänge noch zu vergrößern.

Allgemein gelten die größeren Werte bei Werkstoffen geringerer Festigkeit, die kleineren Werte bei Werkstoffen höherer Festigkeit.

4. Klemmsitzverbindungen

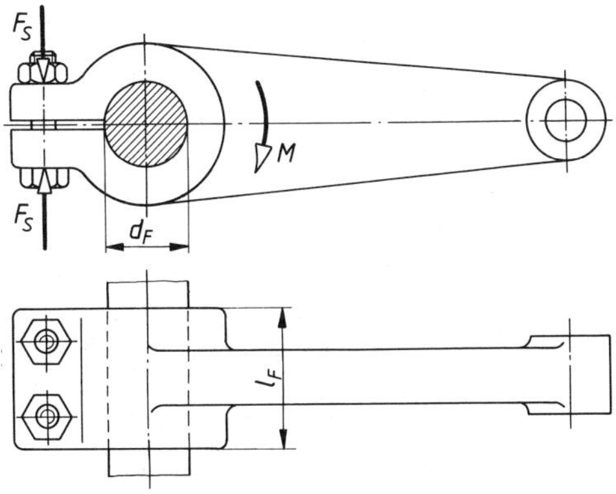

Klemmsitzverbindungen werden mit geteilter oder mit geschlitzter Nabe hergestellt.

Mit Schrauben, Schrumpfringen oder Kegelringen werden die beiden Nabenhälften so auf die Welle gepreßt, daß ohne Rutschen ein gegebenes Drehmoment M übertragen werden kann. Die dazu erforderliche Verspannkraft wird hier *Sprengkraft* F_S genannt. Die in der Fugenfläche entstehende Flächenpressung heißt *Fugenpressung* p_F. Der errechnete Betrag ist mit der zulässigen Flächenpressung für den Werkstoff mit der geringeren Festigkeit zu vergleichen.

Die beiden folgenden Gleichungen gelten unter der Annahme, daß die Spannungsverteilung bei der Klemmsitzverbindung die gleiche ist wie beim zylindrischen Preßverband. Insbesondere wird von einer gleichmäßigen Verteilung der Fugenpressung in der Fugenfläche ausgegangen. Die Berechnungsgleichungen ergeben sich dann aus der Herleitung in 2.2.1 in Verbindung mit der Gleichung für die Nabensprengkraft in 2.2.7.

Vor allem bei der geschlitzten Nabe ist eine gleichmäßige Verteilung der Fugenpressung kaum zu erzielen. Die zulässige Flächenpressung p_{zul} sollte daher kleiner angesetzt werden als beim zylindrischen Preßverband.

Sicherheitshalber ist in der Gleichung für die Sprengkraft F_S der Rutschbeiwert μ_e (siehe 2.2.1) zu verwenden, der kleiner ist als der Haftbeiwert μ, der in den Gleichungen für den zylindrischen Preßverband verwendet wird.

Sprengkraft F_S (gesamte Verspannkraft):

$$F_S = \frac{2M}{\pi \mu_e d_F} \qquad \text{(XI.18)}$$

$$M = 9{,}55 \cdot 10^6 \frac{P}{n} \qquad \text{(XI.19)}$$

F_S	p_F, p_{zul}	M	d_F, l_F	μ_e	P	n
N	$\frac{N}{mm^2}$	Nmm	mm	1	kW	min^{-1}

Vorhandene Fugenpressung p_F:

$$p_F = \frac{F_S}{d_F l_F} \leqslant p_{zul} \qquad \text{(XI.20)}$$

$$p_F = \frac{2M}{\pi \mu_e d_F^2 l_F} \leqslant p_{zul} \qquad \text{(XI.21)}$$

Zulässige Flächenpressung p_{zul}:

für St-Nabe: $$p_{zul} = \frac{R_e}{3} \text{ oder } \frac{R_{p,0,2}}{3} \qquad \text{(XI.22)}$$

für GG-Nabe: $$p_{zul} = \frac{R_m}{5} \qquad \text{(XI.23)}$$

5. Keilsitzverbindungen

Keilsitzverbindungen werden in der Praxis nicht berechnet, weil die Eintreibkraft, von der die Zuverlässigkeit des Reibschlusses abhängt, rechnerisch kaum erfaßt werden kann.

Für bestimmte Wellen- und Nabenabmessungen sind die Abmessungen der Keile den Normen zu entnehmen, die in der folgenden Darstellung angegeben sind. Die Paßfeder ist hier zur Vervollständigung noch einmal aufgenommen worden:

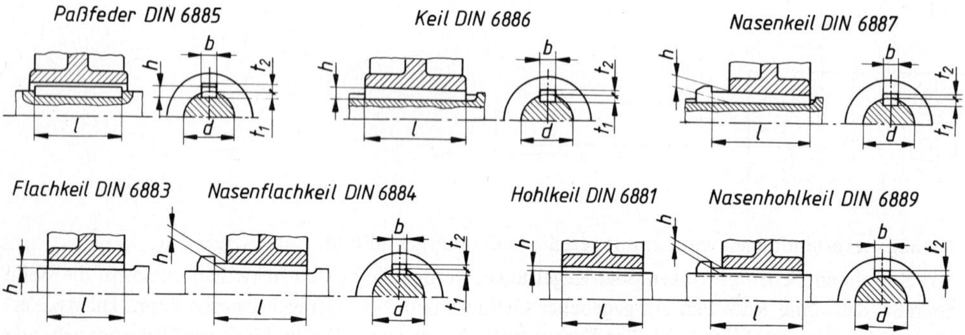

6. Ringfederspannverbindungen

Ringfederspannverbindungen werden in der Praxis nicht berechnet. Die Hersteller liefern Tabellen für die Abmessungen und die übertragbaren Drehmomente, die aus Versuchsergebnissen zusammengestellt worden sind.

Man verwendet *Ringfeder-Spannelemente* und *-Spannsätze*. Die Kraftumsetzung von Axial- in Radialspannkräfte an den keglig aufeinandergeschobenen Ringen erfolgt wie bei Keilen. Die Neigungswinkel der kegligen Flächen sind so groß, daß keine Selbsthemmung auftritt. Wird die Verbindung gelöst, läßt sich die Spannverbindung leicht ausbauen.

6.1. Einbau und Einbaubeispiel für Ringfederspannverbindungen

Ringfeder-Spannelemente bestehen aus den Spannelementen 1, das sind keglige Stahlringe, dem Druckring 2, den Spannschrauben 3 und den Distanzhülsen 4. Welle und Nabe brauchen eine zusätzliche Zentrierung Z. Zum Aufeinanderschieben der kegligen Spannelemente (Ringpaare) ist ein ausreichender Spannweg s vorzusehen. Er wird in den Tabellen der Herstellerfirmen angegeben.

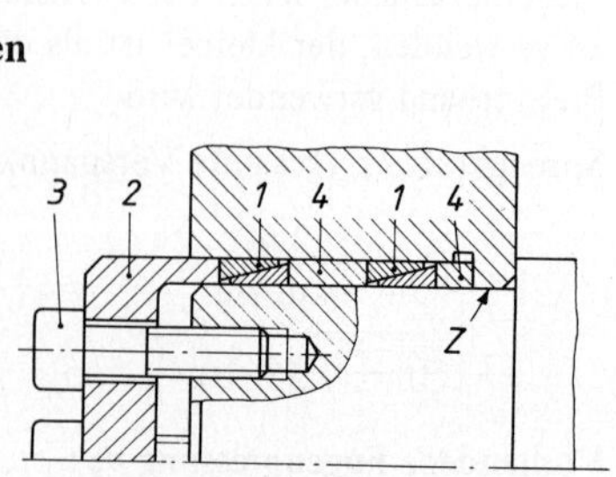

Wegen der exponential abfallenden Wirkung können nur bis zu $n = 4$ Spannelemente hintereinandergeschaltet werden.

Spannsätze bestehen aus dem Außenring 1, dem Innenring 2, den beiden Druckringen 3 und den gleichmäßig am Umfang verteilten Spannschrauben 4, mit denen die Druckringe 3 axial verspannt werden. Dadurch wird der Innenring elastisch zusammengepreßt (Wellensitz), der Außenring gedehnt (Nabensitz). Auch für Spannsätze ist eine zusätzliche Zentrierung von Welle und Nabe erforderlich.

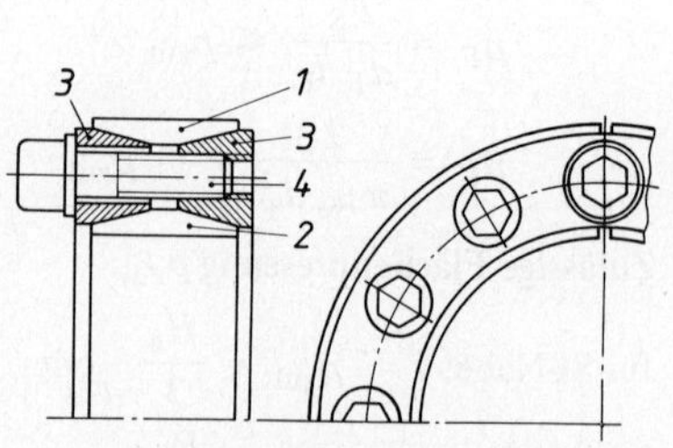

Tafel XI.5. Ringfederspannverbindungen, Maße, Kräfte und Drehmomente (nach Ringfeder GmbH, Krefeld-Uerdingen)

Spannelement

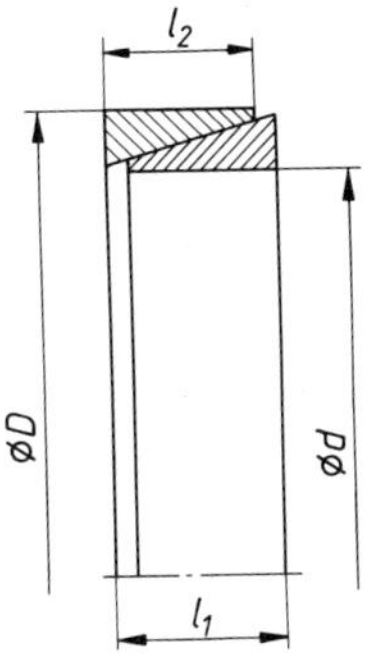

$M_{(100)}$ ist das von *einem* Spannelement übertragbare Drehmoment bei $p = 100\ \frac{N}{mm^2}$ Flächenpressung. Entsprechendes gilt für $F_{(100)}$ und $F_{ax\,(100)}$. Ermittlung der Anzahl hintereinandergeschalteter Elemente in 6.2.

Maße $d \times D$ mm	l_1 mm	l_2 mm	Kräfte F_0 kN	$F_{(100)}$ kN	$F_{ax\,(100)}$ kN	Drehmoment $M_{(100)}$ Nm	Spannweg s in mm bei n 1	2	3	4
10 × 13	4,5	3,7	6,95	6,30	1,40	7,0	2	2	3	3
12 × 15	4,5	3,7	6,95	7,50	1,67	10,0	2	2	3	3
14 × 18	6,3	5,3	11,20	12,60	2,80	19,6	3	3	4	5
16 × 20	6,3	5,3	10,10	14,40	3,19	25,5	3	3	4	5
18 × 22	6,3	5,3	9,10	16,20	3,60	32,4	3	3	4	5
20 × 25	6,3	5,3	12,05	18,00	4,00	40	3	3	4	5
22 × 26	6,3	5,3	9,05	19,80	4,40	48	3	3	4	5
25 × 30	6,3	5,3	9,90	22,50	5,00	62	3	3	4	5
28 × 32	6,3	5,3	7,40	25,20	5,60	78	3	3	4	5
30 × 35	6,3	5,3	8,50	27,00	6,00	90	3	3	4	5
35 × 40	7	6	10,10	35,60	7,90	138	3	3	4	5
40 × 45	8	6,6	13,80	45,00	9,95	199	3	4	5	6
45 × 52	10	8,6	28,20	66,00	14,60	328	3	4	5	6
50 × 57	10	8,6	23,50	73,00	16,20	405	3	4	5	6
55 × 62	10	8,6	21,80	80,00	17,80	490	3	4	5	6
60 × 68	12	10,4	27,40	106,00	23,50	705	3	4	5	7
63 × 71	12	10,4	26,30	111,00	24,80	780	3	4	5	7
65 × 73	12	10,4	25,40	115,00	25,60	830	3	4	5	7
70 × 79	14	12,2	31,00	145,00	32,00	1120	3	5	6	7
75 × 84	14	12,2	34,60	155,00	34,40	1290	3	5	6	7
80 × 91	17	15	48,00	203,00	45,00	1810	4	5	6	8
85 × 96	17	15	45,60	216,00	48,00	2040	4	5	6	8
90 × 101	17	15	43,40	229,00	51,00	2290	4	5	6	8
95 × 106	17	15	41,20	242,00	54,00	2550	4	5	6	8
100 × 114	21	18,7	60,70	317,00	70,00	3520	4	6	7	9

Spannsätze

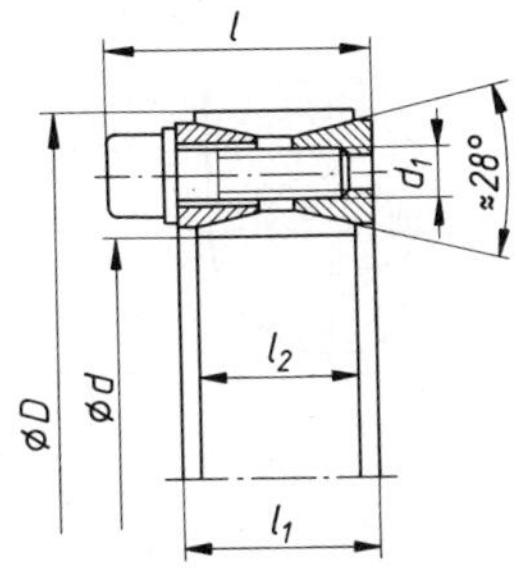

Bei zwei Spannsätzen verdoppeln sich die Beträge des übertragbaren Drehmomentes M und der übertragbaren Axialkraft F_{ax}

Maße $d \times D$ mm	l_1 mm	l_2 mm	l mm	Kraft F_{ax} kN	Drehmoment M Nm	Flächenpressung p_{Welle} N/mm²	p_{Nabe} N/mm²	Schrauben DIN 912 Anzahl	Gewinde d_1	M_A Nm
30 × 55	20	17	27,5	33,4	500	175	95	10	M 6 × 18	14
35 × 60	20	17	27,5	40	700	180	105	12	M 6 × 18	14
40 × 65	20	17	27,5	46	920	180	110	14	M 6 × 18	14
45 × 75	24	20	33,5	72	1610	210	125	12	M 8 × 22	35
50 × 80	24	20	33,5	71	1770	190	115	12	M 8 × 22	35
55 × 85	24	20	33,5	83	2270	200	130	14	M 8 × 22	35
60 × 90	24	20	33,5	83	2470	180	120	14	M 8 × 22	35
65 × 95	24	20	33,5	93	3040	190	130	16	M 8 × 22	35
70 × 110	28	24	39,5	132	4600	210	130	14	M10 × 25	70
75 × 115	28	24	39,5	131	4900	195	125	14	M10 × 25	70
80 × 120	28	24	39,5	131	5200	180	120	14	M10 × 25	70
85 × 125	28	24	39,5	148	6300	195	130	16	M10 × 25	70
90 × 130	28	24	39,5	147	6600	180	125	16	M10 × 25	70
95 × 135	28	24	39,5	167	7900	195	135	18	M10 × 25	70
100 × 145	30	26	44	192	9600	195	135	14	M12 × 30	125
110 × 155	30	26	44	191	10500	180	125	14	M12 × 30	125
120 × 165	30	26	44	218	13100	185	135	16	M12 × 30	125
130 × 180	38	34	52	272	17600	165	115	20	M12 × 35	125

6.2 Ermittlung der Anzahl n der Spannelemente und der axialen Spannkraft F_a

Anzahl n für gegebenes Drehmoment M in Nm:

$$n = f_p f_n \frac{M}{M_{(100)}} \qquad \text{(XI.24)}$$

$M_{(100)}$ übertragbares Drehoment M in Nm nach Tafel XI.5 für *ein* Spannelement und eine Flächenpressung von $p = 100\ \text{N/mm}^2$

f_p Pressungsfaktor nach Gleichung (XI.25)

f_n Anzahlfaktor, abhängig von der Anzahl der hintereinandergeschalteten Elemente:
für $n = 2$ ist $f_n = 1{,}55$,
für $n = 3$ ist $f_n = 1{,}85$ und
für $n = 4$ ist $f_n = 2{,}02$.

Pressungsfaktor f_p:

$$f_p = \frac{p_W}{p_{(100)}} \qquad p_{(100)} = 100\ \frac{\text{N}}{\text{mm}^2} \qquad \text{(XI.25)}$$

p_W Grenzwert der Flächenpressung für den Wellen- oder Nabenwerkstoff
$p_W = 0{,}9\ R_e$ (oder $R_{p\,0,2}$) für St und GS
$p_W = 0{,}6\ R_m$ für GG

R_e Streckgrenze, $R_{p\,0,2}$ 0,2-Dehngrenze
R_m Zugfestigkeit
alle Werte aus den Dauerfestigkeitsschaubildern

Anzahl n für gegebene Axialkraft F_{ax} in kN:

$$n = f_p f_n \frac{F}{F_{ax(100)}} \qquad \text{(XI.26)}$$

$F_{ax(100)}$ Axialkraft in kN nach Tafel XI.5 für *ein* Spannelement und eine Flächenpressung von $p = 100\ \text{N/mm}^2$

f_p Pressungsfaktor nach Gleichung (XI.25)

f_n Anzahlfaktor, abhängig von der Anzahl der hintereinandergeschalteten Elemente:
für $n = 2$ ist $f_n = 1{,}55$,
für $n = 3$ ist $f_n = 1{,}85$ und
für $n = 4$ ist $f_n = 2{,}02$.

Erforderliche axiale Gesamtspannkraft F_a in kN:

$$F_a = F_0 + F_{(100)} f_p \qquad \text{(XI.27)}$$

F_0 axiale Spannkraft in kN nach Tafel XI.5 zur Überbrückung des Passungsspiels bei h6/H7 und einer gemittelten Rauhtiefe $R_z \approx 6\ \mu\text{m}$

$F_{(100)}$ axiale Spannkraft in kN nach Tafel XI.5 bei einer Flächenpressung $p = 100\ \text{N/mm}^2$

f_p Pressungsfaktor nach Gleichung (XI.25)

7. Längsstiftverbindung

Bauverhältnisse (Anhaltswerte):

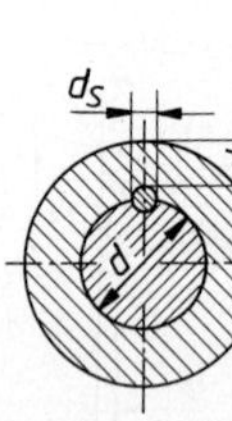

$$\frac{d_S}{d} = 0{,}13 \ldots 0{,}16$$

$$\frac{l}{d} = 1{,}0 \ \ldots 1{,}5 \qquad l \text{ Nabenlänge}$$

Nabendicke s' in mm (M in Nm einsetzen):

$$s' = (3{,}2 \ldots 3{,}9)\ \sqrt[3]{M} \qquad \text{für GG-Nabe}$$

$$s' = (2{,}4 \ldots 3{,}2)\ \sqrt[3]{M} \qquad \text{für St- und GS-Nabe}$$

$$M = 9550\ \frac{P}{n}$$

M	P	n
Nm	kW	min^{-1}

Übertragbares Drehmoment M:

$$M \leqslant \frac{d_S\, d\, l_S}{4}\ p_{zul(Nabe)} \qquad \text{(XI.28)}$$

M	d_S, d, l_S	p_{zul}
Nmm	mm	$\frac{\text{N}}{\text{mm}^2}$

p_{zul} nach 8., l_S Stiftlänge

8. Querstiftverbindung

Bauverhältnisse (Anhaltswerte):

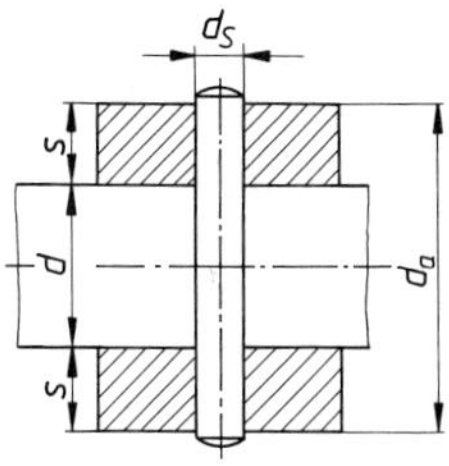

$$\frac{d_S}{d} = 0{,}2 \ldots 0{,}3$$

$$\frac{d_a}{d} = 2{,}5 \quad \text{für GG-Nabe}$$

$$= 2{,}0 \quad \text{für St- und GS-Nabe}$$

Übertragbares Drehmoment *M*:

$$M \leqslant \frac{d\, d_S^2\, \pi}{4}\, \tau_{a\,zul} \qquad \text{(XI.29)}$$

$$M \leqslant d_S\, s\,(d + s)\, p_{zul\,(Nabe)} \qquad \text{(XI.30)}$$

$$M = 9{,}55 \cdot 10^6\, \frac{P}{n}$$

M	d, d_S, s	$\tau_{a\,zul}, p_{zul}$	P	n
Nmm	mm	$\frac{N}{mm^2}$	kW	min^{-1}

Übertragbare Längskraft F_l:

$$F_l \leqslant \frac{\pi\, d_S^2}{2}\, \tau_{a\,zul} \qquad \text{(XI.31)}$$

Zulässige Beanspruchungen:

$$p_{zul\,(Nabe)} = (120 \ldots 180)\, \frac{N}{mm^2}$$ für St und GG

$$= (90 \ldots 120)\, \frac{N}{mm^2}$$ für GG

$$\tau_{a\,zul} = (90 \ldots 130)\, \frac{N}{mm^2}$$ für St37...St50, 9S 20K der Kegel- und Zylinderstifte

$$= (140 \ldots 170)\, \frac{N}{mm^2}$$ für St60 und St70 der Kerbstifte

bei Schwellbelastung 70 %, bei Wechselbelastung 50 % der zulässigen Beanspruchung ansetzen.

Tafel XI.6. Maße für zylindrische Wellenenden mit Paßfedern und übertragbare Drehmomente

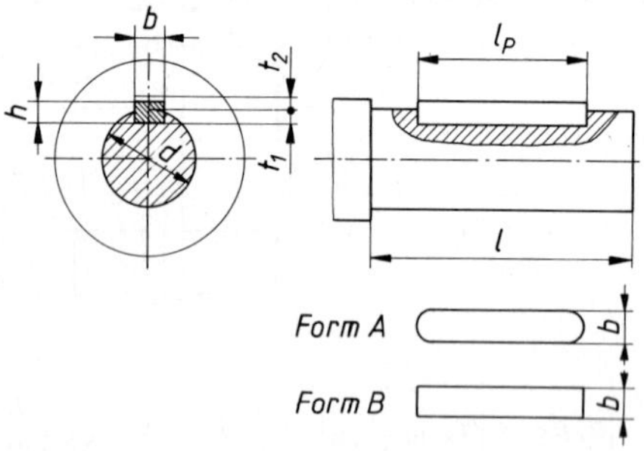

Bezeichnung der Paßfeder Form A
für d = 40 mm, Breite b = 12 mm
Höhe h = 8 mm, Paßfederlänge l_P = 70 mm:

Paßfeder A 12 × 8 × 70 DIN 6885

Bezeichnung eines zylindrischen Wellenendes
von d = 40 mm und l = 110 mm:

Wellenende 40 × 110 DIN 748

Maße in mm

Wellendurchmesser d	l kurz	l lang	Toleranzfeld	Paßfedermaße 1) Breite mal Höhe $b \times h$	Wellennuttiefe t_1	Nabennuttiefe t_2	Richtwerte für das übertragbare Drehmoment M in Nm: reine Torsion 2)	Torsion und Biegung 3)
6	–	16	k6/H7	–	–	–	1,7	0,7
10	15	23		4 × 4	2,5	1,8	7,9	3,3
16	28	40		5 × 5	3	2,3	32	14
20	36	50		6 × 6	3,5	2,8	63	26
25	42	60		8 × 7	4	3,3	120	52
30	58	80					210	89
35	58	80		10 × 8	5	3,3	340	140
40	82	110		12 × 8	5	3,8	500	210
45	82	110		14 × 9	5,5	3,8	720	300
50	82	110					980	410
55	82	110	m6/H7	16 × 10	6	4,3	$1,3 \cdot 10^3$	550
60	105	140		18 × 11	7	4,4	$1,7 \cdot 10^3$	710
70	105	140		20 × 12	7,5	4,9	$2,7 \cdot 10^3$	$1,1 \cdot 10^3$
80	130	170		22 × 14	9	5,4	$4 \cdot 10^3$	$1,7 \cdot 10^3$
90	130	170		25 × 14	9	5,4	$5,7 \cdot 10^3$	$2,4 \cdot 10^3$
100	165	210		28 × 16	10	6,4	$7,85 \cdot 10^3$	$3,3 \cdot 10^3$
120	165	210		32 × 18	11	7,4	$13,6 \cdot 10^3$	$5,7 \cdot 10^3$
140	200	250		36 × 20	12	8,4	$21,5 \cdot 10^3$	$9,1 \cdot 10^3$
160	240	300		40 × 22	13	9,4	$32,2 \cdot 10^3$	$13,5 \cdot 10^3$
180	240	300		45 × 25	15	10,4	$45,8 \cdot 10^3$	$19,2 \cdot 10^3$
200	280	350		50 × 28	17	11,4	$62,8 \cdot 10^3$	$26,4 \cdot 10^3$
220	280	350		56 × 32	20	12,4	$83,6 \cdot 10^3$	$35,1 \cdot 10^3$
250	330	410					$123 \cdot 10^3$	$51,6 \cdot 10^3$

1) Paßfederlänge l_P in mm: 8/10/12/14/16/18/20/22/25/28/32/36/40/45/50/56/63/70/80/90/100/110/125/140/160/180/200/220/250/280/315/355/400

2) berechnet mit $M = 7{,}85 \cdot 10^{-3} \cdot d^3$ aus $\tau_t = \dfrac{T}{W_p} = \dfrac{T}{(\pi/16)\,d^3} = \tau_{t\,zul} = 40\ \text{N/mm}^2$

3) berechnet mit $M = 3{,}3 \cdot 10^{-3} \cdot d^3$ aus $\sigma_b = \dfrac{M}{W} = \dfrac{M}{(\pi/32)\,d^3} = \sigma_{b\,zul} = 70\ \text{N/mm}^2$ sowie mit
$M = M_v = \sqrt{M_b^2 + 0{,}75 \cdot (\alpha_0\, T)^2}$ für $\alpha_0 = 0{,}7$ und $M_b = 2\,T$ (Biegemoment = 2 × Torsionsmoment)

9. Paßfederverbindungen (Nachrechnung)

Die beiden letzten Spalten der Tafel XI.6 enthalten Richtwerte für das übertragbare Drehmoment. Im Normalfall ist das zu übertragende Drehmoment M bekannt oder kann über die gegebene Leistung P und die Wellendrehzahl n errechnet werden. Mit dem Drehmoment M werden der Wellendurchmesser d und die zugehörige Paßfeder ($b \times h$) festgelegt.

Abgesehen von der Gleitfeder muß die Paßfederlänge l_P etwas kleiner sein als die Nabenlänge l. Werden für die Nabenlänge l die in Tafel XI.4 angegebenen Richtwerte verwendet, dann erübrigt es sich, die Flächenpressung p zu überprüfen ($p \leqslant p_{zul}$). Nur bei kürzeren Naben ist die folgende Nachrechnung erforderlich.

Vorhandene Flächenpressung p_W an der Welle:

$$p_W = \frac{2\,M}{d\,l_t\,t_1} \leqslant p_{zul}$$

$$M = 9{,}55 \cdot 10^6 \frac{P}{n}$$

p	M	$d,\ l_t,\ t_1$	P	n
$\frac{N}{mm^2}$	Nmm	mm	kW	min^{-1}

(XI.32)

Vorhandene Flächenpressung p_N an der Nabe:

$$p_N = \frac{2\,M}{d\,l_t\,(h-t_1)} \leqslant p_{zul}$$

d Wellendurchmesser
t_1 Wellennuttiefe
l_t tragende Länge an der Paßfeder
$l_t = l_P$ bei den Paßfederformen A und B für die Wellennut
$l_t = l_P - b$ bei Paßfederform A für die Nabennut

Zulässige Flächenpressung p_{zul}

Mit Sicherheit ν_S gegenüber der Streckgrenze R_e oder $R_{p\,0,2}$ (0,2-Dehngrenze) und ν_B gegenüber der Bruchfestigkeit R_m des Wellen- oder Nabenwerkstoffes setzt man je nach Betriebsweise (Stoßanfall):

$$p_{zul} = \frac{R_e}{\nu_S}$$ für St und GS mit $\nu_S = 1{,}3 \ldots 2{,}5$

$$p_{zul} = \frac{R_m}{\nu_B}$$ für GG mit $\nu_B = 3 \ldots 4$

Herleitung der Gleichungen für die Flächenpressung p_W, p_N:

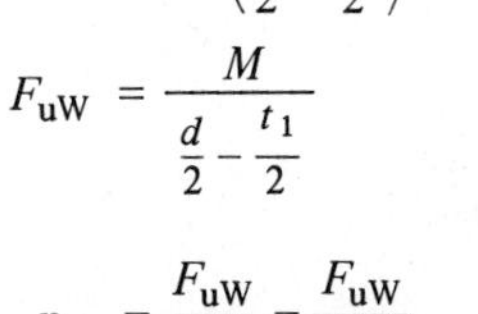

$$-M + F_{uW}\left(\frac{d}{2} - \frac{t_1}{2}\right) = 0$$

$$F_{uW} = \frac{M}{\frac{d}{2} - \frac{t_1}{2}}$$

$$p_W = \frac{F_{uW}}{A_W} = \frac{F_{uW}}{l_t\,t_1}$$

$$p_W = \frac{2\,M}{(d-t_1)\,l_t\,t_1} \approx \frac{2\,M}{d\,l_t\,t_1}$$

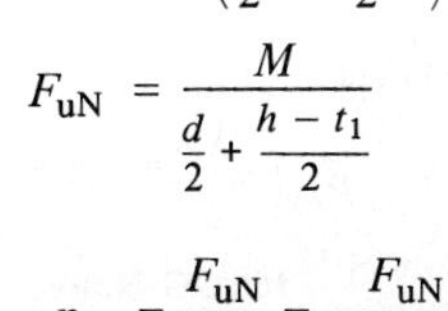

$$M - F_{uN}\left(\frac{d}{2} + \frac{h-t_1}{2}\right) = 0$$

$$F_{uN} = \frac{M}{\frac{d}{2} + \frac{h-t_1}{2}}$$

$$p_N = \frac{F_{uN}}{A_N} = \frac{F_{uN}}{l_t\,(h-t_1)}$$

$$p_N = \frac{2\,M}{(d+h-t_1)\,l_t\,(h-t_1)} \approx \frac{2\,M}{d\,l_t\,(h-t_1)}$$

10. Keilwellenverbindung

Nennmaße für Welle und Nabe
(Auswahl aus DIN 5461: Keilwellenverbindung mit geraden Flanken, Übersicht)

Innendurchmesser d_1 mm	Außendurchmesser d_2 mm	Anzahl der Keile z	Keilbreite b mm
18	22	6	5
21	25	6	5
23	28	6	6
26	32	6	6
28	34	6	7
32	38	8	6
36	42	8	7
42	48	8	8
46	54	8	9
52	–	–	–
62	72	8	12
82	–	–	–
92	102	10	14
102	112	10	16
112	125	10	18

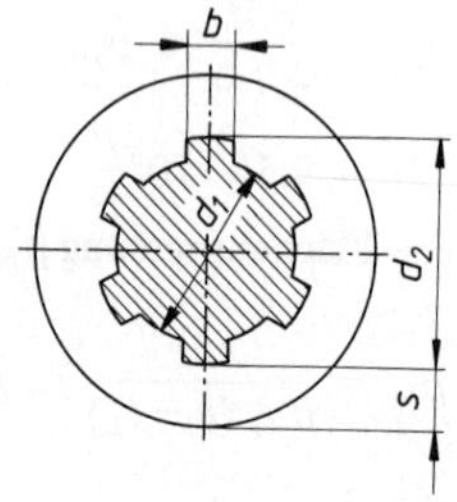

Nabendicke s in mm (M in Nm einsetzen):

$$s = (2{,}6 \ldots 3{,}2)\sqrt[3]{M}$$ für GG-Nabe

$$s = (2{,}2 \ldots 3)\sqrt[3]{M}$$ für St- und GS-Nabe

$$M = 9550\frac{P}{n}$$

M	P	n
Nm	kW	min^{-1}

Nabenlänge l in mm (M in Nm einsetzen):

$$l = (4{,}5 \ldots 6{,}5)\sqrt[3]{M}$$ für GG-Nabe

$$l = (2{,}8 \ldots 4{,}5)\sqrt[3]{M}$$ für St- und GS-Nabe

Flächenpressung p:

$$p = \frac{2\,M}{0{,}75\,z\,h_1\,l\,d_m} \leqslant p_{zul} \qquad \text{(XI.34)}$$

p	M	h_1, l, d_m	z
$\frac{N}{mm^2}$	Nmm	mm	1

$$h_1 = 0{,}8\,\frac{d_2 - d_1}{2}$$

Faktor 0,75 (nach Versuchen tragen nur etwa 75 % der Mitnehmerflächen)

$$d_m = \frac{d_1 + d_2}{2}$$

Zulässige Flächenpressung p_{zul}:

$$p_{zul} = \frac{R_{e(Nabe)}}{S} \qquad p_{zul} = \frac{R_{m(Nabe)}}{S}$$

für St-Nabe   für GG-Nabe

R_e ($R_{p\,0,2}$) und R_m aus den Dauerfestigkeitsschaubildern

für stoßfrei wechselnde Betriebslast wird bei Befestigungsnaben: $S = 2{,}5\ (1{,}7)$
für unbelastet verschobene Verschiebenaben: $S = 8\ (5)$
für unbelastet verschobene Verschiebenaben $S = (15)$ für St-Nabe und (3) für GG-Nabe
Klammerwerte bei gehärteten oder vergüteten Sitzflächen der Welle

XII. Kupplungen

Normen und Richtlinien

DIN 115	Schalenkupplungen
DIN 116	Scheibenkupplungen
DIN 740	Nachgiebige Wellenkupplungen
DIN 43648	Elektromagnetkupplungen und Elektromagnetbremsen (Kenngrößen)

VDI-Richtlinie 2240: Wellenkupplungen, systematische Einteilung nach ihren Eigenschaften, VDI-Verlag, Düsseldorf

1. Allgemeines

Hauptaufgabe der Kupplungen ist das Weiterleiten von Rotationsleistung $P = M\omega$. Als Zusatzaufgabe kann das Schalten des Drehmoments M hinzukommen oder es sollen bestimmte dynamische Eigenschaften verbessert werden. Diesen Aufgaben entsprechend unterteilt man die Kupplungen:

Feste Kupplungen (drehstarrke K.) dienen der starren, fluchtenden Verbindung von Wellen und anderen Getriebeelementen.

Bewegliche Kupplungen (drehelastische K.) verbinden die Elemente elastisch oder unelastisch, können Fluchtfehler ausgleichen und stoß- und schwingungsdämpfend wirken.

Schaltkupplungen ermöglichen durch Unterbrechung und Wiederherstellung der Verbindung das Schalten des Drehoments.

Sicherheitskupplungen unterbrechen die Verbindung bei Überlastung.

Anlaufkupplungen werden an schwer anlaufende Maschinen eingesetzt.

Freilauf- und Überholkupplungen verbinden die Elemente nur bei Gleichlauf und lösen die Verbindung, wenn das antreibende Element langsamer als das getriebene umläuft.

Steuerbare Kupplungen ermöglichen Drehmoment- und Drehzahländerungen während des Betriebs.

2. Feste Kupplungen

2.1. Scheibenkupplung

Anwendung und Ausführung: Zur starren Verbindung von Wellen zu langen, durchgehenden Wellensträngen, zum Beispiel Transmissionswellen, Fahrwerkwellen von Kranen. Geeignet für einseitige und wechselseitige Drehomente.

Beide Scheiben werden möglichst durch Paßschrauben reibschlüssig verschraubt. Nach DIN 116 sind Bohrungsdurchmesser, Länge und Ausführungsform genormt: Form A mit Zentrieransatz (1), bei der zum Lösen der Verbindung die Wellen axial verschoben werden müssen (Bild XII.1a).

Form B ermöglicht nach Herausnehmen der zweiteiligen Zwischenscheibe (2) ein Lösen ohne Axialverschiebung der Welle (Bild XII.1b). Befestigung auf Welle bei einseitigen Drehmomenten durch Paßfeder, bei wechselseitigen durch Keil.

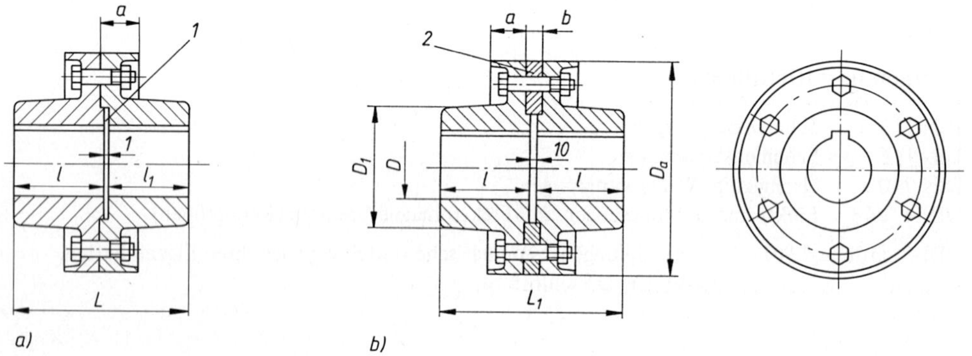

Bild XII.1. Scheibenkupplungen nach DIN 116
a) Form A mit Zentrieransatz, b) Form B mit zweiteiliger Zwischenscheibe. Abmessungen siehe Tafel XII.1

Vorteile gegenüber Schalenkupplungen: Bei gleicher Nenngröße (Bohrungsdurchmesser) größere und auch wechselhafte Drehmomente übertragbar; *Nachteile:* Ein- und Ausbau schwieriger, geteilte Lager, Riemenscheiben u.dgl. erforderlich.

Werkstoffe: Im allgemeinen GG, in Sonderfällen auch GS.

Berechnung: Drehmoment soll durch Reibungsschluß der Scheibenflächen übertragen werden. Reibungsmoment $M_R \geq$ Drehmoment M. Mit Reibungskraft F_R, angreifend am Lochkreis D_S (gleich mittlerer Reibungsflächendurchmesser), wird nach Bild XII.2:

$$M = \frac{F_R D_S}{2} = \frac{F_N \mu D_S}{2}$$

Anpreßkraft $F_N = F_S n$ gesetzt, ergibt das *übertragbare Drehmoment*

$$M = \frac{F_S n \mu D_S}{2} \qquad \text{(XII.1)}$$

M	F_S	n, μ	D_S
Nmm	N	1	mm

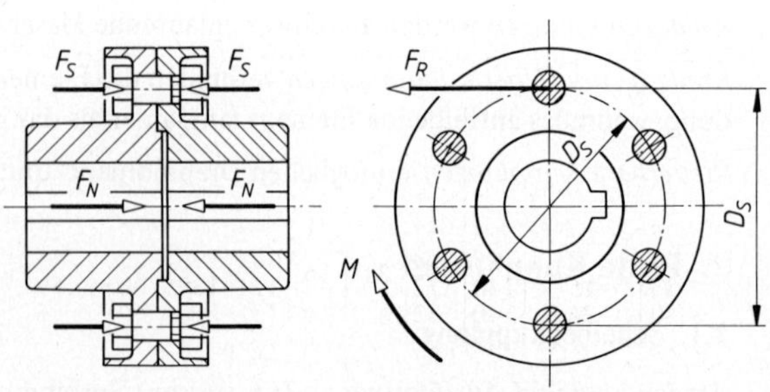

Bild XII 2. Berechnung der Scheibenkupplungen

F_S = Anpreßkraft gleich Zugkraft einer Schraube, n Schraubenzahl; μ Reibungszahl, sicherheitshalber *Gleit*reibungszahl einsetzen (siehe Abschnitt Mechanik).

2.2. Schalenkupplung

Anwendung und Ausführung: Verwendung wie Scheibenkupplungen, jedoch vorwiegend bei einseitigen Drehmomenten.

Schalen werden auf Wellenenden geklemmt, so daß Drehmoment durch Reibungsschluß übertragen wird. Meist zusätzliche Sicherung durch Paßfeder, nicht durch Keil, da Keilkräfte der Klemmkraft entgegenwirken.

Einfacher Ein- und Ausbau ohne gleichzeitigen Ausbau von Wellenteilen. Genormt sind nach DIN 115 Bohrungsdurchmesser, Länge und Form. Gegen Unfälle Ausführung häufig mit Schutzmantel (Bild XII.3).

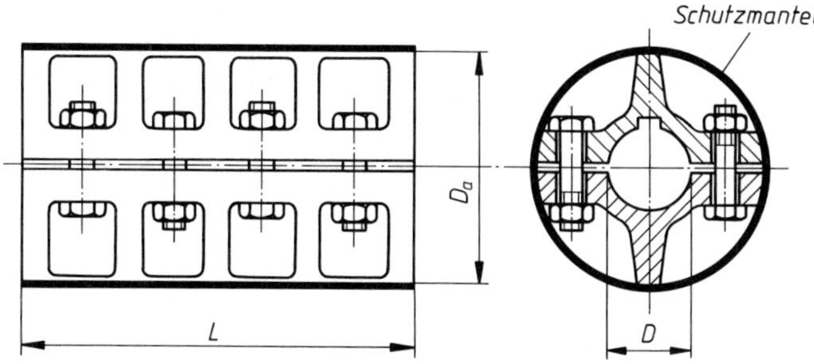

Bild XII.3
Schalenkupplung nach DIN 115
Abmessungen siehe Tafel XII.1

Berechnung: Die Verbindung entspricht der Klemmverbindung einer geteilten Scheibennabe. In Abwandlung der Gleichung (XI.1) ergibt sich das *übertragbare Drehmoment*

$$M = F_S n \mu D \qquad (XII.2)$$

M	F_S	n, μ	D
Nmm	N	1	mm

F_S, n, μ wie zu (XII.1), D Bohrungsdurchmesser. Übertragbare Drehmomente meist nach Angabe der Hersteller, siehe Tafel XII.1.

Tafel XII.1. Hauptabmessungen und übertragbare Drehmomente von festen Kupplungen (nach Flender, Bocholt)

a) Scheibenkupplungen nach Bild XII.1

D mm	M in 10^4 Nmm	D_a mm	D_1 mm	a mm	b mm	L mm	L_1 mm	l mm	Gewichtskraft Form A N	Gewichtskraft Form B N
25	4,75	125	58	31	16	101	110	50	43	55
30	9	125	58			101	110	50	42	53
35	15	140	72			121	130	60	59	73
40	24,3	140	72			121	130	60	56	70
45	36,5	160	95	34	16	141	150	70	97	115
50	53	160	95			141	150	70	93	110
55	75	180	110	37		171	180	85	140	160
60	100	180	110			171	180	85	135	155
70	175	200	130	41	18	201	210	100	210	240
80	272	224	145			221	230	110	280	320
90	412	250	164	54		241	250	120	410	450
100	600	280	180			261	270	130	530	580
110	850	300	200	60	18	281	290	140	680	730
125	1280	335	225			311	320	155	910	980
140	1950	375	250	70		341	350	170	1300	1350
160	3070	425	290	75		401	410	200	1900	2000
180	4620	450	325	80	20	451	460	225	2500	2650
200	6300	500	360			501	510	250	3350	3500

b) Schalenkupplungen, Bild XII.3

D mm	M in 10^4 Nmm	D_a mm	L mm	Gewichtskraft N
20	2,5	85	110	19
25	4	100	130	45
30	5,8	100	130	42
35	8	110	160	65
40	10,2	110	160	62
45	12,5	120	190	85
50	15	130	190	90
55	50	150	220	130
60	85	150	220	125
65	125	170	250	185
70	170	170	250	170
80	250	190	280	270
90	380	215	310	410
100	540	250	350	630
110	750	250	390	700
125	1100	275	430	960
140	1500	325	490	1600
160	2300	365	560	2550
180	3200	420	630	3200
200	4000	500	700	5500

3. Bewegliche, unelastische Kupplungen

Verwendung dort, wo mit axialen, radialen oder winkligen Wellenverlagerungen gerechnet werden muß. Die bekanntesten dieser drehstarren Kupplungen sind die *Bogenzahnkupplungen.* Bild XII.4 zeigt die Bowex-Kupplung (Hersteller: F. Tacke KG., Rheine/Westf.). Kupplungshülse (1) hat zwei Innenverzahnungen, in die ballige Zähne der Naben (2) eingreifen; dadurch allseitige Beweglichkeit. Hülse besteht aus Kunststoff (Polyamid), Naben werden wahlweise aus Kunststoff oder Stahl ausgeführt.

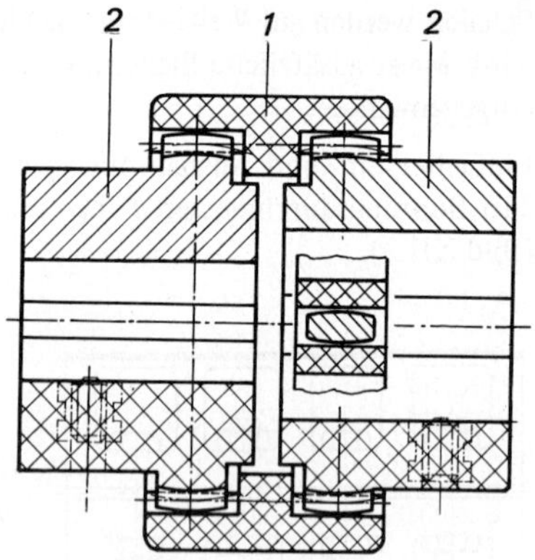

Bild XII.4. Bo-Wex-Bogenzahnkupplung

4. Elastische Kupplungen

4.1. Anwendung

Elastische Kupplungen dienen zur stoß- und schwingungsdämpfenden Verbindung bei Antrieben, z.B. von Motor- und Getriebewelle, Getriebe- und Maschinenwelle oder auch direkt von Welle und Riemenscheibe, Zahnrad o.dgl. Die meisten Bauarten können gleichzeitig kleinere radiale, axiale und winklige Wellenverlagerungen ausgleichen.

4.2. Elastische Stahlbandkupplung (Malmedie-Bibby-Kupplung)

Die *Bibby-Kupplung* ist eine nicht dämpfende Ganzmetallkupplung (Bild XII.5). Kupplungsnaben (1 und 2) sind durch schlangenförmig gewundenes Stahlband (4) verbunden. Bei Normallast liegt Band außen an den sich nach innen erweiterten Nuten an. Mit wachsendem Drehmoment verdrehen sich die Kupplungshälften gegeneinander, die Bandanlage verschiebt sich nach innen, wodurch Stützweite der Feder verringert und Federung härter wird (Bild XII.5b). Kupplung zeigt damit eine progressive Federkennlinie (siehe IX.2). Anwendung für Antriebe mit starken Drehmomentschwankungen, z.B. Walzwerkantriebe.

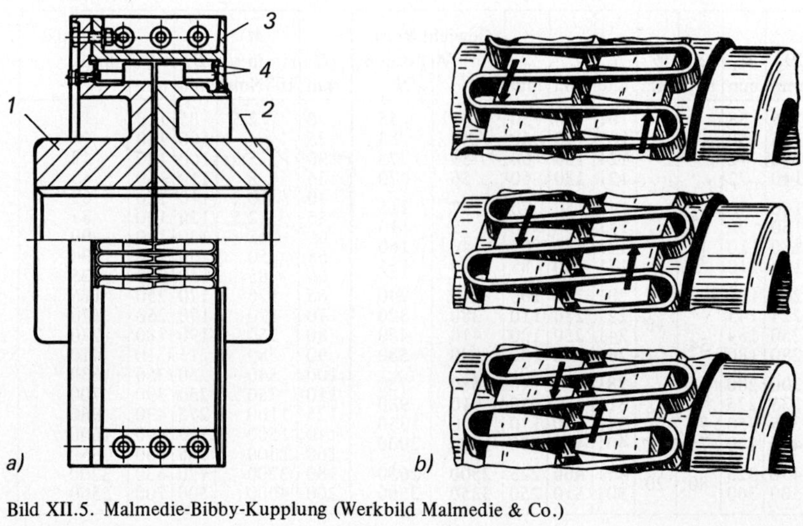

Bild XII.5. Malmedie-Bibby-Kupplung (Werkbild Malmedie & Co.)

4.3. Elastische Bolzenkupplung

Allgemein gebräuchlichste elastische Kupplung für Antriebe aller Art. Die *RUPEX-Kupplung* hat als Dämpfungsglieder, auf Stahlbolzen sitzende Kunststoffbuchsen (Perbunan ölfest). Sie sind zur Erhöhung der Elastizität und Winkelbeweglichkeit ballig ausgebildet (Bild XII.6).

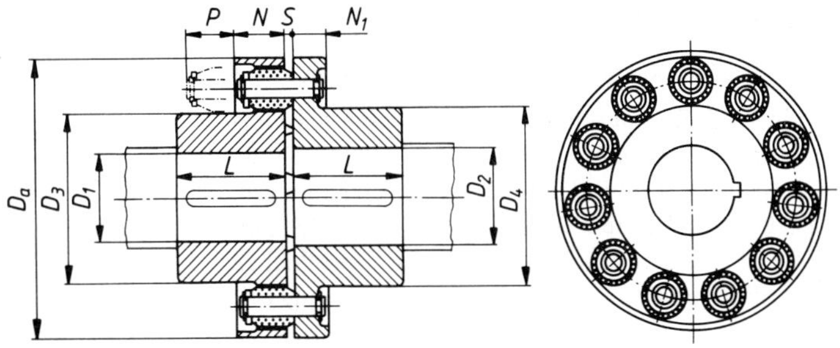

Bild XII.6. RUPEX-Kupplung (Werkbild Flender, Bocholt)

Tafel XII.2. Hauptabmessungen und übertragbare Drehmomente von elastischen Kupplungen (RUPEX-Kupplung nach Bild XII.6, Flender, Bocholt)

Bauart REWN Größe	Bohrungen von mm	bis D_1 mm	D_2 mm	Maße D_a mm	D_3 mm	D_4 mm	L mm	N mm	N_1 mm	p mm	S mm	max. Drehzahl n min^{-1}	Nenn-Drehmoment M_{max} $\cdot 10^3$ Nmm	Trägheitsmoment J kgm^2	Gewichtskraft G N
0,6	14	25	30	96	44	50	35	24	18	25	2 ... 6	7200	43	0,0018	18,0
1	14	30	38	104	52	60	40	24	18	25	2 ... 6	6600	72	0,0028	23,0
1,6	20	35	42	112	62	68	45	24	18	25	2 ... 6	6100	115	0,004	30,0
2,5	20	40	48	125	65	75	50	28	20	30	2 ... 6	5500	180	0,0068	42,0
4	25	45	55	140	76	88	55	28	20	30	2 ... 6	4900	290	0,0115	58,0
6,3	25	50	60	160	85	95	60	38	22	35	2 ... 6	4300	450	0,023	85,0
10	30	60	70	180	102	112	70	38	22	35	2 ... 6	3800	720	0,0405	125,0
14	35	70	80	200	120	128	80	38	22	40	2 ... 6	3400	1000	0,0728	170,0
20	40	80	90	225	134	144	90	42	28	40	4 ... 10	3000	1440	0,1235	240,0
28	45	90	100	250	154	164	100	42	28	40	4 ... 10	2700	2000	0,2025	330,0
40	50	100	110	285	166	176	110	54	35	50	4 ... 10	2400	2900	0,375	460,0
56	55	110	120	320	190	195	125	54	35	50	4 ... 10	2100	4000	0,65	650,0
80	65	120	130	360	205	210	140	68	44	60	6 ... 14	1900	5800	1,2	900,0
110	75	130	140	400	218	230	160	80	52	75	6 ... 14	1700	7900	2,025	1250,0
160	85	140	160	450	240	260	180	80	52	75	6 ... 14	1500	11500	3,375	1700,0
220	95	160	180	500	270	290	200	102	62	90	6 ... 14	1350	15800	6,125	2450,0

4.4. Hochelastische Kupplungen

Bei diesen ist Gummi der vorherrschende Werkstoff der Verbindungsglieder zwischen den Kupplungshälften. Anwendung dort, wo starke stoßartige Belastungen gedämpft werden müssen, z.B. bei Antrieben von Hobel- und Stoßmaschinen, Kranhubwerken u.dgl.

Bei der *Radaflex-Kupplung* Bild XII.7 werden beide Kupplungshälften (1) durch zweiteiligen Gummireifen (2) mit den Metallträgern (4) mit Schrauben (3) verbunden. Kupplung dadurch leicht einzubauen und Verbindung der Wellen ohne Axialverschiebung durch Abschrauben des Reifens leicht zu lösen.

Diese Kupplung ist für Drehmomente von $1{,}6 \cdot 10^4$ ... $100 \cdot 10^4$ Nmm ausgelegt.

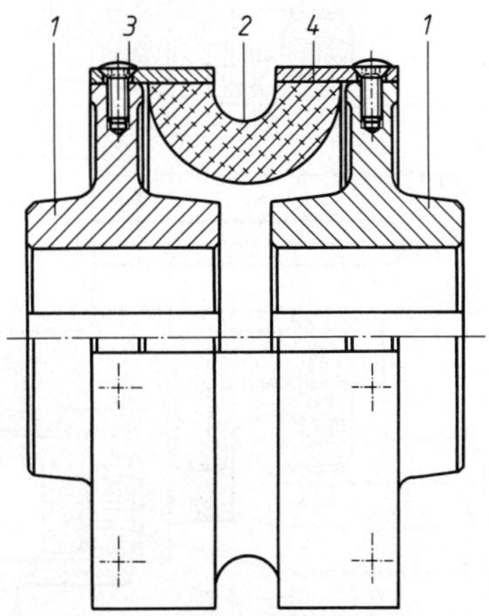

Bild XII.7. Radaflex-Kupplung (Werkbild Bolenz & Schäfer)

5. Schaltkupplungen

5.1. Mechanisch betätigte Schaltkupplungen

Eine im Stillstand schaltbare *Formschlußkupplung* ist die *Zahnkupplung* (Bild XII.8). Beide Kupplungsnaben (1 und 2) haben Außenverzahnungen, die über eine Innenverzahnung der Hülse (3) verbunden werden. Einkuppeln durch Verschieben der Hülse (im Bild nach links) mittels Schaltring (4). Zähne werden durch Schmierkopf (5) mit Fett geschmiert. Anwendung z.B. zum Kuppeln von Zahnrädern in Werkzeugmaschinen und Kfz-Getrieben.

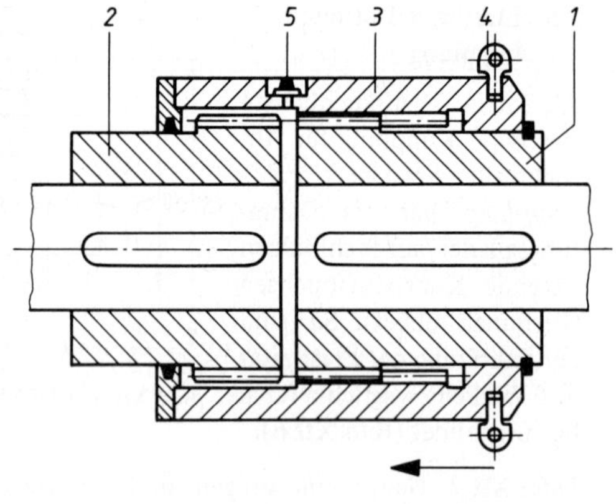

Bild XII.8. Schaltbare Zahnkupplung

Während des Betriebes ein- und ausschaltbar sind die *Reibungskupplungen.* Bei der ALMAR-Kupplung (Bild XII.9) wird Drehmoment über mehrere im Mitnehmerring (3) sitzende Reibklötze (23) übertragen, die zwischen zwei mit Kupplungsteil (1) durch Gleitfeder (19) verbundene Druckringe (4 und 5) gepreßt werden. Auskuppeln durch Verschieben des Schaltringes (6) mit Schaltmuffe (7) nach links. Dadurch wird Winkelhebel (10) frei, und beide Druckringe werden durch Druckfedern (18) auseinandergedrückt, so daß Reibungsschluß und damit Verbindung der beiden Kupplungsnaben (1 und 2) gelöst sind. Verwendung für häufig ein- und ausschaltbare Antriebe, z.B. von Förderelementen.

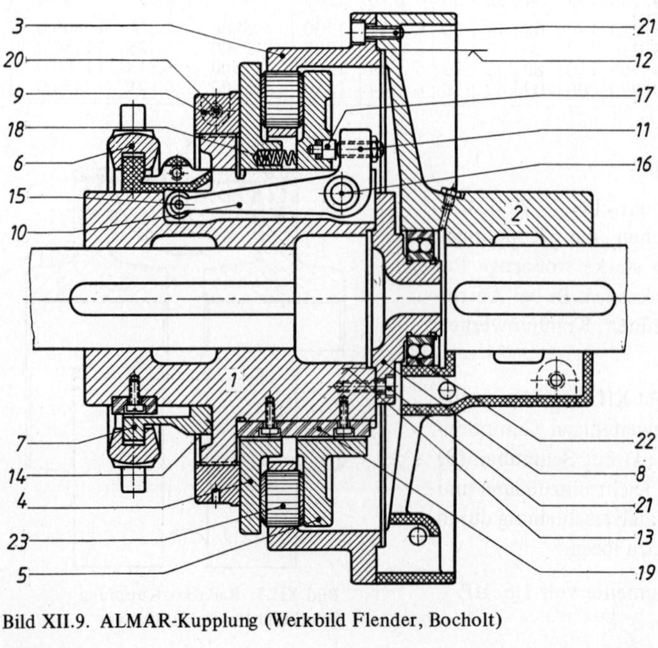

1 Kupplungsteil
2 Mitnehmerteil
3 Mitnehmerring
4 Zwischenring
5 Druckring
6 Schaltring
7 Schaltmuffe
8 Zentrierzapfen
9 Nachstellring
10 Winkelhebel
11 Gewindestift
12 Zentrierung a
13 Zentrierung b
14 Anschlag
15 Rolle mit Bolzen
16 Bolzen
17 Druckstück
18 Druckfeder
19 Gleitfeder
20 Feststellschraube
21 Innensechskantschraube
22 Kugellager (Zentrierung)
23 Reibklotz

Bild XII.9. ALMAR-Kupplung (Werkbild Flender, Bocholt)

Eine häufig verwendete Bauform schaltbarer Reibungskupplungen ist die dem Prinzip der Scheibenkupplung entsprechende *Lamellenkupplung.* Eine der bekanntesten dieser Art ist die *Sinus-Lamellenkupplung* (Bild XII.10). Die auf treibender Welle sitzende Nabe (1) trägt Außenverzahnung, in die die Zähne der gewellten „Sinus"-Innenlamellen (3) eingreifen. Die plangeschliffenen Außenlamellen (4) greifen mit Außenzähnen in die Innenverzahnung des Mantels der Nabe (2) ein. Einkuppeln durch Verschieben der Schaltmuffe (5) nach links, wodurch Winkelhebel (6) die axial verschiebbaren Federstahl-Lamellen aufeinanderpressen. Weiches Anlaufen durch allmähliche Abflachung der Lamellen bis zur Plananlage. Beim Ausschalten (Verschieben der Schaltmuffe nach rechts) federn Lamellen durch ihre Wellenform von selbst auseinander. Anpreßkraft und damit übertragbares Drehmoment durch Ringmutter (7) einstellbar, so daß Kupplung auch als Sicherheitskupplung verwendbar ist.

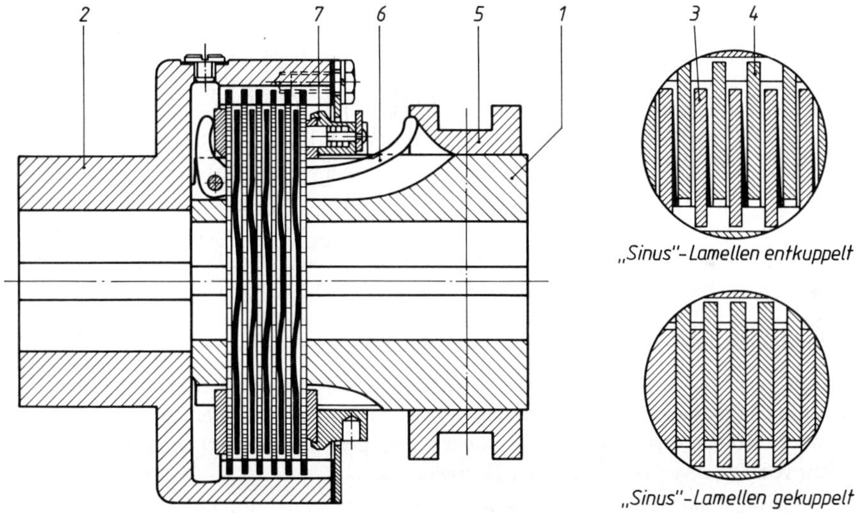

Bild XII.10. Sinus-Lamellenkupplung (Werkbild Ortlinghaus-Werke GmbH)

Lamellenkupplungen zeichnen sich durch kleinen Baudurchmesser aus und sind besonders zum Einbau in Trommeln, Riemenscheiben u.dgl. geeignet.

5.2. Elektrisch betätigte Schaltkupplungen

Vorteile gegenüber mechanisch geschalteten: Kleinere Bauabmessungen bei gleichem Drehmoment; Fernschaltung möglich, Schaltgestänge und Verschleißstellen entfallen; einfache Steuerung durch Endschalter oder Schaltwalzen. Nachteile: Dauernder Stromverbrauch während des Betriebes; Leistungsverlust durch Reibungs- und Stromwärme.

Anwendung vorwiegend bei Werkzeugmaschinen.

- **Beispiel**: *Elektromagnetische Einscheibenkupplung* (Bild XII.11). Über Schleifringe (9) wird der Spule (3) Gleichspannung zugeführt. Durch magnetisches Kraftfeld wird die auf abtriebsseitige Nabe (4) axial verschiebbare Ankerscheibe (1) mit Reibbelag (6) angezogen; wird Strom unterbrochen, drücken Federn (11) die Ankerscheibe zurück.

1 Ankerscheibe
2 Spulenkörper
3 Spule
4 abtriebsseitige Nabe
5 antriebsseitige Nabe
6 Reibbelag
7 Nutmutter
8 Reibring (verstellbar)
9 Schleifringkörper
10 Einstellkeil
11 Abdrückfeder

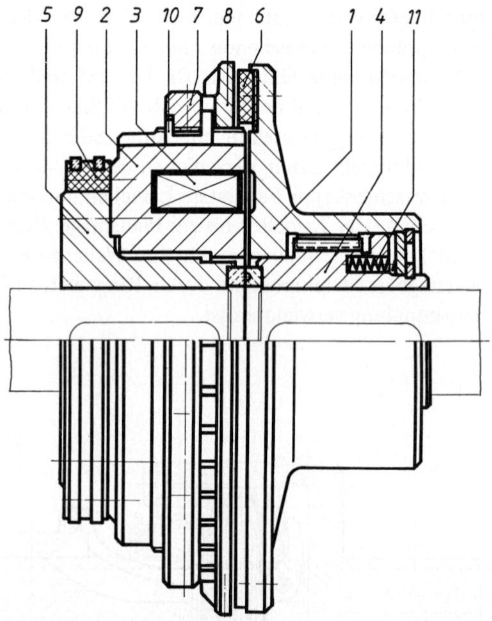

Bild XII.11. Elektromagnetische Einscheibenkupplung (Werkbild Stromag)

5.3. Hydraulisch und pneumatisch betätigte Schaltkupplungen

Vorteile gegenüber mechanisch oder elektrisch geschalteten: Übertragbares Drehmoment durch Ändern des Öl- oder Luftdruckes leicht zu variieren; Nachstellen bei Verschleiß entfällt, da Ausgleich durch größere Kolbenwege. Nachteile: Besondere Pumpen- und Steuerungsanlagen sind erforderlich; Gefahr von Druckverlusten durch Undichtigkeiten.

Anwendung hauptsächlich bei Werkzeugmaschinen.

- **Beispiel**: *Drucköl-(oder druckluft-) geschaltete Lamellenkupplung* (Bild XII.12). Das durch Welle zugeführte Treibmittel tritt durch Bohrung (3) in Druckraum (4) und schiebt Kolben (5) mit Bolzen (6) gegen Lamellen (7), wodurch Kupplungsteile (1 und 2) reibschlüssig verbunden werden. Hört Druckwirkung auf, so wird Kolben durch Feder (8) wieder abgedrückt und Verbindung gelöst.

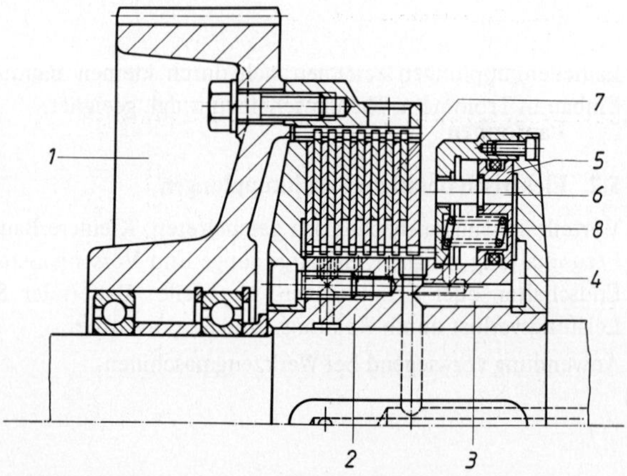

Bild XII.12. Drucköl-(oder druckluft) gesteuerte Lamellenkupplung (Werkbild Stromag)

XIII. Lager

Normen (Auswahl) und Richtlinien

DIN-Taschenbuch 24:	Wälzlager-Normen, Beuth-Vertrieb GmbH, Berlin
DIN 622	Wälzlager, Tragfähigkeit und Lebensdauer
DIN 1850	Buchsen für Gleitlager
DIN 31652 (Entwurf)	Hydrodynamische Radial-Gleitlager im stationären Betrieb
DIN 51519	ISO-Viskositätsklassifikation für flüssige Industrieschmierstoffe
DIN 51563	Bestimmung des Viskosität-Temperatur-Verhaltens
VDI-Richtlinie 2202:	Schmierstoffe und Schmiereinrichtungen für Gleit- und Wälzlager, VDI-Verlag, Düsseldorf
VDI-Richtlinie 2203:	Gestaltung von Lagerungen, Gleitwerkstoffe, VDI-Verlag, Düsseldorf
VDI-Richtlinie 2204:	Gleitlagerberechnung, VDI-Verlag, Düsseldorf

1. Allgemeines

Man unterscheidet nach Art der Bewegungsverhältnisse *Gleitlager*, bei denen eine Gleitbewegung zwischen Lager und gelagertem Teil stattfindet und *Wälzlager*, bei denen die Bewegung durch Wälzkörper übertragen wird. Nach der Richtung der Lagerkraft unterteilt man in *Radiallager* (Querlager) und *Axiallager* (Längslager), Bild XIII.1.

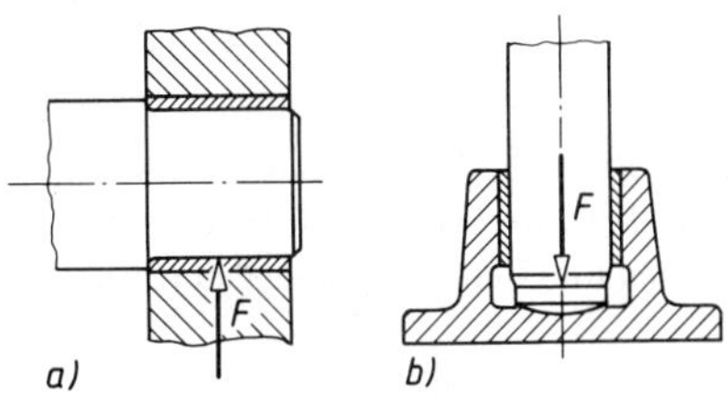

Bild XIII.1. Grundformen der Lager
a) Radiallager, b) Axiallager

2. Wälzlager

2.1. Eigenschaften, Verwendung

Wälzlager zeichnen sich durch kleines Anlauf-Reibungsmoment, geringen Schmierstoffverbrauch und Anspruchslosigkeit in Pflege und Wartung aus. Nachteilig ist die Empfindlichkeit gegen Stöße und Erschütterungen sowie gegen Verschmutzung; die Höhe der Lebensdauer und der Drehzahl ist begrenzt. Verwendung für möglichst wartungsfreie und betriebssichere Lagerungen bei normalen Anforderungen, z.B. bei Werkzeugmaschinen, Getrieben, Motoren, Fahrzeugen, Hebezeugen u.dgl.

2.2. Bauformen

Rillenkugellager, DIN 625 (Bild XIII.2a): Radial und axial in beiden Richtungen belastbar, bei liegenden Wellen und hohen Drehzahlen für Axialkräfte sogar besser geeignet als Axialrillenkugellager. Es erreicht von allen Lagern die höchsten Drehzahlen und ist von allen belastungsmäßig vergleichbaren das billigste.

Einreihiges Schrägkugellager, DIN 628 (Bild XIII.2b): Für größere Axialkräfte in einer Richtung geeignet; Einbau nur paarweise und spiegelbildlich zueinander.

Zweireihiges Schrägkugellager, DIN 628 (Bild XIII.2c): Entspricht einem Paar spiegelbildlich zusammengesetzter einreihiger Schrägkugellager; radial und axial in beiden Richtungen hoch belastbar.

Schulterkugellager, DIN 615 (Bild XIII.2d): Zerlegbares Lager mit abnehmbarem Außenring mit ähnlichen Eigenschaften wie das einreihige Schrägkugellager.

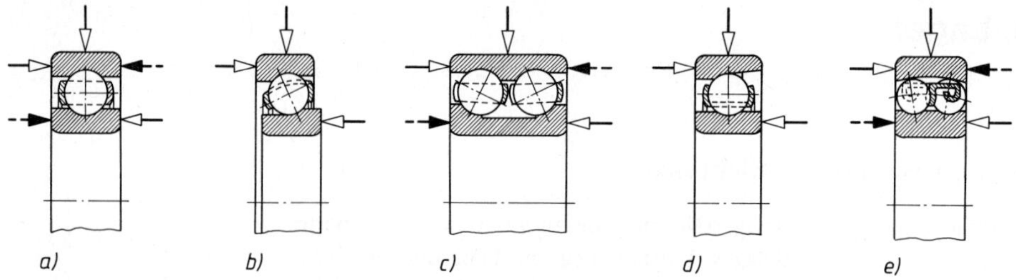

Bild XIII.2. Kugellager. a) Rillenkugellager, b) einreihiges und c) zweireihiges Schrägkugellager, d) Schulterkugellager, e) Pendelkugellager

Pendelkugellager, DIN 630 (Bild XIII.2e): Durch kugelige Außenringlaufbahn unempfindlich gegen winklige Wellenverlagerungen; radial und axial belastbar; dort verwendet, wo mit unvermeidlichen Einbauungenauigkeiten gerechnet werden muß.

Zylinderrollenlager, DIN 5412 (Bild XIII.3): Wegen linienförmiger Berührung zwischen Rollen und Laufbahnen radial hoch, axial jedoch nicht oder nur sehr gering belastbar. Nach Anordnung der Borde unterscheidet man Bauarten N und NU mit bordfreiem Außen- bzw. Innenring und NJ und NUP als Führungslager zur axialen Wellenführung.

Nadellager, DIN 617 (Bild XIII.4): Zeichnet sich durch kleinen Baudurchmesser aus; nur radial belastbar; unempfindlich gegen stoßartige Belastung. Verwendung vorwiegend bei kleineren Drehzahlen und Pendelbewegungen (Pleuellager, Kipphebellager).

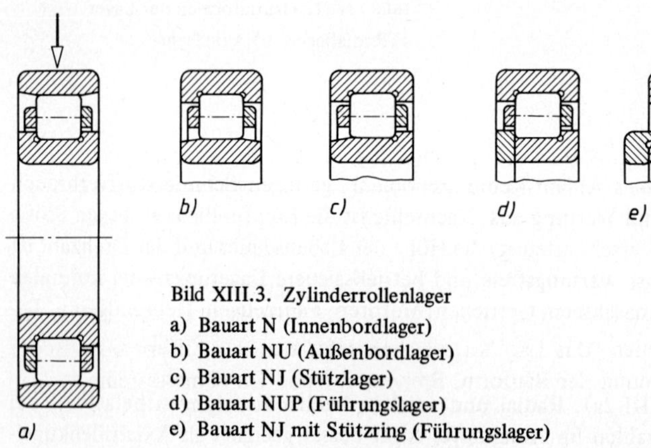

Bild XIII.3. Zylinderrollenlager
a) Bauart N (Innenbordlager)
b) Bauart NU (Außenbordlager)
c) Bauart NJ (Stützlager)
d) Bauart NUP (Führungslager)
e) Bauart NJ mit Stützring (Führungslager)

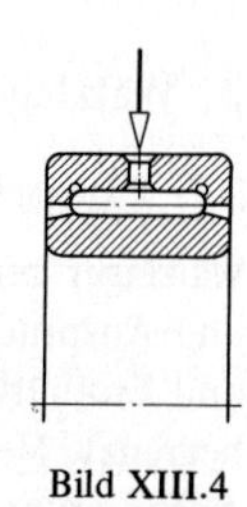

Bild XIII.4
Nadellager

Kegelrollenlager, DIN 720 (Bild XIII.5): Radial und axial hoch belastbar; Einbau nur paarweise und spiegelbildlich zueinander; Lagerspiel kann ein- und nachgestellt werden. Verwendung für Radlagerungen bei Fahrzeugen, Seilrollenlagerungen, Spindellagerungen.

Tonnen- und Pendelrollenlager, DIN 635 (Bild XIII.6): Ermöglichen durch kugelige Außenringlaufbahnen und tonnenförmige Wälzkörper den Ausgleich von winkligen Wellenverlagerungen. Anwendung wie Pendelkugellager bei höchsten Radialkräften, Pendelrollenlager auch bei hohen Axialkräften.

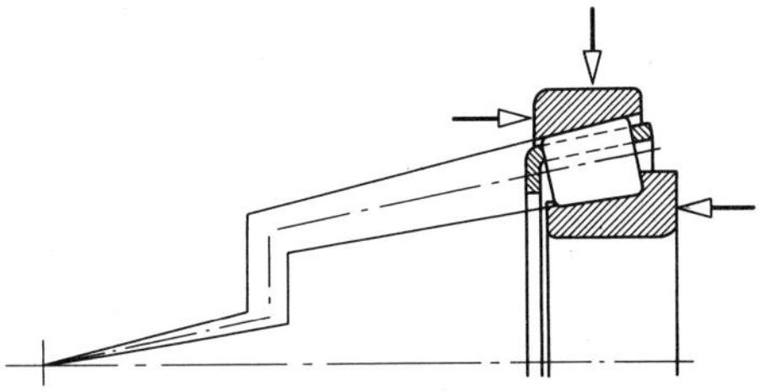

Bild XIII.5. Kegelrollenlager

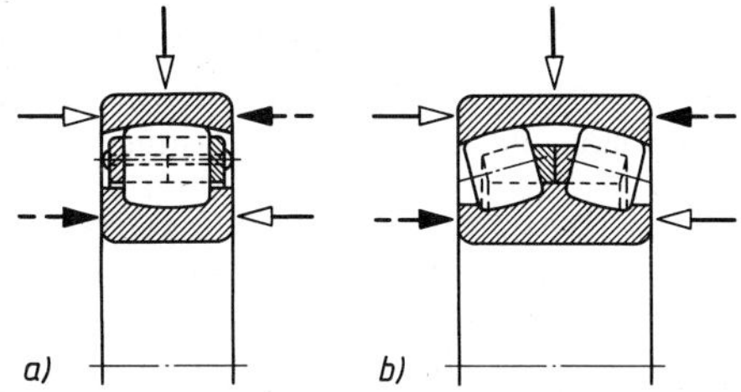

Bild XIII.6. Tonnenlager
a) Tonnenlager, b) Pendelrollenlager

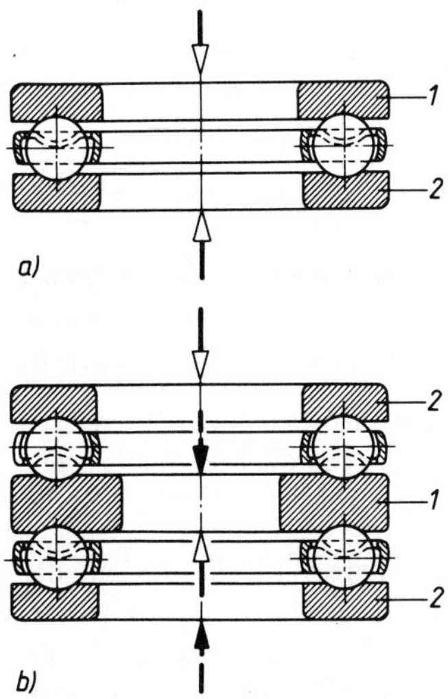

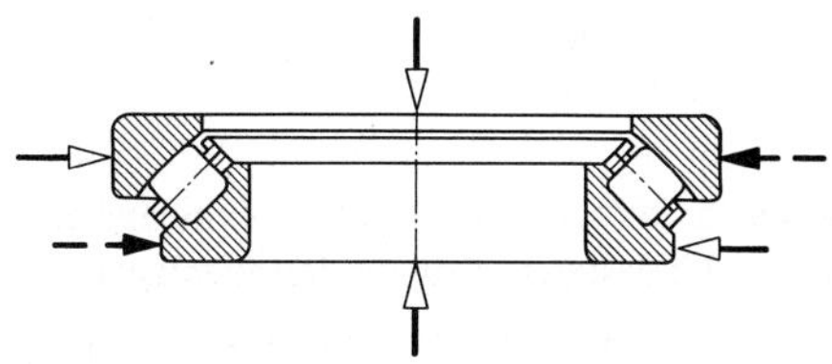

Bild XIII.8. Axial-Pendelrollenlager

Bild XIII.7. Axial-Rillenkugellager
a) einseitig wirkend
b) zweiseitig wirkend

Axial-Rillenkugellager, DIN 711 (Bild XIII.7) nehmen nur Axialkräfte bei möglichst senkrechten Wellen auf, zweiseitig wirkende übertragen Kräfte in beiden Richtungen.

Axial-Pendelrollenlager, DIN 728 (Bild XIII.8) sind Fluchtfehler ausgleichende Axiallager; tonnenförmige Wälzkörper übertragen die Kraft unter $\approx 45°$ zur Lagerachse auf beide Scheiben.

2.3. Baumaße, Kurzzeichen

Jeder Lagerbohrung sind mehrere Außendurchmesser (Durchmesserreihen 0, 2, 3 und 4) und Breiten (Breitenreihen 0, 1, 2 und 3) zugeordnet, um möglichst großen Belastbarkeitsbereich bei Lagern gleicher Bohrung zu erreichen. Das Lagerkurzzeichen setzt sich aus Ziffern oder Buchstaben und Ziffern zur Kennzeichnung der Bauform, Breitenreihe und Durchmesserreihe zusammen. Die letzte Zifferngruppe stellt die Bohrungskennziffer dar. Bei Bohrungen $\geq$ 20 mm ergibt sich deren Größe durch Multiplikation der Kennziffer mit 5.

Bezeichnungsbeispiel: 2 2 3 16 (lies: zweihundertdreiundzwanzig – sechszehn)
- 16 = $16 \times 5 = 80$ mm Bohrung
- 3 = Durchmesserreihe 3
- 2 (zweite Ziffer) = Breitenreihe 2
- 2 (erste Ziffer) = Pendelrollenlager

Die wichtigsten Lagerabmessungen enthalten die Tafeln XIII.9 bis X.III.19.[1])

---

[1]) Sämtliche Angaben in den Tafeln zur Wälzlagerbestimmung wurden mit Genehmigung der FAG Kugelfischer Georg Schäfer & Co., 8720 Schweinfurt 2, dem Katalog FAG Standardprogramm Supplement 41 ST 500 D entnommen.

2.4. Berechnung umlaufender Wälzlager

Die Berechnung ist genormt in DIN 622, Teil 1: Tragfähigkeit von Wälzlagern; Begriffe, Tragzahlen, Berechnung der äquivalenten Belastung und Lebensdauer.

2.4.1. Dynamisch äquivalente Lagerbelastung. Unter dynamisch äquivalenter (gleichwertiger) Lagerbelastung versteht man die rein radiale, bei Axiallagern axiale Belastung, die das Lager unter den tatsächlich vorliegenden Betriebsverhältnissen auch erreicht.

Wird das Radiallager allein durch eine *Radialkraft* F_r belastet, wird die dynamisch *äquivalente Lagerbelastung*

$$P = F_r \qquad \frac{P \mid F_r}{\mathrm{N} \mid \mathrm{N}} \tag{XIII.1}$$

Für radial mit einer *Radialkraft* F_r und axial mit einer *Axialkraft* F_a belastete Radiallager beträgt die dynamisch *äquivalente Lagerbelastung*

$$P = X F_r + Y F_a \qquad \frac{P, F_r, F_a \mid X, Y}{\mathrm{N} \mid 1} \tag{XIII.2}$$

Für nur axial belastete Axial-Rillenkugellager und Axial-Pendelrollenlager wird $P = F_a$. Für radial und axial belastete Axial-Pendelrollenlager ist

$$P = F_a + 1{,}2\,F_r \quad \text{für } F_r \leqslant 0{,}55\,F_a \tag{XIII.3}$$

F_r Radialkraft; F_a Axialkraft; X Radialfaktor, berücksichtigt Verhältnis Radial- zur Axialkraft; Y Axialfaktor zum Umrechnen der Axialkraft in eine gleichwertige (äquivalente) Radialkraft; Werte für X und Y siehe Tafel XIII.2.

2.4.2. Lebensdauer, dynamische Tragzahl. Die Lebensdauer eines Lagers ist die Anzahl der Umdrehungen oder Stunden, bevor sich erste Anzeichen einer Oberflächenbeschädigung (Risse, Poren) bei Wälzkörpern und Rollbahnen zeigen. Da die Werte in weiten Grenzen schwanken, ist für die Berechnung die *nominelle Lebensdauer* maßgebend, die mindestens 90 % einer größeren Zahl gleicher Lager erreichen oder überschreiten.

Die *dynamische Tragzahl* C ist die Belastung, die eine nominelle Lebensdauer $L = 10^6$ Umdrehungen bzw. $L_h = 500\,\mathrm{h}$ bei $n = 33\frac{1}{3}\,\mathrm{min}^{-1}$ erwarten läßt.

Die Lebensdauer eines Lagers ergibt sich aus

$$f_L = \frac{C}{P} f_n f_t \qquad \frac{f_L, f_n, f_t \mid C, P}{1 \mid \mathrm{N}} \tag{XIII.4}$$

f_L dynamische Kennzahl (Lebensdauerfaktor)
f_n Drehzahlfaktor (siehe Tafeln XIII.7 und XIII.8)
f_t Temperaturfaktor (siehe Tafel XIII.1)

Tafel XIII.1. Temperaturfaktor f_t

Betriebstemperatur °C	Temperaturfaktor f_t
< 150	1,0
200	0,73
250	0,42
300	0,22

Tafel XIII.2. Radial- und Axialfaktoren für Rillenkugellager

F_a/C_0	e	$F_a/F_r \leqslant e$		$F_a/F_r > e$	
		X	Y	X	Y
0,025	0,22	1	0	0,56	2
0,04	0,24	1	0	0,56	1,8
0,07	0,27	1	0	0,56	1,6
0,13	0,31	1	0	0,56	1,4
0,25	0,37	1	0	0,56	1,2
0,5	0,44	1	0	0,56	1

Die statische Tragzahl C_0 wird der Tafel XIII.9 für Rillenkugellager entnommen.

2.4.3. Höchstdrehzahlen. Vorstehende Berechnungsgleichungen gelten für „normal" ausgeführte Lager, solange bestimmte Höchstdrehzahlen nicht überschritten werden. Höhere Drehzahlen führen zu Schwingungen und gefährden durch zu hohe Fliehkräfte das einwandfreie Abwälzen der Wälzkörper.

2.5. Berechnung stillstehender oder langsam umlaufender Lager

Die Berechnung gilt für Wälzlager im Stillstand, bei Pendelbewegungen oder bei kleinen Drehzahlen etwa $n \leqslant 20\ \text{min}^{-1}$.

2.5.1. Statisch äquivalente Lagerbelastung. Die statisch äquivalente Lagerbelastung ist die radiale, bei Axiallagern axiale Belastung, die an Rollbahnen und Wälzkörpern die gleiche Verformung hervorruft, wie sie bei den vorliegenden Verhältnissen auch auftritt.

Für ein- und zweireihige *Rillenkugellager* gilt für die *statisch äquivalente Lagerbelastung* P_0:

$$P_0 = F_r \qquad \text{für } \frac{F_a}{F_r} \leqslant 0{,}8 \tag{XIII.5}$$

$$P_0 = 0.6 \cdot F_r + 0{,}5 \cdot F_a \qquad \text{für } \frac{F_a}{F_r} > 0{,}8 \tag{XIII.6}$$

Für die anderen Wälzlagerarten sind die Gleichungen in den Tafeln XIII.10, XIII.12, XIII.14, XIII.16, X.III.18 und XIII.19 zu verwenden.

2.5.2. Statische Tragzahl. Die statische Tragzahl ist die rein radiale, bei Axiallagern axiale Lagerbelastung, die bei stillstehenden Lagern eine bleibende Verformung von 0,01 % des Wälzkörperdurchmessers an der Berührungsstelle zwischen Wälzkörper und Rollbahn hervorruft.

Unter Berücksichtigung der Betriebsverhältnisse ergibt sich die *statische Höchstbelastung*

$$P_0 = \frac{C_0}{f_s} \tag{XIII.7}$$

P_0, C_0	f_s
N	1

Hieraus die erforderliche *statische Tragzahl*

$$C_0 = P_0 f_s \tag{X.III.8}$$

f_s Betriebsfaktor; man setzt $f_s \geqslant 2$ bei Stößen und Erschütterungen, $f_s = 1$ bei normalem Betrieb, $f_s = 0{,}5 \ldots 1$ bei erschütterungsfreiem Betrieb. Werte für C_0 siehe Wälzlagertafeln XIII.9 und folgende.

2.6. Gestaltung der Lagerstellen

2.6.1. Passungen. Für die Wahl der Passung zwischen Innenring und Welle bzw. Außenring und Gehäuse sind Größe und Bauform der Lager, Belastung, axiale Verschiebemöglichkeit bei Loslagern (siehe 2.6.2) und besonders die *Umlaufverhältnisse* entscheidend. Hierunter versteht man die relative Bewegung eines Lagerringes zur Lastrichtung. Man unterscheidet

Umfangslast, bei der der Ring relativ zur Lastrichtung umläuft, und *Punktlast,* bei der der Ring relativ zur Lastrichtung stillsteht.

Einbauregel: Der Ring mit Umfangslast muß festsitzen, der Ring mit Punktlast kann lose (oder auch fest) sitzen.

Geeignete Passungen für häufig vorkommende Betriebsfälle siehe Tafeln XIII.4 und XIII.5.

2.6.2. Ein- und Ausbau. Bei mehrfacher Wellenlagerung darf insbesondere wegen verspannungsfreien Einbaues und Wärmedehnungen nur ein Lager, das Festlager (2), die Welle in Längsrichtung führen, die anderen Lager, die Loslager (1), müssen sich axial frei einstellen können (siehe Bild XIII.13).

Möglichkeiten des Einbaues von Innen- und Außenring bei Festlagern zeigen die Bilder XIII.9 und XIII.10. Einbaumaße für Rillenkugellager nach Tafel XIII.3.

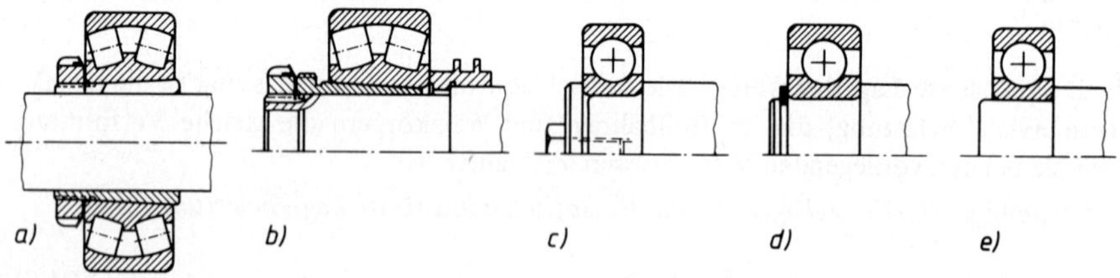

Bild XIII.9. Befestigung der Lager auf Wellen

a) durch Spannhülse b) durch Abziehhülse c) durch Spannscheibe d) durch Sicherungsring e) durch Preßsitz

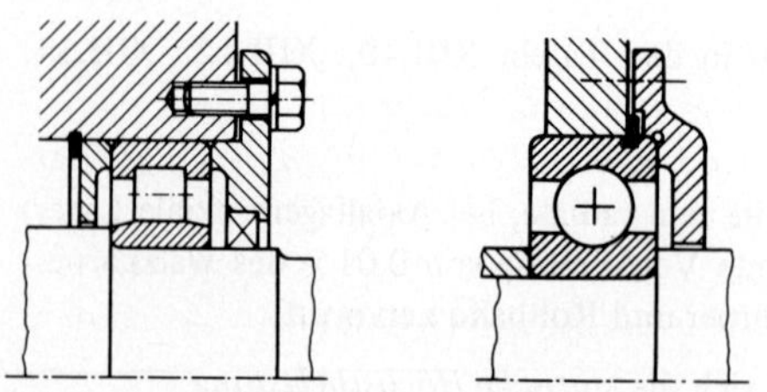

Bild XIII.10. Befestigung von Außenringen in Gehäusebohrungen

a) durch Zentrieransatz des Lagerdeckels
b) durch Ringnut und Sprengring

Tafel XIII.3. Einbaumaße in mm für Kugellager (Kantenabstände nach DIN 620, Teil 6, Rundungen und Schulterhöhen nach DIN 5418)

Kantenabstand $r_{s\,min}$	Hohlkehlenradius $r_{g\,max}$	Schulterhöhe h_{min} Lagerreihe 618 160 161 60	62 63 42 43
0,15	0,15	0,4	0,7
0,2	0,2	0,7	0,9
0,3	0,3	1	1,2
0,6	0,6	1,6	2,1
1	1	2,3	2,8
1,1	1	3	3,5
1,5	1,5	3,5	4,5
2	2	4,4	5,5
2,1	2,1	5,1	6
3	2,5	6,2	7
4	3	7,3	8,5
5	4	9	10

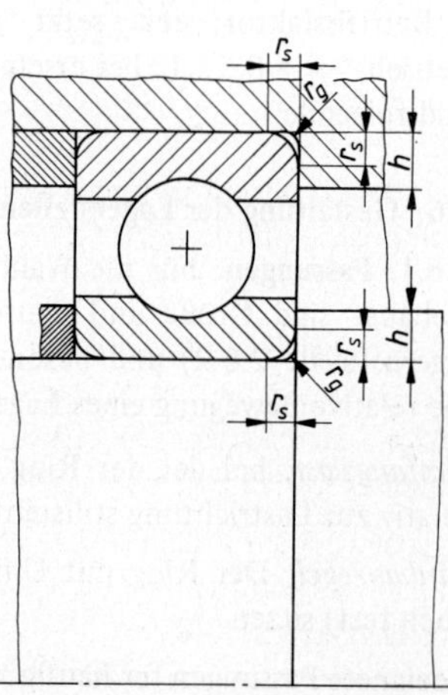

Für den Ausbau der Lager sind, besonders bei ungeteilten Lagerstellen, geeignete konstruktive Maßnahmen zu treffen, z.B. Vorsehen von Gewindelöchern für Abdrückschrauben. Bei schweren Lagern mit Kegelsitz (Spannhülse) hat sich der hydraulische Ausbau bewährt.

2.7. Schmierung der Wälzlager

Allgemein wird *Fettschmierung* bevorzugt. Sie erfordert nur geringe Wartung und schützt gleichzeitig gegen Verschmutzung. Verwendet werden Wälzlagerfette (kein Staufferfett!). Die Lager selbst werden eingestrichen und der Gehäuseraum etwa zur Hälfte gefüllt, um Walkarbeit und Erwärmung zu vermeiden. Eigenschaften und Verwendung der Wälzlagerfette nach Empfehlung der Hersteller.

Ölschmierung kommt nur bei sehr hohen Drehzahlen und dort in Frage, wo Öl zur Schmierung anderer Elemente, z.B. der Zahnräder in Getriebegehäusen ohnehin vorhanden ist. Ölgeschmierte Lager erfordern einen höheren Aufwand an Dichtungen als fettgeschmierte. Verwendet werden Mineralöle von $\approx 6 \dots 20$ cSt Viskosität.

2.8. Lagerdichtungen

Dichtungen sollen in erster Linie die Lager gegen Eindringen von Schmutz schützen, zum anderen das Austreten des Schmiermittels verhindern.

2.8.1. Nicht schleifende Dichtungen. Bei diesen wird die Dichtwirkung enger Spalten ausgenutzt. Sie arbeiten verschleißfrei und haben dadurch eine fast unbegrenzte Lebensdauer.

Spaltdichtungen werden vorwiegend bei fettgeschmierten Lagern verwendet und vielfach bei starkem Schmutz- und Staubanfall den spaltlosen, schleifenden Dichtungen vorgeschaltet.

Bei geringer Verschmutzungsgefahr genügen einfache *Spalt-* oder *Rillendichtungen* Bilder XIII.11a und XIII.11b). Am wirksamsten sind die *Labyrinthdichtungen*, deren Gänge meist noch mit Fett gefüllt werden. Bei ungeteilten Gehäusen muß das Labyrinth axial (Bild XIII.11c) gestaltet werden, bei geteilten wird die radiale Labyrinthdichtung (Bild XIII.11d) bevorzugt, die das Fett besser hält.

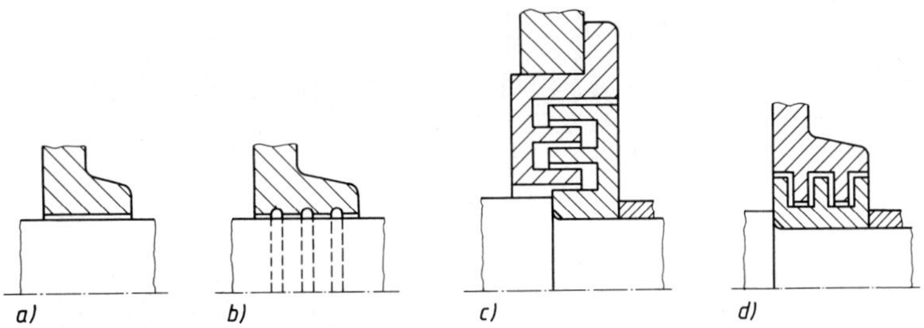

Bild XIII.11. Nichtschleifende Dichtungen (nach Kugelfischer)
a) einfache Spaltdichtung, b) Rillendichtung, c) axiale Labyrinthdichtung, d) radiale Labyrinthdichtung

2.8.2. Schleifende Dichtungen. Diese schließen das Lager spaltlos ab. Sie haben dadurch eine bessere Dichtwirkung als Spaltdichtungen und sind bei Fett- und Ölschmierung gleich gut geeignet. Schleifende Dichtungen erfordern sorgfältig bearbeitete Gleitflächen; sie haben wegen des Verschleißes jedoch eine begrenzte Lebensdauer.

In vielen Fällen genügt der *Filzring*, DIN 5419 (Bild XIII.12a), der vielfach auch als Feindichtung hinter Labyrinthen verwendet wird. Am häufigsten wird der *Radialdichtring* eingesetzt. Die Ausführung mit Gehäuse, DIN 6503, wird bevorzugt, wenn der Ring von außen zum Beispiel in einen Lagerdeckel eingeführt wird (Bild XIII.12b).

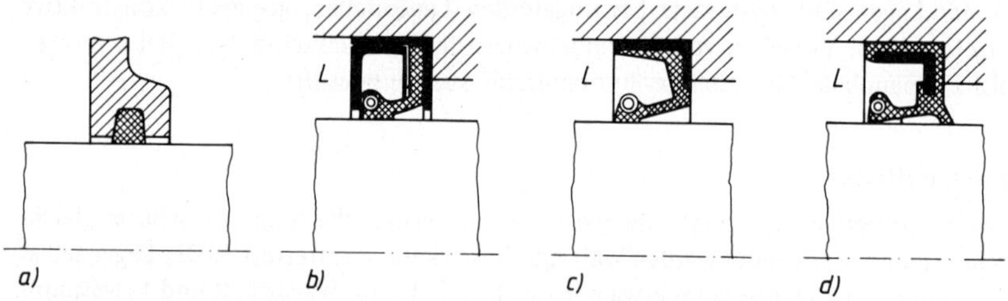

Bild XIII.12. Schleifende Dichtungen
a) Filzring, b) bis d) Radialdichtringe verschiedener Form (L Lager-Innenraum)

2.9. Einbau-Beispiele

Lagerung einer Schneckenwelle (Bild XIII.13): Es treten Radialkräfte und eine hohe Axialkraft auf. Bei Ausführung a) nimmt das zweireihige Schrägkugellager (2) als *Fest*lager sowohl die Radialkraft als auch die Axialkraft auf, das Rillenkugellager als *Los*lager nur die Radialkraft.
Bei Ausführung b) reichen Radiallager zur Aufnahme der Axialkraft nicht mehr aus. Es wird dann ein Zylinderrollenlager (4) mit einem zweiseitig wirkenden Axialrillenkugellager (3) kombiniert und mit dem Paßring (5) spielfrei eingestellt. In Bild XIII.13b zeigt die obere Hälfte den axialen Kraftfluß von links nach rechts, die untere den Kraftfluß von rechts nach links. Geschmiert wird mit Fett. Der Filzring verhindert das Eindringen von Abriebteilchen in das Gehäuseinnere.

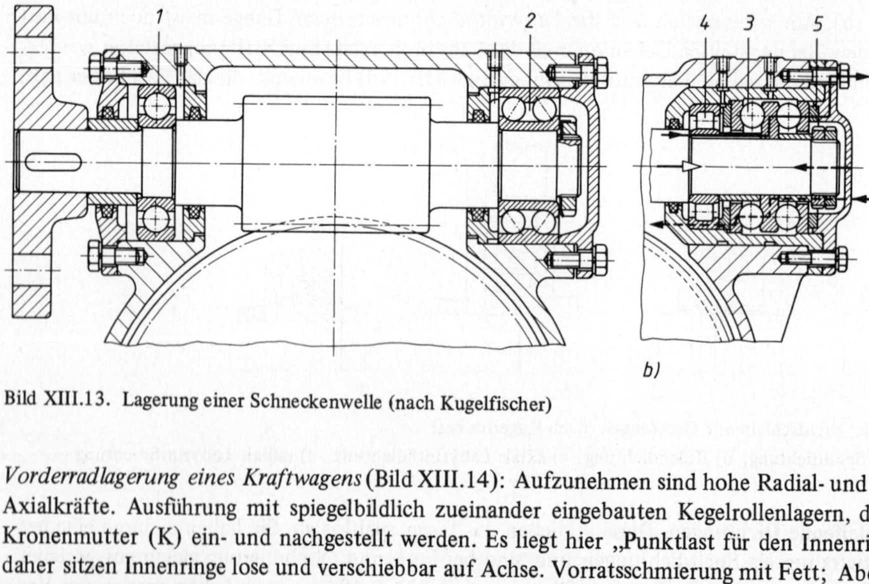

Bild XIII.13. Lagerung einer Schneckenwelle (nach Kugelfischer)

Vorderradlagerung eines Kraftwagens (Bild XIII.14): Aufzunehmen sind hohe Radial- und normale Axialkräfte. Ausführung mit spiegelbildlich zueinander eingebauten Kegelrollenlagern, die durch Kronenmutter (K) ein- und nachgestellt werden. Es liegt hier „Punktlast für den Innenring“ vor, daher sitzen Innenringe lose und verschiebbar auf Achse. Vorratsschmierung mit Fett; Abdichtung durch Radial-Dichtring.

Normal-Stehlager (Bild XIII.15): Es treten Radial- und normalerweise geringere Axialkräfte auf. Gehäuse ist geteilt und fast nur mit Pendelkugellager mit Spannhülse ausgeführt. Das Bild zeigt Ausbildung als Festlager; bei Loslager werden Futterringe (F) weggelassen, Außenring ist dann frei verschiebbar. Vorratsschmierung mit Fett.

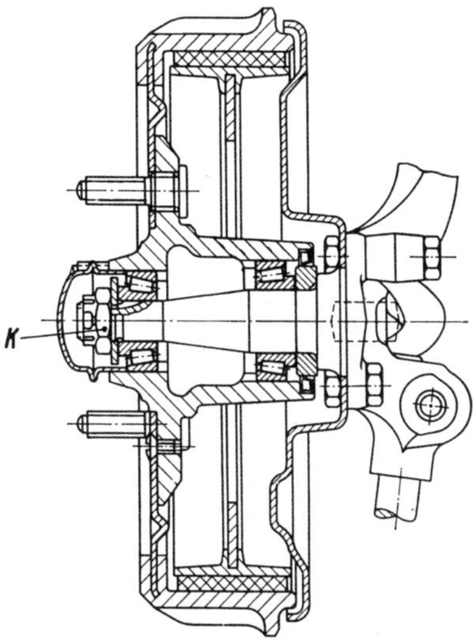

Bild XIII.14. Vorderradlagerung eines Kraftwagens (nach Kugelfischer)

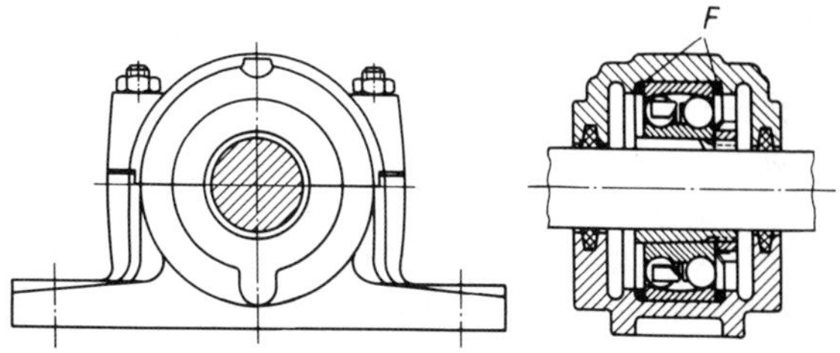

Bild XIII.15. Normal-Stehlager

2.10. Berechnungsbeispiele für Wälzlager[1])

■ **Beispiel 1**: Für das Festlager einer Kegelradwelle wird entsprechend dem vorher ermittelten Wellendurchmesser $d = 45$ mm das Rillenkugellager 6209 vorläufig festgelegt. An der Lagerstelle wirken die Stützkräfte: Radialkraft $F_r = 2200$ N und Axialkraft $F_a = 1400$ N. Die Wellendrehzahl beträgt $n = 260\,\text{min}^{-1}$. Die Betriebstemperatur liegt unter 150 °C.

Es ist zu prüfen, ob das Lager für eine geforderte Lebensdauer von $L_h \geqslant 20\,000$ h ausreicht.

Lösung: Für das gewählte Lager 6209 liest man aus Tafel XIII.9 ab:

dynamische Tragzahl $C = 32{,}5$ kN $= 32\,500$ N
statische Tragzahl $C_0 = 17{,}6$ kN $= 17\,600$ N

Zur Bestimmung der Faktoren X und Y muß nach Tafel XIII.2 vorgegangen werden:

$$\frac{F_a}{C_0} = \frac{1\,400\ \text{N}}{17\,600\ \text{N}} = 0{,}0795$$

Der nächstliegende Tafelwert in Tafel XIII.2 für e beträgt $e = 0{,}27$.

Nun wird der Quatient F_a/F_r berechnet und mit dem Wert $e = 0{,}27$ verglichen:

$$\frac{F_a}{F_r} = \frac{1400\ \text{N}}{2200\ \text{N}} = 0{,}636 > e = 0{,}27\,.$$

Für den Radialfaktor X und für den Axialfaktor Y ergeben sich nach Tafel XIII.2 die Werte:

Radialfaktor $X = 0{,}56$
Axialfaktor $Y = 1{,}6$

Damit kann die dynamisch äquivalente Lagerbelastung P errechnet werden:

$$P = X F_r + Y F_a = 0{,}56 \cdot 2200\ \text{N} + 1{,}6 \cdot 1400\ \text{N}$$
$$P = 3472\ \text{N} = 3{,}472\ \text{kN}$$

[1]) Entnommen aus: *A. Böge*, Arbeitshilfen und Formeln für das technische Studium, Band 2 Konstruktion, Vieweg Verlag.

Es sind nun alle Größen zur Berechnung der dynamischen Kennzahl f_L bekannt. Nach Gleichung (XIII.4) gilt:

$$f_L = \frac{C}{P} f_n$$

$C = 32{,}5$ kN
$P = 3{,}472$ kN
$f_n = 0{,}504$ nach Tafel XIII.7 für $n = 260\ \text{min}^{-1}$

$$f_L = \frac{32{,}5\ \text{kN}}{3{,}472\ \text{kN}} \cdot 0{,}504 = 4{,}72$$

Nach Tafel XIII.7 beträgt für $f_L = 4{,}72$ die nominelle Lebensdauer $L_h \approx 53\,000$ h. Diese Lebensdauer ist allerdings nur dann zu erwarten, wenn nicht andere Einflußgrößen dagegen sprechen, zum Beispiel Wellendurchbiegung und Fremdstoffe im Lagerbereich. Da die Betriebstemperatur unter 150 °C liegen soll, ist eine Verkleinerung der nominellen Lebensdauer nicht erforderlich (siehe Tafel XIII.1).

■ **Beispiel 2:** Die Festlagerstelle einer Schneckenradwelle wird durch die Radialkraft $F_r = 1340$ N und durch die Axialkraft $F_a = 4300$ N belastet. Die Wellendrehzahl beträgt $n = 750\ \text{min}^{-1}$, die Betriebstemperatur liegt unter 150 °C.

Es ist anzunehmen, daß die relativ hohe Axialkraft von einem Rillenkugellager mit zweckmäßigem Wellendurchmesser nicht aufgenommen werden kann. Deshalb wird zunächst ein zweireihiges Schrägkugellager vorgesehen, und zwar für eine Lebensdauer von $L_h \geqslant 15\,000$ h.

Lösung: In der Tafel XIII.10 sind für die dynamisch äquivalente Lagerbelastung jeweils zwei Gleichungen für die Druckwinkel von 25° und von 35° angegeben. Entscheidet man sich für die Standardausführung B mit Polyamidkäfig und dem Druckwinkel $\alpha = 25°$, dann gelten die beiden ersten Gleichungen. In beiden Fällen ist zunächst das Verhältnis F_a/F_r zu bestimmen:

$$\frac{F_a}{F_r} = \frac{4300\ \text{N}}{1340\ \text{N}} = 3{,}2 > 0{,}68$$

Zu verwenden ist also die Gleichung

$$P = 0{,}67\,F_r + 1{,}41\,F_a$$

$$P = 0{,}67 \cdot 1340\ \text{N} + 1{,}41 \cdot 4300\ \text{N}$$

$$P = 6961\ \text{N} = 6{,}96\ \text{kN}$$

Nun kann mit der Gleichung nach Tafel XIII.10 weitergerechnet werden. Sie wird zur Berechnung der erforderlichen dynamischen Tragzahl C_{erf} umgestellt:

$$f_L = \frac{C}{P} f_n \qquad C_{erf} = P\,\frac{f_L}{f_n}$$

Die dynamische Kennzahl f_L beträgt nach Tafel XIII.7 für die geforderte Lebensdauer $L_h \geqslant 15\,000$ h:

$$f_L = 3{,}11\,.$$

Ebenfalls aus Tafel XIII.7 wird der Drehzahlfaktor $f_n = 0{,}354$ abgelesen. Damit kann die erforderliche dynamische Tragzahl berechnet werden:

$$C_{erf} = P\,\frac{f_L}{f_n} = 6{,}96\ \text{kN} \cdot \frac{3{,}11}{0{,}354} = 61{,}1\ \text{kN}$$

Geht man nun in der Tafel XIII.11 die Spalte für die dynamische Tragzahl C von oben nach unten durch, dann erkennt man als erstes Lager, mit dem die Bedingung $C_{erf} \leqslant C$ erfüllt werden kann, das zweireihige Schrägkugellager 3308 B mit $C = 62$ kN und mit dem Wellendurchmesser $d = 40$ mm.

Im Hinblick auf die nominelle Lebensdauer gelten auch hier die Anmerkungen am Schluß von Beispiel 1.

Tafel XIII.4. Wellentoleranzen

Radiallager mit zylindrischer Bohrung

Belastungsart	Lagerart	Wellen-durchmesser	Verschiebbarkeit Belastung	Toleranzfeld
Punktlast für den Innenring	Kugellager, Rollenlager und Nadellager	alle Größen	Loslager mit verschiebbarem Innenring	g6 (g5) h6 (h5)
			Schrägkugellager und Kegelrollenlager mit angestelltem Innenring	h6 (j6)
Umfangslast für den Innenring oder unbestimmte Last	Kugellager	bis 40 mm	normale Belastung	j6 (j5)
		bis 100 mm	kleine Belastung	j6 (j5)
			normale und hohe Belastung	k6 (k5)
		bis 200 mm	kleine Belastung	k6 (k5)
			normale und hohe Belastung	m6 (m5)
		über 200 mm	normale Belastung	m6 (m5)
			hohe Belastung, Stöße	n6 (n5)
	Rollenlager und Nadellager	bis 60 mm	kleine Belastung	j6 (j5)
			normale und hohe Belastung	k6 (k5)
		bis 200 mm	kleine Belastung	k6 (k5)
			normale Belastung	m6 (m5)
			hohe Belastung	n6 (n5)
		bis 500 mm	normale Belastung	m6 (n6)
			hohe Belastung, Stöße	p6
		über 500 mm	normale Belastung	n6 (p6)
			hohe Belastung	p6

Axiallager

Belastungsart	Lagerart	Wellen-durchmesser	Betriebs-bedingungen	Toleranzfeld
Axiallast	Axial-Rillenkugellager	alle Größen		j6
	Axial-Rillenkugellager zweiseitig wirkend	alle Größen		k6
	Axial-Zylinderrollenlager oder Axial-Nadelkranz mit Wellenscheibe	alle Größen		h6 (j6)
	Axial-Zylinderrollenkranz oder Axial-Nadelkranz mit Lauf- oder Axialscheibe	alle Größen		h10
	Axial-Zylinderrollenkranz oder Axial-Nadelkranz	alle Größen		h8
Kombinierte Belastung	Axial-Pendelrollenlager	alle Größen	Punktlast für die Wellenscheibe	j6
		bis 200 mm	Umfangslast für die Wellenscheibe	j6 (k6)
		über 200 mm		k6 (m6)

Tafel XIII.5. Gehäusetoleranzen

Radiallager

Belastungsart	Verschiebbarkeit Belastung	Betriebsbedingungen	Toleranzfeld
Punktlast für den Außenring	Loslager mit leicht verschiebbarem Außenring	Die Qualität der Toleranz richtet sich nach der notwendigen Laufgenauigkeit	H7 (H6)
	Außenring meist verschiebbar, Schrägkugellager und Kegelrollenlager mit angestelltem Außenring	hohe Laufgenauigkeit notwendig	H6 (J6)
		normale Laufgenauigkeit	H7 (J7)
		Wärmezufuhr von der Welle	G7
Umfangslast für den Außenring oder unbestimmte Last	kleine Belastung	Bei hohen Anforderungen an die Laufgenauigkeit K6, M6, N6 und P6	K7 (K6)
	normale Belastung, Stöße		M7 (M6)
	hohe Belastung, Stöße		N7 (N6)
	hohe Belastung, starke Stöße, dünnwandige Gehäuse		P7 (P6)

Axiallager

Belastungsart	Lagerart	Betriebsbedingungen	Toleranzfeld
Axiallast	Axial-Rillenkugellager	normale Laufgenauigkeit hohe Laufgenauigkeit	E 8 H6
	Axial-Zylinderrollenlager oder Axial-Nadelkranz mit Gehäusescheibe		H7 (K7)
	Axial-Zylinderrollenkranz oder Axial-Nadelkranz mit Lauf- oder Axialscheibe		H11
	Axial-Zylinderrollenkranz oder Axial-Nadelkranz		H10
	Axial-Pendelrollenlager	normale Belastung hohe Belastung	E8 G7
kombinierte Belastung Punktlast für die Gehäusescheibe	Axial-Pendelrollenlager		H7
kombierte Belastung Umfangslast für die Gehäusescheibe	Axial-Pendelrollenlager		K7

Tafel XIII.6. Richtwerte für die dynamische Kennzahl f_L (Lebensdauerfaktor)

Einbaustelle	anzustrebender f_L-Wert	Einbaustelle	anzustrebender f_L-Wert
Kraftfahrzeuge		**Werkzeugmaschinen**	
Motorräder	0,9 ... 1,6	Drehspindeln, Frässpindeln	3 ... 4,5
Leichte Personenwagen	1,4 ... 1,8	Bohrspindeln	3 ... 4
Schwere Personenwagen	1 ... 1,6	Schleifspindeln	2,5 ... 3,5
Leichte Lastwagen	1,8 ... 2,4	Werkstückspindeln von Schleifmaschinen	3,5 ... 5
Schwere Lastwagen	2 ... 3		
Omnibusse	1,8 ... 2,8	Werkzeugmaschinengetriebe	3 ... 4
Verbrennungsmotor	1,2 ... 2	Pressen/Schwungrad	3,4 ... 4
		Pressen/Exzenterwelle	3 ... 3,5
Schienenfahrzeuge		Elektrowerkzeuge und Druckluftwerkzeuge	2 ... 3
Achslager von			
Förderwagen	2,5 ... 3,5		
Straßenbahnwagen	3,5 ... 4	**Holzbearbeitungsmaschinen**	
Reisezugwagen	3 ... 3,5	Frässpindeln und Messerwellen	3 ... 4
Güterwagen	3 ... 3,5	Sägegatter/Hauptlager	3,5 ... 4
Abraumwagen	3 ... 3,5	Sägegatter/Pleuellager	2,5 ... 3
Triebwagen	3,5 ... 4		
Lokomotiven/Außenlager	3,5 ... 4	**Getriebe im Allg. Maschinenbau**	
Lokomotiven/Innenlager	4,5 ... 5	Universalgetriebe	2 ... 3
Getriebe von Schienenfahrzeugen	3 ... 4,5	Getriebemotoren	2 ... 3
		Großgetriebe, stationär	3 ... 4,5
Schiffbau			
Schiffsdrucklager	3 ... 4	**Fördertechnik**	
Schiffswellentraglager	4 ... 6	Bandantriebe/Tagebau	4,5 ... 5,5
Große Schiffsgetriebe	2,5 ... 3,5	Förderbandrollen/Tagebau	4,5 ... 5
Kleine Schiffsgetriebe	2 ... 3	Förderbandrollen/allgemein	2,5 ... 3,5
Bootsantriebe	1,5 ... 2,5	Bandtrommeln	4 ... 4,5
		Schaufelradbagger/Fahrantrieb	2,5 ... 3,5
Landmaschinen		Schaufelradbagger/Schaufelrad	4,5 ... 6
Ackerschlepper	1,5 ... 2	Schaufelradbagger/Schaufelradantrieb	4,5 ... 5,5
selbstfahrende Arbeitsmaschinen	1,5 ... 2	Förderseilscheiben	4 ... 4,5
Saisonmaschinen	1 ... 1,5		
		Pumpen, Gebläse, Kompressoren	
Baumaschinen		Ventilatoren, Gebläse	3,5 ... 4,5
Planierraupen, Lader	2 ... 2,5	Kreiselpumpen	4 ... 5
Bagger/Fahrwerk	1 ... 1,5	Hydraulik-Axialkolbenmaschinen und Hydraulik-Radialkolbenmaschinen	1 ... 2,5
Bagger/Drehwerk	1,5 ... 2		
Vibrations-Straßenwalzen, Unwuchterreger	1,5 ... 2,5	Zahnradpumpen	1 ... 2,5
Rüttlerflaschen	1 ... 1,5	Verdichter, Kompressoren	2 ... 3,5
Elektromotoren		**Brecher, Mühlen, Siebe u.a.**	
E-Motoren für Haushaltsgeräte	1,5 ... 2	Backenbrecher	3 ... 3,5
Serienmotoren	3,5 ... 4,5	Kreiselbrecher, Walzenbrecher	3 ... 3,5
Großmotoren	4 ... 5	Schlägermühlen	3,5 ... 4,5
Elektrische Fahrmotoren	3 ... 3,5	Hammermühlen	3,5 ... 4,5
		Prallmühlen	3,5 ... 4,5
Walzwerke, Hütteneinrichtungen		Rohrmühlen	4 ... 5
Walzgerüste	1 ... 3	Schwingmühlen	2 ... 3
Walzwerksgetriebe	3 ... 4	Mahlbahnmühlen	4 ... 5
Rollgänge	2,5 ... 3,5	Schwingsiebe	2,5 ... 3
Schleudergießmaschinen	3,5 ... 4,5		

Tafel XIII.7. Lebensdauer L_h, Lebensdauerfaktor f_L und Drehzahlfaktor f_n für Kugellager

f_L-Werte für Kugellager

L_h h	f_L	L_h h	f_L	L_h h	f_L	L_h h	f_L	L_h h	f_L
100	0,585	420	0,944	1700	1,5	6500	2,35	28000	3,83
110	0,604	440	0,958	1800	1,53	7000	2,41	30000	3,91
120	0,621	460	0,973	1900	1,56	7500	2,47	32000	4
130	0,638	480	0,986	2000	1,59	8000	2,52	34000	4,08
140	0,654	500	1	2200	1,64	8500	2,57	36000	4,16
150	0,669	550	1,03	2400	1,69	9000	2,62	38000	4,24
160	0,684	600	1,06	2600	1,73	9500	2,67	40000	4,31
170	0,698	650	1,09	2800	1,78	10000	2,71	42000	4,38
180	0,711	700	1,12	3000	1,82	11000	2,8	44000	4,45
190	0,724	750	1,14	3200	1,86	12000	2,88	46000	4,51
200	0,737	800	1,17	3400	1,89	13000	2,96	48000	4,58
220	0,761	850	1,19	3600	1,93	14000	3,04	50000	4,64
240	0,783	900	1,22	3800	1,97	15000	3,11	55000	4,79
260	0,804	950	1,24	4000	2	16000	3,17	60000	4,93
280	0,824	1000	1,26	4200	2,03	17000	3,24	65000	5,07
300	0,843	1100	1,3	4400	2,06	18000	3,3	70000	5,19
320	0,862	1200	1,34	4600	2,1	19000	3,36	75000	5,31
340	0,879	1300	1,38	4800	2,13	20000	3,42	80000	5,43
360	0,896	1400	1,41	5000	2,15	22000	3,53	85000	5,54
380	0,913	1500	1,44	5500	2,22	24000	3,63	90000	5,65
400	0,928	1600	1,47	6000	2,29	26000	3,73	100000	5,85

f_n-Werte für Kugellager

n min^{-1}	f_n	n min^{-1}	f_n	n min^{-1}	f_n	n min^{-1}	f_n	n min^{-1}	f_n
10	1,49	55	0,846	340	0,461	1800	0,265	9500	0,152
11	1,45	60	0,822	360	0,452	1900	0,26	10000	0,149
12	1,41	65	0,8	380	0,444	2000	0,255	11000	0,145
13	1,37	70	0,781	400	0,437	2200	0,247	12000	0,141
14	1,34	75	0,763	420	0,43	2400	0,24	13000	0,137
15	1,3	80	0,747	440	0,423	2600	0,234	14000	0,134
16	1,28	85	0,732	460	0,417	2800	0,228	15000	0,131
17	1,25	90	0,718	480	0,411	3000	0,223	16000	0,128
18	1,23	95	0,705	500	0,405	3200	0,218	17000	0,125
19	1,21	100	0,693	550	0,393	3400	0,214	18000	0,123
20	1,19	110	0,672	600	0,382	3600	0,21	19000	0,121
22	1,15	120	0,652	650	0,372	3800	0,206	20000	0,119
24	1,12	130	0,635	700	0,362	4000	0,203	22000	0,115
26	1,09	140	0,62	750	0,354	4200	0,199	24000	0,112
28	1,06	150	0,606	800	0,347	4400	0,196	26000	0,109
30	1,04	160	0,593	850	0,34	4600	0,194	28000	0,106
32	1,01	170	0,581	900	0,333	4800	0,191	30000	0,104
34	0,993	180	0,57	950	0,327	5000	0,188	32000	0,101
36	0,975	190	0,56	1000	0,322	5500	0,182	34000	0,0993
38	0,957	200	0,55	1100	0,312	6000	0,177	36000	0,0975
40	0,941	220	0,533	1200	0,303	6500	0,172	38000	0,0957
42	0,926	240	0,518	1300	0,295	7000	0,168	40000	0,0941
44	0,912	260	0,504	1400	0,288	7500	0,164	42000	0,0926
46	0,898	280	0,492	1500	0,281	8000	0,161	44000	0,0912
48	0,886	300	0,481	1600	0,275	8500	0,158	46000	0,0898
50	0,874	320	0,471	1700	0,27	9000	0,155	50000	0,0874

Tafel XIII.8. Lebensdauer L_h, Lebensdauerfaktor f_L und Drehzahlfaktor f_n für Rollenlager und Nadellager

f_L-Werte für Rollenlager und Nadellager

L_h h	f_L	L_h h	f_L	L_h h	f_L	L_h h	f_L	L_h h	f_L
100	0,617	420	0,949	1700	1,44	6500	2,16	28000	3,35
110	0,635	440	0,962	1800	1,47	7000	2,21	30000	3,42
120	0,652	460	0,975	1900	1,49	7500	2,25	32000	3,48
130	0,668	480	0,988	2000	1,52	8000	2,3	34000	3,55
140	0,683	500	1	2200	1,56	8500	2,34	36000	3,61
150	0,697	550	1,03	2400	1,6	9000	2,38	38000	3,67
160	0,71	600	1,06	2600	1,64	9500	2,42	40000	3,72
170	0,724	650	1,08	2800	1,68	10000	2,46	42000	3,78
180	0,736	700	1,11	3000	1,71	11000	2,53	44000	3,83
190	0,748	750	1,13	3200	1,75	12000	2,59	46000	3,88
200	0,76	800	1,15	3400	1,78	13000	2,66	48000	3,93
220	0,782	850	1,17	3600	1,81	14000	2,72	50000	3,98
240	0,802	900	1,19	3800	1,84	15000	2,77	55000	4,1
260	0,822	950	1,21	4000	1,87	16000	2,83	60000	4,2
280	0,84	1000	1,23	4200	1,89	17000	2,88	65000	4,31
300	0,858	1100	1,27	4400	1,92	18000	2,93	70000	4,4
320	0,875	1200	1,3	4600	1,95	19000	2,98	80000	4,58
340	0,891	1300	1,33	4800	1,97	20000	3,02	90000	4,75
360	0,906	1400	1,36	5000	2	22000	3,11	100000	4,9
380	0,921	1500	1,39	5500	2,05	24000	3,19	150000	5,54
400	0,935	1600	1,42	6000	2,11	26000	3,27	200000	6,03

f_n-Werte für Rollenlager und Nadellager

n min^{-1}	f_n	n min^{-1}	f_n	n min^{-1}	f_n	n min^{-1}	f_n	n min^{-1}	f_n
10	1,44	55	0,861	340	0,498	1800	0,302	9500	0,183
11	1,39	60	0,838	360	0,49	1900	0,297	10000	0,181
12	1,36	65	0,818	380	0,482	2000	0,293	11000	0,176
13	1,33	70	0,8	400	0,475	2200	0,285	12000	0,171
14	1,3	75	0,784	420	0,468	2400	0,277	13000	0,167
15	1,27	80	0,769	440	0,461	2600	0,271	14000	0,163
16	1,25	85	0,755	460	0,455	2800	0,265	15000	0,16
17	1,22	90	0,742	480	0,449	3000	0,259	16000	0,157
18	1,2	95	0,73	500	0,444	3200	0,254	17000	0,154
19	1,18	100	0,719	550	0,431	3400	0,25	18000	0,151
20	1,17	110	0,699	600	0,42	3600	0,245	19000	0,149
22	1,13	120	0,681	650	0,41	3800	0,242	20000	0,147
24	1,1	130	0,665	700	0,401	4000	0,238	22000	0,143
26	1,08	140	0,65	750	0,393	4200	0,234	24000	0,139
28	1,05	150	0,637	800	0,385	4400	0,231	26000	0,136
30	1,03	160	0,625	850	0,378	4600	0,228	28000	0,133
32	1,01	170	0,613	900	0,372	4800	0,225	30000	0,13
34	0,994	180	0,603	950	0,366	5000	0,222	32000	0,127
36	0,977	190	0,593	1000	0,36	5500	0,216	34000	0,125
38	0,961	200	0,584	1100	0,35	6000	0,211	36000	0,123
40	0,947	220	0,568	1200	0,341	6500	0,206	38000	0,121
42	0,933	240	0,553	1300	0,333	7000	0,201	40000	0,119
44	0,92	260	0,54	1400	0,326	7500	0,197	42000	0,117
46	0,908	280	0,528	1500	0,319	8000	0,193	44000	0,116
48	0,896	300	0,517	1600	0,313	8500	0,19	46000	0,114
50	0,885	320	0,507	1700	0,307	9000	0,186	50000	0,111

Tafel XIII.9. Rillenkugellager, einreihig, Maße und Tragzahlen

d Wellendurchmesser
D Lageraußendurchmesser
B Lagerbreite
r_s Kantenabstand *)

C dynamische Tragzahl
C_0 statische Tragzahl

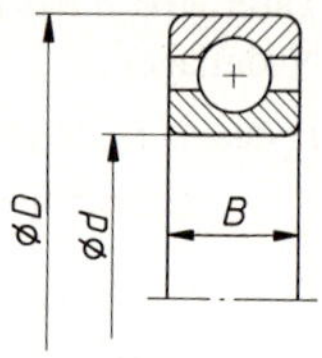

Maße in mm				Tragzahlen in kN dyn.	stat.	Kurz-zeichen
d	*D*	*B*	$r_{s\,min}$	*C*	C_0	
3	10	4	0,15	0,71	0,23	623
4	9	2,5	0,15	0,64	0,2	618/4
4	13	5	0,2	1,29	0,41	624
4	16	5	0,3	1,9	0,59	634
5	16	5	0,3	1,9	0,59	625
5	19	6	0,3	2,45	0,9	635
6	13	3,5	0,15	1,06	0,38	618/6
6	19	6	0,3	2,45	0,9	626
7	14	3,5	0,15	0,88	0,36	618/7
7	19	6	0,3	2,45	0,9	607
7	22	7	0,3	3,25	1,18	627
8	16	4	0,2	1,6	0,62	618/8
8	22	7	0,3	3,25	1,18	608
9	24	7	0,3	3,65	1,43	609
9	26	8	0,6	4,55	1,7	629
10	19	5	0,3	1,83	0,8	61800
10	26	8	0,3	4,55	1,7	6000
10	28	8	0,3	5	1,86	16100
10	30	9	0,6	6	2,24	6200
10	35	11	0,6	8,15	3	6300
12	21	5	0,3	1,93	0,9	61801
12	28	8	0,3	5,1	2,04	6001
12	30	8	0,3	5,6	2,24	16101
12	32	10	0,6	6,95	2,65	6201
12	37	12	1	9,65	3,65	6301
15	24	5	0,3	2,08	1,1	61802
15	32	8	0,3	5,6	2,36	16002
15	32	9	0,3	5,6	2,45	6002
15	35	11	0,6	7,8	3,25	6202
15	42	13	1	11,4	4,65	6302
17	26	5	0,3	2,24	1,27	61803
17	35	8	0,3	6,1	2,75	16003
17	35	10	0,3	6	2,8	6003
17	40	12	0,6	9,5	4,15	6203
17	47	14	1	13,4	5,6	6303
17	62	17	1,1	23,6	9,65	6403
20	32	7	0,3	3,45	1,96	61804
20	42	8	0,3	6,95	3,55	16004
20	42	12	0,6	9,3	4,4	6004
20	47	14	1	12,7	5,7	6204
20	52	15	1,1	17,3	7,35	6304
20	72	19	1,1	30,5	12,9	6404

Maße in mm				Tragzahlen in kN dyn.	stat.	Kurz-zeichen
d	*D*	*B*	$r_{s\,min}$	*C*	C_0	
25	37	7	0,3	3,8	2,45	61805
25	47	8	0,3	7,2	4,05	16005
25	47	12	0,6	10	5,1	6005
25	52	15	1	14,3	6,95	6205
25	62	17	1,1	22,4	10	6305
25	80	21	1,5	36	16,6	6405
30	42	7	0,3	4,15	2,9	61806
30	55	9	0,3	11,2	6,4	16006
30	55	13	1	12,7	6,95	6006
30	62	16	1	19,3	9,8	6206
30	72	19	1,1	29	14	6306
30	90	23	1,5	42,5	20	6406
35	47	7	0,3	4,3	3,25	61807
35	62	9	0,3	12,2	7,65	16007
35	62	14	1	16,3	9	6007
35	72	17	1,1	25,5	13,2	6207
35	80	21	1,5	33,5	16,6	6307
35	100	25	1,5	55	26,5	6407
40	52	7	0,3	4,65	3,8	61808
40	68	9	0,3	13,2	9	16008
40	68	15	1	17	10,2	6008
40	80	18	1,1	29	15,6	6208
40	90	23	1,5	42,5	21,6	6308
40	110	27	2	63	31,5	6408
45	58	7	0,3	6,4	5,1	61809
45	75	10	0,6	15,6	10,6	16009
45	75	16	1	20	12,5	6009
45	85	19	1,1	32,5	17,6	6209
45	100	25	1,5	53	27,5	6309
45	120	29	2	76,5	39	6409
50	65	7	0,3	6,8	5,7	61810
50	80	10	0,6	16	11,6	16010
50	80	16	1	20,8	13,7	6010
50	90	20	1,1	36,5	20,8	6210
50	110	27	2	62	32,5	6310
50	130	31	2,1	86,5	45	6410
55	72	9	0,3	9	7,65	61811
55	90	11	0,6	19,3	14,3	16011
55	90	18	1,1	28,5	18,6	6011
55	100	21	1,5	43	25,5	6211
55	120	29	2	76,5	40,5	6311
55	140	33	2,1	100	53	6411

*) siehe Tafel XIII.3

Fortsetzung →

Maße in mm				Tragzahlen in kN		Kurzzeichen
d	D	B	$r_{s\,min}$	dyn. C	stat. C_0	
60	78	10	0,3	9,3	8,15	61812
60	95	11	0,6	20	15,3	16012
60	95	18	1,1	29	20	6012
60	110	22	1,5	52	31	6212
60	130	31	2,1	81,5	45	6312
60	150	35	2,1	110	60	6412
65	85	10	0,6	11,6	10	61813
65	100	11	0,6	21,2	17,3	16013
65	100	19	1,1	30,5	22	6013
65	120	23	1,5	60	36	6213
65	140	33	2,1	93	52	6313
65	160	37	2,1	118	68	6413
70	90	10	0,6	12,5	11,2	61814
70	110	13	0,6	28	22	16014
70	110	20	1,1	39	27,5	6014
70	125	24	1,5	62	38	6214
70	150	35	2,1	104	58,5	6314
70	180	42	3	143	88	6414
75	95	10	0,6	12,9	12	61815
75	115	13	0,6	28,5	23,2	16015
75	115	20	1,1	40	30	6015
75	130	25	1,5	65,5	42,5	6215
75	160	37	2,1	114	67	6315
75	190	45	3	153	98	6415
80	100	10	0,6	12,9	12,5	61816
80	125	14	0,6	32	27,5	16016
80	125	22	1,1	47,5	34,5	6016
80	140	26	2	72	45,5	6216
80	170	39	2,1	122	75	6316
80	200	48	3	163	108	6416
85	110	13	1	18,3	16,3	61817
85	130	14	0,6	34	29	16017
85	130	22	1,1	50	37,5	6017
85	150	28	2	83	55	6217
85	180	41	3	125	76,5	6317
85	210	52	4	173	118	6417
90	115	13	1	21,6	19,3	61818
90	140	16	1	41,5	34,5	16018
90	140	24	1,5	58,5	43	6018
90	160	30	2	96,5	62	6218
90	190	43	3	134	88	6318
90	225	54	4	196	140	6418
95	120	13	1	22	20,4	61819
95	145	16	1	40	35,5	16019
95	145	24	1,5	60	46,5	6019
95	170	32	2,1	108	71	6219
95	200	45	3	143	98	6319
100	125	13	1	23,6	22,8	61820
100	150	16	1	44	39	16020
100	150	24	1,5	60	47,5	6020
100	180	34	2,1	122	80	6220
100	215	47	3	163	116	6320

Maße in mm				Tragzahlen in kN		Kurzzeichen
d	D	B	$r_{s\,min}$	dyn. C	stat. C_0	
105	160	18	1	54	46,5	16021
105	160	26	2	71	56	6021
105	190	36	2,1	132	90	6221
105	225	49	3	173	127	6321
110	140	16	1	24,5	24,5	61822
110	170	19	1	57	49	16022
110	170	28	2	80	62	6022
110	200	38	2,1	143	102	6222
110	240	50	3	190	143	6322
120	150	16	1	25	26	61824
120	180	19	1	61	56	16024
120	180	28	2	83	68	6024
120	215	40	2,1	146	108	6224
120	260	55	3	212	163	6324
130	165	18	1,1	32,5	34	61826
130	200	22	1,1	78	71	16026
130	200	33	2	104	86,5	6026
130	230	40	3	166	127	6226
130	280	58	4	228	186	6326
140	175	18	1,1	34	36,5	61828
140	210	22	1,1	80	76,5	16028
140	210	33	2	108	93	6028
140	250	42	3	176	143	6228
140	300	62	4	255	212	6328
150	190	20	1,1	42,5	44	61830
150	225	24	1,1	91,5	86,5	16030
150	225	35	2,1	122	108	6030
150	270	45	3	176	146	6230
150	320	65	4	285	260	6330
160	200	20	1,1	44	48	61832
160	240	25	1,5	102	100	16032
160	240	38	2,1	140	122	6032
160	290	48	3	200	176	6232
160	340	68	4	300	280	6332
170	215	22	1,1	54	58,5	61834
170	260	28	1,5	122	118	16034
170	260	42	2,1	170	150	6034
170	310	52	4	212	196	6234
170	360	72	4	325	315	6334
180	225	22	1,1	56	63	61836
180	280	31	2	140	129	16036
180	280	46	2,1	186	170	6036
180	320	52	4	224	212	6236
180	380	75	4	355	355	6336
190	240	24	1,5	67	73,5	61838
190	290	31	2	150	146	16038
190	290	46	2,1	196	186	6038
190	340	55	4	255	245	6238
190	400	78	5	375	380	6338
200	250	24	1,5	68	76,5	61840
200	310	34	2	170	166	16040
200	310	51	2,1	212	208	6040
200	360	58	4	270	270	6240

Tafel XIII.10. Schrägkugellager, zweireihig, äquivalente Belastung

dynamisch äquivalente Lagerbelastung P	für Druckwinkel $\alpha = 25°$ (Standardausführung B): $P = F_r + 0{,}92\,F_a$ für $\frac{F_a}{F_r} \leqslant 0{,}68$ $P = 0{,}67\,F_r + 1{,}41\,F_a$ für $\frac{F_a}{F_r} > 0{,}68$ für Druckwinkel $\alpha = 35°$: $P = F_r + 0{,}66\,F_a$ für $\frac{F_a}{F_r} \leqslant 0{,}95$ $P = 0{,}6\,F_r + 1{,}07\,F_a$ für $\frac{F_a}{F_r} > 0{,}95$	F_r Radialkraft F_a Axialkraft
statisch äquivalente Lagerbelastung P_0	für Druckwinkel $\alpha = 25°$: $P_0 = F_r + 0{,}76\,F_a$	für Druckwinkel $\alpha = 35°$: $P_0 = F_r + 0{,}58\,F_a$

Tafel XIII.11. Schrägkugellager, zweireihig, Maße und Tragzahlen

d Wellendurchmesser
D Lageraußendurchmesser
B Lagerbreite
r_s Kantenabstand *)

C dynamische Tragzahl
C_0 statische Tragzahl

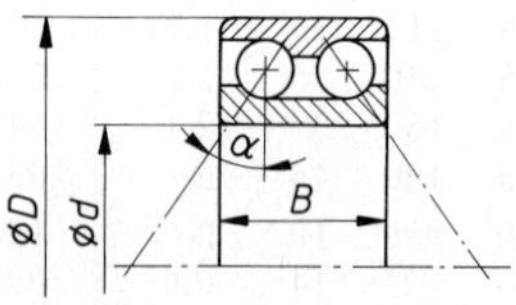

Maße in mm				Tragzahlen in kN		Kurz-zeichen	Maße in mm				Tragzahlen in kN		Kurz-zeichen
				dyn.	stat.						dyn.	stat.	
d	D	B	$r_{s\,min}$	C	C_0		d	D	B	$r_{s\,min}$	C	C_0	
10	30	14	0,6	7,8	3,9	3200B	60	110	36,5	1,5	69,5	72	3212
12	32	15,9	0,6	10,6	5,1	3201B	60	130	54	2,1	114	112	3312
15	35	15,9	0,6	11,8	6,1	3202B	65	120	38,1	1,5	73,5	83	3213
15	42	19	1	16,3	8,65	3302B	65	140	58,7	2,1	129	129	3313
17	40	17,5	0,6	14,6	7,8	3203B	70	125	39,7	1,5	81,5	91,5	3214
17	47	22,2	1	20,8	10,6	3303B	70	150	63,5	2,1	143	146	3314
20	47	20,6	1	19,6	10,8	3204B	75	130	41,3	1,5	85	98	3215
20	52	22,2	1,1	23,2	12,9	3304B	75	160	68,3	2,1	163	166	3315
25	52	20,6	1	21,2	12,7	3205B	80	140	44,4	2	95	110	3216
25	62	25,4	1,1	30	17,3	3305B	80	170	68,3	2,1	176	186	3316
30	62	23,8	1	30	18,3	3206B	85	150	49,2	2	112	132	3217
30	72	30,2	1,1	41,5	24,5	3306B	85	180	73	3	190	200	3317
35	72	27	1,1	39	25	3207B	90	160	52,4	2	125	146	3218
35	80	34,9	1,5	51	30	3307B	90	190	73	3	216	240	3318
40	80	30,2	1,1	48	31,5	3208B	95	170	55,6	2,1	140	163	3219
40	90	36,5	1,5	62	39	3308B	95	200	77,8	3	220	245	3319
45	85	30,2	1,1	48	32	3209B	100	180	60,3	2,1	160	196	3220
45	100	39,7	1,5	71	67	3309	100	215	82,6	3	240	280	3320
50	90	30,2	1,1	51	36,5	3210B	105	190	65,1	2,1	176	208	3221
55	100	33,3	1,5	54	58,5	3211	110	200	69,8	2,1	190	228	3222
55	120	49,2	2	98	95	3311	110	240	92,1	3	280	345	3322

*) siehe Tafel XIII.3

Tafel XIII.12. Pendelkugellager, äquivalente Belastung

dynamisch äquivalente Lagerbelastung P	$P = F_r + YF_a$	für $\frac{F_a}{F_r} \leqslant e$	F_r	Radialkraft
			F_a	Axialkraft
	$P = 0{,}65 \cdot F_r + YF_a$	für $\frac{F_a}{F_r} > e$	Y, Y_0	Axialfaktoren nach Tafel XIII.13
			e	siehe Tafel XIII.13
statisch äquivalente Lagerbelastung P_0	$P_0 = F_r + Y_0 F_a$			

Tafel XIII.13. Pendelkugellager, Maße, Tragzahlen und Faktoren

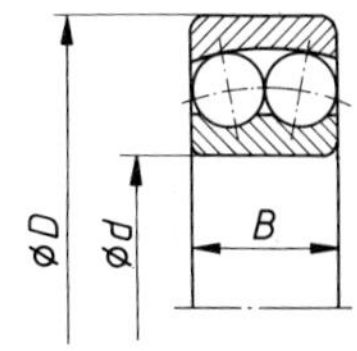

d Wellendurchmesser
D Lageraußendurchmesser
B Lagerbreite
r_s Kantenabstand *)

C dynamische Tragzahl
C_0 statische Tragzahl
Y, Y_0 Axialfaktoren

Maße in mm				Tragzahlen C, C_0 in kN und Faktoren						Kurzzeichen
				dynamische		$\frac{F_a}{F_r} \leqslant e$	$\frac{F_a}{F_r} > e$	statische		
d	D	B	$r_{s\,min}$	C	e	Y	Y	C_0	Y_0	
5	19	6	0,3	2,5	0,35	1,8	2,8	0,62	1,9	135
6	19	6	0,3	2,5	0,35	1,8	2,8	0,62	1,9	126
7	22	7	0,3	2,65	0,33	1,9	3	0,73	2	127
8	22	7	0,3	2,65	0,33	1,9	3	0,73	2	128
9	26	8	0,6	3,8	0,32	2	3	1,06	2,1	129
10	30	9	0,6	5,5	0,32	2	3	1,53	2,1	1200
10	30	14	0,6	7,2	0,66	1	1,5	2,04	1	2200
10	35	11	0,6	7,2	0,34	1,9	2,9	2,08	1,9	1300
12	32	10	0,6	5,6	0,37	1,7	2,6	1,66	1,8	1201
12	32	14	0,6	7,5	0,58	1,1	1,7	2,24	1,1	2201
12	37	12	1	9,5	0,35	1,8	2,8	2,8	1,9	1301
15	35	11	0,6	7,5	0,34	1,9	2,9	2,28	1,9	1202
15	35	14	0,6	7,65	0,51	1,2	1,9	2,4	1,3	2202
15	42	13	1	9,5	0,35	1,8	2,8	3	1,9	1302
15	42	17	1	12	0,51	1,2	1,9	3,75	1,3	2302
17	40	12	0,6	8	0,33	1,9	3	2,65	2	1203
17	40	16	0,6	9,8	0,51	1,2	1,9	3,15	1,3	2203
17	47	14	1	12,5	0,32	2	3	4,15	2,1	1303
17	47	19	1	14,3	0,53	1,2	1,8	4,55	1,2	2303
20	47	14	1	10	0,28	2,2	3,5	3,45	2,4	1204
20	47	18	1	12,5	0,5	1,3	2	4,3	1,3	2204
20	52	15	1,1	12,5	0,29	2,2	3,4	4,4	2,3	1304
20	52	21	1,1	18	0,51	1,2	1,9	6,1	1,3	2304
25	52	15	1	12,2	0,27	2,3	3,6	4,4	2,4	1205
25	52	18	1	12,5	0,44	1,4	2,2	4,65	1,5	2205
25	62	17	1,1	18	0,28	2,2	3,5	6,7	2,4	1305
25	62	24	1,1	24,5	0,48	1,3	2	8,5	1,4	2305
30	62	16	1	15,6	0,25	2,5	3,9	6,2	2,6	1206
30	62	20	1	15,3	0,4	1,6	2,4	6,1	1,6	2206
30	72	19	1,1	21,2	0,26	2,4	3,7	8,5	2,5	1306
30	72	27	1,1	31,5	0,45	1,4	2,2	11,4	1,7	2306
35	72	17	1,1	16	0,22	2,9	4,4	6,95	3	1207
35	72	23	1,1	21,6	0,37	1,7	2,6	8,8	1,8	2207
35	80	21	1,5	25	0,26	2,4	3,7	10,6	2,5	1307
35	80	31	1,5	39	0,47	1,3	2,1	14,6	1,4	2307

*) siehe Tafel XIII.3

Fortsetzung →

Maße in mm				Tragzahlen C, C_0 in kN und Faktoren: dynamische		$\frac{F_a}{F_r} \leq e$	$\frac{F_a}{F_r} > e$	statische		Kurzzeichen
d	D	B	$r_{s\,min}$	C	e	Y	Y	C_0	Y_0	
40	80	18	1,1	19,3	0,22	2,9	4,4	8,8	3	1208
40	80	23	1,1	22,4	0,34	1,9	2,9	10	1,9	2208
40	90	23	1,5	29	0,25	2,5	3,9	12,9	2,6	1308
40	90	33	1,5	45	0,43	1,5	2,3	17,6	1,5	2308
45	85	19	1,1	22	0,21	3	4,6	10	3,1	1209
45	85	23	1,1	23,2	0,31	2	3,1	11	2,1	2209
45	100	25	1,5	38	0,25	2,5	3,9	17	2,6	1309
45	100	36	1,5	54	0,43	1,5	2,3	22	1,5	2309
50	90	20	1,1	22,8	0,2	3,1	4,9	11	3,3	1210
50	90	23	1,1	23,2	0,29	2,2	3,4	11,6	2,3	2210
50	110	27	2	41,5	0,24	2,6	4,1	19,3	2,7	1310
50	110	40	2	64	0,43	1,5	2,3	26,5	1,5	2310
55	100	21	1,5	27	0,19	3,3	5,1	13,7	3,5	1211
55	100	25	1,5	26,5	0,28	2,2	3,5	13,4	2,4	2211
55	120	29	2	51	0,24	2,6	4,1	24	2,7	1311
55	120	43	2	75	0,42	1,5	2,3	31,5	1,6	2311
60	110	22	1,5	30	0,18	3,5	5,4	16	3,7	1212
60	110	28	1,5	34	0,29	2,2	3,4	17,3	2,3	2212
60	130	31	2,1	57	0,23	2,7	4,2	28	2,9	1312
60	130	46	2,1	86,5	0,41	1,5	2,4	37,5	1,6	2312
65	120	23	1,5	31	0,18	3,5	5,4	17,3	3,7	1213
65	120	31	1,5	44	0,29	2,2	3,4	22,4	2,3	2213
65	140	33	2,1	62	0,23	2,7	4,2	31	2,9	1313
65	140	48	2,1	95	0,39	1,6	2,5	43	1,7	2313
70	125	24	1,5	34,5	0,19	3,3	5,1	19	3,5	1214
70	125	31	1,5	44	0,27	2,3	3,6	23,2	2,4	2214
70	150	35	2,1	75	0,23	2,7	4,2	37,5	2,9	1314
70	150	51	2,1	110	0,38	1,7	2,6	50	1,7	2314
75	130	25	1,5	39	0,17	3,7	5,7	21,6	3,9	1215
75	130	31	1,5	44	0,26	2,4	3,7	24,5	2,5	2215
75	160	37	2,1	80	0,23	2,7	4,2	40,5	2,9	1315
75	160	55	2,1	122	0,38	1,7	2,6	56	1,7	2315
80	140	26	2	40	0,16	3,9	6,1	23,6	4,1	1216
80	140	33	2	51	0,25	2,5	3,9	28,5	2,6	2216
80	170	39	2,1	88	0,22	2,9	4,4	45	3	1316
80	170	58	2,1	137	0,37	1,7	2,6	64	1,8	2316
85	150	28	2	49	0,17	3,7	5,7	28,5	3,9	1217
85	150	36	2	58,5	0,26	2,4	3,8	32	2,5	2217
85	180	41	3	98	0,22	2,9	4,4	51	3	1317
85	180	60	3	140	0,37	1,7	2,6	68	1,8	2317
90	160	30	2	57	0,17	3,7	5,7	32	3,9	1218
90	160	40	2	71	0,27	2,3	3,6	39	2,4	2218
90	190	43	3	108	0,22	2,9	4,4	58,5	3	1318
90	190	65	3	153	0,39	1,6	2,5	76,5	1,7	2318
100	180	34	2,1	69,5	0,18	3,5	5,4	41,5	3,7	1220
100	180	46	2,1	98	0,27	2,3	3,6	55	2,4	2220
100	215	47	3	143	0,23	2,7	4,2	76,5	2,9	1320
100	215	73	3	193	0,38	1,7	2,6	104	1,7	2320
110	200	38	2,1	88	0,17	3,7	5,7	53	3,9	1222
120	215	42	2,1	120	0,2	3,2	4,9	72	3,3	1224
130	230	46	3	125	0,19	3,3	5,1	76,5	3,5	1226
140	250	50	3	163	0,21	3	4,6	100	3,1	1228
150	270	54	3	183	0,22	2,9	4,4	118	3	1230

Tafel XIII.14. Zylinderrollenlager, äquivalente Belastung

dynamisch äquivalente Lagerbelastung P	$P = F_r$	F_r Radialkraft
statisch äquivalente Lagerbelastung P_0	$P_0 = F_r$	

Tafel XIII.15. Zylinderrollenlager, einreihig, Maße in Tragzahlen

d Wellendurchmesser
D Lageraußendurchmesser
B Lagerbreite

C dynamische Tragzahl
C_0 statische Tragzahl

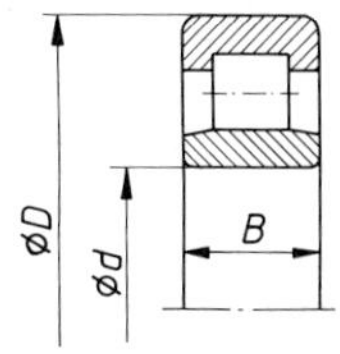

Maße in mm d	D	B	Tragzahlen in kN dyn. C	stat. C_0	Kurzzeichen
15	35	11	9	6,95	NU202
17	40	12	17,6	14,6	NU203E
17	47	14	25,5	21,2	NU303E
20	47	14	27,5	24,5	NU204E
20	52	15	31,5	27	NU304E
25	52	15	29	27,5	NU205E
25	62	17	41,5	37,5	NU305E
25	80	21	52	46,5	NU405
30	62	16	39	37,5	NU206E
30	72	19	51	48	NU306E
30	90	23	71	64	NU406
35	72	17	50	50	NU207E
35	80	21	64	63	NU307E
35	100	25	75	69,5	NU407
40	80	18	53	53	NU208E
40	90	23	81,5	78	NU308E
40	110	27	93	86,5	NU408
45	85	19	64	68	NU209E
45	100	25	98	100	NU309E
45	120	29	106	100	NU409
50	90	20	64	68	NU210E
50	110	27	110	114	NU310E
50	130	31	129	124	NU410
55	100	21	83	95	NU211E
55	120	29	134	140	NU311E
55	140	33	140	137	NU411
60	110	22	95	104	NU212E
60	130	31	150	156	NU312E
60	150	35	166	170	NU412
65	120	23	108	120	NU213E
65	140	33	180	190	NU313E
65	160	37	183	186	NU413
70	125	24	120	137	NU214E
70	150	35	204	220	NU314E
70	180	42	224	232	NU414
75	130	25	132	156	NU215E
75	160	37	240	265	NU315E
75	190	45	260	270	NU415
80	140	26	140	170	NU216E
80	170	39	255	275	NU316E
80	200	48	300	310	NU416
85	150	28	163	193	NU217E
85	180	41	290	325	NU317E
85	210	52	335	355	NU417
90	160	30	183	216	NU218E
90	190	43	315	345	NU318E
90	225	54	365	390	NU418
95	170	32	220	265	NU219E
95	200	45	335	380	NU319E
95	240	55	390	430	NU419
100	180	34	250	305	NU220E
100	215	47	380	425	NU320E
100	250	58	440	490	NU420
110	200	38	290	365	NU222E
110	240	50	440	510	NU322E
110	280	65	540	610	NU422
120	215	40	335	415	NU224E
120	260	55	520	600	NU324E
120	310	72	670	780	NU424
130	230	40	360	450	NU226E
130	280	58	610	720	NU326E
130	340	78	815	930	NU426

Tafel XIII.16. Kegelrollenlager, einreihig, äquivalente Belastung

dynamisch äquivalente Lagerbelastung P	$P = F_r$	für $\frac{F_a}{F_r} \leqslant e$	F_r Radialkraft
	$P = 0{,}4\,F_r + YF_a$	für $\frac{F_a}{F_r} > e$	F_a Axialkraft Y, Y_0 Axialfaktoren nach Tafel XIII.17
statisch äquivalente Lagerbelastung P_0	$P_0 = F_r$	für $\frac{F_a}{F_r} \leqslant \frac{1}{2Y_0}$	
	$P_0 = 0{,}5\,F_r + Y_0 F_a$	für $\frac{F_a}{F_r} > \frac{1}{2Y_0}$	

Tafel XIII.17. Kegelrollenlager, einreihig, Maße, Tragzahlen und Faktoren

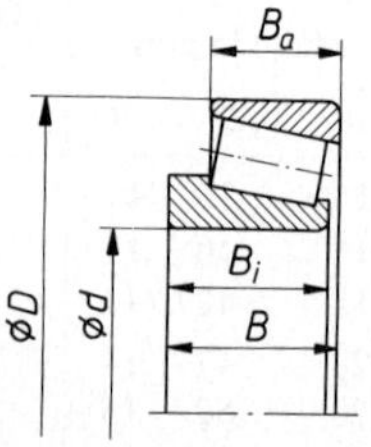

d Wellendurchmesser
D Lageraußendurchmesser
B_i Breite des Innenrings
B_a Breite des Außenrings
B Lagerbreite
C dynamische Tragzahl
C_0 statische Tragzahl
Y, Y_0 Axialfaktoren

Maße in mm					Tragzahlen in kN und Faktoren					Kurzzeichen
					dynamische			statische		
d	D	B_i	B_a	B	C	e	Y	C_0	Y_0	
15	35	11	10	11,75	12	0,46	1,3	12	0,7	30202
20	47	14	12	15,25	26,5	0,35	1,7	29	0,9	30204A
25	47	15	11,5	15	25	0,43	1,4	34,5	0,8	32005X
30	55	17	13	17	36	0,43	1,4	46,5	0,8	32006X
35	62	18	14	18	36	0,42	1,4	50	0,8	32007XA
40	68	19	14,5	19	50	0,38	1,6	69,5	0,9	32008XA
45	75	20	15,5	20	57	0,39	1,5	85	0,8	32009XA
50	80	20	15,5	20	58,5	0,42	1,4	93	0,8	32010X
55	90	23	17,5	23	75	0,41	1,5	118	0,8	32011X
60	95	23	17,5	23	76,5	0,43	1,4	122	0,8	32012X
65	100	23	17,5	23	78	0,46	1,3	127	0,7	32013X
70	110	25	19	25	98	0,43	1,4	160	0,8	32014X
75	115	25	19	25	100	0,46	1,3	166	0,7	32015X
80	125	29	22	29	129	0,42	1,4	212	0,8	32016X
85	130	29	22	29	134	0,44	1,4	228	0,7	32017X
90	140	32	24	32	156	0,42	1,4	260	0,8	32018XA
95	145	32	24	32	163	0,44	1,4	280	0,7	32019XA
100	150	32	24	32	166	0,46	1,3	290	0,7	32020X
105	160	35	26	35	193	0,44	1,4	335	0,7	32021X
110	170	38	29	38	228	0,43	1,4	390	0,8	32022X
120	180	38	29	38	236	0,46	1,3	425	0,7	32024X
130	200	45	34	45	315	0,43	1,4	570	0,8	32026X
140	210	45	34	45	325	0,46	1,3	610	0,7	32028X
150	225	48	36	48	365	0,46	1,3	695	0,7	32030X

Tafel XIII.18. Axial-Rillenkugellager, einseitig wirkend

d Wellendurchmesser
D Lageraußendurchmesser
H Lagerhöhe

C dynamische Tragzahl
C_0 statische Tragzahl

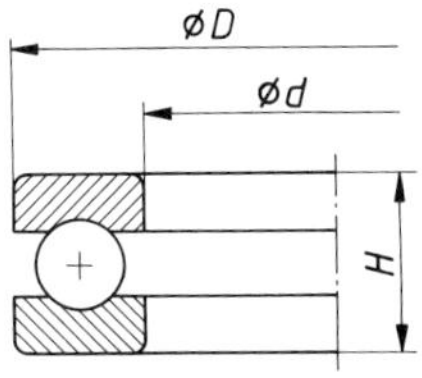

Anmerkung: Die dynamisch und die statisch äquivalente Belastung ist gleich der Axialkraft:

$P = F_a$ und $P_0 = F_a$

Maße in mm			Tragzahlen in kN dyn.	stat.	Kurzzeichen
d	D	H	C	C_0	
10	24	9	10	11,8	51100
10	26	11	12,7	14,3	51200
12	26	9	10,4	12,9	51101
12	28	11	13,2	16	51201
15	28	9	10,6	14	51102
15	32	12	16,6	20,8	51202
17	30	9	11,4	16,6	51103
17	35	12	17,3	23,2	51203
20	35	10	15	22,4	51104
20	40	14	22,4	32	51204
25	42	11	18	30	51105
25	47	15	28	42,5	51205
25	52	18	34,5	46,5	51305
25	60	24	45,5	57	51405
30	47	11	19	33,5	51106
30	52	16	25,5	40	51206X
30	60	21	38	55	51306
30	70	28	69,5	95	51406
35	52	12	20	39	51107X
35	62	18	35,5	57	51207
35	68	24	50	75	51307
35	80	32	76,5	106	51407
40	60	13	27	53	51108
40	68	19	46,5	83	51208
40	78	26	61	95	51308
40	90	36	96,5	143	51408
45	65	14	28	58,5	51109
45	73	20	39	67	51209
45	85	28	75	118	51309
45	100	39	122	186	51409
50	70	14	29	64	51110
50	78	22	50	90	51210
50	95	31	88	146	51310
50	110	43	137	216	51410
55	78	16	30,5	63	51111
55	90	25	61	114	51211
55	105	35	102	176	51311
55	120	48	166	265	51411
60	85	17	41,5	95	51112
60	95	26	62	118	51212
60	110	35	102	176	51312
60	130	51	200	325	51412
65	90	18	38	85	51113
65	100	27	64	125	51213
65	115	36	106	186	51313
65	140	56	224	390	51413
70	95	18	40	93	51114
70	105	27	65,5	134	51214
70	125	40	137	250	51314
70	150	60	240	440	51414
75	100	19	44	104	51115
75	110	27	67	143	51215
75	135	44	163	300	51315
75	160	65	265	510	51415
80	105	19	45	108	51116
80	115	28	75	160	51216
80	140	44	160	300	51316
80	170	68	275	550	51416
85	110	19	45,5	114	51117
85	125	31	98	212	51217
85	150	49	190	360	51317
85	177	72	320	655	51417
90	120	22	45,5	118	51118
90	135	35	120	255	51218
90	155	50	196	390	51318
90	187	77	325	695	51418
100	135	25	61	160	51120
100	150	38	122	270	51220
100	170	55	232	475	51320
100	205	85	400	915	51420
110	145	25	65,5	186	51122
110	160	38	129	305	51222
110	187	63	275	610	51322
110	225	95	465	1120	51422
120	155	25	65,5	193	51124
120	170	39	140	335	51224
120	205	70	325	765	51324
120	245	102	520	1320	51424
130	170	30	90	255	51126
130	187	45	183	455	51226
130	220	75	360	880	51326
130	265	110	570	1400	51426
140	178	31	98	285	51128
140	197	46	190	475	51228
140	235	80	400	1020	51328
140	275	112	585	1560	51428

Tafel XIII.19. Axial-Rillenkugellager, zweiseitig wirkend

d Wellendurchmesser
D Lageraußendurchmesser
H Lagerhöhe

C dynamische Tragzahl
C_0 statische Tragzahl

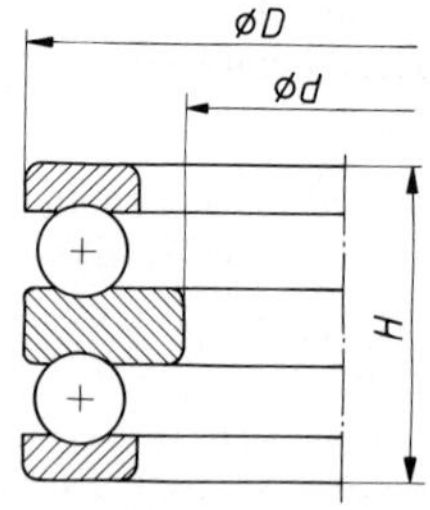

Anmerkung: Die dynamisch und die statisch äquivalente Belastung ist gleich der Axialkraft:

$$P = F_a \quad \text{und} \quad P_0 = F_a$$

Maße in mm			Tragzahlen in kN		Kurzzeichen
d	*D*	*H*	dyn. *C*	stat. C_0	
10	32	22	16,6	20,8	52202
15	40	26	22,4	32	52204
15	60	45	45,5	57	52405
20	47	28	28	42,5	52205
20	52	34	34,5	46,5	52305
20	70	52	69,5	95	52406
25	52	29	25,5	40	52206X
25	60	38	38	55	52306
25	80	59	76,5	106	52407
30	62	34	35,5	57	52207
30	68	44	50	75	52307
30	68	36	46,5	83	52208
30	78	49	61	95	52308
30	90	65	96,5	143	52408
35	73	37	39	67	52209
35	85	52	75	118	52309
35	100	72	122	186	52409
40	78	39	50	90	52210
40	95	58	88	146	52310
40	110	78	137	216	52410
45	90	45	61	114	52211
45	105	64	102	176	52311
45	120	87	166	265	52411
50	95	46	62	118	52212
50	110	64	102	176	52312
50	130	93	200	325	52412

Maße in mm			Tragzahlen in kN		Kurzzeichen
d	*D*	*H*	dyn. *C*	stat. C_0	
55	100	47	64	125	52213
55	115	65	106	186	52313
55	105	47	65,5	134	52214
55	125	72	137	250	52314
55	150	107	240	440	52414
60	110	47	67	143	52215
60	135	79	163	300	52315
60	160	115	265	510	52415
65	115	48	75	160	52216
65	140	79	160	300	52316
65	170	120	275	550	52416
70	125	55	98	212	52217
70	150	87	190	360	52217
70	180	135	325	695	52418
75	135	62	120	255	52218
75	155	88	196	390	52318
80	210	150	400	915	52420
85	150	67	122	270	52220
85	170	97	232	475	52320
95	160	67	129	305	52222
95	190	110	275	610	52322
100	170	68	140	335	52224
100	210	123	325	765	52324
110	190	80	183	455	52226
110	225	130	360	880	52326

3. Gleitlager

3.1. Eigenschaften, Verwendung

Gleitlager sind wegen großer, dämpfender Trag- und Schmierfläche unempfindlich gegen Stöße und Erschütterungen; geräuscharmer Lauf; unempfindlich gegen Verschmutzung; unbegrenzt hohe Drehzahlen; im Gebiet der Flüssigkeitsreibung praktisch verschleißfreier Lauf und unbegrenzte Lebensdauer. Nachteilig sind hohes Anlaufmoment wegen anfangs trockener Reibung, hoher Schmierstoffverbrauch und laufende Überwachung.

Verwendung: Bei hohen Drehzahlen und Belastungen für „Dauerläufer", z.B. Wasser- und Dampfturbinen, Generatoren, Kreiselpumpen; für einfache, billige Lagerungen bei geringen Ansprüchen, z.B. Haushalts- und Büromaschinen, Klein-Hebezeuge, Winden, Landmaschinen.

3.2. Schmierungs- und Reibungsverhältnisse

Die Gleitflächen sollen durch zusammenhängende Schmierschicht voneinander getrennt sein. Voraussetzungen hierfür sind nach der hydrodynamischen Schmiertheorie:

1. Ein in Bewegungsrichtung sich verengender Spalt,
2. relative Bewegung der Gleitflächen zueinander,
3. Haftfähigkeit des Schmiermittels zu den Gleitflächen.

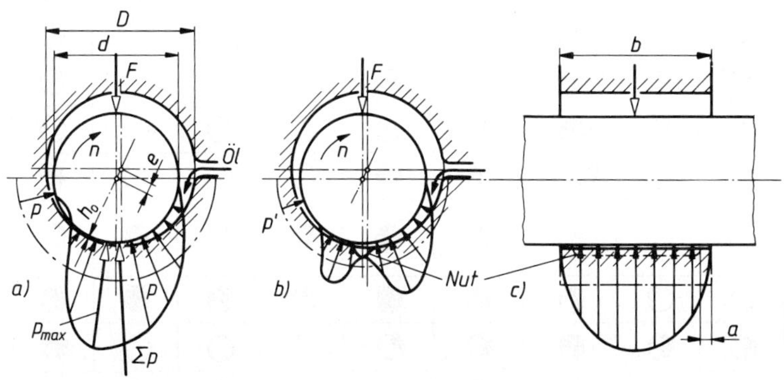

Bild XIII.16.
Öldruckverlauf im Radial-Gleitlager
a) ungestört
b) durch Nut gestörter Druckverlauf
c) im Längsschnitt

Im Radial-Gleitlager entsteht ein keilförmiger Spalt durch die exzentrische Lage e des Zapfens in der Bohrung (Bild XIII.16). Beim Anlauf ist noch kein Schmierfilm zwischen den Gleitflächen wirksam, es liegt *Trockenreibung* vor (Festkörperreibung). Bei steigender Drehzahl geht diese in *Mischreibung* über; die Gleitflächen werden teilweise durch eine Flüssigkeitsschicht getrennt. Bei weiter steigender Drehzahl wächst der Flüssigkeitsdruck im Spalt und hebt den Lagerzapfen an, bis bei der *Übergangsdrehzahl* $n_ü$ die Gleitflächen vollkommen getrennt werden: *Flüssigkeitsreibung* (Schwimmreibung). Die Lagerreibung ist am geringsten, nimmt aber dann wegen innerer Flüssigkeitsreibung wieder langsam zu.

Den Druckverlauf bei Flüssigkeitsreibung zeigt Bild XIII.16. Höchster Öldruck herrscht kurz vor dem engsten Spalt h_0, dessen Weite mindestens gleich der Summe der Oberflächenrauhtiefen sein muß. Der gleichmäßig um die belastete Lagerhälfte verteilt gedachte Druck ist der mittlere Lagerdruck, die mittlere Flächenpressung. Sie wird als spezifische Lagerbelastung p bezeichnet.

Eine in der belasteten Lagerhälfte angebrachte Nut stört den Druckverlauf erheblich. An der Nutstelle fällt der Druck praktisch auf Null ab, da das Öl in der Nut ausweichen kann und wegen des geringen Widerstandes (Abstand a im Bild XIII.16c) seitlich ausströmt. Der Lagerdruck sinkt auf p', die Tragfähigkeit wird geringer, die Schwimmreibung kann in Mischreibung übergehen.

3.3. Gleitlagerwerkstoffe

Als *Wellenwerkstoff* kommt praktisch nur Stahl in Frage: Allgemeine Baustähle, Vergütungsstähle und Einsatzstähle je nach Anforderung und Beanspruchung. Der Wellenwerkstoff soll immer härter sein als der Lagerwerkstoff, damit die Welle nicht angegriffen wird und sich in den Lagerwerkstoff einbettet.

Die *Lagerwerkstoffe* sind wegen der vielseitigen Anforderungen sehr verschiedenartig hinsichtlich ihrer stofflichen Zusammensetzung, Eigenschaften und Verwendung. Tafel XIII.20 gibt einen Überblick über die wichtigsten Eigenschaften gebräuchlicher Lagerwerkstoffe. Hiernach kann häufig schon eine Werkstoffauswahl getroffen werden (siehe auch Abschnitt Werkstoffkunde).

Tafel XIII.20. Eigenschaften gebräuchlicher Gleitlagerwerkstoffe

Forderung nach	Gleitlagerwerkstoffe und ihre Eignung								
	Gußeisen	Sinter-metall	Guß-Zinn-bronzen/ Rotguß	Guß-Blei-bronzen	Blei-Zinn-Lager-metall	Kunst-stoffe	Holz	Gummi	Kohle Graphit
Gleiteigenschaften	◑	◑	◕	●	●	●	●	●	●
Notlaufeigenschaften	○	●	◕/◑	◕	◕	●	◔	○	●
Verschleißfestigkeit	●	◑	●	◑	◔	◑	◔	○	◔
stat. Tragfähigkeit	●	◑	◕	◔	◔	◔	○	○	◔
dyn. Belastbarkeit	◕	◔	◕	◔	◔	◔	○	○	○
hoher Gleitgeschwindigkt.	◔	○	◕/◔	●	●	○	○	○	◕
Unempfindlichkeit gegen Kantenpressung	○	○	◕	◕	●	●	◕	●	◑
Bettungsfähigkeit	○	○	◕	◕	●	◕	◕	●	◕
Wärmeleitfähigkeit	◑	◑	◕	◑	◔	○	○	○	◕
kleiner Wärmedehnung	●	●	◕	◑	◑	○	◔	○	●
Beständigkeit gegen hohe Temperaturen	◑	◑	◑	○	○	○	○	○	●
Öl-(Fett-) Schmierung	●	●	●	●	●	●	●	◑	●
Wasserschmierung	○	○	○	○	○	●	●	●	●
Trockenlauf	○	○	○	○	○	●	○	○	●

● sehr gut ◕ gut ◑ ausreichend ◔ mäßig ○ mangelhaft

Grauguß GG-15 und GG-20 ist nur für geringe, GG-25 und GG-30 für höhere Belastungen und Gleitgeschwindigkeiten geeignet. Verwendung für gering belastete Transmissionslager, Haushaltsmaschinen, einfache Lagerungen.

Sintereisen, Sinterbronze haben gute Notlaufeigenschaften. Feinporiges Gefüge nimmt bis 25 % seines Volumens Öl auf und führt es infolge Erwärmung und Saugwirkung den Gleitflächen zu. Bei Stillstand nehmen die Poren das Öl wieder auf. Verwendung bei Haushaltsmaschinen, Büromaschinen, Pumpen, Plattenspieler, Tonbandgeräten.

Tafel XIII.21. Gleitlagerwerkstoffe; Normen, Belastungswerte, Verwendung

Bezeichnung Kurzzeichen	DIN	Quetschgrenze σ_{dF} in N/mm^2, sonstige Belastungswerte	Schmierung Wellen	allgemeine Hinweise, Verwendungsbeispiele
Gußeisen GG-15, GG-20 GG-25	1691	σ_{dB} 500 ... 700 800 ... 900	Öl, Fett möglichst gehärtet, feinbearbeitet	Lager mit geringen Ansprüchen an Gleiteigenschaften: Transmissionslager, Hebezeuge, Landmaschinen
Sintermetall Sintereisen, Sinterbronze	–	$p_{zul} \approx 10\ N/mm^2$ ($v < 0{,}5\ m/s$) $p_{zul} \approx 3\ N/mm^2$ ($v > 0{,}5\ m/s$)	ölgetränkt möglichst gehärtet und feinstbearbeitet	Lager mit kleineren Gleitgeschwindigkeiten ($v < 3\ m/s$); Haushalts- und Büromaschinen, Ventilatoren, Pumpen, Plattenspieler, Tonbandgeräte
Guß-Zinnbronze G-CuSn12Pb GZ-CuSn12Pb	1705	140	Öl, Fett	hoch, stoßartig beanspruchte Lager, guter Notlauf; Kurbel- und Kniehebellager, Spurlager, Spindelmuttern
Rotguß G-CuSn10Zn	1705	130	Öl, Fett	mäßige Beanspruchung, meerwasserbeständig; Druckringe
GZ-CuSn7Pb		130		hochbeanspruchte Lager, verschleißfest; Buchsen, Schalen, Kurbel- und Kniehebellager, Gleitleisten
Guß-Zinn-Bleibronze Guß-Bleibronze G-CuPb15Sn GZ-CuPb15Sn	1716	100 110	Öl	hochbeanspruchte Lager, guter Notlauf, unempfindlich gegen Kantenpressung; Verbundlager (Motoren), Kolbenbolzenbuchsen
G-CuPb20Sn		90		hohe Gleitgeschwindigkeit, guter Notlauf; Verbundlager, Wasserpumpen, Müllereimaschinen
G-CuPb22Sn		≈ 50 (nicht gewährleistet)		besonders gute Gleit- und Notlaufeigenschaften; Verbundlager, Kurbelwellen- und Pleuellager
Blei-Zinn-Lagermetall LgPbSn10	1703	≈ 60	Öl	normalbeanspruchte Lager; gut lötbar mit St und GS
LgSn80		≈ 70		höhere Gleitgeschwindigkeit und Belastung, geringe Stoßbeanspruchung; geeignet für Schleuderguß
LgSn90		≈ 70 (Werte nicht gewährleistet)		für hohe Anforderungen an Gleit- und Notlaufeigenschaften, auch Stoßbelastungen; Dampf- und Wasserturbinen, Kreiselpumpen
Guß-Sondermessing G-CuZn25Al15 GZ-CuZn25Al15	1709	450 480	Öl, Fett	hochbeanspruchte Lager bei geringer Gleitgeschwindigkeit; Spurplatten, Schwing- und Kipphebellager, Axial-Druckringe [1])

Tafel XIII.21. Fortsetzung

Bezeichnung Kurzzeichen	DIN	Quetschgrenze σ_{dF} in N/mm², sonstige Belastungswerte	Schmierung / Wellen	allgemeine Hinweise, Verwendungsbeispiele
Polyamid (Ultramid, Sustamid, Durethan u.a.)	–	statische Höchstbelastung $p_{m\,zul} \approx 25$ N/mm² Je nach Schmierung: $(p_m \cdot v)_{zul} \approx$ 0,04 ... 0,5 [2])	Öl, Fett, Wasser, Trockenschmiermittel / möglichst gehärtet und geschliffen	Lager für Büromaschinen, Ventilatoren, Wasserpumpen, Plattenspieler, Tonbandgeräte; sehr guter Notlauf; Temperatur bis ≈ 80 °C, Lagerspiel ≈ 0,4 ... 0,6 % des Wellendurchmessers
Kunststoff-Verbundlager DU-Trockenlager [2]) (Füllstoff CuSn)	–	Welle St ungehärtet: $(p_m \cdot v)_{zul} \approx 0{,}45$) [3]) Welle St gehärtet: $(p_m \cdot v)_{zul} \approx 0{,}7$) [3])	trocken / St, GG, Al (keine Bronze) geschliffen	nicht zu schmierende Lager bei Textil-, Druckereimaschinen, Haushaltsmaschinen, Zündverteiler, Kühlwasserpumpen, Lichtmaschinen, Spurstangenlager; Lagertemperatur ≈ – 200 ... + 250 °C

[1]) Hersteller: CARO-Werk, Wien. [2]) Lieferer: Karl Schmidt GmbH, Neckarsulm.
[3]) p_m in N/mm², v in m/s; genauere Werte durch Berechnung bzw. nach Angaben der Hersteller.

Guß-Zinnbronzen, Guß-Bleibronzen, Blei-Zinn-Lagermetalle sind hochwertigste Lagerwerkstoffe mit besten Gleiteigenschaften. Geeignet für höchste Anforderungen bei Hebezeugen, Motoren, Turbinen, Pumpen, Werkzeugmaschinen.

Kunststoffe haben gute Notlaufeigenschaften, Ausführung meist als Kunststoff-Verbundlager mit Stützschale aus St, GG oder Bz, Zwischenschicht aus Zinnbronze und Überzug aus Kunststoff als Laufschicht, z.B. Polytetrafluoräthylen (Teflon) mit eingelagertem pulverförmigen Füllstoff (z.B. Zinnbronze). Sie laufen als „Trockenlager" u.U. längere Zeit ohne Schmierung. Verwendung bei Haushalts- und Büromaschinen, Textilmaschinen und sonstige schwer zugängliche, nicht zu schmierende Lagerungen.

Gummi hat sich bei wassergeschmierten Lagern z.B. in Pumpen bewährt.

Kohle, Graphit sind für selbstschmierende Lager bei hohen Temperaturen und aggressiven Flüssigkeiten (Säuren, Laugen) geeignet.

3.4. Zusammenstellung der Berechnungsformeln für hydrodynamisch tragende Radialgleitlager

Die folgende Zusammenstellung ist zugleich der Arbeitsplan für die Ermittlung der Daten des Radialgleitlagers. Damit wird auch die Aufstellung eines Rechnerprogramms erleichtert (siehe Berechnungsbeispiel 3.9).

3.4.1. Gegebene oder angenommene Größen

Wellendrehzahl	n in $\frac{U}{s} = \frac{1}{s} = s^{-1}$	Lagerwerkstoff	siehe 3.4.3
dynamische Viskosität (Zähigkeit) des verwendeten Öls	η in Pa s $= \frac{Ns}{m^2}$	Umgebungstemperatur	ϑ_U in °C
Lagerkraft	F in N	Wärmeabfuhrzahl	α in $\frac{J}{m^2\,s\,K} = \frac{W}{m^2\,K}$ (siehe Abschnitt Wärmelehre IV.3)
Lagerbreite	b in m	Wärmeabfuhrzahl für ca. 1,25 m/s Geschwindigkeit der umgebenden Luft	$\alpha = 20\,\frac{W}{m^2\,K} = 20\,\frac{Nm}{s\,m^2\,K}$
Lagerdurchmesser	d in m		(1 K = 1 °C)

3.4.2. Viskosität des Öls. Wenn bei der Berechnung hydrodynamisch tragende Gleitlager (Radial- und Axiallager) von der „Viskosität" oder „Zähigkeit" des Öls gesprochen wird, dann ist stets die *dynamische* Viskosität η des Öls gemeint. Sie ist stark von der Temperatur abhängig und nimmt mit abnehmender Temperatur zu. Bestimmungen über das Viskosität-Temperaturverhalten (V-T-Verhalten) enthält DIN 51 563.

Die SI-Einheit der dynamischen Viskosität ist Pa s (Pascal-Sekunde). Mit 1 Pa = 1 N/m² gilt also 1 Pa s = 1 Ns/m². Beziehungen zu anderen Einheiten (Poise P und Zentipoise cP) und zwischen der dynamischen Viskosität η und der kinematischen Viskosität $\nu = \eta/\rho$ sind:

für die *dynamische Zähigkeit* η das *Poise* (P):

$1\,\frac{Ns}{m^2} = 10$ P (Poise) = 1000 cP (Zentipoise)

1 P $= 0{,}1\,\frac{Ns}{m^2}$ = 100 cP (Zentipoise)

für die *kinematische Zähigkeit* ν das *Stokes* (St):

$1\,\frac{m^2}{s} = 10^4$ St (Stokes)

1 St $= 10^{-4}\,\frac{m^2}{s}$ = 100 cSt (Zentistokes)

$$1\,P = 0{,}1\,Pa\cdot s = 0{,}1\,\frac{N\cdot s}{m^2} = 0{,}1\,\frac{kg}{m\cdot s}$$

$$1\,Pa\cdot s = 10\,P \qquad 1\,cP = 10^{-3}\,\frac{N\cdot s}{m^2}$$

Umrechnungen °E in cSt

°E	cSt	°E	cSt
1	1	4,5	33,4
1,5	6,25	5	37,4
2	11,8	5,5	41,4
2,5	16,7	6	45,2
3	21,2	6,5	49,0
3,5	25,4	8	60,5
4	29,6	10	76,0

Umrechnung aus Englergraden in $\frac{m^2}{s}$:

$$\nu = (7{,}32\,E - 6{,}31/°E)\,10^{-6} \text{ in } \frac{m^2}{s}$$

3.4.3. Spezifische Lagerbelastung *p*. Die spezifische Lagerbelastung p ist die mittlere Flächenpressung, hervorgerufen in der Lagerfläche durch die Lagerkraft F (siehe 3.2 und Abschnitt Festigkeitslehre II.6.2).

$$p = \frac{F}{b\,d} \leqslant p_{zul} \qquad \text{(XIII.9)}$$

F	b, d	p, p_{zul}
N	m	$\frac{N}{m^2}$

Richtwerte für die zulässige spezifische Lagerbelastung p_{zul}:

Lagerwerkstoff	p_{zul} in N/m² ( ) in N/mm²	Längenausdehnungs-koeffizient α_L in 1/K = 1/°C	Temperaturgrenze in °C	E-Modul in N/m²
Lg Pb Sn 10	$12{,}5 \cdot 10^6$ (12,5)	$24 \cdot 10^{-6}$	110	$3{,}1 \cdot 10^{10}$
G-Cu Sn5 Zn7	$20 \cdot 10^6$ (20)	$17 \cdot 10^{-6}$	250	$9 \cdot 10^{10}$
G-Cu Sn10	$25 \cdot 10^6$ (25)	$17 \cdot 10^{-6}$	250	$10{,}5 \cdot 10^{10}$

3.4.4. Relative Lagerbreite β. Der Wellendurchmesser d ist aus der vorausgegangenen Festigkeitsberechnung bekannt. Die Lagerbreite b wird aus der *relativen Lagerbreite* β (Bauverhältnis) festgelegt; man wählt $\beta = b/d \approx 0{,}5 \ldots 1$.
Verhältnisse $b/d < 0{,}5$ sind ungünstig, da die Seitenströmung zu groß wird und der hydrodynamische Druck sinkt; $b/d > 1$ ist wegen der Gefahr zu großer Kantenpressung zu vermeiden (Bild XIII.17):

$$\beta = \frac{b}{d} = 0{,}5 \ldots 1 \qquad \text{(XIII.10)}$$

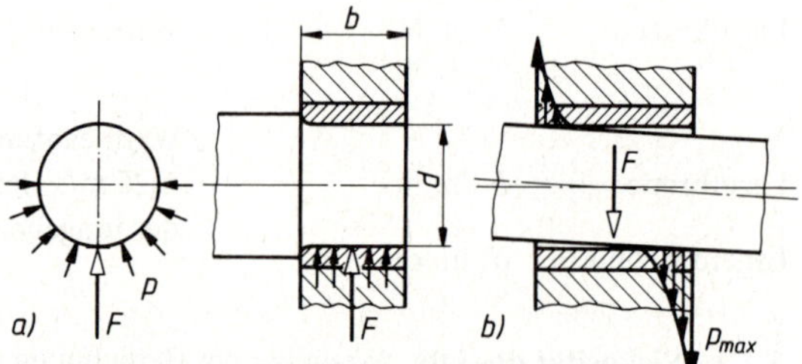

Bild XIII.17. Berechnung der Radiallager
a) Flächenpressung, Bauverhältnis, b) Kantenpressung

3.4.5. Umfangsgeschwindigkeit v des Lagerzapfens

$$v = \pi\, d\, n \qquad \text{(XIII.11)}$$

v	d	n
$\frac{m}{s}$	m	$\frac{1}{s} = s^{-1}$

3.4.6. Wärmeabgebende Oberfläche A_G des Lagergehäuses. Durch die Reibung im Lager erhöht sich die Lagertemperatur ϑ_L in Abhängigkeit von der auftretenden Reibleistung P_R nach Gleichung (XIII.25). Die wärmeabgebende Oberfläche A_G des Lagergehäuses kann bei der Nachrechnung eines Radialgleitlagers aus der Konstruktionszeichnung entnommen werden, zum Beispiel durch ausplanimetrieren. Bei Entwurfsrechnungen wird sie aus den Richtwerten für die Oberflächen A_L und A_W ermittelt:

$$A_G = A_L + A_W \qquad \text{(XIII.12)}$$

A_G, A_L, A_W	b, d
m²	m

A_L wärmeabgebende Oberfläche des Lagers
A_W wärmeabgebende Oberfläche der Welle

Richtwerte

	A_L	A_W
$d \leqslant 0{,}1$ m	$(25 \ldots 20)\, d\, b$	$(15 \ldots 10)\, d^2$
$d > 0{,}1$ m	$(20 \ldots 15)\, d\, b$	$(10 \ldots 5)\, d^2$

3.4.7. Mittleres relatives Betriebslagerspiel ψ_B. Bei der effektiven Schmierstofftemperatur ϑ_{eff} stellt sich das Lagerspiel P_{sB} ein. Als Kenngröße für weitere Rechnungen hat man das mittlere *relative* Lagerspiel ψ_B definiert. Es ist das auf den Lagerdurchmesser d bezogene Lagerspiel:

$$\psi_B = \frac{P_{sB}}{d} \qquad \text{(XIII.13)}$$

ψ_B	P_{sB}, d	v
1	m	$\frac{m}{s}$

Als erste Annahme rechnet man mit der Zahlenwertgleichung nach *Vogelpohl*:

$$\psi_B = 0{,}8\,\sqrt[4]{v} \cdot 10^{-3} \qquad \text{(XIII.14)}$$

Danach ist ψ_B abhängig von der Umfangsgeschwindigkeit v nach Gleichung (XIII.11).

Die bestimmten relativen Betriebslagerspielen entsprechenden Passungen für verschiedene Lagerdurchmesser sind dem Diagramm zu entnehmen:

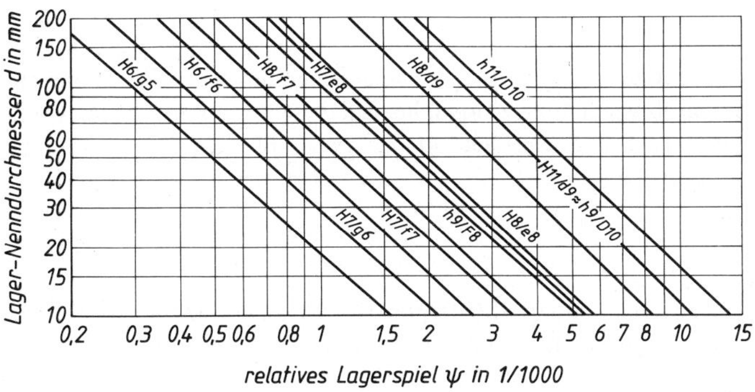

3.4.8. Lagerspiel P_{sB} bei Betriebstemperatur

$$P_{sB} = \psi_B\, d \qquad \text{(XIII.15)}$$

3.4.9. Richtungskonstante *m*. Im Viskosität-Temperatur-Schaubild haben die verschiedenen Schmieröle unterschiedlich geneigte Gerade mit unterschiedlichen *Richtungskonstanten m*. Sie wird als Kenngröße für die Berechnung des Hilfsfaktors W_X nach Gleichung (XIII.19) gebraucht.

Richtwerte für ISO-Schmieröle nach DIN 51 519, gültig für den Viskositätsindex VI = 50 und Dichte $\rho = 900\ \text{kg/m}^3$ bei 50 °C:

	VG2	VG3	VG5	VG7	VG10	VG15	VG22	VG32	VG46	VG68
m	3,723	3,941	4,065	4,136	4,084	4,076	4,026	4,064	4,072	4,048
$\eta \cdot 10^{-3}\ \frac{Ns}{m^2}$	1,67	2,35	3,26	4,63	6,59	9,46	13,5	18,7	25,8	36,7

	VG100	VG150	VG220	VG320	VG460	VG680	VG1000	VG1500
m	3,996	3,920	3,872	3,806	3,776	3,735	3,710	3,684
$\eta \cdot 10^{-3}\ \frac{Ns}{m^2}$	51,9	75,2	106	150	208	297	420	606

Ablesebeispiel: Für die Ölsorte ISO-VG 100 DIN 51 519 beträgt die Richtungskonstante $m = 3{,}996$ und die Viskosität η bei 50 °C:

$$\eta = 51{,}9 \cdot 10^{-3}\ \frac{Ns}{m^2}$$

3.4.10. Hilfsfaktor W_M. Mit der nach 3.4.9 ermittelten Viskosität η wird der Hilfsfaktor W_M ermittelt (Zahlenwertgleichung). Er wird in der Zahlenwertgleichung (XIII.19) gebraucht. Index M siehe 3.4.12.

$$W_M = \lg \lg \left(\frac{\eta}{\rho} \cdot 10^6 + 0{,}8\right) \qquad \text{(XIII.16)}$$

η siehe Richtwerte für 50 °C in 3.4.9
$\rho = 900\ \mathrm{kg/m^3}$ (Dichte des Öls bei 50 °C)

3.4.11. Sommerfeldkonstante C_{So}. Mit der nach Gleichung (XIII.9) berechneten spezifischen Lagerbelastung p, dem mittleren relativen Lagerspiel ψ_B nach Gleichung (XIII.14) und der noch zu berechnenden Winkelgeschwindigkeit ω wird die Sommerfeldkonstante C_{So} ermittelt:

$$\omega = 2\pi n \qquad \text{(XIII.17)}$$

$$C_{So} = \frac{p\,\psi_B^2}{\omega} \qquad \text{(XIII.18)}$$

ω, n	C_{So}	p	ψ_B
$\frac{1}{s} = s^{-1}$	$\frac{Ns}{m^2}$	$\frac{N}{m^2}$	1

Für die nun folgenden Rechnungen muß eine Betriebstemperatur ϑ_{eff} *angenommen* werden, zum Beispiel $\vartheta_{eff} = 60$ °C. Kommt am Schluß der Rechnung keine annähernde Übereinstimmung zustande, muß die Rechnung von hier ab wiederholt werden, bis sich diese gewünschte Übereinstimmung ergibt. Eine solche Wiederholung nennt man *Iteration*, die Wiederholungen selbst *Iterationsschritte* (siehe auch Berechnungsbeispiel 3.9).

Erster Iterationsschritt:

3.4.12. Hilfsfaktor W_X. Die Gleichung für den Hilfsfaktor W_X ist eine von *Ubbelohde* und *Walther* empirisch ermittelte Zahlenwertgleichung zur Beschreibung des V-T-Verhaltens (Viskosität-Temperatur-Verhalten) des Schmieröls. Der Index M kennzeichnet die gemessene Größe, der Index X die gesuchte Größe.

$$W_X = m(\lg T_M - \lg T_X) + W_M \qquad \text{(XIII.19)}$$

m Richtungskonstante nach 3.4.9
$T_M = 50\ °C + 273{,}15\ K = 323{,}15\ K$
$T_X = \vartheta_{eff} + 273{,}15\ K$ (bei Iterationsbeginn $\vartheta_{eff} \approx 60$ °C annehmen)
W_M siehe 3.4.10

3.4.13. Effektive Viskosität η_{eff} des Öls

$$\eta_{eff} = \rho\left[10^{(10^{W_X})} - 0{,}8\right] \cdot 10^{-6} \qquad \text{(XIII.20)}$$

$\rho = 900\ \mathrm{kg/m^3}$ (Dichte des Öls bei 50 °C)

η_{eff}	ρ
$\frac{Ns}{m^2}$	$\frac{kg}{m^3}$

3.4.14. Sommerfeldzahl *So*. Die Gleichung für die Sommerfeldzahl erfaßt insbesondere die Zusammenhänge von Belastung und Reibungsverhalten (siehe auch 3.4.15). Mit der Sommerfeldzahl kann man die Lager dem Schnelllaufbereich ($So \leqslant 1$) und dem Schwerlastbereich ($So > 1$) zuordnen.

$$So = \frac{C_{So}}{\eta_{eff}} \qquad \text{(XIII.21)}$$

So	C_{So}	η_{eff}	p	ψ_B	ω, n	F	b, d
1	$\frac{Ns}{m^2}$	$\frac{Ns}{m^2}$	$\frac{N}{m^2}$	1	$\frac{1}{s}$	N	m

$$So = \frac{p\,\psi_B^2}{\eta_{eff}\,\omega} = \frac{F\,\psi_B^2}{b\,d\,\eta_{eff}\,\omega} = \frac{F\,\psi_B^2}{2\pi n\,b\,d\,\eta_{eff}} \qquad \text{(XIII.22)}$$

$So \leqslant 1$: Lager liegt im Schnellaufbereich
$So > 1$: Lager liegt im Schwerlastbereich

3.4.15. Reibzahl μ. Mit der Sommerfeldzahl So als Kenngröße und mit dem nach Gleichung (XIII.13) ermittelten relativen Betriebslagerspiel ψ_B wird die Reibzahl μ berechnet:

$$So \leq 1: \quad \mu = \frac{k\,\psi_B}{So} \qquad \text{(XIII.23)}$$

$$So > 1: \quad \mu = \frac{k\,\psi_B}{\sqrt{So}} \qquad \text{(XIII.24)}$$

k Gestaltfaktor
$k = 3$ als Mittelwert (nach *Vogelpohl*) für voll umschlossene Lager

Zur Kontrolle kann der berechnete Wert mit den Werten in der folgenden Tabelle verglichen werden.

Erfahrungswerte für Gleitlager-Reibzahlen μ

Lagerart und Schmierung	Werkstoff von		mittlere Werte für μ		
	Welle	Lager	Anlaufreibung	Mischreibung	Flüssigkeitsreibung
Radiallager					
Fett		GG, G-SnBz, Rg	0,12	0,05...0,1	–
Öl		GG, G-SnBz, Rg	0,14	0,02...0,1	0,003...0,005
Öl		LgPbSb, LgSn	0,24	–	0,002...0,003
Öl	St	Preßstoff	0,14	0,01...0,03	0,003...0,006
Öl		Sintermetall	0,17	–	0,002...0,014
trocken		Kunstharz-verbund	bei Gleitgeschwindigkeit < 0,1 m/s:		0,05...0,1
			0,2...6 m/s:		0,1...0,16
Axiallager					
Spurlager					
Fett		GG, G-SnBz	0,15	–	–
Öl	St	LgSn	0,25	0,03	–
Segmentlager					
Öl		LgSn	0,25	–	0,002

3.4.16. Wärmestrom P_R (Reibleistung). Im Betriebszustand tritt im Lager Reibung auf (siehe 3.2). Die Reibkraft F_R ist das Produkt aus der Lagerkraft F und der Reibzahl μ ($F_R = F\mu$), die entsprechende Reibleistung ist das Produkt aus der Reibkraft F_R und der Umfangsgeschwindigkeit v. Diese Reibleistung wird als Wärmestrom P_R bezeichnet:

$$P_R = F\,\mu\,v \qquad 1\,\text{W} = 1\,\text{Nm/s} = 1\,\text{J/s} \qquad \text{(XIII.25)}$$

P_R	F	μ	v
W	N	1	$\frac{\text{m}}{\text{s}}$

3.4.17. Lagertemperatur ϑ_L. Die Lagertemperatur ϑ_L entspricht der mittleren Temperatur, die sich im Lager einstellt, wenn der thermische Gleichgewichtszustand erreicht ist, also das Gleichgewicht zwischen entstehender und abgeführter Wärme. Sie ist die für den gesamten bisherigen Rechnungsgang wichtigste Kenngröße, denn sie darf den für Lagerwerkstoff und Schmierstoff zulässigen Wert nicht überschreiten. Geht man davon aus, daß die gesamte entstehende Wärme durch Wärmeübergang (Wärmekonvektion) vom Lagergehäuse an die umgebende Luft übertragen wird, dann gelten die Gesetze des Wärmeübergangs nach Abschnitt IV.3. Wärmelehre, mit Gleichung (IV.3). An die Stelle des dort eingeführten Wärmeübergangskoeffizienten tritt hier die *Wärmeabfuhrzahl* α (siehe 3.4.1). Es gilt dann mit Gleichung (IV.3):

$$P_R = \alpha A_G (\vartheta_L - \vartheta_U) \qquad \text{(XIII.26)}$$

A_G ist die wärmeabgebende Oberfläche des Lagergehäuses nach 3.4.6, ϑ_L die Lagertemperatur und ϑ_U die Temperatur der umgebenden Luft.

Gleichung (XIII.26) kann nun nach ϑ_L aufgelöst werden:

$$\vartheta_L = \vartheta_U + \frac{P_R}{\alpha A_G} \qquad \begin{array}{c|c|c|c} \vartheta_L, \vartheta_U & P_R & A_G & \alpha \\ \hline ^\circ C & W & m^2 & \frac{W}{m^2\,^\circ C} \end{array} \tag{XIII.27}$$

Die Umgebungstemperatur kann mit $\vartheta_U = 20\ ^\circ C$ angenommen werden, die Wärmeabfuhrzahl mit $\alpha = 20\ W/(m^2\ ^\circ C)$. Diese Annahme gilt für eine Luftgeschwindigkeit $w_{Luft} = 1{,}2$ m/s (Windstärke Null). Für andere Luftgeschwindigkeiten kann nach Tafel IV.2 im Abschnitt Wärmelehre vorgegangen werden.

3.4.18. Temperaturvergleich. Den Rechnungen ab 3.4.12 lag die Annahme zugrunde, daß der Schmierstoff eine effektive Temperatur von $\vartheta_{eff} = 60\ ^\circ C$ annimmt (siehe Gleichung (XIII.19)). Folglich muß nun die nach Gleichung (XIII.27) berechnete Lagertemperatur ϑ_L mit ϑ_{eff} verglichen werden, weil es nur bei annähernder Übereinstimmung beider Werte sinnvoll ist, die Rechnung weiterzuführen. Sonst ist die Rechnung ab 3.4.12 mit dem *zweiten Iterationsschritt* zu wiederholen (siehe Berechnungsbeispiel 3.9). Die Rechnung kann erst dann nach 3.4.20 fortgesetzt werden, wenn der Betrag der

$$\text{Temperaturdifferenz } \Delta\vartheta = |\vartheta_L - \vartheta_{eff}| \leqslant 2\ ^\circ C \tag{XIII.28}$$

ist. Ist der Betrag der Temperaturdifferenz größer als 2 °C, ist vor Iterationsbeginn nach Gleichung (XIII.28) die neue effektive Schmierstofftemperatur $\vartheta_{eff,neu}$ zu ermitteln (siehe Berechnungsbeispiel 3.9).

3.4.18. Neue effektive Schmierstofftemperatur ϑ_{eff}. Man berechnet die neue effektive Schmierstofftemperatur $\vartheta_{eff,neu}$ als arithmetisches Mittel aus der zu Beginn des ersten Iterationsschrittes angenommenen effektiven Schmierstofftemperatur $\vartheta_{eff} = \vartheta_{eff,alt}$ und der mit Gleichung (XIII.27) ermittelten Lagertemperatur ϑ_L:

$$\vartheta_{eff,neu} = \frac{\vartheta_{eff,alt} + \vartheta_L}{2} \tag{XIII.29}$$

Mit $\vartheta_{eff,neu}$ ist die Iteration ab 3.4.12 aufzunehmen, bis die Bedingung
$\Delta\vartheta = |\vartheta_L - \vartheta_{eff,neu}| \leqslant 2\ ^\circ C$ erfüllt ist.

3.4.19. Kleinste Spalthöhe h_0 (Schmierspalthöhe). Die kleinste Spalthöhe (kleinste Schmierschichtdicke) wird nach empirischen Gleichungen in Abhängigkeit von der Sommerfeldzahl nach 3.4.14 ermittelt:

$$\text{für} \quad So \leqslant 1: \quad h_0 = \frac{P_{sB}}{2}\left[1 - \frac{So}{2}\cdot\frac{1+\beta}{2\beta}\right] > h_{0\,min} \qquad \begin{array}{c|c} h_0, P_{sB} & \beta, So \\ \hline m & 1 \end{array} \tag{XIII.30}$$

$$\text{für} \quad So > 1: \quad h_0 = \frac{P_{sB}}{4\,So}\cdot\frac{2\beta}{1+\beta} > h_{0\,min} \tag{XIII.31}$$

Die rechnerisch ermittelte kleinste Spalthöhe h_0 soll größer sein als ein bestimmter *Grenzrichtwert* $h_{0\,min}$ und mindestens gleich der Summe der Oberflächenrauhtiefen R_{tW} und R_{tL} für Welle und Lager ($h_0 \geqslant R_{tW} + R_{tL}$). Siehe dazu Beispiel 2 in 3.9.

Grenzrichtwerte $h_{0\,zul}$ in $\mu m = 10^{-6}$ m in Abhängigkeit vom Wellendurchmesser d und von der Umfangsgeschwindigkeit v des Lagerzapfens:

d in mm	v in m/s			
	≤ 1	> 1...3	> 3...10	> 10...30
20...60	3	4	5	7
> 60...160	4	5	7	10
> 160...400	6	7	10	13

3.4.20. Erforderlicher Schmierstoffdurchsatz $\dot{V}_s$. Nach 3.2 wird durch die Relativbewegung zwischen Welle und Lager der Schmierstoff unter Druckaufbau durch den Schmierspalt gepreßt. Der Durchsatzquerschnitt ist das Produkt aus Lagerbreite b und kleinster Schmierspalthöhe h_0 (Rechteckquerschnitt $b\,h_0$). Überschlägig ist dann:

$$\dot{V}_s = \varphi\, h_0\, b\, v \qquad \text{(XIII.32)}$$

φ Durchsatzfaktor
$\varphi \approx 0{,}75$ setzen

$\dot{V}_s$	h_0, b	v	φ
$\frac{m^3}{s}$	m	$\frac{m}{s}$	1

3.4.21. Erforderlicher Kühlöldurchsatz $\dot{V}_k$. Bei schnellaufenden, hochbelasteten Lagern können sich Lagertemperaturen $\vartheta_L \geqslant 80$ °C ergeben. Dann ist zusätzliche Kühlung erforderlich, zum Beispiel durch Umlaufschmierung. Vernachlässigt man in diesen Fällen die Wärmeabgabe durch das Lagergehäuse, dann wird der thermische Gleichgewichtszustand durch die Gleichung beschrieben:

entstehende Wärme (Wärmestrom P_R) = abzuführende Wärme

$$P_R = \dot{V}_k\, \rho_{Öl}\, c_{Öl}\, (\vartheta_2 - \vartheta_1) \qquad \text{(XIII.33)}$$

$\dot{V}_k$ Kühldurchsatz; $\rho_{Öl}$ Dichte des Öls; $c_{Öl}$ spezifische Wärmekapazität des Öls (siehe auch Abschnitt Wärmelehre I.6); ϑ_1, ϑ_2 Ein- und Austrittstemperatur des Öls.

Das Produkt $\dot{V}_k\, \rho_{Öl}$ ist der Massendurchsatz $\dot{m}_{Öl}$. Der Punkt über dem Formelzeichen für die physikalische Größe bedeutet, daß es sich um die zeitbezogene Größe handelt, also $\dot{V}_k$ in m^3/s und $\dot{m}_{Öl}$ in kg/s.

Gleichung (XIII.33) kann nun nach dem Kühlöldurchsatz $\dot{V}_k$ aufgelöst werden:

$$\dot{V}_k = \frac{P_R}{c_{Öl}\, \rho_{Öl}\, (\vartheta_2 - \vartheta_1)} \qquad \text{(XIII.34)}$$

$\vartheta_2 - \vartheta_1 = 15$ °C

$\dot{V}_k$	P_R	$c_{Öl}$	$\rho_{Öl}$	ϑ_1, ϑ_2
$\frac{m^3}{s}$	$W = \frac{Nm}{s} = \frac{J}{s}$	$\frac{J}{kg\,K}$	$\frac{kg}{m^3}$	°C

Beachte: 1 K = 1 °C

Die Temperaturdifferenz $\Delta\vartheta = \vartheta_2 - \vartheta_1$ soll 15 °C nicht überschreiten, um Viskositätsänderungen des Schmierstoffes in Grenzen zu halten. Die spezifische Wärmekapazität des Öls kann den Tafeln im Abschnitt Wärmelehre entnommen werden, zum Beispiel ist für Maschinenöl $c_{Öl} = 1675$ J/(kg K), die Dichte des Öls kann mit $\rho_{Öl} = 900$ kg/m³ angesetzt werden.

3.4.22. Übergangsdrehzahl $n_ü$ (nach *Vogelpohl*)

$$n_ü = 10^{-7}\, \frac{F}{\eta_{eff}\, V} \qquad \text{(XIII.35)}$$

η_{eff} nach 3.4.13
$V = \pi\, d^2 b/4$
(Lagerzapfenvolumen)

$n_ü$	F	η_{eff}	V
min^{-1}	N	$\frac{Ns}{m^2}$	m^3

Bei $n_ü$ geht Flüssigkeitsreibung in Mischreibung über. Die Betriebsdrehzahl n soll mindestens zwei- bis dreimal größer sein als die Übergangsdrehzahl: $n = (2 \ldots 3)\, n_ü$.

3.4.23. Hertzsche Pressung p_0. Wird das Lager auch im Stillstand mit der Lagerkraft F belastet, dann ist die Hertzsche Pressung p_0 (Walze gegen Walze) zu bestimmen und mit p_{zul} für den Lagerwerkstoff nach 3.4.3 verglichen. Näherungsweise gilt:

$$p_0 = 0{,}591\, \sqrt{E\, p\, \psi_B} \qquad \text{(XIII.36)}$$

p nach 3.4.3
ψ_B nach 3.4.7

$$E = \frac{2\, E_L\, E_W}{E_L + E_W}$$

E_L, E_W Elastizitätsmodul von Lagerwerkstoff (nach 3.4.3) und Wellenwerkstoff (bei Stahl $E_W = 21 \cdot 10^{10}\, N/m^2$)

Der maximale Flüssigkeitsdruck kann das zwei- bis vierfache der mittleren Flächenpressung p_m betragen (örtlich bis zum zehnfachen).

Tafel XIII.22. Spiel- und Toleranzberechnungen

Spieländerung ΔP_S durch Wärmedehnung im Betrieb (nach *Gersdorfer*)	$\Delta P_S = d\left(\alpha_W \Delta\vartheta_W - \frac{A_L E_L \alpha_L \Delta\vartheta_L + A_G E_G \alpha_G \Delta\vartheta_G}{A_L E_L + A_G E_G}\right)$ ΔP_S: mm; d: mm; α: $\frac{1}{°C}$; $\Delta\vartheta$: °C; A: mm²; E: $\frac{N}{mm^2}$ d Wellendurchmesser; α_W, α_L, α_G Längenausdehnungs-Koeffizienten von Wellen-, Lager- und Gehäusewerkstoff; $\Delta\vartheta_W = \Delta\vartheta_L = \vartheta_B - \vartheta_O$ mit mittlerer Betriebstemperatur des Lagers ϑ_B und Umgebungstemperatur ϑ_O; $\Delta\vartheta_G = \vartheta_G - \vartheta_O$ mit angenommener Gehäusetemperatur ϑ_G; A_L, A_G Querschnittsfläche von Lagerbuchse(-schale) und Gehäusewandung; E_L, E_G die entsprechenden Elastizitätsmoduln.
Einbauspiel P_{SE}	$P_{SE} = P_{SB} - \Delta P_S$ P_{SB} Lagerspiel bei Betriebstemperatur im Lager
mittleres Einbauspiel $P_{SE\,mittel}$	$P_{SE\,mittel} = \frac{P_{SE\,gr} + P_{SE\,kl}}{2}$ $P_{SE\,gr}$ größtes Einbauspiel $P_{SE\,kl}$ kleines Einbauspiel $P_{SE\,gr}$ und $P_{SE\,kl}$ nach dem Festlegen der Passung aus 1.8 $P_{SE\,mittel}$ muß etwa gleich P_{SE} werden
mittleres relatives Einbauspiel $\psi_{E\,mittel}$	$\psi_{E\,mittel} = \frac{P_{SE\,mittel}}{d}$ ψ: 1; P_{SE}: mm; d: mm
Richtwerte für das mittlere relative Einbauspiel für einige Lagerwerkstoffe	Lg Pb Sn (0,4 ... 1) $\cdot 10^{-3}$ GZ-Cu Pb (2 ... 3) $\cdot 10^{-3}$ GZ-Al-Leg. (1,5 ... 1,7) $\cdot 10^{-3}$ Sintermetall (1,5 ... 1,7) $\cdot 10^{-3}$ Kunststoff (3 ... 4) $\cdot 10^{-3}$ GG (1 ... 2) $\cdot 10^{-3}$ größere Werte für größere Durchmesser
größtes und kleinstes Betriebsspiel P_{SB}	$P_{SB\,gr} = P_{SE\,gr} - \Delta P_S$ $P_{SB\,kl} = P_{SE\,kl} - \Delta P_S$ alle Maße in mm oder in μm
Richtwerte R_{tW} und R_{tL} (größere Werte für größere Durchmesser)	feingedreht 2 ... 10 μm; feinstgeschliffen 0,15 ... 0,6 μm feinstgedreht 1 ... 3 μm; feinstgerieben 0,4 ... 1 μm geschliffen 4 ... 10 μm; geläppt 0,3 ... 0,6 μm feingerieben 1 ... 3 μm; poliert 0,08 ... 0,25 μm R_{tW}, R_{tL} Rauhtiefe von Welle und Lagerbuchse oder -schale
relatives Betriebsspiel ψ_B	$\psi_{B\,gr} = \frac{1}{d}\left[P_{SE\,meß\,gr} - \Delta P_S + (R_{tW} + R_{tL})\right]$ alle Maße in mm $\psi_{B\,kl} = \frac{1}{d}\left[P_{SE\,meß\,kl} - \Delta P_S + (R_{tW} + R_{tL})\right]$
meßbares Einbauspiel $P_{SE\,meß}$ (weil P_{SE} auf Mitten der Rauhtiefen bezogen ist)	$P_{SE\,meß\,gr} = P_{SE\,gr} - (R_{tW} + R_{tL})$ $P_{SE\,meß\,kl} = P_{SE\,kl} - (R_{tW} + R_{tL})$ alle Maße in mm

Anmerkung: Das Fertigungsspiel wird durch Preßsitz der Lagerbuchse verringert. Richtwert: Verkleinerung des Bohrungsdurchmessers ca. 70 % des Passungsübermaßes.

3.5. Berechnung der Axial-Gleitlager

3.5.1. Voll-Spurlager, Ring-Spurlager. Beim *Voll-Spurlager* mit ebener Spurplatte ist die Pressung beim Lauf hyperbolisch über der Spurfläche (Vollkreis) verteilt. Durch die in der Mitte theoretisch unendlich große Pressung tritt hier starker Verschleiß auf, der beim Ring-Spurlager durch eine zentrische Aussparung vermieden wird (Bild XIII.18).

Diese Lager haben praktisch nur geringe Bedeutung. Anwendung bei kleinen Dreh- oder Pendelbewegungen oder bei mittleren Drehzahlen und geringen Belastungen, Schwimmreibung nicht erreichbar wegen fehlender Anstellflächen.

Berechnung auf *Flächenpressung:*

$$p_m = \frac{F_a}{\frac{\pi}{4}(D^2 - d^2)} \le p_{m\,zul} \qquad \text{(XIII.37)}$$

p_m	F_a	D, d
$\frac{N}{mm^2}$	N	mm

F_a Axialkraft; D Außen-, d Innendurchmesser der Ringspurplatte; man wählt Bauverhältnis $d/D \approx 0{,}5 \dots 0{,}6$. $p_{m\,zul}$ nach Tafel XIII.23.

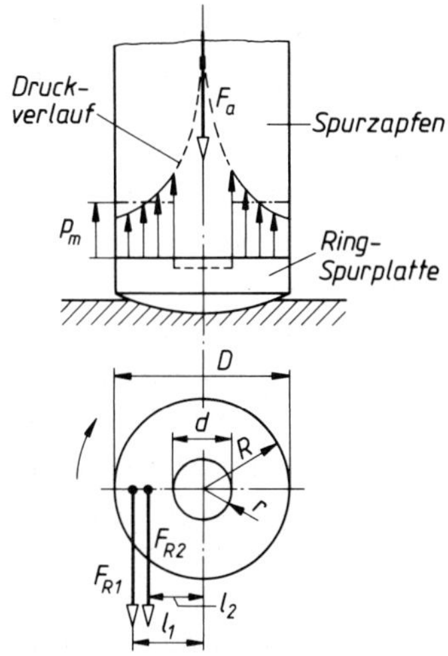

Bild XIII.18. Berechnung des Ring-Spurlagers

Tafel XIII.23. Richtwerte für die zulässige mittlere Flächenpressung $p_{m\,zul}$ bei kleinen Gleitgeschwindigkeiten

Werkstoff für Welle	Lager	$p_{m\,zul}$-Werte N/mm²
St gehärtet	St gehärtet	15
	G-SnBz, Rg	10
	GG	8
St50, St60, GS	G-SnBz, Rg	8
St nicht gehärtet	GG	5
	Sintermetall	3
	LgSn	3
	Kunststoff	2,5

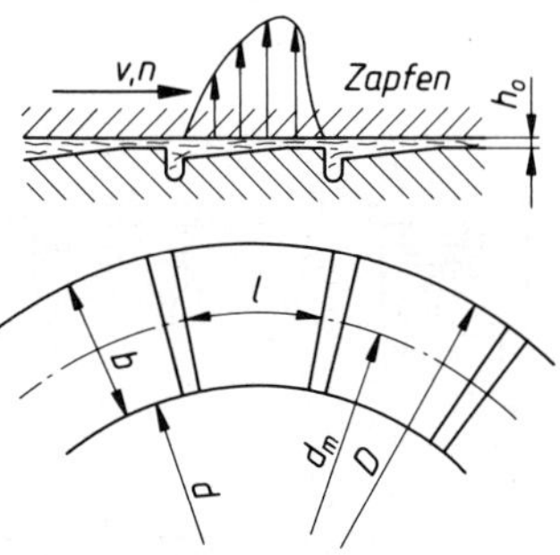

Bild XIII.19. Berechnung des Segment-Spurlagers

Beim ruhenden Zapfen ist die Flächenpressung gleichmäßig verteilt; Reibkraft F_{R1} greift im Schwerpunkt der Ringfläche an, beim drehenden Zapfen verschiebt sich Angriffspunkt der Reibkraft F_{R2} zur Mitte der Ringfläche ($l_2 = (D + d)/4$).

3.5.2 Segment-Spurlager. Durch Aufteilung der Ringfläche in Segmente mit „angestellten" Flächen wird Schwimmreibung ermöglicht. Druckverlauf über den Segmentflächen zeigt Bild XIII.19.

Nach Schiebel ergibt sich die *Tragkraft* bei Flüssigkeitsreibung

$$F_a \approx 16 \cdot 10^{-4}\, d_m\, b^2\, n\, \eta \qquad \text{(XIII.38)}$$

F_a	d_m, b	n	η
N	mm	min^{-1}	P

d_m mittlerer Spurflächendurchmesser; b Spurflächenbreite, es soll sein $b \approx 0{,}3\, d_m$; n Drehzahl; η Ölzähigkeit.

3.6. Schmierung der Gleitlager

3.6.1. Schmierungsarten

Ölschmierung: Vorherrschend bei kleinen bis höchsten Drehzahlen und Belastungen. Geschmiert wird vorwiegend mit Mineralölen. Zusätze von Molybdänsulfid oder auch Graphit verbessern die Schmiereigenschaften durch Erhöhung der Haftfähigkeit und Glättung der Gleitflächen.

Fettschmierung: Vorwiegend bei kleinen Drehzahlen und Pendelbewegungen oder stoßartigen Belastungen oder wenn Schwimmreibung nicht erreichbar ist, zum Beispiel bei einfachen Lagerungen von Pressen, Hebezeugen, Landmaschinen, bei Gelenken und Führungen. Verwendet werden Gleitlager(Stauffer-)Fette.

Wasserschmierung hat sich bei Holz-, Kunststoff- und Gummilagern (Walzenlagern, Pumpenlagern) bewährt.

Trockenschmierung mit Trockenschmiermitteln wie Molybdänsulfid oder Graphit wird bei hohen Temperaturen, zur Notlauf- und einmaligen Schmierung verwendet, zum Beispiel bei langsam laufenden, schwer oder nicht zugänglichen Lagern, Gelenken, Führungen.

3.6.2. Schmierverfahren, Schmiervorrichtungen

Durchlaufschmierung: Das Schmiermittel durchläuft die Gleitstelle nur einmal und wird meist nicht wieder verwendet. Anwendung nur bei gering beanspruchten, einfachen Lagern (Haushalts-, Büromaschinen) oder wo andere Schmierung nicht möglich ist (schwingende Lagerstellen, Gelenke).

Vorrichtungen: Offene Öllöcher oder Öler verschiedener Ausführungen, DIN 3410 für Handschmierung. Selbsttätige Schmierung durch Tropföler mit sichtbarer, regulierbarer Ölabgabe (Bild XIII.20), ferner durch Dochtöler mit tropfenweiser Ölabgabe. Fettschmierung von Hand durch Staufferbüchse oder Schmierköpfe oder selbsttätig durch Fettbüchse, bei der eine federbelastete Scheibe das Fett nachdrückt.

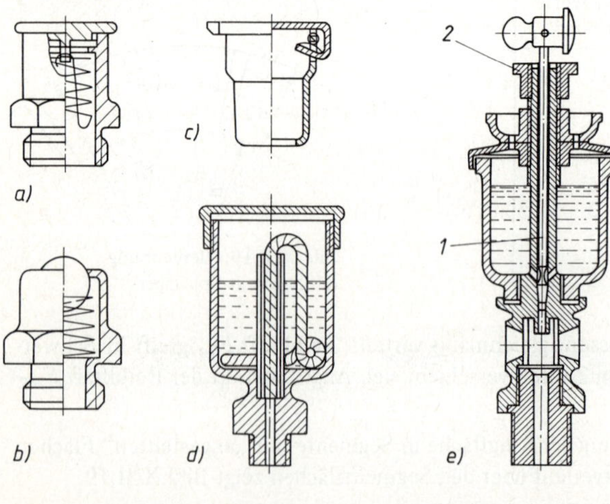

Bild XIII.20.
Öl-Schmiervorrichtungen
a) Einschraub-Deckelöler
b) Einschraub-Kugelöler
c) Einschlag-Klappdeckelöler
d) Dochtöler
e) Tropföler

Umlaufschmierung: Gebräuchlichste Schmierverfahren für Gleitlager aller Art. Ständiger Umlauf des gleichen Öles durch Förderorgan. Vorwiegend wird Ringschmierung bei Steh- und Flanschlagern mit waagerechten Wellen verwendet: Feste mit Welle umlaufende Schmierringe bei höheren Drehzahlen und größeren Lagern (Bild XIII.22) oder lose Schmierringe bei kleineren Drehzahlen.

Bei *Tauchschmierung* tauchen zu schmierende Teile in Öl ein, z.B. bei Kurbellagern in Kurbelgehäusen oder Zahnradgetrieben. *Umlaufschmierung durch Pumpe* ist am sichersten und leistungsfähigsten; Anwendung bei hochbelasteten Lagern von Turbinen, Generatoren, Werkzeugmaschinen, auch als Zentralschmierung für ganze Maschinen.

Das Schmiermittel ist stets der unbelasteten Lagerhälfte zuzuführen.

3.7. Lagerdichtungen

Dichtungen bei Gleitlagern vorwiegend gegen Austreten von Öl; häufig genügen Ölfangrillen an den Lagerenden (Bild XIII.22), sonst werden die unter 2.8 beschriebenen Dichtungen verwendet.

3.8. Gestaltung der Gleitlager

3.8.1. Lagerbuchsen, Lagerschalen. Lagerwerkstoff ist meist als Buchsen oder Schalen im Gehäuse untergebracht. Buchsen (Bild XIII.21a) werden in ungeteilte Lagergehäuse eingepreßt; Abmessungen: $d_1 \approx 1{,}1\ d + 5$ mm; Passungen: Außendurchmesser r6, Gehäusebohrung H7, Genormte Lagerschalen schiehe DIN 1850.

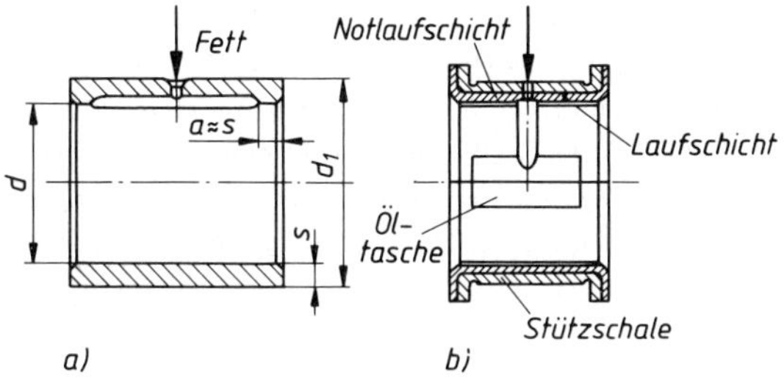

Bild XIII.21.
Lagerbuchsen, Lagerschalen
a) Buchse für Fettschmierung
b) Dreistoff-Lagerschale

Lagerschalen werden in Bohrungen geteilter Gehäuse eingelegt. Ausführung meist als Verbundlager, d.h. Zweistoff- oder Dreistofflager, zum Beispiel Dreistofflager (Bild XIII.21b) mit Stützschale aus St, Notlaufschicht aus Pb Bz und Laufzeicht aus Lg Sn (Blei-Zinn-Lagermetall).

3.8.2. Ausführungsbeispiele für Radiallager. Für einfache Lagerungen genügen Augenlager, DIN 504, oder Flanschlager, DIN 502, mit oder ohne Buchse, meist für Fettschmierung vorgesehen.

Ein starres Stehlager mit Ringschmierung durch festen Schmierring zeigt Bild XIII.22. Öl wird durch den mit Welle umlaufenden Schmierring (1) durch Ölabstreifer (2) in Seitenräume (3) gefördert und tritt durch Löcher (4) zwischen Gleitflächen. Seitlich austretendes Öl wird durch Ölfangrillen (5) abgefangen und in den Vorratsraum zurückgeführt.

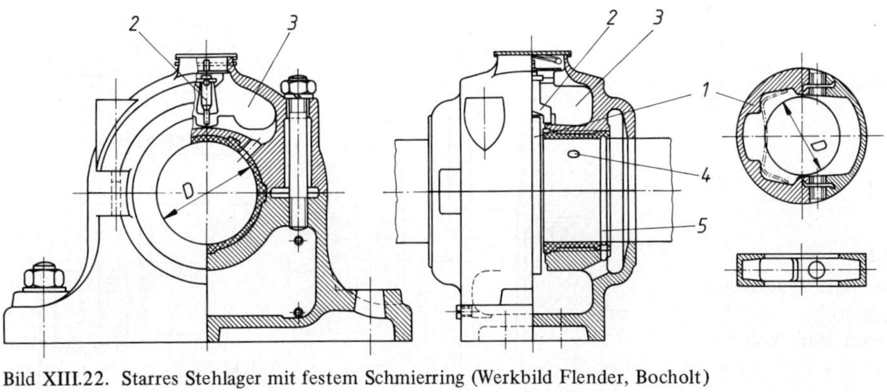

Bild XIII.22. Starres Stehlager mit festem Schmierring (Werkbild Flender, Bocholt)

Zum Ausgleich von Fluchtfehlern und zur Vermeidung von Kantenpressungen (Transmissionen) werden Pendellager verwendet, bei denen die Lagerschalen pendelnd im Lagergehäuse angebracht sind.

Die Forderung nach geringstem, ein- und nachstellbarem Lagerspiel ist durch Mehrgleitflächenlager (MF-Lager) zu erfüllen. Das MGF-Lager nach Malcus (Bild XIII.23) hat vier durch elastischen Ring verbundene Gleitklötze (1) mit Anstellflächen. Ein- und Nachstellen durch Schrauben (2). Umlaufschmierung durch Pumpe; Öleintritt bei (3), Ölaustritt bei (4). Schmierkeile halten Welle auch bei richtungsveränderlichen Lagerkräften in zentrischer Lage.

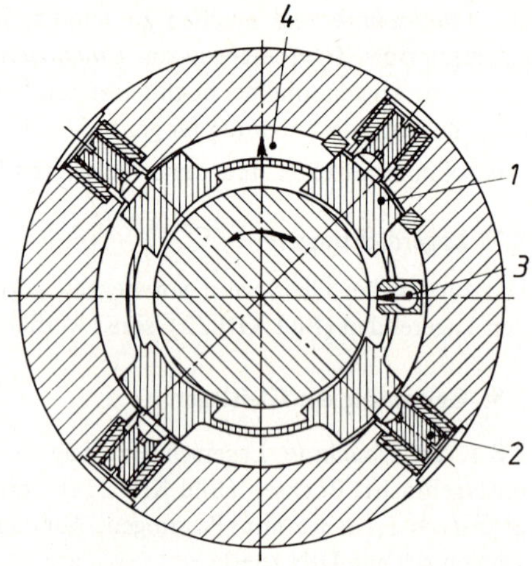

Bild XIII.23. Mehrgleitflächenlager nach Malcus

3.8.3. Ausführungsbeispiele für Axiallager. Ring-Spurlager, im Prinzip nach Bild XIII.18, haben wegen fehlender Anstellflächen praktisch keine große Bedeutung. Anwendung nur bei kleinen Drehzahlen oder Schwenkbewegungen, zum Beispiel bei Säulen kleiner Wanddrehkrane. Für höhere Drehzahlen und Belastungen kommen Segmentlager in Frage. Einen einbaufertigen Axial-Druckring aus (Caro-)Bronze zeigt Bild XIII.24. Hydrodynamisch wirksame, feinkopierte Keilflächen (2) ermöglichen Schwimmreibung; Öl tritt in Nuten (1) ein, Rastflächen (3) stützen Welle bei Stillstand ab.

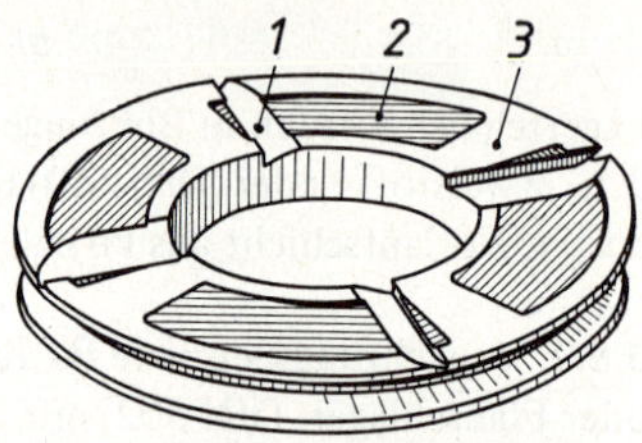

Bild XIII.24
Axial-Druckring für eine Drehrichtung

Einbaubeispiel bei senkrechter Welle zeigt Bild XIII.25a, Ölzufuhr bei (1) über Ringnut (2) durch Hohlschrauben (3). Einbau eines doppelseitigen Axial-Druckringes bei waagerechter Welle nach Bild XIII.25b; Druckring (1) sitzt zwischen den mit Welle fest verbundenen Stahl-Laufringen (2), die durch Distanzring (3) auf Abstand gehalten werden.

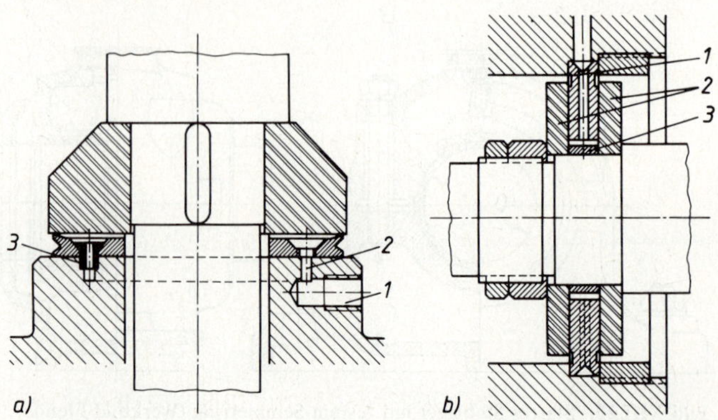

Bild XIII.25
Einbau von Axial-Druckringen
a) bei senkrechter
b) bei waagerechter Welle

3.9. Berechnungsbeispiele für ein Radialgleitlager [1])

■ **Beispiel 1:** Mit den gegebenen Größen ist die Entwurfsberechnung nach 3.4 durchzuführen.

Gegeben:

Lagerkraft	$F = 190\,000$ N
Lagerdurchmesser	$d = 0{,}38$ m
Lagerbreite	$b = 0{,}3$ m
Wellendrehzahl	$n = 3\ \text{s}^{-1} = 180\ \text{min}^{-1}$
Umgebungstemperatur	$\vartheta_U = 20\ °\text{C}$
Wärmeabfuhrzahl	$\alpha = 20\ \dfrac{\text{W}}{\text{m}^2\text{K}} = 20\ \dfrac{\text{Nm}}{\text{s}\,\text{m}^2\text{K}}$

Werkstoffpaarung: St/LgPbSn nach 3.4.3. Ölsorte: ISO VG 100 DIN 51 519 mit VI = 50 nach 3.4.9.

Lösung:

1. *Spezifische Lagerbelastung p*

$$p = \frac{F}{b\,d} \leqslant p_{zul} \qquad F, b, d \text{ und } p_{zul} \text{ sind gegebene Größen}$$

$$p = \frac{190\,000\ \text{N}}{0{,}3\ \text{m} \cdot 0{,}38\ \text{m}} = 1{,}67 \cdot 10^6\ \frac{\text{N}}{\text{m}^2} < p_{zul} = 12{,}5 \cdot 10^6\ \frac{\text{N}}{\text{m}^2}$$

2. *Relative Lagerbreite β*

$$\beta = \frac{b}{d} = \frac{0{,}3\ \text{m}}{0{,}38\ \text{m}} = 0{,}789 \approx 0{,}8$$

3. *Umfangsgeschwindigkeit v*

$$v = \pi\,d\,n = \pi \cdot 0{,}38\ \text{m} \cdot 3\ \frac{1}{\text{s}} = 3{,}58\ \frac{\text{m}}{\text{s}}$$

4. *Wärmeabgebende Lageroberfläche A_G*

$$A_G = A_L + A_W \qquad A_L = 20\,d\,b \text{ gewählt}$$
$$A_G = 3{,}724\ \text{m}^2 \qquad A_W = 10\,d^2 \text{ gewählt}$$

5. *Relatives Lagerspiel ψ_B*

$$\psi_B = 0{,}8 \cdot \sqrt[4]{v} \cdot 10^{-3} = 0{,}8 \cdot \sqrt[4]{3{,}58} \cdot 10^{-3} = 0{,}0011$$
$$\psi_B = 1{,}1 \cdot 10^{-3}$$

6. *Lagerspiel P_{sB}*

$$P_{sB} = \psi_B\,d = 1{,}1 \cdot 10^{-3} \cdot 0{,}38\ \text{m} = 0{,}418 \cdot 10^{-3}\ \text{m} = 0{,}418\ \text{mm}$$

7. *Richtungskonstante m*

$$m = 3{,}996$$

8. *Hilfsfaktor W_M*

$$W_M = \lg\lg\left(\frac{\eta_M}{\rho} \cdot 10^6 + 0{,}8\right) \qquad \eta_M = 51{,}9 \cdot 10^{-3}\ \frac{\text{Ns}}{\text{m}^2}$$

$$W_M = 0{,}2472 \qquad \rho = 900\ \frac{\text{kg}}{\text{m}^3}$$

---

[1]) Entnommen aus: *Alfred Böge*, Arbeitshilfen und Formeln für das technische Studium, Band 2 Konstruktion. Friedr. Vieweg & Sohn, Braunschweig/Wiesbaden.

9. Sommerfeldkonstante C_{So}

$$C_{So} = \frac{p\,\psi_B^2}{\omega} = \frac{1{,}67 \cdot 10^6\,\frac{N}{m^2} \cdot (1{,}1 \cdot 10^{-3})^2}{18{,}85\,\frac{1}{s}} = 0{,}107\,\frac{Ns}{m^2}$$

Erster Iterationsschritt:

10. Hilfsfaktor W_x mit $\vartheta_{eff} = 60\,°C$

$$W_x = m\,(\lg T_M - \lg T_x) + W_M \qquad m = 3{,}996$$

$$W_x = 3{,}996\,(\lg 323{,}15 - \lg 333{,}15) + 0{,}2472 \qquad T_M = 50\,°C + 273{,}15\,K = 323{,}15\,K$$

$$W_x = 0{,}1943 \qquad T_x = \vartheta_{eff} + 273{,}15\,K = 60\,°C + 273{,}15\,K$$

$$T_x = 333{,}15\,K$$

$$W_M = 0{,}2472$$

11. Effektive Viskosität η_{eff}

$$\eta_{eff} = \rho\left[10^{(10^{W_x})} - 0{,}8\right] \cdot 10^{-6} \qquad \rho = 900\,\frac{kg}{m^3} \qquad W_x = 0{,}1943$$

$$\eta_{eff} = 900 \cdot \left[10^{(10^{0{,}1943})} - 0{,}8\right] \cdot 10^{-6}$$

$$\eta_{eff} = 32{,}3 \cdot 10^{-3}\,\frac{Ns}{m^2}$$

12. Sommerfeldzahl So

$$So = \frac{C_{So}}{\eta_{eff}} = \frac{0{,}107\,\frac{Ns}{m^2}}{32{,}3 \cdot 10^{-3}\,\frac{Ns}{m^2}} = 3{,}3 > 1$$

13. Reibzahl μ

$$\mu = \frac{k\,\psi_B}{\sqrt{So}} = \frac{3 \cdot 1{,}1 \cdot 10^{-3}}{\sqrt{3{,}3}} = 1{,}8 \cdot 10^{-3} \qquad k = 3 \text{ angenommen}$$

14. Wärmestrom (Reibleistung) P_R

$$P_R = F\,\mu\,v = 190\,000\,N \cdot 1{,}8 \cdot 10^{-3} \cdot 3{,}58\,\frac{m}{s} = 1224\,\frac{Nm}{s} = 1224\,W$$

15. Lagertemperatur ϑ_L

$$\vartheta_L = \vartheta_U + \frac{P_R}{\alpha\,A_G} \qquad \vartheta_U = 20\,°C \text{ (gegeben)}$$

$$\alpha = 20\,Nm/sm^2K \text{ (gegeben)}$$

$$\vartheta_L = 20\,°C + \frac{1224\,\frac{Nm}{s}}{20\,\frac{Nm}{sm^2K} \cdot 3{,}724\,m^2}$$

$$\vartheta_L = 36{,}4\,°C$$

Der Betrag der Temperaturdifferenz $|\vartheta_L - \vartheta_{eff}|$ wird also
$|\Delta\vartheta| = |36{,}4\,°C - 60\,°C| = 23{,}6\,°C \gg 2\,°C$,
das heißt, es muß mit einer neuen effektiven Lagertemperatur ϑ_{eff} gerechnet werden.

18. Neue effektive Lagertemperatur ϑ_{eff}

$$\vartheta_{eff\,neu} = \frac{\vartheta_{eff\,alt} + \vartheta_L}{2} = \frac{60\ °C + 36{,}4\ °C}{2} = 48{,}2\ °C$$

Zweiter Iterationsschritt:

Hilfsfaktor W_x mit $\vartheta_{eff} = 48{,}2\ °C$

$$W_x = m\,(\lg T_M - \lg T_x) + W_M$$
$$W_x = 3{,}996 \cdot [\lg 323{,}15 - \lg(48{,}2 + 273{,}15)] + 0{,}2472$$
$$W_x = 0{,}257$$

Effektive Viskosität η_{eff}

$$\eta_{eff} = \rho\left[10^{(10^{W_x})} - 0{,}8\right] \cdot 10^{-6}$$

$$\eta_{eff} = 900 \cdot \left[10^{(10^{0{,}257})} - 0{,}8\right] \cdot 10^{-6} = 57 \cdot 10^{-3}\ \frac{Ns}{m^2} \quad \left(\text{vorher: } 32{,}3 \cdot 10^{-3}\ \frac{Ns}{m^2}\right)$$

Sommerfeldzahl So

$$So = \frac{C_{So}}{\eta_{eff}} = \frac{0{,}107\ \frac{Ns}{m^2}}{57 \cdot 10^{-3}\ \frac{Ns}{m^2}} = 1{,}88 > 1 \qquad (\text{vorher: } 3{,}3)$$

Reibzahl μ

$$\mu = \frac{k\,\psi_B}{\sqrt{So}} = \frac{3 \cdot 1{,}1 \cdot 10^{-3}}{\sqrt{1{,}88}} = 2{,}4 \cdot 10^{-3} \qquad (\text{vorher: } 1{,}8 \cdot 10^{-3})$$

Wärmestrom (Reibleistung) P_R

$$P_R = F\,\mu\,v = 190\,000\ N \cdot 2{,}4 \cdot 10^{-3} \cdot 3{,}58\ \frac{m}{s} = 1632\ \frac{Nm}{s} = 1632\ W$$

Lagertemperatur ϑ_L

$$\vartheta_L = \vartheta_U + \frac{P_R}{\alpha A_G} = 20\ °C + \frac{1632\ \frac{Nm}{s}}{20\ \frac{Nm}{sm^2K} \cdot 3{,}724\ m^2} = 42\ °C$$

Der Betrag der Temperaturdifferen $|\Delta\vartheta| = |\vartheta_L - \vartheta_{eff}|$ wird jetzt
$|\Delta\vartheta| = |42\ °C - 48{,}2\ °C| = 6{,}2\ °C$.
Diese Temperaturdifferenz liegt noch über 2 °C, also muß noch einmal gerechnet werden.

Der dritte Iterationsschritt ergibt die folgenden Größen:

Hilfsfaktor W_x = 0,2737 mit $\vartheta_{eff} = 45{,}1\ °C$
Effektive Viskosität η_{eff} = $67{,}2 \cdot 10^{-3}\ Ns/m^2$
Sommerfeldzahl So = $1{,}59 > 1$
Reibzahl μ = $2{,}6 \cdot 10^{-3}$
Reibleistung P_R = 1780 W
Lagertemperatur ϑ_L = $43{,}9\ °C \approx 44\ °C$
Temperaturdifferenz $|\Delta\vartheta|$ = 1,2 °C

Anmerkung: Das Lager läuft im Schwerlastbereich ($So > 1$). Die Rechnung kann nun weitergeführt werden:

Kleinste Schmierspalthöhe h_0

$$h_{0\,(So>1)} = \frac{P_{sB}}{4\,So} \cdot \frac{2\beta}{1+\beta} = \frac{0{,}418 \cdot 10^{-3}\ m}{4 \cdot 1{,}59} \cdot \frac{2 \cdot 0{,}789}{1+0{,}789}$$

$$h_0 = 58 \cdot 10^{-6}\ m = 58\ \mu m > h_{0\,zul} \approx 10\ \mu m$$

Die Bedingung $h_{0vorh} > h_{0\,zul}$ ist erfüllt.

Erforderlicher Schmierstoffdurchsatz $\dot V_s$

$$\dot V_s = \varphi\, h_0\, b\, v = 0{,}75 \cdot 58 \cdot 10^{-6}\ m \cdot 0{,}3\ m \cdot 3{,}58\ \frac{m}{s} = 46{,}7 \cdot 10^{-6}\ \frac{m^3}{s}$$

$$\dot V_s = 46{,}7 \cdot 10^{-6}\ \frac{10^3\ l}{\frac{1}{3600}\ h} = 168\ \frac{l}{h}$$

Übergangsdrehzahl $n_ü$

$$n_ü = 10^{-7} \cdot \frac{F}{\eta_{eff}\, V} = \frac{190\,000 \cdot 10^{-7}}{67{,}2 \cdot 10^{-3} \cdot 0{,}034}\ min^{-1} = 8{,}3\ min^{-1} \ll 180\ min^{-1}$$

■ **Beispiel 2:** Spiel- und Toleranzberechnungen nach Tafel XIII.22.

Gegeben: Betriebs-Lagerspiel $P_{sB} = 0{,}418\ mm = 418\ \mu m$ aus Beispiel 1, ebenso Durchmesser $d = 380\ mm$ und Betriebstemperatur $\vartheta_B = 44\ °C$.

Lösung: Spieländerung durch Wärmedehnung

d = 380 mm

$\alpha_W = 12 \cdot 10^{-6}\ \frac{1}{K}$ für Stahl
$\alpha_G = 9 \cdot 10^{-6}\ \frac{1}{K}$ für Gußeisen
} nach Abschnitt Wärmelehre, Tafel I.3

$\alpha_L = 24 \cdot 10^{-6}\ \frac{1}{K}$

$\Delta\vartheta_W = \vartheta_B - \vartheta_0 = 44\ °C - 20\ °C = 24\ °C$

$\Delta\vartheta_L = \Delta\vartheta_W = 24\ °C$

$\Delta\vartheta_G = \vartheta_G - \vartheta_0 = 15\ °C$ angenommen

$E_L = 3{,}1 \cdot 10^4\ \frac{N}{mm^2}$

$E_G = 12 \cdot 10^4\ \frac{N}{mm^2}$ für GG-22

Annahmen: Außendurchmesser der Lagerbuchse = 390 mm
Außendurchmesser des Lagergehäuses = 450 mm

Damit ergeben sich die Querschnittsflächen

$$A_L = \frac{\pi}{4}(390^2 - 380^2)\,\text{mm}^2 \approx 0.6 \cdot 10^4\,\text{mm}^2$$

$$A_G = \frac{\pi}{4}(450^2 - 390^2)\,\text{mm}^2 \approx 3{,}96 \cdot 10^4\,\text{mm}^2$$

Mit diesen Größen kann die Spieländerung ΔP_s berechnet werden:

$$\Delta P_s = 0{,}052\text{ mm} = 52\ \mu\text{m}$$

Die Spieländerung ΔP_s ist stark abhängig von den vorhandenen und angenommenen Temperaturdifferenzen. So wird zum Beispiel

bei $\Delta\vartheta_G = 10\ ^\circ\text{C} \Rightarrow \Delta P_s = 68\ \mu\text{m}$

bei $\Delta\vartheta_G = 5\ ^\circ\text{C} \Rightarrow \Delta P_s = 85\ \mu\text{m}$

Hier soll mit $\Delta P_s = 52\ \mu\text{m}$ weitergerechnet werden.

Einbauspiel P_{sE}: $P_{sE} = P_{sB} + \Delta P_s = 418\ \mu\text{m} + 52\ \mu\text{m} = 470\ \mu\text{m}$

Mittleres Einbauspiel $P_{sE\ mittel}$: Es lassen sich mehrere Spieltoleranzfelder zusammenstellen. Bei der Auswahl muß versucht werden, mit dem mittleren Einbauspiel $P_{sE\ mittel}$ möglichst nahe an das berechnete Einbauspiel heranzukommen. So ergibt sich beispielsweise für das Spieltoleranzfeld H9/d9 mit den Abmaßen nach Tafel I.4 und der Rechnung nach I.4.1

$P_{sE\ gr} = A_{oI} - A_{uA}$ $\quad A_{oI} = +140\ \mu\text{m}$ $\quad A_{oA} = -210\ \mu\text{m}$

$P_{sE\ kl} = A_{uI} - A_{oA}$ $\quad A_{uI} = 0$ $\quad A_{uA} = -350\ \mu\text{m}$

$P_{sE\ gr} = 140\ \mu\text{m} - (-350\ \mu\text{m}) = 490\ \mu\text{m}$

$P_{sE\ kl} = 0 - (-210\ \mu\text{m}) = 210\ \mu\text{m}$

Das mittlere Einbauspiel wird damit für die Passung H9/d9:

$$P_{sE\ mittel} = \frac{P_{sE\ gr} + P_{sE\ kl}}{2} = \frac{(490 + 210)\ \mu\text{m}}{2} = 350\ \mu\text{m} < P_{sE} = 470\ \mu\text{m}$$

Die Passung H11/d9 in Tafel I.5 führt im Gegensatz zu H9/d9 zu einem mittleren Einbauspiel, das dicht beim Einbauspiel $P_{sE} = 470\ \mu\text{m}$ liegt:

$P_{sE\ gr} = 710\ \mu\text{m}$

$P_{sE\ kl} = 210\ \mu\text{m}$

$$P_{sE\ mittel} = \frac{(710 + 210)\ \mu\text{m}}{2} = 460\ \mu\text{m} \approx P_{sE} = 470\ \mu\text{m}$$

Mit diesem mittleren Einbauspiel soll die Rechnung nach Tafel XIII.22 weitergeführt werden.

Mittleres relatives Einbauspiel $\psi_{E\ mittel}$:

$$\psi_{E\ mittel} = \frac{P_{sE\ mittel}}{d} = \frac{0{,}460\text{ mm}}{380\text{ mm}} = 1{,}2 \cdot 10^{-3}$$

Dieser Wert liegt an der oberen Grenze der in Tafel XIII.22 angegebenen Richtwerte für das Lagermetall LgPbSn.

Betriebsspiele P_{sE}:

$P_{sE\ gr} = 710\ \mu\text{m} - 52\ \mu\text{m} = 658\ \mu\text{m}$

$P_{sE\ kl} = 210\ \mu\text{m} - 52\ \mu\text{m} = 158\ \mu\text{m}$

Meßbares Einbauspiel $P_{sE\,meß}$: Mit den angenommenen Rauhtiefen $R_{tW} = R_{tL} = 8\,\mu m$ für feingedrehte Oberflächen nach Tafel XIII.22 wird

$$P_{sE\,meß\,gr} = (710 - 16)\,\mu m = 694\,\mu m$$
$$P_{sE\,meß\,kl} = (210 - 16)\,\mu m = 194\,\mu m$$

Relatives Betriebsspiel ψ_B:

$$\psi_{B\,gr} = \frac{1}{d}\,[P_{sE\,meß\,gr} - \Delta P_s + (R_{tW} + R_{tL})]$$

$$\psi_{B\,gr} = \frac{1}{380\,mm}\,[0{,}710\,mm - 0{,}052\,mm + 0{,}016\,mm] = 1{,}8 \cdot 10^{-3}$$

$$\psi_{B\,kl} = \frac{1}{d}\,[P_{sE\,meß\,kl} - \Delta P_s + (R_{tW} + R_{tL})]$$

$$\psi_{B\,kl} = \frac{1}{380\,mm}\,[0{,}194\,mm - 0{,}052\,mm + 0{,}016\,mm] = 0{,}4 \cdot 10^{-3}$$

Mit den angenommenen Rauhtiefen ist auch die Bedingung nach 3.4.19 erfüllt:

$$h_0 \geqslant R_{tW} + R_{tL}$$
$$58\,\mu m > 16\,\mu m$$

XIV. Zahnräder

1. Allgemeines

Zahnräder dienen der unmittelbaren formschlüssigen Übertragung von Drehmomenten und Drehbewegungen zwischen parallelen, sich kreuzenden oder sich schneidenden Wellen.

Zahnradgetriebe-Grundformen: 1. Stirnradgetriebe (Bilder XIV.1a bis XIV.1c) bei parallelen Wellen ($i_{max} \approx 8$ je Stufe), 2. Kegelradgetriebe (Bild XIV.1d) bei sich schneidenden, auch sich kreuzenden Wellen ($i_{max} \approx 6$), 3. Schneckengetriebe (Bild XIV.1e) bei sich kreuzenden Wellen ($i_{min} \approx 5$ bis $i_{max} \approx 60$, Ausnahme: $i \geq 100$), 4. Schraubradgetriebe (Bild XIV.1f) ebenfalls bei sich kreuzenden Wellen ($i_{max} \approx 5$).

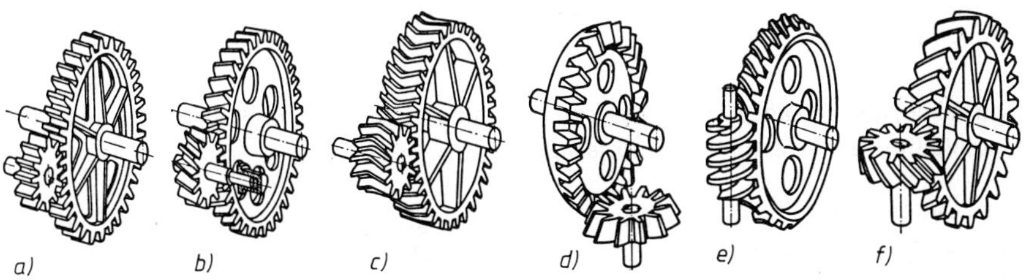

Bild XIV.1. Grundformen der Zahnradgetriebe
a) bis c) Stirnradgetriebe, d) Kegelradgetriebe, e) Schneckengetriebe, f) Schraubradgetriebe

Je nach Verlauf der Zahnflanken unterscheidet man Geradzähne, Schrägzähne, Pfeilzähne, Kreisbogenzähne, Spiralzähne und Evolventenzähne.

2. Verzahnungsgesetz

Die Übersetzung eines Zahnradpaares ist $i = n_1/n_2 = \omega_1/\omega_2 = r_2/r_1 = z_2/z_1$; n Drehzahl, ω Winkelgeschwindigkeit, r Teilkreisradius, z Zähnezahl; Index 1 bezogen auf antreibendes, Index 2 auf angetriebes Rad. Gleichmäßiger Lauf beider Räder setzt i = konstant voraus (Ausnahme: Ellipsenräder, die Getriebe mit veränderlichem i ergeben).

Nach Bild XIV.2 ist B der augenblickliche Berührungspunkt zweier zunächst beliebig geformter Zahnflanken. B läuft als Punkt des Rades 1 mit der Umfangsgeschwindigkeit v_1 um Mittelpunkt M_1 als Punkt des Rades 2 mit der Umfangsgeschwindigkeit v_2 um M_2(v_1, $v_2 \perp r'_1$, r'_2). Die beiden Zahnflanken haben in B gemeinsam die Tangente t und die Normale n. Die Umfangsgeschwindigkeiten v_1 und v_2 werden in die Tangentialkomponenten w_1, w_2 und in die Normalkomponenten c_1, c_2 zerlegt. Sollen die Zahnflanken sich immer berühren, d.h. sich weder voneinander entfernen noch ineinander eindringen, dann muß $c_1 = c_2$ sein.

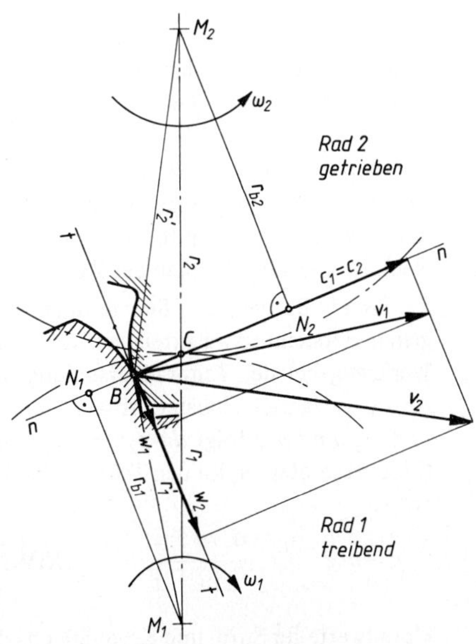

Bild XIV.2. Verzahnungsgesetz

Aus $c_1 = \omega_1 r_{b1}$ bzw. $c_2 = \omega_2 r_{b2}$ folgt mit Hilfe der ähnlichen Dreiecke CM_1N_1 und CM_2N_2 (Bild XIV.2):

$$\frac{r_{b2}}{r_{b1}} = \frac{r_2}{r_1} \quad \text{und mit } c_1 = c_2 \text{ auch: } \quad \frac{\omega_1}{\omega_2} = \frac{r_2}{r_1} = i = \text{konstant}$$

Das *Verzahnungsgesetz* lautet:

> Zwei Zahnflanken sind nur dann brauchbar, wenn die Normale auf den jeweiligen Berührungspunkt B die Verbindungslinie der beiden Mittelpunkte M_1M_2 im umgekehrten Verhältnis der Winkelgeschwindigkeiten teilt.
> Kurz: Die jeweilige Eingriffsnormale muß stets durch den Punkt C gehen.

In Punkt C ist mit $c_1 = c_2$ auch $\omega_1 r_1 = \omega_2 r_2$, d.h. die Kreise mit den Radien r_1, r_2 rollen ohne zu gleiten aufeinander ab: *Wälzkreise*. Der gedachte Berührungspunkt beider Kreise ist der *Wälzpunkt C*.

Bei Zahnradgetrieben mit veränderlicher Übersetzung (Ellipsenräder) wandert der Wälzpunkt C auf der Verbindungslinie der beiden Mittelpunkte auf und ab.

Folgerungen: Die unterschiedliche Größe von w_1 und w_2 besagt, daß neben Wälzbewegung gleichzeitige Gleitbewegung der Flanken aufeinander erfolgt. Dadurch ist die Voraussetzung für hydrodynamische Flüssigkeitsreibung gegeben: keilförmiger Spalt und Relativbewegung ($w = w_2 - w_1$) zueinander (siehe auch XIII.3.2).

Fällt B auf C, dann ist die Relativgeschwindigkeit w gleich Null, d.h. in dieser Zone tritt kurzzeitig reine Wälzbewegung auf, der Schmierfilm wird hier unterbrochen und damit die Zerstörung der Flanken eingeleitet.

3. Begriffe, allgemeine Verzahnungsmaße

Folgende Angaben beziehen sich auf evolventenverzahnte Geradstirnräder als Nullräder (Bild XIV.3). Nach DIN 867, 868 und 3960 sind festgelegt:

Teilkreisteilung p_t: Bogenlänge auf Teilkreis zwischen zwei aufeinanderfolgende Rechts- oder Linksflanken der Zähne.

Teilkreis: Bezugskreis für Teilung p_t gleich Herstellungswälzkreis, auf dem das Werkzeug bei der Zahnradherstellung im Abwälzverfahren abwälzt. Aus Teilkreisumfang $d\pi = p_t z$ folgt $d = p_t z/\pi$; $p_t/\pi = m$ (Modul) gesetzt, ergibt den *Teilkreisdurchmesser*

$$d = m\,z \qquad \frac{d,\,m}{\text{mm}}\,\Big|\,\frac{z}{1} \qquad \text{(XIV.1)}$$

Modulwerte für Stirn- und Kegelräder nach DIN 780 siehe Tafel XIV.1.

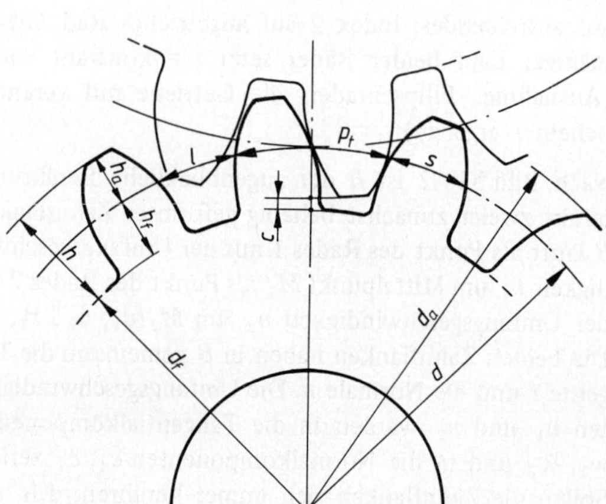

Bild XIV.3. Allgemeine Verzahnungsmaße

Tafel XIV.1. Modulreihe für Stirn- und Kegelräder, Auszug aus DIN 780 (in mm)

Reihe 1:	0,1	0,12	0,16	0,20	0,25	0,3	0,4	0,5	0,6	0,7	0,8
	0,9	1	1,25	1,5	2	2,5	3	4	5	6	8
	10	12	16	20	25	32	40	50			
Reihe 2:	0,11	0,14	0,18	0,22	0,28	0,35	0,45	0,55	0,65	0,75	0,85
	0,95	1,125	1,375	1,75	2,25	2,75	3,5	4,5	5,5	7	9
	11	14	18	22	28	36	45	55	70		

Die Moduln gelten im Normalschnitt; Reihe 1 ist gegenüber Reihe 2 zu bevorzugen.

Zahnabmessungen: Kopfhöhe $h_a = m$; Fußhöhe $h_f = 1{,}16 \ldots 1{,}3\, m$, normal $h_f = 1{,}25\, m$; Zahnhöhe $h = 2{,}25\, m$; damit ergeben sich *Kopfkreisdurchmesser* d_a und *Fußkreisdurchmesser* d_f

$$d_a = d \pm 2\,h_a = d \pm 2\,m \qquad \text{(XIV.2)}$$

$$d_f = d \mp 2\,h_f = d \mp 2{,}5\,m \qquad \text{(XIV.3)}$$

obere Vorzeichen gelten bei Außen-, untere bei Innenverzahnung.

Kopfspiel c: Abstand zwischen Kopfkreis des einen und Fußkreis des anderen Rades.

$$c = h_f - h_a = 0{,}25\,m$$

Flankenspiel: Wegen Einbauungenauigkeiten, Wärmedehnung und Schmierung erforderliches Spiel zwischen den Zahnflanken zweier Räder.

Normalflankenspiel j_n: Abstand der Zahnflanken zweier Räder auf der Eingriffslinie (Bild XIV.4).

Drehflankenspiel j_t: Auf den Teilkreis bezogenes Flankenspiel gleich Bogenstück um das sich Rad 1 bei feststehendem Rad 2 verdrehen läßt.

Der *Achsabstand* a_d eines Nullradpaares oder eines V-Null-Getriebes mit $d = mz$ ergibt sich aus

$$a_d = \frac{d_1 + d_2}{2} = \frac{m(z_1 + z_2)}{2} \qquad \text{(XIV.4)}$$

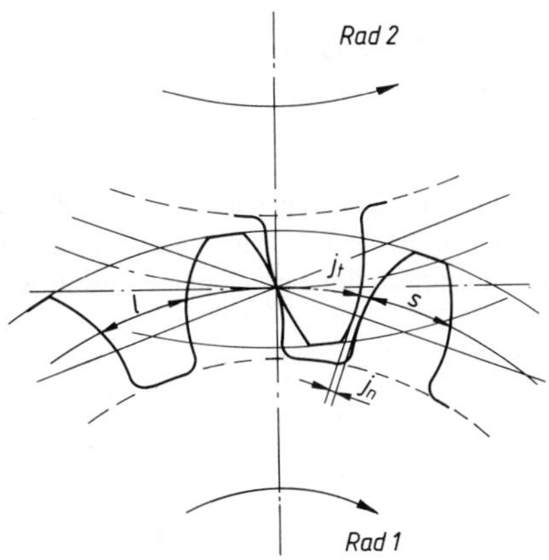

Bild XIV.4. Flankenspiel der Zähne

4. Verzahnungsarten

4.1. Zykloidenverzahnung

Die Zykloidenverzahnung, deren Zahnflanken sich aus Epizykloide (Kopfflanke) und Hypozykloide (Fußflanke) zusammensetzen, wird nur in Sonderfällen z.B. für Uhrenzahnräder, Zahnstangenwinden oder als Triebstockverzahnung verwendet. Die Herstellung ist teurer und schwieriger als die der Evolventenverzahnung; die Verzahnung ist empfindlich gegen ungenauen Achsenabstand. Eingriffs- und Verschleißverhältnisse sind jedoch günstiger als bei Evolventenzähnen. Im Maschinenbau wird praktisch nur die Evolventenverzahnung verwendet.

4.2. Evolventenverzahnung

4.2.1. Eigenschaften und Verwendung. Zahnflankenform wird durch Evolvente gebildet, das ist die Kurve, die ein Punkt einer Geraden beschreibt, die auf einem Kreis (dem Grundkreis) abwälzt. Evolventenverzahnung wird wegen einfacher Herstellung mit geradflankigen Werkzeugen im Abwälzverfahren, wegen Unempfindlichkeit gegen ungenauen Achsenabstand und wegen einfacher Herstellung profilverschobener Verzahnung mit gleichen Werkzeugen im Maschinenbau fast nur verwendet. Nachteilig gegenüber Zykloidenverzahnung sind größerer Verschleiß und geringere Belastbarkeit.

4.2.2. Bezugsprofil, Konstruktion der Zahnflanken. Form und Abmessungen sind durch Bezugsprofil nach DIN 867 festgelegt (Bild XIV.5). Es entspricht dem Profil der Zahnstange und der Herstellungswerkzeuge (Kamm-Meißel, Schneckenfräser). Halber Flankenwinkel gleich Eingriffswinkel $\alpha_n = 20°$.

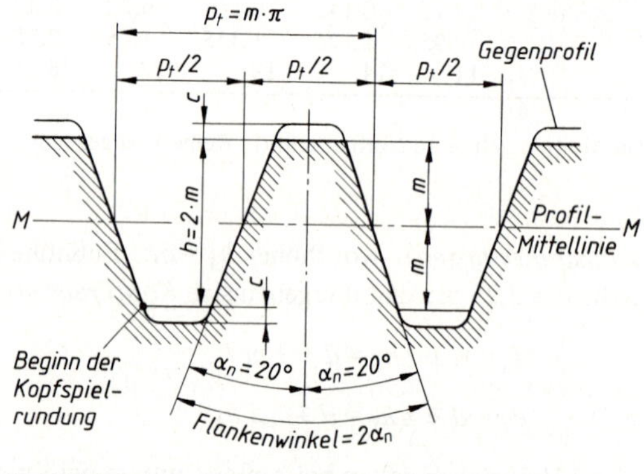

Bild XIV.5. Bezugsprofil der Evolventenverzahnung

Konstruktion des Zahnstangengetriebes (Bild XI.6): Zahnstange hat das Bezugsprofil mit Kopfhöhe $h_a = m$ und Fußhöhe $h_f = 1{,}25\,m$. Eingriffslinie n wird durch Wälzpunkt C unter $\alpha_n = 20°$ zur Profilmittellinie gezeichnet. Um Mittelpunkt M des Ritzels mit $d = m\,z$ wird *Grundkreis* mit Radius $r_b = r \cos \alpha_n$ an Eingriffslinie gelegt. Vom Normalpunkt N trage man die Punkte 1, 2, 3 usw. in beliebigen Abständen auf n nach beiden Seiten ab. Die gleichen Abstände, auf Grundkreis übertragen, ergeben 1′, 2′, 3′ usw. Durch schrittweises Abwälzen der Eingriffslinie auf Grundkreis erhält man die durch C gehende Evolvente. Verlauf der Fußflanke vom Grundkreis bis Fußkreis wird durch relative Kopfbahn des erzeugenden Werkzeuges bestimmt (siehe Bild XIV.9); bei $z > 20$ ist diese angenähert eine radial verlaufende Gerade. Fußrundung wird ebenfalls durch Werkzeug bestimmt. Zugehörige Gegenflanke wird zweckmäßig durch spiegelbildliches Übertragen von Zahnmittellinie gezeichnet. Vorher wird Zahndicke $s = p_t/2$ auf Teilkreis abgetragen.

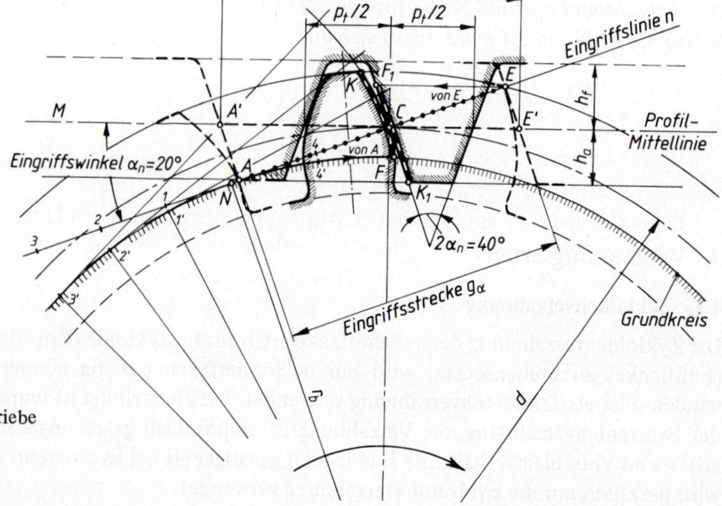

Bild XIV.6
Evolventen-Zahnstangengetriebe

4.2.3. Eingriffsstrecke, Eingriffslänge, Profilüberdeckung. Bei Rechtsdrehung des Ritzels in Bild XIV.6 beginnt der Eingriff, d.h. Berührung zweier Zähne in A (Schnittpunkt der Eingriffslinie mit Kopflinie der Zahnstange) und endet in E (Schnittpunkt von n mit Kopfkreis des Ritzels). Der Eingriff verläuft längs der Eingriffsstrecke AE (Punktlinie). Die Zahnstange verschiebt sich dabei um die Eingriffslänge $e = \overline{A'E'} = \overline{AE}/\cos\alpha_n$. Damit mindestens ein Zahnpaar ständig im Eingriff steht muß $e > p_t$, oder die *Profilüberdeckung* $\epsilon_\alpha = e/p_t > 1$ sein;

$$\epsilon_\alpha = \frac{\overline{AE}}{p_t \cos\alpha_n} = \frac{\overline{AE}}{\pi\, m \cos\alpha_n} > 1 \tag{XIV.5}$$

Eine Gefährdung der Eingriffsverhältnisse ($\epsilon_\alpha < 1$) ergibt sich bei Außenverzahnung bei Zähnezahlen $z < 14$. Dann ist Profilverschiebung erforderlich (siehe 4.2.8). $\epsilon_\alpha < 1{,}25$ sollte vermieden werden.

Die Profilüberdeckung ϵ_α wird zweckmäßig *zeichnerisch* bestimmt durch maßstäbliches Aufzeichnen der Kopf- und Grundkreise und Abgreifen der Strecke $\overline{AE}$ (Bild XIV.7). Rechnerisch läßt sich ϵ_α bei unterschnittfreien Geradzahnrädern ermitteln aus:

$$\epsilon_\alpha = \frac{\sqrt{r_{a1}^2 - r_{b1}^2} \pm \sqrt{r_{a2}^2 - r_{b2}^2} \mp a_d \sin\alpha_n}{\pi\, m \cos\alpha_n} \tag{XIV.6}$$

obere Vorzeichen gelten bei Außen-, untere bei Innenverzahnung.

r_a Kopfkreisradius; r_b Grundkreisradius; $r_b = r\cos\alpha_n$; a_d Achsabstand; $\pi m = p_t$ Teilung; α_n Eingriffswinkel.

Gleichung gilt für Null- und V-Null-Getriebe. Für V-Getriebe ist statt a_d der Achsabstand a und für $\sin\alpha_n$ ist $\sin\alpha_w$ einzusetzen (siehe Tafel XIV.4).

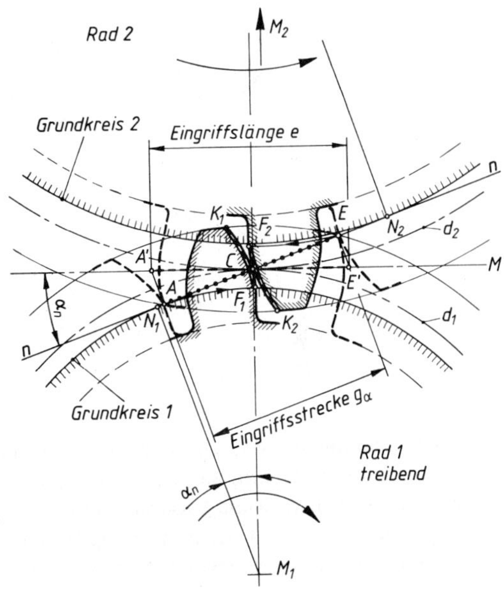

Bild XIV.7. Evolventen-Außenverzahnung

4.2.4. Abwälzverhältnisse. Bei Eingriffsbeginn fallen Fußpunkt F und Kopfpunkt K_1 in A zusammen (Bild XIV.6). Während erster Eingriffsphase wälzen Flankenteile $\widehat{FC}$ und $\overline{K_1 C}$, während zweiter Phase $\widehat{CK}$ und $\widehat{CF_1}$ aufeinander ab. Aus deren unterschiedlichen Längen geht hervor, daß neben Abwälzbewegung noch Gleitbewegung stattfindet (siehe auch unter 2.). Die außerhalb der durch Doppellinien gekennzeichneten „Arbeitsflanken" liegenden Flankenteile sind also am Eingriff nicht beteiligt. Lage der Zähne am Beginn und Ende des Eingriffes ist durch Strichlinien dargestellt.

4.2.5. Außenverzahnung. Konstruktion der Zahnflanken im Prinzip wie beim Zahnstangentrieb, unter 4.2.2 beschrieben. Durch Abwälzen der Eingriffslinie auf den Grundkreisen 1 und 2 entstehen die Flanken der Zähne des Rades 1 und 2 (Bild XIV.7). Eingriff längs der Eingriffsstrecke $\overline{AE}$, der die Eingriffslänge e auf der Profilmittellinie M entspricht. Flankenteil $\widehat{F_1 C}$ wälzt mit $\widehat{K_2 C}$, Flankenteil $\widehat{CK_1}$ mit $\widehat{CF_2}$ ab.

4.2.6. Innenverzahnung. Zähne des Ritzels entstehen, wie unter 4.2.2 beschrieben, Zähne des Hohlrades werden mit Schneidrad gleichen Bezugsprofils hergestellt. Deren Flankenform gleicht der eines außenverzahnten Rades gleicher Zähnezahl (Bild XIV.8). Eingriff beginnt in A (Schnittpunkt der Eingriffslinie n mit Kopflinie des gemeinsamen Bezugsprofils) und endet in E (Schnittpunkt von n mit Kopfkreis des Ritzels). Bei Eingriffsbeginn fallen Fußpunkt F_1 des Ritzels und Kopfpunkt K_2 des Hohlrades in A zusammen, beim Eingriffsende fallen K_1 und F_2 in E zusammen. Flankenteile außerhalb dieser Punkte sind also am Eingriff nicht beteiligt. Kopfstück des Hohlzahnes von K_2 bis Kopfkreis könnte wegfallen oder muß mit $r = l$ (Länge des Kopfstückes) gerundet werden, um Eingriffsstörungen zu vermeiden.

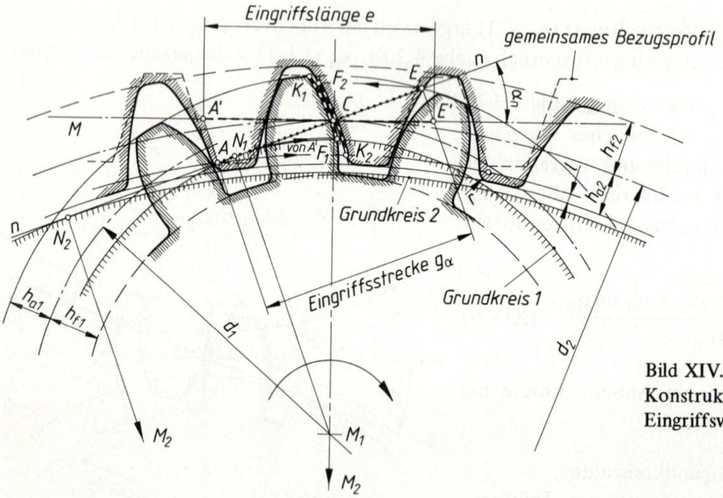

Bild XIV.8. Innenverzahnung Konstruktion und Eingriffsverhältnisse

4.2.7. Zahnunterschnitt, Grenzzähnezahl. Beim Unterschreiten einer *Grenzzähnezahl* z_g tritt sogenannte *Unterschneidung* der Zähne ein, d.h. die relative Kopfbahn des abwälzenden Zahnstangenwerkzeuges schneidet die Evolvente außerhalb des Grundkreises in F (Bild XIV.9). Die Fußflanke von F bis Fußkreis ist daher am Eingriff nicht beteiligt. Dem Punkt F entspricht Punkt A auf der Eingriffslinie. Eingriff beginnt in A und endet in E. Eingriffslänge e ist gegenüber „normaler" Verzahnung verkürzt. Gleichzeitig wird die Zahnwurzel geschwächt und damit die Bruchgefahr erhöht.

Zahnunterschnitt beginnt, wenn Normalpunkt N innerhalb der Kopflinie des Bezugsprofiles liegt; der Grenzfall liegt vor, wenn N auf Kopflinie in A_1 fällt, d.h. $h_a = m = h$ ist. Aus der Ähnlichkeit des schraffierten Dreiecks mit Dreieck CMN folgt $h = \overline{NC} \sin \alpha_n = r \sin^2 \alpha_n$. Mit $r = mz/2$ und $h = m$ wird die *theoretische Grenzzähnezahl*

$$z_g = \frac{2}{\sin^2 \alpha_n} \qquad \text{(XIV.7)}$$

Für den genormten Eingriffswinkel $\alpha_n = 20°$ wird $z_g = 17$. Der Unterschnitt wird durch Verminderung der Profilüberdeckung jedoch erst unterhalb der *praktischen Grenzzähnezahl* $z'_g = 14$ schädlich.

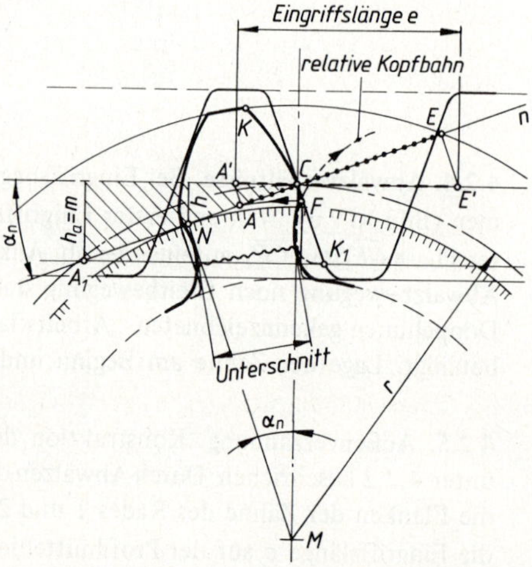

Bild XIV.9. Entstehung von Zahnunterschnitt

4.2.8. Profilverschiebung bei Geradverzahnung. Profilverschiebung v wird angewendet: 1. zur Vermeidung von Zahnunterschnitt, wobei v positiv sein muß, 2. zum Erreichen eines bestimmten Achsabstandes, wobei v auch negativ sein kann. Bei *positiver Profilverschiebung* wird das Werkzeug gegenüber seiner Normallage *ab*gerückt, bei *negativer Verschiebung* dagegen *ein*gerückt. Man unterscheidet danach: 1. *Nullräder*, bei denen keine Profilverschiebung vorgenommen worden ist, 2. *V-Räder* mit Profilverschiebung; dabei haben *V-Plus-Räder* positive, *V-Minus-Räder* negative Profilverschiebung.

Je nach Paarung der Räder unterscheidet man: 1. *Nullgetriebe* bei Paarung zweier Nullräder, 2. *V-Null-Getriebe* bei Paarung von V-Plus- mit V-Minus-Rad gleicher positiver und negativer Verschiebung, 3. *V-Getriebe* bei Paarung von V-Rad mit Nullrad oder von V-Rädern untereinander.

Zur *Vermeidung von Unterschnitt* ist nach Bild XIV.9 eine *positive* Profilverschiebung um die Strecke $v = h_a - h$ erforderlich, so daß die Kopflinie des Bezugsprofils durch den Normalpunkt N geht.

Die *Profilverschiebung* v wird aus rechnerischen Gründen in den *Profilverschiebungsfaktor* x und den *Modul* m aufgespalten:

$$v = x\,m \qquad \text{(XIV.8)}$$

Mit $h = r \sin^2 \alpha_n = (zm/2) \sin^2 \alpha_n$ und $h_a = m$ wird $xm = h_a - h = m - (zm/2) \sin^2 \alpha_n$, und daraus mit $2/\sin^2 \alpha_n = z_g$ der Profilverschiebungsfaktor $x = (z_g - z)/z_g$.

Für das DIN-Rad ist $z_g = 17$, so daß sich der *Mindestprofilverschiebungsfaktor* x_{min} ergibt zu

$$x_{min} = \frac{17 - z}{17} \qquad \text{(XIV.9)}$$

Für die praktische Rechnung genügt es, mit der praktischen Grenzzähnezahl $z'_g = 14$ zu rechnen. Damit wird der *praktische Profilverschiebungsfaktor*

$$x = \frac{14 - z}{17} \qquad \text{(XIV.10)}$$

4.2.9. Zahnspitzengrenze. Bei positiver Profilverschiebung werden beide Flanken eines Zahnes weiter nach außen gezogen, d.h. die Zahnkopfdicke wird immer kleiner, bis sich bei einer bestimmten Profilverschiebung v bzw. bei einem bestimmten Profilverschiebungsfaktor x die beiden Evolventenflanken in einer Spitze vereinigen. Die Zahnspitzengrenze der DIN-Geradverzahnung liegt bei $z_{min} = 7$ Zähnen. In Bild XIV.10 ist die Grenze des Unterschnittes und die Spitzengrenze in Abhängigkeit von Zähnezahl z und Profilverschiebungsfaktor x aufgetragen.

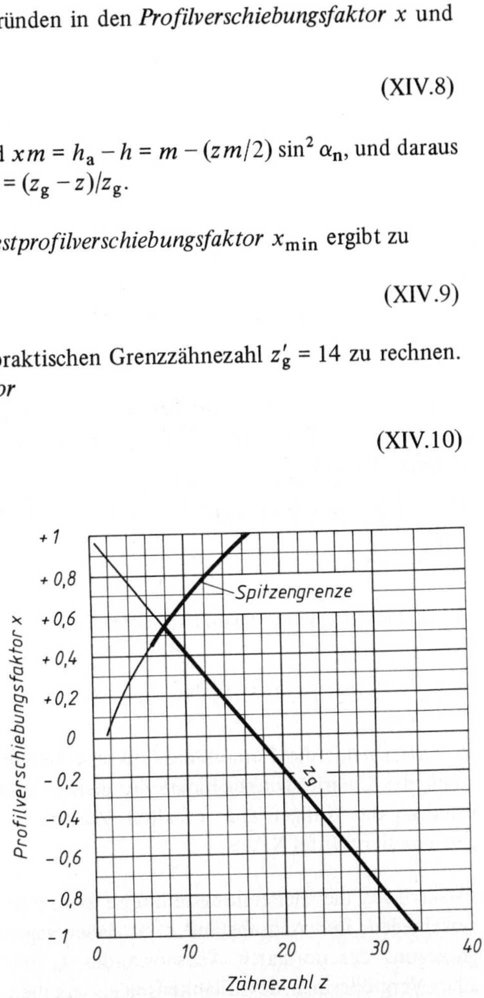

Bild XIV.10. Grenzzähnezahlen und Spitzengrenze der DIN-Geradverzahnung

Ablesebeispiele:

1. Für $z = 10$ liegt nach Bild XIV.10 der Faktor x etwa zwischen 0,23 und 0,68. Unterhalb $x = 0{,}23$ tritt schädlicher Unterschnitt auf, oberhalb $x = 0{,}68$ wird der Zahn spitz, bzw. die Zahnspitze liegt schon innerhalb des Kopfkreises.
2. Welche maximale positive Profilverschiebung v ist möglich für ein geradverzahntes Stirnrad mit $z = 15$ und $m = 3$ mm? Aus Bild XIV.10 wird bei $x \approx 0{,}9$ der Zahn gerade spitz. Damit wird $v_{max} = x_{max}\, m = 0{,}9 \cdot 3\text{ mm} = 2{,}7\text{ mm}$.

4.2.10. Die geometrischen Größen beim V-Getriebe und beim V-Nullgetriebe

V-Plus-Räder: Teilkreisdurchmesser bleibt unverändert $d = m\,z$; ebenso Grundkreisdurchmesser $d_b = d \cos \alpha_n$. *Kopf-* und *Fußkreisdurchmesser* d_a, d_f vergrößern sich entsprechend der Profilverschiebung auf:

$$d_a = d + 2\,m + 2\,v \qquad \text{(XIV.11)}$$

$$d_f = d - 2{,}5\,m + 2\,v \qquad \text{(XIV.12)}$$

Die Zahndicke des Nullrades auf dem Teilkreis ist gleich der Zahnlücke: $s = p_t/2$. Beim V-Plus-Rad wird der Zahn im Fuß dicker, die *Zahndicke* s auf dem Teilkreis wächst um $2\,v \tan \alpha_n = 2\,x\,m \tan \alpha_n$:

$$s = \frac{p_t}{2} + 2\,x\,m \tan \alpha_n \qquad \text{(XIV.13)}$$

Wegen der Verstärkung des Zahnfußes werden auch Räder mit mehr als 17 Zähnen positiv profilverschoben.

V-Minus-Räder: Teilkreisdurchmesser bleibt unverändert $d = m\,z$; ebenso Grundkreisdurchmesser $d_b = d \cos \alpha_n$. *Kopf-* und *Fußkreisdurchmesser* d_a, d_f verkleinern sich entsprechend der Profilverschiebung auf:

$$d_a = d + 2\,m - 2\,v \qquad \text{(XIV.14)}$$

$$d_f = d - 2{,}5\,m - 2\,v \qquad \text{(XIV.15)}$$

Der Zahn wird beim V-Minus-Rad im Fuß schwächer. Die *Zahndicke* s auf den Teilkreis beträgt:

$$s = \frac{p_t}{2} - 2\,x\,m \tan \alpha_n \qquad \text{(XIV.16)}$$

V-Nullgetriebe: die Herstellungsteilkreise berühren sich wie beim Nullgetriebe im Wälzpunkt C. Auch der Eingriffswinkel bleibt der gleiche. Damit bleibt auch beim V-Nullgetriebe der Achsabstand a_d des Nullgetriebes erhalten. Zusammenstellung der Berechnungsgleichungen für V-Nullgetriebe siehe Tafel XIV.3.

V-Getriebe: die Herstellungsteilkreise berühren sich *nicht*. Teilkreis und Betriebwälzkreise sind verschieden. Der Achsabstand a ist daher gegenüber a_d verschieden. Eine rein rechnerische Vergrößerung des normalen Achsabstandes a_d um den Betrag $v_1 + v_2$, also $a = a_d + v_1 + v_2$ würde eine Vergrößerung des Flankenspieles ergeben. Daher müssen die Räder bis zum theoretisch flankenspielfreien Eingriff wieder zusammengerückt werden. Diese Zusammenrückung ist in den Berechnungsgleichungen nach Tafel XIV.4 schon enthalten.

Für den *Achsabstand* a des V-Getriebes bei flankenspielfreiem Zahneingriff gilt (siehe auch Bild XIV.11):

$$a = r_{w1} + r_{w2} = \frac{m}{2}(z_1 + z_2)\frac{\cos\alpha_n}{\cos\alpha_w},\ \text{und mit der Rechengröße}\ a_d = \frac{m}{2}(z_1 + z_2):$$

$$a = a_d \frac{\cos\alpha_0}{\cos\alpha_b} \qquad \text{(XIV.17)}$$

Kopfkürzung: Bei genauer Einhaltung des Kopfspiels c (z.B. $c = 0{,}25\ m$) müssen die Zähne beider Räder um den Betrag der *Wiedereinrückung*

$$y = v_1 + v_2 - (a - a_d)$$

gekürzt werden. Hierauf kann verzichtet werden, wenn $z_1 + z_2 \geq 20$ ist, da die Kürzung dann vernachlässigbar klein bleibt.

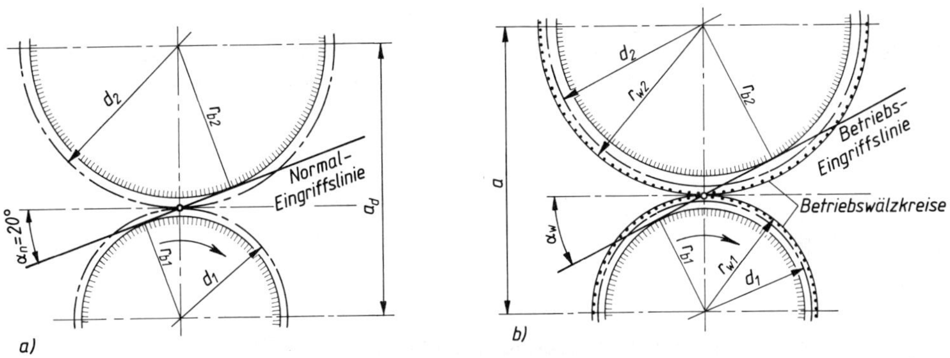

Bild XIV.11. Eingriffswinkel und Achsabstand, a) bei Nullgetrieben, b) bei V-Getrieben

4.2.11. Die Evolventenfunktion und ihre Anwendung bei V-Getrieben

a) *Definition der Evolventenfunktion.* Die Evolventenfunktion gestattet die genaue Berechnung der geometrischen Größen am Zahnrad, die für Konstruktion, Herstellung und Messung wichtig sind, wie Zahndicke, Lückenweite, Achsabstand, Spitzenradius, Pressungswinkel, Sehnenmaße usw.

Nach Bild XIV.12 ist der Pressungswinkel α der spitze Winkel zwischen einer Tangente t an das Zahnprofil und dem Mittelpunktsstrahl durch den Berührungspunkt B. Mit der Evolventenfunktion des Winkels α bezeichnet man den Polarwinkel $\varphi = \text{inv}\,\alpha = \beta - \alpha$ (sprich Involut α). Winkel φ, β, α im Bogenmaß.

Mit $\beta = \widehat{AT}/r_b$ und $\widehat{AT} = \overline{BT} = r_b \tan\alpha$ wird $\beta = r_b \tan\alpha / r_b = \tan\alpha$, und mit $\text{inv}\,\alpha = \beta - \alpha$ auch:

$$\text{inv}\,\alpha = \tan\alpha - \text{arc}\,\alpha \qquad \text{(XIV.18)}$$

Der Zahlenwert von $\text{inv}\,\alpha$ ist also gleich der Radialprojektion der Evolventenkurve auf den Einheitskreis ($r = 1$). Diese Funktion läßt sich tabellarisieren (siehe Tafel XIV.2); zum Beispiel ist $\text{inv}\ 20° = 0{,}014904$. Die für praktische Rechnungen erforderliche Genauigkeit gibt allerdings nur der elektronische Rechner. Die Tafelwerte sollen nur der Kontrolle dienen.

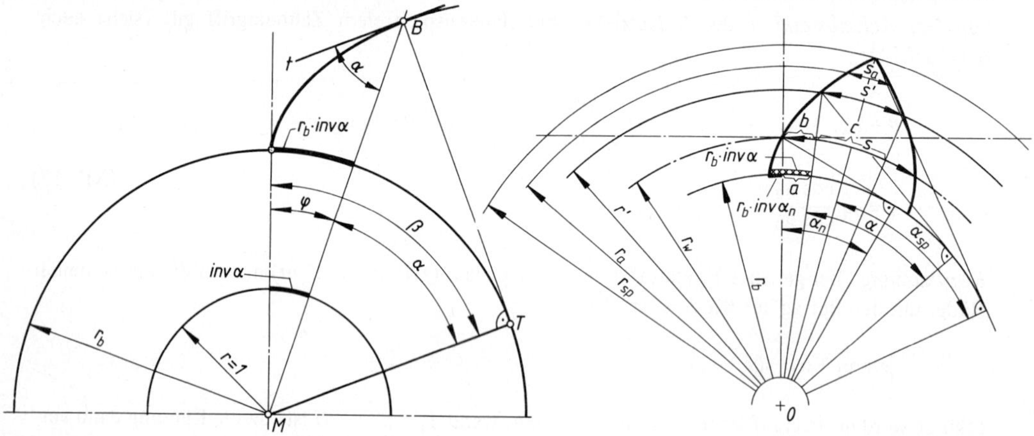

Bild XIV.12. Darstellung und Anwendung der Evolventenfunktion

b) *Anwendung der Evolventenfunktion.* Bestimmung der *Zahndicke* s' auf beliebigem Radius r' wie folgt: in Bild XIV.12 ist Bogen $a = r_b\,(\text{inv}\,\alpha - \text{inv}\,\alpha_n)$, Bogen $b = a\,r_w/r_b$, Bogen $c = s - 2\,b$ und $s' = cr'/r_w$, so daß mit $s = (p_t/2) + 2\,x\,m\,\tan\alpha_n$ nach (XIV.13) oder $s = (\pi\,m/2) + 2\,x\,m\,\tan\alpha_n$ die *Zahndicke* s' auf beliebigem Radius r' wird:

$$s' = c\,\frac{r'}{r_w} = (s - 2\,b)\,\frac{r'}{r_w}\,,\quad \text{und nach einigen Umformungen:}$$

$$s' = 2\,r'\left[\frac{1}{z}\left(\frac{\pi}{2} + 2\,x\,\tan\alpha_n\right) - (\text{inv}\,\alpha - \text{inv}\,\alpha_n)\right] \tag{XIV.19}$$

Der *Pressungswinkel* α kann mit $r_w = r$ bestimmt werden aus

$$\cos\alpha = \frac{r_b}{r'} = \frac{r\cos\alpha_n}{r'} \tag{XIV.20}$$

Gleichung (XIV.19) für s' kann benutzt werden zur Berechnung der Zahndicke s_a auf dem Kopfkreis mit dem Radius r_a, indem für $s' = s_a$, für $r' = r_a$ eingesetzt und $\cos\alpha_a = r\cos\alpha_n/r_a$ berechnet wird.

Auf den Betriebswälzkreisen muß die Summe der Zahndicken s_{w1} und s_{w2} gleich der Teilung p_{tw} sein: $p_{tw} = s_{w1} + s_{w2}$. Damit ergeben sich die Gleichungen zur Bestimmung des Achsabstandes a und der Summe der Profilverschiebungsfaktoren (XIV.23) und (XIV.24).

Mit Gleichung (XIV.19) wird

$$p_{tw} = 2\,r_{w1}\left[\frac{1}{z_1}\left(\frac{\pi}{2} + 2x_1\tan\alpha_n\right) - (\text{inv}\,\alpha - \text{inv}\,\alpha_n)\right]$$
$$+\,2\,r_{w2}\left[\frac{1}{z_2}\left(\frac{\pi}{2} + 2x_2\tan\alpha_n\right) - (\text{inv}\,\alpha - \text{inv}\,\alpha_n)\right]$$

Mit $2\pi r_{w1} = z_1 p_{tw}$ und $2\pi r_{w2} = z_2 p_{tw}$ wird:

$$2\,\frac{x_1 + x_2}{z_1 + z_2}\tan\alpha_n = \text{inv}\,\alpha - \text{inv}\,\alpha_n \tag{XIV.21}$$

Diese Gleichung liefert bei gegebenen Profilverschiebungsfaktoren x_1, x_2 den *Betriebs-Eingriffswinkel* α_w aus

$$\operatorname{inv}\alpha_w = 2\,\frac{x_1 + x_2}{z_1 + z_2}\tan\alpha_n + \operatorname{inv}\alpha_n \qquad \text{(XIV.22)}$$

α_w wird aus der Evolventenfunktionstafel abgelesen.

Der Betriebs-Wälzkreisradius r_w ergibt sich wieder aus der bekannten Beziehung $r_{w1} = r_{b1}/\cos\alpha_w$ oder $r_{w2} = r_{b2}/\cos\alpha_w$ und damit der *Achsabstand*

$$a = r_{w1} + r_{w2} = \frac{m}{2}(z_1 + z_2)\frac{\cos\alpha_n}{\cos\alpha_w} = a_0\,\frac{\cos\alpha_n}{\cos\alpha_w} \qquad \text{(XIV.23)}$$

Ist der Achsabstand $a = r_{w1} + r_{w2}$ gegeben, so kann nach Gleichung (XIV.23) $\cos\alpha_w$ bestimmt und α_w aus der Funktionstafel abgelesen werden. Über die Evolventen-Funktionstafel ist damit auch $\operatorname{inv}\alpha_w$ bekannt und es kann mit (XIV.22) die Summe der Profilverschiebungsfaktoren bestimmt werden:

$$x_1 + x_2 = \frac{\operatorname{inv}\alpha_w - \operatorname{inv}\alpha_n}{2\tan\alpha_n}(z_1 + z_2) \qquad \text{(XIV.24)}$$

Für die Aufteilung der Summe $x_1 + x_2$ auf die beiden Räder gilt Bild XIV.13 nach DIN 3992, Empfehlungen für die Wahl der Profilverschiebung.

Ablesebeispiel: Gegeben $z_1 = 24$, $z_2 = 108$, damit $i = 4{,}5$, Summe $x_1 + x_2 = +0{,}5$. Man trägt über mittlerer Zähnezahl $z = (z_1 + z_2)/2 = (24 + 108)/2 = 66$ den mittleren Verschiebungswert $x = (x_1 + x_2)/2 = +0{,}25$ von Nullinie auf. Die den benachbarten L-Linien angepaßte Gerade ergibt für z_1 und z_2 die Werte $x_1 = +0{,}36$ und $x_2 = +0{,}14$.

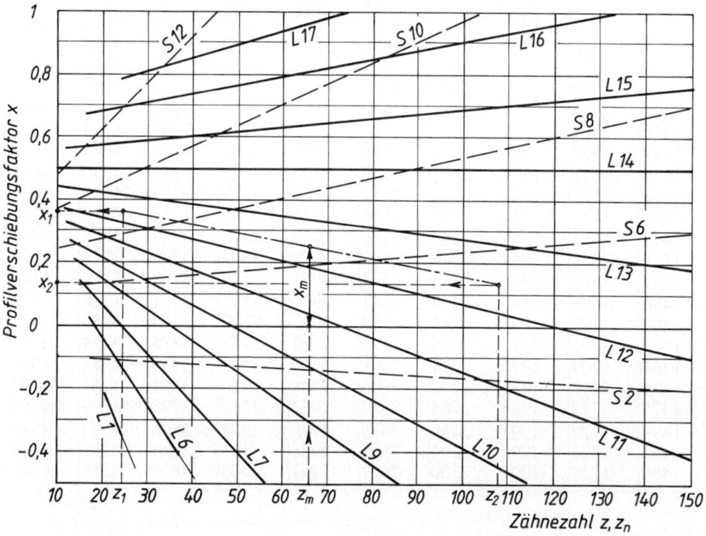

Bild XIV.13
Aufteilung der Summe der Profilverschiebungsfaktoren: Paarungslinien L bei $i > 1$ (Übersetzung ins Langsame), S bei $i < 1$ (Übersetzung ins Schnelle)

Tafel XIV.2. Evolventenfunktion inv $\alpha = \tan\alpha - \mathrm{arc}\,\alpha$

Minuten	inv α für α⁰ 16	17	18	19	20	21	22	23	24	25	26	27	28
0	0,00749	0,00903	0,01076	0,01272	0,01490	0,01735	0,02005	0,02305	0,02635	0,02997	0,03395	0,03829	0,04302
1	751	905	1079	1275	1494	1739	2010	2310	2641	3004	3402	3836	4310
2	754	908	1082	1278	1498	1743	2015	2315	2646	3010	3408	3844	4318
3	757	911	1085	1282	1502	1747	2019	2321	2652	3017	3416	3851	4326
4	759	913	1088	1285	1506	1752	2024	2326	2658	3023	3423	3859	4335
5	661	916	1092	1289	1510	1756	2029	2331	2664	3029	3429	3867	4343
6	764	919	1095	1292	1514	1760	2034	2336	2670	3036	3436	3874	4351
7	766	922	1098	1296	1518	1765	2039	2342	2676	3042	3443	3882	4359
8	769	924	1101	1299	1522	1769	2044	2347	2681	3048	3450	3889	4368
9	771	927	1104	1303	1525	1773	2048	2352	2687	3055	3457	3897	4376
10	774	930	1107	1306	1529	1778	2053	2358	2693	3061	3464	3905	4384
11	776	933	1110	1310	1533	1782	2058	2363	2699	3068	3471	3912	4393
12	779	936	1113	1313	1537	1786	2063	2368	2705	3074	3478	3920	4401
13	781	938	1117	1317	1541	1791	2068	2374	2711	3081	3486	3928	4410
14	783	941	1120	1320	1545	1795	2073	2379	2717	3087	3493	3935	4418
15	786	944	1123	1324	1549	1799	2078	2385	2723	3094	3499	3943	4426
16	788	947	1126	1327	1553	1804	2082	2390	2728	3100	3507	3951	4435
17	791	949	1129	1331	1557	1808	2087	2395	2734	3107	3514	3959	4443
18	793	952	1132	1335	1561	1813	2092	2401	2740	3113	3521	3966	4452
19	796	955	1136	1338	1565	1817	2097	2406	2746	3119	3528	3974	4460
20	798	958	1139	1342	1569	1822	2102	2411	2752	3126	3535	3982	4468
21	801	961	1142	1345	1573	1826	2107	2417	2758	3133	3542	3990	4477
22	803	964	1145	1349	1577	1831	2112	2422	2764	3139	3549	3997	4486
23	806	967	1148	1353	1581	1835	2117	2428	2770	3146	3557	4005	4494
24	808	969	1152	1356	1585	1840	2122	2433	2776	3152	3564	4013	4502
25	811	972	1155	1360	1589	1844	2127	2439	2782	3159	3571	4021	4511
26	813	975	1158	1363	1593	1849	2132	2444	2788	3165	3578	4029	4519
27	816	978	1161	1367	1597	1853	2137	2450	2794	3172	3585	4037	4528
28	818	981	1164	1371	1601	1858	2142	2455	2800	3178	3592	4044	4537
29	821	984	1168	1374	1605	1862	2147	2461	2806	3185	3599	4052	4545
30	823	987	1171	1378	1609	1867	2151	2466	2812	3192	3607	4060	4554
31	826	989	1174	1382	1613	1871	2156	2472	2818	3198	3614	4068	4562
32	829	992	1178	1385	1617	1876	2161	2477	2824	3205	3621	4076	4571
33	831	995	1181	1389	1621	1880	2167	2483	2830	3212	3629	4084	4579
34	834	908	1184	1393	1625	1885	2171	2488	2836	3218	3636	4092	4588
35	836	0,01001	1187	1396	1629	1889	2177	2494	2842	3225	3643	4099	4597
36	839	1004	1191	1399	1634	1894	2181	2499	2848	3231	3650	4108	4605
37	841	1007	1194	1404	1638	1898	2187	2505	2855	3238	3658	4116	4614
38	844	1010	1197	1407	1642	1903	2192	2510	2861	3245	3665	4124	4623
39	847	1013	1201	1411	1646	1907	2197	2516	2867	3252	3672	4132	4631
40	849	1016	1204	1415	1650	1912	2202	2521	2873	3258	3680	4139	3640
41	852	1019	1207	1419	1654	1917	2207	2527	2879	3265	3687	4148	4649
42	854	1022	1211	1422	1658	1921	2212	2532	2885	3272	3695	4156	4657
43	857	1025	1214	1426	1663	1926	2217	2538	2891	3279	3702	4164	4666
44	860	1028	1217	1430	1667	1930	2222	2544	2898	3285	3709	4172	4675
45	862	1031	1221	1433	1671	1935	2227	2549	2904	3292	3717	4180	4684
46	865	1034	1224	1437	1675	1940	2232	2555	2910	3299	3724	4188	4692
47	868	1037	1227	1441	1679	1944	2238	2561	2916	3306	3731	4196	4701
48	870	1040	1231	1445	1684	1949	2243	2566	2922	3312	3739	4204	4710
49	873	1043	1234	1449	1688	1954	2248	2572	2929	3319	3746	4212	4719
50	876	1046	1237	1452	1692	1958	2253	2578	2935	3326	3754	4220	4728
51	878	1049	1241	1456	1696	1963	2258	2583	2941	3333	3761	4228	4736
52	881	1052	1244	1459	1700	1968	2263	2589	2947	3340	3769	4236	4745
53	884	1055	1248	1464	1705	1972	2268	2595	2954	3347	3776	4244	4754
54	886	1058	1251	1467	1709	1977	2274	2601	2960	3353	3783	4253	4763
55	889	1061	1254	1471	1713	1982	2279	2606	2966	3360	3791	4261	4772
56	892	1064	1258	1475	1717	1986	2284	2612	2972	3367	3798	4269	4780
57	894	1067	1261	1479	1722	1991	2289	2618	2979	3374	3806	4277	4789
58	897	1070	1265	1483	1726	1996	2294	2624	2985	3381	3814	4285	4798
59	899	1073	1268	1487	1730	2001	2300	2629	2991	3388	3821	4294	4807

Tafel XIV.3. Rechenschema zur Bestimmung der geometrischen Größen beim Geradzahn-V-Null-Getriebe bei gegebenen Zähnezahlen z_1, z_2 und gegebenem Modul m (Außengetriebe)

geometrische Größe	Formel-zeichen	Berechnungsgleichung
Übersetzung	i	$i = n_1/n_2 = z_2/z_1 = r_2/r_1 = M_{t2}/M_{t1}$
Teilkreisradius	r	$r = d/2 = m z/2$
Teilkreisteilung	p_t	$p_t = m\,\pi$
Grundkreisradius	r_b	$r_b = r \cos\alpha_n$
Grundkreisteilung	p_b	$p_b = p_t \cos\alpha_n$
Mindest-Profilverschiebungsfaktor bei $z_1 < 17$	x	$x = (17 - z_1)/17$
Profilverschiebung	v	$v_1 = x_1 m;\ v_2 = -v_1$, wegen $x_2 = -x_1$
Kopfkreisradius	r_a	$r_{a1} = r_1 + m + v_1$ $r_{a2} = r_2 + m - v_1$
Fußkreisradius	r_f	$r_{f1} = r_1 - m(1{,}25 - x_1)$ für Zahnkrafthöhe des $r_{f2} = r_2 - m(1{,}25 + x_1)$ Werkzeugs $h_{fP} = 1{,}25\,m$
Achsabstand (Rechengröße)	a_d	$a_d = r_1 + r_2 = m(z_1 + z_2)/2$
Profilüberdeckung	ϵ_α	$\epsilon_\alpha = \dfrac{\sqrt{r_{a1}^2 - r_{b1}^2} \pm \sqrt{r_{a2}^2 - r_{b2}^2} \mp a_d \sin\alpha_n}{m\,\pi \cos\alpha_n}$

a_d ist „normaler" Achsabstand nach (XIV.4); x_1, x_2 Profilverschiebungsfaktoren nach (XIV.10); m Modul; z_1, z_2 Zähnezahlen; zu ϵ_α: obere Vorzeichen für Außenverzahnung, untere für Innenverzahnung

Tafel XIV.4. Rechenschema zur Bestimmung der geometrischen Größen beim Geradzahn-V-Getriebe (Außengetriebe)

geometrische Größe	Formel-zeichen	Berechnungsgleichung
Übersetzung	i	$i = n_1/n_2 = z_2/z_1 = r_2/r_1 = r_{w2}/r_{w1} = M_2/M_1$
Teilkreisradius	r	$r = d/2 = mz/2$
Teilkreisteilung	p_t	$p_t = m\,\pi$
Grundkreisradius	r_b	$r_b = r \cos\alpha_n$
Grundkreisteilung	p_b	$p_b = p_t \cos\alpha_n$
Wälzkreisradius	r_w	$r_w = \dfrac{r_b}{\cos\alpha_w}$
Betriebseingriffswinkel	α_w	$\operatorname{inv}\alpha_w = 2\dfrac{x_1 + x_2}{z_1 + z_2}\tan\alpha_n + \operatorname{inv}\alpha_n;\ \cos\alpha_w = \cos\alpha_n \dfrac{a_d}{a}$
Mindest-Profilverschiebungsfaktor bei $z_1 < 17$	x	$x = (17 - z_1)/17$
Profilverschiebung	v	$v_1 = x_1 m;\ v_2 = x_2 m$
Summe der Profilverschiebungsfaktoren	$x_1 + x_2$	$x_1 + x_2 = \dfrac{\operatorname{inv}\alpha_w - \operatorname{inv}\alpha_n}{2\tan\alpha_n}(z_1 + z_2)$
Achsabstand	a	$a = r_{w1} + r_{w2} = \dfrac{m(z_1 + z_2)}{2}\,\dfrac{\cos\alpha_n}{\cos\alpha_w};\ a = a_d \dfrac{\cos\alpha_n}{\cos\alpha_w}$
Rechengröße	a_d	$a_d = r_1 + r_2 = m(z_1 + z_2)/2$
Kopfkreisradius	r_a	$r_{a1} = a + m(1 - x_2) - r_2$ $r_{a2} = a + m(1 - x_1) - r_1$
Fußkreisradius	r_f	$r_{f1} = r_1 - m(1{,}25 - x_1)$ für Zahnkopfhöhe des $r_{f2} = r_2 - m(1{,}25 - x_2)$ Werkzeugs $h_{fP} = 1{,}25\,m$
Profilüberdeckung	ϵ_α	$\epsilon_\alpha = \dfrac{\sqrt{r_{a1}^2 - r_{b1}^2} \pm \sqrt{r_{a2}^2 - r_{b2}^2} \mp a \sin\alpha_w}{m\,\pi \cos\alpha_n}$

5. Geradstirnräder

5.1. Verwendung, Eigenschaften

Verwendung bei kleineren bis mittleren Umfangsgeschwindigkeiten ($v_{u0} \leq 20$ m/s) für Universalgetriebe, Hebezeuge, Winden, Verschieberädergetriebe in Werkzeugmaschinen u. dgl. Geradstirnräder erzeugen im Gegensatz zu Schrägstirnrädern keine Axialkraft und damit keine zusätzlichen Lagerbelastungen, sind jedoch bei hohen Drehzahlen hinsichtlich Laufruhe und Geräuschbildung ungünstiger.

5.2. Allgemeine Abmessungen, geometrische Größen, Profilverschiebung

Allgemeine Abmessung und Verzahnungsmaße siehe unter 3.; Eingriffsstrecke, Eingriffslänge, Profilüberdeckung siehe 4.2.3; Zahnunterschnitt, Grenzzähnezahl siehe unter 4.2.7; Profilverschiebung, Spitzengrenze siehe unter 4.2.8 und 4.2.9; geometrische Größen beim V- und V-Nullgetriebe siehe unter 4.2.10.

5.3. Kraftverhältnisse

Zahnkraft F_{bt} wirkt senkrecht zur Zahnflanke längs der Eingriffslinie. Komponenten sind die Umfangskraft F_t und die Radialkraft F_r (Bild XIV.14). Aus Drehmoment T und Teilkreisdurchmesser d ergibt sich die *Umfangskraft*

$$F_t = \frac{2\,T}{d} \qquad \begin{array}{c|c|c} F_t & T & d \\ \hline \text{N} & \text{Nmm} & \text{mm} \end{array} \qquad \text{(XIV.27)}$$

Bei Eingriffswinkel $\alpha_n = 20°$ werden hiermit die *Radialkraft* F_t und die *Zahnkraft* F_{bt}:

$$F_r = F_t \tan \alpha_n \approx 0{,}364\, F_t \qquad \text{(XIV.28)}$$

$$F_{bt} = \frac{F_t}{\cos \alpha_n} \approx 1{,}065\, F_t \qquad \text{(XIV.29)}$$

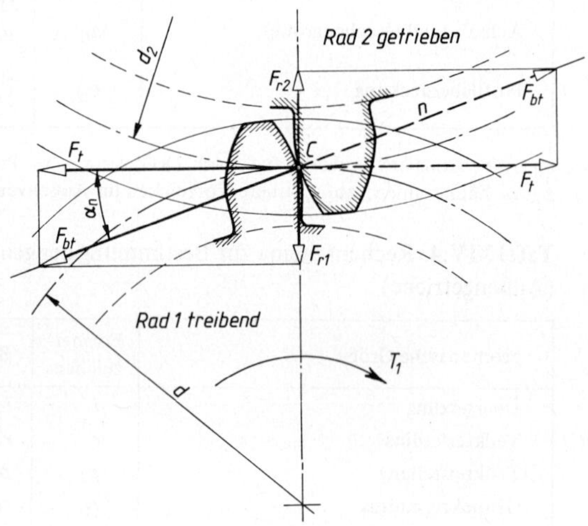

Bild XIV.14. Kräfte am Geradzahn-Stirnrad

5.4. Berechnung der Zähne

Die genaue Berechnung der Tragfähigkeit der Zähne kann nur eine Nachprüfung sein, da alle Verzahnungsdaten bekannt sein müssen.

5.4.1. Vorwahl der Hauptabmessungen. Vor der Nachprüfung werden die Hauptabmessungen der Zahnräder (Modul, Zähnezahl, Teilkreisdurchmesser, Breite) zunächst überschlägig mit Erfahrungsdaten festgelegt. Man unterscheide folgende Fälle:

a) Durchmesser d_r der Welle für das Ritzel ist aus vorhergegangener Festigkeitsberechnung gegeben oder überschlägig bestimmt nach (X.5). Der hierfür erforderliche, möglichst kleine *Ritzel-Teilkreisdurchmesser* ergibt sich aus:

$$d_1 \geq \frac{1{,}8\, d_r\, z_1}{z_1 - 2{,}5} \qquad \begin{array}{c|c} d_1, d_r & z_1 \\ \hline \text{mm} & 1 \end{array} \qquad \text{(XIV.30)}$$

Bei Ausbildung als Ritzelwelle (Welle und Ritzel aus einem Stück) wird

$$d_1 \approx \frac{1{,}1\, d_r\, z_1}{z_1 - 2{,}5} \qquad \text{(XIV.31)}$$

Als *Ritzelzähnezahl* wählt man bei hohen Umfangsgeschwindigkeiten ($v > 5$ m/s): $z_1 \approx 20\ldots25$; bei mittleren Umfangsgeschwindigkeiten ($v = 1\ldots5$ m/s): $z_1 \approx 18\ldots22$; bei kleinen Umfangsgeschwindigkeiten ($v < 1$ m/s): $z_1 \approx 15\ldots20$.

Zur Ermittlung von $v = d_1\,\pi\,n/60\,000$ wählt man zunächst $d_1 \approx 2\,d_r$ bzw. $\approx 1{,}25\,d_r$.

Der *Modul* ergibt sich dann aus $m = d_1/z_1$; gewählt wird der nächstliegende nach DIN 780, Tafel XIV.1.

Zur Festlegung der *Zahnbreite* nimmt man aus $b_1 \approx \psi_d\,d_1$ und $b_1 \approx \psi_m\,m$ etwa den mittleren Wert. Breitenverhältnis $\psi_d = b_1/d_1$ nach Bild XIV.15. Breitenverhältnis $\psi_m = b_1/m \approx 10$ bei gegossenen Zähnen; $\psi_m \approx 15$ bei geschnittenen Zähnen, Lagerung auf Trägern, Sockeln u.dgl., Ritzel fliegend; $\psi_m \approx 25$ bei genau geschnittenen Zähnen, guter Lagerung in Getriebekästen; $\psi_m \geq 30$ bei bester Verzahnung und genauester, starrer Lagerung.

Zur Vermeidung von „Radversetzungen" und zum Ausgleich von Einbauungenauigkeiten wählt man die Breite des Großrades $b_2 \approx b_1 - 5$ mm.

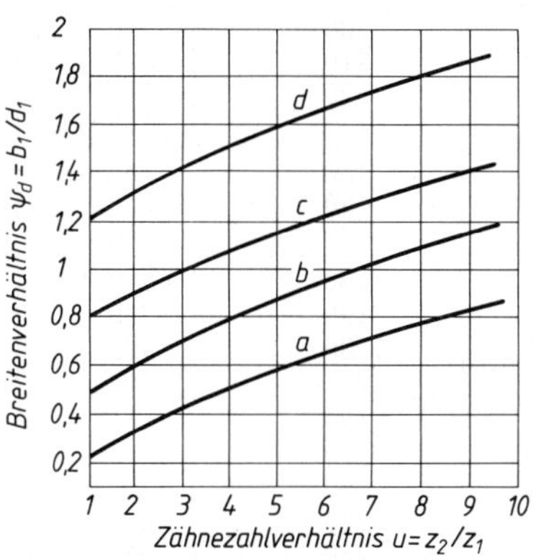

Bild XIV.15. Breitenverhältnis ψ_d

Kurve a: Schaltgetriebe und Getriebe mit kleinen Drehzahlen; Verzahnung und Wellenlagerung in mittlerer Ausführung; bei „fliegendem" Ritzel

Kurve b: Getriebe mit mittleren Drehzahlen; Universalgetriebe; Verzahnung und Wellenlagerung in guter, handelsüblicher Ausführung

Kurve c: Schnellaufende Getriebe mit hoher Lebensdauer; Verzahnung und Wellenlagerung mit hoher Genauigkeit

Kurve d: Schnellaufende Getriebe mit höchster Lebensdauer; Verzahnung und Wellenlagerung mit höchster Präzision bei starr gelagerten Wellen

b) Wellendurchmesser sind noch unbekannt; nicht gebunden an bestimmten Achsenabstand; Übertragung größerer Leistungen.

Man bestimmt den *Teilkreisdurchmesser des treibenden Rades* (meist des Ritzels) aus

$$d_1 \approx \frac{950}{\sigma_{H\,lim}} \cdot \sqrt[3]{\frac{T_1\,\sigma_{H\,lim}}{\psi_d} \cdot \frac{i+1}{i}} \qquad \text{(XIV.32)}$$

bzw.

$$d_1 \approx \frac{20\,500}{\sigma_{H\,lim}} \cdot \sqrt[3]{\frac{P_1\,\sigma_{H\,lim}}{\psi_d\,n_1} \cdot \frac{i+1}{i}} \qquad \text{(XIV.33)}$$

d_1	T_1	P_1	$\sigma_{H\,lim}$	n_1	ψ_d, 1
mm	Nm	kW	$\frac{N}{mm^2}$	min^{-1}	1

T_1 Drehmoment des teibenden Rades; P_1 zu übertragende Leistung; i Übersetzung des Radpaares; ψ_d Breitenverhältnis nach Bild XIV.15; $\sigma_{H\,lim}$ Hertzsche Pressung des Ritzels nach Tafel XIV.5 (zur Vorwahl des Ritzelwerkstoffes diene Tafel XIV.6); n_1 Drehzahl des teibenden Rades.

Ritzelzähnezahl, Modul und *Zahnbreite* wählt man wie oben unter a). Bei der Wahl der Ritzelzähnezahl ist zu beachten, daß die Bedingungen nach (XIV.30) bzw. (XIV.31) erfüllt sind. Der Durchmesser der Ritzelwelle kann dabei überschlägig ermittelt werden aus $d_r \approx 0{,}65\,\sqrt[3]{T_1}$ in mm (T_1 in Nmm).

c) Achsenabstand a ist aus baulichen Gründen gegeben (häufig bei Feinmaschinen). Der *Teilkreisdurchmesser des treibenden Rades* (meist des Ritzels) wird dann

$$d_1 = \frac{2\,a}{i+1} \qquad \text{(XIV.34)}$$

d_1, a	i
mm	1

Bei Leistungsgetrieben sollen gleichzeitig die Bedingungen nach (XIV.32) bzw. (XIV.33) erfüllt sein. Gegebenenfalls ist der $\sigma_{H\,lim}$-Wert und damit der Werkstoff des Ritzels entsprechend zu wählen. Für die Festlegung von *Ritzelzähnezahl, Modul* und *Zahnbreite* gelten die Angaben wie oben zu a) und b). Vielfach läßt sich jedoch der verlangte Achsenabstand nur durch entsprechende Profilverschiebung erreichen (siehe unter 4.2.11).

Tafel XIV.5. Werkstoffe und Festigkeitswerte für Zahnräder (Empfehlungen nach DIN 3990)

Nr.	Werkstoff		Art der Behandlung	Dauerfestigkeitswerte für R_m N/mm²	Zahnfußspannung bei Schwellast $\sigma_{F\,lim}$ N/mm²	Hertzsche Pressung $\sigma_{H\,lim}$ N/mm²
1	Gußeisen mit	GG-20		200	50	270
2	Lamellengraphit	GG-26		250	60	310
3		GG-35		350	80	360
4	Gußeisen mit	GGG-42		800	200	360
5	Kugelgraphit	GGG-50		900	210	420
6		GGG-60		1000	220	490
7		GGG-70		1100	230	525
8	Stahlguß	GS-45		410	130	280
9		GS-52		470	150	340
10		GS-60		520	170	420
11	allgemeiner	St-42		450	170	290
12	Baustahl,	St-50		550	190	340
13	unlegiert,	St-60		650	200	400
14	ungehärtet	St-70		800	220	460
15	Vergütungsstahl	CK22/C22	vergütet	600	170	440
16		CK45/C45	umlaufgehärtet	1000	270	1100
17		CK45/C45	badnitiert	1100	350	1100
18		CK60/C60	vergütet	900	220	620
19		34Cr4	vergütet	900	260	650
20		37Cr4	vergütet	950	270	650
21		37Cr4	umlaufgehärtet	1150	310	1280
22		42CrMo4	vergütet	1100	290	670
23		42CrMo4	umlaufgehärtet	1300	350	1360
24		42CrMo4	badnitriert	1450	430	1220
25		34CrNiMo6	vergütet	1300	320	770
26	Einsatzstahl	C15		900	230	1600
27		16MnCr5		1400	460	1630
28		20MnCr5		1500	480	1630
29		20MoCr4	einsatzgehärtet	1300	400	1630
30		15CrNi6		1600	500	1630
31		18CrNi8		1700	500	1630
32		17CrNiMo6		1700	500	1630

5.4.2. Vorwahl der Zahnradwerkstoffe. Der Werkstoff des Ritzels soll mindestens eine um 50 N/mm² höhere Bruchfestigkeit haben als der des Rades. Gegebenenfalls ist der Werkstoff zu ändern, falls die Nachprüfung der Zähne dieses erfordert.

5.4.3. Wahl der Verzahnungsqualität. Für die Toleranzen und damit für die Genauigkeit der Verzahnung sind nach DIN 3960 zwölf Qualitäten vorgesehen. Für deren Wahl sind insbesondere das Verwendungsgebiet und die Umfangsgeschwindigkeit maßgebend, Richtlinien für die Auswahl der Qualität siehe Bild XIV.16.

Normen: DIN 3961, Erläuterungen zu den Toleranzen für Stirnradverzahnungen; DIN 3962, zulässige Einzelfehler der Verzahnungen; DIN 3963, zulässige Sammelfehler; DIN 3964, Toleranzen für die Einbaumaße.

Tafel XIV.6. Beispiele für den Betriebsfaktor c_s

Der Betriebsfaktor berücksichtigt die Betriebsart des Systems „Kraftmaschine – Getriebe – Arbeitsmaschine“, insbesondere Drehmomentenschwankungen von der Antriebsseite her und Stöße aus der Arbeitsmaschine. Er sollte im Einvernehmen mit dem Abnehmer des Getriebes festgelegt werden.

Kraftmaschine (Antrieb)	Arbeitsmaschine (Abtrieb)	Betriebsfaktor c_s
Turbine	Kreiselpumpe	1,1
Elektromotor	Werkzeugmaschine	1,25
Verbrennungsmotor	Schiffsschraube	1,4
Elektromotor	Walzwerksanlage	1,5

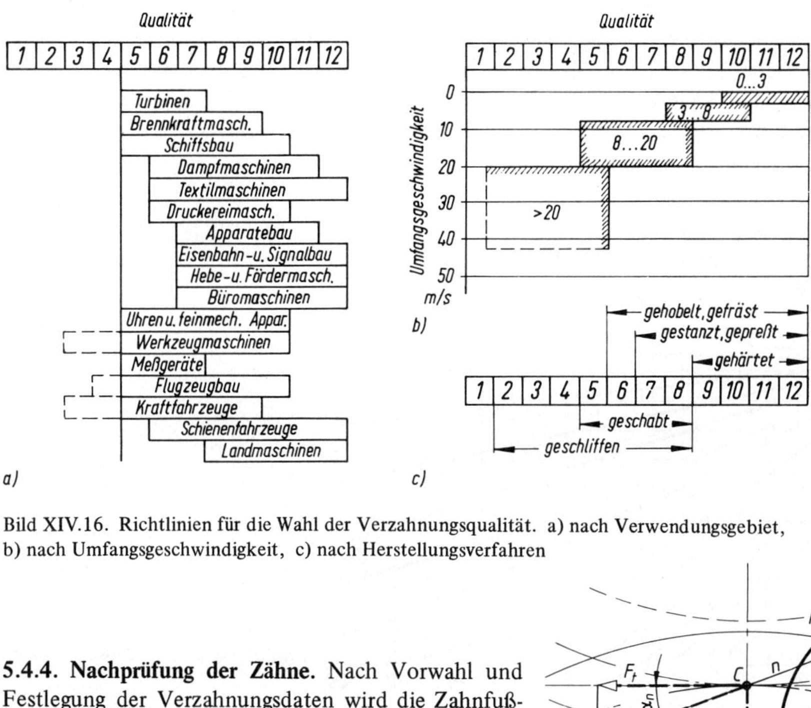

Bild XIV.16. Richtlinien für die Wahl der Verzahnungsqualität. a) nach Verwendungsgebiet, b) nach Umfangsgeschwindigkeit, c) nach Herstellungsverfahren

5.4.4. Nachprüfung der Zähne. Nach Vorwahl und Festlegung der Verzahnungsdaten wird die Zahnfußbeanspruchung und die Flankenbeanspruchung (Hertzsche Pressung) nachgeprüft. Im folgenden sind die Empfehlungen nach DIN 3990 berücksichtigt.

Nachprüfung der Zahnfußbeanspruchung. Der Zahnfuß ist am stärksten gefährdet, wenn die Zahnkraft F_{bt} am Kopfpunkt des Zahnes angreift (Bild XIV.17). Gefährdeter Querschnitt $A–B$ wird durch Komponente F_d auf Druck, durch Moment $M_b = F_b\, l$ auf Biegung und zusätzlich durch F_b auf Schub (vernachlässigbar) beansprucht.

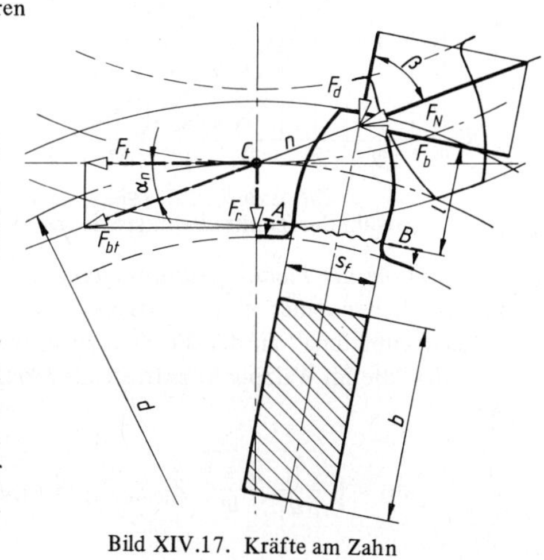

Bild XIV.17. Kräfte am Zahn

Werden F_d und F_b durch Umfangskraft F_t ausgedrückt und die konstanten bzw. wenig veränderlichen Verzahnungsdaten (α_n, β, l, s_f) in Y_F zusammengefaßt, dann ergibt sich die *Zahnfußspannung*

$$\sigma_F = \frac{F_t}{b\,m} Y_F Y_\epsilon \leq \sigma_{FP} \tag{XIV.35}$$

σ_F, σ_{FP}	F_t	b, m	$Y_F Y_\epsilon$
$\frac{N}{mm^2}$	N	mm	1

Umfangskraft am Teilkreis $F_t = 2\,T_1\,c_S/d_1$, worin T_1 (Nenn-)Drehmoment des Ritzels in Nmm, c_S Betriebsfaktor nach Bild XIV.6, d_1 Ritzel-Teilkreisdurchmesser in mm, b Zahnbreite; m Modul; Y_F Zahnformfaktor, abhängig von den Verzahnungsdaten, nach Bild XIV.18; Y_ϵ Überdeckungsfaktor zur Berücksichtigung der Profilüberdeckung. Man setze $Y_\epsilon = 1$ bei „normaler" Verzahnung (Qualität 8...12), rohen Zähnen und geringer Belastung, da hierbei nicht damit zu rechnen ist, daß mehrere Zahnpaare gleichzeitig die Umfangskraft übertragen; $Y_\epsilon \approx 0{,}8$ bei genauer Verzahnung (Qualität 5 ... 7) und höherer Belastung. σ_{FP} ist die zulässige Zahnfußspannung; man setzt $\sigma_{FP} = R_m/\nu$ (bei langsam laufenden Rädern und handbetätigten Hebezeugen, $\nu \approx 2{,}5$), $\sigma_{FP} = \sigma_{F\,lim}/\nu$ (bei schnellaufenden Rädern, $\nu \approx 2$). Entsprechende Festigkeitswerte siehe Tafel XIV.5.

Die Nachprüfung soll stets für beide Räder durchgeführt werden.

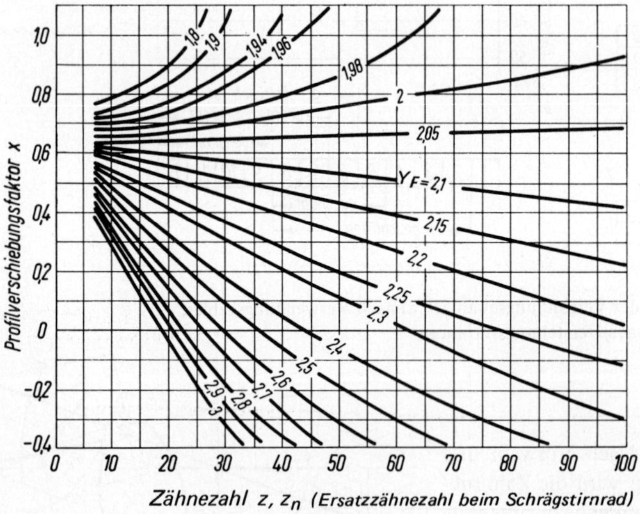

Bild XIV.18
Ermittlung des Zahnformfaktors Y_F

Nachprüfung der Flankenbeanspruchung. Die an den Zahnflanken auftretende Flächenpressung ist für die Lebensdauer eines Getriebes von entscheidender Bedeutung. Um eine fortschreitende „Grübchenbildung" an den Flächen zu vermeiden und die Lebensdauer der Zähne nicht zu gefährden, darf die im Wälzpunkt auftretende *Hertzsche Pressung* einen zulässigen Wert nicht überschreiten:

$$\sigma_H = \sqrt{\frac{F_t}{b\,d_1}\,\frac{u+1}{u}}\; Z_E Z_\epsilon Z_H \leq \sigma_{HP} \tag{XIV.36}$$

p	F_t	b, d_1	u, Z_H, Z_ϵ	Z_E
$\frac{N}{mm^2}$	N	mm	1	$\sqrt{\frac{N}{mm^2}}$

Umfangskraft am Teilkreis $F_t = 2\,T_1\,c_S/d_1$ wie zu (XIV.35); b Zahnbreite (von beiden Rädern die kleinere); d_1 Teilkreisdurchmesser des Ritzels, $u = z_2/z_1 \geq 1$ Zähnzahlverhältnis gleich Verhältnis der Zähnezahl des Großrades zur Zähnezahl des Ritzels, bei $i > 1$ ist $u = i$; Z_E Elastizitätsfaktor zur Berücksichtigung des E-Moduls der Werkstoffe der Räder nach Tafel XIV.7; Z_ϵ Überdeckungsfaktor zur Berücksichtigung der Länge der Berührungslinien: Bei „normaler" Verzahnung (Qualität 8 ... 12), rohen Zähnen und geringer Belastung ist mit gleichzeitiger Übertragung der Kraft durch mehrere Zahnpaare nicht zu rechnen, man setzt dann $Z_\epsilon = 1$; bei genauer Verzahnung und höherer Belastung kann $Z_\epsilon \approx 0{,}8$ gesetzt werden; Zonenfaktor Z_H ist abhängig von den Verzahnungsdaten und erfaßt die Krümmung der Zahnflanken:

$$Z_H = \frac{1}{\cos\alpha_t}\sqrt{\frac{2\cos\beta_b}{\tan\alpha_{wt}}} \qquad \text{für Zahnräder} \qquad \text{(XIV.37)}$$

$$Z_H = 2\sqrt{\frac{\cos\beta_b}{\sin(2\,\alpha_t)}} \qquad \text{für Null-Kegelräder} \qquad \text{(XIV.38)}$$

Eingriffswinkel im Stirnschnitt α_t am Teilkreis nach $\tan\alpha_t = \tan\alpha_n/\cos\beta$ (bei Geradverzahnung ist $\beta = 0$ und damit $\alpha_t = \alpha_n = 20°$); Betriebseingriffswinkel im Stirnschnitt α_{wt} bei vorgeschriebenem Achsabstand a nach $\cos\alpha_{wt} = a_d\,\alpha_t/a$ mit Achsabstand a_d ohne Profilverschiebung nach (XIV.42); Schrägungswinkel β_b am Grundkreis nach $\tan\beta_b = \tan\beta\cos\alpha_t$ mit Schrägungswinkel β am Teilkreis unter 6.2. Zulässige Hertzsche Pressung aus $\sigma_{HP} = \sigma_{H\,lim}/\nu$, wobei $\nu \approx 1{,}5$ einzusetzen ist. $\sigma_{H\,lim}$ aus Tafel XIV.5.

Tafel XIV.7. Richtwerte für den Elastizitätsfaktor Z_E in $\sqrt{N/mm^2}$

Werkstoff des Ritzels		Werkstoff des Rades		Elastizitätsfaktor Z_E in $\sqrt{N/mm^2}$
Stahl		Stahl		189,8
		Stahlguß	GS-60	188,9
		Kugelgraphitguß	GGG-50	181,4
		Grauguß	GG-25	163,5
		Guß-Zinn-Bronze	G-SnBz14	155
Kugelgraphitguß	GGG-50	Kugelgraphitguß	GGG-42	173,9
Stahl		Duroplast-Schichtstoff (Hartgewebe)		57,2

6. Schrägstirnräder

6.1. Verwendung, Eigenschaften

Die Zähne sind auf dem Radzylinder schraubenförmig gewunden und bilden am Teilkreis mit der Radachse den Schrägungswinkel β. Bei Paarung zweier Räder zum Stirnradgetriebe müssen die Zähne des einen Rades rechts, die des anderen linkssteigend sein. Zwei Räder mit Zähnen gleichen Steigungssinnes ergeben ein Schraubradgetriebe. Verwendung bei höheren Drehzahlen und Belastungen, ruhiger, geräuscharmer Lauf; größerer Überdeckungsgrad gegenüber Geradstirnräder; jedoch Axialschub, der durch Doppelschräg- oder Pfeilzähne aufgehoben werden kann.

6.2. Allgemeine Abmessungen

Schrägungswinkel üblich $\beta \approx 10° \dots 20°$. Im Normalschnitt senkrecht zur Flankenrichtung zeigt sich die normale Evolventenverzahnung mit dem *Normaleingriffswinkel* α_n und der *Normalteilung* $p_n = m_n\,\pi$ (m_n Normalmodul gleich Norm-Modul). An der *Stirnfläche* des Rades wird die Stirnteilung $p_t = p_n/\cos\beta$ gemessen, entsprechend Stirnmodul $m_t = m_n/\cos\beta$ (Bild XIV.19); Stirneingriffswinkel α_t aus $\tan\alpha_t = \tan\alpha_n/\cos\beta$. *Teilkreisdurchmesser d, Kopfkreisdurchmesser* d_a, *Grundkreisdurchmesser* d_b und *Achsabstand* a_d ergeben:

$$d = m_t z = \frac{m_n}{\cos\beta}\,z \qquad \text{(XIV.39)}$$

$$d_a = d + 2\,m_n \qquad \text{(XIV.40)}$$

$$d_b = d\,\cos\alpha_t \qquad \text{(XIV.41)}$$

$$a_d = \frac{d_1 + d_2}{2} = \frac{m_n\,(z_1 + z_2)}{2\,\cos\beta} \qquad \text{(XIV.42)}$$

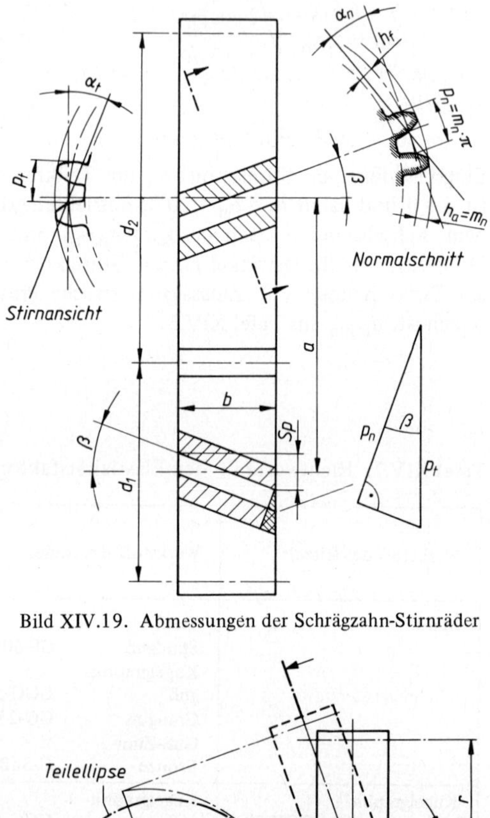

Bild XIV.19. Abmessungen der Schrägzahn-Stirnräder

6.3. Eingriffsstrecke, Eingriffslänge, Profilüberdeckung

Für die Eingriffsstrecke g_α und die Eingriffslänge e gelten sinngemäß die Angaben und Gleichung unter 4.2.3 und in Tafel XIV.3, wobei $\alpha_n = \alpha_t$ zu setzen ist. Die *Gesamtüberdeckung* ϵ_{ges} setzt sich zusammen aus der Profilüberdeckung ϵ_α nach (XIV.6), worin $\alpha_n = \alpha_t$ zu setzen ist, und der Sprungüberdeckung $\epsilon_\beta = Sp/p_t$ mit Sprung $Sp = b\,\tan\beta$:

$$\epsilon_{ges} = \epsilon_\alpha + \epsilon_\beta \qquad \text{(XIV.43)}$$

Der Sprung Sp ist die auf die Zahnbreite bezogene, am Teilkreis gemessene Schrägstellung der Zähne (Bild XIV.19).

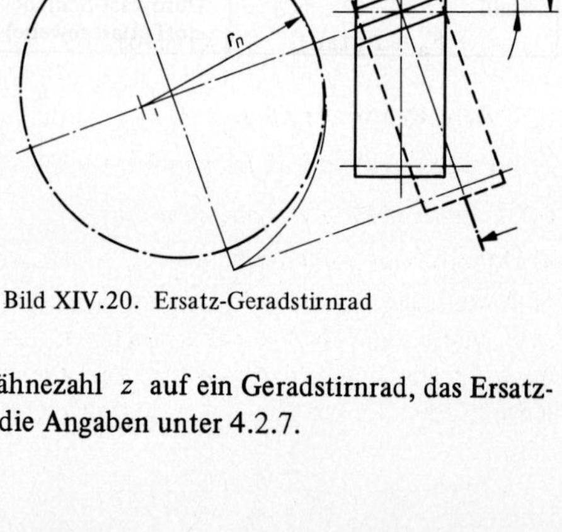

Bild XIV.20. Ersatz-Geradstirnrad

6.4 Ersatz-Geradstirnrad, Grenzzähnezahl

Man führt zweckmäßig das Schrägstirnrad mit der Zähnezahl z auf ein Geradstirnrad, das Ersatz-Geradstirnrad zurück. Hierfür gelten dann sinngemäß die Angaben unter 4.2.7.

Für das aus dem Normalschnitt entstehende Ersatzrad (Bild XIV.20) ergibt sich die *Ersatzzähnezahl*

$$z_n = \frac{z}{\cos^3 \beta} \tag{XIV.44}$$

Wird $z_n = z_g = 17$ gesetzt, dann ergibt sich die *Grenzzähnezahl* bei Schrägstirnrädern

$$z_{gS} = 17 \cos^3 \beta \tag{XIV.45}$$

6.5. Profilverschiebung, Zahnspitzengrenze

Bei Zähnezahlen $z < z_{gS}$ ist zur Vermeidung von Unterschnitt Profilverschiebung erforderlich. Zur Ermittlung der Profilverschiebung v und der Profilverschiebungsfaktoren x_{th} und x gelten die unter 4.2 8 hergeleiteten Gleichungen (XIV.8), (XIV.9) und (XIV.10), wobei $m = m_n$ (Normalmodul) und $z = z_n$ zu setzen sind.

Ebenso wie die Grenzzähnezahl liegt auch die Spitzengrenze mit größer werdendem Schrägungswinkel β niedriger.

Grenzzähnezahlen und Spitzengrenze sind in Abhängigkeit vom Schrägungswinkel in Bild XIV.21 dargestellt.

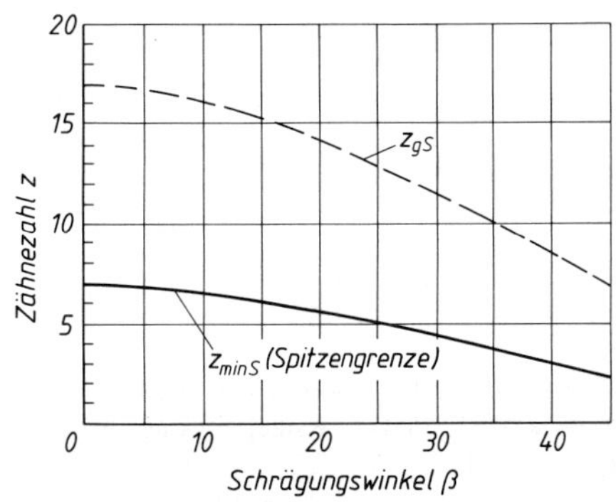

Bild XIV.21. Grenz- und Mindestzähnezahlen bei Schrägverzahnung

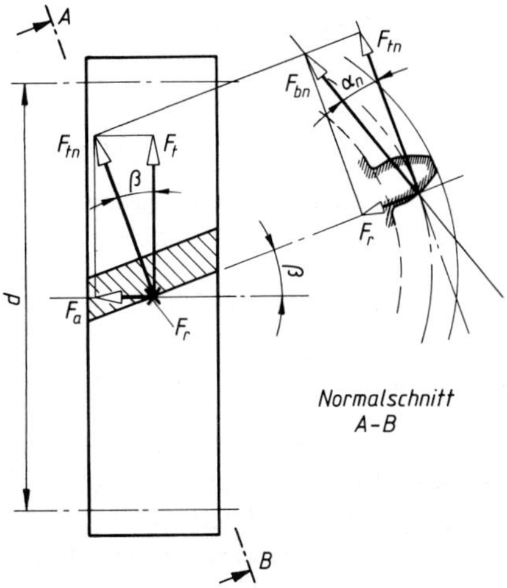

Bild XIV.22. Kraftverhältnisse am Schrägzahn-Stirnradgetriebe

6.6. Kraftverhältnisse

Die Schrägung der Zähne ergibt zusätzliche Axialkraft. Nach Bild XIV.22 ergeben sich mit der Umfangskraft $F_t = 2\,T/d$ die *Axialkraft* F_a und die *Radialkraft* F_r:

$$F_a = F_t \tan \beta \tag{XIV.46}$$

$$F_r = \frac{F_t \tan \alpha_n}{\cos \beta} \tag{XIV.47}$$

6.7. Berechnung der Zähne

Die Berechnung wird im Prinzip wie für Geradstirnräder unter 5.4 durchgeführt.

6.7.1. Vorwahl der Hauptabmessungen

a) Durchmesser d der Welle des Ritzels ist bekannt oder überschlägig bestimmt nach (X.5).

Man ermittele den *Ritzel-Teilkreisdurchmesser* d_1 nach (XIV.30) bzw. (XIV.31). Als *Ritzelzähnezahl* wähle man ein bis zwei Zähne weniger als bei Geradzähnen (siehe unter 5.4.1a). Der *Stirnmodul* ergibt sich aus $m_t = d_1/z_1$. Die *Zahnbreiten* b_1 und b_2 wähle man wie für Geradstirnräder, jedoch soll $\psi_m = b_1/m_t \approx 30$ bei größeren Schrägungswinkeln ($\beta > 25°$) nicht überschreiten.

Den *Schrägungswinkel* β bestimmt man so, daß die Sprungüberdeckung $\epsilon_\beta \approx 1 \dots 1{,}2$ beträgt (günstig für Laufruhe, keine zu großen Axialkräfte). Aus

$$\epsilon_\beta = \frac{Sp}{p_t} = \frac{b_1 \tan\beta}{\pi\, m_t}$$

kann der *Schrägungswinkel* ermittelt werden aus

$$\tan\beta = \frac{\pi\, m_t}{b_1}\,\epsilon_\beta \approx 3{,}5\,\frac{m_t}{b_1} \qquad \text{(XIV.48)}$$

Mit β ergibt sich dann der *Normalmodul* $m_n = m_t \cos\beta$. Für diesen wird der nächstliegende Norm-Modul nach Tafel XIV.1 gewählt und hiermit die endgültigen Radabmessungen nach 6.2 festgelegt.

b) Wellendurchmesser noch unbekannt; nicht gebunden an bestimmten Achsenabstand; Übertragung größerer Leistungen.

Man ermittelt den Ritzel-Teilkreisdurchmesser wie bei Geradstirnrädern nach (XIV.32) bzw. (XIV.33). Zur Ermittlung der sonstigen Baugrößen ist wie unter a) zu verfahren, gleichzeitig sind die Hinweise unter 5.4.1b) zu beachten.

c) Achsenabstand ist aus baulichen Gründen gegeben.

Bestimmung des Teilkreisdurchmessers des treibenden Rades nach (XIV.34). Für die Festlegung der sonstigen Baugrößen gelten sinngemäß die Angaben zu 5.4.1c).

6.7.2. Werkstoffe, Verzahnungsqualität. Für die Wahl der Werkstoffe und der Verzahnungsqualität sind die gleichen Gesichtspunkte wie für Geradstirnräder maßgebend, siehe unter 5.4.2 und 5.4.3.

6.7.3. Nachprüfung der Zähne. Die Tragfähigkeit der Zähne der Schrägstirnräder wird genau so geprüft wie die der Geradstirnräder:

Nachprüfung der Zahnfuß-Tragfähigkeit nach (XIV.35), der Flanken-Tragfähigkeit nach (XIV.36). An Stelle von m ist jeweils der Normalmodul m_n, an Stelle von z die Ersatzzähnezahl z_n zu setzen.

■ **Beispiel**: Für den Spindelantrieb einer Fräsmaschine ist das Schrägstirnradpaar als Eingangsstufe zu berechnen. Antriebsleistung $P = 4$ kW, Antriebsdrehzahl $n = 700\ \text{min}^{-1}$. Ritzel sitzt auf Motorwelle mit $d_r = 38$ mm Durchmesser. Übersetzung $i = 4.8$.

Lösung: Zunächst werden Hauptabmessungen vorgewählt. Durchmesser d_r der Welle des Ritzels ist gegeben. Nach 6.7.1 unter a) wird der Ritzel-Teilkreisdurchmesser nach (XIV.30):

$$d_1 \geq \frac{1{,}8\, d_r\, z_1}{z_1 - 2{,}5}$$

Nach 5.4.1 unter a) wird Ritzelzähnezahl $z_1 = 20$ gewählt bei

$$v = \frac{d_1\, \pi\, n_1}{60} \approx \frac{2\, d_r\, \pi\, n}{60} \approx 2 \cdot 0{,}038 \cdot \pi \cdot \frac{700}{60} \approx 2{,}8\ \frac{\text{m}}{\text{s}}$$

hiermit und mit $d_r = 38$ mm wird

$$d_1 \geq \frac{1{,}8 \cdot 38\ \text{mm} \cdot 20}{20 - 2{,}5} \geq 78\ \text{mm} \approx 80\ \text{mm}$$

Der Stirnmodul ergibt sich aus (XIV.39): $m_t = d_1/z_1 = 80\ \text{mm}/20 = 4$ mm. Ritzelbreite gleich Zahnbreite $b_1 \approx \psi_d\, d_1$; Breitenverhältnis nach Bild XIV.15: $\psi_d \approx 0{,}9$ für Kurve b und $u = i = 4{,}8$; damit $b_1 \approx 0{,}9 \cdot 80\ \text{mm} \approx 70$ mm. Mit Breitenverhältnis $\psi_m \approx 15$ (geschnittene Zähne, Ritzel fliegend) wird $b_1 = \psi_m\, m_t \approx 15 \cdot 4\ \text{mm} \approx 60$ mm; gewählt wird $b_1 = 65$ mm als mittlerer Wert.

Ein günstiger Schrägungswinkel β ergibt sich aus XIV.48:

$$\tan\beta \approx 3{,}5\,\frac{m_t}{b_1} \approx 3{,}5\,\frac{4\text{ mm}}{65\text{ mm}} \approx 0{,}215;\quad \beta = 12°10', \text{ gewählt } \beta = 12°$$

Hiermit wird der Normalmodul $m_n = m_t \cos\beta = 4\text{ mm}\cos 12° = 3{,}91\text{ mm}$, gewählt nach DIN 780, Tafel XIV.1: $m_n = 4$ mm. Damit werden nun die endgültigen Abmessungen der Räder festgelegt:

Tatsächlicher Stirnmodul $m_t = m_n/\cos\beta = 4\text{ mm}/\cos 12° = 4{,}09$ mm. Teilkreisdurchmesser nach (XIV.39) für Ritzel: $d_1 = m_t/z_1 = 4{,}09\text{ mm}\cdot 20 = 81{,}8$ mm; für Rad mit $z_2 = iz_1 = 4{,}8\cdot 20 = 96$; $d_2 = m_t/z_2 = 4{,}09\cdot 96 = 392{,}64$ mm; Achsenabstand a_d nach (XIV.42): $a_d = (d_1 + d_2)/2 = (81{,}8\text{ mm} + 392{,}64\text{ mm})/2 = 237{,}22$ mm; Breite des Ritzels $b_1 = 65$ mm, Breite des Rades $b_2 = 60$ mm.

Vowahl der Werkstoffe. Nach Tafel XIV.6 werden vorläufig für das Ritzel St 70, für das Rad GS-52 gewählt.

Wahl der Verzahnungsqualität. Nach Bild XIV.16a kommen für Werkzeugmaschinen Qualität 5 bis 10 in Frage; für Umfangsgeschwindigkeit

$$v = \frac{d_1\pi n_1}{60} = 0{,}0818\cdot\pi\cdot\frac{700}{60}\,\frac{\text{m}}{\text{s}} \approx 3\,\frac{\text{m}}{\text{s}}$$

die Qualitäten 8 bis 10. Gewählt wird Qualität 8.

Nachprüfen der Zähne. Für die Zahnfußbeanspruchung gilt für das Ritzel nach (XIV.35):

$$\sigma_{F1} = \frac{F_{t1}}{b_1 m_n}\,Y_F Y_\epsilon \le \sigma_{FP}$$

Umfangskraft $F_{t1} = 2\,T_1\,c_S/d_1$; Drehmoment des Ritzels $T_1 = 9550\,P/n = 9550\cdot 4/700 = 54{,}6\cdot 10^3$ Nmm; Betriebsfaktor nach Bild XIV.6: $c_S \approx 1{,}5$ (Elektromotor – Vollast, stoßfrei – Zahnrad (Bruch) – 8 h); damit $F_{t1} = 2\cdot 54{,}6\cdot 10^3\text{ Nmm}\cdot 1{,}5/81{,}8\text{ mm} \approx 2000$ N; Zahnbreite $b_1 = 65$ mm. Normalmodul $m_n = 4$ mm. Zahnformfaktor nach Bild XIV.18 für $z_{n1} = z_1/\cos^3\beta = 20/\cos^3 12° = 21{,}3$ (nach Gleichung XIV.44) und $x = 0$: $Y_F \approx 2{,}9$. Überdeckungsfaktor $Y_\epsilon = 1$ für Verzahnungsqualität 8. Damit wird

$$\sigma_{F1} = \frac{2000\text{ N}}{65\text{ mm}\cdot 4\text{ mm}}\cdot 2{,}9\cdot 1\,\frac{\text{N}}{\text{mm}^2} = 22{,}3\,\frac{\text{N}}{\text{mm}^2}$$

mit dem $\sigma_{F\,lim}$-Wert der Tafel XIV.5 wird nach (XIV.35) für St 70

$$\sigma_{FP1} = \frac{\sigma_{F\,lim}}{\nu} = \frac{220\,\frac{\text{N}}{\text{mm}^2}}{2}\,\frac{\text{N}}{\text{mm}^2} = 110\,\frac{\text{N}}{\text{mm}^2}$$

Die Zahnfußbeanspruchung für das Ritzel ist weit ausreichend; es genügte zunächst ein schwächerer Stahl.

Für das Rad wird die Zahnfußbeanspruchung

$$\sigma_{F2} = \frac{F_{t2}}{b_2 m_n}\,Y_F Y_\epsilon$$

$F_{t1} = F_{t2} = 2000$ N; $b_2 = 60$ mm; $m_n = 4$ mm; für $z_{n2} = z_2/\cos^3\beta = 96/\cos^3 12° = 102$ wird nach Bild XIV.18 $Y_F \approx 2{,}2$; $Y_\epsilon = 1$, damit

$$\sigma_{F2} = \frac{2000\text{ N}}{60\text{ mm}\cdot 4\text{ mm}}\cdot 2{,}2\cdot 1\,\frac{\text{N}}{\text{mm}^2} = 18{,}3\,\frac{\text{N}}{\text{mm}^2}$$

mit dem $\sigma_{\mathrm{F\,lim}}$-Wert der Tafel XIV.5 wird nach (XIV.35) für GS52

$$\sigma_{\mathrm{FP2}} = \frac{\sigma_{\mathrm{F\,lim}}}{\nu} = \frac{150\,\frac{\mathrm{N}}{\mathrm{mm}^2}}{2} = 75\,\frac{\mathrm{N}}{\mathrm{mm}^2}$$

Für die Flankentragfähigkeit gilt nach (XIV.36):

$$\sigma_{\mathrm{H}} = \sqrt{\frac{F_{\mathrm{t}}}{b\,d_1} \cdot \frac{u+1}{u}}\; Z_{\mathrm{E}}\, Z_{\epsilon}\, Z_{\mathrm{H}}$$

$F_{\mathrm{t}} \mathrel{\hat{=}} F_{\mathrm{t1}} = 2000$ N (w. o.); $b \mathrel{\hat{=}} b_2 = 60$ mm (kleinste Breite!); $d_1 = 81{,}8$ mm: $u \mathrel{\hat{=}} i = 4{,}8$; Zonenfaktor Z_{H} mit $a_{\mathrm{d}} = 237{,}22$ mm, $\beta = 12°$ und $\alpha_{\mathrm{t}} = 20{,}41°$ nach (XIV.37): $Z_{\mathrm{H}} = 2{,}45$; Elastizitätsfaktor für St gegen GS nach Tafel XIV.7: $Z_{\mathrm{E}} \approx 188{,}9$; Überdeckungsfaktor $Z_{\epsilon} = 1$ gewählt.

$$\sigma_{\mathrm{H}} = \sqrt{\frac{2000\ \mathrm{N}}{60\ \mathrm{mm} \cdot 81{,}8\ \mathrm{mm}} \cdot \frac{4{,}8+1}{4{,}8}} \cdot 2{,}45 \cdot 188{,}9 \cdot \sqrt{\frac{\mathrm{N}}{\mathrm{mm}^2}} = 324\,\frac{\mathrm{N}}{\mathrm{mm}^2}$$

mit dem $\sigma_{\mathrm{H\,lim}}$-Wert der Tafel XIV.5 wird nach (XIV.36) für St70

$$\sigma_{\mathrm{HP1}} = \frac{\sigma_{\mathrm{H\,lim}}}{\nu} = \frac{460\,\frac{\mathrm{N}}{\mathrm{mm}^2}}{1{,}5} = 307\,\frac{\mathrm{N}}{\mathrm{mm}^2}$$

und für GS52

$$\sigma_{\mathrm{HP2}} = \frac{340\,\frac{\mathrm{N}}{\mathrm{mm}^2}}{1{,}5} = 227\,\frac{\mathrm{N}}{\mathrm{mm}^2}$$

Sowohl beim Ritzel als auch beim Rad ist die Flankentragfähigkeit $\sigma_{\mathrm{H}} > \sigma_{\mathrm{HP}}$, es muß in beiden Fällen ein Werkstoff mit einem größeren $\sigma_{\mathrm{H\,lim}}$-Wert gewählt werden.

7. Kegelräder

7.1. Allgemeines

Ausführung mit Geradzähnen (nur bei kleineren Drehzahlen und Belastungen), Schräg- und Bogenzähnen. Die Achsen schneiden sich normalerweise in einem Punkt, meist unter dem Achsenwinkel $\Sigma = 90°$.

7.2. Geradverzahnte Kegelräder

7.2.1. Geometrische Beziehungen. Übersetzung $i = n_1/n_2 = z_2/z_1 = d_2/d_1 = r_2/r_1$. Mit den Teilkegelwinkeln δ_1 und δ_2 folgt aus Bild XIV.23: $\sin\delta_1 = r_1/R_{\mathrm{a}}$ und $\sin\delta_2 = r_2/R_{\mathrm{a}}$, hiermit $\sin\delta_2/\sin\delta_1 = (r_2 R_{\mathrm{a}})/(r_1 R_{\mathrm{a}}) = r_2/r_1 = i$; damit wird die *Übersetzung*

$$i = \frac{n_1}{n_2} = \frac{z_2}{z_1} = \frac{d_2}{d_1} = \frac{\sin\delta_2}{\sin\delta_1} \tag{XIV.49}$$

Bei $\Sigma = \delta_1 + \delta_2 = 90°$ wird

$$i = \cot\delta_1 = \tan\delta_2 \tag{XIV.50}$$

Äußerer Teilkreisdurchmesser $d = m_{\mathrm{t}}\,z$; m_{t} (Außen-)Modul gleich Normmodul nach Tafel XIV.1. Teilkreisteilung $p_{\mathrm{t}} = m_{\mathrm{t}}\,\pi$, Kopfhöhe $h_{\mathrm{a}} = m_{\mathrm{t}}$, Fußhöhe $h_{\mathrm{f}} = 1{,}2\,m_{\mathrm{t}}$ gemessen an der Außenfläche (Bild XIV.24).

Teilkegellänge gleich Spitzenentfernung $R_a = d/(2 \sin\delta) \geq 3b$ (Bild XIV.23). Kopfwinkel κ_a aus $\tan\kappa_a = h_a/R_a = m_t/R_a$; Kopfkegelwinkel wird damit $\delta_a = \delta + \kappa_a$. Fußwinkel κ_f aus $\tan\kappa_f = h_f/R_a = 1{,}2\, m_t/R_a$; Fußkegelwinkel wird damit $\delta_f = \delta - \kappa_f$.

Kopfkreisdurchmesser gleich größter Durchmesser des Radkörpers wird $d_a = d + 2\, h_a \cos\delta$; mittlerer Teilkreisdurchmeser $d_m = d - (b \sin\delta)$.

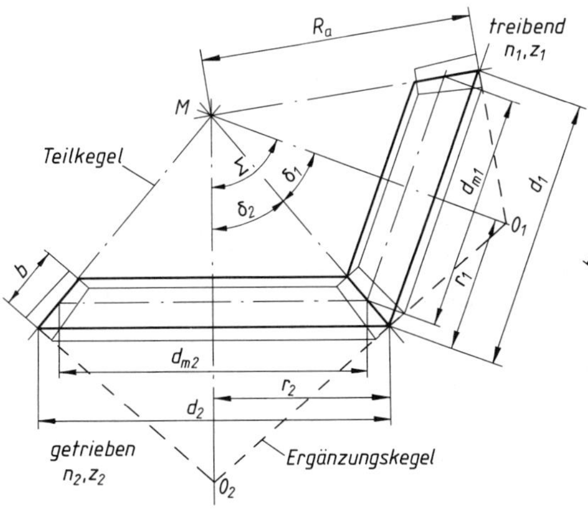

Bild XIV.23. Geometrische Beziehungen am Kegelradgetriebe

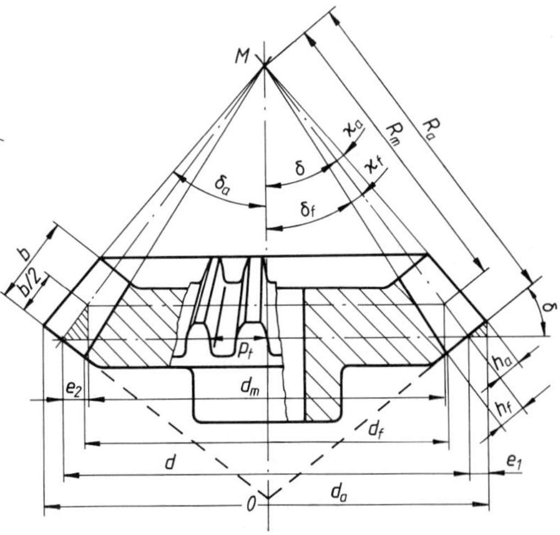

Bild XIV.24. Abmessungen am Geradzahnkegelrad

7.2.2. Ersatzzähnezahl, Eingriffsverhältnisse. Zur Untersuchung der Eingriffsverhältnisse und Ermittlung der Grenzzähnezahl wird das Kegelrad auf ein Ersatz-Stirnrad zurückgeführt mit dem Teilkreisradius gleich Mantellinienlänge des Ergänzungskegels $r_r = r/\cos\delta$; die zugehörige *Ersatz-Zähnezahl* ist entsprechend

$$z_n = \frac{z}{\cos\delta} \tag{XIV.51}$$

Mit $z_n = z_g = 17$ wird die *Grenzzähnezahl* bei geradverzahnten Kegelrändern

$$z_{gK} = 17 \cos\delta \tag{XIV.52}$$

7.2.3. Profilverschiebung, Zahnspitzengrenze. Wird bei einer Ritzelzähnezahl $z_1 < z'_{gK}$ positive Profilverschiebung erforderlich, so soll das Großrad möglichst die gleiche negative Verschiebung erhalten, also ein V-Null-Getriebe verwendet werden. Teilkegelwinkel und damit die Übersetzung bleiben dann unverändert. Bei $i \approx 1$ soll darum sein

$$z_1 > z'_{gK}$$

Profilverschiebung und Profilverschiebungsfaktor ergeben sich aus (XIV.8), (XIV.9) und (XIV.10), wobei $z = z_n$ zu setzen ist. Die Zahnspitzengrenze liegt bei $z_{\min K} = 7 \cos\delta$.

7.2.4. Kraftverhältnisse. Die an den Rädern angreifenden Kräfte werden auf die Mitte der Zähne bezogen (Bild XIV.25). Für das Ritzel ergeben sich die *Umfangskraft* F_{tm}, die *Axialkraft* F_{a1} und die *Radialkraft* F_{r1} bei Achsenwinkel $\Sigma = 90°$.

$$F_{\text{tm1}} = \frac{T_1}{r_{\text{m1}}} \quad \text{(XIV.53)}$$

$$F_{\text{a1}} = F_{\text{tm1}} \tan\alpha_{\text{n}} \sin\delta_1 \quad \text{(XIV.54)}$$

$$F_{\text{r1}} = F_{\text{tm1}} \tan\alpha_{\text{n}} \cos\delta_1 = F_{\text{a1}} \quad \text{(XIV.55)}$$

T_1 Drehmoment des Ritzels; Eingriffswinkel $\alpha_{\text{n}} = 20°$; δ_1 Teilkreiswinkel des Ritzels; i Übersetzung.

Die am Gegenrad wirkenden Kräfte sind, wie aus Bild XIV.25 ersichtlich:

$F_{\text{tm2}} = F_{\text{tm1}}$; $F_{\text{a2}} = F_{\text{r1}}$ und $F_{\text{r2}} = F_{\text{a1}}$

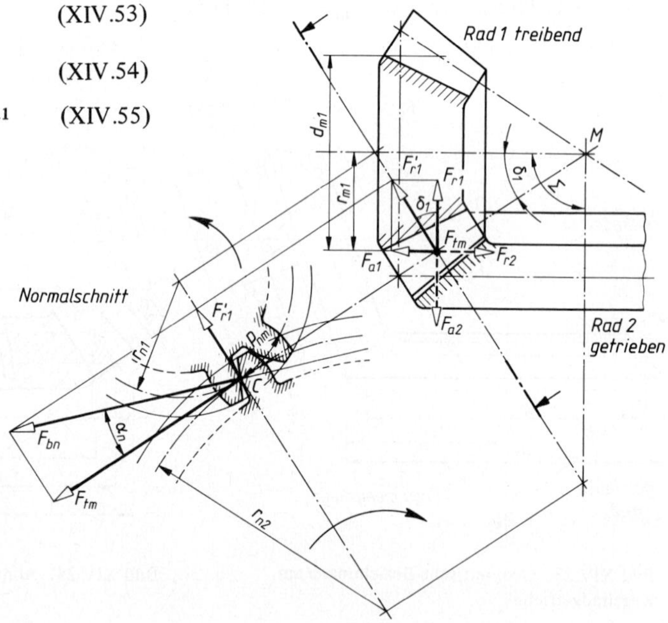

Bild XIV.25. Kraftverhältnisse am Geradzahn-Kegelradgetriebe

7.2.5. Berechnung der Zähne. Die Kegelräder werden zweckmäßig auf Ersatz-Geradstirnräder mit der Ersatz-Zähnezahl z_{n} zurückgeführt und sinngemäß wie diese berechnet. Nachfolgende Berechnung gilt für den Achsenwinkel $\Sigma = 90°$.

a) Der Durchmesser d_{r} der Welle für das Ritzel ist bekannt oder überschlägig bestimmt nach (X.5). Für das aufzusetzende Ritzel bzw. bei Ausführung als Ritzelwelle wähle man den *mittleren Teilkreisdurchmesser*

$$d_{\text{m1}} \approx 2{,}5\, d_{\text{r}} \quad \text{bzw.} \quad \approx 1{,}25\, d_{\text{r}} \quad \text{(XIV.56)}$$

b) Bei unbekanntem Wellendurchmesser und größeren Drehmomenten bzw. Leistungen bestimme man den *mittleren Teilkreisdurchmesser des treibenden Rades* (meist des Ritzels) aus

$$d_{\text{m1}} \approx \frac{950}{\sigma_{\text{H lim}}} \sqrt[3]{\frac{T_1\, \sigma_{\text{H lim}} \cos^2\delta_1}{\psi_{\text{d}}} \cdot \frac{i^2+1}{i^2}} \approx \frac{20\,500}{\sigma_{\text{H lim}}} \sqrt[3]{\frac{P_1\, \sigma_{\text{H lim}} \cos^2\delta_1}{\psi_{\text{d}}\, n_1} \cdot \frac{i^2+1}{i^2}} \quad \text{(XIV.57)}$$

$d_{\text{m1}}, d_{\text{r}}$	T_1	P_1	$\sigma_{\text{H lim}}$	ψ_{d}, i	n_1	δ_1
mm	Nmm	kW	$\frac{\text{N}}{\text{mm}^2}$	1	min^{-1}	°

T_1 Drehmoment, P_1 Leistung des treibenden Rades; δ_1 Teilkegelwinkel, i Übersetzung; ψ_{d} Breitenverhältnis nach Tafel XIV.8; $\sigma_{\text{H lim}}$ Flankenfestigkeit nach Tafel XIV.5; n_1 Drehzahl des treibenden Rades.

Mit d_{m1} ergibt sich der *äußere Teilkreisdurchmesser*

$$d_1 = d_{m1} + (b \sin \delta_1) \tag{XIV.58}$$

Breite der Zähne $b = \psi_d \, d_{m1} \leq 0{,}4 \, R_a$.

Der Außenmodul wird damit $m_t = d_1/z_1$ mit z_1 nach Tafel XIV.8. Für m_t wird der nächstliegende Norm-Modul nach Tafel XIV.1 gewählt und hiermit die Radabmessungen endgültig nach 7.2.1 festgelegt. Für die Wahl des Werkstoffes und der Verzahnungsqualität gelten die Angaben unter 5.4.2 und 5.4.3.

Nachprüfung der Zahnfußbeanspruchung. Für die Nachprüfung werden die Ersatz-Geradstirnräder zugrunde gelegt. Kräfte und Verzahnungsdaten beziehen sich auf den mittleren Teilkreisdurchmesser d_m.

Für die *Zahnfußbeanspruchung* gilt:

$$\sigma_F = \frac{F_{tm}}{b \, m_{nm}} Y_F \, Y_{\epsilon v} \leq \sigma_{FP} \tag{XIV.59}$$

σ_F, σ_{FP}	F_{tm}	b, m_{nm}	y
$\frac{N}{mm^2}$	N	mm	1

Umfangskraft am mittleren Teilkreis $F_{tm} = 2 \, T_1 \, c_S/d_{m1}$; c_S Betriebsfaktor nach Bild XIV.6; b Zahnbreite; m_{nm} mittlerer Modul; Y_F Zahnformfaktor, abhängig von z_n, nach Bild XIV.18; $Y_{\epsilon v}$ Überdeckungsfaktor der Ergänzungsverzahnung, üblich ist $Y_{\epsilon v} = 1$, zulässige Biegespannung σ_{FP} wie zu Gleichung (XIV.35); $m_{nm} = d_m/z$. Die Nachprüfung ist für beide Räder durchzuführen.

Nachprüfung der Flankenbeanspruchung. Für die im Wälzpunkt auftretende *Hertzsche Pressung* gilt

$$\sigma_H = \sqrt{\frac{F_{tm}}{b \, d_{m1}} \cdot \frac{\sqrt{u^2+1}}{u}} \; Z_{Hv} \, Z_E \, Z_{\epsilon v} \leq \sigma_{HP} \tag{XIV.60}$$

σ_H, σ_{HP}	F_{tm}	b, d_{m1}	$u, Z_{Hv}, Z_{\epsilon v}$	Z_E
$\frac{N}{mm^2}$	N	mm	1	$\frac{N}{mm^2}$

F_{tm} und b wie zu (XIV.59); d_{m1} mittlerer Teilkreisdurchmesser des Ritzels; Zähnezahlverhältnis $u = z_2/z_1$; Z_{Hv} Zonenfaktor nach (XIV.38); Z_E Elastizitätsfaktor nach Tafel XIV.7; $Z_{\epsilon v}$ Überdeckungsfaktor für Kegelräder wie zu (XIV.36); σ_{HP} zulässige Pressung wie zu Gleichung (XIV.36).

Tafel XIV.8. Erfahrungswerte zur Kegelradberechnung

Übersetzung i	1	2	3	4	5	≥ 6
Ritzelzähnezahl z_1	30 ... 20	25 ... 18	22 ... 16	18 ... 14	14 ... 12	12 ... 10
Breitenverhältnis $\psi_d = b/d_{m1}$	0,25	0,4	0,55	0,7	0,85	0,85

Für geradverzahnte Räder mehr die oberen Werte für z_1, für schräg- und bogenverzahnte die unteren wählen.

7.3. Schräg- und bogenverzahnte Kegelräder

7.3.1. Flankenformen, Eigenschaften. Verlauf der Flankenlinien an der aus der Abwicklung des Kegelmantels entstandenen Planverzahnung zeigt Bild XIV.26. Schrägungswinkel β_m gleich Winkel zwischen Radialer und Zahnflankentangente in Zahnmitte. Äußere Stirnteilung $p_{ta} = m_{ta}\,\pi$; mittlere Stirnteilung $p_{tm} = m_{tm}\,\pi$; mittlere Normalteilung im Normalschnitt durch Zahnmitte $p_{nm} = m_{nm}\,\pi$; wobei mittlerer Normalmodul meist gleich Normmodul m ist. φ Sprungwinkel.

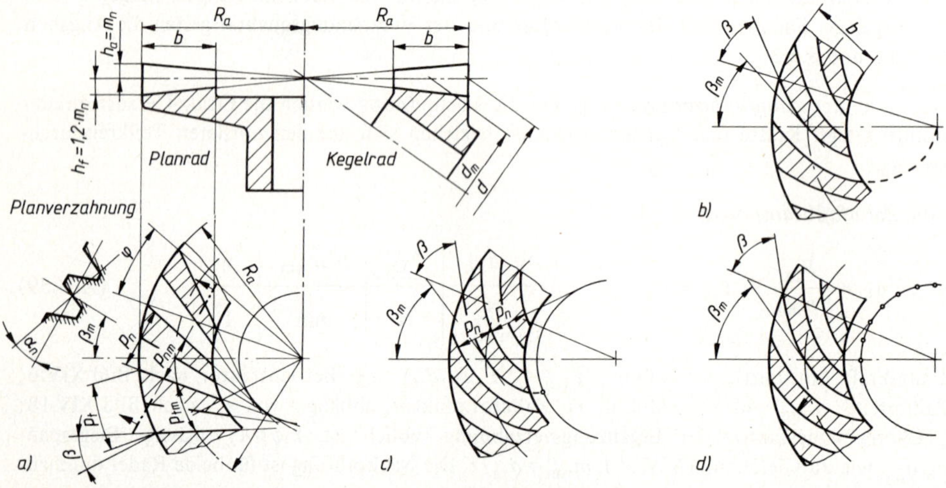

Bild XIV.26. Flankenformen schräg- und bogenverzahnter Kegelräder

a) Schrägzahnung; b) Spiralzähne; c) Evolventenzähne; d) Kreisbogenzähne

Schräg- und bogenverzahnte Kegelräder laufen ruhiger, haben einen größeren Überdeckungsgrad und eine etwas höhere Zahnfestigkeit als geradverzahnte.

7.3.2. Ersatz-Zähnezahl, Eingriffsverhältnisse. Die Kegelräder werden auf Ersatz-Schrägstirnräder mit der Ersatzzähnezahl $z_n = z/(\cos\delta\,\cos^3\beta_m)$ zurückgeführt. Die Gesamtüberdeckung setzt sich aus der Profilüberdeckung ϵ_α der Ersatz-Schrägstirnräder und der Sprungüberdeckung $\epsilon_\beta = R_a\,\varphi^\circ\,\pi/(180^\circ \cdot t_{sm})$ zusammen: $\epsilon_{ges} = \epsilon_\alpha + \epsilon_\beta$.

7.3.3. Grenzzähnezahl, Profilverschiebung. Für schrägverzahnte Kegelräder ergibt sich die *Grenzzähnezahl*

$$z_{gKS} = 17\cos\delta\,\cos^3\beta \qquad \text{(XIV.61)}$$

Bei Bogenzähnen liegen je nach Herstellungsverfahren unterschiedliche Verhältnisse vor. Profilverschiebung zur Vermeidung von Zahnunterschnitt kommt praktisch kaum in Frage, da z_{gKS} fast nie unterschritten wird.

7.3.4. Berechnung der Zähne. Sinngemäß wie unter 7.2.5. Dabei ist z_{ns} anstelle von z_n und m_{nm} anstelle von m_m zu setzen.

8. Schneckengetriebe

8.1. Eigenschaften, Ausführungsformen

Getriebe besteht aus meist treibender Schnecke und getriebenem Schneckenrad. Übersetzung fast nur ins Langsame: $i_{min} \approx 5$, $i_{max} \ldots 100$. Kreuzungswinkel der Achsen meist 90°. Schnecke und Schneckenrad können zylindrische oder globoidische Form haben; Getriebe-Ausführungsformen zeigt Bild XIV.27.

Je nach Herstellungsverfahren unterscheidet man A- und N-Schnecken als gebräuchliste Formen: A-Schnecke zeigt im Achsschnitt, N-Schnecke im Normalschnitt ein geradflankiges Trapezprofil.

8.2. Geometrische Beziehungen

8.2.1. Übersetzung. Übersetzung $i = n_1/n_2 = z_2/z_1 = T_2/(T_1\,\eta_g)$; Index 1 für Schnecke, Index 2 für Schneckenrad, η_g Gesamtwirkungsgrad des Getriebes (siehe 8.4). Günstige Bauverhältnisse ergeben sich bei i und z_1:

i	5...10	$>$10...15
z_1	4	3

i	$>$15...30	$>$30
z_1	2	1

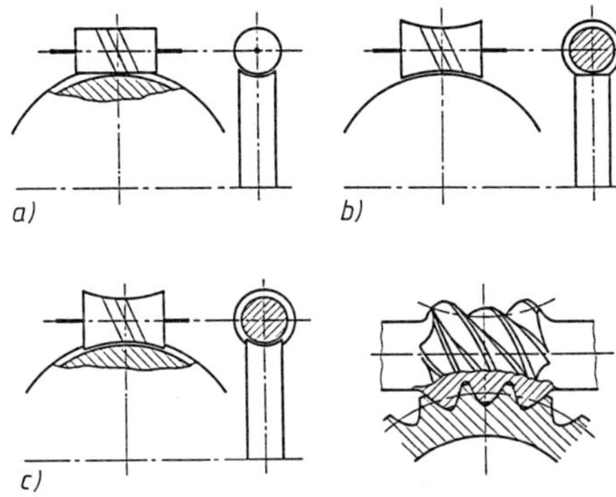

Bild XIV.27. Schneckengetriebe

a) Zylinderschneckentrieb
b) Globoidschnecken-Zylinderradtrieb
c) Globoidschneckentrieb

8.2.2. Abmessungen der Schnecke. Aus der Abwicklung eines Schneckenganges ergibt sich der Steigungswinkel γ_m gleich Winkel zwischen Zahnflankentangente am Mittenkreis und Senkrechter zur Achse aus $\tan\gamma_m = H/(d_{m1}\,\pi)$, Steigung $H = z_1\,t_a$ (Bild XIV.28).

Im Achsschnitt wird Achsteilung $p_a = m_a\,\pi$, im Normalschnitt Normalteilung $p_n = m_n\,\pi = p_a \cos\gamma_m$.

Der *Mittenkreisdurchmesser der Schnecke* ergibt sich

$$d_{m1} = \frac{z_1\,m_a}{\tan\gamma_m} = \frac{z_1\,m_n}{\sin\gamma_m} \qquad \text{(XIV.62)}$$

m_a Achsmodul, meist gleich Norm-Modul; m_n Normal-Modul; Steigungswinkel $\gamma_m \approx 15^\circ \ldots 25^\circ$ üblich. Eingriffswinkel im Achsschnitt aus $\tan\alpha_a = \tan\alpha_n/\cos\gamma_m$ mit Normaleingriffswinkel $\alpha_n = 20^\circ$.

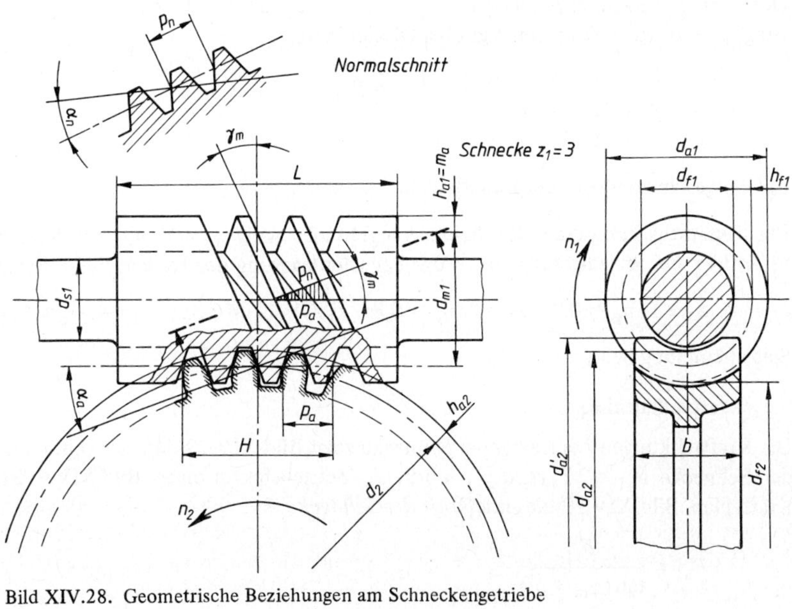

Bild XIV.28. Geometrische Beziehungen am Schneckengetriebe

Bei Ausführung als Schneckenwelle (Bild XIV.28) soll bei einem Wellendurchmesser d_{s1} etwa sein: $d_{m1} \approx 1{,}4\, d_{s1} + 2{,}5\, m_a$, bei aufgesetzter Schnecke $d_{m1} \geq 1{,}8\, d_1 + 2{,}5\, m_a$ Überschlägig rechne man $d_{s1} \approx 0{,}65 \sqrt[3]{T_1}$ in mm; T_1 Drehmoment der Schnecke in Nmm. Mit Zahnkopfhöhe $h_{a1} = m_a$ und Zahnfußhöhe $h_{f1} = 1{,}2\, m_a$ ergeben sich Kopf- und Fußkreisdurchmesser d_{a1} und d_{f1} (Bild XIV.28). Damit möglichst alle Schneckengänge in der ganzen Länge zum Tragen kommen, soll die *Schneckenlänge* ausgeführt werden:

$$L \approx 2\, m_s \sqrt{2\, z_2 - 4} \qquad \begin{array}{c|c} L,\, m_s & z_2 \\ \hline \text{mm} & 1 \end{array} \tag{XIV.63}$$

8.2.3. Abmessungen des Schneckenrades. Das Schneckenrad entspricht einem globoiden Schrägstirnrad. Schrägungswinkel $\beta = \gamma_m$, Stirnteilung $p_t = p_a$ entsprechend Stirnmodul $m_s = m_a$ bei Kreuzungswinkel 90°. *Teilkreisdurchmesser*

$$d_2 = m_s z_2 = \frac{m_n z_2}{\cos\beta} \tag{XIV.64}$$

Zahnkopfhöhe, Zahnfußhöhe und damit Kopfkreis- und Fußkreisdurchmesser wie bei Schrägstirnrädern. Außendurchmesser $d'_{a2} \approx d_2 + 3\, m_s$ bzw. konstruktiv festlegen. Radbreite, normalerweise gleich Zahnbreite, $b = 0{,}8\, d_{m1}$ bzw. konstruktiv festlegen. *Achsabstand* $a = (d_{m1} + d_2)/2$.

8.3. Eingriffsverhältnisse

Wird Übersetzung $i \approx 5$ bei $z_2 \approx 20 \ldots 30$ nicht unterschritten, besteht keine Unterschnittgefahr und Gefährdung der Eingriffsverhältnisse. Profilverschiebung daher nur ausnahmsweise, z.B. zum Erreichen eines bestimmten Achsenabstandes.

8.4. Wirkungsgrad

Bei treibender Schnecke ist der *Wirkungsgrad der Verzahnung*

$$\eta_Z = \frac{\tan\gamma_m}{\tan(\gamma_m + \rho')} \tag{XIV.65}$$

(Keil-)Reibungswinkel ρ' aus $\tan\rho' = \mu' = \mu/\cos\alpha_n$; bei St-Schnecke und GG-Rad bei Fettschmierung: $\rho' \approx 6°$ ($\mu' \approx 0{,}1$), sonst gilt bei Ölschmierung:

v_g	0,5	1	2	4	$\geq 6\ \frac{m}{s}$
$\rho' \approx$	3	2,3	2	1,4	1,1

v_g Gleitgeschwindigkeit der Zahnflanken ($v_g = \pi\, d_{m1}\, n_1$).

Der Gesamtwirkungsgrad des Schneckengetriebes wird $\eta_g = \eta_Z\, \eta_L$ mit Lagerungswirkungsgrad $\eta_L \approx 0{,}95$ bei Wälzlagerung, $\eta_L \approx 0{,}9$ bei Gleitlagerung der Wellen. Für Entwurf wähle man bei

$$z_1 = 1\colon \eta_g \approx 0{,}7; \quad z_1 = 2\colon \eta_g \approx 0{,}8; \quad z_1 = 3\colon \eta_g \approx 0{,}85; \quad z_1 = 4\colon \eta_g \approx 0{,}9$$

Selbsthemmung bei $\gamma_m < \rho'$.

8.5. Kraftverhältnisse

Die Kraftwirkungen bei treibender Schnecke zeigt Bild XIV.29. Mit der Umfangskraft am Teilkreis der Schnecke $F_{t1} = 2\, T_1\, c_S/d_{m1}$, worin c_S Betriebsfaktor nach Bild XIV.6 ist, ergibt sich aus Kräfteplan, Bild XIV.29 die *Axialkraft der Schnecke*

$$F_{a1} = \frac{F_{t1}}{\tan(\gamma_m + \rho')} \tag{XIV.66}$$

Aus Normalschnitt folgt $F_{r1} = F'_{N1} \tan\alpha_n$. Wird F'_{N1} nach Kräfteplan durch F_{t1} ausgedrückt, dann ergibt sich die *Radialkraft*

$$F_{r1} = \frac{F_{t1} \cos\rho' \tan\alpha_n}{\sin(\gamma_m + \rho')} \qquad \text{(XIV.67)}$$

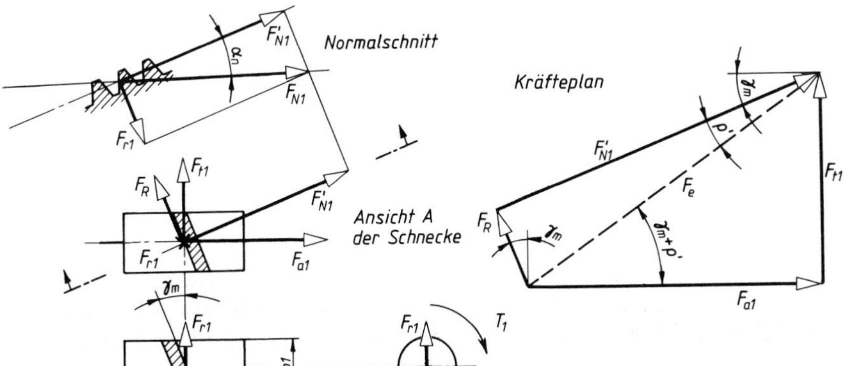

Bild XIV.29. Kraftverhältnisse am Schneckentrieb

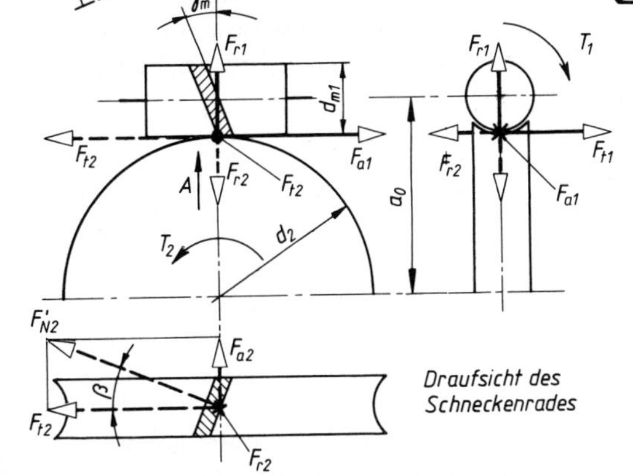

Die Umfangskraft am Schneckenrad ist gleich, aber entgegengerichtet der Axialkraft an der Schnecke: $F_{t2} = F_{a1}$. Ebenso ist $F_{r2} = F_{r1}$. Aus Bild XIV.29 ergibt sich die *Axialkraft am Schneckenrad*

$$F_{a2} = F_{t1} \qquad \text{(XIV.68)}$$

8.6. Berechnung der Zähne

Wegen der andersgearteten Bewegungsverhältnisse der Zahnflanken aufeinander kann die Berechnungsweise für Stirn- und Kegelräder nicht ohne weiteres für Schneckengetriebe angewandt werden. Man ermittele auf Grund der Wälzfestigkeit der Zahnflanken den Teilkreisdurchmesser *des Schneckenrades* aus

$$d_2 \approx 1{,}1 \cdot \sqrt[3]{\frac{T_2\, z_2}{k_s}} \approx 240 \cdot \sqrt[3]{\frac{P_2\, z_2}{k_s\, n_2}} \qquad \text{(XIV.69)}$$

d_2	T_2	P_2	k_s	n_2	z_2
mm	Nmm	kW	$\frac{\text{N}}{\text{mm}^2}$	min^{-1}	1

Drehmoment des Schneckenrades $T_2 = T_1\, i\, \eta_g$; vom Schneckenrad zu übertragende Leistung $P_2 = P_1\, \eta_g$; z_2 Zähnezahl des Schneckenrades; n_2 Drehzahl des Schneckenrades; k_s Wälzfestigkeit nach Tafel XIV.9.

Mit d_2 wird Stirnmodul gleich Achsmodul $m_s = m_a = d_2/z_2$ ermittelt und nächstliegender Norm-Modul gewählt. Nach DIN 780 sind für Schneckengetriebe vorgesehen:

$$m_a = m_s = 1 \quad 1{,}25 \quad 1{,}6 \quad 2 \quad 2{,}5 \quad 3{,}15 \quad 4 \quad 5 \quad 6{,}3 \quad 8 \quad 10 \quad 12{,}5 \quad 16 \quad 20\,\text{mm}$$

Mittenkreisdurchmesser d_{m1} der Schnecke in Abhängigkeit vom Wellendurchmesser d_1 nach 8.2.2 festlegen und damit Steigungswinkel γ_m aus (XIV.62). Sonstige Schnecken- und Schneckenradabmessungen nach 8.2.2 und 8.2.3 bestimmen. Vorwahl der Werkstoffe nach 8.7.

Nach Vorwahl der Getriebeabmessungen wird die Flanken-Tragfähigkeit, d.h. die *Wälzpressung*, geprüft:

$$k = \frac{2\,T_2\,(c_S)}{d_2^2\,b_2\,y_z} = \frac{19{,}5 \cdot 10^6\,P_2\,(c_S)}{d_2^2\,b_2\,y_z\,n_2} \leq k_{zul} \qquad \text{(XIV.70)}$$

k	b_2	y_z	T_2, P_2, d_2, n_2	c_S
$\frac{N}{mm^2}$	mm	1	wie zu (XIV.67)	1

Die *zulässige Wälzpressung* ergibt sich aus:

$$k_{zul} = \frac{k_s\,y_v\,y_L}{\nu} \qquad \text{(XIV.71)}$$

k_{zul}, k_s	y_v, y_L, ν
$\frac{N}{mm^2}$	1

b_2 Zahnbreite des Schneckenrades; y_z Zahnformfaktor nach Bild XIV.30; k_s Wälzfestigkeit nach Tafel XIV.9; y_v Geschwindigkeitsfaktor nach Bild XIV.31; y_L Lebensdauerfaktor nach Bild XIV.32; ν Sicherheit, bei gleichmäßigem Lauf: $\nu \approx 1{,}25$, bei wechsel- und stoßhaftem Betrieb: $\nu \approx 1{,}5$.

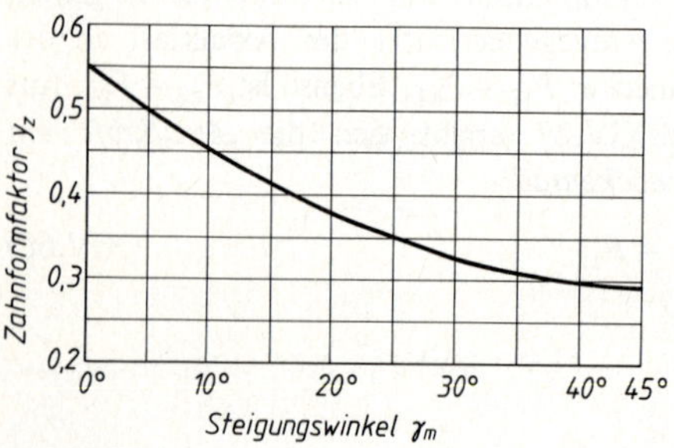

Bild XIV.30. Zahnformfaktor y_z

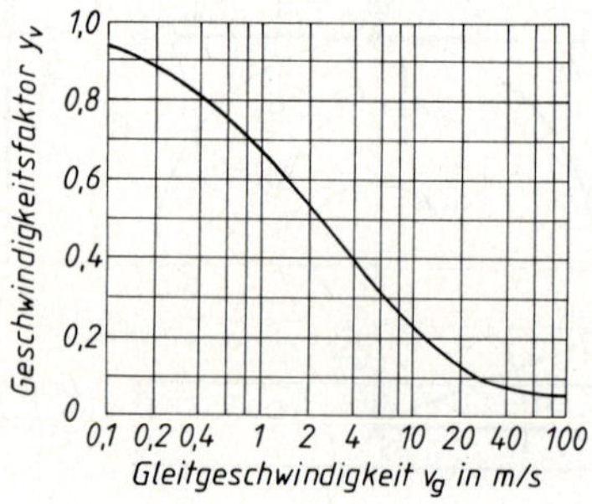

Bild XIV.31. Geschwindigkeitsfaktor y_v

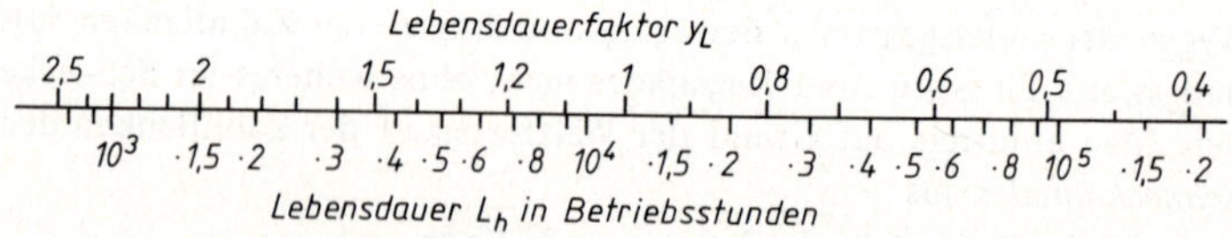

Bild XIV.32. Lebensdauerfaktor zur Berechnung der Schneckengetriebe

Tafel XIV.9. Richtwerte für die Wälzfestigkeit k_s von Schneckengetrieben

Werkstoff der Schnecke	Werkstoff der Zähne des Schneckenrades	Wälzfestigkeit k_s in N/mm^2
Stahl, gehärtet und geschliffen, z.B. St60, St70, C15, 16MnCr5	Zinnbronze, z.B. GZ-SnBz14	8
	Aluminiumlegierung, z.B. GK-AlCuMg	4
	Perlitguß	12
Stahl, vergütet (nicht geschliffen), z.B. St60, St70, C45, C60 42CrMo4	Zinnbronze (w.o.)	5
	Aluminiumlegierung (w.o.)	2,5
	Zinklegierung, z.B. GK-ZnAl4Cu1	2
	Grauguß, z.B. GG-15	4
Grauguß GG-20	Zinnbronze (w.o.)	4
	Aluminiumlegierung (w.o.)	2
	Grauguß GG-15	3,5

Nachprüfung auf Bruchfestigkeit der Zähne ist normalerweise nicht erforderlich.

8.7. Werkstoffe für Schnecke und Schneckenrad

Bei mäßiger Gleitgeschwindigkeit und Belastung kommen in Frage für Schnecke: St60, St70 und Vergütungsstähle, für Schneckenrad: GG-15, GG-20, Perlitguß, Zinnbronzen (G-SnBz12, G-SnBz14). Bei hohen Drehzahlen und Belastungen sind zu wählen für Schnecke: Einsatzstähle, z.B. C15, 15Cr3 u.a., für Schneckenrad: Zinnbronzen, z.B. G-SnBz14 und für korrosionsbeständige Getriebe bei geringen Belastungen auch Aluminiumlegierungen, z.B. GK-AlCuMg und Kunststoffe für Schneckenrad bei gehärteter Schnecke.

■ **Beispiel:** Für Abtriebsleistung $P_2 = 11$ kW und Übersetzung $n_1/n_2 = 960/75$ ist ein Schneckengetriebe für eine Lebensdauer von ≈ 8000 Stunden zu berechnen.

Lösung: Zunächst Festlegung der *Zähnezahlen.* Mit $i = n_1/n_2 = 960/75 = 12{,}8$ wird nach 8.2.1 für Schnecke $z_1 = 3$ (3gängig) gewählt. Zähnezahl des Schneckenrades $z_2 = i z_1 = 12{,}8 \cdot 3 = 38{,}4$, festgelegt $z_2 = 38$.

Teilkreisdurchmesser des Schneckenrades nach (XIV.69):

$$d_2 \approx 240 \sqrt[3]{\frac{P_2 z_2}{k_s n_2}}$$

Leistung des Schneckenrades $P_2 = 11$ kW; Zähnezahl $z_2 = 38$; Drehzahl $n_2 = 75$; Wälzfestigkeit $k_s = 5\ \text{N/mm}^2$; für vorgewählten Schneckenwerkstoff C60 (Vergütungsstahl) und Radwerkstoff GZ-SnBz14 bei vorliegender mäßiger Belastung.

$$d_2 \approx 240 \sqrt[3]{\frac{11 \cdot 38}{5 \cdot 75}}\ \text{mm} \approx 250\ \text{mm}$$

Hiermit wird *Stirnmodul* $m_s = d_2/z_2 = 250\ \text{mm}/38 \approx 6{,}6$ mm; gewählt nach 8.6: $m_s = m_a = 6{,}3$ mm.

Mittenkreisdurchmesser der Schnecke nach 8.2.2 bei Ausführung als Schneckenwelle: $d_{m1} \approx 1{,}4\,d_{s1} + 2{,}5\,m_a$; Wellendurchmesser überschlägig $d_{s1} \approx 0{,}65\sqrt[3]{T_1}$; nach 8.2.1 wird $T_1 = T_2/(i\,\eta_g)$; $T_2 = 9550 \cdot 10^3\,P/n = 9550 \cdot 10^3 \frac{11}{75} = 1400 \cdot 10^3$ Nmm; für $z_1 = 3$ wird nach 8.4 geschätzt $\eta_g \approx 0{,}85$; damit $T_1 = 1400 \cdot 10^3\ \text{Nmm}/12{,}8 \cdot 0{,}85 \approx 129 \cdot 10^3$ Nmm und $d_1 \approx 0{,}65\sqrt[3]{129 \cdot 10^3} \approx 35$ mm; hiermit $d_{m1} \approx 1{,}4 \cdot 5\ \text{mm} + 2{,}5 \cdot 6{,}3\ \text{mm} \approx 64{,}8$ mm gewählt $d_{m1} = 65$ mm.

Steigungswinkel gleich *Schrägungswinkel* aus (XIV.62):

$$\tan\gamma_m = \frac{z_1 m_a}{d_{m1}} = 3 \cdot \frac{6{,}3\ \text{mm}}{65\ \text{mm}} = 0{,}2908,\quad \gamma_m = \beta_0 = 16°13'$$

Schneckenlänge nach (XIV.63):

$$L \approx 2\,m_s\sqrt{2 z_2 - 4} \approx 2 \cdot 6{,}3\ \text{mm} \cdot \sqrt{2 \cdot 38 - 4} = 107\ \text{mm} \approx 110\ \text{mm}$$

Teilkreisdurchmesser des Schneckenrades nach (XIV.64):

$$d_2 = m_s z_2 = 6{,}3\ \text{mm} \cdot 38 = 239{,}4\ \text{mm}$$

Radbreite gleich *Zahnbreite* $b \approx 0{,}8\,d_{m1} \approx 0{,}8 \cdot 65\ \text{mm} = 52$ mm, ausgeführt $b = 50$ mm.

Mit den vorgewählten Daten wird die *Flanken-Tragfähigkeit* nach (XIV.70) geprüft:

$$k = \frac{2\,T_2}{d_2^2\,b_2\,y_z} \leq k_{zul}$$

$T_2 = 1{,}4 \cdot 10^6$ Nmm, $d_2 = 239{,}4$ mm, $b_2 \mathrel{\hat{=}} b = 50$ mm (s.o.); Zahnformfaktor $y_z \approx 0{,}4$ für $\gamma_m \approx 16°$ nach Bild IV.30; damit wird

$$k = \frac{2 \cdot 1{,}4 \cdot 10^6}{239{,}4^2 \cdot 50 \cdot 0{,}4} \frac{\text{N}}{\text{mm}^2} \approx 2{,}5 \frac{\text{N}}{\text{mm}^2}$$

Zulässige Wälzpressung nach (XIV.71): $k_{zul} = k_s\, y_v\, y_L / \nu$.

Wälzfestigkeit $k_s = 5$ N/mm² (s.o.); Geschwindigkeitsfaktor $y_v \approx 0{,}42$ nach Bild XIV.31 für $v_g = d_{m1} \pi n_1 / (60 \cos \gamma_m) = 0{,}065\, \pi \cdot 960/(60 \cdot 0{,}9602) = 3{,}4$ m/s; Lebensdauerfaktor $y_L \approx 1{,}15$ nach Bild XIV.32 für $L_h = 800$ h; Sicherheit $\nu = 1{,}25$ gewählt bei angenommenen gleichmäßigem Lauf; damit wird

$$k_{zul} = 5 \frac{\text{N}}{\text{mm}^2} \cdot 0{,}42 \cdot \frac{1{,}15}{1{,}25} \approx 2 \frac{\text{N}}{\text{mm}^2} < k = 2{,}5 \frac{\text{N}}{\text{mm}^2}$$

Mit vorbestimmten Getriebedaten genügt die angenommene Werkstoffpaarung nicht.

Für die Schnecke neu gewählt: Einsatzstahl C15, gehärtet und geschliffen; mit Schneckenrad aus GZ-SnBz14 wird dann $k_s = 8$ N/mm² und damit

$$k_{zul} \approx 3{,}1 \frac{\text{N}}{\text{mm}^2} > k = 2{,}5 \frac{\text{N}}{\text{mm}^2}$$

Achsenabstand $a = (d_{m1} + d_2)/2 = (65 \text{ mm} + 239{,}4)/2 = 152{,}2$ mm.

9. Gestaltung der Zahnräder aus Metall

Ritzel werden durchweg als Vollräder ausgeführt. Ritzelzähne möglichst etwas breiter als Radzähne, um „Versetzungen" zu vermeiden (siehe auch unter 5.4.1). Bruchempfindliche Zahnenden seitlich abschrägen. *Großräder* werden meist als Gußkonstruktionen, bei Einzelstücken auch als Schweißkonstruktionen ausgeführt, und zwar mit Teilkreisdurchmesser bis $d \approx 8\, d$ (d Wellendurchmesser) als Scheibenräder, größere mit Armen. Ausführungsbeispiele zeigt Bild XIV.33.

Anzahl der Arme $z_A \approx 1/8 \sqrt{d} \geq 4$; Armquerschnitt: $b_1 \approx 1{,}8\, m$, $b_2 \approx 1{,}5\, m$ (Modul), $h_1 \approx 5\, b_1$, $h_2 \approx 4\, b_1$; Kranzdicke $e \approx 4\, m$.

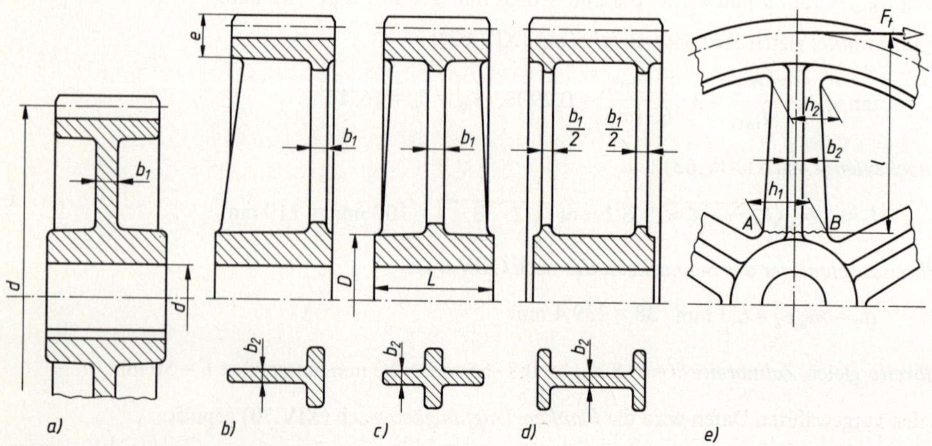

Bild XIV.33. Ausführung der Großräder

a) Scheibenrad; b) bis e) Räder mit Armen

10. Schmierung der Zahnräder

Stirnräder: Langsam laufende Räder mit Umfangsgeschwindigkeit $v_u \leq 1$ m/s mit Fett; bei $v_u \approx$ 1 ... 4 m/s mit Fett oder zähem Öl (100 ... 200 cSt); bei $v_u \approx 4 ... 12$ m/s mit Öl (40 ... 100 cSt) als Tauchschmierung, bei $v_u > 12$ m/s mit Öl (20 ... 60 cSt) als Spritzschmierung durch Pumpe (Viskosität cSt auf 50 °C bezogen).

Kegelräder: Wie bei Stirnrädern; „versetzte" Kegelräder sind wegen zusätzlichen Schraubgleitens mit EP (Extrem-Prussure)-Ölen zu schmieren.

Schneckengetriebe: Für normale Getriebe sind Schmiermittel und Schmierungsart wie bei Stirnrädern zu wählen (für v_u setze Gleitgeschwindigkeit v_g). Für Hochleistungsgetriebe werden EP-Öle empfohlen.

11. Zahnräder aus Kunststoff

11.1. Vor- und Nachteile, Verwendung

Vorteile gegenüber den Zahnrädern aus Metall: geräusch- und schwingungsdämpfender Lauf, große Abriebfestigkeit und Zähigkeit, kleine Reibungswerte und geringe Wichte, gute Notlaufeigenschaften, Korrosionsbeständigkeit, elastischer Ausgleich von Eingriffsteilungsfehlen, leichte Bearbeitbarkeit.

Nachteile: geringere Belastbarkeit, höhere Werkstoffkosten, teilweise starke Quellung durch Feuchtigkeit.

Einsatzgebiete der Kunststoff-Zahnräder: Büromaschinen, Textil- und Druckereimaschinen, Haushaltsmaschinen, Spielzeuge.

11.2 Kunststoffsorten

Preßschichtstoffe zeichnen sich durch hohe Festigkeit gegenüber den anderen Kunststoffen aus, empfindlich gegen Feuchtigkeit. Gegenrad aus Metall, da Gefahr von „Fressen" besteht.

Hartgewebe ist unempfindlich gegen Feuchtigkeit, Festigkeit ca. 50 % geringer als Preßschichtholz. Gegenrad aus Metall.

Polyamide besitzen hohe Elastizität und niedrige Dichte, hohe Geräuschdämpfung, da Polyamid-Räder gepaart werden können.

11.3. Berechnung der Kunststoff-Zahnräder

Teilkreisdurchmesser des auf die Welle zu setzenden Ritzels $d_1 \approx 2{,}5 ... 3\,d$ (d Wellendurchmesser); Ritzelzähnezahl z_1 um 4 bis 6 höher gegenüber den zu Gleichung (XIV.30); Zahnbreite b über ψ_d für Kennlinien a und b nach Bild XIV.15. Überschlägig kann für die so vorgewählten Hauptabmessungen nach Bild XIV.34 die übertragbare Leistung P in kW je mm Zahnbreite b für eine Ritzelzähnezahl $z_1 = 20$ ermittelt werden. Die übertragbare Leistung eines Rades wird dann

$$P = y\left(\frac{P}{b}\right)b \qquad \text{(XIV.72)}$$

P	y	b
kW	1	mm

$$y = 2 - \frac{30}{z + 10} \qquad \text{(XIV.73)}$$

y Zähnezahlfaktor zur Berücksichtigung anderer Ritzelzähnezahlen als 20, die dem P/b-Wert nach Bild XIV.34 zugrunde gelegt wurden. Eine genaue Berechnung sollte stets nach Angaben des Kunststoff-Herstellers erfolgen.

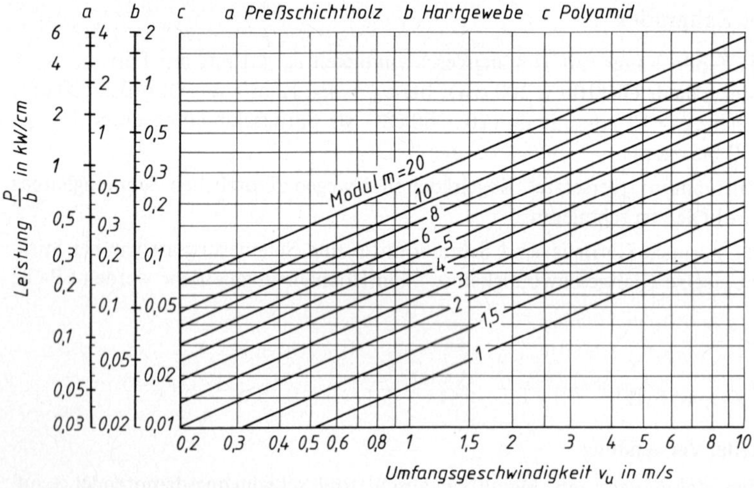

Bild XIV.34. Ermittlung der Leistung P in kW je cm Zahnbreite für Zahnräder aus Kunststoffen

11.4. Gestaltung der Polyamid-Zahnräder

Vollräder für $d < 3\,d_w$ (d_w Wellendurchmesser)
Scheibenräder für $d \geq 3\,d_w$
Zahnkranzdicke $s_1 \approx 2 \dots 2{,}5\,m$; $e \approx 4{,}2 \dots 4{,}7\,m$
Nabendurchmesser $D \approx 1{,}6 \dots 1{,}8\,d_w$
Wanddicke $s_3 \approx 0{,}3 \dots 0{,}4\,d_w$
Nabenlänge $L \approx 1{,}8 \dots 2\,d_w$

Kanten und Übergänge gut runden. Befestigung kleiner Räder mit Welle durch Kleben oder Aufspritzen (Bild XIV.36). In die Nabe eingesetzte Metallbuchse erhöht Nabenfestigkeit.

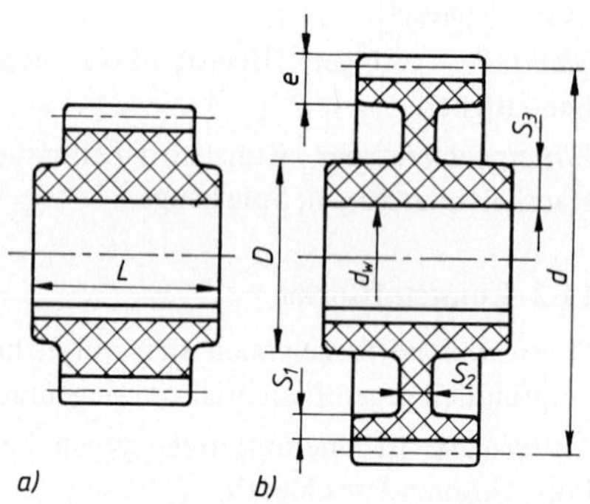

Bild XIV.35. Ausführung und Abmessungen von Polyamid-Zahnrädern
a) Vollrad, b) Scheibenrad

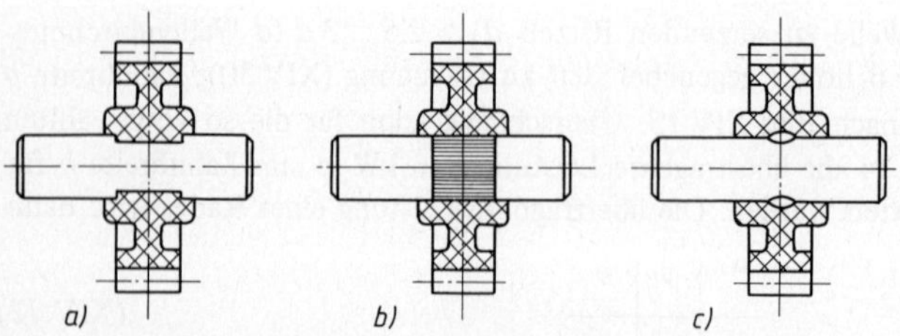

Bild XIV.36. Auf Wellen aufgespritzte Polyamid-Zahnräder
a) mit angefrästen Flächen
b) mit Rändel
c) mit angestauchten Lappen

11.5. Schmierung der Kunststoff-Zahnräder

Preßschichtstoffe: Fett oder Trockenschmiermittel (z.B. Molybdänsulfid).
Hartgewebe: Öl-, Fett- oder Trockenschmiermittel.
Polyamide: Öl, Fett- oder Trockenschmiermittel.

Einführung in die Steuerungstechnik

Hans-Jürgen Küfner

Mit dem Einsetzen der Automatisierung in der Industrie begann die Bedeutung der Steuerungstechnik sprunghaft anzusteigen. Umfangreiche automatische Fertigungsanlagen verlangen immer anspruchsvollere Steuerungen. Moderne Steuerungsanlagen müssen schnell, genau und sicher reagieren.

Dazu sind komplizierte Meß- und Steuereinrichtungen notwendig, die vom Umfang und Aufwand her genauso teuer oder noch teurer sein können wie die Fertigungseinrichtungen, die sie steuern sollen.

Um diese Einrichtungen bedienen, warten und pflegen zu können, sind umfangreiche Kenntnisse über die theoretischen Grundlagen der Steuerungstechnik sowie über die wichtigsten Baueinheiten und Elemente notwendig.

Als besonderer Schwerpunkt für dieses umfangreiche und anspruchsvolle technische Gebiet gewinnt für die Zukunft die *digitale Steuertechnik* immer stärker an Bedeutung.

Je nach Art der Steuerungsbauteile unterscheidet man elektromagnetische, elektronische, hydraulische und pneumatische Steuerung.

I. Grundbegriffe der Steuerungstechnik

1. Definitionen, Bezeichnungen

Begriffe und Benennungen aus der Steuerungstechnik sind im Normblatt *DIN 19226* (Steuerungstechnik und Regelungstechnik) enthalten. Dort wird Steuerung wie folgt definiert:

> „Das Steuern – *die Steuerung* – ist der Vorgang in einem System, bei dem eine oder mehrere Größen *als Eingangsgrößen* andere Größen *als Ausgangsgrößen* auf Grund der dem System eigentümlichen Gesetzmäßigkeit beeinflussen. Kennzeichen für das Steuern ist der *offene Wirkungsablauf* über das einzelne Übertragungsglied oder die Steuerkette."

Diese Normdefinition wird oft nicht nur für den Vorgang des Steuerns selbst verwendet, sondern auch für die Gesamteinrichtung, in der die Steuerung stattfindet.

Man kann in einem *Blockschaltbild* den Vorgang des Steuerns schematisiert darstellen.

In dem rechteckig gezeichneten Feld (Block) werden die *Eingangssignale* so verarbeitet, daß das gewünschte *Ausgangssignal* entsteht.

Da Steuerungseinrichtungen oft umfangreiche und komplexe Gebilde sind, werden sie oft in umfangreicheren Kettenstrukturen dargestellt.

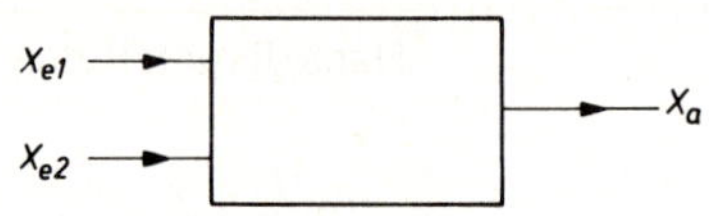

x_{e1}, x_{e2} *Eingangssignale*
x_a *Ausgangssignal*

Kettenstruktur

(offene Steuerkette)

Neben den unverzweigten Kettenstrukturen gibt es verzweigte Systeme. In der Abbildung ist eine Kettenstruktur dargestellt, die parallele Zweige enthält.

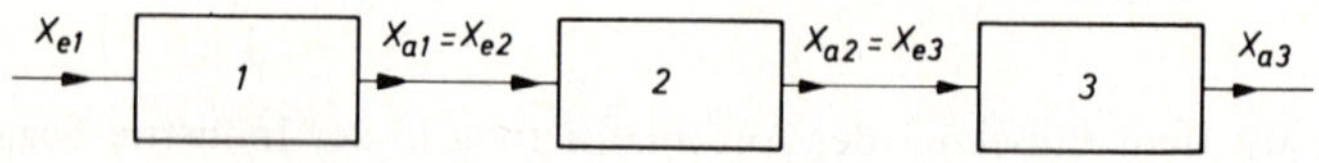

offene Steuerkette

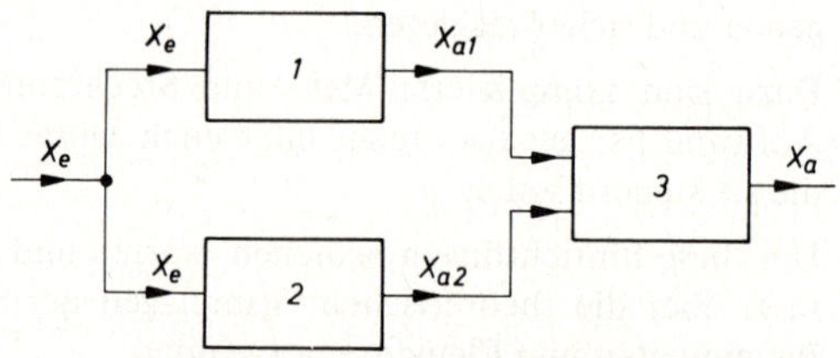

Kettenstruktur mit Verzweigungen

Das folgende Schema stellt die Steuerungsanlage mit Steuereinrichtung im Blockschaltbild dar.

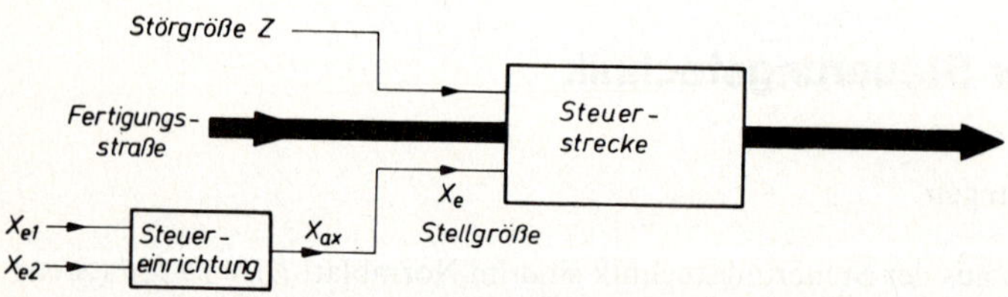

Die *Steuerstrecke* (DIN 19226) ist derjenige Teil des Wirkungsweges, welcher den aufgabengemäß zu beeinflussenden Bereich der Anlage darstellt.

Die *Steuereinrichtung* (DIN 19226) ist derjenige Teil des Wirkungsweges, welcher die aufgabengemäße Beeinflussung der Strecke über das *Stellglied* bewirkt.

Die *Stellgröße* (DIN 19226) ist die Ausgangsgröße x_a der Steuereinrichtung und Eingangsgröße x_e der Steuerstrecke.

Die *Störgröße* (DIN 19226) ist die von außen wirkende Größe, die die beabsichtigte Beeinflussung in einer Steuerung beeinträchtigt.

Es lassen sich noch weiter differenzierte Steuerketten bilden, in denen die zur Steuerung gehörenden Geräte der Steuereinrichtung benannt sind.

Steuerung

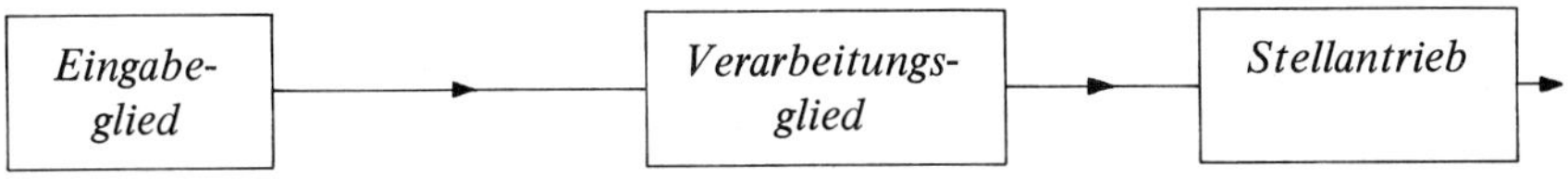

z.B. el. Schalter	z.B. elektronische-	z.B. Schütz, Relais
Strahlfühler	pneumatische-	Thyristor
indukt. Geber	mechanische-	Transistor
kapaz. Geber	Logikglieder	Stellbremse
Druckimpuls-erzeuger	Speicherglieder	Schaltgetriebe
Photozelle	Zeitglieder	Zylinder
Photowiderstand	Verknüpfungs-glieder	Bremslüfter
mech. Taster		Elektromotor
Thermostat		Hydraulikmotor
Programmgeber		
Lochkartenleser		
Lochstreifenleser		

Die Steuerkette für die Steuereinrichtung kann mit der Steuerstrecke zu einer erweiterten Steuerkette zusammengefaßt werden.

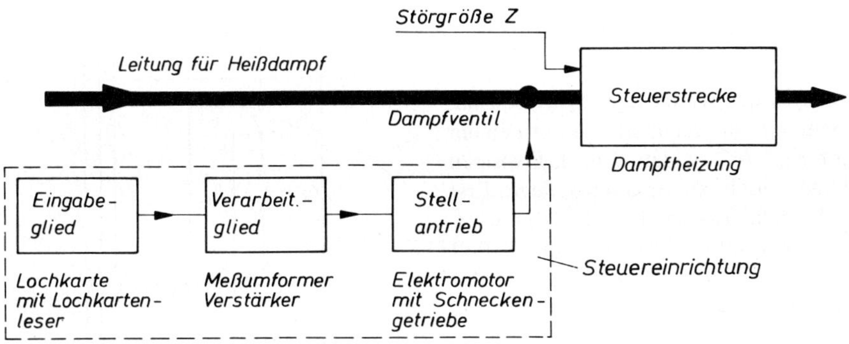

Beispiel: Dampfheizung eines Wärmebades für einen Textilbetrieb.

2. Steuerungsarten

Steuerungsarten nach DIN 19226:

1. Führungssteuerung
2. Haltegliedsteuerung
3. Programmsteuerung
3.1. Zeitplansteuerung
3.2. Wegplansteuerung
3.3. Ablaufsteuerung (Folgesteuerung)

2.1. Führungssteuerung und Haltegliedsteuerung

Führungssteuerung

Bei der *Führungssteuerung* besteht zwischen Führungsgröße und Ausgangsgröße der Steuerung im Beharrungszustand immer ein eindeutiger Zusammenhang, soweit Störgrößen keine Abweichung hervorrufen.

Beispiel: Helligkeitssteuerung einer Lampengruppe

Die Helligkeit der Lampen ist eindeutig der Stellung des Stellwiderstandes zugeordnet. Ändert man die Größe des wirksamen Widerstandes, so ändert sich gleichzeitig die Helligkeit der Lampengruppe.

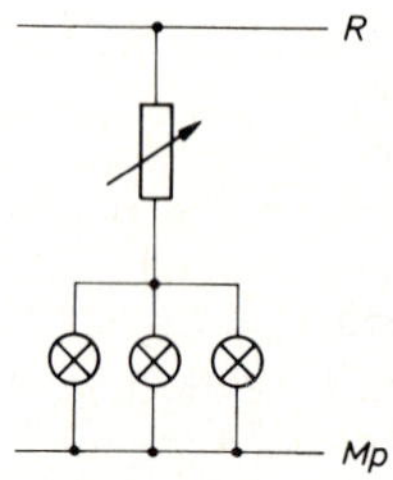

Haltegliedsteuerung (mit Speichereigenschaft)

In einer *Haltegliedsteuerung* bleibt nach Wegnahme oder Zurücknahme der Führungsgröße, insbesondere nach Beendigung des Auslösesignals, der erreichte Wert der Ausgangsgröße erhalten. Es bedarf einer entgegengesetzten Führungsgröße oder eines entgegengesetzten Auslösesignals, um die Ausgangsgröße wieder auf einen Anfangswert zu bringen.

Beispiel: Haltegliedsteuerung eines Drehstrommotors

Nach Einschalten des Motors über b_2 (Tastschalter) zieht Schütz K an und überbrückt mit einem Hilfskontakt K_H b_2, so daß K nach Loslassen von b_2 immer noch an Spannung liegt. Erst wenn b_1 (ebenfalls Tastschalter) betätigt wird, wird der Steuerstromkreis geöffnet und K fällt ab. Damit öffnet auch K_H, so daß der Motor abgeschaltet wird.

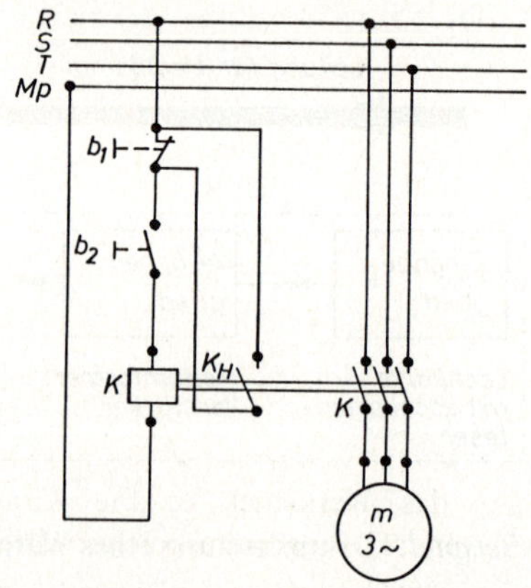

2.2. Programmsteuerungen

Bei der *Programmsteuerung* werden die Ausgangssignale von den Eingangssignalen und einem vorgegebenen Programm erzeugt.

Zeitplansteuerung

In einer *Zeitplansteuerung* werden die Führungsgröße (oder Führungsgrößen) von einem zeitabhängigen Programmgeber (Programmspeicher) geliefert.

Tritt eine Störung auf, so wird der Ablauf nicht unterbrochen, es sei denn, daß zusätzliche Überwachungsfunktionen eingebaut sind, die den Programmablauf unterbrechen können.

Es können verschiedene Programmspeicher verwendet werden, zum Beispiel:

Nockenwellen – zur Taktsteuerung von Verbrennungsmaschinen
Kurvenscheiben – zur Steuerung von Vorschüben an Mehrspindelautomaten (Kurventrommeln)
Lochstreifen – zur Programmierung von numerisch gesteuerten Werkzeugmaschinen
Kopierschablone – zur Steuerung von Drehwerkzeugen an Drehmaschinen

Beispiel: Steuerung eines Werkzeugschlittens

Das Bild zeigt die Steuerung eines mit Bohrwerkzeugen versehenen Werkzeugschlittens. Die Abwicklung der Kurventrommel zeigt den Bereich des Arbeitsganges sowie den Eilvorschub und den Rücklauf. Die gefrästen Führungsstücke mit den Nutenbahnen sind auf der Trommel festgeschraubt und austauschbar.

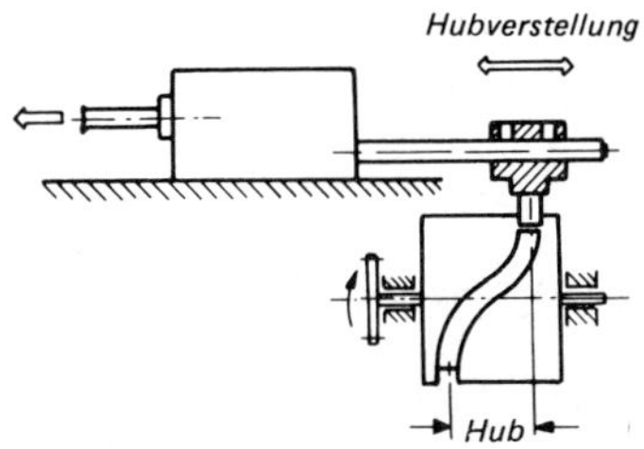

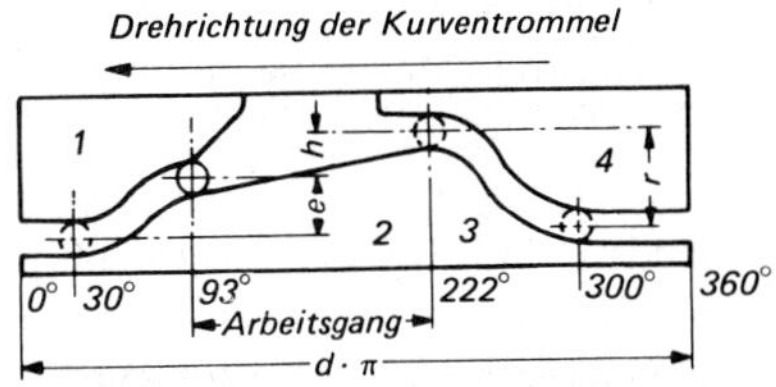

Steuerung eines Werkzeugschlittens

Beispiel: Kopiersteuerung an einer Drehmaschine

Zwei Taster *a* und *b* werden über Kopierschablonen *c* und *d* geführt. Sie übertragen des Profil der Schablonen über die zugehörigen Drehmeißel auf das Werkstück *e*. Die Kopierschablonen dienen als Programmspeicher. Diese können je nach gewünschter Form des Werkstückes ausgetauscht werden.

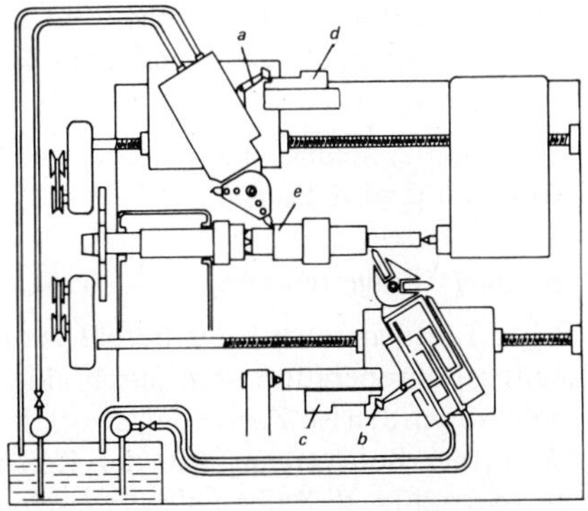

Wegplansteuerung

In einer *Wegplansteuerung* werden Führungsgrößen von einem Programmgeber (Programmspeicher) geliefert, dessen Ausgangsgrößen vom zurückgelegten Weg (der Stellung) eines beweglichen Teils der gesteuerten Anordnung abhängen.

Beispiel:

Der Geschwindigkeitswechsel von Schlittenvorschüben und Spindeldrehzahlen wird bei Werkzeugmaschinen oft von den Wegen abhängig gemacht, die die Schlitten zurücklegen. Dabei wird das Programm wegabhängig durch einstellbare Nocken oder Impulszählersignale variabel gestaltet.

Beispiel:

Ein doppelt wirkender Zylinder wird über ein 4/2-Wegeventil so gesteuert, daß der Kolben abwechselnd aus- bzw. eingefahren wird. Die Umsteuerung erfolgt über endschaltergesteuerte Ventile, die nach Erreichung eines festgelegten Weges mit Hilfe der Endschalter umgeschaltet werden.

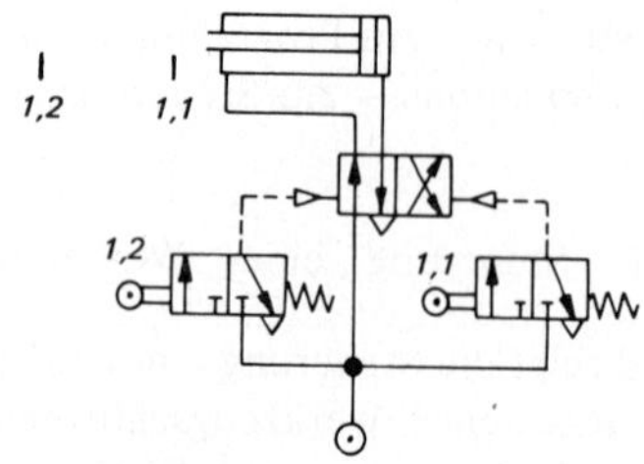

Ablaufsteuerung (Folgesteuerung)

Bei einer *Ablaufsteuerung* werden Bewegungen oder andere physikalische Vorgänge in ihrem zeitlichen Ablauf durch Schaltsysteme nach einem Programm gesteuert, das in Abhängigkeit von erreichten Zuständen in der gesteuerten Anordnung schrittweise durchgeführt wird. Dieses Programm kann fest eingebaut sein oder von Lochkarten, Lochstreifen, Magnetbändern oder anderen geeigneten Speichern abgerufen werden.

Folgesteuerungen sind spezielle Ablaufsteuerungen, bei denen fest eingebaute Programme vorhanden sind. Der Arbeitsprozeß besteht aus einer Folge von einzelnen Arbeitsschritten. Jeder Arbeitsschritt kann erst dann eingeleitet werden, wenn ein Signalgeber die Beendigung des vorangegangenen Schrittes gemeldet hat.

Beispiel: Ablaufsteuerung – Steuerung eines Aufzugs

Ein Aufzug wird durch Abrufe nacheinander in mehrere Stockwerke beordert. Die Fahrziele werden durch Betätigung von Tastschaltern eingegeben und in ihrer zeitlichen Reihenfolge gespeichert.

Der Aufzug steuert das Fahrziel an. Erst nach dem *Öffnen* und folgendem *Schließen* der Aufzugstür wird das nächste Fahrziel angesteuert usw.

Beispiel: Folgesteuerung – NC-gesteuerte Bohrmaschine

Über Lochkarte wird der Befehl zum ersten Bohrvorgang erteilt. Nach Durchführung der ersten Bohroperation wird durch eine Kontrollstation überprüft, ob der Bohrvorgang durchgeführt worden ist. Zu diesem Zweck kann z. B. ein Stößel in die Bohrung eingeführt werden. Wenn der Bohrvorgang von der Kontrollstation bestätigt worden ist, wird das Programm fortgesetzt (z. B. Reiben, Gewindeschneiden).

2.3. Gegenüberstellung von Steuerungsarten

Welche Arten von Programmsteuerungen im konkreten Fall ausgewählt werden, muß von Fall zu Fall entschieden werden. In den meisten Fällen wird die Entscheidung ein Kompromiß sein, der abhängig ist von den finanziellen Möglichkeiten, der Aufgabenstellung, der verwendeten Energieform, den Umwelteinflüssen sowie weiteren anderen Randbedingungen. Die folgende Matrix soll durch Gegenüberstellung der drei unterschiedlichen Programmsteuerungen besondere Kriterien der Steuersysteme vorstellen.

	Zeitplan-Steuerung	Wegplan-Steuerung	Ablauf-(Folge)Steuerung
Aufbau	einfach übersichtlich	da viele Endschalter und Signalgeber, Aufbau oft unübersichtlich	wegen des komplexen Aufbaus schlecht zu übersehen
Preis	im allgemeinen preiswert	im allgemeinen preiswert	oft sehr teuer
Anfälligkeit gegen Störungen	gering	groß, da viele Endschalter u. Signalgeber vorhanden, die anfällig gegen Störungen sein können	Störungen werden bei komplexen Systemen häufig auftreten
Behebung von Störungen	einfach	schwierig	oft sucht das System Fehler selbst und zeigt sie an
Sicherheit bei Ablauf-Störungen	keine Sicherheit gegeben Programm läuft weiter	Programm schaltet bei Ablaufstörungen ab	Programm schaltet bei Ablaufstörungen ab
Umstellung bei Programmwechsel	relativ einfach	oft umfangreiche Umbauarbeiten notwendig	relativ einfach

3. Graphische Darstellung von Steuerungsabläufen

Da Steuerungsabläufe an komplexen Steuersystemen oft unübersichtlich und verwirrend wirken, wenn sie nur mit Worten beschrieben werden, erweist es sich als zweckmäßig, die einzelnen Funktionsabläufe mit Hilfe von Diagrammen darzustellen.

Es werden in der Steuertechnik drei Diagrammdarstellungen unterschieden:
Bewegungsdiagramme – Steuerdiagramme – Funktionsdiagramme.

3.1. Bewegungsdiagramme

Bewegungsdiagramme stellen den Ablauf von einem oder mehreren Arbeitsschritten innerhalb von Steuerungen in digitaler Form dar. Dabei wird die zeitliche Abfolge in Einzelschritten aufgezeichnet.

Das Gerüst eines Bewegungsdiagramms zeigt in der Horizontalen die aufeinanderfolgenden Schritte und in der Vertikalen den erreichten Zustand eines Arbeits- oder Steuerelements.

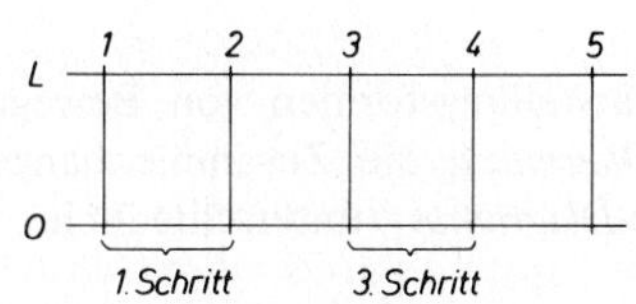

Bei dem nebenstehenden Bewegungsdiagramm wird im 1. Schritt ein Elektromotor angelassen. Zu Beginn des 2. Schrittes hat der Motor seine Nenndrehzahl erreicht. Im 4. Schritt wird der Motor wieder abgeschaltet. In dieser Form wird das Bewegungsdiagramm auch als *Weg-Schritt-Diagramm* bezeichnet.

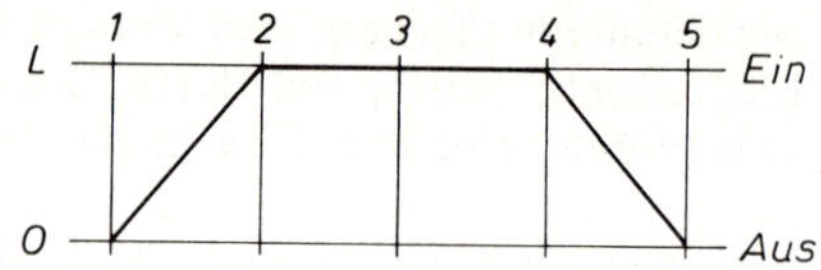

Beispiel:

Es soll das *Weg-Schritt-Diagramm* für den folgenden Steuervorgang gezeichnet werden.

Das Füllgut eines trichterförmigen Behälters soll erst dann auf das darunterliegende Förderband fallen, wenn dieses vorher in Gang gesetzt wurde. Das Förderband darf erst dann wieder still gesetzt werden, wenn vorher die Klappe des Füllbehälters geschlossen worden ist.

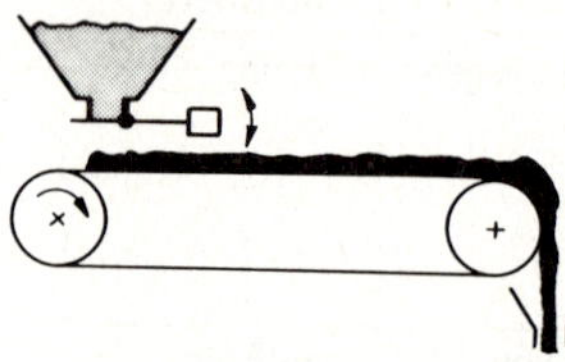

1. Schritt: (1–2)	Förderband wird in Gang gesetzt. Klappe ist geschlossen
2. Schritt:	Klappe wird geöffnet, Förderband läuft
3. Schritt:	Klappe ist geöffnet, Förderband läuft
4. Schritt:	Klappe wird geschlossen, Förderband läuft
5. Schritt:	Klappe ist geschlossen, Förderband wird abgestellt.

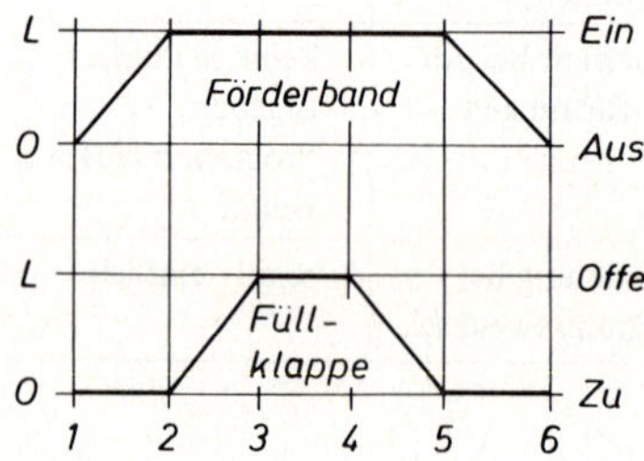

Trägt man statt der Schritte die Zeit auf der Horizontalen ab, so erhält man das *Weg-Zeit-Diagramm*. Für das vorstehende Beispiel würde folgendes Diagramm entstehen.

Aus dem *Weg-Zeit-Diagramm* wird deutlich, daß das Anlaufen des Förderbandes weniger Zeit benötigt als das Öffnen der schweren Füllklappe.

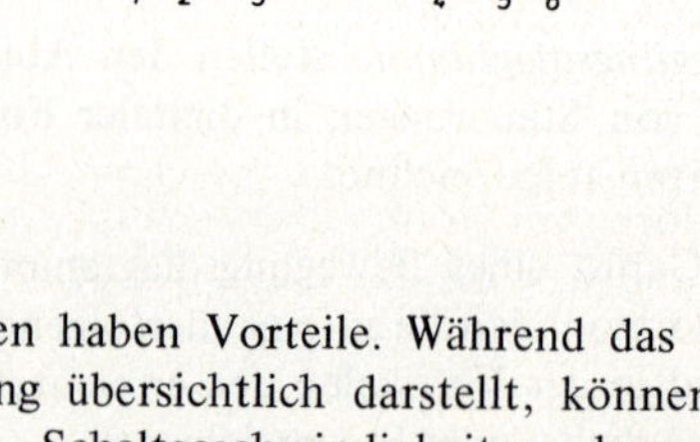

t_1 bis t_2	Förderband wird in Gang gesetzt, Klappe ist geschlossen
t_2 bis t_3	Klappe wird geöffnet, Förderband läuft
t_3 bis t_4	Klappe ist geöffnet, Förderband läuft
t_4 bis t_5	Klappe wird geschlossen, Förderband läuft
t_5 bis t_6	Klappe ist geschlossen, Förderband wird abgestellt

Beide Darstellungsformen von Bewegungsdiagrammen haben Vorteile. Während das *Weg-Schritt-Diagramm* die Zusammenhänge der Steuerung übersichtlich darstellt, können im *Weg-Zeit-Diagramm* unterschiedliche Arbeits- und Schaltgeschwindigkeiten dargestellt werden.

3.2. Funktionsdiagramme

Steuerdiagramme

Das *Steuerdiagramm* stellt den Schaltzustand eines Steuergliedes in Abhängigkeit von Schritten dar. Die Schaltzeit des Steuergliedes wird dabei vernachlässigt. Das Steuerdiagramm wird wie ein Weg-Schritt-Diagramm gezeichnet.

Das Steuerdiagramm zeigt den Schaltzustand eines Relais, das vom 2. bis zum 4. Schritt geschlossen (durchlässig) ist. Der Übergang vom geöffneten in den geschlossenen (stromführenden) Zustand wird zeitlos dargestellt, weil in der Praxis die kurzen Schaltzeiten meist vernachlässigbar sind.

Funktionsdiagramme

Werden Steuer- und Weg-Schritt-Diagramme aufeinander abgestimmt in einem Zusammenhang dargestellt, so entsteht ein *Funktionsdiagramm*.

1. Schritt: Schütz für Förderband schließt, Förderband läuft an.

2. Schritt: Schütz für Füllklappe schließt, Füllklappe öffnet.

3. Schritt: Förderband läuft, Füllklappe geöffnet.

4. Schritt: Füllklappe schließt (durch Gegengewicht), Förderband läuft.

5. Schritt: Füllklappe geschlossen, Schütz für Förderband fällt ab, Förderband läuft aus.

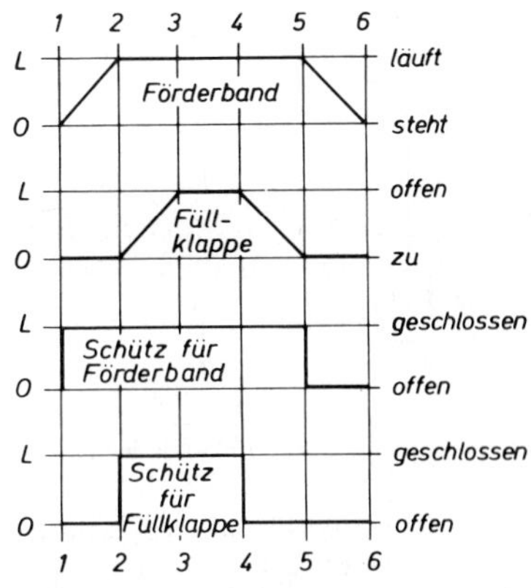

Beispiel: Funktionsdiagramm – Vorrichtung für ein Bohrwerk

An einer Tiefenbohrmaschine soll ein schwerer Rolldorn mit Hilfe einer pneumatischen Vorrichtung aus der Maschine gehoben und nach dem Werkzeugwechsel wieder eingelegt werden. Dazu müssen bei zweimaliger manueller Betätigung eines Ventils 4 Zylinder folgende Bewegungen ausführen.

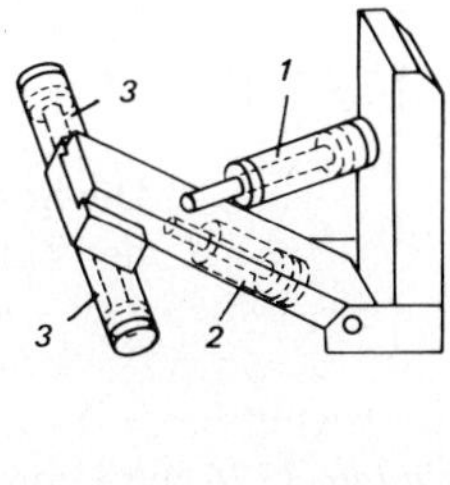

1. Betätigung

Zylinder *1* vor, Vorrichtung senken
Zylinder *2* vor, Werkzeug spannen
Zylinder *3* vor, Werkzeug ausschieben
Zylinder *1* zurück, Vorrichtung heben

2. Betätigung

Zylinder *1* vor, Vorrichtung senken
Zylinder *3* zurück, Werkzeug einschieben
Zylinder *2* zurück, Werkzeug entspannen
Zylinder *1* vor, Vorrichtung heben

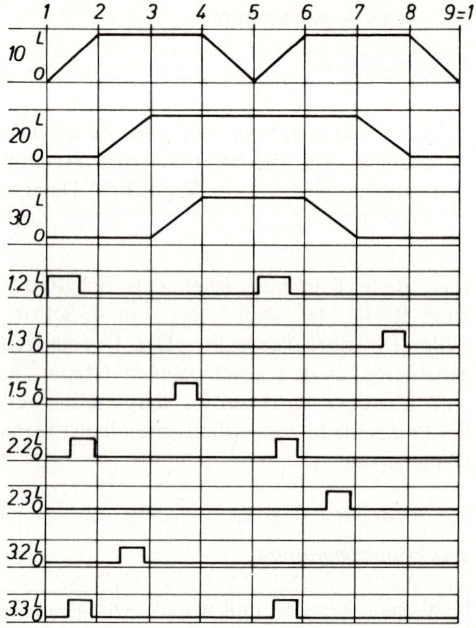

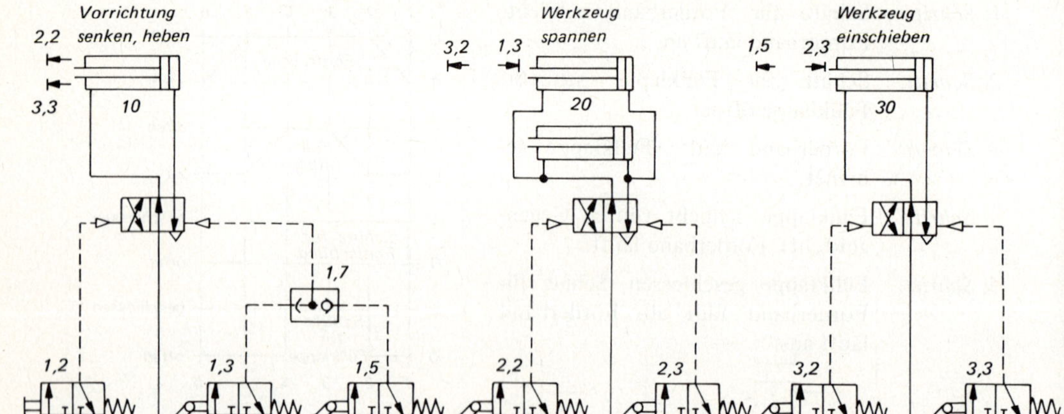

Die Schaltskizze gibt die räumliche Darstellung der Zylinder und Steuerventile nicht wieder.

Nach *VDI-Richtlinien 3226* wird empfohlen, die Zylinder in waagerechter, reihenweiser Anordnung zu zeichnen. Die zugehörigen Steuer- und Signalglieder sind darunter gezeichnet.

Die gesamte Steuerung wird in der Reihenfolge des Ablaufs in einzelne Steuerketten aufgeteilt, und diese werden in Richtung des Energieflusses bezeichnet. Die Lage der Signalglieder ist durch einen Markierungsstrich mit Betätigungspfeil kenntlich gemacht.

▶ ***Zur Selbstkontrolle***

1. Welches DIN-Blatt gibt Auskunft über Steuerungs- und Regelungstechnik?
2. Was versteht man unter einer *offenen Steuerkette*?
3. Erkläre die Begriffe *Steuerstrecke, Steuereinrichtung, Stellgröße* und *Störgröße*.
4. Aus welchen Elementen besteht die *Steuereinrichtung*?
5. Wodurch unterscheiden sich *Wegplansteuerung* und *Zeitplansteuerung*?
6. Welche Vorteile bietet die *Ablaufsteuerung* gegenüber einer *Zeitplansteuerung*?
7. Wodurch unterscheidet sich ein *Bewegungsdiagramm* von einem *Steuerdiagramm*?
8. Was ist eine *Haltegliedsteuerung*, und wo wird sie verwendet?
9. Welche Arten von *Programmsteuerungen* gibt es nach DIN 19226?
10. Welche Vor- und Nachteile weist eine *Ablaufsteuerung* auf?

II. Grundelemente logischer Schaltungen (Funktionen)

Um logische Beziehungen (Funktionen) darstellen zu können, werden Symbole verwendet, die schon seit langer Zeit Eingang in deutsche und internationale Normen gefunden haben.

Bis heute – und vermutlich auch noch in den kommenden Jahren – existieren unterschiedliche Symbolsysteme.

Dieses Buch paßt sich an die international gültige IEC-Norm, die seit 1976 auch von den deutschen Normen übernommen wurde und in DIN 40700 ausgewiesen wird.

Die älteren Symbole – oft auch heute noch in der deutschsprachigen Fachliteratur verwendet – sollen den neuen Schaltzeichen nach JEC-DIN 40100 in der nachfolgenden Tabelle vergleichend gegenübergestellt werden.

Soweit in den folgenden Kapiteln Werksskizzen oder Werkszeichnungen übernommen wurden, sind diese unverändert belassen.

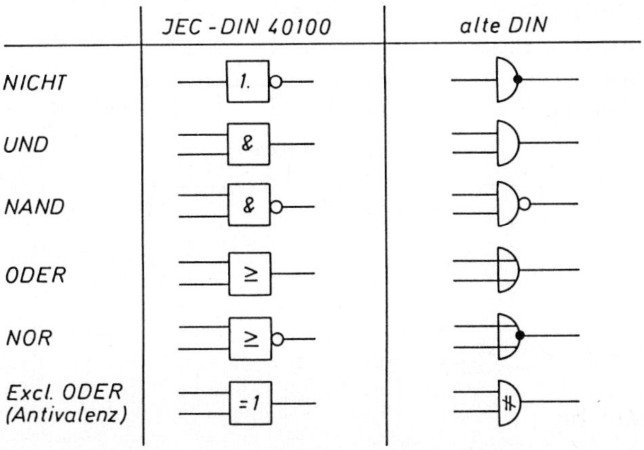

Die elektrotechnischen Schaltzeichen passen sich an DIN 40713 an. Lediglich bei der Bezeichnung der Betriebsmittel nach DIN 40719 ist abweichend hiervon für Schalter der Buchstabe *b* statt *s* verwendet worden. Dies ist deshalb geschehen, weil Verwechslungen mit Speichereingängen (*s* = setzen) nach DIN 40700 vermieden werden sollen.

Logische Funktionen

Wir haben es dann mit einer *logischen Funktion* zu tun, wenn eine oder mehrere Bedingungen erfüllt sein müssen, damit ein bestimmter Ablauf erwartet werden kann.
Die wichtigsten logischen Funktionen sind:
NICHT (*Umkehr*) — ODER – NOR
UND – NAND — Exklusiv ODER

1. NICHT (Negation)

NICHT

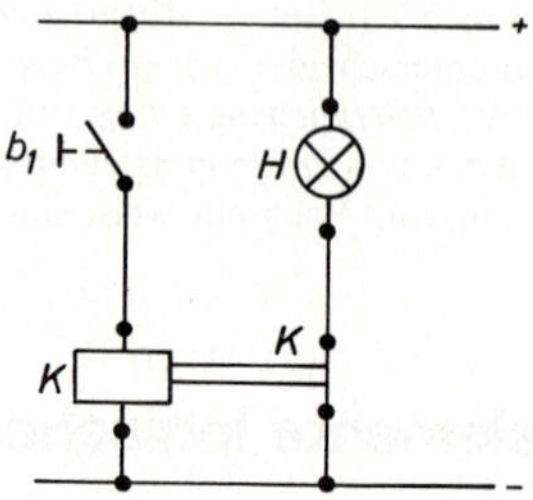

Bei der NICHT-*Funktion* wird ein ursprünglich vorhandenes digitales Signal – z.B. Lampe brennt – durch ein Eingangssignal – z.B. Schalter b_1 gedrückt – in sein Gegenteil verkehrt. Wird b_1 betätigt, so zieht das Relais K an und die Lampe H verlöscht, weil die Stromzufuhr über den Kontakt K unterbrochen wird.

In der digitalen Steuertechnik werden die Signale wie folgt bezeichnet:

Lampe brennt L
Lampe brennt nicht 0
Schalter b_1 gedrückt L
Schalter b_1 nicht gedrückt 0

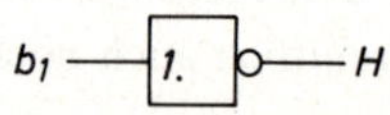

Symbol NICHT-*Funktion*

Wertetabelle

b_1	H
0	L
L	0

Man ersetzt mitunter L auch mit *Ja* und 0 mit *Nein* und kommt damit zum Begriff der Negation. Die Wertetabelle gibt das logische Verhalten der NICHT-Funktion wieder.

Man kann die logische Aussage der NICHT-Funktion auch in graphischer Form darstellen. Diese Darstellung zeigt, daß immer dann, wenn am Eingang b_1 L-Signal ansteht, der Ausgang H auf 0 geschaltet ist und umgekehrt.

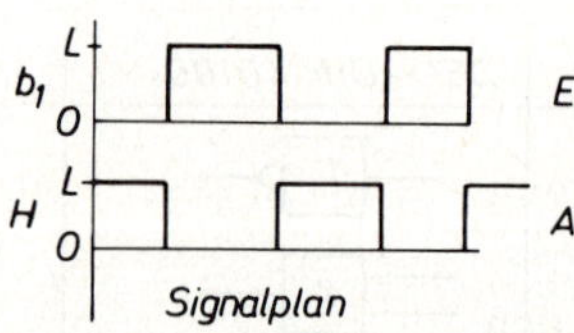

2. UND-NAND

UND

Ein Satzbeispiel soll die UND-Funktion zunächst einmal erläutern.

1. Bedingung Wenn das *Wetter schön* ist
+ und
2. Bedingung ich *Zeit habe,*
↓ dann
Aussage ***gehe ich spazieren.***

Beide Bedingungen müssen erfüllt sein, wenn es zu der positiven Aussage „Spaziergang“ kommen soll.

Die nebenstehende Relaisschaltung erfüllt die positive ***Aussage – Lampe brennt*** – nur, wenn *sowohl* b_1 *als auch* b_2 geschlossen sind.

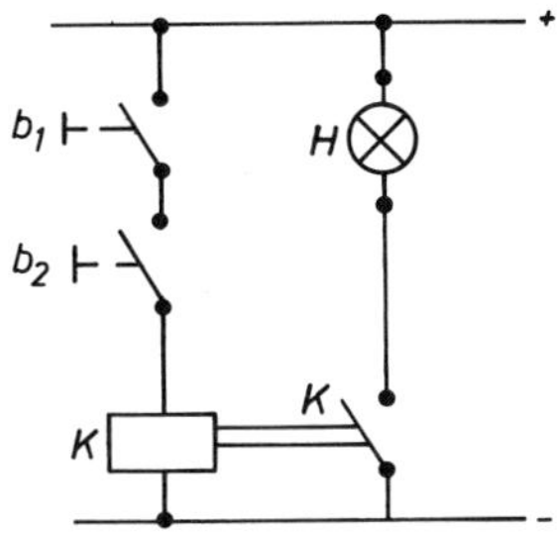

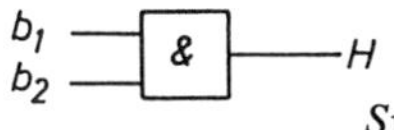

Symbol UND-*Funktion*

Die Wertetabelle drückt das gleiche aus. Ein positives Signal bei *H – Lampe brennt* – ist nur möglich in der vierten Zeile, wenn sowohl b_1 *als auch* b_2 positiv sind, d.h. beide Schalter geschlossen. Ist nur ein Schalter geschlossen, so fließt über Relais *K* kein Strom und der Kontakt *K* kann nicht geschlossen werden.

Wertetabelle

b_1	b_2	h
0	0	0
0	*L*	0
L	0	0
L	*L*	*L*

Die graphische Darstellung der UND-Funktion zeigt ebenfalls, daß nur dann, wenn b_1 und b_2 gleichzeitig betätigt sind, am Ausgang *H* ebenfalls *L*-Signal anliegt.

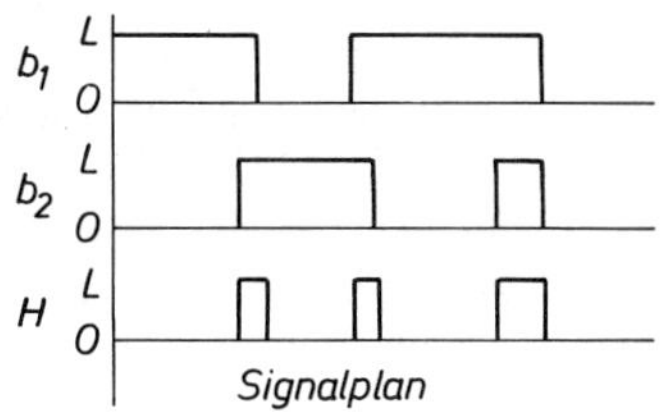

Signalplan

NAND (UND NICHT)

Satzbeispiel für die NAND-Funktion:

1. Bedingung Wenn *es regnet*
\+ und
2. Bedingung ich *beschäftigt bin*,
↓ dann
negierte Aussage gehe ich ***nicht spazieren.***

Die NAND-Funktion ist die Umkehrung der UND-Funktion.

Die Lampe in der Relaisschaltung brennt, solange das Relais *K* keinen Strom führt. Nur wenn b_1 und b_2 betätigt werden, zieht *K* an und öffnet den Kontakt *K*. Gleichzeitig wird der Stromfluß für *H* unterbrochen.

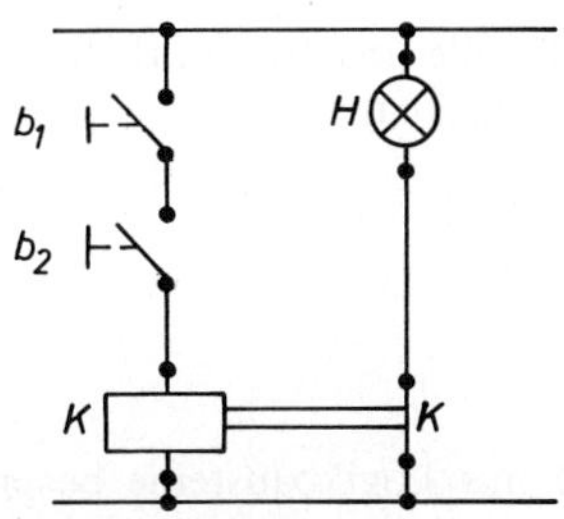

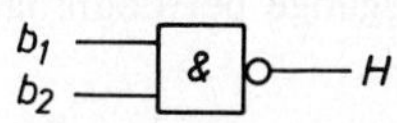

Symbol NAND-*Funktion*

Aus der Wertetabelle kann man erkennen, daß die NAND-Funktion die Aussage der UND-Funktion negiert.

Wertetabelle

b_1	b_2	H
0	0	L
0	L	L
L	0	L
L	L	0

Auch aus dem *Signalplan* geht hervor, daß das L-Signal bei H nur dann unterdrückt wird, wenn b_1 und b_2 L-Signal führen.

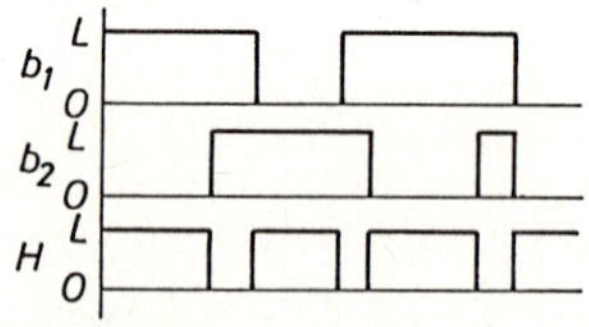

Signalplan

UND-NAND

Man kann beide Aussagen in einer UND-NAND-Schaltung unterbringen, bei der dann allerdings zwei unterschiedliche Ausgänge notwendig sind. Die Schaltung zeigt, daß eine Lampe immer L-Signal abgibt. Durch die starre Verbindung zwischen K, K_1 und K_2 ist es unmöglich, daß beide Signale gleich sind.

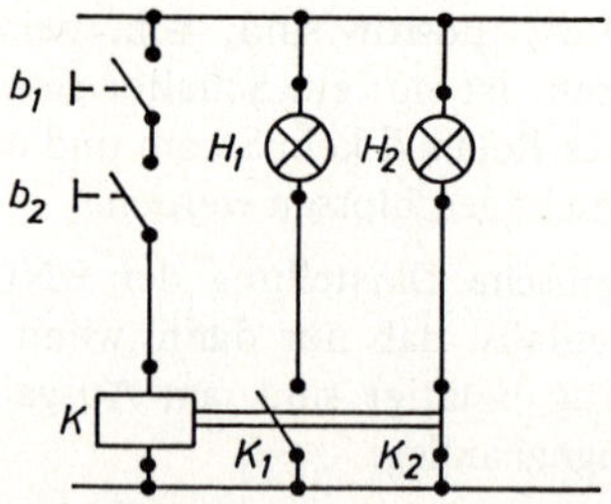

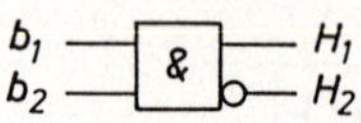

Symbol für UND/NAND-*Funktion*

Wertetabelle

b_1	b_2	H_1	H_2
0	0	0	L
0	L	0	L
L	0	0	L
L	L	L	0

Die Wertetabelle macht deutlich, daß H_2 die *Negation* von H_1 ist.

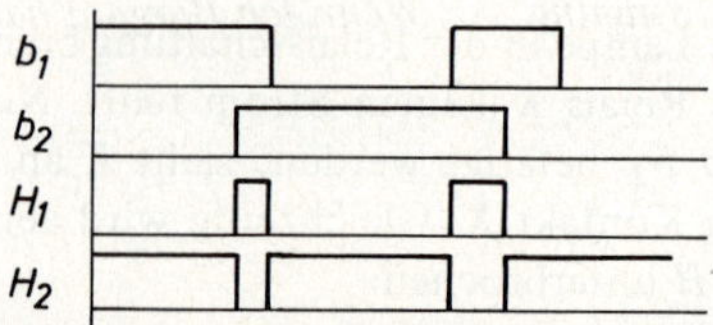

Signalplan

Bisher sind nur Logikbausteine besprochen worden, die nicht mehr als 2 Eingänge hatten. Die Anzahl der Eingänge bei Logikbauteilen hängt von der technischen Ausführung und der Aufgabenstellung ab.

UND-NAND mit 4 Eingängen

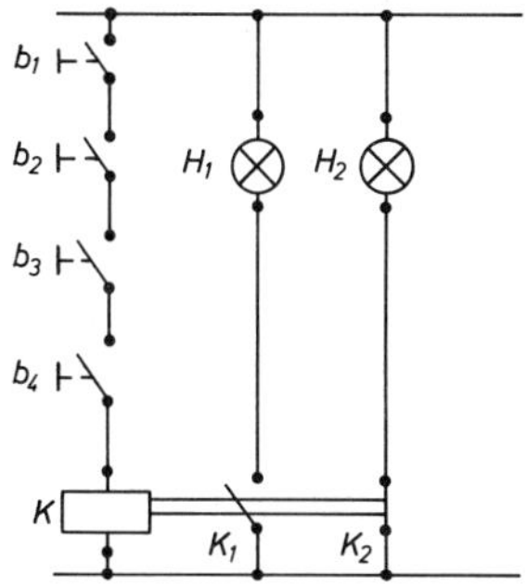

Die Schaltung weist aus, daß alle Taster gleichzeitig betätigt sein müssen, wenn die Ausgangssignale H_1 und H_2 verändert werden sollen.

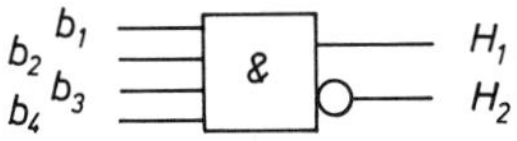

Symbol UND/NAND *Element mit 4 Eingängen und 2 Ausgängen*

Die Wertetabelle weist bei 4 Eingängen $2^4 = 16$ mögliche Schaltungskombinationen aus.

Eine Änderung der Signalanzeige tritt jedoch nur ein, wenn gleichzeitig *alle Eingangssignale* betätigt werden (Fall 15).

Wertetabelle

b_1	b_2	b_3	b_4	H_1	H_2	
0	0	0	0	0	L	– 0 –
0	0	0	L	0	L	– 1 –
0	0	L	0	0	L	– 2 –
0	0	L	L	0	L	– 3 –
0	L	0	0	0	L	– 4 –
0	L	0	L	0	L	– 5 –
0	L	L	0	0	L	– 6 –
0	L	L	L	0	L	– 7 –
L	0	0	0	0	L	– 8 –
L	0	0	L	0	L	– 9 –
L	0	L	0	0	L	–10 –
L	0	L	L	0	L	–11 –
L	L	0	0	0	L	–12 –
L	L	0	L	0	L	–13 –
L	L	L	0	0	L	–14 –
L	L	L	L	L	0	–15 –

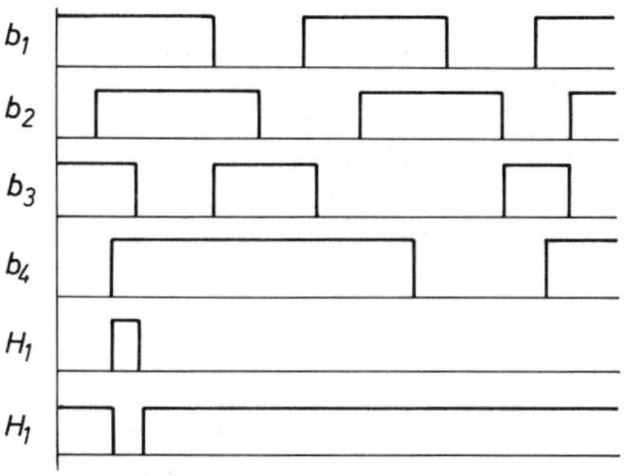

Signalplan für UND-NAND *Element mit 4 Eingängen*

3. ODER-NOR

ODER

Satzbeispiel für die ODER-Funktion:

1. Bedingung *Wenn ich Bargeld habe*
oder oder
2. Bedingung *das Scheckbuch mitnehme*
↓ dann
positive Aussage *kann ich einkaufen.*

Wenigstens *eine* der beiden Bedingungen *oder beide* müssen erfüllt sein, damit es zu einer positiven Aussage kommen kann.

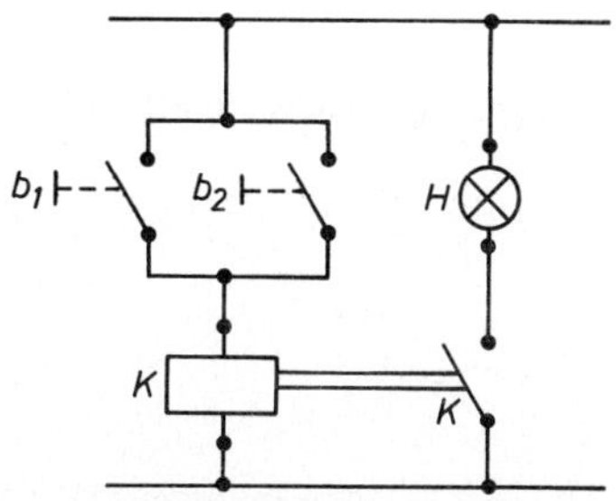

Die Relaisschaltung zeigt, daß Schütz K dann an Spannung liegt, wenn b_1 oder b_2 oder beide Schalter gedrückt sind. Die Lampe H brennt nur dann nicht, wenn kein Schalter gedrückt ist.

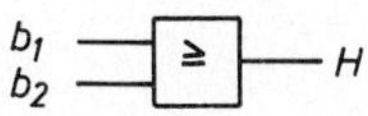

Symbol ODER-*Funktion*

Aus der Wertetabelle für die ODER-Funktion ergibt sich die gleiche Aussage. Ein L-Signal (Lampe brennt) ergibt sich dann, wenn mindestens eines der beiden Eingangssignale ebenfalls L zeigt.

Wertetabelle

b_1	b_2	H
0	0	0
0	L	L
L	0	L
L	L	L

Signalplan für ODER-*Funktion mit 2 Eingängen*

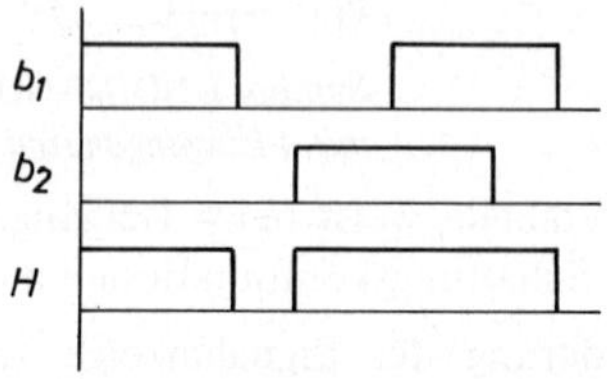

NOR(NICHT-ODER)

Satzbeispiel für die NOR-Funktion:

1. Bedingung — Wenn es *regnet*
oder — oder
2. Bedingung — *stürmt,*
↓ — dann
negative Aussage — kann ich *nicht spazierengehen*

Einer der beiden Schalter muß wenigstens betätigt werden, damit das Relais K anzieht und an der Lampe 0-Signal entsteht. (Lampe brennt nicht).

Nur wenn kein Schalter betätigt wird, fließt Strom und die Lampe brennt (L-Signal).

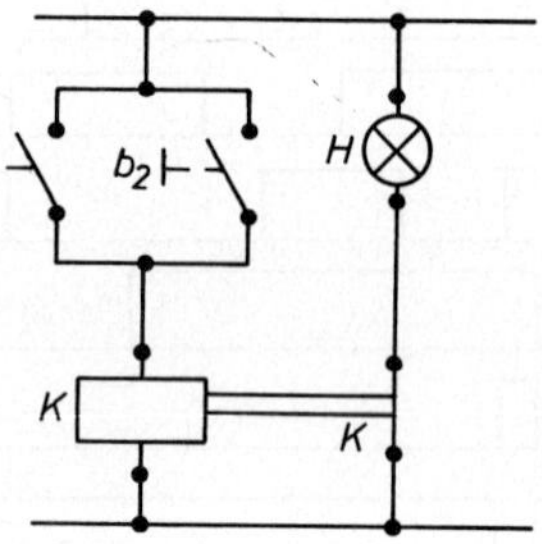

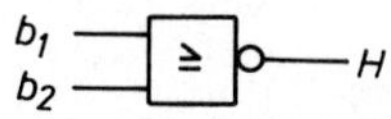

Symbol NOR-*Funktion*

b_1	b_2	h
0	0	L
0	L	0
L	0	0
L	L	0

Wertetabelle für NOR-Funktion mit 2 Eingängen

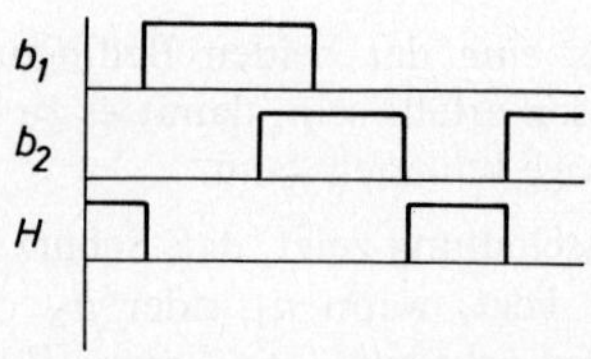

Signalplan für NOR-Funktion

ODER/NOR

Wie bei der UND/NAND-Funktion läßt sich eine Relaisschaltung aufbauen, bei der an zwei Ausgängen zwei sich stets widersprechende Signale anstehen.

Die starre mechanische Verbindung zwischen Relais K und den beiden Kontakten K_1 und K_2 verhindert, daß beide Lampen gleiches Signal anzeigen können.

Es können gleichzeitig zwei entgegengesetzte Signale an der Relaisschaltung abgenommen werden.

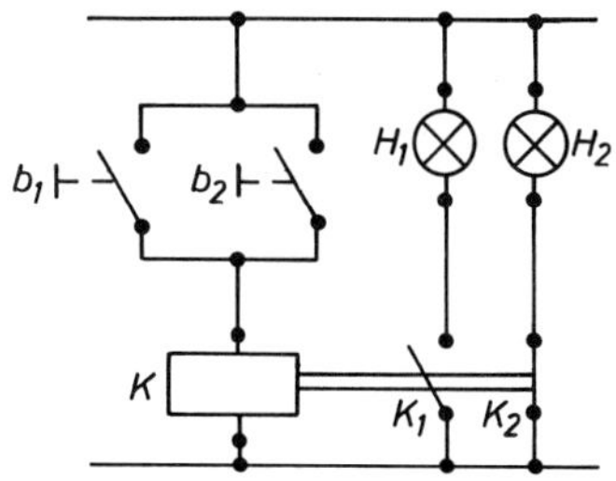

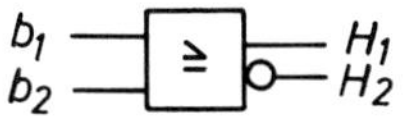

Symbol ODER/NOR-*Funktion*

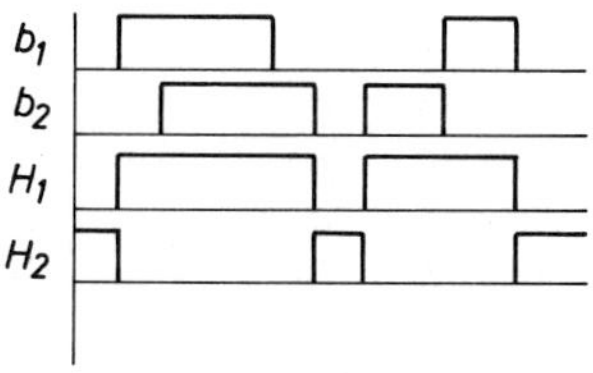

Symbol ODER/NOR-*Element mit 2 Eingängen und 2 Ausgängen*

b_1	b_2	H_1	H_2
0	0	0	L
0	L	L	0
L	0	L	0
L	L	L	0

Wertetabelle für ODER/NOR-Element mit 2 Eingängen und 2 Ausgängen

ODER/NOR mit 5 Eingängen

Relaisschaltung ODER/NOR *mit 5 Eingängen*

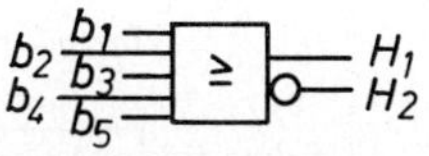

Symbol für ODER/NOR *mit 5 Eingängen*

Die Relaisschaltung besitzt 5 Eingänge. Das bedeutet, daß die Zahl der Schaltungen am Eingang $2^5 = 32$ betragen muß. In der Wertetabelle sind alle 32 Möglichkeiten aufgeführt. Das Beispiel zeigt auch, daß für die Darstellung der Zahl 32 im binären Zahlensystem 6 Stellen notwendig sind.

b_1	b_2	b_3	b_4	b_5	H_1	H_2	
0	0	0	0	0	0	L	0
0	0	0	0	L	L	0	1
0	0	0	L	0			2
0	0	0	L	L			3
0	0	L	0	0			4
0	0	L	0	L			5
0	0	L	L	0			6
0	0	L	L	L			7
0	L	0	0	0			8
0	L	0	0	L	↓	↓	9
0	L	0	L	0			10
0	L	0	L	L			11
0	L	L	0	0			12
0	L	L	0	L			13
0	L	L	L	0			14
0	L	L	L	L			15
L	0	0	0	0			16
L	0	0	0	L			17
L	0	0	L	0			18
L	0	0	L	L			19
L	0	L	0	0			20
L	0	L	0	L			21
L	0	L	L	0			22
L	0	L	L	L			23
L	L	0	0	0			24
L	L	0	0	L			25
L	L	0	L	0			26
L	L	0	L	L			27
L	L	L	0	0			28
L	L	L	0	L			29
L	L	L	L	0			30
L	L	L	L	L	L	0	31

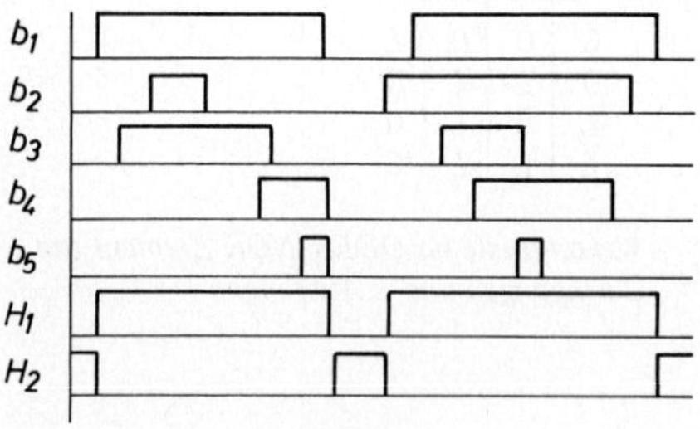

Signalplan für ODER-NOR-*Element mit 5 Eingängen und 2 Ausgängen*

4. Exklusiv-ODER

Antivalenz

Satzbeispiel für die *Antivalenz-Funktion*:

positive Aussage, ↓ entweder — *Wenn ich in die Stadt will, dann*

1. Bedingung — *fahre ich* entweder *mit dem Auto*

oder — oder

2. Bedingung — *ich gehe zu Fuß*

Die Lampe H kann nur dann brennen, wenn eines der beiden Relais Strom führt und die zugehörigen Kontakte betätigt werden. Wird z.B. b_1 betätigt, so schließt K_{11} und H erhält Strom. Das gleiche geschieht, wenn b_2 betätigt wird und der Stromfluß über K_{22} K_{12} erfolgen kann. Werden gleichzeitig b_1 und b_2 betätigt, so kann kein Strom fließen, da K_{21} und K_{12} geöffnet werden. Bleiben b_1 und b_2 unbetätigt, so ist der Stromfluß ebenfalls unmöglich.

Die Wertetabelle zeigt, daß ein L-Signal am Ausgang H nur dann möglich ist, wenn ein Eingang mit L beschickt wird. Werden beide Eingänge mit L oder 0 beaufschlagt, so erscheint am Ausgang wieder 0-Signal.

Da es die Antivalenz-Funktion als Grundbaustein nicht gibt, wird die Funktion aus Grundelementen zusammengeschaltet. Eine Möglichkeit zeigt die Schaltskizze.

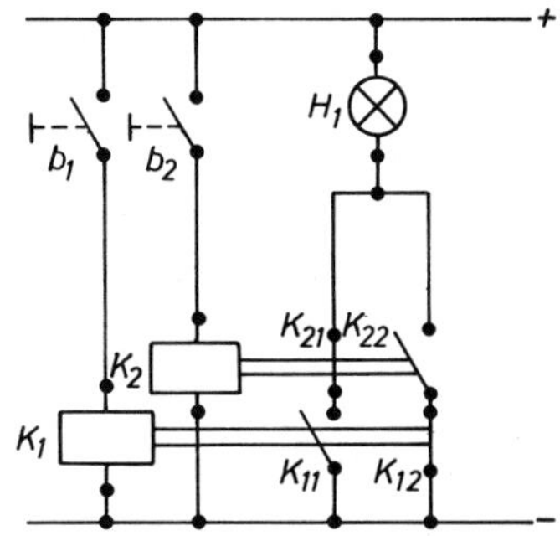

Schaltskizze

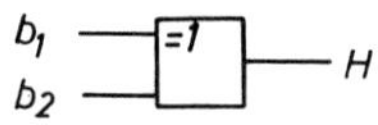

Symbol Antivalenz (Exklusiv-ODER)-Funktion

Wertetabelle

b_1	b_2	H
0	0	0
0	L	L
L	0	L
L	L	0

Symbol Verstärkerelement

V Verstärkerelement

Da die in elektronischen Logikschaltungen vorkommenden Ströme im mA-Bereich liegen, ist es notwendig, die nachgeschalteten Anzeigegeräte über ein Verstärkerelement anzuschließen (V).

Die dargestellte Antivalenz-Schaltung besteht aus 2 NICHT-, 2 UND- sowie einem ODER-Element.

L-Signal entsteht immer dann, wenn ein Schalter (b_1 oder b_2) betätigt wird und damit kein Spannungsabfall über die Vorwiderstände R_1 und R_2 erfolgen kann. Damit sind dann die Punkte a_1 bzw. a_2 direkt an das positive Potential 1 angeschlossen. Am Ausgang der UND-Elemente entsteht immer nur dann L-Signal, wenn beide Eingänge L-Signal führen. Das ist jedoch nur dann möglich, wenn der über das NICHT-Element führende Eingang vor dem NICHT-Element 0-Signal besitzt. Dieses 0-Signal wird negiert und damit zum L-Signal. Es kann am Ausgang der beiden UND-Elemente nie L-Signal anstehen, wenn beide Eingänge (a_1 und a_2) das gleiche Signal besitzen.

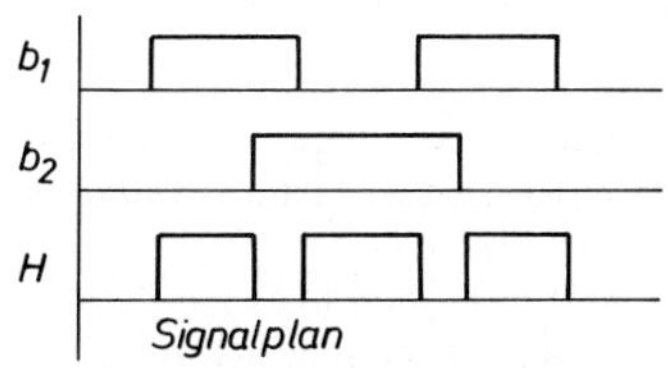

Signalplan für Antivalenz-Funktion

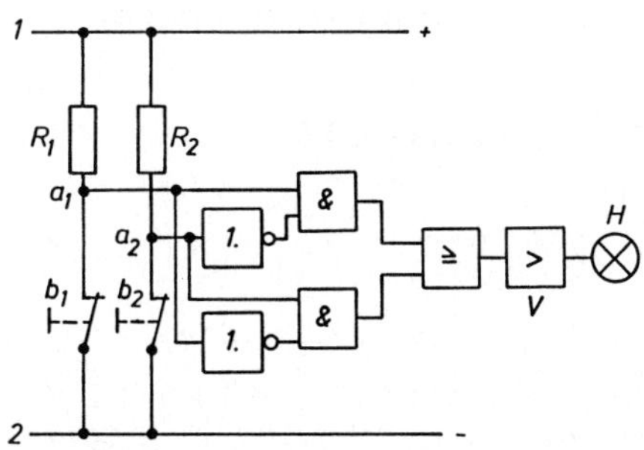

Logikplan

Äquivalenz

Eine *Antivalenz*-Funktion liegt dann vor, wenn die beiden Eingänge mit unterschiedlichen Signalen beschickt werden. Nur dann darf am Ausgang L-Signal entstehen, wenn b_1 L-Signal und b_2 0-Signal führt bzw. umgekehrt. Soll nur dann am Ausgang L-Signal anstehen, wenn beide Eingänge gleiche Signale führen, dann spricht man von der *Äquivalenz*-Funktion.

Die Schaltung für diese Funktion hat nebenstehendes Aussehen:

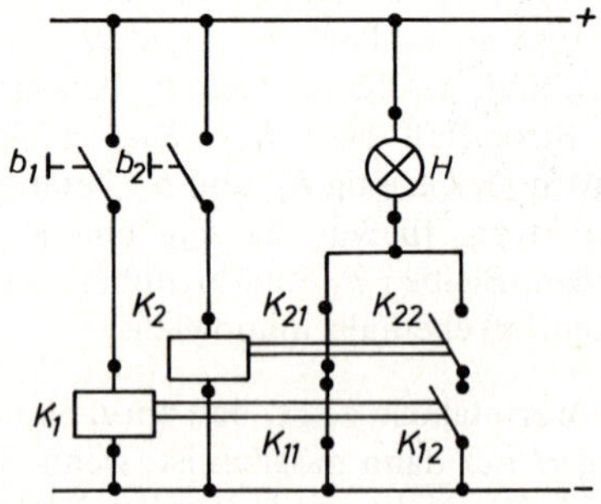

Die Lampe H *kann nur dann aufleuchten, wenn die Kontakte* K_{11} und K_{21} oder wenn K_{12} und K_{22} geschlossen sind. Diese Bedingungen treten jedoch nur ein, wenn entweder b_1 und b_2 unbetätigt oder beide betätigt sind.

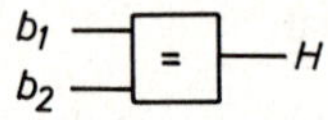

Symbol Äquivalenz-Funktion

Aus der Wertetabelle läßt sich ablesen, daß die Äquivalenzfunktion die Umkehrung der Antivalenzfunktion ist.

Wertetabelle für Äquivalenzfunktion

b_1	b_2	H
0	0	L
0	L	0
L	0	0
L	L	L

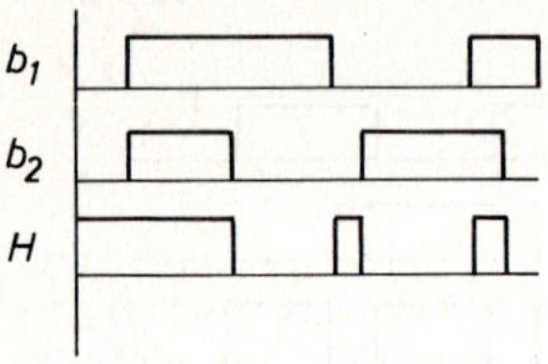

Signalplan für Äquivalenz-Funktion

H führt dann L-Signal, wenn eins der beiden UND-Glieder am jeweiligen Ausgang L führt. Das ist jedoch nur dann möglich, wenn beide Eingänge gleiches Eingangssignal L oder 0 führen.

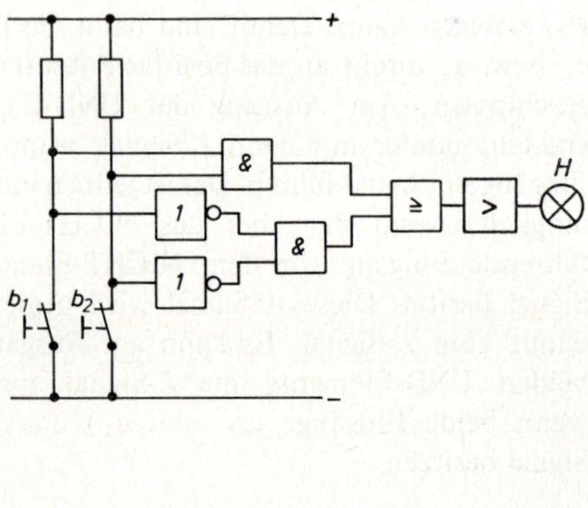

5. NOR und NAND – universelle Logikbausteine

Im vorigen Kapitel ist dargestellt worden, daß man aus unterschiedlichen Logikelementen neue logische Funktionen (z. B. Exklusiv-ODER) aufbauen kann. Im folgenden Kapitel soll gezeigt werden, daß durch Zusammenschaltung gleichartiger Elemente unterschiedliche Grundfunktionen gebildet werden können.

NICHT – ODER – UND aus NOR-Elementen

b_1	H
0	L
L	0

Beim NICHT-Element wird ein ankommendes Signal in sein Gegenteil verkehrt, es wird negiert. Die Wertetabelle stellt dies dar. Schließt man die beiden (oder mehr) Eingänge kurz, so entsteht von selbst an beiden Eingängen das gleiche Signal L oder 0. Die Wertetabelle von NOR gibt Auskunft darüber, daß, wenn beide Eingänge 0-Signal führen, der Ausgang L-Signal führt. Liegt an den Eingängen L, so wird am Ausgang 0 entstehen. Das entspricht genau der **NICHT**-Funktion.

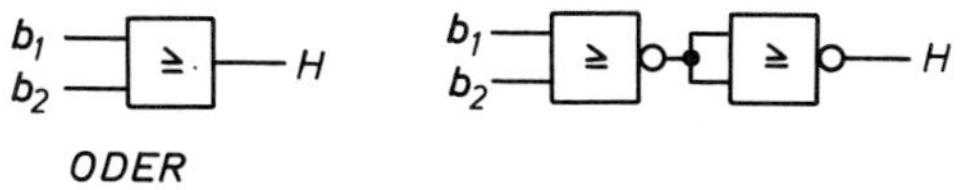

	b_1	b_2	H
1.	0	0	0
2.	0	L	L
3.	L	0	L
4.	L	L	L

Im nächsten Beispiel entsteht durch zwei hintereinandergeschaltete NOR-Elemente eine ODER-Funktion. Durch zweimalige Negation der Eingangssignale entsteht ein positives Signal am Ausgang.

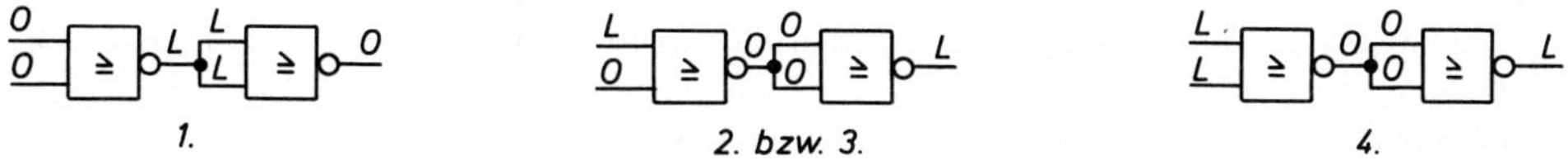

Die drei Fallskizzen zeigen, daß die Hintereinanderschaltung von 2 NOR-Elementen tatsächlich **ODER** ergibt.

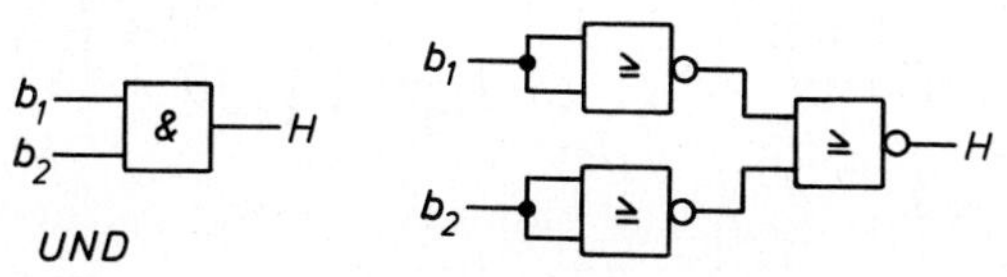

	b_1	b_2	H
1.	0	0	0
2.	0	L	0
3.	L	0	0
4.	L	L	L

Zur Darstellung der UND-Funktion durch NOR-Elemente benötigt man 3 NOR-Glieder, die wie oben dargestellt, miteinander verkettet werden.

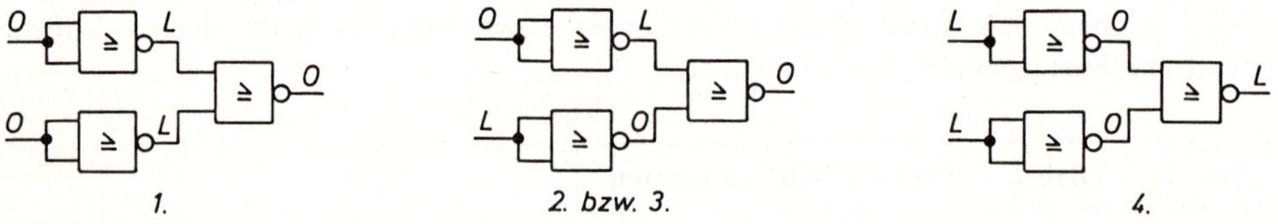

Die drei Fallskizzen machen deutlich, daß eine Wertetabelle entsteht, die der **UND**-Funktion entspricht.

NICHT – ODER – UND aus NAND-Elementen

So wie aus NOR-Elementen die drei Grundfunktionen abgeleitet werden können, ist dies auch mit NAND-Gliedern möglich.

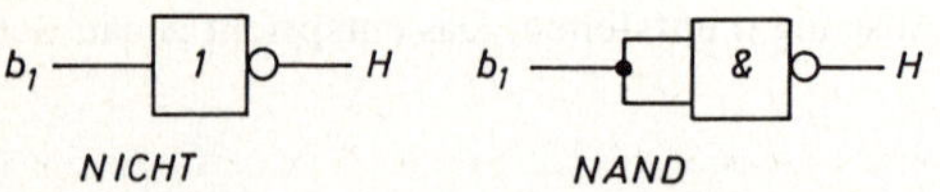

b_1	H
0	L
L	0

Wird $\mathbf{b_1}$ mit **L**-Signal angesteuert, so erhalten die beiden internen Eingänge zwangsläufig ebenfalls **L**-Signal und somit der Ausgang 0-Signal. Nur wenn alle internen Eingänge auf 0 stehen, erscheint am Ausgang **h** **L**-Signal. Das entspricht der **NICHT**-Funktion.

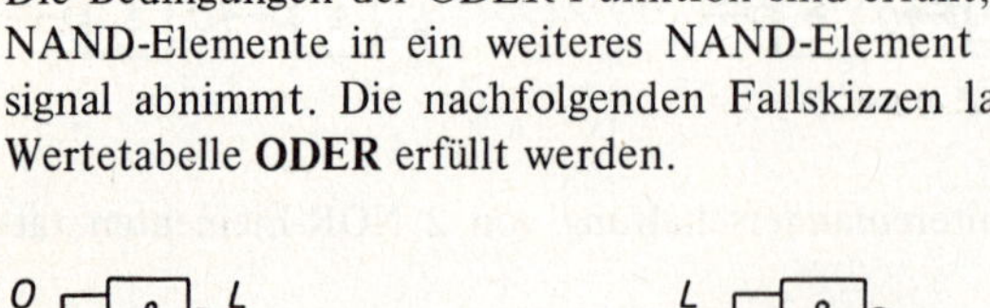

	b_1	b_2	H
1.	0	0	0
2.	0	L	L
3.	L	0	L
4.	L	L	L

Die Bedingungen der ODER-Funktion sind erfüllt, wenn man die Ausgänge zweier paralleler NAND-Elemente in ein weiteres NAND-Element eingibt und an dessen Ausgang das Endsignal abnimmt. Die nachfolgenden Fallskizzen lassen erkennen, daß die Bedingungen der Wertetabelle **ODER** erfüllt werden.

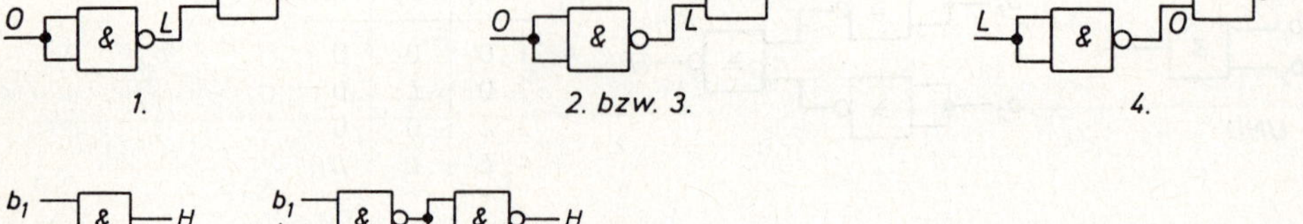

Die Fallskizzen zeigen, daß aus zwei hintereinandergeschalteten NAND-Elementen die **UND**-Funktion entsteht.

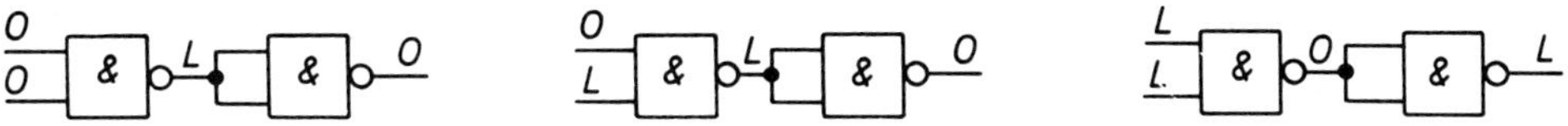

1. 2. bzw. 3. 4.

b_1	b_2	H
1. 0	0	0
2. 0	L	0
3. L	0	0
4. L	L	L

Es muß noch die Frage gestellt werden, welchen praktischen Sinn es hat, aus immer den gleichen Grundelementen andere Grundelemente und Funktionen aufzubauen, die in der Aufbaustruktur komplizierter und aufwendiger erscheinen.

Ein wesentlicher Vorteil der Darstellung logischer Grundfunktionen mit nur einem Bauteiltyp besteht darin, daß Fertigung, Lagerhaltung und Zusammenbau *wirtschaftlicher* sind, wenn nur ein Grundbauteil verwendet werden muß. Werden logische Schaltungen aus integrierten Schaltkreisen aufgebaut, so ist der scheinbar höhere Aufwand bei Verwendung von NOR- bzw. NAND-Elementen wirtschaftlich bedeutungslos. Bei Verwendung von pneumatischen oder hydraulischen Steuerelementen muß dieser dann tatsächlich höhere wirtschaftliche Aufwand bedacht werden.

6. Lehrbeispiele

Lehrbeispiel 1

Eine Schaltung mit zwei Signalgebern soll überwacht werden. Die Lampe H_1 soll leuchten, wenn nur einer der beiden Signalgeber betätigt wird. Die Lampe H_2 soll brennen, wenn keiner der beiden Signalgeber betätigt wird.

Die Lampe H_3 soll brennen, wenn beide Signalgeber betätigt werden.

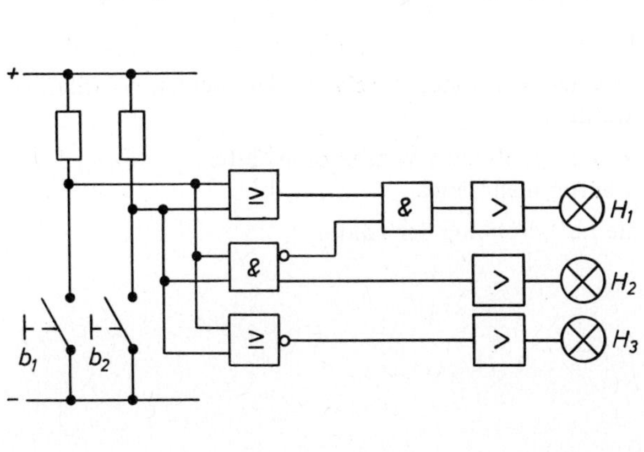

b_1	b_2	H_1 (Antivalenz)	H_2 (Äquivalenz)	H_3 (Äquivalenz)
0	0	0	L	0
0	L	L	0	0
L	0	L	0	0
L	L	0	0	L

Wirkungsweise:

Die Schaltung wird hier verwirklicht mit einem ODER-, einem NOR-, einem UND- sowie einem UND/NAND-Element.

Ein Signal entsteht dann, wenn ein Schalter geschlossen ist und damit ein Impuls die Logikglieder ansteuert.

H_1 leuchtet nur dann auf, wenn über das ODER-Element ein L-Signal an einem Eingang des UND-Gliedes ansteht und wenn über den negierten Ausgang des UND/NAND-Gliedes L-Signal ansteht. Das ist aber nur dann der Fall, wenn nicht beide Eingänge des UND/NAND-Gliedes mit L-Signal beaufschlagt werden.

H_3 kann nur dann aufleuchten, wenn beide Eingänge des UND/NAND-Gliedes mit L beschickt werden. H_2 leuchtet nur auf, wenn das NOR-Element auf beiden Eingängen 0-Signal führt.

Lehrbeispiel 2

Eine Schaltung mit zwei Eingängen soll nach folgenden Bedingungen arbeiten:

Ausgang H_1 soll L-Signal führen, wenn b_1 und b_2 0-Signal anzeigen oder wenn an b_1 0-Signal und an b_2 L-Signal anliegt oder wenn b_1 und b_2 L-Signal führen. Ausgang H_2 soll bei Äquivalenz L-Signal zeigen oder wenn nur an b_1 L-Signal ansteht.

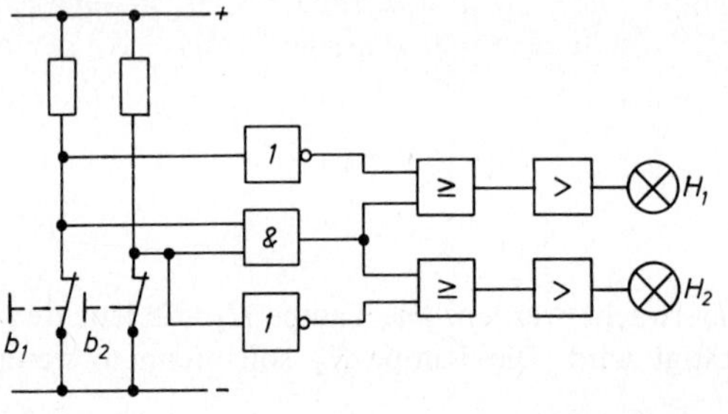

b_1	b_2	H_1	H_2
0	0	L	L
0	L	L	0
L	0	0	L
L	L	L	L

Lehrbeispiel 3

Ein Transformator wird mit Hilfe zweier Ventilatoren gekühlt. Die beiden Ventilatoren sollen in folgender Weise überwacht werden:

1. Eine Lampe soll aufleuchten, wenn weniger als zwei Ventilatoren laufen.
2. Eine Hupe soll ertönen, wenn kein Lüfter mehr läuft.

Zwei Windfahnenrelais überwachen die Luftströmung der Läufer.

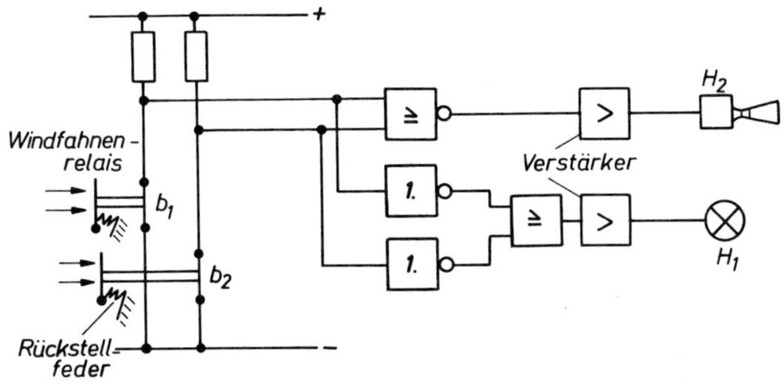

		Lampe	Hupe
b_1	b_2	H_1	H_2
0	0	*L*	*L*
0	*L*	*L*	0
L	0	*L*	0
L	*L*	0	0

Wirkungsweise:

Die Schaltung wird realisiert mit einem ODER-, einem NOR- sowie zwei NICHT-Elementen.

Wenn beide Ventilatoren laufen, werden die beiden Windfahnenrelais betätigt und öffnen die Kontakte b_1 und b_2. Ist ein Ventilator defekt, so drückt die Rückstellfeder das Windfahnenrelais in die gezeichnete Ausgangsstellung, und der entsprechende Kontakt wird wieder geschlossen. Sind ein bzw. beide Kontakte geschlossen, so erhalten die Logikelemente entsprechende *negative* Impulse. Die Hupe h_2 wird dann betätigt, wenn sowohl b_1 als auch b_2 nicht geöffnet sind. Die Lampe h_1 wird aufleuchten, wenn beide oder nur ein Kontakt geschlossen sind.

Lehrbeispiel 4

Bei Auftreten eines Störsignals b_1 ertönt eine Hupe und eine Lampe blinkt. Nach Quittierung – Taste b_2 – schaltet die Hupe ab und die Lampe erhält Dauerlicht. Ist die Störung beseitigt, so erlischt die Lampe. Wird die Quittierung nach Ende der Störung betätigt, so erlöschen Hupe und Blinklicht gleichzeitig.

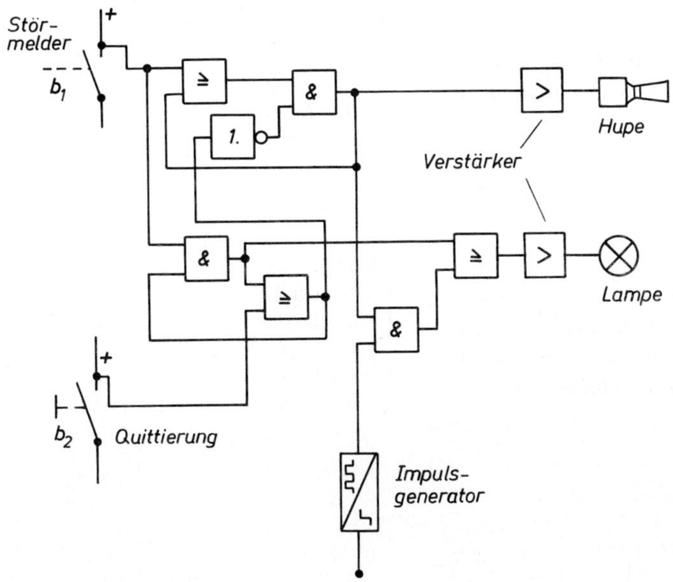

▶ ***Zur Selbstkontrolle***

1. Was versteht man unter einer Wertetabelle?
2. Nenne ein Satzbeispiel für eine UND-Funktion.
3. Was kann mit Hilfe eines Signalplanes sichtbar gemacht werden?
4. Wieviel Zeilen und wieviel Spalten sind notwendig, um in einer Wertetabelle die Schaltmöglichkeiten eines ODER-Elementes mit 5 Eingängen und einem Ausgang darzustellen?
5. Erstelle ein Satzbeispiel, das die NOR-Funktion ausdrückt.
6. Wodurch unterscheiden sich die Funktionen von ODER und Exklusiv-ODER?
7. Nenne die wichtigsten Verknüpfungsarten.
8. Erkläre die NAND-Funktion und skizziere das zugehörige Schaltsymbol.
9. Was versteht man unter *Antivalenz*?
10. Erkläre den Begriff *Äquivalenz*.

III. Schaltalgebra

Mit Hilfe der *Schaltalgebra* lassen sich in der Steuerungstechnik Schaltfunktionen aufstellen. Diese stellen den Zusammenhang zwischen den Werten der Eingangs- und Ausgangssignale auf mathematische Weise dar. Alle bisher beschriebenen Schaltelemente und ihre Funktionen lassen sich mit Hilfe der Schaltalgebra darstellen.

1. Grundregeln der Schaltalgebra

UND-Verknüpfung

Die Gleichung liest sich:

L und *L* und *L* gleich *L*.

Die UND-Verknüpfung kann im Ansatz mit der Rechenart *Malnehmen* verglichen werden, z. B. $1 \cdot 1 \cdot 1 = 1$; oder $1 \cdot 1 \cdot 0 = 0$.

$$L \wedge L \wedge L = L$$
$$L \wedge 0 \wedge 0 = 0$$
$$L \wedge L \wedge 0 = 0$$
$$L \wedge 0 \wedge L = 0$$
$$0 \wedge L \wedge L = 0$$
$$0 \wedge 0 \wedge 0 = 0$$

ODER-Verknüpfung

Die Gleichung liest sich:

L oder *L* oder *L* gleich *L*.

Die ODER-Verknüpfung läßt sich mit der Rechenart *Zuzählen* vergleichen, wobei zu beachten ist, daß im Resultat nur *zwei Ergebnisse* möglich sind:

0 bzw. *L*.

$$L \vee L \vee L = L$$
$$L \vee 0 \vee 0 = L$$
$$L \vee L \vee 0 = L$$
$$0 \vee L \vee L = L$$
$$L \vee 0 \vee L = L$$
$$0 \vee 0 \vee 0 = 0$$

Beispiel:

$1 + 1 + 1 = 3 \rightarrow L$
$1 + 1 + 0 = 2 \rightarrow L$

1.1. Inversionsgesetze (de Morgansche Regeln)

Jede ODER-Verknüpfung läßt sich in eine UND-Verknüpfung – und jede UND-Verknüpfung läßt sich in eine ODER-Verknüpfung verwandeln, indem man die Rechenzeichen verändert und die Einzelglieder sowie den Ausdruck negiert.

Umwandlung einer UND-*Funktion (Konjunktion) in eine* ODER-*Funktion (Disjunktion)*

$$(b_1 \wedge b_2) = H$$

Diese Gleichung entspricht dem Symbol einer UND-Funktion mit 2 Eingängen.

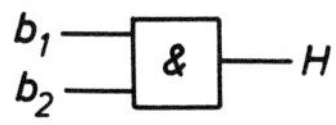

b_1	b_2	H
0	0	0
0	L	0
L	0	0
L	L	L

Umgewandelt lautet die Gleichung

$$\overline{(\overline{b_1} \vee \overline{b_2})} = H$$

In der Schaltalgebra bedeutet ein *oben liegender Querstrich* eine *Negation*. In dieser Gleichung werden sowohl die Einzelglieder als auch der Gesamtausdruck negiert. Da das Rechenzeichen verändert worden ist, haben wir es mit einer ODER-Funktion zu tun. Die Schaltung besteht aus 2 NICHT-Elementen sowie einem NOR-Element.

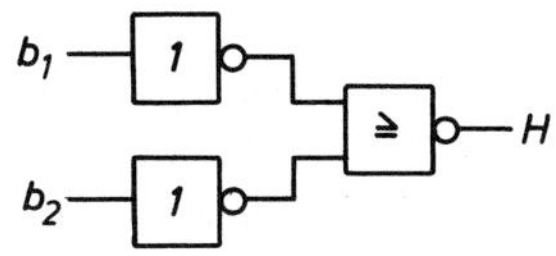

b_1	b_2	H
0	0	0
0	L	0
L	0	0
L	L	L

Die beiden NICHT-Elemente lassen sich auch durch NOR-Glieder ersetzen (vgl. Abschnitt 2.2.5.).

Eine Überprüfung dieser beiden Gleichungen anhand der zugehörigen Wertetabellen ergibt die gleichen Aussagen in allen vorkommenden Fällen.

Daraus folgt:

$$(b_1 \wedge b_2) = \overline{(\overline{b_1} \vee \overline{b_2})}$$

Diese Aussage beschränkt sich nicht auf zwei, sondern gilt für beliebig viele Variable, z. B.:

$$(b_1 \wedge b_2 \wedge b_3) = \overline{(\overline{b_1} \vee \overline{b_2} \vee \overline{b_3})}$$

Umwandlung einer ODER-*Funktion (Disjunktion) in eine* UND-*Funktion (Konjunktion)*

$$(b_1 \vee b_2) = H$$

Gleichung für ODER-Funktion mit 2 Eingängen.

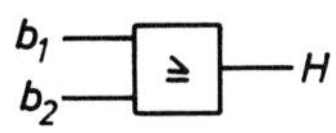

b_1	b_2	H
0	0	0
0	L	L
L	0	L
L	L	L

$$\overline{(\overline{b_1} \wedge \overline{b_2})} = H$$

Die mehrfach negierte UND-Funktion ergibt in der Wertetabelle die gleichen Aussagen wie die ODER-Funktion.

Die Schaltung besteht aus 2 NICHT-Elementen sowie einem NAND-Element. Die beiden NICHT-Elemente lassen sich durch NAND-Elemente ersetzen (vgl. Abschnitt 2.2.5.).

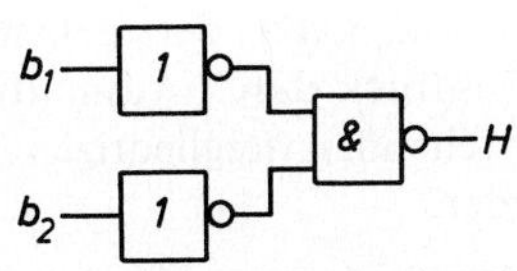

b_1	b_2	H
0	0	0
0	L	L
L	0	L
L	L	L

$$(b_1 \vee b_2) = \overline{(\overline{b_1} \wedge \overline{b_2})}$$

$$(b_1 \vee b_2 \vee b_3) = \overline{(\overline{b_1} \wedge \overline{b_2} \wedge \overline{b_3})}$$

In der folgenden Regel läßt sich das Inversionsgesetz zusammenfassen:

> Eine Disjunktion (Konjunktion) wird in eine Konjunktion (Disjunktion) verwandelt, indem jede vorkommende Variable negiert wird und jedes Disjunktionszeichen (Konjunktionszeichen) in ein Konjunktionszeichen (Disjunktionszeichen) verwandelt wird. Dabei zählt ein Klammerausdruck ebenfalls als Variable.

Nach dieser Regel soll die Gleichung $(b_1 \wedge b_2) = H$ in eine ODER-Funktion mit gleicher Aussage umgewandelt werden.

$(b_1 \wedge b_2) = H$

$(\overline{b_1}\ \overline{b_2}) =$ — *1. Schritt:* Negation der beiden Variablen

$(\overline{\overline{b_1}\ \overline{b_2}}) =$ — *2. Schritt:* Negation des Klammerausdrucks

$(\overline{\overline{b_1} \vee \overline{b_2}}) = H$ — *3. Schritt:* Umwandlung des Konjunktionszeichens in ein Disjunktionszeichen

$(b_1 \wedge b_2) = (\overline{\overline{b_1} \vee \overline{b_2}})$ — *Nachweis:* Vergleich der Wertetabellen

Nach dieser Regel läßt sich auch der folgende Ausdruck umwandeln:

$(\overline{b_1} \wedge \overline{b_2}) = H$

$(b_1\ b_2) =$ — *1. Schritt:* Eine weitere Negation einer bereits negierten Variablen hebt die Negation wieder auf.

$(\overline{b_1\ b_2}) =$ — *2. Schritt*

$(\overline{b_1 \vee b_2}) = H$ — *3. Schritt*

$(\overline{b_1} \wedge \overline{b_2}) = (\overline{b_1 \vee b_2})$

$(\overline{b_1} \wedge \overline{b_2}) = H$

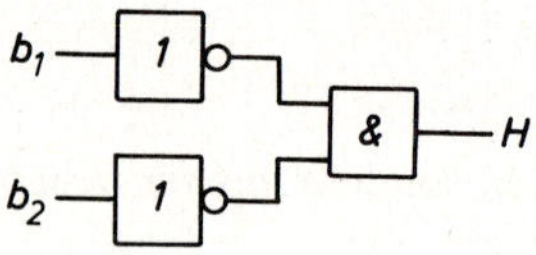

b_1	b_2	H
0	0	L
0	L	0
L	0	0
L	L	0

$(\overline{b_1 \vee b_2}) = H$

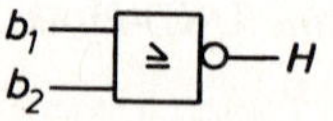

b_1	b_2	H
0	0	L
0	L	0
L	0	0
L	L	0

Aus den Wertetabellen ist zu erkennen, daß die beiden Gleichungen identisch sind.

1.2. Distributives Gesetz

In der Mathematik kann der nebenstehende zweigliedrige Ausdruck durch Ausmultiplizieren in den darunterstehenden viergliedrigen Ausdruck verwandelt werden.

$(3 + 4) \cdot (5 + 6)$
$= (3 \cdot 5) + (3 \cdot 6) + (4 \cdot 5) +$
$+ (4 \cdot 6)$

Ähnliche Gesetzmäßigkeiten gelten auch für die Schaltalgebra.

Aus der zweigliedrigen Disjunktion ist eine viergliedrige Konjunktion geworden.

$$(b_1 \wedge b_2) \vee (b_3 \wedge b_4)$$
$$= (b_1 \vee b_3) \wedge (b_1 \vee b_4) \wedge$$
$$\wedge\ (b_2 \vee b_3) \wedge (b_2 \vee b_4)$$

Es gilt aber auch umgekehrt: Eine zweigliedrige Konjunktion läßt sich durch Ausmultiplizieren in eine viergliedrige Disjunktion verwandeln.

$$(b_1 \vee b_2) \wedge (b_3 \vee b_4)$$
$$= (b_1 \wedge b_3) \vee (b_1 \wedge b_4) \vee$$
$$\vee\ (b_2 \wedge b_3) \vee (b_2 \vee b_4)$$

Zunächst ist nicht einzusehen, welchen schaltungsmäßigen Vorteil Umwandlungen haben, bei denen zweigliedrige Ausdrücke durch umfangreichere viergliedrige Ausdrücke ersetzt werden können.

Es gilt weiterhin:

$$b_1 \wedge (b_2 \vee b_3)$$
$$= (b_1 \wedge b_2) \vee (b_1 \wedge b_3)$$

sowie:

$$b_1 \vee (b_2 \wedge b_3)$$
$$= (b_1 \vee b_2) \wedge (b_2 \vee b_3)$$

An zwei Beispielen soll erläutert werden, daß es durch Umwandlungen bei in der Praxis immer wiederkehrenden Aufgabenstellungen schaltalgebraischer Art sehr wohl zu Vereinfachungen kommen kann, die von den Kosten und der Fertigung gesehen günstiger sind.

1. Beispiel:

Diese Disjunktion wird nach dem distributiven Gesetz zunächst in eine Konjunktion verwandelt.

$$(b_1 \wedge \overline{b_2}) \vee (\overline{b_1} \wedge b_2) = L$$

$$(b_1 \vee \overline{b_1}) \wedge (b_1 \vee b_2)$$
$$\wedge\ (\overline{b_2} \vee \overline{b_1}) \wedge (\overline{b_2} \vee b_2) = L$$

Der *erste* und *vierte* Ausdruck der Konjunktion sollen näher betrachtet werden.

In der nebenstehenden Schaltung fließt in jedem Fall Strom. Es spielt keine Rolle, in welcher der beiden Schaltstellungen b_1 sich befindet. Diese Schaltung entspricht dem Ausdruck $b_1 \vee \overline{b_1}$.

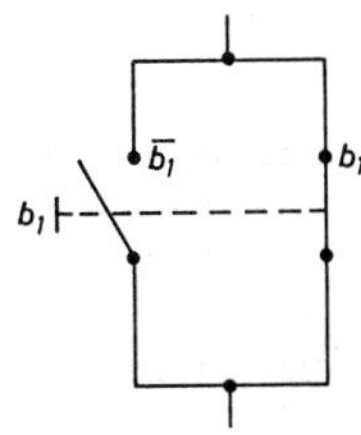

$$(b_1 \vee \overline{b_1})$$

Wenn durch Umschaltung von b_1 keine Schaltungsveränderung eintritt, dann wirkt $b_1 \vee \overline{b_1}$ wie ein fest verdrahteter ständig geschlossener Kontakt, der ständig L-Signal führt.

b_1

$$b_1 \vee \overline{b_1} = L$$

Was für $b_1 \vee \overline{b_1}$ gilt, hat auch Gültigkeit für $b_2 \vee \overline{b_2}$, so daß sich die Konjunktion wie folgt darstellt.

$$L_1 \wedge (b_1 \vee b_2) \wedge (\overline{b}_2 \vee \overline{b_1}) \wedge L = L$$

Die Gleichung kann reduziert werden auf den zweiten und dritten Ausdruck, so daß daraus wird:

$$(b_1 \vee b_2) \wedge (\overline{b_2} \vee \overline{b_1}) = L$$

Nach den Inversionsgesetzen kann der zweite Ausdruck weiter vereinfacht werden.

$$(b_1 \vee b_2) \wedge (\overline{b_2 \wedge b_1}) = L$$

Vergleicht man die Ausgangsgleichung mit dem zuletzt durch zwei Umwandlungen gefundenen Wert, so kann man tatsächlich eine schaltungstechnische Vereinfachung erkennen. Es werden zwei NICHT-Elemente eingespart.

Antivalenz

$(b_1 \wedge \overline{b_2}) \vee (\overline{b_1} \wedge b_2) = L$

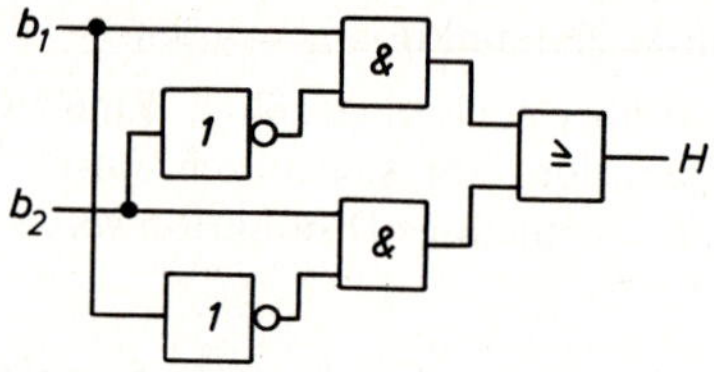

b_1	b_2	H
0	0	0
0	L	L
L	0	L
L	L	0

$(b_1 \vee b_2) \wedge (\overline{b_2 \wedge b_1}) = L$

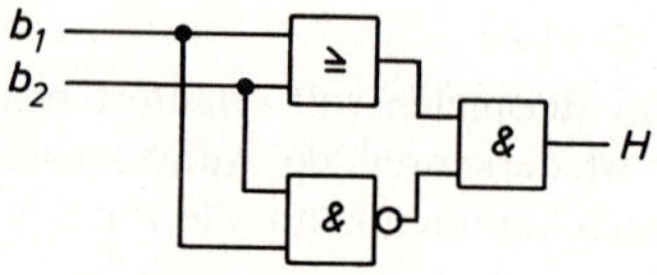

b_1	b_2	H
0	0	0
0	L	L
L	0	L
L	L	0

2. Beispiel:

Mit Hilfe der distributiven Gesetze sowie der Inversionsgesetze soll eine Konjunktion in eine Disjunktion verwandelt werden.

Bei der vereinfachten Schaltung ergibt sich eine Einsparung von zwei Negations-Elementen.

$$(b_1 \vee \overline{b_2}) \wedge (\overline{b_1} \vee b_2) = L$$

$$(b_1 \wedge \overline{b_1}) \vee (b_1 \wedge b_2) \vee$$

$$\vee\ (\overline{b_1} \wedge \overline{b_2}) \vee (b_2 \wedge \overline{b_2}) = L$$

Die Skizze zeigt die Verschaltung des Ausdrucks $(b_1 \wedge \overline{b_1})$.

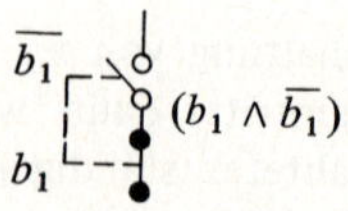

In jedem Fall ist einer der beiden in Reihe geschalteten Kontakte geöffnet. Stromfluß bzw. L-Signal sind damit ausgeschlossen.

Erster und vierter Ausdruck der Konjunktion werden 0, so daß sich die Funktion auf zwei Ausdrücke reduziert.

$$(b_1 \wedge \overline{b_1}) = 0$$

Die vereinfachte Gleichung wird nach *de Morgan* weiter vereinfacht, so daß die Gleichung ihre endgültige Form erhält.

$$(b_1 \wedge b_2) \vee (\overline{b_1} \wedge \overline{b_2}) = L$$

$$(b_1 \wedge b_2) \vee (\overline{b_1 \vee b_2}) = L$$

Baut man für diese Gleichung die Schaltung auf, so können durch den Einsatz eines NOR-Elementes an Stelle eines ODER-Elementes ebenfalls zwei Negationselemente eingespart werden.

$(b_1 \vee \overline{b_2}) \wedge (\overline{b_1} \vee b_2) = L$

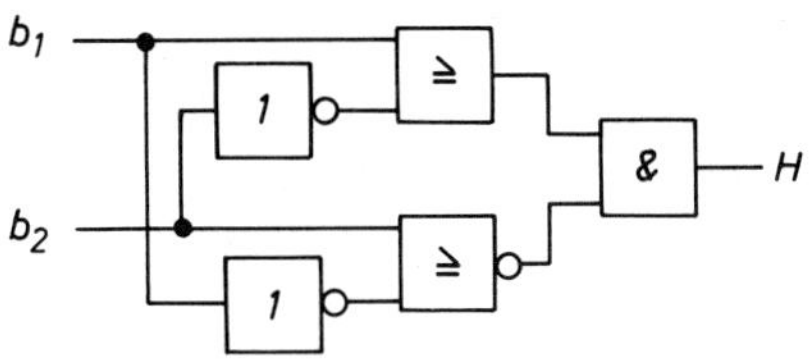

b_1	b_2	H
0	0	L
0	L	0
L	0	0
L	L	L

$(b_1 \wedge b_2) \vee \overline{(b_1 \vee b_2)} = L$

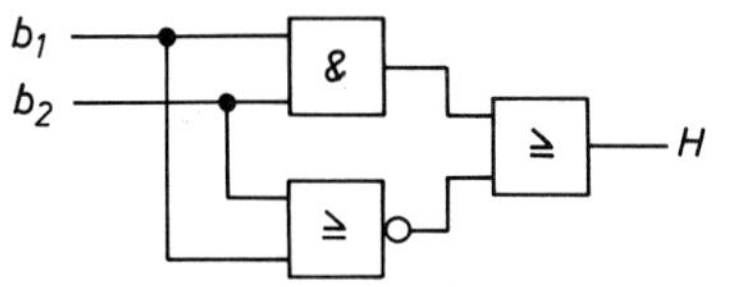

b_1	b_2	H
0	0	L
0	L	0
L	0	0
L	L	L

Aus den Wertetabellen geht hervor, daß beide Gleichungen tatsächlich gleichwertig sind.

Das distributive Gesetz bietet genauso wie die Regeln nach *de Morgan* Möglichkeiten, Schaltungen so zu vereinfachen, daß einfachere Elemente und weniger Schaltungsaufwand möglich werden.

Zusammenstellung der wichtigsten schaltalgebraischen Gesetze und Verknüpfungsregeln

Grundgesetze

NICHT		ODER		UND	
	$L = \overline{0}$		$0 \vee 0 = 0$		$0 \wedge 0 = 0$
	$0 = \overline{L}$		$0 \vee L = L$		$0 \wedge L = 0$
			$L \vee 0 = L$		$L \wedge L = L$
			$L \vee L = L$		

Verknüpfungsregeln

$b_1 \vee b_2 = b_2 \vee b_1$

$b_1 \wedge b_2 = b_2 \wedge b_1$

$b_1 \vee b_2 \vee b_3 = (b_1 \vee b_2) \vee b_3 = b_1 \vee (b_2 \vee b_3)$

$b_1 \wedge b_2 \wedge b_3 = (b_1 \wedge b_2) \wedge b_3 = b_1 \wedge (b_2 \wedge b_3)$

$b_1 \vee (b_1 \wedge b_2) = b_1$

$b_1 \wedge (b_1 \vee b_2) = b_1$

$b_1 \vee (\overline{b_1} \wedge b_2) = b_1 \vee b_2$

$b_1 \wedge (\overline{b_1} \vee b_2) = b_1 \wedge b_2$

$(b_1 \vee b_2) \wedge (b_1 \vee b_3) = b_1 \vee (b_2 \wedge b_3)$

$(b_1 \wedge b_2) \vee (b_1 \wedge b_3) = b_1 \wedge (b_2 \vee b_3)$

$(b_1 \wedge b_2) \vee (b_3 \wedge b_4) = (b_1 \vee b_3) \wedge (b_2 \vee b_3) \wedge (b_1 \vee b_4) \wedge (b_2 \vee b_4)$

$(b_1 \vee b_2) \wedge (b_3 \vee b_4) = (b_1 \wedge b_3) \vee (b_2 \wedge b_3) \vee (b_1 \wedge b_4) \vee (b_2 \wedge b_4)$

$b_1 \vee b_2 = \overline{\overline{b_1} \wedge \overline{b_2}}$

$b_1 \wedge b_2 = \overline{\overline{b_1} \vee \overline{b_2}}$

$\overline{b_1} \vee \overline{b_2} = \overline{b_1 \wedge b_2}$

$\overline{b_1} \wedge \overline{b_2} = \overline{b_1 \vee b_2}$

Lehrbeispiel 1

Die folgende Gleichung soll mit Hilfe der Regeln nach *de Morgan* so umgewandelt werden, daß die Anzahl der Logik-Elemente möglichst klein gehalten wird und einfache Elemente mit wenig Eingängen benutzt werden können.

Ausgangsgleichung

$$(\overline{b_1} \wedge \overline{b_2} \wedge b_3 \wedge \overline{b_4}) \vee (b_1 \wedge b_2 \wedge \overline{b_3} \wedge \overline{b_4}) = H$$

Am Ausgang H soll nur dann L-Signal anstehen, wenn b_3 einen L-Impuls führt und die anderen drei Variablen nicht, oder wenn an b_1 und b_2 L-Signale anstehen und an b_3 und b_4 nicht.

Schaltung

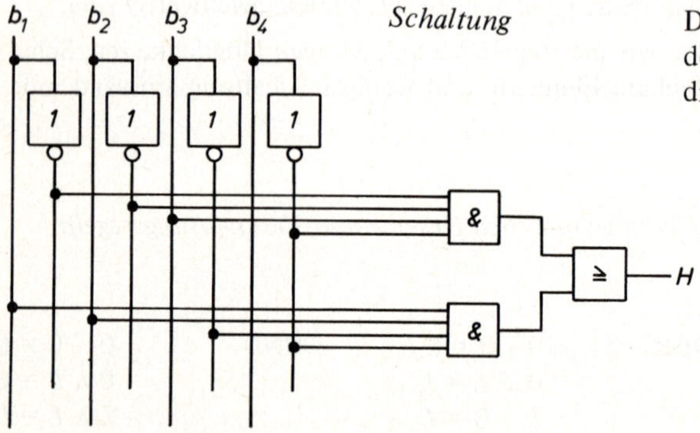

Die Schaltung enthält, wenn sie nach der Ausgangsgleichung aufgebaut wird, die folgenden Elemente:

4 × NICHT
2 × UND mit 4 Eingängen
1 × ODER mit 2 Eingängen

7 Elemente

1. Teilumformung

$$\overline{b_1} \wedge \overline{b_2} \wedge b_3 \wedge \overline{b_4} = \overline{b_1 \vee b_2 \vee \overline{b_3} \vee b_4}$$

2. Teilumformung

$$b_1 \wedge b_2 \wedge \overline{b_3} \wedge \overline{b_4} = b_1 \wedge b_2 \wedge (\overline{b_3 \vee b_4})$$

Gleichung nach der Umformung nach de Morgan:

$$(\overline{b_1 \vee b_2 \vee \overline{b_3} \vee b_4}) \vee (b_1 \wedge b_2 \wedge [\overline{b_3 \vee b_4}]) = H$$

Endgültige Schaltung

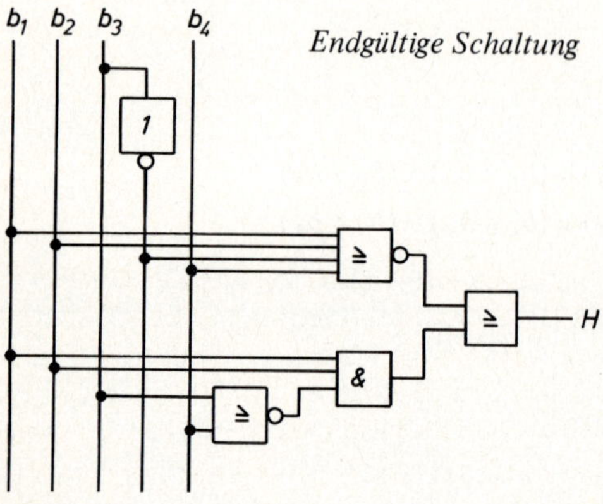

Nach der Umformung enthält die vereinfachte Schaltung nur noch 5 Elemente:

1 NICHT
1 NOR mit 4 Eingängen
1 ODER mit 2 Eingängen
1 NOR mit 2 Eingängen
1 UND mit 3 Eingängen

5 Elemente

Lehrbeispiel 2

Am Ausgang einer Steuerungsschaltung soll ein *L*-Signal anstehen, wenn einer von zwei Gebern *L*-Signal führt (*Antivalenz*). Die Ausgangsgleichung heißt

$$(\bar{b}_1 \wedge b_2) \vee (b_1 \wedge \bar{b}_2) = H.$$

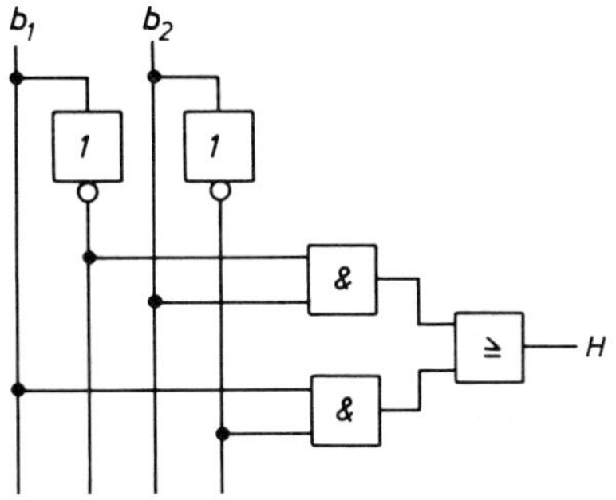

Für die Realisierung der Ausgangsgleichung würden 5 Logikelemente benötigt werden.

Eine Umwandlung nach *de Morgan* scheint zunächst keine Vereinfachung zu ermöglichen.

Es ist aber auch möglich, die Umkehrgleichung zu bilden. Darunter soll verstanden werden, unter welchen Bedingungen kein *L*-Signal am Ausgang *H* erscheinen darf bzw. unter welchen Bedingungen 0-Signal erwartet werden muß.

b_1	b_2	H
0	0	0
0	*L*	*L*
L	0	*L*
L	*L*	0

Die Wertetabellen verdeutlichen die beiden Aussagen der Ausgangs- bzw. Umkehrgleichung. Die Umkehrgleichung müßte dann lauten

$$(\bar{b}_1 \wedge \bar{b}_2) \vee (b_1 \wedge b_2) = \bar{H}$$

b_1	b_2	$\bar{H}$
0	0	*L*
0	*L*	0
L	0	0
L	*L*	*L*

$H \sim 0$
Äquivalenz

Der erste Ausdruck läßt sich wie folgt umformen:

$$\bar{b}_1 \wedge \bar{b}_2 = \overline{b_1 \vee b_2}$$

daraus folgt

$$\overline{(b_1 \vee b_2)} \vee (b_1 \wedge b_2) = \bar{H}$$

Werden beide Seiten der Gleichung negiert, dann wird aus dem doppelt negierten $\bar{\bar{H}}$ wieder ein einfaches *H*

$$\overline{\overline{(b_1 \vee b_2)} \vee (b_1 \wedge b_2)} = \bar{\bar{H}}$$

$$\overline{\overline{(b_1 \vee b_2)} \vee (b_1 \wedge b_2)} = H$$

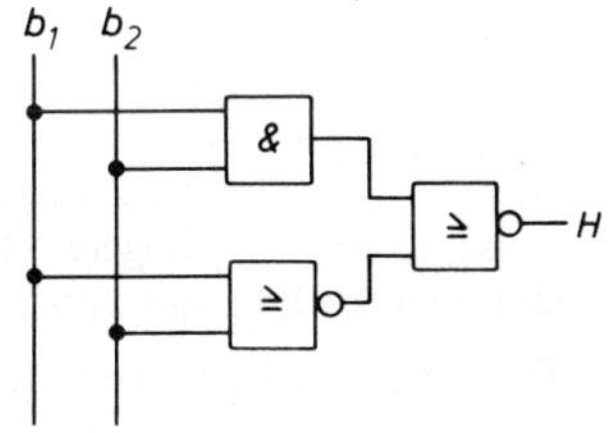

Baut man eine Schaltung nach dieser Gleichung auf, so benötigt man insgesamt 3 Logikelemente. Die Wertetabelle zeigt, daß diese vereinfachte Schaltung die Ausgangsgleichung realisiert.

b_1	b_2	H
0	0	0
0	*L*	*L*
L	0	*L*
L	*L*	0

2. Karnaugh-Diagramme

Die Schaltalgebra bietet eine Reihe von Möglichkeiten, Gleichungen so umzustellen, daß einfachere oder weniger Bauteile verwendet werden können. Das ist nicht nur im Hinblick auf die Wirtschaftlichkeit von Bedeutung, sondern auch wichtig in bezug auf die Reparaturanfälligkeit von Steuerungsanlagen. Die Anzahl der für diese Umstellungen notwendigen Rechenregeln ist groß, und es gehört außerdem einige Geschicklichkeit dazu, diese richtig und sinnvoll einzusetzen.

Aus diesen Gründen hat *Karnaugh* im Jahre 1953 ein graphisches Lösungsverfahren entwickelt, mit dessen Hilfe man schnell zu sinnvollen Vereinfachungen kommen kann. Die Anwendung des Karnaugh-Diagramms erfordert nur wenige Regeln, um Gleichungen mit mehreren Variablen zu vereinfachen. Dieses Verfahren soll im folgenden dargestellt werden.

Der Umfang des Karnaugh-Diagramms richtet sich nach der Anzahl der in einer Gleichung vorkommenden Variablen. Das Diagramm enthält immer so viele Felder, daß alle möglichen Vollkonjunktionen in das Diagramm eingebracht werden können. Eine Vollkonjunktion ist eine UND-Funktion, die alle vorkommenden Variablen der Funktion entweder in direkter oder negierter Form enthält.

2.1. Karnaugh-Diagramm für zwei Variable

Die Felder der ersten Zeile (1 und 2) enthalten die Variable b_1 in negierter Form. Die Felder der zweiten Zeile (3 und 4) enthalten die Variable b_1 in direkter Form.

Die Felder der ersten Spalte (1 und 3) drücken die Variable b_2 in negierter Form aus. Die Felder der zweiten Spalte (2 und 4) enthalten die Variable b_2 in direkter Form.

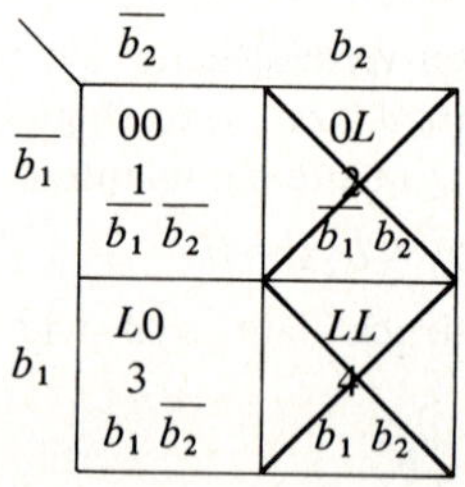

Beispiel: $(b_1 \wedge b_2) \vee (\overline{b_1} \wedge b_2) = L$

Die beiden Schaltungsbedingungen, unter denen ein *L*-Signal am Ausgang *h* vorhanden sein soll, werden in den Feldern 4 und 2 erfaßt. Bei 2 Variablen wären insgesamt 4 Vollkonjunktionen möglich. Die beiden betroffenen Felder sind durch Kreuze markiert.

b_1	b_2	H
0	0	0
0	L	L
L	0	0
L	L	L

Im Karnaugh-Diagramm sind die beiden in der Gleichung enthaltenen Vollkonjunktionen benachbart, denn sie liegen in der gleichen Spalte (Spalte 2).

Zwei direkt benachbarte Vollkonjunktionen unterscheiden sich dadurch voneinander, daß eine der beiden Variablen ihren Wert ändert, während die andere in beiden Feldern den gleichen Wert behält. Im Beispiel ändert sich der Wert der Variablen b_1. Klammert man die in beiden Feldern unverändert gebliebene Variable aus, so entsteht der nebenstehende Ausdruck. Der Ausdruck $b_1 \vee \overline{b_1}$ ergibt L (Kap. 2.3.1.2.), so daß sich die Gleichung auf folgenden Ausdruck reduziert.

$$b_2 \wedge (b_1 \vee \overline{b_1}) = L$$
$$b_1 \vee \overline{b_1} = L$$
$$b_2 \wedge L = L$$

$$\boxed{b_2 = L}$$

Es wird nach dieser Funktion immer dann *L*-Signal anstehen, wenn b_2 in direkter Form vorhanden ist.

Sind in einem Karnaugh-Diagramm zwei Vollkonjunktionen benachbart, so können immer Vereinfachungen durchgeführt werden. Benachbart heißt, daß sie nebeneinander in einer Zelle bzw. untereinander in einer Spalte angeordnet sind.

2.2. Karnaugh-Diagramm für drei Variable

Bei drei Variablen sind $2^3 = 8$ Vollkonjunktionen möglich, denn die vier Vollkonjunktionen bei zwei Variablen können einmal mit der direkten dritten Variablen b_3 kombiniert werden, aber auch mit der negierten dritten Variablen $\overline{b_3}$. Es entstehen zwei Diagramme mit je vier Feldern, die zu einem Diagramm mit acht Feldern zusammengeschoben werden können.

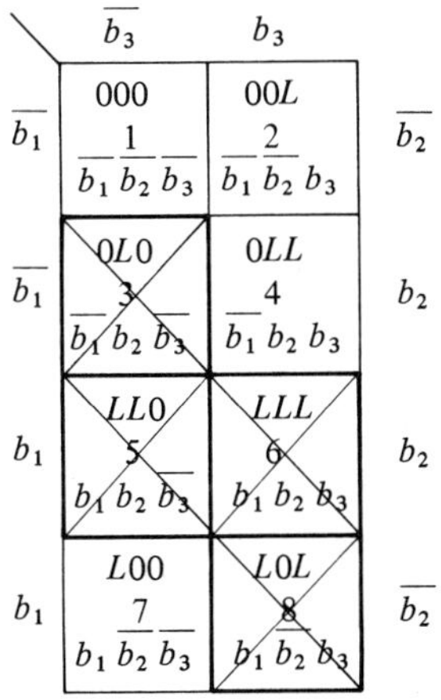

Es enthalten:

Zeile 1 $\overline{b_1}$, $\overline{b_2}$, b_3 und $\overline{b_3}$

Zeile 2 $\overline{b_1}$, b_2, b_3 und $\overline{b_3}$

Zeile 3 b_1, b_2, b_3 und $\overline{b_3}$

Zeile 4 b_1, $\overline{b_2}$, b_3 und $\overline{b_3}$

Spalte 1 b_1 und $\overline{b_1}$, b_2 und $\overline{b_2}$, $\overline{b_3}$

Spalte 2 b_1 und $\overline{b_1}$, b_2 und $\overline{b_2}$, b_3

Beispiel:

$$(\overline{b_1} \wedge b_2 \wedge \overline{b_3}) \vee (b_1 \wedge \overline{b_2} \wedge b_3)$$
$$\vee\ (b_1 \wedge b_2 \wedge \overline{b_3}) \vee (b_1 \wedge b_2 \wedge b_3) = L$$

Die vier angekreuzten Felder zeigen die Lage der in der Gleichung vorkommenden Vollkonjunktion im Karnaugh-Diagramm an.

Wird die Ausgangsgleichung in eine Schaltung umgesetzt, so benötigt man dazu

1 ODER-Element mit 4 Eingängen,
4 UND-Elemente mit 3 Eingängen und
3 NICHT-Elemente.

Die Wertetabelle zeigt die vier vorgegebenen Lösungen der Ausgangsgleichung.

Die Ausgangsgleichung soll nun mit Hilfe des Karnaugh-Diagramms vereinfacht werden.

Die im Diagramm benachbarten Blöcke werden zu zweit zusammengefaßt. Hierbei ergeben sich folgende Möglichkeiten:

1. Feld 3 und Feld 5
2. Feld 5 und Feld 6
3. Feld 6 und Feld 8

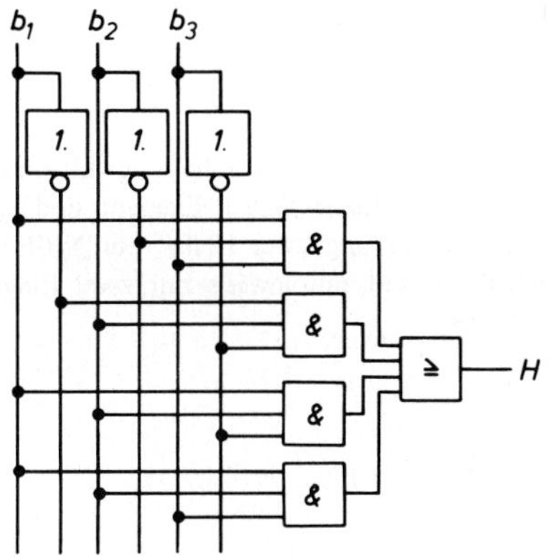

b_1	b_2	b_3	H
0	0	0	0
0	0	L	0
0	L	0	L
0	L	L	0
L	0	0	0
L	0	L	L
L	L	0	L
L	L	L	L

Welche Zusammenfassung für die Vereinfachung ausgewählt wird, ist im Prinzip gleichgültig. In diesem Beispiel sollen die beiden vertikalen Blöcke ausgewählt werden.

Feld 3 und Feld 5

$$(\overline{b_1} \wedge b_2 \wedge \overline{b_3}) \vee$$
$$(b_1 \wedge b_2 \wedge \overline{b_3}) = L$$

Feld 3 und Feld 5:

Die beiden Vollkonjunktionen haben $b_2 \wedge \overline{b_3}$ gemeinsam. Sie unterscheiden sich in $\overline{b_1}$ bzw. b_1.

$b_2 \wedge \overline{b_3}$ können ausgeklammert werden.

$$b_2 \wedge b_3 \wedge (\overline{b_1} \wedge b_1) = L$$
$$(\overline{b_1} \wedge b_1) = L$$

Der Klammerausdruck entfällt, so daß von beiden Fehlern nur die Vereinfachung $b_2 \wedge \overline{b_3} = L$ übrigbleibt.

$$b_2 \wedge \overline{b_3} \wedge L = L$$
$$b_2 \wedge \overline{b_3} = L$$

Im zweiten Schritt sollen die Blöcke 6 und 8 vereinfacht werden:

$b_1 \wedge b_3$ können ausgeklammert werden.

$b_2 \wedge \overline{b_2}$ ergibt L, so daß als Rest der Zusammenfassung $b_1 \wedge b_3$ übrigbleiben.

Feld 6 und Feld 8

$$(b_1 \wedge b_2 \wedge b_3) \vee$$
$$(b_1 \wedge \overline{b_2} \wedge b_3) = L$$
$$b_1 \wedge b_3 \wedge (b_2 \wedge \overline{b_2}) = L$$
$$b_1 \wedge b_3 = L$$

Zusammenfassung von 3 und 5 sowie 6 und 8:

Die vier in der Ausgangsgleichung enthaltenen Vollkonjunktionen sind in beiden Zweiergruppen zusammengefaßt und vereinfacht worden.

Als Rest der Ausgangsgleichung bleibt übrig:

$$(b_2 \wedge \overline{b_3}) \vee (b_1 \wedge b_3) = L$$

Aus der ursprünglichen Schaltung mit vier UND-, drei NICHT- und einem ODER-Element sind in der vereinfachten Schaltung zwei UND-, ein NICHT- sowie ein ODER-Element mit jeweils nur zwei Eingängen übriggeblieben.

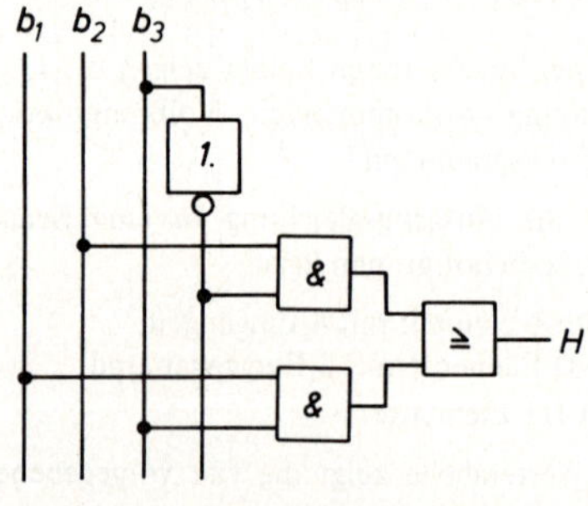

Vereinfachte Schaltskizze

Die Wertetabelle weist aus, daß die vereinfachte Gleichung die Ausgangsbedingungen der Ursprungsgleichung erfüllt.

b_1	b_2	b_3	H	
0	0	0		
0	0	L		
0	L	0	L	$b_2 \wedge \overline{b_3}$
0	L	L		
L	0	0		
L	0	L	L	$b_1 \wedge b_3$
L	L	0	L	$b_2 \wedge \overline{b_3}$
L	L	L	L	$b_1 \wedge b_3$

2.3. Karnaugh-Diagramm für vier Variable

Bei vier Variablen sind $2^4 = 16$ Vollkonjunktionen möglich. Das Karnaugh-Diagramm für vier Variable hat damit 16 Felder, wie die nebenstehende Abbildung zeigt.

Der Aufbau des Diagramms in der Anordnung von Zeilen und Spalten entspricht im wesentlichen dem Diagramm mit drei Variablen. Durch die zusätzliche Variable b_4 wird das Diagramm doppelt so umfangreich.

An dem folgenden Beispiel soll eine Vereinfachung einer Schaltung mit Hilfe der Karnaugh-Tafel durchgeführt werden.

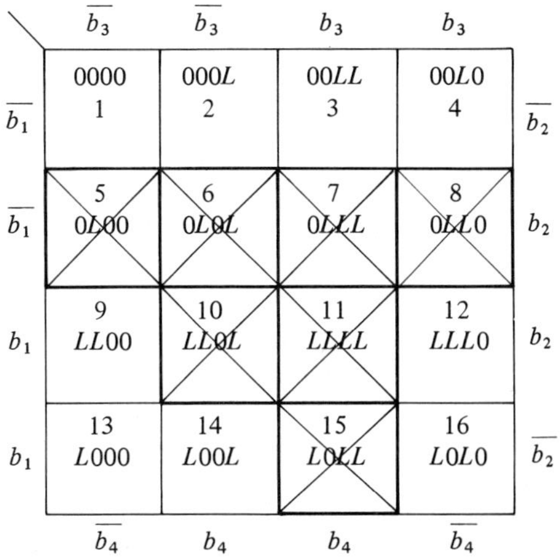

Beispiel:

$$(\overline{b_1} \wedge b_2 \wedge \overline{b_3} \wedge \overline{b_4}) \vee (\overline{b_1} \wedge b_2 \wedge \overline{b_3} \wedge b_4) \vee (\overline{b_1} \wedge b_2 \wedge b_3 \wedge b_4) \vee (\overline{b_1} \wedge b_2 \wedge b_3 \wedge \overline{b_4})$$
$$\vee\ (b_1 \wedge \overline{b_2} \wedge b_3 \wedge b_4) \vee (b_1 \wedge b_2 \wedge \overline{b_3} \wedge b_4) \vee (b_1 \wedge b_2 \wedge b_3 \wedge b_4) = L$$

Wird die Schaltung nach der Ausgangsgleichung aufgebaut, so werden sieben UND-Elemente mit je vier Eingängen, vier NICHT-Elemente und ein ODER-Element mit sieben Eingängen benötigt.

Im Karnaugh-Diagramm sind die sieben Vollkonjunktionen angekreuzt. Es ist zu sehen, daß die Felder eng zusammenliegen. Daraus ergibt sich, daß entsprechende Vereinfachungen möglich sind.

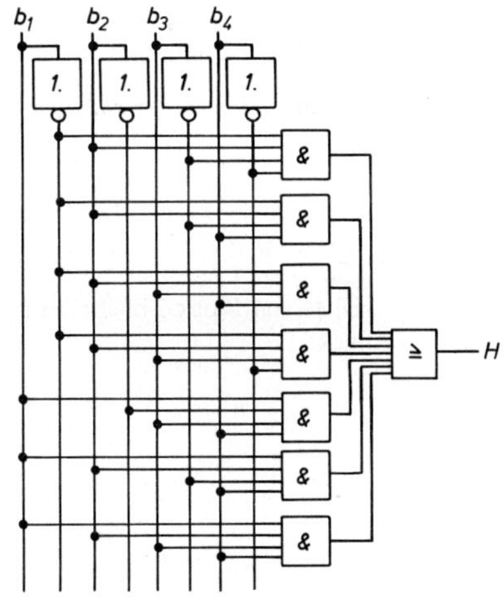

Die Felder 5, 6, 7 und 8 liegen alle in einer Zeile, so daß sie zu einem Block zusammengefaßt werden können.

Block 1

$$(\overline{b_1} \wedge b_2 \wedge \overline{b_3} \wedge \overline{b_4}) \vee (\overline{b_1} \wedge b_2 \wedge \overline{b_3} \wedge b_4)$$
$$\vee\ (\overline{b_1} \wedge b_2 \wedge b_3 \wedge b_4) \vee (\overline{b_1} \wedge b_2 \wedge b_3 \wedge \overline{b_4})$$

Die Felder 6, 7, 10 und 11 sind entweder durch Spalten- oder Zeilennachbarschaft bestimmt. Sie bilden ebenfalls einen Block.

Block 2

$$(\overline{b_1} \wedge b_2 \wedge \overline{b_3} \wedge b_4) \vee (\overline{b_1} \wedge b_2 \wedge b_3 \wedge b_4)$$
$$\vee\ (b_1 \wedge b_2 \wedge \overline{b_3} \wedge b_4) \vee (b_1 \wedge b_2 \wedge b_3 \wedge b_4)$$

Die Felder 11 und 15 befinden sich untereinander in der gleichen Spalte. Sie bilden den dritten Block. Damit sind alle angekreuzten Felder in mindestens einen Block einbezogen.

Block 3

$$(b_1 \wedge b_2 \wedge b_3 \wedge b_4) \vee (b_1 \wedge \overline{b_2} \wedge b_3 \wedge b_4)$$

Die Blöcke werden der Reihe nach auf Vereinfachungen untersucht.

Block 1

Der Block 1 wird zunächst in zwei Teile zerschnitten und die beiden ersten Vollkonjunktionen untersucht.

$$(\overline{b_1} \wedge b_2 \wedge \overline{b_3} \wedge \overline{b_4}) \vee (\overline{b_1} \wedge b_2 \wedge \overline{b_3} \wedge b_4)$$
$$(\overline{b_1} \wedge b_2 \wedge \overline{b_3}) \vee (b_4 \wedge \overline{b_4})$$
$$(b_4 \wedge \overline{b_4}) = 0$$

Durch Ausklammern von $\overline{b_1}, b_2$ und $\overline{b_3}$ wird b_4 überflüssig, so daß nur $\overline{b_1} \wedge b_2 \wedge \overline{b_3}$ übrigbleiben.

$$\boxed{(\overline{b_1} \wedge b_2 \wedge \overline{b_3})}$$

Der zweite Teil des 1. Blocks wird nach der gleichen Methode behandelt.

Von der 2. Hälfte des 1. Blocks bleibt nur der Ausdruck $\overline{b_1} \wedge b_2 \wedge b_3$ übrig.

$$(\overline{b_1} \wedge b_2 \wedge b_3 \wedge b_4) \vee (\overline{b_1} \wedge b_2 \wedge b_3 \wedge \overline{b_4})$$
$$(\overline{b_1} \wedge b_2 \wedge b_3) \vee (b_4 \wedge \overline{b_4})$$
$$(b_4 \wedge \overline{b_4}) = 0$$

$$\boxed{(\overline{b_1} \wedge b_2 \wedge b_3)}$$

Die beiden Teilergebnisse von Block 1 werden zusammengefaßt. Nach dem distributiven Gesetz können $\overline{b_1} \wedge b_2$ ausgeklammert werden.

Als Restausdruck bleibt für den gesamten 1. Block bestehen

$$(\overline{b_1} \wedge b_2 \wedge \overline{b_3}) \vee (\overline{b_1} \wedge b_{2\,,} \wedge b_3)$$
$$(\overline{b_1} \wedge b_2) \vee (b_3 \wedge \overline{b_3})$$
$$(b_3 \wedge \overline{b_2}) = 0$$

$$\boxed{\overline{b_1} \wedge b_2}$$

Auch Block 2 wird in 2 Teile zerschnitten.

Block 2

1. Teil

$$(\overline{b_1} \wedge b_2 \wedge \overline{b_3} \wedge b_4) \vee (\overline{b_1} \wedge b_2 \wedge b_3 \wedge b_4)$$
$$(\overline{b_1} \wedge b_2 \wedge b_4) \vee (b_3 \wedge \overline{b_3})$$
$$(b_3 \wedge \overline{b_3}) = 0$$

Von der 1. Hälfte von Block 2 bleibt der nebenstehende Ausdruck zurück.

$$\boxed{(\overline{b_1} \wedge b_2 \wedge b_4)}$$

2. Teil

$$(b_1 \wedge b_2 \wedge \overline{b_3} \wedge b_4) \vee (b_1 \wedge b_2 \wedge b_3 \wedge b_4)$$
$$(b_1 \wedge b_2 \wedge b_4) \vee (b_3 \wedge \overline{b_3})$$
$$(b_3 \wedge \overline{b_3}) = 0$$

$$\boxed{(b_1 \wedge b_2 \wedge b_4)}$$

Die beiden Teilvereinfachungen werden zusammengefaßt.

$$(\overline{b_1} \wedge b_2 \wedge b_4) \vee (b_1 \wedge b_2 \wedge b_4)$$
$$(b_2 \wedge b_4) \vee (b_1 \wedge \overline{b_1})$$
$$(b_1 \wedge \overline{b_1}) = 0$$

Die Variablen b_1 und b_3 sind damit für den 1. Block völlig entfallen. Es bleiben bestehen $b_2 \wedge b_4$ in direkter Form.

$$\boxed{(b_2 \wedge b_4)}$$

Block 3 umfaßt die Felder 11 und 15. Hier ist auch nur eine einfache Zusammenfassung möglich.

Block 3

$(b_1 \wedge b_2 \wedge b_3 \wedge b_4) \vee (b_1 \wedge \overline{b_2} \wedge b_3 \wedge b_4)$

$(b_1 \wedge b_3 \wedge b_4) \vee (b_2 \wedge \overline{b_2})$

$(b_2 \wedge \overline{b_2}) = 0$

Restausdruck von Block 3

$\boxed{(b_1 \wedge b_3 \wedge b_4)}$

Die Vereinfachungsmethode mit Hilfe der Karnaugh-Tafel zeigt, daß die Vereinfachungsmöglichkeiten umso größer sind, je mehr Zeilen- und Spaltennachbarschaften vorliegen und je mehr Felder zusammenfaßbar sind. Die umfangreiche Ausgangsgleichung wird durch die wesentlich einfachere Restgleichung ersetzt.

$$(\overline{b_1} \wedge b_2) \vee (b_2 \wedge b_4) \vee (b_1 \wedge b_3 \wedge b_4) = L$$

Rest Block 1 — *Rest Block 2* — *Rest Block 3*

Nach dieser Gleichung wird die neue Schaltung aufgebaut. Sie besteht nur noch aus einem NICHT-Element, drei UND-Elementen mit zwei bzw. drei Eingängen sowie einem ODER-Element mit drei Eingängen. Die Verdrahtung wird wesentlich einfacher und übersichtlicher, als dies bei der Ausgangsschaltung möglich war.

Die Werttabelle zeigt, daß die Lösungsfälle der Ausgangsgleichung mit denen der vereinfachten Restgleichung identisch sind.

Den 7 Lösungsmöglichkeiten der Ausgangsgleichung entsprechen 10 Lösungsmöglichkeiten der drei Restblöcke. Von diesen 10 Lösungen sind jedoch drei doppelt vertreten, so daß auch hier insgesamt nur sieben unterschiedliche Lösungen vorkommen.

b_1	b_2	b_3	b_4	H	Block 1 $\overline{b_1} \wedge b_2$	Block 2 $b_2 \wedge b_4$	Block 3 $b_1 \wedge b_3 \wedge b_4$	
0	0	0	0	0				
0	0	0	L	0				
0	0	L	0	0				
0	0	L	L	0				
0	L	0	0	L	L			1
0	L	0	L	L	L	L		2
0	L	L	0	L	L			3
0	L	L	L	L	L	L		4
L	0	0	0	0				
L	0	0	L	0				
L	0	L	0	0				
L	0	L	L	L			L	5
L	L	0	0	0				
L	L	0	L	L		L		6
L	L	L	0	0				
L	L	L	L	L		L	L	7

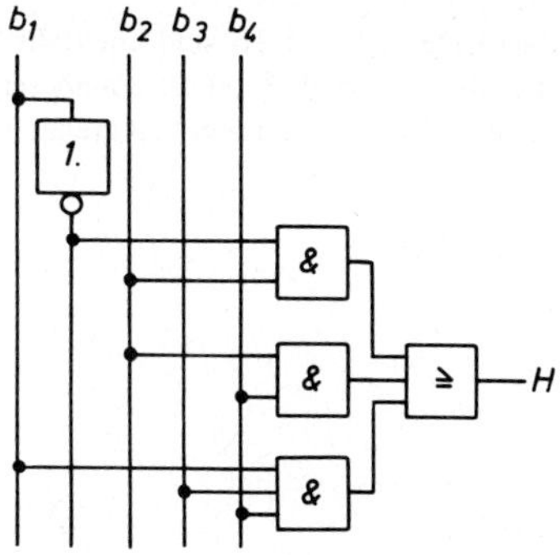

Lehrbeispiel

Schaltalgebraische Gleichung mit vier Variablen

$$(\overline{b_1} \wedge \overline{b_2} \wedge \overline{b_3} \wedge \overline{b_4}) \vee (\overline{b_1} \wedge \overline{b_2} \wedge \overline{b_3} \wedge b_4) \vee (\overline{b_1} \wedge b_2 \wedge \overline{b_3} \wedge b_4) \vee (\overline{b_1} \wedge b_2 \wedge b_3 \wedge b_4)$$
$$\vee\ (b_1 \wedge b_2 \wedge b_3 \wedge b_4) \vee (b_1 \wedge b_2 \wedge b_3 \wedge \overline{b_4}) \vee (b_1 \wedge \overline{b_2} \wedge b_3 \wedge \overline{b_4}) \vee (b_1 \wedge \overline{b_2} \wedge \overline{b_3} \wedge \overline{b_4}) = L$$

4 NICHT-Elemente,
8 UND-Elemente mit je 4 Eingängen,
1 ODER-Element mit 8 Eingängen und
ca. 100 Kontaktstellen.

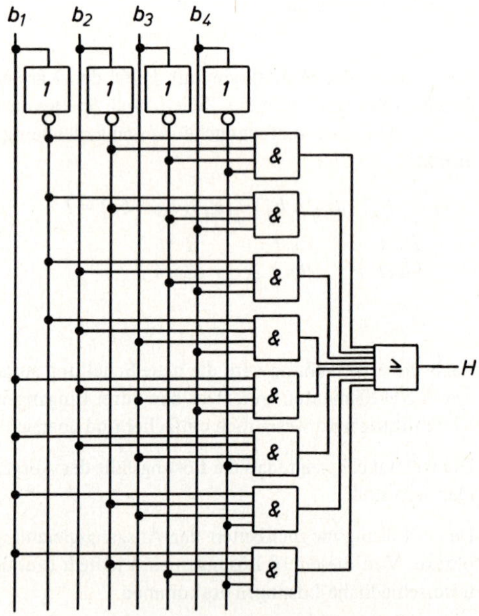

Schaltplan für Ausgangsgleichung

Die Felder 13 und 16 sind ebenfalls benachbart, wenn man die Karnaugh-Tafel zu einem senkrecht stehenden Zylinder formt. In diesem Fall grenzt 13 an 16.

	$\overline{b_3}$	$\overline{b_3}$	b_3	b_3	
$\overline{b_1}$	0000 1 (X)	000*L* 2 (X)	00*LL* 3	00*L*0 4	$\overline{b_2}$
$\overline{b_1}$	0*L*00 5	0*L*0*L* 6 (X)	0*LLL* 7 (X)	0*LL*0 8	b_2
b_1	*LL*00 9	*LL*0*L* 10	*LLLL* 11 (X)	*LLL*0 12 (X)	b_2
16 ← b_1	*L*000 13 (X)	*L*00*L* 14	*L*0*LL* 15	*L*0*L*0 16 (X)	$\overline{b_2}$ → 13
	$\overline{b_4}$	b_4	b_4	$\overline{b_4}$	

Block 1 (Feld 1 und 2)

$(\overline{b_1} \wedge \overline{b_2} \wedge \overline{b_3} \wedge \overline{b_4}) \vee (\overline{b_1} \wedge \overline{b_2} \wedge \overline{b_3} \wedge b_4)$

$(\overline{b_1} \wedge \overline{b_2} \wedge \overline{b_3}) \vee (b_4 \wedge \overline{b_4})$

Rest von Block 1

$\boxed{(\overline{b_1} \wedge \overline{b_2} \wedge \overline{b_3})}$

Block 2 (Feld 6 und 7)

$(\overline{b_1} \wedge b_2 \wedge \overline{b_3} \wedge b_4) \vee (\overline{b_1} \wedge b_2 \wedge b_3 \wedge b_4)$

$(\overline{b_1} \wedge b_2 \wedge b_4) \vee (b_3 \wedge \overline{b_3})$

Rest von Block 2 $\boxed{(\overline{b_1} \wedge b_2 \wedge b_4)}$

Block 3 (Feld 11 und 12)

$$(b_1 \wedge b_2 \wedge b_3 \wedge b_4) \vee (b_1 \wedge b_2 \wedge b_3 \wedge \overline{b_4})$$
$$(b_1 \wedge b_2 \wedge b_3) \vee (b_4 \wedge \overline{b_4})$$

Rest von Block 3 $\boxed{(b_1 \wedge b_2 \wedge b_3)}$

Block 4 (Feld 13 und 16)

$$(b_1 \wedge \overline{b_2} \wedge \overline{b_3} \wedge \overline{b_4}) \vee (b_1 \wedge \overline{b_2} \wedge b_3 \wedge \overline{b_4})$$
$$(b_1 \wedge \overline{b_2} \wedge \overline{b_4}) \vee (b_3 \wedge \overline{b_3})$$

Rest von Block 4 $\boxed{(b_1 \wedge \overline{b_2} \wedge \overline{b_4})}$

Vereinfachte Gleichung:

$$(\overline{b_1} \wedge \overline{b_2} \wedge \overline{b_3}) \vee (\overline{b_1} \wedge b_2 \wedge b_4) \vee (b_1 \wedge b_2 \wedge b_3) \vee (b_1 \wedge \overline{b_2} \wedge \overline{b_4}) = L$$

4 NICHT-Elemente,
4 UND-Elemente mit je 3 Eingängen,
1 ODER-Element mit 4 Eingängen und
ca. 45 Kontaktstellen.

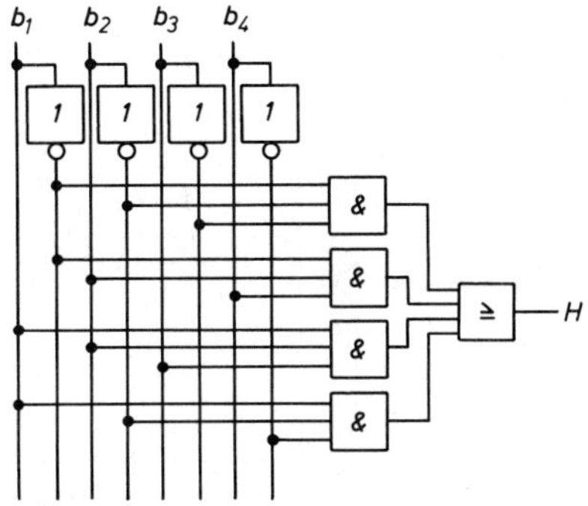

Vereinfachter Schaltplan nach Karnaugh

Weitere Vereinfachungsmöglichkeit nach Anwendung der Inversionsgesetze

Nach den Inversionsgesetzen ist es möglich, eine Konjunktion in eine Disjunktion zu verwandeln bzw. umgekehrt. Wir wenden diese Gesetze auf die vereinfachte Gleichung an.

$$(\overline{b_1} \wedge \overline{b_2} \wedge \overline{b_3}) \vee (\overline{b_1} \wedge b_2 \wedge b_4) \vee$$
$$(b_1 \wedge b_2 \wedge b_3) \vee (b_1 \wedge \overline{b_2} \wedge \overline{b_4}) = L$$

$$(\overline{b_1} \wedge \overline{b_2} \wedge \overline{b_3}) = \overline{(b_1 \vee b_2 \vee b_3)}$$

$$(b_1 \wedge \overline{b_2} \wedge \overline{b_4}) = [b_1 \wedge \overline{(b_2 \vee b_4)}]$$

Eingesetzt in die Ausgangsgleichung ergibt sich:

$$\overline{(b_1 \vee b_2 \vee b_3)} \vee (\overline{b_1} \wedge b_2 \wedge b_4) \vee$$
$$(b_1 \wedge b_2 \wedge b_3) \vee [b_1 \wedge \overline{(b_2 \vee b_4)}] = L$$

Setzt man diese Gleichung in eine Schaltung um, so ergeben sich weitere Einsparungen an Elementen.

1 NICHT-Element,
2 UND-Elemente, 2 NOR-Elemente,
1 ODER-Element mit 4 Eingängen und
ca. 37 Kontaktstellen.

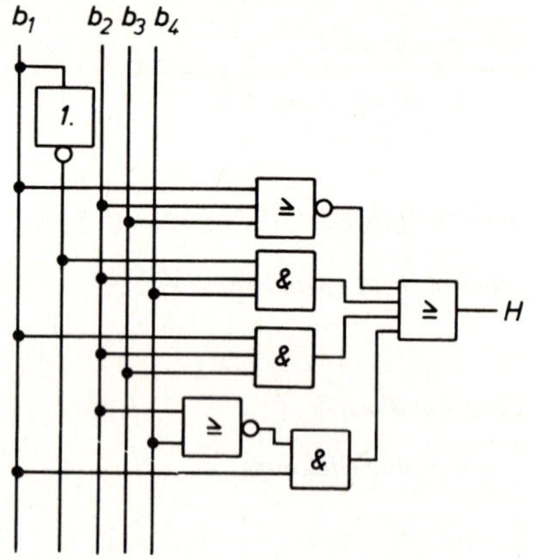

Die Wertetabelle weist die Identität der möglichen 8 Lösungen in der Ausgangsgleichung und der nach *Karnaugh* vereinfachten Gleichung nach.

b_1	b_2	b_3	b_4	H	$\overline{b_1} \wedge \overline{b_2} \wedge \overline{b_3}$	$\overline{b_1} \wedge b_2 \wedge b_4$	$b_1 \wedge b_2 \wedge b_3$	$b_1 \wedge \overline{b_2} \wedge \overline{b_4}$
0	0	0	0	L	L			
0	0	0	L	L	L			
0	0	L	0	0				
0	0	L	L	0				
0	L	0	0	0				
0	L	0	L	L		L		
0	L	L	0	0				
0	L	L	L	L		L		
L	0	0	0	L				L
L	0	0	L	0				
L	0	L	0	L				L
L	0	L	L	0				
L	L	0	0	0				
L	L	0	L	0				
L	L	L	0	L			L	
L	L	L	L	L			L	

2.4. Karnaugh-Diagramm für fünf Variable

In einem weiteren Beispiel soll eine schaltalgebraische Gleichung mit 5 Variablen dargestellt und mit Hilfe des Karnaugh-Diagramms vereinfacht werden. Die Lösung der Vereinfachung soll nur angedeutet und nicht im Detail durchgeführt werden, da dies den in diesem Lehrbuch zur Verfügung stehenden Raum sprengen würde.

$$(\overline{b_1} \wedge b_2 \wedge b_3 \wedge b_4 \wedge b_5) \vee (\overline{b_1} \wedge \overline{b_2} \wedge \overline{b_3} \wedge \overline{b_4} \wedge \overline{b_5}) \vee (\overline{b_1} \wedge \overline{b_2} \wedge b_3 \wedge \overline{b_4} \wedge b_5)$$
$$\vee (\overline{b_1} \wedge \overline{b_2} \wedge b_3 \wedge b_4 \wedge b_5) \vee (\overline{b_1} \wedge b_2 \wedge \overline{b_3} \wedge \overline{b_4} \wedge \overline{b_5}) \vee (\overline{b_1} \wedge b_2 \wedge \overline{b_3} \wedge \overline{b_4} \wedge b_5)$$
$$\vee (\overline{b_1} \wedge b_2 \wedge \overline{b_3} \wedge b_4 \wedge \overline{b_5}) \vee (\overline{b_1} \wedge b_2 \wedge b_3 \wedge \overline{b_4} \wedge \overline{b_5}) \vee (\overline{b_1} \wedge b_2 \wedge b_3 \wedge \overline{b_4} \wedge b_5)$$
$$\vee (\overline{b_1} \wedge b_2 \wedge b_3 \wedge b_4 \wedge \overline{b_5}) \vee (b_1 \wedge \overline{b_2} \wedge b_3 \wedge \overline{b_4} \wedge \overline{b_5}) \vee (b_1 \wedge b_2 \wedge \overline{b_3} \wedge \overline{b_4} \wedge \overline{b_5})$$
$$\vee (b_1 \wedge b_2 \wedge \overline{b_3} \wedge \overline{b_4} \wedge b_5) \vee (b_1 \wedge b_2 \wedge b_3 \wedge \overline{b_4} \wedge \overline{b_5}) \vee (b_1 \wedge \overline{b_2} \wedge b_3 \wedge b_4 \wedge b_5) = L$$

Man kann aus der Gleichung erkennen, daß ohne Vereinfachung der Aufbau der Schaltung mit viel Aufwand verbunden wäre. Folgende Elemente wären dazu nötig:

5 NICHT-Elemente,
15 UND-Elemente mit je 5 Eingängen,
1 ODER-Element mit 15 Eingängen und
ca. 200 Kontaktstellen.

Das Karnaugh-Diagramm für eine Schaltgleichung mit fünf Variablen setzt sich zusammen aus zwei Diagrammen für je vier Variable. Das erste Diagramm würde die Variablen b_1, b_2, b_3 und b_4 in direkter sowie negierter Form enthalten, während b_5 nur in direkter Form vorkommen dürfte.

Das zweite Diagramm müßte alle Vollkonjunktionen enthalten, in denen b_5 in negierter Form enthalten ist. Zusammen werden $2^5 = 32$ Felder benötigt.

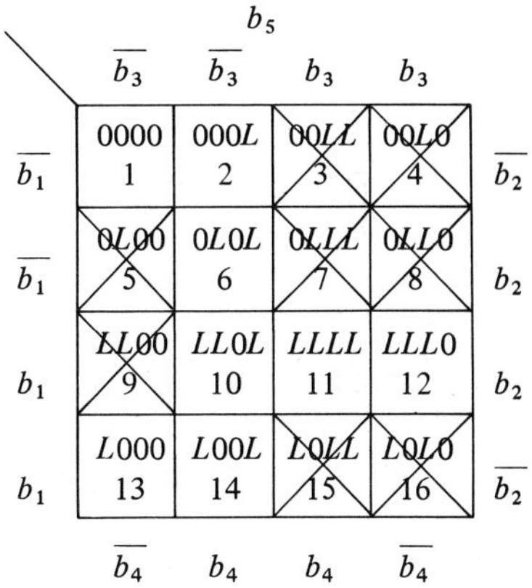

Die unterstrichenen Vollkonjunktionen enthalten die fünfte Variable b_5 in direkter Form. Sie befinden sich deshalb alle im oberen Diagramm, während die übrigen Vollkonjunktionen mit $\overline{b_5}$ im unteren Diagramm enthalten sind.

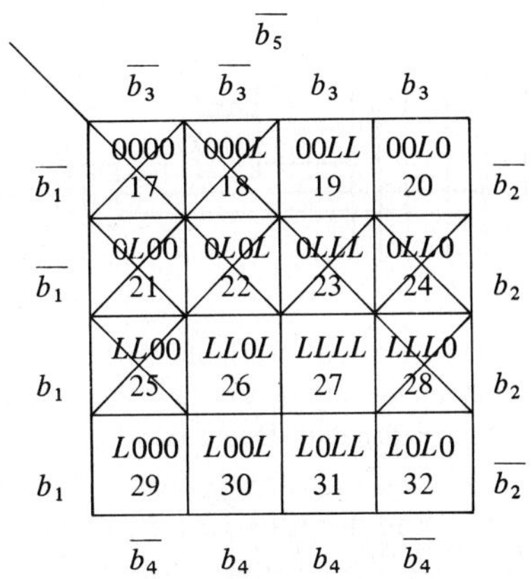

Es werden die folgenden Blöcke gebildet:

Block 1:	Felder 3, 4, 7, 8
Block 2:	Felder 15, 16
Block 3:	Felder 5, 9, 21, 25 (beide Diagramme einbeziehend)
Block 4:	Felder 17, 18, 21, 22
Block 5:	Felder 23, 24
Block 6:	Felder 25, 28

Nach der Zusammenfassung bleiben als Restausdrücke übrig:

$\overline{b_1} \wedge b_3 \wedge b_5$	*Block 1*
$b_1 \wedge \overline{b_2} \wedge b_3 \wedge b_5$	*Block 2*
$b_2 \wedge \overline{b_3} \wedge \overline{b_4}$	*Block 3*
$\overline{b_1} \wedge \overline{b_3} \wedge \overline{b_5}$	*Block 4*
$\overline{b_1} \wedge b_2 \wedge b_3 \wedge \overline{b_5}$	*Block 5*
$b_2 \wedge b_3 \wedge \overline{b_4} \wedge \overline{b_5}$	*Block 6*

Die mit Hilfe der Karnaugh-Diagramme vereinfachte Gleichung lautet:

$$(\overline{b_1} \wedge b_3 \wedge b_5) \vee (b_1 \wedge \overline{b_2} \wedge b_3 \wedge b_5) \vee (b_2 \wedge \overline{b_3} \wedge \overline{b_4}) \vee (\overline{b_1} \wedge \overline{b_3} \wedge \overline{b_5})$$
$$\vee\ (\overline{b_1} \wedge b_2 \wedge b_3 \wedge \overline{b_5}) \vee (b_2 \wedge b_3 \wedge \overline{b_4} \wedge \overline{b_5}) = L$$

Diese Gleichung wird mit Hilfe der Inversionsregeln so verändert, daß weitere schaltungsalgebraische Vereinfachungen möglich sind.

$$(\overline{b_1} \wedge b_3 \wedge b_5) \vee (b_1 \wedge \overline{b_2} \wedge b_3 \wedge b_5) \vee [b_2 \wedge (\overline{b_3 \vee b_4})] \vee (\overline{b_1 \vee b_3 \vee b_5})$$
$$\vee\ [b_2 \wedge b_3 \wedge (\overline{b_1 \vee b_5})] \vee [b_2 \wedge b_3 \wedge (\overline{b_4 \vee b_5})] = L$$

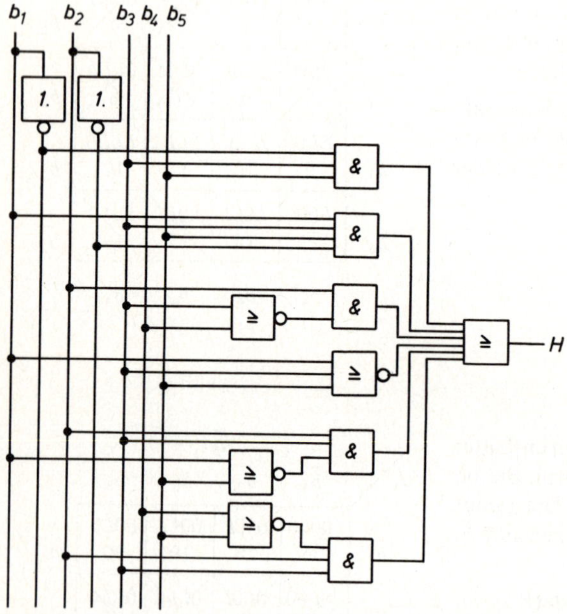

Für diese Schaltung sind nur noch 5 UND-Elemente, 2 NICHT-Elemente, 4 NOR-Elemente sowie 1 ODER-Element notwendig. Der Verdrahtungsaufwand ist gegenüber der unvereinfachten Ausgangsgleichung ebenfalls beträchtlich geringer.

Sind mehr als fünf Variable vorhanden, so wird sich der Aufwand in bezug auf den Umfang der Karnaugh-Tafeln ebenfalls vergrößern. Bei z. B. sechs Variablen wird man zweckmäßigerweise vier Karnaugh-Diagramme mit je vier Variablen bilden müssen.

Lehrbeispiel 1:

Der Füllkolben einer Spritzgußmaschine darf nur unter folgenden Bedingungen betätigt werden:

a) die Form ist geschlossen, die notwendige Temperatur ist erreicht, das Füllgut befindet sich im Falltrichter, das Schutzgitter ist geschlossen (Produktionsbedingungen)
b) die Form ist nicht beheizt und offen, der Fülltrichter ist leer, das Schutzgitter ist geöffnet. (Reparaturarbeiten bzw. Einstellarbeiten an Maschine)
c) wie bei a), nur der Fülltrichter ist leer (Leerfahren der Maschine)
d) wie bei b), nur die Form ist aufgeheizt (Überwachungsarbeiten an Form)

Es soll die schaltalgebraische Gleichung aufgestellt werden und diese soweit wie möglich vereinfacht werden. Danach soll eine Schaltung aufgebaut werden.

Lösung:

Die Gleichung muß vier Variable enthalten:

b_1 *Form*
b_2 *Temperatur*
b_3 *Füllgut*
b_4 *Schutzgitter*

Daraus ergibt sich die Ausgangsgleichung:

$$(b_1 \wedge b_2 \wedge b_3 \wedge b_4) \vee (\overline{b_1} \wedge \overline{b_2} \wedge \overline{b_3} \wedge \overline{b_4}) \vee (b_1 \wedge b_2 \wedge \overline{b_3} \wedge b_4)$$
$$\vee\ (\overline{b_1} \wedge b_2 \wedge \overline{b_3} \wedge \overline{b_4}) = H$$

Würde man die Schaltung nach dieser Gleichung aufbauen, so wären

4 UND-Glieder mit 4 Eingängen, 4 NICHT-Glieder und 1 ODER-Glied mit 4 Eingängen notwendig. Insgesamt also 9 Elemente.

Vereinfachung mit Hilfe des Karnaugh-Diagramms:

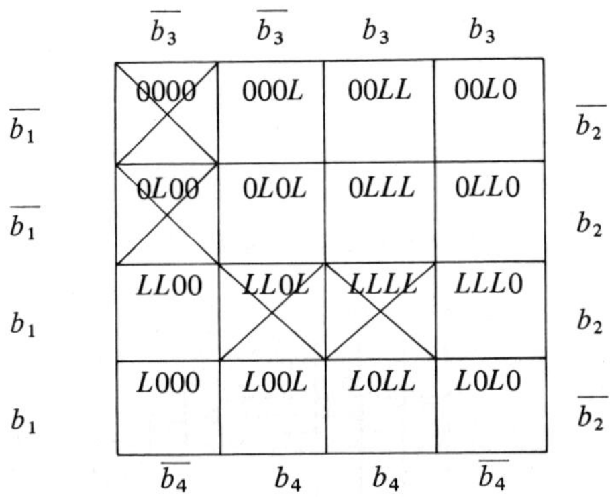

Daraus ergeben sich die folgenden Zusammenfassungen:

Block 1:

$$(\overline{b_1} \wedge \overline{b_2} \wedge \overline{b_3} \wedge \overline{b_4}) \vee (\overline{b_1} \wedge b_2 \wedge \overline{b_3} \wedge \overline{b_4}) \rightarrow (\overline{b_1} \wedge \overline{b_3} \wedge \overline{b_4})$$

Block 2:

$$(b_1 \wedge b_2 \wedge \overline{b_3} \wedge b_4) \vee (b_1 \wedge b_2 \wedge b_3 \wedge b_4) \rightarrow (b_1 \wedge b_2 \wedge b_4)$$

Es bleibt als vereinfachte Gleichung:

$$(\overline{b_1} \wedge \overline{b_3} \wedge \overline{b_4}) \vee (b_1 \wedge b_2 \wedge b_4) = H$$

An Hand der Wertetabelle soll nachgewiesen werden, daß die in der Ausgangsgleichung und der vereinfachten Endgleichung vorkommenden Bedingungen einander entsprechen.

Die Wertetabelle zeigt, daß die Lösungsfälle in beiden Gleichungen gleich sind.

				Ausgangs-gleichung	vereinfachte Gleichung	
b_1	b_2	b_3	b_4	H	$\overline{b_1} \wedge \overline{b_3} \wedge \overline{b_4}$	$b_1 \wedge b_2 \wedge b_4$
0	0	0	0	L	L	
0	0	0	L			
0	0	L	0			
0	0	L	L			
0	L	0	0	L	L	
0	L	0	L			
0	L	L	0			
0	L	L	L			
L	0	0	0			
L	0	0	L			
L	0	L	0			
L	0	L	L			
L	L	0	0			
L	L	0	L	L		L
L	L	L	0			
L	L	L	L	L		L

Die nach Karnaugh vereinfachte Gleichung läßt sich nach den Regeln von *de Morgan* weiter umbauen und vereinfachen.

$$(\overline{b_1} \wedge \overline{b_3} \wedge \overline{b_4}) = (\overline{b_1 \wedge b_3 \vee b_4})$$

Daraus folgt:

$$(\overline{b_1 \vee b_3 \vee b_4}) \vee (b_1 \wedge b_2 \wedge b_4) = H$$

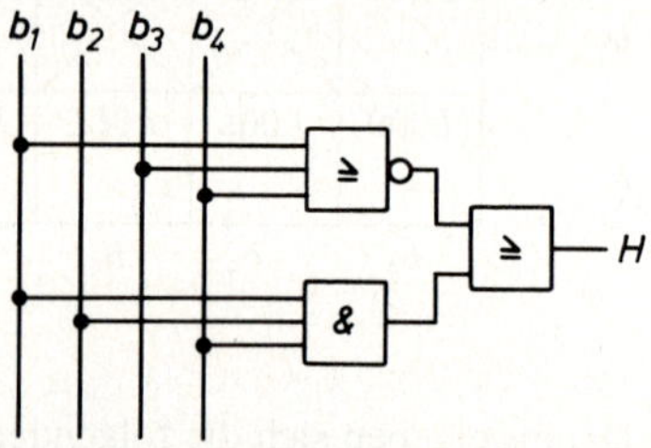

Aus dieser Gleichung ergibt sich die vereinfachte Schaltung, die nur noch drei Logikelemente enthält.

Lehrbeispiel 2:

Die Transporteinheit einer Transferstraße, die Zylinderblöcke herstellt, soll gesteuert werden. Die Transporteinheit kann unter folgenden Bedingungen betätigt werden:

a) wenn Bohreinheit und Gewindeeinheit ihre Operationen durchgeführt haben, wenn die Prüfstation die Voroperation geprüft hat und wenn die Kühlmittelpumpe läuft
b) wenn die Transferstraßeneinheit leergefahren wird
c) wenn Bohreinheit und Gewindeeinheit ihre Operationen durchgeführt haben
d) wie c, außerdem soll die Voroperation geprüft sein (z. B. bei der Bearbeitung von Graugußrohlingen)

Es soll eine möglichst einfache Schaltung aufgebaut werden.

Lösung:

Die Gleichung enthält vier Variable

b_1 *Bohreinheit*
b_2 *Gewindeschneideeinheit*
b_3 *Prüfstation*
b_4 *Kühlmittelpumpe*

Gleichung:

$$(b_1 \wedge b_2 \wedge b_3 \wedge b_4) \vee (\overline{b_1} \wedge \overline{b_2} \wedge \overline{b_3} \wedge \overline{b_4}) \vee (b_1 \wedge b_2 \wedge \overline{b_3} \wedge \overline{b_4}) \vee (b_1 \wedge b_2 \wedge b_3 \wedge \overline{b_4}) = H$$

	$\overline{b_3}$	$\overline{b_3}$	b_3	b_3	
$\overline{b_1}$	000 0	000L	00LL	00L0	$\overline{b_2}$
$\overline{b_1}$	0L00	0L0L	0LLL	0LL0	b_2
b_1	LL00	LL0L	LLLL	LLL0	b_2
b_1	L000	L00L	L0LL	L0L0	$\overline{b_2}$
	$\overline{b_4}$	b_4	b_4	$\overline{b_4}$	

1

Zusammenfassung von Block 1

$$(b_1 \wedge b_2 \wedge b_3 \wedge b_4) \vee (b_1 \wedge b_2 \wedge b_3 \wedge \overline{b_4}) = H$$
$$(b_1 \wedge b_2 \wedge b_3) = H$$

vereinfachte Gleichung:

$$(b_1 \wedge b_2 \wedge b_3) \vee (\overline{b_1} \wedge \overline{b_2} \wedge \overline{b_3} \wedge \overline{b_4}) \vee (b_1 \wedge b_2 \wedge \overline{b_3} \wedge \overline{b_4}) = H$$

Weitere Vereinfachung nach *de Morgan*:

$$(\overline{b_1} \wedge \overline{b_2} \wedge \overline{b_3} \wedge \overline{b_4}) = (\overline{b_1 \vee b_2 \vee b_3 \vee b_4})$$
$$(b_1 \wedge b_2 \wedge \overline{b_3} \wedge \overline{b_4}) = (b_1 \wedge b_2 \wedge [\overline{b_3 \vee b_4}])$$

Endgültige vereinfachte Gleichung:

$$(b_1 \wedge b_2 \wedge b_3) \vee (\overline{b_1 \vee b_2 \vee b_3 \vee b_4}) \vee (b_1 \wedge b_2 \wedge [\overline{b_3 \vee b_4}]) = H$$

Nach dieser Gleichung wird die Schaltung aufgebaut. Auch diese Schaltung bringt wesentliche Vereinfachungen gegenüber der Schaltung der Ausgangsgleichung.

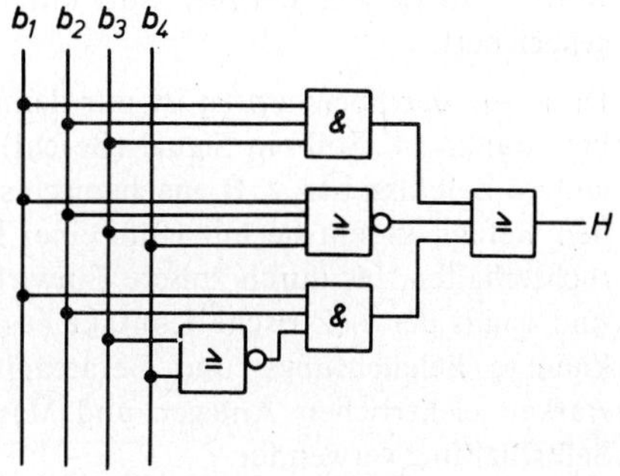

▶ ***Zur Selbstkontrolle***

1. Stelle mit Hilfe von NOR-Symbolen eine ODER-Funktion auf.
2. Stelle mit Hilfe von NAND-Symbolen eine NICHT-Funktion auf.
3. Welche Gründe sprechen dafür, komplette Logikschaltungen in NOR-Technik zu realisieren?
4. Was versteht man unter einer *Konjunktion* und was unter einer *Disjunktion*?
5. Welchen Vorteil bietet die Anwendung der Inversionsgesetze in der digitalen Steuertechnik?
6. Wieviel Felder in einem Karnaugh-Diagramm benötigt eine schaltalgebraische Gleichung mit fünf vorkommenden Variablen?
7. Unter welchen Bedingungen lassen sich mit Hilfe des Karnaugh-Diagramms Vereinfachungen in Schaltgleichungen durchführen?
8. Wie müssen in einem Karnaugh-Diagramm die betroffenen Felder liegen, damit die Vereinfachungsmöglichkeiten möglichst groß sind?
9. Welches schaltalgebraische Gesetz ist im Karnaugh-Diagramm erfaßt und graphisch dargestellt?

3. Der Speicher als Element der Schaltalgebra

Das vorangegangene Kapitel hat gezeigt, daß auch umfangreiche und komplizierte logische Aussagen mit Hilfe von Karnaugh-Diagrammen und anderen schaltalgebraischen Regeln stark vereinfacht werden können.

Ein Problem der digitalen Steuerungstechnik ist bisher noch nicht behandelt worden: Wird ein bestimmtes Signal auf den Eingang einer Steuerungseinrichtung gegeben, so geschieht dies oft in Form eines Impulses, der nur für eine sehr kurze Zeit bestehen bleibt und danach gelöscht wird.

Ein Beispiel soll dies deutlich machen: Es gibt elektrische Kaffeemahlwerke, die durch einen Druckknopfschalter betätigt werden müssen. Es genügt nicht, den Druckknopfschalter einmal zu betätigen und dann wieder loszulassen. In diesem Fall würde der Motor der Kaffeemühle anlaufen und sofort wieder aussetzen. Die Hausfrau muß den Schalter so lange gedrückt halten, bis der Vorgang des Mahlens beendet ist. Das Signal *Kaffeemahlen* muß gespeichert werden. In diesem Beispiel wird durch den Dauerdruck auf den Druckschalter der Befehl gespeichert.

Diese Art der Speicherung ist nur dann sinnvoll, wenn die Speicherzeit auf einige Sekunden beschränkt ist. Soll ein Signal (Befehl) längere Zeit gespeichert werden, so verwendet man andere Befehlsgeber, z. B. mechanisch schaltende Kippschalter. Diese Kippschalter speichern den Befehl, indem sie mit Hilfe einer Druckfeder einen elektrischen Kontakt so lange aufrechterhalten, bis durch äußere Einwirkung (z. B. Fingerdruck) die Federkraft überwunden und damit der elektrische Kontakt beseitigt wird. Kippschalter werden z. B. als Schalter für kleinere Beleuchtungs- und Geräteanlagen verwendet. Sollen Schaltbefehle an leistungsstarken elektrischen Anlagen und Maschinen gespeichert werden, so werden Schütze mit Selbsthaltung verwendet.

3.1. Statische Speicher

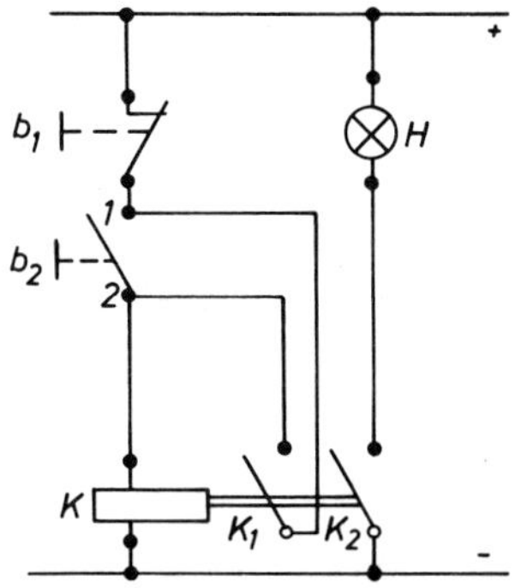

Das nebenstehende Bild zeigt eine Schützschaltung mit Selbsthaltung. b_2 schließt den Stromkreis, so daß das Schütz K an Spannung liegt und anzieht. Gleichzeitig werden mit Hilfe des Schützes die Kontakte K_1 und K_2 geschlossen. Damit erhält die Lampe H Spannung und leuchtet auf. Der Kontakt K_1 überbrückt die Kontakte 1 und 2, so daß Schütz K auch dann noch an Spannung liegt, wenn b_2 in die gezeichnete Ruhelage zurückgekehrt ist. Die Überbrückung von b_2 wird als Selbsthaltung bezeichnet.

Die Selbsthaltung sorgt dafür, das das Signal *Lampe eingeschaltet* gespeichert wird. Erst wenn b_1 gedrückt wird, erfolgt eine Unterbrechung des Stromflusses für K. Das Signal *Lampe ein* wird gelöscht.

Eine Selbsthaltungsschaltung ist ein elektromechanischer Speicher. Es kommt in der Praxis oft vor, daß für bestimmte Funktionsabläufe mehrere Signale gespeichert werden müssen.

Soll ein Personenaufzug aus der 5. Etage in die 1. Etage geholt werden, so darf der Befehl erst wirksam werden, wenn z. B. die Tür geschlossen ist. Der Befehl muß dann solange gespeichert werden, bis der Aufzug die 1. Etage erreicht hat. Auf dem Wege dorthin wird ein zweiter Befehl gegeben, der den Aufzug in die 2. Etage beordert. Es wäre unwirtschaftlich, wenn der Aufzug diesen Befehl ignorieren würde und weiter die 1. Etage ansteuerte. Die sinnvollste und wirtschaftlichste Lösung bestünde darin, daß der Aufzug auf dem Wege nach unten in der zweiten Etage anhielte und nach Aufnahme der Mitfahrer wieder die 1. Etage ansteuerte. Um das möglich zu machen, ist es notwendig, daß ein 2. Befehl gespeichert wird, ohne daß damit der 1. Befehl gelöscht wird. Es sind mehrere Speicher notwendig.

Ein anderes Beispiel soll die Notwendigkeit mehrerer Speicher deutlich machen. In einigen Parlamenten gibt es sogenannte Abstimmungsanlagen, die das Ergebnis einer Abstimmung in kürzester Zeit ausrechnen. Jeder Abgeordnete hat vor seinem Sitz drei Drucktaster, von denen je einer Ja, Nein oder Enthaltung angibt.

Damit ein sinnvolles Ergebnis möglich wird, müßten zu einem bestimmten Zeitpunkt, der genau festgelegt werden muß, alle Abgeordneten gleichzeitig das Signal ihrer Wahl durch Druck auf den Tastschalter geben. Diejenigen, die ihre Entscheidung zu früh oder zu spät abgäben, könnten nicht damit rechnen, daß ihre Stimmabgabe berücksichtigt würde.

Wenn jede Wahlentscheidung in einem Speicher aufbewahrt würde, dann könnte der Zählvorgang nach der letzten Stimmabgabe erfolgen und keine Stimme ginge verloren. Hierzu wären entweder Speicher an jedem Abgeordnetenplatz notwendig oder aber ein Zentralspeicher, der alle Entscheidungen speichern kann.

Speicherelemente können nicht nur *elektromechanisch* wie bei der herkömmlichen Selbsthaltung, sondern auch aus *digitalen Logikelementen* aufgebaut werden.

Speicherelement aus ODER-, NICHT- und UND-Elementen

Das Speicherelement besitzt zwei Eingänge E_1 und E_2 sowie den Ausgang A_1. Wird E_1 mit L-Signal beaufschlagt, so steht am Ausgang ebenfalls L-Signal. Das L-Signal bei A_1 entsteht aber nur, wenn E_2 0-Signal führt, denn nur dann führt die Leitung 2 L-Signal, so daß das UND-Element durchsteuert. Über die Rückleitung R (entspricht der Selbsthaltung) wird das Ausgangssignal auf E_1 zurückgekoppelt, so daß nach Erlöschen des Eingangssignals an E_1 das L-Signal am Ausgang A_1 über die Leitung 1 erhalten bleibt, solange E_2 0-Signal führt und über Leitung 2 ebenfalls L-Signal auf das UND-Element gegeben wird.

Erhält der Löscheingang E_2 L-Signal, so wird über Leitung 2 0-Signal auf das UND-Element gegeben. Damit entsteht an Punkt 3 0-Signal, das über R auf das ODER-Element zurückwirkt. Erst ein neuer L-Impuls auf E_1 bewirkt wieder L-Signal an A_1.

Werden beide Eingänge mit L-Signal beaufschlagt, so entsteht an A_1 auf jeden Fall 0-Signal. Das Löschsignal setzt sich in diesem Fall durch.

Diese Schaltung entspricht in ihrer Wirkungsweise einer *Schützschaltung mit Selbsthaltung*.

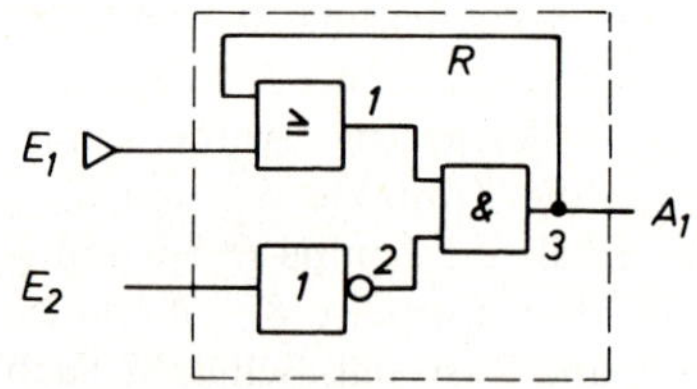

E_1 *Setzeingang*
E_2 *Löscheingang*
A_1 *Ausgang*

E_1	E_2	A_1
0	0	0
L	0	L
0	L	0
L	L	0

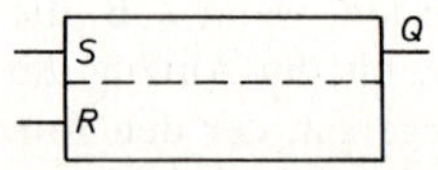

Symbol für einen statischen Speicher

S *Setzeingang* (E_1)
R *Löscheingang* (E_2)
Q *Ausgang*

Das schwarze Feld im Speichersymbol deutet die Vorzugslage des Speichers an.

3.2. Speicherelement aus NOR-Elementen

Speicher lassen sich wie die Grundbausteine UND, ODER und NICHT aus NOR- oder NAND-Elementen aufbauen. Bei der Verwendung von NOR-Elementen kommt man zu technischen Ausführungen, die einfacher sind, als wenn unterschiedliche Bauteile verwendet werden.

Die Wertetabelle zeigt, daß an A_1 immer nur dann L-Signal ansteht, wenn der Setzeingang E_1 mit L beaufschlagt wird und der Löscheingang E_2 0-Signal führt.

Im folgenden sollen die aus der Wertetabelle ersichtlichen Schaltzustände einzeln besprochen werden. Zu diesem Zweck wird die Speicherschaltung so gezeichnet, daß die Schaltstellungen besser zu erklären sind.

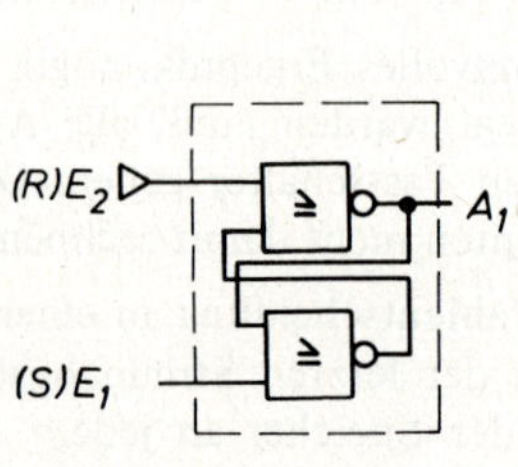

$(S)E_1$	$(R)E_2$	A_1
0	0	0
L	0	L
0	L	0
L	L	0

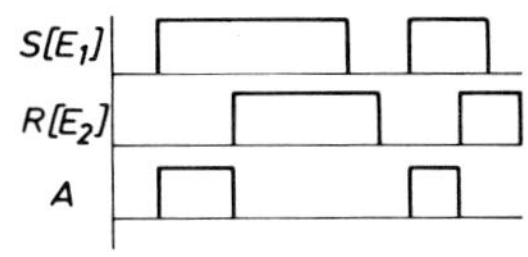

Signalplan für Speicher aus NOR-*Elementen*

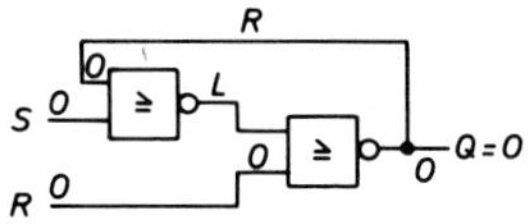

Zustand vor einer neuen Signaleingabe: Beim Einschalten der Spannung wird der vorher vorhandene Zustand am Ausgang nicht verändert.

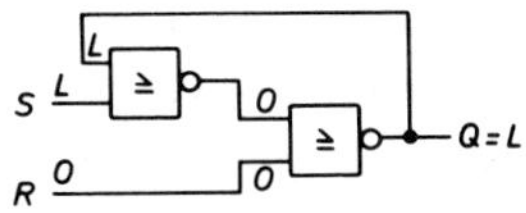

Erhält S L-Signal, so wird der Speicher gesetzt. Über die Rückkopplung R bleibt der Speicher gesetzt.

Erscheint an S ein weiteres L-Signal, so ändert sich am Schaltzustand des Speichers nichts.

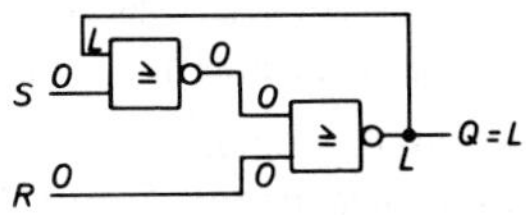

Auch wenn L am S-Eingang wieder verschwindet, bleibt das L-Signal am Ausgang erhalten.

Wird R auf L gesetzt, so entsteht an Q 0-Signal. Verschwindet das L-Signal an R, so bleibt der ursprüngliche Zustand ($Q = L$) erhalten.

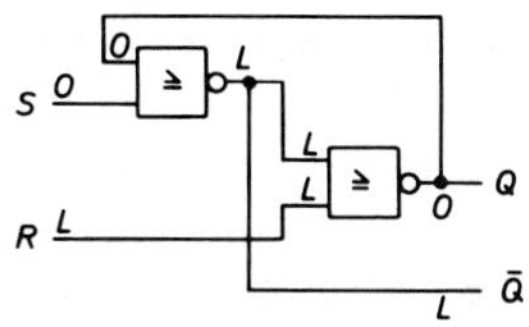

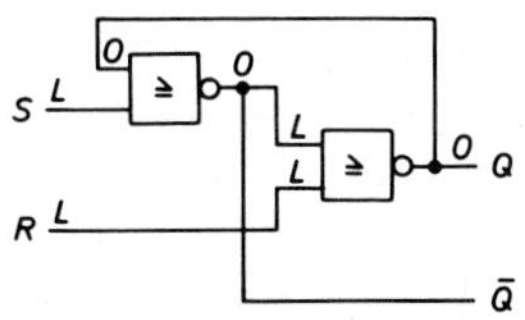

Werden beide Eingänge des Speichers mit L beaufschlagt, so erscheint am Ausgang $Q = 0$.

Diese Kombination ist verboten, sie muß unterbunden werden. Wenn trotzdem die Möglichkeit besteht, daß z. B. R schon einen L-Impuls erhält, während auch an S noch L ansteht, so kann dieser Fall mit einer entsprechenden Vorschaltung verhindert werden.

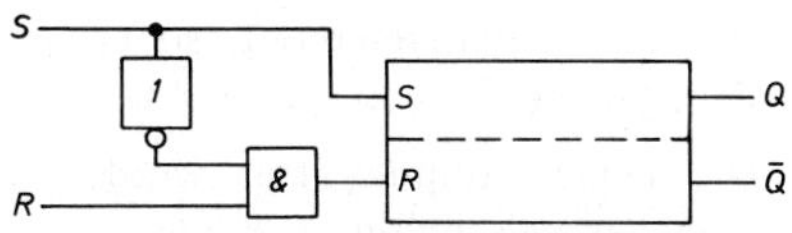

S hat Vorrang

Bei dieser Vorschaltung hat S Vorrang. Ein L-Signal bei S ruft 0-Signal in einem Eingang des UND-Elementes hervor, so daß R auf jeden Fall verriegelt wird.

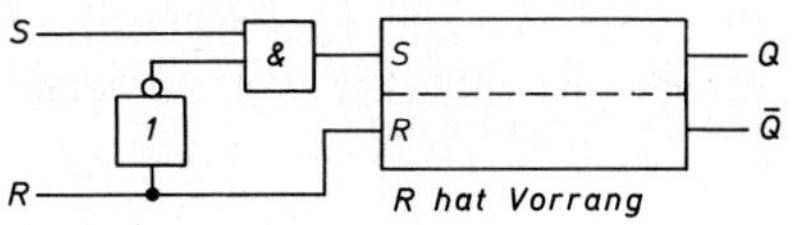

R hat Vorrang

Das nächste Bild zeigt Vorrang für R. Ein L-Signal bei R blockt auf jeden Fall L bei S ab.

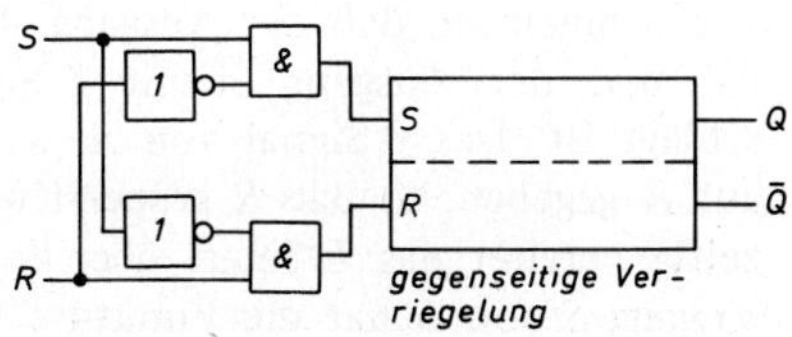

Bei der gegenseitigen Verriegelung sorgt die Vorschaltung dafür, daß das zuerst ankommende Signal an einem Eingang den zweiten Eingang blockiert.

4. Zählspeicher

Neben dem statischen gibt es ein weiteres Speicherelement, das in der Computertechnik eine große Bedeutung erlangt hat, den sogenannten *Zähl*speicher. Der Zählspeicher ist aus dem statischen Speicher entwickelt worden.

Dabei wird dem normalen Speicherelement ein sogenanntes *Impulsgatter* vorgeschaltet, das den eigentlichen Speicher steuert. Dieses Impulsgatter soll in seiner Wirkungsweise beschrieben werden.

Am Ausgang *A* des Impulsgatters erscheint nur dann ein Signal, wenn an beiden Eingängen *L* anliegt und wenn am Eingang *V* dieses *L*-Signal schon vor Eintreffen des *L*-Signals an *T* bestanden hat.

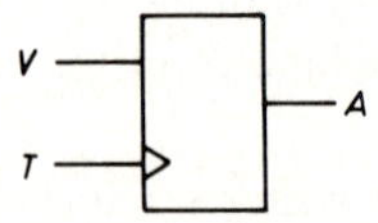

Symbol für ein Impulsgatter

V Vorbereitungseingang
T Zählimpulseingang
A Ausgang

Es müssen also drei Bedingungen erfüllt sein, bevor an *A* ein *L*-Signal erscheinen kann.

1. *Am Zählimpulseingang muß L-Signal anliegen.*
2. *Am Vorbereitungseingang V muß L-Signal bestehen.*
3. *Das L-Signal an V muß bereits bestehen, wenn L an T erscheint.*

Das Ausgangssignal an *A* ist kein Dauersignal, sondern wird nur als kurzzeitiger Nadelimpuls abgegeben, der sehr schnell wieder zu 0 wird. Über das *L*-Signal am Vorbereitungseingang *V* kann der eigentliche Zählimpuls, der auf den Eingang *T* aufläuft, nach Bedarf durchgelassen oder gesperrt werden.

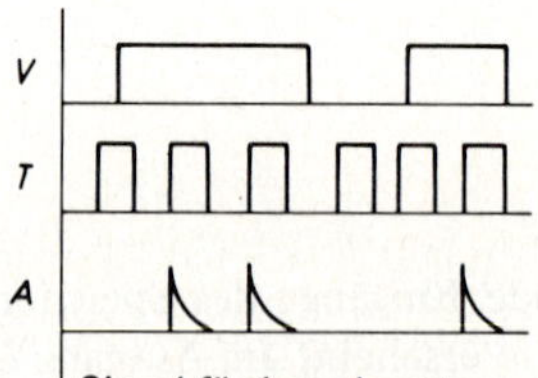

Signal für Impulsgatter

Setzt man zwei solcher Impulsgatter parallel vor ein Speicherelement, so erhält man einen Zählspeicher.

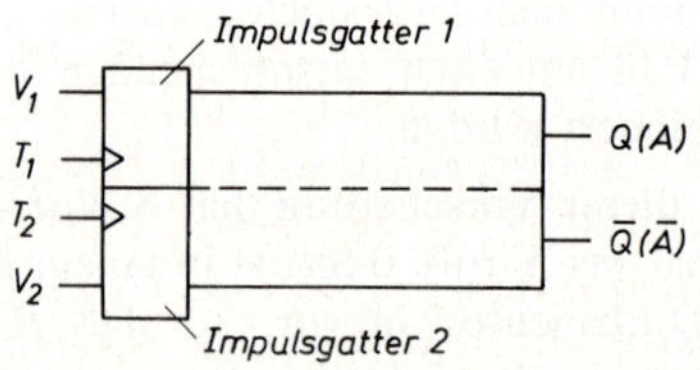

Die beiden Impulsgatter werden so mit dem Speicher verschaltet, daß der Vorbereitungseingang V_1 mit dem negierten Ausgang $\overline{A}$ verbunden wird. T_1 und T_2 werden mit einer Brücke verbunden. Auf den Brückeneingang *T* laufen die Zählimpulse auf.

Wir nehmen an, daß der Ausgang *A* mit 0-Signal und der Ausgang $\overline{A}$ mit *L*-Signal beaufschlagt ist. Das 0-Signal von *A* wird über R_1 auf *R* gegeben, so daß *R* gesperrt wird. Gleichzeitig bereitet das *L*-Signal über R_2 den Setzeingang *S* vor. *S* hat die Funktion von V_1 des Impulsgatters übernommen. An *S* steht damit ein Vorbereitungssignal an.

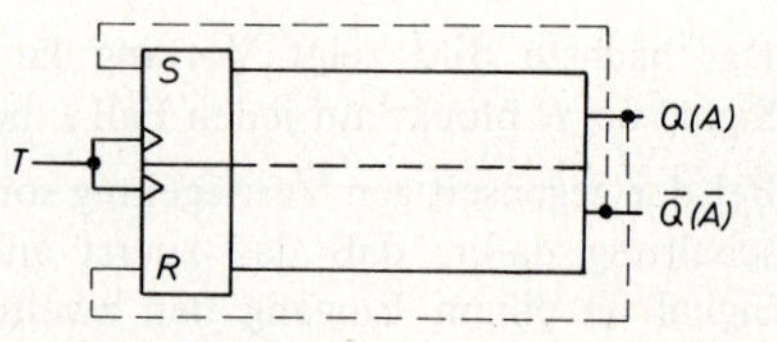

Zählschalter mit internen Rückkopplungen

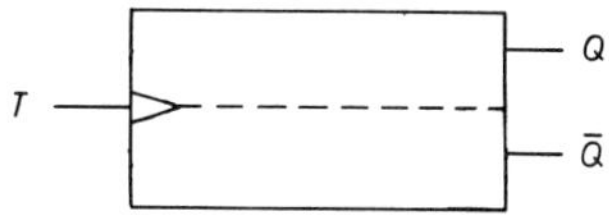

Symbol für Zählspeicher

Wird über T ein Zählimpuls eingegeben, so wird über das Impulsgatter 1 der Speicher auf L-Signal gesetzt. Da V_2 gesperrt ist, muß R auf 0-Signal bleiben. Damit haben sich die Ausgangssignale an A und $\bar{A}$ verändert. An A liegt L- und an $\bar{A}$ 0-Signal.

Gleichzeitig damit wird R (V_2) über R_1 mit L-Signal und S (V_1) über R_2 mit 0-Signal beschickt.

Läuft ein zweiter Zählimpuls auf T auf, so ist R (V_2) gesetzt und S (V_1) gesperrt.

Der Speicher fällt am Ausgang auf 0-Signal zurück (0-Signal an A, L-Signal an $\bar{A}$).

Der nächste Impuls an T wird den Speicher wieder setzen usw.

Mit jedem zweiten Zählimpuls wird der Speicher gesetzt bzw. zurückgesetzt. Man spricht deshalb auch von einem *Untersetzer* oder von einer *Binärstufe*.

4.1. Logikplan von Zählspeichern

Der nebenstehende Logikplan zeigt den logischen Aufbau eines Zählspeichers mit einem Ausgang. An diesem Beispiel sollen die logischen Funktionen des Zählspeichers noch einmal durchgespielt werden:

Ein Eingangsimpuls (Zählimpuls) erreicht 0_1, N_1 und U_1. Er wird über 0_1 nach U_2 weitergegeben. An beiden Eingängen von U_2 steht L an, weil am Ausgang von U_1 ein 0-Signal über N_2 in ein L-Signal umgewandelt wird. U_2 gibt damit das L-Signal an A weiter. Die Rückkopplung R_1 garantiert, daß nach Verlöschen des Eingangsimpulses das L-Signal an A erhalten bleibt. U_3 gibt L-Signal an 0_2 und von dort an den Eingang von U_1, solange kein neuer Eingangsimpuls wirksam wird. Wird auf E ein zweiter Zählimpuls gegeben, so bewirken N_1 und N_2, daß das L-Signal an A in ein 0-Signal umgewandelt wird. Erst ein weiterer Zählimpuls stellt A wieder auf L-Signal um.

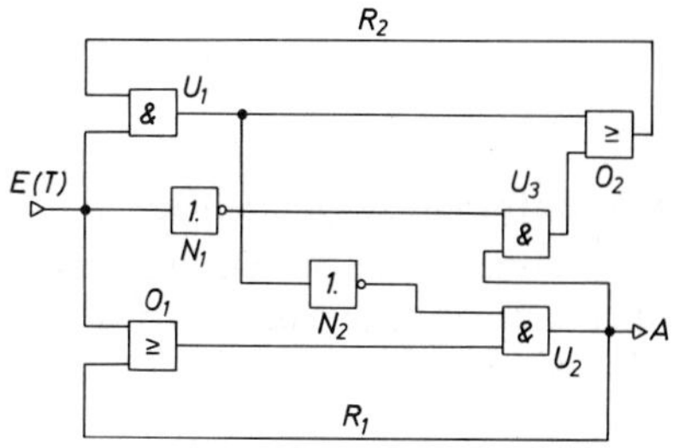

Logikplan

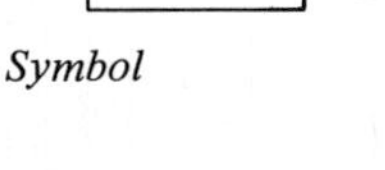

Symbol

Der Signalplan des Zählspeichers zeigt, daß der Ausgang *A* nach jedem zweiten Zählimpuls umsetzt.

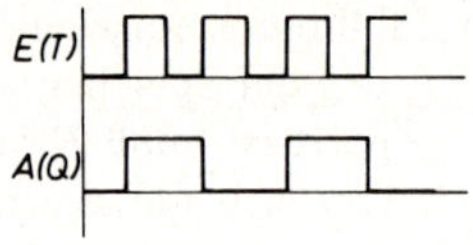

Signalplan

Oft werden Zählspeicher benötigt, die über mehrere Ausgänge verfügen. Man spricht dann von Binärstufen mit positivem und negativem Ausgang. Ein Eingangssignal wird wechselweise auf die Ausgänge A_1 und A_2 bzw. A_3 und A_4 geschaltet. Am Ausgang A_1 und A_2 erfolgt der Wechsel beim Übergang von *L* auf 0, am Ausgang A_3 und A_4 beim Übergang von 0 auf *L*. Die nachstehende Abbildung zeigt den Logikplan.

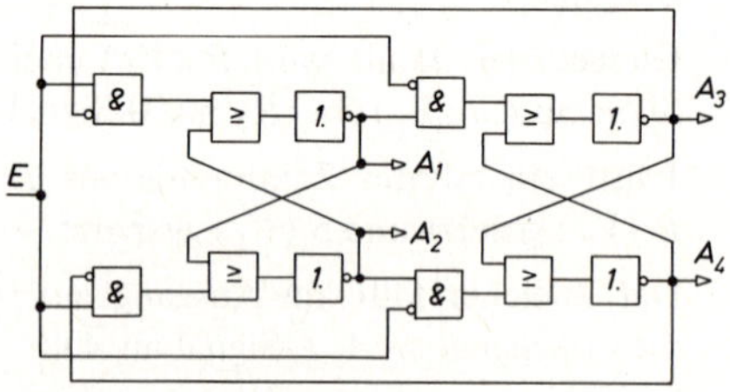

Logikplan für Zählerspeicher mit mehreren Ausgängen (2 × 2)

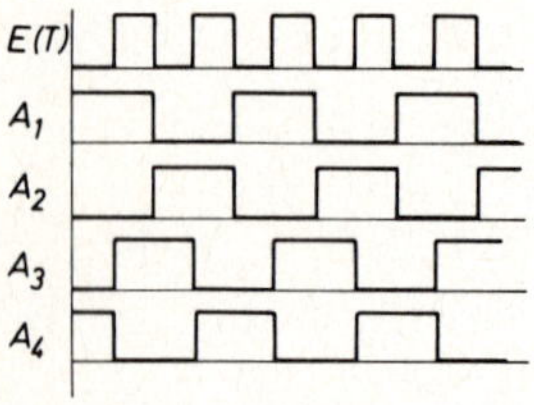

Signalplan für Zählspeicher (Binärstufe) mit 2 × 2 Ausgängen

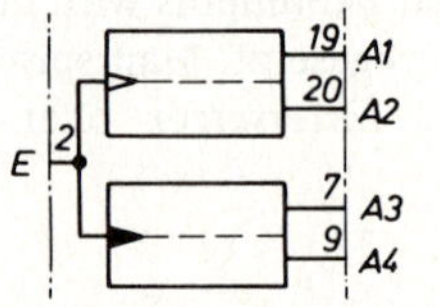

Symbol für Zählspeicher mit 4 Ausgängen

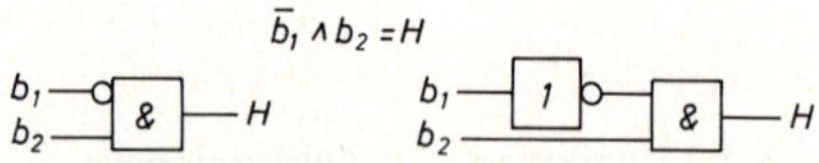

Inhibitions-Element

4.2. Aufbau eines Dualzählers

Die Tatsache, daß in einem Zählspeicher nur jeder zweite Impuls den Speicher setzt bzw. löscht, nutzt man aus, um aus mehreren hintereinandergeschalteten Zählspeichern einen Dualzähler aufzubauen.

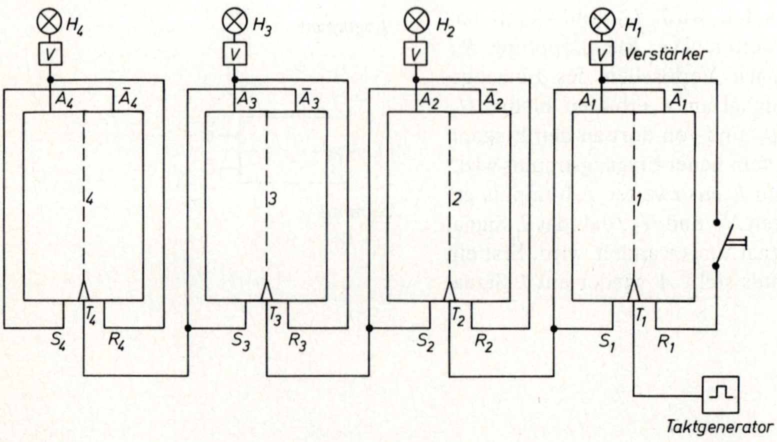

4-stufige Dualzähler (Additionszähler)

Arbeitsweise:

Der vom Taktgenerator ausgehende *1. Zählimpuls* setzt den Zählspeicher 1. An A_1 erscheint L-Signal. Dieses Signal wird so verstärkt, daß an H_1 ein Lichtsignal entsteht. $\bar{A}_1$ führt 0-Signal. Damit kann T_2 kein L-Signal erhalten. Die Lampe H_2 bleibt dunkel.

Der *2. Impuls* setzt den Zählspeicher 1 auf 0 zurück. Am Ausgang $\bar{A}_1$ erscheint L-Signal, am Ausgang A_1 0-Signal. Damit erlischt das Lichtsignal an H_1. Gleichzeitig erhält T_2 jetzt L-Signal. Damit wird Zählspeicher 2 gesetzt und H_2 leuchtet auf.

Der *3. Impuls* setzt Zählspeicher 1, während Zählspeicher 2 gesetzt bleibt. Es erscheinen gleichzeitig Lichtsignale an H_1 und H_2.

Der *4. Impuls* setzt die Zählspeicher 1 und 2 zurück, und gleichzeitig setzt er Zählspeicher 3. H_1 und H_2 verlöschen, während H_3 brennt. Mit dem *5. Impuls* wird Zählspeicher 1 wieder gesetzt usw.

Man kann die Vorgänge am Dualzähler in einer Wertetabelle sichtbar machen:

H_4	H_3	H_2	H_1	Impulse ⎍	Dualsystem	Dezimalsystem
⊗	⊗	⊗	⊗	0	0 0 0 0	0
⊗	⊗	⊗	-⊗-	1	0 0 0 L	1
⊗	⊗	-⊗-	⊗	2	0 0 L 0	2
⊗	⊗	-⊗-	-⊗-	3	0 0 L L	3
⊗	-⊗-	⊗	⊗	4	0 L 0 0	4
⊗	-⊗-	⊗	-⊗-	5	0 L 0 L	5
⊗	-⊗-	-⊗-	⊗	6	0 L L 0	6
⊗	-⊗-	-⊗-	-⊗-	7	0 L L L	7
-⊗-	⊗	⊗	⊗	8	L 0 0 0	8
-⊗-	⊗	⊗	-⊗-	9	L 0 0 L	9

Signalplan eines vierstufigen Additionszählers

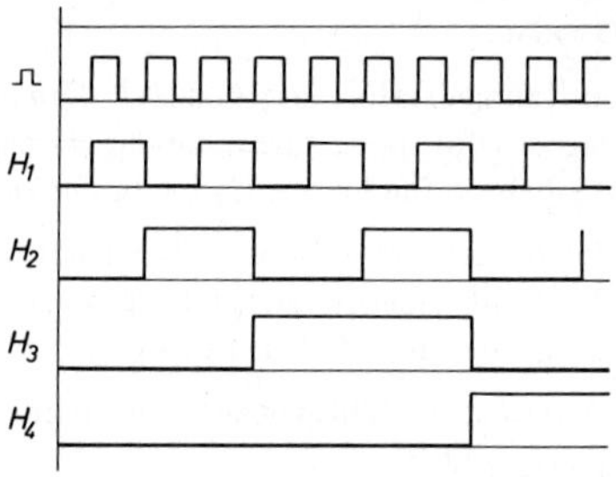

4.3. Umsetzung des Dualzählers in das Dezimalsystem

In elektronischen Rechnern und digitalen Zählschaltungsanlagen wird die Rechenoperation im dualen System mit Binärzählerelementen (Zählspeichern) durchgeführt. Es erweist sich dann allerdings als zweckmäßig, das Ergebnis einer Operation wieder in das gebräuchliche Zehnersystem zu übertragen.

Die Methode der Umsetzung vom Dual- in das Zehnersystem soll mit Hilfe eines Beispiels angedeutet werden.

Um die Übersichtlichkeit der Skizze zu gewährleisten, ist die Umsetzung aus dem dualen in das Zehnersystem nur an den Beispielen 2, 4 und 9 durchgeführt worden. Als Umsetzungselemente wurden UND-Elemente benutzt. Es besteht natürlich auch die Möglichkeit, mit Hilfe der Inversionsgesetze die UND-Elemente durch NOR-, NAND- und ODER-Glieder zu ersetzen.

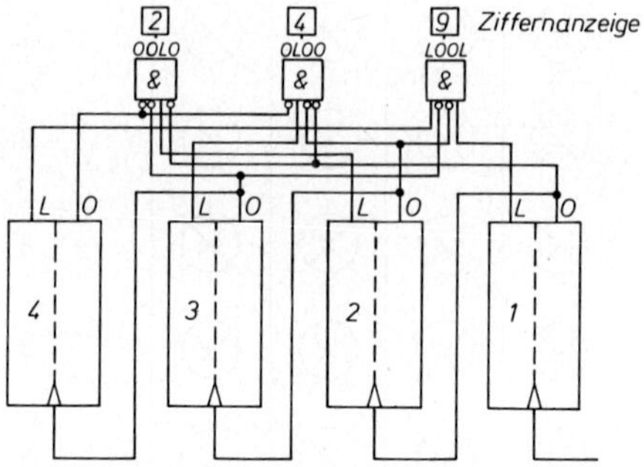

Lehrbeispiel 1

Für eine Verpackungsmaschine ist eine Zählschaltung zu entwickeln, die nach einer vorwählbaren Impulszahl ein Ausgangssignal liefert, das z.B. über eine Weichenstellung nach einer bestimmten Zahl die zu verpackenden Werkstücke in Gruppen zu je 25 Teilen aufteilt. Gleichzeitig mit dem Ausgangssignal muß die Zählschaltung auf 0 zurückgesetzt werden, um erneut eine Gruppe von 25 Teilen zusammenzustellen.

Lösung:

Die Zählkapazität einer mehrstufigen Zählschaltung läßt sich rechnerisch nach folgender Formel errechnen:

$$Kap = 2^n - 1,$$

wobei n die Zahl der Zählstufe darstellt.

Danach ergibt sich die Zählkapazität einer 5-stufigen Zählschaltung:

$$\begin{aligned} Kap &= 2^5 - 1 \\ &= 32 - 1 \\ Kap &= 31 \end{aligned}$$

Ermittlung der Dezimalzahl für die Dualzahl 25:

25 : 2 = 12	Rest	1
12 : 2 = 6	Rest	0
6 : 2 = 3	Rest	0
3 : 2 = 1	Rest	1
1 : 2 = 0	Rest	1

Der umrandete Teil ergibt von unten nach oben gelesen die Dualzahl 11001.

Die Zahl 11001 setzt sich zusammen aus:

$$\begin{aligned} & 1 \cdot 2^4 = 16 && = A\,5 \\ + \; & 1 \cdot 2^3 = 8 && = A\,4 \\ + \; & 0 \cdot 2^2 = 0 && = A\,3 \\ + \; & 0 \cdot 2^1 = 0 && = A\,2 \\ + \; & 1 \cdot 2^0 = \underline{1} && = A\,1 \\ & \quad\;\; 25 && \end{aligned}$$

Das Bild zeigt eine 5-stufige Zählschaltung, die mit Hilfe von 5 Wahlschaltern über ein UND-Element mit 5 Eingängen jede beliebige Zahl zwischen 0 und 31 ansteuern kann. Das Ausgangssignal bewirkt die Rückstellung nach Erreichen der Zahl 25 in die Startstellung. Außerdem bewirkt das Signal bei Erreichen der Zahl 25 ein Umschalten der Weiche auf der Transporteinrichtung.

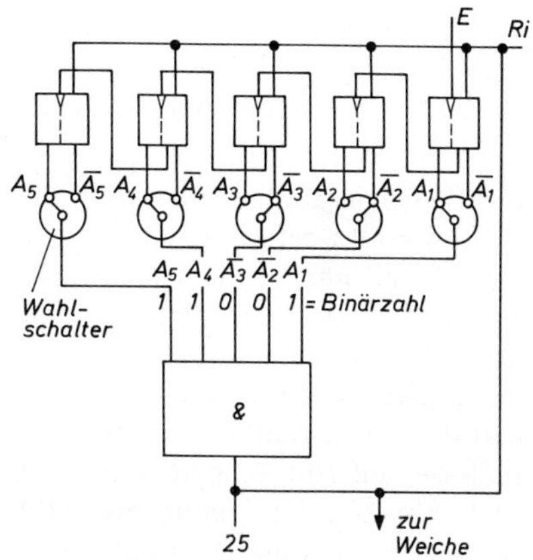

UND-*Verknüpfung einer addierenden Zählschaltung für ein Ausgangssignal bei 25 Eingangsimpulsen*

Werden Logikelemente verwendet, die nur UND-Glieder mit 2 Eingängen im Fertigungsprogramm haben, so müßte eine Schaltung verwendet werden, die dem nebenstehenden Bild entspricht. Dabei müßten allerdings 5 UND-Elemente eingesetzt werden.

Dieser Aufwand kann nach den Regeln von *de Morgan* verringert werden, wenn man an Stelle der UND-Elemente NOR-Glieder verwendet.

$$\begin{array}{ccccccccc} 1 & & 1 & & 0 & & 0 & & 1 \; = 25 \end{array}$$

$$(A_5 \wedge A_4 \wedge \overline{A_3} \wedge \overline{A_2} \wedge A_1)$$

$$\overline{([\overline{A_5} \vee \overline{A_4} \vee A_3] \vee A_2 \vee \overline{A_1})}$$

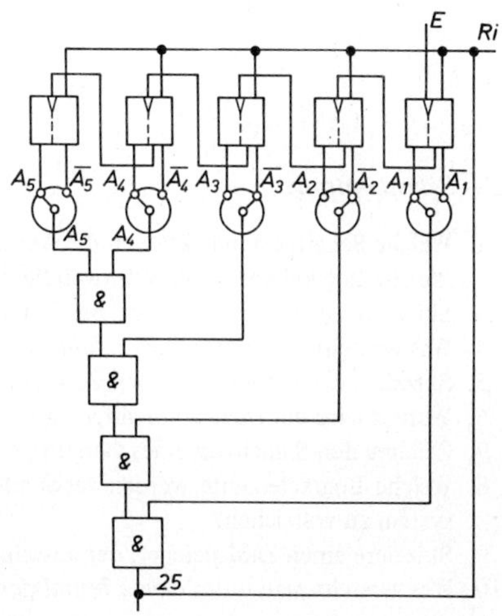

Bei der Verwendung von ODER/NOR-Elementen sind nur noch 2 ODER/NOR-Elemente mit je 3 Eingängen notwendig.

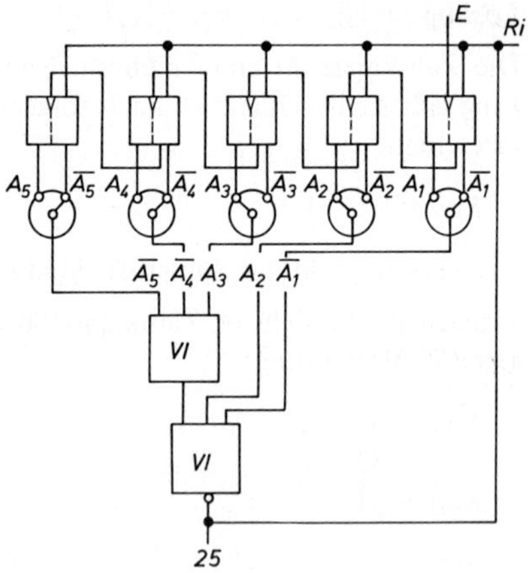

Lehrbeispiel 2

Mit Hilfe eines pneumatisch-mechanischen Impulszählers und einer Stoppuhr soll die Drehzahl einer Welle kontrolliert werden, welche $12000\,\text{min}^{-1}$ oder $200\,\text{s}^{-1}$ ausführt. Da der betreffende pneumatisch-mechanische Impulszähler nur in der Lage ist, max. 25 Impulse/s zu zählen, wird dem Impulszähler eine vierstufige Fluidik-Zählschaltung vorgeschaltet, die nur jeden achten Impuls an den Zähler weitergibt.

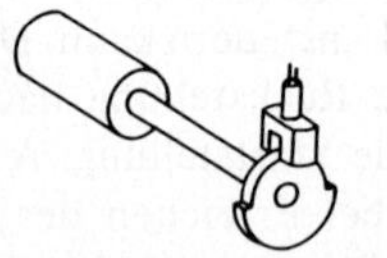

Die Signaleingabe geschieht durch eine auf der Antriebswelle befestigte Codierscheibe, die bei einer Wellenumdrehung über den Frei- oder Gegenstrahlfühler einen pneumatischen Impuls erzeugt. Während die Stoppuhr gestartet wird, wird gleichzeitig die Zählschaltung durch Signal Ri und der Impulszähler durch Betätigen der Rückstelltaste auf Null gestellt. Hat der Impulszähler nach Ablauf einer Minute bis 1500 gezählt, ergibt sich daraus die Drehzahl der kontrollierten Welle mit $1500\,\text{min}^{-1} \cdot 8 = 12000\,\text{min}^{-1}$.

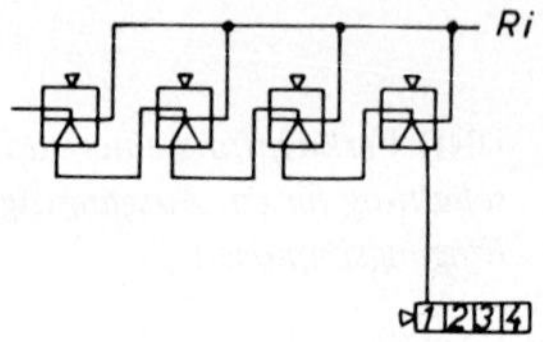

▶ ***Zur Selbstkontrolle***

1. Welche Schaltzustände können die Ausgänge eines statischen Speichers annehmen?
2. Welche Logikelemente sind notwendig, um daraus einen statischen Speicher aufzubauen?
3. Skizziere ein Speicherelement, bei dem das Setzsignal Vorrang hat.
4. Was versteht man unter einem *Zählspeicher*?
5. Skizziere das Symbol für einen Zählspeicher.
6. Woraus wird ein Dualzähler aufgebaut?
7. Zeichne den Signalplan eines vierstufigen Additionszählers.
8. Welche Logikelemente werden verwendet, um aus einem dualen Zählwerk die Umsetzung ins Dezimalsystem zu vollziehen?
9. Skizziere einen Zählspeicher, der ausschließlich aus NOR-Elementen aufgebaut ist.
10. Was versteht man unter einem *Impulsgatter*?

IV. Technische Ausführung von digitalen Steuerelementen

Logische Schaltungen lassen sich nicht nur durch elektromechanische Bauelemente ausführen, so wie es beispielhaft in den vorigen Kapiteln dargestellt worden ist. Weitaus häufiger werden elektronische Elemente verwendet, man denke nur an den großen Bereich der Taschenrechner sowie den Bereich der Computertechnik. Aber auch pneumatisch gesteuerte Bauteile haben in den letzten Jahrzehnten ihren Anteil vergrößern können. Daneben haben sich in den letzten Jahren – beeinflußt durch die Satellitentechnik – die sogenannten Fluidik-Schaltglieder auf bestimmten Sektoren einen beträchtlichen Marktanteil erobern können.

Alle aufgeführten Systeme haben ihre Berechtigung auf den ihnen gemäßen Anwendungsgebieten nachweisen können. Jedes System hat Vor- und Nachteile, die festlegen, zu welchen Zwecken sich welches System besonders gut oder weniger gut eignet. Es muß immer am konkreten Fall entschieden werden, welches System sich als besonders geeignet erweist. Das schließt nicht aus, daß die verschiedenen Systeme bei bestimmten Aufgabenstellungen in Konkurrenz zueinander treten können. Oft wird der kombinierte Einsatz mehrerer Systeme ein Weg sein, der zu sinnvollen und wirtschaftlichen Lösungen führt.

Die Entwicklung von logischen Steuerschaltungen wird oft so verlaufen, daß das Steuerungsproblem zunächst logisch erfaßt und verarbeitet wird, und man sich erst danach – abhängig von den Betriebsbedingungen – für das eine oder andere System oder eine Kombination aus mehreren Systemen entscheidet.

In einer graphischen Darstellung soll versucht werden, die wesentlichen Eigenschaften der verschiedenen Systeme gegenüberzustellen und Entscheidungshilfen für die eine oder andere Lösung anzubieten.

Schaltsysteme:

1 Integrierte Schaltkreise, IC-Bausteine
2 Transistortechnik
3 Schaltröhrentechnik
4 Fluidiks
5 elektromechanische Relais bzw. Schützschaltung
6 Pneumatik (Kolbenpneumatik)
7 Hydraulik
8 Mechanik

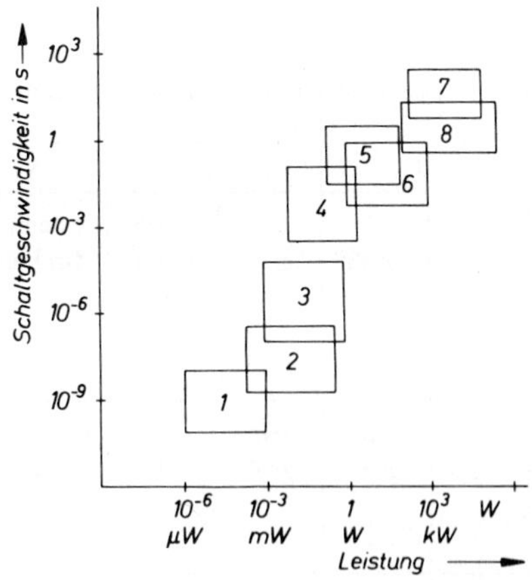

Das Diagramm stellt auf der vertikalen Achse den Bereich der möglichen Schaltgeschwindigkeit für die einzelnen Systeme dar.

Auf der horizontalen Achse wird die umsetzbare Leistung angegeben.

Die folgende Matrix soll auf einen Blick Vor- und Nachteile eines Systems deutlich machen und einen groben Vergleich zwischen mehreren Systemen möglich machen.

Gegenüberstellung der verschiedenen Schaltsysteme

Schalt-system	Schalt-zeit	Bauteil-größe	Energie-verbrauch	Temperatur-empfindlichkeit	Wartung	Preis	Verstärker erforderlich	Verschleiß	Komplexe Schaltung möglich	Schaltelement Lebensdauer
1	sehr klein +++	sehr klein +++	sehr klein ++	sehr empfind-lich ——	kaum Wartung nötig ++	sehr billig +++	ja –	kein ++	ja ++	sehr hoch ++
2	klein ++	klein ++	sehr klein bis klein ++	sehr empfind-lich ——	kaum Wartung nötig ++	sehr billig ++	ja –	kein ++	ja +	sehr hoch ++
3	klein +	mittel	mittel	empfind-lich –	Wartung erforder-lich	mittel	ja –	mittel	ja +	mittel +
4	klein bis mittel +	klein bis mittel +	groß da Luft sehr teuer ——	unemp-findlich +++	keine Wartung erfor-derlich +++	mittel	ja –	kein ++	bedingt ja +	sehr hoch +++
5	mittel	mittel	mittel	unemp-findlich +	Wartung erfor-derlich	mittel	nein ++	mittel	schwierig –	niedrig –
6	groß	groß ——	groß da Luft sehr teuer ——	unemp-findlich ++	Wartung erfor-derlich	teuer –	nein ++	mittel	schwierig –	mittel bis niedrig +
7	sehr groß ——	sehr groß ———	mittel	empfind-lich	Wartung erfor-lich	sehr teuer ——	nein ++	groß ——	nein –	niedrig –
8	groß –	groß ——	groß ——	unemp-findlich	Wartung erfor-derlich	teuer –	nein ++	groß ——	nein –	niedrig –

+++ ideal
++ gut
+ brauchbar
– / —— / ——— } schwierig

Die Matrix enthält keine quantitativen Aussagen. Diese müssen den Herstellerangaben oder Tabellen- und Nachschlagewerken entnommen werden.

1. Elektromechanische Bauteile

Digitalsteuerungen auf der Basis *elektromechanischer* Bauteile haben in den letzten Jahrzehnten an Bedeutung eingebüßt. Elektronische- und Fluidikelemente haben den Marktanteil der elektromechanischen Elemente stark eingeengt.

Trotzdem hat die elektromechanische Relaistechnik auf einigen Gebieten ihre Bedeutung bis heute erhalten können.

Die Gründe hierfür sind:

- Es können vielfältige physikalische Eingangsgrößen direkt verarbeitet werden.
- Die Ausführungen von Verknüpfungs- und Speicherschaltungen sind einfach und überschaubar.
- Eingangs- und Ausgangskreise können vollständig getrennt werden.

Nachteilig wirken sich aus:

- Mechanischer Verschleiß begrenzt Schalthäufigkeit und Lebensdauer.
- Umfangreiche digitale Steuerungen würden einen hohen Platz- und Energieaufwand erfordern.
- Der Preis für größere Steuerungsanlagen liegt dadurch bedingt beträchtlich über dem vergleichbarer elektronischer Steuerungen.

Da in Abschnitt II die einzelnen logischen Funktionen wegen ihrer Anschaulichkeit schon als elektromechanische Relaisschaltungen dargestellt wurden, soll hier ausführlicher nur auf die Schaltungen eingegangen werden, die dort noch nicht behandelt wurden.

1.1. Elektromechanische NICHT-Stufe

S_1	H
0	L
L	0

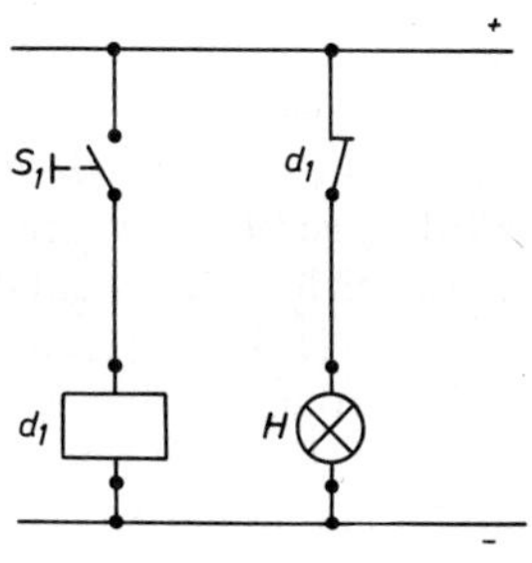

Schaltung

1.2. Elektromechanische ODER-NOR-Stufe

S_1	S_2	H_1	$\overline{H_2}$
0	0	0	L
0	L	L	0
L	0	L	0
L	L	L	0

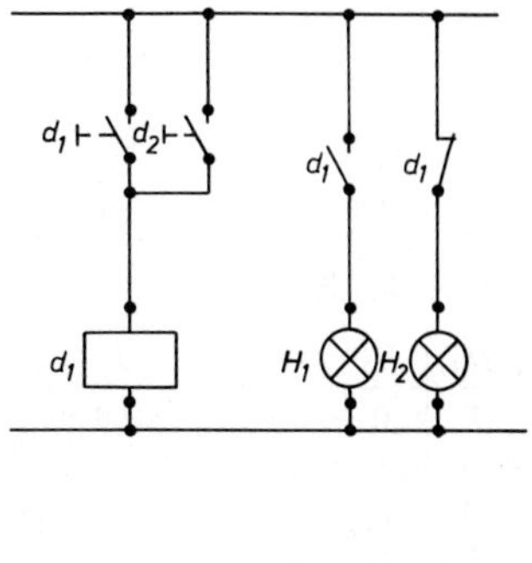

Schaltung

1.3. Elektromechanische UND-NAND-Stufe

S_1	S_2	H_1	H_2
0	0	0	L
0	L	0	L
L	0	0	L
L	L	L	0

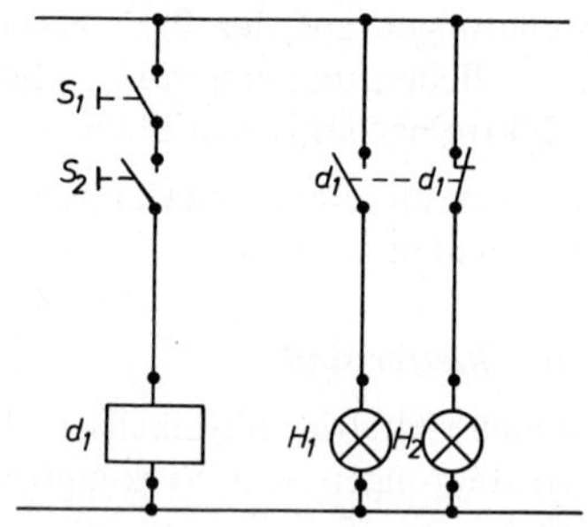

Schaltung

1.4. Elektromechanisches Exklusiv-ODER-Element (Antivalenz – Äquivalenz)

Die beiden hintereinanderliegenden Tastschalter sind mechanisch fest miteinander verbunden, so daß immer nur einer der beiden geschlossen bzw. geöffnet sein kann.

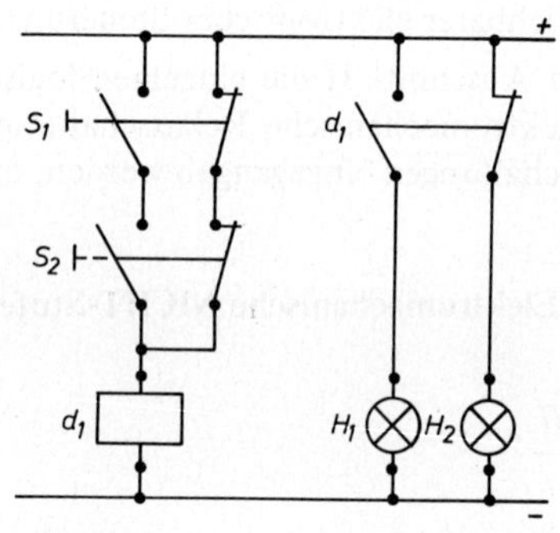

Schaltung

Wirkungsweise

Wird a_1 gedrückt und a_2 nicht, so ist der Stromfluß zum Relais d_1 unterbrochen. Der Kontakt d_1 bleibt in Ruhestellung. H_2 leuchtet auf, H_1 bleibt dunkel. Wird a_2 gedrückt, während a_1 unbetätigt bleibt, so bleibt d_1 ebenfalls ohne Stromfluß. Werden beide Taster a_1 und a_2 betätigt, so erhält d_1 Strom, und der Kontakt d_1 versorgt H_1 mit Strom. H_2 wird abgetrennt und erlischt. Das gleiche gilt, wenn weder a_1 noch a_2 betätigt werden. Auch in diesem Fall kann über die Paralleltaster Strom fließen und d_1 betätigt werden.

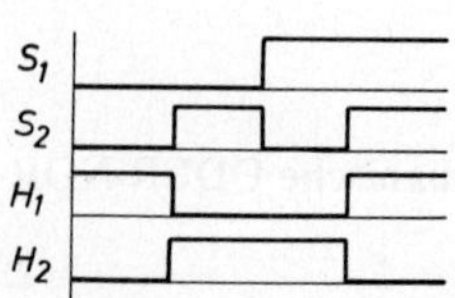

Signalplan

Wertetabelle

		Äquivalenz	Antivalenz Exklusiv, ODER
S_1	S_2	H_1	H_2
0	0	L	0
0	L	0	L
L	0	0	L
L	L	L	0

1.5. Elektromechanischer Speicher (Flip-Flop)

Speicherelement: *Löschen vorrangig*

S_1	S_2	H_1	H_2
0	0	0	*L*
0	*L*	0	*L*
L	0	*L*	0
L	*L*	0	*L*

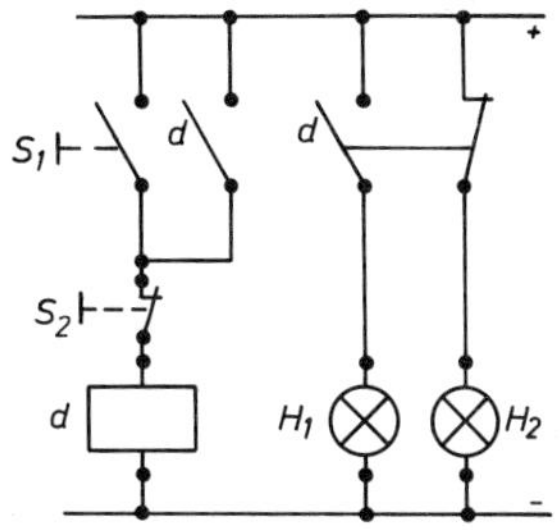

Schaltung

Speicherelement: *Setzen vorrangig*

S_1	S_2	H_1	H_2
0	0	0	*L*
0	*L*	0	*L*
L	0	*L*	0
L	*L*	*L*	0

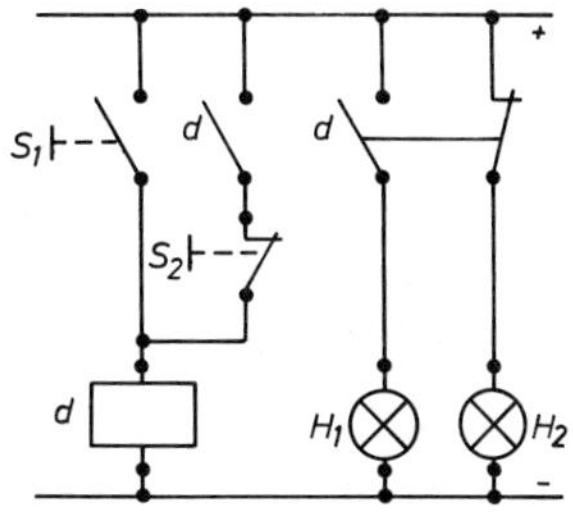

Schaltung

1.6. Elektromagnetische Zeitschalter (Zeitrelais)

Zeitrelais haben die Aufgabe, nach Ablauf einer vorher eingestellten Zeit einen oder mehrere eingebaute Schalter zu betätigen. Viele Zeitrelais besitzen eine automatische Rückstellung, die bei Stromunterbrechung (nach oder während des Arbeitsablaufs) in ihre Ausgangsstellung (0-Stellung) zurückgeht. Beim Motor-Zeitrelais dient als Zeitbasis ein Synchronmotor. Das mit dem Motor verbundene Getriebe – eventuell umschaltbar – bestimmt den Zeitbereich. Eine elektromagnetische Kupplung überträgt die Ausgangsdrehzahl des Getriebes auf die Schaltnocke. Es ergeben sich zwei mögliche Arbeitsweisen:

Anzug verzögert: Das Zeitrelais beginnt seinen Ablauf mit dem Schließen eines Steuerschalters.

Abfall verzögert: Das Zeitrelais beginnt seinen Ablauf mit dem Öffnen eines Steuerschalters.

Es gibt daneben Sonderformen von Zeitrelais, bei denen ohne weitere äußere Eingriffe Abläufe mehrfach wiederholt werden können.

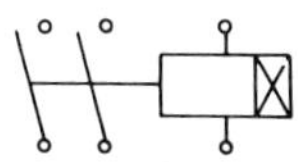

Symbol für Relais mit Anzugsverzögerung

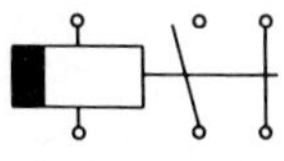

Symbol für Relais mit Abfallverzögerung

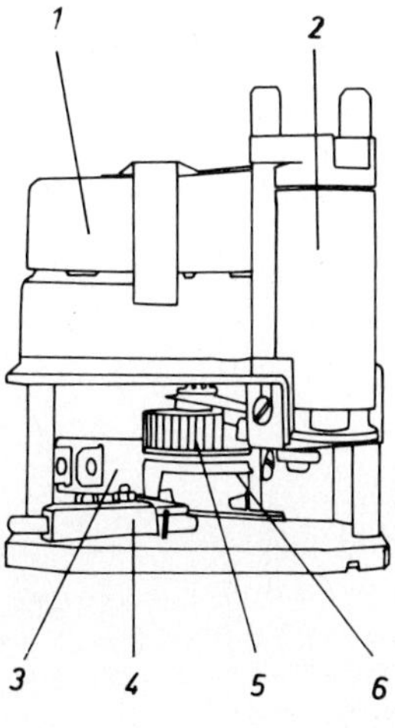

1 Getriebemotor
2 Kupplungsmagnet
3 Verzögerungsumschalter
4 Endschalter (Motor-Abschaltung)
5 Kupplung
6 Schaltnocke

Das dargestellte Zeitrelais kann auf Verzögerungszeiten von 4,5 s bis 90 min eingestellt werden.

1.7. Elektromagnetische Verzögerungsschaltung

Einschaltverzögerung mit anzugsverzögerndem Relais und Schließer als Einschalt- und Arbeitskontakt.

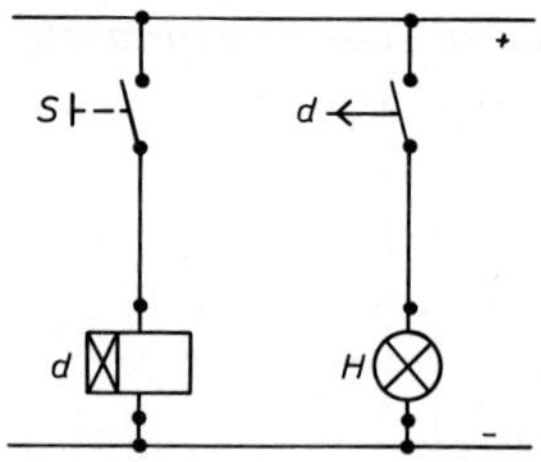

Schaltung

Eine Einschaltverzögerung läßt sich auch mit abfallverzögerndem Relais durchführen. Dann muß jedoch statt des Schließers ein Öffner als Arbeitskontakt verwendet werden.

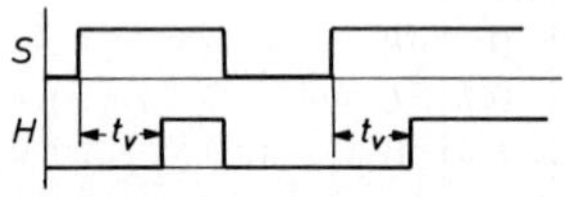

Signalplan

t_v Zeitverzögerung (Anlaufverzögerung)

Ausschaltverzögerung mit abfallverzögerndem Relais und Schließer als Ausschalt- und Arbeitskontakt.

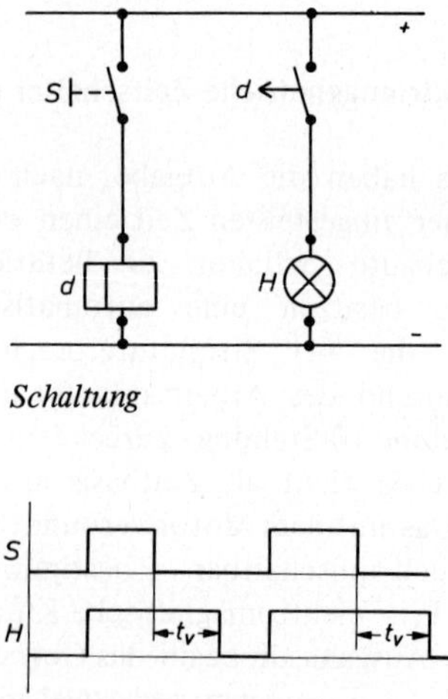

Schaltung

Ähnlich wie bei der Einschaltverzögerung läßt sich die Ausschaltverzögerung auch mit anzugsverzögerndem Relais durchführen. Statt des Schließers muß dann ein Öffner verwendet werden.

Signalplan

t_v *Ausschaltverzögerungszeit*

1.8. Elektromagnetischer Impulswandler (Monoflop)

Monoflop für Impulsverkürzung bzw. Impulsverlängerung. Die Schaltung besteht aus zwei Relais sowie einem anzugsverzögerndem Zeitschalter.

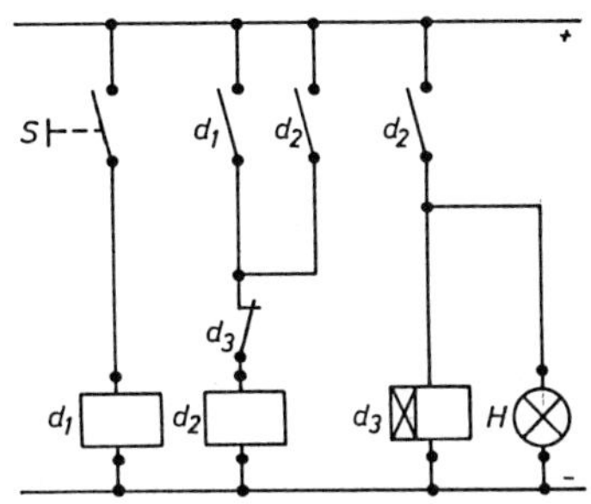

Schaltung

Wirkungsweise:

Über S wird ein Impuls beliebiger Länge eingegeben. Relais d_1 zieht an und betätigt den Kontakt d_1, der das Relais d_2 ansprechen läßt. Relais d_2 wird zusätzlich über eine Selbsthaltung unabhängig von d_1 erregt. Relais d_2 betätigt über einen zweiten Kontakt das Verzögerungsrelais d_3 und damit die Lampe H. Nach der eingestellten Verzögerungszeit t_i trennt d_3 über den Kontakt d_3 den Stromfluß nach d_2, so daß nach d_2 auch d_3 abgeschaltet wird. Auf diese Weise entstehen unabhängig von der zeitlichen Länge des Eingangssignals S immer gleich Signalimpulse gleicher Länge an der Lampe H.

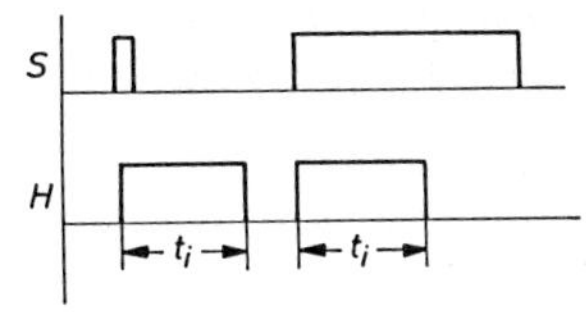

Signalplan

t_i Impulsdauer

1.9. Impulserzeuger (astabile Kippstufe)

Die elektromagnetische astabile Kippstufe besteht aus einem Relais, zwei anzugsverzögernden Zeitschaltern sowie zwei Signalgebern.

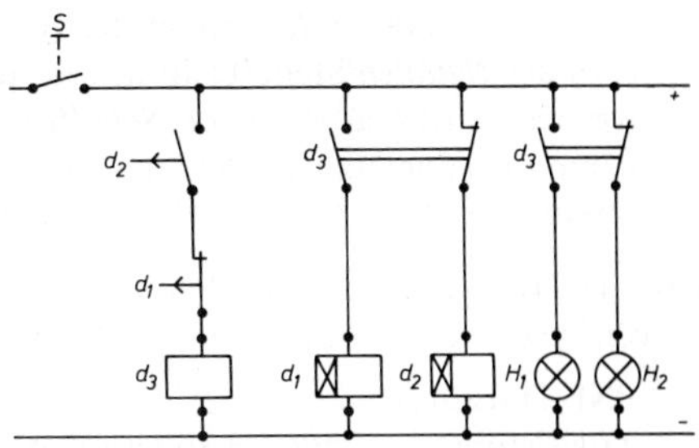

Schaltung:

Elektromechanischer Impulserzeuger

Wirkungsweise:

Der Impulserzeuger wird durch den Schalter *a* in Gang gesetzt. Die Lampe H_2 leuchtet auf ($H_2 = L$). Gleichzeitig wird d_2 betätigt und schaltet nach der Zeit t_{d_2} über den Kontakt d_2 das Relais d_3. Die beiden von d_3 gesteuerten Kontakte schalten d_2 ab und d_1 an sowie H_2 ab und H_1 an ($H_1 = L$). Nach der Zeit t_{d_1} wird d_3 wieder abgeschaltet – Kontakt d_1 öffnet. Damit wird d_2 wieder eingeschaltet, und die Lampe H_1 verlöscht, während H_2 erneut angeht usw.

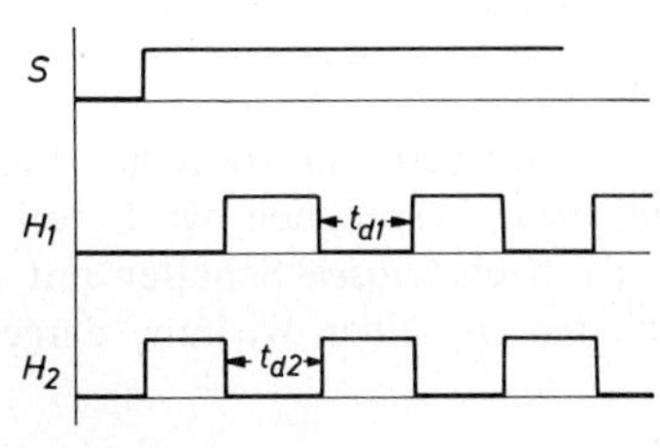

Signalplan

2. Elektronische Bauteile

2.1. Der Transistor als Schalter

Auf den Aufbau des Transistors soll an dieser Stelle nicht näher eingegangen werden, da die Halbleiterelektronik ein Teilgebiet der Elektrotechnik und nicht der Steuerungstechnik ist. Der Transistor ist ein in sich abgeschlossenes Subsystem, das innerhalb des Systems Steuerungstechnik seinen Platz hat.

Ein Transistor besitzt von außen gesehen drei Anschlüsse, von denen einer als Eingang (*Kollektor*), der andere als Ausgang (*Emitter*) und der Dritte als Steueranschluß (*Basis*) betrachtet werden kann. Der Steueranschluß beeinflußt den Stromdurchfluß vom Eingang zum Ausgang. Je nach Größe und Polarität des Steuerstromes bzw. der Steuerspannung läßt sich der Stromfluß zwischen Eingang und Ausgang drosseln bzw. vergrößern.

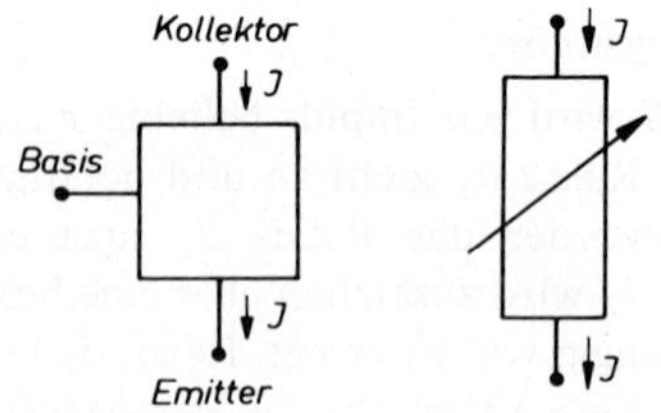

In seiner Wirkungsweise läßt sich der Transistor mit einem stufenlos regelbaren Widerstand vergleichen, wobei die Stellung des Abgriffs auf dem Widerstandsmaterial mit der Funktion des Steuerstromes bzw. der Steuerspannung vergleichbar ist. Beim Transistor lassen sich mit Hilfe von sehr *kleinen* Steuerströmen (10^{-6} bis 10^{-3} A) Durchgangsströme bis in den Amperebereich steuern.

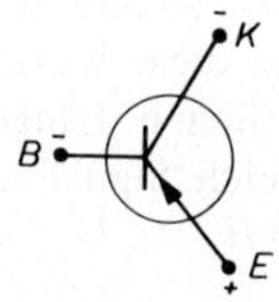

Symbol für PNP-Transistor

Diese Fähigkeit erklärt die Bedeutung des Transistors als *Verstärkerelement* in der *Analogtechnik.* In der *digitalen* Steuertechnik wird der Transistor als zeitlos arbeitender *Schalter* benutzt, der nur zwei Schaltzustände kennt: *gesperrt* und *geöffnet.*

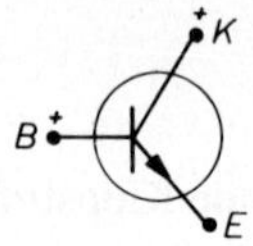

Symbol für NPN-Transistor

In der Digitaltechnik werden im wesentlichen zwei Typen von Transistoren benutzt:

PNP-Transistor
Transistoren aus dem Halbleitermaterial Germanium.

NPN-Transistor:
Transistoren aus dem Halbleitermaterial Silizium.

PNP-Transistor
Beim PNP-Transistor wird die Basis mit negativem Potential angesteuert.

NPN-Transistor
Beim NPN-Transistor wird die Basis mit positivem Potential angesteuert.

Bevor der Aufbau elektronischer Logikbauteile im einzelnen besprochen wird, soll der Transistor als *kontaktloser* Schalter mit minimalen Schaltzeiten in seiner Wirkung dargestellt werden.

Der Transistor kennt zwei Schaltstellungen:

1. Er *sperrt* – wirkt wie ein geöffneter Schalter.
2. Er ist *durchlässig* – wirkt wie ein geschlossener Schalter.

Diese beiden Zustände sollen zunächst besprochen werden. Zur Darstellung wird ein NPN-Transistor benutzt, dessen Basis mit positivem Potential angesteuert wird. Bei der Verwendung eines PNP-Transistors müßte die Polarität der Betriebsspannung geändert werden.

Schaltzustände des Transistors:

1. Transistor *gesperrt* $R_{Rr} \sim \infty\ \Omega$
2. Transistor voll *geöffnet* $R_{Tr} \sim 0\ \Omega$

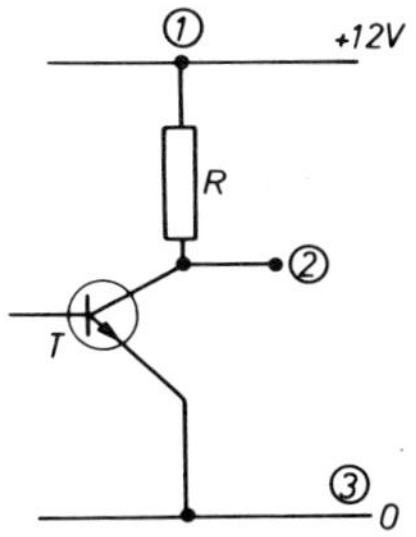

Die Basis des Transistors liegt an 0-Potential. Der Transistor ist gesperrt. Sein Widerstand ist unendlich groß. Durch den Widerstand R kann kein Strom fließen. An R kann deshalb auch kein Spannungsabfall auftreten, da das Produkt $U_{12} = IR$ zu 0 wird, wenn $I = 0$. Das hat zur Folge, daß am Punkt ② das gleiche Potential liegen muß, wie an ① . Zwischen ② und ③ fällt in diesem Fall die volle Spannung $U_{23} = 12$ V ab.

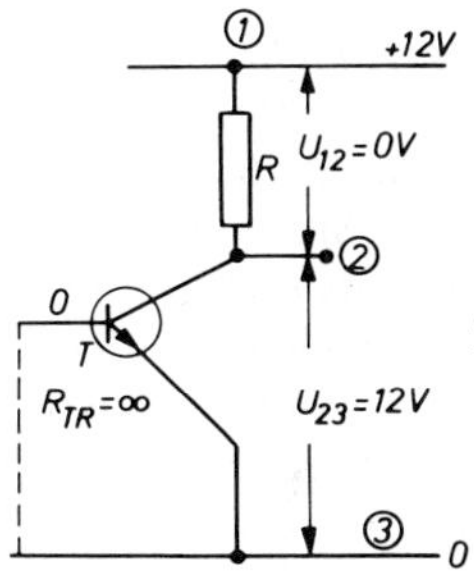

Transistor gesperrt

Die Basis des Transistors liegt an positivem Potential. Der Transistor ist durchlässig. Sein Widerstand ist gleich 0. In diesem Fall fließt ein Strom, der nur durch R begrenzt wird über R und T von ① nach ③. Die gesamte Spannung von 12 V wird am Widerstand R abfallen, denn $U_{12} = I \cdot R$ ist ein endlicher Wert. Zwischen ② und ③ kann keine Spannung abfallen, da das Produkt $U_{23} = IR_{TR}$ zu 0 wird, denn $R_{TR} = 0$.

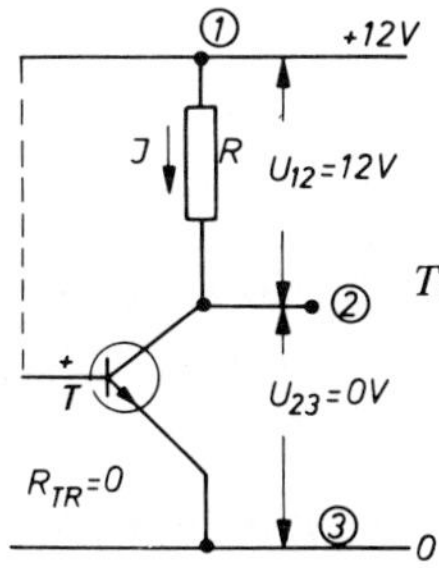

Transistor geöffnet

Wir können unterschiedliche Spannungszustände zwischen ①, ② und ③ ablesen. Im ersten Fall liegt die volle Spannung von 12 V zwischen ② und ③. Zwischen ① und ② beträgt die Spannung 0V.

Im zweiten Fall fällt die gesamte Spannung zwischen ① und ② ab. Damit muß die Spannung zwischen ② und ③ 0V betragen. Diese unterschiedlichen Spannungszustände zwischen den Bezugspunkten können als Signale benutzt werden. So bedeutet eine Spannung innerhalb gewisser festgelegter Grenzen *L*-Signal. Wird die Spannung unter eine vorgegebene Spannung abfallen und gegen Null gehen, so gilt das als 0-Signal.

Tatsächlich wird kein NPN- oder PNP-Transistor die Zustände 0 Ω oder ∞ Ω annehmen. Im gesperrten Zustand wird der Widerstand nicht unendlich groß werden, weil ein sehr kleiner Sperrstrom fließen kann, der für die Signalwirkung jedoch keine Bedeutung hat. Das gleiche gilt für den durchlässigen Zustand. Auch hier wird ein sehr kleiner Restwiderstand übrigbleiben, der das entsprechende Signal jedoch nicht verfälschen kann.

2.2. Elektronische NICHT-Stufe

Solange b_1 nicht betätigt wird, fließt ein Strom von ① über R_2, e und b_1 nach ③. Dieser Strom wird bestimmt durch die anliegende Betriebsspannung sowie den Widerstand R_2. Da der Widerstand des geschlossenen Schalters b_1 mit 0 angenommen werden kann, fällt über R_2 die gesamte Spannung ab, so daß am Punkt e 0-Potential anliegt. Die Basis des Transistors ist über R_3 mit dem Punkt e verbunden. Damit erhält der Punkt e ebenfalls 0-Potential. Der Transistor ist gesperrt.

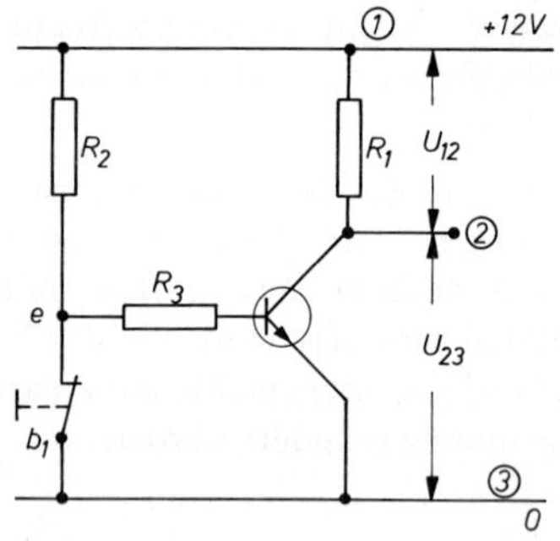

Zwischen ② und ③ liegt die volle Spannung. Liegen zwischen ② und ③ mehr als 10 V, so sprechen wir von L-Signal. Wird b_1 betätigt und damit geöffnet, so kann, da R_3 sehr groß gewählt wird, ein sehr kleiner Strom über R_2 und R_3 in die Basis des Transistors fließen. Der Spannungsabfall an R_2 ist sehr klein, so daß e positives Potential erhält. Positives Potential an der Basis des Transistors steuert diesen durch, so daß die Betriebsspannung an R_1 abfällt und die Spannung U_{23} gegen 0 geht.

e	U_{23}
0	L
L	0

2.3. Elektronische ODER-NOR-Stufe

Das elektronische ODER-NOR-Element besteht aus einer Umkehr-Stufe (NICHT), die auf der Eingangsseite durch einen zweiten parallelen Signalgeber b_2 erweitert ist und an deren Ausgang eine zweite Transistorstufe angeschlossen ist.

An die Basis von T_1 kann durch Betätigen von b_1 oder b_2, oder b_1 und b_2 positives Potential gelegt werden, so daß T_1 öffnet und zwischen ② und ③ 0-Potential entsteht (U_{23} = 0V).

Da dieses 0-Potential über R_6 mit der Basis von T_2 verbunden ist, sperrt der Transistor T_2, und zwischen ②a und ③ ($U_{2a3} \approx 12$V) liegt die volle Spannung. Die Transistoren T_1 und T_2 zeigen entgegengesetztes Verhalten. Ist T_1 gesperrt, so ist T_2 durchlässig bzw. umgekehrt.

Immer wenn zwischen ② und ③ L-Signal anliegt, besteht zwischen ②a und ③ 0-Signal. Werden beide Ausgänge ② und ②a benutzt, so erhält man ein kombiniertes ODER-NOR-Element. Die beiden Dioden D_1 und D_2 sollen einen Kurzschluß zwischen den Strängen 1 und 2 verhindern.

e_1	e_2	②	②a
0	0	L	0
0	L	0	L
L	0	0	L
L	L	0	L

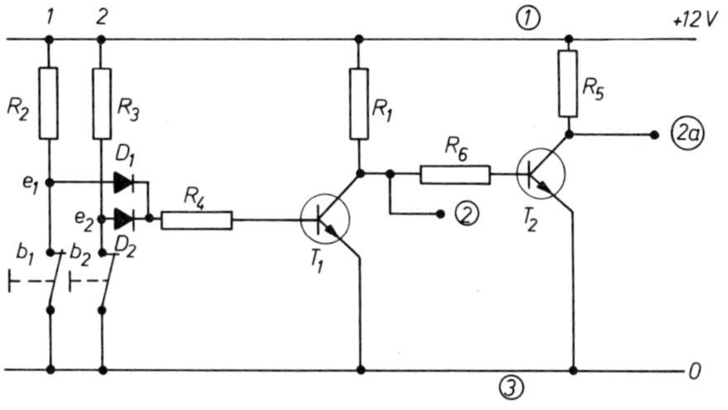

2.4. Elektronische UND-NAND-Stufe

Die elektronische UND-NAND-Stufe kann man mit drei Transistoren realisieren. Um am Ausgang ② 0-Signal zu erhalten, müssen beide in Reihe geschaltete Transistoren T_1 und T_2 durchsteuern. Das ist nur möglich, wenn b_1 und b_2 betätigt werden und damit an e_1 und e_2 positives Potential vorhanden ist, das über R_4 und R_5 an die Basen von T_1 und T_2 gelangt. An ②a liegt jeweils das Umkehrsignal von ②.

e_1	e_2	②	②a
0	0	L	0
0	L	L	0
L	0	L	0
L	L	0	L

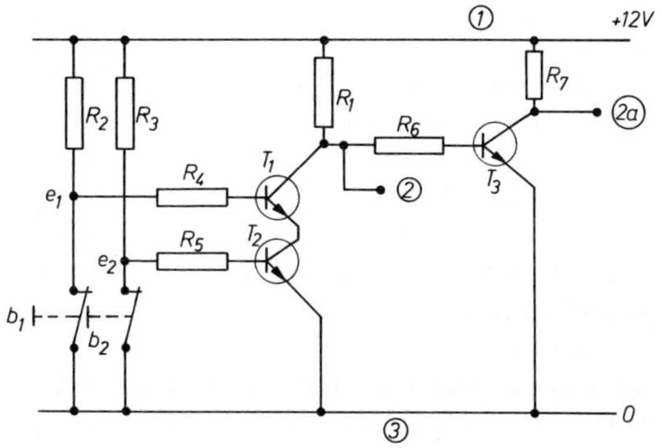

2.5. Elektronischer Speicher (Flip-Flop)

Die elektronische Speicherschaltung, auch *bistabile Kippstufe* genannt, verfügt über zwei Eingänge e_1 und e_2 sowie über zwei Ausgänge ② und ②a. Beide Ausgänge ② und ②a sind rückgekoppelt auf die Basen der beiden Transistoren. Damit sind die Ausgänge gleichzeitig auf die beiden Eingänge zurückgeführt.

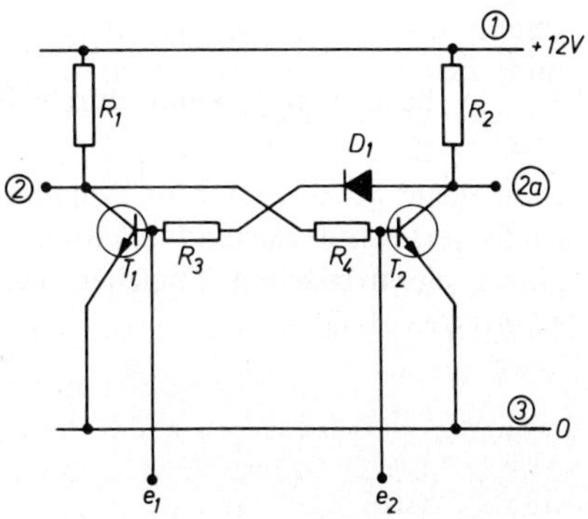

②a ist über R_3 mit der Basis von T_1 und dem Eingang e_1 verbunden, ② über R_4 mit der Basis von T_2 und dem Eingang e_2. Die Widerstände R_3 und R_4 sollen den in die Basen fließenden Steuerstrom begrenzen. Die Diode D_1 soll mit Hilfe ihrer Schwellspannung sicherstellen, daß bei Inbetriebnahme der Schaltung T_1 immer zuerst durchsteuert und T_2 über die Rückkopplung gesperrt wird.

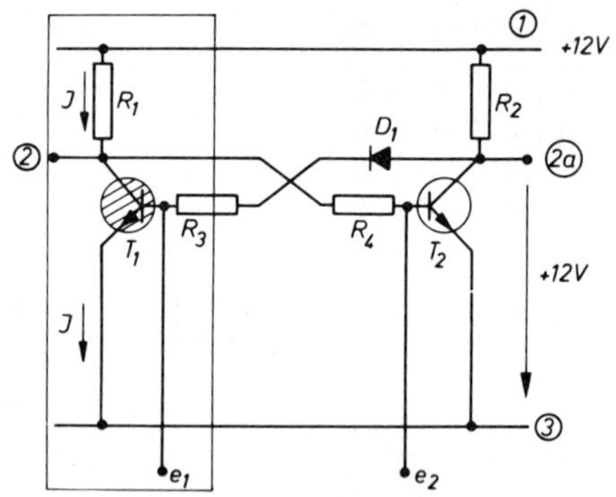

Im folgenden soll die Wirkungsweise des elektronischen Speichers erklärt werden.

T_1 ist durchgesteuert. An R_1 tritt der Spannungsabfall $U_v = IR_1$ auf. An ② liegt gegenüber ③ 0-Potential. Die Basis von T_2 ist über R_4 mit dem 0-Potential verbunden, so daß T_2 so lange gesperrt bleibt, wie die volle Spannung U_v über R_1 abfällt. Zwischen ②a und ③ fällt die volle Spannung von + 12 V ab, da der Widerstand von T_2 sehr groß ist und über R_2, T_2 kein Strom fließen kann. Die Basis von T_1 ist über R_3, D_1 mit ②a verbunden und liegt damit an positivem Potential. T_1 bleibt so lange geöffnet, solange an ②a das positive Potential bestehen bleibt. Die Speicherstufe verbleibt in dieser stabilen Lage.

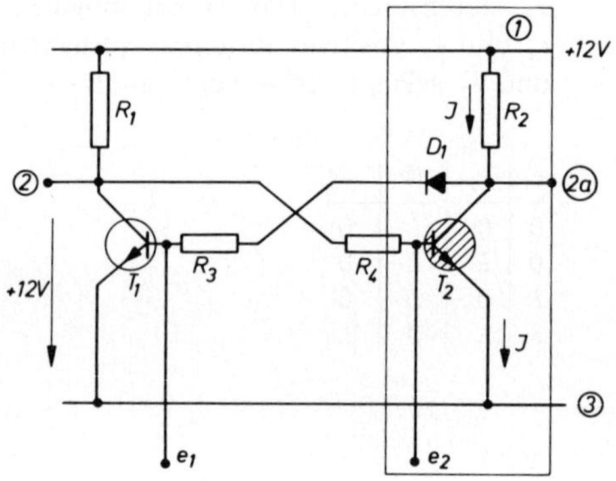

Erhält die Basis von T_2 über e_2 (Löscheingang R) einen positiven Impuls, so wird T_2 schlagartig durchgesteuert. An R_2 tritt der Spannungsabfall $U_v = IR_2$ auf. Damit liegt an ②a 0-Potential gegenüber ③. Die Basis von T_1 ist damit über R_3 und D_1 mit 0-Potential verbunden. T_1 wird schlagartig hochohmig, so daß der Stromfluß aufhört und an ② wieder positives Potential gegenüber ③ ansteht.

Dieses positive Potential ist über R_4 mit der Basis von T_2 verbunden, so daß T_2 geöffnet bleibt, solange über e_1 kein weiterer positiver Impuls die Sperrung von T_1 aufhebt. Die Spannung von ca. 12 V liegt nun zwischen ② und ③ und kann dort als L-Signal abgenommen werden. Ein positiver Impuls über e_1 (Setzeingang) würde die Spannungszustände wieder ändern und damit den Speicher erneut setzen.

Ohne neue Setz- oder Löschimpulse bleibt der einmal erreichte Zustand erhalten. Man nennt diesen elektronischen Speicher auch *bistabile Kippstufe.*

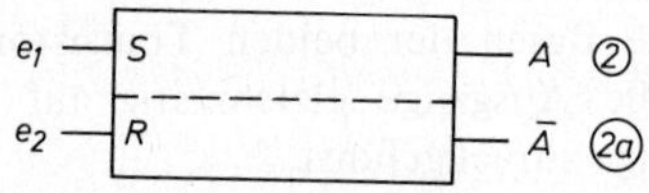

Symbol

2.6. Elektronischer Zählspeicher (Untersetzer)

Die Abbildung zeigt die Schaltung eines Binärspeichers mit 2 statischen und einem dynamischen Eingang. e_1 und e_2 sind die statischen Eingänge R bzw. S, siehe Kapitel 2.3.4. e_{22} bildet den dynamischen Eingang, der bei der Verwendung als Zählspeicher benutzt wird. Die Ausgänge ② und ②a sind über Rückkopplungsleitungen extern über die Kondensatoren C_1 und C_2 mit dem dynamischen Eingang e_{22} verbunden (siehe Abschnitt 2.3.4.).

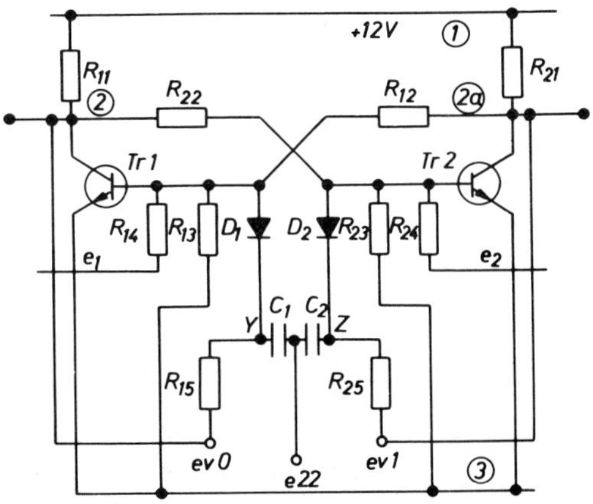

Wirkungsweise:

Am Eingang e_{22} steht L-Signal an. Damit ist C_2 aufgeladen; C_1 ist nicht aufgeladen, da Z und der Eingang beide das gleiche Potential führen. Verschwindet das L-Signal am Eingang e_{22}, so wird der Punkt Y negativ und T_1 über D_1 gesperrt. Die Potentiale an den Ausgängen springen um. Erhält e_{22} wiederum einen positiven Impuls, so wird dieser über D_1 und D_2 abgeblockt. Es erfolgt keine Umschaltung an den Ausgängen. Es wird durch das positive Signal an e_{22} allerdings C_2 aufgeladen, da an ②a 0-Potential ansteht.

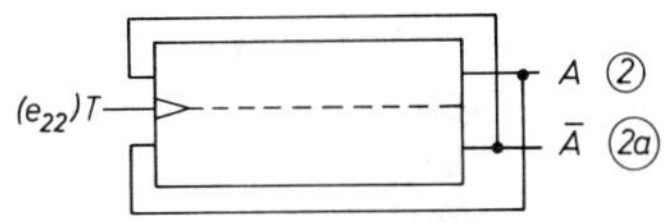

Symbol

Beim erneuten Umschalten des Eingangssignals e_{22} von L auf 0 wird die Basis von T_2 negativ. Die Schaltung kippt um. An ② steht 0- und an ②a L-Signal an usw.

Die Zählstufe untersetzt eine am Eingang auftretende Impulsfolge im Verhältnis 2 : 1. Der Signalplan zeigt dieses Verhalten.

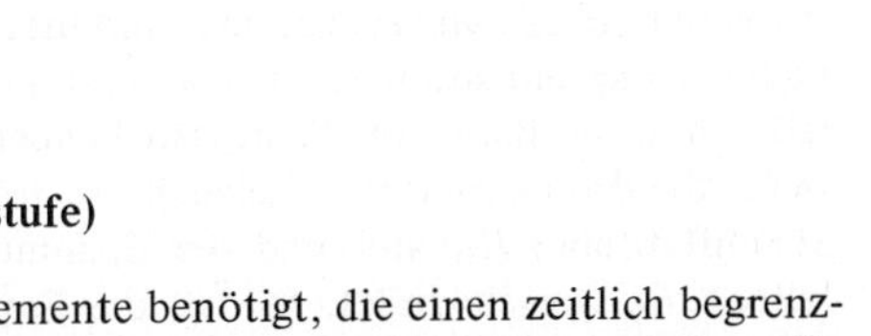

Signalplan

2.7. Elektronisches Zeitrelais (monostabile Kippstufe)

In der Steuerungstechnik werden häufig Schaltelemente benötigt, die einen zeitlich begrenzten Steuerungsvorgang nach einer festgelegten Zeit beginnen, beenden oder umschalten. So soll z. B. ein Aufzug, der eine angesteuerte Position erreicht hat, nicht sofort wieder abgerufen werden können, sondern es soll eine gewisse Zeit zur Verfügung stehen, bis z. B. die Mitfahrer ausgestiegen sind und die Tür wieder geschlossen ist usw. Dieser Vorgang läßt sich u. a. auch über Zeitrelais mit eingebauter Zeituhr oder aber mit elektronischen Bauteilen realisieren.

Die monostabile Kippstufe ist im Aufbau dem elektronischen Flip-Flop sehr ähnlich. Vor der Basis von T_1 liegt jedoch ein Koppelkondensator C_K, der über R_B mit dem positivem Potential fest verbunden ist. Die Basis von T_2 ist über R_2 fest mit dem 0-Potential verbunden.

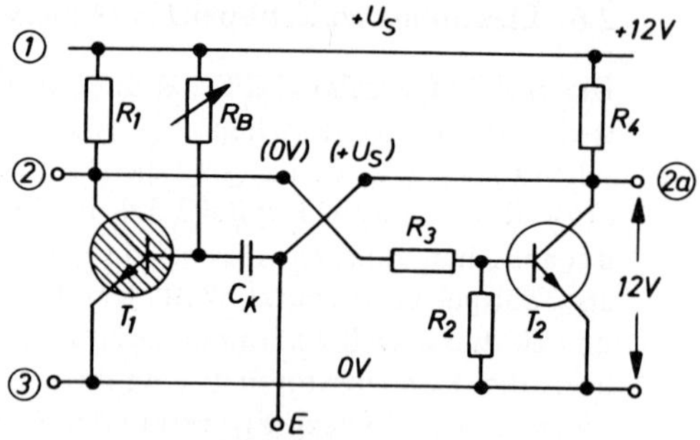

In Ruhelage wird deshalb T_1 ständig durchsteuern. Da an R_1 die gesamte Spannung abfällt, entsteht bei ② ebenfalls 0-Potential. Dieses Potential ist über R_3 mit der Basis von T_2 verbunden und sperrt T_2. Zwischen ②a und ③ wird im Ruhezustand die volle Spannung von 12 V liegen, während die Spannung zwischen ② und ③ 0 beträgt.

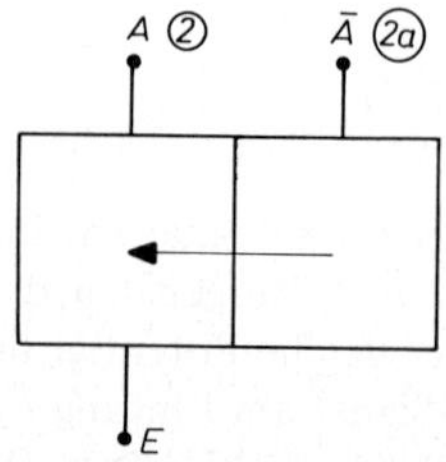

Symbol für elektronische Zeitstufe (Monoflop)

Wird über den Eingang E ein kurzzeitiger negativer Impuls wirksam, so werden beide Kondensatorplatten stark negativ. Damit erhält die Basis von T_1 ebenfalls negatives Potential und sperrt T_1. Über R_1 fließt kein Strom mehr, so daß der Spannungsabfall $U_v = IR_1$ zu 0 wird. An ② entsteht positives Potential, das über R_3 mit der Basis von T_2 verbunden ist. T_2 steuert durch. Die Zeitstufe kippt um, und die volle Spannung liegt nun zwischen ② und ③, während zwischen ②a und ③ die Spannung gegen 0 V geht.

Dieser Zustand ist jedoch nicht von Dauer, da der Kondensator über R_B mit positivem Potential verbunden ist und sich auflädt. Solange dieser Ladevorgang anhält, wird an R_B Spannung abfallen und die Basis von T_1 negativ bleiben. Erst wenn der Kondensator aufgeladen ist, hört der Stromfluß über R_B auf, und der Spannungsabfall an R_B verschwindet, so daß die Basis von T_1 wieder positiv wird. Damit steuert T_1 durch und sperrt T_2. Der Ausgangszustand ist wieder erreicht. Die Ladezeit des Kondensators und damit die Schaltzeit des Zeitrelais kann über die Kapazität von C_K und den Widerstand R_B stufenlos eingestellt werden.

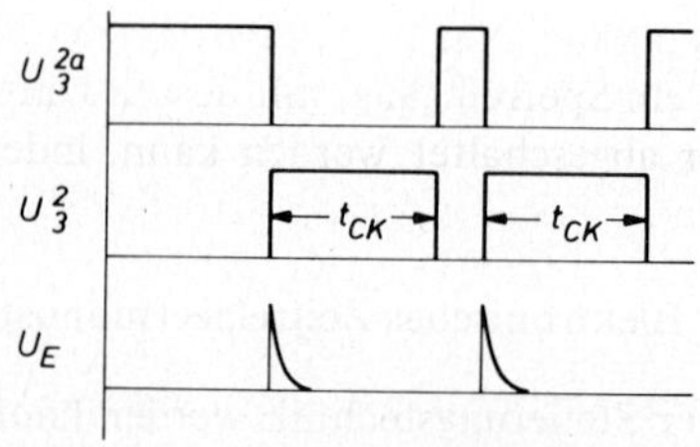

Signalplan für elektronisches Zeitrelais

t_{CK} Ladezeit des Koppelkondensators

2.8. Elektronischer Taktgeber (astabile Kippstufe)

Setzt man nicht nur vor die Basis von T_1 einen Koppelkondensator, sondern auch vor die Basis von T_2, so wird aus der monostabilen eine *astabile Kippstufe*, die ihre Schaltzustände dauernd verändert. Man spricht dann von einem *elektronischen Taktgeber*, der z.B. Zählschaltungen als Impulsgeber dienen kann.

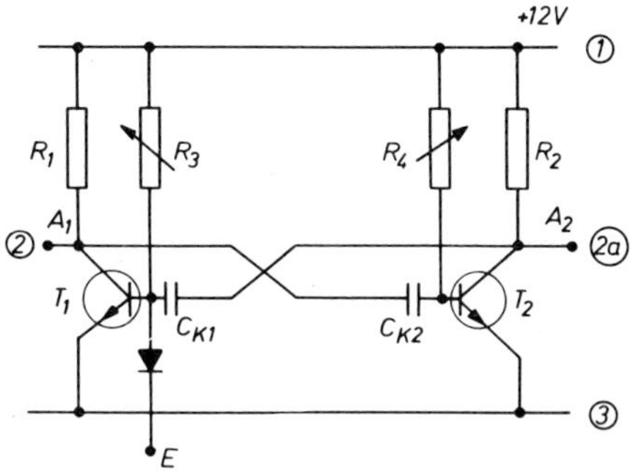

astabile Kippstufe

Die Kondensatoren werden wechselweise über ihre Vorwiderstände und den jeweils geöffneten Transistor geladen und umgeladen. Genau wie bei der Zeitstufe sind die zugehörigen Transistoren während der Ladezeit des Kondensators gesperrt und öffnen wechselweise nach erfolgter Ladezeit.

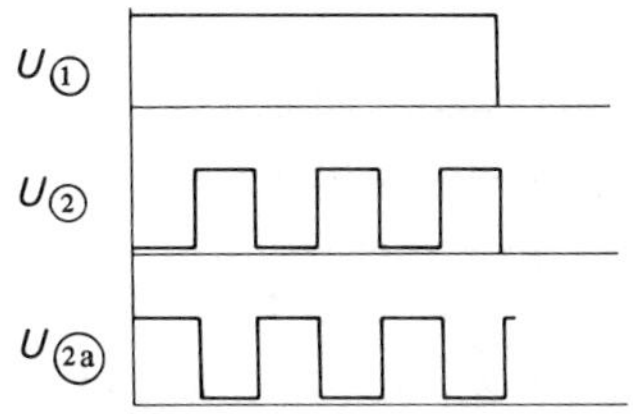

Signalplan für astabile Kippstufe

Wenn die Vorwiderstände R_3 und R_4 sowie die Kapazitäten von C_{K1} und C_{K2} gleich groß sind, so entstehen an den Ausgängen A_1 und A_2 Spannungen, die zeitlich um 180° versetzt sind, Rechteckform besitzen sowie eine gleichmäßige Impulsdauer haben. Die Frequenz kann über die Vorwiderstände R_3 und R_4 verändert werden. E ist ein Sperreingang, mit dessen Hilfe der Taktgeber abgeschaltet werden kann, indem man einen negativen Dauerimpuls auf die Basis von T_1 gibt.

Dadurch wird T_1 dauernd gesperrt, während T_2 geöffnet bleibt. Die pulsierende Rechteckspannung wird unterbrochen.

Der Logikplan zeigt einen elektronischen Taktgeber, der aus NAND-Elementen aufgebaut ist. An Stelle der Koppelkondensatoren könnten im Logikplan auch die Symbole von Zeitstufen eingezeichnet werden.

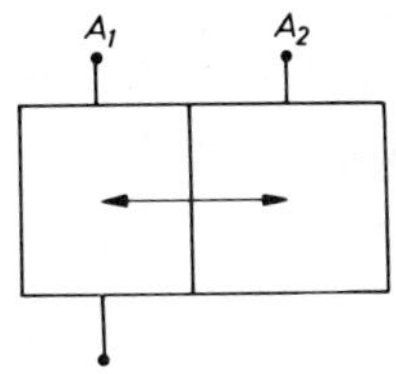

Symbol für elektronische astabile Kippstufe

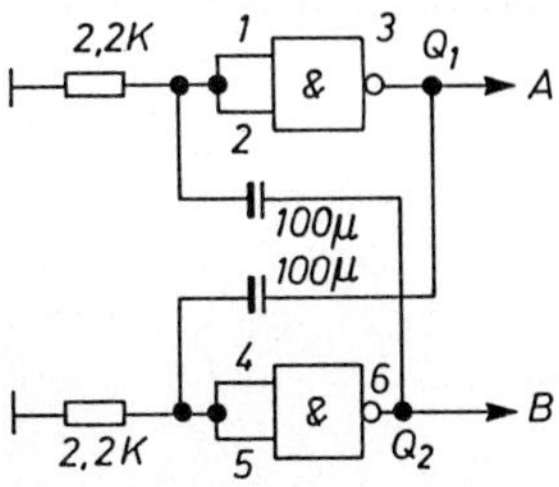

Logikplan eines elektronischen Taktgebers

2.9. Integrierte Schaltungen (IC)

Da für die elektronische Digitalschaltungen oft sehr viele gleichartige logische Grundelemente benötigt werden, hat man die Fertigung rationalisiert, indem man die Bauelemente in standardisierter Form ausgeführt hat. Dabei werden die Digitalbausteine auf Schaltplatinen oder in noch zusammengefaßterer Form in vergossenen Blöcken in Großserien hergestellt. Man spricht bei dieser Fertigungsmethode von integrierten Schaltungen und verwendet dabei die Abkürzung IC *(Integrated Circuit)*. Die Plättchen, auf denen logische Schaltelemente untergebracht sind, haben einen Platzbedarf von nur wenigen mm². Daraus ergibt sich, daß der Platzbedarf für recht umfangreiche Schaltungen sehr klein ist. Man spricht in diesem Fall von *Miniaturisierung.* Das ist z.B. bei der Herstellung von elektronischen Taschenrechnern ein wesentlicher Vorteil. Ein weiterer Vorteil ergibt sich daraus, daß durch die vollautomatische Fertigung die Betriebssicherheit erhöht wird und bei entsprechend großen Stückzahlen die Kosten wesentlich gesenkt werden können.

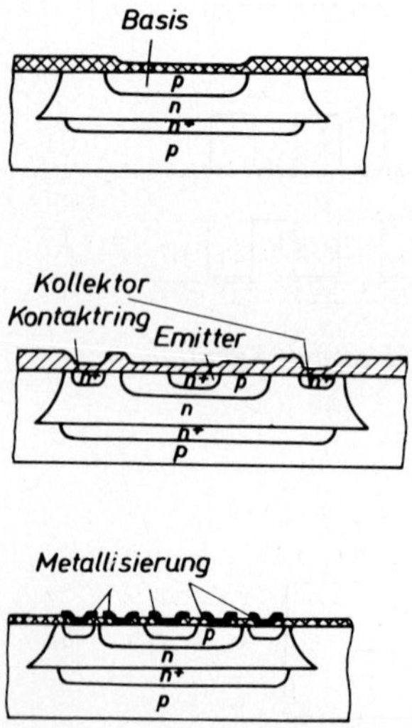

Schnitt durch integrierte Schaltelemente

Die Zeichnungen sind stark vergrößert dargestellt.

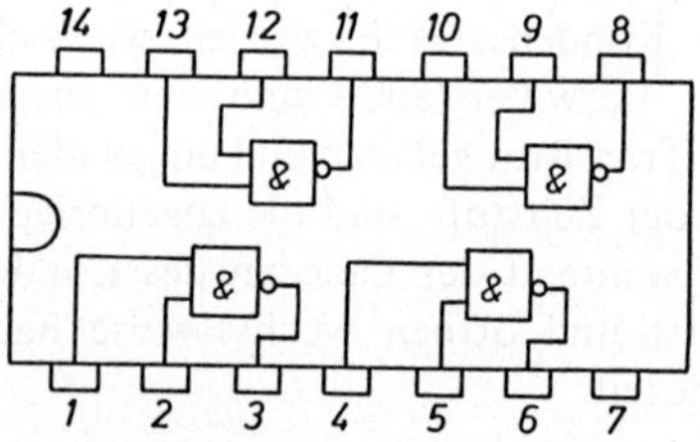

Baustein einer integrierten Schaltung Typ SN 7400

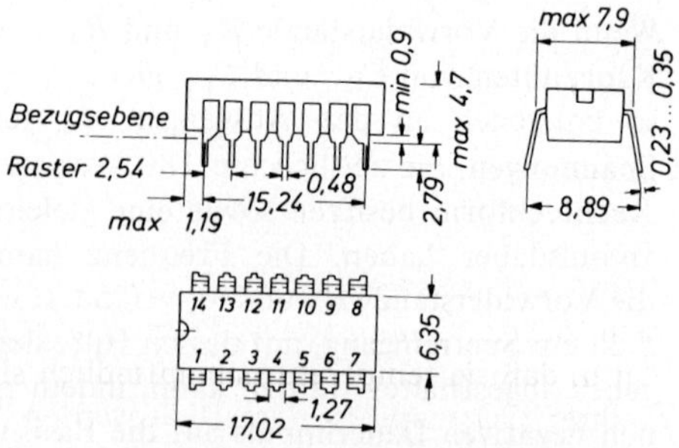

Maßzeichnung des IC-Bausteins SN 7400

3. Fluidik-Elemente

Der Name *Fluidik* ist international festgelegt für die Technologie, die sich mit Elementen befaßt, deren Grundlage die *Strömungsdynamik* (freier Luftfluß) ist. Der Begriff Fluidiks hat in den letzten Jahren insofern eine Ausweitung erfahren, als auch die pneumatischen und hydraulischen Elemente und Schaltungen als Fluidiks bezeichnet werden, die in einem System zu Steuerungszwecken eingesetzt werden und die nicht der Übertragung von Kräften dienen, sondern Signale verarbeiten. Dabei spielt der Anteil hydraulischer Steuerungen eine so geringe Rolle, daß er hier vernachlässigt werden kann.

Es müssen zwei Systeme von Fluidik-Elementen unterschieden werden:

Dynamische Fluidik-Systeme, bei denen keine beweglichen Teile innerhalb der Elemente vorhanden sind, die auch keinem mechanischen Verschleiß unterliegen, die aber ständig mit Luft versorgt werden müssen (z.B. Wandstrahlelemente, Pneumistoren u.a.),

Statische Fluidik-Systeme, die mit beweglichen Teilen – z.B. Kolben, Klappen, Schiebern, Membranen – arbeiten, die auch mechanischen Verschleiß aufweisen, deren Energieverbrauch (Druckluft) sich aber auf die sehr kurzzeitige Schaltdauer der Signalglieder beschränkt (z. B. Doppelrückschlagventile, Wegeventile u.a.).

Im Gegensatz zu rein pneumatischen Steuerungen wird bei Fluidikschaltungen der Informationsteil wie bei elektrisch-mechanischen Schaltungen in einem geschlossenen Steuerschrank zusammengefaßt. Vorgefertigte Steckkarten mit den darin enthaltenen Logikelementen, in serienmäßig zusammengestellten Funktionseinheiten, werden in Einschüben zusammengestellt und bilden damit den Grundstock eines Fluidik-Steuerschrankes. Je nach Anzahl der Elemente und der logischen Verknüpfungen wird die Größe des Steuerschrankes ausgewählt.

Dynamische Fluidiks enthalten keine beweglichen Teile, sie arbeiten deshalb verschleiß- und reibungslos. Der für das Funktionieren dieses Logik-Systems notwendige Druck ist sehr niedrig. Die Bauteile sind relativ klein und sehr kompakt. Da mit niedrigen Drücken gearbeitet wird, müssen Verstärkerelemente nachgeschaltet werden, um verwendbare Schaltleistungen zu erhalten.

Besonders geeignet sind Fluidik-Elemente für den Einsatz in explosionsgefährdeten Räumen, weil kaum Wärme entstehen kann. Ein wesentlicher Vorteil dieser Elemente besteht auch darin, daß sie temperaturunempfindlich sind. Einige Bauarten von Fluidik-Elementen sollen in ihrer Wirkungsweise dargestellt werden. Von Nachteil ist, daß sie ständig Luft verbrauchen, auch wenn keine Signale verarbeitet werden.

Schaltlogik nach Coanda – Wandstrahlelemente

Wenn ein laminarer Strahl nahe an einer Wand vorbeiströmt, so legt sich dieser Strahl an die Wand an. Zwischen Wand und Strahl entsteht ein Unterdruck, der den Strahl an die Wand ansaugt. Man kann die Strömungskanäle so ausrichten, daß ohne äußere Beeinflussung der Strahl immer den Ausgang 1 passiert.

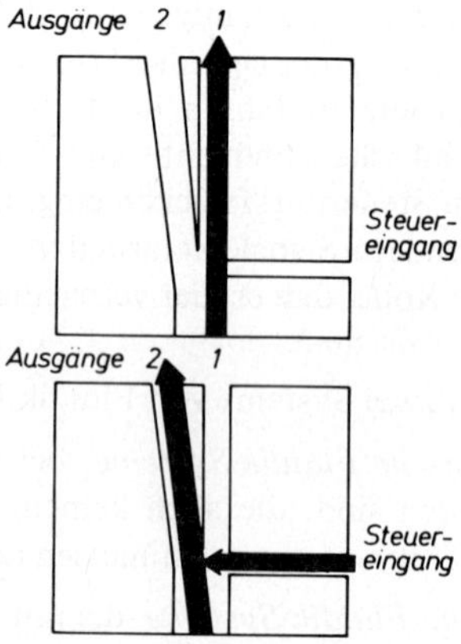

Es genügt allerdings schon ein sehr schwacher Steuerstrahl, der über einen senkrecht zum Hauptkanal liegenden Seitenkanal geführt wird, um den Hauptstrahl in den Ausgang 2 abzulenken. Verschwindet das Signal am Steuerkanal, so durchströmt der Hauptstrahl wieder den Ausgang 1. Auf der Basis dieses Grundprinzips sind die verschiedenen Fluidiklogikelemente entwickelt worden.

3.1. Fluidik-ODER-NOR-Stufe

Das Bild stellt ein ODER/NOR-Element mit drei Eingängen dar. Je nachdem an welchem der beiden Ausgänge der Hauptstrahl austritt, kann ODER- bzw. NOR-Signal abgenommen werden. Das ODER/NOR-Element kann auch als NICHT-Element benutzt werden, wenn nur ein Steuereingang benutzt wird.

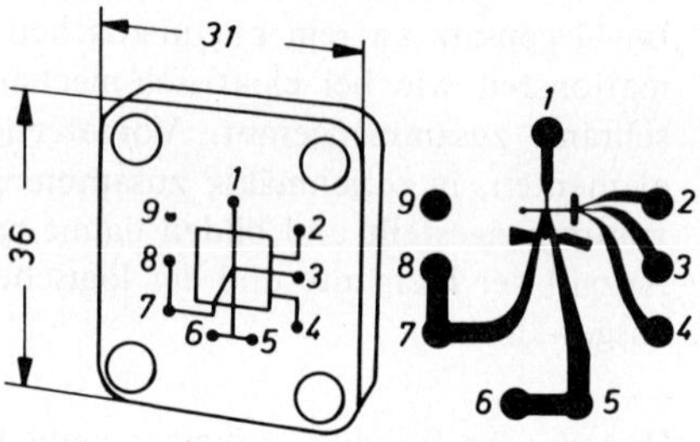

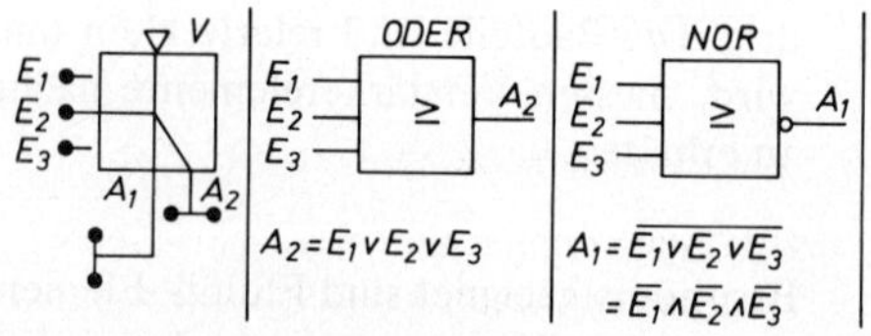

Eingänge			Ausgänge	
E_1	E_2	E_3	A_1	A_2
0	0	0	0	1
0	0	1	1	0
0	1	0	1	0
0	1	1	1	0
1	0	0	1	0
1	0	1	1	0
1	1	1	1	0

3.2 Fluidik-UND-NAND-Stufe

Das UND/NAND-Element ist so ausgelegt, daß eine Ablenkung des Hauptstrahls nur möglich ist, wenn beide Steuereingänge beaufschlagt werden.

Am Ausgang A_2 wird die UND-Antwort, an A_1 die NAND-Antwort abgenommen.

Die Skizze zeigt, daß am Steuereingang *S.E.* nur dann ein Eingangssignal ankommen kann, wenn eine geometrische Addition von 1 und 2 stattfinder.

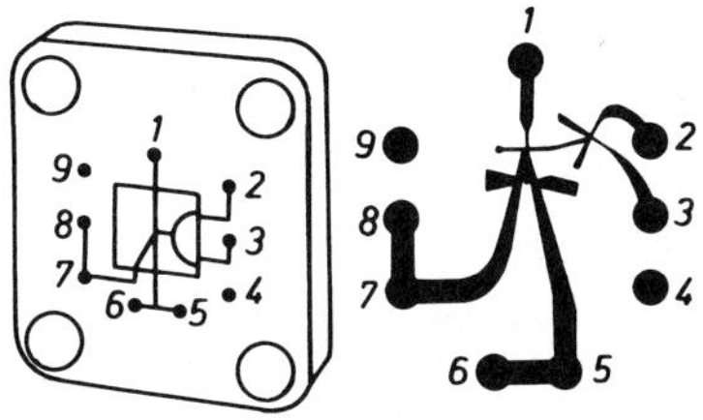

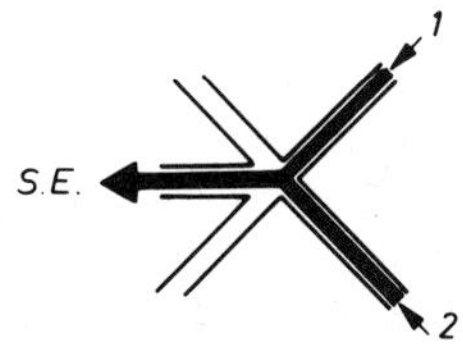

Es lassen sich auch UND/NAND-Elemente mit mehr als zwei Steuereingängen konstruktiv ausführen. Diese Elemente reagieren jedoch auf Druckschwankungen empfindlicher und werden deshalb selten verwendet.

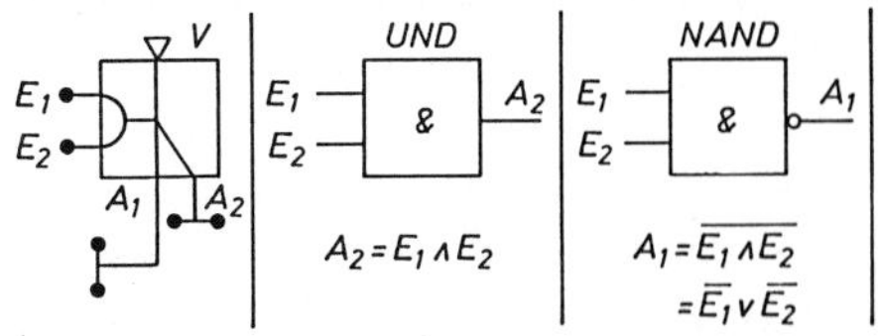

Eingänge		Ausgänge	
E_1	E_2	A_2	A_1
0	0	0	1
0	1	0	1
1	0	0	1
1	1	1	0

3.3 Fluidik-Speicherelement (Flip-Flop)

Das Speicherelement ist so konstruiert, daß der Hauptstrahl beide Ausgänge A_1 und A_2 benutzen kann. Es genügt ein kurzer Impuls über einen der Steuereingänge, um die Richtung des Hauptstrahles zu beeinflussen. Hat der Hauptstrahl seine neue Richtung gefunden, so legt sich der Strahl an die Wandung an, und seine Richtung bleibt so lange stabil, bis ihn ein entgegengesetztes Signal ablenkt.

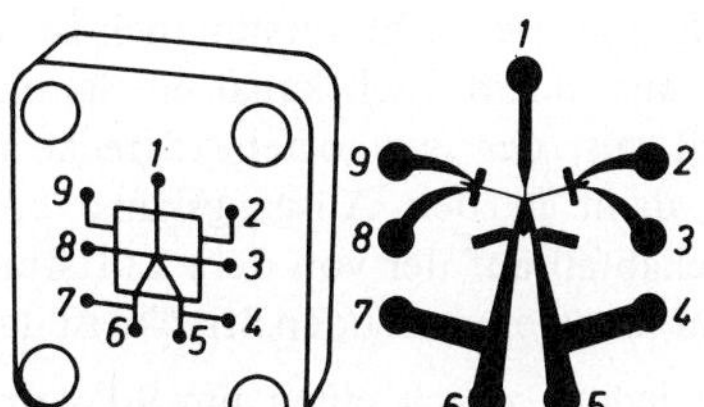

Eingänge		Ausgänge	
E_1	E_2	A_1	A_2
0	0	0	1
0	0	1	0
1	0	1	0
0	1	0	1

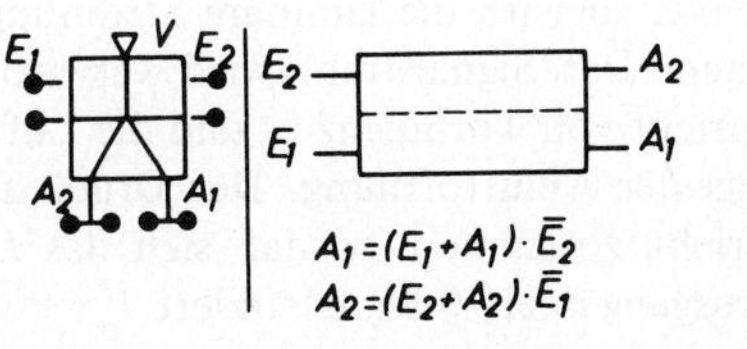

Binärzähler

Das Binärzählerelement wird hauptsächlich für addierende und subtrahierende Zählschaltungen eingesetzt.

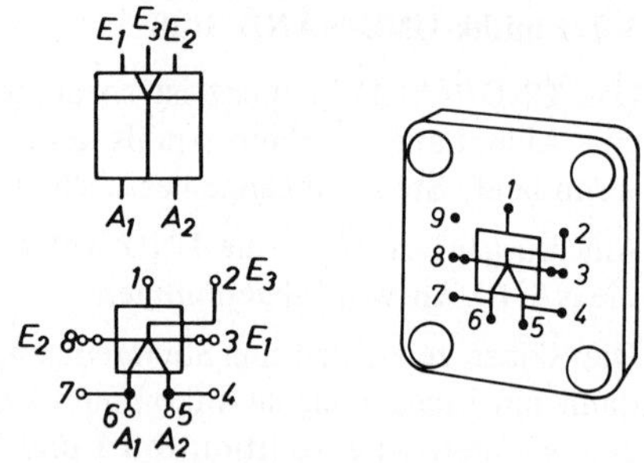

Wirkungsweise:

Durch kurzzeitige Eingabe des Signals E_1 (Eingang 3) entsteht ein Ausgangssignal A_1 (Ausgänge 6 und 7). Durch kurzzeitige Eingabe des Signals E_2 (Eingang 8) entsteht ein Ausgangssignal A_2 (Ausgänge 4 und 5). Jedes kurzzeitig eingegebene Signal E_3 (Eingang 2) bewirkt einen Wechsel des Signalausganges von A_2 nach A_1 oder umgekehrt. Sind beide Eingangssignale E_1 und E_2 gleichzeitig vorhanden, dominiert das zuerst eingegebene Signal. Sind E_1 oder E_2 und E_3 gleichzeitig vorhanden, dominieren E_1 oder E_2.

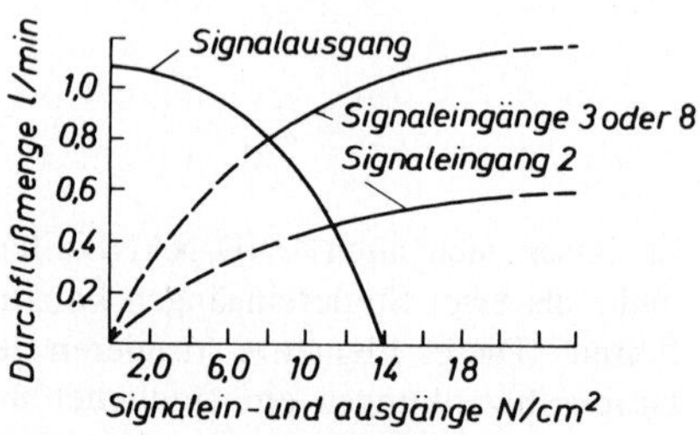

Technische Daten:

Betriebsdruck (Versorgung)	5 bis 10 N/cm²
Max. Betriebstemperatur	bis 65 °C
Schaltfrequenz	bis 100 Hz
Mittlerer Luftverbrauch bei	7 N/cm² 4,51/min
Signaldruckbereich	
Schaltdruck	10 % des Betriebsdruckes
Schaltunwirksamer Druck	< 75 mm WS
Max. zul. Druck	30 % des Betriebsdruckes

4. Schaltlogik mit Hilfe des Pneumistors

Der *Pneumistor*, auch *Turbulenzverstärker* genannt, ist ein Fluidik-Element, das in seiner Wirkungsweise leicht verständlich ist. Bei diesem tritt aus einem Richtkanal ein laminarer Luftstrahl aus, der eine offene Strecke überbrückt und dann in den Ausgangskanal eintritt. Der Druckabfall auf der von dem Luftstrahl (Signalstrahl) zu überwindenden Strecke ist dabei gering.

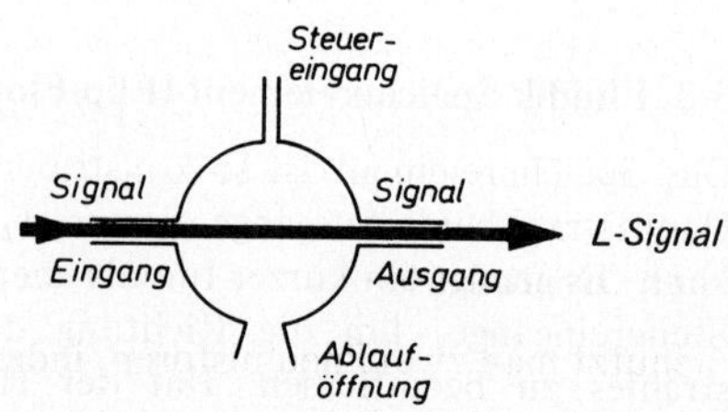

Wird jedoch durch einen um 90° zur Eingangsöffnung versetzt liegenden Steuereingang ein Steuerstrahl senkrecht auf den Signalstrahl gelenkt, so wird die laminare Strömung unterbrochen. Der Signalstrahl wird verwirbelt – man spricht von Turbulenz – und die Luft entweicht aus der Abluftöffnung. Der Druck am Ausgang bricht zusammen, so daß sich das *L*-Signal am Ausgang in ein 0-Signal ändert.

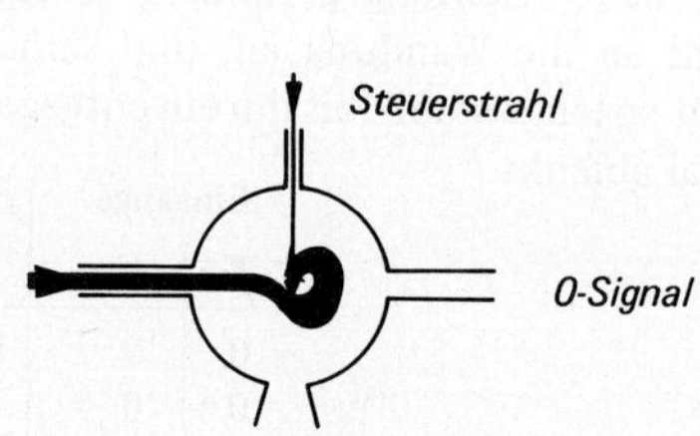

Dabei benötigt der Steuerstrahl nur ca. 15 % des Druckes, der für den Signalstrahl notwendig ist (ca. 2,5 mbar gegenüber 15 mbar).

Wird der Steuerstrahl unterbrochen, so baut sich die laminare Strömung des Signalstrahles wieder auf, und im Ausgangskanal entsteht erneut der für das *L*-Signal notwendige Druck. Schaltlogisch betrachtet ist der Pneumistor ein NICHT-Element bzw. eine Umkehrstufe.

Pneumistoren können als Schaltelemente sehr klein ausgeführt werden.

Der Durchmesser der Düsen beträgt ca. 1 mm. Der Druckluftverbrauch liegt pro Baueinheit bei 8–12 l/h. Es werden Schaltgeschwindigkeiten von ca. 50 m/s erreicht.

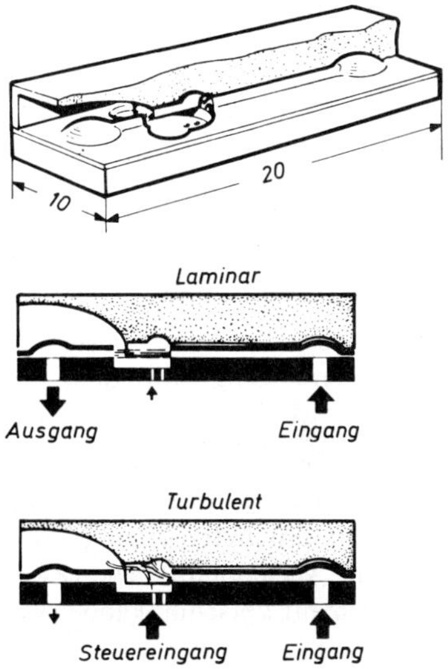

Schnittzeichnung Pneumistor

Technische Ausführung des Pneumistors

Die laminare Strömung wird mit Hilfe zweier Hohlkehlen umgelenkt, ohne daß dabei der Druck so stark absinkt, daß er nicht mehr als Signal zu verwerten ist. Um das Ausgangssignal schalttechnisch verwerten zu können, müßten genau wie bei den Wandstrahlelementen Verstärker etwa in Form von 3/2 Wegeventilen eingesetzt werden.

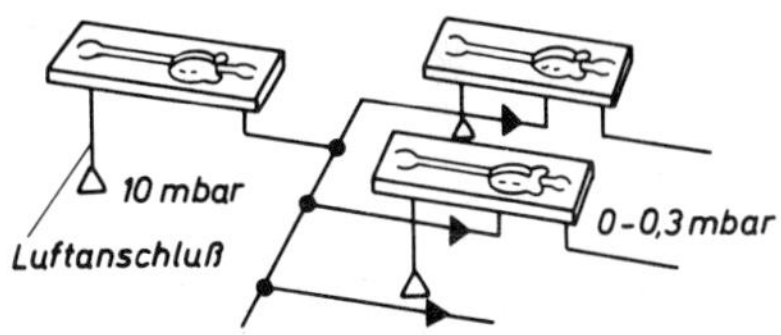

Ein Ausgangssignal eines Pneumistors kann benutzt werden, um damit bis zu 5 weitere Pneumistoren auszusteuern.

Werden mehrere parallel liegende Steuereingänge zur Beeinflussung des Signalstrahls angebracht und benutzt, so wird aus dem NICHT-Element ein NOR-Element.

Aus NOR-Elementen lassen sich alle anderen Grundfunktionen aufbauen.

4.1. ODER-Stufe

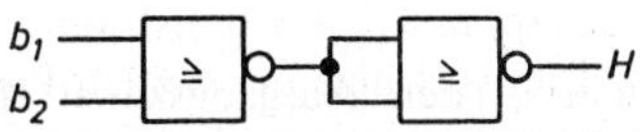

ODER *aus 2 mal* NOR

Benutzt man zwei Pneumistoren, indem man den Ausgang des ersten mit einem Steuereingang des zweiten Pneumistors verbindet – der zweite Steuereingang des zweiten Pneumistors muß verschlossen werden –, so erhält man die ODER-Funktion.

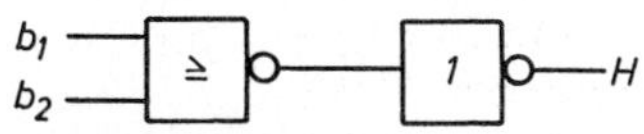

ODER *aus* NOR/NICHT

Die in der Praxis verwirklichte Form der ODER-Funktion besteht aus zwei Pneumistoren, die auf einer Steuerplatte nebeneinander montiert sind. In die Steuerplatte sind die notwendigen Steuerkanäle eingearbeitet.

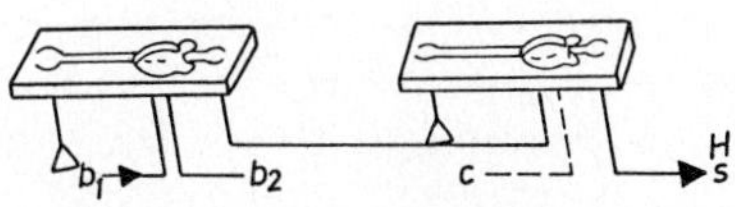

Pneumistor – ODER-*Funktion*

4.2. UND-Stufe

Mit 3 Pneumistoren läßt sich die UND-Funktion realisieren. Zwei parallele Pneumistoren, deren zweite Steuereingänge verschlossen werden, sind mit ihren Ausgängen auf die Steuereingänge des dritten Pneumistors geführt. Am Ausgang des dritten Pneumistors entsteht bei entsprechenden Bedingungen UND-Signal.

Durch Hinzuschalten eines vierten Pneumistors, dessen Steuereingang mit dem Ausgang des dritten Pneumistors verbunden sein müßte, entstünde am Ausgang NAND-Signal.

In der Realisierung ist ein *Dreifachpneumistor* auf einer vorgestanzten Steuerkanalplatte aufgesetzt und verschraubt. Die Zweitsteuereingänge werden mit Verschlußkappen verschlossen.

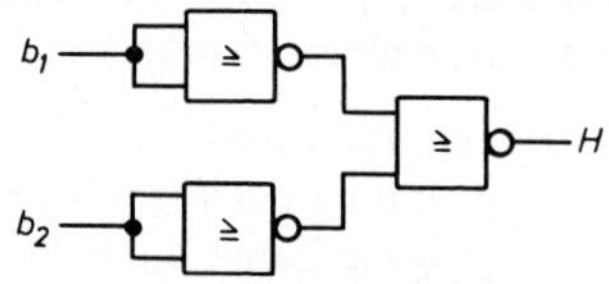

UND aus 3 NOR-Elementen

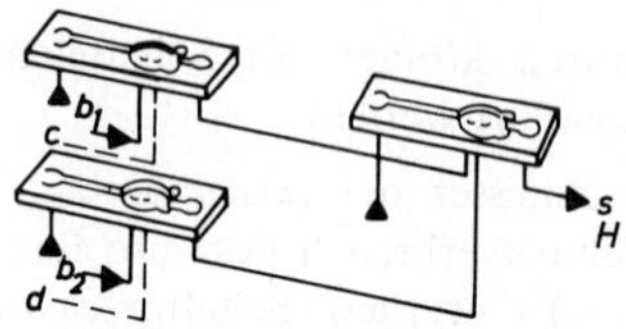

Pneumistor UND-*Funktion*

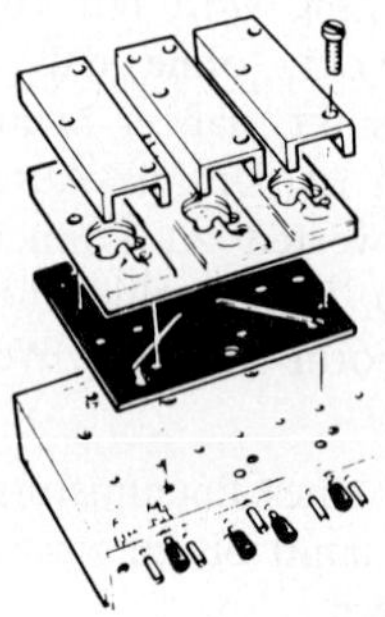

4.3. Speicherelement (Flip-Flop)

Die Speicherfunktion kann genau wie mit 2 NOR-Gattern mit 2 Pneumistoren verwirklicht werden. Die Ausgänge der beiden Pneumistoren werden jeweils mit einem Steuereingang des anderen Pneumistors verbunden.

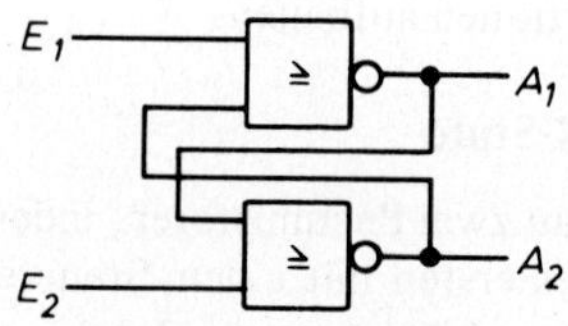

Speicher aus 2 NOR-*Gattern*

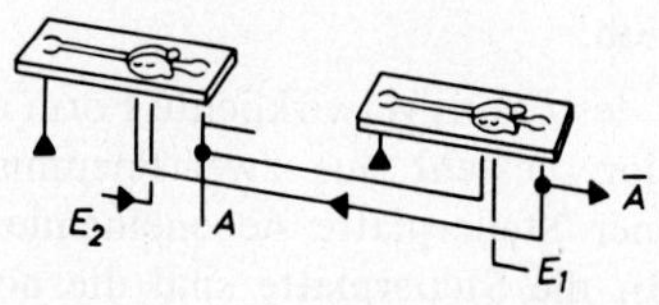

Pneumistor – Speicher-Funktion

Die konstruktive Lösung wird aus einem doppelten Pneumistor und zwei Steuerkanalplatten gebildet. Bei der Montage auf den Schaltblock bleiben nur zwei Nippel für die Steuereingänge offen. Die beiden anderen Nippel müssen verschlossen werden, da diese bereits durch die Kanalplatten miteinander verbunden sind.

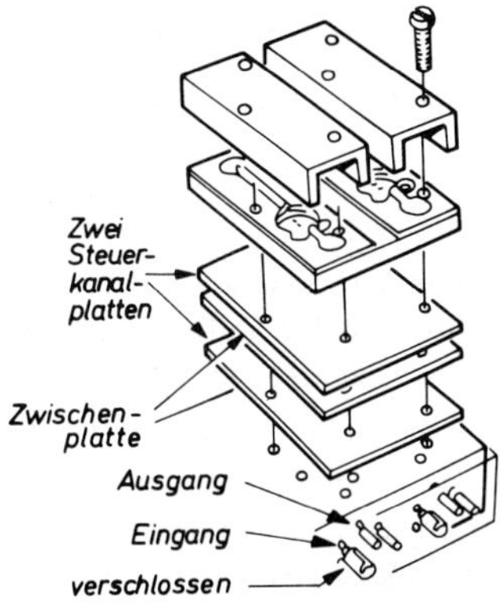

Die Symbole für Speicherelemente sind nicht einheitlich. Aus diesem Grund ist hier ein Speichersymbol vorgestellt, wie es von einem Hersteller für Pneumistortechnik verwendet wird.

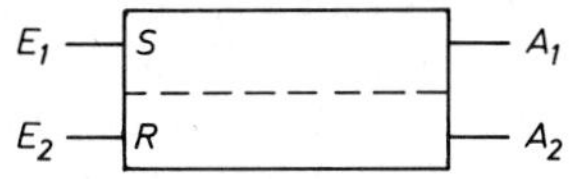

Symbol: Flip-Flop

Mit der Pneumistortechnik lassen sich durch Kombination verschiedener Elemente Zeitglieder, Impulswandler, Binärzähler u. a. herstellen. Es würde zu weit führen, all diese Realisierungsmöglichkeiten hier darzustellen.

5. Steuerschaltungen mit Fluidik-Elementen

Anwendungsbeispiel 1

Aufgabenstellung:

Drei einfach wirkende Zylinder mit Federrückstellung sind durch je 2 Signaltaster ein- und auszuschalten. Jeder Zylinder soll nur betätigt werden können, wenn die beiden anderen Zylinder abgeschaltet sind. Bei Einschalten der Druckluft sollen alle Zylinder ausgeschaltet sein. Die Schaltung ist ohne Signalfühler auszuführen.

Anwendung beispielsweise an Werkzeugmaschinen, um zu verhindern, daß mehrere Arbeitsgänge gleichzeitig ausgeführt werden. In chemischen Betrieben für Räume, die als Schleuse verwendet werden, um zu gewährleisten, daß jeweils nur eine Tür geöffnet ist.

Lösung: Logik-Schaltplan

Das Signal zur Betätigung eines Zylinders wird gleichzeitig in ein Flip-Flop-Element und gemeinsam mit dem Ausgang des Flip-Flop-Elementes in ein NOR-Element eingegeben. Solange das Eingangssignal vorhanden ist, ist der Ausgang Null. Liegen gleichzeitig keine Ausgangssignale von den beiden anderen NOR-Elementen vor, dann sind alle drei Eingangssignale des NOR-Elementes = Null, und es entsteht ein Ausgangssignal, welches über dem Verstärker den zugeordneten Kolben betätigt.

Der Logik-Schaltplan kann mit Wandstrahlelementen realisiert werden.

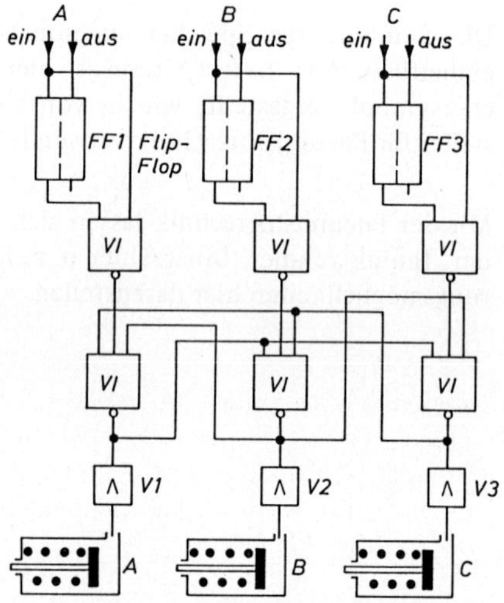

Logik-Schaltplan

Wirkungsweise:

Das Funktionsschaltbild läßt folgende Einzelheiten erkennen:

Die Druckluft wird gefiltert und dann in einen Arbeitsstrang und in einen Steuerungsstrang geteilt. Die für die Steuerung verwendete Druckluft wird nochmals in einem Filter mit einer Porenweite von 5 μm gereinigt. Der Druckregler für die Steuerung wird auf ca. 7 N/cm² eingestellt. Die Einstellung des Druckreglers für die Arbeitsluft ist vom nachgeschalteten Druckzylinder abhängig.

Bei Betätigen des Signaltasters *A* „Ein" erfolgt ein Eingang in 5 des Flip-Flop-Elementes und in 6 des NOR-Elementes. Während das Direktsignal auf das NOR-Element nur eine kurzzeitige Umschaltung auf Ausgang 2 bewirkt, liefert der Ausgang 2 des Flip-Flop-Elementes eine Dauer-Schaltung auf Ausgang 2 des NOR-Elementes. Ausgang 1 und Eingang 18 des NOR-Elementes haben kein Signal.

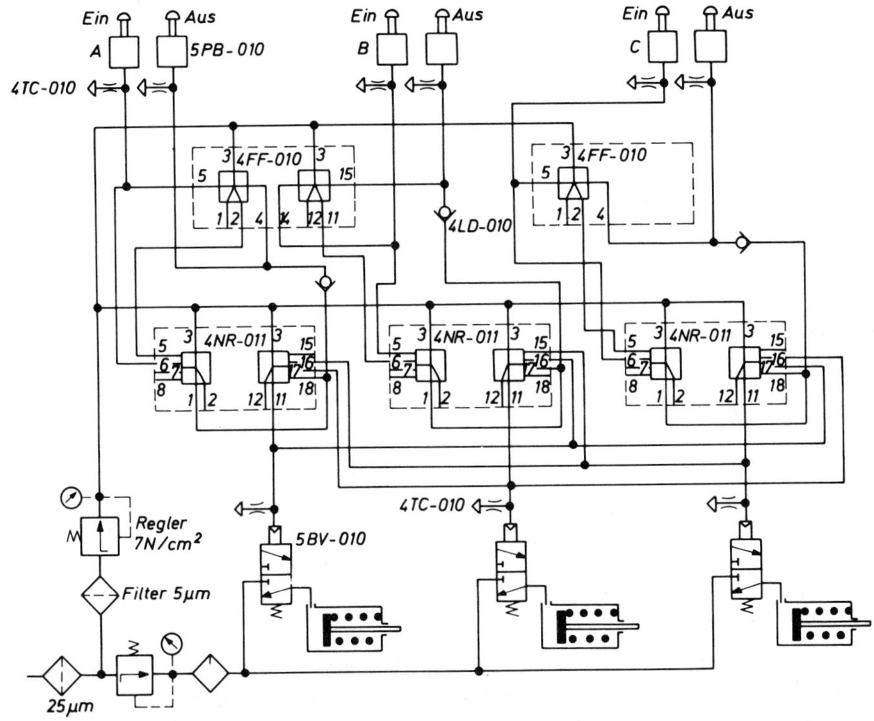

Realisierung mit Wandstrahlelementen

Die Signaltaster von B und C sind ausgeschaltet, deshalb hat das zweite und dritte Flip-Flop-Element über 3 des dritten bzw. fünften NOR-Elementes und über das nachgeschaltete Rückschlagventil einen Signaleingang bei 15 bzw. 4 und einen Signalausgang bei 12 bzw. 1. Das vierte und sechste NOR-Element hat einen Ausgang bei 12, wodurch in 16 und 17 des zweiten NOR-Elementes kein Signaleingang vorhanden ist. Der Verstärker wird über Ausgang 11 des zweiten NOR-Elementes betätigt, und die Arbeitsluft drückt den Zylinder in seine Endstellung.

Anwendungsbeispiel 2

Aufgabenstellung:

Zählschaltung für eine Verpackungsmaschine (siehe Lehrbeispiel 1, Abschnitt 2.3.4.3.).

Lösung:

Die Zählschaltung ist bereits in dem obengenannten Lehrbeispiel dargestellt und besprochen worden.

An dieser Stelle soll der Fluidik-Geräteschaltplan mit der Realisierung durch Wandstrahlelemente dargestellt werden.

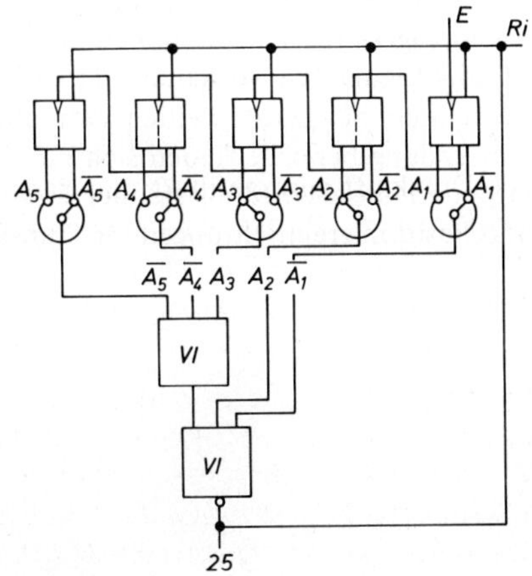

Zählschaltung

Der Fluidik-Geräteschaltplan zeigt:

Das Ausgangssignal betätigt einen Binärzähler, dessen Ausgangssignale, über Fluidik-Verstärker verstärkt, einen doppeltwirkenden Zylinder betätigen, der seinerseits die Weiche stellt. Das Rückschaltsignal wird durch ein aus Drossel und Volumen bestehendes Zeitglied einschaltverzögert an das Verstärkerventil weitergegeben.

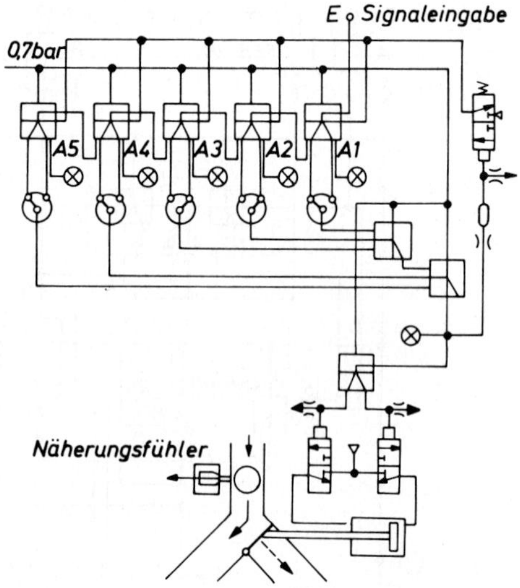

Fluidik-Geräteschaltplan für addierende Zählschaltungen

6. Pneumatische Elemente

Pneumatische Steuerelemente gehören mit zu den Fluidik-Steuerungen, da auch hier strömende Medien verwendet werden. Rein pneumatische Steuerungen oder auch solche, bei denen zusätzlich elektrische Elemente verwendet werden, haben sich überall dort bewährt, wo es darauf ankommt, trotz äußerer Einflüsse wie elektromagnetische Felder, auftretende Feuchtigkeit, stärkere Temperaturunterschiede, Erschütterungen u. a. sichere und eindeutige Steuersignale umzusetzen. Ein wesentlicher Vorteil bei der Verwendung pneumatischer Bauteile in digitalen Steuerungsanlagen besteht darin, daß ohne zusätzliche Verstärkerelemente kräftige und unmißverständliche Signale gegeben werden können.

Von Nachteil ist, daß Steuerungen mit pneumatischen Elementen nicht auf engem Raum unterzubringen sind. Selbst einfache, wenig komplizierte Anlagen sind recht voluminös. Sie benötigen oft den gleichen Raum wie die zu steuernde Maschine. Das bedeutet, daß der finanzielle Aufwand für die Anlage selbst und für die benötigte Energie recht hoch sein kann. Nachteilig sind auch die hohen Schaltzeiten, die keinen Vergleich mit elektronischen oder Fluidik-Elementen aushalten. Trotzdem haben sich Steuerungen, die mit pneumatischen Elementen betrieben werden, vor allem im Maschinenbau durchsetzen können. Weitere Anwendungsbereiche finden sich bei Verpackungsmaschinen, in der Lebensmittelherstellung, in der chemischen Industrie, bei Transportmitteln, in Bergbaubetrieben, an Lade-, Entlade- und Positioniereinrichtungen für Transferstraßen und an Werkzeugmaschinen.

6.1. Pneumatische NICHT-Stufe

Im Ruhezustand ist das 3/2-Wegeventil auf Durchlaß geschaltet. An A entsteht Druck und damit L-Signal.

Wird das 3/2-Wegeventil umgeschaltet und gegen den Federdruck betätigt, so wird die Versorgungsluftzufuhr abgetrennt, und der Druck bei A bricht zusammen. Es entsteht an A 0-Signal. Erst wenn das Steuersignal a verschwindet, drückt die Feder das Ventil in die Ausgangslage, und an A entsteht erneut L-Signal.

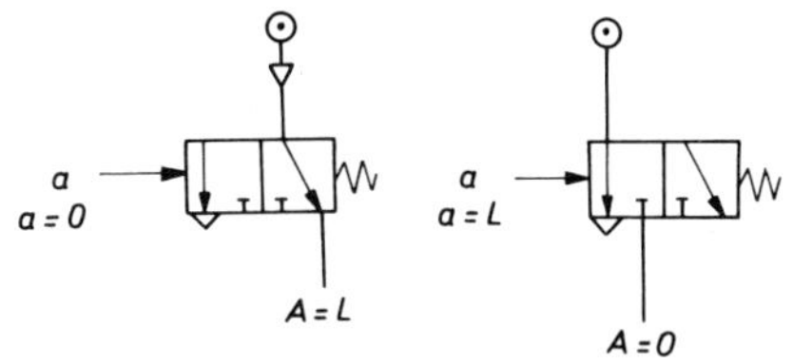

a	A
0	L
L	0

6.2. Pneumatische ODER-NOR-Stufe

Die Grundschaltung für ODER bzw. NOR besteht aus einem Doppelrückschlagventil, dessen Ausgang ein 3/2-Wegeventil steuert.

Im Ruhezustand wird das 3/2-Wegeventil durch Federkraft gehalten. Bei der ODER-Schaltung ist die Versorgungsluft abgetrennt, und am Ausgang A steht kein Druck an (0-Signal). Bei der NOR-Schaltung ist das Ventil auf Durchlaß geschaltet. An B entsteht Druck und damit L-Signal.

Entsteht an a_1 oder an a_2 oder an beiden Eingängen des Doppelrückschlagventils Druck, so wird dieser Druck (L-Signal) das 3/2-Wegeventil umschalten und die Ausgangssignale an A bzw. B umkehren.

Sind a_1 und a_2 mit Druck beaufschlagt, so wird sich das stärkere Signal durchsetzen. Auf jeden Fall wird auch dann das 3/2-Wegeventil umgeschaltet.

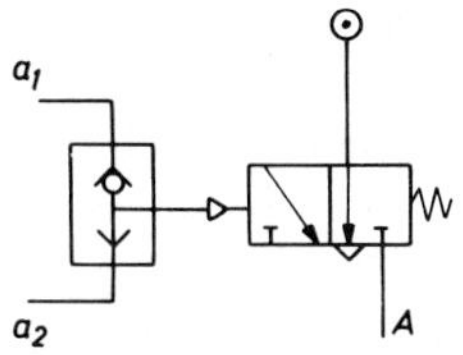

ODER-*Schaltung*

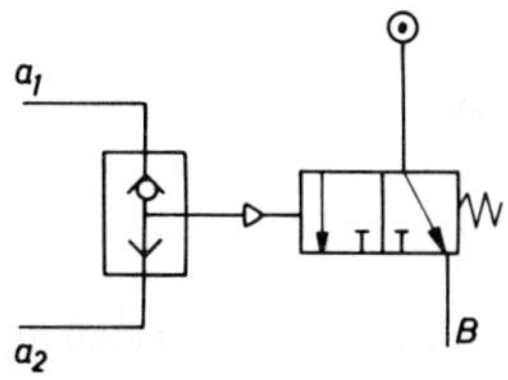

NOR-*Schaltung*

a_1	a_2	A	B
0	0	0	L
0	L	L	0
L	0	L	0
L	L	L	0

6.3. Pneumatische UND-NAND-Stufe

UND-Stufe

Die UND-Schaltung besteht aus zwei 3/2-Wegeventilen, die hintereinandergeschaltet sind. Ein L-Signal am Ausgang A kann erst dann erreicht werden, wenn beide Ventile auf Durchlaß geschaltet sind, d. h. wenn beide Ventile über a_1 und a_2 betätigt werden.

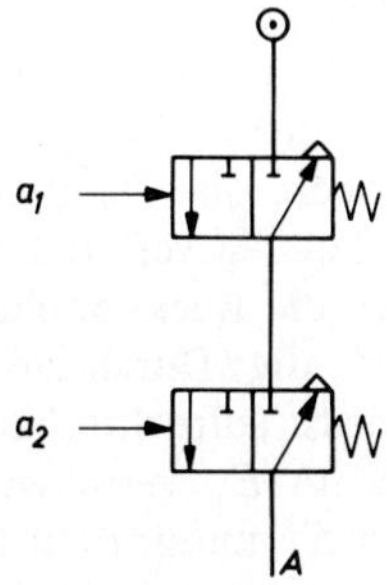

Schaltung

Als UND-Stufe kann auch ein einfaches Zweidruckventil benutzt werden. Der Ausgang A erhält nur dann Druck, wenn beide Eingänge a_1 und a_2 beaufschlagt werden.

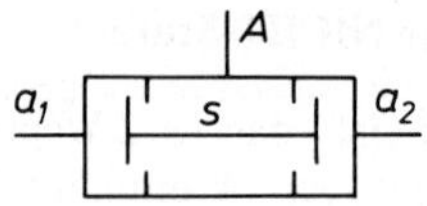

In diesem Falle wird die verschiebbare Schließklappe S an der Seite verschlossen, an der das stärkere Eingangssignal anlegt. Die andere Seite bleibt offen, so daß der Druck von dort bis zum Ausgang A aussteht.

Ist nur ein Eingang beaufschlagt, so wird dadurch die Schließklappe so verschoben, daß dieser Eingang gesperrt wird.

NAND-Stufe

Die NAND-Schaltung benötigt in der dargestellten Form zwei 3/2-Wegeventile, die beide an Druckluft angeschlossen sein müssen. An B entsteht nur dann kein Druck, wenn sowohl a_1 als auch a_2 betätigt werden.

In jedem anderen Fall entsteht an B Druck und damit L-Signal.

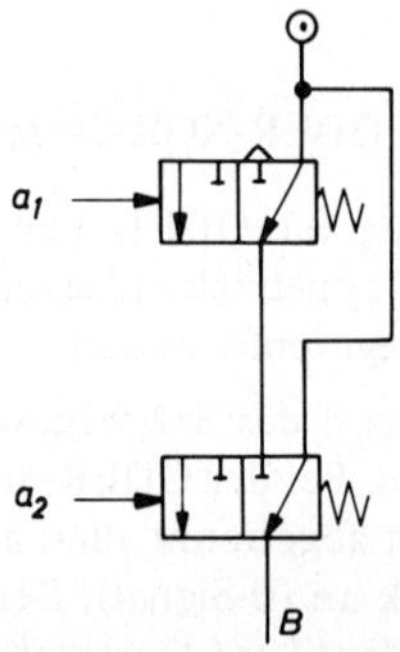

Schaltung

Wertetabelle

a_1	a_2	A	B
0	0	0	L
0	L	0	L
L	0	0	L
L	L	L	0

6.4. Pneumatische Speicherschaltungen (Flip-Flop)

Statisches Speicherelement – ***Löschen vorrangig***

Der Speicher besteht aus zwei 3/2-Wegeventilen sowie einem Doppelrückschlagventil. Der Arbeitsausgang A_1 könnte einen einfach wirkenden Zylinder mit Rückstellfeder ansteuern.

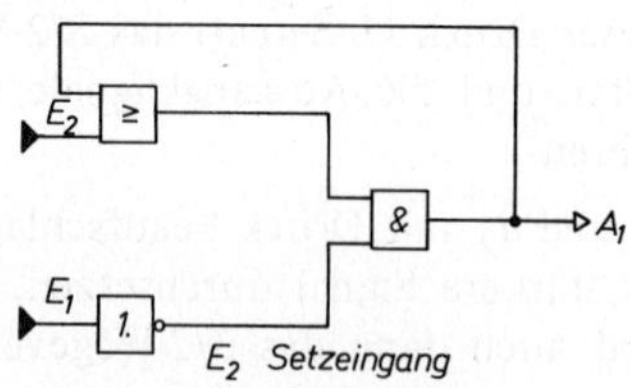

Logikplan

Wirkungsweise:

Wird weder E_1 noch E_2 beaufschlagt, so bleibt die dargestellte Ruhelage erhalten. Das obere Ventil sperrt die Druckluftzufuhr zum Arbeitsausgang, $A_1 = 0$. Erhält der Setzeingang E_2 Druckluft, so schaltet der Druck über das untere 3/2-Wegeventil das obere um. Dadurch wird A_1 direkt mit der Druckquelle verbunden, und A_1 erhält L-Signal. Über die Rückkopplungsleitung (*Selbsthaltung*) wird die Durchschaltung des oberen 3/2-Wegeventils aufrechterhalten, auch wenn das Setzsignal an E_2 verschwindet. Erst ein Löschimpuls über E_1 unterbricht den Druck

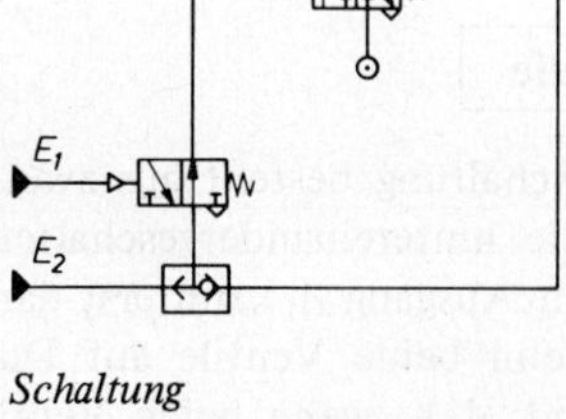

Schaltung

in der Steuerleitung, so daß das obere 3/2-Wegeventil in die Ausgangslage zurückfällt. Ein Löschsignal über E_1 wird den Speicher in jedem Fall auf 0 setzen, auch wenn gleichzeitig ein neues Setzsignal über E_2 erscheint.

Jede Herstellerfirma von logischen Bauteilen benutzt ihre eigenen Symbole. Eine einheitliche Norm hat sich bisher nicht durchsetzen können.

Wertetabelle

E_2	E_1	A_1
0	0	0
L	0	L
0	L	0
L	L	0

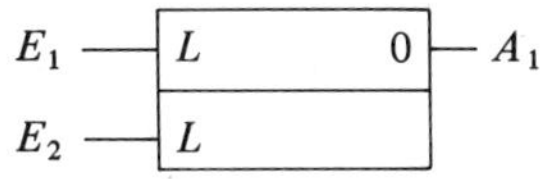

Symbol Speicher – Löschen vorrangig

Statisches Speicherelement – ***Setzen vorrangig***

Der Speicher *Setzen vorrangig* besteht aus den gleichen Elementen wie der Speicher *Löschen vorrangig*.

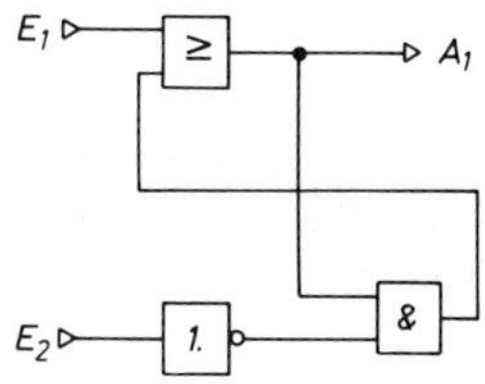

Logikplan

Wirkungsweise:

Der Löscheingang E_2 kann nur die Rückkopplungsleitung (*Selbsthaltung*) unterbrechen. Dadurch wird sich das Setzsignal immer durchsetzen. Solange an E_1 L-Signal ansteht, zeigt A_1 ebenfalls L-Signal. Auch wenn gleichzeitig an E_2 ein Löschsignal erscheint, verändert dies L am Ausgang A_1 nicht.

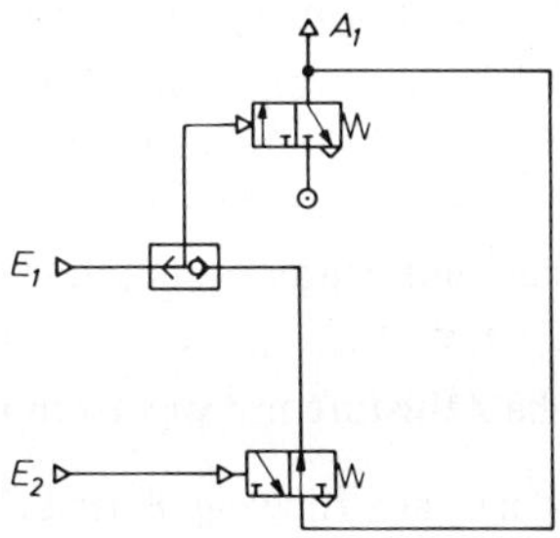

Schaltung

Wertetabelle

E_1	E_2	A_1
0	0	0
L	0	0
0	L	L
L	L	L

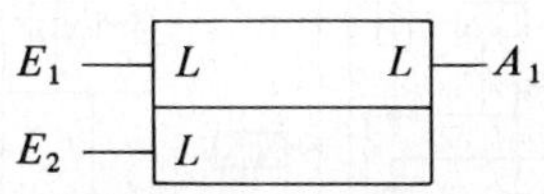

Symbol Speicher – Setzen vorrangig

6.5. Pneumatische Zählspeicher (Untersetzerstufe)

Der Logikschaltplan ist bereits dargestellt und erklärt worden. (S. 105)

Wirkungsweise:

Erhält E einen Impuls, so setzt sich dieser über R_2, W_3 als Steuerimpuls auf $S4$ fort. W_4 wird auf Durchlaß geschaltet, so daß am Ausgang A ein positiver Impuls (L-Signal) ansteht.

Gleichzeitig schaltet der Eingangsimpuls W_1 um, so daß die Rückkopplung h_2 unwirksam wird. Erlischt der Eingangsimpuls, so sorgt die Rückkopplung h_1 dafür, daß das Ausgangssignal A bestehen bleibt.

Ein Übergang von 0- auf L-Signal bei E verändert am Ausgang A das Signal, während der Abfall von L- auf 0-Signal den Zustand bei A unverändert läßt.

Der nächste L-Impuls bei E steuert W_3 über W_2 und S_3 um, so daß W_4 in Ruhestellung zurückgeht und an A kein L-Signal mehr ansteht.

Der nächste Wechsel von L auf 0 an E bewirkt keine Änderung an A. Erst ein neues L-Signal an E verändert das Ausgangssignal bei A wieder.

Es ergibt sich eine Untersetzung von $E/A = 2/1$.

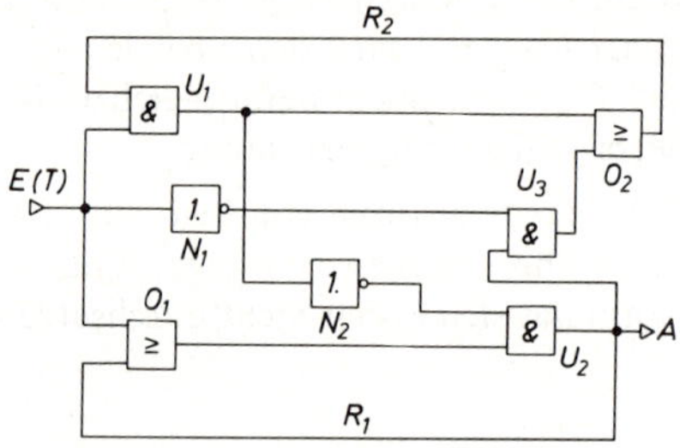

Logikplan

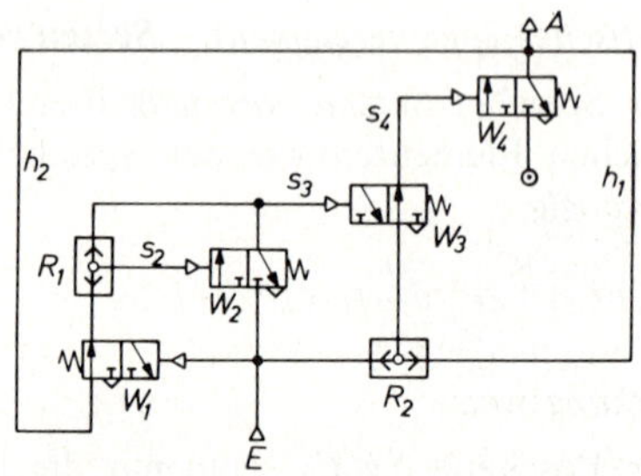

Schaltung

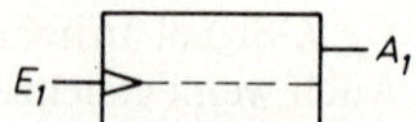

Symbol Zählspeicher

Pneumatische Zählstufe mit positiven und negativen Ausgängen

Die Impulslänge am Eingang E ist beliebig. Ein Eingangssignal wird wechselweise auf die Ausgänge A_1 und A_2 bzw. A_3 und A_4 geschaltet. Am Ausgang A_1 und A_2 erfolgt der Wechsel beim Übergang von L auf 0, an den Ausgängen A_3 und A_4 beim Übergang von 0 auf L. Man benutzt diese Art von Zählstufen, um Zehnerzähler aufzubauen.

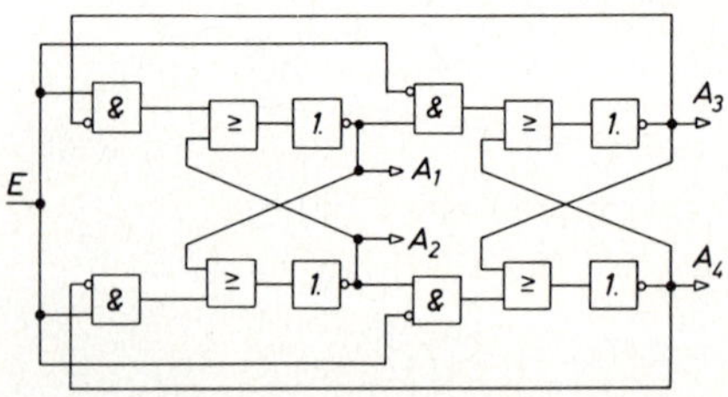

Logikplan

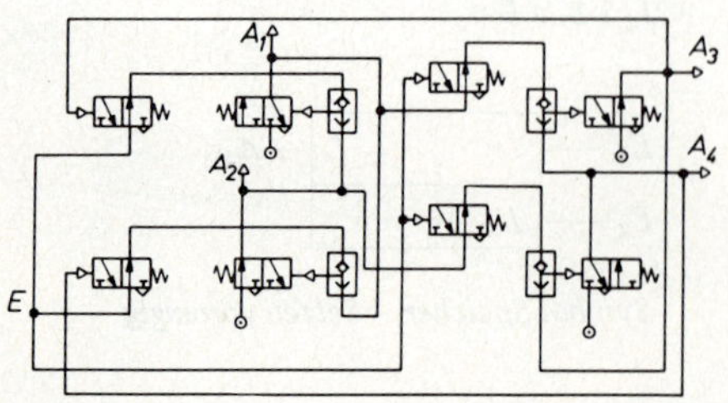

Schaltung

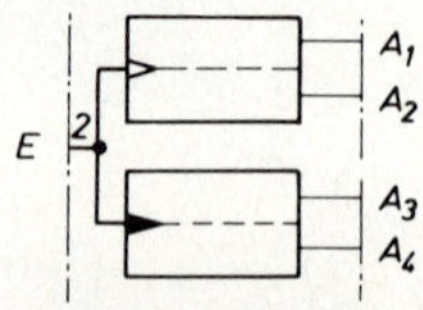

Symbol für Zählstufe mit positiven und negativen Ausgängen

CNC-Technik

Rainer Ahrberg / Jürgen Voss

I. Aufbau numerisch gesteuerter Werkzeugmaschinen

1. Fräs- und Drehmaschinen

An CNC-Werkzeugmaschinen (CNC = Computerized Numerical Control) werden die für die Zerspanung notwendigen Werkzeugbewegungen durch einen Computer gesteuert. Durch den Einsatz der Mikroelektronik im Werkzeugmaschinenbau ist es möglich, Werkstücke bei gleichbleibender Qualität zu reproduzieren.
Um diese Fertigungsqualität zu sichern, sind an den Werkzeugmaschinen Bauelemente notwendig, die eine Wiederholgenauigkeit von 1/1000 mm ermöglichen.
Die Bilder I.1 und I.2 zeigen den Aufbau von CNC-Fräs- und Drehmaschinen.

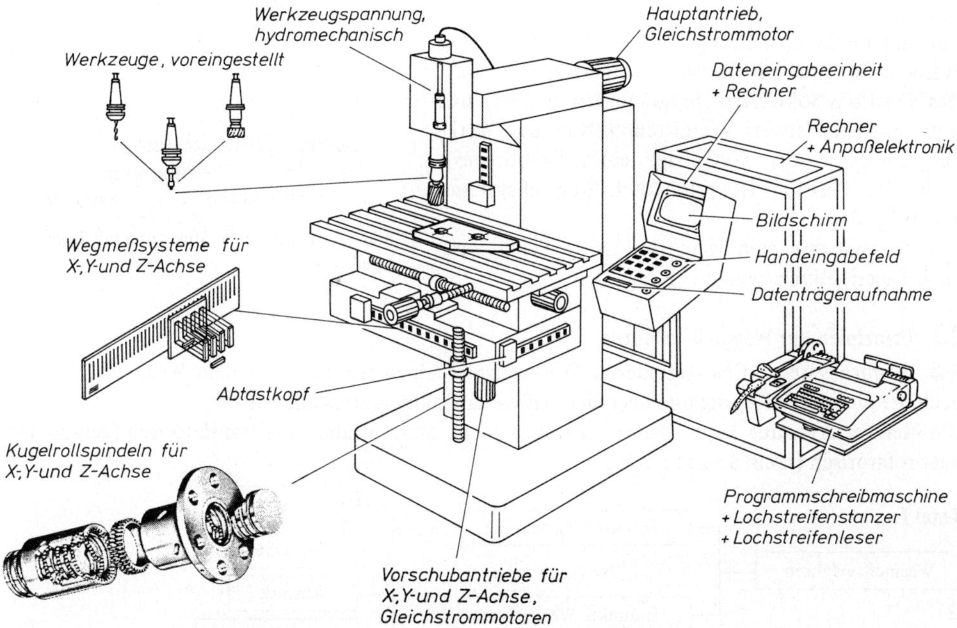

Bild I.1 CNC-Fräsmaschine

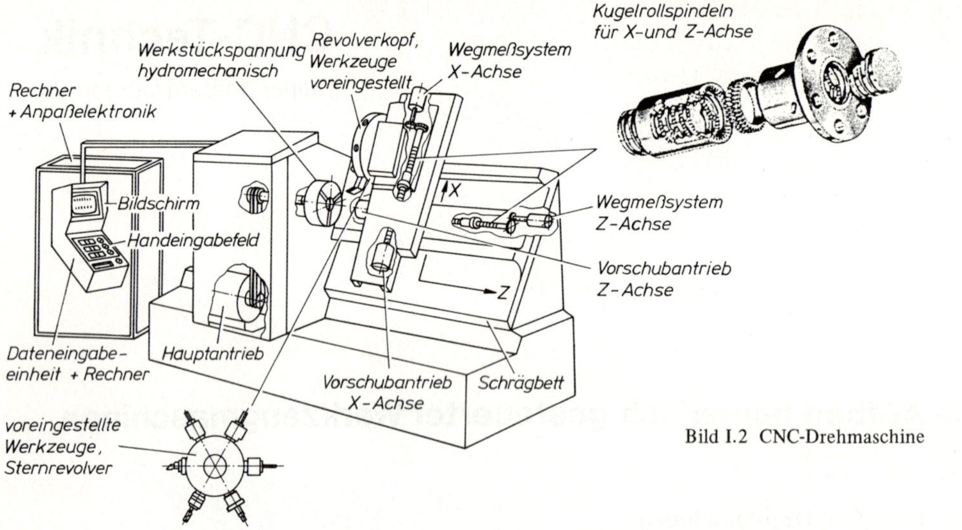

Bild I.2 CNC-Drehmaschine

2. Wegmeßsysteme an CNC-Werkzeugmaschinen

2.1. Aufgabe der Wegmeßsysteme

Die Vorschubantriebe einer Werkzeugmaschine setzen alle geometrischen Daten (Weginformationen) in Achsschlittenpositionen um.

Um die geforderte Fertigungsgenauigkeit einhalten zu können, müssen die Werkzeugbewegungen den Programmierwerten entsprechen.

Hierzu muß die Ausführung der Wegbefehle überwacht werden. Das geschieht durch den ständigen Vergleich des Positions-Sollwertes (programmierter Wert) mit dem Positions-Istwert (Schlittenposition des Werkzeugschlittens oder Winkellage eines Drehtisches), wobei die Positions-Istwerte durch Wegmeßsysteme erfaßt werden.

Ein System mit ständigem Soll-Ist-Vergleich wird auch Lageregelkreis genannt (Bild I.3).

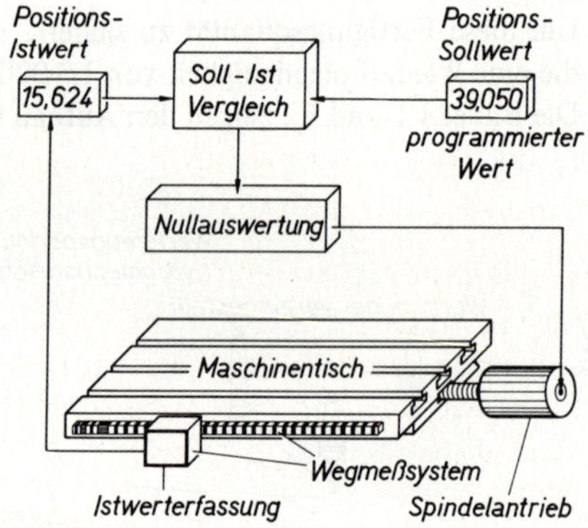

Bild I.3. Numerische Steuerung mit Lageregelkreis

2.2. Prinzipien der Wegmeßverfahren

Die Wegmeßsysteme CNC-gesteuerter Werkzeugmaschinen werden nach dem Wegmeßverfahren, nach der Meßwerterfassung und nach der Meßwertabnahme unterschieden.

Die Meßwerterfassung kann digital oder analog, die Meßwertabnahme translatorisch (geradlinig) oder rotatorisch (kreisförmig) erfolgen.

Tafel I.1.

- Wegmeßverfahren
  - Direkte Wegmessung
    - Absolut
    - Inkremental
  - Indirekte Wegmessung
    - Absolut
    - Inkremental

2.3. Direkte Wegmessung

Bei der direkten Wegmessung werden die Meßwerte ohne mechanische Zwischenglieder (Übersetzungsgetriebe) erfaßt. Bei der geradlinigen Bewegung eines Fräsmaschinentisches wird der durchfahrene Weg unmittelbar erfaßt. Die Meßwertabnahme erfolgt translatorisch. Das Prinzip der direkten Wegmessung ist in Bild I.4 dargestellt.

Die direkte Wegmessung wird bei Fräsmaschinen verwendet. Als Fehlerquellen können sich Teilungsfehler im Glasmaßstab auf den Meßwert auswirken.

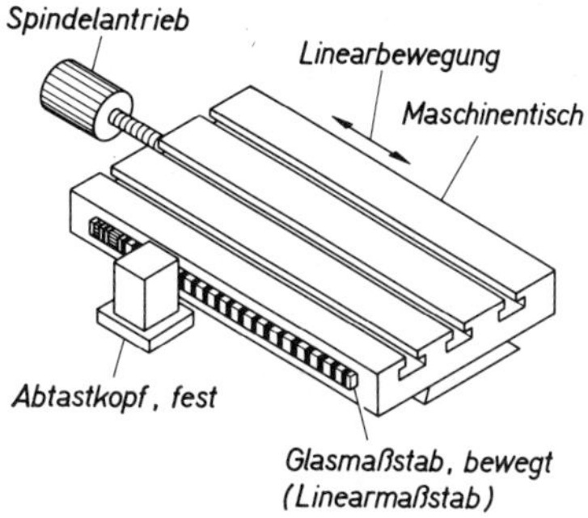

Bild I.4. Direkte Wegmessung

2.4. Indirekte Wegmessung

Bei der indirekten Wegmessung werden die Meßwerte über mechanische Zwischenglieder erfaßt. Dabei wird die Drehbewegung einer Tischspindel durch ein Zwischengetriebe übersetzt und als Maß des Verstellweges erfaßt. Die Meßwertabnahme erfolgt somit rotatorisch.

Bild I.5 zeigt das Prinzip der indirekten Wegmessung.

Die indirekte Wegmessung wird hauptsächlich bei Drehmaschinen angewendet. Steigungsfehler der Spindel, vorhandenes Spindelspiel und elastische Verformungen können sich negativ auf die Genauigkeit des Meßwertes auswirken.

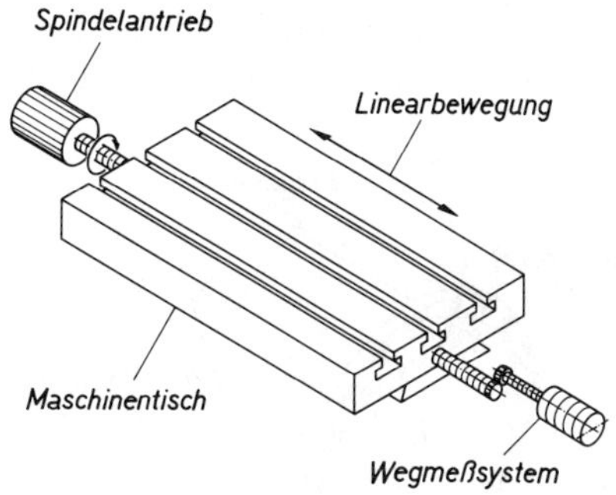

Bild I.5. Indirekte Wegmessung

2.5. Digitale Meßwerterfassung

Digitale Meßsysteme arbeiten meist nach dem optoelektrischen Prinzip. Die Abtastung eines Glasmaßstabes oder einer Impulsscheibe erfolgt nach dem Auflicht- oder dem Durchlichtverfahren.

Bild I.6 zeigt ein Meßsystem, das nach dem Durchlichtverfahren arbeitet. Bei diesem System bilden ein Glasmaßstab und ein Abtastkopf mit einer Auswertelektronik die Hauptelemente.

Das von einer Lampe ausgesandte Licht fällt durch das Strichgitter des Glasmaßstabes und durch das Gegengitter eines Abtastkopfes. Der Lampe gegenüberliegend befinden sich Fotozellen, auf die das Licht auftrifft. Die durch die Hell-Dunkel-Felder des Strichgitters erzeugten Helligkeitswechsel werden in den Fotozellen in elektrische Impulse umgesetzt, die dann elektronisch verstärkt und gezählt werden.

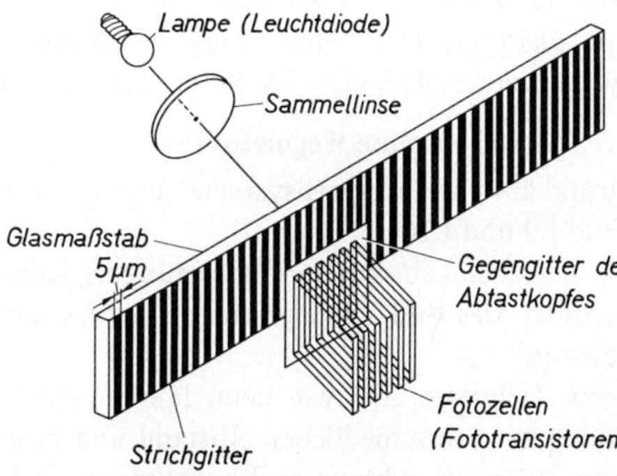

Bild I.6. Meßprinzip des Glasmaßstabes

Die Gitterkonstante des Strichgitters (Abstand und Breite der Hell-Dunkel-Felder) beträgt je nach Hersteller der Maßstäbe 200 μm, 40 μm, 20 μm oder 5 μm.
Um einen Wegschritt (Inkrement) von 1 μm messen zu können, sind die Fotozellen gegeneinander versetzt angeordnet. Hieraus ergibt sich bei den elektrischen Signalen ein Phasenversatz, der mit Hilfe einer elektronischen Schaltung die gewünschte Auflösung erzeugt.
Zusätzlich ist auch eine Richtungsunterscheidung (Tischbewegung nach rechts oder nach links) möglich, die dann richtungsabhängig positive oder negative Wegschritte festlegt.

2.6. Digital-inkrementale Wegmeßsysteme

Digital-inkrementale Wegmeßsysteme arbeiten sowohl nach dem translatorischen als auch nach dem rotatorischen Prinzip (Bild I.7 und Bild I.8)
Bei der digital-inkrementalen Wegmessung ist der (beliebige) Startpunkt des Werkzeugschlittens im Einschaltzustand auch der Nullpunkt der Wegmessung. Da für die Programmierung von Achsbewegungen feste Bezugspunkte an einer Werkzeugmaschine vorhanden sein müssen, sind auf dem Glasmaßstab neben der Gitterteilung zusätzlich ein oder mehrere Bezugspunkte festgelegt, sogenannte Maschinen-Referenzpunkte (Bild I.8).
Beim Einrichten der Werkzeugmaschine wird durch Überfahren eines Referenzpunktes ein Null-Signal erzeugt, das der Zähleinrichtung für diese Achsposition den Wert Null zuordnet. Beim weiteren Verfahren des Werkzeugschlittens werden dann die durch das Strichgitter erzeugten Impulse im elektronischen Zähler als Wegschritte aufsummiert.

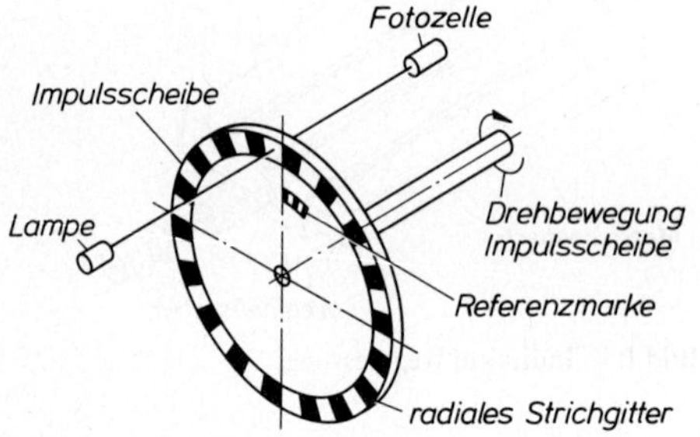

Bild I.7. Prinzip der rotatorischen Wegmessung (digital-inkremental)

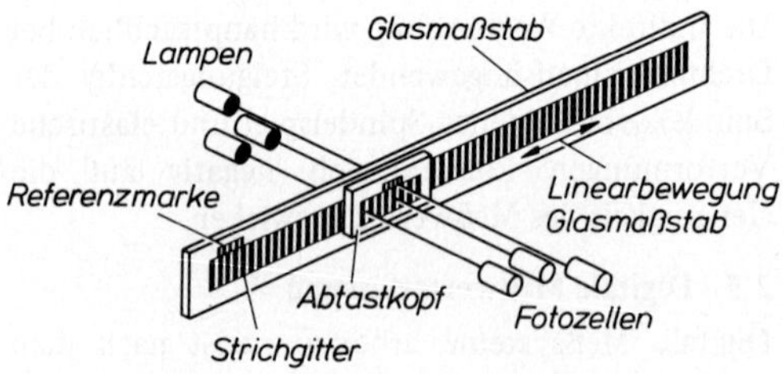

Bild I.8. Prinzip der translatorischen Wegmessung (digital-inkremental)

Aus der vorstehenden Beschreibung wird deutlich, daß bei Inbetriebnahme einer Werkzeugmaschine mit digital-inkrementalem Wegmeßsystem vor Produktionsbeginn der Nullpunkt des Wegmeßsystems durch Anfahren der Referenzpunkte aufgesucht werden muß.

2.7. Digital-absolute Wegmeßsysteme

Digital-absolute Wegmeßsysteme arbeiten nach dem translatorischen oder rotatorischen Prinzip (Bild I.9 und I.10).
Bei der digital-absoluten Wegmessung ist jeder Verfahrweg unmittelbar auf einen festen Nullpunkt bezogen. Das Bild I.9 zeigt einen Glasmaßstab mit fünf Codespuren, die binär gestufte Teilungen besitzen.
Diese Teilungen sind wie beim inkrementalen Strichgitter Hell-Dunkel-Felder, die aber auf jeder Codespur unterschiedlichen Abstand und unterschiedliche Breite haben. Dadurch ist jeder Schlittenposition ein Abtastsignal zugeordnet, das sich von den Signalen aller anderen Positionen eindeutig unterscheidet. Ermittelt wird es aus den abgetasteten Werten der Hell-Dunkel-Felder der einzelnen Codespuren. Diesen Feldern sind von oben nach unten gelesen die Wertigkeiten 2^0, 2^1, 2^2, 2^3 und 2^4 zugeordnet.

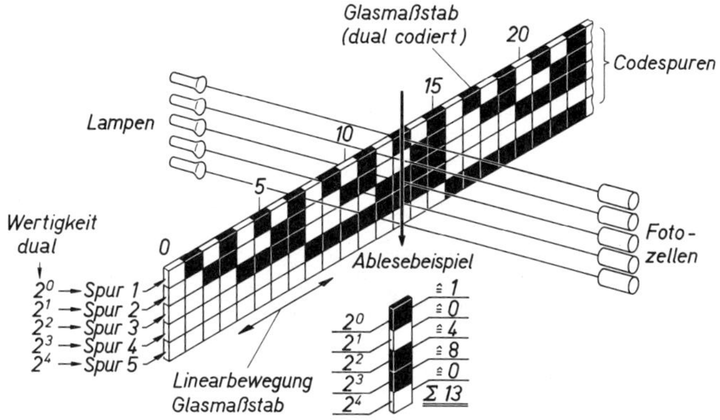

Bild I.9
Translatorsiche Wegmessung
(digital-absolut)

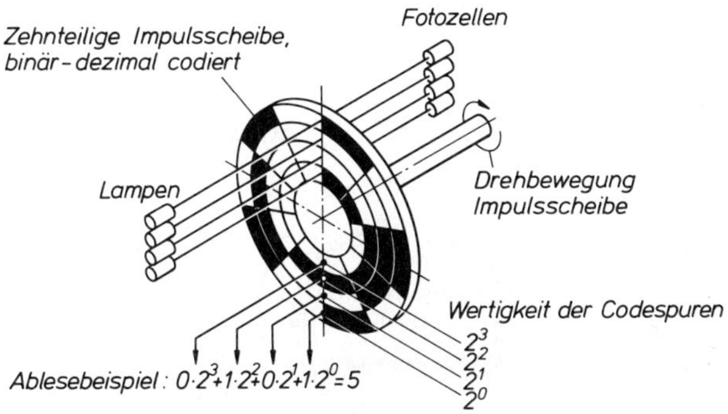

Bild I.10
Prinzip der rotatorischen Wegmessung
(digital-absolut)

Im Ablesebeispiel (Bild I.9) ergibt sich für die Schlittenposition die dezimale Wertigkeit: $2^0 + 0 + 2^2 + 2^3 + 0 = 1 + 4 + 8 = 13$.
Ein helles Feld ergibt stets den Wert Null.
Nähere Erläuterungen zur Dualcodierung siehe Abschnitt III.3.

2.8. Analoge Meßwerterfassung

Analoge Wegmeßsysteme arbeiten nach dem Ohmschen- oder Induktionsprinzip. Ausgenutzt wird bei beiden Prinzipien die analoge Umsetzung eines Verfahrweges in ein elektrisches Signal (elektrische Spannung).
Analog bedeutet, daß sich bei einer Weg- oder Winkeländerung auch das Meßsignal kontinuierlich ändert.
Beim Ohmschen Meßprinzip wird der elektrische Widerstand eines Drahtes zur Umsetzung in ein Wegmeßsignal ausgenutzt.
Hierbei wird nach dem Potentiometerprinzip von einem Widerstandsdraht die elektrische Spannung abgegriffen, deren Größe von der Drahtlänge abhängt. Dadurch kann einer bestimmten Weglänge oder Winkelgröße (Drahtlänge) eine analoge elektrische Spannung zugeordnet werden. Bild I.11 zeigt die einfachste Anordnung für eine translatorische Wegmessung, bei der die Spannung eines Widerstandsdrahtes in Abhängigkeit von der Schlittenposition gemessen wird.
Nachteilig ist bei diesem Verfahren, daß durch den Schleifer nicht kontakt- und verschleißfrei gemessen wird. Außerdem reicht die Auflösung des Systems nicht aus, Weginkremente von 1 μm messen zu können. Deshalb ist dieses Meßprinzip bei CNC-Werkzeugmaschinen nur bedingt anwendbar.

Beim Induktionsprinzip wird über eine Wechselspannung im Meßsystem ein Magnetfeld induziert (Elektromagnetismus).
Dieses Magnetfeld erzeugt wiederum in einer Leiterschleife (Spule) eine elektrische Spannung.
Da sich die Leiterschleife gleichzeitig relativ zum übrigen Meßsystem bewegt (translatorisch oder rotatorisch), hängt die in ihr induzierte Spannung auch von ihrer eigenen Stellung ab. Durch diesen Effekt wird mit Hilfe geeigneter elektronischer Schaltungen ein Wegmeßsignal gewonnen.
Beim Resolver handelt es sich im Prinzip um einen kleinen Wechselstrommotor (Bild I.12).
Das in der Rotorwicklung durch den eingespeisten Wechselstrom induzierte Magnetfeld erzeugt in der zweiphasigen Statorwicklung Wechselspannungen, die zur Meßwertbildung und damit zur Wegmessung benutzt werden.
Ein Induktosyn (Linearinduktosyn) entspricht im Prinzip einem Resolver, wobei jedoch Rotor- und Statorwicklung in einer Ebene abgewickelt sind. Die beiden Hauptteile dieses Meßsystems sind das Lineal und der Gleiter (Slider), die beide mit rechteckigen mäanderförmigen Leiterschleifen versehen sind. Bild I.13 zeigt das Prinzip des Induktosyn.
Lineal und Gleiter sind getrennt am Werkzeugschlitten und am Maschinenbett angebracht und bewegen sich berührungsfrei aneinander vorbei (Luftspalt ca. 0,3 mm).
Die in der Leiterschleife des Lineals eingespeiste hochfrequente Wechselspannung induziert in den beiden getrennten Gleiterschleifen Meßspannungen, die zur Meßwertbildung, also wiederum zur Wegmessung, benutzt werden.
Die gewünschte Auflösung des Meßsystems wird dadurch erreicht, daß die beiden Leiterschleifen des Gleiters um ein Viertel Polteilung versetzt nebeneinander angeordnet sind.
Der sich daraus ergebende Phasenversatz der Meßspannungen U1 und U2 beträgt 90°. Hierdurch und durch die nachfolgende elektronische Auswertung läßt sich eine Auflösung von 1 μm erzeugen.

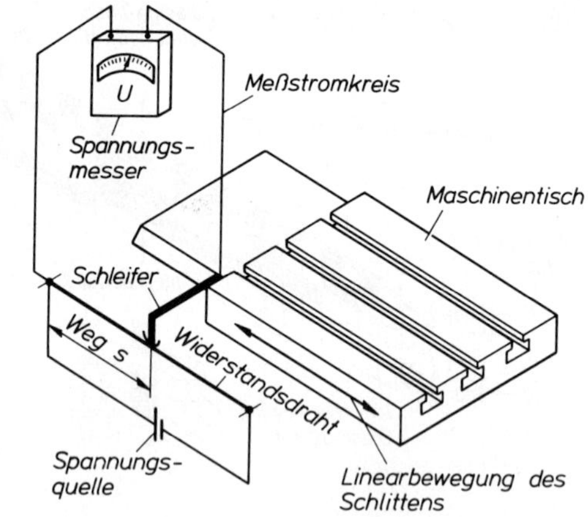

Bild I.11. Ohmsches Meßprinzip (Potentiometerprinzip)

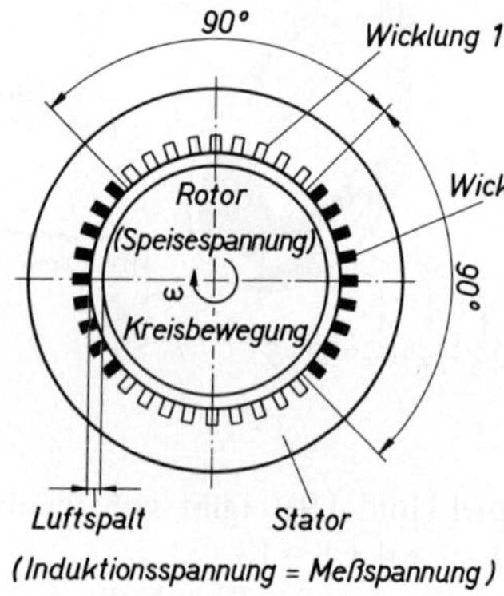

Bild I.12. Resolver

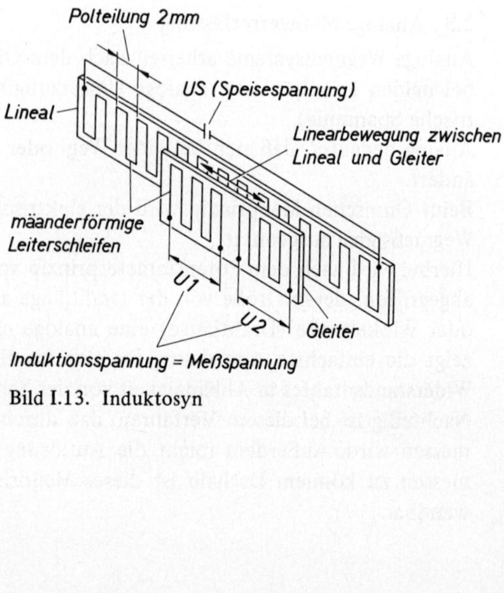

Bild I.13. Induktosyn

II. Geometrische Grundlagen für die Programmierung

1. Koordinatensystem

Um die Zerspanbewegungen einer Werkzeugmaschine festlegen zu können, ist ein Koordinatensystem erforderlich. Verwendet wird das kartesische Koordinatensystem mit den drei Hauptachsen X, Y und Z.

Neben der Lage der Koordinatensysteme sind auch die Achsrichtungen an Werkzeugmaschinen in DIN 66217 festgelegt.

Sind außer den Verfahrmöglichkeiten auch Dreh- oder Schwenkbewegungen möglich (Drehtische, Schwenkeinrichtungen von Werkzeug- und Werkstückträger), werden diese zusätzlichen Drehbewegungen den entsprechenden Achsen mit der Angabe des Drehwinkels zugeordnet. Die Drehrichtungen sind im Koordinatensystem wie folgt angegeben:

Drehwinkel A ⟶ Drehung um die X-Achse
Drehwinkel B ⟶ Drehung um die Y-Achse
Drehwinkel C ⟶ Drehung um die Z-Achse

Ein positiver Drehsinn liegt vor, wenn in positiver Achsrichtung gesehen die Drehung im Uhrzeigersinn erfolgt.

Negativer Drehsinn liegt vor, wenn in positiver Achsrichtung gesehen die Drehung im Gegenuhrzeigersinn erfolgt.

Bild II.1. zeigt das rechtwinklige Koordinatensystem mit dem Beispiel einer Punktdefinition im Raum.

Bei der Programmierung von CNC-Werkzeugmaschinen geht der Programmierer immer von einem feststehend gedachten Werkstück aus und bezieht hierauf sein Koordinatensystem.

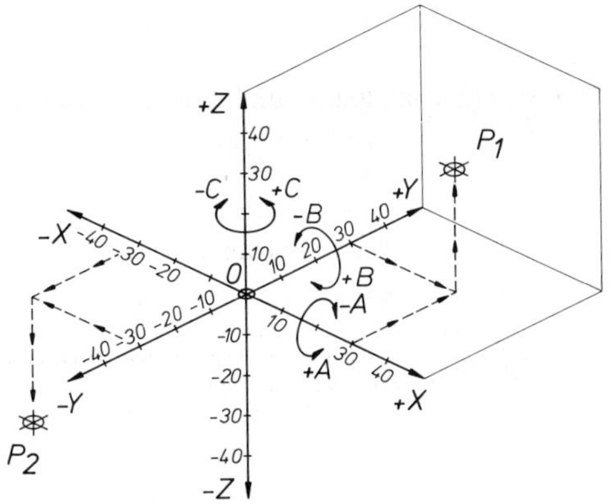

Beispiel:

	P_1	P_2
	X = + 30	X = – 30
	Y = + 30	Y = – 30
	Z = + 30	Z = – 30

Bild II.1
Rechtwinkliges, rechtshändiges Koordinatensystem

2. Lage der Achsrichtungen

Die Lage der Achsrichtungen an CNC-Werkzeugmaschinen ist durch DIN 66 217 festgelegt.

Die Z-Achse einer Werkzeugmaschine ist durch die Lage der Arbeitsspindel bestimmt.

Der positive Bereich der Z-Achse zeigt vom aufgespannten Werkstück in Richtung der Arbeitsspindel. Entfernt sich das Werkzeug vom Werkstück, findet eine Maßvergrößerung statt. Die Z-Bewegung ist positiv, es vergrößert sich der Z-Koordinatenwert. Man spricht hier auch von einer **Plusbewegung**.

Bewegt sich das Werkzeug auf das Werkstück zu, findet eine Z-Bewegung in den negativen Bereich statt. Es entsteht ein Maßverkleinerung. Der zu programmierende Z-Wert ist negativ. Man spricht hier auch von einer **Minusbewegung**.
Die Achsbewegungen in der Z-Achse sind wegen der Gefahr der Kollision zwischen Spindel und Fräsmaschinentisch besonders sorgfältig zu beachten.
Die X-Achse des Koordinatensystems liegt parallel zur Aufspannfläche des Werkstückes und ist in den meisten Fällen in horizontaler Richtung angeordnet.
Aus der Festlegung der Z- und der X-Achse ergibt sich die Lage der Y-Achse.
Für die Festlegung der Achsrichtungen bei Drehmaschinen ist zu unterscheiden, ob das Werkzeug *vor* der Drehmitte (Drehmaschinen mit Flachbett) oder *hinter* der Drehmitte (Drehmaschinen mit Schrägbett) liegt.
Befindet sich das Werkzeug vor der Drehmitte, zeigt die (für das Drehen nicht benötigte) Hauptachse +Y nach *unten*.
Befindet sich das Werkzeug hinter der Drehmitte, zeigt die Hauptachse +Y nach *oben*.

3. Bezugspunkte im Arbeitsbereich einer CNC-Werkzeugmaschine

Um den Beginn einer Zerspanbewegung festlegen zu können, sind im Arbeitsraum einer Werkzeugmaschine verschiedene Bezugspunkte notwendig.
Der Ursprung des Koordinatensystems der Werkzeugmaschine ist der Maschinennullpunkt. Er wird vom Werkzeugmaschinenhersteller unveränderlich festgelegt.
Der Maschinennullpunkt ist Bezugspunkt für alle weiteren Koordinatensysteme im Arbeitsfeld der Maschine. Er kann nicht immer auf allen Achsen angefahren werden. Um einen Ausgangspunkt für eine Bearbeitung zu erhalten, ist es notwendig, einen zweiten Punkt, den Referenzpunkt, festzulegen.
Der Referenzpunkt wird als Referenzmarke auf den Wegmeßsystemen angegeben und liegt häufig an der äußeren Grenze des Arbeitsraumes einer Werkzeugmaschine.
Der Referenzpunkt befindet sich stets in gleichem Abstand zum Maschinennullpunkt. Er dient gleichzeitig zur Eichung der auf den drei Achsen liegenden Wegmeßsysteme. Diese Eichung wird auch „Nullung" der Wegmeßsysteme genannt.
Eine nachträgliche Änderung des Abstandes zwischen Maschinennullpunkt und Referenzpunkt ist nur durch Einbau neuer Glasmaßstäbe möglich.

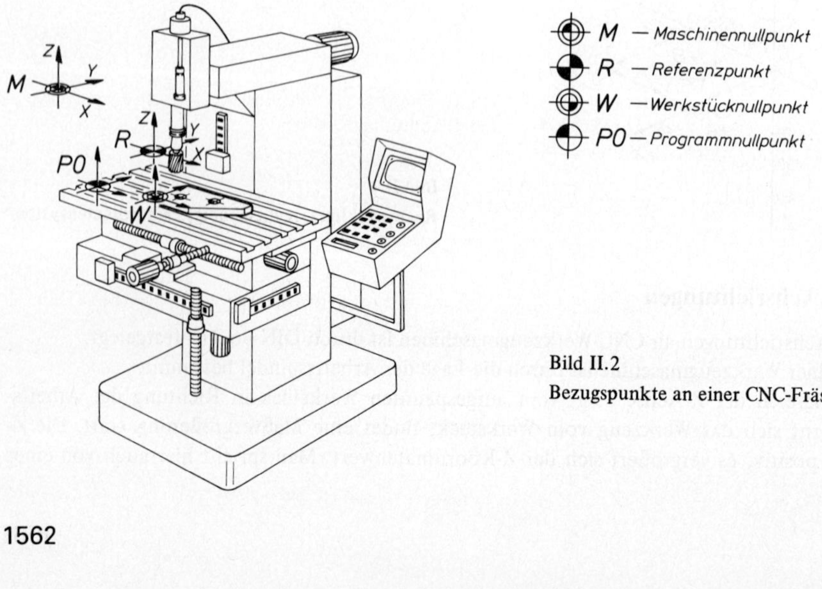

Bild II.2
Bezugspunkte an einer CNC-Fräsmaschine

Das Werkstück wird für die Fräsbearbeitung auf dem Maschinentisch frei aufgespannt. Der Nullpunkt des Werkstückes wird vom Programmierer frei gewählt. Er stellt den Ursprung des Werkstückkoordinatensystems dar.
Der Werkstücknullpunkt wird an einen Eckpunkt des Werkstückes gelegt. Vom Werkstücknullpunkt aus werden in der Fertigungszeichnung alle Maße der Werkstückgeometrie angegeben.
Bei Drehmaschinen liegt der Werkstücknullpunkt auf der Rotationsachse des Maschinensystems an der Maßbezugskante des Werkstückes.
Bei der Bearbeitung eines Werkstückes werden oft mehrere Werkzeuge eingesetzt. Da ausreichend Platz zum Werkzeugwechsel vorhanden sein muß, wird ein Werkzeugwechselpunkt WWP außerhalb des Werkstückes gewählt. Der Beginn eines CNC-Programms wird mit dem Programmnullpunkt P0 festgelegt. Am Programmnullpunkt befindet sich das Werkzeug vor Beginn der Bearbeitung. Bild II.2 zeigt Bezugspunkte an einer CNC-Fräsmaschine.

Tafel II.1 Bezugspunkte im Arbeitsbereich einer CNC-Werkzeugmaschine

Die festgelegten Bezugspunkte sind für die Programmierung, die Werkstückbemaßung, die Werkstückaufspannung, den Werkzeugwechsel, das Eichen der Wegmeßsysteme und den Fertigungsablauf unerläßlich.

Darstellung	Bezugspunkte	Erläuterung
 DIN 55003	Maschinennullpunkt M	Ursprung des Koordinatensystems der Werkzeugmaschine
 DIN 55003	Referenzpunkt R	Der Referenzpunkt ist jederzeit in allen drei Achsen anfahrbar. Er wird zur „Nullung" der Wegmeßsysteme benötigt.
	Werkstücknullpunkt W (nicht genormt)	Nullpunkt des Werkstückkoordinatensystems
	Programmnullpunkt P0 (nicht genormt)	Beginn des CNC-Programms. Werkzeugstandort vor Beginn der Bearbeitung.
	Hilfspunkt HP (nicht genormt)	Anfahrpunkt um Bedingungen zum „Eintauchen" in eine Kontur einzuhalten.
	Werkzeugwechselpunkt WWP (nicht genormt)	Punkt an dem das Werkzeug gewechselt werden kann. Der WWP muß nicht immer in P0 liegen.
	Spannmittelnullpunkt F (nicht genormt)	F liegt in der Anschlagebene des Werkstückes an ein Spannmittel, z. B. Spannfutter.
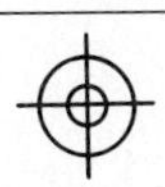	Werkzeugbezugspunkt WZ (nicht genormt)	Bezugspunkt für das Werkzeug bezogen auf den Werkzeugträger.

Bei vielen CNC-Steuerungen sind für das Anfahren an eine Kontur Anfahrbedingungen zu beachten. Diese Anfahrbedingungen (Anfahren an die Kontur im Halbkreis) gewährleisten die korrekte Herstellung der programmierten Kontur. Für das Anfahren an eine Kontur wird ein Hilfspunkt HP gewählt.
Bei der Fertigung mit CNC-Drehmaschinen sind zusätzlich ein Spannmittelnullpunkt F und ein Werkzeugbezugspunkt WZ erforderlich.
Durch den Spannmittelnullpunkt wird die Lage des Spannmittels (Spannfutter) zum Werkstücknullpunkt festgelegt.
Durch den Werkzeugbezugspunkt wird die Lage der Schneidenecke des Drehmeißels bezogen auf den Werkzeugträger festgelegt.
Die Bezugspunkte im Arbeitsbereich einer CNC-Werkzeugmaschine sind in Tafel II.1 dargestellt.

4. Bezugspunktverschiebung

Verschiedene Bezugspunkte im Arbeitsbereich einer Werkzeugmaschine ermöglichen dem Programmierer unabhängig von der Lage des Werkstückrohlings auf dem Maschinentisch das CNC-Programm zu erstellen.
Der Maschinenbediener erhält das Teileprogramm und beginnt die Maschine einzurichten.
Die Steuerung der Werkzeugmaschine kennt den Standort der Achsschlitten nach dem Einschalten nicht. Der Maschinenullpunkt muß erst vom Bediener im Einrichtbetrieb gesucht werden. Hierzu wird die Werkzeugmaschine solange in X-, Y- und Z-Achse verfahren, bis die Referenzmarken der Wegmeßsysteme überfahren werden. Die damit gefundenen Abstände vom Referenzpunkt zum Maschinennullpunkt werden in einem Speicher abgelegt, und die Bildschirmanzeige wird auf Null gesetzt.
Nach der „Nullung" der Wegmeßsysteme bestimmt der Maschinenbediener die Lage des eingespannten Werkstückrohlings durch eine Nullpunktverschiebung. Dazu wird der Abstand des Werkstücknullpunkts zum Maschinennullpunkt in allen Achsen mit Hilfe eines Kantentasters oder Einrichtmikroskops ermittelt und in einem Speicher abgelegt (Wegbefehle G54–G59).

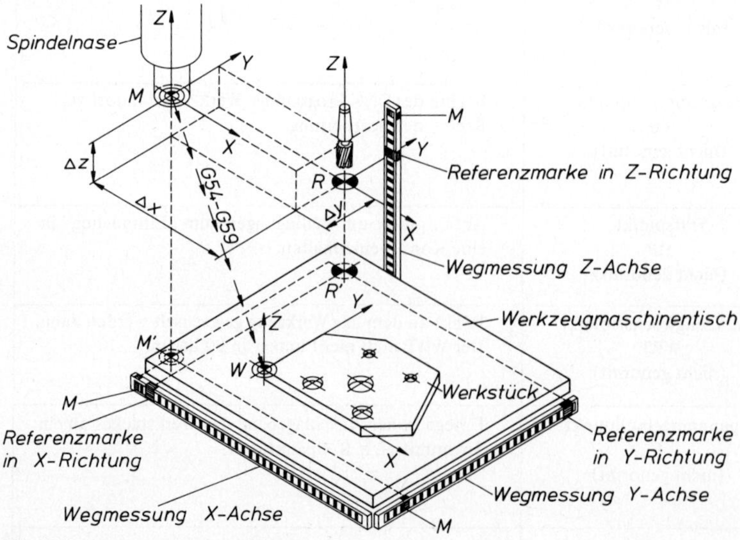

Bild II.3. Bezugspunktverschiebung
Zusammenhang zwischen Maschinennullpunkt M
Referenzpunkt R und
Werkstücknullpunkt W

Wenn mehrere gleiche Werkstücke in einer Aufspannung hergestellt werden sollen, kann der Programmierumfang durch weitere Bezugspunkt- (Nullpunkt-) verschiebungen verringert werden.
Das Programm für eine Werkstückbearbeitung wird nur einmal erstellt und über die Nullpunktverschiebung auf den jeweiligen Werkstücknullpunkt verschoben.
Der Maschinennullpunkt liegt in der X/Y-Ebene immer so, daß bei einer Verschiebung stets positive Koordinaten angegeben werden können.
Das Prinzip der Bezugspunktverschiebung ist in Bild II.3. dargestellt. Bild II.4. zeigt eine Bezugspunktverschiebung am Beispiel eines Bohrbildes.

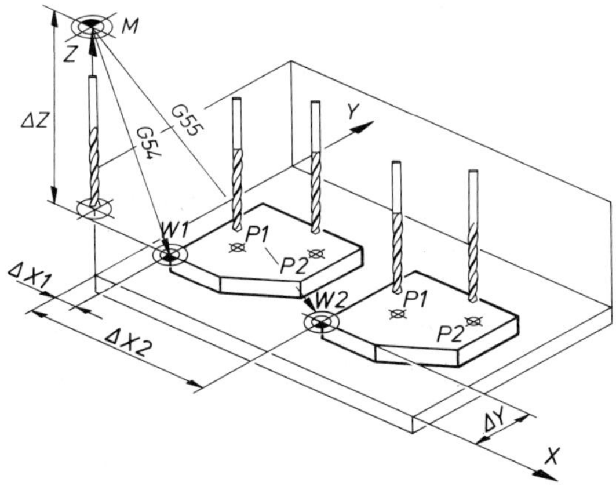

Arbeitsraum eines Fräsmaschinentisches

W = Werkstücknullpunkt

Bild II.4
Nullpunktverschiebung am Beispiel eines Bohrbildes

5. Zeichnerische Grundlagen für die Programmierung

Für die Bemaßung von Werkstückzeichnungen unter Verwendung eines kartesischen oder polaren Koordinatensystems sind in DIN 406 unterschiedliche Maßsysteme vorgesehen.

5.1. Absolutbemaßung

Bei der Absolutbemaßung wird zwischen einer Bemaßung mit einem Pfeil und der steigenden Bemaßung unterschieden.
Bemaßt wird immer ausgehend von Bezugskanten. Bei der steigenden Bemaßung werden alle Maße steigend auf einer Maßlinie mit entsprechendem Begrenzungspfeil angetragen.
Die Absolutbemaßung ist in Bild II.5. und II.6. dargestellt.

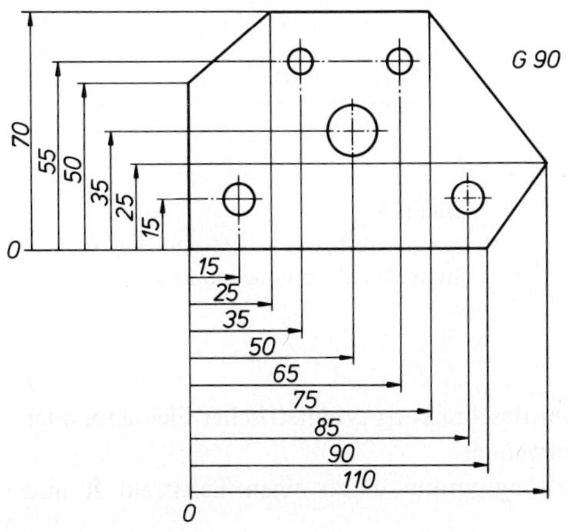

Bild II.5. Absolutbemaßung mit einem Pfeil

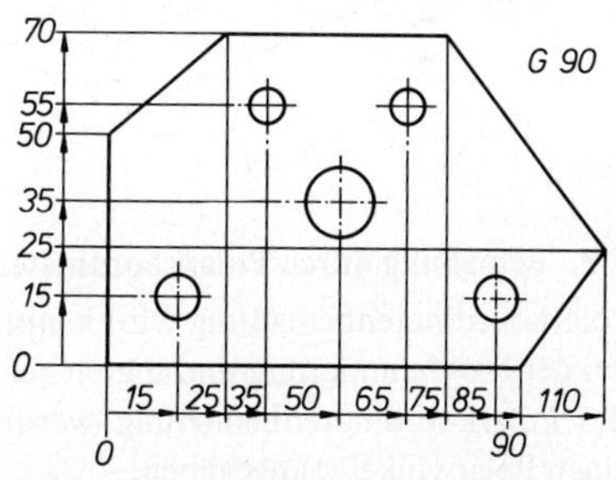

Bild II.6. Absolutbemaßung in steigender Bemaßung

Damit der Steuerung einer Werkzeugmaschine bekannt wird, in welchem System die Übertragung der geometrischen Informationen stattfindet, wird für die Absolutbemaßung (Absolutprogrammierung) der Wegbefehl G90 eingegeben.

5.2. Inkrementalbemaßung (Relativbemaßung)

Bei der Inkrementalbemaßung, auch Kettenbemaßung genannt, wird der erste Bearbeitungspunkt vom Werkstücknullpunkt aus angegeben.
Für alle weiteren Bearbeitungspunkte ist der vorangegangene definierte Punkt Nullpunkt für die folgende Maßeintragung.
Das bedeutet, daß bei der Inkrementalbemaßung (Inkrementalmaßprogrammierung) das Koordinatensystem des Werkstücknullpunktes gedanklich in die folgenden Bearbeitungspunkte verschoben wird und somit für folgende Maße ein neuer Nullpunkt maßgebend ist.
Der Steuerung ist diese Bemaßungsart mit dem Wegbefehl G91 mitzuteilen. Der Wegbefehl ist so lange wirksam, bis er durch G90 abgelöst wird.
Bild II.7. zeigt das Prinzip der Inkrementalbemaßung. Bild II.8. zeigt den Unterschied zwischen einer Absolut- und Inkrementalbemaßung.

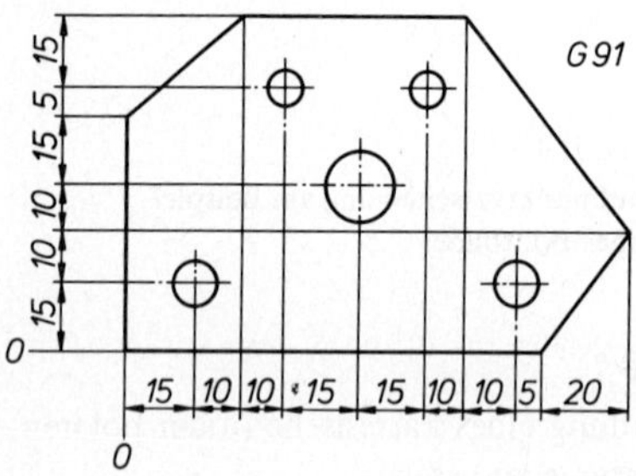

Bild II.7
Inkrementalbemaßung. Zuwachsbemaßung mit Maßkette

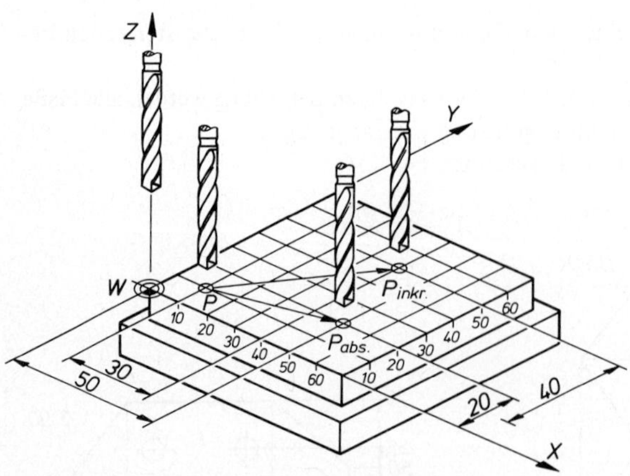

Absolutmaßprogrammierung:
Die x- und y-Koordinaten sind immer auf den Werkstücknullpunkt W bezogen

$P_{abs.}$	G 90	X 50	Y 20

Inkrementalmaßprogrammierung:
Die x- und y-Koordinaten beziehen sich immer auf den zuletzt angefahrenen Punkt P

$P_{inkr.}$	G 91	X 30	Y 40

Bild II.8.
Unterschied zwischen Absolutmaß- und Inkrementalmaßprogrammierung

5.3. Bemaßung durch Polarkoordinaten

Polarkoordinatenbemaßung wird hauptsächlich bei der Beschreibung symmetrischer Elemente oder bei der Programmierung umfangreicher Bohrbilder verwendet.
Bei Polarkoordinatenbemaßung werden die Bearbeitungspunkte durch einen Leitstrahl R und einen Polarwinkel φ angegeben.

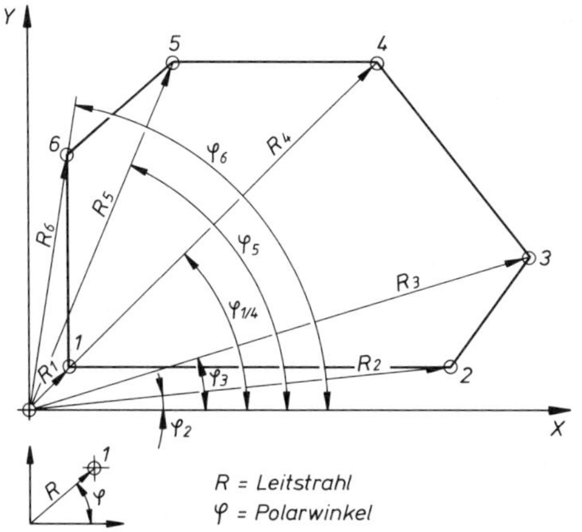

Polarkoordinatentabelle

Leitstrahl R in mm	Polarwinkel φ in Grad
R_1 ...	φ_1 ...
R_2 ...	φ_2 ...
R_3 ...	φ_3 ...
R_4 ...	φ_4 ...
R_5 ...	φ_5 ...
R_6 ...	φ_6 ...

Bild II.9
Bemaßung durch Polarkoordinaten

Der Polarwinkel wird von der positiven X-Achse ausgehend angegeben und verläuft im Gegenuhrzeigersinn durch die Quadranten des Koordinatensystems.
Bild II.9. zeigt die Bemaßung durch Polarkoordinaten.

5.4. Bemaßung mit Hilfe von Tabellen

Bei umfangreichen Werkstückgeometrien wird die erforderliche Bemaßung aus der Fertigungszeichnung herausgezogen.
Die Maßeintragung erfolgt in einer Bemaßungstabelle, in der alle erforderlichen Koordinaten angegeben sind.
Bei der Bemaßung in Tabellen werden auch unterschiedliche Bemaßungssysteme und verschieden positionierte Koordinatensysteme verwendet.
In Bild II.10. ist die Möglichkeit der Bemaßung mit kartesischen und polaren Koordinaten dargestellt.

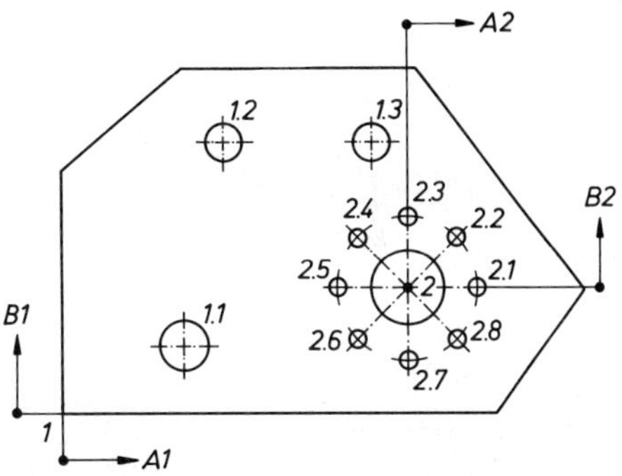

Bild II.10. Bemaßung mit Hilfe von Tabellen

Bemaßungstabelle

Koordinaten-Nullpunkt	Koordinatentabelle					
	Nr.	A	B	R	φ	∅
1	1	0	0			
1	1.1	15	15			10 H7
1	1.2	35	55			8 H7
1	1.3	65	55			8 H7
2	2	70	25			20
2	2.1			20	0°	4
2	2.2			20	45°	4
2	2.3			20	90°	4
2	2.4			20	135°	4
2	2.5			20	180°	4
2	2.6			20	225°	4
2	2.7			20	270°	4
2	2.8			20	315°	4

1: Kartesische Koordinaten 2: Polarkoordinaten

III. Informationsfluß bei der Fertigung

1. Informationsverarbeitung und Informationsträger

Bei der Fertigung mit CNC-Werkzeugmaschinen muß der Programmierer alle Informationen zur Herstellung des Werkstückes in einem Programmblatt festhalten.

Programmierung bedeutet das Erstellen und die Eingabe eines Teileprogramms in eine Steuerung nach bestimmten Regeln.

Für die Programmierung sind die Informationsquellen und damit auch die Informationsträger von Bedeutung.

In einem CNC-Programm werden nicht nur geometrische und technologische Daten, sondern auch Zusatzdaten wie Werkzeugkenngrößen, Korrekturwerte, Maschineneinrichtdaten und Werkzeugbefehle festgehalten. Hierzu ist die Programmieranleitung des jeweiligen Steuerungsherstellers zu beachten, da die Programmiernorm DIN 66025 einen Spielraum für steuerungsabhängige Programmiertechniken zuläßt.

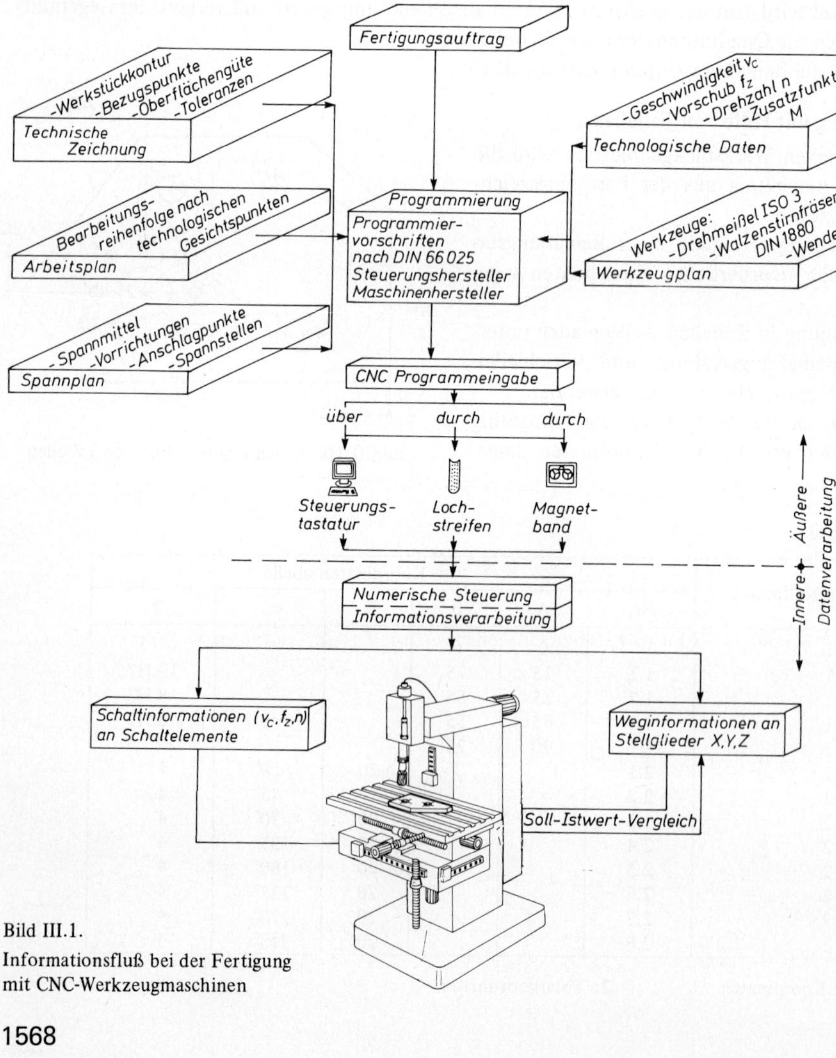

Bild III.1.
Informationsfluß bei der Fertigung mit CNC-Werkzeugmaschinen

Bei der **manuellen Programmierung** werden alle Informationen in Buchstaben, Zahlen und Sonderzeichen ausgedrückt und in derart verschlüsselter Form in die Steuerung der Werkzeugmaschine eingegeben.
Eine Möglichkeit, der Steuerung ein Fertigungsprogramm zu übermitteln, ist die Handeingabe über eine Dateneingabeeinheit.
Diese Möglichkeit wird als Werkstattprogrammierung bezeichnet.
In der Steuerung findet eine Informationsverarbeitung statt, die die Schaltinformationen an Schaltelemente und Weginformationen an die Stellglieder weiterleitet.
Ein **Soll-Istwert-Vergleicher** überwacht, ob die eingelesenen Wegbedingungen von der Werkzeugmaschine exakt ausgeführt werden und eine entsprechende Lageregelung durchgeführt wird.
Bild III.1. stellt den Informationsfluß bei der Fertigung mit CNC-Werkzeugmaschinen dar.
Als Informationsträger zur Datenübertragung können Lochstreifen, Magnetbänder oder Disketten verwendet werden.
In der Werkstatt wird vorzugsweise ein Einmallochstreifen aus Papier eingesetzt.

2. Informationsquellen

Als Informationsquellen werden die **technische Zeichnung**, der **Bearbeitungsplan**, die **technologischen Daten** (Bedienungsanleitung der Werkzeugmaschine), der **Werkzeugplan** und die **Spannmittelkartei** bezeichnet. Die technische Zeichnung beschreibt die Geometrie des Werkstückes. Ihr können außerdem Werkstoffangaben und die geforderte Oberflächenqualität sowie alle Toleranzangaben entnommen werden.
Der Bearbeitungsplan beschreibt die nach technologischen und betriebswirtschaftlichen Gesichtspunkten sinnvolle Bearbeitungsreihenfolge unter Beachtung der Herstellungsfaktoren Werkzeugmaschine, Werkzeug und Werkstoff. Die einzusetzenden Werkzeuge werden in einem Werkzeugplan genau beschrieben, um Standzeitbedingungen und somit die Fertigungsqualität festzulegen. Er enthält außerdem Informationen über die Reihenfolge der einzusetzenden Werkzeuge, über die voreingestellten Maße zum Werkzeugträger sowie erforderliche Zerspandaten.
Aus der Geometrie des Werkstückes und den geplanten Werkzeugverfahrwegen können sich Kollisionsmöglichkeiten zwischen Werkstück(en), Werkzeug und Spannmittel ergeben. Verhindert wird dies durch einen Spannplan, mit dessen Hilfe der Programmierer optimale Verfahrwege festlegen kann.
Die technologischen Daten wie Geschwindigkeiten, Vorschübe, Drehzahlen und andere Spannungsgrößen, können Tabellen entnommen werden.

3. Lochstreifen

Elektronische Bauteile verfügen nicht über eine eigene „Intelligenz“, sondern können nur Anweisungen ausführen, die in zwei sich gegenseitig ausschließende Schaltzustände verschlüsselt sind.
Die beiden Schaltzustände **„Strom fließt“** (L oder 1) und **„Strom fließt nicht“** (0) müssen alle notwendigen Daten beschreiben.
Diese Übertragungsmöglichkeit wird als **Bit**darstellung oder binäre (binär = zweiwertig) Darstellung bezeichnet.
Bei der Übertragung der beiden Schaltzustände auf einen Lochstreifen wird beim Zustand „L“ ein Loch gestanzt, beim Zustand „0“ nicht.
Um die erforderliche Anzahl der Daten übermitteln zu können, bietet ein 8-Spur-Lochstreifen 256 Kombinationsmöglichkeiten.
Als Lochstreifen werden Datenträger nach dem EIA (Electronics Industries Association) mit der Bezeichnung RS-244-A und dem ISO-Code (International Standards Organisation) nach DIN 66024 verwendet.

Der Lochstreifen besteht meistens aus Papier. Seine Breite ist mit einem **Zoll** genormt, und er erlaubt eine Datenaufnahme von 400 Zeichen pro Meter. Er kann mechanisch mit einer Geschwindigkeit bis 120 Zeichen pro Sekunde oder auch fotoelektrisch bis 1000 Zeichen pro Sekunde gelesen werden.

Bild III.2. zeigt den Aufbau eines 8-Spur-Lochstreifens nach dem ISO-Code.

Bei der Beschreibung eines Fertigungsablaufes müssen Zahlen, Buchstaben und Sonderzeichen verwendet werden.

Um diese Zeichen unterscheiden zu können, erfolgt auf der 6. Spur des Lochstreifens eine Lochung für alle Sonderzeichen, auf der 7. Spur die Lochung für Buchstaben. Durch die Lochungen auf der 5. und 6. Spur werden Zahlen gekennzeichnet.

Für die Darstellung eines Zeichens können 7 Lochungen verwendet werden, wodurch 127 Zeichen darstellbar sind. Die achte Lochung ist jeweils einem Paritäts- oder Prüfbit vorbehalten.

Im Gegensatz zum EIA-Code benötigt der ISO-Code eine gerade Anzahl von Lochungen, welches gegebenenfalls durch die Paritätslochung erreicht wird.

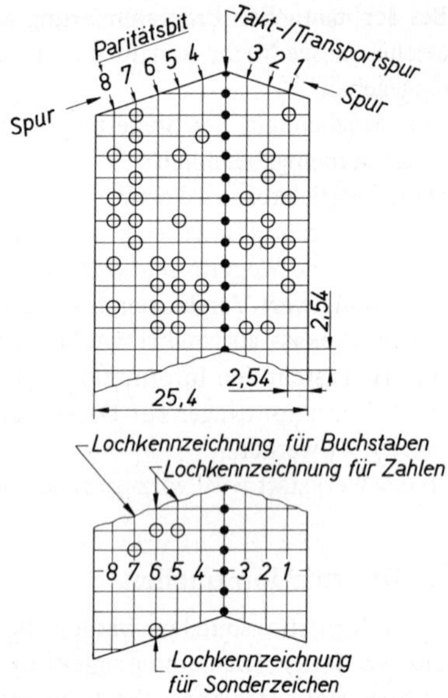

Bild III.2
Aufbau eines 8-Spur-Lochstreifens

Um alle Informationen eines Fertigungsablaufes zu codieren, muß ein einfaches Codesystem verwendet werden. Zur Datenübertragung hat sich eine Kombination aus den Vorteilen des dezimalen und binären Zahlensystems, dem binär codierten Dezimalcode (BCD-Code), als ideal erwiesen.

Im BCD-Code läßt sich jeder beliebige Zahlenwert einfach darstellen. Die Entwicklung des BCD-Codes wird in den Tafeln III.1 bis III.4 dargestellt.

Tafel III.1.

Dezimalzahl	2×10^2	+	5×10^1	+	1×10^0	
Stellenwert	200	+	50	+	1	→ 251

Das Dezimalsystem stellt Zahlenwerte der Summe der Zehnerpotenzen dar.

Tafel III.2. Codierung der Zahl 251 im Dualsystem

Dualzahl	1×2^7	+	1×2^6	+	1×2^5	+	1×2^4	+	1×2^3	+	0×2^2	+	1×2^1	+	1×2^0	
Stellenwert	128	+	64	+	32	+	16	+	8	+	0	+	2	+	1	→ 251

Die Darstellung eines Zahlenwertes im Dualsystem erfolgt aus der Summe der Zweierpotenzen
Für die Steuerung einer Werkzeugmaschine muß der Zahlenwert 251 in Schaltzustände umgewandelt werden. Die Umwandlung erfolgt aus dem Dualsystem mit binärer Darstellung.

Tafel III.3. Codierung der Zahl 251 im binär codierten Dualsystem

Dualzahl	1×2^7	+	1×2^6	+	1×2^5	+	1×2^4	+	1×2^3	+	1×2^2	+	1×2^1	+	1×2^0	
Schaltzustand	1		1		1		1		1		0		1		1	
	L		L		L		L		L		0		L		L	→ 251

Tafel III.4 Darstellung des Zahlenwertes 251 im binär codierten Dezimalcode (BCD)

Alle Buchstaben des Alphabets, die Ziffern 0–9 und alle erforderlichen Sonderzeichen können binär codiert werden.

Duale Darstellung	2^3	2^2	2^1	2^0		
Schaltzustand	0	0	L	0	≙ 2	
	0	L	0	L	≙ 5	Dezimale Darstellung
	0	0	0	L	≙ 1	mit Stellenwert

Bild III.3. zeigt die Übertragung des BCD-Codes auf einen Lochstreifen mit entsprechenden Lochkombinationen.
Eine Zeile des 8-Spur-Lochstreifens hat eine Speicherkapazität von 8 Bits (1 Byte). Das 8. Bit wird aber jeweils nur für die Paritätsprüfung verwendet. Also sind durch die Verknüpfungsmöglichkeiten von 7 Bits 128 verschiedene Zeichenbelegungen möglich.
Da der erste Codierungsfall in einer Zeile keine Lochung darstellt, wird auch kein Zeichen ausgewertet. Demzufolge können nur $2^7 - 1 = 127$ Zeichen codiert werden.
Die Speicherkapazität von CNC-Steuerungen wird in K-Byte angegeben. Ein Kilobyte beinhaltet $2^{10} = 1024$ Bytes.

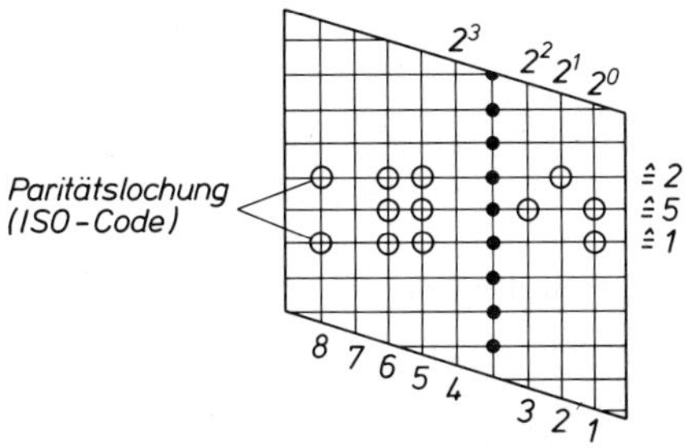

Alle möglichen Zahlenwerte sind auf den ersten 4 Spuren eines Lochstreifens darstellbar. Da auch Buchstaben und Zeichen für die Darstellung eines Fertigungsablaufes notwendig sind, müssen Zahlen durch eine Lochung auf den Spuren 5 und 6 kenntlich gemacht werden

Bild III.3

Darstellung des Zahlenwertes 251 auf einem Lochstreifen durch entsprechende Lochkombinationen

IV. Steuerungsarten und Interpolationsmöglichkeiten

In der zerspanenden Fertigung lassen sich die meisten Bearbeitungsprobleme aus den drei Geometrieelementen Punkt, Gerade und Kreis darstellen.
Die notwendigen Steuerungsvorgänge werden über das Teileprogramm durch die Werkzeugmaschinensteuerung den Antriebselementen übermittelt.
Dazu bedient man sich bestimmter Steuerungsgrundelemente, die in Tafel IV.1. dargestellt sind.

Tafel IV.1. Einteilung der Steuerungsarten

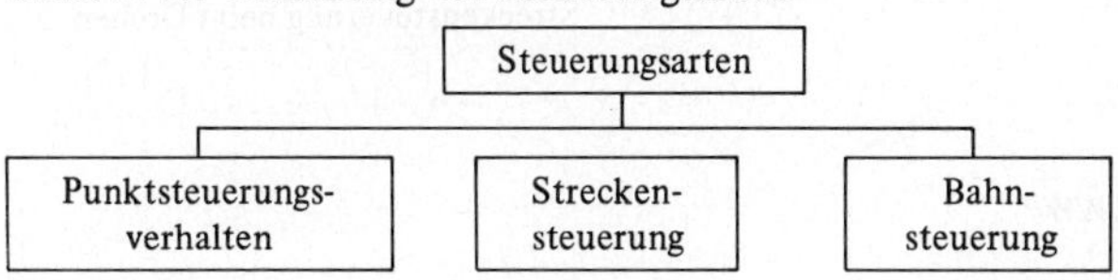

1. Punktsteuerungsverhalten

Beim Punktsteuerungsverhalten wird das Werkzeug im Eilgang vom Startpunkt an den entsprechenden Zielpunkt gefahren, ohne dabei im Eingriff zu sein. Die Weginformation für das Verfahren im Eilgang außerhalb der Werkstückgeometrie wird im Teileprogramm mit G00 angegeben. Das Bewegen an den Zielpunkt kann je nach Steuerung in jeder Achse allein nacheinander erfolgen oder in allen Achsen gleichzeitig.
Wird bei der Bearbeitung ein Positionieren im Eilgang notwendig und besitzt die Werkzeugmaschine eine Bahnsteuerung, so wird das Werkzeug bei einigen Steuerungen unter einem Winkel von 45° bis zum Auftreffen auf eine Achse verfahren, um dann achsparallel den definierten Punkt zu erreichen. Eine Bearbeitung findet erst am definierten Punkt statt.
Das Punktsteuerungsverhalten wird hauptsächlich beim Bohren und seinen Folgeverfahren, beim Punktschweißen und Stanzen angewandt.
Bild IV.1. zeigt das Punktsteuerungsverhalten am Beispiel eines Bohrbildes.

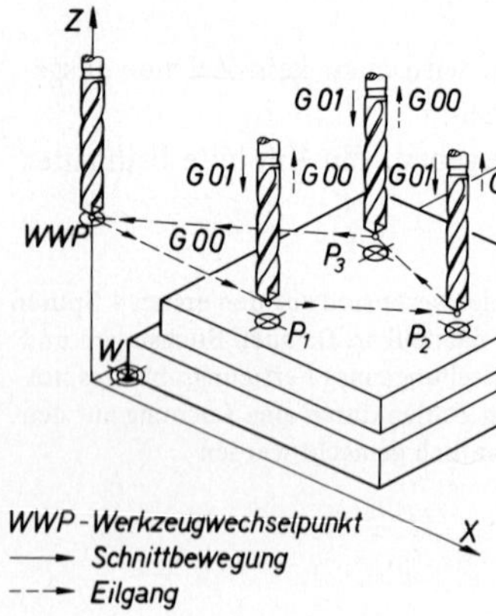

1. Anfahren an P1 im Eilgang (WWP → P1)
2. Bohren von P1 und Auftauchen aus der Kontur
3. Anfahren an P2 im Eilgang (P1 → P2)
4. Bearbeiten P2 und Auftauchen aus der Kontur
5. Anfahren an P3 im Eilgang (P2 → P3)
6. Bearbeiten an P3 und Auftauchen aus der Kontur
7. Anfahren des WWP im Eilgang (P3 → WWP)

Bild IV.1
Punktsteuerungsverhalten beim Bohren

2. Streckensteuerung

Bei der Streckensteuerung befindet sich das eingesetzte Werkzeug beim Verfahren ständig im Eingriff. Es lassen sich nur achsparallele Konturen erzeugen.
Bei der Bearbeitung in einer Achsrichtung befinden sich die anderen Achsen in Ruhestellung.

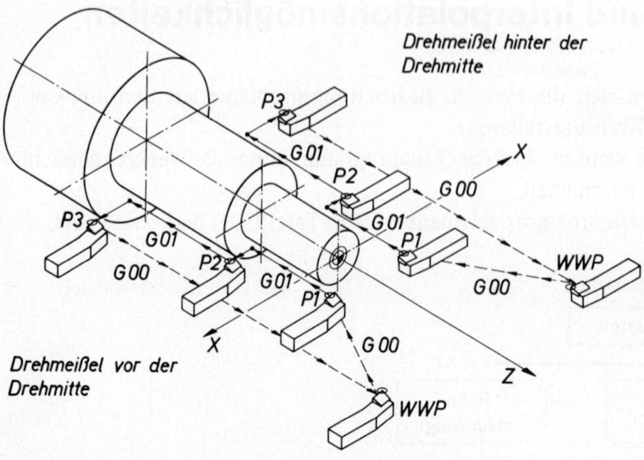

Bild IV.2
Streckensteuerung beim Drehen

Das Anfahren an die Kontur erfolgt wiederum im Eilgang. Eine Schnittbewegung zur Erzeugung einer achsparallelen Geraden muß der Steuerung mit dem Wegbefehl G01 mitgeteilt werden.
Das Prinzip der Streckensteuerung beim Drehen und Fräsen wird in den Bildern IV.2. und IV.3. dargestellt.

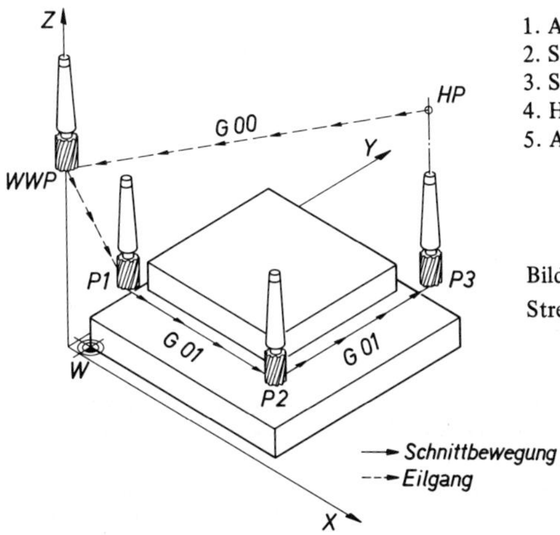

1. Anfahren an die Kontur im Eilgang (WWP - → P1)
2. Schnittbewegung parallel zur X-Achse (P1 → P2)
3. Schnittbewegung parallel zur Y-Achse (P2 → P3)
4. Herausfahren aus der Kontur im Eilgang (P3 - → HP)
5. Anfahren des WWP im Eilgang (HP - → WWP)

Bild IV.3
Streckensteuerung beim Fräsen

3. Bahnsteuerung

Wenn die Geometrie eines Werkstückes eine Bearbeitung in zwei oder mehr Achsen erfordert, sind die Tisch- und Werkzeugbewegungen nur durch eine Bahnsteuerung möglich.
Hierbei sind für jede Achse getrennte Antriebsmotoren notwendig, wobei jeweils ein eigener Lageregelkreis vorhanden sein muß.
Die Bewegungen innerhalb der Achsrichtungen werden relativ zueinander gesteuert. Damit kann jede beliebige Bahnkurve hergestellt werden.
Bild IV.4. zeigt die Bahnsteuerung bei Drehmaschinen mit Flachbett- und Schrägbettführung.
Die Bilder IV.5. und IV.6. stellen die Bahnsteuerung beim Fräsen einer Geraden und einer beliebigen Kreisbahn dar.

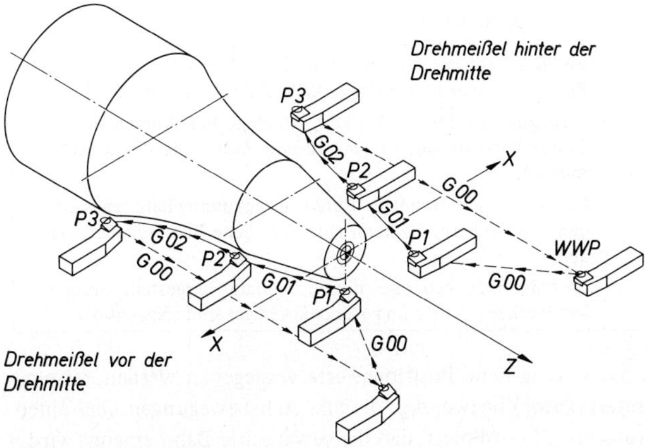

Bild IV.4
Bahnsteuerung beim Drehen

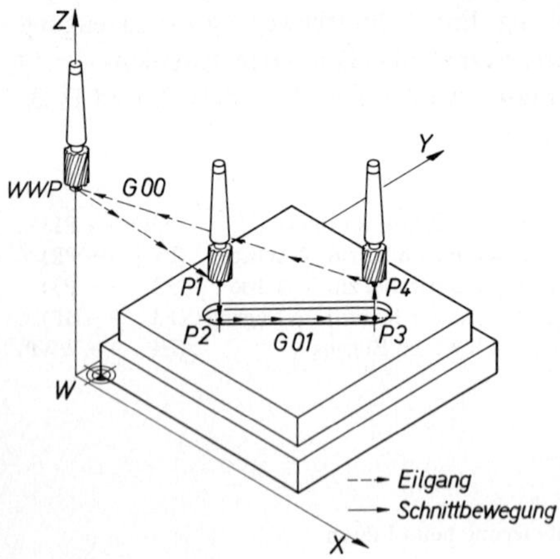

1. Anfahren an die zu erzeugende Kontur im Eilgang (WWP --→ P1)
2. Eintauchen in die Kontur (P1 → P2)
3. Schnittbewegung gleichzeitig in X- und Y-Achse (P2 → P3)
4. Auftauchen aus der Kontur (P3 → P4)
5. Anfahren des WWP im Eilgang (P4 --→ WWP)

Bild IV.5
Bahnsteuerung beim Fräsen

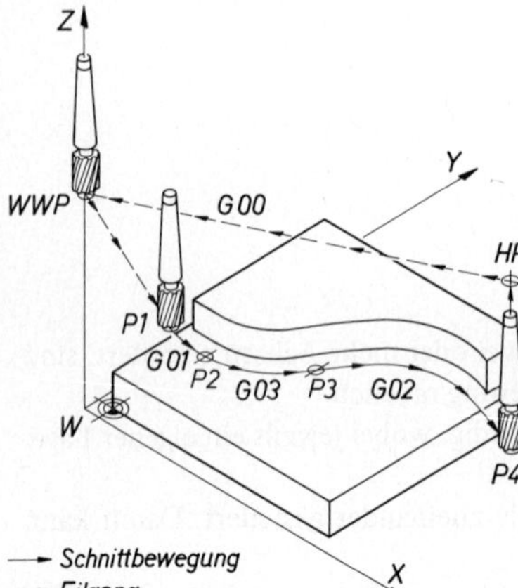

1. Anfahren an die Kontur im Eilgang (WWP --→ P1)
2. Schnittbewegung parallel zur X-Achse (G01) (P1 → P2)
3. Schnittbewegung im Gegenuhrzeigersinn (G03) (P2 ↗ P3)
4. Schnittbewegung im Uhrzeigersinn (G02) (P3 ↘ P4)
5. Auftauchen aus der Kontur auf HP (P4 → HP)
6. Anfahren des WWP im Eilgang (HP --→ WWP)

Bild IV.6
Bahnsteuerung beim Fräsen

Nach der Anzahl der gleichzeitig in einem Funktionszusammenhang stehenden Achsen unterscheidet man die 2-Achsen-Bahnsteuerung, die 2- aus 3-Achsen-Bahnsteuerung, die 3-Achsen-Bahnsteuerung und die 5-Achsen-Bahnsteuerung (s. Tafel IV.2.)

Tafel IV.2. Bearbeitungsmöglichkeiten der Bahnsteuerung

2-Achsen-Bahnsteuerung	Bei Bearbeitung gleichzeitig in 2 Achsen können beliebige Bahnen in einer Ebene (X/Y, X/Z, Y/Z) hergestellt werden.
2- aus 3-Achsen-Bahnsteuerung	Zusätzlich zu der Möglichkeit, beliebige Bahnkurven in einer Ebene herzustellen, ist eine lineare Zustellung der 3. Achse möglich.
3-Achsen-Bahnsteuerung	Es besteht ein ständiger Funktionszusammenhang zwischen den drei Achsen. Es kann eine räumliche Bahn erzeugt werden.
5-Achsen-Bahnsteuerung	Es kann jede beliebige räumliche Bahn hergestellt werden. Der Werkzeughalter und Werkstückträger sind schwenkbar.

Da bei einer Bahnsteuerung jeder Achse ständig neue Positionswerte vorgegeben werden, ist eine programmierbare Rechenschaltung (Interpolator) notwendig, die alle Achsbewegungen über einen Geschwindigkeitsregler der Antriebsmotoren so koordiniert, daß die gewünschte Bahn erzeugt wird.

4. Interpolationsarten

Da auf numerisch gesteuerten Dreh- und Fräsmaschinen gefertigte Werkstücke selten ausschließlich achsparallele Konturen aufweisen, hat der Interpolator die Aufgabe, einem Lageregelkreis den für die Konturerzeugung erforderlichen Lagesollwert vorzugeben.
Die Antriebsmotoren für die Vorschubbewegung der Achsschlitten werden über einen Geschwindigkeitsregler so koordiniert, daß eine programmierte Bahn möglichst fehlerfrei nachgefahren wird.
Neue Werkzeugmaschinensteuerungen beinhalten Interpolatoren, die eine Linear- und Zirkularinterpolation ermöglichen.
Wird die Zirkularinterpolation in einer Hauptebene mit einer senkrecht zu dieser Ebene verlaufenden Linearinterpolation verknüpft, handelt es sich um die Schraubenlinieninterpolation.

4.1. Linearinterpolation

Bei der Linearinterpolation wird eine Gerade durch das Verfahren einer oder mehrerer Achsen gleichzeitig in einer Arbeitsebene hergestellt. Nach DIN 66025 wird die Linearinterpolation (Bild IV.7.) mit dem Wegbefehl G01 gekennzeichnet.
Die Bilder IV.8. und IV.9. zeigen die Linearinterpolation am Beispiel eines Drehteiles und eines Fräswerkstückes.

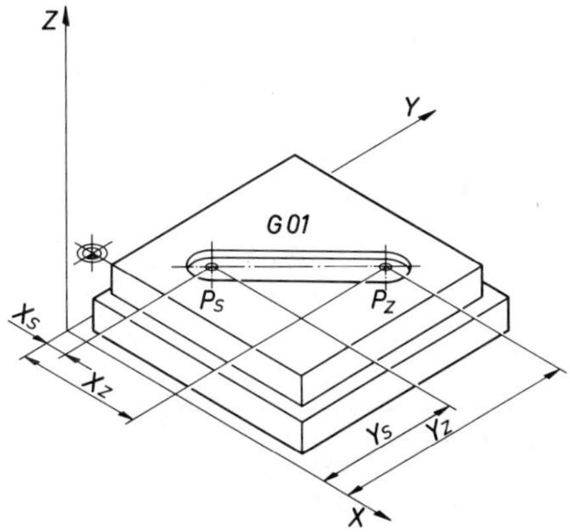

Bild IV.7
Die Linearinterpolation
P_s = Startpunkt
P_z = Zielpunkt
Nach DIN 66025 wird die Linearinterpolation mit der Wegbedingung G01 angegeben

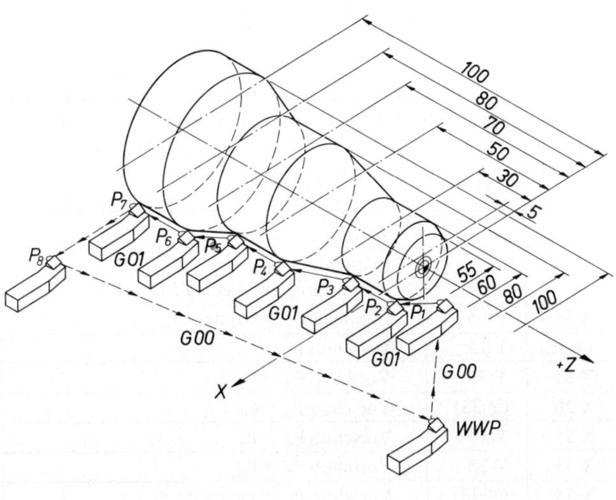

Bild IV.8a)
Beispiel zur Linearinterpolation

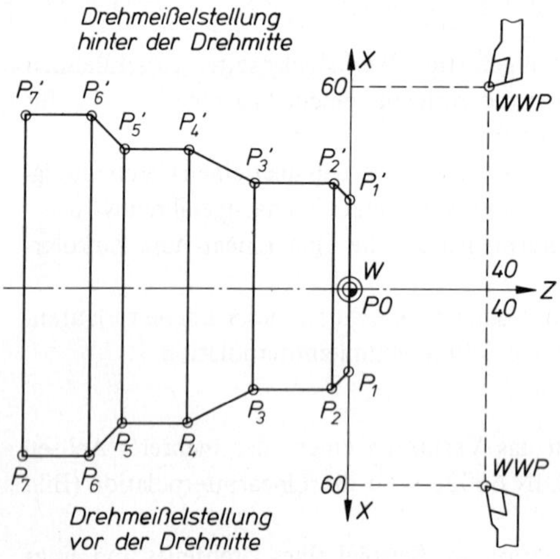

Bild IV.8b. Beispiel zur Linearinterpolation
Drehen

Aufgabe: Beschreibung der dargestellten Kontur in Absolutmaßprogrammierung (ϕ-Programmierung). Der Drehmeißel befindet sich im WWP und soll im Eilgang auf W/P0 fahren. Nach erzeugter Kontur soll der Drehmeißel im Eilgang zum WWP zurückfahren.

Satz-Nr. N	Wegbedingung G	Koordinaten X	Z	Erklärung
N10	G90			Absolutmaßprogrammierung
N20	G00	X 0	Z 0	Eilgang WWP ––→ P0
N30	G01	X 55	(Z 0)	Vorschub P0 → P_1
N40	G01	X 60	Z-5	Vorschub P_1 → P_2
N50	G01	(X 60)	Z-30	Vorschub P_2 → P_3
N60	G01	X 80	Z-50	Vorschub P_3 → P_4
N70	G01	(X 80)	Z-70	Vorschub P_4 → P_5
N80	G01	X 100	Z-80	Vorschub P_5 → P_6
N90	G01	X 100	Z-100	Vorschub P_6 → P_7
N100	G00	X 120	(Z-100)	Eilgang P_7 ––→ P_8
N110	G00	(X 120)	Z + 40	Eilgang P_8 ––→ WWP

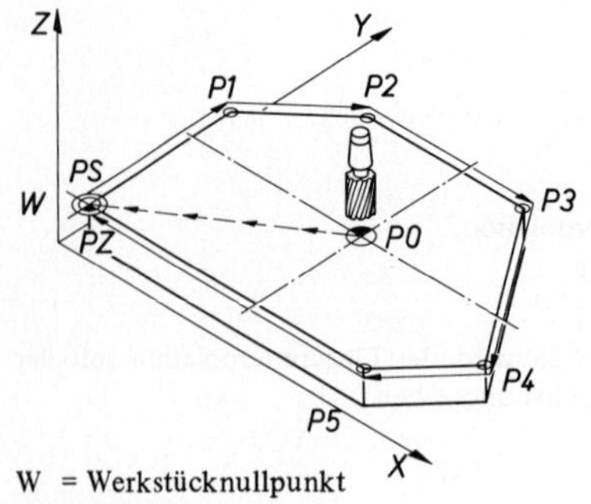

W = Werkstücknullpunkt
P0 = Programmnullpunkt
PS = Startpunkt
PZ = Zielpunkt

Bild IV.9. Beispiel zur Linearinterpolation

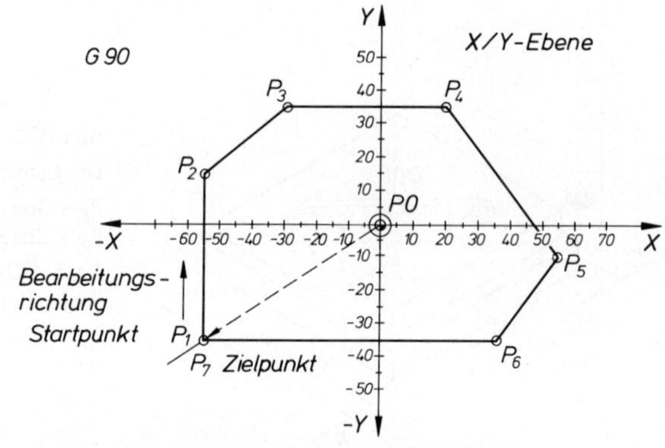

Aufgabe: Beschreibung der dargestellten Kontur in Absolutmaßprogrammierung (Absolutbemaßung)

Definition der dargestellten Kontur über die Punkte P_1 – P_7. Das Werkzeug befindet sich in P0 und soll im Eilgang zum Startpunkt P_1 fahren. Nach erzeugter Kontur soll das Werkzeug zum Nullpunkt P0 im Eilgang zurückfahren.

Satz-Nr. N	Wegbedingung G	Koordinaten X	Y	Erklärung
N10	G17			Anwählen der x/y-Ebene
N20	G90			(Absolutmaßeingabe) Absolutprogrammierung (-bemaßung)
N30	G00	X-55	Y-35	Eilgang P0 → Startpunkt P_1
N40	G01	(X-55)	Y 15	Vorschub P_1 → P_2
N50	G01	X-30	Y 35	Vorschub P_2 → P_3
N60	G01	X 20	(Y 35)	Vorschub P_3 → P_4
N70	G01	X 55	Y-10	Vorschub P_4 → P_5
N80	G01	X 35	Y-35	Vorschub P_5 → P_6
N90	G01	X-55	(Y-35)	Vorschub P_6 → Zielpunkt P_7
N100	G00	X 0	Y 0	Eilgang P_7 – → P0

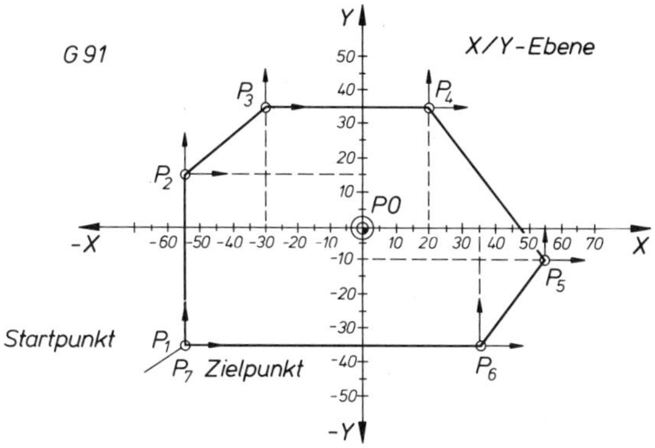

Aufgabe: Beschreibung der dargestellten Kontur in Relativprogrammierung (Inkrementalbemaßung)

Bild IV.9
Beispiel einer Linearinterpolation

Definition der dargestellten Kontur über die Punkte $P_1 - P_7$. Das Werkzeug befindet sich in P0 und soll im Eilgang zum Startpunkt P_1 fahren. Nach erzeugter Kontur soll das Werkzeug zum Nullpunkt P0 im Eilgang zurückfahren.

Satz-Nr. N	Wegbedingung G	Koordinaten X	Y	Erklärung
N10	G17			Ebenenauswahl (x/y-Ebene)
N20	G91			Relativprogrammierung (-maßeingabe)
N30	G00	X-55	Y-35	Eilgang P0 --→ P_1 (Startpunkt)
N40	G01	(X 0)	Y 50	Vorschub $P_1 \rightarrow P_2$
N50	G01	X 25	Y 20	Vorschub $P_2 \rightarrow P_3$
N60	G01	X 50	(Y 0)	Vorschub $P_3 \rightarrow P_4$
N 70	G01	X 35	Y-45	Vorschub $P_4 \rightarrow P_5$
N90	G01	X-20	Y-25	Vorschub $P_5 \rightarrow P_6$
N90	G01	X-90	(Y 0)	Vorschub $P_6 \rightarrow P_7$ (Zielpunkt)
N100	G00	X 55	Y 35	Eilgang P_7 (Zielpunkt) --→ P0

4.2. Zirkularinterpolation

Mit Hilfe der Linearinterpolation lassen sich theoretisch beliebige Kreisbahnen programmieren. Durch die Bestimmung von Anfangs- und Endpunkten eines Polygonzuges kann durch eine dichte Punktefolge eine Annäherung an die gewünschte Bahn erfolgen.

Das erfordert hohen Programmieraufwand und wird durch die Zirkularinterpolation (Kreisinterpolation) ersetzt.

Unter Zirkularinterpolation versteht man das Verfahren eines Werkzeuges auf einer kreisförmigen Bahn.

Um eine Kreisbahn in einem zweidimensionalen Koordinatensystem festlegen zu können, ist der Kreismittelpunkt durch entsprechende Koordinaten zu definieren. Diese Koordinaten werden als Kreisinterpolationsparameter I, J, und K bezeichnet. Zusätzlich ist innerhalb einer Geometrie der Start- und Zielpunkt der Kreisbahn festzulegen. Außerdem muß der Steuerung die Bearbeitungsrichtung mitgeteilt werden.

Eine Schnittbewegung im Uhrzeigersinn wird über den Wegbefehl G02 und eine Schnittbewegung im Gegenuhrzeigersinn über G03 festgelegt.

Hierzu schaut man immer aus Richtung einer positiven Hauptachse senkrecht auf diejenige Hauptebene, in der die Arbeitsbewegung stattfinden soll. Sowohl die Bewegungsrichtungen als auch die Hilfsparameter sind in DIN 66025 festgelegt.

Bild IV.10. zeigt das Prinzip der Zirkularinterpolation.

Im Regelfall werden Interpolationsparameter inkremental vom Anfangspunkt der Kreisbahn aus angegeben (siehe 4.4.5. Kreisinterpolationsparameter). Eine Absolutprogrammierung der Hilfsparameter ist nach DIN 66 025 auch möglich.

Bei Drehmaschinen ist für die korrekte Festlegung der Wegbedingungen zu unterscheiden, ob das Werkzeug *vor* der Drehmitte (Drehmaschine mit Flachbett) oder *hinter* der Drehmitte (Drehmaschine mit Schrägbett) liegt.

Die Bilder IV.11. und IV.12. zeigen das Prinzip der Zirkularinterpolation beim Drehen für Drehmaschinen mit Flach- und Schrägbett.

Die Bilder IV.13. und IV.14. beschreiben die Kontur eines Drehteiles und eines Fräswerkstückes mit Hilfe der Linear- und Zirkularinterpolation in Absolut- und Relativmaßprogrammierung.

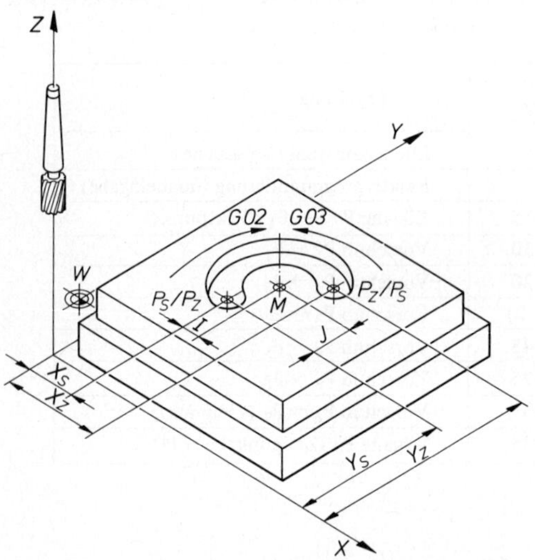

P_S = Startpunkt
P_Z = Zielpunkt

Definition des Start- und Zielpunktes:
P_S (X_S/Y_S)
P_Z (X_Z/Y_Z)

Hilfsparameter nach DIN 66025:
I = Kreismittelpunkt in X-Richtung
J = Kreismittelpunkt in Y-Richtung
K = Kreismittelpunkt in Z-Richtung

Bearbeitungsrichtung:
G02 = Zirkularinterpolation im Uhrzeigersinn

Bild IV.10
Die Zirkularinterpolation beim Fräsen

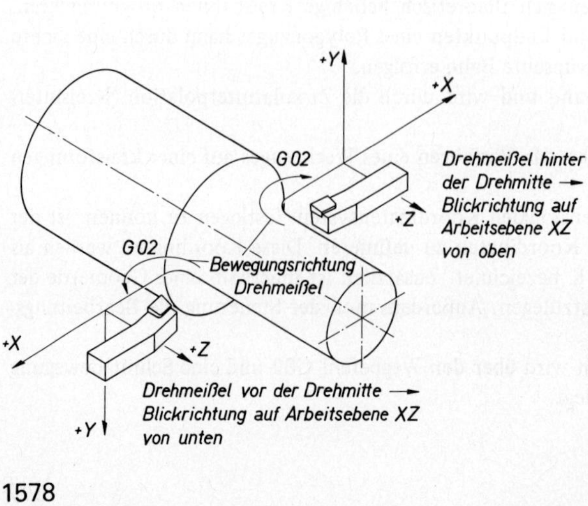

Bild IV.11
Zirkularinterpolation im Uhrzeigersinn beim Drehen – Wegbedingung G02

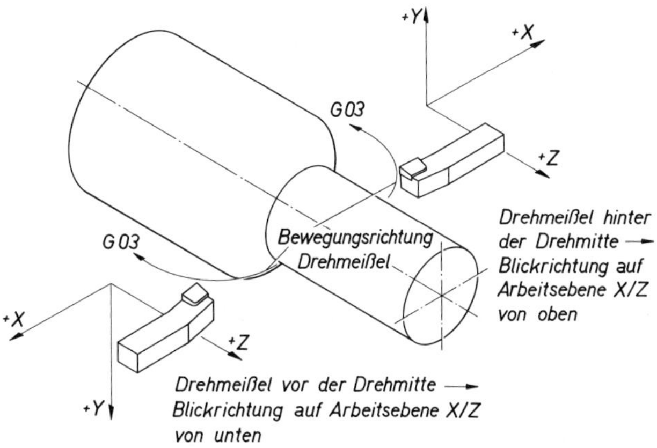

Bild IV.12

Zirkularinterpolation im Gegenuhrzeigersinn – Wegbedingung G03

Aufgabe: ***Beschreibung der dargestellten Kontur in Absolutmaßprogrammierung. Der Drehmeißel befindet sich im WWP und soll im Eilgang auf W/PO fahren. Nach erzeugter Kontur soll im Eilgang zum WWP zurückfahren.***

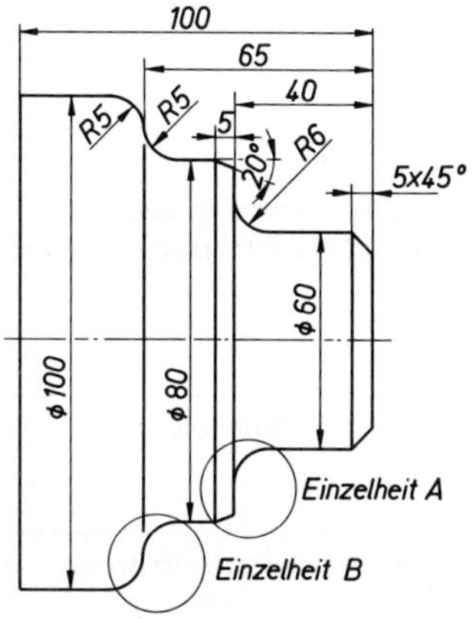

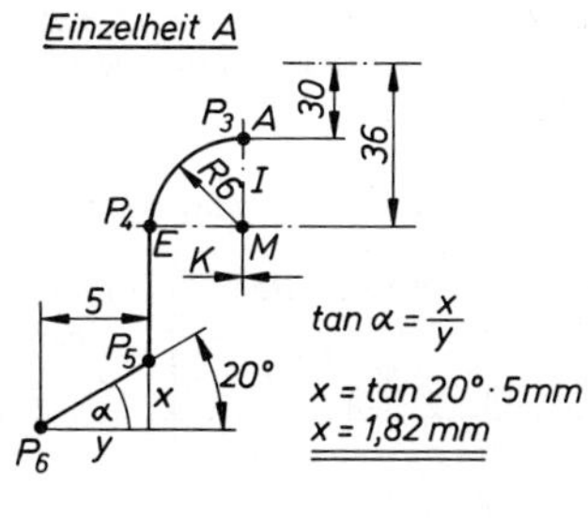

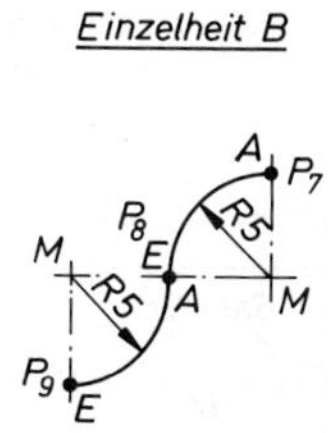

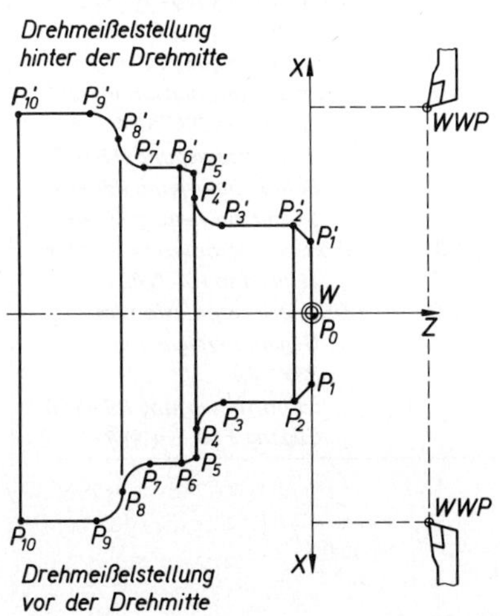

Bild IV.13

Beispiel zur Zirkularinterpolation Drehen

Beispiel Drehen/Zirkularinterpolation

Satz-Nr. N	Wegbedingung G	Koordinaten X	Koordinaten Z	Interpolationsparameter I	Interpolationsparameter K	Erläuterung
N10	G90					Absolutmaß-programmierung
N20	G00	X0	Z0			Eilgang (WWP--→P0)
N30	G01	X50	Z0			Schnittbewegung P0→P1
N40	G01	X60	Z-5			Schnittbewegung P1→P2
N50	G01	X60	Z-34			Schnittbewegung P2→P3
N60	G02	X72	Z-40	I6	K0	Zirkularinterpolation im Uhrzeigersinn P3↷P4
N70	G01	X76.36	Z-40			Schnittbewegung P4→P5
N80	G01	X80	Z-45			Schnittbewegung P5→P6
N90	G01	X80	Z-60			Schnittbewegung P6→P7
N100	G02	X90	Z-65	I5	K0	Zirkularinterpolation im Uhrzeigersinn P7↷P8
N110	G03	X100	Z-70	I0	K-5	Zirkularinterpolation im Gegenuhrzeigersinn P8↶P9
N120	G01	X100	Z-100			Schnittbewegung P9→P10
N130	G00	X120	Z40			Eilgang (P10--→WWP)

Aufgabe: *Beschreibung der dargestellten Kontur in Relativmaßprogrammierung. Der Drehmeißel befindet sich im WWP und soll im Eilgang auf W/P0 fahren. Nach erzeugter Kontur soll der Werkzeug im Eilgang zum WWP zurückfahren.*

Beispiel Drehen/Zirkularinterpolation/Relativ-/Inkrementalmaßprogrammierung

Satz-Nr. N	Wegbedingung G	Koordinaten X	Koordinaten K	Interpolationsparameter I	Interpolationsparameter K	Erläuterung
N10	G91					Relativmaßprogrammierung
N20	G00	X0	Z0			Eilgang WWP--→P0
N30	G01	X25	Z0			Schnittbewegung P0→P1
N40	G01	X5	Z-5			Schnittbewegung P1→P2
N50	G01	X0	Z-29			Schnittbewegung P2→P3
N60	G02	X6	Z-6	I6	K0	Zirkularinterpolation im Uhrzeigersinn P3↷P4
N70	G01	X2.18	Z0			Schnittbewegung P4→P5
N80	G01	X1.82	Z-5			Schnittbewegung P5→P6
N90	G01	X0	Z-15			Schnittbewegung P6→P7
N100	G02	X5	Z-5	I5	K0	Zirkularinterpolation im Uhrzeigersinn P7↷P8
N110	G03	X5	Z-5	I0	K-5	Zirkularinterpolation im Gegenuhrzeigersinn P8↶P9
N120	G01	X0	Z-30			Schnittbewegung P9→P10
N130	G00	X10	Z140			Eilgang P10--→WWP

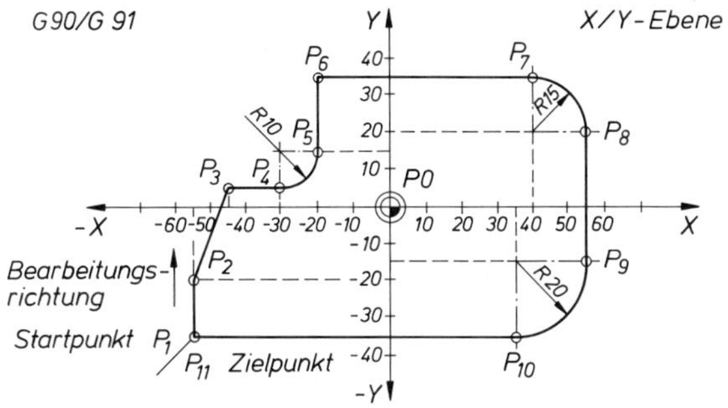

Aufgabe: Beschreibung der Kontur einer Fräsmittelpunktsbahn in Absolutmaß- und Relativmaßprogrammierung

Bild IV.14
Beispiel zur Zirkularinterpolation

Definition der dargestellten Kontur (Fräsmittelpunktsweges) über die Punkte P_1 – P_{11}. Das Werkzeug befindet sich in P0 und soll im Eilgang zum Startpunkt P_1 fahren. Nach erzeugter Kontur soll das Werkzeug zum Nullpunkt P0 im Eilgang zurückfahren.

Satz-Nr. N	Wegbedingung G	Koordinaten X	Koordinaten Y	Interpolations-parameter I	Interpolations-parameter J	Erklärung
N10	G17					Ebenenauswahl (x/y-Ebene)
N20	G90					Absolutmaßeingabe
N30	G00	X-55	Y-35			Eilgang P – → Startpunkt P_1
N40	G01	(X-55)	Y-20			Vorschub $P_1 \rightarrow P_2$
N50	G01	X-45	Y 5			Vorschub $P_2 \rightarrow P_3$
N60	G01	X-30	(Y 5)			Vorschub $P_3 \rightarrow P_4$
N70	G03	X-20	Y 15	I0	J 10	Vorschub, Kreisinterpolation im Gegenuhrzeigersinn $P_4 \curvearrowleft P_5$
N80	G01	X-20	Y 35	I0	J-15	Vorschub $P_5 \rightarrow P_6$
N90	G01	X 40	(Y 35)			Vorschub $P_6 \rightarrow P_7$
N100	G02	X 55	Y 20			Vorschub, Kreisinterpolation im Uhrzeigersinn $P_7 \curvearrowright P_8$
N110	G01	(X 55)	Y-15			Vorschub $P_8 \rightarrow P_9$
N120	G02	X 35	Y-35	I-20	J 0	Vorschub, Kreisinterpolation im Uhrzeigersinn $P_9 \curvearrowright P_{10}$
N130	G01	X-55	Y-35			Vorschub P_{10} – Zielpunkt P_{11}
N140	G00	X 0	Y 0			Eilgang P_{11} – → P0

Definition der dargestellten Kontur (Fräsermittelpunktsweg) über die Punkte P_1 – P_{11}. Das Werkzeug befindet sich in P0 und soll im Eilgang zum Startpunkt P_1 fahren. Nach erzeugter Kontur soll das Werkzeug zum Nullpunkt P0 im Eilgang zurückfahren.

Satz-Nr.	Wegbedingung	Koordinaten		Interpolationsparameter		Erklärung
N	G	X	y	I	J	
N10	G17					Ebenenauswahl (x/y-Ebene)
N20	G91					Relativmaßeingabe
N30	G00	X-55	Y-35			Eilgang P0 – –→ Startpunkt P_1
N40	G01	X 0	Y 15			Vorschub $P_1 \rightarrow P_2$
N50	G01	X 10	Y 25			Vorschub $P_2 \rightarrow P_3$
N60	G01	X 15	Y 0			Vorschub $P_3 \rightarrow P_4$
N70	G03	X 10	Y 10	I 0	J 10	Vorschub P_4 ↶ P_5 Zirkularinterpolation im Gegenuhrzeigersinn
N80	G01	X 0	Y 20			Vorschub $P_5 \rightarrow P_6$
N90	G01	X 60	Y 0			Vorschub $P_6 \rightarrow P_7$
N100	G02	X 15	Y-15	I 0	J-15	Vorschub P_7 ↷ P_8 Zirkularinterpolation im Uhrzeigersinn
N110	G01	X 0	Y-35			Vorschub $P_8 \rightarrow P_9$
N120	G02	X-20	Y-20	I-20	J 0	Vorschub P_9 ↷ P_{10} Zirkularinterpolation im Uhrzeigersinn
N130	G01	X-90	Y 0			Vorschub $P_{10} \rightarrow P_{11}$
N140	G00	X 55	Y 35			Eilgang P_{11} Zielpunkt – –→ P0

5. Ebenenauswahl

In einem CNC-Teileprogramm muß neben den Angaben wie Absolut- oder Relativbemaßung und Eilgang- oder Schnittbewegung die Hauptebene, in der die Bearbeitung erfolgt, festgelegt werden. Die X/Y-Ebene wird mit G17, die X/Z-Ebene mit G18 und die Y/Z-Ebene mit G19 programmiert. Bild IV.15 zeigt die Auswahl der Bearbeitungsebenen beim Fräsen.

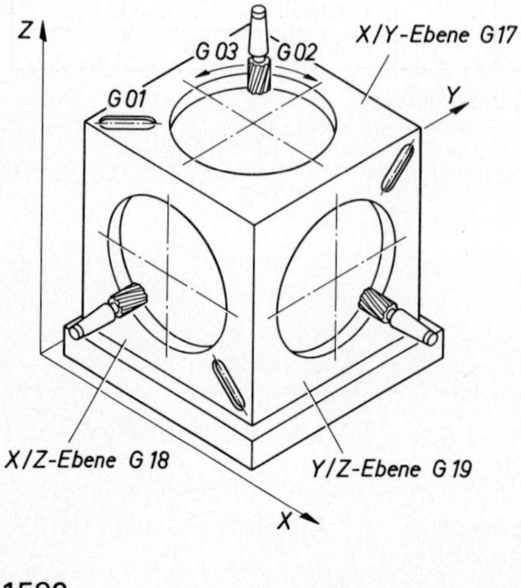

Bild IV.15
Auswahl der Bearbeitungsebenen beim Fräsen

V. Manuelles Programmieren

1. Kurzbeschreibung

Bei der manuellen Programmierung werden von einem Teileprogrammierer auf einem Programmierblatt von Hand (manuell) alle für die Maschinensteuerung erforderlichen Anweisungen (Steuerungsbefehle) niedergeschrieben.
Die Anweisungen werden in Einzelschritte untergliedert, um den fertigungsgerechten Ablauf der Werkstückherstellung sicherzustellen.
Die Anweisungen bestehen aus geometrischen und technologischen Daten (Werkstückmaße, Schnittgeschwindigkeit, Vorschub usw.).
Das so erarbeitete CNC-Steuerungsprogramm wird auch Teileprogramm genannt.

2. Aufbau eines CNC-Programms

Der Programmaufbau numerisch gesteuerter Werkzeugmaschinen ist genormt in DIN 66 025, Teil 1.
Die Hauptbestandteile eines CNC-Steuerungsprogramms sind:

- der Programmanfang mit einer Programmnummer oder einem Programmnamen
- eine Folge von Sätzen mit den Fertigungsanweisungen und
- das Programmende

2.1. Programmanfang

Der Programmanfang ist durch das Prozentzeichen (%) zu kennzeichnen. Hinter das Programmanfangzeichen kann eine Programmnummer oder ein Programmname geschrieben werden. Programmnummer oder Programmname werden aus alphanumerischen Zeichen (A, B, C, ..., 0, 1, 2, ...) zusammengesetzt.

Beispiel: %490306 oder %PROGFRAES003

2.2. Programmende

Das Programmende wird der Steuerung anhand von Hilfsfunktionen mitgeteilt. Die beiden Hilfsfunktionen für „Programmende" sind die Anweisungen M02 oder M30. Die Programmende-Anweisung muß im letzten Satz als letzte Anweisung stehen.

2.2.1. Unterschied M02–M30

Programmende-Anweisung M02 bedeutet, daß die Maschine und die Zusatzfunktionen (Spindeldrehung, Kühlschmierung usw.) abgeschaltet werden. Die Maschine wird abschließend in ihren Ausgangszustand, der vor Bearbeitungsbeginn bestand, zurückgesetzt.
Programmende-Anweisung M30 hat dieselbe Wirkung wie M02. Zusätzlich wird das gesamte Programm an den Programmanfang zurückgesetzt. Bei Steuerung mittels Lochstreifen wird der Lochstreifen zum Programmanfang zurückgespult.

Beispiel: N24 G00 X130 Z90 M02 LF oder N24 G00 X130 Z90 M30 LF

3. Gliederung eines CNC-Programms

Das CNC-Steuerungsprogramm besteht aus einer Folge von Sätzen (Programmsätze, Programmzeilen oder Blöcke), die in fertigungstechnisch richtiger Reihenfolge die erforderlichen Bearbeitungsangaben für die Steuerung enthalten.
Die Sätze bestehen wiederum aus Wörtern. Ein Wort setzt sich aus Adresse und Adreßwert zusammen. Bild V.1 zeigt den Zusammenhang von Programm-, Satz- und Wortaufbau.

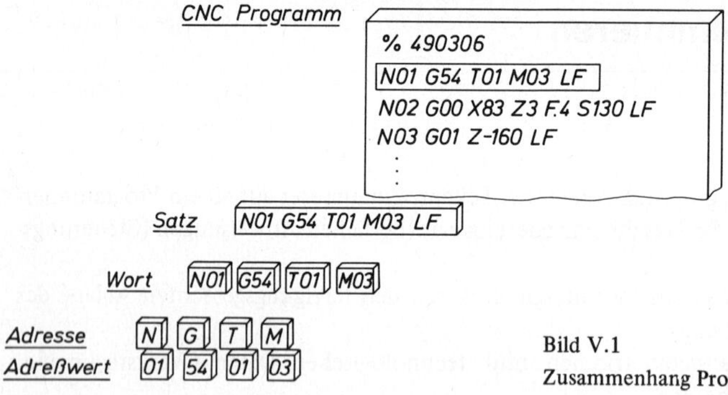

Bild V.1
Zusammenhang Programm – Satz – Wort

3.1. Satz (Programmsatz)

Programmsätze beginnen mit dem Adreßbuchstaben N und einer zugeordneten Zahl, der Satznummer.

Beispiel: N12 G03 X40 Z–10 I0 K–10 LF

3.2. Ausblendsatz

Je nach Bearbeitungsaufgabe kann es sinnvoll sein, speziell gekennzeichnete Sätze im Programm vorzusehen. Es handelt sich hierbei um Ausblendsätze. Die Steuerung erkennt einen Ausblendsatz durch einen dem Adreßbuchstaben N vorangestellten Schrägstrich (/).

Beispiel: /N60 G00 X350 Z450 M00 LF

Ein Programm darf mehrere Ausblendsätze enthalten. Das Ausblenden (gleichbedeutend mit Überlesen) eines Satzes geschieht nur dann, wenn vor dem Programmstart die Bedienfeldtaste „Satz überlesen" an der Steuerungskonsole aktiviert wird. Ausblendsätze werden dann programmiert, wenn bestimmte Fertigungsschritte einmalig oder nicht bei jedem Werkstück vorgesehen sind.

3.3. Programmkommentare

Zur Dokumentation eines CNC-Steuerungsprogramms kann es sinnvoll sein, einzelne Programmschritte mit Klartext-Erläuterungen zu versehen. Diese Erläuterungen müssen in Klammern gesetzt am Ende des zu kommentierenden Satzes noch vor dem Satzendezeichen eingefügt werden.

Beispiel: N60 M00 (Programmstop zum Nachmessen) LF

4. Satzaufbau

Ein Satz (Programmzeile oder Block) besteht aus einer Folge von Anweisungen, den Wörtern, die wiederum die Teilinformationen für die CNC-Steuerung enthalten. Diese Teilinformationen enthalten:

- programmtechnische Informationen : Satzanfang oder -ende
- Fahranweisungen : lineare oder kreisförmige Verfahrwege
- geometrische Informationen : Koordinaten, Winkel
- Hilfsparameter : Kreismittelpunktskoordinaten, ...
- Korrekturen : Nullpunkte, Werkzeugabmessungen
- Schaltinformationen : Vorschub, Drehzahl
- Zusatzfunktionen : Kühlschmierstoff EIN/AUS, Spindeldrehsinn, ...

Korrekturen, Schaltinformationen sowie Zusatzfunktionen werden auch technologische Informationen genannt.
Die Anzahl der Teilinformationen ist von Satz zu Satz unterschiedlich, die Satzlänge somit variabel.
Wie beim Programm besteht ein einzelner Satz ebenfalls aus Satzanfang- und Satzendezeichen.

4.1. Satzanfang

Der Satzanfang wird durch den Buchstaben N und der Satznummer definiert.

Beispiel: N10 ... LF

4.2. Satzende

Das Satzende wird durch das Satzendezeichen LF (= line feed) definiert.

Beispiel: N10 G54 X120 LF

4.3. Wortaufbau

Die kleinste Informationseinheit in einem CNC-Programm ist das Wort. Ein Wort besteht immer aus einer Adresse (Adreßbuchstabe) und dem Adreßwert (Zahlenwert).

Beispiel: N 10

Adresse — N
Adreßwert — 10

Die Adresse legt fest, welche Funktion der Steuerung aufgerufen wird, der Adreßwert gibt den von der Steuerung zu verarbeitenden Zahlenwert vor.
Bei den Adreßwerten ist nochmals zu unterscheiden in direkt oder verschlüsselt zu programmierende Zahlen.

4.3.1. Schlüsselzahlen

Schlüsselzahlen können nochmals unterschieden werden in frei verschlüsselte Zahlen sowie mathematisch definierte Schlüsselzahlen.
Den frei verschlüsselten Zahlen sind willkürlich bestimmte Funktionen zugeordnet worden.

Beispiel: M03 bedeutet Spindeldrehung im Uhrzeigersinn

Die mathematisch definierten Schlüsselzahlen werden nur im Zusammenhang mit gestuften Drehzahlen und Vorschüben benutzt.
Dabei wird jeweils einer Schlüsselzahl (erste Schlüsselzahl: 00, letzte Schlüsselzahl: 99) ein bestimmter Zahlenwert der Normzahlreihe R20 zugeordnet (siehe Kapitel Maschinenelemente, Normzahlen).

Beispiel: S70 bedeutet, daß der zugeordnete Zahlenwert zur Schlüsselzahl 70 $n = 315$ 1/min ist.

Schlüsselzahlen werden bei modernen CNC-Steuerungen kaum noch verwendet.

4.3.2. Direkt programmierte Zahlen

Koordinaten, Winkel, Drehzahlen und Vorschübe sind direkt zu programmierende Zahlenwerte. Je nach Steuerungsfabrikat werden dezimale Zahlenwerte entweder mit Dezimalpunkt oder als Festkommazahl eingegeben.
Bei den Koordinaten- und Winkelwerten ist die Verfahr- oder Drehrichtung eventuell durch ein positives oder negatives Vorzeichen anzugeben. Dies kann auch für die Spindeldrehzahl zutreffen, wobei ein positives Vorzeichen Rechtsdrehung, ein negatives Vorzeichen Linksdrehung festlegt.

Dezimalpunkteingabe

Bei der Dezimalpunkteingabe können in der Regel nachlaufende und führende Nullen weggelassen werden.

Beispiele: X300
Y.751
Z24.9

Festkomma-Eingabe

Bei der Festkomma-Eingabe hängt die Zahl der einzugebenden Stellen von der Eingabefeinheit der Steuerung sowie von der maximal zulässigen Stellenzahl ab.

Beispiel: Eingabefeinheit 1/1000 mm (= 1 μm = 1 Mikrometer), maximale Dezimalstellenzahl sechs
0.001 mm = 1
100 mm = 100000
845.132 mm = 845132

Vorzeichen bei Koordinaten und Winkeln

Bei positiven Koordinaten oder Winkeln kann ein positives Vorzeichen zwischen Adresse und Adreßwert geschrieben werden (Angabe optional).
Bei negativen Koordinaten oder Winkeln muß ein negatives Vorzeichen zwischen Adresse und Adreßwert geschrieben werden.
Ein positives Vorzeichen bei Winkeln bedeutet eine Winkeldrehung gegen den Uhrzeigersinn, ein negatives Vorzeichen eine Winkeldrehung im Uhrzeigersinn.

Beispiele: Koordinaten
X42.75 oder X + 42.75
Z–103.8
Winkel
A45 oder A + 45
B–60

4.4. Satzformat

Unter dem Begriff Satzformat ist die in DIN 66025 festgelegte Vereinbarung zu verstehen, die Adressen (Adreßbuchstaben) immer in einer feststehenden Reihenfolge im Satz anzuordnen.
Die Reihenfolge ist dabei wie folgt festgelegt:

N	– Satznummer (N = number)
G	– Wegbedingung (G = go)
X, Y, Z U, V, W R	– Koordinaten
A, B, C	– Winkel
I, J, K	– Interpolationsparameter
F	– Vorschub (F = feed rate)
S	– Spindeldrehzahl (S = spindle speed)
T, D	– Werkzeugnummer und -korrekturen (T = tool, D = diameter)
M	– Zusatzfunktion (M = miscellaneous functions)

Nicht aufgeführten Buchstaben werden steuerungsspezifisch von den Herstellern unterschiedliche Funktionen zugeordnet. Hierauf wird in den Programmierbeispielen eingegangen.

Tafel V.1. Bedeutung der Adressen nach DIN 66025

A	Drehbewegung um die X-Achse
B	Drehbewegung um die Y-Achse
C	Drehbewegung um die Z-Achse
D	Werkzeugkorrekturspeicher (*)
E	zweiter Vorschub (*)
F	Vorschub
G	Wegbedingung
H	(*)
I	Interpolationsparameter oder Gewindesteigung parallel zur X-Achse
J	Interpolationsparameter oder Gewindesteigung parallel zur Y-Achse
K	Interpolationsparameter oder Gewindesteigung parallel zur Z-Achse
L	(*)
M	Zusatzfunktion
N	Satznummer
O	(*)
P	dritte Bewegung parallel zur X-Achse (*)
Q	dritte Bewegung parallel zur Y-Achse (*)
R	dritte Bewegung parallel zur Z-Achse oder Bewegung im Eilgang in Richtung der Z-Achse (*)
S	Spindeldrehzahl
T	Werkzeugspeicher
U	zweite Bewegung parallel zur X-Achse (*)
V	zweite Bewegung parallel zur Y-Achse (*)
W	zweite Bewegung parallel zur Z-Achse (*)
X	Bewegung in Richtung der X-Achse
Y	Bewegung in Richtung der Y-Achse
Z	Bewegung in Richtung der Z-Achse

Mit Sternchen (*) versehene Adressen sind frei belegbar oder können mit einer anderen als der vorgesehenen Funktion belegt werden.

Bei einigen Steuerungsfabrikaten besteht die Möglichkeit, Adressen mehrfach in einem Satz zu verwenden. Dies trifft vornehmlich auf Wegbedingungen, Zusatzfunktionen oder Werkzeugspeicher zu. Aus Gründen der Übersichtlichkeit bei der Programmierung sollte darauf verzichtet werden.
Die meisten Wegbedingungen (Adresse G) und Zusatzfunktionen (Adresse M) bleiben – einmal programmiert – solange wirksam, wie sie nicht geändert werden. Diese Eigenschaft wird modal (selbsthaltend) genannt.
Einige wenige Wegbedingungen und Zusatzfunktionen sind jedoch nur in dem Satz wirksam, in welchem sie programmiert sind. Diese Eigenschaft wird „satzweise wirksam" genannt.

4.4.1. Satznummer N

Die Satznummer wird mit der Adresse N programmiert. Der Zweck ist die übersichtliche Gestaltung eines CNC-Programms (Bild V.1.)

Beispiel: N 10

Adresse N —— (N)
Satznummer —— (10)

Bei der Satznumerierung ist folgendes zu beachten: CNC-Steuerungen besitzen für das Editieren (Verändern) eines im Programmspeicher stehenden CNC-Programms einen Einfügemodus. Das Programm kann in diesem Fall beginnend mit der Satznummer N1 fortlaufend in 1er-Schritten numeriert werden.

Wenn nachträglich ein Satz mit der Nummer N4 in das Programm eingefügt werden soll, wird der im Programmspeicher stehende Satz N4 automatisch zum Satz N5, und die nachfolgenden Sätze werden ebenfalls um eins hochnumeriert.

Ist die zuvor beschriebene Funktion der automatischen Zeilennumerierung nicht gegeben, so sollte die Zeilennumerierung in 10er-Sprüngen vorgenommen werden. Zwischen jeweils zwei im Speicher vorhandene Sätze können dann je nach Erfordernis bis zu neun weitere Sätze zusätzlich eingefügt werden.

Bei einigen Steuerungen ist die Satznummer ohne Einfluß auf die Abarbeitungsfolge der Programmsätze. Das Einfügen oder Löschen von Programmsätzen erfolgt bei diesen Steuerungen über den Editor.

4.4.2. Wegbedingung G

Die Wegbedingung wird mit der Adresse G programmiert. Bei den Adreßwerten handelt es sich um zweistellige, freiverschlüsselte Zahlen, denen Funktionen zugeordnet sind (Tafel V.2).

Die Wörter für die Wegbedingungen legen zusammen mit den Wegbefehlen, also den Koordinaten- oder Winkelwerten, im wesentlichen die geometrischen Informationen im Steuerungsprogramm fest.

Die Wegbedingungen G umfassen verschiedene Funktionsarten. Im einzelnen werden damit folgende Funktionsgruppen festgelegt:

- Interpolationsarten : G00–G03, G06, G33–G35
- Ebenenauswahlen : G17–G19
- Werkzeugkorrekturen : G40–G44
- Nullpunkt-Verschiebungen : G53–G59
- Arbeitszyklen : G80–G89
- Vermaßungsangaben : G90, G91
- Vorschubvereinbarungen : G93–G95
- Spindeldrehzahl-Vereinbarungen : G96, G97
- Maßeinheiten : G70, G71

Zusätzlich gibt es Wegbedingungen, deren Belegung vorläufig oder auf Dauer freigestellt ist. Für diese Wegbedingungen können die Steuerungshersteller frei Funktionen festlegen.

Tafel V.2 zeigt alle in DIN 66025, Teil 2 genormten Verschlüsselungen der Wegbedingungen G.

Tafel V.2. Wegbedingungen G und zugeordnete Funktionen

Wegbedingung		Funktion
G00		Steuerung von Punkt zu Punkt im Eilgang
G01		Linear-Interpolation
G02		Kreis-Interpolation im Uhrzeigersinn
G03		Kreis-Interpolation im Gegenuhrzeigersinn
G04	*	programmierbare Verweilzeit
G05	v	
G06		Parabel-Interpolation
G07	v	
G08	*	Geschwindigkeitszunahme
G09	*	Geschwindigkeitsabnahme
G10–G16	v	
G17		Hauptebene X/Y
G18		Hauptebene X/Z
G19		Hauptebene Y/Z
G20–G24	v	
G25–G29	s	
G30–G32	v	
G33		Gewindeschneiden mit konstanter Steigung
G34		Gewindeschneiden mit konstant zunehmender Steigung
G35		Gewindeschneiden mit konstant abnehmender Steigung
G36–G39	s	

Wegbedingung		Funktion
G40		Aufheben der Werkzeugkorrektur
G41		Werkzeugbahnkorrektur in Vorschubrichtung links von der Kontur
G42		Werkzeugbahnkorrektur in Vorschubrichtung rechts von der Kontur
G43		Werkzeugkorrektur in Richtung der positiven Koordinatenachsen
G44		Werkzeugkorrektur in Richtung der negativen Koordinatenachsen
G45–G52	v	
G53		Aufheben aller programmierten Nullpunktverschiebungen
G54–G59		6 Speicherplätze für programmierte Nullpunktverschiebungen
G60–G62	v	
G63	*	Gewindebohren
G64–G69	v	
G70		Maßangaben in Zoll (inch)
G71		Maßangaben in Millimeter
G72–G73	v	
G74	*	Anfahren des Referenzpunktes
G75–G79	v	
G80		Aufheben aller Arbeitszyklen
G81–G89		9 Arbeitszyklen
G90		Maßangaben absolut
G91		Maßangaben inkremental
G92	*	Speicher setzen oder ändern
G93		zeitreziproke Vorschubverschlüsselung
G94		Vorschubgeschwindigkeit in mm/min oder inch/min
G95		Vorschub in mm/Umdrehung oder inch/Umdrehung
G96		konstante Schnittgeschwindigkeit
G97		Angabe der Spindeldrehzahl in 1/min
G98–G99	v	

Ohne Kennzeichnung : modal (selbsthaltend) v: vorläufig frei verfügbar
* : satzweise wirksam s: ständig frei verfügbar

4.4.3. Koordinaten X, Y, Z/U, V, W/P, Q, R

Zur Beschreibung der Relativbewegungen zwischen Werkzeug und Werkstück dienen die Adressen X, Y, Z/U, V, W/P, Q, R.

X, Y und Z sind die Hauptachsen eines räumlichen rechtwinkligen Koordinatensystems. Die Angabe einer Koordinatenachse zusammen mit einem Koordinatenwert bedeutet, daß eine Bewegung parallel zur Achse um den angegebenen Weg erfolgt. Zusätzlich muß der Steuerung mitgeteilt werden, welche Maßangabe gelten oder welche Fahranweisung ausgeführt werden soll.

Als Maßangabe sind absolute Maße (G90) oder inkrementale Maße (G91) programmierbar.

Als Fahranweisungen können z. B. lineares Verfahren im Eilgang (G00), lineares Verfahren mit definiertem Vorschub (G01) oder kreisförmige Bewegungen (G02, G03) programmiert werden.

Beispiel: G90 → Einschaltzustand der Steuerung
N60 G00 X100 LF
lineares Verfahren im Eilgang auf die Position X100
bezogen auf den Werkstücknullpunkt

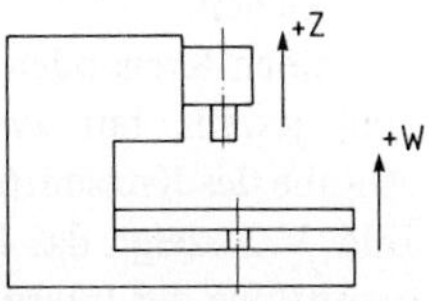

Die Achsen U, V, W sowie P, Q, R sind zusätzliche Achsen, die je nach Werkzeugmaschinenbauart als parallele Achsen zu den Hauptachsen programmiert werden können.

Beispiel: Senkrecht-Konsolfräsmaschine

4.4.4. Winkel A, B, C

Zur Beschreibung der Drehbewegungen von Werkzeug- oder Werkstückträgern werden die Adressen A, B und C benutzt.

Die Drehbewegung wird durch Winkelmaße, der Drehsinn durch positive oder negative Vorzeichen festgelegt.

Angegeben werden die Winkelmaße als Dezimalzahlen mit der Einheit Grad oder als dezimale Bruchteile einer Umdrehung.

Beispiele: A75 oder A + 75 → Drehung um X-Achse im Uhrzeigersinn
B–102 → Drehung um Y-Achse im Gegenuhrzeigersinn
C317.4 → Drehung um Z-Achse im Uhrzeigersinn

4.4.5. Kreisinterpolationsparameter I, J, K

Bei der Programmierung von Vollkreisen oder Kreisbögen ist neben der Angabe der Wegbedingung (G02 oder G03) die Angabe der Mittelpunktkoordinaten notwendig. Die Adressen der Kreisinterpolationsparameter sind I, J und K. Sie werden auch Hilfskoordinaten genannt.

Die Koordinate I bezieht sich auf die X-Achse, J auf die Y-Achse und K auf die Z-Achse.

Die Koordinatenwerte für I, J und K können absolut oder inkremental programmiert werden. In der Praxis ist jedoch von fast allen Steuerungsherstellern die inkrementale Maßangabe festgelegt.

a) I, J, K inkremental programmiert

Zur eindeutigen geometrischen Beschreibung eines Kreises oder Kreisbogens sind der Startpunkt PS, der Zielpunkt PZ sowie der Mittelpunkt M erforderlich.

Bei einem Vollkreis fallen Anfangs- und Endpunkt zusammen.

I legt den inkrementalen Koordinatenwert vom Kreisanfangspunkt zum Kreismittelpunkt in X-Richtung fest.

J legt den inkrementalen Koordinatenwert vom Kreisanfangspunkt zum Kreismittelpunkt in Y-Richtung fest.

K legt den inkrementalen Koordinatenwert vom Kreisanfangspunkt zum Kreismittelpunkt in Z-Richtung fest.

Das Vorzeichen für I, J und K ergibt sich aus der Lage des Kreisanfangspunktes zum Kreismittelpunkt. Wird vom Kreisanfangspunkt jeweils in positiver Achsrichtung zum Kreismittelpunkt gegangen, so erhält der entsprechende Interpolationsparameter ein positives Vorzeichen, wird in negativer Achsrichtung gegangen, so erhält der Interpolationsparameter ein negatives Vorzeichen.

Für einen Kreis oder Kreisbogen in einer Hauptebene sind jeweils nur zwei Interpolationsparameter zur Angabe des Kreismittelpunktes erforderlich.

Bild V.2. zeigt das Prinzip zur vorzeichengerechten Ermittlung der Interpolationsparameter I, J und K.

Zu beachten ist, daß die Kreisinterpolationsparameter nur im jeweils programmierten Satz wirksam sind.

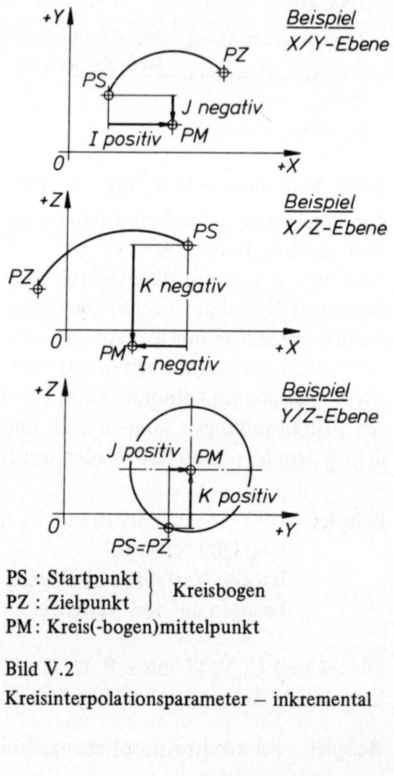

PS : Startpunkt } Kreisbogen
PZ : Zielpunkt
PM: Kreis(-bogen)mittelpunkt

Bild V.2
Kreisinterpolationsparameter – inkremental

b) I, J, K absolut programmiert

Seltener angewandt wird die absolute Programmierung der Kreisinterpolationsparameter I, J und K. Alle Kreismittelpunkte werden in diesem Fall vom Werkstücknullpunkt aus bemaßt.
Bild V.3 zeigt das Prinzip der absoluten Programmierung der Kreisinterpolationsparameter.

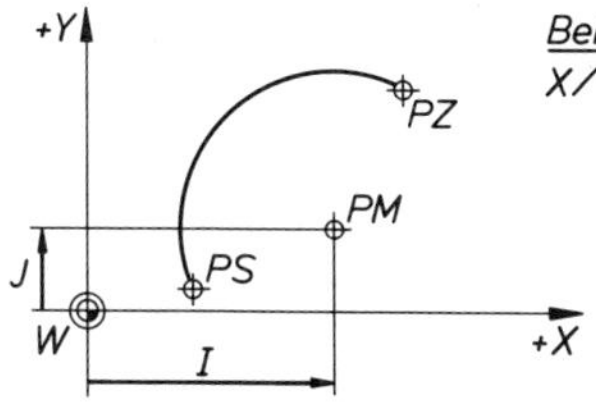

PS : Startpunkt } Kreisbogen
PZ : Zielpunkt }
PM: Kreis(-bogen)mittelpunkt

Bild V.3
Kreisinterpolationsparameter – absolut

Zu beachten ist in diesem Zusammenhang, daß eine programmierte Maßangabe (G90, Absolutbemaßung oder G91, Inkrementalbemaßung) keinen Einfluß auf die Maßangabe der Interpolationsparameter hat. Die für die Kreisinterpolationsparameter I, J und K steuerungsintern festgelegte Maßangabe bleibt stets gültig. Außer der beschriebenen Kreisdefinition kann ein Kreis oder Kreisbogen auch durch seinen Radius sowie Anfangs- und Endwinkel des Kreisbogens beschrieben werden.

4.4.6. Vorschub F

Der Vorschub wird mit der Adresse F programmiert. Der Zahlenwert für den Vorschub kann entweder mathematisch verschlüsselt angegeben oder direkt programmiert werden.
Bei der direkten Programmierung des Vorschubes gibt es drei Möglichkeiten:

a) Zeitreziproke Vorschubverschlüsselung, festgelegt durch die Wegbedingung G93.
b) Direkte Angabe des Vorschubes in mm/min oder inch/min, festgelegt durch die Wegbedingung G94.
c) Direkte Angabe des Vorschubes in mm/U oder inch/U, festgelegt durch die Wegbedingung G95.

Beispiele: mathematische Verschlüsselung
F46 → Vorschub 20 mm/min
direkt programmierter Vorschub
F0.8 → Vorschub 0.8 mm/U

4.4.7. Spindeldrehzahl S

Die Spindeldrehzahl wird mit der Adresse S programmiert. Der Zahlenwert für die Spindeldrehzahl kann entweder mathematisch verschlüsselt angegeben oder direkt programmiert werden.
Bei der direkten Programmierung gibt es zwei Möglichkeiten:

a) Programmierung einer konstanten Schnittgeschwindigkeit in m/min oder ft/min, festgelegt durch die Wegbedingung G96.
b) Direkte Programmierung der Spindeldrehzahl in 1/min, festgelegt durch die Wegbedingung G97.

Beispiele: konstante Schnittgeschwindigkeit
S12.5 → Schnittgeschwindigkeit 12.5 m/min
direkte Programmierung der Spindeldrehzahl
S1000 → Spindeldrehzahl 1000 1/min

4.4.8. Werkzeugaufruf und Werkzeugkorrekturen T, D

Die Adresse für das Werkzeug ist der Buchstabe T, für die Werkzeugkorrektur der Buchstabe D. Als Adressen für Korrekturen werden von den Steuerungsherstellern häufig auch andere oder zusätzliche Adressen verwendet, z. B. H, P, Q oder R.

Adreßwert ist die Nummer eines Werkzeugs oder Werkzeugspeichers oder eines Korrekturspeicherplatzes. Die Anzahl der speicherbaren Werkzeuge und Werkzeugkorrekturen ist abhängig von den reservierten Speicherplätzen. Üblich sind 16 oder 32 Speicherplätze für Werkzeuge und Werkzeugkorrekturen.

Grundsätzlich können mit den Adressen T und D zwei Möglichkeiten unterschieden werden:

a) Verwendung nur von T oder
b) Verwendung von T *und* D.

a) Werkzeugaufruf T

Die Werkzeugnummer legt das Werkzeug fest.

Beispiel: T03 → ruft z. B. einen Schaftfräser mit Durchmesser 10 mm und Länge 60 mm auf

Automatischer Werkzeugwechsel

Besitzt die Werkzeugmaschine einen Werkzeugspeicher (Werkzeugmagazin) mit einer Werkzeugwechseleinrichtung, so wird bei Aufruf eines Werkzeugs das Werkzeug automatisch dem Magazin entnommen und der Werkzeugaufnahme zugeführt.

Manueller Werkzeugwechsel

Besitzt die Werkzeugmaschine kein Werkzeugmagazin, so muß bei Aufruf eines Werkzeugs das der Werkzeugnummer zugeordnete Werkzeug von Hand der Werkzeugaufnahme zugeführt werden.

Im Werkzeugspeicher sind außerdem Korrekturangaben zur Werkzeuglänge und zum Werkzeugdurchmesser (Bohren/Fräsen) oder zum Schneidenradius (Drehen) abgespeichert. Bei einigen Steuerungen wird an die Werkzeugnummer zusätzlich eine zweistellige Nummer für den Korrekturspeicher angehängt. Werkzeugnummer und Korrekturspeicher müssen nicht identisch sein.

Beispiel: T0205

Werkzeugnummer (T02)
Korrekturspeichernummer (05)

b) Werkzeugaufruf T und Werkzeugkorrektur D

Der Werkzeugspeicher (T) legt das Werkzeug fest, der Werkzeugkorrekturspeicher (D) enthält die Korrekturdaten (Länge, Durchmesser, Schneidenradius).

Beispiel: T03 D03

Werkzeugnummer (T03)
Korrekturspeichernummer (D03)

4.4.9. Zusatzfunktionen M

Die Zusatzfunktionen werden mit der Adresse M programmiert. Bei den Adreßwerten handelt es sich um zweistellige frei verschlüsselte Zahlen, denen frei Funktionen zugeordnet sind.

Die Zusatzfunktionen enthalten vorwiegend technologische Informationen, sofern diese nicht unter den Adressen F, S oder T programmierbar sind.

Tafel V.3 zeigt alle in DIN 66025, Teil 2 genormten Verschlüsselungen der Zusatzfunktionen M.

Tafel V.3. Zusatzfunktionen M und zugeordnete Funktionen

M00	*, e	Programmierter Halt
M01	*, e	Wahlweiser Halt
M02	*, e	Programmende
M03	m, a	Spindeldrehung im Uhrzeigersinn
M04	m, a	Spindeldrehung im Gegenuhrzeigersinn
M05	m, e	Spindel Halt
M06	*	Werkzeugwechsel
M07	m, a	Kühlschmiermittel Nr. 2 EIN
M08	m, a	Kühlschmiermittel Nr. 1 EIN
M09	m, e	Kühlschmiermittel AUS
M10	m	Klemmen
M11	m	Lösen
M12–M18	v	
M19	m, e	Spindel Halt mit definierter Endstellung
M20–M29	s	
M30	*, e	Programmende mit Rücksetzen zum Programmanfang
M31	*	Aufhebung einer Verriegelung
M32–M39	v	
M40–M45	v	
M46–M47	v	
M48	m, e	Überlagerungen wirksam
M49	m, a	Überlagerungen unwirksam
M50–M57	v	
M58	m, a	Konstante Spindeldrehzahl AUS
M59	m, a	Konstante Spindeldrehzahl EIN
M60	*, e	Werkstückwechsel
M61–M89	v	
M90–M99	s	

m: modal (selbsthaltend)	a: sofort wirksam	v: vorläufig } frei
*: satzweise wirksam	e: am Satzende wirksam	s: ständig } verfügbar

5. Kreisprogrammierung beim Drehen und Fräsen

Der gängige Satzaufbau für die Kreis(-bogen)programmierung sowohl beim Drehen als auch beim Fräsen enthält die Angaben:

Satznummer	(N ...)
Wegbedingung	(G ...)
Koordinaten des Kreis(-bogen)-Zielpunktes	(X ..., Y ..., Z ...)
Kreisinterpolationsparameter	(I ..., J ..., K ...)
evtl. technologische Angaben	(F ..., S ..., T ..., M ...)

Vor dem Programmieren von Kreisen oder Kreisbögen muß festgelegt werden, ob das Werkzeug im Uhrzeigersinn (G02) oder im Gegenuhrzeigersinn (G03) fahren soll. Hierzu schaut man immer aus Richtung einer positiven Hauptachse senkrecht auf diejenige Hauptebene, in der die Arbeitsbewegung stattfindet.

5.1. Kreisprogrammierung beim Drehen

Der Satzaufbau für die Kreisprogrammierung beim Drehen enthält die Adressen:

N ... G ... X ... Z ... I ... K ...

5.1.1. Wegbedingungen G02 und G03

Für die korrekte Festlegung der Wegbedingung bei der Kreisinterpolation ist zu unterscheiden, ob das Werkzeug *vor* der Drehmitte oder *hinter* der Drehmitte liegt.

5.1.2. Koordinaten des Kreisbogen-Zielpunktes PZ

Nach der Wegbedingung werden die Koordinaten des Kreisbogen-Zielpunktes PZ programmiert.
Als Koordinatenwert in X-Richtung wird bei Absolutbemaßung (G90) bei fast allen Drehmaschinensteuerungen der *Durchmesser* programmiert, bei Inkrementalbemaßung (G91) dagegen die Maßänderung des *Radius*.
Der Koordinatenwert in Z-Richtung wird bei Absolutbemaßung immer auf den Werkstücknullpunkt bezogen programmiert, bei Inkrementalbemaßung dagegen als Relativmaß.

5.1.3. Kreisinterpolationsparameter

Nach den Koordinaten des Kreisbogen-Endpunktes werden die Kreisbogeninterpolationsparameter I und K programmiert, mit denen der Kreismittelpunkt auf den Kreisanfangspunkt bezogen festgelegt wird, siehe Abschnitt 4.4.5., Kreisinterpolationsparameter.
Bilder V.4 und V.5 zeigen die Kreisprogrammierung beim Drehen im Uhrzeigersinn und im Gegenuhrzeigersinn.

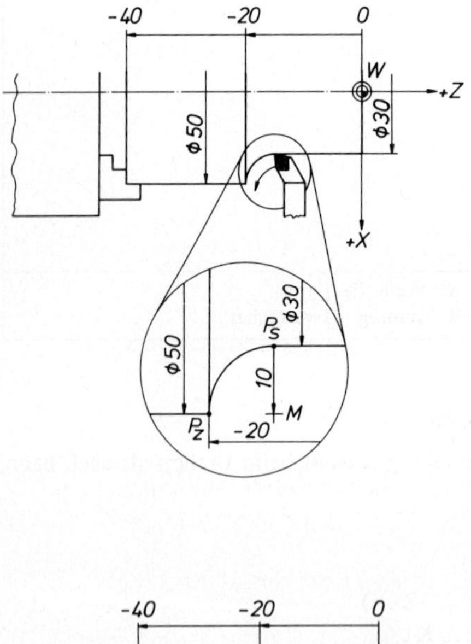

N ... G02 X50 Z-20 I10 K0 LF

Bewegung im Uhrzeigersinn

X- u. Z-Koordinate Kreisbogen – Zielpunkt P_Z

Kreisinterpolationskoordinaten vom Kreisbogen – Startpunkt P_S zum Kreisbogen-Mittelpunkt M

Bild V.4
Kreisprogrammierung im Uhrzeigersinn (G02) beim Drehen. Bemaßung absolut (G90)

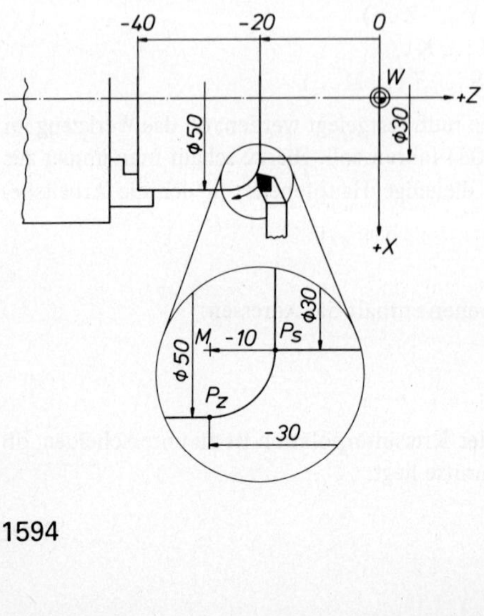

N ... G03 X50 Z-30 I0 K-10 LF

Bewegung im Gegenuhrzeigersinn

X- u. Z-Koordinate Kreisbogen-Zielpunkt Pz

Kreisinterpolationskoordinaten vom Kreisbogen-Startpunkt P_S zum Kreisbogen-Mittelpunkt M

Bild V.5
Kreisprogrammierung im Gegenuhrzeigersinn (G03) beim Drehen. Bemaßung absolut (G90)

5.2. Kreisprogrammierung beim Fräsen

Die Wahl der Adressen und damit der Satzaufbau hängt beim Fräsen davon ab, in welcher Hauptebene die Kreisinterpolation erfolgen soll, sofern die Steuerung eine 2 aus 3 D- oder 3 D-Interpolation erlaubt.

In diesem Fall muß beim Fräsen im Gegensatz zum Drehen zusätzlich diejenige der drei Hauptebenen programmiert werden, in der ein Kreis(-bogen) gefahren werden soll.

Programmiert wird die Ebenenauswahl der Hauptebene X/Y durch die Wegbedingung G17, die der Hauptebene X/Z durch G18 und die der Hauptebene Y/Z durch G19.

Damit ergeben sich für die Kreisprogrammierung beim Fräsen drei Möglichkeiten des Satzaufbaus.

a) Kreis(bogen) in der X/Y-Ebene (G17)
   N ... G ... X ... Y ... I ... J ...
b) Kreis(bogen) in der X/Z-Ebene (G18)
   N ... G ... X ... Z ... I ... K ...
c) Kreis(bogen) in der Y/Z-Ebene (G19)
   N ... G ... Y ... Z ... J ... K ...

5.2.1. Wegbedingungen G02 und G03

Blickt man aus Richtung einer positiven Hauptachse senkrecht auf eine Hauptebene, so gilt für alle drei Hauptebenen:

→ Bewegung im *Uhrzeigersinn* → Wegbedingung G02 }
→ Bewegung im *Gegenuhrzeigersinn* → Wegbedingung G03 } ist zu programmieren.

5.2.2. Koordinaten des Kreisbogen-Zielpunktes PZ

Nach der Wegbedingung werden die Koordinaten des Kreisbogen-Zielpunktes PZ programmiert. Die Koordinaten ergeben sich aus der Hauptebene, in der der Kreisbogen gefahren wird.

Alle Koordinatenwerte werden absolut oder inkremental auf den Werkstücknullpunkt bezogen programmiert.

5.2.3. Kreisinterpolationsparameter

Nach den Koordinaten des Kreisbogen-Endpunktes werden die Kreisinterpolationsparameter I/J, I/K oder J/K programmiert, mit denen der Kreismittelpunkt auf den Kreisanfangspunkt bezogen festgelegt wird.

Bilder V.6 und V.7 zeigen die Kreisprogrammierung beim Fräsen im Uhrzeigersinn und im Gegenuhrzeigersinn.

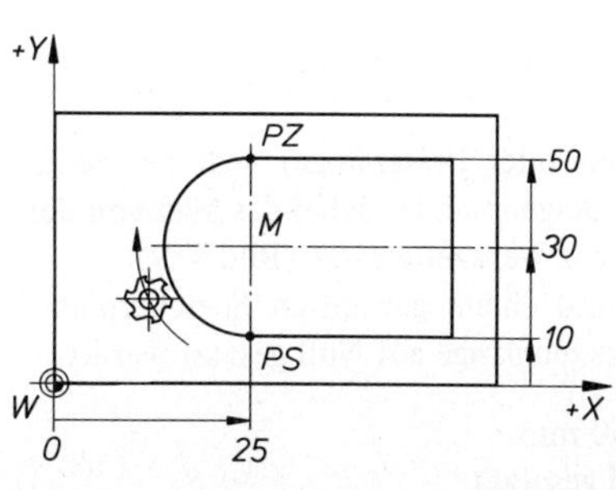

N ... G02 X25 Y50 I0 J+20 LF

- Bewegung im Uhrzeigersinn (G02)
- X- u. Y-Koordinate Kreisbogen-Zielpunkt Pz (X25 Y50)
- Kreisinterpolationskoordinaten vom Kreisbogen-Startpunkt P_S zum Kreisbogen-Mittelpunkt M (I0 J+20)

Bemaßung absolut (G90)
Hauptebene X/Y (G17)

Bild V.6. Kreisprogrammierung im Uhrzeigersinn (G02) beim Fräsen

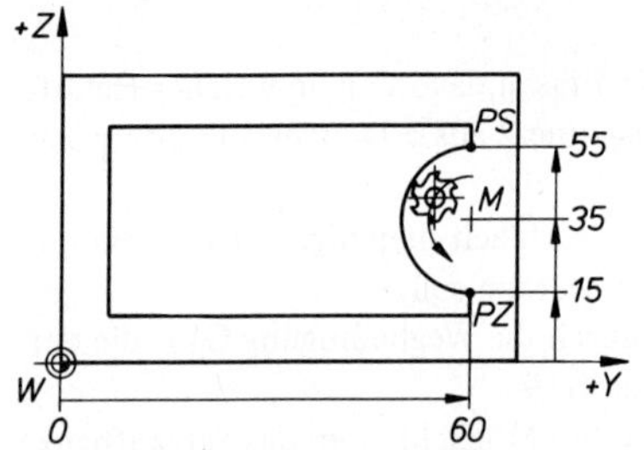

N ... G03 Y60 Z15 J0 K-20 LF

Bewegung im Gegenuhrzeigersinn (G03)
Y- u. Z-Koordinate Kreisbogen-Zielpunkt P_z (Y60 Z15)
Kreisinterpolationskoordinaten vom Kreisbogen-Startpunkt P_s zum Kreisbogen-Mittelpunkt M (J0 K-20)

Bemaßung absolut (G90)
Hauptebene Y/Z (G19)

Bild V.7. Kreisprogrammierung im Gegenuhrzeigersinn (G03) beim Fräsen

6. Werkzeugkorrekturen beim Drehen und Fräsen

Moderne CNC-Steuerungen enthalten Funktionen, die es gestatten, Werkzeugkorrekturen zu programmieren.
Unter Werkzeugkorrektur ist das automatische Verrechnen von Werkzeuglängen, -durchmessern oder -radien mit der Teilegeometrie zu verstehen.
Dies bedeutet für die Programmierung, daß im Teileprogramm nur die Geometriedaten für die Fertigkontur stehen (sogenannte Konturprogrammierung). Die Korrekturangaben für die Werkzeuge werden gesondert an die CNC-Steuerung übergeben.
Hierzu stehen meist zwei Eingabemöglichkeiten zur Wahl.

a) Manuelle Eingabe der Korrekturdaten

Der Maschinenbediener gibt die Korrekturdaten über die Steuerungstastatur unmittelbar an der Maschine in den Werkzeugspeicher der Steuerung ein.

b) Automatisches Einlesen der Korrekturdaten

Die Korrekturdaten werden von einem Korrekturdatenträger (Lochstreifen, Magnetband usw.) über ein geeignetes Eingabegerät oder aus einem Datenspeicher in den Werkzeugspeicher der CNC-Steuerung eingespielt.
Es ist auch möglich, die Daten über Datenleitungen aus größeren Entfernungen in die Maschinensteuerung zu überspielen.
Das Trennen der Teilegeometrie von der Werkzeuggeometrie hat betriebsorganisatorische Gründe. Änderungen der Werkzeugmaße durch Verschleiß oder Werkzeugbruch können somit unmittelbar an der Maschine in den Werkzeugspeicher eingegeben werden, ohne zeitaufwendige Programmänderungen vornehmen zu müssen.
Die vom Maschinenbediener direkt an der Steuerungskonsole in den Werkzeugkorrekturspeicher einzugebenden Maße werden in aller Regel einem Werkzeugkarteiblatt entnommen (Bild V.8).
Daneben bieten einige Steuerungen die Möglichkeit, Werkzeugkorrekturdaten unmittelbar in das Teileprogramm zu schreiben.

6.1. Werkzeuglängenkorrektur beim Bohren und Fräsen

Der Korrekturwert für die Werkzeuglängenkorrektur (Bohrer- oder Fräserlänge) liegt bei Senkrechtkonsolfräsmaschinen in Z-Richtung. Das voreingestellte Längenmaß ist dabei das Maß von der Anschlagfläche der Werkzeugaufnahme an die Spindelnase bis zur Werkzeugspitze (Bild V.9).
Das ermittelte Längenmaß wird z. B. unter der Adresse H und einem gewählten Speicherplatz, z. B. 02, abgespeichert. Der Speicher muß vor Eingabe der Werkzeuglänge auf Null gesetzt werden.

Beispiel: voreingestellte Werkzeuglänge laut Karteiblatt → 150 mm
Aufruf des Speichers H02 (Speicher vorher auf Null gesetzt)
Eingabe von Z + 150

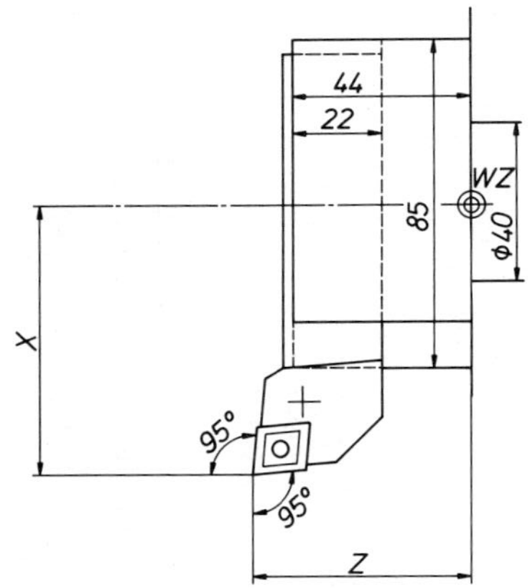

1	Werkzeughalter		VDI 3425 Bl. 2
2	Bohrstange		Spannhülse
3	Werkzeugschaft (Bohrkopf. Einsatz)		
	Hersteller		
		gekürzt auf 110 mm	
4	Werkzeugschneide		
auswechselbar	ja		Schneidstoff – TIP GRADE GC 415
Span- RAKE ∡			

X max		X min		Z max		Z min	
X normal	70			Z normal	55		
X =	70			Z =	55		

r s 1/100	d min 1/10	e/g 1/10	b/d 1/10	h 1/10
			2 5 0	2 5 0
18 19 20 21	29 30 31 32	59 60 61 62	69 70 71	72 73 74

Platz-Nr.	Lfd-Nr. 3	Karteiblatt für Drehwerkzeuge	Werkz. Syst. 0 0 8 2 5	Gildemeister MAX MÜLLER Hannover	Ordn.Nr. 3 1 4	Ident-Nr. 0 5 9 6 7 6 6
		Bezeichnung Klemmhalter			Auftr.-Nr.	Datum / Name

Bild V.8. Werkzeugkarteiblatt für Drehmeißel

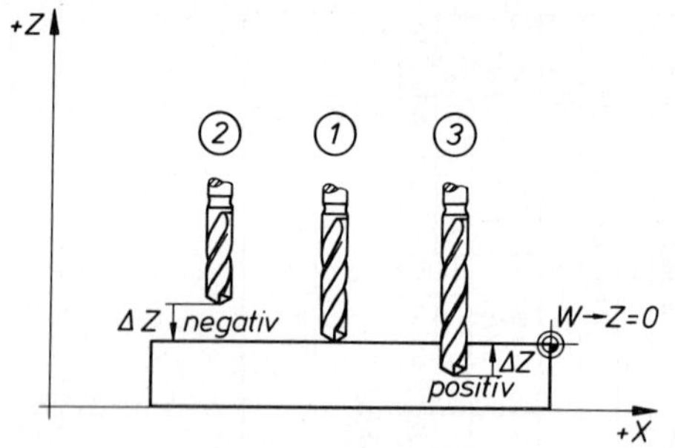

Bild V.9
Werkzeuglängenkorrektur beim Bohren und Fräsen

①	Werkzeug, voreingestellt ⟶	Z + 150 im Speicher H02
②	Werkzeug 2 mm kürzer ⟶ ΔZ = − 2 mm als Korrektur eingegeben ⟶ Z + 150 − 2 ⟶	Z + 148 im Speicher H02
③	Werkzeug 5 mm länger ⟶ ΔZ = + 5 mm als Korrektur eingegeben ⟶ Z + 150 + 5 ⟶	Z + 155 im Speicher H02

Wird durch das Programm die Werkzeuglängenkorrektur aufgerufen, so erfolgt steuerungsintern das automatische Verrechnen der voreingestellten Werkzeuglänge (Z + 150) mit den programmierten Z-Werten.
Würde keine Längenkorrektur erfolgen, so käme es bei Anfahren des Werkstücknullpunktes in Z-Richtung zwangsläufig zum Werkzeugbruch, da die Maschine versuchen würde, bis zur Spindelnase zu verfahren.

6.1.1. Veränderung der Werkzeuglänge

Ändert sich die voreingestellte Werkzeuglänge durch Nachschleifen oder weil ein neues Werkzeug eingesetzt wurde, so kann die Längenänderung als Korrekturwert ΔZ in den Speicher eingegeben werden. Der Korrekturwert wird zu dem im Speicher stehenden Längenwert Z addiert oder von ihm subtrahiert.

6.2. Fräser-Radiuskorrektur

Soll eine Werkstückkontur gefräst werden, so muß der Werkzeugmittelpunkt auf einer Bahn verlaufen, die um den Radius des Werkzeuges versetzt neben der Werkstückkontur liegt (Bild V.10).
Die Fräsermittelpunktsbahn, auch *Äquidistante* genannt, muß bei Steuerungen ohne Fräser-Radiuskorrektur unter Berücksichtigung des Werkzeugradius errechnet werden. Das Errechnen erfordert umso höheren Aufwand, je mehr Kreisbögen oder nicht-achsparallele Strecken die Kontur enthält.

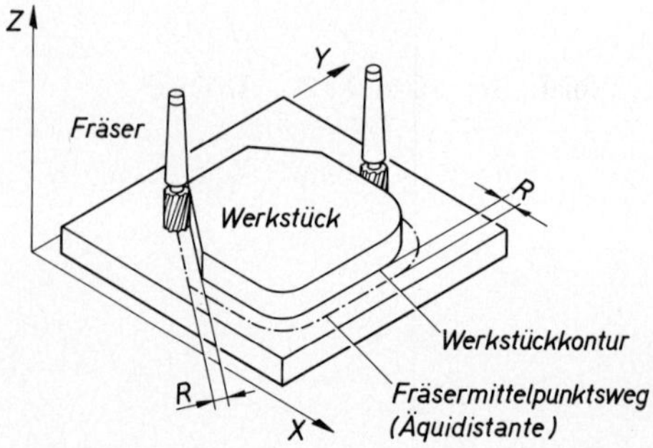

R = Korrekturwert ⟶ Versatz um Fräserradius R

Bild V.10. Fräser-Radiuskorrektur

Bei der Fräser-Radiuskorrektur gibt es nach Norm den Unterschied zwischen der (einfachen) achsparallelen Korrektur (Streckensteuerung) und der komfortablen Bahnkorrektur.
Steuerungen mit 2 aus 3 D- oder 3 D-Interpolation enthalten generell die Bahnkorrektur, welche die achsparallele Korrektur mit einschließt.

6.2.1. Bahnkorrektur

Bei der Fräser-Bahnkorrektur ermittelt die CNC-Steuerung durch Verrechnen des Fräserradius mit der programmierten Kontur selbsttätig die Fräsermittelpunktsbahn (Äquidistante), wodurch z. B. automatisch Hilfsschnittpunkte berechnet oder Hilfskreise an Konturübergängen in die Fräsermittelpunktsbahn eingefügt werden. Hierdurch wird es möglich, beliebige Konturverläufe zu zerspanen.
Wie bei der achsparallelen Korrektur gibt es bei der Bahnkorrektur zwei Korrekturlagen des Werkzeuges:

→ *links* von der Kontur oder
→ *rechts* von der Kontur.

Links von der Kontur bedeutet: von der Hauptspindel aus gesehen bewegt sich das Werkzeug in Vorschubrichtung *links* von der Kontur.
Rechts von der Kontur bedeutet: von der Hauptspindel aus gesehen bewegt sich das Werkzeug in Vorschubrichtung *rechts* von der Kontur.

Beide Fräser-Radiuskorrekturen werden durch G-Wörter aufgerufen:

→ Fräser-Radiuskorrektur *links* durch G41,
→ Fräser-Radiuskorrektur *rechts* durch G42.

Das Löschen der modal wirksamen Fräser-Radiuskorrekturen erfolgt durch G40.
Vor Aufruf der Fräserbahnkorrektur muß gegebenenfalls die Hauptebene adressiert werden, in der die Korrektur erfolgen soll.
Bild V.11. zeigt die Vorschubrichtung und die Werkzeuglage zur Kontur bei G41 und G42.
Nach Start eines CNC-Programmes kann eine Fräser-Radiuskorrektur nur dann wirksam werden, wenn mit Aufruf der Wegbedingungen G41 oder G42 auch der Korrekturspeicher mit dem Werkzeugradius aufgerufen wird.

Beispiel: N … G41 X10 … D02 LF
G41 ruft Korrekturwert
(z. B. R = 5 mm) aus Speicher D02 ab

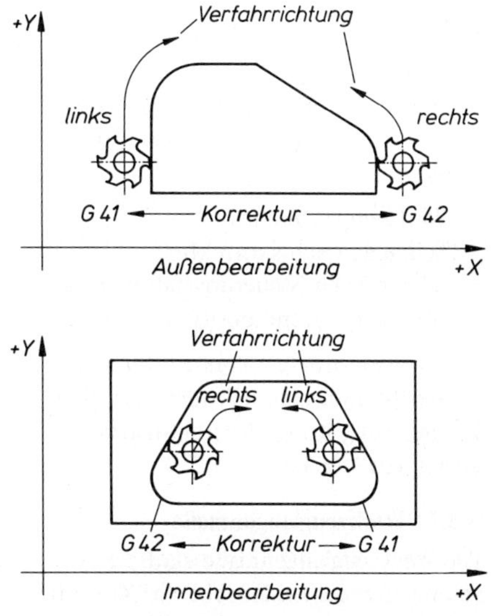

Bild V.11. Fräser-Bahnkorrektur

6.2.2 Anfahren zur Kontur und Abfahren von der Kontur unter Berücksichtigung der Bahnkorrektur

Die Werkzeugradiuskorrektur sollte immer vor dem Anfahren an die Kontur aktiviert werden, da es andernfalls zu Konturzerstörungen oder Kollisionen kommen kann. Entsprechend sollte das Aufheben einer Werkzeugradiuskorrektur erst dann erfolgen, wenn die Kontur verlassen wurde.

Wird eine Kontur mit aktivierter Werkzeugradiuskorrektur unter einem Anfahrwinkel kleiner als 180° angefahren oder unter einem Abfahrwinkel kleiner als 180° verlassen, so wird die Kontur nicht vollständig bearbeitet.

Eine vollständige Konturbearbeitung ist dann sichergestellt, wenn sowohl der Anfahr- als auch Abfahrwinkel größer als 180° ist (Bild V.12).

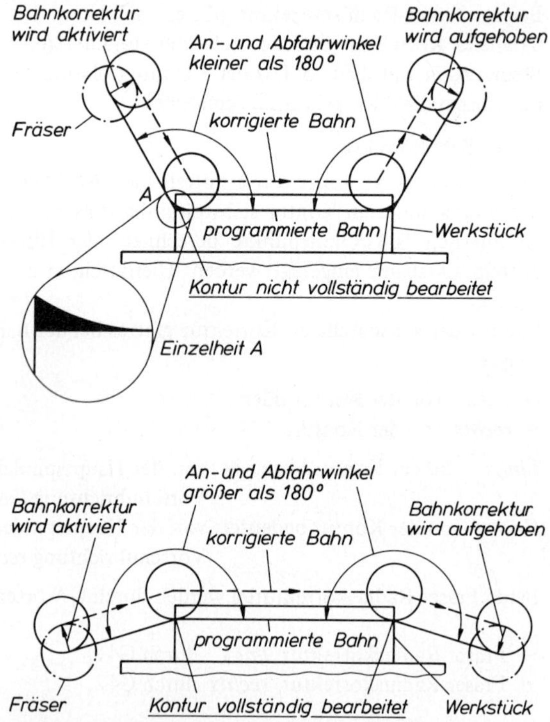

Bild V.12. Anfahren zur Kontur und Abfahren von der Kontur unter Berücksichtigung der Fräser-Bahnkorrektur

6.3. Werkzeugkorrekturen beim Drehen

Folgende Angaben sind für die Werkzeugkorrektur beim Drehen erforderlich:

→ Werkzeuglängenmaße
→ Schneidenradiuskorrektur
→ und je nach Steuerungsfabrikat die Werkzeug-Einstellposition.

Die Korrekturdaten können wie beim Fräsen/Bohren manuell oder über eine Datenleitung in den Korrekturspeicher eingespielt werden.

6.3.1. Werkzeuglängenmaße

Die Werkzeuglängenmaße sind die Abstände der Schneidenecke in X- und Z-Richtung bezogen auf den Werkzeugbezugspunkt (WZ). Der Werkzeugbezugspunkt liegt vorbestimmt am Werkzeugträger und ist Bezugspunkt für alle eingesetzten Werkzeuge (Bild V.13).

Die Bemaßung der Werkzeugschneide bezieht sich meist nur auf eine theoretische (spitze) Schneidenecke P, da diese in der Praxis aus technologischen Gründen abegerundet wird (Bild V.13).

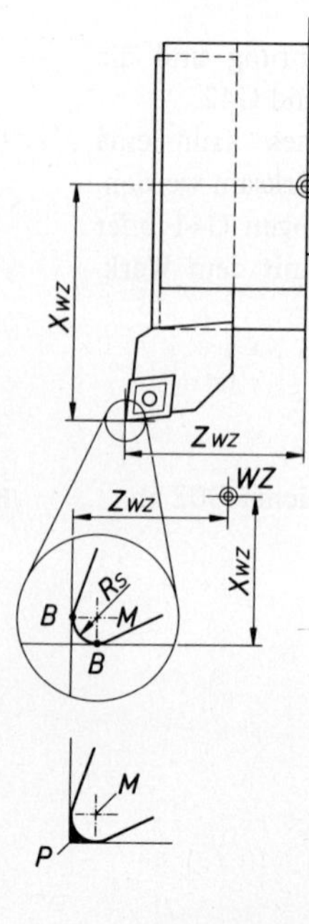

WZ : Werkzeugbezugspunkt
Xwz : } Werkzeugabmessungen
Zwz : } bezogen auf WZ

M : Schneidenradius-Mittelpunkt
R_s : Schneidenradius
B : Berührpunkt der konturerzeugenden Tangenten an der Schneidenecke
P : theoretische Schneidenecke

Bild V.13
Bezugspunktvermaßung der Werkzeugabmessungen

6.3.2. Schneidenradiuskorrektur (Schneidenradiuskompensation)

Durch die Abrundung der Schneidenecke ist zu beachten, daß je nach Lage der Werkzeugschneide an der zu zerspanenden Kontur die konturerzeugende Tangente durch den Berührpunkt B nicht mehr durch die theoretische Schneidenecke P läuft.

Die theoretische Schneidenecke P und die konturerzeugende Tangente durch B liegen nur dann auf einer gemeinsamen Geraden, wenn diese parallel zur X- oder Z-Achse liegt (Zerspanung längs oder plan).

Bei nicht-achsparalleler Vorschubrichtung kommt es *ohne* Schneidenradiuskorrektur, auch Schneidenradiuskompensation genannt, zu mehr oder weniger großen Maßabweichungen von der Sollkontur, also zu Konturverzerrungen (Bild V.14).

Die Größe der (maximalen) Konturabweichung beim Drehen ohne Schneidenradiuskorrektur läßt sich rechnerisch bestimmen (Bild V.15).

Beim Drehen *mit* Schneidenradiuskorrektur erfolgt die steuerungsinterne Berechnung der Werkzeugbahn im Prinzip wie beim Fräsen

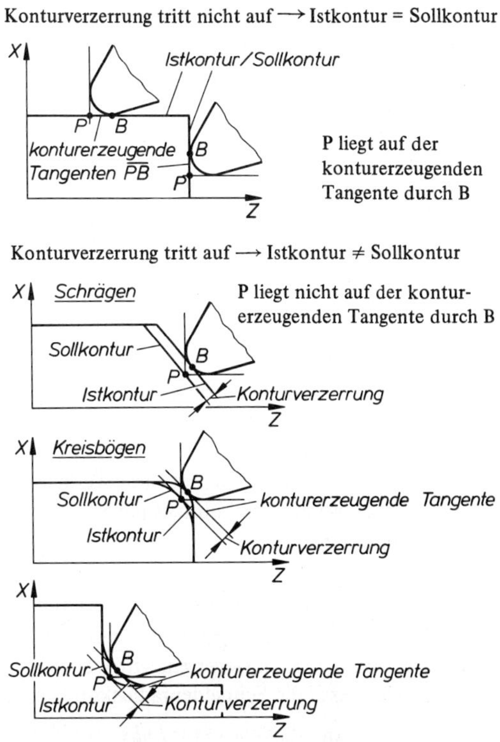

Bild V.14. Drehen ohne Schneidenradiuskorrektur

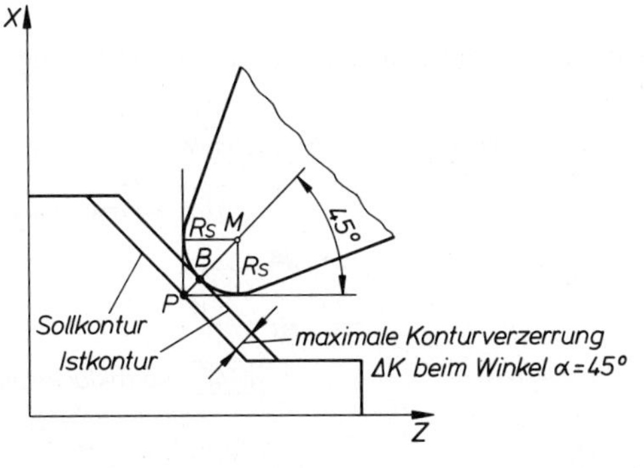

M : Schneidenradius-Mittelpunkt
R_s : Schneidenradius
B : Berührpunkt der konturerzeugenden Tangente an der Schneidenecke
P : theoretische Schneidenecke

Bild V.15
Drehen ohne Schneidenradiuskorrektur

Rechnerischer Nachweis der maximalen Konturverzerrung ΔK

$$\Delta K = \overline{MP} - R_s \Rightarrow \overline{MP} = \Delta K + R_s$$

$$\sin\alpha = \frac{R_s}{\overline{MP}} \Rightarrow \overline{MP} = \frac{R_s}{\sin\alpha} \Rightarrow \Delta K + R_s = \frac{R_s}{\sin\alpha}$$

$$\Delta K = \frac{R_s}{\sin\alpha} - R_s = R_s\left(\frac{1}{\sin\alpha} - 1\right);\ \text{für } \alpha = 45° \Rightarrow \left(\frac{1}{\sin 45°} - 1\right) = 0{,}414$$

$\boxed{\Delta K = 0{,}414 \cdot R_s}$ ⟶ wenn $R_s = 1$ mm, dann ergibt sich eine maximale Konturverzerrung von $\Delta K = 0{,}414 \cdot 1\ \text{mm} = 0{,}414$ mm mit Bahnkorrektur. Die Äquidistante ist in diesem Fall die Mittelpunktsbahn des Mittelpunktes M der abgerundeten Schneidenecke (Bild V.16).

Es gibt zwei Korrekturlagen des Werkzeuges:

→ *links* von der Kontur oder
→ *rechts* von der Kontur.

Zusätzlich zur Korrekturlage ist anzugeben, ob das Werkzeug *vor* oder *hinter* der Drehmitte steht.

a) Werkzeug hinter der Drehmitte

Links von der Kontur bedeutet: das Werkzeug liegt in Vorschubrichtung *links* von der Kontur.

Rechts von der Kontur bedeutet: das Werkzeug liegt in Vorschubrichtung *rechts* von der Kontur.

Schneidenradius = Abstand zwischen Äquidistante und Kontur

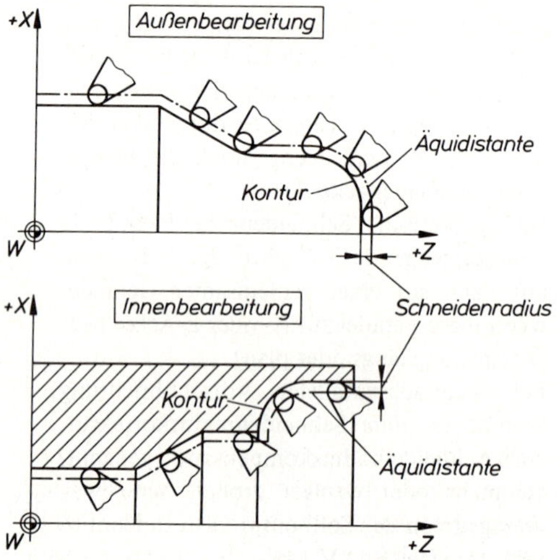

Bild V.16. Drehen mit Schneidenradiuskorrektur

b) Werkzeug vor der Drehmitte

Wie schon bei der Kreisinterpolation muß *von unten* auf die XZ-Ebene geschaut werden. Dadurch wird links und rechts im Gegensatz zur Werkzeuglage „hinter der Drehmitte" vertauscht. Programmiert wird die Schneidenradiuskorrektur durch die Wegbedingungen:

G41 → Schneidenradiuskorrektur *links* von der Kontur,
G42 → Schneidenradiuskorrektur *rechts* von der Kontur.

Das Löschen erfolgt durch die Wegbedingung G40.

Bild V.17 zeigt die Werkzeuglage zur Kontur unter zusätzlicher Berücksichtigung, ob das Werkzeug *vor* oder *hinter* der Drehmitte liegt.

Die Eingabe des Schneidenradius R_S erfolgt entweder manuell unmittelbar an der Steuerung, mittels Datenträger oder über Datenleitungen.

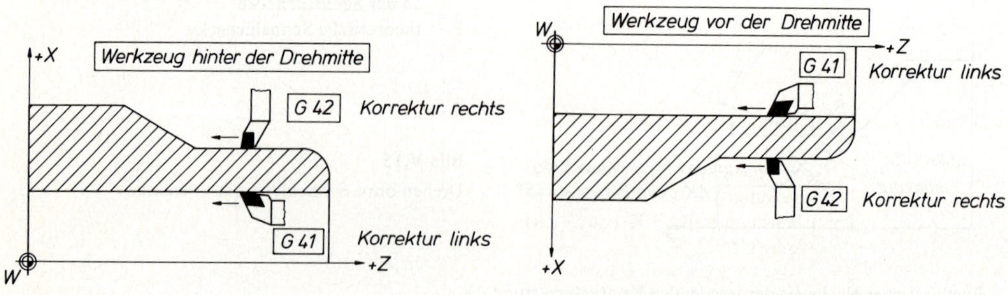

Bild V.17. Unterscheidung der Werkzeugkorrekturen rechts und links bei der Schneidenradiuskorrektur

6.3.3. Werkzeug-Einstellposition

Je nach Einstellposition des Werkzeuges haben die theoretischen Schneidenecke P und der Mittelpunkt M der abgerundeten Schneidenecke unterschiedliche Lagen zueinander.

In Bild V.18 ist dargestellt, daß die Istkontur (erzeugt durch Berührpunkt B) und die Sollkontur (erzeugt durch die theoretische Schneidenecke P) je nach Lage der theoretischen Schneidenecke in unterschiedlicher Richtung voneinander abweichen.

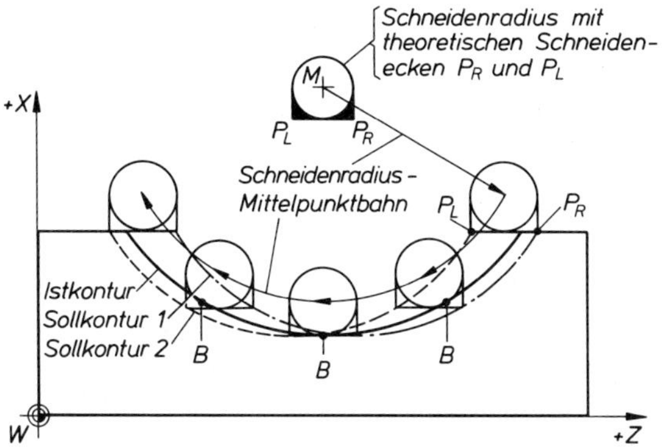

Istkontur: Bahn der Berührpunkte B
Sollkontur 1: Bahn der Schneidenecke P_R
Sollkontur 2: Bahn der Schneidenecke P_L

Bild V.18
Zusammenhang zwischen der Ist- und der Sollkontur unter Berücksichtigung der Werkzeug-Einstellposition

Neben den Werkzeugabmessungen und der Schneidenradiuskorrektur muß deshalb bei einigen Steuerungen zusätzlich die Einstellposition der Werkzeugschneide als Korrekturangabe eingegeben werden.

Ein Prinzip zur Beschreibung der Einstellposition ist die Angabe von Einstellpositionsziffern. Es werden acht unterschiedliche Lagen der Werkzeugschneide im Arbeitsraum festgelegt. Bild V.19 zeigt die Zuordnung der Einstellpositionsziffern 1 ... 8 in Abhängigkeit von der Werkzeugorientierung und unter Berücksichtigung der positiven X-Achse.

Ein weiteres Prinzip ist die Lagebeschreibung der theoretischen Schneidenecke P zum Mittelpunkt M über die Parameter I und K, für die je nach Schneidenlage entweder Null oder die Größe des Schneidenradius vorzeichenrichtig eingesetzt werden muß (Bild V.19).

Beispiel: Werkzeugkorrektur beim Drehen (Dateneingabe manuell)

T0102→ Werkzeug- und Korrekturspeicher aufrufen
X→ } Werkzeugmaße in X- und Z- Richtung bis
Z→ } zum Werkzeugbezugspunkt
B→ Schneidenradius z. B. 0,4 mm
A→ Einstellposition z. B. 7
:
:
:

N ... G41 ... ... T0102 LF

Werkzeugkorrektur links (G41)
Werkzeug Nr. 01 (T01)
Werkzeugkorrektur-speicherplatz 02 (02)

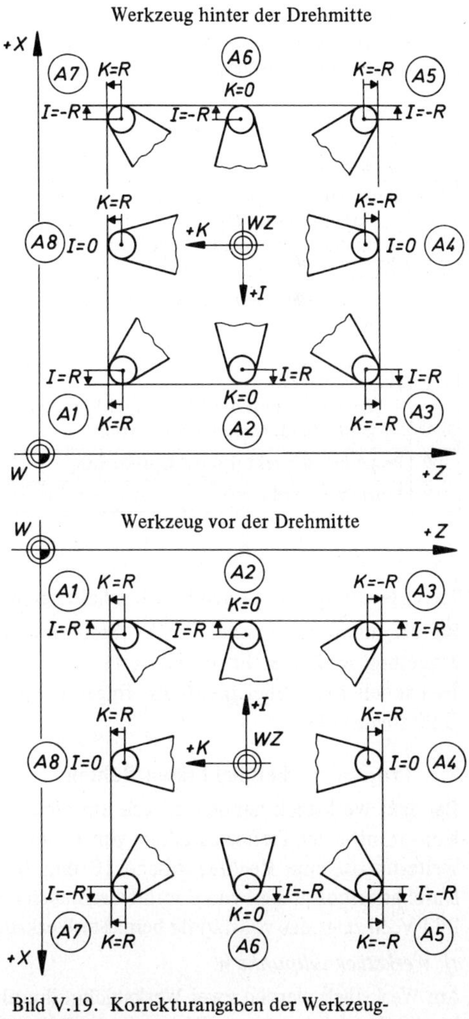

Bild V.19. Korrekturangaben der Werkzeug-Einstellposition.

7. Programmierbeispiel

7.1. Grundsätze für das manuelle Programmieren

Zuerst sollte ein Arbeitsplan als Grundlage für die Programmerstellung aufgestellt werden. Anstelle eines Arbeitsplanes kann auch eine Skizze des zu fertigenden Werkstücks erstellt werden, in der z. B. Bezugspunkte, Verfahrwege und -richtungen sowie technologische Angaben eingetragen werden.

Tafel V.4 zeigt eine tabellarische Ablaufplanung.

Tafel V.4 Vorgehensweise bei der manuellen Programmerstellung

1	Werkstück-Nullpunkt festlegen
2	Geometrische Angaben festlegen – Programmierung in Absolut- oder Inkrementalbemaßung – Nullpunktverschiebung z. B. bei Unterprogrammen
3	Arbeitsplan erstellen – Anfahrpunkt(e) an die Kontur (wichtig für Werkzeugradiuskorrektur und Einfahrkreise) – Richtung der Verfahrwege (wichtig für Werkzeugradiuskorrektur) – Spindeldrehzahl – Vorschub – Werkzeug – Kühlschmierung
4	Programm schreiben – Arbeitsschritte DIN-gerecht und unter Berücksichtigung der steuerungsspezifischen Abwandlungen in die Programmiersprache übersetzen
5	Programm-Eingabe – unmittelbar an der Steuerungskonsole – über Teletype – über Programmiergerät/Personalcomputer
6	Programm-Test – Zeichnungsplot der Kontur und Verfahrwege – graphisch-dynamische Simulation
7	Programm-Korrektur oder -Optimierung
8	Programm abarbeiten

7.2. Steuerungsfunktionen im Einschaltzustand

Bei der Inbetriebnahme einer CNC-Steuerung werden bestimmte G-Funktionen selbständig von der Steuerung voreingestellt (initialisiert).

Es handelt sich dabei meist um folgende modal wirksame G-Funktionen: G00, G17, G40, G53, G 90 sowie G94.

7.3. Programmierbeispiel Fräsen/Bohren

Bei dem Werkstück handelt es sich um einen Auswerfer mit umlaufend 2 mm Aufmaß, wobei die Kontur mit einer Tiefenzustellung von 15 mm zu zerspanen ist.

Weiterhin ist eine Rechtecktasche 10 mm tief auszuräumen. Zusätzlich ist ein Lochreis mit vier Durchgangsbohrungen von 6 mm Durchmesser zu bohren.

Bild V.20 zeigt das vollständig bemaßte Werkstück.

a) Werkstücknullpunkt W

Am Werkstück werden zwei Werkstücknullpunkte festgelegt. Der Werkstücknullpunkt W1 wird im Einrichtbetrieb bestimmt. Er liegt in der linken unteren Werkstückecke an der Werkstückoberkante.

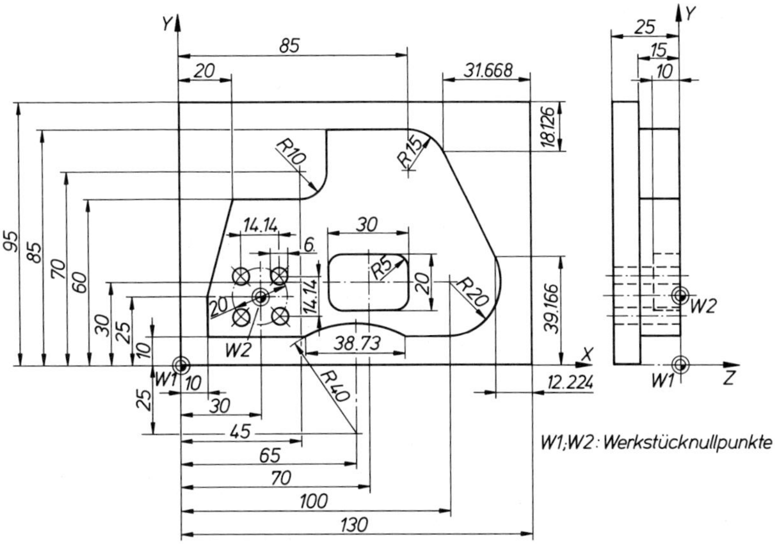

Bild V.20. Auswerfer

Vom Werkstücknullpunkt W1 aus ist die Außenkontur sowie die Rechtecktasche bemaßt.
Der Werkstücknullpunkt W2 ist unter der Adresse G59 gespeichert. Er liegt in der Mitte des Lochkreises. Die Maßprogrammierung des Lochkreises bezieht sich auf den Werkstücknullpunkt W2.

b) Geometrische Angaben

Alle Maße werden absolut programmiert; G90 ist Einschaltzustand der Steuerung.

c) Arbeitsplan aufstellen

Bild V.21 zeigt die Verfahrwege der Werkzeuge in Einzelschritte zerlegt. Die Kontur wird im Uhrzeigersinn umfahren, die Rechtecktasche wird wegen Beibehaltung der Radiuskorrektur im Gegenuhrzeigersinn ausgeräumt.

Arbeitsebene ist die X/Y-Ebene, G17 ist Einschaltzustand der Steuerung.

a) Zerspanung Kontur und Rechtecktasche
   Vorschub $s = 120$ mm/min
   Schnittgeschwindigkeit
   $v_c = 170$ m/min
   Werkzeug Schaftfräser 8 mm Durchmesser
b) Bohren der vier Bohrungen ∅ 6 mm
   Vorschub $s = 45$ mm
   Schnittgeschwindigkeit
   $v_c = 20$ m/min
   Werkzeug Wendelbohrer, Typ N, ∅ 6 mm
c) Programm schreiben

Konturpunkte P_0 … P_{41} und Verfahrwege

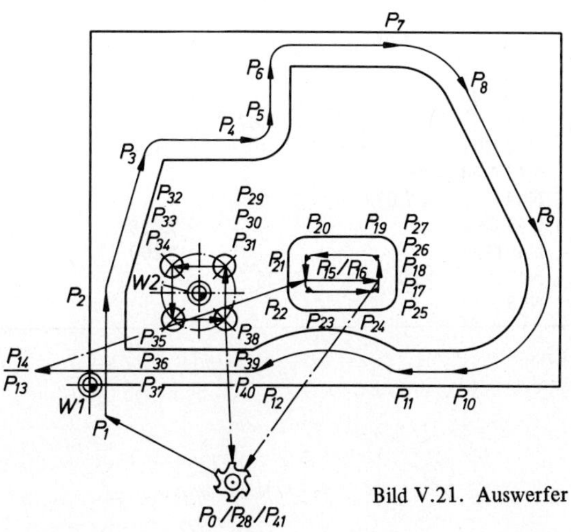

Bild V.21. Auswerfer

7.3.1. Programmliste zum Programmierbeispiel Fräsen/Bohren

% 490306

N0	G00			Z200					
N1		X 30	Y-25					T0101	M06
N2				Z-15			F120 S170		M03
N3	G41	X 10	Y-10						
N4	G01		Y 25						
N5		X 20	Y 60						
N6		X 45							
N7	G03	X 55	Y 70		I0	J10			
N8	G01		Y 85						
N9		X 85							
N10	G02	X 98.332	Y 76.874		I0	J-15			
N11	G01	X117.776	Y 39.166						
N12	G02	X100	Y 10		I-17.8	J-9.07			
N13	G01	X 84.365							
N14	G03	X 45.635			I-19.365	J-35			
N15	G01	X 0							
N16	G40								
N17	G00			Z2					
N18		X 59	Y 30						
N19	G01			Z-10					
N20	G41	X 76	Y 26						
N21	G03	X 85	Y 35		I0	J 9			
N22	G03	X 80	Y 40		I-5	J 0			
N23	G01	X 60							
N24	G03	X 55	Y 35		I0	J-5			
N25	G01		Y 25						
N26	G03	X 60	Y 20		I5	J 0			
N27	G01	X 80							
N28	G03	X 85	Y 25		I0	J 5			
N29	G01		Y 35						
N30	G40								M05
N31	G00			Z200					
N32		X 30	Y-25					T0202	M06
N33	G59								
N34	G95			Z 2			F.45 S 20		M03
N35	G00	X 7.07	Y 7.07						
N36	G01			Z- 28					
N37	G00			Z 2					
N38		X-7.07							
N39	G01			Z- 28					
N40	G00			Z 2					
N41			Y-7.07						
N42	G01			Z- 28					
N43	G00			Z 2					
N44		X 7.07							
N45	G01			Z- 28					
N46	G00			Z200					
N47		X30	Y-25						
N48									M30

7.3.2. Programmerläuterung zum Programmierbeispiel Fräsen/Bohren

%490306	Programmanfangzeichen und Programmnummer	Konturpunkt
N0 G00 Z200	Eilgang Werkzeugwechselposition in Z-Achse	
N1 X30 Y–25 T0101 M06	Werkzeugwechselposition Aufruf Werkzeug Nr. 01 und Werkzeugspeicher 01 Werkzeugwechsel ausführen	P0
N2 Z–15 F120 S170 M03	Zustellung auf Frästiefe 15 mm Vorschub 120 mm/min Schnittgeschwindigkeit 170 m/min Spindeldrehung im Uhrzeuger sinn	
N3 G41 X10 Y–10	Werkzeugradiuskorrektur links Anfahrpunkt an die Kontur	P1
N4 G01 Y25	Linearinterpolation Linearbewegung achsparallel	P2
N5 X20 Y60	Linearbewegung	P3
N6 X45	Linearbewegung achsparallel	P4
N7 G03 X55 Y70 I0 J10	Kreisinterpolation im Gegenuhrzeigersinn Endpunkt Kreisbogen mit Radius R10 Kreismittelpunkt	P5
N8 G01 Y85	Linearinterpolation Linearbewegung achsparallel	P6
N9 X85	Linearbewegung achsparallel	P7
N10 G02 X98.332 Y76.874 I0 J–15	Kreisinterpolation im Uhrzeigersinn Endpunkt Kreisbogen mit Radius R15 Kreismittelpunkt	P8
N11 G01 X117.776 Y39.166	Linearinterpolation Linearbewegung	P9
N12 G02 X100 Y10 I–17.8 J–9.07	Kreisinterpolation im Uhrzeigersinn Endpunkt Kreisbogen mit Radius R20 Kreismittelpunkt	P10

		Konturpunkt
N13 G01 X84.365	Linearinterpolation Linearbewegung achsparallel	P11
N14 G03 X45.635 I–19.365 } J–35 }	Kreisinterpolation im Gegenuhrzeigersinn Endpunkt Kreisbogen mit Radius R40 Kreismittelpunkt	P12
N15 G01 X0	Linearinterpolation Linearbewegung achsparallel	P13
N16 G40	Werkzeugradiuskorrektur AUS	P13
N17 G00 Z2	Eilgang Linearbewegung achsparallel	P14
N18 } X59 } Y30 }	Positionierung über Rechtecktasche	P15
N19 G01 Z–10	Linearinterpolation Zustellung auf Frästiefe 10 mm	P16
N20 G41 X76 } Y26 }	Werkzeugradiuskorrektur links Position innerhalb Kreistasche	P17
N21 G03 } X85 } Y35 } I0 } J9 }	Einfahrweis im Uhrzeigersinn an Taschenkontur innen	P18
N22 G03 X80 } Y40 } I–5 } J0 }	Kreisinterpolation im Gegenuhrzeigersinn Endpunkt Kreisbogen mit Radius R5 Kreismittelpunkt	P19
N23 G01 X60	Linearinterpolation Linearbewegung achsparallel	P20
N24 G03 X55 } Y35 } I0 } J–5 }	Kreisinterpolation im Gegenuhrzeigersinn Endpunkt Kreisbogen mit Radius R5 Kreismittelpunkt	P21
N25 G01 Y25	Linearinterpolation Linearbewegung achsparallel	P22
N26 G03 X60 } Y20 } I5 } J0 }	Kreisinterpolation im Gegenuhrzeigersinn Endpunkt Kreisbogen mit Radius R5 Kreismittelpunkt	P23

		Konturpunkt
N27 G01 X80	 Linearinterpolation Linearbewegung achsparallel	 P24
N28 G03 X85 } Y25 } I0 } J5 }	 Kreisinterpolation im Gegenuhrzeigersinn Endpunkt Kreisbogen mit Radius R5 Kreismittelpunkt	 P25
N29 G01 Y35	 Linearinterpolation Linearbewegung achsparallel	 P26
N30 G40 M05	 Werkzeugradiuskorrektur AUS Spindeldrehung AUS	 P27
N31 G00 Z200	 Eilgang Werkzeugwechselposition in Z-Achse	 P27
N32 X30 } Y–25 } T0202 M06	 Werkzeugwechselposition Aufruf Werkzeug Nr. 02 und Werkzeugspeicher 02 Werkzeugwechsel ausführen	 P28
N33 G59	 Aufruf der gespeicherten Nullpunktverschiebung W2	
N34 G95 Z2 F.45 S20 M03	 Vorschub in mm/U Sicherheitsabstand Vorschub 0.45 mm/U Schnittgeschwindigkeit 20 m/min Spindeldrehung im Uhrzeigersinn	
N35 G00 X7.07 } Y7.07 }	 Eilgang Positionierung über Bohrung 1	 P29
N36 G01 Z–28	 Linearinterpolation Linearbewegung auf Bohrtiefe	 P30
N37 G00 Z2	 Eilgang Linearbewegung auf Sicherheitsabstand	 P31
N38 X–7.07	 Positionierung über Bohrung 2	 P32
N39 G01 Z–28	 Linearinterpolation Linearbewegung auf Bohrtiefe	 P33
N40 G00 Z2	 Eilgang Linearbewegung auf Sicherheitsabstand	 P34
N41 Y–7.07	 Positionierung über Bohrung 3	 P35
N42 G01 Z–28	 Linearinterpolation Linearbewegung auf Bohrtiefe	 P36

		Konturpunkt
N43 G00 Z2	Eilgang Linearbewegung auf Sicherheitsabstand	P37
N44 X7.07	Positionierung über Bohrung 4	P38
N45 G01 Z−28	Linearinterpolation Linearbewegung auf Bohrtiefe	P39
N46 G00 Z200	Eilgang Linearbewegung auf Werkzeugwechselposition in Z-Achse	P40
N47 X30 Y−25	Werkzeugwechselposition	P41
N48 M30	Programmende mit Rücksetzen der Steuerung in Anfangszustand	

8. Besondere Programmierfunktionen für das Bohren, Fräsen und Drehen

Komfortable CNC-Steuerungen bieten ergänzend zur DIN 66025 dem Programmierer Steuerungsfunktionen, die das Erstellen vieler Programme erheblich vereinfachen. Als besondere Programmierfunktionen oder -techniken sind Zyklen, Unterprogramme, Programmschleifen sowie Koordinatentransformationen, Spiegeln von Konturen oder Variablenprogrammierung zu nennen.
Bei der Behandlung von Beispielen geschieht dies steuerungsspezifisch. Dargestellte Wegbedingungen sind in der Regel nach Norm frei belegbar und damit abhängig vom Steuerungsfabrikat mit unterschiedlichen Funktionen belegt.

8.1. Zyklen

Bei den Zyklen handelt es sich um vorprogrammierte Funktionen, die jederzeit abrufbar in einer Steuerung abgespeichert sind.
Zyklen vereinfachen den Programmieraufwand für häufig vorkommende Fertigungsabläufe wie beispielsweise Nutenfräsen, Bohren oder achsparalleles Drehen, da meist nur wenige Bearbeitungswerte für komplexe Arbeitsgänge programmiert werden müssen.
Für die wichtigen Bearbeitungsverfahren Bohren, Fräsen und Drehen gibt es eine Vielzahl von Bearbeitungszyklen, von denen allerdings nur die Bohrzyklen genormt sind.
Allgemein werden die Zyklen über G-Wörter adressiert. Abweichend davon erfolgt bei einigen Steuerungsfabrikaten die Adressierung der Zyklen durch L-Wörter oder durch Klartexteingabe.
Der Satzaufbau bei den dargestellten Bearbeitungszyklen ist ebenfalls steuerungsspezifisch unterschiedlich.

8.1.1. Bohrzyklen

In DIN 66025 sind insgesamt neun Bohrzyklen genormt. Mit den genormten Bohrzyklen stehen Funktionen für das Bohren, Tieflochbohren, Zentrieren, Senken, Reiben sowie Gewindeschneiden zur Verfügung, sofern diese in einer Steuerung gespeichert sind.
Tafel V.5 zeigt die Zuordnung der Funktionen zu den jeweiligen Bohrzyklen. Der Aufruf der Bohrzyklen erfolgt durch die Wegbedingungen G81 bis G89. Aufgehoben werden die Bohrzyklen G81 bis G89 durch die Wegbedingung G80.

Im folgenden wird der Bohrzyklus G81 anhand der Steuerung Sinumerik 3M näher beschrieben. Die Maßangaben werden Parametern (R02, R03) zugewiesen (Bild V.22).

Beispiel: Programmsatz mit Bohrzyklus G81, Bohrachse ist die Z-Achse

N ... G81 R02 2. R03 –25. LF

Aufruf des Bohrzyklus – G81
Referenzebene Z = 2 mm – R02 2.
Bohrungstiefe Z = 25 mm – R03 –25.

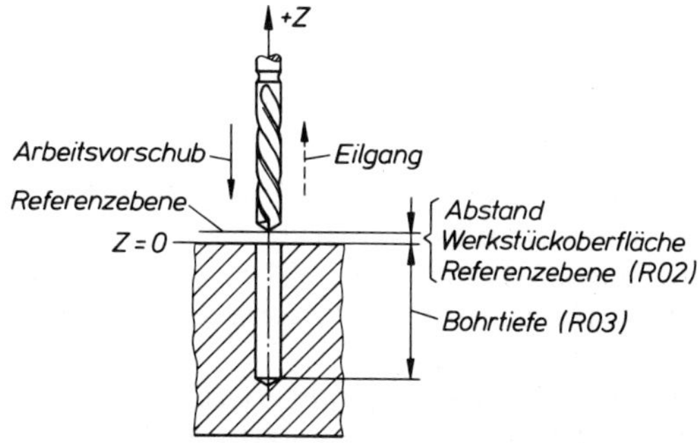

Bild V.22
Bohrzyklus G81, Bohren/Zentrieren

Tafel V.5 Bohrzyklen und zugeordnete Funktionen

Arbeitszyklus		Arbeitsbewegung	auf Tiefe		Rückzugsbewegung	Anwendungsbeispiel
Nr.	Wegbedingung	ab Vorschub-Startpunkt	verweilen	Spindel	bis Vorschub-Startpunkt	
1	G81	mit Arbeitsvorschub	–	–	mit Eilgang	Bohren, Zentrieren
2	G82	mit Arbeitsvorschub	ja	-	mit Eilgang	Bohren, Plansenken
3	G83	mit unterbrochenem Arbeitsvorschub	–	–	mit Eilgang	Tieflochbohren, Spänebrechen
4	G84	Vorwärtsdrehung mit Arbeitsvorschub	–	umkehren	mit Arbeitsvorschub	Gewindebohren
5	G85	mit Arbeitsvorschub	–	–	mit Arbeitsvorschub	Ausbohren 1, Reiben
6	G86	Spindel ein, mit Arbeitsvorschub	–	Halt	mit Eilgang	Ausbohren 2
7	G87	Spindel ein, mit Arbeitsvorschub	–	Halt	mit Handbedienung	Ausbohren 3
8	G88	Spindel ein, mit Arbeitsvorschub	ja	Halt	mit Handbedienung	Ausbohren 4
9	G89	mit Arbeitsvorschub	ja	–	mit Arbeitsvorschub	Ausbohren 5

8.1.2. Fräszyklen

Sofern eine Steuerung Fräszyklen anbietet, sind diese nicht genormten Zyklen für Standardbearbeitungen wie

- Lochkreise
- Nuten
- Rechtecktaschen
- oder Kreistaschen vorbereitet.

Die Fräszyklen werden meist über G-Wörter adressiert, die nach Norm ständig frei verfügbar sind oder die vom Steuerungshersteller nicht mit genormten Funktionen belegt wurden (Tafel V.2).
In Abhängigkeit vom Steuerungsfabrikat werden gleiche Fräszyklen mit unterschiedlichen Adreßwerten programmiert.

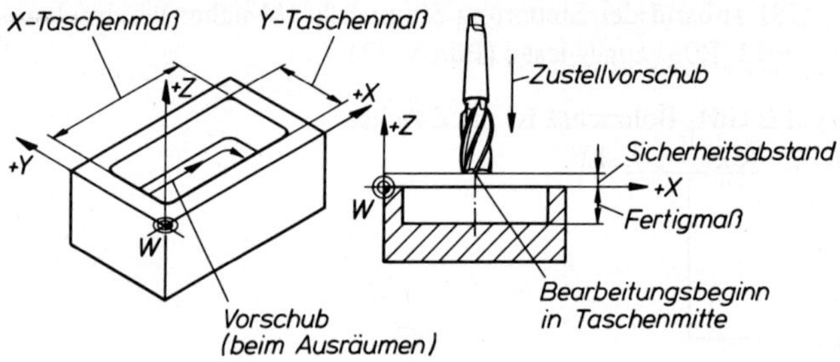

Bild V.23
Rechtecktaschen – Fräszyklus G71

Nachfolgend wird ein Fräszyklus zum Ausräumen von Rechtecktaschen durch Schruppen im Gegenlauf anhand der Deckel Dialogsteuerung 2 beschrieben.
Der Fräszyklus wird durch G71 aufgerufen. Maßangaben werden bei der Steuerung in Mikrometer, Vorschübe in mm/min und Drehzahlen in 1/min programmiert (Bild V.23).

Beispiel: Programmsatz mit Fräszyklus

N ... G71 F125 S+1000 X+50000 D+51 X+500 X+40000 Y+4000 F100 Z–17000 Z–5000 Z–300

- G71: Arbeitszyklus
- F125: Vorschub
- S+1000: Drehzahl
- X+50000: Taschenmaß
- D+51: Werkzeugkorrektur
- X+500: Aufmaß
- X+40000: Taschenmaß
- Y+4000: Zustellmaß
- F100: Zustellvorschub
- Z–17000: Fertigmaß + Sicherheitsabstand
- Z–5000: Zustellmaß
- Z–300: Aufmaß

8.1.3. Drehzyklen

Sofern eine Steuerung Drehzyklen anbietet, sind diese nicht genormten Zyklen für häufig vorkommende Bearbeitungen wie

- Längs- oder Planschruppen
- Abspanen längs einer beliebigen Kontur
- Gewindedrehen
- Drehen radialer oder axialer Einstiche
- Drehen von Freistichen gemäß Norm
- Drehen von Fasen
- sowie automatisches Ausmessen von Werkzeugen vorbereitet.

Die Drehzyklen werden meist durch G-Wörter adressiert. Wie die Fräszyklen werden auch die Drehzyklen steuerungsspezifisch mit unterschiedlichen Adreßwerten programmiert.
Nachfolgend wird ein Drehzyklus zum Längsdrehen mit anschließendem Konturschnitt anhand der Gildemeister EPL-Steuerung näher beschrieben.
Der Drehzyklus wird durch G81 und G37 aufgerufen. Es handelt sich dabei um zwei in einem Satz geschriebene Arbeitszyklen.

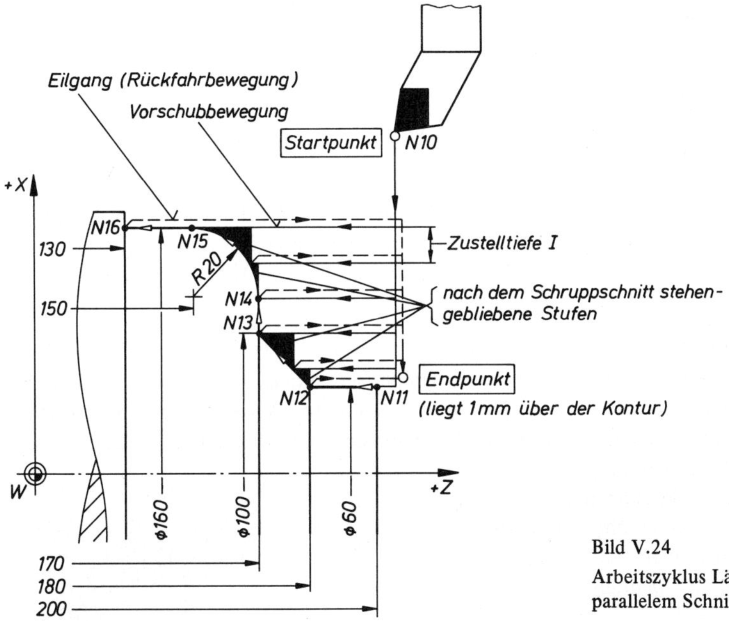

Bild V.24
Arbeitszyklus Längsdrehen G81 mit konturparallelem Schnitt G37

Der Drehzyklus G81 ist ein Schruppzyklus, der den programmierten Konturzug mit vorgegebener Zustellung achsparallel zerspant. An Konturübergängen wie Radien oder Schrägen bleiben durch die schrittweise Zustellung Stufen stehen. Diese Stufen werden mit dem Drehzyklus G37 abschließend in einem Schnitt entlang der programmierten Kontur abgespant (Bild V.24).
Maßangaben werden bei der Steuerung in Millimeter angegeben.

Beispiel: Programmsatz mit Drehzyklen G81 und G37

N11 G81 G37 X60 Z200 I10 LF

- Drehzyklus achsparalleles Schruppen — G81
- Drehzyklus konturparalleles Zerspanen — G37
- Konturendpunkt in X- und Z-Richtung — X60 Z200
- Zustellung pro Schnitt — I10

Zur vollständigen Beschreibung des Arbeitszyklus gehört der nachfolgende Programmausschnitt.

N ...								vorangehende Programmsätze
N9 ...								Angaben zu Werkzeug und Technologie
N10 G 00		X200	Z205			LF		Startpunkt im Eilgang anfahren
N11 G81	G37	X 60	Z200	I10		LF		Arbeitszyklus aufrufen mit Angabe des Konturendpunktes
N12 G01			Z180			LF		
N13 G01		X100	Z170			LF		Konturbeschreibung der zu zerspanenden Kontur
N14 G01		X120				LF		
N15 G03		X160	Z150	I 0	K–20	LF		
N16 G01			Z130			LF		
N17 G80						LF		Ende Abspanzyklus G81/G37
N18 ...								weitere Programmsätze

8.2. Unterprogrammtechnik

Unterprogramme sind Programmteile, die nur einmal programmiert werden und im Hauptprogramm mehrfach aufgerufen werden können. Zweckmäßig ist dies immer dann, wenn auf einem Werkstück beispielsweise mehrfach wiederkehrende, gleiche Konturabschnitte zerspant werden müssen. Dadurch wird die Programmlänge erheblich verkürzt.

8.2.1. Aufbau eines Unterprogramms

Der formale Aufbau eines Unterprogramms unterscheidet sich in der Regel nicht von einem Hauptprogramm. Das Unterprogramm beginnt mit dem Programmanfangszeichen und einer Programmnummer, das Programmende wird im letzten Unterprogrammsatz durch M02 gekennzeichnet. Die Unterprogrammsätze werden mit Satznummern numeriert.

8.2.2. Aufruf eines Unterprogramms

Aufgerufen wird ein Unterprogramm vom Hauptprogramm aus durch eine Adresse und die dahinter angegebene Programmnummer. Nach DIN 66025 sollte zur Adressierung von Unterprogrammen die Adresse L benutzt werden. In Abweichung von der Norm werden beispielsweise auch die Adressen A, M, U oder Q benutzt.

Von Unterprogrammen aus können je nach Steuerungsfabrikat weitere Unterprogramme aufgerufen werden. Die Anzahl der ineinander schachtelbaren Unterprogramme ist ebenfalls steuerungsabhängig.

Bild V.25 zeigt schematisch den Programmlauf durch ein Hauptprogramm mit geschachtelten Unterprogrammen. Der Rücksprung vom Unterprogramm zum Hauptprogramm oder von Unterprogramm zu Unterprogramm erfolgt immer in dem Satz, der dem Unterprogramm-Aufrufsatz nachfolgt.

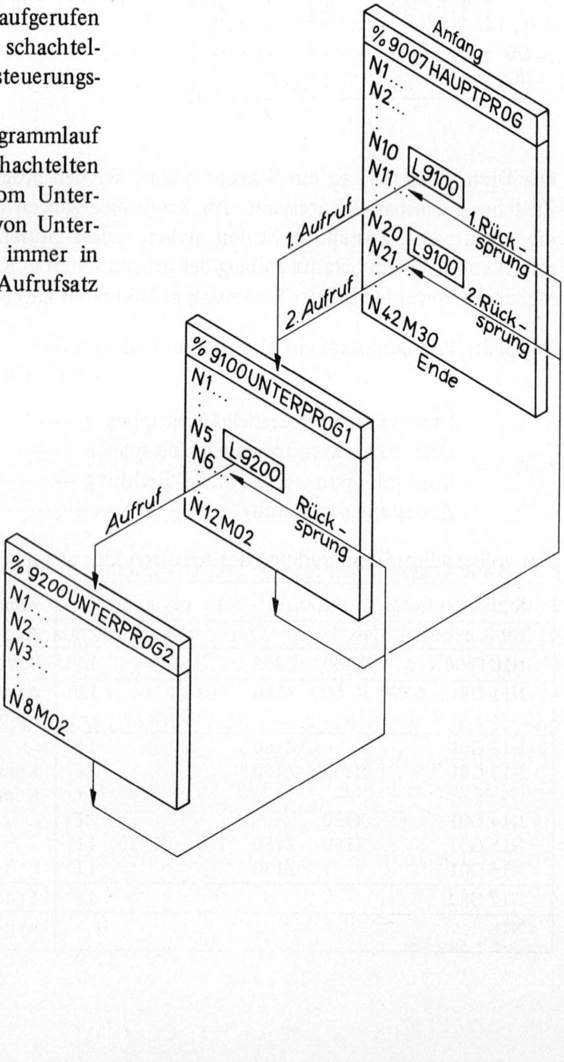

Bild V.25. Unterprogrammtechnik

8.3. Programmteilwiederholungen (Programmschleifen)

Programmteilwiederholungen oder Programmschleifen sind Programmteile, die bereits abgearbeitet wurden und von nachfolgenden Programmsätzen aus nochmals aufgerufen und abgearbeitet werden.

Im Prinzip stellen die in einer Programmteilwiederholung durchlaufenen Sätze ein Unterprogramm dar, das in das Hauptprogramm eingebettet ist.

Vorteil: Verkürzung der Programmlänge

8.3.1. Aufruf einer Programmteilwiederholung

Eine Programmteilwiederholung wird durch einen Programmsatz aufgerufen. Im aufrufenden Satz steht die Satznummer des Programmteil-Anfangs (N ...) und des Programmteil-Endes (N ...) oder auch nur die Satznummer eines Einzelsatzes.

Je nach Steuerungsfabrikat kann zusätzlich die Anzahl (L ...) der Programmteilwiederholungen programmiert werden, so daß die Programmschleife mehrfach durchlaufen wird.

Nach Abarbeitung des wiederholten Programmteiles wird das Programm in dem die Programmteilwiederholung aufrufenden Satz fortgesetzt.

Bild V.26 zeigt schematisch den Ablauf eines Programms mit einer Programmteilwiederholung.

Weiterhin kann je nach Steuerungsfabrikat die Möglichkeit bestehen, innerhalb einer Programmteilwiederholung eine andere Programmteilwiederholung aufzurufen, was einer Schachtelung von Programmteilwiederholungen entspricht.

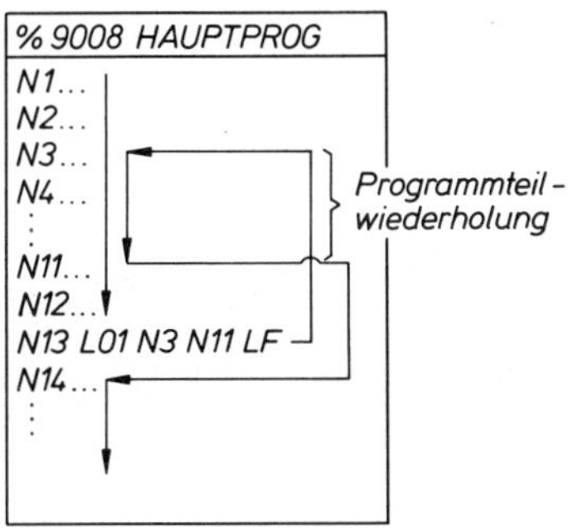

L01: Aufruf (L) und Zahl (01) der Programmteilwiederholungen

N3 N11: erster (N3) und letzter Satz (N11) des wiederholten Programmteils

Bild V.26
Programmteilwiederholung (Programmschleife)

8.4. Änderungen der Werkstückabmessungen und Lageänderungen von Konturen

Zusätzlicher Programmkomfort wird bei einer Reihe von Dreh- oder Fräsmaschinen-Steuerungen dadurch geboten, daß Änderungen der Werkstückabmessungen oder verschiedene Lagen mehrerer identischer Konturzüge auf einem Werkstück durch einfache Funktionen programmiert werden können. Neben den in DIN 66025 vorgesehenen programmierbaren Nullpunktverschiebungen (G54 bis G59) sind dies nicht genormte Funktionen beispielsweise zur Programmierung

- der Drehung des Koordinatensystems
- des Spiegelns an einer oder zwei Hauptachsen oder
- von Adreßwerten über Variablen (Variablenprogrammierung).

Mit der Steigerung des Programmierkomforts geht meistens eine erhebliche Verringerung des Programmieraufwandes einher, da wiederkehrende Konturen oder Bohrbilder bei gleichzeitiger Anwendung der Unterprogrammtechnik oder Programmteilwiederholung nur einmal beschrieben zu werden brauchen.

8.4.1. Variablenprogrammierung

Werden in einem Fertigungsbetrieb häufig Teile mit geometrisch ähnlicher Kontur oder im Rahmen von Teilefamilien durch Dreh- oder Fräsbearbeitung gefertigt, so ist dafür die Variablenprogrammierung die geeignete Funktion. Variablenprogrammierung bedeutet, daß den Adressen anstelle fester Zahlenwerte in einem Teileprogramm Variablen zugeordnet werden. Belegt wird eine Variable mit einem Zahlenwert entweder in einem vom Teileprogramm getrennten (Unter-) Programm oder durch Handeingabe an der Steuerungstastatur.
Hieraus folgt, daß Teileprogramme mit Variablen erst dann lauffähig sind, wenn den Variablen *zuvor* Zahlenwerte zugewiesen wurden.

Variablenkennzeichnung

Die Variablen werden bei einer Reihe von Dreh- und Fräsmaschinensteuerungen mit dem Buchstaben R und mit einer Nummer von eins bis neunundneunzig bezeichnet.
Damit stehen 99 Variablen zur Benutzung frei. Mit Ausnahme der Adresse N können allen übrigen Adressen Variablen zugeordnet werden.

Beispiel: N ... X R6 ...

Adresse (→ X)
Adreßwert wird durch Variable definiert (→ R6)

Zahlenwertzuweisung zu den Variablen

Die Zahlenwertzuweisung zu den Variablen sowie die Variablen selbst werden in getrennten Programmen programmiert.
Meistens stehen die Variablen im Hauptprogramm und die Zahlenwertzuweisung zu den Variablen erfolgt dann in einem gesonderten Unterprogramm.

Beispiel: Zahlenwertzuweisung zu den Variablen in einem Unterprogramm

```
%500814 LF
R1 = 250 LF
R2 = 145 LF
R3 =  30 LF
R4 = 200 LF
N1   M30 LF
```

Hauptprogramm

```
%510412                                                LF
N1 G00  G92  X315  Z65  I0.8  K0.8          T1         LF
N2 L500814                                             LF
N3 G01       XR1   ZR2              FR3  SR4   M03 M41 LF
:
N10                                                M30 LF
```

Das Hauptprogramm ruft in Satz N2 durch L500814 das Unterprogramm für die Zahlenwertzuweisung auf. Damit erlangen die Variablenwerte R1 bis R4 Gültigkeit für das Hauptprogramm.

Bild V.27 zeigt, wie drei unterschiedliche Werkstücke einer Teilefamilie durch Anwendung der Variablenprogrammierung mit einem Hauptprogramm gefertigt werden können. Das Drehteil wird durch Variablen bemaßt. In einer Tabelle ist die Zuordnung der unterschiedlichen Werkstückmaße der drei Werkstückvarianten zu den Variablen R1 bis R19 angegeben. Anhand der Variablentabelle werden dann nacheinander drei Unterprogramme beispielsweise durch Handeingabe an der Steuerungskonsole erstellt.

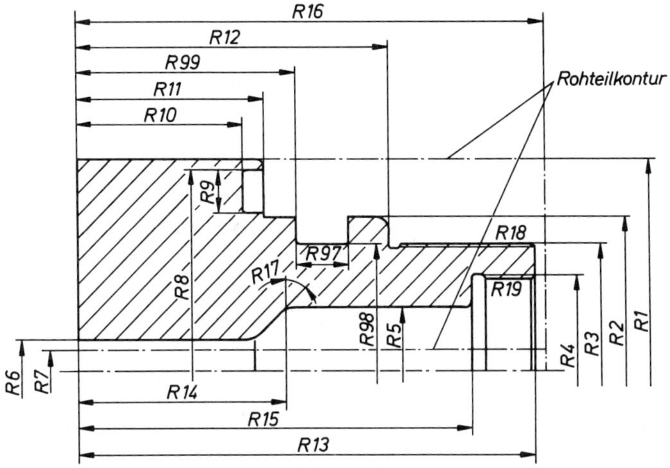

Zeichnung des Werkstücks mit allgemeingültiger Vermaßung mit Variablen

Variable	Werkstück 1	Werkstück 2	Werkstück 3	Bemerkung
R1	φ 200	φ 290		
R2	φ 145	φ 200		
R3	φ 120	φ 150		
R4	φ 90		φ 110	
R5	φ 60		φ 95	
R6	φ 30		φ 23	
R7	φ 20			
R8	φ 190	φ 270		
R9	20	35		
R97	25	10		
R98	φ 120			
R99	105			
R10	80			
R11	90			
R12	150			
R13	220	190		
R14	100		180	
R15	190	150	200	
R16	225			
R17	45°	75°	15°	Gradzahl
R18	2			Steigung Außengew.
R19	15			Steigung Innengew.

Tabelle mit den vom Bediener einzugebenden Variablen

Bild V.27. Praxisbeispiel Variablenprogrammierung „Drehteile – Familie“ (Gildemeister EPL-Steuerung)

VI. Maschinelles Programmieren

1. Kurzbeschreibung und Entwicklungsverlauf

Nach Einführung der ersten numerisch gesteuerten Werkzeugmaschinen Anfang der fünfziger Jahre kam man sehr schnell zu der Erkenntnis, daß bei komplexeren Bearbeitungsaufgaben, z. B. beim Fräsen räumlich gekrümmter Oberflächen, eine Vielzahl von Daten in die Steuerung eingegeben werden müssen.

Außerdem bestand die Notwendigkeit, die Daten vorher zu berechnen, Werkzeugwege kollisionsfrei festzulegen und Maschinenkenndaten aus Tabellen in das Steuerungsprogramm zu übertragen. Aufgrund dieser Routinearbeiten war die Fehlergefahr sehr groß.

Daraus entstand der Grundgedanke der maschinellen Programmierung. Sie sollte folgende Anforderungen erfüllen:

- einfache Beschreibbarkeit auch komplizierter Bearbeitungsaufgaben
- aus wenigen Eingabedaten sollten rechnerintern möglichst viele Steuerungsdaten gewonnen werden
- Entlastung des Teile-Programmierers von Berechnungen und Routinearbeiten wie Konturpunkte berechnen, Vorschübe und Drehzahlen ermitteln oder Werkzeugbewegungen auf Kollisionsfreiheit überprüfen
- leichte Erlern- und Merkbarkeit der Programmiersprache durch Aufbau einer Symbolsprache.

Die Ursprache aller NC-Programmiersprachen ist APT (Automatically Programmed Tools).

In Anlehnung an APT wurde ab 1967 in der Bundesrepublik Deutschland die Entwicklung der Programmiersprache EXAPT (Extended Subset of APT) begonnen.

Die Verbreitung des mittlerweile erstellten EXAPT-Programmiersystems erfolgt durch den EXAPT-Verein.

Die Anwendung von EXAPT ist gedacht für 2-, 2 1/2- sowie 3-D-Bearbeitungsprobleme unter Berücksichtigung von geometrischen als auch technologischen Bedingungen.

APT und EXAPT sind sogenannte Vielzwecksprachen, da sie für ein weites Anwendungsspektrum wie Drehen, Fräsen, Bohren, Draherodieren, Stanzen oder Brennschneiden geeignet sind. Ihre Anwendung ist aufgrund dessen sehr weit verbreitet.

Neben den Vielzwecksprachen wurden auch maschinelle Einzwecksprachen entwickelt, die speziell für eine Werkzeugmaschinenart oder -steuerung gedacht sind.

2. Informationsfluß

Typisch für die maschinelle Programmierung ist das Erstellen von Teileprogrammen mit Hilfe von benutzerorientierten Sprachanweisungen.

Mittels eines Anwendungsprogramms, dem NC-Processor, wird als Zwischenausgabe eine Werkzeugbahndatei oder CLDATA-Datei (Cutter Location Data) erzeugt.

Das CLDATA wird in einem nachgeschalteten Post-Processorlauf so umgesetzt, daß ein Steuerungsprogramm für eine bestimmte Werkzeugmaschine und deren Steuerung entsteht.

Bild VI.1 zeigt den Ablauf der Programmierung und Bild VI.2 den Informationsfluß beim maschinellen Programmieren.

Grundlagen für das vom Programmierer zu erstellende Teileprogramm sind neben der Fertigungszeichnung Angaben zur Technologie hinsichtlich der Maschine, der Werkzeuge sowie des Werkstoffes.

Bei der Eingabe des Teileprogramms in eine EDV-Anlage unterscheidet man zwischen der off-line- und der on-line-Eingabe.

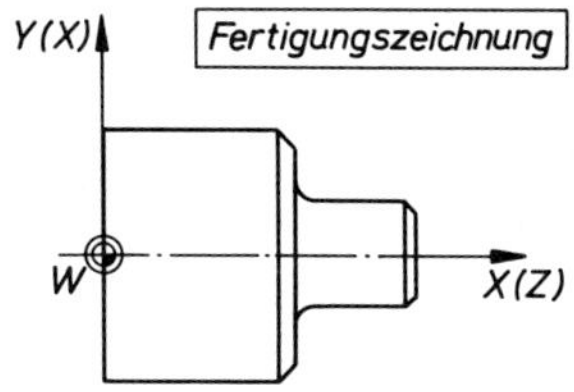

Teileprogramm (Quellprogramm nach EXAPT

```
PARTNO / ZAPFEN
          MACHIN/PITSINU
          PART/MATERL,100
               .
               .
               .
CONTUR / BLANCO
          BEGIN/–5,0,YLARGE,PLAN,–5
          RGT/DIA,80
               .
               .
               .
          PL1=CONT/TOOL,252,261,SETANG,180,CROSS,$
                    FEED,0.35,SPEED,100,OSETNO,301,ROUGH
               .
               .
               .
          WORK/PL1
          CUT/M1,TO,M6
               .
               .
               .
FINI
```

vom Programmierer erstellt

Eingabe in den Rechner

PROCESSOR

CLDATA

POSTPROCESSOR

Ausgabe

NC-Steuerungsprogramm

```
N10   G90  G94
N20   G53  G0   X-350  Z 350
N30   G59              Z 160
N40                                 T101   M40
 .
 .
 .
N500  G0        X  71
N510  G53       X-350  Z 350        T0     M9
N520                                       M30
```

vom Rechner = maschinell erstellt

Bild VI.1 Ablauf der maschinellen Programmierung

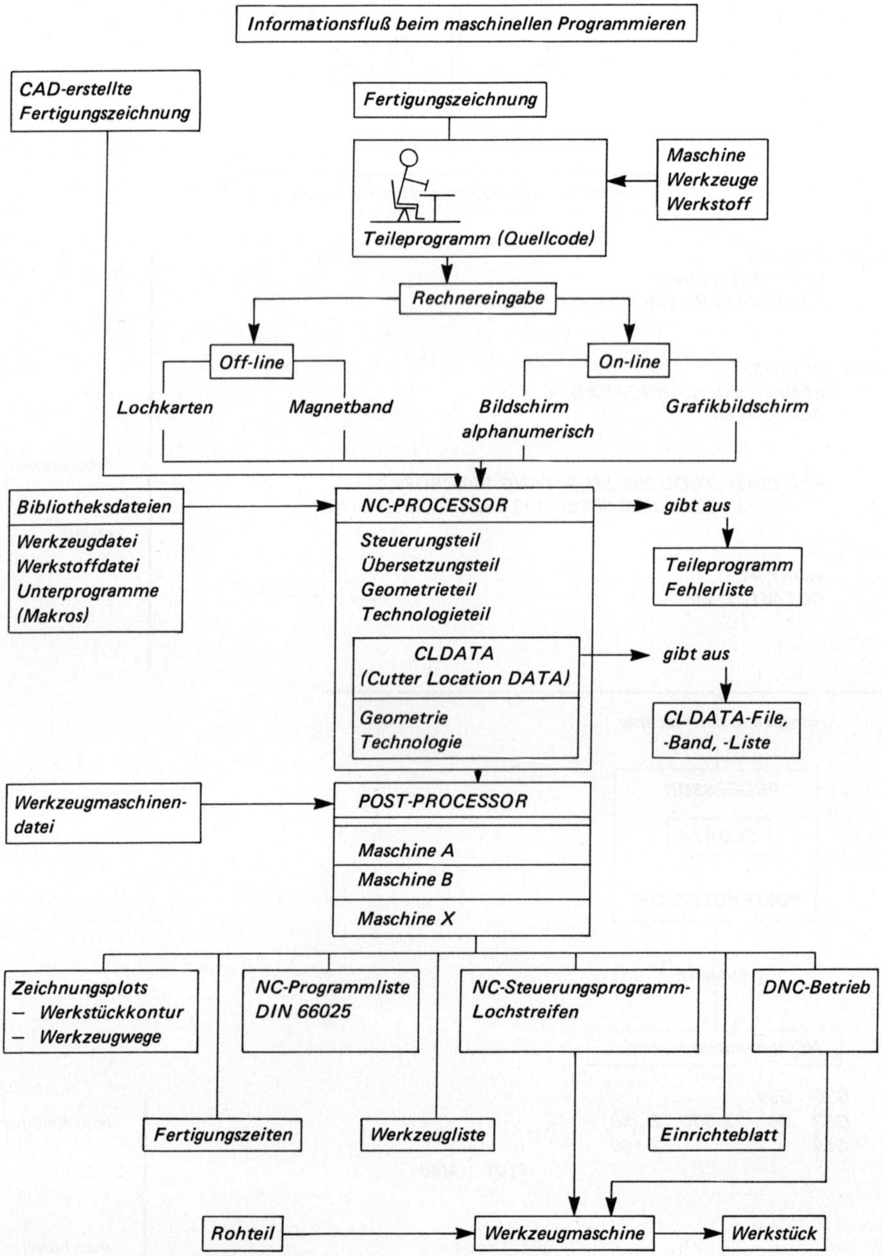

Bild VI.2 Informationsfluß beim maschinellen Programmieren

Off-line-Eingabe

Das Teileprogramm wird an einer gesonderten Eingabeeinheit eingegeben und auf Lochkarten oder Magnetband abgespeichert. Erst nachfolgend wird das so erstellte und abgespeicherte Programm automatisch in einen Rechner eingelesen, der den NC-Processor für die Weiterverarbeitung des Teileprogramms enthält.

On-line-Eingabe

Das Teileprogramm wird an einem Bildschirmterminal unmittelbar über eine alphanumerische Tastatur in den Rechner eingegeben, der den NC-Processor enthält und das Teileprogramm weiterverarbeitet.
Neueste Processorversionen erlauben eine Eingabe im Dialog mit dem Rechner, bei der Syntaxfehler sofort gemeldet werden und der Fertigungsgang graphisch-anschaulich auf dem Bildschirm nach jeder Eingabe dargestellt wird.
Neben der Umsetzung einer konventionell erstellten Fertigungszeichnung in ein Teileprogramm steht als rechnergestützte Methode die Zeichnungserstellung durch CAD (Computer Aided Design = Computer unterstütztes Konstruieren) zur Verfügung.
Hierbei wird auf einem Grafikbildschirm die Fertigteilgeometrie erzeugt, und zu den geometrischen Daten werden dann die erforderlichen technologischen Angaben hinzugefügt. Alle geometrischen und technologischen Daten werden anschließend über ein CAD/NC-Kopplungsmodul in den Rechner mit dem NC-Processor übertragen.

2.1. NC-Processor (Processor)

Der NC-Processor, kurz Processor, ist ein Software-Programm, das in einer Hochsprache (FORTRAN, ALGOL, PL/1, APL)* geschrieben ist. Der NC-Processor muß vor Eingabe des Teileprogramms in den Speicher des Rechners geladen werden.
Da jede maschinelle Programmiersprache mit einem spezifischen Symbol- oder Wortvorrat arbeitet, ist für jede Sprache ein besonderer Processor erforderlich, beispielsweise für APT ein APT-Processor oder für EXAPT ein EXAPT-Processor.
Der NC-Processor setzt das in Symbolsprache geschriebene NC-Programm in CLDATA-Dateien (Werkzeugbahn-Dateien) um. Außerdem können Dateien einer Bibliotheksdatei abgefragt werden, in denen Kenndaten über Werkzeuge oder Werkstoffe abgelegt sind.

2.2. CLDATA (Cutter Location DATA = Werkzeugbahndaten)

Das Ergebnis des Teileprogramm-Durchlaufs durch den NC-Processor ist das CLDATA. Dieses enthält alle geometrischen und technologischen Angaben, die für die weiteren Schritte zum Erstellen eines NC-Steuerungsprogramms erforderlich sind. Aufbau und Syntaxregeln des durch den NC-Processor erzeugten CLDATA sind in DIN 66215 festgelegt.
Beim CLDATA handelt es sich um einen Programmtext mit ähnlichem Aufbau wie das ursprüngliche Teileprogramm. Dieser Programmtext kann satzweise entweder auf einem Datenträger, dem CLTAPE (Cutter Location Tape) abgespeichert werden, als Datei im Rechner verbleiben oder als CLDATA-Text ausgedruckt werden. Der Aufbau der CLDATA-Texte ist immer steuerungsneutral. Hierdurch entsteht der große Vorteil, daß ein vorhandenes Teileprogramm auf verschiedene Steuerungsfabrikate umgesetzt werden kann. Dies ist gerade dann von Bedeutung, wenn aus betriebsorganisatorischen Gründen die Fertigung kurzfristig auf eine Maschine mit einem anderen Steuerungsfabrikat umdisponiert werden muß oder wenn neue Maschinen mit veränderten Steuerungen angeschafft werden.

---

*) FORTRAN = FORmular TRANslating system/ALGOL = ALGOrithmic Language/PL/1 = Programming Language 1/APL = A Programming Language

2.3. NC-Postprocessor (Postprocessor)

Nach Erstellung des CLDATA-Textes wird in einem weiteren Rechnerlauf dieser Text mit Hilfe eines NC-Postprocessors in ein maschinenspezifisches Steuerungsprogramm umgewandelt.
Werden mehrere Drehmaschinen mit unterschiedlichen Steuerungsfabrikaten eingesetzt, ist für jedes Steuerungsfabrikat ein gesonderter NC-Postprocessor erforderlich.
Beim NC-Postprocessor handelt es sich um ein Software-Programm, das in einer Hochsprache geschrieben ist. Der Postprocessor ist ein eigenständiger Programmteil, der neben dem NC-Processor in den Rechnerspeicher geladen werden muß.
Bei der Umwandlung eines CLDATA-Textes durch den Postprocessor in ein Steuerungsprogramm werden alle geometrischen und technologischen Informationen in einer von der NC-Steuerung verlangten Form codiert und in fertigungstechnisch korrekter Reihenfolge satzweise angeordnet.
Steuerungsspezifische Besonderheiten wie zum Beispiel spezielle Satzformate mit führenden oder nachlaufenden Nullen, Zyklenbeschreibungen oder nach DIN 66025 nicht vorgesehene Funktionen werden entsprechend berücksichtigt und steuerungsgerecht aufbereitet. Sofern in einer Bibliotheksdatei Maschinendaten abgelegt sind, werden diese während des Postprocessor-Laufs aufgerufen und verarbeitet.

2.4. Datenausgabe

Nach Abschluß des Postprocessor-Laufs wird das NC-Steuerungsprogramm beispielsweise auf einem Lochstreifen für die Eingabe in eine Werkzeugmaschinensteuerung ausgestanzt.
Moderne Fertigungskonzeptionen sehen das direkte Überspielen des NC-Steuerungsprogramms an eine Werkzeugmaschine vor (direkte Datenübertragung: DNC-Betrieb = Direct Numerical Control).

Einrichteblatt

Werkstück	*Gesenk*		*NC-Technik*	*Regin*
Einspannung	*1*		*Datum*	*13.8.1986*
Masch.-Type	*XXXX XXXXX*		*Name*	
Steuerung	*Sinumerik 3T/4*	*Werkstoff*	*Gepr.*	
Invent.-Nr.		*Rohteil*		

	X	*Z*	*Spannzeugskizze*
Nullpkt.-Verschieb.			
Referenzpunkt	*6.00*	*640.00*	
Startpunkt	*– 350.00*	*450.00*	

Spannzeug	*Futter*	*Reitstr.*	*Luenett.*
Ident-Nr.	*100000*		
Spann-Dmr			
Anschlagl	*160.00*		
Position		*0.00*	

Werkzeugliste

L. Nr.	*Ident-Nr.*	*Mag*	*Korr.*	*Schneide*	*RS/D*	*XE*	*YE*	*Bemerkung*
1	*252*	*261*	*1*	*P20*	*1.00*	*169.00*	*133.00*	
2	*252*	*261*	*2*	*P20*	*1.00*	*169.00*	*133.00*	
3	*551*	*262*	*5*	*P20*	*1.00*	*170.00*	*– 152.00*	
4	*551*	*262*	*6*	*P20*	*1.00*	*170.00*	*– 152.00*	

Fertigungszeiten

Hauptzeit: 4.54 Min Nebenzeit: 0.10 Min Summe: 4.64 Min

Bild VI.3 Auflistung von Organisationshinweisen

Neben dem NC-Steuerungsprogramm werden Datenlisten für die Fertigungsorganisation beziehungsweise zur Kontrolle ausgegeben.
Ausgegeben werden:

- das Teileprogramm
- die Programmliste gemäß DIN 66025 mit Kommentaren zum Einrichten oder Umspannen des Werkstücks oder von Werkzeugen
- Kenndaten bezüglich der zum Einsatz kommenden Werkzeuge (Abmessungen, Korrekturen) sowie zum Einrichten der Maschine und Spannmittel
- Fertigungszeiten wie Haupt- und Nebenzeiten (Bild VI.3)
- Zeichnungsplots der Werkstückkontur sowie der Werkzeugwege zur visuellen Kontrolle des korrekten Fertigungsablaufs (Bild VI.4).

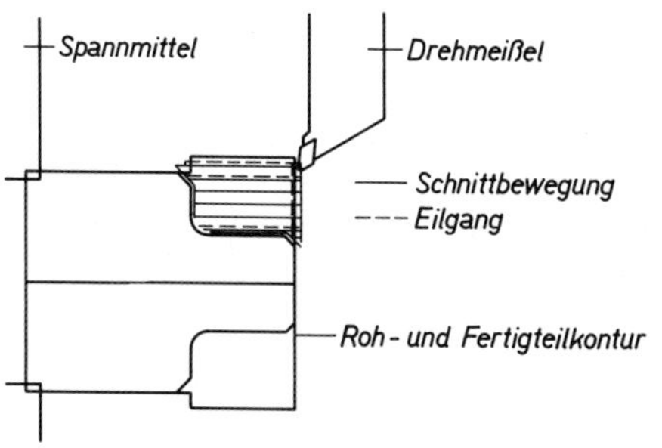

Bild VI.4
Zeichnungsplot zur Kontrolle des Fertigungsablaufs

3. Werkstückbemaßung beim maschinellen Programmieren

Grundsätze für die Bemaßung von Werkstücken, die maschinell programmiert und auf NC-Maschinen gefertigt werden sollen, sind in DIN 406, Teil 4 und dem Beiblatt 1 festgelegt.
Fertigungszeichnungen als Grundlage für die maschinelle Programmierung enthalten:

- die Teilezeichnung des Werkstücks gemäß DIN 6, wobei in der Zeichnung ein oder mehrere Koordinatensysteme für maßliche Zuordnungen festgelegt werden können
- eine Definitionstabelle zur Definition geometrischer Elemente
- eine Maßtabelle.

4. Maschinelles Programmieren von Drehteilen mit EXAPT 2

Anhand der Programmiersprache EXAPT 2 wird der Aufbau und die Anwendung einer maschinellen Programmiersprache dargestellt.
Mit EXAPT 2 können NC-Drehmaschinen für Dreh- und zentrische Bohrarbeiten maschinell programmiert werden.
Der EXAPT-Processor ermittelt nach dem Einlesen des Teileprogramms automatisch Steuerungsdaten wie Werkzeugwege, Schnittaufteilung, Kollisionsprüfung zwischen Werkzeug/Werkstück, Schnittwerte, Vorschübe und Drehzahlen.

4.1. Koordinatensysteme für Drehteile

Jedes Werkstück kann mit Hilfe eines dreiachsigen kartesischen Koordinatensystems (in DIN 66217 genormt) beschrieben werden.
Aufgrund der Rotationssymmetrie von Drehteilen reicht ein zweiachsiges System aus. Die Lage des zweiachsigen Koordinatensystems, wie es bei EXAPT 2 benutzt wird, zeigt Bild VI.5.

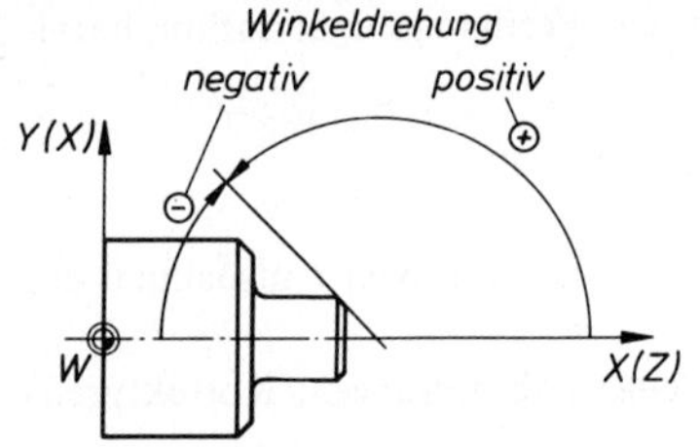

in Klammern: Achsenbezeichnung für das Drehen gemäß DIN 66217

Bild VI.5
Lage der Koordinatenachsen sowie Vorzeichen der Winkel bei der Programmierung mit EXAPT 2

Benutzt wird für die Werkstückbeschreibung die X- und die Y-Achse, wobei die X-Achse immer in der Drehachse liegt. Die bei EXAPT 2 zur X-Achse senkrechte Y-Achse kann am Werkstück beliebig festgelegt werden. Zur Vereinfachung empfiehlt es sich, die Y-Achse durch die Maßbezugskante des Werkstücks zu legen. Die Pfeilrichtungen der beiden Achsen geben die positiven Achsrichtungen an. Bei Winkelangabe an Geometrieelementen ist die Drehrichtung für die Winkelangabe zu beachten:

- Drehung *gegen* den Uhrzeigersinn = *positive* Winkeldrehung
- Drehung *im* Uhrzeigersinn = *negative* Winkeldrehung (Bild VI.5).

4.2. Aufbau und Gliederung eines EXAPT 2-Programms

Ein EXAPT 2-Programm besteht aus:

- allgemeinen Angaben
- geometrischen Angaben
- technologischen Angaben.

Die Gliederung eines EXAPT 2-Programms ist immer in

- Programmanfang
- eine Folge von Programmsätzen
- Programmende

vorzunehmen.

Programmanfang

Der erste Satz beginnt immer mit dem Wort PARTNO (part number = Werkstücknummer). Dahinter kann die Werkstückbenennung und/oder die Zeichnungsnummer in Klartext geschrieben werden.

Beispiel: PARTNO/ZAPFEN

Programmende

Im letzten Satz des Programms steht die Anweisung FINI (finish = Programmende). Der Rechner beendet damit die Programmbearbeitung. Im Steuerungsprogramm oder auf dem Lochstreifen erzeugt FINI das Programmendezeichen M02.

4.2.1. Satzaufbau

Ein Programmsatz besteht aus einer oder mehreren Anweisungen, die aus einer Folge von Sprachelementen aufgebaut sind. Satzanfang- und Satzendezeichen sind nicht vorgesehen.
Ein Einzelsatz besteht aus Hauptteil und Nebenteil. Beide werden durch einen Schrägstrich voneinander getrennt. Die im Nebenteil stehenden Anweisungen, Parameter und Zahlenangaben werden durch Kommata getrennt hintereinander geschrieben.

Beispiel: LINE/P1,ATANGL,15
Hauptteil
Nebenteil

Verkürzte Schreibweise bei mehreren gleichen Anweisungen

Eine verkürzte Schreibweise mehrerer Anweisungen in einem Satz ist dadurch möglich, daß die Symbole im Nebenteil durch Semikolons voneinander getrennt geschrieben werden.

Beispiel: GOLFT/L1
GOLFT/L2 } kann zusammengefaßt werden zu GOLFT/L1;L2;L3
GOLFT/L3

Die Länge einer Anweisung in einem Satz darf maximal 72 Zeichen (= Spalten) betragen. In die Spalten 73–80 kann eine Anweisungsnummer geschrieben werden. Sie hat keine Bedeutung für die Programmbearbeitung.

Verkürzte Schreibweise bei mehreren verschiedenen Anweisungen

Verschiedenartige Anweisungen können ebenfalls in einem Satz zusammengefaßt geschrieben werden. Die Einzelanweisungen müssen dann durch jeweils zwei Schrägstriche voneinander getrennt geschrieben werden.

Beispiel: CHUCK/100000, 160, 250, 10, 90, -50
CLAMP/35
CLDIST/1
wird zu
CHUCK/100000, 160, 260, 10, 90, -50//CLAMP/35//CLDIST/1

Schachteln von Sätzen

Schachteln von Sätzen bedeutet, einen oder mehrere Sätze in den Nebenteil eine Satzes einzusetzen. Jeder geschachtelte Satz ist dabei in Klammern einzuschließen.

Beispiel: LINE/(POINT/3,5),PARLEL,(LINE/P1,P2)
geschachtelte Sätze

Satztrennungszeichen

Für den Fall, daß die Satzlänge 72 Zeichen überschreitet, ist ein Satztrennungszeichen ($) definiert. Die Anweisung wird danach in der Folgezeile fortgesetzt.

Beispiel: SYN/G,LINE,T,POINT,K,CIRCLE,CE,CENTER,$
PA,PARLEL,XS,XSMALL

Satzkommentare

An das Ende eines Satzes kann in Klartext ein Kommentar angehängt werden. Satzanweisungen und Kommentartext sind durch zwei Satztrennungszeichen voneinander zu trennen.

Beispiel: CUT/M1,T0,M2$$BEARBEITUNGSSTELLENAUFRUF
$$ZERSPANUNG VON M1 BIS M2

Symbolzuweisung

Wird ein Satz in einem Programm mehrmals verwendet, so kann der Satz einem Symbol zugewiesen werden. Bei erneutem Aufruf des Satzes wird dann nur das Symbol benutzt.

Beispiel: LX=LINE/P1,PARLEL,L1
Satz
Symbolzuweisung wird in einem anderen Satz weiterverwendet
LINE/PARLEL,LX,XLARGE,45

4.2.2. Wortaufbau

Der Aufbau der in den Sätzen verwendeten Wörter unterliegt wie der Satzaufbau Regeln. Ein Wort darf höchstens aus sechs Zeichen bestehen, wobei das erste Zeichen immer ein Buchstabe sein muß.

Strukturelemente der Wörter

Strukturelemente der Sätze und Wörter sind Buchstaben, Ziffern und Sonderzeichen. Wörter werden nur aus Buchstaben oder aus Buchstaben und Ziffern gebildet.

Buchstaben

Es sind folgende Großbuchstaben zulässig:
A, B, C, D, E, F, G, H, I, J, K, L, M, N, O, P, Q, R, S, T, U, V, W, X, Y, Z

Ziffern

Es sind alle Ziffern des Dezimalsystems zulässig:
0, 1, 2, 3, 4, 5, 6, 7, 8, 9
Mit Hilfe der Ziffern werden die Zahlenangaben für arithmetische Operationen und Funktionen gebildet oder physikalische und technische Größen beschrieben. Sofern eine Dezimalzahl dargestellt wird, ist für den Dezimalbruch als Trennungszeichen der Punkt zu benutzen. Ein positives Vorzeichen *kann*, ein negatives Vorzeichen *muß* geschrieben werden.

Beispiele: 23.74
−.961

Einheiten werden den im Programm verwendeten Größen automatisch zugeordnet, sofern keine anderen Einheiten durch Anweisungen definiert werden.
Folgende Einheiten werden den Größen automatisch zugeordnet:

Größe	Einheit
Länge	mm
Winkel	Grad
Vorschub	mm/U
Drehzahl	1/min
Schnittgeschw.	m/min
Drehmoment	Nm
Leistung	kW

Sonderzeichen

Sonderzeichen werden als Operatoren bei arithmetischen Verknüpfungen sowie als Trennungszeichen in Anweisungen benutzt.
Folgende Zeichen sind zulässig:

. , + − * / ( ) = $ Leerzeichen

4.2.3. Worttypen

Bei den Wörtern in den Sätzen ist zwischen zwei Worttypen zu unterscheiden, den *Vokabeln* (Schlüsselwörter) und den *Symbolen.*

Vokabeln (Schlüsselwörter)

Vokabeln sind Wörter mit festgelegter Bedeutung, die durch die Processorsprache definiert sind. Sie werden nur aus Buchstaben gebildet und beziehen ihre Bedeutung aus englischsprachigen Fachbegriffen.

Beispiele: POINT (= Punkt)
LINE (= Gerade)
TAN (= Tangens)
MACHIN (= Maschine)

Bei den Wörtern kann nochmals unterschieden werden zwischen drei Arten mit feststehender Bedeutung:

- Hauptwörter
- Ergänzungswörter (Modifikatoren)
- Wörter für mathematische Funktionen

Aufgrund ihrer Bedeutung haben die Wortarten feste Positionen innerhalb eines Satzes. Hauptwörter stehen im Hauptteil eines Satzes, Ergänzungswörter oder Modifkatoren stehen im Nebenteil eines Satzes. Durch sie wird das Hauptwort näher beschrieben.

Beispiel: LINE/P1,ATANGL,15

Hauptwort — LINE
Ergänzungswort (Modifikator) — ATANGL
Hauptteil — LINE
Trennungszeichen — /
Nebenteil — P1,ATANGL,15

Wörter für mathematische Funktionen werden meist im Zusammenhang mit Symbolzuweisungen benutzt, wobei die Symbole dann in die Nebenteile von Sätzen eingesetzt werden.

Beispiel: A=ATAN(−1)

LINE/P1,ATANGL,A

Tafel VI.1 zeigt eine Auswahl von EXAPT-Vokabeln mit englischer und deutscher Bedeutung sowie die Zuordnung, ob es sich um Hauptwörter, Ergänzungswörter oder Wörter für mathematische Funktionen handelt.

Tafel VI.1. Auszug aus den Vokabeln der EXAPT-Sprache

Vokabel (Sprachwort)	Synonym	Bedeutung	Bemerkung
ABS	–	Absolutfunktion	M
ATAN	AN	Arcustangensfunktion	M
ATANGL	AA	im Winkel	E
BEGIN	–	Anfang Konturbeschreibung	H
BEVEL	BV	Fase	E
BLANCO	BL	Rohteilkontur	E
CDRILL	CD	Zentrieren	H
CENTER	CE	Mittelpunkt	E
CHUCK	CK	Spannmittel, Spannfutter	H
CIRCLE	C	Kreis	H
CLAMP	CL	Einspannebene	H
CLDIST	CLD	Sicherheitsabstand	H
CONT	CNT	Konturdrehen	H
CONTUR	CTR	Kontur	H
COOLNT	CLN	Kühlmittel	H
COS	–	Kosinusfunktion	M

VI.1 (Fortsetzung)

Vokabel (Sprachwort)	Synonym	Bedeutung	Bemerkung
COSINK	CSI	Zentrieren, Anfasen	H
CROSS	CRO	Plandrehen	E
CUT	CT	Bearbeitungsstellenaufruf	H
DEPTH	DE	Tiefe, Zustelltiefe	E
DIA	–	Werkstückdurchmesser	E
DNTCUT	DN	Zerspanungsbegrenzung	H
DRILL	DR	Bohren	H
FEED	FD	Vorschub	E
FIN	–	Schlichten	E
FINE	FE	Feinschlichten	E
FINI	–	Teileprogrammende	H
FROM	FR	Startpunkt	H
FWD	–	vorwärts	H
GOBACK	GB	gehe rückwärts	H
GOFWD	GF	gehe vorwärts	H
GOLFT	GL	gehe nach links	H
GORGT	GR	gehe nach rechts	H
IN	–	innen	E
INTOF	IO	Schnittpunkt von	E
INVERS	IS	Umkehrung	E
LEFT	LF	links	E
LFT	–	nach links	H
LINE	L	Gerade	H
LOG	–	Logarithmusfunktion	M
LONG	LG	Längsdrehen	E
LTYPE	–	Sprachtyp des Processors	H
MACHDT	MD	Kenndaten der Werkzeugmaschine	H
MACHIN	MN	Maschinenangabe	H
MATERL	ML	Werkstoff	E
NEWMAT	NWT	Werkstoffdefinition	H
NEWMCH	NWH	Maschinendefintion	H
NEWTL	–	Werkzeugdefinition	H
NOMORE	NM	Ende einer Anweisung	E
OFF	–	Ausschalten	E
ON	–	Einschalten	E
OSETNO	OS	Korrekturschalterangabe	E
OUT	–	außen	E
OVSIZE	OV	Aufmaß	E
PARLEL	PL	parallel	E
PART	PT	Angaben zum Werkstück	H
PARTCO	PC	Fertigteilkontur	E
PARTNO	–	Teileprogrammanfang	H
PLAN	PLN	Planfläche	E
POINT	P	Punkt	H
PPFUN	PF	Postprocessorfunktion	H
PPRINT	–	Postprocessorausdruck	H
RADIUS	RS	Radius	E
RAPID	RP	Eilgang	H
RE	–	entgegen dem Beschreibungssinn	E
REAM	RM	Reiben	H
RGT	–	nach rechts	H

VI.1 (Fortsetzung)

Vokabel (Sprachwort)	Synonym	Bedeutung	Bemerkung
RIGHT	RI	rechts	E
ROUGH	RO	Schruppen	E
ROUND	R	Kantenverrundung	E
SETANG	SG	Anstellwinkel	E
SIN	–	Sinusfunktion	M
SPEED	SD	Schnittgeschwindigkeit	E
SPINDL	SL	Spindeldrehzahl	E
SPIRET	SR	Eilgangcodierung	E
SURFIN	SF	Oberflächengüte	H
SQRT	SQR	Quadratwurzelfunktion	M
TANTO	TA	tangierend an	E
TERMCO	TC	Ende der Konturbeschreibung	H
TERMDT	–	Ende von Datensätzen	H
TO	–	vor	E
TOOL	TL	Werkzeug	E
TOOLNO	TN	Werkzeugnummer	H
TURN	T	Drehen	H
WORK	W	Aufruf der Bearbeitungsdefinition	H
XLARGE	XL	in Richtung größerer X-Werte	E
XSMALL	XS	in Richtung kleinerer X-Werte	E
YLARGE	YL	in Richtung größerer Y-Werte	E
YSMALL	YL	in Richtung kleinerer Y-Werte	E

H: Hauptwort E: Ergänzungswort/Modifikator M: mathematische Funktion

Symbole

Symbole sind Wörter mit frei wählbarer Bedeutung. Sie dürfen (beginnend mit einem Buchstaben) aus Buchstaben und Ziffern zusammengesetzt sein. Symbole dürfen nicht denselben Wortlaut haben wie eine vorhandene Vokabel.
Sofern Symbole nicht als arithmetische Symbole benutzt werden, darf innerhalb eines Programms einem Symbol auch nur eine Bedeutung zugewiesen werden.

Beispiele: P1
L2
GRENZE
TEIL 5

Synonymdefinition (synonym = sinnverwandt)

Durch die Synonymdefinition können Vokabeln mit anderen Benennungen oder in verkürzter Schreibweise für ein Programm festgelegt werden.
Zu beachten ist, daß Symbole, die Vokabeln ersetzen, in keinem anderen Zusammenhang im Programm benutzt werden dürfen.

Beispiele: SYN/G,LINE,T,POINT,PA,PARLEL,XS,XSMALL

Bedeutung: G ersetzt LINE
T ersetzt POINT
PA ersetzt PARLEL
XS ersetzt XSMALL

5. Anweisungstypen in einem EXAPT 2-Programm

Die Abarbeitung des Programms wird durch die Reihenfolge der im Programm verwendeten Anweisungen bestimmt (Definitions-, Exekutiv- und programmtechnische Anweisungen).

5.1. Definitionsanweisungen

5.1.1. Arithmetische Definitionsanweisungen

Arithmetische Definitionsanweisungen sind Rechenausdrücke und mathematische Funktionen sowie deren Verknüpfung, die bei jedem Taschenrechner vorhanden sind (Addition (+), Substraktion (–), Multiplikation (*), Winkelfunktionen, dekadischer Logarithmus usw.).
Das einer Funktion zuzuordnende Argument muß hinter die Funktion in Klammern geschrieben werden.

Beispiele: SIN(30)
SQRT(A)

Rechenausdrücke und mathematische Funktionen können sowohl in den Nebenteil eines Satzes als auch in eine Symbolzuweisung eingesetzt werden.

Beispiele: P1=POINT/(10–3.7),(4*.7071)
K=3.14*20–15.97
ALPHA=ATAN(G/A)
G=C*SIN(ALPHA)

5.1.2. Geometrische Definitionsanweisungen

Die geometrischen Definitionsanweisungen dienen der eindeutigen Lagebeschreibung geometrischer Elemente in Bezug auf das Werkstückkoordinatensystem. Geometrische Grundelemente in EXAPT 2 sind die drei Elemente Punkt, Gerade und Kreis. Benötigt werden die geometrischen Grundelemente einerseits zur Beschreibung der Rohteil- sowie der Fertigteilkontur und andererseits zur Angabe von Werkzeugbewegungen und -positionen.
Da die geometrischen Definitionen meist mehrfach in einem Teileprogramm gebraucht werden, empfiehlt es sich, diese über Symbolzuweisungen zu definieren.

Beispiel: P1=POINT/40,(100/2)

Symbol — P1
Punktdefinition — POINT
X-Koordinate — 40
Y-Koordinate — (100/2)

Geometrische Elemente können durch drei Methoden beschrieben werden:

1. durch Koordinaten- sowie Winkelangaben
2. durch Lagebeziehungen zu anderen geometrischen Elementen
3. durch Kombination der beiden Methoden.

Bei der Beschreibung geometrischer Elemente durch Koordinaten- oder Winkelangaben werden die Zahlenwerte unmittelbar im Nebenteil einer Anweisung eingesetzt.
Bei der Beschreibung geometrischer Elemente durch ihre Lagebeziehung zu anderen geometrischen Elementen sind die Bezugselemente von ihrer Verwendung im Nebenteil einer Anweisung selbst erst durch Koordinaten- oder Winkelangaben zu beschreiben.

Punktdefinitionen (POINT=Punkt)

Für die Lagedefinition eines Punktes stehen neun Definitionsverfahren zur Auswahl. Die Bilder VI.6 bis VI.8 zeigen drei dieser Definitionsverfahren.

Punktdefinition durch Angabe der X- und Y-Koordinaten (Bild VI.6)

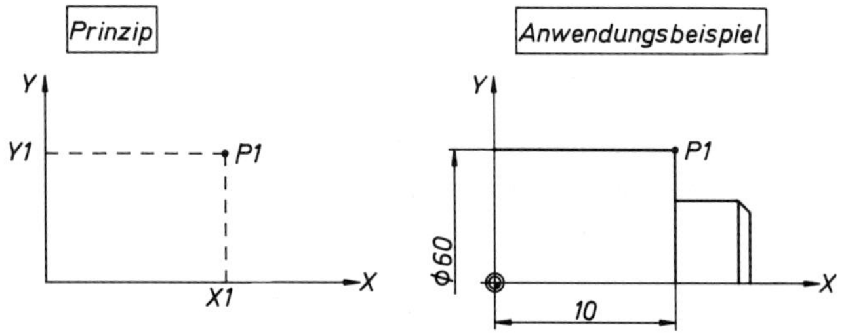

Bild VI.6

Anweisung

P1=POINT/10,(60/2)

X-Koordinate

Y-Koordinate

Lies: P1 ist der Punkt mit der X-Koordinate 10 mm und der Y-Koordinate (= Radius) (60/2) mm.

Punktdefinition durch Angabe des Schnittpunktes zweier Geraden (Bild VI.7)

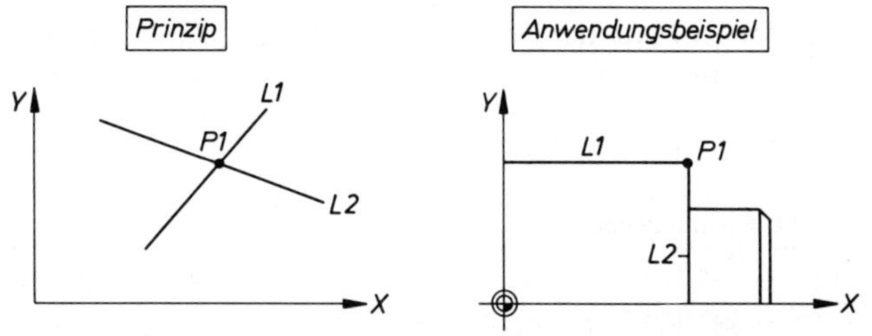

Bild VI.7

Anweisung

P1=POINT/INTOF,L1,L2

Modifikator für „Schnittpunkt"

Schnittgerade 1

Schnittgerade 2

Lies: P1 ist der Schnittpunkt zwischen den Geraden L1 und L2.

Punktdefinition durch Angabe des Schnittpunktes zweier Kreise (Bild VI.8)

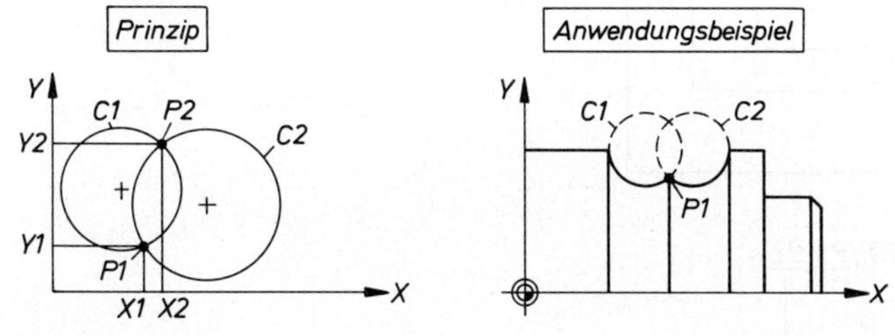

Bild VI.8

Anweisung

P1=POINT/YSMALL,INTOF,C1,C2

Modifkator für „kleine Y-Koordinate" — YSMALL
Modifkator für „Schnittpunkt" — INTOF
Kreis 1 — C1
Kreis 2 — C2

Lies: P1 ist der Schnittpunkt zwischen den Kreisen C1 und C2 mit der kleineren Y-Koordinate (Y1).

Erläuterung zum Modifkator YSMALL

Bild VI.8 veranschaulicht, daß der Schnitt zweier Kreise C1 und C2 zwei Schnittpunkte P1 und P2 ergibt. Zur eindeutigen Unterscheidung der beiden Schnittpunkte muß angegeben werden, ob der Punkt mit der kleineren oder größeren X- oder Y-Koordinate gemeint ist.
Die Modifikatoren zur Schnittpunktbeschreibung sind:

XSMALL → die kleinere X-Koordinate
XLARGE → die größere Y-Koordinate
YSMALL → die kleinere Y-Koordinate
YLARGE → die größere Y-Koordinate
} von zwei Koordinatenwerten

Bezogen auf P1 und P2 gilt:
X1 = XSMALL, Y1 = YSMALL
X2 = XLARGE, Y2 = YLARGE

Geradendefinitionen (LINE = Gerade)

Für die Lagedefinition einer Geraden stehen elf Definitionsverfahren zur Auswahl. Die Bilder VI.9 bis VI.12 zeigen vier dieser Definitionsverfahren.

Geradendefinition durch Angabe der X- und Y-Koordinaten zweier Punkte (Bild VI.9)

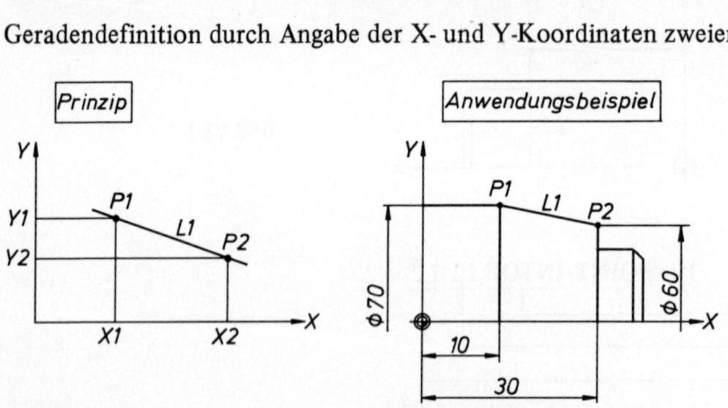

Bild VI.9

Anweisung

L1=LINE/10,(70/2),30,(60/2)

Punkt 1: X-Koordinate — 10; Y-Koordinate — (70/2)
Punkt 2: X-Koordinate — 30; Y-Koordinate — (60/2)

oder

L1=LINE/P1,P2

Punkt 1 — P1
Punkt 2 — P2

Lies: L1 ist die Gerade, die durch P1 und P2 läuft.

Geradendefinition durch Angabe eines Punktes und dem Steigungswinkel (Bild VI.10)

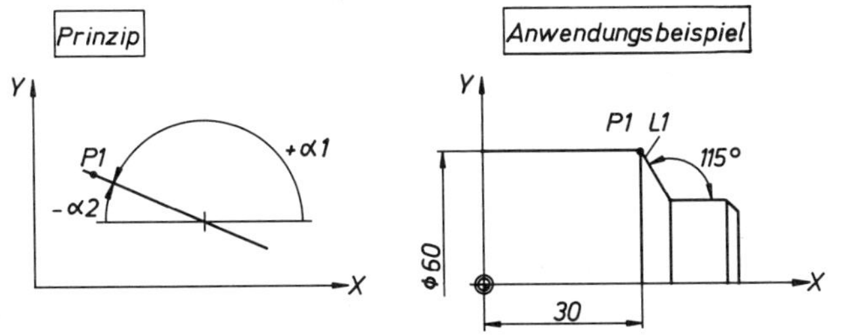

Bild VI.10

Anweisung

L1=LINE/P1,ATANGL,115

Punkt P1 — P1
Modifikator für „im Winkel“ — ATANGL
Steigungswinkel 115° — 115

Lies: L1 ist die Gerade, die unter einem Winkel von 115° zur X-Achse durch den Punkt P1 läuft.

Hinweis: Anstelle des Steigungswinkels kann auch der Ergänzungswinkel, im Beispiel 65°, angegeben werden. Da sich dieser Winkel auf die negative Richtung der X-Achse bezieht, ist er negativ anzugeben.

Beispiel: L1=LINE/P1,ATANGL,115
oder
L1=LINE/P1,ATANGL,−65

Geradendefinition durch Angabe des Abstandes zu einer parallelen Geraden (Bild VI.11)

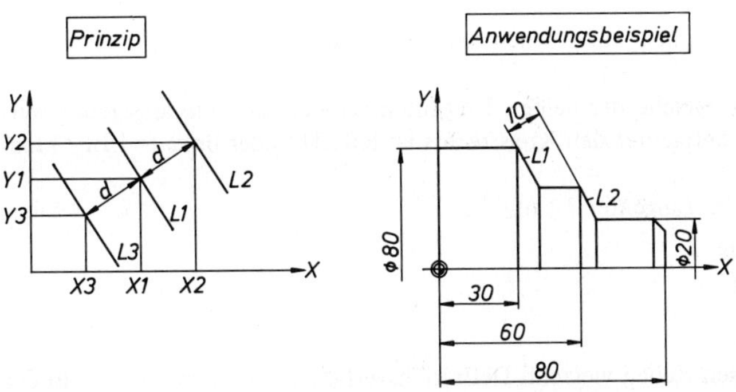

Bild VI.11

Anweisung

L2=LINE/PARLEL,L1,XLARGE,10

Modifkator für „Parallelität“ — PARLEL
Bezugsgerade L1, zu der L2 parallel liegt — L1
Modifkator für „große X-Koordinate“ — XLARGE
Abstand der beiden parallelen Geraden 10 mm — 10

Lies: L2 ist die Gerade mit der großen X-Koordinate, die in 10 mm Abstand parallel zur Geraden L1 läuft.

Erläuterung zum Modifkator XLARGE

Bild VI.11 zeigt, daß es zwei Geraden L2 und L3 gibt, die parallel zur Geraden L1 mit definiertem Abstand liegen.

Zur eindeutigen Unterscheidung, welche der beiden Geraden gemeint ist, muß angegeben werden, ob die Gerade mit der größeren oder kleineren X- oder Y-Koordinate gemeint ist.
Für die Lage der Parallelen L2 und L3 bezogen auf die Gerade L1 gilt somit:

X2>X1 → X2=XLARGE Y2>Y1 → Y2=YLARGE
X3< X1 → X3=XSMALL Y3<Y1 → Y3=YSMALL

Geradendefinition durch Angabe eines Punktes und eines tangierten Kreises (Bild VI.12)

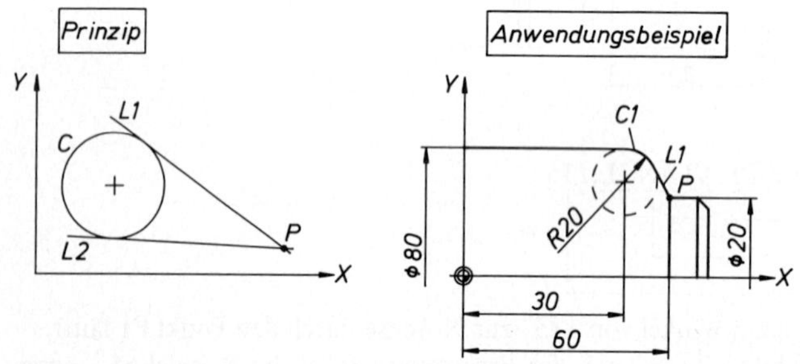

Bild VI.12

Anweisung

L1=LINE/P,RIGHT,TANTO,C1

Punkt P auf Tangente L1 — P
Modifikator für „Tangentenlage rechts" — RIGHT
Modifikator für „tangential an" — TANTO
Berührkreis C1 — C1

Lies: L1 ist die Gerade durch den Punkt P, die den Kreis C1 an der rechten Seite tangiert.

Erläuterung zum Modifkator RIGHT

Bild VI.12 zeigt, daß von einem Punkt P aus gesehen zwei Tangenten an einen Kreis C gelegt werden können.
Zur eindeutigen Unterscheidung, welche der beiden Tangenten gemeint ist, muß angegeben werden, ob die Tangente von P aus betrachtet den Kreis rechts (= RIGHT) oder links (= LEFT) tangiert.
Bezogen auf den Kreis C gilt für die Tangenten L1 und L2:

RIGHT → L1 berührt C rechts
LEFT → L2 berührt C links

Kreisdefinition (CIRCLE = Kreis)

Für die Lagedefinition von Kreisen stehen vierzehn Definitionsverfahren zur Auswahl. Die Bilder VI.13 und VI.14 zeigen zwei Definitionsverfahren.

Kreisdefinition durch Angabe zweier tangierender Geraden und des Kreisradius (Bild VI.13)

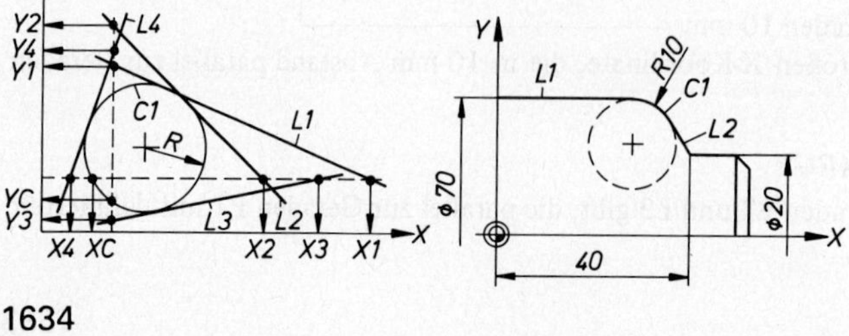

Bild VI.13

Anweisung

C1=CIRCLE/YSMALL,L1,XSMALL,L2,RADIUS,10

Modifikator für „kleine Y-Koordinate" — YSMALL
Berührgerade L1 — L1
Modifikator für „kleine X-Koordinate" — XSMALL
Berührgerade L2 — L2
Modifikator für „Kreisradius" — RADIUS
Kreisradius 10 mm — 10

Lies: C1 ist der Kreis, der von L1 tangiert wird und die kleineren Y-Werte gegenüber L1 hat und der von L2 tangiert wird und die kleineren X-Werte gegenüber L2 hat sowie einen Radius von 10 mm besitzt.

Erläuterung zu den Modifikatoren XSMALL und YSMALL

Bild VI.13 zeigt mögliche Tangentenlagen am Kreis C1 durch die Geraden L1 bis L4.

Parallel zur X- und Y-Achse sind zwei Strichlinien gezeichnet, die alle vier Geraden (L1...L4) und den Kreis C1 schneiden.

Die Lage der zu den jeweiligen Schnittpunkten gehörenden Koordinaten X1 bis X4 und XC sowie Y1 bis Y4 und YC ist auf den Koordinatenachsen eingetragen.

Für die Lage von C1 bezogen auf die Geraden L1...L4 gilt somit:

XC<X1 → XC=XSMALL | YC<Y1 → YC=YSMALL
XC<X2 → XC=XSMALL | YC<Y2 → YC=YSMALL
XC<X3 → XC=XSMALL | YC>Y3 → YC=YLARGE
XC>X4 → XC=XLARGE | YC<Y4 → YC=YSMALL

Kreisdefinition durch Angabe einer Tangente, eines tangierenden Kreises sowie des Radius (Bild VI.14)

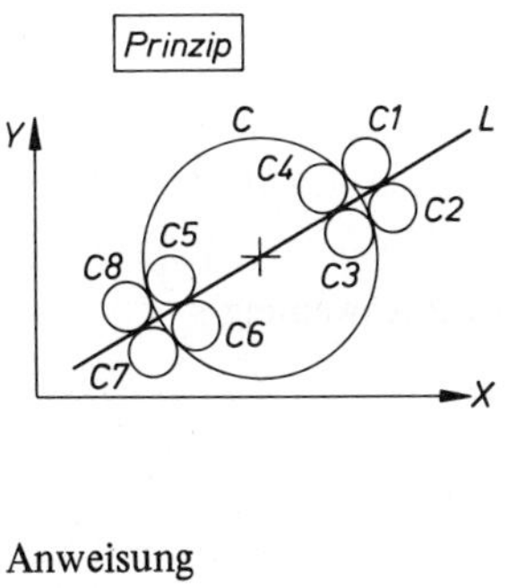

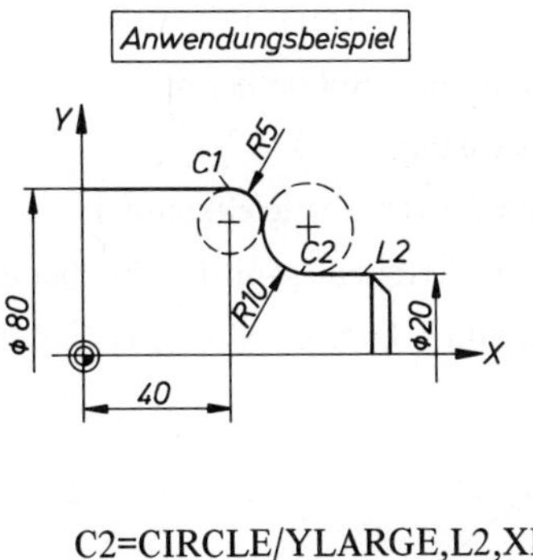

Bild VI.14

Anweisung

C2=CIRCLE/YLARGE,L2,XLARGE,OUT,C1,RADIUS,10

Modifikator für „große Y-Koordinate" — YLARGE
Tangente L2 — L2
Modifikator für „große X-Koordinate" — XLARGE
Modifikator für „außen" — OUT
Berührkreis C1 — C1
Modifikator für „Kreisradius" — RADIUS
Kreisradius 10 mm — 10

Lies: C2 ist der Kreis, der von L2 tangiert wird und die größeren Y-Werte gegenüber L2 hat und der von C1 außen tangiert wird und die größeren X-Werte gegenüber C1 hat sowie einen Radius von 10 mm besitzt.

Erläuterung zum Modifikator OUT

Bild VI.14 zeigt, daß für den kleineren Kreis acht verschiedene Tangentenlagen am Kreis C und der Geraden L möglich sind.

Neben den Modifikatoren XSMALL, XLARGE, YSMALL und YLARGE ist zur eindeutigen Lagebeschreibung zwischen den beiden Kreisen außerdem anzugeben, ob der kleinere Kreis den größeren Kreis innen (= IN) oder außen (= OUT) berührt.

Für die Lagebeschreibung der Kreise C1, C2, C7 und C8 bezogen auf Kreis C gilt somit der Modifikator OUT, für die Kreise C3, C4, C5 und C6 gilt der Modifikator IN.

5.2. Konturbeschreibung

Die Beschreibung der Rohteil- und der Fertigteilkontur dient der automatischen Ermittlung des zu zerspanenden Werkstoffvolumens. In Abhängigkeit vom zu zerspanenden Volumen werden zusätzlich Technologiedaten wie Vorschübe und Drehzahlen ermittelt, und die Werkzeugbahn wird auf Kollisionsfreiheit überprüft.

5.2.1. Rohteil- und Fertigteilbeschreibung

Die Kontur eines Roh- und Fertigteils ergibt sich bei Drehteilen aus dem Umrißlinien eines Vollschnittes, der durch die Symmetrieachse (= Drehachse) gelegt wird.

Wegen der Rotationssymmetrie genügt es, für die Programmierung des Werkstücks eine Werkstückhälfte zu beschreiben. Bei EXAPT 2 muß immer die Kontur der oberen Rohteil- und Werkstückhälfte beschrieben werden.

Roh- und Fertigteilkontur werden in Konturzüge unterteilt, die sich aus Geometrieelementen zusammensetzen. Der Anfangspunkt für die Konturzug-Beschreibung kann beliebig gewählt werden. Die Konturbeschreibung hat stets *im Uhrzeigersinn* zu erfolgen. Der Konturzug muß unabhängig davon, ob es sich um Voll- oder Hohlteile handelt, immer einen geschlossenen Linienzug ergeben.

Bild VI.15 zeigt anhand eines einfachen Drehteiles die grundsätzlichen Merkmale der Konturbeschreibung.

Im Teileprogramm lautet der Beginn der Anweisung für die Rohteilkontur-Beschreibung

CONTUR/BLANCO (blank contur = Rohteilkontur)

und für die Fertigteilkontur-Beschreibung

CONTUR/PARTCO (contur of part = Fertigteilkontur)

Beendet wird sowohl die Rohteil- als Fertigteilkontur-Beschreibung mit der Anweisung

TERMCO (termination of contur = Ende der Konturbeschreibung)

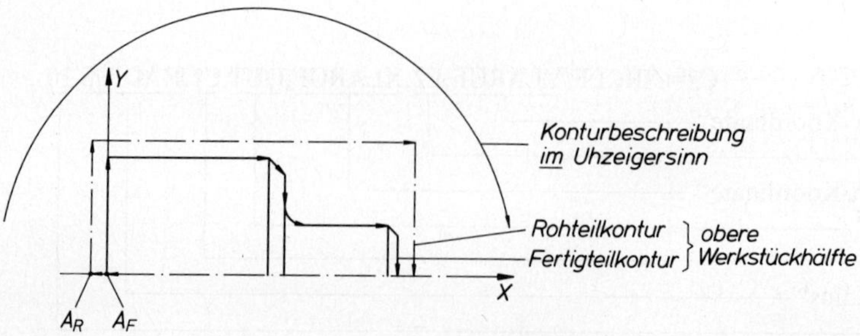

A_R: Anfangspunkt der Konturbeschreibung für das Rohteil
A_F: Anfangspunkt der Konturbeschreibung für das Fertigteil

Bild VI.15 Merkmale der Konturbeschreibung bei EXAPT 2

5.2.2. Verknüpfungsanweisungen

Die eigentliche Konturbeschreibung erfolgt durch Verknüpfung von Konturelementen. Konturelemente sind Strecken oder Kreisbögen, deren Lage auf den Geometrieelementen Gerade oder Kreis durch Anfangs- und Endpunkt eindeutig beschreibbar ist.
Anfangs- und Endpunkt eines Konturelements ergeben sich aus dem Schnitt des vorangehenden und des nachfolgenden Geometrieelementes mit dem betrachteten Geometrieelement. Die Verknüpfung zweier Konturelemente ergibt sich zwangsläufig, da der Endpunkt beziehungsweise der Anfangspunkt zweier benachbarter Konturelemente zusammenfällt.
Die automatische Berechnung der Punkte durch den EXAPT 2-Processor wird ausgelöst durch eine Verknüpfungsanweisung, deren Aufbau weiter unten beschrieben wird.
Bild VI.16 zeigt die Beschreibung von Konturelementen. Für den Kantenbruch ergibt sich der Anfangspunkt P2 aus dem Schnitt der Geraden L1 und L2, der Endpunkt P3 durch den Schnitt der Geraden L2 und L3.
Für Kreisbögen gilt entsprechendes, wobei Anfangs- oder Endpunkt jedoch häufig Tangentenpunkte darstellen.
Eine Verknüpfungsanweisung setzt sich allgemein aus einem Haupt- und einem Nebenteil zusammen.

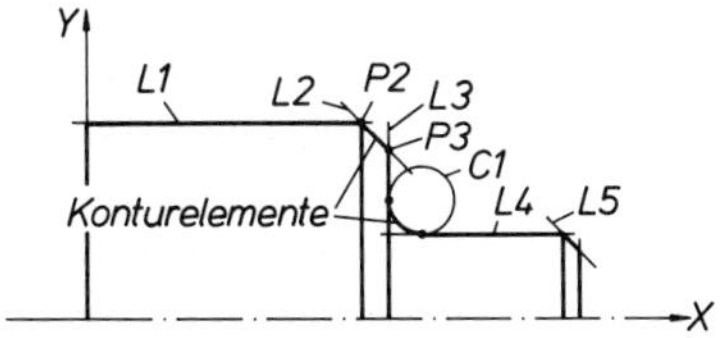

Geometrie-element	Kontur-element
Gerade	Strecke
Kreis	Kreisbogen

Bild V.16 Prinzip der Beschreibung von Konturelementen

Hauptteil einer Verknüpfungsanweisung

Im Hauptteil einer Verknüpfungsanweisung stehen Hauptwörter, die die Verknüpfungsrichtung von einem Geometrieelement zum nachfolgenden Element beschreiben.
Hierzu stehen vier Hauptwörter mit folgenden Anweisungen zur Verfügung:

RGT	(right = rechts)	Das betrachtete	rechts	
LFT	(left = links)	Element liegt	links	zum vorangehenden
FWD	(forward = vorwärts)	vom Schnittpunkt	vorwärts	Geometrieelement
BACK	(back = zurück)	aus gesehen	rückwärts	

Die Verknüpfungsrichtungen überlappen sich teilweise, so daß mit Ausnahme von vier Sektoren von jeweils vier Grad zwischen zwei Anweisungen gewählt werden kann. Bild VI.17 zeigt die Festlegung der Verknüpfungsrichtungen.

Nebenteil einer Verknüpfungsanweisung

Im Nebenteil einer Verknüpfungsanweisung steht das Symbol für ein Geometrieelement oder seine direkte Definition durch Koordinatenangaben.

Beispiel: RGT/(LINE/0,40,50,40)
oder
L1=LINE/(0,40,50,40)
RGT/L1

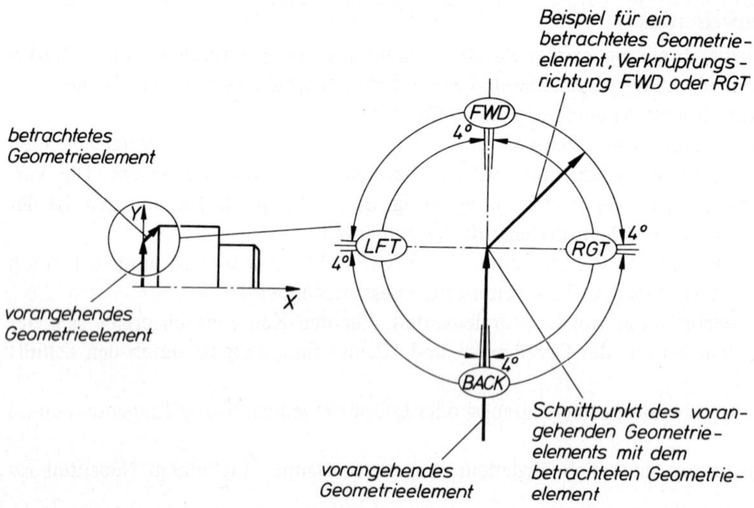

Bild VI.17 Lage der Verknüpfungsrichtungen RGT, LFT, FWD, BACK

Da bei Drehteilen sehr häufig Zylinderflächen oder Planflächen vorkommen, die vom Vollschnitt als parallele Geraden zur X- und Y-Achse erscheinen, ist für diese Geraden zur Programmiervereinfachung eine spezielle Geometriedefinition geschaffen worden.
Geraden parallel zur X-Achse können vereinfacht beschrieben werden durch den Modifikator DIA (diameter = Durchmesser) und dem zugehörigen Durchmesser.

Beispiel: LFT/DIA,80
Modifikator für „Durchmesser" — DIA
Durchmesser 80 mm — 80

Geraden parallel zur Y-Achse können vereinfacht beschrieben werden durch den Modifikator PLAN (planing = Planfläche) und dem Abstand der Planfläche zum Werkstücknullpunkt.

Beispiel: RGT/PLAN,55
Modifikator für „Planfläche" — PLAN
Abstand in X-Richtung zum Werkstücknullpunkt 55 mm — 55

Die durch die Modifikatoren DIA und PLAN beschriebenen Geometrieelemente brauchen vorher im Teileprogramm nicht definiert zu werden.
Bild VI.18 zeigt eine Drehteilkontur, in der unter anderem die Geraden L1 und L3 definiert sind. Die Konturbeschreibung kann für die Konturabschnitte, die auf L1 und L3 liegen, wie im Beispiel vorgenommen werden.

Beispiel:
```
L1=LINE/0,35,50,35
RGT/L1
  kann ersetzt werden durch
RGT/DIA,70

L3=LINE/55,0,55,70
RGT/L3
  kann ersetzt werden durch
RGT/PLAN,55
```

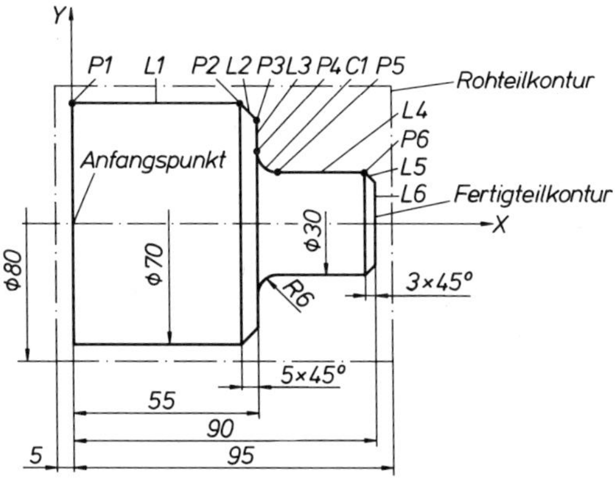

P1 ... P6
L1 ... L6 : Geometrieelemente
C1

Bild VI.18
Beispiel zur Konturbeschreibung

Anfangsverknüpfungsanweisung

Eingeleitet wird eine Konturbeschreibung durch eine Anfangsverknüpfungsanweisung, in der der Anfangspunkt, das Anfangselement sowie die Anfangsbeschreibungsrichtung angegeben werden. Das nachfolgende Beispiel bezieht sich auf das Bild VI.18.

Beispiel: BEGIN/0,0,YLARGE,PLAN,0

Hauptwort (begin = Anfang) für Anfangsverknüpfungsanweisung
X-Koordinate
} Anfangspunkt
Y-Koordinate
Beschreibungsrichtung in Richtung großer Y-Werte
Anfangselement = Planfläche bei X = 0

Der Anfangspunkt für die Konturbeschreibung ist beliebig wählbar, er sollte jedoch so gelegt werden, daß die Koordinatenwerte leicht ermittelbar sind.

Normalverknüpfungsanweisung

Die Anknüpfung von benachbarten Geometrieelementen erfolgt mit der Angabe der Verknüpfungsrichtung (RGT,LFT,FWO,BACK) sowie der Zuordnung des entsprechenden Geometrieelementes. Die Konturbeschreibung für die Werkstückkontur des Bildes VI.18 zwischen den Konturpunkten P1 bis P6 lautet folgendermaßen.

Konturelement	Normalverknüpfungsanweisung
P1 → P2	RGT/DIA,70
P2 → P3	RGT/L2
P3 → P4	RGT/PLAN,55
P4 → P5	FWD/C1
P5 → P6	FWD/L4

Konturübergänge

Im vorangehenden Abschnitt „Normalverknüpfungsanweisung“ wurde ein Konturzug beschrieben, in dem ein Kantenbruch und eine Verrundung vorhanden waren. Diese Konturelemente, die Konturübergänge darstellen, brauchen nicht in einer eigenen Verknüpfungsanweisung angegeben zu werden, sondern können an eine Verknüpfungsanweisung angehängt werden. Hierdurch wird eine vereinfachte Programmierung von Kantenbrüchen und Verrundungen möglich.

Angegeben wird ein Kantenbruch durch den Modifikator BEVEL (= Fase) und der Breite des Kantenbruchs, eine Verrundung durch den Modifikator ROUND (= Verrundung) und den Rundungsradius.

Zu beachten ist, daß sich der Richtungssinn des nachfolgenden Konturelements nicht auf den Konturübergang, sondern auf das davor stehende Konturelement bezieht.

Die Konturbeschreibung für die Werkstückkontur des Bildes VI.18 zwischen den Konturpunkten P1 bis P6 würde vereinfacht folgendermaßen lauten.

Konturelement	Normalverknüpfungsanweisung
P1 → P3	RGT/DIA,70,BEVEL,5
P3 → P5	RGT/L2,ROUND,6
P5 → P6	LFT/L4

Konturmarkierungen

Zur segmentweisen Beschreibung einer Kontur sind Konturmarkierungen vorgesehen. Hierdurch wird es möglich, sog. Bearbeitungsstellenaufrufe vornehmen zu können, so daß eine Kontur nur in bestimmten Abschnitten (Segmenten) bearbeitet wird.

Eine Konturmarkierung kennzeichnet stets den Anfangspunkt eines Konturelements. Gekennzeichnet wird eine Konturmarkierung durch den Buchstaben M und einer fortlaufenden Nummer, wobei diese im Teileprogramm vor eine Verknüpfungsanweisung gesetzt wird.

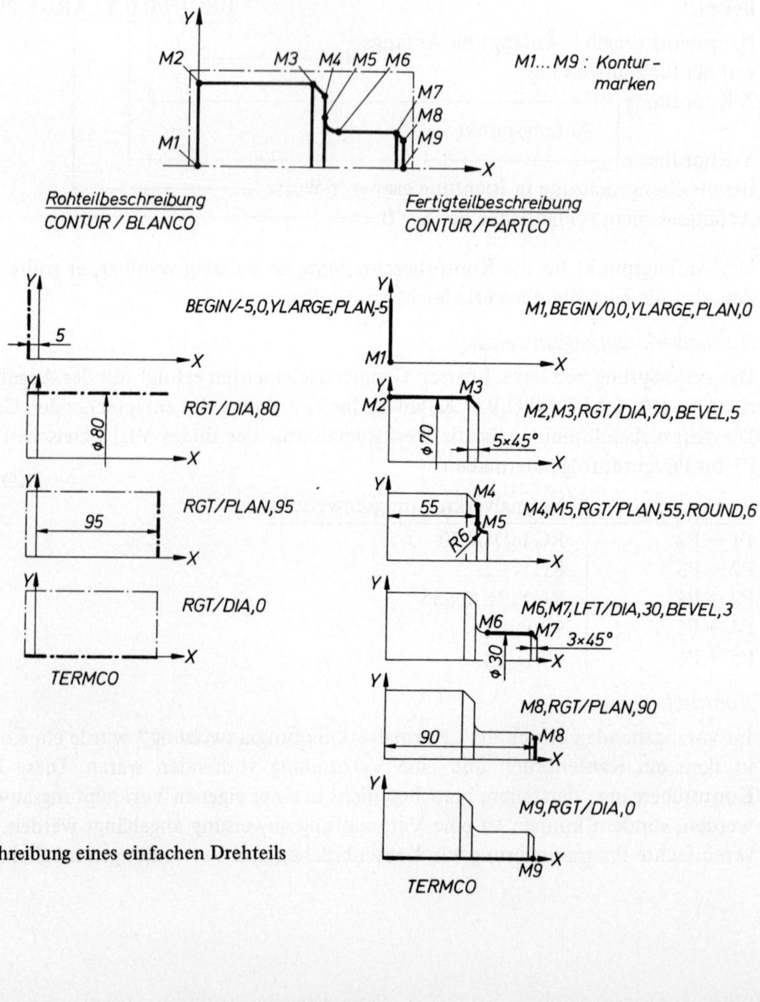

Bild VI.19
Roh- und Fertigteilbeschreibung eines einfachen Drehteils

Beispiel: M2,RGT/DIA,40

⋮

M6,LFT/DIA,30

Sofern in der Verknüpfungsanweisung ein Konturübergang mit programmiert wird, kann für den Übergang eine zweite Konturmarkierung vor die Verknüpfungsanweisung gesetzt werden (Bild VI.19).

Beispiel: M2,M3,RGT/DIA,70,BEVEL,5

Bild VI/19 zeigt die Roh- und Fertigteilbeschreibung eines einfachen Werkstücks.

5.2.3. Technologische Angaben zur Kontur

Damit die Ermittlung von Werkzeugwegen und Schnittwerten durch den Processor automatisch erfolgen kann, sind neben der Geometrie- und Konturbeschreibung zusätzlich technologische Angaben zur Kontur erforderlich (Oberflächengüte, Bearbeitungsaufmaße, Schnittgeschwindigkeit, Vorschub).

Angaben zur Oberflächengüte

Die Angabe der Oberflächengüte muß im Zusammenhang mit der Fertigteilbeschreibung erfolgen. Hierdurch wird der Processor veranlaßt, eine Schnittaufteilung vorzunehmen, die sicherstellt, daß nach dem letzten Schnitt die geforderte Oberflächengüte erreicht ist.
Zur Angabe der Oberflächengüte gibt es drei Modifikatoren:

ROUGH (= geschruppt)
FIN (= geschlichtet)
FINE (= feingeschlichtet).

Zusätzlich kann ein Rauhtiefenwert mit angegeben werden. Geschieht dies nicht, werden den drei Oberflächengüten automatisch Standardrauhtiefen Rt nach DIN ISO 1302 zugeordnet.
Eine Oberflächengüte kann entweder generell für die Gesamtkontur oder für einzelne Konturelemente definiert werden.

Beispiel: SURFIN/FIN

Hauptwort (surface finish = Oberflächengüte) Die Oberflächengüte gilt für die nachfolgenden Konturelemente. → SURFIN

Modifikator für „geschlichtet", die Standardrauhtiefe beträgt 0.016 mm → FIN

LFT/DIA,30,FIN,0.01

Konturelement, für welches die Rauhtiefe gültig ist. Die Angabe hat Vorrang vor der bei SURFIN definierten Rauhigkeit. → DIA,30

Modifikator für „geschlichtet" → FIN

gemittelte Rauhtiefe 0.01 mm → 0.01

Angaben zu Bearbeitungsaufmaßen

Mit der Anweisung OVSIZE (= Aufmaß) wird ein anderes als vom Processor automatisch ermitteltes Aufmaß für eine nachfolgende Schrupp-, Schlicht- oder Feinschlichtbearbeitung festgelegt.

Beispiel: OVSIZE/FIN,0.2

Modifikator für „feingeschlichtet" → FIN

Aufmaß 0.2 mm für Feinschlichtbearbeitung → 0.2

Angaben zu elementbezogenen Schnittwertvorgaben

Die Ermittlung der Schnittwerte Vorschub- und Schnittgeschwindigkeit sowie Schnittiefe erfolgt automatisch durch den Processor, sofern dieser auf Daten in Werkzeug- und Werkstoffdateien zugreifen kann.

Daneben ist es möglich, elementbezogen Schnittwerte festzulegen. Dadurch entfällt die automatische Ermittlung der Schnittwerte für das betrachtete Konturelement.

Modifikatoren für die Schnittwertvorgaben sind FEED (= Vorschub), SPEED (= Schnittgeschwindigkeit) und DEPTH (= Schnittiefe).

Beispiel: RGT/DIA,70,FINE,FEED,0.05,SPEED,260

Modifikator für „Vorschub"
Vorschub 0.05 mm
Modifikator für „Schnittgeschwindigkeit"
Schnittgeschwindigkeit 260 m/min

5.3. Technologische Anweisungen

Neben den Angaben zur Geometrie eines Werkstücks sind für die vollständige Programmierung auch technologische Anweisungen erforderlich.

Hierzu sind Angaben zur Bearbeitungsart (achs- oder konturparalleles Drehen) sowie zur Bearbeitungsstelle zu machen.

Weiterhin gehören zu den technologischen Angaben Aussagen über Werkzeuge, Werkstoff und Spannmittel.

Bei der segmentweisen Programmierung eines Werkstücks fließen die Technologieangaben in drei unterschiedliche Anweisungen ein:

- der Definition der Bearbeitung
- dem Aufruf der Bearbeitung
- dem Aufruf der Bearbeitungsstelle (Segment).

5.3.1. Definition der Bearbeitung

Die Bearbeitungsdefinition erfolgt durch Angabe der Bearbeitungsart (Hauptwort) sowie zugeordneten Bearbeitungsparametern (Modifikatoren).

Als Bearbeitungsarten stehen bei EXAPT 2 die Bearbeitungsverfahren TURN (= Drehen achsparallel), CONT (= Konturdrehen), DRILL (= Bohren), REAM (= Reiben), CDRILL (= Zentrieren) und COSINK (= Zentrieren/Anfasen) zur Auswahl.

Drehbearbeitung

Bei der Programmierung von TURN kann nur achsparallel zerspant werden. Mit CONT lassen sich beliebige Konturverläufe herstellen (Bild VI.20).

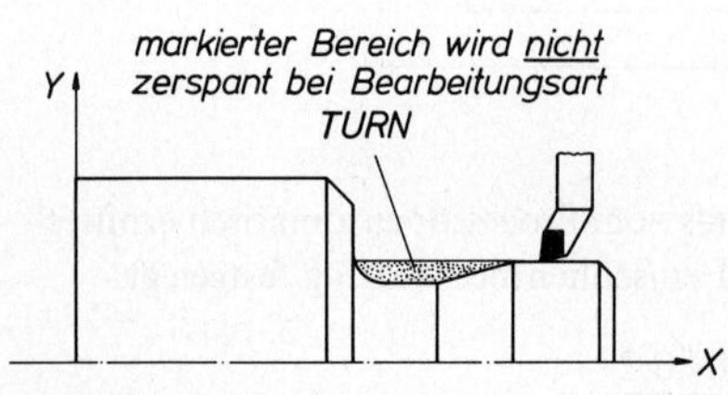

Bild VI.20
Unterscheidung der Bearbeitungsarten TURN und CONT

5.3.2. Bearbeitungsparameter

Die nachfolgenden Bearbeitungsparameter müssen oder können als Modifikatoren nach der Drehbearbeitung angegeben werden:
TOOL (= Werkzeug/Magazinplatz), OSETNO (= Korrekturschalter), SETANG (= Anstellwinkel), CROSS/LONG/ATANGL (= Hauptvorschubrichtung), ROUGH/FIN/FINE (= Bearbeitungsgüte), SPIRET (= Eilgangscodierung), DEPTH (= Schnittiefe), FEED (= Vorschub), SPEED (= Schnittgeschwindigkeit).

Werkzeugaufruf

Das für die Bearbeitung einzusetzende Werkzeug wird durch den Modifikator TOOL sowie der Angabe der Werkzeugidentnummer und gegebenenfalls durch den Magazinplatz definiert.
Unter der Werkzeugidentnummer sind in der Werkzeugdatei alle erforderlichen Daten für vom Processor automatisch durchzuführende technologische Berechnungen abgelegt.

Beispiel: CONT/...,TOOL,230,12,...

Modifikator für „Werkzeug"
Werkzeugidentnummer aus Standard-Werkzeugdatei
Magazinplatz

Werkzeuganstellwinkel

Der Werkzeuganstellwinkel wird durch den Modifikator SETANG in bezug auf das Werkstückkoordinatensystem angegeben. In Normallage liegt das Werkzeug horizontal, wobei die Werkzeugspitze nach rechts und der Schaft nach links zeigt. Der Drehwinkel aus der Normallage muß unter Berücksichtigung der Drehrichtung positiv oder negativ angegeben werden (Bild VI.21).

Beispiel: CONT/TOOL,335,SETANG,–90

Modifikator für „Anstellwinkel"
Winkellage Werkzeug zur Normallage –90°

Angabe der Hauptvorschubrichtung

Die automatische Ermittlung der Schnittaufteilung bei Schruppbearbeitungen wird durch die Angabe einer Hauptvorschubrichtung bewirkt (Bild VI.22).
Zur Angabe einer Hauptvorschubrichtung stehen drei Modifikatoren zur Auswahl:

LONG (= längs) → bedeutet Vorschubrichtung achsparallel,
CROSS (= plan) → bedeutet Vorschubrichtung senkrecht zur Drehachse und
ATANGL (= im Winkel) → bedeutet Vorschubrichtung unter einem definierten Winkel bezogen auf die positive X-Achse.

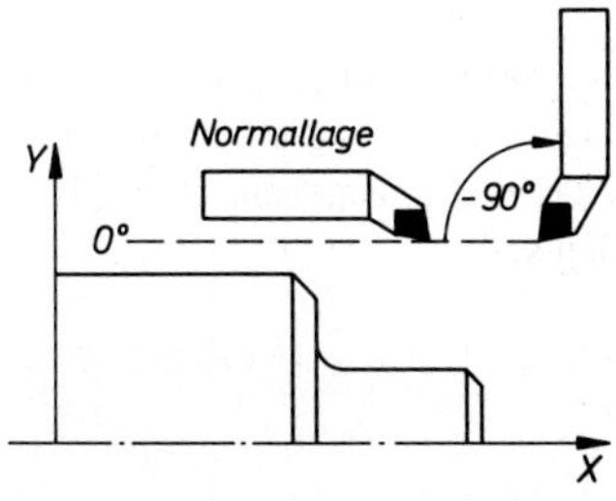

Bild VI.21 Werkzeuganstellwinkel

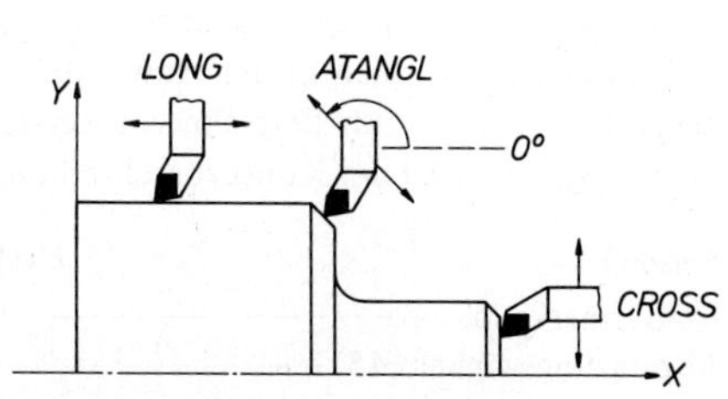

Bild VI.22 Hauptvorschubrichtungen

Beispiel:

```
                              TURN/...,LONG,...
                              TURN/...,CROSS,...
                              TURN/...,ATANGL,120,...
Modifikatoren für Hauptvorschubrichtung ──┘      │
Winkel 120° zur positiven X-Achse ───────────────┘
```

Angabe der Bearbeitungsgüte

Bei der Drehbearbeitung können die drei Bearbeitungsgüten Schruppen, Schlichten sowie Feinschlichten programmiert werden.

Als Modifikatoren stehen für die Beschreibung der Bearbeitungsgüte wie bei der Oberflächengüte ROUGH, FIN und FINE zur Verfügung.

Durch Angabe der Bearbeitungsgüte als Bearbeitungsparameter wird der Processor veranlaßt, eine automatische Vorschubberechnung zum Erreichen der geforderten Rauhtiefe durchzuführen. Sofern die in der Fertigteilbeschreibung programmierte Oberflächengüte und die Bearbeitungsgüte auf einem Konturabschnitt voneinander abweichen, wird ein vorher programmiertes Bearbeitungsaufmaß vom Processor für eine nachfolgende Feinbearbeitung stehengelassen.

5.3.3. Ausführung der Zerspanung

Zur Ausführung der Zerspanung gehört die Angabe, mit welcher Bearbeitungsmethodik diese durchgeführt werden soll und an welcher Stelle der Kontur dies geschehen soll.

Die Bearbeitungsmethodik wird durch einen Bearbeitungsaufruf, der zugehörige Konturabschnitt durch einen Bearbeitungsstellenaufruf programmiert. Beide Exekutivanweisungen werden in aufeinander folgenden Sätzen programmiert, wobei der Bearbeitungsaufruf im nachfolgenden Bearbeitungsstellenaufruf wirksam wird. Programmiert wird ein Bearbeitungsaufruf durch das Hauptwort WORK, der Bearbeitungsstellenaufruf durch CUT.

Bearbeitungsaufruf

Mit einem Bearbeitungsaufruf können ein oder mehrere Bearbeitungsdefinitionen aufgerufen werden. Jede einzelne Bearbeitungsmethodik wird dabei in den Nebenteil der Anweisung gesetzt. Die Bearbeitungsmethodik wird meist durch eine Symbolzuweisung an anderer Stelle des Programms definiert.

Beispiel: PLAN1=CONT/TOOL,252,261,SETANG,180,CROSS,FEED,0.35,SPEED,100,ROUGH

```
                  :
                  :
                  :
        WORK/PLAN1
Bearbeitungsmethodik ──┘
```

Ein Bearbeitungsaufruf wird unwirksam, wenn entweder ein neuer Bearbeitungsaufruf erfolgt oder durch die Anweisung WORK/NOMORE.

Bearbeitungsstellenaufruf

Durch den Bearbeitungsstellenaufruf wird angegeben, welcher Bereich der Kontur zerspant werden soll. Zusätzlich können in der Anweisung Winkel zur Abgrenzung des Bearbeitungsabschnitts mit angegeben werden, um Bereiche vor Zerstörung zu schützen. Außerdem ist anzugeben, ob in (TO) oder entgegen (RE) der Konturbeschreibungsrichtung zerspant werden soll.

Beispiel:

```
                              CUT/M7,–45,RE,M4,45
Konturmarke M7 ─────────────────────┘   │   │  │  │
Abgrenzungswinkel –45° ─────────────────┘   │  │  │
Zerspanung gegen (= revers) die  }──────────┘  │  │
Beschreibungsrichtung)                         │  │
Konturmarkte M4 ───────────────────────────────┘  │
Abgrenzungswinkel 45° ────────────────────────────┘
```

Zerspanungsbegrenzung

Um sicher zu gehen, daß bestimmte Bereiche der Kontur vor Zerspanung geschützt werden, kann dieses durch das Hauptwort DNTCUT (= Zerspanungsbegrenzung) programmiert werden (Bild VI.23).

Hierzu werden entweder achsparallele Geraden oder Geraden beliebiger Lage durch Koordinatenangaben festgelegt, und der vor Zerspanung zu schützende Bereich durch die Modifikatoren XSMALL, XLARGE, YSMALL oder YLARGE beschrieben.

schraffiert: vor Zerspanung geschützter Bereich

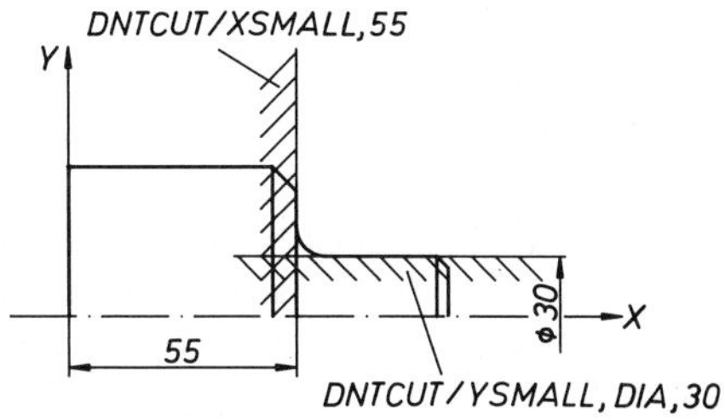

Bild VI.23 Zerspanungsbegrenzung

Beispiel: DNTCUT/XSMALL,55

vor Zerspanung zu schützender Bereich kleiner als X = 55 mm — XSMALL

Planfläche mit X = 55 mm Abstand zum Werkstücknullpunkt — 55

DNTCUT/YSMALL,DIA,30

vor Zerspanung zu schützender Bereich kleiner als d = 30 mm — YSMALL

Modifikator für „Durchmesser" — DIA

Zylinderdurchmesser 30 mm — 30

Eine Zerspanungsbegrenzung wird unwirksam entweder durch Programmieren einer neuen Zerspanungsbegrenzung oder durch die Anweisung DNTCUT/NOMORE.

5.3.4. Einspannlage

Bei Umsetzung eines Teileprogramms in ein Steuerungsprogramm ist es notwendig, die Werkstückkoordinaten auf den Werkzeugmaschinen-Nullpunkt zu beziehen.

Neben der Angabe der Werkstückkoordinaten sind zur Lagebeschreibung zusätzlich die Abmessungen des Spannmittels sowie die Einspannlage des Werkstücks im Spannmittel mit zu berücksichtigen. Bild VI.24 zeigt den Zusammenhang zwischen dem Werkstück-, Maschinen- sowie Spannmittel-Koordinatensystem.

Benennungen:

W : Werkstücknullpunkt
M : Maschinennullpunkt
F : Spannmittelnullpunkt
l : Abstand Spannmittelnullpunkt F – Maschinennullpunkt M
l_i : Abstand Planfläche Spannfutter innen – Anschlagfläche
l_a : Abstand Vorderkante Spannbacken – Anschlagfläche
l_s : Abstand Spannmittelnullpunkt F – Werkstücknullpunkt W
d_i : Durchmesser Spannbacken innen
d_a : Außendurchmesser Spannfutter

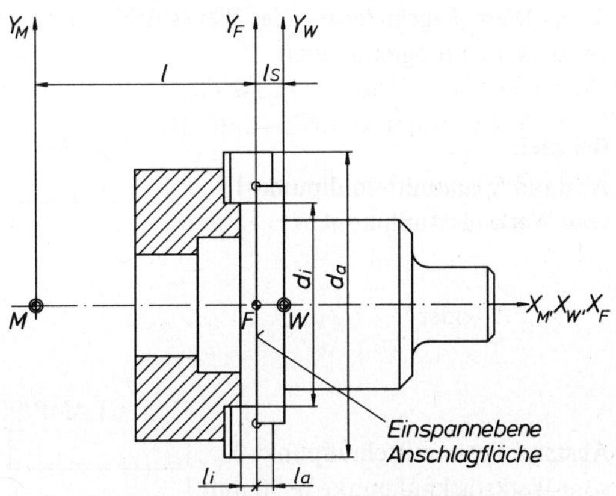

Bild VI.24 Zusammenhang zwischen Werkstück-, Maschinen- und Spannmittelkoordinatensystem

Die Einspannlage des Werkstücks im Spannmittel wird durch zwei Anweisungen programmiert:

- durch die Spannmittelangabe
- durch die Werkstückeinspannung.

Spannmittelangabe

Die Spannmittelangabe wird mit dem Hauptwort CHUCK programmiert. Im Nebenteil der Anweisung werden die Spannmittel-Nummer sowie seine wichtigsten Abmessungen angegeben.
Neben der Koordinatentransformation des Werkstücks auf den Maschinennullpunkt dienen die Spannmittelabmessungen auch der automatischen Kollisionsüberprüfung zwischen Werkzeug und Spannmittel.

Beispiel: CHUCK/100000,160,250,50,98,–100

- Nummer des Spannmittels — 100000
- Abstand Maschinennullpunkt M zum Spannmittelnullpunkt F — 160
- Außendurchmesser Spannfutter — 250
- Abstand Vorderkante Spannbacken zur Anschlagfläche — 50
- Bohrungsdurchmesser im Spannfutter — 98
- Abstand Planfläche Spannfutter zur Anschlagfläche — –100

Die im Nebenteil der Spannmittelangabe einzusetzenden Abmessungen sind davon abhängig, ob es sich beispielsweise um innen- oder außenspannende Backen handelt und auf welcher Stufe der Spannbacken das Werkstück gespannt wird.
Um die Ermittlung der jeweils einzusetzenden Abmessungen zu vereinfachen, kann eine Ersatzkontur des Spannmittels durch Angabe minimaler und maximaler Abmessungen definiert werden. Hierdurch wird für jede Werkstückeinspannung Schutz vor Werkzeugkollision mit dem Futter erreicht.

Werkstückeinspannung

Die Werkstückeinspannung wird mit dem Hauptwort CLAMP programmiert. Im Nebenteil der Anweisung wird der Abstand zwischen dem Spannmittelnullpunkt F und dem Werkstücknullpunkt W bezogen auf das Werkstückkoordinatensystem angegeben.
Wird ein Werkstück während des Fertigungsganges umgespannt, so zeigt die positive X-Achse nach links. Diese Lageänderung des Werkstückkoordinatensystems ist durch den Modifikator INVERS zusätzlich zu programmieren.

Beispiel: CLAMP/–15

- Abstand Spannmittelnullpunkt F vom Werkstücknullpunkt W – 15 mm — –15

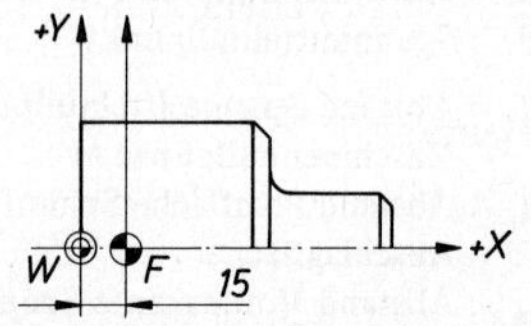

oder

CLAMP/90,INVERS

- Abstand Spannmittelnullpunkt F vom Werkstücknullpunkt W 90 mm — 90
- Werkstück umgespannt — INVERS

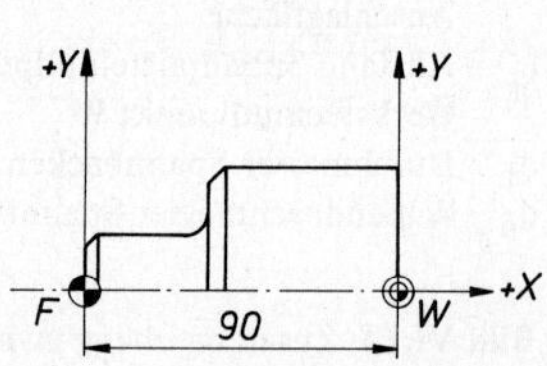

5.3.5. Technologiedateien

Zur automatischen Technologieplanung mit Hilfe des EXAPT-Processors ist es erforderlich, entsprechende Dateien einzurichten, von denen während eines Programmlaufs Daten abgefragt werden können.
Zu diesem Zweck können drei unterschiedliche Dateien eingerichtet werden:

- eine Werkzeugdatei
- eine Werkstoffdatei
- oder eine Maschinendatei.

Sofern die für ein Teileprogramm erforderlichen Daten nicht in Dateien vorgehalten werden, können diese in das Teileprogramm eingebunden werden.
Hierfür ist folgender Aufbau vorgesehen:

```
NEWTL
  :       } Werkzeugdaten
TERMDAT
NEWMAT
  :       } Werkstoffdaten
TERMDAT
NEWMACH
  :       } Maschinendaten
TERMDAT
```

Werkzeugaufruf

Der Werkzeugaufruf erfolgt im Zusammenhang mit dem Bearbeitungsaufruf.

Werkstoffangabe

Die automatische Ermittlung der Schnittwerte anhand von Werkstoffkennwerten erfolgt durch die Anweisung PART/MATERL,... sowie einer Werkstoff-Identnummer. Unter der Werkstoff-Identnummer sind alle wichtigen Kennwerte in einer Werkstoffdatei abgespeichert.

Beispiel: PART/MATERL,100

Hauptwort und Modifikator für Werkstoffangabe — PART/MATERL
Werkstoff-Identnummer — 100

Kenndaten der Drehmaschine

Die Kenndaten der Drehmaschine werden durch die Anweisung MACHDT/... sowie die Angaben Leistung P, Drehmoment T, Vorschub f und Drehzahl n programmiert.

Beispiel: MACHDT/15,105,0.005,2,140,1800,1

P in kW — 15
T in Nm — 105
f_{max} und f_{min} in mm — 0.005,2
n_{max} und n_{min} in 1/min — 140,1800
Korrekturfaktor für Vorschub beim Schlichten — 1

5.4. Zusätzliche programmtechnische und technologische Anweisungen

5.4.1. Programmtechnische Anweisungen

Die Anweisung PPFUN/... dient zum Auslösen von Postprocessorfunktionen.
Die Anweisung LTYPE/... dient der Steuerung von Processorteilen.
Die Anweisung MACHIN/... dient zur Bestimmung der zum Einsatz kommenden Werkzeugmaschine.

5.4.2. Technologische Anweisungen

Die Anweisung CLDIST/... dient der Programmierung eines Sicherheitsabstandes zwischen Werkstück, Spannmittel und Werkzeug. Der Parameter im Nebenteil gibt den Sicherheitsabstand in Millimeter an, der standardmäßig mit 1 mm festgesetzt ist.
Die Anweisung COOLNT/ON(OFF),... dient zum Ein- oder Ausschalten von Kühlschmiermittel, wobei als Parameter die Nummer eines gewünschten Kühlschmiermittels angegeben werden kann.

6. Programmierbeispiel ZAPFEN

Bild VI.25 zeigt als Programmierbeispiel einen Zapfen. Eingezeichnet sind die Rohteilkontur mit Strichpunktlinien sowie die Fertigteilkontur mit Maßangaben und Angaben zu Geometrieelementen sowie Konturmarkierungen.
Das EXAPT-Teileprogramm wurde auf eine Siemens Sinumerik 3T/4-Steuerung umgesetzt, wobei durch den Post-Processor ein Programm streng nach DIN 66025 erzeugt wurde.
Um die Umsetzung des EXAPT-Programms in das NC-Steuerungsprogramm nachvollziehen zu können, sind die entsprechenden EXAPT-Programmzeilen-Nummern im NC-Steuerungsprogramm mit ausgedruckt.

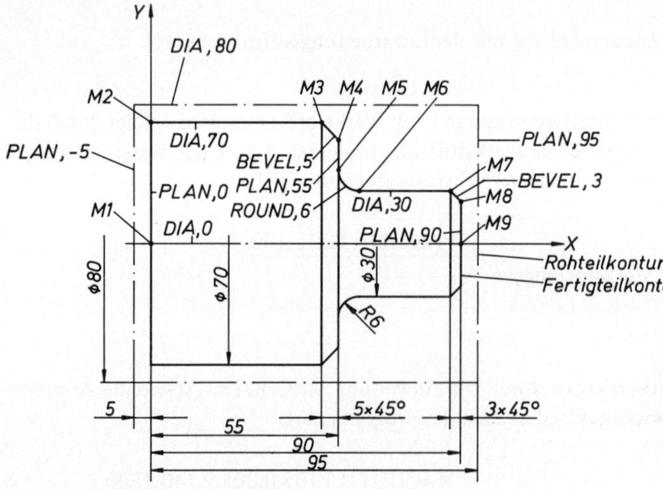

Bild VI.25
Fertigungszeichnung zum Beispielprogramm ZAPFEN

6.1. EXAPT-Teileprogramm

EXAPT-PROCESSOR, VERSION XXX IBM 370

```
1   PARTNO/ZAPFEN  NC-TECHNIK REGIN
6          LTYPE/2,1,2
7          MACHIN/NE220A
8          PART/MATERL,100
9          MACHDT/15,105,0.005,2,60,2000,1
```

```
10              CLDIST/1
11              COOLNT/1,ON
13   PPRINT/        BEARBEITUNGSWERKZEUGE PLANMEISSEL, AUSSENDREHMEISSEL
15              NEWTL
                4121120  0100100 4 4 2500 4 30 1        -27      55  -900      000252
                 168  133    10                10   30 3   15 30 60 10 125325 32 000252
                4184120  0100100 4 4 2500 4 30 1         -5     -55    00      000551
                 169 -151    1                 28   30 124 1 30 -6 1 -135525 32 000551
                TERMDT
16              $$$$$$$$$$$$$$$$$$$$$$$$$$$$$$$$$$$$$$$$$$$$$$$$$$$$$$$$$$$$$$$$$$$$$
17              SYN/G,LINE,T,POINT,K,CIRCLE,CE,CENTER,PA,PARLEL,I,INTOF,$
17                  XS,YSMALL,XL,YLARGE,YS,YSMALL,YL,YLARGE,WA,COOLNT,$
17                  TA,TANTO,DC,DNTCUT,NO,NOMORE,WO,WORK,GF,GOFWD,GR,$
17                  GORGT,GL,GOLFT,GB,GOBACK,GD,GODLTA,OS,OSETNO,AG,ATANG $
17                  S,SPINDL,R,RAPID,RD,RADIUS,TL,TOOLNO,FD,FEDRAT,CD,CLDIST
18              $$$$$$$$$$$$$$$$$$$$$$$$$$$$$$$$$$$$$$$$$$$$$$$$$$$$$$$$$$$ $$$$$$$
38   PPRINT/          ROHTEILKONTUR
40   CONTUR/BLANCO
41              BEGIN/-5,0,YL,PLAN,-5
42              RGT/DIA,80
43              RGT/PLAN,95
44              RGT/DIA,0
45              TERMCO
47   PPRINT/        FERTIGTEILKONTUR
49              SURFIN/FIN
50   CONTUR/PARTCO
51   M1,        BEGIN/0,0,YL,PLAN,0
52   M2,M3      RGT/DIA,70,BEVEL,5
53   M4,M5,     RGT/PLAN,55,ROUND,6
54   M6,M7      LFT/DIA,30,BEVEL,3
55   M8,        RGT/PLAN,90
56   M9,        RGT/DIA,0
57              TERMCO

59   PPRINT/       BEARBEITUNGSAUFRUFE
61   PL1 =  CONT/TOOL,000252,261,SETANG,180,CROSS,$
61                 FEED,0.35,SPEED,100,OS,301,ROUGH,DEPTH,6
62   PL2 =  CONT/TOOL,000252,261,SETANG,180,CROSS,$
62                 FEED,0.20,SPEED,100,OS,302,FIN,DEPTH,6
63   PL3 =  CONT/TOOL,000252,261,SETANG,180,CROSS,$
63                 FEED,0.35,SPEED,100,OS,303,ROUGH,DEPTH,6
64   PL4 =  CONT/TOOL,000252,261,SETANG,180,CROSS,$
64                 FEED,0.20,SPEED,100,OS,304,FIN,DEPTH,6
65   DR1 = CONT/TOOL,000551,262,SETANG,-90,LONG,$
65                 FEED,0.35,SPEED,100,OS,305,ROUGH
66   DR2 = CONT/TOOL,000551,262,SETANG,-90,$
66                 FEED,0.20,SPEED,100,OS,306,FIN
67   DR3 = CONT/TOOL,000551,262,SETANG,-90,LONG,$
67                 FEED,0.35,SPEED,100,OS,307,ROUGH
68   DR4 = CONT/TOOL,000551,262,SETANG,-90,$
```

```
68              FEED,0.20,SPEED,100,OS,308,FIN
69          FROM/500,-350
70          CHUCK/100000,160,250,5,65,-10
71          CLAMP/90,INVERS
72          CLDIST/1
74          PPFUN/NE220A,PROGNR,1
77   PPRINT/    DREHTEIL PLANEN SCHRUPPSCHNITT
79          MACHDT/15,105,0.005,2,450,450,1
80          WORK/PL3
81          DNTCUT/XL,-1
82          CUT/M2,RE,M1
83          DNTCUT/NOMORE
85   PPRINT/    DREHTEIL PLANEN SCHLICHTSCHNITT
87          WORK/PL4
88          DNTCUT/XL,0
89          CUT/M2,RE,M1
90          DNTCUT/NOMORE
92   PPRINT/    DREHTEIL VORSCHRUPPEN
94          OVSIZE/FIN,0.2
95          MACHDT/15,105,0.005,2,355,355,1
96          WORK/DR3
97          DNTCUT/XL,55
98          CUT/M1,TO,M3
99          OVSIZE/FIN,0
101  PPRINT/    DREHTEIL FERTIGSCHLICHTEN
103         WORK/DR4
104         CUT/M1,TO,M3
106         $$$$$$$$$$$$$$$$$$$$$$$$$$$$$$$$$$$$$$$$$$$$$$$
107  PPRINT/1. SPANNUNG FERTIG, DREHTEIL UMSPANNEN
108         $$$$$$$$$$$$$$$$$$$$$$$$$$$$$$$$$$$$$$$$$$$$$$$
110  PPRINT/    DREHTEIL PLANEN SCHRUPPSCHNITT
112         CLAMP/0
113         MACHDT/15,105,0.005,2,450,450,1
114         WORK/PL1
115         DNTCUT/XS,91
116         CUT/M8,TO,M9
117         DNTCUT/NOMORE
119  PPRINT/    DREHTEIL PLANEN SCHLICHTSCHNITT
121         WORK/PL2
122         CUT/M8,TO,M9
124  PPRINT/    DREHTEIL VORSCHRUPPTEN
126         MACHDT/15,105,0.005,2,355,355,1
127         OVSIZE/FIN,0.2
128         WORK/DR1
129         CUT/M9,RE,M3
130         OVSIZE/FIN,0
132  PPRINT/    DREHTEIL FERTIGSCHLICHTEN
134         WORK/DR2
135         CUT/M9,RE,M3
136         WORK/NOMORE
137         FINI
*******END OF PROCESSOR*******
```

6.2. NC-Steuerungsprogramm

Nachfolgend ist das aus dem EXAPT-Teileprogramm generierte NC-Steuerungsprogramm aufgelistet.

```
*****************************************
*                                       *
*        EXAPT 2-Postprocessor          *
*            N E 2 2 0 A                *
*                                       *
*  MASCH. TYP:  XXXXXXXX  XXXXXX        *
*  STEUERUNG:   SINUMERIK  3T/4         *
*                                       *
*****************************************
```

```
*  EXAPT-
*  Prog.-
*  Zeile
----------------------------------------------------------------------------------
*  BEARBEITUNGSWERKZEUGE PLANMEISSEL, AUSSENDREHMEISSEL
----------------------------------------------------------------------------------
*  13       T0
*  13       G92  T03 X-527 Z169
*  13       G92  T04 X-527 Z169
*  13       G92  T07 X-490 Z152
*  13       G92  T08 X-490 Z152
*  13       G92  T01 X-527 Z169
*  13       G92  T02 X-527 Z169
*  13       G92  T05 X-490 Z152
*  13       G92  T06 X-490 Z152
*  13       M02
----------------------------------------------------------------------------------
*  DREHTEIL  PLANEN  SCHRUPPSCHNITT
----------------------------------------------------------------------------------
*  80       N5    G90 G94
*  80       N10   G0  G53   X-350     Z  500
*  80       N15   G59                 Z  160
----------------------------------------------------------------------------------
*  WERKZEUGWECHSEL  IDENT-NR. 252  MAG 261  KORR 3  RS/D 1.00
----------------------------------------------------------------------------------
*  80       N20                                                  T103  M40
*  80       N25                                          S450        M3
*  82       N30   G0        X  88.321 Z   96                           M8
*  82       N35                       Z   91
*  82       N40   G1        X  0                    F157
*  82       N45   G0                  Z   96
----------------------------------------------------------------------------------
*  DREHTEIL  PLANEN  SCHLICHTSCHNITT
----------------------------------------------------------------------------------
*  89       N50             X  85.264                            T104
*  89       N55                       Z   90
*  89       N60   G1        X  0                    F90
*  89       N65   G0                  Z   92
----------------------------------------------------------------------------------
*  DREHTEIL VORSCHRUPPEN
----------------------------------------------------------------------------------
*  96       N70                       Z  109                           M9
----------------------------------------------------------------------------------
*  WERKZEUGWECHSEL  IDENT-NR. 551  MAG 262  KORR 7  RS/D 1.00
----------------------------------------------------------------------------------
*  96       N75                                                  T207
*  98       N80             X  75.2                      S355          M8
*  98       N85                       Z   91
*  98       N90   G1                  Z   35            F124
*  98       N95             X  80
*  98       N100  G0        X  82
*  98       N105                      Z   91
*  98       N110            X  70.4
*  98       N115  G1                  Z   35
```

```
*  98    N120            X  75.2
*  98    N125  G0                    Z   36
*  98    N130            X  82
*  DREHTEIL  FERTIGSCHLICHTEN
*  104   N135                        Z   91                               T208
*  104   N140            X  70
*  104   N145  G1                    Z   35                F71
*  104   N150            X  70.4
*  104   N155  G0        X  72       Z   36
*  104   N160            X  82
*  1. SPANNUNG  FERTIG,  DREHTEIL  UMSPANNEN
*  DREHTEIL  PLANEN  SCHRUPPSCHNITT
*  112   N165                                                         T0    M9
*  112   N170      G53                        Z500                          M5
*  112   N175      G53   X-350
*  112   N180                                                               M0
*  114   N185  G90 G94
*  114   N190  G0  G53   X-350       Z  500
*  114   N195  G59                   Z  160
*  WERKZEUGWECHSEL  IDENT-NR. 252  MAG 261  KORR 1  RS/D 1.00
*  114   N200                                                         T101  M40
*  114   N205                                                 S450          M3
*  116   N210  G0        X  88.321   Z   96
*  116   N215                        Z   91
*  116   N220  G1        X  0                          F157
*  116   N225  G0                    Z   96
*  DREHTEIL  PLANEN  SCHLICHTSCHNITT
*  122   N230            X  85.264                                    T102
*  122   N235                        Z   90
*  122   N240  G1        X  0                          F90
*  122   N245  G0                    Z   92
*  DREHTEIL  MIT AUFMASS  VORSCHRUPPEN
*  128   N250                        Z  109
*  WERKZEUGWECHSEL  IDENT-NR. 551  MAG 262  KORR 5  RS/D 1.00
*  128   N255                                                         T205
*  129   N260            X  72.031                            S355
*  129   N265                        Z   91
*  129   N270  G1                    Z   53                F124
*  129   N275  G0                    Z   52
*  129   N280            X  74.031
*  129   N285                        Z   91
*  129   N290            X  64.061
*  129   N295  G1                    Z   52.667
*  129   N300            X  70       Z   49.697
*  129   N305  G0        X  72       Z   48.697
*  129   N310                        Z   91
*  129   N315            X  56.091
*  129   N320  G1                    Z   55.2
*  129   N325            X  58.994
*  129   N330            X  64.061   Z   52.667
*  129   N335  G0        X  65.475   Z   53.374
*  129   N340                        Z   91
*  129   N345            X  48.122
*  129   N350  G1                    Z   55.2
```

```
* 129    N355         X 56.091
* 129    N360 G0                 Z  56.2
* 129    N365                    Z  91
* 129    N370         X 40
* 129    N375 G1                 Z  55.2
* 129    N380         X 48.122
* 129    N385 G0                 Z  56.2
* 129    N390                    Z  91
* 129    N395         X 32.031
* 129    N400 G1                 Z  57.324
* 129    N405 G2      X 40       Z  55.2    I 3.985 K  2.676 F103
* 129    N410 G0                 Z  56.2
* 129    N415                    Z  91
* 129    N420         X 27.712
* 129    N425 G1                 Z  87.841                   F124
* 129    N430         X 30.4     Z  86.497
* 129    N435                    Z  60
* 129    N440 G2      X 32.031   Z  57.324  I 4.8   K  0     F103
* 129    N445 G0      X 33.691   Z  57.882
* 129    N450                    Z  91
* 129    N455         X 21.395
* 129    N460 G1      X 27.712   Z  87.841                   F124
* 129    N465 G0      X 29.126   Z  88.548
* 129    N470         X 82
* DREHTEIL FERTIGSCHLICHTEN
* 135    N475                    Z  91                              T206
* 135    N480         X 20.829
* 135    N485 G1      X 30       Z  86.414                   F71
* 135    N490                    Z  60
* 135    N495 G2      X 40       Z  55      I 5     K  0     F59
* 135    N500 G1      X 58.829                               F71
* 135    N505         X 49.414
* 135    N510 G0      X 72       Z  48.414
* 135    N515                                                       T0
* 137    N520     G53            Z 500                                   M5
* 137    N525     G53 X-350
* 137    N530                                                            M2
```

Literatur

1. Bücher und Broschüren

Kief, NC-Handbuch, NC-Handbuch-Verlag, Michelstadt, 1984.
Sautter, Numerisch gesteuerte Werkzeugmaschinen, Vogel-Buchverlag, Würzburg, 1984.
Vogt, EXAPT 2-Lehrgang, Beuth-Verlag GmbH, Berlin – Köln, 1976.
Weck, Werkzeugmaschinen, Bd. 3, Automatisierung und Steuerungstechnik, VDI-Verlag GmbH, Düsseldorf, 1982.
Bedienungsanleitung Gildemeister Eltropilot CNC-Steuerung, Max Müller, Hannover, 1985.
Deckel Selbststudienhefte 1 ...3, Friedrich Deckel AG, München, 1984.
EXAPT-Sprachbeschreibung, EXAPT-Verein, Aachen, 1984.
EXAPT-Sprachbeschreibung, Kapitel Drehbearbeitung mit Technologieplanung, EXAPT-Verein, Aachen, 1985.
Graphische NC-Teileprogrammierung unter APL, IBM Deutschland, 1979.
Maschinenhandbuch Oerlikon-Boehringer VDF, CNC-Steuerung B1T, Oerlikon-Boehringer, Göppingen, 1980.
Paul, CNC-Fachausbildung Drehen, Weiler, Herzogenaurach, 1985.
Programmieranleitung Bosch CNC micro 5 Z, Bosch, Erbach, 1980.
Programmieranleitungen Sinumerik 3M, 3T/3TT, Siemens AG, Nürnberg, 1985.

2. Normen

DIN 406, Teil 3, Maßeintragung in Zeichnungen, Bemaßung durch Koordinaten, 1975.
DIN 406, Teil 4, Maßeintragung in Zeichnungen, Bemaßung für die maschinelle Programmierung, 1980.
DIN 55003, Teil 3, Bildzeichen, Numerisch gesteuerte Werkzeugmaschinen, 1981.
DIN 66024, Code für 8-Spur-Lochstreifen, 1969.
DIN 66025, Teil 1, Programmaufbau für numerisch gesteuerte Arbeitsmaschinen, Allgemeines, 1983.
DIN 66215, Blatt 1, Programmierung numerisch gesteuerter Arbeitsmaschinen, CLDATA, Allgemeiner Aufbau und Satztypen, 1974.
DIN 66215, Teil 2, Programmierung numerisch gesteuerter Arbeitsmaschinen, CLDATA, Nebenteile des Satztyps 2000, 1982.
DIN 66217, Koordinatenachsen und Bewegungsrichtungen für numerisch gesteuerte Arbeitsmaschinen, 1975.
DIN 66246, Teil 1, Programmierung numerisch gesteuerter Arbeitsmaschinen, Processor-Eingabesprache, Grundlagen und mögliche Geometriedefinitions- und Ausführungsanweisungen, 1983.
DIN 66257, Numerisch gesteuerte Arbeitsmaschinen, Begriffe, 1983.

Speicherprogrammierbare Steuerungen (SPS)

Hans-Jürgen Küfner

I. Aufbau von speicherprogrammierbaren Steuerungen – Hardware

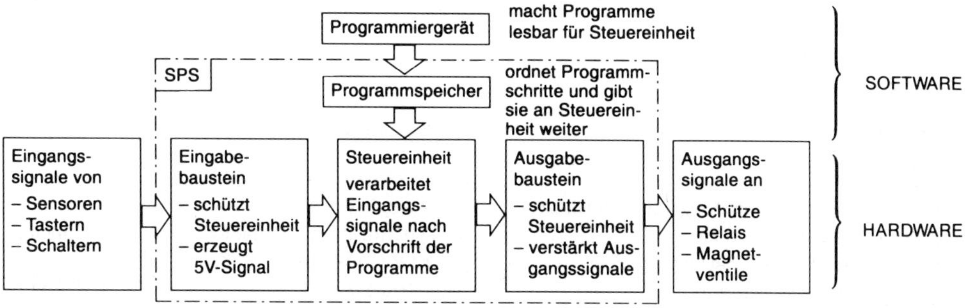

1. Aufgaben einer speicherprogrammierbaren Steuerung

Bei *festverdrahteten Steuerschaltungen* kann man die logischen Verknüpfungen mit Hilfe von Stromlaufplänen sehr übersichtlich darstellen und gedanklich nachvollziehen. Bei der *speicherprogrammierbaren Steuerung* – auch abgekürzt SPS genannt – ist die Verdrahtung nicht notwendig, da die logischen Verknüpfungen von einem Arbeitsprogramm hergestellt werden, das diese in zyklischer Folge ständig wiederholt. Das Programm wird vom Anwender hergestellt und über ein Programmiergerät oder einen Personalcomputer – auch PC genannt – im Programmspeicher der SPS abgelegt. Für einen technischen Prozeß ist es unwichtig, ob die Lösung der Steuerungsaufgabe in herkömmlicher Relaistechnik mit dazugehöriger Schaltung oder mit einer speicherprogrammierbaren Steuerung gelöst wird. In beiden Fällen bestimmen logische Verknüpfungen den Fertigungsablauf. Diese müssen von der Steuerung realisiert und in vorgegebener Weise gleichbleibend wiederholt werden.

Gegenüber der festverdrahteten Steuerschaltung weist die SPS-Steuerung folgende Vorteile auf:

- Das Programm kann schnell und problemlos geändert und auf neue Aufgaben zugeschnitten werden, ohne daß neu verdrahtet wird.
- Der erforderliche Raumbedarf ist gering, da alle Verknüpfungsfunktionen im Steuergerät in Miniaturform untergebracht sind.
- Die Betriebskosten sind im allgemeinen gering.
- Ein vorhandenes Programm kann problemlos gespeichert werden.

Die Vorteile der SPS sind bei umfangreicheren Steuerungen größer als bei einfachen Steuerungsaufgaben, da der Anschaffungspreis einer SPS immer noch relativ hoch ist. Deshalb haben die festverdrahteten Steuerungen – oft auch als verbindungsprogrammierte Steuerungen (VPS) bezeichnet – bis heute ihre Bedeutung in Bereichen erhalten, in denen eine SPS nicht oder noch nicht konkurrenzfähig ist.

Die Übersicht stellt Vor- und Nachteile beider Steuerungsarten gegenüber.

Vorteile

speicherprogrammiert SPS	verbindungsprogrammiert VPS
– unkomplizierte Installation – geringer Raumbedarf – niedrige Energiekosten – keine Verschleißteile – schnelle Programmänderungen möglich	– standardisierte Bauteile – störungsunempfindlich – preiswert (gilt für einfache Steuerungsaufgaben) – unempfindlich, kurzzeitige Überlastungen zulässig

Nachteile

speicherprogrammiert SPS	verbindungsprogrammiert VPS
– noch teuer in der Anschaffung – Systeme müssen in viele Anwendungsbereiche erst noch eingeführt werden – Programmiersprachen immer noch nicht vereinheitlicht und genormt	– hohe Energie- und Betriebskosten – Programmänderungen schwierig und zeitraubend – unübersichtlich bei komplexeren Steuerungsaufgaben – großer Raumbedarf – Bauteile oft teuer

2. Arbeitsweise einer speicherprogrammierbaren Steuerung

Eine SPS besteht aus der *Steuereinheit* und den angeschlossenen *Eingabe- und Ausgabebausteinen* sowie dem *Programmspeicher*, der meist in die Steuereinheit integriert ist.

Die Steuereinheit verarbeitet die von den Sensoren *E* (Meßfühler, Endschalter, Thermoelemente etc.) erfaßten Signale nach den Anweisungen des Arbeitsprogramms. Die Arbeitsergebnisse der Steuereinheit werden über den Ausgabebaustein an die Aktoren weitergegeben. Aktoren sind die ausführenden Elemente einer Steuerung wie z. B. pneumatisch – oder hydraulisch betätigte Zylinder, Motoren oder Schütze. Auf diese Weise können einfache, aber auch komplexe technische Vorgänge, Prozesse und Verfahrensabläufe überwacht und gesteuert werden.

Beispiel: Stanzvorrichtung

Eine Stanzvorrichtung kann von drei Seiten mit Werkstücken beschickt werden. Es sind die Signalgeber B_0, B_1 und B_2 vorhanden. Werden zwei der drei Signalgeber berührt, dann gibt die SPS ein Ausgangssignal an das Magnetventil y_0. Dieses läßt den Stanzkolben herunterfahren und in das Werkstück eine Aussparung einstanzen. Der Stanzvorgang darf nur dann ausgelöst werden, wenn zwei Signalgeber ansprechen. Aus Sicherheitsgründen muß ausgeschlossen werden, daß der Kolben ausfährt, wenn alle drei

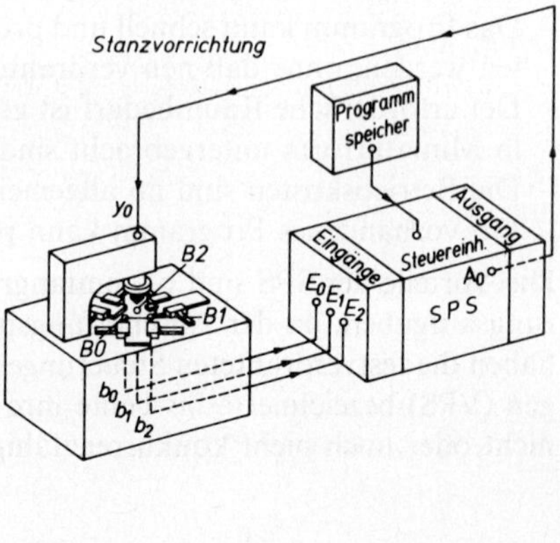

Signalgeber betätigt werden. Die Signalgeber B_0, B_1 und B_2 werden mit den Eingängen E_0, E_1 und E_2 der SPS verbunden. Das Ausgangssignal wird vom Ausgang A_0 der SPS an das Magnetventil y_0 weitergegeben.

3. Aufbau und Geräte einer speicherprogrammierbaren Steuerung

Speicherprogrammierbare Steuerungen bestehen aus:

- dem Eingabebaustein,
- dem Ausgabebaustein,
- der Steuereinheit mit Programmspeicher.

Aufgaben und Aufbau der verschiedenen Baueinheiten sowie von Steuereinheit und Programmspeicher werden im folgenden beschrieben.

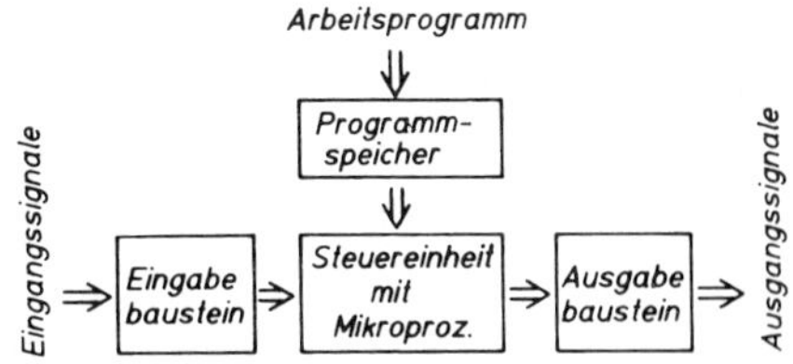

3.1. Eingabebaustein

Das nebenstehende Bild zeigt den Aufbau eines Eingabebausteins. Das vom Sensor ankommende *Eingangssignal* wird gleichgerichtet und über einen Vorwiderstand auf eine Leuchtdiode gegeben. Die Leuchtdiode sendet infrarotes Licht auf einen Fototransistor, der dann beim Auftreten des Lichtes einen Steuerimpuls auf den Schalttransistor gibt und diesen durchsteuert. Das *Ausgangssignal* des Schalttransistors wird als Eingangssignal an die Steuereinheit gegeben.

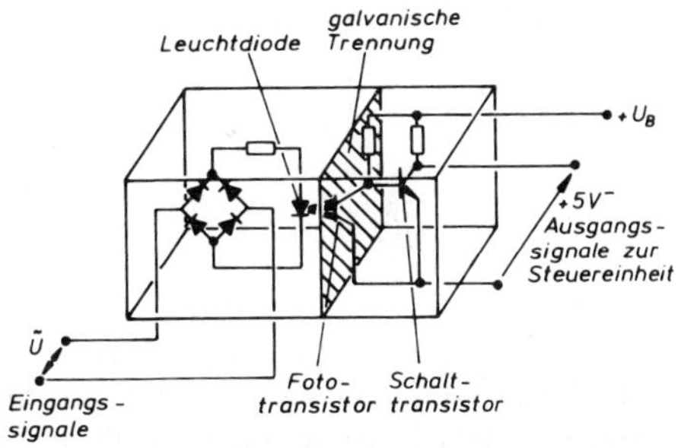

Durch die elektrische Trennung zwischen Leuchtdiode und Fototransistor können keine schädlichen Impulse – z. B. zu hohe Spannungen – in den Bereich der Steuereinheit eindringen. Über den Schalttransistor werden Gleichspannungssignale von 5 V Gleichspannung an die Steuereinheit weitergegeben.

Aufgaben des Eingabebausteins:

- Schutz der Steuereinheit vor zu hohen und für die Steuereinheit gefährlichen Eingangssignalen,
- Umwandlung der unterschiedlichen Eingangssignale in gleichartige Gleichspannungssignale von 5 V.

3.2. Programmspeicher

In den Programmspeicher wird das *Arbeitsprogramm* eingegeben und abgespeichert, das die in der Steuereinheit ankommenden Eingangssignale in der gewünschten Weise verarbeitet. Der Programmspeicher ist gekoppelt mit dem *Adressenzähler*. Er hat die Aufgabe, die Adressen des Programmspeichers in einem bestimmten Takt nacheinander anzuwählen. Jede Adresse ist mit einer Speicherplatznummer versehen.

Zu jeder Speicherplatznummer gehört ein Speicherplatz, der eine Programminformation des Arbeitsprogrammes aufnehmen kann. Der Adressenzähler arbeitet mit einer Taktgeschwindigkeit, die von einem Taktgeber aus der Steuereinheit vorgegeben wird. Der Taktgeber bestimmt die Geschwindigkeit, mit der die einzelnen Programmschritte an die Steuereinheit weitergegeben und dort abgearbeitet werden.

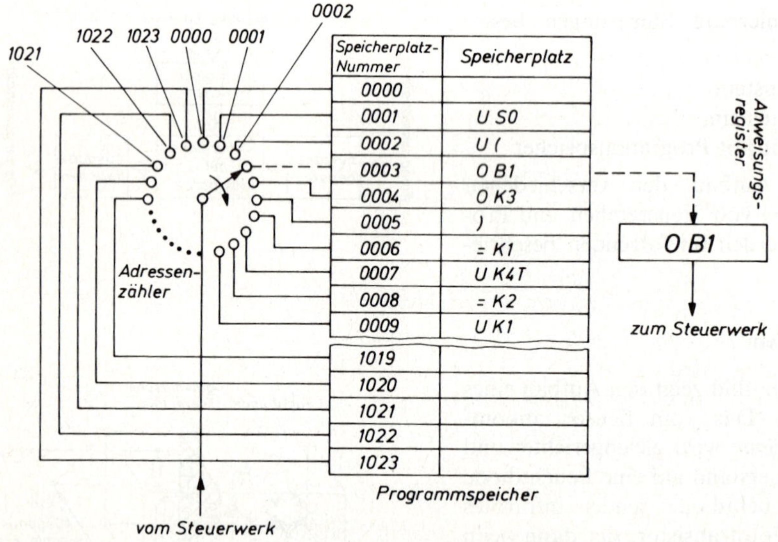

Das oben stehende Bild zeigt einen Programmspeicher mit $2^{10} = 1024$ Speicherplätzen. Für die Bearbeitung eines Programmschrittes werden 2 µs benötigt. Der Programmzyklus benötigt für 1024 besetzte Speicherplätze eine Arbeitszeit von 2 ms. Danach springt das Programm auf den Speicherplatz 0000 zurück und beginnt einen neuen Arbeitszyklus.

Arbeitsweise des Programmspeichers:

Der Adressenzähler wählt z. B. den Speicherplatz 0003 an. Dort ist die Anweisung 0 B1 eingegeben. Diese Anweisung wird auf den Ausgang des Programmspeichers gegeben und gelangt von dort in einen Zwischenspeicher, auch Anweisungsregister genannt. Aus dem Anweisungsregister wird die Steueranweisung in die Steuereinheit abgerufen und dort verarbeitet.

Anschließend wählt der Adressenzähler die nächsthöhere Adresse – in diesem Fall 0004 – und gibt die entsprechende Anweisung in das Anweisungsregister usw.

3.3. Steuereinheit

Die Steuereinheit ist der zentrale Baustein innerhalb der SPS, dem die anderen Bausteine zuarbeiten. Die Steuereinheit erfüllt *Kontroll-* und *Koordinationsaufgaben*. Um diese Aufgaben erfüllen zu können, werden neben dem zentralen Baustein mit Steuer- und Logikteil verschiedene Speicherbausteine benötigt, die Ein- und Ausgabedaten sowie Zwischenergebnisse speichern, die die Steuereinheit für die Aufbereitung der Endergebnisse benötigt.

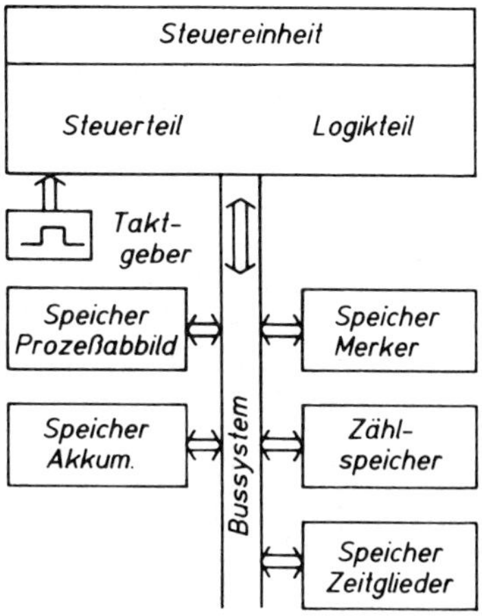

Speicher, Steuerteil und Logikteil sind durch Sammelleitungssysteme zur Übertragung von Daten miteinander verbunden. Sie werden *Bussysteme* genannt. Alle Teile der Steuereinheit – Steuerteil, Logikteil und Speicher – sind auf einem einzigen Bauteil (dem Mikroprozessor) untergebracht. Der *Mikroprozessor* ist ein integrierter Schaltkreis, der sehr viele Schaltfunktionen auf wenigen Quadratzentimetern vereinigt. Die Steuereinheit verarbeitet die vom Eingangsbaustein eingegebenen Signale. Das im Programmspeicher abgelegte Arbeitsprogramm bestimmt, in welcher Weise die Eingangssignale verarbeitet, geordnet und in welcher zeitlichen Reihenfolge sie an den Ausgangsbaustein weitergegeben werden.

Die Arbeitsgeschwindigkeit der Steuereinheit wird von einem *Taktgeber* vorgegeben. Der Taktgeber ist Bestandteil des Mikroprozessors.

Das Arbeitsprogramm wird schrittweise von der Steuereinheit aus dem Programmspeicher angefordert. Bei den meisten Arbeitsprogrammen ist es notwendig, die Eingangsdaten nicht sofort zu verarbeiten, sondern zwischenzulagern. Sie werden in den dafür vorgesehenen Speichern abgelegt. Das gleiche gilt für Zwischenergebnisse, die erst in nachfolgenden Programmschritten oder zum Ende des Programmes benötigt werden.

Der Steuerteil sorgt dafür, daß diese Daten und Zwischenergebnisse in den Speichern abgelegt werden und greift bei Bedarf auf sie zurück.

Alle Daten können jederzeit in den Speicher eingelesen und nach Gebrauch wieder gelöscht werden. Das gilt nicht für das im Programmspeicher vorhandene Arbeitsprogramm. Es kann von der Steuereinheit nur gelesen, aber nicht gelöscht werden.

Speicherbausteine der Steuereinheit:

Speicher für Prozeßabbild: Hier werden die Signalzustände des Ein- und Ausgabebausteins gespeichert.

Akkumulatorspeicher: Der Akkumulatorspeicher ist ein Zwischenspeicher, über den Zeitglieder und Zähler geladen werden.

Merker(-speicher): Der Merker speichert Zwischenergebnisse aus arithmetischen oder logischen Funktionen.

Zählspeicher und Speicher für Zeitglieder: Speicherbereiche, in denen Zahlen- und Zeitwerte gespeichert werden.

Aufbau von Steuerteil und Rechen- bzw. Logikteil, dargestellt an einem einfachen Beispiel:

Das Blockschaltbild auf der nächsten Seite ist in zwei Teile gegliedert. Der Rechen- und Logikteil enthält mehrere Teilschaltungen. Ob eine der vier dargestellten Logikschaltungen angesprochen wird, hängt davon ab, ob das vorgeschaltete UND-Element über seinen zweiten Eingang gleichzeitig mit den ankommenden Signalen beaufschlagt wird.

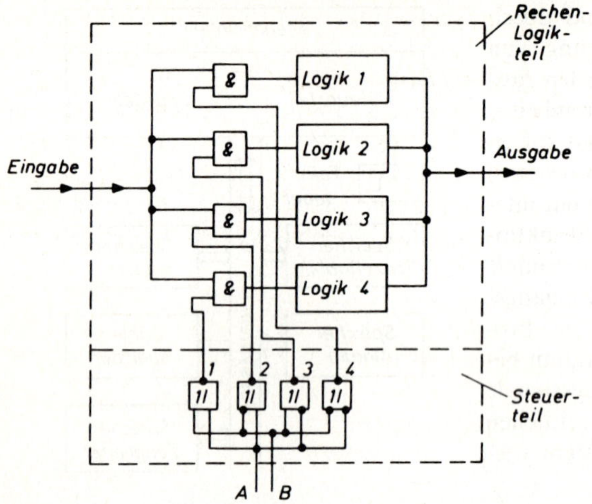

Steuerbefehl	angesprochene Teillogik
O O	1 - Additionsschaltung
O L	2 - Subtraktionsschaltung
L O	3 - ODER-Verknüpfung
L L	4 - UND-Verknüpfung

		Logik			
A	B	1	2	3	4
O	O	L	O	O	O
O	L	O	L	O	O
L	O	O	O	L	O
L	L	O	O	O	L

Nur dann können die Eingabesignale in eine der Teilschaltungen weitergeleitet und dort verarbeitet werden. Die Auswahl, welche der Teilschaltungen angesprochen wird, hängt vom Steuerteil ab. Von dort führen vier Ausgänge an die UND-Elemente der Teilschaltungen 1–4. Über die beiden Eingänge *A* und *B* des Steuerteils können $2^2 = 4$ unterschiedliche Eingangssignale gegeben werden, von denen jedes eine Logik freigeben kann. Die Wertetabelle zeigt, welche Teillogik bei welchem Eingangssignal freigegeben wird.

Führt z. B. der Eingang *A* 1-Signal und *B* 0-Signal, dann wird die Teillogik 3 (ODER-Verknüpfung) freigegeben. Bei diesem einfachen Beispiel können vier unterschiedliche Logikbereiche angesprochen werden. Sind z. B. acht Steuerleitungen vorhanden, so können $2^8 = 256$ unterschiedliche Steuerbefehle unterschieden werden.

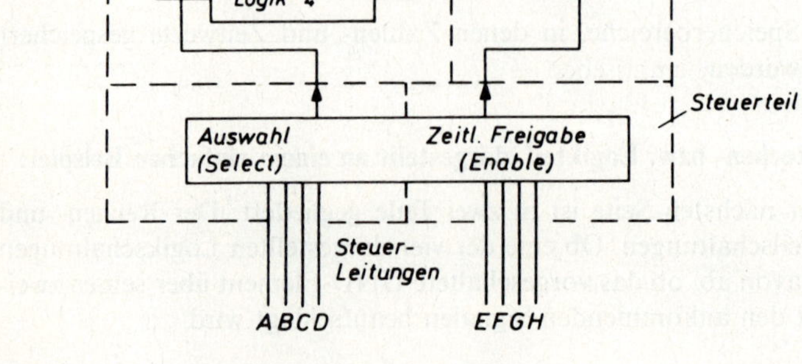

Das Schaltungsprinzip der Steuereinheit ist noch nicht vollständig dargestellt. Bisher bestand die Aufgabe des Steuerteils nur darin, festzulegen, welche Rechen- oder Logikschaltungen freigegeben werden. Für einen programmierten Steuerungsvorgang ist es auch wichtig, daß die Daten zum vorgesehenen Zeitpunkt an den Datenausgang gelangen. Das Steuerteil muß die verarbeiteten Daten dann freigeben, wenn diese zur Weiterverarbeitung benötigt werden. Das Blockschaltbild auf Seite 448 teilt das Steuerteil in zwei Bereiche. Im ersten Bereich wird ausgewählt (SELECT), welche Logik zur Verarbeitung der Eingangsdaten freigegeben wird. Im zweiten Teil wird festgelegt, wann die Daten für die weitere Verarbeitung freigegeben werden (ENABLE).

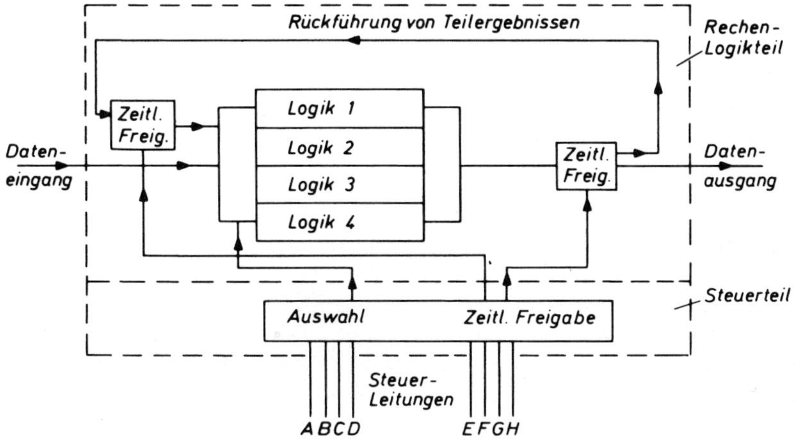

Auch dieses Blockschaltbild ist noch unvollständig. Wird z. B. ein umfangreicher Steuerungsvorgang mit Hilfe eines Arbeitsprogrammes gesteuert, so kann dieses Programm je nach Umfang mehr oder weniger Teilschritte umfassen, die nacheinander abgearbeitet werden müssen. Unter diesen Einzelschritten sind viele, die ständig wiederbenutzt werden. Daraus folgt, daß in einem Hauptprogramm immer wieder die gleichen Anweisungen über dieselbe Logik verarbeitet werden müssen. Es muß z. B. ein Teilergebnis vom Ausgang des Logikteils erneut an den Eingang gebracht werden, um dort in der nachfolgenden Anweisung weiter verarbeitet zu werden. Das geschieht über Rückführungsleitungen, die vom Ausgang des Logikteils wieder an den Eingang führen (siehe Blockschaltbild oben). Die erneute Eingabe muß dann wieder über die Freigabe des Steuerteils geführt werden.

3.4. Ausgabebaustein

Das nebenstehende Bild zeigt den schematischen Aufbau eines Ausgabebausteins. Dem Eingang des Ausgabebausteins wird die Ausgangsleistung der Steuereinheit (5–10 mW) zugeführt. Der Optokoppler sorgt für die notwendige galvanische Trennung. Die Infrarotstrahlung der Leuchtdiode läßt den Fototransistor T_1 durchschalten.

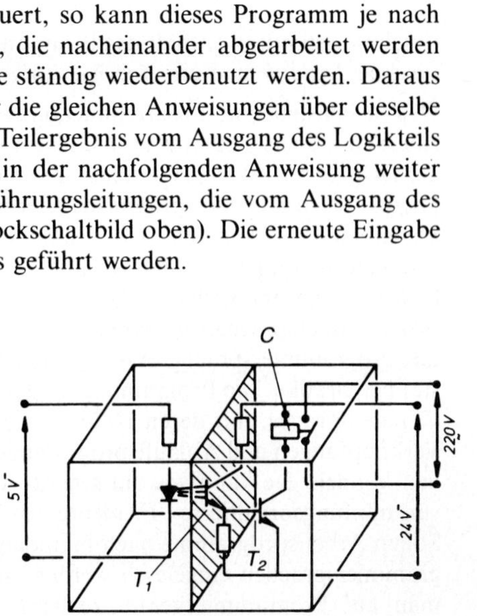

Über den Emitterstrom wird der Schalttransistor T_2 durchgeschaltet. Dadurch wird das Relais C aktiviert und der Laststromkreis über den Kontakt C geschlossen. Die Schaltleistung ist dadurch unbegrenzt.

Der Ausgabebaustein wird benötigt, um die energieschwachen Signale aus der Steuereinheit so zu verstärken, daß sie zum Ansteuern von Aktoren wie Relais, Schützen etc. direkt benutzt werden können. Daneben muß wie beim Eingabebaustein auch hier dafür gesorgt werden, daß über eine galvanische Trennung die Steuereinheit gegen Kurzschlüsse aus dem Aktorenbereich abgesichert wird. Oft muß der Ausgabebaustein auch die elektronischen Signale der Steuereinheit in Signale anderer Energieformen (z. B. pneumatische Energie) umwandeln.

Aufgaben des Ausgabebausteins:
- Energietrennung (Optokoppler)
- Energieverstärkung (Transistorstufe)
- Energieumwandlung (elektrische Energie/pneumatische Energie)
- Signalumformung

3.5. Programmiergeräte

Die Organisation und Durchführung des gewünschten Programmes wird in Zusammenarbeit mit der Steuereinheit übernommen.

Das *Programmiergerät* sorgt dafür, daß das gewünschte Programm in den Programmspeicher eingegeben werden kann.

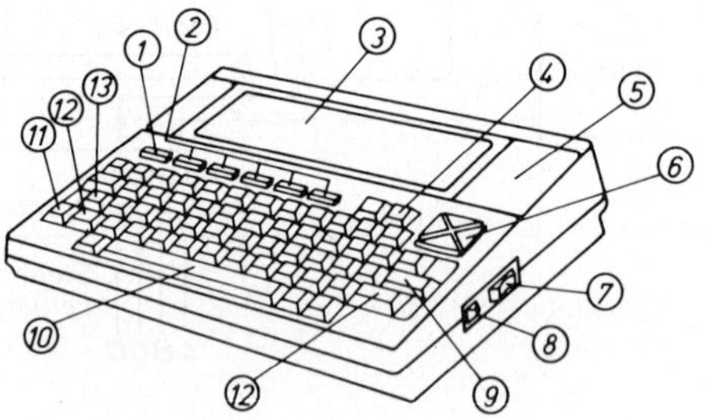

Im einfachsten Fall enthält das Programmiergerät eine *Tastatur* und ein *Anzeigedisplay*.

Das nebenstehende Programmiergerät besitzt eine Schreibmaschinentastatur und ein einzeiliges Display mit 40 Anzeigestellen. Das Gerät ist über Kabel mit dem Programmspeicher bzw. der Steuereinheit verbunden und erhält auch die Energieversorgung über dieses Kabel. Diese einfachen Programmiergeräte können nicht alle Programmiersprachen übertragen. Sie sind auf die Programmiersprache AWL (Anweisungsliste) beschränkt. Die Programmiersprache AWL ist eine Sprache, mit deren Hilfe alle logischen Verknüpfungen und Abläufe programmiert werden können. Sie kann sowohl schritt- als auch verknüpfungsorientierte Elemente darstellen. Sollen Arbeitsprogramme auch in anderen Programmiersprachen eingelesen werden, so greift man auf Programmiergeräte zurück, die aus

1 STOP-Taste
2 Funktions-Tasten
3 LCD-Anzeige (Anzeigedisplay)
4 Lösch-Taste
5 Anzeige Batterieunterspannung
6 Tasten für Cursorpositionierung
7 Kontrasteinstellung für LCD-Anzeige
8 Ein/Ausschalter
9 Quittier-Taste [←]
10 Leer-Taste
11 Einrast-Taste für Großschreibung [CAPS]
12 Umschaltungstaste für Groß/Kleinschreibung bzw. 1. und 2. Tastenfunktion [SHIFT]
13 Control-Taste [CTRL]

vollwertigen Personalcomputern mit Bildschirm oder *8–10zeiligen LCD-Anzeigen besteht.* Mit diesen aufwendigeren und teureren Programmiergeräten können neben AWL auch die anderen üblichen Programmiersprachen wie KOP (Kontaktplan) und FUP (Funktionsplan) eingegeben werden. Diese Geräte enthalten zusätzlich Schnittstellen, an die Drucker angeschlossen werden, die dann die eingegebenen Programme sofort ausdrucken können.

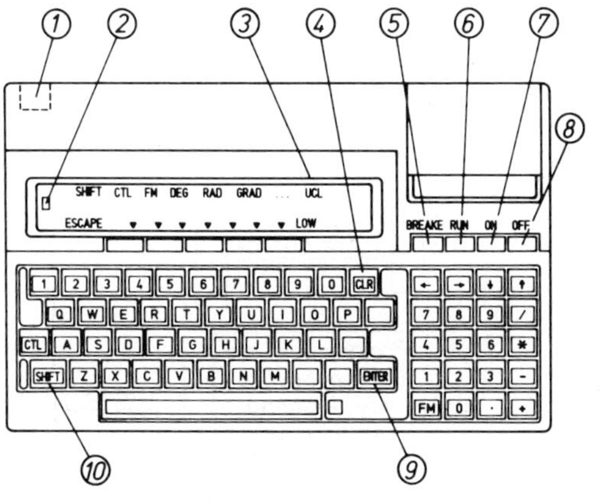

① Schnittstelle zur SPS
② Cursor
③ Statusanzeige
④ Zeilenlöschung
⑤ Programmunterbrechung
⑥ Programmstart
⑦ EIN
⑧ AUS
⑨ ENTER
⑩ Umschalten Groß/Klein

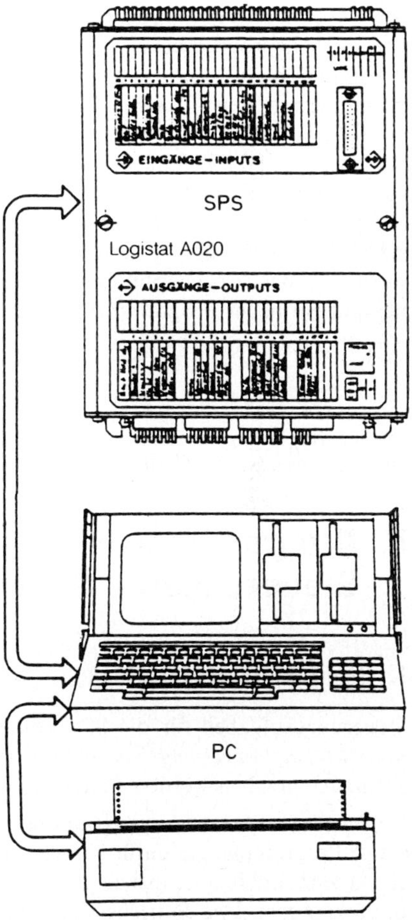

Das Bild rechts stellt einen Personalcomputer mit integriertem Bildschirm und zwei Diskettenlaufwerken dar. Über die Diskettenlaufwerke können abgespeicherte Arbeitsprogramme direkt in die SPS eingegeben werden.

3.6 Zusammenspiel von Arbeitsprogramm, Steuereinheit und Ein- und Ausgabebaustein

Soll ein neues Programm von der SPS bearbeitet werden, so muß über das Programmiergerät zunächst das eventuell noch im Programmspeicher vorhandene Programm gelöscht werden. Danach werden die noch im Prozeßabbildspeicher vorhandenen Daten von Ein- und Ausgabebaustein gelöscht.

Nach der Bestätigung der Löschvorgänge kann das neue Arbeitsprogramm über das Programmiergerät in den Programmspeicher eingegeben werden. Das nebenstehende Programmschema zeigt den weiteren Programmablauf:

Die Signale des Eingabebausteins werden abgefragt und in den Prozeßabbildspeicher eingelesen. Danach erfolgt schrittweise die Bearbeitung des Arbeitsprogrammes. Nach jedem Programmdurchlauf werden die durch das Programm ermittelten Ausgangsdaten vom Prozeßabbildspeicher auf die Ausgänge übertragen. Sie lösen dann die Befehle der Aktoren aus. Danach springt das Programm auf die erste Speicherplatznummer im Programmspeicher zurück. Die neuen Signale des Eingabebausteins werden in das Prozeßabbild eingelesen, und es beginnt ein neuer Programmzyklus.

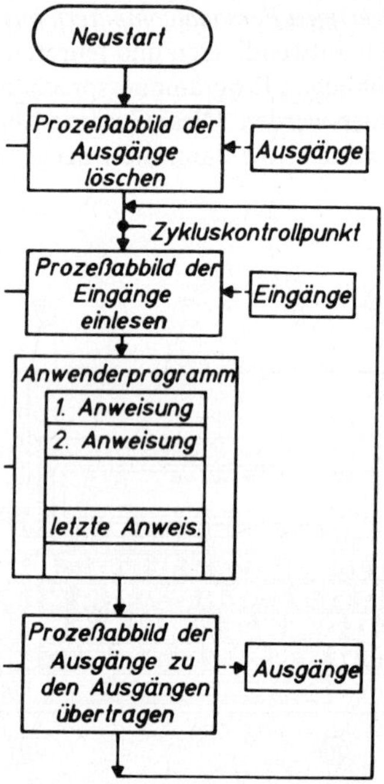

II. Programmierung von speicherprogrammierbaren Steuerungen – Software –

1. Programmierung

Steuerungsaufgaben für die SPS können in verschiedenen Programmiersprachen wie z. B. *Kontaktplan, Anweisungsliste* u. a. geschrieben werden. Die am häufigsten benutzten Programmiersprachen werden weiter unten noch ausführlich besprochen.

Neben diesen Anwenderprogrammiersprachen benötigt das Betriebssystem der SPS noch einige Programme, die dafür sorgen, daß die Anwenderprogramme von der SPS akzeptiert, verstanden und in ausführbare Anweisungen umgesetzt werden. Jede SPS besitzt ihr eigenes *Betriebssystem.* Das Betriebssystem bestimmt Leistungsfähigkeit und Arbeitsgeschwindigkeit der SPS. Es sorgt für den störungsfreien Ablauf der verschiedenen Programme. Es koordiniert Anweisungen und Befehle, die von den Eingangsbausteinen, den internen Speichern und dem Programmspeicher kommen. Es ist außerdem verantwortlich für den Datenverkehr zwischen Eingabebaustein, Steuereinheit und Ausgabebaustein.

Das Betriebssystem steuert den Mikroprozessor. Es verwaltet die internen Datenspeicher (*RAM-Speicher, Merker*). Das Betriebssystem wird vom Hersteller der SPS vorgegeben. Da es sich im wesentlichen auf die inneren Abläufe in der SPS bezieht, ist es für den Anwender von geringerer Bedeutung. Wichtiger sind für den Anwender der SPS die Programmiersprachen.

2. Programmiersprachen einer SPS

Es soll untersucht werden, welche Programmiervorlagen bei SPS-Steuerungen verwendet werden können, d. h. welche Programmiersprachen üblich sind.

Es gibt – wie oft in der Technik – mehrere Möglichkeiten, die nebeneinander gleichberechtigt Verwendung finden. Welche Programmiersprache verwendet wird, ist oft davon abhängig, ob dem Anwender die eine Sprache besser liegt, weil er sie z. B. in seiner Praxis früher kennengelernt und deshalb bereits öfter angewendet hat.

Es kommt auch auf die spezielle Aufgabenstellung an. So kann bezogen auf allgemeine Steuerungsaufgaben gelten:

Eine Verknüpfungssteuerung (Kombinatorische Steuerung) kann gut mit Hilfe eines Logikplans oder mit Formeln der Boolschen Algebra beschrieben werden.

Die folgenden Programmiersprachen werden für SPS-Steuerungen am häufigsten verwendet:

- der *Kontaktplan (KOP)*
- die *Anweisungsliste (AWL)*
- der *Funktionsplan (FUP)*

Alle drei Programmiersprachen können sowohl für Verknüpfungssteuerungen als auch für Ablaufsteuerungen verwendet werden.

Die drei Programmiersprachen werden nach Steuerungsarten strukturiert vorgestellt. Zuerst wird auf die Programmierung von Verknüpfungssteuerungen eingegangen. Im Anschluß daran werden Ablaufsteuerungen behandelt. Vorher werden einige für die Programmierung notwendige Arbeitsunterlagen vorgestellt.

3. Belegungsliste

Zu jeder Programmieraufgabe gehört eine *Belegungsliste* (bzw. Zuordnungsliste). Die SPS-Programmiersprachen halten sich an die DIN 19239 und die dort genormten Ein- bzw. Ausgänge der SPS.

In der Belegungsliste werden auf der Eingangsseite die an die SPS angeschlossenen Sensoren benannt und beschrieben. Das können Schalter, Taster, Lichtschranken, Temperaturfühler, Drehzahlwächter usw. sein.

Auf der Ausgangsseite werden die dort angeschlossenen Aktoren benannt und beschrieben. Hierbei handelt es sich um Lampen, Ziffern, Hupen oder Relais, Leistungsschütze, Magnetventile, Motorklappen u. a. m.

Aus der Belegungsliste wird außerdem ersichtlich:

- mit welchen Sensoren die einzelnen Eingänge der SPS beschaltet werden,
- mit welchen Aktoren die einzelnen Ausgänge der SPS verbunden werden,
- welche innerhalb der SPS vorhandenen Funktionen (Merker, Zähler, Zeitstufen usw.) für den vorgesehenen Steuerungsablauf verwendet und wozu diese eingesetzt werden.

Beispiele für Belegungslisten:

1. Elektrische Einschaltsteuerung

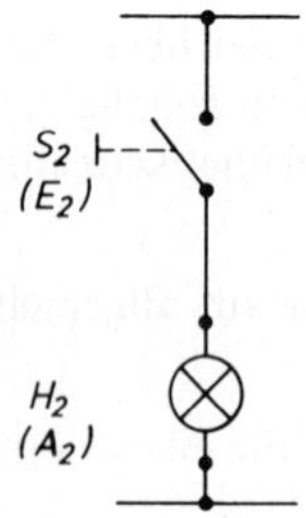

Bezeichnung	Kurzbezeichnung	Adresse*	Funktion
Taster	S_2	E_2	E_2 führt Signal, solange Taster betätigt
Lampe	H_2	A_2	Lampe leuchtet, wenn A_2 *I*-Signal führt

* Adresse: Hier werden die genormten Symbole für Ein- und Ausgänge der SPS angegeben.

2. Elektropneumatische Zylindersteuerung

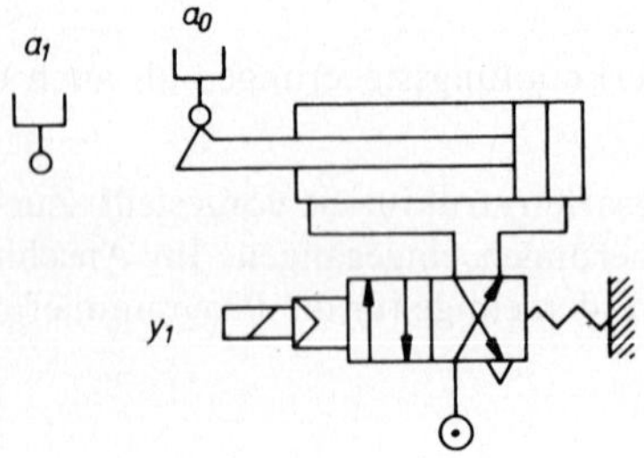

Bezeichnung	Kurzbezeichnung	Adr.	Funktion
Endschalter Kolbenstange hinten	a_1	$E1$	wenn a_1 betätigt, wird y_1 geschlossen, Kolben fährt zurück
Endschalter Kolbenstange vorn	a_0	E_0	wenn a_0 betätigt, wird y_1 rückgeschaltet, Kolben fährt vor
Magnetventil	y_1	A_0	Magnetventil steuert Kolben

4. Schaltplan

Der *Schaltplan* dient zur Darstellung der Verbindungen zu den Sensoren und Aktoren außerhalb der SPS. Hierbei werden die genormten Schaltzeichen benutzt.
Im Schaltplan werden zwei Stromkreise dargestellt:

- die Versorgung der Sensoren und Signaleingänge der SPS mit einer Gleichspannung von 24 V –
- die Versorgung zum Betrieb der Aktoren an den Signalausgängen mit der Betriebsspannung 220 V –

Beispiele für Schaltpläne:

1. Elektrische Einschaltsteuerung

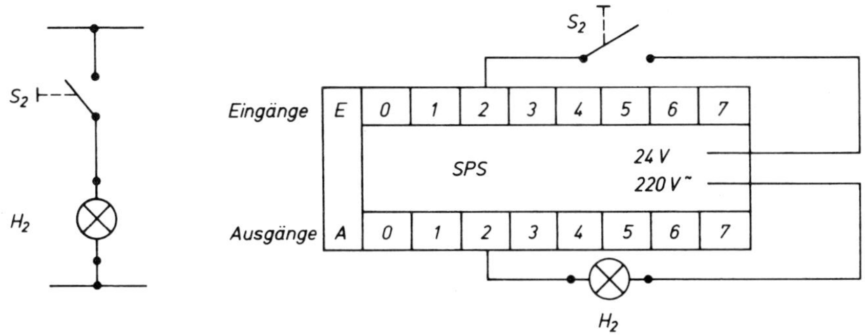

2. Elektropneumatische Zylindersteuerung

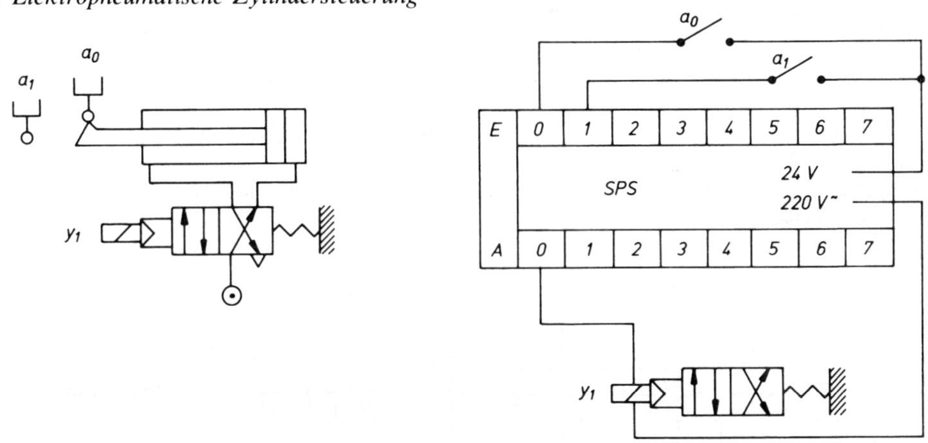

5. Programmiersprachen für Verknüpfungssteuerungen

5.1. Der Kontaktplan (KOP)

Der Kontaktplan ist aus dem *Stromlaufplan* entwickelt worden. Deshalb sind sich beide Steuerungsdarstellungen sehr ähnlich. Beim Kontaktplan sind wie beim Stromlaufplan die einzelnen Bauteile schematisch angeordnet, sie zeigen nicht wie beim Wirkschaltplan die tatsächliche örtliche Lage der Bauteile an, sondern sie erläutern durch übersichtliche Darstellung der einzelnen Stromwege die Wirkungsweise der Schaltung. Wenn von einer Steuerungsaufgabe schon ein Stromlaufplan vorliegt, dann ist es am einfachsten, diesen in den Kontaktplan zu übertragen.

Im folgenden Beispiel wird zu dem bereits vorhandenen Stromlaufplan der entsprechende Kontaktplan aufgebaut.

Aufgabenstellung:

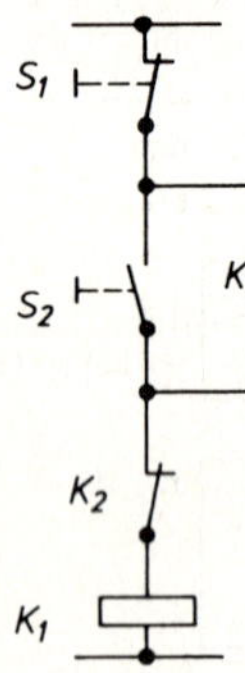

Ein Relais K_1 soll über Taster S_2 eingeschaltet werden. Nach Loslassen von S_2 soll das Relais über eine Selbsthaltung eingeschaltet bleiben. Erst die Betätigung von S_1 soll das Relais wieder abfallen lassen. Die Betätigung des Relais kann durch eine Verriegelung von außen unterbunden werden (K_2).

Belegungsliste:

Bezeichnung	Kurzbezeichnung	Adresse	Funktion
Taster EIN eingeschaltet	S_2	E_1	Relais K_1 wird eingeschaltet
Taster AUS	S_1	E_2	Bei Betätigung fällt Relais K_1 ab.
Relais	K_1	A_1	Relais
Verriegelung	K_2	A_2	Über K_2 kann Betätigung von K_1 verhindert werden.

Schaltplan:

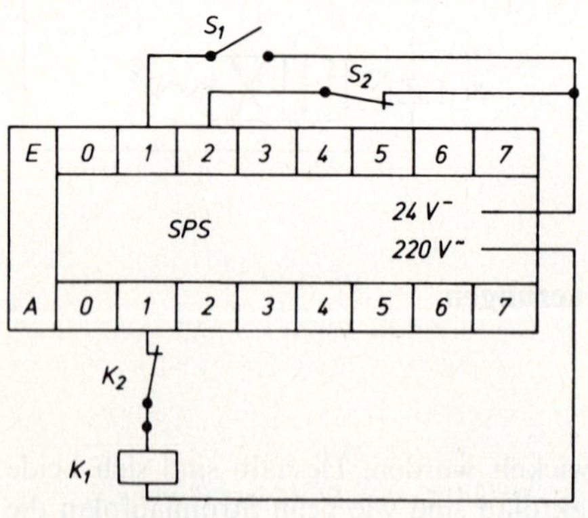

Kontaktplan:

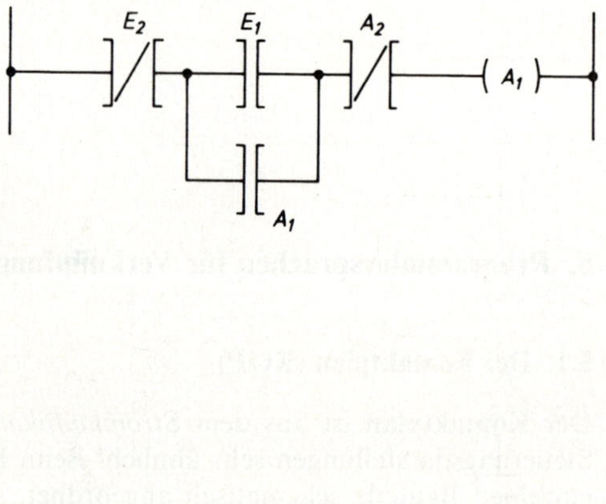

Die Symbole des Kontaktplanes sind von amerikanischen Herstellern eingeführt worden. Würde man den Kontaktplan um 90° drehen, so wäre er bis auf die veränderten Symbole dem Stromlaufplan sehr ähnlich.

Folgende Symbole werden im Kontaktplan verwendet:

Operationsart	Symbol	Bedeutung	Operationsart	Symbol	Bedeutung
Verknüpfung	—] [—	*I*-Signal	Ausgänge	—(S)—	Zuweisung „Speichern“
	—]/[—	*O*-Signal		—(R)—	Zuweisung „Rücksetzen“
	—] [—] [—	UND-Verknüpfung	Zähl-operationen	—(I)—	Zählereingang
	—] [— parallel —] [—	ODER-Verknüpf.	Zeit-operationen	—(T)—	Zeiteingang
Ausgänge	—( )—	Zuweisung *I*			
Zuweisungen	—(/)—	Zuweisung *O*			

5.2. Funktionsplan (FUP)

Der *Funktionsplan* – vergleichbar dem *Logikplan* – setzt Reihen- bzw. Parallelschaltungen einer Steuerungsaufgabe in logische Symbole um (UND, ODER, NICHT). Damit lassen sich die Verknüpfungen einer Steuerung übersichtlich und gut lesbar darstellen.

Als Beispiel für einen Funktionsplan soll die gleiche untenstehende Schaltung verwendet werden.

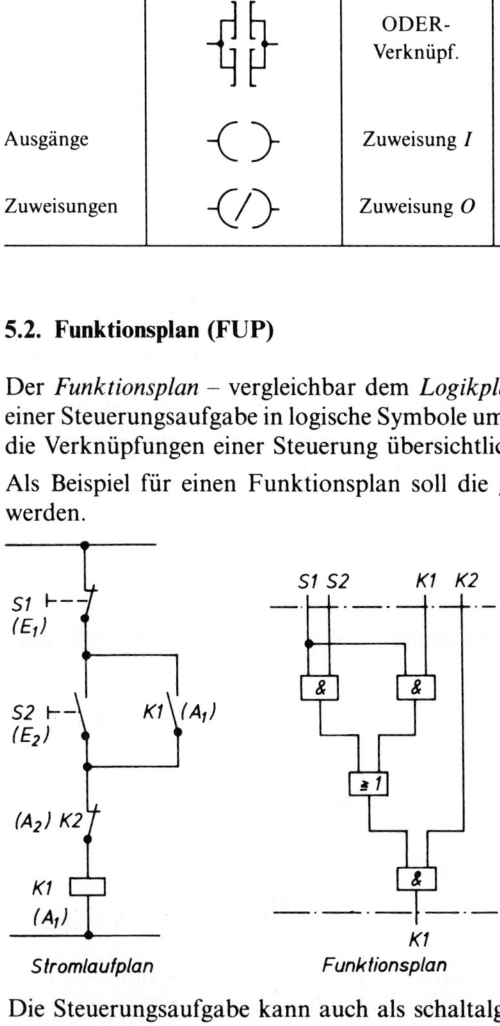

Stromlaufplan — Funktionsplan

Der Funktionsplan besteht aus zwei parallelen UND-Elementen, deren Ausgänge in die beiden Eingänge des ODER-Elementes geführt werden. Der Ausgang des ODER-Elementes wird zusammen mit dem Verriegelungseingang K_2 in ein weiteres UND-Element geführt, dessen Ausgang das Relais K_1 ansteuert.

Die Steuerungsaufgabe kann auch als schaltalgebraische Gleichung geschrieben werden. Sie lautet dann:

$$[(S_1 \wedge S_2) \vee (S_1 \wedge K_1)] \wedge K_2 = K_1$$

Diese Gleichung benutzt Klammern, um Zwischenergebnisse zu ordnen und sie mit hinzukommenden weiteren Variablen zu verknüpfen. Im Funktionsplan der SPS werden die Zwischenergebnisse durch sogenannte Merker (M) festgehalten. Die Signale am Ausgang der entsprechenden Merker werden dann für die weitere Verarbeitung der Steuersignale von der SPS übernommen.

$$\underbrace{\underbrace{S_1 \wedge S_2}_{M_1} \qquad \underbrace{S_1 \wedge K_1}_{M_2}}_{M_3 \wedge K_2 = K_1}$$

Das Signal am Ausgang der 1. UND-Verknüpfung wird durch *M*1 gespeichert. *M*2 speichert die UND-Verknüpfung *S*1 *K*1. *M*1 und *M*2 bilden die Eingangssignale für die ODER-Verknüpfung. *M*3 speichert das Ausgangssignal. *M*3 und *K*2 bilden eine weitere UND-Verknüpfung. Das Ausgangssignal steuert das Relais *K*1 an.

5.3. Anweisungsliste (AWL)

Die *Anweisungsliste* kann nach jeder Vorlage, ob es sich um Stromlaufpläne, logische Verknüpfungen o.ä. handelt, relativ einfach erstellt werden.

Die Anweisungsliste arbeitet nicht mit graphischer Darstellungsweise, sondern sie beschreibt das Steuerungsprogramm mit Hilfe von Symbolen. Die Steueranweisungen sind in Zeilen untereinander angeordnet. Jede Zeile enthält eine Einzelanweisung. Die Zeilen sind durchnumeriert. Die Befehle werden in Kurzform niedergeschrieben. Jede Anweisung besteht aus drei Teilen. Im ersten Teil steht die Adresse der Anweisung, mit der Speicherplatznummer – beginnend mit 0 – in fortlaufender Numerierung. Der zweite und dritte Teil enthalten die Programmanweisungen. Im zweiten Teil wird angegeben, *was* zu tun ist (Operationsteil), im dritten Teil wird angegeben, *womit* etwas getan werden soll (Operandenteil)

Beispiel:

	Anweisung	
Adresse	Operation	Operand
001	*U*	*E*2

Anweisung: Im ersten Schritt soll eine UND-Verknüpfung mit Eingang *E*1 hergestellt werden.

Als Beispiel für eine Anweisungsliste soll wieder die bereits bekannte Selbsthaltung dienen.

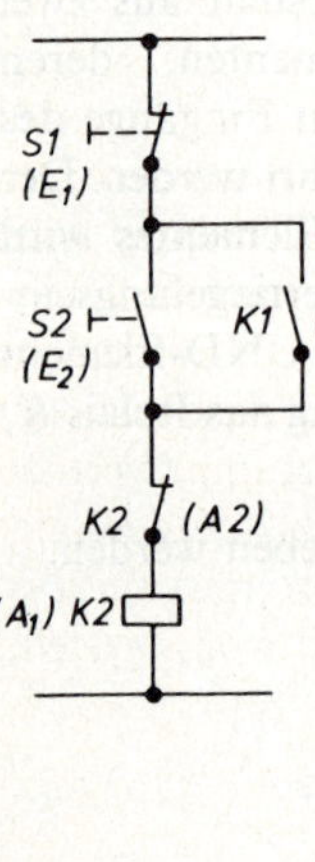

Adresse	Operation	Operand
0001	*U*	*E*2
0002	*O*	*A*1
0003	*U*	*E*1
0004	*UN*	*A*2
0005	=	*A*1
0006	*PE*	

PE = Programmende

Folgende Symbole werden in der Anweisungsliste verwendet:

Art der Operation	Operandensymbol	Wirkungsweise
Verknüpfungen	*U*	UND-Verknüpfung
	UN	UND-Verknüpfung, Signalabfrage negiert
	O	ODER-Verknüpfung
	ON	ODER-Verknüpfung, Signalabfrage negiert
	XO	Exklusiv-ODER
	U(	UND-Verknüpfung + Klammer auf
	O(	ODER-Verknüpfung + Klammer auf
	)	Klammer zu
	)N	Klammer zu + Signalabfrage negiert
Ausgabeoperationen	=	Ausgabe/DANN
	=*N*	Ausgabe negiert/ DANN NICHT
	SL	Speicher setzen
	RL	Speicher rücksetzen
Zeit- und Zähloperationen	=*T*	Zeitglied-Eingang
	M	Merker
	ZV	Zähler vorwärts
	ZR	Zähler rückwärts
	=*I*	Zähler-Eingang
Operationen zur Programmorganisation	*SW*	Sprung bei „ “
	LS	Lade sofort
	SP	Sprung
	NO	Nulloperation (keine Wirkung)
	PE	Programmende

6. Programmiersprachen für Ablaufsteuerungen

Bei *Ablaufsteuerungen* sorgt die SPS dafür, daß sämtliche Schritte des Ablaufs in der richtigen Reihenfolge und zeitlich aufeinander abgestimmt in Gang gesetzt werden. Hierbei wird sichergestellt, daß erst nachdem ein Schritt vollständig ausgeführt ist, der nächste folgen kann. Ablaufsteuerungen kann man graphisch gut durch *Weg-Schritt-Diagramme* darstellen. Der Arbeitsablauf der Aktoren (z. B. pneumatisch betätigte Zylinder) wird in Abhängigkeit vom jeweiligen Ablaufschritt dargestellt. Dabei sind die Aktoren im Diagramm vertikal angeordnet, die einzelnen Schritte der Ablaufsteuerung horizontal. Die Funktionslinie zeigt in jedem Schritt den Signalzustand des betreffenden Signalgliedes an. Den Programmierbeispielen für Ablaufsteuerungen wird deshalb jeweils ein Weg-Schritt-Diagramm vorangestellt.

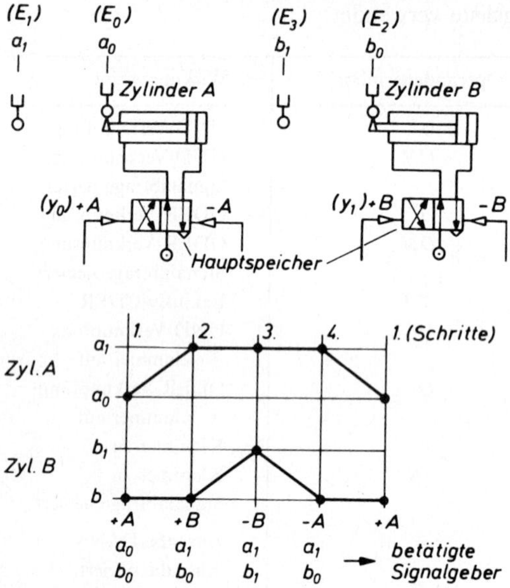

Die nebenstehende Ablaufsteuerung soll programmiert werden: Ein pneumatisch betätigter Zylinder soll seinen Kolben ausfahren (Zyl. *A*). Nachdem der Kolben von Zylinder *A* ausgefahren ist, soll der Kolben eines zweiten Zylinders (Zyl. *B*) ausfahren. Nach dem Ausfahren von Kolben *B* soll der Kolben wieder in die Ausgangslage zurückfahren. Erst nach dem Einfahren von Kolben *B* soll der Kolben des Zylinders *A* wieder in seine Ausgangslage zurückfahren. Damit ist ein Zyklus der Ablaufsteuerung beendet.

Belegungsliste:

Bezeichnung	Kurzbez.	Adresse	Funktion
Endschalter Zyl. *A*	a_0	*E*0	1-Signal bei Berührung
Endschalter Zyl. *A*	a_1	*E*1	
Endschalter Zyl. *B*	b_0	*E*2	
Endschalter Zyl. *B*	b_1	*E*3	
Magnetventil Zyl. *A*	Y_1	*A*0	
Magnetventil Zyl. *B*	Y_2	*A*1	

Schaltplan:

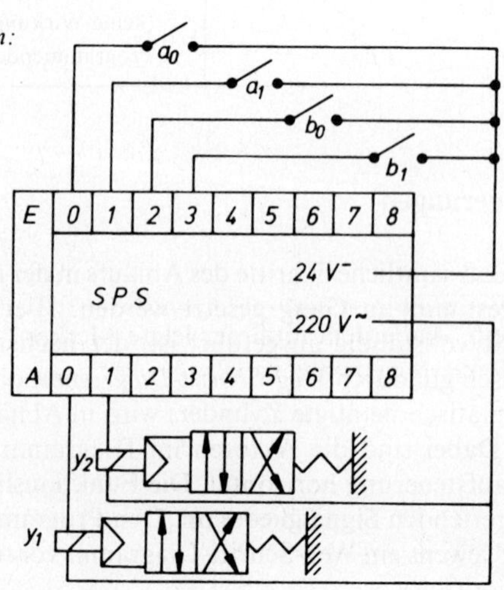

6.1. Kontaktplan (KOP) für Ablaufsteuerungen

Die einzelnen Schritte der Ablaufsteuerung werden im Kontaktplan durch Merker dargestellt. Die Merker wirken wie Speicher und geben die Schritte erst dann frei, wenn der für den Schritt zuständige Merker rechtzeitig gesetzt wird.

Der Kontaktplan für Ablaufsteuerungen hat zwei Teile:

1. der eigentliche Steuerteil: Hier werden die Merker gesetzt.
2. der Leistungsteil: Hier werden die Ausgänge angesteuert.

Der Steuerteil stellt den Zusammenhang zwischen Merkern und Steuerbedingungen her. Für jeden Schritt der Steuerung muß ein Merker gesetzt werden.

Auch die Ausgänge werden über Merker gesetzt. Für jeden Ausgang wird ein spezieller Strompfad dargestellt.

Programmierbeispiel:

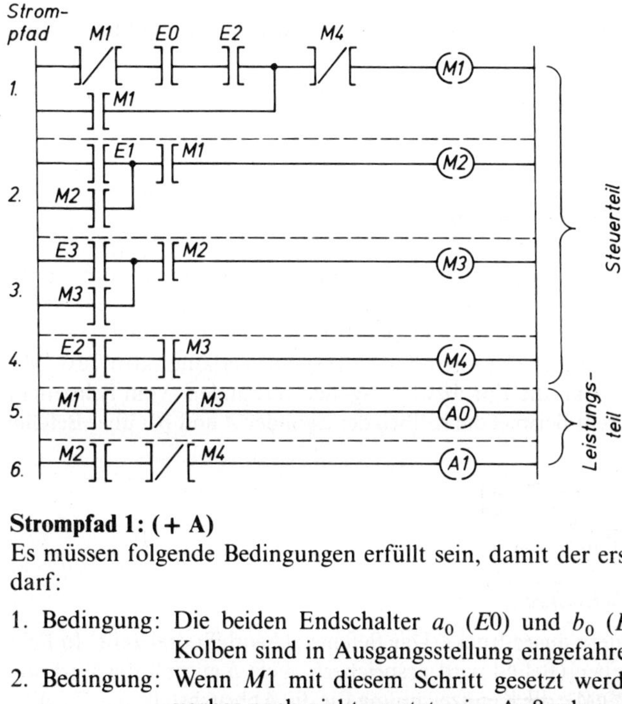

Strompfad 1: (+ A)
Es müssen folgende Bedingungen erfüllt sein, damit der erste Merker ($M1$) gesetzt werden darf:

1. Bedingung: Die beiden Endschalter a_0 ($E0$) und b_0 ($E2$) müssen betätigt sein. Beide Kolben sind in Ausgangsstellung eingefahren.
2. Bedingung: Wenn $M1$ mit diesem Schritt gesetzt werden soll, dann darf er natürlich vorher noch nicht gesetzt sein. Außerdem muß der letzte Merker ($M4$) zurückgesetzt sein, damit die Steuerung einen neuen Zyklus beginnen kann. $M1$ bleibt über Selbsthaltung gesetzt.

Strompfad 2: (+ B)

1. Bedingung: Der Endschalter a_1 ($E1$) muß betätigt sein. (Kolben A ausgefahren).
2. Bedingung: $M1$ muß gesetzt sein, damit der 2. Schritt erfolgen kann.
   $M2$ bleibt über Selbsthaltung gesetzt.

Strompfad 3: (– B)

1. Bedingung: Der Endschalter b_1 (*E*3) muß betätigt sein (Kolben *B* ausgefahren).
2. Bedingung: *M*2 muß gesetzt sein, damit der 3. Schritt erfolgen kann.
   *M*3 bleibt über Selbsthaltung gesetzt.

Strompfad 4: (– A)

1. Bedingung: Der Endschalter b_0 (*E*2) muß betätigt sein (Kolben *B* zurückgefahren).
2. Bedingung: *M*3 muß gesetzt sein, damit der 4. Schritt erfolgen kann.
   Die Selbsthaltung von *M*4 ist *nicht* nötig, da der Zyklus beendet ist.

(Leistungsteil)

Strompfad 5:

Der Strompfad 5 steuert das Magnetventil y_1 (*A*0) an. Es müssen folgende Bedingungen erfüllt sein:

- *M*1 ist gesetzt.
- *M*3 ist noch nicht gesetzt.

Strompfad 6:

Der Strompfad 6 steuert das Magnetventil y_2 (*A*1) an. Es müssen die Bedingungen erfüllt sein:

- *M*2 ist gesetzt.
- *M*4 ist noch nicht gesetzt.

6.2. Funktionsplan (FUP) für Ablaufsteuerungen

Der Funktionsplan für Ablaufsteuerungen unterscheidet sich auch äußerlich vom Funktionsplan für Verknüpfungssteuerungen. Es werden genormte Symbole nach DIN 40719 verwendet. Der Funktionsplan ist durch sogenannte Schrittfelder gegliedert. Im oberen Teil des Schrittfeldes steht die Schrittnummer, der unter Teil enthält einen erläuternden Text. Mit dem oberen Teil des Schrittfeldes sind die Ein- bzw. Ausgänge verbunden. Vom Schrittfeld aus werden die Aktoren – in unserem Beispiel die Kolben der Zylinder *A* und *B* – über Befehle angesprochen.

Die Befehle werden in Befehlsfeldern ausgedruckt. Das Befehlsfeld enthält drei Teile. In Feld *a* ist die Art des Befehles angegeben (Befehl wird gespeichert), Feld *b* enthält die Wirkung des Befehles (Zyl. *B* ausfahren), Feld *c* die Kennzeichnung für die Abbruchstelle des Befehlsausganges (bis b_1 gedrückt ist).

Befehlsarten Feld *a*:
S gespeichert, gesetzt
D verzögert
SD gespeichert und verzögert
NS nicht gespeichert
SH gespeichert, auch bei Energieausfall
T zeitlich begrenzt

Programmierbeispiel:

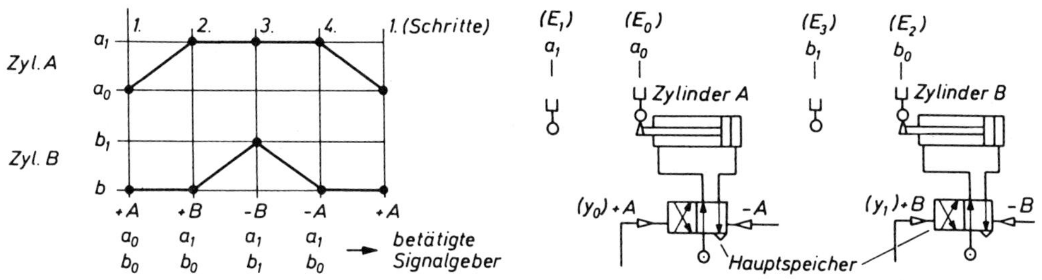

Das Weg-Schritt-Diagramm zeigt den Zustand der Endschalter während des Programmverlaufs. So müssen a_0 und b_0 betätigt sein, wenn der Befehl $+A$ ausgeführt werden soll. Bevor $+B$ ausgeführt werden darf, müssen a_1 und b_0 gedrückt sein. Erst wenn a_1 und b_1 betätigt sind, darf der Befehl $-B$ (Zurückfahren von B) durchgeführt werden. Der Befehl $-A$ (Rückfahren von Zyl. A in Ausgangslage) kann erst dann erfolgen, wenn a_1 und b_0 betätigt sind.

Im Funktionsplan verzichtet man auf den Nachweis der Betätigung von b_0 in Schritt 1, a_1 in Schritt 2 und 3. Die Schrittfelder enthalten die Schrittnummern von 0 bis 3. Der erläuternde Text gibt die Ablauffolge an. Im Schrittfeld laufen die zugehörigen Eingangsverknüpfungen zusammen. Die Ergebnisse der Verknüpfungsbedingungen werden in das Befehlsfeld weitergegeben. Hier werden alle Befehle gespeichert, und jedes Befehlsfeld enthält in Teil C die Kontrolle des durchgeführten Befehls (Abbruchstelle des Befehlsausganges) a_1 gedrückt, b_1 gedrückt, b_0 gedrückt und a_0 gedrückt. Nach Durchführung und Kontrolle des ersten Schrittes beginnt die Durchführung des nächsten Befehls. Der zeitliche Ablauf der Steuerung erfolgt über das Schrittzählwerk, das Bestandteil der Steuereinheit ist.

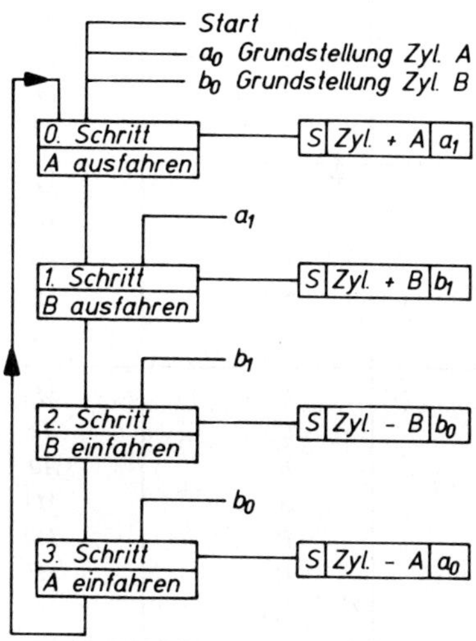

6.3. Anweisungsliste (AWL) für Ablaufsteuerungen

Nach DIN 19239 sind in der Norm keine Schritte vorgesehen. Deshalb muß die Anweisungsliste bei Ablaufprogrammen mit Schrittmerkern arbeiten. Die Schrittmerker (M) sollen Signalzustände und Informationen zwischenspeichern. Ein Signalzustand ist die 0 oder 1 am Ausgang eines Speichers (Schrittmerker). Schrittmerker können wie die Ausgänge einer SPS gesetzt, gelöscht und jederzeit abgefragt werden. Schrittmerker werden in der SPS-Organisation nur intern verwendet. Sie können auf dem PC bzw. dem Programmiergerät sichtbar gemacht werden.

Programmierbeispiel:

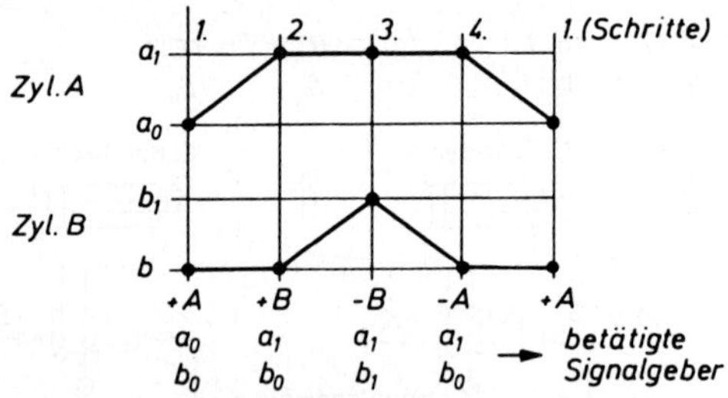

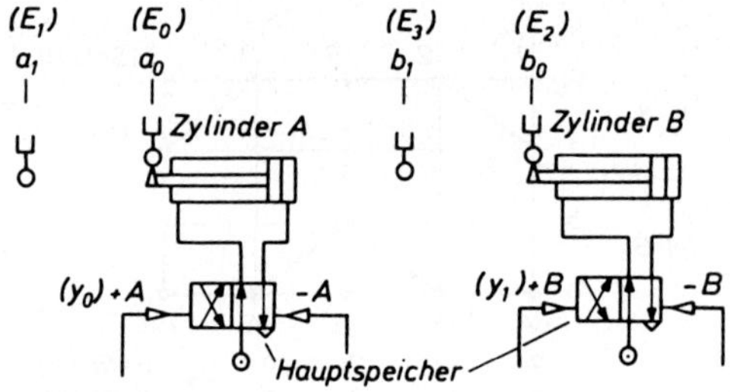

Adresse	Operation	Operand	Kommentar
001	*LN*	*M*1	
002	*U*	*E*0	1. Schritt
003	*U*	*E*2	+ *A*
004	*S* (=)	*M*1	
005	*S* (=)	*A*0	
006	*L*	*M*1	
007	*UN*	*M*2	2. Schritt
008	*U*	*E*1	+ *B*
009	*S* (=)	*M*2	
010	*S*	*A*1	
011	*L*	*M*2	
012	*UN*	*M*3	3. Schritt
013	*U*	*E*3	− *B*
014	*S* (=)	*M*3	
015	*R*	*A*1	
016	*L*	*M*3	
017	*U*	*E*2	4. Schritt
018	*R*	*A*0	− *A*
019	*R*	*M*1	
020	*R*	*M*2	
021	*R*	*M*3	
022	*PE*		

III. Arbeitsbeispiele

Die nachfolgenden Beispiele sollen die bisher in Teil 2 gewonnenen Kenntnisse anhand weiterer Aufgaben vertiefen. Es wird zunächst die Steuerungsaufgabe beschrieben. Danach wird mit Hilfe der Skizze eine Belegungsliste erstellt und der zugehörige Schaltplan gezeichnet. Jede Aufgabe wird dann in den drei vorgestellten Programmiersprachen programmiert und zwar in der Reihenfolge:

1. Funktionsplan
2. Kontaktplan
3. Anweisungsliste

1. Steuerungsaufgabe: Stempelpresse

Ein Preßwerkzeug soll erst dann das Werkstück stempeln, wenn sowohl der Startschalter *S*1 als auch der Schutzgitterkontakt *S*2 (Schutzgitter geschlossen) betätigt sind.

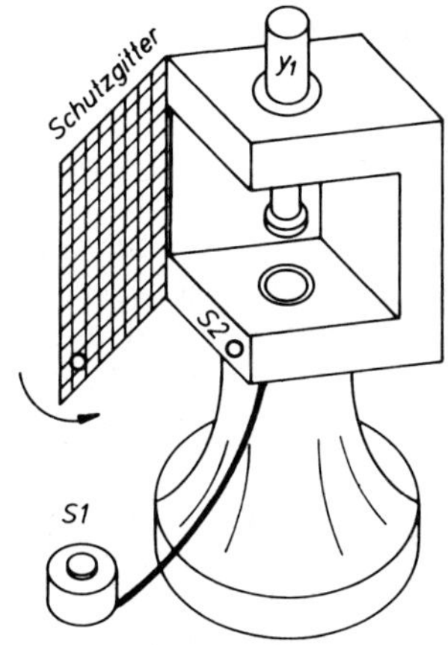

1. Belegungsliste

Bezeichnung	Kurzbezeichnung	Operand, Adresse	Funktion
Starttaster	S_1	*E*0	*1*-Signal } bei Betätigung
Schutzgitterkontakt	S_2	*E*2	*1*-Signal } bei Betätigung
Magnetventil	Y_1	*A*0	Zylinder läßt Kolben ausfahren

2. Schaltplan

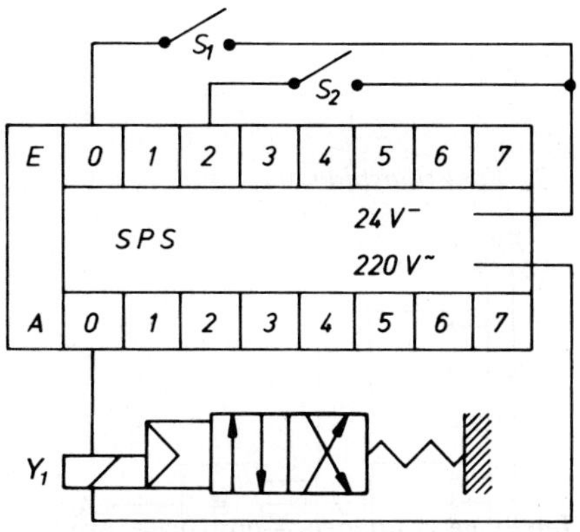

3. Funktionsplan

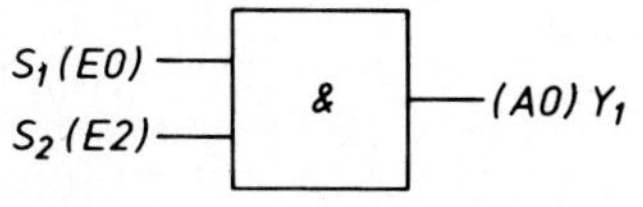

4. Kontaktplan

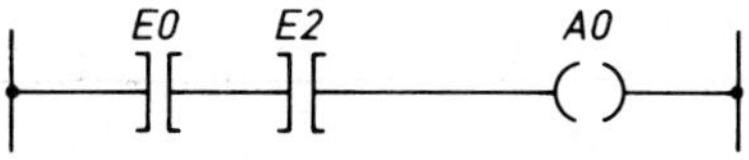

5. Anweisungsliste

Adresse	Operation	Operand	Kommentar
0001	*L*	*E*0	
0002	*U*	*E*2	
0003	=	*A*0	
0004	*PE*		

2. Steuerungsaufgabe: Stanzpresse

Eine Stanzpresse kann von mehreren Seiten bedient werden. Die zu stanzenden Bleche werden über Führungen eingeschoben. Dabei sollen, wenn sich das Werkstück in der vorgesehenen Stanzposition befindet, zwei nebeneinander liegende Sensoren betätigt sein, damit das Werkzeug so belastet wird, daß es nicht zerstört werden kann. Wenn zwei der Sensoren ansprechen, dann erhält der Kolben eines Pneumatikzylinders den Befehl auszufahren. Am Ende der Kolbenstange ist das Stanzwerkzeug in einer Vorrichtung befestigt und stanzt beim Ausfahren des Kolbens eine Aussparungen in das Werkstück. Der Kolben mit dem Werkzeug darf nicht ausfahren, wenn nur ein Sensor anspricht oder alle drei ansprechen.

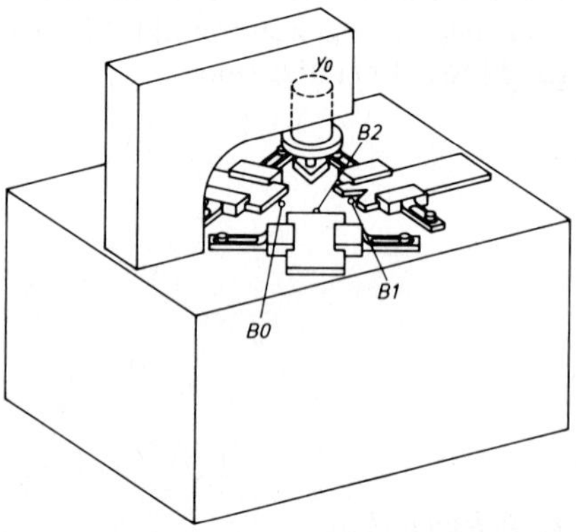

1. Belegungsliste

Bezeichnung	Kurzbezeichnung	Adresse	Funktion
Sensor	B_0	$E0$	Steuerungsteil
Sensor	B_1	$E2$	
Sensor	B_2	$E4$	
Magnetventil	Y_0	$A0$	Leistungsteil

2. Schaltplan

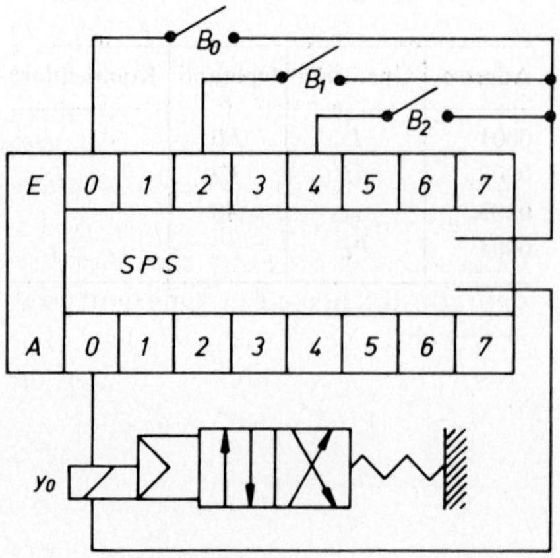

3. Funktionsplan

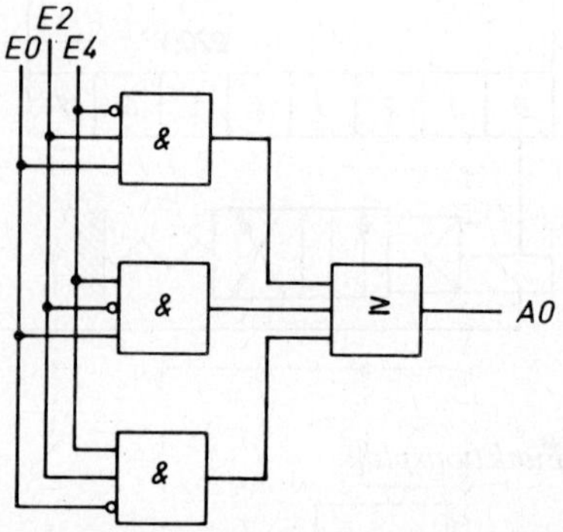

4. Kontaktplan

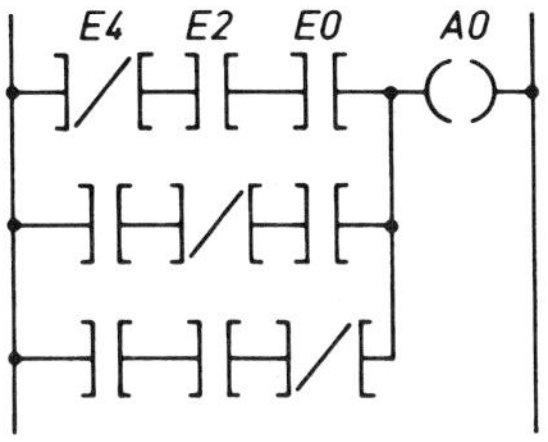

5. Anweisungsliste

Adresse	Anweisung Operation	Operand	Kommentar
001	*L*	*E*0	
002	*U*	*E*2	
003	*UN*	*E*4	
004	*O*	*E*0	
005	*UN*	*E*2	
006	*U*	*E*4	
007	*ON*	*E*0	
008	*U*	*E*2	
009	*U*	*E*4	
010	*S* (=)	*A*0	
011	*PE*		

3. Steuerungsaufgabe: Wendeschützschaltung

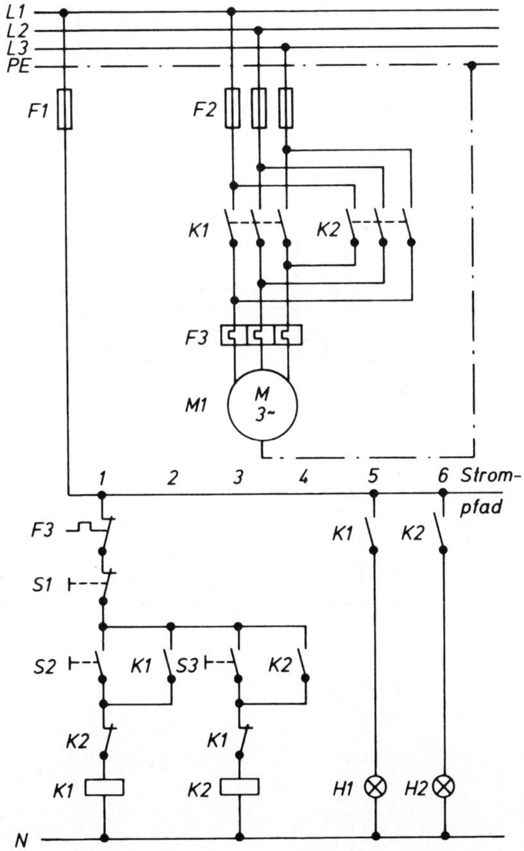

Ein Drehstrommotor soll über Schütze von einer Schaltstelle aus für Rechts- und Linkslauf in Dauerbetrieb geschaltet werden. Die Schaltzustände „EIN Rechts" und „EIN Links" werden über Kontrollampen angezeigt. Ein thermisch betätigter Überstromauslöser schützt den Motor vor Überlastung.

Wird S_2 betätigt, so zieht K_1 an und hält sich über den Schließer K_1 in Strompfad 2. Der Öffner K_1 in Strompfad 3 öffnet und verriegelt das Schütz K_2. Der Motor läuft über K_1 in Rechtslauf und kann durch Betätigung von S_3 während des Rechtslaufs nicht in Linkslauf geschaltet werden. Will man den Motor in Linkslauf schalten, so muß vorher der AUS-Taster S_1 betätigt werden. Es kann also nicht direkt von Rechtslauf in Linkslauf bzw. umgekehrt geschaltet werden. Die Kontrollampe H_1 zeigt Rechtslauf, die Kontrollampe H_2 Linkslauf an.

1. Belegungsliste

Bezeichnung	Kurzbezeichnung	Operand Adresse	Funktion
Taster „AUS“	S_1	*E*0	Steuerteil
Taster „RECHTS“	S_2	*E*1	
Taster „Links“	S_3	*E*2	
Überstromauslöser	F_3	*E*3	
Schütz RECHTS	K_1	*A*0	Leistungsteil
Schütz „Links“	K_2	*A*1	
Meldeleuchte „Rechts“	H_1	*A*2	
Meldeleuchte „Links“	H_2	*A*3	

2. Schaltplan

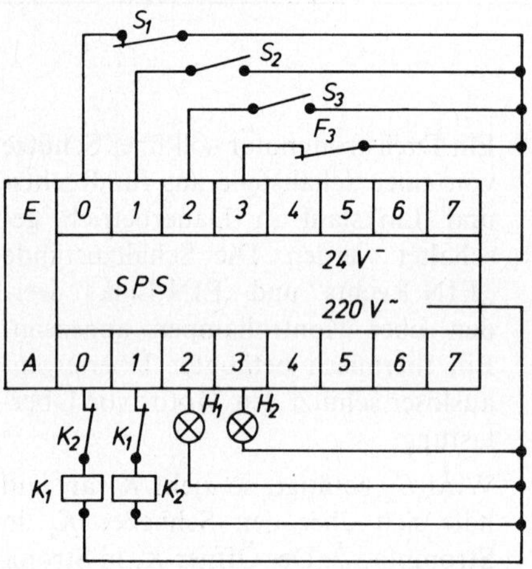

3. Funktionsplan

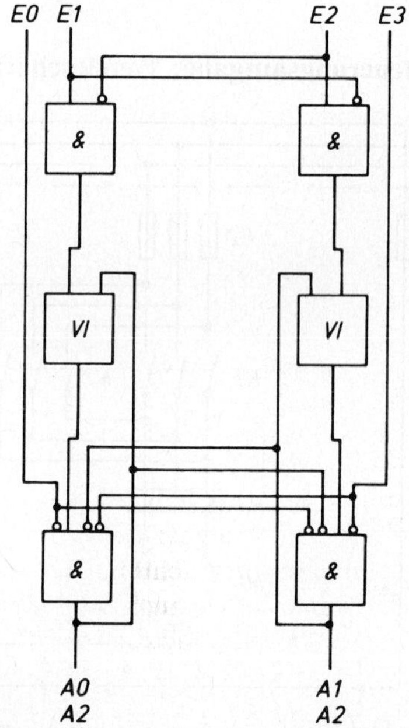

4. Kontaktplan

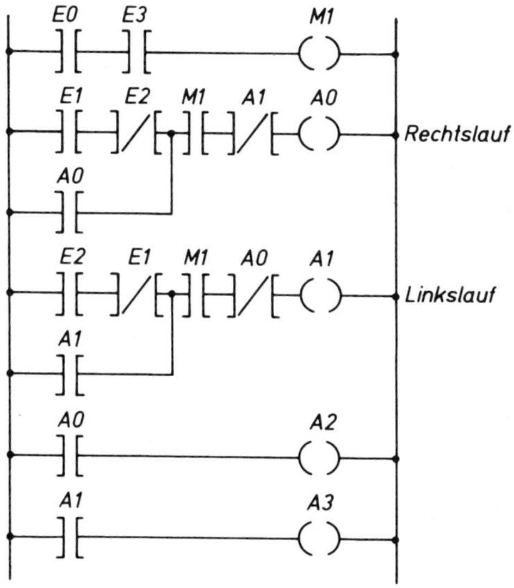

5. Anweisungsliste

Adresse	Anweisung Operation	Operand	Kommentar
001	*L*	*E*1	
002	*O*	*A*0	
003	*UN*	*A*1	
004	*U*	*E*3	
005	*U*	*E*0	
006	*S* (=)	*A*0	
007	*L*	*E*2	
008	*O*	*A*1	
009	*UN*	*A*0	
010	*U*	*E*3	
011	*U*	*E*0	
012	*S* (=)	*A*1	
013	*U*	*A*0	
014	*S* (=)	*A*2	
015	*U*	*A*1	
016	*S* (=)	*A*3	
017	*PE*		

4. Steuerungsaufgabe: Transportband

Auf einer Transporteinrichtung rollen Pakete von der Rutsche *A* auf einen Schiebetisch. Dort werden sie vom Kolben des Zylinders *A* nach vorne geschoben. Danach fährt der Kolben von Zylinder *A* in die Ausgangsstellung zurück, bevor der Kolben von Zylinder *B* das Paket senkrecht zur bisherigen Richtung auf die Rutsche *B* schickt. Danach fährt auch der Kolben von Zylinder *B* in die Ausgangsstellung zurück.

Das nebenstehende Weg-Schritt-Diagramm gibt die Schrittfolge der Steuerung an.

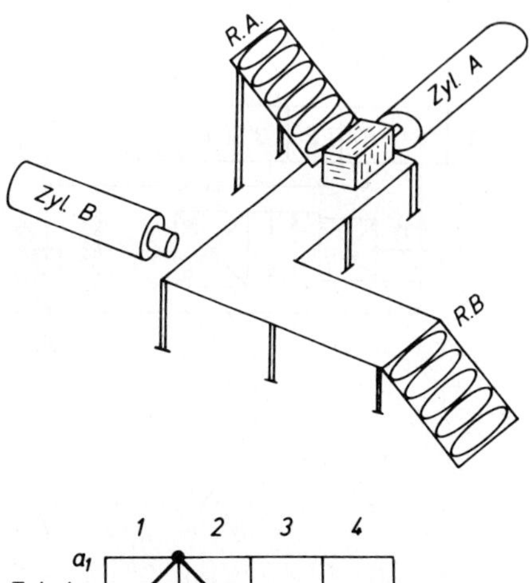

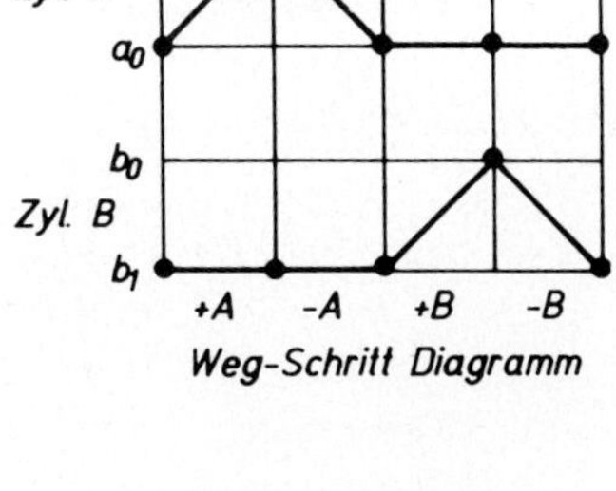

Weg-Schritt Diagramm

1. Belegungsliste

Bezeichnung	Kurzbezeichnung	Adresse	Funktion
Endschalter a_0 Zyl *A*	a_0	*E*0	*I*-Signal bei Annäherung
Endschalter a_1 Zyl *A*	a_1	*E*1	
Endschalter b_0 Zyl *B*	b_0	*E*2	
Endschalter b_1	b_1	*E*3	
Magnetventil Zyl *A*	Y_1	*A*0	Vorschub, wenn *A*0 = 1
Magnetventil Zyl *B*	Y_2	*A*1	Vorschub, wenn *A*1 = 1

2. Schaltplan

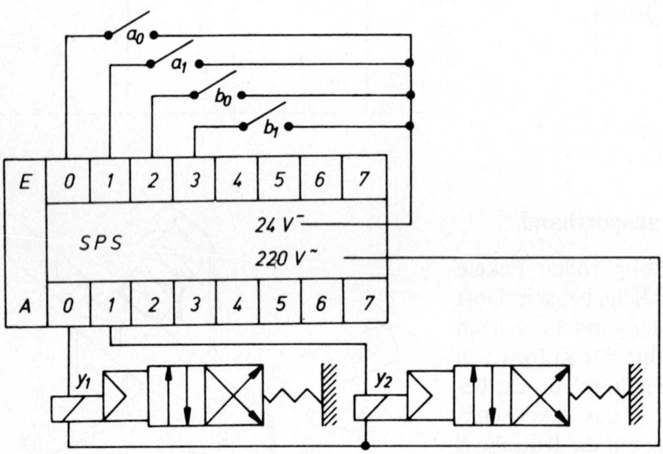

3. Funktionsplan

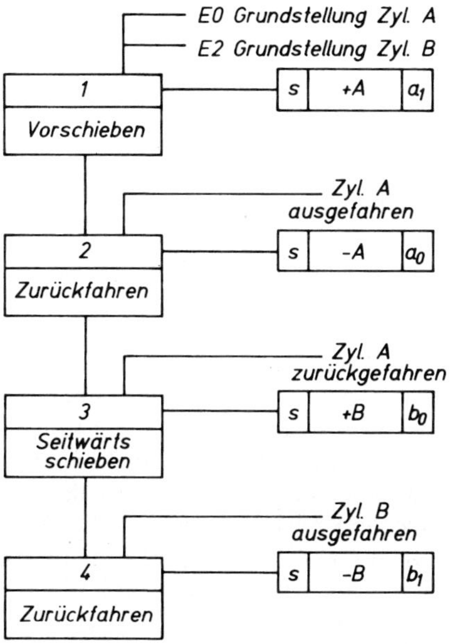

4. Kontaktplan

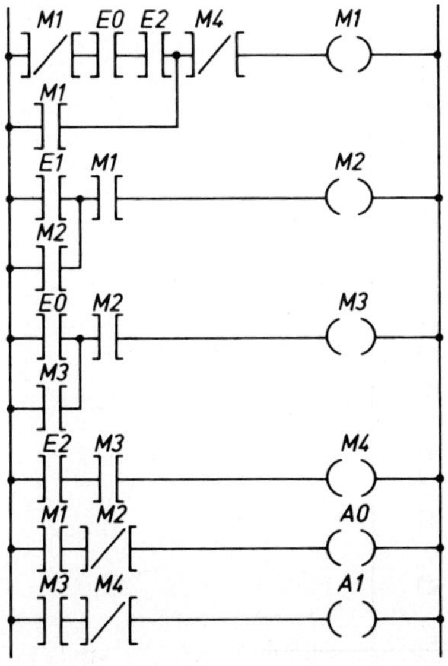

5. Anweisungsliste

Adresse	Anweisung Operation	Operand	Kommentar
001	*LN*	*M*1	
002	*U*	*E*0	1. Schritt
003	*U*	*E*2	
004	*S (=)*	*M*1	+ *A*
005	*S (=)*	*A*0	
006	*L*	*M*1	
007	*UN*	*M*2	2. Schritt
008	*U*	*E*1	
009	*S (=)*	*M*2	− *A*
010	*R*	*A*0	
011	*L*	*M*2	
012	*UN*	*M*3	3. Schritt
013	*U*	*E*0	
014	*S (=)*	*M*3	+ *B*
015	*S (=)*	*A*1	
016	*L*	*M*3	
017	*U*	*E*3	4. Schritt
018	*R*	*A*1	
019	*R*	*M*1	− *B*
020	*R*	*M*2	
021	*R*	*M*3	
022	*PE*		

5. Steuerungsaufgabe: Prägewerkzeug

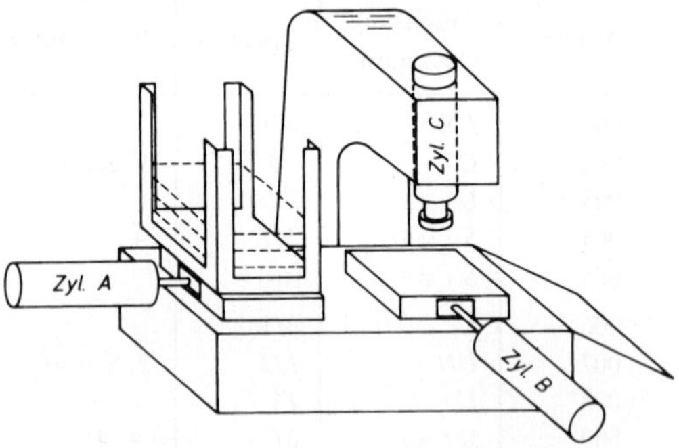

Zugeschnittene Blechteile werden unter eine Prägestation geschoben. Sie werden dort gespannt und danach mit einem Prägewerkzeug geprägt. Der Ablauf der Steuerung: Kolben *A* schiebt das Werkstück in die Spannposition und fährt danach zurück. Kolben *B* spannt das Werkstück und hält es gespannt. Danach prägt Kolben *C* mit dem Prägewerkzeug und fährt anschließend zurück. Dann fährt Kolben *B* zurück und entspannt damit das fertige Werkstück. Danach bringt Kolben *A* das nächste Werkstück in die Spannposition und drückt schließlich das fertige Werkstück in die Ablage. Die Kolben *A* und *C* werden über Federdruck in ihre Ausgangsstellung zurückgefahren, während Kolben *B* beidseitig beaufschlagt wird und sowohl das Aus- wie auch das Rückfahren durch ein Magnetventil gesteuert werden.

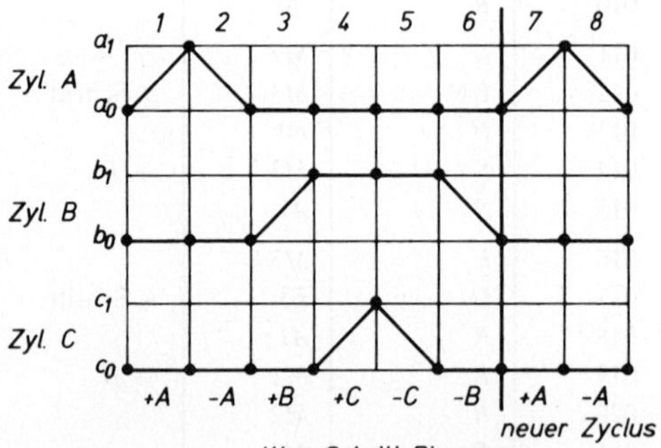

Weg-Schritt Diagramm

1. Belegungsliste

Bezeichnung	Kurzbezeichnung	Adresse	Funktion
Endschalter Zyl *A*	a_0	*E*0	+ *A*-*A*
Endschalter Zyl *A*	a_1	*E*1	+ *A*-*A*
Endschalter Zyl *B*	b_0	*E*2	+ *B*-*B*
Endschalter Zyl *B*	b_1	*E*3	+ *B*-*B*
Endschalter Zyl *C*	c_0	*E*4	+ *C*-*C*
Endschalter	c_1	*E*5	+ *C*-*C*
Magnetventil Zyl *A*	Y_1	*A*0	
Magnetventil Zyl *B*	Y_2	*A*1	
Magnetventil Zyl *B*	Y_3	*A*2	
Magnetventil Zyl *C*	Y_4	*A*3	

2. Schaltplan

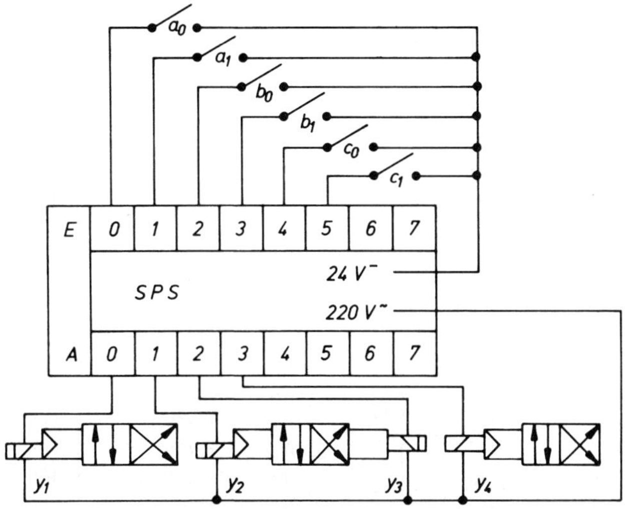

3. Funktionsplan

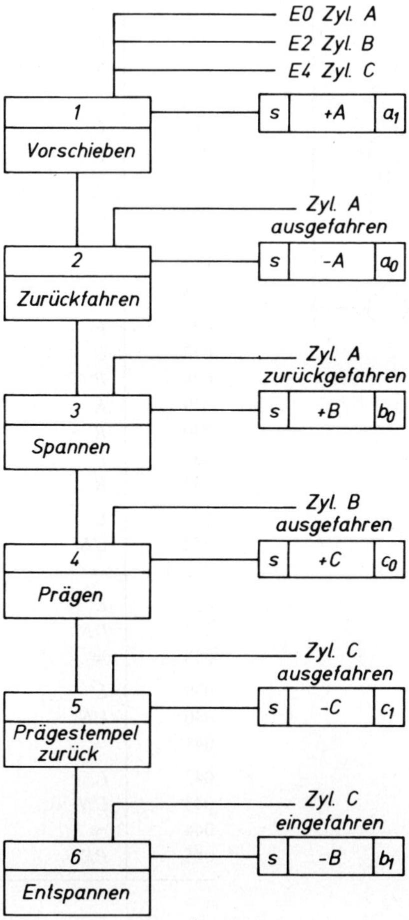

4. Kontaktplan

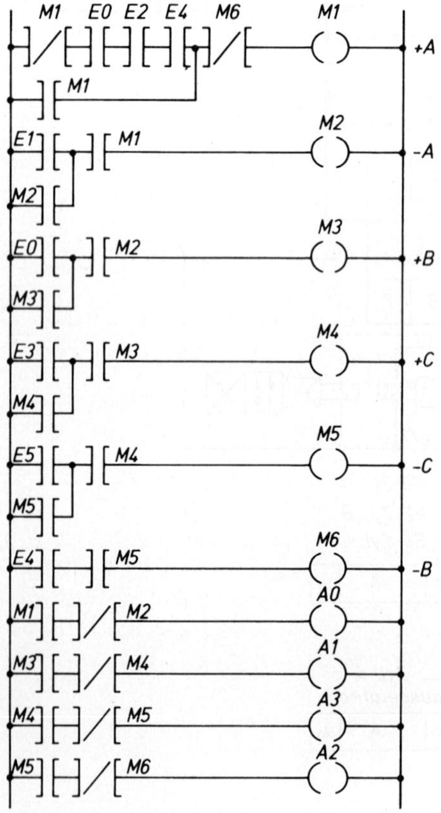

5. Anweisungsliste

Adresse	Anweisung Operation	Operand	Kommentar
001	*LN*	*M*1	
002	*U*	*E*0	
003	*U*	*E*2	+ *A*
004	*U*	*E*4	
005	*S* (=)	*M*1	
006	*L*	*M*1	
007	*UN*	*M*2	
008	*U*	*E*1	− *A*
009	*S* (=)	*M*2	
010	*L*	*M*2	
011	*UN*	*M*3	
012	*U*	*E*0	+ *B*
013	*S* (=)	*M*3	
014	*L*	*M*3	
015	*UN*	*M*4	
016	*L*	*E*3	+ *C*
017	*S* (=)	*M*4	
018	*L*	*M*4	
019	*UN*	*M*5	
020	*U*	*E*5	− *C*
021	*S* (=)	*M*5	
022	*L*	*M*5	
023	*UN*	*M*6	
024	*U*	*E*4	− *B*
025	*S* (=)	*M*6	
026	*L*	*M*6	
027	*U*	*E*2	
028	*R*	*M*1	Merker
029	*R*	*M*3	werden
030	*R*	*M*4	rückgesetzt
031	*R*	*M*5	
032	*R*	*M*6	
033	*L*	*M*1	
034	*UN*	*M*2	
035	=	*A*0	
036	*L*	*M*3	
037	*UN*	*M*4	
038	=	*A*1	
039	*L*	*M*4	
040	*UN*	*M*5	
041	=	*A*3	
042	*L*	*M*5	
043	*UN*	*M*6	
044	=	*A*2	
045	*PE*		

IV. Einführung und Überblick zur Norm IEC 1131

1. Einführung

Die neue Norm versucht, herkömmliche SPS-Technik mit Informatik zu verknüpfen. Dadurch entsteht eine neue Technologie, die nicht nur die herkömmlichen SPS-Aufgaben übernimmt, sondern gleichzeitig Probleme aufgreifen kann, die vorher nur mit Hilfe der Computertechnologie gelöst werden konnten.

Die neue Norm soll über die SPS-Technik hinaus auch die Bereiche moderner Industrieautomatisierung integrieren.

Immer stärker wird der PC als Programmierwerkzeug für die SPS-Programmierung eingesetzt.

Die bis heute verwendeten herkömmlichen Programmiergeräte wird es in Zukunft nicht mehr geben, sie werden vollständig durch den PC ersetzt. Dadurch werden Übergänge und Grenzen zwischen SPS-Technik und Informatik immer mehr verwischt.

Die SPS-Technik wird in der neuen Norm IEC 1131 neu gefaßt und in den Bereich der Informationstechnik hinein erweitert. Die neue Norm versucht, Denkweisen aus der Computermethodik in die SPS-Technik zu übertragen.

Die Norm soll das Programmiersystem mit dem Ziel standardisieren, eine herstellerunabhängige Programmierung zu schaffen. Von den SPS-Herstellern wird erwartet, daß ihre Produkte diese Norm erfüllen. Es wird nicht erwartet, daß die Anwendungsprogramme unterschiedlicher SPS-Hersteller miteinander austauschbar sind. Die Norm ersetzt auch nicht die ausführliche Beschäftigung mit den entsprechenden Handbüchern der SPS-Hersteller.

Die Norm darf Entwicklungstendenzen und Innovationen nicht unnötig durch Standardisierung behindern.

2. Die Teile der Norm IEC 1131

2.1. Allgemeine Informationen

In der Norm werden sämtliche Begriffe definiert, die zu einem SPS-System gehören. SPS-Systeme werden anhand verschiedener Modelle beschrieben, wobei folgende Modellebenen gegeben sind:

- das Hardwaremodell
- das Funktionsmodell
- das Softwaremodell
- das Programmiermodell
- das Kommunikationsmodell.

Die Beschreibung bleibt sehr abstrakt, so daß jeder Anwender seine SPS- bzw. Automatisierungsaufgabe auf diese Modelle hin abbilden kann. Durch die Modellierung werden innovationsfeindliche Beschränkungen vermieden. Der Hersteller kann seine Automatisierungssysteme nach eigenen Ideen gestalten. Die in der Norm verwendeten Begriffe sind für den Hersteller nicht unbedingt bindend.

Möglicherweise werden einige der in der Norm verwendeten Begriffe sich herstellerübergreifend etablieren, so daß eine gemeinsame Begrifflichkeit entstehen kann.

2.2. Geräteeigenschaften

Es werden die elektrischen, mechanischen und funktionalen Merkmale eines Automatisierungssystems im Hinblick auf die Anforderungen an die Betriebsmittel des Herstellers festgelegt.

2.3. Programmiergeräte

Bei der Entwicklung von Programmiergeräten hat der Hersteller die Vorgaben der zum Teil neu definierten Programmiersprachen einzuhalten. Ansonsten ist er in seiner Hard- und Softwarearchitektur frei.

Es ist nicht die Absicht des Normenausschusses, die Programmiergeräte zu normen. Eine so weitgehende Standardisierung würde Entwicklungs- und Innovationstendenzen nur behindern. Es ist auch nicht Absicht der Norm, zu nur noch einer gültigen Programmiersprache zu kommen. Eine solche Absicht würde die Entwicklungsmöglichkeiten der Hersteller stark eingrenzen.

2.4. Anwenderrichtlinien

Hier werden Fragen zur Auswahl von SPS-Systemen zu notwendig werdenden Prüfungen vor der Inbetriebnahme sowie zur Wartung beantwortet. Die Anwender müssen sich an die vorgegebenen Richtlinien halten.

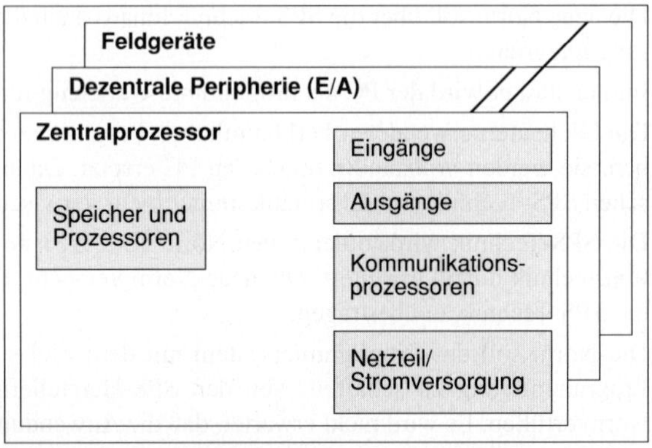

SPS-Hardwaremodell nach IEC 1131

3. Modellvorstellungen

3.1. Das Hardwaremodell nach IEC 1131

Das Hardwaremodell schreibt die nachfolgend genannten Baugruppen für den Zentralgruppenbauträger einer SPS vor.

- Stromversorgung (Netzteil)
- Zentralprozessor (CPU) mit Arbeitsspeichern
- Ein- bzw. Ausgabeeinheiten
- Kommunikationsprozessoren (sofern Datenaustausch mit anderen notwendig wird).

Oft reichen Aus- und Eingabeeinheiten für die gesamte Peripherie nicht aus. Um die Peripherie mit der Zentrale zu verbinden, werden immer mehr Feldbusse eingesetzt. Über die Kommunikation mittels Feldbussen wird sich die IEC 1131 in einem später erscheinenden Kapitel beschäftigen.

3.2. Das Funktionsmodell

Die Funktionen der einzelnen Baugruppen, die im Hardwaremodell dargestellt sind, werden im Funktionsmodell konkreter definiert. Das Funktionsmodell beschreibt die Zusammenhänge und Beziehungen der Einheiten zueinander.

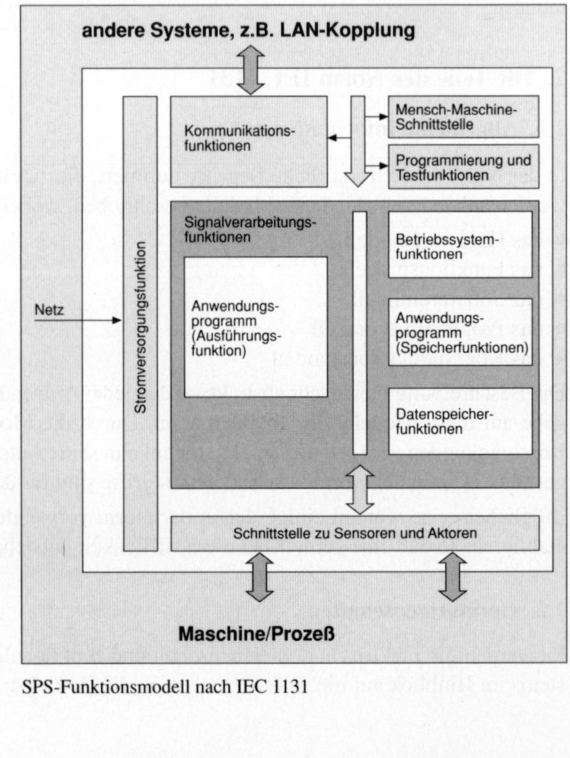

SPS-Funktionsmodell nach IEC 1131

- Die Versorgungseinheit (Netzteil) ist für alle Funktionseinheiten zuständig.
- Die Signalverarbeitungsfunktion erfüllt die Aufgaben der CPU. Es werden Anwendungsprogramme abgearbeitet. Hierzu gehört ein Betriebssystem sowie Speicher für Programme und Daten.
- Die Sensor/Aktor-Schnittstelle zwischen CPU und Maschinenprozeß wandelt die Signale so um, daß beide miteinander kommunizieren.
- Die Kommunikationsfunktion stellt Verbindungen zu Automatisierungs-Systemen her, die außerhalb der SPS liegen.
- Die Schnittstelle zum Menschen hat zwei Bezugsebenen, die Verbindung zum Bediener der Maschine und die Verbindung zum Programmierer.

3.3. Das Softwaremodell

Das Softwaremodell soll die durch unterschiedliche Programmiersprachen eingebrachten Elemente und ihre Beziehungen zueinander veranschaulichen.

Es tauchen folgende *neue* Begriffe auf:

- Eine *Konfiguration* entspricht einem SPS-System. Besteht z. B. ein Automatisierungssystem aus zwei SPS-Systemen, dann besteht dieses System auch aus zwei Konfigurationen.

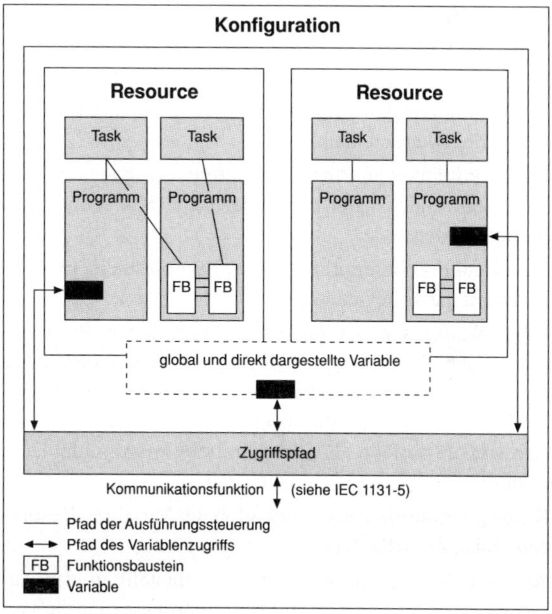

Softwaremodell IEC 1131

Eine Konfiguration kann folgende Elemente enthalten:

- **Resource (Quelle):** Eine von der SPS ausführbare Signalverarbeitungsfunktion. Sie enthält ein oder mehrere Anwendungsprogramme sowie ein oder mehrere Tasks.
- **Task (Aufgabe):** Ein Element, das die Ausführung einer Gruppe von zugehörigen Programmorganisationseinheiten (s. Programmiermodell) steuert. Ein Task besteht aus einer oder mehreren Automatisierungsfunktionen, die zu bestimmten Zeiten aktiviert werden. Mit dem Task-Konzept lassen sich die Programmorganisationseinheiten in wichtige und weniger wichtige Tasks einteilen.
- **Variable:** Variable sind Speicherplätze, auf denen Daten gespeichert werden können. Diese enthalten Namen, Datentypbezeichnung und Dateninhalt.

  Name und Typ der Variablen sind in vorgeschriebener Form festgelegt. Der Dateninhalt wird während des Programmablaufs zugewiesen und kann jederzeit verändert werden.
- **Zugriffspfad:** Die Norm versteht darunter die Verknüpfung eines symbolischen Namens mit einer Variablen zum Zwecke der offenen Kommunikation. Über Zugriffspfade kommunizieren einzelne Konfigurationen mit anderen im System vorhandenen Konfigurationen.

- **Programm und Funktionsbaustein:** Diese Elemente sind aus den bisherigen Normen in gleicher Bedeutung übernommen worden.

3.4. Das Programmiermodell

Die konkrete Integration des Softwaremodells in eine der vorgesehenen Programmiersprachen führt zum Programmiermodell. Dieses Modell definiert die Elemente der neugeordneten SPS-Sprachen.

Das Programmiermodell umfaßt die nachfolgend genannten Begriffe:

Datentypen

Es gibt *elementare* oder aus elementaren Datentypen zusammengesetzte *strukturierte* Datentypen. Ein Beispiel für elementare Datentypen sind die Booleschen Zahlen.

Programm-Organisationseinheiten

Sie werden benötigt zur Strukturierung und Verfeinerung von Anwenderprogrammen. An erster Stelle steht das Programm, das dann in Funktionsbausteine und Funktionen zerlegt werden kann.

Funktionseinheiten können mehrere Ausgangsvariable haben und ihnen kann ein Gedächtnis (Speicher) zugeordnet werden.

Eine Funktion liefert ein einziges Ergebniselement. Eine Funktion hat kein Gedächtnis.

Die Ablaufsprache ist aus der herkömmlichen Programmiersprache Funktionsplan (FuP) entwickelt worden. Sie regelt den zeitlich koordinierten Ablauf der verschiedenen Programmorganisationseinheiten. Dadurch lassen sich sowohl serielle als auch parallele Programmabläufe steuern.

Konfigurationselemente sind globale Variable, Resourcen, Taks, Zugriffspfade.

Aus den Konfigurationselementen entsteht in der Zusammenstellung ein hierarchisch geordnetes Gesamtsystem.

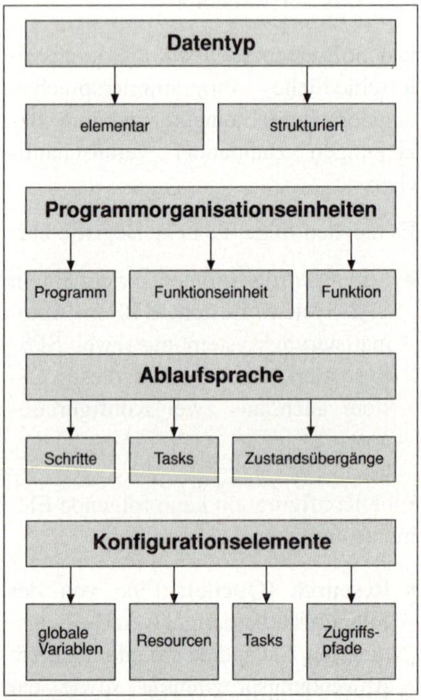

SPS-Programmiermodell

3.5. Das Kommunikationsmodell nach IEC 1131

Das Kommunikationsmodell befaßt sich mit folgenden Fragen: Wie kann ein SPS-System mit einem anderen SPS- oder Nicht-SPS-System kommunizieren? Welche Fragen sind an das System zu stellen und welche Informationen sind von dort zu liefern?

Das Kommunikationsmodell sieht sowohl eine maschinenabhängige als auch eine maschinenunabhängige Festlegung der Kommunikationswege vor. Dabei kann der Anwender aus den folgenden Möglichkeiten je nach Aufgabenstellung auswählen:

a) Direkte Übergabe von Informationen innerhalb eines Programms. Die Variablen können über den Ausgang a des Funktionsbausteins 1 (FB1) mit dem Eingang b des FB2 direkt ausgetauscht werden.

   Beispiel: Mathematisch-geometrische Informationen innerhalb eines CNC-Programms.

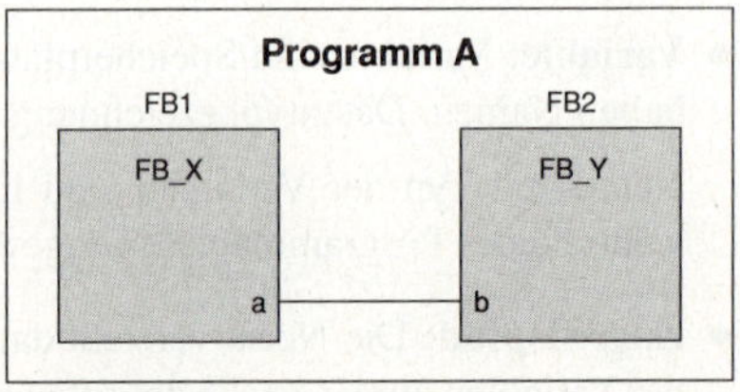

Parameterübergabe zwischen Programmelementen eines Programms

b) Datenaustausch zwischen unterschiedlichen Programmen durch beidseitigen Zugriff auf global deklarierte Variable.

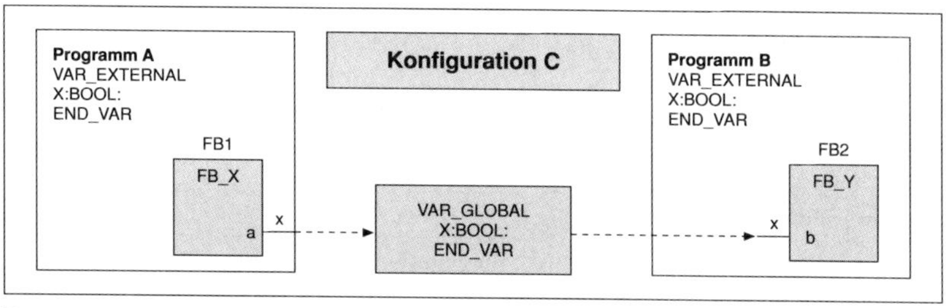

Datenaustausch zwischen verschiedenen Programmen

Das Bild zeigt am Beispiel der Variablen X, daß X in der Konfiguration C als globale Variable und in den Programmen A und B als externale Variable deklariert wird.

Beispiel: Zwei Programme in einem SPS-System informieren sich gegenseitig über ihren Zustand im festgelegten Zeitraum.

c) Kommunikation mit Kommunikationsbausteinen über festverdrahtete Informationswege

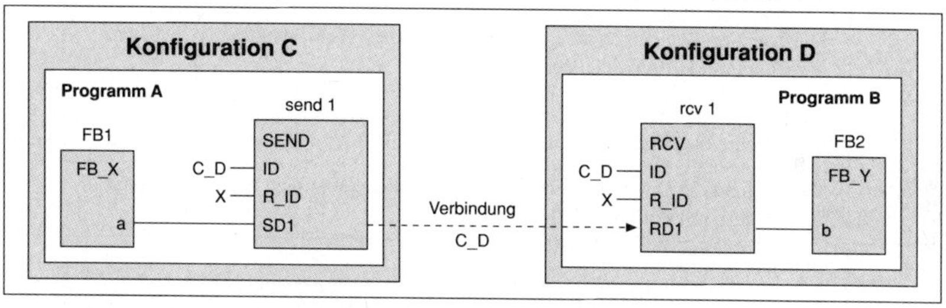

Kommunikation über Kommunikationsbausteine und fest vorgegebene Pfade

Die Variablen können
- innerhalb desselben Programms,
- bei verschiedenen Programmen im gleichen SPS-System,
- bei Programmen in verschiedenen SPS-Systemen

ausgetauscht werden. Es werden die in der Norm definierten Bausteine für Sender (SEND) und Empfänger (RECEIVE) verwendet. Die Funktionsbausteine sind über CD direkt gekoppelt.

Beispiel: Kommunikation unter verschiedenen Steuerungsaufgaben innerhalb eines größeren Automatisierungssystems.

d) Kommunikation durch Kommunikationsbausteine und über Zugriffspfade

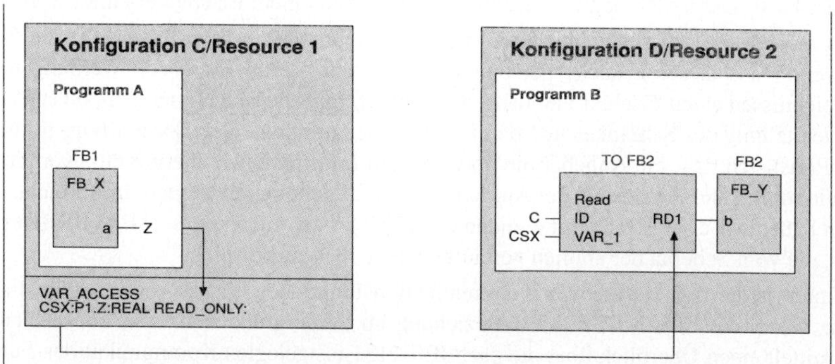

Kommunikation über Kommunikationsbausteine und Zugriffspfade

Hier wird in der Norm festgelegt, wie SPS- mit Nicht-SPS-Systemen über Zugriffspfade zum Austausch von Variablen benutzt werden können.

3.5.1. Kommunikations-Funktionsbausteine

Auch bisher haben SPS-Hersteller Standard-Funktionsbausteine hergestellt, die allerdings nur in den eigenen Geräten einsetzbar waren.

KFB	Funktionalität	Definiert für
STATUS	Client fragt den aktuellen Zustand von einem Server ab, mit dem er kommunizieren will	Client
USTATUS (Unsolicited Status)	Client verarbeitet den aktuellen Zustand eines Servers mit Hilfe von USTATUS, wenn der Server die Zustandsdaten ebenfalls mit USTATUS gesendet hat	Client
READ	Client liest zyklisch die Variablenwerte von einem Server aus	Client
USEND (Unsolicited Send)	Server sendet an einer bestimmten Stelle im Anwendungsprogramm (programmiert) – vom Clienten unaufgefordert – Variable an den Clienten	Server
URECEIVE (Unsolicited Receive)	Die vom Server unaufgefordert gesendeten Variablen empfängt der Client mit Hilfe von URECEIVE	Client
WRITE	Client schreibt Variablenwerte in einen Server	Client
SEND	Wenn Client die Daten mit Hilfe von SEND sendet, empfängt der Server diese mit Hilfe von RECEIVE	Client
RECEIVE	siehe oben	Server
NOTIFY	Server alarmiert den Clienten bei Eintreten eines außerplanmäßigen Ereignisses (unquittiert)	Server
ALARM	Die gleiche Funktionalität wie vorhergehend, jedoch quittiert	Server
CONNECT	Verbindungsauf- bzw. Abbau mit einem Kommunikationspartner	Client und Server

Kommunmikations-Funktionsbausteine nach IEC 1131

Die in der IEC 1131 definierten Kommunikations-Funktionsbausteine (KFB) sollen nun für alle SPS-Systeme nach IEC 1131 gelten. Dies bezieht sich im wesentlichen auf die Bezeichnung und die Funktion der KFB. Die Bedeutung der einzelnen KFB soll an einem Beispiel erläutert werden:

Eine Hausfrau möchte einen Tischler mit dem Einbau eines Schrankes beauftragen. Da die Frau keinen Handwerker aus dieser Branche persönlich kennt, kann sie an Hand von Werbung bzw. Branchenverzeichnissen einen Tischler identifizieren. Danach muß sie sich erkundigen, ob er in der Lage ist, die Herstellung des Schrankes und den Einbau durchzuführen. Der Tischler wird ihr über Kataloge und Preislisten bzw. ein Angebot die notwendigen Informationen übermitteln. Kommt es zu einer Übereinkunft, kann die Lösung der Aufgabe in Angriff genommen werden. In Automatisierungssystemen haben wir es ebenfalls mit Kunden (CLIENT)- bzw. Lieferanten (SERVER)-Beziehungen zu tun, die vom Schema her ähnlich verlaufen wie in diesem Beispiel.

Die Norm definiert in der IEC 1131 sieben Kommunikationsfunktionen für SPS- bzw. Automatisierungsaufgaben, wobei die CLIENT-SERVER-Beziehung im Vordergrund steht. Das obenstehende Schaubild vermittelt einen Überblick über die nach IEC 1131 festgelegten Kommunikations-Funktionsbausteine.

4. Die Programmiersprachen nach IEC 1131

Die neue Norm orientiert sich im wesentlichen an den in der alten DIN 19239 festgelegten Programmiersprachen.

<table>
<tr><th>Bezeichnung
deutsch</th><th>Bezeichnung
englisch</th><th>Symbolik</th><th>Sprachen nach
DIN 19 239 bzw.
VDI 2880 Blatt 4</th></tr>
<tr><td>Sprache AWL
(Anweisungsliste)</td><td>Language IL
(Instruction List)</td><td>LD
AND
OR</td><td>AWL
Anweisungsliste</td></tr>
<tr><td>Sprache ST
(Strukturierter Text)</td><td>Language ST
(Structured Text)</td><td>IF ...
THEN ...
ELSE ...</td><td></td></tr>
<tr><td>Sprache KOP
(Kontaktplan)</td><td>Language LD
(Ladder Diagramm)</td><td>--| |--
--( )--</td><td>KOP
Kontaktplan</td></tr>
<tr><td>Sprache FBS
(Funktionsbaustein Sprache)</td><td>Language FBD
(Function Block Diagram)</td><td>+--+
--|& |--
--| |--
+--+

+--+
--| FB |
--| |--
--| |--
+--+</td><td rowspan="2">Funktionsplan</td></tr>
<tr><td>Sprache AS
(Ablaufsprache)</td><td>Language SFC
(Sequentiell Function Chart)</td><td>|
+
|
+---+
| |
| |
+---+</td></tr>
</table>

Programmiersprachen nach IEC 1131

Die Anwendungsliste (AWL) und der Kontaktplan (KOP) sind voll übernommen worden.

Die Programmiersprache Funktionsplan (FUP) ist in zwei Teilsprachen aufgeteilt worden, was aus Gründen der Systematik zu begrüßen ist; denn die FUP wurde bisher trotz gleicher Bezeichnung mit unterschiedlichen Symbolen für Verknüpfungssteuerungen bzw. Ablaufsteuerungen verwendet.

Dies ist jetzt geändert worden. Für Verknüpfungssteuerungen gibt es die Programmiersprache FBS (Funktionsbausteinsprache). Sie ersetzt den Teil der FUP, der kombinatorische bzw. Verknüpfungssteuerungen bediente. Systematik und Symbole lehnen sich an die FUP an.

Für Ablaufsteuerungen entstand die neue AS (Ablaufsprache). Sie ersetzt den Teil des alten FUP, mit dem bisher Ablaufsteuerungen programmiert wurden. Auch hier sind die Symbole der FUP in die neue Sprache übernommen worden.

Die Ablaufsprache (AS) hat die Funktion einer „Obersprache" erhalten, bei der sie selbst die Struktur vorgibt. Einzelabläufe oder Teilaktionen innerhalb des mit AS programmierten Programms können in anderen Programmiersprachen formuliert und programmiert werden.

Als völlig neue Programmiersprache ist ST (strukturierter Text) hinzugekommen. ST ist eine höhere Programmiersprache, die z. B. die Anwendungsliste (AWL) in rechenintensiven Leistungsteilen unterstützt. Die Elemente von ST können in Textform geschrieben werden. Es ist allerdings auch möglich, ST als alleinige Programmiersprache zu verwenden.

Alle nach IEC 1131 definierten Programmiersprachen können miteinander gemischt verwendet werden. Kein Hersteller von SPS soll nach der Norm verpflichtet werden, alle Programmiersprachen anzubieten. Die angebotenen Sprachen müssen sich allerdings an die IEC 1131 halten. Notwendig werdende Abweichungen müssen im Systemhandbuch dokumentiert werden.

5. Zertifizierung

Erst die neue IEC 1131 verpflichtet die Hersteller, in ihren Handbüchern genau zu definieren, welche Abweichungen von den Normvorgaben in ihren Systemen vorkommen und welche Teile aus dem Normpaket benutzt werden.

Es hat bisher keine Kontrollinstanz gegeben, die untersucht hätte, in wieweit Hersteller von der bisher gültigen Norm abweichen.

Erst 1992 wurde in den Niederlanden die herstellerunabhängige Organisation PL Copen gegründet. Die Mitglieder von PL Copen verpflichten sich, IEC 1131 kompatible Systeme zu verwenden und anzubieten. PL Copen definiert eindeutige Prüfkriterien, nach denen Programmiersoftware getestet wird. Der Hersteller, der diese Tests erfolgreich besteht, erhält ein Zertifikat.

Da die Entwicklung von Testprogrammen für die fünf IEC-1131-Sprachen sehr arbeitsaufwendig ist, gibt es bisher komplette Zertifizierungskriterien nur für die Programmiersprachen AWL und ST.

Sachwortverzeichnis